无机化学丛书·典藏版

第一卷

稀有气体

冯光熙 黄祥玉

氢

申泮文 张靓华

碱金属

刘翊纶 任德厚

科学出版社

北京

内 容 简 介

《无机化学丛书》为一部中型参考书，共十八卷，分为41个专题。前十卷为各族元素分论，后八卷为无机化学各重要领域专论。第一卷包括三个专题：1. 稀有气体，2. 氢，3. 碱金属。系统介绍单质及其化合物的制备、物理及化学性质、结构与用途等。

本书适合高等学校师生、研究生、科学研究人员及技术人员参阅。

图书在版编目（CIP）数据

无机化学丛书：典藏版/张青莲主编. —北京：科学出版社，2018.1

ISBN 978-7-03-056380-4

Ⅰ. 无… Ⅱ. 张… Ⅲ. 无机化学–丛书 Ⅳ. O61-51

中国版本图书馆 CIP 数据核字（2018）第 012426 号

责任编辑：胡华强 杨 震 / 责任校对：张凤琴
责任印制：赵 博 / 封面设计：王 浩

科学出版社 出版
北京东黄城根北街16号
邮政编码：100717
http://www.sciencep.com
北京厚诚则铭印刷科技有限公司印刷
科学出版社发行 各地新华书店经销
*
2018年1月第 一 版 开本：720 × 1000 B5
2018年1月第一次印刷 印张：28 1/4
字数：551 000

定价：998.00 元（全10册）

（如有印装质量问题，我社负责调换）

《无机化学丛书·典藏版》书目

第一卷　1. 稀有气体　2. 氢　3. 碱金属
第二卷　4. 铍　5. 碱土金属　6. 硼　7. 铝　8. 镓分族
第三卷　9. 碳　10. 硅　11. 锗分族
第四卷　12. 氮　13. 磷　14. 砷分族
第五卷　15. 氧　16. 硫　17. 硒分族
第六卷　18. 卤素　19. 铜分族　20. 锌分族
第七卷　21. 钪　22. 稀土元素
第八卷　23. 钛分族　24. 钒分族　25. 铬分族
第九卷　26. 锰分族　27. 铁系　28. 铂系
第十卷　29. 锕系　30. 锕系后元素

《无机化学丛书》序

无机化学是化学科学的一个重要分支，也是最早发展起来的一门化学分支学科。无机化学研究的对象是周期系中各种元素及其化合物，不包括碳氢化合物及其衍生物。二十世纪中叶以来，无机化学又进入了新的发展阶段。这是和许多新的科学技术领域，如原子能工业、空间科学技术、使用半导体材料的通信和计算技术等的兴起密切相关的。这些科技部门要求人们利用无机化学的理论去探索和研制种种具有特殊性能的新材料，研究极端条件下物质的性质和反应机理，以及提出新的无机物生产的工艺流程。与此同时，现代物理学、生命科学、地质科学以及理论化学的新进展等因素也都在日益推动着无机化学的发展进程。

我国在解放前缺少与无机化学有关的工业基础，因此无机化学人才培养得较少，科学研究工作的基础也比较薄弱。解放后我国无机化学虽然有了很大发展，但仍比较落后。为了扭转这种局面，加速无机化学科学人员的培养和提高，促使教学和研究工作的迅速发展，以及为了解决我国丰富的矿产资源的综合利用、新型材料的合成、无机化学新观点和新理论的提出等问题，有必要编辑出版一套中型的无机化学参考书。为此，科学出版社和中国化学会共同组织了《无机化学丛书》编辑委员会主持本丛书的编写工作。经过多次讨论和协商、拟订了丛书的编辑计划和写作大纲，确定丛书分十八卷，共四十一个专题，从1982年起陆续出版。全丛书共约六百余万字，前十卷为各族元素分论，后八卷为无机化学若干重要领域的专论。

本丛书适合高等学校教师、高年级学生和研究生、科学研究人员和工程技术人员参阅。编委会竭诚欢迎广大读者对本书的内容提出宝贵意见，以便在再版时加以修改。

《无机化学丛书》编委会

1982年9月

前　　言

《无机化学丛书》第一卷包括三个专题：1. 稀有气体，2. 氢，3. 碱金属。

专题 1. 零族元素，对六种稀有气体作了概要介绍，主要讨论单质、化合物和它们的应用，特别对化合物及其结构的新知识作了较详细的叙述。本专题由成都科技大学冯光熙、黄祥玉两同志编写，初稿曾请戴安邦教授审阅。

专题 2. 氢，除单质氢外，着重介绍氢化物。至于氢的重同位素，将在专题 40 中详细讨论。本专题由南开大学申泮文和山西大学张靓华两同志编写。

专题 3. 碱金属，先单独叙述了锂，由西北大学任德厚同志执笔；然后综合论述钠等其他五种碱金属元素，由同校刘翊纶同志执笔，参加本专题编写工作的还有同校姜相武、何明安、陈立高、任友贤和马晋华等同志；陈运生教授对本专题初稿作了校阅。本专题在编写中较多地引用了 J. C. Bailar, Jr. 等编的“Comprehensive Inorganic Chemistry”一书的有关内容，兹向原作者致谢。

申泮文教授审阅和统校了本卷三个专题的全部文稿。

作者

1982 年 9 月

目　　录

1. 稀有气体

2. 氢

3. 碱　金　属

1. 稀有气体

1.1 绪　言

在元素周期表的右端，自上而下地排列着氦、氖、氩、氪、氙和氡等六个元素。对这族元素的命名，随着人们对它们认识的逐步深化而不断地在改变。现今文献中，常见的命名有下述几种：

(1)在 1962 年以前，由于尚未制成这些元素的任何化合物，故确信它们的性质不活泼，不可能发生化学反应，于是将这族元素同其他元素区分开，把它们叫做“惰性元素”。这族元素在常温常压下都是气体，故又把它们叫做“惰性气体”。大概是由于它们的化学性质不活泼，它们之间以及它们同其他任何元素都不化合，好似贵族的“冷漠无情”，因此又广泛地俗称为“贵(族)气体”[1]。

(2)这六个元素是 1894—1900 年间陆续在大气和某些铀矿中发现的。当 1869 年 Менделеев 发现化学元素的周期律并排列出周期表时，这六个元素还没有被发现，所以周期表只有八族，恰好完美地解释了元素的化合价及其他性质。当发现了这六个元素以后，用各种化学试剂对这六个元素进行试验，发现它们都不发生化学反应，于是认为它们的化合价为零。因而将这六个元素叫做“零族元素”，排列在周期表的最右端，使周期表更加完整。

(3)根据这六个元素在地壳(包括大气层、水层和岩石圈)中的含量希少，所以又广泛地把它们叫做“稀有气体”。

(4)这一族元素，自上而下来看，以氦为首，故也叫做“氦族元素”。

从二十世纪初以来，在大量实验工作的基础上，原子结构理论逐步得到发展。人们开始认识到物质的化学性质一般决定于原子核外的最外层电子结构，建立了原子价的电子理论。而这六个元素的原子，其最外层电子恰好是饱和的，形成了稳定的结构。这对它们不易参加化学反应的特性，得到了一定程度的解释。

尽管这六种元素的原子具有较稳定的原子结构，但化学键的形成是多种多样的，化学反应性的强弱是相对而不是绝对的。从辩证的观点看，只要找到适当的条件，这六种元素还是可能生成化合物的。事实上，近三十年来，曾先后有人从理论上预料制成惰性元素化合物的可能性。遗憾的是，旧的传统观念束缚了很多人的思想，首先是在教学过程中，对学生灌注这种形而上学的绝对概念，硬把这六种元素从整个化学元素中分割出来，划为化学领域中不可逾越的禁区。对这族元素冠以“惰性”、“贵族”等称号，排除在化学研究的领域之外。如 1954 年苏联出版的《普通化学教程》[2]就归结为“惰性气体相互之间或是同其他任何一种物质，都不起化学作用，这是和所有其余元素完全不同的，在周期系中它们形成了单独的零族”。

类似这种形而上学的观点，因袭相传，严重阻碍了“惰性”元素化学的发展，使得从“惰性元素”发现以后的这六十多年中，关于这方面的化学研究停滞不前，几乎没有什么进展。

1962 年 6 月，在加拿大工作的英国青年化学家 Bartlett 发表了合成 $Xe^+[PtF_6]^-$ 的简报，使化学界大为震惊，从此破除了这个人为划定的禁区，动摇和摧毁了化学中这个陈旧的传统概念，使“惰性元素化学”得到了飞跃的发展。“零族元素”和其他元素之间人为划定的鸿沟被填平了。近十多年来，在这方面已取得了重大的进展。

至今已合成了许多种“惰性元素化合物”，有的并不需要精密的实验设备和操作条件。例如只须使氙和氟受日光的照射，即可生成二氟化氙。很显然，继续把这一族元素叫做“惰性元素”或“贵族元素”已是不相宜的了。根据这族元素的克拉克值（即某种元素在地壳中存在的多寡）都很低微（只有氩稍高一点，其重量克拉克值也只达 $4\times10^{-4}\%$），因此可把这六种元素叫做稀有气体。Cook[1]则强调在这族元素中，氩在大气中的含量（体积）几乎达到 1%，随着空气液化分离工业的发展，氩的产量相当大，不能认为是稀有的；氦在大气中虽含量很低，但在某些天然气中富集的程度仍很高，可达 2%，个别地区达 8%，产量很大，也不能认为是稀有气体。他仅承认氖、氪、氙和氡才是稀有气体。Moody 和 Thomas[3]认为“惰性”不宜再用，但又提议继续称为“贵气体”。Фастовский[4]则在 1972 年仍把这族元素叫做“惰性”气体。

至于按它们在元素周期表中的归属来命名，如果说过去认为这族元素不能生成化合物，是因为没有价电子，其化合价为零，因而把它们叫做“零族元素”；那么，现在至少已制成了氙的低价（XeF_2）到高价（XeO_4）化合物，似乎不宜再叫做零族元素。我们认为在周期表中列为 VIII A 族[5]较为合理。或者按某些排法[6]，也可称为 VIIIB 族。Нейдипг[7]在 1965 年仍沿用旧的 Менделеев 周期表，继续把这六个元素叫做零族元素；1974 年他在一篇综述性论文中[8]，又改称为惰性气体，这不仅名实不符，而且容易引起概念上的混乱。

Noyes[9]建议对这族元素另行命名。他鉴于前人根据第 VII 族元素系从海盐中制得，因而把它们叫做卤素；而本族的六个元素绝大多数都可以从空气中获得，因此可以把它们叫做“大气元素”（aerogen，语源于希腊文“$\alpha\varepsilon\rho o\sigma$”）。我们认为这种提法也不很妥当，因为空气的主要组成是氧和氮，而氦、氡主要并不分布在空气中；此外，大气中也还含有 CO_2、水蒸气、尘埃等。氦在地壳（包括大气层、水层和岩石圈）中主要分布于天然气和铀矿里；而氡也是从放射性矿物中不断蜕变出来的。故“大气元素”也不足以表征出本族元素的本质和特点。所以这族元素的命名，至今仍相当混乱。

我们认为前述的几种命名，都没有本质地表征出本族元素的特点。透过元素周期表来观察，本族元素最本质的特征有两点：一是在整个元素周期表中，对比各族元素就可以发现，只有本族的全部单质在常温常压下都是气体；二是都以单原子分子而存在，这一点是同其他气态单质根本上相区别的。根据上述的这两项本质上的特点，我们建议对这族元素可称为“单原子气态元素”(monoatomic gaselements)，或简称为“单气素”(monogaselements)。这个建议是否恰当，还有待于讨论。为适应于习惯，暂且沿用“稀有气体”这一命名。

参考文献

[1] C. A. Cook(ed.),“Argon, Helium and the Noble Gases”, Interscience, 1—4(1961).

[2] 涅克拉索夫(B. B. Hekpacob)著，北京大学无机化学教研室等译，《普通化学教程》，高教出版社，37(1956).

[3] G. L. Moody, J. D. R. Thomas, “Noble Gases and Their Compounds”, Pergamon Press (1964).

[4] B. Г. Фастовский, A. E. Ровинский, Ю. B. Петровский, “Инертые Газы”, Атомиздат(1972).

[5] 徐光宪，《物质结构简明教程》，附表1，高教出版社(1965).

[6] A. R. Hippel, Science, 138, 91(1962).

[7] A. B. Нейдинг, Ycn. Xum. , 32, 501(1963); 34, 969(1965).

[8] A. B. Нейдинг, B. B. Соколов, ibid. , 43, 2146(1974).

[9] R. M. Noyes, J. Amer. Chem. Soc. , 85, 2202(1963).

1.2 单　质

2.1 发　现　史[1]

十九世纪中叶，已确知各种化学元素有其相应的特征光谱。例如钠具有黄色的D线。在1868年的日全蚀观测中，用分光镜从太阳的表面上，观察到一条新的黄色谱线，它的波长与钠的D线略有差异，定名为D_3，经过核对，这条谱线并不属于任何已知元素。当时人们认为D_3这条新谱线仅属于太阳上的某个未知元素，命名为氦(helium，原字的意思就是太阳)。在此后的27年中，都认为氦只有在太阳上才存在，地球上从未见到过。

1888—1890年间，Hillebrand用无机酸处理沥青铀矿时，获得了一种不活泼的气体，他误认为这是氮气。1895年Ramsay用光谱实验证实了这种气体就是27年以前从太阳上发现过的氦。从而结束了以为只有太阳上才有氦的误解。以后又陆续从其他矿石、大气、天然气中发现了氦。

氩的发现则经历了更为曲折的历程。

十七世纪七十年代只知道空气的固定组成是氮和氧。1785年Cavendish在技术还很不发达的条件下，在氮、氧混合气体中进行火花放电。在当时，电火花只能用摩擦起电的方法获得，即依靠手摇起电机中的玻璃盘和毛皮摩擦而产生电火花。在电火花的作用下，使氮和氧化合为橙红色的氧化氮气体。生成的氧化氮随即被氢氧化钠溶液所吸收。由于手摇静电起电机所产生的电火花很微弱，日夜不停地摇了三个星期，才使氮化合完毕。余下的氧用“硫肝”(硫化钾与多硫化物的一种混合物)吸收后，还残留下约为原体积1/120的微小气泡。他对这个现象很重视，在实验记录中写道：“这个气泡是特殊的。不像一般的氮，因为不管什么样的火花都不能使它同氧结合。”“这是由于某种原因没有跟氧化合而剩下来的氮。”这些实验记录载入了他的传记中，经过百余年后，1893年物理学家Rayleigh用精密天平重测氮的密度。一升由空气中获得的氮重1.2565g；而由氨分解出来的氮，每升的重量仅为1.2507g. 他写道：“同样是氮，而空气中的氮是一个重量，氨中的氮又是一个重量；如果不是从空气，也不是从氨，而是从某一种其他物质中弄一些氮来比较一下，那又将会怎么样呢?”于是他又分别称量从氧化氮、硝酸铵、硝石、尿素中提出来的氮，每升也是重1.2507g. 他从这个实验得到一个结论：空气中的氮比各种氮化合物中的氮每升重5.8mg. 对此现象，他无法解释，于是写信给伦敦出版的科学刊物《自然》，征求读者给予解答，但始终未收到复信。他就此问题征询Ramsay 的意见，Ramsay 重新翻阅 Cavendish 百多年前的实验记录时，思索那个“气泡“与空气氮反常重量的内在联系，产生了一种大胆的设想：Cavendish 的那个“气泡”，根本不是氮，而是一种尚未被查知的新气体。他们二人相约，各自独立地进行实验，把隐匿在空气中的新气体找出来。物理学家 Rayleigh 重复了 Cavendish 的实验，不过这时已是十九世纪末，已有从发电厂输来的强大电流。他用高压变压器以获取电火花，仅历时数小时就使几升的氮和氧全部化合，生成的氧化氮也用氢氧化钠溶液吸收掉，再用红热的铜丝去除过量的氧以后，就取得了与 Cavendish 实验相同的“气泡”了。化学家 Ramsay 则采用化学方法，将镁粒放在一根耐高温的玻璃管内，然后将此玻璃管放在管式电炉中加热。在高温下镁粒逐渐发红，这时用泵将从空气中取出来的氮，在玻璃管内来回抽动，氮和镁很快化合，也得到和 Cavendish 实验相同的“气泡”。这样，他们各自用不同的方法，分离和提纯了空气中的未知气体。经过各种实验，于 1894 年 8 月才断定这种气体是一种新元素。根据其化学性质极不活泼，命名为氩(argon，原文含有懒惰的意思)。

经历了数十年甚至百余年的探索，才发现了氦和氩。而氪、氖、氙却都在很短的时间内，就顺利地从空气中逐个地被发现和分离出来！

氦、氩被发现以后，Ramsay 根据 Менделеев 周期表中化学元素排列的规律性及氦、氩二者的性质很近似，设想它们属于另一新族，应排列在周期表的最右端。并预料氦、氩之间还存在着另一未知元素，它的原子量约为 20；并推测这一族还有两种未发现的新元素。它们的原子量应高于氩，这些预测也都很快被实验所证实。

Ramsay 和 Travers 最初用加热某些稀有矿物的方法，去寻找这几种新元素。但均告失败。1896 年他们才又转回来从空气中继续寻找这几种新元素。随着生产的发展，这时已能制得液态空气，并有了较精确的光谱实验装置，他们将液态空气蒸发掉大部分，然后用赤热的镁和铜除去残余物中的氮和氧。这时只剩下很少一点气体，将这份气体封入与感应圈相连的低压充气放电管里，通电激发并用分光镜观察它的光谱，发现了一种新气体，命名为氪(krypton，“隐藏”的意思). 随后测出它的原子量为 80. 这个新元素在周期表中的位置恰处在溴和铷之间。这次的光谱实验，除发现氪以外，还得到一个意外的收获，测出了氦的 D_3 特征谱线，从而确实了大气中也有氦。这说明氦不仅大量地存在于太阳上，少量地存在于铀矿中，也微量地存在于空气中。

Ramsay 等人本意在于寻找介于氦和氩之间的新元素，却意外地发现了氪。后来他们又继续寻找介于氦氩之间的新元素，考虑到这个元素比较轻，有可能混杂在液态氩中，于是在分馏液态氩时，只收集其中最先逸出的部分。测定它的光谱，得到一种深红色的强光，确证是一新元素，命名为氖(neon，“新”的意思)，测定它的原子量果然是 20。他们预期的那个介于氦、氩之间的新元素终于被找到了。

接着他们用工业的大型空气液化机进行空气分离，从大量空气中分离出氪和氖,然后又从液态氪的分馏物中,果然又找到了一种比氪的原子量更重的新元素,取名为氙(音仙,xenon,"陌生人"的意思)。

就这样,在 1898 年从 5 月 30 日至 7 月 12 日短短的时间内,从空气中发现了氪、氖、氙。从而使周期表最右端排列出包括氦、氖、氩、氪、氙等五个元素的一个族。这个族会不会有第六个元素呢？这是当时很令人关注的事情。

1900 年 Dorn 从镭的蜕变产物中,发现了一种放射性气体,最初命名为镭射气(radium emanation,^{222}Em),后来缩取这两个字的首尾。简称为氡(radon,^{222}Rn),半衰期为 3.82 日,这正是本族第六个元素。1903 年 Soddy 从氡的蜕变气体中发现有氦的 D_3 谱线,确证氡可蜕变出氦,氡是母体,氦是子体。搞清了它们之间的渊源关系。

科学的发生和发展不是孤立和偶然的,革命导师恩格斯指出:"科学的发生和发展一开始就是由生产决定的。"* 稀有气体的发现史正体现了这一点。1783 年 Cavendish 已将氩从空气中分离出来,拿在手里了,但无法识别它。限于当时的机械工业水平,还不能制造精密天平,也就不可能测定出氩、氮比重的微小差别,从而揭示出氩的存在,要是没有近代化的气体液化工业,更不能设想将成吨的空气液化,从空气中分离出含量很微的氖、氪、氙;要是没有玻璃工业的发展,提供光学玻璃以制造光谱仪,即使从空气中分离出氪、氖、氙,也难以识别和鉴定它们。

2.2 存在和分布[1]

稀有气体在地壳(包括大气层、水层和岩石圈)、太阳和其他星球上都有所分布。它们的分布量很不均衡,例如氦在地壳中的含量极为希少,在 94 种天然元素中,按重量排列仅居第 75 位;但就整个宇宙而言,按质量计算,估计氢占 76%,氦占 23%,其他各种元素的总和仅为 1%。氦的含量很大,居第二位。

稀有气体在宇宙和地壳中的分布情况如表 1.1 所示。本表以硅作标准,将地壳和宇宙中硅元素的总储量都命定为 10^4 原子,根据地壳、宇宙中所含稀有气体的量同硅的储量相比,标示出稀有气体的相应原子数,用以代表稀有气体的相对含量。选定硅作标准的原因是:硅的天然化合物既稳定又不挥发,即使地球发生演变,它的含量也不致发生变化。

表 1.2 列出稀有气体在地壳中的含量和丰度序号,其中以氩的含量为最高,但也只占地壳重量的百万分之几,在 94 种元素中居第 51 位;氡则居第 88 位,也是地壳中含量最微少的几种元素之一。表 1.2 同时列出了各种天然同位素在该元素中所占的相对丰度。前三种较轻的稀有气体,以其某一种同位素的丰度占绝对优势(>90%);氪、氙的同位素种类既多,也不像氦、氖、氩那样,以其某一种同位素为

* 恩格斯,"自然辩证法",人民出版社,162(1971)。

主。氡有十多种同位素,以^{222}Rn的半衰期最长,也仅为3.825日。其他同位素的半衰期都很短,对它们的丰度难以估定。

表1.1 稀有气体在宇宙和地壳中的自然丰度

元　　素	地　　壳	宇　　宙	比值:$\frac{地壳}{宇宙}$
Si	命定标准 1.00×10^{4}	命定标准 1.00×10^{4}	1.00
He	2.16×10^{-3}	3.08×10^{7}	7.0×10^{-11}
Ne	2.68×10^{-4}	8.6×10^{4}	3.1×10^{-9}
^{40}Ar	9.42×10^{-2}	～0	—
Ar的其他同位素	3.78×10^{-4}	1.5×10^{3}	2.52×10^{-7}
Kr	2.45×10^{-6}	0.513	4.8×10^{-6}
Xe	2.39×10^{-7}	0.040	6.0×10^{-6}
Rn	2×10^{-15}	无测定数据	—

表1.2 稀有气体在地壳中的丰度及天然同位素

稀有气体	核电荷	地壳中的重量(%)	丰度序号	天然同位素	
				质量数	相对丰度(%)
He	2	3.0×10^{-7}	75	3	1.3×10^{-4}
				4[1)]	99.9999
Ne	10	5.0×10^{-7}	73	20[1)]	90.51
				21	0.28
				22	9.21
Ar	18	3.6×10^{-4}	51	36	0.307
				38	0.060
				40[1)]	99.633
Kr	36	2.0×10^{-8}	82	78	0.342
				80	2.223
				82	11.50
				83	11.48
				84[1)]	57.02
				86	17.43
Xe	54	2.4×10^{-9}	83	124	0.094
				126	0.088
				128	1.90
				129[1)]	26.23
				130	4.07
				131	21.17
				132[1)]	26.96
				134	10.54
				136	8.95
Rn	86	6.0×10^{-16}	88	222[1)]	—

1)丰度最大的同位素。

其他星球上稀有气体的含量，过去都只能间接测定。近几年来，载人宇宙飞船陆续在月球着陆，取回“月球灰”（月球表面的细土）、各种岩石、矿石等样品，供直接测定和研究。将这些样品加热时，释放出相当大量的稀有气体。样品的种类、取样深度、样品粒度等因素，都会影响稀有气体的含量。下面列举两项典型的数据来说明。

将月球岩石加热至 1000℃，每克岩石释出 2.6—3.0cm^3（标准情况下）的气体。含氦达 17.4%（表 1.3），还含有 H_2O，NO，Ne 及其他少量成分。

月球灰、月球角铄岩放出稀有气体的组成，特别是同位素丰度比值同地壳的情况截然不同（表 1.4）。这一现象引起科学界的关注。这说明月球上稀有气体的来源与地壳不同。表 1.4 中的数据不太平行，这可能是由于每次实验所用的试样较少，使得实验的误差较大。Funkhouser 等[3]认为月球上的稀有气体，是由月球上放射性元素蜕变后在日风、日焰、宇宙射线的影响下生成的。

表 1.3 月球岩石在加热下放出气体的组成[2]

气 体1)	cm^3/g 矿石	体积(%)
He	0.52	17.4
H_2	1.03	34.4
CO	0.39	13.1
CO_2	0.15	5.0
N_2	0.106	3.5
Ar	0.0027	0.092

1) 只列出了一部分，还有 H_2O，NO，Ne 等未列入。

表 1.4 月球灰、角砾岩释出稀有气体的组成

（10^{-8} cm^3气体/g 样品）[3]

样品及编号	He		Ne			Ar			Kr	Xe
	^4He	$^4He/^3He$	^{20}Ne	$^{20}Ne/^{22}Ne$	$^{22}Ne/^{21}Ne$	^{36}Ar	$^{40}Ar/^{36}Ar$	$^{36}Ar/^{38}Ar$		
月球灰										
10010	11,000,000	2430	200,000	12.4	31.6	35,000	1.1	5.20	21	10
10010	19,000,000	2540	313,000	12.8	29.4	34,000	1.2	5.17	20	4.1
角砾岩										
10018	24,000,000	2650	480,000	13.4	27.8	72,000	2.1	5.16	35	12
10021	37,000,000	3300	750,000	12.4	30.6	100,000	2.1	5.13	28	10
10023	25,000,000	2570	350,000	12.7	29.3	52,000	2.4	5.15	24	11
地壳	—	769000	—	9.8	32.9	—	324	5.35	—	—

根据对月球的直接考察，使我们在研究地球上稀有气体的生成与来源时，有了借鉴、对比和参照的资料，为进一步确定地球上稀有气体的生成和来源，提供了有利的条件。关于地壳上稀有气体的形成与来源，从根本上说，这同地球和其他星球的形成理论紧密相关。在这里对稀有气体的原始生成不拟讨论，而着重论述稀有气体现实生成的情况。现以大气层为例来加以说明(表 1.5)。

表 1.5 大气层中稀有气体的主要来源[4]

^{3}He	氚(^{3}H)蜕变 $^{3}H \longrightarrow {}^{3}He+\beta^{-}$
^{4}He	宇宙射线的初级 α 粒子；岩石圈的某些放射性同位素蜕变出来的 α 粒子
Ne,Kr,Xe 及 Ar(^{40}Ar 除外)	主要来自原始生成，岩石圈、小行星、陨石通过风化等作用，将它们所含有的稀有气体放出来；宇宙射线、其他高能粒子产生的核反应也可生成极少量
^{40}Ar	岩石圈中^{40}K 蜕变
Rn	岩石圈中镭蜕变

^{3}He 由氚(T，半衰期为 12.4 年)蜕变而来，氚可能是由宇宙射线的次级粒子(中子)轰击^{14}N，发生核反应$^{14}N(n,T)^{12}C$ 或$^{14}N(n,T)3^{4}He$ 而产生的；在岩石圈内可产生核反应$^{6}Li(n,\alpha)T$，也产生了氚。氚再蜕变为^{3}He，估计每年由氚生成的^{3}He 达 3.1×10^{26} 原子。地壳中的铀、钍等放射性同位素，也不断向大气中放出 α 粒子($^{4}He^{2+}$)。那么，大气中氦的含量似应有所增加。但实际上大气中的氦约为一恒定值。这是由于氦和氢一样，有足够大的速度，可逃离地球的引力场。根据计算，^{3}He逃离出大气层的 $T_{1/2}$ 为 1.4×10^{6} 年，^{4}He 则为 5×10^{7} 年。逃离的氦和蜕变增加的氦接近抵消，故大气中的含氦量保持不变。

氩可由^{40}K 蜕变而来，^{40}K 可发生两种蜕变

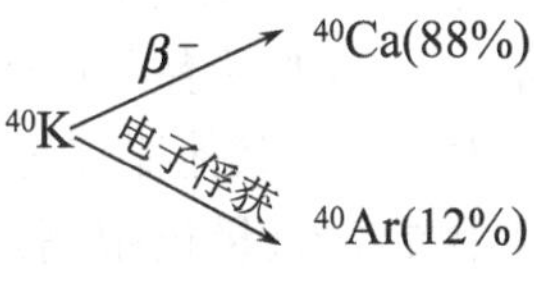

据估计，大气中每年将增加 1.5×10^{30} 个^{40}Ar 原子，而大气中氩的总原子数为 9.85×10^{41} 个。因此每年仅增加约 $1.5\times10^{-10}\%$，对氩的含量几乎无影响。

概括起来，大气中稀有气体的来源有三方面：原始生成的并保留在地球上；由各式各样的核反应产生出来；由外层空间贯穿射入大气层。

从制取稀有气体的可能性来看，最富有现实意义的资源，莫过于空气和天然气。表 1.6 列出了干燥空气中各稀有气体的百分组成。据估计地球大气层的总质量为 5×10^{21} g. 按稀有气体在空气中所占的重量百分率，可以计算出大气层内各

稀有气体的总储量是很大的。连含量最希少的氙，总储量也达 1.95×10^{12} kg(19.5亿吨)。按现有生产技术水平，一般来说，稀有气体是空分工业的副产物。由空分工业(包括合成氨工业中稀有气体受到富集的尾气)所制得的氩、氖等，基本上可以满足需要。随着若干近代技术的发展，对氦的需求量日益增加。如果仅靠空分工业提供的副产物，则产量太低。例如一个日产 1000 吨氧气的空分工厂，即使将相应空气中的氦全部回收，每日仅得 $15m^3$。远远供不应求，只有探寻新的资源。

表 1.6 干空气的成分及大气层稀有气体的总储量

气体	含 量		$1000m^3$干空气中的稀有气体含量(L)	大气层稀有气体总储量($kg\times10^{11}$)
	体积(%)	重量(%)		
氧	20.946	23.139	—	—
氮	78.084	75.521	—	—
氩	0.934	1.288	9340	6.44×10^5
二氧化碳	0.033	0.050	—	—
氖	1.818×10^{-3}	1.267×10^{-3}	18.18	633.5
氦	5.239×10^{-4}	0.724×10^{-4}	5.24	36.2
氪	1.14×10^{-4}	3.29×10^{-4}	1.14	164.5
氙	0.86×10^{-5}	0.39×10^{-4}	0.086	19.5

在二十世纪的二十年代就已广泛地普查了天然气中氦的含量各地区天然气中的含氦量很不一致。有的含量较高，可达 1—2%*；有的含量很低，仅万分之几；个别地区含量很高，如 1954 年在非洲阿扎尼亚的某天然气矿中，发现氦的含量竟达8%(以上含量均为体积百分率)。若一个含氦量为 1—2%的天然气矿，每日开采 10^6m^3，则可提取氦约 10^4m^3。目前总的说来，氦主要靠从天然气中获得，或从以天然气为原料的工业中回收，例如用天然气为原料的合成氨过程中，可从尾气中回收氦。天然气中含有的其他稀有气体都很少，某些天然气中所含其他稀有气体，甚至比空气中还要少，故天然气除回收氦外，对于生产其他稀有气体来说并没有实际意义。

除天然气外，某些放射性矿物的含氦量也很高。将这些矿石加热即放出氦。如钇铀矿、褐钇钽矿、独居石等的含氦量为 $0.8—3.5cm^3/g$ 矿；在方钍石中高达 $10cm^3/g$ 矿。但同天然气中氦的富集、提取方便程度相比较，目前还没有工业生产价值。

海水和其他水源中也含有稀有气体。每升海水含氩 0.2—0.4ml，含氦、氖共 1.7×10^{-4}ml，几乎不含氪和氙。故海水作为稀有气体的资源来说没有现实意义。

---

* 表示 1%—2%。全书表示同此。

氦、氖、氩、氪、氙五种元素所有的天然同位素，都是稳定的，没有放射性同位素。但从空分工业获得的氪具有微量的放射性，这是由于铀蜕变出来的放射性^{85}Kr 进入大气所致。故使用氪时，应考虑放射性同位素^{85}Kr 混入后所产生的影响。

氡的所有天然同位素都有放射性，没有稳定同位素。氡是镭蜕变时的中间产物，凡有镭处必有氡；而镭又是铀系、钍系、锕系蜕变系统中的一个中间产物，所以由此产生的氡气源源不断地进入空气中。全世界各地区空气中含氡量的差异很大。但就整个大气圈而言，仅占大气的 6×10^{-14} ppm。由于氡的比重较大，随海拔高度增加而减少。氡有十多种放射性同位素，半衰期最长的仅 3.825 日。可以设想：如果不继续向空气中补充氡，则不超过一个月，空气中的氡将绝迹。由于各种可产生镭的放射源，总是不断地向空气中提供氡，所以空气中保持一定的氡气量。氡在地壳中的丰度居第 88 位，含量极微，估计^{222}Rn 在地壳中的总量约为 115 吨。

氡除以极少量用于医疗外，目前还没有发现它有什么更多的用途。相反地，氡是严重的公害之一。由于氡是以气体形式存在的，一旦被吸入人畜体内，氡连续在体内产生放射性蜕变，形成了所谓的“内放射”：

$$^{222}\mathrm{Rn}\xrightarrow[T_{1/2}=3.825\ 日]{\alpha}{}^{218}\mathrm{Po}(镭\ \mathrm{A})\xrightarrow[T_{1/2}=3.05\ 分]{\alpha}{}^{214}\mathrm{Pb}(镭\ \mathrm{B})$$

镭 B 还要继续蜕变下去，放出 α，β 射线。由于射线在机体内“内放射”，对组织器官产生严重的损伤，因此应尽量避免吸入氡气，如果用作建筑物的混凝土和砖含有铀或钍，则铀-镭体系的氡，不断在室内逸出。据认为，建筑材料中的平均含铀量应低于 0.004%，以免氡气对人体的危害。

2.3 物理性质

二十世纪以来，已对稀有气体的物理性质作过相当全面的研究，稀有气体的主要物理常数见表 1.7，这些数据定量地反映了稀有气体物理性质的概貌。对于考虑稀有气体的分离提纯、分析鉴定、实际应用、化学反应等方面，都有着极为重要的意义。例如通过测定稀有气体的密度、折射率和导热率，可准确地检验它们的纯度；通过对比各稀有气体的物理常数，可以总结和揭示这族元素原子序数与物理常数的依赖关系和规律性。

同一元素各同位素的物理常数往往有差异。本表中所列的数据，除氡系半衰期最长的一种同位素^{222}Rn 表示以外，其他五个元素都是天然产物，即都各自含有表 1.2 所列的各同位素，并保持着各同位素相对丰度的比例。本表实际上是表征了各天然同位素混合物（按固定的相对丰度比例混合）的性质。可以推想，月球和其他星球稀有气体各同位素的丰度比与表 1.2 所列的不同，所以其他星球同地球上的稀有气体的物理常数应有差异。随着空间技术的发展，将会日益证实这一点。

表 1.7 稀有气体的某些物理性质

序号	物理性质	He	Ne	Ar	Kr	Xe	Rn
1	原子序数	2	10	18	36	54	86
2	原子量	4.003	20.183	39.944	83.80	131.30	(222)
3	原子半径(Å)	2.7	2.8	3.42	3.6	4.05	—
	气态性质						
4	颜色	无色	无色	无色	无色	无色	无色
5	封入放电管内,放电时之颜色	黄色	红色	红色或蓝色	黄-绿色	蓝-绿色	—
6	密度(g/cm^3)	0.17847	0.89994	1.78403	3.7493	5.8971	9.73
7	介电常数,1atm,25℃	1.0000639	1.0001229	1.0005085	1.000768	1.001238	—
8	热容量 C_p(cal/mol),25℃,1atm	4.9680	4.9680	4.9680	4.9680	4.9680	4.9680
9	热容商 $r(C_p/C_v)$,0—20℃	1.63	1.642	1.667	1.689	1.666	—
10	磁化率(10^{-6}cgs/mol)	−1.9	−7.2	−19.4	−28	−43	—
11	折光指数,5893Å,1atm,0℃	1.000035	1.000067	1.000284	1.000427	1.000702	—
12	声速(m/sec),1atm,0℃	969.9	435	307.88	213	168	—
13	热导率(cal/sec. cm. ℃),1 atm	33.90×10^{-5}	11.00×10^{-5}	3.92×10^{-5}	2.09×10^{-5}	1.21×10^{-5}	—
14	黏度(μp),1atm,20℃	196.14	313.81	222.86	249.55	227.40	229.0
15	在水中的溶解度(mL/kg H_2O),分压为 1atm						
	0℃	9.78	14.0	52.4	99.1	203.2	510
	20℃	8.61	10.5	33.6	59.4	108.1	230
	30℃	8.42	9.89	28.5	48.8	85.4	169
	液固态性质						
16	液态的沸点(℃),1atm	−268.935	−246.08	−185.88	−153.35	−108.10	−62
17	液态的密度(g/cm^3),沸点时	0.1249	1.207	1.3998	2.413	3.057	4.4
18	固态的密度(g/cm^3),20K	0.361	1.446	1.764	3.190	—	—
19	气/液体积比	700.3	1341.1	784.0	643.6	518.9	452
20	液态在饱和蒸气压下的热容 C_s (cal/mol·K)	3.45 (4K)	8.64 (25.7K)	10.15 (86—89K)	10.7 (117—123K)	10.65 (163—166K)	—

续表

序号	物理性质	He	Ne	Ar	Kr	Xe	Rn
21	固态的热容(cal/mol)	—	(23.5K)	(80K)	(113K)	(158K)	—
	C_s	—	5.83	7.72	8.38	8.50	—
	C_v	—	4.69	5.74	5.98	5.06	—
22	液体的蒸发潜热(cal/mol·K),在标准沸点下	19.4	414	1557.5	2158	3020	4325
23	固态熔化时的潜热(cal/mol·K)						
	三相点时		80.1	280.8	390.7	548.5	776
	3.5K,1atm	5					
24	升华潜热(cal/mol)0K	12	450	1850	2680	3780	—
25	λ点(K),1atm	2.173	—	—	—	—	—
26	熔点(K),25.05atm	1.00	—	见28项	见28项	—	—
27	液态的声速(m/sec)	180(4.2K)	—	85(87K)	—	—	—
28	气-液-固三相点(K)	无	24.55	83.76	115.95	161.30	202.1
	三相点时的蒸气压(torr)	—	324	516	548	612	2500
	三相点时的密度(g/cm³)	—	1.444	1.623	2.826	3.540	—
29	液态的执导率(cal/sec·cm·K),在标准沸点下	7.5×10^{-5}	31×10^{-5}	28.8×10^{-5}	21.3×10^{-5}	17.5×10^{-5}	—
30	蒸气压(torr)						
	−195.76℃	—	—	206(s)	—	—	
	−182.97℃	—	—	1020(1)	18.5(1)	—	
31	液态的表面张力,在标准沸点(dyne/cm)	0.096	4.77	11.0	—	—	
32	液态黏度,在标准沸点(μp)	30		25.3	—	—	
33	临界常数						
	密度(g/cm³)	0.0693	0.484	0.536	0.908	1.100	
	压力(atm)	2.26	26.9	48.3	54.3	57.64	62
	温度(K)	5.25	44.5	150.85	209.35	289.74	378.1
34	Debye温度,10K时		64	80	63	55	—

2.4 分离方法

氖、氩、氪、氙几乎全部是依靠空气的液化、精馏而提取的。氦因为在空气中的含量很微少，主要从含氦的天然气中获得。某些国家无天然气资源，或有天然气，但其中不含氦。在国际上把氦看作是战备物资，往往有限制出口的情况或规定。因此不得不从空气中提取微量的氦，或从含氦矿物中提取。

在合成氨工业中，将氮-氢原料气合成为氨之后，稀有气体留在尾气中，经不断循环后得到富集，比进入时原始气体的含量高几倍至十几倍；如果合成氨时是以含氦的天然气为原料，则氦也得到富集。用这种尾气提取稀有气体，比直接从空气中提取要经济得多。

从空气、天然气、合成氨尾气中提取稀有气体，都要采用气体液化、精馏等措施，以达到从原料气中分离出单个稀有气体的目的。为此首先要掌握原料中各组分同稀有气体、以及稀有气体彼此之间的溶解度和相平衡关系。至今已对二元体系(如甲烷-氦、甲烷-氪、氩-氧、氩-氮、氦-氮……)和三元体系(如氩-氮-氧等)的相平衡进行过深入的研究，为稀有气体的工业生产提供了理论基础和设计的依据，寻找出了最佳的分离条件。

随着科学技术的发展，对稀有气体的纯度日益提出更高的要求。例如英国生产的各种等级稀有气体的纯度如表 1.8 所示，我国尚未制订出统一的标准。为了获得高纯度的稀有气体，可用化学方法或物理方法去除其中所含有的杂质：前者用化学活性物质去同杂质反应；后者则利用稀有气体及其杂质在吸附性能上的差异。

1. 化学方法[5]

(1) 氧

可用某些金属及其氧化物同氧反应。通常使用由粒状氧化铜还原而得的活性铜，在 450—500℃同氧反应生成氧化铜，温度不可超过 500℃，否则氧化铜要分解出氧。如反应完全，1kg 铜可除去 176l(标准情况下)的氧。将稀有气体中的氧降至 ppm 级。

除活性铜以外，也可用一氧化锰(通常使用软锰矿)来脱氧，生成中间化合物 Mn_3O_4，Mn_2O_3，最后生成 MnO_2，再经氢气还原为一氧化锰而能循环使用。

$$2MnO+O_2 \longrightarrow 2MnO_2$$

$$MnO_2+H_2 \longrightarrow MnO+H_2O$$

表 1.8　英国市售稀有气体规格(1972)[5]

气体	纯度(%)	杂质含量(ppm)										
		He	Ne	Ar	Kr	Xe	N_2	O_2	H_2	CO_2	烃	H_2O
He A级	99.995	—	<10	<1	—	—	<30	<8	<5	>1[1)]	>5[1)]	<7
化学纯	99.999	—	<5	<1	—	—	<5	<2	<1	<1	<2	<5
研究用	99.9995	—	<2	<1	—	—	<1	<1	<0.5	<0.5	<1	<2
Ne 69/31	69±1	31%	—	—	—	—	<100	<10	<10	—	—	<10
化学纯	99.995	<20	—	—	—	—	<20	<5	<2	<1	<1	<5
研究用	99.999	<5	—	—	—	—	<1	<1	<1	<1	<1	<1
Ar 高纯	99.998	—	—	—	—	—	—	<4	<1	<1	<1	<4
研究用	99.9995	—	—	—	—	—	—	<2	<1	<1	<1	<5
Kr 研究用	不低于 99.9	—	—	—	—	<50	<200	<5	<2	<2	<2	<5
Xe 粗	不低于 95	—	—	—	5%	—	—	<10	—	—	—	—
研究用	99.993	—	—	<5	<50	—	—	<5	<2	<2	<2	<5

1) 原文献如此,可能有错误,似应为“<”。

(2) 氮

氮比氧较难于除去，须用活性更强的金属在高温下反应，例如用金属钙来脱氮：

$$3Ca + N_2 \xrightarrow{700℃} Ca_3N_2$$

锂-钠、钙-钠合金或钛也可作为脱氮剂。如有氧存在，这些金属将首先同氧剧烈反应。

(3) 氢

用 CuO 在 350—400℃下同氢化合生成水

$$CuO + H_2 \longrightarrow H_2O + Cu$$

如全部转化，1kgCuO 可脱氢 322L(标准情况下)，在工业生产中如 CuO 过量 30%，很容易将稀有气体中的含氢量降低到 1ppm。

(4) 二氧化碳

将稀有气体通过氢氧化钠或乙醇胺($NH_2CH_2CH_2OH$)，可将二氧化碳脱掉。如果二氧化碳的含量甚低，也可用固体氢氧化钠来吸收。

2. 物理-化学方法

利用个别稀有气体及其杂质沸点的差异或选择吸附性质，可以使稀有气体得到纯化。例如活性炭在低温下对稀有气体有良好的选择吸附性。越容易液化的稀有气体越容易被吸附；在不同的低温下活性炭对它们的吸附能力也不同。在 −180℃时，氩、氪、氙容易被吸附而能同氦、氖分开；氦、氖的分离，可在低温下使氖凝结；或在液态空气温度下，利用氖被碳吸附的特性而分离出来。在活性炭上吸附的氩、氪、氙，可在不同的特定温度下解吸。通过在活性炭上反复进行吸附和解吸，便可达到分离和纯化的目的。

稀有气体中的杂质可用“分子筛”去除。例如令氩-氧混合物通过铝硅酸钠沸石分子筛，则氧被吸附而让氩通过。分子筛还可去除二氧化碳和某些碳氢化合物。为了得到良好的分离效果，往往降低吸附的温度，如在液氮温度下，用分子筛去除氧、氮、甲烷等。稀有气体中的水分可用硅胶等干燥剂去除。

近几年利用某些薄膜的特殊穿透性来分离稀有气体，取得了显著的进展[6,7]，但目前仍处于研究试验阶段，可望在不久的未来进入工业生产规模，薄膜有两种：一种是选择性渗透薄膜，利用高分子薄膜对各种气体的溶解度和扩散系数的差别而分离气体，设 C_1、C_2 为膜内气体浓度，D_1、D_2 为膜内气体的扩散系数，则分离因子同 $C_2 \cdot D_2/C_1 \cdot D_1$ 成正比；另一种是多孔性隔膜，分离气体的原理同气体扩散法分离同位素相似，即利用不同气体具有不同的扩散速度，设 M_1，M_2 为气体的分子量，其分离因子只同气体分子量有关，即与 $\sqrt{\frac{M_2}{M_1}}$ 成正比。

提取稀有气体的主要原料是空气、天然气及合成氨的尾气，现分别简述于下。

2.4.1 从空气中提取稀有气体

从空气中分离稀有气体主要是根据它们物理性质的差异。如表 1.7 所示，稀有气体的沸点随原子序数的增加而降低。利用这种性质上的差异性，可以从液体空气中将它们逐个分离出来。

1. 氩

氩的沸点（−185.88℃）同氖和氦的沸点相距较远，但介于氮（−195.80℃）、氧（−182.97℃）之间。三者的沸点接近，分馏很难将氮、氩和氧很好地分开。蒸发液态空气时，可除去大部分的氮，余下的氧含有氩和少量的氮。经过分馏可从氧中分离出氩和氮来，其中的二氧化碳可用氢氧化钠吸收，这样就得到粗氩。粗氩中还含有氧和氮，氧易于用化学方法去除。其中所含微量的氮较难除尽，可用化学方法和物理方法联合进行分离。

(1) 化学方法

将粗氩通过赤热的镁、钙、铝或钡等金属，可将氮转变为氮化合物，这个过程进行得比较缓慢，须反复进行；若用金属钛则效果较好，但不经济，现多采用物理方法。

(2) 物理方法

可用硅胶或沸石分子筛（如铝硅酸钠或钙硅酸钠）吸附，使氩中甲烷和氮的总量小于 5ppm。氩则穿过氟石的孔隙，纯度可达 99.999%。

2. 氖、氦

从空气分离装置中分离出来的轻质馏分中，氖中含有氦，可在低温下使氖冷凝或用吸附法而使氖纯化。

(1) 冷凝法

氖的凝固点较氦的凝固点高。选择适当的低温使氖凝结为固体而同氦分离。氖的三相点为 24.56K，液态氢的沸点为 20.4K，用液氢为冷冻剂，可使氖冻结，氦则留在气相中，从而得到纯氖。但氖在气相中的蒸气压高达 37.7torr，氦还未得到纯化，而且氖的分离效率也不高。为了降低气相中的氖含量，必须进一步降低冷冻温度。若将液氢进行真空减压蒸发，则可达到 14K 的低温，在这样温度下，氖在气相中的蒸气压可以降低到 10^{-3} torr，这样一来氦也得到纯化了。

将氦-氖混合物压缩，利用 Joule-Thomson 节流效应，氦-氖混合物便自身降低温度而使氖凝结分离。这样就无须用液氢作冷冻剂了。

(2) 吸附法

在低温下用活性炭处理氦-氖混合物，氖优先被吸附，然后采取分馏解吸的方法，反复进行多次，可使氦、氖得到彻底分离，从而获得高纯度的氖。

3. 氪、氙

如表1.6所示，氪、氙在空气中的含量是很少的，每1000 m³的空气中仅含1140cm³的氪和86cm³的氙。但是从大型空分装置所获得的氪和氙副产品仍是很可观的。氪和氙是质量重的稀有气体。氪和氙的沸点分别是－153.4℃和－108.1℃，比氧的沸点(－183℃)和氮的沸点(－195.8℃)都高得多。由于氪和氙的含量很微少，经分馏而得到的氪和氙粗制品中，除含有碳氢化合物外，还含有大量的氧，用普通的方法难以将氧除尽。传统脱氧的方法是通入氢气使它同氧燃烧成水，这个反应过程在充有Cu-CuO的炉内进行。当氧气过剩时，铜被氧化；当氢气过剩时，氧化铜被还原，生成的水则在充填五氧化二磷的塔内除掉。

由于氪和氙的沸点相差较大，它们的混合气体在液氮的冷冻下，氙冻结为固体而分离出来，或将液态的氪和氙混合物精馏，将它们分离。最后的纯化可用活性炭进行选择性吸附，在固定温度下氙被吸附在活性炭上，而氪则被分离出来。然后升高温度，氙即从活性炭上解吸而释放出来。

二甲基硅橡胶膜对氪和氙有良好的分离效果，氙容易透过这种胶膜；乙酸纤维膜则正好相反，氙几乎不能透过它，而氩极容易透过，这种方法特别适合于分离氙和氩。

2.4.2 从天然气中提取氦

空气中含氦很微少，主要靠从含氦天然气中提取。天然气中的主要成分是甲烷和氮。氦的沸点同天然气中其他组分的沸点相差很大，当前都基本上采取深度冷冻分离法。一般经过原料气预处理、提取粗氦、粗氦精制等三个阶段。原料气预处理过程首先是经过乙醇胺吸收，然后经过分子筛和活性氧化铝床进行吸附，以除去原料气中的二氧化碳和水分，每m³的含水量应低于0.000032g，以免影响天然气的压缩液化。经过预处理后的原料气在30atm下通过逐级冷冻，节流膨胀和冷冻分离，将烃类逐步液化分离出来。在选择分离条件时，氦在液态甲烷中的溶解度是一个重要参数。溶解度随温度和压力的变化而异(见表1.9)。为了达到分离的目的，力求选择氦在甲烷中溶解度为最低的条件。

烃类液化后，不冷凝的气体中氦的浓度可达约30%，这就是粗氦。再进入粗氦分馏塔中进一步提浓，使离开塔顶的粗氦浓度达到70—80%。粗氦中含氢，粗氦的净化首先是脱氢。为此首先通入适量的空气，使氢同氧化合成水，生成的水分经干燥除去后，将粗氦加压至190atm，经换热、液氮冷冻，温度降到－208℃，使粗氦中的氮和微量的烃类冷凝分离，此时氦的纯度达到 99.5%，然后在低温下用活性炭吸附残余的氮、氢等杂质，便可得到 99.995%的纯氦。

表 1.9 氦在液态甲烷中的溶解度[8]

T=90.3K		T=106.0K	
压力(atm)	溶解度(mol%)	压力(atm)	溶解度(mol%)
30	0.13	26	0.19
78	0.27	61	0.39
98	0.32	100	0.63
116	0.37	149	0.90
139	0.46	160	0.97
162	0.52	—	—

2.4.3 从合成氨尾气中提取稀有气体

在合成氨过程中，进入体系的空气中的稀有气体经反复循环得到富集，可提浓几倍到十几倍。例如合成氨尾气中的典型组成为 H_2，44%；N_2，22%；Ar，16%；甲烷，18%[5]。如果所用原料天然气中含有氦，则氦也得到富集，一般可提浓几倍到十倍。从某种意义上说，由合成氨的尾气中提取稀有气体，比直接从空气和天然气中提取稀有气体更为经济合理。目前在生产中已普遍采用。

释放出来的尾气经冷冻后，令所含的 H_2 和 N_2 再回到合成氨的原料气中。剩下部分主要含氩和甲烷，经冷冻分离和各种物理化学方法处理即可得到纯氩。

尾气组分在液氨中的溶解度次序是 $H_2<N_2<Ar<CH_4$，在 0—100℃的范围内，溶解度随温度而增加。用液氨吸收法的装置较简单，可使氩很快被提浓，氢、氮和甲烷则返回到合成氨的原料气中[9]。

2.4.4 氡的提取和纯化

氡是镭的裂变产物，镭是提取氡的唯一原料。固态的镭强烈地吸留它放出的氡气，所以只宜从镭盐的水溶液提取。镭不断地放出氡，镭-氡约需 30 日才达到平衡，1g 镭达到平衡时可放出 0.64mm^3(标准情况下)的氡。

镭及其蜕变物的射线，使水辐射分解而生成氢和氧，1g 氯化镭的水溶液，每日要生成 20—50ml 的氢、氧混合物。此外，镭-氡体系不断地进行 α 蜕变而放出氦。所以从镭盐水溶液上抽吸出来的气体含有氡、氢、氧、氦。为了获得纯氡，必须将混合气体纯化分离，其具体步骤如下：

1）从镭盐溶液上抽吸出气体。

2）将上述抽吸出来的气体进行火花放电，使其中的氢同氧化合。这时混合气体的体积大为缩小。

3）用适当的吸收剂去除二氧化碳和水气。

4）用液氮冷冻，使氡在冷凝阱中冷凝，然后抽去其余的气体。

5）将冷凝的氡加热至室温，然后封装入容器内。

2.5 分析测定

稀有气体的发现和鉴定主要是通过发射光谱而实现的。早期分析稀有气体基本上都是用发射光谱仪，后来逐步为质谱分析和色谱分析所代替。氡则通过测定其放射性来确定其含量。

除稀有气体自身外，经常要分析稀有气体中的不纯物，如氧、氮、二氧化碳、甲烷等。对于高纯度的稀有气体，测定稀有气体自身的含量很困难。可分析其中所含的杂质，扣除这些杂质的总含量就可得出稀有气体的纯度。杂质的含量很微少时，则需要用各种超纯分析方法。

结合稀有气体的应用而有某些特殊的分析方法。例如在电光源中充氩和氪，不仅可显著增长灯泡的寿命，而且还可提高发光率。若氩和氪的纯度不够，混有微量的氧和水蒸气，则会同灯泡的钨丝起化学反应，使灯泡寿命缩短和内壁发暗。为了表示特定的纯度要求，对氪和氩提出了“灯泡纯”级的规格。检验的方法就是将氪、氩通入特制的灯泡中，观察通电后钨丝和灯泡内壁颜色的情况来判断氪、氩的纯度。这种灯泡实际上就成为检验氪、氩纯度的仪器了。

目前分析稀有气体主要用质谱法和色谱法，现简介于下：

2.5.1 质谱分析

1. 基本原理

气体（或固体、液体的蒸气）经过细小的毛细孔，进入一低压容器，气态分子 A 被电子束轰击失去电子而变为正离子

$$A \longrightarrow A^+ + e^-$$

然后令离子束穿过电场和磁场。在穿过电场时，正离子流受到加速，以直线向前运动；接着正离子束在外加的强磁场中受到偏转。根据正离子束的质量 m 和所带正电荷 e 的比值 m/e，分为若干离子束。重离子束所受的偏转小；轻离子束所受的偏转大。各离子束到达与静电计相连接的收集器，通过直流放大器、电流计，在示波器上显示出各离子束产生的电流强度。某离子束的离子数越多，则流经电流计的电流强度也越大，便可得到各质荷比 m/e 的离子束的电流强度曲线。可用自动描绘仪加以记录。

2. 定性分析

天然的氦、氖、氩、氪和氙的各种同位素都是稳定的(无放射性)。例如氖共有三种同位素(见表 1.2):^{20}Ne,^{21}Ne 和 ^{22}Ne。当氖受到电子束轰击时

$$Ne \longrightarrow Ne^{+} + e^{-}$$

Ne^{+} 的电荷为 1,^{20}Ne,^{21}Ne 和 ^{22}Ne 的质荷比分别为 20,21,22。天然氖在质谱仪的磁场中分为三个离子束,它的电流强度-质荷比曲线,共有三个峰(图 1.1)。其中以同位素 ^{20}Ne 的峰最高(为了便于图示,将该峰缩小 10 倍,对该峰标以"×10",表示该峰的实际高度为图示高度的 10 倍),说明 ^{20}Ne 在氖的三种同位素中的相对丰度最高,达 90.51%。根据在各 m/e 处出现的波峰,对照表 1.2,即可检出各种稀有气体。

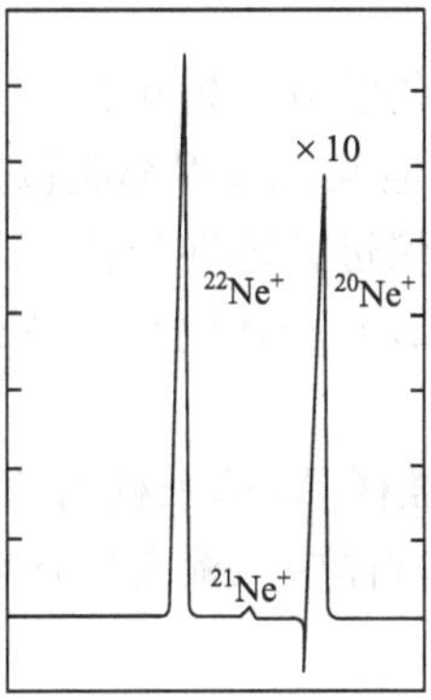

图 1.1 大气中氖的质谱图

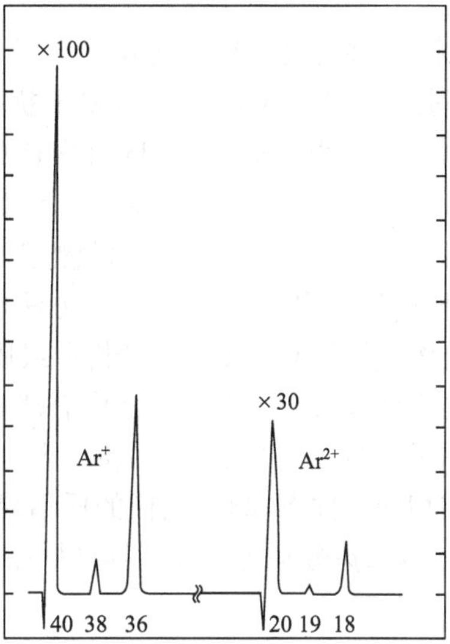

图 1.2 大气中氩的质谱图

天然的氩也有三种同位素 ^{36}Ar,^{38}Ar,^{40}Ar,在电子轰击下,除生成 Ar^{+} 外,也可以脱出 2 个电子生成 Ar^{2+}。它的质谱图见图 1.2.

Ar^{2+} 的质荷比 m/e 为 40/2,恰好和 Ne^{+} 相同,这样,Ar^{2+} 和 Ne^{+} 发生重叠。但这种情况并不多,稀有气体稳定同位素中只有三组相重叠(表 1.10)。这种重叠不至使分析无法进行,因为各稀有气体都具有几种同位素,发生重叠的只是其中一种同位素。如氖、氩发生重叠的仅是 ^{20}Ne 和 ^{40}Ar。其余的 ^{21}Ne,^{22}Ne;^{36}Ar;^{38}Ar 并不发生重叠。

表 1.10　稀有气体稳定同位素质谱分析时峰的重叠

m/e	离　子
20	Ne^{+}，Ar^{2+}
40	Ar^{+}，Kr^{2+}
43	Kr^{2+}，Xe^{3+}

3. 定量分析

质谱峰的高度表征该质荷比离子束的强度，即该同位素的含量。峰高同样品的气压和操作条件有关。若固定样品的气压和操作条件，即在相同气压和操作条件下测定试样和标准样品的质谱峰高度，并加以对比，就可以得出试样中该稀有气体的含量。

一般来说，稀有气体彼此之间的干扰不大。如表 1.10 所示，若试样中氩的含量远远超过氖时，Ar^{2+}（$m/e=20$）要干扰 Ne^{+}（$m/e=20$）的测定。可选用$^{22}N_e$的峰，以免 Ar^{2+} 的干扰；若试样中同时含有 CO_2，在电子轰击下，

$$CO_2 \longrightarrow CO_2^{2+} + 2e^-$$

CO_2的 $m/e=44/2=22$，干扰^{22}Ne 的测定，必要时可用化学方法先除去 CO_2。

各类质谱仪的构造虽不同，操作方法也各有差异，但操作过程都应包括：

(1)先将试样用 Orsat 气体分析器或质谱仪、色谱仪进行定性分析。

(2)在定性分析中如发现试样中有严重的干扰物质时，可用物理方法或化学方法除去；如果被检成分的浓度太低时，应先加以浓缩。

(3)在相同条件下，测得试样的质谱峰高 L_1 和标准样品(单个稀有气体)的质谱峰高 L_2。p_1、p_2分别为试样和标准样品的气压。则试样中某稀有气体含量的粗计算值 C′如下：

$$C' = [L_1/L_2][p_2/p_1] \times 100\text{mol}\%$$

精确值 C'如下：

$$C = 100C'/M \text{ mol}\%$$

M 是样品中各个组分 C'的总和，M 值应在 90—110 之间。如果超出了这个范围，应检查试样中是否遗漏了组分以及实验操作和计算有无错误。

现举一个实例来加以说明：如表 1.11 所示，测定氖、氩、氪混合气体的质谱，$p_1=p_2$，选择 m/e 为 22，40，84 处的波峰高度。22 和 84 处没有干扰；但在 40 处，Ar^{+} 同 Kr^{2+} 重叠，但可以校正。

表 1.11 稀有气体质谱分析的实例

气体	m/e	波峰高度			含量(mol%)	
		标准样品	被测试样		C'	C
			未校正	校正后		
Ne	22	1220	238	238	19.51	19.4
Ar	40	75900	35000	34925	46.01	45.9
Kr	40	216		75	—	—
Kr	80	22190	7720	7720	34.79	34.7
合计					100.31	100.0

根据纯氪(标准样品)的峰高在 $m/e=84$ 处为 22190;$m/e=40$ 处为 216。则 Kr^{2+} 对 Ar^{+} 峰的掺杂为

$$(216/22190)\times7720=75$$

Ar^{+} 在 $m/e=40$ 处的实际峰高应为

$$35000-75=34925$$

然后按前式计算出 C' 和 C 值。除上述定量分析方法外,还可以用稳定同位素稀释法测定稀有气体的含量。稳定同位素稀释法和放射性同位素稀释法在原理上完全相同。只不过前者用质谱仪测定加进去的稳定示踪同位素;后者用放射性探测仪测定加进去的放射性示踪同位素。

2.5.2 色谱分析

由于气相色谱分析具有操作简便、快速、灵敏、样品用量少和成本低廉等优点,已广泛地用于稀有气体及所含不纯物的分析中。在很大程度上已取代了发射光谱和质谱分析。但并不是完全排斥了发射光谱和质谱分析方法。事实上,这三种方法互为补充,当色谱分析遇到疑难时,往往要借助于发射光谱和质谱分析以进行校核。

1. 基本原理

在讨论稀有气体的分离提纯时曾提到,吸附剂对各种稀有气体的吸附有良好的选择性,越容易液化的气体越容易被吸附。利用吸附剂对它们吸附力强弱的差别,反复地进行吸附、解吸而达到分离纯化的目的。色谱分析就是利用这个原理将稀有气体和所含不纯物分离后,用物理方法对单个组分进行鉴定和测定。色谱分析过程大致可分为色层分离和检验两个部分。

(1)色层分离

选用适当的吸附剂装入吸附柱中,然后将待测气体同载气(如二氧化碳、氮、

氦、氩等)混合并通过吸附柱,被测气体经选择吸附而逐个地被分离。氦、氩作载气有许多优越性,但只有试样中不需要测定氦、氩时才中以使用。

为了在吸附柱上使混合气体中各个组分得到分离,可以改变吸附柱的温度。如果逐次地适当提高吸附柱的温度,可使被吸附较牢的气体逐个地解吸出来。

(2)检验

被分离后的单个气体被引入检验小池中,用物理方法测定。对稀有气体通常用测定热导率的方法。气体不断流经检验小池,在其中只停留短暂时间,被称为"保留时间"。在某一"保留时间",热导仪自动记录下该保留时间小池内气体的热导率,从而得到自动记录下来的热导率-保留时间曲线。各个组分显示一个相应的波峰。图 1.3 是氦、氖、氢混合物的色谱图。

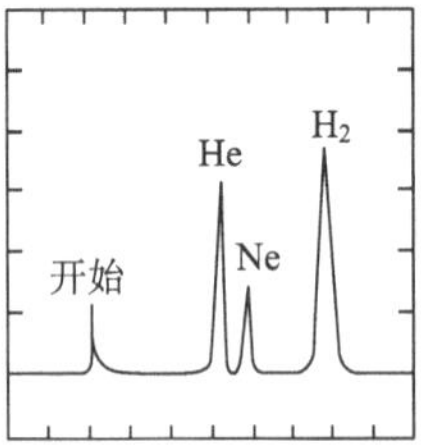

图 1.3　氦、氖、氢混合物的色谱图

热导率测定法的灵敏度可检出 10ppm。若要进一步提高灵敏度,可用电离法:以氦(或氖、氩)作载气,使它同被检的单个气体一起引入检验小池中,用放射源或电火花先将载气激发到介稳态。处于介稳态的载气将能量传递给被测组分使它电离;然后测定电离电流而得出被测组分的含量。例如用氩作碳氢化合物的载气,采用上述方法可检出 0.03ppb 的丙烷。

如试样中含有可燃组分和氧时,可测定它们的燃烧热而得出该组分的含量。

2. 定性分析

用相同的操作条件测出试样和标准样品的色谱图,根据标准样品的"保留时间"进行对照,就可以检出各种稀有气体和所含的不纯物。

"保留时间"只是一个相对量,随仪器的结构和操作条件(例如吸附剂特性、吸附柱长度、吸附柱温度、气体的流速和压力等)而变化。某些气体(例如氧和氩)的保留时间相同。为了避免错误,最好用质谱分析或发射光谱分析对照和校核。

3. 定量分析

根据试样中某一组分色谱波形所包括的面积和标准样品色谱波形所包括的面积,按下式就可以求出被测组分的含量

$$C = p'V'A'C'/pVA \ \text{mol\%}$$

C'是标准样品的含量;p 和 p'分别是试样和标准样品的压力;V 和 V'分别是试样和标准样品的体积;A 和 A'分别是试样和标准样品波形包括的面积,可以用几何近似法求积,或用自动积分器求积,也可将记录纸上的面积剪下来秤重。

如果遇到有各组分的波形发生重叠时,应控制操作条件,例如减少样品用量、

减少载气的流速、降低吸附柱的温度、增加吸附柱的长度等，借以保证各组分的波形不发生重叠。

为了提高灵敏度和准确性，可将色谱分析和质谱分析联用。从吸附柱分离出来的单个组分直接通往扫描质谱仪中进行测定。也可以通过质谱分析检查吸附柱的分离效果，以便及时改善吸附柱分离的操作条件，提高色谱分析的灵敏度和准确度。

2.5.3 其他分析方法

稀有气体和所含不纯物的分析，还有许多方法。有如折射率分析、密度法、声速法、磁导率法、X光萤光光谱分析、中子活化分析、氡的放射性分析、不纯物的化学分析、电极去极化分析等。对这此方法这里就不一一讨论了，有需要时可以参考有关的专著[4,8]。

2.6 稀有气体的主要用途

2.6.1 氦

氦的生产量和消耗量是很大的，1975年全世界的产量为$890\times10^6 ft^3$，其中美国的产量占80％。氦的主要用途如下。

1. 核反应堆的冷却剂

原子能反应堆需要用适当的液体和气体作冷却剂和导热的介质。氦是一种理想的冷却剂，这是由于它有许多优点，例如它的中子吸收截面很小，不生成放射性同位素；它的导热率高，因而冷却和传热的效率高；它的质量轻，抽送泵的动力消耗小；它的光学透明性好，便于操作；它还不侵蚀反应堆的结构材料，不像氢气具有向金属扩散引起金属变脆、二氧化碳在高温下和石墨反应生成一氧化碳等缺点。所以氦已成功地用作大型反应堆的冷却剂。

2. 潜水用的呼吸气

潜水员在水下工作时，如果用空气作呼吸气，在深水下由于压力很大，氮在血液中有较高的溶解度，当潜水员骤然浮出水面时，外界压力减小，氮气从血液中逸出要产生致命的“气塞病”。为了解决这个问题，最初是让潜水员以很缓慢的速度由水下上升，待氮气慢慢从血液中逸出，但这样太费时间，工作效率低。用氦和氧气配制“呼吸气”，供潜水员在水下使用，潜水员可迅速浮出水面不致出现气塞病。但氦的导热率高，使潜水员体内的热量损失增大；氦对声音的传播速度也很高（达969.9m/sec，见表1.7），使声音失真，给通讯联系带来困难。用氖代替氦，可克服这些缺点，但氖-氧呼吸气的成本过高。目前大多使用氦-氖-氧呼吸气，成本不很高，又能满足实际需要。随着大陆架的开发，特别是海底石油的开采，呼吸气的消耗量日益增加。

3. 飞船的浮升气体

在二十世纪的二三十年代，飞船是唯一的航空工具。最初飞船的浮升气体用氢气，氢气的密度最小，浮举力最大，但易引起燃烧爆炸。氦的密度仅略大于氢，浮举力只比氢小8%，但不着火。当时由于飞船设计和操纵技术有缺点，抗风暴的能力很差，致使几艘巨大的飞船都毁于风暴。从此飞船就中断了发展，被飞机所取代。

到七十年代，石油的价格猛涨，而飞船所需的功率仅为飞机的1/20，对燃料的消耗比飞机少得多；还由于在某些特定条件下，飞船能起其他交通工具不能起到的作用。因此近几年对飞船又重新引起了相当的重视。飞船的速度虽比飞机慢，但燃料消耗少，载重量大，噪声小。运输成本只相当于飞机的1/5，或载重汽车的1/3。特别适用于地形崎岖和交通不便地区的开发和建设，尤其适于成套工业设备的短途吊运，无须拆装。例如用飞船吊运整套油田钻井架、整座预制房屋等，可给生产和建设带来许多方便。在林区集运木材不致损坏山林的自然面貌。由于飞船能够担负现有各种交通运输工具无法完成的任务，现已有载重200吨以上的飞船。采用金属外壳结构，同时配备现代航空和无线电设备，增加了抗风暴能力，保证了飞船的安全。所以充氦飞船有良好的发展前景。国外有人估计到二十世纪末，民用航空的80%将由飞船承担。飞船将成为氦的主要用户，氦气的需求量将大幅度增加。

4. 其他

氦还用作焊接的保护气氛，用于宇宙开发（火箭燃料的压缩剂）、超导发电，超高真空及超低压工程以及气相色谱的载气等。

2.6.2 氖

如前所述，氦-氧呼吸气有热导率太高和传声失真等缺点。氖的热导率（11.00×10^{-5} cal/sec·cm·℃）比氦低，声速（435m/sec）也比氦低。故氖-氧混合物是理想的深水呼吸气。氖早就用于霓虹灯和电子工业中作为充气介质，现在又用作激光工作物质。液氖的沸点（20.07K）同液氢接近，但它的密度大，蒸发潜热高，又不易蒸发，而且不着火，比液氢安全，所以液氢是很好的低温冷冻剂。

2.6.3 氩

氩过去主要在铌、钼、锆等难熔金属的冶炼中作为保护气。铝、铝合金和不锈钢的电弧焊接以及半导体材料单晶成长时也要用氩作保护气。近年发展起来的氩-氧炼钢,可以把钢水中的氢、氮等杂质吹除干净,增加钢材的耐氧化性、抗腐蚀性,同时提高了钢材的机械强度并降低了炼钢的成本。氩-氧混合脱碳法炼钢经过二十多年的研究,现已投入工业生产,被列为第七种基本冶炼方法,仅欧洲每年已用这种新方法炼钢数百万吨[10]。这样一来,氩的需求量就急剧地增加起来了。例如日本在 1975 年炼钢用氩达 840 万标准m^3,比 1970 年增加 4.2 倍。

此外,氩早就用作白炽灯的充填气体,用以减弱钨丝的挥发和热的散失,从而提高发光率和延长灯丝的寿命。氩还用作电子管的充填气体和大型色谱的载气。

2.6.4 氪和氙

氪的热导率比氩还低,更适宜作电光源的充填气体。氪和氙都具有几乎是连续的光谱,故在高压电弧放电下,产生极为明亮、类似日光的光线,被叫做“小太阳”。除用于特殊照明外,主要用作固体激光器的激励光源。例如用弧长 75mm 的石英氪弧灯激励掺 Nd^{3+} 的钇铝石榴石激光器,可获得 100W 以上的连续输出。

氪、氙本身又是激光工作物质。在基础科学研究中,它们早就用作核探测仪器中的充填气体,或用液氙作探测基本粒子的气泡室工作液。氪和氙具有标准的球形对称结构,可用它们作为标准物质以测定其他物质的偶极矩。氪容易被吸附,氪是理想的球形粒子,因此用它来测定固体的表面积。

氙在医药中是性能极好的麻醉气体。氙-氧混合气体可产生深度麻醉,具有副作用小、诱导和恢复期都很短等优点。但由于氙的价格昂贵,难于普遍使用。

参考文献

[1] 冯光熙、黄祥玉,《稀有气体化学》,科学出版社(1981).

[2] H. Hintenberger, H. W. Weber, H. Voshage. H. Wäntse, F. Begemann. E. Viescek, F. Wlotzka, Science, 167, 543(1970).

[3] J. G. Funkhouser. O. A. Schaebber. D. D. Bogard, J. Zähringer, Science, 167, 561(1970).

[4] C. A. Cook (ed.). "Argon, Helium and the Noble Gases". Interscience (1961).

[5] J. C. Bailar Jr (ed.). "Comprehensive Inorganic Chemistry". Pergamon press, vol. 1(1973).

[6] M Ohno, Radiochem. Radio-Anal. Letters, 27. 299(1976).

[7] 日本特许公报,昭 51—12031.

[8] В. Г. Фастовский, А. Е. Ровинский, Ю. В. Петровский. "Инертные газы", Атомиздат, 77(1964).

[9] S. Lynn, C. Alesandrini. Ammonia Plant Safety and Related Facilities, 16, 80(1974).

[10] A. L. Hodge, Tech. Moderne, 67(12), 37(1975).

1.3 氙的化合物[1]

3.1 制备稀有气体化合物的早期工作

自十九世纪末和二十世纪初发现稀有气体后，曾用各种化学试剂进行过试验，但未发现有化学反应。于是将这族元素叫做“惰性”气体。尽管如此，仍有少数人试图合成稀有气体的化合物，在文献中不时有这方面的报道，现概括如下。

在 1932 年 Antropoff 报道，将氪同氯或溴用放电法反应，在液态空气冷冻捕集器内，得到比氯更容易挥发的暗红色物质。他认为这是氪的卤化物。随后有人采用这个方法，试图将氩同氟、氪同氟合成为化合物，未能成功。这时 Antropoff 又重申坚信他们已合成了氪的卤化物。但不久又自我否定了他们原来的报道，认为前述氪的卤化物实际上是氧化氮和卤化氢，并未合成到氪的卤化物。

Yost 受到 Antropoff 第一次报道的启示，而当代著名化学家 Pauling 在 1933 年又从离子半径的计算，预言可制成 XeF_6，KrF_6，氙酸及其盐。于是 Yost 用紫外线照射法和放电法试图合成氯化氙和氟化氙，但也都没有成功。放电法合成氟化氙的具体方法，是将氟(600torr)和氙(30torr)混合后，在铜电极间施以 30kV 的电压进行火花放电。但未检验出有氟化氙的生成。

令人很感兴趣的是，事隔 30 年以后，在 1963 年却由 Kirshenbaum 用放电法成功地合成了四氟化氙。如果 Yost 在当时继续这项研究，是很有可能在那时就突破这一领域，而不致延误达 30 年之久。Yost 在 1963 年的一次关于稀有气体化合物的国际会议上致词，遗憾地回顾了 1933 年用放电法未能合成氟化氙的情景。这个事实在科学史上表明了一个值得吸取的教训。

自 1932—1933 年试图合成稀有气体的卤素化合物遭到失败，在其后的 30 年中，很少再有人作这方面的尝试，而转向于研究稀有气体的分子化合物了。

3.2 包　合　物[2]

两种不同的分子互相结合在一起成为一种组成一定的化合物，叫做分子化合物。包合物是分子化合物中的一种。往往是以大分子(“主体分子”)包容着小分子(“客体分子”)，靠分子间的 van der Waals 力结合起来。能否形成包合物还主要决定于主体分子和客体分子间的几何因素是否合适。根据主体分子所构成的形状，包合物又可以分为管状包合物和笼状包合物。稀有气体基本上都是被包容在笼状的主体分子内。即主体分子构成笼状晶格，把稀有气体包藏在笼中。它们的分子式可写成为 $n\text{H}\cdot m\text{G}$，其中 H 是主体分子，G 是客体分子，n 是每一个笼体单元所含有的主体分子数，m 是每一笼体单元内包藏客体分子的最大数目。

稀有气体的包合物在近几十年内曾被广泛地研究过。由于这种包合物有可能用于储存稀有气体而引起了人们的兴趣，至今在文献中还不时有新的报道。现按主体分子的种类对氙及其他稀有气体所形成的包合物，选择其中主要的介绍于后。研究包合物时，往往是对各种稀有气体同时进行，因此将氩、氪和氙的包合物放在一起来讨论。

3.2.1 同水形成的包合物

冰是以氢键而结合的笼状晶体，在低温和高压下，稀有气体充填在笼体空间内而形成包合物。迄今已确定氩、氪、氙、氡都能同水生成包合物。氦和氖即使在高压下也不能生成这种包合物。稀有气体(Rg)同水生成包合物的分子式为 $46H_2O\cdot 0.8Rg$，按理论计算，当水分子形成的笼体结构所包藏的 Rg 达到最大限度时，同每一稀有气体原子相对应的水分子数为 5.75.

各种稀有气体水分子包合物的性质如表 1.12 所示。它们的 van der Waals 键能可表示出包合物的稳定程度。由于水变成冰时要放热，因此包合物分子的生成热减去水变成冰所放出的热能，才是包合物的 van der Waals 键能。

表 1.12 稀有气体水分子包合物的性质

气体	H_2O				D_2O(重水)
	1 大气压下的分解温度(℃)	0℃时的解离压力(atm)	$Rg\cdot 5.75H_2O$ 的生成热(kcal/mol)	van der Waals 键能(kcal/mol)	1 大气压下的分解温度(℃)
Ar	−42.8	105	—	—	—
Kr	−27.8	14.5	13.9	5.65	−25.1
Xe	−3.4	1.5	16.7	8.45	−3.2
Rn	—	1	—	—	—

包合物分子的生成热 ΔH_f 可按下式计算

$$Rg(g)+5.75H_2O \longrightarrow Rg\cdot 5.75H_2O+\Delta H_f$$

5.75molH_2O 变成冰时放出的热量为

$$5.75\text{mol}\times 0.0797\text{kcal/g}\times 18\text{g/mol}=8.25\text{kcal}$$

因而包合物中每 mol 氪的 van der Waals 键能是：

$$13.9-8.25=5.65\text{kcal}$$

这样计算出来的 van der Waals 键能只是近似值。实际上，水变成普通的冰与水变成笼形晶体的冰时所放出的热量并不完全相等。

从表 1.12 还可以看出，这些包合物的稳定性是随稀有气体原子序数的递增而增大的。

氙同水形成的包合物可以用作麻醉剂，Pauling[3] 曾对这类包合物的结构进行过探讨。除稀有气体水分子包合物外，1960 年制成了一系列(共 12 种)的稀有气体同水分子和有机分子共同结合的包合物。其分子式为 Or · 2Rg · $17H_2O$。Or 为丙酮、二氯甲烷、三氯甲烷和四氯化碳，Rg 为氩、氪和氙。这 12 种包合物中，以氙的包合物较为稳定，其中又以 CCl_4 · 2Xe · $17H_2O$ 为最稳定。它在 1atm 下到 13.7℃时才分解。最不稳定的是$(CH_3)_2CO$ · 2Ar · $17H_2O$(1 大气压下在 −8℃时即分解)。

3.2.2 同氢醌形成的包合物

三个分子的氢醌可以通过分子间的氢键形成环状结构，每两个环状结构，一正一反，又构成一个笼体。将稀有气体填充其间就形成一种包合物。氢醌有三种可以互变的晶形，其中以 β-氢醌所形成的包合物最稳定，但纯 β-氢醌的笼状结构并不能牢固地包容稀有气体，必须在笼中嵌入其他大小适当的分子(如甲醇、水)，才能使稀有气体包合物稳定。制备这种包合物时，必须给稀有气体保持相当大的压力，但一经形成包合物以后，就比较稳定了。例如氩-氢醌包合物，在 1atm 的空气中放置数周，氩的损失不超过 10%。现已制成了氩、氪和氙的包合物。它们的性质列示在表 1.13 中。至今还没有得到过氦的氢醌包合物。氖须在 160atm 下才能生成包合物。

表 1.13 稀有气体-氢醌包合物的性质

	形成包合物时的气压(atm)$^{1)}$	分子式	包合物所含稀有气体的重量(%)
Ar	40	$[C_6H_4(OH)_2]_3$ · 0.8Ar	8.8
Kr	30	$[C_6H_4(OH)_2]_3$ · 0.74Kr	15.8
Xe	14	$[C_6H_4(OH)_2]_3$ · 0.88Xe	26.0

1) 有水存在下。

3.2.3 同苯酚和氟代苯酚形成的包合物

氩、氪和氙同固态或熔化态(熔点 40℃)的苯酚可以生成包合物，它们的分子式为$(C_6H_5OH)_{12}$ · mRg，m 值和性质见表 1.14。

反应堆中的^{235}U 裂变时，要放出放射性的氪和氙，处理不当，要造成公害。过去采用先储存、待其放射性降低后，通过高烟囱向空中排放的办法来处理[4]。如果用生成包合物的方法将氙和氩分离，是具有一定现实意义的。至今已对苯酚及其衍生物和稀有气体所生成的包合物进行了广泛的研究。从大量实验结果总结出一条规律：凡衍生物的分子长度超过甲酚的（如硝基酚、氯代酚、溴代酚），就不能同稀有气体生成包合物；反之，衍生物的分子长度小于甲酚的（如氟代酚），则都能同稀有气体生成包合物。近年来，根据氟代苯酚-氙的二元体系相图，确证了对-氟代苯酚、邻-氟代苯酚同氙生成的包合物，它们的分子式为$(FC_6H_4OH)_6 \cdot Xe$。

表 1.14 稀有气体-苯酚包合物的性质

	分解压力(atm)			m(峰值)		0—40℃间的生成热(kcal/mol 气体)
	0℃	25℃	40℃	固态苯酚	熔化苯酚	
Ar	33	136	335	2.92	—	−9.85
Kr	6	20	55	2.14	2.92	−8.97
Xe	1	3	6.5	4.0	4.0	−8.8

3.2.4 其他包合物

4,对-羟基苯-2,2,4-三甲基色满同氩生成包合物，分子式为$(C_{18}H_{20}O_2)_6Ar$。给这个包合物加热时，放出气体的体积为包合物体积的 15 倍以上。

此外，稀有气体“包藏”在泡沸石的情形同包合物很相似。但泡沸石同稀有气体没有固定的定量组成关系，不能看作是包合物。泡沸石包藏稀有气体可以认为是一种吸附过程。

3.3 复合氟化物

3.3.1 $XePtF_6$

1962 年 6 月，在加拿大工作的英国青年化学家 Bartlett 发表了制成六氟合铂酸氙的简报[5]，震惊了化学界。Bartlett 原来从事无机氟化物方面的研究工作，自 1960 年以来，文献上报道了几种新的铂族金属氟化物，其中有一种是铂的高价氟化物 PtF_6。它是一种极强的氧化剂，氟化能力比单质氟还强，氟的标准电势为 2.87V：

$$F_2 + 2e^- \rightleftharpoons 2F^- \quad E^\circ = 2.87V$$

而 PtF_6的标准电极电势为：

$$PtF_6 + e^- \rightleftharpoons PtF_6^- \quad E^\circ > 2.87V$$

即较氟的标准电极电势更高。PtF_6的电子亲和力达 170kcal/mol，这也表明它的氧化本领是异常强烈的。Bartlett 等在一次实验中，将铂（或铂盐）同氟在玻璃或石英仪器中进行反应时，意外地得到一种深红色的固体，能在低于 100℃的真空中升华。经过各种分析，终于证明这种红色物质的化学组成为 PtO_2F_6。他为了验证并合成这种化合物，按照它的化学组成，用 PtF_6的蒸气同氧气按等 mol 比在 21℃时混合，果然也得到深红色固体，经 X 光衍射和其他实验，确定此化合物的分子式应为 $O_2^+PtF_6^-$，其反应式为

$$O_2 + PtF_6 \longrightarrow O_2^+PtF_6^-$$

这是第一次制成含二氧基阳离子 O_2^+ 的盐。他考虑到氧分子的第一电离势为 12.2eV。既然 PtF_6都可将氧分子氧化为 O_2^+，而氙的第一电离势仅为 12.13eV，比氧的第一电离势还略低，那么氙也应有可能被 PtF_6氧化。他同时计算了晶格能。如果生成 $XePtF_6$，它的晶格能应比 O_2PtF_6的晶格能还要小 10kcal/mol. 从上述两点推测得出结论：用 PtF_6和氙反应，完全有可能合成 $XePtF_6$。他于是仿照合成 O_2PtF_6的方法，将六氟化铂的蒸气同氙按等 mol 比在室温下混合，果然立即生成了橙黄色的固体，其分子式为 $XePtF_6$

$$Xe + PtF_6 \longrightarrow XePtF_6$$

就这样，合成了具有历史意义的第一个含有化学键的"惰性"气体化合物。它在室温下是稳定的，它的蒸气压低到可以忽略不计。它的粉末发黏，甚至在低温下也难磨细。它不溶于非极性的四氯化碳中，这意味着它可能是一种离子型化合物。遇水则迅速分解，并放出气体

$$2XePtF_6 + 6H_2O \longrightarrow 2Xe + O_2 + 2PtO_2 + 12HF$$

实验证明，随着 Xe 与 PtF_6用量的不同，氟铂酸氙的组成可在一定范围内变动。$Xe(PtF_6)_x$中的 x 值介于 1—2 之间。

3.3.2 $XeMF_6$型化合物

除 $XePtF_6$以外，某些金属或非金属的六氟化物 MF_6也可以同氙生成 $XeMF_6$型化合物。但不一定从 MF_6出发，可以用 MF_5同氙和过量的氟作用，也可用 MF_5同氟化氙反应而生成。

将氙、氟和固体的 PF_5混合，并进行辉光放电，即生成不稳定的 $XePF_6$。在这个放电过程中，氙和氟能同玻璃仪器反应并生成固体的 Xe_2SiF_6。

XeF_2同某些金属的五氟化物也可以生成 $XeMF_6$型的化合物。例如将 XeF_2溶解在无色液态的 SbF_5中，生成一种绿色溶液。从绿色溶液中可以分出一种黄色固体，它的化学组成为 $Xe(SbF_6)_2$，熔点为 60℃，在室温下没有可察觉的蒸气压，在玻璃器皿里放置数月之久也不发生变化，这都说明它很稳定。根据它的熔点和沸点都不太高，推测它有可能是一种分子加合物。它的红外光谱在 $600cm^{-1}$处有吸收峰，和 SbF_6^- 相符，说明它是一种离子型的分子加合物。XeF_2和熔融的 TaF_5反应，也得到灰黄色固体 $Xe(TaF_6)_2$。通过对 $Xe(SbF_6)_2$，$Xe(TaF_6)_2$的研究，更进

一步明确了 $XeMF_6$ 型化合物实质上是氟化氙的分子加合物。从这里得到启发，以后陆续制成了数以百计的氟化氙加合物。

仿照合成 $XePtF_6$ 的方法，也合成了 $Xe(RuF_6)_x$。当氙同六氟化钌的用量为 1∶3 时，所得产物的外形很不均匀，似乎还有一些被还原出来的 RuF_5，说明有副反应存在，即同时发生了一种氧化还原过程。从这里得到一个重要的启示：至少有一部分 RuF_6 和氙生成了氟化氙，RuF_6 实际上起着氟载体的作用。于是他们用氟直接同氙反应，制成了氟化氙。从某种意义上说，$XeMF_6$ 型化合物在历史上起到了通向制成氟化氙的桥梁作用。

3.4 卤 化 物

3.4.1 氙-氟平衡体系

从氙和六氟化钌的反应过程中，发现氟可以同氙起化学反应，于是用氟直接同氙化合，先后制成了 XeF_4、XeF_2 和 XeF_6。最初停留于研制各别的氟化氙。后来发现 XeF_4 很难提纯，总是含有 XeF_2 和 XeF_6。这就促使人们去研究氙-氟二元体系，弄清了氙、氟化合时的反应过程。

氙-氟二元体系在加热下，只生成 $n=2,4,6$ 的 XeF_n；即使在高压下，也未生成 $n>6$ 的 XeF_n。反应如下：

$$Xe + F_2 \rightleftharpoons XeF_2 \quad K_2$$
$$XeF_2 + F_2 \rightleftharpoons XeF_4 \quad K_4$$
$$XeF_4 + F_2 \rightleftharpoons XeF_6 \quad K_6$$

平衡常数如表 1.15 所示。从平衡常数可以看出：这三种氟化氙在室温下都很稳定；只要选择适当的反应条件，就可以制得很纯的 XeF_2 或 XeF_6。但 XeF_4 中往往

表 1.15 氙-氟平衡体系的平衡常数

K / ℃	$K_2=\frac{[XeF_2]}{[Xe][F_2]}$	$K_4=\frac{[XeF_4]}{[XeF_2][F_2]}$	$K_6=\frac{[XeF_6]}{[XeF_4][F_2]}$
25	$\underline{1.23\times10^{13}}$ 1)	$\underline{1.34\times10^{11}}$	$\underline{8.6\times10^{5}}$
250	$\underline{8.79\times10^{4}}$	1.43×10^{3}	0.944
300	$\underline{1.02\times10^{4}}$	1.55×10^{2}	0.211
350	$\underline{1.67\times10^{3}}$	27.2	0.0558
400	$\underline{3.59\times10^{2}}$	4.86	0.0182
501	29.8	0.50	3.3×10^{-3}

1) 数字下有横线者为计算值。

要掺杂 XeF_2，XeF_6；平衡常数随温度降低而增高，似乎低温对于反应有利；但温度过低，反应速度太慢，没有实际意义。例如将氙、氟混合物加热，须在温度高于120℃时，才发生可以察觉的反应。当反应温度超过 250℃时，反应则迅速达到平衡。从实用的观点出发，250℃被认为是氙和氟加热合成氟化氙的最低极限值。

除反应温度外，氙和氟的比值以及初始压力对氟化氙的生成也有很大的影响。从图 1.4 可以看出，用加热法不可能得到很纯的某一种氟化氙，产物总是一种混合物[6]。

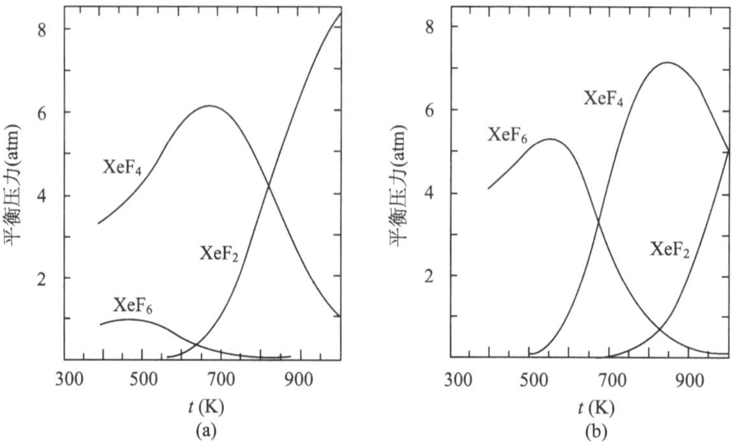

图 1.4 温度和压力对 XeF_2，XeF_6生成的影响

(a)初始条件：每 1000ml 含 125m mol 的 Xe 和 275m mol 的 F_2。

(b)初始条件：每 1000ml 含 125m mol Xe 和 1225 m mol 的 F_2。

催化剂对氟化氙的合成有重要作用。镍、钴、钙的氟化物可显著地增加氙、氟的反应速度，Ag_2O 和 Ni_2O_3 更为突出，它们甚至在零度下可引起氙同氟的爆炸反应。某些化合物还显示出选择性催化的性质，例如用 MgF_2 作催化剂，$Xe:F_2=1:10$，在 120℃实际上只生成 XeF_2；而在相同条件下，若用 NiF_2 作催化剂，则只生成 XeF_6，甚至当 $Xe:F_2=1:5$ 时也是如此。为了使氙-氟体系迅速反应，达到平衡并生成某种预想的氟化氙，可以选择适当的催化剂。

氙-氟体系反应的产物迄今只得到 XeF_2，XeF_4 和 XeF_6。含奇数氟的氟化氙以及 XeF_8 还没有被确证过。XeF 自由基是一个瞬时存在的粒子，它的半衰期是 20μsec。

3.4.2 四氟化氙

1. 制备

制备 XeF_4 可以用加热法、放电法、光化学法、高能辐射等方法。其中以加热法为最简单，光化学法可以连续进行，而且氙同氟按定量关系全部反应，不须用过量的氟。现只着重介绍加热法。

将体积比为一份氙和 5 份氟的原料气输入镍反应器内，在 400℃下保持 1 小时，然后用水将反应器迅速冷却至室温。再将反应器放入 −78℃的冷冻浴内，抽去未反应的氟，就得到一种无色固体。根据反应中氙和氟的消耗量计算，这个化合物中 F/Xe(原子比)近于 4。当氟过量时，氙全部反应。为了进一步确证这个化合物的组成，称取一定量的固体产物，用过量的氢在 130℃下还原，得到氙和氟化氢。用氢氧化钠溶液吸收氟化氢，然后用盐酸进行反滴定，从下列反应式证明产物是 XeF_4：

$$XeF_4 + 2H_2 \xrightarrow{130℃} Xe + 4HF$$

XeF_4 是一种无色的单斜晶体，在室温下稳定。图 1.5 是在石英小池中(室温下)拍摄的照片；图 1.6 是 XeF_4 单晶放大后的照片。

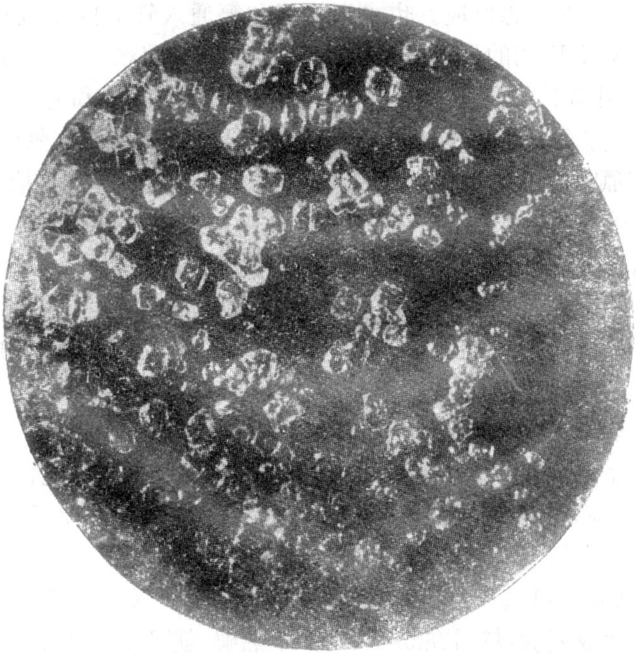

图 1.5 XeF_4 晶体，在直径为 22mm 的石英小池中拍摄

图 1.6　XeF_4单晶放大后的照片

这样就合成了第一个简单的二元稀有气体化合物。在这种加热合成方法中，氙同氟的反应是一种静态反应。也可以将氙和氟通入管道内在流动下加热生成 XeF_4。最初合成 XeF_4用的是单质氟，单质氟不仅制备困难，还由于它的剧毒和危险性，操作和使用都不方便。因而后来人们研究用性质较温和的含氟化合物来代替单质氟。在这方面的工作已取得了进展，载入了有关的专利文献中[7]。

用 N_2F_2和氙在低于 200℃的温度下加热，可生成氟化氙(主要成分为 XeF_4，并混杂少量的 XeF_2 和 XeF_6)；如 N_2F_2过量时，则生成的 XeF_6 较多。为了制备含 XeF_4为主的氟化氙，1mol 氙至少需要 2mol 的 N_2F_2，加热至 80—130℃，然后在低温下抽去未反应的气体和副产物，便可得到含 XeF_4较多的氟化氙。将 CF_2Cl_2 同氙相混合，在高频放电下也能生成含 XeF_4 较多的氟化氙。未反应的气体经反复循环，可使 CF_2Cl_2同氙达到定量反应。

制备 XeF_4除上述加热法外，其他方法见表 1.16。

XeF_4中常含有 XeF_2，为了制取纯的 XeF_4，可在 XeF_4-XeF_2混合物中加入二氟化钴进行氧化反应，将 XeF_2进一步氧化成为 XeF_4。也可以将 XeF_6热解来制备纯的 XeF_4；在 XeF_6中加入氟化钠，mol 比为 NaF ∶ XeF_6＝1 ∶ 6 ∶ 7，然后进行热解，就可以得到很纯的 XeF_4。也可以将 SnF_4加入 XeF_2和 XeF_4和混合物中，XeF_4在室温下同 SnF_4生成复盐，然后在 50—100℃下热解，就可以得到纯的 XeF_4。

表 1.16　合成 XeF_4 的各种方法[1]

放电合成法	将 1 体积的氙同 2 体积的氟通入反应器(浸在 $-78℃$ 的冷却槽内)。放电条件为 1100V、31mA 至 2800V、12mA,历时 3 小时,反应产物主要是 XeF_4;若用 30kV 电源火花放电,氙和氟发生燃烧反应。氙、氟之比为等分子时,生成 XeF_4 和 XeF_2。若氟过量,则主要生成 XeF_4
光化学合成法	在近紫外光照射下,氙同氟先生成 XeF_2。XeF_2 同氟在紫外光下继续照射,即获得 XeF_4。控制适当的条件,所得 XeF_4 的纯度较高
高能辐射合成法	用 ^{60}Co 的 γ 射线或 1.5MeV 的电子流照射氙、氟混合物,在室温下即生成 XeF_4 和 XeF_2 的混合物

2. 物理性质

XeF_4 是一种无色固体(液体和蒸气也是无色的),在室温下容易升华,升华热为 14.5±0.2kcal/mol,升华后得到大而透明的晶体,熔点为 117.1℃。25℃时的蒸气压为 2.5torr,2—117℃之间的蒸气压可用下述实验方程式表示:

$$\log p(\text{torr})=\frac{3226.21}{T}-0.4343\log T+12.3017$$

XeF_4 略溶于无水氟化氢中并不发生电离作用。它不溶于正 C_7F_{16} 中,但略溶于 NOF·3HF 中。

用 X 射线衍射法测定了 XeF_4 单晶的结构常数,也用中子衍射法测定了它的晶体结构和分子的几何形状。两种方法测得的分子结构都是平面四方形。Xe—F 键长经 X 射线衍射法测定为 1.91±0.2Å,(图 1.7);中子衍射法测定的 Xe—F 键长为 1.95Å,键角为 90.0°XeF_4 是一种体心单斜晶体,晶体结构和原子间的距离见图 1.8。

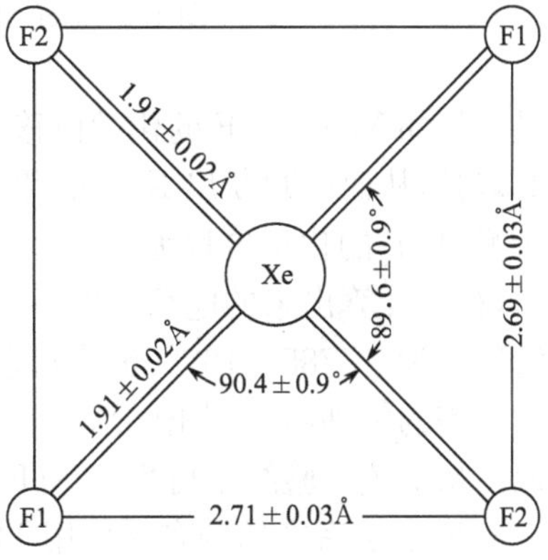

图 1.7　XeF_4 的几何构型

气态 XeF_4 的生成热经测定为 -51.5kcal/mol,而

$$\frac{1}{2}F_2 \longrightarrow F \quad \Delta H_f^\circ(F,g)=18.8\text{kcal/mol}$$

故可计算出 XeF_4 的平均热化学键能(E_{Xe-F})为 31.7kcal/mol[6]。研究这些化合物中化学键的性质具有很重要的意义。下面汇集了一些实验结果。

从 XeF_4 的核磁共振谱,得出屏蔽常数、化学位移值和偶合常数。这些数据都是核外电子密度的函数。可以反映出氟化氙的核外电子在氙、氟原子周围的排布

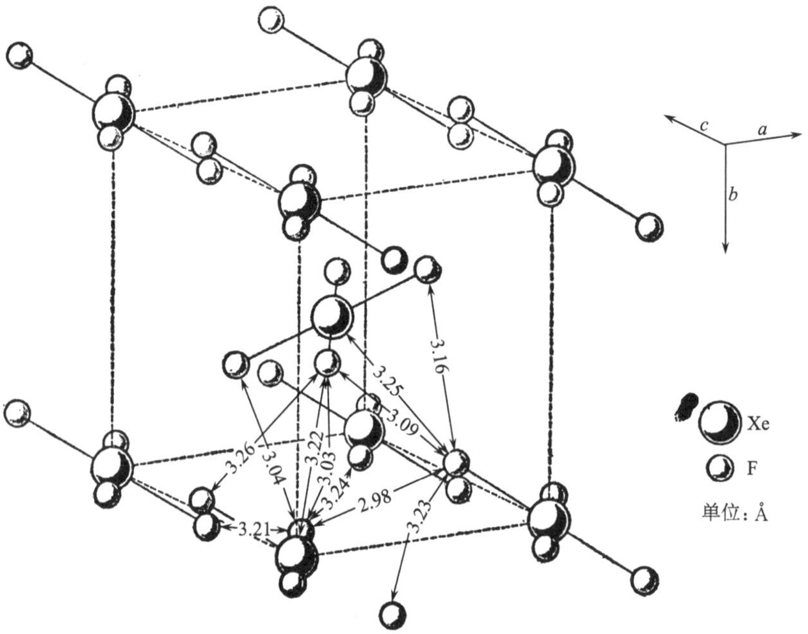

图 1.8 XeF_4的晶体结构及原子间的性质

情况。例如 XeF_4的^{19}F 的化学位移表征 XeF_4中氟原子核外电子密度同$^{19}F_2$电子密度的差异，从而可判断出 XeF_4的化学性质。XeF_4固体以及 XeF_4溶解在无水氟化氢所测得^{19}F 的化学位移为 450×10^{-6}（正值），这说明氙的电子密度往氟原子方面转移，相应计算出来的电荷分布 $q_F=-0.55$，$q_{Xe}=+2.2$。XeF_4的^{129}Xe 的化学位移值测得为-5785×10^{-6}（负值），也说明氙的电子密度往氟原子方面转移。从核磁共振谱的精细结构测出$^{129}Xe-^{19}F$ 的偶合常数为 3860Hz，与 TeF_6、BrF_3、IF_5相近似。从上述实验结果可肯定 XeF_4中的化学键具有一定离子键的性质。

XeF_4电子密度的分布还可用 Mössbauer 谱仪测定，结果与核磁共振一致。此外，还测定了 XeF_4的红外吸收光谱和 Raman 光谱。根据振动光谱的基本振动频率，计算出的力常数(m dyne/Å)：$K=3.00$；$K_{rr}=0.12$；$K'_{rr}=0.06$.

3. 化学性质

XeF_4是一种稳定的化合物，可长期储放在镍容器中。只要不含水和氟化氢，也可长期放置在石英和硬质玻璃容器中。XeF_4的化学性质很活泼，是一种很强的氧化剂和氟化剂。

(1) XeF_4被氢还原，定量地生成氙和氟化氢，这个反应可用于分析鉴定 XeF_4：

$$XeF_4+2H_2\xrightarrow{130℃}Xe+4HF$$

(2) XeF_4同水反应，将水氧化而放出氧：

$$3XeF_4+6H_2O \longrightarrow XeO_3+2Xe+\frac{3}{2}O_2+12HF$$

这个反应的机理很复杂，首先是 Xe(Ⅳ)产生歧化反应，生成 Xe(Ⅱ)和 Xe(Ⅷ)，然后再各自同水反应：

$$3Xe(\text{IV}) \xrightarrow{H_2O} 2Xe(\text{II})+Xe(\text{VIII})$$

$$2Xe(\text{II}) \xrightarrow{H_2O} 2Xe+O_2$$

$$Xe(\text{VIII}) \xrightarrow{H_3O^+} Xe(\text{VI})+\frac{1}{2}O_2$$

氧化数为+8 的氙化合物在酸性溶液中迅速释出氧，在稀的碱性溶液中也释出氧，但反应速度很慢。

(3) XeF_4在氙-氟平衡体系中是一个居中的化合物。同过量的氙反应，可被还原为 XeF_2；同过量的氟或 O_2F_2反应时，则被氧化为 XeF_6，

$$XeF_4+Xe \xrightarrow{400℃} 2XeF_2$$

$$XeF_4+F_2 \xrightarrow{400℃} XeF_6$$

$$XeF_4+O_2F_2 \xrightarrow{140-195K} XeF_6+O_2$$

(4) XeF_4是一种较强的氟化剂。例如令铂同 XeF_4的无水氟化氢溶液反应，铂便被氟化成为四氟化铂，

$$XeF_4+Pt \xrightarrow{\text{无水 HF 作溶剂}} PtF_4+Xe$$

XeF_4可使各种化合物氟化-氧化。例如可将稀土的三氟化物氟化-氧化为四氟化物，还可将 SF_4氟化-氧化为 SF_6，但反应速度较慢。XeF_4可将全氟丙烯氟化成全氟丙烷：

$$XeF_4+2CF_3CF{=}CF_2 \longrightarrow 2CF_3CF_2CF_3+Xe$$

XeF_4同芳香族化合物主要发生取代反应，例如可将苯氟化成氟代苯，甲苯则被氟化为对、邻、间三种氟代甲苯；氟代苯会进一步被氟化为二氟代苯；六氟代苯可被氟化为全氟代环己烷。

(5) XeF_4在撞击或爆炸震动下都是稳定的，不会发生爆炸性分解。但 XeF_4同某些有机物接触时，由于产生剧烈的放热反应，可引起着火或爆炸。例如同四氢呋喃、二氧杂环己烷、丙酮、乙烯等作用时，因剧烈放热而自发着火。有人建议根据 XeF_4同液态乙醇或丙酮反应时着火的现象，可用这种现象作为检验 XeF_4的简易方法。如果 XeF_4同丙酮或乙醇进行气相反应，则可引起爆炸。

(6) XeF_4同氟磺酸的反应

氟磺酸中的—OSO_2F 是电负性很强的基团，可用它去取代氟化氙中的氟，生

成氟化氙的衍生物。

$$XeF_x + yHOSO_2F \longrightarrow XeF_{x-y}(OSO_2F)_y + yHF$$

Eisenberg 等[8]用 XeF_4 同氟磺酸反应，得到 $F_2Xe(OSO_2F)_2$

$$XeF_4 + 2HOSO_2F \longrightarrow F_2Xe(OSO_2F)_2 + 2HF$$

$F_2Xe(OSO_2F)_2$ 在 22℃时是一种黄绿色液体，冷冻至－78℃时是一种白色固体，它较不稳定，在室温下经两周后就分解为 XeF_4 和 $S_2O_6F_2$。另一组工作者[9]重复这个实验，只得到含 Xe(Ⅱ)的 $Xe(OSO_2F)_2$ 和 $FXeOSO_2F$，这两个化合物都是低熔点的固体或液体，加热即分解。他们认为上述实验不正确，可能是由于所用的 XeF_4 不纯，实际上生成了以 F_5XeOSO_2F 为主的一种混合物。

3.4.3 二氟化氙

1. 制备

在合成 XeF_4 的过程中，从质谱仪中观察到有低价的氟化氙存在。后来，用质谱仪进一步研究氙、氟在加热下的反应产物，肯定了 XeF_2 的存在。现在可用多种方法制备 XeF_2，在此着重介绍光化学法和加热法。

(1) 光化学合成法

这是一种合成 XeF_2 的有效方法，可以获得很纯的产品。这种合成方法早在 1962 年就报道过，以后经校核后，载于《无机合成》丛书中[10]。实验装置如图 1.9 所示。

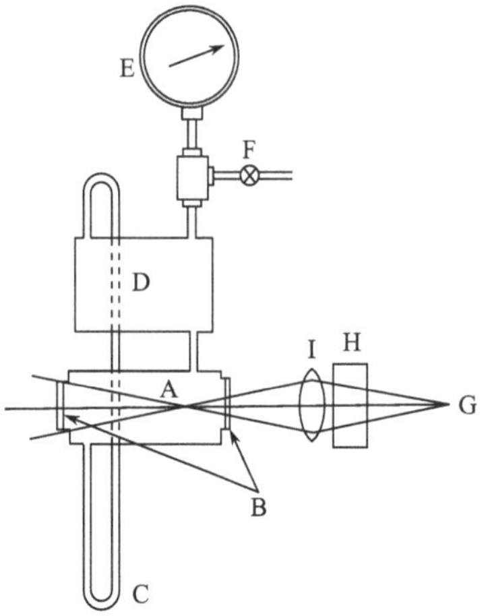

图 1.9 光化学法合成 XeF_2 的装置示意图
A. 镍反应室 B. 蓝宝石窗 C. 镍管，其下端浸在 Dewar 瓶内，保持－78℃ D. 备用圆筒(也可以不用) E. 气压计 F. 开关，输入氙和氟，并同真空系统相连 G. 光源 H. 滤光池(内盛硫酸钴和硫酸镍溶液) I. 石英透镜，作聚光用

氟在紫外区的吸收谱带为 2500—3500Å，最大吸收值在 2900Å 处。于是采用 1000W 高压汞弧灯的紫外光作光源，经硫酸钴和硫酸镍溶液滤光后，波长为 2700Å 的光线占 75%，将这种光线由石英透镜聚焦后，透过蓝宝石小窗射入反应室。在反应室内已装好分压各为 50mm 汞柱的氙和氟。在紫外光的照射下，氙即同氟化合成为 XeF_2，主要的反应据认为如下(未列出副反应)：

$$F_2 + h\nu \longrightarrow 2F$$

$$F + Xe + F_2 \longrightarrow XeF + F_2$$

$$XeF + F \longrightarrow XeF_2$$

$$XeF + XeF \longrightarrow XeF_2 + Xe$$

反应结束后，将开关 F 同真空系统相连，将未反应的氙和氟抽去，XeF_2 留在被冷冻的U形管内，经加热分馏，即可得到纯度达99%（含XeF_4<1%）的XeF_2。

在日光照射下，也可使氙同氟化合成为二氟化氙。将强烈的日光直射氙和氟的混合物，2小时后就会出现无色晶体的XeF_2：如果用白昼的漫射光，则需要2天后才能出现XeF_2晶体；同时在暗室内作对照实验，氙同氟在暗处不发生反应。

(2) 加热合成法

将分压为60torr的氟和200torr的氙通入一支镍反应管中，加热至约400℃，即生成白色粉末状的XeF_2。催化剂对合成XeF_2有重大的影响。实验结果表明，钯、镍和其他可生成离子键氟化物的金属（如钴、铜、铝），对反应起催化作用，在这些金属的表面上形成一薄层具有离子键的氟化物。而那些只能生成共价键氟化物的金属（如钛、锆、钼、钽、钨、铼、铱、铁、铬、钒、铑、铂）则对反应没有催化作用。

在这些催化剂中，以镍和钯研究得比较充分。在合成二氟化氙的反应中，当氙和氟的分压各超过60torr时，则合成反应是一个零级反应，即反应速度同氙和氟的压力无关。这说明氙和氟被催化剂强烈地吸附，并立即在催化剂表面上合成XeF_2。为了进一步弄清这个催化过程的机理，用放射性示踪法证实了催化剂在氙和氟的混合物中，系先将氙吸附在催化剂的表面上，并就在吸附状态下，氙同氟化合成为XeF_2，在氙和氟的mol比为1∶10的原料气体中，加入具有高比表面的氟化镁或氟化镍作催化剂，在较低温度(120℃)下就能完成反应。用氟化镁作催化剂时生成XeF_2，若用氟化镍作催化剂则仅生成XeF_6，甚至当原料气体的氙、氟比为1∶5时，仍生成XeF_6。这说明这类选择性催化反应的特性是很突出的。

在特制的高压脉冲放电室内，氙和氟（初始压力为6atm）也可以合成为XeF_2。这个反应的反应机理是在高压脉冲放电时，产生的局部高温使气体受热，从而引发合成反应，放电室内的压力随即下降。在反应室的壁上生成了二氟化氙晶体。

(3) 其他合成方法[11]

除上述两种合成方法外，还有许多种合成XeF_2的方法（见表1.17）。合成的要点在于应从系统中迅速地将生成的XeF_2移出，以防止它继续反应而生成XeF_4。

表1.17 合成XeF_2的各种方法[11]

1. 加热合成法 如上所述
2. 光化学合成法 如上所述
3. 放电合成法 氙氟混合物通过感应线圈放电电极，在冷冻的指形管内(−78℃)捕集产物
4. 流动法 用氧或空气为载气，反应温度250—400℃，产率为60%—70%
5. γ-辐射法 高强度^{60}Co γ-射线照射Xe-F_2混合物
6. 电子束照射法 用van de Graaff加速器高能电子束照射Xe-F_2混合物
7. $Xe+2CF_4 \xrightarrow{放电} XeF_2+C_2F_6$

   $Xe+2SiF_4 \xrightarrow{放电} XeF_2+Si_2F_6$

续表

8. $Xe+CrF_5 \longrightarrow XeF_2+CrF_3$
9. $Xe+CF_2Cl_2 \longrightarrow XeF_2$(通过放电管)
10. $Xe+CF_3OF \longrightarrow XeF_2$(250atm,500K)
$Xe+FSO_3F \longrightarrow XeF_2$(150atm,450K)
11. $Xe+O_2F_2 \longrightarrow XeF_2+O_2$
12. 通过 CsI 窗孔紫外光照射 Xe-F_2混合物,20K
13. 室温下日光照射 Xe-F_2混合物(氟过量,硬质玻璃容器)
14. $XeF_4+Xe \longrightarrow 2XeF_2$(高压下)
15. N_2F_2(过量)$+Xe \longrightarrow$ Xe 的氟化物混合物(80—150℃)

2. 物理性质

XeF_2是一种无色固体,在室温下容易升华而形成大的透明晶体。在 25℃时,固体的蒸气压为 4.6torr。0—115℃的蒸气压可用下述公式表示:

$$\log p(\text{torr})=\frac{-3057}{T}-1.2352\log T+13.9697$$

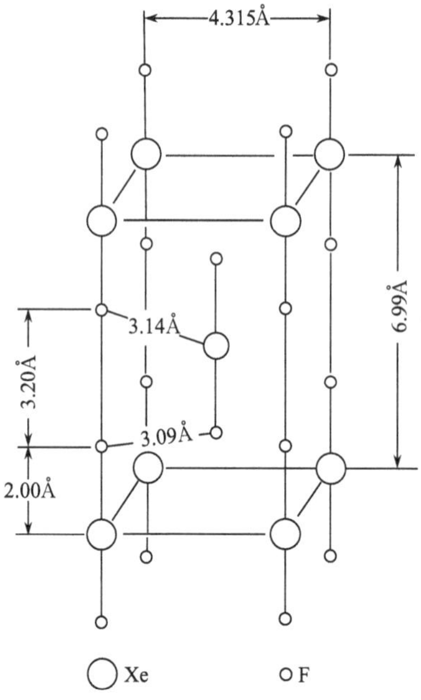

图 1.10 XeF_2 的晶体结构和原子间的距离

XeF_2的熔点最初测定为 140℃。后来经许多人重测,并根据 5—350K 的热容及有关热力学数据,确定它的熔点为 129℃。XeF_2的蒸气也是无色的,具有令人发呕的恶臭。XeF_2易溶于无水氟化氢、NOF · 3HF 和 IF_5中,并不发生电离。在 NOF · 3HF 中的溶解度很大,16℃ 时为 73.2%,80℃ 时达 83.8%。

固体 XeF_2 晶体属体心四方晶系(图 3.10),$a=4.315\pm0.003$Å,$c=6.990\pm0.004$Å. Xe — F 键长为 2.00 ± 0.01Å。XeF_2气态分子是一种直线状的对称分子,对称群为 $D_{\infty h}$,它的 Xe—F 键长,用高分辨率的红外光谱仪测得为 1.9773 ± 0.0015Å,比固体 XeF_2的键长略短。从 XeF_2的核磁共振谱测得了屏蔽常数和化学位移。从这些结果推断出 XeF_2的电子排布情况同 XeF_4相似,XeF_2中的 Xe—F 键也具有一定离子键的性质。

3. 化学性质

XeF_2是一个稳定的化合物,可长期储放在镍制容器中或干燥的石英和玻璃器皿中而不发生变化。同其他氟化氙相比较,XeF_2是一种温和的氟化剂和氧化剂,可生成多种氙化合物。因此对 XeF_2的化学性质研究得比较详细,现将它的主要化学反应讨论如下。

(1) 基本反应

1) 同氢反应

$$XeF_2 + H_2 \xrightarrow{400℃} Xe + 2HF$$

在反应中定量地放出氙和生成氟化氢,通常用这个反应来分析 XeF_2。

2) 同氟反应

XeF_2可进一步同单质氟反应生成 XeF_4和 XeF_6:

$$XeF_2 + F_2 \xrightarrow{200℃} XeF_4$$

$$XeF_4 + F_2 \xrightarrow{400℃} XeF_6$$

O_2F_2也可以将 XeF_2进一步氟化成为 XeF_4和 XeF_6。

3) 水解反应

XeF_2的水解过程很复杂,将在本专题 3.6.1 中详细地讨论。

4) 同 H_2O_2反应

将 XeF_2加入到室温下的 H_2O_2水溶液中,其总反应如下:

$$XeF_2 + H_2O_2 \longrightarrow Xe + 2HF + O_2$$

$$\frac{-d[XeF_2]}{dt} = k[XeF_2]^{1.5}, \quad k = 0.12M^{-0.5}(pH = 2-4)$$

据研究,这个反应的机理如下:

$$XeF_2 + H_2O \longrightarrow Xe + 2HF + O$$

$$O + H_2O_2 \longrightarrow HO_2 + OH$$

$$OH + H_2O_2 \longrightarrow H_2O + HO_2$$

$$HO_2 + XeF_2 \longrightarrow O_2 + HF + XeF$$

$$XeF + H_2O_2 \longrightarrow Xe + HF + HO_2$$

反应中出现了自由基 O、OH、XeF;并生成了 HO_2。HO_2是水溶液辐射化学的重要产物之一。它是通过 H 同 O_2相结合而成,而在这里是通过 O、OH、XeF 等自由基同 H_2O_2生成的。实际上 XeF_2水解时本来就是要生成过氧化氢的(参阅本专题 3.6.1)。XeF_2的水解过程显示出高能化学反应的某些特点,这方面的工作可能有广阔的前景。

(2) 同无机物的反应

1) 不生成氙化合物

XeF_2是一种具有氧化性的氟化剂,往往会同时发生氟化和氧化反应。XeF_2被还原时放出氙,但不生成氙化合物。作为氟化剂来说,无论从热力学或动力学的观点,XeF_2的氟化本领不如单质氟或某些氟化物。对比它们的氟化-氧化能力,活动顺序如下:

$ClF_3 > BrF_5 > IF_7 > ClF > BrF_3 > XeF_2 > IF_6 > BrF$

XeF_2的位次靠后,显示出有一定的钝性,也正因为如此,用 XeF_2作氟化剂比较安全和操作方便。此外,XeF_2在反应后,氙一般不会进入到产物中,释出的氙可以循环使用。所以它是一种很好的氟化剂。它可以氟化许多无机化合物。Burn 等[12]复核了已发表过的 XeF_2对各种无机物氟化的实验结果,归纳出氟化时的某些规律,总结出 XeF_2是一种选择性很好的无机物氟化剂。必须指出,XeF_2只有在气相和非水溶液中才具有氟化性质,它在水溶液中只能起氧化剂的作用(参阅本专题 3.6.1)。

2) 生成氙化合物

XeF_2中的氟可被电负性较强的基团取代,生成氟化氙的衍生物。这是目前制取氙化合物的重要途径之一。表 1.18 列出了部分的这类氙化合物。反应通式为:

表 1.18 XeF_2中的氟被某些基团取代所生成的氙化合物

反应物 HA	生成的氙化合物	
	一取代物 XeA	二取代物 XeA_2
$HOSO_2F$	$FXeOSO_2F$ 无色固体	$Xe(OSO_2F)_2$灰黄色固体
$HOClO_3$	$FXeOClO_3$无色物(熔点 16.5℃)	$Xe(OClO_3)_2$ >0℃为红色液体并分解
$HOTeF_5$	$FXeOTeF_5$ 灰黄色液体	$Xe(OTeF_5)_2$无色固体
$HOSeF_5$	$FXeOSeF_5$浅黄色液体	$Xe(OSeF_5)_2$晶体
$HOSO_2CF_3$	$FXeOSO_2CF_3$ <0℃为无色固体	—
$HOSO_2CH_3$	$FXeOSO_2CH_3$ <0℃为无色固体	—
无水 HNO_3	$FXeNO_3$红棕色	$Xe(NO_3)_2$红棕色
$HOPOF_2$	$FXeOPOF_2$灰黄色固体	$Xe(OPOF_2)_2$灰黄色固体
$HN(SO_2F)_2$	$FXeN(SO_2F)_2$	—

$$XeF_2 + HA \longrightarrow FXeA + HF$$
$$FXeA + HA \longrightarrow XeA_2 + HF$$

其中 HA 是反应物,A 是电负性较强的基团。

这些氙化合物的热稳定性都不如 XeF_2,只有 $HOTeF_5$和 $HOSeF_5$生成的氙化合物较为稳定,它们的二取代物在 100℃时开始分解,130℃时则大量分解。HNO_3

所生成的氙化合物还来不及鉴定就已经分解了，所以还不能肯定相应化合物的存在。这类氙化合物都能同水反应，生成氙、氧和相应的酸。$Xe(OTeF_5)_2$同水的作用很缓慢，但在碱性溶液中则反应很剧烈。

对这类化合物的结构和化学键的性质曾进行过某些探讨。经核磁共振谱和 Raman 光谱证实了 $FXeN(SO_2F)_2$ 中 Xe—N 键的存在。$FXeOSO_2F$ 经 X 光结构分析，确证 Xe 形成两个共价键，一端同 F、一端同 SO_3F 基团中的氧相连结。O—Xe—F 键是直线形的(图 1.11)。

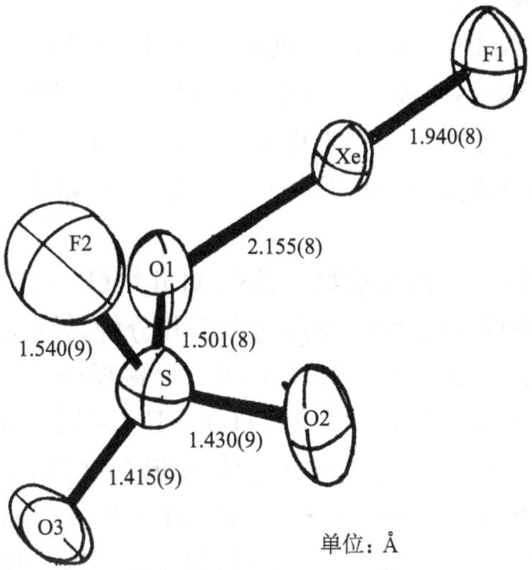

图 1.11 $FXeOSO_2F$ 的分子结构

(3) 同有机物的氟化反应

有机化合物的氟化是近代化学中的重要课题。用单质氟作氟化剂，由于技术和安全方面的困难，受到很大限制，反应剧烈不易控制，可引起有机化合物的断链，或者一直进行到生成为全氟化合物。利用其他氟化剂，如 HF、某些金属氟化物、卤素氟化物，虽然也可以同有机物发生氟化取代反应，但反应物的产率一般都较低，选择性也较差。氟化氙的出现随即引起了重视，开始探索利用它作氟化剂的可能性。XeF_4 和 XeF_6 同水易生成具有爆炸性的 XeO_3，XeF_6 的氟化-氧化性质太强，可引起有机物的断链。唯独 XeF_2 的氟化性比较温和，又比较稳定，操作比较安全，而且反应物的产率和氟化选择性也都比较好。在近几年内，二氟化氙对有机物氟化的研究已取得了很大的进展。

1) 非环化合物

烯烃的直接加氟反应比较难于控制，容易发生取代反应和断链。用 XeF_2 作氟化剂可以使烯烃的氟化反应得到一定的改善。气相氟化反应在室温下按下式进行

$$CH_2{=}CH_2 + XeF_2 \longrightarrow CH_2FCH_2F(45\%) + CH_3CHF_2(35\%) + Xe$$

XeF_2能溶于纯乙腈(CH_3CN)中,在室温下只是单纯溶解,不发生化学反应;当升高温度到乙腈的沸点时,XeF_2就对乙腈发生氟化。XeF_2能溶于 BrF_5、HF、IF_5、SO_2等之中,起初也不发生化学反应,但只要有痕量的 Lewis 酸* 存在时,XeF_2就会同这些溶剂发生氟化-氧化反应。对于 Lewis 酸在这里所起的作用,有人提出如下解释:XeF_2被溶解在这些溶剂中时呈分子状态,没有发生电离;当加入 Lewis 酸时,XeF_2电离而产生 XeF^+:

$$XeF_2 + A(\text{Lewis 酸}) \longrightarrow XeF^+ + AF^-$$

$$2XeF_2 + A(\text{Lewis 酸}) \longrightarrow Xe_2F_3^+ + AF^-$$

XeF^+和 $Xe_2F_3^+$ 的反应能力比 XeF_2强得多,所以在 XeF_2的乙腈溶液中只要有痕量的 Lewis 酸(如 BrF_3,AsF_5,PF_5或 TiF_4)存在时,XeF_2就会同乙腈发生反应而放出氙。

氟代硅烷是有实际意义的化合物。XeF_2对硅烷(以乙腈为溶剂)的氟化有下述规律:含 Si—Cl 键的硅烷同 XeF_2反应时只需几分钟,就能完成氟同氯之间的交换反应,生成氟代硅烷;但 XeF^2不同 Si—C,Si—O 键反应。

$$2(CH_3)_3SiCl + XeF_2 \longrightarrow 2(CH_3)_3SiF(100\%) + Cl_2 + Xe$$

$$2(C_2H_5)_3SiCl + XeF_2 \longrightarrow 2(C_2H_5)_3SiF(100\%) + Cl_2 + Xe$$

$$(CH_3)_2SiCl_2 + XeF_2 \longrightarrow (CH_3)_2SiF_2(70\%) + Cl_2 + Xe$$

XeF_2对仅含 Si—H 键的硅烷不能直接发生氟化反应,但如果硅烷中同时含有 Si—Cl 键时,则能很快完成氟化反应。反应机理是 XeF_2首先同 Si—Cl 键反应,释放出的氯随即将 Si—H 键转化为 Si—Cl 键。这样,XeF_2就能将它进一步氟化成为二氟代硅烷了。

$$R_2Si(H)Cl \xrightarrow{XeF_2} R_2Si(H)F \xrightarrow{Cl_2} R_2Si(Cl)F \xrightarrow{XeF_2} R_2SiF_2$$

2)碳环化合物

由于 XeF_2对碳环化合物具有优良的选择性氟化的性能,比传统的氟化过程简便,在这方面的成果较多,下面只举几个例子来加以说明。

苯的氟化

由苯和它的同系物直接氟化制取一氟代苯(C_6H_5F),用传统的氟化剂有许多困难。用间接氟化法往往要经历很曲折的反应。例如用经典的 Balz-Schieman 反应,需先将苯胺偶氮化,然后加热、蒸馏。

* 1938 年 G. N. Lewis 提出广义的酸碱定义:凡能提供电子对以形成键的物质叫做碱,即电子对“给予体”;凡能接受电子对的(电子对“接受体”)叫做酸。

$$C_6H_5NH_2 \xrightarrow[2.\ 40\%HBF_4]{1.\ NaNO_2,HCl} C_6F_5N_2BF_4(63\%) \xrightarrow[2.\ 蒸馏]{1.\ 加热} C_6H_5F(97\%)$$

或从 $C_6H_5\overset{\overset{\displaystyle O}{\|}}{C}F$ 出发，用特殊催化剂脱去—C＝O—基：

$$C_6H_5\overset{\overset{\displaystyle O}{\|}}{C}F \xrightarrow[80—120℃]{[(C_6H_5)_3P]_3RhCl} C_6H_5F + CO$$

XeF_2对苯直接进行氟化制取氟代苯有良好的效果，以四氯化碳为溶剂，生成68%的氟代苯。反应机理为自由基反应。除氟代苯外，还生成了少量的联苯。苯的同系物甲苯、氯苯等同 XeF_2反应，也生成少量的联苯。体系的电子顺磁共振谱表明有对位 $R(C_6H_4)_2R^+$ $(R = CH_3, Cl, F, F—C_6H_4—C_6H_4)$ 自由基存在。XeF_2可将电极电势较高的化合物变为阳离子自由基，起到 $R(C_6H_4)R^+$ 自由基生成剂的作用，有很重要的实际意义。

含苯氧基的化合物

含苯氧基(C_6H_5O)的氟化合物是有价值的药物，用传统的氟化方法合成时流程较长。利用 XeF_2的选择性氟化性能，直接对苯环进行氟化，只须一步反应就可完成，例如：

$$C_6H_5OCH_3 + XeF_2 \xrightarrow{CH_2Cl_2\ 作溶剂} C_6H_4(OCH_3)F(71\%)$$

稠合苯环

苯的氟化物有重要的实际意义，用传统方法合成 1,4-二氟代萘很困难，一般都用间接氟化法，需要经历很曲折的反应。用 XeF_2直接对萘进行氟化，除得到 1-氟代萘(45%)及 2-氟代萘(9%)之外，还得到 15%的 1,4-二氟代萘。用 GLC(气液色谱)法可分离出高纯的 1,4-二氟代萘。蒽、芘也可以被 XeF_2直接氟化成为氟代蒽和氟代芘。

3) 杂环化合物

5-氟代尿嘧啶是一种有价值的药物，有可能用来抗癌。在生物化学方面，它是同核酸有关的一类化合物。在室温下尿嘧啶可以被 XeF_2一步直接氟化成为 5-氟代尿嘧啶：

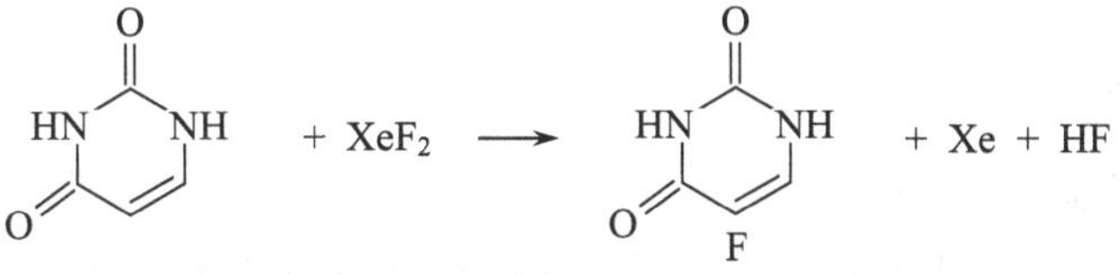

3.4.4 六氟化氙

1. 制备

当先后制成 XeF_4 和 XeF_2 以后，预料若用大量过剩的氟，可以生成氧化态更高的氟化氙。其后不久就制成了 XeF_6。制备方法与 XeF_4，XeF_2 的相似，但只能用单质氟而不能用含氟化合物。根据氙-氟体系的平衡常数，除增加氙/氟比中的氟用量外，要控制反应在适当的温度和压力下进行。反应的最佳条件是：F/Xe 比为 20、250℃和 50atm，XeF_6 的产率可达 95%以上（这个方法经重复实验和校核后，已载入《无机合成》丛书[13]）。如果用 NiF_2 作催化剂，氙/氟比只要 1∶5、200℃，便可获得高纯的 XeF_6。

除加热合成法外，还可用其他方法来合成 XeF_6（表 1.19）。

表 1.19 合成 XeF_6 的各种方法[11]

1. 将 F_2 和 Xe 的混合物放在不锈钢容器中外冷至约－115℃或 80℃1)，用镍网内电热至 350—450℃
2. 放电合成法（Xe/F_2 比为 1∶3）
3. 在 NaF 存在下将 Xe—F_2 混合物在镍反应器中加热至 250℃，150 小时
4. $XeF_4 + O_2F_2 \longrightarrow XeF_6$（－133℃至－78℃）

1) 根据 XeF_6 的熔点（49.5℃）和沸点（75.5℃），原文献——E. E. Weaver *et al.*, *J. Amer. Chem. Soc.*, 85,111(1963)——所述的外冷温度 80℃可能有误，似应为－80℃。

用各种方法制备的 XeF_6 中往往混杂有少量的 XeF_4，由于这两个化合物的蒸气压很相近，用分馏法很难加以分离。但可利用 XeF_6 容易同 NaF 生成加合物的性质来提纯 XeF_6。XeF_6 迅速同 NaF 生成加合物，而 XeF_4 和 XeF_2 在相同条件下，几乎不同 NaF 生成加合物。据此可将加合物 $XeF_6 \cdot NaF$ 同 XeF_4 分离，然后再将 $XeF_6 \cdot NaF$ 热解，就可以得到纯净的 XeF_6。

制备过程中要严防水分进入反应体系。如有水分参与反应时，不仅使产品中混杂有 $XeOF_4$，更严重的是，XeF_6 会同水生成具有猛烈爆炸性的 XeO_3，为了预防发生事故，要求制备 XeF_6 的镍反应器能承受 400atm（室温下）的压力。操作时并应设置防护屏。

2. 物理性质

XeF_6 在室温下是一种无色固体，熔点 49.5℃，在 25℃时的蒸气压为 28.9torr，蒸气是黄色的。在精确测定 XeF_6 4—350K 的蒸气压和热容时，发现了一种异常现象。在温度为 253.8 和 298.8K 时的热容量显示最高值。这说明在这两个温度下，XeF_6 的结构可能发生了变化。XeF_6 在各个温度范围内的蒸气压可用下述方程式来表示：

固体 XeF_6，253—292K

$$\log p(\text{torr})=\frac{-3313.5}{T}+12.5923$$

固体 XeF_6，292—322.63K

$$\log p(\text{torr})=\frac{-3093.9}{T}+11.8379$$

液态 XeF_6，322.63—350K

$$\log p(\text{torr})=\frac{-6170.8}{T}-23.6781\log T+80.7777$$

XeF_6在25℃时的蒸气压仅为28.9torr，这个现象是令人惊讶的，因为现有的16种金属和非金属的氟化物的蒸气压都远较XeF_6为高。何况XeF_6还是气体氙同氟生成的化合物呢？现列出几种金属和非金属六氟化物的蒸气压（表1.20）。为了便于对比，作者根据上式计算了XeF_6达到各蒸气压值所需的温度。很显然，为达到某相同的蒸气压值，XeF_6比其他六氟化物所需要的温度都高。这也就是说，在相同温度下，XeF_6的蒸气压值比其他六氟化物都低得多。为了解释这一现象，人们进行了各种推测和实验。现已确定XeF_6在沸点（348.7K）时的气化熵高达32.72cal/mol·deg，并根据XeF_6液体的热容量急剧升高的现象，可推测XeF_6在液态下有缔合和聚合的现象。现已确证在低温下它以Xe_4F_{24}的聚合状态存在。气态XeF_6分子的聚焦状态同液态XeF_6显然不同。根据实验结果，得知XeF_6气态分子的第二 virial 系数，可推断XeF_6处于单分子状态。

表1.20　某些六氟化物的蒸气压[1)]及熔点[14]

化合物 \ 温度(℃) \ 蒸气压(torr)	1	10	40	100	400	700	熔点(℃)
MoF_6	−65.5	−40.8	−22.1	−8.0	17.2	36.0	17.0
SeF_6	−118.6	−98.9	−84.7	−73.9	−55.2	−45.8	−34.7
SF_6	−132.7	−114.7	−101.5	−90.9	−72.6	−63.5	−50.2
TeF_6	−111.3	−92.4	−78.4	−67.9	−48.2	−38.6	−37.8
WF_6	−71.4	−49.2	−33.0	−20.3	1.2	17.3	−0.5
UF_6	−38.8	−13.8	4.4	18.2	42.7	55.7	55.7
XeF_6[2)]	−10.0	12.0	29.0	41.3	—	—	49.5

注：1torr=1.333 22×10^2Pa。

1) 本表和一般蒸气压表的排列方式不同。表中所列数值系达到各指定蒸气压时所需的温度。

2) XeF_6 的数据是作者按公式计算的。

固态 XeF_6 的结构和价键性质的研究也取得了进展。从 XeF_6 的核磁共振谱得知 ^{19}F 的化学位移为 300×10^{-6}。相应计算出来的电荷分布 $q_F=-0.4$，$q_{Xe}=+2.4$，价键的性质同 XeF_4 和 XeF_2 相似，也具有一定离子键的性质。

XeF_6 的几何构型是一个长期争论未解决的问题。在合成 XeF_6 以后，鉴于已有的 15 种六氟化物都是正八面体结构，因而预料 XeF_6 也应该是正八面体的。分子轨道法计算的结果也同这种判定相吻合。但出乎意料的是，电子衍射法测定表明，XeF_6 的对称性并不那么好，说明它的几何构型不是正八面体的，而是略为被扭曲或畸变的八面体。Gillespie 用价电子对互斥理论计算，认为 XeF_6 却应是变形的八面体，但变形的程度却远远超过了实验数据。这样一来，原有的理论不能很好地解释实验结果，给理论提出了新课题。Bartlett 等提出 XeF_6 的几何构型有三种可以互变的异构体(图 1.12)[15]。这三种异构体的能级略有差异，氙的未共用孤电子对在这三种异构体中所处的位置各不相同，C_{3v} 中的孤电子对位于一个平面的中心。Gavin 等对 XeF_6 的电子衍射图详加分析，确认 XeF_6 是非 O_h 对称，它能迅速地发生分子重排，存在着几种电子排列的异构体。在不同温度下测定了 XeF_6 的 Raman、紫外和可见光谱。这些光谱是温度的函数，据此推测 XeF_6 确可能有上述三种电子排布不同的异构体。

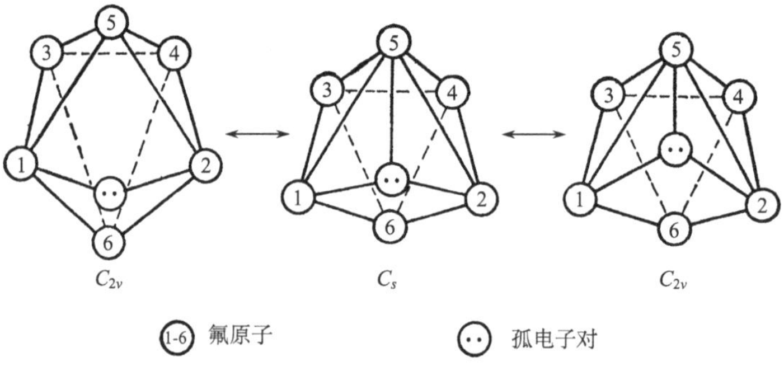

图 1.12 XeF_6 的几何构型

电子衍射法测得 XeF_6 中的 Xe—F 键长为 1.890Å。它在 103—301K 时属于体心立方晶系，在 −80℃时的 $a_0=25.06$Å；温度高于 301K 时为单斜晶系，$a_0=9.33$Å，$b_0=10.96$Å，$c_0=8.95$Å，$\beta=91.9$。

3. 化学性质

XeF_6 是一种热力学稳定的化合物，可长期贮放于干燥的镍或镍合金的容器中；但即使在很干燥的情况下，也不能储放在玻璃或石英容器中，因为 XeF_6 在室温下能同 SiO_2 反应。它的化学性质较 XeF_2 和 XeF_4 活泼，是一种很强的氧化剂和氟化剂。

（1）同氢和汞的作用

$$XeF_6 + 3H_2 \xrightarrow{\text{室温}} Xe + 6HF$$

$$XeF_6 + 6Hg \longrightarrow Xe + 3Hg_2F_2$$

这两个反应都是定量的，可用来分析测定 XeF_6。

（2）同氙反应，被氙还原为 XeF_4

$$2XeF_6 + Xe \longrightarrow 3XeF_4$$

（3）水解反应，同等分子的水生成 $XeOF_4$；同大量的水反应则直接生成 XeO_3

$$XeF_6 + H_2O \longrightarrow XeOF_4 + 2HF$$

$$XeF_6 + 3H_2O \longrightarrow XeO_3 + 6HF$$

XeF_6的水解反应随 pH 值不同而各异，详细过程见本专题 3. 6. 3。

（4）同二氧化硅的反应，最终生成具有爆炸性的 XeO_3

$$2XeF_6 + SiO_2 \longrightarrow 2XeOF_4 + SiF_4$$

$$2XeOF_4 + SiO_2 \longrightarrow 2XeO_2F_2 + SiF_4$$

$$2XeO_2F_2 + SiO_2 \longrightarrow 2XeO_3 + SiF_4$$

（5）同氯化氢和氨的作用，XeF_6被还原而放出氙

$$XeF_6 + 6HCl \longrightarrow Xe + 3Cl_2 + 6HF$$

$$XeF_6 + 8NH_3 \longrightarrow Xe + N_2 + 6NH_4F$$

（6）对有机物的氟化反应，由于 XeF_6 的氟化性能太猛烈，往往使碳链断裂。例如可将全氟丙烯氟化成为 CF_4和 C_2F_6。选择性氟化的性能较差，并在水溶液中生成易爆炸的 XeO_3。因而一般地说，XeF_6不宜于作为有机化合物的氟化剂。但 XeF_6经过改性之后，又成为有前途的氟化剂了。

1976 年 Selig 等[16]受到某些氟化物（如 IF_7，AsF_5）同石墨生成“叠层化合物”（在石墨层中夹入了外来物种而形成的化合物）的启发，用 XeF_6 同石墨反应，也生成了叠层化合物，从而将 XeF_6变成一种性质温和并易于操作的氟化剂。石墨同过量的 XeF_6在密封的容器内长期反应后，只放出少量的氙。在室温下抽去未反应的 XeF_6，直到恒重时为止。剩留的产物经化学分析为 $C_{19\pm0.2}XeF_6$，它的性质远较 XeF_6为稳定，室温下放置在开口容器内达一周之久，也没有发现可察觉的变化，受震击时亦不会爆炸，并有较高的热稳定性。加热到 80℃时只略失重，到 450℃才较快地分解，到 575℃时才分解完全。

叠合物 $C_{19}XeF_6$对致癌物质二苯[a，h]蒽（Ⅰ）、苯[a]蒽（Ⅲ）的氟化反应显示了良好的选择性，都在 7 位上进行取代氟化。反应方程式如下：

在敞口的聚乙烯容器中，用 CH_2Cl_2作为溶剂，在无水和不用氟化氢引发的条件下，生成了 17％的 7-氟代二苯[a，h]蒽（Ⅱ）。用其他氟化剂进行（Ⅰ）的氟化时，氟化

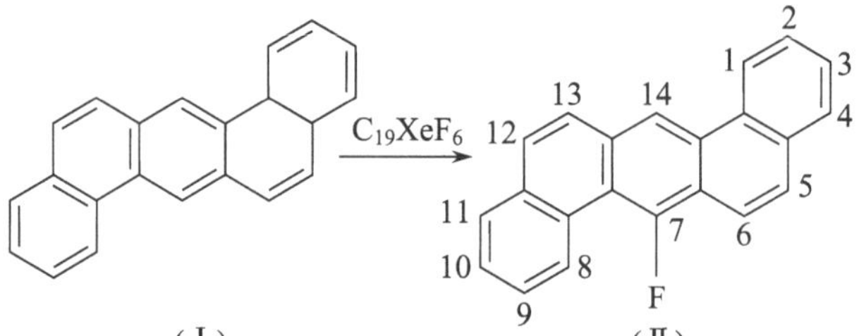

(Ⅰ) (Ⅱ)

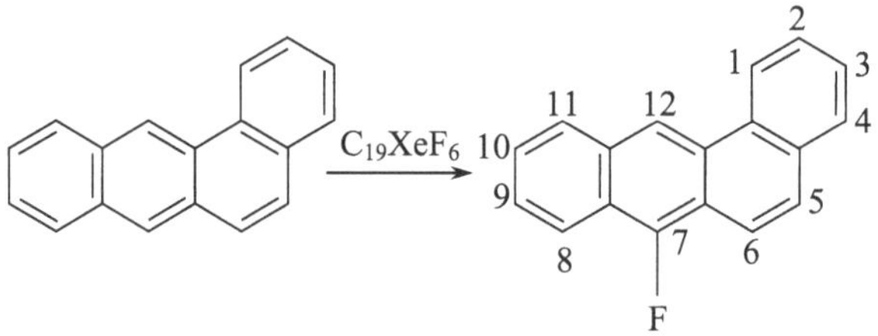

(Ⅲ) (Ⅳ)

部位不在7处,生成(Ⅱ)比较困难。用XeF_2氟化(Ⅰ)时,虽可得到22%的(Ⅱ),但同时生成7,14-二氟代二苯[a,h]蒽。用$C_{19}XeF_6$氟化(Ⅲ),也是在7位上发生取代氟化,生成22%的(IV)。用XeF_2氟化(Ⅲ)虽然可以生成31%的(Ⅳ),但同时生成12-氟化苯[a]蒽。从氟化选择性来看,$C_{19}XeF_6$比XeF_2更好用。

(7) 同氟磺酸的反应,与XeF_4相似。

$$XeF_6 + 2HOSO_2F \longrightarrow F_4Xe(OSO_2F)_2 + 2HF$$

含Xe(Ⅵ)的$F_4Xe(OSO_2F)_2$在22℃时是一种黄绿色液体,冷冻到−78℃时是一种白色固体。它很不稳定,加热即分解。不过有人复核上述实验得到了另外的结果。XeF_6同$HOSO_2F$在−22℃时,定量地按下式反应:

$$XeF_6 + HOSO_2F \longrightarrow F_5XeOSO_2F + HF$$

若提高反应温度,F_5XeOSO_2F能进一步同氟磺酸反应:

$$F_5XeOSO_2F + 5HOSO_2F \xrightarrow{40℃} Xe + 5HF + 3S_2O_6F_2$$

F_5XeOSO_2F是一种白色晶体,在室温下稳定,经红外光谱及核磁共振谱鉴定,确定是一种新化合物。Raman光谱证明这个化合物是离子型的$F_5Xe^+SO_3F^-$。它的73℃时熔化并分解,在80℃时分解完全,分解反应式如下:

$$6F_5XeOSO_2F \xrightarrow{\triangle} Xe + 5XeF_6 + 3S_2O_6F_2$$

3.4.5 氟化氙的比较和总结

对上述XeF_n(n=2,4,6)的大量实验材料加以对比,归纳和综合,可以找出它们的一些内在联系和规律性。

1. 制备

虽然可用多种方法制备氟化氙,但最有意义的还是加热合成法。根据氙-氟平衡体系的平衡常数,适当地控制氙和氟的比例、反应温度、反应时的压力和反应时间,便可制备出所要求的某种氟化氙。一般说来,合成氧化态高的氟化氙时应提高反应体系的温度和压力。实际上,对这几个参数,仅需更动其中某一个参数,便可达到制备某种氟化氙的目的。例如固定氙/氟比为1∶10、总压力约为33atm,当控制反应温度分别为120°,150°和200℃时,便可分别获得XeF_2,XeF_4和XeF_6。

早期制备氟化氙一般都用单质氟。单质氟不仅制取困难,操作也不甚安全。采用性质较温和的含氟化合物代替单质氟,则具有一定的实际意义。但像OF_2,FSO_3F这样的氟化剂,仅能从单质氟制得,仍等于使用单质,故不如用其他含氟化合物。迄今用含氟化合物只能合成XeF_2和XeF_4,而对于XeF_6则只能用单质氟合成。

2. 物理性质

这三种氟化氙的某些物理性质如表1.21所示。密度、熔点、键能、键长、化学位移等均随XeF_n中的n值增大而减小;某些性质的数据则显示出两头大,中间小。例如在无水氟化氢中的溶解度:XeF_2和XeF_6都能大量溶解,唯独XeF_4难溶。分别

表1.21 氟化氙的某些物理性质

性质	XeF_2	XeF_4	XeF_6
固、液态的颜色	无色	无色	无色
气态的颜色	无色	无色	黄色
蒸气压(torr),25℃	4.6	2.5	28.9
固态密度(g/cm^3),25℃	4.32	4.04	3.56
熔点(℃)	129	117.1	49.5
生成热$\Delta H_f^\ominus$(kcal/mol),25℃			
气态	−25.9	−51.5	−70.4
液态	−38.90±0.21	−63.84±0.21	−80.82±0.55
升华热(kcal/mol),25℃	13.2±0.2	14.5±0.2	14.13
键能(kcal/mol)	31.0	30.9	29.7
键长(Å)	1.9773±0.0015	1.953±0.002	1.890±0.005
分子构型	线状对称分子	平面四方形	畸变的八面体
晶系	体心四方体	体心单斜晶体	体心立方体
化学位移(^{19}F,$\times10^6$)	629	450	310
电荷分布			
q_{Xe}	+1.4	+2.2	+2.4
q_F	−0.7	−0.55	−0.4
在HF中的溶解度(mol/1000g)	9.88(29.95℃)	0.26(27℃)	11.2(28.5℃)

测定这三种氟化氙在 HF 溶液中的电导，仅 XeF_6 显示出有电离作用：

$$XeF_6(\text{HF 作溶剂}) \rightleftharpoons XeF_5^+ + HF_2^-$$

XeF_2 和 XeF_4 在 HF 中都未显示出有电离作用。对于 XeF_n 在 HF 溶液中的这些现象还没有圆满的解释。

3. 化学性质

表 1.22 列举了氟化氙的某些化学反应，现通过下述化学反应，对比这三种氟化氙化学性质的差异。

表 1.22　XeF_n 的某些化学反应

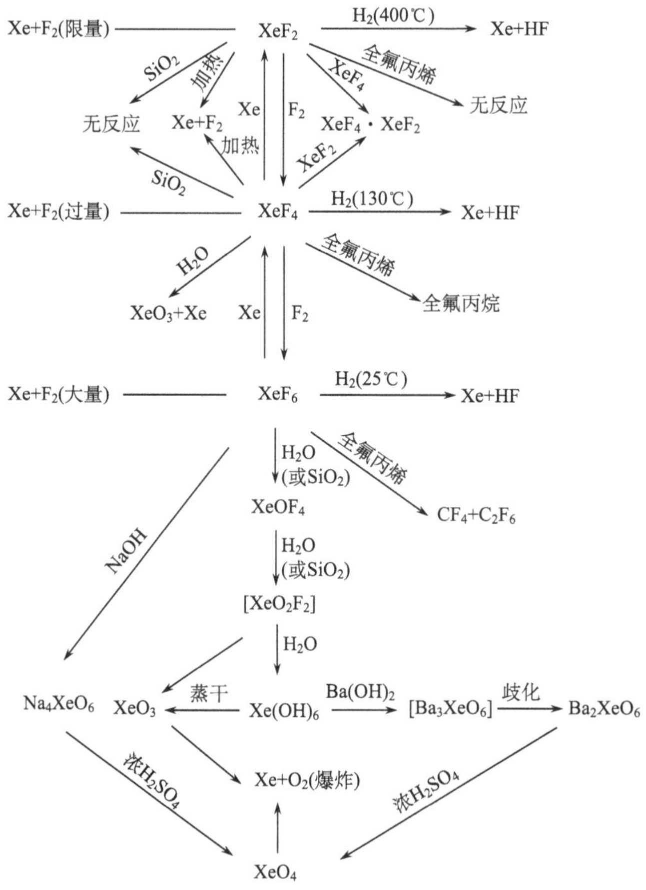

注：反应式均未予配平，有的只列出主要产物。[　]表示不稳定的中间化合物。

(1) 同氢和水的反应

氟化氙都是氧化剂。XeF_2，XeF_4 和 XeF_6 同氢反应所需的温度分别为 400°，

130°和 25℃。从这里可以看出它们氧化能力的差异。XeF_n随 n 值递增，其氧化能力相应地增大。

XeF_4和 XeF_6都同水反应生成 XeO_3；唯独 XeF_2仅溶解在水中，在 0℃时的溶解度 0.15M。

(2) 同全氟丙烯的反应

氟化氙也都是氟化剂。它们的氟化性质的强弱同它们的氧化性质是一致的，即随 XeF_n的 n 值变大时，其氟化能力递增。表 1.23 可充分说明这一点。

表 1.23 XeF_n与全氟丙烯的反应

XeF_n	产　物	备　注
XeF_6	CF_4，C_2F_6，Xe	引起碳链断裂
XeF_4	$CF_3CF_2CF_3$，Xe	定量反应，1 分子 XeF_4氟化 2 分子全氟丙烯
XeF_2	6 天后，仍无可察觉的反应	无氟化作用

(3) 同二氧化硅的反应

XeF_2和 XeF_4在室温下不同 SiO_2发生化学反应。所以 XeF_2和 XeF_4可贮放在石英或硬质玻璃容器中。而 XeF_6在室温下就能同 SiO_2反应，生成 $XeOF_4$、XeO_2F_2，并最终生成 XeO_3。这表明 XeF_6的化学性质比 XeF_2和 XeF_4活泼。

(4) 氟化氙的相图

至今仅研究过 XeF_2-XeF_6、XeF_2-XeF_4二元体系。从 XeF_2-XeF_6二元体系相图(图 1.13)可以看出，并未生成加合物；甚至加热到 160℃，也不生成 XeF_4。从而否定了下述反应的可能性：

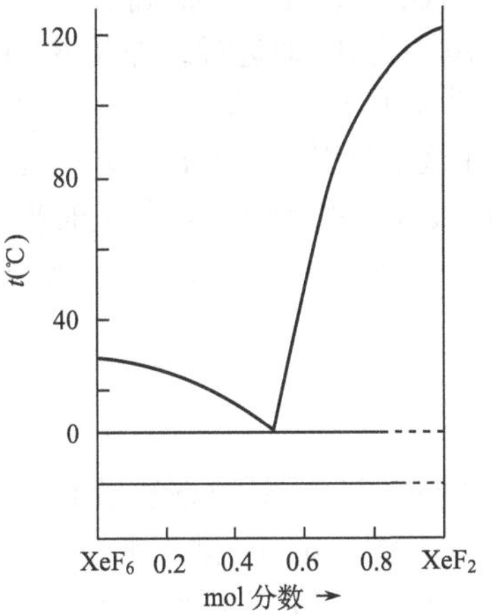

图 1.13　XeF_6－XeF_2二元体系相图

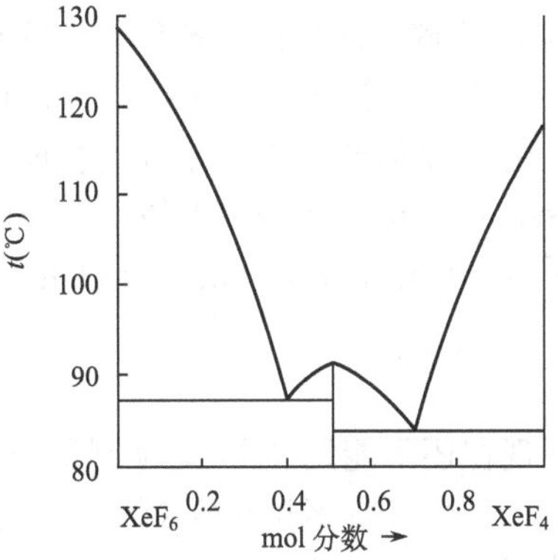

图 1.14　XeF_2-XeF_4二元体系相图

未见到原始文献，本图系作者根据 *C. A.* 77，No. 24036(1973)的数据描绘的

$$XeF_2 + XeF_6 \longrightarrow 2XeF_4$$

根据 XeF_2-XeF_4二元体系的熔点数据[17]（见表 1.24），可绘制出图 1.14。由图可见在 91℃，生成了分子化合物。

表 1.24 XeF_2-XeF_4体系的熔点

组成(mol%)		熔点(℃)	备 注
XeF_2	XeF_4		
—	100	117	
35	65	83.5	低共熔点
50	50	91	生成了分子化合物
60	40	87	低共熔点
100	—	129.03	

3.4.6 氯化物和溴化物

至今只制得了二氯化氙；并用蜕变法得到了四氯化氙和二溴化氙，证明了它们的存在。

1. 二氯化氙

在氙和氯的混合物中进行微波放电，将产物收集在 20K 的冷凝阱中，随即对产物作红外吸收光谱测定，在 $313cm^{-1}$处显示出一个吸收峰。如果假定 $XeCl_2$分子的几何构型是直线形的，计算出来的红外光谱吸收曲线同实验所得的曲线接近重合。计算出来的吸收峰在 $341.1cm^{-1}$处，也同实验结果相吻合，说明这个吸收峰相应于直线形分子 $XeCl_2$的 ν_3 振动。从而证实微波放电后的产物确实是 $XeCl_2$。此外，用氙和氯的同位素在微波放电下合成了$^{136}Xe^{35}Cl_2$，随即进行红外及 Raman 光谱鉴定，也确证产物是二氯化氙。曾有人试图在激光下令 Xe，Cl_2及 BCl_3（分子比为 5∶1∶1）反应来合成 $Cl_2Xe \cdot BCl_3$，但未能成功，在这个过程中仅生成了 $XeCl_2$。

用含放射性^{129}I 的化合物 $KICl_2$，经 β 蜕变后，得到了 $XeCl_2$，根据它的 Mössbauer 谱，得出 $XeCl_2$核外电荷的分布为 $q_{Xe}=+1.0$ 和 $q_{Cl}=-0.5$，进一步确证了 $XeCl_2$的存在和它的化学键的性质。

2. 四氯化氙

现在还不能用化学反应制取 $XeCl_4$。仅可能过^{129}I 蜕变的方法获得微量的 $XeCl_4$。含^{129}I 的 $KICl_4$经 β 蜕变，得到 $XeCl_4$，它的 Mössbauer 谱表明 $XeCl_4$的电荷分布为 $q_{Xe}=+1.9$. $XeCl_4$分子的几何形状同 XeF_4相似，是平面四方形的。

3. 二溴化氙

$XeBr_2$也不能用化学方法来制备，只能用含^{129}I 的 $KIBr_2$蜕变而来，从它的

Mössbauer 谱得出它的电荷分布为 $q_{Xe}=0.8$。$XeBr_2$ 极不稳定，它存在的时间仅约为 3.5×10^{-10} sec。氙和溴的混合气体在电子束激发下，生成了 0.3%的 $XeBr^*$，可发射激光，它只能瞬时存在。

4. 理论探讨

上述几种化合物实际上只不过证明它们的存在而已。对它们的研究还很不充分。至于其他稀有气体的卤化物是否存在，通过什么途径来制备，都还有待探讨。

对比几种卤化氙的 Mössbauer 谱数据(表 1.25)，假定氙仅 $5p$ 电子参与成键，则每一键的电荷转移量越大，化合物的稳定性也较高。Bartlett[18] 从能量的角度考虑，根据稀有气体二卤化物 NL_2(N 表示稀有气体，L 表示卤素)的热化学循环(图 1.15)，可以计算出 XL_2 离解为原子所需的能量，用以解释 NL_2 的稳定度和推测制备各种 NL_2 的可能性。表 1.26 列出 NL_2 的热化学及有关数据。

表 1.25　卤化氙的 Mössbauer 谱数据

化合物	四极分裂 (mm/sec)	$5p$ 电子的转移	电荷转移量/键
XeF_4	41.04±0.07	3.00	0.75
XeF_2	39.0±0.1	1.43	0.72
$XeCl_4$	25.6±0.1	1.88	0.47
$XeCl_2$	28.2±0.1	1.03	0.52
$XeBr_2$	22.2±0.4	0.81	0.41

稀有气体原子电离时要消耗能量 $I(N)$。而 ΔH_1、ΔH_2、ΔH_3 和共振能四项都是放热的。$I(N)$ 可以从这四项放出的能量得到补偿。$I(N)$ 值随原子序数的减少而增加。所以轻稀有气体比重稀有气难于生成化合物。例如试图合成 ArF_2，虽然氩离子的半径较小，Ar—F 间的距离略减，相应的静电引力能 ΔH_3 增加为 195kcal/mol。但氩的电离能高达 342kcal/mol，增加的 ΔH_3 不足以补偿电离能的增高部分。加之 ΔH_2 又略减。故 ΔH_4 仅为 23kcal/mol，显著地比 XeF_2 的 65kcal/mol 低，所以 ArF_2 远比 XeF_2 难于制备。

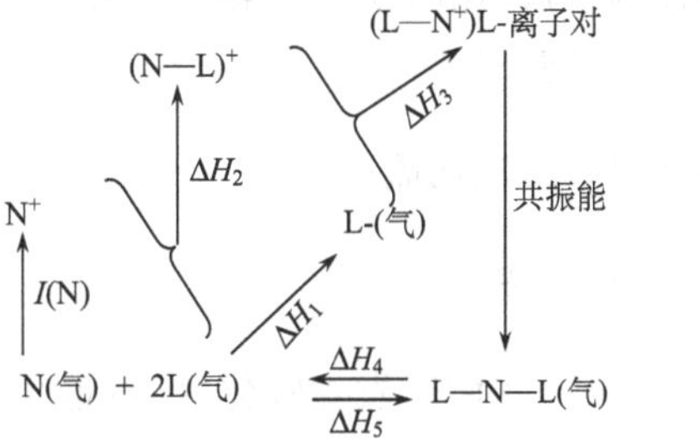

$I(N)$　稀有气体的电离能，$N \longrightarrow N^+ + e$
ΔH_1　电子亲和能，$L+e \longrightarrow L^-$
ΔH_2　电子对键合能，$N^+ + L \longrightarrow (N^+—L)^+$
ΔH_3　静电引力能，$\frac{e^2}{r}$ (r 为N—L间的距离)
ΔH_4　解离为原子所需的能，$NL_2 \longrightarrow N+2L$
ΔH_5　键能，$2\times$N—L

图 1.15　NL_2 的热化学循环

表 1.26 NL_2的热化学循环数据(能量单位均为 kcal/mol)

分子	I(N)	ΔH_1	ΔH_2	ΔH_3	共振能,假定为常数	ΔH_4		伸缩力常数(k_r)(m dyne/Å)
						计算值	实验值	
XeF_2	280	−80	−47	−166	−52	65	65	2.6
KrF_2	312	−80	−37	−178	−52	33	23	1.317
ArF_2	342	−80	−38	−196	−52	23	—	—
$XeCl_2$	280	−83	−40	−138	−52	33	—	1.3

$XeCl_2$由于氯离子的半径较氟离子大,因而 Xe—Cl 间的距离(约 2.4Å)也较 Xe—F 间的距离(2.0Å)大。$XeCl_2$的静电引力能减为 138kcal/mol,相应的 ΔH_4为 32kcal/mol,仅为 XeF_2的一半。这就说明了为什么 $XeCl_2$不像 XeF_2那样稳定。$XeCl_4$的 ΔH_4还没有实验值,但可借助于它们的伸缩力常数来说明。表 1.26 同时附列了它们的伸缩力常数 κ_r。$XeCl_2$的 κ_r为 1.3m dyne/Å,也仅有 $\kappa_r(XeF_2)$的一半。κ_r和 ΔH_4具有一致性。总的说来,上述结果和其他卤化物的情况也是一致的,如 I—Cl 和 I—F 的键能各为 58 和 67kcal/mol,也是氟化合物比氯化合物稳定。

3.5 氧化物和氟氧化物

氙的氧化物现在还不能由单质氙和氧直接化合来制备,只能通过氟化氙的转化来制备。氙的氟氧化物也是靠氟化氙的转化而获得的。例如 XeO_3、$XeOF_4$和 XeO_2F_2都是由 XeF_6转化而来;XeO_4和 XeO_3F_2则是由 XeF_4或 XeF_6水解生成高氙酸之后再转化而成。从某种意义上说,氙的氧化物和氟氧化物都可看成是氟化氙的衍生物。

3.5.1 三氧化氙

1. 制备

XeF_4水解时发生歧化反应,这个反应的历程如下:

$$3XeF_4 + 6H_2O \longrightarrow 2XeO + XeO_4 + 12HF$$

$$XeO \longrightarrow Xe + \frac{1}{2}O_2$$

$$XeO_4 \longrightarrow XeO_3 + \frac{1}{2}O_2$$

总反应式是:

$$3XeF_4 + 6H_2O \longrightarrow XeO_3 + 2Xe + \frac{3}{2}O_2 + 12HF$$

XeF_6水解也生成XeO_3，不发生歧化反应：

$$XeF_6 + 3H_2O \longrightarrow XeO_3 + 6HF$$

对比XeF_4和XeF_6的水解结果可以看出，XeF_6水解时，Xe(Ⅵ)全部变成XeO_3，转化率最高；XeF_4由于有歧化反应，Xe(Ⅳ)只有三分之一转化成XeO_3。所以制备XeO_3以XeF_6的水解最为适宜。这两种氟化氙的水解反应都很剧烈，并且容易引起爆炸。为了减慢和便于控制反应速度，可先用液氮将氟化氙冷冻，然后加入水，这时形成了凝冻状物，逐渐升温使反应缓慢进行，直到升至室温。水解完毕后，小心地蒸发掉氟化氢和过量的水，便可得到潮湿的白色XeO_3固体。

2. 物理性质

XeO_3是一种无色透明的晶体，吸湿的能力很强。它的晶体形状显著地受湿度的影响：在湿度较低时呈针状晶体；若相对湿度增加，但在20%以内，主要呈树脂状晶体；如湿度更高，则结晶性质不显著；当湿度超过25%，XeO_3潮解并生成气泡，同时发生分解作用。它在室温下的蒸气压很低，在真空下70℃时即升华，同时显著地发生分解作用和引起爆炸。

XeO_3的某些物理性质见表1.27. 它的分子构型见图1.16(a)，晶体结构见图

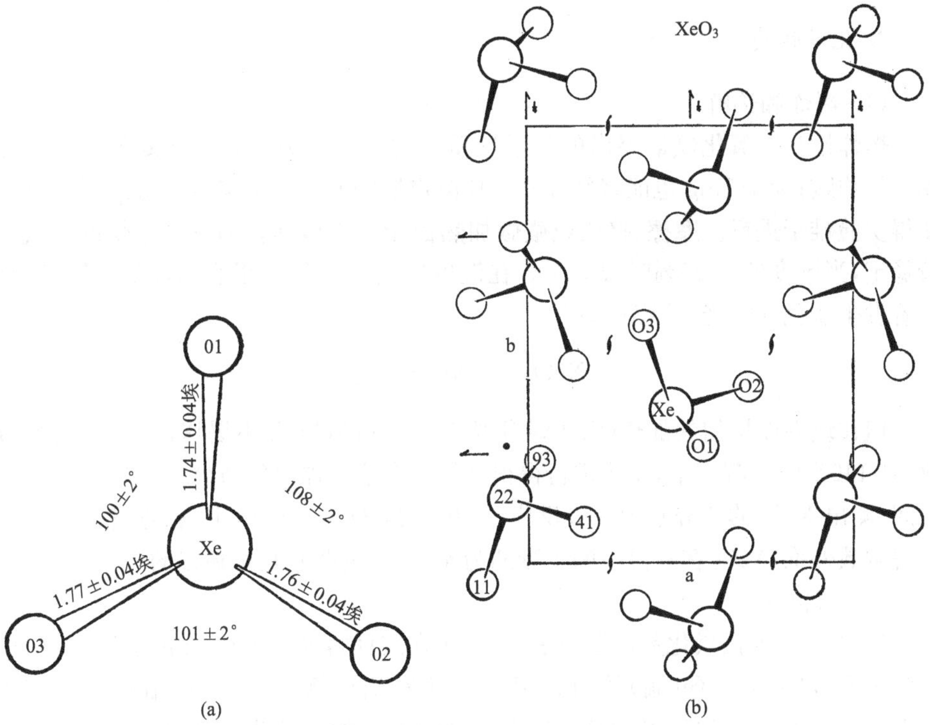

图1.16 XeO_3的分子构型(a)及XeO_3的晶体结构(b)

1.16(b)。晶体结构的有关数据列于表 1.27 中。

表 1.27　XeO_3的某些物理性质

升华热 ΔH_s30±10(kcal/mol)

生成热 ΔH_f(s,298.15K)96±2(kcal/mol)[6];99.94±0.24(kcal/mol)[13]

平均热化学键能 $27.5-\frac{\Delta H_s}{3}=17.5\pm4$kcal

熵 S°(g)68.69(cal/mol · deg)

折光指数 α1.79

密度 D=4.55(g/cm^3)

晶体结构(用 X 光测得)：　斜方晶系

$a=6.163\pm0.008$Å　$Z=4$

$b=8.115\pm0.010$Å　$V=262$Å^3

$c=5.234\pm0.008$Å　$V_{mol}=39.4$cm^3

空间群 $p2_12_12_1$

键长 Xe—O 1.74±0.003Å,1.76±0.003Å,1.7±0.03Å;平均 1.76Å

键角 ∠OXeO 108±2°,100±2°,101±2°;平均 103°

3. 化学性质

(1) 爆炸和热解

爆炸性是三氧化氙最突出的化学性质。它的爆炸力很强。3mg 就足以使玻璃仪器炸毁;少于 1mg 也能将红外光谱仪测定槽的 KBr 小窗炸裂。猛烈的爆炸性使得实验难于进行。摩擦、挤压或微微加热都能引起爆炸。但它在干燥的空气中较稳定,当湿度低于 20%时很安全。在湿度较高的空气中很容易爆炸,爆炸时伴随着发生蓝色的闪光,反应式如下:

$$XeO_3 \longrightarrow Xe+\frac{3}{2}O_2$$

但在缓慢而均匀的加热(每小时升温 60℃)下,XeO_3并不爆炸,从 40℃开始分解,到 140℃时分解完毕,反应进行得很平稳。在这样加热的条件下,在 50—106℃之间,测出 XeO_3的热分解为一级反应,活化能为 31.4kcal/mol。根据各温度下的热解常数外推,XeO_3在室温下的半衰期为 4.4 年,说明它是很稳定的。

(2) 氧化性

XeO_3是一种强氧化剂。最初估计 XeO_3在酸性溶液中的标准电势 Xe-Xe(Ⅵ)约为 1.8V,Xe(Ⅵ)-Xe(Ⅷ)约为 2.3V。后来精确计算出 Xe-XeO_3在酸性溶液中的电势为 2.10±0.10V;Xe-$HXeO_4^-$在碱性溶液中的电势为 1.24±0.01V。所以 XeO_3在酸性溶液中的氧化能力较强,可以将碘离子氧化成为单质碘;在碱性溶液中这个反应进行得很慢。

XeO_3可以将甲酸氧化成二氧化碳和水，XeO_3则被还原成氙。氙的氧化数由+6变为零，Xe(Ⅵ)得到6个电子。看来，这六个电子并不是一次就获得的，而是分几次进行。由于氙的氧化数为奇数的化合物是不存在的，所以每次只得到一个电子的可能性很小，推测的反应历程如下：

$$XeO_3+HCOOH \longrightarrow XeO_2^*+CO_2+H_2O$$

$$XeO_2+H_2O \longrightarrow XeO+H_2O_2$$

$$XeO_2^* \longrightarrow XeO_2$$

$$XeO_2+HCOOH \longrightarrow XeO+CO_2+H_2O$$

$$XeO+HCOOH \longrightarrow Xe+CO_2+H_2O$$

$$XeO+XeO_3 \longrightarrow 2Xe+2O_2$$

$$XeO_3+H_2O_2 \longrightarrow XeO_2+H_2O+O_2$$

XeO_3水溶液在酸性或中性介质中能将伯醇、仲醇、一元羧酸、二元羧酸氧化为二氧化碳和水。这个性质可用来分析这些有机物的含量，操作方法很简便。用已知浓度的XeO_3水溶液将这些有机物氧化成为二氧化碳和水，然后用碘量法滴定过剩的XeO_3。这样，便可准确地测出这些有机物的含量(微量或大量)。醇的含量为100μg时，相对误差为1%。特别是对于那些难以氧化的羧酸(如乙酸、琥珀酸)，XeO_3氧化法更显示出优越性，比传统的铈量法和钒量法既简便又准确。

铀、钚、镎的分离是核燃料工艺学中的重要课题，主要是利用它们氧化还原性质的差别而逐个加以分离。如果用XeO_3作氧化剂，反应后生成氙气逸出，不会给溶液体系添加任何新的杂质，因而具有很大的优越性。从XeO_3和Pu(Ⅲ)的反应机理推断，XeO_3可以同Pu(Ⅲ)发生一个电子的得失而生成Pu(Ⅳ)，或发生两个电子的得失生成Pu(Ⅴ)，反应中不生成PuO_2^+。

$$6Pu(Ⅲ)+XeO_3+6H^+ \longrightarrow 6Pu(Ⅳ)+Xe+3H_2O$$

XeO_3可以将Np(Ⅴ)氧化为Np(Ⅵ)，在光照下，反应进行得很快，否则进行得很慢，说明这是一个光化学反应

$$XeO_3+h\nu \longrightarrow XeO_3^*$$

$$6Np(Ⅴ)+Xe(Ⅵ)^* \longrightarrow 6Np(Ⅵ)+Xe$$

在KOH溶液中，XeO_3还可以将Np(Ⅵ)定量地氧化到更高氧化态Np(Ⅶ)。

$$6Np(Ⅵ)+HXeO_4^-+3H_2O \longrightarrow 6Np(Ⅶ)+7OH^-+Xe$$

3.5.2 四氧化氙

1. 制备

将高氙酸盐放入一只带支管的玻璃仪器内，在室温下缓慢滴入−5℃的浓硫

酸，将生成的 XeO_4气体收集在液氮冷阱中，得到一种黄色固体。然后进行真空升华，即得到纯的四氧化氙。高氙酸盐同浓硫酸的反应如下：

$$Na_4XeO_6 + 2H_2SO_4 \longrightarrow XeO_4 + 2Na_2SO_4 + 2H_2O$$

$$Ba_2XeO_6 + 2H_2SO_4 \longrightarrow XeO_4 + 2BaSO_4 + 2H_2O$$

高氙酸钡的反应较为缓慢，生成的 XeO_4分解较少。所以在上述二反应中以钡盐为原料的 XeO_4产率高。如果滴加硫酸的速度过快，生成的 XeO_4会立即分解，同时伴有闪光或火花，这样就使 XeO_4的产率显著降低。

2. 性质

XeO_4的主要物理性质见表 1.28。它在低温下是一种黄色固体，它很容易分解。它的平均热化学键能为 21.2kcal，比 XeO_3的值略高。

表 1.28 XeO_4的主要物理性质

蒸气压(torr)	3(−35℃)；10(−16℃)；25(0℃)
生成热 $\Delta H_f^{\ominus}$,g,298.15K	153.5kcal
平均热化学键能	21.1kcal
分子构型 四面体	
Xe—O 键长	1.6±0.2Å(红外光谱测得)
	1.736±0.002Å(电子衍射法测得)
O—O 距离	2.832±0.009Å(电子衍射法测得)

XeO_4极不稳定，固体 XeO_4甚至在−40℃也会发生爆炸，反应式如下：

$$XeO_4 \longrightarrow Xe + 2O_2$$

气态的 XeO_4反而较为稳定，在室温或稍高于室温的温度下，缓慢地分解为 XeO_3。XeO_4的氧化性比 XeO_3强。XeO_3在酸性溶液中反应快速，在碱性溶液中反应缓慢；而 XeO_4不论在酸性或碱性溶液中都能迅速反应。由于 XeO_4的不稳定性，目前对它的化学性质研究得很少。

3.5.3 四氟一氧化氙

1. 制备

1963 年在质谱仪中研究 XeF_4同氟(氟中混杂有千分之几的氧)的反应时，就观察到有 $XeOF_4$。这是由于 XeF_4中混有微量的 XeF_6，而 XeF_6遇到少量水分时，如果水解不完全，便会生成 $XeOF_4$：

$$XeF_6 + H_2O \longrightarrow XeOF_4 + 2HF$$

在红外光谱仪的吸收槽内，控制 XeF_6同被水蒸气饱和过的空气反应，有 80%的

XeF_6转化为 $XeOF_4$。把 XeF_6封装在石英容器中，XeF_6同 SiO_2缓慢地反应，也能生成 $XeOF_4$：

$$2XeF_6 + SiO_2 \longrightarrow 2XeOF_4 + SiF_4$$

使用上述两个反应制备 $XeOF_4$时，应立即将生成的 $XeOF_4$分离出来，否则会进一步反应变为 XeO_3。如果利用 XeF_6的不完全水解来制备 $XeOF_4$，可向体系中加入 NaF，使它同未反应的 XeF_6结合为加合物，从而将未反应的 XeF_6分离。

将氙、氟和氧的混合物($Xe:F_2 = 1:4, O_2:F_2 = 2.25$)加热到 235℃，所得产物为 XeF_4和 $XeOF_4$，在 0℃下真空蒸馏，可以得到纯净的 $XeOF_4$液体。

2. 物理性质

$XeOF_4$在室温下是一种无色透明和易流动的液体。它的主要物理性质见表 1.29. 未成键的孤电子对从底面伸出(图 1.17)，Xe—O 较键的弹力常数很高，为 7.10m dyne/Å。似乎 Xe—O 键具有明显的双键性质。但高分辨率的光电子光谱表明，氙把孤电子对给予氧，属于半离子键性质，但不是双键。

表 1.29　$XeOF_4$的主要物理性质

熔点	−46.2(℃)
蒸气压(torr)	8(0℃)；29(23℃)
密度 D(g/cm^3)	3.168−0.0032T(T=℃)
分子构型 四方锥(微波法测定)	
Xe—O	1.703±0.015Å
Xe—F	1.900±0.005Å
∠OXeF	91.8±0.5°
电导率 1.03×10^{-5}($\Omega^{-1} \cdot cm^{-1}$)	
偶极矩 0.65±0.09(D)	

$XeOF_4$在 24℃时的电导率为 $1.03\times10^{-5}\Omega^{-1}\cdot cm^{-1}$，说明 $XeOF_4$液体已有部分电离。在 $XeOF_4$中加入 CsF 或 RbF，可使电导率剧烈增大。当 CsF 在 $XeOF_4$中的浓度为 0.29M 时，电导率为 $8.5\times10^{-1}\Omega^{-1}\cdot cm^{-1}$. $XeOF_4$在 25℃时的介电常数为 24.6，介于 IF_5与 BrF_5的介电常数之间。

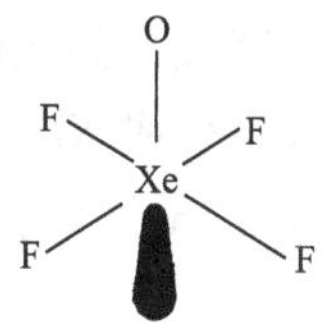

图 1.17　$XeOF_4$ 分子的几何构型

3. 化学性质

在氙的氟氧化合物中，$XeOF_4$是属于比较稳定的化合物之列，可以长期储存在镍容器中，但不能用石英或玻璃仪器储存，因为它要同 SiO_2反应。

$XeOF_4$是 XeF_6水解的中间产物，它可进一步水解为 XeO_2F_2，最终生成 XeO_3：

$$XeOF_4 + H_2O \longrightarrow XeO_2F_2 + 2HF$$

$$XeO_2F_2 + H_2O \longrightarrow XeO_3 + 2HF$$

$XeOF_4$可被过量的氢在 300℃时还原为氙，这是一个定量反应，可以用这个方法分析 $XeOF_4$：

$$XeOF_4 + 3H_2 \xrightarrow{300℃} Xe + H_2O + 4HF$$

3.5.4 其他氟氧化合物和氧化物

氙的氟氧化物和氧化物除前述的 $XeOF_4$、XeO_3和 XeO_4外，还有下列数种，但都不甚稳定。

1. 二氟二氧化氙

XeF_6水解过程所生成的中间产物中，用质谱分析确证有 XeO_2F_2存在：

$$XeF_6 \xrightarrow{H_2O} XeOF_4 \xrightarrow{H_2O} XeO_2F_2 \xrightarrow{H_2O} XeO_3$$

XeF_6同 SiO_2反应时，也可得到中间产物 XeO_2F_2

$$XeF_6 \xrightarrow{SiO_2} XeOF_4 \xrightarrow{SiO_2} XeO_2F_2 \xrightarrow{SiO_2} XeO_3$$

XeO_2F_2在上述两个反应中都是中间产物。如果想用上述反应来制备 XeO_2F_2，由于反应进程很难控制，实际上只能得到反应的最终产物 XeO_3。后来改用 XeO_3同 $XeOF_4$反应，才制得了 XeO_2F_2。制备过程如下：

将 XeO_3固体溶解在过量的 $XeOF_4$（为防止 XeO_3爆炸，用干冰冷冻反应容器），就得到了液态的 XeO_2F_2，$XeOF_4$和 XeF_2的混合物。这三种物质挥发性的差异较大。$XeOF_4$很容易挥发，XeF_2很难挥发。经过分馏和升华，就可以得到较纯的 XeO_2F_2。

XeO_2F_2在室温下是一种无色晶体，熔点为 30.8℃。熔化后成为一种无色液体。蒸气也是无色的，未见类似 XeF_6熔化后发生变色的现象。它在潮湿空气中迅速水解变成 XeO_3。XeO_2F_2的蒸气压介于 XeO_3和 $XeOF_4$之间，生成热 $\Delta H_f^\circ(g)$为 56kcal/mol. 它同 XeF_6反应生成 $XeOF_4$：

$$XeF_6 + XeO_2F_2 \longrightarrow 2XeOF_4$$

XeO_2F_2不稳定，会分解成 XeF_2和氧：

$$XeO_2F_2 \longrightarrow XeF_2 + O_2$$

价电子对互斥理论的奠基者 Gillespie[20]根据他的学说，预言 XeO_2F_2的分子构型是一个三角双锥体（图 1.18），两个氟原子处在直立轴的两端，孤电子对和二个氧原子排列在平伏位置上。振动光谱的测定结果证实了这个预言。Raman 光谱和红外光谱也证实了 F—Xe—F 接近在一条直线上。但 Gillespie 的另一假定则被实验所否定，他预料 XeO_2F_2 会通过 Xe—O—Xe 桥而发生聚合作用，如果真是这样的话，那么 XeO_2F_2 的熔点应该比较高和难于挥发。事实上这个化合物的熔点并不高，看来，在 XeO_2F_2 分子之间并未发生聚合作用。

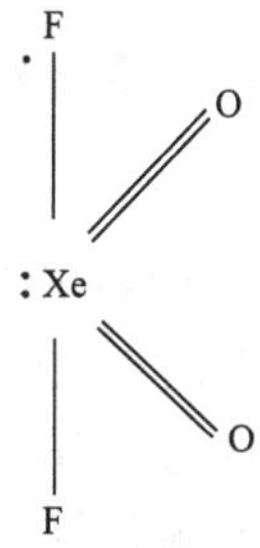

图 1.18 XeO_2F_2 分子的几何构型

XeO_2F_2 的晶体结构和分子的对称性同中子衍射和光谱测定的结果相吻合，它的结构为三角双锥体和具有 C_{2v} 对称，键长和键角（表 1.30）同 Gillespie 预先计算的结果相近，F—Xe—F 的键角为 174.7°，接近在一条直线上。

表 1.30 XeO_2F_2 的键长和键角

键长(Å)				键角		
Xe—O		Xe—F		∠OXeF	∠OXeO	∠FXeF
实验	计算[20]	实验	计算[20]			
1.714	1.75	1.899	1.93	91.6°	105.7°	174.7°

2. 二氟三氧化氙

XeO_3F_2 是氙的八价化合物。最初是由 XeF_6 同 Na_4XeO_6 在室温下反应生成的，经质谱分析确证为 XeO_3F_2。用这个方法制备 XeO_3F_2 的产率太低，没有实际意义。后来改用 XeO_4 代替 Na_4XeO_6，产率才得到提高，XeO_3F_2 如果同 XeF_6 接触，则生成 $XeOF_4$，所以制备 XeO_3F_2 时，XeF_6 不能过量。

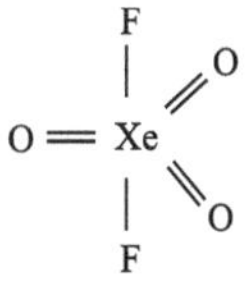

图 1.19 XeO_3F_2 分子的几何构型

XeO_3F_2 不稳定，挥发性很强，甚至在 −78℃ 时挥发出来的气体就可供质谱分析之用，它远较 XeO_2F_2 易于挥发，同 XeO_4 的挥发性相近。这说明它的对称性很高，可能是一种非极性分子。它的分子构型据 Gillespie 推测，也是一种三角双锥体（图 1.19）。两个氟原子居于直立轴的两端，三个氧原子排列在平伏位置上。

3. 四氟二氧化氙

XeO_2F_4 也是氙的八价化合物。Gillespie 早在 1963 年就预言了 XeO_2F_4 的分子构型是八面体，有很高的对称性（D_{4h}），它是非极性分子，很容易挥发。但这个化合物是迟到 1971 才首次制成的。

XeO_2F_4 的合成很困难，至今只能用 XeF_6 将 XeO_3F_2 氟化而生成少量的产品，产率很低。它很不稳定，在过量 XeF_6 的存在下，随即分解为 $XeOF_4$ 和氧。如果用 $XeOF_4$ 为溶剂将 XeO_2F_4 溶解，它的稳定性可以稍好一些。

4. 二氟一氧化氙

$XeOF_2$是氙的四价化合物,也是最低氧化态的氟氧化物。它是否存在曾是一个长期争议的问题。1966 年在研究水蒸气雾滴同 XeF_4的反应时,根据红外光谱吸收带证实在红外光谱仪碘化铯槽的壁上(—80℃)生成了 $XeOF_2$。但它的制备问题直到 1976 年才得到解决。用控制 XeF_4水解的方法制得了 $XeOF_2$[21]。鉴于 XeF_4在氟化氢存在下水解时会放出氙和氧:

$$XeF_4 + 2H_2O \xrightarrow{HF} Xe + O_2 + 4HF$$

为了避免上述反应,将 XeF_4和水在—196℃下先用泵抽除氟化氢,然后升温到—63℃(24 小时),再升温到—47℃(1 小时)。这时就生成了 $XeOF_2$(亮黄色不挥发的固体),在低于—25℃时是稳定的;到—15℃时就缓慢地分解为 XeO_2F_2 和 XeF_2。

5. 氙的低价氧化物

氙的氧化物至今只合成了 XeO_3和 XeO_4。氧化数更低的氙的氧化物尚未获得。XeO 仅在放电过程中瞬时存在。用电子束激发氙、氧的混合物,可观察到 XeO 分子跃迁时所产生的激光;以氩作基质,氙和氧的混合物在汞弧光源的照射下,也观察到 XeO 跃迁时的吸收与发射光谱。Bartlett[22]从能量的角度出发,阐明 XeO 和 XeO_2的不稳定性,说明它们是难以制备的。

3.6　氙化合物的水溶液化学

3.4 节中仅扼要地列出了 XeF_2、XeF_4和 XeF_6同水的反应,并指出了氟化氙在水溶液中的化学行为是很复杂的。事实上,通过氟化氙的水解,已制得了许多新的氙化合物,它们的大多数都具有很强的氧化性质,其电极电势如下:

酸性溶液中

$$Xe \text{——} 2.12V \text{——} XeO_3(\text{水溶液}) \text{——} 2.36V \text{——} H_4XeO_6$$
$$\llcorner\text{————} 2.64V \text{——} XeF_2(\text{水溶液})$$

碱性溶液中

$$Xe \text{——} 1.26V \text{——} HXeO_4^- \text{——} 0.94V \text{——} HXeO_6^{3-}$$

它们的电极电势显著受溶液 pH 的影响,在酸性溶液中的氧化能力要强得多。

3.6.1 Xe(Ⅱ)的水溶液

1. XeF_2水溶液的性质

XeF_2在水中的溶解度为 0.15M(0℃)。这个溶液具有很特征的刺激臭味,并且容易挥发。在真空下蒸馏时,XeF_2很容易被蒸馏出来。由于 XeF_2能将水氧化,所以 XeF_2在水中是不稳定的,半衰期约为 7 小时。

上述这些性质使人想到 XeF_2在水溶剂中,会不会是以分子状态存在?经过各种研究证实,XeF_2 在水中确实呈分子状态。XeF_2 水溶液的紫外吸收光谱在 242mμ* 处有最大吸收,摩尔消光系数为 82L/mol · cm,这同 XeF_2气体的紫外吸收光谱相似,XeF_2水溶液的最大吸收仅向长波方向移动约 12mμ;质谱分析也得到同样的结果;根据 XeF_2溶液的电导,也确定 XeF_2在水溶剂中有 97%以上处于分子状态。此外,还发现 XeF_2水溶液中,XeF_2中的^{19}F 同外加的$^{18}F^-$发生交换的速度很慢,而且 XeF_2在水中不同$^{18}F^-$结合为 XeF_4^{2-}。从以上各种实验结果可以确证 XeF_2在水溶液中是以分子形式存在。

XeF_2在水和 CCl_4间的分配系数为 2.3、所以 XeF_2是亲水性的,这同 XeF_2的价键性质相符。本专题 3.6.1 曾提到 XeF_2在气相和非水溶液中是一种具有温和氧化性的氟化剂,而 XeF_2的水溶液则只起氧化剂的作用,不发生氟化反应。它的氧化能力可由 XeF_2水溶液的电极电势表征出来。XeF_2水溶液中的电极反应如下:

$$Xe + 2HF(aq) \longrightarrow XeF_2(aq) + 2H^+ + 2e^-$$

根据 XeF_2(aq)的生成自由能,便可得出上述反应的电极电势。XeF_2(aq)的生成自由能经计算为−20.35kcal/mol。从而求得 XeF_2(aq)的电极电势为 2.64V。因此 XeF_2水溶液可以将 HCl 氧化成 Cl_2,将 H_2O 氧化成 O_2,将 Ce(Ⅲ)、Co(Ⅱ)和 Ag(Ⅰ)分别氧化成 Ce(Ⅳ)、Co(Ⅲ)和 Ag(Ⅱ);还可以将碘酸盐和溴酸盐分别氧化成高碘酸盐和高溴酸盐。XeF_2的 NaOH 溶液或在 $HClO_4$中的溶液可以将镎和钚分别氧化到最高氧化态。

高溴酸和它的盐的制备是一百多年来悬而未决的课题,经各种努力都告失败,因此长期以来曾认为高溴酸和它的盐不存在。随着结构化学的发展,从理论计算断定它们应该存在。但一直未找到适宜的制备方法。Appelman 通过放射性同位素的蜕变果然证明 BrO_4^- 确实存在

$$^{83}SeO_4^{2-} \longrightarrow BrO_4^- + \beta^-$$

Appelman 从 1963 年以来就从事稀有气体化学方面的研究工作。1968 年他用 0.14M XeF_2溶液同 0.24M $NaBrO_3$的溶液反应,待从溶液中检出 HF 时,证明

* 1mμ=1nm,全书同。

XeF_2已水解，测出溶液中果然有 0.01M 的 BrO_4^- 生成；用 0.14M XeF_2 同 1.5M $LiBrO_3$的溶液反应，也得到含 0.018M BrO_4^- 的溶液。这是历史上第一次把 BrO_3^- 氧化成为 BrO_4^-，从而打破了氧化数为+7 的溴化物不存在的概念。这可以说是随着稀有氧化化学的发展所引起的"链锁性突破"。

Appelman 在这个实验结果的启发下，于次年(1969)在碱性溶液中用单质氟氧化溴酸盐，一次就得到了含 24 克 BrO_4^- 的溶液。其后，他又仔细研究了 XeF_2 水溶液将 BrO_3^- 和 IO_3^- 分别氧化成为 BrO_4^- 和 IO_4^- 的反应机理。

2. XeF_2 同水反应的机理和催化效应

用各种方法测定 XeF_2 同水反应的速度常数 k，所得的结果大致相同，介于 4.2—4.5×10^{-4} sec^{-1}。由于参加反应的溶剂(水)是大量的，所以反应后浓度几乎不变。XeF_2 同水的反应是一级反应，反应式如下：

$$XeF_2 + H_2O \longrightarrow Xe + \frac{1}{2}O_2 + 2HF$$

当仔细观察反应中出现的各种现象时，发现反应后有 6×10^{-7}—3×$10^{-6}$$M$ 的 H_2O_2剩余物；同时还注意到 XeF_2 同水反应时，出现的中间产物可以将苯磺酸氧化。为了弄清楚这个反应过程，将 XeF_2 和 H_2O_2 分别同苯磺酸作用，确定 XeF_2 同水反应时，除生成 H_2O_2 外，还生成了中间产物 XeO。XeO 自由基再将苯磺酸氧化：

$$XeF_2 + H_2O \longrightarrow XeO + 2HF$$

$$XeO + H_2O \longrightarrow Xe + H_2O_2$$

$$H_2O_2 + XeF_2 \longrightarrow Xe + O_2 + 2HF$$

XeF_2同水的反应可被 NaOH，某些金属离子和它们的氧化物所催化，催化效果有如表 1.31 所示。强碱 NaOH 的催化效应最显著，速度常数可达 505×10^{-4}/sec；而一般广义的碱，例如 F^-，HCO_3^-，CO_3^{2-} 等的催化能力则较弱，某些金属离子如 Th^{4+}，Zr^{4+}，La^{3+} 和 Ba^{2+} 以及它们的氧化物(如 ZrO_2)也有显著的催化作用。这可能是由于它们对氟化物有极强的亲和力，同 XeF_2形成了活性的(F—Xe—F—

表 1.31 某些物质对 XeF_2 与水反应的影响(25℃)

反应条件	速度常数 k(10^{-4} sec^{-1})及催化效果
不加其他物质	4.2
0.0068M NaOH	505
0.0094M $Th(ClO_4)_4$	203
1.98M $HClO_4$	8.2
HF，F^-，HCO_3^-，CO_3^{2-}	催化力弱
$H_2PO_4^-$，HPO_4^-，PO_4^{3-}	催化力弱
Zr^{4+}，La^{3+}，Be^{2+}，ZrO_2	催化力较强
KNO_3，$NaClO_4$	有抑制作用

$M)^{n+}$类型的中间复合物，或者是这些金属离子从 XeF_2 中获得 F^- 形成 MF^{n+} 型复合物，并放出了活性的 XeF^+，从而加速了反应速度。H^+ 对反应的催化作用较弱。XeF_2同水反应时，所生成的氟化氢有自催化效应，这和 XeF_2 同苯反应时受氟化氢自催化的情形相似，可能是由于 HF 从 XeF_2 中获得 F^- 而形成了 HF_2^- 型复合物的缘故。KNO_3和 $NaClO_4$则对反应起抵制作用。

3. XeF_2水溶液同 XeO_3的反应

XeF_2的碱性溶液可将 Xe(Ⅵ)氧化成为 Xe(Ⅷ)；但在 XeF_2的稀酸性溶液中加入 XeO_3时，则 Xe(Ⅵ)不是被氧化，而是被还原。由反应机理可知，XeO_3同 XeF_2水溶液的反应，不是 XeO_3直接同 XeF_2作用，而是同 XeF_2和水生成的中间产物 H_2O_2作用，反应如下：

$$H_2O_2 + XeO_3 \longrightarrow XeO_2 + O_2 + H_2O$$
$$XeO_2 \longrightarrow Xe + O_2$$

从上述可见，XeF_2和 XeO_3都能被 H_2O_2还原为氙。但这两个氙化物同 H_2O_2的反应速度不同。实验证明：XeO_3 同 H_2O_2的反应速度比 XeF_2与 H_2O_2的反应速度大 1—2 倍。所以随着 XeO_3的加入，XeF_2的消失速度就降低。XeO_3和 XeF_2同水作用的反应式如下：

$$XeF_2 + nXeO_3 + H_2O \longrightarrow (1+n)Xe + \left(\frac{1+3n}{2}\right)O_2 + 2HF$$

定量分析结果表明，n 是一个不定的数值，它随 XeO_3初始浓度$[XeO_3]_0$同 XeF_2初始浓度$[XeF_2]_0$的比值而变化，变化的范围从 0 到 1。当$[XeO_3]_0/[XeF_2]_0$的值很小时，n 趋近于零；当比值很大时，n 趋近于 1。这是最大和最小的极限情况。通常 n 都在 0 到 1 之间，这就是说 XeO_3只能是部分地被还原为单质氙，催化剂对 XeO_3被还原为单质氙有影响。不过能催化 XeF_2同水反应的物质，对 XeO_3被还原为单质氙的反应并没有作用。

3.6.2 Xe(Ⅳ)的水溶液

XeF_4和 XeF_2一样，也能氧化水而自身被还原为氙。最初仅从反应产物氟化氢的分析，误认为 XeF_4同水的反应式为

$$XeF_4 + 2H_2O \longrightarrow Xe + O_2 + 4HF$$

由上式可见，反应后放出的氙、氧的摩尔比应为 1∶1，这同实验结果不符。同时还观察到 XeF_4同水反应时，有一种停留不长的黄色固体物质出现，在中性或酸性溶液中它即溶解生成透明的黄色溶液。很显然，按上述反应式，生成物应该都是无色的，不应有黄色出现。这些现象说明本反应绝不是如上式所述的一种简单氧化还原反应。反应的机理是很复杂的。为了弄清楚这个反应过程，精确地测定了反应

后放出的氙和氧，确证 XeF_4 只有 50%用于氧化水，而其余的 50%则发生了歧化反应，生成氙和 XeO_3，总反应式如下：

$$3XeF_4 + 6H_2O \longrightarrow 2Xe + \frac{3}{2}O_2 + XeO_3 + 12HF$$

不仅在酸性和中性溶液中是如此，在碱性溶液中也是这样。反应历程的第一步是 XeF_4 水解时的歧化作用：

$$3XeF_4 + 6H_2O \longrightarrow 2XeO + XeO_4 + 12HF$$

然后是歧化反应产物很快地发生分解作用：

$$2XeO \longrightarrow 2Xe + O_2$$

$$XeO_4 \xrightarrow{H^+ 或 OH^-} XeO_3 + \frac{1}{2}O_2$$

关于反应过程中出现的黄色中间产物，经仔细观察，发现它是 XeF_4 同水刚一接触时在 XeF_4 同水的界面上出现的。这个黄色固体随即溶解，并放出气泡。黄色固体的组成至今还没有查明，早期认为是由 XeO 和 XeO_4 所产生的中间化合物。后来，令 XeF_4 在－80℃时同水反应，经红外光谱鉴定，认为这个黄色中间产物是 $XeOF_2$，但也未得到进一步的证实。所以 XeF_4 同水反应的机理，目前仍没有完全弄清楚。

3.6.3　Xe(Ⅵ)的水溶液

现将 XeF_2、XeF_4 和 XeF_6 水解的反应式一并列出，通过对比，可以看出 XeF_6 水解的特点。

$$XeF_2 + H_2O \longrightarrow Xe + \frac{1}{2}O_2 + 2HF$$

$$3XeF_4 + 6H_2O \longrightarrow XeO_3 + 2Xe + \frac{3}{2}O_2 + 12HF$$

$$XeF_6 + 3H_2O \longrightarrow XeO_3 + 6HF$$

比较上列三个反应式可以看出，XeF_2 和 XeF_4 同水反应时都要放出氙和氧。XeF_6 则完全不同，它同水反应不放出气体，而是定量地生成 XeO_3。因此，XeF_6 的水溶液实际上是 XeO_3 的水溶液。根据国际命名法原则，把含 Xe(Ⅵ)的水溶液叫做氙酸。

1. XeO_3 溶液的制备

氙和氧不能直接化合成 XeO_3。氙和氧在水溶剂中也不能生成 XeO_3 的水溶液，XeO_3 只能由氟化氙水解而来。用这种方法制备的 XeO_3 溶液含有氟化氢，为了获得纯的 XeO_3 溶液，可以将溶液蒸发至近于干涸以除去氟化氢，然后再将 XeO_3 溶解。如果要制取纯度极高的 XeO_3 溶液，可以将 XeO_3 再升华后再溶解在水中。上

述两种方法在纯化 XeO_3 的过程中，容易发生爆炸。后来改为从六氟化氙的水解溶液中直接除去氟化氢来制备纯的 XeO_3 溶液，操作过程如下。

向六氟化氙的水解溶液中加入 $Ca(OH)_2$ 或 MgO 将 F^- 沉淀出来，然后将溶液通过无水磷酸锆和氧化锆的离子交换柱除去少量的 MgO 和微量的氟离子，便可以得到高纯度的 XeO_3 溶液。

2. XeO_3 溶液的性质

(1)物理性质和一般化学性质

XeO_3 的某些物理性质见表 1.32，XeO_3 溶液无色无味。将 XeO_3 溶液进行真空蒸馏，当已蒸馏出 90％的溶液后，馏出液中 XeO_3 的含量还不到 0.01％，这说明 XeO_3 是很难挥发的。XeO_3 溶液在铝矾土、无水氧化锆、磷酸锆或强碱型苯乙烯离子交换树脂上的常量及放射性示踪量的色谱，也确证 XeO_3 在溶液中是不挥发的分子。从 Raman 光谱以及 XeO_3 的中性和酸性溶液的导电性很差，都足以说明 XeO_3 在一定 pH 范围内的水溶液是以分子状态存在的。

表 1.32 XeO_3 水溶液的某些物质性质

溶解度≥2M	
热力学性质	
$\Delta H_s^{1)}$	3.9±0.2(kcal/mol)
$\Delta H_f^{\ominus}(XeO_3 \cdot \infty H_2O, 298.15K)$	99.94±0.24(kcal/mol)
$\Delta S_f^{\ominus}$	−70±4(cal/deg · mol)
$\Delta G_f^{\ominus}(XeO_3 \cdot \infty H_2O, 298.15K)$	120.8±1.2(kcal/mol)
Xe/XeO_3 的电极电位	
酸性溶液 $E_A^{\ominus}[Xe(g)+3H_2O(l) \longrightarrow XeO_3(aq)+6H^+(aq)+6e^-]=2.10\pm0.01V$	
碱性溶液 $E_B^{\ominus}[Xe(g)+7OH^-(aq) \longrightarrow HXeO_4^-(aq)+3H_2O(l)+6e^-]=1.24\pm0.01V$	
平衡常数$[HXeO_4^-(aq) \longrightarrow XeO_3(aq)+OH^-(aq)]=(6.7\pm0.5)\times10^{-4}$	
电导率摩尔电导(0.02M Xe(Ⅵ)溶液)	<0.04(25℃)
摩尔冰点下降 1.95±0.15(℃)	

1) 溶解热。

XeO_3 在水溶液中的稳定性同溶液的 pH 值很有关系。它在中性和微酸性溶液中很稳定，甚至在 3M 的 H_2SO_4 溶液中沸煮 5 分钟亦没有可察觉的变化；但 XeO_3 在碱性溶液中不稳定，除分解外，还要发生歧化反应。

实验证明，XeO_3 在水溶液中的状态取决于溶液的 pH 值，在中性及微酸性溶液中，主要以分子状态存在；当 pH＞10.5 时，紫外光谱和电位滴定的结果都证明它主要以 $HXeO_4^-$ 形式存在，并同 XeO_3 处于平衡状态。

$$XeO_3 + OH^- \rightleftharpoons HXeO_4^-$$

XeO_3和 $HXeO_4^-$ 的分解速度常数有很大的差异：

$$XeO_3 \xrightarrow{k_1} Xe + \frac{3}{2}O_2 \quad k_1 = 4.3\times10^{-4}\,sec^{-1}$$

$$HXeO_4 \xrightarrow{k_2} Xe + \frac{3}{2}O_2 + OH^- \quad k_2 = 2.3\times10^{-2}\,sec^{-1}$$

k_2比 k_1约大 50 倍，所以在碱性溶液中 XeO_3是很不稳定的，它以 $HXeO_4^-$ 的形式而迅速分解。

为了弄清楚 XeO_3分子在水溶液中的水合作用，观察了 XeO_3同 $H_2{}^{18}O$ 之间氧同素的交换情况，15 分钟交换达 90%。这证明 XeO_3同水分子发生水合作用，但真实的水合程度还没有得到确定。

(2) XeO_3水溶液的氧化作用

从表 1.32 可知，在酸性溶液中 Xe—XeO_3的电极电势为 2.10±0.01V，在碱性溶液中 Xe—$HXeO_4^-$ 的电极电势为 1.24±0.01V。所以 XeO_3的水溶液是一种较强的氧化剂，由于不存在稳定的低价氧化氙，所以还原产物总是氙气。XeO_3溶液在滴汞电极上还原时的极谱图也说明，反应是一个一步直接还原为氙的不可逆过程。

在稀酸溶液中，XeO_3同过量 I^- 的反应如下：

$$XeO_3 + 6H^+ + 9I^- \longrightarrow Xe + 3\,H_2O + 3I_3^-$$

生成的 I_3^- 可用标准硫代硫酸钠溶液准确地滴定，所以上述反应是分析 XeO_3最简便的方法。

可以利用 XeO_3溶液的氧化性质来分析某些物质，比传统的分析方法优越(参阅本专题 3.5.1 及 6.2.1)。

(3) XeO_3的歧化作用

XeO_3溶液随 pH 值的增大，稳定性降低。当强碱浓度大于 0.1*N* 时就发生歧化作用，生成 Xe(Ⅷ)的盐、单质氙和氧。碱的浓度越高，歧化反应速度越快，反应式如下：

$$2HXeO_4^- \xrightarrow{\text{慢}} XeO_2 + H_2XeO_6^{2-}$$

$$H_2XeO_6^{2-} + 4Na^+ + 2OH^- \xrightarrow{\text{快}} Na_4XeO_6 + 2H_2O$$

$$XeO_2 \longrightarrow Xe + O_2$$

$$2HXeO_4^- + 4Na^+ + 2OH^- \longrightarrow Na_4XeO_6 + Xe + O_2 + 2H_2O$$

强碱的浓度不仅影响歧化速度，而且影响 Na_4XeO_6(高氙酸钠)的产率，碱的浓度较高时，产率可大于 50%。随着强碱种类的不同，XeO_3歧化所生成高氙酸盐的性质也有差异。XeO_3在 NaOH 或 LiOH 溶液中歧化，生成的高氙酸钠或高氙酸锂是不溶性的；若在 KOH 溶液中歧化，当 KOH 浓度较低时，所生成的高氙酸钾是易溶的。如果 KOH 浓度较高，则生成混合氧化态的复盐，分子式为 $K_4XeO_6 \cdot 2XeO_3$（黄色沉淀）。如果所用的强碱是 CsOH 或 RbOH，也会形成相应的复盐。

XeO_3在 $Ca(OH)_2$或 $Ba(OH)_2$溶液中歧化，生成难溶的高氙酸钙或高氙酸钡。在室温下 XeO_3同 $M(OH)_x$（M 表示碱金属或碱土金属）歧化作用的"半衰期"（即 XeO_3减少一半所需的时间），介于 8—80 小时之间，没有发现什么规律性。XeO_3在强碱溶液中歧化作用的机理比较复杂。Xe(Ⅵ)的歧化和 Xe(Ⅳ)的分解是整个反应过程中的两个主要阶段，反应历程推测如下：

$$2Xe(\text{VI}) \longrightarrow Xe(\text{VIII}) + Xe(\text{IV}) \quad (1)$$

$$Xe(\text{IV}) \longrightarrow Xe + O_2 \quad (2)$$

$$Xe(\text{VIII}) \longrightarrow Xe(\text{VI}) + \frac{1}{2}O_2 \quad (3)$$

$$nXe(\text{VI}) + Xe(\text{VIII}) \longrightarrow Xe(\text{VIII}) \cdot nXe(\text{VI}) \quad (4)$$

$$Xe(\text{VIII}) \cdot nXe(\text{VI}) \longrightarrow Xe(\text{VIII}) + nXe + \frac{3n}{2}O_2 \quad (5)$$

$$Xe(\text{VI}) + Xe(\text{IV}) \longrightarrow Xe(\text{VIII}) + Xe(\text{II}) \quad (6)$$

$$Xe(\text{II}) \longrightarrow Xe + \frac{1}{2}O_2 \quad (7)$$

反应(1)—(3)解释了 XeO_3在中性和弱碱性溶液中的不稳定性，发生了歧化反应；反应(3)—(5)说明当碱的浓度较低时，XeO_3的歧化产物 Xe(Ⅷ)的溶解度增大，所以 XeO_3同 KOH 生成易溶的高氙酸钾。如果是在很强的碱性溶液中，反应(3)—(5)就不重要了。这时以反应(6)、(7)为主，即 Xe(Ⅵ)和 Xe(Ⅳ)相互作用，使高氙酸盐的产率高于 50%。

除 XeO_3在碱性溶液中产生歧化作用外，XeF_6在强碱溶液中，也有类似性质。

$$2XeF_6 + 4Na^+ + 16OH^- \longrightarrow Na_4F^-XeO_6 + Xe + O_2 + 12F^- + 8H_2O$$

值得指出的是，XeF_6的歧化反应速度比 XeO_3的歧化反应速度要快得多。歧化反应的半衰期仅为 2—20 小时。这二种歧化速度相差的原因现在还不完全清楚。有人认为 XeF_6歧化速度快的原因可能是由于 F^-的影响。于是在 XeO_3溶液中模拟加入 NaF，然后在 NaOH 溶液中反应，XeO_3的歧化速度并未见增加，说明不是 F^-的作用。现推测 XeF_6在 NaOH 溶液中歧化时，生成了中间产物——氙的氟氧化物，这种中间产物能催化歧化反应，所以加速了歧化速度。

3. 氙酸盐和卤代氙酸盐

(1) 氙酸盐

将 XeO_3溶液同碱金属氢氧化物严格按照 1∶1 的配比混合，将它们冷冻和干燥，就可以获得氙酸钠、氙酸钾、氙酸铷和氙酸铯的固体粉末。前两个化合物是白色的，后两个略带黄色。氙酸钠的实验式是 $NaHXeO_4 \cdot \frac{3}{2}H_2O$，氙酸铯是 $CsHXeO_4$。氙酸锂不稳定，它是否存在，尚待证实。

在 F^- 存在下，令 XeO_3 同 CsOH 溶液反应，可以获得晶状的 $CsHXeO_4$；但用同样的方法不能得到 $RbHXeO_4$，而是生成由氙酸铷和高氙酸铷组成的混合复盐。

碱金属氙酸盐比较稳定，在干燥的情况下，温度高达 150—160℃时也不分解。但受到机械震动时就会发生爆炸。它能溶于水，不溶于无水乙醇、叔丁醇、氯仿和四氯化碳中。

(2) 卤代氙酸盐

现已制成的主要是碱金属的卤代氙酸盐，其中又以氟代氙酸盐(通式为 $MXeO_3F$，M 表示碱金属)为主。现分述如下。

将 $CsXeOF_5$ 或 $CsXeF_7$ 在潮湿空气中缓慢地水解，制成了第一个 $MXeO_3F$ 型化合物——$CsXeO_3F$。后来，将 XeO_3 溶液同碱金属氟化物溶液混合，滴入氢氟酸，使溶液呈酸性，经蒸发后，也得到了 $CsXeO_3F$、$RbXeO_3F$ 和 $KXeO_3F$。由于 $NaXeO_3F$ 有较高的溶解度，所以不能用上述方法来制备。

$MXeO_3F$ 的溶解度随碱金属原子量的增加而降低，例如 $KXeO_3F$ 的溶解度比 $RbXeO_3F$ 的溶解度大三倍。在 22℃时，饱和 $KXeO_3F$ 溶液的浓度为 0.22*M*。

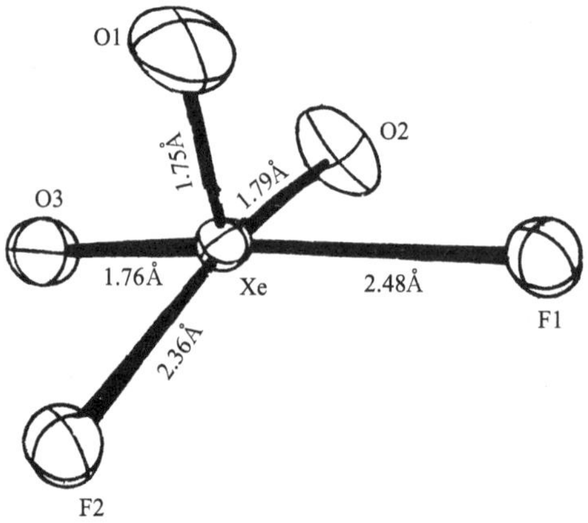

Xe—O1	1.75Å	O1—Xe—O2	101.8°
Xe—O2	1.79Å	O1—Xe—O3	100.5°
Xe—O3	1.76Å	O2—Xe—O3	97.8°
Xe—F1	2.48Å	F1—Xe—F2	98.7°
Xe—F2	2.36Å		

图 1.20　$KXeO_3F$ 的分子结构

根据 $MXeO_3F$ 的 X 射线分析，确证它不是 $M^+F^- \cdot XeO_3$ 型的加合物，而是由氟代氙酸根$[XeO_3F]^-$通过 F 桥形成的聚合物——$nM^+[XeO_3F]_n^-$。现以 $KXeO_3F$ 为例来加以说明。$KXeO_3F$ 的晶体属于斜方晶系，空间群为 $C_{2v}^9—P_n2_{1a}$，每个单元晶胞中有四个 $KXeO_3F$ 分子，晶胞的 $a=7.345$、$b=6.811$、$c=8.186$Å，计算密度为 3.835g/cm³。$KXeO_3F$ 分子的几何构型如图 1.20、图 1.21 所示。

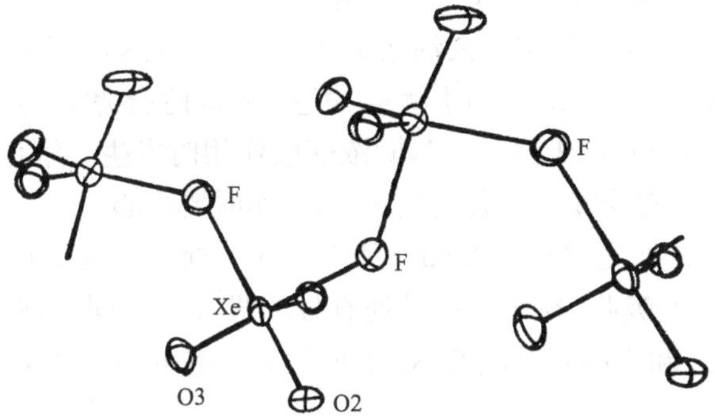

图 1.21 $nK[XeO_3F]_n$的链式结构

由图 1.20 可知，$KXeO_3F$ 分子中的 XeO_3 部分的几何构型同 XeO_3 分子的结构很相似。三个 Xe—O 距离为 1.75、1.76 和 1.79Å；两个 Xe—F 的距离分别为 2.36 和 2.48Å。很明显，如果 $KXeO_3F$ 是 $K^+F^- \cdot XeO_3$ 型的加合物，则 Xe 原子和 F^- 并未成键，分子间主要靠 van der Waals 力的作用而连结起来，Xe 和 F^- 之间最紧密接触时的距离，应等于 Xe 原子和 F^- 的 van der Waals 半径之和，即为 3.54Å(因为 van der Waals 半径 Xe 原子为 2.18Å，F^- 为 1.36Å)。这个计算值比图 1.20 中两个 Xe—F 距离(2.48，2.36Å)要大得多，说明在 $KXeO_3F$ 中，Xe—F 间是成了键的，但它们之间的键长值，又比 XeF_4 和 XeF_2 的键长值大(XeF_4 中的键长为 1.953Å，XeF_2 中的键长为 2.00Å)。这种差别的产生，可能是由于 XeF_4 和 XeF_2 是简单分子，而 $KXeO_3F$ 是聚合物所造成的。图 1.21 清楚地说明，$nK^+[XeO_3F]_n^-$ 聚合物是由一个 $K[XeO_3F]$分子中的 Xe 与另一个 $K[XeO_3F]$分子中的 F^-，通过氟桥彼此连接而成。

碱金属氟代氙酸盐具有惊人的稳定性，它比 XeO_3 稳定得多。XeO_3 受到机械震动时会发生爆炸，而 $MXeO_3F$ 不论机械摩擦、震动以及潮湿空气，对它都没有影响；XeO_3 同甲醇产生爆炸反应，而 $MXeO_3F$ 则不同甲醇或乙醇作用。根据 Na_4XeO_6 和 $RbXeO_3F$ 的热解分析，说明 $MXeO_3F$ 不仅比 XeO_3 稳定，而且超过了 Na_4XeO_6 的稳定性。Na_4XeO_6 约在 200℃时即剧烈分解，而 $RbXeO_3F$ 在这个温度下仍然没有变化，直到 300℃才开始发生分解。分解后的残渣是氟化铷。

关于其他的卤代酸盐(如氯代氙酸盐和溴代氙酸盐)，现仅制得了 $CsXeO_3Cl$

和 $CsXeO_3Br$。对它们的研究还很不充分。制备 $CsXeO_3Cl$ 的方法很简单，在 0℃时将 CsCl 和 XeO_3 溶液混合，就会析出 $CsXeO_3Cl$ 晶体。唯一要注意的是，必须控制在微碱性的介质中进行反应，否则氯化物会受到氧化，生成具有高度爆炸性的氯氧化物。如果令 CsCl 和 XeO_3 溶液在含水的乙腈中反应，可以生成 $CsXeO_3Cl$ 沉淀。在这种介质中，pH 值的影响不大，氯化物不容易被氧化成具有爆炸性的氯氧化物，因而对溶液的 pH 值不要求严格控制。

$CsXeO_3Cl$ 也比 XeO_3 稳定。大约在 150℃时开始分解，放出氙和氧。在 190℃时分解加速。真空下在 205℃ 时就会发生爆炸性分解。分解后的残渣是 CsCl. $CsXeO_3Cl$ 不如 $CsXeO_3F$ 稳定，同浓硫酸作用时发生分解作用。产物是氙、氧、氯和氯氧化物。它受震动时会发生爆炸，操作时要小心。

$CsXeO_3Cl$ 的红外光谱在 $818cm^{-1}$ 和 $793cm^{-1}$ 处有最强吸收，在 766，749 和 $400cm^{-1}$ 有中等强度吸收，在 $663cm^{-1}$ 处有较弱吸收。处同 $CsXeO_3F$ 相比较，它的最强谱带为 818 和 $793cm^{-1}$ 同 $CsXeO_3F$ 的最强谱带 807 和 $757cm^{-1}$ 接近。说明两者的结构相似。

在 0℃时，将饱和的 CsBr 溶液同 XeO_3 溶液相混合，调节溶液的 pH＝9，则可以得到 $CsXeO_3Br$ 晶体，但它很不稳定，以至操作和制备都感到困难。

综上所述，卤代氙酸盐的稳定性和制备的难易程度同卤素的原子量有关，随着卤素原子量的减小，卤代氙酸盐的稳定性增加，制备也比较容易，稳定次序为 $CsXeO_3F > CsXeO_3Cl > CsXeO_3Br$。

3.6.4 Xe(Ⅷ)的水溶液

XeF_6 和 XeO_3 在大于 0.1N 的强碱性溶液中发生歧化反应时，生成含 Xe(Ⅷ)的高氙酸盐，通式为 M_xXeO_6（参阅 3.6.3）。如果用 O_3 氧化 XeO_3 的强碱性溶液，则 M_xXeO_6 的产率会更高。尽管高氙酸非常不稳定，但它的某些盐却是相当稳定的。现分别对高氙酸盐的性质、结构和 Xe(Ⅷ)水溶液的性质进行一些讨论。

1. 高氙酸盐

(1) 碱金属高氙酸盐

1) 高氙酸钠

将臭氧通入 XeO_3 的浓 NaOH 溶液中，即可得到纯度较高的高氙酸钠。它是一种白色粉末，通常含有六个或八个结晶水。逐步进行干燥就变成为 $Na_4XeO_6 \cdot 2H_2O$。放置在盛有 $Mg(ClO_4)_2$ 的真空干燥器中脱水，就可以得到 $Na_4XeO_6 \cdot \frac{1}{2}H_2O$。在高于 100℃时烘干，就可以获得无水的高氙酸钠。它在 200—360℃时才分解。六水或八水合高氙酸钠的稳定性都比较高;含八水的盐比含六水的盐更稳定。干燥后的高氙酸钠在水中的溶解度为 0.025*M*(25℃),它的溶解度随 pH 值的增高而降低:在 0.1*M* 的 NaOH 中为 0.003*M*;而在 0.5*M*NaOH 中则降为 0.0005*M*。

高氙酸钠的 X 射线结构分析证明,不论是含六水或八水的盐,XeO_6^{4-} 都是对称的八面体。但晶格常数不大一致。$Na_4XeO_6 \cdot 6H_2O$ 的晶体结构见图 1.22。

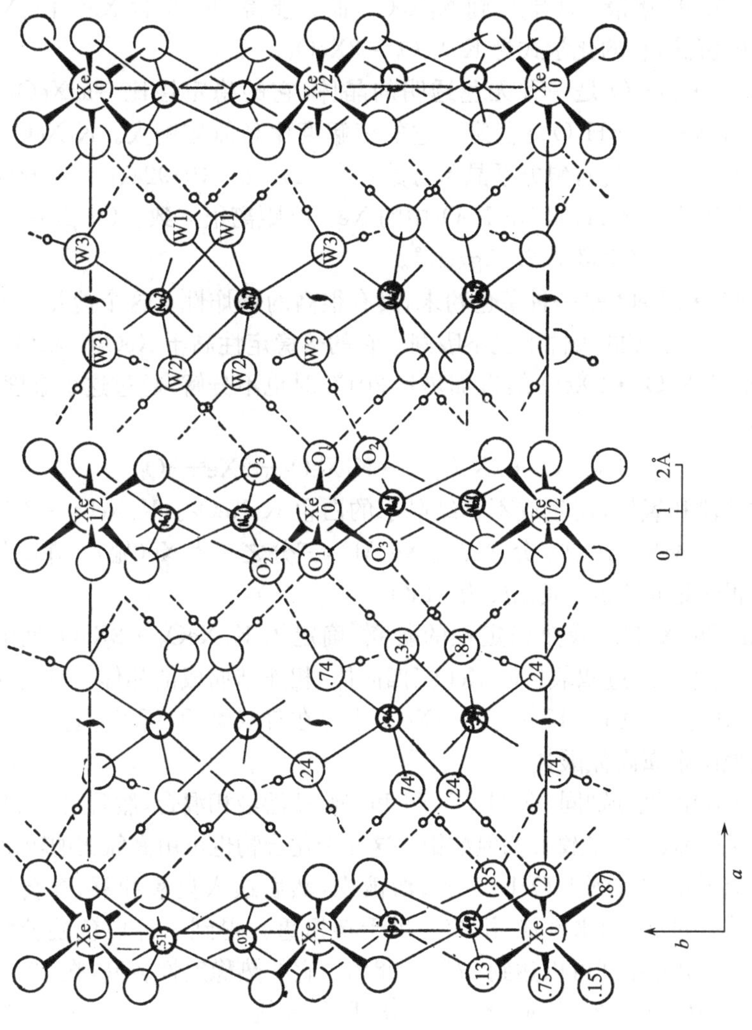

图 1.22 $Na_4XeO_6 \cdot 6H_2O$ 的晶体结构

XeF_4 在 NaOH 溶液中水解时,生成一个组成为 $Na_4XeO_6 \cdot 2.5NaF$ 的无水盐。它比任何形式的 Na_4XeO_6 都稳定,分解温度高达 480—500℃。

2）高氙酸钾

将少量固体 $KMnO_4$ 加入浓 KOH 溶液中，并在 70℃保持三天，直到紫色褪去为止。将经过这样处理后的 KOH 溶液同 XeO_3 溶液在 0℃时混合，并将这个溶液进行真空蒸馏，蒸去约一半的水后，再往溶液中加入 XeO_3 溶液，并缓慢冷却到 5℃，就可以析出一种无色透明的晶体，经鉴定为 $K_4XeO_6 \cdot 9H_2O$。如果采用前述制备 $Na_4XeO_6 \cdot 8H_2O$ 的方法（即令 XeF_6 在 1—5*M*KOH 溶液中水解，或用 O_3 氧化 XeO_3 的 KOH 溶液），不能得到 K_4XeO_6，而只能得到一个含 Xe（Ⅵ）、Xe（Ⅷ）混合氧化态的沉淀，它的化学式为 $K_4XeO_6 \cdot 2XeO_3$。

$K_4XeO_6 \cdot 9H_2O$ 是一种无色透明的晶体，它的稳定性比 $Na_4XeO_6 \cdot 8H_2O$ 差，但比 $Na_4XeO_6 \cdot 6H_2O$ 为稳定。它的溶解度比高氙酸钠大。$K_4XeO_6 \cdot 9H_2O$ 的空间群为 $Pbc2_1(C_{2v}^5)$，斜方系晶胞常数 $a=9.049$、$b=10.924$、$c=15.606$Å；Xe—O 的平均距离为 1.86Å，同 Na_4XeO_6 中的 Xe—O 距离很一致。O—Xe—O 键角为 88.8—91.2℃，计算密度为 2.35g/cm^3。

$K_4XeO_6 \cdot 2XeO_3$ 是一种黄色粉末，具有很高的爆炸性。这个盐几乎不含结晶水，即使在温度很高的条件下也不吸潮。它的热稳定性高于 XeO_3。XeO_3 在 110℃时分解，而 $K_4XeO_6 \cdot 2XeO_3$ 缓慢加热到 201℃时也不分解，超过这个温度，则按下式而分解：

$$K_4XeO_6 \cdot 2XeO_3 \longrightarrow K_4XeO_6 + 2Xe + 3O_2$$

分解产物除氙和氧外，还生成不含结晶水的白色 K_4XeO_6。$K_4XeO_6 \cdot 2XeO_3$ 的溶解度约为 0.01*M*Xe，其中三分之二为 Xe（Ⅵ），三分之一为 Xe（Ⅷ）。在冷的酸性溶液中它能很快地将 Mn^{2+} 氧化成为 MnO_4^-。

根据红外、X 射线及热稳定性的研究，确定了 $K_4XeO_6 \cdot 2XeO_3$ 是由其中的 XeO_6^{4-}（八面体），通过双氧桥同 XeO_3（四面体）相连结而成的晶体。它的化学式可写为 $K_4Xe_3O_{12}$。正因为 $K_4XeO_6 \cdot 2XeO_3$ 中存在着双氧桥，所以它比 XeO_3 稳定。

3）其他碱金属高氙酸盐

令 Xe(Ⅵ)溶液分别同 LiOH、RbOH 和 CsOH 溶液相混合，然后用 O_3 进行氧化，可生成高氙酸锂、高氙酸铷和高氙酸铯。这几个化合物也可由高氙酸钠转化得来。

将高氙酸钠加入到 LiOH-Li_2SO_4 溶液中，然后通入臭氧和氧，即会析出一种沉淀物。将它过滤、用水洗涤、沉淀并烘干至恒重。得到一种白色凝胶状粉末的 $Li_4XeO_4 \cdot 2H_2O$，纯度可以达到 97%—98%。它的热稳定性较高，在 40—120℃时失去结晶水，在 294—300℃时分解为氧化锂、氙和氧。

高氙酸铯的制备和上述方法略有不同。将 XeO_3 溶液缓慢加入到 CsOH 溶液中，并通入臭氧，就可以析出 $Cs_4XeO_6 \cdot 6H_2O$。在真空下加热到 100—140℃，它就失去二个或四个结晶水。

碱金属的氢氧化物 MOH 同 Xe（Ⅵ）直接作用后，若不用臭氧氧化，则生成混

合氧化态的 $M_4XeO_6 \cdot 2XeO_3$ 复盐。

(2) 碱土金属的高氙酸盐

Xe(Ⅵ)溶液在碱土金属氢氧化物溶液中歧化，生成碱土金属的高氙酸盐。已制成的有 Ca_2XeO_6、Ba_2XeO_6 和 Sr_2XeO_6。钡盐是一种白色粉末，含 1.5 个结晶水。将它加热时则会逐渐失去结晶水，并伴有少量的分解，到 280℃时分解作用才显著起来。这三种盐都难溶于水，钡盐的溶解度仅为 $2.3\times10^{-5}M$。

(3) 其他高氙酸盐

重金属高氙酸盐的制备，与上述碱金属或碱土金属高氙酸盐的制法不同。它不是通过 Xe(Ⅵ)溶液在重金属氢氧化物的存在下发生歧化作用来制备的，而是由重金属盐的溶液同高氙酸钠溶液直接反应生成的。不过在多数情况下，相应的重金属也同时受到氧化作用。

现已制得 Cu、Ag、Pb、La、Zn、Th 和 UO_2^{2+} 的高氙酸盐。其中 Cu、Pb 和 Ag 在它们高氙酸盐中的氧化态还没有确定。对所有上述重金属高氙酸盐的鉴定工作还做得不够充分，仅作过 Ag、Pb 和 UO_2^{2+} 的高氙酸盐热稳定性的比较，以高氙酸银的热稳定性为最低，在低于 150℃时即已完全分解；而 Pb 和 UO_2^{2+} 的高氙酸盐在 150℃时才开始分解。但它们的稳定性都甚低于高氙酸钠。

也已经制成高氙酸镍和高氙酸镅。前者的制备较为特殊，将 $Ni(NO_3)_2$ 和 Na_4XeO_6 放在 $LiNO_3$-$NaNO_3$-KNO_3 的低共熔体中反应得到高氙酸镍；而高氙酸镅的制备是一种溶液反应，将 Na_4XeO_6 溶液加入到 $Am_2(CO_3)_3$ 的溶液中，立即生成高氙酸镅橙色沉淀，干燥后具有黄褐色，水合能力很强，可含 40 个结晶水，实验式为 $Am_4(XeO_6)_3 \cdot 40H_2O$。在 23℃时高氙酸镅在水中的溶解度为 $4.6\times10^{-5}M$。在酸性溶液中 Am(Ⅲ)会被氧化成 Am(Ⅴ)和 Am(Ⅵ)。

$[Co(NH_3)_6]Cl_3$ 和 Na_4XeO_6 在碱性溶液中发生反应，生成 $[Co(NH_3)_6]_4$-$(XeO_6)_3$，这个盐是一种棕色沉淀，可能含有结晶水。干燥数天后，有部分的 Xe(Ⅷ)同配位的 NH_3 反应，被还原成为 Xe(Ⅵ)。

稀土金属能生成复杂的高氙酸盐，通式为 $M_mLn_n(XeO_3) \cdot xH_2O$(M 表示碱金属；Ln 表示 Ho，Eu，Dy，Pr，La，Nd 和 Y；$2<x<4$)。Th(Ⅳ)、U(Ⅵ)、Np(Ⅵ)和 Pu(Ⅵ)也生成类似的高氙酸盐，例如 $(UO_2)_2XeO_6 \cdot 5Na_4XeO_6 \cdot nH_2O$(这个化合物较稳定，在 100℃时不起变化)。

2. Xe(Ⅷ)溶液的性质

(1) 同水的反应

固体的高氙酸盐比较稳定，但它们的水溶液会发生分解作用，分解的速度显著受溶液 pH 值的影响。例如 Na_4XeO_6 溶液在 pH=11.5 时，每小时仅分解约 1%；在 pH<7 时，分解作用几乎在瞬间就完成。分解后的产物为 Xe(Ⅵ)和氧，这就意

味着 Na_4XeO_6 溶液的分解在本质上是一个氧化还原反应。在酸性溶液中，Na_4XeO_6氧化水的机理如下：

$$Xe(Ⅷ)+H_2O \longrightarrow Xe(Ⅶ)+OH$$

$$Xe(Ⅶ)+H_2O \longrightarrow Xe(Ⅵ)+OH$$

$$2OH \longrightarrow H_2O_2$$

$$Xe(Ⅷ)+H_2O_2 \longrightarrow Xe(Ⅵ)+O_2$$

从上述反应可见，高氙酸盐同水作用时，最初的反应产物是 OH 自由基，最终的产物为 Xe(Ⅵ)和氧。如果溶液中还存在其他过量的还原剂，则 Xe(Ⅵ)可进一步被还原为 Xe，但这步反应通常都进行得很缓慢。

(2) 高氙酸钠同其他物质的氧化还原反应

高氙酸钠在酸性溶液中的电极电势(H_4XeO_6-XeO_3)为 2.36V，在碱性溶液中($HXeO_6^{3-}$-$HXeO_4^-$)为 0.94V，所以它是一种很强的氧化剂。它可以将 I^- 氧化成为 I_2，将 IO_3^- 氧化成为 IO_4^-，将 Am^{3+} 氧化成为 Am^{6+}，还可以把极难氧化的 Ag^+ 氧化成为 Ag^{2+} 或 Ag^{3+}。Na_4XeO_6 氧化各种物质的情况见表 1.33。由这个表可以看出，$Na_4 \cdot XeO_6$ 可将卤酸盐氧化成高卤酸盐；$IO_3^- \longrightarrow IO_4^-$、$ClO_3^- \longrightarrow ClO_4^-$。

表 1.33　高氙酸钠与某些还原剂的反应

还原剂	反应条件	反应速度	反应产物
I^-	1*M* NaOH	很快	I_2
Br^-	pH<9	瞬时	Br_2
Cl^-	稀酸	很快	Cl_2
卤素	Na_4XeO_6过量	—	次卤酸盐、卤酸盐
IO_3^-	酸性或碱性	快	IO_4^-
ClO_3^-	酸性	不完全	ClO_4^-
Co^{2+}	酸性或碱性	很快	Co^{3+}
Ni^{2+}	—	—	Ni^{3+}
Cu^{2+}	—	—	Cu^{3+}
Ag^+	1*M* $HClO_4$	瞬时	Ag^{2+}. Ag^{3+}
Mn^{2+}	酸性	很快	MnO_4^-
Cr^{3+}	酸性	很快	CrO_4^{2-}
	碱性	很快	$Cr_2O_7^{2-}$
Ce^{3+}	酸性	很快	Ce^{4+}
$Am(OH)_3$	4*M* NaOH	—	$Am(OH)_4$
Pu^{3+}	酸性	—	Pu^{4+}
Np^{6+}	KOH 溶液中	—	Np^{7+}
$Np(OH)_4$	中性或碱性	—	$Np(OH)_6$
Bk(Ⅲ)	酸性，Ce(Ⅲ)为载体	—	Bk(Ⅳ)
$NH_2 \cdot NH_2$	pH>7	—	N_2
CH_3OH	酸性	慢	—
CH_3CH_2OH	酸性	慢	—

高氙酸钠是一个独特的氧化剂,不仅氧化力强,可以定量地氧化各种物质,而且同还原剂反应后,分解出氙和氧,给体系仅带来很少的 Na^+,对被分析的物质干扰很小,使操作简便。因此它是一种理想的分析化学试剂,已有人尝试用它来分析测定 Ce^{3+},Cr^{3+} 和 $NH_2 \cdot NH_2$ 等物质。

甲醇、乙醇、二噁烷和甲苯磺酸等有机物通常不被阴离子氧化剂所氧化,但 XeO_6^{4-} 阴离子是例外,它可以有效地氧化这些有机物。据推测,它们之间不是直接反应,而是通过 Na_4XeO_6 水解的中间产物 OH 自由基,自由基 OH 的氧化能力很强,可以氧化上述物质。

3.7 氙的复杂化合物

现已制成了数百种氙的复杂化合物。其中绝大部分是加合物,由氙化合物同其他某些简单化合物依一定化学配比结合而成。事实上,$XeMF_6$ 型化合物也可以看作是加合物。因为 $XeMF_6$ 型化合物在稀有气体化学领域里具有开创性意义,所以首先对它们进行讨论。

3.7.1 氟化氙的加合物

氟化氙可以同 Lewis 酸和某些碱金属的氟化物形成加合物。制备加合物的方法是多种多样的:可以将氟化氙同加合体直接混合,加热到熔融状态,使它们充分反应,然后缓慢冷却,便会析出加合物的晶体;也可以将氟化氙和加合体溶解在适当的溶剂中来形成加合物;也可以不用氟化氙而用单质氙,例如氙和氟同 AsF_5 在日光下反应,就可以合成出加合物 $XeF_2 \cdot AsF_5$。

至今已制成了数以百计的氟化氙的加合物,并用各种实验方法测定和研究了它们的结构,确证氟化氙是氟离子的给予体,对应的 Lewis 酸则为氟离子接受体,生成了离子型晶体 $[Xe_mF_n]^+ \cdot [MaFb]^-$。按一般推测,氟化氙中氙原子上有效正电荷越多,则释放出氟离子的倾向应越小,释放氟离子能力的次序似乎应该是 $XeF_2 > XeF_4 > XeF_6$;但大量实验结果证明,实际的次序是 $XeF_6 > XeF_2 \gg XeF_4$,XeF_4 最不容易生成加合物。前而已讲过,XeF_2、XeF_4 和 XeF_6 往往互相混杂,很难制得纯化合物,尤其是 XeF_4,它总是同时混杂有 XeF_2 和 XeF_6。而 XeF_4 又恰好居于这两种氟化物的中间,只要有办法能定量分离出 XeF_4,便可以通过蒸馏法将 XeF_2 和 XeF_6 分开。利用 XeF_4 不易于生成加合物的这个特点,现在已可以圆满地解决各别氟化氙的分离提纯问题了。

各种加合物性质的差异很大。对同一种加合体而言,XeF_n 同它生成的加合物的稳定性次序,基本上也是 $XeF_6 > XeF_2 > XeF_4$。值得注意的是,这些加合物的性质,随制备方法的不同而显出差异,例如 XeF_2 同 SbF_5 生成的加合物 $XeF_2 \cdot$

$2SbF_5$，在60℃以下就能升华；但如果令氙、氟和SbF_5在镍容器中直接反应生成加合物，它的组成虽然同前者相同，但到100℃时也不会升华。可惜还没有对这两种方法所得到的加合物晶体结构进行过研究。看来，可能是它们的晶体结构存在着差别。

1. XeF_2的加合物

XeF_2可以同MF_5(M＝Sb，As，Ta，Nb，Ru，Ir，Os和Pt)等生成加合物$nXeF_2 \cdot mMF_5$(表1.34)。$XeF_2 \cdot 2SbF_5$中Xe同Sb_2F_5中的氟相连。它的化学式可写成$[XeF]^+[Sb_2F_{11}]^-$，Xe—F间的距离为2.35Å，比Xe—F的van der Waals半径3.5Å短得多。从这一点考虑，可以认为这个化合物本质上是一种共价键分子。

表1.34　XeF_2的加合物

加合体	加合物	性质
SbF_5	$XeF_2 \cdot 2SbF_5$	黄色晶体，熔点79—80℃
	$XeF_2 \cdot SbF_5$	芥子色晶体，熔点161℃
	$XeF_2 \cdot 1.5SbF_5$	芥子色晶体，熔点86.5℃
	$XeF_2 \cdot 6SbF_5$	芥子色晶体，熔点34℃
AsF_5	$2XeF_2 \cdot AsF_5$	白色粉末，熔点75—80℃，熔化后为黄色液体
	$XeF_2 \cdot AsF_5$	不稳定，0℃以上即失去AsF_5，变为$2XeF_2 \cdot AsF_5$
TaF_5	$XeF_2 \cdot TaF_5$	灰黄色固体，熔点52—53℃
	$XeF_2 \cdot 2TaF_5$	灰黄色固体，熔点82—83℃
NbF_5	$XeF_2 \cdot NbF_5$	灰黄色固体，熔点30—35℃
	$XeF_2 \cdot 2NbF_5$	灰黄色固体，熔点42—47℃
RuF_5	$XeF_2 \cdot RuF_5$	灰黄-绿色晶体，熔点110—111℃
	$XeF_2 \cdot 2RuF_5$	亮绿色晶体，熔点49—50℃
	$2XeF_2 \cdot RuF_5$	灰黄-绿色晶体，熔点98—99℃
IrF_5	$XeF_2 \cdot IrF_5$	黄绿色晶体，熔点152—153℃
	$XeF_2 \cdot 2IrF_5$	橙色晶体，熔点69—70℃
	$2XeF_2 \cdot IrF_5$	灰黄-绿色晶体，熔点92—93℃
OsF_5	$XeF_2 \cdot OsF_5$	棕色晶体，20℃即缓慢分解为$(XeF_2)_2 \cdot OsF_5$
	$2XeF_2 \cdot OsF_5$	灰黄-棕色晶体
PtF_5	$XeF_2 \cdot PtF_5$	橙红色晶体，熔点82—83℃

用X射线研究了$XeF_2 \cdot RuF_5$的晶体结构，它的分子构型为$[FXe]^+$-$[FRuF_5]^-$(图1.23)，其中含阳离子FXe^+。FXe^+中Xe—F与XeF_2的键长不同。XeF_2的分子构型是直线形对称的，Xe—F键长为1.9773Å；形成加合物后，XeF^+中Xe—F的键长变短了，仅为1.872Å；Xe同RuF_6^-中氟的距离变为2.182Å。RuF_6^-中的Ru—F平均距离为1.81Å，最长的Ru—F平均距离为1.8Å，最长的

Ru-F2(F2 是图 1.23 中的第 2 号氟原子)可达 1.91Å。RuF_6^- 略被扭曲了,这主要是由于 RuF_6^- 同 XeF^+ 之间相互作用而引起的。根据$[XeF]^+[RuF_6]^-$间 Xe—F_2 的距离,也可以认为这个化合物具有共价性。若考虑到它们之间的极化和相互作用,以及 XeF^+ 还有三对孤电子对的影响因素,则它们之间主要还是离子键性质。由此看来,它们之间的键至少是具有强极性的共价键,即本质上是共价键,但又具有部分离子键性质。

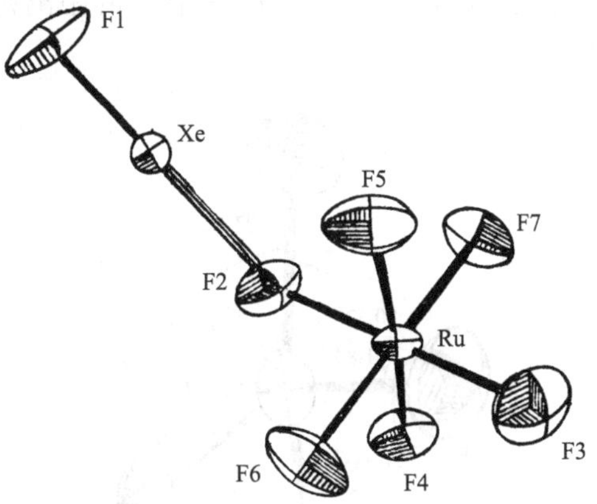

键 长 (Å)		键 角	
Xe—F1	1.872(17)[1)]	∠F1—Xe—F2	117.08°(123)[1)]
Xe—F2	2.182(15)	∠Xe—F2—Ru	137.19°(46)
Ru—F2	1.919(13)	∠F2—Ru—F4	85.65°(76)
Ru—F3	1.778(16)	∠F2—Ru—F5	89.36°(98)
Ru—F4	1.781(12)	∠F2—Ru—F6	91.30°(105)
Ru—F5	1.789(13)	∠F2—Ru—F7	89.21°(98)
Ru—F6	1.820(14)	∠F3—Ru—F4	94.27°(121)
Ru—F7	1.835(13)	∠F3—Ru—F5	90.73°(93)
		<F3—Ru—F6	88.22°(109)
		<F3—Ru—F7	91.28°(113)
		<F4—Ru—F6	91.25°(104)
		<F4—Ru—F7	90.77°(82)
		<F5—Ru—F6	89.08°(123)
		<F5—Ru—F7	88.93°(86)

1)括号内的数字为标准误差,117.08°(123)即 117.08°(1.23),137.19°(46)即 137.19°(0.46)。

图 1.23 $XeF_2 \cdot RuF_5$的分子构型

通过 XeF_2各种加合物的 Raman 光谱,进一步确定了 XeF^+(或 $Xe_2F_3^+$)和阴离子之间存在着氟桥 FXe^+……FM^-,并已推测出各种情况下的氟桥模式[23]。

2. XeF_4的加合物

XeF_4很难生成加合物，经过多次失败之后。Gillespie 等[24]将 XeF_4和 SbF_5放在一起熔融，冷却后得到 $XeF_4 \cdot 2SbF_5$. Raman 光谱和核磁共振谱的测定结果推断它的化学式为$[XeF_3]^+[Sb_2F_{11}]^-$。从 XeF_3^+的结构(图 1.24)可以看出，XeF_4实际上是氟离子的给予体，Sb_2F_{10}为氟离子的接受体。XeF_3^+中的 Xe 同三个 F 的距离介于 1.83—1.89Å 之间，Xe 同 $Sb_2F_{11}^-$中的一个 F 的距离则为 2.50Å。它本质上是一个离子键化合物。

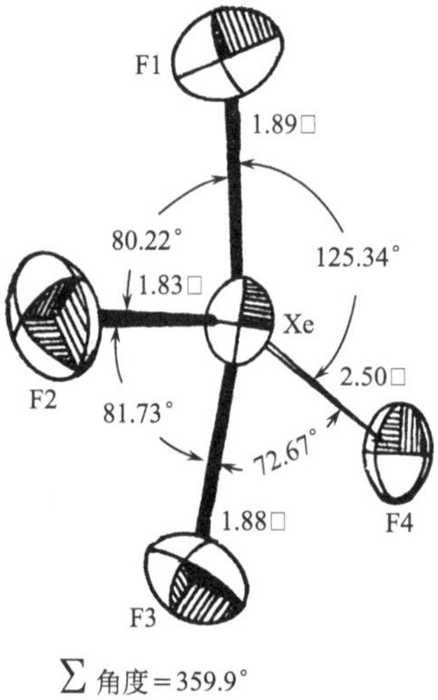

键　长　(Å)		键　角	
Xe—F1	1.89(1)1)	<F1—Xe—F2	80.22°(30)
Xe—F2	1.83(1)	<F2—Xe—F3	81.73°(30)
Xe—F3	1.88(1)	<F3—Xe—F4	72.67°(27)
Xe—F4	2.50(1)	<F4—Xe—F1	125.34°(31)

1) 括号内的数字为标准误差。

图 1.24 XeF_3^+的结构

XeF_4的加合物至今只得到三种，即 $XeF_4 \cdot 2SbF_5$、$XeF_4 \cdot SbF_5$和 $XeF_4 \cdot XeF_2$。后者可由等摩尔的 XeF_2和 XeF_4放在一起混溶而成；也可由氙、氟直接一步合成：在高压釜内令适当比例的氙、氟反应生成 $XeF_4 \cdot XeF_2$。

3. XeF_6的加合物

在三种氟化氙中，以 XeF_6给予氟离子的能力为最强，因而它生成加合物的种类最多,有数十种之多(见表 1.35)。它同碱金属(除锂以外)氟化物生成的加合物,稳定性随碱金属的原子序数递增而增高,其中 RbF 和 CsF 各生成两种加合物 $MXeF_7$、M_2XeF_8,后一种化合物较为稳定。

表 1.35 XeF_6的加合物

加合体	加合物	性质
CsF	$CsXeF_7$	浅黄色固体,约 50℃开始分解为 Cs_2XeF_8
	Cs_2XeF_8	奶油色固体,至 400℃完全分解为 CsF
RbF	$RbXeF_7$	白色固体,0℃开始分解为 Rb_2XeF_8
	Rb_2XeF_8	白色固体,400℃完全分解为 RbF
KF	K_2XeF_8	白色固体,不到 250℃,已完全分解为 KF
NaF	Na_2XeF_8	同 上
BF_3	$XeF_6 \cdot BF_3$	白色固体,90℃熔化为灰黄色的黏性液体
SnF_4	$4XeF_6 \cdot SnF_4$	白色固体,100℃分解
GeF_4	$4XeF_6 \cdot GeF_4$	白色固体,不稳定
	$2XeF_6 \cdot GeF_4$	白色固体,熔点 98℃
	$XeF_6 \cdot GeF_4$	白色固体,熔点 135℃
PF_5	$2XeF_6 \cdot PF_5$	白色固体,不稳定
AsF_5	$2XeF_6 \cdot AsF_5$	白色固体,熔点 110℃
	$XeF_6 \cdot AsF_5$	白色固体,熔点 130.5℃
SbF_5	$2XeF_6 \cdot SbF_5$	白色固体,快速加热至 160℃未熔化
	$XeF_6 \cdot SbF_5$	白色固体,快速加热至 205℃未熔化
	$XeF_6 \cdot 2SbF_5$	白色固体,熔点 108±1℃
AuF_5	$2XeF_6 \cdot AuF_5$	灰黄-绿色晶体,熔点 145—150℃
RuF_5	$XeRuF_{11}$	晶体,熔点 152℃
PdF_4	$2XeF_6 \cdot PdF_4$	黄色针状晶体
	$4XeF_6 \cdot PdF_4$	
VF_5	$2XeF_6 \cdot VF_5$	固体,不稳定
IrF_5	$2XeF_6 \cdot IrF_5$	晶体,熔点 135℃
	$XeF_6 \cdot IrF_5$	晶体,熔点 116℃
UF_5	$XeF_6 \cdot UF_5$	灰黄色晶体,热解得 βUF_5 及 XeF_6
	$2XeF_6 \cdot UF_5$	灰黄色晶体,70℃热解得 UF_6,XeF_4和 XeF_6

$$CsXeF_7 \xrightarrow{\sim 50℃} Cs_2XeF_8 \xrightarrow{\sim 400℃} CsF$$

$$RbXeF_7 \xrightarrow{\sim 0℃} RbXeF_8 \xrightarrow{\sim 400℃} RbF$$

NaF 和 KF 仅各生成一种加合物 M_2XeF_8,分解温度低于 100℃,不到 250℃时即已全部分解为 NaF、KF。LiF 则不生成加合物。

周期表第二族元素仅报道过可能生成了 $XeF_6 \cdot BaF_2$,但没有最后确定。周期表第三族元素也只有 BF_3 能同 XeF_6 生成加合物 $XeF_6 \cdot BF_3$。它在室温下是一种白色固体,在 90℃时熔化成为一种灰黄色黏稠液体,比较稳定。周期表第四族元素仅确定 GeF_4 和 SnF_4 可以同 XeF_6 生成加合物。

在周期表第五族元素中已证实 MF_5(M = P,As,Sb)可以同 XeF_6 生成加合物。其中以 SbF_5 的加合物最稳定,PF_5 的加合物最不稳定。$2XeF_6 \cdot AsF_5$ 的熔点范围较大,在 125—132℃之间。在干燥的氮气氛下,加热到 110℃时,加合物仍存在为固体状态,但在固体上出现灰黄色蒸气,可能是有 XeF_6 分解出来;到 125℃时大部分固体熔化为一种黏稠流体;到 132℃时仍有部分固体未熔化。这可以从两方面加以解释:加合物腐蚀玻璃仪器后掺入了杂质;另外,当加热到 125℃时,加合物已分解出相当数量的 XeF_6,相应地转化为另一种加合物 $XeF_6 \cdot AsF_5$(熔点 130.5℃),这时实际上已是 $2XeF_6 \cdot AsF_5$ 和 $XeF_6 \cdot AsF_5$ 的混合物,这两种加合物的相对比例随着继续加热而不断在变化,所以熔点的范围较宽。

现已探明有很多种过渡金属的氟化物可以同 XeF_6 生成稳定的加合物。制备这类加合物时,可以利用氟化氙的氧化性,在生成加合物的同时将过渡金属氧化。实际上并不需要直接使用高价态的 XeF_6,而可以用 XeF_2 同 F_2 的反应来完成加合物的制备。例如加合物 $2XeF_6 \cdot AuF_5$ 并不是由 XeF_6 同 AuF_5 反应制得的,而是将 AuF_3 和 XeF_2 同 F_2 一起加热到 400℃时生成的,反应结果是低氧化态的 AuF_3 和 XeF_2 同时被氟化-氧化而生成了加合物。为了确证加合物中金的氧化态,可以用 CsF 同加合物反应(110℃、氮气氛下)

$$[Xe_2F_{11}]^+[AuF_6]^- + CsF \longrightarrow 2XeF_6 + CsAuF_6$$

$CsAuF_6$ 中金的氧化数是+5,从而证明加合物中金的氧化态也是+5。

$2XeF_6 \cdot AuF_5$ 的分子结构比较复杂,可以作为这类复杂分子 $2XeF_6 \cdot MF_5$ 的一个例子(图 1.25)。阴离子 AuF_6^- 基本上是八面体的,阴离子则是由两个底部近

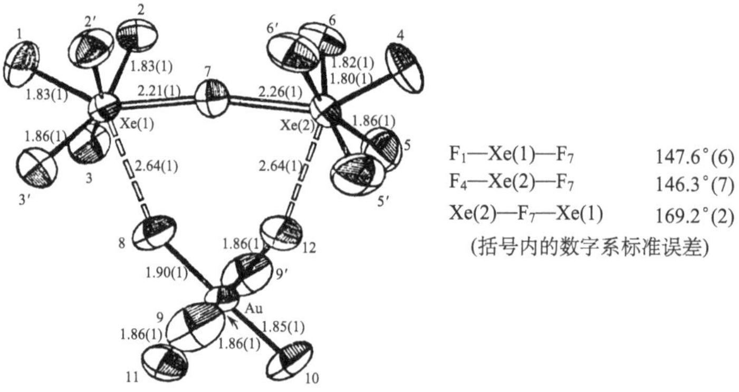

图 1.25 $2XeF_6 \cdot AuF_5$ 的分子结构

乎正方形的锥体所组成，这两个 XeF_5 基团通过 F_7 相连。阳离子两个锥体中各有一个氙原子同阴离子中的一个氟原子相连。值得注意的是 F_7 同每一个锥体中的 XeF 轴所形成的角度近乎 146°。这同其他加合物$[XeF_5]_2^{2+}[PdF_6]^{2-}$、$[XeF_5]^+ \cdot [RuF_6]^-$ 和$[XeF_5]^+[AsF_6]^-$的情况相近。

XeF_6 可以同 UF_5 生成加合物。(在三种氟化氙中，只有 XeF 能同 UF_5 生成加合物，而 XeF_2 和 XeF_4 只各能将 UF_5 氧化成 UF_6，并且不生成加合物。)可以令 UF_5 直接同 XeF_6 作用生成 $XeF_6 \cdot UF_5$ 或 $XeF_6 \cdot 2UF_5$。也可以不用 UF_5 而从 UF_4 出发，利用氟化氙先将 UF_4 氧化成 UF_5，然后再同 XeF_6 生成加合物。UF_5XeF_6 在 50℃时随热解条件的不同，发生不同的反应：

$$UF_5XeF_6 \xrightarrow{\text{抽真空}} \beta UF_5 + XeF_6$$

$$2UF_5XeF_6 \xrightarrow{\text{密闭容器内}} 2UF_6 + XeF_6 + XeF_4$$

CrF_4 同过量的 XeF_6 在 120℃时反应，生成了 $XeF_6 \cdot CrF_4$。用 CrF_5 代替 CrF_4，仍得到产物 $XeF_6 \cdot CrF_4$，并放出氟，反应式如下：

$$CrF_5 + XeF_6 \longrightarrow XeF_6 \cdot CrF_4 + \frac{1}{2}F_2$$

XeF_6 同钴或铁的三氟化物共热，不能生成加合物。但 XeF_6 同二氟化钴共热时，可以生成 $XeF_6 \cdot CoF_3$(有部分 XeF_6 将 CoF_2 氧化后变为 XeF_4)；将 XeF_6 同 FeF_2 共热，XeF_6 不能将 FeF_2 全部氟化成 FeF_3，最后生成了一种含 Fe(Ⅱ)和 Fe(Ⅲ)的不纯加合物。为了制备纯的加合物，用 $N_2H_6FeF_5$ 或 $N_2H_5CoF_3$ 在室温下同 XeF_6 作用即能完成反应，得到 $XeF_6 \cdot FeF_3$(白色固体)和 $XeF_6 \cdot CoF_3$(蓝色固体)，这两个化合物在室温下没有可察觉的蒸气压，在 80℃时即分解。

令 TiF_4 同过量的 XeF_6 在室温下作用，可以生成 $4XeF_6 \cdot TiF_4$，它在真空下在 40℃时分解为 $XeF_6 \cdot TiF_4$，到 65℃时(抽真空)继续分解为 $XeF_6 \cdot 2TiF_4$。同钴或铁氟化物的加合物不同，如果用 $N_2H_6 \cdot TiF_6$ 代替 TiF_4，生成加合物所需的温度反而较高(60℃)。

早期曾用 MnF_3 为催化剂，使氙和氟在 120℃时反应生成氟化氙。在 50℃长时间地抽真空除去挥发性物质后，剩下一种红葡萄酒色的固体，它的组成为 $XeMnF_5$。实际上这就是氟化氙同氟化锰所形成的加合物，但很不纯。不能用这种方法来制备加合物。现在利用 XeF_6 的氟化作用，用 MnF_2 作起始材料，在摄氏零度时 XeF_6 就能将 MnF_2 氧化成 MnF_4，同时生成了 $4XeF_6 \cdot MnF_4$ 加合物，加热时这个加合物逐级分解为 $2XeF_6 \cdot MnF_4$、$XeF_6 \cdot MnF_4$ 和 $XeF_6 \cdot 2MnF_6$。后面一个产物是最稳定的。

XeF_6 还可以同 NOF 和 NO_2F 作用分别生成 $2NOF \cdot XeF_6$ 和 $NO_2F \cdot XeF_6$，这两个加合物都是白色固体。根据红外和 Raman 光谱鉴定，前一个加合物是

$[NO_2]^{2+}[XeF_8]^{2-}$，后面一个是 $NO_2^+ \cdot XeF_7^-$. 在这里 NOF 和 NO_2F 是氟离子的给予体，XeF_6 反倒成为氟离子的接受体了。可以认为构成加合物的两种氟化物组分都有得失氟离子的可能性，究竟是哪一种氟化物充当氟离子接受体或给予体，这就要取决于二者得失氟离子能力的相对强弱。在它们之间就通过氟离子的转移而生成了加合物。

4. XeF_n 加合物的对比和小结

从上述的大量实验结果可以看出，氟化氙生成加合物的本质就在于氟化氙能给出氟离子，加合体接受了氟离子。生成加合物的可能性和稳定性主要决定于氟化氙同加合体之间给、受氟离子的情况。在三种氟化氙中，XeF_4 几乎不生成加合物。XeF_6 生成加合物的能力最强，当令几种氟化氙同时同某一加合体相混合时，就会显示出生成加合物的“竞争性”作用。例如将 XeF_6 和 XeF_2 同 AsF_5 按 1∶1∶1 的配比相混合，仅 XeF_6 生成加合物 $XeF_6 \cdot AsF_5$，XeF_2 则不起反应(但 XeF_2 单独存在时却可以同 AsF_5 生成加合物)。

对比三种氟化氙加合物的熔点(表 1.36)可以看出，尽管氟化氙的熔点 $XeF_2 > XeF_4 \gg XeF_6$。但氟化氙加合物的熔点则基本上颠倒过来了，即 $XeF_6 > XeF_2 > XeF_4$(也有例外，因为熔点还同其他因素有关)。

表 1.36　XeF_n 加合物的熔点(℃)

XeF_n / 加合体	XeF_4 117.1	XeF_2 129	XeF_6 47.7
AsF_5	—	$XeF_2 \cdot AsF_5$ 0 分解 $2XeF_2 \cdot AsF_5$ 75—80	$XeF_6 \cdot AsF_5$ 130.5 $2XeF_6 \cdot AsF_5$ 125
SbF_5	$XeF_4 \cdot SbF_5$ 109—113 $XeF_4 \cdot 2SbF_5$ 81—83	$XeF_2 \cdot SbF_5$ 165 $XeF_2 \cdot 2SbF_5$ 63	$XeF_6 \cdot SbF_5$ >205 $XeF_6 \cdot 2SbF_5$ 108

利用 XeF_2，XeF_4 和 XeF_6 在生成加合物能力上的差别，可以提纯各别的氟化氙。例如可通过下述操作提纯 XeF_4：将三种氟化氙的混合物溶解在 BrF_3 溶剂中，然后加入过量的 AsF_5，这时仅 XeF_2 和 XeF_6 生成加合物，在 0℃时抽真空以除去 BrF_3 和过量的 AsF_5。剩下 XeF_2 和 XeF_6 同 AsF_5 生成的加合物和未反应的 XeF_4，在 20℃进行升华，就可以得到纯净的 XeF_4，熔点 117℃，经鉴定其中不含杂质。XeF_6 也可用类似的方法来提纯：利用三种氟化氙中仅 XeF_6 能同 NaF 生成加合物的性质，首先将 NaF 在 500℃时灼烧除去挥发性不纯物，然后令它同等重量的粗制 XeF_6 混合，加热到 50℃并保温 2 小时，冷却至室温后放置过夜，这时 XeF_6 已生成

了加合物 Na_2XeF_8。然后进行分馏，分别收取室温、50—55℃和125℃三个温度下的馏出物。室温下的馏分主要是 $XeOF_4$. 在50℃时则主要馏出 XeF_2、XeF_4 和少量的 $XeOF_4$。Na_2XeF_8 在高于100℃时才开始分解，在250℃时分解完毕。因此在125℃时的馏分是纯的 XeF_6，熔点 47.7±0.2℃，经红外光谱鉴定其中不含 XeF_2，XeF_4 和 $XeOF_4$ 等杂质。

XeF_n 生成加合物能力（即给出氟离子的倾向）的次序是 $XeF_6>XeF_2>XeF_4$。如果从氙原子上有效正电荷的多少（见表 1.44）考虑，则给出氟离子的倾向似乎应该是 $XeF_2>XeF_4>XeF_6$，而实际上却是 $XeF_6>XeF_2\gg XeF_4$。很显然，XeF_6 最容易给出氟离子的性质是由其他因素所引起的，现讨论如下。

可以从 XeF_6 和 XeF_5^+ 的能量差来考虑。XeF_6 的结构是变形八面体，而 XeF_5^+ 是正八面体。XeF_5^+ 显然比 XeF_6 稳定，假定这两个物种的势能差是 ΔE_1，于是

$$XeF_6—F^-=XeF_5^++\Delta E_1$$

ΔE_1 是难于直接测定的，但可以从另一相似情况作对比和旁证。例如 IF_7 是非八面体，如果它给出一个 F^-，就变成为 IF_6^+（八面体），两个物种的势能差为 ΔE_2；又 IOF_5 本来就近乎八面体，照此推测，它给出氟离子能力的倾向应很小。实验完全证明了这一假定。若令 IF_7 和 IOF_5 分别同氟离子接受体 SbF_5 反应，仅 IF_7 生成了盐：

$$IF_7+SbF_5\longrightarrow[IF_6]^+[SbF_6]^-$$

这是由于

$$IF_7-F^-=IF_6{}^++\Delta E_2$$

很显然，XeF_6 和 IF_7 都是给出氟离子以后，结构由非八面体变成八面体，或由非正八面体变成为正八面体，并分别放出能量 ΔE_2 和 ΔE_1。现在进一步用实验对比 ΔE_1 和 ΔE_2 的大小。

令$[XeF_5]^+[MF_6]^-$同过量数倍的 IF_7 反应，如果 $\Delta E_2>\Delta E_1$，则 IF_7 应能参加置换反应，生成新加合物$[IF_6]^+[MF_6]^-$。但实验结果表明并未能发生这种置换反应，说明 $\Delta E_1>\Delta E_2$。从这里可以说明 XeF_6 给出氟离子的能力是相当强的，超过了 IF_7。

当 XeF_6 变为 $XeF_5{}^+$ 时，几何构型改变了，能量有所降低，$XeF_5{}^+$ 显然比 XeF_6 稳定，所以 XeF_6 给出 F^- 的能力很强。

所有各种氟化氙的加合物，不论它们的稳定程度如何，只要一同水接触，就会立即发生氟化氙自身的水解反应，生成氙化合物的水溶液。甚至空气中的水分也会引起某些加合物的水解。例如 $CsF\cdot XeF_6$ 在潮湿空气中水解成为 $CsF\cdot XeOF_4$ 或 $CsF\cdot XeO_3$。为了防止水解，储放氟化氙加合物时应考虑防潮措施。

3.7.2 氟氧化氙和氧化氙的加合物

1. 氟氧化氙的加合物

氟氧化氙中以 $XeOF_4$ 为最稳定，它同 XeF_6 相仿，也能生成多种加合物（见表

1.37)。但 $XeOF_4$ 给出氟离子的能力比 XeF_6 小，不过同 Lewis 酸作用时，仍能给出氟离子，生成离子型加合物 $[XeO\cdot F_3]^+[MF_{n+1}]^-$；令人注意的是当碱金属氟化物或 NOF 同 $XeOF_4$ 生成加合物时，却是前两个化合物给出氟离子，而 $XeOF_4$ 反倒成为氟离子的接受体了，并也生成离子型加合物 $M^+[XeOF_5]^-$。$XeOF_4$ 同 VF_5 生成的加合物则属于分子型加合物。

表 1.37　氟氧化氙的加合物

加合体	加合物	性质
KF	$3KF\cdot XeOF_4$	白色无定形固体，250℃完全分解
RbF	$3RbF\cdot XeOF_4$	白色无定形固体，400℃完全分解
CsF	$CsF\cdot XeOF_4$	同上
SbF_5	$XeOF_4\cdot 2SbF_5$	白色固体，熔点 70℃
	$XeOF_4\cdot SbF_5$	白色固体，熔点 104—105℃
VF_5	$2XeOF_4\cdot VF_5$	0°时为无色液体，熔点约为−37，−50℃为黄色固体
SbF_5	$XeO_2F_2\cdot 2SbF_5$	黄色固体，溶于 SbF_5 放出氧

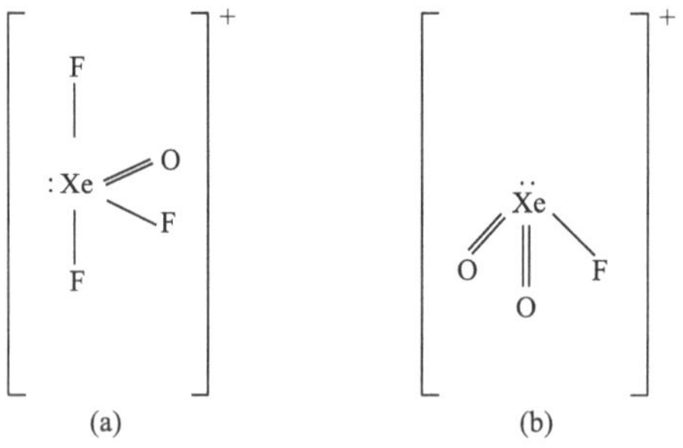

图 1.26　(a) $XeOF_3^+$ 和 (b) XeO_2F^+ 的构型

$XeOF_4$ 同 Lewis 酸 SbF_5 生成两种加合物（$XeOF_4\cdot SbF_5$ 及 $XeOF_4\cdot 2SbF_5$），它们都是白色固体。在 $XeOF_4\cdot 2SbF_5$ 的 Raman 光谱中不仅能观测到 $Sb_2F_{11}^-$ 的谱带，也能观察到 Xe ═ O 伸缩振动频率的谱带（$924cm^{-1}$），确证它是一种离子型加合物 $[XeOF]^+$-$[Sb_2F_{11}]^-$。并测出 $XeOF_3^+$ 的几何结构是一个三角双锥体，同 IOF_3 的结构相似，属 AX_4E 类型。两个氟原子处于直立轴的两端，O，F 和孤对电子则分别占据在三角双锥体的平伏位置上[图 1.26(a)]。

$XeOF_4$ 同 AsF_5 在−78℃时生成加合物，但不稳定，超过−25℃时即分解。Raman 光谱证明它也是一个离子型加合物 $[XeOF_3]^+[AsF_6]^-$，但 AsF_6^- 的谱带不强。$XeOF_4$ 和 VF_5 也可生成不稳定的加合物 $2XeOF_4\cdot VF_5$，它在 0℃时是一种无色液体，密度 $3.67g/cm^3$，熔点约为−37℃，到−50℃时变成为一种黄色固体。在它的 Raman 光谱中没有观察到 VF_6^- 的谱带，仅显示原组物 $XeOF_4$ 和 VF_5 的谱带，这说明它是一种分子型加合物。$XeOF_4$ 同 XeF_2 生成的 1∶1 加合物也是这样，仅观察到 XeF_2 和 $XeOF_4$ 单个组分相重叠的谱带，而没有生成新的离子，也是属于分子型加合物。

$XeOF_4$ 不同 LiF 或 NaF 作用，而仅能同重碱金属氟化物 CsF，RbF 和 KF 生成加合物。固体 $CsF \cdot XeOF_4$ 的 Raman 光谱在 $880cm^{-1}$ 处（Xe—O 伸缩振动频率）显有一个高谱峰，说明 CsF 给出了氟离子，而 $XeOF_4$ 接受了 F^- 生成为 $XeOF_5^-$。

$XeOF_4NOF$ 同 $XeF_6 \cdot NOF$ 一样，它的 Raman 光谱明显地出现了 NO^+ 的谱带，说明 NOF 是 F^- 的给予体，形成的加合物是离子型加合物 $[NO]^+[XeOF_5]^-$。$XeOF_4$ 同 NO_2F 也生成类似的加合物。

另一种氟氧化氙 XeO_2F_2 也可以同 SbF_5 生成加合物。将 XeO_2F_2（无色结晶，熔点 30.8℃）在低温下同 SbF_5（油状无色液体，熔点 7℃）混合，然后令它们在室温下反应并抽真空以除去过量的 SbF_5，直到恒重时为止，就得到一种黄色固体，它的化学组成为 $XeO_2F_2 \cdot 1.8SbF_5$。它的核磁共振谱显示有 XeO_2F^+ 存在，在 Raman 光谱中观察到 $Sb_2F_{11}^-$ 的谱带。从而确证这个加合物是 $[XeO_2F]^+[Sb_2F_{11}]^-$，XeO_2F_2 是氟离子的给予体，XeO_2F^+ 的结构同 XeO_3 相似，是一个三角锥（图 1.26(b)）。这个加合物在室温下易溶于 SbF_5 中成为一种黄色溶液，并缓慢地放出氧气泡，降温到 5℃时就停止发生气泡，同进溶液变为暗绿色。核磁共振谱显示出很强的 XeF^+ 谱线，推测有如下反应发生：

$$XeO_2F^+ \xrightarrow{SbF_5} XeF^+ + O_2$$

2. 氧化氙的加合物

由于 XeO_4 不稳定，对它的加合物没有作过研究。XeO_3 至今也只发现了它同碱金属氟化物所生成的加合物。它们实际上也属于氟代氙酸盐，这已在本专题 3.6.3 中讨论过了。这类加合物突出的特点是对爆炸稳定性和对热稳定性比较良好，远比 XeO_3 为稳定。XeO_3 在 100℃左右就会发生爆炸，而 $MF \cdot XeO_3$（M＝K，Rb，Cs）要到 260—300℃时才分解，超过 300℃以上时才会爆炸。不仅如此，这类加合物的水溶液也显有某种稳定性。例如 CsF 或 XeO_3 的吸湿性都很强，CsF 容易吸收氟化氢；而加合物 $CsF \cdot XeO_3$ 却不吸湿，也不吸收氟化氢。这说明 $CsF \cdot XeO_3$ 的结合是比较牢固的。甚至在水溶液中可能仍保持着加合物的结构，并没有完全离解。促使这类加合物呈显稳定的原因可认为有二：$MF \cdot XeO_3$ 的分子构型近乎八面体，而八面体是比较稳定的；X 射线衍射图证明 $KF \cdot XeO_3$ 是一种聚合物，即 $nK^+[XeO_3F^-]_n$. $RbF \cdot XeO_3$ 和 $CsF \cdot XeO_3$ 也具有类似结构。

3.7.3 氙的其他复杂化合物

1. 有机化合物

自合成氙的无机化合物以后，人们也期望能得到含氙的有机化合物，但通过各种努力，都没有成功。虽然不能合成得到，但已通过放射性同位素蜕变的方法，证明含氙的有机化合物是存在的，问题是还没有找到合适的合成途径。还有人强调

认为 XeF_6 同石墨生成的"叠层化合物" $C_{19}XeF_6$ 是有机化合物。现分述如下：

(1) 放射性同位素蜕变法证实含氙有机化合物的存在

在不能用化学方法合成某种化合物以前，常利用含放射性元素化合物的蜕变来探索和证明某种化合物是否存在。^{131}I、^{133}I 经 β^- 蜕变成为 ^{131}Xe、^{133}Xe。但含 ^{131}I 的无机碘化物经蜕变后并没有得到氙化合物，只得到单质氙。至于含 ^{131}I 的有机物 $CH_3{}^{131}I$，还在第一个稀有气体化合物合成以前(1961 年 12 月)，就已用特殊的质谱仪研究过 $CH_3{}^{131}I$ 的蜕变过程，观察到有 70%转化为 CH_3Xe^+，但这个物种很不稳定，随即分解出单质氙。可惜在 $CH_3{}^{131}I$ 蜕变时，没有加入稳定剂，配给适当的阴离子，以观察 CH_3Xe^+ 能否组合在这类设想的化合物中。另一种含 ^{131}I 的有机物 $C_6H_5{}^{131}IO_2$ 在水、HAc 或 $HClO_4$ 的溶液中，只得到转化率不高的 XeO_3，并未得到氙的有机化合物。

根据过去的实践，含周期表第四、五两族放射性同位素的化合物经 β 蜕变可得到相应的𬭩离子*化合物，它们的转化率是比较高的，而 Несмеянов 曾预测周期表第 5—8 族(8 族即稀有气体)均有可能生成𬭩离子化合物。果然，碘代苯 $C_6H_5{}^{131}I$ 经 β 蜕变后，成为含氙阳离子：

$$C_6H_5{}^{131}I \xrightarrow{\beta^-} [C_6H_5Xe]^+$$

$[C_6H_5Xe]^+$ 不稳定，随即分解出单质氙。为了使它稳定，必须配给适当的阴离子使它成为分子。各种阴离子所结合成的相应化合物的稳定性是有差别的(表 1.38)，稳定性顺序为 $ClO_4^- > B(C_6H_5)^{4-} > BF_4^- > SO_4^{2-} > NO_3^- > Cl^-$。如果不加稳定剂，就不能生成氙化合物。

表 1.38 反应条件对 $C_6H_5{}^{131}I$ 转化为氙化合物的影响

反应条件	氙化合物的分子式	氙化合物转化率(%)
$C_6H_5{}^{131}I$ 自然衰变，不加任何介质	未生成氙化合物	0
$C_6H_5{}^{131}I$ 溶于苯(0.1%)	未生成氙化合物	0
$C_6H_5{}^{131}I$ 溶于氯仿(0.1%)	未生成氙化合物	0
0.1ml 的 $C_6H_5{}^{131}I$ 载于 0.4g 下述各种盐上的反应：		
$KClO_4$	$C_6H_5XeClO_4$	30±3
$KB(C_6H_5)_4$	$C_6H_5XeB(C_6H_5)_4$	17±1
KBF_4	$C_6H_5XeBF_4$	8±1
K_2SO_4	$C_6H_5XeSO_4$	4±1
KNO_3	$C_6H_5XeNO_3$	4±1
KCl	未生成氙化合物	0

* 𬭩(onium)指 $R \cdot XH_y$(R 为烷基、芳香基等基团，X 为 N，P，C 等，y 为正整数)型有机衍生物的名称中阳离子所用的词尾。𬭩化合物指含有一个有机阳离子的化合物。氙𬭩离子即含氙的有机阳离子。铵和取代铵离子都是氮𬭩离子；鏻和取代鏻离子是磷𬭩离子；钾和取代钾离子都是砷𬭩离子，等等。

含放射性碘的各种二苯化合物$(C_6H_5)_2IA$(A为阴离子)和前述的$C_6H_5{}^{131}I$不同，它本身就含有阴离子，经β蜕变后，就转变成为含氙的化合物。所有的含碘二苯化合物经β蜕变后，也只得到单核苯氙化合物C_6H_5XeA。而且在蜕变过程中，若不加入相应的酸HA，则得不到氙化合物，所有的氙将都分解出来。阴离子能显著地影响氙化合物的转化率(见表1.39)，顺序依次是$ClO_4>BF_4^->HSO_4^->NO_3^->Cl^-$，同表1.38的规律性一致。此外，HA的浓度或介质的pH值也会影响氙化合物的转化率。例如$(C_6H_5)_2IClO_4$在酸性溶液中生成的$C_6H_5XeClO_4$就比较稳定，因而转化率比较高。当pH≥7时，则得不到氙化合物，氙全部被分解出来(见表1.40)。在水溶液中，$C_6H_5XeClO_4$的转化率<40%，大量的氙化合物分解为氙，这可能是由于下述原因引起的：$(C_6H_5)_2IClO_4$在水溶液中呈$[(C_6H_5)_2I]^+$状态，经β蜕变后，这个离子变成为不稳定的正二价离子$[(C_6H_5)_2Xe]^{2+}$，它随即分解出氙来；在水溶液中虽然生成了$C_6H_5XeClO_4$，但它水解为C_6H_5XeOH，这个水解产物很不稳定，容易分解为氙。

表1.39 反应条件对$(C_6H_5)_2IA$转化为C_6H_5XeA的影响

含放射性碘的化合物	介 质	氙化合物转化率(%)
$(C_6H_5)_2IClO_4$	0.1*N* $HClO_4$	35±3
$(C_6H_5)_2IBF_4$	0.1*N* HBF_4	22±3
$(C_6H_5)_2IHSO_4$	0.1*N* H_2SO_4	10±2
$(C_6H_5)_2INO_3$	0.1*N* HNO_3	6±2
$(C_6H_5)_2ICl$	0.1*N* HCl	0
$(C_6H_5)_2ICl$	水	0

表1.40 介质对$(C_6H_5)_2IClO_4$转变为$C_6H_5XeClO_4$的影响

介 质	转化率(%)
10% $HClO_4$	39±6
3*N* $HClO_4$	35±1
1*N* $HClO_4$	36±2
0.1*N*$HClO_4$	36±3
pH=1—2	35±4
pH=3	26±5
pH=4—5	16±2
pH=6	9±2
pH=7—12	0

概括起来，如果用 R 代表苯基 C_6H_5，上述两种反应过程可简写为：

$$RI \xrightarrow{\beta^-} [RXe]^+ \xrightarrow{+A^-} [RXe]^+A^-$$

$$R_2IA \xrightarrow{\beta^-} [R_2XeA]^+ \xrightarrow{-R^+} [RXe]^+A^-$$

色谱分析和电泳实验完全证实了上述反应过程。色谱分析说明两种反应过程的生成物是一样的，都是$[RXe]^+$；电泳实验观察到氙是在阳离子$[RXe]^+$内，它向阴极移动。通过这两项实验，进一步肯定氙苯阳离子(氙苯鎓)化合物的存在。估计氙的有机化合物是完全可能合成的。

(2)"叠层化合物"$C_{19}XeF_6$

Selig 等[16]强调 $C_{19}XeF_{16}$和一般的叠合物不同。例如 IF_7同石墨生成的叠合物 $C_{8.7}IF_7$，当加热到 80℃时就会热解出 IF_7；$C_{19}XeF_6$在 450—575℃时才热解为氙、CF_4和 C_2F_6，并未放出 XeF_6，而且氙也未全部放出，还有少部分保留在石墨内。对比三种物质(石墨、$C_{19}XeF_6$和它的热解后残留物)的 X 射线图：石墨的强谱线出现在 3.35Å；$C_{19}XeF_6$的在 3.35Å 处的强谱线消失，但在 3.97 和 4.55Å 为中心的区域，出现了新的宽谱线；$C_{19}XeF_6$热解后残留物的强谱线出现在 3.48Å 处，这说明石墨晶格发生了膨胀。根据这些特征，Selig 等认为 $C_{19}XeF_6$还难以确定是单纯的叠层化合物。

Kern[25]根据氟化氙同石墨反应时的动力学数据，判断反应是一个零级反应。看来，氟化氙同石墨未生成具有化学键的化合物。想通过这个途径来合成氙的有机化合物是不可能的。

2. 氟化氙的衍生物

氟化氙中的氟被电负性较强的基团取代所生成的氙化合物，已在本专题 3.4 中提到过了。这类化合物实际上是氟化氙的衍生物。XeF_n($n=2,4,6$)同 HA(A 是电负性较强的基团，也可用 OR 表示)反应时，生成了氟化氢，它的生成热为 -64.92 ± 0.12kcal/mol(298K)。从热化学考虑，这对于正反应的进行很有利，促使生成氙化合物。

$$XeF_n + HA \longrightarrow F_{n-1}XeA + HF$$

只要适当控制 XeF_n同 HA 的比例和反应温度，并及时移去 HF，便可得到预期的产物。XeF_2有两个氟原子，可被一个或两个 A 基团取代；XeF_6虽有六个氟原子，但迄今只得到被一个 A 基团取代的化合物；XeF_4被 A 基团取代后所得的化合物与 XeF_2的情况相同。现按 HA 的种类分述如下：

(1) 氟磺酸($HOSO_2F$)和高氯酸($HOClO_3$)

XeF_n同 $HOSO_2F$ 的反应见表 1.41. XeF_2生成一取代物和二取代物；XeF_4也生成含 Xe(Ⅳ)的二取代物；XeF_6无论在各种比例和反应温度以及反应时间下，都只得到一取代物。试图使一取代物同 $HOSO_2F$ 进一步反应以生成多取代物，不仅没有成功，反而使一取代物也分解成氙。

表 1.41 XeF_n 与 $HOSO_2F$ 的反应

反应物(m mol)		反应条件		主要产物
XeF_6	$HOSO_2F$	温度(℃)	时间(日)	A 表示 OSO_2F 基团，B 表示 $S_2O_6F_2$
1.44	1.44	−22 至 −5	3	F_5XeA，HF
1.47	2.99	−22 至 −5	3	F_5XeA，HF−B，HA
1.22	4.76	25	3	F_5XeA，HF−B，HA
		40 至 50	5	F_5XeA，HF−B，HA，Xe
反应物(m mol)		反应条件		主要产物
XeF_2	$HOSO_2F$	温度(℃)	时间(日)	A 表示 OSO_2F 基团，B 表示 $S_2O_6F_2$ 基团
2.01	2.00	−22 至 5	3	$FXeA\text{-}XeF_4$，HF-B，Xe
1.30	2.56	−22 至 5	5	$FXeA\text{-}XeA_2\text{-}XeF_4$，HF-B，Xe
1.50	6.03	−22 至 5	2	XeA_2，HF-B

$$F_5XeOSO_2F+5HOSO_2F \longrightarrow Xe+5HF+3S_2O_6F_2$$

F_5XeOSO_2F 很稳定，Raman 光谱证明它是一种离子键化合物 $F_5Xe^+ \cdot SO_3F^-$，其中 F_5Xe^+ 具有 C_{4v} 对称。

XeF_4 同 $HOSO_2F$ 的反应产物同它们的比例有关，当 $HOSO_2F$ 同 XeF_4 的分子比为 1 时，只生成一取代物；如果 $HOSO_2F$: XeF_n 约为 2 时，同时生成一取代物和二取代物；如果 $HOSO_2F$ 过量 4 倍时，则仅生成二取代物。

概括起来，氟磺酸同氟化氙可以生成三种氙化合物，它们的稳定性顺序是 $F_5XeA > FXeA > XeA_2$。这三种化合物热分解时都生成 $S_2O_6F_2$。

$$6F_5XeOSO_2F \longrightarrow 5XeF_6+Xe+3S_2O_6F_2$$

$$2FXeOSO_2F \longrightarrow XeF_2+Xe+S_2O_6F_2$$

$$Xe(OSO_2F)_2 \longrightarrow Xe+S_2O_6F_2$$

热解过程中首先是生成自由基 FSO_3，然后再转变为 $S_2O_6F_2$

$$2FSO_3 \longrightarrow S_2O_6F_2$$

XeA_2 热解时，放出氙后剩下很纯的 $S_2O_6F_2$，利用这个反应可制得高纯度的 $S_2O_6F_2$。

一取代物的分子构型见图 1.11。Xe 的一端同 F 相连，另一端同 OSO_2F 中的氧相连，形成两个共价键。二取代物则按 R—O—Xe—O—R 排列，Xe 同两个取代基中的两个氧相连接。一取代物中同氙相连接的氟可离解成 F^- 和 XeF_n 一样，也有给出 F^- 的倾向，同 F^- 的接受体生成加合物，但不能同 MF_5(M=Ru，As，Sb)生成 $[XeOSO]^+[MF_6]^-$ 型的加合物。现已确证只有多增加一个分子 XeF_2 参与反应，才能获得另一种新加合物[18]：

$$2XeF_2 + HOSO_2F + AsF_5 \longrightarrow [(FXeO)_2S(O)F]^+[AsF_6]^- + HF$$

这个加合物是一种无色固体，在真空下在20℃即升华，在64℃时分解

$$4[(FXeO)_2S(O)F]^+[AsF_6]^- \longrightarrow$$
$$3[Xe_2F_3]^+[AsF_6]^- + AsF_5 + 2Xe + 2S_2O_6F_2$$

$HOSO_2F$ 同 XeF_3^+ 反应，生成 $(FXe)_2SO_3F^+$，可以制得 $[(FXe)_2 \cdot SO_3F]^+$-$[AsF_6]^-$。

高氯酸 $HOClO_3$ 同 XeF_2 也可生成一取代物和二取代物，这两种化合物都不稳定，它们的性质见表1.42。曾有人试图用两种不同的取代基团同时分别取代 XeF_2 中的氟来形成 ROXeOR′型的化合物，但都没有成功。将 $HOClO_3$ 在−60℃时加入到 $FXeOSO_2F$ 中（或将 $HOSO_2F$ 加入到 $FXeOClO_3$ 中），就生成无色的 HF 溶液，蒸除 HF 之后，得到了一种黄色固体，它很不稳定，甚至在<0℃时就会分解。分析结果说明并未生成 $O_3ClOXeOSO_2F$，只得到了 $Xe(OClO_3)_2$ 和 $Xe(OSO_2F)_2$ 的混合物：

$$FXeOR + HOR' \longrightarrow \frac{1}{2}Xe(OR)_2 + \frac{1}{2}(OR')_2 + HF$$

(2) 五氟碲酸($HOTeF_5$)和五氟硒酸($HOSeF_5$)

这两种酸都可以同 XeF_2 生成取代物，控制反应物的比例，可以得到一取代物和二取代物：

$$XeF_2 + HOTeF_5 \longrightarrow FXeOTeF_5 + HF$$
$$XeF_2 + 2HOTeF_5 \longrightarrow Xe(OTeF_5)_2 + 2HF$$

这两种酸所生成的取代物都很稳定，例如它们的二取代物 $Xe(OTeF_5)_2$ 和 $Xe(OSeF_5)_2$ 都分别在100—130℃时分解，比氟磺酸和高氯酸所生成的取代物稳定得多，并且是这类化合物中热稳定性最高的。热解过程中也会生成自由基，例如 $Xe(OSeF_5)_2$ 受热或光照射时，反应如下：

$$Xe(OSeF_5)_2 \longrightarrow 2OSeF_5 + Xe$$

两个 $OSeF_5$ 自由基变成为 $F_5SeOOSeF_5$，然后分解为 $(F_5Se)_2O$、SeF_4、SeF_6 和氧。

一取代物 $FXeOTeF_5$ 中还有一个氟未被取代，可给出氟离子而同 AsF_5 生成加合物：

$$FXeOTeF_5 + AsF_5 \longrightarrow [F_5TeOXe]^+[AsF_6]^-$$

$FXeOTeF_5$ 和 $Xe(OTeF_5)_2$ 同水的反应较缓慢，后一化合物仅微溶在水中。但在强碱性水溶液中，它们都会迅速分解，在数秒钟内就可以反应完毕，主要产物都是氙、氧和 $HOTeF_5$。$Xe(OTeF_5)_2$ 溶解在 CCl_4 或 CH_3CN 中时都相当稳定，但同乙醇、丙酮或苯接触时会发生剧烈反应，甚至爆炸。

$HOSeF_5$ 和 $HOTeF_5$ 的情况相似：

$$XeF_2 + 2HOSeF_5 \longrightarrow Xe(OSeF_5)_2 + 2HF$$

表 1.42

反应物		生成的氙化合物	性　质
$HOSO_2F$	XeF_2 (或 XeF_4) XeF_6	$FXeOSO_2F$ $Xe(OSO_2F)_2$ F_5XeOSO_2F	无色斜方晶体。20℃下抽真空时全部挥发,但不分解。熔点 36.6℃,熔化为灰黄色液体,并缓缓分解 $2FXeOSO_2F \longrightarrow XeF_2 + Xe + S_2O_6F_2$ 灰黄色单斜晶体,20℃下抽真空即分解。熔点 43—45℃,熔化为黄色液体并分解 $Xe(OSO_2F)_2 \longrightarrow Xe + S_2O_6F_2$ 白色结晶,室温下很稳定。73—80℃熔化并分解 $6F_5XeOSO_2F \longrightarrow 5XeF_6 + Xe + 3S_2O_6F_2$
$HOCLO_3$	XeF_2	$FXeOClO_3$ $Xe(OClO_3)_2$	<16.5℃为无色固体,16.5℃熔化为黄-红色液体,并分解为 Xe、Cl_2O_7、ClO_2等 <0℃为黄色固体,0℃时熔化为红色液体,并分解为 Xe,O_2,Cl_2O_7等
$HOTeF_5$	XeF_2	$FXeOTeF_5$ $Xe(OTeF_5)_2$	灰黄色液体,熔点−24℃,沸点 53℃,较稳定,在玻璃仪器内真空蒸馏亦不分解 无色固体,熔点 40.5℃热稳定性良好(100—130℃分解)
$HOSeF_5$	XeF_2	$FXeOSeF_s$ $Xe(OSeF_5)_2$	浅黄色液体,熔点−13℃,极易水解 稳定的结晶体,熔点 69℃。100—130℃分解
$HOPOF_2$ (或 $P_2O_3F_4$)	XeF_2	$FXeOPOF_2$ $Xe(OPOF_2)_2$	二者均系灰黄色固体,22℃即缓缓分解,经数日后才分解完毕 $FXeOPOF_2 \longrightarrow [PO_2F]_n + XeF_2 \longrightarrow Xe + \frac{1}{2}O_2 + POF_3$ $Xe(OPOF)_2 \longrightarrow Xe + \frac{1}{2}O_2 + P_2O_3F_4$
$HOSO_2CF_3$	XeF_2	$FXeOSO_2CF_3$	无色固体,熔点>60℃。但 0℃即开始分解,40—60℃分解速度增快,主要分解为 CF_4、Xe
$HOSO_2CH_3$	XeF_2	$FXeOSO_2CH_3$	无色固体,极不稳定 ,加热至室温即爆炸

不过 $FXeOSeF_5$是通过二取代物同 XeF_2反应而生成的，这是它的独特之处。

$$XeF_2+Xe(OSeF_5)_2 \longrightarrow 2FXeOSeF_5$$

(3) 二氟磷酸($HOPOF_2$)和无水硝酸(HNO_3)

这两种酸同 XeF_2反应可以生成取代物，但都很很不稳定。二氟磷酸同 XeF_2反应时，由于副反应太多，氙化合物的转化率和纯度都很低。如果不用二氟磷酸而用它的酸酐($P_2O_3F_4$)就可克服这些缺点。无水 HNO_3同 XeF_2反应生成的棕红色物质，可能是 $FXeNO_3$或 $Xe(NO_3)_2$，但都很不稳定，来不及鉴定就已经分解了，所以不能肯定。

(4) 甲基磺酸(CH_3SO_2OH)和三氟甲基磺酸(CF_3SO_2OH)

XeF_2同略过量(超过 1∶1)的 CF_3SO_2OH 在无水 HF 中反应，在 0℃时生成了无色固体。从振动光谱推断它是 $FXeOSO_2CF_3$。它在 60℃时未熔化，但在 0℃时即缓慢分解出 CF_4和氙，在 40—60℃时则迅速分解。反应过程中若 XeF_2过量时，所生成的固体很不稳定，在 0℃时分解出 CF_4、氙和 SO_2F_2，加热到室温时就会发生爆炸。

CH_3SO_2OH 同 XeF_2反应也生成无色固体，但更不稳定，加热到室温时也会爆炸。

为了便于对比和考查，现将上述各种氟化氙的衍生物和它们的性质列在表 1.42 中。

3. 氙的氟硼化合物($FXe—BF_2$)[26]

理论计算结果表明，氙的硼化合物是有可能存在的。又根据 $O_2^+F_4^-B$ 同 NO_2 的反应，可以生成 NO_2BF_4：

$$O_2BF_4+NO_2 \longrightarrow NO_2BF_4+O_2$$

从这里得到一个启示，$O_2^+BF_4^-$ 中的 O_2^+ 可同电离电势比它低的物质作用。而氙的电离电势(12.13eV)比氧的电离电势(12.2eV)还略低。另一方面，据推测如果 $Xe^+BF_4^-$ 能够存在，它的热稳定性应该较高，分解温度可能＞150℃。于是有人用 O_2BF_4同氙反应，试图制备 $XeBF_4$。将 O_2BF_4同液态氙混合，在 163K 经数小时还没有可察觉的反应。当略为升高温度到 173K 时，反应物即由白色变为紫色，随着氧气的逸出又变为白色。然后在 195K 时抽真空除去氧和氙(无 BF_3)，剩下一种白色固体。经化学分析其组成为 F_3XeB，而不是 $XeBF_4$。推测其反应式为：

$$Xe+O_2BF_4 \longrightarrow FXe—BF_2+\cdot O_2F$$

$$2\cdot O_2F \longrightarrow F_2+2O_2$$

$$2\cdot O_2F \rightleftharpoons O_4F_2 \longrightarrow O_2F_2+O_2$$

$$O_2F_2 \longrightarrow O_2+F_2$$

O_2BF_4中的·OF_2自由基被氙置换出来，·OF_2最终分解为氙和氧。

F_3XeB的热稳定性很差，当加热到243K时就分解成等分子的氙和三氟化硼。那么用氙和BF_3可否直接化合成F_3XeB呢？

氙和BF_3在非激发态下不反应。于是又将Xe和BF_3用高能辐射源激发，也不发生反应。但往混合物中加入1—2%的氟，在辐照下即生成大量的F_3XeB和少量的XeF_2。这可能是在氟的作用下，生成了自由基·XeF，促进了F_3XeB的生成。至于XeF_2仅同BF_3生成加合物$XeF_2 \cdot BF_3$，不能生成F_3XeB。

这个化合物的红外光谱表明不含BF_4^-基团，排除了有$XeBF_4$的可能性。根据红外和Raman光谱中的振动光谱推测它的结构是$FXe—BF_2$，Xe—B之间的键是共价键。这个化合物绝不是$Xe—BF_3$，也不是加合物$XeF_2 \cdot BF_3$。

参考文献

[1] 冯光熙、黄祥玉，《稀有气体化学》，科学出版社(1981).

[2] C. A. Cook(ed)，"Argon, Helium and the Noble Gases", Interscience(1961).

[3] L. Pauling, Science,134,15(1961)

[4] 黄祥玉、冯光熙，化学世界，20,103(1966).

[5] N. Bartlett, Proc. Chem. Soc.,1962, 218.

[6] J. C. Bailar Jr. (ed.),"Comprehensive Inorganic Chemistry". Pergamon Press, Vol. 1(1973).

[7] U. S. Pat.,3,326,638(1967);3,377,136(1968);Brit. Pat.,1,056,657(1967).

[8] M. Eisenberg, D. D. Des Marteau, J. Amer. Chem. Soc.,92,4759(1970).

[9] D. D. Des Marteau, M. Eisenberg, Inorg. Chem.,11,2641(1971).

[10] H. F. Holtzclaw, Jr,(ed.),"Inorganic Syntheses". McGraw-Hill, vol. Ⅷ,260(1966)，中译本《无机合成》第八卷，科学出版社(1977).

[11] 申泮文，《惰性气体化学的十年》，山西大学(1973).

[12] R. C. Burns, I. D. MacLeod, T. A. O'Donnell, T. E. Peel, K. A. Phillips, A. B. Waugh, J. Inorg. Nucl. Chem.,39,1737(1977).

[13] Henry F. Holtzclaw, Jr.,(ed.),"Inorganic Syntheses", McGraw-Hill, vol Ⅷ. 258(1966)，中译本同[10].

[14] И. И. Малетииа. В. В. Орда, Н. Н. Алейников, Б. Л. Корсунский, Л. М. Ягупольский, Ж. Орс. Хцм.,12,1371(1976).

[15] N. Bartlett, R. D. Burbank, J. Chem.,Soc.-Chem. Commun.,1968. 645.

[16] H. Selig, M. Rabinovitz, Israel Agranat, Chun-Hsu Lin, J. Amer. Chem. Soc.,98,1601(1976).

[17] T. Ogrin, M. Bohinic, Inst. Josef Stefan Report-614(1972);C. A.,79,No. 24036(1973).

[18] M. Weschberg, P. A. Bulliner, F. O. Sladky, R. Mews, N. Bartlett, Inorg. Chem., 11, 3063(1972).

[19] P. A. G. O'Hare, G. K. Johnson, E. V. Appelman.,ibid.,9,332(1970).

[20] R. J. Gillespie,"Noble-Gas Compounds", Univ. of Chicago Press. 333(1963).

[21] E. Jacob. R. Opferkuch, Angew. Chem.,International Ed.,15. 158(1976).

[22] N. Bartlett, Endevour,31,107(1972).

[23] R. J. Gillespie, B. Landa, Inorg. Chem. ,12,1383(1973).
[24] R. J. Gillespie, B. Landa, G. Schrobilgen, Chem. Commun. 1971. 1543.
[25] R. Kern, G. Lealay, J. Phys. (Paris), 1977(4):155;88,No. 55357(1978).
[26] C. T. Goetschel,K. R. Loos, J. Amer. Chem. Soc. ,94,3018(1972).

1.4 其他稀有气体化合物[1]

4.1 包 合 物*

4.2 氪的化合物

自合成氙的化合物以后，人们自然就联想到如何合成氪化合物的问题。当用加热法和紫外光辐照法首次合成氟化氙以后，立即用同样的方法试图合成氟化氪，但没有成功。Bartlett 也摹仿他制备 $XePtF_6$ 的方法，将 PtF_6 或 RhF_6 的蒸气同氪混合，也未能得到相应的氪化合物 $KrPtF_6$。

后来采用适合于制备热不稳定化合物（如 O_3F_2，O_4F_2）的放电法，才首次制成了氟化氪，所用的仪器装置如图 1.27 所示。反应器的容积约为 650cm^3，铜电极表

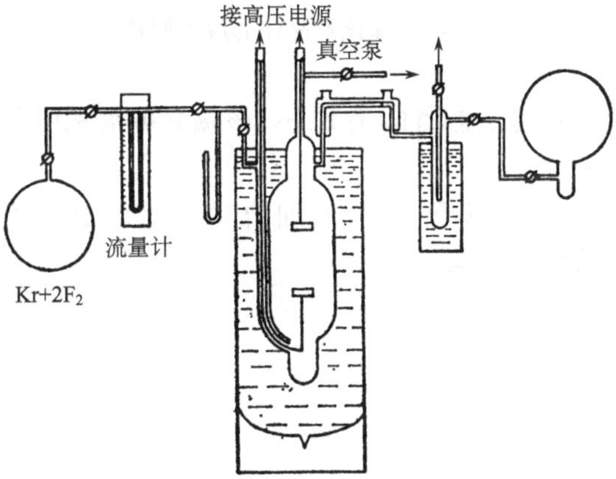

图 1.27　放电法合成氟化氪的装置

面的直径为 2cm，相距 7cm。反应器放在温度为 84—86K 的冷冻槽中。将 1 体积的氪和 2 体积的氟通入，压力为 7—12torr. 相应于标准情况下 500cm^3 的气体混合物，在电压为 700—2200V 和电流为 24—37mA 的条件下放电 4 小时，得到 1.15g 的固体物质，放大后的照片见图 1.28. 根据产物所消耗的氪和氟的量，以及对产物的热分析，肯定它是氟化氪。关于它的组成，最初误定为 KrF_4，随后经重复

---

* 参阅本专题 3.2 包合物部分。

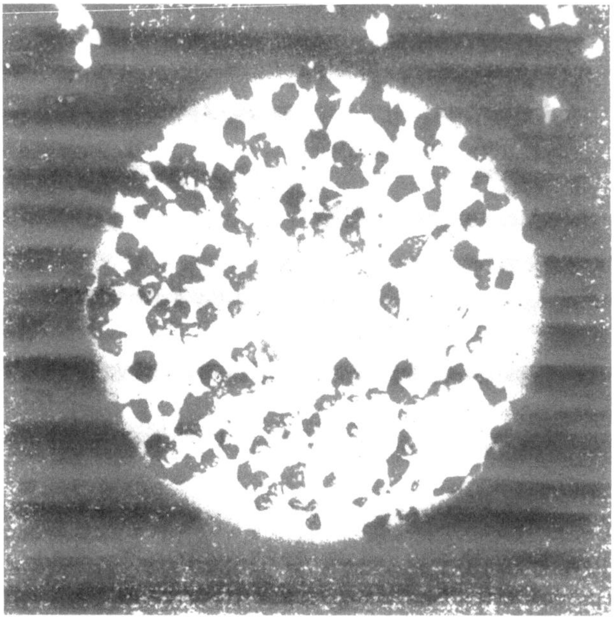

图 1.28 氟化氪晶体的放大照片

实验和鉴定,发现用上述方法制备的是 KrF_2;核磁共振谱和电子衍射实验,也都证实产物是 KrF_2。

氪的化合物至今只有 KrF_2 和它的加合物。氪的其他化合物(如 KrO_3,$BaKrO_4$)等,尚未最后肯定下来。

4.2.1 二氟化氪

1. 制备

(1) 底质析离法

KrF_2的热稳定较差,它的合成经历了许多困难。为了证实它的存在,采用适合于制备不稳定化合物的底质析离法,制成很少量的 KrF_2,仅供红外光谱鉴定之用。这里所谓的底质析离法,是选定一种化学钝性物质作为底质,同反应物混合,在很低的温度下用汞灯照射。KrF_2的合成是以氩为底质,将反应物氪和氟同它混合,反应物同底质的 m mol 比为 F_2:Kr:Ar=1:70:200,在 20K 时用聚焦的中压汞灯辐照 3 小时,立即测定红外光谱,得到两个吸收带。最强的一个在 $580cm^{-1}$处;另一个在 $236cm^{-1}$处。确证生成了二氟化氪。

(2) 高能辐射法

底质析离法制得的 KrF_2太少,只能供红外光谱鉴定之用。首次制得可称量的

KrF_2，是在－150℃时用能量为1.5MeV的电子流照射氪和氟的混合物，得到一种白色晶体。如果改用能量为10MeV的质子流，在－60℃时辐照氪和氟的气体混合物达1小时，可得到约1g的二氟化氪。

(3) 放电合成法

除前述的首次合成氟化氪的放电合成法外，另一组工作者在低温(－183℃)、低压(约20 torr)下，用放电法将氪和氟也合成为KrF_2。这个方法很简单，但产率不高。由于单质氟有剧毒性，操作不安全，因而改用含氟化合物(如CF_2Cl_2)，在高频放电下同氪反应，也制成了KrF_2。如果反应过程采用循环法，产率可显著提高。据测定，在某特定放电合成的情况下，电能的最大产额为50mgKrF_2/W·hr。

(4) 光化学合成法

在1962年Weeks等在－60℃时用紫外光照射氪和氟的混合物，没有得到氟化氪。在1966年Streng将氪和氟(或F_2O)按1:1装入一只硬质玻璃容器中，在常温常压下，用日光照射5个星期，也没有生成氟化氪。这样一来，光化学法制备二氟化氪就被搁置下来。到1975年南斯拉夫的一组研究人员将反应温度降低到－196℃，在一只100ml的硬质玻璃反应器内，用紫外光照射氪和氟的混合液体48小时，确证获得了4.7g的KrF_2。实验证明温度对反应有很显著的影响。温度稍高时就不能合成得到KrF_2。例如在－78℃时，氪和氟的混合物在紫外光(2000—4700Å)的照射下不能生成氟化氪。这也就说明了早期用光化学法合成氟化氪为什么失败，因早期合成时的温度为－60℃和室温，高于－78℃，所以不能生成二氟化氪。

光化学法合成KrF_2的机理，首先是分子氟受激发分解为原子氟，原子氟再同氪生成KrF自由基，然后KrF同KrF或氟原子碰撞生成KrF_2。因而光源的波长对量子产额(KrF_2的产量/W·hr时)有很大的影响。例如当辐射光波长为3100Å时的量子产额最大，因为氟分子的吸收带恰好在2500—3000Å区间，有利于氟分子受激发分解为原子氟。体系中的杂质对量子产额的影响也很大，例如Kr(s)-F_2(g)体系中，如含氧10%—15%，则量子产额降低1—2倍；氙的影响更大，当体系中含氙5%时，实际上不能生成可察觉的KrF_2，这时主要生成了XeF_2。加入BF_3时可使量子产额增加一倍，这可能是BF_3同KrF自由基反应，生成了$KrBF_4$，有利于KrF的稳定和不致分解；另一方面，BF_3同KrF_2结合为$KrF_2 \cdot BF_3$，可免于KrF_2的光化分解。

2. 性质

(1) 物理性质

KrF_2的主要物理性质见表1.43。KrF_2的分子构型和晶体结构都同XeF_2相似。值得注意的是，KrF_2的f_{rr}(对称伸缩力常数)为负值。同XeF_2的f_{rr}相比较

(XeF_2的 f_{rr}值为 0.13m dyne/Å)显得很特殊。这可能是由于 Kr 的电离电势和 KrF_2分子中氟原子上净电荷的影响，使非键结构成分增大，所以 f_{rr}为负值。还有人认为这是由于缺乏 Fermi 共振所致。

表 1.43 KrF_2的主要物理性质[2]

无色固体，具有挥发性。				
蒸气压(torr)为：1.5(−40℃)；10±1(−10℃)；29±2(0℃)；73±3(15℃)				
热力学数据				
$\Delta H^\circ_{f,g,298.15k}$	14.4±0.8kcal/mol			
平均热化学键能	11.7kcal/mol			
ΔH_5	～9.9kcal/mol			
溶解度				
1000g 的无水氟化氢，约溶解 16mol 的 KrF_2(20℃)				
红外及 Raman 光谱数据				
红外(cm^{-1})	232.65 580；596(最强)1032(中强)			
Raman(cm^{-1})	449(g)			
	462.3(s)			
	v_2	v_1	v_3	v_1+v_3
基本谱带(cm^{-1})	232.6	449	588	
力常数(m dyne/Å)	f_{r},2.46 f_{rr},−0.20 f_{a},0.21			
分子构型线状分子，$D_{\infty h}$对称。Kr—F 键长 1.889±0.01Å				
晶体结构				
四方晶系。晶胞常数 $a=6.533$，$c=5.831$Å；$V=248.9$Å^3；$Z=4$；$D_{计算}=3.24g/cm^3$				

(2) 化学性质

KrF_2在室温下可自发分解为氪和氟，在 93℃时的分解速度很快。它仅在低于−30℃时才是稳定的，在干冰温度(−78℃)下可以长期贮放。它的热解机理为自由基链式反应，分解出原子氟和自由基 KrF，所以 KrF_2可以作为产生原子氟和 KrF 的中间体。值得特别注意的是，KrF_2的生成热为正值(14.4kcal/mol)，即吸热反应。至今所知由单质氟合成的各种氟化合物中，KrF_2是唯一通过吸热反应而生成的。这一点具有极为重要的意义，它意味着 KrF_2是一种氧化能力比单质氟更强的物质。甚至在测定它的红外光谱时，它将吸收槽的 AgCl 中的 Cl^- 氧化为 ClF_3和 ClF_5，说明它是一种异常强烈的氧化剂。它的氟化-氧化能力超过了氟化氙、卤素氟化物和氟氧化物。KrF_2可顺利地将 PrF_3(在 CeF_3同时存在下)氟化成 PrF_4，产率为 56%；对于 Pr_6O_{11}则可以 100%地氟化为 PrF_4. KrF_2的加合物也具有极强的氟化-氧化本领。

KrF_2能溶于无水氟化氢中，在 0℃时在 HF 介质中测得它的核磁共振谱，化学屏蔽值为 3.62—3.74×10^{-4}；计算值为 3.56×10^{-4}。实验值和计算值相符，这说明 KrF_2 中两个氟原子是对等的。还发现 KrF_2 中的 F 不会同溶剂 HF 中的 F 发生交换。

XeF_2 只在碱性溶液中水解，在酸性溶液中尚稳定，可保持一定时间不发生变化；KrF_2 则不同，它无论在碱性或酸性溶液中都迅速水解，水解产物是氪和氟，放射分析证明，$^{85}KrF_2$ 水解后，溶液中没有放射性的 ^{85}Kr，因而证明在溶液中没有留下任何氪化合物。

4.2.2 二氟化氪的加合物

二氟化氪的加合物种类繁多，但加合配体基本上都是氟化物。KrF_2 在 −20℃时同 SbF_5 生成加合物，它的组成为 $KrF_2 \cdot 2SbF_5$（白色固体），这个加合物比 KrF_2 稳定得多，蒸气压也比二氟化氪的低。它的熔点约为 50℃，熔化后的液体很快分解为氪、氟和 SbF_5。KrF_2 在 BrF_5 溶剂内，在 −40℃时同固体的 $BrF_4^+ Sb_2F_{11}^-$ 发生反应，生成另一种加合物 $2KrF_2 \cdot SbF_5$，这个加合物在 −30℃时抽真空即分解为在室温下稳定的 $KrF_2 \cdot SbF_5$。

将 KrF_2 和 XeF_6 溶解在 20℃的 BrF_5 中，生成无色固体 $KrF_2 \cdot XeF_6$，熔点 41℃。当 KrF_2、XeF_6 和 SbF_5 按1∶1∶1加入到 0℃的 BrF_5 中，仅得到 $XeF_6 \cdot SbF_5$，KrF_2 不进入加合物。可以认为 KrF_2 本来同 SbF_5 生成了加合物，但 KrF_2 被 XeF_6 所取代，因为 KrF_2 给出氟离子的能力弱于 XeF_6，并也弱于 XeF_2。给出氟离子能力的次序为 $XeF_6 > XeF_2 > KrF_2 > XeF_4$. KrF_2 生成加合物的机理与 XeF_2 相同，也是 F^- 离子的给予体。KrF_2 同 SbF_5 作用时，将 F^- 给予 SbF_5，因而 $KrF_2 \cdot SbF_5$ 实际上是 $KrF^+ \cdot Sb_2F_{11}^-$ 类型的盐。测定它的红外光谱，得出 KrF^+ 中 Kr—F 键的伸缩振动频率为 626cm^{-1}，这同理论计算值很吻合。用同样的方法可以证明 $KrF_2 \cdot SbF_5$ 的结构为 $KrF^+ \cdot SbF_6^-$。可见加合物的形成，是由于 F^- 离子的给予和转移，KrF_2 给予 F^- 离子的能力弱于 XeF_6，所以 XeF_6 可以从加合物中取代 KrF_2。

KrF_2 的加合物还很多。KrF_2 在无水氟化氢或 BrF_5 溶剂中可以同各种加合配体生成 $KrF_2 \cdot TaF_5$、$KrF_2 \cdot 2TaF_5$、$KrF_2 \cdot 2NbF_5$、$2KrF_2 \cdot SnF_4$、$2KrF_2 \cdot TiF_4$ 等加合物。这些加合物在非水溶剂中的稳定性还不如它们的固体状态的稳定性。KrF_2 同 VF_5 生成一种含 $KrF_2 \cdot VF_5$ 的无色液体。KrF_2 同氟化金生成 $KrF^+ \cdot AuF_6^-$。KrF_2 同 PtF_5 在 0℃下生成 $KrF_2 \cdot PtF_5$。AsF_5 也能同 KrF_2 生成加合物。核磁共振谱和 Raman 光谱证实，这类化合物除 $KrF^+ MF_6^-$（M＝As，Sb，Pt）和 $Kr_2F_3^+ MF_6^-$（M＝As，Sb）以外，还有一种更复杂的加合物 $Kr_2F_3^+ MF_6^- \cdot nKrF_2$（M＝As，Sb）。

$Kr_2F_3^+$ 或 KrF^+ 都是极强的氧化剂，它们可将 BrF_5 氧化为 BrF_6^+（BrF_6^+ 又可将 O_2 氧化为 O_2^+），还可以将 Xe 氧化为 XeF^+。$Kr_2F_3^+$ 和 KrF^+ 的强氧化性是由于它

们的电子亲和力很强。$KrF^+ \cdot Sb_2F_{11}^-$不仅可以将 IF_5氧化成为 IF_6^+，而且还能氧化 $XeOF_4$。早期曾认为这类加合物可将 $XeOF_4$氧化为 $XeOF_5^+$

$$XeOF_4 + KrF^+ \cdot Sb_2F_{11}^- \longrightarrow XeOF_5^+ \cdot Sb_2F_{11}^- + Kr$$

后来经过复核，实际上是生成了 XeF_5^+ 和 O_2^+ 的盐。$KrF \cdot Sb_2F_{11}$在微酸性或碱性溶液中水解，除生成氪和氧外，还生成了少量的 FO。

4.2.3 氪的其他化合物

将初期合成的“KrF_4”(实际上是 KrF_2)在－30—0℃时缓慢地水解，所得到的溶液有一定的氧化性，在酸性溶液中可以将 I^- 转化成 I_2，经分析在溶液中生成了2%—3%的氪酸($KrO_3 \cdot \chi H_2O$)。若令“KrF_4”在 0.35NBa$(OH)_2$溶液中在 0—5℃时水解，据称生成了白色晶体“氪酸钡”，产率为 7%。这些实验结果是不可信的，因 KrF_4本身是否存在都不肯定，所以氪酸和氪酸盐存在的真实性很令人怀疑。

氪同电负性很强的氟生成了二氟化氪。氪能否同电负性稍低于氟的氧结合成为氧化氪呢？这个问题引起了人们的关注。本来在很早以前就制得了氪同氢醌(HQ)的包合物 Kr-HQ，这个包合物在常温常压下是稳定的，放置四年之久也没有明显的氪分解出来。因此可以认为生成这种包合物的活化能较高，怀疑包合物 Kr-HQ 中可能存在 Kr—O 键。Kr-HQ 在 80K 时的 Mössbauer 谱证明其中果然有 Kr—O 键的存在。虽然至今还未制成氧化氪。曾有人设想通过放射性化合物的衰变来探索氧化氪是否存在。于是用含有^{83}Br 的溴酸盐为母体，试图通过它的β衰变，使它变为 KrO_3。预料这个衰变过程如下：

$$[^{83}BrO_3]^- \xrightarrow{\beta} [^{83m}KrO_3]^* \longrightarrow \begin{cases} ^{83m}KrO_3 \\ ^{83m}Kr \end{cases}$$

^{83m}Kr 是^{83}Kr 的同质异能素，它比基态^{83}Kr 的能量高。但实验结果并不是这样，用放射性示踪法和 Mössbauer 谱仪测定 $K^{83}BrO_3$的衰变产物，都没有证实有 KrO_3存在。后来用含有^{83}Se 的 SeO_2和$(NH_4)_2SeO_2$ 为母体，通过^{83}Se 的β衰变为^{83}Kr ($^{83}Se \longrightarrow ^{83}Br \longrightarrow ^{83}Kr$)，然后用 Mössbauer 谱仪测定衰变产物，在$^{83}SeO_2$的衰变产物中确证有 Kr—O 键存在。这说明氧化氪是有可能存在的。问题是还没有找到合成氧化氪的途径。

4.3 氡的化合物

氡是稀有气体中原子序数最大的元素，它的第一电离电势最低，仅为10.69eV，按理应该容易生成化合物。由于氡的所有同位素都具有很强的放射性，即使是微克级的氡,放射性也相当强,这就给实验工作带来困难;另一方面,由于氡的半衰期较短,半衰期最长的^{222}Rn 也只有 3.8 天,氡原子核本身很不稳定,很快就衰变为其他物质,这就更增加了研究氡化合物性质时的难度。判断氡是否生成了化合物,主要是根据单质氡和氡化合物挥发性的差异。单质氡的挥发性较大,而氡化合物的挥发性很小。一般在干冰温度(−78℃)下进行真空蒸馏,如氡已转变为化合物,则不能被蒸馏出来,这样可以判定氡是否已生成了化合物。

氡的分析测定是利用氡及其衰变体系自身的放射性,用放射性探测仪来加以测定。^{222}Rn 发生的 α 粒子不容易穿透重金属容器的器壁,故无法直接测定。通常都是测定氡衰变时的子体^{214}Bi 放出的 γ 射线(能量为 1.8MeV),γ 射线的贯穿能力很强,可用计数管在容器的壁外探测,判定氡是否已被蒸馏出来。

4.3.1 氟化氡

首次合成痕量氟化氡的实验装置如图 1.29 所示,令从氯从镭水溶液上面搜集的氡气(^{222}Rn)通过一支盛有高氯酸镁的干燥管(这些装置在图 1.29 未绘出),然后进入一只预先用氟处理过的贮气瓶 A,氡贮气瓶同一套金属真空系统相连。氡气由贮气瓶进入温度为−195℃的冷阱(B)经冷冻后,升温到−78℃,再抽入镍反应器(E)中。将压力为 300torr 的氟也抽入反应器(E)中。这时将反应器加热到 400℃达 30 分钟,使氡和氟化合。然后将反应器(E)冷冻到−78℃,通过冷阱(G)抽去未反应的氟。反应器(E)中的氡经与氟共热后,挥发性显著降低。缓慢加热反应器 E 至 150℃并抽真空(10^{-5}—10^{-6} torr),氡仍保留在反应器内,这说明已生成了氟化氡。再将反应器加热至 230—250℃,一部分氟化氡才逸出,凝聚在温度约为 100℃的气阀处。

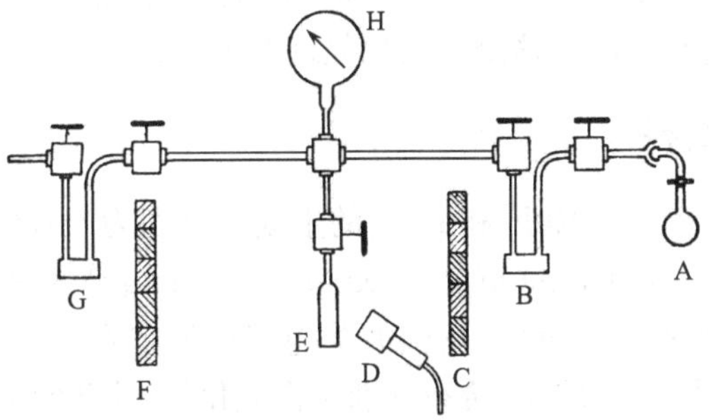

图 1.29 加热法合成氟化氡的装置

A. 氡贮气瓶; C,F. 铅砖; B,G. 冷凝阱;
E. 反应容器; D. γ 射线计数管; H. 气压表

若将氟的用量增大 100 倍，压力增高到 100 大气压，只需加热到 300℃，氡和氟就可以发生反应。关于氟化氡的组成，根据在同样条件下，氙和氟生成了 XeF_6，所以推测在这样条件下氡和氟也生成了 RnF_6。

如上所述，氡和单质氟需在加热下才能生成氟化氡。但氡同某些含氟化合物在低温或室温下就可以生成氟化氡。例如在室温下，氡可被液态的 BrF_3、BrF_5 或 ClF_3 氧化，生成不挥发的氟化氡。蒸干后得到固体产物，这个产物水解时放出氡气。这个固体据认为可能是 RnF_2，因它同 XeF_2、XeF_4 或 $XeF^+Sb_5F_{11}^-$ 共沉淀时仅进入 XeF_2^- 和 $XeF^+Sb_5F_{11}$ 的晶格中而不同 XeF_4 共沉淀，这说明氟化氡中氡的氧化数为+2。

在室温下氡可以被氟化氙或氟化氪氟化，生成氟化氡。不过，氡同这些物质作用时，构成反应容器的材料对氟化氡的挥发性有较大的影响。例如分别在聚三氟氯乙烯、透明石英或金属容器中得到的氟化氡在挥发性上是有差别的，不同容器中产物的挥发性顺序是三氟氯乙烯>透明石英>金属，即金属容器中制备的氟化氡的挥发性最小。

氡在低温下可以同某些氟化剂生成氟化氡。例如令氡气同液态氟和固态 ClF_3 在−195℃时反应，可获得不挥发性的氟化氡；氡在−160℃到−40℃的低温下可以被 O_2F_2 氟化为氟化氡，经 X 射线分析，确定产物除了 RnF_2 外，还有微量的 RnF_4。

若不考虑氡气的蜕变，则氟化氡的稳定性相对很高，比氟化氙稳定得多。XeF_2、XeF_4 和 XeF_6 被氢还原的温度分别为 400℃、130℃和室温，而氟化氡要在 500℃时才能被氢还原为单质氡。

氟化氡在酸性或碱性溶液中均能水解并放出全部的氡气，在溶液中不留下任何氡化合物。即使在 XeF_6 水解时形成 XeO_3 溶液或高氙酸盐的那些条件下，溶液中也没有任何氡化合物存在，这是和氟化氙迥然不同的。

4.3.2 氡的其他化合物

根据理论计算，$RnCl_2$、RnF_2 和 RnF_4 的生成热分别为−7.6、−75 和−86kcal/mol。预料还应该有 RnO_3，$RnOF_4$，Na_4RnO_6，Ag_4RnO_6 等的存在。因而在制成氟化氡以后，人们试图采用一般放电、微波放电、紫外光辐照和加热等方法令氡同 Cl_2，Br_2，I_2，ICl，O_2 或 O_3 等反应，希望分别制得氯化氡、溴化氡和三氧化氡等，但都没有成功。据报道，将含有氯化镭的溶液用过硫酸钾、过氧化氢或高锰酸钾进行氧化，部分地生成了不挥发性的氡化合物。这个新的“氡化合物”不能被正己烷萃取，也不能被离子交换剂交换，它的性质同 XeO_3 相似，因而认为这个化合物可能是 RnO_3。随后其他工作者重复了上述实验，观察到用过硫酸钾等同氡反应后，生成的不挥发性氡，总是和同它处于平衡状态的母体镭共存，而且很容易用离心机分离开。这说明氡并没有真正受到氧化而生成氡化合物，而是由于母体镭同溶液中的固体悬浮物共沉淀时，氡被机械地俘集在固体物质中，以致氡既不能挥发出来，也不能被正己烷所萃取。于是就否定了制成 RnO_3 的报道。这同早先指出的氡在水溶液中不存在化合物的结果是相符的。

综上所述，至今已制成的氡化合物，实际上仅有氟化氡，而且对它的分析鉴定也不够充分，在质谱仪中未观察到氟化氡的粒子。这主要是由于氡原子核不稳定和它的强放射性，给实验工作带来很大的困难。不过氟化氡的制成是肯定的，不容置疑。

4.4 合成其他稀有气体化合物的可能性

到目前已经制成了数以百计的稀有气体化合物，但都仅限于原子序数较大的重稀有气体氪、氙和氡。对于原子序数较小的三种轻稀有气体氦、氖和氩则仍没有制成化合物。但从理论上预料有制成某些化合物的可能性，并且有人设想了制备的途径，现讨论如下。

4.4.1 氦化合物

Pimental 等根据 HeF_2 的电子排布同稳定的 HF_2^- 相似，提出了利用核转变制备 HeF_2 的三种方法。

1. *氚的 β 衰变法*

氚经过 β 衰变后应变成氦。这样，氚化合物经 β 衰变后，就有可能成为氦化合物。为了便于进行反应，首先通过氚和氢的同位素交换，将氚固定在 KHF_2 的固体晶格中。俘集在晶格中的 TF_2^- 发生核反应后，便会生成 HeF_2。

$$TF_2^- \longrightarrow HeF_2 + \beta^-$$

氚在衰变过程中的反冲能量，不致使新生成的二氟化氦断链。氚衰变的半衰期为 12.25 年，估计 10Ci 的氚，经 4—5 个月，仅能生成 10μmol 的 HeF_2。

2. *热中子辐照法*

用热中子辐照 LiF 来产生核反应

$${}_{3}^{6}Li + {}_{0}^{1}n \longrightarrow {}_{2}^{4}He + {}_{1}^{3}T$$

Li(n,α)反应后，生成的氦核同母体晶格中的 F^- 相结合而生成 HeF_2。

3. *直接用 α 粒子轰击固态氟来制备 HeF_2*

看来，这三种方法中，以第一种方法制成 HeF_2 的可能性最大，但至今还没有见到已制成的报告。Malm 等认为 HeF_2 和 HF_2^- 的电子排布虽然相似，但 HF_2^- 是 H^- 同两个 F 原子相作用而生成化合物，H^- 的电离势仅为 0.7eV，而氦的电离势高达 25eV，因此对 HeF_2 是否存在是值得怀疑的。

此外，在特定条件下可以观察到瞬间存在的氟化氦离子。例如将氦和氟、氦和 BF_3 或氦和 RuF_5 分别按 1∶1 的比例混合，在电磁分离器的作用下，可观察到较稳定的 $He_\chi F_y^+$。质谱分析证明，若用氦和氟的混合物作为离子源，可产生 HeF^+ 和 HeF_2^{2+} 离子；氦同 BF_3 能生成 HeF_2^+ 和 HeF^+. 而 He 同 RuF_5 仅生成 HeF_2^{2+}。

4.4.2 氖和氩的化合物

关于氖和氩能否生成化合物，同样作了许多理论上的推测。理论上预料氟化氖、氧化氖、氟化氩和氧化氩都应该是稳定的化合物，完全有制成的可能。有人根据周期表等ⅣB 族至ⅦB 族诸元素同氟(或氧)相结合的键能，外推出稀有气体同氟(或氧)相结合的键能。对比这些数据可以看出：Ar—F 键的稳定性同 Kr—F 键相似；Ar—O 键比 Kr—O 键还要稳定些。从热力学稳定性考虑，氟化氩和氧化氩分别与氟化氪和氧化氪相同。氩同氧反应和氪同氟反应的活化势垒大致相当。但它们相应化合物的分解机理有差别，所以氟化氩未制成功的原因，应从化学反应动力学方面来加以考虑。

从理论上不仅已证明 ArF^+ 有足够的稳定性，而且预料还可以合成 $ArFPtF_6$。Bartlett 认为制成 NL^+(N 代表稀有气体，L 代表卤素)的盐是很有希望的，并有可能合成 ArF^+ 的盐。制备 NL^+ 盐的主要困难在于：要合成 NL^+ 盐，首先要选择能同 NL^+ 相匹配的阴离子，这个阴离子要能够经受得起阳离子的强大电子亲和力。寻求这样的阴离子是还有待解决的问题。

根据稀有气体的电负性，氖似乎有可能生成 HNe^+、CF_3Ne^+、BF_3Ne^+ 等分子离子。也有人设想通过 ^{22}NaF 的 β^+ 衰变来得到氟化氖：

$$^{22}NaF \longrightarrow {}^{22}NeF + e_{+1}^{0}$$

参 考 文 献

[1] 冯光熙、黄祥玉，《稀有气体化学》，科学出版社(1981).

[2] J. C. Bailar, Jr. (ed.), "Comprehensive Inorganic Chemistry", Vol, 1, Pergamon, 248(1973).

1.5 稀有气体化合物中化学键的性质[1]

自从陆续制成稀有气体化合物以后，这些化合物中化学键的构成及其性质引起许多研究者的重视，对这些化合物的结构常数以及同化学键密切有关的特性进行了测定。在这些基础上提出了各种理论模型，借以探讨它们化学键的性质，然后根据实验结果检验这些理论模型是否适用。实验是一切化学键理论的依据和检验标准。必须强调的是，这方面的实验工作和理论工作还都正在发展之中，还都不够成熟，很多问题还没有定论。因此本文将对各个学派的工作都加以介绍和评价。

5.1 实验结果

5.1.1 分子的几何构型和晶体的性质

各种稀有气体化合物的几何构型和晶体性质，已经在讨论各别化合物的物理性质时提到过了，在这里不再加以重复。几何构型和晶体结构在探讨键的性质和检验理论模型是否正确具有重要的意义。例如 XeF_6 的几何构型经实验测定为变形的八面体；而根据简单分子轨道法计算，XeF_6 应为正八面体。在这一点上分子轨道法不能圆满地解释实验结果。

5.1.2 核磁共振谱

自制成稀有气体化合物以后，在核磁共振方面作了很多工作。测定了各种化合物的化学位移和偶合常数，部分数据见表 1.44。根据化学位移数据，可以计算出这些化合物中各原子核周围的电荷分布值 q_F、q_{Xe}、q_{kr}，及氙在这些化合物中的表观电负性。根据这些数据，可以判断在这些化合物中的键是具有一定离子键性质的，属于极性共价键。XeF_2 和 XeF_4 中氟原子上分布的负电荷大于 0.5，这就意味着氙的 $5p$ 轨道和两个氟原子的 $2p$ 轨道按 $p\sigma$ 方式沿一条直线成键。另一方面从偶合常数可推测出氙的 $5s$ 也同氟的 $2p$ 轨道参与了成键，只是贡献很小而已。从表 1.44 还可以看出，化学位移值 $\sigma_{F(XeF_2)} > \sigma_{F(XeF_4)} > \sigma_{F(XeF_6)}$；$\sigma_{Xe(XeF_4)} > \sigma_{Xe(XeF_2)}$。这就证明随着氙的氧化数升高，氙往氟原子上转移电荷的倾向减小，这和氙的表观电负性也是一致的。

表 1.44 稀有气体化合物的核磁共振数据

化合物	化学位移 $\sigma\times10^6$		偶合常数 (Hz)	根据实验结果计算出来的电荷分布及电负性		
	σ_F(对于液体 HF 或 F_2)	σ_{Xe}(对于原子 Xe)		q_F	q_{Xe}	χ_{Xe}
XeF_2	629	−3930	J_{Xe-F} 5690	−0.7	+1.4	2.65
XeF_4	450	−3785	J_{Xe-F} 5894	−0.55	+2.2	2.85
XeF_6	310	—	—	−0.4	+2.4	3.05
KrF_2	374	—	—	—	—	—
$XeOF_4$	317	—	$J_{Xe-^{17}O}$ 692	−0.4	—	3.05

5.1.3 电子顺磁共振谱

用 γ 射线辐照 XeF_4，在 XeF_4 晶格中可捕集到 XeF 自由基，测定其电子顺磁共振谱，确定了单电子轨道的性质。将超精细结构分为两个分量：各向同性分量 $A_F=1243$MHz，$A_{Xe}=1065$MHz. 各向异性分量 $B_F=703$MHz，$B_{Xe}=382$MHz。各向同性分量可表征成单电子在该原子核上的自旋密度

$$A_F=\frac{8\pi g\beta\gamma}{3h}|U_{F2s}(o)|^2C_{F2s}^2=47,000C_{F2s}^2\text{MHz}$$

$$A_{Xe}=\frac{8\pi g\beta\gamma}{3h}|U_{Xe5s}(o)|^2C_{Xe5s}^2=33,030C_{Xe5s}^2\text{MHz}$$

β 是波尔磁子，γ 是原子核的旋磁比，C_{F2s}^2 和 C_{Xe5s}^2 是 F(2s) 和 Xe(5s) 在未偶合的分子轨道上的分布，$|U(o)|^2$ 是原子自旋密度。解出 $C_{F2s}^2=0.026$ 和 $C_{Xe5s}^2=0.049$，并求出各向异性分量的 $C_{Xe5p}^2=0.36$ 和 $C_{F2p}^2=0.47$。根据这些结果可以判断 XeF 自由基中的单电子占据在主要是由 $F_{2p\sigma}$ 和 $Xe_{5p\sigma}$ 所组成的反键道轨中。

$$\sigma=\alpha(F_{2p\sigma})-b(Xe_{5p\sigma})\quad a^2/b^2\sim1.3$$

这就肯定了单电子所占轨道的 s^- 含量是很小的，这个结论同核磁共振谱的结果是一致的。

5.1.4 Mössbauer 谱

Mössbauer 效应是 1958 年底才发表的。现已卓有成效地用于各门科学，在化学研究中也得到应用，它是研究化学键的有力工具。稀有气体化合物合成以后，用 Mössbauer 谱仪测定氙化合物基态的电荷分布(见表 1.25)，表明氙原子上的电荷往氟原子转移，具有一定的离子键性质。

用 ^{129}NaI 作放射源，测定了另外几种氙化合物的 Mössbauer 谱。$Na_4XeO_6\cdot H_2O$、氙-对苯二酚包合物只有在速度(放射源和吸收体作相对运动，以 mm/sec 表示)接近于零时才发生吸收，即没有四极分裂；而 XeF_2 和 XeF_4 的吸收谱在 0℃时有

较大的位移，说明有较大的四极分裂，对这两个化合物都没有观察到质异能位移。根据这些实验结果可以断定氙-对苯二酚包合物靠色散力而相结合的，而高氙酸根是立方系晶体，所以没有四极分裂。此外还观察到 XeO_4 也没有四极分裂，这说明 XeO_4 也可能是立方系晶体，XeO_3 的四极分裂为 11.6±0.6mm/sec，经计算可知从氙的 $5P$ 轨道有约 50%的电荷转移到氧原子上去了。

5.1.5 升华热和其他数据

氟化氙的升华热很高，以 kcal/mol 计：$XeF_2=12.3$、$XeF_4=15.3$、$XeF_6=10.6$。按稀有气体的色散能和排斥力对升华热的贡献仅约为 2kcal/mol。而氟化氙的升华热如此之高，很显然其主要贡献系来自氟化氙的静电稳定能。固体的静电稳定能

$$\Delta H_{\text{sub}}^{\text{electro}}=45.2q_{\text{F}}^2$$

根据分子轨道法半经验处理的计算，XeF_2 中的 $q_{\text{F}}=-0.5$，代入上式

$$\Delta H_{\text{sub}}^{\text{electro}}=45.2\times(-0.5)^2=11.31\text{kcal/mol}$$

再加上色散能和排斥力的贡献

$$\Delta H_{\text{sub计算}}=13.31\text{kcal/mol}$$

和实验值 12.3±0.2kcal/mol 相近。

此外还测定和计算过它们的其他热数据。也测定过氟化氙的磁化率和偶极矩。例如 XeF_4 的磁化率为 -50×10^6 e.m.u./mol(300℃)，说明它是抗磁性物质。

5.2 理论解释

在掌握了稀有气体化合物的性质，尤其是同分子结构密切有关的数据以后，根据这些实验结果，可以从理论上阐明它们化学键的性质。鉴于目前只有氟化氙的数据积累得较多，而氙、氟二元化合物又比较简单，容易从理论上处理和计算，所以目前在讨论稀有气体化合物的化学键时，多以氟化氙为例，并用已有的各种理论模型来处理获得了一些结果，现选择一些重要的讨论如下。

5.2.1 杂化模型

SF_6 和 XeF_4 是等电子体，为了解释 XeF_4 的几何构型是平面正方形，借用了 SF_6 的 sp^3d^2 杂化模型。即氙原子提供外层全部的 8 个价电子，而每一个氟原子提供一个电子，总共 12 个价电子，形成 6 个电子对，其中四对在平面成键，另两对为孤电子对。根据 Sidgwick 等的价电子对互斥理论，孤对电子应占据在直立对称轴的两端，它们之间的距离应保持最远。按上述解释虽然同 XeF_4 几何形状的实验结果相符合，但又产生了新的矛盾，和另外的实验结果不一致。主要是杂化时所需的

激发能太高,假定采取最简单的 pd 杂化,即 $5s^2 5p^6 \rightarrow 5s^2 5p^5 5d^1$,以 $p_z \pm dz^2$ 方式,可以满足沿同轴重合,但由 $5p$ 激发到 $5d$ 需要的能量高达 10eV,生成 XeF_4 分子所产生的能量不足以补偿这份激发能;如果采取 sp^3d^2 杂化方式,则需要激发两个电子到 d 轨道,消耗的能量更大。所以这两种杂化方式应该都是不能实现的。即使这样的杂化可以实现,也只能适用于说明 XeF_4 和 XeF_2;对 XeF_6 则无法解释。同 SF_6 相比较,由于硫原子在价层上仅有 6 个电子,同氟原子提供的 6 个电子配对,恰好得到满足,不存在类似 XeF_6 的困难。为了解释 XeF_6 存在的矛盾,也可以设想 F—Xe—F 系沿 z 轴以 $p_z \pm dz^2$ 而成键,另外的则以 $p_x \pm dx^2$ 沿 x 轴和 $p_y \pm dy^2$ 沿 y 轴而成键;但这样组成的 6 个杂化轨道也不完全正交,所需的能量太大,也是不可能实现的。

也可以考虑采取激发能量较低的 sp 对角线杂化,即氙原子中 $5s^2 5p^6 \rightarrow 5s^2 5p^5 6s$,激发能为 8.25eV。但这样的杂化又不能得到 4 个或 6 个等性的杂化轨道,只有耗能量较多的 sp^3d^2 杂化才有这种可能。所以无论用何种杂化方式都无法圆满地解释 XeF_6 的结构。可以认为,用杂化模型处理氟化氙中的化学键是不适合的。

5.2.2　相关效应模型

用分子轨道法处理分子结构时,要进行精确的计算,通常用 Hartree-Fock-Roothann 方程,即假定每个电子是独立地在分子中其他所有电子组成的平均场中运动,并未包括电子之间瞬时排斥所参与的贡献。根据量子力学中的相关效应,对于原子和分子体系,有两种相关,即径向相关和角度相关。非相对论总能量和 Hartree-Fock 近似法能量之差叫做“相关能”,每一电子对约为 1—2eV,Allen[2] 试图用这一概念来解释稀有气体化合物中键的本质,他认为反平行电子对之间的径向相关效应,可使稀有气体原子外层 p 轨道产生足够的能级分裂,使总能量降低约 1eV,从而有利于同氟原子的成单电子 p 轨道产生较大的重叠,所以容易成键。他十分强调相关效应的重要性,他甚至认为近 45 年来,稀有气体化合物的研究之所以失败,似乎应归因于没有采用相关效应。Michels[3] 支持 Allen 的学说,也作了一些计算工作。但他们从大量数值计算所得的结果,并不能本质地说明稀有气体化合物中成键的原因。Coulson[4] 和 Malm 等[5] 认为电子相关效应是存在的,但目前的计算结果缺乏物理意义,无助于阐明成键的本质。而且有矛盾,例如按照他们的计算结果,形成分子时的相关能似乎同组成分子的原子大小无关。如果是这样,就应该有更多稳定的稀有气体化合物存在,并且 XeI_4 等也应该是稳定的,这同实验结果是不相符的。

5.2.3　分子轨道法

迄今已用分子轨道法对氟化氙进行过大量的处理和计算工作。为了便于了解

所得到的结果,现将处理和计算的过程扼要地加以说明。当用 LCAO(原子轨道的线性组合)法处理,分子轨道波函数如下:

$$\varphi_r = \sum_i C_{ri}\mu_i$$

μ_i是原子轨道波函数,C_{ri}表示适当的系数,这些系数能满足以下方程组

$$(\alpha_i - E_r)C_{ri} + \sum_{j\neq i}(\beta_{ij} - E_r S_{ij})C_{rj} = 0$$

$$\alpha_i = \int \mu_i h \mu_i d\tau$$

$$\beta_{ij} = \int \mu_i h \mu_j d\tau$$

$$S_{ij} = \int \mu_i \mu_j d\tau$$

α_i是 Coulomb 积分,大约相当于以原子轨道 μ_i所规定的状态而运动的电子的能量;β_{ij}为相应于原子核 i、j 的交换积分,是电子运动于原子核 i 与 j 间的键能;S_{ij}是重叠积分。

总的轨道能量为:

$$\varepsilon = \sum_r m_r E_r$$

m_r是排布在第 r 分子轨道上的电子数目,E_r近似地表示在该轨道上的电子电离时所需要的能量。当无限分离时,则原子的能量为:

$$I_\varepsilon = \sum_i m_i \alpha_i$$

m_i是处于基态原子中第 i 原子轨道排布的电子数目,如分子体系中共有 N 个键,则每个键的平均结合能为:

$$\Delta E = \frac{I_\varepsilon - \varepsilon}{N}$$

上式是用近似法导出的。实际上轨道能量的总和同用 Hartree 自洽势场法处理原子或分子体系的总能量是不相等的。主要是由于忽略了电子间的 Coulomb 排斥能 $\sum_{r>s} J_{rs}$和核间排斥能 V_{nn},如果将这两项也考虑进去,则上式应为:

$$\Delta E = \frac{1}{N}(I_\varepsilon - \varepsilon + \sum_{r>s} J_{rs} - V_{nn})$$

但后两项可以近似地互相抵消,从而得到了前式。

此外,从分子轨道波函数可以推测出分子中各原子核周围的电荷分布。考虑到原子轨道的非正交性,则 φ_r 的规一化条件应为:

$$\sum_{ij} S_{ij} C_{ri} C_{rj} = 1$$

重叠积分可以看作是由分子轨道系数所确定的空间中的度量张量的分量，考虑这些分量，即

$$d_{ri} = \sum_j S_{ij} C_{rj}$$

于是在 i 原子核周围的电荷为：

$$q_i = \sum_r m_r C_{ri} d_{ri}$$

下面汇列出根据这些公式进行数值计算的结果，并同各种实验数据进行了对比，借以判断这些理论模型是否符合实际。

1. Coulomb 积分

用分子轨道近似法计算出来的氟化氙的 Coulomb 积分值见表 1.45。Coulomb 积分可近似地当作原子的电离电势。根据分子轨道法成键基本条件之一的“能量近似条件”，原子轨道 ψ_a 和 ψ_b 的能量之差 $|E_a - E_b|$ 越小，ψ_a 和 ψ_b 才越能最有效地组成分子轨道，从表 1.46 可以看出 Xe(5p)同 F(2p)的能量近似，所以主要由 Xe(5p)同 F(2p)成键。这和电子顺磁共振与核磁共振的实验结果相吻合。

表 1.45 用分子轨道近似法计算氟化氙的 Coulomb 积分

原子轨道	Xe					F	
	6s	5d	5p	5s	4d	2p	2s
Coulomb 积分	−2.5	−2.0	−12.1	−23.0	−25.0	−17.4	−40.0[1]
(eV)			−15.0	−30.0	−25.0	−17.4	−31.4[2]

1) 见文献[6]。

2) 见文献[7]。

表 1.46 XeF_2 与 XeF_4 的重叠积分(用分子轨道法计算)[1]

积　分	R(a · u.)[2]	S(重叠积分)
$S(\mathrm{Xe}p\sigma_x, \mathrm{F}p\sigma 1_z)$	3.78	0.1675
$S(\mathrm{Xe}p\pi_z, \mathrm{F}p\pi 1_y)$	3.78	0.04696
$S(\mathrm{Xe}p\sigma 1_z, \mathrm{F}p\sigma 2_y)$	5.34	0.01157
$S(\mathrm{Xe}p\sigma 1_z, \mathrm{F}p\sigma 2_z)$	5.34	0.01771

1)关于相的命名见文献[8]之图 2。

2)R 是核间距离(原子单位)。

2. 重叠积分

重叠积分同交换积分成正比：

$$\beta(i,j) = K(i,j)S(i,j)$$

$K(i,j)$是比例参数,可按处理芳香族分子或过渡金属化合物的方法求出 K 的值,从而计算出 XeF_2和 XeF_4的重叠积分值(表 1.46)。根据分子轨道法中另一成键基本条件"电子云最大重叠条件",即电子云 ψ_a与 ψ_b的重叠程度在可能范围内越大越好。表 1.46 中的数据足以说明氟化氙主要是以 $p\sigma$ 轨道成键(重叠程度最大)。而 Xe 的 $5s$、$4d$、$6s$ 和 $5d$ 对成键的贡献都很微小。这和核磁共振实验的结果相吻合。这就意味着氙原子中的 $s-p\sigma$ 或 $d\sigma-p\sigma$ 型杂化在总重叠分布中的贡献可以忽略不计。

3. 分子中的电荷分布

Jornter 等人[8]用分子轨道法 ω 方法处理和计算所得的结果见表 1.47,氟原子上所带的负电荷量 q_F同核磁共振实验的结果相近。根据电荷的分布情况,可以认为氟化氙中的化学键具有一定的离子键性质,属于极性共价键。计算所得的结果还说明无论在成键轨道或反键轨道上的电荷转移,π 轨道都没有参与。

表 1.47 XeF_2和 XeF_4中氟原子上分布之负电荷

	q_F	
	XeF_2	XeF_4
分子轨道法计算值	0.629	0.491
实验值	0.70	0.55

4. 分子构型和键长

分子轨道法对 XeF_2和 XeF_4处理计算的部分结果见表 1.48。用简单分子轨道法处理,得知在 XeF_2中存在着三中心四电子键。Xe 有两个 $5p_x$ 电子,每个 F 原子有一个未成对的 $2p_x$电子,共有四个价电子。当形成三中心键时,两个电子在成键轨道中,另两个电子在非键轨道中(图 1.30),使能量有所降低,因此形成了 XeF_2分子。从表 1.48 可以看出,当只有用 $p\sigma$ 轨道计算时,键长的计算值才同实验值一致。这说明 Xe 原子中主要是 $5p$ 轨道参与成键。这和 XeF_2和 XeF_4的穆斯保尔数据(见表 1.25,XeF_2、XeF_4 中 $5p$ 电子的转移分别为 3.00 和 1.43)也很吻合。这样,分子轨道法计算的结果完全得到证实,在 XeF_4和 XeF_2中,Xe($5p$)同 F($2p$)以 $p\sigma$ 轨道成键。

表 1.48　XeF_2和 XeF_4的几何构型及键长

化合物	假定原子轨道的组合情况	对称性	键长(Å)		键能计算值(eV)
			计算值	实验值	
XeF_2	①$F_{2s,2p}$;$Xe_{5s,5p,5d}$ ②仅用 $p\sigma$ 轨道	D_{∞}(线状)	2.4 1.9	2.0	3.3 5.6
XeF_4	①$F_{2s,2p}$;$Xe_{5s,5p,5d}$ ②仅用 $p\sigma$ 轨道	D_{4h}(正方平面)	2.4 1.85	1.95	3.4 5.7

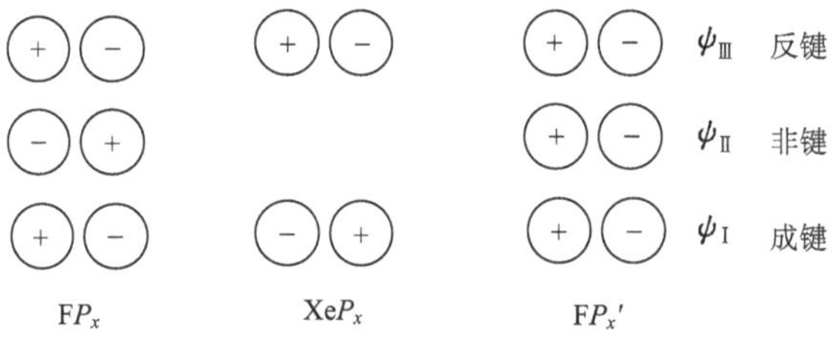

$$\mathrm{MO}\psi_{\mathrm{III}}=\phi_{\mathrm{F}}(2p_x)+\eta\phi_{\mathrm{Xe}}(5p_x)+\phi_{\mathrm{F'}}(2p_x)$$
$$\mathrm{MO}\psi_{\mathrm{II}}=\phi_{\mathrm{F}}(2p_x)-\phi_{\mathrm{F'}}(2p_x)$$
$$\mathrm{MO}\psi_{\mathrm{I}}=\phi_{\mathrm{F}}(2p_x)-\lambda\phi_{\mathrm{Xe}}(5p_x)+\phi_{\mathrm{F'}}(2p_x)$$

图 1.30　XeF_2的 $3c$—$4e$ 键示意图

三中心四电子键是在 1931 年在对 π 电子共轭体系和芳香族分子的研究中提出来的,1945—1950 年才用于 σ 电子体系(硼氢缺电子化合物),而现在又首次用于富电子的氟化氙,这就使多中心键的内容更加丰富了。

5.2.4　价键法

价键法中的分子波函数是由各原子的波函数组成的,氙原子也可由它的杂化轨道同 F2p 形成 σ 键。Bersohn[9]以价键法处理 XeF_2时,氙采取 p^3d^2s 杂化,由于这种杂化形式所需的激发能太高,不可能实现,并同实验结果不符。Xe 的 5s、5p 轨道在键合中的贡献很小。Bilham[10]鉴于激发 p 电子所需的能量太高,因而只可能是以 p 轨道成键。他在处理 XeF_2时,考虑到参与成键的四个电子是分属于两个 F2p_z及 Xe5p_z轨道。三个原子处于一条直线上,用近似法处理时,对其他原子轨道可忽略不计。按价键法理论,这三个轨道有下述独立的构型:

(1)　FXeF　　$\psi_1=(abbc)+(cbba)$

(2) F—Xe^+F^-　$\psi_2=(abcc)+(bacc)+(aabc)+(aacb)$

(3) F^+XeF^-　$\psi_3=(aabb)+(bbcc)$

(4)$F^- Xe^{2+} F^-$ $\psi_4=(aacc)$

a、b、c 表示 F、Xe、F 三个原子上的 p 轨道,用近似法处理,得到函数

$$\psi_{VB}=0.223\psi_1+0.270\psi_2+0.039\psi_3+0.547\psi_4$$

计算所得的能量为−161.73eV,同分子轨道法计算值(−161.07eV)和 Heitler-London 键轨函法计算值(−160.43eV)相近。根据处理所得的结果,说明 XeF_2 的构型为

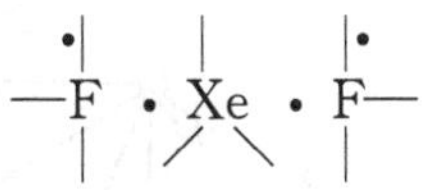

在 $F^- Xe^+$—F 中,$Xe^+ F^-$ 产生的静电能为:

$$I_{(Xe)}—E_{(F)}—\frac{e^2}{R}=12.1—3.6—6.8=1.7\text{eV}$$

$I_{(Xe)}$ 是氙的第一电离能,$E_{(F)}$ 是氟原子的电子亲和能,R 是氙、氟的核间距离。$Xe^+ F^-$ 的静电能恰好够生成另一半分子 F—Xe^+ 的需要。Coulson[4] 曾试图用这个模型来解释为什么在氟化氙中,偶数氟原子较奇数氟原子的化合物稳定。

用价键法处理所得的结论,在很多方面和很大程度上都同分子轨道法所得的结果相似。但价键法在解释激发态方面的困难较多,不如分子轨道法的结果那样圆满。

5.2.5 目前的难点——XeF_6 的分子结构和价键性质

用前述的四种理论模型处理 XeF_2 和 XeF_4,分子轨道法和价键法可在相当程度上说明它们的化学键的本质。但对于 XeF_6 来说,用各种理论模型处理,都遇到了困难。至今尚未得到圆满的解决,现将概况介绍于下。

根据已知的 15 种六氟化物的分子构型都是正八面体,因此推测 XeF_6 也应该是正八面体;用简单的分子轨道法处理 XeF_6,计算的结果表明,它的确也应该是正八面体。但实验的数据否定了上述的推测和理论计算的结果。由于凝聚相的 XeF_6 有聚合现象存在,因此在液态或固态的 XeF_6 中无法准确地测定它的分子结构。用电子衍射法测定 XeF_6 的蒸气,确定 XeF_6 分子的几何构型是略为变形的八面体。Gillespie 根据价电子对互斥理论曾正确地预言了各种稀有气体化合物分子的几何形状。他预料 XeF_6 是一个变形的八面体,但预言变形的程度却显著地超过了电子衍射法测定的结果。

XeF_6 的分子为什么不是正八面体,而要发生有限的变形呢?和已知的其他 15 种六氟化物比较,显而易见是由于 XeF_6 还有一对孤电子的缘故。从分子最外层的电子结构来看,XeF_6 同 TeF_6 的差异就在于 TeF_6 没有孤电子对,所以它是正八面体的。那么,XeF_6 中的孤电子是怎样地使分子结构发生变形的呢?Bartell 和

Gavin[11]以图 1.31 形象地表示出这种变形关系来。孤电子对伸向一个棱边的中点(图 1.31 左)或一个面的中心(图 1.31 右),未成键的孤电子对同其他成键电子对产生排斥作用,离孤电子对越近,受到的排斥力越大,因而使正八面体发生变形。左图和右图这两种方式产生的变形程度相差很小,Xe—F 键长相差约 0.008Å,键角相差约 5°或 10°。

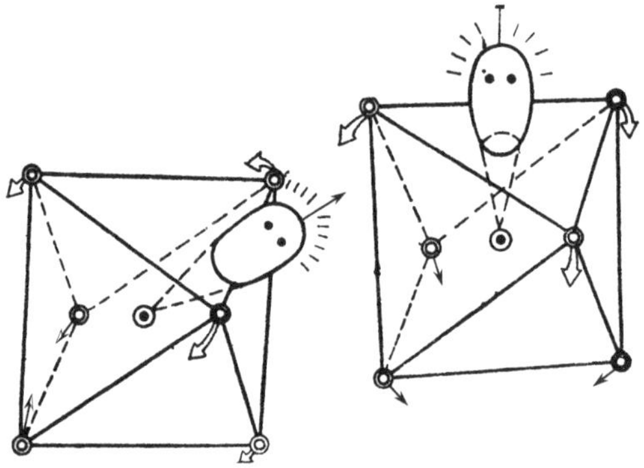

图 1.31　XeF_6分子中孤电子对引起八面体变形的示意图

过渡金属络合物的分子和晶体中的八面体也有变形的现象,可用 Jahn-Teller 效应予以解释。这个效应认为,在对称的非线性分子中,系统不可能在简并状态下保持稳定,而必然要发生变形并使得一个轨道能级降低,这就消除了这种简并性,使整个系统的能量下降,从而增加了稳定性。这种变形叫做“Jahn-Teller 变形”。

Bartell 和 Gavin 利用了 Jahn-Teller 效应来解释 XeF_6分子的变形,如图 1.32 所示,Xe 原子的 5s、5p 和 5d 各有 1、3 和 5 个轨道,6 个氟原子各有一个 2p 轨道,每个轨道用一条短横线表示。假定 Xe 的 5d 参与成键,由于氟配位场的作用,消除了 5d 的简并状态,与氟原子的 2p 轨道组成为 e_g和 e_g^* 。

XeF_6分子外层共有 14 个电子,其中 6 对分别占据成键轨道 a_{1g}、t_{1u}和 e_g,孤电子对占据反键轨道 a_{1g}^*,假定 a_{1g}^*与三重简并态 t_{1u}^*的能级很接近,可以认为 a_{1g}^*上的孤电子对可跃迁到 t_{1u}^*,产生了基态和激发态的混合。由于孤电子对的跃迁,使正八面体略为变形。这种现象叫做“假 Jahn-Teller 效应”,相应的变形叫做“假 Jahn-Teller 变形”。

从图 1.32 可以看出,如果 XeF_6没有孤电子对$(a_{1g}^*)^2$,则这种低能的 $t_{1u}^* \leftarrow a_{1g}^*$跃迁不复存在,也就不会有假 Jahn-Teller 效应和变形发生。事实上 XeF_6没有孤电子对时,它就是 TeF_6的等电子体,它的分子构型应为正八面体。可见孤电子对是产生变形的根本原因。

从理论计算的结果表明,孤电子对引起的假 Jahn-Teller 变形同电子衍射的实

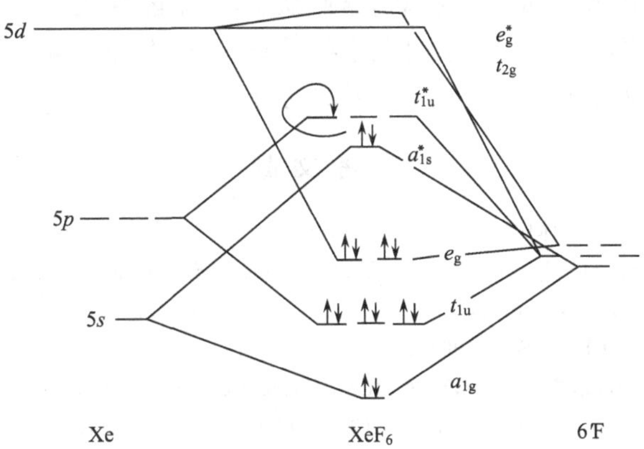

图 1.32 XeF_6(O_h分子)的分子轨道能级相关图

验结果一致。乍看起来问题似乎已经解决了,但又产生了新的矛盾。XeF_6分子中究竟有无这种假 Jahn-Teller 效应?还应通过其他的实验结果来检验,假定果真有所谓的假 Jahn-Teller 效应存在。那么,当孤电子对由 a_{1g}^*跃迁到 t_{1u}^*后,XeF_6的磁化率应能表征出这一变化,即理应为顺磁性的。但实验结果恰好相反,XeF_6的磁化率(77—325K)是抗磁性的;它的分子束在不均匀磁场中的偏转实验表明,气态 XeF_6在室温下所含的顺磁性粒子还不到 XeF_6总粒子的 1%,这可能是由于孤电子自旋轨道偶合能力很强,难于产生假 Jahn-Teller 效应的那种跃迁。根据这两项实验结果,实际上就否定了假 Jahn-Teller 效应的存在。

从 1962 年合成得到 XeF_6以来,针对 XeF_6的分子构型,用各种理论模型都不能圆满地加以解释。简单分子轨道法说明它应该是正八面体,这同电子衍射法实测的结果(略为变形的八面体)不符;假 Jahn-Teller 效应倒是可以解释略为变形的问题,但又同 XeF_6的磁化率实测结果有矛盾,这种效应是否存在尚属可疑。根据 XeF_6分子束在不均匀电场中的偏转实验,测出它的电偶极矩仅为 0.03D,这一结果给 Gillespie 的电子对互斥理论也带来了困难。

Bartlett 等提出 XeF_6有三种可以互变的异构体(参阅本专题 3.4.4),试图用这个说法来解释 XeF_6分子的几何构型;并似乎得到一定实验结果的支持,但尚未最后肯定。

实践是检验一切理论是否正确的唯一标准。用实验结果检验上述几种理论模型可以看出:杂化和相关理论都不甚适用;分子轨道法和价键法可在相当程度上阐明稀有气体化合物中化学键的本质。尤其以分子轨道法的结果较能令人满意,但也存在着困难:由于处理时是采用半经验的近似方法,将 $\sum_{r>s} J_{rs}$和 V_{nn}两项对消,这就使得不能对分子结合能和稳定性作出有效的预测。此外,它不能圆满地解释

XeF_6分子的几何构型等问题。尽管有这些缺点，但不能否认分子轨道法在处理稀有气体化合物的卓越成就。至于出现这些矛盾，不仅不会阻碍它的发展，相反地，这些矛盾正是推动分子轨道法向前发展的动力。

参 考 文 献

[1] 冯光熙，黄祥玉，《稀有气体化学》，科学出版社(1981).
[2] L. C. Allan, in H. H. Hyman (ed.), "Noble-Gas Compounds". Univ. of Chicago Press, 317(1963).
[3] H. H. Michels, ibid., 329(1963).
[4] C. A. Coulson, J. Chem. Soc., 1964, 1442.
[5] J. C. Malm, H. Selig, J. Jortner, S. A. Rice, Chem. Rev., 65, 199(1965).
[6] J. Jortner, S. A. Rice. E. G. Wilson, J. Chem. Phys., 38, 2302(1963).
[7] L. L. Lohr, W. N. Lipscomb, J. Amer. Chem. Soc., 85, 240(1963).
[8] J. Jortner, E. G. Welson, S. A. Rice, in H. H. Hyman(ed.), "Noble Gas Compounds", Univ. of Chicago Press, 358(1963).
[9] R. Bersohn, J. Chem. Phys., 38, 2913(1963).
[10] J. Bilham, J. W. Linnett, Nature, 201, 1323(1964).
[11] L. S. Bartell, R. M. Gavin, J. Chem. Phys., 48, 2466(1968).

1.6 稀有气体化合物的应用[1]

稀有气体化合物的制成，不仅在理论上有重大意义，而且在实际应用上还有很大的可能性，这从一开始就引起了人们的注意。至今已提出了许多种实际应用，但大都处于试验阶段，有的则属于推测和建议。由于实际应用将涉及各有关的科学技术领域，首先要根据这些化合物的特性来加以考虑。而目前制成的化合物种类还不够多，对这些化合物性质的研究还不够深入。但可以预期，稀有气体化合物实际应用的前景是很广阔的。

6.1 原　子　能

6.1.1 反应堆工艺

1. 放射性氙、氪的处理和分离

^{235}U 在反应堆中裂变时，要生成多种裂变产物。除固体外，还有气体，其中有氙和氪的放射性同位素。过去无法使它们生成化合物而被除去，又不能立即向大气中排放，只得用专门的容器储存，让短寿命的放射性同位素“死”掉。例如在核辐射固定氮的生产过程中，只得将 ^{133}Xe 储存起来，待其放射性显著降低后，通过特别设计的高烟囱向大气中排放。这不仅增加了工艺过程中的设备，延长了生产时间，而且仍然对环境造成一定的污染。现在已可用生成氟化氙的方法而除去放射性氙，小型试验已经成功。

根据氙和氪同氟化合能力的差异性，利用氙比氪易于生成氟化物的特点，将裂变产物中的氙和氪分离出来，作为放射性同位素供实际应用。这个方法已在处理反应堆裂变产物的工艺中试验过，达到了预期的分离效果。

2. $^{135}XeF_4$ 作减速剂

^{235}U 在反应堆中裂变时生成氙，其中 ^{135}Xe 的热中子俘获截面很大(达 10^6 b)，随着它的聚集，反应堆中的热中子就大量被这些“毒物”俘获，影响到反应堆的正常运转，所以要及时将 ^{135}Xe 这类“毒物”分离出来。另一方面，^{135}Xe 热中子俘获截面很大的这个特性，又可用来作效率极高的减速剂，用以控制反应堆的正常运转，用单质 ^{135}Xe 作减速剂，由于氙是气态，体积很大；若用化合物 $^{135}XeF_4$，根据 XeF_4 的密度，可以计算出 XeF_4 中所含的氙，相当于 500atm 下的单质氙，使用起来可能很方

便。但 XeF_4 的辐射稳定性不够高，能否实际应用，还有待于实践。

6.1.2　核燃料工业

1. 铀、钚和镎的分离

铀、钚和镎的分离提纯，在核燃料工业中占有重要的地位。主要是从大量铀中分离钚和镎，根据它们不同氧化态在稳定性上的差别而进行分离。为此必须使用相当的氧化剂或还原剂，进行选择性的氧化和还原，然后用沉淀法或其他方法进行分离。氟化氙或氧化氙有很强的氧化性，当其完成氧化作用后就放出氙，对体系不产生杂质干扰，使以后的处理过程大为简化。例如 XeO_3 可将 Pu(Ⅲ)氧化：

$$6Pu(\text{Ⅲ}) + XeO_3 + 6H^+ \longrightarrow 6Pu(\text{Ⅳ}) + Xe + 3H_2O$$

XeO_3 在光照下，可以迅速地将 Np 的氧化数由 +5 提高到 +6。XeF_2 或 XeO_3 在 KOH 溶液中还可以将 Np(Ⅵ)进一步氧化为 Np(Ⅶ)。此外，可以利用氙化合物能同 PuF_6 反应而不同 UF_6 反应的这个性质，简化铀与钚的分离问题。可以预期，在核燃料工业中，有可能使用氙化合物来提高铀、钚和镎分离提纯的效率。

2. 六氟化铀的生产

从天然铀中分离出含量约为 0.7% 的 ^{235}U，是原子能工业中的重要课题。成熟的方法之一是将铀化合物先转变成易于挥发的 UF_6，然后用气体扩散法将 ^{235}U 同 ^{238}U 分离开。用 XeF_2 作氟化剂有较大的优越性，在 20—50℃时，XeF_2 在密闭的反应器内可将 UO_3 或 U_3O_8 氟化成为 UF_6。反应过程不须使用催化剂，也不致产生液体的放射性污染物。XeF_2 可以定量地（按理论量的 100%）反应，XeF_2 将氧化铀氟化后，自身分解为氙，同反应产物 UF_6 混在一起，通过 −70℃ 的冷阱，UF_6 被冷凝而分离出来。氙则可以通回氟化器中再氟化为 XeF_2，循环使用。

6.1.3　放射性氡的处理和氡化合物的应用

所有的氡天然同位素都具有放射性，半衰期都很短，而且放射性很强。氡又是以气体形式存在，一旦被吸入人畜体内，对机体组织有严重损害作用，特别是在某些原子能厂矿或其他场所，空气中氡的含量很高时，必须采取措施，使大气中氡的含量降低到容许的限度以内，以保证安全。有一篇报告[2]指出，空气中的氡气可通过氟化剂处理，使氡变为氟化氡固体。从而将大气中的氡除掉。为此首先将含氡的空气干燥，除去水蒸气后，然后通过氟化剂（如 ClF、ClF_3、ClF_5、BrF_5、BrF_5、IF_7、K_2NiF_6 或 K_3NiF_6），将氡及其子体 ^{214}Pb、^{214}Bi 氧化为氟化物，并溶解在氟化剂内。例如在一次小型试验中，0.691 的干燥空气中含有 3.08mCi 的 ^{222}Rn，通过两支相连的管子，管内各盛有4毫升 BrF_3。从第二管出来的空气再经过液氮阱冷冻，如氡在第一、二两管中未被完全转化为氟化物，则在液氮阱内会被凝冻出来。试验结果仅在第一管内发现氡及其子体，根本未进入第二管，说明 BrF_3 氧化氡气的效率很高，只须通过一支管子即可将氡及其子体全部转化为固态的氟化氡，从而将氡从空气中消除掉。这种方法适宜于处理铀矿中含氡及其子体的空气。将干燥后的空气在 0—35℃通过氟化剂，就可使铀矿井内的空气得到净化。

氡气早就用于医学中作辐射治疗，通常是将与镭溶液相平衡的氡气，抽入针状玻璃安瓿或金属管内密封，用于治疗患处，如密封不良则容易漏氡，现改用不挥发性的氟化氡，则更为安全和方便。

氡-铍混合物装置早就用作中子源。如果用固体氟化氡代替氡气，在操作使用方面可能更为简便，并可提高质量。

6.2 化学和化学工业

6.2.1 分析试剂

氙化合物具有很强的氧化性。氙的氟化物或氧化物在氧化其他物质时，自身被还原为氙而逸出，不给体系增加杂质。所以用氙化合物作为氧化的分析试剂，具有很优异的性能，现举例说明如下。

1. XeF_2

XeF_2 水溶液可用来测定 I^- 和 Cr^{3+}，在微酸性溶液中可以分别氧化为 IO_4^- 和 Cr(Ⅵ)。测定铬时先将铬合金溶解，溶液中含有相当于 1—20mg 的铬，调节溶液的 pH=1.65，加入 10—20mg 的 XeF_2 进行氧化，然后用碘量法滴定，此法的误差较大；若用光度法，则所得的结果较好。取试液 1—4ml，内含相当于 1—100ng* 的铬，在 pH 为 1.65 下用 0.1mg 的 XeF_2 氧化为 CrO_4^{2-}，加入 10mL2*N* 硫酸酸化，再加入 4mL 0.15%的二苯卡巴肼乙醇溶液。然后将溶液倒入测定小池内，入射光的波长为 540mμ，测定吸收率。对于标准铬溶液(含铬 831.9ng/mL)，用这种方法测得的铬含量为 830±50ng/mL.

XeF_2 用于气相反应色谱，以测定周期表第六族元素硫、硒和碲。XeF_2 起氟化剂的作用，可将 ZnS、$ZnSO_4$、SeO_2、$2TeO \cdot HNO_3$ 分别氟化为挥发性的硫、硒和碲的氟化物。由于氟化反应很剧烈，为了减缓反应速度，须用氦气稀释。这个方法可用来测定微量的硫、硒和碲。

---

* ng，纳克($1ng=10^{-9}g$)。

XeF_2还可用于有机物的元素分析。利用 XeF_2 的强氧化性，在室温下便可使有机物分解。这样一来，可使元素有机分析的过程大为简化。

2. XeO_3

在讨论 XeO_3的氧化性质时（参阅本专题 3.5.1），已谈到 XeO_3用于分析某些醇类或羧酸，比过去习用的传统方法优越。此外，XeO_3还可用于精确测定微量或痕量的 H_2O_2。测定方法有催化法、滴定法和分光度滴定法等，得到较好的结果[3]。现简述如下。

（1）催化法

XeO_3水溶液不能氧化叔丁醇，若加入 H_2O_2，由于 H_2O_2起催化剂作用而引发反应，引发时间的长短同 H_2O_2的浓度有关。根据工作曲线，可由引发时间得出 H_2O_2的浓度。这个方法的灵敏度极高，最低极限可测定 0.9μg 或 36ppb。

（2）滴定法

最初用 XeO_3溶液直接测定 H_2O_2，以溴甲酚红紫为指示剂，由于 XeO_3的氧化性太强，将指示剂破坏，以致误差太大，结果不平行。直接滴定法尚待探寻抗 XeO_3氧化的指示剂。

采用间接滴定法得到较好的效果。先用过量已知浓度的 XeO_3使它同 H_2O_2反应，并预先测定完成反应所需的时间 t（当 pH＝1，t＝5min；pH＝10，t＝1min。XeO_3过量越多，反应时间越短），以供正式测定时参考。待 XeO_3和 H_2O_2反应完毕后，即测定溶液中剩余的 XeO_3，先加入高氯酸酸化，再加入碘化钠，用标准 $Na_2S_2O_3$溶液滴定释出的碘。H_2O_2所消耗的 XeO_3可由空白实验（同样操作条件下，无 H_2O_2时所需的 $Na_2S_2O_3$用量）同有 H_2O_2时的差值而求得。从而可计算出试样中 H_2O_2的含量。间接滴定法远比直接滴定法为优越，测定的最低极限值可以达到 50μg，相对标准误差为 4%；若含量为 200μg 时，误差减至 1%。

（3）分光光度滴定法

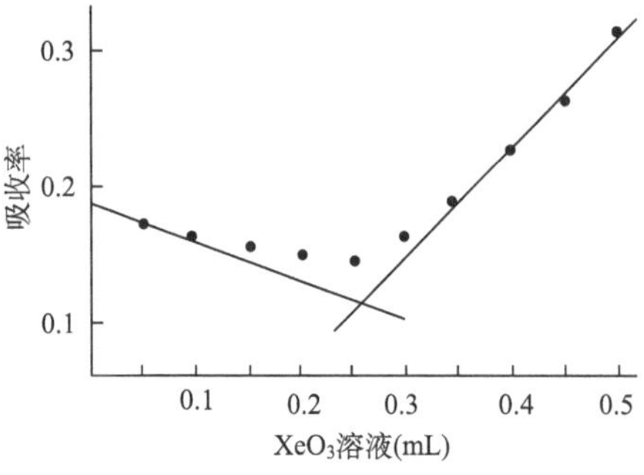

图 1.33 XeO_3-H_2O_2 分光光度滴定

这个方法实际上就是用 XeO_3直接滴定 H_2O_2。不过是用波长为 200mμ 的入射光测定吸收率以判明等当点。在等当点时的吸收率最低（图 1.33）；XeO_3过量以后，吸收率又增加。溶液先用高氯酸酸化（参考吸收小池内也加入同量的高氯酸）使 pH＜1，反应时间为 30 秒。若 pH＞1 则反应太慢。这个方法的测定极限值为 50μg 或 20ppm，误差为 4%；当 H_2O_2的含量超过 120μg 时，误差为 2%。灵敏度和误差同上述的间接碘量法相近。这三种方法以催化法的灵敏度为最高。

3. Na_4XeO_6

在 3.6.4 已谈到 Na_4XeO_6 是氙最高氧化态的化合物，氧化性极强，甚至可将极难氧化的 Ag^+ 氧化为 Ag^{2+} 或 Ag^{3+}；对各种难于氧化的有机物也能发生反应。而且它在氧化其他物质时，自身被分解为氙而逸出，仅给体系引入少量干扰作用不大的 Na^+，因此它很有可能成为一个独特的、性质优异的分析试剂。制备这种分析试剂的方法很简单，将纯 XeF_4 在 0℃时加入到 NaOH 溶液中并不断搅拌，生成的 $Na_4XeO_6 \cdot \frac{5}{2}NaF$ 溶液即可供分析试剂之用。

高氙酸钠用于分析锰、铈和铬等元素，显示有突出的优越性。例如高氙酸钠能将 Mn(Ⅱ)氧化成为 MnO_4^-，在室温下瞬时即完成，既不须加催化剂，亦不须加热，反应式如下：

$$Na_4XeO_6 + H_2O \longrightarrow 4Na^+ + OH^- + HXeO_6^{3-}$$

$$5HXeO_6^{3-} + 2Mn^{2+} + 9H^+ \longrightarrow 2MnO_4^- + 5XeO_3 + 7H_2O$$

当 Mn^{2+} 被氧化为 MnO_4^- 后，可以用分光光度计进行比色测定。测定锰不受铁、铬、镍的干扰，因此不须进行繁冗的分离程序。在铁、铬、镍的存在下，可测定含量为 0—0.25μg/mL 范围内的锰。即使溶液中铁、铬、镍比锰多 20 倍的情况下，亦可准确地测定 0.5μg/mL 的锰，精确度同通常的分光光度法相似。测过锰以后的溶液，可分成两份：在一份中加入二苯卡巴肼来测定铬；在另一份中加入 1,10－二氮杂菲($C_{12}H_8N_2$)以测定铁。用高氙酸钠作试剂测定锰，比过去习用的试剂如高碘酸盐或过二硫酸盐要优越得多，氧化反应进行的很快速，不必加热到近于沸腾，然后又等待冷却至室温。可大为缩短操作时间和简化操作步骤，尤其适合于钢铁合金的分析。

高氙酸钠用来测定其他物质中的铬，灵敏度、误差和快速性也很令人满意。例如测定金属铀中的铬，Cr(Ⅲ)被氧化为 CrO_4^{2-} 后，加入二苯卡巴肼并用分光光度法测定，可测出含量为 0—200ppm 的铬。

高氙酸钠在室温下，可将 0.1—0.2N H_2SO_4 溶液中的 Ce^{3+} 迅速氧化为 Ce^{4+}。利用 Ce^{4+} 自身的颜色，用光度法在 330mμ 处进行测定，当液槽厚 1cm，可测出 0.5—20μg/mL 的铈。此外，高氙酸钠可用于测定 As_2O_3、硫酸肼和 $N_2H_5UF_5$ 等物质。

Na_4XeO_6 和 XeO_3 还可同时用来测定空气中的二氧化氮。将一定体积的空气通过改进的 Hochheiser 溶液（内含 0.05—0.25M NaOH、OsO_4、XeO_3 和 Na_4XeO_6），氙化合物可促进对 NO_2 的吸收，比原来的 Hochheiser 溶液的吸收率大为增加。NO_2被吸收后即转变为NO_2^-或NO_3^-，然后在镉汞合金池中全部被还原为NO_2^-，再加入磺胺酸和萘乙二胺，使NO_2^-变为重氮染料而显色，随即进行比色测定。由于XeO_3、Na_4XeO_6改善了NO_2的吸收，故提高了测定空气中NO_2的精确度。

6.2.2 化学反应和化工生产过程

氟化氙无疑是很有发展前途的一种氟化剂，对有机物和无机物都有良好的氟化性能。在反应过程中，氟化氙实际上成为一种自由基源，为反应体系提供自由基，例如XeF_2同HSO_3F反应生成SO_3F自由基

$$XeF_2 + 2HSO_3F \longrightarrow Xe + 2HF + 2SO_3F$$

$$2SO_3F \rightleftharpoons S_2O_6F_2$$

又例如XeF_2同苯反应生成苯自由基$C_6H_5^{\cdot}$，它继续同XeF_2反应生成氟代苯

$$C_6H_5^{\cdot} + XeF_2 \longrightarrow C_6H_5F + XeF^{\cdot}$$

$$XeF^{\cdot} + C_6H_6 \longrightarrow C_6H_5^{\cdot} + HF + Xe$$

在上述各种反应中，氙化合物被还原为单质氙以后，即由体系中逸出。逸出的氙可循环使用，使它变为氟化氙后，再进入体系内反应。这样，氟化氙就成为一种自由基源，给体系不断地补充自由基，使反应继续进行下去。

XeF_n(n=2,4,6)中以XeF_2作氟化剂为最有前途。这是因为XeF_2的氟化选择性较好，氟化性质温和，不像XeF_6那样能使有机物断链。更重要的是，XeF_2的水解率较低，即使在水溶液中水解后，也不致生成具有爆炸性的XeO_3，故使用安全。加合物$XeF_2 \cdot XeF_4$用作氟化剂的效果也很好。这种加合物可直接由适当比例的氙、氟混合物直接加热合成。

氟化氙还可作实验室用的“载氟剂”，加热氟化氙，即分解出氟，氙则循环使用，这对于储存和使用都较方便。二氟化氙已用作烯类不饱和化合物的聚合引发剂，各种树脂的交联剂或熟化剂。它还成功地用于引发四氟乙烯的聚合，在－80至100℃和100atm下，用XeF_2和紫外光引发C_2F_4的聚合反应，即生成聚四氟乙烯[4]。氟化氙还可引发各种单体的聚合，例如乙烯、丙烯、丁二烯、2,3－二甲基丁二烯-1,3、苯乙烯、醋酸乙烯、氟乙烯、氯乙烯、全氟丙烯、甲基乙烯酯、丙烯酸(或甲基丙烯酸)及其酯或酰胺等单体，加入为单体重量0.001%—2%的氟化氙，在0—30℃下就能引发聚合，并获得良好的结果[5].

此外，氙早已用作光敏过程中的敏化剂。后来发现，例如氙在C_4F_8的光解过程中，不仅起能量的传递作用，而且还参加中间反应，生成了XeF_2，使氟在反应产物间重新分配。在这种反应中还可直接使用固体的二氟化氙。

6.2.3 其他

(1) 激光

稀有气体单质早已作为激光工作物质。近几年来发现稀有气体的卤化物,具有优质激光材料的性能。当氙(或氪)和卤素(或卤化物)注入激光器内激发时,稀有气体和卤素(或卤化物)即反应生成稀有气体的卤化物。可发射出大功率及特定波长的激光。这方面的工作进展很快。对氟化氙、氟化氪或溴化氙等在不同气压下,都曾以各种激发方式进行过试验。例如将 Ar:Xe:NF_3按 250:2.5:1 注入激光器内,总量为 1.7atm,激发时即生成 XeF,发射出波长为 351.1 及 353.1mμ 的大功率(峰值达 0.5MW)激光光束。

(2) 特殊光学玻璃[6]

现已研制出一种含 Xe(Ⅵ)的光学玻璃,它具有奇特的光学、磁学和电学性质,可用来作为激光材料及其他用途。这项工作具有重要的现实意义,不过目前还处于开创阶段。

要想制造含氙化合物的玻璃,首先要解决两个问题:一是选择具有热稳定性较高的氙化合物,二是选择一种熔点较低的玻璃底质,以适应氙化合物热稳定性较差(易于热分解)的特点。在目前制成的氙化合物中,以 Cs_2XeF_8 和 Rb_2XeF_8 的热稳定性较高。前者的分解温度高于 400℃:

$$2CsXeF_7 \xrightarrow{150—260℃ ^*} Cs_2XeF_8 + XeF_6(g)$$

$$Cs_2XeF_8 \xrightarrow{450—580℃ ^*} 2CsF + Xe + XeF_4 + F_2$$

作为玻璃的组分而言,希望组分中阳离子的体积较大,Rb^+、Cs^+ 正好满足这一点,故选择 Cs_2XeF_8 为加入玻璃内的氙化合物是很适合的。低熔点玻璃底质选用含 BeF_2 和其他氟化物的二元、三元或四元体系(表 1.49)。这几种底质中,以含氟化铊体系的熔点为最低(350—550℃),其余各种组分底质的熔点为 500 至 600℃。将氙化合物加入到玻璃底质内形成 Xe(Ⅵ)玻璃的方法有三种:1)将玻璃底质各组分混匀熔融,然后冷却、研磨成粉末,同 Cs_2XeF_8 混合并再熔融和冷却;2)将熔融的玻璃底质倒入已加热至高温(其温度低于底质玻璃的熔点)的 Cs_2XeF_8 中,然后冷却为玻璃;3)将 Cs_2XeF_8 覆盖在已成熔融态玻璃底质的上面,再在氙化合物上面覆盖一层熔融的玻璃底质,使氙化合物夹在熔融的玻璃底质当中,然后冷却为玻璃。

---

* 此系快速升温时的分解温度和表 1.35 所列的数据有差别。可能是由于二者的实验条件不同。

表 1.49　含 Xe(Ⅵ)玻璃的基质组分(mol%)

二元体系	$RbF-BeF_2$　C_2F-BeF_2, 20—40　60—80　20—40　60—80
三元体系	$CsF-RbF-BeF_2$　$CsF-AlF_3-BeF_2$　$CsF-CaF_2-BeF_2$ 10—20　80—90　10—50　5—15　40—80　20—40　5—15　50—80
四元体系	$CaF_2-AlF_3-CsF-BeF_2$ 5—15 5—15 10—40 40—80
	$RF(RHF_2)$1) $-TIF(TIHF_2)$1) $-BeF_2$ 15—35　15—30　45—70

1) R 表示 Na^+ 或 Li^+，括号内的物质可以分别和括号前面的物质混用，也可以单独使用。

由于 Xe(Ⅵ)具有很强的氧化性，为了避免同杂质发生化学反应，对玻璃底质各种组成要求比较纯净，最好用化学试剂。在熔融过程中并须用氦和氩作保护性气氛。熔炼的容器用铂或蒙铜合金坩埚。

$NaHF_2$(25%)$-$$TIHF_2$(25%)$-$$BeF_2$(50%)底质的熔点为 350℃，加入 Cs_2XeF_8后，在温度低于 300℃时的流动性仍很好，很有利于生成含氙玻璃。这种含玻璃在 100℃时开始软化，退火温度为 60℃，在空气和室温下稳定。玻璃成品可用碘量法测定，按重量百分率计，含 XeF_6达 10%。

(3) 高能燃料和炸药

XeO_3对震动很敏感，产生效能很高的爆炸，又不遗留固体碎片或腐蚀性气体，可考虑将 XeO_3用于特定条件下的“微型”炸药。若将 XeO_3同现有常规炸药的性能相比较，尤其是考虑到经济方面，要想把 XeO_3作为一种大量使用的炸药是不现实的。但根据氙化合物和氪化合物的强氧化性，人们已考虑将稀有气体的氟化物用作火箭推进剂的可能性。

(4) 金属及合金的精炼[7]

在精炼液体金属及合金时，加入固体的 XeF_2或 XeF_4，有助于去除金属或合金中所含的气体及非金属夹杂物。

(5) 延长白炽灯的寿命[8]

往钨丝白炽灯泡内注入 XeF_2、XeF_4或 XeF_6，可延长灯丝的使用时间。

(6) 宇航飞行器的消融猝灭剂[9]

宇航飞行器从外层空间返回地球时，外壳同大气层发生摩擦而产生高温，若不用消融剂，飞行器会熔化掉。消融剂应具有两方面的作用：吸热降温，并结合等离子体火焰中的电子而使其猝灭。稀有气体的氟化物可作为消融猝灭剂的组分，在高温下它们分解出电子亲和力极强的 XeF^+ 和 KrF^+，通过它们同等离子体中的电子结合而起到猝灭剂的作用。也可以将稀有气体的氟化物同硫混合，在高温下生

成 SF_6气体，它也是效率很高的猝灭剂。例如 XeF^2 和硫反应：

$$3XeF_2 + S \longrightarrow 3Xe + SF_6$$

将稀有气体的氟化物（或掺入硫）加入到液体状态的树脂预聚物（如酚醛树脂、聚酰亚胺树脂、苯硅烷树脂等）中，充分搅拌混匀，并加入增强剂（如石英、碳、石棉等），然后倒入所需形状的模具中并加温，使之聚合固化。脱模即得到特定形状含氟化氙的聚合物，供安装在宇航飞行器上。

参考文献

[1] 冯光熙、黄祥玉，《稀有气体化学》，科学出版社(1981).
[2] U. S. Pat.,3,778,499(1973).
[3] R. H. Kruger, J. P. Warriner, B. Jaselskis, Talanta,15,741(1968).
[4] Авт. св. СССР,447,415(1974).
[5] U. S. Pat.,3,326,874(1967).
[6] U. S. Pat.,3,650,779(1972).
[7] Авт. св. СССР,443,917(1974).
[8] Fr. Pat.,1,461,750(1966).
[9] U. S. Pat.,3,725,282(1973).

2. 氢[1,2]

2.1 引　　言

氢在元素周期表中占有一个独特的位置,它既不能完全归属于第ⅠA族,也不能完全归属于第ⅦA族。周期系第ⅠA族以活泼金属元素为主体,它们的原子主要以容易失去价电子成为具有稀有气体稳定结构的+1价离子为特征,但氢原子在形成+1价化合物时却主要形成共价键。虽然氢也能象卤素那样可以获得1个电子形成负氢离子 H^- 而同强电正性元素生成化合物,但这类化合物有很强的反应活性,对水或水蒸气十分敏感,会立即水解产生氢气,不会有水合的-1价氢离子。这一点使氢完全有别于第ⅦA族的卤族元素。不过一般来说,氢的+1价氧化态 H^+ 比较重要。读者应随时注意到 H^+ 这个符号在一般化学中并不代表一个单个的质子,它总是同一种"氢离子载体"相结合在一起的,例如在水溶液中它总是以水合离子 H_3O^+ (H^+ + H_2O)的形式存在,在液氨中的形式以氨合离子 NH_4^+ (H^+ + NH_3)存在,等等。这表明,由于质子有很小的半径(~10^{-13} cm)而有很强的正电场,它对别的原子或分子有很强的初级相互作用力而联结到一起,成为能起化学作用的一个独立个体。从这一个体将质子转移给另一个体的作用就成为Brφnsted和Lowty酸碱反应理论的基础。

由于氢原子是一个最简单的原子,氢分子 H_2 是一种最简单的共价分子,在其中的电子体系也都是最简单的,对它们最容易进行理论处理,因而它们成为创建近代量子理论的原子结构理论和共价分子结构理论的物质基础。事实上把量子力学理论计算应用于比较复杂的电子体系(比氢更复杂的原子体系或分子体系)所求得的精确结果往往都是由氢体系出发经过大量理论推导而求得的结果。所以氢原子和氢分子的结构概念在近代结构化学理论中占有基本重要的位置。

近三十年来氢在宇宙中的独特作用以及它在天体中各种能量释放过程中的作用已逐渐被人们弄清楚。氢弹的爆炸代表人们在地球上实现的通过氢核聚变而完成的能量释放过程。可以预期,在不久的将来氢将成为一种无污染的廉价能源以解决地球上石油和煤炭资源日益枯竭而带来的危机。

氢还有一项值得注意的特点,即它有重的同位素氘(D)和氚(T),它们的质量数分别是2和3。同位素在原子质量上成倍地相差,也是其他元素所没有的,所以在同位素的化学和物理学中氢同位素也占有独特的重要地位。

总之,在现有的化学元素中,氢是一种具有独特性质的重要元素,在近代科学技术中它的化学也是具有丰富内容的。本专题力图用较少的篇幅对氢的化学作一比较概括的论述。

参 考 文 献

[1] M. C. Sneed, J. L. Maynard. R. C. Brasted,"Comprehensive Inorganic Chemistry", Vol. VI, Van Nostrand(1957).

[2] J. C. Bailar, Jr. (ed.),"Comprehensive Inorganic Chemistry", Vol. I. Pergamon, 1—138(1973).

2.2 单 质 氢

2.1 发 现 史

关于氢的最早的记载，大概要追溯到十六世纪，当时 Paracelsus（瑞士人，1493—1541，为十六世纪把化学从点金术统治下解放出来的最有名望的一位医药化学家）发现铁同酸作用所产生的"空气"是可燃的。后来在十七世纪中有许多化学家对这种可燃空气进行了实验观察，这些人中包括 Boyle（英国化学和物理学家，1627—1691），van Helmont 和 Turquer de Mayerne 等人。但一直到了 1766 年才由 Cavendish（英国人，1731—1810，著名化学家）第一次分离得到纯净的氢气，并通过实验证明了氢气同其他可燃性气体的区别。在 1784 年 Cavendish 又通过实验证明氢气在氧气中燃烧生成水，后几年又用电流把水分解成氢和氧。后来 Lavoisier（法国著名化学家，1743—1794）给它命名为 hydrogen（水素，即氢）。Lavoisier 是通过水蒸气对赤热铁的作用而制得氢的。

2.2 氢在自然界中的存在和分布

在地壳中氢的丰度是比较高的，在地壳的 1km 范围内（包括海洋和大气），化合态氢的重量组成约占 1%，原子组成约占 15.4%。在宇宙中氢自然是最富饶的一种元素，并且是星球中一切聚变过程的根源。化合态氢的最常见形式是水和有机物（如石油和煤炭、天然气、生命体等）。在较少的情况中，在火山气和矿泉水中出现为同氮、硫或卤素的化合物。

自由态的氢气单质较为希少，在大气中仅约占 10^7 分之一。它常存在于火山气中，有时夹藏在矿物中，有时出现在天然气中和少数某些绝氧发酵过程中。由于氢气分子有很高的平均扩散速度（1.84km/sec），所以氢气会很快地从大气圈中逃逸到外层空间。

在火山爆发时喷发出来的气体含有相当大量的氢气，打深井时有时也会有氢气喷出，在冰岛已发现几处地方有氢气自由地从地球深处向地面喷出。因此有一位苏联地质科学家提出了地核结构的新假说，他认为氢是组成地球的最广泛的元素，地核是由金属氢化物组成的。在高压下金属能够允许氢掺入，掺入的氢气体积可以超过金属本身体积的几百倍到几千倍，不仅形成了金属氢化物，而且在地核的超高压下氢化物又金属化，成为超高密度和高导电性的金属相（参见本章 2.4 氢的物理性质)。

温度和压力同氢化物的形成有关。加大压力有利于氢化物的合成,升高温度有利于氢化物的分解,在地核中压力占主导地位,有利于保存氢化物。在地核和地幔的边缘,温度居主导地位,有利于氢化物分解,这样分解出来的氢气会通过地幔向地表渗透。

地下氢把氧排到地幔上部,形成硅酸盐和氧化物。地球深部岩石中氧含量明显下降,氢含量上升,这个事实支持了上述假说。

上述的假说还对地球的运动做出了说明:氢气由地球深部逸出是不均匀的,氢气漏泄冲出的地方就会收缩,形成地壳下降;氢气膨胀的地方就会隆起造山。地球由于被地核溢出的氢气在缓慢地吹大,因而其自转正在减慢。

如果这个地核模型得到证实,地球上的能源将永远不会枯竭!

2.3 氢气的制备和生产

氢气有许多实验室制备方法,但除了为实验和演示的目的外,这些方法很少应用于实际。在工业上则有一些大规模的产生廉价氢气的方法。这些方法大致可以分为三大类:溶剂合质子的还原反应(金属同水或酸的作用,碳同水蒸气的作用等);氢化物或络合氢化物的氧化反应;含氢化合物的分解反应(如烃类和水的分解)。比较方便的实验室制备方法叙述如下。

1. 活泼金属同水的作用

用金属钠或钠汞齐,最好用金属钙,同水反应,产生金属氢氧化物和氢气。镁可以同热水反应快速地放出氢气,在特定的情况下这也可以成为发生氢气的一种有用的途径。

2. 金属同酸的反应

在金属中锌是最方便的一种,在历史上则常用铁来同酸反应。在酸中用盐酸最好,但也常用稀硫酸(由于价廉)。如果在反应的金属中含有杂质,则会同时产生磷化氢、砷化氢或硫化氢,它们有毒性,应予注意。金属纯度越高,同酸的反应越慢,反以用纯锌同酸反应时,可在酸中加入少许铜盐,生成的锌铜偶有利于加速释放氢气的反应速度。

3. 金属同强碱溶液的作用

最方便的反应是用铝或硅(或硅铁)同氢氧化钠溶液的作用。也可以用其他的两性金属。

4. 金属氢化物同水的作用

可以用氢化锂 LiH、氢化钙 CaH_2 或氢化铝锂 $LiAlH_4$ 同控制量的水作用来发生氢气。这个方法成本较为昂贵，但产生的氢气则比较纯净，另外在这类反应中发生的氢气有一半是从水里来的，所以从单位重量的氢化物可以得到较大量的氢气。这在野外工作中是有其优点的，例如在野外充填气象观测气球。氢化物同水的反应表示如下式：

$$LiH + H_2O \longrightarrow LiOH + H_2$$
$$CaH_2 + 2H_2O \longrightarrow Ca(OH)_2 + 2H_2$$
$$LiAlH_4 + 4H_2O \longrightarrow LiOH + Al(OH)_3 + 4H_2$$

在工业中大规模生产氢气主要有如下方法：

5. 水的电解

在工业上常用镀镍的铁电极电解 15%KOH 水溶液来生产氢气。这样发生的氢气较为纯净，一般用在电子工艺中和有机合成工艺中。氯碱工业中，电解食盐水的过程也发生大量氢气，用于化学工业生产中(例如合成盐酸)。

6. 从天然气或裂解石油气制氢气

从含烃类的天然气或裂解石油气制造氢气是现时大规模工业制氢的主要方法。虽然上述两种原料都可以通过热分解而产生氢气，但最常用的是它们同水蒸气的反应，因为这类反应可以在较低的温度(1100℃)下进行：

$$CH_4 + H_2O \longrightarrow CO + 3H_2$$

这个反应是吸热的，$\Delta H = 48.9$kcal/mol。这份热量一般是利用 CH_4 在空气中燃烧生成 CO_2 和 H_2O 来提供的(CH_4 的燃烧为放热反应，$\Delta H = -191.8$kcal/mol)。所得气体产物可以按照下述水煤气法进行提纯。

7. 从焦炭或白煤制氢气(水煤气法)

令过热水蒸气在高于 1000℃ 的温度通过赤热的焦炭，即发生著名的水煤气反应：

$$H_2O(g) + C(s) \longrightarrow CO(g) + H_2(g)$$

这个反应是吸热的，在实际生产中常是交替地向发生炉中通入空气使焦炭燃烧生成 CO_2 和 N_2(发生炉煤气)来产生足够的炉温，然后通入水蒸气。

令水煤气和水蒸气一起通过装填有氧化铁钴催化剂的变换炉(400—600℃)，将 CO 变换成氢气和 CO_2：

$$CO(g) + H_2O(g) \longrightarrow H_2(g) + CO_2(g)$$

在加压下用水洗除 CO_2，然后经过铜洗塔用氯化亚铜的氨水溶液洗除最后痕量的 CO 和 CO_2。这样得到的氢气中含有来自空气中的氮气，所以主要用于合成氨工业中作为原料气。

将上述气体产物用液态空气冷冻，可除去氮、CO 和 CO_2 而得到纯氢气，产物中的 CO 可用碱石灰吸收(生成甲酸钠)。这样得到的氢气可以用于油脂的氢化。

焦炉煤气经过分级液化也可分出其中的氢气。

8. 氢气的提纯和用途

在科学技术工作中有时需要使用高纯氢气。制取高纯氢气一般有如下几种方法：通过金属钯的扩散，氢化钯或氢化铀的热分解以及过渡金属合金氢化物的可逆吸放氢等。

在温度超过 200℃时，氢气可以穿过薄的金属钯片。可以令含有杂质气体的氢气通入一支一端封闭的高温薄壁钯管，透过的气体就是高纯氢。不过这种钯管使用日久会变形，因而在钯中发生 α-钯(氢在钯中固溶体)至 β-钯(氢化钯)的相变。改用钯银合金可以在很大程度上减少变形的性质。

在高温下令钯充分吸收氢气(每一体积金属钯可最多吸收 700 体积氢气)，然后令氢化钯在氢气中冷却。用真空泵抽除残留的杂质气体，再加热时就可以由氢化钯放出超纯氢气。

金属铀或钛都能可逆地吸放氢，通过氢化物的热分解，也可以得到超纯氢，例如：

$$U+\frac{3}{2}H_2 \underset{\Delta}{\rightleftharpoons} UH_3$$

在 250℃左右，金属铀吸收氢气变成氢化铀，把杂质抽除，把氢化铀加热到 300℃，它就分解而放出超纯氢。

一些过渡金属合金或互化物也有可逆吸收氢的特性，例如钛铁合金 TiFe、镧镍金属互化物 $LaNi_5$：

$$TiFe+H_2 \rightleftharpoons TiFeH_2$$

$$LaNi_5+3H_2 \rightleftharpoons LaNi_5H_6$$

反应的逆过程也可用于产生超纯氢。这些材料已在氢能源研究中用作储氢材料(见本专题过渡金属合金氢化物节)。

氢气的最大量用途是合成氨，其次是在钴催化剂作用下合成醇类，例如

$$CO+2H_2 \xrightarrow[\text{催化剂}]{\text{加压}} CH_3OH$$

氢气又常用于植物油的氢化来合成人造脂肪和人造黄油。在无机化学工业中如合成盐酸、金属氢化物的生产以及由金属氧化物还原金属等，也都要消耗一定数量的

氢气。其他的用途还有在有机合成工作中对不饱合键的催化加氢、氢氧焰等。在宇航技术中已用液氢作高能燃料。目前在世界科技界对于使用氢气作为一种无污染的未来能源寄以甚大的希望，并且已开展了广泛的研究工作。

2.4 氢的物理性质

天然界存在的氢主要是最轻的同位素^{1}H，其丰度占99.985%；重同位素^{2}H仅占0.015%，因此在本节中讨论的性质基本上是由轻同位素组成的氢的性质。较重同位素的性质见本专题3.4节，但关于氢同位素的详细讨论请参看本丛书第十七卷专题40《稳定同位素化学》。

氢气是一种无色无味无嗅的气体，在常况下密度为0.08988g/L，约为空气密度的十三分之一。用液态空气对氢气进行冷冻，或将高压氢气通过绝热膨胀，都可以将氢气液化。在减压下令液氢蒸发，可以将氢冻结成固体。氢气在常见溶剂中的溶解度很低，典型的溶解度数据(25℃)如下：

溶剂	溶解度(mL 氢气/L 溶剂)
水	19.9
乙醇	89.4
丙酮	76.4
苯	75.6

有一些金属能够吸收氢气而不改变金属的结构，但另一些金属则会同氢化合生成结构完全不同的氢化物，这将在本专题2.4章中详细讨论。

具有天然组成的氢的一些性质汇列在表2.1中。氢气的导热率约为空气的5倍，在常见气体中氢气的导热率是最高的。

表2.1 氢的物理性质

熔点	−259.23℃=13.92K(三相点,54toor)
熔化热,ΔH_m	28.0cal/mol(三相点)
熔化熵,ΔS_m	2.0 cal/deg · mol
沸点	−252.77℃=20.38k
气化热,ΔHv	216 cal/mol
气化熵,ΔSv	10.6 cal/deg · mol
升华热,ΔHs	245.8 cal/mol(13.96k)

续表

蒸气压	
液态	$\log p(\text{atm})$（低于临界点）$=-\dfrac{56.605}{T}+3.8015-0.10458T+0.003321T^2-0.00003219T^3$
固态	$\log p(\text{torr})=4.56488-\dfrac{47.2059}{T}+0.03939T$
临界点	$T_c=33.19\text{K}$
	$P_c=12.98\text{atm}$
	$V_c=66.95\text{cm}^3/\text{mol}$
密度，D	
气体	0.08988g/l
液体	70.6g/l(−253℃)
固体	70.8g/l(−262℃)
临界密度，D_c	335，$P_cV_c/RT_c=0.3191$
生成热，ΔH_f　(kcal/mol)	H_2(g)　H(g)　H^+(g)　H^-(g)　H_2^+(g)
在 0K 时	0.000　51.620　365.138　35.066　355.67
在 25℃时	0.000　52.089　367.088　34.054　357.15
	H_2(g)　H(g)
在 25℃的生成自由能(kcal/mol)	0.000　48.575
在 25℃的 S°(cal/deg · mol)	31.210　27.392
在 25℃的 C°_p(cal/deg · mol)	6.892　4.968
H 原子电离势	13.59eV
H—H 键	
键能	104.2 kcal
键长	0.7414Å
键力常数	$5.73(\text{dyne/cm})\times10^5$
H 原子电子亲和势	0.715eV
溶解度(在 1g 水中)	温度(℃)　0　10　20　50
(H_2压力=760torr)	在 N.T.P. 下 $H_2(\text{cm}^3)$ 0.0214　0.0195　0.0182　0.0161
电负性，X	2.1(Pauling 标度)
介电常数，ε	
气体(20℃)	1.000265(1 atm)；1.00500，(20 atm)
液体	1.225(20.33℃)；1.241(14.64℃)
固体	1.2188(14.0℃)；1.224(13.5℃)
磁化率，χ_m	-1.97×10^{-6} cgs
气体的黏度，η[1]	温度(K)　　η(p)
	10　　5.10×10^{-6}

续表

	20	1.093×10^{-5}
	50	2.489×10^{-5}
	100	4.211×10^{-5}
	200	6.814×10^{-5}
	300	8.960×10^{-5}
	500	1.264×10^{-4}
	1000	2.013×10^{-4}
导热率，κ[2]	温度(K)	κ(cal/cm · sec · deg)
	10	1.43×10^{-5}
	20	3.46×10^{-5}
	100	1.613×10^{-4}
	200	3.154×10^{-4}
	273.16	4.12×10^{-4}
	300	4.463×10^{-4}

1) 实验计算式：$\eta=\frac{85.558\times10^{-7}T^{3/2}}{T+19.55}\times\frac{T+650.39}{T+1175.9}\mathrm{P}$

2) 实验计算式：$\kappa=[1.8341-0.004458T+(1.1308+0.0008973T)C_p^\circ]\times\eta/M\left(\frac{1}{1+\frac{3.2}{T}}\right)$

式中 C_p° 的单位为 cal/mol · deg，T 的单位为 K，η 为 p，M 为分子量。

关于氢的热力学性质可以参阅“Selected Values of Chemical Thermodynamic Properties”，National Bureau of Standards，Circular 600，Washington (1952)。现把常况氢的重要热力学函数汇列在表 2.2 中。

表 2.2　正常氢的热力学函数

T(K)	S° (cal/mol · deg)	$H^\circ-E_0^\circ$ (cal/mol)	$-(F^\circ-E_0^\circ)/T$ (cal/mol · deg)	C_p° (cal/deg)
10	15.607	303.67	−14.760	4.968
20	19.050	353.34	1.382	4.968
20.39	19.146	355.28	1.721	4.968
50	23.063	502.43	13.554	4.978
100	27.142	758.92	19.55	5.393
200	31.275	1361.6	24.45	6.518
298.16	33.963	2028.3	27.18	6.891
500	37.561	3429.5	30.70	6.993
1000	42.455	6966.2	35.49	7.219

固态氢的结构曾经成为许多研究工作的主题。H_2往往冻结成六方系紧堆结构的晶体，晶格参数为 $\alpha_0=3.761Å$，$c_0=6.105Å$，但在有金薄存在下它会转变成一种四方紧堆的变体。在 3K 时经 X 射线结构研究，发现在六方紧堆衍射图中掺杂着四方晶系的衍射线，表明在这个温度下正常氢的六方系结构是一种介稳状态。

氢在 20.38K 液化，在 13.92K 凝固，但无论是在气态、液态或固态，氢都是绝缘体。但是有人想到，氢属于ⅠA 族，本族的其他元素的单质都是金属，提出了使氢金属化的问题。近几十年来人们对这个问题进行了很多理论计算工作和一系列实验探索工作，并且已经取得了一定进展。根据理论计算，在超高压下金属氢将会有很高的密度，可能是固态氢密度的几倍，因而它有很高的氢储存量，可作为体积和重量都很小的火箭高能燃料。金属氘的密度也高，可用于制造体积更小和威力更大的热核武器。受控热核聚变如果实现，又可用金属氢作价廉而无污染的能源。在金属氢中储藏的能量是同重量 TNT 炸药所储能量的 $25\sqrt{P_T}$倍（P_T是以兆巴计的氢金属化转变压力），可以作为一种高储能材料。

由于金属氢的 Dedye 温度特别高，这可能具有很高的超导转变温度（200—300K，即接近室温）。目前各种超导材料都必须在液氦（沸点为 4.2K）冷冻下使用。这样苛刻的低温条件，使超导的推广应用受到了障碍。如果金属氢真能成为一种高温超导材料，必将大大推动超导技术的发展，使电力工业发生革命性的变化。

金属氢的结构可能是体心立方结构（其他碱金属均具有体心立方结构）。但也有理论计算认为金属氢是六方紧堆结构。

近几年来，由于超高压技术的发展，国际上的金属氢研究已取得了重要进展。美国、苏联和日本已先后报道了用动态高压和静态高压的方法观察到了金属氢的转变。这在人类获得金属氢的道路上迈开了可喜的一步。

目前，虽在高压下已经观察到金属氢的转变，但卸除压力后，并没有得到金属氢。从目前的理论计算和实际研究工作来看，可能金属氢在室温下不稳定。今后，金属氢研究工作中要解决的主要问题有金属氢的稳定性问题；在高压下对获得的金属氢的物理性质进行测试；发展大体积的超高压技术等。此外，有人提出可以进行从金属氢化物得到金属氢的尝试，例如已有人建议在不太高的压力下在氟氢化锂 LiH_2F 的晶体中形成稳定的金属氢晶格。关于金属氢工作的任何进展都值得我们予以密切的注意。

2.5　氢的化学性质

2.5.1　氢在形成化合物时的成键特征

氢原子的价键表现可以有如下几种情况。

1. 失去价电子

氢原子失去它的 1*s* 电子就成为 H^+ 离子，实际上就是氢原子核或质子。质子的半径（$\sim 1.5\times10^{-13}$ cm）比氢原子半径（$\sim 0.5\times10^{-8}$ cm）要小许多倍，使质子有相对很强的正电场，能使同它相邻的原子或分子强烈地变形。因此，除了气态的质子流外，并不存在自由的质子。它总是同别的原子或分子结合在一起而存在。例如在酸性水溶液中的氢离子永远是水合离子 H_3O^+ 等等。

2. 结合一个电子

氢原子可以结合 1 个电子而取得氦原子的 $1s^2$ 结构，形成负氢离子 H^-。这是氢同最活泼金属相化合形成盐型氢化物时的价键特点。由于这个离子有较大的半径(2.08Å)而容易变形，它仅存在于离子型氢化物的晶体中，而不能成为水溶液中的水合离子（水解产生 H_2）。

3. 形成共用电子对

氢原子同其他非金属元素（除了稀有气体）直接或间接地化合，共用电子对而形成共价型氢化物（常叫做某化氢）。这样，氢原子也取得了 He 原子的 $1s^2$ 结构。这种键可以是非极性的，如 H∶H，但大多数情况是形成极性共价键，例如 HCl。

4. 形成氢键

在氢的极性化合物中，依相化合原子的电负性，氢原子上可以有多余的正电荷。这个氢原子便会吸引邻近的高电负性原子上的孤电子对，形成分子间或分子内的额外相互吸引，叫做氢键。氢键能造成含氢化合物的分子间的许多特殊结合形式。

5. 负氢离子作为配位体的配位化合物的形成

负氢离子 H^- 可以作为配位体而同过渡金属离子结合生成为数众多的过渡金属负氢离子络合物。在这类化合物中，例如 $HMn\cdot(CO)_5$ 和 $H_2Fe(CO)_4$，金属同氢 M—H 键基本上是共价的，不能看成是盐型氢化物中的离子型负氢离子，但在氧化数计算中仍把这个氢的氧化数计成－1。

6. 形成氢桥键

在缺电子化合物例如硼烷类化合物或过渡金属配位化合物中，氢原子可以形成氢桥，例如

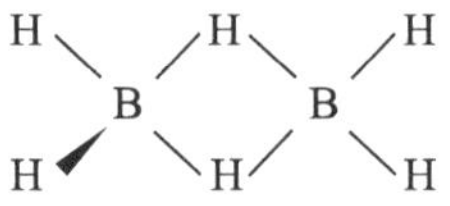
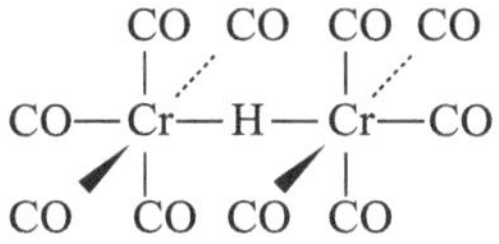

硼氢桥将在本丛书第二卷专题 6 中讨论。关于过渡金属氢配位化合物中的氢桥问题见本专题 5.3 节。

2.5.2　氢同非金属的反应

氢分子中 H—H 键的离解能(104.2kcal/mol)比一般单键高得多(例如 Cl_2 的离解能为 57.2 kcal/mol),而同双键的离解能不相上下(例如 O_2 的离解能为 117kcal/mol)。因此在常温下分子氢相对来说具有一定程度的惰性。它同单质氟能快速地反应,甚至在暗处也能迅速反应,在温度低至 −250℃ 也能同液态或固态氟反应。但在低温下同其他卤素或氧则不发生反应。

氢气同卤素或氧的混合物经引燃或光照都会猛烈地互相化合。这些反应都是放热的[在 25℃ 由 H_2 和 $\frac{1}{2}O_2$ 生成水(1)时放出的热量为 68.35kcal/mol;由 H_2 和 Cl_2 生成 Hd(g)放出的热量为 22.0kcal/mol],并在某些浓度和温度下会发生爆炸性化合反应。氢气和氧气体积比为 2:1 的混合物会猛烈地爆炸并燃烧。含氢量在 6~—67%的氢气和空气的混合物都是爆炸性混合物。在不见光的暗处氢气同氯或溴的混合物在高于 400℃时会发生爆炸性化合反应,而氢同碘则要在高于 500℃时才化合。在室温下,在强的光照下氢-氯的混合物很容易引爆。这些反应都很复杂,但基本上都是通过氢原子、卤原子而传播的链式反应。这些反应会被许多材料催化,所以这些反应往往会在较低的温度下意外地爆发。化合反应一经开始,反应热就足以使混合气体继续燃烧。

氢气在氧气或空气中燃烧时,火焰可以达到 3000℃左右。令这个燃烧的混合气迅速冷却,例如将氢氧焰射向冰块,发现其中除了氢、氧和水外,还有 H、O、OH 和 H_2O_2。氢氧焰用于焊接和切割金属。

氢同硫或硒可在 250℃时直接化合,但氢不同其他非金属和半金属单质发生高温下的直接反应。氢气同氮气仅在有催化剂存在下或电弧放电情况下才能互相化合。令石墨电极在氢气中发生电弧时可以产生烃类化合物。

气态的氢气和非金属单质之间的许多化学反应的动力学和反应机理都已被详细地研究过。氢和氯的反应是由光化学或热解生成的 Cl 原子引发的,并通过原子取代的链式反应而进行:

$$Cl_2 \longrightarrow 2Cl$$

$$Cl + H_2 \longrightarrow HCl + H$$

$$H + Cl_2 \longrightarrow HCl + Cl$$

在这种光化学反应中光量子产率竟达到 10^6,表明反应链很长。只有当原子在反应器壁上再结合成分子,或原子同体系中的杂质相结合时,反应链才有可能中断。所以这类极长链反应程序对杂质极为敏感。氢同溴也能发生类似的链式反应,但不同的是 $Br + H_2 \rightarrow HBr + H$ 这一步反应是吸热的(约 17kcal/mol),因而这个反应的链较短。这个反应特点对 $H_2 + I_2$ 体系来说更为显著,因为 $I + H_2 \rightarrow HI + H$ 要吸收更多的热(33kcal/mol),所以在 $H_2 + I_2$ 体系中反应并不以链式机理而进行。人们一般认为 $H_2 + I_2$ 反应是一种双分子反应,最近又有人指出此反应可能是一种三分子反应 $H_2 + I + I$。$H_2 + F_2$ 的反应较难研究。

氢气和氧气之间的反应可能发生 $\frac{1}{2}H_2 + O_2 \longrightarrow HO + O$ 两个支链,每一个原子可引发出两个链载体,以致反应最后导致爆炸。在气压很低时,链载体在器壁上反应而可能在发生爆炸之前使反应链终止,而在高压气体混合物中,气相中的三分子反应可能将链载体销毁。因而氢氧混合物的爆炸范围有高压和低压的极限。这个体系比较难于研究,特别是在爆炸范围内就更难研究,不过对此仍然发表了许多研究结果,有兴趣的读者可以参阅 C. N. Hinshelwood "The Kinetics of Chemical Change", Oxford (1940); A. F. Trotman-Dicken-son, "Gas Kinetics", Butterworths (1955); B. H. Кондратьев, Кинетика химических газовых реакций, AHC-CCP(1957);中译本:刘巽俊译,《气体化学反应动力学》,科学出版社(1963)。

2.5.3 氢同金属的反应

许多金属可以在高温下直接同氢气作用生成金属氢化物。这些金属包括碱金属、碱土金属(除去铍和镁)、某些稀土金属、第 IVA 族金属(除去硅),以及钯、铌、铀和钚等。此外,铁、镍、铬和铂系金属都能依确定的化学配比而吸收氢气。

在室温下氢气可以同某些微细分散的高纯金属直接反应生成氢化物。例如将氢化钒热分解得到的粉末状金属钒会在室温和常压下直接同氢气反应,并放出热量,生成氢化钒 VH。发生这类反应的必要条件大概是在金属的表面上没有氧化物膜或其他化合物,氢气被吸附到金属的表面上,为 H—H 键的离解提供了活化条件。

氢气通过加热、光照或放电等措施活化而含有一些原子氢时,将很容易同许多金属生成氢化物。除铬、镉、铁、汞、钯、钨和锌之外,大多数能形成氢化物的金属都曾经通过同原子氢的反应而合成过它们的氢化物。

2.5.4 氢同氧化物的反应

当锰的氧化物(MnO)以及在活泼性顺序中在锰之后的金属的氧化物,在适当温度加热下同分子氢反应时，它们能被还原成金属。在金属活泼性顺序中在锰前面的金属的氧化物，或生成热大于 MnO 生成热的金属氧化物，都不能被氢还原。要想用氢还原后述的一类氧化物，至少需要 2500℃ 的高温。但对其他氧化物来说，生成热越小的便越容易被还原。在平衡体系 $MO + H_2 \rightleftharpoons M + H_2O$ 中，如果水的生成热超过金属氧化物的生成热越多，则平衡点将越靠近生成金属的一边。用氢还原氧化物所需的高温往往要比理论计算的可行温度要高得多。例如根据反应自由能的计算，氧化铜(Ⅱ)可以在相当低的温度下被氢还原成金属。但实际上它在室温下是不能被还原的。只有在适当的高温下氧化铜(Ⅱ)才能被氢还原成金属。另外，CuO 以及许多其他氧化物被氢气还原的反应速度似乎还决定于生成氧化物的方式。从碱性溶液中沉淀出来的深棕色氧化铜会很快地被氢气还原，而由金属的空气氧化产生的氧化铜则极缓慢地被氢气还原。

铁的氧化物的还原过程多年来一直受到重视，因为它同冶金过程密切相关。氧化铁(Ⅲ)被氢气还原的过程是如下进行的：

1) 在温度低于 325℃时，Fe_2O_3 被氢气还原成磁性氧化铁 Fe_3O_4，反应式如下：

$$3Fe_2O_3 + H_2 \longrightarrow 2Fe_3O_4 + H_2O$$

2) 在温度高于 325℃时 Fe_2O_3 被氢气直接还原成金属铁。

$$Fe_2O_3 + 3H_2 \longrightarrow 2Fe + 3H_2O$$

3) 在还原过程 2)中既不生成 Fe_3O_4，也不生成 FeO 作为中间产物。

4) 在温度高于 325℃时 Fe_3O_4 直接被 H_2 还原成金属铁，中间不生成 FeO。

通过热力学计算，指出在 350—600℃ FeO 可以很快地被还原成金属铁。不过对铁平衡系的研究表明 FeO 在低于 570℃时就自发歧化分解了：

$$3FeO \longrightarrow Fe_2O_3 + Fe$$

实际工作证明氢气对 Fe_3O_4 的还原效果优于一氧化碳和氢的混合气，也优于单独的一氧化碳气。有人报道说最佳的温度是 600℃。在还原赤铁矿 Fe_3O_4 时，加大氢气的比率和将温度升高到 1000℃ 可以加大还原速度。在氢气流速超过 26.05l/min 时，还原效率似乎同铁矿石的粒度和气体流速无关了。不过也有人报道在 600℃时用氢还原 Fe_2O_3 和 Fe_3O_4 时，最低反应速度同矿石的微孔结构有关。

已经给金属氧化物建立了一个低于 1800K 的还原剂顺序。氢的还原本领介乎碳和一氧化碳之间，这个顺序如下：

$$Ca \geqq Mg > Al > CaC_2 > Si > C > H_2 > CO$$

氢气同某些氧化物作用可以生成氢化物。例如 $La_2O_3 + 6H_2 \longrightarrow 2LaH_3 + 3H_2O$。如果一种氧化物不能被氢气还原，向这个氧化物加入一种还原性金属(这个金属本身不能同氢化合成为氢化物)，则也可以生成前一种金属的氢化物。镁和铝可以做这种还原性金属。例如可以从氧化钙制备氢化钙：

$$CaO + Mg + H_2 \longrightarrow CaH_2 + MgO$$

对 ZnO、Cr_2O_3和 Mn_2O_3氢还原反应的研究指出，在反应中包括了许多中间阶段，在其间生成了氢氧化物，它们再分解生成金属的低价氧化物。

如前所述，CuO 还原过程的难易决定于该氧化物的生成条件和预处理的情况，在不同温度下用氢气还原 WO_3时，还原反应速度决定于 WO_3的煅烧温度和预处理的条件。还原反应的中间阶段生成各种低价氧化物，最后得到金属。在300—800℃煅烧过的 WO_3，还原温度为 550℃；而在 1000℃煅烧过的 WO_3，还原温度为 670℃。

2.5.5 氢同其他化合物的反应

在室温条件下只有很少的化合物可以直接被氢气还原，例如氯化钯可以在常温下被氢气还原成金属钯：

$$PdCl_2 + H_2 \longrightarrow Pd + 2HCl$$

使用 1%的氯化钯水溶液，可以利用这个反应来检查氢气的存在(一氧化碳也会发生这个反应!)，并且这个反应还可用于定量测定氢气。

氢气同其他化合物进行反应时，反应行为和它同单质的反应类似。绝大部分反应须在加热条件下进行，但反应一经开始，还原反应的反应热就会使反应顺利地进行。

许多金属的卤化物或其他盐都能被氢气还原。例如铁、银和钯的氯化物很容易被氢气还原生成金属和氯化氢。在 100℃将氢气通入于铂、钯、铑、铱或金的盐溶液时，可以完全还原到金属。在温度达 200℃和压力高到 600atm 时，有许多盐都可以被还原成金属。

在 125℃将氢气通入于 VCl_4，然后将 H_2-VCl_4混合物加入到一只预热到700℃的反应室中，可以得到纯度为 99%、粒度为 0.2 至 0.3μm 的金属钒(1%杂质为氢，真空加热至 580—850℃即可除去)。

不能被氢还原的卤化物，如果其中的金属可以生成氢化物，那么就可以用一种不生成氢化物的还原性金属作还原剂，来产生前一金属的氢化物。例如：

$$2LiCl + Mg + H_2 \longrightarrow MgCl_2 + 2LiH$$

$$CaCl_2 + Mg + H_2 \longrightarrow MgCl_2 + CaH_2$$

一类有意思的反应是在格氏试剂的存在下氢气同金属卤化物的反应。Cr、Fe、Ni、Co、W 或 Mo 的不稳定整比氢化物都曾经通过这个方法而制得。反应的通式如下：

$$MCl_2 + 2H_2 + 2C_6H_5MgBr \longrightarrow MH_2 + 2C_6H_6 + 2MgBrCl$$

用这个方法给金属 Fe、Co 和 Ni 各制得了两种氢化物，它们是 FeH_2、FeH_3、CoH、CoH_2、NiH 和 NiH_2。

许多硫化物可以被氢还原成金属。对于黄铁矿 FeS_2来说，温度低于 900℃时，还原反应如下：

$$FeS_2 + H_2 \longrightarrow FeS + H_2S$$

而在 900℃或高于 900℃时，还原产物是金属铁和 H_2S。

催化剂如微细分散的镍、钯和铂，都能够将氢分子活化，而使许多氢化还原反应可以在适中的温度下进行。最主要的反应是有机化合物的许多加氢反应。在一些重要工业氢化反应中，催化剂也起重要作用，例如在醇类合成工作中要用钴催化剂，以合成氨工业中要用铁催化剂，等等。

在对过渡金属的负氢离子配位化合物的研究中已使人们对这类催化剂的作用获得比较深入的认识，并引导人们走向均相氢化催化剂的研究，均相催化剂有可能使氢化反应在比较温和的条件下进行。例如在钴催化的氢化合成醇的反应中已发现活性物质是 $HCo(CO)_4$，并已把此物质分离出来加以研究了。研究结果认为这个催化反应过程是在钴的存在下，加压的 H_2 和 CO 将一种烯烃转化成醛的过程，反应程序如下：

1）H_2 分子被钴催化剂活化，生成中间物种 H—$Co(CO)_4$；

2）H—Co 键向双键加成，例如

$$C_2H_4 + HCo(CO)_4 \longrightarrow C_2H_5Co(CO)_4$$

3）CO 插入于 C—Co 之间；

$$CO + C_2H_5Co(CO)_4 \longrightarrow C_2H_5COCo(CO)_4 \longrightarrow C_2H_5COCo(CO)_3 + CO$$

4）酰基钴配位化合物被氢化：

$$C_2H_5COCo(CO)_3 + H_2 \longrightarrow C_2H_5CHO + HCo(CO)_3$$

5）三羰基钴再同 CO 加成再生成四羰基配位化合物，同时醛被加氢成为醇：

$$HCo(CO)_3 + CO \longrightarrow HCo(CO)_4$$

$$C_2H_5CHO + H_2 \longrightarrow C_2H_5CH_2OH$$

中间过程也可能会包括一种氢羰基合二钴的中间物种，不过这个加氢反应的主要特点是分子氢对活性的酰基-钴键的作用。

分子氢也可以在温和条件下在一种氧化加成反应中向低价配位化合物加成，例如

$$IrClCO(PPh_3)_2 + H_2 \longrightarrow IrCl(H_2)CO(PPh_3)_2$$

这个反应在 25℃就可以进行。在此反应中 Ir(Ⅰ)被氧化到 Ir(Ⅲ)。

2.5.6 氢气的分析

在氢的分析中使用 $PdCl_2$ 在前面已经提到了。在一般分析工作中，常先将氢气通过分级凝聚同其他挥发性氢化物分离，然后令氢气通过加热的氧化铜将它转化成水，并对生成的水进行测定。另一种代替办法是使用氧化银，它在温和加热下仅能被氢气还原(产生水)，但不会被烃类还原。若没有其他可燃气体共存时，氢气

可以在很大过量的氧气存在下，通过燃烧-量气的办法进行测量。

2.6 正氢和仲氢

分子氢有两种同素异构变体，叫做正氢和仲氢。这种异构现象是由于分子中两个原子的核自旋有两种可能的偶合而引起的。现在认为两个核是在与分子轴相垂直的平面上进行自旋的。在正氢分子中两个核的自旋是平行的，而在仲氢分子中两个核的自旋是反平行的，在正氢中由于核自旋的偶合使自旋量子数 J 相当于奇数值，而仲氢的 J 值相当于偶数值。

平常的氢气是正氢和仲氢的互变异构混合物，它的组成遵从化学平衡定律。在不同温度下氢气的平衡组成见表 2.3。由表可见，在温度为 273K 和高于此温度时正氢和仲氢的组成比约为 3∶1，并且正氢所占的百分比不会超过 75%。不过如果改变氢气的温度，平衡自行调节得很慢，组成不能很快地达到应有的平衡值。在一只玻璃容器中装盛的纯仲氢在室温下放置三周，其组成也没有出现可觉察的变化，它的半衰期约为三年。

表 2.3 在不同温度下氢气的平衡组成

温度(K)	仲氢(%)	温度(K)	仲氢(%)
0	100.00	95	40.48
20	99.82	100	38.51
25	99.01	105	36.82
30	96.98	110	35.30
35	93.45	115	34.00
40	88.61	120	32.87
45	82.91	130	31.03
50	76.86	140	29.62
55	70.96	150	28.54
60	65.39	170	27.09
65	60.33	190	26.23
70	55.83	210	25.72
75	51.86	230	25.42
80	48.39	250	25.24
85	45.37	273	25.13
90	42.75	∞	25.00

如果把氢气冷冻到极低温度，氢分子倾向于进入可能的最低能态。对于仲氢分子来说这个状态相当于 $J=0$，而对于正氢分子来说这个状态相当于 $J=1$。因而仲氢在低温下是较为稳定的形式，正氢分子倾向于转化成仲氢分子。在实验工

作中曾发现：如果将氢气长时间地保持于低温，然后把它加热至常温，其光谱表明，仅有与 J 值为偶数值的变化相对应的谱线，而没有与 J 值为奇数值的变化相对应的谱线。这个结果证实了：1）从仲氢到平衡混合物的变化速度是极端缓慢的；2）在低温下的稳定物种确为仲氢。为了使氢的一种变体能以正常的速度转化成另一种变体，可以用原子氢来使氢气活化，或使用催化剂。将分子氢放在火花放电之下或将分子氢加热到 800℃都可以向分子氢中引入原子氢。如果向富于仲氢的氢气（在液态空气的沸点时用木炭处理氢气而获得的）混入含有原子氢的氢气，就会发生仲氢-正氢平衡混合物的部分转化。在不同温度下进行这个反应：

$$\text{仲 } H_2 + H \rightleftharpoons \text{正 } H_2 + H$$

已经求出这个反应的活化能为 7.250 kcal，高温有利于促进仲氢的转化为平衡混合物，这或许是由于分子氢在高温热离解为氢原子而导致的结果。

无论是均相催化或多相催化都会促进仲氢-正氢平衡。已经发现顺磁性物质是最有效的催化剂。顺磁性气体如 NO 和 NO_2 都是有效的，而反磁性气体 N_2、N_2O、CO_2、NH_3、HI、SO_2 则都是无效的。在溶液中的顺磁性离子也会促进平衡的转化，并且变化速度同离子的磁矩有关，例见表 2.4。

表 2.4 顺磁性离子对于仲氢转化成平衡混合物的速度的影响

离子	磁矩(B. M.)	反应速度常数，K (1/mol · min)
Zn^{2+}	0	0
Cu^{2+}	1.9	1.15
Ni^{2+}	3.2	1.95
Co^{2+}	5.1	5.56
Fe^{2+}	5.3	6.05
Mn^{2+}	5.8	8.05

木炭是一种良好的催化剂，它可以将一份已在室温下达成平衡的混合物较快地在液态空气的温度下达成平衡，但如果再将这个混合物升温至室温，木炭就不能再帮助这个混合物恢复平衡状态了。这是因为木炭仅在低温才对气体有最高的吸收效率。铂黑的催化效能恰好与木炭相反，铂黑可以使已在低温下达成平衡的正氢-仲氢混合物在室温下较快地达到平衡，但在液态空气的低温下却是无效的。可能它只能促进由仲氢到正氢的单方向转化。对各种氧化物催化活性的研究表明，在 86K 顺磁性氧化物的催化活性最强。

仲氢、“正常氢”和正氢平衡混合物的物理性质对比在表 2.5 中。

表 2.5 仲氢、正常氢和正氢的性质对比

（蒸气压，沸点和三相点）

温度(K)	蒸气压		
	仲氢[1]	"正常氢"[2]	正氢[3]
10	1.93(固态)	1.73(固态)	—
13	30.2(固态)	27.9(固态)	—
13.81_3	52.8(三相点)	49.1(固态)	—
13.95_7	57.4(液态)	54.0(三相点)	—
14.05	60.5(液态)	57.0(液态)	55.1(三相点)
15	100.4(液态)	95.0(液态)	92.2(液态)
18	360.6(液态)	345.9(液态)	337.8(液态)
20	700.3(液态)	675.7(液态)	662.6(液态)
20.27_3	760(沸点)	733.9(液态)	720.0(液态)
20.39_0	786.8	760(沸点)	747.7(液态)
20.45_4	801.7	774.4	760(沸点)

1) 在 20.4K 时为平衡混合物，含正氢 0.21%。

2) 含 75%正氢。

3) 根据差值外推至 100%正氢。

仲氢分子的磁矩为零，因为反平行的自旋彼此互相抵消了。正氢分子的磁矩为质子磁矩的两倍。正氢和仲氢的导热率是不同的。已经发现仲氢在正氢/仲氢混合物的百分比同此混合物的导热率有直线关系。可以利用这个关系来测定一给定氢气样品的仲氢含量。

仲氢转化到平衡混合物的速度曾用于测量在一份氢气样品中自由氢原子的浓度，特别是用于测量光化反应中氢原子的静态浓度。

关于仲氢和正氢的进一步讨论，请参阅本丛书第十七卷专题 40。

2.3 氢原子和氢核

3.1 原 子 氢

氢分子有很高的热稳定性，仅在很高的温度下它才会有较大的离解度：

$$H_2 + 104.2kcal \rightleftharpoons 2H$$

有人曾计算过，在 2000K 时氢分子的离解度仅为 0.12%；在 3000K 时为 9.03%；在 4000K 时为 62.3%和在 5000K 时为 94.2%。

当将一注氢气流吹向电弧时，即在空气中燃烧，产生非常炽热的火焰。如在电弧后面放置一块金属板或某种氧化物（如二氧化钍），氢原子撞击到金属板或氧化物上面，会促进氢原子再结合成氢分子。例如在上述氢焰中放入一根钨棒，它会很快熔断，因为氢原子再结合成氢分子所释放出的热集中在金属的局部表面上，而能使金属熔化。从分子氢生成 1mol 液态水时，其生成热为 68.317kcal；而从原子氢生成 1mol 液态水时，其生成热却可以高达 172.117kcal。原子氢焰在熔焊金属方面很重要，由于原子氢火焰有强的还原性，熔焊金属不需用焊药，在熔化合金时也不会发生表面氧化。

已知原子氢可以同氢分子结合生成一种配位分子 H_3。H_3 分子的能量为 −43.539eV。根据这个数值进行计算，可以求得反应：

$$H + H_2 \longrightarrow H_3$$

的活化能为 8.76kcal（估算的实验值为 5—10kcal）。

令氢气以低气压通入高电压放电管时，也可以产生原子氢，另外，光化学过程也能用来产生原子氢。用汞蒸气冷弧灯的紫外光（2537Å）在室温下向氢气和汞蒸气的混合物进行辐照时，氢气便会发生相当大程度的离解，产生的含原子氢的气体可以很容易地将氧化铜（Ⅱ）还原。

原子氢是氢的一种最有反应活性的形式。它的半寿命约为 0.3sec。原子氢同碱金属蒸气以及同汞蒸气能产生荧光，并能使许多荧光体发光。它同碳（炭黑）在 100℃时作用可产生 CH 自由基，在光谱中在 4317Å 处显有吸收峰。

原子氢是一种极强的还原剂。在室温下它可以将 Cu（Ⅱ）、Cu（Ⅰ）、Pb（Ⅱ）、Bi（Ⅲ）、Ag（Ⅰ）、Hg（Ⅱ）和 Hg（Ⅰ）的氧化物或氯化物还原成金属。可以将无水 $SnCl_2$ 还原成 Sn、HCl 和 SnH_4，某些金属硫化物如 CuS、HgS 和 CdS 也能被原子氢还原成金属。碱金属的硝酸盐、亚硝酸盐、氰化物、硫氰酸盐、氨化物以及叠氮化物都能被原子氢还原成金属，但硫酸盐、磷酸盐和卤化物则不发生变化。硫酸铜和硝酸银可被还原成金属，P_4O_{10}被还原成 PH_3。在许多还原过程中，金属氧化物是通过氢氧化物而被还原的，例如：

$$MnO_2 \xrightarrow{H} MnO(OH) \xrightarrow{H} Mn(OH)_2 \longrightarrow MnO$$

$$Na_2O_2 \xrightarrow{H} 2NaOH$$

$$WO_3 \xrightarrow{H} H_{0.1}WO_3 + H_{0.33}WO_3$$

$$MoO_3 \xrightarrow{H} Mo_4O_{10}(OH)_2 \longrightarrow Mo_2O_4(OH)_2 \longrightarrow Mo_5O_7(OH)_8$$

原子氢同 Na、K、Li 等金属在室温下发生放热反应而产生金属氢化物，而原子氢同单质硫、磷、砷和锑则分别产生 H_2S、PH_3、AsH_3和 SbH_3，还有许多其他金属可以同原子氢生成它们的氢化物。原子氢同氧作用则生成过氧化氢。

3.2 氢原子的性质

氢原子的一些物理性质汇列在表 2.6 中。

表 2.6 氢原子和离子的性质

原子量(正常氢)	1.0079
生成热	
25℃	52.089 kcal/g-atom
0K	51.620 kcal/g-atom
生成自由能，25℃	48.575 kcal/g-atom
生成熵，25℃	27.392 cal/deg · g-atom
电离势，$H \longrightarrow H^+ + e^-$	13.59eV=312kcal
电子亲和势，$H + e^- \longrightarrow H^-$	0.752eV=17.37kcal
H 原子半径	
Bohr 半径	0.528Å
共价半径	0.28Å(Pauling)
$\frac{1}{2}$(H—H)键长	0.371Å
van der Waals 半径	1.2Å
H^-离子半径	
自由离子	2.08Å(计算值)
在离子型氢化物中	1.3—1.5Å
H^+离子半径	10^{-5}Å
原子磁矩	1.73B. M.（玻尔磁子）
核磁矩	2.79270 N. M.（核磁子）
核自旋	$\frac{1}{2}\hbar$

由于从 H_2 生成 H 原子需要较大的生成热，以及氢原子有较小的电子亲和势（氢原子结合一个电子生成 H^- 是放热的），使 H^- 的生成热比卤离子的生成热（均为吸热反应）要多出 70kcal/mol（原子）。因而离子型氢化物 MH_n 的生成热（放出热量）要低于相应卤化物的生成热，并且这种氢化物的种类要比卤化物的种类少得多。

氢所有的原子半径和离子半径都是可变的，其中 H 和 H^- 的半径特别容易受所在环境的影响。值得注意的是氢原子的共价半径比氢分子核间距的一半要小得多。负氢离子的半径特别容易受所在环境的影响。表中的计算值（2.08Å）是根据一个孤立的 H^- 离子界面的 90%而求得的，这个半径在晶体中将会受到很大的压缩而变小。这个大的计算值在过去曾使许多工作者怀疑在氢化物——如 LiH——中是否存在有负氢离子。现已弄清，在共价的或离子型环境中 H^- 离子有很小的半径是合理的。关于氢半径问题的另一个特点是阳离子 H^+ 是一个赤裸裸的氢原子核，即质子，它的半径是任何一种其他化学物种的半径的 10^{-5} 倍，而它的电荷密度则要高出 10^{15} 倍，因此在任何凝聚相中这个赤裸裸的质子是不能存在的。它同任何环境介质都有很强的作用力，例如 H^+ 的水合能为 260.7±2.7kcal/mol。

对氢原子光谱的观测和理论说明对于量子理论的发展起着重要的作用。根据 Balmer 的原始工作，在氢吸收光谱线的波长上存在着简单的数字关系，它们遵守如下通式：

$$\bar{\nu} = R_H\left(\frac{1}{m^2} - \frac{1}{n^2}\right)$$

式中 $\bar{\nu}$ 是谱线所在位置的波数；R_H 是 Rydberg 常数，它等于 109 677.76cm^{-1}；m、n 均为正整数。对于每一系的谱线，m 是一个定值，而 n 则为自 $(m-1)$ 至无限大的任何值。各系谱线都以它们的发现者命名：

Lyman 系 $m=1$ Balmer 系 $m=2$ Paschen 系 $m=3$

Brackett 系 $m=4$ Pfund 系 $m=5$

在上面的各光谱系中，Lyman 系为紫外光区，最后三个系为红外区。

这些规律性很容易用量子理论来加以解释。每一个线系的产生是由于电子由量子数为 m 的低能态向量子数为 n 的高能态的跃迁而来的。氢原子的电离相当于电子向极限值 $n=\infty$ 的跃迁。如果跃迁是从基态算起的，则 $m=1$，跃迁的能量等于 R_H，这相当于氢原子的电离势。用不同方法测量的结果所得的这个数值都很一致。

3.3 氢的同位素

关于氢同位素的详细讨论，请见本丛书专题 40 的 3.2 节。这里只作简要介绍。

在 1929 年对氧的研究发现它有同位素 ^{16}O、^{17}O 和 ^{18}O，经过原子量标准的变迁，现在普通氧的原子量为 15.9994，是三种同位素原子质量的平均值。根据氧原子量求得的氢的化学原子量大于质谱法测得的氢原子量。因而人们猜测在普通氢中可能含有 1/5000 的质量数为 2 的同位素，即 ^{2}H。后来果然发现了 ^{2}H，被命名为氘(deuterium)或重氢，符号为 D。另一同位素 ^{1}H 被命名为氕(protium)，符号为 H。在天然水中 H 对 D 的比例约为 6000 比 1。

在 1934 年对富于氘的氢气样品进行了质谱研究，发现在自然界还有一种氢同位素氚，^{3}H(tritium)或超重氢，符号为 T。在普通水中它的含量估计每 10^{17} 份中有 7 份，在普通氢中每 10^{17} 个原子中还不到一个原子氚。

1. 重氢 D 的制备

在 1932 年人们发现对普通水进行电解时，^{1}H 优先在电极上放出，因而在连续进行电解时氘便富集在电解液中，用适当的方法电解老电解槽中水溶液即可得到纯 D。

由于原子能技术的发展，在用铀的反应堆中要用重水作为中子减速剂，促进了浓缩氘的研究工作，发展起来两种主要的方法。第一种方法是水的分级蒸馏。重水和轻水在沸点上有少许差别(重水沸点 101.42℃/760mm)，需要进行深度蒸馏，需用的水蒸气量特别大，所以这个方法成本高昂。第二种方法是普通水同氢气进行催化交换，可使水中的氘浓度超过氢气中的氘浓度约 3 倍。可以任何一种从水中制氢气的方法从重水 D_2O 中获得 D。

2. 物理性质

氘的一些物理性质汇列在表 2.7 中，为了进行对比，表中也列入了氕的性质。

表 2.7 氘和氕的一些性质

性质	D	^{1}H
熔化热(cal/mol)	52.3	28.0
三相点(K)	18.71	13.92
沸点(K)	23.59	20.38
原子质量	2.014102±0.000005	1.007825±0.0000027
蒸气压(mm，在 H_2 沸点时)	250	760
零点能	4387	6176

3. 化学性质

氢的两种同位素 ^{1}H 和 ^{2}H 在化学性质上是类似的。氘可以在任何一种含氢化合物中代替氢原子而形成一种相等当的化合物。不过由于很大的质量比(2∶1)和零点能的差值,使这两种同位素在反应速度上和平衡点位置上有较大的差异。在某些表面上 D_2 和 H_2 的吸附速度常常是很不同的,但在催化反应中反应速度却相差不大。

用氢气和氘气还原氯化铜(Ⅰ)时,反应速度常数的比值约为 2,这大概是由于零点能的差异造成的。

分子氘一般说来不大容易参加交换反应,但在加氢催化剂的存在下,它就能够参加交换反应。氘原子和 D_3O^+ 离子不会同含氢化合物发生交换。在常温下氘同水的交换仅在催化剂如铂黑的存在下才能进行。将氨或铵盐溶解在重水中时,会发生交换产生含氘的氨或铵盐。使用金属的含氘氢化物可以有利于交换过程的进行。

在研究许多化学反应机理的工作中常常使用氘作为示踪原子。

在实际工作中,氚是通过核反应来制备的,即用基本粒子轰击轻元素。

用氘核轰击含氘化合物,如 D_3PO_4、ND_4Cl 和 $(ND_4)_2SO_4$,可以生成氚,例如:

$$^{2}_{1}D + ^{2}_{1}D \longrightarrow ^{3}_{1}H + ^{1}_{1}H$$

用氘核轰击铍可以得到氚,反应式如下:

$$^{9}Be + ^{2}_{1}H \longrightarrow ^{8}Be + ^{3}_{1}H$$

用中子轰击硼和氮,也都可以得到氚。饱和的硼酸溶液或 NH_4NO_3 溶液在快中子的作用下可以发生四种反应:

$$^{10}_{5}B + ^{1}_{0}n \longrightarrow ^{11}_{5}B \longrightarrow ^{8}_{4}Be + ^{3}_{1}H$$
$$^{8}_{4}Be \longrightarrow 2\,^{4}_{2}He$$

$$^{11}_{5}B + ^{1}_{0}n \longrightarrow ^{12}_{5}B \rightarrow ^{0}_{4}Be + ^{3}_{1}H$$

$$^{14}_{7}N + ^{1}_{0}n \longrightarrow ^{15}_{7}N \nearrow ^{17}_{6}C + ^{3}_{1}H$$
$$^{15}_{7}N \searrow 3\,^{4}_{2}He + ^{3}_{1}H$$

$$^{15}_{7}N + ^{1}_{0}n \longrightarrow ^{16}_{7}N \longrightarrow ^{13}_{6}C + ^{3}_{1}H$$

慢中子可以从锂产生 $^{3}_{1}H$:

$$^{6}_{3}Li + ^{1}_{0}n \longrightarrow ^{3}_{1}H + ^{4}_{2}He$$

氚是一种放射性同位素,为 β-放射体。从氚放出的 β-射线在常压氦中的最大射程仅为 13±1mm,β-粒子的能量为 15±3keV。氚的半衰期为 31±8 年。氚的原子质量为 3.01605(^{2}H=2.01410;^{1}H=1.00782,^{12}C=12)。氚核的磁矩(相对于质子)为 1.06666±0.00010N.M.,自旋为 $\frac{1}{2}$。

氢的这个同位素可在化学、医药或生物体系中用为人工放射性示踪原子。

3.4 有关氢的核反应

在核反应中常用质子^{1}H作为轰击粒子和靶核，并且也是核转化的产物。用质子轰击各种靶核产生的物种选录如下：

1）产生α粒子和原子序数为Z−1的核：

$$^{14}_{7}N+^{1}_{1}H\longrightarrow ^{4}_{2}He+^{11}_{6}C$$

2）产生一个中子和同量素Z+1。

3）放出能量并产生Z+1，A+1的核，例如$^{12}_{6}C(p,\gamma)^{13}_{7}N$。

4）产生一个质子和一个激发态核。

5）产生两个质子和一种Z−1的产物，例如$^{12}_{6}C(p,2p)^{11}_{5}B$。产生质子的核转化反应选录如下：

1）用氘轰击核产生A+1的同位素：

$$^{10}_{5}B+^{2}_{1}H\longrightarrow ^{11}_{5}B+^{1}_{1}H$$

2）用中子为轰击粒子产生Z−1同量素：

$$^{32}_{16}S+^{1}_{0}n\longrightarrow ^{32}_{15}P+^{1}_{1}H$$

类似的核反应有$^{27}_{13}Al(n,p)^{27}_{12}Mg$或$^{106}_{48}Cd(n,p)^{106}_{47}Ag$

$$^{106}_{47}Ag\begin{cases}\longrightarrow ^{106}_{46}Pd+^{0}_{1}e\\ \longrightarrow ^{106}_{48}Cd+^{0}_{1}e\end{cases}$$

3）用α为轰击核：

$$^{19}_{9}F+^{4}_{2}He\longrightarrow ^{22}_{10}Ne+^{1}_{1}H$$

类似的核反应有$^{14}_{7}N(\alpha,p)^{17}_{8}O$，$^{28}_{14}Si(\alpha,p)^{31}_{15}P$或

$$^{25}_{12}Mg(\alpha,p)^{28}_{13}Al\longrightarrow ^{28}_{14}Si+e^{-}$$

4）γ-吸收，例如$^{4}_{2}He(\gamma,p)^{3}_{2}He$或$^{16}_{8}O(\gamma,p)^{15}_{7}N$。

2.4 氢 化 物[1,2]

氢化物是一大类化合物，一般说来只包括氢同金属互相结合的化合物，而不包括氢同非金属的二元化合物，如水、氨、烃类等。

4.1 氢化物按周期系的分类

氢化物可以方便地按照相结合元素在周期系中的位置以及氢化物在物理性质和化学性质上的广泛差异而划分成五类(表 2.8)。

1) 离子型氢化物。它们是类盐型的化合物，具有较高的熔点、较高的稳定性和较高的生成热。在结构上类似于相应的卤化物。

2) 共价型氢化物。包括所有非金属(稀有气体除外)和一些半金属元素的氢化物。它们一般是气体、液体或固态聚合物。在结构上价键属于共用电子对型、并且都是在化学配比上为整比的化合物。非金属的氢化物常常叫做“某化氢”而不是“氢化某”，在本文中将不予讨论，请参阅有关的各专题。

3) 过渡金属氢化物。元素周期系中的ⅢB、ⅥB、ⅤB、ⅥB、ⅦB 和Ⅷ B 族金属以及它们的合金同氢生成很大的一类氢化物。这些氢化物在性质上也有很大范围的变化。这些金属有的不生成氢化物，有的生成部分氢化物，有的生成确定的整比氢化物。过渡金属合金的氢化物研究是近十年来金属氢化物化学的特点。

4) 边界氢化物。这类氢化物的性质介于共价型氢化物和过渡金属氢化物之间，一般说来它们在室温下是不稳定的。目前还比较缺乏这类氢化物的性质的报道。

5) 配位氢化物。这是一大类重要氢化物，其中仅碱金属同硼或铝的配位氢化物在工业上和科学技术中具有重要的作用。

4.2 离子型氢化物

在本节中讨论碱金属和碱土金属(铍和镁除外)元素的氢化物，它们都是白色固体，在温度超过 500℃时熔化或分解。一般来说它们多少类似于卤化物。

在这些化合物中，我们把 MgH_2 和 BeH_2 排除在外，因为 MgH_2 在性质上介于离子型和共价型氢化物之间，而 BeH_2 则全然是共价型化合物，在镧系元素的氢化物中 EuH_2 和 YbH_2 在结构和性质上类似于碱土金属二氢化物。

表 2.8 氢化物按周期系的分类

ⅠA	ⅡA	ⅢB	ⅣB	ⅤB	ⅥB	ⅦB	Ⅷ			ⅠB	ⅡB	ⅢA	ⅣA	ⅤA	ⅥA	ⅦA	O
H																	He
Li	Be											B	C	N	O	F	Ne
Na	Mg											Al	Si	P	S	Cl	Ar
K	Ca	Sc	Ti	V	Cr	Mn	Fe	Co	Ni	Cu	Zn	Ga	Ge	As	Se	Br	Kr
Rb	Sr	Y	Zr	Nb	Mo	Tc	Ru	Rh	Pd	Ag	Cd	In	Sn	Sb	Te	I	Xe
Cs	Ba	La*	Hf	Ta	W	Re	Os	Ir	Pt	Au	Hg	Tl	Pb	Bi	Po	At	Rn
Fr	Ra	Ac**	104	105	106												
离子型氢化物		过渡金属氢化物								边界氢化物			共价型氢化物				

* 镧系元素	La	Ce	Pr	Nd	Pm	Sm	Eu	Gd	Tb	Dy	Ho	Er	Tm	Yb	Lu
** 锕系元素	Ac	Th	Pa	U	Np	Pu	Am	Cm	Bk	Cf	Es	Fm	Md	No	Lw

4.2.1　活泼金属氢化物的离子模型

在 1920 年 Moers 首先观察到 LiH 的离子型化合物特征，他发现当给 LiH 加热至熔化时，它的导电率立即增大。其他碱金属氢化物在熔化之前就以离子形式存在，并且同大多数电离溶剂发生反应。不过它们可以溶解在碱金属卤化物熔体中，对这种互溶体进行电解时，在阳极上放出氢气。碱土金属的氢化物也有同上的表现。

当初人们对这些氢化物的离子型本性是有所怀疑的，主要是由于 H^- 离子的计算半径为 2.08Å 而引起的，这个半径几乎等于 LiH 的核间距。另外，对双原子的 LiH 分子进行理论计算时，发现 LiH 应该是一种共价型分子。不过后来，从离子键模型出发，从理论上计算了碱金属氢化物的晶格能，结果与实验测得值能很好地一致。在 1966 年又有人对 LiH 分子进行了新的计算，发现在 Li 上的电子密度同 LiF 中 Li 上的电子密度是类似的。这表明 LiH 是离子型的，不过 Li^+ 对 H^- 有很强的极化作用。在同一年，又有人从理论上阐明 LiH 是由 Li^+ 离子和极化的 H^- 离子组成的，剩余的电子密度则几乎均等地分布在两个核上。现在虽然对 LiH 的结构模型还没有一个很好的一致意见，但至少是所有的工作都对固态 LiH 之有离子键模型起了支持作用。最新的实验结果表明在 LiH 中 Li 电荷的 7/10 至全部已转移给 H，而用中子散射实验证明有 0.88 的电子电荷已从锂转移给氢，而最后阐明了 LiH 的离子模型。不过由于在 Li^+ 和 H^- 离子间有较大的电子云重叠，在它们之间的电荷密度不会降低为零。

由于在碱金属元素系列中，Li^+ 最小而有最强的极化作用，因而 LiH 的离子键程度在碱金属氢化物系列中应该是最小的。所以上述的对 LiH 的工作也证明离子模型也适用于其他碱金属氢化物。虽然对碱土金属氢化物的工作较少，但电解和对晶格能的计算和实验测定等工作都是支持离子型结构的。

自由 H^- 离子有较大的计算半径，表明这个离子在晶体的环境中有很大的压缩性。从表 2.11 的数据可以看出在所有的离子型氢化物中 H^- 半径都是改变的，这表示 H^- 对环境的敏感性。在不同氢化物中，如给各阳离子采取标准的离子半径值，则 H^- 的半径从 1.25Å 变到 1.55Å。这意味着氢的核电荷对两个电子的吸引力是相对较弱的。

4.2.2　离子型氢化物的制备

所有的离子型氢化物都是通过金属同氢的直接化合反应来制备的，合成的温度在 300—700℃范围内，氢气的压力一般为 1atm。在合成钠和重金属的氢化物时存在着一个问题，即在金属表面上会生成一层粘附很紧的氢化物膜层而阻碍了反应的继续进行，为了克服这个困难，常常使用金属在矿油中的分散液作原料，或采用表面活性剂，这样制得的氢化物在纯度上就不能从高要求。

在图 2.1 中绘示了金属氢化物 MH_2 的 H_2 气压对氢化物组成的变化关系图。在压力-组成曲线开始上升的部分相当于氢在未改变的金属晶格中的溶解过程。这时产生的物相（溶解了氢气的金属）叫做 α-相。当继续吸收氢时，开始产生金属氢化物，分离出 MH_2 而生成一种金属-金属氢化物两相的固体。在这个两相区间，氢气压力不随组成而变化，水平线段称为吸氢平台。最后当所有的金属都接近变成为氢化物时，所生成的氢原子略有不足的氢化物需要加大的氢气压力才能达到化学计算配比，于是随着组成的变化，压力增大，曲线陡然上升。给体系升高温度时，反应速度加快，但需要较高的 H_2 压力，所以图中在较高温度 T_2 和 T_3 时，吸氢平台较高和线段较短。对每一个金属氢化物体系来说，需要通过实验寻找温度和压力组合的最优条件。

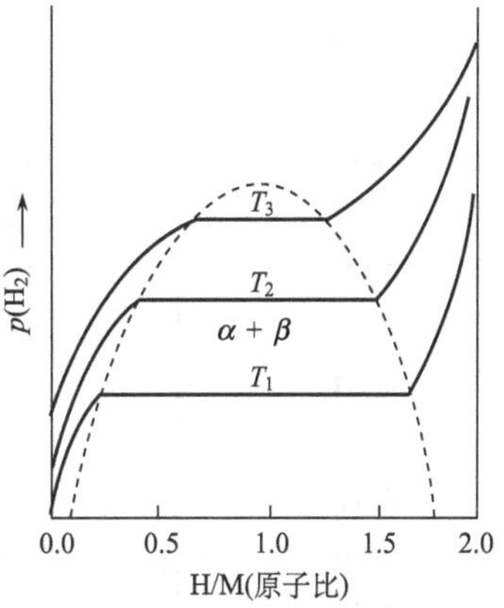

图 2.1 金属氢化物 MH_2 的压力-组成简图

如上所述，温度升高时，两相区变短，最后两相区消失。图中的虚线就代表了金属/金属氢化物的相图。β-相相当于金属氢化物的相。如果在体系中有不止一种金属或氢化物相时，则会得到一个复杂的相图，但图的各段则都同图 2.1 的曲线类似。在平台区，氢气的压力服从下式的关系：

$$\log p=-\frac{A}{T}+B$$

通过压力同温度的变化关系可以求出氢化物的生成热。不过严格地讲，求得的是由氢饱和的金属生成有缺陷氢化物的生成热，只是在工作温度下等温线两端陡升部分较短，这样求得的生成热同用量热法测得的结果往往很接近。已经对许多金属氢化物做过压力-组成等温线测量，一些典型结果汇列在表 2.9 中。

所有的离子型氢化物都是白色或无色晶体。但不纯净的产物往往是淡灰色至黑色的，如果产物中有过量的金属，则往往呈蓝色至紫色。所有的离子型氢化物的密度都比相应金属的密度大。

4.2.3 离子型氢化物的物理性质

离子型氢化物的热力学数据：生成热、生成自由能和熵汇列在表 2.10 中。经最新测量实验证明，这些生成热数据都是可靠的，仅 RbH 和 SrH_2 的稍有问题，因为当时获得样品的纯度是可疑的。

表 2.9　离子型氢化物的离解压

	A	B	温度范围(℃)
LiH	9600	11.23	500—650
	8224	9.93	700—800
NaH	6100	11.66	100—415
	5960	10.47	500—600
KH	6175	11.69	289—415
	6300	11.86	350—415
RbH	5680	11.80	246—350
	4930	9.51	400—450
CsH	5900	11.79	245—378
	4410	9.25	340—440
CaH_2	9610	7.35	600—780
SrH_2	10400	11.10	—
BaH_2	4000	6.86	500—1000

表 2.10　固体氢化物在 25℃ 的热力学函数

	ΔH_f° (kcal/mol)	ΔG_f° (kcal/mol)	$-\Delta S^\circ$ (cal/deg · mol)
LiH	−21.790±0.290	−16.16	18.9
NaH	−13.487±0.020	−9.0	15
KH	−13.819±0.011	−9.8	16
RbH	(−12.98)	−7.3	19
CsH	−11.92	−7.3	15
CaH_2	−41.65	−32.61	30.4
SrH_2	(−42.3)	−33.1	31
BaH_2	−45.44±0.09	−36.6	30

这些生成热数值都比相应的卤化物的生成热小(比碱金属卤化物约小100kcal/mol),这主要是由于氢原子的电子亲和势比卤原子小,而 H_2 的离解能又比单质卤素 X_2 离解能大的缘故。碱土金属氢化物同碱金属氢化物相比有较高的晶格能,这同对应的卤化物变化是平行的。

在碱金属氢化物中,在 LiH 和其他重碱金属氢化物之间,生成热有一个突跃的变化,在表 2.11 中汇列的结构参数也表现出与此平行的变化。这些差异看来是由于 Li^+ 离子的小半径和它对 H^- 离子有较强相互作用而造成的。

表 2.11 离子型氢化物的结构性质

	单元晶胞(Å)	M—H 核间距(Å)	H^-半径(Å)	晶格能(kcal/mol)		密度(g/cm^3)
				计算值	实验值	
LiH	4.083	2.043	1.37	222	217.8	0.772
NaH	4.879	2.445	1.46	191	192.7	1.363
KH	5.708	2.856	1.52	169	170.1	1.430
RbH	6.037	3.025	1.54	161	154.4	2.595
CsH	6.376	3.195	1.52	155	166.1	3.410
CaH_2	a=6.851 b=5.948 c=3.607 在 780℃时转化成β相	短 2.32 长 2.85	1.38	600	580	1.902
SrH_2	a=7.358 b=6.377 c=3.882 在 855℃时转化成β相	短 2.49 长 3.06	1.39	542	540	3.269
BaH_2	a=7.845 b=6.801 c=4.175 在 598℃时转化成β相	短 2.67 长 3.28	1.38	522	518	4.156

离子型氢化物在结构上类似于相应的卤化物。所有的碱金属氢化物晶体呈立方系的 NaCl 结构，而 CaH_2、SrH_2和 BaH_2晶体呈斜方晶系的 *Pnma* 结构，类似于 $BaCl_2$的结构，并同 $PbCl_2$和 $CaCl_2$的结构极近似。在高温下碱土金属氢化物转化成立方系的β型结构，并已确定为氟化钙的面心立方结构。在高温下碱土金属卤化物也有这种从斜方系转为立方系的变化。

离子型氢化物的结构参数汇列在表 2.11 中，在表中的负氢离子半径是由核间距减去阳离子的 Goldschmidt 半径而求得的。在 LiH 和其他碱金属氢化物的结构参数之间再一次表现出突跃的变化。另外，在碱土金属氢化物中的 H^- 半径几乎和 LiH 中的 H^- 半径一样大小。晶格能的计算值是用 Born-Meyer 方程式求得的。氢化锂的熔点为 692±2℃，熔化热为 5.095kcal/mol，热容为 8.3cal/deg · mol，分解反应 $LiH \longrightarrow Li+\frac{1}{2}H_2$ 的反应热为 6.3±2.5kcal/mol(温度范围 25—250℃)；而氢化钠的分解-生成平衡在 100—140℃的活化能为 24.9kcal/mol(分解反应)和 11.0kcal/mol(生成反应)，故相应的反应热为 13.9kcal/mol，比 LiH 的较大。

4.2.4 化学性质、用途和安全操作

离子型氢化物的反应活性在很大程度上决定于样品的状态、纯度和分散度。反应活性由锂到铯、钙到钡而增大。氢化钙的活泼性远不如氢化锂。CaH_2与水温和地反应放出氢气，LiH、SrH_2和BaH_2则猛烈地反应，而NaH到CsH则极为剧烈地反应。NaH与水反应放出大量热而能使产生的氢气燃烧起来，RbH和CsH甚至可以在干燥空气中燃烧。在使用碱金属氢化物时，头脑中应有一种警惕性，知道这种微细分散的氢化物样品会同氧化剂极剧烈地反应，碰到强氧化剂时甚至有发生爆炸的危险。曾经有过这样一次经验，有人将一份K_3AlH_6样品放在手套箱中放置了一段时间，后来用药匙触碰了一下样品，立即发生了爆炸。人们认为这种剧烈反应的发生是由于在氢化物表层上生成了一层超氧化物，触动时超氧化物同氢化物发生了反应而导致爆炸。十分可能KH也会发生类似的作用。能生成超氧化物的K、Rb和Cs的氢化物如果略受氧化，便有可能发生这种爆炸的危险。

最有实用价值的离子型氢化物是LiH、NaH和CaH_2。氢化钙是其中最稳定的一种，它用于发生氢气、作为干燥剂和在工业中用于制备硼、钛、钒和其他单质的还原反应中。它的优点是在使用时操作方便，产生的CaO、未反应的CaH_2以及其他副产物都能很容易地用水洗除。

氢化锂有许多重要用途，因为它微溶于乙醚和类似的溶剂中。因此它常用于无机和有机的还原反应中，可以用它来制备许多共价型的二元氢化物。它是制备氢化铝锂$LiAlH_4$的原料(见本专题5.1节)。

氢化钠有更广的用途，因为它比较价廉，并且它又是比金属钠较为温和的还原试剂。例如在乙酰乙酸酯合成中可以用氢化钠代替醇钠。氢化钠在100—150℃的温度范围内是一种良好的还原剂。NaH的一些较新用途如下：同$B(OCH_3)_3$在约275℃反应以合成$NaBH_4$和$NaB(OCH_3)_3H$，将$SiCl_4$还原以制备SiH_4(用锌化合物为催化剂)以及参加许多有机还原反应等。规模最大的一种用途是将氢化钠溶化在熔融的氢氧化钠中作为钢铁的脱锈剂。已有专利文献指出，在一种卤化物的存在下对金属钠进行氢化可以安全地大规模制备氢化钠在卤化物中的固溶体。

4.2.5 氢化铍和氢化镁

氢化铍曾通过$LiAlH_4$对铍化合物的还原反应来制备：

$$(CH_3)_2Be + LiAlH_4 \longrightarrow BeH_2 + LiAlH_2(CH_3)_2$$

在实际工作中从上述反应中得到的氢化铍是一种乙醚合物。通过烷基铍的热分解也可以得到氢化铍：

$$Be(C_4H_9)_2 \longrightarrow BeH_2 + 2C_4H_8$$

不过得到的产物纯度很低，而且成本较高。一切铍化物都是有毒的，应该在惰性气氛中进行操作。从单质直接合成氢化铍的工作一直没有成功。

用氢化铝锂还原法制得的氢化铍即使在低温－196℃下也能猛烈地同水或甲醇反应。当将氢化铍加热到125℃时，它就迅速分解放出氢气。在另一方面，由热分解法得到的氢化铍仅在190—200℃才缓慢地放出氢气，即使在50℃时同水也不能完全反应。

氢化镁 MgH_2 的密度为 1.42g/cm^3，加热到未熔化前即分解，生成热－18.2kcal/mol。氢化镁曾通过氢化铝锂对镁化合物的还原作用来制备，也曾用烷基镁的热分解法来制备。现在工业上已可以从单质直接合成氢化镁。合成方法是在高温球磨机中进行氢化，连续地供给镁的新鲜表面和严格控制温度(380—400℃)，氢气压力为140.6kg/㎠。产品纯度可达97％。

从单质合成得到的 MgH_2 是一种灰色粉末，有很高的热稳定性，它极缓慢地同水反应，不溶于常见有机溶剂中。它是一种具有惰性的氢化物，不能用它代替氢化钙来做氢气供源或干燥剂。它也不能代替氢化钠在有机反应中做碱性缩合剂，因为它的碱性过于弱了。

由氢化铝锂还原法得到的氢化镁却是不稳定的，并有很高的反应活性。氢化镁的性质同合成方法有密切关系的这个特点很类似于氢化铍。

4.3 过渡金属氢化物和边界氢化物

4.3.1 概论

过渡金属的钪族、钛族、钒族、以及铬、镍、钯，所有的镧系和锕系元素都生成确定的二元氢化物。这些化合物是深色的或有金属外貌，大多数是脆性的固体，但也有一些如 UH_3 是深色的粉末。除了镧系的氢化物和 UH_3 外，所有这些化合物都有金属的电传导性和显有其他金属性质如磁性。大部分的这类氢化物是用单质直接化合的方法来制备的，影响合成反应的因素与离子型氢化物相同，重要的一点是要想得到含氢量最高的产物则必须用极纯的金属样品做原料，一些高氢含量的相，以及靠后的过渡金属的氢化物，则往往需要高到数个大气压的氢气才能制得。CuH 和 Zn 族氢化物则是通过间接的化学反应来制备的。

过去曾认为这些氢化物是氢在金属中的固溶体，或氢间充在晶格空隙中，但现在已经弄清楚这些氢化物都有很明确的物相，它们的结构完全不同于母体金属的结构。另外，过去的研究工作已在文献中造成了一种印象，即这些氢化物都是典型的非整比化合物，近年来使用纯金属材料所进行的研究表明非整比并不是这些氢化物的基本性质，只有氢化钯至今仍证明是非整比的。同离子型化合物相比，在过渡金属氢化物的压力-组成图中，氢在金属中溶解和非整比氢化物两个区域(氢压陡峭上升部分)倾向于成为主要变化,而吸氢平台区则按比例缩小。最突出的非整比例子是氢化钯,理想的氢化物相应该是 PdH,但迄今为止报道的最高含氢量仅达到 $PdH_{0.8}$。在镧系和锕系二氢化物相 MH_2 中也有若干非整比的例子。

对于过渡金属氢化物的成键理论曾有过详细的论述。这里只做简单介绍。已有三种不同的理论模型:1)氢以原子状态存在于金属晶格中;2)氢以 H^+ 存在于氢化物中,氢将它的价电子供入氢化物的导带中;3)氢以 H^- 形式存在,每个氢原子从导带取得一个电子。模型 1)意味着金属的晶格没有发生变化,并且金属对 H 原子的作用很小,这就不能说明独立的氢化物相的生成,但它对于说明图 2.1 的 α 相区是有用的。

对于氢化物相,质子模型和负氢离子模型都有不同程度的应用。虽然有的工作者只采用一种模型,其实这类氢化物的某些性质既可用质子模型解释,也可用负氢离子模型来解释。例如在镧系氢化物中,当氢含量向着 LnH_3 增大时,导电性随之递降。对于这个现象质子模型的解释是由 Ln^{3+} 和 $3H^+$ 向导带中供入了 6 个电子,氢含量增大时,导带趋向于成为满带,故导电性递降。而负氢离子模型则认为形成负氢离子时,从导带中拿走电子,越接近 LnH_3,$3H^-$ 将全部取走由 Ln^{3+} 供入导带的电子,使它成为空带,也导致导电性的降低。其他的实验现象也可以有类似的两个方面的解释,并也都能同实验结果相一致。现在还没有统一的结论。

过渡金属吸氢后往往发生晶格的膨胀,生成氢化物的密度比母体金属的密度小些。在过渡金属氢化物中仅氢化钛和氢化锆在工业上是比较大批量生产的。其他的过渡金属氢化物例如镧系和锕系元素的氢化物也都被研究过,但由于价格昂贵,实用价值不大,最近十年来由于注意力集中于氢作为能源的研究,过渡金属合金的氢化物作为能可逆储放氢的储氢材料,开展了广泛的研究工作,成为现时氢化和研究的一个特点。

4.3.2 稀土金属氢化物

稀土金属能同氢气直接反应,镧和铈如果先经加热到 300℃进行活化后,便可以在室温下直接吸收氢气。

氢化镧 LaH_3,密度 5.14g/cm^3,生成热－49.7kcal/mol。

氢化铈 CeH_3,密度 5.4g/cm^3,生成热－42.26kcal/mol。

氢化镧和氢化铈都是黑色粉末,能在空气中自燃,组成是可变的,它们的化学性质都很活泼。新制成的样品在室温下能同氮气反应。在 0℃时也能猛烈地同水反应产生氢氧化物。

镨、钐、铕、钆和镱等都能在高温下生成组成可变的氢化物,极限组成为 LnH_3,但也能生成确定的 LnH_2 相。

4.3.3 锕系元素氢化物

在锕系元素氢化物中，仅铀和钍的氢化物被详细研究过。其他锕系元素氢化物仅以小量被制备过。单质金属同氢气之间的直接反应是强放热的，生成的产物是易自燃的粉末。

1. 氢化铀 UH_3

密度 10.92g/cm^3；熔化前分解；生成热－30.35kcal/mol。制备氢化铀的最好方法是将金属铀在 225—250℃在 1atm 的氢中加热，氢化反应进行得很快。氢化铀的一个重要特性是能可逆地放出氢。在形成氢化铀后，对它抽空，排除杂质气体，然后在 200—300℃范围内加热，它就分解放出氢气，利用这个可逆的吸放氢循环：

$$U+\frac{3}{2}H_2 \rightleftharpoons UH_3$$

可以供给超纯氢气。由于氢化铀与金属铀有不同的结构，经数次氢化-脱氢循环后，金属铀变成为微细分散状态，并且处于活化状态，在较低温度下也容易同氢气直接化合。可通过氢化铀的生成来提纯氢气。对于氢化铀的一切操作都应在氮气或氩气氛中进行。

氢化铀曾被用为合成其他化合物（如卤化物）的中间体。

2. 氢化钍 Th_4H_{15}

密度 8.24g/cm^3，立方晶系，a_0＝9.11Å，M—H 核间距 2.46Å。制备方法类似于氢化铀，在约 350℃时直接氢化。吸氢过程是放热的，并且密度有很大的缩减。它是一种能自燃的黑色粉末，同空气和水能剧烈反应放出氢气。钍合金系统的氢化物也曾经成为储氢材料而被研究过，但实用意义不大。

4.3.4 其他过渡元素氢化物

1. ⅣB 族的氢化物

钛、锆、铪的单质金属在高温和常压下可以直接氢化，生成确定的整比氢化物 MH_2。氢化钛和氢化锆已有一些工业应用，所以被详细研究过。

(1) 氢化钛 TiH_2

密度 3.8g/cm^3，在熔化前分解，生成热为－34.5kcal/mol。它的合成方法如下：1）在约 200℃时直接将金属钛氢化，然后在氢气中冷却；2）在氢气中用氢化钙还原二氧化钛：

$$TiO_2 + CaH_2 \xrightarrow{H_2} TiH_2 + CaO + H_2O$$

用酸沥取除去氧化物，得到微细分散的高纯氢化钛。商品氢化钛是经过筛分的并以不同粒度而供应的。氢化钛有较高的化学稳定性，它对空气、水和多种酸呈惰性，不过它容易同强氧化剂反应。它在 400℃时缓慢分解。在真空中在 600—800℃时能够完全脱氢。

氢化钛在电真空工艺（如制造电子管、显象管）中用作吸气剂，在制造泡沫金属时用作氢源，并用作高纯氢的供源，它也应用于金属-陶瓷封接中和粉末冶金中向合金粉末中供给钛。

(2) 氢化锆 ZrH_2

密度 5.6g/cm^3，熔化前分解；生成热为 −39.7kcal/mol。它的制备方法同氢化钛，氢化反应往往是在 900℃时进行的。它是一种稳定的粉末，在正常情况下对空气和水是稳定的。它能猛烈地同氧化剂和强酸反应。将它引燃时能平稳地燃烧。在真空中它在 300℃时开始分解，在 500—700℃时几乎完全分解。

氢化锆在工业上用于焰火、熔剂和引燃剂，在核反应堆中用为减速剂，在真空电子管工业中用作吸气剂，也用在金属-陶瓷封接中。

氢化钛和氢化锆在工业上已成吨生产和供应，但主要用于军事用途。

(3) 氢化铪

密度为 11.37g/cm^3，熔化前分解。它是以实验室规模生产的，在 700—800℃以加压的氢对金属铪进行氢化，将产物在氢气中冷却以便得到氢含量相当于 $HfH_{1.98}$的产物。它对空气和水是稳定的，但能同氧化剂和强酸反应。纯的氢化铪是一种灰黑色粉末，容易粉碎。在商品中它以小批量供研究用。

2. 第ⅤB族氢化物

钒、铌、钽都能吸收氢并放出热量，但它们都不生成有确定化学整比的氢化物，它们的氢化物的生成热都相对地较低。为了使这些氢化物能达到最高含氢量，需要使用特殊技术（例如用球磨机进行氢化）。

(1) 氢化钒 $VH_{1.8}$

它是通过金属钒的直接氢化或用氢化钙还原氧化钒来制备的。不过，如果没有采用特殊氢化技术，化合物的最高比值相当于 $VH_{0.71}$，在 1000℃时采用球磨机和改变氢气压力，可以把比值提高到 $VH_{0.9}$。用碘化物法制备的高纯钒经过氢化可以得到最高比值的氢化钒。钒吸收了氢之后，晶体发生膨胀，使密度依氢含量降低了 6—10％。它在室温下同空气缓慢地反应，生成一层氧化物盖层。它同水和稀酸不发生反应。

(2) 氢化铌 NbH(NbH_2)

密度 6.63g/cm^3,熔化前分解,生成热－23.3kcal/mol。它的制备方法类似于氢化钒。将金属铌在氢气中高温活化,随后用真空处理,再采用球磨技术,可以达到最高比值 $NbH_{0.94}$。有报道说,用稀氢氟酸处理金属铌后曾制得过 NbH_2。一氢化铌是一种脆性的灰黑色粉末,它对水和酸都是稳定的,并且也是热稳定的。二氢化铌在室温下缓慢分解成一氢化铌。

(3) 氢化钽 TaH

密度 15.1g/cm^3,熔化前分解。它的制法与氢化钒类似。最高比值为 $TaH_{0.76}$,与前述氢化物类似,在氢化过程中晶格发生膨胀。它是一种灰黑色的脆性粉末,在高温下可以将氢化钽中的氢完全真空抽除。用 HF 处理低比值的氢化物可以得到较高比值的氢化钽。

3. 第ⅥB、ⅦB 和Ⅷ族元素的氢化物

这些元素——第ⅥB 族的铬、钼、钨;第ⅦB 族的锰、锝、铼;第Ⅷ族的铁、钴、镍——都不生成氢化物,个别的只能吸收少量氢。虽然在文献中有过不同的报道,但这些元素是否有真正的氢化物仍是可怀疑的。

较新的报道说仅铬能生成两个氢化物相,CrH 和 CrH_2,它们是在电解铬酸时生成的。CrH 为六方晶系的,每个 Cr 原子有 6 个配位氢原子,CrH_2 属面心立方晶系。

铂系金属中最值得提起的是钯的氢化物。在钯氢体系中有两个氢化物相,在其中的钯原子都处于立方紧堆的相对位置。在 α-相中,晶格常数接近于金属钯的晶格,可以把这个相看成是溶液相,即氢在钯中的固溶体,在室温下含氢量约为 3%H,而在约 200℃时可以达到 10%H。另一氢化物相——β-相的单元晶胞较大,最高氢含量可达 $PdH_{0.85}$。通过中子衍射研究,发现在氢化钯中氢原子以八面体位置配位在钯原子周围,使晶体结构成为有缺陷的氯化钠结构。晶格常数外推至配比为 PdH 时,$a=4.11$Å。

氢气通过金属钯的扩散是提供高纯氢的重要方法之一,此外,氢化钯在燃料电池中用为氢电极也是很重要的。将金属钯加热到 200℃就可以达成氢气同金属中氢之间的平衡。但将钯加热高于 300℃时,独立的氢化物相即行消失。

4.3.5 边界氢化物

周期表中第ⅠB 族,ⅡB 族和部分ⅢA 族(In,Tl)金属的氢化物被划分为边界氢化物。虽然已知有氢化物 $CuH_{0.5}$ 和 InH_3,但这些元素的氢化物都不能认为是具有足够稳定性的真氢化物,并且也没有实用价值。曾有人报道说在液氮温度下曾制得了氢化汞和在干冰的温度下制得了氢化镉。

4.3.6 过渡金属合金氢化物[3]

近几十年,由于对未来能源的需求,在许多国家里开展了大规模的新能源探索工作。其中氢作为最简单和完全无污染的人工燃料,受到了广泛注意,但由于气态氢是能量密度低的燃料,不便于储存和运输,难以在运载工具和燃料电池等方面应用。如果能提高氢的能量密度以解决储存和运输问题,氢将是一种理想燃料。近年来由于发现了过渡金属合金或金属互化物能够大量吸收和释放氢气,使问题的解决有了光辉的前景,并使过渡金属氢化物的研究成为近几十年金属氢化物化学发展的特点。在 1969 年 H. Zijlstra 等发现钐钴合金 $SmCo_5$ 在室温和 20atm 下每摩尔能吸收 2.5molH,即生成氢化物 $SmCo_5H_{2.5}$,在压力降到 1atm 时,又会将氢气释放出来。经过近十多年来的大量研究工作,用过渡金属合金或金属互化物来储存氢气(叫做储氢材料)已经成为一种切实可行的方法。用这种方法储氢,不仅氢的密度高(最高可达 6—7×10^{22} H atom/cm^3,超过了液氢的密度 4.2×10^{22} H atom/cm^3),而且还有许多其他优点,例如不需要液氢的低温和氢气钢瓶的高压,可以在室温附近和几个大气压下工作,可以循环使用,爆炸和燃烧的危险性小等。

现在已经研究了许多种过渡金属合金体系,典型示例见表 2.12。

表 2.12 若干典型过渡金属合金及其氢化物

类 别	化学式	晶 系	晶格参数(Å)	吸氢后组成
镧镍合金	LaNi	斜方系	a=3.91 b=10.80 c=4.39	$LaNiH_{3.0}$
	$LaNi_2$	斜方系	a=5.114 b=7.891 c=9.715	$LaNi_2H_2$
	$LaNi_2$	立方系	$MgCu_2$型,a=7.387	$LaNi_2H_2$
	$LaNi_3$	六方系	a=5.083 c=25.09	$LaNi_3H_{4.2}$
	La_2Ni_7	六方系	Ce_2Ni_7型,a=5.085 c=24.71	$La_2Ni_7H_{11.3}$
	$LaNi_5$	六方系	$CaCu_5$ 型,a=5.017 c=3.987	$LaNi_5H_6$
镧 镁	La_2Mg_{17}	六方系	a=10.36 c=10.24	$La_2Mg_{17}H_{>10}$
钛系合金	TiFe	立方系	a=6.61	$TiFeH_{1.95}$
	$TiV_{1.4}$	—	—	$TiV_{1.4}H_{4.6}$
	TiV_4	—	—	TiV_4H_8

续表

类 别	化学式	晶 系	晶格参数(Å)	吸氢后组成
钛系合金	Ti_2Ni	立方系	a=11.896	Ti_2NiH_3
	Ti_2Pd	四方系	—	$Ti_2PdH_{1.47}$
	Ti_2Pt	立方系	—	$Ti_2PtH_{1.05}$
	Ti_3Pt	立方系	a=5.224	Ti_3PtH_3
锆系合金	$Zr_{97.9}Ti_{2.1}$	—	—	$Zr_{97.9}Ti_{2.1}H_{2.23}$
	$Zr_{71.6}Ti_{28.4}$	—	—	$Zr_{71.6}Ti_{28.4}H_{2.75}$
	ZrV_2	立方系	a=7.900Å	ZrV_2H_5

对于储氢材料的基本要求是:有较高的吸放氢能力,适当的平衡氢压,易于活化,脱氢速度大,对空气以及合金中的杂质较不敏感,有较高的吸氢量-重量比,以及价值低廉等。

目前,最有希望获得实际使用的过渡金属互化物是具有 $CaCu_5$ 结构的 $LaNi_5$ 和具有 CsCl 结构的 FeTi。它们形成氢化物($LaNi_5H_6$ 和 $TiFeH_{1.95}$)后,单位重量和单位体积的含氢量同液氢以及其他氢化物对比在表 2.13 中。

表 2.13 若干氢化物含氢量的对比

含氢的化合物	存在状态	密度 (g/cm^3)	每 g 承载的氢重(g)	每 g 储存的标准氢体积(L)	每 m^3 储存的氢重(kg)
氢气	气体	0.00008988	1	11.2	0.08988
液氢	液体	0.0706	1	11.2	70.6
水(H_2O)	液体	1	0.11	1.2	110
氢化锂 (LiH)	固体	0.772	0.125	1.4	96.5
氢化钙 (CaH_2)	固体	1.902	0.05	0.56	90.6
氢化铝锂 ($LiAlH_4$)	固体	0.917	0.105	1.18	96.5
液氨 (NH_3)	液体	0.725	0.177	1.904	106
镧镍氢 ($LaNi_5H_6$)	固体	6.43	0.014	0.157	88
钛铁氢 ($TiFeH_{1.95}$)	固体	5.47	0.0185	0.207	101.2

在图 2.2 中绘示了若干种过渡金属及合金氢化物的氢分解平衡压力和温度的关系。例如 TiFe-H 在室温下约同 5atm 的氢气处于平衡状态。如果温度和气压

条件处在这条直线的上侧，则体系向吸收氢(氢化)的方向进行，反之，如果温度和压力条件在这条直线的下侧，则反应向氢化物分解(脱氢)的方向进行。

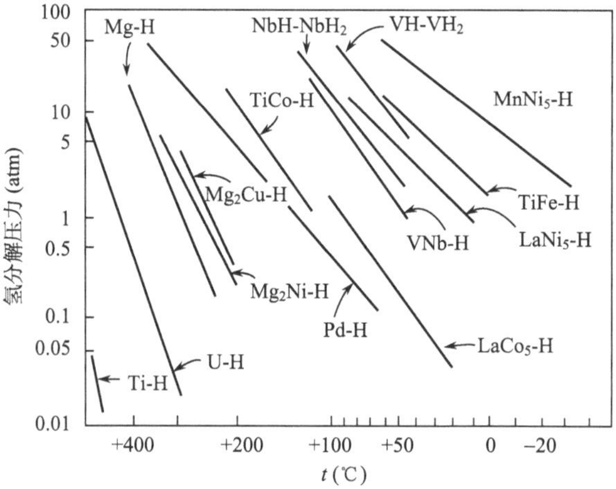

图 2.2 各种金属氢化物的氢分解压力

1. $LaNi_5$和 TiFe 及其氢化物的性质

(1) $LaNi_5$及其氢化物

文献上报道的$LaNi_5$的吸氢能力略有差别，从 6 到 7.2mol H/mol $LaNi_5$，这可能是所用氢气及合金纯度不同或脱氢温度不同引起的。

图 2.3 为$LaNi_5$在恒温下的氢压-含氢量图(即 P-x-T 曲线)。它的常温平台压力为 2.5atm，对于作氢源来说是很方便的。平台压力和温度的关系可以表示为下式：

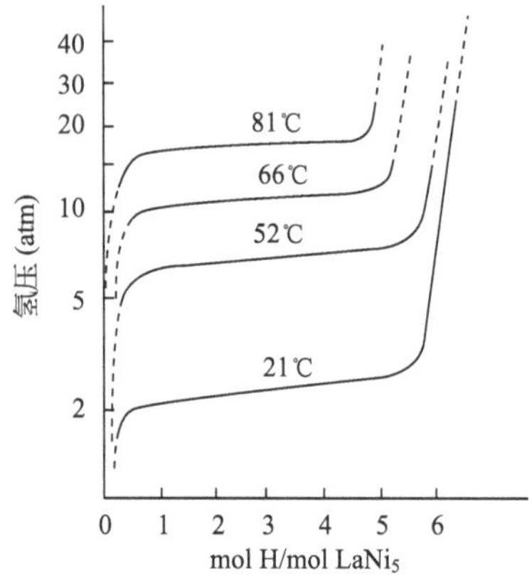

图 2.3 LaNi,的 P-x-T 图

$$\ln(P_{H_2})_{平台}=\frac{\Delta H}{RT}-\frac{\Delta S}{R}$$

在形成金属氢化物时的焓变和熵变分别为 $\Delta H=-7.6$kcal/molH_2 和 $\Delta S=-26$cal/deg · mol H_2。

有实用价值的储氢材料一般在吸氢时显为放热反应，放氢时为吸热反应，反应可表示如下：

$$LaNi_5+3H_2 \rightleftharpoons LaNi_5H_6+Q$$

当$LaNi_5$形成氢化物时，它的结构并不变化，但晶格参数发生显著的改变，晶胞体积约膨胀 27%。

$LaNi_5H_6$ 的脱氢速度随温度的升高而增大，这部分是由于平台压力升高的结果，由于脱氢是吸热反应，为了使脱氢反应继续进行，必须补充必要的热量，否则会因温度降低而停止脱氢。图 2.4 是 $LaNi_5H$ 的脱氢曲线。

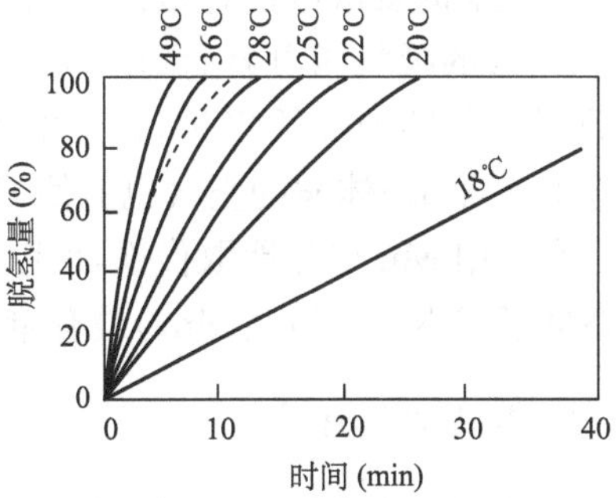

图 2.4 $LaNi_5H_6$ 的脱氢曲线

在过去，$LaNi_5$ 是通过纯金属按照既定配比进行真空熔炼来制备的。最近，南开大学无机合成研究室创造了金属合成的化学合成法，即用一种沉淀剂（草酸根、碳酸根等离子）把溶液中的（$La^{3+}+5Ni^{2+}$）离子共沉淀为难溶化合物（草酸盐或碳酸盐），然后干燥并煅烧成为活性氧化物。最后用氢化钙在高温下进行还原，即得到活性很高的五镍化镧，反应如下：

$$2La^{3+}+10Ni^{2+}+13CO_3^{2-}+xH_2O \longrightarrow 2LaNi_5(CO_3)_{6.5}\cdot xH_2O\downarrow$$

$$LaNi_5(CO_3)_{6.5}\cdot xH_2O \xrightarrow{\triangle} LaNi_5O_{6.5}+6.5CO_2+xH_2O$$

$$2LaNi_5O_{6.5}+6.5CaH_2 \longrightarrow 2LaNi_5+6.5Ca(OH)_2$$

$$LaNi_5+3H_2 \rightleftharpoons LaNi_5H_6$$

此法不仅可用于合成储氢材料，也可用于合成其他合金或金属互化物体系。此外，这个方法也能推广应用于非水溶液体系。

(2) 钛铁 FeTi 及其氢化物

FeTi 是一种有希望的储氢材料，它的价格比较低廉，储氢的重量可达 1.92%（略高于 $LaNi_5$），吸氢和脱氢的速度也比较快。FeTi 同氢的相互作用如下：

$$FeTi+\frac{1}{2}H_2 \rightleftharpoons FeTiH$$

$$FeTiH+\frac{1}{2}H_2 \rightleftharpoons FeTiH_2$$

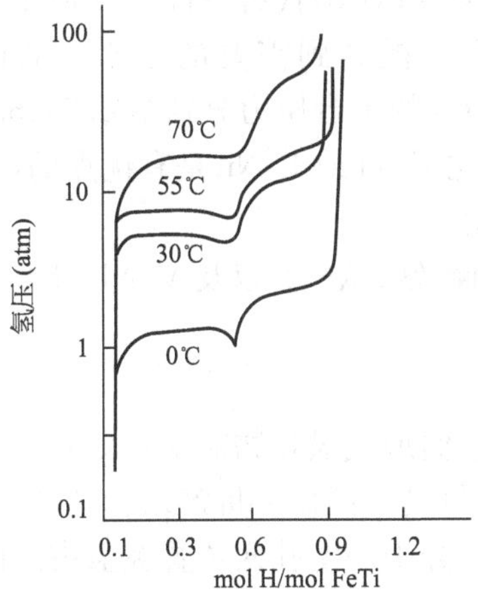

图 2.5 FeTi 的 P-x-T 图

钛铁氢体系的 P-x-T 曲线绘示在图 2.5 中。FeTi 的吸氢平台压力如下，当 $x<1.0$ 时：

$$\ln(P_H)_{平台}=-\frac{3383}{T}+12.76$$

当 $x=1.0$ 至 1.6 时：

$$\ln(P_H)_{平台}=-\frac{4020}{T}+15.66$$

依 FeTi 和氢气的纯度不同，P-x-T 曲线和吸氢能力会有所不同，一般吸氢量可以达到 $FeTiH_{1.8}$。FeTi 吸氢时放出 1.7kcal/molH_2 的热量。脱氢时要吸收同样数量的热。

FeTi 的吸氢能力会受到杂质特别是氧的影响。氢气中如含有 1%的氧会使 FeTi 的吸氢能力降低 25%，这是由于生成了富氧三元相如 $Ti_{10}Fe_7O_3$ 相而引起的。氢气中如含 3%体积的空气也能使 FeTi 的吸氢能力降低 25%。

有人用 Mn 部分地取代铁，可以降低 FeTi 的平台压力，并使合金更易活化，从而降低了成本。$TiFe_{0.7}Mn_{0.2}$ 最有希望代替 FeTi。

2. 其他储氢材料

为了寻求性能好、重量轻、价格低的储氢材料以及科学研究的要求，近年来已对 RT_5 型(R:稀土元素；T:过渡元素)、RT_3 型及 AB_2 型金属间化合物以及其他类型的合金化合物进行了广泛研究，并已发现吸氢能力和平台压力能够以可控的方式而加以改变。

RT_5 型化合物除了具有较高的吸氢能力之外还具有吸氢脱氢不需要高温高压、较易活化和对杂质不很敏感等优点。$LaNi_5$ 就属于这一类化合物。这一类化合物的相应氢化物的稳定性(表现为平台压力)，随 R 原子序数的增大而减小。在 RT_5 中 R 可以是任何镧系元素或混合稀土，T 常是 Ni 或 Co。

RT_3 型化合物也有很高的吸氢能力，如 $GdCo_3$ 可以形成氢化物 $GdCo_3H_{4.3}$，氢密度达到 6.2×10^{22} H atom/cm^3，因而也是较有希望的一类储氢材料，在 RT_3 中 R 常是重稀土元素(Gd 至 Er)，而 T 常是铁系元素(Fe、Co、Ni)。

AB_2 型合金化合物主要是含锆的金属体系，例如 ZrV_2、$ZrCr_2$ 和 $ZrMn_2$，它们有较强的吸氢能力，分别生成氢化物 $ZrV_2H_{5.3}$、$ZrCr_2H_4$ 和 $ZrMn_2H_{3.6}$，但它们的平台压力太低(≤1atm)，例如上述三个氢化物的平台压力分别是 10^{-3}、0.012 和 0.07atm。不过人们发现，如果用其他过渡金属(如 Fe，Co)代替一部分 B 原子形成以 AB_2 为基底的假二元系，则可以将平台压力提高到需要的水平。例如 $Zr(Fe_{0.75}V_{0.25})_2$、$Zr(Fe_{0.75}Cr_{0.25})_2$ 和 $Zr(Co_{0.5}Mn_{0.5})_2$ 的平台压力分别是 0.25、5.5 和 1.2atm。这类化合物吸氢前一般不需活化，这比 FeTi 或 $LaNi_5$ 是有优点的，又由于这些金属价格较低，有可能在技术上获得应用。

其他已研究过的合金体系尚有镁-铜、镁-镍、镧-镁、钛-锰、以及 V、Nb 等。

3. 过渡金属合金氢化物的储氢模型

过渡金属合金是以氢化物的形式储存氢的，它们形成氢化物需要具备两个基本条件：1)四面体孔穴的空间半径大于 0.46Å；2)氢同金属以共价键结合，即同金属的电负性等化学因素密切相关。换句话说，在合金中一定孔穴位置被氢占入的状况主要决定于孔穴周围原子的电子分布状况。

当 A 和 B 两种金属形成合金化合物时，A、B 各原子周围不再是同类原子而是异类原子了。由于化学性质、电负性以及电子密度的差异使电子向电负性大的金属原子迁移，从而使一种原子变小，另一种原子膨胀。吸氢后，氢原子优先同易吸氢的 A 原子作用，使 A 原子和 B 原子不再直接接触，而是出现了 A-H 和 B-H 界面。于是氢化物的生成焓可以表示为：

$$\Delta H(AB_nH_{2m})=\Delta H(AH_m)+\Delta H(BH_m)-\Delta H(AB_n)$$

这个关系式建立了金属间化合物的稳定性和它们氢化物稳定性之间的关系，即二元化合物越稳定，三元氢化物就越不稳定。这个“可逆稳定性原则”已被大量实验事实所证明。这样就有可能根据这个原则来选择室温下具有合适平台压力的储氢材料。对已选定的基底成分也可以用置换部分元素的办法来改变金属互化物的稳定性，从而达到控制平台压力的目的。

不同的金属互化物有不同的结构。它们形成氢化物后，氢原子占入晶体的四面体孔穴或八面体孔穴里，造成了晶格的膨胀，有的不改变原晶格的晶系，有的则会发生晶系的转变。

$LaNi_5$ 和 $LaCo_5$ 都属于六方系的 $CaCu_5$ 结构。在每一个晶胞里，在 $z=0$ 和 $z=c$ 的两个平面上各有 1 个 A 原子和 2 个 B 原子。在 $z=0$ 的平面上，它们的坐标分别是：A(0,0,0)；B$\left(\frac{1}{3},\frac{2}{3},0\right)$和$\left(\frac{2}{3},\frac{1}{3},0\right)$。由一个 A 原子和三个 B 原子组成一个四面体，在这个四面体内同 4 个原子接触的空间球半径 r_s 可以由晶格常数 a 和 c 算出。$LaNi_5$ 和 $LaCo_5$ 变成氢化物后晶格常数的变化列在表 2.14 中。

表 2.14 $LaNi_5$ 和 $LaCo_5$ 吸氢后的晶格膨胀

化合物	结构	a(Å)	b(Å)	c(Å)	$\frac{a}{\sqrt{3}b}$	晶胞体积 V(Å^3)	ΔV/H atom
$LaNi_5$	六方系	5.017	—	3.982	1.0	86.80	—
$LaNi_5H_6$	六方系	5.440	—	4.310	1.0	110.50	3.53
$LaCo_5$	六方系	8.849	5.019	3.970	1.0	179.48	—
β^1-$LaCo_5H_{3.4}$	四方系	8.973	5.413	4.088	0.957	198.56	2.85
γ-$LaCo_5H_{4.2}$	四方系	9.495	5.381	3.966	1.013	202.63	2.76

已经用结构测定方法测定了氢在 $LaNi_5$ 中的存在形式，并且也测定了某些 RCo_5 型化合物相应氘化物的结构，确定了氘在晶胞中的位置（图 2.6）。在每一个晶胞里有 2 个稀土原子、10 个钴原子和 8 个氢原子。其中 $z=0$、$z=c$ 两个平面上共有 4 个氢原子，在 $z=\frac{c}{2}$ 的平面上有 4 个氢原子。

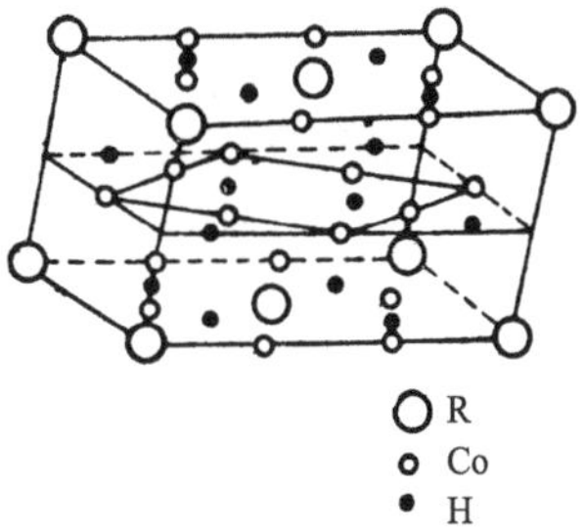

图 2.6 $RCoH_4$ 的晶胞结构

4. 储氢材料的实际应用

储氢材料不仅可用于储存和运输氢，还可以利用它们的可逆吸放氢反应把它们应用于许多其他科技用途上。例如可用于平衡电站负荷：在非高峰负荷时，利用多余电力分解水产生氢气，储存在储氢器里。在高峰负荷时，令储氢器中的氢化物分解，放出氢气供给燃料电池发生电能，以补偿高峰负荷时的电能的不足。储氢材料可用为燃料电池的电极，向燃料电池供给氢。在镍-氢电池中利用 $LaNi_5$ 储氢材料来吸放氢，可以降低电池的工作压力，使镍-氢电池获得了更为广泛的使用前景。储氢材料可以在升温下供给高压氢，应用为高压氢泵。利用储氢材料吸放氢时的热效应可以储热和致冷，应用于空调。也可以利用吸氢材料对氢的选择性吸收来提供超纯氢，此外，吸氢材料对氢和氘的吸收速率不同，有可能应用于分离氢的同位素，等等。过渡金属合金氢化物的研究已为新能源和一系列其他新科学技术问题带来了奇异的前景。

参 考 文 献

[1] Hurd,"An Introduction to the Chemistry of the Hydrides",John Wiley & Sons(1952).

[2] Kirk Othmer,"Eneyclopedia of Chemieal Technology",revised 2nd Ed., Vol. 11(1972).

[3] 戚震中、吕曼祺，熊良钺，稀有金属，1980(1)，61—71.

2.5 配位氢化物[1,2,3]

配位氢化物是一大类在工业上和许多不同化学领域中有重要用途的化合物。氢化铝锂 $LiAlH_4$、氢化铝钠 $NaAlH_4$、硼氢化锂 $LiBH_4$、硼氢化钠 $NaBH_4$ 和硼氢化钾 KBH_4 都已有市售品。已经合成了许多其他的铝氢化物和硼氢化物。形成这类络合氢化物的结构基础是ⅢA族元素的氢化物 BH_3(不能独立存在的基团)和 AlH_3(也以聚合形式存在)的单体是缺电子物种(其中还包括 GaH_3 和 InH_3),它们倾向于成为负氢离子 H^- 的电子对接受体,生成为 MH_4^- 型的正四面体离子。它们的碱金属盐是离子型的。电正性较小的元素则同 MH_4^- 离子生成共价型的化合物,例如 $Be[BH_4]_2$ 和 $Al[BH_4]_3$,它们都是含有共价氢桥的物种。硼还能生成许多更复杂的硼氢阴离子如 $B_{12}H_{12}^{2-}$,这已不属本专题的讨论范围了(见本丛书第二卷专题6)。

国际纯粹与应用化学联合会(IUPAC)对上述两类配位氢化物建议的国际命名是“四氢铝酸盐”和“四氢硼酸盐”,但这种命名目前还不很通用。

5.1 金属铝氢化物

本节的介绍重点为铝氢化锂 $LiAlH_4$(常用名为氢化铝锂)和铝氢化钠 $NaAlH_4$(常用名为氢化铝钠),不过还有好几种铝氢化物都是早已制得的化合物。配位铝氢化物的物理性质见表2.15。目前已成为商品的只有 $LiAlH_4$ 和 $NaAlH_4$ 两种。

5.1.1 历史发展

配位金属铝氢化物是在简单金属氢化物化学的基础上发展起来的。在1939年,H. I. Schlessinger,H. C. Brown 和 A. E. Finholt 等人合成了第一个配位氢化物 $Al[BH_4]_3$。这个集体在1930—1950年间继续合成出来我们现在已经知道的大多数稳定的配位硼氢化物和铝氢化物。例如在1939年报道了硼氢化铍的合成,在1947年报道了氢化铝锂的合成。氢化铝钠的合成虽然是在1951年才报道的,但实际上它的制成比氢化铝锂早了好几年。只是由于氢化铝锂的合成方法比较简单和对它的性质研究得比较透彻,因而它的报道较早。

表 2.15　配位铝氢化物的物理性质[1)]

氢化物	溶解度(25℃,g/100g 溶剂)			热稳定性（分解温度℃）	密度（g/cm^3）
	Et_2O	THF	DMC		
$LiAlH_4$	30—35	13	10	120	0.917
$NaAlH_4$	不溶	20	15	183	1.28
$KAlH_4$	不溶	微溶	溶解	>200	1.33
$CsAlH_4$	不溶	不溶	溶解	—	2.84
$Be(AlH_4)_2$	分解	溶解	—	—	—
$Ca(AlH_4)_2$	—	溶解	—	—	—

1)Et_2O 为乙醚，THF 为四氢呋喃，DMC 为乙二醇二甲醚。

在五十年代末期，金属氢化物工作创始人 A. Stock 的学生 E. Wiberg 对配位金属氢化物做了系统研究，对本领域的发展做出了积极的贡献。Wiberg 和他的学生们按着周期系统研究了氢化铝锂的反应，较全面地提供了对金属铝氢化物的认识，并且发现了一些新的配位氢化物。例如第一个三元金属氢化物就是由这个集体首先报道的。

1960 年以后，E. C. Ashby 及合作者在前人的工作基础上，创造性地完成了由单质直接高压合成金属铝氢化物的工作，为金属铝氢化物的合成开辟了一条新的途径。近年来关于金属铝氢化物实际应用的工作报道较多，在合成工作方面未见有新的发展。Ashby 有一篇关于金属铝氢化物化学的全面评述：E. C. Ashby，The Chemistry of Complex Aluminohydrides ， in H. J. Emeleus and A. G. Sharpe (ed.)、“Advances in Inorganic Chemistry and Radiochemistry”， Vol. 8，Academic Press (1966)，可供参考。

5.1.2　氢化铝锂(四氢合铝酸锂)$LiAlH_4$

1. 制备

Finholt，Brown 和 Schlessinger 合成氢化铝锂的方法是令氢化锂同无水三氯化铝在乙醚中进行反应：

$$4LiH + AlCl_3 \xrightarrow{Et_2O} LiAlH_4 + 3LiCl$$

这个反应一般称为 Schlessinger 反应，其氢化铝锂产率(按 $AlCl_3$ 计算)为 86%。合成操作是将无水三氯化铝的乙醚溶液滴加到回流并搅拌着的氢化锂(过量)在乙醚中的悬浮液中。反应开始后，氯化锂从反应混合物中沉淀出来，生成的 $LiAlH_4$ 留在乙醚溶液中。反应完毕后，过滤(或抽出清液)分离氯化锂和未反应的氢化锂。然后在乙醚溶液中加入苯或甲苯进行蒸馏，蒸出部分乙醚后就可以析出 $LiAlH_4$ 白色晶体。这个合成的反应速度决定于氢化锂的粒度和作为引发剂的 $LiAlH_4$ 的加入量。如果不加引发剂,则反应要经历一段诱导期而后才开始反应,并且反应一旦开始会以猛烈的速度进行,可能失去控制而造成事故(绝对要避开明火和水气!)经实验证明在开始时需要加入少量氢化铝锂作为引发剂,则反应可以从一开始就能以一定速度平稳地进行。在这种情况下就可以用三氯化铝乙醚溶液的滴加速度来控制反应的过程。在反应中沉积出来的氯化锂会覆盖在氢化锂颗粒的表面上而抑制反应的继续进行,所以在正常反应中要求氢化锂粉碎到细于 200 目,粒度越细,反应时间越短,一般可在几小时内完成。

到目前为止,Schlessinger 法仍然是工业合成氢化铝锂的唯一通用的合成路线。合成的工艺流程绘示在图 2.7 中,在这个反应中,1)需要用引发剂;2)氢化锂要求过量和高度粉细。这两个因素似乎都是合理进行反应的障碍。所以在文献中

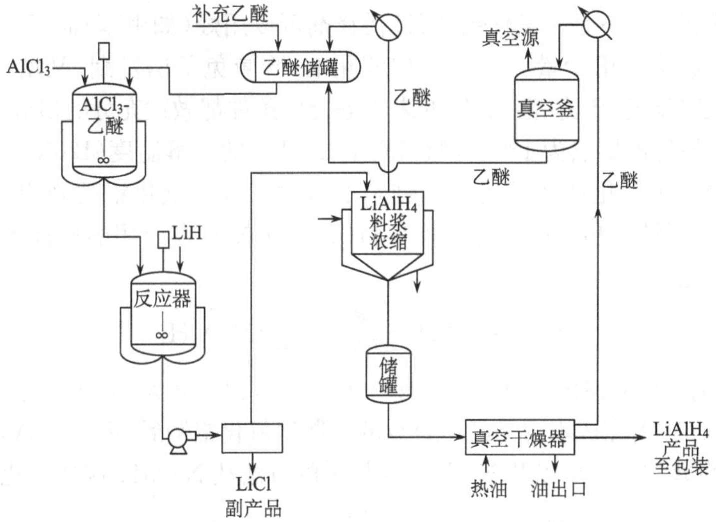

图 2.7 $LiAlH_4$的现代生产工艺流程图

曾出现过许多文章和专利试图改进这个方法。例如,Wiberg 在 1952 年提出用 $AlBr_3$代替 $AlCl_3$,在反应中就不必使用引发剂和粉碎的氢化锂(黄豆大小的粒度就行):

$$4LiH + AlBr_3 \xrightarrow{Et_2O} LiAlH_4 + 3LiBr$$

这个反应之所以能平稳进行,是因为副产物溴化锂能溶于乙醚,不会干扰氢化锂的继续反应。不过这个成功之点也正是本反应的缺点,在分离 $LiAlH_4$时,$AlBr_3$一起析出,使产品中夹带着无用的杂质。但也有报道含 $AlBr_3$的氢化铝锂在还原反应中反而更好用。

虽然在 1952—1960 年间,对 Schlessinger 法曾提出来过许多的改进建议,但

都未能应用于工业生产。在有机和无机还原反应中推广使用氢化铝锂的主要障碍是用 Schlessinger 法合成的氢化铝锂价格高昂，原因是：1)金属锂是一种希缺的价昂的金属，需要从它开始制备原料氢化锂；2)反应中有 3/4 的氢化锂转化为价廉的副产物 LiCl。

1960 年以后出现了 Ashby 及合作者的单质直接高压合成法，这个方法也可用于合成其他复合氢化物。方法的要点是用一种碱金属(或它的氢化物)同铝和高压氢在烃或醚溶剂中进行反应。在 140℃和 200—250atm 下，用四氢呋喃为溶剂，反应在球磨高压釜中进行，下列反应经 5 小时，可以得到 96%产率的 $LiAlH_4$：

$$LiH + Al + \frac{3}{2}H_2 \longrightarrow LiAlH_4$$

同 Schlessinger 反应相比，这个直接合成法对每摩尔产物仅用 1 摩尔的 LiH，铝的来源是金属铝粉而不是三氯化铝，而且稀释剂可以用烃(如甲苯)而不必用醚。在这个高压合成法中用少量三乙基铝作催化剂，既减免了诱发期，又增高了产率。Ashby 等人对温度、压力、溶剂、铝的来源等合成条件都做过充分的研究。

由于金属锂的熔点为 180℃，相当高于 $LiAlH_4$ 的分解温度(120℃)，因此在高压合成法中要用氢化锂而不用金属锂。不过对于合成氢化铝钠来说(分解温度 185℃)，用金属钠做起始材料就比较有利(熔点 95℃)，在所用的条件下金属钠会迅速地被氢化：

$$Na + Al + 2H_2 \xrightarrow[140℃,250atm]{\text{烃稀释剂}} NaAlH_4$$

此外，金属钠比金属锂价格低得多(钠，6 元/公斤；锂 150 元/公斤)。用直接合成法来制备 $NaAlH_4$ 在成本上是经济合算的。制得氢化铝钠后，可以用 Asbby、Robinson 及合作者，Clasen，以及 Noth 等人报道的方法从 $NaAlH_4$ 制备氢化铝锂：

$$NaAlH_4 + LiCl \xrightarrow{Et_2O} LiAlH_4 + NaCl$$

虽然 $NaAlH_4$ 和 LiCl 在乙醚中都是不溶的，但在以少量 $LiAlH_4$ 作为引发剂的情况下，上述反应可在室温下平稳而迅速地进行。滤去不溶的氯化钠，照常法从乙醚溶剂中回收 $LiAlH_4$。这样在成本核算上也是有利的，因为按 LiCl 中的锂含量计算，锂的成本比用金属锂价格低得多。

不过由于需要高压，以及球磨高压釜动力消耗较大，Ashby 的方法还没有能够工业化。

2. 性质和结构

氢化铝锂是一种白色晶状固体，在室温和干燥空气中是相对稳定的，但它对湿气和含质子溶剂极为敏感，迅即反应放出氢气。它的密度为 0.917g/cm^3，熔点高于 140℃，但在熔化前即已分解。生成热 $\Delta H^\circ_{298} = -25.74$kcal/mol。

$LiAlH_4$在醚类溶剂中有较高的溶解度，关于它在一些典型醚类的溶解度汇列在表 2.16 中。

表 2.16 在 25℃ 时 $LiAlH_4$ 的溶解度(g/100g 溶剂)

溶剂	溶解度	溶剂	溶解度
乙醚	30—35[1)]	二丁醚	2
四氢呋喃	13	二噁烷	0.1
二甲基乙二醇醚	10	—	—

1)为了达到这个浓度，需要将稀溶液蒸发浓缩。

一般来说，$LiAlH_4$在这些溶剂中在室温下放置数月也是稳定的。若长时间放置，或它的乙醚溶液经长时间放置，则常会发生分解作用而变成灰色。如果在产品中含有痕量的微细分散金属，如钛、硅、铁、铜、铝、硼、汞或银等，则会加速 LiAlH 的分解作用。如果向 $LiAlH_4$或它的溶液中加入少量的 1,4-二噁烷、低烷基乙二醇醚、三烷基胺或氢化锂时，则能增加 $LiAlH_4$的稳定性。当在乙醚中进行合成时，有时也会发生悬浮液变灰的分解现象，这时若加入一些过量的氢化锂并适当降低合成温度，则可以抑制它的分解作用。

固体 $LiAlH_4$在常压下加热到 100℃时就开始分解，报道的分解温度为 120℃，关于 $LiAlH_4$的热分解问题将在后面作专门讨论。

经测定，AlH_4^-离子具有四面体结构。在 $LiAlH_4$中，锂离子桥联于一对 AlH_4^-离子之间，Li—H 的距离较短，有三个为 1.88—2.0Å，一个为 2.16Å，与氢化锂中的 Li—H 核间距 2.04Å 相比有些差别，表明有 H…Li 之间的相互作用，在 AlH_4^-四面体中 Al—H 的平均键长为 1.55Å。

关于 $LiAlH_4$在乙醚溶液中的结构，E. R. Lippincott 曾研究了 $LiAlH_4$乙醚溶液(1.28*M*)的红外光谱和喇曼光谱，发现它有两个强吸收谱带，波峰分别为 764 和 $1740cm^{-1}$；并且 Al—H 谱带的宽度同其他化合物如 $HAlCl_2$、H_2AlCl 的不同，所以认为有锂离子和 AlH_4^-离子的存在，并提出了 AlH_4^-的正四面体模型。Wiberg 等人根据 X 射线衍射法测定了 $LiBH_4$的结构，断定它是由 Li^+离子和正四面体 BH_4^-离子组成的。在此基础上对比了 20℃时 0.7*M* 的 $LiBH_4$和 $LiAlH_4$乙醚溶液中的电导，发现 $LiBH_4$溶液的比电导为 $3\times10^{-6}\Omega^{-1}\cdot cm^{-1}$，而 $LiAlH_4$溶液的比电导为 $6.6\times10^{-5}\Omega^{-1}\cdot cm^{-1}$。由此看来，在乙醚溶液中，$LiAlH_4$比 $LiBH_4$有较大的电离程度。

用沸点升高法测定乙醚溶液中 $LiAlH_4$的分子量，发现当浓度为 0.08*M* 时，$LiAlH_4$的表观分子量为计算值的 2 倍，而当浓度为 0.8*M* 时，测得 $LiAlH_4$的表观分子量为计算值的 3 倍。这个现象表明，$LiAlH_4$在乙醚溶液中由于有氢桥键而以缔合分子的形式存在。

3. 氢化铝锂的化学反应

氢化铝锂是一种很活泼的化学试剂，可用它来制备多种金属和非金属氢化物、络合金属氢化物和有机化合物，特别是氢化铝锂对有机物是一种选择性的官能团还原剂。现把氢化铝锂的一些重要化学反应讨论如下：

(1) 水解反应

$LiAlH_4$遇水立即发生爆发性的猛烈反应并放出氢气：

$$LiAlH_4 + 2H_2O \longrightarrow LiAlO_2 + 4H_2$$

和

$$LiAlH_4 + 4H_2O \longrightarrow LiOH + Al(OH)_3 + 4H_2$$

由于从 $LiAlH_4$水解放出的氢是定量的，所以常利用水解反应放出的氢气来测定$LiAlH_4$的纯度（在常压下测定氢气的体积或在恒容条件下测定氢气的压力）。也可以用过量的 $LiAlH_4$来测定有机溶剂中的微量水分。为了减缓反应的猛烈程度，在进行测定反应时可加入一些二噁烷、二甲基乙二醇醚或四氢呋喃做稀释剂。如果所测烃类中的含水量约为 0.1%，那么用 $LiAlH_4$的二甲基乙二醇醚标准溶液进行测量时，准确度可达±0.005%。

(2) 加氨分解反应（氨解）

$LiAlH_4$的乙醚（或四氢呋喃）溶液能同氨猛烈地作用并放出氢气：

$$2LiAlH_4 + 5NH_3 \longrightarrow [LiAlH(NH_2)_2]_2NH + 6H_2$$

当氨的量不足以达到上式的比值时，则发生如下的反应：

$$LiAlH_4 + 4NH_3 \longrightarrow LiAl(NH_2)_4 + 2H_2$$

当氨与 $LiAlH_4$的比值更低时，氨中所有的三个氢都能被取代。

(3) 同金属卤化物或非金属卤化物的交换反应

$LiAlH_4$同目前能得到的每一种卤化物几乎都能发生反应生成相应的配位铝氢化物。如果生成的配位铝氢化物不稳定，它就会分解成为简单氢化物和氢化铝：

$$nLiAlH_4 + MX_n \longrightarrow M(AlH_4)_n + nLiX$$

$$M(AlH_4)_n \longrightarrow MH_n + nAlH_3$$

这类反应已经成为制备一些氢化物和配位铝氢化物的基础。现将主要反应汇列如下。

$$LiAlH_4 + AgClO_4 \xrightarrow[Et_2O]{-80℃} AgAlH_4 + LiClO_4$$

$$AgAlH_4 \longrightarrow AgH + AlH_3 + Al + 2H_2 \xrightarrow{-50℃} Ag$$

$$2LiAlH_4 + BeCl_2 \xrightarrow[Et_2O]{\text{室温}} Be(AlH_4)_2 + 2LiCl$$

$$2LiAlH_4 + MgBr_2 \xrightarrow[Et_2O]{} Mg(AlH_4)_2 + 2LiBr$$

$$2LiAlH_4 + ZnI_2 \xrightarrow[Et_2O]{-40℃} ZnH_2 + 2AlH_3 + 2LiI$$

$$2LiAlH_4 + CdI_2 \xrightarrow[Et_2O]{-70℃} CdH_2 + 2AlH_3 + 2LiI$$

$$2LiAlH_4 + HgI_2 \xrightarrow[THF]{-135℃} HgH_2 + 2AlH_3 + 2LiI$$

$$3LiAlH_4 + 4BX_3 \xrightarrow[Et_2O]{\text{室温}} 2B_2H_6 + 3AlX_3 + 3LiX$$

$$3LiAlH_4 + AlX_3 \xrightarrow[Et_2O]{} 4AlH_3 + 3LiX$$

（以上 X＝卤素）

$$3LiAlH_4 + InCl_3 \xrightarrow[Et_2O]{-70℃} In(AlH_4)_3 + 3LiCl$$

$$4LiAlH_4 + SnCl_4 \xrightarrow[Et_2O]{-60℃} Sn(AlH_4)_4 + 4LiCl$$

$$3LiAlH_4 + 4AsCl_3 \xrightarrow[Et_2O]{-90℃} 4AsH_3 + 3AlCl_3 + 3LiCl$$

$$3LiAlH_4 + 4PCl_3 \xrightarrow[Et_2O]{0℃} 4PH_3 + 3AlCl_3 + 3LiCl$$

$$3LiAlH_4 + 4SbCl_3 \xrightarrow[Et_2O]{-90℃} 4SbH_3 + 3AlCl_3 + 3LiCl$$

$$4LiAlH_4 + TiCl_4 \xrightarrow[Et_2O]{-110℃} Ti(AlH_4)_4 + 4LiCl$$

$$Ti(AlH_4)_4 \xrightarrow{85℃} Ti + 4Al + 8H_2$$

此外，$LiAlH_4$在乙醚中同氯化铜反应时，产物是金属铜和氯化锂；但如果 $LiAlH_4$ 在乙醚中同碘化亚铜反应时，则产物为 $CuH_{0.5}$；而在吡啶中的反应则生成氢化铜（Ⅰ）CuH：

$$LiAlH_4 + 4CuI \xrightarrow{\text{吡啶}} 4CuH + AlI_3 + LiI$$

AlI_3从吡啶中沉淀析出，CuH 能溶于吡啶，而在乙醚中的溶解度很低。利用这些性质可以把 CuH 进一步提纯。

(4) $LiAlH_4$的还原作用

由于 $LiAlH_4$是一个强还原剂，可以对许多无机物和有机物发生还原作用，在进行这样或那样的还原反应之前，首先需要选用一种合适的溶剂来配制 $LiAlH_4$的溶液。在大多数情况中常用乙醚或四氢呋喃。在反应之后，又常利用乙醇来破坏掉过量的氢化铝锂。有时加入乙酸乙酯，当乙酸乙酯被还原成乙醇时，它就可以把过量的 $LiAlH_4$ 消耗掉。前一种方法放出氢气，后一种方法不放出氢气而且反应平稳。在 1953 年 Gaylord 曾统计过能被 $LiAlH_4$ 还原的官能团有五十四种之多。目前虽然没有再做这种统计，但可以肯定的一点是，$LiAlH_4$ 不仅可以还原大多数需要还原的官能团，而且还可以控制反应的进程，在需要停止反应时"刹车"，使反应停止在指定的中间阶段。并且还可以用 $LiAlH_4$ 进行具有一定空间选择性的反应。

1）用 $LiAlH_4$ 将卤代烃还原成烃，这类反应在乙醚中的反应速度较慢，而在较高温度时在四氢呋喃或二丁醚中则会较快地进行，一般说来，一卤代物比二卤代物要活泼些，在苛刻条件下三取代物可以被还原成烯烃。反应活性依 I＞Br＞Cl 的顺序递降。

2）$LiAlH_4$ 同四氯化硅在乙醚溶液中的反应如下：

$$LiAlH_4 + SiCl_4 \rightarrow SiH_4 + LiCl + AlCl_3$$

甲硅烷的产率基本上是定量的。$LiAlH_4$ 同 Si_2Cl_6 的反应如下：

$$3LiAlH_4 + 2Si_2Cl_6 \longrightarrow 2Si_2H_6 + 3LiCl + 3AlCl_3$$

乙硅烷的产率可以达到 87%。在当前，用 $LiAlH_4$ 还原 $SiCl_4$ 制备甲硅烷的反应用于工业规模生产半导体材料纯硅。

四卤化锗同 $LiAlH_4$ 的反应与四卤化硅同 $LiAlH_4$ 的反应很相似，不过产率较低，因为在反应中生成了副产物 $GeCl_2$ 和 Ge。

用 $LiAlH_4$ 将锡的有机卤化物还原成有机锡烷的反应可以在乙醚中顺利进行。由于有机锡烷比锡烷有较高的稳定性，所以这个反应有较大的实用价值。

3）羰基化合物很容易被 $LiAlH_4$ 还原成羟基化合物，这类反应可以在室温条件下在乙醚中平稳地和当量地进行。

4）羧酸可以被 $LiAlH_4$ 还原成伯醇，并且在反应过程中释放出酸性氢。$LiAlH_4$ 还可以更有效地将酯还原成醇。

5）酰胺和酰亚胺可以被 $LiAlH_4$ 还原成碳原子数相同的胺，反应可给出较高的产率。N，N-取代的酰胺比一取代或未取代的衍生物反应要快得多，并且 $LiAlH_4$ 的用量较少，这是因为酰胺或酰亚胺有较好的溶解度和分子上有酸性氢的缘故。一般说来这个反应没有什么副反应。

6）腈类同 $LiAlH_4$ 作用能以高产率转化成伯胺，而且最终产物中不含仲胺和叔胺。

（5）氢化铝锂与醇的反应

向 $LiAlH_4$ 的乙醚溶液中加入计算量的醇，可以得到烷氧基氢化铝锂，例如：

$$LiAlH_4 + ROH \longrightarrow LiAl(OR)H_3 + H_2$$

$$LiAlH_4 + 2ROH \longrightarrow LiAl(OR)_2H_2 + 2H_2$$

$$LiAlH_4 + 3ROH \longrightarrow LiAl(OR)_3H + 3H_2$$

在这些烷氧基氢化物中最有用的是二乙氧基、三乙氧基和三叔丁氧基衍生物。

一般说来，$LiAl(OR)_3H$ 主要用于将腈还原成醛，用它来还原芳香腈可以得到较高的产率。

$LiAl(OR)_2H_2$是将酰胺还原成醛的适宜试剂。$LiAl(o^-$叔丁基$)_3H$ 是将酰氯还原成醛的适宜试剂，它具有良好的空间选择性，在将酮类还原成醇类方面有广泛的用途。

综上所述，可见 $LiAlH_4$ 及其衍生物是一类很强的还原剂。近来又发现在 $LiAlH_4$中加入 $AlCl_3$ 可以使 $LiAlH_4$ 的还原能力进一步提高。$LiAlH_4$ 可以同 $AlCl_3$按不同的配比作用：

$$LiAlH_4 + AlCl_3 \longrightarrow 2AlH_2Cl + LiCl$$

$$LiAlH_4 + 3AlCl_3 \longrightarrow 4AlHCl_2 + LiCl$$

$$3LiAlH_4 + AlCl_3 \longrightarrow 4AlH_3 + 3LiCl$$

所得产物（氢化铝的氯衍生物）的还原能力各有不同。

氢化铝锂还能同一些烷基金属作用生成金属氢化物；同卤酸的季胺盐反应生成胺合氢化铝；同烯烃反应可以促使烯烃聚合，有的则生成 $LiAlR_4$化合物，等等。

5.1.3 氢化铝钠(四氢合铝酸钠)$NaAlH_4$

与氢化铝锂相比，氢化锂钠的资料要少得多，这可能是由于从 NaH 和 $AlCl_3$ 合成 $NaAlH_4$ 比从 LiH 和 $AlCl_3$合成 $LiAlH_4$要困难的缘故。$NaAlH_4$作为商品正式出现是比较晚的。另外，由于 $NaAlH_4$ 不溶于乙醚，用作还原剂不如 $LiAlH_4$那样方便。六十年代以后，由于合成 $NaAlH_4$的方法得到了发展，它的应用也逐步得到发展。

氢化铝钠是一种白色晶状固体，密度为 1.2g/cm^3，在 180℃时分解，生成热 $\Delta H^\circ_{298} = -27.0$kcal/mol 在室温下在干燥空气中是稳定的，它对湿气和含质子溶剂极为敏感，不溶于乙醚，但易溶于四氢呋喃和乙二醇二甲醚中。

早在 1951 年 Schlessinger 和 Finholt 第一次制得了 $NaAlH_4$，所用的方法如下：

$$4NaH + AlBr_3 \xrightarrow{\text{二甲醚}} NaAlH_4 + 3NaBr$$

反应后滤出 NaBr，蒸除二甲醚，即得到固体的 $NaAlH_4$。后来一些工作者用矿物油-四氢呋喃作溶剂，从 NaH 和 $AlCl_3$制得了 $NaAlH_4$，产率还比较高，不过反应进行得比较缓慢，因为 NaH 在所用介质中是不溶的，此外副产物 NaCl 由介质中析出，沉积到 NaH 表面上，阻碍了反应的继续进行，后来有人利用三乙基铝做催化剂，通过中间产物 $NaAl(C_2H_5)_3H$ 来促进 NaH 的溶解：

$$NaH + (C_2H_5)_3Al \xrightarrow{\text{THF 或烃}} NaAl(C_2H_5)_3H$$

$$4NaAl(C_2H_5)_3H + AlCl_3 \longrightarrow NaAlH_4 + 3NaCl + 4(C_2H_5)_3Al$$

上一节已经讲到，Ashby 在 140℃通过单质高压合成，用四氢呋喃或烃类做反应介质，三乙基铝作催化剂，可以得到产率为 99％的 $NaAlH_4$：

$$Na + Al + 2H_2 \xrightarrow[140℃,250atm]{THF 或烃} NaAlH_4$$

其他的合成方法，虽然在成本上不如高压直接合成法，但在不具备高压条件的实验室中则仍然具有优越性。例如可从 $LiAlH_4$ 开始制备 $NaAlH_4$：

$$3LiAlH_4 + AlCl_3 \xrightarrow{Et_2O} 4AlH_3 + 3LiCl$$

$$AlH_3 + NaH \xrightarrow{THF} NaAlH_3$$

这个方法的产率较高，并能得到高纯度产品。在这个基础上，Finholt 提出了循环合成法：

$$3NaAlH_4 + AlCl_3 \xrightarrow{THF} 4AlH_3 + 3NaCl$$

$$4AlH_3 + 4NaH \xrightarrow{THF} 4NaAlH_4$$

这个方法产率可达 98％。在生产过程中可将 75％的产物循环使用，每一次循环增益出 25％的产品。

由氢化铝的胺合物出发也可以合成 $NaAlH_4$：

$$AlH_3 \cdot N(CH_3)_3 + NaH \longrightarrow NaAlH_4 + N(CH_3)_3$$

这个方法不仅适用于合成 $NaAlH_4$，而且可用于合成一些其他配位氢化物。

氢化铝钠的反应性能同氢化铝锂相似，反应产物的产率也接近，所以不再详加讨论了。仅由于溶解性质的不同，有些地方限制了氢化铝钠的应用。$NaAlH_4$ 在 160℃、在庚烷中同 NaH 作用曾得到 Na_3AlH_6：

$$2NaH + NaAlH_4 \longrightarrow Na_3AlH_6$$

这个产物在一般溶剂中都不溶解，所以目前很缺乏关于它的研究报道。

5.1.4 其他金属铝氢化物

已经报道过的其他金属铝氢化物有氢化铝钾 $KAlH_4$、氢化铝铯 $CsAlH_4$、氢化铝铍 $Be(AlH_4)_2$、氢化铝镁 $Mg(AlH_4)_2$ 和氢化铝钙 $Ca(AlH_4)_2$。它们的一些物理性质汇列在表 2.17 中。

氢化铝铍的结构仍有待讨论，它可能是离子型的 $Be^{2+}(AlH_4)_2^-$ 结构，或共价型的单氢桥键结构：

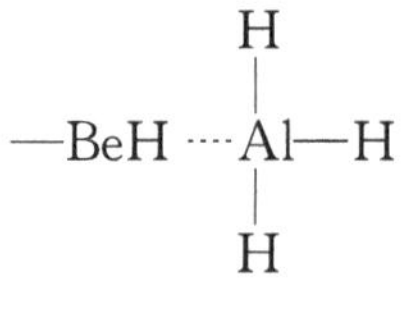

或也可能是共价型的双氢桥结构：

表 2.17 $MAlH_4$的一些物理性质

$MAlH_4$	$-\Delta H_f^\circ$, 25℃ (kcal/mol)	$-G_f^\circ$, 25℃ (kcal/mol)	ΔS° (cal/deg · mol)	晶格参数 (Å)
$LiAlH_4$	28.5	12.9	23.5	a=4.845 b=7.826 c=7.917 (单斜晶系)
$NaAlH_4$	27.0	11.6	29.6	a=7.47 c=9.31 (四方晶系)
$KAlH_4$	39.8	23.8	30.8	a=5.02 c=11.31 (四方晶系)
$CsAlH_4$	39.4	23.5	36.0	—

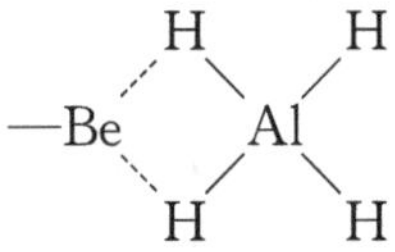

$Be(AlH_4)_2$可以利用 $LiAlH_4$同 $BeCl_2$在乙醚溶液中的反应来制备。

5.1.5 配位铝氢化物的热分解[4]

关于氢化铝锂受热分解问题，文献中曾有过不少的讨论。在 1952 年 W. E. Garner 等人最先发现，若将 $LiAlH_4$在加热时放出氢气的量对时间作图，可以发现分解作用是分三阶段进行的。放氢的初始阶段先是颗粒表面上的反应，紧接着样品以氢气形式放出它的一半的负氢离子。这时反应速度达到高峰。随后发生一段缓慢的分解反应，样品放出它的第三个氢。前面放出样品 50%氢的反应发生在 100℃，根据这个事实，人们设想可能发生了如下反应过程：

$$LiAlH_4 \longrightarrow LiAlH_2 + H_2$$

第二步分解反应似乎是

$$LiAlH_2 \longrightarrow LiH + Al + \frac{1}{2}H_2$$

几年后 Mikheeva 及合作者使用联合差热分析(DTA)和放气分析(EGA)发现，$LiAlH_4$的热分解在 154—161℃之间有一个吸热效应，同时放出一半的氢；在 197—227℃之间发生第二个吸热效应并放出$\frac{1}{4}$的氢；最后在 580—586℃之间放出剩下的氢。Block 和 Gray 用差示扫描量热法证实了 Mikheeva 报道的三个吸热效应，同时还发现两个放热效应。第一个放热效应相应于 Garner 等人观察到的表面反应，第二个放热效应则同 1mol$LiAlH_4$放出 1molH_2时的 EGA 峰相符合。这一步实际上是一个可逆的相变过程。由上述实验结果来看，$LiAlH_4$的热分解是通过中间体 $LiAlH_2$的生成而进行的这种假设似乎是合理的，但遗憾的是至今还没有人能够分离和鉴证过这个分解产物。

Ashby 和 Kobetz 在进行 $NaAlH_4$ 的控制热分解时，得到了缩合产物 Na_3AlH_6。另外他们也通过单质的加压合成直接得到了 Na_3AlH_6：

$$3Na + Al + 3H_2 \longrightarrow Na_3AlH_6$$

因此，他们认为 $NaAlH_4$的热分解作用是通过如下的中间过程而进行的：

$$3NaAlH_4 \xrightarrow{\triangle} Na_3AlH_6 + 2Al + 3H_2$$

这个过程恰好是放出了样品中的一半氢，相当于 1mol$NaAlH_4$放出 1molH_2。

对比 $NaAlH_4$ 的这个分解过程，以及后来确已合成得到 Li_3AlH_6，Ashby 对 $LiAlH_4$的全热分解过程作出了合理的解释。Ashby 和 Dilts 所做的 $LiAlH_4$的热重分析（TGA）和差热分析（DTA）以及 Li_3AlH_6的差热分析 DTA 结果绘示在图 2.8 中。

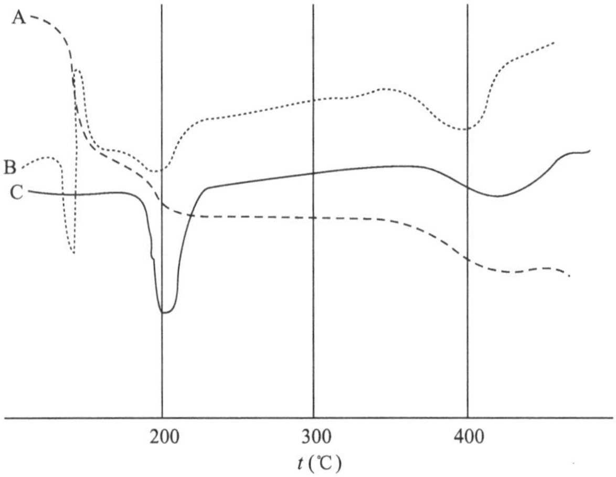

图 2.8　$LiAlH_4$和 Li_3AlH_6的热分析结果

A--- TGA，$LiAlH_4$；B ··· DTA，$LiAlH_4$ C—DTA，Li_3AlH_6

从图上可以清楚地看出，在 DTA 曲线 B 上有三个吸热相变。第一个吸热效应同 TGA 曲线 A 上的一份失重相对应，这相当于 $LiAlH_4$脱失 50％氢的分解反应（154—161℃）：

$$3LiAlH_4 \xrightarrow{\triangle} Li_3AlH_6 + 2Al + 3H_2$$

第二个吸热效应(199—227℃)相当于 Li_3AlH_6 的热分解:

$$Li_3AlH_6 \xrightarrow{\triangle} 3LiH + Al + \frac{3}{2}H_2$$

将 DTA 曲线 B 和 C 进行对比,可见从这一分解阶段前后起到以后的变化,B 和 C 完全是平行的,这可以确证 $LiAlH_4$ 在 154—161℃ 的分解作用果然生成了 Li_3AlH_6。在 400℃左右的吸热效应相当于 LiH 的分解,放出最后的一部分氢。不过由 $LiAlH_4$ 分解出来的 LiH 其分解温度低于由 Li_3AlH_6 来的 LiH 的分解温度,这表明单质铝的存在量对 LiH 的分解作用有影响,可能存在着 LiH 和 Al 之间的固态反应。在 $LiAlH_4$ 的分解过程中,分解出的铝相对较多(LiH : Al = 1 : 1),所以 LiH 的分解温度较低;而在 Li_3AlH_6 的情况中,铝含量相对较少与锂的原子比为 1/3,铝的作用较小,所以分解温度滞后了。

对部分分解的 $LiAlH_4$ 样品进行 X 射线粉末衍射研究也完全证实了对上述分解过程的解释。

络合铝氢化物热分解研究的重要性在于氢化铝锂是一种火箭燃料添加剂,了解它的分解过程,对于理解燃烧机理是有意义的。

5.2 金属硼氢化物 MBH_4[1,3]

在 Stock 及其合作者们的硼烷研究工作中,曾研究过乙硼烷同钠汞齐在室温下的反应,后来的工作证明反应中生成了硼氢化钠 $NaBH_4$。

$$2Na + 2B_2H_6 \longrightarrow NaBH_4 + NaB_3H_8$$

(关于多元硼烷阴离子如 $B_3H_8^-$、$B_{10}H_{10}^{2-}$ 等的化合物留在专题 6 中讨论,在本专题中仅讨论四氢硼酸盐 MBH_4,简称金属硼氢化物,因为它们是铝氢化物的同类化合物——配位氢化物)。在二十世纪四十年代 Schlessinger 等人继续了这类硼氢化物的工作并报道了第一批金属硼氢化物,其中包括 $Al[BH_4]_3$、$Be[BH_4]_2$ 和 $LiBH_4$。后来发现,通过交换反应可以从碱金属硼氢化物制备许多其他金属元素的硼氢化物,例如:

$$2TiCl_4 + 8LiBH_4 \xrightarrow{Et_2O} 2Ti[BH_4]_3 + 8LiCl + B_2H_6 + H_2$$

$$AuCl_3 + 3LiBH_4 \xrightarrow{Et_2O} Au[BH_4]_3 + 3LiCl$$

$$UF_4 + 2Al[BH_4]_3 \longrightarrow U[BH_4]_4 + 2F_2Al[BH_4]$$

$$2U[BH_4]_4 \xrightarrow{100℃} 2U[BH_4]_3 + B_2H_6 + H_2$$

等等。能生成硼氢化物的元素在周期系中的位置绘示在表 2.18 中。

金属硼氢化物 $M(BH_4)_n$ 的稳定性同金属原子的电负性有关。如果 M 的电负

表 2.18　能生成硼氢化物的元素[1)]

Li	Be		
Na	Mg		Al
K	Ca	Ti(Ⅲ) Cr[Mn] [Fe][Co]Ni [Cu] * Zn	[Ga]
Rb	Sr	Zr (Ⅳ)　[Ag] * [Cd]	[In]
Cs	Ba	Hf(Ⅳ)　Au	Tl(Ⅰ)
		La　Sm　Eu　Gd Tb　Dy	Ho Er Tm Yb Lu
		U　Np	

1) 下面划线的元素能够生成稳定的简单硼氢化物 M[BH_4]$_n$；未划线的其硼氢化物仅同其他族化合物一起分离得到；带括号的元素生成在室温下不稳定的硼氢化物，但可能在低温下分离得到；带 * 号的元素可以生成被膦或取代膦稳定化的硼氢化物。

性大于硼的电负性，那么它的硼氢化物将是不稳定的或不存在的，例如Si[BH_4]$_4$、P[BH_4]$_3$都是不存在的。制备这类化合物的尝试都以生成相应氢化物 SiH_4 和 PH_3而告终，因为这类高电负性的元素同 BH_3 相比能够更有力地争夺负氢离子 H^-。在过渡金属系列中，随着系列中元素电负性的增高，硼氢化物的稳定性降低。例如钛、锆、铪的硼氢化物都是已知的化合物，而镍和铜的硼氢化物仅在有强配位体同金属原子配位(降低了金属原子的电负性)的情况下，才能生成在常温下稳定的硼氢化物。因此也可以预期铂系金属的硼氢化物应该是不稳定的。

金属硼氢化物的稳定性也可以同它们的键的离子性百分率联系起来。键的离子性百分率越高，例如碱金属的硼氢化物，将有较高的稳定性，而接近共价型的硼氢化物将是不稳定的。

四氢硼酸根离子 BH_4^- 是一个正四面体离子(在 KBH_4 中 B—H＝1.260Å)，它的极化率(3.94Å^3)同溴离子的极化率(4.16Å^3)相近。因此硼氢化物的键性从碱金属硼氢化物的盐型化合物(仅缓慢地水解)过渡到典型的共价型挥发性化合物如Al[BH_4]$_3$和 Zr[BH_4]$_4$(它们表现有同乙硼烷类似的性质，在空气中爆炸性地反应和迅速地发生水解作用)。共价型硼氢化物的这种特殊性是由于在这类化合物中存在着金属与硼原子之间的氢桥——它们是缺电子化合物，在结构上类似于乙硼烷。

在金属硼氢化合物中，离子型化合物以碱金属硼氢化物为最典型，而共价型化合物则以硼氢化铍和硼氢化铝为最典型、分别简介如下。

5.2.1　碱金属硼氢化物

第一个碱金属硼氢化物 $LiBH_4$是 Schlessinger 和 Brown 在 1940 年提出来的，他们通过乙基锂和乙硼烷的反应合成了这个化合物。不过有如前述，Stock 等人

早已经得到过 $NaBH_4$。

所有的碱金属硼氢化物在空气中都会缓慢地水解。固态化合物的红外光谱和在液氨中的喇曼光谱证明,在碱金属硼氢化物中都存在着四面体的 BH_4^- 离子,不过在固态晶格中这个离子的四面体对称性略有些变形。碱金属硼氢化物的一些物理性质汇列在表 2.19 中。

表 2.19 碱金属硼氢化物的一般性质

性质	$LiBH_4$	$NaBH_4$	KBH_4	$RbBH_4$	$CsBH_4$
熔点(℃)	268	505	585	—	—
分解温度(℃)	380	315	584	600	600
密度(g/cm^3)	0.68	1.08	1.17	1.71	2.40
折光指数	—	1.547	1.490	1.487	1.498
晶格能(kcal/mol)	189.3	166.7	157	155	150.6
生成热 $\Delta H^{\circ}_{f298.16}$ (kcal/mol)	−44.1	−43.8	−58	−59	−63
熵 S°_{298}(kcal/mol)	−30.75	−30.19	−38.7	−43.0	−46.0
晶系	斜方	面心立方	面心立方	面心立方	面心立方
空间群	*Pcmm*	*Fm*3*m*	*Fm*3*m*	*Fm*3*m*	*Fm*3*m*
M—B 距离(Å)	2.47	3.06	3.36	3.52	3.72

1. 硼氢化锂 $LiBH_4$

硼氢化锂可以通过氢化锂和乙硼烷在乙醚中的反应来制备:

$$2LiH + B_2H_6 \xrightarrow{Et_2O} 2LiBH_4$$

不过在工业上它总是通过硼氢化钠和氯化锂的交换反应来合成的:

$$NaBH_4 + LiCl \rightarrow LiBH_4 + NaCl$$

异丙胺是这个反应的最合适溶剂。除去了异丙胺之后用乙醚进行一次萃取,即得到产率为 75%和纯度为 97—98%的硼氢化锂。

硼氢化锂是一种吸潮的白色晶体粉末。它在熔点时会缓慢地分解而放出氢气,但在低于熔点的温度下它是稳定的。它能溶解在正脂肪醚、环醚和多元醇醚中,并且同这些醚类生成醚合物(类似于卤化锂的性质)。

硼氢化锂也易溶于胺类和液氨中。它也极容易溶解在含质子溶剂如水或醇中并发生反应。硼氢化锂在各种溶剂中的溶解度汇列在表 2.20 中。

虽然硼氢化锂受潮时会自燃,但将它溶解在冰水中时却只有很缓慢的分解作用。在有酸或钴(Ⅱ)离子存在时可以加速它的水解作用。通过这种反应,1g 硼氢化锂可以发生超过 4L(标准状况)的氢气:

表 2.20　硼氢化锂的溶解度

溶剂	温度（℃）	溶解度,g/100g 溶剂
乙 醚	25	4.28
四氢呋喃	25	22.2
甲基乙二肟	25	12.1
二甲萘乙二肟	25	16.2
异丙胺	10	7.5,8.7
乙 醇	10	44(发生反应)
肼	10	15.6
液 氨	25	77
水	10	20.9(发生反应)

$$LiBH_4+4H_2O \longrightarrow LiOH+B(OH)_3+4H_2$$

硼氢化锂同氯化氢、氯化铵和氰化氢反应分别生成乙硼烷、硼氮六环$(HBNH)_3$和四氰硼酸锂。硼氢化锂同CO_2反应生成甲酸和甲醇，这同氢化铝锂的性质是类似的。

无机卤化物同硼氢化锂反应生成相应金属的硼氢化物，例如 $CuBH_4$、$Be[BH_4]_2$、$Zn[BH_4]_2$、$Al[BH_4]_3$、$Ti[BH_4]_3$等。利用这个交换反应

$$MCl_n+nLiBH_4 \longrightarrow M(BH_4)_n+nLiCl$$

已曾制得一百多种硼氢化物。硼氢化铜(Ⅰ)是在－20℃时从 Cu_2Cl_2 制备的，因为硼氢化铜(Ⅰ)在 0℃时分解为氢化铜(Ⅰ)和乙硼烷，以及单质硼和氢气。这个$CuBH_4$溶液可因加入吡啶而被稳定，并生成为一种浅绿色的络合物。氯化铜(Ⅱ)乙醚溶液在－45℃时同硼氢化锂反应得到硼氢化铜(Ⅰ)而不是硼氢化铜(Ⅱ)。

氯化锌和氯化镉同硼氢化锂乙醚溶液反应分别生成硼氢化锌和硼氢化镉。在反应中依配比不同还可以生成硼氢氯化锌 $ZnCl·BH_4$ 和硼氢氯化镉 $CdClBH_4$。从四氯化钛可以制备硼氢化钛(Ⅲ)。从高氯酸银可以制得硼氢化银 $AgBH_4$。

硼氢化锂和硼氢化钠相比是一种较强的还原剂，但同氢化铝锂相比则又是一种较弱的还原剂。它能溶于乙醚，但大多数反应是在四氢呋喃中进行的。有机化合物中许多基团可以被硼氢化锂还原，不过能够被 $LiBH_4$还原的基团和不能被还原的基团之间的差别往往不能清楚地加以区分，而且基团的可被还原性往往同化合物的组成、结构和反应条件有关。羰基化合物一般在室温下就能迅速地被$LiBH_4$还原，而醚类则只能在回流的条件下缓慢地被还原。在室温下 $LiBH_4$ 可将酮基酯有选择性地还原成羟基酯。在另一方面，羧酸和芳香硝基则一般抗拒$LiBH_4$的还原作用，经长时间的回流仅可以部分地被还原。

硼氢化锂一般只用于研究工作中，在工业上没有实际用途，所以它的生产批量很小。

2. 硼氢化钠 $NaBH_4$

硼氢化钠是最重要的一种硼氢化物，它以工业规模生产，在有机工业中有较多的应用。

(1) 合成方法

硼氢化钠在工业上是利用氢化钠和硼酸三甲酯的反应来生产的。工艺过程有如流程图 2.9 所示。在这个图中还绘出了由硼氢化钠制备硼氢化钾的过程。

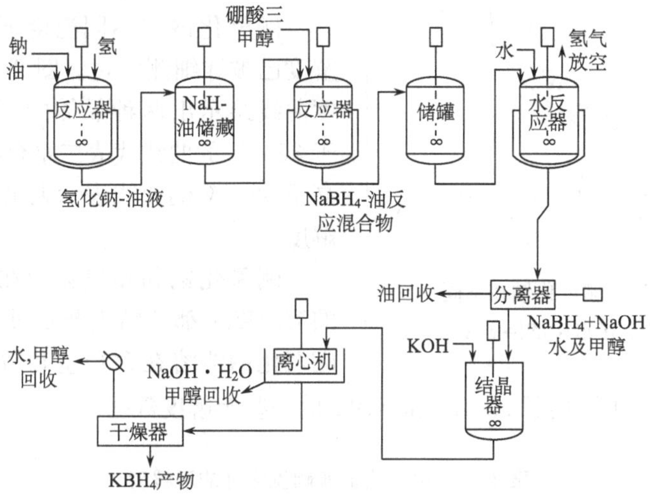

图 2.9 硼氢化钾和硼氢化钠生产流程图

在氢气中将金属钠分散在矿物油中生成油液分散氢化钠。将这个油液转移到一只储存罐中并加以搅拌。从这里再把油分散液输入到另一只搅拌着的反应器中，同硼酸三甲酯反应：

$$4NaH + (CH_3O)_3B \longrightarrow NaBH_4 + 3NaOCH_3$$

要严格控制温度(250℃)以免生成三甲氧基硼氢化钠 $NaBH(OCH_3)_3$。温度过低时这个化合物是主要产物，但温度过高时硼氢化钠又会分解。

将反应产物(存放在一只搅拌着的储存罐中)加到水中，得到两个液层。产物中的甲醇钠转化成甲醇和氢氧化钠：

$$NaOCH_3 + H_2O \longrightarrow NaOH + CH_3OH$$

将液层分离，油液经清洗干燥后循环使用。将甲醇快速蒸馏，剩下硼氢化钠和氢氧化钠的水溶液。用异丙胺进行萃取并干燥，得到产率高于 90%、纯度高于 98%的产物 $NaBH_4$。

据报道硼氢化钠有如下合成方法：令偏硼酸钠、氢气和金属铝在高压容器中进

行反应，

$$3NaBO_2+4Al+6H_2 \xrightarrow[60atm]{100℃} 3NaBH_4+2Al_2O_3$$

此法要求严格控制温度和压力，但操作细节不详。

(2) 性质

硼氢化钠是一种白色晶状固体，具有良好的热稳定性。它有吸湿性并能生成一种二水合物。它能溶于许多不同的溶剂中，包括水、醚类、胺类和多元醚中。

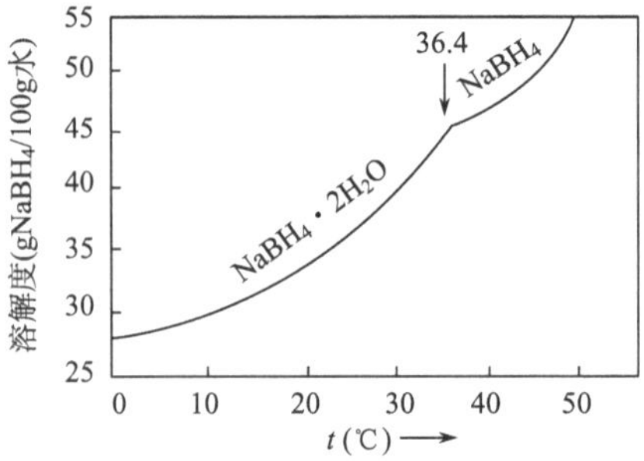

图 2.10　硼氢化钠在不同温度下在水中的溶解度

硼氢化钠在不同温度下在水中的溶解度已被详细测定过。图 2.10 中的溶解度曲线绘示出两种晶体的平衡温度。低于 36.4℃的曲线代表二水合物的溶解度，高于 36.4℃的曲线表示无水 $NaBH_4$ 的溶解度。

硼氢化钠和硼氢化钾在不同溶剂中的溶解度也都被精确测定过。总而言之，硼氢化钠能溶在含羟基和胺基的极性化合物中。表 2.21 汇列了 $NaBH_4$ 和 KBH_4 的一些溶解度数据。

表 2.21　硼氢化钠和硼氢化钾的溶解度

溶剂	温度	溶解度(g/100g 溶剂)	
		$NaBH_4$	KBH_4
水	0	25.0	—
	25	55.0	19.0
	60	88.5	—
液氨	33.3（高于）	104.0	20.0
正丙胺	28	9.7	—
异丙胺	28	6.0	—
一乙醇胺	25	7.7	—
二甲替甲酰胺	25	25.5	15.0
乙二胺	75	22.0	3.9
甲醇	20	16.4(反应)	0.7
乙醇	20	4.0（缓慢反应）	—
异丙醇	25	0.37	—
乙二醇二甲醚	25	16.7	—

硼氢化钠和硼氢化钾都是热稳定的，它们在高于400℃时（在真空中或氢气中）会缓慢地分解。硼氢化钠可以从潮湿空气中迅速地吸收水分，生成二水合物。这个水合物在空气中缓慢地分解产生氢气和偏硼酸钠。它在空气中的水解作用依赖于温度和湿度。

硼氢化钠和硼氢化锂在水溶液中的稳定性决定于溶液的温度和pH。在一般情况下水解反应进行得比较缓慢，但随着温度升高和pH降低，水解便会加速进行：

$$BH_4^- + 2H_2O \longrightarrow BO_2^- + 4H_2$$

由于硼氢化物在水溶液中显碱性，溶液中的碱浓度越高，溶液便会越稳定。表2.22列出了不同浓度硼氢化钠水溶液的pH。

表 2.22 $NaBH_4$溶液在24℃时的pH

$NaBH_4$浓度	pH
1.000*M*	10.48±0.02
0.100*M*	10.05±0.02
0.010*M*	9.56±0.02

硼氢化钠在水中水解时造成pH升高，分解速度便会逐渐变慢。加入氢氧化钠可以稳定硼氢化钠的水溶液。图2.11表示出硼氢化钠在不同浓度碱溶液中的稳定性随时间的变化关系。在高pH时，此$NaBH_4$溶液在储存时基本上没有水解作用。但若升高温度，则稳定性降低，有如图2.12所示。加入过多的碱或加大$NaBH_4$的浓度可以补偿升高温度所造成的水解效应。

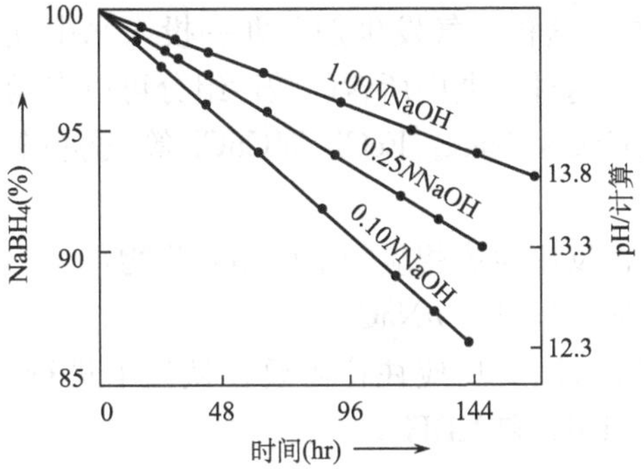

图 2.11 加入NaOH可以稳定$NaBH_4$溶液

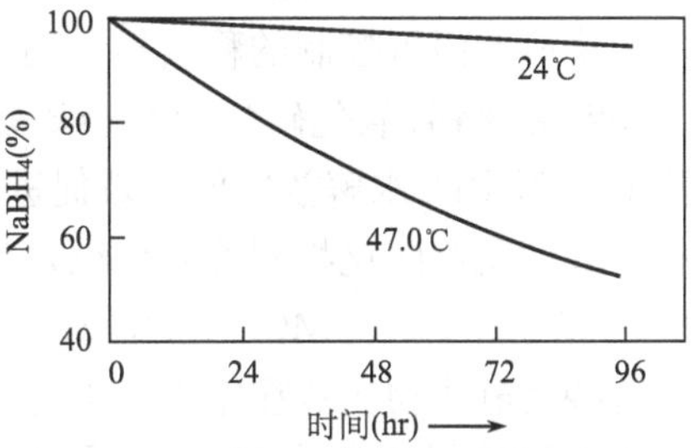

图 2.12 $NaBH_4$(0.10*M*)的碱性溶液(1.00*M* NaOH)在24℃时的稳定性

硼氢化钠在甲醇和乙醇中都是不稳定的，但在高级醇如2-丙醇、叔丁醇和2-乙基己醇中即使是在高温下也是无限稳定的。

有人报道说硼氢化钠在 2-丙醇或叔丁醇中在温度高于 60℃时也没有分解作用。脂肪醇的分子量越高，可在其中使用 $NaBH_4$ 的温度越高。

同水溶液的情形一样，在低级醇中的不稳定性可因加入碱而得到克服。举例来说，有人报道，$NaBH_4$ 在含 $2N$ 氢氧化钠的乙醇中在 24℃经过 144hr 后仅损耗了 5.7%，在 2-乙基己醇中经过 144hr 后未发现 $NaBH_4$ 有什么损耗。

硼氢化钠在 24℃或 60℃时在吡啶、二噁烷、二甲替甲酰胺或多员醇醚的溶液中经 336hr 后都未能检查出它有任何变化。硼氢化钠在有机溶剂中的溶液的稳定性决定于可能发生水解的程度。在溶剂如吡啶和二噁烷中硼氢化钠没有水解的机会，因而它是无限稳定的。但如果在上述溶剂中一有足够的水分存在时，它将会发生水解作用而影响到稳定性。

在有些情况中，硼氢化钠可以在无溶剂的情况下发生反应，在这类反应中一般需要加入少量的水或乙醇来引发反应的进行。一般而言，如果没有其他溶剂存在，对每一份硼氢化钠约需加入一份水。如有其他溶剂存在，加入的水量可以减少。这种技术对于提纯以氧化法合成的醇来说特别有效(用来还原痕量的醛)。不过应该首先检查在此过程中液相的含水量，如果液相中已有足够的水，就不需再加水来引发反应了。

(3) 硼氢化钠的反应

硼氢化钠完全水解时，每克 $NaBH_4$ 可以产生 2.371 的氢气(标准状况)。向稳定的冷水溶液中加入酸时可以释放出理论量的氢气。不可酸时，开始释放氢气的速度经过一段短暂时间就减慢下来，因为水解产生的偏硼酸钠使溶液的 pH 升高了。因此，将硼氢化钠溶液在微碱性溶液中可以抑制释放氢的作用，使我们可以用水溶液中的硼氢化钠作为还原剂。当需要用硼氢化钠作为氢气发生剂时，常使用由 $NaBH_4$ 和一些促进剂所组成的一种药丸。这种氢气发生剂药丸一投入水中立即发生快速的但可控制的释放氢气的反应。这种药丸中所含的酸性组分可以有硼酸、草酸、氯化铝、氧化磷(Ⅴ)和金属盐如 $CoCl_2$、$NiCl_2$、$FeCl_2$ 和 $CuCl_2$ 等，这些金属盐都是 $NaBH_4$ 水解放氢的有效促进剂。

许多种无机卤化物同硼氢化钠发生交换反应生成相应的金属硼氢化物：

$$MCl_n + nNaBH_4 \longrightarrow M[BH_4]_n + nNaCl$$

这些硼氢化物多数在室温下是不稳定的，因此反应往往需要在低温下进行。$NaBH_4$ 曾用于制备 $Be[BH_4]_2$、$Al[BH_4]_3$、$LiBH_4$ 和 KBH_4。

硼氢化钠同三氟化硼乙醚溶液反应定量地释放出乙硼烷：

$$3NaBH_4 + BF_3 \rightarrow 3NaF + 2B_2H_6$$

在水溶液中硼氢化钠是一种强还原剂，它同金属离子的反应有四种可能趋势：1)还原成低价态的但可溶的离子，下述离子可按照这个方式进行反应：Ce(Ⅳ)、Cr(Ⅵ)、Tl(Ⅲ)、Hg(Ⅱ)、V(Ⅴ)和 Fe(Ⅲ)；2)还原成单质金属而从溶液中沉淀出来,例如 Ag^{+}、Bi^{3+}、As^{3+}、Sb^{3+}、Al^{3+} 和 Se^{4+};3)沉淀出金属硼氢化物,例如 Ni(Ⅱ)、Co(Ⅱ)、Mn(Ⅱ)、Fe(Ⅱ)和 Cu(Ⅱ);4)生成挥发性的氢化物,例如锡烷、砷化氢和铋化氢。

(4) 硼氢化钠的应用

硼氢化钠的主要用途是作为有机化合物的还原剂。含有一定官能团的有空间位阻的化合物可以容易地被硼氢化钠所还原,在一般情况下可以免于发生副反应,并且可以得到定量的产率。用硼氢化钠的还原反应可以在水、甲醇、二噁烷、四氢呋喃、二乙二醇二甲醚以及三乙二醇等溶剂中进行。

硼氢化钠所能还原的官能团要比氢化铝锂所能还原的少得多。这种较低的还原活性有利于选择性还原。例如,在可以被氢化铝锂还原但不能被硼氢化钠还原的基团存在时,可以用硼氢化钠有选择地还原羰基或酰氯等基团。在正常的情况下硼氢化钠对一些有机官能团的还原作用汇列在表 2.23 中。

表 2.23 硼氢化钠的还原作用

官能团	还原产物	在正常情况下不能被还原的官能团
醛	伯醇	羧酸
酮	仲醇	酸酐
酰氯	伯醇	酯
内酯	二醇	酰胺
过氢氧基	醇	酰亚胺
吡啶盐	邻羟基衍生物	乙缩醛
亚砜	硫醇	腈
		芳香硝基
		卤代物
		双键

在硼氢化钠的四氢呋喃(或二乙二醇二甲醚或三乙二醇二甲醚)溶液中加入某些金属卤化物时,可以加强硼氢化钠的还原本领,使它能容易地还原某些有机官能团(这些基团原来不能单独地被硼氢化钠还原)。有这种效用的金属卤化物包括氯化铝、溴化锂、氯化锂、碘化钙、氯化钙等。在不同金属卤化物的存在下能被硼氢化钠还原的有机基团包括:醛类、酮类、环氧化物、羧酸和酰氯、酯类、酸酐、内酯、腈类、二硫化物、苄基卤等。

3. 硼氢化钾

经中子衍射研究,硼氢化钾 KBH_4 在 90K 时具有面心立方结构,其中的 BH_4^-

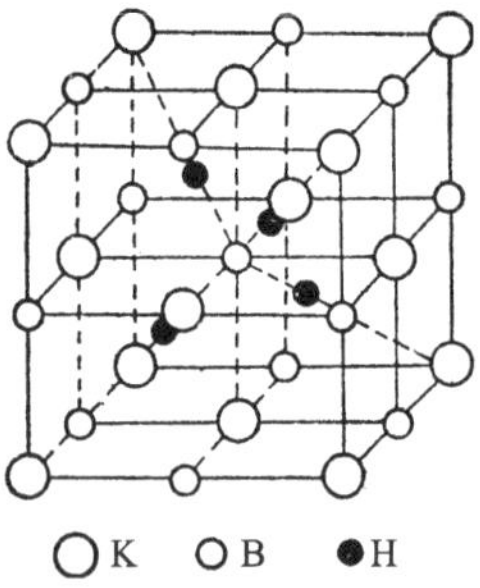

图 2.13　KBH_4 的晶体结构

为四面体结构，B—H 键长 1.260Å。晶格结构如图 2.13 所示。

(1) 性质

KBH_4是一种白色的晶状固体，它在空气中仅极缓慢地分解。一份样品经放置 48 天后，根据完全水解总放氢量计算，硼氢化钾从 98.4% 降低到 96.7%。它在低于 500℃下是稳定的，在 500℃时缓慢地放出氢气，到 700℃时就将全部的氢放出。它能溶于液氨，适中地能溶于水（每 100g 水能溶 19gKBH_4，25℃）和乙醇中，基本上不溶于异丙胺、苯、己烷、乙醚、二噁烷、四氢呋喃和乙腈中，下列水解反应

$$KBH_4(s)+HCl(g)+3H_2O(l)\longrightarrow KCl(s)+H_3BO_3(s)+4H_2(g)$$

的反应热 $\Delta H=-84.62\pm0.44$kcal/mol。KBH_4 的生成热 $\Delta H_f^\ominus$ 为 -54.70 ± 0.55kcal/mol。

在硼氢化钾-水体系中查出有如下的固体物相：冰 · $KBH_4\cdot3H_2O$，$KBH_4\cdot H_2O$和 KBH_4。在−10℃时生成冰和 $KBH_4\cdot3H_2O$ 的低共熔混合物（含 KBH_4 11.04%），而在 7.3℃时发生三水合物至一水合物的转化：

$$KBH\cdot3H_2O\rightleftharpoons KBH_4\cdot H_2O$$

温度高于 37.5℃时则仅有无水盐存在。KBH_4和它的水合物在水中的溶解度都会因溶液中加入了氢氧化钾而降低。

(2) 制备

KBH_4的最简单制备方法是用钾盐水溶液处理硼氢化钠水溶液（图 2.9），溶液冷却时，KBH_4就从溶液中结晶析出。

(3) 反应和用途

硼氢化钾的反应和用途类似于硼氢化钠，但由于它的溶解度性质不及硼氢化钠，因而它的实用价值略逊于硼氢化钠。

5.2.2　硼氢化铍和硼氢化铝

硼氢化铍 $Be[BH_4]_2$ 和硼氢化铝 $Al[BH_4]_3$都是通过硼氢化锂或硼氢化钠同相应金属卤化物（$BeCl_2$ 和 $AlCl_3$）的交换反应来制备的。这两种化合物都是典型的共价分子。在图 2.14 中绘示了气态 $Be[BH_4]_2$的分子结构。

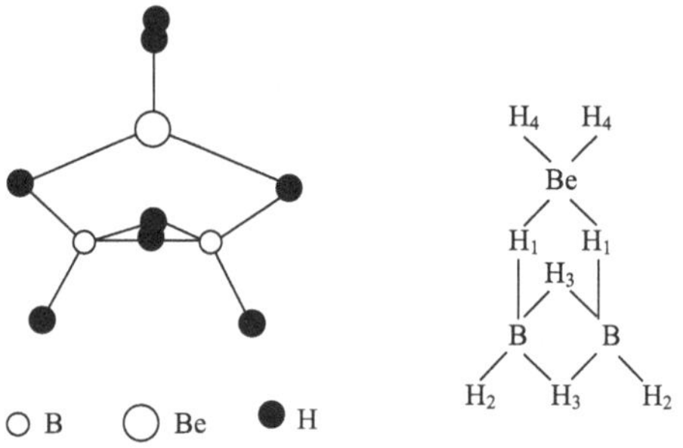

图 2.14　$Be[BH_4]_2$的分子结构

上图中核间距与键角的数据如下：

Be⋯B	1.85Å	B—H_2	1.15Å
B⋯B	1.74Å	Be—H_4	1.65Å
Be—H_1	1.89Å	Be⋯H_3	2.04Å
B—H_1	1.36Å	∠H_4BeH_4=106.2°	
B—H_3	1.30Å	∠H_2BH_1=103°	

蒸气密度测量表明 $Be[BH_4]_2$在气相中是单分子的，它的固体在 123℃未经熔化即分解，在 16.9—69℃区间的蒸气压可表示为 $P_{mm}=11.772-\frac{3240}{T}$，计算的升华温度为 91.3℃和气化热为 14.87kcal/mol。固态 $Be[BH_4]_2$为白色晶体，属四方晶系，在每个单元晶胞中有 16 个分子，晶格参数为 a=13.59Å 和 c=9.92Å。

Schlessinger 等人报道的硼氢化铍最方便的制备方法是将硼氢化锂和氯化铍放在一起在 90—140℃共热，并在−80℃捕集这个挥发性化合物：

$$BeCl_2+LiBH_4 \longrightarrow Be[BH_4]_2+2LiCl$$

$Be[BH_4]_2$同水猛烈地作用放出氢气。它在空气中会自燃。在−80℃时同干燥氯化氢发生反应产生氢、乙硼烷和氯代硼烷。在 100℃时在过量氯化氢中则发生完全反应：

$$Be[BH_4]_2+2HCl \longrightarrow BeCl_2+B_2H_6+2H_2$$

由于 $Be[BH_4]_2$在结构上部分地同乙硼烷有类似性(主要是缺电子化合物，可以预期 $Be[BH_4]_2$将能同配位体分子相作用生成加合物。已报道的一些加合物汇列在表 2.24 中。

表 2.24　硼氢化铍生成的配位化合物

配位体	加合物	性质
乙醚	$BeB_2H_8 \cdot Et_2O$	粘稠液体[1)]
THF	$BeB_2H_8(THF)_4$或 $[Be(THF)_4](B_2H_8)$	晶态
1,2 −二甲氧基乙烷	$BeB_2H_8(CH_3OC_2H_4OCH_3)_{1.5}$ (近似 Be∶O=1∶3)	晶态
异丁胺	$BeB_2H_8(C_4H_9NH_2)_4$或 $Be[(C_4H_9NH_2)_4]B_2H_8$	无色固体
二甲胺	$BeB_2H_8(CH_3)_2NH$	液态[1)]
三甲胺	$BeB_2H_8(CH_3)_3N$	液态[1)]

续表

配位体	加合物	性质
三苯基膦	$BeB_2H_8(C_6H_5)_3P$	晶态[1]
三甲基膦	$BeB_2H_8(CH_3)_3P$	液态[1]
二甲基膦	$BeB_2H_8(CH_3)_2PH$	液态[1]
三乙基膦	$BeB_2H_8(C_6H_5)_3P$	液态[1] （在 0.01mm，沸点 68℃）

1）在苯溶液中为单分子的。

硼氢化铝 $Al[BH_4]_3$ 的最方便实验室制备方法是硼氢化锂或硼氢化钠同氯化铝的反应。反应在 100—150℃在无溶剂的情况下进行：

$$6MBH_4 + 2AlCl_3 \longrightarrow 2Al[BH_4]_3 + 6MCl$$

在式中 M＝Li 或 Na。以氯化钾作用于硼氢化铝生成了硼氢化钾，证明了上述反应的可逆性。若将有挥发性的硼氢化铝在生成之后立即从反应混合物中将它分离，可以得到最高产率的产物。

硼氢化铝气态样品的电子衍射研究表明，在 $Al[BH_4]_3$ 中含有乙硼烷的双氢桥结构，结构式有如图 2.15 中所示。图中 H_b 代表成桥氢原子，H_t 代表端梢氢原子。在 $Al[BH_4]_3$ 分子中有一个由 Al—B_3 组成的平面，每个 B 原子被 4 个氢原子所包围，并通过氢桥键而同铝原子相连接。分子的对称群或者是 D_{3h}，以 6 个氢桥原子组成一个三角棱柱包围在铝原子周围，或者是变形的 D_3 对称群，在这种对称群中三个四氢硼酸根可以依 Al—B 轴而旋转。总之，$Al[BH_4]_3$ 是一种典型的共价分子结构。

硼氢化铝是一种无色液体，它在空气中会爆炸，但在 25℃时在真空中放置则仅缓慢地分解。这个化合物在气相中是单分子的，其他性质请参看表 2.25。

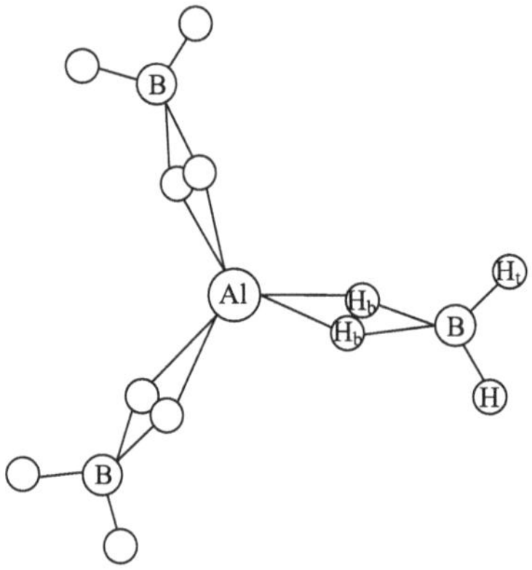

键长和键角数据：

Al—B　2.14Å

Al—H_b　1.80Å

B—H_b　1.28Å

B—H_t　1.20Å

∠H_bAlH_b　73°

∠H_bBH_b　114°

∠H_tBH_t　116°

图 2.15　硼氢化铝的分子结构

表 2.25　硼氢化铝的一些物理性质

性质	数值	性质	数值
熔点(℃)	−64.5	摩尔体积(cm^3/mol)	131.3
沸点(℃)	44.5	ΔH_f(kcal/mol)	−72.1
蒸气压(mm/0℃)	119.5	$\Delta H_{水解}$(kcal/mol)	−989.1
蒸发热(kcal/mol)	7.2	$\Delta H_{燃烧}$(kcal/mol)	−196.2
Trouton 常数	22.5	S^0(1)(cal/deg · mol)	69.1
密度(g/cm^3)	0.569/274K		

在 $Al[BH_4]_3$分子中，Al 原子被三个 B 原子包围，Al 处在三角形的中心，类似于单分子 AlX_3中的 Al 原子。可以预期 $Al[BH_4]_3$能同配位体分子形成 1∶1 的加合物，使 Al 原子可以四面体形式被 3 个 B 原子和一个配位原子所包围。另外每个硼原子又都有双氢桥结构 $Al—H_2—B$，类似于乙硼烷 $B—H_2—B$ 的结构，因此可以预期 $Al[BH_4]_3$ 有许多类似于乙硼烷的反应。$Al[BH_4]_3$ 的反应可以划分如下：

1）热分解反应。$Al[BH_4]_3$在−60℃时分解作用很慢，但在 150℃时则分解放出氢，分解产物是一种尚未查明的固体。有铝盐或铜盐存在时分解反应速度增大。

2）交换反应。$Al[BH_4]_3$可以同乙硼烷交换硼和氢原子，也能同氢气交换氢原子。

3）不生成配位化合物的反应。硼氢化铝能参与许多有特性的反应，例如：

同烷基锂的反应：

$$Al[BH_4]_3+3LiC_2H_5 \longrightarrow 3LiBH_4+Al(C_2H_5)_3$$

同烯烃的反应：

$$Al[BH_4]_3+12C_2H_4 \longrightarrow Al(C_2H_5)_3+3B(C_2H_5)_3$$

在潮湿空气中发生爆炸：

$$Al[BH_4]_3+12H_2O \longrightarrow Al(OH)_3+3B(OH)_3+12H_2$$

$$2Al[BH_4]_3+12O_2 \longrightarrow Al_2O_3+3B_2O_3+12H_2O$$

在−180℃时同 HCl 反应：

$$2Al[BH_4]_3+6HCl \longrightarrow Al_2Cl_6+3B_2H_6+6H_2$$

以上的反应都说明硼氢化铝有很强的反应活性，可以在若干合成反应中加以利用。

4）生成配位化合物的反应。硼氢化铝能同多种给予体分子（包括含氮、磷、砷、氧等配位原子）生成配位化合物，化学配比为 1∶1，1∶2 和 1∶6，典型的例子如$(CH_3)_3N \cdot Al[BH_4]_3$、$[(CH_3)_3P]_2 \cdot Al[BH_4]_3$和$[H_3N]_6 \cdot Al[BH_4]_3$等。最常见的是 1∶1 加合物。同某些配位体会发生进一步的反应，例如 $Al—H_2—B$ 桥的断裂或消去氢的反应，这类反应都同乙硼烷的反应相平行。

5.2.3 硼氢化铀和硼氢化钍

通过一些双分解反应可以制得铀和钍的硼氢化物：

$$UF_4 + 2Al[BH_4]_3 \longrightarrow U[BH_4]_4 + 2F_2AlBH_4$$

$$3ThF_4 + 4Al[BH_4]_3 \longrightarrow 3Th[BH_4]_4 + 4AlF_3$$

硼氢化铀是一种绿色固体，在温度高于 30℃时是能挥发的，在 100℃时分解生成一种不挥发的能自燃固体，可能是三硼氢化物 $U[BH_4]_3$，并在 150℃进一步分解成 UB_4 和氢气。

硼氢化钍是一种白色固体，熔点 203℃，蒸气压为 0.2mm/150℃。它在 300℃时分解成 ThB_4。$Th[BH_4]_4$ 能溶于乙醚和四氢呋喃中，可能生成了二醚合物。

硼氢化铀和硼氢化钍是同晶形的。

5.2.4 其他硼氢化物

有如前面表 2.18 所示，还有许多金属元素可以生成金属硼氢化物，其中大部分是通过相应金属氯化物同硼氢化锂在乙醚溶液中的反应来制备的。合成反应中需要用低温，因为它们一般具有较低的稳定性。一般没有特殊用途，不过从前面介绍过的几种化合物来看，硼氢化物是一类具有独特性质的化合物，值得加以注意。

5.2.5 金属硼氢化物的光谱性质

对范围很广的金属硼氢化物系统的红外光谱都已有过详细的报道。通过红外光谱的考查已能判断硼氢基团 BH_4^- 是独立的离子还是同金属原子以氢桥键相结合的。例如在硼氢化钠的红外光谱中，在 2270 和 $1080cm^{-1}$ 处的两个吸收峰分别归因于正四面体 BH_4^- 离子的 B—H 键的拉伸振动和 BH_2 的变形振动。

乙硼烷 B_2H_6 有 8 个红外活跃的振动频率，这些振动都已查明了。在硼氢吸收区中在～2500 和 $1175cm^{-1}$ 的吸收峰分别归因于端梢 BH_2 基团的拉伸振动和变形。在 1840 和 $1600cm^{-1}$ 处的额外吸收峰归因于 BH_2B 成桥系统的振动，即分别是桥键间向平面外的扩张振动和在平面内的对称拉伸。乙硼烷的红外数据可作为判断金属硼氢化物结构的参比标准。

作为对比，硼氢化铝的红外光谱在 2500 和 $1100cm^{-1}$ 的同样区域内有吸收峰，但成桥氢原子的有关振动频率则由 1860 移向 $2050cm^{-1}$ 和由 1600 移向 $1400cm^{-1}$。这种移动据认为是由于在 $Al[BH_4]_3$ 中的 BH_4^- 离子和乙硼烷的硼氢基团相比具有较强的离子性而造成的。不同的是在 $Zr[BH_4]_4$ 的红外光谱中在 2500—$1100cm^{-1}$ 区间仅有三个吸收峰，因为不存在端梢 BH_2 基团的变形振动。

在一些含有其他基团的硼氢化物系统，例如 $[(C_6H_5)_3P]_2 \cdot CuBH_4$、$(C_6H_5)_2Zr(BH_4)_2$ 等化合物的红外光谱中，在 1500—$1100cm^{-1}$ 区间的某些吸收峰

表 2.26　在某些硼氢化物中硼氢团的振动频率(cm^{-1})

化合物	$B—H_t$拉伸(不对称)	$\mathrm{B}\langle^{\mathrm{H}}_{\mathrm{H}}$ 变形	桥拉伸(扩张)	桥拉伸(对称)
$LiBH_4$	2290	1094	—	—
$NaBH_4$	2290	1120	—	—
KBH_4	2280	1115	—	—
$RbBH_4$	2270	1110	—	—
$CsBH_4$	2280	1100	—	—
$TlBH_4$	2180	1050	—	—
B_2H_6	2614	1175	1850	1600
$Al(BH_4)_3$	2549	1116	2154	1521
$Zr(BH_4)_4$	2584	—	2198	1223
$H_f(BH_4)_4$	2581	—	2207	1228

可能分辨不清楚,因为它们会同外来取代基或配位体的谱峰重叠起来。不过,一般说来,在 $2000cm^{-1}$ 区域的吸收峰仍然是检查金属原子与硼原子间存在氢桥键的灵敏标记。若干金属硼氢化物的红外光谱对比在表 2.26 中。

硼氢离子 BH_4^- 的质子核磁共振谱包括一组由于质子同自旋量子数 $I=\frac{3}{2}$ 的 ^{11}B 核的偶合而产生的四重谱峰(相对强度为 1∶1∶1∶1)和一组由 ^{10}B 核($I=3$)引起的低强度的七重谱峰。曾有人指出,乙硼烷的 NMR 谱包含有来自端梢质子的相似信号和来自两个成桥质子的另一个信号,据此也可以判定在金属硼氢化物的 NMR 谱中应能观察到两种不同的共振信号,不过一直到目前为止已考查的所有的金属硼氢化物系统,其中的质子在实验条件下进行着快速的交换作用而使成桥质子同端梢质子成为互相等当的而不能加以区分。

5.3　过渡元素的氢配位化合物[5]

5.3.1　一般介绍

过渡元素的氢配位化合物一般都是单分子体系,在分子中含有一个或多个氢原子,通过共价键而直接同金属原子相连结。

在 1930—1950 年期间,已知的这种氢配位化合物为数不多,当时对这类化合物的存在很不理解,甚至认为它们是奇怪的化合物。但目前它们已经成为一大类化合物,在科学研究工作中以及工业应用上都有一定的重要性。

表 2.27　一些典型的过渡金属氢配位化合物

化合物类别	典型化合物示例		
含三取代膦的氢配位化合物	$WH_6[P(CH_3)_2(C_6H_5)]_3$	$CoH(PF_3)_3PPh_3$	$(R_3P)_2NiHCl$
	$MnH(PF_3)_5$	$CoH(PPh_3)_4$	$[NiH(Ph_2PCH_2CH_2PPh_2)_2]^+AlCl_4^-$
	$ReH(PF_3)_5$	$RhHX_2(PPh_3)_2$	*trans*$-PtH_2(PPh_3)_4$
	$ReH_7[P(C_2H_5)_3]_2$	$IrH_3(PEt_3)_3$	*trans*$-PtH_2(PPh_3)_2$
	K_2ReH_9	$IrH_5(PEt_3)_2$	*trans*$-(Et_3P)_2HPt(PPh_2)PtH(Et_3P)_2$
含羰基的氢配位化合物（羟基氢化物）	$VH(CO)_6$	$[FeH(CO)_5]PF_4$	$Rh(CO)_4H$
	$CrH_2(CO)_5$	$Fe_3H_2(CO)_{11}$	$[Rh_6H(CO)_{16}]^+$
	$[Mo_2H(CO)_{10}]^-$	$RuH_2(CO)_4$	$Ir(CO)_4H$
	$[W_2H(CO)_{10}]^-$	*cis*$-OsH_2(CO)_4$	$[IrHCl_2(CO)_2]_2$
	$MnH(CO)_4$	*cis*$-OsHMe(CO)_4$	$Ir_4H_2(CO)_{11}$
	$Mn_2H_2(CO)_9$	$OsHCl(CO)_2(PPh_3)_2$	$Ni_2H_2(CO)_6 \cdot 4NH_3$
	$TcH(CO)_5$	$CoH(CO)_4$	$[Ni_2H(CO)_6]^-$盐
	$ReH(CO)_5$	$CoH(CO)_3PPh_3$	$Ni_4H_2(CO)_9$
环戊二烯基氢化物	$(\pi\text{-}C_5H_5)_2MH_2$	M=Mo, W	
	$(\pi\text{-}C_5H_5)_2NbH_2BH_2$		
	$[(\pi\text{-}C_5H_5)_2ZrH_2]_x$		
	$(\pi\text{-}C_5H_5)FeH(CO)_2$		
	$(\pi\text{-}C_5H_5)_2ReH$		
	$(\pi\text{-}C_5H_5)MH(CO)_3$，	M=Cr, Mo, W	

续表

化合物类别	典型化合物示例				
含氰基的氢配位化合物	$[HCr(CN)_5]^{3-}$	$[HMn(CN)_5]^{5-}$	$[HFe(CN)_5]^{4-}$	$[HCo(CN)_5]^{3-}$	$[HNi(CN)_3]^{2-}$
					$[HNi(CN)_3]^{4-}$
	$[HMo(CN)_7]^{4-}$	$[HTc(CN)_5]^{5-}$	$[HRu(CN)_5]^{4-}$	$[HRh(CN)_5]^{3-}$	$[HPd(CN)_3]^{2-}$
	$[HW(CN)_7]^{4-}$	$[HRe(CN)_5]^{5-}$	$[HOs(CN)_5]^{4-}$	$[HIr(CN)_5]^{3-}$	$[HPt(CN)_3]^{2-}$
					$[HPt(CN)_5]^{2-}$
硼氢桥配位化合物（氢在金属原子与硼之间成桥）	$Ti(BH_4)_4$			$[(CO)_4MoB_3H_8]^-$	
	$(\pi-C_5H_5)_2TiBH_4$			$[(CO)_4WB_3H_8]^-$	
	$Zr(BH_4)_4$			$(CO)_{10}Mn_3B_2H_7$	
	$(\pi-C_5H_5)_2ZrH(BH_4)$			$py_2(dmf)Cl_2RhBH_4$	
	$(\pi-C_5H_5)_2ZrH(AlH_4)$			*trans*$-(R_3P)_2Pdh(BH_4)$	
	$Hf(BH_4)_4$			$(PPh_3)_2CuBH_4$	
	$(\pi-C_5H_5)_2Hf(BH_4)_2$			$(PR_3)_2AgBH_4$	
	$(\pi-C_5H_5)_2NbBH_4$			$(\pi-C_5H_5)_3UBH_4$	
	$[(CO)_4CrB_3H_8]^-$			$(\pi-C_5H_5)_3ThBH_4$	

过渡金属氢配位化合物能够参与范围很广的多种多样的化学反应，并且常常在有机化学反应中出现为催化中间体，特别是在氢化反应、异构化反应、醛化反应等类型的有机反应中。这类化合物的催化活性，以及它们有可能是因氮催化剂，使它们在科学技术上应用的可能性受到极大的重视。另外，由于氢是一个最简单的配位体，有利于研究过渡金属-配位体之间的络合键。

过渡金属氢配位化合物可以存在为中性分子、阳离子和阴离子。在周期表中 d-区元素中除了铪之外已知都能形成含端梢 M—H 键的化合物。在这类配位化合物中，除了氢配位体之外，还可以有其他配位体，例如膦、羰基、环戊二烯基、氰离子、氨、硼氢离子、芳烃、烯烃等配位体，以致过渡金属氢配位化合物的化学具有十分丰富的内容，本文限于篇幅，只能对这类化合物的化学作概要的介绍。

在表 2.27 中选定了一些典型化合物，借以显示过渡金属氢络合物的复杂性和范围之宽广。

5.3.2　过渡金属氢配位化合物的一般制备方法

1. 从分子氢制备

分子氢同过渡金属体系以几种不同的方式发生反应生成氢配位化合物。在所有的情况中大致是氢分子先直接同金属原子发生作用，可以有三种极端的情况。

第一种情况是氢分子对称地同金属原子相作用，一般式如下：

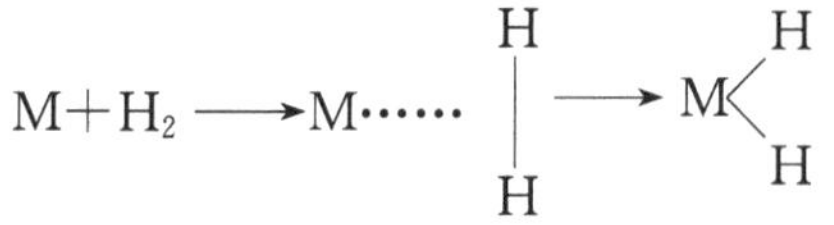

生成的二氢衍生物采取顺式结构，如果生成的配位化合物是易变的，则可能再转化成反式结构，例如：

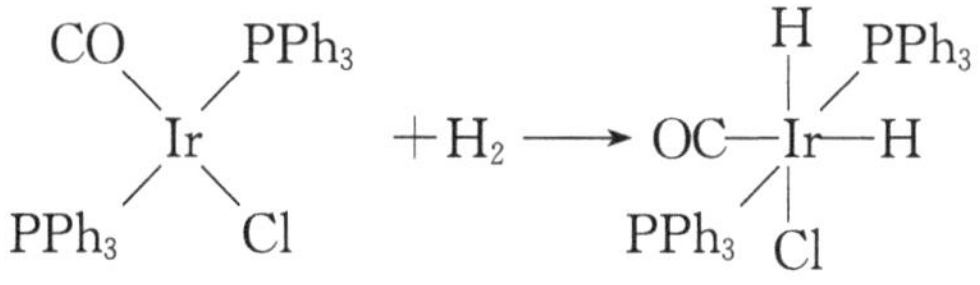

这种反应对于 Rh 和 Ir 配位化合物是最常见的。

第二种情况是氢分子向金属-配位体键加成，一般式可写为：

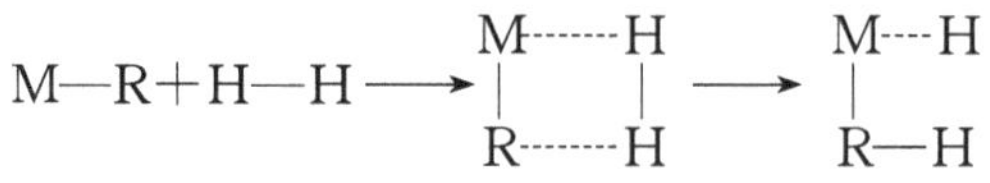

这类反应最常出现于金属酰基化合物或金属烷基化合物的加氢分解反应中。例如：

反式-$(Et_3P)_2Pt(GePh_3)_2 + H_2 \rightarrow (Et_3P)_2PtH_2(GePh_3)_2 \longrightarrow$ 反式-

$(Et_3P)_2PtH(GePh_3)+Ph_3GeH$

八羰合二钴在醛化反应中生成四羰基氢化钴的催化中间反应可以认为是这类反应的一个重要实例：

$$Co_2(CO)_8+H_2 \xrightarrow[\text{加热}]{\text{高压}} 2HCo(CO)_4$$

第三种情况是氢分子向金属配位化合物取代一个阴离子配位体，一般式为：

$$M—Cl^{n-}+H_2 \longrightarrow M—H^{n-}+HCl$$

实例如下：

$$RuCl_6^{3-}+H_2 \longrightarrow [HRuCl_5]^{3-}+HCl$$

2. 从质子酸和有关的体系制备

金属配位化合物阴离子，特别是含羰基的阴离子往往是强碱而能加合质子生成氢配位化合物。质子的供源可以是无机酸的水溶液，甚至可以是水，例如：

$$NaFe(CO)_4+H_2O \longrightarrow Na[FeH(CO)_4] \xrightarrow{H_3PO_4} FeH_2(CO)_4$$

有时中性金属配位化合物含有孤电子对（或经重排生成孤电子对），因而能加合质子，例如：

$$Fe(CO)_5+H^+ \rightleftharpoons [FeH(CO)_5]^+$$

3. 从共价型金属或非金属氢化物制备

ⅢA 族元素的氢配位化合物如 $NaBH_4$ 或 $LiAlH_4$ 可以同过渡金属体系生成金属-氢衍生物，这是一种极常见的实验室制备方法。在形式上这类反应可以看成是负氢离子 H^- 的进攻反应，不过在许多例子中发现生成了氢配位化合物体系，例如

$$M—X+M'H_4^- \rightarrow MM'H_4+X^-$$

式中 $M'=B$ 或 Al，通过这种反应生成过渡金属氢配位化合物的反应机理可能是十分复杂的。典型反应的一般式可写成：

$$M—Cl+H^- \longrightarrow M—H+Cl^-$$

$$M—L^++H^- \longrightarrow M—H+L$$

举例如下：

$$\pi—C_5H_5Fe(CO)_2Cl \xrightarrow[-Cl^-]{NaBH_4} \pi—C_5H_5FeH(CO)_2 \xleftarrow[-CO]{NaBH_4} [\pi—C_5H_5Fe(CO)_3]^+$$

ⅣA 族的氢化物例如甲硅烷的衍生物可以同过渡金属配位化合物发生加成反应，生成氢配位化合物，例如：

$$HSiR_3+Co_2(CO)_8 \longrightarrow CoH(CO)_4+Co(SiR_3)(CO)_4$$

其他的例子有如：

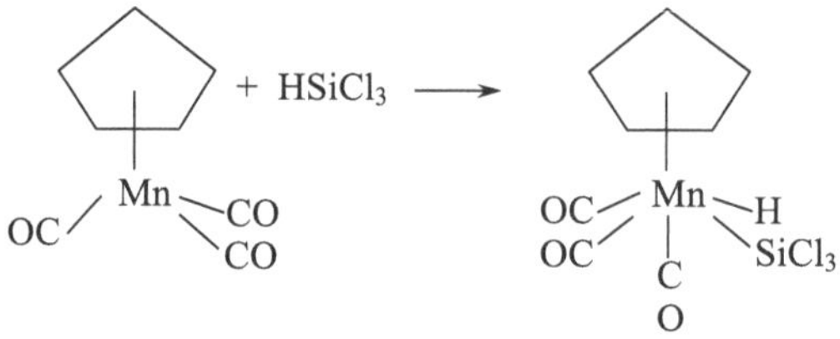

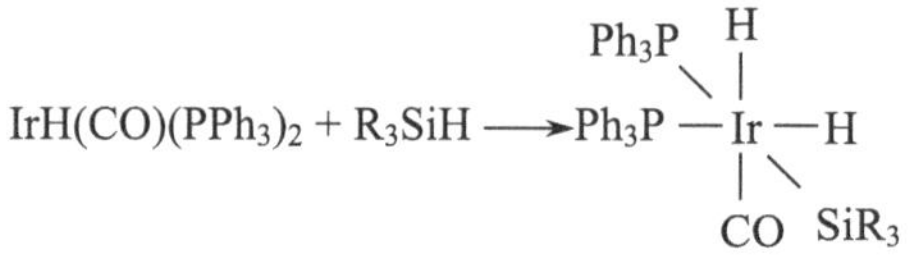

以上的生成氢配位化合物的反应常常是催化反应的一个组成部分，请参见本专题5.3.4节。

4. 从烷基、芳基配位体或有关反应制备

在许多金属有机化合物的反应中，从烷基配位体上消去β-碳原子上的氢往往是常见的重要反应步骤：

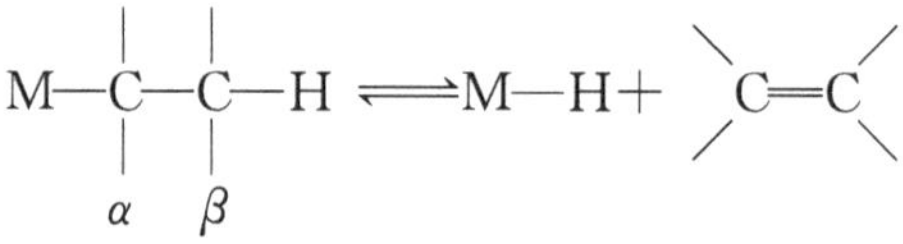

这个反应的逆过程，即将金属-氢体系向烯烃或炔烃加成，当然也是广见的重要反应。

这类反应是过渡金属-烷基配位化合物的非常典型和范围很广的反应，而且在大多数情况中这类反应都是在很温和的反应条件下进行的。在许多体系中这类反应的能垒都比较低，一般认为这是由于在体系中有非键电子，主要是由金属伸展出来并与β-碳原子体系作用的d电子。例如，用氘作示踪原子已查明了下列反应的机理：

$$Pt—CH_2—CD_3 \xrightarrow{\triangle} Pt—D + CH_2=CD_2$$

在三取代膦的配位化合物中，常发现膦上的一个苯基可以把氢转移给金属，同时生成了金属-苯基和金属-氢的体系，一般式如下：

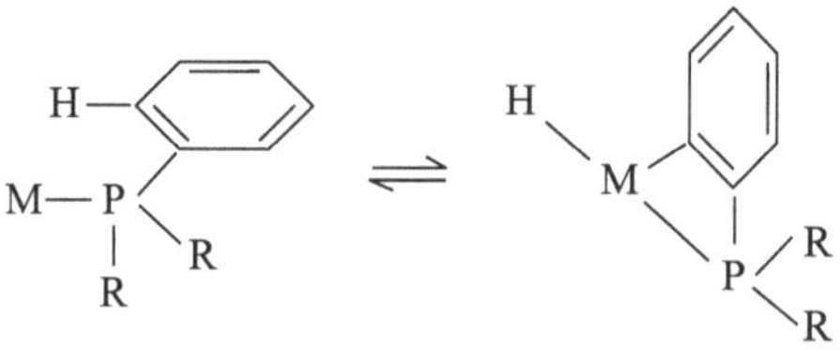

实例如下：

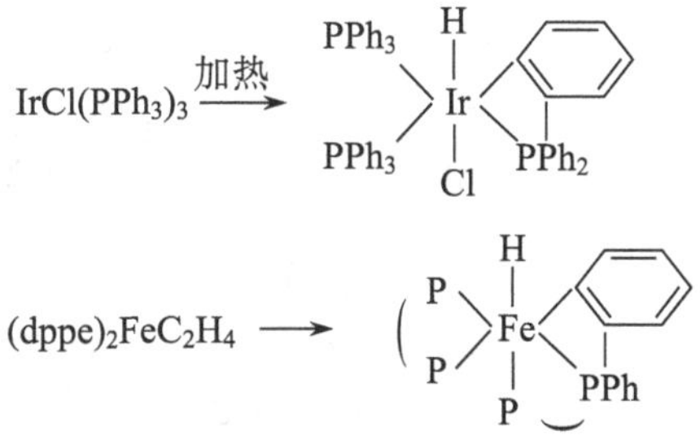

dppe=1,2-双苯基膦基乙烷 $Ph_2PCH_2CH_2PPh_2$,式中用P⌒P代表。

5.3.3 氢配位体的本性

氢作为配位体是一个单电子配位体,可以从一个中等的 σ-给予体变到一个中强的 σ-接受体,在大多数情况中氢配位体能同金属生成相当强的键,并且由于氢配位体特别小,因而金属在这类配位化合物中可以取得最高的或较高的共价。举例来说,在配位化合物 $WH_6(PMe_2Ph)_3$ 和 K_2ReH_9 中 W 和 Re 分别取得了最高的共价态,它们的配位数都是 9。在溶液中的过渡金属氢配位化合物可以是酸性的、中性的或碱性的;大部分看来是中性的。这或许是由于金属-氢键的极性从 $M^{\delta+}—H^{\delta-}$ 到 $M^{\delta-}—H^{\delta+}$ 有很大范围的变化造成的。这个键的极性将很大程度地依赖于同金属相连结的其他配位体的极性。

大部分过渡金属氢配位化合物相对于氧化作用来说是热力学不稳定的,甚至在动力学上也多数是不稳定的。在高于 180—200℃ 的温度下能够表现热稳定的过渡金属氢配位化合物是少见的。有许多这类化合物在室温下就分解了,特别是一些简单的羰基氢化物。

同其他配位体相比,氢配位体似乎是在中心原子的表面上有很大的游动性,这可能是由于它的半径特别小造成的,另外,由于质子是一个基本粒子,它可能在中心原子上进行“隧道钻穿”而发生分子内重排。

氢在配位化合物中不仅出现为端梢配位体 M—H,而且可成为成桥配位体,既可以是曲折的成桥基团 

,也可以是直线形的成桥基团 M—H—M。前者可用三中心分子轨道来加以说明(图 2.16)。

也还知道氢在三个金属原子间形成三向桥的情况,例如配位化合物(π-$C_5H_5)_4Rh_3H$,这个氢原子在顺磁共振谱中在 τ22.47 处(J_{Rh-H}=26.5Hz)显有一个四重信号,经判定它在分子的结构中处在三个铑原子平面的当中或上面$\left(^{103}Rh\text{ 的自旋为}\frac{1}{2}\right)$。

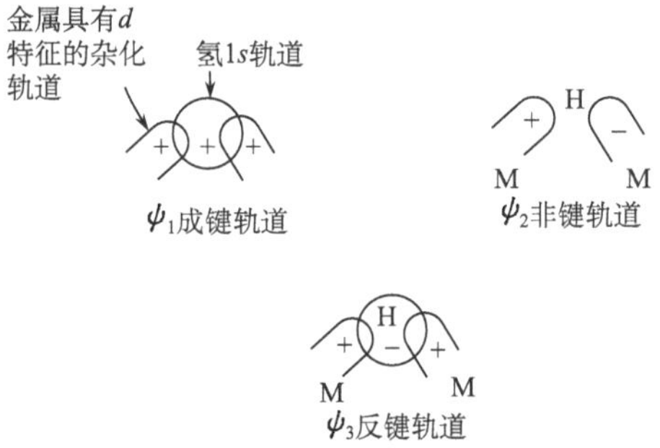

图 2.16 氢原子成桥基团 M—H—M 的分子轨道示意图

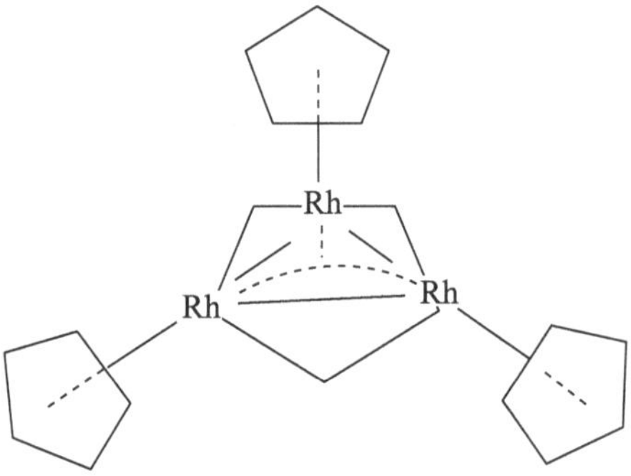

5.3.4 过渡金属氢配位化合物的物理性质和结构研究

过渡金属氢配位化合物都是用最常见的物理方法研究的。这些方法提供的数据能够为氢配位体的存在、氢配位体的数目和配位化合物的结构提供信息。通过相对配位场强度、反位效应等半经验规律也可以推出氢配位体的性质。

1. 氢配位体的检出和鉴定

通过元素分析来确定过渡金属氢配位化合物的化学配比几乎是很困难甚至是不可能的。这主要由于氢配位体在配位化合物中所占的重量比太小了,并且在分解反应中也很少能观察到有定量放出氢(气)的情况。很显然,在一个很大的分子中(例如维生素 B_{12}类化合物),很难检出和确定分子中是否有氢配位体。

在许多情况中物理方法能为金属-氢键的检出提供最可信的和可实用的方法。对于几乎所有的反磁性过渡金属氢配位化合物来说,最清楚的实验证据是在核磁共振谱中的高场位移。共振信号出现在 $\tau>11$ 处,最常出现的范围为 τ18—30,有时可以高到 τ45。其他的体系在这个区域内出现氢共振的情况是极少见的(包括卟啉类化合物和一些顺磁性分子)。如果能得到好的谱图,通过积分的方法测定谱峰的强度则可以求出存在的氢配位体的数目。此外,由于氢配位体同分子中其他核的偶合作用而造成谱峰的多重性也能准确地为氢配位体的数目提供无可争议的证据。举例来说,在配位化合物(π-C_5H_5)$_2$MoH_2 中,π-环戊二烯上的等当氢原子同两个等当氢原子的偶合出现为一个 1∶2∶1 的三重峰,证明有两个同金属原子直接相连结的氢配位体。核磁共振法常常由于氢配位化合物的低溶解度而受到限制。长的弛豫时间也会造成检出的困难。

大多数的过渡金属氢配位化合物的红外光谱在 1700—2200cm^{-1}范围内显有来自金属-氢拉伸振动的谱峰。在氘取代的类似化合物的红外光谱中没有这个谱峰,以及在频率比值 ν_{M-H}/ν_{M-D}近似为 1.3—1.4 的相应位置上出现谱峰时,就为金属-氢基团的存在提供了很强的证据。不过由于金属-氢键的拉伸频率在很大程度上是可变的,在许多确知的氢配位化合物中这个频率甚至是检查不出来的,因此没有谱峰并不能证明没有 M—H 键。此外,那些基本上具有叁键的配位体如 N_2、CO 和其他基团也可能在上述区间出现强的谱峰,并且由于在这个区间也会出现谐振峰和组合峰,因此在这个区间出现谱峰也可能引致误解,或者使真正的金属-氢键拉伸振动变得模糊难辨。因此对红外实验结果的处理必须十分小心。红外数据不能为氢配位体数目提供信息,因为即使是谱峰的多重性可能来自于异构现象、晶格影响等因素,因而不能提供任何有效的实证材料。金属-氢的变形振动频率出现在 650—850cm^{-1}区间。

在质谱测定中,在有利的情况下,如果能出现强母体离子的峰,则能为配位化合物的配比提供可信的证据。这个方法对于微溶的但挥发的多核羰基氢化物特别有利(它在金属-氢红外区有大的复杂 C≡O 拉伸频率)。在这些情况中,即使观察不到母体离子峰,仍然可以得到有关氢配位化合物配比的信息。举例来说,α－和β－Ru_4H_4·$(CO)_{12}$的质谱中显出的第一个峰来自于$[Ru_4H_2(CO)_{12}]^+$,而在低质量碎片中出现了 $H_3Ru_4^+$ 物种。事实上,利用一个场发射源,可以观察到$Ru_4H_4(CO)_{12}$分子的母体离子峰。

2. 结构研究

关于过渡金属氢络合物的结构和金属-氢键的键长的最可靠数据来自于 X 射线和中子衍射的联合研究。单用 X 射线衍射法在正常情况下往往不够准确,在许多情况中由于氢原子靠重金属原子太近而无法检出。已报道的金属-氢键长汇列在表 2.28 中。所有的晶体结构研究指出,氢在金属原子上占有正常的配位位置,由于常常观察到其他的配位体会稍为向氢配位体偏移,这表明氢配位体是相当小的。

表 2.28　过渡金属-氢键的键长

化合物	M—H(Å)
$K_2[ReH_9]$	1.68
$MnH(CO)_5$	1.601
$[Cr_2H(CO)_{10}]^-$	3.41(Cr—H—Cr)
$Re_2MnH(CO)_{14}$	3.392(Re—H—Re)
$FeH_2[PPh(OEt)_2]_4$	1.46
$RuH(MeCO_2)(PPh_3)_3$	1.7
RuH(萘基)$(dmpe)_2$[1)]	1.7
$RuHCl(PPh_3)_3$	1.7
$RhH(CO)(PPh_3)_3$	1.60
trans-$NiHCl(PPh_3)_2$	1.4

1) dmpe=$Me_2PCH_2CH_2PMe_2$。

从纯粹的实验观点来看,质谱研究可以为羰基氢化物提供有效的结构证据,具有端梢氢配位体的分子往往会从母体离子上失去氢,而成桥氢原子则仅在失去了一些羰基配位体之后才能失去氢。例如,$Re_3H(CO)_{14}$在失去了 12 个 CO 基团之后才能失去 H,观察到的离子碎片有 $Re_3H(CO)_2^+$、$Re_3H(CO)^+$和 Re_3H^+。

在结构研究工作中也曾使用过 Raman 光谱,例如液态氢化物 $MnH(CO)_5$ 和 $ReH(CO)_5$ 的 Raman 光谱表明它们具有 C_{4v}对称,因而指出氢原子坐落在四重轴上。反式-$PtHCl(PEt_3)_2$ 的单晶 Raman 光谱研究表明所有的 Pt—H 键都处在(010)平面上。

Mössbauer 谱也曾用于研究羰基氢化铁的结构,它可以确定配位化合物中的铁原子是否互相等当。例如 Mössbauer 谱证明$[Fe_2H\cdot(CO)_8]^-$阴离子中的两个铁原子是互相等当的,因而给这个配位化合物提出了如下的对称氢桥结构:

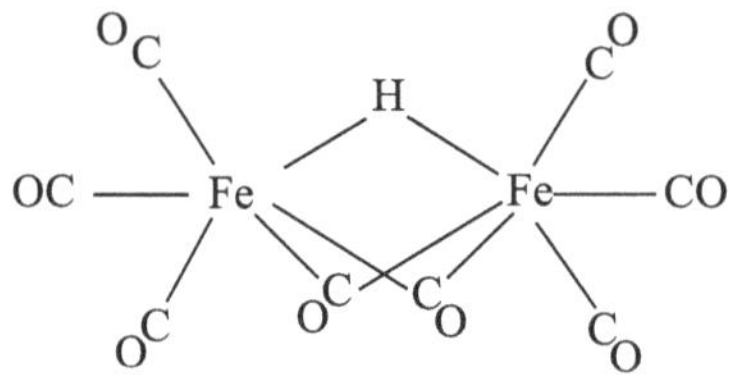

3. 氢配位体的易变性

在室温下在分子体系中发生分子内重排的现象在无机化合物中是比较普遍的。在含有 π 键有机配位体的配位化合物中这种现象更为常见,在过渡金属氢配位化合物中,分子内重排实际上也十分常见,质子核磁共振为检出和研究这种重排提供了最方便的手段,特别是对于配位数为 6 以外的配位化合物。例如,

$[ReH_9]^{2-}$ 给出一个单峰共振信号；$WH_6(PMe_2Ph)_3$、$ReH_5(PMe_2Ph)_3$、$OsH_4(PMe_2Ph)_3$ 和$[C_6H_6Mo(PMe_2Ph)_3H]^+$的金属-氢共振为 1∶3∶3∶1 的四重峰；以及 $ReH_7(PR_3)_2$、$O_8H_6(PMe_2Ph)_2$ 和 $IrH_5(PEt_2Ph)_2$ 的 M—H 共振信号为 1∶2∶1 的三重峰，等等。与此相反，六配位的铱配位化合物 $IrH_3L_3[L=P(OEt)_3$ 或 $P(OEt)_2Ph]$的^1H 核磁共振谱表明它具有坚实的结构，在室温下异构体之间的重排交换速度极慢。同样，顺式的 OsH_2L_4 具有复杂的^1H 核磁共振谱图，并表明它具有不变的顺式构型。不过较轻的铁类似物 H_2FeL_4 和有关的化合物在室温下的核磁共振谱中却显有一组 1∶4∶6∶4∶1 的五重峰。冷冻至−50℃时则显有一组更复杂的谱图，表明在该化合物中存在着顺式和反式异构体。因此人们认为在这类化合物中易变的氢配位体通过“隧道钻穿”而导致了快速的分子内重排。作为极一般的观察结果，络合物中在金属原子上的氢原子越多，在室温下发生重排的可能性越大。在同一族中心原子中，中心原子越轻，氢配位体的易变性显得越大，这可能是由于对较轻原子来说，配位场分裂较小的缘故。配位化合物 $\pi-C_5H_5M(CO)_2LH$(式中 M=Mo、W，L=CO 或 PR_3)的核磁共振谱证明，在此配位化合物中也存在着顺-反异构体的重排平衡。

在含有氢桥配位体的硼氢基配位化合物 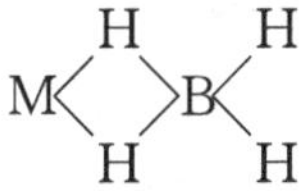 中也存在着快速的分子内重排，因为^1H 核磁共振谱显有一组 1∶1∶1∶1 的四重峰，表明成桥氢原子同端梢氢原子是互相等当的，与^{11}B 核发生等当的偶合作用。所以人们认为在这类氢配位化合物中 BH_4^- 基团在进行着快速的旋转运动。

大多数的光谱研究表明，对于许多过渡金属氢配位化合物来说，氢配位体是一个强场配位体，同金属原子生成了一个强的 σM—H 键。不过对铑氨配位化合物的研究中，发现了一个例外情况，在这类配位化合物中，氢好像是一个场力颇弱的配位体。

动力学研究发现氢配位体具有相当强的反位效应，与 CO、R_3P 或 $SnCl_3$ 不相上下。红外光谱和晶体结构研究都表明，与氢配位体处于反位的配位体，其配位体-金属键长都相当长。所以对反位效应的研究也能给氢配位化合物的结构和氢配位体的性质带来一定的启示。

5.3.5 过渡金属氢配位化合物在催化中的作用

金属有机化学的发展是十九世纪七十年代化学进展的特点之一，它把传统的独立分支学科无机化学和有机化学联系到一起了。过渡金属化合物对有机反应的催化作用范围很广，这个领域中的工作已远远超过了传统的无机化学范围，它已通过有机化合物的工业合成而扩展到生物化学体系，例如维生素 B_{12}、黄质氧化酶、铁红蛋白等的合成。因此在本专题中有必要讨论一下过渡金属氢配位化合物在催化中的作用。

对于过渡金属氢配位化合物催化的反应如不饱和烃的异构化反应、氢化反应、二聚反应、齐聚反应、多聚反应以及氮的固定反应等已经进行过很大量的研究工作。本节将对这些反应有共性的一般原理作一些初步介绍和提供一些了解得比较清楚的实际例子。

有过渡金属氢配位化合物参与的催化反应有共性的基本步骤可以简要归纳如下：

1. 生成金属-氢体系

第一步是通过各种途径生成一种过渡金属氢配位化合物(参阅本专题 5.3.2 节)，包括有分子氢参与的反应在工业上是最有用的。

2. 生成不饱和烃同过渡金属的 π—结合体系

我们已经知道，烯烃、炔烃和许多不饱和烃可以同过渡金属相结合。生成这种体系的主要条件是在金属原子上有可用的空配位位置，而生成一种所谓 π—配位化合物的体系：

$$[\mathrm{M}]+\begin{array}{c}\mathrm{C}\\ \|\\ \mathrm{C}\end{array}\rightleftharpoons[\mathrm{M}]\leftarrow\begin{array}{c}\mathrm{C}\\ \|\\ \mathrm{C}\end{array}$$

式中[M]代表一个已配位的过渡金属体系，在这个金属体系中应具有适宜对称性和能量的被占用金属 d 轨道，它可以向不饱和烃体系反馈电子。这些轨道的能量不仅决定于金属原子，而且也决定于配位体的性质。空配位位置的出现可能是由于在配位化合物中配位数和价态的不饱和造成的，例如一个 16 电子的平面四边形配位化合物可以加合某种配位体而生成 18 电子的六配位中间体，它也可以可逆地离解也它的配位体，例如：

$$\mathrm{L}_x\mathrm{M}\underset{+\mathrm{L}}{\overset{-\mathrm{L}}{\rightleftharpoons}}\mathrm{L}_{x-1}\mathrm{M}\underset{-\mathrm{C}=\mathrm{C}}{\overset{+\mathrm{C}=\mathrm{C}}{\rightleftharpoons}}\mathrm{L}_{x-1}\mathrm{M}\leftarrow\begin{array}{c}\mathrm{C}\\ \|\\ \mathrm{C}\end{array}$$

3. 金属-氢向不饱和烃的可逆加成

这种加成可以通过两种不同的程序而进行：

$$[\mathrm{M}]\underset{-\mathrm{H}}{\overset{+\mathrm{H}}{\rightleftharpoons}}\begin{array}{c}[\mathrm{M}]\\ |\\ \mathrm{H}\end{array}\underset{-\mathrm{C}=\mathrm{C}}{\overset{+\mathrm{C}=\mathrm{C}}{\rightleftharpoons}}\begin{array}{c}[\mathrm{M}]\\ |\\ \mathrm{H}\end{array}\leftarrow\begin{array}{c}\mathrm{C}\\ \|\\ \mathrm{C}\end{array}\rightleftharpoons[\mathrm{M}]—\mathrm{C}—\mathrm{C}—\mathrm{H}$$

$$[\mathrm{M}]\underset{-\mathrm{C}=\mathrm{C}}{\overset{+\mathrm{C}=\mathrm{C}}{\rightleftharpoons}}[\mathrm{M}]\leftarrow\begin{array}{c}\mathrm{C}\\ \|\\ \mathrm{C}\end{array}\underset{-\mathrm{H}}{\overset{+\mathrm{H}}{\rightleftharpoons}}\begin{array}{c}[\mathrm{M}]\\ |\\ \mathrm{H}\end{array}\leftarrow\begin{array}{c}\mathrm{C}\\ \|\\ \mathrm{C}\end{array}\rightleftharpoons[\mathrm{M}]—\mathrm{C}—\mathrm{C}—\mathrm{H}$$

4. 将不饱和体系插入于金属-碳 σ 键中

常见的例子是烯烃或一氧化碳的插入反应：

$$[M]—C'—C' \xrightarrow{C=C} M—C—C—C'—C'$$

$$[M]—C'—C' \underset{}{\overset{CO}{\rightleftharpoons}} M—\underset{\overset{\|}{O}}{C}—C'—C'$$

一氧化碳的加成常常是可逆的，而烯烃的插入在正常情况下是不可逆的。

5. 在催化中间体内的电子重排

当有两个或多个不饱和烃配位体同时和一个金属原子相连结时，它们可以通过电子在金属轨道中运动的一种低活化能过程而彼此互相结合起来，例如乙炔的三聚合变成苯的过程可以在一个合适的金属体系上进行，过程可表示如下：

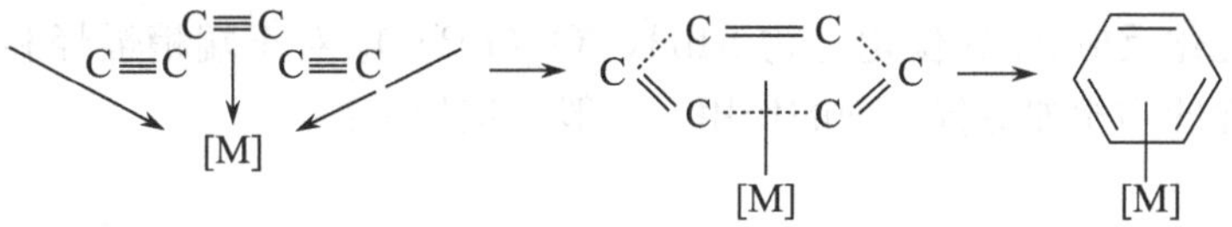

在目前，许多这种中间体的立体化学甚至化学组成都是不清楚的。不过已经知道二聚反应或较高的齐聚反应要显著地决定于金属原子和同它们相连的配位体的性质。举例来说，丁二烯的二聚合可因金属或其配位体的不同而生成环辛二烯—1,5、乙烯基环己烷或直链二聚物：

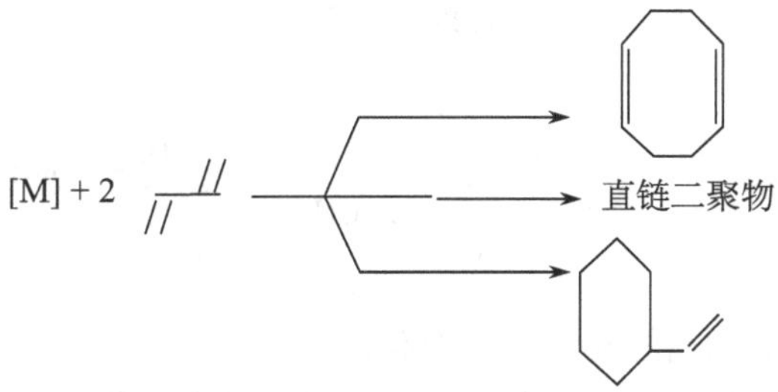

各种有关的实例将在下节中予以介绍。

5.3.6 有各种烃类参与的催化反应举例

1. 异构化反应

对不饱和烃类的异构化反应机理曾做过许多细致研究，它们常常涉及烯烃对一种金属-氢体系的加成。举例来说，丁烯-1 的异构化反应可以表示为如下的简化反应程序：

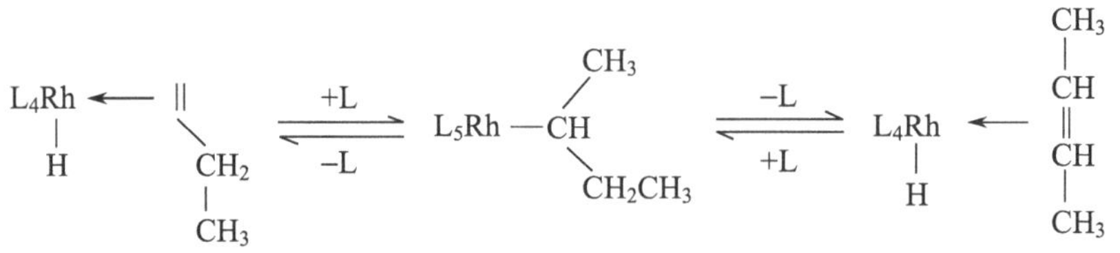

能够促成烃类异构化的催化剂有：$CoH(CO)_4$，$Fe(CO)_5$，$NiBr\cdot(PPh_3)_2$，$RuHCl(PPh_3)_3$，$RhCl_3$ 的水溶液和 $PdCl_2$ 的水溶液等。

2. 加氢反应

氢配位化合物在均相加氢反应中的作用可以通过下面介绍的铑化学来加以说明。

铑的催化反应：铑配位化合物 $RhH(CO)(PPh_3)_3$ 对于端梢烯烃和共轭烯烃能起选择性的均相加氢催化剂的作用。一般机理如下：

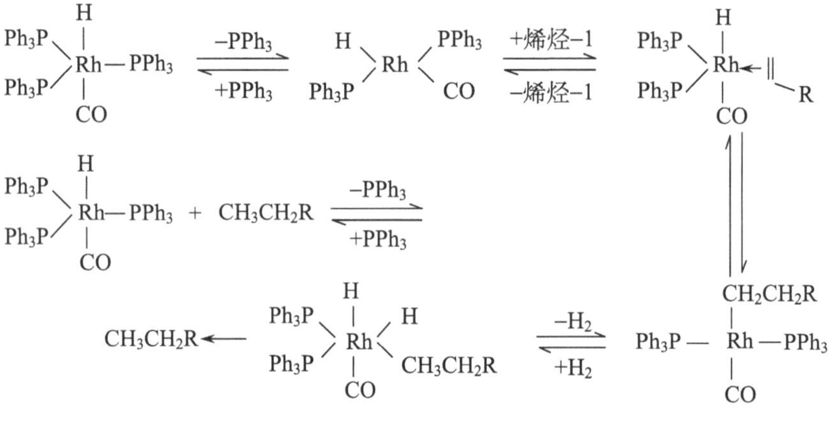

能够作为加氢催化剂的配位化合物有：

$(\pi-C_5H_5)TiC_4H_7$，$\pi-C_5H_5Cr(CO)_3H$，$[CoH(CN)_5]^{3-}$，$NiBr_2(PPh_3)_2$，$IrH_3(PPh_3)_3$，$RhH(CO)(PR_3)_3$，$RuHCl(PPh_3)_3$，$IrCl(H_2)(CO)(PPh_3)_2$，$IrHCl_2$-$(Me_2SO)_3$，$Py_2(dmf)RhCl_2BH_4$*，$Mo_2(CO_2Me)_4/HBF_4/PPh_3$，氯化钌(Ⅱ)等。

* dmf=二甲替甲酰胺。

3. 醛化反应

乙烯通过氢配位化合物 $CoH(CO)_4$ 的醛化反应生成丙醛的典型反应程序如下：

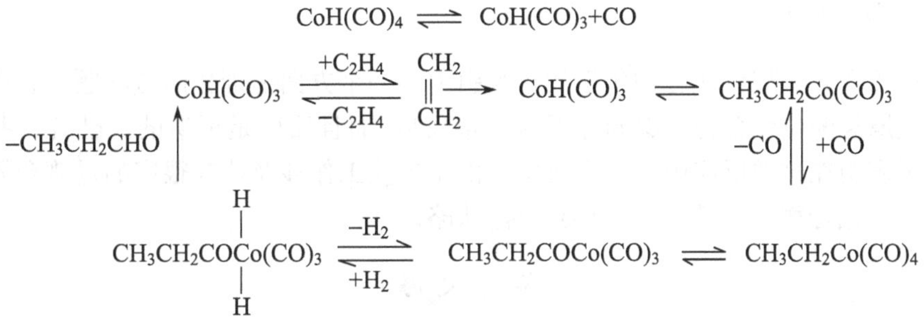

如果用 $RhH(CO)(PPh_3)_3$ 作催化剂，烯烃-1 的醛化反应转化率可以达到 98%，生成直链的醛，反应机理一般与上列程序相似，不过作用平衡的步骤可能多些。

4. 二聚和齐聚反应

乙烯的二聚和齐聚反应据认为是按照如下机理进行的，在这些过程中都涉及金属-氢体系向烯烃的加成：

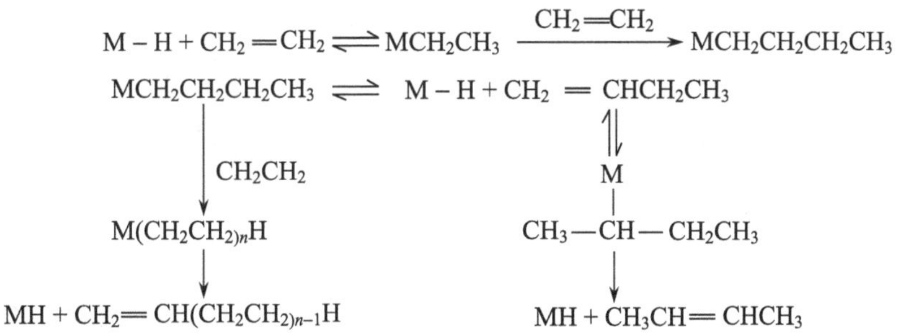

$RhCl(PPh_3)_3$ 能催化 α-羟基乙炔的二聚作用和苯乙炔的齐聚与多聚作用。二聚作用的机理如下：

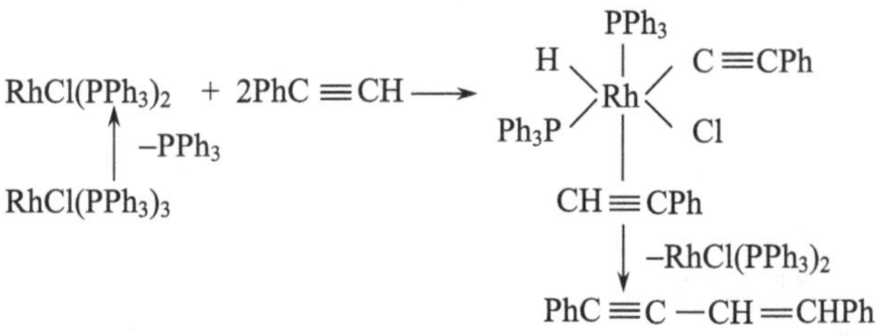

能作为烯烃二聚合催化剂的有如下络合物。乙烯聚合为丁烯－1：$RhCl_3$ 的水溶液，$PdCl_2$，$CoH(dppe)_2$*，和 $CoHN_2(PPh_3)_3$ 等。乙烯加丁二烯生成己二烯：$RhCl_3$ 的水溶液、$RuCl_3$ 的水溶液。丁二烯的齐聚：$(\pi-C_3H_5)_2Ni$、$Fe(acac)_3/AlEt_3/PPh_3$**。

5. 催化固氮

过渡金属氢配位化合物化学最有吸引力的一个方面是催化固氮问题。有许多过渡金属氢配位化合物能够同分子氮直接反应，而且反应是可逆的。已有一些实验结果表明在这类反应中可以生成氨。由于这些工作涉及范围很广的过渡金属氮分子配位化合物，本专题限于篇幅，只能从略。

参考文献

[1] Kirk Othmer, "Encyclopedia of Chemical Technology". reviced 2nd Ed. , Vol 11(1972).
[2] E. C. Ashby, "Advances in Inorganic Chemistry and Radiochemistry", Academic Press , Vol. 8(1966).
[3] B. D. James, "Progress in Inorganic Chemistry". Interscience Publishers, Vol. 11(1970).
[4] J. A. Dilts, E. C. Ashby, AD Reports, 705113(1970).
[5] J. C. Bailar, Jr. (ed.), "Comprehensive Inorganic Chemistry", Pergamon Press, Vol. 4, pp. 355—452 (1973).

* dppe＝1,2－双二苯膦基乙烷。

** acac＝乙酰丙酮基。

2.6 氢　　键[1]

质子在化学上的另一特征是能形成氢键，这和共价氢原子上的部分正电荷是紧密相关的。当氢原子同另一元素形成共价键时，在氢原子核成键方向的对侧可以认为是相对地缺少电子的屏蔽。如果同氢原子相结合的元素有较高的电负性，例如氟、氧和氮，生成的键是强极性的，偶极的正端(H)将会强烈地同其他共价饱和的电负性原子(仍为氟、氧和氮)相互作用。这就会生成如下一般型式的键力：

$$—\overset{\delta-}{X}—\overset{\delta+}{H}\cdots\cdots\overset{\delta-}{X}—$$

这种键的强度介于 van der Waals 作用力(约 4kJ/mol)和正常化学键(约 40kJ/mol)之间，称为氢键。

物质的许多物理性质可以为这种氢键的存在提供强有力的定性证据。举例来说，在下面图 2.17 中绘示的若干共价型氢化物的沸点与分子量的变化关系图中，清楚地表示出水、氟化氢和氨沸点的异常变化。在一般情况下，这类共价分子的沸点是随着分子量的增大而升高的，也就是沸点随分子间 van der Waals 力的增大而升高。H_2O、HF 和 NH_3 的反常沸点表现意味着在液态中分子间有着反常强大的相互作用力，并且在气相中这种作用力也是存在的。有很有力的证据表明氟化氢在蒸气相中是聚合的，环状的六聚物看来是主要的聚合物，但也可能存在别样的聚合物种。红外测量也证明在水和氨蒸气中也存在着聚合分子。对于羧酸来说，例

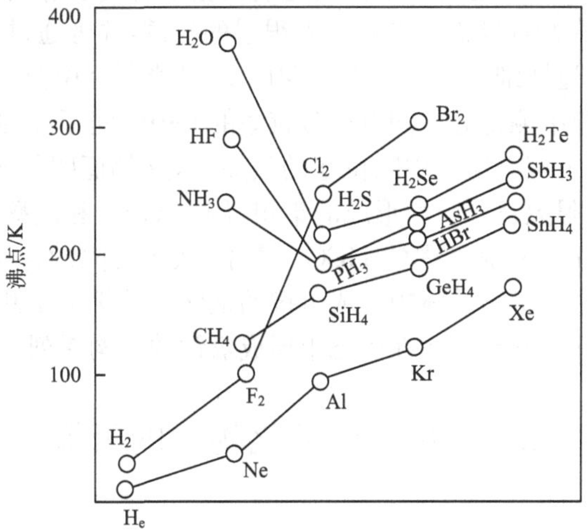

图 2.17　稀有气体和简单氢化物的沸点

如乙酸，对蒸气的精确分子量测定也肯定地证明有双聚分子存在。已经测得在蒸气相中乙酸的缔合焓 $\Delta H^{\circ}=-3.4\pm0.2\text{kJ/mol}$。红外和喇曼光谱研究给出乙酸二聚分子的结构如下：

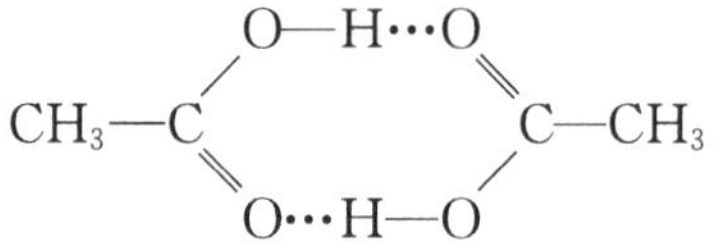

用凝固点降低法和沸点升高法测定分子量也都证明羧酸在惰性溶剂如苯中的溶液里也存在着类似型式的聚合物。在能自身生成氢键配位化合物的溶剂中，羧酸则同溶剂分子结合到一起，而不是本身缔合，因而在很低的浓度下测得的分子量便是正常的分子量了。

有机化合物的溶解度和一般性质往往能够为分子间或分子内生成氢键提供证据。在电子对给予体溶剂如水、醇、吡啶等溶液中，生成分子间氢键有利于加大溶解度，而在非极性溶剂如苯或四氯化碳中有利于分子内氢键化合物的溶解。化合物的挥发性也有类似的表现：在分子间生成氢键的化合物有利于挥发性减弱，而有分子内氢键的化合物往往有较高的挥发性。一个熟知的例子是邻硝基苯酚，由于它生成了分子内氢键，它同间位和对位异构体相比就有特别高的挥发性。能够生成氢键的溶剂对于盐类的阴离子有特殊的溶剂化作用，而使这些盐在这类溶剂中有较高的溶解度和反应活性，而在极性的不含质子的溶剂中则有所不同。

光谱数据可以为氢键形成提供最直接的物理证据。当 X—H 组合生成了氢键时，X—H 的拉伸频率变低和变宽了。举例来说，在羧酸单体中羧基在 2380cm^{-1} 处有一个锋锐的吸收峰，但通过氢键生成双聚分子时，这个谱峰变成为一个由 3330 到 2380cm^{-1} 的宽谱带。从定量数据来看，波数的移动范围可以宽达 $100—2500\text{cm}^{-1}$。在固体状态下常存在着很强的氢键，并曾通过 X 射线、中子和电子衍射等技术进行过详细的研究。在早期的 X 射线研究中是无法测定氢原子位置的，但例如在甲醇中测得分子间有反常较短的 O…O 间距离，并且直链连接的二个甲醇分子之间肯定应有居于中间位置的氢原子，这都证明氢键的存在。氢键可以被限制于生成有限数目分子所形成的集团，例如 HF_2^- 和羧酸双聚体，或者生成无限的长链，例如在碳酸氢钠中的 HCO_3^- 离子；或者无限的片层，如硼酸；或三维网格结构，如冰。在无机物晶体中生成氢键的最熟知的例子是共价氢化物、氟化物和酸式盐，它们能够很好地说明在固态中形成氢键的结构系列。

6.1　共价型氢化物中的氢键

1. 水

在水(无论固态或液态)中存在的氢键是最典型的。在常温下水是一种液体，而在周期表中与氧相邻的其他元素的氢化物则都是气体。水的许多反常性质都可以从它的结构找到自然的答案。冰在熔化时体积要收缩 8.3%，液态水进一步升温到 4℃时还要再收缩 0.012%，水在 4℃时的密度最大。这些现象表明由冰到 4℃水发生了由冰的敞开结构过渡到比较紧密排列的结构。经计算，如果水分子在液态中具有紧密堆积的结构的话，它的密度应为 1.84g/cm^3，而实际上水的密度比此要小得多(1g/cm^3，4℃)，这表明液态水在结构上仍在很大程度上类似于冰的结构。如果水具有紧密堆积结构，每个水分子应该特征地有 12 个最近邻的其他水分子，但在 0—80℃范围内 X-射线研究表明每个水分子只有 4.4—4.9 个最近邻的水分子。在低频率下液态水的介电常数基本上与冰的相同。冰的敞开结构绘示在图 2.18 中。

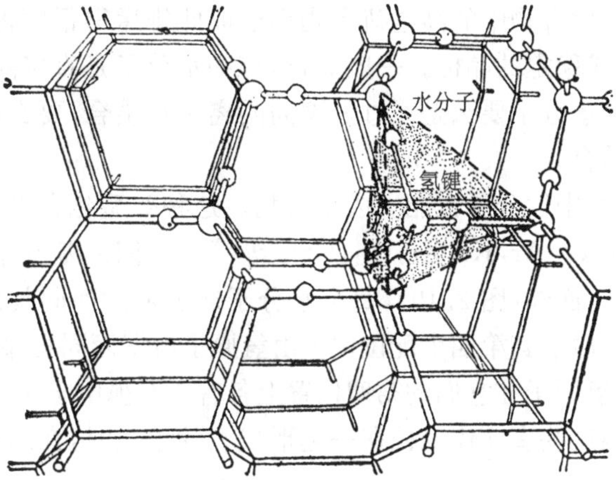

图 2.18　冰的敞开结构

如果考虑到水分子在它的价电子层(氧原子)中有 4 对电子，它们分别指向一个正四面体的 4 个角顶上，其中有两对电子为共价结合的两个氢原子所共用，另外两对电子就为生成氢键给相邻水分子提供了配位位置。在相邻两个氧原子间氢原子的位置并不是对称的。在冰中每个氢原子距一个氧原子为 0.95Å，而距另一个氧原子为 1.91Å，也就是说，就每个氧原子来说，它有两个较近的相邻氢原子和两个较远的相邻氢原子。

冰和水的这种氢键结构导致了一个非常有趣的结果，即氢离子和氢氧根离子在冰和水中有反常的高运动速度，由于在冰和水中，氢键结构是无限连续的，这给电荷提供了一种特殊的转移形式。例如，质子电荷可以通过一种“分程传递机理”而进行转移，而无须传输单个的 H_3O^+ 离子，其传递形式如下：

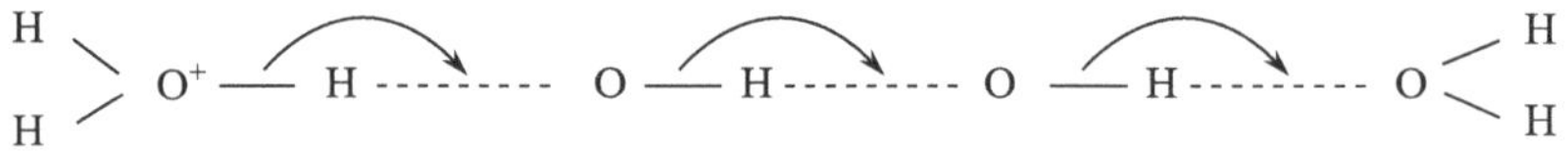

2. 水合物

当离子型化合物溶解在水中时，离子的水合作用对于溶液化学是十分重要的。在结晶水合物中，除了离子-偶极吸引作用之外，氢键也是一种重要的作用力。在离子化合物中，阳离子和阴离子可能有不相称的大小，水分子正好充入空隙中而把异号离子结合到一起，使之成为一种稳定的固态结构。例如 $FeSiF_6 \cdot 6H_2O$ 和 $Na_4XeO_6 \cdot 8H_2O$ 都是具有确定结构的晶体，但没有得到过它们的无水盐。这可能是由于在这两种化合物中的高电荷大阴离子彼此排斥得很厉害，如果没有水分子，它们就不能形成稳定的晶格。一般而言，有些水分子是直接同阳离子配位的，有的不是。所有的水分子要么是通过氢键同阴离子相结合，要么就是通过氢键而同别的水分子相结合。

在有些情况中，中性分子也能生成水合物。这种类型化合物的极限化学式是 $6X \cdot 46H_2O$，式中 X＝Ar，Kr，Xe，Cl_2，CH_4 等等。它们的基本结构单元是由 20 个水分子组成的 12 面体(图 2.19)，每个水分子通过氢键而同其他三个水分子相连接。有半数的氧原子其第四个配位位置由氢原子占据而同相邻的多面体以氢键相联；另外一半的氧原子在它们的第四位置上各有一对孤电子对，它们从邻近的多面体接受氢键。当这些多面体堆积在一起形成大的单位时，在结构中形成了相当

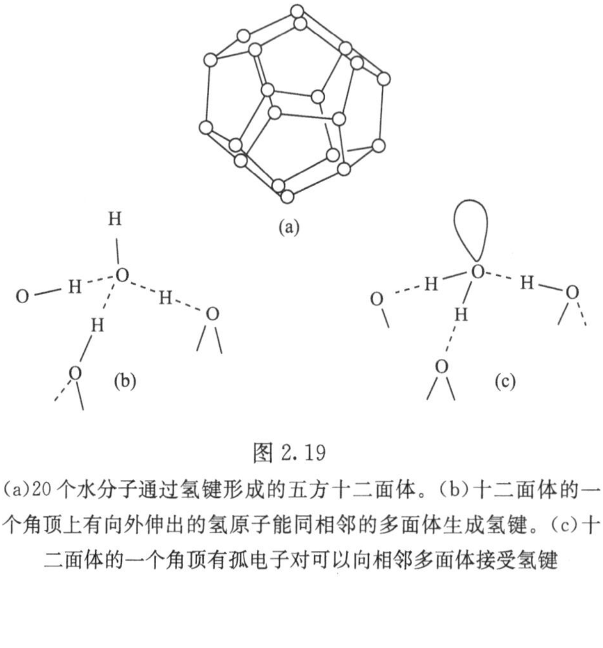

图 2.19

(a)20 个水分子通过氢键形成的五方十二面体。(b)十二面体的一个角顶上有向外伸出的氢原子能同相邻的多面体生成氢键。(c)十二面体的一个角顶有孤电子对可以向相邻多面体接受氢键

大的孔穴，就在这个空间里容纳了客体分子 X。在这种气体水合物中，客体分子并不是同水化学结合在一起的，而是被宿主包藏在结构里面的，因而把它们叫做包合物(笼形化合物)。由于结构中的孔穴可能不会完全充满，所以化学式 $6X \cdot 46H_2O$ 只能看成是极限化学式，在实际情况中很少能达到这个组成。

包合物并不完全都是水合物。对氢醌、苯酚和类似的有机化合物都能通过氢键结合成宿主晶格。也知道有非氢键结合的宿主结构，主要是由配位聚合物组成的三维晶格。在这类聚合物中，笼体结构往往是通过一些配位体如 CN^- 和 SCN^- 而形成的，因为它们的两端都能同金属原子配位。这类包合物的最好的例子或许是 $Ni(CN)_2NH_3 \cdot M$ 型的化合物，其中的 M 是苯、噻吩、呋喃、吡咯、苯胺或苯酚。

还有一些化合物，它们介于真包合物和氢键结合的水合物之间。例如六水合六次甲基四胺 $(CH_2)_6N_4 \cdot 6H_2O$(见图 2.20)，在这种化合物中，六次甲基四胺被捕集在一个由水分子组成的笼体中。与上述气体水合物不同的地方是，六次甲基四胺是通过氮原子而同水分子形成氢键而被捕集在笼子里的。可能由气体水合物的“纯粹”无键结合主-客体关系到离子水合物的紧密结合关系之间存在着一个完整的过渡系列。

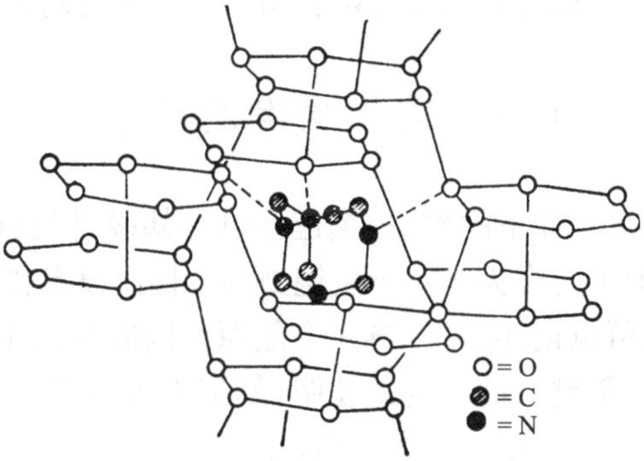

图 2.20 六次甲基四胺的六水合物

对于 HF 来说，通过氢键可以形成两种可能结构，一种是无限的长链，另一种是闭合的环状结构(出现在蒸气中)。固体 HF 是由平面状的锯齿形长链组成的，其中 F…F…F 键角为 120℃。在固态氨中，每个氮原子有 6 个相距 3.4Å 的近邻氨分子，有 6 个相距 3.9Å 的相邻氨分子。这种 6+6 配位表明生成了 6 个较弱的氢键。

6.2 氟 化 物

氟化物生成氢键的特性可以用氟化铵作为例子来加以说明。其他的卤化铵在结构上类似于碱金属卤化物(离子晶格),而氟化铵则不同,它是冰的等电子体,它的结构基本上与冰的结构相同。铵离子和氟离子的配位数都是 4。在二氟化铁中,结构单元 $N_2H_6^{2+}$ 和 F^- 离子通过氢键而结合成层状结构。在碱金属氟氢化物中含有 HF_2^- 离子,氢原子在两个氟离子间处于对称位置并有很强的氢键。质子的这种对称位置已为核磁共振所证实。氟氢化钾和氟氢化铵具有类似的晶体结构,不同点在于,在 KHF_2 中每个 K^+ 离子有 8 个最近邻的 HF^- 离子,而在 NH_4HF_2 中,每个铵离子有 4 个较近的相邻 HF^- 离子,另有 4 个稍远些的相邻 HF_2^- 离子。这种配置关系都是由氢键造成的。

6.3 酸 式 盐

在碳酸氢钠 $NaHCO_3$ 中,平面形的 CO_3 基团通过氢键连接成无限的长链,这些链再通过钠离子而结合起来。在 $KHSO_4$ 中,有一半的硫酸氢离子结合成有两个氢桥的双聚体,其余的一半则生成无限的长链。其他的酸式盐例如 KH_2PO_4 则能生成三维网络结构。含氧酸本身也因为生成氢键而在性质上受到强烈的影响。其他如氢氧化物、许多有机化合物等也都会由于生成氢键而发生结构上的影响。

6.4 关于氢键的理论

虽然人们一般满足于如下的理解:氢键不过是偶极-偶极或离子-偶极相互作用的一种极端表现,但是迄今为止对于氢键力的本性还没有普遍一致的完好说明。当前关于氢键的定义可以记述如下:当一个氢原子同时和两个或多个其他原子相联结时,其间就存在着氢键。这个定义表明,氢键不可能是一种正常的共价键,因为氢原子只能有一个用于成键的低能轨道(1*s*)。

前面已经讲过,从物质的宏观现象,例如 NH_3、H_2O 和 HF 的反常熔点和沸点表现,可以间接理解氢键的存在。另一方面,从微观的分子数据也能判定氢键的形成,因为氢键的存在会在很大程度上缩短原子之间的距离:有氢键的原子间距离将小于它们的 van der Waals 距离(即两个原子 van der Waals 半径之和)。这已成为区别有否形成氢键的一种实用方法。在表 2.29 中对比了氢键系统的键距和有关原子之间的 van der Waals 距离。设氢键系统的简式为 A—H…B,有氢键存在时,由 A 到 B 原子的距离将小于从 A 到 B 的 van der Waals 距离。更特征的一点是 H 和 B 原子之间的距离也要甚小于它们之间的 van der Waals 距离,也就是说,B 原子的电子云被氢核穿透(或压缩)了。

在最典型的氢键情况中,氢原子同时和两个电负性极强的元素相连接着。这个系统往往是直线形的,氢原子靠一个核近些,靠另一个核远些。在表 2.29 的大多情况下假定氢原子同 A 原子通过一个短的“正常”共价键相连接，又通过一个较长的和较弱的“氢链”同 B 原子相连接。有时即使 A 和 B 是相同的元素，也会有相同的状况。不过有少数重要的例外，即在 $M^+ HA_2^-$ 型的酸式盐中，其中 A 是 F^- 离子或某些有机酸(如乙酸或苯甲酸)的阴离子，在 AHA^- 中的两个键距是相等的，这一类型的氢键可以叫做对称氢键，前述的常见氢键则可以叫做不对称氢键。对称氢键的特点是这种氢键很强，例如在 FHF^- 离子和某些 AHF^- 离子中的氢键是短而强的对称氢键，而其他情况的氢键则是长而弱的不对称氢键。

表 2.29 一些常见氢键的实测距离(pm)同 van der Waals 距离的比较

键型 A—H…B	A…B 距离 (计算值[1])	A…B 距离 (实测值)	H…B 距离 (计算值[1])	H…B 距离 (实测值)
F—H—F	270	240	260	120
O—H…O	280	270	260	170
O—H…F	280	270	260	170
O—H…N	290	280	270	190
O—H…Cl	320	310	300	220
N—H…O	290	290	260	200
N—H…F	290	280	260	190
N—H…Cl	330	330	300	240
N—H…N	300	310	270	220
N—H…S	340	340	310	240
C—H…O	300	320	260	230

1) 根据 Pauling 的 van der Waals 半径计算的。

虽然人们对于对称氢键和不对称氢键曾给以很多的注意，但对这两类键的形成因素还没有足够深入的理解。可以肯定的一点是，对于长而弱的氢键(不对称)来说，可以假定氢原子是以共价键同一个原子相连结，而同另一个原子的关系是静电吸引。显然它同共价结合原子的距离要近些，而同“偶极吸引”原子的距离要远些。但对于如 FHF^- 离子的情况中为什么会生成对称氢键，似乎是较不容易理解的问题。但如果把这种氢键结合情况同乙硼烷中的氢桥键 B—H—B 做一对比，看来问题也并不十分复杂，也可以把 FHF^- 中的键看成是氢桥键，所不同的是在 BHB 中的氢桥键可以描述为三中心二电子键(3c2e)，而 FHF^- 中的氢桥键则可以描述为三中心四电子键(3c4e)。另外，由于立体化学因素，在乙硼烷中 B—H—B 夹角为 83.5℃，而在 FHF^- 中为了使二个 F^- 离子的排斥力为最小，$F—H—F^-$ 是直线形的。这样的理论解释似乎是可以接受的。

热力学数据也可以说明当氢原子同电负性最强元素相结合时可以生成最强的氢键：

$$F^- + HF \longrightarrow FHF^-, \quad \Delta H = -155kJ/mol$$

$$(CH_3)_2CO + HF \longrightarrow (CH_3)_2CO\cdots HF, \Delta H = -46kJ/mol$$

$$H_2O + HOH \longrightarrow H_2O\cdots HOH(冰), \Delta H = -25kJ/mol$$

L. C. Allen 在 *J. Am. Chem. Soc.* ,**97**,6921(1975)中曾对氢键提出了一个简单理论模型,借以理解氢键的本性和计算氢键的强度。这个模型包括三个变数:1)键的偶极矩 μ_{H-A},通过它可以求出氢原子上的部分正电荷;2)从氢原子接受体分子夺取电子的容易程度$\triangle I$(假定稀有气体原子生成氢键的本领为 0,氢键的键能应同给体原子的电离能 I_A 和最邻近稀有气体原子电离势 I_X 的差值$\triangle I = I_X - I_A$ 成正比);3)氢键的长度 R。利用这些数据可以估算氢键的键能:

$$E = \frac{K\mu_{A-H}\triangle I}{R}$$

式中的 $K = 2.44 \times 10^{18} C^{-1}$。关于此模型的进一步讨论建议读者参阅 Allen 的原文。氢键不但在物理和化学中是重要的,而且在生命界也是重要的,例如氢键在 DNA(脱氧核糖核酸)中碱对的形成也起着重要作用,这都值得我们对氢键问题予以应有的注意。

参考文献

[1]　J. E. Huheey,"Inorganic Chemistry,Principles of Structure and Reactivity",Happer and Row(1979).

3. 碱　金　属[1]

3.1 碱金属元素概论

周期系的 IA 族包括锂、钠、钾、铷、铯和钫六种元素，因为它们的主要成员——钠和钾的氢氧化物是长期以来为人们所熟知的强碱，所以把它们统称为碱金属元素。

碱金属元素是周期性表现得最鲜明和最规则的一族元素。碱金属的原子都有一个能量较高的 *ns* 态电子，它与核结合得很不牢固，在某种试剂的作用下，甚至在光的辐照下很容易失掉，形成+1 价的离子。从锂到钫随着原子半径的逐渐增大，失去这个电子的趋势也越来越大。碱金属元素原子的第二电离势很大，失去第二个电子非常困难，所以碱金属元素除在气态单质分子 M 及 M_2 中呈 0 价态外，在化合物中多呈+1 价氧化态。

碱金属单质都具有银白色金属光泽，都是热和电的良好导体。因为在碱金属单质的晶体中每一个原子只有一个电子参与金属键的形成，原子间的作用力较弱，所以碱金属单质的比重和硬度都特别小，熔点和沸点都比较低。

碱金属的化学性质非常活泼，在常温下就能同卤素、氧气等作用，加热时能同氢气反应形成离子型的化合物 M^+H^-。碱金属的标准电极电势有很高的负值，能与 H^+ 激烈地反应：

$$M + H^+ \longrightarrow M^+ + \frac{1}{2}H_2$$

从非氧化性的酸中置换出氢。还能由水，甚至由氢离子浓度很低的碱性水溶液中置换出氢。

碱金属元素的绝大多数盐都能很好地溶解于水中，由于水解作用，其弱酸盐的水溶液都呈碱性。

锂是碱金属元素中原子量最小的一个。因为 Li^+ 离子的半径特别小，电荷密度很高，所以锂的化学同其他五种碱金属元素的化学有显著的差别。例如，其他碱金属在氧气或空气中燃烧时的主要产物是 M_2O_2 或 MO_2，而锂的主要产物却是 Li_2O；锂最易于同氮气反应生成 Li_3N；在碱金属中锂和其他元素原子间的化学键共价成分最为显著；氢氧化锂的碱性远比同一族中其他元素氢氧化物的碱性弱；碳酸锂、氟化锂和磷酸锂比其他碱金属元素相应盐的溶解度小得多，等等。锂的这些性质同周期表中处在它右下方的镁比较相近，这是普遍存在于周期系中的对角关系之一。

由于以上原因,本专题将把锂同其他碱金属元素分开,单独讨论。其他五种元素则合在一起讨论,以便进行比较,在归纳其共性的同时指出不同元素的个性,因为两种元素无论它们如何相似,在它们之间总会存在一些差异。

参 考 文 献

[1] J. C. Bailar,Jr. (ed.),"Comprehensive Inorganic Chemistry",Vol. 1,Pergamon(1973).

3.2 锂

锂是碱金属元素中最轻的一种元素，它的原子序数为 3，原子量为 6.94$_1$[1]。锂的原子核周围有三个电子，两个位于 K 层，一个位于 L 层，L 层的电子是价电子。锂常呈 0 和 +1 氧化态（锂的 −1 氧化态尚未证实）[2]，很明显它是一个碱金属。但是锂和它的化合物总不像其他碱金属那样典型。锂离子具有大的电荷密度和非常稳定的氦型双电子层结构，因而使它具有极化其他离子和分子的巨大能力，但被其他离子极化的可能性却非常小。这一点就大大地影响到锂的化合物的稳定性，也影响着它和其他元素原子、离子和原子团间化学键的类型，这一切都使锂和其他碱金属有显著的差别。

2.1 发 现 史

Jose de Andrada 于 1790—1800 年间在瑞典乌托岛（UtöIsland）发现了含锂的矿物：透锂长石（petalite）和锂辉石（spodumene）[3]. J. A. Arfvedson1817 年在透锂长石矿物中发现了新的碱金属——锂。他指出碳酸锂在水中的溶解度很小，氢氧化锂比其他碱金属氢氧化物的溶解度也小得多，还指出锂的化合物和碱土金属的化合物很相似。不久，J. A. Arfvedson 又在锂辉石和锂云母中发现了锂。Berzelius 在欧洲某些矿泉水中发现了锂，后来（十九世纪）在植物和动物的机体中也发现有锂。

由于这种新元素首先是在矿物中发现的，所以把这个新元素叫做锂（按希腊文原意，锂就是"岩石"）。

在 1818 年 Brandé 和 Davy 两人利用电解的方法从氯化锂中制得了少量的金属锂。Brnsen 和 Mattiessen 于 1855 年应用电解氯化锂的方法制备了足够量的金属锂来研究它的性质。近几十年来，锂在科学技术工作中有了越来越重要的应用，因而它得到了更广泛的研究。

2.2 存在和分布

锂是丰度较大的元素之一。它在地壳中以重量计估计为 $5\times10^{-3}\%$。锂仅以化合物的形式广泛地分布于自然界中。在很多岩石、土壤、盐湖、海水和动植物机体等之中都发现有锂。但锂的含量都很微少，所以把锂划入稀有元素之列。锂的矿物已知的有 30 多种。其中只有两类矿物——锂的硅酸盐和磷酸盐——是具有实际意义的。锂也以少量杂质的形式存在于许多其他的矿物中。

工业上四种重要的锂资源矿物是:锂辉石、锂云母(lepidolite)、透锂长石以及磷铝石(amblygonite)。矿泉和盐湖也是锂的重要来源。已知的天然卤水中含有浓度高达万分之几的有工业价值的锂。例如美国加利福尼亚州的西尔斯湖(Searles Lake)就是一个很大的锂源。

1. 锂辉石

锂辉石在目前是锂化学制品的主要工业原料,也是锂的上述四种矿物中储量最丰富的一种。它比锂云母或透锂长石的锂含量都高。锂辉石的化学式为 $LiAl(SiO_3)_2$。它的理论含锂量为 3.75%(8.04%氧化锂)。锂辉石通常多与其他矿物共生,需要富集,用浮选法富集后,可得到含锂 2.8—3.3%的精矿(6—7%氧化锂)。在美国、加拿大、巴西和扎伊尔等国家都有大量的锂辉石矿藏。

锂辉石是一种单斜系的辉石,具有与 Li^+ 和 Al^{3+} 离子相结合在一起的链状结构硅酸根—SiO_3—[4]。常常可见到很大的晶体(长达 16 米)。锂辉石可呈灰色、绿灰色、黄灰色、玫瑰色、黄绿色、淡紫玫瑰色;偶然呈浅蓝色或无色透明。宝石绿色的锂辉石叫做翠绿锂辉石。紫色透明的锂辉石叫做紫锂辉石。锂辉石的晶体在加热或用紫外线照射时会改变颜色,在阳光作用下也会失去光泽。天然矿物 α-锂辉石加热到 1000℃左右会发生可逆的相转变,产生 β-锂辉石[5]。相转变时体积剧烈地膨胀。α-锂辉石的密度约为 $3.2g/cm^3$,而 β-锂辉石的密度为 $2.4g/cm^3$。

2. 锂云母

锂云母是一种稀有的云母。其组成近似于 $K_2Li_3Al_4Si_7O_{21}(OH,F)_3$,属单斜晶系。晶形呈板状和假六方状。没有生长良好的晶体,通常呈玫瑰红色、淡紫色,有时呈桃红色、白色。含锂约 2%(4.2—4.5%氧化锂)。该矿物常含有一些铷和铯。密度为 $2.5—3.3g/cm^3$。它仅在熔化以后才能被酸分解。在津巴布韦、西南非洲和加拿大有较多的锂云母矿。由于锂辉石对锂是一种更为合适的原料,因而锂云母不再作为制备锂化学制品的矿石而被开采了。然而这种矿物仍被用作为陶瓷工业中提供锂素的原料。

3. 透锂长石

透锂长石的化学式为 $LiAlSi_4O_{10}$,属单斜晶系。它通常呈灰色和暗灰色,较少呈黄色和无色,有时呈红色或绿色。密度介于 $2.39—2.46g/cm^3$ 之间,它不易同酸起反应。理论上透锂长石含有 2.27%的锂(3.5—4.5%氧化锂)。这种矿物在瑞典、西南非洲和南津巴布韦都有发现。透锂长石目前用作玻璃工业中锂的原料,也用作耐火材料中膨胀性低的填充剂。

4. 磷铝石

磷铝石的化学组成为 $LiAl(F,OH)PO_4$。密度介于 2.98—3.15g/cm^3(随着其中 OH 根含量的增加而降低)。它在硫酸中能完全溶解。氟取代的磷铝石中锂含量为 4.69%(10.1%氧化锂)。虽然磷铝石的锂含量比其他三种主要矿物都高,但因矿藏很少,目前还不能作为化学用锂的原料。

2.3 锂的核性质

天然锂是由两种同位素^{6}Li 和^{7}Li 组成的。^{6}Li 的丰度为 7.42%,^{7}Li 的丰度为 92.58%。这两种同位素都是非放射性的。^{6}Li 的热中子俘获截面为 910bar;^{7}Li 的为 0.33bar。

已经用不同的核反应人工制得了锂的四种放射性同位素,^{5}Li、^{8}Li、^{9}Li 和^{11}Li。它们的衰变方式[6]如下:

$$^5_3Li \longrightarrow ^1_1H + ^4_2He \qquad T_{1/2} = 10^{-21}sec$$

$$^8_3Li \longrightarrow \beta^- + ^8_4Be \qquad 0.85sec$$

$$^9_3Li \longrightarrow \beta^- + ^9_4Be \qquad 0.175sec$$

$$^{11}_3Li \longrightarrow \beta^- + ^{11}_4Be \qquad 0.0085sec$$

锂的同位素发生以下的热核反应,放出大量的能量。

$$^7_3Li + ^1_1H \longrightarrow 2^4_2He$$

$$^6_3Li + ^3_1H \longrightarrow 2^4_2He + ^1_0n$$

按照以下反应可以从$^6_3$Li 制备热核反应中所需要的原料氚。

$$^6_3Li + ^1_0n \longrightarrow ^3_1 + ^4_2He$$

2.4 金属锂的性质

2.4.1 物理性质

金属锂的一些性质汇列在表 3.1 中。最有趣的性质之一,是它的密度非常小,0.534g/cm^3。在常温下,是非气态单质中密度最小的一个。在碱金属元素中锂的原子半径最小,所以金属锂的晶格最为坚固,同其他的碱金属相比,它的压缩性最小、硬度最大、熔点最高。

在温度高于−117℃时,金属锂具有碱金属的典型体心立方晶体结构。冷冻至−201℃时,开始转变为面心立方结构。进一步冷冻会引起更大程度的转变,但是

表 3.1 金属锂的性质

原子序数	3
原子量	6.94_1
原子体积	$13.1cm^3/mol$
电子结构	$1s^2 2s^1$
电离势	
第一	124kcal/mol
第二	1743kcal/mol
第三	2822kcal/mol
电子亲和势	12.5kcal/mol
晶体结构	体心立方结构
晶格常数	3.50Å
原子半径	1.45Å
密度	$0.534g/cm^3$
压缩系数	$8.8\times10^{-6}/bar$
热传导系数	0.17
电阻系数	8.6
比磁化率(18-20℃)[5]	0.50×10^{-6}
极化系数[5]	1.7
被极化系数[5]	0.075
定压热容,C_p^o(298K)	5.887cal/mol · deg
熵,S^o(298K)	6.594cal/mol · deg
熔点	179℃
熔化热,ΔH_m	0.7171±0.0037kcal/mol
升华热,ΔH_s	
单原子气体	38.41±0.40kcal/mol
双原子气体	50.41±0.90kcal/mol
沸点	
总气体混合物,1atm	1347℃
单原子气体,1atm	1365℃
蒸发热,ΔH_v	35.16kcal/mol
离解热,ΔH_d(0K)	25.76±0.10kcal/mol

转变不会完全。在略高的温度下,冷加工也能引起由体心立方结构向面心立方结构的转变在 20℃时的晶格常数为 3.50Å[7]。电导约为银的五分之一。

锂不大容易挥发。其蒸气压随温度变化的情况可用公式 $\lg P_{mm}=12.9992-\dfrac{8442.53}{T}-1.64038\lg T+2.5968\cdot10^{-4}T$ 来表示,表 3.2 为按该式计算所得结果[8]。在蒸发时形成单原子分子和双原子分子的平衡混合物。锂蒸气能使火焰呈红色。锂能很好地溶解在汞中，但溶解度较其他碱金属差一些。随着温度的升高，锂在汞中的溶解度也随着增大。除铁以外，锂几乎容易同所有的金属熔合在一起[5]。

表 3.2 不同温度下锂的蒸气压

温度(℃)	蒸气压(mmHg)
180.7	$1.41 \cdot 10^{-10}$
402	$1.06 \cdot 10^{-4}$
502	$3.68 \cdot 10^{-3}$
602	0.0562
702	0.488
802	2.82
902	12.1
952	22.8
1022	41.0
1052	70.5
1077	91.0

2.4.2 化学性质

金属锂是非常活泼的。在合适的条件下，它能同稀有气体以外的大多数非金属及许多金属发生反应。锂能同卤素反应生成卤化锂，不过反应不像其他碱金属那样容易。很纯的锂在室温下不易同干燥的氧反应。但是在 100℃或更高的温度下，它同氧反应生成 Li_2O。在类似的条件下，钠却生成过氧化物。氧族其他元素的单质在较高的温度下能同锂反应形成相应的化合物。在高温下锂同碳反应生成碳化锂 Li_2C_2。在接近锂的熔点时，锂同氢很容易发生反应生成氢化锂 LiH。从热力学上看，该化合物比其他碱金属的氢化物更稳定。

锂的新切开断面有金属光泽，但暴露在湿空气中时，会迅速地失去光泽。表面开始变黑，更长时间暴露于空气中则变成白色。生成的化合物是氮化锂、氢氧化锂、一水合氢氧化锂，最终生成碳酸锂[9]。锂在高温下在空气中燃烧，发出浅蓝色的火焰。反应进行极其猛烈和危险，并且一旦着火难于熄灭。反应放出浓厚的白烟，其中可能含有锂的氧化物。

块状的金属锂也能迅速同水反应，放出氢气并形成氢氧化锂的溶液。其反应不像钠同水的反应那样剧烈，这可能是因为锂不像钠那样在反应过程中熔化的缘故。像其他碱金属一样，粉末状的锂同水发生爆炸性反应。

盐酸、硝酸和稀硫酸能猛烈地同锂反应，锂同浓硫酸仅能缓慢地反应。

锂能同有机化合物及其卤素衍生物反应，生成相应的锂的有机化合物。这些化合物在有机合成上有着重要的意义。

2.5 锂的提取工艺、金属锂的制备及应用

锂矿的特点是含锂量不高，化学分解过程又很复杂，因此就需要预先经过选矿加以富集。

在工业中，已有多种锂矿石的选矿方法，如拣选、热选、重悬浮液选、磁选和浮选等方法。在近代的选矿工艺中常把几种选矿方法联合使用，譬如采用重悬浮液选结合浮选，拣选结合热选等。采用综合流程，不仅有利于提高提取率，而且也有利于原料的综合利用。

2.5.1 锂的提取工艺

制取锂的原料，主要的是天然的复合硅酸盐，它们都是一些比较稳固和很难分解的化合物。分解这些硅酸盐的方法有几十种之多。这些方法都是以能够选择性提取锂为基础的。下面提及的是一些较为普遍采用的方法。

1. 硫酸盐法[5]

将锂辉石同硫酸钾一起烧结。这时矿石中的锂就被钾置换。

$$2LiAl(SiO_3)_2 + K_2SO_4 \longrightarrow Li_2SO_4 + 2KAl(SiO_3)_2$$

反应的结果使锂辉石中的锂转变成可溶于水的硫酸锂，其他成分与钾一起生成新的硅酸盐矿物——白榴石，$KAl(SiO_3)_2$。

要使上述反应得以顺利进行，温度应不低于 1000℃。一般是在 1100℃的温度下进行烧结，并需不断地搅拌炉料。

硫酸钾与锂辉石的反应是可逆的，要达到烧结的目的，必须用过量的硫酸钾，而硫酸钾是比较昂贵的。曾研究过用廉价的硫酸钠代替硫酸钾的问题，发现单用硫酸钠时温度升到 900℃以上炉料就熔融了，硫酸钠变成“锂辉石玻璃”，提取工艺无法继续进行。但如果用硫酸钾和硫酸钠的混合物（1∶1），则既不降低分解的程度，还可以把烧结的温度降低到 950—1000℃。

将上述烧结块用水提取。由于硫酸锂的溶解度是随着温度的升高而降低的，因此，用冷水进行浸取比较好。

浸取时，Mg、Al、Fe 及其他杂质也同硫酸锂、硫酸钠及硫酸钾一起进入溶液。可以加入少量的 NaOH 或 K_2CO_3 使这些杂质沉淀出来。

蒸发锂、钠、钾的硫酸盐溶液，使硫酸钾在冷却时由溶液中结晶出来。将硫酸钾与溶液分离，这部分硫酸钾可用于下次烧结工艺中。然后在沸热的滤液中加入饱和 Na_2CO_3 溶液使碳酸锂沉淀出来。但沉淀得并不完全，部分的锂仍留在溶液

中。这部分锂可用两种方法回收。一种方法是蒸发溶液，把所得钠、钾、锂的硫酸盐混合物再合并到烧结过程中去。但是这种方法会使硫酸钠逐渐积累起来，而这种积累应该是有一定限度的。另一种方法是在溶液中加入氟化钠使留在溶液中的锂以氟化物的形式沉淀出来。为了把氟化锂处理成碳酸锂，可以将氟化锂与碳酸钠一起熔融：

$$2LiF + Na_2CO_3 \longrightarrow Li_2CO_3 + 2NaF$$

然后用热水浸取氟化物。硫酸盐分解法在很长一段历史时间内曾是处理含锂原料的唯一工业方法。这不仅适用于锂辉石，而且也可以用于处理锂云母等。

2. *石灰法*

将含锂的矿石同石灰或石灰石一起烧结，然后用水分解烧结块。浸取液经过多次蒸发，即可从溶液中结晶出氢氧化锂。锂辉石与氧化钙在1000℃时的反应可用下列反应式来表示[5]：

$$2LiAl(SiO_3)_2 + 9CaO \longrightarrow Li_2O + CaO \cdot Al_2O_3 + 4[2CaO \cdot SiO_2]$$

石灰法的主要优点是适用性很强，因为它可用来分解几乎所有的锂矿石。石灰法的反应过程不需要稀缺的物料。其缺点是要求精矿中锂的含量很高，因为在烧结时，石灰会使精矿贫化；在浸取烧结块时得到的是氢氧化锂的稀溶液，因而蒸发时就需要体积庞大的设备，并且要消耗大量的热和花费大量的时间。

美国福特公司提取锂的工艺就是将α-锂辉石与3.7倍重量的石灰石混合进行煅烧。将所得的烧结块经粉碎、浸取、蒸发和结晶等一系列处理，从净化的溶液里制得一水合氢氧化锂。

3. *硫酸法*

首先提出用硫酸分解锂辉石的是R. B. Ellestad和K. M. Leute[5]，这种方法的原理是在温度250—300℃下按以下反应式用硫酸分解β-锂辉石：

$$2LiAl(SiO_3)_2 + H_2SO_4 \longrightarrow Li_2SO_4 + H_2O \cdot Al_2O_3 \cdot 4SiO_2$$

在反应中，锂辉石中的铝硅酸盐同硫酸发生离子交换，使锂辉石中的锂被氢置换，而矿物的结构实际上并未被破坏，所得的化合物 $H_2O \cdot Al_2O_3 \cdot 4SiO_2$ 也不溶于水中。可用水浸取反应混合物，再用碳酸钠从浸取溶液中把锂以碳酸盐的形式沉淀出来。上述置换只对β-锂辉石是可能的，而α-锂辉石则与硫酸实际上不起作用。用硫酸直接分解未煅烧过的锂辉石时，转入溶液中的锂只占矿石中含锂量的4%[5]。硫酸能够分解β-锂辉石是因为锂辉石转变成β-变体时，化学活性剧烈地增加了。显然这与锂辉石在上述转变中晶体结构的变化直接有关。

美国锂业公司就是用硫酸法从锂辉石中提取锂的。硫酸法也可应用于锂云母。一种更新的方法是将锂云母和硫酸的混合物加热至恰好低于锂云母的熔点，然后用水浸取混合物以获取硫酸锂的溶液。

4. 天然卤水中锂的提取

天然卤水和某些盐湖水都可成为锂的工业原料。例如美国加利福尼亚州的西尔斯湖就是一个很大的锂源，湖水中锂的浓度低于 100ppm。一般并不是单独为了制取锂而加工卤水的，从卤水中还可制取硼砂、碳酸钾、氯化钠、硫酸钠和氯化镁等。在加工过程中使溶液中的锂得到浓集，将锂沉淀为 Li_2NaPO_4，再将混合磷酸盐转变成碳酸锂，即可作为制备其他锂化合物的原料。

应该指出有人提出采用溶剂萃取法来提取锂的可能，因为萃取法具有选择性高、工序短、生产连续化，易于实现自动化控制等优点。

2.5.2 金属锂的制备

Davy 和 Brandé 各自独立地在 1818 年利用电解氯化锂的方法制备了少量的金属锂。Bunsen 和 Mattiessen 在 1855 年用电解氯化锂的方法制出了大量的金属锂。Guntz 首先建议用电解熔融的氯化锂-氯化钾混合物的方法来制备金属锂[10]。这也是现代工业中采用的主要方法。电解过程的半电池反应为：

(1) 阴极 $Li^+ + e^- \longrightarrow Li$

(2) 阳极 $Cl^- \longrightarrow \frac{1}{2}Cl_2 + e^-$

产生的锂和氯的重量比为 1.00∶5.11。

制备金属锂的电解槽用低碳钢作外壳，外壳本身既是盛熔融盐的容器，也是电解槽的阴极，槽内插有石墨阳极。一开始在电解槽中装入约 55%氯化锂和 45%氯化钾的混合物。电解质混合物约在 400℃熔化，该温度大大地低于单独氯化锂的熔点(610℃)。为使初装入的电解质熔化，可采用辅助加热器。熔体开始导电后，由电解槽内阻所产生的热量就足以使电解质维持熔化状态。在阴极上析出的锂，飘浮到电解质的表面上，可连续取出。氯气在阳极上导出，可继续补充氯化锂。在正常的情况下，无需停车检修，电解槽可连续运转几个月。槽压为 6.0—6.5V。

由于用熔盐进行工作时经常会碰到困难，因此，人们不止一次地尝试用电解氯化物非水溶液的方法来制备金属锂[5]，但这种方法并未应用到工业上。近几年来，制备金属锂的热还原法很引人注意，可以用铝或硅来还原锂的氧化物，

$$3Li_2O + 2Al \longrightarrow 6Li + Al_2O_3 - 33.6kcal$$

$$2Li_2O + Si \longrightarrow 4Li + SiO_2 - 76.3kcal$$

氧化锂的还原作用是吸热反应，而锂只是一个十分活泼的金属，因此，这个反应只能在高温和高真空的条件下进行。

用电解法或其他方法制得的金属锂，往往都含有机械夹杂物和杂质(Na、K、

Mg、Ca、Fe、Si 和 Al 等)。因此,常常需要将粗制金属锂精炼。根据对最终产品纯度的不同要求,可以采用不同的精炼方法。

为了除去机械杂质,可将粗锂再熔化,借比重不同除去机械杂质。熔化金属锂时通常采用铁坩埚。为了熔炼出特别纯的锂,有人建议采用内部衬有氟化锂(LiF 的熔点为 848.1℃,它在低于 800℃时对熔态锂是稳定的)的氧化锆坩埚[11]。为了防止空气对熔融金属锂的作用,可以在它的表面覆盖上一层石蜡油,或者在惰性气氛中熔炼。

除去金属锂中的钾和钠是比较困难的,因为它们的化学性质很相近。常用的方法是氢化法。因为氢化钾和氢化钠在 425—500℃即分解,而氢化锂在 500℃下的离解压却只有 0.07mmHg,所以在 700—800℃用氢气可将金属锂氢化为熔融的氢化锂(熔点 686.5℃),而杂质钾和钠则呈蒸气逸出,这样就把钾和钠清除掉了。然后在真空中加热(1000℃)分解氢化锂,即得更纯的锂[12]。

在低压下用蒸发的方法精制锂也有很大的实际意义。由于大部分杂质如钠、钾等的蒸气压比锂的蒸气压大得多[8]。所以用这种方法几乎能使这些杂质全部除去。

值得注意的是使氧化钙同锂辉石在高温下作用生成氧化锂,并在高温、高真空下进行还原(用硅或硅铁),可以直接自锂辉石制得金属锂[13]。

2.5.3 金属锂的应用

随着对锂各种性能的进一步研究,金属锂的应用范围日益扩大。

1. 用作原料

在许多反应中锂用作原料或化学中间产物。锂的无机化合物可以用金属锂同单质直接化合来制备,如果要求非常纯的产品时,可以用锂同气态化合物的反应来制备,例如用锂和硫化氢制备硫化锂等。

2. 用作还原剂

金属锂溶于液氨和乙醇的混合溶剂中可用来还原含芳环的有机化合物(Birch 还原)。像甾族化合物那样贵重的有机化合物就是利用这样的方法来还原的。虽然应用金属锂成本很高,但是,在某些情况下,由于锂比钠可以使许多贵重的产物有更高的产率,所以在这些情况下用金属锂还是合算的。

3. 金属锂可用作聚合反应的催化剂

金属锂,通常以分散相的形式用于聚合丁二烯、异戊二烯、苯乙烯和丙烯酸酯这样的单体。它还应用于生产共聚物。

4. 锂化学电池

近十多年来，在研究把金属锂应用于化学电池中作为阳极材料方面出现了很多的工作。由于锂的当量很小，因此用锂为阳极的电池具有较高的能量密度。锂化学电池能够在低于室温或高温下使用。

在低温下使用的锂化学电池中。所用的阴极材料在大多数情况下是金属卤化物，电解质一般是有机液体，其中含有一些可溶性的盐以增加导电性。曾经使用过的几种盐有高氯酸锂、六氟络磷酸锂、六氟络砷酸锂和硫化锂。例如，锂-氯化银电池，它的总电池反应如下：

$$Li + AgCl \longrightarrow LiCl + Ag$$

在这个电池中用氯化银作阴极。电解质是含有氯化锂和氯化铝的碳酸丙烯酯。在这种型式的电池中，阴极材料一般不是导体，所以要同一种惰性导体如石墨混合起来，并把这样的混合物压结在一个金属网上。

高温电池以熔盐作为电解质，所以它必须在高于电解质熔点的温度下工作。例如锂-氯二级电池，它的总反应如下：

$$2Li + Cl_2 \longrightarrow 2LiCl$$

用渗有氯气的多孔石墨作为阴极，电解质是熔融的氯化锂和氯化钾。

5. 锂的合金

最初，锂的工业应用是作为制备合金的原料。曾用锂和其他金属来生产一种铅合金（0.4%Li，0.7%Cu，0.6%Na，其余部分为 Pb）以增加铅的硬度，这种合金曾应用于制造火车机车的轴承。

锂几乎能同所有的金属熔合。含锂 25—65%、比重为 1—1.5 的超轻锂铍合金尤为重要。这种超轻合金的特点是既有很高的硬度又有很高的耐蚀性，并且在加入铝和锌后，这些特性更有所加强。

现在，锂用来生产一种叫做×2020 的铝合金（1.1%Li，4.5%Cu，0.5%Mn，0.2%Cd，其余部分为 Al）。这种合金具有高的强度和低的密度。同标准的飞机铝合金相比。它在更高温度下仍能保持较高的强度。

一种牌号为 LA141 的锂镁合金含 14%Li、1%Al 和 85%Mg。在镁中加入足够量的锂，会使镁的正常六方型晶体结构转变成体心立方型结构。这种合金与镁比较起来具有更好的延展性和更容易加工。它具有很高的强度和很低的密度（1.35），常用于航空机件和宇宙航行器中，也有限地用来作某些军车上的装甲板。

新近有人报道了一种含锂的液态半导体合金 Li-Pb[14]。

6. 其他应用

锂在有色金属合金和黑色金属合金的冶炼中,用作一种重要的脱氧剂、脱硫剂和除气剂。金属锂还可用来清除稀有气体氩和氦中的痕量氮。近十多年来,锂在新的技术部门——核能的生产和转化方面得到了越来越广泛的应用。锂的热容量较大,在宽广的温度范围(179—1336℃)内为液体状态,导热率较高,液态锂的黏度小和比重小,以及在反应堆的工作温度(500℃)下,锂的蒸气压只有千分之几毫米汞柱[8]等,这些性能对于锂作为反应堆的载热剂来说都是很有利的。

2.6 锂的重要化合物

从表 3.3 所列的数据可以看出锂和其他碱金属在性质上有较大的差异。这种性质上的差异也反映在锂与其他碱金属的化合物上。

表 3.3 碱金属的性质

	Li	Na	K	Rb	Cs
原子序数	3	11	19	37	55
原子量[1]	6.94_1	22.98977	39.098_3	85.467_8	132.9054
原子半径[15](Å)	1.45	1.858	2.272	2.475	2.655
离子半径(Å)	0.590	0.99	1.37	1.52	1.67
电负性[16]	0.97	1.01	0.91	0.89	0.86
电离势(kcal/mol)	124	118	100	96	90
熔点[15](℃)	179	97.81	63.65	38.89	28.5
沸点[15](℃)	1347	892	774	688	690

在碱金属中锂离子半径最小,所以它的电荷密度最高,这是锂区别于其他碱金属元素的一个重要因素。

离子型锂化合物的晶格能较其他碱金属相应的化合物为高。含有小阴离子的锂化合物同其他碱金属的同类物相比有着更高的生成热。

表 3.4 汇列了根据 Born-Haber 循环求得的碱金属卤化物的热力学数据。数据表明在碱金属中,锂具有最大的升华热和电离势,这两者都使锂化合物的生成热减小。但是,晶格能是最重要的贡献因素。在卤素相同的卤化物系列中,由于锂离子的半径最小,因而锂盐的晶格能最大。氟化锂的晶格能大到使它有最大的生成热。但是,氯化锂、溴化锂和碘化锂的生成热在相应的同类卤化物中为最低。这种和氟化物相反的情况是由两个因素引起的:第一个因素,对于氯、溴、碘这些较重的卤原子来说,其单原子气体的生成热较大;第二个因素,也是非常重要的因素,在卤

化锂系列中,由于氯、溴、碘等阴离子的半径较大,使得这些卤化锂的晶格能大大低于氟化锂的晶格能。

表 3.4 碱金属的卤化物的热力学数据[1)]

卤化物	Li $S=38.4$ $I=124$	Na $S=25.8$ $I=118$	K $S=21.3$ $I=100$	Rb $S=20.5$ $I=96$	Cs $S=18.8$ $I=90$
氟化物 $\frac{1}{2}D=18.9$ $E=83.5$	$Q=146.2$ $U=244$	$Q=135.8$ $U=215$	$Q=134.3$ $U=191$	$Q=131.1$ $U=183$	$Q=126.8$ $U=171$
氯化物 $\frac{1}{2}D=28.9$ $E=87.3$	$Q=98.0$ $U=202$	$Q=97.6$ $U=183$	$Q=104.1$ $U=167$	$Q=102.9$ $U=161$	$Q=103.6$ $U=154$
溴化物 $\frac{1}{2}D=26.7$ $E=82.0$	$Q=83.9$ $U=191$	$Q=86.5$ $U=175$	$Q=94.0$ $U=160$	$Q=92.8$ $U=154$	$Q=94.5$ $U=148$
碘化物 $\frac{1}{2}D=25.5$ $E=75.7$	$Q=64.8$ $U=177$	$Q=68.4$ $U=162$	$Q=77.9$ $U=149$	$Q=78.7$ $U=145$	$Q=80.4$ $U=139$

1) S——升华热;I——电离势;$\frac{1}{2}D$——离解能;E——电子亲和势;Q——生成热;U——晶格能,所有能值均以 kcal/mol 为单位。

由表 3.5 汇列的数据可以看出,锂在碱金属中具有最大负值的标准电极电势。正像晶格能是支配碱金属卤化物生成热的最重要因素一样,水合能是决定标准电极电势的最重要因素。

表 3.5 碱金属元素的标准电极电热($M=M^+ + e^-$)

元素	E^0(V)
Li	−3.045
Na	−2.714
K	−2.925
Rb	−2.925
Cs	−2.923

表 3.4 的数据指出,锂的电离势和升华热都是最大的,这本应使锂的标准电极电势有最小的负值。但是由于锂离子的半径最小,以至它的水合能非常大足以抵消其

他因素的影响。

锂离子的水合能很高，这也是一些锂的可溶性化合物有较高溶解度的部分原因。现将碱金属氯化物的摩尔溶解度比较在表 3.6 中。

表 3.6 25℃碱金属氯化物在水中的溶解度[17]

氯化物	Li	Na	K	Rb	Cs
溶解度(mol/1)	10.8	4.25	3.54	4.00	3.89

由于锂离子的高水合能，同其他碱金属化合物相比，在固相中锂化合物应当具有形成稳定水合物的较大趋势。实际情况确是如此，锂的氯化物、溴化物、碘化物以及其他一些化合物较普遍地能以水合物的形式存在。

由于锂离子半径小，电荷密度大，所以在某些情况下，锂化合物中的化学键要比其他碱金属相应化合物中的化学键有更显著的共价性。

2.6.1 锂和其他金属所生成的化合物

由于锂具有很高的电正性，它能和许多非过渡金属形成一系列的化合物。这些金属间化合物既硬且脆，并且一般地讲，它们的熔点都比金属锂本身的熔点高。当然这些化合物比金属锂要不活泼得多。大多数金属间化合物会慢慢地同空气反应直到化合物被作用完。金属间化合物可以用熔化适当化学计量比的组分金属来制备。不过反应可能很激烈，在实验中可能会有一定的危险性。锂的一些二元金属间化合物汇列在表 3.7 中。

表 3.7 含锂的二元金属间化合物

体系与化合物	相转变	温度(℃)
Li-Al 体系		
LiAl	熔化	718
Li_2Al	固液异组成	522
Li-Bi 体系		
Li_3Bi	熔化	1145
LiBi	晶形转变	400
	固液异组成	415
Li-Ca 体系		
Li_2Ca	固液异组成	231
Li-Pb 体系		
Li_2Pb_5	固液异组成	~650
Li_7Pb_2	熔化	726
Li_3Pb	固液异组成	658

续表

体系与化合物	相转变	温度(℃)
Li_8Pb_3	固液异组成	642
LiPb	熔化	482
Li-Hg 体系		
$LiHg_3$	固液异组成	235—240
$LiHg_2$	固液异组成	339
LiHg	熔化	595±5
Li_2Hg	固液异组成	373
Li_3Hg	熔化	～375
Li_6Hg	固液异组成	165
Li-Si 体系		
Li_4Si	晶形转变	540
	固液异组成	635
Li_2Si	熔化	760
Li-Sr 体系		
$Li_{23}Sr_6$	固液异组成	152
Li_2Sr_3	固液异组成	198
$LiSr_7$	在 510℃以上安定	
	熔化	583
$LiSr_8$	晶形转变	197
	固液异组成	497
Li-Tl 体系		
Li_4Tl	固液异组成	381
Li_3Tl	熔化	447
Li_5Tl_2	熔化	448
Li_2Tl	固相分解	381
LiTl	熔化	～510
Li-Sn 体系		
$Li_{22}Sn_5$	熔化	765
Li_7Sn_2	熔化	783
Li_5Sn_2	固液异组成	720
Li_2Sn	固液异组成	502
LiSn	熔化	485
$LiSn_2$	固液异组成	326

2.6.2　氢化锂 LiH

在工业上和实验室制备氢化锂的方法，都是令仔细净化过的氢气同熔融的金属锂在高温下直接作用。在工业上是先把金属加热到它开始与氢气反应，反应一旦开始之后，就不需再加热，因为反应热已足以维持反应继续进行所需的高温了。在实验室里，少量的氢化锂可以在铁容器里于 600—700℃进行金属锂的氢化来制备[18]。如果在原料中有杂质存在，则在反应过程中有引起爆鸣和燃烧的可能。产物应当在惰性气氛下处理以避免沾污和着火。

将粒度很小的金属锂在石蜡中的悬浮体进行氢化，也可以制备氢化锂。反应进行完毕以后，使石蜡凝固。在这种状态下氢化锂可以保存很长的时间[4]。

1. 物理和化学性质

氢化锂的性质汇列在表 3.8 中。氢化锂是一种由锂阳离子和氢阴离子组成的典型离子型化合物。晶体属面心立方系，每四个 LiH 组成一个单胞，晶格常数为 4.1Å。其晶体外形随着制备条件的不同，可以是白色的晶体粉末，可以是具有结晶断面的玻璃乳光体，也可以是针状结晶体。电解熔融的氢化锂时，在阴极上析出金属锂，阳极上放出氢气。氢化锂与水反应，能放出氢气，这也证明在氢化锂中氢是带负电荷的。分子轨道理论关于 LiH 的计算表明在氢原子上确有过剩的负电荷[19]。在碱金属氢化物中，以氢化锂的类盐性最强。

表 3.8　氢化锂的一些性质

熔点	686.5℃
熔化热，ΔH_m	7.0±2.0kcal/mol
分解温度	～972℃
定压热容，C_p°(298K)	6.689cal/mol·deg
熵，S°(298K)	4.788cal/mol·deg
生成热，ΔH_f(298K)	−21.666±0.026kcal/mol
生成自由能，ΔG_f(298K)	−16.368kcal/mol
晶格能(实验)，U	219.9kcal/mol
密度(20℃)	～0.77g/cm^3
式量	7.948

氢化锂是碱金属和碱土金属氢化物中最稳定的。氢化锂在室温下，在干燥空气或者氧中都是稳定的；但是在潮湿的空气中，它能被大气的水分慢慢地分解。当空气的温度很高时，粉末状的氢化锂会自燃。

氢化锂是一种很强的碱。如同其他的强碱一样，氢化锂会侵蚀皮肤，应当小心操作，避免接触。氢化锂不溶于一般有机溶剂中。氢化锂按照典型的方式同质子溶剂反应，产物氢气以及溶剂本身电离形成的共轭碱。氢化锂与水按下式而非常猛烈地反应：

$$LiH + H_2O \longrightarrow LiOH + H_2 + 31kcal$$

生成氢氧化锂的溶液；与氨按 $NH_3 + LiH \longrightarrow LiNH_2 + H_2\uparrow$ 反应生成氨基锂的溶

液；与醇按 $ROH+LiH \longrightarrow ROLi+H_2\uparrow$ 反应生成烷氧基锂溶液。

如果把氢化锂曝置在太阳光下，则它的颜色将发生变化，起初形成玫瑰色，接着变成灰色，最后变成天蓝色。在紫外线的作用下，氢化锂也会变成天蓝色，看来这是由于氢化锂部分地分解生成胶态锂所引起的[5]。

氢化锂同氧在常温不起反应，只有在赤热温度下才起反应。氢化锂与氮一起加热时，生成锂的氮化物：

$$3LiH+N_2 \longrightarrow Li_3N+NH_3$$

氢化锂能同许多无机卤化物发生置换反应，而生成锂的卤化物和新的氢化物。

$$LiH+MeX \longrightarrow LiX+MeH$$

氢化锂也有形成复合氢化物的倾向。例如，氢化锂与氯化铝在乙醚或四氢呋喃中相互作用生成氢化铝锂（$LiAlH_4$）：$4LiH+AlCl_3 \longrightarrow LiAlH_4+3LiCl$。

氢化锂和氢化铝锂都是很强的有机官能团还原剂，能进行以下一些反应[20]：

$$R—CO—X+LiH \longrightarrow R—CHO+LiX$$

$$C_6H_5—CO—S—C_2H_5+LiH \longrightarrow C_6H_5CHO+C_2H_5SLi$$

$$\begin{matrix} C_2H_5—CO \\ \quad\quad\diagdown \\ \quad\quad\quad O \\ \quad\quad\diagup \\ C_2H_5—CO \end{matrix} \quad +LiH \longrightarrow C_2H_5CHO+C_2H_5COOLi$$

$$CH_2Cl—COOH+2LiH \longrightarrow CH_3COOLi+LiCl+H_2$$

在上面的反应方程式中，R 为脂肪族或芳香族的有机基，X 为氯原子或溴原子。

在不发生氧化还原反应的情况下，氢化锂可表现出典型的强碱性能。它能催化有机体系中酮和烯醇的互变异构反应，并且能引起如乙醛、丙酮和一些酯的缩合作用。

2. 应用

氢化锂在军事上和其他方面用作高效的氢源，因为 7.95 克氢化锂与水反应即可得到 22.4 升氢气（标准状况下）。氢化锂在工业上用于制备氢化铝锂。氢化锂也用于制备硼氢化锂 $LiBH_4$。硼氢化锂也是一个强还原剂。氢化锂还可用于制备合成维生素 A 的中间体。

2.6.3　卤化锂

1. 氟化锂 LiF

在工业上和实验室中，氟化锂都是用氢氧化锂或碳酸锂同氢氟酸反应来制备的。

氟化锂的性质汇列在表 3.9 中。氟化锂是一种白色晶体，具有氯化钠型的晶体结构，单胞是由四个 LiF 分子组成的。在 LiF 的晶体中 Li 原子和 F 原子的核间距相当好地遵循加合定则。两原子半径的和为 1.50Å+0.67Å=2.17Å;由实验测得的核间距是 2.05Å。

表 3.9 氟化锂的性质

熔点	848.1℃
熔化热,ΔH_m	6.474±0.005kcal/mol
沸点	1693℃
定压热容,C°_p	9.994cal/mol · deg
熵,S°	8.523±0.005cal/mol · deg
生成热,ΔH°_f(298K)	−146.5±0.6kcal/mol
生成自由能,ΔG°_f(298K)	−139.7kcal/mol
晶格能,U	−245.1kcal/mol
密度	2.64g/cm^3
式量	25.94
晶体结构	氯化钠型结构
溶解度(mol/1000gH_2O)	0.0464 0.0513 0.0522 (0℃) (25℃) (35℃)

氟化锂是碱金属氟化物中最难溶的一种,在这一点上氟化锂与碱土金属的氟化物颇为相似。由表 3.9 可见氟化锂在水中的溶解度随着温度升高而稍有增大[5]。

氟化锂不生成水合晶体。有氨存在时,其溶解度会显著地降低,当水和氨的比为 1∶1 时,其溶解度约减少一半左右。加入氢氟酸会增大氟化锂在水中的溶解度。这是由于氟离子转变成氟氢离子 HF_2^-,而使固体氟化锂进一步溶解的缘故。

氟化锂几乎不溶于盐酸,易溶于硝酸和硫酸。它不溶于乙醇、丙酮、吡啶、乙酸甲酯,难溶于乙酸乙酯。

氟化锂是碱金属氟化物中最稳定的,在氟化锂的蒸气中存在有 LiF、Li_2F_2 和 Li_3F_3。Li_2F_2 和 Li_3F_3 可能呈环状结构[21]。

氟化锂应用于搪瓷、釉料、玻璃和陶瓷材料中。氟化锂也用作焊条涂层中的助熔剂。把氟化锂加入冶铝的电解槽中,可以增大熔体的导电性,提高电流效率,从而加快铝的生产和降低生产成本。由于氟化锂的晶体能让波长达 1000Å 的紫外线透过,并且在整个可见光域内,它的色散情况是几乎不变的,所以氟化锂的单晶体可用于生产特殊的光学仪器。

2. 氯化锂 LiCl

在工业上和实验室中,都可以用盐酸同碳酸锂或者氢氧化锂反应来制备氯化锂。在干燥氯化锂时,为了防止氯化锂在高温下水解,可把氯化锂放在氯化氢气流中加热[22]。

表 3.10 汇列了氯化锂的一些性质。氯化锂是一种白色易潮解的晶体。氯化

锂在水中的溶解度比其他碱金属氯化物的溶解度都大得多。(见表 3.11 和图 3.1)[2,324]由 LiCl-H_2O 的相图可清楚地看出氯化锂有 LiCl · H_2O,LiCl · $2H_2O$,LiCl · $3H_2O$ 和 LiCl · $5H_2O$ 等水合物,结晶水的分子数目取决于结晶时的温度。温度愈低,水合度愈高。

表 3.10 氯化锂的一些性质

熔点	610℃
熔化热,ΔH_m	4.47±0.10kcal/mol
沸点	
单分子气体	1428℃
平衡混合物	1383℃
蒸发热,ΔH_v	38.8kcal/mol
定压热容,C°_p	11.497cal/mol · deg
熵,S°(298K)	14.173±0.015cal/mol · deg
生成热,ΔH°_f(298K)	−97.578±0.273kcal/mol
生成自由能,ΔG°_f(298K)	91.786kcal/mol
晶格能,U	201.1kcal/mol
密度	2.068g/cm^3(25℃)
式量	42.39
晶体结构	氯化钠型结构

表 3.11 不同温度下氯化锂在水中的溶解度

温度(℃)	溶解度(gLiCl/100g 溶液)
1.05	40.90
10.05	42.71
15.70	44.06
18.25	44.86
24.15	45.47
40.05	47.09
50.20	48.23
64.05	50.26
80.85	52.94
89.55	54.82
95.15	55.83
100.2	56.3
120.2	56.9
140.3	57.6
155.6	58.3

氯化锂的水溶液呈碱性。与氯化钠和氯化钾不同,向氯化锂溶液中通入氯化氢气或加入浓盐酸时并不会析出氯化锂,因为锂离子有强烈的水合作用。氨在氯化锂水溶液中的溶解度比在纯水中的溶解度要大得多,因为锂离子能同氨生成 $[Li(NH_3)_4]^+$ 型的络离子。

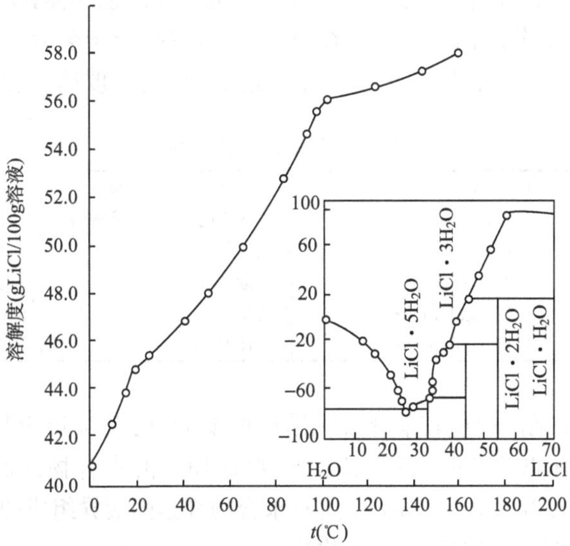

图 3.1 氯化锂在水中的溶解度曲线和 LiCl-H_2O 体系的相图

氯化锂分子中的价键并不是典型的离子键,因此它能溶于很多有机溶剂中。这一性质被用于分析化学中从其他碱金属氯化物中分离氯化锂。蒸发氯化锂的乙醇溶液时,析出组成为 $LiCl \cdot 4C_2H_5OH$ 的无色透明晶体,蒸发其甲醇溶液时,则生成 $LiCl \cdot 3CH_3OH$。氯化锂容易吸收胺类的气体生成相应的化合物,并能同很多的有机试剂起反应。

氯化锂溶液常在空调系统中用为除潮剂。因为氯化锂水溶液上面的平衡水蒸气压很低。溶液吸潮后,可以加热蒸发再生。氯化锂经常用于降低熔盐电解槽的工作温度。例如在电解制备钛时,可以将 $TiCl_3$ 加入到 60mol%LiCl 和 40mol% KCl 的低共熔混合物中,这种混合物在 343℃熔化。KCl-LiCl-$AlCl_3$ 和 KCl-LiCl-$MgCl_2$-$AlCl_3$ 体系可用于电解生产金属铝。

3. 溴化锂 LiBr

溴化锂可以用金属锂与溴直接化合的方法来制备。该反应较锂与氯的反应缓和。工业上的制法是将碳酸锂或一水合氢氧化锂溶解在新制备的氢溴酸中。如果需要的话,可以蒸发此溶液以得到无水溴化锂。在实验室中也是用氢溴酸同碳酸锂或一水合氢氧化锂反应来制备溴化锂的。蒸发所得的溴化锂溶液,冷却后结晶出溴化锂的水合物,其水合度与最后的温度有关。滤出的晶体,须小心地在真空干燥器中加热干燥,以避免水合物熔融。溴化锂的水合物比氯化锂的水合物更为稳定。脱水问题是制备无水溴化锂的主要困难。

表 3.12 中汇列了溴化锂的一些性质。它是一种白色晶体,易于潮解。在空气中强热时,会显著地分解而析出溴。在空气中加热时,由于会生成痕量的碳酸锂和氧化锂而呈碱性反应。熔融状态的溴化锂能强烈地腐蚀玻璃、瓷器和铂。

表 3.12 溴化锂的若干性质

熔点	550℃	生成热,ΔH°_f(298K)	−83.72kcal/mol
熔化热,ΔH_m	4.22kcal/mol	生成自由能,ΔG°_f(298K)	−80.993kcal/mol
沸点	1282℃	晶格能,U	−189.9kcal/mol
蒸发热,ΔH_v	27.0kcal/mol	密度	3.463g/cm^3
定压热容,C°_p	12.4cal/mol · deg	式量	86.85
熵,S°(298K)	16.0cal/mol · deg	晶体结构	氯化钠型结构

溴化锂在水中的溶解度较氯化锂的溶解度要大(见表 3.13 和图 3.2 中)[7]。溴化锂的水溶液具有非常低的水蒸气压。它形成如下的水合物:$LiBr \cdot H_2O$,$LiBr \cdot 2H_2O$,$LiBr \cdot 3H_2O$ 和 $LiBr \cdot 5H_2O$。所有水合物都是固液异组成的。浓的溴化锂水溶液能显著地溶解赛珞璐等极性有机物质。

表 3.13 溴化锂在水中的溶解度

温度(℃)	0	10	20	30	40	50	60	70	80
熔解度(gLiBr/100gH_2O)	146	166	178.5	191	204	214	224	234.5	245.5

和氯化锂一样,溴化锂也能溶解在甲醇、乙醇、戊醇、甘油、乙二醇、丙酮、许多有机酸和酯类等有机溶剂中。它不溶于液态溴中,因此不能生成多溴化物。

气态氨与干燥的纯溴化锂作用时,生成组成为 $LiBr \cdot nNH_3$ 的配位化合物。氨分子的数目与反应的温度有关:$n=1$:95℃;$n=2$:87—95℃;$n=3$:71.5—87℃;$n=4$:18℃左右。

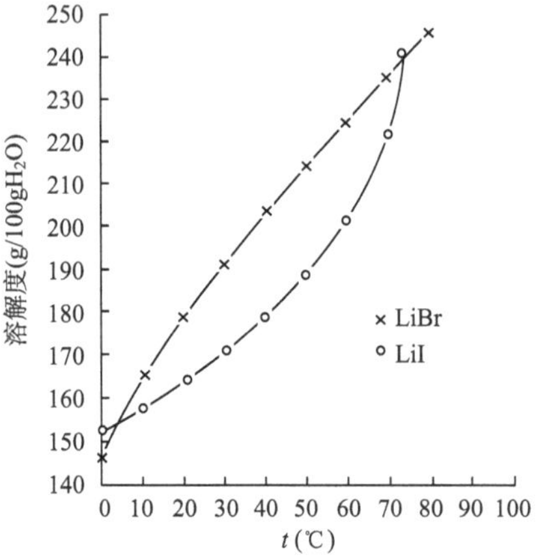

图 3.2 溴化锂与碘化锂在水中的溶解度曲线

含有 50%以上溴化锂的水溶液在空调设备中用为吸水剂,它也用于酸气和石油的脱水。溴化锂还少量地用于制药工业中从有机化合物中脱去溴化氢而制备烯烃。

4. 碘化锂 LiI

在工业上和实验室中制备碘化锂都是把碳酸锂或一水合氢氧化锂溶解在新制备的氢碘酸中,然后将溶液蒸发浓缩取得固体盐。也可以用碘化铵同金属锂在液氨中的下述反应来制备。

$$2Li+2NH_4I \longrightarrow 2LiI+2NH_4+H_2$$

为了制备99.8%的无水LiI,需要将结晶水合物放在碘化氢的气氛中进行干燥,并在熔融盐上通以干燥的氢气,以除去由于碘化氢的分解而生成的碘。也可以把结晶水合物放在真空中加热脱水,然后升华。碘化锂或它的水合物都必须仔细地在惰气氛中操作,以免碘离子被空气氧化成单质碘。

碘化锂的一些性质见表3.14。碘化锂是一种易潮解的白色晶体。它易于被空气氧化生成单质碘而使晶体变色。

表3.14 碘化锂的性质

熔点	469℃	生成热,ΔH°_f(298K)	−64.79kcal/mol
熔化热,ΔH_m	3.50kcal/mol	生成自由能 ΔG°_f(298K)	−63.8kcal/mol
沸点	1142℃	晶格能,U	176.2kcal/mol
蒸发热,ΔH_v	26.4kcal/mol	式量	133.84
定压热容,ΔC°_p	13.027cal/mol·deg	晶体结构	氯化钠型结构
熵,S°(298K)	17.5cal/mol·deg		

碘化锂极易溶于水中(见表3.15和图3.2)[7]。从水溶液中常以结晶水合物的形式析出。已知的水合物有:$LiI\cdot0.5H_2O$;$LiI\cdot H_2O$;$LiI\cdot2H_2O$ 和 $LiI\cdot3H_2O$。LiI-H_2O 与 $LiBr$-H_2O 体系的相图比较在图3.3中[7]。从图可以明显地看出,碘化锂的水合物与氯化锂和溴化锂的水合物不同。碘化锂的水合物都是稳定的(熔化时液相的组成和化合物的组成一致而不发生分解)。

表3.15 碘化锂在水中的溶解度

温度(℃)	0	10	20	30	40	50	60	70	74
溶解度(gLiI/100gH_2O)	152	158	164	171	179	189	201	222	240

与氯化锂或溴化锂相比,碘化锂更易溶于甲醇、乙醇、丙醇以及酯类等有机溶剂中。

用盐酸、硫酸或硝酸酸化碘化锂溶液时能析出碘,特别是在阳光的作用下更是如此。析出的碘量与溶液的浓度和照射的时间成正比。

无水碘化锂与碘作用时生成 LiI_n(n=3至9)型的多碘化物。把碘化锂保持在氯气流中时可以发生以下反应,生成混合多卤化物。

$$LiI\cdot3H_2O+2Cl_2 \longrightarrow LiICl_4\cdot3H_2O$$

在一般情况下,多卤化物的配位数等于4,但在某些情况下,因为配位质点能配置

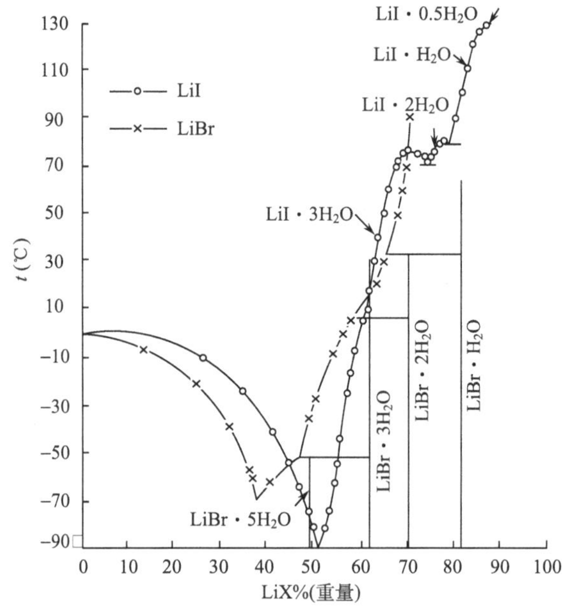

图 3.3　LiBr-H_2O 与 LiI-H_2O 体系的相图

两层，因此配位数可以达到 8。

无水碘化锂与液氨作用时，生成 LiI · $n$$NH_3$ 型配位化合物，其中 n=1,2,3,4,5,5.5,7。当温度低于 0℃时，LiI 与二氧化硫气体反应生成 LiI · $n$$SO_2$ 型的配位化合物(n=1,2,4)。

碘化锂通常是以其溶液或三水合物的形式应用的。能用于烃类的催化脱氢。经氧化所生成的碘能与烃类反应生成有机碘化物。碘化物再脱去碘化氢即可得烯类。例如，丁烷就可以用这种方法转变成丁二烯。

2.6.4　锂的氧化物

1. 氧化锂 Li_2O

在氢气氛中将锂的碳酸盐、硝酸盐或氢氧化物加热到 800℃可以制得氧化锂。分解硝酸锂时，用铜作催化剂。这些反应都是在铂舟中进行的。在氦气流中把过氧化锂加热到 450℃时，它就转变成氧化锂和氧[25]。

氧化锂是一种白色晶体，属面心格子，每个单胞由四个 Li_2O 组成。表 3.16 汇列了氧化锂的一些物理和化学性质。

氧化锂具有耐热性，非常难熔。在 1000℃以上开始升华，但在真空中，甚至当温度为 1000—1040℃时，它的蒸气压仍不很高。从表 3.17 可以看出，当有水蒸气

存在时,氧化锂的挥发性却会显著地增强[5]。据认为发生了下列反应:

$$Li_2O(s)+H_2O \longrightarrow 2LiOH(g)$$

表 3.16 氧化锂的性质

熔点	1570℃
熔化热,ΔH_m	14kcal/mol
定压热容,C°_p(298K)	12.927cal/mol · deg
熵,S°(298K)	9.056cal/mol · deg
生成热,ΔH°_f(298K)	−143.1±0.5kcal/mol
生成自由能,ΔG°_f(298K)	−134.3kcal/mol
晶格能,U	692kcal/mol
式量	29.88
晶体结构	萤石型结构

表 3.17 氧化锂的挥发性与水蒸气压的关系

在氧化锂上空的水蒸气压(mmHg)	保持时间(小时)	减重(%)	温度(℃)
系统被抽真空	2.5	3.3	1000
10^{-8}	2.0	3.2	1000
10^{-4}	2.5	6.4	1000
10^{-2}	2.0	12.2	1000
10^{-2}	0.5	18.4	1000

氧化锂同水反应生成氢氧化锂的溶液,同酸性气体或酸性液体反应生成相应的锂盐。

在高温下,氧化锂能同许多固态非金属氧化物(如 SiO_2,B_2O_3 等)和金属氧化物(如 Al_2O_3,Fe_2O_3 等)反应。这种高温反应是氧化锂、氢氧化锂和碳酸锂助熔作用的基础。在高温下必须小心避免氧化锂与反应容器发生反应。

氧化锂非常广泛地用作玻璃的成分。含氧化锂 16%的玻璃作成的电极,可在 pH 值很高(11—13)的情况下进行 H^+ 离子浓度的测量。一般的钠玻璃电极在这样的 pH 范围就不能用来测定氢离子浓度,而呈现出与溶液中碱金属离子的可逆金属电极的功能。氧化锂与钒的氧化物形成的一系列化合物:$5Li_2O \cdot V_2O_4 \cdot 11V_2O_5$;$9Li_2O \cdot V_2O_4 \cdot 23V_2O_5$;$3Li_2O \cdot V_2O_4 \cdot 11V_2O_5$ 可作为半导体材料。Li_2O-NiO 和 Li_2O-ZnO 型的半导体在某些氧化反应中用作催化剂。不过目前还没有大量使用氧化锂的工业。

2. 过氧化锂 Li_2O_2

我们知道,由于锂离子有非常强的极化能力,在锂与氧直接作用时,得到的主要产物是氧化锂，只生成微量的过氧化锂。所以过氧化锂都是用间接的方法制得的。工业上用一水合氢氧化锂与过氧化氢作用，先生成过氧化氢锂的一水合物，

$$LiOH \cdot H_2O + H_2O_2 \longrightarrow LiOOH \cdot H_2O + H_2O$$

再在真空下加热脱去过氧化氢和水就制得过氧化锂：

$$2LiOOH \cdot H_2O \longrightarrow Li_2O_2 + H_2O_2 + H_2O$$

有人提出利用 LiOH 与过氧化氢在水溶液中反应可以制得纯度 97%的过氧化锂[26]。该法经一定手续制得含过氧化锂的混合物后，加入甲醇，将混合物加压过滤，用甲醇再次搅匀、过滤，用戊烷洗涤，再过滤，并在 30—55℃真空干燥两小时，得到纯度为 97.2%的 Li_2O_2。

将 30%的过氧化氢加到氢氧化锂的浓溶液中，再用酒精稀释，就会析出组成为 $Li_2O_2 \cdot H_2O_2 \cdot 3H_2O$ 的固态盐，将这个盐放在真空中，在五氧化二磷上进行干燥，也可以获得无水过氧化锂[5]。

实验室制备过氧化锂的一种方法，是先使金属锂与乙醇反应制得乙氧基锂的悬浮液。用 30%的 H_2O_2 处理这一悬浮液生成过氧化氢锂的一水合物料浆。在真空干燥器中用五氧化二磷进行干燥，即可得到过氧化锂[5]。

实验室制备过氧化锂的另一种方法是用氢氧化锂的一水合物同 30%的 H_2O_2 反应生成过氧化氢锂的一水合物。从反应混合物中滤出这一水合物，进行真空干燥即得过氧化锂。但是，由于温度和所用试剂的浓度不同，也可能从反应混合物中分出其他的固相。

过氧化锂的一些性质汇列在表 3.18 中。过氧化锂是一种白色晶体，在室温下它在热力学上是稳定的。曾经认为过氧化锂的晶体属于四方晶系，但经研究证明[23]它属于六方晶系，其晶格常数为 $a=6.305Å$，$c=7.710Å$。过氧化锂加热时不稳定，会分解生成氧化锂和氧。这是制备氧化锂的一种方法的基础。

表 3.18　过氧化锂的一些性质

定压热容，C°_p(298K)	16.9cal/mol · deg
熵，S°	13.5±1cal/mol · deg
生成热，ΔH°_f(298K)	−151.2±2.0kcal/mol
生成自由能，ΔG°_f(298K)	−136.5kcal/mol
密度	2.297g/cm^3
式量	45.88
晶体结构	六方晶系

表 3.19 中列出了不同温度下过氧化锂的分解压[7]。高纯的过氧化锂可以长期贮存而没有显著的分解作用。

表 3.19 过氧化锂的离解压

温度(℃)	43	54	87	93	116	127	148	181	198
离解压(mmHg)	5	12	47	66	122	184	271	497	790

过氧化锂在空气中放置时会逐渐变成为碳酸锂。

过氧化锂溶于水中时,生成含锂离子和过氧氢离子的碱性溶液。在加热和催化剂存在下,溶液分解放出氧气。过氧化锂在水中的溶解度随着温度升高而降低。

3. 超氧化锂 LiO_2

将水合过氧化锂 $Li_2O_2 \cdot 2H_2O$ 在 100—129℃下进行真空干燥,可得含有 9% LiO_2 的固体[27]。在−65℃用臭氧处理 Li_2O_2 在氟里昂−12(CCl_2F_2)中的悬浮液,曾经得到含 LiO_2 47%的固体[28]。但是纯的 LiO_2 尚未制得。

4. 臭氧化锂

臭氧化锂目前尚未制得,仅已制得臭氧化锂的四氨合物,$LiO_3 \cdot 4NH_3$[29]。

2.6.5 氢氧化锂 LiOH

水同金属锂按照下式反应可以生成氢氧化锂。

$$2Li + H_2O \longrightarrow Li_2O + H_2 \uparrow$$

$$Li_2O + H_2O \longrightarrow 2LiOH$$

但锂的这两个反应比其他碱金属同水的反应要缓慢得多。

除了前面已经提到的由锂辉石制取一水合氢氧化锂的方法外,用硫酸锂或碳酸锂与适当的金属氢氧化物作用制氢氧化锂:

$$Li_2SO_4 + Ba(OH)_2 \longrightarrow 2LiOH + BaSO_4 \downarrow$$

滤去沉淀,蒸发溶液即得一水合氢氧化锂。用这种方法可以制备纯度很高的氢氧化锂。

将一水合氢氧化锂在控温真空烘箱中直接进行真空干燥可以制得无水氢氧化锂[11,30]。为了避免形成烧结状的无水物,必须在保持高真空的情况下缓慢地进行加热。用这种方法可以避免同空气接触,并能减少生成碳酸锂的机会。

表 3.20 和表 3.21 中分别列出了氢氧化锂和一水合氢氧化锂的一些性质。无水氢氧化锂和一水合氢氧化锂在室温下都是无色晶体。它们都是强碱,操作时必须小心以免烧伤。

表 3.20 无水氢氧化锂的性质

熔点	471℃
熔化热，ΔH_m	4.991kcal/mol
定压热容，C_p^o	11.869cal/mol · deg
熵，S^o	10.232cal/mol · deg
生成热，ΔH_f^o(298K)	−116.6±0.4kcal/mol
生成自由能，ΔG_f^o(298K)	−105.619kcal/mol
式量	23.95
密度	1.46g/cm^3
晶体结构	层状结构，Li 以四面体形式被四个氢氧根离子包围着

表 3.21 一水合氢氧化锂的一些性质

熔点	分解成 LiOH 和 H_2O
熵，S^o	22 cal/mol · deg
生成热，ΔH_f^o(298K)	−188.77kcal/mol
生成自由能，$\Delta G^o{}_f$(298K)	−164.8kcal/mol
密度	1.51g/cm^3
式量	41.96

一水合氢氧化锂受热时容易分解成无水氢氧化锂，在 20℃时它的平衡蒸气压为 4mmHg，在 40℃时为 12mmHg。无水氢氧化锂的分解蒸气压与温度的关系如表 3.22 所示[5]。

表 3.22 无水氢氧化锂的分解蒸气压

温度(℃)	520	610	670	724	812	924
H_2O 蒸气压(mmHg)	2	23	61	121	322	760

氢氧化锂在水中的溶解度，比其他碱金属氢氧化物要小得多[31]（见表 3.23 和图 3.4）。

表 3.23 不同温度下氢氧化锂在水中的溶解度

温度(℃)	0	10	20	25	30	40	50	60	80
溶解度(gLiOH/100gH_2O)	12.7	12.7	12.8	12.9	12.9	13.0	13.3	13.8	15.3

氢氧化锂在水溶液中同强酸和弱酸都能完全反生成相应的锂盐。

无水氢氧化锂和一水合氢氧化锂在空气中都易于吸收二氧化碳而生成碳酸锂。它们都能同酸性气体如 SO_2、HCl、HCN 和 SO_3 等反应。但由于这些反应常很难进行到完全，所以它们都不能作为合适的制备反应。

氢氧化锂被广泛地用作制备其他锂化合物的原料，例如制备氟化锂、氯化锂、溴化锂及碘化锂。由于这些物质是在水溶液中制备的，所以制备时不需要用无水氢氧化锂。锂的其他弱酸盐和强酸盐也可以用氢氧化锂作原料来制备。

一水合氢氧化锂主要用来制备脂肪酸的锂盐(锂皂)。用脂肪酸锂盐和矿物油以及其他添加物来配制锂基润滑脂。这种润滑脂在技术性能上比以其他金属皂类为基质的润滑脂优越。这种润滑脂的使用温度范围很宽广(温度范围从−40℃到+150℃)。由于锂皂的水溶性低，所以这类润滑脂能抵抗由水引起的变质作用。

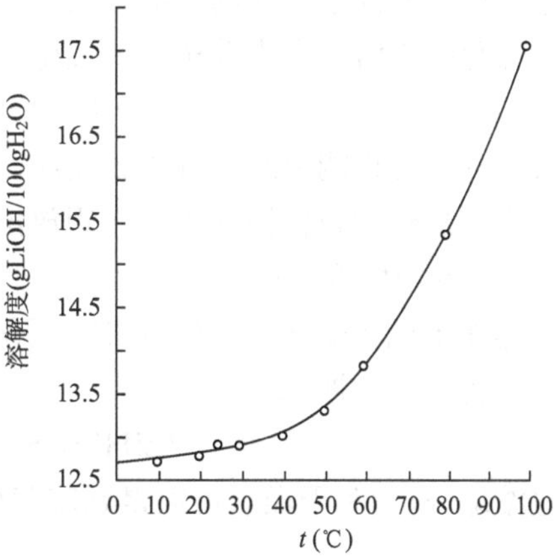

图 3.4 氢氧化锂在水中的溶解度曲线

无水氢氧化锂在水下和空间作业(指潜水艇和太空仓)中被用作二氧化碳的有效吸收剂。

氢氧化锂是碱性蓄电池电解质中的一种常用添加剂。它能够增加蓄电池的蓄电量。人们也常在裂解催化剂中加入氢氧化锂以改变催化剂的选择性。

2.6.6 硫化锂、氮化锂和碳化锂

1. 硫化锂 Li_2S

过去曾将单质锂与硫在一起加热，使它们相互作用而生成硫化锂；也可以在加热的条件下用碳或氢气还原硫酸锂来制备硫化锂。后来有人提出用锂与硫在液氨中作用，或用乙氧基锂分解硫氢化锂的乙醇加合物来制备硫化锂[32,33]。二十世纪五十年代有人用戊氧基锂与硫化氢反应先制得硫氢化锂，然后在真空中加热分解硫氢化锂来制备硫化锂。如果细心排除水分，在四氢呋喃中使金属锂与硫化氢反应可以制得高质量的无水硫化锂。

硫化锂具有 CaF_2 型的晶体结构；它的密度为 1.63 克/厘米^3。在很高的温度下氢对硫化锂也不起作用。在 300℃时，硫化锂可按照下式被氧气氧化，但并不放出二氧化硫。

$$Li_2S+2O_2 \longrightarrow Li_2SO_4$$

硫化锂也能同氯酸钾、二氧化铅、过氧化氢等氧化剂发生类似的反应。

盐酸在冷时就能分解硫化锂放出硫化氢。氢溴酸和氢碘酸只在加热的情况下才能将硫化锂分解，放出硫化氢并析出单质溴和碘。硫化锂同硝酸能非常猛烈地

反应。硫化锂同浓硫酸的反应很缓慢，但同稀硫酸则剧烈地反应而放出硫化氢。

硫化锂易溶于水中并按下式发生水解。

$$Li_2S + H_2O \longrightarrow LiHS + LiOH$$

空气中的水分也能引起这种水解反应。

在微加热时硫化锂同水气作用放出硫化氢。Li_2S 能溶解在酒精中，但比酸式盐 LiHS 的溶解度要小些。

锂能生成多硫化物。可以将硫氢化锂同过量硫的酒精溶液在氢气流中一起沸煮来制备多硫化锂 Li_2S_2

$$2LiHS + S \longrightarrow Li_2S_2 + H_2S$$

经过浓缩、冷却和干燥后可以得到灰黄色粉末状的二硫化锂。

2. 氮化锂 Li_3N

锂和氮在潮湿的空气中在常温下就能反应生成氮化锂。锂在氮气流中发生的反应，要比在空气中反应快 10—15 倍，这时锂全部转化成为氮化锂。表 3.24 中汇列了氮化锂的若干性质。

表 3.24　氮化锂的若干性质

熔点	845℃
热容，C_p^o	18cal/mol · deg
熵，S^o	9±2cal/mol · deg
生成热，ΔH_f^o(298K)	−47.5±2kcal/mol
生成自由能，ΔG_f^o(298K)	−37.1kcal/mol
密度	1.38g/cm³
式量	34.82

氮化锂是一种红色晶状物质。在反射光下显浅绿色金属光泽，在透射光中呈红宝石色。在空气中会最终变成碳酸锂。氮化锂按下式与水反应生成氢氧化锂和氨：

$$Li_3N + 3H_2O \longrightarrow 3LiOH + NH_3$$

氮化锂，特别是细粉状的氮化锂，在空气中能够起火燃烧。因此，氮化锂必须在惰性气氛(例如氮气)中储存和处理。

氮化锂在氢气氛中加热时能转变成氢化锂，并放出氨。反过来，如果把氢化锂放在氮气氛中强热，又可以得到氮化锂。不论上述反应向哪个方向进行，氨基锂($LiNH_2$)和亚氨基锂(Li_2NH)总是反应的中间产物。

氮化锂的反应性能很强，加热到 800℃时尤为显著，它能腐蚀铁、镍、铜、铂、石英和陶瓷等。

3. 碳化锂 Li_2C_2

按照以下反应都可制得碳化锂：

$$2Li + 2C \longrightarrow Li_2C_2$$
$$Li_2CO_3 + 4C \longrightarrow Li_2C_2 + 3CO$$
$$4Li + C_2H_2 \longrightarrow Li_2C_2 + 2LiH$$
$$6Li + C_2H_4 \longrightarrow Li_2C_2 + 4LiH$$

也可以用金属锂和乙炔在液氨中反应来制备碳化锂，这时首先生成 LiC≡CH，然后分解成碳化锂。但是向碳化物的转变并不完全[11]。向丁基锂的己烷溶液中通入乙炔是实验室制备碳化锂的一种简便的方法。沉淀出的碳化锂可以从反应液中过滤出来，洗涤并干燥。

碳化锂是一种离子型无色晶体，质脆。表 3.25 列出了碳化锂的一些性质。

表 3.25 碳化锂的一些性质

定压热容，C_p°	17cal/mol · deg
熵，S°	14cal/mol · deg
生成热，ΔH_f°(298K)	−14.2±2kcal/mol
生成自由能，ΔG_f°(298K)	−13.4kcal/mol
式量	37.90

碳化锂是一种很强的还原剂。在冷时它能在气态氟和氯中燃烧；微加热时，它能在溴和碘的蒸气中燃烧；强热时，它在氧、硫、硒的气氛中也会着火；在磷的蒸气中加热时生成磷化物。碳化锂在赤热温度下能同砷起反应；加热到熔点时它能被氯酸钾或硝酸钾氧化。同氢氧化钾一起熔融时，它发生分解反应并放出热量。浓酸能缓慢地同碳化锂反应。

碳化锂同氯化钾和氯化钠一起熔融时，有碳析出。如果在上述混合物中加入氢化锂，则碳化锂会溶解于其中而不分解。电解此熔融体时，在阳极上有碳析出，在阴极上有等当量的氢析出，也就是说，显然碳化锂全部分解成为离子。

碳化锂与水作用时，生成乙炔和氢氧化锂。

$$Li_2C_2 + 2H_2O \longrightarrow 2LiOH + C_2H_2$$

如果将锂的液氨溶液在−40℃时用乙炔饱和，则会有美丽透明的菱形晶体析出。在放大镜下观察时，这种晶体类似于冰洲石，其组成为 $Li_2C_2 \cdot C_2H_2 \cdot 2NH_3$。它与水或氯相接触时，会燃烧成黑色残渣；它能在二氧化碳和二氧化硫的气氛中燃烧；在氢气流中易离解生成氢化锂。

2.6.7 碳酸锂 Li_2CO_3

由于碳酸锂的溶解度很小，因此可以用碳酸根离子沉淀溶液中的锂离子来制备碳酸锂，例如用碳酸钠同各种锂盐溶液作用以制备碳酸锂。而且从硝酸锂和氯化锂溶液中析出碳酸锂的作用最为完全。

碳酸锂在实验室常用重结晶的方法来提纯，详见《无机合成》第一卷[34]。

碳酸锂的一些性质汇列在表 3.26 中。

表 3.26　碳酸锂的一些性质

熔点	720℃
定压热容，C_p°	23.28cal/mol • deg
熵，S°	21.60cal/mol • deg
生成热，ΔH_f°(298K)	−290.54kcal/mol
生成自由能，ΔG_f°(298K)	−270.66kcal/mol
密度	2.10g/cm^3
式量	73.89

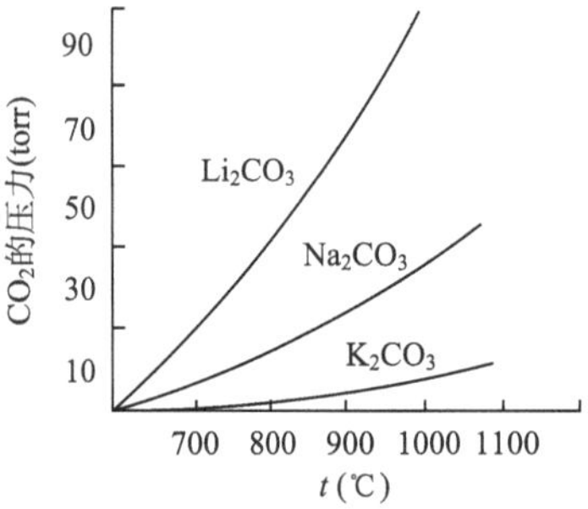

图 3.5　碱金属碳酸盐不同温度下的离解压

碳酸锂是一种白色单斜系晶体。从溶液中析出时不含结晶水；加热到熔点后，进一步加热时，便开始按以下反应式发生分解作用：

$$Li_2CO_3 \longrightarrow Li_2O + CO_2\uparrow$$

由于锂离子具有非常强的极化力，因此碳酸锂的热稳定性比其他碱金属碳酸盐的热稳定性要差一些(见图 3.5)。不同温度下碳酸锂的离解压如表 3.27 所示[5]。

表 3.27　碳酸锂的离解压

温度(℃)	610	723	810	888	965	1270
CO_2 的压力(mmHg)	1	4	15	32	63	760

在碱金属碳酸盐中，碳酸锂在水中的溶解度最小。溶解度随温度的升高而降低[31]，见表 3.28 与图 3.6。

表 3.28　碳酸锂在水中的溶解度

温度(℃)	溶解度($gLi_2CO_3/100gH_2O$)
0	1.54
10	1.43
20	1.33
25	1.29

续表

温度(℃)	溶解度($gLi_2CO_3/100gH_2O$)
30	1.25
40	1.17
50	1.08
60	1.01
80	0.85
100	0.72

碳酸锂不会潮解,在空气中是稳定的。事实上,许多锂的化合物曝置于空气中时往往最后都会转化成碳酸锂。

如果把二氧化碳通入碳酸锂的水悬浮液中,碳酸锂即转变成酸式碳酸锂而溶解。加热酸式碳酸锂的溶液时则放出二氧化碳,碳酸锂又重新沉淀出来。用这种方法可以除掉碳酸锂中的杂质。

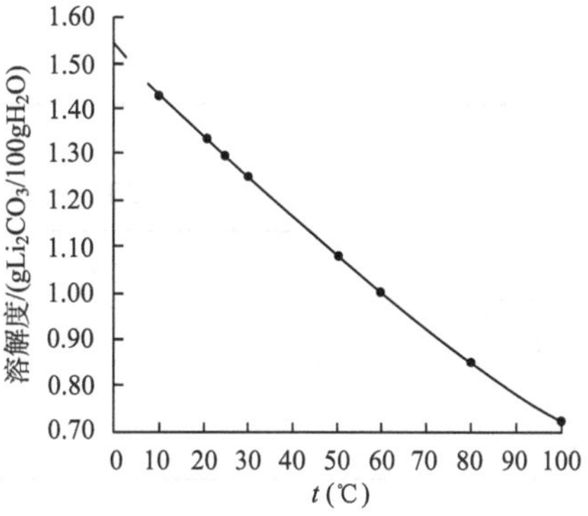

图 3.6 碳酸锂在水中的溶解度曲线

当将碳酸锂的水溶液煮沸时,会发生水解作用。按照电离反应式计算出来的水解度等于 42.53%。水解度之所以这样高,可以用碳酸锂有转变成更易溶解的酸式碳酸锂的倾向来解释。其水解常数等于 4.347×10^{-4}[5]。

在工业上碳酸锂用于制备其他锂盐,如氯化锂和溴化锂等。碳酸锂可用作瓷釉、搪瓷、玻璃和陶瓷中氧化锂的原料。如在制造陶瓷的物料中加入碳酸锂可以缩短制品灼烧的时间,降低其热膨胀系数,以及改善成品的化学稳定性等。把碳酸锂加入到制备金属铝的电解槽中,可以增加电流效率和降低电解槽的内阻及槽温。从而使得铝的成本降低和产量增加。近来,碳酸锂已用于医学上以治疗精神病忧郁症。

2.6.8 硫酸锂 Li_2SO_4

硫酸锂可以用硫酸同单质锂或碳酸锂作用来制备。通常从溶液中析出的是含一个结晶水的盐;在低于 232.8℃(26.7atm)时,一水合硫酸锂是同液相平衡的稳定固相。在 232.8℃和 26.7atm 的条件下,硫酸锂和一水合硫酸锂同时与液相平衡[35]。用硫酸同氢氧化锂或碳酸锂反应制得硫酸锂的溶液,然后蒸发,即析出一水合硫酸锂。在稍高于 100℃的温度下对一水合硫酸锂进行干燥,可以得到无水硫酸锂。

无水硫酸锂和一水合硫酸锂都是白色晶体,它们都易于吸收空气中的水分。

无水硫酸锂存在有三种晶型：在一般温度下为单斜晶系的 α-型；低于 500℃时，为六方晶系或斜方晶系的 β-型；高于 500℃时为立方晶系的 γ-型。无水硫酸锂和一水合硫酸锂的一些性质分别汇列在表 3.29 和表 3.30 中。

表 3.29　无水硫酸锂的性质

熔点	859℃
熔化热，ΔH_m	3.0kcal/mol
转变温度	575℃
相变热，ΔH	6.5kcal/mol
生成热，ΔH°_f(298K)	−342.83kcal/mol
密度	2.008g/cm^3(在熔点)；1.794g/cm^3(在沸点)
式量	109.94

表 3.30　一水合硫酸锂的一些性质

熔点	880℃
生成热，ΔH°_f(298K)	−414.20kcal/mol
蒸气压，P_{H_2O}	60℃，22mmHg
	100℃，184mmHg
式量	127.95

硫酸锂易溶于水中，但比氯化锂或硝酸锂的溶解度要小一些。从表 3.31 的数据可以看出，随着温度的升高，其溶解度显著地降低[5]。

表 3.31　硫酸锂在水中的溶解度

温度(℃)	−20	0	20	40	60	80	100
溶解度(%)	18.4	26.2	25.7	24.5	24.0	23.1	22.8

和其他碱金属的硫酸盐相似，在氢气流或氨气流中加热，可以把硫酸锂还原为硫化锂。

和硫酸钠或硫酸钾不同，硫酸锂并不生成矾类。硫酸锂不溶于乙醇、丙酮、乙酸甲酯、乙酸乙酯以及吡啶中。

虽然在锂云母-硫酸工艺中，作为中间产物制得了大量的硫酸锂的溶液，但纯硫酸锂的工业用途却很有限。硫酸锂可用来强化玻璃，就是把一般的钠玻璃浸入含硫酸锂(或其他锂化合物)的熔盐浴中，让锂离子和玻璃表面的钠离子在玻璃转变点的温度下发生交换，在玻璃的表面生成一个含锂压缩层而使玻璃的强度增加。如果经过适当的热处理还可以使含锂压缩层晶化而得到更高的强度。也可以把硫酸锂(或其他锂的化合物)配在生产玻璃的物料中制造玻璃，再经过适当的热处理，在整个玻璃中引起像锂辉石那样的晶化过程以提高玻璃的强度和耐热性。用这样的玻璃可以制造强度高和热膨胀系数小的炊事用具及其他制品。

2.6.9 硝酸锂 $LiNO_3$

在工业上和实验室中用氢氧化锂同硝酸作用来制备硝酸锂。蒸发所得的溶液并进行干燥就得到无水硝酸锂。

硝酸锂的若干性质汇列在表 3.32 中。硝酸锂是一种无色透明的菱形晶体,吸湿性很强。

表 3.32 硝酸锂的若干性质

熔点	254℃
熔化热,ΔH_m	6.1kcal/mol
生成热,ΔH°_f(298K)	−115.279kcal/mol
密度	2.4g/cm^3
式量	68.94

硝酸锂加热到 600℃时开始分解并放出氧气和氮的氧化物。硝酸锂在水中的溶解度曾被许多人用不同的方法测定过[36,37]。最初提出硝酸锂共有三种水合度不同的晶体:$LiNO_3$,$LiNO_3 \cdot \frac{1}{2}H_2O$ 和 $LiNO_3 \cdot 3H_2O$。后来也有人提出异议,认为 $LiNO_3 \cdot \frac{1}{2}H_2O$ 是不存在的。有人再次测定 $LiNO_3$-H_2O 体系的溶解度[38],指出:硝酸锂的溶解度曲线是由两条支线组成的,一条支线相当于三水合硝酸锂晶体的溶解度,另一条支线相当于无水盐的溶解度,并未发现半水合物的存在。三水合硝酸锂的熔点,亦即溶解度曲线上的极大点为 30.1℃,表 3.33 列出硝酸锂在水中的溶解度。并将其结果表示在图 3.7 中。

表 3.33 二元体系 $LiNO_3$-H_2O 的溶解度

$LiNO_3$		$LiNO_3 \cdot 3H_2O$	
温度(℃)	溶解度($LiNO_3$ 的重量%)	温度(℃)	溶解度($LiNO_3$ 的重量%)
75	67.00	30	61.71
70	66.27	29.5 1)	61.67
65	65.49	28 2)	61.52
63	65.28	27 2)	61.45
	65.14 1)	28 2)	61.92
58 1)	64.77	28.5	61.22
56 1)	64.57	29 1)	60.56

续表

$LiNO_3$		$LiNO_3 \cdot 3H_2O$	
温度(℃)	溶解度($LiNO_3$的重量%)	温度(℃)	溶解度($LiNO_3$的重量%)
54	64.29	29.5[1)]	59.23
50	63.88	29.7[1)]	58.79
45	63.36	29.8[1)]	58.34
40	62.64	30.1	57.05
39[1)]	62.58		56.01
37[1)]	62.37	30[1)]	55.38
35	62.43	29.8[1)]	54.36
		29.7[1)]	53.91
		29.5[1)]	53.20
		28.9	52.00
		28.5	51.03
		27[1)]	49.56
		25[1)]	47.21
		20[1)]	43.45
		0	32.85

1) 平衡是从下方达到的,即温度由低到高,未加标注者均从上方达到,即温度由高到低。

2) 系介稳平衡,均由上方达到。

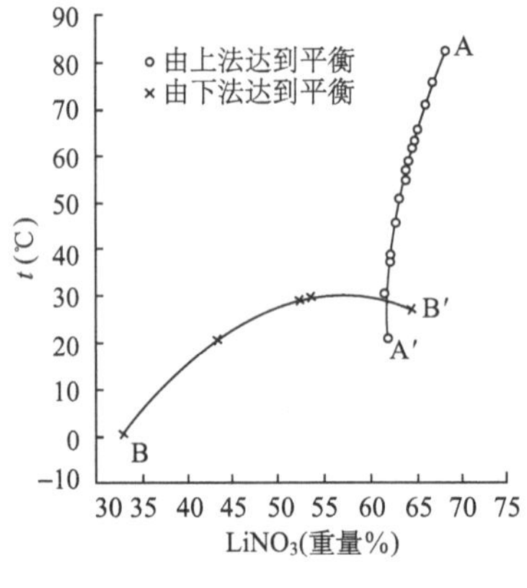

图 3.7 二元体系 $LiNO_3$-H_2O 的溶解度图
A—A′:$LiNO_3$ B—B′:$LiNO_3 \cdot 3H_2O$

在一定温度下,硝酸锂可以转变成亚硝酸锂,反应是可逆的。

$$2LiNO_3 \rightleftharpoons 2LiNO_2 + O_2$$

硝酸锂易溶于液氨和很多有机溶剂中。

硝酸锂用于烟火装置中产生红色火焰。军事上用以制造信号火箭和信号枪用子弹。在冷藏设备中应用硝酸锂作为氨冷冻设备中液氨的稳定剂[39]。硝酸锂也可以同其他盐在一起,特别是同其他硝酸盐一起组成低熔点的熔融盐混合物。

2.6.10 锂的磷酸盐

锂与磷酸能生成酸式盐、正盐和碱式盐。

1. 磷酸锂 Li_3PO_4

它是一种白色的斜方系晶体，密度为 2.41g/cm^3，很难溶于水中，是最难溶的锂盐之一。磷酸锂在氨水中的溶解度较在纯水中的溶解度要小得多，但是有铵盐存在时，溶解度有所增大。在常温下，从溶液中得到的磷酸锂是二水合物 $Li_3PO_4 \cdot 2H_2O$。这种水合物在 60℃经过多天的干燥以后，便失去部分结晶水转变成为半水合物 $Li_3PO_4 \cdot \frac{1}{2}H_2O$。

磷酸锂同磷酸铵和碱金属的磷酸盐可以结合成各种复盐。这些复盐在水中的溶解度一般都比磷酸锂在水中的溶解度要大一些。

2. 磷酸一氢锂 Li_2HPO_4

在常温下它不能同溶液呈平衡而存在[40]，所以未曾得到过固体的磷酸一氢锂。

以酚酞作指示剂，用 0.2*N*LiOH 滴定 0.2*N*H_3PO_4 溶液时，转变点很明显地指出有 Li_2HPO_4 生成。

3. 磷酸二氢锂 LiH_2PO_4

将 Li_3PO_4 溶解在尽量少的盐酸或硝酸中，然后将溶液蒸干，并除去游离酸，即可得 LiH_2PO_4。用化学计量比的磷酸同碳酸锂或氢氧化锂反应，并蒸发所得的溶液也可以得到这个盐。它可以用重结晶法提纯。

磷酸二氢锂易溶于水中，有很强的吸湿性。加热时磷酸二氢锂脱水，依次生成焦磷酸盐和偏磷酸盐[7]。

$$2LiH_2PO_4 \longrightarrow Li_2H_2P_2O_7 + H_2O$$

$$Li_2H_2P_2O_7 \longrightarrow 2LiPO_3 + 2H_2O$$

最近有人报道制得了组成为 $Li_3PO_4 \cdot LiH_2PO_4$ 的化合物。其脱水的最终产物为 $Li_4P_2O_7$[41]。

如果用过量的氢氧化锂来中和磷酸时，可以同时生成碱式磷酸锂 $LiOH \cdot 2Li_3PO_4$ 和磷酸锂。

4. 应用

磷酸锂可以用作某些有机反应的催化剂，如在 230—270℃把 2,3-环氧丙烷转变成烯醇的工艺中就用磷酸锂作为催化剂，把不饱和烃类氧化成二羧酸酐时应用磷酸锂和五氧化二钒的混合物作为催化剂。

2.6.11 锂的若干其他含氧酸盐

1. 锂的氯氧酸盐

(1) 次氯酸锂 LiClO

次氯酸锂是一种类似于次氯酸钙的白色固体，很不稳定。在工业上用硫酸-锂辉石回收锂的工艺中所得到的含有锂、钠、钾、氢氧根和硫酸根等离子的净化溶液加以氯化来制备次氯酸锂。蒸发、干燥后所得的固体物质，便得到含有效氯为35—40%的不纯的次氯酸锂。近来。有人对次氯酸锂的生产过程作了进一步的讨论[42]。次氯酸锂可用作漂白剂和消毒剂，特别是用于室内游泳池中的消毒剂。

(2) 亚氯酸锂 $LiClO_2$

用硫酸锂同亚氯酸钡的复分解反应可以制得亚氯酸锂。亚氯酸锂的晶体在空气中潮解，与空气中的二氧化碳作用可转变为碳酸锂。

(3) 氯酸锂 $LiClO_3$

用氯酸同碳酸锂作用可以制得氯酸锂。氯酸锂有晶态和非晶态两种同素异性体。晶态的是针状晶体，极易潮解。$LiClO_3 \cdot \frac{1}{2}H_2O$ 在 55℃脱水。

氯酸锂易溶于水和醇中，在 18℃时的饱和溶液中含 $LiClO_3$ 可达 75.8%。

(4) 高氯酸锂 $LiClO_4$

高氯酸同碳酸锂、氧化锂或氯化锂作用都可以得到高氯酸锂。高氯酸锂为无色晶体，熔点 236℃，在 400℃按下式分解放出氧气：

$$LiClO_4 \longrightarrow LiCl + 2O_2 \uparrow$$

痕量铁或粉尘对上述反应有强烈的催化作用。

高氯酸锂易溶于水和许多有机溶剂中。在常温下从水溶液中析出的是三水合物 $LiClO_4 \cdot 3H_2O$，它在 100℃失去两个结晶水，在 130℃转变为无水盐。

2. 锂的硅酸盐

(1) 偏硅酸盐 Li_2SiO_3

在 500℃用苛性钠分解锂云母时，即可得到偏硅酸锂。将 $2LiO + 5SiO_2$ 的混合物与氯化锂一起在赤热的温度下加热六小时，可以制得纯净的 Li_2SiO_3 晶体。随着制备方法的不同，偏硅酸锂可以是长的六面斜方柱体，可以是云母状的晶体，也可以是非晶态的物质。其晶体的密度为 2.52g/cm^3。

偏硅酸锂能被冷水缓慢地分解，加热时反应过程加快得不太显著。强酸能分解偏硅酸锂析出硅酸沉淀。在浓盐酸作用下能生成晶状的硅酸沉淀。偏硅酸锂不溶于乙酸甲酯或乙酸乙酯及吡啶中。

(2) 硅酸锂 Li_4SiO_4

将适当化学计量比的碳酸锂和二氧化硅放在铂坩埚中熔融,即可得到Li_4SiO_4。如果将得到的熔融体缓慢地冷却,则有晶态硅酸锂析出。如果很快地冷却,则得到玻璃态的物质。晶态的硅酸锂是无色透明或黄色的斜方伪六角棱柱体。

硅酸锂能被热水分解,生成硅酸沉淀,甚至能被最弱的酸所分解。熔融的硅酸锂能吸收各种气体,凝固时,又重新把气体放出来。快速冷却则可以防止气体析出。

除了就地用于陶瓷材料的制备中之外,锂的硅酸盐在工业上并不重要。硅酸锂的水溶液可用作许多材料的涂料,这是因为它在涂料干了以后,很难再溶解。

3. 锂的铝硅酸盐

一些主要的铝硅酸盐矿物,如锂辉石 $LiAlSi_2O_6$ 和透锂长石 $LiAlSi_4O_{10}$ 作为锂的工业原料,已在前面讨论过了。锂霞石也是很有趣的,高温型的β-锂霞石具有负的热膨胀系数。

4. 锂的硼酸盐

锂形成三种不同的硼酸盐,这部分地决定于体系的化学计量比。每种硼酸盐均能形成水合物[43]。

把适当化学计量比的氢氧化锂或碳酸锂同硼酸熔融可以制取偏硼酸锂。在室温下由水中重结晶生成偏硼酸锂的八水合物,$LiBO_2 \cdot 8H_2O$。干燥八水合物得到二水合物 $LiBO_2 \cdot 2H_2O$ 或半水合物 $LiBO_2 \cdot \frac{1}{2}H_2O$。

将氢氧化锂与硼酸一起熔融还可以制得四硼酸锂。从 Li∶B 比为 0.5 的碳酸锂和硼酸的水溶液中可以获得四硼酸锂三水合物 $Li_2B_4O_7 \cdot 3H_2O$。

五硼酸锂形成一种水合物,$LiB_5O_8 \cdot H_2O$。加热 $LiB_5O_8 \cdot H_2O$ 时,可以得到中间状态的化合物。

硼酸锂有限地应用于陶瓷材料的制造中。

2.6.12 氨基锂

1. 氨基锂 $LiNH_2$

氨基锂可以认为是水系统中的氢氧化锂在氨系统中的相应化合物。由氢化锂或金属锂与氨反应可以制备氨基锂。工业上就是用氢化锂作原料,与氨按以下反应式制备氨基锂的。

$$LiH + NH_3 \longrightarrow LiNH_2 + H_2\uparrow$$

将磨细的氢化锂在料盘上摊成薄层,然后放在反应炉内,在氨气氛中加热就可容易地进行上述反应，并能进行到底。反应析出的氢气，可设法回收利用或在炉子的出口处点火烧掉。

用金属锂同氨气制备氨基锂的反应在400℃左右进行[11]。

氨基锂与其他碱金属的氨基化物一样，也可以用电解卤化锂的氨溶液，或用铁作催化剂使液氨同锂反应的方法来制备[5]：

$$2Li + 2NH_3 \longrightarrow 2LiNH_2 + H_2\uparrow$$

氨基锂是一种白色晶体，属四方晶系，晶格常数为：$a = 5.016$Å，$c = 10.22$Å。每个单元晶胞由八个 $LiNH_2$ 组成。氨基锂的熔点为373—375℃。熔融的氨基锂呈绿色，冷却时又转变为白色。在空气中氨基锂会缓慢地分解，强热时，分解反应很猛烈，但不发生燃烧，加热到450℃时，分解过程按下列反应式进行：

$$2LiNH_2 \longrightarrow Li_2NH + NH_3$$

由于氨基离子是氨系统中可能存在的最强的碱，所以氨基锂是一种强碱。它难溶于液氨中。氨基锂能平稳地溶解于冷水中，溶液呈碱性；在热水中水解生成氢氧化锂和氨。

氨基锂容易同硫和硒发生反应，也容易被氧化。例如它可被二氧化氮氧化成叠氮化锂。碱金属的氨基化物一般都必须防止空气氧化以避免生成爆炸性的物质。

将氨基锂溶于盐酸时，生成氯化铵和氯化锂。晶体氨基锂与浓盐酸反应时能析出游离的氨。

氨基锂对玻璃有轻微的腐蚀作用。它稍溶于酒精，加热时其溶解度增大，并有氨析出。

2. 亚氨基锂 Li_2NH

它是一种白色贝壳状晶体，表面上局部呈金属光泽。在阳光的作用下会转变成砖红色，这是由于它转变成氨基锂和氮化锂的缘故。

$$2Li_2NH \longrightarrow Li_3N + LiNH_2 + 12.35\text{kcal}$$

将此混合物在真空中加热到赤热温度时，其颜色又消失，并重新形成亚氨基锂：

$$2LiNH_2 \xrightarrow{\triangle} Li_2NH + NH_3$$

$$NH_3 + 2Li_3N \longrightarrow 3Li_2NH$$

亚氨基锂与氧化锂类质同晶，晶格常数为5.04Å。亚氨基锂的密度为1.48g/cm^3，它能同乙醇、戊醇、吡啶、苯胺及喹啉反应，能使氯仿分解。它不溶于甲苯、苯和乙醚中。

2.6.13 锂的配位化合物

锂盐的水合物的水分子数很少有多于四个的，例外的一些情况可能是由于阴离子的水合作用。这些水合物就是一种最常见的配位化合物。在它们的晶体中，四个水分子在锂离子周围以正四面体形式排布着。在水溶液中，锂离子除了这四个水分子形成第一水合层外，还有更多的水分子形成第二水合层。对于碱金属离子来说，形成第二水合层的程度显然同“裸”离子的大小成反比，这使锂离子在水溶液中具有最大的水合半径。

锂盐与其他溶剂例如氨、伯胺、仲胺、叔胺、醇或 SO_2 等也能形成一系列的配位化合物。但是它们与水接触时都能转变成 $Li(OH_2)_4^+$ 配位离子。按照软硬酸碱理论，Li^+ 是一个硬酸，理应与含氧配位体形成稳定的配位化合物。

A. R. Hands 和 A. J. H Mercer 研究了碱金属的碘化物、高氯酸盐和硝酸盐等盐类(这些盐的阴离子都比较大)与三苯基膦氧间的配位作用[44]。指出在这些配位化合物中，四个三苯基膦氧 Ph_3PO 的分子通过四个氧原子以四面体形式配位于 Li^+ 离子周围。这些配位化合物仅能很慢地被水分解，这可能是锂与一齿配位体形成的最稳定的配位化合物。

在锂和冠醚或穴体所形成的配位化合物中，和在其他金属的同类化合物中一样，金属离子同多元醚环上的氧原子都是通过离子-偶极静电作用力结合起来的。研究工作证明，阳离子与配位体孔穴的相对大小，是影响配位化合物稳定性的一个重要因素[45,46]。锂离子同一些冠醚和穴体所成配位化合物的配位常数汇列在表 3.34[47,48] 中。

表 3.34 $Li^+ + L \xrightleftharpoons{K_s} LiL^+$

配位体	$\lg K_s$(在水中)
环己并-15-冠醚-5(Ⅰ)	<1.0
环己并-18-冠醚-6(Ⅱ)	<0.7
二环己并-18-冠醚-6(Ⅲ) (异构体 A)	0.7
窝穴体[2,1,1]	4.30
窝穴体[2,2,1]	2.50
窝穴体[2,2,2]	<2.0

表中配位体的结构如下：

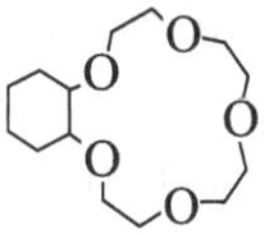

(Ⅰ)

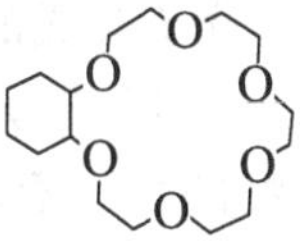

(Ⅱ)

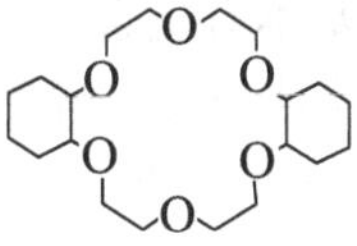

(Ⅲ)

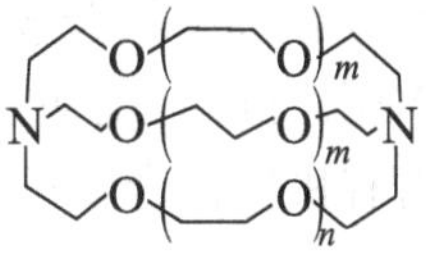

窝穴体

[2,1,1] $m=0, n=1$
[2,2,1] $m=1, n=0$
[2,2,2] $m=1, n=1$

碱金属离子还能同 β-二酮类、硝基苯酚类及 1-亚硝基-2-苯酚等形成螯合物[49,50]。同 β-二酮类形成的螯合物，特别是同那些氟取代的配位体如六氟乙酰丙酮所成的螯合物相当稳定，可在 200℃时升华。无水的碱金属 β-二酮螯合物一般都不溶于有机溶剂中，这表明它们之间的键是离子型的。但是，有另外的配体（包括水在内）存在时，它们甚至可以溶于烃类溶剂中。利用这种性质发展了一种溶剂萃取碱金属的方法。例如锂不仅能以二苯甲酰甲基锂的三辛基膦氧加合物 Li(PhCOCHCOPh)$[OP(Octyl)_3]_2$ 的形式由水溶液中萃取到对二甲苯或十二碳烷中，而且还可同其他碱金属分开[51]。

还应指出 H. Wada 和 Q. Fernands[52]应用电位滴定法研究了 Li^+、Na^+、K^+ 等与羟甲基膦酸（MPA，hydroxymethylphosphonicacid，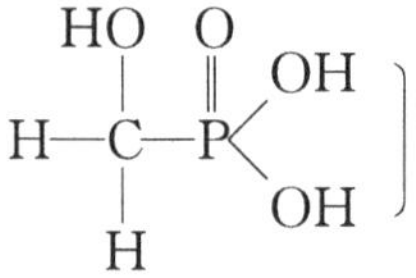）及 1-羟乙基-1，1-二膦酸（EDPA：ethane-1-hydroxy-1，1-diphosphonic acid，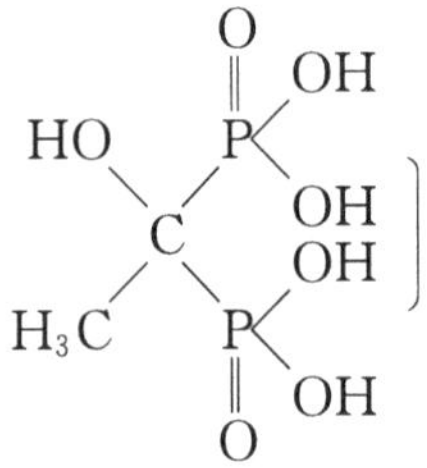）间的配位行为。对于第一种配位体（MPA），即使在金属离子十分过量的情况下，也只能形成 1∶1 的配位化合物。而对于第二种配位体（EDPA），在过量金属离子存在时，还能形成双核配位化合物。

因为^{7}Li(92.7%)给出的核磁共振信号同^{1}H 给出的核磁共振信号不相上下，所以锂在水溶液中的配位行为可以用核磁共振方法进行研究。应用这种方法发现：氮三乙酸（NTA）在溶液中可能形成$[Li(NTA)_2]^{5-}$配位离子[53]。

2.6.14 有机锂化合物[54]

金属锂能生成很多有机锂化合物，这一特征为锂在有机合成中的应用开拓了广阔的前景。近年来，有机锂化合物的研究工作发展非常迅速，应用相当广泛[55,56]。它在精细有机合成、基本有机合成和高分子合成的理论和实践方面起着很重要的作用。例如，烷基锂能使异戊二烯聚合得到含 94%顺-1.4-聚异戊二烯橡胶。又如由有机锂化合物可以产生具有高度活性的脱氢苯、卡宾等中间体。此外，有机锂化合物还兼具有容易制备，能溶于惰性溶剂中等优点，因此应用价值不断提高，使用范围越来越广。

1. 有机锂化合物的性质

一般地讲，有机锂化合物都是液体或低熔点固体。虽然它们是很活泼的，例如都能同氧迅速地反应，在空气中常会自燃，同水强烈反应生成氢氧化锂和烃并放出大量热，但相对而言在碱金属有机化合物中它们却是最稳定的。

同其他碱金属有机化合物相反，有机锂化合物一般都能溶于有机溶剂中。实际上大多数烷基锂化合物能够同烃类溶剂混溶。

烷基锂化合物是热不稳定的，大多数在室温或高于室温时放置便会慢慢分解为氢化锂和烯烃。分解速度由结构、浓度、纯度、温度及溶剂等因素决定。例如丁基锂各异构体的稳定性按以下次序变化：

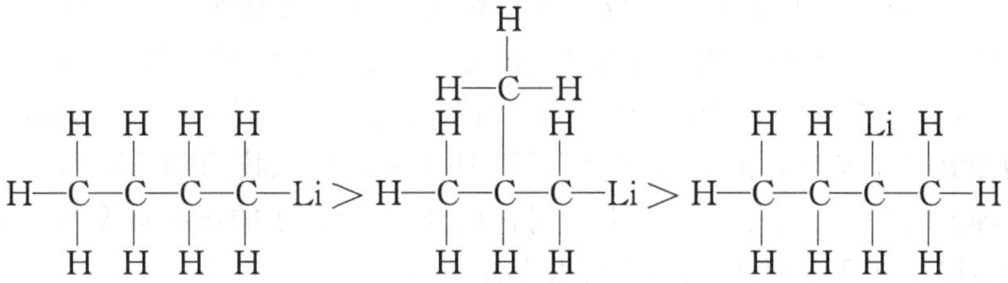

正丁基锂 (*n*-butyllithium)　异丁基锂 (*iso*-butyllithium)　仲丁基锂 (*sec*-butyllithium)

在 25℃叔丁基锂(*t*-butyllithium)以可忽略的速率分解，但 12%的仲丁基锂的己烷溶液，却以每天 0.1%的速率分解。又分解速率随丁基锂浓度的增加而变大，其反应级数大于 1. 烷氧基锂的存在对这类分解作用有催化效应。烷氧基锂或由烷基锂溶液吸收氧而形成，或在制备时因原料中混有醇而产生。烷氧基锂的浓度加倍时，分解速率加大一倍多。这种效应随着烷基锂和烷氧基的不同而略有差异。

温度每升高 10℃烷基锂分解反应的速率约增加两倍。这种规律适用于像环己基锂、环戊基锂和各种丁基锂等(甲基锂和苯基锂却不按此方式分解)。

烷基锂的分解速率在芳烃溶剂中较在脂肪烃溶剂中大。丁基锂在苯溶液中的分解速率约为环己烷溶液中的两倍。

由于有机锂化合物非常活泼。大多数纯净的锂有机化合物容易起火燃烧，因此，一般要在溶液中处理。并且为了维持它们的纯度和保障工作人员的安全，还必须在惰性气氛中进行操作。

锂离子的极化能力高并且体积小，这使锂一碳键的离子性比所有其他碱金属一碳键的离子性都小。因此锂一碳键不是离子键而是强极性共价键，上面所提到的性质和下面的许多反应都是同锂一碳键的这一基本性质相吻合的。

(1) 金属化反应

金属化反应是烃和金属有机化合物作用，烃中的氢原子被金属取代的反应：

$$C_4H_9Li + RH \longrightarrow C_4H_{10} + RLi$$

金属化反应可以看作是一种 Lewis 酸碱反应，它的反应方向一般是朝较强的 Lewis 酸置换出较弱的 Lewis 酸的方向进行[57]。J. M. Mallan 和 R. L. Bebb 对用有机锂化合物的金属化反应做过一篇详细的综合性评述[58]。金属化反应也是合成有机锂化合物的一条重要合成路线，例如吡啶甲基锂(picolyllithium)的合成：

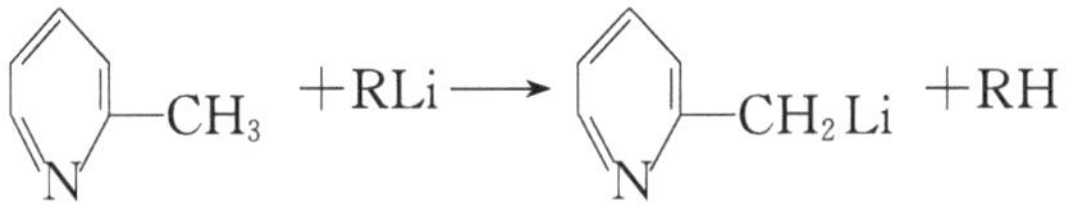

尽管甲苯的酸性比丁烷强，但丁基锂和甲苯在一般的条件下，并不容易发生金属化反应。这是由于丁基锂这时为聚集体，“缔合”降低了反应活性，只有将聚集体分解之后，反应才能顺利进行。分解聚集体的一种方法是加入一定量的较强的 Lewis 碱[59]。因为有机锂化合物的聚集体可以被看作酸碱配位化合物，其中烃基是碱，锂离子是酸，加入一个比烃基更强的碱自然会将聚集体分解。例如，在正丁基锂的四氢呋喃溶液里加入 N,N,N’,N’-四甲基乙撑二胺(TMEDA)，正丁基锂聚集体即分解为单个分子。TMEDA 同它螯合，单个分子的正丁基锂就变成一个较强的金属化试剂，使上述反应进行得十分顺利。

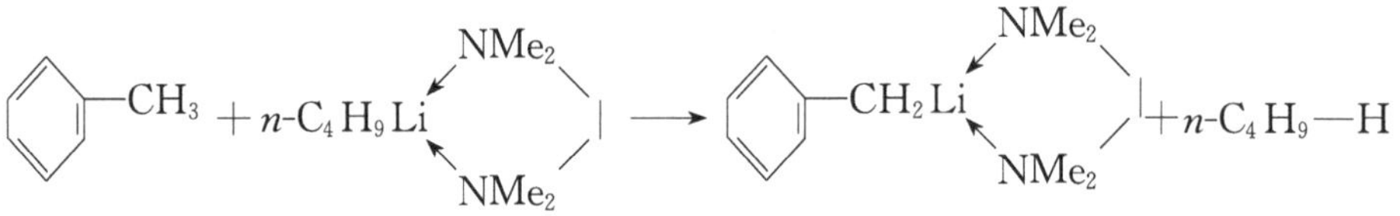

据报道，异丁烯、苯基丙二烯($PhCH{=}C{=}CH_2$)、共轭的烯炔($RC{\equiv}C{-}CH{=}CHMe$)、非共轭的 1,4-烯炔以及二炔烃都可发生金属化反应。

(2) 同不饱和键的加成反应

有机锂化合物可以同二氧化碳、醛、酮、羧酸盐、酯、腈、烯等化合物的双键(C=O,C=N,C=C 等)发生加成反应。当在以双键结合的异原子上加成时，其有机基团加到电负性较小的原子上，而锂原子则加到电负性较大的原子上。例如同二氧化碳的加成反应，

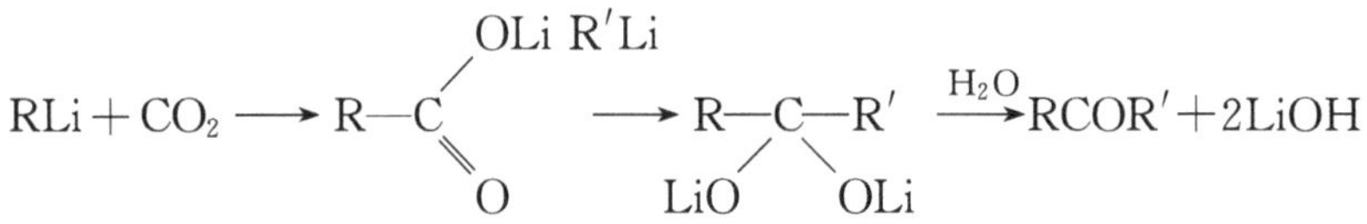

(3) 金属-卤素交换反应

金属-卤素交换反应，早在三十多年前就发现了：

$$RLi + R'X \longrightarrow RX + R'Li(X{=}Cl,Br,I)$$

至今在合成化学领域中仍起着相当重要的作用。尤其是当金属锂和卤代烃不能直接反应得到有机锂化合物时，这个方法更显得有用。在交换反应中，通常使用的

“锂源”是丁基锂。反应的结果是锂连接到比丁基电负性更大的有机基团上。苯基锂虽然能同卤代芳烃进行交换反应,但丁基锂同卤代芳烃的交换反应进行得更完全。显然这是由于丁基的电负性比芳基的小的缘故。甲基锂不容易发生金属一卤素交换反应。

利用金属-卤素交换反应,可以得到高产率的双锂衍生物,它同某些单金属有机卤代物发生交换反应,能得到一系列双金属有机衍生物[60]:

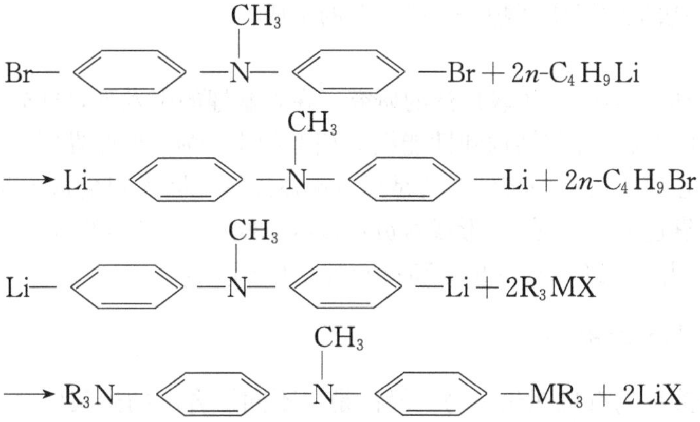

其中:M=Si,Ge,Sn,Pb;X=Cl,Br;R=Me,Ph. 由卤代杂环发生金属-卤素交换反应而得到的杂环有机锂化合物已有效地用于制备杂环衍生物。

(4) 烃基化反应

过去经过几步反应才能得到的1-烷基茚,现在可以简便地通过烃基化反应制得。例如采用反滴加法,将茚基锂(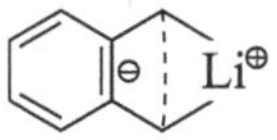)的己烷一乙醚溶液加到卤代烷的乙醚溶液中,即可得到1-烷基茚:

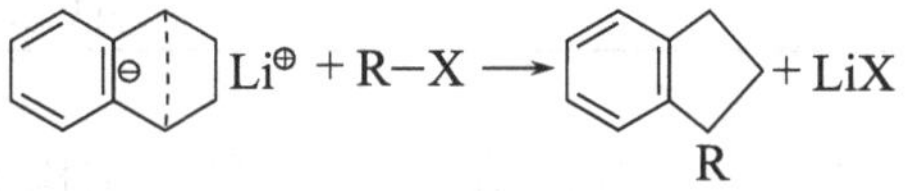

(5) 产生活性中间体

对化学活性很强的中间体如脱氢苯(苯炔,benzyne)、卡宾等的研究不仅有理论意义而且也有一定的实际意义。有机锂化合物同某些化合物的反应过程就是通过这类中间体的生成而完成的。例如氟代苯和苯基锂反应最终产物是2-锂(代)联苯:

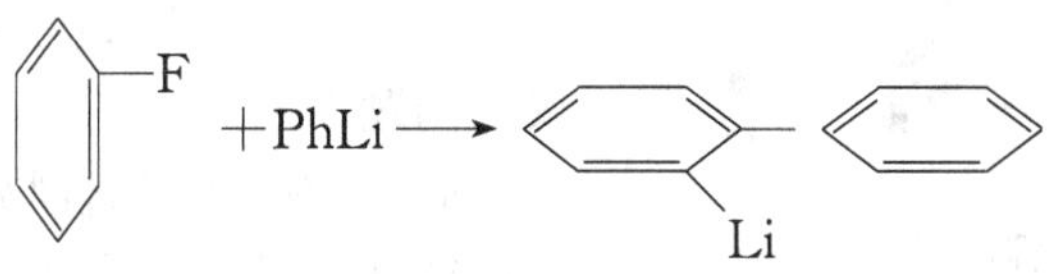

由于 2-锂(代)联苯不能由联苯和苯基锂作用制得，因此有人建议，上述反应中一定发生了金属化并从而形成中间物——脱氢苯：

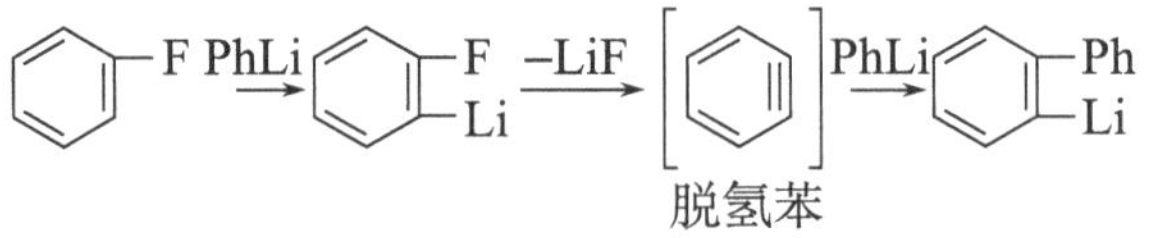

后来，用同位素示踪法证实了中间物——脱氢苯的生成。

(6) 催化反应

五十年代，对定向聚合进行了较广泛的研究。在烷基锂的引发下，异戊二烯能进行定向聚合，得到与天然橡胶结构和性能极为相似的聚合物，即所谓"合成天然橡胶"。研究指出，在聚合反应中键的增长是通过单体连续地嵌入到金属－碳键之间进行的。当单体靠近 C—Li 键时，形成六员环过渡态配位化合物，结果使 C—Li 键伸长而最后断裂，并生成 C—C 共价键和新的极性 C—Li 键。

2. 有机锂化合物的结构

晶体状态和溶液里的有机锂化合物一般都是以不同缔合度的聚集体存在，用 X 射线和分子量的测定可以确定缔合度及聚集体的立体结构。表 3.35 列出某些有机锂化合物的缔合度[55,59]。

表 3.35 有机锂化合物的缔合度

化合物	缔合度	溶剂
MeLi	4	Et_2O
EtLi	6	C_6H_6 环己烷
n-C_4H_9Li	4	环己烷
Me_3SiCH_2Li	4	环己烷，己烷

用 X 射线测定了有机锂化合物的结构。甲基锂的结构如图 3.8 所示[59]。由图 3.8 可见，在晶体中甲基锂以四聚集体而存在，四个锂原子形成一个四面体，每个锂原子占据一个顶点。每一个面的三个锂原子又和一个甲基碳原子组成一个四面体。聚集体主要是通过 Li—C—Li 键而不是通过 Li—Li 键而形成的，但是否真没有一点 Li—Li 键存在，仍是一个有争议的问题[16]。

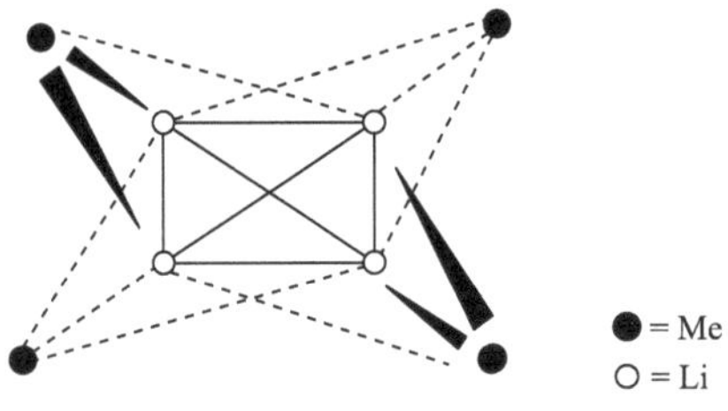

图 3.8 甲基锂的晶体结构

此外，有机锂化合物的缔合度和立体结构往往受溶剂的性质和溶液的浓度的影响，在一般情况下，它随溶液浓度的提高而增大。有些有机锂化合物往往同溶剂一起形成有一定立体结构的长链分子。

3. 有机锂化合物的制备方法

与Grignard试剂的制备方法类似，制备有机锂化合物的原料一般是金属锂和有机物。金属锂常以棒状储存在“石油冻”或其他惰性油中。用前，取出锂棒，切去表面的氧化物和碳酸盐，用乙醚或己烷等溶剂洗掉粘附的“石油冻”或其他保护油。然后称取一定量的洁净金属锂，在用于反应的一种溶剂内切成小片，迅速地投入盛有溶剂的反应瓶内。另一种方法是将锂棒放在惰性溶剂内，将其熔化后迅速搅拌，冷却，即得粒度很小的“锂砂”。然后用有机溶剂洗涤“锂砂”，洗净后，替换成反应用的溶剂。这种方法比前法更好。但由于熔化的锂会腐蚀一般的金属，所以必须用耐腐蚀的钽丝做搅拌器。当然无论哪种方法都必须在净化的惰性气氛下进行。金属锂和有机锂化合物都容易同空气中的氧、二氧化碳及水蒸气发生作用。尤其是在后一方法中，最好用惰性气体氦或氩而不用氮，这是因为氮同熔化的金属锂(特别是含钠的金属锂)能起反应。而制备反应一经完成之后，氮才是合适的惰性气氛。

(1) 用锂同卤代烃的反应制备

金属锂同卤代烃反应是制备烃基锂最常用的一种方法。反应一般在乙醚、四氢呋喃、戊烷、苯和石油醚等惰性溶剂中进行，

$$2Li + RX \longrightarrow RLi + LiX$$

在脂肪族系列中，氯代物一般比溴代物好。除碘甲烷以外，碘代物一般不适用。因为碘化物同生成的烷基锂迅速反应，产率很低：

$$RLi + RI \longrightarrow R{-}R + LiI$$

这种偶联副反应，芳基锂比烷基锂更为严重，在极性溶剂如醚类中比在非极性的烃类溶剂中更为严重。在有机锂化合物的制备过程中，锂中含有千分之几的钠时，反应会显著地加快。因此，通常使用含有1%钠的金属锂分散体系、有机氯代物和烃类溶剂。应用氯代烷时，反应常难于开始，但是，一旦开始，常能获得高产率的烷基锂化合物。

在芳香族系列中，由于卤代芳烃活性低，一般用溴代物或碘代物。因为芳基锂不溶于烃类中，所以芳基锂的制备需要有醚类存在。

(2) 用锂同烷基汞的反应制备

为了得到纯的有机锂化合物，最好用金属锂同蒸馏过的有机汞化合物反应，产生有机锂化合物和易于分离的金属汞，

$$2Li + R_2Hg \longrightarrow 2RLi + Hg$$

为了使有机汞化合物反应完全，从而保证除产物外不再存在任何其他可溶的物质，应当使用过量的金属锂。

(3) 用锂同烯烃的加成制备

金属锂能够同烯烃的双键发生加成反应，尤其是当碳＝碳双键处在同芳核或不饱和体系共轭的情况下，更容易发生加成反应，制得一系列有机锂化合物。锂对碳＝碳双键一般有所谓“正常的”、“二聚的”和“歧化的”三种类型的加成反应：

$$C_6H_5—CH═CH—C_6H_5 + 2Li \longrightarrow C_6H_5—\underset{\underset{Li}{|}}{CH}—\underset{\underset{Li}{|}}{CH}—C_6H_5 \quad \text{(正常加成)}$$

$$2(C_6H_5)_2C═CH_2 + 2Li \longrightarrow (C_6H_5)_2\underset{\underset{Li}{|}}{C}—(CH_2)_2—\underset{\underset{Li}{|}}{C}(C_6H_5)_2 \quad \text{(二聚加成)}$$

$$2(C_6H_5)_2C═CH—CH_2—C_6H_5 + 2Li \longrightarrow (C_6H_5)_2\underset{\underset{Li}{|}}{C}—CH_2—CH_2—C_6H_5 + (C_6H_5)_2\underset{\underset{Li}{|}}{C}—CH═CHC_6H_5 \quad \text{(歧化加成)}$$

加成反应的实验技术相当简便，一般程序是把不饱和烃溶于无水乙醚，加入过量的锂，然后用氮气排代空气，在室温下放置，进行反应。根据不饱和烃的活性大小，反应需要几小时或几天才能完成。

至于由一种有机锂化合物制备另一种有机锂化合物的方法，在前面的性质部分中已有详细介绍。

4. 几种重要的有机锂化合物

(1) 丁基锂 C_4H_9Li

工业上使 1-氯丁烷同分散在不同烃类溶剂中的金属锂进行反应来生产正丁基锂。最常用的溶剂是己烷。为了降低丁基锂的成本和增加分散体系的活性，可用钠代替一半以上的锂。反应在低于溶剂沸点的温度下进行。

实验室的制法基本上与工业法相同，不过采用了两种更普通的溶剂(戊烷和乙醚)[61]。在醚中制备时，反应可以在较低的温度下平稳地进行，但是产物必须立即使用或冷藏，因为正丁基锂能迅速使醚裂解。

正丁基锂是一种无色晶状固体。由于它有很高的反应活性和极大的溶解度，甚至能溶于它的杂质中，因此人们常以为它是一种黏稠性液体。

在工业上和实验室中它是一种最常用的有机锂试剂。六十年代的短短十年中，它的世界产量由每年几磅猛增至近一百万磅。

仲丁基锂是用 2-氯丁烷同分散在烃类溶剂中的金属锂反应来制备的。它较正丁基锂活泼，所以虽然比正丁基锂贵一些，仍相当广泛地用作工业上聚合反应的催化剂。

至于叔丁基锂还没有工业用途,主要在实验室中用作聚合反应引发剂和金属化试剂。

(2) 苯基锂 C_6H_5Li

在实验室中,苯基锂通常由溴苯和金属锂在乙醚中反应来制备。由于苯基锂可使醚裂解,所以它的溶液必须在一天内用完或冷藏。工业上,它是由氯苯与分散在苯-乙醚混合物中的金属锂反应来制备的。一种可用而且经济的方法是,在二叔胺类存在下用正丁基锂使苯金属化[62]。

苯基锂是一种无色晶体,可溶于如醚类、叔胺类等极性溶剂中,但不溶于烃类中。挥发性溶剂的浓缩溶液易于起火,但在惰性气氛中可安全操作。

苯基锂在合成中可用于向一个化合物引入苯基或使一个化合物金属化。它可起典型的 Grignard 反应。

2.7 锂的毒性[23]

锂虽然是一种稀有元素,但是它广泛地分布在土壤中,所以在许多植物中都有锂。这也使得锂广泛地存在于许多动物体内,对许多动物灰分的研究说明了这一点。近年来,由于生物化学、生物学及药理学的进展,日益探明了锂离子对生物及人体的药理作用,认为锂离子改变体内电解质平衡,它的减少可引起中枢—肾上腺素和神经末梢的胺量降低。这些工作开辟了锂盐在医学方面的应用。

口服锂盐可以预防或减小躁狂症患者的躁动。一个病人的日服碳酸锂量为600—1800 毫克。也可服用其他锂盐。用锂治疗的初期,某些患者会出现肌肉软弱、胃肠炎症及头晕、头昏等,但在一周左右后,这些症状就可消失。用药过久可致患者手指颤动。此外偶尔会引起甲状腺肿。此时若中断用药,则甲状腺肿可以缩小或消失。

锂离子在体内不断进行代谢,它不与蛋白质或血浆结合,但与其他盐类保持动力学平衡。锂离子主要由肾脏排泄。

同其他碱金属元素相比,锂略为有毒。但当由于某种原因不宜进食钠盐时,一般认为可注射少量的锂离子以代替钠离子。锂盐服用过多会引起中毒。中毒的前驱表现是迟钝、倦怠、昏睡、肌肉抽搐、语词不清、食欲降低以及吐泻等。锂中毒主要影响中枢神经系统。这种中毒可由测定血清中的锂来判断。动脉硬化病患者中一些人的死亡,被认为是由于锂而引起的。对于锂中毒还没有特效解毒药。主要的治疗措施是保持呼吸通畅,防止呼吸道感染。还未发现锂中毒成瘾的情况,停止服药后也不会发生后遗症[63]。

2.8 锂的分析

锂的定性和定量测定在分析化学中是比较困难的。这主要是因为锂和其他碱金属的化学性质很相近，以及对于锂又缺乏一种可靠的选择性试剂而引起的。

1. 锂的定性检出[64]

将氢氧化铁溶解在含有碘酸钾的溶液中，生成高碘酸络铁离子 $FeIO_6^{2-}$：

$$Fe^{3+} + IO_4^- + 2K^+ + 2OH^- \longrightarrow FeIO_6^{2-} + 2K^+ + 2H^+$$

$FeIO_6^{2-}$ 可与钾离子结合成钾盐，该盐与锂盐作用时，其中一个钾离子被锂离子置换，即得黄色的复盐沉淀：

$$K_2[FeIO_6] + Li^+ \longrightarrow KLi[FeIO_6]\downarrow + K^+$$

这是鉴定锂的一个非常灵敏的反应。反应在大量钾、铷、铯及少量钠存在下是特效的。

将样品放在银坩埚中用氢氧化钾进行熔融，用水提取熔融物，所得的清液即可进行鉴定，少量钠盐可以促使上述复盐沉淀，但需要作空白试验，并必须严格按照规定的条件进行实验。

2. 锂的定量测定

锂的定量分析方法有：重量法、容量法、比色法、火焰光度法和光谱法等。但是无论用重量法、容量法或比色法测定锂时，大多需要在测定之前用繁冗的分离操作把锂和其他金属以及其他碱金属分离，操作相当费时、麻烦，而且严格的定量分离也有困难。

目前，极为广泛地应用发射或吸收火焰分光光度法来测定锂[64,65]。主要的发射谱线为 670.8；610.4；460.3 和 323.3nm，但是，在火焰光度分析中一般应用的只是 670.8nm 的谱线。正像对于碱金属是典型的情况一样，激发锂也采用比较低的火焰温度。通常用火焰分光光度尘测定锂，这个方法是以比较未知溶液与具有已知锂浓度的相似组成溶液（光谱缓冲剂或光谱缓冲液）的火焰光密度为基础的。这可以减小溶液中能被火焰原子化的其他成分的干扰。燃烧试液中仅含有百万分之几的锂，因此，必须精确地稀释样品，并细心地操作，以防夹入杂质。用火焰分光光度法测定锂的准确度，一般高于较老的分析方法。

光谱法也是测定锂的比较方便且准确度较高的方法[64]。微量锂的光谱测定，一般都是用线色散率足够高的摄谱仪进行工作的，并应用红外光谱或可见光谱区域的最灵敏线 670.8nm 以及较灵敏线 610.4nm 等作为分析线。测定含量较高的锂时，一般都用锂的较弱谱线 323.3nm 作分析线。

采用合适的技术和现代化仪器，测定的误差可达锂浓度的±1%左右。

参 考 文 献

[1] 北京大学化学系，《元素周期表》，科学出版社(1981).

[2] J. L. Dye, J. Chem. Educ., 54(6)332(1977).

[3] M. E. Weeks, ibid., 35(2)70(1958).

[4] A. F. Wells, "Structural Inorganic Chemistry", 3rd Ed., Clarendon Press(1962).

[5] 奥斯特罗什科等(Ю. И. Осгроушко и др.)著，曾华琥译，《锂的化学与工艺学》，中国工业出版社(1965).

[6] 核素图编制组，《核素图》，原子能出版社(1976).

[7] "Gmelins Handbuch der anorganische Chemie", Lithium Ergäzungs-band, System-Nummer 20, Verlag Chemie(1960).

[8] A. N. Nesmeyanov, "Vapour Pressure of the Chemical Elements". Elsevier Publeshing Company (1963).

[9] M. M. Markowitz, D. A. Boryta, J. Chem. Eng. Data., 1962(7), 586.

[10] M. E. Weeks, J. Chem. Educ., 33. 487(1956).

[11] G. Brauer (ed.), "Handbook of Preparative Inorganic Chemisty", Vol. 1, Academic, 973—4(1962).

[12] Г. Ъpayepa, "Руководство по пропаративной неорганической химии" Изд. Иностр. Литературы, 450 (1956).

[13] R. Stauffer, Metals Technol., 14(6), 1(1947).

[14] J. E. Enderby, Can. J. Chem., 55(11), 1961(1977).

[15] 南京大学化学系编，元素周期表，南京大学出版(1975).

[16] F. A. Cottom, G. Wilkinson, "Advanced Inorganie Chemistry", 3rd Ed., Intersience (1972).

[17] W. F. Linke, "Solubilities", Vol. I. Van Nostrand (1958); "Solubilities", Vol. I., American Chemical Society (1965).

[18] 赫尔德(D. T. Hurd)，燕正曜译，《氢化物化学导论》，科学出版社，25-27(1959).

[19] 默雷尔等(J. N. Murrell, et al.)著，文振翼等译，《原子价理论》，科学出版社，170(1978).

[20] P. Brandt. Acta. Chem. Scand., 1949(3), 1050—57.

[21] A. Snelson, J. Chem. Phys., 46, 3652(1967).

[22] H. A. Laitinen, U. S. Ferguson, R. A. Osteryoung, J. Electro. Chem. Soc., 104, 516(1957).

[23] J. W. Mellor, "Supplement to Mellor's Comprehensive Treatise on Inorganic and Theoretical Chemistry", Vol. I, Longmans (1961).

[24] H. E. Moran Jr., J. Phys. Chem., 60, 1666(1956).

[25] T. Moeller (ed.), "Inorganic Syntheses", Vol. 5. McGraw-Hill, 2(1957); 申泮文译，《无机合成》，第五卷，科学出版社，1(1963).

[26] R. O. Bach and W. W. Boardman, Jr., C. A. 63(4). 3926e(1965)[或 US Patent, 3, 185. 546, May 26(1965)].

[27] 《无机化学》编写组，《无机化学》(下册)，人民教育出版社，10(1978).

[28] И. И. Вольнов, С. А. Токарева, В. Н. Белевский, В. И. Климанов, Изв. АН СССР, Отд"Хим. Н, 1967(7), 1411.

[29] A. K. Kakmareck. J. M. McDounough, I. J. Solomon, Inorg. Chem.. 1(3), 659(1962).

[30] J. Kleinbery (ed.),"Inorganic Syntheses",Vol. 7. McGraw-Hill,2(1963). 张靓华等译,申泮文校,《无机合成》,第七卷,科学出版社,1(1974).
[31] D. A. Seidell,"Solubilities of Inorganic and Metal Organic Compounds",Van Nostrand. 929(1953).
[32] R. Juza,P. Lauer,Z. anorg. Chem. ,275. 79(1954).
[33] Ibid. ,287,113(1956).
[34] 布思(H. S. Booth)编,龚毅生、申泮文译,《无机合成》,第一卷,科学出版社,1(1959).
[35] A. N. Campbell. J. Am. Chem. Soc. ,65,2268(1943).
[36] F. G. Donnan,B. C. Burt,J. Chem. Soc. ,83,335(1903).
[37] A. N. Campbell,E. M. Kartzmark. Can. J. Chem. ,34,1405(1956);J. Am,Chem. Soc. ,64,2680 (1942).
[38] 陈运生,郭志箴,姜相武,王振昇,《教育部直属高等学校无机化学论文报告会论文集》,5(1963).
[39] 高世扬,化学通报,1964(10),41—43.
[40] J. R. Vanwaber. "Phosphorus and its Compounds". Vol. 1,Interscience,491(1958).
[41] Е. Д. Дзюба,Р. Я. Мельникова,Е. Е. Борисова,Р. А. Дунед,Ж. Н. Х. ,23(9)2308(1978).
[42] И. Г. Корженяк,А. А. Фурман,Б. Г. Рабовский,Xum. npom. ,1978(10),769—711.
[43] R. M. Adams(ed.),"Boron,Metalo-Boron Compounds and Boranes",Intersience,114(1964).
[44] A. R. Hands,A. J. H. Mercer,J. Chem. Soc. ,A,1968(2),449.
[45] C. J. Pedersen,J. Am. Chem. Soc. ,89,7017(1967).
[46] 黄枢,谢明贵,化学通报,1979(2),45.
[47] J. J. Christensen,D. T. Ertongh. R. M. Izatt. Chem. Rev. ,74. 351(1974).
[48] P. N. Kapoer,R. C. Mehrotra,Coord. Chem. Rev,14(1). 1—23(1974). (1974).
[49] A. J. Layton,R. S. Nyholm,J. Chem. Soc. ,A,1970(11),1894.
[50] R. Belcher,A. W. Dudeney,W. J. Stephen. J. Inorg. Nucl. Chem. ,31,625(1969).
[51] D. A. Lee,W. L. Tayton,W. J. McDowell,J. S. Drury,J. Inorg. Nucl. Chem. ,30,2807(1968).
[52] H. Wada,Q. Fernando,Anal. Chem. ,44,1640(1972).
[53] J. W. Akitt,M. Parekh,J. Chem. Soc. ,A,1968 9),2195.
[54] 宋礼成,化学通报,1976(1),23—29.
[55] G. Willamb,et al. ,Organometal. Chem. Rev. ,B8,253(1971).
[56] J. H. Harword,"Industrial Application of the Organometallic Compounds",Chapman and Hall (1963).
[57] Ю. Рохов и др. ,"Химия металлоорганическнх соединений",69—70(1963).
[58] J. M. Mallan,R. L. Bebb,Chem. Rev. ,69,693(1963).
[59] J. M. Brown,Chem. and Ind. (London),1972(11). 454.
[60] B. R. Laliberte,et al. ,J. Organometal. Chem. ,37(2),209(1972).
[61] H. F. Holtzelaw,Jr. (ed.),"Inorganic Syntheses",Vol. 8,McGraw-Hill,20(1966);马维译,申泮文校,《无机合成》,第八卷,科学出版社,15(1977).
[62] G. G. Eberhardt,W. A. Butte,J. Org. Chem. ,29,2987(1964).
[63] M. Schou,Acta. Psychiat. Scand. ,Suppl. ,207,49(1969).
[64] 史慧明,李玲颖等 ,《稀有元素分析化学》,人民教育出版社,21(1962).
[65] I. M. Kolthoff,P. J. Eving. E. B. Sandell(ed.),"Treatise on Analytical Chemistry",Vol. 1,Part. 2,Interscience,301—406(1961).

3.3 钠、钾、铷、铯和钫

3.1 发现史

人们很早就知道了碱金属中的钠和钾，并且很早就已经在使用它们的一些化合物了。最初，人们曾把钠和钾的碳酸盐看成是同样的物质，直到1702年，德国化学家Stahl才首次指出天然碱(Na_2CO_3)与钾灰(浸取草木灰获得的K_2CO_3)有区别。Duhamel deMonceau于1736年又用实验证明它们是两种不同的碱。Marggraf在1758年发现借火焰颜色可以识别钠和钾的化合物，而在1797年Klaproth认为钾也存在于自然界的矿物中。

钠和钾的单质是在1807年同一年内由Humphry Davy利用电解的方法制得的。在该年内Davy首先电解KOH熔体获得金属钾；几天以后，他又电解NaOH熔体获得金属钠。这年11月19日在伦敦举行的皇家学会上，Davy正式宣布他成功地制备出金属钠和金属钾的消息。1921年，Downs采用电解熔融氯化钠和氯化钙混合盐的方法，实现了工业制备金属钠的愿望，直到今天工业上仍然采用这种方法。

由于铷和铯在自然界比钠和钾要稀少得多，加以它们单质的性质又非常活泼，因此这两种元素发现得比较晚。直到19世纪60年代初，才由德国化学家Bunsen和物理学家Kirchhoff共同发现了它们。1860年，他们在研究德国Dürkheim矿泉水时，首先加热浓缩了大量的矿泉水，再用$(NH_4)_2CO_3$除去碱土金属和锂，在残渣的光谱中，发现了一些新的蓝色亮线，他们认为这是由一种新元素产生的，便命名此新元素为铯(cesium)，此字来自拉丁字*caesius*，意思是天蓝色。1861年，他们在研究锂云母样品的光谱时，在暗红色区域发现了一些新线，并认为这是由另一种新元素产生的，后来命名此新元素为铷(rubidium)，此字来自拉丁字*rubidus*，意思是暗红色。

Bunsen在发现这两种新元素后，还制备了铷和铯的碳酸盐和其他盐，研究了这些盐的性质，然后利用碳还原酒石酸氢铷和电解熔融氯化铷两种不同的方法，成功地制备出了金属铷。稍后，Setterberg于1882年采用电解熔融铯和钡的氰化物混合盐的方法制得了金属铯。

重碱金属钫是一种放射性元素，由法国科学家M. Perey在1939年发现。她在自然界中发现了钫的重要同位素^{223}Fr[1]，她指出铀、锕放射系中的^{227}Ac主要进行β-衰变，但也有1.2%进行α-衰变，后者的产物就是^{223}Fr：

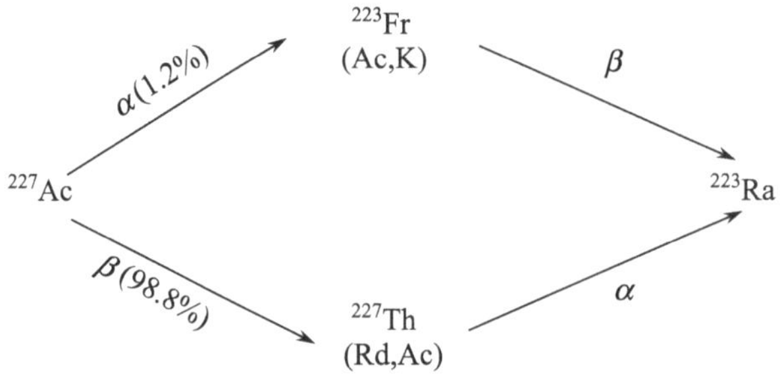

她将^{223}Fr 分离出来,并对它的性质进行了研究,发现^{223}Fr 表现出预期的碱金属的性质。为了纪念她的祖国法兰西,她建议把该元素命名为钫(francium)。

^{223}Fr 的半衰期为 22 分钟,在自然界至今还没有发现过钫的长寿命同位素。

3.2　存在与分布

由于碱金属单质的性质非常活泼,它们很容易氧化,所以没有发现任何一种碱金属元素以单质的形式存在于自然界中。

这些元素的地壳丰度和地球丰度[2]是:

	Na	K	Rb	Cs
地壳丰度(%)	2.83	2.59	0.0034	0.00007
地球丰度(g/t)	4900	830	1.8	0.09

从表中丰度的数据可以看出,无论就地壳局部或者就地球整体来说,钠和钾都是属于自然界中比较丰富的元素。

钠和钾的矿物很多,有些是简单盐,更多的是复盐,表 3.36 列出的是一些常见的矿物。

表 3.36　钠和钾的矿物[3]

分类		矿物的名称及组成
氯化物	简单盐	石盐(halite),NaCl
		冰盐(hydrohylite),$NaCl \cdot 2H_2O$
		钾盐(sylvine),KCl
	复盐	光卤石(carnallite),$KCl \cdot MgCl_2 \cdot 6H_2O$
		钾盐镁矾(kainite),$KCl \cdot MgSO_4 \cdot 3H_2O$
		绿钾铁盐(douglasite),$2KCl \cdot FeCl_2 \cdot 2H_2O$
		红钾铁盐(erythrosiderite).$2KCl \cdot FeCl_3 \cdot H_2O$

续表

分类		矿物的名称及组成
氟化物复盐		冰晶石(cryolite),Na_3AlF_6
		锥冰晶石(chiolite),$5NaF \cdot 3AlF_3$
		氟硅钾石(hieratite),K_2SiF_6
		霜晶石(pachnolite),$NaCaAlF_6 \cdot H_2O$
		硫卤石(sulfohalite),NaF,$NaCl \cdot 2Na_2SO_4$
硫酸盐	简单盐	无水芒硝(thenardite),Na_2SO_4
		芒硝(glauber salt),$Na_2SO_4 \cdot 10H_2O$
		单钾芒硝(arcanite),K_2SO_4
	复盐	钙芒硝(glauberite),$Na_2SO_4 \cdot CaSO_4$
		钾芒硝(glaserite)$Na_2SO_4 \cdot 3K_2SO_4$
		钠矾(sodium alum)$NaAl(SO_4)_2 \cdot 12H_2O$
		四水钠镁矾(bloedite),$Na_2SO_4 \cdot MgSO_4 \cdot 4H_2O$
		二倍半水钠镁矾(loeweite),$Na_2SO_4 \cdot MgSO_4 \cdot 2\frac{1}{2}H_2O$
		无水钠镁钒(vanthoffite),$3Na_2SO_4 \cdot MgSO_4$
		钠铁矾(natrojarosite),$Na(FeO)_3(SO_4)_2 \cdot 3H_2O$
		钾矾(potash alum),$KAl(SO_4)_2 \cdot 12H_2O$
		明矾石(alunite),$K(AlO)_3(SO_4)_2 \cdot 3H_2O$
		软钾镁矾(schoenite),$K_2SO_4 \cdot MgSO_4 \cdot 6H_2O$
		无水钾镁矾(langbeinite),$K_2SO_4 \cdot 2MgSO_4$
		杂卤石(polyhalite),$K_2SO_4 \cdot MgSO_4 \cdot 2CaSO_4 \cdot 2H_2O$
		钾石膏(syngenite),$K_2SO_4 \cdot CaSO_4 \cdot H_2O$
		黄钾铁矾(jarosite),$K(FeO)_3(SO_4)_2 \cdot 3H_2O$
硝酸盐	简单盐	智利硝(chile saltpeter). $NaNO_3$
		硝石(saltpeter),KNO_3
	复盐	硫钠硝石(darapskite),$NaNO_3 \cdot Na_2SO_4 \cdot H_2O$
碳酸盐	简单盐	苏打(soda),$Na_2CO_3 \cdot 10H_2O$
		苏打石(nahcolite),$NaHCO_3$
	复盐	天然碱石(trona),$Na_2CO_3 \cdot NaHCO_3 \cdot 2H_2O$
		钙水碱(pirssonite),$Na_2CO_3 \cdot CaCO_3 \cdot 2H_2O$
		钠方解石(natrocalcite),$Na_2CO_3 \cdot CaCO_3 \cdot 5H_2O$
		丝钠铝石(dawsonite),$Na_2CO_3 \cdot [Al(OH)_2]_2CO_3$

续表

分类		矿物的名称及组成
硅酸盐		钠长石(sodafelspar),$Na[AlSi_3O_8]$ 钾长石(potashfelspar),$K[AlSi_3O_8]$ 霞石(nepheline),$Na[AlSiO_4]$ 硬玉(jadeite),$NaAl[Si_2O_6]$ 白榴石(leucite),$K[AlSi_2O_6]$ 方钠石(sodalite),$Na_3[Al_3Si_3O_{12}]\cdot NaCl$ 黝方石(nosean),$Na_3[Al_3Si_3O_{12}]\cdot Na_2SO_4$ 蓝方石(hauyne),$Na_3[Al_3Si_3O_{12}]\cdot (Na_2Ca)[SO_4]$ 天青石(lazurite),$Na_3[Al_3Si_3O_{12}]\cdot Na_2S_2$ 白云母(muscovite),$KAl_2[AlSi_3O_{10}](OH,F)_2$ 黑云母(biotite),$K(Mg,Fe)_3[AlSi_3O_{10}](OH,F)_2$ 金云母(phlogopite),$KMg_3[AlSi_3O_{10}](OH,F)_2$ 钠云母(paragonite),$NaAl_2[AlSi_3O_{10}](OH,F)_2$ 霓石(aegirine),$NaFe[Si_2O_6]$ 钠闪石(riebeckite),$Na_2Fe_3^{II}Fe_2^{III}[Si_8O_{22}](OH)_2$ 钠沸石(natrolite),$Na_2[Al_2Si_3O_{10}]\cdot 2H_2O$
硼酸盐	简单盐	硼砂(borax),$Na_2B_4O_7\cdot 10H_2O$
	复盐	钠硼解石(boronatrocalcite). $NaCaB_5O_9\cdot 6H_2O$ 硼钙钠石(franklandite),$Na_2CaB_6O_{11}\cdot 7H_2O$

氯化钠和氯化钾是钠和钾的最重要天然来源,它们都有巨大的矿床,这些矿床都是古代海洋长期蒸发和结晶的结果,不少钠和钾的矿物是由于其中含有高价值的阴离子而受到重视的,例如硼砂是重要的硼矿物,智利硝是常用的氮肥。

海水中含有氯化钠,但不同的海水含氯化钠的量也不同。例如:

海名	波罗的海	北海	地中海	红海	死海
NaCl(%)	0.6—1.7	2.5	3	3.5	20

由于死海属于内陆海,所以含盐量特别高。海水中也含有氯化钾,但比 NaCl 含量要小,通常是 NaCl 含量的 1/40。这是因为土壤强烈地吸附钾,故钾不能像钠那样容易地转入海水中。相反土壤中的钾容易进入植物的组织中,所以在植物灰中多含碳酸钾。正是由于此种原因,在陆地生长的植物含钠量小,而海生博物含钠量却显著地高。

铷和铯在地壳丰度表中分别是第 22 号和第 45 号元素,它们既不丰富,又不稀少。这两种元素都是典型的分散元素,尤其是铷,很少形成独立的矿物,这种情况是由于铷、铯在性质上同丰度很大的元素钾非常相近而造成的。铷和铯在自然界中经常是作为钾的共生元素而存在的。光卤石中含有少量的铷和铯，其中铷量不超过 0.04%，但由于这类矿床十分巨大，所以光卤石仍是铷的重要原料。

已知铯有两种不同的矿物[4]，一种是铯榴石(pallucite)，它是一种组成为 $Cs_2O \cdot Al_2O_3 \cdot 4SiO_2$ 的水合铝硅酸盐，另一种是硼铯铷矿(rhodizite)，它是一种组成为 $(Na,Rb,Cs)_2O \cdot BeO \cdot 2Al_2O_3 \cdot 3B_2O_3$ 的水合铝、铍、钠、铷和铯的硼酸盐。在我国发现有铯榴石矿以及其他丰富的铷、铯资源。国外著名的矿产区有：铯榴石分布在加拿大的曼尼托巴省(Manitoba)，美国的缅因州(Maine)和南达柯达州(South Dakota)，意大利的厄尔巴岛(Elba)，苏联的东哈萨克斯坦(восточный Казахстан)和瑞典的瓦鲁特列斯克(Varuträsk)等地；硼铯铷矿出现在马尔加什共和国的马达加斯加岛(Madagascar)和苏联的乌拉尔(Урал)等地。其中硼铯铷矿比较罕见，铯榴石是提取铯的主要矿产原料。一些地区所产铯榴石中铯和铷的含量汇列在表 3.37 中。

表 3.37 某些地区的铯榴石中铷和铯的含量

矿石产地	Cs_2O(%)	Rb_2O(%)
美国缅因州	36.77	—
美国南达柯达州	23.46	—
瑞典瓦鲁特列斯克	30.77	1.6
加拿大曼尼托巴省	28	—
西南非洲	29.20	3.73
意大利厄尔巴岛	34.30	—

目前提取铷的主要原料是锂云母。

如前所述钫在自然界仅以短寿命放射性元素的形式存在。但由于 ^{223}Fr 是 ^{235}U 的子体之一，所以必须承认钫在自然界还是存在的。

3.3 金属的冶炼、制备及应用

3.3.1 钠

制备金属钠的原料是食盐，目前各国多采用电解熔融氯化钠的方法，此法于 1921 年由 H. Downs 提出。Downs 电解槽见图 3.9，外壳是钢，内部衬以耐火砖。槽中有石墨阳极和铸钢阴极，电极间隔约 4 厘米。电解液约含 40%NaCl 和 60% $CaCl_2$，电解槽的操作温度为 600℃左右。氯在阳极释出，而金属钠在阴极生成，电极间的铁网隔膜阻止电解产物再化合。从阳极产生的氯气在微抽空下从顶部逸出进入收集器，然后输送到氯的净化和储存系统。阴极产物是钙的液钠溶液，它浮在

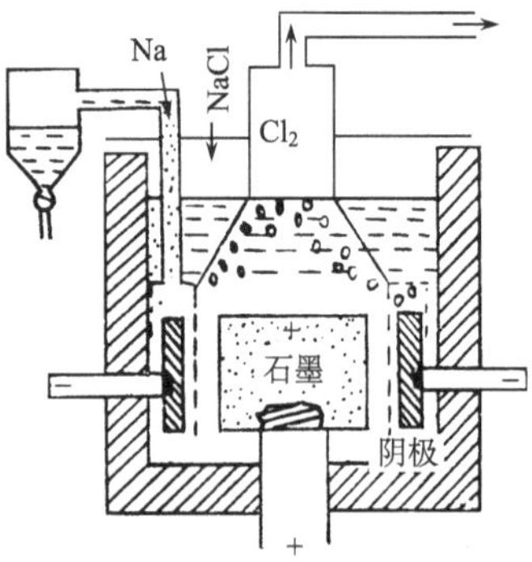

图 3.9 Downs 电解槽

融盐浴上,并经垂直管上升流入收集器。当此溶液在管中上升时,即被冷却到金属钙能结晶的温度,结晶了的钙回落到电解槽,又与电解质反应。在 105—110℃过滤液钠除去少量金属钙、氧化物和氯化物后就可得到纯钠产品。

金属钠的最大用途是生产汽油防震剂四乙基铅和四甲基铅。先用钠与铅制成钠铅合金,再在热压釜中令钠铅合金与适当的烷基氯化物反应生成四烷基铅化合物。此种工业所需的金属钠约占世界年产量的 80%,不过由于汽油中掺加铅制剂造成环境污染,钠在这一方面的应用近年来已趋向于减少。钠的年产量约 10%用来还原四氯化钛以制备金属钛,剩余的约 10%用在生产如氢化钠、钠酚盐和过氧化钠等化合物,以及用作增殖反应堆的热交换液等。

在钠的化合物中氯化钠是应用得最广和最重要的一种。因为它是最丰富、最易获得、并且是最廉价的化合物,所以它就成为大多数其他含钠化学产品的原料。其他钠化合物的应用如表 3.38 所示,此表以美国的应用为基础。

表 3.38 钠化合物的应用(以硫氢化钠的消耗量定为 1)

化合物	相对消耗量	化合物	相对消耗量
碳酸钠	230	十二烷基苯磺酸钠	7.3
氢氧化钠	220	碳酸氢钠	6
硫酸钠	50	氯酸钠	5.5
钠铅合金	47	重铬酸钠	5
三聚磷酸钠	35	硫化钠	1.2
硅酸钠	22	硫代硫酸钠	1
四硼酸钠	16	硫氢化钠	1
亚硫酸钠	8		

3.3.2 钾

工业上一般不采用电解熔融氯化物的方法制备金属钾。这是因为金属钾极易溶在熔融的氯化物中,以致于很难使它分出来;金属钾蒸气也易从电解槽中逸出,增加不安全因素,并造成危险的环境;此外在电解槽中容易生成超氧化钾,此化合物与金属钾有爆炸性反应。因此,工业上多采用热还原方法制备金属钾,在 850℃用金属钠来还原熔融的氯化钾。将熔融氯化钾送入装有不锈钢环填料的分馏塔的钢容器的中部，钠在底部蒸发并对熔融的氯化钾逆向上升，钠与氯化钾按下列平衡表示式进行反应：

$$Na + KCl \rightleftharpoons NaCl + K\uparrow$$

虽然就热力学观点看反应向左进行似乎有利，但钾蒸气的逸出却使反应向右进行。在钾蒸气冷凝后得到的产品中，常含有1%左右的以金属钠为主的杂质，可再分馏纯制，得到纯度为99.99%的金属钾。

金属钾与金属钠的性质相似，它们的应用自然就非常相近。但是生产金属钾比生产金属钠的困难更大些，它的成本也就更要昂贵些，作为工业化学品的用途相对地也就次要些，确实，它的工业应用极大地被限制在某些狭小的范围内。例如，当钾燃烧时极易生成超氧化钾，它可用为呼吸面罩中的供氧剂，目前广泛用在矿井、潜水艇、宇宙飞船、医院等特殊需要上。在呼气中放出的 CO_2 和 H_2O 与超氧化钾反应生成酸式碳酸钾并释放出氧气：

$$4KO_2 + 2H_2O + 4CO_2 \longrightarrow 4KHCO_3 + 3O_2\uparrow$$

只要使超氧化钾保持干燥就能够长期有效地作为一种供氧的紧急备用品。

用钾制成的钠钾合金，可以用作增殖反应堆中的热交换液，由于这种合金在室温下是液体，它能够像钠一样作为载热体，但不会固化。

钾之所以受到重视，还因为钾盐是肥料的必需成分。钾与磷、氮在一起，构成植物生长所必需的三种主要营养元素。钾化合物还有其他一些用途，例如碳酸钾用来制造陶瓷和玻璃，硫酸钾与硫酸钙合用可以控制石膏水泥的凝固速度和增加其强度，氢氧化钾用作碱性蓄电池的电解质等。

3.3.3 铷和铯

由于铷和铯是分解元素，它们的性质又十分相似，所以从矿石中提取并分离铷和铯的工艺比较复杂。

1. 自铯榴石中提取铯[5]

铯榴石是含铯量很高的矿石，关于从铯榴石中提取铯的工艺，已经进行了大量的研究，归纳起来有矿石的直接还原法、氯化焙烧法和酸分解法三类。

从铯榴石中直接还原得到金属铯，这是一种很引人注意的方法。使用的还原剂以钙和镁较好，反应在700—800℃下进行，首先得到合金，再经过蒸馏得到纯铯。

铯榴石也可以和 CaO 与 $CaCl_2$ 一起烧结，在进行烧结时发生的反应是：

$$2CsAlSi_2O_6 + 3CaO + CaCl_2 \longrightarrow 2CsCl + Al_2O_3 + 4CaSiO_3$$

为了不使 CsCl 挥发掉，烧结温度不能超过800—900℃。

酸分解法中以盐酸法应用最普遍，用浓盐酸分解铯榴石，浸出率可以达到97%。将磨细的铯榴石精矿，放在带有回流冷凝器并盛放浓盐酸的耐酸槽中，于沸腾温度下不断搅拌进行矿石分解。

2. 自光卤石中提取铷和铯

天然光卤石($KCl \cdot MgCl_2 \cdot 6H_2O$)是一种复盐,铷和铯在光卤石中的含量并不多,其中铷的含量不超过 0.04%,铯的含量又仅为铷的 2%,当往光卤石内加水时,它就分解。这时氯化镁进入溶液,而大部分氯化钾留在沉淀中。蒸发这样得到的溶液时,"人工光卤石"就会结晶出来,铷和铯在人工光卤石里聚积。光卤石经过数次循环处理后,可将铷富集到 10%。调整溶液的 pH 值为 2—3,向此溶液中加入过量的 50%的钼磷酸铵粉末,于常温下充分搅拌,铷即以杂多酸盐 $RbH_2[P(Mo_3O_{10})_4] \cdot xH_2O$ 的形式沉淀出来。用 9MNH_4NO_3 溶液洗涤沉淀,铷又从钼磷酸铷中转入溶液。将富集有 $RbNO_3$ 的溶液蒸发至干,于 300—350℃灼烧除去铵盐,可获得纯度为 80%的硝酸铷,还可以进一步回收铯。

3. 自锂云母中提取铷和铯

锂云母中除含锂外,还含有铷和铯,在提取锂的同时,应该回收其中的铷和铯。用硫酸分解锂云母精矿后,得到锂、铷和铯的硫酸盐。将这些硫酸盐分步结晶分离锂盐后,加入盐酸使铷、铯转化为氯化物,然后加入 40%的三氯化锑盐酸溶液,析出 $Cs_3Sb_2Cl_9$ 沉淀,铷和钾留在母液中。

金属热还原法是制备金属铷和金属铯的常用方法[6]。例如,将无水氯化铯装入干燥的不锈钢反应器中,然后加入纯钙粉并混合均匀,抽真空至 10^{-1}mmHg 后,开始缓慢升温到 800℃,使下述反应进行完全:

$$2CsCl + Ca \longrightarrow CaCl_2 + 2Cs$$

金属铷的制备方法与上述相同。将还原得到的金属在真空中于 300℃蒸馏,可以得到高纯度的金属铷或金属铯。

铷和铯具有优良的光电特性及强烈的化学活性,使它们在各种技术领域中有着非常独特的用途。铷和铯是制造光电管和光电倍增管的最好材料,铷和铯又是红外技术的必需材料。由于铷、铯的辐射能频率具有长时间的稳定性,铷、铯可以作为频率标准和时间标准,铯原子钟的误差可小至 5sec/300yr。铷和铯及其混合金属或合金可作为电子管中痕量气体的脱气剂。目前铯的应用优先于铷,这是因为铯和铷比较起来,铯的化学活性更强,光电效应的临阈波长值更大,因而电子脱出功更小的缘故。此外,铯有独立的矿物铯榴石而便于冶炼。

铷和铯在离子技术的应用上,近年来有重要的发展[7],对离子推进火箭、磁流体发电机、热电换能器等作了大量的研究工作,正引起人们极大的注意。当前发射的以铷和铯作为材料的离子推进火箭,运行速度已达到 16×10^4 km/hr. 用铷、铯及其化合物作为发电材料的磁流发电机(MHD),已接近工业化阶段,用铷、铯制作的热电换能器，如与原子反应堆联用，可实现热离子热核发电。铷、铯的这些新用途，开辟了铷、铯应用的广阔前景。

3.4 核 性 质

钠或钠钾合金能在增殖反应堆中用作热交换液，这就涉及这两种元素的中子俘获截面，以及在反应堆的高通量中子流中曝射而产生的人工放射性同位素等问题，因此人们对钠和钾的核性质的研究，已有相当长的时间和相当多的工作。

3.4.1 钠

钠在自然界仅有一种稳定的核素^{23}Na. 当^{23}Na俘获中子后能够生成^{24}Na，^{23}Na除了这种简单的中子俘获外，还能进行(n，2n)、(n，p)和(n，α)等反应：

$$^{23}_{11}Na+^{1}_{0}n \longrightarrow ^{24}_{11}Na$$

$$^{23}_{11}Na+^{1}_{0}n \longrightarrow ^{22}_{11}Na+2^{1}_{0}n$$

$$^{23}_{11}Na+^{1}_{0}n \longrightarrow ^{20}_{9}F+^{4}_{2}He$$

$$^{23}_{11}Na+^{1}_{0}n \longrightarrow ^{20}_{9}F+^{4}_{2}He$$

这些反应需要能量大的中子，通常仅可以在快反应堆中进行。

钠的中子俘获截面对 0.025eV 以下的中子是 0.53b，总截面为 3.9b，直到中子能量为 2.85keV，总截面均保持在 3b 左右，而在 2.85keV 时由于强烈的散射共振使其增加到约 370b。

钠的核素近年来已扩展到二十多种[8]，表 3.39 中列出了其中 14 种[9]。

表 3.39 钠的核素[1)]

核素	半衰期	辐射方式	能量(MeV)
^{20}Na	0.445sec	β^+(～100)	11.24，5.45
		(α)	6.45，5.55
		γ	1.633(80)
^{21}Na	22.55sec	β^+(100)	2.53，2.18
		γ	0.347(2、3)
^{22}Na	2.60yr	β^+(90.55)	0.545，1.82
		ε(9.45)	—
		γ	1.275(～100)
^{23}Na			
^{24}Na	15.020hr	β^-(100)	1.39
		γ	1.369(100)，2.754，3.867
^{25}Na	59.6sec	β^-(100)	3.86，2.68
		γ	0.975(15)，0.390，0.585

续表

核素	半衰期	辐射方式	能量(MeV)
^{26}Na	1.00sec	β^-(100)	7.55,9.36
		γ	1.808(～90)
^{27}Na	0.295sec	β^-(100)	7.6
^{28}Na	0.0357sec	β^-	—
^{29}Na	0.0486sec	β^-	—
^{30}Na	0.055sec	β^-	—
^{31}Na	0.0177sec	β^-	—
^{32}Na	0.0145sec	β^-	—
^{33}Na	0.020sec	β^-	—

1）表中所用符号解释(适用于表 3.39 至表 3.43)：

β^+：正电子，γ：γ 射线，(α)：缓发 α 粒子，β^+(100)：β^+ 衰变(分支比 100%)，

β^-：负电子，α：α 粒子，ε：电子俘获，1.633(80)：能量 1.633MeV(强度 80%)。

3.4.2 钾

钾有三种天然同位素：^{39}K(93.3%)、^{40}K(0.018%)和^{41}K(6.7%)，其中^{40}K 是半衰期为 1.26×10^{9}yr 的天然放射性核素。

钾也可以进行类似于钠的中子反应：

$$^{39}_{19}\mathrm{K}+^{1}_{0}\mathrm{n}\longrightarrow ^{38}_{19}\mathrm{K}+2^{1}_{0}\mathrm{n}$$
$$^{39}_{19}\mathrm{K}+^{1}_{0}\mathrm{n}\longrightarrow ^{39}_{18}\mathrm{Ar}+^{1}_{1}\mathrm{H}$$
$$^{41}_{19}\mathrm{K}+^{1}_{0}\mathrm{n}\longrightarrow ^{41}_{18}\mathrm{Ar}+^{1}_{1}\mathrm{H}$$
$$^{41}_{19}\mathrm{K}+^{1}_{0}\mathrm{n}\longrightarrow ^{38}_{17}\mathrm{Cl}+^{4}_{2}\mathrm{He}$$

钾的中子俘获截面在中子能量等于 0.025eV 以下时是 2.1b，总截面约为 4.36b。

钾的核素共有 12 种，如表 3.40 所示。

表 3.40 钾的核素

核素	半衰期	辐射方式	能量(MeV)
^{36}K	0.341sec	β^+(100)	5.53
		γ	1.970(79),2.454,2.208
^{37}K	1.23sec	β^+(100)	5.13,2.33
		γ	2.796(2),1.386,3.605
^{38}K	7.636sec	β(100)	2.73,0.96
		γ	2.168(99),3.937,1.769
	0.9292sec	β^+(100)	5.03
^{39}K			

续表

核素	半衰期	辐射方式	能量(MeV)
^{40}K	1.26×10^{9}yr	β^{+}(0.001)	0.483
		ε(10.67)	—
		β^{-}(89.33)	1.31
		γ	1.461(11)
^{41}K			
^{42}K	12.36hr	β^{-}(100)	3.52,1.99
		γ	1.525(18),0.313,1.923
^{43}K	22.3hr	β^{-}(100)	0.83,1.22
		γ	0.373,0.618,0.397
^{44}K	22.15min	β^{-}(100)	5.66,2.35
		γ	1.157(58),2.151,2.519
^{45}K	22min	β^{-}(100)	2.31,1.84
		γ	0.374,1.706,2.354
^{46}K	115sec	β^{-}(100)	6.36,2.66
		γ	1.347,3.700,3.015
^{47}K	18sec	β^{-}(100)	4.1
		γ	2.013,0.565,0.586

3.4.3　铷

天然铷由两种同位素组成,一种是稳定的^{85}Rb(72.17%),另一种是放射性的^{87}Rb(27.83%)。

^{87}Rb是一种半衰期为4.7×10^{10}yr的β^{-}辐射体,核反应$^{87}Rb \longrightarrow {}^{87}Sr+\beta^{-}$有时用来测定含铷矿物的年代。大约世界上有1%的锶是由^{87}Rb衰变生成的,所以测定$^{87}Rb/^{87}Sr$的比值,就可以计算出矿物的地质年龄。人们认为这是目前测定古矿物年代的一种好方法,已经应用这种方法测定了某些美国岩石的地质年龄为2100×10^{6}yr。

铷的热中子俘获截面是0.73b,从^{75}Rb到^{99}Rb已知铷的核素有25种,参看表3.41。低于质量数85的核素大都以β^{+}辐射衰变,高于质量数85的核素主要以β^{-}辐射衰变。

表3.41　铷的核素[1)]

核素	半衰期	辐射方式	能量(MeV)
^{75}Rb	21sec	[β^{+}],[ε]	—
^{76}Rb?	1.5min	[β^{+}],ε	—
		γ	0.172—0.256
^{77}Rb	3.9min	ε,[β^{+}]	—

续表

核素	半衰期	辐射方式	能量(MeV)
		γ	0.067,0.179,0.294
^{78}Rb	17.5min	ε,[β^+]	—
		γ	0.455,0.664
	6min	ε[IT]	—
		γ	0.455,0.664,1.110
^{79}Rb	23min	β^+(～85)	1.87,2.41
		ε(～15)	—
		γ	0.688(24),0.183,0.505
^{80}Rb	34sec	β^+(98)	3.5,4.1
		ε(22)	—
		γ	0.616(40)
^{81}Rb	4.580hr	β^+(30.52)	1.05
		ε(68.96)	—
		γ	0.190(65),0.446
	31min	β^+	1.4
		IT	0.085(5)
^{82}Rb	1.25min	β^+(94)	3.15
		ε(～6)	—
		γ	0.777(13),1.395
	6.4hr	β^+(24)	0.80
		ε(76)	—
		γ	0.777(83),0.554
^{83}Rb	86.2day	ε(100)	—
		γ	0.520(47),0.530,0.553
^{84}Rb	33day	β^-(3.3)	0.88
		β^+(21.2)	0.78
		ε(75.5)	—
		γ	0.882(73),1.898
	20.4min	IT(100)	0.248(65),0.215,0.464
^{85}Rb			
^{86}Rb	18.66day	β^-(100)	1.77
		ε(0.0052)	—
		γ	1.079(8.8)
	1.018min	β^-(<0.3)	—
		IT(～100)	0.556(98)
^{87}Rb	4.7×10^{10}yr	β^-(100)	0.27
^{88}Rb	17.8min	β^-(100)	5.2,2.5
		γ	1.836(23),0.898,2.678

续表

核素	半衰期	辐射方式	能量(MeV)
^{89}Rb	15.60min	β^-(100)	2.21,1.26
		γ	1.032(64),1.248,2.196
^{90}Rb	154sec	β^-	6.34
		γ	0.832,1.061,4.366
	256sec	β^-,IT	—
		γ	0.832,1.061,4.366
^{91}Rb	66.6sec	β^-	4.6
		γ	0.093(38),2.564,3.600
^{92}Rb	4.53sec	β^-(100)	8.18,7.37
		(n)	(0.012)
		γ	0.815(4.1),2.821,0.570
^{93}Rb	5.89sec	β^-	—
		(n)(1.6)	0.138—0.674
		γ	0.433,0.214,0.220
^{94}Rb	2.71sec	β^-	9.3
		n(11.1)	6.86
		γ	0.837,1.578,1.089
^{95}Rb	0.36sec	β^-	—
		(n)(7.10)	—
		γ	[0.36]
^{96}Rb	0.209sec	β^-	—
		(n)(12.7)	—
		γ	0.813
^{97}Rb	0.176sec	β^-	—
		(n)(>20)	—
^{98}Rb	0.136sec	[β^-],[(n)]	—
^{99}Rb	0.076sec	β^-,[(n)]	—

1) 方括号[]内的内容或数据是假定的或可疑的;IT 同核异能跃迁:(n)缓发中子;^{76}Rb? 可能,但未肯定的核素。

3.4.4 铯

铷和铯的放射性同位素是铀的裂变产物,如 Cs^{137} 就是较常见的,在放射性废物处理上铯是很麻烦的元素,因此铯的核性质也研究得比较广泛。

铯的唯一的天然核素是稳定的 Cs^{133},碱金属元素中以铯的核素为最多,目前已知的有 31 种,质量数从 116 到 146,质量数低于 133 的核素倾向于 β^+ 辐射衰变,超过 133 的核素主要为 β^- 辐射衰变。铯的热中子俘获截面是 29b,铯的核素汇列在表 3.42 中。

表 3.42　铯的核素

核素	半衰期	辐射方式	能量(MeV)
^{116}Cs	3. 9sec	β^+,(p)[1]	—
^{117}Cs	8sec	β^+	—
^{118}Cs	16. 4sec	β^+,(p)	—
^{119}Cs	37. 7sec	β^+	—
^{120}Cs	61. 3sec	[β^+],[ε]	—
		γ	0. 322,0. 473
^{121}Cs	2. 09min	[β^+],[ε]	—
		γ	0. 154,0. 180,0. 195
^{122}Cs	23sec	β^+(～100)	～5. 0
		[ε]	—
		γ	0. 331
	4. 2min	β^+,ε	≥5. 8
		γ	0. 331,0. 479,0. 638
^{123}Cs	5. 87min	β^+(50)	～3. 1
		ε(50)	—
		γ	0. 098(15)
	1. 60sec	[β^+],[ε],[17]	—
		γ	0. 096,0. 063
^{124}Cs	26. 5sec	β^+(92)	4. 88,4. 52
		ε(8)	—
		γ	0. 354,0. 916,0. 493
^{125}Cs	45min	β^+(39. 06)	2. 05,1. 52
		ε(59. 4)	—
		γ	0. 526(25),0. 111,0. 412
^{126}Cs	1. 64min	β^+(<96)	3. 80,3. 40
		ε(<17)	—
		γ	0. 386(38),0. 489
^{127}Cs	6. 2hr	β^+(3. 7)	1. 07,0. 66
		ε(96. 3)	—
		γ	0. 411(64),0. 125,0. 462
^{128}Cs	3. 9min	β^+(68)	2. 89,2. 45
		ε(32)	—
		γ	0. 443(35),0. 527,1. 140
^{129}Cs	32hr	ε(100)	—
		γ	0. 372(32),0. 411,0. 094
^{130}Cs	29. 9min	β^-(1. 6)	—
		β^+(44. 0)	1. 99
		ε(54. 4)	—
		γ	0. 536,0. 586,0. 894
^{131}Cs	9. 7day	ε(100)	—
^{132}Cs	6. 47day	β^-(2. 2)	0. 24,0. 16
		ε(97. 2)	—
		β^+(0. 6)	0. 40

续表

核素	半衰期	辐射方式	能量(MeV)
		γ	0.668(100),0.465,0.630
^{133}Cs	—	—	—
^{134}Cs	2.062yr	β^-(100)	0.66
		β^+,ε(3×10^{-4})	—
		γ	0.605(98),0.796
	2.90hr	β^-(1)	0.55
		IT(99)	—
		γ	0.127(14)
^{135}Cs	2.3×10^6yr	β^-(100)	0.21
	53min	IT(100)	0.781(100),0.840
^{136}Cs	13.00day	β^-(100)	0.34,0.068
		γ	0.819(100),1.048,0.341
^{137}Cs	30.174yr	β^-(100)	0.51,1.18
		γ	0.662(85)
^{138}Cs	33.41min	β^-	2.34,3.40
		γ	1.436(75),1.010,0.463
	290min	β^-(25)	2.70
		IT(75)	—
		γ	1.436(25),0.463
^{139}Cs	9.4min	β^-(100)	4.29,3.01
		γ	1.283,0.621,2.606
^{140}Cs	67.9sec	β^-	5.1,3.92,2.50
		[(n)](≤0.1)	—
		γ	0.602,0.908,1.853
^{141}Cs	24.9sec	β^-(~100)	4.98,1.44
		γ	1.194,0.589,0.555
^{142}Cs	1.67sec	β^-	5.55-3.37
		(n)(0.27)	—
		γ	0.360,0.967,1.326
^{143}Cs	1.68sec	β^-	—
		(n)(1.13)	—
^{144}Cs	1.02sec	β^-	—
		(n)(1.10)	—
		γ	0.200-0.758
^{145}Cs	0.563sec	β^-	—
		[(n)]	—
		γ	0.113,0.175,0.159
^{146}Cs	0.189sec	β^-	—
		(n)(1.42)	—

1) (p)缓发质子。

3.4.5 钫

钫，它是碱金属中最重的元素，主要核素由锕的 α-衰变产生。在^{227}Ac 衰变时，其 98.9%以 β-辐射方式进行，而 1.2%以 α-辐射方式进行。α-衰变的子体原为 AcK，它就是钫的一种同位素^{223}Fr，这是目前已知钫的同位素中寿命最长的一个，它的半衰期是 22min。

钫的其他同位素，可用 100MeV 的质子轰击铀或钍；或用回旋加速器或特殊线形加速器加速到 100MeV 的重离子去轰击较轻的靶元素而产生。低于质量数 215 的核素就是用后一种技术，由靶核，如 Pb、Tl 和 Au 与轰击核，如 B、C、O、W、Ne 等完全熔合而形成的。

在没有核子加速器的实验室中，要研究钫就必须以锕的衰变作为钫的来源。在这种情况下需要掌握某些快速分离技术，以便从复杂的混合物中分出短寿命(22min)的^{223}Fr，一种方法是从锕的母体中首先分去^{227}Th 和^{223}Ra 子体，然后再从三价锕中分离一价钫。

已知钫的核素共 27 种，列在表 3.43 中。

表 3.43 钫的核素

核素	半衰期	辐射方式	能量(MeV)
^{203}Fr	0.7sec	α	7.132
^{204}Fr	3.3sec	α	6.975
	2.2sec	α	7.028
^{205}Fr	3.7sec	α	6.919
^{206}Fr	16sec	α,ε	6.794
		γ	0.156—0.665
^{207}Fr	15sec	α	6.774
^{208}Fr	59sec	α	6.648
^{209}Fr	54sec	α	6.648
^{210}Fr	3.18min	α	6.542
^{211}Fr	3.1min	α	6.534
^{212}Fr	19.3min	α(44)	6.28(18),6.383
		ε(56)	
		γ	1.272,0.228,1.184
^{213}Fr	34sec	α(99.5)	6.774(99.5)
		ε(~0.55)	—
^{214}Fr	5.0×10^{-3}sec	α	8.42(95),8.36
	3.4×10^{-3}sec	α	8.55(51),8.48
^{215}Fr	$<5\times10^{-7}$sec	α	~9.36
^{216}Fr	7.0×10^{-7}sec	α	9.01
^{217}Fr	2.2×10^{-5}sec	α(~100)	8.315(~100)
^{218}Fr	~0.005sec	α(100)	7.85(93),7.55

续表

核素	半衰期	辐射方式	能量(MeV)
		[ε]	—
^{219}Fr	0.021sec	α	7.30(98.4),6.95
		γ	0.163~0.530
^{220}Fr	27.5sec	α(~100)	6.686(61),6.642
		$β^-$(0.35)	—
		[ε]	—
		γ	0.045,0.106,0.162
^{221}Fr	4.8min	α(~100)	6.340(83),6.126
		$β^-$(<0.1)	—
		γ	0.218(12),0.409,0.099
^{222}Fr	15min	α(<0.1)	—
		$β^-$(~100)	—
^{223}Fr	22min	α(0.005)	5.35
(AcK)		$β^-$(>99)	1.15
		γ	0.050(40),0.080,0.235
^{224}Fr	2.7min	$β^-$(100)	—
		γ	0.126,0.131,0.837
^{225}Fr?	3.9min	$β^-$	—
^{226}Fr	48sec	$β^-$	—
^{227}Fr	2.4min		
^{228}Fr	39sec		
^{229}Fr	50sec		

3.5 金属的性质

3.5.1 物理性质

长期以来,关于金属物理性质的研究,主要集中在一些作为结构材料的金属上。但是近年来情况发生了一些变化,对碱金属物理性质的研究,突然变得比一般结构金属的研究还要广泛,其主要原因就是钠和钾被用在增殖反应堆中作为热交换液,铷、铯在离子技术上的三大发展(离子推进火箭、磁流体发电机和热电换能器)中有潜在用途,对人们产生了巨大吸引力的缘故。

碱金属单质的洁净表面,具有银白色金属光泽,铯是唯一的例外,它纯净时显金黄色。这些金属的熔点较低,金属铯在常温下是液体,它们还易形成液态合金,例如钠钾合金(76.7%K 和 23.3%Na)的熔点为−12.5℃。碱金属硬度小,具有很高的柔软性和可塑性,金属钠的硬度和白磷相近,金属铷象蜡一样软,而金属铯比铷还软。另外,碱金属还以密度小为特征,都属于轻金属。

碱金属单质的导电性和导热性比较高,能够产生光电效应是铷和铯的特性,特别是铯，它们的光电临阈波长比其他金属都长。在周期表所有元素中，这些金属的电离势最低，由于含有不成对的 s 电子，碱金属单质都是顺磁性物质。

应当指出，每个碱金属原子只有一个价电子，而且固体中原子体积比较大，所以金属键较弱，这是碱金属的单质密度小、质地软、熔点和沸点低的根本原因。

这些金属的化合物是以相当高的熔点和沸点为特征。碱金属离子无颜色。它们的简单化合物一般也是无色的。一些钠、钾、铷和铯的有色化合物其所以有色多半是由它们的阴离子引起的，例如铬酸盐（黄色）和高锰酸盐（紫色）等。但少数化合物，如超氧化物和臭氧化物，其颜色可能是由于离子间相互极化和变形产生的。

钠、钾、铷和铯等金属单质、原子和离子的一些物理性质汇列在表 3.44 中。

表 3.44 Na、K、Rb 和 Cs 的物理性质

性质	Na	K	Rb	Cs
原子序数	11	19	37	55
原子量[1)]	22.98977	39.098_3	85.467_8	132.9054
晶形[2)]	体心立方	体心立方	体心立方	体心立方
熔点(℃)[2)]	97.81	63.65	38.89	28.5
原子半径(Å)[2)]	1.858	2.272	2.475	2.655
离子半径(Å)[2)]	0.97	1.33	1.47	1.67
原子体积(cm^3/mol)	23.7	45.3	55.9	70.0
晶格常数(Å)，−173℃	4.24	5.31	5.62	6.05
电离势(eV)[2)]	5.138	4.339	4.176	3.893
电子脱出功(eV)	2.28	2.24	2.09	1.81
还原电势(V)[2)]	−2.7109	−2.924	−2.925	−2.923
电子发射波长(M)	0.60	0.65	0.73	0.80
电子电阻率(μΩ·cm)				
0—25℃[2)]	4.2	6.15	12.5	20
近熔点，液体	9.64	15.31	19.6	36.6
磁化率，χ_m(cgs×10^6)	+16.0	+20.8	+17.0(30℃)	+29.0
密度(g/cm^3)				
固体，20℃[2)]	0.97	0.86	1.532	1.8785
液体，熔点	0.927	~0.82	1.475	1.84
液体，300℃	0.880	0.771	—	—
液体，500℃	0.833	0.723	—	—
热导率(cal/sec·℃·cm)				
熔点	0.205	0.23(21℃)	0.075	0.44
200℃	0.193	0.1073	—	—
400℃	0.170	0.0956	—	—
比热(cal/℃·g)				
0℃	—	0.176	0.080	—
25℃	0.292	0.180	0.0860	0.0575
50—100℃	0.330	0.200	0.0907	0.058
熔化热(cal/g)	27.05	14.17	6.1	3.766

续表

性质	Na	K	Rb	Cs
蒸发热(cal/g,沸点)	925.6	496	212	146
熔化时体积膨胀(%)	2.17	2.41	2.54	2.66
临界温度(K)	2573	2223	2100	2050
临界压力(atm)	350	160	—	—
一定蒸气压(mmHg)下的沸点(℃)[3]				
1	440	—	294	278
10	546	—	390	373
100	700	590	527	513
400	830	710	640	624
760	883	774	688	678
表面张力(dyne/cm)				
熔点	191.6	116.6	84.7	70.3
100℃	—	113.9	80	67
550℃	146.4	80.7	51	41.0
沸点	113.2	65.4	46.8(632℃)	34.6(642℃)
硬度(Mohs)[4]	0.4	0.5	0.3	0.2
光电效应阈值(mμ)[4]	0.6	0.65	0.73	0.86
黏度(cp,液体)				
熔点	0.690	0.515	0.673	0.630
100℃	0.682	0.428	0.484	0.475
200℃	0.387	0.258	0.323(220℃)	0.343(210℃)
特征谱线(Å)	5889.95	4044.14	4201.85	4555.36
	5895.92	7664.91	4215.56	4593.18
	8194.81	7698.98	7800.23	8521.10
			7947.60	8943.50

1) 北京大学化学系,元素周期表,科学出版社(1978)。

2) 南京大学化学系,元素周期表,南京大学化学系(1974)。

3) 蒸气压方程式:

$$\text{Na}\quad \log P = 6.354 - \frac{5567}{T} - 0.5\log T$$

$$\text{K}\quad \log P = 11.410 - \frac{22.210}{4.575T} - 1.275\log T$$

$$\text{Rb}\quad \log P = 7.05 - \frac{4010}{T}$$

$$\text{Cs}\quad \log P = 6.88 - \frac{3750}{T}$$

4) 李铭谦,《国外锂、铷、铯工业》,中国工业出版社,128(1965)。

3.5.2　化学性质

碱金属元素钠、钾、铷、铯和钫的单质及其化合物的化学性质，一般地说，是容易用原子的电子结构(汇列在表 3.45 中)加以说明的。

表 3.45　金属钠、钾、铷、铯的电子结构

电子层	Na	K	Rb	Cs	Fr
K	[Ne] $1s^2$	[Ar] $1s^2$	[Kr] $1s^2$	[Xe] $1s^2$	[Rn] $1s^2$
L	$2s^2$ $2p^6$	$2s^2$ $2p^6$	$2s^2$ $2p^6$	$2s^2$ $2p^6$	$2s^2$ $2p^6$
M	$3s^1$	$3s^2$ $3p^6$	$3s^2$ $3p^6$ $3d^{10}$	$3s^2$ $3p^6$ $3d^{10}$	$3s^2$ $3p^6$ $3d^{10}$
N		$4s^1$	$4s^2$ $4p^6$	$4s^2$ $4p^6$ $4d^{10}$	$4s^2$ $4p^6$ $4d^{10}$ $4f^{14}$
O			$5s^1$	$5s^2$ $5p^6$	$5s^2$ $5p^6$ $5d^{10}$
P				$6s^1$	$6s^2$ $6p^6$
Q					$7s^1$

从表中可以看出，这些元素的共同特征是它们的原子最外层都有一个同核联系比较弱的 *ns* 价电子，以及具有稀有气体原子结构的内电子层。

从这些元素的物理性质数据了解到，它们都具有低的电子脱出功、大的原子体积、小的电离势和高的电极电势。这说明它们的价电子是很容易释放出去的。例如，铷和铯有强烈的光敏性，普通光线的能量已经足够使这两种元素的价电子电离了。

它们在所有元素中电正性最大，这就决定了这些元素在金属态和化合态时的化学反应性能。在金属态时，它们都是最强的还原剂，极易与其他物质发生反应，生成离子键成分很高的化合物；在化合态时，这些元素的离子又是所有阳离子中最稳定的。

碱金属元素的原子也可以共价键结合成分子，例如 Na_2 等碱金属单质的双原子分子就是共价分子。在一些螯合物和有机化合物中的 M—O、M—N 和 M—C 键(M 为碱金属元素)，也包含着共价性质。

碱金属原子的电子结构不允许它们的化学键发生杂化，因为在反应时涉及的

只是其中唯一的 s 电子，而在生成的化合物中，碱金属只表现为+1 价（-1 价态只表现在很特殊的情况中）。

碱金属与酸反应是爆炸性的，就是与酸性微弱的化合物如水、乙醇或乙炔等，也很容易发生反应，放出氢气，甚至遇到像 NH_3 这样的酸性极弱的化合物也能反应，并放出氢气，这说明碱金属单质是很强的还原剂。

1. 与酸性氢化合物的反应

（1）水

碱金属与水激烈反应，生成氢氧化物并释放出氢气。下面列出的是简化了的总反应方程式：

$$M + H_2O \longrightarrow MOH + \frac{1}{2}H_2\uparrow$$

式中 M 代表 Na、K、Rb 和 Cs。同一碱金属同液态水反应比同水蒸气反应更加激烈。不同碱金属同水反应，随着原子序数的增加而加剧。

因为钠、钾或钠钾合金用作反应堆的热交换液时存在着很大的危险性；还因为在核潜艇或船舰中使用钠冷反应器和使用钠－水蒸气发动机时，都有可能因为钠管道偶然断裂钠与水接触，以致造成巨大危险，（连初学化学的人都知道，钠同水的剧烈反应能引起强烈的爆炸），因此人们对碱金属同水的反应进行了深入、广泛的研究。现在已经弄清了碱金属同水的反应比上述简化了的反应方程式要复杂得多。

钠同水之间发生其他反应也是可能的，这取决于温度和反应物的状态，有人认为金属钠在液态水中溶解时会按下式反应生成钠离子和溶剂化电子，就好像钠和其他金属在液氨中溶解时一样：

$$Na + H_2O \rightleftharpoons Na^+_{aq} + e^-_{aq}$$

水合电子迅速按下列反应生成氢气：

$$e^-_{aq} + e^-_{aq} \longrightarrow H_2 + 2OH^-_{aq}$$

这同在液氨中的氨合电子有显著的不同，有人认为钠同水蒸气反应将按照下列各反应方程式进行：

$$2Na(l) + H_2O(g) \longrightarrow Na_2O + H_2$$

$$Na(l) + H_2O(g) \longrightarrow NaOH + \frac{1}{2}H_2$$

$$Na + NaOH \longrightarrow Na_2O + \frac{1}{2}H_2$$

$$Na_2O + H_2 \longrightarrow NaOH + NaH$$

$$2Na + NaOH \longrightarrow Na_2O + NaH$$

$$NaH \longrightarrow Na + \frac{1}{2}H_2$$

自然其他碱金属同水的反应也属同一类型，但是所有这些复杂的反应，可以概括为：碱金属从水中在释放氢气的同时生成的另一产物，在低温时是金属氢氧化物，在高温时是金属氧化物。

(2) 醇

碱金属与醇类反应，按照下列反应方程式进行，释放氢气并生成相应的金属烷氧化物：

$$2M + 2C_nH_{2n+1}OH \longrightarrow 2C_nH_{2n+1}OM + H_2$$

式中 M 代表 Na、K、Rb 和 Cs。

这类反应的反应速度同醇的分子量成反比，也就是醇的酸性越大反应越快。低分子量的一元醇同碱金属的反应是快速的，如果曝置在空气中，重碱金属的反应快得足以使醇燃烧；而仲醇、叔醇和高分子量的伯醇同碱金属反应则很慢，有时尚需加热或采用其他方法才能完成。显然，在金属表面形成的金属烷氧化物必须在醇中易溶解，以便不断暴露出金属的新鲜表面，才有利于反应的继续进行。高员醇同碱金属反应生成的金属烷氧化物在醇中特别难于溶解，而在金属表面上形成了一种保护层，阻碍了金属与醇更好地接触，这就是高员醇反应慢的原因。可以用加热或形成金属分散态以增大其表面等方法来克服此种困难。

(3) 氨

虽然通常并不认为氨是一种酸性物质，但是碱金属的碱性却是如此之强，甚至能从氨中将氢释放出来。碱金属同氨的这类反应，可以在加热下进行，也可以在催化剂存在下发生。金属钠同气态氨的反应在 300—350℃时进行，要十分注意在反应前将氨干燥，并使反应使终保持高于 250℃的温度，新切得的钠片在硝酸铁催化剂存在的情况下，同液氨即可发生反应，它们的反应可表示为：

$$2Na + 2NH_3 \longrightarrow 2NaNH_2 + H_2$$

同气态氨反应获得氨基化物的纯度比在液氯中得到的高，这是因为同液氨反应时加有催化剂，会使产物沾污。

(4) 乙炔和其他酸性烃

如同上述醇的反应一样，在加热或增加金属表面积的条件下，乙炔和其他烃如环戊二烯中的酸性氢原子也容易被碱金属置换。通常总是利用碱金属的液氨溶液，这样可以增加反应速度和反应完全的程度，这是一种比较好的实验室方法。乙炔同钠的液氨溶液按照下式反应：

$$2Na + 2C_2H_2 \longrightarrow 2NaHC_2 + H_2$$

如果将钠和环戊二烯二聚物的混合物加热到二聚物解聚成单体的温度，同时快速搅拌，使熔化的钠分散，钠同环戊二烯的反应就能顺利进行。

2. 与金属卤化物的反应

碱金属单质的重要工业用途之一，就是用碱金属同难熔金属卤化物反应来制备难熔金属单质。最早，曾经用钠还原氯化铝来制备金属铝，以后由于电解熔融氧化铝的方法成功，就不再用钠来制备金属铝了，但是目前仍采用相似的操作方法生产钛、锆和其他难熔金属，其反应如下：

$$MCl_x + xNa \xrightarrow{\triangle} xNaCl + M$$

式中的 M 代表 Ti、Zr 等金属元素，此类反应是当前钠的很有发展前途的用途之一。

氯化钠同其他金属氯化物比较，由于氯化钠的生成热很高，所以这些反应大多数在热力学上是有利的，它们易于进行，并且是自发的。但这些反应有时并不能像热化学计算指出的那样而进行反应，因为还会有动力学的因素。例如，用分散的钠还原一些金属卤化物时，在室温下反应并未进行，但当将体系加热到一定温度时，反应就激烈地进行，甚至要爆炸。此种温度界限，随金属卤化物的不同而不同，某些溶剂，例如醚的存在也会有影响。可以设想，这种情况如果不是钠的活性受到某种影响，就是金属卤化物部分地溶解了。

一种碱金属同其他碱金属卤化物或碱土金属卤化物间的反应都是一些高温平衡，因为这些金属的电正性都很大。如前所述，金属钠与氯化钾间的平衡在工业上用于生产金属钾，同样，金属钠同氯化钙反应也可以用于生产金属钙。从高温下迅速冷却金属钠、金属钙和氯化钙的平衡混合物，此混合物就会分为两层，在一适当的温度下，金属溶液可以从固化盐混合物中倾析出来，然后可以用钠同水合甲醇的选择性反应来分离钙。

如果一种难熔金属氧化物如 TiO_2，进入了下述金属钠-氯化钙体系，此体系的高温平衡是：

$$2Na + CaCl_2 \xrightleftharpoons{\triangle} Ca + 2NaCl$$

由于金属钙与氧化物可以按照下述反应

$$TiO_2 + 2Ca \rightarrow Ti + 2CaO$$

而向右移动，总反应可以写成：

$$TiO_2 + 4Na + 2CaCl_2 \xrightarrow{\triangle} Ti + 2CaO + 4NaCl$$

这个反应也可用来对金属氧化物的混合物进行共同还原，例如

$$8U_3O_8 + 3Cr_2O_3 + 146Na + 73CaCl_2 \longrightarrow 6U_4Cr + 146NaCl + 73CaO$$

用这个反应可以制备 U_4Cr。

3. 碱金属的液氨溶液

钠、钾、铷和铯显示出的最奇异性质，也许就是它们溶解在液氨中能形成深蓝

色的溶液。这种现象曾经是很多科学研究工作和学术论文的主题。

碱金属在液氨中都有适量的溶解度[11]，各金属溶解度递减的次序是：

$$Li>Cs>Rb>K>Na$$

其中，以钠的溶解度为最小。溶解度数据汇列在表 3.46。

表 3.46　碱金属在液氨中的溶解度（−35℃）

金属	溶解度(*M*)
Li	15.7
Na	10.8
K	11.8
Rb	12.5
Cs	13.0

碱金属液氨稀溶液的主要组分是溶剂合碱金属阳离子和溶剂合电子，如下式所示：

$$M+(x+y)NH_3 \rightleftharpoons M^+_{(NH_3)x}+e^-_{(NH_3)y}$$

这种溶剂合电子在水中的寿命是很短的[12]，而在纯液氨中，它的寿命可能是十分长的，每天分解不超过 1%，所有碱金属在液氨的稀溶液中都显深蓝色，这些溶液的吸收光谱差不多是一样的，由一条极大值在 15000Å 处的宽谱带所组成，这说明溶液的颜色同碱金属离子关系不大，该美丽的蓝色是由溶剂合电子引起的。

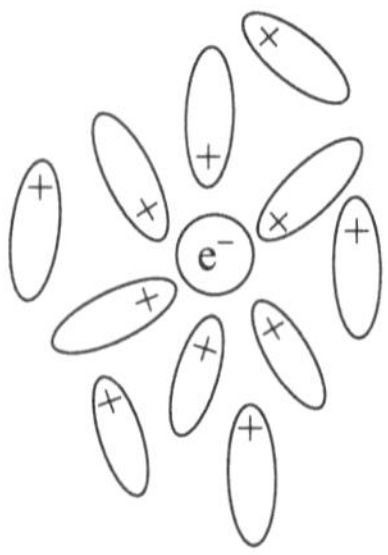

碱金属液氨溶液中溶剂合电子存在的形式，目前的理论认为是由 4 或 6 个 NH_3 分子集合在一起形成一个空穴，电子处于空穴的中心[13]，如左图所示。

空穴的概念是建立在实验基础上的，钠的液氨溶液比纯溶剂密度小，溶液所占体积比金属和液氨体积的总和还大。另外，在液氨中随着碱金属浓度的增加，顺磁性减少，设想这是因为有的电子缔合成反磁性电子对的结果：

$$Na(s,分散态) \rightleftharpoons Na(溶液中) \rightleftharpoons Na^+ + e^-$$

$$2e^- \rightleftharpoons e_2^{2-}$$

溶剂合电子和液氨中的 NH_4^+ 离子可以反应生成铵自由基 NH_4[14]：

$$NH_4^+ + e^- \longrightarrow NH_4$$

铵自由基是一种有效的还原剂，例如在液氨中可以用 Na/EtOH 来还原苯。

碱金属液氨溶液的电导比任何其他电解质在任何溶剂中的电导都高。例如，钠在液氨中的饱和溶液比电导为 50.47(Ω · cm)$^{-1}$，而钾溶液的相应值为 45.69(Ω · cm)$^{-1}$，这些数值接近各金属本身的电导值。如果溶液逐渐变稀，电导将降低，直到出现一个最低值，当溶液变得更稀时，电导又回升，直到出现一个高值。电导与浓度的关系见图 3.10[15]。这种现象，可用金属原子电离后，自由电子再发生溶剂化作用来加以说明。在稀溶液（<0.001M）中，阳离子和氨合电子是相互独立的。但是在中等浓度的溶液（～0.01M）中，阳离子和氨合电子借 Coulomb 引力结合起来生成聚集体，如下式所示：

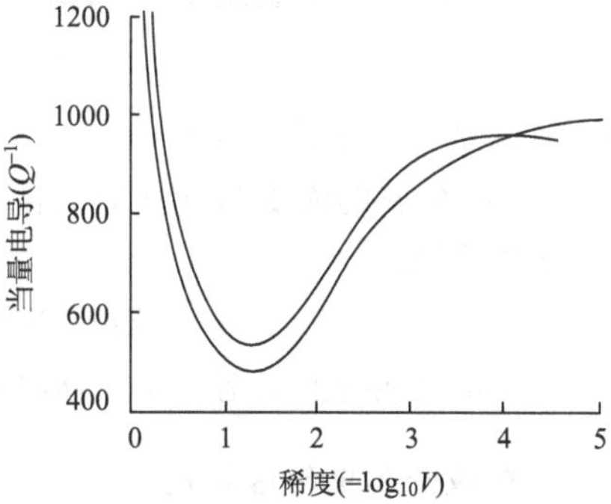

图 3.10 在－33.5℃液氨中钠、钾的当量电导

V=1 液氨/mol 金属

$$M^{+}_{(NH_3)_x}+e^{-}_{(NH_3)_y}\longrightarrow M+(x+y)NH_3$$

$$2M^{+}_{(NH_3)_x}+2e^{-}_{(NH_3)_y}\longrightarrow M_2+2(x+y)NH_3$$

此时导电个体的数目减少了，所以电导出现低值。在很浓的溶液内，电子没有完全氨合，故能表现出如同金属一样的电导。图 3.11 是 Na-NH_3 体系的相图[16]。A 为淡蓝色液相区，B 为青铜色与深蓝色两个液相分层的二相区，C 为青铜色的液相区，D 表示温度低于 195K 的二相区。虽然还没有关于钾、铷、铯与氨所成体系的相图的详细报道，但有理由相信它们与图 3.41 是相类似的。

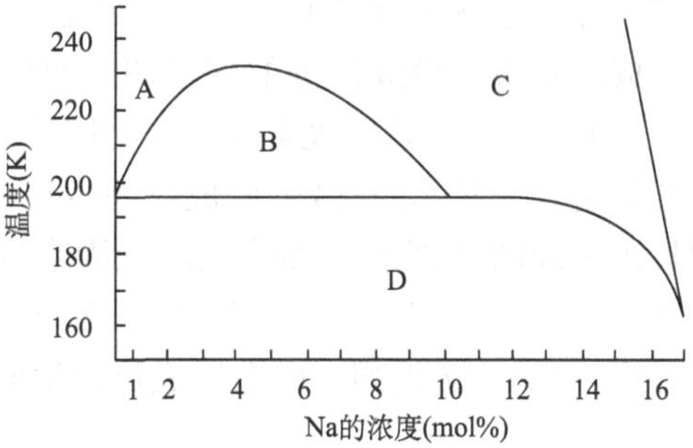

图 3.11 Na-NH_3 体系的温度-组成相图

碱金属的液氨溶液可以采用蒸发方法回收金属，如果此溶液中混以烃或醚，当氨蒸发后，碱金属就以金属分散物的形式沉淀出来。在液氨中碱金属同氨也有生成氨基化物的慢反应：

$$2M+2NH_3\longrightarrow 2MNH_2+H_2$$

式中 M 代表 Na、K、Rb 和 Cs。如果在体系中存在过渡金属盐和铁盐，这类反应将会十分快速地进行。

一般说来，钠、钾、铷和铯的液氨溶液均具有与金属本身相同的化学反应，所以不需要讨论。然而，有少数反应显得特殊。例如曾用碱金属的液氨溶液对碱金属的多硫化物进行过定量滴定，并描绘其滴定曲线。这些曲线相应于下述反应：

$$M_2S_x + (2x-2)M \xrightarrow{\text{(液氨)}} xM_2S$$

式中 M 代表 Na、K、Rb 和 Cs。

在用碱金属的液氨溶液还原其他金属盐的某些情况中，副产品还可能是金属间化合物，例如：

$$9Na + 4Zn(CN)_2 \longrightarrow 8NaCN + NaZn_4$$

用氢氧化钠的液氨溶液第一次证明了超氧化钠的存在。

4. 在碱金属中的溶解度

依据 Hume-Rothery 规则，不能期望钠、钾、铷和铯生成很宽范围的固溶体。该规则认为：如果两种金属的原子半径差小于 15%，以及由于高电化学因素的原因，很少有希望生成化合物时，这两种金属间才有可能生成固溶体。该规则还假定低价金属容易溶解在高价金属中。由于重碱金属在所有元素中有最大的原子半径，而且在所有元素中有最大的电正性，根据上述规则判断它们不容易生成固溶体，事实上，如果从原子半径的大小为标准来加以衡量的话，仅钠同其他族的金属有生成固溶体的趋向。尽管在这个领域中实验数据尚不够完全，但上述认识与报告结果一般是非常一致的。在十种只含碱金属的可能的二元体系中，只有三对碱金属原子半径差值小于 15%，这就是钾-铷(6%)，铷-铯(8%)和钾-铯(14%)，这三种体系中每种都能生成遍及整个组成范围的固溶体。而所有其他七种体系，原子半径差值均大于 20%，在固态下的溶解度都是十分有限的。

如果就这些金属的低熔点来看，寻找碱金属成员间生成液态合金的兴趣自然是相当浓厚的。相图指出本族的全部成员都能生成凝固点低于 0℃的低共熔体，例如具有组成为 12%Na、40%K 和 41%Cs 的三元体系在−78℃凝固，这是金属体系中已知熔点最低的材料。表 3.47 汇列出碱金属成员间生成的其他低共熔体。

表 3.47 碱金属间的一些低共熔体

低共熔体的组成(重量%)	凝固点(℃)
8%Na-92%Rb	−5.2
23.3%Na-76.7%K	−12.5
5.5%Na-94.5%Cs	−29
15%K-85%Rb	−34
22%K-78%Cs	−45
13%Rb-87%Cs	−39

在增殖反应堆中用钠作热交换液时，遇到了液态钠或 NaK 合金对管道结构金属(或合金)的溶解作用，这就迫使人们对其他金属在钠中的溶解度进行了研究。下面汇集了一些单质在液态钠中的溶解度方程式，见表 3.48.

表 3.48 一些金属在钠中的溶解度1)

金属	方程式	温度范围
锑	$W=-7.1+0.0730t$	高达 700℃
镉	$W=36.5+0.410t$	高达 250℃
钙	$\log_{10}W=2.5929-1545.6/T$	高达 700℃
碳	$\ln S=4.96-6.21\times10^2/T$ 在 0.004%Na_2O	—
铯	$W=223-2.29t$	高达 80℃
钴	ppm=0.028 至 1.00	325—525℃
金	$\log_{10}(1-W/100)=2.5094-930.25/T$	82℃—熔点
铁	ppm=0.5+0.0122F	400—1000℉
铅	$W=-25.6+0.262t$	高达 250℃
镁	$W=-0.27+0.002775t$	高达 700℃
汞	$\log_{10}(1-W/100)=1.5642-579.85/T$	21.5℃以上
镍	$W=1.2\times10^{-9}+1.75\times10^{-11}t$	—
钯	(2.8%Pd，低于 Na 的熔点 0.4℃)	
铂	痕量	—
钾	$W=57.1-0.586t$	高于 7℃
铷	$W=132.2-1.356t$	高于 61℃
硒	$W=-8.4+0.0858t$	高达 680℃
银	$W=-2.4+0.0180t+7.007\times10^{-1}t^2$	高达 650℃
钽	ppm=0.032 至 0.29	325—525℃
碲	$W=-8.1+0.083t$	高达 700℃
铊	$\log_{10}(1-W/100)=2.2917-8495/t$	高于 64℃
锡	$W=7.9-0.141t+6.16\times10^{-4}t^2$	—
锌	认为不溶	

1) 表中 S 为溶解度；W=钠中金属的重量百分数；t=℃；T=K。

钠的溶解性的有趣的用途是它(或它的低熔点合金)可作为反应介质或某些结晶过程中的溶剂。利用这种性质可制备与其他溶剂会发生反应的活泼金属的晶体。例如，大块金属钙在适当高温下能够溶解在液态钠中，然后随着体系温度的下降，钙再结晶成树枝晶，同样，将适量的金属溶解在液态钠中，然后令体系冷却，可从体系中结晶出合金的粉末。用此法已制得一些金属间化合物。如 Al_2Ca 和 Mg_2Ca。

3.6　重要化合物

3.6.1　金属间化合物

1. 与碱金属

由于碱金属元素都具有高的电正性，或者说都具有非常低的电负性，所以碱金属元素相互之间不能生成很多的金属间化合物。由 Na-K 体系的相图(图 3.12)看出，Na_2K 是仅有的一个确定的金属间化合物；在 Na-Rb 体系中，似乎还有一个 Na_2Rb 相的生成；而在 Na-Cs 体系中(图 3.13)，虽已报道过化合物 Na_2Cs，但它的存在还是成问题的。

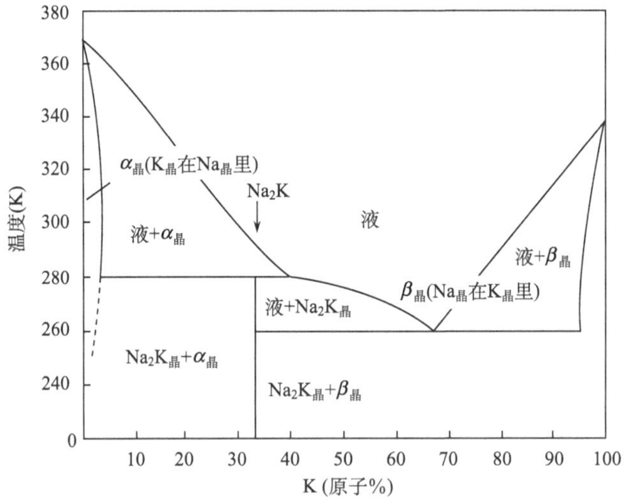

图 3.12　Na-K 相图

最近有人报道[17]，在 K-Cs 体系中，在 −90℃时，存在有金属间化合物，即 K_2Cs 和 K_7Cs_6。K_2Cs 与六方系的 Laves 相的 Na_2K 同型，K_7Cs_6 形成六方系的晶体。

2. 与 IB 族元素

各种碱金属同铜都不生成金属间化合物，而碱金属中仅钠与银生成一种化合物 $NaAg_2$。全部碱金属都能与金生成金属间化合物，其中多数能生成好几个不同原子比的化合物，如 $NaAu_2$、NaAu、Na_2Au、KAu_5、KAu_2、KAu、K_2Au、$RbAu_5$、$RbAu_2$、RbAu、CsAu 和可能的 Cs_3Au_4 等。图 3.14 是 Na-Au 体系的相图。

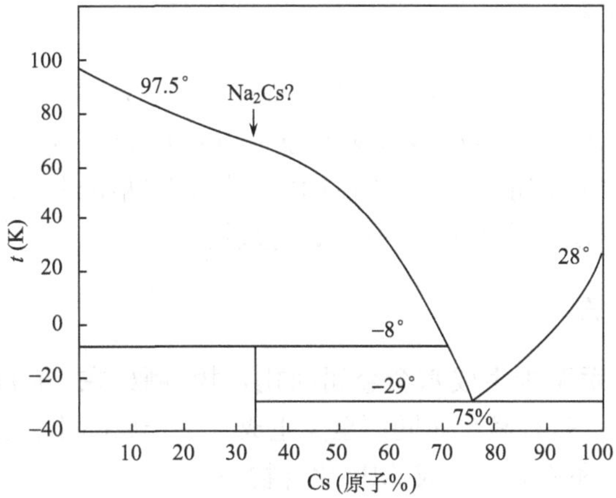

图 3.13 Na-Cs 相图

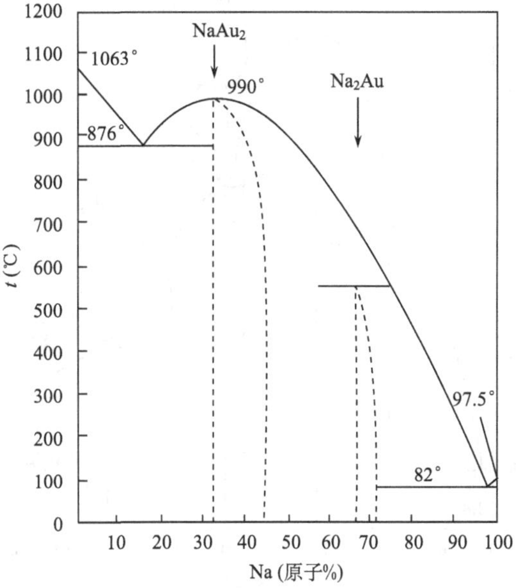

图 3.14 Na-Au 相图

等原子化合物 CsAu 和 RbAu,以具有部分离子键的 CsCl 立方结构形式而存在,且显示有 n-型半导体的性质;KAu 和 NaAu 表现更多的金属性。$NaAg_2$、$NaAu_2$ 和 KAu_2 化合物是 Laves 相,由于随碱金属原子的收缩伴随着体积的收缩,所以 Goldschmidt 半径比 1.33($NaAg_2$ 和 $NaAu_2$)和 1.65(KAu_2)粗略地减少为 1.225。

3. 与ⅡA族元素

钠同钡生成几个金属间化合物 NaBa、Na_4Ba、Na_6Ba 和 $Na_{12}Ba$；它同锶也生成一个还没有完全确认的化合物，但 X 射线证实其组成约为 $NaSr_9$，钠同钙、镁不生成化合物，虽然钙和镁都能部分溶解在钠中，并可在钠中进行重结晶。关于ⅡA族金属同钾、铷或铯所成体系的数据还未见报道。

4. 与ⅡB族元素

每种碱金属同汞至少生成六个金属间化合物，例如在 Na-Hg 体系（图 3.15）中就有 7 个化合物。每种碱金属同镉至少生成一个金属间化合物。钠和钾同锌生成 AB_{13}，正如钾、铷和铯同镉生成 AB_{13} 化合物一样。

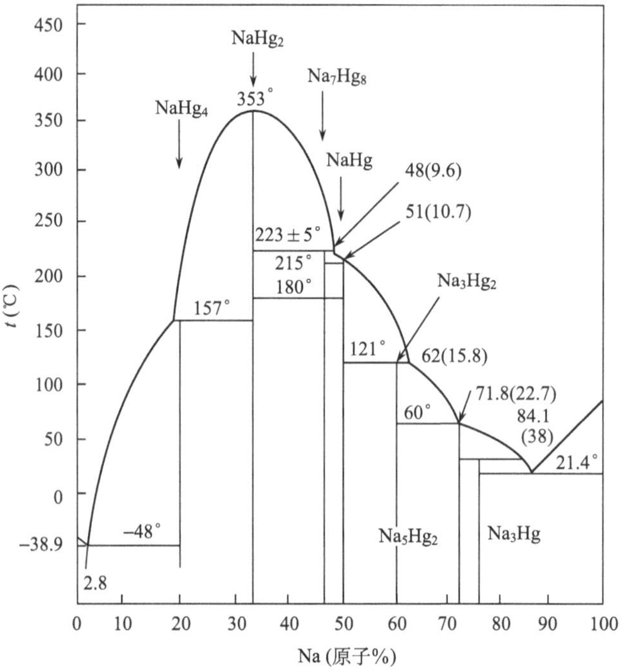

图 3.15　Na-Hg 相图

5. 与ⅢA族元素

除了没有获得铯化合物外，其他碱金属元素同镓、铟、铊都可生成金属间化合物。在镓、铟、铊这些元素中，以铊同碱金属生成的化合物为最多。已知的化合物有 A_2B、AB、A_4B_5、A_5B_8、AB_2 和 AB_4 等，但以 A_5B_8 和 AB_4 两种类型的化合物为最多,例如 Na_5Ga_8、K_5Ga_8、K_5In_8、K_5Tl_8、$NaGa_4$、KGa_4、KIn_4 和 $RbIn_4$。据信这些化合物都是类质同晶的,但尚未获得证实。

6. 与ⅣA 族元素

根据已有实验材料,碱金属同ⅣA 族元素可以生成许多金属间化合物,而且从铯到钠和从硅到铅生成化合物的倾向增加,所以有可能的 AB 型化合物都生成了,NaPb 当作合金被用在四乙基铅的工业生产中,在碱金属中这是耗用量最大的一种用途。事实上,正是由于这些合金可以用来制造工业上有用的锡和铅的有机金属衍生物,人们对它们进行了大量的研究工作。AB 化合物是最稳定的相,在 16 种化合物中,有 14 种具有复杂的立方结构,在这种结构中,有四个第ⅣA 族原子所成的四面体围绕在以碱金属原子为中心的四面体的四个角顶上。生成的其他化合物还有钠、钾、锡和铅的 A_2B 和 AB_2 型及所有碱金属的 AB_4 型。图 3.16 是 Na-Pb 体系的相图。

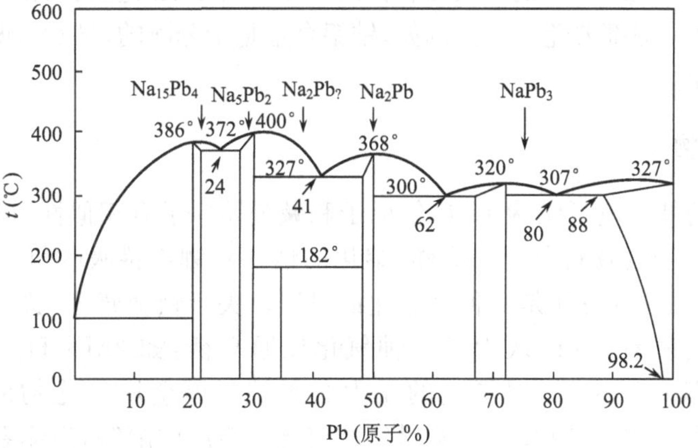

图 3.16 Na-Pb 相图

7. 与ⅤA 族元素

每种碱金属与每种ⅤA 族金属都可以生成最普遍型式的化合物 A_3B(Cs-As 体系的数据尚未见报道)。每个体系的 A_3B 型的化合物均在液相线最高点熔融,它们中大多数具有 Na_3As 型的六方系结构。所有 A_3B 型锑化物都是半导体。生成的其他化合物还有:与 K、Rb 和 Cs 生成的 A_5B_4 型锑化物,与所有四种碱金属生成的 AB 型锑化物,和与钠以外的碱金属生成的 AB_2 型砷化物及铋化物。

8. 与ⅥA族元素

甚至ⅥA族的重元素也能同碱金属生成与硫化物相似的化合物。因此把这些化合物看成是硫属化合物比看成是金属间化合物更合适一些。本族中所有元素都能生成与 Na_2S 或 Na_2O 相似的 A_2B 型化合物。钠和钾还能与ⅥA族元素生成 AB、A_2B_3 和 AB_2 等类型的化合物。

9. 与其他金属

碱金属还有少数其他金属间化合物，例如，Na_4Th、KRe 和 $NaPt_2$ 等。

钠、钾、铷和铯生成的合金和金属间化合物都是活泼的物质，但比纯碱金属自身的活泼性要弱些。它们易被氧化，并同水、稀酸、氧、卤素等反应。例如，用钠铅合金同氯乙烷反应可以生成四乙基铅；用钠锡合金同烷基或芳基卤化物发生类似的反应可以制备各种有机锡化合物；目前 NaOH 和 KOH 都是通过稀的钠汞齐或钾汞齐的水解而生产的。钠、钾、铷和铯同其他金属形成的金属间化合物比纯组分本身的展延性一般都要差一些。例如，钠铝合金是十分脆的，虽然这两种金属都有较好的展延性。

3.6.2 氢化物

从原子的外层电子结构来看，氢原子和碱金属原子有相似性，可以认为碱金属氢化物类似于金属间合金。这样，熔化的钠、钾、铷或铯吸收氢生成类盐型氢化物的过程，就可以看作是一种合金化的过程。关于碱金属氢化物的生成作用，人们有下述两种看法：1）认为是一种氧化还原平衡，如 $2M + H_2 \rightleftharpoons 2M^+H^-$（M＝Na；K，Rb 或 Cs），此时氢气的压力必须超过碱金属氢化物的分解压力；2）认为是一种气体溶解现象，开始时氢在熔化的金属中溶解，当体系被氢饱和后碱金属氢化物再沉淀出来。实际上，这两种观点并不矛盾。这两种过程在反应中必然是同时发生的。

1. 制备

如果 H_2 是干燥的，熔化的钠在 100—110℃时开始吸收氢，虽然直到大约 200℃仍没有发生明显反应，但在 300—400℃时吸收氢的作用便会变得快速起来。由于在钠的表面上生成一层氢化钠，它阻碍着碱金属与氢的接触，要使吸收容易进行，就得使用一些确保钠-氢在活性表面上继续接触的方法，在实际生产中常是把钠分散在一种高沸点的烃中，或者将钠同干燥固体如 NaH、NaCl 等混合，然后再进行氢化；在这些情况下，钠的表面积就足够使它同氢发生迅速而又完全的反应，在熔融钠中添加少量脂肪酸皂作为分散剂，可以使氢化反应在较低的温度下顺利进行。

在低浓度下氢在钠中的溶解度同压力的平方根成正比，这与 Sievert 定律是一致的。所以在一定温度下，如果溶液为氢所饱和，NaH 即沉淀出来，在有两个凝聚相同时存在时，压力就变成恒值了。与已知浓度的 NaH 的钠溶液相平衡时氢压力变化绘在图 3.17 中。

在图 3.17 中表示的温度下，在熔融钠中 H_2 的溶解度如下：

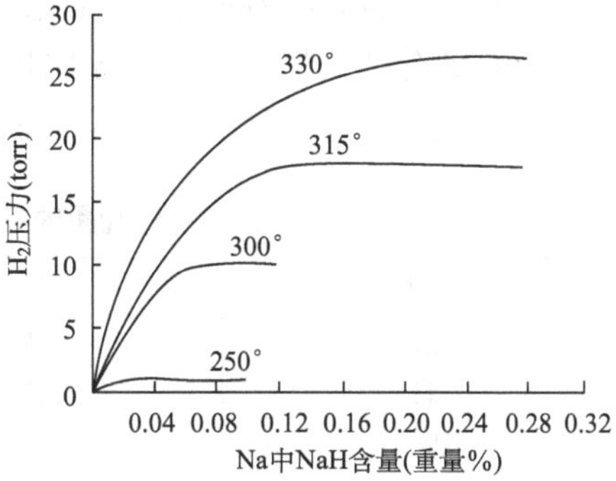

图 3.17 体系 Na-NaH 的氢压组成图

温度(℃)	250	300	315	330
H_2 的溶解度(重量%)	0.00041	0.0022	0.0052	0.0104

液态钾大约在 200℃时开始吸收氢，而在 300—400℃时对氢的吸收变得快速起来，氢被吸收的体积约为金属钾体积的 125 倍。液态铷直到 300℃还不吸收氢，而在 620—680℃时，吸收反应可在 48 小时内完成 90%。生成氢化铯比生成其他碱金属氢化物更为困难些，在 580—620℃，在氢中经过 26hr 后大约有 48%的铯起了反应。

在较高温度下，逆反应，亦即金属氢化物的分解作用占优势，钠、钾、铷和铯的氢化物的分解压随温度变化的情况见图 3.18。

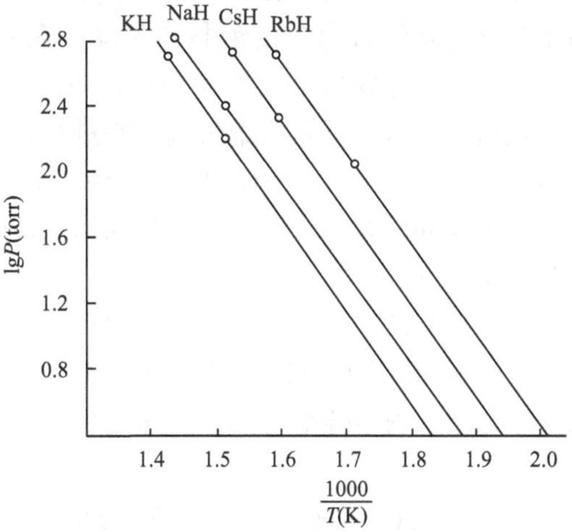

图 3.18 碱金属氢化物的分解压

同氢化物比较，相应的碱金属氘化物不容易生成，而且也不稳定，在指定的温度下氘化物的分解作用比相应的氢化物常大一些。这可以由表 3.49 所给的碱金属氢化物和氘化物的分解压方程式来加以说明。

表 3.49　碱金属的氢化物和氘化物的分解压

化合物	分解压方程式
NaD	$\log P=13.1994-6915.00(1/T)$
NaH	$\log P=11.9250-6318.41(1/T)$
KD	$\log P=12.1977-6318.68(1/T)$
KH	$\log P=11.6535-6185.57(1/T)$
RbD	$\log P=6.07-2664.00(1/T)$
RbH	$\log P=9.20-4533.5(1/T)$
CsD	$\log P=8.68-2695.5(1/T)$
CsH	$\log P=7.50-3475.5(1/T)$

尽管在类盐型氢化物生成过程中，关于氢存在的形式有分歧意见，但 NaH、KH、RbH 和 CsH 的晶体结构同氯化钠相似，即晶体是由金属阳离子和氢阴离子组成的面心立方晶格。

2. 化学性质

比较稳定的碱金属氢化物可以溶解在非氧化性融盐中，例如可以溶解在熔化的碱金属卤化物或氢氧化物中，在这类体系中氢化物是电离的，对此体系进行电解时在阳极释放出氢气，在这些体系中的氢化物能将许多金属氧化物还原成金属单质，应用在工业上叫做氢化物除锈；例如，把钢制产品浸入在一种溶有约 2%氢化钠的氢氧化钠融盐浴中，铁的氧化物即被还原而脱锈。氢化物除锈浴一般是先把金属钠溶解在熔化的氢氧化钠中，然后再将熔融混合物进行氢化来制备的。

碱金属氢化物同相应的碱金属本身一样，也能同许多分子反应，在这种意义上，氢化物就很像合金或金属间化合物，例如，氢化物同水、醇和其他极性溶剂按照下列方程式进行反应，产生氢气：

$$MH+H_2O \longrightarrow MOH+H_2$$

$$MH+ROH \longrightarrow MOR+H_2$$

在上式中，M=Na，K，Rb 或 Cs；R=烷基、芳基等。向加热的氢化物通入气态氨或乙炔，产生下述反应：

$$MH+NH_3 \longrightarrow MNH_2+H_2$$

$$MH+C_2H_2 \longrightarrow MC_2H+H_2$$

类似地，氢化物能将许多金属卤化物还原成金属单质或相应的氢化物。例如

$$4NaH + TiCl_4 \xrightarrow{400℃} Ti + 4NaCl + 2H_2$$

$$2BF_3 + 6NaH \xrightarrow{200℃} B_2H_6 + 6NaF$$

碱金属氢化物同氧或硫反应，释放出氢气并生成相应的金属氧化物或硫化物；氢化物与 SO_2 反应生成连二亚硫酸钠 $Na_2S_2O_4$，如果同液态 SO_2 反应则会进行得更快。碱金属氢化物同 CO_2 反应时，在低温下生成甲酸盐，而在高温下则生成碳酸盐和氢。

在一般情况下，碱金属氢化物的活泼性随着金属元素的原子序数增加而增强。

碱金属氢化物在有机化学上是常用的强还原剂；例如，氢化钠在大约 150℃下可将某些酯和其他羰基衍生物还原成醇类。然而，在有机化合物的还原作用中，在所有金属氢化物中，适应性最大和最有用的大概要算复合氢化物——碱金属硼氢化物 MBH_4 和碱金属铝氢化物 $MAlH_4$ 了。关于这方面的知识在本卷的专题 2 氢中已经做过介绍，这是就不再赘述了。

3. 物理性质(表 3.50)

碱金属氢化物和碱金属复合氢化物都是白色晶体。一般熔化时都发生分解作用，不过近年来的热分析指出 $NaAlH_4$ 在分解前 178℃熔化。所有的简单氢化物都成面心立方晶格，而 $NaBH_4$(可能还有其他碱金属硼氢化物)也生成由金属阳离子和四面体型的硼氢阴离子组成的面心立方晶格，每个单元晶胞含有四个钠原子和四个硼原子，$a=6.14$Å。

表 3.50 碱金属氢化物的物理性质

性 质	NaH	KH	RbH	CsH
生成热(kcal/mol)，25℃	−13.8	−14.5	−12.0	−19.9
分解温度(℃)(H_2 压力 1atm)	425	420—428[1)]	360	389
晶格能(kcal/mol)	202.0	177.2	168.6	162.0
密度(g/cm^3)	1.40	1.43	2.59	3.42
在 M 上电荷	0.50	0.55	0.56	0.57
在 H 上电荷	−0.50	−0.55	−0.56	−0.57
键距(Å，晶体)	2.44	2.85	3.02	3.19
键距(Å，气体)	1.89	2.22	2.37	2.49
晶格常数(Å)	4.880	5.700	6.037	6.376

1) T. H. Дымова и лр.，*Ж. Н. Х.*，14，3190—3195(1969)。

3.6.3 卤化物

在钠、钾、铷和铯的化合物中，大概以卤化物的研究为最多，这是因为它们是元素和化合物周期性的一种典型。就族的整体比较,碱金属电负性最小,卤素电负性又最大,故碱金属卤化物是离子性最大的一类化合物。它们都生成为正立方形晶体,正一价碱离子和负一价卤离子分布在晶格结点上。

1. 制备

氯化钠和氯化钾是最常见的碱金属卤化物,世界各地都有巨大的天然矿床存在,并用采矿技术生产,这两种高纯度的盐都可用简单的结晶法生产,但钾盐一般是先经浮选与原矿中的其他成分分离,然后再用结晶法提纯。由于铷和铯在矿物中含量很小,通常以氯锡酸盐、矾、亚铁氰酸盐或氯铂酸盐等形式沉淀出来,然后用适当的方法将它们转变为简单氯化物,例如用铁粉还原氯锡酸盐;加热使矾分解生成简单硫酸盐,再以离子交换技术转变为氯化物;或用空气氧化亚铁氰酸盐生成碳酸盐,然后同盐酸反应转变为氯化物。

虽然发现了一些溴化钠和溴化钾的天然矿床,但是钠和钾的溴化物主要还是靠合成的方法生产的。碱金属溴化物是用溴同相应的碱金属碳酸盐直接反应或用 HBr 同碱金属氢氧化物或碳酸盐反应来制备的。碱金属碘化物也常用单质碘作原料来制备,制备方法与溴化物类似。溴和碘同碱金属碳酸盐或氢氧化物反应结果生成卤化物和卤酸盐,例如:

$$3K_2CO_3 + 3Br_2 \longrightarrow 5KBr + KBrO_3 + 3CO_2$$

$$6KOH + 3I_2 \longrightarrow 5KI + KIO_3 + 3H_2O$$

这种卤酸盐是难溶的,沉淀后用过滤方法分离,剩余的卤酸盐可采用化学还原或加热分解的方法转换成卤化物。另外一种避免生成卤酸盐的手续,是让铁屑同单质卤素反应生成 Fe_3X_8(式中 $X=Br$ 或 I),然后令这种铁的卤化物同沸热的碳酸钾溶液反应生成卤化物:

$$Fe_3Br_8 \cdot 16H_2O + 4K_2CO_3 \longrightarrow 8KBr + 4CO_2 + Fe_3O_4 + 16H_2O$$

制备溴化铯也可以采用一种特殊的方法,即利用它在液态溴中具有较高溶解度的性质,先用热的氢溴酸把铯从铯榴石中提取出来,然后再用液态溴萃取使溴化铯浓缩。

碱金属氟化物最方便的制备方法是用 HF 同相应的碱金属碳酸或氢氧化物反应。

2. 化学性质

碱金属卤化物的溶解度-温度关系以曲线表示在图 3.19—图 3.22 中。

所有的碱金属卤化物在溶液中所起的反应多为离子间的反应。例如

$$Na^+ + Br^- + Ag^+ + NO_3^- \longrightarrow Na^+ + NO_3^- + AgBr\downarrow$$

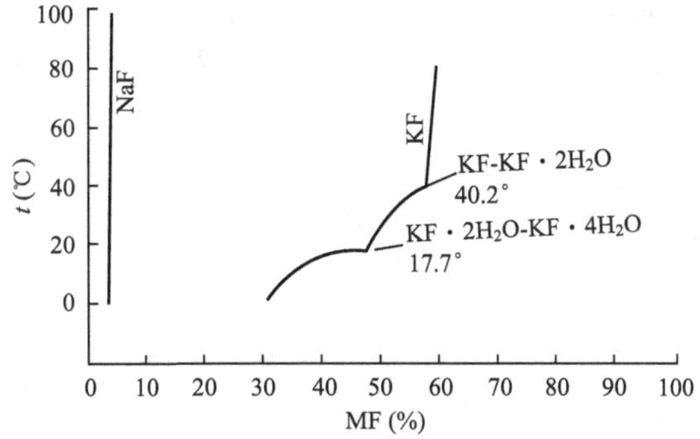

图 3.19 碱金属氟化物在水中的溶解度

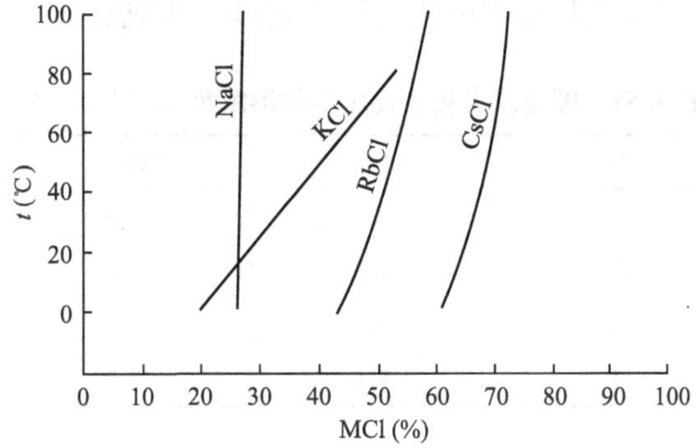

图 3.20 碱金属氯化物在水中的溶解度

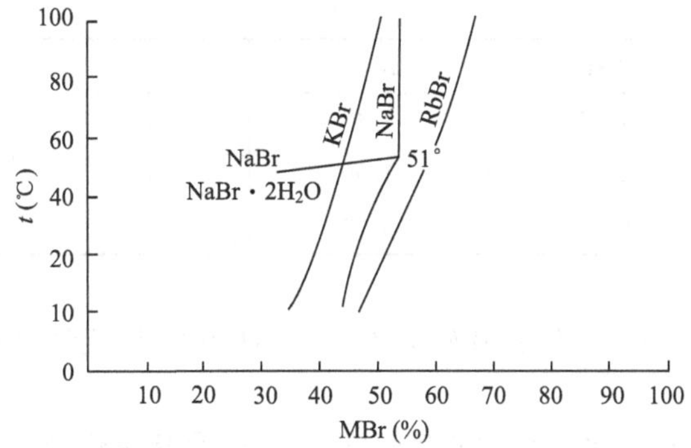

图 3.21 碱金属溴化物在水中的溶解度

反应所涉及的原理均属物理化学的范畴,在这里就无需赘述了。可以在任何一本物理化学教科书或手册中,查阅有关溶度积、溶解度和相图等丰富材料。

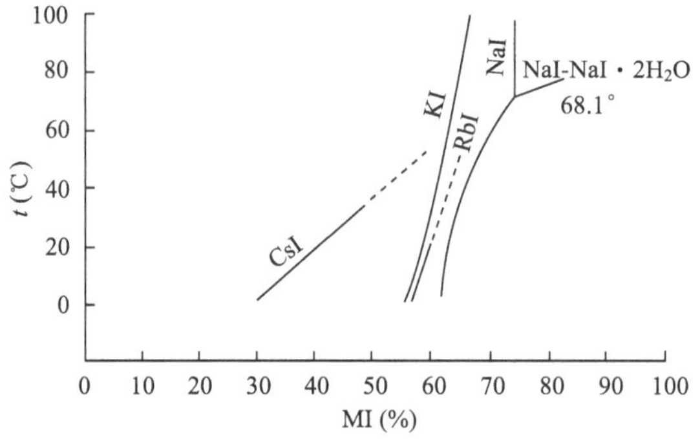

图 3.22　碱金属碘化物在水中的溶解度

钠、钾、铷和铯的卤化物在水中的溶解度数据[18]汇列在表 3.51 中。

表 3.51　碱金属卤化物在水中的溶解度（mol/L，20℃）

离子	Na^+	K^+	Rb^+	Cs^+
F^-	1.1	15.9	12.5	24.2
Cl^-	5.8	4.5	7.2	10.9
Br^-	8.6	5.4	6.5	5.6
I^-	11.8	8.6	7.2	2.8

从表中看出，在每种碱金属的不同卤化物中溶解度最小的正是那些阳离子半径与阴离子半径的比值十分接近的卤化物（见下表）。

	CsI	RbBr	KCl	NaF
$R_{阳}$	1.67	1.47	1.33	0.97
$R_{阴}$	2.20	1.90	1.81	1.33
$R_{阳/阴}$	0.76	0.77	0.73	0.73

这些难溶的盐在表 3.51 中是恰好处在一条对角线上，它们的 $R_{阳}/R_{阴}$ 平均值是 0.75。

碱金属卤化物在非水溶剂中的溶解度，多数也是从氯化物到碘化物增大，在许多情况下生成同水合物相似的溶剂合物，如氯化钠在液氨中生成 $NaCl \cdot 5NH_3$。特别是碘化物同氨、乙二胺、二氧化硫和其他非水溶剂更倾向于生成溶剂合物，如 NaI 与二氧化硫生成二溶剂合物 $NaI \cdot 2SO_2$ 和四溶剂合物 $NaI \cdot 4SO_2$；钾、铷和铯的碘化物也能生成 SO_2 的溶剂合物，所有碱金属卤化物在液氨中都有某种程度的溶解,见表 3.52,其中碘化物溶解度最为突出。

表 3.52 碱金属卤化物在液氨中的溶解度(重量%)

盐	温度		
	−35℃	0℃	25℃
氟化钠	—	—	0.35
氯化钠	4.0(−30℃)	11.5	5.3(20℃)
溴化钠	16	41.5	58.0
碘化钠	64.1	56.88	59.40
氯化钾	0.193	0.132	0.089(31.2℃)
溴化钾	22.08	15.25	10.7
碘化钾	55.6(−25℃)	64.3	64.3
氯化铷	—	0.289	—
溴化铷	—	18.23	—
碘化铷	—	65.15	—
氯化铯	—	0.381	—

在甲醇和其他有机溶剂中,许多碱金属卤化物是十分易溶的(表 3.53)。

表 3.53 碱金属卤化物在有机溶剂中的溶解度(重量%)

盐	溶剂(25℃)		
	甲醇	丙酮	甲酸
氟化钠	0.03	0.001	—
氯化钠	1.38	0.0003	4.95
溴化钠	14.82	0.122	16.25
碘化钠	43.35	28.6	36.20
氟化钠	9.26	2.2(18℃)	—
氯化钾	0.52	8.7(18℃)	16.10
溴化钾	2.05	0.036(18℃)	18.50
碘化钾	14.53	2.84	26.09
氯化铷	1.32	0.0002	36.26
溴化铷	2.46	0.005	33.60
碘化铷	10.00	0.492	32.16
氯化铯	2.92	0.04	56.62
溴化铯	2.20	0.0004	41.76
碘化铯	3.65	0.20	22.78

碱金属卤化物在水中的平衡相图,尤其是包含钾盐和钠盐的那些体系,曾经是一些化学家们的研究课题。最早引起人们研究兴趣的是如何从含有钾的钠、钙、镁

卤化物和硫酸盐矿物中分离出能用作肥料的钾盐。详细讨论这些问题将超出本书的范围，但由于从水盐体系中结晶分离碱金属卤化物有巨大的工业重要性，还是值得在这里扼要地加以讨论。

海水中含有钠、钾、钙、镁等元素的氯化物和硫酸盐，当内陆海中的海水不断蒸发接近干涸时，氯化钠首先由于有低的溶解度而分离出来，所以岩盐(NaCl)层一般在较深的地层下发现。最上层是易溶的钾、钙和镁的盐的沉淀，钾矿常常以简单的盐如钾盐(KCl)矿而出现，或是以复盐如光卤石($KCl \cdot MgCl_2 \cdot 6H_2O$)、钾镁矾($KCl \cdot MgSO_4 \cdot 3H_2O$)的形式出现。光卤石中还含有少量的铷和铯。如何从其中分离钾盐和镁盐，并回收铷盐和铯盐，这就需要研究它们的水溶液平衡相图，利用相图知识设计工艺流程。图 3.23 为 KCl-$MgCl_2$-H_2O 三元体系的溶解度图[19]。

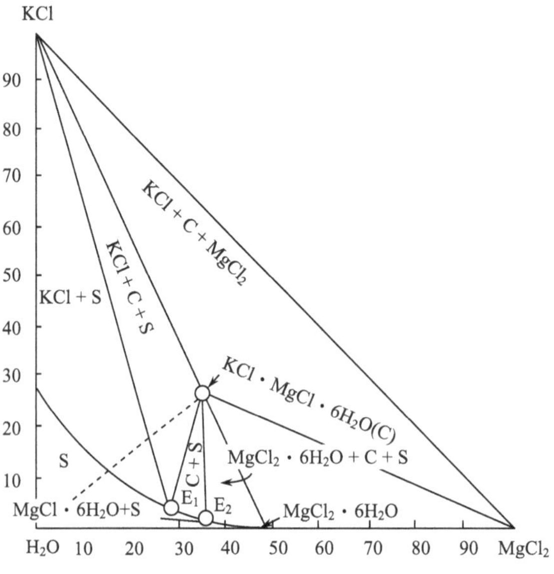

图 3.23　KCl-$MgCl_2$-H_2O 三元体系的溶解度图(25℃)

E_1. 转变点；E_2. 双饱和点；C. 光卤石；S. 溶液

从图 3.23 看出，加水时天然光卤石分解，这时氯化镁进入溶液，而大部分氯化钾留在沉淀中。如果加水适量，可以把溶液的组成控制在转变点 E_1 上。蒸发这样的溶液时，“人工光卤石”就会结晶出来，直至溶液的组成达到双饱和点 E_2 为止。“人工光卤石”再经同样的方法进行处理。可以从溶液中把氯化镁提取出来，并可以回收铷盐和铯盐。

3. 碱金属卤化物的化学反应

碱金属卤化物的最普通反应之一就是它们相互间,同其他金属卤化物或同卤素生成复杂的卤化物。这类化合物的典型就是复盐光卤石 $KCl \cdot MgCl_2 \cdot 6H_2O$,碱金属卤化物生成复盐的倾向随碱金属元素原子量的增大而增加,到铷和铯时变得尤为明显,例如铷光卤石 $RbCl \cdot MgCl_2 \cdot 6H_2O$ 和铯光卤石 $CsCl \cdot MgCl_2 \cdot 6H_2O$,在自然界中同钾光卤石伴生。铷和铯的光卤石与钾光卤石不同,如上所述,钾光卤石溶于水时析出 KCl,铷和铯的光卤石则是一致溶解的,溶解度也比较小,特别是铷光卤石。人们便利用这些光卤石在溶解度上的差别而从天然光卤石中提取铷和铯。铷和铯的氯化物还可以生成许多其他复盐,例如同氯化钴生成蓝色的复盐 $CoCl_2 \cdot nMCl \cdot 2H_2O$(M=Rb,Cs;$n$=1,2,3)。复盐 $3CsCl \cdot 2SbCl_3$ 难溶于水,常应用于从其他碱金属中分离铯。如在含有钾、铷和铯的水溶液中,加入约含40%$SbCl_3$ 的盐酸溶液,便析出复盐 $3CsCl \cdot 2SbCl_3$,而铷和钾则大部分留在母液中,将此复盐加入到10倍重量的沸水中,搅拌加热约30分钟,复盐水解为 SbOCl 沉淀,除去锑后,将溶液浓缩并冷却,便可得到氯化铯产品。

由于结晶化学上的原因,碱金属卤化物可以互溶而生成固溶体。氟化铯和钠、钾、铷的全部卤化物都有金属离子和卤素离子交互排列的面心立方晶格,其他铯的卤化物是体心立方晶格,铯离子在立方体的中心,卤离子在立方体的角顶。大的 Cs^+ 离子能够适应八个卤离子,而小的 Na^+、K^+ 和 Rb^+ 离子只能适应六个卤离子。立方体的大小如表3.54所示。

表3.54 碱金属卤化物的晶格常数(Å)

	Na	K	Rb	Cs
F	4.62	5.33	5.66	6.01
Cl	5.63	6.28	6.53	4.12
Br	5.94	6.57	6.84	4.29
I	6.46	7.05	7.31	4.56

碱金属卤化物同其他金属卤化物也能生成许多配位化合物,在其中外来金属阳离子同卤素阴离子结合生成配位阴离子。例如,冰晶石 Na_3AlF_6 可以认为是一种 NaF 和 AlF_3 的复盐 $3NaF \cdot AlF_3$,或者认为是一种六氟铝酸配位离子的钠盐 Na_3AlF_6。同样,可以认为碱金属氟硅酸盐是 $2MF \cdot SiF_4$ 或 M_2SiF_6;碱金属氯铂酸盐是 $2MCl \cdot PtCl_4$ 或 M_2PtCl_6;碱金属氯锡酸盐是 $2MCl \cdot SnCl_4$ 或 M_2SnCl_6 等。

与此相似,本节前面叙述过的 KSO_2F 化合物也可以认为是 KF 在液态 SO_2 中生成的一种溶剂合物。如果让 KF 同液态 SO_2 接触，并在加压下放置数日，KF 将按照下列反应式完全转变成 KSO_2F：

$$KF(s)+SO_2(l)\longrightarrow KSO_2F(s)$$

氟亚硫酸钾 KSO_2F 可以代替无水 HF 用作氟化剂。它是一种无色固体，在 77—82℃时分解，并且可以在水中水解。

钠和钾也可以生成许多其他的配位氟化物，最常见和最有用的一类化合物就是氟氢化物 KHF_2 或 $NaHF_2$。它们的生产，可用 KOH 或 K_2CO_3 溶液同 HF 进行中和反应，或用 HF 同 NaF 反应。后一反应用在工业上能从特定的废气中清除 HF 以减少空气的污染。使废气通过装有 NaF 的反应塔，在塔内生成 $NaHF_2$ 后 HF 即被除去；将 $NaHF_2$ 加热又可驱出 HF 回收 NaF。钾和铷的氟化物还可以同 HF 生成其他类型的配位氟化物，其中 H 原子对碱金属原子的比例大于 1，例如 KH_2F_3 和 RbH_3F_4。

钠和钾生成的其他配位氟化物包括有：

六氟碘酸钾：$KF+IF_5\longrightarrow KIF_6$

六氟磷(Ⅴ)酸钾：

$PCl_4\cdot PF_6+7KOH\longrightarrow KPF_6+K_2HPO_4+4KCl+3H_2O$

六氟锗酸钾：

$GeO_2+6HF+2KCl\longrightarrow K_2GeF_6+2HCl+2H_2O$

氟硼酸钠：

$2H_3BO_3+8HF+Na_2CO_3\longrightarrow 2NaBF_4+7H_2O+CO_2$

氟硼酸钾：$H_3BO_3+4HF+KOH\longrightarrow KBF_4+4H_2O$

七氟铌酸钾：$Nb_2O_5+6HF+4KHF_2\longrightarrow 2K_2NbF_7+5H_2O$

四氟铜(Ⅱ)酸钾[20]：$CuF_2+2KF\longrightarrow K_2CuF_4$

四氟银(Ⅱ)酸盐[21]：$AgF_2+2MF\longrightarrow M_2AgF_4$

式中 M 代表 K，Rb 或 Cs。

碱金属卤化物同卤素相互作用可生成多卤化物，这是碱金属配位卤化物中最普通的一类化合物，例如碘在 KI 溶液中由于生成多碘化物而溶解，从这种溶液中已经制得多碘化钾的水合物，即 $KI_3\cdot H_2O$ 和 $KI_7\cdot H_2O$。当向 NaI、RbI 或 CsI 的水溶液中加碘时，也可以生成各种类型的多碘化物，如 $NaI_2\cdot 3H_2O$、RbI_3、CsI_3、CsI_4 等。在所有这些化合物中，金属阳离子是正一价的，阴离子是一种负一价的配位阴离子，可以认为是卤素离子同卤素分子相结合而生成的，例如 $I_2\cdot I^-$ 或 $3I_2\cdot I^-$。具有偶数原子的多卤阴离子，可能是一种混合物，例如 NaI_2，可能是 NaI 和 NaI_3 的混合物。

碱金属和卤素原子的体积越大，越有利于生成稳定的多卤化物[22]。因此，铯和碘能形成最稳定的多卤化物，而钠的多卤化物就比较少。多卤化物常能溶解在高介电常数的液体，如水、醇和酮中。水合物及其他溶剂合物的生成，显然使多卤化物更加稳定化。因此在 KI_3 溶液中，能够分离出带一定数目水分子的多碘化钾如 $KI_3 \cdot H_2O$、但是无水盐 KI_3 却一直没有分离出来。$KI_3 \cdot H_2O$ 在温度低于 298K 条件下是稳定的，当脱水时就失去碘。

向碘化钾溶液中加入氯或溴就生成 $KICl_2$ 或 $KIBr_2$。氯也能同 CsBr 反应生成 $CsBrCl_2$，或与 NaI 反应生成 $NaICl_4$。一些反应及产物如下：

$$CsCl+\frac{1}{2}Br_2+\frac{1}{2}Cl_2 \longrightarrow CsBrCl_2$$

$$CsBr+Cl_2 \longrightarrow CsBrCl_2$$

$$CsCl+\frac{1}{2}I_2+\frac{1}{2}Cl_2 \longrightarrow CsICl_2$$

$$CsI+Cl_2 \longrightarrow CsICl_2$$

$$KI+Cl_2 \longrightarrow KICl_2$$

$$KIBr_2+Cl_2 \longrightarrow KICl_2+Br_2$$

从上述最后一个反应可以看到，多卤离子中电负性最小的卤素是阴离子的配位中心，一般情况下，这个原子不能被电负性较大的原子所取代，后者只能取代同它配位的其他卤原子。其他多卤化物还有 $RbFICl_3$、$CsFICl_3$、$KICl_4$、$RbBrCl_2$、$RbClBr_2$、$RbICl_2$、$RbIBr_2$、$CsIBr_2$ 等。有趣的是碱金属碘化物水溶液的凝固点并不由于碘的溶解而降低，这就使人们认为将碘加入到碘离子溶液后，生成了配位阴离子，如 I_3^- 和简单的碱金属一价的阳离子，微粒数目并没有增加，所以凝固点也就没有变化。

碱金属配位碘化物的苯加合物是碱金属多卤化物中很有兴趣的一类化合物，包括 $KI_3 \cdot C_6H_6$、$KI_5 \cdot 2C_6H_6$、$RbI_7 \cdot 4C_6H_6$ 和 $RbI_8 \cdot 4C_6H_6$ 等。

大多数多卤化物是相当稳定的，从溶液中易沉淀出具有各种颜色的晶体，从轻卤素的淡色化合物，经过黄色的氯溴化物，到黑色的多碘化物，给多卤化物加热时，电负性最小的卤素将先被驱出，残留下的应是一种电负性最大的卤素的白色简单卤化物。例如橙黄色 $CsICl_2$ 晶体，经多次重结晶，最后在 500℃下分解放出 ICl：

$$CsICl_2 \xrightarrow{\triangle} ICl+CsCl$$

用这个方法可以制得 99.99%的高纯 CsCl 产品。

4. 物理性质

碱金属卤化物在无水体系中的物理性质是化学周期性的生动例子。表 3.55—表 3.58 汇集了这些化合物的物理性质，由表可以看出熔点、沸点等随阴、阳离子的离子量的增加而有规则变化的情况。

表 3.55　碱金属氟化物的物理性质[1]

性质	NaF	KF	RbF	CsF
生成热(kcal/mol),25℃	−136.0	−136.46	−131.28	−126.9
熔点(℃)	995	856	775	682
离解热(kcal/mol),25℃[1]	114.0	117.6	116.1	119.6
熔化热(kcal/mol)	7.8	6.8	4.13	2.45
蒸发热(kcal/mol)[2]	50	41.275	39.51	34.33
一定蒸气压下的沸点(℃)				
1mm	1077	885	921	712
10mm	1240	1039	1016	844
40mm	1263	1156	1096	947
100mm	1455	1245	1168	1025
400mm	1617	1411	1322	1170
760mm	1704	1502	1408	1251
比热(cal/g)[3]	0.258	0.199	0.115(10℃)	0.076(10℃
密度(g/cm^3)	2.79	2.48	2.88	3.586
溶解度(g/100g H_2O),18℃	4.22	92.3	130.6	—
晶格能(kcal/mol)	216.0	191.5	183.6	171.0
在 M 上电荷	0.75	0.79	0.80	0.82
在 F 上电荷	−0.75	−0.79	−0.80	−0.82
晶体键长(Å)[4]	2.30	2.66	2.80	3.00
晶格常数(Å)	4.62	5.33	5.63	6.01
磁化率 χ_m(cgs×10^6)	−16.4	−23.6	−31.9	−44.5

1)—4) 参看 411 页表 3.58 的注释。

表 3.56　碱金属氯化物的物理性质

性　　质	NaCl	KCl	RbCl	CsCl
生成热(kcal/mol),25℃	−98.23	−104.18	−102.91	−103.5
熔点(℃)	808	772	717	685
熔化热(kcal/mol)	6.8	6.1	4.4	3.6
离解热(kcal/mol),25℃[1]	97.5	101.3	100.7	106.2
蒸发热(kcal/mol)[2]	40.81	38.84	36.92	35.69
一定蒸气压下的沸点(℃)				
1mm	865	821	792	744
10mm	1017	968	937	884
40mm	1131	1078	1047	989
100mm	1220	1164	1164	1069
400mm	1379	1322	1294	1217
760mm	1465	1407	1381	1300
临界温度(计算)(℃)	2568	2614	2595	2421
比热(cal/g)[3]	0.204	0.162	0.101	0.0746

续表

性　　质	NaCl	KCl	RbCl	CsCl
密度(g/cm^3)	2.16	1.99	2.76	3.97
溶解度(g/100g,H_2O)				
0℃	35.7	27.6	77	161.4
100℃	39.8	56.7	139	270.5
晶格能(kcal/mol)	183.5	167.9	162.0	153.1
在 M 上电荷	0.67	0.71	0.72	0.73
在 Cl 上电荷	−0.67	−0.71	−0.72	−0.73
键长(Å)[4]				
晶体	2.78	3.14	3.28	3.48
蒸气	2.36	2.67	2.79	2.91
晶格常数(Å)	5.627	6.28	6.571	4.110
磁化率 χ_m(cgs×10^6)	30.2	38.8	46.4	56.7

1)—4) 参看表 3.58 的注释。

表 3.57　碱金属溴化物的物理性质

性质	NaBr	KBr	RbBr	CsBr
生成热(kcal/mol),25℃	−86.03	−93.73	−93.03	−94.3
熔点(℃)	755	748	682	636
离解热(kcal/mol),25℃[1]	86.7	90.9	90.4	96.5
蒸发热(kcal/mol)[2]	37.95	37.06	37.12	35.99
一定蒸气压下的沸点(℃)				
1mm	806	795	781	748
10mm	952	982	923	887
40mm	1063	1050	1031	993
100mm	1148	1137	1114	1072
400mm	1304	1297	1267	1221
760mm	1392	1383	1352	1300
临界温度(计算)(℃)	2581	2575	2500	2433
比热(cal/g)[3]	0.118	0.104	0.0743(10℃)	0.0581(10℃)
密度(g/cm^3)	3.20	2.75	3.35	4.43
溶解度(g/100g,H_2O)				
0℃	79.5	53.5	89.5	123(25℃)
100℃	121	104	205	—
晶格能(kcal/mol)	175.5	161.3	156.1	149.6
在 M 上电荷	0.62	0.66	0.67	0.69
在 Br 上电荷	−0.62	−0.66	−0.67	−0.69
键长(Å)[4]				
晶体	2.93	3.29	3.43	3.63
蒸气	2.50	2.82	2.94	—
晶格常数(Å)	5.94	6.578	6.868	4.287
磁化率 χ_m(cgs×10^6)	41.1	49.2	56.4	67.2

1)—4) 参看表 3.58 的注释。

表 3.58 碱金属碘化物的物理性质

性质	NaI	KI	RbI	CsI
生成热(kcal/mol),25℃	−68.84	−78.31	−78.5	−80.5
熔点(℃)	661	681	647	626
离解热(kcal/mol),25℃[1]	72.7	76.8	76.7	82.4
蒸发热(kcal/mol)[2]	—	34.691	35.96	35.93
一定蒸气压下的沸点(℃)				
1mm	767	745	748	738
10mm	903	887	884	873
40mm	1005	995	991	976
100mm	1083	1080	1072	1055
400mm	1225	1238	1223	1200
760mm	1304	1330	1300	1280
临界温度(计算)(℃)	2435	2468	2444	2407
比热(cal/g)[3]	0.829	—	0.0581	0.0478
密度(g/cm^3)	3.66	3.12	3.55	4.51
溶解度(g/100g,H_2O)				
0℃	160	137.5	137.5(7℃)	44
100℃	302	208	163(25℃)	160(60℃)
晶格能(kcal/mol)	164.3	152.4	148.0	142.5
在 M 上电荷	0.54	0.58	0.59	0.61
在 I 上电荷	−0.54	−0.58	−0.59	−0.61
键长(Å)[4]				
晶体	3.17	3.53	3.67	3.87
蒸气	2.71	3.05	—	—
晶格常数(Å)	6.46	7.052	7.325	4.562
磁化率 χm(cgs×10^6)	−57.0	−63.8	−72.2	−82.6

1) L. Brewer, E. Brackett, *Chem. Rev.*, 61(4), 425(1961)。

2) J. A. Denn, Lange's Handbook of Chemistry, 11th Ed., McGraw-Hill。

3) *Ibid.*, 9-120—9-142, 9-72—9-84(1973)。

4) 南京大学化学系,元素周期表(1974)。

3.6.4 氰化物和氰酸盐

1. 制备

从 1782 年 Scheele 首次制出 KCN 以来,碱金属氰化物就在无机化学的发展中显示出一定的作用。但只是到了十九世纪晚期,为了从低品位矿石中提取金和银,开始采用 NaCN 作为配位化合物形成剂之后,碱金属氰化物在工业上才变得十分重要。

早期制备碱金属氰化物的一种方法是 Beilby 法。该法是将碳、氨、K_2CO_3 和 Na_2CO_3 的混合物加热生产 KCN 和 NaCN 的混合物。当 Castner 提出了以金属钠、碳和氨为基础的新方法后，Beilby 法就被取代了。Castner 法首先用金属钠同氨反应，以制备氨基化钠：

$$Na + NH_3 \longrightarrow NaNH_2 + \frac{1}{2}H_2$$

同时，将赤热的碳加到熔融的氨基化钠中，在 600℃下生成氨基氰化钠：

$$2NaNH_2 + C \xrightarrow{600℃} Na_2CN_2 + 2H_2$$

在 800℃下，氨基氰化钠同过量的碳反应生成氰化钠：

$$Na_2CN_2 + C \xrightarrow{800℃} 2NaCN$$

Castner 法已经成为工业上生产碱金属氰化物的主要方法。

氰化钠的生产受到人们重视，是由十九世纪末提取金和银的需要开始的，并且一直延续到二十世纪，此外，也用在电镀和钢的热处理上。不过目前主要是用来制备作为尼龙生产中间体的己二腈(adiponitrile)。随着尼龙和其他高聚物如丙烯酸酯产量的大大增长，近年来用廉价的 HCN 代替 NaCN 的工艺受到了很大的重视，因而工业上 NaCN 的需要量大幅度下降，许多市场以前供应的 NaCN，现在都被可以用更便宜的直接合成路线生产和 HCN 代替了。因为有廉价的 HCN 可用，故生产 NaCN 的 Castner 法也基本上被 HCN 中和碱金属氢氧化物的新方法代替了。

其他制备碱金属氰化物的方法还有：

(1) 用氨基氰化钙、纯碱和碳或碳化钙，按照下列反应方程式制得氰化钠：

$$CaCN_2 + Na_2CO_3 + C \xrightarrow{\Delta} 2NaCN + CaCO_3$$

$$CaCN_2 + Na_2CO_3 + 2CaC_2 \longrightarrow 2NaCN + 3CaO + 4C$$

(2) 用 K_2CO_3 同 $Ca_2[Fe(CN)_6]$反应，令产物 $K_4[Fe(CN)_6]$在 435℃以上进行热分解，也可以制得 KCN：

$$2K_2CO_3 + Ca[Fe(CN)_6] \longrightarrow K_4[Fe(CN)_6] + 2CaCO_3$$

$$K_4[Fe(CN)_6] \xrightarrow{\Delta} 4KCN + Fe + 2C + N_2$$

(3) 用氢或一氧化碳还原氰酸钠以制得氰化钠：

$$H_2 + NaCNO \longrightarrow NaCN + H_2O$$

$$CO + NaCNO \longrightarrow NaCN + CO_2$$

RbCN 和 CsCN 可以用 HCN 同相应的金属氢氧化物在乙醇或乙醚中反应，或者同相应的金属在无水乙醚或苯中起反应来制备。

2. 化学反应和性质

熔融态的碱金属氰化物是一种强还原剂，高温时它很快被氧化，在强氧化剂如硝酸盐或氯酸盐的存在下，反应极为剧烈，可能是爆炸性的。在 370℃时空气或氧气可以把 KCN 氧化成硝酸盐，但在更高的温度下可以生成氰酸钾 KCNO 与碳酸钾。KCN 的氧化反应可用过渡金属如银、镍或铜作催化剂，例如在铜盐的存在下 PbO_2 或 $KMnO_4$ 可以定量地将 KCN 氧化成为 KCNO。在工业废水处理中，从电镀车间放出的含氰废水，可用臭氧或氯气将氰化物氧化为氰酸盐的方法来进行处理，以除去有毒的氰化物。用氯气氧化氰化物，在 pH 高于 8.5 时，可能按下列反应方程式进行：

$$NaCN + 2NaOH + Cl_2 \longrightarrow NaCNO + 2NaCl + H_2O$$

$$2NaCNO + 4NaOH + 3Cl_2 \longrightarrow 6NaCl + 2CO_2 + N_2 + 2H_2O$$

在低于 pH8.5 时，能产生下列反应：

$$NaCN + Cl_2 \longrightarrow NaCl + CNCl$$

或同溴或碘反应：

$$NaCN + Br_2 \longrightarrow NaBr + CNBr$$

$$NaCN + I_2 \longrightarrow NaI + CNI$$

熔融态的碱金属氰化物也能同硫反应生成硫代氰酸盐，例如

$$KCN + S \longrightarrow KCNS$$

在空气存在下碱金属氰化物同金、银等贵金属生成可溶性配位化合物的反应是 Forrest-MacArthur 溶金法的基础，这些反应按下列反应方程式进行：

$$4NaCN + 2Au + \frac{1}{2}O_2 + H_2O \longrightarrow 2Na^+ + 2Au(CN)_2^- + 2NaOH$$

$$4NaCN + 2Ag + \frac{1}{2}O_2 + H_2O \longrightarrow 2Na^+ + 2Ag(CN)_2^- + 2NaOH$$

氢氧化亚铁和碱金属氰化物反应生成碱金属亚铁氰化物：

$$6NaCN + Fe(OH)_2 \longrightarrow 2NaOH + Na_4[Fe(CN)_6]$$

碱金属氰化物在高温下被强还原剂还原为碱金属单质：

$$2MCN + Fe \xrightarrow[\text{真空}]{600℃} FeC_2 + 2M + N_2$$

$$2MCN + 3Mg \longrightarrow 2M + 2C + Mg_3N_2$$

式中 M＝Na，K。

熔融态的氰化钾或氰化钠能被电解，在阴极得到钾或钠，在阳极得到氰 $[(CN)_2]$。

氰化钠生成两种水合物 $NaCN \cdot 2H_2O$ 和 $NaCN \cdot 0.5H_2O$。温度低于－31℃时，在液氨中生成一种氨合物 $NaCN \cdot 0.5NH_3$。二水合物在低于 34.7℃时是稳定的，在高过此温度时，同饱和溶液共存的固相是无水盐。氰化钾不生成二水合物。

钠和钾氰化物的溶解度如下：

KCN：71.6g/100g H_2O(25℃)和 4.19g/100g CH_3OH(19.5℃)；NaCN：45g/100g

H_2O(35℃)和 6.05g/100g CH_3OH(15℃);$NaCN\cdot 2H_2O$:32.5g/100g H_2O(10℃)。

在碱金属氰酸盐的制备中,脲同钠分散液作用,生成 N-脲钠的反应是一个较好的实验室方法:

$$2Na+2NH_2CONH_2 \xrightarrow{60—110℃} 2NaNHCONH_2+H_2$$

然后 N-脲钠释放出氨并生成氰酸盐:

$$NaNHCONH_2 \xrightarrow{140—200℃} NaCNO+NH_3$$

这种方法同氰化物的氧化法相比,能够得到较纯的产品,并且还能利用钠和硫脲反应生成 NaCNS。

3. 物理性质

碱金属氰化物在室温下是具有立方面心结构的白色晶体,但在低温下转变成正交晶型,所有碱金属氰化物都是毒性极大且易溶于水的化合物。氰化物很容易水解,且具有确定的水解常数。氰化铯有很强的吸湿性,而氰化钾也易潮解。氰化钾和氰化钠都中等程度地能溶于液氨,并且能从液氨中结晶出来,在实际工作中这是提纯氰化物的较好方法。

碱金属氰化物的物理性质汇列在表 3.59 中。

表 3.59 碱金属氰化物的物理性质

性质	NaCN	KCN	RbCN	CsCN
生成热(kcal/mol),25℃	−21.46	−26.90	25	27
熔点(℃)	563.7	634.5	—	—
熔化热(kcal/mol)	3.7	3.5	—	—
沸点(℃)	1500	—	—	—
蒸发热(kcal/mol)	37.3	—	—	—
密度(g/cm^3)				
立方	1.60	1.56	2.32	2.93
正交	1.62—1.64	1.62(−60℃)	—	—
液体	1.22(700℃)	—	—	—
蒸气压(mmHg)				
800℃	0.76	—	—	—
900℃	3.34	—	—	—
1000℃	12.4	—	—	—
比热(cal/g)	0.33	0.24	—	—
溶解热(kcal/mol)	0.36	2.8	—	—
$K_{水解}$,25℃	2.51×10^{-5}	2.54×10^{-5}	—	—
立方-正交转变温度(℃)	15.3	−60	—	—
比电导($\Omega^{-1}\cdot cm^{-1}$),液体	1.17(700℃)	—	—	—
晶格能(kcal/mol)	170.2	156.3	150.3	142.4

碱金属氰酸盐和硫氰酸盐是白色晶体，它们极易溶于水，温度-溶解度关系曲线相当陡。硫氰酸盐在水和乙醇中也是特别易溶的。

碱金属氰酸盐的物理性质见表 3.60，碱金属硫氰酸盐的物理性质见表 3.61。

表 3.60 碱金属氰酸盐的物理性质

性质	NaCNO	KCNO	RbCNO	CsCNO
生成热(kcal/mol)	−95.6	−98.5	−95	−96
密度(g/cm^3)	1.937	2.056	—	—
晶格能(kcal/mol)	169	153	147	140

表 3.61 碱金属硫氰酸盐的物理性质

性质	NaCNS	KCNS	RbCNS	CsCNS
生成热(kcal/mol)	−41.73	−48.62	−54.0	−50
熔点(℃)	287	173.2	—	—
密度(g/cm^3)	—	1.886	—	—
晶格能(kcal/mol)	173	156.5	150	144
在水中的溶解度(重量%)				
0℃	53.0(10℃)	63.9	—	—
25℃	58.8	70.5	—	—
100℃	69.3	87.0	—	—

3.6.5 氧化物、过氧化物、超氧化物和臭氧化物

碱金属同氧的二元化合物是非常典型的一类化合物，除氧化物 M_2O 外，还有过氧化物 M_2O_2、超氧化物 MO_2 和臭氧化物 MO_3 等(M 代表 Na，K，Rb 和 Cs)。

1. 氧化物

碱金属单质在过量的干燥氧气中燃烧时，得到的产物是很不相同的。钠的燃烧产物是过氧化物，钾、铷和铯的燃烧产物都是超氧化物。

尽管在含氧量有限的空气中，可以制得钠、钾、铷和铯的氧化物，但是这些金属的纯氧化物不能用这种方法来制备，因为条件不易控制，往往氧化连续进行，得到的产物中仍然含有过氧化物或超氧化物。

制备氧化物一般可以用碱金属单质或叠氮化物还原其过氧化物、硝酸盐或亚硝酸盐：

$$2Na + Na_2O_2 \longrightarrow 2Na_2O$$

$$10K + 2KNO_3 \longrightarrow 6K_2O + N_2$$

$$5NaN_3 + NaNO_3 \longrightarrow 3Na_2O + 8N_2$$

$$3NaN_3 + NaNO_2 \longrightarrow 2Na_2O + 5N_2$$

碱金属氧化物的物理性质见表 3.62。

表 3.62 碱金属氧化物的物理性质

性质	Na_2O	K_2O	Rb_2O	Cs_2O
颜色	白	淡黄	亮黄	橙红
生成热(kcal/mol),25℃	−99.4	−86.4	−79.0	−76.0
熔点(℃)	920	>490	>567	490
沸点(℃)	1275 升华	—	—	—
密度(g/cm^3)	2.27	2.32	3.72	4.36
晶格能(kcal/mol)	601.7	532.8	513.0	—

2. 过氧化物

虽然 Na_2O_2 是燃烧钠的主要产物,但在工业上制备 Na_2O_2 需要控制一定的条件。其方法是将钠和热至熔化,通入一定量的除去 CO_2 的干燥空气,维持温度在 180—200℃之间,钠就被氧化为 Na_2O;进而增加空气流量并迅速提高温度至 300—400℃,即可制得 Na_2O_2:

$$4Na + O_2 \xrightarrow{180—200℃} 2Na_2O$$

$$2Na_2O + O_2 \xrightarrow{300—400℃} 2Na_2O_2$$

钾、铷和铯的过氧化物可以用精确计量的空气或一氧化氮小心控制金属的氧化过程而制得,但是采用这种方法制备它们的纯过氧化物是困难的,因为这些过氧化物很容易氧化为超氧化物。可以用计量的氧小心地氧化碱金属的液氨溶液而制得它们的过氧化物,例如通氧气于金属钾的液氨溶液(−50—−60℃)可以制得 K_2O_2,然而在较高的温度下,首先生成氧化物,然后按下式同氨反应:

$$K_2O + NH_3 \longrightarrow KOH + KNH_2$$

这样就得不到 K_2O_2 了。还可以用超氧化物在真空的条件下加热分解而制得过氧化物,例如在 400℃时在真空中分解 KO_2 而制得 K_2O_2。

过氧化钠是一种黄色粉末,易潮解,加热至 500℃时仍很稳定。它可以生成一些水合物,例如在 15℃时使 30%H_2O_2 与 NaOH 反应,或在 20℃时让 Na_2O_2 与压强稍大于 1.70mmHg 的水蒸气反应,均可生成八水合过氧化钠 $Na_2O_2 \cdot 8H_2O$。

过氧化钠和过氧化钾也可以生成二水合物 $M_2O_2 \cdot 2H_2O$。将无水 Na_2O_2 或 $Na_2O_2 \cdot 8H_2O$。在 25℃下储存在水蒸气分压为 0.3—1.5mmHg 的湿空气中,可以制得 $Na_2O_2 \cdot 2H_2O$,也可以在 40℃时将无水 Na_2O_2 和 $Na_2O_2 \cdot 8H_2O$ 按化学整比混压在一起制备 $Na_2O_2 \cdot 2H_2O$。由于 $K_2O_2 \cdot 2H_2O$ 不如 $Na_2O_2 \cdot 2H_2O$ 稳定,所以 $K_2O_2 \cdot 2H_2O$ 必须在低温下将化学计量的水加入 K_2O_2 在液氨中的悬浮

液中来制备；如果加入上述水量的一半，还可制得 $K_2O_2 \cdot H_2O$。

钠和钾的过氧化物与过氧化氢也可以生成类似于 $NaF \cdot HF$ 或 $NaHF_2$ 类型的加合物。通常是将过氧化氢加到碱金属氢氧化物溶液中，或用过氧化氢或醇处理无水过氧化物来制备。用通常的方法可以制得 $NaHO_2$、$Na_2H_2(O_2)_2 \cdot H_2O_2$、$Na_2H_2(O_2)_2 \cdot H_2O_2 \cdot 4H_2O$、$K_2H_2(O_2)_2$、$RbHO_2 \cdot H_2O_2$、$KHO_2 \cdot H_2O_2$ 和 $CsHO_2 \cdot H_2O_2$ 等化合物。在一般情况下它们都是不稳定的化合物。

碱金属过氧化物的物理性质见表 3.63.

表 3.63　碱金属过氧化物的物理性质

性质	Na_2O_2	K_2O_2	Rb_2O_2	Cs_2O_2
生成热(kcal/mol),25℃	−120.6	−118.0	−101.7	−96.2
熔点(℃)	~675	~490	~570	~590
$\Delta H[2M_2O+O_2 \rightleftharpoons 2M_2O_2]$(kcal)	−38.1	−44.0	−48.2	−50.0
上述反应的 O_2 压				
$\log P_{O_2}=\frac{A}{4.57T}+B$				
A	38	53	48	41
B	7	8	8	8
密度(g/cm^3)	2.61	2.40	3.80	4.74
M 上电荷1)	0.7	—	—	—
O 上电荷	−0.7	—	—	—
M—O 键长(Å)	2.32—2.46	2.66—2.74	2.84—2.85	2.95—3.09
晶格常数(Å)				
a	6.208	6.736	4.201	4.322
b	6.208	7.001	7.075	7.517
c	4.469	6.479	5.983	6.430

1) M 代表 Na、K、Rb 和 Cs。

3. 超氧化物

令接近一个大气压的氧气同 K、Rb 或 Cs 作用时，可以制得黄色到橙色的超氧化物晶体，在早期的文献中曾经提出过的所谓四氧化物，如 K_2O_4，只不过是写成二聚物分子式的超氧化物。其所以这样写也许是为了使 M_2O、M_2O_2、M_2O_3、M_2O_4 系列完整些，其中每种分子都包括两个碱金属原子。然而磁化率的测量和晶体结构的测定已经表明，超氧化钾是由 K^+ 离子和 O_2^- 离子组成，它是一种顺磁性物质。所有的超氧化物中都包含 O_2^- 离子，因此碱金属超氧化物的正确化学式现在都认为是 MO_2 而不是 M_2O_4。

碱金属的氧化物、过氧化物和超氧化物遇水时都易水解，它们的水解反应[23]如下：

$$M_2O+H_2O \longrightarrow 2M^+ +2OH^-$$

$$M_2O_2+2H_2O \longrightarrow 2M^+ +2OH^- +H_2O_2$$

$$2MO_2+2H_2O \longrightarrow O_2+2M^+ +2OH^- +H_2O_2$$

超氧化物在水、酸或其他质子溶剂存在下发生水解形成过氧化氢、氢氧化物和氧气，或者在高温下分解为过氧化物和氧气，所以碱金属超氧化物的一个重要用途就是用做氧气源。

由于 RbO_2 和 CsO_2 太昂贵，而 NaO_2 制备成功又为时很晚，所以呼吸面罩中早期使用 KO_2。当戴上呼吸面罩时，佩戴者呼出的二氧化碳通过 KO_2，就发生下面的反应：

$$4KO_2+2CO_2 \longrightarrow 2K_2CO_3+3O_2$$

$$4KO_2+2H_2O+4CO_2 \longrightarrow 4KHCO_3+3O_2$$

这些反应释放出氧气，供佩戴者呼吸。呼气与吸气反复循环一直进行到面罩中的 KO_2 被消耗尽为止。这种呼吸面罩在医院、水下、矿井、高山、高空飞行等缺氧情况下使用是非常适合的。

1948 年，首次用氧气与溶解在液氨中的金属钠反应制得了 NaO_2，反应的机理已经用氨合电子与 O_2 分子的反应加以解释：

$$e^-_{(NH_3)}+O_2 \longrightarrow O_2^-$$

这种解释也适用于同一体系中过氧化物的形成：

$$2e^-_{(NH_3)}+O_2 \longrightarrow O_2^{2-}$$

1949 年，在高压釜中使用 Na_2O_2 和氧气在高温高压条件下反应制得了高产率的 NaO_2：

$$Na_2O_2+O_2(150\text{ 大气压}) \xrightarrow[100\text{ 小时}]{450℃} 2NaO_2$$

该反应提供了一种质轻价廉的氧源，一般可在应急呼吸面罩中大量使用。

在碱金属超氧化物中，LiO_2 是不稳定的，但重碱金属的超氧化物都是比较稳定的。例如低于 0℃时 KO_2 的分解速度是很小的，在 1 大气压 O_2 中 RbO_2 于 540℃熔化而不分解[24]。

在早期的文献中提出过碱金属倍半氧化物 M_2O_3，没有证据说明其中存在有 O_3^{2-} 离子，事实上它是过氧化物和超氧化物的组合物，通常可以描述为二超氧过氧化物，用化学式 $2MO_2 \cdot M_2O_2$ 或 $M_4O_2(O_2)_2$ 来表示。在 590℃和 300mmHg 的氧压下加热过氧化钾，或在 600℃和同上氧压下加热超氧化钾，制得一种黑色熔体，冷却时给出橙红色固体 $2KO_2 \cdot K_2O_2$[25]。

碱金属超氧化物的物理性质见表 3.64。

表 3.64　碱金属超氧化物的物理性质

性质	NaO_2	KO_2	RbO_2	CsO_2
生成热(kcal/mol),25℃	−62.1	−67.6	−68.8	−70.5
熔点(℃)	—	380	412	432
密度(g/cm^3)	2.21	2.14	3.06	3.80
晶格能(kcal/mol)	—	168	162	156
M上电荷	—	1.00	1.00	1.00
O上电荷	—	−0.50	−0.50	−0.50
磁化率,χ_m,(cgs×10^{-6})20℃	+1820	+1450	+1530	+1530
M—O键长(Å)[1)]	2.44—2.39	2.71—2.92	2.88—3.07	3.00—3.21
晶格常数(Å)				
a	4.26(正交)	4.033(四方)	4.25	4.45
b	5.54	—	—	—
c	3.44	6.699	7.04	7.28

1) M代表Na,K,Rb和Cs。

4. 臭氧化物

当将干燥的钠、钾、铷和铯的氢氧化物固体曝置在臭氧化(含8—9%O_3)空气之中时,可以生成臭氧化物。例如

$$3KOH(s)+2O_3(g)\longrightarrow 2KO_3(s)+KOH\cdot H_2O(s)+\frac{1}{2}O_2(g)$$

在液氨中重结晶,可以得到桔红色晶体KO_3。在固态氢氧化物表面形成的臭氧化物是发亮的有色化合物,它能够阻止氢氧化物同臭氧进一步接触。因此,臭氧化物的分离、纯化和鉴定,在它们在液氨中的溶解性被发现之前是很难实现的。NaO_3不溶于液氨,对钠的液氨溶液进行臭氧化可以生成NaO_3。

在−78至20℃温度范围内,用臭氧处理超氧化铷,发现RbO_2易与O_3分子反应生成臭氧化铷,而不是与氧原子反应生成臭氧化铷[24]:

$$RbO_2+O_3\longrightarrow RbO_3+O_2$$

碱金属臭氧化物同水按下式激烈反应:

$$4MO_3(s)+2H_2O\longrightarrow 4MOH(l)+5O_2$$

碱金属臭氧化物水解并不生成过氧化物,在室温下放置,即会缓慢分解,生成超氧化物和氧气。例如,桔红色晶体KO_3按下式分解:

$$KO_3\longrightarrow KO_2+\frac{1}{2}O_2$$

当H_2O_2在碱性溶液中分解时,已证明在中间产物中有O_3^-离子存在。O_3^-离子含有单电子,故显顺磁性[27]。

从 K-K_2O、Rb-Rb_2O 和 Cs-Cs_2O 的相图可以知道，目前还没有证据说明钾有低氧化物存在，而铷和铯的一系列低氧化物的制备、结构和性质则已见报道[25]。铷、铯的低氧化物[29—34]有 Rb_6O（组成为 $[Rb_9O_2]Rb_3$）、Rb_9O_2、Cs_7O（组成为 $[Cs_{11}O_3]Cs_{10}$）CsO（组成为 $[Cs_{11}O_3]Cs$）、$Cs_{11}O_3$ 等。这些低氧化物如 Cs_7O，它的 X 射线衍射图表明不同于 Cs_2O 或 Cs，也可能是由金属铯和氧化铯组成的某种类型的固溶体。

3.6.6 氢氧化物

碱金属的氢氧化物是极重要的一类化合物。由于在全部金属中以碱金属的电正性为最大，所以碱金属氢氧化物在所有氢氧化物中碱性为最强。各个碱金属氢氧化物的碱性随着离子体积的增大而增强，由于铯的离子半径最大，因而铯阳离子与氢氧根阴离子中氧之间的核间距也最大，所以 CsOH 是本族元素中最强的碱。

钠、钾、铷和铯的氢氧化物是很稳定的，同其他氢氧化物相比，熔点较低，加热时熔化而不分解。开始加热时并不失水而是以氢氧化物的形式挥发，在 350—400℃的温度范围内，蒸气主要是二聚物 $(MOH)_2$，在更高的温度下才以氧化物形式挥发。它们的沸点随着碱金属元素原子量的增大而降低。氢氧化物的热稳定性大致地同它们的碱性成正比，即金属元素的原子量越大，氢氧化物的热稳定性也越大。

1. 制备

长期以来已逐渐形成两种制备氢氧化物的方法。第一种方法是用碱金属碳酸盐或硫酸盐同氢氧化钙或氢氧化钡进行反应，这是历史上最先采用的方法；第二种方法是电解碱金属氯化物的近代工业方法，有的在隔膜电解槽中进行，在阴极区形成氢氧化物；有的在汞槽中进行，先产生碱金属汞齐，再水解生成相应的氢氧化物。

在过去常用苏打石灰法制备氢氧化钠，此法包含 $CaCO_3$ 热分解为 CaO，CaO 与水作用得到 $Ca(OH)_2$，然后 $Ca(OH)_2$ 与 Na_2CO_3 进行复分解反应：

$$CaCO_3 \xrightarrow{\triangle} CaO + CO_2 \uparrow$$

$$CaO + H_2O \longrightarrow Ca(OH)_2$$

$$Ca(OH)_2 + Na_2CO_3 \xrightarrow{H_2O} 2NaOH + CaCO_3 \downarrow$$

从氢氧化钠溶液中将 $CaCO_3$ 分出并回收，加热分解成 CaO 后还可再用；将碱液蒸发浓缩制得固体碱 NaOH。

与上述方法相似，只是用硫酸盐代替碳酸盐，用氢氧化钡代替氢氧化钙，可以用来制备铷和铯的氢氧化物。例如，氢氧化铷可按下列反应制备：

$$Rb_2SO_4 + Ba(OH)_2 \longrightarrow 2RbOH + BaSO_4$$

遗憾的是这两种反应都是可逆的，所以都不能用来生产纯的氢氧化物，当需要纯度高的产品时，可将不纯的氢氧化物溶解在乙醇中，分离出硫酸盐或碳酸盐后，从乙醇中得到纯的氢氧化物。

隔膜电解槽是以石墨阳极和铁网阴极构成的，当电解碱金属氯化物时，氯离子在阳极上放电产生氯气，而水分子在阴极上放电产生氢气和碱。电极反应如下：

$$\text{阳极反应：}2Cl^- \longrightarrow Cl_2\uparrow + 2e^-$$

$$\text{阴极反应：}2H_2O + 2e^- \longrightarrow H_2\uparrow + 2OH^-$$

电解过程中，阳极区和阴极区用隔膜分开，这样氯气就不能同氢氧化物反应而生成不需要的氯酸盐和次氯酸盐，否则不仅使产品的质量降低，而且还会消耗一部分电能。此外，如果不将电解生成的氯气和氢气隔开，它们混在一起还可能引起爆炸（氯中含氢量在 3.5%—97%之间都可能发生爆炸）。隔膜材料选用苛化的石棉纤维，它在碱液中和电解条件下具有很好的化学稳定性。在隔膜电解槽中，用隔膜将阳极区与阴极区分开，隔膜上有足够多的微孔，只允许带电离子穿过，而不允许从阳极产生的氯气穿过，从而防止了阴极区的 MOH 浓度的下降，但两种阴离子 OH^- 和 Cl^- 离子都传导电流，且 OH^- 比 Cl^- 离子移动得还快，因而能够传导较多的电流，氢氧离子到阳极后会被氧化放出氧气而不放出氯，故为保证电解有最大的效率，OH^- 导电必须减低到最小程度。钾离子比钠离子的离子迁移率大，且接近氯离子，因此采用此法时，从 KCl 生产 KOH 就比从 NaCl 生产 NaOH 的效率高。

在电解制备 NaOH 和 KOH 的过程中，当金属氢氧化物的浓度分别达到 10%（NaOH）和 15%（KOH）左右，而金属氯化物的浓度分别约为 15%（NaOH 槽）和 10%（KOH 槽）时，即可放出阴极液，使隔膜槽的效率最大。未转化的金属氯化物在碱液中溶解度降低，可以从溶液中结晶出来。例如电解法生产 KOH 时，从含 KOH 的母液中，分离掉沉淀出来的 KCl，然后将母液蒸发浓缩。在大约 400℃时，连续蒸发母液，可以制得固体 KOH，在隔膜槽中生产 NaOH 与上述方法相似，只是在具体的细节上有些不同。

隔膜电解槽中的石墨阳极，在电解过程中腐蚀严重，掉下的炭粒堵塞隔膜。为了延长阳极和隔膜的使用寿命，提高产品的产量和质量，近年来迅速发展起来的以金属钛为基体外部涂以氧化钌等金属氧化物的金属阳极正逐渐地取代了石墨阳极[35]。

汞电解槽由电解室和解汞室两部分构成，它的电解液和最终产品与隔膜电解槽相同，不同的是用汞代替铁网作阴极而不用隔膜。由于阴极材料变成能溶解钠和钾的液态汞，致使阴极上的电极反应发生了变化，从而很好地解决了上述 OH^- 导电的问题，以电解 NaCl 水溶液为例，当电解时 Cl^- 离子在石墨阳极上放电产生氯气，Na^+离子在汞阴极上放电生成金属钠，钠与汞形成钠汞齐。这样，电解室中的电极反应便是：

$$阳极反应：2Cl^- \longrightarrow Cl_2 + 2e^-$$

$$阴极反应；Na^+ + e^- \longrightarrow Na$$

$$Na + nHg \longrightarrow Na \cdot nHg$$

由于钠汞齐同盐水作用极为缓慢，所以它能够安全地流入解汞室。在解汞室里，钠汞齐同热水反应，生成 NaOH 和 H_2，同时留下汞循环使用：

$$Na \cdot nHg + H_2O \longrightarrow NaOH + \frac{1}{2}H_2 + nHg$$

得到碱液的浓度既很大（比隔膜法约大 3—5 倍）而纯度也很高（与隔膜法比较，基本上不含 NaCl），因而无需蒸发浓缩就可直接使用，特别适用于需要高质量烧碱的合成纤维等工业部门。

2. 化学反应

一般来说，碱金属氢氧化物的化学反应是强碱的反应。在水溶液中，它们甚至能同很弱的酸反应生成该酸的碱金属盐。例如，它们同碳酸 H_2CO_3 或二氧化碳反应生成碱金属碳酸盐或碳酸氢盐。它们也同乙醇反应生成金属烷氧化物，以及同硫化氢反应生成碱金属硫化物或硫氢化物。上述反应在工业上既被用来制备碳酸盐和硫化物，又可用来吸收 CO_2 或 H_2S。硫化氢以及它的某些机衍生物（例如硫醇）在工业上可以从石油产品中用 NaOH 或 KOH 溶液萃取除去。

碱金属氢氧化物同两性氧化物反应能生成许多强碱弱酸盐。例如，锌、铅、锡、铝、锰等的氧化物同碱金属氢氧化物反应可分别生成碱金属的锌酸盐、铅酸盐、锡酸盐、铝酸盐、锰酸盐等。也可同二氧化硅反应，因而很容易腐蚀硅酸盐玻璃，同臭氧反应生成臭氧化物，已在 3.6.5 节讨论过。

氢氧化钠和氢氧化钾是重要的商品，而且遍及全世界，并以巨大的吨位生产，特别是 NaOH，其产量的大约 25%用于生产有机化学产品，大约 10%用于生产其他无机化学产品，人造丝和赛璐珞、纸浆和造纸工业、纺织工业和许多其他工业也都消耗巨大吨位的氢氧化钠。炼铝工业则是以 Baeyer 法用 NaOH 提纯铝土矿从而为电解铝工业生产纯氧化铝奠定了基础，其反应如下：

$$NaOH + Al_2O_3(不纯) \longrightarrow NaAlO_2(在溶液中) + 不纯物\downarrow$$

$$2NaAlO_2 + CO_2 \longrightarrow Al_2O_3\downarrow(纯) + Na_2CO_3$$

氢氧化钾用于制造肥皂、磷酸盐洗涤剂等。

在水溶液体系中，碱金属氢氧化物生成许多水合物。其中某些水合物，连同它们的一些物理常数汇列在表 3.65 中。它们的溶解度曲线绘示在图 3.24 中。

碱金属氢氧化物极易溶解在低分子量的醇中，如表 3.66 所示。

表 3.65 碱金属氢氧化物的水合物

水合物	熔点(℃)	生成热 (kcal/mol)	三相点(℃)	溶解度 (g/100g 溶液)	其他固相
$NaOH \cdot H_2O$	64.3	−173.24	+61.8	69.0	NaOH
$NaOH \cdot 2H_2O$	—	—	+12	50.7	$NaOH \cdot H_2O$
$NaOH \cdot 3H_2O$	15.5	—	+5	45.5	$NaOH \cdot 2H_2O$
$NaOH \cdot 4H_2O$	—	—	+5	32.2	$NaOH \cdot 3.5H_2O$
$NaOH \cdot 5H_2O$	—	—	−17.7	24.5	$NaOH \cdot 4H_2O$
$NaOH \cdot 7H_2O$	—	—	−24	19.0	$NaOH \cdot 5H_2O$
$KOH \cdot H_2O$	143	—	+99	87	KOH
$KOH \cdot 2H_2O$	—	—	+32.5	57.44	$KOH \cdot H_2O$
$KOH \cdot 4H_2O$	−33.7	—	−33	44.4	$KOH \cdot 2H_2O$
$RbOH \cdot H_2O$	145	−177.8	+95	90.6	$RbOH \cdot \frac{1}{2}H_2O$
$RbOH \cdot 2H_2O$	—	−250.8	+47	73.8	$RbOH \cdot H_2O$
$RbOH \cdot 4H_2O$	—	—	−525	55.9	$RbOH \cdot 2H_2O$
$CsOH \cdot H_2O$	—	−114.2	—	—	—

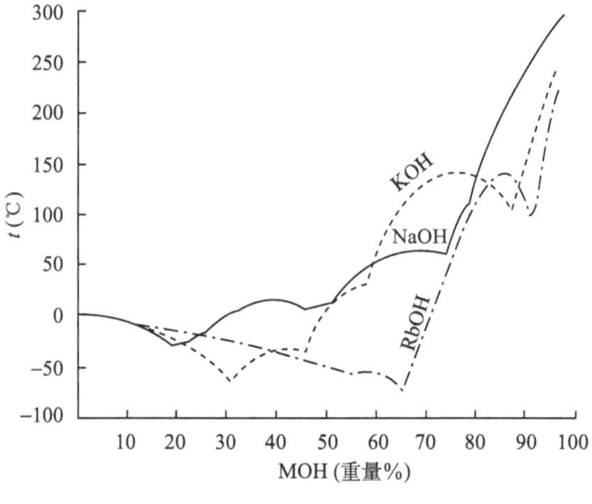

图 3.24 NaOH、KOH 和 RbOH 在水中的溶解度

表 3.66 碱金属氢氧化物在醇中的溶解度

溶剂	温度(℃)	NaOH	KOH
甲醇(100g)	28	30.8g	55g
乙醇(100g)	28	7.2g	38.6g

3. 物理性质

所有碱金属氢氧化物都是白色固体，在热力学上是十分稳定的。在相当低的温度下它们就熔化了，并且挥发而不分解。在水中溶解是一个强烈的放热过程。碱金属氢氧化物的物理性质汇列在表 3.67 中。

表 3.67 碱金属氢氧化物的物理性质

性质	NaOH	KOH	RbOH	CsOH
生成热(kcal/mol)	−101.99	−101.78	−98.9	−97.2
熔点(℃)	318.4	360.4	300	272.3
熔化热(kcal/mol)	40.0	28.6	25.8	10.8
一定蒸气压下的沸点(℃)				
1mm	739	719	—	—
10mm	897	803	—	—
40mm	1017	976	—	—
100mm	1111	1064	—	—
400mm	1286	1233	—	—
760mm	1378	1327	—	—
晶格能(kcal/mol)	196.1	172.7	165.7	156.6
密度(g/cm^3)	2.130	2.044	3.203	3.675
溶解热(kcal/mol),15—25℃	+13.30	+12.95	+14.27	+16.4

3.6.7 硫族化物、氮族化物、碳族化物和硼化物

1. 硫化物、硒化物和碲化物

碱金属的硫化物、硒化物和碲化物同碱金属的氧化物有较多的共性，这是由于ⅥA 族元素的外层电子构型相同的缘故。本族元素的金属性随着原子量的增大而增强，但主要区别还在于各元素所显示的自联(catenation)的程度上。钠、钾、铷和铯的硫、硒、碲化合物，都可用金属同非金属单质的直接反应来制备。正像氧帮助碱金属燃烧能形成氧化物一样，硫同样能帮助碱金属燃烧形成碱金属硫化物。实际上，金属钠(或钾)同硫黄粉的混合物隔绝空气加热，反应进行的情况几乎同碱金属在干燥空气中燃烧一样猛烈。然而，即使是制备实验室用量的碱金属硫化物，也不常用此种方法，因为特别当硫过量时很容易生成多硫化物，这一点也类似于碱金属同氧的反应。

(1) 硫化物

用单质硫同碱金属的液氨溶液反应，这是获得实验室用量的碱金属硫化物的

一个常用的好方法。此种方法可以用来制高纯度的 Na_2S 和 K_2S,在反应中要使用准确称量的反应物,否则任何过量的硫都会导致多硫化物的生成。欲制备铷和铯的硫化物时,用 HgS 同碱金属单质反应较好,因为在这种情况下不会生成多硫化物,而留下的汞和过量的铷和铯都容易挥发而从硫化物中分离。

制备 Na_2S 和 K_2S 的工业方法,一般多用干法。主要是用碳、一氧化碳、氢气或天然气等物质作为还原剂在高温下还原钠或钾的硫酸盐来制备:

$$K_2SO_4 + 4C \longrightarrow K_2S + 4CO$$

$$Na_2SO_4 + 4CO \longrightarrow Na_2S + 4CO_2$$

$$K_2SO_4 + 4H_2 \longrightarrow K_2S + 4H_2O$$

$$3Na_2SO_4 + 4CH_4 \longrightarrow 3Na_2S + 4CO + 8H_2O$$

这些反应在 750—1000℃温度范围内进行,如果温度太高,硫酸钠就会同硫化钠作用产生二氧化硫。由于甲烷的分解温度就在硫酸盐被还原的温度范围内,所以可以认为天然气的还原作用包括两个阶段,首先是甲烷热分解为碳和氢、然后是碳、氢或一氧化碳还原硫酸盐。硫化钠还可在 250—350℃时用高压氢还原硫代硫酸钠和氢氧化钠的水溶液来制得。

(2) 多硫化物

从形式上看,与碱金属氧化物所显示的情况相类似,碱金属硫化物也能同硫反应生成多硫化物。例如:

$$Na_2O + \frac{1}{2}O_2 \longrightarrow Na_2O_2$$

$$Na_2S + S \xrightarrow{500℃} Na_2S_2$$

尽管在化学整比上多硫化物与过氧化物表现出相似性,然而一般认为多硫化物与多卤化物的相似性胜过与过氧化物的相似性。在碱金属与氧的二元化合物中,包含十分明确的 O^{2-}、O_2^-、O_2^{2-} 和 O_3^- 阴离子,而多硫化物中除硫化物和二硫化物含有 S^{2-} 和 S_2^{2-} 离子外并不包含与上述类似的阴离子。即使是 M_2O_2 和 M_2S_2 两类化合物所表现出的相似性也必须看作是表面的,因为硫原子形成的键是单键组成的,而氧原子则不同;另一方面多卤化物,如多碘化物也可形成单键链,碘分子与碘阴离子成键形成配位离子 I_3^-、I_5^- 等,这些离子类似于多硫化物中 S_2^{2-}、S_3^{2-}、S_4^{2-} 等离子,并可能具有相同的结构。其次,和多卤化物的表现一样,多硫化物的生成和稳定性也是随着阳离子体积的增加而增大。铯比原子量较小的碱金属更容易形成多硫化物。还有,正如本族中只有钠生成过氧化物作为它的最稳定的氧化物,而钾、铷和铯生成超氧化物作为它们的最稳定的氧化物一样、钠的四硫化物(Na_2S_4)是钠的最稳定的多硫化物,而钾、铷和铯的五硫化物(M_2S_5)是它们最稳定的多硫化物。在完全隔绝空气的情况下,使其硫化物与化学计量的硫共熔可以生成所有这些金属的稳定的二硫化物,如下式所示:

$$M_2S+S \xrightarrow{500℃} Na_2S_2$$

其他桔红色的多硫化物也可用类似的方法用化学计量的硫同钠、钾、铷和铯的硫化物作用来制备：

$$M_2S+2S \longrightarrow M_2S_3$$

$$M_2S+3S \longrightarrow M_2S_4$$

$$M_2S+4S \longrightarrow M_2S_5$$

用氢还原相应的硫酸盐，也可以制得铷和铯的多硫化物，温度范围分别是620—720℃和720—800℃。

(3) 硫氢化物

碱金属也能生成完全确定的硫氢化物或酸式硫化物 MHS，它可以转变为多硫化物。首先用金属和乙醇反应生成烷氧化物，然后在乙醇介质中令烷氧化物同 H_2S 反应生成碱金属硫氢化物：

$$Na+C_2H_5OH \longrightarrow NaOC_2H_5+\frac{1}{2}H_2$$

$$NaOC_2H_5+H_2S \xrightarrow{\text{在 } C_2H_5OH \text{ 中}} NaHS+C_2H_5OH$$

硫氢化钠易溶于酒精，并可以在乙醚中用重结晶法进行提纯。同法也可制备其他碱金属的硫氢化物。

碱金属硫氢化物可用来制备碱金属的多硫化物，在方法上很类似于用硫化物制备多硫化物，亦即硫氢化物同硫按下式反应：

$$2NaHS+3S \xrightarrow{ROH} Na_2S_4+H_2S$$

$$2KHS+4S \xrightarrow{ROH} K_2S_5+H_2S$$

碱金属硫氢化物也能按下式建立分解平衡：

$$2NaHS \rightleftharpoons H_2S+Na_2S$$

因此很明显，硫同碱金属硫氢化物生成多硫化物的反应基本上和硫同硫化物的反应相同。

(4) 硫化物的化学性质

碱金属多硫化物的生成，可以用相图来说明，以 Na_2S-S 体系的相图(图 3.25)为例，可以看出有 Na_2S、Na_2S_2、Na_2S_4、Na_2S_5 等多种化合物生成。

碱金属硫化物都是还原剂，容易被氧化为硫的含氧酸盐，如亚硫酸盐、硫酸盐、硫代硫酸盐等。淡黄色的 Rb_2S_2 有强烈的吸湿性并易溶于水。

碱金属硫化物的水溶液由于有强烈的水解作用而显强碱性。硫化物和多硫化物都可以生成水合物，以硫化钠为例，如图 3.26[36] 所示，有几种水合物，室温下稳定的是九水合物，即 $Na_2S \cdot 9H_2O$。

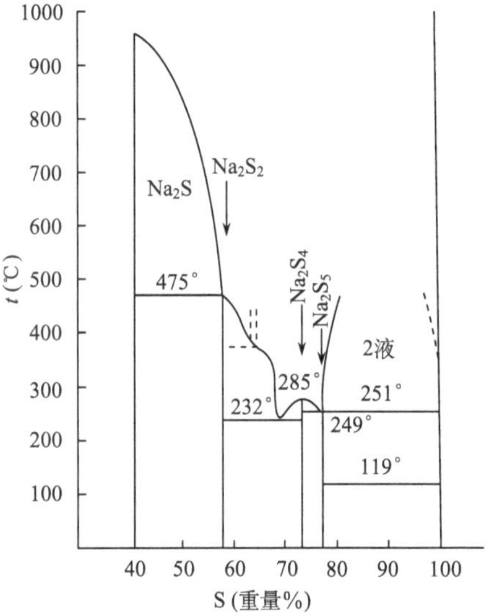

图 3.25　Na_2S-S 相图

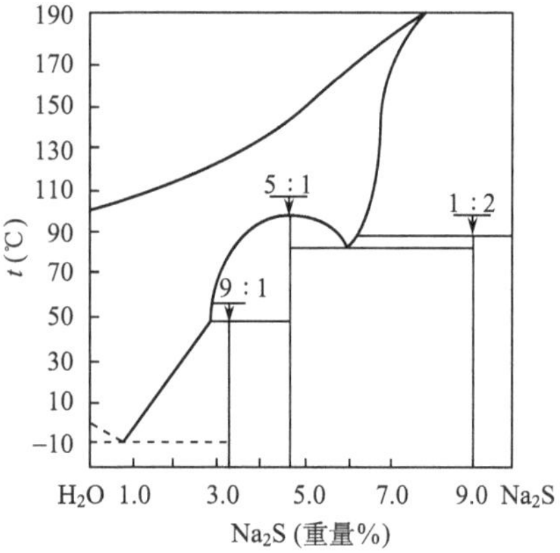

图 3.26　Na_2S-H_2O 体系溶解度图

已知还有 $Na_2S_2 \cdot 6H_2O$, $Na_2S_3 \cdot 8H_2O$, $Na_2S_4 \cdot 8H_2O$, $Na_2S_4 \cdot 9H_2O$, $Na_2S_4 \cdot 11H_2O$, $Na_2S_6 \cdot 6H_2O$, $K_2S \cdot 2H_2O$, $K_2S \cdot 5H_2O$, $K_2S_2 \cdot 3H_2O$, $K_2S_4 \cdot 2H_2O$, $K_2S_4 \cdot 4H_2O$, $K_2S_5 \cdot H_2O$ 等。有如这些化学式所表示的，在水合物体系中，硫化物和多硫化物结合的水分子数，随着碱金属元素原子量的增大而倾向于减少，但是有如表 3.68 所示，这种规律性仅反映一般情况。

表 3.68　碱金属硫化物、硫氢化物和多硫化物水合物的性质[1)]

水合物	生成热 (kcal/mol)	熔点(℃)	密度 (g/cm³)	溶解热 (kcal/mol)
$NaHS \cdot 2H_2O$	−199.8	分解	—	−1.53
$NaHS \cdot 3H_2O$	—	22	—	—
$KHS \cdot \frac{1}{2}H_2O$	−80.29	—	—	+0.765
$Na_2S \cdot 4.5H_2O$	−417.9	—	—	−5.02
$Na_2S \cdot 5H_2O$	−453.8	—	—	−6.69
$Na_2S \cdot 9H_2O$	−737.4	920℃，分解	1.427	−16.7
$K_2S \cdot 2H_2O$	−243.49	—	—	+3.82
$K_2S \cdot 5H_2O$	−457.59	60	在 150℃时失去 $3H_2O$	−5.26
$K_2S_2 \cdot 3H_2O$	—	—	—	—
$K_2S_4 \cdot \frac{1}{2}H_2O$	−151.3	—	—	−2.20

1) $K_2S_4 \cdot 2H_2O$、$Rb_2S \cdot 4H_2O$、$Cs_2S \cdot 4H_2O$ 及 $Cs_2S_2 \cdot H_2O$ 之数据尚未获得。

(5) 硫化物的物理性质

表 3.69 汇列了无水碱金属硫化物、硫氢化物和多硫化物的物理性质。从不同研究者得到的多硫化物的物理性质数据有相当大的差异，这是由于多硫化物具有分解的倾向。硫的相对的部分电荷从－0.66(Na_2S)变化到－0.72(Cs_2S)，这与碱金属具有高的电正性相一致。

表 3.69 无水碱金属硫化物、硫氢化物和多硫化物的物理性质

无水化合物	生成热(kcal/mol)	熔点(℃)	密度(g/cm^3)	溶解热,0℃(kcal/mol)	磁化率 χ_m ($cgs\times10^6$)
NaHS	－56.76	350	1.79	＋3.8	—
KHS	－63.31	455	1.68—1.70	＋0.1	—
RbHS	－62.4	—	—	0.0	—
CsHS	－62.9	—	—	－0.4	—
Na_2S	－89.2	1180	1.856	＋15.5	－39.0
K_2S	－100	840	1.805	＋22.5	－60.0
Rb_2S	－83.2	530,分解	2.912	＋24.61	－80.0
Cs_2S	－81.1	510,分解	—	＋27.24	－104.0
Na_2S_2	－105.62(水合)	445	—	—	－53.0
K_2S_2	—	470	1.973	—	－71.0
Rb_2S_2	—	450	2.79	—	－90.0
Cs_2S_2	—	460	3.83	—	—
Na_2S_3	－107.3(水合)	275	—	—	－68.0
K_2S_3	—	252	2.102	—	－80.0
Rb_2S_3	—	210	2.68	—	—
Cs_2S_3	—	217	3.47	—	—
Na_2S_4	－98.4	285	2.08	＋9.80	－84.0
K_2S_4	－113.0	145	—	＋1.2	－89.0
Cs_2S_4	—	160,分解	—	—	—
Na_2S_5	—	253	2.08	—	－99.0
K_2S_5	—	206	—	—	－98.0
Rb_2S_5	—	230^{-1}	—	—	—
Cs_2S_5	—	211		—	—
K_2S_6	—	196	2.02	—	—
Rb_2S_6	—	201	—	—	—
Cs_2S_6	—	186	—	—	—

(6) 硒化物和碲化物

一般说来，钠、钾、铷、铯的硒化物和碲化物与硫化物非常相似。第ⅥA 族各元素的金属性随着原子量的增大而变强，因此包含碲和碱金属的体系十分类似于合金体系。如图 3.27Na-Se 相图和图 3.28Na-Te 相图所示，在这些体系中都能生成多种化合物，其他碱金属的行为与此相同。

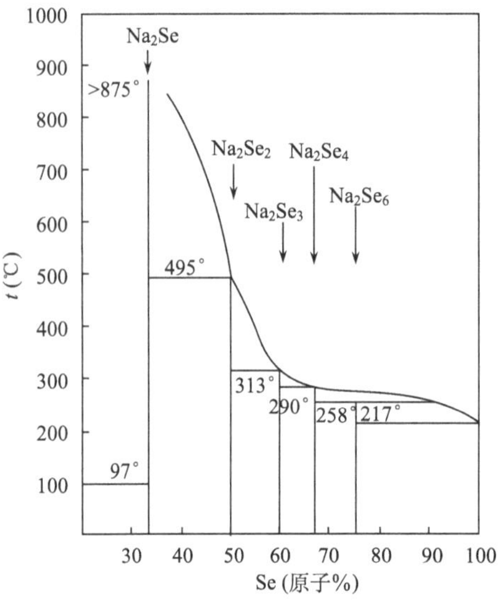

图 3.27　Na-Se 相图

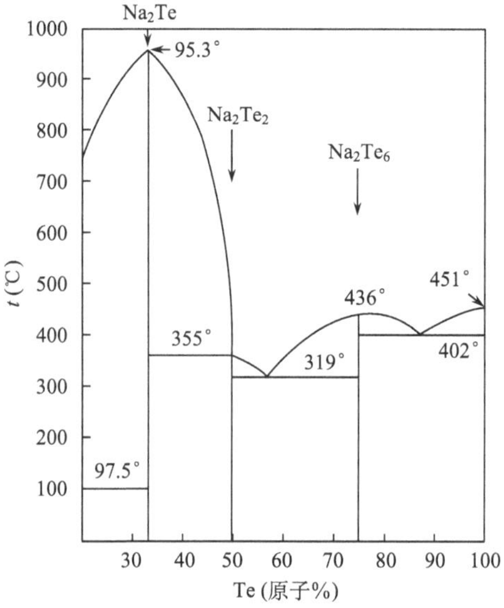

图 3.28　Na-Te 相图

1）制备。上述相图表明，碱金属的各种硒化物和碲化物都可以由单质直接化合来制备；不过最好是用相似于制备硫化物的方法来制备。碱金属硒氢化物一般可用硒化氢作用于碱金属烷氧化物来制备：

$$Na + C_2H_5OH \longrightarrow NaOC_2H_5 + \frac{1}{2}H_2$$

$$NaOC_2H_5 + H_2Se \longrightarrow NaHSe + C_2H_5OH$$

碱金属硒化物和碲化物最好用硒或碲同碱金属的液氨溶液反应来制备：

$$2Na + Se \xrightarrow{\text{液氨}} Na_2Se$$

多硒化物和多碲化物也可用 Se 或 Te 同碱金属硒化物或碲化物反应来制备。例如，可在 500℃时用 Se 和 Na_2Se 在一种惰性气氛中反应来制备 Na_2Se_2：

$$Na_2Se + Se \xrightarrow[\text{干燥 } N_2]{500℃} Na_2Se_2$$

二碲化钠可用相似的反应制备：

$$Na_2Te + Te \xrightarrow[\text{干燥 } N_2]{500℃} Na_2Te_2$$

制备碱金属硒化物和碲化物的另一个好方法是用氨还原相应的碱金属硒酸盐和碲酸盐。

2)性质。碱金属硒化物和碲化物能溶于水，并且可以从溶液中结晶出来；然而，它们有较强的水解倾向，释放出的 H_2Se 和 H_2Te 被氧化后可生成游离的单质。碱金属硒化物和碲化物都是还原剂，它们也是半导体。

一些碱金属硒化物和碲化物的物理性质汇列在表 3.70 中。

表 3.70 碱金属硒化物和碲化物的物理性质

化合物	生成热 (kcal/mol)	熔点(℃)	密度 (g/cm^3)	溶解热 (kcal/mol)
NaHSe	−27.8	—	—	—
Na_2Se	−63.0	>875	2.625	+18.59
K_2Se	−79.3	—	2.29	+8.60
CsHSe	−36.7	—	—	—
Na_2Te	—	953	2.90	—
K_2Te	—	—	2.52	—
$Na_2Se\cdot4.5H_2O$	−398.2	—	—	—
$Na_2Se\cdot9H_2O$	−709.1	—	—	—
$Na_2Se\cdot16H_2O$	−1199.4	—	—	—

2. 叠氮化物、氮化物、磷化物和氨基化物

钠、钾、铷和铯同第ⅤA 族元素生成的二元化合物通常具有水解不稳定的特征。除叠氮化物外，可以认为它们是 NH_3、PH_3、AsH_3、SbH_3 和 BiH_3 中的氢被碱金属取代而生成的产物；叠氮化物则可认为是氢叠氮酸(HN_3)的盐。

(1) 叠氮化物

1) 制备。各种碱金属叠氮化物都可以采用相应的碱金属氢氧化物或碳酸盐中和氢叠氮酸来制备。反应如下：

$$MOH + HN_3 \longrightarrow MN_3 + H_2O$$

$$M_2CO_3 + 2HN_3 \longrightarrow 2MN_3 + CO_2 + H_2O$$

式中 M 代表 Na，K，Rb 和 Cs。而氢叠氮酸是通过联氨同亚硝酸的反应来制备的：

$$N_2H_4 + HNO_2 \longrightarrow HN_3 + 2H_2O$$

另外制备碱金属叠氮化物的方法是先令碱金属同氨反应生成碱金属氨基化物：

$$M + NH_3 \longrightarrow MNH_2 + \frac{1}{2}H_2$$

式中，M 代表 Na，K，Rb 和 Cs。然后令碱金属氨基化物同 N_2O 反应来制备叠氮化物：

$$2NaNH_2 + N_2O \xrightarrow{\text{液 } NH_3} NaN_3 + NaOH + NH_3 \text{(低温法)}$$

$$\underset{\text{(熔化)}}{NaNH_2} + N_2O \xrightarrow{200^\circ C} NaN_3 + H_2O \text{(高温法)}$$

也可令氨基化钠同碱金属硝酸盐反应来制备叠氮化物：

$$3NaNH_2 + NaNO_3 \xrightarrow{\text{液氨}} NaN_3 + 3NaOH + NH_3 \text{(低温法)}$$

$$\underset{\text{(熔化)}}{3NaNH_2} + NaNO_3 \xrightarrow{175^\circ C} NaN_3 + 3NaOH + NH_3 \text{(高温法)}$$

制备叠氮化物的一种常用的实验室方法是以亚硝酸乙酯和水合肼代替氨基化物和硝酸盐，并用在乙醇中的碱金属氢氧化物或碱金属烷氧化物作为碱金属离子的来源。实质上，这个反应把制备氢叠氮酸的过程同中和氢叠氮酸的过程结合起来了。总反应如下：

$$N_2H_4 \cdot H_2O + C_2H_5ONO + NaOC_2H_5 \longrightarrow NaN_3 + 2C_2H_5OH + 2H_2O$$

这个反应需在乙醇或乙醚中进行。

如果能得到叠氮化钡，令它同碱金属硫酸盐在水溶液中进行复分解反应，生成 $BaSO_4$ 沉淀并且得到碱金属叠氮化物的溶液：

$$B(N_3)_2 + M_2SO_4 \longrightarrow 2MN_3 + BaSO_4 \downarrow$$

式中的 M 代表 Na，K，Rb 和 Cs。

另一种方法可以用来制备较少量的叠氮化物，即令碱金属同通过放电区域(类似于一个臭氧发生器)的氮气发生反应。在生成叠氮化物的同时，也产生小量的碱金属氮化物 M_3N。

2）化学反应。碱金属叠氮化物在加热时容易分解生成碱金属氮化物和氮气或游离的金属和氮气，如下列反应方程式所示：

$$3NaN_3(s) \xrightarrow{\triangle} Na_3N(s) + 4N_2(g)$$

$$2NaN_3(s) \xrightarrow{300^\circ C} 2Na(l) + 3N_2(g)$$

也可用此种方法制备金属铷和铯，一部分叠氮化物将转变为氮化物。RbN_3 的分解须在 500℃和高真空下进行。由于形成氮化物，Rb 的产率从未超过 60%；CsN_3 在 200℃开始分解，并获得 90%的产率。

碱金属叠氮化物不像重金属叠氮化物那样有爆炸性，一般认为在纯度很高时它们不是爆炸物，但是在空气中迅速加热时，它们都能很猛烈地分解，反应如下：

$$2MN_3 \xrightarrow{\triangle} 2M + 3N_2$$

碱金属叠氮化物也可按此式进行光化分解。铷和铯的叠氮化物，特别是 RbN_3，在一定的条件下可以转变为雷酸铷 RbCNO，这个化合物具有爆炸性[37]。当碱金属叠氮化物的晶体用紫外线、电子束、X 射线等在低温下照射时，会形成带色中心；例如在-176℃下用紫外线照射时KN_3变成淡紫色，在77℃下以2MeV的电子束照射时NaN_3变成蓝色。当温度升高时，上述两种颜色都会发生转变。

碱金属叠氮化物同二硫化碳反应时生成叠氮基二硫代碳酸盐(azidodithiocarbonate)，例如：

$$KN_3 + CS_2 \longrightarrow KSCSN_3$$

同碳反应生成氰化物或氰氨化物，例如：

$$NaN_3 + C \longrightarrow NaCN + N_2$$

$$2NaN_3 + C \longrightarrow Na_2NCN + 2N_2$$

或同酰氯反应生成异氰酸盐，例如：

$$RCOCl + NaN_3 \longrightarrow RCON_3 + NaCl$$

$$RCON_3 \longrightarrow RNCO + N_2$$

如果将叠氮化钠的水溶液同NaOCl的CCl_4溶液混合后酸化，就会生成高爆炸性的叠氮化氯ClN_3。

3) 物理性质。钠、钾、铷和铯的叠氮化物都是白色固体，能溶解在水中但不溶于乙醚中。在水中的溶解度绘示在图3.29中。

虽然所有碱金属叠氮化物在加热时都分解，但是只有叠氮化钠是这一系列中在达到熔点前就分解的唯一成员。

在所有碱金属的叠氮化物中，叠氮离子N_3^-是线型的，如下图所示，这同早期文献中提出的环形结构是完全不同的。

$$N_3^- : N \underset{1.15Å}{\text{——}} N \underset{1.15Å}{\text{——}} N^-$$

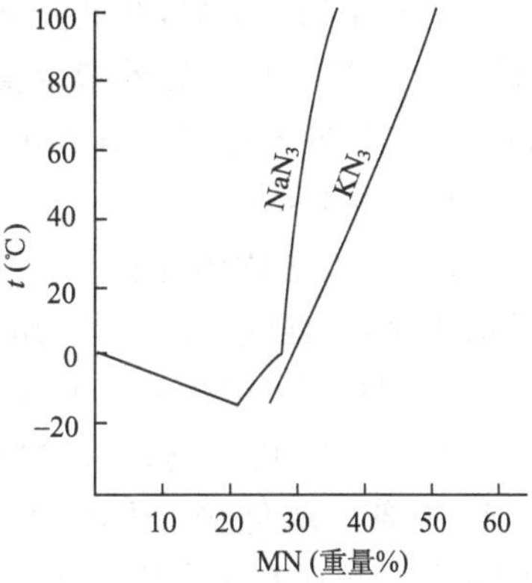

图3.29 碱金属叠氮化物的溶解度

在N_3^-离子中，结构是对称的，N—N间距离平均约为1.15Å。NaN_3是在单元晶胞中有一个分子的体心菱形结构，Na^+离子处在晶胞的角顶，N_3^-离子沿晶胞的对角线排列，配位数是6。

碱金属叠氮化物的一些物理性质汇列在表3.71中。

表3.71 碱金属叠氮化物的物理性质

性质	NaN_3	KN_3	RbN_3	CsN_3
生成热(kcal/mol)	5.1	-0.3	-0.1	-2.4
熔点(℃)	分解	343	321	326
分解温度(℃)	275	355	395	390
密度(g/cm³)	1.846	2.045	2.788	—
在水中的溶解度(g/100g)				
0℃	—	41.1	—	224.0

续表

性质	NaN_3	KN_3	RbN_3	CsN_3
17℃	41.7	49.6	107.1	307.4
100℃	—	105.7	—	—
在 C_2H_5OH 中的溶解度(g/100g),16℃	0.315	0.137	0.182	1.037
晶格能(kcal/mol)	173	155	149.5	143.5
磁化率,χ_m(cgs×10^6)	−17	−25	—	—
M—N 键长(Å)	2.48	2.96	3.11	3.34
晶格常数(Å)				
a_0	5.488	6.094	6.36	6.72
c_0	—	7.056	7.41	8.04

(2) 氮化物

如前所述,碱金属同无声放电条件下的氮气起反应,生成叠氮化物和氮化物,在高温下氮化物占优势,在低温下叠氮化物占优势,用这种方法制备的氮化物,纯度不高,且产率很低。另外碱金属叠氮化物同碱金属,特别是溶解在液氨中的碱金属反应也能生成氮化物。由铷和铯的叠氮化物加热分解制取金属时,也可生成大量的 Rb_3N 和 Cs_3N。

Na_3N 是红色固体,高于 150℃时分解,易水解生成 NaOH 和 NH_3,在氧气中加热时燃烧,其他碱金属氮化物的性质与此类似。

氮的相对部分电荷从−0.72(Na_3N)变到−0.78(Cs_3N)。

(3) 磷化物、砷化物、锑化物和铋化物

1) 制备。磷化物(M_2P_5、M_3P)、砷化物(M_3As)、锑化物(M_3Sb)和铋化物(M_3Bi)可用单质直接合成。在氩气气氛中用化学整比的金属钠和红磷熔融即生成钠的磷化物 Na_3P 或 Na_2P_5;钾、铷和铯的磷化物也可用同法制得,但是仅生成 M_2P_5 型的化合物。砷化钠 Na_3As 是使 350—450℃的钠蒸气通过加热到 180—200℃的砷粉而制得,在高真空中将产物加热到 450℃可从棕紫色的 Na_2As 中除去过量的钠。其他如砷化钾和钠、钾的锑化物及铋化物都可用化学整比的试剂置严格密封的容器中在氩气气氛下熔融来制备。

所有的 M_2P_5、M_3P、M_3As、M_3Sb 和 M_3Bi 等化合物都是十分脆的,显有金属光泽,比电正性金属和电负性非金属生成的化合物更具有金属间化合物的特征。研究 Na_3Sb 和 Na_3Bi 在 NaCl-NaI、NaI 或 KI 的融盐体系中的凝固点指出,在熔体中存在着 Sb^{3-}、Sb_3^{3-} 和 Bi^{3-} 离子。

在制备锑-铯光电池时,锑化铯 Cs_3Sb 在光阴极表面生成,它有光敏性。

2) 物理性质。钠和钾的磷、砷、锑、铋化合物的某些物理性质分别列在表 3.72 和表 3.73 中。

表 3.72 钠化合物的物理性质

性质	Na_3P	Na_3As	Na_3Sb	Na_3Bi
熔点(℃)	—	—	856	775
密度(g/cm³)	1.74	2.36	2.67	3.70
颜色	红	棕紫	蓝灰	紫灰

表 3.73 钾化合物的物理性质

性质	K_2P_5	K_3As	K_3Sb	K_3Bi
熔点(℃)	~650	—	812	671
密度(g/cm³)	~2	2.14	2.35	2.98
颜色	红棕	绿	黄绿	黄绿

(4) 氨基化物

1) 制备。在加热(350—450℃)和加压(30—50 大气压)的条件下,由单质直接合成的反应如下[38]:

$$Na+\frac{1}{2}N_2+H_2 \longrightarrow NaNH_2$$

常用的制备方法是用碱金属同氨反应,在生成氨基化物的同时释放出氢气:

$$2Na+2NH_3 \longrightarrow 2NaNH_2+H_2$$

具体的操作方法和实验条件很不相同。金属钠、钾、铷和铯在适当催化剂存在下在低温时同液氨反应生成相应的金属氨基化物;在室温下,用氨处理分散在矿物油中的碱金属,也可以生成碱金属的氨基化物;将气态氨通过在镍容器中的熔融碱金属表面也可制备氨基化物,对铷和铯来说适宜的反应温度分别是 200 和 120℃。

碱金属的氨基化物常是碱金属在液氨中对有机化合物起还原作用的产物:

$$C_{10}H_8+4Na \longrightarrow C_{10}H_8Na_4$$

$$C_{10}H_8Na_4+4NH_3 \longrightarrow C_{10}H_{12}+4NaNH_2$$

它们也是碱金属氧化物同氨反应的产物:

$$M_2O+NH_3 \longrightarrow MNH_2+MOH$$

2) 反应。碱金属氨基化物对于水解和氧化是很敏感的,其反应如下:

$$MNH_2+H_2O \longrightarrow MOH+NH_3$$

$$4MNH_2+3O_2 \longrightarrow 2MOH+2MNO_2+2NH_3$$

氨基化物常用来制备碱金属的某些化合物,例如:

$$\underset{(红热)}{NaNH_2+C} \longrightarrow NaCN+H_2$$

$$NaNH_2+ROH \longrightarrow RONa+NH_3$$

$$NaNH_2 + RC{\equiv}CH \longrightarrow RC{\equiv}CNa + NH_3$$

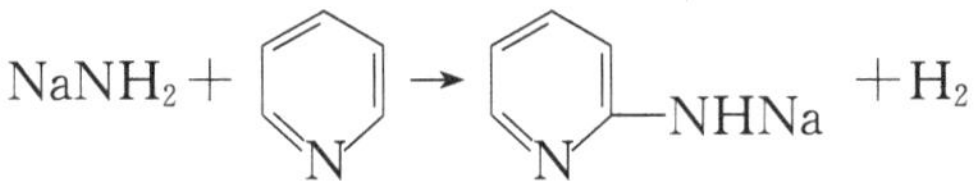

碱金属氨基化物在热分解时，将生成金属或金属氢化物、氮气和氢气。例如 $NaNH_2$ 在温度高于 335℃时，按下式反应，生成金属钠、氮气和氢气：

$$NaNH_2 \longrightarrow Na + \frac{1}{2}N_2 + H_2$$

如果氢的分压超过氢化钠的分解压力，则按下式反应，分解生成氢化钠、氮气和氢气：

$$NaNH_2 \longrightarrow NaH + \frac{1}{2}N_2 + \frac{1}{2}H_2$$

3）物理性质。碱金属氨基化物都是白色固体，熔融时仍不分解。它们的某些物理性质如表 3.74 所示。

表 3.74　碱金属氨基化物的物理性质

性质	$NaNH_2$	KNH_2	$RbNH_2$	$CsNH_2$
生成热(kcal/mol)	−28.4	−28.3	−25.7	−25.4
熔点(℃)	208	338	309	362
分解温度(℃)	>335	—	—	—
密度(g/cm^3)	1.39	1.64	2.58	3.43
溶解热(kcal/mol)	61.4	64.9	66.4	67
液氨中溶解度(g/100g)，−33℃	0.17	3.6	—	—

同碱金属氨基化物相对应的磷化合物的分子式为 MPH_2，叫做一碱代膦。例如一钠代膦 $NaPH_2$ 和一钾代膦 KPH_2。它们是以磷化氢同烷基钠或烷基钾在醚中反应来制备的。也可用磷化氢同溶在液氨中的碱金属反应来制备，但在液氨中反应时，易于生成混合的 N−P 化合物如 Na_2PNH_4。用 AsH_3 替换 PH_3 也发生类似的反应。

3. 碳化物、硅化物、锗化物和硼化物

(1) 碳化物

碱金属的钠、钾、铷和铯不能生成和其他金属碳化物相应的碳化物，却能生成与其他碳化物相似的两类化合物，这就是碱金属-石墨二取代乙炔化合物和叠层化合物(intercalation compounds)。这种相似性如果说不是在结构上和化学性质上有所体现，至少也是在化学整比上体现出来。

1）二取代乙烯化合物。它们可由乙炔按下列反应来制备：

$$C_2H_2+M\longrightarrow \underset{\text{（乙炔化物）}}{MC{\equiv}CH}+\frac{1}{2}H_2$$

$$MC{\equiv}CH+M\longrightarrow \underset{\text{（碳化物）}}{M_2C_2}+\frac{1}{2}H_2$$

因此，可以把钠、钾、铷和铯（即式中的 M）的碳化物看作是乙炔的衍生物，其中两个氢原子被金属取代；在这种意义上它们同碱土、稀土和许多过渡金属的碳化物相类似。

碱金属二取代乙炔化合物最好的制备的方法是用乙炔同碱金属单质反应，碱金属可以溶解在液氨中，或分散在烃中，或作为薄的覆盖层分散在分得很细的惰性固体表面上。反应先生成一代乙炔 MC_2H，然后将它在真空中加热到约 145℃失去乙炔：

$$2MC_2H\xrightarrow[\text{真空}]{145℃}M_2C_2+C_2H_2\uparrow$$

铷和铯的乙炔化物 RbC_2H 和 CsC_2H 要在真空中加热到 300℃才转变为 Rb_2C_2 和 Cs_2C_2。

碱金属碳化物同许多其他金属的高熔点碳化物很不相同，前者容易水解产生乙炔和碱金属氢氧化物：

$$M_2C_2+2H_2O\longrightarrow 2MOH+C_2H_2\uparrow$$

式中 M 代表 Na，K，Rb 和 Cs。

碱金属乙炔化物同二氧化碳反应生成丙炔酸或乙炔二羧酸的金属盐，或同烷基卤化物反应生成烷基乙炔衍生物。

这类化合物都是白色易吸潮的固体，通常含有杂质一代乙炔化物，Na_2C_2 的密度是 1.575。

2）碱金属-石墨叠层化合物。大多数其他金属的碳化物都是在高温下令金属和碳直接结合而生成。不过如果金属的沸点低于发生直接反应的温度，那么就不能采用这种制备方法。在高温下当液态钾、铷和铯同石墨接触时，就会发生一种不同于生成一般金属碳化物的反应，而生成一类叫做碱金属-石墨化合物的产品。化合物有不同的颜色，从青铜色或铜红色到深蓝色或黑色，颜色依赖于反应的温度和石墨和碱金属相对比值。

钾、铷和铯的石墨化合物的形成过程可以分为五个独立的反应阶段或化学整比阶段。第 1 阶段在 300℃发生，只要有足够的化学整比的碱金属存在，并用真空蒸馏的方法除去过量碱金属时，反应产物就是青铜色固体、化学式为 C_8M（式中 M＝K，Rb 和 Cs）。如果将产物 M_8C 在真空中加热到约 360℃，较多的碱金属被蒸出直至达到第 2 阶段，生成钢蓝色化合物，其化学式为 $C_{24}M$（式中 M＝K，Rb 和

Cs)。继续在真空中加热到更高的温度，就到达第3、4、5阶段，产生从深蓝到黑色的产物，相应的化学式分别为 $C_{36}M$、$C_{48}M$ 和 $C_{60}M$。最后全部的碱金属都可在真空下强烈地和连续地加热抽除。在300—400℃间适当的温度下加热化学整比量的反应物，也可以制得 $C_{24}M$、$C_{36}M$、$C_{48}M$ 或 $C_{60}M$ 化合物。

最初认为钠同石墨不生成重碱金属-石墨化合物那样的化合物，因为所有制备此种类型化合物的尝试都失败了。首次获得成功是用石墨同钠-铯合金反应而完成的，后来的工作表明，石墨同大约3%的钠在400℃加热产生深紫色的产物，其组成在 $C_{60}Na$ 和 $C_{68}Na$ 之间。X射线粉末图显示出此产物与石墨完全不同。到目前为止，没有制备出别的石墨和钠的化合物。应该指出钠和重碱金属之间在同石墨的反应方面存在着根本的区别。

碱金属-石墨化合物在性质上同碱金属碳化物不同，它们是很活泼的，但是在水解时不产生任何的烃如乙炔或甲烷。它们在空气中能自燃，并且能同水发生爆炸性反应，产生氢气、碱金属氢氧化物和石墨。它们能被乙醇和其他弱酸分解。汞能溶解碱金属-石墨化合物中的碱金属生成汞齐，而保留着石墨的晶格。液氨还能从 C_8M 中萃取三分之一的碱金属，并向化合物中引入两分子的氨；反应按下列方程式进行：

$$3C_8M + 4NH_3(液) \longrightarrow 2C_{12}M(NH_3)_2 + M$$

式中M代表K，Rb和Cs。

石墨同钠、钾、铷和铯的液氨溶液反应也可产生石墨化合物的氨合物。如果碱金属过量，就会生成深蓝色的化合物，化学式为 $C_{12}M(NH_3)_2$（阶段1）；如果石墨过量就生成黑色或蓝黑色的固体，组成约为 $C_{26.7}M(NH_3)_2$（阶段2）。

碱金属-石墨化合物的氨合物对空气和湿气是十分活泼的，但是它们并不像碱金属-石墨化合物那样可以自燃。它们在水解时产生氢气、氨、石墨和碱金属氢氧化物；在高温下它们分解，释放氢气，并生成碱金属氨基化物。在室温下，它们也可以保存在密封的除去空气和湿气的管子中而能多年不分解。

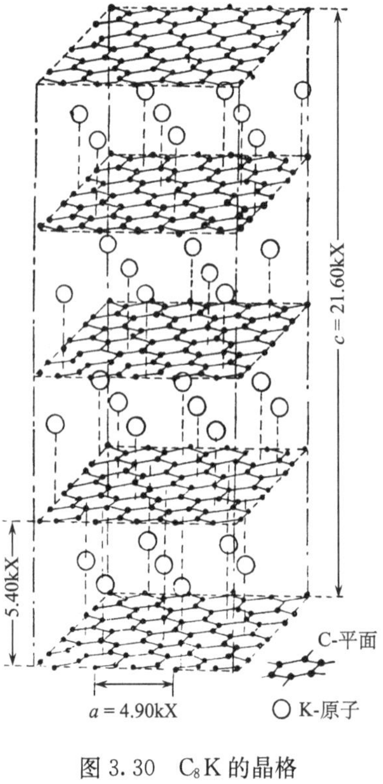

图3.30　C_8K 的晶格

结构研究表明，碱金属-石墨化合物是叠层化合物，碱金属原子以层状排列在碳原子的平面之间，如图3.30所示。碱金属原子引入石墨晶格，增加了碳原子平面间的距离；分别引入钾、铷、铯时，这个距离相应为 5.41，5.61，5.95Å。在 C_8M 中，碱金属平面内原子排成三角形网络，边长 4.91Å，为六角形碳网的 a 轴的二倍。在第 1 阶段产物的排列中，碱金属原子和碳原子形成交替的平面。在第 2 及以后的阶段中，碱金属原子大大减少，在 $C_{24}M$(阶段 2)每隔两层碳原子有一层碱金属原子形成的六角形平面网，在 $C_{36}M$、$C_{48}M$ 和 $C_{60}M$ 中，分别每隔三层、四层和五层碳原子有一层碱金属原子形成六角形平面网。如图 3.31 所示。

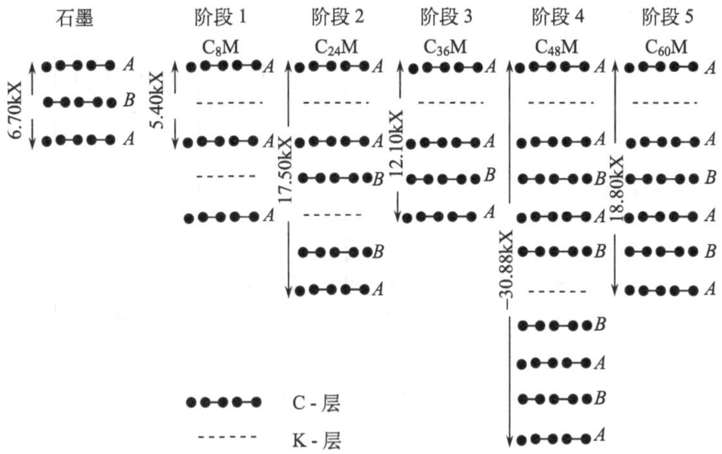

图 3.31　碱金属-石墨化合物 1—5 阶段中平面层的顺序(垂直于平面层的断面)

碱金属石墨化合物的氨合物比碱金属-石墨化合物本身有更加扩展的晶格。对所有碱金属-石墨化合物的第 1 阶段的氨合物，碳原子平面间的距离是 6.5Å，而钾、铷和铯的石墨化合物分别是 5.41Å、5.61Å 和 5.95Å。第 2 阶段氨合物的晶格常数为 9.9Å。

对于这些叠层化合物的键型还缺少明确的说明。它们具有金属间化合物，特别是强电正性金属(如碱金属)和贵金属(在现在的情况下相当于碳)之间生成的那些金属间化合物的许多特征。在这种结合中，碱金属倾向于生成 M^+ 离子，而石墨有剩余的负电荷；因此，可以预期这些叠层化合物是有极性的。测定钾-石墨的电导表明，钾把电子给予了石墨的导带。进一步测定磁性表明，C_8K 具有随温度变化不大的顺磁性，并且从阶段 1 到阶段 5 顺磁性减弱；这些数值的变化是，对钾-石墨化合物来说，从阶段 1 到阶段 5，$\chi_{mol}=10\times10^{-6}$ 到 4×10^{-6} cgs；对铷-石墨化合物来说，从阶段 1 到阶段 5，$\chi_{mol}=5\times10^{-6}$ 到 3.7×10^{-6} cgs；对氨的反磁性进行校正后，氨合物有同样的磁化率。

碱金属-石墨化合物的性质如表 3.75 所示。

表 3.75　碱金属-石墨化合物的性质

化合物＼性质	生成热 (kcal/mol)	磁化率 $\chi_{g\text{-}atom}$ ($cgs\times10^{-6}$)	晶格常数(Å)	密度(g/cm^3)	
				在 C_8M 中	纯
C_8K	−7.8	+10.0	5.4	1.51	0.86
C_8Rb	−11.6	+5.0	5.65	2.94	1.53
C_8Cs	−20.2	—	5.94	—	—
$C_{24}K$	−16.6	+8.7	8.75	1.005	0.86
$C_{24}Rb$	—	+5.1	9.02	1.96	1.53
$C_{24}Cs$	—	—	—	—	—
$C_{35}K$	—	+8.5	12.10	—	—
$C_{35}Rb$	—	+5.6	12.34	—	—
$C_{35}Cs$	—	—	—	—	—
$C_{48}K$	—	+5.7	15.46	—	—
$C_{48}Rb$	—	+6.2	15.75	—	—
$C_{48}Cs$	—	—	—	—	—
$C_{60}K$	—	+4.0	18.80	—	—
$C_{60}Rb$	—	+3.7	19.08	—	—
$C_{60}Cs$	—	—	—	—	—
$C_{13.9}K(NH_3)_2$	—	+5.68	6.6	—	—
$C_{13.2}Rb(NH_3)_2$	—	+8.0	—	—	—

(2) 硅化物和锗化物

钠、钾、铷和铯的硅化物和锗化物同相应的碳化物相比有许多同样的特性。第ⅣA 族的所有元素同碱金属都能生成金属间化合物，化合物活泼的程度随着第ⅣA族元素原子量的增大而减小。碱金属锗化物对湿气和空气是敏感的，但是比硅化物敏感性小些，而碱金属的锡和铅的合金则比锗化物更加稳定。

1) 制备。硅化物 MSi 和锗化物 MGe(式中 M 代表 Na、K、Rb 和 Cs)可以在 600—700℃的温度下在氩气氛中由单质直接合成。将反应物同很大过量的碱金属放在密封体系中仔细地混合在一起，然后放在钢弹中加热。NaSi 的反应周期为 1—2 天，KSi 为 4—5 天。反应完成以后，在 150—130℃下真空蒸馏数天以除去过量的碱金属。

2) 反应和性质。所有 1-1 型碱金属硅化物同水或稀酸接触时发生爆炸性的燃烧。在高真空中将 NaSi 加热到 420℃或者将 KSi、RbSi 和 CsSi 加热到 360℃，它们就分解了。NaSi 分解为单质钠和硅；1-1 型重碱金属硅化物在真空加热时分解为单质金属和 1-8 型的化合物 KSi_8、$RbSi_8$ 和 $CsSi_8$。硅化铷是一种黑色晶体，硅化铯是一种铜红色晶体。

锗化物对湿气也是敏感的，并且在水、稀酸或稀碱中容易分解，但仅偶尔发生燃烧现象。它们在空气中分解为碱金属氢氧化物和棕色的一氢化锗$(GeH)_x$。它们在高真空中加热时也分解，分解温度随碱金属元素原子量递增的顺序逐渐降低，NaGe 为 480℃，KGe 为 400—420℃、RbGe 和 CsGe 为 390—410℃。NaGe 的热分解产物为游离的单质，但重碱金属锗化物加热分解为游离的碱金属和 1-4 型的金属间化合物 KGe_4、$RbGe_4$ 和 $CsGe_4$。锗化铷晶体显铜红色，锗化铯晶体显黑色。

(3) 硼化物

钠、钾、铷和铯的硼化物在许多方面相似于碳化物、硅化物和锗化物。它们都是强电正性的金属同一种准金属元素相互结合的产物。它们可由电解熔融的硼酸盐和氟化物来制备，电解时常加一些其他金属的硼化物作为稳定剂，产品的化学式是 MB_6 和 M_3B(M 代表 Na、K、Rb 和 Cs)。

3.6.8 硼酸盐、碳酸盐、硅酸盐和铝硅酸盐

1. 硼酸盐

碱金属硼酸盐，既可以认为是各种硼酸如正硼酸 H_3BO_3、偏硼酸 HBO_2 和四硼酸 $H_2B_4O_7$ 的碱金属盐，也可以认为是由碱金属氧化物 M_2O 和三氧化二硼 B_2O_3 以不同比例组成的复杂氧化物体系和它们的水合物。为了使命名系统基本保持一致，凡 1 分子 B_2O_3 同 3、1 或$\frac{1}{2}$分子 H_2O 结合成的硼含氧酸，都叫做硼酸。例如 1 分子 B_2O_3 和 3 分子 H_2O 结合形成的化合物就是正硼酸：

$$B_2O_3 + 3H_2O \longrightarrow 2H_3BO_3\text{（正硼酸）}$$
$$\frac{2H_3BO_3 + 3Na_2O \longrightarrow 2Na_3BO_3 + 3H_2O}{B_2O_3 + 3Na_2O \longrightarrow 2Na_3BO_3\text{（正硼酸钠）}}$$

正硼酸的钠盐就叫做正硼酸钠。

如果就 M_2O 和 B_2O_3 两种氧化物之比而言，最普通的碱金属硼酸盐是 1:1 的偏硼酸盐 $M_2O \cdot B_2O_3 \cdot xH_2O$ 和 1:2 的四硼酸盐 $M_2O \cdot 2B_2O_3 \cdot xH_2O$。在自然界中最常见的硼酸盐，也是最重要的含硼化合物，就是四硼酸钠盐 $Na_2B_4O_5(OH)_4 \cdot 8H_2O$，习惯上把它的化学式写为 $Na_2B_4O_7 \cdot 10H_2O$，这就是人们熟知的硼砂。将金属氧化物和四硼酸盐共热生成氧化物比为 3:1(即 $M_2O \cdot B_2O_3$)的正硼酸盐，如：

$$5Na_2O + Na_2B_4O_7 \longrightarrow 4Na_3BO_3$$

同碱金属多磷酸盐一样，如果同 1 分子 M_2O 相结合的 B_2O_3 分子数为 2 或大于 2 时，则生成的硼酸盐统称做多硼酸盐。因此，例如五硼酸盐 $M_2B_{10}O_{16}$(即 $M_2O \cdot 5B_2O_3$)、六硼酸盐 $M_2B_{12}O_{19}$(即 $M_2O \cdot 6B_2O_3$)和四硼酸盐都应认为是多硼酸盐。

从水溶液中制得的碱金属硼酸盐，每 1 个硼酸盐分子常带有不同数目的结晶

水分子；例如，按习惯化学式硼砂就含有结合得十分牢固的 10 个水分子，需要在 60.8℃时加热才能转变为下一个水合物——五水合物。碱金属五硼酸盐 $M_2B_{10}O_{16}$随碱金属(M)不同，水合的水分子数为 7—10 个不等，如 $Na_2B_{10}O_{16}\cdot 10H_2O$、$K_2B_{10}O_{16}\cdot 8H_2O$、$Rb_2B_{10}O_{16}\cdot 8H_2O$ 和 $Cs_2B_{10}O_{16}\cdot 7H_2O$(见表 3.76)。通常偏硼酸盐存在着不同的水合物，它们的组成随碱金属和温度的不同而变化；例如，偏硼酸钠生成四水合物，它在 52℃左右失去 2 分子水。硼酸钠也能从甲醇中结晶出含有结晶甲醇的溶剂合物。

(1) 制备

在温度 680—950℃之间，将 B_2O_3 和 Na_2CO_3 熔融，可以按下列反应方程式制得硼酸钠 Na_3BO_3：

$$B_2O_3 + 3Na_2CO_3 \xrightarrow{\triangle} 2Na_3BO_3 + 3CO_2$$

用不含碳酸盐的 50%氢氧化钠溶液，按下列反应方程式所示的化学整比中和硼酸，可以制得偏硼酸钠四水合物：

$$NaOH + H_3BO_3 \xrightarrow{\text{水溶液}} NaBO_2 \cdot 4H_2O$$

偏硼酸盐二水合物可在真空干燥器中或用适当干燥剂等温干燥四水合物来制备，或采用极为准确配比的硼砂同不含碳酸盐的氢氧化钠溶液反应来制备。在高于 54℃时会沉淀出二水合物晶体：

$$Na_2B_4O_7 \cdot 10H_2O + 2NaOH \longrightarrow 4NaBO_2 \cdot 2H_2O\downarrow + 3H_2O$$

无水偏硼酸钠可在真空中并在 P_4O_{10} 上将二水合物加热到 200℃来制备，或熔融 Na_2CO_3 和 H_3BO_3 的化学整比混合物来制备：

$$Na_2CO_3 + 2H_3BO_3 \longrightarrow 2NaBO_2 + 3H_2O + CO_2$$

四硼酸钠盐有几种形式，最重要的一种形式是硼砂 $Na_2B_4O_7\cdot 10H_2O$，在我国西藏地区的一些湖泊中产有硼砂。天然硼砂的开采量不能满足工业需要，通常将其他的硼酸盐矿物在纯碱溶液中加热处理加工成硼砂。用纯碱或氢氧化钠同硼酸作用可以容易地制得硼砂，并且可以用重结晶法精制。四硼酸钠五水合物可在天然沉积中找到，慢慢地蒸发饱和的硼砂溶液也可人工制得五水合物。如向热的饱和硼砂溶液(65—70℃)中通入干燥空气数日，就可沉淀出五水合物 $Na_2B_4O_7\cdot 5H_2O$。四硼酸钠四水合物以天然矿物的形式出现，叫做斜方硼砂(kernite)。将等量的五水合四硼酸钠和硼砂混合起来，在密闭容器中加热至部分熔融(约 130℃)，并保持在此温度 20hr 以上，从熔融的部分中就会慢慢地结晶出光泽鲜艳的人工斜方硼砂。将硼砂在约 600℃长时间加热可以制得无水四硼酸钠。

将相应量的硼酸和氢氧化钠溶解在尽量少的水中，并慢慢冷却可以制得五硼酸钠五水合物，它也可以用等摩尔的硼酸和硼砂按照下列反应方程式进行作用来合成：

表 3.76 碱金属硼酸盐的溶解度(无水盐,重量%)

化合物	温度(℃)											
	0	10	20	25	30	40	50	60	70	80	90	100
$Na_2O \cdot 5B_2O_3 \cdot 10H_2O$	6.28	8.10	10.55	12.20	13.75	17.40	21.80	26.90	32.25	37.84	43.80	50.30
$Na_2O \cdot 2B_2O_3 \cdot 10H_2O$	1.18	1.76	2.58	3.13	3.85	6.00	9.55	15.00	—	—	—	—
$Na_2O \cdot 2B_2O_3 \cdot 5H_2O$ 1)	—	—	—	—	—	—	—	16.40	19.49	23.38	28.37	34.63
$Na_2O \cdot 2B_2O_3 \cdot 4H_2O$ 2)	—	—	—	—	—	—	—	14.82	17.12	19.88	23.31	28.22
$Na_2O \cdot B_2O_3 \cdot 8H_2O$ 3)	14.5	17.0	20.0	21.7	23.6	27.9	34.1	—	—	—	—	—
$Na_2O \cdot B_2O_3 \cdot 4H_2O$	—	—	—	—	—	—	—	38.3	40.7	43.7	47.4	52.4
$K_2O \cdot 5B_2O_3 \cdot 8H_2O$	1.56	2.11	2.82	3.28	3.80	5.12	6.88	9.05	11.7	14.7	18.3	22.3
$K_2O \cdot 2B_2O_3 \cdot 4H_2O$	—	9.02	12.1	13.6	15.6	19.4	24.0	28.4	33.3	38.2	43.2	48.4
$K_2O \cdot B_2O_3 \cdot 2.5H_2O$	—	42.3	43.0	43.3	44.0	45.0	46.1	47.2	48.2	49.3	50.3	—
$Rb_2O \cdot 5B_2O_3 \cdot 8H_2O$	1.58	2.0	2.67	3.10	3.58	4.82	6.52	8.69	11.4	14.3	18.1	23.75 4)
$Cs_2O \cdot 5B_2O_3 \cdot 8H_2O$	1.6	1.85	2.5	2.97	3.52	4.8	6.4	8.31	10.5	13.8	18.0	23.45 5)
$Cs_2O \cdot B_2O_3 \cdot 7H_2O$	—	—	36.8 (18℃)	—	—	—	—	—	—	—	—	—

1) 转为十水合物的转变点:60.7℃,16.6% $Na_2B_4O_7$。

2) 转为十水合物的转变点:58.2℃,14.55% $Na_2B_4O_7$。

3) 转为四水合物的转变点:53.6℃,36.19% $Na_2B_2O_4$。

4) 在 102℃。

5) 在 101.65℃。

$$Na_2B_4O_7 \cdot 10H_2O + H_3BO_3 \longrightarrow NaB_5O_8 \cdot 5H_2O + NaOH + 6H_2O$$

但是这个反应的情况比较复杂[39]，有时从溶液中结晶出来的不是五硼酸钠，而是硼酸与硼砂的混合物，这是因为五硼酸钠在室温下是一种介稳型的化合物。

其他碱金属的相应硼酸盐可以用类似的方法来制备，但要适当地考虑到不同碱金属间的差异。例如，钾、铷和铯的五硼酸盐在水中比五硼酸钠难溶解，它们的溶解度随碱金属元素原子量的增加而减小。

(2) 化学性质

就一般而言，碱金属硼酸盐易溶于水中，特别是在热水中。硼砂在 10℃时每 100 份水中仅溶解 1.76 份，但是在 50℃时增加到 9.55 份，在 100℃时增加到 52.5 份。四硼酸盐和其他硼酸盐的溶解度汇列在表 3.76 中。

从结构上看，无水碱金属硼酸盐中的硼酸根常是由硼氧基团通过氧原子结合起来的多聚离子。例如，偏硼酸钾 $K_3B_3O_6$ 是一个三聚体，其中$[B_3O_6]^{3-}$离子形成是如下图所示揭示的硼和氧原子相互交替的六元环：

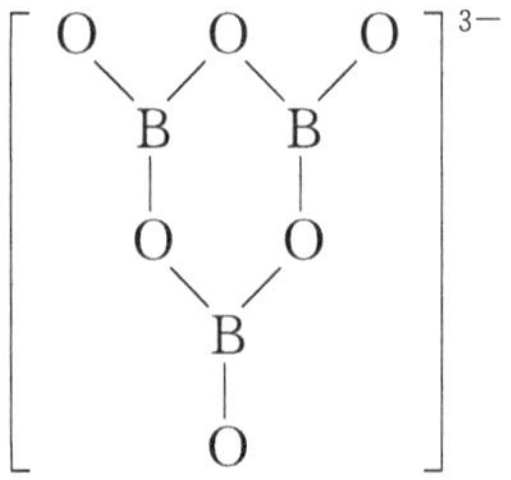

当 B_2O_3/M_2O 比偏高的碱金属硼酸盐熔体冷却时，往往生成玻璃体，这表明硼氧基团有互相结合成连续聚合体型结构的倾向。

根据它们的性质，各种碱金属硼酸盐有很多商业用途。普通的硼砂不仅是制备其他硼酸盐的原料，它还大量用在家用洗涤剂和去污料中。五水合四硼酸钠被用作防冻溶液的腐蚀阻化剂，以及某些含硼玻璃和陶瓷的原料。无水硼砂 $Na_2B_4O_7$ 是又一种重要商业产品，它被用在高质量的玻璃和瓷釉中，还可用作高质量非铁金属和合金的助熔剂及其他用途。硼酸钾用作焊剂的组分或在需要高水溶性硼酸盐的地方代替硼酸钠。

在硼砂的强碱性溶液中加入过氧化氢，并在室温下静置一段时间，就会慢慢地析出碱金属过硼酸盐晶体。历史上曾把它们看作是碱金属偏硼酸盐同过氧化氢的加合物，这种加合物可以表示为通式 $MBO_2 \cdot H_2O_2 \cdot nH_2O$。不过最近人们认为它是真正的过氧化合物，因此把化学式写成 $MBO_3 \cdot nH_2O$ 似乎更恰当一些。以前把过硼酸钠写成 $NaBO_2 \cdot H_2O_2 \cdot 3H_2O$，现在也应改写为 $NaBO_3 \cdot 4H_2O$。此化合物在贮存时非常稳定，因此它已成为一种工业产品，并已作为固体家用漂白剂使用。过硼酸盐比过碳酸盐稳定得多，而且难溶于水；过硼酸钠是如此地难溶，以至在 0℃时，在 0.5%H_2O_2 水溶液中的大部分 H_2O_2 都可以结合成过硼酸钠而沉淀出来。

当 B_2H_6 或 B_4H_{10} 同固体氢氧化钾或氢氧化钠相接触时，按下列反应方程式生成钾或钠的连二硼酸盐：

$$B_4H_{10}+4KOH \longrightarrow 2K_2O_2B_2H_4+3H_2$$

当 B_4H_{10} 溶解在 KOH 水溶液中时，也可发生这样的反应，但是 B_2H_6 水解生成 B_2O_3 和 H_2 的反应进行得非常迅速，因而只有 B_2H_6 同固体碱金属氢氧化物作用才能生成连二硼酸盐。电导测量表明此化合物应该具有的化学式是 $K_2O_2B_2H_4$，而不是 $KOBH_2$。

碱金属氟硼酸盐可看作是碱金属卤化物的配位化合物，它们同碱金属硼酸盐和碱金属硼氢化物都有着密切的关系。例如，$NaBF_4$ 既可看成是 $NaBH_4$ 中的氢被氟所置换，也可看成是 $NaBO_2$ 中的氧被氟置换。在 580℃ 加热 KPF_4 时生成 $K_4B_4F_{16}$，这个反应也类似于碱金属硼酸盐的一些高温反应。以前认为 KHF_2 同硼酸反应生成 $K_2B_2F_8 \cdot \frac{3}{2}H_2O$；不过现在人们认为此反应是按下列反应方程式进行的，产物是氢氧基氟硼酸钾 KBF_3OH：

$$2KHF_2+H_3BO_3 \longrightarrow KBF_3OH+KF+2H_2O$$

氟硼酸盐也可用氟硼酸作用于相应的碱金属氯化物来制备，这些盐在水中的溶解度随碱金属元素原子量的增加而减小。

(3) 物理性质

可以预期，所有碱金属硼酸盐都是白色固体，它们具有形成玻璃体的强烈倾向，因而常常很难得到晶态的无水盐。

各种钠、钾、铷和铯的硼酸盐的一些物理性质汇列在表 3.77 中。

表 3.77 碱金属硼酸盐的物理性质

化合物	熔点(℃)	密度(g/cm^3)	晶型	生成热(kcal/mol)
$Na_2O \cdot 5B_2O_3 \cdot 10H_2O$	80($-H_2O$)	1.71	三斜	—
$Na_2O \cdot 2B_2O_3 \cdot 10H_2O$	60.7(分解)	1.715	单斜	−1497.2
$Na_2O \cdot 2B_2O_3 \cdot 5H_2O$	120($-H_2O$)	1.81	六方	−1143.5
$Na_2O \cdot 2B_2O_3 \cdot 4H_2O$	58.2(分解)	1.908	单斜	−1072.9
$Na_2O \cdot B_2O_3 \cdot 8H_2O$	53.6	1.743	三斜	−504.8
$Na_2O \cdot B_2O_3 \cdot 4H_2O$	90—95	1.905	三斜	—
$K_2O \cdot 5B_2O_3 \cdot 8H_2O$	—	—	正交	—
$K_2O \cdot 2B_2O_3 \cdot 8H_2O$	30(分解)	—	单斜	—
$K_2O \cdot B_2O_3 \cdot 2.5H_2O$	—	—	—	—
$Rb_2O \cdot 5B_2O_3 \cdot 8H_2O$	—	—	正交	—
$Cs_2O \cdot 5B_2O_3 \cdot 8H_2O$	—	—	正交	—
$Na_2O \cdot B_2O_3 \cdot 2H_2O_2 \cdot 6H_2O$	63	—	单斜	—

续表

化合物	熔点(℃)	密度(g/cm^3)	晶型	生成热(kcal/mol)
$Na_2O \cdot 2B_2O_3$,β	664	2.75	三斜	−786.4
$Na_2O \cdot 2B_2O_3$,α	742.5	2.28	正交	—
$2Na_2O \cdot B_2O_3$	625	—	—	—
$Na_2O \cdot B_2O_3$	966	2.464	六方	−253
$Na_2O \cdot 3B_2O_3$(Ⅰ)	766	—	—	—
$Na_2O \cdot 3B_2O_3$(Ⅱ)	728	—	—	—
$Na_2O \cdot 4B_2O_3$	816	—	—	—
$K_2O \cdot B_2O_3$	950	—	单斜	—
$K_2O \cdot 2B_2O_3$	815	1.74	—	—
$K_2O \cdot 3B_2O_3$	825	—	—	—
$K_2O \cdot 4B_2O_3$	857	—	—	—
$K_2O \cdot 5B_2O_3$(Ⅰ)	780	—	—	—
$K_2O \cdot 5B_2O_3$(Ⅱ)	760	—	—	—

2. 碳酸盐

在很早以前,人们就开始使用纯碱于洗濯和制造玻璃。但早期用碱的来源,不外是植物灰和碱湖水中的天然碱,而当时天然碱的产量和纯度,都不能满足工业的需要。

碳酸钠的工业制法,最早是1791年法国人N. Leblanc提出的[40],其反应如下:

$$2NaCl + H_2SO_4 \xrightarrow{\triangle} Na_2SO_4 + 2HCl$$

$$Na_2SO_4 + 2C \xrightarrow{700—1000℃} Na_2S + 2CO_2$$

$$Na_2S + CaCO_3 \xrightarrow{\triangle} Na_2CO_3 + CaS$$

这种方法通常叫做硫酸钠法或Leblanc法。由于主要过程在固相中进行,故生产成本高,产品质量差。

后来,1866年比利时人E. Solvay提出了新的制碱方法,通常叫做氨碱法或Solvay法。由于这种方法的主要生产过程是在气、液两相或气、液、固三相之间进行的,可以连续生产,故生产能力大,原料利用率高,产品质量好,到二十世纪初几乎完全取代了Leblanc法,成为近代制碱工业的基础。

(1) 制备

Solvay法的全部化学反应,可以归纳为下列反应方程式所表示的食盐和石灰石的复分解反应:

$$CaCO_3 + 2NaCl \longrightarrow Na_2CO_3 + CaCl_2$$

这个反应在实际上是很难实现的,并且相反,要由右向左进行,即将 $CaCl_2$ 加入到

Na_2CO_3 溶液中时，可以得到 $CaCO_3$ 沉淀和 NaCl 溶液。因此 Solvay 法的实质，就是通过迂回曲折的途径来实现上面设想的反应，就是使食盐中的钠离子同石灰石中的碳酸根离子结合生成碳酸钠的一种工业方法。

Solvay 法可以分成若干步骤。首先由高温煅烧石灰石中得到二氧化碳，令 CO_2 同氨水反应生成碳酸氢铵：

$$CaCO_3 \longrightarrow CaO + CO_2$$

$$CO_2 + NH_3 + H_2O \longrightarrow NH_4HCO_3$$

然后再令碳酸氢铵同食盐溶液发生复分解反应，析出难溶于氯化铵溶液的碳酸氢钠晶体：

$$NH_4HCO_3 + NaCl \longrightarrow NaHCO_3 \downarrow + NH_4Cl$$

反应温度不能过高，控制在 40℃ 以下，否则 NH_3 在盐水中的溶解度减小，$NaHCO_3$还会分解，都对生产不利；另外，$NaHCO_3$ 在较低的温度下更易于析出晶体，使反应能继续进行。最后，将含 $NaHCO_3$ 晶体的溶液真空抽滤，并在高于 200℃的温度下煅烧，$NaHCO_3$ 即分解生成 Na_2CO_3：

$$2NaHCO_3 \xrightarrow{>200℃} Na_2CO_3 + H_2O \uparrow + CO_2 \uparrow$$

用石灰处理中间产品氯化铵，可以回收氨，循环使用：

$$2NH_4Cl + CaO + H_2O \longrightarrow 2NH_3 \uparrow + 2H_2O + CaCl_2$$

碳酸盐和碳酸氢盐可以晶态复盐的形式从溶液中析出。最熟知的复盐是天然碱 $Na_2CO_3 \cdot NaHCO_3 \cdot 2H_2O$，它也是 Solvay 法的副产品。

生产中产生的 NH_3 和 CO_2 可以回收利用，这是 Solvay 法的优点；但副产品 $CaCl_2$ 的用途不大，同时 NaCl 利用率只有 70%左右，约有 30%的 NaCl 留在 NH_4Cl 母液中，这是本法的缺点。我国制碱专家侯德榜克服了这种方法的缺点，提出了 Solvay 法的改进方案，通常也叫做侯氏联碱法[41]。联碱法就是指把制碱与合成氨组合成联合企业，这样一方面可以充分利用合成氨副产品 CO_2，另一方面革除用石灰窑生产 CO_2 这一环节，简化生产设备。联碱法的最大特点是：滤去 $NaHCO_3$ 晶体后的母液是含有大量 NH_4Cl 的碳酸氢钠饱和溶液，这时不用石灰回收氨，而是加入食盐使母液中的 NH_4Cl 结晶出来作为一种产品（氮肥），并将最后留下的含有 NaCl 的母液循环使用再来制碱，把用途较少、产值较小的副产品 $CaCl_2$ 改换成为比较有用的主产品 NH_4Cl，同时又提高了原料食盐的利用率。但联碱法用氨量较大，又是它的缺点，需要因地制宜选择制碱方法，确定采用氨碱法还是联碱法。

近年来工业上已经大规模开发天然碱，产品可以直接使用，也可把它们加热转变成碳酸钠来使用：

$$2Na_2CO_3 \cdot NaHCO_3 \cdot 2H_2O \xrightarrow{\triangle} 3Na_2CO_3 + 5H_2O + CO_2$$

这种方法制得的纯碱价格低廉，不过有时运输成本较高，因为天然碱湖往往分布在交通不便的地区。

Solvay 法不能用来制备碳酸钾，这是因为 $KHCO_3$ 在氯化铵溶液中有较大的溶解度。若在溶液中加入乙醇，就可以得到碳酸钾。碳酸钾的工业产品是从 5℃ 含 85％的乙醇溶液中得到的。

目前工业上生产碳酸钾，多采用氢氧化钾同 CO_2 作用：

$$2KOH+CO_2 \longrightarrow K_2CO_3+H_2O$$

或将 CO_2 能入碳酸镁在氯化钾或硫酸钾的水悬浮液中来制取，形成微溶性的复盐 $KHCO_3 \cdot MgCO_3 \cdot 4H_2O$(Engel 盐)，加热此复盐水溶液，易分解成碳酸钾溶液、碳酸镁沉淀和二氧化碳。

在制备碳酸钾的其他方法中，有一种以胺代替氨的类似于 Solvay 法的反应过程。例如，如果用异丙胺，首先生成酸式碳酸盐：

$$C_3H_7NH_2+CO_2+H_2O \rightleftharpoons C_3H_7NH_3HCO_3$$

然后令这个盐同氯化钾反应生成盐酸胺和较难溶解的碳酸氢钾：

$$C_3H_7NH_3HCO_3+KCl \rightleftharpoons KHCO_3\downarrow+C_3H_7NH_3Cl$$

除去碳酸氢钾晶体以后，再令盐酸胺同石灰反应使胺再生，同时生成副产品 $CaCl_2$：

$$2C_3H_7NH_3Cl+CaO \longrightarrow CaCl_2+H_2O+C_3H_7NH_2$$

将碳酸氢钾加热分解即得到碳酸钾：

$$2KHCO_3 \xrightarrow{\triangle} K_2CO_3+CO_2+H_2O$$

还有一种制备碳酸钾的方法，在 200℃ 温度下，CO 的压力为 30atm，采用 CaO、CO 和水反应得到甲酸钙：

$$CaO+2CO+H_2O \longrightarrow Ca(HCO_2)_2$$

再令甲酸钙同硫酸钾或钾镁矾($K_2SO_4 \cdot 2MgSO_4$)反应得到甲酸钾。将甲酸盐氧化即得到碳酸盐。有趣的是，碱金属碳酸盐也能利用催化加氢还原成甲酸盐，例如将 $KHCO_3$ 的水溶液用钯黑作催化剂进行氢化，可得到产量为 70％的甲酸钾。

最新的生产碳酸钾的方法是令氯化钾和碳酸钠在离子交换树脂上进行交换。这个方法已大量投入生产。

为了制备铷和铯的碳酸盐，可采用以酸式草酸盐或酸式酒石酸盐加热分解为基础的类似方法。例如

$$2RbH_3(C_2O_4)_2 \cdot 2H_2O \longrightarrow Rb_2CO_3+4CO+3CO_2+7H_2O$$

铷和铯的碳酸盐也可用干法制备：先令硫酸盐或矾类[与 $Al_2(SO_4)_3$ 形成的硫酸复盐]同氢氧化钡反应，然后再同碳酸铵或 CO_2 反应生成碳酸盐。例如

$$Cs_2SO_4 \cdot Al_2(SO_4)_3 \cdot 24H_2O+4Ba(OH)_2 \longrightarrow 4BaSO_4\downarrow +Al_2O_3\downarrow+2CsOH+27H_2O$$

$$2CsOH + CO_2 \longrightarrow Cs_2CO_3 + H_2O$$

在后一反应中,任何过量的氢氧化钡都将同 CO_2 反应生成不溶的碳酸盐。

(2) 化学性质

碳酸盐、酸式碳酸盐和水之间的相互关系已经研究得十分详细,并且获得了各种体系的许多相图。如图 3.32 和图 3.33 所示。碳酸钠和碳酸钾同各自的酸式碳酸盐生成复盐。在钾盐体系中也有一种天然碱的对应物碳酸钾-碳酸氢钾复盐;类似的铷盐 $3Rb_2CO_3 \cdot 2RbHCO_3 \cdot 4.5H_2O$ 也曾经报道过。

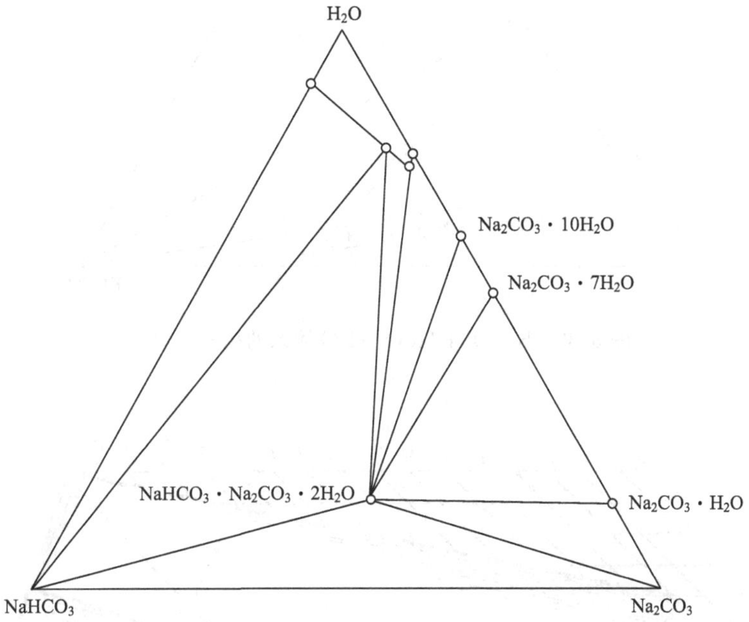

图 3.32 Na_2CO_3-$NaHCO_3$-H_2O 体系的相图(25℃)

钠盐体系的三维相图表示在图 3.34 中,其走向指出了相面随温度倾斜的情况。

复盐 $K_2CO_3 \cdot Na_2CO_3 \cdot nH_2O$ 在含碳酸根离子、钠离子和钾离子的水溶液体系中,在很宽的温度范围内生成;已经报道过至少有两种水合物,即 $K_2CO_3 \cdot Na_2CO_3 \cdot 6H_2O$ 和 $K_2CO_3 \cdot Na_2CO_3 \cdot 10H_2O$。同样,在包含钠、钾两种阳离子和 CO_3^{2-}、HCO_3^- 两种阴离子的体系中,在相当宽的温度范围内,也能生成化学整比类似天然碱的 $K_2CO_3 \cdot NaHCO_3 \cdot 2H_2O$。但当在 25℃蒸发钠和钾的碳酸盐水溶液时,首先生成碳酸钠。其他混合碱金属碳酸盐还有碳酸锂钾 $KLiCO_3$、碳酸银钾 $KAgCO_3$、碳酸钴钾 $KHCO_3 \cdot CoCO_3 \cdot 4H_2O$、碳酸钠镁 $Na_2CO_3 \cdot MgCO_3$ 等。

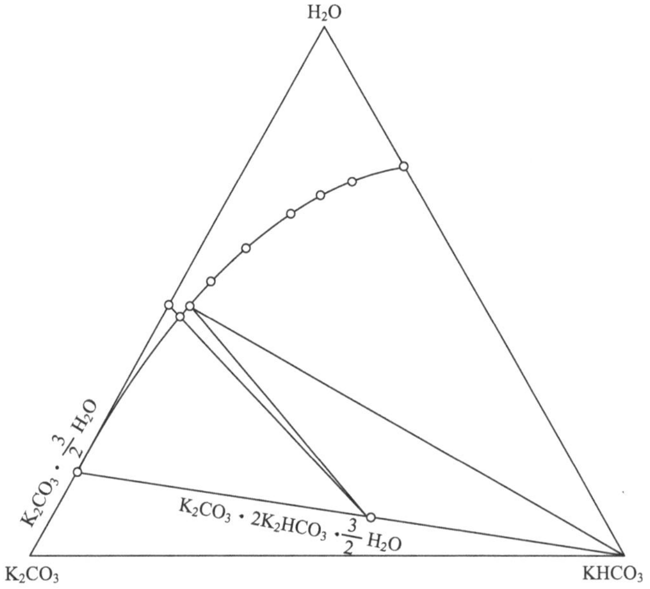

图 3.33　K_2CO_3-$KHCO_3$-H_2O 体系的相图(25℃)

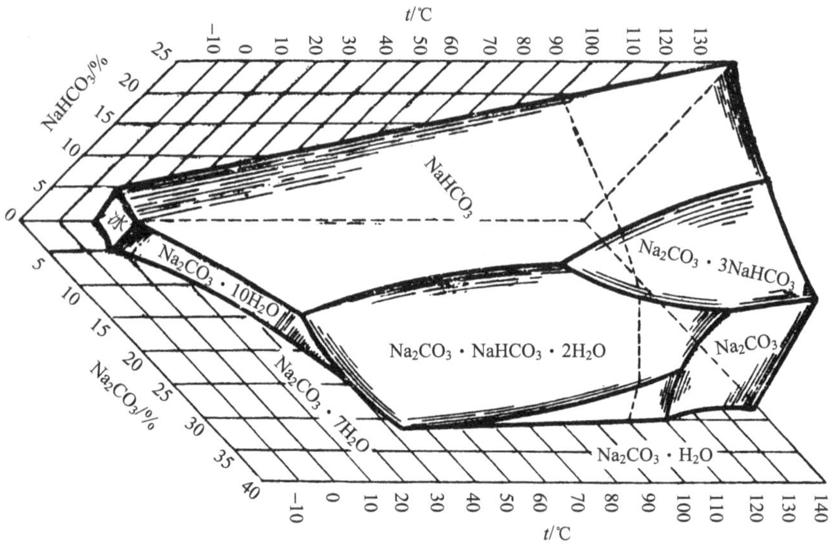

图 3.34　Na_2CO_3-$NaHCO_3$-H_2O 的三维相图

虽然碱金属酸式碳酸盐对热相对地不稳定，在干态下低于 200℃或在水溶液中低于 50℃，它将分解生成碳酸盐、二氧化碳和水；但是碱金属碳酸盐在高温下却是相当稳定的。碳酸铯在620℃开始分解,碳酸铷在900℃才明显地分解。另一方面如表3.78所示,碳酸钾升温至1000℃还不发生显著的分解,而碳酸钠直到950℃却一点也不分解。

表3.78 碱金属碳酸盐的分解

温度(℃)	离解压(mmHg)			
	Na_2CO_3	K_2CO_3	Rb_2CO_3	Cs_2CO_3
900	0.0	0.0	—	—
1000	1.5	2.1	—	—
1200	14.0	10.3	60	95
1400	66.0	35.6	—	—

不过,碳酸盐在高温下熔化,能像在高温下的苛性碱一样起作用。例如。熔融的碳酸钠同磷酸钙反应生成磷酸钠、氧化钙和二氧化碳:

$$3Na_2CO_3+Ca_3(PO_4)_2\xrightarrow{900℃}2Na_3PO_4+3CaO+3CO_2\uparrow$$

前已提及在950℃ Na_2CO_3 单独存在时并不分解,而上述反应在此温度下之所以能够进行,大概是因为开始发生了复分解反应:

$$3Na_2CO_3+Ca_3(PO_4)_2\xrightarrow{900℃}2Na_3PO_4+3CaCO_3$$

反应生成的碳酸钙随即分解。在高温下 Na_2CO_3 的表现似乎同 Na_2O 一样。

碱金属碳酸盐高温反应的另一个典型例子,是大家熟知的碳酸钠同石英熔融生成硅酸钠的反应。另外,高温下碳酸钠还同 V_2O_5 反应生成钒酸盐,或同 Al_2O_3 反应生成铝酸盐,以及同其他任何能同强碱反应的酸性或两性氧化物作用生成相应的碱金属盐。

碱金属碳酸盐可以同碱土金属氧化物在溶液或水的悬浮液中反应,这是在工业上由碳酸盐生产碱金属氢氧化物的反应基础。例如

$$Na_2CO_3+CaO+H_2O\xrightarrow{水}CaCO_3\downarrow+2NaOH$$

碱金属还能生成两种类型的过氧碳酸盐衍生物:1)$M_2C_2O_6$ 型过氧碳酸盐(M代表碱金属),它可用氟使碳酸盐转化或由碱金属碳酸盐溶液的阳极氧化来制备;2)M_2CO_4 型的过氧碳酸盐,它可由 CO_2 或 $COCl_2$ 同碱金属过氧化物的反应来制备,例如

$$CO_2+Na_2O_2\longrightarrow Na_2CO_4$$

或由过氧化氢同碱金属碳酸盐反应来制备,例如

$$H_2O_2+K_2CO_3\longrightarrow K_2CO_4\cdot H_2O$$

$M_2C_2O_6$ 在加热时则分解为碳酸盐、二氧化碳和氧气,例如

$$2Rb_2C_2O_6 \longrightarrow 2Rb_2CO_3 + 2CO_2 + O_2$$

而 M_2CO_4 在加热时则分解为碳酸盐和氧气，例如

$$2Na_2CO_4 \longrightarrow 2Na_2CO_3 + O_2$$

当用过氧化氢来制备过氧碳酸盐时，产物可能是 H_2O_2 溶剂加合的简单碳酸盐，即过氧化氢合碳酸盐（家用漂白剂的工业品即为 $Na_2CO_3 \cdot \frac{3}{2}H_2O_2$）。但另一方面，又有事实表明似乎是真正的过氧碳酸盐，因为它们能够脱水而又不失去氧化能力，所以它们必然是过氧碳酸盐的水合物 $M_2CO_4 \cdot nH_2O$ 而不是碳酸盐的过氧化氢合物 $M_2CO_3 \cdot nH_2O_2$，因为后者如果失去溶剂合的 H_2O_2 分子就将不再保持氧化能力了。不过在 $M_2CO_3 \cdot H_2O_2$ 和 $M_2CO_4 \cdot H_2O$ 两种形式的化合物之间完全可能发生重排。

除上述过氧碳酸盐的水合物外，还有一些过氧碳酸盐同水和过氧化氢两类分子的溶剂合物，例如 $Rb_2CO_4 \cdot H_2O_2 \cdot 2H_2O$ 和 $Cs_2CO_4 \cdot H_2O_2 \cdot 2H_2O$。如果将这些化合物悬浮在醇中，并在 10℃用 CO_2 处理，就能生成如 $RbHCO_4$ 和 $Rb_2C_2O_6$ 这类化合物。

用 CS_2 代替 CO_2 时，在 M_2S 和 CS_2 之间就将发生下列反应方程式所表示的一些有趣的变化：

$$M_2S + CS_2 \longrightarrow M_2CS_3$$

新生成的盐 M_2CS_3 和碳酸盐 M_2CO_3 比较，可以看成是碳酸盐中的氧原子被硫原子所取代的产物，所以就把它们叫做三硫代碳酸盐。显然，部分取代也是可能的，例如一硫代碳酸盐 M_2CO_2S 和二硫代碳酸盐 M_2COS_2。

碱金属三硫代碳酸盐是一类亮黄色固体，它们易溶于水形成浅红色溶液，它们在干燥不含 CO_2 的气氛中一般是稳定的，不过在溶液中容易水解，即

$$Na_2CS_3 + 3H_2O \longrightarrow Na_2CO_3 + 3H_2S$$

如果让碱金属的二硫化物同 CS_2 反应，会发生一种与生成碱金属过碳酸盐相类似的反应；它的产物就是碱金属过硫代碳酸盐：

$$M_2S_2 + CS_2 \longrightarrow M_2CS_4$$

式中 M 是 Na，K，Rb 和 Cs。

碱金属过硫代碳酸盐是一类黄色晶体，它同 SO_2 反应生成硫代硫酸盐和单质硫，例如

$$2Na_2CS_4 + 3SO_2 \longrightarrow 2Na_2S_2O_3 + 3S + 2CS_2$$

(3) 物理性质

碱金属碳酸盐和酸式碳酸盐是一类结晶得良好的白色固体，它们易溶于水，并能生成多种完全确定的水合物。铷和铯的碳酸盐特别易溶于水；例如，在 25℃时，碳酸铷的饱和溶液含有 72.34％无水盐。如果向铷和铯的碳酸盐溶液

中通入 CO_2，就生成稍溶的酸式碳酸盐 $RbHCO_3 \cdot H_2O$ 和 $CsHCO_3 \cdot nH_2O$；在 20℃，酸式碳酸铯的溶解度为 40.4%无水盐。虽然碳酸钾和碳酸铷在乙醇中几乎一点都不溶解，但是碳酸铯在 20℃在绝对酒精中的溶解度却达 10%。碱金属碳酸盐和酸式碳酸盐在水中的溶解度，以及它们随温度的变化和水合物的生成，均表示在图 3.35 中。

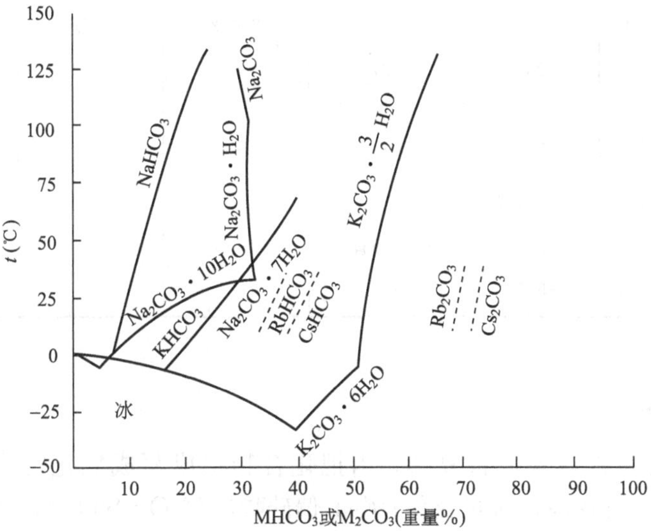

图 3.35 碱金属碳酸盐和酸式碳酸盐的溶解度

碱金属碳酸盐是一类白色固体，它们在高温下分解成 CO_2 和碱金属氧化物；酸式碳酸盐在较低温度下即能分解成 CO_2、H_2O 和碳酸盐。碱金属碳酸盐和酸式碳酸盐的物理性质列在表 3.79 中。

表 3.79 碱金属碳酸盐和酸式碳酸盐的物理性质

化学式	生成热(kcal/mol)	熔点(℃)	密度(g/cm^3)	晶型	溶解度(g/100 mLH_2O) 15—20℃
$NaHCO_3$	−226.5	270(分解)	2.159	单斜	6.9(0℃)
$KHCO_3$	−229.3	100—200(分解)	2.17	—	22.4
$RbHCO_3$	−228.5	175(分解)	—	正交	53.73
$CsHCO_3$	−228.4	175(分解)	—	正交	209.3
Na_2CO_3	−270.3	851	2.532	—	7.1(0℃)
$Na_2CO_3 \cdot H_2O$	−341.3	$-H_2O$,100	2.25	正交	33
$Na_2CO_3 \cdot 7H_2O$	−765.1	$-H_2O$,32	1.51	正交，双锥	16.90
$Na_2CO_3 \cdot 10H_2O$	−975.6	32.5—34.5	1.44	单斜	21.52(0℃)

续表

化学式	生成热 (kcal/mol)	熔点(℃)	密度 (g/cm^3)	晶型	溶解度($g/100\ mLH_2O$) 15—20℃
K_2CO_3	−273.93	891	2.428	单斜	112
$K_2CO_3 \cdot \frac{1}{2}H_2O$	−210.43	—	—	—	—
$K_2CO_3 \cdot 1\frac{1}{2}H_2O$	−283.40	—	2.043	单斜	129.4
Rb_2CO_3	−269.6	837	—	—	53.73
$Rb_2CO_3 \cdot H_2O$	−344.2	—	—	—	—
$Rb_2CO_3 \cdot 1\frac{1}{2}H_2O$	−381.5	—	—	—	—
$Rb_2CO_3 \cdot 3\frac{1}{2}H_2O$	−521.7	—	—	—	—
Cs_2CO_3	−277.4	610(分解)	—	—	260.5
$Cs_2CO_3 \cdot 3\frac{1}{2}H_2O$	−522.3	—	—	—	—

3. 硅酸盐

碱金属硅酸盐体系也很复杂。当把化合物组成写成氧化物形式 $nM_2O \cdot mSiO_2$ 时，可以有各种 n/m 的比值；例如，偏硅酸盐 $M_2O \cdot SiO_2$(或 M_2SiO_3)、正硅酸盐 $2M_2O \cdot SiO_2$(或 M_4SiO_4)和二硅酸盐 $M_2O \cdot 2SiO_2$(或 $M_2Si_2O_5$)。

在碱金属硅酸盐中，最常见的是 Na_2SiO_3，它的水溶液叫做水玻璃(工业上又叫泡花碱)。水玻璃的用途非常广，工业上用它作防腐剂、洗涤剂以及防火、防水的涂料等，农业上用它作杀虫剂及肥料。硅酸钾在工业上用作粘合剂，铷和铯的硅酸盐尚未以工业规模生产。

(1) 制备

由二氧化硅和碱金属碳酸盐或氢氧化物共熔可以生成碱金属硅酸盐：

$$SiO_2 + M_2CO_3 \xrightarrow{熔化} M_2SiO_3 + CO_2\uparrow$$

$$SiO_2 + 2MOH \xrightarrow{\triangle} M_2SiO_3 + H_2O$$

式中 M 是 Na,K,Rb 和 Cs。或把硅酸溶解在碱金属氢氧化物浓溶液中来制备。大多数碱金属硅酸盐混合物，特别是那些不按化学整比的或简单的混合物，都是难于结晶的，且常是完全不能结晶的，即倾向于生成玻璃体，此倾向随碱金属原子量的减小而增大，并随二氧化硅含量的增加而增大。偏硅酸盐通常要比二硅酸盐或多硅酸盐结晶快速得多。当将不同的碱金属硅酸盐共熔时可以生成混合硅酸盐，例如在 Li_2SiO_3-Na_2SiO_3 体系中，就能生成化合物 $NaLiSiO_3$。

偏硅酸钠和二硅酸钠可按下式来制备：

$$Na_2CO_3 + SiO_2 \xrightarrow{1150℃} Na_2SiO_3 + CO_2$$

$$Na_2CO_3 + 2SiO_2 \xrightarrow{1150℃} Na_2Si_2O_5 + CO_2$$

为了得到晶态产品，必须把玻璃状产品在约700℃长时间放置。

(2) 性质

一般说来，氧化物玻璃体都是具有高软化温度的很稳定的材料，因为它们生成了一种以氧原子全部桥联起来的网络结构；不过增大碱金属离子的含量会减少交联键，并降低其软化温度，因为它们同未桥联的氧原子形成了弱的离子键。由于碱金属氧化物含量的增加，黏度、表面张力和溶解速度都迅速增大；而密度、膨胀系数和折光指数虽然也有所增加，但是增加得比较缓慢。碱金属-氧键的强度随金属元素原子量的增加而减弱，这倾向于降低软化温度并增大溶解速度和水合能力。不过并非总是如此，硅酸钾玻璃就比相应的硅酸钠玻璃有较高的软化温度，例如具有SiO_2/Na_2O摩尔比为3.9和3.3的硅酸钠玻璃，软化点分别为665和655℃，而相应的钾玻璃则在690—740℃。

按照上述制备碱金属硅酸盐的方法得到的产品，往往不是纯粹的一种单一硅酸盐，实际上得到的常常是碱金属硅酸盐的复杂混合物。当这些混合物中碱金属含量高时，产物是易溶于水的，但当碱金属含量降低时，产物就变得十分难溶于水。可以设想后者含有大量的聚合阴离子。

可溶性硅酸盐在很多方面(如粘合剂，涂料等)都是以水溶液的形式使用的，所以需要考虑它们的溶解度。如表3.80所示，碱金属离子的水合程度，随着碱金属元素原子量的增大而减低；相反，离子淌度却随着水合半径的减小而增加。

表3.80　碱金属离子的水合特性

特性	Na^+	K^+	Rb^+	Cs^+
晶体半径(Å)	0.95	1.33	1.48	1.69
水合半径(近似，Å)	2.76	2.32	2.28	2.28
近似的水合分子数	16.6	10.5	10.0	9.9
水合能(kcal/mol)	9.7	7.7	7.0	6.3
离子淌度(无限稀释，18℃)	43.5	64.6	67.5	68

因此，在碱金属硅酸盐的稳定溶液中，SiO_2/M_2O的比随碱金属元素原子量的减小而增大。具体说，在SiO_2/M_2O比更高的胶态溶液中，钠盐比铯盐要稳定。

碱金属硅酸盐溶液具有胶态溶液的一切特征，特别是SiO_2/M_2O比值超过2时，碱金属离子能使带负电荷的含聚合分子的离子(常称为胶粒)稳定化。根据Raman光谱测定，硅酸钠水溶液中含有阴离子$[SiO_2(OH)_2]^{2-}$，但是依赖于溶液的 pH 及浓度的变化，也存在其他的聚合离子。例如二聚体 $Si_2O_7^{6-}$、三聚体 $Si_2O_{10}^{8-}$ 或更高聚的多硅酸盐。

因为硅酸是极弱的酸，所以碱金属硅酸盐溶于水后就水解生成碱性很强的溶液；不过如上所述，这类溶液通常显得混浊不清，这是由于水解而析出很细小的 SiO_2 胶态粒子的缘故。碱金属硅酸盐溶液同二氧化碳反应生成碳酸钠和二氧化硅：

$$Na_2SiO_3 + CO_2 \longrightarrow Na_2CO_3 + SiO_2\downarrow$$

碱金属硅酸盐倾向于生成多种水合物，例如偏硅酸钠的各种水合物：$Na_2SiO_3 \cdot 9H_2O$，$Na_2SiO_3 \cdot 8H_2O$，$Na_2SiO_3 \cdot 6H_2O$ 和 $Na_2SiO_3 \cdot 5H_2O$。将水玻璃溶解在足以提供准确化学整比的氢氧化钠溶液中，用乙醇从一部分溶液中析出晶体，再用这些晶体作为籽晶，并令体系静置数小时，即可以生成水合物 $Na_2SiO_3 \cdot 9H_2O$。

化学整比的碱金属硅酸盐的物理性质汇列在表 3.81 中。

4. 铝硅酸盐

碱金属元素也能生成复杂的铝硅酸盐，它们不仅在自然界中出现，而且也可以人工合成。例如，群青(ultramarine)就是一种含硫的铝硅酸钠，它的确切结构还没有弄清楚，而近似结构看来好像是具有碱金属离子被取代的铝硅酸盐骨架。其中的硫可以被硒或碲代替，这大概是群青带有颜色的原因，因为同类化合物方钠石 $Na_4Al_3Si_3O_{12}Cl$ 是白色的。

在自然界中存在的一类著名的碱金属铝硅酸盐是沸石类，它们是可以用作软化水的离子交换剂的矿物材料。它们是一类含结晶水的材料，在适中的温度时很容易放出部分水分子，但将它们曝置在湿空气中时，它们又会重新吸收分子。现在人工制成了一种类似的碱金属铝硅酸盐，其组成为 $2M_2O \cdot Al_2O_3 \cdot 3SiO_2 \cdot 3H_2O$；这种物质叫做“人造沸石”，通常以钠作为其碱金属 M，可以将硫酸铝加到可溶性硅酸钠溶液中，或令铝酸钠同硅酸钠结合来制备。有钙、铁或其他阳离子存在时，钠离子可以被重金属离子置换，因而人造沸石能用来从溶液中除去这些重金属离子，例如消除硬水的硬度或“软化”水。用浓的氯化钠溶液处理用过的人造沸石能够使它们再生，即用钠离子再将钙、铁或其他阳离子从沸石上置换下来。近年来叫做“分子筛”的合成沸石广泛用作吸附剂、干燥剂、催化剂和催化剂载体，在工业上有重要的应用。在这些碱金属铝硅酸盐中，结构孔隙的大小可以由所用碱金属阳离子来决定。

碱金属铝硅酸盐的一些物理性质汇列在表 3.82 中。

表 3.81 碱金属硅酸盐晶体的物理性质

名称	化学式	熔点(℃)	密度(g/mL)	生成热(kcal/mol,25℃)	折光指数		
					α	β	γ
正硅酸钠	Na_4SiO_4($2Na_2O \cdot SiO_2$)	1118[1]	2.5	−497.8	1.524	—	1.537
倍半硅酸钠	$Na_6Si_2O_7$($3Na_2O \cdot 2SiO_2$)	1122[1]	2.96	−856.3	1.524	—	1.529
五水倍半硅酸钠	$Na_6Si_2O_7 \cdot 11H_2O$	88	—	−1648.0	1.502	1.510	1.524
	($Na_3HSiO_4 \cdot 5H_2O$)						
偏硅酸钠	Na_2SiO_3($Na_2O \cdot SiO_2$)	1089	2.614	−364.7	1.49	1.50	1.51
五水偏硅酸钠	$Na_2SiO_3 \cdot 5H_2O$	72.2	1.749	−722.1	1.447	1.454	1.467
	($Na_2O \cdot SiO_2 \cdot 5H_2O$)	70[2]	1.807	−792.6	1.488[2]		1.495[2]
六水偏硅酸钠	$Na_2SiO_3 \cdot 6H_2O$	62.9[3]			1.465[3]	1.475	1.485[3]
	($Na_2O \cdot SiO_2 \cdot 6H_2O$)		1.672	−934.8	1.457		
八水偏硅酸钠	$Na_2SiO_3 \cdot 8H_2O$	48.35				1.463	1.465
	($Na_2O \cdot SiO_2 \cdot 8H_2O$)		1.646	−1005.1	1.451		
九水偏硅酸钠	$Na_2SiO_3 \cdot 9H_2O$	47.85	2.496	−576.1	1.500	1.456	1.460
	($Na_2O \cdot SiO_2 \cdot 9H_2O$)					1.510	1.518
二硅酸钠	$Na_2Si_2O_5$($Na_2O \cdot 2SiO_2$)	874	2.47	—			
三硅酸钠	$Na_6Si_8O_{19}$($3Na_2O \cdot 8SiO_2$)	808[1]	1.13[2]	—	1.471[2]	1.503	
	$Na_6Si_{13}O_{29} \cdot 11H_2O$	—	—	—	1.458[3]		1.485[2]
“四硅酸钠”	($3Na_2O \cdot 13SiO_2 \cdot 11H_2O$)				1.520		1.487[3]
	K_2SiO_3($K_2O \cdot SiO_2$)	976	—	—			1.528
偏硅酸钾	$K_2SiO_3 \cdot 0.5H_2O$						
半水偏硅酸钾	($K_2SiO_2 \cdot 0.5H_2O$)	>600	—	—		1.50	
	$K_2SiO_3 \cdot H_2O$						
一水偏硅酸钾	($K_2O \cdot SiO_2 \cdot H_2O$)	370[1]	—	—		1.50	
	$K_2Si_2O_5$($K_2O \cdot 2SiO_2$)	1045	—	—	1.503		1.513
二硅酸钾	$K_2Si_2O_5 \cdot H_2O$						
一水二硅酸钾	($K_2O \cdot 2SiO_2 \cdot H_2O$)	405[1]	—	—		1.50	
	$K_2Si_4O_9$($K_2O \cdot 4SiO_2$)	770	2.335	−999.2	1.447		1.482
四硅酸钾	$K_2Si_4O_9 \cdot H_2O$						
一水四硅酸钾	($K_2O \cdot 4SiO_2 \cdot H_2O$)	515	2.417		1.495	1.530	1.535

1)转变或转换。2)α—型。3)β—型。

表 3.82 碱金属铝硅酸盐的物理性质

名称	化学式	生成热 (kcal/mol)	熔点 (℃)	密度 (g/cm^3)
三硅酸铝钠(钠长石)	$Na_2O \cdot Al_2O_3 \cdot 6SiO_2$	—	1100	2.61
偏硅酸铝钠(硬玉)	$Na_2O \cdot Al_2O_3 \cdot 4SiO_2$	−1393.3	1000—1060	3.3
钠沸石	$Na_2O \cdot Al_2O_3 \cdot 3SiO_2$	−1205.2	—	—
正硅酸铝钠(霞石)	$Na_2O \cdot Al_2O_3 \cdot 2SiO_2$	—	1526	2.62
正长石	$K_2O \cdot Al_2O_3 \cdot 6SiO_2$	−1842	～1200	2.56
微斜长石	$K_2O \cdot Al_2O_3 \cdot 6SiO_2$	−1816	1140—1300	2.54—2.7
白云母	$K_2O \cdot 3Al_2O_3 \cdot 6SiO_2 \cdot 2H_2O$	—	分解	2.76—2.80
偏硅酸铝钾(白榴石)	$K_2O \cdot Al_2O_3 \cdot 4SiO_2$	−1404.4	1686	2.47
正硅酸铝钾(钾霞石)	$K_2O \cdot Al_2O_3 \cdot 2SiO_2$	—	～1800	2.5
铯榴石	$Cs_2O \cdot Al_2O_3 \cdot 4SiO_2$	—	—	2.68—2.98

3.6.9 正硝酸盐、硝酸盐和磷酸盐

1. 亚硝酸盐

(1) 制备

碱金属亚硝酸盐可用一氧化氮同碱金属氢氧化物作用来制备：

$$4NO + 2MOH \longrightarrow 2MNO_2 + N_2O + H_2O$$

$$6NO + 4MOH \longrightarrow 4MNO_2 + N_2 + 2H_2O$$

式中 M 代表 Na,K,Rb 和 Cs。

上述反应的速度随碱金属氢氧化物碱度的增加而增大,所以生成亚硝酸铯的反应速度要比亚硝酸钠大。当反应温度升高时,产生 N_2 的反应要比产生 N_2O 的反应更快些。

碱金属亚硝酸盐也是相应硝酸盐热分解的产物,例如

$$2MNO_3 \xrightarrow{\triangle} 2MNO_2 + O_2$$

如果有还原剂存在时,该反应就会进行得更完全,如下列反应方程式所示：

$$KNO_3 + Pb \longrightarrow KNO_2 + PbO$$

$$2RbNO_3 + C \longrightarrow 2RbNO_2 + CO_2$$

不过工业上生产亚硝酸钠多是向碳酸钠溶液中通入氮的氧化物来制备的,反应如下：

$$Na_2CO_3 + NO + NO_2 \longrightarrow 2NaNO_2 + CO_2$$

在硝酸生产中,在含硝尾气里含有 NO 和 NO_2,用 Na_2CO_3 溶液洗涤这种气体就会得到 $NaNO_2$ 和 $NaNO_3$。因而亚硝酸钠可作为制造硝酸的副产物。

(2) 性质

碱金属亚硝酸盐是一类白色固体，通常从溶液中制得的常是小晶体，它既易溶于水，又易潮解，但是一般不含结晶水。它们可以生成亚硝酸复盐，如 $Cs[Ag(NO_2)_2]$、$K_3[Co(NO_2)_6]$、$Na_3[Co(NO_2)_6]$等。它们都是还原剂，当在空气中加热时，它们易被氧化为硝酸盐。如果在隔绝空气中加热，就会发生歧化反应生成氧化二氮、氮气和硝酸盐，反应如下：

$$5NaNO_2 \xrightarrow{\triangle} 3NaNO_3 + N_2O + N_2$$

亚硝酸钠常用于偶氮染料和在其他有机含氮化合物的生产中用作抗蚀剂，过去用于肉类的保藏，但近年来发现亚硝酸盐是一种致癌物质，现已禁止把它们用于食品中。亚硝酸盐还可用于金属的热处理，以及作为传热介质(与碱金属硝酸盐混合使用)等。

$NaCO_2$ 和 KNO_2 的溶解度如图 3.36 所示。$NaNO_2$ 和 KNO_2 的物理性质汇列在表 3.83 中。

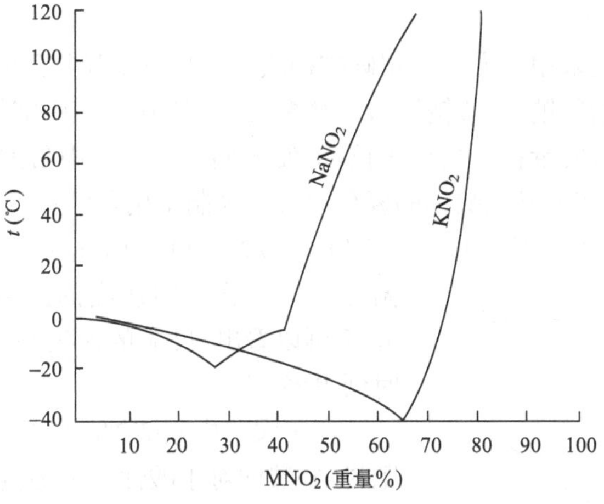

图 3.36 碱金属亚硝酸盐的溶解度

表 3.83 碱金属亚硝酸盐的物理性质

性质	$NaNO_2$	KNO_2
生成热(kcal/mol)	−85.9	−88.5
熔点(℃)	271	440
分解温度(℃)	320	—
密度(g/cm^3)	2.168	—
磁化率，χ_m ($cgs\times10^6$)	−14.5	−23.3
熔融液的表面张力(dyn/cm)	120.2(291℃)	106.7(445℃)

2. 硝酸盐

(1) 制备

硝酸钠在自然界中以矿物形式存在，最重要的产地是南美洲的智利，因此硝酸钠也叫“智利硝”。这种矿床是由于复杂的细菌作用和化学过程而形成的，它的形成需要具备如下的条件：有含氮有机物质分解后的产物，土壤中含有碱或是碱性土质，同大量的空气和水分接触和适宜的温度等。在一定的条件下，细菌的作用可能依次导致 NH_3、HNO_2 和 HNO_3 的生成，然后同氯化钠反应生成硝酸钠。在 1914 年以前大多数国家都以智利硝为唯一的硝酸钠的来源，随着合成氨生产的发展，现在已经广泛采用人工合成的方法来生产硝酸钠了。

硝酸钠可用硝酸中和碳酸钠或氢氧化钠来制备：

$$Na_2CO_3 + 2HNO_3 \longrightarrow 2NaNO_3 + CO_2 + H_2O$$

$$NaOH + HNO_3 \longrightarrow NaNO_3 + H_2O$$

硝酸钠溶液经浓缩、结晶和干燥等手续后就可制得硝酸钠成品。这种方法不够经济，工业上已不常用。

在工业上广泛采用的方法是用碳酸钠或氢氧化钠来吸收硝酸生产中的含硝尾气。将制得的亚硝酸钠-硝酸钠溶液用硝酸处理，使其中亚硝酸钠转化成硝酸钠。农业上对硝酸钠需要量在不断地增长，迫使人们去寻找以廉价原料为基础的新方法，例如用硝酸钙和天然硫酸钠的复分解反应来制备硝酸钠：

$$Ca(NO_3)_2 + Na_2SO_4 + 2H_2O \longrightarrow 2NaNO_3 + CaSO_4 \cdot 2H_2O \downarrow$$

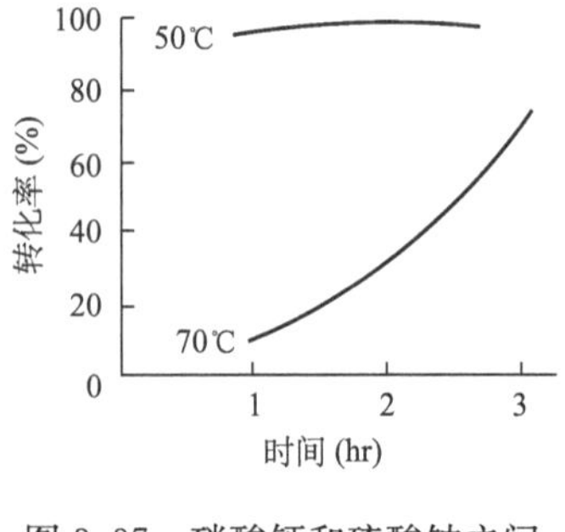

图 3.37　硝酸钙和硫酸钠之间反应速度的曲线图

温度对这个反应的速度的影响颇为有趣，由图 3.37 可以看出，反应的速度在 70℃时比在 50℃时低得多[42]。

在工农业中硝酸钠的需要量很大，主要用作肥料，硝酸钠对于酸性土壤最为适用。为量不大的硝酸钠可用于制造炸药，以及制造玻璃和清洗金属等，多年来也是生产其他碱金属硝酸盐的主要工业资源。例如，所有碱金属硝酸盐都易溶于水，但硝酸钠最易潮解，这个性质对于用作火药特别不利，因而常用较少潮解的硝酸钾代替它。硝酸钾是利用硝酸钠和氯化钾的复分解反应来制备的，如下列反应方程式所示：

$$NaNO_3 + KCl \rightleftharpoons KNO_3 + NaCl$$

在此平衡反应中的四个盐，氯化钠有最低的溶解度，而且具有相当平坦的溶解度-温度曲线；因而将热的硝酸钠饱和溶液和热的氯化钾饱和溶液混合时，氯化钠将首先沉淀出来。过滤分离氯化钠后，由于硝酸钾的溶解度-温度曲线比硝酸钠的曲线陡峭(见图 3.39),所以令溶液冷却时,硝酸钾就析出结晶。

包括在这一复分解反应中的物相关系,同其他水溶性盐对一样,在研究所谓交互盐对体系的四组分相图时已经很详细地被研究过。这是从某一盐对(如 $NaNO_3$ 和 KCl)形成另一盐对(如 KNO_3 和 NaCl)的一类体系,图 3.38 是体系 KCl-$NaNO_3$ 的 Jänecke 相图。

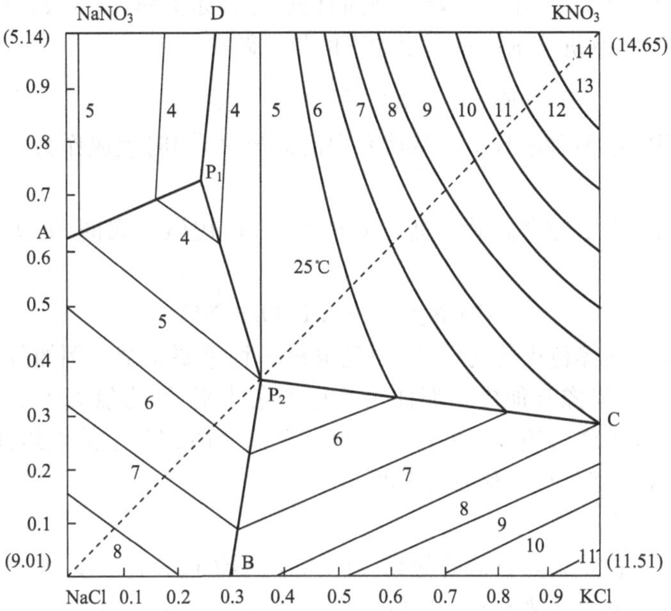

图 3.38 四元交互体系 KCl-$NaNO_3$ 的等温投影

图中细线表示等水线,四个角顶代表纯盐,括弧内的数字是纯盐的溶解度,以 25℃时溶解 1mol 盐所需水的摩尔数表示。P_1 点和 P_2 点代表溶液同三个固相间的平衡;P_1 点的固相是 NaCl、KNO_3 和 $NaNO_3$,而溶液的组成为:K 0.26,Na 0.74,NO_3 0.74,Cl 0.26 和 H_2O 3.54;P_2 点的固相是 NaCl、KNO_3 和 KCl,而溶液的组成为:K0.36,Na0.64,NO_3 0.36,Cl0.64 和 H_2O 5.01. 同 NaCl 和 KNO_3 平衡的四元溶液表示在 P_1P_2 线上,P_1 点和 P_2 点都表示同成分的饱和溶液。

由图 3.38 可以确定从硝酸钠和氯化钾生产硝酸钾的适宜条件,发现在下述条件下得到的硝酸钾产率最高:在 100℃时混合 0.80mol$NaNO_3$、0.62mol KCl 和 1.81mol 的水,滤去氯化钠沉淀(0.42mol),然后加入 0.371mol 的 H_2O 以防 NaCl 和 $NaNO_3$ 结晶析出,在 5℃时将析出 0.563molKNO_3 结晶。将 KNO_3 从溶液中滤出后,溶液中尚含有 K0.057,Na0.38,NO_3 0.24,Cl0.20 和 2.18H_2O。然后再把此溶液加热到 100℃,再加入 0.563mol KCl 和 0.563mol$NaNO_3$,并保持在该温度下直到蒸发掉 0.37mol H_2O 为止。如此就可以将此循环反复进行下去。

现有几种以硝酸或硝酸铵为原料的生产硝酸钾的新工艺。例如,用硝酸和浓氯化钾反应生产氯气,同时制得副产品硝酸钾和具有腐蚀性的中间产物氯化亚硝酰:

$$3KCl + 4HNO_3 \longrightarrow Cl_2 + 3KNO_3 + NOCl + 2H_2O$$

$$2NOCl + O_2 \longrightarrow N_2O_4 + Cl_2$$

如果所用的硝酸比较稀(30—40%),温度也不太高(60—80℃),则生成的氯化亚硝酰数量就较少。又例如,用固态氯化钾同有机溶剂(如丁醇,戊醇或乙醚)中的硝酸稀溶液反应,则在有机溶剂中将发生如下的复分解反应:

$$KCl + HNO_3 \xrightarrow{ROR} HCl + KNO_3$$

式中 ROR 可以是醇或醚,KNO_3 从体系中沉淀出来,同时生成作为副产品的盐酸稀溶液。

实验室制备无水碱金属硝酸盐的其他方法,可用碱金属同 N_2O_5 或 N_2O_4 反应。例如

$$M + N_2O_4 \longrightarrow MNO_3 + NO$$

硝酸钾不仅是黑色火药的组分,而且也是一种重要化肥。例如种植烟草需要大量钾肥,但是不能像其他作物那样用氯化钾做化肥,因为氯离子对烟草是有害的。在这种情况下就必须用硝酸钾给烟草施肥。硝酸钾除了能供给钾素外,还能供给氮素,因而对烟草是有利而无害的。

(2) 化学性质

碱金属硝酸盐是熔点较低的盐类,只要温度不超过分解温度,常可用它作融盐浴和传热介质。碱金属硝酸盐之所以具有低的熔点,一般认为与硝酸根离子的非球形结构有关,此种结构使碱金属硝酸盐晶体内部有较大的自由空间,离子间的堆积情况不如球形离子堆积的那样紧密,以致离子在晶体中结合较弱的缘故。

如表 3.84 所示,不同碱金属硝酸盐可以互相组成低共熔混合物。这样的低共熔体系一般可以比较方便地在实验室里用硬质玻璃容器来处理。如同碱金属卤化物和碱金属氢氧化物一样,碱金属硝酸盐熔融混合物已经广泛用为反应介质或熔剂。除了某些氧化还原反应易受熔剂硝酸盐作用外,有相当多的反应能够在熔融的碱金属硝酸盐中顺利地进行,因此对熔融的碱金属硝酸盐及其混合物的物理性质进行研究是很有必要的。

表 3.84　碱金属硝酸盐的低共熔混合物

混合物(mol%)	熔点(℃)
$45NaNO_3—55KNO_3$	226
$45NaNO_3—55RbNO_3$	178
$33KNO_3—67RbNO_3$	292
$32LiNO_3—68RbNO_3$	154
$57LiNO_3—43CsNO_3$	174

如表 3.85 所示，纯碱金属硝酸盐的熔点和它们的分解温度之间大约有 200℃的温度间隔。熔点和分解温度都随碱金属元素原子量的增加而升高，因此重碱金属硝酸盐有较大的热稳定性。碱金属硝酸盐最初分解产物是亚硝酸盐和氧气，例如

$$NaNO_3 \xrightarrow{\triangle} NaNO_2 + \frac{1}{2}O_2$$

在温度高于 800℃时，$NaNO_3$ 迅速分解成氧化物，但 KNO_3 直到 1000℃左右还不会迅速地分解成 K_2O，到了 1200℃分解仍不完全：

$$2NaNO_3 \xrightarrow{800℃} Na_2O + N_2 + \frac{5}{2}O_2$$

$$2KNO_3 \xrightarrow{1000℃} K_2O + N_2 + \frac{5}{2}O_2$$

在高温下分解时则生成过氧化物，这可能是由于氧化物又被空气氧化了的缘故。例如，当将 $NaNO_3$ 加热到 750℃时可以检查出过氧化钠，而 KNO_3 直至 850℃还检查不出过氧化钾。这个例子也说明，KNO_3 比 $NaNO_3$ 有较高的热稳定性。

在加热下硝酸钠同叠氮化钠反应也可生成氧化物。例如

$$5NaN_3 + NaNO_3 \xrightarrow{290℃} 3Na_2O + 8N_2$$

如前所述，在足够高的温度下，单独的 $NaNO_3$ 也能分解为氧化物。因而在碱金属氧化物(或氢氧化物)同硅酸盐或磷酸盐之间的某些熔融反应中，可用碱金属硝酸盐来代替碱金属氧化物。例如

$$3Na_2O + 2AlPO_4 \xrightarrow{\triangle} 2Na_3PO_4 + Al_2O_3$$

$$6NaNO_3 + 2AlPO_4 \xrightarrow{\triangle} 2Na_3PO_4 + Al_2O_3 + 3N_2 + \frac{15}{2}O_2$$

图 3.39 表示碱金属硝酸盐的溶解度。

由图 3.39 可知，碱金属硝酸盐的另一个重要特性，就是它们在水中有较高的溶解度，它们都有比较陡峭的溶解度-温度曲线。

钠、钾、铷和铯的硝酸盐不生成水合物，但能同其他硝酸盐生成复合物。例如，$RbNO_3$ 同 $LiNO_3$ 生成一种 1:1 的复合物，即 $RbNO_3 \cdot LiNO_3$(熔点 191℃)。铷和铯的硝酸盐也能同硝酸生成溶剂合物，例如四方晶型的 $RbNO_3 \cdot HNO_3$(熔点 62℃)和 $RbNO_3 \cdot 2HNO_3$(熔点 45℃)、八面体的 $CsNO_3 \cdot HNO_3$(熔点 10℃)和 $CsNO_3 \cdot 2HNO_3$(熔点 32—36℃)。还有一种硝酸钡钾 $K_2[Ba(NO_3)_4]$也是已知的。

(3) 物理性质

近年来关于碱金属硝酸盐物理性质方面的一个有趣的报道就是人们发现碱金属硝酸盐能够被减压蒸馏。由于它们是离子型化合物，过去人们认为碱金属硝酸盐

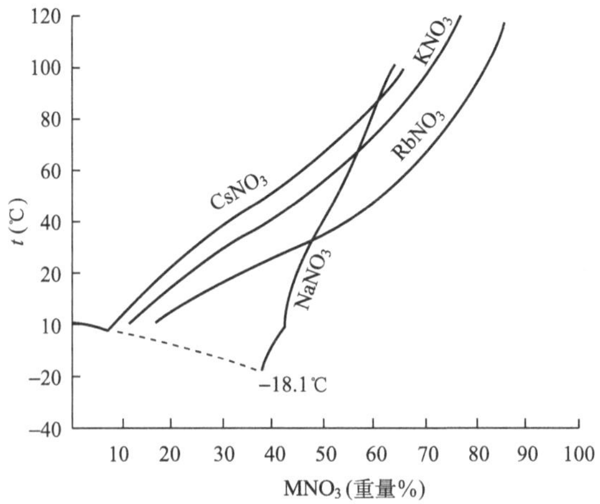

图 3.39 碱金属硝酸盐的溶解度

不可能存在为气态分子；但在压力为 0.005mmHg 下加热时，每种碱金属硝酸盐都能蒸发，并能收集到它们的冷凝物，这种事实表明碱金属硝酸盐的气态分子是存在的。

碱金属硝酸盐的一些物理性质汇列在表 3.85 中。

表 3.85 碱金属硝酸盐的物理性质

性质	$NaNO_3$	KNO_3	$RbNO_3$	$CsNO_3$
生成热(kcal/mol)	−111.54	−117.76	−117.04	−118.11
熔点(℃)	308	334	306	414
初分解温度(℃)	380	400	—	600
正常分解温度(℃)[1)]	529	533	549	584
极化力(e/r^2)	1.0	0.57	0.46	0.36
G 值(γ 辐射)	0.16	1.38	—	1.44
晶格能(kcal/mol)	176	159	155	145
活化能(kcal/mol)	2.97	3.65	3.48	2.97
摩尔电导($\Omega^{-1}\cdot cm^{-1}$)	55	45	33	46
比电导($\Omega^{-1}\cdot cm^{-1}$)	1.29 (387℃)	0.83 (405℃)	0.64 (409℃)	0.59 (447℃)
熔点表面张力(dyn · cm)	116.6	110.8	109.0	92.5
生成自由能(kcal/mol)	−87.45	−93.96	—	—
恒压热容(cal/deg · mol)	22.24	23.01	—	—

1) 分解气压为 1atm 的温度。

从表 3.85 中列出的性质可以看出，碱金属硝酸盐的热稳定性随着碱金属元素原子量的增大而增加。这种规律性可以用“阳离子极化力(e/r^2)”加以解释，式中 e 是离子电荷，r 是离子半径。硝酸根离子中的电子分布会受到高极化力的小阳离子的影响而变形，因此小阳离子硝酸盐在较低的温度下分解。

碱金属硝酸盐稳定性的另一个有趣的方面是辐射分解。虽然反应机理是比较复杂的，但是在大多数情况下最终产物仍然是氧气和亚硝酸盐。如表 3.85 中 G 值(每吸收 100eV 的 r 辐射能量所分解的分子数)所表示的，硝酸钠对辐射分解最稳定，而硝酸铯对辐射分解最不稳定。这是由于硝酸钠有最小的自由空间，也即堆积结构最紧密，所以它有最小的 G 值。从上述讨论可以看出，碱金属硝酸盐的热稳定性和辐射稳定性顺序是相反的，也就是说硝酸铯有最高的热稳定性和最低的辐射稳定性。

3. 其他的碱金属氮含氧酸盐

(1) 正硝酸盐

好像磷酸盐、硼酸盐和硅酸盐一样，碱金属硝酸盐也能以所谓正酸盐 M_3NO_4 的形式存在。例如，如同碱金属氧化物同碱金属偏磷酸盐反应生成碱金属正磷酸盐一样：

$$M_2O+MPO_3 \longrightarrow M_3PO_4$$

小心地将碱金属硝酸盐同碱金属氧化物共熔，也能发生类似的变化生成碱金属正硝酸盐：

$$Na_2O+NaNO_3 \xrightarrow{\triangle} Na_3NO_4$$

或在 250℃，小心加热 $NaNO_3$ 和金属钠混合物：

$$10Na+8NaNO_3 \xrightarrow{250℃} 6Na_3NO_4+N_2$$

或在 350℃，加热过氧化钠和亚硝酸钠的混合物：

$$NaNO_2+Na_2O_2 \xrightarrow{350℃} Na_3NO_4$$

如果这种类比是恰当的话，那么 MNO_3 就应该叫做偏硝酸盐了(但实际上并不如此)。

当将硝酸钠和过氧化钠一起加热时就会生成过氧硝酸钠 Na_3NO_5。同样在 200℃金属钠作用于 $NaNO_2$，可以生成正亚硝酸钠 Na_3NO_3：

$$6Na+6NaNO_2 \xrightarrow{200℃} 4Na_3NO_3+N_2$$

(2) 连二硝酸盐

碱金属连二硝酸盐 $M_2N_2O_3$ 是用金属烷氧化物、硝酸乙酯和盐酸羟氨反应来制备的。例如

$$C_2H_5NO_3+3NaOC_2H_5+NH_2OH \cdot HCl \longrightarrow NaCl+Na_2N_2O_3+4C_2H_5OH$$

令 $NaOC_2H_5$，同 $NH_2OH \cdot HCl$ 先进行反应，除去 NaCl 之后，加入硝酸乙酯，即沉

淀出白色的连二硝酸钠晶体。将此晶体过滤，并用 H_2SO_4 进行干燥即得产品。

(3) 次硝酸盐

令碱金属亚硝酸盐同溶解在液氨中的碱金属作用，可以制得碱金属次硝酸盐或硝酰化物 M_2NO_2。例如

$$Na(液氨)+NaNO_2 \longrightarrow Na_2NO_2$$

也可电解亚硝酸钠的液氨溶液来制备，在阴极产生次硝酸钠。次硝酸钠是一种黄色固体，在隔绝空气或不蒸气的情况下，加热到 100℃还是稳定的。但在高于这个温度时则剧烈分解。它对湿气和氧气很敏感，例如

$$2Na_2NO_2+O_2 \longrightarrow 2NaNO_2+Na_2O_2$$

它同卤素反应生成碱金属亚硝酸盐和碱金属卤化物，同吡啶反应生成红色不稳定的加成化合物。

(4) 连二次硝酸盐

令碱金属的汞齐同碱金属硝酸盐在水溶液中反应，可以制得碱金属连二次硝酸盐 $M_2N_2O_2$。例如

$$2NaNO_3+8NaHg_x+4H_2O \xrightarrow{40℃} Na_2N_2O_2+8NaOH+xHg$$

它也可以用 NO 作用于吡啶·钠加成化合物或用 NaCl 同连二次硝酸银反应来制备，例如

$$2NaC_5H_5N+2NO \xrightarrow{苯} Na_2N_2O_2+2C_5H_5N$$

$$2NaCl+Ag_2N_2O_2 \longrightarrow 2AgCl+Na_2N_2O_2$$

如果将新切的钠在 150—180℃放在干燥氧化氮(Ⅱ)中加热，即生成化学式为 NaNO 的产物，它可以叫做亚硝酰钠。它同水反应生成 N_2O，用乙酸酸化后同 $AgNO_3$ 作用生成 $Ag_2N_2O_2$。NO 同钠的液氨溶液反应也可生成类似的产品。

连二次硝酸钠也能用烷氧化钠同盐酸羟氨和烷基亚硝酸盐在无水乙醇中反应来制备：

$$2NaOC_2H_5+NH_2OH \cdot HCl+RNO_2 \xrightarrow[<0℃]{C_2H_5OH}$$

$$Na_2N_2O_2+2C_2H_5OH+ROH$$

连二次硝酸钠是一种密度为 1.728g/cm^3 的白色晶体，在 300℃分解为 Na_2O、$NaNO_2$ 和 N_2。像其他所有碱金属连二次硝酸盐一样，它从水溶液中以水合物的形式 $Na_2N_2O_2 \cdot 9H_2O$ 结晶出来，在真空下可以失去它的结晶水。

4. 亚磷酸盐

已知亚磷酸 H_3PO_3 是一种二元酸，它的三个氢原子中只有两个能被碱金属原子取代。因此只知道一碱金属正亚磷酸盐 MH_2PO_3 和二碱金属正亚磷酸盐

M_2HPO_3，有时它们的化学式也可写成 $MH(O_3PH)$ 和 $M_2(O_3PH)$，用以强调亚磷酸的二元酸特征，并表示在分子中存在着一个 P—H 单键。

(1) 制备

碱金属正亚磷酸盐可用适当的碱金属氢氧化物来中和亚磷酸而制得。

在真空下将碱金属正亚磷酸盐加热脱水可以制得碱金属焦亚磷酸盐。例如，将正亚磷酸一钠水合物在 150℃真空加热即可生成焦亚磷酸钠：

$$2NaH_2PO_3 \cdot 2.5H_2O \xrightarrow[\text{真空}]{150℃} Na_2H_2P_2O_5 + 3.5H_2O$$

(2) 性质

碱金属亚磷酸盐是一种能溶于水的晶态盐，它们容易被氧化剂氧化成磷酸盐。亚磷酸盐不像次磷酸盐那样能同强碱溶液反应放出氢，但它们仍然是一种强还原剂。将亚磷酸盐加热到约 250℃就分解生成磷酸盐和磷化氢。与焦磷酸盐和正磷酸盐不同，亚磷酸盐是有毒的，亚磷酸盐的一些物理性质汇列在表 3.86 中。

表 3.86 一些低氧化态的磷含氧酸盐的物理性质

盐	生成热(kcal/mol)	熔点(℃)	密度(g/cm³)	溶解度(g/100cm³ H₂O)	
				25℃	100℃
KH_2PO_3	—	分解	—	220(20℃)	—
$NaH_2PO_3 \cdot 2.5H_2O$	−454.8	42	—	56(0℃)	193(42℃)
NaH_2PO_3	−289.4	—	—	—	—
$Na_2HPO_3 \cdot 5H_2O$	−684.2	220—250，分解	—	—	—
Na_2HPO_3	−338.0	—	—	454	—
$Na_2H_2P_2O_5$	−505.6	—	—	—	—
$Na_4P_2O_6 \cdot 10H_2O$	—	分解	1.823	1.49	5.46(60℃)
$Na_2H_2P_2O_6 \cdot 6H_2O$	—	250(无水)	1.849	2.35	25

5. 正磷酸盐

磷的最稳定氧化态是+5，最稳定的磷含氧酸盐是磷(V)酸盐。与亚磷酸盐一样，磷酸盐也可分为碱金属正磷酸盐、焦磷酸盐和偏磷酸盐。

正磷酸是一种三元酸，可依下列反应方程式依次生成一、二或三取代的碱金属盐，例如

$$2H_3PO_4 + K_2CO_3 \longrightarrow CO_2 + H_2O + 2KH_2PO_4 \quad \text{正磷酸一钾盐}$$

$$H_3PO_4 + Rb_2CO_3 \longrightarrow CO_2 + H_2O + Rb_2HPO_4 \quad \text{正磷酸二铷盐}$$

$$2H_3PO_4 + 3Cs_2CO_3 \longrightarrow 3CO_2 + 3H_2O + 2Cs_3PO_4 \quad \text{正磷酸三铯盐}$$

上述反应方程式都代表典型的反应，可以用这些反应以实验室规模或工业规模来制备各种碱金属磷酸盐。碱金属磷酸盐中只有钠和钾的磷酸盐有大规模工业生产，其中钠盐比钾盐的生产规模更大些。正磷酸的三钠盐和一钠盐常用作水的软化剂、洗涤剂、金属除垢剂等；不过碱金属磷酸盐在工业上主要是用来生产多聚磷酸盐，例如三聚磷酸钠。

磷酸三钠也可以用磷酸铝或磷灰石同碱金属的碳酸盐、氢氧化物或硝酸盐在高温下的反应来制备，反应在熔融的条件下进行，可用下列反应方程式表示：

$$2AlPO_4 + 3Na_2CO_3 \xrightarrow{900℃} 2Na_3PO_4 + Al_2O_3 + 3CO_2$$

用 X 射线衍射法研究此晶体后指出，它同商品“磷酸三钠”并不是同一材料，据推测后者可能是 Na_3PO_4 和 NaOH 的复盐，而前者可能是纯 Na_3PO_4。

碱金属正磷酸盐极易溶于水中，钾盐一般比相应的钠盐有更高的溶解度，但是 KH_2PO_4 却比 NaH_2PO_4 更难溶解一些；另外反常的是 K_2HPO_4 在乙醇中的溶解度很大，而其他钠和钾的正磷酸盐却不具有这种性质。

部分取代的正磷酸盐失去组成水时就生成各种缩合的多磷酸盐，这将在后面再行讨论。如图 3.40 和图 3.41 所示，它们也能生成若干水合物。它们同 H_2O_2 生成溶剂合物，也能同 BF_3 这样的物质生成加合物。它们还能同其他金属的磷酸盐生成大量的复合磷酸盐。

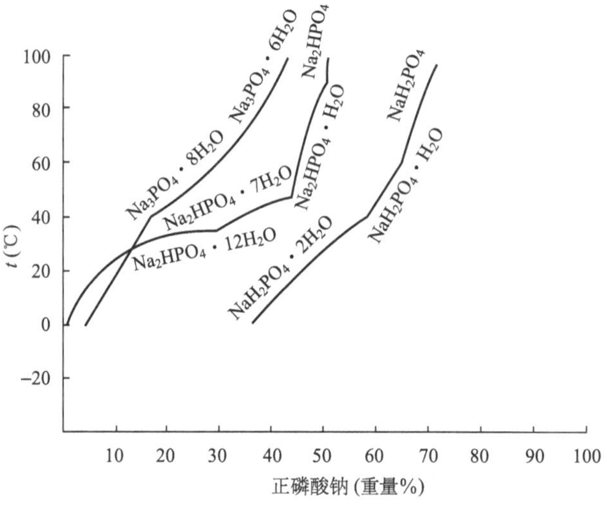

图 3.40　正磷酸钠的溶解度

碱金属一代正磷酸盐 KH_2PO_4、RbH_2PO_4 和 CsH_2PO_4 是铁电晶体，其Curie 点都低于室温。在 Curie 点时（KH_2PO_4，－151℃），介电常数会突然地上升到不

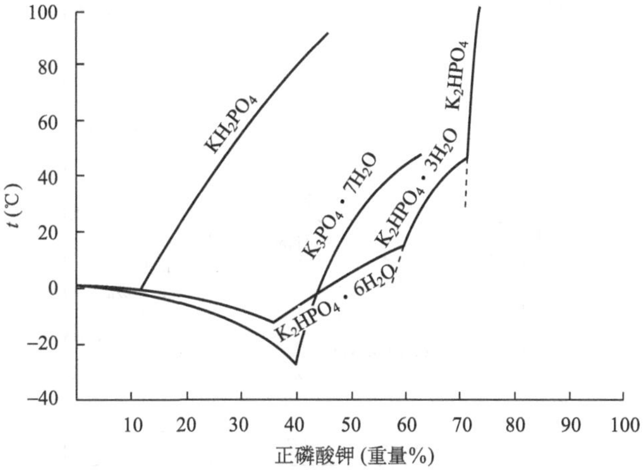

图 3.41 正磷酸钾的溶解度

正常的高值。人们认为这是在 Curie 点发生了结构从四方晶系到正交晶系的转变。这些晶体都具有压电性,也就是说对晶体施加压力就会产生电流。

当将部分取代的碱金属正磷酸盐加热除去组成水时,会得到多聚磷酸盐,反应按下列简化的反应方程式进行:

$$2Na_2HPO_4 \xrightarrow{\triangle} Na_4P_2O_7 + H_2O$$

$$2NaH_2PO_4 \xrightarrow{169℃} Na_2H_2P_2O_7 + H_2O$$

$$Na_2H_2P_2O_7 \xrightarrow{240℃} (NaPO_3)_2 + H_2O$$

$$NaH_2PO_4 \xrightarrow{240℃} NaPO_3 + H_2O$$

$$2Na_2HPO_4 + NaH_2PO_4 \xrightarrow{\triangle} Na_5P_3O_{10} + 2H_2O$$

这些反应的生成物依次叫做焦磷酸四钠、焦磷酸二钠(或酸式焦磷酸钠)、偏磷酸钠和三聚磷酸钠(或三磷酸钠)。这些反应的复杂性将在后面详细地加以讨论。钠和钾的多聚磷酸盐间的相互关系绘示于图 3.42 和图 3.43 中。混合的钠-钾多聚磷酸盐体系的类似相图也已被研究过。

碱金属二取代正磷酸盐在有氟化物或铬酸盐存在下进行低温阳极氧化也能生成过氧磷酸盐。已得到两种类型的化合物 M_2HPO_5 和 $M_4P_2O_8$,在高 pH 值条件下有利于生成后一类化合物。$K_4P_2O_8$、$Rb_4P_2O_8$、$Cs_4P_2O_8$ 和 K_2HPO_5 的制备产率颇高,Cs_2HPO_5 较不稳定,钠盐不生成过氧磷酸盐。

碱金属正磷酸盐的物理性质汇列在表 3.87 中。

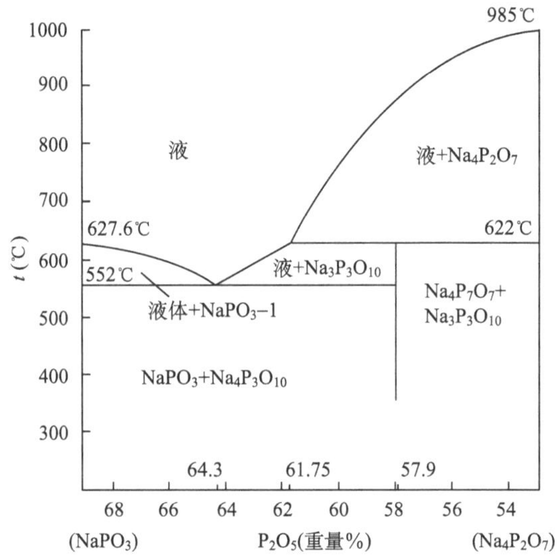

图 3.42　$NaPO_3$-$Na_4P_2O_7$ 体系的相图

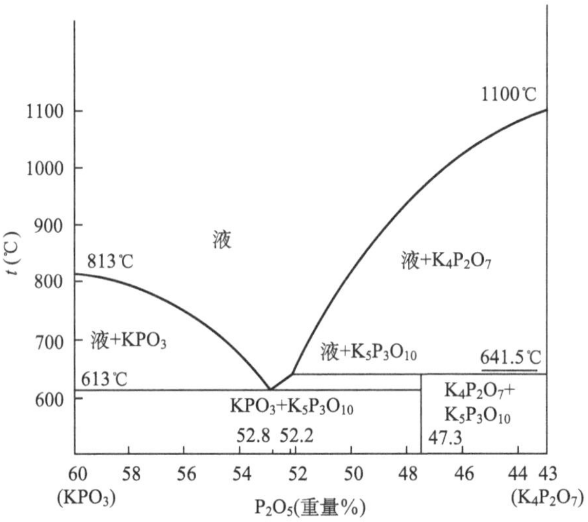

图 3.43　KPO_3-$K_4P_2O_7$ 体系的相图

6. 焦磷酸盐

历史上制得的第一个最简单的多聚磷酸盐是焦磷酸四钠，它是将正磷酸二钠加热脱水而制得的。常见的低温态焦磷酸四钠有时被叫做 $Na_4P_2O_7$-V，在 410℃可以转变成另一种形式，$Na_4P_2O_7$-Ⅲ，在 520℃又转变为一种新的形式，$Na_4P_2O_7$-Ⅰ，这后一

表 3.87 碱金属正磷酸盐的物理性质

化学式	生成热 (kcal/mol)	熔点(℃)	密度 (g/cm^3)	空间群及晶型	单胞			
					z	a	b	c
$NaH_2PO_4 \cdot 2H_2O$	—	60	1.91	正交	—	—	—	—
$NaH_2PO_4 \cdot H_2O$	—	100(−H_2O)	2.040	正交	—	—	—	—
NaH_2PO_4	—	204(分解)	—	—	—	—	—	—
$Na_2HPO_4 \cdot 12H_2O$	−1266.4	35.1(−5H_2O)	1.52	正交	—	—	—	—
$Na_2HPO_4 \cdot 7H_2O$	−913.3	48.1(−5H_2O)	1.679	单斜	—	—	—	—
$Na_2HPO_4 \cdot 2H_2O$	−560.2	95(−2H_2O)	2.066	$P2,2,2$	16	10.34	13.64	16.98
Na_2HPO_4	−417.4	—	—	—	—	—	—	
$Na_3PO_4 \cdot 12H_2O$	−1309.0	73.3—76.7(分解)	1.62	$P3C1$	—	12.02	—	12.66
$Na_3PO_4 \cdot 10H_2O$	—	100	—	八面体	—	—	—	—
Na_3PO_4	−460	—	2.536	—	—	—	—	—
KH_2PO_4	−362.7	252.6	2.338	$F\bar{4}2d$	8	10.534	—	6.959
K_2HPO_4	−425.6	—	—	—	—	—	—	—
$K_3PO_4 \cdot 8H_2O$	—	45.1	—	—	—	—	—	—
K_3PO_4	—	1340	2.564	正交	—	—	—	—
RbH_2PO_4	—	—	—	$I\bar{4}2d$	4	7.58	—	7.28
CsH_2PO_4	—	—	—	$B2mm$	4	4.80	6.25	14.65

种形式在低于熔点 985℃时是安定的。所有以上的转变都是可逆的，只有 $Na_4P_2O_7$-V 出现在 410℃以下(可以参看图 3.44)。

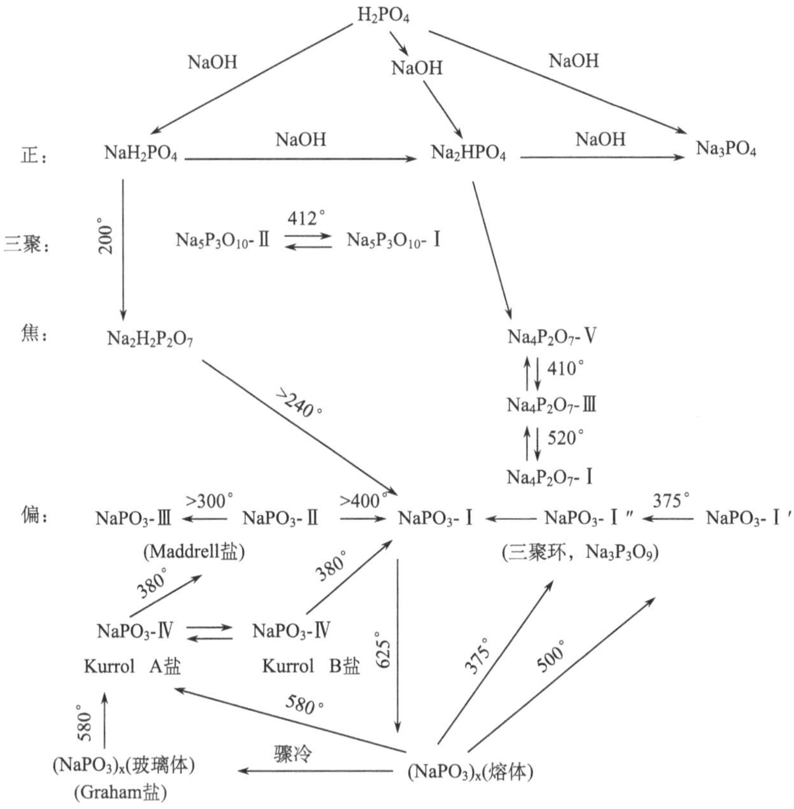

图 3.44　无水磷酸钠间的转化

(摄氏温标)

用碱部分中和焦磷酸时可以生成几种其他焦磷酸盐；例如，在 200℃左右使正磷酸一钠小心地脱水可以制得焦磷酸二氢二钠：

$$2NaH_2PO_4 \xrightarrow{200℃} Na_2H_2P_2O_7 + H_2O$$

$Na_2H_2P_2O_7$ 同 $H_4P_2O_7$ 反应可以制得焦磷酸一钠。

$$Na_2H_2P_2O_7 + H_4P_2O_7 \longrightarrow 2NaH_3P_2O_7$$

单独分离出这个化合物是困难的，因为它极易溶解于水，并且还因为无论是水或甲醇都可以使它又变成二钠盐。

焦磷酸三钠能生成无水盐 $Na_3HP_2O_7$、一水合物 $Na_3HP_2O_7 \cdot H_2O$ 或九水合物 $Na_3HP_2O_7 \cdot 9H_2O$。而焦碳酸四钠只生成一种十水合物 $Na_4P_2O_7 \cdot 10H_2O$，焦

磷酸二氢二钠也只生成一种六水合物 $Na_2H_2P_2O_7 \cdot 6H_2O$。

对应的焦磷酸钾是已知的，但常需用不同的方法来制备。工业上重要的焦磷酸四钾可令 K_2HPO_4 在 350—400℃脱水来制备：

$$2K_2HPO_4 \xrightarrow{350—400℃} K_4P_2O_7 + H_2O$$

不过与用来制备钠盐的方法不同，焦磷酸二氢二钾一般不能用 KH_2PO_4 小心脱水的方法来制备，因为 $K_2H_2P_2O_7$ 会很快地转变成偏磷酸钾（KPO_3）。要制备焦磷酸二氢二钾时，一般先将 $K_4P_2O_7$ 溶液酸化至 pH4.5，然后加入酒精可使 $K_2H_2P_2O_7$ 以一水合物的形式沉淀出来。如果将 $K_2H_2P_2O_7 \cdot H_2O$ 于 155℃加热就会转变成无水盐。在浓 $K_4P_2O_7$ 溶液中加入酒精是析出焦磷酸四钾三水合物 $K_4P_2O_7 \cdot 3H_2O$ 的最好方法。

除了以上介绍的水合物外，焦磷酸四碱金属盐还能同过氧化氢生成溶剂合物，常见的是 $Na_4P_2O_7 \cdot 3H_2O_2$ 和 $K_4P_2O_7 \cdot 3H_2O_2$。

铷和铯的焦磷酸盐可以用通常的方法来制备。将正磷酸二氢铯在 250—270℃脱水可制得焦磷酸二氢二铯。将乙醇加到 $Cs_4P_2O_7$ 的乙酸溶液中也可制得焦磷酸二氢二铯。焦磷酸四铷和焦磷酸四铯可以采用加热相应的正磷酸一氢盐的方法来制备。

碱金属焦磷酸盐都是水溶性的盐，其溶解度随温度变化的关系绘示在图 3.45 中。焦磷酸四钾特别易溶，因而常被选作液体清洁剂用的磷酸盐。

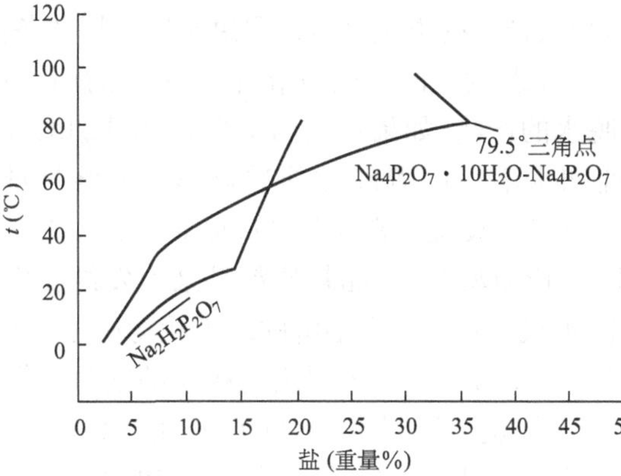

图 3.45 碱金属焦磷酸盐的溶解度

碱金属焦磷酸盐的物理性质汇列在表 3.88 中。

表 3.88　碱金属焦磷酸盐的物理性质

化学式	生成热 (kcal/mol)	熔点(℃)	密度 (g/cm³)	单胞				
				空间群	*z*	*a*	*b*	*c*
$NaH_3P_2O_7 \cdot H_2O$	−670.6	—	—	—	—	—	—	—
$NaH_3P_2O_7$	−602.7	—	—	—	—	—	—	—
$Na_2H_2P_2O_7 \cdot 6H_2O$	−1085.5	220 (—H_2O)	1.85	*C*2/*c*	4	14.11	7.03	13.50
$Na_2H_2P_2O_7$	−663.4	—	—	—	—	—	—	—
$Na_3HP_2O_7 \cdot 9H_2O$	−1135.7	—	—	$p2_1/a$	4	8.59	31.65	6.13
$Na_3HP_2O_7 \cdot H_2O$	−788.2	—	—	—	—	—	—	—
$Na_3HP_2O_7$	−711.4	—	—	—	—	—	—	—
$Na_4P_2O_7 \cdot 10H_2O$	−1468.2	93.8 (—H_2O)	1.815—1.836	*I*2/*c*	4	17.93	6.96	14.85
$Na_4P_2O_7$	−760.8	880	2.534	—	—	—	—	—
$K_2H_2P_2O_7 \cdot 0.5H_2O$	—	—	—	*C*2/*c*	8	17.92	7.01	14.27
$K_4P_2O_7 \cdot 3H_2O$	—	180 (—$2H_2O$)	2.33	—	—	—	—	—

7. 偏磷酸盐

正磷酸二氢钠脱水可以生成偏磷酸钠。不过如图 3.44 所示，碱金属偏磷酸盐的复杂性在于由脱水生成产品的类型严格地取决于所采用的条件，这是在 1833 年由 Graham 和后来 Maddrell 发现的。他们指出，不溶性的偏磷酸钠是在比较低的温度，即 500℃以下脱水的产物；如果在高温下熔融 NaH_2PO_4，使它脱水后骤冷，就会生成具有吸湿性和水溶性的偏磷酸盐玻璃体。易溶性的偏磷酸盐常叫做 Graham 盐，而不溶性的偏磷酸盐则常叫做 Maddrell 盐。如果把熔融物在 550—650℃保持一段时间，并用偏磷酸盐的晶粒作籽晶来引发结晶作用，则偏磷酸盐即从它的过冷状态固化，形成在水中有限溶解的纤维状物质，这种类型的偏磷酸盐常叫做 Kurrol 盐。一般说，Kurrol 钾盐的制法比相应的钠盐要简单些，因为把正磷酸一钾简单地加热到 150℃就可以制得。KH_2PO_4 在约 200℃时相当快地失水，在 258℃时加速地失水。在高于 150℃时任何可能生成的 $K_2H_2P_2O_7$ 都会被转化成 Kurrol 钾盐，这个转化过程在 230℃时进行得十分快速。

在图 3.44 中，写为 $NaPO_3$-Ⅱ和 $NaPO_3$-Ⅲ的化合物是 Maddrell 盐的两种不同形式，它们是微晶体或非晶态固体。$NaPO_3$-Ⅲ是低温型的 Maddrell 盐，而 $NaPO_3$-Ⅱ是高温型的 Maddrell 盐。图 3.44 中的 $NaPO_3$-Ⅳ是 Kurrol 盐。所有这些化合物都难溶于水，或者说得更恰当一些，它们在水中的溶解速度都很慢。

X射线研究指出，钠、钾、铷和铯的 Kurrol 盐都是单斜系晶体，并且都是以 PO_4 四面体通过共用氧原子而联结起来的长 P—O—P 聚合链所组成的。Maddrell 盐的结构与此相类似，但在链的重复方式上有所区别。实际上 Kurrol 盐是由两个沿着螺旋轴反向缠绕的链组成的，而 Maddrell 盐的链却不是螺旋状的。

各碱金属偏磷酸盐的熔化热顺序[43]如下：

$$LiPO_3 > NaPO_3 > KPO_3 > CsPO_3 > RbPO_3$$

其中 $NaPO_3$、$RbPO_3$ 的 $CsPO_3$ 的熔化热及熔化温度数据见表 3.89。表 3.90 汇列了一些碱金属偏磷酸盐的结构性质。

表 3.89 碱金属偏磷酸盐的熔化热和熔化温度

盐	熔化热(kcal/mol)	熔化温度(℃)
$NaPO_3$	4.13	627
$RbPO_3$	0.765	810
$CsPO_3$	1.96	736

表 3.90 碱金属偏磷酸盐和多聚磷酸盐的结构性质

化学式	晶格常数							
	空间群	z	β(°)	a	b	c	形式	角 POP (°)
$(NaPO_3)_n$Maddrell 盐	$P2_1/n$	12	93.3	15.30	6.96	7.05	三链	—
$(NaPO_3)_n$KurrolA 盐	$P2_1/n$	8	92	12.12	6.20	6.99	螺旋形	124,136
$(NaPO_3)_n$Kurrol B 盐	$P2_1/n$	8	85.7	11.37	6.01	7.63	螺旋形	137
$Na_3P_3O_9 \cdot 6H_2O$	PT	2	91.0	9.50	11.03	7.98	—	—
$Na_3P_3O_9 \cdot 1.5H_2O$	$A2_122$	8	—	11.05	20.70	8.01	—	—
$Na_3P_3O_9 \cdot H_2O$	pmcn	4	—	8.53	13.21	7.58	—	123
$Na_3P_3O_9$	pmcn	4	—	7.93	13.14	7.75	—	127
$(Na_2HP_3O_9)$	PT	2	—	7.72	6.76	7.11	—	131
$Na_4P_4O_{12} \cdot 4H_2O$(单斜)	$P2_1/a$	2	92.3	9.67	12.36	6.17	—	133
$Na_4P_4O_{12} \cdot 4H_2O$(三斜)	PT	1	107.0	6.652	9.579	6.320	—	138
$Na_2H_2P_4O_{12}$	P1	8	90.0	18.74	14.79	7.03	—	—
$(KPO_3)_n$	$P2_2/a$	8	78.5	14.02	4.54	10.28	双链	131
$(RbPO_3)_n$	$P2_1/n$	4	96.3	12.12	4.23	6.48	双链	129
$(CsPO_3)_n$	$P2_1/n$	4	83	12.71	4.32	6.83	双链	—
$Na_5P_3O_{10}$-Ⅰ	$C2/c$	4	112	9.61	5.34	19.73	短链	121.8
$Na_5P_3O_{10}$-Ⅱ	$C2/c$	4	93.0	16.00	5.24	11.25	短链	121.5

8. 三偏磷酸盐

将 Graham 盐在 520—530℃加热数小时，就生成一种结晶很好的易溶于水的偏磷酸钠，这就是人们熟悉的商品三偏磷酸钠 $Na_3P_3O_9$，在工业上它是由 NaH_2PO_4 在 500—600℃脱水制得的。也可以加热焦磷酸钠和氯化铵或磷酸氢二钠和硝酸铵的混合物来制备三偏磷酸钠。反应方程式如下：

$$3Na_4P_2O_7+6NH_4Cl \xrightarrow{\triangle} 2Na_3P_3O_9+6NaCl+6NH_3+3H_2O$$

$$3Na_2HPO_4 \cdot 12H_2O+3NH_4NO_3 \xrightarrow{310℃} Na_3P_3O_9 +3NaNO_3+3NH_3+39H_2O$$

三偏磷酸钠易溶于水，并且以六水合物的形式 $Na_3P_3O_9 \cdot 6H_2O$ 由水溶液中重结晶。已制得钾、铷和铯的三偏磷酸盐。

X-射线分析、核磁共振、电导测定、分子量测量以及其他实验证明，三偏磷酸钠是一个环状的三聚物，其中含有三个正一价的钠离子和一个负三价的磷、氧原子交替排列的六元环状三偏磷酸根离子：

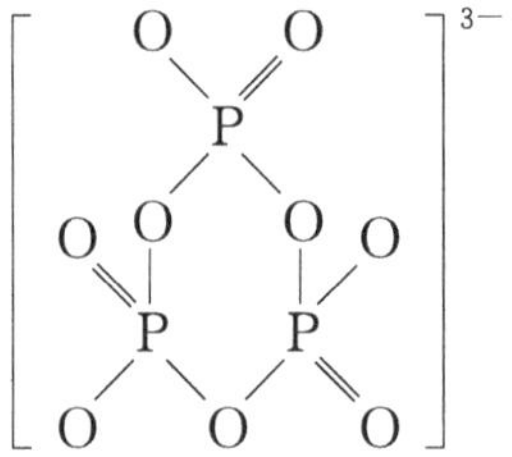

如图 3.44 所示，三偏磷酸钠 $Na_3P_3O_9$ 有三种晶型。所有这三种晶型，都可从水中生成六水合物或一水合物晶体，或者脱水生成无水盐晶体。将其溶液在 30℃蒸发，可得倍半水合物 $2Na_3P_3O_9 \cdot 3H_2O$。也曾制得过化学式为 $Na_3P_3O_9 \cdot H_2O_2$ 的过氧化氢溶剂合物。

除了不同形式的 $Na_3P_3O_9$ 外，小心蒸发 Na_2O/P_2O_5 比例合适的正磷酸盐溶液，可以制得三偏磷酸氢二钠 $Na_2HP_3O_9$。也曾制得过一种混合的钠钾三偏磷酸盐 $Na_9K_3(P_3O_9)_4$，以及一种碱金属三偏磷酸盐同另一种金属三偏磷酸盐的许多复盐。

表 3-90 汇列了三偏磷酸盐的结构性质。

9. 四偏磷酸盐

如果把等摩尔的磷酸二氢钠和磷酸在 400℃加热，并把熔体慢慢冷却，就生成了化学式为 $Na_2H_2P_4O_{12}$ 的晶体，这就是四偏磷酸二氢二钠，令它同 NaOH 溶液反应，可以转变成四偏磷酸四钠：

$$2NaH_2PO_4+2H_3PO_4 \xrightarrow{400℃} Na_2H_2P_4O_{12}+4H_2O$$

$$Na_2H_2P_4O_{12}+2NaOH\xrightarrow{pH=7}Na_4P_4O_{12}+2H_2O$$

可以用 NaCl 将四偏磷酸四钠从溶液中盐析出来。

制备四偏磷酸四钠的经典方法，是先将 CuO 同稍微过量的磷酸在 400℃加热，制备出四偏磷酸铜，然后令它同以脱氧的水配成的 Na_2S 溶液反应：

$$Cu_2P_4O_{12}+2Na_2S\xrightarrow{H_2O}Na_4P_4O_{12}\cdot 4H_2O+2CuS$$

将溶液加热浓缩，再加入乙醇或丙酮，就可以沉淀出四水合四偏磷酸四钠。

另一个工业制法是，在温度不超过 150℃时，将 P_4O_{10} 小心溶解在水中，得到四偏磷酸，然后用 NaOH 中和到 pH 为 7。反应方程式如下：

$$P_4O_{10}+2H_2O\xrightarrow{0—15℃}H_4P_4O_{12}$$

$$H_4P_4O_{12}+4NaOH\xrightarrow{pH=7}Na_4P_4O_{12}\cdot 4H_2O$$

可用 NaCl 将四水合四偏磷酸四钠 $Na_4P_4O_{12}\cdot 4H_2O$ 由溶液中盐析出来。

同碱金属的三偏磷酸盐相似，碱金属的四偏磷酸盐也具有环状结构，其中阴离子是磷原子和氧原子交替排列构成的八元环。已知四偏磷酸盐有两种不同的结晶形式，类似于环状有机分子所具有的两种构象：椅型和船型。由铜盐制得的 $Na_4P_4O_{12}$ 是椅型的，而由 P_4O_{10} 低温水解然后中和而制得的 $Na_4P_4O_{12}$ 是船型的。$Na_4P_4O_{12}\cdot 4H_2O$、$K_4P_4O_{12}\cdot 4H_2O$ 和无水的 $K_4P_4O_{12}$ 都有这两种构象，但无水的 $Na_4P_4O_{12}$ 只有椅型的。在水溶液中，船型会慢慢地转变为椅型。碱金属四偏磷酸盐体系中还有 $Na_4P_4O_{12}\cdot 10H_2O$ 和 $K_4P_4O_{12}\cdot 2H_2O$ 等其他水合物。

1953 年有人报道了一种二维纸上层析分离法。用来区别链状磷酸盐和环状磷酸盐。这种技术同离子交换淋析技术联合起来，已查明有比四偏磷酸盐聚合度还高的大环七偏磷酸盐和八偏磷酸盐。

10. 三聚磷酸盐

自从 Graham 观察到偏磷酸钠 60 多年以后，又制得了一种新的磷酸盐。它是把 Graham 偏磷酸钠和焦磷酸四钠放在一起熔融后再使熔体慢慢冷却而制得的。这种新磷酸盐就是三聚磷酸钠(或简称三磷酸钠)，由于广泛用作锅炉水处理剂、钻井泥浆分散剂等，故它是迄今工业生产中最重要的碱金属磷酸盐；它的化学式是 $Na_5P_3O_{10}$，其产量在当前国际市场上碱金属磷酸盐中约占 70%。该盐是按下列反应方程式生产的：

$$NaPO_3+Na_4P_2O_7\xrightarrow{500℃}Na_5P_3O_{10}$$

或令 NaOH 同三偏磷酸钠反应：

$$Na_3P_3O_9+2NaOH\longrightarrow Na_5P_3O_{10}+H_2O$$

令磷酸氢二钠同磷酸二氢钠的混合物加热脱水，也可得到三磷酸钠：

$$2Na_2HPO_4 + NaH_2PO_4 \xrightarrow{\triangle} Na_5P_3O_{10} + 2H_2O$$

三磷酸钠是含有下列阴离子的链状磷酸盐；

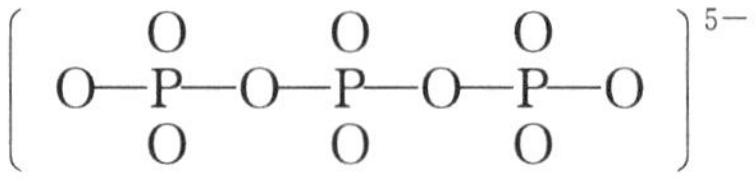

它有两种无水的晶态盐，Ⅰ型(高温变体)和Ⅱ型(低温变体)。另外还有一种六水合物 $Na_5P_3O_{10} \cdot 6H_2O$。这些化合物的生成也已在图 3.44 中表示出来了，表 3.90 也已汇列了多聚磷酸盐的结构性质。

11. 取代磷酸盐

在磷酸盐结构中的氧原子可被其他电负性原子如氟或硫所取代。例如用 $PSCl_3$ 或 P_2S_5 同 NaOH 溶液反应可以制得一硫代磷酸钠 Na_3PO_3S，在 P_2S_5—NaOH 反应的适当条件下可得 $Na_3PO_2S_2$。在同 P_2S_5 的反应中用 NaHS 代替 NaOH，可以生成三硫代磷酸钠 Na_3POS_3；P_2S_5 同 Na_2S 反应可制得全硫取代的四硫代磷酸钠 Na_4PS_4。所有碱金属硫代磷酸盐都容易水解，生成碱金属磷酸盐和 H_2S。

也可以用氟原子取代磷酸盐结构中的氧原子，从一氟磷酸钠 Na_2PO_3F 到六氟磷酸铯 $CsPF_6$ 的碱金属氟磷酸盐都是已知的化合物。

12. 次磷酸盐和连二磷酸盐

用碱金属氢氧化物或碳酸盐中和次磷酸 H_3PO_2 时，若只有一个氢原子被取代，就生成次磷酸盐：

$$H(O_2PH_2) + NaOH \longrightarrow H_2O + NaO_2PH_2(\text{或 } NaH_2PO_2)$$

碱金属次磷酸盐通常可用单质磷同碱金属氢氧化物溶液的反应来制备。这个反应也可以生成碱金属亚磷酸盐和磷化氢。用反应方程式表示如下：

$$P_4 + 4MOH + 4H_2O \longrightarrow 4MH_2PO_2 + 2H_2$$

$$P_4 + 4MOH + 2H_2O \longrightarrow 2M_2HPO_3 + 2PH_3$$

所有次磷酸盐都是比较无毒、易溶于水和乙二醇的白色晶状物质，如表 3.91 所示。

表 3.91　碱金属次磷酸盐的溶解度

溶剂	温度(℃)	溶解度(g/100g 溶剂)	
		NaH_2PO_2	KH_2PO_2
水	25	100.0	200
	100	667.0	330
乙二醇	25	33.01	—
丙二醇	25	9.70	—

碱金属次磷酸盐很容易被氧化，也就是说，它们都是很好的还原剂。加热时它们会分解生成磷化氢、磷、亚磷酸盐、磷酸盐等。它们也能被氢氧根离子所分解：

$$NaH_2PO_2 + NaOH \longrightarrow Na_2HPO_3 + H_2$$

因此，用单质磷同碱金属氢氧化物反应来制备碱金属次磷酸盐时产率总是很低的。

虽然碱金属次磷酸盐在一些时期曾被用作药物，但它的最有希望的工业用途是在“化学镀镍”中作用还原剂，它们能把水溶液中的镍盐还原成金属镍而沉积在对此还原反应有催化作用的金属的表面上，形成坚实无孔的镀层。这些镀层有高的含磷量。这种化学镀镍可应用于遮镀铁、铝以及其他一些有选择性的金属。例如，曾用于大的罐体内壁镀镍。

碱金属连二磷酸盐是用碱金属氢氧化物中和磷酸或用氧化剂如亚氯酸钠、次氯酸钠、高锰酸盐、过氧化物等的水溶液氧化单质磷来制备的。钠盐 $Na_2H_2P_2O_6 \cdot 6H_2O$ 因有较低的溶解度而沉淀出来。连二磷酸四钠是用 Na_2CO_3 中和连二磷酸二氢二钠来制备的，它以十水合物 $Na_4P_2O_6 \cdot 10H_2O$ 的形式从溶液中析出。其他碱金属连二磷酸盐还有一取代盐、三取代盐和二聚物 $M_3H_5(P_2O_6)_2$ 以及不同碱金属或碱金属与其他金属生成的混合连二磷酸盐，如 $Na_2K_2P_2O_6 \cdot 9H_2O$，$K_2CoP_2O_6 \cdot 5H_2O$，$K_6CoH_8(P_2O_6)_4 \cdot 15H_2O$，$K_2NiP_2O_6 \cdot 6H_2O$ 和 $K_6NiH_8(P_2O_6)_4 \cdot 15H_2O$ 等。

如图 3.46 所示，连二磷酸钠在冷水中是不易溶解的；如果是连二磷酸四钠，在热水中溶解度也增加不大。另一方面，如表 3.92 所示，在水中连二磷酸钾却比连二磷酸钠易溶得多。

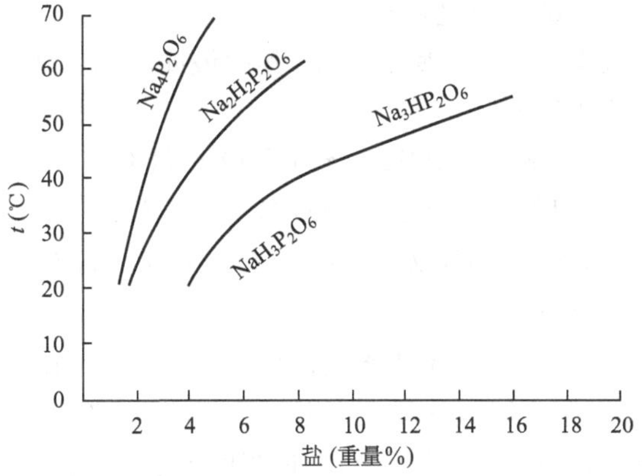

图 3.46　连二磷酸钠的溶解度

表 3.92 连二磷酸钾的溶解度

盐	温度(℃)	溶解度 (g/100gH_2O+盐)
$K_4P_2O_6$	20	80.0
$K_3HP_2O_6$	20	66.7
$K_2H_2P_2O_6$	20	24.8
	热	50.0
$KH_3P_2O_6$	20	40.0
	热	66.7
$K_3H_5(P_2O_6)_2$	20	28.6
	热	55.6

碱金属连二磷酸盐很难被氧化，只有重铬酸盐或高锰酸盐能将它们氧化。另一方面，它们在酸性溶液中很容易水解成相应的亚磷酸盐和磷酸盐。

碱金属连二磷酸盐具有对称结构，其中有一个 P—P 键而没有 P—H 或 P—O—P 键，它的结构类似于碱金属连二硫酸盐。

3.6.10 硫酸盐、亚硫酸盐和硫代硫酸盐

钠、钾、铷和铯的硫酸盐构成了在种数上能同磷酸盐不相上下的一类化合物。由于硫和氧是周期表中的同族元素，它们在许多化合物中可以互相取代，因而可能生成的阴离子在种数上就大大增加了。

1. *碱金属硫酸盐和酸式硫酸盐*

碱金属的硫酸盐有两类：一类是中性硫酸盐 M_2SO_4，其水溶液呈中性；还有一类是酸式硫酸盐 $MHSO_4$，因为 HSO_4^- 有较大的电离常数（$HSO_4^- \rightleftharpoons H^+ + SO_4^{2-}$、$K=1.2\times10^{-2}$），故溶液呈强酸性。

可以用多种方法来生成碱金属硫酸盐，其中最简单的方法是用硫酸来中和一种碱金属氢氧化物或碳酸盐：

$$H_2SO_4 + MOH \longrightarrow MHSO_4 + H_2O$$

$$MHSO_4 + MOH \longrightarrow M_2SO_4 + H_2O$$

$$H_2SO_4 + M_2CO_3 \longrightarrow M_2SO_4 + CO_2 + H_2O$$

式中 M 代表 Na、K、Rb 或 Cs。

碱金属的酸式硫酸盐都是易溶于水的，但图 3.47 中只列出了 $KHSO_4$ 的曲线。

如前所述，硫酸同碱金属氯化物在高温下反应产生 HCl，副产物是该金属的酸式硫酸盐。例如将浓硫酸同 NaCl 混合，在适当的温度下加热，第一步反应是：

$$NaCl + H_2SO_4 \xrightarrow{300℃} NaHSO_4 + HCl$$

过去曾用硫酸同 $NaNO_3$ 在加热下的反应来制备 HNO_3：

$$NaNO_3+H_2SO_4 \xrightarrow{\triangle} NaHSO_4+HNO_3$$

副产物 $NaHSO_4$ 可用来同 NaCl 在强热下发生第二步反应，产生 HCl，并转变成正盐 Na_2SO_4：

$$NaHSO_4+NaCl \xrightarrow{\triangle} Na_2SO_4+HCl$$

从溶液中结晶出碱金属酸式硫酸盐时，溶液的酸性必须很强。析出盐的性质同硫酸的浓度有关，例如 $NaHSO_4$ 是从 65%的硫酸溶液中析出的，而从浓度高于 85%的硫酸溶液中析出的却是 $NaHSO_4 \cdot H_2SO_4$。

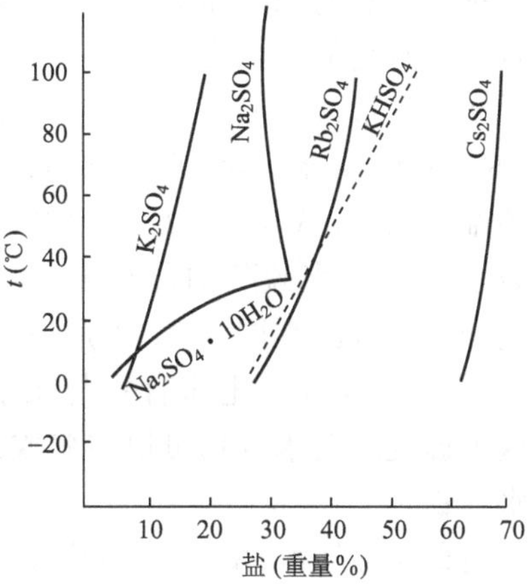

图 3.47 碱金属硫酸盐的溶解度

将上述两步反应合并，可用下面生成 Na_2SO_4 的总反应方程式来表示：

$$2NaCl+H_2SO_4 \xrightarrow{500—600℃} Na_2SO_4+2HCl$$

这就是在工业上生产 HCl 的基本反应。在温度为 500—600℃时，将硫酸滴加在松散铺开的 NaCl 上，热 HCl 气体从反应炉中导出，可用水淋洗吸收，以生成盐酸，也可以导入使用 HCl 的反应器中，令参加反应。剩下的硫酸钠冷却结块，常叫做“盐饼”。其他碱金属硫酸盐 K_2SO_4、Rb_2SO_4 和 Cs_2SO_4，也可以用硫酸作用于碱金属氯化物的方法来制备。

在 HCl 的工业生产中，由于热 HCl 气体的强腐蚀性，需要使用高度抗腐蚀的管道和阀门，因此在碱金属硫酸盐的生产中，其他的生产方法更加引人注意。在自然界中有不少的碱金属硫酸盐矿物，从这些矿物中分离硫酸钠或硫酸钾的方法，将随各种矿物的性质不同而异。例如，从钙芒硝($Na_2SO_4 \cdot CaSO_4$)或钾石膏($K_2SO_4 \cdot CaSO_4 \cdot H_2O$)矿物中分离碱金属硫酸盐时，只用水浸取就可以同难溶的 $CaSO_4$ 分离，获得可溶性硫酸盐 Na_2SO_4 或 K_2SO_4 的晶体。对于其他一些矿物，为了分离碱金属硫酸盐，需要根据有关的相图来决定操作方法，包括分级结晶或复分解反应。

如表 3.93 所示[43]，K_2SO_4、Rb_2SO_4 和 Cs_2SO_4 在水中溶解度，随着碱金属元素原子量的增大而增加。

表 3.93 K_2SO_4、Rb_2SO_4 和 Cs_2SO_4 的溶解度(重量%)

盐	温度(℃)										
	0	10	20	30	40	50	60	70	80	90	100
K_2SO_4	6.95	—	—	11.6	13.3	14.62	15.81	17.45	18.75	19.15	19.50
Rb_2SO_4	26.7	29.9	32.5	34.8	36.9	38.7	40.25	41.65	42.85	44.10	45.05
Cs_2SO_4	62.5	63.4	64.1	64.8	65.4	66.1	66.75	67.25	67.80	68.25	68.80

对于硫酸钠同其水合物 $Na_2SO_4 \cdot 10H_2O$、$Na_2SO_4 \cdot 7H_2O$ 的体系来说，存在着十分有趣的溶解度关系。在温度高于精确的转变点 32.384℃时，硫酸钠常以无水盐的形式结晶出来，无水硫酸钠的溶解度具有负的温度系数，从 35℃时的 49.4g/100g 水降至 100℃的 42.7g/100g 水；而十水合硫酸钠的溶解度却有正的温度系数，从 0℃时的 5g/100g 水升至 30℃时的 40g/100g 水，这就是在图 3.47 中在转变点硫酸钠具有最大溶解度的原因。硫酸钠七水合物是一种价稳型盐，其溶解度(在图 3.47 中用虚线表示)从 0℃的 19.6g/100g 水增加到 20℃的 54.7g/100g 水。七水合物与无水盐的两条溶解度曲线在 24.4℃处相交，高于这个温度时七水合物可以转变成无水盐，低于 24.4℃时七水合物只能转变成十水合物。

同高温时分解的碱土金属硫酸盐相比，碱金属硫酸盐的热稳定性是比较高的。例如，硫酸钠在 884℃熔化，硫酸钾在 1069℃熔化，这两种硫酸盐加热至高温时都挥发而不分解；Rb_2SO_4 在 1200℃加热两小时，失重 6.29%，Cs_2SO_4 在同样条件下失重 13.89%。

碱金属硫酸盐浓溶液的导电性(25℃)绘示在图 3.48[44] 中。

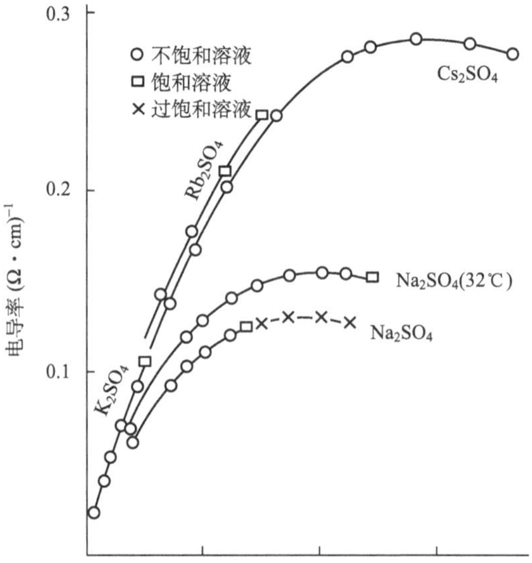

图 3.48 碱金属硫酸盐溶液导电性的等温线

碱金属硫酸盐的物理性质汇列在表 3.94 中。

表 3.94 碱金属硫酸盐的物理性质

化学式	生成热 (kcal/mol)	熔点(℃)	密度 (g/cm³)	磁化率 x(cgs×10⁶)	晶型
$NaHSO_4 \cdot H_2O$	−339.2	58.5	2.103	—	单斜
$NaHSO_4$	−269.2	>315	2.435	—	三斜
$Na_2SO_4 \cdot 10H_2O$	−1033.48	32.38[1)]	1.464	−184.0	单斜
$Na_2SO_4 \cdot 7H_2O$	—	24.4[1)]	—	—	正交或四面体
Na_2SO_4	−330.9	884	2.68	−52.0	正交
$KHSO_4$	−267.8	214	2.322	−49.8	正交
K_2SO_4	−342.7	1069	2.662	−67.0	六方或正交
$RbHSO_4$	−273.7	—	2.892	—	正交
Rb_2SO_4	−340.5	1060	3.613	−88.4	正交或六方
$CsHSO_4$	−274.0	分解	3.352	—	正交
Cs_2SO_4	−339.4	1010	4.243	−116.0	正交或六方

1) 转变点。

2. 复合硫酸盐

从前述碱金属硫酸盐的矿物可以看出，碱金属硫酸盐有同其他硫酸盐生成复盐的强烈倾向。首先，硫酸钾和硫酸钠都能生成许多含有溶剂合 H_2SO_4 分子的化合物：如 $3K_2SO_4 \cdot H_2SO_4$，$5K_2SO_4 \cdot 3H_2SO_4$，$4K_2SO_4 \cdot 3H_2SO_4$，$3Na_2SO_4 \cdot H_2SO_4$，$Na_2SO_4 \cdot 2H_2SO_4$，$Na_2SO_4 \cdot 3H_2SO_4$ 和 $2Na_2SO_4 \cdot 9H_2SO_4$ 等，这类复盐同酸式盐是很难区分的。碱金属硫酸盐和碱土金属硫酸盐之间的各种复盐是海生盐类矿物的典型矿物。有一类复盐叫做矾，它是由碱金属硫酸盐和+3 价离子如 Al^{3+}、Fe^{3+} 等金属的硫酸盐在一起结晶而生成的，矾的化学式为 $M^{I}M^{III}(SO_4)_2 \cdot 12H_2O$。比较典型的矾有 $KAl(SO4)_2 \cdot 12H_2O$、$NaCr(SO_4)_2 \cdot 12H_2O$、$RbFe(SO_4)_2 \cdot 12H_2O$ 等。硒可以取代硫生成硒矾，即 $KAl(SeO_4)_2 \cdot 12H_2O$；其中一个硫酸根离子也可被其他酸根离子取代，例如$K_2BeF_4 \cdot Al_2(SO_4)_3 \cdot 24H_2O$。

矾类有形成规则的立方形大块晶体的倾向，这些矾都是同晶型的。如表 3.95 和图 3.49 所示，钾矾、铷矾和铯矾相比，它们在水中的溶解度随碱金属元素原子量的增大而递减，利用这个性质可以从铷和钾中分离铯。

表 3.95 矾在水中的溶解度

矾	溶解度(g/100gH_2O)			
	0℃	30℃	60℃	熔点
$KAl(SO_4)_2$	2.87	7.74	19.85	54.45(92.5℃)
$RbAl(SO_4)_2$	0.71	2.12	6.89	58.5(109℃)
$CsAl(SO_4)_2$	0.21	0.60	1.96	62.0(122℃)

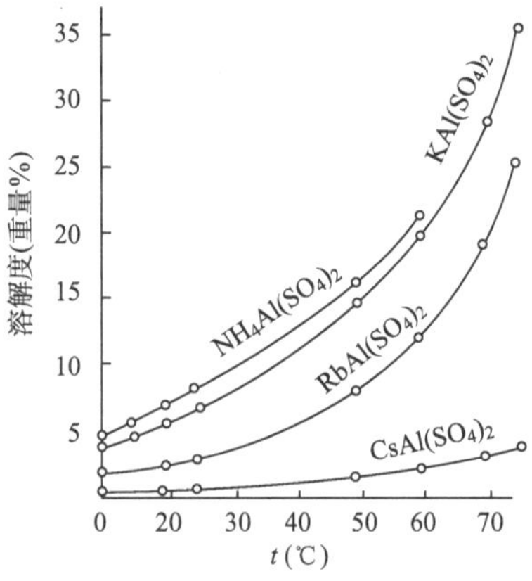

图 3.49　矾在水中的溶解度

表 3.95 中的熔点也是矾的转变点，矾的熔点随碱金属元素原子量的增大而升高，另外，矾的熔点还随＋3 价金属离子不同而变化，铝矾是最稳定的。表 3.96 给出各种铯矾具有 300mmHg 蒸气压时的离解温度。

如表 3.96 所示，矾的稳定性似乎同＋3 价金属的原子体积有关系，金属的原子体积愈大所形成的铯矾愈稳定。

虽然所有的矾都是立方晶系的，但是围绕＋3 价离子的水分子的排列却随着＋1 价离子的大小而变化，根据这种变化把矾类分成α-型、β-型或γ-型。α-型矾是由中等大小的＋1 价金属离子，如钾和铷形成的。12 个水分子中的 6 个水分子聚集在铝原子周围，形成八面体离子$[Al(H_2O)_6]^{3+}$，另外 6 个水分子把八面体离子$[Al(H_2O)_6]^{3+}$、四面体离子SO_4^{2-}和一价碱金属离子联结起来，每个水分子按键的四面体排布而同两个氧原子、一个碱金属离子和一个铝离子相联结。

表 3.96　铯矾的离解温度

铯矾	Al	Ti	V	Cr	Fe
原子体积	10.2	9.3	8.8	7.7	7.1
蒸气压为 300mmHg 时的离解温度(℃)	99.52	92	85	84	76.5

较大的碱金属离子，如铯离子形成β-型矾，其中围绕铯离子的水分子同其他基团的距离较α-型矾为近，而硫酸根离子又比其他基团更接近于铯离子。钠离子形成γ-型矾，围绕钠离子的水分子同其他基团的距离较α-型矾为远，而硫酸根离子同钠离子的距离则更缩短了。

碱金属还可以形成同矾类近似的另一系列硫酸复盐，其中含有一个＋2 价的金属离子，通式为$M_2^{I}M^{II}(SO_4)_2 \cdot 6H_2O$；这些化合物中为人们所熟悉的为软钾镁矾$K_2Mg(SO_4)_2 \cdot 6H_2O$。还有以 Na、K、Rb 和 Cs 作为＋1 价阳离子和 Ni、Co、Fe、Cu、Mn、Zn、V、Cd 等作为＋2 价阳离子所形成的一系列复盐，都是同软钾镁矾为同晶的单斜系晶体。在这类复盐中的一些化合物具有鲜艳的颜色，例如$Rb_2Co(SO_4)_2 \cdot 6H_2O$呈橙色，$Cs_2Co(SO_4)_2 \cdot 6H_2O$呈红色，$Rb_2Ni(SO_4)_2 \cdot 6H_2O$呈淡蓝色，$Cs_2Ni(SO_4)_2 \cdot 6H_2O$呈绿色等。这类复盐易溶于水，并像矾类一样，在水中完全离解。

还有其他类型的复盐，例如$M_2SO_4 \cdot Pr_2(SO_4)_3 \cdot 8H_2O$和$M_2SO_4 \cdot Nd_2(SO_4)_3 \cdot 8H_2O$，式中M代表Rb或Cs[45]。研究了25℃时的$Li_2SO_4$—$K_2SO_4$—$Rb_2SO_4$—$H_2O$体系[46]，它的溶解度图如图3.50所示。在这个体系中，能够生成许多种复盐，其中最复杂的一种复盐是$Rb_2SO_4 \cdot K_2SO_4 \cdot 5Li_2SO_4 \cdot 2H_2O$。

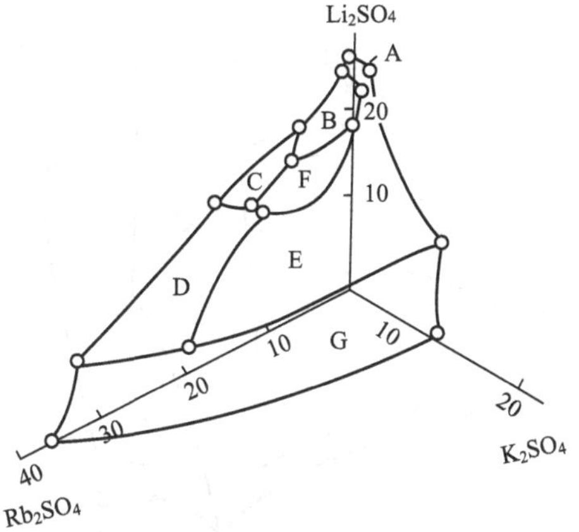

A. $Li_2SO_4 \cdot H_2O$　B. $Rb_2SO_4 \cdot 5Li_2SO_4 \cdot 4H_2O$　C. $Rb_2SO_4 \cdot 3Li_2SO_4 \cdot 2H_2O$
D. $Rb_2SO_4 \cdot Li_2SO_4$　E. $K_2SO_4 \cdot Li_2SO_4$　F. $Rb_2SO_4 \cdot K_2SO_4 \cdot 5Li_2SO_4 \cdot 4H_2O$
G. $mRb_2SO_4 \cdot nK_2SO_4$

图3.50　25℃，Li_2SO_4-K_2SO_4-Rb_2SO_4-H_2O体系的溶解度图

3. *硒酸盐和碲酸盐*

由于硒和碲与硫是同族元素，碱金属硒酸盐和碲酸盐十分类似于碱金属硫酸盐。

硒酸H_2SeO_4能形成碱金属的硒酸盐M_2SeO_4和酸式硒酸盐$MHSeO_4$。硒酸盐具有同硫酸盐相似的结构，硒酸钠像硫酸钠一样也可形成十水合物$Na_2SeO_4 \cdot 10H_2O$。

在水溶液中用碱金属氢氧化物中和碲酸$Te(OH)_6$，可以制得碱金属碲酸盐$M_2H_4TeO_6$[47]。在碲酸中全部氢原子被碱金属原子置换的盐是不易制得的，不过已有人报道过制得了全取代的银盐Ag_6TeO_6。化学式类似于硫酸盐和硒酸盐的碲酸盐，可以在碱性溶液中用氯气氧化亚碲酸盐来制备：

$$K_2TeO_3 + Cl_2 + 2KOH \longrightarrow K_2TeO_4 + 2KCl + H_2O$$

K_2TeO_4同相应的硫酸盐和硒酸盐具有类似的结构，但它的水合物$K_2TeO_4 \cdot 5H_2O$很可能是$K_2H_4TeO_6 \cdot 3H_2O$。碱金属碲酸盐还可以用干燥的TeO_2同碱金属碳酸盐共熔来制备，如果隔绝空气，就形成亚碲酸盐，而在空气存在下亚碲酸盐易被氧化成为碲酸盐。

碱金属硒酸盐和碲酸盐，如图 3.51 所示，都易溶于水。

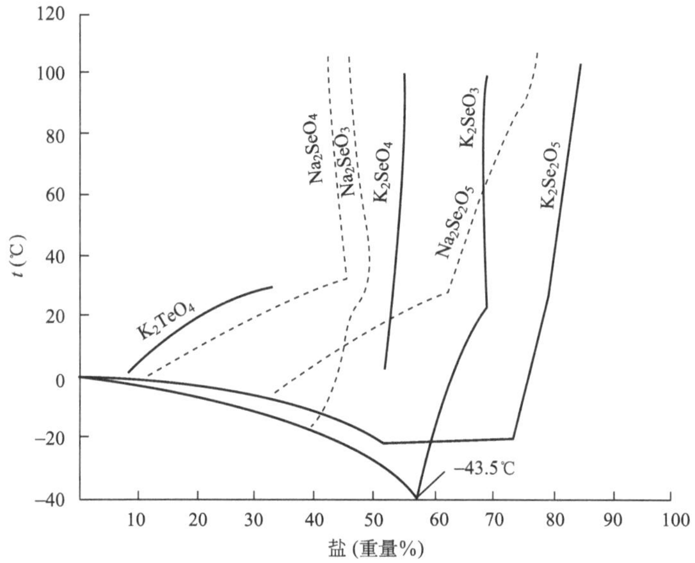

图 3.51　碱金属硒酸盐与碲酸盐的溶解度

所有的碱金属硒酸盐都形成正交系晶体，它们的密度如下：

Na_2SeO_4，3.21；K_2SeO_4，3.07；Rb_2SeO_4，3.90；Cs_2SeO_4，4.45g/cm_3。

纯碲酸 $Te(OH)_6$ 约在 140℃时熔化，并失水生成一种含有多聚碲酸的浆状物。已经分离出多聚碲酸的盐，如 $K_2Te_2O_7 \cdot 4H_2O$ 和 $K_2Te_4O_{13} \cdot 4H_2O$，有关这些碲酸盐的结构，现在还知道得不多。

4. 亚硫酸盐、亚硒酸盐和亚碲酸盐

碱金属硫酸盐中硫的氧化态为＋6 价；碱金属亚硫酸盐中硫的氧化态为＋4 价。碱金属亚硫酸盐颇易氧化成为碱金属硫酸盐，所以亚硫酸盐都是很好的还原剂。碱金属亚硫酸盐是用 SO_2 同碱金属氢氧化物或碳酸盐在水溶液中的相互作用来制备的：

$$MOH + SO_2 \longrightarrow MHSO_3$$

$$2MOH + SO_2 \longrightarrow M_2SO_3 + H_2O$$

$$M_2CO_3 + SO_2 \longrightarrow M_2SO_3 + CO_2$$

式中 M 代表 Na，K，Rb 和 Cs。如式中所指出的，部分中和亚硫酸将生成碱金属的酸式亚硫酸盐，因此这类似于碱金属碳酸盐-酸式碳酸盐体系。事实上，在亚硫酸盐和碳酸盐之间就发现有许多互成同晶的例子。其水合物体系也具有相似之处：

$$Na_2SO_3, Na_2SO_3 \cdot 7H_2O \text{ 和 } Na_2SO_3 \cdot 10H_2O$$

$$Na_2CO_3, Na_2CO_3 \cdot 7H_2O \text{ 和 } Na_2CO_3 \cdot 10H_2O$$

虽然亚硫酸比碳酸略强，SO_2 能从碳酸盐水溶液中置换出 CO_2；但亚硫酸毕竟仍是一种弱酸，它的碱金属正盐在水溶液中水解仍呈碱性反应。如图 3.52 所示，一切碱金属亚硫酸盐和酸式亚硫酸盐都是易溶于水的。

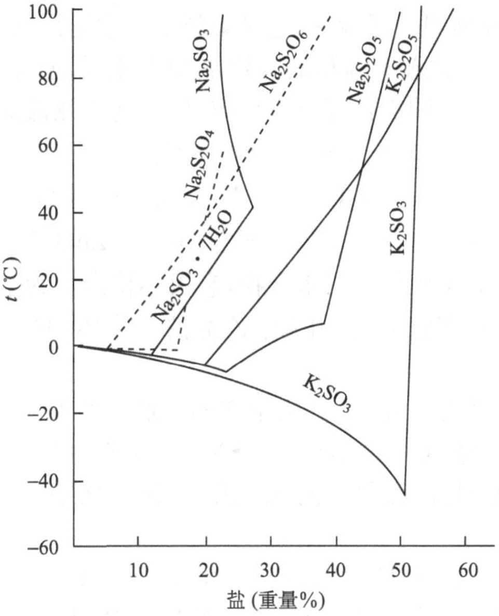

图 3.52 碱金属硫含氧酸盐的溶解度

除无水盐外，亚硫酸钾还生成一水合物和二水合物。当向 50%Rb_2CO_3 或 Cs_2CO_3 溶液中通入 SO_2，并冷却至 20℃时，都能得到组成为 $M_2O \cdot 2SO_2 \cdot H_2O$ 的盐。已经证明这类沉积物是酸式亚硫酸盐 $RbHSO_3$ 和 $CsHSO_3$，或一水合焦亚硫酸盐 $Rb_2S_2O_5 \cdot H_2O$ 和 $Cs_2S_2O_5 \cdot H_2O$。实际上它们是相同的：

$$2RbHSO_3 \rightleftharpoons Rb_2S_2O_5 \cdot H_2O$$

这类化合物有时叫做酸式偏亚硫酸盐。给碱金属酸式亚硫酸盐溶液加热，常可析出碱金属亚硫酸盐。

当向碱金属氢氧化物或碳酸盐的溶液中，分别加入二氧化硒 SeO_2 和二氧化碲 TeO_2 时，就生成相应的碱金属亚硒酸盐 M_2SeO_3 和亚碲酸盐 M_2TeO_3。如果是部分中和，就生成酸式亚硒酸盐 $MHSeO_3$ 和酸式亚碲酸盐 $MHTeO_3$。它们与可溶性酸式亚硫酸盐不同，碱金属酸式亚硒酸盐和酸式亚碲酸盐都仅微溶于水。碱金属亚硒酸盐和亚碲酸盐比亚硫酸盐更易水解，其水溶液倾向于分解而析出 SeO_2

和 TeO_2 沉淀。

5. 连二亚硫酸盐

碱金属亚硫酸盐、亚硒酸盐和亚碲酸盐可被氧化剂如卤素、高锰酸盐、过氧化物等氧化成为硫酸盐、硒酸盐和碲酸盐，它们都是作为还原剂而起作用的。但是，锌粉或钠汞齐能把亚硫酸钠或酸式亚硫酸钠还原成为连二亚硫酸钠 $Na_2S_2O_4$；在这种情况下，碱金属亚硫酸盐又是作为一种氧化剂而起作用了。

连二亚硫酸钠，商品叫做保险粉，它是染料工业中需用的一种重要还原剂。常用的生产方法是把 SO_2 通入于锌粉的悬浮液中发生反应，生成连二亚硫酸锌，随后令它同碳酸钠或氢氧化钠进行复分解反应，生成连二亚硫酸钠：

$$Zn+2SO_2 \longrightarrow ZnS_2O_4$$

或

$$ZnS_2O_4+Na_2CO_3 \longrightarrow Na_2S_2O_4+ZnCO_3$$

$$ZnS_2O_4+NaOH \longrightarrow Na_2S_2O_4+Zn(OH)_2$$

从水溶液中沉淀或结晶得到的是二水合物，它极不稳定。为了提高稳定性，必须转变为无水盐的形式。在实验室里，用无水乙醇洗涤晶体，并在真空下干燥，即得无水盐。

工业上也用 SO_2 作用于钠汞齐，来生产连二亚硫酸钠：

$$2SO_2+2NaHg_x \longrightarrow Na_2S_2O_4+2xHg$$

实验室中还可用 SO_2 或亚硫酸钠同氢化钠或硼氢化钠反应，来制备连二亚硫酸钠：

$$2NaH+2SO_2 \longrightarrow Na_2S_2O_4+H_2$$

$$2NaBH_4+2SO_2 \longrightarrow Na_2S_2O_4+B_2H_6+H_2$$

有趣的是，当 NaH 同 SO_2 反应生成 $Na_2S_2O_4$ 时，液态 SO_2 的反应要比气态 SO_2 的反应快速得多，即使采用高压的 SO_2，也是如此。$NaBH_4$ 同亚硫酸钠反应制备连二亚硫酸钠的收率较高，但 $NaBH_4$ 同液态 SO_2 的反应是产生乙硼烷的一种剧烈反应。

连二亚硫酸钠容易发生歧化反应，生成焦亚硫酸盐和硫代硫酸盐：

$$2Na_2S_2O_4 \longrightarrow Na_2S_2O_5+Na_2S_2O_3$$

二水合成二亚硫酸钠极易同氧反应，生成焦亚硫酸盐：

$$2Na_2S_2O_4\cdot 2H_2O+O_2 \longrightarrow 2Na_2S_2O_5+4H_2O$$

在实验室工作中常用二水合连二亚硫酸钠作为一种“吸氧剂”，用以代替碱性苯三酚(焦性没食子酸)溶液。

在图 3.52 中也绘出了连二亚硫酸钠的溶解度曲线。

6. 连多硫酸盐

碱金属连多硫酸盐的通式是 $M_2S_xO_6$($x=2—6$；M=Na，K，Rb，Cs)，在这些化

合物中硫以长链硫的结构存在。

(1) 制备

当将碱金属亚硫酸盐还原为连二亚硫酸盐时，硫的氧化态从+4 价降低到+3 价；如果用某种氧化剂把亚硫酸盐中的硫从+4 价氧化到+5 价，它的产物就是碱金属连二硫酸盐 $M_2S_2O_6$。例如，用 MnO_2 同 SO_2 反应生成连二硫酸锰，然后令它同钠盐进行复分解反应，即生成连二硫酸钠：

$$MnO_2 + 2SO_2 \xrightarrow[H_2O]{0℃} MnS_2O_6$$

$$MnS_2O_6 + Na_2CO_3 \longrightarrow Na_2S_2O_6 + MnCO_3$$

产物是二水合连二硫酸钠 $Na_2S_2O_6 \cdot 2H_2O$，其他的水合物还有 $Na_2S_2O_6 \cdot 6H_2O$ 和 $Na_2S_2O_6 \cdot 9H_2O$。电解亚硫酸钠溶液也能生成连二硫酸钠。

用 SO_2 同碱金属硫代硫酸盐溶液反应可以生成碱金属连三硫酸盐。例如，用 SO_2 同 $K_2S_2O_3$ 在 10℃时反应，可以生成 $K_2S_3O_6$：

$$2K_2S_2O_3 + 3SO_2 \xrightarrow{10℃} 2K_2S_3O_6 + S$$

把粗制产品溶解在水中，首先滤去游离硫，然后加入乙醇，即可得到纯的闪光针状晶体 $K_2S_3O_6$。连三硫酸钾也可以用 SCl_2 同 KHSO 在−5℃时的反应来制备：

$$2KHSO_3 + SCl_2 \longrightarrow K_2S_3O_6 + 2HCl$$

连四硫酸钾 $K_2S_4O_6$ 是用类似的反应制备的，首先令 S_2Cl_2 同亚硫酸反应，然后用 KOH 中和。反应方程式如下：

$$2H_2SO_3 + S_2Cl_2 \xrightarrow{0℃} H_2S_4O_6 + 2HCl$$

$$H_2S_4O_6 + 2KOH \xrightarrow{0℃} K_2S_4O_6 + 2H_2O$$

也有用碘同 $K_2S_2O_3$ 反应来制备 $K_2S_4O_6$ 的：

$$2K_2S_2O_3 + I_2 \xrightarrow{0℃} K_2S_4O_6 + 2KI$$

反应是在 $K_2S_4O_6$ 不溶于其中的乙醇-水的混合介质中进行的，$K_2S_4O_6$ 可以无色闪光片状的晶体析出。

向 SO_2 水溶液中通入 H_2S，直到全部反应为止，在此混合溶液中加入 KOH，然后慢慢地蒸发掉溶剂，就会析出连五硫酸钾 $K_2S_5O_6$。反应方程式如下：

$$10SO_2 + 5H_2S \longrightarrow 3H_2S_5O_6 + 2H_2O$$

$$H_2S_5O_6 + 2KOH \longrightarrow K_2S_5O_6 + 2H_2O$$

也可以令 SCl_2 同 $Na_2S_2O_3$ 反应来制备连五硫酸钠，然后再同乙酸钾进行复分解反应，可以得到连五硫酸钾的倍半水合物[$K_2S_5O_6 \cdot 1\frac{1}{2}H_2O$ 或 $(2K_2S_5O_6) \cdot 3H_2O$]，反应方程式如下：

$$2Na_2S_2O_3 \cdot 5H_2O + SCl_2 \xrightarrow{0℃} Na_2S_5O_6 + 2NaCl + 10H_2O$$

$$Na_2S_5O_6 + 2KAc \longrightarrow K_2S_5O_6 + 2NaAc$$

或在－10℃的盐酸溶液中令亚砷酸钠同碱金属硫代硫酸盐反应，在这里盐酸的作用是使 Na^+ 离子成为 NaCl 而沉淀和分离 As_2S_3，在溶液中得到 $Na_2S_5O_6$，可用适当的方法回收，或加入乙酸钾进行复分解反应，生成 $K_2S_4O_6$，再用乙醇将 $K_2S_5O_6$ 沉淀析出。

连六硫酸盐 $M_2S_6O_6$ 的制备方法如下，令相应碱金属的硫代硫酸盐和亚硝酸盐在浓盐酸中反应，放出气态的氮的氧化物，并析出碱金属氯化物，过滤后得到碱金属连六硫酸盐的溶液。连六硫酸盐也可用类似于制备连五硫酸盐的反应来制备，即用 S_2Cl_2 同硫代硫酸盐作用。将 S_2Cl_2 溶于 CCl_4 中，并令它同 $Na_2S_2O_3$ 在浓盐酸中的冷溶液相混合。然后加入稀的 $FeCl_3$ 溶液，将得到的 $Na_2S_6O_6$ 溶液在真空下浓缩，从溶液中直接分离 $Na_2S_6O_6$。

$$S_2Cl_2 + 2Na_2S_2O_3 \longrightarrow Na_2S_6O_6 + 2NaCl$$

也可以令 $Na_2S_6O_6$ 同乙酸钾起复分解反应，转变成为钾盐：

$$Na_2S_6O_6 + 2KAc \longrightarrow K_2S_6O_6 + 2NaAc$$

(2) 性质

碱金属连二硫酸盐对热很不稳定，加热时将按照下列反应方程式分解，放出 SO_2：

$$M_2S_2O_6 \xrightarrow{\triangle} M_2SO_4 + SO_2$$

式中 M 代表 Na，K，Rb 和 Cs。各种碱金属连二硫酸盐失去 SO_2 的温度是不相同的，无水连二硫酸钠在 267℃时失去 SO_2，而钾盐在 258℃时失去 SO_2。

连四硫酸四在碱性溶液中立刻水解：

$$4S_4O_0^{2-} + 6OH^- \longrightarrow 5S_2O_3^{2-} + 2S_3O_0^{2-} + 3H_2O$$

在中性溶液中它是稳定的，但硫代硫酸盐将促使它歧化为连五硫酸盐和连三硫酸盐：

$$2S_4O_6^{2-} \longrightarrow S_5O_6^{2-} + S_3O_6^{2-}$$

各种碱金属连多硫酸盐同氯化汞的反应如下：

$$2Na_2S_{3+x}O_6 + 3HgCl_2 + 4H_2O \longrightarrow HgCl_2 \cdot 2HgS + 2xS + 4NaCl + 4H_2SO_4$$

氧化连多硫酸盐时可以生成硫酸盐；还原剂可以把连四硫酸盐转变成硫代硫酸盐。沸热的碱金属氢氧化物也能将边多硫酸盐转变成硫代硫酸盐。碱金属硫代物同样能把连三硫酸盐转变成硫代硫酸盐，以及把连四硫酸盐和连五硫酸盐转变成硫代硫酸盐和硫。亚硫酸钠同连四硫酸盐和连五硫酸盐按下列反应方程式进行反应，生成硫代硫酸盐和连三硫酸盐：

$$Na_2S_4O_6 + Na_2SO_3 \longrightarrow Na_2S_2O_3 + Na_2S_3O_6$$

$$Na_2S_5O_6 + Na_2SO_3 \longrightarrow 2Na_2S_2O_3 + Na_2S_3O_6$$

氰化钾同碱金属连多硫酸盐按下列反应方程式进行作用：

$$K_2S_3O_6 + 2KCN + H_2O \longrightarrow K_2SO_4 + 2HCN + K_2S_2O_3$$

$$K_2S_4O_6 + 3KCN + H_2O \longrightarrow K_2SO_4 + 2HCN + K_2S_2O_3 + KCNS$$

$$K_2S_5O_6 + 4KCN + H_2O \longrightarrow K_2SO_4 + 2HCN + K_2S_2O_3 + 2KCNS$$

连多硫酸盐有正盐而没有酸式盐，这些盐对应的酸也是很少见的。连多硫酸盐都比较易溶于水中，这些盐或它们的酸溶液都会缓慢地析出硫。

7. 其他的碱金属硫含氧化合物

(1) 硫代硫酸盐

硫代硫酸钠 $Na_2S_2O_3$ 是重要的化学商品，它的五水合物 $Na_2S_2O_3 \cdot 5H_2O$ 就是用在照相中的海波(hypo)。可用 H_2S 同亚硫酸钠和亚硫酸氢钠溶液反应来制备：

$$Na_2SO_3 + 2NaHSO_3 + 2H_2S \longrightarrow 2Na_2S_2O_3 + 3H_2O + S$$

在制备过程中必须仔细控制溶液的氢离子浓度，以防止连多硫酸钠的生成和硫的析出。也可用硫粉同亚硫酸钠溶液在沸腾温度下反应，生成硫代硫酸钠：

$$Na_2SO_3 + S \xrightarrow{\text{沸腾}} Na_2S_2O_3$$

这个反应在高于 60℃时是容易进行的，并且过量的硫可以加速这个反应。制备硫代硫酸钠的另一方法是将 Na_2S 和 Na_2CO_3 以 2∶1 的摩尔比配成溶液，然后通入 SO_2，此时发生的总反应是：

$$2Na_2S + Na_2CO_3 + 4SO_2 \longrightarrow 3Na_2S_2O_3 + CO_2$$

将溶液蒸发浓缩后，冷却至 20—30℃，就析出五水合物晶体 $Na_2S_2O_3 \cdot 5H_2O$，利用这种方法制得的硫代硫酸钠中常含有一些硫酸钠和亚硫酸钠杂质。

硫代硫酸钠在碱性溶液中是稳定的，但在酸性溶液中却迅速分解：

$$Na_2S_2O_3 + 2HCl \longrightarrow 2NaCl + S + SO_2 + H_2O$$

因此在硫代硫酸钠的生产中，溶液必须控制在碱性范围，否则硫代硫酸钠将分解而析出硫，使产品变黄。$Na_2S_2O_3 \cdot 5H_2O$ 在 48.5℃熔化，它在水溶液中极易构成过冷溶液，这种介稳状态可以长期保持。硫代硫酸钠在 310℃ 分解生成硫和 Na_2SO_3，在高于 400℃时产物为 Na_2SO_4 和 Na_2S。这在溶液中吸收 SO_2 生成硫酸钠和硫：

$$2Na_2S_2O_3 + SO_2 \longrightarrow 2Na_2SO_4 + 3S$$

硫代硫酸钠生成许多水合物，它们的溶解度关系是十分复杂的。

(2) 焦硫酸盐

当碱金属酸式硫酸盐加热脱水时就生成碱金属焦硫酸盐 $M_2S_2O_7$：

$$2MHSO_4 \xrightarrow{\triangle} M_2S_2O_7 + H_2O$$

在闭管中将 M_2SO_4 同 SO_3 加热或从热的浓硫酸中重结晶硫酸盐和酸式硫酸盐时，都可以生成焦硫酸盐。碱金属焦硫酸盐易溶于水并且生成正硫酸盐，它们比正硫酸盐更易熔化，强热时则放出 SO_3。

(3) 过硫酸盐

当电解酸式硫酸钾的稀硫酸溶液时，在阳极附近生成了过二硫酸离子：

$$2HSO_4^- \longrightarrow S_2O_8^{2-} + 2H^+ + 2e^-$$

电解的最适宜温度是 10℃，$K_2S_2O_8$ 可从溶液中结晶出来。也可以用单质氟作用于 $KHSO_4$ 的冷饱和水溶液来生成 $K_2S_2O_8$：

$$2KHSO_4 + F_2 \longrightarrow K_2S_2O_8 + 2HF$$

$K_2S_2O_8$ 在完全干燥时是十分稳定的，但在潮湿空气中或在溶液中放置时，它将分解生成 $KHSO_4$ 和氧气。$Na_2S_2O_8$ 在 95℃时开始分解，而 $K_2S_2O_8$ 在 125℃时开始分解。$K_2S_2O_8$ 在 100g 水中的溶解度如下：0℃，1.62g；20℃，4.49g；30℃，7.19g。

碱金属过二硫酸盐是一种强氧化剂，它同金属如铜、锌、钴、铁等反应，能生成硫酸复盐。例如，锌粉同过硫酸钾剧烈反应，就可以生成 $K_2[Zn(SO_4)_2]\cdot 6H_2O$。

一些碱金属硫含氧化合物的物理性质汇列在表 3.97 中。

表 3.97 碱金属硫含氧化合物的一些物理性质

化学式	生成热(kcal/mol)	熔点(℃)	密度(g/cm³)	晶型
$NaHSO_3$	—	分解	1.48	单斜
$Na_2SO_3\cdot 7H_2O$	−753.4	150(−$7H_2O$)	1.539	单斜
Na_2SO_3	−260.6	—	2.663	六方
$Na_2S_2O_4\cdot 2H_2O$	—	52(分解)	—	单斜
$Na_2S_2O_3\cdot 5H_2O$	−621.89	40—45	1.729	单斜
$Na_2S_2O_3$	−267.0	—	1.667	单斜
$Na_2S_2O_6\cdot 2H_2O$	−542.5	110(−$2H_2O$)	2.189	正交
$KHSO_3$	—	190(分解)	—	—
K_2SO_3	−266.9	—	—	六方
$K_2S_2O_3\cdot \frac{1}{2}H_2O$	—	200(−H_2O)	2.23	单斜
$K_2S_2O_6$	−413.6	分解	2.276	三方
$K_2S_3O_6$	—	30—40(分解)	2.304	正交
$K_2S_4O_6$	−422	—	2.296	单斜
$K_2S_5O_6\cdot \frac{3}{2}H_2O$	—	分解	2.112	正交
$K_2S_2O_8$	−458.3	<100(分解)	2.477	三斜
$K_2S_2O_5$	—	190(分解)	2.34	单斜
$K_2S_2O_7$	—	>300	2.512	—
$Na_2S_2O_7$	—	400.9	2.658	—
$Na_2S_2O_5$	−349.1	>150(分解)	1.4	—

3.6.11 次卤酸盐、亚卤酸盐、卤酸盐和高卤酸盐

碱金属卤含氧酸盐，通常分为四类：即次卤酸盐 MXO、亚卤酸盐 MXO_2、卤酸盐 MXO_3 和高卤酸盐 MXO_4，式中 M=Na，K，Rb 和 Cs；X=Cl，Br 和 I。

1. 次卤酸盐

(1) 制备

单质卤素同碱金属氢氧化物的冷溶液作用，生成碱金属次卤酸盐和相应的碱金属卤化物。例如

$$2NaOH + Cl_2 \xrightarrow{0℃} NaClO + NaCl + H_2O$$

当溶液用 Cl_2 饱和以后，可滤去 NaCl。在工业上电解 NaCl 溶液时，如果令两种电极产物相互混合，也能生成次氯酸钠溶液，可以直接供漂白之用。当把此溶液冷却到－40℃约 30 分钟，然后令温度回升至－5℃，用冷滤法即可滤出五水合次氯酸钠 $NaClO \cdot 5H_2O$ 晶体。五水合物在 18℃时熔化，在低温下可以真空脱水。无水盐有爆炸分解的倾向。

曾有人企图对干燥的 Na_2O 进行氯化来制备无水盐 NaClO，但结果却没有得到下列预期的反应：

$$Na_2O + Cl_2(g) \longrightarrow NaClO + NaCl$$

而 Na_2O 同 Cl_2 接触后立即开始燃烧，发生生成 Na_2O_2 的反应：

$$2Na_2O + Cl_2 \longrightarrow Na_2O_2 + 2NaCl$$

热化学计算表明，这是一个优先进行的反应。

在－5℃时向碱金属氢氧化物的浓溶液中加入液态溴，可以制得五水合次溴酸钠 $NaBrO \cdot 5H_2O$ 和三水合次溴酸钾 $KBrO \cdot 3H_2O$。在此反应中应严格控制温度以避免生成溴酸盐。碱金属溴化物首先从溶液中沉淀出来，然后把溶液冷却到－40—－50℃，并以相应的次溴酸盐的籽晶接种，过滤，即得到黄色的碱金属次溴酸盐水合晶体：

$$Br_2 + 2NaOH \xrightarrow{-5℃} NaBrO + NaBr\downarrow + H_2O$$

$$Br_2 + 2KOH \xrightarrow{-5℃} KBrO + KBr\downarrow + H_2O$$

可将次溴酸盐在低于－20℃的温度下贮存，如果超过此温度，将会发生分解作用，生成溴化物和溴酸盐。

碘同碱金属氢氧化物溶液反应，生成碱金属次碘酸盐 MIO，但是次碘酸盐不如次溴酸盐和次氯酸盐稳定；它们极易发生歧化反应，生成碘化物和碘酸盐。例如

$$3KIO \longrightarrow KIO_3 + 2KI$$

次碘酸钾也容易水解，它的水解反应是：

$$KIO + H_2O \longrightarrow HIO + KOH$$

向氢氧化钠溶液中通入单质氟，将发生下列反应：

$$2F_2 + 2NaOH \longrightarrow 2NaF + H_2O + OF_2$$

生成的产物是二氟化氧，而得不到次氟酸钠。近年来曾有过报道[48]，将氟通过冰的表面，并将气流低温冷冻，得到了无色化合物 FOH，它的熔点是−117℃，对热极不稳定，室温下易分解，在 25℃时它的半寿命低于一小时。对这个化合物的性质和结构还没有弄清楚，因此次氟酸盐的存在还需要有进一步的证明。

(2) 性质

在次卤酸直中特别是次氯酸盐，由于它们的氧化作用，常用做漂白剂。如图 3.53 所示，NaClO 有两种水合物，极易溶解于水中。

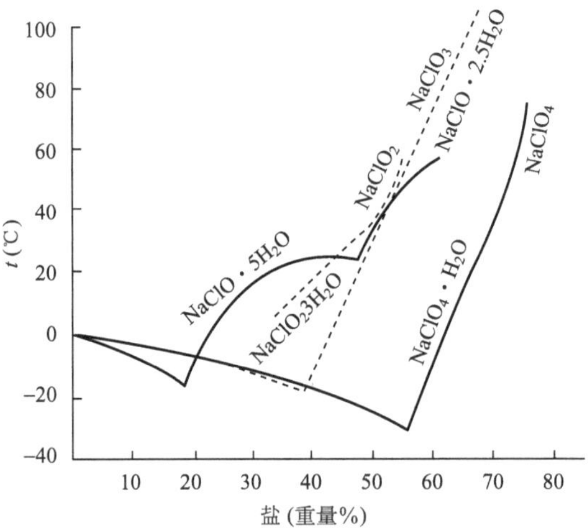

图 3.53 钠的氯含氧化合物的溶解度

次氯酸钠同氨、脲和其他含 NH_2^- 的分子生成单质氮：

$$2NH_3 + 3NaClO \longrightarrow 3NaCl + N_2 + 3H_2O$$

它同过氧化氢反应，则释放出氧气：

$$H_2O_2 + NaClO \longrightarrow NaCl + O_2 + H_2O$$

2. 亚卤酸盐

(1) 制备

当二氧化氯 ClO_2 同碱金属氢氧化物或过氧化物反应时，生成相应的亚卤酸盐。例如

$$2ClO_2 + 2NaOH \longrightarrow NaClO_2 + NaClO_3 + H_2O$$

$$2ClO_2 + Na_2O_2 \longrightarrow 2NaClO_2 + O_2$$

实验室制备三水合亚氯酸钠的方法，是先在过氧化氢的存在下令二氧化氯同氢氧化钡反应，随后同硫酸钠进行复分解：

$$2ClO_2 + Ba(OH)_2 \cdot 8H_2O + H_2O_2 \longrightarrow Ba(ClO_2)_2 + 10H_2O + O_2$$

$$Ba(ClO_2)_2 + Na_2SO_4 \cdot 10H_2O \longrightarrow 2NaClO_2 + BaSO_4 + 10H_2O$$

滤去 $BaSO_4$，将滤液蒸发，直到出现 $NaClO_2 \cdot 3H_2O$ 晶体，可将它放在干燥器中脱水。

(2) 性质

碱金属亚氯酸盐对纤维素材料如木浆是有效的漂白剂。固体亚氯酸钠是稳定的，易溶于水。如图 3.53 所示，钠的氯含氧化合物的溶解度是随着氯的氧化态的升高而增大。亚氯酸钠水溶液也是稳定的，但它的碱性溶液在沸腾时会发生歧化反应，生成氯酸盐和氯化物。碱金属亚氯酸盐同氯反应，则得到氯化物和二氧化氯，无水亚氯酸盐很不稳定，受到撞击就会发生爆炸。

3. 卤酸盐

(1) 制备

在制备碱金属的次卤酸盐时，升高温度，会引起歧化反应，生成卤酸盐和卤化物。实质上，这就是工业制备氯酸钠或氯酸钾的原理。当电解无隔膜的 KCl 热溶液时，令阳极生成的氯同阴极生成的热 KOH 溶液相混合，首先生成次氯酸钾，再发生歧化反应，生成氯酸钾和氯化钾：

$$3ClO \longrightarrow KClO_3 + 2KCl$$

即使不电解，令单质氯同碱金属氢氧化物的热溶液反应，也总是得到同样的产物。

向碱金属氢氧化物的热溶液中加入溴或碘，或令氯酸盐同溴或碘反应，都可以生成碱金属的溴酸盐或碘酸盐。铷或铯的溴酸盐可用 RbOH 或 CsOH 中和 $HBrO_3$ 来制备；碘酸盐可用对碱金属碘化物和碱金属氢氧化物的混合溶液进行氯化的方法来制备。用高锰酸盐、中性铬酸盐或发烟硝酸来进行氧化，也可将碘转化成碱金属碘酸盐；用碱金属氯酸盐来氧化三氯化碘也可生成碱金属碘酸盐：

$$KClO_3 + ICl_3 \longrightarrow KIO_3 + 2Cl_2$$

(2) 性质

固态碱金属氯酸直署阳强氧化剂，它们能将氨氧化成硝酸：

$$3KClO_3 + 2NH_3 \xrightarrow{380℃} 2KNO_3 + KCl + Cl_2 + 3H_2O$$

又例如，当从铀矿中提取铀时，工业上常采用氯酸钠作氧化剂，在酸性溶液中将铀(Ⅳ)盐氧化为铀(Ⅵ)盐，由于前者比后者有较高的溶解度，当将铀(Ⅳ)氧化为铀(Ⅵ)时，回收率就会提高很多。

大多数碱金属卤酸盐熔融而不分解，仅当温度高于熔点时才分解。碱金属氯酸盐的分解方式有两种：当温度不太高时进行歧化分解；而当温度比较高时进行脱氧分解。两种分解方式的反应方程式如下：

$$4MClO_3 \longrightarrow 3MClO_4 + MCl（中温）$$

$$2MClO_3 \longrightarrow 2MCl + 3O_2（高温）$$

用 MnO_2 作催化剂在 200℃左右加热，氯酸盐将按脱氧方式进行分解。碱金属溴酸盐和碘酸盐主要按脱氧方式进行分解：

$$2KBrO_3 \xrightarrow{\triangle} 2KBr + 3O_2$$

$$2NaIO_3 \xrightarrow{\triangle} 2NaI + 3O_2$$

不过溴酸盐和碘酸盐的热分解，也可随条件不同而能得到不同的分解产物，有时甚至可能得到金属氧化物和卤素单质。

卤酸盐和卤酸不同，在溶液中没有明显的氧化性。在固态的卤酸盐中，特别是氯酸钾是强氧化剂。在某些情况下从碱金属氯酸盐中释放氧气是自发的和爆炸性的。在氯酸盐的熔化温度下，MnO_2 晶体和一些固体细粒会加快放氧速度。如果将一些还原剂如硫、磷、碳或某些有机化合物（如糖）同碱金属氯酸盐共热或受震击，则发生的氧化作用也常是爆炸性的，因此氯酸钾常用于制造火柴、炸药、焰火和信号弹等。碱金属溴酸盐也是强氧化剂，但它的氧化性不如氯酸盐强；碱金属碘酸盐也是氧化剂，但较氯酸盐和溴酸盐要稳定得多。

如图 3.54 和图 3.55 所示，碱金属卤酸盐能溶于水，其溶解度随卤素和碱金属

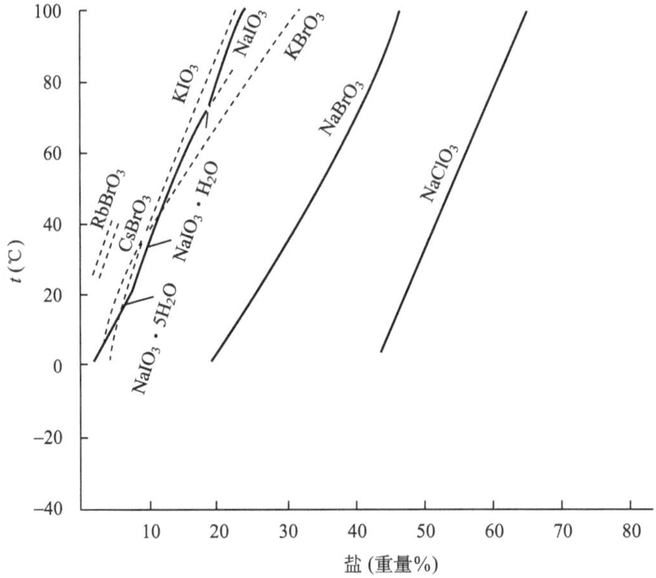

图 3.54　碱金属溴酸盐和碘酸盐的溶解度

元素的原子量减小而增大。与通常的碱金属盐类溶解度的规律性相反，氯酸钠和溴酸钠比相应的重碱金属卤酸盐易溶得多。为比较起见，在图 3.54 中还列出了 $NaClO_3$ 的溶解度曲线，从中可以明显地看到卤酸钠的溶解度是随着卤素原子量的减小而急剧增大。

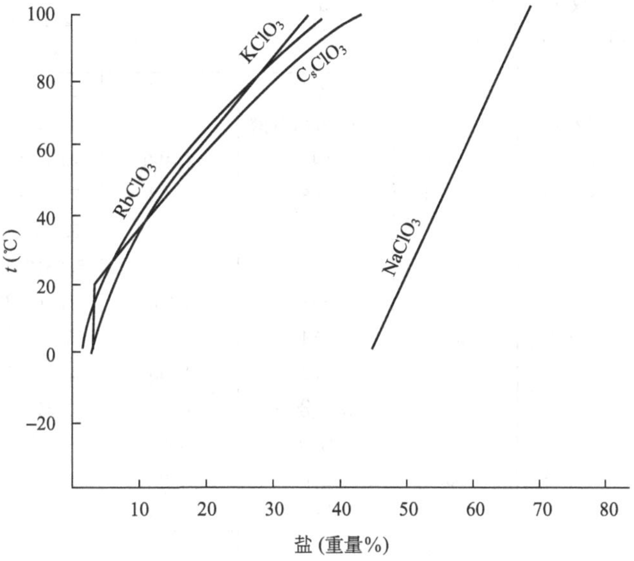

图 3.55 碱金属氯酸盐的溶解度

碱金属亚卤酸盐和卤酸盐的物理性质汇列在表 3.98 中。

4. 高卤酸盐

(1) 高氯酸盐

碱金属氯酸盐加热至适当高温，也会发生歧化反应，按照下列反应方程式生成氯化物和高氯酸盐：

$$4KClO_3 \xrightarrow{\triangle} KCl + 3KClO_4$$

由于高氯酸钾微溶于水，可以比较容易地同氯化钾分离。最通用的工业方法，是用高电压和高电流密度对氯化物的冷溶液进行阳极氧化。另外，也可用碱金属氢氧化物中和高氯酸或用高氯酸铵同碱金属硫酸盐进行复分解的方法来制备高氯酸盐。

高氯酸钠可生成一水合物和四氨合物，而高氯酸钾不生成水合物或氨合物。如图 3.56 所示，高氯酸钾微溶于水，在乙醇中的溶解度也很低，所以这个化合物用于钾的某些定量测定。在碱金属的高氯酸盐中，钠盐在水中的溶解度显著地高于重碱金属盐；而在溶解度小的重碱金属盐中，铷盐比钾盐和铯盐更难溶解。在有机溶剂中高氯酸钠的溶解度同样高于重碱金属高氯酸盐。

表 3.98　碱金属亚卤酸盐和卤酸盐的一些物理性质

化合物	生成热 (kcal/mol)	磁化率 χ_m ($cgs\times10^6$)	熔点 (℃)	密度 (g/cm^3)	溶解度 ($g/100cm^3$ H_2O)	晶型
$NaClO_2\cdot5H_2O$	—	—	24.5	—	29.3(0℃)	—
$NaClO_2$	−72.65	—	180—200,分解	—	39.0(17℃)	—
$NaClO_3$	−85.73	−34.7	248	2.490	79.0(0℃)	立方或三方
$KClO_3$	−93.50	−42.8	368	2.32	7.1(20℃)	单斜
$RbClO_3$	−93.8	—	—	3.19	5.0(20℃)	正交
$CsClO_3$	—	−65.0	—	3.57	6.28(20℃)	—
$NaBrO_3$	—	−44.2	381	3.339	27.5(25℃)	立方
$KBrO_3$	−79.4	−52.6	434	3.27	13.3(40℃)	三方
$RbBrO_3$	—	—	430	3.68	2.93(25℃)	立方
$CsBrO_3$	—	−75.1	420,分解	4.109	3.66(25℃)	六方
$NaIO_3$	—	−53.0	分解	4.244	9.0(20℃)	正交
KIO_3	−121.5	−63.1	560	3.93	4.74(0℃)	单斜
$RbIO_3$	—	—	分解	4.33	2.1(25℃)	单斜或立方
$CsIO_3$	—	−83.1	—	4.85	2.6(25℃)	单斜
$KIO_3\cdot HIO_3$	−180.7	—	—	—	1.33(15℃)	单斜

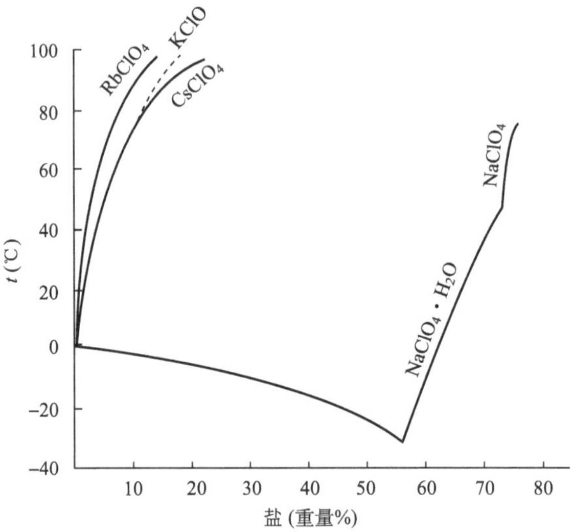

图 3.56　碱金属高氯酸盐的溶解度

高氯酸钾已经用作固体火箭推进剂的氧化剂，这是由于它的含氧量较高，没有水合物，分解($KClO_4 \longrightarrow KCl+2O_2$)时所需的能量又较低。对它的热分解已进行过大量的研究，无论在固相或在液相，高氯酸钾均在 580℃开始以对高氯酸盐来说为一级的反应而分解，曾提出以下的机理：

$$KClO_4 \longrightarrow KClO_3+\frac{1}{2}O_2\text{(决定速度的反应)}$$

$$KClO_3 \longrightarrow \frac{3}{4}KClO_4+\frac{1}{4}KCl\text{(快反应)}$$

碱金属高氯酸盐的物理性质汇列在表 3.99 中。

表 3.99 碱金属高氯酸盐的物理性质

性质	$NaClO_4$	$KClO_4$	$RbClO_4$	$CsClO_4$
生成热(kcal/mol)	−92.18	−103.6	−103.87	−103.86
生成自由能(kcal/mol)	—	−72.7	−73.19	−73.28
生成熵(kcal/mol · deg)	—	36.1	38.4	41.29
恒压热熔(kcal/mol · deg)	24.1	26.33	—	25.71
熔点(℃)	482，分解	510，分解	—	250，分解
密度(g/cm^3)	2.5357	2.5298	2.9	3.327
正交-立方转变温度(℃)	308	300	279	219
磁化率 $X(cgs\times10^6)$	−37.6	−47.4	—	−69.9
折光指数	1.4606	1.4717	1.4701	1.4752
	1.4617	1.4724	—	1.4788
	1.4731	1.476	—	1.4804
克分子折光度	13.58	15.37	—	—
溶解度(g/100g 溶剂，25℃)				
CH_3OH	51.355	0.1051	0.060	0.093
C_2H_5OH	14.705	0.012	0.009	0.011
$n-C_3H_7OH$	4.88	0.010	0.006	0.006
$(CH_3)_2CO$	51.745	0.1552	0.092	0.150

(2) 高溴酸盐

几十年以前，曾有许多工作[49]企图从理论上证明高溴酸盐是不能存在的，但目前所有碱金属的高溴酸盐都已被制备出来也了[50]。高溴酸盐的制备方法，既可以用电解的方法将 BrO_3^- 氧化，也可以用 XeF_2 或单质氟来氧化强碱性溶液中的 BrO_3^-。比较通用的方法是在 5M NaOH 溶液中用单质氟氧化 BrO_3^-：

$$BrO_3^- +F_2+2OH^- \longrightarrow BrO_4^- +2F^- +H_2O$$

高溴酸盐和高氯酸盐、高碘酸盐(MIO_4)同样都含有四面体结构的 XO_4^- 离子，它的标准电极电势是：

$$BrO_4^- + 2H^+ + 2e^- \longrightarrow BrO_3^- + H_2O \quad E^0 = +1.76V$$

这个电极电势比 ClO_4^-(+1.23V)和 IO_4^-(+1.64V)的都高，因而高溴酸盐是高卤酸盐中最强的氧化剂。但是用臭氧(+2.07V)和 $S_2O_8^{2-}$(+2.01V)来氧化 BrO_3^- 则是失败的，这大概是由于动力学方面的原因。

在室温时高溴酸盐的稀水溶液是一种缓慢的氧化剂，可以被 I^- 或 Br 还原，但不能被 Cl^- 还原。然而，12*M* 的高溴酸可以氧化 Cl^-，并且同薄纸接触时会立即爆炸。

碱金属高溴酸盐加热分解生成溴酸盐，并放出氧气：

$$MBrO_4 \longrightarrow MBrO_3 + \frac{1}{2}O_2$$

$$MBrO_3 \longrightarrow MBr + \frac{3}{2}O_2$$

式中 *M*=Na,K,Rb 和 Cs。它们的分解温度[51]列在表 3.100 中。由该表可以看出，碱金属的高溴酸盐的热稳定性，随着碱金属元素原子量的增大而增高，以 $CsBrO_4$ 为最稳定。

表 3.100 碱金属高溴酸盐的分解温度

高溴酸盐	分解温度(℃)
$NaBrO_4 \cdot H_2O$	266±10
$KBrO_4$	271±5
$RbBrO_4$	291±5
$CsBrO_4$	302±5

$KBrO_4$ 的标准生成热是-68.74kcal/mol，密度为 3.08g/cm^3，在 25℃时的溶解度为每 100 毫升水中约 1.84g。

(3) 高碘酸盐

碱金属高碘酸盐 MIO_4 与高氯酸盐的差别很大，尽管它们都是强氧化剂，能将 MnO_2 氧化成高锰酸盐。但是将碘酸盐加热，并不生成高碘酸盐。相反，将高碘酸盐加热至约 300℃时却会分解生成碘酸盐和氧气。也可以利用高碘酸盐和碘化物之间的反应来制备碘酸盐：

$$3MIO_4 + MI \longrightarrow 4MIO_3$$

式中 M 代表 Na,K,Rb 和 Cs。

与高氯酸和高溴酸相应的高碘酸 HIO_4，也叫偏高碘酸，而正高碘酸是一种五元酸 H_5IO_6；因此高碘酸盐 MIO_4 也就可以叫做偏高碘酸盐，而正高碘酸的盐为

M_5IO_6。正是由于正高碘酸是一种五元酸，所以正高碘酸除有正盐外，还有一系列的酸式盐，例如 $NaH_4IO_6 \cdot H_2O$、$Na_2H_3IO_6$ 和 $Na_3H_2IO_6$。正高碘酸的酸式盐可以按下列反应方程式生成：

$$NaIO_3 + Cl_2 + 4NaOH \longrightarrow Na_3H_2IO_6 + 2NaCl + H_2O$$

这个酸式盐也可用溴和 NaI 在 NaOH 溶液中的反应来制备：

$$NaI + 4Br_2 + 10NaOH \xrightarrow{80℃} Na_3H_2IO_6 + 8NaBr + 4H_2O$$

$Na_3H_2IO_6$ 同稀硝酸反应，生产偏高碘酸钠 $NaIO_4$。将 Cl_2 通入于 I_2 和 KOH 的稀热溶液时，可直接生成偏高碘酸钾 KIO_4；但是，在类似的反应条件下，在 NaOH 溶液中却生成 $Na_3H_2IO_6$。向正高碘酸溶液中加入 CsOH，可以析出偏高碘酸铯 $CsIO_4$ 沉淀。

在氧气中加热碘化钠和氧化钠的混合物，则在 200℃开始作用，生成正高碘酸钠：

$$NaI + 2Na_2O + 2O_2 \xrightarrow{200℃} Na_5IO_6 \text{（或 600℃，用 NaOH）}$$

Na_5IO_6 加热至 800℃尚不分解，它也可在氢氧化钠的存在下，在温度高达 700℃时，用硝酸钠氧化碘化钠来制备。碱金属正碘酸盐 M_5IO_6 还可以用过氧化钠和碱金属碘化物共熔的方法来制备。

在碱性溶液中，IO_4^-，离子可以二聚合[52]：

$$2IO_4^- + 2OH^- \longrightarrow H_2I_2O_{10}^{4-}$$

在溶液中的二聚离子 $H_2I_2O_{10}^{4-}$，可以设想它的结构同存在于 $K_4H_2I_2O_{10} \cdot 8H_2O$ 晶体中的$[(OH)O_3IO_2IO_3(OH)]^{4-}$离子一样。将 $CsIO_4$ 同过量的 CsOH 一起加热，则生成 $Cs_4H_2I_2O_{10}$，在 60℃它脱水转变成 $Cs_4I_2O_9$。

碱金属高碘酸盐和高锰酸盐一样，都可被 H_2O_2 还原，而析出氧，在水溶液中也可被 H_2S 或 SO_2 还原。

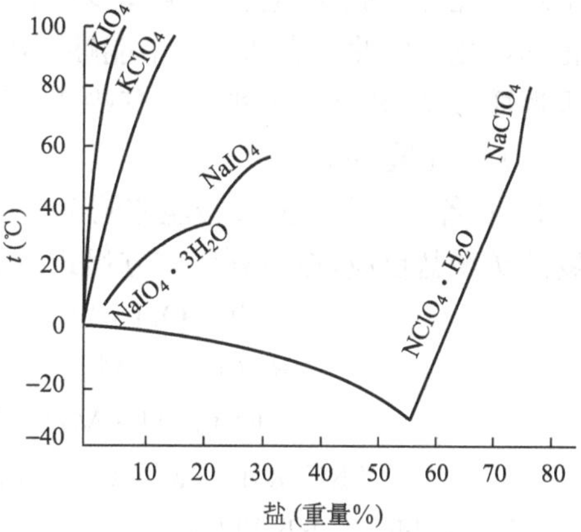

图 3.57 碱金属高碘酸盐的溶解度

在图 3.57 中绘示了高碘酸盐的溶解度曲线。为了比较起见，还列出了与高碘酸盐对应的高氯酸盐的溶解度曲线。

碱金属高碘酸盐的物理性质汇列在表 3.101 中。

表 3.101 碱金属高碘酸盐的物理性质

化合物	生成热 (kcal/mol)	熔点(℃)	密度 (g/cm^3)	25℃溶解度 ($g/100mLH_2O$)	晶型
$NaIO_4\cdot 3H_2O$	—	34.5(分解)	3.219	18.78	正交
$NaIO_4$	—	300—400(分解)	3.865	14.44	四方
$Na_3H_2IO_6$	—	800(分解)	—	—	六方
KIO_4	−119.46	300(分解)	3.618	0.51	四方
$RbIO_4$	—	—	3.918	0.65(18℃)	四方
$CsIO_4$	—	—	4.259	2.15(18℃)	正交

3.6.12 碱金属的有机酸盐和金属有机化合物

1. 碱金属的有机酸盐

由于钠、钾、铷和铯都是高电正性的元素，以及它们的氢氧化物都是强碱，这都说明，即使是很弱的酸也能同碱金属反应，生成相应的盐，不过这些反应的速度明显地同有机酸中氢原子被置换的难易程度有密切关系。由于碱金属有机酸盐有生成水合物、溶剂合物和酸式盐的倾向，所以在精确测定这些盐的物理性质时就发生了困难。此外，碱金属皂容易构成多种晶型，因此加热时可能引起相间转变而不是真正的熔化。因此在表 3.102 中能够列出的只是少数几种大家熟悉的有机酸盐的物理性质数据，就是在这些盐中有些盐仍然没有清晰的熔点。

(1) 一元羧酸盐

1) 制备。所有一元羧酸能够同金属钠、钾、铷、铯，以及同它们的氢氧化物、氢化物或碳酸盐反应，按下列反应方程式生成该酸的碱金属盐：

$$2RCOOH+2M\longrightarrow 2RCOOM+H_2$$

$$RCOOH+MOH\longrightarrow RCOOM+H_2O$$

$$RCOOH+MH\longrightarrow RCOOM+H_2$$

$$2RCOOH+M_2CO_3\longrightarrow 2RCOOM+H_2O+CO_2$$

式中 M 代表 Na，K，Rb 和 Cs。一般说来，这些反应都是制备大多数碱金属一元羧酸盐惯用的方法。但是一元羧酸盐中最简单的甲酸盐，在工业上却是用 $7kg/cm^2$ 压力下的 CO 同碱金属氢氧化物的热溶液反应来制备的，例如

$$CO+NaOH\xrightarrow{125-150℃}HCOONa$$

在脂肪酸盐中最常见的是乙酸钠 CH_3COONa，通常遇到的多是它的三水合物 $CH_3COONa\cdot 3H_2O$；因为它的水溶液显微碱性，因此常把它用来作为一种弱碱使用。

在工业上制造肥皂的过程中常常产生一些长链的脂肪酸盐。普通的肥皂就是软脂酸钠 $C_{15}H_{31}COONa$、硬脂酸钠 $C_{17}H_{35}COONa$ 和不饱和的油酸钠

$C_{17}H_{33}COONa$的混合物。它们是用碱来水解脂肪酸甘油酯(即脂肪)而生成的,如

$$\begin{array}{l} CH_2OOC—C_{17}H_{35} \\ | \\ CHOOC—C_{17}H_{35} \\ | \\ CH_2OOC—C_{17}H_{35} \end{array} + 3NaOH \longrightarrow \begin{array}{l} CH_2OH \\ | \\ CHOH \\ | \\ CH_2OH \end{array} + 3C_{17}H_{35}COONa$$

(甘油)

所有碱金属氢氧化物都能水解这类脂肪酸甘油酯,生成相应的碱金属脂肪酸盐;在实验室中用氢氧化钾水解脂肪酸甘油酯,就是测定羧酸酯的一种分析方法。

2) 化学性质。碱金属一元羧酸盐有两类,就是正盐和所谓的酸式盐,其化学式分别为 RCOOM 和 RCOOM · RCOOH。当一元羧酸完全被中和时就可以生成正盐,而酸式盐是由正盐部分水解或在醇溶液中部分中和脂肪酸而生成的。当然,像二元羧酸酸式盐那样的真正的一元羧酸酸式盐是不存在的;举例来说,例如钾的"酸式"丁酸盐、"酸式"戊酸盐和"酸式"辛酸盐,向它们的醇溶液中加入乙醚时就转变成正盐和游离酸。在另一方面,长链脂肪酸的酸式盐在加入醚时则不受影响。"酸式"十一烷酸钾被沸腾的苯转变成正盐和游离酸,但是当溶液冷却时却又生成酸式盐。

碱金属的高级脂肪酸盐能以多种晶型存在,因此在熔化前往往要发生几种相转变。它们在水中的溶解度是有限的,并能形成与肥皂浓度有关的两类溶液。在低浓度时,溶液的性质与普通电解质溶液相似;但当超过某一浓度时,溶液的性质就不同于正常的电解质溶液了。发生偏离正常电解质溶液行为的浓度是胶粒形成的临界浓度,这时溶液由缔合离子和缔合分子组成。在临界浓度时,在一些性质如密度、黏度、折光指数、凝固点降低等的性质曲线上,都会突然出现拐点;形成胶粒的临界浓度随着脂肪酸分子量的增大而降低。

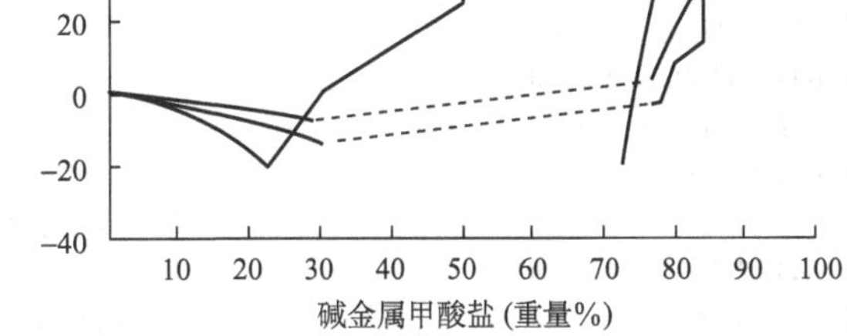

图 3.58 碱金属甲酸盐在水中的溶解度

3）物理性质。如图 3.58 和图 3.59 所示，碱金属甲酸盐和乙酸盐在水中的溶解度是随着碱金属元素的原子量的增加而增大的。

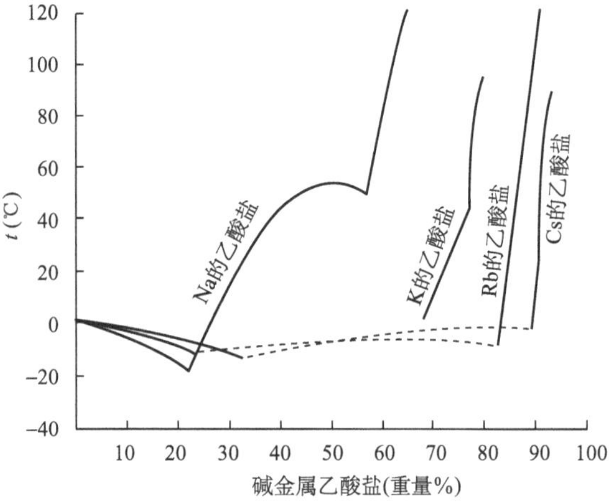

图 3.59　碱金属乙酸盐在水中的溶解度

所有碱金属脂肪酸盐都是白色固体，要得到足够的纯产品以测定可靠的熔点，是十分困难的。少数几个碱金属脂肪酸盐的物理性质汇列在表 3.102 中。

表 3.102　碱金属一元羧酸盐的物理性质

盐	化学式	生成热 (kcal/mol)	熔点(℃)	密度 (g/cm^3)
甲酸钠	$HCOONa$	−155.0	253	1.92
甲酸钾(酸式)	$KH(HCOO)_2$	−158.0	167.5	1.91
甲酸铯	$HCOOCs$	—	265	—
乙酸钠	CH_3COONa	−169.8	324	1.528
乙酸钠(三水合物)	$CH_3COONa \cdot 3H_2O$	−383.5	58	1.45
乙酸钾	CH_3COOK	—	292	1.57
乙酸钾(酸式)	$KH(CH_3COO)_2$	−173.2	148	—
乙酸铷	CH_3COORb	—	246	—
乙酸铯	CH_3COOCs	—	194	—
月桂酸钠	$CH_3(CH_2)_{10}COONa$	—	255—260	—
月桂酸钾(酸式)	$KH[CH_3(CH_2)_{10}COO]_2$	—	160	—
软脂酸钠	$CH_3(CH_2)_{14}COONa$	—	270	—
软脂酸钾(酸式)	$KH[CH_3(CH_2)_{14}COO]_2$	—	138	—
硬脂酸钠	$CH_3(CH_2)_{16}COONa$	—	255—272	—
硬脂酸钾(酸式)	$KH[CH_3(CH_2)_{16}COO]_2$	—	153	—
油酸钠	$C_{17}H_{33}COONa$	—	232—235	—
油酸钾(酸式)	$KH[C_{17}H_{33}COO]_2$	—	95	—

(2) 二元羧酸盐和其他有机酸盐

碱金属能够生成二元羧酸的酸式盐和正盐。令二元羧酸同碱金属单质、氧化物、氢氧化物或碳酸盐反应,可以生成碱金属二元羧酸盐。例如

$$\mathrm{HOOC{-}COOH + M \longrightarrow HOOC{-}COOM + \frac{1}{2}H_2}$$

$$\mathrm{HOOC{-}COOM + M \longrightarrow MOOC{-}COOM + \frac{1}{2}H_2}$$

$$\mathrm{HOOC{-}COOH + MOH \longrightarrow HOOC{-}COOM + H_2O}$$

$$\mathrm{HOOC{-}COOM + MOH \longrightarrow MOOC{-}COOM + H_2O}$$

虽然大多数碱金属二元羧酸盐是采用中和酸的方法来制备的,但是草酸盐是一个例外。1929 年 Gay-Lussac 发现氢氧化钠同锯末一起共熔,能生成草酸钠,这个反应长期以来作为生产草酸钠的工业方法。目前已经改用加热甲酸钠的方法以工业规模来生产草酸钠:

$$\mathrm{2HCOONa \xrightarrow{\triangle} \begin{array}{c} O{=}C{-}ONa \\ | \\ O{=}C{-}ONa \end{array} + H_2}$$

同其他二元羧酸一样,草酸也能生成正盐和酸式盐:

$$\mathrm{\begin{array}{c} COOH \\ | \\ COOH \end{array} + KOH \longrightarrow \begin{array}{c} COOK \\ | \\ COOH \end{array} + H_2O}$$

$$\mathrm{\begin{array}{c} COOK \\ | \\ COOH \end{array} + KOH \longrightarrow \begin{array}{c} COOK \\ | \\ COOK \end{array} + H_2O}$$

酸式草酸钾和二水合草酸还能生成二水合二草酸三氢钾晶体,化学式是 $KH_3(C_2O_4)_2 \cdot 2H_2O$。二元羧酸盐在加热时,往往在没有熔化前就先热分解而放出 CO_2。

在各种碱金属的其他有机酸盐中,有一种叫谷氨酸(氨基戊二羧酸)的钠盐 $HOOC(CH_2)_2CHNH_2COONa$,由于它具有独特的性质而成为一种重要化合物。它可以用作调料,具有增进许多食品鲜味的特性,它就是通常所说的味精。

将苯甲酸溶解在碳酸钠溶液中生成苯甲酸钠,并放出 CO_2:

$$\mathrm{2C_6H_5COOH + Na_2CO_3 \longrightarrow 2C_6H5COONa + CO_2 + H_2O}$$

当苯甲酸钠同氢氧化钠一起加热时,它就脱去羧基而生成苯:

$$\mathrm{C_6H_5COONa + NaOH \xrightarrow{\triangle} C_6H_6 + Na_2CO_3}$$

2. 金属有机化合物

金属有机化合物是指含有金属—碳键的有机化合物,这类键的本性将决定于有机部分相对的电负性和金属的电正性。在全部元素中以碱金属的电正性为最

大,所以碱金属有机化合物中包含的金属—碳键的离子性也是强。如表3.103所示,碱金属(M)-碳键的离子性程度将随碱金属元素原子量(也即它们的电正性)的增大而增加。在表3.103中列出的M—C键的离子性数据在金属—碳键中算是最大的了。与此相比,C—H键的离子性为4%,C—Cl键为6%,甚至在Grignard试剂中具有很强反应活性的Mg—C键也仅有34%。

表3.103 M—C键的特性

M—C键	离子性(%)
Na—C	47
K—C	52
Rb—C	52
Cs—C	57

钠、钾、铷和铯的金属有机化合物都是具有高度反应活性的化合物,可以非常迅速地被氧化或水解。在大多数的情况下,碱金属有机化合物曝置在空气中或同水接触时可以引起燃烧,它们甚至比碱金属单质或碱金属氢化物更为活泼。

碱金属有机化合物通常可以分为两类:1)强极性不溶于有机溶剂的无色简单烷基或芳基金属化合物;2)碱金属同直接连在芳环上的碳原子或重键体系中的碳原子相结合的有色碱金属有机化合物。

(1) 制备

如上所述,由于碱金属有机化合物具有高度的反应活性,因此所有制备工作都要求隔绝空气或温气,并在干燥的氮、氩等惰性气氛中进行。一般地说,钠、钾、铷和铯的金属有机化合物的制备方法有三类。

第一类制备方法是用碱金属单质同含有活性卤素或活性氢的有机化合物进行反应。例如,金属钠同卤代烷的反应:

$$2Na + C_5H_{11}Cl \longrightarrow C_5H_{11}Na + NaCl$$

此反应可用来制备烷基碱金属,通常在苯或石油醚中进行。但是,烷基碱金属和金属卤化物都不溶于上述有机溶剂中,因此两种产物的分离是比较困难的。然而,如果烷基金属是用于其他制备中,则这种混合物无需分离就可以直接应用。烷基金属和卤代烷之间还可以进一步发生作用:

$$C_5H_{11}Na + C_5H_{11}Cl \longrightarrow NaCl + C_{10}H_{22}$$

这一步不仅完成了Wurtz-Fittig的偶联反应,同时还说明了用这类反应制备烷基金属(特别是低分子量的烷基金属)时产率低的原因。

当碱金属单质同乙炔、三苯甲烷、环戊二烯等的酸性氢相接触时,碱金属将置换氢原子。各种反应可以用下列反应方程式说明:

$$2HC{=}CH + 2M \xrightarrow{\triangle} 2HC{=}CM + H_2$$

$$2(C_6H_5)_3CH+2M \xrightarrow{\triangle} 2(C_6H_5)_3CM+H_2$$

$$2C_5H_6+2M \longrightarrow 2C_5H_5M+H_2$$

式中 M 代表 Na,K,Rb 和 Cs。这些反应进行的难易程度将随氢原子的酸度和碱金属的电正性发生变化。通常用钠反应的体系需要加热，并且要用微细分散形式的钠；而铯同苯、甲苯、二甲苯及其他芳烃仅在适中的温度下即能开始反应，生成红棕色的铯有机化合物。例如：

$$C_6H_5CH_3+Cs \longrightarrow C_6H_5CH_2Cs+\frac{1}{2}H_2$$

$$C_6H_3(CH_3)_3+Cs \longrightarrow C_6H_3(CH_3)_2CH_2Cs+\frac{1}{2}H_2$$

不涉及置换卤素或氢的另一类反应是用碱金属裂解某些醚类的反应。例如，在高温时用钠裂解二苯醚生成苯基钠和酚钠：

$$C_6H_5—O—C_6H_5+2Na \longrightarrow C_6H_5Na+NaOC_6H_5$$

在这类反应中，常生成联二芳基副产物，因此可以认为在反应过程中有游离基中间体生成。

二十世纪五十年代初 D. O. Depree 发现了一类引人注意的置换反应，他指出在适当条件下，氨基化钠可以从乙酸钠和某些其他有机酸盐中置换氢，如：

$$CH_3COONa+NaNH_2 \xrightarrow{\triangle} Na—CH_2—COONa+NH_3$$

所得产物是 α-钠代乙酸钠，它同 CO_2 反应生成丙二酸二钠盐：

$$Na—CH_2—COONa+CO_2 \longrightarrow NaOOC—CH_2—COONa$$

或同 $C_6H_5CH_2Cl$ 反应生成 $C_6H_5CH_2CH_2COONa$。

第二类制备方法是用碱金属单质同某些具有共轭键的有机化合物进行加成反应。例如，金属钠同 1,1,2,2-四苯基乙烯的反应：

$$(C_6H_5)_2C{=}C(C_6H_5)_2+2Na \longrightarrow (C_6H_5)_2\underset{\displaystyle Na}{\underset{|}{C}}—\underset{\displaystyle Na}{\underset{|}{C}}(C_6H_5)_2$$

又如在 50℃时金属铯同乙烯的反应：

$$CH_2{=}CH_2+2Cs \longrightarrow CsCH_2—CH_2Cs\text{(棕色)}$$

或令碱金属同羰基加成，例如钠同二苯酮的反应：

$$C_6H_5—\underset{\displaystyle O}{\underset{\|}{C}}—C_6H_5+2Na \longrightarrow C_6H_5—\overset{\displaystyle Na}{\overset{|}{\underset{\displaystyle \underset{\displaystyle Na}{O}}{\underset{|}{C}}}}—C_6H_5$$

在金属钠过量的条件下，金属钠能催化丁二烯的二聚作用，并生成二钠代辛二烯，二钠代辛二烯又能同 CO_2 反应生成十碳二元酸的钠盐；在反应的最初阶段是生成二钠代丁烯：

$$CH_2{=}CH{-}CH{=}CH_2 + 2Na \longrightarrow NaCH_2{-}CH{=}CH{-}CH_2Na$$

$$NaCH_2{-}CH{=}CH{-}CH_2Na + CH_2{=}CH{-}CH{=}CH_2 \longrightarrow (NaCH_2CH{=}CHCH_2)_2$$

在这个反应过程中，要用微细分散形式的钠。

在某些类型的“活性”醚、特别是二甲醚、1,2-二甲氧基乙烷和四氢呋喃等的存在下发生的加成反应是烃类同碱金属发生的反应中为人们所熟知的另一种。例如，在这些特定醚类的存在下，新切开的钠能同萘、菲、蒽、苯并蒽和其他稠环烃加成，产生深色（绿色）的加成化合物。这些化合物具有高度的反应活性，可以被羧化成羧酸盐，被水解成部分饱和的环以及烷基化等。为了解释它们高度的顺磁性和电导性，常把这些活性的“金属加成物”描述为阴离子，例如：

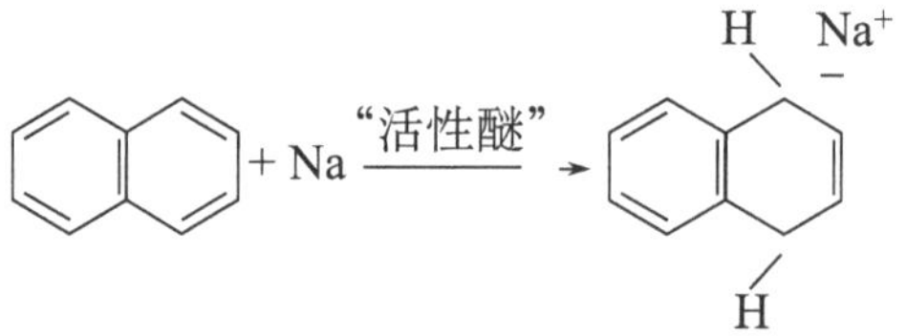

萘钠加成物中的单电子可以存在于邻位和对位，故它能同 CO_2、ROH 或 RX 反应，得到的产物总是混合体：

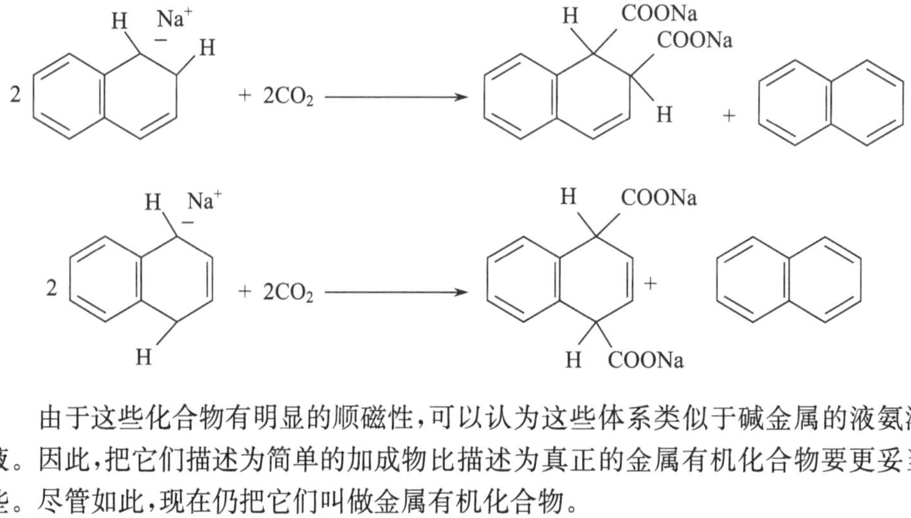

由于这些化合物有明显的顺磁性，可以认为这些体系类似于碱金属的液氨溶液。因此，把它们描述为简单的加成物比描述为真正的金属有机化合物要更妥当些。尽管如此，现在仍把它们叫做金属有机化合物。

第三类制备方法是用碱金属单质从另一金属有机化合物中置换电正性小的金属或用电负性大的有机基团从碱金属有机化合物中置换电负性小的有机基团，这是制备碱金属有机化合物更为普遍的方法。例如，碱金属单质可从烷基汞中将汞置换出来：

$$HgR_2 + 2M \longrightarrow 2R—M + Hg$$

式中 M 代表 Na,K,Rb 和 Cs。由于碱金属有机化合物的难溶性,对产物进行分离提纯是困难的。类似地,利用两种烷基金属之间的反应还可以制备碱金属的特殊烷基衍生物。例如

$$2NaC_2H_5 + Hg(CH_3)_2 \longrightarrow 2NaCH_3 + Hg(C_2H_5)_2$$

可以利用热力学原理来说明这类反应的进行趋向:电正性大的金属同电负性大的有机基团的结合,有利于体系总自由能的降低。

用一种酸性较强的有机基团去置换另一种酸性较弱的有机基团,也可能制备出某些特殊的碱金属有机化合物。例如,用乙基钠同苯反应,可以生成苯基钠：

$$NaC_2H_5 + C_6H_6 \longrightarrow NaC_6H_5 + C_2H_6$$

这类反应已用于测定烃类的相对酸度。

在室温下,若将分散于甲苯中的钠同氯苯混合,反应开始生成苯基钠：

$$C_6H_5Cl + 2Na \xrightarrow{\text{甲苯}} C_6H_5Na + NaCl$$

如果以后再将混合物加热,则甲苯从苯基钠中置换出苯：

$$C_6H_5Na + C_6H_5CH_3 \xrightarrow{\triangle} C_6H_6 + C_6H_5—CH_2Na$$

在室温下,氢能从苯基钾中置换出苯：

$$C_6H_5K + H_2 \longrightarrow C_6H_6 + KH$$

(2) 性质和反应

如前所述,钠、钾、铷和铯的多数有机化合物不溶于有机溶剂。但是,萘和其他稠环烃的深色加成化合物却能溶于所谓“活性”醚中,深色的苯甲基钠和三苯基甲基钠也属于这类醚溶性的金属有机化合物之列。

钠、钾、铷和铯的金属有机化合物受热时常分解为金属氢化物和烃,同空气或其他氧化剂接触时会发生非常快速的反应,常常起火燃烧,同水反应生成碱金属氢氧化物和烃。

碱金属有机化合物同 CO_2 反应生成羧酸盐：

$$RM + CO_2 \longrightarrow RCOOM$$

式中 M 代表 Na,K,Rb 和 Cs;R 是有机基团,如烷基、芳基等。碱金属有机化合物可以在烯烃的双键上加成,有如下列反应方程式所示：

$$(C_6H_5)_2C{=}CH_2 + RK \rightarrow (C_6H_5)_2\underset{\displaystyle K}{\underset{|}{C}}—\underset{\displaystyle R}{\underset{|}{CH_2}}$$

式中 R 代表烷基或芳基,如异丙基或苯基。

如前所述的 Wurtz-Fittig 反应那样,碱金属有机化合物能同卤代烷反应,生成金属卤化物和烃：

$$RM + R'X \longrightarrow RR' + MX$$

它们还能同金属卤化物反应，生成电正性较小金属的金属有机化合物，如果后者很不稳定，就会生成金属单质。例如：

$$RNa + MX \longrightarrow RM + NaX$$

或

$$2RNa + 2MX \longrightarrow 2M + 2NaX + R—R$$

这个反应已经用于工业合成三羰基甲基环戊二烯锰。首先令甲基环戊二烯同钠反应生成甲基环戊二烯钠，然后令后者同二氯化锰在 THF 中反应生成甲基环戊二烯锰：

$$2CH_3C_5H_5 + 2Na \longrightarrow 2CH_3C_5H_4Na + H_2$$

$$2CH_3C_5H_4Na + MnCl_2 \xrightarrow{THF} Mn(C_5H_4CH_3)_2 + 2NaCl$$

最后，用 CO 对二(甲基环戊二烯)锰进行羰基化反应，即得到三羰基甲基环戊二烯锰 $CH_3C_5H_5Mn(CO)_3$。

钠、钾、铷和铯的深色苯乙炔衍生物同苯腈反应，反应速度随碱金属元素原子量的增大而增加。利用过量的苯腈测定碱金属有机化合物脱色所需时间，可以确定碱金属有机化合物系列相对活性，实验结果表明反应速度从钠到铯而增大：$C_6H_5C = CNa$，6.8hr；$C_6H_5C \equiv CK$，4.4hr；$C_6H_5C \equiv CRb$，3.9hr；$C_6H_5C \equiv CCs$，2.9hr。

大多数烷基碱金属溶于二乙基锌形成导电溶液，因为在体系中生成了一些复合有机金属化合物，例如 $NaZn(C_2H_5)_3$、$KZn(C_2H_5)_3$、$RbZn(C_2H_5)_3$ 和 $CsZn(C_2H_5)_3$。这些化合物一般是低熔点固体，它们可以溶于过量的二乙基锌和苯等其他的溶剂中。使人感兴趣的是生成这类烷基碱金属-锌化合物时的性质变化，例如，当弱导电的烷基锌和难熔化的烷基碱金属互相化合之后，生成的烷基碱金属-锌化合物却是易熔的导电材料。它们的熔点和摩尔电导列在表 3.104 中。

表 3.104 烷基碱金属-锌化合物的物理性质

性质	$NaZn(C_2H_5)_3$	$KZn(C_2H_5)_3$	$RbZn(C_2H_5)_3$	$CsZn(C_2H_5)_3$
熔点(℃)	27	68—71	70—75	37
摩尔电导 ($\Omega^{-1} \cdot cm^{-1}$) (50℃，在二乙基锌中)	4.01	6.49	9.39	—

3.6.13 配位化合物

在金属离子中，钠、钾、铷和铯离子都是体积较大的一类离子，而且碱金属离子还都是低电荷的+1价阳离子，所以它们生成Werner型配位化合物的倾向最小。另一方面，碱金属离子常常作为同配位阴离子相结合的阳离子出现而成为配位分子的组成部分。例如，像 RbI_3、$KIBr_2$、$CsBrCl_2$ 等配位卤化物，以及 $K_4[Fe^{II}(CN)_6]$ 和 $K_3[Fe^{III}(CN)_6]$ 等氰配位化合物都是人们所熟悉的。在这些化合物中碱金属只不过起着简单的+1价阳离子的作用，仅仅阴离子部分才是实质上的配位化合物。像这样的"配位化合物"其种类是繁多的。在本丛书的专题32中将会分别加以价绍，所以这里不予赘述，仅在表3.105及图3.60中举例价绍一些碱金属离子同配位阴离子所形成的难溶化合物，因为这类化合物对于分离、提纯与分析测定碱金属化合物起着重要的作用。

表3.105 重碱金属氯铂酸盐在100g水中的溶解度

温度(℃)	K_2PtCl_6(g)	Rb_2PtCl_6(g)	Cs_2PtCl_6(g)
0	0.70	0.0137	0.0047
20	1.07	0.0282	0.0086
50	2.16	0.0737	0.0212
100	4.96	0.3328	0.0915

如表3.105和图3.60所示，Rb_2PtCl_6 和 Cs_2PtCl_6 在水中的溶解度很小，这种性质常利用来从溶液中将铷和铯沉淀出来。

碱金属氯锡酸盐 M_2SnCl_6 和碱金属氯铂酸盐 M_2PtCl_6 在溶解度上很类似，都可用来分离铷和铯。以氯锡酸盐为例，具体的操作方法是先用盐酸将碱金属化合物转变为氯化物，然后向溶液中加入 $SnCl_4$，就可以得到铷和铯的氯锡酸盐沉淀。为了防止沉淀的水解，溶液必须保持酸性。将分离出的氯锡酸盐沉淀，加热分解为难挥发的碱金属氯化物和易挥发的 $SnCl_4$。这样就可以从混合物中制得铷和铯的氯化物，挥发的 $SnCl_4$ 还可以循环使用。

在酒精和盐酸的混合溶剂中，如表3.106所示，Rb_2SnCl_6 的溶解度是很小的。然而在盐酸中，如表3.107所示，铯盐 $Cs_3Sb_2Cl_9$ 的溶解度却是很小的。

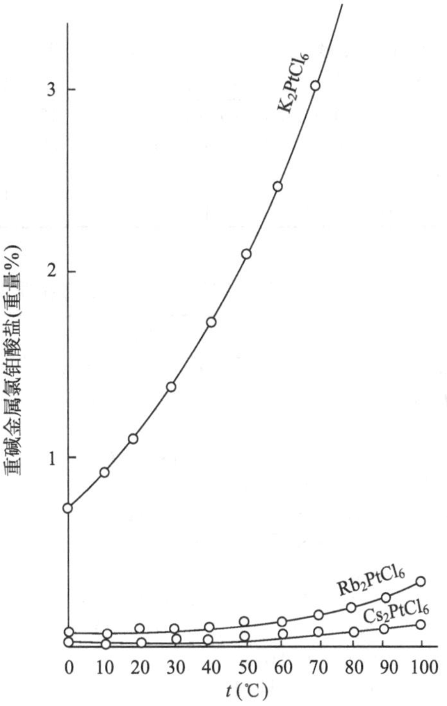

图3.60 重碱金属氯铂酸盐在水中的溶解度

表 3.106　Rb_2SnCl_6 在 100 毫升酒精和盐酸混合溶剂中的溶解度(25℃)[53]

溶剂的组成	盐的溶解度(g)
2 体积 C_2H_5OH	
+1 体积 HCl	0.100
+10% H_2O	0.120
+20% H_2O	0.150
+25% H_2O	0.220
+50% H_2O	0.580

表 3.107　$Cs_3Sb_2Cl_9$ 在盐酸中的溶解度(25℃)

HCl 浓度(*M*)	2.086	2.953	4.027	4.896	6.875	9.957	12.920	16.200
溶解度(g/100g 溶液)	1.702	1.365	1.221	1.164	1.101	1.071	1.081	1.121

上述两盐溶解度的性质,已用在铷和铯的分析和分离上。

铷和铯还有一些复杂的化合物,或者说还有一些特殊的配位化合物,它们在水中或酸中的溶解度也是使人们很感兴趣的。表 3.108 和表 3.109 分别汇列了杂多酸盐在硫酸中及复合的亚铁氰酸盐在水中的溶解度。

表 3.108　铷和铯杂多酸盐在硫酸中的溶解度(25℃)

化合物 ＼ 溶解度(g/100g 溶液) ＼ H_2SO_4 的浓度(%)	0	10	20	25	30	40
$1.54Cs_2O \cdot SiO_2 \cdot 11.5MoO_3 \cdot 6.8H_2O$	0.123	0.00615	0.00383	0.0050	—	—
$1.8Cs_2O \cdot CeO_2 \cdot 11.5MoO_3 \cdot 6H_2O$	0.0518	0.0474	0.0279	0.0230	—	—
$1.6Rb_2O \cdot SiO_2 \cdot 12.2MoO_3 \cdot 8H_2O$	0.475	0.43	0.25	0.86	—	0.0173
$2Rb_2O \cdot GeO_2 \cdot 12MoO_3 \cdot 9H_2O$	0.90	0.66	0.54	0.48	0.364	—

表 3.109　铷和铯复合亚铁氰酸盐在水中的溶解度(25℃)

化合物	溶解度(g/l)
$3Rb_4[Fe(CN)_6] \cdot 4Mg_2[Fe(CN)_6] \cdot 12H_2O$	0.22
$3Cs_4[Fe(CN)_6] \cdot 4Mg_2[Fe(CN)_6] \cdot 12H_2O$	0.10
$Cs_4[Fe(CN)_6] \cdot 2Mg_2[Fe(CN)_6] \cdot 10H_2O$	0.25
$Rb_4[Fe(CN)_6] \cdot Ca_2[Fe(CN)_6] \cdot nH_2O$	0.18
$Cs_4[Fe(CN)_6] \cdot Ca_2[Fe(CN)_6] \cdot nH_2O$	0.038
$Rb_4[Fe(CN)_6] \cdot Sr_2[Fe(CN)_6] \cdot nH_2O$	23.96
$Cs_4[Fe(CN)_6] \cdot Sr_2[Fe(CN)_6] \cdot nH_2O$	1.3
$Rb_4[Fe(CN)_6] \cdot Ba_2[Fe(CN)_6] \cdot nH_2O$	4.2
$Cs_4[Fe(CN)_6] \cdot Ba_2[Fe(CN)_6] \cdot nH_2O$	2.5
$Cs_4[Fe(CN)_6] \cdot 5Be_2[Fe(CN)_6] \cdot 9H_2O$	0.28
$Rb_5I[Fe(CN)_6] \cdot 2H_2O$	0.78
$Rb_5Cl[Fe(CN)_6] \cdot 2H_2O$	0.034
$Cs_5I[Fe(CN)_6] \cdot 2H_2O$	0.025
$Cs_5Cl[Fe(CN)_6] \cdot 2H_2O$	0.005

从表 3.108 中可以看出，铷和铯的这些杂多酸盐在硫酸溶液中是难溶解的，一般情况是随着硫酸浓度的增大而盐的溶解度减小。从表 3.109 中列出的数据来看，其中有些复合的亚铁氰酸盐在水中也是难溶的。

还有一些难溶的配位化合物将在后面分析化学一节讨论。

由于近年来螯合物以及大环配位化合物化学的发展，人们发现碱金属离子也可作为形成体而生成配位化合物。比锂重的碱金属在生成配位化合物时，一般配位数比较高。例如，钠、钾、和铷的碘化物在无水条件下可以生成稳定的氨合物，每个氨合物分子中含有 6 个氨分子，化学式应该写成 $MI \cdot 6NH_3$。又例如，乙酰丙酮钠生成四水合物，其中 6 个氧原子以八面体围绕钠离子：

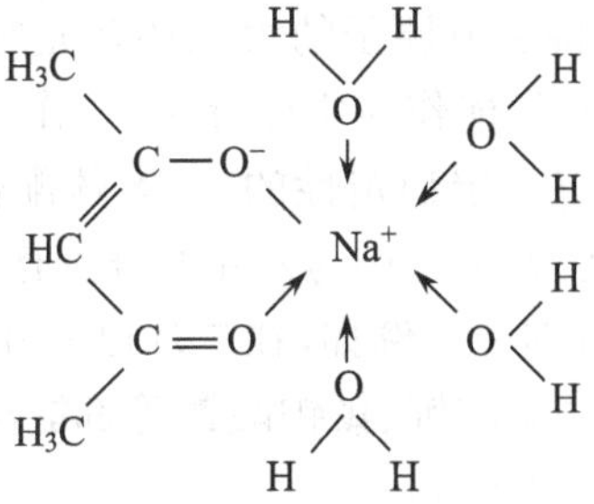

再如，水扬醛和钾、铷和铯生成配位化合物，这些碱金属离子要求氧原子以八面体配位，化学式应该是 $M^+OC_6H_4—CHO^- \cdot 2HOC_6H_4—CHO$。其中一个水杨醛分子转变为阴离子，另外两个水杨醛分子仍保持完整的分子形式：

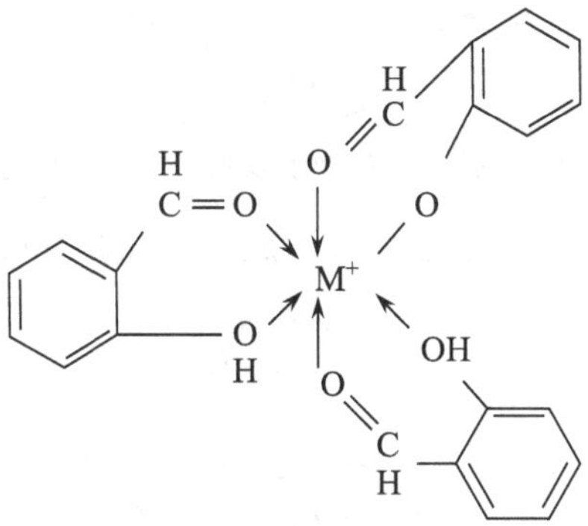

除上述配位数为 6 的配位化合物外，还可生成低配位数的配位化合物。例如，NaI 也可生成一种配位数为 4 的氨合物 $NaI \cdot 4NH_3$；又例如，所有的碱金属都可同水杨醛生成配位数为 4 的配位化合物：

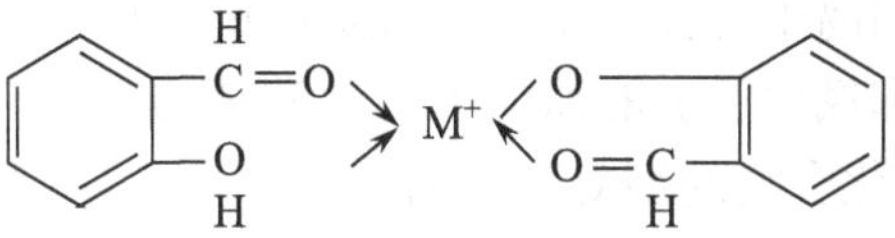

再如，从 96%的乙醇中结晶时，苯酰丙酮钠盐可以生成一种能溶于甲苯的二水合物：

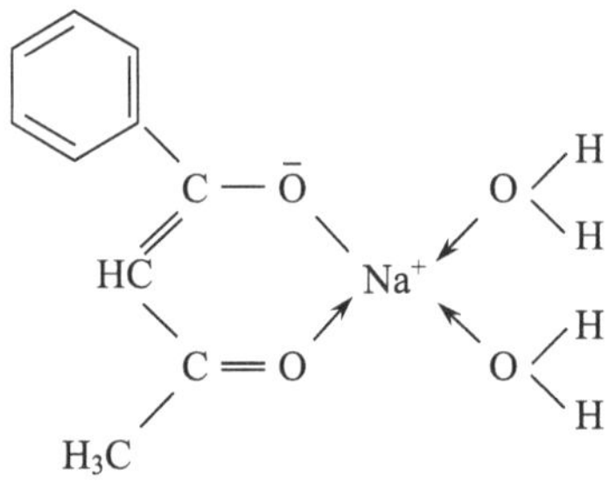

大环多元醚是 1967 年以后出现的一大类中性化合物。其中，大的单环多元醚叫冠醚(crown ether)，而含桥头氮原子的大二环多元醚叫窝穴体(cryptand)。大环多元醚的最重要特性是，它们能作为主体分子，与作为客体的多种金属离子(包括碱金属离子在内)形成具有一定稳定性的主-客体配位化合物[54]。阳离子被配位在大环多元醚的腔孔中之后，由于作为外壳的链段有亲脂性，所以生成的配位化合物能溶解在非极性有机溶剂中。例如，在二环己基-18-冠-6(DC—18—C—6)存在下，氢氧化钾、叔丁醇钾、高锰酸钾、氯铂酸钾等都能溶于苯中。因而能用 DC—18—C—6 从盐水中萃取 K^+ 离子等。

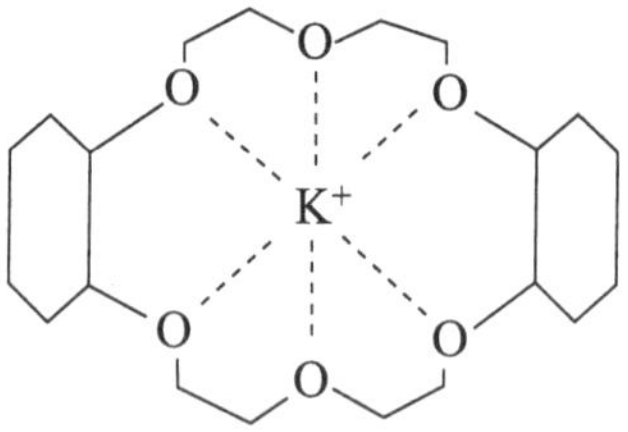

二环己基-18-冠-6 与 K^+ 离子形成的 1:1 的配位化合物

又例如，窝穴体(2,2,2)同铷离子也可以形成 1 ∶ 1 的配位化合物：

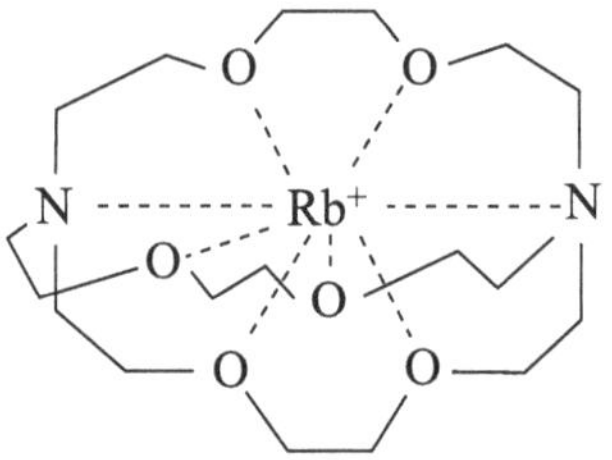

窝穴体(2,2,2)与 Rb^+ 离子形成的 1:1 的配位化合物

这种配位化合物是由阳离子与多元醚环上带负电的氧原子间通过离子-偶极静电作用力而形成的。氧和氮原子上的孤电子对向着环的内侧，同阳离子保持均等距离，因此对于生成配位化合物的熵变是有利的。

NaNCS、KNCS 或 RbI 与下述无环窝穴体,也可生成配位化合物[55]。

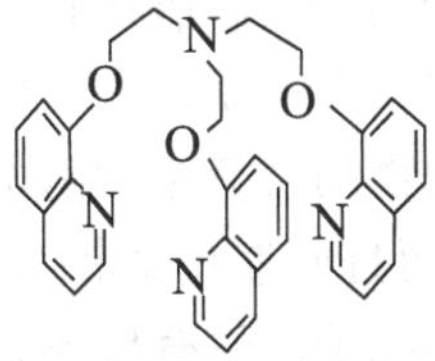

碱金属单质在冠醚或窝穴体的存在下,也能提高它们在有机溶剂中的溶解度。例如单质钠基本上不溶于纯乙胺中,但如果有窝穴体(2,2,2)存在,每升溶剂中便能溶解数克钠,溶解度至少增加了 40 万倍。当金属过量时,除部分阳离子被窝穴体截留外,多余的碱金属原子就会同电子结合生成碱金属阴离子,例如已经应用核磁共振确定了在上述溶液中 Na^- 离子的存在。在乙胺溶液中,有窝穴体存在的条件下,已经制得了一种含 Na^- 离子的盐[10],可以下式表示:$[NaC]^+Na^-$(C 是窝穴体)。晶体的颜色与温度有关,-190℃时显金色、$+40$℃时显青铜色、$+83$℃时显暗棕色。此晶体的熔点为 83℃,比纯窝穴体分子的熔点高 15℃,熔化时就分解成为金属钠和游离的窝穴体了。

3.7 生物活性

钠和钾这两种碱金属元素对于生物的生长和正常发育是绝对需要的。钾对于几乎所有的生命形式都是需要的,而钠主要对高级动物才是需要的。对高级动物来说,钠是它们组织中细胞外液的主要阳离子。钠/钾比值在细胞内液中和细胞外液中是大不相同的,这就决定了高级动物的各种电物理功能——神经脉冲的传送、隔膜端电压和这些隔膜之间离子的迁移、渗透压的调节等。由于钠在高级动物细胞外液中的浓度高于钾的浓度,因此人们认为对动物来说钠是较重要的碱金属元素,而对植物来说钾是较重要的碱金属元素。

以对食盐的需要为例,人们在很早以前就认识到了钠在人类营养中的重要性。主要依靠果实、谷类和蔬菜为生的人和动物,可以从这些食物中吸收适量的钾,但还需要补充食盐,如果得不到足量的食盐,就会患缺钠症。另一方面,也以肉、奶和来源于动物的其他食物为生的人和动物,就可以从这些食物中吸收钠而不太需要补充食盐了。当由于过度出汗和其他体液的过多消耗,造成钠离子的损失而又得不到及时的补充时,仍会患缺钠症,此时就会发生口渴、恶心、肌肉痉挛、神经紊乱等症状,甚至会引起死亡。

植物对钾的需要同高级动物对钠的需要一样。钾是植物生长的一种必需成分,这早在 1840 年 Leibig 就认识到了。以后,又认识到在动物生长中钾也有重要的作用。无论植物或动物都有可能患缺钾症。对于动物,例如对人来说,钾、钠在体内的平衡需要一般是用钾/钠比值来描述的。神经细胞、心肌和其他重要器官功能都肯定地需要钾。某些内脏，如肝脏、脾脏等比较富于钾，看来钾在动物体内的生物功能方面可能有重要的作用。人依靠正常的饮食、特别是蔬菜和植物性食物，可以保持摄入适量的钾。成年动物的器官中含有的钾通常多于钠(按重量计)，相反在动物的胚胎中则钠多于钾，而且胚胎中的钠/钾比值与海水十分接近，这个事实被一些科学家引为陆上动物起源于海生有机体的直接证明。

植物体通过根系从土壤中将钾吸收到体内。钾在植物体内作用的机理虽然没有完全确定，但已肯定钾同光合作用和呼吸作用有关。植物体对钾选择性地吸收，大大超过对土壤中的钠、钙或镁等阳离子的吸收。植物中缺少钾时会引起如叶片收缩、叶片发黄或出现棕褐色斑点等症状，并会强烈地延缓根系的生长。因而钾肥对于像马铃薯和甜萝卜这类农作物特别重要。

在植物或动物的生长过程中，对于铷和铯没有类似钠或钾的那种需要。尽管在肌肉内铷和铯的积累量大于钾，但未证实铷或铯在控制生命的代谢过程中可以代替钠或钾。动物试验表明，以大量的铷或铯代替钾会引起超敏性痉挛和最后死亡。但不应当由此得出大量的铷或铯离子对人体是十分有毒的结论，因为上述试验是以低含量的钾配以高剂量的铷和铯为其条件的。据说[26]，无钾存在时，铯对大多数植物还是有毒的。

3.8　分析化学

钠、钾、铷、铯和钫的盐类，通常物理性质相似，溶解度又很大，因此这些元素的分析化学是复杂的。但仍有一些配位阴离子和碱金属阳离子可以生成适合于分析目的的难溶化合物。

用乙酸铀酰锌作为钠的沉淀剂，既可以重量法，也可以比色法来分析钠。

多年来，广泛应用六亚硝酸基钴(Ⅲ)酸阴离子的沉淀作用鉴定钾，沉淀的组成决定于钠离子浓度、沉淀时的温度和沉淀介质中醇含量等条件，可从 $K_3[Co(NO_2)_6]$变到 $K_2Na[Co(NO_2)_6]$。此阴离子的铷盐和铯盐远较钠盐难溶于水，故可用这种试剂来富集铷和铯。与用六亚硝酸基钴(Ⅲ)酸盐相似，四苯基硼衍生物已成为碱金属的一种重要分析手段。四苯基硼钠是可溶性的，而它的钾、铷和铯衍生物则是十分难溶的。这种试剂在分析上已经用于重量法、溶量法或电导法来测定钾。

虽然铷、铯和钾在它们的一般化合物性质上极为相似，但是也有区别。和钾比较起来，铷和铯的一个最大特点就是具有容易生成复盐及络合物的倾向。它们的卤化物，特别是氯化物，能同许多重金属相应的盐生成配位化合物。这些酸位化合物由于本身很稳定，在水中以及其他溶剂中的溶解度又很小，因此在分析化学上起着重要的作用。知道最早的配位化合物是氯铂酸铷 Rb_2PtCl_6 和氯铂酸铯

Cs_2PtCl_6。在组成上这两种化合物同氯铂酸钾完全相似，但是它们的溶解度却只是钾盐的百分之一左右，其中以氯铂酸铯的溶解度为最小。过去，人们曾根据这种性质，用氯铂酸 H_2PtCl_6 把铷、铯两元素同钾分开，也可以进行铷和铯的相互分离。氯锡酸盐和氯铂酸盐在组成上虽然也很相像，但是氯锡酸盐却易溶于水而难溶于浓酒精的盐酸溶液，利用这种性质可分离铷、铯与锂。由于铂盐价格比较昂贵，对氯锡酸盐一类化合物的研究，从经济观点考虑很有实际意义。

有些铷和铯的配位化合物的溶解度差别较大，利用这种性质很容易把这两种元素分开。例如在含有铷和铯的水溶液中，氯化铯同三氯化锑或碘化铋生成难溶的配位化合物 $Cs_3Sb_2Cl_9$ 或 $Cs_3Bi_2I_9$，几乎能使铯完全沉淀下来，如果在酒精溶液中则沉淀更为完全；但相应铷盐的溶解度却很大，它将留在溶液中而与铯分离。亮红色的 $Cs_3Bi_2I_9$ 晶体，还可用于铯的定性分析和定量分析，铷的存在不发生干扰。例如，用重量法测定铯榴石中所含的铯时[28]，首先将矿样研细，用浓盐酸在水浴上溶解，加热脱水除去硅酸后；再在冰乙酸溶液中加入 $KBiI_4$ 溶液，析出亮红色晶体 $Cs_3Bi_2I_9$ 而使铯同其他碱金属分离；在玻璃坩埚中将沉淀过滤，烘干后称量，就可以测得矿样中铯的含量。黑色的晶体 $Rb_2AuPdCl_7$，可以用于铷的定性分析，但铯的存在会发生干扰。

苯酚磺酸树脂一类的合成树脂、杂多酸盐或某些天然矿物，也可用来分离碱金属。例如用天然矿物斜发沸石从其他放射性衰变产物中选择性地除去放射性铯。

碱金属分析的某些更有趣的进展，同碱金属本身杂质的测定有着紧密的联系。例如，用做核反应器的热交换液体中的金属钠或钠-钾合金，由于在输送这些液体金属时，其中所含氧、碳、氢和氮等杂质对结构材料有腐蚀性，故需要发展测定含在碱金属中这些杂质的准确方法。

已经取得进展的一些方法，大多数是用汞萃取、真空蒸馏或溴丁烷选择反应的方法使基质碱金属同杂质分离。例如，一种常用的方法是，先令碱金属汞齐化，再用标准的方法分析不溶解的杂质，包括各种氧化物、氢氧化物、碳酸盐、氢化物、碳化物和氮化物等。这些标准的方法是：以酸化法使碳转变成 CO_2 的形式，可以很方便地测定杂质碳；可以用标准的 Kjeldahl 法测定杂质氮；碱金属中其他金属杂质可以用光谱法加以测定。

近年来，碱金属的主要分析方法多是采用火焰光度法和光谱法。在光谱法中，用的是原子吸收光谱或发射光谱。原子吸收是一种特别有用的技术，灵敏度可达几分之一 ppm。例如，由阿波罗号飞船从月球上采得的土壤和岩石的样品，其中钠的分析就是用原子吸收法，而钾、铷和铯的分析则用质谱法。

参 考 文 献

[1] K. W. Bagnall,"Chemisttry of the Rare Radioelements". Butter worths,102(1957).

[2] 黎彤,地球化学,1976(3),167—174.
[3] H. Remy,"Treatise on Inorganic Chemistry",Vol. 1,Elsevier,162—163(1956).
[4] 郭承基,《稀有元素矿物化学》,科学出版社,143,156(1965).
[5] 《稀有金属知识》编写组,《锂、铷、铯》,冶金工业出版社,30—53(1974).
[6] 日本化学会编,董万堂译,《稀有金属制取》,中国工业出版社,182—186(1963).
[7] 《稀有金属应用》编写组,《稀有金属应用 》,上册,冶金出版社,60—62(1974).
[8] 杨福家,自然杂志,1(7),413—420(1978).
[9] 《核素图》编制组,《核素图》,原子能出版社(1976).
[10] J. L. Dye,Angew. Chem.,91(8),613—625(1979).
[11] G. Lepoutre,M. J. Sienko,"Solutions Métal Ammoniac Proprités Physicochimiques",Memoires et Travaux,57(1964).
[12] F. A. Cotton,G. Wilkinson,"Basic Inorganic Chemistry",John Wiley,219(1976).
[13] 张曼维,自然杂志,1(5),284—289(1978).
[14] H. J. Emuléus,"Inorganic Chemistry",Series two,Vol. 1,Butter worths,7(1975).
[15] W. L. Jolly,"The Inorganic Chemistry of Nitrogen",Benjamin,33(1964).
[16] J. J. Lagowski,"Modern Inorganic Chemistry",Marcel Dekker,216(1973).
[17] A. Simon,et al.,Z. anorg. allg. Chem.,419,253—274(1976).
[18] Ю. И. Остраушко и др. ,"Литий,его химия и технология",Атомиздат,37(1960).
[19] П. И. 费多洛夫(Федоров),徐克敏、唐孝炎、苏勉曾译,"稀有元素化学",高等教育出版社,52(1959).
[20] R. Haegele,et al.,Z. anorg,allg,Chem.,409,11—22(1974).
[21] R. H. Odenthal,et al.,ibid.,407,144—150(1974).
[22] J. F. Suttle,"Comprehensive Inorganic Chemistry",Vol. VI,Van Nostrand,108(1957).
[23] F. A. Cotton,G. Wilkinson,"Basic Inorganic Chemistry",John Wley,220(1976),
[24] H. J. Eneléus,"Inorganic Chemistry",Serise One,Vol. 1,Butter worths,10(1972).
[25] H. J. Emeléus,"Inorganic Chemistry",Serise two,Vol. 1,Butter worths,9(1975).
[26] 郭承基,《稀有元素矿物化学》,科学出版社,112(1965).
[27] F. A. Cotton,G. Wilkinson,"Advanced Inorganic Chemistry",In terscience publishers,418(1972).
[28] 史慧明等,《稀有元素分析化学》,上册,人民教育出版社,33(1962).
[29] A. Simon,et al.,Z. anorg. ally. Chem.,431,5—16(1977).
[30] A. Simon,et al.,ibid.,428,187—198(1977).
[31] A. Simon,et al.,ibid.,423,203—211(1976).
[32] A. Simon,et al.,ibid.,422,208—218(1976).
[33] A. Simon,ibid.,395,301—319(1973).
[34] A. Simon,J. Solid State Chem.,27(1),87—97(1979).
[35] 《无机化学》编写组,《无机化学》,下册,人民教育出版社,14(1978).
[36] H. И. Копылов,Ж. H. X.,13(2),529—532(1968).
[37] Ф. М. Перельман,"Рубидий и цезий",Издательство АН СССР,29(1960).
[38] W. L. Jolly,"The Inorganic Chemistry of Nitrogen",Benjamin,34—36(1962).
[39] A. Д. 克山(Кешан)著,成思危译,《硼酸盐在水溶液中的合成及其研究》,科学出版社,72(1964).
[40] 华东工学院等,《纯碱与烧碱》,中国工业出版社,15(1961).
[41] 魏云昌,《纯碱及苛化烧碱工业》,中国工业出版社,85—104(1964).

[42] M. A. 米尼奥维奇(Миниович)著,史启泰、史耀曾译,《硝酸盐》,化学工业出版社,73(1956).
[43] И. Б. Маркина и др. ,Ж. Н. Х. ,18(9),2329—2335(1973).
[44] В. М. Валяшко и др. ,Ж. Н. Х. ,19(11),2978—2983(1974).
[45] Ф. М. Перельман,"Рубнднй и цезий",Издатэельство АН СССР,54(1960).
[46] И. Н • Лепешков и др. ,Ж. Н. Х. ,17(12),3341—3347,(1972).
[47] J. J. Lagowski,"Modern Inorganic Chemistry",Marcel Dekker. 495(1973).
[48] M. H. Studier,et al. ,J. Am. Chem. Soc. ,93(9)2349—2351(1971).
[49] W. C. Jones,et al. ,J. Chem. Soc. ,A,1968,1849—1852.
[50] E. H. Appelman,Inorg. Chem. ,8(2),223—227(1969).
[51] В. К. Исупов и др. ,Ж. Н. Х. ,20(6),1492—1501(1975).
[52] R. M. Kren,et al. ,Inorg. Chem. ,7(3)446——451(1968).
[53] Ф. М. Перельман,"Рубидий и цезий",Издательство АН СССР,58(1960).
[54] 黄枢,谢明贵,化学通报,1979(2),140—147;1979(3)245—250.
[55] N. S. Poonia,et al. ,Chem. Rev. ,79(5),389—445(1979).

无机化学丛书·典藏版

第二卷

铍　碱土金属	顾学民
硼	龚毅生
铝	臧希文　汤卡罗
镓分族	吕云阳　曾文臻

科学出版社

北　京

内 容 简 介

本书是《无机化学丛书》第二卷，第 4，5，6，7，8 专题，主要论述了第 IIA、IIIA 族各元素的存在形式、物理和化学性质、制备方法以及这些元素的化合物的性质、用途及合成方法。本书可供高等学校师生以及从事化学化工方面的科技人员参考。

图书在版编目（CIP）数据

无机化学丛书：典藏版/张青莲主编. —北京：科学出版社，2018.1

ISBN 978-7-03-056380-4

Ⅰ. 无… Ⅱ. 张… Ⅲ. 无机化学–丛书 Ⅳ. O61-51

中国版本图书馆 CIP 数据核字（2018）第 012426 号

责任编辑：杨淑兰 胡华强 杨 震 / 责任校对：包志虹
责任印制：赵 博 / 封面设计：王 浩

科学出版社 出版
北京东黄城根北街 16 号
邮政编码：100717
http://www.sciencep.com
北京厚诚则铭印刷科技有限公司印刷
科学出版社发行 各地新华书店经销
*
2018 年 1 月第 一 版 开本：720 × 1000 B5
2018 年 1 月第一次印刷 印张：35 1/4
字数：674 000

定价：998.00 元（全 10 册）

（如有印装质量问题，我社负责调换）

《无机化学丛书·典藏版》书目

第一卷 1. 稀有气体 2. 氢 3. 碱金属

第二卷 4. 铍 5. 碱土金属 6. 硼 7. 铝 8. 镓分族

第三卷 9. 碳 10. 硅 11. 锗分族

第四卷 12. 氮 13. 磷 14. 砷分族

第五卷 15. 氧 16. 硫 17. 硒分族

第六卷 18. 卤素 19. 铜分族 20. 锌分族

第七卷 21. 钪 22. 稀土元素

第八卷 23. 钛分族 24. 钒分族 25. 铬分族

第九卷 26. 锰分族 27. 铁系 28. 铂系

第十卷 29. 锕系 30. 锕系后元素

《无机化学丛书》序

无机化学是化学科学的一个重要分支，也是最早发展起来的一门化学分支学科。无机化学研究的对象是周期系中各种元素及其化合物，不包括碳氢化合物及其衍生物。20 世纪中叶以来，无机化学又进入了新的发展阶段。这是和许多新的科学技术领域，如原子能工业、空间科学技术、使用半导体材料的通信和计算技术等的兴起密切相关的。这些科技部门要求人们利用无机化学的理论探索和研制种种具有特殊性能的新材料，研究极端条件下物质的性质和反应机理，以及提出新的无机物的工艺流程。与此同时，现代物理学、生命科学、地质科学以及理论化学的新进展等因素也都在日益推动着无机化学的发展进程。

我国在解放前缺少与无机化学有关的工业基础，因此无机化学人才培养得较少，科学研究工作的基础也比较薄弱。解放后我国无机化学虽有了很大发展，但仍然比较落后。为了扭转这种局面，加速无机化学科学人员的培养和提高，促使教学和研究工作的迅速发展，以及为了解决我国丰富的矿产资源的综合利用、新型材料的合成、无机化学新观点和新理论的提出等问题，有必要编辑出版一套中型的无机化学参考书。为此，科学出版社和中国化学会共同组织了《无机化学丛书》编辑委员会主持本丛书的编写工作。经过多次讨论和协商，拟订了丛书的编辑计划和写作大纲。确定丛书分十八卷，共四十一个专题，从 1982 年起陆续出版。全丛书共约六百余万字，前十卷为各族元素分论，后八卷为无机化学若干重要领域的专论。

本丛书适合高等学校教师、高年级学生和研究生、科学研究人员和技术人员参阅。编委会竭诚欢迎广大读者对本书的内容提出宝贵的意见，以便在再版时加以修改。

《无机化学丛书》编委会

1982 年 9 月

前　言

《无机化学丛书》第二卷包括五个专题：4. 铍，5. 碱土金属，6. 硼，7. 铝，8. 镓分族。

专题4. 铍，5. 碱土金属，主要介绍单质和化合物的性质、制备及其应用，特别是对铍的配位化学，铍合金以及镁、钙的盐类及有机化合物作了较详细的叙述。这两个专题由厦门大学顾学民同志编写。

专题6. 硼，对硼和硼化合物的价键、结构和性质以及硼烷及其衍生物作了较全面、详细的叙述。本专题由南开大学龚毅生同志编写。

专题7. 铝，叙述了铝及其化合物的冶炼、制备、性质和结构。本专题由北京大学臧希文，汤卡罗同志编写。

专题8. 镓分族，由辽宁大学吕云阳同志、厦门大学曾文臻同志编写。本专题对镓、铟和铊的性质、用途以及回收和提纯方法等分别作了介绍，并广泛地叙述了它们不同价态的无机和有机化合物的性质、制备方法和应用前景。

申泮文教授、顾学民教授对本卷初稿作了审阅。

厦门大学李志贤同志参加了专题5. 的部分编写工作。

沈阳冶炼厂王文绍、刘颂禹同志参加了专题8. 的部分编写工作。

本卷较多引用了 J. C. Bailar. Jr. 等编的"Comprehensive Inorganic Chemistry"一书的有关内容，谨向原作者致谢。

本卷由吕云阳同志负责统编。

编者

1987 年 1 月

目　　录

4. 铍

5. 碱土金属(镁、钙、锶、钡、镭)

6. 硼

7. 铝

8. 镓 分 族

4. 铍

4.1 铍和碱土金属的概述[1-5]

周期系 IIA 族包括铍、镁、钙、锶、钡和镭六种元素，由于钙、锶和钡的氧化物在性质上介于“碱性的”(碱金属的氧化物和氢氧化物)和“土性的”(难熔的氧化物如 Al_2O_3)之间，故称为碱土金属。镭虽然是放射性元素，但是它的化学性质和钡很相似，因此通常列为碱土金属。镁的许多性质同钙、锶和钡相类似，习惯上把镁也包括在碱土金属之中。也有人把铍列入碱土金属。本卷鉴于铍符合周期表中“对角元素相似规则”，它的性质更类似铝，所以把铍和碱土金属分开讨论。

1.1 IIA 族和 IA 族性质的对比

周期系 IIA 族元素原子的最外层原子轨道上都有两个 s 电子，即 ns^2 构型。在 ns^2 层内层则为惰性气体电子构型，所以它们是典型的氧化态为 +2 的金属元素，IIA 族元素的单质构成一组变化很有规律的高度活泼的金属，它们的原子半径比较大，但是由于比相邻的 IA 族元素的原子增加一个核电荷，因而原子核对最外层电子的引力增加了，结果它们的原子半径比同周期碱金属为小，因此要失去一个电子也就比相应的碱金属困难，这可以从比较它们的第一电离势而得到证明。失去两个外层电子后，更增强了核电荷的影响，因此所有这些 M^{2+} 离子的半径都比等电子的即同周期的碱金属 M^+ 离子要小，IIA 族金属的成键电子数是碱金属的两倍，所以相对于碱金属来说本族金属有较高的熔点和沸点，并有较大的密度和硬度，虽然使 IIA 族金属原子气化和离子化而成为 M^{2+} 离子所需要的能量要比 IA 族金属原子成为 M^+ 离子的能量大得多，但由于所高出的能量与固体盐的高晶格能和离子水合[$M^{2+}_{(水)}$]的高水合能相互抵消而有余，因此从铍到钡的标准电极电势同从锂到铯的标准电极电势相近。第 IIA 族元素原子和单质的基本性质见表 4.1。

表 4.1 第 IIA 族元素原子和单质的基本性质

元素	铍	镁	钙	锶	钡	镭
符号	Be	Mg	Ca	Sr	Ba	Ra
原子量	9.01218	24.305	40.08	87.62	137.33	226.0254
在地壳中的丰度(ppm)	6	20900	36300	300	250	1.3×10^{-6}
价电子层构型	$2s^2$	$3s^2$	$4s^2$	$5s^2$	$6s^2$	$7s^2$
原子半径(Å)	0.89	1.36	1.74	1.91	1.98	

续表

元素	铍	镁	钙	锶	钡	镭
离子半径 M^{2+}[1](Å)	0.27(4)	0.72(6)	1.00(6)	1.18(6)	1.34(6)	1.48(8)
原子体积(cm^3/g)	4.85	14.0	26.3	33.6	36.4	45.2
密度(g/cm^3)	1.85(20℃)	1.74(5℃)	1.54(20℃)	2.63(20℃)	3.51(30℃)	5(计算)
沸点(℃)	2970 (666.6Pa)	1090	1490	1380	1640	<1140
熔点(℃)	1278±5	648.8	842−8	769	725	700
硬度(金刚石=10)	4	2.5	2	1.8	—	—
第一电离势(kJ/mol)	894.1	733.9	587.0	546.8	500.4	507.1
第二电离势(kJ/mol)	1746.2	1442.6	1139.7	1058.6	959.4	979
M^{2+}(g)水合热(ΔH_h)(kJ/mol)	−2494.1	−1920.9	−1596.9	−1443.1	−1305.0	—
电负性	1.47	1.23	1.04	0.99	0.97	0.97
标准电极电势(V)	−1.85	−2.37	−2.87	−2.89	−2.90	—
偏摩尔熵($\bar{S}^0$)(e.u.)	−55	−28.2	−13.2	−9.4	3	—

1) 离子半径一栏中括号内数字是指配位数。

1.2　IIA 族中铍的独特性

铍和碱土金属相比,性质上差别较大,由于铍处于周期表的第二周期,它的半径特别小,并具有高的电荷密度和较高的电负性,所以它主要形成共价型化合物,而碱土金属主要生成离子型化合物。在水溶液中,Be^{2+} 离子使水分子强烈地和有序地在它的周围取向,因此 Be^{2+} 离子溶液有低的偏摩尔熵($\bar{S}^0$)和高的粘度,铍盐广泛地发生水合作用,因而增大了铍离子的有效半径。

Be^{2+} 和 Al^{3+} 的离子势($\phi=Z/r$)很接近(分别为 6.45 和 6.00),而 Mg^{2+} 为 3.08。所以铍的许多化学性质表现出和铝相似(对角元素相似规则)。例如金属铍和金属铝一样,表面上生成惰性和不透气的氧化膜;在酸介质中溶解速度比较慢,与热水则不作用;在浓硝酸中呈钝态;它们和氢氧化钠溶液作用都能放出氢气并分别生成铍酸盐和铝酸盐;它们的氢氧化物都是两性的;它们的盐类普遍水解;Be_2C 和 Al_4C_4 一样,水解都生成甲烷。

比较中性原子的电离势,铍和碱土金属元素相差较大,而和锌很接近,Zn^{2+} 离子有较强的极化能力,并有较大的变形性,而 Be^{2+} 离子的变形性较小但有更强的极化能力。因此,Zn^{2+} 离子和 Be^{2+} 离子对相同阴离子之间的相互作用几乎同样大，表现在铍和锌的某些化合物的性质特别相似，例如，它们都有相同的碱式羧酸盐 $M_4O(C_nH_{2n+1}COO)_6$；都有 M_2SiO_4 型矿物；在晶体结构中，BeO 的低温变体和 ZnS 的纤维锌矿结构相似，都属于六方晶系；$Be(OH)_2$ 多晶中最稳定的一种与 $Zn(OH)_2$结构相似；BeS 则有 ZnS 闪锌矿结构，都属于立方晶系。

参 考 文 献

[1] J. C. Bailar, Jr. (ed.), "Comprehensive Inorganic Chemistry", Pergamon Press, Vol. 1, 531－590(1973).

[2] R. C. Weast(ed.), "Handbook of Chemistry and Physics", 59th CRC Press, (1978－1979).

[3] H. Remy, "Treatise on Inorganic Chemistry", Vol. 1, Elsevier, 234－239(1956).

[4] 《无机化学》编写组，《无机化学》(下册)，人民教育出版社(1978).

[5] N. V. Sidgwick, "The Chemical Elements and Their Compounds", Vol. 1, 197－218(1952).

4.2 单　　质[1-3]

2.1 历史、存在和分布

许多世纪以前，人们就知道有铍的化合物存在，它以海绿宝石和纯缘宝石的形式存在，统称为绿柱石。但是一直到 1798 年，Vauguelin 才从纯绿宝石中分离出铍的氧化物。这种氧化物和 Al_2O_3 相似，但也有它自己的特性：不生成矾；能溶于$(NH_4)_2CO_3$ 溶液中；不能被草酸钾或酒石酸钾所沉淀；由它生成的盐有甜味。因此，Vauguelin 称这种元素为 glucium(Gl)，即甜的意思。在 1828 年 Wohler 和 Bussy 分别用金属钾还原氧化铍得到粗的金属铍粉末后，就引入了 beryllium(Be 铍)这个名词，直到 1957 年 IUPAC(国际理论与应用化学联合会)才正式确认它为 beryllium。人们对铍的氧化数曾产生很多争论，首先，Berzelius 认为铍的氧化数为 2 或 4，后来他发现铍和铝的化学性质很相似，他就把铍的氧化数改为 3，他从氯化铍和硫酸铍的实验测得铍的化合比为 4.7，因而它的原子量就应当是 14，但是 Менделеев 认为这种原子量 14 的元素在他的周期表中找不到适当的位置，他建议铍的氧化数为 2，如 $BeCl_2$，铍的原子量应当为 9，这样他就能正确地把铍放在周期表中锂和硼之间的位置，1889 年 Nilson 和 Patterson 用充分干燥和纯的氯化铍精确地测定了氯化铍的蒸气密度，证明 Менделеев 的预言是正确的。

铍为地壳中稀有元素之一，它的丰度估计是 6ppm(也有人认为 10ppm)[2]。近代发展的一种探测铍的野外工具发现了大量的铍矿，这种仪器叫测铍仪(berylometer)[3]，它利用核反应：${}^9_4Be+\gamma \longrightarrow {}^8_4Be+n$(快)，其中 γ 辐射是由 Sb^{124} 提供的，所产生的快中子进入仪器的检测头，因而速度减慢，然后用一载有 ^{10}Be 的 ZnS 荧光屏检出，又把光转变为电脉冲，最后由定标器计数。这种仪器测定矿物含 BeO 的灵敏度达 0.01%或更低。

地壳中铍的丰度低是由于铍能和高能的质子和高能的中子反应。铍在冷的星际物质中比在太阳和星球气氛中有比较高的丰度，就是由于在冷的星际物质中铍的上述反应较少，当地壳中大的熔融岩块凝固时，铍被富集在残余的岩浆中，所以常常发现铍存在于伟晶岩中，在最后部分花岗岩的拱顶区结晶出来，这样铍就得到了富集，常常形成大的绿柱石晶体。

最丰富且在工业上最重要的铍矿物是绿柱石，在伟晶岩中存在的铍也是以绿柱石形式出现的。近来人们已经对来自非伟晶岩的铍如硅铍石、硅酸铍石、硅钡铍矿更感兴趣。绿柱石的结构绘示在图 4.1。

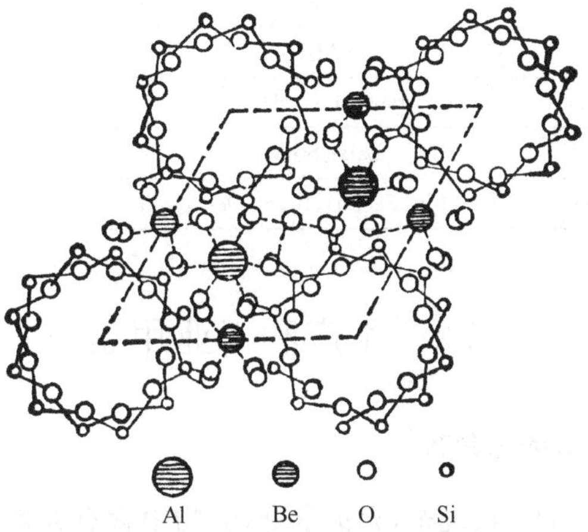

图 4.1 绿柱石($Be_3Al_2Si_6O_{18}$)的结构图

注：为了清楚起见，图中省略了很多氧原子

有时伟晶岩中只生成绿柱石矿物，但是绿柱石更常作为副产物而回收，当收取其他矿物如长石、云母、红云母(一种锂矿)、铌铁矿、钽铁矿和锡石时，就把绿柱石作为副产物回收，大约 1/3 的绿柱石是用手拣法回收的，这样得到的晶体或碎块很少小于 2－3cm^3 的。人们曾作了不少努力设法回收细小的绿柱石粒子，发现采用浮选法回收是成功的，如用氢氟酸处理或在硫酸存在下用氟化物预先处理，再用油酸或松根油浮选，从含 0.03％－0.06％Be 的伟晶岩中可以得到含 0.7％－3.5％铍的富集物。富集物中仍含有云母、锂辉石、长石、石英和磷灰石等杂质。但至今还设有一种方法在工业上大规模采用，这是因为目前对铍的需要量还是有限的，也由于非绿柱石的重要性日益增长之故，我国有色金属研究院某选矿室最近已研究成功绿柱石的简易浮选流程，并在我国第一个绿柱石浮选厂投产，其原理是：在不同的碱性介质中，各种矿物的天然可浮性有着明显的不同，并发现少量 Fe^{3+} 离子的存在对浮选分离是有利的，Ca^{2+} 和 OH^- 离子的存在则是绿柱石具有足够可浮性的必要条件，‘简易浮选流程’的主要控制因素是所用药剂(三碱——Na_2CO_3、NaOH 和 Na_2S 作为强抑剂，和两皂一油——氧化石蜡皂、环烷酸皂和柴油作为强捕收剂)的比例、用量和搅拌强度以及浮选充气量。

铍的矿物组成和晶系见表 4.2。

表 4.2　铍的矿物[1]

中英名称	组　成	晶　系
绿柱石 beryl	$3BeO \cdot Al_2O_3 \cdot 6SiO_2$	六方 $a=9.188$Å,$c=9.189$Å,$Z=2$
硅铍石 Phenacite	$BeSiO_4$	六方
金绿石 chrysoberyl	$BeAl_2O_4$	斜方
硅酸铍石 bertrandite	$Be_4Si_2O_7(OH)_2$	斜方
硅钡铍石 baryllite	$BaBe_2Si_2O_7$	斜方
日光石榴子石 helvine	$(Mn、Fe、Zn)_8Be_6Si_6O_{24}S_2$	异构物

2.2　生产和工业用途

2.2.1　从矿物提取铍的化合物

铍的矿石和精矿的组成复杂,含铍量低,矿物中含有大量氧化硅和氧化铝,分离困难,因此从矿物中提取铍的过程比较复杂。

在常压和一般加热条件下,绿柱石不能与普通的酸作用,仅氢氟酸能与它直接作用。可是,如果把它加热到高温或同时再用一些化学物质与它作用,就能破坏绿柱石结构。因此工业上从绿柱石提取铍的方法有两种:

(1) 氟化物法(Copaux 法)

在 700—750℃焙烧绿柱石和 Na_2SiF_6 的混合物,然后用水沥取可溶性铍化物 Na_2BeF_4,反应如下:

$$3BeO \cdot Al_2O_3 \cdot 6SiO_2 + 6Na_2SiF_6 \longrightarrow 9SiO_2 + 3Na_2BeF_4 + 2Na_3AlF_6 + 3SiF_4\uparrow$$

但是在实际操作中,Copaux 反应难以处理,因为有大量 SiF_4 气体生成,同时大量消耗 Na_2SiF_6,成本太高,于是许多人对此法作了改进,如 Kawecki 用 Na_3FeF_6 代替 Na_2SiF_6,Na_3FeF_6 在 750℃仅与绿柱石中 BeO 成分作用,而且在以后的过程中,氟能被大量回收为 Na_3FeF_6,并循环使用,反应如下:

$$2Na_3FeF_6 + 3BeO \cdot Al_2O_3 \cdot 6SiO_2 \longrightarrow 3Na_2BeF_4 + Fe_2O_3 + Al_2O_3 + 6SiO_2$$

先将绿柱石粉末和 Na_3FeF_6 混合,制成煤球状物,在 750℃烧结,然后把反应产物压碎、磨细并用水沥取,滤去不溶物,在含有 Ns_2BeF_4 和 Na_3FeF_6 的稀滤液中,加入适量 NaOH 使 $Be(OH)_2$ 沉淀分离,所得 $Be(OH)_2$ 主要是胶状 β 型,但因含有少量粒状 α 型,故过滤和洗涤并不困难,产率约为 90%,这样制得的 $Be(OH)_2$ 可以作为生产铍铜或其他铍合金的原料,也可以用作制高纯铍的原料。

在稀的滤液中含有 NaF,可用 $Fe_2(SO_4)_3$ 溶液处理,使生成 Na_3FeF_6 沉淀而加以回收。

$$12NaF + Fe_2(SO_4)_3 \longrightarrow 2Na_3FeF_6 + 3Na_2SO_4$$

(2) 硫酸盐萃取法

在 1600－1650℃把绿柱石在电炉中熔化,倒入冷水中迅速冷却成玻璃体。绿柱石玻璃体已失去晶状结构,能与稀 H_2SO_4(20%－40%)作用。对稀酸作用的反应活性取决于它的组成(见图 4.2)。理想组成的绿柱石 $3BeO \cdot Al_2O_3 \cdot 6SiO_2$ 生成一种活性玻璃体,由此很容易用稀酸把铍萃取出来,但是商品绿柱石通常含有一定量的碱性组分(碱金属氧化物),使玻璃体的组成落在图 4.2 中沥取曲线的最低点。在这种情况下,需要把它再加热到 1000℃以增加玻璃体的化学活性。这一过程使玻璃体起部分反玻璃化作用,即部分玻璃态变为结晶态,因而生成 $BeAl_2O_4$、BeO 和 $3Al_2O_3 \cdot 2SiO_2$、此外还可能有 Be－Al 正硅酸盐。这些反玻璃化的玻璃体和硫酸一起加热时就破碎了。

如果矿物中所含 BeO 少于 10%时,上述方法达不到预期的效果。因此,另一种方法是加少量碱(如 CaO)到低品位矿物中,其用量取在图 4.2 曲线中最低点的右边,以变更玻璃体的组成。这样所有阳离子,包括铍和铝,都能被稀酸萃取,仅留下 SiO_2。

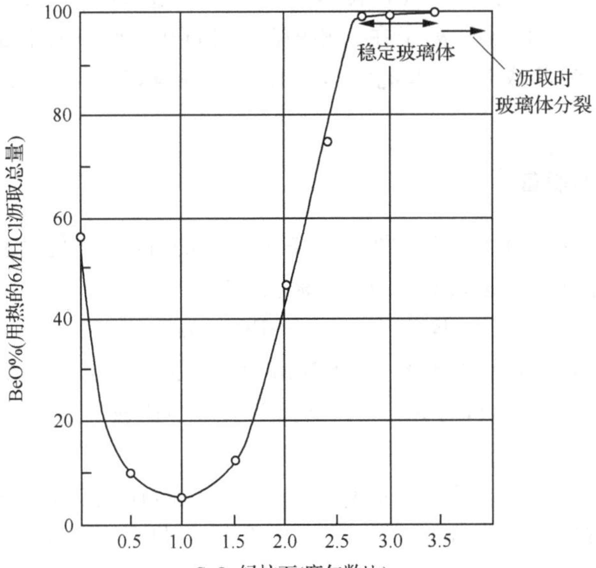

图 4.2 逐步加入 CaO 的 $3BeO \cdot Al_2O_3 \cdot 6SiO_2$ 混合物,熔融和骤冷后产生的玻璃体的沥取度[1]

近来已发现工业规模的非绿柱石的铍矿物，如硅酸铍石、硅钡铍石等，这些矿石比绿柱石易熔，并可用中强酸直接萃取铍。

在上述过程中得到的酸液，可用溶剂萃取法回收铍。溶剂可以是阳离子交换型的或阴离子交换型的，前者如双-(2-乙基己基)磷酸(EHP)在煤油中的溶液(0.5M^*)，并加入约4%辛醇；萃取条件是：较低的水溶液浓度(<0.3M)和使用过量萃取剂。萃取作用可用下式表示：

$$M^{n+}_{(w)}+n(HA)_{2(o)}\rightleftharpoons MA_n(HA)_{n(o)}+nH^+_{(w)}$$

其中O和W分别代表有机相和水相，这一萃取虽然速度较慢，但是当pH在0.5—1.0范围时这种萃取剂对Be^{2+}离子有较好的选择性，使Be^{2+}离子易与Al^{3+}离子分离，萃取时Be^{2+}离子不能与Fe^{3+}离子分离，需要用强碱反萃取才能使铍与$Fe(OH)_3$沉淀分离(当Fe^{3+}离子浓度较大时，乳化严重，操作困难)。反应式如下：

$$BeA_2(HA)_2+6NaOH\rightleftharpoons Na_2BeO_2+4NaA+4H_2O$$

把溶液煮沸，铍就沉淀为氢氧化铍而少量铝留在溶液中。最后把氢氧化铍灼烧，可得到纯度为99%的BeO。

近来有用伯胺如1-(3-乙基戊基)-4-乙基辛胺在pH 2—3范围内快速选择萃取硫酸盐溶液中的铍，再用1M H_2SO_4反萃取$BeSO_4$。也有一些人在pH 4.5—9.2范围内，用C_7—C_9脂肪酸混合物作为萃取剂。如果水相中有Al^{3+}离子存在，萃取率明显增加，因为Al^{3+}离子在水相中阻止$BeOH^+$离子的生成，而$BeOH^+$离子不容易被脂肪酸萃取[8,9]。但此法也存在不少缺点，如乳化问题和脱脂问题不易解决。

2.2.2 金属铍的制备

虽然专利和技术的文献中有许多制备金属铍的方法，但是只有二种方法在工业上应用。一种是用镁还原BeF_2而制得金属铍。

$$BeF_2+Mg\longrightarrow Be+MgF_2$$

但用此法制备金属铍有不少困难，主要是由于反应强烈放热，甚至可能引起爆炸，镁的沸点又较低(1100℃)，而MgF_2的熔点(1400℃)比铍的熔点(1283℃)高，产物与MgF_2分离比较困难。

Kjellgren改用过量BeF_2，反应炉内涂一层石墨，镁金属和固态BeF_2加入坩埚中，温度维持在900℃以控制反应，使反应所放的热马上被吸收，这些热量部分用于熔融固态BeF_2，部分用于加热反应物质，过量的BeF_2与MgF_2生成炉渣，而炉渣的熔点低于铍的熔点，在铍熔化时炉渣的粘度足以促使反应生成的铍粒子聚

* M在法定计量单位中为非许用单位，1M=1mol/L。

结成块。氟化铍法制铍的优点是:通过用水沥取的方法,金属铍易于和炉渣分离,并且过量 BeF_2 也能溶解 BeO,这样在铍粒子生成时,不致生成 BeO 膜,从而使金属有效地聚结成块,但所用原料氟化铍必须是高纯度的。

另一种制取铍金属的方法是熔融盐的电解法。由于熔融的铍盐几乎不导电,必须采用配合物如用氧氟化铍($2BeO \cdot 5BeF_2$)加氟化钡和氟化钠做成电解质。比较简单的方法是用氯化钠和氯化铍($NaCl\text{-}BeCl_2$)或氯化锂、氯化钾和氯化铍($LiCl\text{-}KCl\text{-}BeCl_2$)熔融电解。镍坩埚作为电解槽,同时作为阴极,阳极是石墨棒,通过坩埚盖板插入坩埚的中心。坩埚外面用电加热,电解时的温度,对 $NaCl\text{-}BeCl_2$ 电解质为 350—400℃,对 $LiCl\text{-}KCl\text{-}BeCl_2$ 电解质为 450—550℃。电解得到的金属铍以碱液(1∶100)溶解除去 Al_2O_3,又以稀硝酸(1∶100)除去 BeO,所得片状铍的含铍量不低于 99%,铍的提取率达 75%。片状铍先用水压机压成块状,然后在 BeO 坩埚中通氢气加热到 1400℃熔化,冷后成锭块,锭块在真空中重熔,冷后得到的金属铍其纯度为 99.8%。

2.2.3 铍的用途

铍是轻而坚硬的金属,虽然它比较脆和延性不大,但是它能应用于核动力反应堆,现在更多用于宇宙空间方面的建筑材料,这些材料要求高的熔点、大的热容量和大的比强度(强度/重量),铍比其他金属都好。铍广泛地应用于合金材料,最重要的合金是铜-铍-钴合金,含 2%的铍就可以大大地增加铜的耐磨损、耐腐蚀和机械性能而不影响原来铜的易加工性和铜的导电和导热性。

铍的原子量低,因此 X 射线对它有高的穿透性,是铝的 17 倍,又由于铍的高熔点和强度,它很适合于作为 X 射线管的窗孔,并应用于 X 射线治疗和 X 射线研究轻金属。

2.3 铍的性质

2.3.1 核性质

铍只有一种稳定核素 ^9Be。它的最重要性质是对热中子的吸收截面很小,一束每平方厘米每秒 4×10^4 的热中子对 1 克 ^9Be 辐射三年所产生的 ^{10}Be 的量,只有 $6\mu Ci$ 的放射活性,此外铍有高的原子密度(每立方厘米有 0.124×10^{24} 个原子)和低的原子质量,因此它和碰撞粒子间能有效地传递动量。这些性质都使铍(金属铍、BeO 或 Be_2C)成为一种有效的中子减速材料。它也可用作中子反射器,使中子漏出量减到最小,所以它能使中子反射器反应堆的临界质量减少。

铍的核电荷少,因此 ^9Be 同中子、γ 射线、特别是带电粒子的反应要比重元素的

效果好。它对中子的主要反应是：$^{9}Be(n,\alpha)^{6}He$，

即　　$^{9}_{4}Be+^{1}_{0}n \longrightarrow ^{6}_{2}He+^{4}_{2}He \quad Q=-0.64MeV.$

和　$^{9}Be(n,2n)^{8}Be$，

即　　$^{9}_{4}Be+^{1}_{0}n \longrightarrow ^{8}_{4}Be+2^{1}_{0}n \quad Q=-1.665MeV.$

阈值(即临界值，最低能量)分别为 0.71 和 2.7 MeV. 后一反应的重要性在于它可以作为反应堆内的中子源，理论上要求中子和^{9}Be核有一最低能量 1.665MeV 或者中子有最低能量(10/9)×1.665=1.85MeV，这个反应才能进行。实际上反应的阈值是 2.7MeV，那是因为生成的^{8}Be不是处在基态而是处在激发态(2.43MeV)。

铍的一个重要核反应是^{9}Be受到 γ 辐射的照射放出光中子。反应$^{9}Be(\gamma,n)^{8}Be$的 Q 值为−1.665MeV，此数也就是反应的阈值，因为光子的动量是小的。生成的^{8}Be同位素立刻衰变为二个 He 原子，带有约 0.09MeV 的动能，1.665MeV 阈值是任何元素产生光中子的最低值，如^{2}D2.23、^{17}O4.14、^{13}C4.95 和^{6}Li 5.66MeV。这个反应的 γ 辐射源可以是 Ra 或^{88}Y，但是最方便的是^{124}Sb，它的 γ 射线具有 1.69MeV 的能量，因此生成的中子具有 0.025MeV 的能量。

当非常高能的 γ 辐射，如电子加速器中提供的 γ 射线照射铍时，发生其他的反应，例如$^{9}Be(\gamma,p)^{8}Li$，$Q=-16.885MeV$；$^{9}Be(\gamma,d)^{7}Li$，$Q=-16.693MeV$；和$^{9}Be(\gamma,2n)^{7}Be$，$Q=-20.561MeV$。这些反应至今尚无实用价值。

铍核和带电粒子的一个最重要反应就是$^{9}Be(\alpha,n)^{12}C$，$Q=5.704MeV$。这个反应使得 Chadwick 发现了中子。虽然反应是放热的，但是在 α 粒子能量低于 0.5MeV 时，电荷屏蔽(charge barrier)产生的中子截面可以忽视。高于此数时，截面随着 α 粒子的能量增加而增加，反应也产生 γ 射线，那是因为^{12}C核处于激发态，当它转变为基态时，就有 γ 射线放出。这一反应通常作为实验室内的中子源，方法是把铍与一个外来 α 射线源(如 Ra)密切混合，或做成均匀的 $PuBe_{13}$ 合金而利用 Pu 的 α 射线源以进行反应。

^{9}Be和质子进行如下反应：$^{9}Be(p,\gamma)^{10}B$，$Q=6.587MeV$；$^{9}Be(p,\alpha)^{6}Li$，$Q=2.126MeV$；$^{9}Be(p,D)^{8}Be$，$Q=0.559MeV$；和$^{9}Be(p,n)^{9}B$，$Q=-1.851MeV$。应用后一反应可从回旋加速器的内靶得到中子，这是生产单一能量的中子的好方法。^{9}Be和氘核的反应如$^{9}Be(d,n)^{10}B$，$Q=4.363MeV$，是中子的丰富来源，超过阈值 0.9MeV 时，产率随着氘核的能量增加而增加。

铍的放射性同位素有^{6}Be、^{7}Be、^{8}Be和^{10}Be四种(表 4.3)，其中以^{7}Be为最常见，它经常被用作铍的示踪物，应用时计算它的 γ 辐射。可以由质子碰撞^{12}C或回旋加速器内的^{7}Li而制得，反应如$^{7}Li(p,n)^{7}Be$，$Q=-1.644MeV$ 被用作单能中子源。^{10}Be是铍的最稳定的放射性同位素，它本来是示踪工作很方便的同位素，但是生产成本比^{7}Be为贵，这是因为^{9}Be的很低的中子截面使$^{9}Be(n,\gamma)^{10}Be$不适用，而

要从另一反应$^7Li(\alpha,p)^{10}Be$，$Q=-2.564MeV$ 来制备之故。

表 4.3 铍的放射性同位素

同位素	原子质量	半衰期	蜕变能	衰变产物
^6Be	6.0197	约 0.4 秒	—	
^7Be	7.0169	53.37±0.11 天	0.862	^7Li，俘获电子，放出 γ 射线
^8Be	8.0053	约 10^{-16}秒	0.096	$^5Be \longrightarrow 2^4_2He$
^{10}Be	10.0135	$2.7\pm0.4\times10^6$ 年	0.555	$^{10}Be \longrightarrow e^- + ^{10}_5B$，无 γ 射线

2.3.2 物理性质

铍的一种最重要的物理性质是它的各向异性现象。这是由铍的六方密堆积结构产生的。这种现象对于所有对结构敏感的性质是重要的。例如经过压力加工的金属铍，其纵断面和横断面的硬度是不相同的。某一试样横断面的硬度为 64(布氏硬度)，而纵断面的则为 81.2。由于很难制得非常纯的铍，所以文献中所给的铍的物理常数往往变化很大。铍的主要物理性质总结于表 4.4 中。

表 4.4 铍的物理性质

密　度	原子体积	离子半径
$1.8477g/cm^3$ 或 0.124×10^{24}原子$/cm^3$	$4.85cm^3/g$	0.31Å
熔　点	**熔化潜热**	**沸点(外推)**
1283℃	14.6±0.8kJ/mol	2570℃
蒸发潜热	**比　热**	**熵 S_{298}**
308.8kJ/mol	$c_p=19.00+8.58\times10^{-3}$ $T-3.35\times10^{-5}T^{-2}$J/(deg·g)	金属 9.54 J/(deg·mol) 蒸气 136.23 J/(deg·mol)
焓	**晶　形**	**固体蒸气压**
固体 600－1560K $\Delta H=18.08T+4.56\times10^{-3}T^2-$ 6234 J/mol 液体 1560－2200K $\Delta H=25.43T+$ $10.74\times10^{-4}T^2-5552$ J/mol	α 或低温形　β 或高温形 六方　体心立方 $a=2.856$Å　$a=2.551$Å $b=3.5832$Å　$\alpha\rightarrow\beta$1250℃ $c/a=1.5677$	$\log p(atm)=6.186+1.454\times$ $10^{-4}T-(16.73\pm80)T^{-1}$ $T=$℃

2.3.3 化学性质

在高温时铍是一种活泼金属，这就使得生产高纯铍的工艺变得困难，常温时铍和铝一样，对空气的氧化作用有颇大抵抗力。虽然 BeO 的生成热 $\Delta H_{298}=$

-599.1 kJ/mol，但是 BeO 的体积大于 Be 的体积，因此生成的 BeO 成为表面膜，保护了金属铍，使它不至于进一步氧化，冷的浓硝酸使铍纯化，但金属铍可溶于盐酸和稀的硫酸和硝酸中。氢氧化钠或氢氧化钾的溶液能溶解铍而放出氢气，并生成铍酸盐。氟化氢铵溶液也能很快地溶解铍，生成 $(NH_4)_2BeF_4$，这是工艺上一个重要的反应：

$$2NH_4HF_2 + Be \rightleftharpoons (NH_4)_2BeF_4 + H_2$$

铍有较高的电负性(1.47)，所以它在许多化合物中形成共价键。基态时铍的电子结构为 $1s^2 2s^2$，在化合物中形成共价键时，一个 $2s$ 轨道和一个 $2p$ 轨道进行 sp 杂化生成二个线性 sp 杂化轨道，二个价电子分配在这二个杂化轨道上，与二个其他原子形成二个 σ 键。气态氯化铍单体就是这种线性结构分子，Cl∶Be∶Cl。在某些情况下共价铍化台物是聚合物，因为它们是缺电子化合物，如铍的氢化物和铍的烷基化合物。

铍能生成范围很广的配合物，其中铍接受二对共享的电子，生成以四个 sp^3 杂化轨道的 σ 键构成的四面体。这种共价键有较大的极性 $Be^{\delta+}—X^{\delta-}$。与碱土金属或锌不同。像周期表中第二周期的其他元素一样，铍的配位数不能扩大到 6，因为铍的原子太小，不可能利用 $3d$ 轨道进行 sp^3d^2 杂化。

比较铍与周期表第二周期中邻近几种元素的电离势(表 4.5)，可以看到铍的第一电离势比锂大，这是因为铍比锂多了一个核电荷，核对 $2s$ 电子的引力较大之故。铍的第一电离势也比硼大，主要是因为硼的电子已占有 $2p$ 轨道，受到饱和的 $2s$ 层电子的屏蔽效应，这种效应大得足以克服所增加的一个核电荷的影响。第二和第三电势的数值只是说明从 $1s$ 轨道上比从 $2s$ 轨道上电离出电子要困难得多。

表 4.5　周期表中第二周期元素的电离势(kJ/mol)[1]

元素	第一电离势	第二电离势	第三电离势
Li	517.1	7259	11748
Be	894.1	1747.2	14765
B	795.8	2413.7	3639.7
C	1080.7	2340.1	4594
N	1395.4	2840.9	4552
O	1306.2	3373.6	5272
F	1671.9	3357.2	6012

2.4 生物活性和安全措施

2.4.1 生物活性

以尘埃、烟雾或空气溶胶(烟雾剂)形式存在的单质铍或铍化合物具有很强的毒性。一切简单的铍化合物，如 BeF_2、BeO、$Be(OH)_2$、$BeSO_4$、$BeCl_2$ 等都是有毒的危险物质，但是铍的重要矿物绿柱石却不是危险物质。吸入上面这些固体尘埃会导致肺炎症和慢性铍中毒。近来报道[2,3]铍化合物和砷化合物一样，与核酸生成配合物，在器官中积聚足够量时就能生癌[5]，可溶性铍盐特别是氟化铍接触到皮肤时，会产生皮肤炎。

2.4.2 安全措施

在实验室或工厂的空气中，铍元素的最大允许量平均每天 8 小时应当不超过 $2\mu g/m^3$。此外，即使每天平均量可能是少于 $2\mu g/m^3$，人们也不能在短时间内(例如半小时)停留于 Be 浓度超过 $25\mu g/m^3$ 的环境中。处理铍化合物的工厂附近，平均每月的浓度不能超过 $0.01\mu g/m^3$。在小心管理和通风很好的实验室里，空气的平均铍污染量仅在 $0-0.2\mu g/m^3$，远低于 $2\mu g/m^3$。但是铍的最大允许浓度 $25\mu g/m^3$ 是有人类和动物实验的可靠科学根据的，因此应该特别注意不要超过这个数字。

不管铍是以什么形式保存，实验室里应当保持不超过 500g 铍的总量，否则，万一有火灾，铍化合物会被蒸发并吹散出来，造成对环境的危害。

由于铍中毒主要来自含铍的尘埃，因此对于会产生尘埃的操作，例如灼烧沉淀或处理铍的挥发物或干燥固体，必须在手套箱或在适当通风的气橱内进行。对含铍溶液的处理要比干燥化合物的危险性小得多，为了小心起见，可在敞开实验室内进行操作。但是溅出的铍溶液蒸发时就变成有毒的铍尘，这种溅出的影响可以设法减少到最低限度，例如在一个无吸收性的操作盘(像聚氯乙烯盘)上进行操作，任何含铍的溢出液体可用湿布立刻擦去，然后把盘和布冲洗干净。

2.5 分析化学[1-9]

2.5.1 铍和其他元素的分离

铍在定性分析化学中属于氢氧化铵组。在 pH8.5 时，氨把铍与同组元素铁、铝和铬完全沉淀下来。所有氟化物、二氧化硅、有机物质和磷酸盐都不能存在，必须预先除去。8-羟基喹啉能把铍和铝很好地分离，铝先以 pH5.7 的醋酸和醋酸的缓冲溶液中沉淀出来，而铍在碱性介质中被8-羟基喹啉沉淀。由于铍不能被铜铁试剂沉淀，因此能用铜铁试剂把它和铁或钛分离。其他金属如铬、锡、铅、锌、钼、钴或镍能在汞阴极电解分离，而铍留在溶液里。

在含丁酸和EDTA的溶液中，调节pH到9.6，然后用氯仿萃取铍3—4次，可以把铍完全萃取出来，与铅和铁很好分离。

2.5.2　含铍样品的破坏和溶解

将铍矿物或含铍固体全部溶解常常是困难的，必须用Na_2CO_3、KOH或NaF熔融或用Na_2O_2，处理或用NH_4F在低温熔融。粉状铍矿可以用氢氟酸与硝酸或高氯酸长时间处理而溶解。

氟化物熔融法优点是快速并能把SiO_2转变为SiF_4挥发除去，但是又需要用浓H_2SO_4赶去氟化氢。实验室里一般要用NaF熔融法或Na_2O_2处理法。对BeO或其他高温(>1500℃)处理过的含铍产物，最好用KOH熔融法、地质化学的野外操作则用NH_4F低温熔融为宜。身体检查的样品多半只用$KHSO_4$熔融。

2.5.3　容量法

现在还没有真正令人满意的容量法可以用来测定铍，人们往往用间接法测定它，如酸-碱滴定法。用NH_3在pH8.5把铍从硫酸盐或氯化物溶液中沉淀为氢氧化铍，然后加入过量KF或NaF使铍成BeF_4^{2-}配离子。释出的OH^-离子的量正比于铍的量，可用标准酸滴定。许多元素如Al、Zr、稀土、U和Th等都会干扰。由于反应并不是化学计量的，所以所有操作都必须精确地标化，而且所用的标准酸也要用完全相同的方法标定。

反应式：

$$Be^{2+} + 2OH^- \longrightarrow Be(OH)_2$$

$$Be(OH)_2 + 4F^- \rightleftharpoons BeF_4^{2-} + 2OH^-$$

2.5.4　重量法

重量法只应用于精确测定高品位铍矿中的铍含量。两种主要测定铍的重量法是把铍分别沉淀为$Be(OH)_2$和$BeNH_4PO_4$，灼烧沉淀，分别称定为BeO和$Be_2P_2O_7$。很明显，磷酸盐法的优点是对每0.5摩尔铍，磷酸盐的量要比氧化物大3.834倍。灵敏度相应就提高了。EDTA同许多金属能生成高度稳定的配合物而同铍生成的配合物稳定性较低，因此可以先用EDTA把干扰元素掩蔽起来。但溶液中不得有F^-离子，因为它能和Be^{2+}离子生成稳定配合物而使沉淀不完全。

2.5.5　比色法或荧光法

对-硝基苯基-偶氮-5-甲基苯二酚-[1,3](商品名Zenia)，络萸醇(azurol)S(3″-

硫-2″,6′-二氯-3,3′-二甲基-4-羟基-品红酮-5,5′-二羧酸钠盐)和铍试剂(berillon)[8-羟基萘-3,6-二磺酸-(1-偶氮-2′)-1,8′-二羟基萘-3′,6′-二磺酸四钠盐]是最重要的检定或测定铍的试剂。铍试剂似乎是最令人满意的比色试剂,在强碱中是品红到紫色。它和铍的配合物是蓝色的。铍试剂法是地质化学野外勘测时快速和灵敏的分析铍的方法。

当铍和桑色素(morin)(3,5,7,2,4-五羟基黄酮)在 pH 大于 11.0 的 NaOH 溶液中反应时,产生黄绿色荧光。这是铍的最灵敏的化学检定法,也可以作为定量测定。但是它并非铍的特效试剂,因此必须预先把铍和其他元素分离。在控制条件下,检出限量为 0.0005μgBe,对于 0.25μgBe 的准确度约为 0.5%,因此可以用于空气或生物物质如人血原形质中微量铍的测定。

2.5.6 其他方法

铍分析的一种很重要的方法是光中子反应$^{9}Be(\gamma,n)^{8}Be$。产生的中子数直接正比于铍的量。γ 射线源是 2.39MeV 的^{124}Sb,释出的中子由围绕着样品的 5 个 BF_3 计数器来计数。对于 2%的准确度至少要有 6000 总计数。只有稀土元素(特别是 Gd)和硼会干扰,它们能吸收中子,因而减少计数。但是只有它们达到相当大的数量才有明显的干扰。

光中子法既可用于固体样品的非破坏性鉴定,也能用于含有 F^- 的铍溶液鉴定,未知样品必须与一标准样品在相同条件下对比,并作背景校正。样品和标准样的体积必须相同,它们的密度和质点大小也应当相似。光中子法适合于鉴定和勘测铍矿。

小便、粪便和指甲样品中痕量铍可用无焰原子吸收光谱法测定。

铍矿的分析可用测铍仪,详见本章 4.2 节。

参 考 文 献

[1] J. G. Bailar, Jr. (ed),"Comprehensive Inorganic Chemistry", Pergamon Press, Vol. 1,531—590 (1973).

[2] R. E. Kirk and D. F. Othmer,(ed.),"Encyclopedia of Chemical Technology",2nd ed.,Vol. 3,450 (1967).

[3] D. A. Everest,"The Chemistry of Beryllium",(1964).

[4] 稀有金属,1,29(1979).

[5] 稀有金属知识,《铍》,(1975).

[6] F. D. Smell,(ed.),"Encyclopedia of Industrial Chemical Analysis",Vol. 7,129—140(1968).

[7] Analyst,81,83(1961).

[8] A. B. Новаселова,И. Т. Д.,Ж. Н. Х.,7,1289(1962).

[9] C. A.,85,127615g(1976).

4.3 铍的合金[1-3]

3.1 概　　论

铍的合金可以分为三类：①铍基合金，内含少量改良剂；②金属间化合物；③最重要的是少量铍加到其他基底金属中。由于铍的六方紧堆结构和铍单晶的各向异性现象，铍在室温时只有有限的延性。淬火处理可以使杂质进入分离相中，因而可以增加一些延性。加入金属去氧剂（如 Zr、Al、Ca 或稀土）都没有得到好的效果。如果把多晶铍微粒的大小再设法减小（如 10μm），使裂缝难以跨过微粒界面，则可改善它的脆性。方法是把铍料烧结，表面产生一层很薄的氧化铍，这种含氧化铍的铍，其颗粒可以小到 10μm。

曾有人设想，如果人们能够把铍在高温时的体心立方结构随着温度降到室温而保持下来，不就可以改进铍的延性了吗：因为在体心立方结构中的离位移动比在六方紧堆结构中通常要容易。有人在铍中加入铜、钴特别是镍，确实降低了铍的 α 型和 β 型晶体的转变温度。但是迄今还不能使体心立方的结构变体在室温时保持下来。

铍和许多高熔点过渡元素可生成金属间化合物，如 $MoBe_2$、$MoBe_{12}$、$ZrBe_{13}$、Nb_2Be_{17} 和 Ta_2Be_{17} 等。这些化合物质量轻、强度大、抗氧性高，通常这类合金可用作高温材料。因为在这些合金的表面能生成一层氧化铍的保护膜，所以它们有高的抗氧性。在高温时它们仍保持原来的机械强度，在 1500℃ 时破裂模数超过 $1400kg/cm^2$。虽然它们在低温时是脆的，但是在高于 1350℃ 时有一定的塑变性。制备这些合金时，可以把铍与有关金属放在一起，用热压或冷压烧结技术，但要求用尽可能低的温度以减少铍由于蒸发造成的损失。

铍在铜基合金中作为少量合金剂是众所周知的，这类合金属于沉淀硬化体系。铍加到镍基合金中也产生相似的沉淀硬化合金。少量的铍可以改进镍、铝和镁基合金的抗腐蚀性和抗氧化性。这些性能都反映出 BeO 的高稳定性并能形成保护性的表面膜。

3.2 铍铜合金

铍在铜中的溶解度，在 900℃时为 2.7%，在室温时减少到 0.2%。含有 0.4%—

2.75%铍的铜合金在水中快速淬火，能把铍保留在固溶体中。再把这种合金控制加热到350—550℃，即可逐步沉淀出十分细小的CuBe，并成为一个分开相。这样铜原子不能离位移动，因而增加了合金的强度，硬度、疲劳强度和抗磨性，而铜母体的高热导和高电导则充分保存下来。所以铍铜合金可用作带电弹簧、保险丝夹连接器、塑膜、隔膜和电极等。由于铍铜合金不发火花，这种合金做的工具就可用在可燃固体和爆炸气体的场合。如果将合金加热的时间延长，会使CuBe微粒结合在一起，而会发生“老化”现象，因而降低了强度。

目前最重要的铍铜合金是铍-铜-钴三组分合金。最普通的含1.90%—2.50%铍和约0.5%钴。

3.3 其他铍合金

铍镍合金中约含2.6%铍，这种合金可以热处理并有高的机械强度，它和高强度的不锈钢相似。可用以制造仪器弹簧、表弹簧和机械加固器等。

二元铍铁合金的粒状结构太粗，不适于工业应用。含镍和铬的铍钢则在高温时有高的强度和硬度。

含0.005%铍的镁或镁合金，可大大降低镁的可燃性并减缓在熔点时的氧化作用。但是，这样少量铍的加入会使镁合金的粒结构变粗，影响了它的某些用途。

加0.1%—0.5%的铍到铝中有助于铝合金的铸造。近来铍-铝合金变得重要了。一种称为“锁合金”(lock alloy)，其重量组成为62%铍和38%铝，具有高模数、低密度和容易成型等性能。

参 考 文 献

[1] J. C. Bailar, Jr. (ed.), “Comprehensive Inorganic Chemistry”, Pergamon Press, Vol. 1,(1973).
[2] R. E. Kirk, and D. F. Othmer,(ed.),“Encyclopedia of Chemical Technology”, 2nd Ed., Vol. 3,(1967).
[3] D. A. Everest, “The Chemistry of Beryllium”,(1964).

4.4 铍的简单化合物[1—13]

4.1 氢 化 物

4.1.1 氢化铍的制备

铍与碱土金属不同，氢化铍不是由单质直接合成的，而是由 $LiAlH_4$ 和 $BeCl_2$ 或 $Be(CH_3)_2$ 在醚中反应而制得的。这样得到的白色固体常含有一定量的醚，最好的产品仅含有 70%—80%(摩尔)的 BeH_2。1962 年以后若干年，为了制造火箭推进剂，许多美国专利都提到了 BeH_2 的制造，1974 年发表了这些专利[5]。

将 BeH_2 与叔胺的加合物进行热分解，得到的产物纯度可达 93.5%。因为 BeH_2 与叔胺的反应是选择性的，可用于同其他杂质分离，所以这是一种提纯 BeH_2 的方法。另一种是二步反应：

$$2NaB(C_2H_5)_3H + BeCl_2 \xrightarrow{(C_2H_5)_2O} 2NaCl + Be[B(C_2H_5)_3H]_2 \quad (1)$$

$$Be[B(C_2H_5)_3H]_2 \xrightarrow{\text{沸腾,二甲苯}} BeH_2 + 2B(C_2H_5)_3 \quad (2)$$

将第一步中生成的 $Be[B(C_2H_5)_3H]_2$ 溶于乙醚中，过滤除去 NaCl，浓缩到原来体积的 40%，然后把浓缩液倒入沸腾的二甲苯中，进行第二步反应，蒸馏除去醚、二甲苯和 $B(C_2H_5)_3$ 后，产物分析得到 94.4(摩尔)%的 BeH_2，杂质为 $B(C_2H_5)_3$。

在高温(约 300℃)和高压($63000kg/cm^2$)下进行稠化熔化，得到晶状 BeH_2。不同方法制得的无定形 BeH_2 所用稠化熔化的条件也有所不同。用碱金属和碱土金属氟化物作为添加剂，可以减少压力和缩短加热时间。X 射线衍射法显示出晶体为六方晶系[7]，$a=b=4.14—4.20$Å，$c=6.76$Å，计算密度为 $0.82g/cm^3$。

还有几种制备 BeH_2 的较好方法。如 $Be(t\text{-}C_4H_9)_2$ 在 210℃时热解产物含 96%—98%(摩尔)BeH_2。最好的产品，含 99.5%(摩尔)的 BeH_2 是由 Ph_3P 和 $Be(BH_4)_2$在闭管中于 180℃加热制得的。

$$2Ph_3P + Be(BH_4)_2 \longrightarrow 2Ph_3PBH_3 + BeH_2$$

用苯萃取除去 Ph_3PBH_3，留下不溶的白色固体氢化铍。

4.1.2 氢化铍的性质

不纯的氢化铍不稳定，在 125℃分解为 Be 和 H_2，遇水全部水解。

$$BeH_2 + 2H_2O \longrightarrow Be(OH)_2 + H_2$$

但是高纯度的氢化铍是相当稳定的，约在 200—220℃才分解，它的水解也要在稀酸中才能完成。

BeH_2 作为火箭推进剂时，具有不稳定和其他预料不到的性能。它很容易被沸水分解，但是人们发现其水解的抑制作用与推进剂中 BeH_2 的稳定性有一定关系，因此常用水解测试来定性地选择使 BeH_2 稳定的条件。例如在 100℃的水中，一小时有 15.5%的 BeH_2 水解，当加入为 BeH_2 重量的 0.05%—0.2%的碱金属或碱土金属的碳酸盐时，可以大大减少水解作用。其他如 B、Si、P、S 和 VIB 族元素的碱金属盐或含氧酸盐以及烷基苯磺酸盐等也能大大阻止 BeH_2 的水解作用，即能使 BeH_2 稳定化[5]。

氢化铍是一种三维离子型聚合物(a)。也有人认为是缺电子簇状化合物，二个铍原子之间有二个氢桥相联，形成三中心二电子键(b)[7]

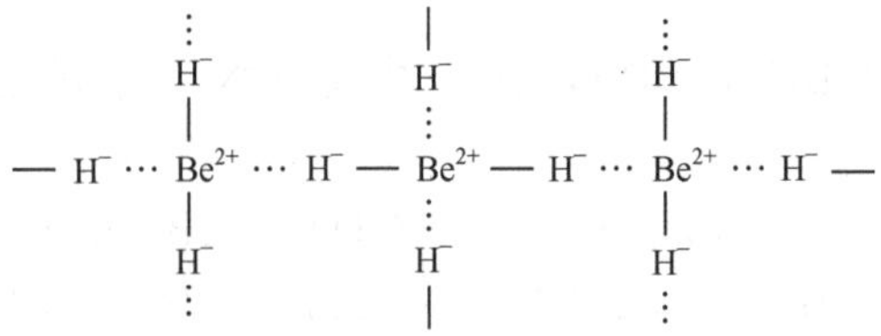

(a)

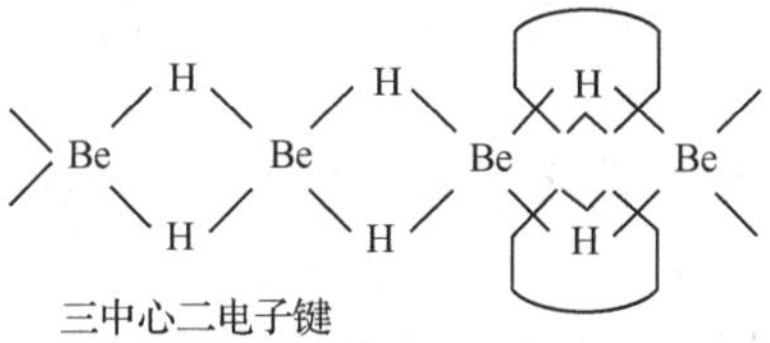

(b)

4.1.3 硼氢化铍

硼氢化铍 $Be(BH_4)_2$ 可通过下列反应来制备：

$$2LiBH_4 + BeCl_2 \longrightarrow Be(BH_4)_2 + 2LiCl$$

$Be(BH_4)_2$ 在 123℃熔化，91℃升华。红外和电子衍射实验证明它具有不对称的桥式结构(a)。其中 Be—H 键比 B—H 键要长。固体的 X 射线分析证明它属于四方晶系，a=13.59Å，b=9.92Å，但还不能得到分子的形状。又有人提出螺旋形聚合物结构(b)[9]，以为 $Be(BH_4)_2$ 是由 $BH_4 \cdot Be$ 和 BH_4 二个单元组成的螺旋形聚合物，属四方晶系，a=13.62Å，b=9.10Å。从详细的气相红外研究数据[4,6]，有人提出了奇异结构(c)[6]，Be 和二个 B 原子几乎成等边三角形并和与其相连的 H 原子共平面，有两个 Be—H—B 桥对 Be 成 90°。

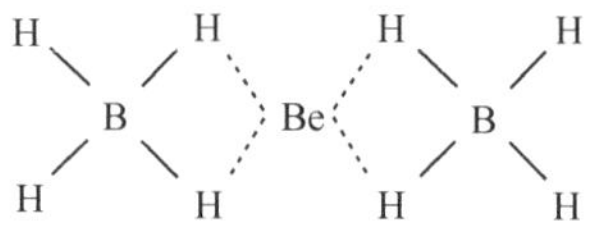

(a) 桥式结构

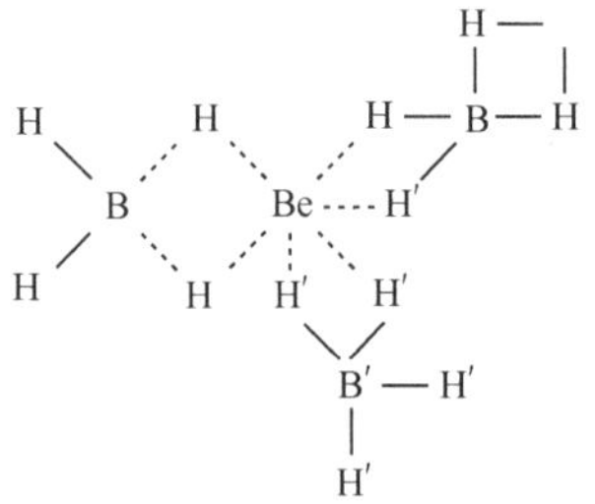

(b) 螺旋形聚合物

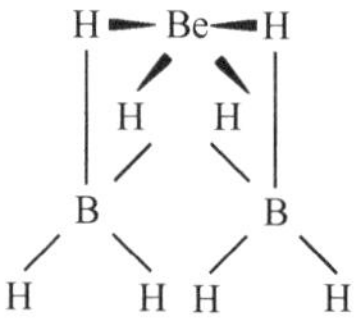

(c) 奇异结构

$Be(BH_4)_2$ 和 $Al(BH_4)_3$ 相似，在空气中能自燃；与水猛烈反应；与酸反应生成乙硼烷。

$$Be(BH_4)_2 + 8H_2O \longrightarrow Be(OH)_2 + 2B(OH)_3 + 8H_2$$

$$Be(BH_4)_2 + 2HCl \longrightarrow BeCl_2 + 2H_2 + B_2H_6$$

4.2 卤　化　物

从 A 和 B 两个原子电负性之间的关系和 A—B 键的本质可以推算出卤化铍中键的离子性成分如下：Be—F 80%；Ee—Cl 42%；Be—Br 35%和 Be—I 25%。因此可以认为铍的氟化物基本上是离子型的，而其他几种卤化物主要是共价型的。它们的性质也因此有显著的差别，如氟化铍能生成特别稳定的配合物氟铍酸盐；氟化铍和氟铍酸盐与二氧化硅和硅酸盐相似。其他卤化铍则没有这种性质。氟化铍不能和中性配体生成配合物，而其他卤化铍则易生成这类配合物。

4.2.1 氟化物

(1) 氟化铍的制备

由于 $BeF_2 \cdot 4H_2O$ 晶体在脱水时会水解，因此不能用湿法制备 BeF_2。可以用无水 HF 气体与 BeO 在 220℃作用而制得 BeF_2。最方便的制法是在 270—280℃在 CO_2 气流中热解 $(NH_4)_2BeF_4$，而 $(NH_4)_2BeF_4$ 的制备是将 $Be(OH)_2$ 溶解在 NH_4HF_2 的水溶液中，然后蒸发得到的。氟化铍容易吸水，所以难以制成纯态。其中含氧杂质可用无水 HF 处理除去。

(2) 氟化铍的性质

氟化铍和氟铍酸盐的结构分别与二氧化硅和硅酸盐相似。在氧化物和氟化物体系之间普遍存在着这种相似性，这是因为 O^{2-} 和 F^{-} 离子的半径相近（分别为 1.40Å 和 1.36Å）并且他们的极化度也相似。如果这两类化合物中阳离子也有相近的半径和相似的极化能力，而氟化物中阳离子的电荷又为氧化物中阳离子电荷的一半时，则氟化物同氧化物的结构和性质很相似，但前者的键较弱，因而熔点、硬度等较低，而化学活性则高些。我们称这类氟化物为氧化物的弱变模型。正如 CaF_2 是 ThO_2 的弱变模型，CaF_2 的熔点和硬度比 ThO_2 要低些，而溶解度和化学活性则要高些。

BeF_2 和 SiO_2 一样，容易形成玻璃体，而难以形成晶体。Warren 和 Hill 利用经典的 X 射线研究，提出 BeF_2 玻璃体和透明的 SiO_2 相似，具有不规则的网状结构，其中铍原子被四个氟原子成四面体包围着，而氟原子则被两个铍原子所包围。这种结构和熔融 BeF_2 的高粘度和低电导相一致，在熔点时 BeF_2 的粘度和电导分别为 $>10^6$ Pa · s 和 10^{-8}s。红外光谱对这两种玻璃体的测定指出 Be—F 的键力常数（表示键的强度）只有 1.1×10^5 而 Si—O 键为 4.0×10^5 dynes/cm。人们在 14 和 16μ 处观察到了 BeF_2 的谱带，但是在 10.5 和 11.5μ 处也观察到另外两条属于含氧杂质的谱带，这表明无水 BeF_2 体系中常有含氧杂质。氟化铍玻璃体在加热到高于 230℃时自发结晶，生成石英型结构（a=4.750Å，c=5.188Å）。正如 SiO_2 是多晶型一样，BeF_2 的石英型也存在两种型式，低温时为 α-型，加热到 227℃时转化为 β-型，转化热为 314J/mol。这种转化是可逆的，冷到室温时又是 α-型。石英型 BeF_2 的某些热力学数据列于表 4.6 中。有人提出 BeF_2 的其他两种构型，但尚未完全被确证。

表 4.6 石英型氟化铍的热力学数据[1]

热力学常数	数　值
$H^0_{f,298}$（结晶体）	−1013.8kJ/mol
S^0_{298}（结晶体）	53.34J/(deg · mol)
$G^0_{f,298}$（结晶体）	−966.29kJ/mol
$H^0_{f,298}$（玻璃体）	−782kJ/mol
S^0_{298}（玻璃体）	219.2J/(deg · mol)
$H_{升华,298}$	231.4kJ/mol
C_{p298}（结晶体）	51.84J/deg
H（α 石英型⟶玻璃体）	4.707kJ/mol
蒸气压（872—1099℃）	$\log P^{1)}_{mmHg}=10.487-10.967/T$
外推（bp.）	1283℃
H_v（bp.）	210.0kJ/mol

1) mmHg 在法定单位制中为非许用单位，1mmHg=133.322Pa。

BeF_2 与其他卤化铍不同，它在蒸气相不是二聚体。蒸气的电子衍射指出 Be—F 的键距为 1.43Å。其蒸气有相当大的热稳定性，在 3000K 和 2×10^{-6} atm 时有近 50％的 BeF_2 离解为 BeF。下面这个吸热反应进一步证明了 BeF_2 的稳定性。

$$Be(g) + BeF_2(g) = 2BeF(g) \qquad \Delta H_{298} = 120.0kJ$$

BeF(g)的生成热 ΔH_{298} 是 −167kJ/mol。

(3) 无水氟化铍体系

氟铍酸盐和硅酸盐的结构也很相似。NaF-BeF_2 体系是 CaO-S：O_2 体系的弱变模型，Na_2BeF_4 和 Na_2BeF_3 相似于 Ca_2SiO_4 和 $CaSiO_3$。MgF_2-BeF_2 体系又相似于 TiO_2-SiO_2 体系，它们不生成化合物。CaF_2-BeF_2 体系则为 ZrO_2-SiO_2 和 ThO_2-SiO_2 体系的弱变模型，它们都仅生成一种化合物：$CaBeF_4$、$ZrSiO_4$ 和 $ThSiO_4$ 这些化合物都有固液异组成的熔点。

氟化物和氧化物的模型关系有很大的限制，因为究竟那些氟化物体系是某一特殊氧化物体系的弱变模型，常常是不能预测的。例如某些作者认为 Li_2BeF_4 与 Be_2SiO_4 和 Zn_2SiO_4 相似，而另一些作者则认为 Li_2BeF_4 与 Mg_2SiO_4 相似。近来从单晶 X 射线研究看出 Li_2BeF_4 与 Be_2SiO_4 同型，并测得 Li_2BeF_4 具有六方系单元晶胞结构，$a=13.29$Å 和 $c=8.91$Å。F^- 离子以四面体形状配位到 Be^{2+} 和 Li^+ 离子周围，这些四面体共用所有的顶角而形成三维网状结构。Be—F 的平均键长为 1.55Å。Li_2BeF_4 晶体有一种异常的结构特征，晶体中存在着直径约为 2Å 的连续沟槽，槽穿过晶体而平行于 c 轴。这些穴道提供了如 H_2 气在晶体中进行快速扩散的途径。此外，$KZnBe_3F_9$ 和 $BaTiSi_3O_9$ 也具有相同结构，前者是六方系单元晶胞，$Be_3F_9^{3-}$ 离子由三个 BeF_4 四面体组成，每个四面体中共有二个 F 原子。

晶状氟铍酸盐特征性质是它具有多种晶体构型。与硫酸盐结构非常相似的是在室温下能稳定存在那种氟铍酸盐。例如 $BaBeF_4$ 有三种变体：

$$\alpha\text{-}BaBeF_4 \xrightleftharpoons{360℃} \beta\text{-}BaBeF_4 \xrightleftharpoons{870℃} \gamma\text{-}BaBeF_4$$

只有正交晶格的 α-型与 $BaSO_4$ 有相同结构。$a=8.87$Å，$b=5.30$Å，$c=7.02$Å。

在美国，为了发展熔融盐原子能反应堆，人们曾对 BeF_2 熔盐体系做了大量工作。在 NaF-BeF_2-ThF_2 体系和 NaF-BeF_2-UF_4 体系中发现存在着 $NaF\cdot BeF_2\cdot ThF_4$、$NaF\cdot BeF_2\cdot 3ThF_4$ 和 $NaF\cdot BeF_2\cdot UF_4$ 等化合物。

氟化铍体系又和硅酸盐相似，容易生成玻璃体。对于硅酸盐体系，SiO_2 的含量太低，易产生混浊的玻璃体。而对于氟化铍体系，生成稳定玻璃体的条件则比较难以确定。BeF_2 的含量太低时，由于互不混溶或结晶作用，同样生成混浊的玻璃体。但是如果 BeF_2 的含量太高，也会生成混浊玻璃体，因为氟化铍玻璃体容易同痕量水作用。BeF_2 的含量越高，越容易发生水解作用而生成混浊玻璃体。

用电子显微镜对氟铍酸盐玻璃体进行观察，已经证明玻璃体中有小滴组织，小滴的直径约为几百埃。硅酸盐玻璃体中也有相似现象。氟铍酸盐玻璃体的微结构组织一般比硅酸盐玻璃体粗大些,这可能是由于氟化物玻璃体的较弱结构(力常数较小),使 H_2 气等扩散过程更易在其中进行。氟铍酸盐玻璃体经过热处理后,生成细粒晶状产物,它和硅酸盐体系形成的陶瓷型材料相似。

(4) 氟化铍的水溶液

氟化铍是一种吸水性物质,在水中具有很大的溶解度,但溶解速率是很慢的。BeF_2 和 SiO_2 在溶解度方面有这样大的差别又一次证明了氟化物体系的键较弱。在 25℃ BeF_2 的溶解度约为 25mol/l,相当于 2 摩尔 H_2O 中有 1mol 的 BeF_2,所以人们曾提出溶液中存在着下面的配合物。

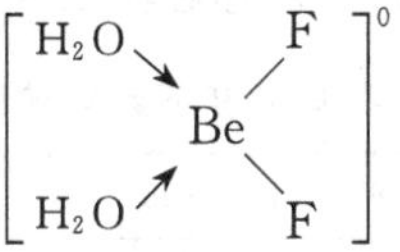

其溶液的电导低且重量摩尔凝固点下降小,这也证明氟化铍在水中是一种弱电解质。但是近期的测定,发现它的溶液中存在着 BeF^+、BeF_2、BeF_3^- 和 BeF_4^{2-} 等配离子,这些离子的相对浓度取决于 F/Be 比和 pH 值(表 4.7)。其中含 BeF_4^{2-} 离子的化合物最易从溶液中结晶析出。现已从 NH_4F-BeF_2-H_2O 体系中分离出 $(NH_4)_2BeF_4$ 和 NH_4BeF_3;从 NaF-BeF_2-H_2O 体系中分离出 Na_2BeF_4、$NaBeF_3$ 和 $4NaF \cdot 3BeF_2 \cdot 2H_2O$。也已分离得到 K_2BeF_4、$KBeF_3$ 和 KBe_2F_5 以及相应的铷化合物。

表 4.7 铍的氟配合物的稳定常数

T(℃)	介 质	数 值
5	0.5*M* $NaClO_4$	$\log K_1^* = 2.23$, $\log K_2^* = 0.85$
25	0.5*M* $NaClO_4$	$\log K_1^* = 2.12$, $\log K_2^* = 0.85$, $\log K_3^* = 0.03$
25	2*M* $HClO_4$	$\log K_1^* = 1.99$, $\log K_2^* = 1.12$, $\log K_3^* = 0.38$

注:K^*,连续常数;$K_n^* = \frac{[BeF_n][H^+]}{[BeF_{n-1}][HF]}$。

BeF_4^{2-} 和 SO_4^{2-} 离子电荷相等、结构相同以及大小相近,它们的相应化合物也有明显的相似性。例如,这两类化合物的溶解度相似(银盐例外,Ag_2BeF_4 易溶而 Ag_2SO_4 比较难溶);它们的 Co^{2+}、Ni^{2+} 和 Zn^{2+} 盐分别含有 6.6 和 7 个结晶水分子,并且是同晶形的;BeF_4^{2-} 与碱金属能生成复盐如 $M_2^+BeF_4 \cdot M^{2+}BeF_4 \cdot 6H_2O$,和硫酸复盐相似;X 射线法证明 $BaBeF_4$ 又和 $BaSO_4$ 同晶形等。

4.2.2 氯化物

(1) 无水氯化铍

氯化铍的四水合物,在蒸发时容易水解,所以制备无水氯化铍也必须用干法。

最方便的制法按下式进行：

$$BeO + Cl_2 + C \xrightarrow{600—800℃} BeCl_2 + CO$$

也可用 S_2Cl_2 或 $COCl_2$ 与 BeO 作用，或由 Be_2C 在 800℃ 直接同 Cl_2 作用而制取 $BeCl_2$。

无水氯化铍是一种雪白色易升华的固体；熔点分别有报道为 399℃，404℃和 416℃；沸点分别有报道为 482℃，488℃和 520℃。现在还不能确定哪种数据是正确的，一般引用熔点 405℃，沸点 488℃。

氯化铍易挥发，其挥发性在实际工作中已被广泛利用。

在不同温度下氯化铍的蒸气压变化见表 4.8 中。

表 4.8 不同温度下氯化铍的蒸气压

温度(℃)	291	328	365	395	411	435	461	487
蒸气压(bar)	0.00132	0.0066	0.0264	0.0792	0.132	0.264	0.492	1.0032

$BeCl_2$ 的蒸气压与温度的相互关系绘示于图 4.3 中[3]。

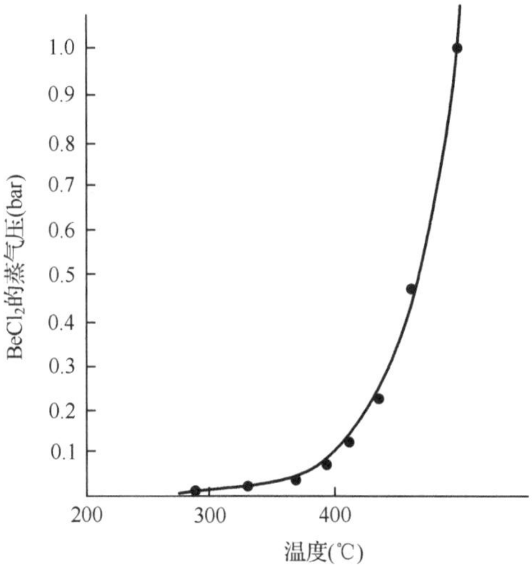

图 4.3 $BeCl_2$ 的蒸气压与温度的关系

氯化铍的蒸气压在达到熔点 405℃之前就是显著的，而在更高的温度下，其蒸气压更急剧增加。

氯化铍存在着多种晶形，这主要由于晶体中存在着以不同方式堆积的 $BeCl_4$ 四面体。因此晶体之间的互变是缓慢的，受热后产生少量的变化。四种晶形的转变总结于表 4.9 中。

由于同时存在着稳定和介稳平衡，就使晶型之间的互变复杂化，α'-积 α-型可能是相同的，是斜方晶体，$a=9.86$Å，$b=5.36$Å，$c=5.22$Å，$Z=4$；β'-型是立方晶体，$a=8.27$Å，$Z=8$；而 β-型是斜方晶体，$a=16.08$Å，$b=14.48$Å，$c=10.10$Å，$Z=36$。氯化铍的热力学数据见表 4.10。

表 4.9　$BeCl_2$ 的多晶转变

转变温度 T(℃)	转变
250	$\beta\longrightarrow\beta'$(稳定) $\alpha'\longrightarrow\beta'$(介稳)
340	$\beta'\longrightarrow\beta$(稳定) $\beta'\longrightarrow\alpha$(介稳)
403	$\beta\longrightarrow\alpha$(稳定)
410	$\beta\longrightarrow$液体(介稳)
415	$\alpha\longrightarrow$液体(稳定)

表 4.10　氯化铍的热力学数据

热力学常数	数值
$\Delta H^0_{f,298}$(α'型)	−489.9kJ/mol
$\Delta H^0_{f,298}$(50%α'-,50%β'-型)	−494.76kJ/mol
$\Delta H^0_{f,298}$(混合 α-和 β-型)	−493.7kJ/mol
$\Delta H^0_{f,298}$(Be_2Cl_4)	−821.3kJ/mol
S^0(α-型)	82.68J/(deg·mol)
S^0(β-型)	75.81J/(deg·mol)
S^0($BeCl_2$(g))	221.8J/(deg·mol)
S^0(Be_2Cl_4(g))	387.0J/(deg·mol)
$\Delta H_{升华,298}$(混合 α'-和 β-型)	138.49kJ/mol
$\Delta S_{升华,298}$(混合 α 和 β 型)	180.7J/(deg·mol)
$\Delta H_{熔化,415}$(α-型)	8.66kJ/mol
$\Delta H_{转变,403}$($\beta\longrightarrow\alpha$)	6.23kJ/mol

氯化铍在 500－600℃ 的气相中缔合，将生成含有氯桥的二聚体：

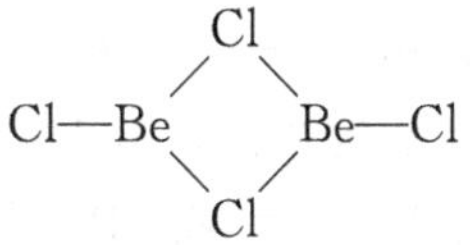

。温度再升高时，二聚体离解为单体 $BeCl_2$，在 1000℃ 完全离解。电子衍射和光谱测定证明单体是直线型的。气态氯化铍中 Be—Cl 的键长为 1.77Å，比固相中 Be—Cl 的键长(2.02Å)短些，这是由于固体中是 sp^3 杂化，而蒸气中则为 sp 杂化。

熔融氯化铍是电的不良导体，但是只要加入很少量的碱金属氯化物，它的导电性就能大大增加。在 MCl-$BeCl_2$ 熔融物中，铍存在于阳离子中或存在于阴离子中取决于组分的相对浓度。适当控制条件能把 M_2BeCl_4 从熔盐中分离出来。从熔点和焓值可以看出钾盐比锂盐或钠盐更具有离子性（见表 4.11）。M_2BeCl_4 也能存在于无水体系中，但明显地比 M_2BeF_4 不稳定。有人证明 $NaBeCl_3$ 也能作为介稳相存在。

表 4.11 氯铍酸盐的性质

化合物	熔点(℃)	$H^0_{f,298}$(kJ/mol)
Li_2BeCl_4	367(固液异组成)	−1320.0
Na_2BeCl_4	320(固液异组成)	−1324.2
K_2BeCl_4	530(固液同组成)	−1406.7

有人证明存在着一价的氯化铍。如在低电流密度条件下，铍阳极溶解在 $BeCl_2$ 和其他氯化物熔体中可以生成 BeCl 熔体，反应如下：Be^{2+}(熔体)＋Be ═ $2Be^{+}$(熔体)含有 Be^{+} 的熔盐混合物外观与原来熔体混合物相似，但加水时前者能放出 H_2。气相 BeCl 可由下式得到：$BeCl_2(g)+Be(l) \longrightarrow 2BeCl(g)$ 在 1300—1450℃之间，上面反应的自由能变化是正值，所以不能自发进行，数值是 $\Delta G=372,794-164.8T(K)$，J；$\Delta H^0_{f,298[BeCl(g)]}=15.5\pm15.9$kJ/mol；$S^0_{BeCl(g)}=221.8$J/(deg · mol)。

(2) 氯化铍水溶液体系

一边浓缩 $BeCl_2$ 水溶液，一边通入 HCl 气体，就可以得到吸水性的水合氯化铍固体。虽然通常以 $BeCl_2 \cdot 4H_2O$ 表示它，但是分析所得组分近似于 $BeCl_2 \cdot 4.5H_2O$。苏联工作者 Сетенеко 和 Турова 提出如下结构：$BeCl_2 \cdot 2H_2O$ 成为紧密堆积层，过量水填充在层与层之间的沟槽中。例如在 $BeCl_2 \cdot 4H_2O \cdot (C_2H_5)_2O \cdot 0.25HCl$ 化合物中，二分子的水，一分子的乙醚，和 0.25 分子的 HCl 是间充物。

氯化铍和氟化铍不同，它在水溶液中是一种强电解质。Prytz 用电位法证明 $BeCl_2$-KCl 溶液中不存在铍的氯配合物。Kraus 等则已经确定水中存在着弱的铍的氯配合物，例如 Kraus 用阴离子交换树脂能从 12*M*LiCl 中提取出 $BeCl_4^{2-}$，而 Ohtalei 和 Yamasaki 用阳离子交换、Hardy 等用溶剂萃取法都能够从 $BeCl_2$ 的浓 HCl 溶液中得到 $BeCl^{+}$ 配阳离子。前者还用 pH 电位法测得 $\log K=-0.66$。但是始终没有人能够从水溶液中制得氯铍酸盐。所研究过的体系包括：$BeCl_2$-HCl-H_2O，$BeCl_2$-M^ICl-H_2O(M^I＝铵和碱金属)，$BeCl_2$-$M^{II}Cl_2$-H_2O(M^{II}＝Mg，Ba，Zn 和 Hg)和 $BeCl_2$-$AlCl_3$-H_2O。Slaovo 曾把 $HgCl_2$ 加到 $BeCl_2$ 的浓 HCl 中，得到 $BeCl_2 \cdot HgCl_2 \cdot 5H_2O$ 沉淀，在其他条件下得到了 $Be(OH)Cl \cdot HgCl_2 \cdot 2H_2O$ 沉淀、由于 Sillen 等认为后者的分子式应是$[BeOH]_3[HgCl_3]_3 \cdot 6H_2O$，所以 Slaovo

认为前者的分子式应是 $Be[HgCl_4] \cdot 5H_2O$。但这二种化合物都不能认为是氯铍酸盐[3]。

无水氯化铍易溶于醇和醚中,它易同有机物生成加合物(详见配合物部分)。氯化铍像氧化铝一样,可以作为 Friedel-Crafts 反应的催化剂,但要求比用氧化铝催化剂时的温度要高。此外,氯化铍还可以作为聚合作用的催化剂(如环氧化物的聚合)。

4.2.3 溴化物

溴化铍和氯化铍相似,也不能用湿法制备。它可由溴同氧化铍和碳的混合物在 1100—1200℃作用而制得;或由溴同金属铍(550℃)或碳化铍(500℃)作用而制得。$BeBr_2$ 在 488℃熔融,但于 473℃就升华。生成热 ΔH^0_{298}(晶体)$=-332.2$ kJ/mol,溴化铍属斜方晶系,$a=10.32$Å,$b=5.52$Å,$c=5.54$Å。溴化铍没有多晶性,它的化学性质与氯化铍相似。

溴化铍易溶于水,生成水合铍阳离子。无论是在水溶液体系或无水介质中,均尚未制得溴铍酸盐。$BeBr_2$ 能溶于极性有机溶剂中,生成 $BeBr_2 \cdot 2X$ 型的加合物,这里 X 为乙醇、乙醚或吡啶等中性分子,溴化铍也可作为 Friedel-Crafts 催化剂,但效果比氯化铍差。

4.2.4 碘化物

在 600—700℃用氮气与碘化氢的混合气体通过金属铍或碳化铍时,得到碘化铍。也可在密封管中加热碘和铍而制得。BeI_2 容易水解,制备时必须隔绝水气。其水解程度如此之大,以致不可能制得 $BeI_2 \cdot 4H_2O$。

碘化铍存在着多晶形。由升华制得的和低温存在的是 α-型,属斜方晶系,$a=11.18$Å,$b=5.94$Å,$c=6.04$Å。在 290—370℃时,它转变为体心正交晶系的 β'-型,$a=18.0$Å,$b=16.69$Å,$c=11.43$Å。高于 370℃时,得到四方晶系的 β-型,$a=5.84$Å,$b=5.70$Å。碘化铍的熔点为 510℃,沸点为 590℃,生成热 $\Delta H^0_{f,298}$(晶体)$=-164.8$ kJ/mol。温度接近熔点时,气相中的碘化铍与氯化铍、溴化铍一样也是二聚体。但是当温度升高时,它离解为单体。电子衍射测定证明,单体中 Be—I 的键长为 2.12Å。碘化铍的蒸气相当稳定,温度低于 1200℃时未见它有明显地分解为铍和碘的作用。尚未制得碘铍酸盐。

4.2.5 氰化物

当向过量的 HCN 苯溶液中加入二甲基铍的醚溶液时,即析出 $Be(CN)_2$ 沉淀,同时放出甲烷。它可能具有交联的聚合结构。

4.3 氧化物、氢氧化物和含氧酸

4.3.1 氧化铍

氢氧化铍、硫酸铍或硝酸铍经强热都可产生白色的氧化铍粉末。但是纯的氧化铍则是从提纯了的醋酸氧铍(又名碱式醋酸铍)$Be_4O(CH_3COO)_6$ 和硝酸共热而制得,或从醋酸氧铍的水溶液中慢慢蒸去醋酸,让氢氧化铍沉淀析出,然后强热,即可得到纯的氧化铍。

氧化铍的晶体为纤维锌矿(ZnS)结构,其中 O 原于位于四面体的顶点排在铍的周围,而其他碱土金属的氧化物都是氯化钠结构。在室温时 $a=2.689Å$,$c=4.3Å$;在 2000℃时 $a=2.76Å$,$c=4.47Å$;高于 2050—2150℃时,纤维锌矿结构转变为四方晶型(类似金红石)的变体,$a=4.25Å$,$c=2.74Å$。这种高温相不能用骤冷法保存下来。

氧化铍是一种好的耐火材料,它有高的熔点(高于 2500℃)和良好的化学稳定性(见表 4.12),它的导热性比一些金属要好,也比任何非金属好。因此由它制成的耐火陶瓷材料有高的抗热冲击性。这些材料可用以制造熔炼特殊金属的坩埚、特殊热电偶和保护套管和火箭燃烧室的喷嘴等。它既有好的导热性和低的热膨胀率,又具有电绝缘性(甚至在接近熔点的高温),在电子工业中得到广泛的应用。主要用于制造电子管和晶体管中的绝缘散热板,使用这种散热板,可以提高输出功率和实现微型化。在大规模集成电路中使用氧化铍底板日益增多。此外,它对中子有低的核截面和好的减速性能。因此氧化铍可用以建造高温核反应堆。

表 4.12 氧化铍的热力学和物理性质

性 质	数 值
ΔH^0_{298}	−610.9 kJ/mol
ΔS^0_{298}(晶体)	14.1 J/(deg · mol)
ΔS^0_{298}(气体)	199.5 J/(deg · mol)
ΔG^0_f(298—1557K)	1,200,389+13.89Tlog T−234.7T(kJ/mol)
ΔG^0_f(1557—2000K)	1,221,309+13.89Tlog T−248.19(kJ/mol)
mp · (℃)	2530+30
bp · (℃)	约 3900
ΔH_m	71.1kJ/mol

在任何温度下,金属铍表面均会生成一层氧化薄膜,用电子衍射法对 BeO 薄

膜进行结构研究证明,在室温下金属铍生成厚度均匀、致密而又很薄的 BeO 保护膜。在 20—200℃时,BeO 晶体膜有～10Å 的厚度,并且是任意取向的。温度升高时,BeO 晶体的体积会增大,致膜厚度不均匀,同时轴向组织得到发展。低于 300℃时,BeO 结晶厚度为几十埃数量级,800℃时则有几千埃数量级。单晶 BeO 的热膨胀性见表 4.13。

表 4.13　单晶 BeO 的热膨胀性

T(℃)	α_a	α_c
18	53×10^{-7}	51×10^{-7}
1075	110×10^{-7}	98×10^{-7}

电子显微镜研究发现,在温度高于 600℃时,BeO 膜表面存在着针状结晶,这种结晶的直径约为几百个埃,而它们的长度为 2—3μ,生长方向同[110]的轴向一致。除此之外,也生成氧化物的鳞片。氧化层在高温下(＞650℃)失去保护作用可能和这些结构有关[9]。

氧化铍很不容易挥发,但是在水蒸气存在下,它的挥发性大大地增加,由于发生了如下反应:

$$BeO_{(固)} + H_2O_{(气)} \Longrightarrow Be(OH)_{2(气)}$$

使得它在水中的溶解度非常小,碱金属不能把它还原。碳在高温时和它作用生成 Be_2C。

Al_2O_3-BeO 体系有两种化合物:3BeO · Al_2O_3(熔点 1910℃)和 BeO · Al_2O_3(熔点 1870℃),CaO-BeO、SrO-BeO 和 BaO-BeO 体系在平衡条件下都得到组成相当于 $M_2Be_3O_5$(即 2MO · 3BeO)的低共熔物。如果把上述熔融低共熔物急速冷却,则可得到组成为 $M_2Be_3O_5$ 的结晶相,其中 $Ca_2Be_3O_5$ 是立方晶体,a=14Å,熔点 1380℃;$Sr_2Be_3O_5$ 是斜方晶体,a=7.13Å,b=9.01Å,c=18.5Å;$Ba_2Be_3O_5$ 也是斜方晶体,a=7.40Å,b=9.40Å,c=19.4Å。

4.3.2　氢氧化物和含氧酸

Be^{2+} 离子的水解作用和生成多核化合物的两种倾向支配着铍的水溶液化学。Be^{2+} 离子的离子势 ϕ 值(即 z/r 值)较大,它在水溶液中强烈地吸引和极化周围的水分子,并把这些水分子中的质子排斥到其他水分子上去,留下 OH^- 离子和 Be^{2+} 离子接触。整个过程随着溶液的 pH 增加而增强,如下式所示:

$$nBe^{2+} + nH_2O \rightleftharpoons [BeOH]_n^{n+} + nH^+$$

这样大的 ϕ 值同样也说明了铍的两性性质。Cartlege 给出的离子势与酸碱性质的关系为:$\sqrt{\phi}<2.2$ 为碱,$\sqrt{\phi}>3.2$ 为酸,而 $3.2>\sqrt{\phi}>2.2$ 为两性。Be^{2+} 的 $\sqrt{\phi}$ 为 2.54,

而 Mg^{2+} 为 1.76，所以铍是两性的，而碱土金属是碱性的，这也说明了 Be^{2+} 对离子交换树脂以及溶剂的亲和力，例如对于磺酸型的阳离子交换树脂的亲和力，$Be^{2+} < Mg^{2+} < Ca^{2+} < Sr^{2+} < Ba^{2+}$。因为对于强酸型树脂、$\phi$ 值大的 Be^{2+} 离子有较大的水合能力，它容易留在树脂外比较稀的溶液中，而使 ϕ 值小的较大阳离子留在树脂相中。对于弱酸型树脂如羧酸型，特别是磷酸型阳离子交换树脂，亲和力相反，Be^{2+} 最易进入树脂相中，那是由于 Be^{2+} 离子强烈水解，排斥质子，而弱酸型树脂又易接受质子，成为 $Be^{2+} \cdots OH^{\delta-} \cdots H^{\delta+} \cdots X^{-}$ 结构，因此含有 $RPO(OH)_2$ 和 $(RO)_2POOH$ 基团的商品树脂是对 Be^{2+} 离子有选择性的阳离子交换树脂。同样，烷基磷酸萃取剂可以从水溶液中选择萃取 Be^{2+} 离子到非极性溶剂(如苯或煤油)中。对于低的 Be^{2+} 离子浓度，反应如下：

$$Be^{2+}_{水相} + 2(HR)_{2有机相} \rightleftharpoons BeR_2(HR)_{2有机相} + 2H^{+}_{水相}$$

如果水相中 Be^{2+} 离子浓度高，同时 pH 又大于 3，则萃取得到的铍盐成为碱式多核化合物。

水合铍离子容易水解生成多核化合物，特别是铍盐溶液能够溶解 8 倍(摩尔)的 BeO。Sidgwick 和 Lewis 提出，溶解过程中生成 $[Be(OBe)_x]^{2+}$ 配离子，这样既提高了溶液的 pH 值，又增加了溶液中的离子浓度，因此增加了 Be^{2+} 离子的水解聚合度。

关于 Be^{2+} 的水解问题曾有过不少的研究，普遍认为，向铍盐水溶液中加碱，当 $n=1$ 时(n 为结合到每个 Be^{2+} 离子上的 OH^- 数)，溶液是清澈的；当 $n>1$ 时开始析出沉淀，对卤化物来说，$n=2$ 时沉淀完全；对含氧酸盐(如硫酸盐和硝酸盐)来说，当 $n=1.8$—1.9 时沉淀就完全了。这些现象说明，沉淀物并不是纯的 $Be(OH)_2$，它们还含有一些盐的阴离子。既然沉淀只有在 $n>1.0$ 时才产生，因而人们提出用 $[Be_n(OH)_n]^{n+}$ 表示可溶的水解配合物，Kakihana 和 Sillen 等用实验和计算证明最有利的是生成 $n=3$ 的物质，并给出下列平衡：

$$3Be^{2+} + 3H_2O \rightleftharpoons [Be_3(OH)_3]^{3+} + 3H^{+} \qquad \log\beta^{*}_{3,3} = -8.66$$

$$2Be^{2+} + H_2O \rightleftharpoons [Be_2(OH)]^{3+} + H^{+} \qquad \log\beta^{*}_{1,2} = -3.24$$

$$Be^{2+} + 2H_2O \rightleftharpoons Be(OH)_2 + 2H^{+} \qquad \log\beta^{*}_{2,1} = -10.9$$

从图 4.4 可知，铍的总浓度在 1—100 mM 范围内，$Be_3(OH)_3^{3+}$ 为主要聚合产物。他们还提出了它的结构式为

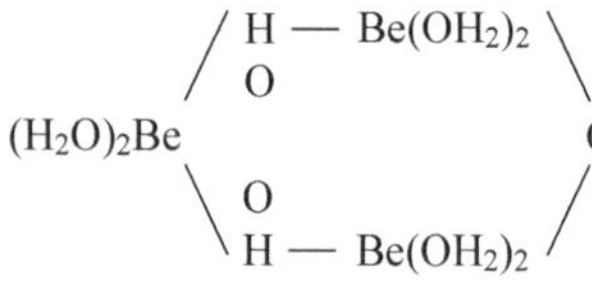

。以后 Mesmer 和 Bases 又提出[13]，铍浓度较高时，还能生成 $Be_5(OH)_7^{3+}$，他们计算了几种水解产物的热力学常数。总结于表 4.14[11] 中。

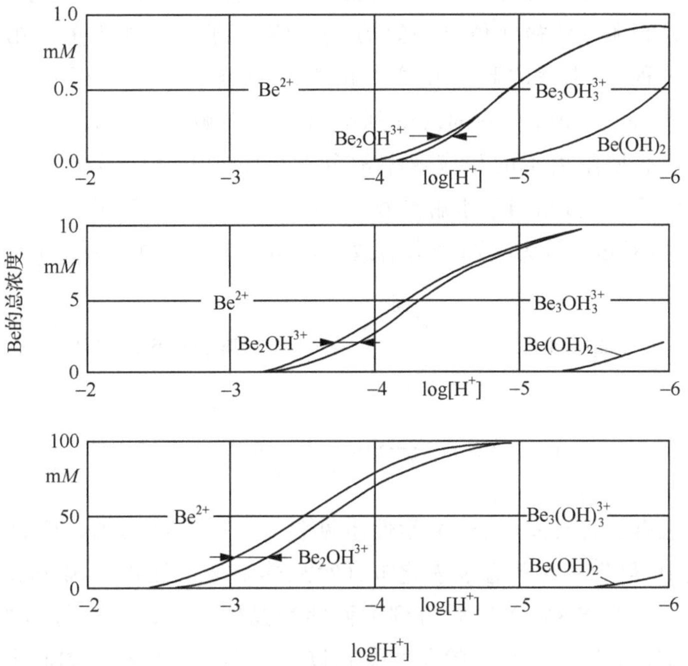

图 4.4　水解配位分布图(Be 的总浓度分别自 0 到 1、10 和 100mM 对 log[H^+]作图)[1]

表 4.14　Be^{2+} 离子几种水解产物的热力学常数

物质	$\Delta G°$(kJ/mol)	$\Delta H°$(kJ/mol)	$\Delta S°$(J/deg·mol)	ΔG_f^0(kJ/mol)
$Be_2(OH)^{3+}$	−60.7	−20.9	5.86	−979.0
$Be_3(OH)_3^{3+}$	−51.0	−66.9	64.0	−1801.6
$Be_5(OH)_7^{3+}$	−145.6	−189.5	147.3	−3416.2

超声吸附滞缓法是研究阳离子水化学的有效方法。该方法的原理是:在外界参 数(如温度或压力)突然发生变化时,平衡就受到干扰。当体系又接近于新的平衡时,时间滞后了,而这种时间滞后与正向和逆向反应的速率常数有关。Caldin 和 Eigen 等曾对许多正负离子电荷之比为 2∶2 的电解质,在 1×10^4—3×10^8C/S 频率范围内作超声吸附测定,所得曲线一般有二个频率极大值,每一个极大值和滞缓过程有关。如 Eigen 等对硫酸铍溶液的超声吸附测定,作出如下的解释:

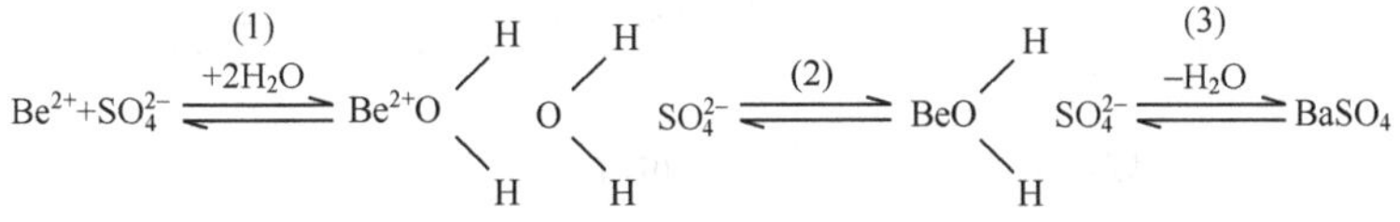

第一过程中,二个水合离子通过扩散过程互相靠近,产生特殊的相互作用。这种扩

散过程的滞后时间太短，超声吸附无法测得，第二过程意味着阴离子的脱水过程，这个过程和较高频率的极大值是一致的，它和阳离子的本质无关。第三过程是阳离子的脱水过程，脱水后的 Be^{2+} 阳离子和 SO_4^{2-} 阴离子生成内离子对，这个过程相应于较低频率的极大值，它特别易受到阳离子的影响。Be^{2+} 离子在(3)式的速率常数要比碱土金属阳离子的相应速率常数小得多。$BeSO_4$ 还在 pH 3－4.5 之间显示另二个滞后效应，相当于水解产物，它们都取决于 H^+ 离子浓度和 Be^{2+} 离子浓度。Diebler 和 Eigen 认为这两个滞后效应可用以下反应式表示[3]：

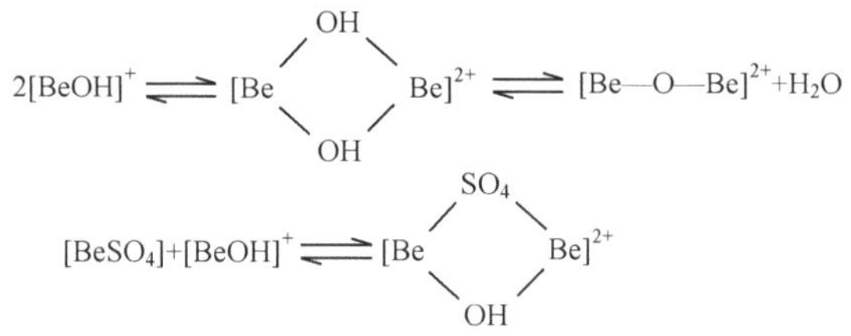

氢氧化铍有三种形式(其热力学性质见表 4.15)[12]：(1)加化学计量的碱到铍盐的冷溶液中，得到一种胶态氢氧化铍；(2)从热溶液沉淀或煮沸铍酸盐溶液所得到的是一种无定形产物，久置后得到下面两种晶体之一；(3)不管溶液中 Na_2O∶BeO 的比值如何，如果 NaOH 的总浓度超过 1.0M，则析出稳定的斜方晶系氢氧化铍沉淀；(3)如果 NaOH 的总浓度降到 0.5M 以下，同时 Na_2O∶BeO 的比值减少到 1.5∶1 以下，主要析出介稳状态的四方晶系氢氧化铍沉淀。X 射线测定也证明，介稳态具有四方系晶胞，a＝10.88Å，c＝7.83Å；稳定态具有斜方系晶胞，a＝4.61Å，b＝7.02Å，c＝4.52Å。与稳定的 $Zn(OH)_2$ 有相同结构的氢氧化铍和多数二价金属氢氧化物不同，它没有层状结构，而是由 OH 基团在 Be^{2+} 阳离子的周围成四面体排列。这一方面是由于 Be^{2+} 离子的高场强把羟基拉到比层状结构更为密集的堆积结构中，另一方面也由于 Be^{2+} 离子太小，它的配位数不可能大于 4。此外稳定晶形的氢氧化铍的红外吸收光谱指出，它和其他晶形氢氧化物一样也存在着氢键，把 14 种氢氧化物晶体的红外吸收极大值对由晶体测量所得的氢氧化物的半径作图，得到一条光滑曲线，唯有 $Zn(OH)_2$ 和 $Be(OH)_2$ 的极大值不在曲线上，这二种氢氧化物的特殊性可能是由于它们的氢氧基受到 Zn^{2+} 和 Be^{2+} 离子的特别大的极化作用，这一实验结果与前面对 $Zn(OH)_2$ 的特殊晶体结构所作的解释相一致。

表 4.15　$Be(OH)_2$ 的热力学性质

物质	ΔH_{298}^{0}(kJ/mol)	ΔS_{298}^{0}[J/(deg·mol)]
$Be(OH)_2$(晶)斜方晶形	－904.2	46.9
$Be(OH_2)$(晶)四方晶形	－907.1	—
$Be(OH_2)$(气)	－661.1	—

氢氧化铍加热能失水。Duval 用热天秤实验证明温度在高于 950℃时，$Be(OH)_2$ 会全部变成 BeO。但是在高于 1200℃时，气相中还会存在着 $Be(OH)_2$。在 1300—1600℃之间，水蒸气又与 BeO，$BeO \cdot Al_2O_3$，和 $BeO \cdot 3Al_2O_2$ 作用生成氢氧化铍，并在 1500℃时，已测得在 BeO 上的 $Be(OH)_2$ 分压为 73.33Pa。Von · Wartenberg 证明，熔融的 BeO 能吸水，固化时又放出水。他认为温度高于 2000℃时，$Be(OH)_2$ 既存在于气相中，也存在于熔融 BeO 熔体中。总之，这些条件还有待于进一步探讨。

氢氧化铍是两性的，胶态氢氧化铍易溶于过量碱中，生成同多阴离子：

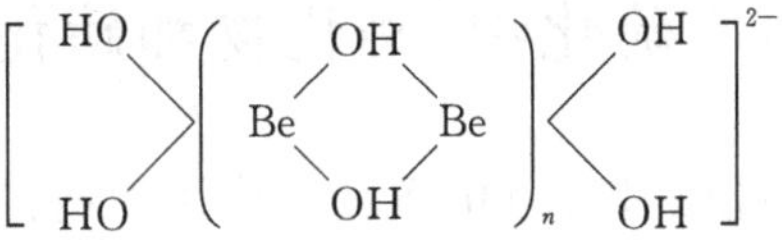

其中 n 取决于溶液中 Na_2O : BeO 的比值和 OH^- 离子的总浓度。在较低的 Na_2O : BeO 比（～1.5 : 1）和 NaOH 浓度低于 1M 时，溶液不稳定，呈丁铎尔（Tyndoll）效应，这意味着它们是水溶胶，在室温长时间放置沉淀出四方系的 $Be(OH)_2$ 晶体。增加碱的浓度时，聚合度会逐渐减少，最后生成单核的铍酸根阴离子$[Be(OH)_4]^{2-}$。在解聚的同时，溶液的稳定性增加。沸煮铍酸盐的溶液时，粒状 $Be(OH)_2$ 的沉淀随着 Na_2O : BeO 比值的增加而减少，如图 4.5 所示[1,3]，那主要是因为在碱浓度较低的情况下，聚合度大的铍酸盐，由于它们的电荷/铍原子的比值较单核$[Be(OH)_4]^{2-}$ 离子的比值为小，而比较容易结合在一起并聚沉下来。

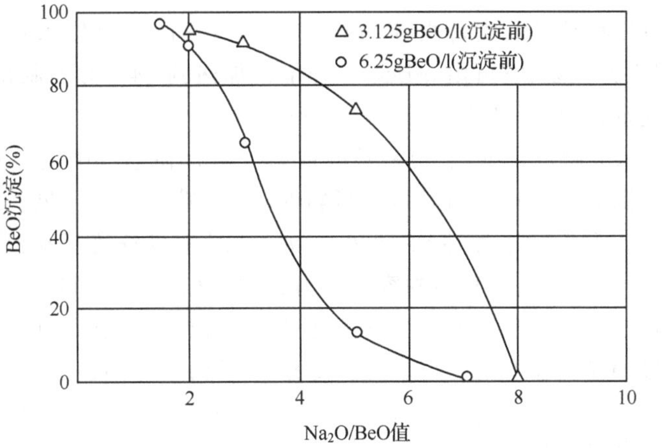

图 4.5 铍酸盐溶液在 95℃时的稳定性（加热两小时后）
Na_2O : BeO 摩尔比的影响

氢氧化铍和氢氧化铝不同，新沉淀的氢氧化铍除能溶于酸和碱以外，还易溶于过量的$(NH_4)_2CO_3$ 溶液中，但不溶于乙胺中。

向铍酸盐溶液中(Na_2O : BeO≤2 : 1，碱浓度低于 2.5 *M*)，加入 Ca^{2+} 或 Sr^{2+} 离子就有铍酸钙或铍酸锶沉淀产生，其中 Ca(或 Sr) : Be(摩尔比)从 1 : 2 变化到 1 : 9。Everest 等认为这些物质具有层状结构，Ca^{2+} 或 Sr^{2+} 离子可能是夹在氢氧化铍的层与层之间。因此，这里氢氧化铍单元是层状结构而不是正常的四面体结构[3]。

4.4 硫化物、硒化物和碲化物

硫化铍、硒化铍和碲化铍都可由单质直接作用而制得。它们都具有闪锌矿结构，a = 4.862Å；5.129Å；5.615Å；密度分别为 2.273g/cm^3；4.315g/cm^3 和 5.090g/cm^3。硫化铍对冷水稳定，但被沸水水解为 BeO。在空气中加热硫化铍，它将被氧化为 BeO 和 SO_2。当它渗有微量杂质时能发荧光。

4.5 氮化物和叠氮化物等[1,3]

Be_3N_2 是由氨与金属铍在 1100—1500℃ 作用制得的，它是一种白色晶状物质。在 2200℃ 熔化并分解，在真空中温度高于 1400℃ 时它按下式反应而气化：

$$Be_3N_{2(晶体)} \rightleftharpoons 3\ Be_{(气)} + N_{2(气)}$$

α-Be_3N_2 具有稳定的体心立方晶型，a = 8.142 Å，生成热为 −589.9 kJ/mol。在 298—1000℃ 范围内生成自由能为 −563584.8 + 169.9TJ/mol。β-Be_3N_2 在高温下存在，属六方晶系，它可由 α-Be_3N_2 升华或加热到 1400℃ 而制得(用痕量的硅化物作为催化剂)。生成热为 −571.9 kJ/mol。

Be_3N_2 被水分解放出氨，它更易被酸或碱分解。在空气中加热到 600℃，它将很快被氧化。因此当它作为高温耐火材料时，应该避免让它同氧或水接触。在氨气流中把 Be_3N_3 和 Si_3N_4 加热到 1800—1900℃ 时生成纤维锌矿结构的 $BeSiN_2$，a = 2.869Å，c = 4.668Å，这种结构容易变为斜方晶型，a = 4.977Å，b = 7.747Å，c = 4.674Å，其中二个 Be 原子和 2 个 Si 原子配位在以 N 原子为中心的四面体角顶上，反过来，N 原子又配位在以 Be 原子或 Si 原子为中心的四面体角顶上，这些四面体形成平行于 a 轴的曲折的链，铍原子的键与硅原子的链交叉着。$BeSiN_2$ 的物理性质和化学性质很像 AlN，可用作陶瓷材料。

金属铍与溶于液氨中的 KNH_2 作用，生成铍的胺化物 $Be(NH_2)_2$，反应如下：

$$Be + 2KNH_2 \longrightarrow Be(NH_2)_2 + 2K$$

铍之所以能取代电正性更大的钾，那是由于 $Be(NH_2)_2$ 的溶解度低，使反应向右进行。但是在金属铍的催化作用下，溶剂氨和新生成的钾又会起反应，生成 $K[Be(NH_2)_3]$：

$$2K + 2NH_3 \longrightarrow 2KNH_2 + H_2$$

$$Be(NH_2)_2 + KNH_2 \longrightarrow K[Be(NH_2)_3]$$

纯的 $Be(NH_2)_2$ 已由金属铍和氨在高压和 130－370℃下相互作用而制得，它属于四方晶系，a=10.18Å，c=16.14Å。在 230℃时脱氨生成 BeNH；在 250℃则分解为 Be_3N_2。

当 $Be(CH_3)_2$ 和 HN_3 的醚溶液在－116℃相互作用时，析出白色粉状的叠氮化铍 $Be(N_3)_2$ 沉淀。它能溶于有机溶剂（如 THF）中。$Be(N_3)_2$ 与碱土金属的叠氮化物相似，化学性质也相当稳定。在火焰中略显爆炸性，但对碰撞并不敏感。但其很易水解。

铍与红磷按摩尔比混合，逐渐加温到 1000℃，可以分离出具有四方系晶胞的 BeP_2。它有稳定的化学组成，粉末 X 射线图指出：a=7.08Å，c=15.06Å，Z=4[12a]。另一种磷化铍 Be_3P_2 也是四方系晶体，粉末 X 射线图得到 a=10.22Å，c=20.39Å，Z=32[12b]。

铍与 As 或 Sb 在闭管中进行固态反应，得到 $BeAs_2$ 和 $BeSb_2$。它们在大气中是稳定的，具有变形的闪锌矿结构，并有半导体性质[12c]。

4.6 碳化物和硅化物

Be_2C 是由铍与碳在约 1700℃直接作用制得的，或由 BeO 在高于 1900℃被碳还原而得，但是它在 2200℃就会分解成铍蒸气和石墨。它是一种坚硬和透明的晶体，由于痕量碳的存在，它的颜色由琥珀色变到深棕色。它的耐磨性可与金刚砂相比。可在高温高压下把它加工，并用作耐火材料。Be_2C 能被水或稀酸慢慢水解；能被碱很块地水解而生成甲烷。如果用 Be_2C 作为高温材料，必须涂上金属或含硅的釉，以免受大气侵触。

Be_2C 具有立方系反萤石结构，a=4.342Å，并可看作是含有 Be^{2+} 和 C^{4-} 离子的类盐碳化物。形式上它是甲烷的简单取代衍生物。由于紧密堆积的 C^{4-} 离子之间留下的空隙很小，因此甲烷的金属取代物只有像 Be^{2+} 这样小的离子才能生成，而 Mg^{2+} 和 Ca^{2+} 离子等就不能生成甲烷的取代衍生物。它们只能生成乙炔的衍生物如 MgC_2、CaC_2 等。干燥的乙炔与铍粉在 450℃作用可以得到乙炔衍生物 BeC_2[13]。

铍的硅化物尚未制得。在 Be-Si 体系中只有一个简单的低共熔物[在 1090℃含 39%（重量）的 Be]。

4.7　硼化物和硼酸盐

通过对 $BeO\text{-}B_2O_3$ 体系的研究表明，存在着气相为 $Be(BO_2)_2$ 而固相为 $Be_3B_2O_6$(mp1495℃)的化合物，它们的热力学常数列于表 4.16 中。

表 4.16　$Be(BO_2)_{2(气)}$ 和 $Be_3B_2O_{6(晶)}$ 的热力学常数

	$\Delta H_{f,1500}$(kJ/mol)	S^0_{1500}(J/deg · mol)
$Be(BO_2)_{2(气)}$	−1356	531
$Be_3B_2O_{6(晶)}$	−3117	452

铍和硼在 1400℃直接作用能生成三种硼化物，Be_2B，BeB_2 和 BeB_6。BeB_4 也可能存在。其中 Be_2B 的化学活性最高，呈铜红色，具有立方系萤石结构，a = 4.661Å。稀酸能将其水解，放出硼的氢化物。其他几种硼化物则不溶于酸。

这些化合物可被用作耐火材料，它们在 O_2 或 N_2 中加热时，由于生成一层保护膜，故只能慢慢地发生作用，C 对它们的作用则较快，因为表面生成的 Be_2C 不能起保护作用。

把铍的硼化物与 C 在 1600—2000℃熔结，得到混合铍硼碳化物 BeC_2B_2 和 BeC_2B_{12}。BeC_2B_2 为六方系晶体，a=10.84Å，c=6.18Å。

同许多其他金属硼化物一样，铍的硼化物的分子式不能用通常的化合价的概念来说明。在整个晶体中，硼原子可能联成链状、层状或三维网状结构，Be 原子则填充在硼的骨架中间。

4.8　碳酸盐、硅酸盐和铝硅酸盐

向铍盐溶液中加入碳酸钠时，有碳酸氧铍(或称碱式碳酸铍)沉淀析出。由于 Be^{2+} 离子的水解而使溶液呈酸性，故同时有 CO_2 逸出。碳酸氧铍沉淀实际上是 $Be(OH)_2$ 和 $BeCO_3$ 的混合物，一般这两者的比值为 2—5，比值是随着沉淀温度的升高而增加，新沉淀的碳酸氧铍在 80℃脱水，高于 300℃脱 CO_2。这种分别脱水和脱 CO_2 的事实，证明它是一种混合物，而不是化合物。这种混合物加热到 550℃变为 BeO。

当向氢氧化铍的悬浮液中通入 CO_2 时，在加压的 CO_2 的作用下，可以得到 $BeCO_3 \cdot 4H_2O$。X 射线分析证明，它属于六方晶系，a=5.12Å，b=15.77Å。它和碱土金属碳酸盐的热分解次序为：Be≫Mg＞Ca＞Sr＞Ba，这和其他铍含氧酸盐的热分解性质是一致的。

碳酸氧铍或氢氧化铍能溶于 $NaHCO_3$ 或 $(NH_4)_2CO_3$ 溶液生成 $M_6[Be_4O(CO_3)_6]$

晶体，这里 M 是 K、Na 或 NH_4。M 也可以是配位离子，如 $\frac{1}{3}[Co(NH_3)_6]^{3+}$。而 $Al(OH)_3$ 则不溶于 $NaHCO_3$ 溶液中。利用这个反应可以分离 Be^{2+} 和 Al^{3+} 离子。

硅铍石 Be_2SiO_4 是铍的最熟知和最简单的硅酸盐。它存在于自然界中，也能人工合成。例如，在碱金属氟铍酸盐的存在下，把 SiO_2 和 BeO 的混合物加热到 1200—1300℃时，首先生成挥发性的 BeF_2 和 SiF_4，然后硅铍石慢慢地从蒸气相沉积在一个冷的表面上。将固态 Be_2SiO_4 加热到高于 1560℃时分解为 BeO 和 SiO_2。虽然它可溶于沸腾的浓 H_2SO_4（85%）中，但通常不溶于酸性物质。硅铍石的 ΔH^0_{298} 和 ΔS^0_{298} 值为别为 −50.2 kJ/mol 和 −64.4 J/dge · mol。

铍的硅酸盐中量重要的是绿柱石 $3BeO \cdot Al_2O_3 \cdot 6SiO_2$。它是主要的商品铍矿石，但也可由人工合成，天然绿柱石中，BeO 的含量往往达不到理想值 13.96%，而是 10%—12%，因为在它的结构中常包含着水和碱金属。加热到 800—900℃，将慢慢失去水分，1490℃时出现液态，1590℃时变成熔体，熔体冷却时，不再生成绿柱石，而是根据冷却条件生成各种玻璃体。

X 射线法对绿柱石的研究表明，绿柱石含有不连续的 $Si_6O_{18}^{12-}$ 环状阴离子。环与环互相堆积，而环里面每个 SiO_4 基团中两个 O 原子被两边各一个 SiO_4 基团所共用，因此，得到 $Si_6O_{18}^{12-}$ 的比值。这些 $Si_6O_{18}^{12-}$ 离子被四配位的 Be^{2+} 离子和六配位的 Al^{3+} 离子对称地包围着；金属离子完全被硅酸根环所屏蔽，这说明了绿柱石的化学惰性。总的来看，绿柱石结构像一个蜂窝，有敞开的沟槽通过硅酸根环的中心，这些敞开的沟槽使晶体能容纳如 He 或 H_2O 这类小分子。绿柱石的结构见图 4.1。

4.9 硝酸盐、磷酸盐和砷酸盐

将氢氧化铍或碳的铍溶解在稍微过量的稀硝酸中，可以得到 $Be(NO_3)_2 \cdot 4H_2O$ 晶体，在较浓的硝酸中，则可结晶出硝酸铍的三水、二水和一水合物，三水合物是工业产品。把四水合物作差热分析，加热到 60℃时它就熔化在自己的结晶水中，在 100—200℃之间，既脱水又放出氮的氧化物。高于 250℃时，硝酸盐完全变为 BeO。和碱土金属的水合硝酸盐一样，三水和四水合盐的热分解是先通过水解生成 HNO_3，然后再分解，而不是 NO_3^- 离子的热分解。

与一般硝酸盐一样，硝酸铍在水中的溶解度很大，且有 Be^{2+} 离子的水解作用。但是与其他阳离子不同，硝酸铍溶液中的 Be^{2+} 和 NO_3^- 离子之间几乎没有相互作用，因此，Be^{2+} 离子几乎不影响水溶液中 NO_3^- 离子的拉曼光谱。

无水 $BeCl_2$ 与醋酸乙酯和 N_2O_4 的混合物或与液态 N_2O_5 作用，分别制得 $Be(NO_3)_2 \cdot 2N_2O_4$ 或 $Be(NO_3)_2 \cdot xN_2O_5$，在真空中将它们加热，高于 50℃时放

出氮的氧化物，留下的是无水 $Be(NO_3)_2$。无水 $Be(NO_3)_2$ 再加热到约 125℃时突然分解，放出 N_2O_4 而得到硝酸氧铍 $Be_4O(NO_3)_6$，它是一种挥发性的无色晶体。

对于磷酸铍虽然人们已经做了大量工作，但是由于 Be^{2+} 离子易于水解，产品很容易变成各种碱式磷酸盐，因此对于 BeO-P_2O_5-H_2O 体系尚需作系统研究。人们最熟悉的磷酸盐是 $BeNH_4PO_4 \cdot xH_2O(x \sim 1)$，它是将 $(NH_4)_2HPO_4$ 加到 pH 5.2—5.5 的铍盐溶液中而制得的。它可应用于铍的重量分析。当 pH 比 5.2 低得多时，一些 $BeHPO_4$ 同时沉淀析出，因此含 NH_3 量较理论值偏低。$BeNH_4PO_4 \cdot xH_2O$ 加热到 250℃时脱去水合水，400℃时释出 NH_3，生成 $BeHPO_4$，但转变不完全，500℃时释出组分水，700℃时完全转变为 $Be_2P_2O_7$。$BeNH_4PO_4$ 属四方晶系，a=12.96Å，c=9.65Å。$BeHPO_4$ 也属四方晶系，a=9.05Å，c=9.65Å。

正磷酸根离子与溶液中的 Be^{2+} 离子反应能生成弱配合物。阳离子交换法能把铍与其他元素分离就是利用 $BeH_2PO_4^+$ 配合物的生成。在 90% H_3PO_4 中则生成阴离子铍磷酸盐配合物，因而它能被阴离子交换树脂所截留(0.3MBe/g 树脂)[3]。

氢氧化铍或碳酸铍溶解于亚磷酸中能制备 $BeHPO_3 \cdot H_2O$。加热到约 400℃它将分解。

砷酸盐和磷酸盐相似，加 $(NH_4)_3AsO_4$ 到 pH6.5—7.0 的铍盐溶液中，得到 $BeNH_4AsO_4 \cdot xH_2O(x \sim 1.5)$ · 250℃失去水合水，约 400℃失去 NH_3 和组分 H_2O，生成 $Be_2As_2O_7$ 和 $Be_3(AsO_4)_2$ 的混合物。高于 900℃时又放出 As_2O_3 和 O_2，而在高于 1200℃时只剩下 BeO，从砷酸盐的热分解可以看出，铍盐比碱土金属盐的热稳定性差。这和其他铍盐如硫酸铍等是一致的，且又例证了 Be^{2+} 离子对阴离子的极化效应。

4.10 硫酸盐和硒酸盐

硫酸铍是所有铍的含氧酸盐中研究的最完全也是最重要的化合物，蒸发氧化铍、碳酸铍或氢氧化铍在稀硫酸中的溶液，能得到 $BeSO_4 \cdot 4H_2O$。此外也存在一水、二水和五水合物。与 $MgSO_4$、$ZnSO_4$ 和其他一些盐的水合物一样，五水合物在低于−16℃才生成，一水合物最稳定，现还没有得到过酸式或碱式硫酸铍。

从热浓硫酸溶液中可以析出无水四方 α-$BeSO_4$，也可将 $BeSO_4 \cdot 4H_2O$ 在空气中加热到 400℃去水而制得 α-$BeSO_4$。无水硫酸铍有几种构型，转变条件如下：

$$\underset{\text{四方晶形}}{\alpha\text{-}BeSO_4} \xrightleftharpoons{588℃} \underset{\text{斜方晶形}}{\beta\text{-}BeSO_4} \xrightleftharpoons{639℃} \underset{\text{立方晶形}}{\gamma\text{-}BeSO_4}$$

从 $\alpha \longrightarrow \gamma$ 变化的总焓值为 13.8 kJ/mol，这与其他硫酸盐的转化热相似，如 K_2SO_4 为 8.95 kJ/mol，Ag_2SO_4 为 15.6 kJ/mol。γ-$BeSO_4$ 在 650℃开始分解为 BeO 和 SO_3。在 750℃ $BeSO_4$ 上面的 SO_3 蒸气压为 0.485 bar，而 $Al_2(SO_4)_3$ 则有

1.197 bar。$BeSO_4$ 较 $Al_2(SO_4)_3$，不易分解，因此也可以把它们的硫酸盐通过分级热分解反应来分离 Be 和 Al。

虽然硫酸铍的热稳定性相当高，但比碱土金属硫酸盐的稳定性要低。例如 $MgSO_4$ 加热到白热还保持稳定。这种差别主要由于 Be^{2+} 离子具有强的极化作用，使 S—O 键松弛而减少硫酸根的稳定性，拉曼光谱测定证明，晶状硫酸盐中 S—O 键的振动频率随着阳离子 ϕ 值(电荷/半径)的增加而增加，红外光谱测定也得到了相同结论。

$BeSO_4 \cdot 4H_2O$ 易溶于水(在 25℃和 18℃时，它的溶解度分别为 42.5 和 37g/100g 水)，在有 BeO 存在时溶解度明显地增加。而有 H_2SO_4 存在时则减少。在 100%H_2SO_4 中它的溶解度小到可以忽略不计；在 80%—98%(以重量计)H_2SO_4 中，$BeSO_4$ 的溶解度不超过 2.5%，然而在这样浓的硫酸中会生成 $BeSO_4$ 的过饱和介稳溶液，溶解度的测定是困难的。

硫酸铍和碱金属硫酸盐反应生成复盐，如在 Na_2SO_4-$BeSO_4$-H_2O、K_2SO_4-$BeSO_4$-H_2O 和 $(NH_4)_2SO_4$-$BeSO_4$-H_2O 体系中曾分离出 $3Na_2SO_4 \cdot BeSO_4$、$K_2SO_4 \cdot BeSO_4 \cdot 2H_2O$、$(NH_4)_2SO_4 \cdot BeSO_4 \cdot 2H_2O$(低于 50℃)和 $(NH_4)_2SO_4 \cdot BeSO_4$(高于 50℃)，Sidgwick 曾对这些化合物提出了双螯合结构：

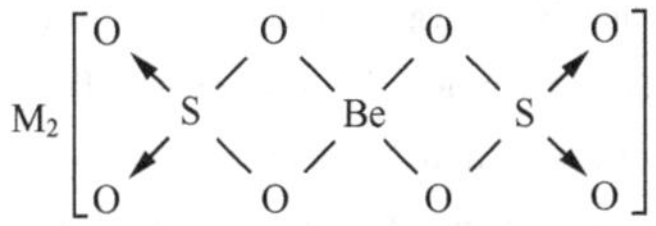

二个水分子和 SO_4^{2-} 阴离子结合在一起。但是还没有得到 X 射线实验的证实。

此外也曾有人研究过 $BeSO_4$ 同其他硫酸盐的体系，但没有证明复盐的存在，特别是下列体系：$LiSO_4$- $BeSO_4$- H_2O、Ag_2SO_4- $BeSO_4$- H_2O、$FeSO_4$- $BeSO_4$- H_2O、$CuSO_4$- $BeSO_4$- H_2O、$CaSO_4$- $BeSO_4$- H_2O 和 $Al_2(SO_4)_3$- $BeSO_4$- H_2O。无水硫酸铍熔盐体系中只研究了 Na_2SO_4- $BeSO_4$ 体系，热分析研究证明生成了 $Na_2SO_4 \cdot BeSO_4$、$3Na_2SO_4 \cdot BeSO_4$ 和 $Na_2SO_4 \cdot 3BeSO_4$ 三种化合物。

表 4.17 列出了硫酸铍及其某些复盐的热力学常数。

表 4.17 硫酸铍的热力学性质

相	ΔH^0_{298}(kJ/mol)	ΔS^0_{298}(J/deg · mol)	ΔG^0_{298}(kJ/mol)	C_p(J/deg · mol)
α-$BeSO_4$(晶)	−1194.5	77.91	−1087.8	85.8
$BeSO_4 \cdot H_2O$(晶)	−1518.4	110.4	−1347.2	126
$BeSO_4 \cdot 2H_2O$(晶)	−1817.5	174.9	−1596.2	163
$BeSO_4 \cdot 4H_2O$(晶)	−2417.9	236.4	−2075.7	243
$K_2SO_4 \cdot BeSO_4$(晶)	−2672.3	253.6	−2443.4	197
$K_2SQ_4 \cdot BeSO_4 \cdot 2H_2O$	−3272	—	—	—

$BeSeO_4 \cdot 4H_2O$ 的制法和 $BeSO_4 \cdot 4H_2O$ 相似。它在 75℃脱水生成 $BeSeO_4 \cdot 2H_2O$,但是同时有挥发作用和 Se 被部分还原。如果把 $BeSeO_4 \cdot 4H_2O$ 放在装有 P_2O_5 的干燥器中放置,可得到纯的二水合物。$BeSeO_4 \cdot 2H_2O$ 在真空中加热到 215—220℃得到无水 $BeSeO_4$。从生成热($BeSeO_4$ 为－892.4 kJ/mol,$BeSO_4$ 为－1194.5 kJ/mol)可以证明硒酸铍比硫酸铍的稳定性差。

4.11　卤　酸　盐

BeO 溶解在稍为过量的 $HClO_4$ 中可以得到 $Be(ClO_4)_2 \cdot 4H_2O$ 它很易吸水和易溶于水。很稳定,在高氯酸根离子开始分解之前,它不会失水。它与吡啶作用生成 $Be(ClO_4)_2 \cdot 4Py$,加热到 85—150℃时失去两分子吡啶而形成 $Be(ClO_4)_2 \cdot 2Py$。在 300—400℃失去全部吡啶,同时 ClO_4^- 离子也分解。

用同样方法可以制得 $Be(IO_3)_2 \cdot 4H_2O$ 和 $Be(IO_4)_2 \cdot 8H_2O$。这些晶体也都易溶于水。已经有人制得了 $Be_3(IO_5)_2 \cdot 12H_2O$。

参　考　文　献

[1] J. C. Bailar et al, ed. ,"Comprehensive Inorganic Chemistry", Vol. 1(1973).
[2] R. E. Kirk and D. F. Othmer, ed. ,"Encyclopedia of Chemical Technology", 2nd ed. , Vol. 3(1967).
[3] D. A. Everest,"The Chemistry of Beryllium"(1964).
[4] H. J. Emeléus,"Inorganic Chemistry, Series 1", Vol. 1, 33－67(1972).
[5] "Annuel Reports in Inorganic and General Syntheses", p. 2－5(1974).
[6] "Annuel Reports on the Progress of Chemistry", Vol. 67(A), 257(1970).
[7] J. D. Lee,"A new Concise Inorganic Chemistry", 3rd ed, Chapter 4(1977).
[8] D. S. Marynick and W. N. Lipscomb, Inorg. Chem. 11(4)820(1972).
[9] И. И. ЛаиироВ 著,逄永秀译,《铍的氧化与保护》.
[10] R. A. Mercer and R. P. Miller, J. Inorg and Nucl. Chem. 28, 61(1966).
[11] R. E. Mesmer and C. F. Bases, Jr. , Inorg. Chem. 6, 1951(1967).
[12] (a)*C. A.* 84, 11620(1976); (b)*C. A.* 84. 52510(1976); (c)*C. A.* 85, 185039 (1976).
[13] Friedhelm korte ed. ,"Methodium Chimicum", Vol. 7. p. 11－12, p. 65, p. 70, p. 74－77.

4.5 有机铍化合物

IIA 族的金属有机化合物的反应活性随着金属电负性的增加而减少，即由 Ba 到 Be 逐渐减小。这是由于从 Ba 到 Be 其 C—M 键的共价程度逐渐增加，Ca、Sr、Ba 的简单有机衍生物很少，因为它们主要是离子型的，含有 M^{2+} 和 CR_3^- 离子，而 CR_3^- 离子有高的化学活性。Mg 和 Be 的有机衍生物稳定得多，因为它们的 C—M 键有较大的共价性。

最常见的有机铍化合物为二烷基铍和二芳基铍。近来人们已经制得了含有 BeH_2Be 桥的有机铍化合物。

5.1 烷基铍化合物

5.1.1 二甲基铍

少量二甲基铍可以由金属铍与二甲基汞在 120℃作用 90 小时而制得，产物再用真空升华提纯。反应式：

$$(CH_3)_2Hg + Be \longrightarrow (CH_3)_2Be + Hg$$

大量制备最好利用格氏反应，即

$$BeCl_2 + 2CH_3MgCl \xrightarrow{\text{乙醚}} (CH_3)_2Be + 2MgCl_2$$

此法的主要困难在于不能完全除去乙醚。本来可以把产物加热到 200℃除尽乙醚，但在这种温度下，二甲基铍已经升华。

二甲基铍是一种无色晶体斜方晶系，$a=6.13$Å，$b=11.53$Å，$c=4.18$Å。其固体具有无限长链的聚合型结构：

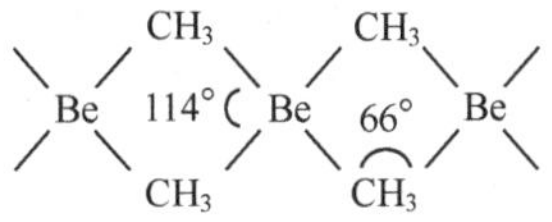

它与 α′-$BeCl_2$ 是同晶形的，都具有相似的链状结构。它们都含有变形的分别为 $Be(CH_3)_4$ 和 $BeCl_4$ 的四面体，在二甲基铍中 C—Be—C 角为 114°，大于四面体角，而 Be—CH_3—Be 角则为 66°。

二甲基铍没有熔点，加热升华，外推沸点为 217℃/1 atm。温度高于 200℃时分解，$(BeCH_2)_n$ 为中间产物，Be_2C 则为最终产物，它在空气中特别是潮湿空气中能自燃。它被水完全猛烈分解生成 $Be(OH)_2$ 和甲烷。

二甲基铍的蒸气类似氯化铍，除单体外还有二聚体和三聚体。如在 180℃ 的饱和蒸气中含有以下组分：

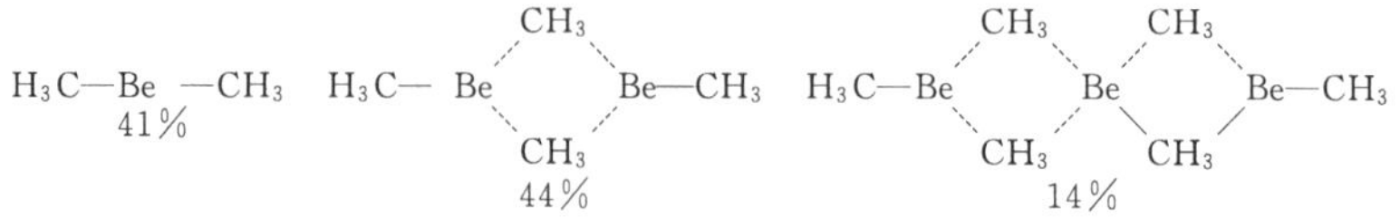

单体是直线型的，含有 *sp* 键，其他则为缺电子化合物。Coats 指出：聚合体中 C 和 Be 都可利用四个原子杂化轨道（sp^3），组成三中心分子轨道 Be（sp^3）＋C（sp^5）＋Be（sp^3），每一个这种分子轨道由二个电子占入，形成一个弯曲的 Be—C—Be 键，其中每个 Be—C 键可以看作半键。

二甲基铍缺电子的特征，正如氯化铍一样，使它易于生成配位化合物。但是只有强给予体的分子才与二甲基铍络合，因为配位原子的稳定性次序如下：N＞P＞O。

二甲基铍与乙硼烷（B_2H_6）作用，开始生成不稳定而易升华的固体，大概是 $MeBe \cdot BH_4$。进一步和 B_2H_6 反应得到 BeB_2H_6，二甲基铍有几个反应是典型的格氏反应，例如它同 CO_2 的乙醚溶液作用，水解后生成醋酸。反应如下：

$$Be(CH_3)_2 + CO_2 \longrightarrow CH_3—\overset{\overset{\displaystyle O}{\|}}{C}—OBeCH_3 \xrightarrow{H_2O} CH_3COOH + Be(OH)CH_3$$

5.1.2　二乙基铍

二乙基铍的制法与二甲基铍相同，但是残留的少量乙醚可以通过在 0.133Pa 压力下回流 24 小时，接着蒸馏而除尽。它在 65℃（0.133Pa 时）沸腾，在－80℃凝成玻璃体。它能强烈地缔合。分子量测定指出，它在环乙烷或苯中是二聚体。

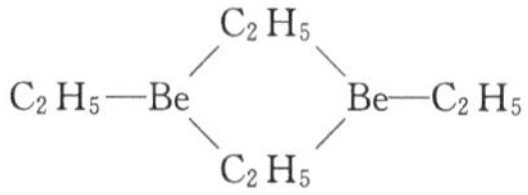

而在电子给予体溶剂（如醚或二噁烷中）则是单体。温度高于 65℃开始分解，在 190—200℃很快分解。热分解过程是复杂的，主要产物为 C_2H_6、C_2H_4 和 C_4H_{10}，还有少量的 3-己烯、1,3-环己二烯和苯。残渣是粘性油状物（可能是 $Be_3H_2Et_4$），易水解生成 H_2、C_2H_6 和 C_2H_4。

它和二苯胺的苯溶液作用生成白色粉状物 $Be(NPh_2)_2$，反应如下：

$$(C_2H_5)_2Be + 2Ph_2NH \xrightarrow{苯} Be(NPh_2)_2 + 2\,C_2H_6$$

产物不溶于烃中，它可能是一种聚合物。

5.1.3　其他二烷基铍化合物

二-正丙基铍、二-异丙基铍和二-叔丁基铍都可用与二甲基铍同样的方法制备。

它们的性质也相似。其中仅二-叔丁基铍不能制成无醚物质，因为它的挥发性太大，稳定性又差。

$(Me_2CH)_2Be$ 在 50℃ 开始慢慢地失去丙烷。200℃ 的很快热解为异-C_3H_7BeH 的聚合物，同时放出丙烯。在 220—250℃ 异-C_3H_7BeH 分解为 Be、H_2、C_3H_8、C_3H_6 和有机残渣，而$(Me_3C)_2Be$ 在 200℃直接进行以下分解反应：

$$[Me_3C]_2Be \longrightarrow BeH_2 + 2Me_2C{=}CH_2$$

5.2 二芳基铍

二芳基铍是由氯化铍和苯基锂在醚溶液中相互作用而制得的，同时有 LiCl 沉淀析出：

$$BeCl_2 + 2C_6H_5Li \xrightarrow{\text{醚}} (C_6H_5)_2Be + 2LiCl$$

有过量苯基锂存在时，则生成 $Li[Be(C_6H_5)_3]$。二苯基铍在 160℃分解。它在非极性溶剂（如庚烷）中是聚合物，但在含氧溶剂如四氢呋喃（THF）中测是单体。

5.3 烷基铍氢化物

在 Me_2Be 或 Et_2Be 的醚溶液中加入 NaH 时，有 $NaMe_2BeH$ 或 $NaEt_2BeH$ 沉淀析出。在 20℃时乙基化合物在醚中的溶解度为 30g/l，而甲基化合物则仅为 1.6g/l。晶体结构研究证实了乙基化合物具有氢桥结构：

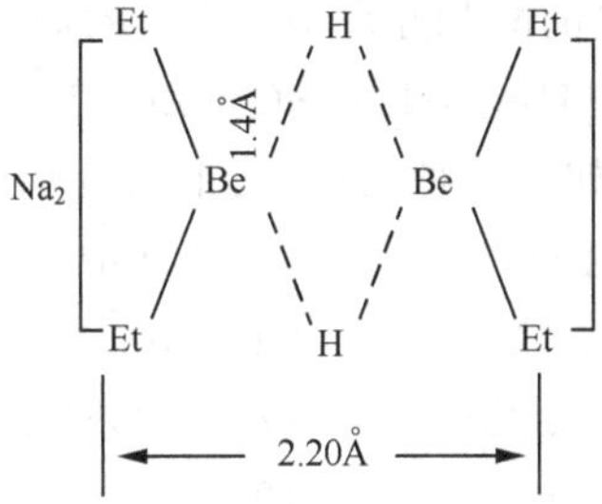

二个 Na^+ 离子离氢桥 2.4Å，因此形成一个以氢桥为中心的变形四面体。Na—H 距离和 NaH 化合物中的距离相同。

LiH、$BeBr_2$ 和 Me_2Be 在醚的悬浮液中反应，生成可溶于醚的二聚物，蒸去醚后所得的液体，其结构如(a)；在苯中加入胺类则变为叔胺类配合物，并有顺、反异构现象，如(b)和(c)。

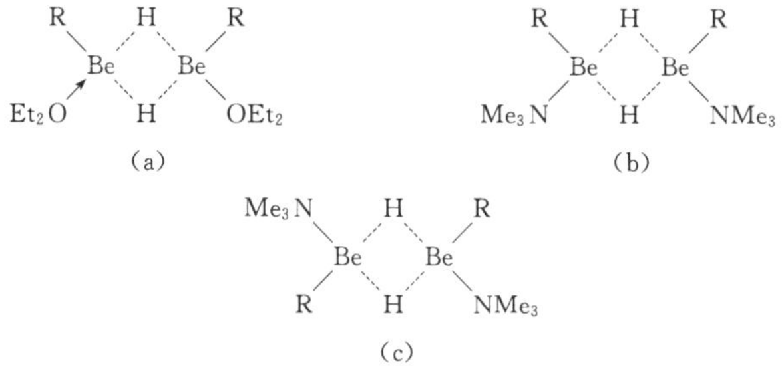

5.4　铍的醇化物和酚盐

过量的醇和二烷基铍的醚溶液作用可得到烷氧基铍，即铍的醇化物。如用甲醇时，得到的是甲氧基铍。

$$(CH_3)_2Be + 2CH_3OH \longrightarrow Be(OCH_3)_2 + 2CH_4$$

甲氧基铍和乙氧基铍都不溶于有机溶剂中。它们既不熔融也不升华。但叔丁氧基铍在 112℃熔融，它易溶于苯或己烷中生成三聚体。可能具有如下结构：

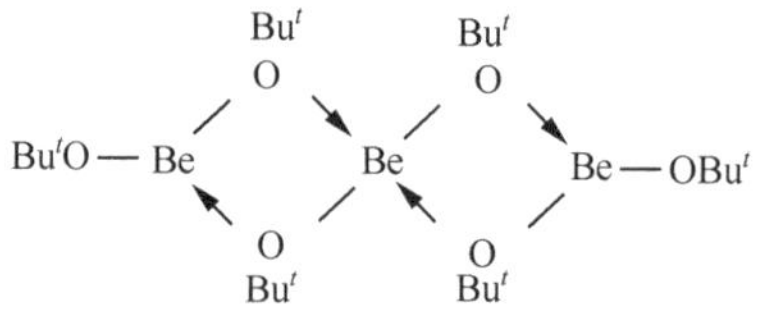

注：Bu^t 代表叔丁基

如果二烷基铍和不足量的醇相互反应，则得 RBeOR′，如：

$$4Me_2Be + 4Bu^tOH \longrightarrow (MeBeOBu^t)_4 + 4CH_4$$

已经制得的$(MeBeOR)_4$ 有如下几种(分子式下面分别表示它们的熔点)：

$(MeBeOMe)_4$	$(MeBeOEt)_4$	$(MeBeOPr^n)_4$	$(MeBeOPr^i)_4$
23—25℃	28—30℃	38—40℃	134—136℃
$(MeBeOBu^t)_9$	$(Pr^iBeOMe)_4$	$(Bu^tBeOMe)_4$	
93℃	133—135℃	199℃	

这些烷基铍醇盐在苯中都是四聚体，仅$(EtBeOEt_3)_3$ 为三聚体，这是由于$—CEt_3$基团很庞大之故。

相应酚盐的制法如下：

$$BeCl_2 \cdot 2Et_2O + 2ArOH \rightleftharpoons Be(OAr)_2 + 2HCl + 2Et_2O$$

它们都是白色吸水物质，在空气中慢慢地水解，加热时逐渐失重。

5.5 烷基卤化铍

过去曾有人报道 R_2Be 和 BeX_2 之间没有反应，那是由于样品不纯和醚溶剂的卤代作用。现在由低温核磁共振光谱、沸点升高法分子量测定和选择沉淀法等证明存在着如下反应：

$$R_2Be + FeX_2 \underset{}{\overset{\text{醚}}{\rightleftharpoons}} 2RBeX(R=\text{烷基},X=\text{卤素})$$

平衡有利于 RBeX 的生成[3]。

参 考 文 献

[1] J. C. Bailar et al, ed. ,"Comprehensive Inorganic Chemistry", Vol. 1(1973).
[2] D. A. Everest,"The Chemistry of Beryllium",(1964).
[3] H. J. Emeléus,"Inorganic Chemistry ,Series 1", Vol. 1(1972).
[4] Friedhelm Korte ed. ,"Methodium Chimicum", Vol,7, p. 77—82(1977).

4.6 铍的配合物

与碱金属及碱土金属一样，铍配合物中的化合键主要是离子型的。键的强度随着金属离子和配体两者的电荷增加而增加，也随着金属离子半径减少而增加，也就是随着金属离子的离子势 ϕ 值（$\phi=Z/r$）增加而递增，但是这种关系不是决定配合物稳定性的全部因素。现在考虑下面螯合反应：

$$M(H_2O)_a^{2+}+xL \rightleftharpoons ML_x^{2+}+aH_2O \quad (1)$$

其中 x 个螯合剂分子从金属 M 上置换 a 个水分子。我们再引入二个热力学的基本公式：

$$\Delta G=\Delta H-T\Delta S \quad (2)$$

$$-\Delta G=RT\ln K_n \quad (3)$$

这里 ΔG 代表配合物的生成自由能变化：ΔH 为焓变；K_n 为螯合反应的稳定常数。

金属离子的 ϕ 值越大，a 值也就越大，这就意味着螯合反应的结果使质点数增加。质点数的增加使 ΔS 增加。从(2)式可知，如果反应(1)中 ΔH 没有明显变化，ϕ 值增加导致 ΔG 更负，又从(3)式可知 K_n 因而更大，即该螯合物更稳定。这适用于一类稳定性主要取决于熵变因素的配合物，如 M^{2+}-1，3-二酮类配合物中，稳定性次序是：

$$Ba<Sr<Ca<Mg<Be$$

另一类配合物中，对同一配体不同阳离子的反应焓值变化 ΔH 比较大，则上述关系就不适用了，如 M^{2+}-EDTA 螯合物，热力学数据列于表 4.18 中。虽然配合物生成时熵变（ΔS）按预期那样，随着 ϕ 值增加而增加，但是由于 Mg 配合物的 ΔH 为正值，其稳定性会低于 Ca 配合物。这是因为在 Ca 配合物中的四面体几乎没有张力，而较小的 Mg^{2+} 离子配合时张力较大，因此变为吸热反应，即 ΔH 为正值，可以想象，Be^{2+} 离子络合时吸热更多，ΔH 更正，Be-EDTA 螯合物的稳定性更差。它的 $\log K$ 值为 3.8，比 Mg-EDTA 螯合物的 $\log K$ 值小得多，这里 $K=\frac{[MY^{2-}]}{[M^{2+}][Y^{4-}]}$。其他配体如苹果酸、酒石酸、NTA（氮三乙酸）等也有类似情况。

表 4.18 碱土金属-EDTA 螯合物生成的热力学常数和稳定常数[1]

	ΔG(kJ/mol)	ΔH(kJ/mol)	ΔS(J/deg·mol)	$\log K$
Mg	−48.74	15.27	211.3	8.69
Ca	−59.99	−26.99	112.5	10.96
Sr	−48.41	−17.20	106.3	8.63
Ba	−43.51	−20.21	79.5	7.76

有些简单的铍配合物已在上面各节中提及，如卤化物中和烷基化物中已涉及一些。下面讨论周期表各族中主要给予体原子和铍生成的配合物。

6.1 铍与含 IVA 族给予体原子(C)配体的配合物

除有机铍化合物中许多聚合物以外，还有二环戊二烯铍 Cp_2Be。红外光谱研究和电子衍射研究表明二环戊二烯铍的结构是：二个对称 C_5H_5(Cp)环平行，环与环的垂直距离 $h=3.37\pm0.03$Å，中心原子铍与一个环戊二烯环比较接近，$h_1=1.485\pm0.005$Å，$h_2=1.980\pm0.010$Å。Morgan 等提出，固态和气态的 Cp_2Be 最好分别表示为$[(CpBe)^+Cp^-]$和$[(Cp^-Be)^{2+}Cp^-]$。

甲基-1-丙烯基铍-三甲基胺的二聚体 $[MeBeC\equiv CMe\cdot NMe_3]_2$ 是单斜晶体，$a=13.371$Å，$b=9.290$Å，$c=7.249$Å。这是第一个完全鉴定的含有炔桥的配合物，二个丙炔基作为成桥基团，生成了一个以 Be_2C_2 为中心的环，结构式表示如下：

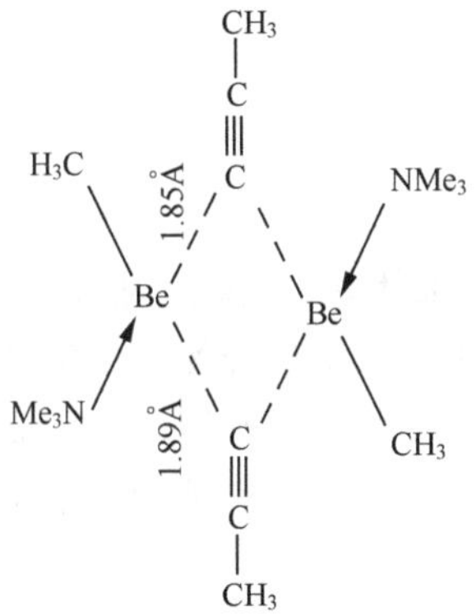

此外还有 $PhC\equiv CBeOPh\cdot THF$ 和 $(PhC\equiv C)_2Be_3(OBu^t)_4$ 配合物。

CH_3Li 和 $(CH_3)_2Be$ 在乙醚中反应，生成一类铍酸配合物 $Li_nBe_m(CH_3)_{2m+n}$。红外光谱测定和质子 NMR 研究都证明存在着 $n=1,2,3$ 和 $m=1$；$n=1,m=2$ 的铍酸配合物。

铍酸配合物 $LiBe(CH_3)_3$ 和 $Li_2Be(CH_3)_4$ 与 $LiAlH_4$ 在乙醚中反应时能生成 Li_2BeH_4。铍酸配合物 $LiBe_2(CH_3)_5$ 被 $LiAlH_4$ 在乙醚中还原时，则得到 Li_3BeH_5。铍酸配合物 $LiBe_2(CH_3)_5$ 与 Li AlH_4 在乙醚中反应，则生成不定组成的化合物。

用 AlH_3 作为还原剂时，铍酸配合物 $LiBe(CH_3)_3$ 与 AlH_3 在乙醚中反应得到 $LiBeH_3$。

6.2　铍与含 VA 族给予体原子(N,P)配体的配合物

把过量铍粉加到$(NCS)_2$的醚溶液中，在-78℃制得$Be(NCS)_s \cdot 2Et_2O$配合物。二噁烷可以取代醚而成为$Be(NCS)_2 \cdot (C_4H_8O_2)_2$。在乙腈溶液中可制得$MeBe(NCS)_{3n}MeCN$。

仲胺如Me_2NH和Ph_2NH与Ph_2Be作用时，由于胺氢的影响，将分别生成$(PhBeNMe_2)_3$和$(PhBeNPh_2)_3$。在这两种配合物中，铍的配位数为 3，结构如(a)所示。它们能很快和含有水分的N_2或水作用。光谱表明$(MeBeNMe_2)_3$，也有类似结构，Coats 等则以结构(b)表示之。

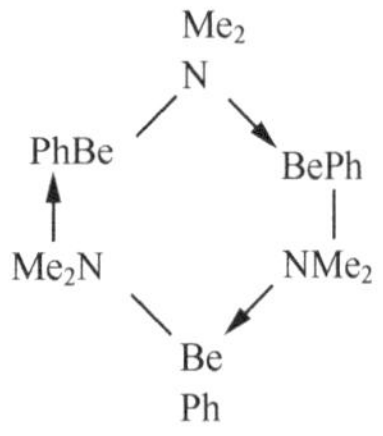

(a)

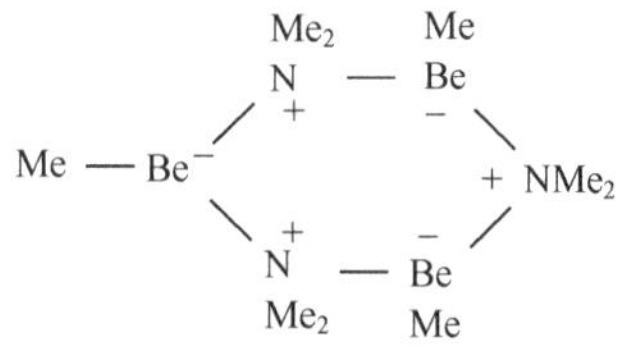

(b)

$(MeBeNMe_2)_3$在溶液中是三聚体，但在室温是玻璃体$(MeBeN \cdot Me_2)_n$。用热力学控制离解度的方法研究$RBeNR'_2$型配合物。了解到所有二甲基胺合物都是三聚体，而连在 N 原子上的二个基团大于甲基时，由于位阻效应，只能生成二聚体，仅$(MeBeNEt_2)_3$例外。在$[Be(NMe_2)_2]_3$中明显地存在着位阻效应，这种三聚体呈链状结构，其中端基 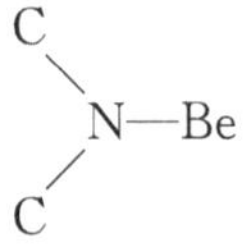 是共平面的。结构式如下：

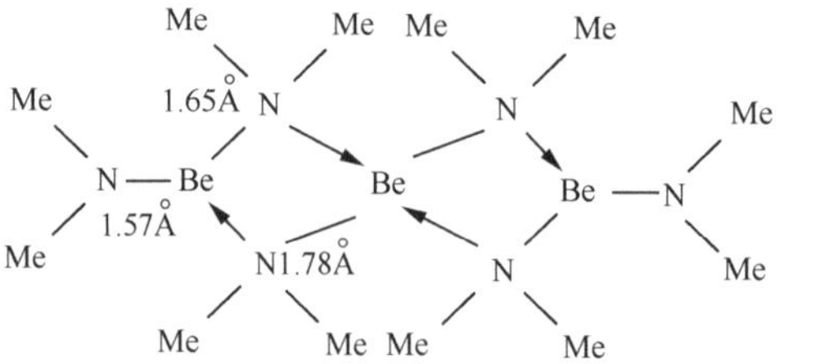

胺氢的影响也可以从下面例子中看出：$Me_2N—CH_2—CH_2—NMe_2$与Me_2Be只能生成加合配合物(a)，而$MeNH—CH_2—CH_2—NMe_2$则可从加合物(b)中失去CH_4而成二聚物(c)。

MeNH—CH_2—CH_2—NHMe 则先生成二聚体加合物(d)，再失去 CH_4 生成多聚物(e)。

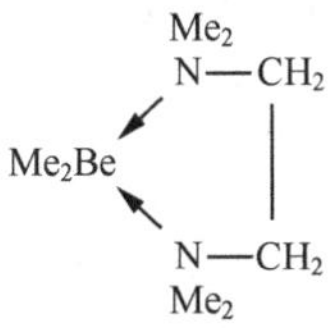

(a)

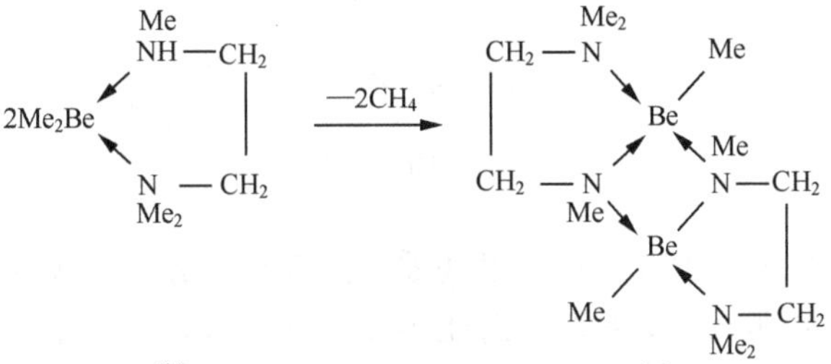

(b) (c)

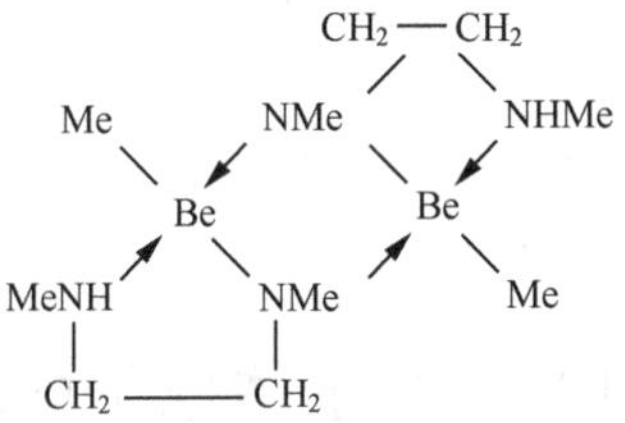

(d)

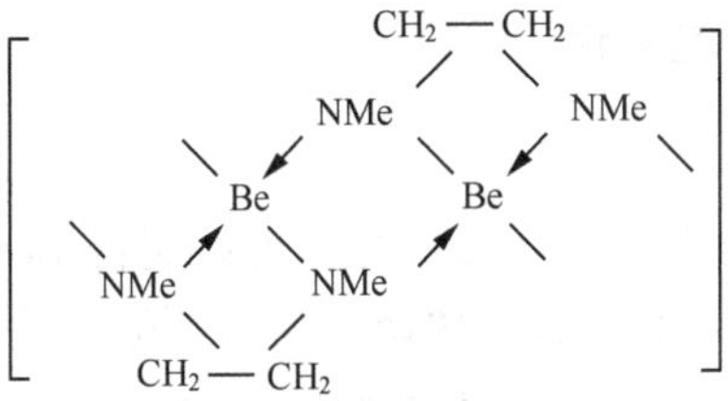

(e)

锌和镁也能生成类似的配合物。

二甲基铍、二乙基铍或二苯基铍都能与联吡啶反应生成 Bipy · BeR_2 型的有色配合物。Coats 和 Green 认为这是由于 BeR_2 中一个电子从 Be—R 中一个键跃迁到 Bipy 中最低未占的轨道(LUMO)上，因而产生这些颜色。从这种观点可以认为，激发态配合物中 Be—R 键是一个电子给予体。

金属铍溶于酞菁中，得到铍酞菁配合物 PcBe[1,3]。X 射线研究表明，它的晶胞为四方晶系，a =21.2Å，b =4.84Å，c = 14.7Å，与 Mn(II)、Fe(II)、Co(II)、Ni(II)

和 Cu(II)的酞菁配合物是同晶型的。PcBe 是平面结构而不是 Be 的正常四面体结构,因此这种构型是不稳定的。由于 PcBe 容易与二个水分子结合,因此可以假定 PcBe 中二个 Be—N 键断裂,代之以 Be—O 键,使 Be 仍获得四面体结构。

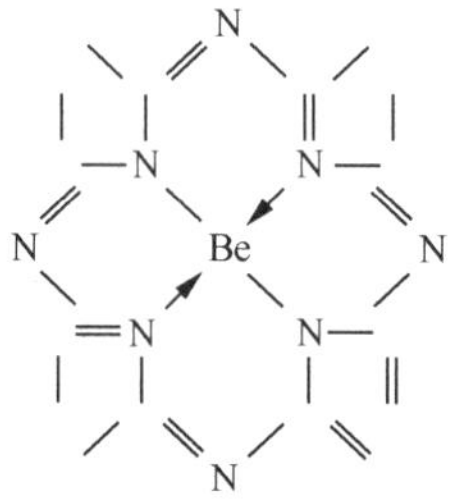

PcBe的结构

较弱的配体分子如 PMe_3 与二甲基铍的配合亲和势只有大约像二甲基铍分子相互之间的亲和势那么大,因此它们能生成不同的 Be∶P 比和不同键长的配合物。PMe_3 则作为链终点的基团[1]。如:

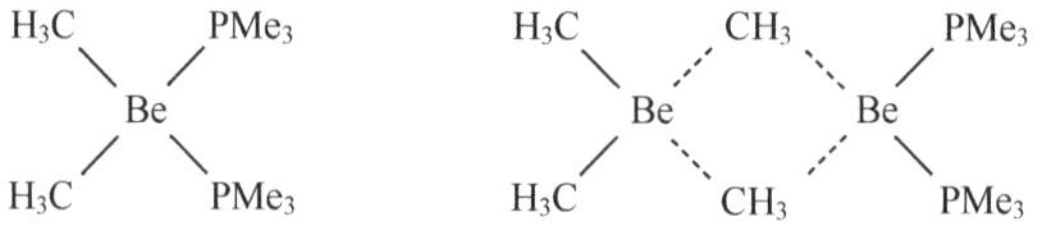

6.3 铍与含 VIA 族给予体原子(O)配体的配合物

6.3.1 有机酸为配体的配合物

(1) 草酸铍

用制备铍的一般含氧酸盐同样的方法,可以制得 $BeC_2O_4 \cdot 3H_2O$。草酸铍是唯一可溶的、氧化态为+2 的金属草酸盐。它与其他多数铍盐不同,生成三水合物而不是四水合物。在 40—120℃之间失水生成 $BeC_2O_4 \cdot H_2O$,而在 200—320℃,之间部分分解,生成碱式盐 $8BeC_2O_4 \cdot 5Be(OH)_2$。在高于 320℃时再分解为 BeO。草酸盐热分解是生产超纯 BeO 的一种方法。

电导法和凝固点法测定都证实 Be^{2+} 离子被 $C_2O_4^{2-}$ 离子强烈地络合。Sidgwick 和 Lewis 指出,在 BeC_2O_4 溶液中存在着下面的平衡式:

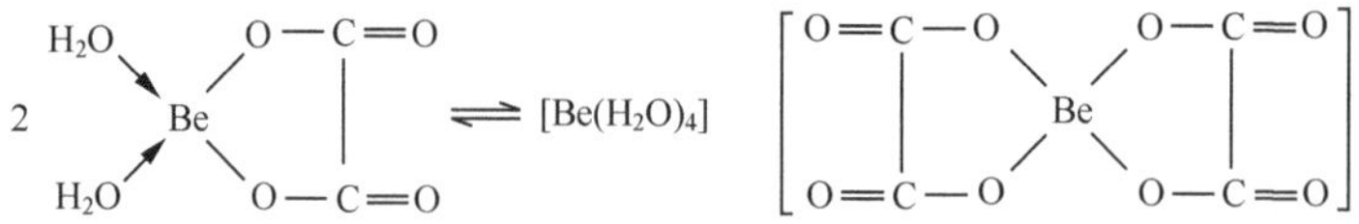

此外每个 $C_2O_4^{2-}$ 离子和一个 H_2O 分子结合，所得到的是三水合物。阴离子交换树脂或长链胺的溶剂能够萃取它，以及 $Na_2[Be(C_2O_4)_2]$ 物质的存在，这些事实都证明了溶液中确有 $[Be(C_2O_4)_2]_3^{2-}$ 离子存在。

(2) 正羧酸铍

铍的正羧酸盐都要在严格无水的条件下制备，因为只要有相当于 1/4 摩尔羧酸铍量的水，就能使它全部水解为含氧酸盐。反应如下：

$$4Be(RCOO)_2 + H_2O \longrightarrow Be_4O(RCOO)_6 + 2RCOOH$$

正醋酸铍是由醋酸氧铍(又称碱式醋酸铍)同冰醋酸和乙酰氯作用而制得的。

$$Be_4O(CH_3COO)_6 + 2CH_3COOH + 2CH_3COCl \longrightarrow 4Be(CH_3COO)_2 + (CH_3CO)_2O + 2HCl$$

其他正羧酸盐(包括甲酸盐)都是用无水 $BeCl_2$ 与相应酰氯作用而制得。

正醋酸铍和乙氧基铍 $Be(OC_2H_5)_2$ 相似，能形成三维交联聚合物。它的配位能力颇强，因此它既不熔化(加热即分解)也不溶于溶剂。它和铝、钪以及碱土金属的醋酸盐相似，能与气态或液态的氨作用，生成 $Be(CH_3COO)_2 \cdot 2NH_3$ 配合物。同样也能和甲胺或乙胺生成配合物。这些配合物的分子结构中有氢键存在，例如：

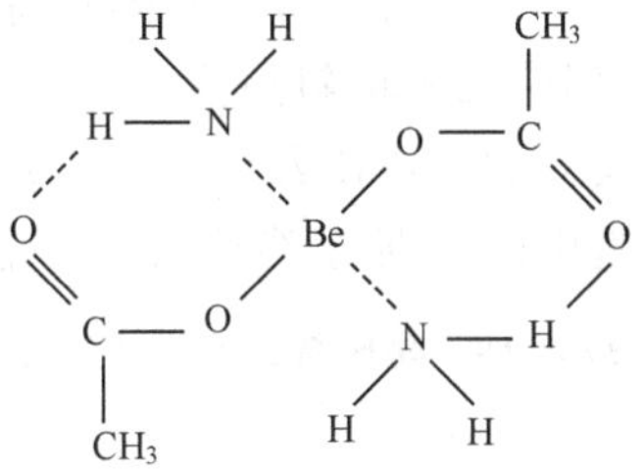

(3) 羧酸氧铍

羧酸氧铍是一类很重要的铍化合物，其中又以醋酸氧盐 $Be_4O(CH_3COO)_6$ 最为人们所熟悉。它们的主要制法可以总结为四种[3]：

1) 溶解 BeO 或氢氧化铍于相应有机酸或相应酸酐中，通过蒸发得到一种固体或油状液体。用氯仿或石油醚萃取，然后从溶液中重结晶。只有甲酸得到的是正盐，因为正甲酸盐比它的含氧盐较为稳定。

2) 有机酸对碳酸氧铍作用，这是制取甲酸氧盐的一个方法，也可将正甲酸盐加热到 250—260℃来制备。

3) 有机酸或酸酐与无水 $BeCl_2$ 作用，一般得到羧酸氧盐，只有在小心控制的条件下，才能生成正羧酸盐。

4) 有机酸或酰氯与铍的其他羧酸氧盐作用可制得该酸的含氧盐。此法为制备混合羧酸氧盐提供了有用的方法。混合羧酸氧盐也可由不同羧酸盐混合熔融而制得。Hardt 把醋酸氧盐和丙酸氧盐一起熔融或把乙酰氯与丙酸盐作用或把丙酸与醋酸氧盐作用，制备了一系列混合盐：$Be_4O(CH_3COO)_x(CH_3CH_2COO)_y$（$x+y=6$）。

这些羧酸氧盐是非电解质，不溶于冷水而溶于氯仿或苯等有机溶剂中。它们具有确定的熔点，通常能升华或蒸馏而不分解（表 4.19）。在一般情况下，它们对热稳定，不被氧化，在热水中慢慢水解。无机酸能使它们分解成相应的铍盐和有机酸。

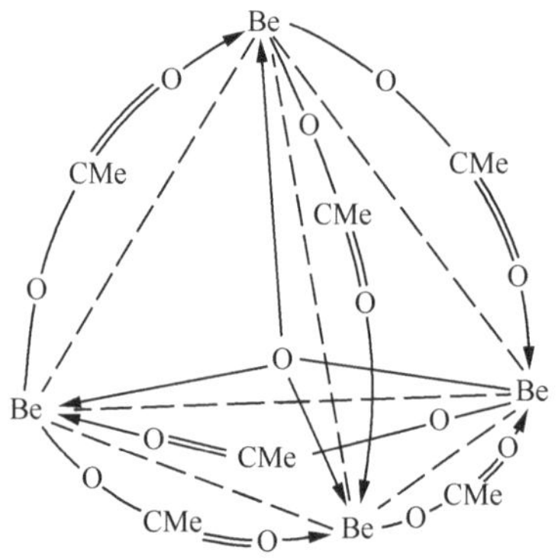

图 4.6　醋酸氧铍的结构

X 射线分析测定醋酸氧铍的结构如图 4.6 所示[1]。分子本身是四面体对称结构，中心为氧原子，四个铍原子位于四面体的顶点，六个醋酸根离子则连接在四面体的六条棱边上。醋酸氧铍的晶体属于立方晶系。当醋酸根中的氢原子被甲基置换后，将失去一些对称性，如丙酸氧盐和异丁酸氧盐将分别变为斜方和三斜晶系，同时它们的熔点也因而降低了（表 4.19）。醋酸氧铍本身也有几种晶形，至少还有两种单斜晶形。把立方晶体加热到 145—150℃得到高温单斜晶体，而在热的四氢化萘中把醋酸氧铍重结晶得到第二种单斜晶体。此外，在 40℃时立方晶体发生有序—无序的转化，在转变点反复加热或冷却时，并未发生重结晶现象，因此这种转化不是相变，可能是由于羰基中的 O 原子绕着 C—C 键转动所致。

表 4.19　羧酸氧铍的物理性质

化合物	分子式	熔点(℃)	沸点(℃)
甲酸盐	$Be_4O(HCOO)_6$	升华	
醋酸盐	$Be_4O(CH_3COO)_6$	285	330
丙酸盐	$Be_4O(CH_3CH_2COO)_6$	138,120	340
丁酸盐	$Be_4O(CH_3CH_2CH_2COO$	27	239(2.5kPa)
异丁酸盐	$Be_4O[(CH_3)_2CHCOO]_6$	88	336
异戊酸盐	$Be_4O[(CH_3)_2CHCH_2COO]_6$	液	254(2.5kPa)
苯甲酸盐	$Be_4O(C_6H_5COO)_6$	317	
邻氯苯甲酸盐	$Be_4O(ClC_6H_4COO)_6$	255	
三醋酸三丙酸盐	$Be_4O(CH_3COO)_3(CH_3CH_2COO)_3$	141,127	330
二醋酸四异丁酸盐	$Be_4O(CH_3COO)_2[(CH_3)_2CHCOO]_4$	−15	351

铍的羧酸氧盐与二噁烷或 SO_2 等附加物反应生成笼状包合物，如 $Be_4O(CH_3COO)_6 \cdot 2SO_2$ 或 $Be_4O(CH_3COO)_6 \cdot 1.5NO_2$. Семененко提出了生成笼状物的机理：醋酸氧铍分子的配位数已达到饱和，如果分子内部的键系没有经受广泛

的断裂,就难以或不能再生成正常的配键。然而这种大分子[如 $Be_4O \cdot (CH_3COO)_6$ 的摩尔体积为 51.6ml,$Be_4O(C_6H_5COO)_6$ 为 125ml]有高的极性,增加了含氧盐和配合组分之间的色散力,因而有利于生成笼状物。

Семененко进一步指出,这些笼状配合物的极限结构应为 $Be_4O(RCOO)_6 \cdot 2X$,这里 X 是半径约为 2Å 的球形分子。因为 Be_4O 四面体的表面有四个凸出处和四个凹陷处,所以在晶格中两个相邻的羧酸氧盐分子就有二种堆集的方式,或是一个分子的凸出处配合到另一个分子的凹陷处或是二个分子的凹陷处碰在一起生成一个封闭的孔穴,因此最多能容纳 $2x$ 笼合容体,孔穴的最大数目大致是醋酸氧铍分子数的二倍。

氨和胺类与醋酸氧铍能生成许多化合物,例如在 −33℃ 的液氨中生成 $Be_4O(CH_3COO)_6 \cdot 12NH_3$,它易于失去 NH_3 生成 $Be_4O \cdot (CH_3COO)_6 \cdot 4NH_3$ 和 $Be_4O(CH_3COO)_6 \cdot 3NH_3$,到 100—120℃则失去全部的氨得到氨和醋酸氧铍。在室温时这些氨配合物慢慢地分解为 $Be_4O(CH_3COO)_6 \cdot 2NH_3$,它们在水和无水乙醇中溶解后分解。甲胺、乙胺、丁胺和吡啶也与它生成类似化合物。所有这些配合物都是相对不稳定的,受热或溶解在氯仿等溶剂中分解为原来的组分。

胺合物生成时位阻效应起重要作用,例如 $C_2H_5NH_2$ 能够而$(C_2H_5)_2NH$ 和 $(C_2H_5)_2N$ 则不能够与醋酸氧铍结合。CH_3CN、C_2H_5Br 和 CH_3NO_2 的几何构型都与 $C_2H_5NH_2$ 相似,但是它们不能与醋酸氧铍生成配合物。胺合物的分解温度与胺的沸点无关,并且在分解时有显著的热变化。这些性质都不属于真正典型的笼状物。而且,吡啶和丁胺的分子都太大,不能容纳在醋酸氧铍晶格中半径为 2Å 的孔穴里。

Everest 认为如果把 $Be_4O(CH_3COO)_6$ 分子的结构分析成六个六节环(a),它的胺合物就可以看作是把这种六节环(a)重新排列成另一个新的六节环(b)。

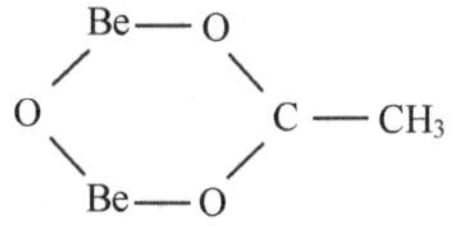

(a)

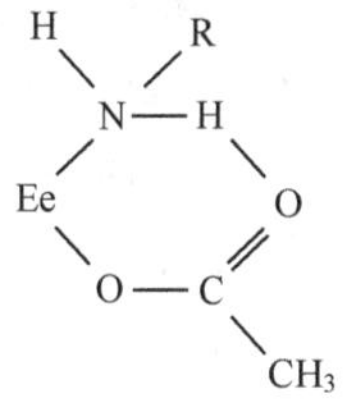

(b)

很明显,在醋酸氧铍分子中不可能只破裂一个环,至少要破裂三个环,留下三个是从上面一个 Be 原子分别与另外三个 Be 原子联成的环;最多破裂四个环,留下两个 Be 原子联成的环和另外两个 Be 原子联成的环。所以胺合物中有三个或四个胺分子。所提出的结构也说明$(C_2H_5)_2NH$ 和$(C_2H_5)_3N$ 之所以不能与醋酸氧铍生成胺合物,以及 CH_3CN、C_2H_5Br 和 CH_3NO_2 不能与它络合,因为它们都不可能用氢键生成六节环。

醋酸氧铍或它的胺合物能同醇类反应,生成一类没有完全研究清楚的奇异物质,如 $Be_4O(CH_3COO)_6$ 与 CH_3OH、C_2H_5OH 或 C_4H_9OH 一起沸煮,分别生成 $Be(OCH_3)OCOCH_3$、$Be(OC_2H_5)OCOCH_3$ 和 $Be(OC_4H_9)OCOCH_3$。反应如下:

$$Be_4O(CH_3COO)_6 + 3ROH \longrightarrow 3Be(OR)O \cdot COCH_3 + 2CH_3COOH + Be(OH)OCOCH_3$$

如果用醋酸氧铍的胺合物,则不需加热反应就能发生。这些醇化物醋酸盐不溶于醇而能溶于氯仿或甲腈等有机溶剂中,沸点升高法测定证明它们是聚合物。外推到无限稀溶液法证明:$Be(OC_2H_5) \cdot OCOCH_3$ 的分子量为 3480,$Be(OC_4H_9)OCOCH_3$的分子量为 5670,即分别含有 31 和 40 个单体。Новаселова 提出如下的结构单元(a),这与铍的正常醇化物的结构(b)相似。

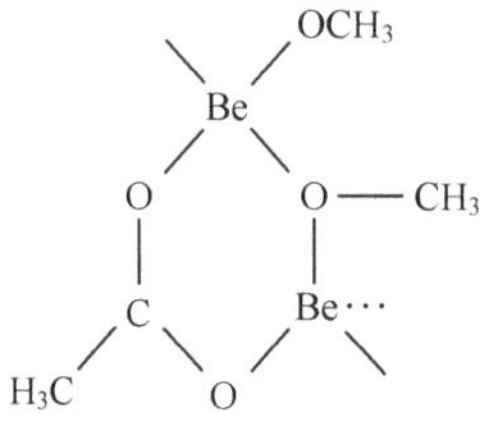

(a)

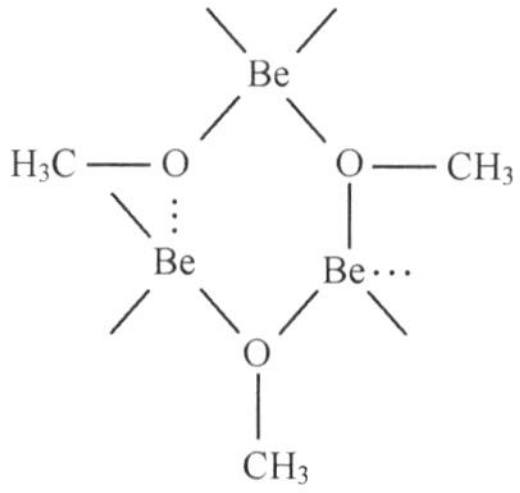

(b)

6.3.2 二酮类为配体的配合物

铍的 1,3-二酮类配合物也是一类重要配合物(表 4.20),其中乙酰丙酮合铍是最被人所熟知的。把乙酰丙酮的氨溶液加到铍盐的水溶液中即可析出乙酰丙酮铍盐沉淀。它可以溶在少量苯中,然后加石油醚再沉淀提纯。反应如下:

$$BeCl_2 + 2CH_3COCH_2COCH_3 + 2NH_3 \longrightarrow Be(C_5H_7O_2)_2 + 2NH_4Cl$$

也可以在硫酸铍溶液中加入过量 NaOH,然后加入乙酰丙酮而制得,该配合物是无色单斜晶体,溶于有机溶剂,不溶于水但能被热水、酸或碱分解。X 射线和红外光谱研究证明它的结构如下[1]:

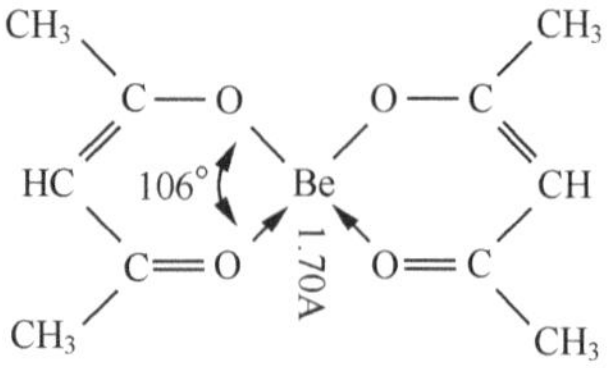

表 4.20 铍的 1,3-二酮类配合物

配体	配合物的熔点(℃)
乙酰丙酮	108.5
庚二酮-2,4	18
3-乙酰己酮-2	135—137
3-乙基戊二酮-2,4	140
5,5-二甲基环己烷-1,3-二酮	315
乙酰三氟丙酮	112
苯甲酰三氟丙酮	143
苯甲酰丙酮	210
二苯甲酰甲烷	214
间-和对-硝基苯甲酰丙酮	207,243
二特戊酰甲烷	93—97
二-(3-硝基-2,4-戊二酮)-铍	186
二-(3-胺基-2,4-戊二酮)-铍	248

其中四个 O 原子成四面体排列在 Be 原子的周围,每个乙酰丙酮基基本上是平面型的。O—Be—O 角为 106°;Be—O 是 1.70Å。其他 1,3-二酮类配合物示于表 4.20。

苯甲酰丙酮酸本身没有旋光活性,而它的铍配合物则显示旋光活性,Mills 和 Gotts 分离了这两种旋光异构体。因而证明了 Be 的四面体构型,也证明羰基中的 O 直接连在 Be 原子上生成螺环化合物。

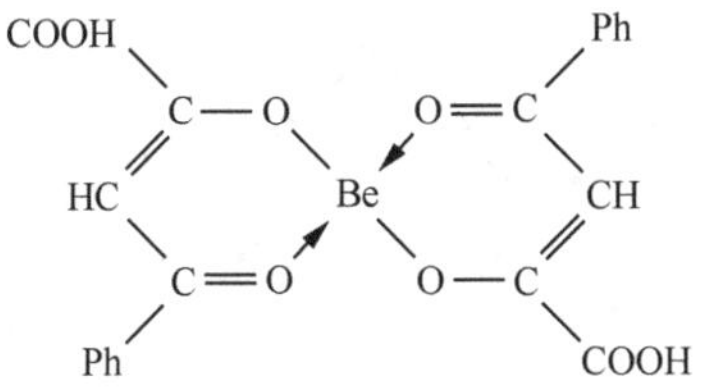

也有人报道了已经分离出其他铍盐的旋光异构体,例如苯甲酰丙酮配合物等。

硝酸铍的三水盐与乙酰丙酮的乙酸酐溶液作用能得到亮黄色晶体双(3-硝基-2,4-戊二酮基)合铍(a),在加压和镍催化剂存在下,还可用氢把它还原为相应的氨基化合物(b)。用 $Cu(NO_3)_2 \cdot 3H_2O$ 可使乙酰丙酮合铍在乙酸酐中硝化,得到含羟桥的二聚体(c)。

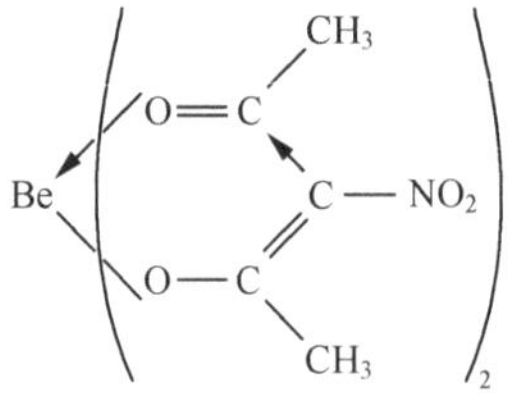

(a)

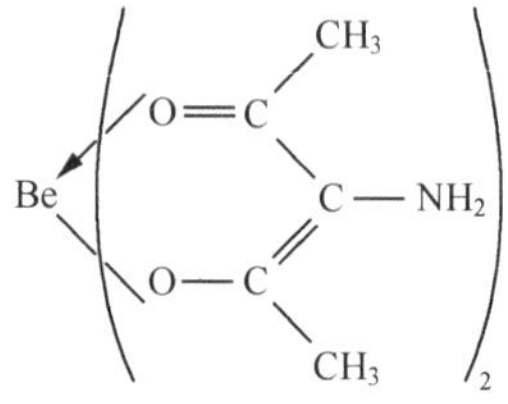

(b)

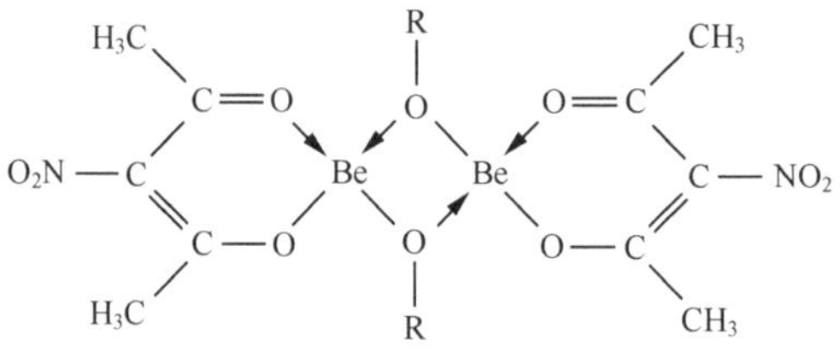

(c)

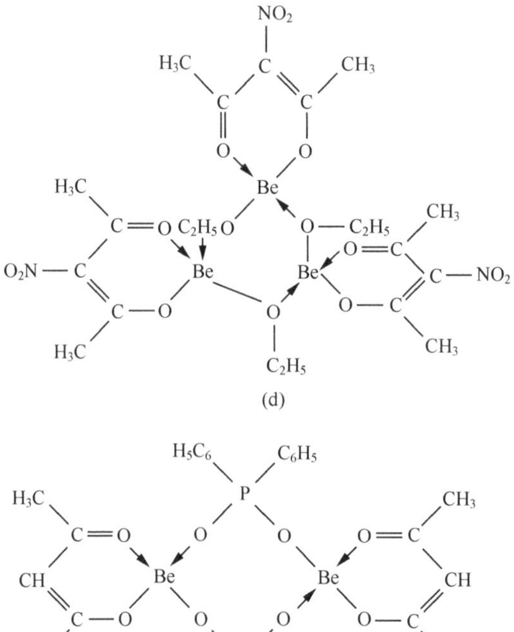

(d)

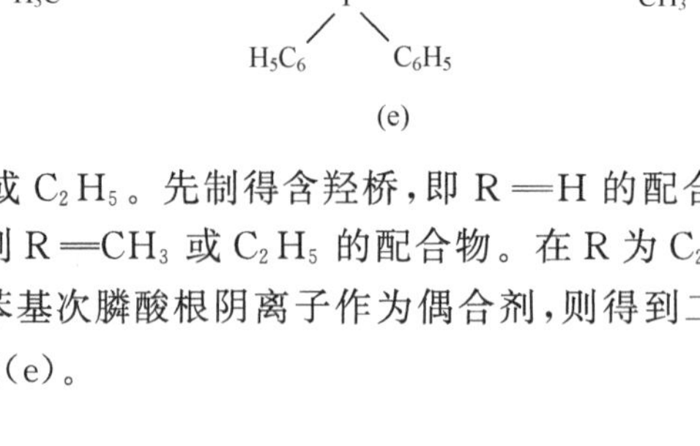

(e)

这里 R ═H、CH_3 或 C_2H_5。先制得含羟桥，即 R ═H 的配合物，然后让它与甲醇或乙醇作用，就得到 R ═CH_3 或 C_2H_5 的配合物。在 R 为 C_2H_5 时，还可生成三聚体(d)。如果用二苯基次膦酸根阴离子作为偶合剂，则得到二-u-二苯基次膦基-双(2,4-戊二酮)-二铍(e)。

6.3.3 羟基酸为配体的配合物

铍与羟基酸如柠檬酸、酒石酸和水杨酸及它们的衍生物的配合物也是重要的。它们不仅在溶液中是稳定的，而且有时可以分离出固体，如铍的水杨酸配合物 $Be(OH)(C_6H_4OHCOO)\cdot 2H_2O$ 等。用5-磺酸基水杨酸根（$HSSA^{2-}$）为配体时，分光光度研究证明，在pH2—6之间能生成1∶1配合物，配合时酚基中的氢被铍所置换。

$$Be^{2+} + HSSA^{2-} \rightleftharpoons BeSSA^{-} + H^{+}$$

这里 $HSSA^{2-} = {}^{-}O_3S\cdot C_6H_3OH\cdot CO_2^{-}$。pH>7时，1∶1配合物转化为1∶2配合物，一半量的铍沉淀为 $Be(OH)_2$。

$$2BeSSA^{-} + 2OH^{-} \rightleftharpoons Be(SSA)_2^{4-} + Be(OH)_2$$

1∶1配合物和1∶2配合物的结构式表示如下[3]：

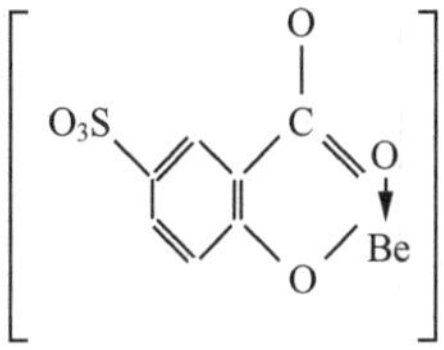
(1:1配合物)

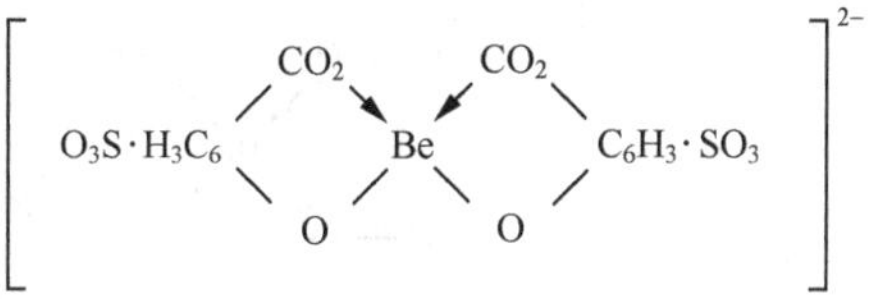
(1:2配合物)

铍和柠檬酸（H_3Cit）在pH3—4范围能生成三种配合物：BeH_2Cit^{+}、$BeHCit$ 和 $BeCit^{-}$。配合时柠檬酸分子中羟基的氢并不被铍所置换，这是由于柠檬酸中羟基的酸度比水杨酸中酚基的酸性要低。pH在8以上则得到 $Be : H_3Cit = 2 : 1$ 的配合物[3]。同样在碱性溶液中，每个酒石酸分子也能与多个铍原子配合。虽然配合物的本质尚不清楚，但是从氢氧化铍在酒石酸钠水溶液中的稳定性可以知道这些配合物是相当稳定的[3]。

6.3.4 铍的配位聚合物

有些铍的配合物可以制成铍的配位聚合物。在中性介质中，铍盐与双（1，3-二酮）类化合物反应能生成大环化合物（a）或（b）。把（a）或（b）加热到熔点以上，它们将聚合成无定形物质（c）。例如（a）中 $R'=CH_3$、$R=(CH_2)_8$ 时，在常压下，于200℃加热15分钟便得到（c）。该配位聚合物在室温时是柔韧的，温度在35℃时转变为玻璃体。反应如下：

$$R'COCH_2CORCOCH_2COR' + Be^{2+} \xrightarrow{pH7} (a)或(b)$$

$$(a)或(b) \xrightarrow{200℃} (c)$$

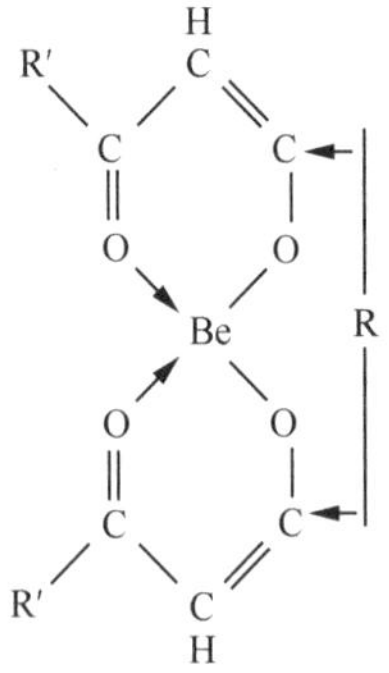

(a)

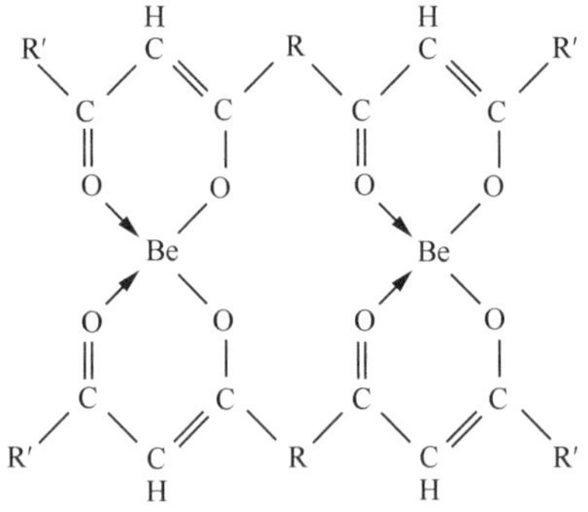

(b)

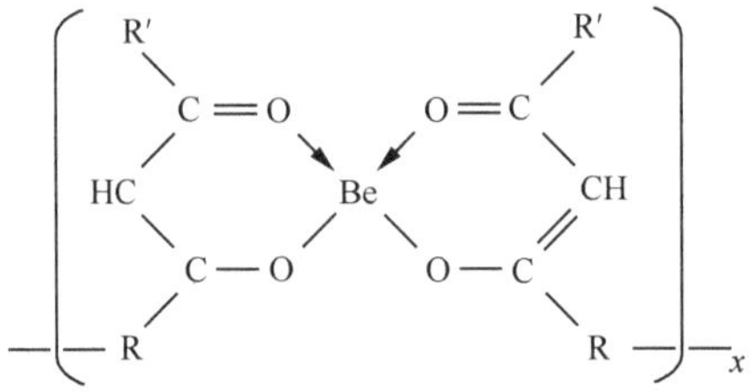

(c)

R 含 6 个或 6 个以上的 C 时，有利于生成(a)，较短的 R 链有利于生成(b)[1,3]。

此外，铍的 1,3-二酮类配合物单体与各种双功能团有机分子也可生成聚合物[1]。例如在

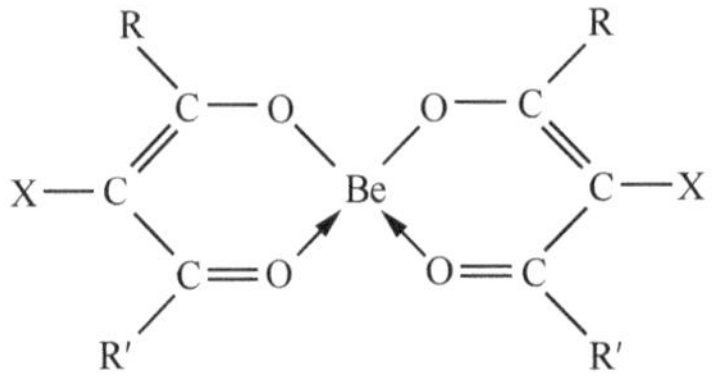

中，当 $X = NH_2$、$R = R' = CH_3$ 时，生成

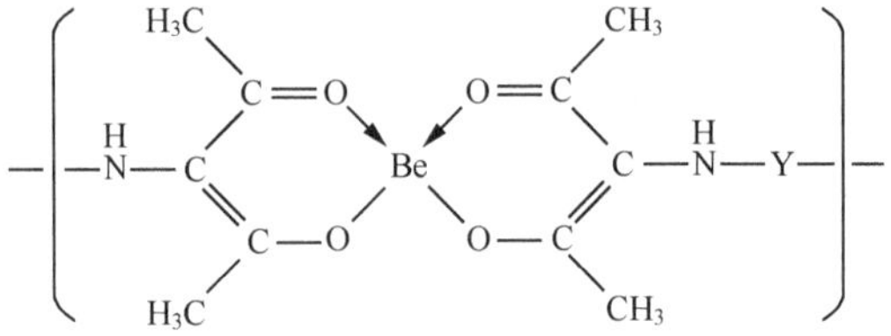

其中 Y=

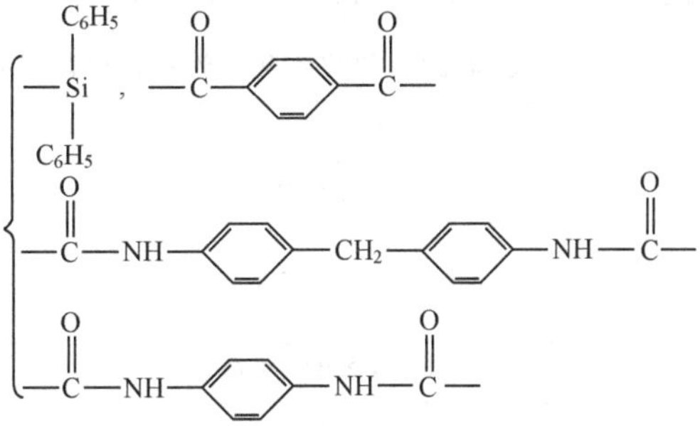

把醋酸氧铍的两个醋酸基用一个二元酸代替可得到另一类铍聚合物。实验步骤是:把等摩尔的醋酸氧铍和二元酰氯在苯或甲苯中缩合,然后加入低沸石油醚使聚合物凝聚[1,3]。

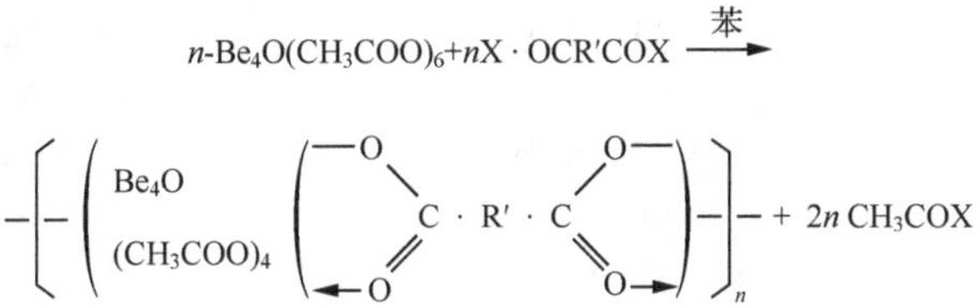

当只含有脂肪酸的配位聚合物在少量溶剂中增塑时,弹性不太大,仅能抽成短纤维。这些线状聚合物在室温时慢慢歧化,加热时歧化更快,生成交联聚合物和含氧羧酸盐单体。此反应破坏了原来线状聚合物所具有的可塑性。

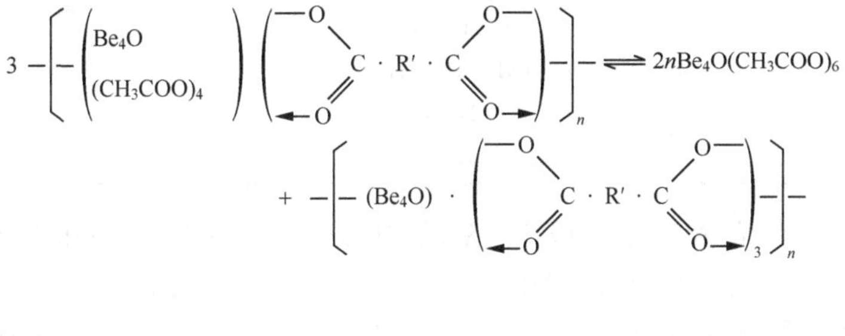

6.4 铍与含 VIIA 族给予体原子(F、Cl、Br、I)配体的配合物

在卤化物中曾提及铍能生成 $M_2^+BeF_4$、$M^{2+}BeF_4$、$M_2^+BeCl_4$ 和 $M^{2+}BeCl_4$ 等配合物。X 射线晶相分析和真空中红外光谱研究证明,$(NH_4)_2BeF_4$ 热离解生成 NH_4BeF_3 和 NH_4BeF_5。

最近有人研究了焦氟铍酸盐 $MLi_2Be_2F_7$ 的晶体结构,当 M=Rb、Cs、NH_4 和 Tl 时,它们的结构相似,但 Na 盐结构则不同。X 射线测得 $RbLi_2Be_2F_7$ 的晶体属单斜晶系，a=12.376Å，b=4.948Å，c=10.054Å[9]。

表 4.21 氯化铍和中性配体的配合物

配体	配合物	性质
醇、酚	组成不清楚	
醚	$BeCl_2 \cdot 2(C_2H_5)_2O$	白色结晶 mp. 43℃，在空气中分解，溶于苯、CS_2、CCl_4 中
醛	$BeCl_2 \cdot 2CH_3CHO$	
酮	$BeCl_2 \cdot 2CH_3COCH_3$ $BeCl_2 \cdot 2CH_3COCH_3 \cdot 4C_6H_6$	mp. 40℃，易失去苯
四氢呋喃(THF)	$BeCl_2 \cdot 2THF$	
硝基苯	$BeCl_2 \cdot 2C_6H_5NO_2$	
NH_3	$BeCl_2 \cdot 2NH_3$ $BeCl_2 \cdot 4NH_3$ $BeCl_2 \cdot 6NH_3$ $BeCl_2 \cdot 12NH_3$ $BeCl_2 \cdot 2NH_3 \cdot 4CH_3COCH_3$	较稳定 室温时稳定，156℃的 NH_3 压仅 6mmHg −50℃在空气中分解 −50℃在空气中分解 干空气中失去丙酮，但不失 NH_3
胺 乙二胺 肼和苯肼 HCN CH_3CN	$BeCl_2 \cdot 4CH_3NH_2$ $BeCl_2 \cdot 2(C_2H_5)_2NH$，$BeCl_2 \cdot 2BuNH_2$ $BeCl_2 \cdot 2NH_2CH_2CH_2NH_2$ $BeCl_2 \cdot 3NH_2CH_2CH_2NH_2$ $BeCl_2 \cdot 3NH_2NH_2$ $BeCl_2 \cdot 3NH_2NHC_6H_5$ $BeCl_2 \cdot 4HCN$ $BeCl_2 \cdot 2CH_3CN$	不溶于水

虽然 $BeCl_4^{2-}$ 的稳定性比 BeF_4^{2-} 差，但是 $BeCl_2$ 比 BeF_2 容易和中性配体生成配合物。BeF_2 只与 NH_3 生成 $BeF_2 \cdot NH_3$ 不稳定配合物，而 $BeCl_2$ 与许多中性配体也能生成多种配合物(见表 4.21)[5]。这些配合物都能被水分解，因而都只能在无水条件下制备。

在 $BeCl_2$ 与中性分子生成的配合物中，氨合物和醚合物研究的较多。在四种氨合物中，$BeCl_2 \cdot 2NH_3$ 和 $BeCl_2 \cdot 4NH_3$ 比较稳定，但是 $BeCl_2 \cdot 2NH_3$ 最难制备，因为由 $BeCl_2 \cdot 4NH_3$ 脱 NH_3 制备时，$BeCl_2 \cdot 2NH_3$ 也部分分解。$BeCl_2 \cdot 4NH_3$ 属斜方晶系，a=6.78Å，b=11.06Å，c=8.74Å。$BeCl_2 \cdot 2Et_2O$ 属六方晶系，a=7.65Å，c=20.00Å，加热到 100—200℃，它分解为 C_2H_5Cl 和聚合的 Cl—Be—OEt，$BeCl_2 \cdot 2Et_2O$ 能溶于苯、CCl_4 等有机溶剂中。在苯中测得偶极矩为

6.74D。由于加合二个乙醚分子使直线型的 $BeCl_2$ 变成近乎四面体的 $BeCl_2 \cdot 2Et_2O$，所以这样大的偶极矩可能来自于二个乙醚分子以及 $BeCl_2$ 分子的变形。已经证明在浓的醚溶液中，$BeCl_2 \cdot 2Et_2O$ 能生成三聚体，它的结构如下[1]：

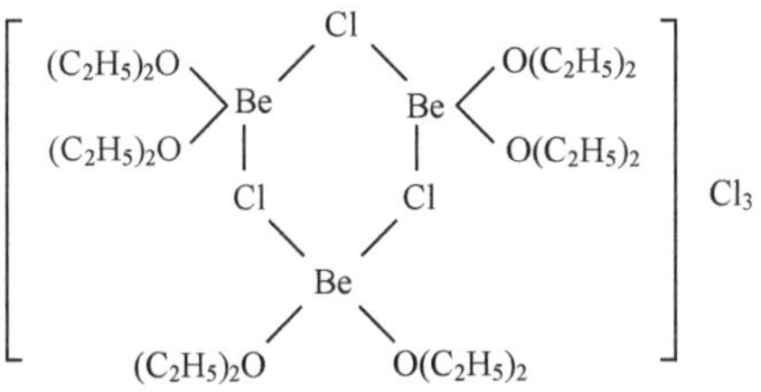

$BeBr_2$ 生成类似的 $BeBr_2 \cdot 2Et_2O$ 配合物，属单斜晶体，熔点为 53℃，70℃开始分解，160—170℃全部分解。BeI_2 不溶于乙醚，但可生成 $BeI_2 \cdot 2Me_2O$ 配合物。它与 NH_3 生成 $BeI_2 \cdot 4NH_3$、$BeI_2 \cdot 6NH_3$ 和 $BeI_2 \cdot 13NH_3$ 等配合物。

参 考 文 献

[1] J. C. Bailar et al, ed. ,"Comprehensive Inorganic Chemistry", Vol. 1(1973).
[2] D. A. Everest,"The Chemistry of Berillum"(1964).
[3] B. Morosin and J. Howatson, J. Organometallic Chem. ,29,7(1971).
[4] E. C. Ashby and H. S. Prasad, Inorg. Chem. ,14,2869(1975).
[5] N. V. Sidgwick,"The Chemical Elements and Their Compounds", Vol. 1(1952).
[6] "Annuel Reports on the Progress of Chemistry", Vol. 68(A),256(1971).
[7] G. E. Coats and M. Tranah, J. Chem Soc. A,236(1967).
[8] A. B. Новаселова, И. Т. Д. , Ж. Н. Х. ,9, 1141(1964).
[9] C. A. 85,395202(1976)

5. 碱土金属
（镁、钙、锶、钡、镭）

5.1 碱土金属的通性

在 4.1 节中曾提及碱土金属是由于它的性质介乎碱金属和土金属(IIIA 族金属)之间而得名的。例如,碱土金属的氧化物和氢氧化物同碱金属一样是强碱性的,但溶解度则小得多;碱土金属的氧化物与土金属的氧化物相似,有很高的熔点,氧化镁甚至可作为高温材料。碱土金属的单质无疑都属于轻金属(除镭外),因为它们的密度低于 5。镭则是 $^{238}_{92}U$ 的蜕变产物,是放射性元素。

碱土金属中最有代表性的元素是钙;镁在某些性质方面却与 IIB 族的锌更相似;钡和镭的密度比其他碱土金属大得多,但其他物理性质和化学性质都很相似。镁和锌的氢氧化物的溶解度都比氢氧化钙小,而硫酸盐的溶解度则相反。IIA 族元素性质的递变规律和 IA 族很相似。正如铍的一些性质与铝相似那样,锂的一些性质与镁相似(对角规则);而正如镁和锌之间的关系,钠的一些特性与 IB 族接近。这些变化趋势影响到元素在自然界的分布。也影响到它们的用途。但是本族性质的差异只是局部的,而且还有确定的规律,所以从总体来讲不会因此而影响到周期表作为一种分类体系的价值。

所有五种碱土金属元素都是强电正性的,在化合物中都是以氧化态+2 为特征,只在很少地方出现氧化态为+1(后面专节讨论),这是因为每个中性原子的最外层都有两个 s 电子(ns^2),所以它们很容易失去这两个电子而保持惰性气体的稳定电子结构。这种二价的 M^{2+} 离子没有成单电子,因此它们的化合物都是反磁性的,并且是无色的(除非阳离子有颜色)。

由于碱土金属,特别是钙、锶和钡的电正性较大,它们的原子从配体分子接受电子对而生成配合物的能力很小。随着金属的原子序数增加,配位能力逐渐减小。这种变化也表现在某些盐类的水合度方面,如表 5.1 所示[2,3]。铍的离子半径太小,没有 d 电子轨道可以利用,配位数为 4 时已达到饱和状态。

表 5.1 碱土金属盐类的结晶水

	Be	Mg	Ca	Sr	Ba	Ra
MCl_2	4	12,8,6,4	6,4,2,1	6,2,1	2	2
MBr_2	4	10,6,4	6	6,2	2,1	2
MCO_3	4	5,3,1	6,1	0	0	
MI_2	……	10,8,6	6	6,2,1	6,2,1	
$M(HCOO)_2$	0	2	0	2	0	

续表

	Be	Mg	Ca	Sr	Ba	Ra
MC_2O_4	3	2	0	2,5,1	3,5,2,0.5	
$M(CH_3COO)_2$	……	4	2,1	4,5	3,1	
$M(NO_2)_2$	……	9,6,3	1	1	1	
$M(NO_3)_2$	4	9,6,2	4,3,2	4	0	
MSO_3	……	6,3	2	0	0	
MSO_4	4,2	12,7,6,1	2,0.5	0	0	
$MSeO_4$	4	7,6,2,1	……	0	0	
$M(ClO_3)_2$	……	6,4	6,4,2	3,0	1	
$M(BrO_3)_2$	……	6	1	1	1	
$M(IO_3)_2$	……	10,4	6,1	6,1	1	
$M(ClO_4)_2$	4	6,4,3,2	0	4,2,2/3	3,1	
$M(IO_4)_2$	……	10	……	6	0	

这种随着金属原子序数增加配位能力减小的性质也可从 $CaCl_2$、$SrCl_2$ 和 $BaCl_2$ 与含氧有机化合物配合的范围看出。

既然碱土金属易电离成氧化态为+2的阳离子，而且随着原子序数的增大，这种倾向也增大，因此碱土金属的化学主要是它们的盐类(即离子型化合物)的化学。而所有盐类最重要的性质是它们在水中的溶解度和水合作用。金属盐类在水中的溶解度一般依照它们的水合度的大小而变化。从表5.1可知，随着原子序数的增加，碱土金属盐类的水合度逐渐减小，因而它们的溶解度一般也逐渐降低。金属离子的水合度也可以与离子的淌度作一比较：

	Be	Mg	Ca	Sr	Ba
离子淌度(25℃)	30	55.5	59.8	59.8	64.2

碱土金属中 Mg^{2+} 的淌度最小，水合度最大；Ba^{2+} 的淌度最大，水合度最小[3]。

钙、锶和钡的氧化物与含氧有机化合物的配合范围见表5.2。

表5.2　钙、锶和钡的氯化物与含氧有机化合物的配合范围[5]

$CaCl_2$	$SrCl_2$	$BaCl_2$
苯酚、酯	—	—
醇、酮	醇、酮	—
甘油、糖	甘油、糖	甘油、糖
羧酸	羧酸	羧酸

盐类溶解度既随着阳离子不同而变化，又与阴离子性质有关。溶解度的大小一般可分为(1)易溶，即摩尔溶解度 $S>1$；(2)颇溶，$1>S>0.01$ 和(3)微溶，$S<0.01$。由于碱土金属中，通常 Ba^{2+} 离子化合物的溶解度最小，因此可以用 Ba^{2+} 离子为标准，比较阴离子对溶解度的影响，如表 5.3 所示[2]。

表 5.3　不同钡盐的溶解度范围

$S>1$	$1>S>0.01$	$S<0.01$
氯化物	氢氧化物	碳酸盐
溴化物	氟化物	草酸盐
碘化物	丙二酸盐	氟硅酸盐
硫化物	琥珀酸盐	硫酸盐
叠氮化物	苯甲酸盐	铬酸盐
甲酸盐	亚硫酸盐	碘酸盐
醋酸盐	硒酸盐	
亚硝酸盐	溴酸盐	
硝酸盐		
氯酸盐		
高氯酸盐		

其次比较碱土金属阳离子对溶解度的影响。多数化合物的溶解度次序为 $Ca>Sr>Ba$(还包括镭盐，但数据不多，如硫酸盐、氯化物和溴化物的溶解度小于相应的钡盐)。但是氢氧化物、氟化物和草酸盐的次序则相反，即 $Ca<Sr<Ba$。钙、锶和钡的高氯酸盐以及多数有机酸盐的溶解度则随原子序数的变化很小。Mg^{2+} 离子化合物的溶解度与其他碱土金属相差较大，如以草酸盐为例，比较 IIA 族元素的相对溶解度如下[2]：

Ba　55000；　Mg　43；　Ca　1；　Ba　8

对于任何一种阴离子，碱金属盐类的晶格能和水合能都随着金属离子半径的增大而减小，为了使物质溶解，水合能必须大于晶格能。从钙到钡，离子半径逐渐增大，晶格能和水合能都逐渐减小。晶格能的减小有利于溶解度的增大，但是水合能的减小则都使溶解度降低。如果由钙到钡，化合物的水合能的减小比晶格能快，则它们的溶解度便依次降低。大多数盐类是如此。但氢氧化物和氟化物则相反，晶格能的减小比水合能快，因此溶解度依次增大。

表 5.4[2,4]和表 5.5 分别列出了一些盐类的溶解度和生成热。

碱土金属盐在含氧有机化合物中的溶解度也随着原子序数的增加而减小。以乙醇为例，$BeCl_2$ 在乙醇中溶解度很大，$MgCl_2$ 在乙醇中较大，$CaCl_2$ 稍小(约 30g/100g 乙醇)，$SrCl_2$ 很小，$BaCl_2$ 几乎不溶(仅微溶于甲醇)[3]。

表 5.4　碱土金属盐类在水中的溶解度(g/100g 水)

	Mg		Ca		Sr		Ba		Ra	
	25℃	100℃	25℃	100℃	25℃	100℃	25℃	100℃	2S℃	100℃
氟化物 MF_2	0.0076(18)	i	0.0017	-	0.011(0)	0.012(27)	0.12	-		
氯化物 MCl_2	54.25(0)	72.7	74.5(20)	159	53.8(20)	100.8	37.5	59	24.5[1)]	
溴化物 MBr_2	101.5(20)	125.6	14.2(20)	312	100(20)	222.5	104(20)	149	70.6[1)]	
碘化物 MI_2	148(18)	164.9	209(20)	426	165.3(0)	383	170(0)	205(20)[1)]		
氢氧化物 $M(OH)_2$	9×10^{-4}(18)	0.004	0.185(0)	0,077	0.41(0)	21.83	418[1)]	-		
碳酸盐 MCO_3	0.0106	-	0.0014	0.0018(75)	0.0011(18)	0.065	0.0022(18)	0.0065		
醋酸盐 $M(CH_3COO)_2$	63.4(20)[1)]	VS	37.4(0)	29.7	36.9	36.4	58.8(0)	75		
草酸盐 MC_2O_4	0.07[3)]	0.08[3)]	6.7×10^{-4}(13)	1.4×10^{-3}	0.0051(18)	0.15[2)]	0.0093(18)	0.0228		
硝酸盐 $M(NO_3)_2$	75.1[1)]	-	121.2(18)	376	70.9(18)	100(90)	8.7(20)	34.2	13.9(20)	
硫酸盐 MSO_4	26(0)	73.8	0.209(20)	0.1619	0.0113(0)	0.014(30)	2.46×10^{-4}	4.13×10^{-4}	2×10^{-6}	5×10^{-6}
氯酸盐 $M(ClO_3)_2$	128.6(18)	VS	S	S	174.9(18)	VS	27.4(15)[2)]	111.2[2)]		(45)
高氯酸盐 $M(ClO_4)_2$	99.3(20)	VS	188.6	VS	310	VS	198.5	562.3		
溴酸盐 $M(BrO_3)_2$	42(18)[4)]	VS	VS	VS[2)]	33(18)[2)]	-	0.3(0)[2)]	5.67[2)]		
碘酸盐 $M(IO_3)_2$	10.2(20)[5)]	19.3[5)]	0.20(15)	0.67(90)	0.03(15)	0.8	0.008(0)	0.97	0.0175(0)	0.170

1) 摘自文献[4]; 2) 一水合物; 3) 二水合物; 4) 四水合物; 5) 六水合物。括号内数值为除 25℃和 100℃以外的其他温度。

表 5.5 碱土金属某些化合物 MX 的生成热(kJ/mol)

X	Mg	Ca	Sr	Ba
$(AsO_4)_2$	−3059.8	−3330.5	−3350.1	−3421.7
$HAsO_4 \cdot H_2O$	—	−1715.4	—	−1721.7
Br_2	−5188.2	−674.9	−715.9	−754.8
$Br_2 \cdot 6H_2O$	−2407.5	−2498.7	−2528.8	−1365.2(2)
C_2	−87.9	−62.8	—	—
CO_3	−1111.7	−1207.1	−1218.4	−1218.8
$(HCO_3)_2$	—	−1353.5	—	−1366.1
C_2O_4	—	−1389.9	—	$-1521.7\left(\frac{1}{2}\right)$
$C_2O_4 \cdot 2H_2O$	—	−1962.7	$-2109.6\left(2\frac{1}{2}\right)$	−1966.9
$(C_2H_3O_2)_2$	—	−1485.3	−1492.4	−1485.7
$(C_2H_3O_2)_2 \cdot H_2O$	—	−1778.6	$-1636.8\left(\frac{1}{2}\right)$	—
$(CN)_2$	—	−184.9	—	−200.4
CN_2	−252.3	−351.4	—	−266.9
Cl_2	−641.8	−795.0	−828.4	−860.2
$Cl_2 \cdot H_2O$	−967.3	−1109.2	−1136.8	−1164.8
$Cl_2 \cdot 2H_2O$	−1280.3	−1403.7	−1438.0	−1461.9
$Cl_2 \cdot 4H_2O$	−1899.5	−2009.2	—	—
$Cl_2 \cdot 6H_2O$	−2499.5	−2607.5	−2623.8	—
OCl_2	—	−747.3	—	—
$(ClO_4)_2$	−588.3	—	—	−806.7
CrO_4	−1331.8	−1379.0	—	−1428.0
F_2	−1124.2	−1214.6	−1214.6	−1200.4
H_2	—	−188.7	−177.0	−171.1
I_2	−359.8	−534.7	−566.9	−602.5
$I_2 \cdot 8H_2O$	—	−2931.7	−2391.6(6)	−2678.2(7)
N_2	−461.1	−431.8	−390.8	−363.6
$(NO_2)_2$	—	−746.0	−750.2	−728.0
$(NO_3)_2$	−789.5	−937.2	−976.1	−992.0
O	−601.6	−635.5	−590.4	−558.1
$(OH)_2$	−924.7	−986.6	−959.4	−946.4
P_2	—	−504.2	—	—
$(PO_4)_2$	−4022.9	−4126.3	−4130.9	−4175.6
S	−347.3	−482.4	−452.3	−443.5
SO_4	−1278.2	−1432.6	−1444.7	−1465.2
$SO_4 \cdot \frac{1}{2}H_2O$	—	−1575.3	—	—
$SO_4 \cdot 2H_2O$	−1597.9	−2021.3	—	—
Se	—	−312.5	—	−594.1

注：括号内的数字表示结晶水数，该数与第一行所列数字不同。

在 IIA 族化合物中，铍以离子键存在倾向极小，而钡则最大。Ca^{2+}、Sr^{2+} 和 Ba^{2+} 离子的稳定无水盐是人们熟知的，但没有找到 Be^{2+} 离子的无水盐。它们化合物的离子特征随着金属电负性的减小而增加，这可由表 5.6 表示出来[3,6]。

表 5.6　IIA 族金属某些二元化合物的晶格

	Be	Mg	Ca	Sr	Ba
MO	纤维锌矿	NaCl	NaCl	NaCl	NaCl
MS	闪锌矿	NaCl	NaCl	NaCl	NaCl
MSe	闪锌矿	NaCl	NaCl	NaCl	NaCl
MTe	闪锌矿	闪锌矿	NaCl	NaCl	NaCl
MF_2	方晶石	金红石	萤石	萤石	萤石
MCl_2	链状结构	$CdCl_2$	稍变形的金红石	萤石	$PbCl_2$
MBr_2		CdI_2	稍变形的金红石	歪曲的 $PbCl_2$	$PbCl_2$
MI_2		CdI_2	CdI_2	—	$PbCl_2$

从表 5.6 可以看出，所有铍的化合物都是共价晶格，而其他金属化合物只有在阴离子半径大和变形性大时才是共价晶格。这些金属离子的极化能力随着原子序数增大而减弱，例如 $M(OH)_2$、MO 和 MCO_3 的热稳定性从 Be 到 Ba 依次增强，这可从它们到达某一定离解压的温度看出，如表 5.7 所示[3]。

表 5.7　碱土金属某些化合物的离解压

化合物	离解压	达到离解压的温度(℃)				
		Be	Mg	Ca	Sr	Ba
$M(OH)_2$	1333.22Pa		300	390	466	700
MCO_3	101325Pa	25	540	900	1287	1360
MO	101325Pa				357	840

钙、锶和钡金属溶于冷水而放出氢气。从镁的标准电势来看，也应有类似反应，但事实上它相对不活泼，这是由于镁金属表面上能生成一层氢氧化镁的保护膜之故。

所有碱金属在氧气中燃烧都可生成氧化物 MO。MO 溶于水生成氢氧化物，原子序数愈大，作用愈猛烈。$M(OH)_2$ 的碱性由镁到钡逐渐增强。

钙、锶和钡都能生成过氧化物 MO_2，并且它们都能从金属盐溶液中以 $MO_2 \cdot 8H_2O$ 形式沉淀析出。铍没有过氧化物。镁的过氧化物不沉淀，不能从氧化物中得到，只能间接制得。钙、锶和钡的过氧化物随着原子半径的增大其稳定性增强。

表 5.8 表示碱土金属天然稳定同位素的组成[6]。表 5.9 列出碱土金属的电子构型。

表 5.8　碱土金属的稳定同位素

元素	符号	原子序数	原子量[1]	天然同位素	百分比(%)	质量偏差[2]
镁	Mg	12	24.305	24	78.70	0.01496
				25	10.13	0.01416
				26	11.17	0.01741
钙	Ca	20	40.08	40	96.97	0.03741
				42	0.64	0.04137
				43	0.145	0.0 4122
				44	2.06	0.04451
				46	0.0033	0.0463
				48	0.185	0.0476
锶	Sr	38	87.62	84	0.56	0.0866
				86	9.86	0.0906
				87	7.02	0.0911
				88	82.56	0.0944
钡	Ba	56	137.33	130	0.101	0.0938
				132	0.097	0.0943
				134	2.42	0.0957
				135	6.59	0.0944
				136	7.81	0.0956
				137	11.31	0.095
				138	71.66	0.095
镭	Ra	88	226.0254	226[3]		0.025

1) 根据 1977 年修订的国际原子量表;

2) 同位素原子中所有粒子的质量之和与该同位素的原子质量之差;

3) 天然放射性同位素。

表 5.9　碱土金属的电子构型

层	亚层	该元素每层电子数				
		Mg	Ca	Sr	Ba	Ra
K	1*s*	2	2	2	2	2
L	2*s*	2	2	2	2	2
	2*p*	6	6	6	6	6
M	3*s*	2	2	2	2	2
	3*p*		6	6	6	6

续表

层	亚层	该元素每层电子数				
	3*d*			10	10	10
N	4*s*		2	2	2	2
	4*p*			6	6	6
	4*d*				10	10
	4*f*					14
O	5*s*			2	2	2
	5*p*				6	6
	5*d*					10
P	6*s*				2	2
	6*p*					6
Q	7*s*					2

参 考 文 献

[1] J. C. Bailar et al, ed. ,"Comprehensive Inorganic Chemistry"Vol. 1, pp. 591—669(1973).

[2] N. V. Sielgwick,"Chemical Elements and Their Compounds" Vol. 1, pp. 219—281(1952).

[3] P. J. Durrant and B. Durrant,"Introduction to Advanced Inorganic Chemistry", p. 418—451(1962).

[4] R. C. Weast ed. ,"Handbook of Chemistry and Physics", 59th ed. ,(1978—1979).

[5] National Acadamy of Sciences, National Research Council, Nuclear Science Series,"The Radiochemistry of Ba, Ca and Sr"(1960).

[6] J. J. Logowski,"Madern Inorganic Chemistry", p. 233—252(1973).

5.2 碱土金属元素

2.1 发现史

早在人们开始知道用火的时期，就可能已经知道自然界存在着石灰石，并能把它分解为石灰。古时候人们把消石灰用作灰泥。公元一世纪就记载着用石膏作灰泥。把大理石应用于建筑物、纪念碑和雕像的事由来已久。"Calcium"(钙)这个字来自拉丁文"Calx"，意思是石灰。早期，人们没有认识到石灰石中会含有不同含量比例的镁，直到炼丹术时期人们对于较重的碱土金属还是一无所知的。然而，在古代巴比伦使用玻璃器的同时，有一个小小的成就，就是应用了菱镁矿。Pling 描述了尼罗河发源地附近的山洞里如何开采石棉矿。

几世纪来，矿泉水曾被用来治疗疾病，既可以外洗，也可以内服。1618 年在英国 Epsom 发现了矿泉，从而使这个地区成为有名的场所。N. Grew 研究了这种盐水，并在 1695 年分离出固体的 Epsom 盐(即泻盐)，确认它与当时其他已知的盐是不同的。以后知道，把硫酸加到海水制造的盐卤中可以得到与泻盐相似的物质。与此同时，应用 M. Valentini 在 1707 年提出的方法，煅烧硝石残渣制备了一种名叫白苦土的万应灵药。F. Hoffmann 观察到用硫酸分别处理白苦土和石灰，所得产物是不同的。Joseph Black 于 1775 年确立了石灰石、石灰和镁氧矿之间的相互关系，但直到大约 1778 年，T. Bergman 和 A. Lauoisier 才明确提出这些"土质"都是氧化物而不是单质。

现在大家熟知的重晶石矿物($BaSO_4$)是在 17 世纪于意大利的 Balogna 首先被发现的。V. Cascariolo 在 Paterno 山上收集了重晶卵石，并且发现当与可燃物在一起加热到红热，然后曝置在太阳光下，这些卵石就会发出一些莹光。虽然许多人用这种物质做过实验，但是很长一段时间对它的性质是不了解的。A. Marggrat 在 1750 年证明它是硫酸盐。C. Schecle 在 1774 年研究软锰矿时，发现软锰矿石中有一些白色类似石膏的晶体，J. Gahn 证明这些晶体与波隆纳石(即重晶石)相同。1779 年 Sehecle 用重土制备碳酸钡并证明重土与石灰是不相同的。1784 年 W. Withering 把 M. Boulton 所收集的一种矿物鉴定为天然碳酸钡矿，现在人们称它为毒重石。

1787 年左右，在苏格兰 Strontian 地方的铅矿中发现一种矿物，原来以为它是碳酸钡，1790 年 A. Crawford 发现它是与碳酸钡不同的化合物，可能来自一种新的土质，就用地名命名为锶土。T. C. Hope 证实了 Crawford 的工作，并在 1791 年明确地区分了钡、锶和钙的化合物。他还注意到它们的盐类还有焰色反应，钡盐的火焰是黄绿色、钙盐是橙红色而锶盐是亮红色。

Joseph Priestly 在 1794 年对氧的研究和 Humphry，Davy 在 1807 年用电解熔融氧化钾制备钾时，最终确证这些碱土是氧化物而不是单质。Davy 继续试验用钾分别与石灰、苦土等熔融，但是由于没有适当的设备，不能把单质分离出来。同时 J. J. Berzelius 用氧化物和汞的混合物分别制得钡汞齐和钙汞齐。Davy 因而在 1808 年电解较多的氧化汞和潮湿的碱土混合物(混合比 1∶3)得到足量的汞齐，然后蒸去汞而溜下单质金属。于是一年之内用类似的方法分离出了碱土金属钙、锶、钡和镁，当然还不是非常纯的。R. Bunsen 约在 50 年后用电解 $SrCl_2$ 得到几克锶。Guntz 在 1905 年用汞齐蒸馏法得到 98.5%的钡，以后从氢化物分解制得了 99.5%纯度的钡。

1831 年 A. Bussy 改进了镁的制备方法，把氧化镁和钾放在玻璃管中加热。1852 年 R. Bunsen 制备镁和 1855 年 A. Mattiessen 制备钙都是采用电解熔融盐制备单质的方法。

碱土金属最晚发现的元素是镭。1896 年 A. H. Becquerel 观察到，一块未受光照的照相板在靠近铀的化合物时，显有曝过光的现象。以后证明这一现象是由铀发出的穿透性辐射引起的。Becquerel 还注意到：①照相底片黑化的程度与铀的化合物种类无关，但与化合物中所含的铀量成正比。②从铀发出的射线和 X 射线一样能使电器放电。居里夫人继续 Becquerel 的工作，发现在她可利用的元素中，只有钍和铀能产生电离辐射。她还注意到沥青铀矿显示出的放射性超过了铀含量所能显示的放射性。居里夫人和她的丈夫皮尔居里(Pierre Currie)从 Bohemia，Joachimsthal 矿中得到几吨铀的残渣，他们和 M. C. Bémont 进行了艰辛的分级操作，开始时他们用铋作为载体，因而发现了钋(Po)。以后他们发现最强的放射性在钡的沉淀物中，于是他们在结晶 $BaCl_2$ 中得到最终产物 $RaCl_2$。E. Demarcy 研究了镭的发射光谱，而居里夫人和 A. Debierne 于 1910 年分离出了镭金属单质。经过无数研究工作者的努力，才知道镭是铀自发裂变过程的产物。

2.2 存在和分布

碱土金属的化学活性很大，所以它们都以化合物形式存在于自然界中。这几种金属中有的很普遍而有的很稀少，例如在火成岩中，Ca 占原子丰度的第五位，Mg 是第七位，Ba 和 Sr 分别占第 21 和第 22 位，而 Ra 则列在丰度表近末尾的位置。表 5.10 是碱土金属在不同的自然环境中的平均分布数据。

表 5.10　碱土金属的丰度

元素	火成岩 百万分之几(重量)	土 壤 百万分之几(重量)	硅酸盐陨石 百万分之几(重量)	月球岩石 百万分之几(重量)	海 洋 百万分之几(重量)	太阳大气 原子数/百万个硅原子
Mg	18,700	6,000	178,00	42,000	1,310	7.9×10^5
Ca	29,600	13,700	19,700	103,000	420	4.4×10^3
Sr	340	300	10—20	166	8—12	12.6
Ba	650	500	6—7	210	0.03	4.0
Ra	9×10^{-7}	8×10^{-7}	1×10^{-7}	—	1×10^{-10}	—

工业上钙化合物的主要来源是石灰石。石灰石组成了地壳表面大部分的沉积床。海洋生物如牡蛎和珊瑚等在海底沉积作用过程中变为化石,形成巨量的碳酸钙沉积;也有些石灰石是从海水中直接沉积下来的。石灰石的成分主要是方解石(Calcite)$CaCO_3$,同时含有少量 Mg、Si、Fe 和 Al 的氧化物、有机物质以及其他痕量杂质。方解石的分布,量既丰富,范围又广,几乎所有发达国家都在开采,主要生产国家是前苏联、美国、法国和意大利,我国著名产地为河南、河北、四川、湖南、安徽、江西等省[3]。大理石是由粗粒状至细粒状的方解石在地壳压力下集合而成。我国产地云南大理最为著名,因而称为大理石。意大利和美国都产优质的大理石。冰洲石是最纯的方解石,是无色透明晶体,有良好的光学性能,因产于欧洲的冰岛而得名。可供显微镜、偏光计、比色计制造尼科耳(Nicol)镜之用。白垩(Chalk)是细粒的粉状 $CaCO_3$,我国河南的内乡,钲平和南召等地都产之,泥灰石是杂有粘土和砂砾的碳酸钙,性脆,可供制水泥之用。此外,石灰岩在风化过程中,先溶解而形成碳酸氢钙 $Ca(HCO_3)_2$ 进入溶液,又因蒸发使 CO_2 大量逸出使 $CaCO_3$ 复行沉淀,于是形成石钟乳和石笋。我国广西桂林和南宁等地的有名的溶洞,就是这样演变而来的。以上种种都属方解石类的 $CaCO_3$,属六方晶系。

文石是另一类 $CaCO_3$ 晶体,属斜方晶系。钙、锶和钡都有文石类的碳酸盐。因为 Ca^{2+} 的离子半径(1.01Å)正好处于六方晶系和斜方晶系要求的离子半径之间,所以 $CaCO_3$ 可以有方解石和文石二类不同的构型。文石在自然界的分布远小于方解石,为热溶作用过程最后阶段的低温矿物,见于喷出岩的孔洞中以及温泉的沉积物中。美国 Florida 和 Bahamas 的石灰岩,主要是由文石组成的。我国浙江的长兴、河北的周口店亦产之。

由于 $CaCO_3$ 和 $MgCO_3$ 能生成混晶,因此镁灰石矿较为普遍,其中以白云石 $CaCO_3\cdot MgCO_3$ 为主,它属六方晶系,是含 $MgSO_4$ 的热水溶液对石灰岩作用的产物,反应如下:

$$2CaCO_3 + MgSO_4 + 2H_2O \longrightarrow \underset{白云石}{CaCO_3 \cdot MgCO_3} + \underset{石膏}{CaSO_4 \cdot 2H_2O}$$

我国白云石分布很广，有的以白云岩产出，亦有的与石灰岩相间共存。白云石用途很广，既是 Ca 又是 Mg 的来源；常用作冶金工业的耐火材料和熔剂；与石棉混合，可作绝热材料等。

另一类钙的重要矿物是石膏 $CaSO_4 \cdot 2H_2O$，属单斜晶系，主要是化学沉积作用的产物。通常是白色。个别无色透明晶体，称为透石膏。石膏是由硬石膏水化而成。硬石膏 $CaSO_4$ 属斜方晶系。硬石膏层在地表露头部分，由于外部压力的降低，受地面水作用而转变为石膏，反应如下：

$$CaSO_4 + 2H_2O \longrightarrow CaSO_4 \cdot 2H_2O$$

同时体积显著增大，引起石膏层一些复杂的褶皱和断裂，这是石膏矿床共同的现象。石膏和硬石膏大量形成于盐湖中，所以常与岩盐共生。在岩石风化壳中，硫化物矿床的氧化带以及石灰岩受富含硫酸的水溶液作用时都可以形成石膏。世界产地以美法两国最多，其次为加拿大、意大利、奥地利和英国等。我国石膏产地分布很广，如广西怀远(宜山)的透石膏，可作光学仪器之用，一般则用于塑造模型、制造墙板和水泥等。

磷灰石 $Ca_5F(PO_4)_3$ 即 $CaF_2 \cdot 3Ca_3(PO_4)_2$，属六方晶系。世界产地以苏联最多，其次为加拿大、挪威等国。氟石或萤石 CaF_2，属等轴晶系。我国浙江各地盛产萤石。开采这两类矿石，目的在于利用它们的磷酸盐和氟化物成分。

在火成岩中，钙是以硅灰石出现，也存在于许多复杂的硅酸盐中，常含 Mg、Al、Fe、Ti 或 Cr。钙斜长石 $CaAl_2Si_2O_8$ 或 $CaO \cdot Al_2O_3 \cdot 2SiO_2$，属三斜晶系，是最普通的含钙硅酸盐岩石。由于岩石的风化作用，土壤中总会含有 Ca 和 Mg。天然水渗过土壤或岩石时吸取 Ca 和 Mg，变为硬水。

天然卤水及其蒸发残留物是 $CaCl_2$、$MgCl_2$ 和 $MgSO_4$ 的重要来源。海水蒸发而产生的古代矿床是镁矿物的丰富来源，兹列举于下：光卤石 $KCl \cdot MgCl_2 \cdot 6H_2O$，属斜方晶系，但大多为白色脂肪样的块状及粒状物，能发强荧光。我国许多盐湖沉积物中，富产光卤石；无水钾镁矾 $K_2SO_4 \cdot 2MgSO_4$，属等轴晶系；硫酸镁石 $MgSO_4 \cdot H_2O$，属单斜晶系，通常则为块状、粗粒状及细粒状，它是泻盐等受压力作用脱水而成，常与石膏、光卤石以及岩盐同地产出；泻盐 $MgSO_4 \cdot 7H_2O$，属斜方晶系，泻盐应用于医药、纺织、造纸等工业；溢晶石 $2MgCl_2 \cdot CaCl \cdot 12H_2O$，属六方晶系，但普通多呈块状或球状；水氯镁石 $MgCl_2 \cdot 6H_2O$，呈粒状、片状以及纤维状，产量很少。德国 Stassfurt 盐沉积物中含有以上这些矿物。在卤水和海水中可用石灰沉淀出 $Mg(OH)_2$，这是镁的最丰富的来源。

天然 MgO 以方镁石存在，但比较少见。大量的氧化镁则来自上述的 $Mg(OH)_2$ 沉淀、天然的水镁石 $MgO \cdot H_2O$(六方晶系)和碳酸盐菱镁矿 $MgCO_3$

(六方晶系)。

某些二价阳离子的离子半径如下：

	Mg^{2+}	Zn^{2+}	Fe^{2+}	Mn^{2+}	Ca^{2+}
离子半径(Å)	0.75	0.79	0.79	0.91	1.01

从离子半径很容易看出，Mg、Zn 和 Fe 彼此能广泛地互换，如菱镁铁矿(Mg、Fe)CO_3 的组成在很大的范围内变化。这种类质同晶的互换还可以部分地扩展到 Mn，但对 Ca 则没有或很少。Ca 与 Mn 之间形成完全类质同晶，而 Ca 与 Mg 等只能组成复盐如白云石，其中(Ca、Mg)CO_3 的成分变化的范围很小。苏联是世界上最大的菱镁矿产地。其他重要产地还有捷克斯洛伐克、奥地利、希腊、中国、北朝鲜、印度和土耳其。我国菱镁矿的储量较大，分布在辽宁、吉林、湖北、山东等省，主要由含 Mg 热水溶液与白云岩或石灰岩互相交换而成。

天然含镁的硅酸盐矿中，滑石或皂石 $Mg_3[Si_4O_{10}](OH)_2$ 或 $3MgO \cdot 4SiO_2 \cdot H_2O$、多种石棉、某些云母以及粘土等，都具有良好的物理性能，其中滑石往往由含有碳酸的热溶液与富含 Mg 的矿物作用而生成，同时菱镁矿和赤铁矿与之共生，反应如下：

$$\underset{\text{橄榄石}}{3(Mg \cdot Fe)_2SiO_4} + 3CO_2 + H_2O \longrightarrow \underset{\text{滑石(单斜晶系)}}{Mg_3[Si_4O_{10}](OH)_2} + \underset{\text{菱镁矿}}{3MgCO_3} + \underset{\text{赤铁矿}}{Fe_2O_3}$$

主要石棉矿物为蛇纹石石棉，又称纤维蛇纹石 $Mg_6[Si_4O_{10}](OH)_8$，既 $3MgO \cdot 2SiO_2 \cdot 2H_2O$，属单斜晶系，生成条件与滑石类似。如

$$3Mg_2SiO_4 + 4H_2O + SiO_2 \longrightarrow Mg_6[Si_4O_{10}](OH)_8$$

我国蛇纹石石棉产地很多，其中某地所产的石棉最长纤维可达 100cm 以上，为世界上所罕见。英国、加拿大、南罗得西亚以及苏联都有大量矿床。美国则产短纤维的石棉。火成岩中含镁矿物有橄榄石(Mg、Fe)SiO_4、顽辉石 $MgSiO_3$ 以及一些复杂硅酸盐如普通角闪石和黑云母等。有一种硅镁镍矿(Ni、Mg)$SiO_3 \cdot nH_2O$，产量多者可用以提取镍，主要产地在非洲。尖晶石 $MgAl_2O_4$ 即 $MgO \cdot Al_2O_3$，属等轴晶系，是一种变形的镁铝酸盐，有时可用作宝石，主要产地在亚洲各地。

锶主要以碳酸盐矿和硫酸盐存在。天青石 $SrSO_4$，属斜方晶系，类质同晶混杂物有 Ca 和 Ba。碳酸锶矿 $SrCO_3$，属斜方晶系，经常含 CaO，有时含 BaO、PbO 等。天青石较碳酸锶矿多，它们主要产于英国，一般少量散布在其他碱土金属矿物中。几乎所有石灰石与白云石都含有微量 Sr。古代含铷(Rb)矿物如鳞云母多半含有 Sr^{87}，它是放射性 Rb^{87} 的蜕变产物。根据 Ahrens 对芬兰的一些岩石的研究，认为花岗岩中 Sr 含量的 4%—9% 和花岗岩-片麻岩中 Sr 含量的 20%—30% 都来自 Rb^{87} 的蜕变产物。

与锶相似，钡的主要矿物也是硫酸盐矿和碳酸盐矿。重晶石 $BaSO_4$ 属斜方晶系，类质同晶混有 Sr 和 Ca。它经常作为金属硫化物矿床中的脉石矿物，与方铅矿、闪锌矿、辰砂等共生，也见于沉积锰矿、铁矿和浅海沉积中，主要成结核出现。世界许多地方有大量的沉积物，如美洲的美国、墨西哥、加拿大和秘鲁；欧洲的西德、苏联、意大利、希腊、爱尔兰和法国；非洲的摩洛哥和阿尔及利亚；亚洲的中国、北朝鲜和伊朗。碳酸钡矿或毒重石属斜方晶系，常见于热液矿床中，与方解石、白云石、铅锌矿、硫化物、尤其是重晶石共生。主要产地是英国。钡和锶相同，两者都没有独自的硅酸盐矿，但是如果有些硅酸盐矿中含有 Ca、Pb 或 K 时，Ba 和 Sr 可以置换一种或几种上述元素而以微量存在其中。钡矿物中常含有一些锶，同样锶矿物中也常含有一些钡。$BaSO_4$ 和 $BaCO_3$ 在水中的溶解度很小，因此天然卤水中最多只含痕量的钡。

镭没有长寿命的或稳定的同位素，都与铀共生。镭是铀的放射性蜕变过程中的某一中间产物。把铀放射系中寿命很短的元素略去不计，它的蜕变过程如下：

元素	U^{238}	$\longrightarrow \cdots\cdots U^{234}$	$\longrightarrow I_0^{230}$	$\longrightarrow Ra^{230}$	$\longrightarrow \cdots\cdots Pb^{208}$
半衰期(年)	4.5×10^9	2.48×10^5	8.0×10^4	1.6×10^3	稳定

在此体系中，组分达到放射平衡时，除第一种和最后一种元素外，每一种元素的蜕变速度和生成速度维持相等，因此不管用什么分离方法，一种铀矿中所含镭的量总是正比于铀的含量。Ra/U(观察值)约为 1mg/3kg。

铀主要矿物是沥青铀矿，其主要成分为 U_3O_8、钒酸钾铀矿 $K_2O\cdot2U_2O_3\cdot V_2O_5\cdot3H_2O$、铜铀云母 $CuO\cdot2UO_3\cdot P_2O_5\cdot8H_2O$ 和钙铀云母 $CaO\cdot2UO_3\cdot P_2O_5\cdot8H_2O$。铀的重要产地在扎伊尔、南非、加拿大西北部、捷克和美国的新墨西哥州等。由于放射性同位素都可从核反应堆中原子裂变获得，所以天然镭的需求能大大地减少。虽然化学处理铀矿的量日益增加，但实际上其中的镭都未回收。

海水中 Ra^{230} 的浓度小于由 U^{238} 浓度所计算的量，但又大于与之平衡的又存在于海水中的 I_0 所计算的量，这显然与上述放射平衡有矛盾。解释是：I_0 与同位素 Th 共沉淀并积聚在海洋沉积物中。由于 Ra 直接由 I_0 蜕变而来，一部分镭就由沉积物沥滤而出，并回到水相，因此在海洋中镭的量多于与 I_0 平衡所计算的量。但是从沉积物中沥滤到水相中的不可能是全部的镭，因此海水中镭的量又少于由 U^{238} 浓度所计算的量。

2.3 工业生产和用途[1,2]

2.3.1 镁

工业上金属镁的生产常采用电解法和热还原法，主要用氯化镁电解。电解法又分为两种，一种是在1896年由德国首先采用，原料要求用无水$MgCl_2$，此法现在较少应用。另一种是约在1915年由美国发展，原料改用部分水合盐，即$MgCl_2 \cdot 1.5H_2O$。这两种电解法主要的区别在于①得到原料氯化镁的方法不同；②电解槽的结构不同；③生产Cl_2的条件不同。Cl_2是需要循环使用的。热还原法主要用硅铁作用为还原剂。也可用CaC_2、Al和C为还原剂，但热还原法较少使用。

(1) 无水氯化镁电解法

$$MgCl_2 \xrightarrow[750℃]{电解} Mg + Cl_2$$

从电解槽出来的Cl_2用以生产无水$MgCl_2$。方法是先把菱镁矿$MgCO_3$煅烧成MgO，与粉碎的焦炭或其他还原剂混合，做成小球，然后在氯化器中加热到1100℃进行氯化，生产出熔融无水氯化镁。反应如下：

$$MgO + C + Cl_2 \xrightarrow{1100℃} MgCl_2 + CO$$

每个电解槽中有三个石墨阳板和六个钢阴极，槽内衬以耐火材料，用电流把电解槽加热到750℃，操作电流为20,000安培，电流效率约90%，但能量消耗较高，平均每磅镁消耗9.2千瓦时。金属纯度达99.95%。

英国和欧洲一般沿用此法，美国在第二次世界大战时也建立了一个大的企业，并与制金属钛企业联合起来。方法是用电解得到的Mg与$TiCl_4$作用，生产金属钛，副产物无水$MgCl_2$又回到制镁电解槽。因此可以尽量减少由MgO制无水$MgCl_2$的操作。

(2) 水合氧化镁电解法

加石灰至海水中可沉淀出$Mg(OH)_2$，反应如下：

$$MgCl_2 + Ca(OH)_2 \rightleftharpoons Mg(OH)_2 + CaCl_2$$

$$MgSO_4 + Ca(OH)_2 \rightleftharpoons Mg(OH)_2 + CaSO_4$$

用盐酸处理$Mg(OH)_2$得到$MgCl_2$溶液，先蒸发得到$MgCl_2 \cdot 6H_2O$，再蒸发大致成为$MgCl_2 \cdot 2H_2O$。最后在HCl或Cl_2气氛中蒸发得到$MgCl_2 \cdot 1.5H_2O$，然后把$MgCl_2 \cdot 1.5H_2O$放入熔融氯化物(含有NaCl和$CaCl_2$)的槽中，蒸发掉余下的水分。经过电解制得Mg(镁的电正性比钙和钠都小)和Cl_2。生成的Cl_2在天然气和水蒸气中燃烧转化成HCl，HCl又使$Mg(OH)_2$中和为$MgCl_2$。反应如下：

$$Mg(OH)_2 + 2HCl + 4H_2O \rightleftharpoons MgCl_2 \cdot 6H_2O$$

$$MgCl_2 \cdot 6H_2O \xrightarrow[空气]{\Delta} MgCl_2 \cdot 2H_2O + 4H_2O$$

$$MgCl_2 \cdot 2H_2O \xrightarrow[HCl]{\Delta} MgCl_2 \cdot 1.5H_2O + 0.5H_2O$$

$$\underset{\sim 20\%}{MgCl_2 \cdot 1.5H_2O}(+\underset{20\%}{CaCl_2} + \underset{60\%}{NaCl}) \xrightarrow[熔融]{700-720℃} MgCl_2 + 1.5H_2O$$

$$MgCl_2 \xrightarrow{\text{电解}} Mg + Cl_2$$

$$Cl_2 + H_2O + C \longrightarrow 2HCl + CO$$

制得的金属镁纯度>99.8%，电流效率 75%—80%，电能消耗为 18.5kWh/kgMg。

(3) 热还原法

热还原法中最重要的是用硅铁形式的 Si 作为还原剂，实际操作是用 75%硅铁。此法在 1934 年由德国首创，由于反应需要很高的温度而被其他方法所取代。以后由加拿大的 L. M. Pidgeon 修改和发展，所以又称 Pidgeon 法。1970 年加拿大建立了生产镁的工厂，用 Ni-Cr 钢做曲颈瓶，装料为 227kg 煅烧过的白云石和硅铁，抽空到低于 26.7Pa 的压力，在 1150—1170℃反应几小时，小心控制凝聚温度，可生产出高纯镁(99.98%)。反应如下：

$$2MgO \cdot CaO + FeSi \longrightarrow 2Mg + Ca \text{ 和 } Fe \text{ 的硅酸盐}$$

(4) 其他工业制法

Hangsgirg 的碳还原法

$$MgO + C \rightleftharpoons Mg + CO$$

此反应必须在 1800℃或更高温度的电弧炉中进行。因为反应是可逆的，在这样高的温度下，两种产物都是挥发性的，必须用油、氢气或天然气等迅速冷却以回收镁。此法在第二次世界大战时曾成功地应用过。在和平时期不能与前面几种方法相竞争。

有的工厂利用 Solvey 制纯碱法的副产物 $CaCl_2$，与煅烧过的并且消化了的白云石反应制成 $MgCl_2$。

$$CaCl_2 + 2CO_2 + Mg(OH)_2 + Ca(OH)_2 \longrightarrow MgCl_2 + 2CaCO_3 + 2H_2O$$

在英国有一段时间曾用 CaC_2 在真空中 1200—1600℃还原 MgO。

$$MgO + CaC_2 \longrightarrow Mg + CaO + 2C$$

Mg 被蒸出和冷凝回收。

镁金属或合金有低的密度和一定的化学活性，因而可用作结构金属。生产镁的原料是取之不尽的海水，而其他结构金属都会受到原料(最经济的矿床)将会消耗殆尽的威胁。随着其他结构金属生产的逐年困难和费用逐年增加，制镁工业的重要性逐年增大。以美国为例，1915 年每磅镁价格 5 美元，逐年降价，于 1943—1949 年减至每磅 20.5 美分，以后价格稍有上升，至 1957—1966 年每磅为 36 美分，1972 年还停留在每磅 38 美分。所以人们认为镁可能是世界上最有用的金属。

所生产的镁大部分用于制备轻合金，主要是铝合金。大多数工业铝加入高达 5%的镁，可以获得较好的机械性能并改进了可焊性，也改进了温和碱性条件下的抗腐蚀性。其次是锌合金，锌加入少量的镁可用于模铸或煅造，以增强抗蠕变强度。以镁为主要成分的合金,通常含有铝和锌,最普通的一种称为 A263(ASTM 体系),含有 6%Al 和 3%Zn。人们常常为着某种目的而加入其他元素。例如锰基合金中加入稀土和钍,使之能在较高温度仍保持抗张强度和抗蠕变性。因此这些合金应用于航空铸件和汽车部件,也用于轻便工具、行李包装和装卸货物的设备。在制造这些物体时,要求①易于机械加工;②必须采取措施使结构合金有最大的抗腐蚀性;③没有会生产偏析的杂质(尤其是 Fe 和 Ni);④在含有铬酸盐的槽中浸渍,作表面处理,使其生成保护膜。由于 MgO 在纯水或碱溶液中溶解度低,镁本身就很能抗侵蚀,但是加热和盐类的存在都会加速腐蚀。

另一方面镁的化学活性在某些地方却变为有利条件,例如镁之易被酸侵蚀性可应用于影印板。镁与一种糊状电解质之间存在着一定电位,可用于制造一种特殊类型的干电池,这种干电池像 Leclanché 锌电池,又类似普通的锌-锰干电池,但以单位重量计有较高的电压和较大的电容量。镁在电动序表中占较高的位置,因而可用作消耗性的阳极,而使其他金属得到阴极保护,如水加热器、船体和地下管道等都可用此法保护。

镁还有许多其他用途。例如,在有机合成中作为格氏试剂;在制造钛、锆、铪、铀、铍等金属时作为还原剂;在炼钢中作为去氧剂和去硫剂;镁应用于球墨铸铁中趋势日益增多,其中镁能改变碳相的分布情况,生成强度大为增加的“延性铁”;由于镁燃烧时发出强的白光,因此也用于火炬和闪光粉中。

1969 年世界产镁量 220,000 吨,1972 年产量达到 300,000 吨。按产量计算,主要生产国家为美国、苏联、挪威、加拿大、意大利、日本和法国。

2.3.2 钙

与镁相似,钙的工业制法也是用电解法和热还原法。经济上后法优于前法。

(1) 电解法

从 1905 年至 1940 年间,金属钙都是用电解法生产的。所用原料是 Solvey 法制纯碱的副产物 $CaCl_2$。无水 $CaCl_2$ 中加少量 CaF_2 或 KCl 作为电解质。电解槽采用内衬为石墨的钢箱,阴极是石墨或铁,并用水冷却。当产物钙积聚时,阴极就逐渐上升。当熔融的钙在阴极沉积时,就凝固成粘附的物质,同时被一层电解槽料所保护,使不被氧化。如果钙在熔点以下沉淀,则会得到海绵状产物。电解开始时,于 $CaCl_2$ 中通入交流电加热,以达到 780—800℃ 的操作温度以后电解时所用的直流电维持温度。化学效率约 60%(根据消耗每磅 $CaCl_2$ 所得钙的量计算),功率消耗为 33—55kWh/1kg。

电解所得产物钙屑中含有不少氰化物、氧化物、氮化物、碳化物、碱金属和其他碱土金属,再熔化时可以除去不少杂质,但是仍然有大于 0.5%的氯和显著量的氮存在。

(2) 铝热法

1920 年 Biltz 首先采用铝还原石灰的方法，进行小规模试验。以后在第二次世界大战初期，新英石灰公司发展了此法，开始以工业规模生产钙。反应如下：

$$6CaO + 2Al \longrightarrow 3Ca + 3CaO \cdot Al_2O_3$$

此反应的有利条件是：在反应条件下除 Ca 以外，所有产物和反应物都不挥发。铝还原法流程图如下：

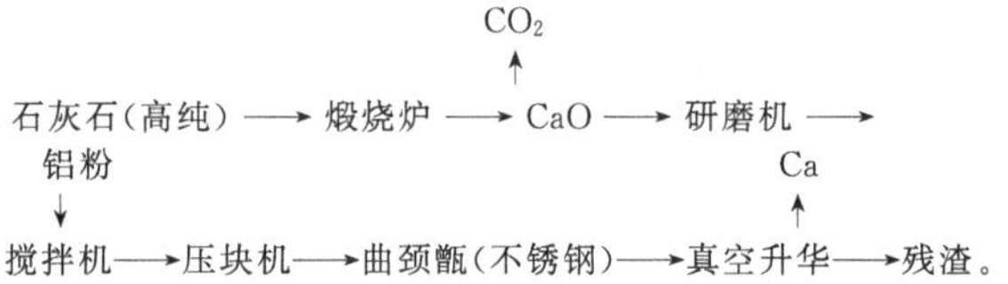

用过量石灰粉与铝粉混合，压成块状，装入不锈钢的管式蒸馏瓶中。抽真空至小于 2.7Pa，然后将管的装料一端用电炉加热至 1200℃，另一端则用水冷却。铝气化并与固态石灰反应。生产出来的钙升华到冷端收集。杂质有 0.3—0.6%Mg，0.1—0.2%Al，0.01—0.02%Mn，0.02—0.1%N，0.01%Fe 和 0.02%Si。

重蒸馏提纯钙：在真空度小于 0.67Pa，冷凝器温度为 300±50℃时，在气体燃烧炉中将蒸馏器加热到 900—925℃。如表 5.11 所示[2]，重蒸馏不能减少镁的含量。许多研究工作者通过分级蒸馏从 Ca 中除去 Mg，有的曾得到 99.9%纯度的 Ca，其中含 Mg 量小于 0.01%。某实验室还得到 100g 99.95%的 Ca，其中含 Mg 量小于 1ppm。这种 Ca 用于制备高纯 U 等。Alexander 发明了一种除去 Na 和 K 的方法，只要把蒸馏出来的钙蒸气通过 TiO_2、ZrO 或 Cr_2O_3 的粉末，碱金属就变为不挥发的 Na_2O 或 K_2O。

CaC_2 于石墨容器中，在真空和很高温度条件下，可以分解而制成金属钙。

表 5.11　重蒸馏对钙金属纯度的影响

杂质	蒸馏前，重量%	蒸馏后，重量%
Al	0.1	0.002
Mg	0.5	0.5
Mn	0.05	0.002
N	0.06	0.005
Fe	0.01	0.03
Si	0.02	0.001

钙的用途：近年来钙的最重要用途之一是作为制备许多稀有金属的还原剂。由于金属钙的高电正性以及 CaO 和 CaX_2(X 为卤素)的高生成热，所以钙成为许多金属和合金制备的有效还原剂。如制备 Zr、Hf、V、W、Th、U、Y、Sc 和多数稀土金属时，就是将它们的氧化物或氟化物用 Ca 还原而成。

高纯的 Ca 可用于制备 CaH_2,而 CaH_2 则用作 UO_2、V_2O_3、TiO_2 和 Nb_2O_5 等的还原剂,同时又是 H_2 的一种来源。

精炼铅时,把 Ca 加到熔融 Pb 中,Ca 与杂质生成不熔于铅的化合物 Bi_2Ca_3 以除去 Bi,因而使 Pb 中的 Bi 含量降低到 0.05%以下。

利用钙的化学活性,Ca 可作为 Fe 合金除 C 和除 S 剂、某些有机溶剂的干燥剂、石油的去 S 剂以及提纯 Ar 等惰性气体的氮吸收剂。

用 H_2 还原 Ca 和 Fe 的甲酸盐所制得的 Ca 和 Fe 混合物是制造高强度永久磁铁的材料。

虽然钙的用途不少,但需要量不大,因而总产量不高。

2.3.3 锶和钡

由于电解产生的 Sr 溶于电解质中,因此不能用电解法制锶。Guntz 和 Galliot 首次成功地用铝热法还原 SrO 制得金属锶。

$$x\text{SrO(s)} + 2\text{Al(l)} \longrightarrow \text{Sr(g)} + y\text{SrO(s)} + \text{Al}_2\text{O}_3\text{(s)}$$

如果操作在真空中进行,Sr 蒸气将凝聚在仪器的较冷部位,促使反应向右进行。设备与制 Mg 相似。

同样,在 900℃时 Ba 也溶于 $BaCl_2$ 中,溶解度达 30%,因此也不能用电解法制 Ba 和用 C 还原法制 Ba。因生成 BaC_2 而不能被采用。制备 Ba 的有效方法是铝热法或 Si 还原法。反应如下:

$$4\text{BaO} + 2\text{Al} \longrightarrow \text{BaO} \cdot \text{Al}_2\text{O}_3 + 3\text{Ba(g)} - \text{热}$$

$$4\text{BaO} + \text{Si} \longrightarrow 2\text{BaO} \cdot \text{SiO}_2 + 2\text{Ba(g)} - \text{热}$$

两个反应都是吸热反应。

可用真空蒸馏得到液态 Ba。制 Mg 的热蒸馏法可应用于制 Ba,只要将冷凝系统作一些修改即可。金属三相点的蒸气压控制着真空中的冷凝状态。

	Ba	Ca	Mg
真空度(Pa)	0.66	239.98	333.30
状态	真空蒸馏为液体	真空升华为固体	

Sr 在工业上没有用途,实验室仅需要少量 Sr。由加拿大制镁公司生产 Ba 或 Ba-Al 合金可用于无线电真空管中除去最后残留的气体。Ba 是最合适的真空吸气剂,因为 Ba 既稳定又能完全处理,又有活性能束缚住没用的气体。

2.3.4 镭

作为金属镭没有什么工业用途。镭盐最大的用途是作发光材料($RaBr_2$)和医疗用途以及工业的射线照相($RaSO_4$,因 $RaSO_4$ 不潮解)。

2.4　碱土金属的实验室制备

2.4.1　镁

早期人们用于分离 Mg 的方法，基本上都可用在实验室中制备 Mg。由于工业上已能生产很纯的 Mg，可直接应用于实验室，无需在实验室中再制备它了。如果确有必要制备少量的 Mg，则最方便的方法是 Pidgen 和 Alexander 所提出的方法，反应如下：

$$2MgO + 2CaO + FeSi \longrightarrow 2Mg + Ca_2SiO_4 + Fe$$

反应在一长而狭的钢弹中进行。将弹中装料的一端加热至 1150℃或更高温度，另一端用空气冷却。逐渐生成的 Mg 升华而出，在冷端凝聚。不需要抽真空，因为开始生成的 Mg 会扫除弹中所有的 O_2 和 N_2。反应完毕后，必须让体系完全冷却后方能启盖。

此外下面几种方法也能在实验室中制得金属镁[7a]。

① 二烷基镁在约 200℃分解为氢化镁，再加热到 300—500℃，氢化镁进一步分解为 Mg 和 H_2。

$$R_2Mg \xrightarrow{200℃} MgH_2 \xrightarrow{300—500℃} Mg + H_2$$

② 格氏试剂在非水溶液中进行电解，阴极得到镁，阳极得到卤化镁。

$$RMgX \xrightarrow[\text{电解}]{\text{非水溶液}} \underset{(\text{阴极})}{Mg} + \underset{(\text{阳极})}{MgX_2}$$

③ 将 $MgCl_2$ 溶于二甲基甲酰胺中，用液汞作阴极进行电解可得到镁。

$$MgCl_2\left(\text{溶于 } HC(=O)N(CH_3)_2\right) \xrightarrow[(\text{液汞为阴极})]{\text{电解}} Mg$$

镁的提纯是在不锈钢容器中用重复升华的方法进行的。

近代工业生产的镁含有约 2ppm 的 Fe，1ppm 的 Cr 和小于 1ppm 的 Ca、Cu 和 Si。

2.4.2　钙、锶和钡

钙和钡可以从工业产品中购买，锶则较难买到。这三种金属都可用铝热法在实验室制备。反应如下：

$$4SrO + 2Al \longrightarrow 3Sr + SrO \cdot Al_2O_3$$

所用仪器与制 Mg 相同，但要求完全抽空，因为这些元素的蒸气压较低，并需用水将另一端冷却。Ca 和 Sr 可以直接冷凝为固体,而 Ba 先冷凝为液体。因此所用设备的设计要考虑到这些差别。建议条件如下:

金属	投料(g)		温度(℃)	时间(h)
	氧化物	铝		
Ca	100	15	1200—1300	5—8
Sr	100	20	1300—1400	5
Ba	120	18	1200—1300	5—8

反应完毕,冷却、通入 Ar 气,然后开启弹盖。Danner 曾提出过制备很纯 Ba 或 Sr 的类似方法。

Ba 或 Sr 的汞齐适于作为还原剂。如果在真空中把汞蒸出,也可作为 Ba 和 Sr 金属的来源。汞齐的制备如下[8,12]:

$$Ba^{2+} + 2e + xHg \rightleftharpoons BaHg_x$$

在 250ml 烧杯中装入 250g Hg 和 100ml $BaCl_2$(或 $SrCl_2$)在水中的饱和溶液。将一根铂丝封在一支玻璃管的一端,使之和 Hg 相接触以作为阴极。用一块 5—10cm^2 的铂箔作为阳极。电流强度为 1.75—2.5A 经过电解池的电压降为 6—7V 电解 120—140 分钟,不时搅动 Hg 以防止汞表面形成壳层。电解完成后依次用水、乙醇和乙醚洗涤汞齐,贮存于密闭容器中。

粉状钙也可以从 $CaCl_2$ 和金属钠制备[4]。在 Ar 气保护下,用过量 Na 在 850℃反应 5 分钟,然后在 750℃用 Ar 气吹出 Na 蒸气。冷却到室温,加少量矿物油以保护浮在混合盐上面的 Na-Ca 金属混合物。在电热板上加热混合物至 110℃,当上面的重金属熔化时,倒入矿物油中。在凝固的金属混合物里,金属钠中包藏着 10%—20%微细分散的钙晶体。把凝块切成小块,在 N_2 气保护下逐块用甲醇处理。钠与甲醇作用生成的甲醇钠溶于甲醇中,而钙则留在容器底部。倾析分离出甲醇溶液,则得金属钙。反应式如下:

$$CaCl_2 + 2Na \longrightarrow Ca + 2NaCl$$

$$2Na + 2CH_3OH \longrightarrow 2CH_3ONa + H_2$$

镭汞齐也可用上面制钡汞齐的电解方法制得,只是规模更小。用 $RaCl_2$ 为原料,生成的汞齐经蒸去汞而得到镭。一部分镭能与所用石英管作用。

金属钡也可在 180℃分解其叠氮化物而制得。反应如下:

$$Ba(N_3)_2 \longrightarrow Ba + 3N_2$$

用类似方法,Ebber 曾制得 Ra-Ba 合金,Herschfinkel 曾制备了不纯的 Ra 金属。分解温度在 180—250℃。

2.5　晶体结构和同素异形体

碱土金属的晶型、原子半径以及晶格常数数据列于表 5.12[1] 中。和铍一样，镁在以固相存在的整体温度范围内，形成六方密堆积(hcp)的晶体，如图 5.1 所示结构，其中八个黑球代表一个单元晶胞中每个顶点的 Mg 原子，而含有小点的球代表接近单元晶胞中心的 Mg 原子。为了表示一个完整的六方晶系，用远离中心的白球表示某些近邻的 Mg 原子。每个原子有 12 个近邻原子，相距几乎都是 $a=3.20$Å，而对应位置的原子所组成的平面则相距 $c=5.20$Å。

钙在低于 300℃和锶在低于 215℃时都是面心立方 fcc 结构，如图 5.2 所示，fcc 结构和上述的 hcc 结构都是球体互相接触、具有最大空间利用率 74.05%的堆积结构。在钙的晶格中，$a=5.59$Å，每个原子有 12 个近邻原子，相距为 $a/\sqrt{2}=3.95$Å。在锶的晶格中，$a=6.05$Å，$a/\sqrt{2}=4.28$Å。温度较高时，钙和锶都有不同构型的结晶，也就是每种元素有几种同素异形变体。

金属钡象钠一样，是体心立方(bcc)结构。这种晶系的空间利用率为 68.02%。每个原子有 8 个近邻，相距为$\frac{\sqrt{3}}{2}a=4.34$Å。镭有同样的晶系，早期有估计数值，直到 1968 年 Weigel 和 Trinkl 发表了实验结果后，才得到唯一的晶格常数 $a=5.15$，列于表 5.12 中。表 5.12 中镭的两种原子半径是分别属于配位数 8 和 12 的。

表 5.12　碱土金属单质的晶型

单质	温度(℃)	构型	堆积型	原子半径(Å)	晶格常数	
					a	c
Mg	<0—650	—	hcp	1.60	3.20	5.20
Ca	<0—300	α	fcc	1.97	5.59	
	300—450	β	fcc(较低对称性)	1.87		
	>450	γ	hcp	1.81	3.98	6.52
	>450	*	bcc		4.48	
Sr	<0—215	α	fcc	2.13	6.07	
	215—605	β	hcp	2.02	4.31	7.05
	>605	γ	bcc	1.95	4.84	
Ba	<0—700	—	bcc	2.17	5.01	
Ra	<0—700	—	bcc	2.23，2.32	5.15	

* 表示有痕量的氮化物存在。

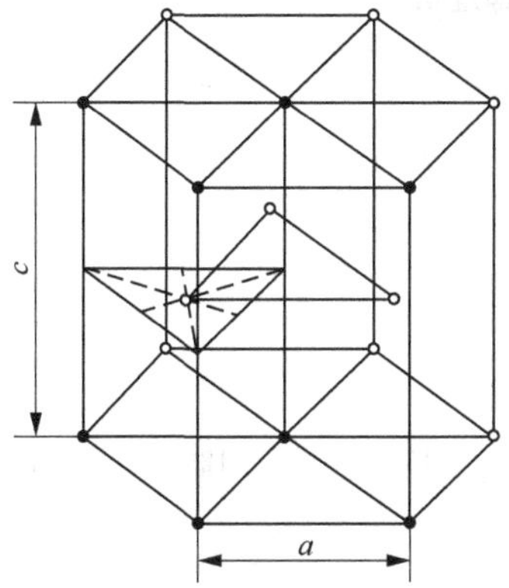

图 5.1 六方密堆积结构

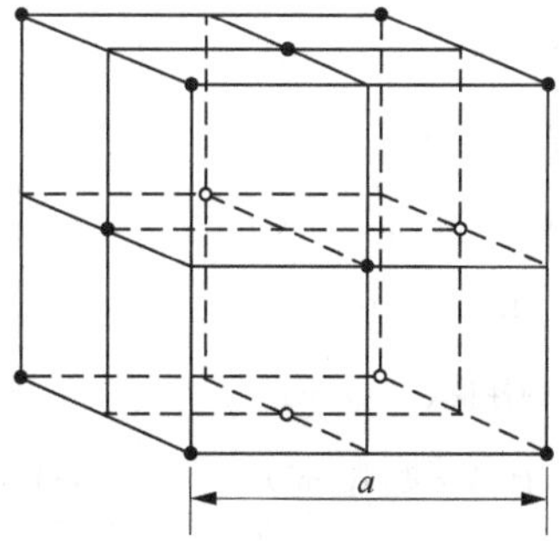

图 5.2 面心立方结构

Ca 和 Br 都有几种晶系的变化,而晶系的变化常影响到熔点和沸点的不规则变化。

Mg 和 Sr 之间不形成固熔体,因为它们在常温下不是同晶型的。Sr 和 Ca 或 Ba 都能形成固溶体,但是 Ca 或 Ba 在晶体中互相替换的组成范围是有限的,如当温度或压力大范围变化时,表现出固熔体组成变化不大。这是由于原子半径差别大以及晶体结构转变的能力有限所致。

2.6 物理性质[1,2,10]

碱土金属的新切断面呈典型的银白色金属光泽,锶色如黄铜,在潮湿空气中都很快失去光泽。它们都相当软,且随着原子量的减少其硬度和抗张强度增加。它们的熔点高于相应的 IA、IIB 和 IIIA 族元素,但低于多数其他金属。镁在碱土金属中熔点是最低的,室温时硬度最大。由于它有中等硬度以及较大的延展性,所以可发展成薄片或拉成丝。镁也是用作结构材料的唯一碱土金属。由刮痕试验测得镁的硬度约为 2.5(莫氏标准)。镁的电导约为铜的 9/25 或铝的 12/19,热导为铜的 5/13 或铝的 7/9。钙在惰性气体保护下,在 400℃ 可挤压成丝或棒,也可铸成锭。

碱土金属的机械性能和电学性能在相当大程度上取决于单质的结晶条件,而结晶条件又取决于样品的热处理和机械处理。纯度也是一个因素,但是内部纯度的微小变化对性质不会有太大的影响。表 5.13 列出了碱土金属某些物理性质的数值,其中括号内的数值是估算的。

表 5.13 碱土金属的物理性质

性质和单位	Mg	Ca	Sr	Ba	Ra
密度($g \cdot cm^{-3}$)(20℃)	1.738	1.55	2.63	3.52	5[1]
原子体积(cm^3/mol)(20℃)	13.98	25.9	33.3	37.9	41
硬度(Brinell)(20℃)	38	14			
(Rockwell)(20℃)	50	42			
弹性模数(kg/mm^2)	4570	2400	(1600)	1290	(1900)
抗张强度(kg/m^2)	9,842,966	4,851,176			
电阻($\mu\Omega \cdot cm$)(20℃)	4.46	3.5	23	50	(100)
热导(J/cm · deg sec)(20℃)	1.55	1.26			
热容(J/g · deg)					
固态(20℃)	1.025	0.653	0.305	0.2042	(0.126)
液态(927℃)	1.448	0.75	0.40	0.297	(0.209)
熔点(℃)[1]	649	842	768	727	700
沸点(℃)[1]	1090	1484	1384	1640	<1140
熔化热(J/g)	368	213	93.7	58.2	(38)
蒸发热(J/g)	5242	3862	1799	1021	(502)

1) R. C. Weast,"Handbook of Chemistry and Physics 59th ed."(1989—1979)。

表 5.14 中收集了用以计算熔融金属的液体密度和表面强力的公式[10],式中 T 代表绝对温度。所有表面张力与温度所作的直线相交于接近 $\sigma = 0$ 的点和所有密度与温度所作的直线是平行的。这些都说明碱土金属有相等的表面能以及碱金属在液态时性质的相似性。

表 5.14 液态金属的性质

液态金属	密度(g/cm^3)	表面张力(J/cm^2)
Mg	$1.834-2.647\times10^{-4}T$	$721\times10^{-7}-0.149\times10^{-7}T$
Ca	$1.613-2.21\times10^{-4}T$	$472\times10^{-7}-0.100\times10^{-7}T$
Sr	$2.648-2.62\times10^{-4}T$	$392\times10^{-7}-0.085\times10^{-7}T$
Ba	$3.59-2.74\times10^{-4}T$	$351\times10^{-7}-0.075\times10^{-7}T$

图 5.3 是碱土金属的蒸气压曲线。与碱金属不同，所有碱土金属单质气化时都表现出单原子分子的理想气体特性。

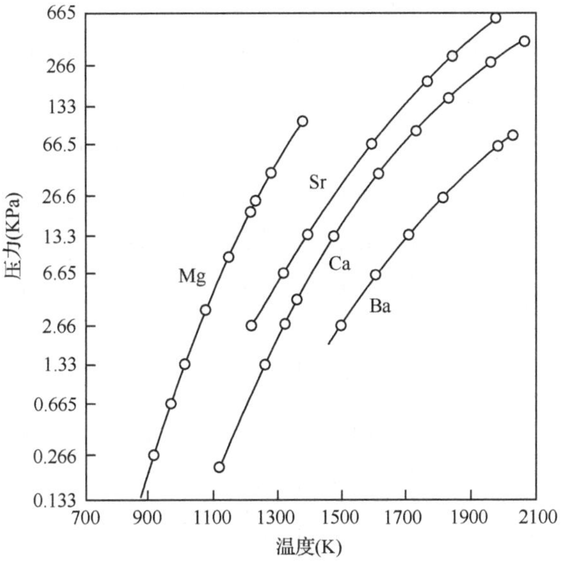

图 5.3　碱土金属的蒸气压曲线

2.7　核　性　质

当一个含有不同同位素的单质受到中子撞击时，可产生新的同位素。其数量和种类是原来同位素的核性质、同位素之间的比例以及中子能量的函数。表 5.1 已列出碱土金属的稳定同位素的天然丰度。有一种重要的核性质称为中子俘获截面，它是确定一种同位素接受一个中子的能力。表 5.15 列出碱土金属同位素实验测得的中子俘获截面的数值，单位为毫靶(mb)，1 靶(barn)等于 10^{-24} cm^2。但是这个单位只是作为衡量中子与原子核相互作用几率的大小，而不是真正的面积。除非另有注明，表 5.15 中的数据都摘自 Heeth 所汇编的数据，是属于用热中子流每毫秒照辐 2000 次的数据。凡有二个数值之处，每一个表示一种特殊同位素的生成，其中有一个(m)是通过内转换(internal transition)进行蜕变的。略去精确度的估算，误差一般为 10%－25%。表中所列每种元素的第一个数值是其稳定同位素的天然混合物的平均截面。

表 5.15　热中子俘获截面

Mg		Ca		Sr		Ba	
同位素	截面(mb)	同位素	截面(mb)	同位素	截面(mb)	同位素	截面(mb)
天然混合物	64	天然混合物	440	天然混合物	1210	天然混合物	1200
24	52	40	220	84	650(到 85m)	130	2500(到 131m)
					400(到 85)		11000(到 131)
25	180	42	700				
26	30	43	6200	86	1300	132	700
		44	1100	87	—	134	160(到 135m)
							2000(到 135)
		46	250	88	5	135	5800
		48	1100			136	10(到 137m)
							400(到 137)
						137	5100
						138	3500

以钙为例,具有相当高截面的^{44}Ca俘获一个中子而生成^{45}Ca,同时放出 γ 射线。但是由于天然钙的同位素中只有 2.06%为^{44}Ca,所以^{45}Ca的产率是低的。^{45}Ca是不稳定的,半衰期为 165 天,失去一个电子(β^-)后,蜕变为钪的同位素^{45}Sc,没有 γ 辐射。

已经报道的碱土金属的人工放射性同位素镁有 5 种、钙 8 种、锶 13 种、钡 9 种以及镭 15 种(不包括由铀天然蜕变而来的^{226}Ra)。这些人工放射性同位素蜕变时多半放出电子(β^-)或正电子(β^+)或轨道电子俘获,半衰期都很短。数据来自 Heath 的手册。

许多镭同位素的热中子截面是已知的,但是没有包括在表 5.15 中。这些截面一般很大,例如^{226}Ra的热中子截面约为 206 靶(barns)。^{226}Ra以及所有它以下的同位素蜕变时均放出 α 粒子,而^{225}Ra则是例外。

从可利用性以及要求足够长的半衰期的观点来看,仅几种碱土金属同位素可用作放射性示踪原子。其中一些列示于表 5.16[1] 中。测定许多元素包括^{86}Sr的中子截面以及从载体上分离出放射性产物的典型方法,Bayhurst 和 Prestwood 都已在文献中写出。进行放射性同位素操作时,要求采取适当的安全措施,并且要严格遵守管理条例。

表 5.16　作为放射性示踪原子的同位素

同位素	来源	半衰期	蜕变产物
^{27}Mg	$^{26}Mg(n,\gamma)$,(Triga 反应器)	9.5 分	β^-,^{27}Al
^{28}Mg	$^{26}Mg(\alpha,2p)$,(39MeV 回旋加速器)	21 小时	β^-,^{28}Al(也有活性)
^{45}Ca	$^{44}Ca(n,\gamma)$,(Triga 反应器)	165 天	β^-,^{45}Sc
^{89}Sr	$^{88}Sr(n,\gamma)$	52 天	β^-,^{89}Y
	$^{89}Y(n,p)$		
^{90}Sr	核裂变	28.1 年	β^-,^{90}Y(也有活性)
^{131}Ba	$^{130}Ba(n,\gamma)$	12 天1)	^{131}Cs(也有活性)
^{139}Ba	$^{138}Ba(n,\gamma)$	82.9 分	β^-,^{139}La
	$^{139}La(n,p)$		
^{140}Ba	核裂变	12.8 天	β^-,^{140}La

1) 轨道电子俘获。

2.8　化 学 性 质

碱土金属的化学性质取决于原子失去两个电子生成二价阳离子的容易程度，也取决于离子与其他元素离子生成化合物时所排列的几何结构。一般来说，较重碱土金属和较强氧化性的其他元素，反应较易发生。这可从表 5.17 中汇列出的氧化物、氮化物和氯化物的生成热变化情况看出。

表 5.17　碱土金属的几种化合物的生成热(kJ/mol)[13,14]

	Mg	Ca	Sr	Ba	Ra
氧化物(MO)	−610.0	−636	−590.8	−558.1	(−544)
	−601.2 1),2)				
氮化物(M_3N_2)	−482.0	−429.3	−381.6	−376.6	(−368)
	−461.1 1)	−431.8 2)			
氯化物(MCl_2)	−631.8	−799.1	−826.8	−857.7	(−887)
	−641.4 1),2)	−795.8 1),2)	−828.4 2)	−860.2 2)	

1) 数据来自 JANAF 表，其他的生成热数据取自 H. Remy,“Treatise on Inorg. Chemistry”, Vol. 1, p237 (1956)；

2) R. C. Weast,“Handbook of Chemistry and Physics”, 59th ed. (1978—1979).

碱土元素的电离势、变形性和电负性，都是有规则地随着原子序数的增大而减少，但从 Ca 到 Ba 没有多大变化。它们的电极电势也有类似情况，只是数值上随着原子序数的增大而增大。因此碱土金属，特别是 Ca、Br 和 Ba 的性质差别不大。以电负性为例，碱土金属的电负性相差不大，仅略大于碱金属的电负性，且两族元素之间有一定相似性。Mg 最大 1.56，Ca1.22，Sr1.10，Ba1.02，Ra 最小，估计为 1.0。与电负性数值相一致，Ca、Sr 和 Ba 的氧化物是强碱性的，并且它们的稳定盐中存在着简单的金属离子（M^{2+}）。

虽然镁的电极电势高（－2.37V），但是镁是碱土金属中最稳定的元素。它不被大气和一些化学介质所侵蚀，这主要是由于它能生成氧化物或氟化物等保护膜。如果经过阳极处理，则氧化物膜的保护性能更好。点燃镁的细粉或薄箔，就产生眩目的闪光。但是厚度超过 0.125 英寸（0.318cm）的大面积镁片就难以燃烧。因为金属传热很快，而 MgO 是很差的传热体，所以镁就不能像钢那样用氧焰切割。镁的焊接最好是在惰性气体如氦或氩气中进行，使其不致于生成 MgO 或 Mg_3N_2。

镁粉易点燃，如果以高于爆炸下限的浓度将镁粉悬浮在空气中点燃，它将猛裂爆炸。在实验室试验进程中，可观察到压力很快升高。因此要强调在生产、加工和处理镁粉时，必须采取一切可能的保护措施。用 Clement-Fraser 仪器测定，压力升高的最大速率大约为 266Pa/sec，Hartmann 仪器记录的速度达 1662.5Pa/sec[2]。

镁金属的反应见表 5.18。

表 5.18　镁金属的反应[5]

试剂	反应条件	反应情况	产　　物
H_2	570℃，200atm，有 MgI_2 存在		MgH_2
O_2	在熔点 600℃以上，块状金属	燃烧发亮光	MgO
空气	① 室温条件	表现上没有反应	表层 MgO 阻止进一步反应
	② 高温	燃烧发亮光	MgO 和 Mg_3N_2
H_2O	① 冷水对纯金属	无反应	
	② 水蒸气对纯金属		MgO 和 H_2
	③ 冷水对镁汞齐		MgO 和 H_2
SO_2，CO_2，NO，NO_2	红热	燃烧	主要是 MgO
CO	高温		MgO
B_2O_3	热		Mg_3B_2
SiO_2	热	猛烈反应	Mg_2Si
BaO_2	灼烧	爆炸	

续表

试剂	反应条件	反应情况	产　　物
N_2	800—850℃		Mg_3N_2
NH_3	热		Mg_3N_2
NH_3	用 I_2 在 350—400℃活化		$Mg(NH_2)_2$
$NaNH_2$ 或 KNH_2	热		$Mg(NH_2)_2$+Na 或 K
C		无反应	
S	600℃		MgS
P	热		Mg_3P_2
As		反应	
Si		反应	
HF	① 干燥 ② 水溶液	反无应 金属溶解	 MgF_2
F_2		燃烧发亮光	MgF_2
Cl_2		燃烧发亮光	$MgCl_2$
I_2	① 纯蒸汽,600℃ ② 湿 H_2 ③ I_2 在无给予体的溶剂中 ④ I_2 在有给予体的溶剂中	几乎无反应 猛烈反应 慢反应 快反应	 MgI_2 MgI_2 MgI_2
稀酸		快反应	Mg 盐,酸不被还原
碱		无反应	
C_2H_5OH	被 I_2 活化		$Mg(OC_2H_5)_2$
CH_3OH	200℃		$Mg(OCH_3)_2$
C_2H_2	① 500℃ ② 600℃		MgC_2 $MgC_2+Mg_2C_3$
CH_4	750℃		仅 Mg_2C_3
烷基或芳基卤化物(F 化物除外)	醚溶液		格氏反应
$Hg(CH_3)_2$	醚溶液		$Mg(CH_3)_2$

金属镁的最重要反应之一是与水的反应。新切开并去掉油脂的镁屑，在常温常压下，可与纯水作用生成 H_2。由于生成不溶的 $Mg(OH)_2$ 膜，反应会自动停止。在高温下化学活性增强。第二次世界大战时，曾把镁用于手提氢气发生器以充装气象气球。当时把水蒸气通过热金属镁以发生反应。

$$Mg + 2H_2O \longrightarrow Mg(OH)_2 + H_2$$

镁的电极电势较高体现了它的强化学活性，它能从 Zn^{2+} 离子溶液中置换出 Zn，同样也能与 Fe^{3+}、H^+ 或 Hg^{2+} 离子反应。在中性或碱性溶液中反应很难进行，而在盐酸等稀酸性溶液中，反应能顺利地进行，因为酸阻止了 $Mg(OH)_2$ 膜的生成。镁可将许多元素还原为中间氧化态，例如

$$Mg + 2Fe^{3+} \longrightarrow Mg^{2+} + 2Fe^{2+}$$

$$5Mg + 2MnO_4^- + 16H^+ \longrightarrow 5Mg^{2+} + 2Mn^{2+} + 8H_2O$$

将混合均匀的 Mg 和 Fe_2O_3 点燃，反应很猛烈，并产生很高热量，这和铝粉的还原作用类似，反应如下：

$$3Mg + Fe_2O_3 \longrightarrow 3MgO + 2Fe$$

除 HF 以外，所有的普通酸都易与镁作用。HF 酸则是由于生成难溶的 MgF_2 膜而中断反应。

金属镁与单质卤素能直接结合。在某些有机溶剂中或在高温而没有 O_2 或 N_2 存在时都可能发生此类反应，但在干燥的溴中稳定。

$$Mg + X_2 \longrightarrow MX_2$$

在高温和没有或极少 O_2 或 N_2 存在时，镁的其他反应如下：

$$Mg + 2HCl \longrightarrow MgCl_2 + H_2$$

$$3Mg + 2P \longrightarrow Mg_3P_2$$

$$Mg + S \longrightarrow MgS$$

$$2Mg + TiCl_4 \longrightarrow 2MgCl_2 + Ti\text{(应用于制钛和钍)}$$

$$2Mg + UF_4 \longrightarrow 2MgF_2 + U$$

$$Mg + FeS \longrightarrow MgS + Fe$$

镁和 FeS 的反应可应用于铸铁中脱硫，只要在熔化的普通脆性铸铁铸模之前，加入少量的镁(0.2%或更少)，即可将硫脱除，MgS 成为熔渣。脱硫后的铸铁显有加强的韧性和延性。

碱土金属溶于液氨生成溶剂化电子的蓝色溶液。含等当量的碱土金属和碱金属液氨溶液，有相同的可见光谱，这种光谱来自与溶剂化电子有关的跃迁。碱土金属在液氨中失去两个电子：

$$M + (2x + y)NH_3 \rightleftharpoons M(NH_3)_y^{2+} + \underset{\text{(蓝色)}}{2e(NH_3)_x^-} \quad (1)$$

镁溶于纯氨不生成蓝色溶液。如果延长时间和将液氨加热至沸腾则有 H_2 放出。如果有强碱如 $NaOCH_3$ 或 KNH_2 存在,立即生成蓝色溶液。此现象可解释如下:因为 Mg^{2+} 离子有相当高的电荷密度,因此,如果 Mg 起(1)式反应,就会强烈地加氨分解(类似于 Al^{3+} 在水中的水解):

$$Mg(NH_3)_y^{2+} + NH_3 \rightleftharpoons Mg(NH_3)_{y-1}^{2+}(NH_2)^- + NH_4^+ \quad (2)$$

式(1)的溶剂化电子和式(2)的 NH_4^+ 离子反应生成 H_2:

$$NH_4^+ + e(NH_3)_x^- \rightleftharpoons (x+1)NH_3 + 1/2H_2 \quad (3)$$

有强碱在时,式(2)平衡向左移,使 NH_4^+ 离子的浓度减到可忽略不计,于是式(3)反应并不发生,因此溶液变成蓝色[8]。也可预期 Be 溶于液氨的情况将与 Mg 相似,因为 Be^{2+} 离子的电荷密度比 Mg^{2+} 离子更高[8]。

钙、锶和钡很活泼,需要把它们保持在惰性气体中或贮存在煤油中。它们与较不活泼金属的氧化物、硫化物或卤化物在高温时都能作用,夺取其中的氧、硫或卤素。钙、锶和钡的反应见表如 5.19。

多数钡化合物的生成自由能比其他碱土金属相应化合物的生成自由能有较低的负值,因此 Mg 和 Ca 可还原 BaO,但是产物总是合金。用镁处理 BaO 能生成“活化”的合金,用于吸收氧化性气体。

钡能与多数金属作用。但铁是最不易与它作用的金属。钡与许多金属如 Mg、Pb、Pt、Si、Sn、Zn、Al 和 Hg 作用生成合金或金属间化合物。作为金属还原剂来说,钡不如钙。

表 5.19　钙、锶和钡的反应[5]

试剂	反应情况和产物
空气	所有三种金属都生成 MO 和 M_3N_2。Ca 主要生成 Ca_3N_2,Ba 主要生成 BaO
O_2	所有三种金属都燃烧成 MO
N_2	缓慢加热,所有三种金属都生成 M_3N_2
H_2O	所有三种金属都生成 $M(OH)_2$ 和 H_2。反应随着原子序数增大而更猛烈,但 Ba 不如 Na 猛烈
ROH	都可生成 $M(OR)_2$(醇化物)和 H_2
H_2	缓慢加热,都直接结合为 MH_2,Ca 比 Ba 容易
NH_3	在 NH_3 中加热时生成 M_3N_2 和 MH_2
液 NH_3[1]	都能溶解生成 $M(NH_3)_6$,溶液呈深蓝至黑色,蒸发后残渣为金黄色或紫铜色。有催化剂存在时,氨合物分解为 $M(NH_2)_2$(氨化物)、真空中进一步加热可分解为 MNH(亚氨化物)或 M_3N_4(过氮化物)
CO_2	高温时作用都生成 MC_2 和 MO
酸	和镁一样,生成盐类和 H_2

2.9 碱土金属的生理作用[1,2,9]

除镁以外，人们不能直接与碱土金属接触，因为这些金属易被湿气所腐蚀，而腐蚀产物都是强碱，会伤及皮肤。

在潮湿的土壤中存在着 Mg^{2+} 离子和 Ca^{2+} 离子，它们在大多数表面水所溶解的固体中分别占 5%和 25%。所以它们可被各种动物和植物所利用，对动植物的生存起着重要作用。

1906 年当 Tswett 发表了用色谱吸附分析把叶绿素分离成组分后不久，R. Willstätter 证明镁以配位键存在于叶绿素分子中。Willstätter 对叶绿素进行了大量的研究工作，并出版了第一部关于叶绿素的书，因此在 1915 年得到了诺贝尔奖金。以后许多工作者对叶绿素作了大量工作，发表了不少文章，出版了专集论文。叶绿素之所以如此重要，是因为它在阳光影响下能在植物体内起光合作用。它的最主要成分是叶绿素 a 和叶绿素 b，在较高等植物中 a∶b＝2.5±0.5—1.0 它们都能溶于丙酮、苯、CS_2 或二噁烷中，但在冷的甲醇中溶解得很少。经特殊处理可得到叶绿素 a 的蓝-黑色针状结晶，叶绿素 b 为深绿色片状结晶[2]。

近年来日本 Tanaka 和 Hara 观察了营养液中谷类光合作用的活性与 Ca^{2+}、Mg^{2+} 离子浓度的关系。他们发现，需要多于 0.6mgMg/dm^2 才能产生叶绿素，其中 20%的 Mg 用于生成叶绿素。当 Ca/mg 比值高时，Mg 对叶绿素生成的影响减小，因而叶子的光合作用活性减少。为了诱导一片叶子的光合作用活性，Ca 含量应至少为 0.4%—0.9%，Mg 含量为 0.15%—0.5%以及 Mg/Ca 比为 0.3—1.0[15]。

叶绿素 a 和叶绿素 b 都是含镁的吡咯衍生物，为不饱和伯醇即叶绿醇 $C_{20}H_{39}OH$ 的酯，后者的结构式为：

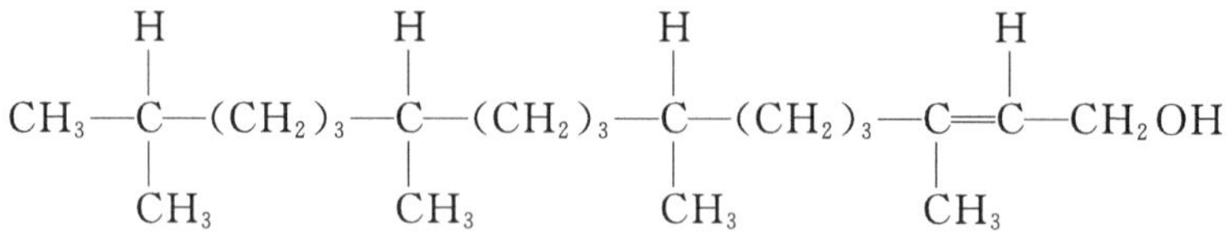

有趣的是，叶绿醇也是维生素 E 和维生素 K 的组分。叶绿素 a 在不同植物中与脂蛋白以不同方式组合得到三种配合物，它们具有不同的吸收光谱，故分别称为 Ca695(少量)，Ca685 和 Ca672。比较叶绿素 a、叶绿素 b 和氯化血红素(哺乳动物血中存在)的结构，可以看出它们的结构非常相似[2]。

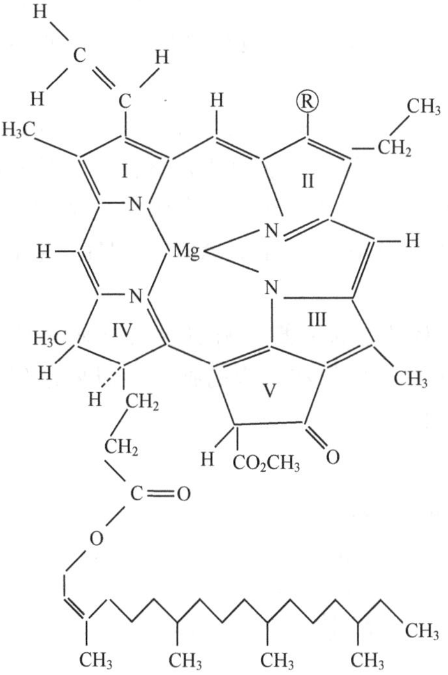

叶绿素 a(R=CH_3)　　叶绿素 b(R=CHO)

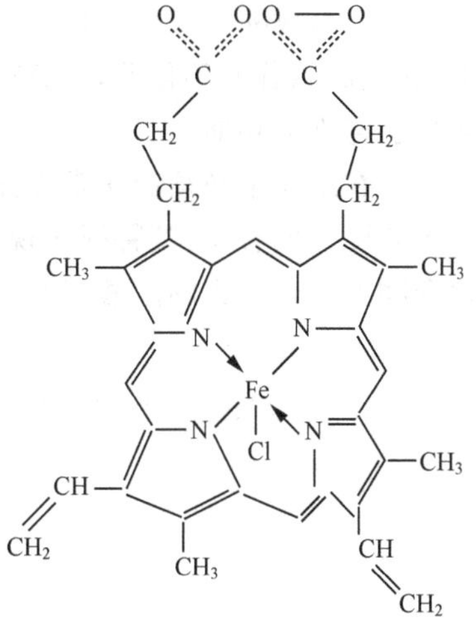

氯化血红素

叶绿素为什么能依靠叶绿素 a 和叶绿素 b 使植物进行光合作用,把空气中的 CO_2 与 H_2O 制成碳水化合物,这是一个很多人研究而尚未完全弄清楚的问题。现在许多研究工作者正在设法模拟叶绿素 a 和 b 来进行人工模拟光合作用。

钙和镁都能调节植物和动物体内磷酸盐的输送和沉积。骨和牙中钙、镁的含量特别高。有证据表明血液中钙镁与钠钾之比对循环系统是重要的。

钙对于所有细胞生物体都是必需的。无论在肌肉、神经、粘液和骨骼中都有与 Ca^{2+} 离子结合的蛋白质。在食物中需要不断提供钙质,因此钙有许多重要的生理功能,如钙是乳汁的正常成分;它在凝血过程中也起重要作用;它在控制肌肉细胞和神经细胞的反应中起着不可缺少的作用;它影响细胞膜的渗透作用;它还在某些酶体系中起作用等等。一个成年人每天需要钙的正常量为 0.7—1.0 g。

钙约占人体重量的 2%,而其中约 99%的量是在骨骼和牙齿中。一种羟基磷酸盐 $Ca_5(PO_4)_3OH$[即 $3Ca_3(PO_4)_2 \cdot Ca(OH)_2$]是这些结构的主要无机物组分。在血中钙的正常浓度为每 100ml 血浆 9—11.5mg。一部分以 Ca^{2+} 离子存在而另一部分则结合到血蛋白上。

肌肉和神经细胞对外来刺激的反应受到 Na^+、K^+、OH^-、Ca^{2+}、Mg^{2+} 和 H^+ 离子相对浓度的影响。这些离子之间的浓度比值通常比任何一种离子的浓度更为重要。例如:Ca^{2+} 和 K^+ 离子的相对浓度对控制心脏肌肉的反应是重要的。Na^+

和 K^+ 离子的增加，能使神经易受刺激，但可由 Ca^{2+} 和 Mg^{2+} 离子来抵消。在人体组织或液体中维持这些离子浓度呈一定比例分布，对传递和执行神经脉冲是最宜的。

现在人们已经清楚，在放松神经传递器时，需要 Ca^{2+} 离子。神经受到刺激时，神经末稍释出原肾上腺素酶。当没有 Ca^{2+} 离子存在时，这两者并不释出。某些激素的分泌与放松神经传递器一样，也与 Ca^{2+} 离子有关。激素结合到特殊靶细胞膜上，并刺激腺苷酸环化酶，把 ATP 转化为环状-AMP*。环状-AMP 与 Ca^{2+} 离子一起能引起许多功能。

钙在组织中必须起正常作用才能维持无机盐的平衡。例如抽风与血中 Ca^{2+} 离子浓度过低有关，其特征表现为刺激反应性的增加和肌肉的抽动。只要注射钙化合物如葡萄糖钙的溶液，就可以立即解除此病。

* ATP 即三磷酸腺苷，是生物细胞中游离存在的主要核苷酸之一。其结构式如下：

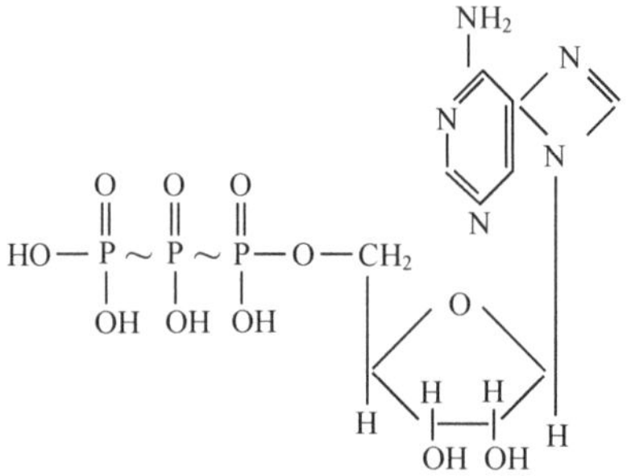

它的分子中含有两个高能磷酸键（以～表示）。高能磷酸键键能约为 50,208J/mol，而普通磷酸酯键键能为 8368J/mol。因此，ATP 是生物体中主要的贮能物质。在代谢过程中，对于能量的贮存、转移和利用起着极其重要的作用。

环状-AMP 即 3′,5′-环状磷酸腺苷，也是生物细胞中普遍存在的一种游离核苷酸。其结构式如下：

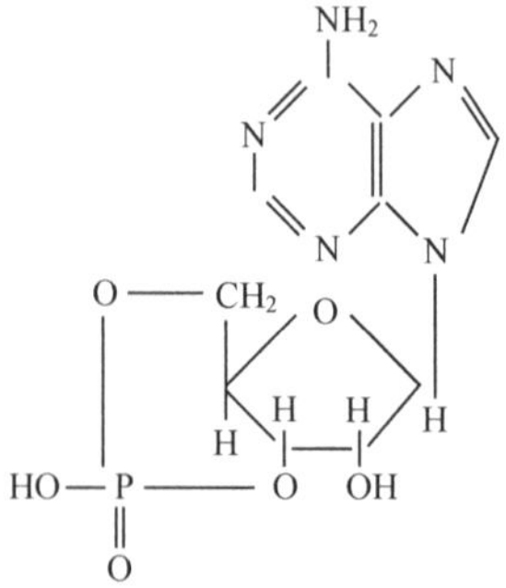

环状-AMP 在生物体中是作为激素作用的第二信使，具有广泛的控制及调节机体的生化和生理功能作用。当从内分泌腺所分泌的激素（作为第一信使）到达该激素所起作用的靶细胞膜时，与细胞膜结合并刺激存在于膜中的腺苷酸环化酶把细胞中的 ATP 转化为环状-AMP。这个环状-AMP 在细胞内呈现出激素的作用。

Ca^{2+}离子在骨细胞和原形质之间进行连续交换,是一种自调节机制。由于这种自调节作用,血中钙的浓度水平就能维持在正常范围以内。骨结构主要由不溶性的 $Ca_5(PO_4)_3OH$ 组成,小部分较不安定的 Ca^{2+} 离子沉积物与碳酸盐和柠檬酸盐结合在一起。在血和骨中,Ca^{2+} 离子(有时还有 Mg^{2+} 离子)的交换很快,因而可以维持血中 Ca^{2+} 离子的正常浓度。如果血中 Ca^{2+} 离子的浓度水平变得非常低,甲状旁腺将受到刺激,把骨中不易溶的结构物溶解下来,使血的原形质中 Ca^{2+} 离子浓度维持在正常水平。

血的凝结是一系列的复杂反应。其中包括在凝血激活酶与 Ca^{2+} 离子共同的催化下,原形质中不活泼的辅酶、凝血酶原转变为凝血酶。如果一系列反应中停止了其中任何一个,就会阻止凝血作用。所以如取消 Ca^{2+} 的作用就会阻止凝血作用。在血的分析样品中需要加入 $Na_2C_2O_4$ 以使 Ca^{2+} 离子沉淀为 CaC_2O_4 而除去,这样才能保持血液不凝结。如果这种血是用于输血的,则不能用有毒的草酸盐而应改用柠檬酸盐使 Ca^{2+} 离子成为电离度小的配合物而降低浓度。

人们已经知道肠粘液蛋白质中维生素 D 促进了使原蛋白质转化为与 Ca^{2+} 离子能结合的蛋白质的过程,在这种蛋白质中同时有磷酸根存在。很可能在天门冬氨酸和谷氨酸中的羧基和磷酸根参与钙离子的结合。比较二价阳离子对这种蛋白质的亲和力为:$Ca^{2+} > Cd^{2+} > Sr^{2+} > Mn^{2+} > Fe^{2+} > Ba^{2+} > Mg^{2+} \sim Co^{2+}$。在老鼠肝和牛肝的线粒体中,糖蛋白(可能是糖磷蛋白)都有两类不同 Ca^{2+} 离子键合的位置。

电子显微图证明,组成肌肉纤维的原纤维是由肌动蛋白(薄纤维)和肌动球蛋白(原纤维)有规则地排列组成。肌动蛋白纤维又由三种蛋白质——球状肌动蛋白、球状肌钙蛋白和纤维状原肌球蛋白组成的。Ca^{2+} 离子原来储存在肌质网膜(S、R、膜)中,由外界来的冲力很快传播到 S、R 膜上,Ca^{2+} 离子通过 S、R 膜,再结合这三种蛋白质之一称为肌钙蛋白上,拧开肌动蛋白,使之结合到载有 ATP 的肌动球蛋白头上,并催化 ATP 水解成 ADP。同时,释放出的能量强迫肌动球蛋白头和肌动蛋白纤维之间的桥旋转到一个新的角度,这样就把原纤维和薄纤维拉在一起,缩短了肌肉。当新的 ATP 结合到肌动球蛋白头上时,桥就分开,冲力消失后,Ca^{2+} 离子很快被活性 Ca 泵再吸回到肌质网中。结合 Ca^{2+} 离子的蛋白质肌钙蛋白是由三个亚单位组成的:TN-I,TN-T,TN-C。TN-I 对 ATP 酶有抑制作用,TN-T 结合到原肌球蛋白上,而 TN-C 结合着 Ca^{2+} 离子。Ca^{2+} 离子结合到肌钙蛋白上时改变了后者的构型,通过原肌球蛋白传递到肌动蛋白,抑制住 ATP-肌动球蛋白头配合物的 ATP 水解,这就引起一次肌肉的收缩。

Ca^{2+} 离子结合到某些酶上,使酶变成活性构型或使酶稳定。如 α-淀粉酶(α-amylase)是一种很被人熟知的能被 Ca^{2+} 离子稳定化的酶。人们认为稳定化是通过在某些氨基酸残基之间生成一个桥团而达到的,此桥团的稳定化作用类似于二硫桥。胰线脱氧核糖核酸酶 A 能被 Ca^{2+} 离子稳定化，不起蛋白质水解作用，并找到了两种类型的 Ca^{2+} 离子结合位置。

表 5.20 中列出了某些神经组织中结合钙的蛋白质[9]。

表 5.20　神经组织中结合钙的蛋白质

蛋白	来源	分子量	非蛋白质组织	结合钙的强度（稳定常数）
CBP-I	猪脑	13,000		4.0×10^4
CBP-II	猪脑	13,000	10mol 的磷酸盐	4.0×10^4
CBP	枪鲗和乌贼的光学耳朵	13,000—15,000		1×10^3
S-100	哺乳动物脑	7,000（亚单位）		9.6×10^3

生物体中 Ca^{2+} 与 PO_4^{3-}、CO_3^{2-} 和 $C_2O_4^{2-}$ 生成不溶化合物，这类化合物被有机体利用成为硬的骨骼或壳料。各种生物中钙化的骨骼和硬壳列于表 5.21[9]。

表 5.21　各种有机体的钙化骨骼和硬壳

生物类别	磷酸钙	碳酸钙	草酸钙
无脊椎动物	存在于原生动物，腔肠动物节枝动物和腕足动物中	存在于大多数骨中，如硬壳、软壳、外骨骼和内骨骼	偶然从昆虫卵中和幼虫表皮中找到
脊椎动物	存在于骨骼、齿质和珐瑯质中，沉积在钙化的角蛋白中	存在于鸟和爬行动物的蛋壳中和在钙化了的角蛋白中	存在于软组织中并存在于与骨缔合的地方
低等生物	存在于某些细菌中	存在于细胞中	存在于基些藻类和大多数苔藓和蕨类中

表 5.22 中总结了钙结合蛋白的性质[12]。钙结合常数在 10^3-10^7/mol 范围，这意味着不同的蛋白质控制的游离 Ca^{2+} 离子的浓度在 $10^{-3}-10^{-7}$ mol/l。这是在不同生物体中找到的 Ca^{2+} 离子浓度范围，在稳定常数和蛋白质功能之间似乎有一种相互关系。

锶是痕量元素，常伴有钙，尚未发现有明显的生理作用。在医药上 $SrBr_2$ 曾被用作含 Br^- 离子的镇静剂。钡的可溶盐都是极毒的，实际上 $BaSO_4$ 乳剂常口服作为 X 射线透视肠胃道的不透明剂。

钡盐的毒性是刺激肌肉（不发生神经刺激作用），对心脏很毒，像毛地黄强心剂的作用一样，能引起心室的纤维性抖动。钡中毒的征兆是：过量流涎，呕吐、腹绞痛、猛烈腹泻、痉挛性的发抖、强脉、高血压以及肾、肠和胃出血。$BaCl_2$ 的致命量为 0.8—1.0g。溶解度较小的 BaS 和 $BaCO_3$ 的致命量较之为大些，但要注意，他们在胃里可被 HCl 转化为溶解度大的 $BaCl_2$。钡中毒死亡很快，一般为几小时到几天。

表 5.22 钙结合蛋白质的性质

蛋白质	分子量	磷酸根	糖类	钙结合常数(mol)	每摩尔结合的 Ca^{2+} 摩尔数
微细的白蛋白(Parvalbumin)	12,000	无	无	$\begin{cases}10^7\\5\times10^4\end{cases}$	2 3
线粒体中 Ca^{2+}-结合蛋白质(牛类)	42,000	有	有	$\begin{cases}10^7\\10^5\end{cases}$	3 2.5
糖蛋白(软骨)	200,000		有	$\begin{cases}10^7\\10^4\end{cases}$	2 600
肌钙蛋白-C(Troponin-C)	24,000	无	无	5×10^6	1
鸟类肠内 Ca^{2+}-结合蛋白质	26,000	有	无	2.6×10^5	3—5
线粒体 Ca^{2+}-结合蛋白质(老鼠)	67,000	有	有	$\begin{cases}2.5\times10^5\\2\times10^3\end{cases}$	50
肌质网(Sacoplasmic detieulum)	7,000—10,000			$\begin{cases}2\times10^5\\10^4\end{cases}$	
胰腺 DN 酶 A	31,000	无	无	$\begin{cases}7\times10^4\\5\times10^3\end{cases}$	2 3
CBPII-(猪脑)	11,500	有	有	4×10^4	
CBP(枪鲗和乌贼)	14,000			4×10^4	
(Calsequestrin)	44,000	无	无	2.5×10^3	43
S-100	7,000			1×10^3	8—10

在化学性质上镭和钡十分相似。由于稀少,人们不大会碰到足量的镭以引起任何中毒现象。但是镭的放射性能损坏细胞,也可能会改变染色体。镭盐早就用于治疗癌病,但是现在大部分已被^{60}Co 所代替。应该采取措施,避免不受控制地暴露于镭或其他元素的放射性同位素中(如^{90}Sr)而受到伤害。

2.10 分析化学[1,2,6,10]

2.10.1 定性和半定量分析

在经典的定性分析系统中,是先以氯化物、硫化物或氢氧化物的沉淀除去碱土金属和碱金属以外的阳离子,然后在 NH_3 和 NH_4Cl 存在下,调节 pH 为 10,用

$(NH_4)_2CO_3$ 将 Ca^{2+}、Sr^{2+} 和 Ba^{2+} 离子一起沉淀为碳酸盐。加入 NH_4Cl 的目的是降低 OH^- 离子的浓度，使 $Mg(OH)_2$ 不沉淀。经过滤分离后把这些碳酸盐沉淀溶于 HCl 中，用此接近于中性的溶液分别检定 Ca^{2+}、Sr^{2+} 和 Ba^{2+} 离子。如取部分溶液加入饱和 $CaSO_4$ 溶液，有白色硫酸盐沉淀就证明 Ba^{2+} 或 Sr^{2+} 离子的存在。加入 $K_2Cr_2O_7$ 的稀醋酸溶液有黄色沉淀证明有 Ba^{2+} 离子存在。上面的溶液先用稀醋酸酸化，然后加入 $(NH_4)_2C_2O_4$ 溶液，白色沉淀表示可能有 Ca^{2+} 离子存在，Sr^{2+} 和 Ba^{2+} 离子也会干扰，所以必须用焰色反应确证之。

用上面的 $BaCrO_4$ 和 CaC_2O_4 沉淀，分别加入少量 HCl 使成较浓溶液，或将原始溶液浓缩，然后用铂丝圈沾取溶液放在火焰上灼烧，砖红色火焰将证明有 Ca^{2+} 离子存在，Sr^{2+} 呈鲜红色而 Ba^{2+} 离子呈黄绿色。

取过滤出 $BaCO_3$、$SrCO_3$、$CaCO_3$ 后的滤液数滴，加入 2 滴三乙醇胺溶液，1 滴铬黑 T 溶液，此时溶液呈红色。再加入 EDTA 溶液变为蓝色，证明有 Mg^{2+} 离子存在。检出限量为 0.03μg。也可取过滤碳酸盐沉淀后的滤液，加入 $(NH_4)_2HPO_4$ 溶液可直接将镁沉淀为 $MgNH_4PO_4$。如果 Mg 量很少，应先驱除铵盐，溶于一滴 HCl 和少许水中。取出一部分加稀 NaOH 溶液沉淀为 $Mg(OH)_2$。另一部分再用 $MgNH_4PO_4$ 沉淀确证之。

碱土金属的现代定性分析和半定量分析是应用光谱法进行测定。表 5.23 中表示出用不同方法所采用的合适的谱线[1]。当然它们的完整光谱还含有许多其他谱线，而其他元素或化合物的谱线或谱带也会引起正的干扰。阴离子中如 PO_4^{3-} 可与碱土金属生成挥发性低的化合物，因此易于引起负的干扰。但是可以在样品和基准物中都加入过量镧盐以消除此干扰。

表 5.23 碱土金属有用的光谱线

方法	波长(nm)				
	Mg	Ca	Sr	Ba	Ra
电弧光谱	516.7 518.4	612.2 422.7	460.7 420.6	553.6 611.1	482.6
火花光谱	279.6 280.3	393.4 396.8	407.8 421.6	455.4 493.4	468.2 381.4
火焰光谱	285.2 383.8 1)	422.7 622.0 1)	460.7 407.8	553.6 493.4	
原于吸收	285.2 202.5	422.7 239.9	460.7 407.8	553.6 455.4	

1) 表示带中心波长。

2.10.2 定量分析

(1) 重量法和容量法

在许多实际工作中,因为锶和钡的含量一般很少,故一般只要求测定钙和镁。首先,在中性弱酸性或氨溶液的样品中加入$(NH_4)_2C_2O_4$溶液,使Ca^{2+}离子以CaC_2O_4沉淀析出而与Mg^{2+}离子分离。过滤晶状CaC_2O_4沉淀,并用稀$H_2C_2O_4$溶液洗涤。由于沉淀中可能包藏一些或吸附一些MgC_2O_4,用稀酸溶解CaC_2O_4沉淀进行一次再沉淀。灼烧沉淀物以CaO形式称重,或把沉淀溶于稀H_2SO_4中,用标准$KMnO_4$溶液滴定$C_2O_4^{2-}$的含量。反应如下:

$$5CaC_2O_4+2KMnO_4+8H_2SO_4 \longrightarrow 5CaSO_4+10CO_2 +2MnSO_4+K_2SO_4+8H_2O$$

将两次沉淀的滤液合在一起,加入NH_4OH和$(NH_4)_2HPO_4$,使Mg^{2+}沉淀为$MgNH_4PO_4$。如果滤液中含有碱金属元素,也要再沉淀一次,最后沉淀通常以灼烧为$Ma_2P_2O_7$的形式称重。反应如下:

$$2MgNH_4PO_4 \rightleftharpoons Mg_2P_2O_7+2NH_3+H_2O$$

另一种测定镁的方法是:除去所有的干扰元素后,在氨水介质中用8-羟基喹啉沉淀。在105℃或160℃将沉淀烘干后,分别以$(C_9H_6NO)_2Mg \cdot 2H_2O$或无水$(C_9H_6NO)_2Mg$称重。也可灼烧为MgO,或在酸性溶液中用$KBrO_3$-KBr标准溶液与8-羟基喹啉反应,过量的$Br_2$则以$Na_2S_2O_3$标准溶液进行碘量法返滴定。

硫酸钡沉淀不能用于分离,因为它的溶解度太小,难以进一步操作。但是硫酸钡沉淀作为最后一步沉淀,并进行称量,则比较有利,因为它易于干燥、称量或放射性计数[6]。在5－500mg量范围内的钡通常可用$BaSO_4$重量法测定。在含有Ba^{2+}离子的热溶液中,加入稍微过量的稀H_2SO_4可使$BaSO_4$沉淀完全,然后过滤、洗涤并在800－850℃灼烧和称量。如果Pb^{2+}离子没有预先除去,当加入SO_4^{2-}离子时会引入$PbSO_4$沉淀。Sr^{2+}和Ca^{2+}与Ba^{2+}共沉淀的方法是:加入相当于所有碱土金属总量的EDTA,再加入比Ba^{2+}离子稍过量的$(NH_4)_2SO_4$,然后逐渐加入$MgCl_2$溶液以置换$BaEDTA^{2-}$配合物中的EDTA,使得$BaSO_4$沉淀析出。

采用Rawson法能很好地分离锶和钙。此法是用浓HNO_3萃取干燥过的硝酸盐,其中$Ca(NO_3)_2$可溶于浓HNO_3,而$Sr(NO_3)_2$不溶。硝酸浓度以60%－80%为宜,70%－80%HNO_3虽然能使$Sr(NO_3)_2$完全沉淀,但同时会含有一些$Ca(NO_3)_2$。只有用60%HNO_3所沉淀的$Sr(NO_3)_2$可减少受$Ca(NO_3)_2$的沾污[6]。如果有Ba^{2+}离子存在,则它会与$Sr(NO_3)_2$沉淀混在一起。不溶的硝酸盐晶体在135℃干燥、称量,然后将此硝酸盐结晶溶于水中,在NH_4Ac存在下,使Ba^{2+}离子沉淀为$BaCrO_4$,溶液中纯的$Sr(NO_3)_2$可以结晶回收。如果有镭存在,它总是和Ba^{2+}离子混在一起。

硬水是由于水中存在着 Ca^{2+} 盐和 Mg^{2+} 盐，因此在水质分析中，Ca^{2+} 和 Mg^{2+} 离子的测定是很重要的。早期都是用皂化法估计水的硬度，方法是测量用以沉淀碱土金属的钠肥皂溶液的量。当皂液刚加到过量时，摇动测定液产生泡沫，表示已达终点。现此法和其他费时的测定 Ca^{2+} 和 Mg^{2+} 的方法已经被络合滴定法所代替。

(2) 钙、镁的络合滴定

用 EDTA 标准溶液滴定 Ca^{2+}、Mg^{2+} 离子是目前广泛采用的方法。首先取一份溶液，调节 pH 为 10，用络黑 T 为指示剂，以 EDTA 标准溶液滴定 Ca^{2+} 和 Mg^{2+} 离子的总量。另取一份溶液，用 NaOH 调节 pH 约为 12.5，此时 Mg^{2+} 离子形成 $Mg(OH)_2$ 沉淀或生成 $Mg(OH)^+$ 羟基配合物，然后用红紫酸铵或铬蓝-黑 R 为指示剂，用 EDTA 标准溶液滴定 Ca^{2+} 离子。

如有 Sr^{2+} 离子存在，则结果包含在 Ca^{2+} 离子含量中。天然水中不大可能会有 Ba^{2+} 离子，既使有也可以加入 SO_4^{2-} 除去干扰。有关碱土金属与 EDTA 的配合常数如下：

M-$EDTA^{2-}$ 在 20℃，μ=0.1 条件下的稳定常数[6]：

	Mg	Ca	Sr	Ba
pK	8.67	10.59	8.63	7.76

$MgEDTA^{2-}$ 的稳定性小于 $CaEDTA^{2-}$ 的稳定性，这种特殊情况是由于配体太大而 Mg^{2+} 离子太小。Ca^{2+} 离子能生成最稳定的 EDTA 配合物而 Ba^{2+} 离子 EDTA 配合物最不稳定。如有 Fe^{3+} 和 Al^{3+} 等离子存在，可用三乙醇胺在酸性介质中把它们掩蔽起来，使不致于干扰 Ca^{2+} 和 Mg^{2+} 离子的滴定。

(3) 比色法

表 5.24 中列出了用于鉴定或分光光度测定痕量碱土金属的几种试剂，并附列了参考文献[1]。迄今还未见关于锶和钡特效试剂的报道，对所列试剂的概述和用途可参考文献[15]，在大多数情况下，碱土金属离子必须先与其他金属离子分离，以免干扰。

表 5.24 碱土金属的比色试剂[1]

检测离子	试剂
Mg^{2+}	钛黄
Ca^{2+}	乙二醛酰二(2-羟基缩苯胺)
Ca^{2+}、Sr^{2+} 和 Ba^{2+}	嘲叽偶氮(Ⅲ)邻甲酚酞络合酮
Ba^{2+}	玫棕酸钠

(4) 离子交换与放射分析法[6]

离子交换法不能快速分离碱土金属，但是可用于把碱土金属与裂变产物和中子辐射产物相分离以及碱土金属自己互相分离,从而引进放化了测定。用磺酸型阳离子交换树脂或用强碱型的阴离子交换树脂都能达到分离的目的。

阳离子交换:Dowex-50(相当于国产强酸 1#)吸附相同价态离子的次序是:水合度较小的离子首先吸附,碱土金属中 Ba^{2+} 离子先被吸附,然后 Sr^{2+} 离子,Ca^{2+} 离子最后。当用配合剂从树脂上淋洗碱土金属离子时,淋出次序取决于金属配合物的相对稳定性,一般 Ca^{2+} 离子先淋出。例如在 Dowex-50 树脂 $1cm^2 \times 15cm$ 的柱上,Tompkins 分离放射活性的 Sr、Ba 和 Ra。原始溶液含 20mgSr^{2+} 离子、20mgBa^{2+} 离子和 20μgRa^{2+} 离子。用 0.5mol/l 柠檬酸铵溶液淋洗,调节 pH 为 7.8,流速为 0.3ml/min。最初 4ml 的淋出液中包含所有的 Sr^{2+} 离子,第二个 4ml 中包含所有的 Ba^{2+} 离子,最后 8—10ml 中是 Ra^{2+} 离子。又如用 Dower-50 离子交换法进行尿中锶和钡的放射分析。尿中所含碱土金属先变为 EDTA 配合物,调节 pH 为 5.5,然后通过交换柱。用柠檬酸和 EDTA 的溶液(pH1.5)淋洗 Ca^{2+} 和 Mg^{2+},再用 0.5 mol/lHCl 溶液淋洗 Na^+,最后用 6mol/lHNO_3 溶液从柱上淋下 Sr^{2+} 和 Ba^{2+},然后进行放射分析。

阴离子交换:Dowex-1(相当于国产强碱 201#)柱先经碱处理,然后用以分离 ^{90}Sr 和 ^{90}Y。^{90}Y 成为 $Y(OH)_3$ 留在柱上。也可用强碱型的 Dowex-1 柱分离 ^{140}Ba 和 ^{140}La。Ba^{2+} 和 La^{3+} 在 0.1mol/l 的 HCl 溶液中通过柱时,^{140}La 留在柱上,淋出液中含纯 ^{140}Ba,再用水洗出混在柱中的 ^{140}Ba,进行放射分析。柱上的 ^{140}La 可用稀 HNO_3 溶液淋出。也可用 0.05mol/l 柠檬酸铵(pH7.5)处理树脂,然后用以分离碱土金属。如将 MCl_2 加到柱上,用 pH7.5 的 0.05mol/l 柠檬酸盐溶液淋洗,Ba^{2+} 先被淋出,然后为 Sr^{2+},最后为 Ca^{2+} 离子。

(5) 其他方法

在水溶液或混合溶剂中,适当调节 pH 值和适当的配合剂,就能用色谱法分离碱土金属离子。

中子活化分析对检定锶和钡都是很灵敏的,但对于钙和镁的灵敏度较差。X 光荧光法对钙和锶比对钡和镁灵敏。碱土元素都显示出极谱波,但数值在很负的范围(−1.8——2.3V),因而极谱法难得应用于碱土金属的分析测定。在地球化学研究中,同位素稀释质谱法有时用于测定锶,但较少用于测定钡。Ingamells 等曾报道了测定硅酸盐岩石中钡和锶的分析方法研究[13],如同位素稀释质谱法、火焰发射光谱和火焰吸收光谱、发射光谱分析和放射光谱测定、X 光荧光光谱和中子衍射法等仪器分析方法以及经典重量法(如硫酸钡法和铬酸钡法测钡)。

其中同位素稀释质谱法、放射光谱测定以及 X 光荧光法中的直接稀释技术都能满意地测定硅酸盐岩石中钡和锶的含量。原子吸收光谱以及 X 光荧光光谱中 $LiBO_2$ 熔融法都只能满意地测定锶而难以测定钡。重量法测钡只适应于高百分含量的钡。

应用离子选择电极可以测定溶液的活度而不是浓度。现在已经设计出适用于钙或钡溶液的电极。测钙电极用含有部分酯化的磷酸的液膜，而测钡电极用含 $BaSO_4$ 的硅酮橡胶或石腊的膜。但是它们的选择性都没有完全达到要求。

天然矿石中痕量镭的测定一般是根据镭的放射性或它的子体氡的放射性。经典的射气法是在电离室中收集发射出来的氡，然后对射出的 α 粒子计数。1g 镭每天产生 1.2μg 的氡。平衡时约存在 6.5μg 的氡，相当于标准条件下 0.66mm^3 的体积。少量的镭样可以直接对 α 粒子计数。扣去来自氡的 α 粒子。如果已达到平衡也可以计算 γ 辐射。这两类计数法中，任何一种都能在适当的分光计中进行。

工业量镭的检定通常直接以溴化物或氯化物称量。事先熔融排除湿气，其纯度可用比色法测定。

参 考 文 献

[1] J. C. Bailar et al. ,ed. ,"Comprehensive Inorganic Chemistry"Vol. 1(1973).

[2] R. E. Kirk and D. F. Othmer, ed. , "Encyclopedia of Chemical Technology", 2nd ed,(1967)(a)Mg: Vol. 12,pp. 667－736;(b)Ca:Vol. 3,pp. 917－925 Vol. 4,pp. 1－27;(c) Sr:Vol. 19,pp. 48－54;(d) Ba:Vol. 3,pp. 77－97;(e)Peroxides of Alkaline Earths Vol. 14,pp. 750－751;(f)Chlorophyll:Vol. 5, pp. 339－344;(g)Titanates of Alkaline Earths:Vol. 20,pp. 411－413(h)Hypochlite of Perchlorates of Earths:Vol. 5,pp. 16－20;pp. 67－70.

[3] 张守范编,《矿物学》,第五篇,第六章和第十三章(1957).

[4] T. P. Whaley,"Inorganic Syntheses",E. G. Rochow ed. ,Vol. VI,18(1960).

[5] P. J. Darrant and B. Darrant,"Introduction to Advance Inorganic Chemistry"(1962).

[6] National Acadamy of Sciences,National Research Council,Nuclear Science Series,"The Radiochemistry of Ba,Ca and Sr",(1960).

[7] Friedhelm korte,"Methodicum Chimicum"Vol. 7,"Main group Elements and Their Compounds",(a) pp. 84－100;(b) pp. 101－111;(c) pp. 12－15;(d)pp. 70－71(1977).

[8] J. J. Lagowski,"Modern Inorganic Chemistry",(1972).

[9] E. I. Ichiro Ochiai,"Bioinorganic Chemistry,An Introduction",Part II,Chapter 15,Section 4(1977).

[10] C. D. Ingamells,D. H. Anderson et al. ,Anal. Chim. Acta,53,p. 345－360. (1971).

[11] 徐祖耀著,《金属学原理》,上海科学技术出版社,第一版,第 152－157 页,(1964).

[12] B. C. Marklein et. al. ,"Inorganic Syntheses",H. S. Booth,ed. Vol. 1,p. 11(1939).

[13] R. Remy,"Treatise on Inorganic Chemistry"Vol. 1,p. 237,(1956).

[14] R. C. Weast,ed. ,"Handbook of Chemistry and Physics"59th ed. (1978－1979).

[15] C. A. 77,113060C(1972).

[16] E. B. Sandell,"Colorimetric Determination of Traces of Metals",3rd ed. ,Intersience Publishers,Inc. , New York(1959).

5.3 合　　金[1,4]

碱土金属的合金主要是镁的合金。

用在镁合金中主要的合金元素是铝、锰、钍、稀土、锂、锡、锌和锆。加入稀土金属的镁合金，加热温度高达 300℃时、仍然保持着很好的机械强度，而其他合金在高于 150℃时，强度即很快减弱。典型镁合金的弹性模数约为 45.5 万 kg/cm^2，刚性模数约为 16.8 万 kg/cm^2，泊松比(Poisson's ratio)为 0.35。

图 5.4—图 5.8 表示某些常见的合金元素与镁组成二元体系的相图。图 5.9 表示最重要的三元体系 Mg-Al-Zn 的相图[1,2]。工业上应用的大多数镁合金是含富镁的固溶体或以中间相作为第二组分的亚低共熔体。从图 5.4 可以看出，在平衡条件下，Mg-Al 体系 α 固溶体在低共熔温度下(437℃)含铝量可以高达 12.7%。但是，由于铝能慢慢地扩散，使得原晶体产生一种晶内偏析现象，形成了一种由富镁晶体(即 α 固溶体)和 β 相组成的低共熔体。因此，在镁铝合金中，铝以固溶体和金属中间相存在。在 Mg-Al 合金中加入 Zn，将大大地改变它的低共熔结构，变成一种所谓"断离"的共熔体，其显微结构的特征是富镁固溶体包围着大块的化合 $Mg_{32}(Al,Zn)_{49}$ 晶体。

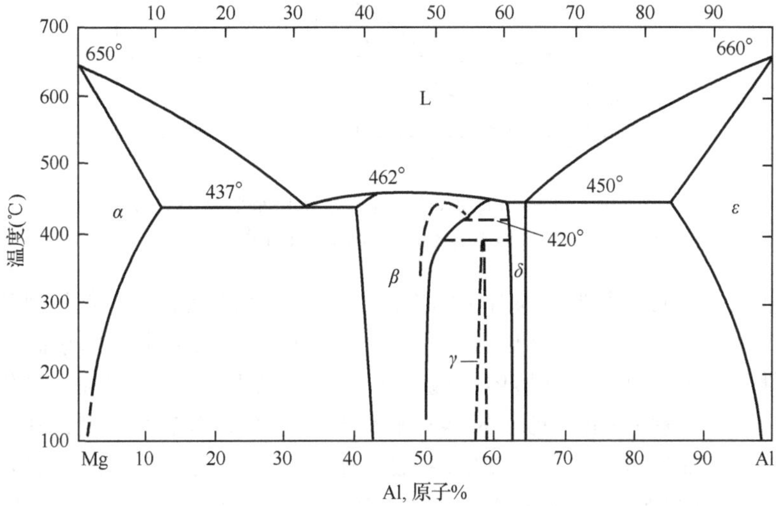

图 5.4　Mg-Al 体系，这一体系是很重要的，因为铝是作为常温下所有铸件和锻件合金的一种成分

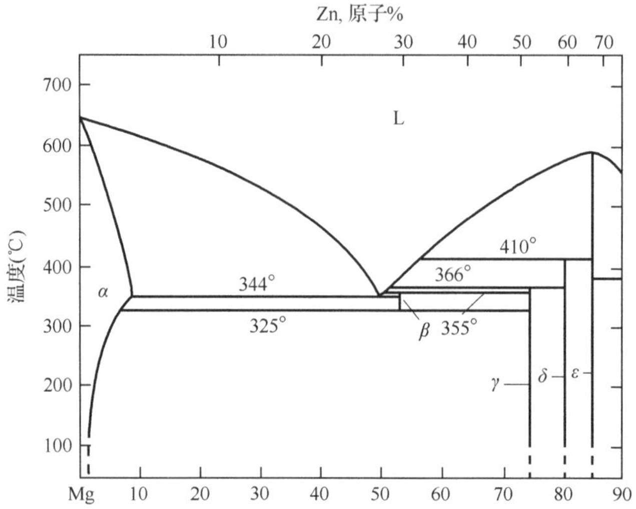

图 5.5　Mg-Zn 体系,这一体系的重要性在于锌在铸造和锻造合金中具有增强的特性

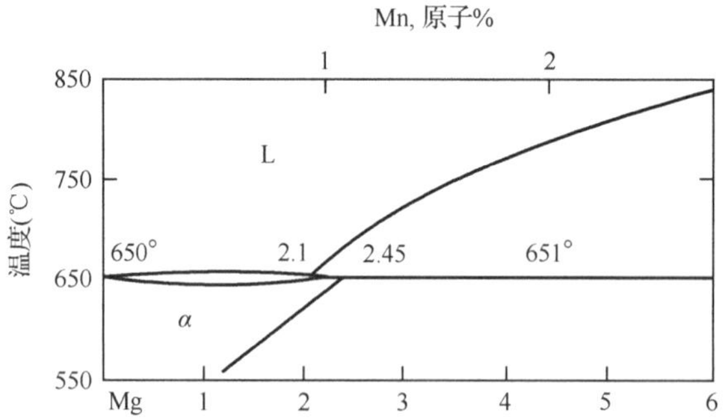

图 5.6　Mg-Mn 体系,这一体系之所以重要是因为 Mn 能增强合金的耐腐蚀性和强度

通常应用于制造其他金属合金的方法也可用以制造镁合金。首先把镁锭在钢制的坩埚中熔融,然后加入其他合金元素。铝和锌的加入通常是把它们装于钢制的多孔性的篮内并悬浮在镁熔体中;锰可以以金属的形式加入,但加入氯化物会更好;稀土金属一般是以混合稀土的形式加入;锆和钛是以含有高浓度锆和钛的镁合金加入。为了保护熔体以防止氧化,一般在镁合金的熔融操作中都要加入氯化物作为熔剂,一种典型溶剂的组成是:55% KCl,28% $MgCl_2$,9% $BaCl_2$,6% NaCl 和 2% $CaCl_2$。镁合金比其他大多数结构金属更容易机械加工,与铝合金相比,加工镁合金所需要的动力只有它的二分之一强。

镁合金的用途,分为结构上的应用和非结构上的应用两类。

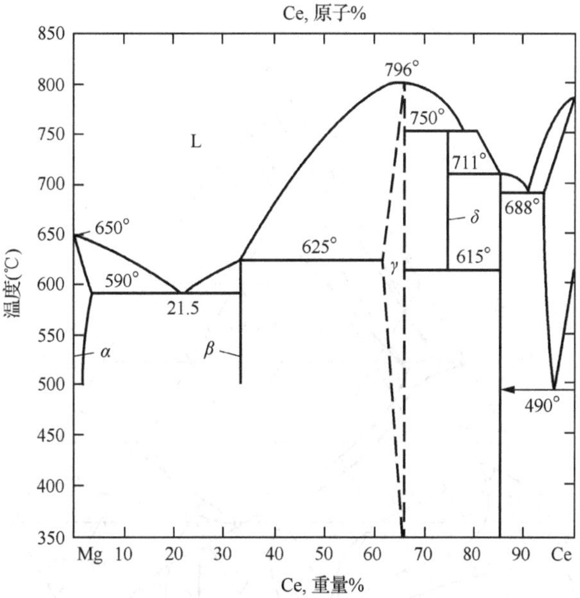

图 5.7 Mg-Ce 体系。这一体系是重要的,因为 Ce 是高温抗蠕变合金的重要成分

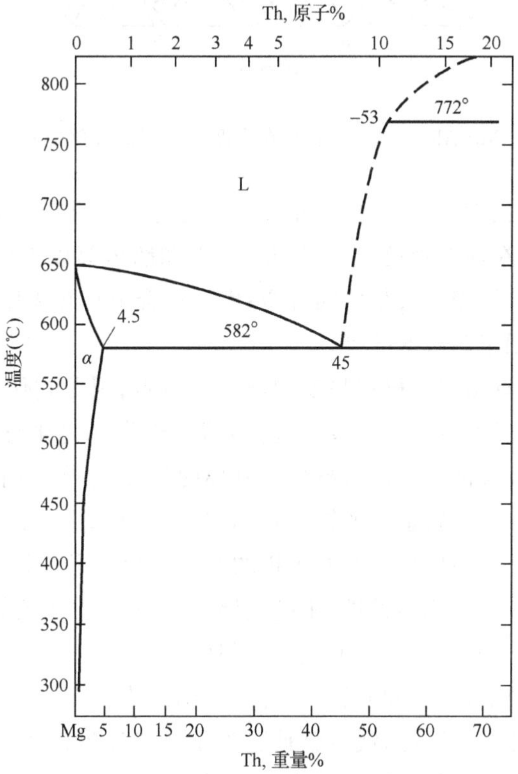

图 5.8 Mg-Th 体系。Th 是高温抗蠕变合金的重要成分

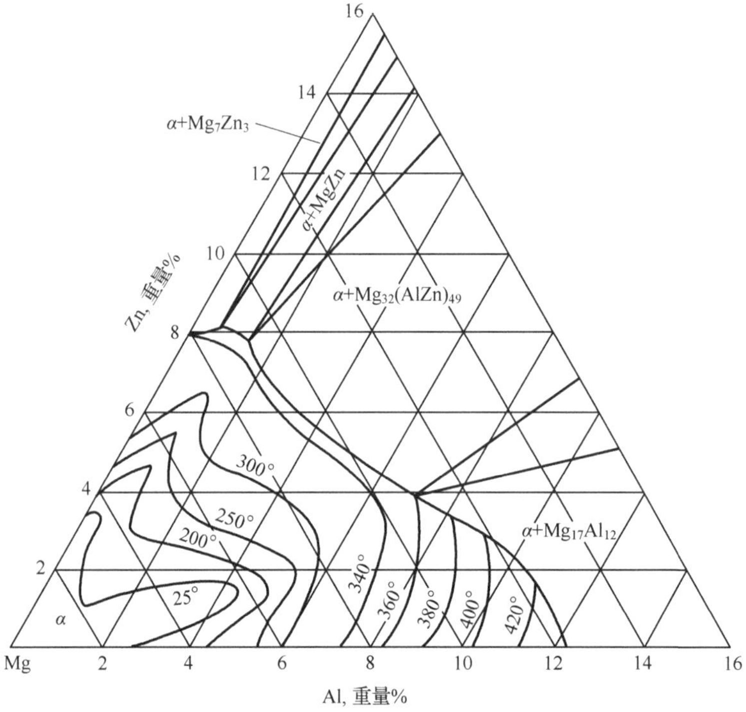

图 5.9　Mg-Al-Zn 体系。它是在常温下应用的最重要的基底合金

根据镁合金的化学性质，它们在非结构上的应用主要有以下几种。例如，镁合金作为阳极常常附在地下管道、水加热器、坦克和船体等以提供阴极保护；在干电池和蓄电池中，也应用相当大量的镁合金；由于镁合金具有优良的蚀刻性和好的机械性能，因此广泛用于制版术等等。

由于镁合金具有很好的机械强度和质轻的特点，因此它们是很重要的结构材料。航空工业应用了大量的镁合金。随着火箭、导弹、人造地球卫星和各种空间运载工具的发展，镁合金的用量越来越多。有趣的是，由于在空间运载工具中广泛地应用镁合金，目前在空间轨道上的镁比任何其他金属都多。直升飞机需要极轻的材料，因此镁合金广泛地应用于直升飞机的制造。为了军事器材空运的需要，镁合金也成为各种运输工具、枪炮另件、帐篷支架、通讯器材等重要结构材料。此外，镁合金也已成功地用于制造各种类型汽车的部件。

镁合金除了高机械强度和质轻的特点以外，还有许多优良的性能，如减震性，热学性能，电学性能等。因此，镁合金被选为制造特殊另件的材料，例如根据它的电学性能，在很多电学器材如轻便天线、雷达制图控制台，发报机与接收机、导弹制导系统、磁带卷盘等都用到了镁合金。

钙合金主要在工业上有重要用途。把 Ca-Si 合金加入钢中以控制晶粒的大小和阻止碳化物的形成。少量的钙能改善某些铝合金的性质。有时把钙加入到熔融的铅中,由于生成难溶的化合物 Bi_2Ca_3 而除去铅中的 Bi。Ca-Fe 合金可作为强的永久磁铁。钡除了作为“吸气剂”可从真空管中除去最后的痕量气体外,没有以金属形式大量应用;Ba-Al 合金同样用作“吸气剂”。

镁合金除了在工业上的应用外,在发展合金的一般理论方面也起着很重要的作用。Carapelle 以镁合金作为例子,证明了不同元素在所给元素中固溶体的含量是两种元素半径比和溶质相对于溶剂价数的函数。此关系示于图 5.10 中。又已进一步证明,电负性也是一个重要的变量。图 5.11 表示几种元素在镁中的溶解度与电负性的关系[1]。近年来另一些作者也作出了类似的图形,由于他们选择不同的参数,图形稍有变化。

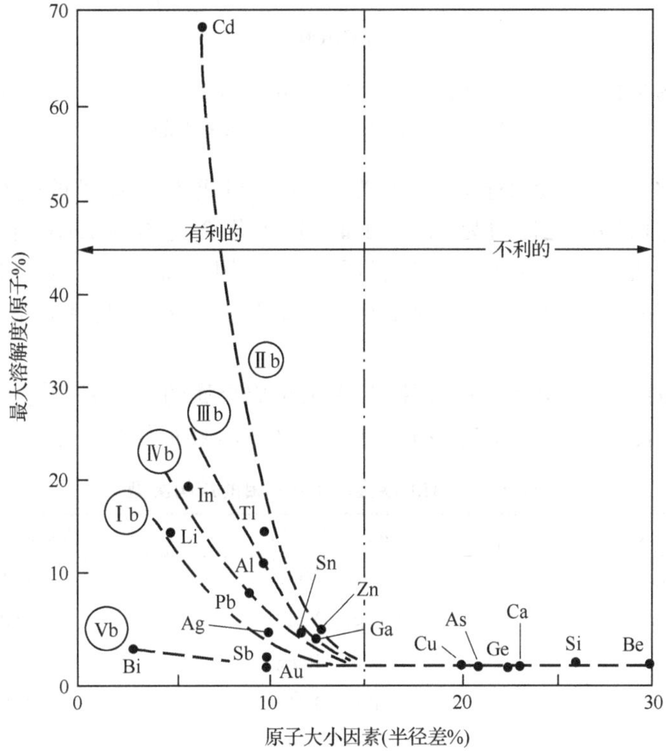

图 5.10　周期表中各族金属原子大小对于金属在熔融 Mg 中溶解度的影响

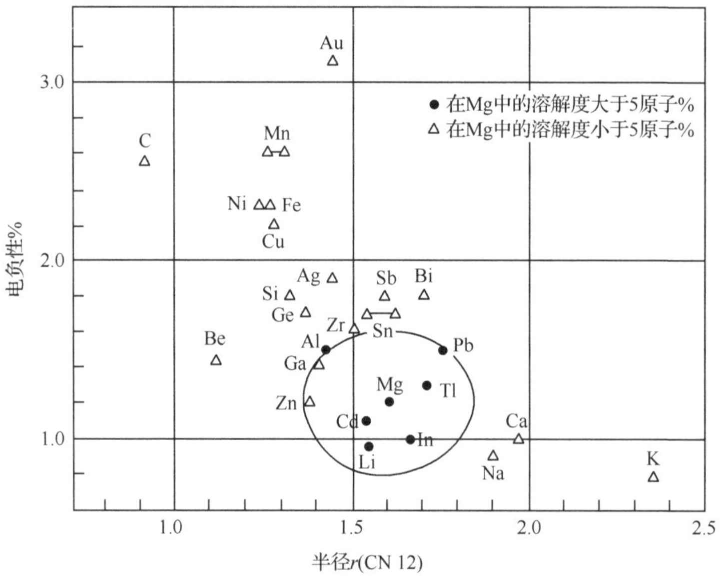

图 5.11　电负性与原子大小之间的关系图。原子大小以配位数为 12 的原子半径表示，已知这些元素在 Mg 中的溶解度

有一类重要的二元合金，其组成为 AB_2，当组成为 A 原子的直径 d_A 和组成为 B 原子的直径 d_B 之比约为 1.2∶1 时，这类化合物称为 Laves 相。这方面最早的研究工作是由 Laves 及其合作者所进行的，因此得名。Laves 相的晶体结构是 $MgCu_2$、$MgZn_2$ 或 $MgNi_2$ 三种结构之一。这三种结构是密切相关的类质同晶体。

已发现的 Laves 相有二百多种，其中 IIA 族金属的合金属于这一类化合物的有二十多种，表 5.25 列出了这些 IIA 族金属 Laves 相的结构类型。

表 5.25　IIA 族金属 Laves 相的结构类型

$MgCu_2$ 型结构	$MgZn_2$ 型结构	$MgNi_2$ 型结构
$AgBe_2$	$BaMg_2$　$MnBe_2$	$ReBe_2$
$CaAl_2$	$CaAg_2$　$MoBe_2$	$MoBe_2$
$CeMg_2$	$CaCd_2$　$ReBe_2$	WBe_2
$LaMg_2$	$CaLi_2$　$SrMg_2$	（后两种 Be 过量）
$TiBe_2$	$CaMg_2$　VBe_2	
	$CrBe_2$	
	$FeBe_2$	

实际上，组成 Laves 相的组分，可以位于周期表中的任何一族。有时，同一元

素既可作为 A 组分与原子直径较小的组分形成 Laves 相,又能作为 B 组分与原子直径较大的组分形成另一 Laves 相。例如 $MgCu_2$ 与 $CaMg_2$;$AgBe_2$ 与 $CuAg_2$ 等。原子直径极小的金属如铍只能作为 B 组分,而原子直径较大的金属如锶只能作为 A 组分。

$MgCu_2$ 的结构如图 5.12 所示[4],是立方结构。其中 Mg 原子的位置如图 5.13(a)所示[14],属于金刚石型的结构,如将这个立方体的对角线竖立,就成为图 5.13(b)所示的位置[14]。如以三个互相垂直的平面将图 5.12 所示的大立方体分成 8 个小立方体,Mg 原子除位于大立方体的顶角及面心外,还位于 4 个互不相邻的小立方体的中心,因此,每个晶胞含有 8 个 Mg 原子。在没有 Mg 原子的 4 个小立方体中,可形成 4 个四面体,四面体的重心和小立方体的中心重合,Cu 原子位于四面体的顶角上,因此,每个晶胞含有 16 个 Cu 原子。由此可见,每个晶胞共含有 24 个原子。由 $MgCu_2$ 立方体结构可以看到,每个 A 原子(Mg)和另外 4 个 A 原子以相等间距($d_{Mg-Mg}=3.05$Å)邻接,在较小间距处与 12 个 B 原子邻接($d_{Mg-Cu}=2.92$Å),因此 A 原子的配位数为 16。每个 B 原子(Cu)与 6 个 B 原子($d_{Cu-Cu}=2.49$Å)和 6 个 A 原子相邻接,它的配位数为 12。

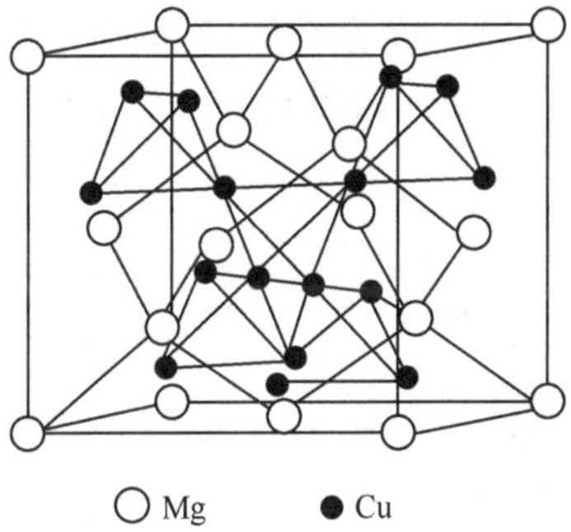

图 5.12　$MgCu_2$ 结构

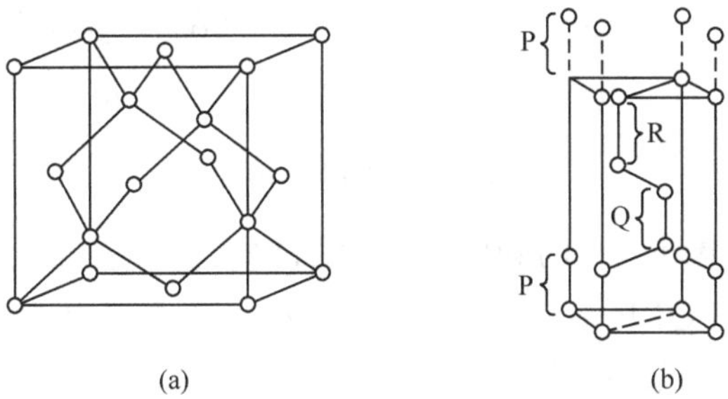

图 5.13　$MgCu_2$ 结构中 A 原子的位置

$MgZn_2$ 的结构如图 5.14(a)所示[4]，其中 A 原子的排列与纤维锌矿相同，如图 5.14(b)所示[4]。$MgZn_2$ 为六方结构，B 原子也是位于四面体的顶角上。和 $MgCu_2$ 一样，A 原子的配位数为 16，B 原子的配位数为 12。

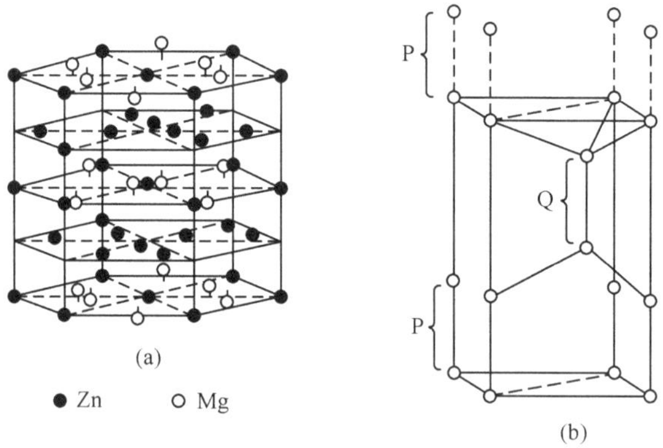

图 5.14　$MgZn_2$ 结构

$MgNi_2$ 具有比 $MgZn_2$ 更复杂的六方结构，它的六方结构是介乎 $MgCu_2$ 与 $MgZn_2$ 之间的结构。其中 B 原子位于图 5.15(a)所示的四面体顶角上[14]，在 A 原子所构成的空间内。A 原子的排列如图 5.15(b)所示[14]。

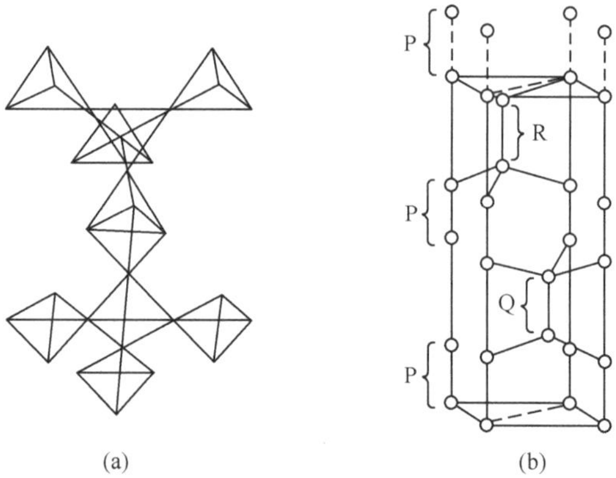

图 5.15　$MgNi_2$ 结构

由图 5.13(b)、图 5.14(b)和图 5.15(b)可见，在 $MgCu_2$ 结构中，A 原子从底面向上排的次序为 PQRP……；在 $MgNi_2$ 结构中，A 原子从底面向上排列次序为 PQPRP……。可见，$MgNi_2$ 结构是 $MgCu_2$ 和 $MgZn_2$ 的混合结构。

图 5.16 表示三种 Laves 相中 B 原子的四面体排列[1]。图中 X 和 Y 代表四面体的两种堆积类型。

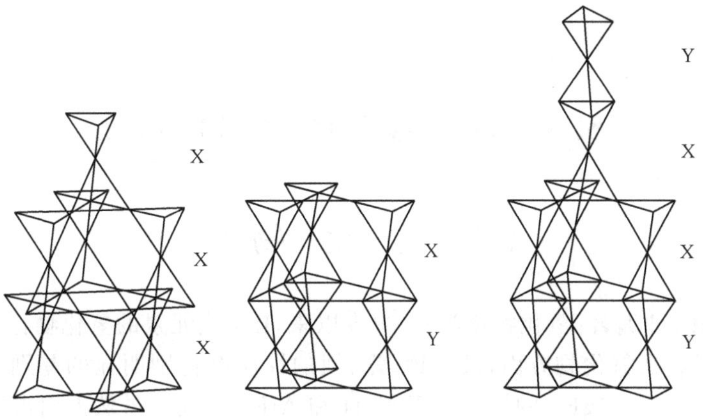

图 5.16 在三种 Laves 相中 B 原子的四面体排列

镁合金体系指出,决定 Laves 相的结构不仅仅是原子的大小。在混合型合金 $Mg(B^{I},B^{II})$ 中(这里 B^{I} 和 B^{II} 是 Cu、Ag、Zn、Co、Al 或 Si),电子密度显示出主要因素。每一种混合型合金,在不同的电子密度下,可能呈现不同的结构。三种不同结构的稳定性范围表示于图 5.17[1] 中。

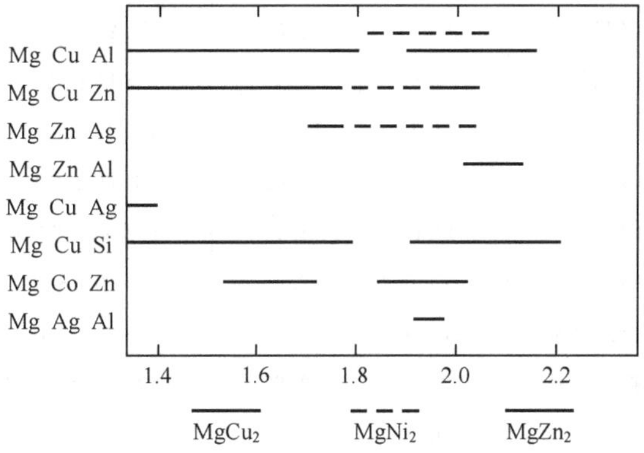

图 5.17 对于各种合金不同 Laves 相稳定的电子密度范围

参 考 文 献

[1] J. C. Bailar et al. ,ed. "Comprehensive Inorganic Chemistry", Vol 1(1973).

[2] R. E. Kirk and D:F. Othmer, ed. ,"Encyclopedia of Chemical Technology"2nd ed. (a), Vol. 12, p. 667—736(1967).

[3] C. D. Ingamells and D. H. Anderson, et al. , Anal. Chim. Acta, 53(1971).

[4] 徐祖耀著,《金属学原理》,上海科学技术出版社,第一版(1964).

5.4 碱土金属的简单化合物

4.1 氢 化 物[1,3,5]

自从 Hurd 编著《氢化物化学》一书[5]以来,IIA 族元素的氢化物化学一直未曾有大的发展。在氢化物方面,镁与钙、锶、钡的性质有特别明显的差别。从周期表的位置可以推测,MgH_2 的性质介于 NaH 和 AlH_3 之间。虽然人们常把 MgH_2 划分为离子型的类盐氢化物,实际上它与 NaH 等有明显的不同,而它更像 BeH_2 和 AlH_3,常以氢桥联成聚合物分子。但是从双原子分子 M—H 中键的强度和键的长度数据来看,碱土金属与碱金属氢化物是平行的,如表 5.26 所示。

表 5.26 类盐氢化物和它们的某些性质

盐	结构	$\Delta H_f 298$	M—H	M—H(双原子分子)	H^- 的表观半径
		(kJ/mol)	键长(Å)	键强(kJ/mol)	(Å)
LiH	NaCl 型	91.2	2.04	250.6	1.36
NaH	NaCl 型	56.5	2.44	201(±21)	1.47
kH	NaCl 型	57.7	2.85	183.2(±14.6)	1.52
RbH	NaCl 型	47.3	3.02	167(±21)	1.54
CsH	NaCl 型	49.8	3.19	178.2(±3.8)	1.52
CaH_2	稍歪的斜方晶系	174.5	2.33	167.8	1.35
SrH_2	稍歪的斜方晶系	177.4	2.50	163(±8)	1.36
BaH_2	稍歪的斜方晶系	171.5	2.67	180(176±14.6)	1.34
MgH_2	金红石型	74.5	1.95	197(±50)	1.30

注:括号内数据来自文献[6]。

4.1.1 氢化镁

氢化镁的制法有以下几种:

(1) 镁在适当压力的氢气中(H_2 的压力高于 MgH_2 的分解压)燃烧,用 MgI_2 为催化剂,产率为 60%。

$$Mg+I_2 \xrightarrow[570℃\,200atm]{MgI_2} MgH_2(灰色)$$

(2) 烷基镁或格氏试剂的热分解作用。

$$Mg(C_2H_5)_2 \xrightarrow[\text{真空}]{175—200℃} MgH_2 + 2C_2H_4$$

$$2Mg(C_2H_5)I \xrightarrow{200℃} MgH_2 + MgI_2 + 2C_2H_4$$

(3) 烷基镁和乙硼烷或氢化铝锂等活泼氢化物作用。

$$3Mg(CH_3)_2 + B_2H_6 \rightleftharpoons 3MgH_2 + 2B(CH_3)_3$$

$Mg(C_2H_5)_2 + LiAlH_4 \rightleftharpoons MgH_2 + LiAl(C_2H_5)_2$(其中氢被逐一置换)如果乙硼烷过量,它将与产物 MgH_2 作用而生成硼氢化镁 $Mg(BH_4)_2$。

(4) 其他制法。

$$Mg + (i\text{-}C_3H_7)_2Hg \xrightarrow[\text{24 小时}]{115—120℃} MgH_2$$

$$MgI_2 \text{ 或 } MgBr_2 \xrightarrow{NaH} MgH_2$$

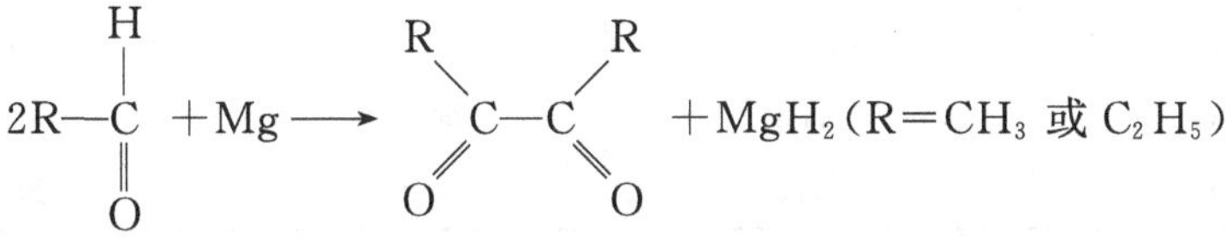

MgH_2 为白色、非挥发性的固体物质。在空气中能自燃,而灰色的 MgH_2 在空气中不自燃。X 射线研究证明:(1)法或(3)法制得的 MgH_2 都是金红石结构。每个 Mg 原子与六个 H 原子等距离,而每个 H 原子又与三个 Mg 原子等距离。这种结构是与 BeH_2 的缺电子结构不相似的。Mg—H 距离为 1.95Å,最短的 H—H 的距离为 2.49Å,其他为 2.76Å。MgH_2 具有较高的热稳定性,加热到 300℃才显著地分解。它不溶于醚的性质,过去常用以证明它是聚合物,但现在又用来证明它是离子型化合物。由单质直接反应而得到的 MgH_2 通常是亮灰色粉末,在空气中稳定,与水或醇激烈地作用。这与它作为强还原剂的性质是一致的。

$$MgH_2 + 2CH_3OH \longrightarrow Mg(OCH_3)_2 + 2H_2$$

它的衍生物硼氢化镁 $Mg(BH_4)_2$ 和铝氢化镁 $Mg(AlH_4)_2$ 与 MgH_2 一样,在某些有机合成中可作为有效的还原剂。

4.1.2 氢化钙、氢化锶和氢化钡

这三种氢化物都可由氢气与金属直接作用而制得,或用氧化物、卤化物等被还原剂 Mg、H_2 等还原成金属,再与氢气直接作用。

$$M + H_2 \xrightarrow{150—250℃} MH_2 \text{ 或 } MO + Mg + H_2 \longrightarrow MH_2 + MgO$$

也可用 Cd 合金(如 Cd-Sr 或 Cd-Ba)和汞齐在氢气流中蒸馏而制得。其中仅 CaH_2 能比较大量地制备。

工业规模地制取 CaH_2 是将块状金属钙在氢气中于约 400℃下加热,直至所有

钙都转化为 CaH_2 为止。如果将温度提高到接近于 600℃，则可用不纯的 H_2 制备，因为在此条件下，Ca 与 CO 或 CO_2 都不起反应。生成 CaH_2 的反应是强烈放热反应。商品 CaH_2 中含有少量金属钙，一般是暗灰色的。速率研究证明[3]，用蒸馏得到的活性钙氢化速度最快，在 250℃ 反应两小时基本上即可完全转化为 CaH_2，而没有蒸馏过的金属在此时间内仅 90%氢化。

许多专利提出，用活性金属在 H_2 中可还原钙化合物而生成含有 CaH_2 的混合物，如表 5.27 所示[3c]。

钙、锶、钡的氢化物在生成时，与碱金属氢化物一样，都有比金属体积缩小的现象，但程度较小。例如 CaH_2 约缩小 4.2%，而 SrH_2 约减少 13.3%。

表 5.27 来自钙化合物的 CaH_2

来 源	还 原 剂	温度(℃)	转化率(%)
CaC_2	H_2，600 大气压	600—700	65
CaCl	Na，H_2	300—450	98.9
CaO	Al，H_2	700—800	约 100
CaO	Mg，H_2	>843	约 100

CaH_2、SrH_2 和 BaH_2 的性质很相似，都是白色结晶。它们的结构和一些性质列于表 5.28[5] 中。

表 5.28 CaH_2、SrH_2 和 BaH_2 的结构和一些物理性质

	CaH_2	SrH_2	BaH_2
熔点(℃)	(约 600℃分解)	(675℃分解)	(675℃分解)
密度(g/cm^3)	1.9	3.72	4.21
斜方晶系 a(Å)	5.936	6.363	6.788
b(Å)	6.838	7.343	7.829
c(Å)	3.600	3.875	4.167

注：括号内数据来自文献[6]。

这些氢化物不能溶于一般有机或无机溶剂中，但能溶于碱金属氯化物的低共熔混合物中(如 LiCl 和 KCl)。它们的活泼性随着金属的原子量增加而增强。它们都是强还原剂，还原性也是以 BaH_2 为最强。它们都易被水分解，其中 BaH_2 最为强烈。它们在干燥空气中都不与氧化物或氮气反应。CaH_2 经点燃后能在空气中燃烧生成 CaO 和 H_2O。当温度高于 500℃时，CaH_2 与 N_2 反应生成 Ca_3N_2。SrH_2 经点燃后生成的 SrO 和 BaH_2 在潮湿空气中自燃而生成的 BaO，都形成保护薄膜，使燃烧过程缓慢。

CaH_2 的离解压力，在 600℃为 0.1mmHg，在 1000℃为 760mmHg。而 SrH_2

和 BaH_2 更不稳定。它们的分解压力随着组成而变化,即与自由金属的存在有关。在相同温度下,BaH_2 的分解压力最高。Johnson 等对 CaH_2 的分解压力曾作过详细研究。研究结果表明,只有在金属钙与 CaH_2 的混合物中,CaH_2 含量在 20%—90%范围内变化时,CaH_2 的分解压力才不变。当 CaH_2 含量>90%时,分解压力随 CaH_2 的含量增加而突然增高。若含量<20%,分解压力就随着 CaH_2 的含量减小而突然降低。

它们与醇类能缓慢地作用,生成醇盐和氢气。高温时它们能还原很多物质,如与卤素、氮、硫和其他氧化剂反应。特别是它们能将许多金属氧化物还原为金属的性质,广泛地应用于工业中。如用 CaH_2 还原 TiO_2、V_2O_5、Nb_2O_5、Ta_2O_5、Fe_2O_3、SiO_2、B_2O_3、CuO、MnO_2、PbO_2、SnO_2、和 WO_3 等。还原时一般将金属氧化物微粒与过量 CaH_2 的粉末仔细混合,并于 600—1000℃加热,反应如下:

$$2CaH_2 + MO_2 \longrightarrow 2CaO + 2H_2 + M$$

反应时通入 H_2,以驱除空气。此法的一个特点是反应时生成的 CaO 以及未起作用的 CaH_2 可以用水从反应产物中洗去,从而得到纯的金属。在较高温度下,CaH_2 可以还原许多卤化物,如 CCl_4、BCl_3、$SiCl_4$ 等。

$$3CaH_2 + 2BCl_3 \xrightarrow{200—250℃} CaCl_2 + B_2H_6$$

为了避免乙硼烷的热解,可以用 N_2、H_2 等任何气体冲淡 BCl_3 蒸气。用同样方法也可以制取硅烷、锗烷等共价氢化物。

CaH_2 在高温下与 S 作用生成 CaS。我们可利用这个反应来测定石油产品或橡胶中的 S。CaH_2 还可还原无机硫酸盐为硫化物,所以可以用作分析试剂,测定不溶性硫酸盐中的 S。

由于 CaH_2 与水作用不猛烈,产生的氢气不会着火,所以 CaH_2 的主要用途是作为便于运输的氢气发生剂。1kgCaH_2 与水作用,约生成 1000l 的 H_2(0℃,1atm)。每千克 CaH_2 所生成的 H_2 可于 126atm 下以每分钟 93 升的速度释出。第二次世界大战中,CaH_2 被大量用作氢发生剂,以充装信号气球和气象气球。CaH_2 也是很有效的干燥剂,实验室中可以干燥醚等各种有机溶剂。工业上用以干燥变压器油以及除去氢气中的痕量水分。CaH_2 与痕量水分的作用如此完全以致可用于测定苯或四氯化碳等有机溶剂中的痕量水分。反应时放出的 H_2 可准确测定。此法测定的水分含量为 0.1%时,准确度可达 0.001%。CaH_2 也可用以测定含有结晶水的盐中的水分含量。

在有机反应中,CaH_2 并不是好的还原剂,而是有用的缩合剂。例如在 CaH_2 存在下,丙酮在沸点时缩合为 4-甲基戊烯-3-酮-2,即异丙叉丙酮或称莱基化氧($(CH_3)_2C{=}CHCOCH_3$)。喹啉在 220℃时被缩合为缩式喹啉。CaH_2 在 450℃下可还原氧化二苯基($(C_6H_5)_2O$)为联苯 $C_6H_5—C_6H_5$。

SrH_2 在室温时不与卤素作用。稍微加热即与 Cl_2 作用生成 $SrCl_2$ 和 HCl。

$$SrH_2 + 2Cl_2 \longrightarrow SrCl_2 + 2HCl$$

红热时它也能与 Br_2 或 I_2 反应。

在没有水分存在时，即使温度高达 500—600℃，SrH_2 在空气中也不会燃烧，红热时它与 S 作用生成 SrS，与 N_2 反应生成 Sr_3N_2。

SrH_2 与氯酸盐、高氯酸盐、铬酸盐等固体氧化剂的混合物，稍微加热，即能激烈反应而发生爆炸。

SrH_2 与水激烈作用生成 $Sr(OH)_2$ 和 H_2，与醇的反应则比较缓和。

SrH_2 在许多有机反应中可以代替 CaH_2 作为还原剂或缩合剂。

BaH_2 的性质与 CaH_2 或 SrH_2 相似，但更为活泼，是更强的还原剂。在有机反应中，它同样可用作还原剂或缩合剂。

Ca、Sr 和 Ba 的 MHX 化合物很像云母。它们的制法是熔融 MH_2 和 MX_2 或在 900℃时在氢气流中加热 M 和 MX_2。它们的结构与 PbClF 相似。CaHX、SrHX 和 BaHX 的熔点分别为 700、840 和 850℃。当格氏试剂 RMgX 被还原时，可制得 $MgHX \cdot 2Et_2O$。如除去乙醚会使 MgHX 分解。在 LiH-MH 体系中，Ca、Sr、Ba 都有三元化合物 $LiMH_3$ 存在。

4.1.3 硼氢化合物和铝氢化合物

硼氢化镁 MgB_2H_8 由 MgH_2 和 B_2H_6 在乙醚溶液中加压制得，并在 180℃真空下除去乙醚。它的结构尚未见报道。它是无色固体，在空气中能慢慢水解，散发出乙硼烷的臭味，但不能自燃。熔点 320℃。它与 HCl 和 BCl_3 作用产生乙硼烷。与电正性更大的金属氢氧化物反应，产生 $Mg(OH)_2$ 和相应的硼氢化物。

钙、锶和钡的硼氢化物与硼氢化镁相反，它们是典型的离子型化合物，较少溶于 THF 中。它们的分解温度从 CaB_2H_8 为 320℃增加到 BaB_2H_8 为 400℃。它们由 B_2H_6 和 MH_2 在 THF 中作用制得。硼氢化钙也可用 CaC_2 与胺合甲硼烷在氢气氛、230℃、250atm 下反应制得。反应如下：

$$CaC_2 + 2R_3N \cdot BH_3 + 4H_2 \longrightarrow Ca(BH_4)_2 + CaH_6 + 2NR_3$$

铝氢化钙已被许多工作者制得，所以它的存在是无可争议的了。但铝氢化镁的存在则不能确证。人们由 CaH_2 与 $AlCl_3$ 在 THF 溶液中得到 $Ca(AlH_4)_2$，也可由 AlH_3 与 CaH_2 反应制得。下面是部分半循环过程：

$$3Ca(AlH_4)_2 + 2AlCl_3 \longrightarrow 8AlH_3 + 3CaCl_2$$

$$8AlH_3 + 4CaH_2 \longrightarrow 4Ca(AlH_4)_2$$

也有人报道由 CaH_2、Al 和 H_2 可直接合成 $Ca(AlH_4)_2$。还提到存在着高一级的同系物，如 $Ca(Al_2H_7)_2$ 和 $Ca(B_2H_7)_2$ 等。人们对其性质尚未研究，仅知道

$Ca(AlH_4)_2$是强还原剂。

Wiberg 和 Bauer 首先报道了 $Mg(AlH_4)_2$ 的存在。他们将 $MgBr_2$ 与 $LiAlH_4$ 在乙醚中反应而制得了 $Mg(AlH_4)_2$,并详细报道了该化合物的性质。

4.2 卤 化 物

4.2.1 氟化物

碱土金属最重要的氟化物是氟化钙,又称萤石(表 5.29)。对氟来说,萤石也是唯一的富矿。在墨西哥、美国、中国和意大利等每年开采共几百万吨。萤石的主要用途是:(1)生产碱性平炉钢时作为熔剂;(2)可用于生产氢氟酸、氟和氟化物;(3)玻璃制造工业中作为熔剂和不透明剂。在饮水中加入 1 至 1.5ppm 的氟化物(主要是氟化钙),可以减少蛀牙。很纯的萤石用于制造 apodiomatic 透镜。由于高级萤石稀少,故每年只能生产约一吨这种透镜。BaF_2 主要用作熔剂和搪瓷玻璃中的不透明剂,在一定程度上也用于金属热处理和制造飞机中发电机的碳刷。

表 5.29 碱土金属氟化物的物理性质[1]

性 质	MgF_2	CaF_2	SrF_2	BaF_2	RaF_2
熔点(℃)	1263(1220)	1418(1382)	1400	1320(1355)	1327
熔化热(kJ/mol)	56.9(24.7)	29.7(17.2)	18.0	12.6	—
沸点(℃)	2227	2500	2460	2260(2137)	1927
蒸发热(kJ/mol)	272.0	—	—	347.3	—
H_f(kJ/mol) (25℃)	−1102.9	−1215.0	−1215.0	−1200.8	−1205
S(kJ/mol)(25℃)	13.7	16.5	—	—	—
晶格能(kJ/mol)	2908	2611	2460	—	—
M 上的电荷	0.81	0.93	0.98	1.01	—
F 上的电荷	−0.41	−0.47	−0.49	−0.51	—
密度(g/ml)	—	3.18	4.24	4.89	—
磁化率(10^{-6}c·g·s)	−22.7	−28.0	−37.2	−51.0	—
电离焓(kJ/mol)	2582	2188	2054	1966	—
键长 MX_2(Å)	1.77	—	2.20	2.32	—

注:表中括号的数据摘自文献[6]。

碱土金属氟化物的某些物理性质列于表 5.29[1,6]中,其中 RaF_2 的一些数据是估计的。氟化物能稍为水解。由于碱土氟化物有较高的晶格能,因此在水中的溶解度较小,只有 MgF_2 的溶解度稍大一些(18℃,0.0076g/100g 水)。F^- 离子的测定一般可以沉淀为 CaF_2。

在实验室中,碱土金属的氟化物是由 HF 与碳酸盐反应制得的。

$$MCO_3 + 2HF \longrightarrow MF_2 + H_2O + CO_2$$

工业上制备高纯氟化物的方法如下：

$$MgSO_4 + NaF \xrightarrow{600 \sim 650℃} MgF_2$$

在 1320℃升华可以得到纯 MgF_2 晶体。

$$CaCl_2 \cdot 6H_2O + NaF(\text{稍过量}) + NaCl(\text{少量}) \xrightarrow{\text{高温烧结}} CaF_2$$

$$BaCl_2 \cdot 2H_2O + KF \cdot 2H_2O(\text{稍过量}) + KCl(\text{少量}) \xrightarrow{\text{熔融}} BaF_2$$

BaClF 可从水溶液中沉淀析出,而 Ba_2ClF_3 则由 BaClF 与 BaF_2 熔融制得。现已制得碱土金属 $M^IM^{II}F_3$ 的复合氟化物,其中 M^I 为碱金属,它们以钙钛矿结构结晶出来,或成稍为歪曲的变体。Wells 早在 1962 年在《结构无机化学》书中就列出如下结构：

立方体	四方体	单斜体
$RbCaF_3$	$NaMgF_3$	$KMgF_3$
$CsCaF_3$	$CsMgF_3$	$RbMgF_3$
		$KCaF_3$

含有 MgF_4^{2-} 阴离子的化合物也是已知的。硅氟酸钡 $BaSiF_6$ 曾用作植物杀虫剂,它的杀虫效果来自所释出的 F^- 离子。

RaF_2 最好由 $RaCO_3$ 和 HF 制备。早在 1936 年 Schulze 对 RaF_2 作了 X 射线的晶体结构研究,提出 Ra^{2+} 的配位数为 6,它的离子半径为 1.56Å。

Ca、Sr、Ba 的氟化物与 PbF_4 生成的三种不同的结构。钡盐 $BaPbF_6$ 有类似 SiF_6^{2-} 的配合阴离子 PbF_6^{2-}。锶盐 $SrPbF_6$ 含有绒性结构的$(PbF_5)_n^{n-}$ 离子和 F^- 离子,而$(PbF_5)_n^{n-}$ 的排列是以共有对角 F^- 离子的八面体排成长链。钙盐仅为复盐,没有形成配离子。

4.2.2 氯化物[1,2]

氯化镁是工业上最重要的镁盐。商品中有无水和六水两种形式。如果把它们放置在潮湿的大气中,这两种形式的盐都会潮解,直至生成饱和溶液。表 5.30 表示不同温度下氯化镁在水中溶解度和相变情况。

表 5.30　不同温度下氯化镁在水中的溶解度和相变情况

温度(℃)	溶解度($gMgCl_2$/100g 溶液)	固　　相
−10	11.1	冰
−20	16.0	冰
−30	19.4	冰
−33.6	20.6	冰+$MgCl_2 \cdot 12H_2O$
−20	26.7	$MgCl_2 \cdot 12H_2O$
−16.4	30.6	$MgCl_2 \cdot 12H_2O$
−16.8[1)]	31.6	$MgCl_2 \cdot 12H_2O + MgCl_2 \cdot 8H_2O(\alpha)$
−17.4[1)]	32.3[3)]	$MgCl_2 \cdot 12H_2O + MgCl_2 \cdot 8H_2O(\beta)$
−19.4[1)]	33.3[3)]	$MgCl_2 \cdot 12H_2O + MgCl_2 \cdot 6H_2O$
−9.6[2)]	33.2[3)]	$MgCl_2 \cdot 8H_2O(\beta) + MgCl_2 \cdot 6H_2O$
−3.4[2)]	34.4	$MgCl_2 \cdot 8H_2O(\alpha) + MgCl_2 \cdot 6H_2O$
0	34.5	$MgCl_2 \cdot 6H_2O$
10	31.9	$MgCl_2 \cdot 6H_2O$
20	35.3	$MgCl_2 \cdot 6H_2O$
40	36.5	$MgCl_2 \cdot 6H_2O$
60	37.9	$MgCl_2 \cdot 6H_2O$
80	39.8	$MgCl_2 \cdot 6H_2O$
100	42.2	$MgCl_2 \cdot 6H_2O$
116.7[2)]	46.2	$MgCl_2 \cdot 6H_2O + MgCl_2 \cdot 4H_2O$
152.6	49.1	$MgCl_2 \cdot 4H_2O$
181.5[2)]	55.8	$MgCl_2 \cdot 4H_2O + MgCl_2 \cdot 2H_2O$
186	56.1	$MgCl_2 \cdot 2H_2O$

1)共饱和点;2)转变点;3)不稳定。

也可以总结为:在不同的温度范围内,与水溶液平衡的不同固相如下:

温度范围(℃)	稳定水合物
<−16.8	$MgCl_2 \cdot 12H_2O$
−16.8—−3.4	$MgCl_2 \cdot 8H_2O$(α-和β-)
−3.4—116.7	$MgCl_2 \cdot 6H_2O$
116.7—181.5	$MgCl_2 \cdot 4H_2O$
>181.5	$MgCl_2 \cdot 2H_2O$

镁是海水中占第二位的普通阳离子，浓度为1272ppm(海水中钠最多，浓度为18,980ppm)，可以认为都以氯化物存在。从海水中回收镁盐的方法是用石灰石或白云石从海水中沉淀出 $Mg(OH)_2$。矿物氯镁石 $MgCl_2 \cdot 6H_2O$ 在自然界中并非广泛存在。镁在自然界更重要的来源则是光卤石 $KCl \cdot MgCl_2 \cdot 6H_2O$，它是盐湖里的沉积物。光卤石主要作为提取钾的原料，母液含有高达28%的 $MgCl_2$。蒸发此母液，首先结晶析出残余的钾与钠的混合盐(KCl 和 NaCl 以及一些 $MgSO_4$)，留下较纯的镁盐溶液。当从地下盐卤中提取溴化物时，也可得到副产物氯化镁，它是以溢晶石 $2MgCl_2 \cdot CaCl_2 \cdot 12H_2O$ 形式存在，把其中的钙沉淀为碳酸盐除去。

无水 $MgCl_2$ 可由 MgO 直接氯化而制得。但是一般是从水合物制备。水合物脱水的方法不能用一般的加热方法，因为加热时水合物会水解为含氧的氯化物。表5.31表示出 $MgCl_2 \cdot 6H_2O$ 加热脱水时所发生的反应。制得纯水盐的最好途径是在450℃通入干燥的 HCl 气流，熔融 NH_4Cl 和 $MgCl_2 \cdot 6H_2O$ 以先制得 $NH_4Cl \cdot MgCl_4 \cdot 6H_2O$。当所有水分被除去后，将化合物在712℃熔化，除去 NH_4Cl。Richarcls 曾应用此法制得纯品以测定镁的原子量。如果含有杂质氧原子，则熔融物会稍呈混浊。实验室里也可用其他方法制备无水 $MgCl_2$，如在800℃和 CO 气氛下，用 Cl_2 与 MgO 作用。工业上最重要的制法是两步脱水法。第一步是在空气中蒸发得到 $MgCl_2 \cdot 2H_2O$，然后在 HCl 气氛中再脱除两分子的水合水。但是这样的体系腐蚀性大，因此操作范围受到限制。将 NH_3 加到 $MgCl_2$ 的水溶液中，将有 $MgCl_2 \cdot 6NH_3$ 沉淀析出。$MgCl_2 \cdot 6NH_3$ 与镁屑混合，加热到430℃可得到无水 $MgCl_2$。

表5.31 $MgCl_2 \cdot 6H_2O$ 脱水时发生的反应[2]

阶段	温度范围(℃)	反 应
1	95—115	$MgCl_2 \cdot 6H_2O \rightleftharpoons MgCl_2 \cdot 4H_2O + 2H_2O$
		$MgCl_2 \cdot 4H_2O \rightleftharpoons MgCl_2 \cdot 2H_2O + 2H_2O$
2	135—180	$MgCl_2 \cdot 2H_2O \rightleftharpoons Mg(OH)Cl + HCl + 3H_2O$
		$MgCl_2 \cdot 2H_2O \rightleftharpoons MgCl_2 \cdot H_2O + H_2O$
3	185—230	$MgCl_2 \cdot 2H_2O \rightleftharpoons Mg(OH)Cl + HCl + H_2O$
4	>230	$MgCl_2 \cdot H_2O \rightleftharpoons MgCl_2 + H_2O$
		$MgCl_2 \cdot H_2O \rightleftharpoons Mg(OH)Cl + HCl$

在美国生产的无水 $MgCl_2$,除了大部分用以制取金属镁以外,还用以制造氯氧化镁水泥和墙上灰泥,也可作为防火和除尘的成分,例如作为采矿木材和铁路枕木的防火剂。在冬天氯化镁也被用以涂在矿石车内,以防止矿石冻结在车的边上或底上。

天然氯化钙通常与大量氯化镁混在一起。分离过程的第一步是将复盐溢晶石 $2MgCl_2 \cdot CaCl_2 \cdot 12H_2O$ 沉积出来。这种天然物质多半用于肮脏道路上的防尘和使土壤稳定化,少量则用于消除矿井中的尘埃。

$CaCl_2$ 是索尔维法制造纯碱的副产物。生产一吨纯碱就有稍多于一吨的氯化钙产生。总的反应如下:

$$CaCO_3 + 2NaCl \rightleftharpoons Na_2CO_3 + CaCl_2$$

其中真正产生氯化钙的一步是:

$$Ca(OH)_2 + 2NH_4Cl \rightleftharpoons CaCl_2 + 2NH_3 + 2H_2O$$

此法产生的氯化钙,仅小部分回收。回收是在旋转蒸发器中进行的,通常只得到二水合物。纯的氯化钙则由大理石溶于盐酸中而制得。

氯化钙的主要用途是将它加到混凝土混合物中,使混凝土在初凝时较快地凝结,以提高强度。尤其是冬天,混凝土中更需要加入氯化钙以加速凝固。

不同温度下,氯化钙在水中溶解度如下:

温度(℃)	−54.9	0	10	20	40	60	100	260
溶解度(g/100g 水)	42.5	60	65	75	115	137	159	347

因此氯化钙溶液可作为冷冻工厂的传热剂,控制公路、街道和人行道铺砌料上的冰和雪,以及防止煤或矿石在船运或储存时冻结。在拖拉机等充气轮胎中,可用氯化钙溶液增加牵引力。在较高温度,氯化钙溶液可作为热浴溶剂。氯化钙溶液也能用于防火。

氯化钙有四种水合物,其中最重要的是六水物和二水物,另外两种都是四水物。与溶液相接触时,稳定范围分别为:

水合物	$CaCl_2 \cdot 6H_2O$	$CaCl_2 \cdot 4H_2O$	$CaCl_2 \cdot 2H_2O$
稳定温度范围(℃)	−54.9—29	29—45	45—175

由于无水 $CaCl_2$ 水合为 $CaCl_2 \cdot 6H_2O$ 时是强烈放热的(−90.8kJ/mol),因此它广泛地被作为干燥剂。将无水 $CaCl_2$ 露置于空气中,吸取足够水分而溶解的最低相对湿度(rh)和温度的关系如下:

rh(%)	20	30	40	43
t(℃)	37.8	23.3	6.7	5.6

又 25℃时片状氯化钙的吸湿性如下:

rh(%)	36	60	70	80	85	90	95
H_2Okg/1kg$CaCl_2$	0.45	0.73	0.91	1.27	1.59	2.27	3.81

由于它的反应活性,使其应用受到限制。例如与 NH_3 作用生成 $CaCl_2 \cdot 8NH_3$,所以不能用以干燥氨气。

$CaCl_2$ 易溶于醇,包括较高级的醇,它与异丁醇和戊醇能生成加合物。有一种复盐 $CaCl_2 \cdot 3Ca(OH)_2 \cdot 12H_2O$,它的结晶形状为细长针形。曾有人建议用过热蒸气与 $CaCl_2$ 作用,可大规模制备盐酸。

溶解 $SrCO_3$ 于盐酸中制得氯化锶。加醇到氯化锶的水溶液中使 $SrCl_2$ 沉淀。通过几次沉淀可以提纯氯化锶。当它从低于 61.5℃溶液中结晶时,析出的是六水合物 $SrCl_2 \cdot 6H_2O$。这是一种易潮解的六方针状晶体,与 $CaCl_2 \cdot 6H_2O$ 同晶形。高于 61.5℃结晶时,析出的则是长方片状的二水合物 $SrCl_2 \cdot 2H_2O$。此外还有一水合物 $SrCl_2 \cdot H_2O$。饱和溶液在 117℃沸腾。氯化锶在水中的溶解度较氯化钙小,如 100℃时为 100.8g/100g 水。

以前是由熔融重晶石与氯化钙反应制备氯化钡,由于此法分解不完全,并有副反应,后来则在熔融重晶石中加入煤,生成 BaS,然后将 BaS 溶液与盐酸反应。

$$BaS + 2HCl \rightleftharpoons BaCl_2 + H_2S\uparrow$$

所产生的 H_2S 可以各种硫化物回收。氯化钡在 100℃的溶解度仅是 0℃时溶解度的两倍,因此必须用蒸发和结晶相结合的方法才能得到纯的氯化钡。生产照相纸、皮革和布帛时所需要的硫酸钡粉也由它制得。它也可作为实验试剂以及作为制造金属镁的溶剂。它的熔点较低(963℃),因而可用于表面硬化和热处理的浴器中。

常温结晶时得到 $BaCl_2 \cdot 2H_2O$,它是扁平四方正交片状晶体。加热时生成 $BaCl_2 \cdot H_2O$,高于 121℃失去全部结晶水。无水 $BaCl_2$ 很容易吸水。氯化钡有剧毒!

$BaCl_2$ 和一些氯化物易生成低共熔混合物,例如:

体　　系	$BaCl_2$-KCl	$BaCl_2$-NaCl	$BaCl_2$-$CaCl_2$
低共熔温度(℃)	672—680	654	631
组成	$BaCl_2$-2KCl	39mol%$BaCl_2$	

在 HCl 和 CCl_4 蒸气的混合气体中,将 $RaSO_4$ 加热到红热时制得无水 $RaCl_2$。将 $RaCO_2$ 溶解于盐酸中制得二水合物 $RaCl_2 \cdot 2H_2O$,它在温度高于 1000℃时失水。当 $RaCl_2$ 放置在潮湿的大气中,会产生次氯酸味道,这表明有 Cl_2 气释出。

表 5.32 中列出了碱土金属氯化物的某些主要物理性质[1]。

表 5.32　碱土金属氯化物的物理性质[1,6]

性质	$MgCl_2$	$CaCl_2$	$SrCl_2$	$BaCl_2$	$RaCl_2$
熔点(℃)	708(714)	772(782)	873(875)	963	(1000)
$\Delta H_{熔化}$(kJ/mol)	43.1(33.9)	28.4(25.5)	17.2	22.6	
沸点(℃)	1412	>1600	1250	1560	
$\Delta H_{蒸发}$(kJ/mol)	136.8	—	—	—	
ΔH_f(kJ/mol)25℃	−641.8	−795.0	−414.2	860.2	
熵(J/deg mol)25℃					
密度(g/ml)	2.32	2.15	3.05	3.86(α),3.92(β)	(4.91)
晶格能(kJ/mol)	2489.5(2326)	2247(2226)	2117(2130)	2042(2033)	
电离焓(kJ/mol)	2280	1929	(1832)	1736	
M上的电荷	0.68	0.79	0.84	0.87	
Cl上的电荷	−0.34	−0.40	−0.42	−0.44	
磁化率(10^{-6}c·g·s)	−47.4	−54.7	−63.0	−72.6	
键长(Å)	2.18	—	2.67	2.82	
溶解度(g/100g水)20℃	(52.25)	(74.5)	(53.8)	(37.5),α,26°	

4.2.3　溴化物

溴化镁存在于海水、某些矿泉、盐湖和一些沉积物中。当温度高于0℃时,从水溶液中析出的是六水合物 $MgBr_2 \cdot 6H_2O$,它非常容易吸水,并与 $MgCl_2 \cdot 6H_2O$ 同晶形,熔点为174.2℃,在HBr蒸气流中将六水合物加热或在 N_2 气氛中热解复盐 $NH_4Br \cdot MgBr_2$ 都能制得无水 $MgBr_2$,其熔点为711℃。温度低于0℃时从水溶液中结晶所得薄片则为 $MgBr_2 \cdot 10H_2O$,还未确证有较低的水合物存在。$MgBr_2$ 易溶于醇中。Menshuthein曾报道过 $MgBr_2$ 与有机物质生成的许多配合物,例如 $MgBr_2 \cdot 6CH_3OH$ (mp.190℃) $MgBr_2 \cdot 6C_2H_5OH$ (mp.108.5℃), $MgBr_2 \cdot 6C_3H_7OH$ (mp.52℃),$MgBr_2 \cdot 6C_5H_{11}OH$(mp.46℃),$MgBr_2 \cdot 6CH_3COCH_3$(mp.92℃)等。从乙醚溶液中在不同温度下可得不同的醚合物:

温度(℃)	0	20	30
醚配合物	$MgBr_2 \cdot 3(C_2H_5)_2O$	$MgBr_2 \cdot 2(C_2H_5)_2O$	$MgBr_2 \cdot (C_2H_5)_2O$

它们的热重分析研究结果已有过报道,也已分离出配合物 $MgBr_2 \cdot 2(n\text{-}C_4H_9)_2O$。$MgBr_2$ 与苯胺、甲酸、乙酸和THF生成一系列相似的配合物。$MgBr_2$

也易与 NH_3 分子生成 $MgBr_2 \cdot 6NH_3$（立方晶体）、$MgBr_2 \cdot 2NH_3$ 和 $MgBr_2 \cdot NH_3$，并与其他卤化物生成一系列复盐，如 $KBr \cdot MgBr_2 \cdot 6H_2O$ 和 $NH_4Br \cdot MgBr_2 \cdot 6H_2O$，它们与光卤石同晶型。

海水中的 $MgBr_2$ 是 Br_2 的主要来源，可用氯气通入海水中制取 Br_2，反应如下：

$$MgBr_2 + Cl_2 \rightleftharpoons MgCl_2 + Br_2$$

$MgBr_2$ 可用作镇静剂以治疗神经紊乱症，它也用于干电池的电解质糊状物中。

钙、锶和钡的溴化物需要量较少，可用一般实验室方法制备，例如可将 HBr 或 Br_2 作用于这些金属的氧化物、碳酸盐、氢氧化物等而制得。T. W. Richards 曾小心地制备了 $SrBr_2$ 和 $BaBr_2$，用以测定 Sr 和 Ba 的原子量，并详细地说明了无水 MBr_2 的制备方法。$CaBr_2$ 和 $SrBr_2$ 很容易吸水，生成 $MBr_2 \cdot 6H_2O$。从水溶液析出的也是六水合物。溴化钙只有一种六水合物。溴化锶在温度高于 88.6℃ 时生成二水合物 $SrBr_2 \cdot 2H_2O$。溴化钡的水合物中以二水合物为最稳定，是单斜三棱形晶体，与 $BaCl_2 \cdot 2H_2O$ 同晶型。温度高于 75℃ 时失去一分子水而成 $BaBr_2 \cdot H_2O$。这三种溴化物易溶于醇中，也能与醇生成加合物，但生成加合物的能力明显地比 $MgBr_2$ 差。它们能和碱金属卤化物生成一系列复盐。$SrBr_2$ 也可以作为镇静剂。

氢溴酸作用于红热的 $RaCl_2$ 时，能制得无水 $RaBr_2$。据报道，溴化镭有六水合物和二水合物两种水合物。无水 $RaBr_2$ 在约 900℃ 时升华，它比 $BaBr_2$ 的挥发性大。$RaBr_2 \cdot 12H_2O$ 在 20℃ 的溶解度为 70.6g/100g 水。

碱土金属溴化物的某些物理性质列于表 5.33 中。

表 5.33 碱土金属溴化物的物理性质[1,6]

性　质	$MgBr_2$	CaBr	$SrBr_2$	$BaBr_2$	$RaBr_2$
熔点(℃)	711	730	643	847	723
$\Delta H_{熔}$(kJ/mol)	34.7	17.6	20.0	25.1	
沸点(℃)	—	812	分解	分解	900(升华)
ΔH_f(kJ/mol)25℃	−517.6	−674.9	−715.9	−754.8	
熵(J/deg · mol)	—	129.7	—	—	
晶格能(kJ/mol)	2100	—	—	—	1292
M 上电荷	0.61	0.73	0.77	0.80	
Br 上电荷	−0.31	−0.36	−0.39	−0.40	
密度(g/ml)	3.72	3.35	4.22	4.78	5.79
磁化率(10^{-6}c · g · s)	−72.0	−73.8	−86.6	−92.0	
键长 MX_2(Å)	2.34	—	2.82	2.99	
溶解度(g/100g 水)	101.5	142	100	104.1	

4.2.4 碘化物

碘化镁的化学性质和溴化镁十分相似。它有三种水合物，它们的一些性质比较如下：

水合物	$MgI_2 \cdot 10H_2O$	$MgI_2 \cdot 8H_2O$	$MgI_2 \cdot 6H_2O$
存在温度(℃)	<8	8—44	>44
溶解度($g/100gH_2O$)	81.0(20℃)	89.8(43℃)	90.9(120℃)

八水合物、六水合物和无水 MgI_2 都易潮解，并在加热时生成碘。将 $MgI_2 \cdot 8H_2O$ 先在干燥的 HI 气流中加热，继在 N_2 气氛中加热，可以制得无水 MgI_2。MgI_2 也溶于醇和许多其他有机溶剂中，生成一系列加合物。氨合物有 $MgI_2 \cdot 6NH_3$ 和 $MgI_2 \cdot 3NH_3$ 两种。

钙、锶和钡的碘化物一般是由 HI 与碳酸盐反应而制得的，G. P. Bater 曾制备很纯的 CaI_2 以测定原子量。近来也有人用下法制备纯 CaI_2[3]：

$$2AlI_3 + 3CaO \xrightarrow[\text{约 200℃}]{\text{真空}} Al_2O_3 + 3CaI_2$$

将 CaI_2 先萃取到水中，然后结晶回收提纯。碘化物的水合范围也是很大的，与其他卤化物对比，碘化物的高水合物更为稳定。温度低于 34℃时 $BaI_2 \cdot 6H_2O$ 是稳定的，高于 34℃ $BaI_2 \cdot 2H_2O$ 稳定，高于 98.9℃生成 $BaI_2 \cdot H_2O$。二水合物加热到 539℃可得无水 BaI_2。$SrI_2 \cdot 6H_2O$ 在低于 84℃时稳定，温度升高就失水为二水合物和一水合物，表 5.34 列出碱土金属碘化物的某些物理性质[1]。

表 5.34 碱土金属碘化物的物理性质[1,6]

性　质	MgI_2	CaI_2	SrI_2	BaI_2
熔点(℃)		740(784)	507(515)	711
ΔH 熔(kJ/mol)	—	—	—	28.4
沸点(℃)	—	约 1100	分解	分解
ΔH_f(kJ/mol)	−359.8	−534.7	−566.9	−602.5
熵(J/deg · mol)	—	142.3	—	—
晶格能(kJ/mol)	1946	1895	—	—
M 上的电荷	0.49	0.60	0.64	0.67
I 上的电荷	−0.24	−0.30	−0.32	−0.34
密度(g/ml)	4.25(4.43)	3.96	4.55	4.92(5.15)
磁化率(10^{-6}c · g · s)	−111.0	−109.0	−112.0	−124.0
溶解度(g/100g 水)20℃	约 148	209	179.6	205.3

注：括号内数值引自文献[6]。

4.2.5　比较二卤化物的结构

表 5.35 列出了 MX_2 晶体的结构[1]比较。

表 5.35　碱土金属二卤化物的晶体结构

	Mg	Ca	Sr	Ba
氟化物	R	F	F	F
氯化物	D	C	F	P
溴化物	I	C	S	P
碘化物	I	I	—	P

注：R＝金红石 TiO_2 型，6 配位；
　F＝萤石（CaF_2）结构，8 配位；
　D＝$CaCl_2$ 结构，6-配位层状结构；
　C＝$CaCl_2$，变形金红石结构，有两个近邻和四个远邻；
　I＝CdI_2 型，6-配位层状结构；
　S＝$SrBr_2$ 型，9-配位，只有五个近邻；
　P＝$PbCl_2$ 型，9-配位。

这些结构可用阳离子和阴离子半径之比（r_c/r_a）来说明（见碱金属卤化物）。较大阳离子倾向于形成配位数较高的结构。在过渡金属的二卤化物中也是如此。这些变化事实上不能仅仅用离子键来说明，某些不规则的地方必须归之于特殊的共价相互作用。从化合物的分子束研究进一步证明了 MX_2 中键的共价性。如果这些化合物有偶极矩，它们在不均匀的磁场里就受到弯曲，只有弯曲的分子才有偶极矩，这些弯曲的分子可能是共价性的。直线（l）和弯曲的（b）分子表示如下：

	F	Cl	Br	I
Mg	l	l	l	l
Ca	b	l	l	l
Sr	b	b	l	l
Ba	b	b	b	b

4.2.6　MHX[3]

所有碱土金属的 MHX 类型化合物都已制得（X＝Cl，Br 和 I）。将格氏试剂 C_2H_5MgX 还原、热分解或加氢分解，都可得到 HMgX。烧结 MgX_2 和 MgH_2 也可得到 HMgX。Ca、Sr 和 Ba 的 HMX 化合物可以由 MH_2 和 X_2 熔融制得，也可由金属和 X_2 在 H_2 气中加热制得。在 690－860℃范围对 MX_2-MH_2 体系进行热分析，测定了它们的熔点。又从 X 射线分析证实了这 9 种物质都是化合物，而不是混合物。

4.3 氰化物和氰氨化物

$Mg(CN)_2$ 是由细碎的 Mg 和 NH_4CN 在液氨中反应制得。生成的 $Mg(CN)_2 \cdot 2NH_3$ 可在真空中加热脱 NH_3。大量的 $Ca(CN)_2$ 则由氰氨化钙 $CaCN_2$ 和 C 在 NaCl 存在下加热而制备。需要注意的是每批产物生成后必须立即冷却，以防止逆反应而再生成 $CaCN_2$。$Sr(CN)_2$ 和 $Ba(CN)_2$ 比 $Ca(CN)_2$ 稳定得多，因此可以直接由 HCN 与 $Sr(OH)_2$ 或 $Ba(OH)_2$ 在水中或在石油醚中作用制得。

$Ca(CN)_2$ 可用于沥取矿石中的贵金属。它与 Ag 或 Au 生成可溶性的氰配合物，反应如下：

$$4M + 4Ca(CN)_2 + O_2 + 2H_2O \rightleftharpoons 2Ca[M(CN)_2]_2 + 2Ca(OH)_2$$

$Ca(CN)_2$ 的水解分二步，其中间物是碱式氰化钙 $Ca(OH)CN$。酸能使它分解生成 HCN。它与 Fe^{2+} 盐反应生成 $Ca_2[Fe(CN)_6]$。在水中与 S 生成 $Ca(CNS)_2$。

氰氨化钙 $CaCN_2$，俗称石灰氮。它是由 N_2 与 CaC_2（电石）在电炉中加热至 1000－1100℃反应而制得的。世界年产量约为几十万吨。它是一种重要的氮肥，所含的氮不能直接被植物利用，它必须经过水和二氧化碳的转化作用，才能被植物吸收。它也是制备双氰胺 $H_2NC(:NH)NHCN$ 和蜜胺 $C_3N_3(NH_2)_3$ 的原料。

$CaCN_2$ 的熔点为 1340℃，但是在常压下它在 1150－1200℃就升华。它是菱形结晶，其中 Ca—N 键距为 2.46Å，$N{=}C{=}N^{2-}$ 离子中 C—N 键距为 1.22Å，$N{=}C{=}N^{2-}$ 离子和 $O{=}C{=}O$ 为等电子体，(CO_2 中 C—O 键距则为 1.16Å)。酸溶液能使 $CaCN_2$ 转化为氨基氰 $H_2N{-}C{\equiv}N$。

4.4 氧化物和氢氧化物

4.4.1 氧化物(MO)

MgO 在自然界中能以矿物方镁石存在，但是方镁石不是 MgO 的主要来源。Mg 与 VIA 族元素的反应较猛烈，因此 MgO 和 MgS 都需间接制备。MgO 是许多镁化合物热分解的最终产物，通常在回转窑内煅烧 $MgCO_3$ 或 $Mg(OH)_2$ 制得。在 350℃左右 $MgCO_3$ 开始分解，在 600℃反应一小时可以完全分解为 MgO 和 CO_2。也可以从 $MgCl_2$、$Mg(NO_3)_2$ 或 $MgSO_4$ 制得 MgO，如 $MgSO_4$ 在 H_2、CO 或 H_2S 等还原气氛中分解可得到 MgO。

CaO(生石灰)可由煅烧 $CaCO_3$ 而大量制备。从所发现的古窑的残留物判断，远在石器时代就已有这种制备方法。制造 CaO 的石灰窑，必须能在一定的时间内使石灰石的温度升高到 1100℃，同时又能快速地排除 CO_2。生石灰用量不大，纯的 CaO 用于制造电石 CaC_2，但大部分消化成熟石灰 $Ca(OH)_2$。熟石灰是一种廉价碱，工业上广泛用于制造漂白粉、氢氧化钠等，并且是一种重要的建筑材料。

SrO 仅需少量制备，可以在电炉中强热 $SrCO_3$ 而得。SrO 主要作为锶盐的来源。从 $BaCO_3$ 制取 BaO 需要加入 C 或在更高的温度 1400℃煅烧，因为 $BaCO_3$ 比 Mg、Ca 和 Sr 的碳酸盐更稳定。加入 C 以后可使 CO_2 转化为 CO，因而使生成的 CO_2 迅速除去，反应便能较快进行。碳酸盐热稳定性的顺序，可由如下数据看出：

	$MgCO_3$	$CaCO_3$	$SrCO_3$	$BaCO_3$
当 p_{co_2}=1atm 时的分解温度(℃)	540	900	1290	1360

BaO 主要用于制造润滑油的去垢剂。

这些氧化物最重要的化学性质就是与水的反应。除 MgO 外其他氧化物都能很快生成 $M(OH)_2$，并放出大量热量，反应热的数据如下：

反应热($MO+H_2O \rightleftharpoons M(OH)_2$)(kJ/mol)

MgO	CaO	SrO	BaO
40.6	66.5	81.6	102.5

一般来说，反应活性取决于有效表面积。例如熔融的 MgO 只有在粉碎时才能与水作用。MgO 易与 CO_3 反应，这是碳酸盐热分解的逆反应。钡和锶的氧化物与氧反应生成过氧化物。

MgO 是 fcc 晶体结构。熔融后所得到的 MgO 晶体，其密度与 X 射线数据计算得到的($3.58g/cm^3$)是一致的。但是在不同温度煅烧 $Mg(OH)_2$ 沉淀所得到的 MgO，其密度随着煅烧温度提高而增大，数据见表 5.36。MgO 的化学性质随着煅烧温度和时间的变化而变化。当煅烧温度提高时，密度随之增大，而反应活性则降低。在 400—900℃温度范围所制得的 MgO 易溶于水，并很容易水合，甚至在冷水中就能水合。

表 5.36　在不同温度下煅烧 $Mg(OH)_2$ 所得的 MgO 的密度

t(℃)	600	710	850	1000	1200	1400	1500	1800
密度(g/cm^3)	2.94	3.04	3.22	3.39	3.48	3.52	3.56	3.57

氧化物的某些物理性质列于表 5.37 中。MgO 对可见光和近紫外光都有很强的反射能力，因此可以用作光学仪器的反射器和作为白色的标准物。此外它还用于制造耐火材料、金属、氯氧水泥和各种药物。

表 5.37　碱土金属氧化物的物理性质[1,6]

性　质	MgO	CaO	SrO	BaO
熔点(℃)1),2)	2642(2852)	2707(2614)	2430	1923
ΔH_m(kJ/mol)2)	77.4	(51.0)	(69.9)	57.7
沸点(℃)1),2)	3600	2850	[3000]	[2000]
ΔH_s(kJ/mol)1)	653	615	674	464
ΔH_f(kJ/mol)2)	−601.6	−635.5	−295.4	−279.1
S°(J/deg · mol)2)	26.8	39.7	54.4	70.3
晶格能(kJ/mol)1)	3795	3414	3217	3029
M 上的电荷1)	0.50	0.57	0.59	0.61
密度(g/cm³)2)	3.58	3.25	4.7	5.72
磁化率(10^{-6}c · g · s)	−10.2	−15.0	−35.0	−29.1
键强(kJ/mol)1),2)	347(393.7±35.1)	368(462.8±14.6)	402(454.4±14.6)	527 (562.7±14.6)

1) 来自文献[1]；

2) 来自文献[6]；

( ) 号内是与 1)不一致的 2)的数据；[ ]号内是不大确定的数据。

除镁外，其他碱土金属与第 VIA 族元素组成的化合物都具有 NaCl 晶格。由于 Mg^{2+} 阳离子和第 VIA 族阴离子的大小悬殊，因而它生成纤维锌矿结构更为稳定。在晶格中离子间距离(Å)列表如下[1]：

MgO 2.104	CaO 2.401	SrO 2.573	BaO 2.762
MgS 2.595	CaS 2.843	SrS 3.004	BaS —
MgSe 2.726	CaSe 2.956	SrSe 3.113	BaSe —
MgTe —	CaTe 3.172	SrTe 3.324	BaTe —

现将这些化合物的晶格能列于表 5.38[1]中，表中数字主要在于表示它们变化的趋向，而不在于它们的精确数值。

表 5.38　碱土金属与第 VIA 族元素的化合物的晶格能(kJ/mol)

	O	S	Se	Te
Mg	3795	3196	3071	2837
Ca	3414	2958	2858	2694
Sr	3217	2824	2736	2594
Ba	3029	2690	2611	2485

4.4.2　氢氧化物($M(OH)_2$)

碱土金属氢氧化物的共同特性是在水溶液中能离解出OH^-离子而呈碱性，以及与CO_2作用生成碳酸盐。它们在25℃的第一离解常数列于表5.39中[1]。$M(OH)_2$加热脱水将变为MO。$M(OH)_2$的热稳定性随碱土金属原子序数增加而增强，这可由离解出1333Pa水蒸气压的温度而得到证明[4]：

表5.39　碱土金属氢氧化物的一些性质

	$Mg(OH)_2$	$Ra(OH)_2$	$Sr(OH)_2$	$Ba(OH)_2$
产生1333Pa水蒸气压的温度(℃)	300	390	466	700
第一离解常数(p*K*值)	2.58	1.30	0.96	0.64

$Mg(OH)_2$的天然矿物水镁石，具有CaI_2层状结构。中子衍射证明：在同一层中每个Mg^{2+}离子被6个OH根所包围，而每个OH根与同层的三个Mg^{2+}离子生成三个键，并与邻层的三个OH根相接触。OH根垂直于层，并由于Mg^{2+}离子的电正性，把质子排斥到层的另一边，因此层与层之间并无氢键形成，各层之间是靠范德华力结合在一起的。活性MgO经水合作用生成$Mg(OH)_2$晶体，即便是从镁盐溶液中沉淀析出的胶状$Mg(OH)_2$，从X射线衍射分析结果证明也是粗的晶体。$Mg(OH)_2$溶解度很小，然而它是强电解质。$Mg(OH)_2$在高于350℃时开始热分解，但是完全脱水要在1800℃以上。$Mg(OH)_2$和MgO一样，在大气中久置会逐渐变成组成为$5MgO \cdot 4CO_2 \cdot xH_2O$的碱式碳酸盐。

$Ca(OH)_2$的结构与水镁石一样，也是CdI_2层状结构。Ca、Sr和Ba的$M(OH)_2$都是由MO水合而成，一般的性质都相似。$Ca(OH)_2$的溶解度反常，随温度升高而减少。由于消石灰$Ca(OH)_2$是最便宜的碱，因此应用很广。又消石灰$Ca(OH)_2$的体积比生石灰CaO大一倍，因此可用以分裂木材和岩石。早在古希腊时代的建筑结构中就已用到消石灰——砂灰泥。灰泥的凝结是由于①过量水的蒸发；②砖或水泥块的吸水；③消石灰和空气中CO_2作用，生成的$CaCO_3$附着和嵌在砂粒之间，因此生成坚固而多孔的结构。

$Sr(OH)_2$在水中的溶解度随温度的变化较大，如0℃时为$0.41g/100gH_2O$，而100℃时为$21.83g/100gH_2O$。因此可以在水溶液中用结晶法与$Ca(OH)_2$或$Ba(OH)_2$分离。$Sr(OH)_2$与有机酸生成不溶性金属皂，与蔗糖和甘油生成不溶性配合物。煤焦油工业的副产物经$Sr(OH)_2$处理后，可以作为许多聚乙烯塑料的稳定剂。在欧洲，$Sr(OH)_2$广泛用于甜菜的精炼加工，它先生成不溶性的双糖盐，然后分离、精炼，当通入CO_2时，又把蔗糖释出，同时生成难溶的$SrCO_3$。$Sr(OH)_2$也可用于改进油漆的干燥特性。

$Ba(OH)_2$ 有多种水合物，一水合物晶体的水蒸气压非常小，因而要完全除水是很困难的，在 15℃各种水合物的水蒸气压数据如下：

水合物	$Ba(OH)_2 \cdot 8H_2O$	$Ba(OH)_2 \cdot 3 \longrightarrow 7H_2O$
水蒸气压(Pa)	1519.9	327.97
	$Ba(OH)_2 \cdot 2H_2O$	$Ba(OH)_2 \cdot H_2O$
	173.32	～0.0

$Ba(OH)_2$ 可作为油的添加剂以及高温润滑剂中钡脂的成分。

4.5　过氧化物、超氧化物和臭氧化物

所有碱土金属都可生成含有过氧离子 O_2^{2-} 的过氧化物 MO_2。此外还制得 Ba、Sr 和 Ca 的含有超氧离子 O_2^- 的超氧化物。也曾报道过 Ca 和 Ba 的含臭氧离子 O_3^- 的臭氧化物。

4.5.1　过氧化物

BaO_2 和 SrO_2 是由 BaO 和 SrO 分别在约 550℃和 400℃在 O_2 或在空气中加热制得的。SrO 和 O_2 的反应需在高压下进行，而少量的水可大大加速 BaO_2 的生成，MgO_2 和 CaO_2 的含水物可由 H_2O_2 与相应的盐在碱溶液中反应制得，反应如下：

$$Ca(NO_3)_2 + H_2O_2 + 2NaOH \longrightarrow CaO_2 + 2NaNO_3 + 2H_2O$$

无水化合物则由超氧化钾 KO_2 与相应硝酸盐在液氨中制得。完全无水的 MgO_2 尚未制成。$CaO_2 \cdot 8H_2O$ 可以放在 P_2O_5 上面脱水，工业产品只能得到 50%的 MgO_2 或 60%的 CaO_2，其他成分主要是氧化物 MgO 或 CaO。

MgO_2 具有黄铁矿结构，钡、锶和钙的 MO_2 则是 CaC_2 结构。在 BaO_2 和 MgO_2 中 O—O 距离为 1.49－1.50Å。BaO_2、SrO_2 和 CaO_2 的稳定性依次递减，这与它们在 100℃的离解压分别为 10^{-13}、0.1 和 50 大气压相一致。

Ca、Sr 和 Ba 的过氧化物八水合物 $MO_2 \cdot 8H_2O$，能从 pH 较高的 H_2O_2 溶液中沉淀析出。它们都是无色晶状物，具有链状结构，$—O_2^{2-}—(H_2O)_8—O_2^{2-}—(H_2O)_8—$这些链是由金属离子和氢键连在一起的。也曾报道过它们的二水合物，但已证明它们只是混合物。

Sr 和 Ba 还有一种氢过氧化物 $M(HO_2)_2$，它们是由 $M(HO_2)_2 \cdot H_2O_2$ 在干燥空气流中除去 H_2O_2 而制得的，而 $M(HO_2)_2 \cdot H_2O_2$ 则由无水 MO_2 与 H_2O_2 作用而制得。这些化合物的结构都已被确定。

本世纪 20 年代以前，H_2O_2 都是从 BaO_2 制得。一般先由空气氧化 BaO 制得 BaO_2，然后再用硫酸与 BaO_2 作用，使 Ba^{2+} 离子沉淀为 $BaSO_4$，从而制得 H_2O_2。

$BaSO_4$ 副产物可用作白色颜料。BaO_2 和铁氰化钾有一特殊反应，它们互相作用可放出 O_2，反应如下：

$$BaO_2 + 2K_3[Fe(CN_6)] \longrightarrow K_6Ba[Fe(CN)_6]_2 + O_2$$

这是一个定量反应，因此能用以测定不纯物质中过氧化物的含量，MgO_2 和 CaO_2 在医药上可用作抗酸剂，例如 MgO_2 是解胃酸药中的抗发酵成分，CaO_2 还用作牙膏成分和各类种子的无害消毒剂。SrO_2 用于制造烟火。

4.5.2 超氧化物

CaO_2 和 MgO_2 在约 200℃与湿空气反应能生成少量的超氧化物，一般可用 MO_2 与 H_2O_2 加热制得超氧化物 $M(O_2)_2$。苏联学者利用 $Me_4M^+O_2^-$ 在液氨中独特的溶解度，制备了 $Ca(O_2)_2$[8]。加热 MO_2 或 $MO_2 \cdot xH_2O$ 时也常得到含有一些 $M(O_2)_2$ 的产物，因此碱土金属的超氧化物常与过氧化物混合在一起。有人企图用复分解反应，使 $Ba(NO_3)_2$ 与 KO_2 作用制取 $Ba(O_2)_2$，结果仅得到一种超氧化物和过氧化物的混合物 $K_2Ba(O_2)_2O_2$。

4.5.3 臭氧化物[9]

现已成功地制备了臭氧化钡 $Ba(O_3)_2$，制法是把 BaO_2 和 O_3 在氟利昂-12 介质中在－100℃时反应而得到。也已测得了它的 ESR 谱。它在－70℃以上是不稳定的，分解的初始产物为 $Ba(O_2)_2$。

4.6 硫化物、硒化物和碲化物

碱土金属和 VIA 族元素组成的二元化合物中，除 BaS 以外，由于它们是磷光体而受人注意。作为磷光体，其性质与物质的纯度有很大关系，因此人们研究和设计了大量的制备方法以期得到较纯净的物质。除了制得简单二元化合物以外，也曾制备了氢硫化物和多硫化物。

4.6.1 制备

二元化合物 My(y＝S、Se 和 Te)可以由单质直接合成，但是由于反应太猛烈，故不能得到纯物质。高纯物质的制备，通常是将硫酸盐 MSO_4 或其他相应的盐还原或与一种卤化物反应而制得。工业上用煤(一份)在高温下还原磨碎的重晶石($BaSO_4$)(四份)，每年可生产几十万吨的黑灰(BaS 为主要成分)。生产方法有分批生产和连续生产两种。分批生产时，3 小时后温度达 1150－1200℃，此时还原反应已完成，过度加热会降低产率。连续生产时还原温度一般在 1232℃(2250°F)。杂质对反应有相当大的影响，如高含量的铁和硅杂质能使相当多的可溶性 BaS 转变为复杂的不溶于水但溶于酸的硅酸钡、铁酸钡和碳酸钡。少量杂质在很大程度上也减少了黑灰中 BaS 的回收率、例如原矿石中 Fe_2O_3 的量从 1.0 增加到 2.0%，就可把 BaS 的含量从约 90%降低到 76%－78%。

高纯硫化镁 MgS 是用纯的无水 $MgCl_2$ 在纯 H_2S 气流中于 1050℃燃烧制得。这里纯的无水 $MgCl_2$ 则是由 $MgCl_2$ 和 NH_4Cl 在溶液中反应，先结晶出 $Mg(NH_4)Cl_3 \cdot xH_2O$，在 120℃干燥，然后在干燥 HCl 中燃烧而制得的。

SrS 和 CaS 的制备与 BaS 类似，可用 C 或 H_2 还原 $SrSO_4$ 和 $CaSO_4$ 而制得。SrSe 的制备也可用 NH_3 还原 $SrSeO_3$。RaS 可用 CaH_2、CaC_2 或二者的混合物还原 $RaSO_4$ 而制得。

多硫化物的制法：在 N_2 气氛下将 S 溶于液 NH_3 中，然后将金属锶一份一份加入。产品是黄色的 SrS_2、橙黄色的 SrS_3 或 SrS_4。如果用适量的 S 处理 $M(HS)_2$ (M＝Sr 和 Ba)的醇溶液或水溶液，将得到橙红色的 SrS_5、BaS_3 和 BaS_4。用这种方法不能制得 Ca 的多硫化物。

4.6.2　性质和用途

MgS 是红棕色立方晶体，具有 NaCl 晶格。它比较稳定，温度高于 2000℃时才分解。但是它很容易水解生成 $Mg(HS)_2$。在较高温度下 $Mg(HS)_2$ 也会进一步水解，但这是一种可逆反应。人们可以利用下面平衡反应在改变温度的条件下纯化 H_2S：

$$Mg(HS)_2 + 2H_2O \underset{\text{较低温度}}{\overset{\text{较高温度}}{\rightleftharpoons}} Mg(OH)_2 + H_2S$$

MgS 在工业上并不重要，但它和其他金属可以生成发光磷光体。如在用交流电电致发光的 ZnS-Cu 化物磷光体中，用高达 20mol%的 MgS 代替 ZnS，可使发射光移到较短的波长处。

SrS 是无色或浅灰色立方晶体或粉末，具有 NaCl 晶格。SrS 几乎不溶于水，但能溶于酸并分解。在水中加热时水解为 $Sr(HS)_2$ 和 $Sr(OH)_2$。$Sr(HS)_2$ 溶于冷水，给水溶液加热时会进一步水解。SrS 可用作脱毛剂或用于发光漆中。

BaS 是无色立方晶体。易溶于水并水解为 $Ba(HS)_2$ 和 $Ba(OH)_2$。BaS 的饱和溶液冷却时析出 $BaS \cdot 6H_2O$ 六方片状晶体。纯的 BaS 或含有痕量其他金属化合物时，呈现磷光现象。BaS 溶液对皮肤和毛发有腐蚀性和脱毛作用。

Ba 和 Sr 的一些多硫化物是易吸水的无定形固体，在没有空气存在的条件下加热，可以转变为晶体。$SrS_4 \cdot 6H_2O$ 为红色晶体，熔点为 25℃，能溶于水和醇中。

4.7　氮化物、叠氮化物和磷化物[1,3]

4.7.1　氮化物

氮化镁 Mg_3N_2 是由镁粉直接和 N_2 在 800—900℃反应制得的。如果要求制备纯的无氧化物的 Mg_3N_2 时,需要用干燥的 NH_3 代替 N_2。

Mg 的氮化作用在 415℃时的反应速率接近于直线速率定律。有一种连续制备粉状 Mg_3N_2 的方法是让熔融 Mg 在 800—900℃与 Mg_3N_2 的移动粒子相接触,熔融的 Mg 就在移动粒子之间流动而使粒子表面涂上一层 Mg 的薄膜,然后薄膜又氮化成为 Mg_3N_2。

Ca 主要在两个最佳温区吸收氮气,分别为 400—460℃和 850—950℃。干燥的 N_2 通过细碎的电解制得的钙,在 400—460℃加热 4 小时后,Ca_3N_2 产率为 20%,而在 900℃加热 1 小时,则产率为 70%。如果用在铁坩埚或瓷坩埚中并在真空中重新熔化的 Ca,在 440℃与 N_2 加热 0.5 小时,产率达 96%—98%。加入 0.5%—1%的碱金属,可使反应温度降低。因为在 Ca 和 N_2 反应以前,碱金属升华到 Ca 的上面使反应容易发生。

Sr 和 Ba 在 N_2 气流中加热可得到 Sr_3N_2 和 Ba_3N_2。Ba 对 N_2 的亲和力较高,不需要把 Ba 粉碎,反应温度如下:

Sr_3N_2	Ba_3N_2
初始生成温度(℃)380	260
大量生成温度(℃)460	560

Mg_3N_2 和 Ca_3N_2 都具有反 Mn_2O_3 结构,磷化物和砷化物也有此结构。而锑化物和铋化物则是反 La_2O_3 结构。Mg_3N_2 是黄绿色到棕黄色粉末,在潮湿空气中很快水解为 NH_3 和 $Mg(OH)_2$ 它不溶于有机溶剂中,工业上 Mg_3N_2 并不重要,可用作干燥剂,也用于橡胶的配方。

碱土金属的氮卤化物(M_2NX)曾在 N_2 气中烧结无水卤化物和氮化物而制得,Ba_2NCl 的熔点为 965℃,能被冷水分解,而 Ca_2NCl 则只被热的无机酸显著分解。

4.7.2　叠氮化物[1]

镁的叠氮化物 $Mg_2(N_3)_2$ 容易制备,可由 MgH_2 或 MR_2(R=烷基)与氢叠氮酸 HN_3 在低温和乙醚溶液中反应生成。$Ca(N_3)_2$ 由 $Ca(NH_2)_2$ 和 N_2O 反应制得。在减压条件下在 $Ba(OH)_2$ 的水溶液或悬浮液中通入 NH_3,可制得 $Ba(N_3)_2$ 的水溶液,加入丙酮使 $Ba(N_3)_2 \cdot H_2O$ 沉淀析出。(低温时则为 $Ba(N_3)_2 \cdot 1\frac{1}{2}$

H_2O)沉淀。二者都可在真空中用 P_2O_5 脱水。$Sr(N_3)_2$ 和 $Ca(N_3)_2$ 也可用类似方法制备。$Ra(N_3)_2$ 也已制得,可用 HN_3 作用于 $RaCO_3$ 的方法制备。

Ca 和 Sr 的叠氮化物都是斜方晶体。每个单元晶胞有八个分子。$Sr(N_3)_2$ 的结构已完全确定。N_3^- 离子是成直线形的,N—N 距离都是 1.12Å。$N \xrightarrow{1.12Å} N \xrightarrow{1.12Å} N$,靠近 Sr^{2+} 离子的八个 N 原子分成两组,四个一组,Sr—N 分别为 2.63Å 和 2.77Å,较短的距离比正常离子键为短。

叠氮化物的稳定性随着分子量的增加而减弱。$Ba(N_3)_2$ 在高于 45℃时分解为 Ba_3N_2、加热 $Ra(N_3)_2$ 则分解为 Ra. Jacob 等完整地研究了 $Ba(N_3)_2$ 的光化学分解。由于活化能的不同,产生了两种过程[11]。第一种是光解新制备的$Ba(N_3)_2$,光解作用取决于电子阱的生成,电子阱(T)可能来自三种情况:①晶体中含有杂质离子;②晶体缺陷,即阴离子空缺;③位错中的凹陷或凸出处。这三种情况都具有作为电子受体的必要性质。在完整的晶体中激发了的 N_3^{-*} 只能在适当寿命以后蜕变为正常基态 N_3^-。但是如果 N_3^- 的邻位有一个电子受体(电子阱)则此激发了的电子就可能发生部分或全部转移到电子阱 T 中。反应如下:

完整晶体　$N_3^- \xrightleftharpoons{h\nu} N_3^{-*}$　(1)

特殊位置　$N_3^- T \xrightleftharpoons{h\nu} N_3^{-*} T \rightleftharpoons [N_3T]^-$　(2)

这里 * 号和〔 〕号都表示激发态。在$[N_3T]^-$相当长的寿命内,(2)式重复进行,往往又能使相邻的 N_3^- 激发,如(3)式所示:

$$N_3^-[N_3T]^- \xrightleftharpoons{h\nu} N_3^{-*}[N_3T]^- \rightleftharpoons [N_3TN_3]^{2-} \quad (3)$$

这种激发了的 N_3^- 或回到基态,同时放出光子,或进行化学分解如(4)式所示:

$$[N_3TN_3]^{2-}Ba^{2+} \longrightarrow 3N_2 + TBa \quad (4)$$

第二种光和热分解机理,取决于自由 Ba 原子(Pre-nuclei)的存在。自由 Ba 原子经光电离成 Ba^+,Ba^+ 离子在热能(E=1.0eV)的活化下,接受邻近 N_3^- 的电子使 N_3^- 成游离的 N_3。与其相邻的 N_3^-,经光照活化为 N_3^{-*} 后,与 N_3 生成 N_2 分子,同时放出电子。释出的电子又与邻近有正穴的 Ba^{2+} 离子再生成 Ba 原子,又成为活性中心,如(5)—(8)式所示:

$$Ba \xrightleftharpoons{h\nu} Ba^+ + e \quad (5)$$

$$Ba^+ + N_3^- \xrightleftharpoons{E} Ba + N_3 \quad (6)$$

$$N_3^- \xrightleftharpoons{h\nu} N_3^{-*}$$

$$N_3^{-*} + N_3 \rightleftharpoons 3N_2 + e \quad (7)$$

$$Ba^{2+} + 2e \rightleftharpoons Ba \quad (8)$$

第一种情况,活化能为 21kJ/mol。第二种情况活化能为 84kJ/mol。在 X 射线的作用下，$Ba(N_3)_2$ 能很快分解，根据中子衍射测定结果，$Ba(N_3)_2$ 的结构是无限的 Ba—N 键的链带，链带旁又填充了长的 Ba—N 键。Ba^{2+} 离子被 9 个 N_3^- 离子所围绕，这 9 个 N_3^- 离子构成一个直角三角柱，N—N 距离为 1.16Å。

4.7.3 过氮化物[3]

叠氮化物在无水的萘烷中进行热分解，生成过氮化物 $M_3(N_2)_2$，其中 M 为 Ca、Sr 和 Ba，反应如下：

$$3Ba(N_3)_2 \longrightarrow Ba_3(N_2)_2 + 7N_2$$

Ba、Sr 和 Ca 的叠氮化物完全分解为过氮化物所需的时间分别为 40 分、8 小时和 1 小时。

过氮化物是非常容易和 O_2 或 H_2O 反应的。其水解反应如下：

$$Ba_3(N_2)_2 + 6H_2O \longrightarrow 3Ba(OH)_2 + 2NH_3 + N_2$$

$H_2NNHNHNH_2$（四氮烷）为中间产物，因此 Y. Okamoto 提出过氮化物可能是四氮烷盐。Ba 和 Sr 的过氮化物可以在醚中与肼反应生成肼盐 $MNNH_2$，肼化合物是黄色粉末，温度高于 300℃时会发生爆炸性分解。过氮化物可贮存于萘烷或其他对质子惰性的有机溶剂中。

4.7.4 磷化物

所有碱土金属都能生成磷化物 M_3P_2。碱土金属和红磷在封闭管中反应或用 H_2 气流把 P 的蒸气通过金属表面都可制取磷化物。Ca、Sr 和 Ba 的磷化物也可用磷酸盐在电弧中用 C 还原来制备。除了正常磷化物 M_3P_2 以外，在不同加热条件下，往往得到其他许多磷化物，如 CaP、SrP_2、Sr_4P_5、SrP、Sr_4P_3、BaP_2、Ba_4P_5 和 Ba_4P_3 等[3]。

M_3P_2 在惰性或还原气氛下是稳定的，如 Ba_3P_2 到 840℃分解，Ca_3P_2 到 1240℃才分解。M_3P_2 易与水或湿空气作用生成 PH_3。在 300℃时，M_3P_2 与 O_2 能很快反应。

Mg_3P_2 具有立方反 Mn_2O_3 结构。每个 Mg 原子被四个 P 原子所包围，这四个 P 原子位于变形四面体的四个角上，Mg—P 距离分别为 2.2、2.6、2.9 和 3.0Å、Mg—Mg 距离与金属本身中的 Mg—Mg 距离相同，都是 3.2Å。这种结构是金属键和共价键共存的一种中间态。

Ca 和 PH_3 在液氨中可生成 $Ca(PH_2)_2 \cdot 5NH_3$，它的热分解随温度的升高而得到不同的磷化物[3]：

分解温度(℃)	100	100—600	1000
分解主要产物	CaPH	CaP	Ca_3P_2

和 Mg_3P_2 一样，Mg_3As_2 和 Mg_3Sb_2 都可在高温从单质制备。Mg_3P_2 是亮黄

色，Mg_3As_2 是棕红色而 Mg_3Sb_2 是灰黑色。

4.8　硼化物、碳化物和硅化物

4.8.1　硼化物

Mg 和 B_2O_3 一起加热可得到 Mg_3B_2，同时还有硼酸镁和其他含氧化合物生成。Stock 在其对硼氢化合物化学的研究中曾用过 Mg_3B_2。他将 Mg_3B_2 磨成细粉并与过量 Mg 粉混合，在 H_2 气氛中均匀地加热，即可制得硼氢化物。但大部分的硼氢化物是用盐酸使 Mg_3B_2 水解。如用磷酸水解，产率较高。值得注意的是，水解时只能将 Mg_3B_2 加入酸中而不能相反。显然硼氢化物混合物的组成取决于制备的方式，此法现已被许多重现性好得多的方法取代。

B 和过量 Mg 在 700—1000℃作用几小时或用碳化硼和 Mg 或 MgO 在 H_2 气氛中加热到 800—1500℃，也都能得到 MgB_2。加热 MgB_2 到高于 1000℃可得到 MgB_4 和 MgB_6 等。所以一般制得混合物 MB_n($n=2$，4 和 6)。MgB_2 的结构和 AlB_2 一样是层状结构。B 原子位于由金属原子组成的层与层之间的三角柱孔穴内。

Ca、Sr 和 Ba 的硼化物为 CaB_6 结构，每个 B_6 基团构成一个八面体，八面体与八面体之间通过角顶相连。碱土金属则位于 24 个 B 原子(即四个八面体)所包围的大孔穴中。如图 5.18 所示。

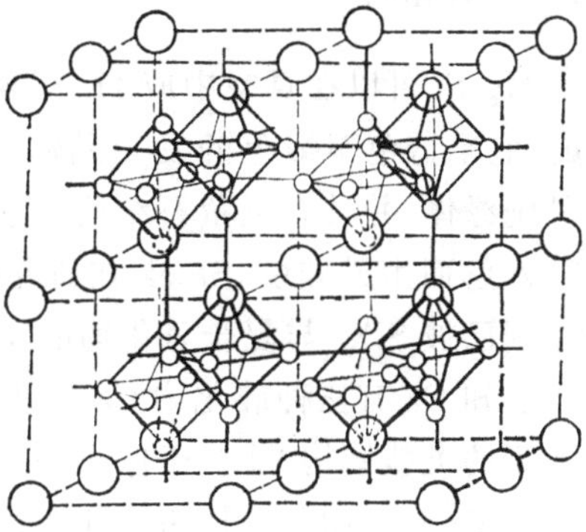

图 5.18　CaB_6 的晶体结构

4.8.2　碳化物

所有碱土金属都有碳化物 MC_2 和乙炔化物 $M(HC_2)_2$。Mg 还有 Mg_2C_3。$M(HC_2)_2$ 很不稳定，且稳定性明显地随着分子量的增加而减弱。如 $Ba(HC_2)_2$ 在室温下几分钟内就分解了。所有碳化物都是离子型的。

将金属溶于液氨中并通入乙炔，则得到 $M(HC_2)_2$。此类乙炔化物很快分解为 MC_2，因此可用于制备碳化物 MC_2。碳化物通常用电弧熔融石墨和金属或氧化物而制得，也可用含碳物质的气体通过加热的金属或氧化物粉末来制备。

MC_2 在室温下的晶体具有 CaC_2 结构，即 M^{2+} 和 C_2^{2-} 离子形成类似于 NaCl 晶格的排列，但由于阴离子与一个晶轴成平行的排列，因此晶体的对称性由立方系变为四方系。C—C 的键长为 1.20Å，这与同 N_2 分子等电子的 C_2^{2-} 离子的估计值是一致的。与此种电子的定域相一致，MC_2 的晶体是绝缘体，而 LaC_2（C—C 键长为 1.28Å）和 UC_2（C—C 键长为 1.34Å）则为金属导体。CaC_2 能生成三种其他容易辨认的多晶型：一种在低于 25℃时稳定；一种是高于 447℃时稳定具有 NaCl 结构的立方体；另一种则是具有很大晶胞的 CaC_2 Ⅲ的介稳相。

CaC_2 是工业上重要的化学产品。它的最大用途是生产乙炔。此外 CaC_2 也用于制造 $CaCN_2$，并在冶金工业中作为脱硫剂和脱氧剂。

镁是碱土金属中唯一生成 M_2C_3 的一种元素。Mg_2C_3 是六方晶体。当 Mg 粉和 CH_4 或 C_5H_{12} 蒸气在约 700℃作用时，能生成暗灰色的 Mg_2C_3，加热 MgC_2 也可得到 Mg_2C_3。Mg_2C_3 的水解产物为 $CH_3—C≡CH$，同时有少量 $CH_2═C═CH_2$ 生成。人们曾提出 Mg_2C_3 晶体中含有$(C═C═C)^{4-}$离子，但没有报道过它的结构测定。用重水能使 Mg_2C_3 重水解，生成含重氢的不饱和烃。这是合成某些含重氢有机化合物的较为方便的方法。

4.8.3 硅化物

Mg_3Si 可以在真空中或 H_2 气氛下加热单质而制得。制备时一般要用过量的 Mg。它是蓝色至银色的发光晶体。与 Mg_2Ge、Mg_2Sn 和 Mg_2Pb 相似，Mg_2Si 是一种绝缘体，并具有反萤石结构。它们都不是合金。Mg_2Si 的重要性在于它能被 HCl 水解而生成硅烷，Stock 在研究硅的氢化物时就是以它作为产生硅烷的原料。此法现已被 SiX_4 与复合氢化物的反应所代替。

已知 Ca 有三种硅化物 Ca_2Si、CaSi 和 $CaSi_2$。Ca_2Si 属于 $PbCl_2$ 晶格，这是一种典型的类盐结构，适合于像 Ca 这样电正性的阳离子。CaSi 中含有的 Si 原子组成了—Si—Si—链，其中 Si—Si 距离是 2.47Å，仅比单质硅（2.35Å）稍大。$CaSi_2$ 的结构是 Ca^{2+} 离子排列在 Si 原子层状密堆积之间的中心，每个 Si 原子与近邻的三个 Si 原子都相距 2.48Å，而每个 Ca 原子与六个近邻的 Si 原子都相距 2.99Å。用盐酸的醇溶液将 $CaSi_2$ 水解得到不明确的化合物 $Si_2 \cdot H_2O$。它在空气中能自燃，并且是一种还原剂，能很快被热水所水解。Sr 也有 Sr_2Si、SrSi 和 $SrSi_2$ 三种硅化物。Ba 则只有 $BaSi_2$ 和 Ba_3Si_4 两种。

4.8.4 碱土金属与 IVA 族元素的二元化合物

碱土金属和 Ge 生成的化合物一般有 M_2Ge、MGe 和 MGe_2 三种。Mg 则只有 Mg_2Ge 一种，它的熔点为 1115℃，具有反萤石结构。从 Ca-Ge 的相图中可以看到有 Ca_2Ge、CaGe 和 $CaGe_2$ 三种化合物。此外也曾报道过有 Ca_7Ge 和 $Ca_{33}Ge$。在充满 Ar 气的电弧炉内加热 Ba 和 Ge，可以生成 BaGe。已知 Ba_2Ge、BaGe 和 $BaGe_2$ 的熔点分别为 940℃、1145℃和 1050℃。

Mg 与 Sn 或 Pb 能生成 Mg_2Sn 或 Mg_2Pb 化合物。它们和 Mg_2Si 一样是绝缘

体并属于反萤石结构。根据量子力学计算,晶体中一个电子的能态数等于价电子数与原子数之比,Mg_2Si 等的能态数等于 8/3,这表示价带和导带之间有接近的三个能级。因此电子不能跃迁到导带上,因而不能导电故其不是离子型的晶体。

4.9 碳酸盐和有机酸盐

4.9.1 碳酸盐

碱土金属的碳酸盐矿广泛分布于自然界中,这些矿物一般是制备碱土金属和它们的化合物的原料。碳酸镁的最重要矿物是菱镁矿 $MgCO_3$ 和白云石 $MgCO_3 \cdot CaCO_3$,此外还有一些含水碳酸盐。具有强烈双折射的冰洲石的 $CaCO_3$ 单晶是稀有的,这种单晶用于制造光学仪器如 Nicol 棱镜。白色大理石也是一种纯的碳酸盐,它的晶体紧压在一起。蛋壳、蠔壳和白垩的主要成分都是 $CaCO_3$ 晶体。白垩是由细小的海洋生物贝壳组成的。珊瑚、珍珠和某些贝壳则是由文石组成,而文石是在常温时处于介稳状态的 $CaCO_3$ 晶体。菱锶矿($SrCO_3$)储量不多,分布也不广。毒重石是 $BaCO_3$ 的主要矿物,天然矿物不足以供应所需的 $BaCO_3$,因而 $BaCO_3$需从黑灰 BaS 和 CO_2 或 Na_2CO_3 制取。$RaCO_3$ 通常在镭盐溶液中加 $(NH_4)_2CO_3$ 沉淀析出,它在水中的溶解度比 $BaCO_3$ 大。

大量菱镁矿和白云石用于制造平炉法炼钢工业中的碱性耐火砖和衬壁、隔热物质以及各种耐火材料。$MgCO_3$ 也用于油漆和油墨工业。它可用作纸、塑料、油漆和橡胶等物的填料。碱式碳酸镁也用于制备固体的火箭燃料。石灰石大量用于建筑材料和制造水泥。农业上用于中和土壤中的酸性和作为饲料添加剂。石灰石还用在钢铁工业中,作为熔剂以生成熔渣。

如果我们需要较纯的 $CaCO_3$,则先把石灰石煅烧成生石灰;生石灰再加水成消石灰,并制成石灰乳;然后在适当条件下通入 CO_2 使成沉淀 $CaCO_3$。利用氨碱法生产中的副产物 $CaCl_2$,将 $CaCl_2$ 溶液在适当条件下混合 Na_2CO_3 或 $(NH_4)_2CO_3$ 溶液,也可得到沉淀 $CaCO_3$。沉淀 $CaCO_3$ 主要用于制造油漆、塑料、橡胶和纸张。$SrCO_3$ 主要用于制造各种锶盐。用 $SrCO_3$ 为原料制造的锶玻璃,可用于彩色电视管。在某些波长下,它比钡玻璃能更有效地阻止辐射。$BaCO_3$ 是最主要的钡盐。加热分解比较困难,这可从不同温度下 CO_2 的蒸气压数据得到证明:

温度(℃)	997	1017	1095	1157	1177	1297
蒸气压(Pa)	0	667	15,999	45,329	59,995	101,325

它的用途有五个方面:①生产钡盐的原料;②除去水溶液中的硫酸盐,同时也除去重金属和其他碱土金属离子;③陶瓷工业中的熔剂;④由于它的光学特性,可制光学玻璃,特别是作为精细玻璃器皿(如阴极射线管)的成分;⑤表面硬化槽中的碳载体。

碱土金属碳酸盐 MCO_3 的晶体结构有两种：方解石型和文石型，它们都是由 CO_3^{2-} 离子和 M^{2+} 离子的晶格所组成。Mg^{2+} 离子最小，生成方解石型晶体，其中 Mg^{2+} 离子被 6 个 O 原子所包围。较大的 Sr^{2+} 和 Ba^{2+} 离子生成文石型晶体，具有 9 个最近的 O 原子。不大不小的 Ca^{2+} 离子在常温既生成六方方解石型晶体，也生成斜方文石型晶体。如图 5.19 所示。

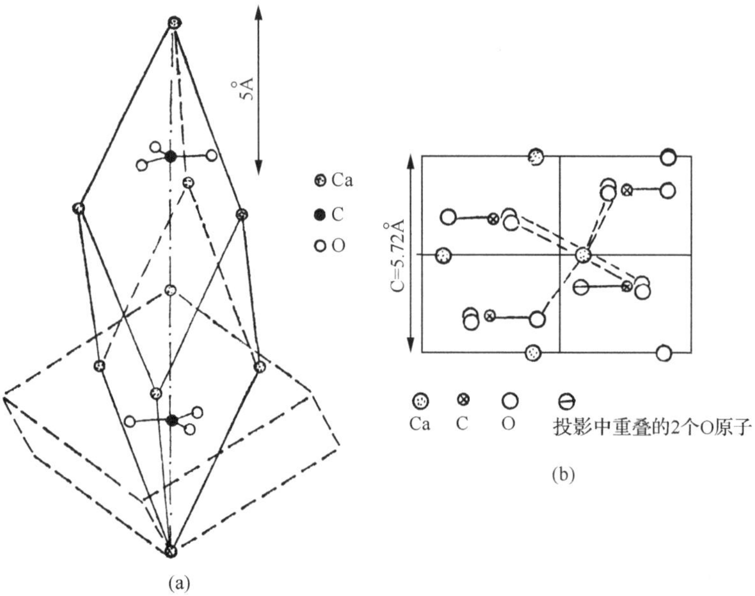

图 5.19　(a)方解石单晶，指出裂开的菱形六面位置；(b)文石晶格的投影

碳酸盐受热迅速分解为氧化物 MO。$MgCO_3$ 在温度高于 500℃时能很快分解生成 MgO。石灰石在回转窑和垂直窑中煅烧，约在 800℃迅速分解。$BaCO_3$ 最稳定，1300℃以上才迅速分解，如表 5.40 所示。

表 5.40　碱土金属碳酸盐的分解温度(℃，1atm 下)盐的分解压力(Pa)

温度(℃)	400	450	500	540	700	900	1000	1100	1200	1300
$MgCO_3$	13.3	906.6	13,332	99.592	—	—	—	—	—	—
$CaCO_3$	0	0	13.3	40.0	2,933	105,724	391,967	1,165,234	—	—
$BaCO_3$	0	0	0	0	0	26.7	360.0	2,359.8	12,266	50,929

碱土金属的碳酸盐都不溶于水。由于 MCO_3 在水中的水解度比较大，因此只有在指定的 CO_2 压力下所给的溶解度数据才有意义。所有的 MCO_3 都能溶解于能生成可溶性碱土金属盐的酸中，如 HX(X＝Cl、Br 和 I)和 HNO_3 等。这也是制备这些盐类的主要方法。$MgCO_3$ 生成 $MgCO_3 \cdot 5H_2O$、$MgCO_3 \cdot 3H_2O$ 和

$MgCO_3 \cdot H_2O$ 三种水合物，它们在 CO_2 气氛下都是稳定的。$MgCO_3 \cdot 5H_2O$ 在 <13.5℃稳定，$MgCO_3 \cdot 3H_2O$ 在 13—50℃稳定。在空气中它们都能慢慢地转化为碱式盐 $5MgO \cdot 4CO_2 \cdot xH_2O$。$MgCO_3$ 在水中的溶解度随着温度的升高而减小，如在一个大气压的 CO_2 下，它的溶解度数据为：

温度(℃)	3.5	12	18	22	25	30	40	50
溶解度，g/100g 溶液	3.65	2.65	2.21	2.00	1.87	1.58	1.18	0.95

$CaCO_3$ 一般生成六水合物 $CaCO_3 \cdot 6H_2O$。

4.9.2 有机酸盐[4]

(1) 甲酸盐

镁的甲酸盐是二水合物 $Mg(OCHO)_2 \cdot 2H_2O$，110℃脱水成无水盐。在乙醇中溶解度较小。甲酸钙是无水盐 $Ca(OCHO)_2$，稍溶于乙醇。甲酸锶也是二水合物，65℃脱水成无水盐，不溶于乙醇和乙醚。甲酸钡是无水盐，能微溶于乙醇。

(2) 醋酸盐

镁的醋酸盐是四水合物 $Mg(CH_3COO)_2 \cdot 4H_2O$，熔点为 66℃。无水盐的制法是：加热 $Mg(NO_3)_2 \cdot 6H_2O$ 和 $(CH_3CO)_2O$，用乙醚洗涤产物，在 60℃干燥。熔点为 323℃。醋酸钙是二水合物，在 84℃转化为一水合物，不溶于乙醇。醋酸锶是四水合物，在 95℃转化为半水合物。醋酸钡为三水合物，在 25℃转化为一水合物，在 40℃又转化为无水盐。它稍溶于乙醇。它有两种酸式盐：$BaAc_2 \cdot HAc$ 和 $BaAc_2 \cdot 2HAc$。

不管在溶液中还是在固态，醋酸镁生成自配合物。这可从下面许多实验事实得到证实：①它的浓溶液有很大的粘性，在 5.4m 溶液中粘度是水的 1.55 倍；②1m $Mg(CH_3COO)_2$ 溶液的冰点下降值仅为 1m $MgCl_2$ 溶液的 1/3；③用露点法测定蒸气压也得到证实；④$Mg(CH_3COO)_2$ 溶液的最大电导值出现在 0.5m 溶液中，而 $MgCl_2$ 的电导极大值出现在 1.25m 溶液中，其数值 5 倍于醋酸镁。当溶液稀释时，以上这些特性将减弱。因此 Rivett 提出二聚物的螯合环结构式为：

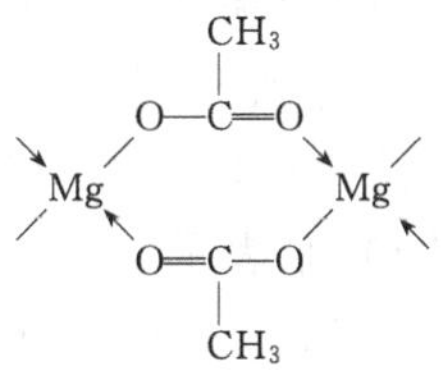

(3) 草酸盐

所有碱土金属草酸盐几乎都是不溶于水的。草酸镁相当稳定,生成二水合物如 $MgC_2O_4 \cdot 2H_2O$。溶液中也生成自配合物。与其他多价阳离子和多价阴离子所生成的盐一样,它具有明显的过饱和能力,如 MgO 溶于 $H_2C_2O_4$ 溶液的量比饱和溶液大 300 倍而没有一点固体盐析出。

草酸钙在水中的溶解度极小,可用以定量测定 Ca^{2+} 或 $C_2O_4^{2-}$ 离子。草酸钙有三水合物和一水合物两种,三水合物于 130℃转化为一水合物,一水合物于 200℃脱水为无水盐,并于 430℃分解。草酸锶的水合物有 $SrC_2O_4 \cdot 2.5H_2O$ 和 $SrC_2O_4 \cdot H_2O$ 两种。草酸钡含 3.5 个水分子,约在 0℃转化为二水合物,40℃又转化为半水合物。钡还有一种酸式盐 $Ba(OCOCOOH)_2$,有二水合物和一水合物两种,它们比正盐易溶于水。

有些羧酸镁也应用于医药上,如扁桃酸盐 $(C_6H_5CHOHCOO)_2Mg$,油酸盐 $(C_{17}H_{33}COO)_2Mg$ 和硫代马来酸盐 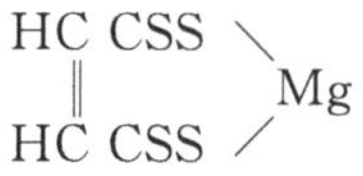 等。溶液的电导测定指出,钙、锶和钡的草酸盐没有生成配合物。

4.10　铝酸盐、硅酸盐和铝硅酸盐

4.10.1　铝酸盐

镁和铝生成混合氧化物 $MgO \cdot Al_2O_3$ 或 $MgAl_2O_4$,它也可以称为偏铝酸镁。这就是著名的尖晶石。矿物尖晶石广泛存在于自然界中。天然尖晶石晶体通常呈八面体,可能有不同的颜色,其中大多数是黑色的,也有的呈红色、蓝色或绿色。颜色美丽而透明的尖晶石即为贵重的宝石。尖晶石属等轴晶系,比重 3.5—4.1,硬度 7.5—8.5 Mohs 标度。具有优良的耐热性能,可作为制造耐火材料的原料。也可作为搪瓷和釉的着色剂。世界上天然宝石的主要产地是斯里兰卡、泰国和缅甸等国家。尖晶石不仅天然生产外,还可由人工合成。合成尖晶石在氢氧炉中进行,可由粉末状 MgO 和 Al_2O_3 均匀混合,在温度约 1000℃烧结而成。因为它是在过量的 Al_2O_3 存在下制造的,因此,合成尖晶石是 $MgAl_2O_4$ 与 γ-Al_2O_3 的固溶体,这就是它与天然矿物的主要区别。

在普通的尖晶石 $MgAl_2O_4$ 中,如果 Mg^{2+} 被其他二价离子如 Zn^{2+}、Mn^{2+}、Fe^{2+}、Ni^{2+}、Co^{2+}、Cd^{2+} 等所替换,而 Al^{3+} 被其他三价离子如 Fe^{3+}、Cr^{3+}、Co^{3+}、Ga^{3+} 等所替换,则生成一系列组成和结构相类似的化合物,统称为尖晶石类化合物,可用一般式 AB_2O_4 或 $M^{II}M_2^{III}O_4$ 来表示。例如 $ZnAl_2O_4$(锌尖晶石)、$MnAl_2O_4$(锰尖晶石)、$FeAl_2O_4$(铁尖晶石)、$MgFe_2O_4$(镁铁尖晶石)、$Fe^{II}Fe_2^{III}O_4$(磁铁矿)

等。在尖晶石类化合物的结构中,氧原子以立方密堆积排列,而 M^{2+} 和 M^{3+} 充填在它所形成的四面体和八面体孔穴中。在单位晶胞内,共有 64 个四面体孔穴和 32 个八面体孔穴。M^{2+} 和 M^{3+} 在四面体和八面体孔穴中的充填形式分为两类。一类即所谓正常尖晶石,例如 $MgAl_2O_4$,在它的单位晶胞中 Mg^{2+} 只占据 1/8 四面体孔穴,而 Al^{3+} 占据 1/2 八面体孔穴,因此单位晶胞的组成为 $Mg_8Al_{16}O_{32}$。另一类是所谓"反"(或"逆位")尖晶石,例如 $MgFe_2O_4$、$FeFe_2O_4$ 等,在它们的结构中,所有的 M^{2+} 离子和一半的 M^{3+} 离子交换了位置,即 M^{2+} 和一半的 M^{3+} 占据八面体孔穴,而另一半的 M^{3+} 占据四面体孔穴。因此 Barth 等建议不用一般式 AB_2O_4 而用 $B(AB)O_4$ 或 $M^{III}(M^{II}M^{III})O_4$ 来表示"反"尖晶石的组成,例如 $Fe(MgFe)O_4$。

有几种无水铝酸钙曾被鉴定过。其中已用结晶学清楚地研究过的有:CA_6 ($C=CaO$,$A=Al_2O_3$)、CA_2 和 CA。CA_6 与磁性铅酸盐 $PbO \cdot 6Fe_2O_3$ 是类质同晶体。锶和钡也有类似的化合物。CA_2 属于单斜晶系,其中 Ca 原子的配位是非常不规则的。CA 的结构可以看作是 β-鳞石英的畸变。C_5A_3 和 $C_{12}A_7$ 虽已鉴定过,但它们的结构尚未被充分分析研究。

有多种水合铝酸钙,其中主要的有如下几种:α_1-C_4AH_{19} ($H=H_2O$)、α_2-C_4AH_{19}、α-C_4AH_{13}、β-C_4AH_{13}、β-C_2AH_8、α_1-C_2AH_8、α_2-C_2AH_8。所有这些化合物都是六方片状的。C_4AH_{10} 是六方菱形;C_3AH_6 是立方体;$C_4A_3H_3$ 是正交片状。最简单的制备方法是由氢氧化钙和氧化铝凝胶作用而成,此反应是比较快的。

4.10.2 硅酸盐和铝硅酸盐

自然界中广泛存在着硅酸盐(包括铝硅酸盐),地壳主要是由硅石和各种硅酸盐构成的。长石、云母、粘土、滑石等都属于天然的硅酸盐。碱土金属中,Mg 和 Ca 在地壳中含量非常丰富,分别占第七位和第五位(根据原子%计算),并且又能生成稳定的碱性氧化物。因此在自然界中,碱土金属硅酸盐数量繁多。关于各种各样硅酸盐的结构与性能将在本丛书第三卷中详细讨论。这里只简单地讨论一些主要类型的碱土金属硅酸盐(包括铝硅酸盐)在自然界的存在状况及其在理论上和工业上的特殊意义。

正硅酸盐 M_2SiO_4 是最简单的天然硅酸盐,其中 M 代表碱土金属或其他二价金属,例如 Mg、Fe、Mn 等。在正硅酸盐内,Si 与四个氧原子形成四面体结构,这个四面体也是所有天然硅酸盐晶体的基本结构单位。橄榄石就是正硅酸盐最典型的一种代表,它的组成为 $9Mg_2SiO_4 \cdot Fe_2SiO_4$。$\gamma$-$Ca_2SiO_4$ 和钙镁橄榄石 $CaMgSiO_4$ 也都具有橄榄石的结构,但是为了容纳离子半径较大的 Ca^{2+} 离子,此结构稍微伸长一些。组成相当于 $m[Mg_2SiO_4] \cdot n[Mg(OH)_2]$ 的矿物称为硅镁石类。当 $n=1$ 时,此矿物有块状硅镁石 ($m=1$)、粒状硅镁石 ($m=2$)、硅镁石 ($m=3$) 和斜硅镁石 ($m=4$) 等。石榴石 $M_3^{II}M_2^{III}(SiO_4)_3$ 也是一类正硅酸盐矿物,

式中 M^{II} 为 Ca^{2+}、Mg^{2+} 或 Fe^{2+}，而 M^{III} 为 Al^{3+}、Cr^{3+} 或 Fe^{3+}。钙铝榴石 $Ca_3Al_2(SiO_4)_3$、钙铬榴石 $Ca_3Cr_2(SiO_4)_3$ 和钙铁榴石 $Ca_3Fe_2(SiO_4)_3$ 就是这类矿物的一些例子。

硅酸盐水泥(波特兰水泥)的化学主要也是正硅酸盐的化学。它是由粘土和石灰石调匀，放入旋转炉中烧成熔块，混入少量石膏，磨粉后制成。在水泥化学中，大量地应用符号 C(CaO)、M(MgO)、A(Al_2O_3)、S(SiO_2)和 H(H_2O)来表示水泥的组成，例如水泥的三种主要成分表示如下：

硅酸二钙（Ca_2SiO_4）　C_2S

硅酸三钙（Ca_3SiO_5）　C_3S

铝酸三钙($Ca_3(AlO_3)_2$)　C_3A

对水泥起主要作用的是硅酸三钙 C_3S，它能使水泥糊状物很快硬化。由于硅酸钙水合物在水泥硬化方面起着重要的作用，因此 Taylor 曾经详细地讨论了硅酸钙水合物的化学。图 5.20[1] 表示主要的硅酸钙水合物的组成范围。图 5.21[1] 表示它们的稳定性范围。

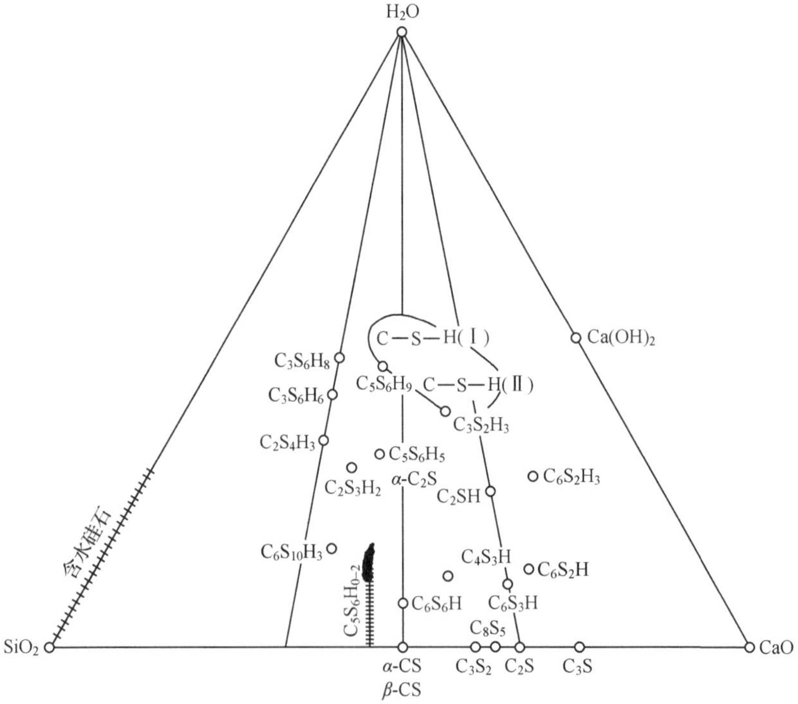

图 5.20 主要的硅酸钙水合物的组成

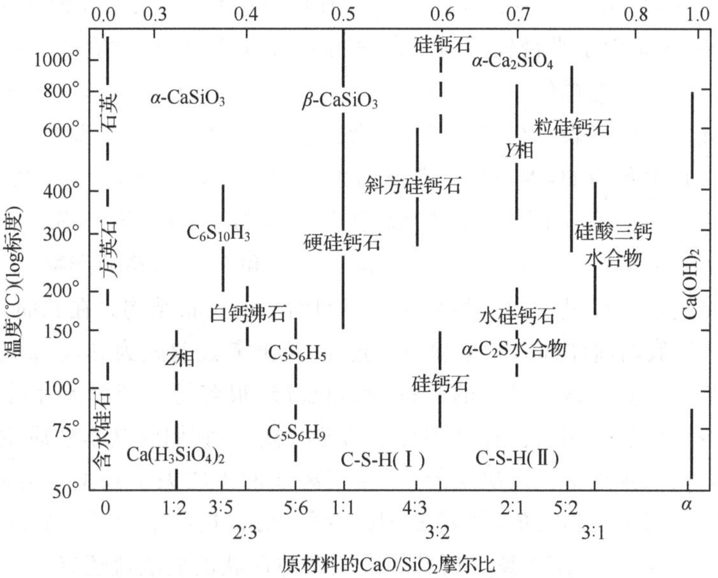

图 5.21　在水热条件下已较明确的无水和水合的钙的硅酸盐稳定性的大致范围

1) 垂直线的位置表示化合物中 Ca/Si 的摩尔比；

2) 每一条线的伸展表示化合物生成的温度范围；

3) 名称偏移直线的两边表示化合物不仅由指定的 Ca/Si 比混合物生成，而且由低于或高于比值的混合物生成；

4) 波状底线表示可变组成。温度高于 374℃时，饱和水蒸气压是假定的，较高温度下水蒸气压假设大约为 400kg/cm²。

硅-氧四面体 SiO_4^{4-} 能共用氧原子而结合成多硅酸根离子，其中最简单的是由两个四面体结合而成的二硅酸根离子 $Si_2O_7^{6-}$。在碱土金属天然硅酸盐中，含有 $Si_2O_7^{6-}$ 离子的不多。其中令人感兴趣的是符山石 $Ca_{10}Al_4(MgFe)_2(Si_2O_7)_2(SiO_4)_5(OH)_4$，这是因为在此矿石中含有两种不同类型的硅酸根离子 SiO_4^- 和 $Si_2O_7^{6-}$。

三个和六个 SiO_4^{4-} 四面体可以形成环状的 $Si_3O_9^{6-}$ 和 $Si_6O_{18}^{12-}$ 离子。在碱土金属硅酸盐中，蓝锥矿 $BaTiSi_3O_9$ 和绿柱石 $Be_3Al_2Si_6O_{18}$ 就是这类硅酸盐的典型代表。这些环状结构排列成平面，平面与平面之间是金属离子，例如在蓝锥矿中是 Ba^{2+} 和 Ti^{4+} 离子，在绿柱石中是 Be^{2+} 和 Al^{3+} 离子。

实际上多数天然硅酸盐是复杂的链状或层状结构。硅-氧四面体 SiO_4^{4-} 可以连接成单链型的 $(SiO_3)_n^{2n-}$ 离子和双链兼具环状结构的 $(Si_4O_{11})_n^{6n-}$ 离子。辉石和闪石是这两类硅酸盐的典型代表。顽辉石 $MgSiO_3$ 和透辉石 $CaMg(SiO_3)_2$ 就是含有单链的辉石。金属离子属于链与链之间。透辉石中的 Ca^{2+} 离子并不是简单地替换顽辉石中半数的 Mg^{2+} 离子，因为 Mg^{2+} 的配位数为 6，而 Ca^{2+} 的配位数为

8。β-硅灰石 $CaSiO_3$ 有一度曾经被认为含有环状结构，但是现在似乎可以把它归属于辉石类，这是由于半径较大的 Ca^{2+} 离子扭歪了直链，以致有一个由三个硅-氧四面体所组成的重复单位。透闪石 $(OH)_2Ca_2Mg_5(Si_4O_{11})_2$ 是具有双链兼环状结构的天然硅酸盐的代表。金属离子也是处于链与链之间。同晶型的替换作用在这类硅酸盐中是很普遍的，因为只有考虑到 Mg^{2+} 的 6 配位和 Ca^{2+} 的 8 配位，总数 14 个正电荷可以由各种不同的方式构成，例如钠闪石 $Na_2Fe^{II}Fe^{III}(Si_4O_{11})OH$ 可以看成是透闪石中 Ca^{2+} 和 Mg^{2+} 分别被 Na^+、Fe^{2+} 和 Fe^{3+} 替换的产物。

链状结构还可以进一步互相交联而成四面体的层状结构。在四面体层状结构中，每一个硅-氧四面体都以三个顶点相连接，因此其经验式为 Si_2O_5。金属离子属于层与层之间。具有这样结构的矿石，例如云母，很容易分裂为薄片，因为层与层之间只有微弱的静电引力。在这类复杂的硅酸盐中，它们的基本性质主要是由硅-氧四面体骨架的排列形式所决定的，而与阳离子的本质关系较少。实际上几乎没有什么矿物的组成是恒定的，尤其是 Mg^{2+} 离子的含量经常都是可变的，并且可由不同量的 Na^+ 离子和 Al^{3+} 离子所替换。四面体层状的硅酸盐还有一个特点，即层与层之间的金属离子很容易水合，因此这一类矿物经常含有结晶水。

图 5.22 表示层状硅酸盐的两种主要层状结构。图中表示出层的四面体结构和 Pauling 的简化示意图。纤维蛇纹石（或称温石棉）$H_4Mg_3Si_2O_9$（即 $Mg_3(OH)_4Si_2O_5$）属于(a)类型。这是石棉的最普通形式，并且是具有最优良的纺织性能的形式。在蛇纹石矿脉中，它能以一大束长达 5cm 的非常柔韧的晶体存在。在天然产

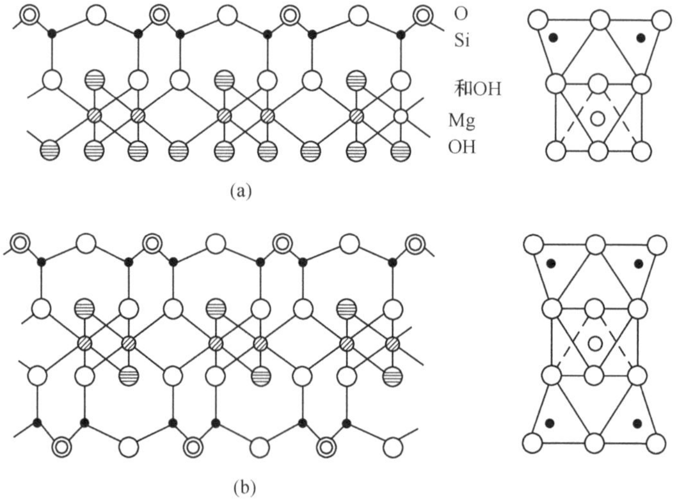

图 5.22　在纤维蛇纹石 $Mg_3(OH)_4Si_2O_5$(a)和滑石 $Mg_3(OH)_2Si_4O_{10}$(b)中 Mg—Si—O 层的排列。右边的示意图是由 Pauling 设计的表示完整结构的简化图。

物中,一般含有约3%或4%的氧化铁存在。当把纤维蛇纹石加热到高于500℃时,它就逐渐失去结晶水,因而降低了强度。但是,脱除了结晶水的蛇纹石已用来作为防热材料的成分。滑石 $Mg_3(OH)_2Si_4O_{10}$ 是(b)型结构的一个很好例子。这种层状物是电中性的,因此层与层之间的吸引力很微弱,所以这种材料很容易断裂。在它的组成中,Mg与Si之比值可能在较大的范围内变化。滑石有许多优良的性能,例如很软、高度的润滑性、很低的含水量、很好地吸收油脂的能力、化学惰性以及很低的导电性等。因此它在工业上有很大的应用价值,主要用于陶瓷、涂料、杀虫剂、橡胶填料等,也少量(约占总产量的2%)用于生产化妆品。冻石(块滑石)是一种无细粒的坚实的大块滑石,它可以加工成任何所需要的形状。皂石是一种含滑石量很高的质软的绿色岩石,它用于制造耐化学腐蚀材料的表面。

如果滑石中1/4硅原子被 Al^{3+} 离子所替换,则形成带负电荷的层。它们的电荷可以由 K^+ 离子的插入而得到平衡,例如金云母 $KMg_3(OH)_2Si_3AlO_{10}$。K^+ 离子在较大的空隙中被12个氧原子所包围,因此静电引力较弱,晶体容易裂开。在脆性云母中,例如珍珠云母 $CaAl_2(OH)_2Si_2Al_2O_{10}$,由于硅被第二个 Al^{3+} 所替换,因此静电引力加倍增大。其中二价的 Ca^{2+} 离子占据了等当量的一价 K^+ 离子的位置。它们的硬度(Mohs标度)如下:

滑石	1—2
云母	2—3
脆云母	3.5—5

还有一大类的矿物,其中云母型的层与层之间的金属离子是水合的。其所引起的较弱的静电引力由四面体中铝(Al^{3+})替换硅(Si^{4+})产生平衡。蒙德石(微晶高岭土)就是其中一例,它的组成可以写成 $Mg_{0.33}Al_{1.67}Si_4O_{10}(OH)_2Na_{0.33}$。替换作用也可以发生在四面体的顶角位置上,例如蛭石

$$[(Mg_{2.36}Fe_{0.48}Al_{0.16})(Si_{2.72}Al_{1.28})O_{10}(OH)_2][Mg_{0.33}(H_2O)_{4.32}]。$$

这些类型的化合物都是粘土矿物的重要组分,它们影响着粘土的许多特征性质,例如柔软性、易水合和阳离子交换等。

4.11 钛 酸 盐[1]

碱土金属的钛酸盐在自然界虽然可以找到,但是品位很低,因此价值不大。通常用纯的MO与 TiO_2 在熔点以下加热合成。Mg有三种钛酸盐:①偏钛酸镁 $MgTiO_3$ 是菱形结构的白色固体。熔点1565℃,密度3.84g/ml。它是陶瓷电介质的组分,这种含钛陶瓷是一种优良的高频电容器介质;②正钛酸盐 Mg_2TiO_4 是立方晶体,熔点1840℃;③二钛酸盐 $MgTi_2O_5$ 属斜方晶系,熔点1645℃。自然界的钙钛矿是偏钛酸钙 $CaTiO_3$,它也可由等摩尔的CaO和 TiO_2 混合加热而制备。反

应在 700℃开始，在 1350℃加热 10 小时反应完成。这种合成的钙钛矿是单斜(假立方)晶体，$a = b = c = 7.65\text{Å}$，$\beta = 90.6°$。天然品一般是黄、棕或灰色，合成的则为白色。熔点 1980℃，密度 4.02g/ml。$CaTiO_3$ 在 21℃的介电常数为 140，它也是陶瓷电介质的重要材料。钙钛矿 $CaTiO_3$ 的结构绘示于图 5.23 中。

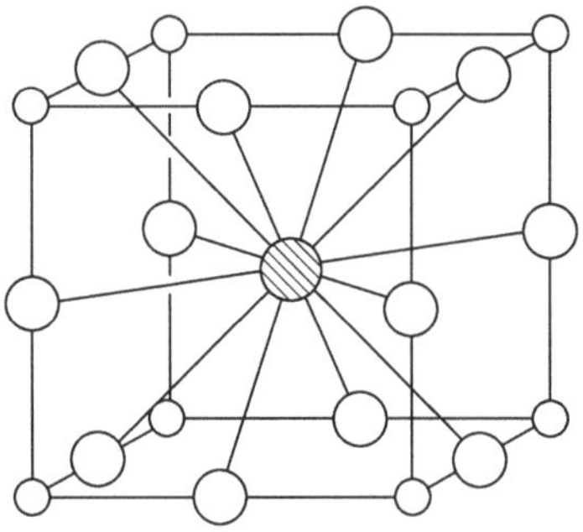

图 5.23 $CaTiO_3$(钙钛矿石)的结构

$SrTiO_3$ 的熔点为 2080℃，介电常数为 310，属立方晶系 $a = 3.90\text{Å}$，密度 5.12g/ml。它也是陶瓷电介质的添加剂。应用 Verneuil 法可以制备刚玉——一种特别纯的 $SrTiO_3$。方法是在 $TiCl_4$ 溶液中沉淀出锶钛草酸复盐，经煅烧后成为刚玉。由于这种刚玉的折射率接近于金刚石，而色散又大得多，因而由它雕出的宝石显示出美好的光辉和耀目的色彩。但是它比较软(Mohs 氏标度 6—6 1/2)。

(偏)钛酸钡 $BaTiO_3$ 熔点为 1625℃，具有立方、四方、斜方、三角和六方五种结晶构型。立方晶体在高于 120℃稳定；四方晶体在 5—120℃之间稳定；斜方晶体在 −90—5℃之间稳定；三角晶体在低于 −90℃稳定；六方晶体和其他四种晶形具有极不相同的原子排列，它在 1460℃以上是稳定的，它之所以能在室温存在只是由于相互转化速率很慢。四方晶型具有重要电学性能，它在 a 方向有很高的介电常数(约 4000)，而在 c 方向的介电常数则小得多。密度为 6g/ml。当它暴露在高的直流电场中，能永久极化，但温度必须低于 120℃。如高于该温度，四方晶型将变为立方晶型，这种效应也就消失了。极化了的 $BaTiO_3$ 具有两种特殊的有用的性质：一种是铁电性，即在电场影响下晶体能自发极化，与铁磁性相似。另一种是压电性，即能发生电振动和机械振动的相互转化；在晶体上加压可产生电位差，而这种电位差就使晶体发生膨胀或收缩。由于这种可逆效应，$BaTiO_3$ 应用于留声机的拾音器，水下侦察设备和超声装置的功率传送器。$BaTiO_3$ 作为压电器比其他压电器如石英更为方便，因为它易于加工成所需要的形状。$BaTiO_3$ 的高介电常数及其温度系数使它可作为体积小的高值电容器和温度补偿零件。制备陶瓷形式的 $BaTiO_3$ 时，先紧密混合适量的 $BaCO_3$ 和 TiO_2，并在约 1300℃煅烧，把烧结物与少量加添成分一起磨成细粉，加压或铸成所要的形状，然后小心地用火加热以得到内部良好的结晶生长和最大的密度。

4.12 第VA族含氧酸盐

4.12.1 硝酸盐

碱土金属的硝酸盐都可以用 HNO_3 与碳酸盐或氧化物作用而制取。它们在水中的溶解度随温度升高而明显地增大，我们可以利用这种性质用于分离和提纯。无水 $Mg(NO_3)_2$ 是难于制备的，一种制法是把硝酸乙酰酯或 NO_2 与 MgO 作用。通常以潮解的六水合物出售。$Mg(NO_3)_2 \cdot 6H_2O$ 在－18—56℃温度范围内是稳定的固相，它是无色单斜晶体，熔点 89℃。加热到熔点以上即脱水，同时水解而生成碱式盐如 $Mg(NO_3)_2 \cdot 4Mg(OH)_2$。约 400℃完全分解转化为 MgO。一种二水合物 $Mg(NO_3)_2 \cdot 2H_2O$，在 56—130℃稳定。高于 130℃无水物是稳定的。这些硝酸镁都可溶于甲醇和乙醇中，并和尿素、苯胺、吡啶和 N_2O_4 生成加合物。碱土金属现已有三种碱式硝酸盐 $MgO \cdot 2Mg(NO_3)_2 \cdot 5H_2O$、$2MgO \cdot Mg(NO_3)_2$ 和 $3MgO \cdot Mg(NO_3)_2 \cdot 4H_2O$。

虽然 $Mg(NO_3)_2$ 可用作化学试剂，并可用作催化剂，但是现在它的主要用途是浓缩硝酸。由于 66％的 HNO_3 有一恒沸点，因此不能用简单蒸馏法浓缩。过去用浓 H_2SO_4 脱水，现在已改用 72％$Mg(NO_3)_2$ 溶液浓缩。其原理是利用 $Mg(NO_3)_2$-HNO_3-H_2O 三元体系的平衡关系和利用 $Mg(NO_3)_2$ 比 HNO_3 对水分有更高的亲和力。最后可以蒸出 90％—95％的 HNO_3 蒸气组分。具体操作方法是：先将 $MgCO_3$ 和 60％ HNO_3 作用，并蒸发至 72％的 $Mg(NO_3)_2$，然后送入盘式冷提塔，在塔内与 60％ HNO_3 接触。由于 $Mg(NO_3)_2$ 比 HNO_3 有更大的吸水能力，可从 HNO_3 溶液中吸取水分，得到 HNO_3 浓度高于 66％ HNO_3 的恒沸物，因而可以蒸出 90％—95％的 HNO_3。在 170—180℃蒸馏物底部流出的 $Mg(NO_3)_2$ 溶液，其浓度已降到约 60％。将此 60％$Mg(NO_3)_2$ 溶液在真空蒸发器中再浓缩至 72％，然后循环使用。如果需要更浓的 HNO_3，可将 90％—95％ HNO_3 馏出物引入精馏塔，可蒸出 99.5％的 HNO_3。未蒸出部分降为 80％—90％的 HNO_3，可送回到前面的冷提塔。虽然整个操作条件会腐蚀容器，需要用特殊建筑材料，但是用硝酸镁法浓缩硝酸比用浓 H_2SO_4 脱水剂有如下几个优点：① H_2SO_4 浓缩车间的费用较大，而热效率较低；②硝酸镁法生产的 HNO_3 浓度较大，纯度较高；③此法更适用于自动化操作。在英国，$Mg(NO_3)_2$ 的生产完全是为了浓缩硝酸之用。

$Ba(NO_3)_2$ 和 $Sr(NO_3)_2$ 用于制造烟火，能分别发出绿色的和红色的焰火和曳光弹。这些硝酸盐很容易分解为 MO。在 20℃Ba、Sr 和 Ca 的硝酸盐溶液中，分别

结晶出 $Ba(NO_3)_2$、$Sr(NO_3)_2 \cdot 2H_2O$ 和 $Ca(NO_3)_2 \cdot 4H_2O$。后两种水合物经加热易成为无水盐 $Sr(NO_3)_2$ 和 $Ca(NO_3)_2$。

4.12.2 磷酸盐[1,12]

碱土金属能生成多种磷酸盐,其中最重要的是钙的磷酸盐。

从 25℃、1atm $MO\text{-}P_2O_5\text{-}H_2O$ 体系(其中 M 为 Mg、Ca、Sr 和 Ba)的相图可以看出,Mg 的主要磷酸盐是 $MgHPO_4 \cdot 3H_2O$(矿物镁磷酸石,属斜方晶系)和 $MgHPO_4 \cdot 7H_2O$(单斜晶系),此外还有无水 $Mg(H_2PO_4)_2$、$Mg(H_2PO_4)_2 \cdot 2H_2O$ 和 $Mg(H_2PO_4)_2 \cdot 4H_2O$,如图 5.24 所示。

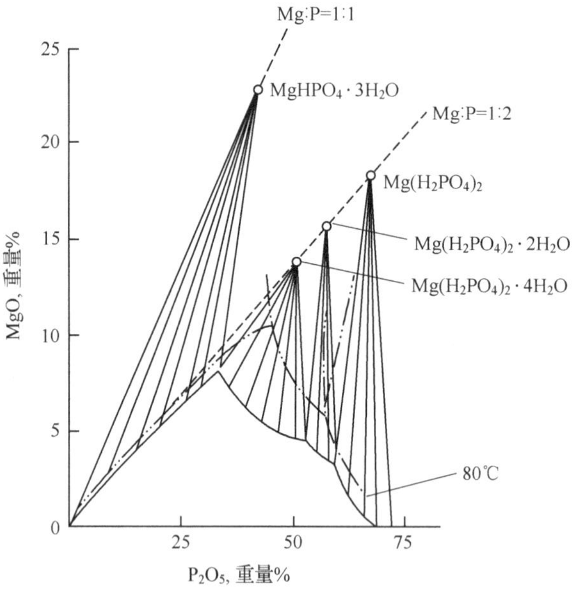

图 5.24 25℃时,$MgO\text{-}P_2O_5\text{-}H_2O$ 体系的相图

Mooney 和 Aia 曾对 Ca、Sr、Ba 的磷酸盐作了详细的总结。Ca 的重要正磷酸盐有 $Ca_{10}(OH)_2(PO_4)_6$(六方晶系)、无水盐 $CaHPO_4$(三斜晶系)、$CaHPO_4 \cdot 2H_2O$(与石膏相同的层状结构)、无水 $Ca(H_2PO_4)_2$(三斜晶系)、$Ca(H_2PO_4)_2 \cdot H_2O$(三斜晶系)、$Ca_4P_2O_7$、$Ca_3(PO_4)_2$ 和 $Ca_4H(PO_4)_3 \cdot 3H_2O$,如图 5.25 所示。Sr 的磷酸盐有无水 $SrHPO_4$(β-型斜方晶系和 β-型三斜晶系)、$Sr(H_2PO_4)_2$(常温不稳定的六方晶系)、$Sr(H_2PO_4)_2 \cdot H_2O$ 常压下不稳定)、$Sr_{10}(OH)_2(PO_4)_6$ 和 $Sr_3(PO_4)_2$(斜方六面体),如图 5.26 所示。Ba 的磷酸盐有 $Ba_{10}(OH)_2(PO_4)_6$、$Ba_3(PO_4)_2$(六方晶系)、$BaHPO_4$(斜方六面体)和 $Ba(H_2PO_4)_2$,如图 5.27 所示。

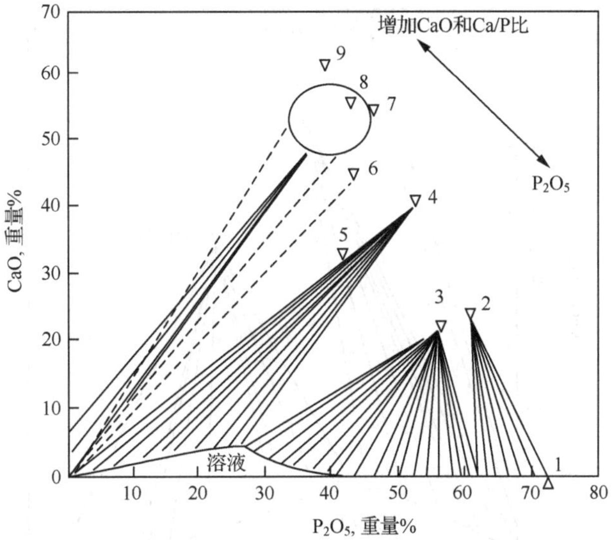

图 5.25　25℃时,$CaO-P_2O_5-H_2O$ 体系的相图

1. H_3PO_4; 2. $Ca(H_2PO_4)_2$; 3. $Ca(H_2PO_4)_2 \cdot H_2O$; 4. $CaHPO_4$; 5. $CaHPO_4 \cdot 2H_2O$; 6. $Ca_4H(PO_4)_3 \cdot 3H_2O$; 7. $Ca_3(PO_4)_2$; 8. $Ca_{10}(OH)_2(PO_4)_6$; 9. Ca_4PO_9。

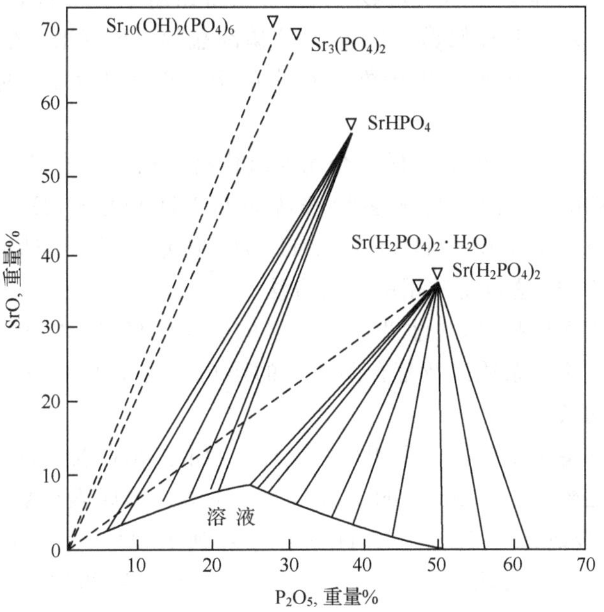

图 5.26　25℃时,$SrO-P_2O_5-H_2O$ 体系的相图

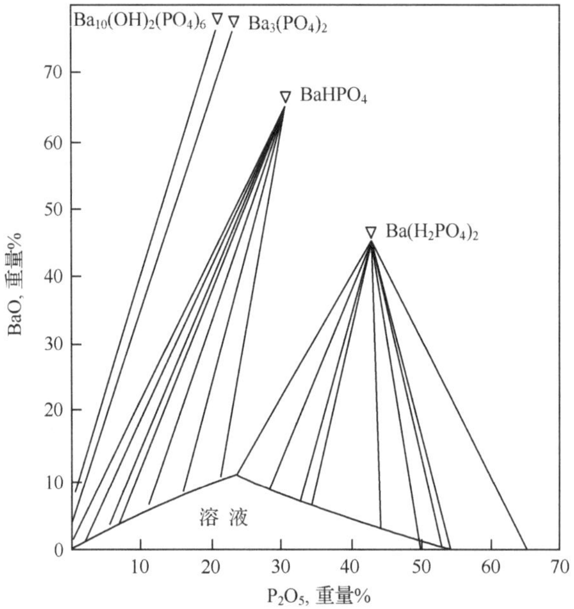

图 5.27　25℃时，$BaO-P_2O_5-H_2O$ 体系的相图

Van Wager 所作 $P_2O_5-Ca_2P_2O_7$ 体系的相图如图 5.28 所示。它共有七种晶相，其中两种磷酸盐、两种偏磷酸盐、两种焦磷酸盐和一种五聚磷酸盐(tromelite)。所有这些磷酸盐在水中或其他中性溶剂中的溶解度都不大，因此难于制备纯化合物。

Ca、Sr 和 Ba 的正磷酸盐与碱土金属氢氧化物的碱性强弱相一致，钙盐最易水解，钡盐最难水解。它们能生成多种铵盐如 $CaNH_4PO_4 \cdot 7H_2O$、$BaNH_4PO_4 \cdot 7H_2O$、$Ca_2NH_4H_7(PO_4)_4 \cdot 2H_2O$、$Ca(NH_4)_2(HPO_4)_2$ 等。正磷酸盐在水中的化学通性示于图 5.29，这也是常用的制备方法。

制备各种正磷酸盐时，应注意以下因素的影响：pH 值、温度、反应剂的浓度、反应剂混合的方法和杂质以及螯合阳离子的影响。表 5.41 表示了水溶液中制备碱土正磷酸盐的条件。

水溶液中制备正磷酸盐还采用均相沉淀法，如在 60℃以上将大大过量的尿素加到氧化物的酸性(过量 100%的 H_3PO_4)溶液中。当尿素分解为 NH_3 和 CO_2 时，溶液 pH 慢慢地升高，逐渐迫使 H_3PO_4 中和到 HPO_4^{2-} 而产生 $MHPO_4$ 沉淀。沉淀速率一般随温度、尿素浓度和碱土金属离子浓度的增加而提高，而随着 H_3PO_4 浓度增加而降低。用此法已制得 $BaHPO_4$、α-和 β-$SrHPO_4$、$CaHPO_4$ 和 $CaHPO_4 \cdot 2H_2O$ 的大晶体(长 1cm)。

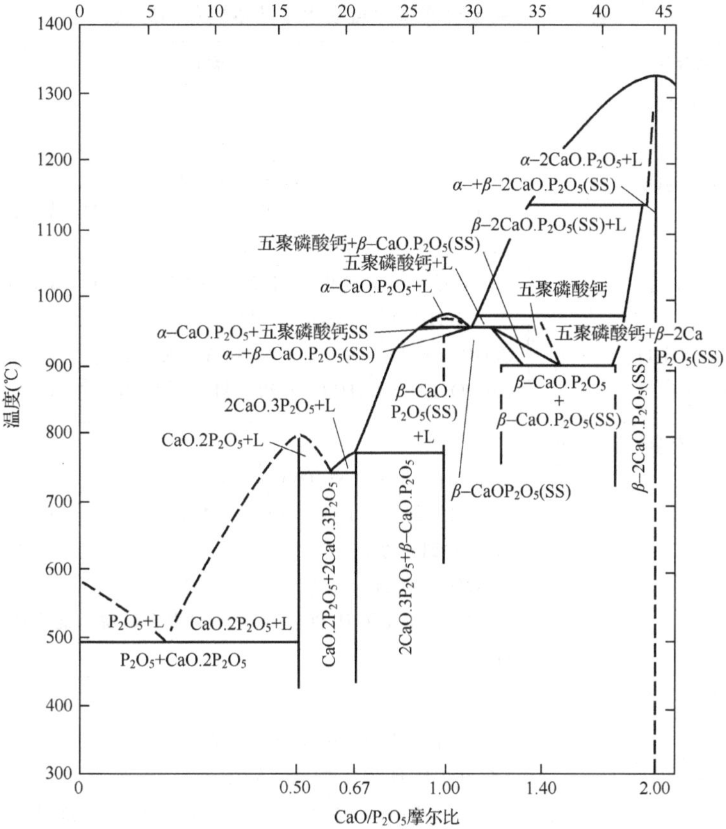

图 5.28　P_2O_5-$Ca_2P_2O_7$ 体系相图

L——液态　SS——固溶体

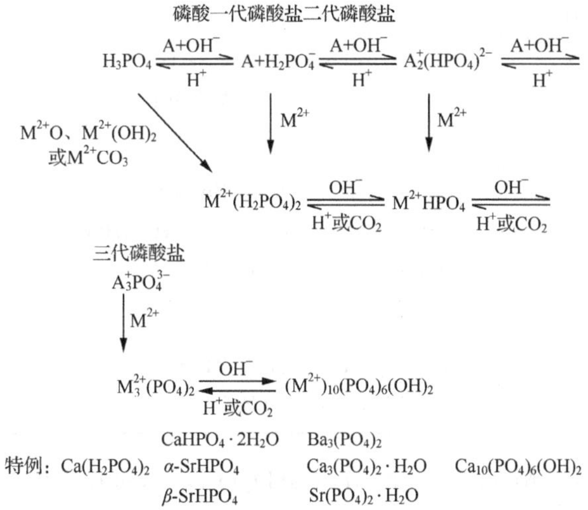

图 5.29　从水溶液中沉淀碱土正磷酸盐的一般图解

注：$A^+ = NH_4^+$、K^+、Na^+、CH_3、C_2H_5、$M^{2+} = Ca^{2+}$、Sr^{2+}、Ba^{2+}

表 5.41　碱土金属磷酸盐在水溶液中制备的方法

化合物	一般制法
钙化合物	
$Ca(H_2PO_4)_2$	CaO 在过量 H_3PO_4 中，于 125－130℃蒸发
$Ca(H_2PO_4)_2 \cdot H_2O$	CaO 在过量 H_3PO_4 中，于 35－40℃蒸发
$CaHPO_4$	CaO 在过量 H_3PO_4 中，于 100－110℃加热；或 $Ca(NO_3)_2$ 和 $NH_4H_2PO_4$ 存在，pH＝3 和 83℃
$CaHPO_4 \cdot 2H_2O$	CaO 在过量 H_3PO_4 中，低于 25℃时慢慢氨化；或用氨化了的 $CaCl_2$ 加于 $NH_4H_2PO_4$ 中，pH＜5，30℃
$Ca_4H(PO_4)_3 \cdot 3H_2O$	$CaHPO_4 \cdot 2H_2O$ 和 0.5ml NaAc 在 40℃时混合
β-$Ca_3(PO_4)_2$	$Ca(NO_3)_2 \cdot 4Na_2HPO_4$ 和约 1％Mg^{2+} 或 Mn^{2+} 在 70℃混合
羟基(钙)磷灰石摩尔比 Ca/P	
1) 1.41	稀 $CaCl_2$＋过量稀 Na_2HPO_4，25℃
2) 1.50	$Ca(OH)_2$ 加入稀 H_3PO_4 中，以酸酞为指示剂，$CaHPO_4 \cdot 2H_2O$ 慢慢水解(得到好的晶体)
3) 1.61	$Ca(OH)_2$ 加入稀 H_3PO_4 中，然后煮沸
4) 1.67	$Ca(OH)_2$ 加入稀 H_3PO_4 中，煮沸时中和新鲜沉淀出的磷酸三钙加石灰
5) 1.75	
锶化合物	
$Sr(H_2PO_4)_2$	SrO 在过量 H_3PO_4 中，低于 60℃蒸发
$Sr(H_2PO_4)_2 \cdot H_2O$	SrO 在过量 H_4PO_3 中，真空蒸发
β-$SrHPO_4$	$(NH_4)_2HPO_4$ 加于 Sr^{2+} 中，低于 25℃ Sr^{2+} 加入高于 50℃的 $(NH_4)_2HPO_4$ 中
α-$SrHPO_4$	
$Sr_3(PO_4)_2$(大的单晶)	$SrHPO_4$ 在索格利特(Soxhlet)器中慢慢水解
羟基锶磷灰石	
1) $Sr_3(PO_4)_2 \cdot xH_2O$	在氨化了的 $SrCl_2$ 中加入 Na_2HPO_4SrO 加于 H_3PO_4 或 $(NH_4)_2HPO_4$ 和 $Sr(NO_3)_2$ 中，以乙二胺调节 pH 至 12
2) $Sr_{10}(OH)_2(PO_4)_6$	
钡化合物	
$Ba(H_2PO_4)_2$	BaO 在过量 H_3PO_4 中，低温蒸发
$BaHPO_4$	BaO 加入过量 H_3PO_4 中 $(NH_4)_2HPO_4$ 加于 Ba^{2+} 中或 $BaCl_2$ 加 KH_2PO_4，用 NaOH 维持中性
$Ba_3(PO_4)_2$	
羟基钡磷灰石	
1) 非化学计量的	$BaCl_2$、Na_2HPO_4 和 NaOH，100℃
2) $Ba_{10}(OH)_2(PO_4)_6$	$Ba_3(PO_4)_2$＋BaO_2＋H_2O，1000℃

碱性磷酸盐，如 $M_3(PO_4)_2$ 和 $M_{10}(OH)_2(PO_4)_6$，可在高温固相反应中以化学计量制得，如表 5.42 所示。

表 5.42 制备碱土正磷酸盐的固态方法

化合物	制备的一般方法
β-$Ca_3(PO_4)_2$	$Ca_2P_2O_7+CaCO_3$,1000℃,该化合物在阿波罗-12飞行中在月球上找到。
$Ca_{10}(OH)_2(PO_4)_6$	$CaHPO_4+H_2O$,300℃(8.916×10^7Pa)
$Sr_3(PO_4)_2$	$Sr_2P_2O_7+SrCO_3$,1000℃
$Sr_{10}(OH)_2(PO_4)_6$	$6SrHPO_4+4SrCO_3$ 或 $3Sr_3(PO_4)_2+SrCO_3+H_2O$,1150℃
$Ba_3(PO_4)_2$	$2BaHPO_4+BaCO_3$,1000—1100℃
$Ba_{10}(OH)_2(PO_4)_6$	$3Ba_3(PO_4)_2+BaO_2+H_2O$,1000℃

一代正磷酸盐 $M(H_2PO_4)_2$ 的加热反应非常复杂。一方面由于生成链状聚合物,另一方面由于过去错误地对一代正磷酸盐的加热产物都用了"偏磷酸盐"这个名称,实际上在许多场合出现聚磷酸盐。现将 $Ca(H_2PO_4)_2\cdot H_2O$ 和 $Ca(H_2PO_4)$ 由空气或水蒸气焙烧的各种产物摘要列于表 5.43[12]。

表 5.43 $Ca(H_2PO_4)_2\cdot H_2O$ 和 $Ca(H_2PO_4)_2$ 由空气或水蒸气的焙烧产物(纸上色谱分析测定)

温度(℃)	产物	
	曾称为	确定为
250	无定形偏磷酸钙	低分子量和高分子量的聚磷酸盐
270—280(水汽)	酸性焦磷酸钙	酸性二聚磷酸盐 $Ca(H_2P_2O_7)$
300	三偏磷酸钙	三偏磷酸盐 $Ca_3(P_3O_9)_2$
340—360	γ-偏磷酸钙1)	59%"不动"的聚磷酸盐1);30%三聚磷酸盐;其余为正磷酸盐和二聚磷酸盐
500	四偏磷酸钙	四偏磷酸盐 $Ca_4(P_4O_{12})_2$ 或 $Ca_2(P_4O_{12})$
920	五聚磷酸钙	83%五聚磷酸盐 $Ca_7(P_5O_{16})_2$;其余为二聚、三聚和正磷酸盐
970	α-偏磷酸钙	98.5%"不动"的多聚磷酸盐2),mp. 98℃

1) 含少量水分(1.45%),每个链含有约 200—600 个 P 原子;

2) α-偏磷酸钙的"不动"的多聚磷酸盐每个链含有约 10,000 个 P 原子。

锶的一代正磷酸盐热降解作用列于表 5.44 中;钡盐的焙烧产物列于表 5.45 中。

表 5.44 一代正磷酸锶 $Sr(H_2PO_4)_2\cdot H_2O$ 的衍生物

温度(℃)	差热分析结果	相应于 Thilo 和 Grunge 的发现物
100	$Sr(H_2PO_4)_2$	晶状正磷酸盐
190—250	$Sr(H_2P_2O_7)$	晶状二聚磷酸盐
320—330	γ-$Sr(PO_3)_2$	三偏磷酸盐+低分子量的聚磷酸盐
420	β-$Sr(PO_3)_2$	中间分子量的聚磷酸盐
850	α-$Sr(PO_3)_2$	高分子量的聚磷酸盐,mp. 980℃

表 5.45　一代正磷酸钡 $Ba(H_2PO_4)_2$ 的衍生物

加热进程		色层分析
温度(℃)	产物	
180—220	$Ba_{n/2}(H_2P_nO_{3n+1})$	低分子量和高分子量的聚磷酸盐 ($n=1\sim10$)
400	$Ba_{n/2}(H_2P_nO_{3n+1})$	仅高分子量的聚磷酸盐
1275(真空)	$Ba_2P_2O_7+P_2O_3$	mp. 845±5℃,875℃,860℃

在二代磷酸盐 $MHPO_4$ 中,仅钙有水合二代正磷酸盐 $CaHPO_4 \cdot 2H_2O$。它脱水为无水 $CaHPO_4$ 的过程是复杂的,中间物至少有 $CaHPO_4 \cdot \frac{1}{2}H_2O$,这与 $CaSO_4 \cdot 2H_2O$ 的脱水过程很相似。无水物 $MHPO_4$ 加热形成焦磷酸盐 $M_2P_2O_7$ 一般反应如下:

$$2MHPO_4 \xrightleftharpoons{\Delta} M_2P_2O_7 + H_2O$$

表 5.46 中列举了 Ca、Sr、Ba 的各种焦磷酸盐的生成温度。

表 5.46　$MHPO_4$ 在空气中、不同温度下加热形成的各种焦磷酸盐

钙		锶		钡	
盐	温度(℃)	盐	温度(℃)	盐	温度(℃)
γ-$Ca_2P_2O_7$	320—400	$Sr_2P_2O_7 \cdot 2.5H_2O$[1)]	300	α-$Ba_2P_2O_7$	385
β-$Ca_2P_2O_7$	700—750	β-$Sr_2P_2O_7$	400,575[1)]	δ-$Ba_2P_2O_7$	790
α-$Ca_2P_3O_7$	1140	α-$Sr_2P_2O_7$	760—800		

1) 只是在 β-$SrHPO_4$ 为起始物质的情况。

三代正磷酸盐的加热反应比较简单。首先是水合物的脱水作用:

$$M_3(PO_4)_2 \cdot xH_2O \xrightleftharpoons{700—900℃} M_3(PO_4)_2 + xH_2O$$

Sr 和 Ba 只有一种无水盐,而钙则有几种构型变化,表示于下式:

$$\beta\text{-}Ca_3(PO_4)_2 \xrightleftharpoons{1180℃} \alpha\text{-}Ca_3(PO_4)_2 \xrightleftharpoons{1430℃} \alpha'\text{-}Ca_3(PO_4)_2$$

在溶液中曾发现 Mg^{2+} 等比 Ca^{2+} 小的阳离子能使 β-$Ca_3(PO_4)_2$ 稳定存在。在固态时,Mg^{2+}、Fe^{2+} 和 Al^{3+} 等阳离子同样地也对 β-$Ca_3(PO_4)_2$ 有稳定作用,而 Ba^{2+} 离子则有利于 α-$Ca_3(PO_4)_2$ 的形成。

计算溶度积时,Neuman 强调需要考虑离子强度和活度,我们称它为热力学溶度积,以避免有大的误差。例如对于生物血浆所得二代正磷酸盐,若不用活度而用浓度时,误差高达 1200%。表 5.47 列出钙盐稀溶液在 25℃时的热力学溶度积数据;表 5.48 列出 Sr、Ba、Mg 盐稀溶液在 38℃的热力学溶度积数据。

表 5.47 正磷酸钙盐稀溶液在25℃的热力学溶度积负对数

化合物	pK_{sp}
$Ca(H_2PO_4)_2$ 和 $Ca(H_2PO_4)_2 \cdot H_2O$	1.14
$CaHPO_4$ 和 $CaHPO_4 \cdot 2H_2O$	6.66,6.56,7.91(90℃)
$Ca_3(PO_4)_2 \cdot xH_2O$	26,32.5(38℃)
$Ca_4H(PO_4)_3 \cdot 3H_2O$	46.9
$Ca_{10}(OH)_2(PO_4)_6$	115

表 5.48 锶、钡、镁的正磷酸盐稀溶液在38℃的热力学溶度积负对数

化合物	pK_{sp}	化合物	pK_{sp}
$SrHPO_4$	7.06	$Ba_3(PO_4)_2$	29.34(离子强度 0.0008)
$Sr_3(PO_4)_2 \cdot xH_2O$	27.8	$Mg_3(PO_4)_2$	27.2
$BaHPO_4$	7.56		

由表中数据可以看出,随着 Ca/P 摩尔比的增加和温度的升高,溶解度明显地降低。

比较上面表 5.47 和表 5.48 的数据,不考虑温度上的差别,溶度积的大小次序如下:

$CaHPO_4 > SrHPO_4 > BaHPO_4 \gg Sr_3(PO_4)_2, Mg_3(PO_4)_2$
$> Ba_3(PO_4)_2 > Ca_3(PO_4)_2 > Ca_4H(PO_4)_3 \gg Ca_{10}(OH)_2(PO_4)_6$。

这里 $Ca_3(PO_4)_2$ 的溶度积特别小的不正常位置,可能与少量 Mg^{2+} 等离子的存在使 β-$Ca_3(PO_4)_2$ 晶体的稳定性增强有关。

表 5.49 列出钙的磷酸盐的生成热、焓和熵值。锶和钡在生成热方面的少量数据都是比较早就有的,数据的准确性可能有问题,而它们的焓和熵值则人们知道的更少。

表 5.49 钙的正磷酸盐在 298.16K 的热力学数据

化合物	ΔH^0(kJ/mol)	$H^0-H^0_0$(J/mol)	S^0(J/mol deg)
$Ca(H_2PO_4)_2$(c)	−3114.6　−3121.3		
$Ca(H_2PO_4)_2 \cdot H_2O$(c)	−3422.5　−3437.2	41631	259.8　207.9
(1) 重新计算	−3,422.1		
(2) 重新计算	−3,417.5		
$CaHPO_4$(c)	−1,820.9−1,818.8		87.9,117.2,80.3
$CaHPO_4 \cdot 2H_2O$(c)	−2,410.0−2,408.7		167.4,195.4

续表

化合物	ΔH^0(kJ/mol)	$H^0-H^0_0$(J/mol)	S^0(J/mol deg)
α-$Ca_3(PO_4)_2$(c)	−4,137.6	38,836	240.91
β-$Ca_2P_2O_7$(c)		31,087	189.33
β-$Ca(PO_3)_2$(c)		23,911	146.94
$Ca_{10}F_2(PO_4)_6$(c)		126,942	776.1
$Ca_{10}(OH)_2(PO_4)_6$(c)		128,491	780.7

X 射线粉末衍射分析得到了 Ca、Sr、Ba 的一些磷酸盐的晶体结构数据。钙的一代和二代正磷酸盐单晶的大小列于表 5.50。

表 5.50　一代和二代正磷酸盐的单晶的大小

化合物	a(Å)	b(Å)	c(Å)	α	β	γ	Z
$Ca(H_2PO_4)_2$(三斜晶系)	5.55	7.60	9.07	121°54′	108°48′	87°28′	2
$Ca(H_2PO_4)_2 \cdot H_2O$(三斜晶系)	5.67	11.92	6.51	98°11′	118°31′	83°9′	2
	5.61	11.89	6.46	98°36′	118°0′	83°23′	2
$CaHPO_4$(三斜晶系)	6.91	6.66	7.02	96°7′	103°53′	89°11′	4
$CaHPO_4$(斜方晶系)	14.08	17.10	4.61				
$CaHPO_4 \cdot 2H_2O$(三斜晶系)	5.812	15.18	6.239	90°	116°25′	90°	4

$Ca(H_2PO_4)_2 \cdot H_2O$、$CaHPO_4 \cdot 2H_2O$ 和 $CaSO_4 \cdot 2H_2O$(石膏)的结构有明显的相似性。已知石膏结构具有 $CaSO_4$ 和 H_2O 的交替层,可以推测磷酸盐也有层状结构,结构分析证实了这点。$Ca(H_2PO_4)_2 \cdot 2H_2O$ 的结构是由 H_2O 分子和 PO_4^{3-} 离子隔离的 $CaPO_4$ 平行薄板所组成的,而 $CaPO_4$ 薄板则是由 Ca^{2+} 和 PO_4^{3-} 组成的平行链构成:

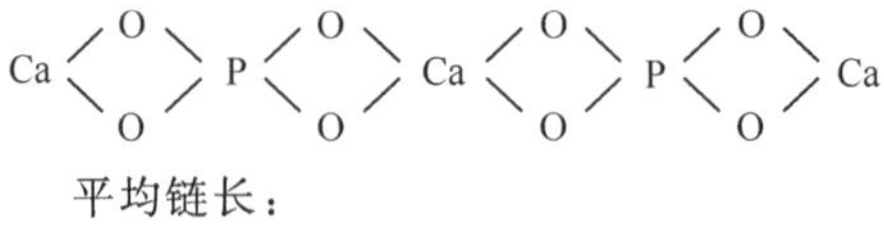

平均链长:

Ca—O　2.52 ± 0.037Å

P—O　1.52 ± 0.040Å

O—O(PO_4 内)　2.48 ± 0.050Å

H_2O 分子位于薄板之间,而成对的 PO_4^{3-} 基团横越对称中心。每个 Ca 配位 8 个 O,其中 4 个在它自己的链上,2 个在相邻的两个链上,以及薄板间的 H_2O 分子和 PO_4^{3-} 基团各出一个 O。对于 H 原子没有提出确切的位置,可能处于相邻两个

PO_4^{3-} 四面体的 O 原子之间，而 PO_4^{3-} 基团是接近一个 H_2O 分子的。氢键的形成把相邻薄板连在一起。

$CaHPO_4$ 结构是三维 PO_4^{3-} 四面体的网状结构，中间插入 Ca^{2+}。结构向 c 轴投影则显示出 Ca—PO_4—Ca 双链沿 a 轴延伸。b 轴方向 Ca—PO_4 成为交叉上下排列，如下图所示：

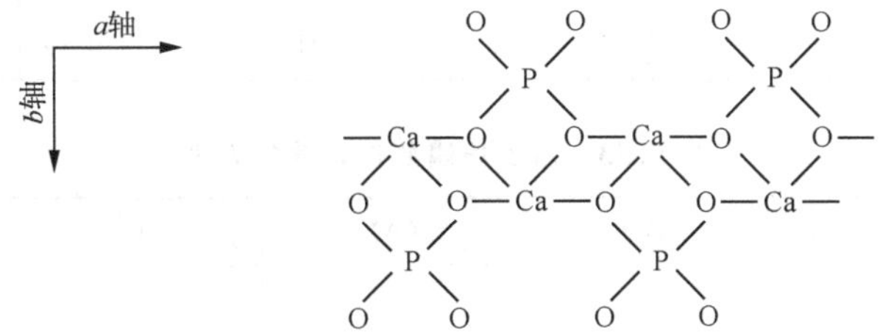

平均链长：

Ca—O 2.46 ± 0.039Å

P—O　1.54 ± 0.040Å

O—O(PO_4 内) 2.51 ± 0.055Å

同样 H 原子没有得到确切的位置，可能位于相邻 PO_4^{3-} 基团的 O 原子之间。

三代正磷酸盐 $M_3(PO_4)_2$ 中 $Sr_3(PO_4)_2$ 和 $Ba_3(PO_4)_2$ 的结构是等同的，它们和 β-$Ca_3(PO_4)_2$ 都属于菱形和六方形晶系。它们的单晶数据列于表 5.51。

表 5.51　碱土金属三代正磷酸盐的单晶大小

化合物	单斜晶胞				
	a(Å)	b(Å)	c(Å)	β	Z
α-$Ca_3(PO_4)_2$	12.86±0.02	9.11±0.01	15.23±0.02	125°20′±12′	8
化合物	菱形晶胞				
	μ(Å)	α	a(Å)	b(Å)	Z
β-$Ca_3(PO_4)_2$	13.65	44°06′	10.25±0.03	36.9±0.1	7
	13.70	44°16′	10.32±0.02	37.0±0.05	7
$Sr_3(PO_4)_2$	7.295	43°21′	5.389	19.79	1
$Ba_3(PO_4)_2$	7.712	42°35′	5.601	21.00	1

Ca、Sr、Ba 各种磷灰石单晶的大小和它们的焦磷酸盐单晶的大小分别列于表 5.52和表 5.53 中。

已知碱土金属次磷酸盐有：$Mg(H_2PO_2)_2 \cdot 6H_2O$、$Ca(H_2PO_2)_2$、$Sr(H_2PO_2)_2$、$Ba(H_2PO_2)_2$ 和 $Ba(H_2PO_2)_2 \cdot H_2O$。它们都易溶于水。

表 5.52 磷灰石单晶的大小

磷灰石	a(Å)	c(Å)	c/a	磷灰石	a(Å)	c(Å)	c/a
$Ca_{10}F_2(PO_4)_6$	9.37	6.88	0.735				
$Ca_{10}(OH)_2(PO_4)_6$	9.42	6.88	0.730	$Sr_{10}(OH)_2(PO_4)_6$	9.76	7.27	0.745
$Ca_{10}Cl_2(PO_4)_6$	9.52	6.85	0.720	$Ba_{10}F_2(PO_4)_2$	10.22	7.67	0.750
$Sr_{10}F_2(PO_4)_6$	9.72	7.27	0.749	$Ba_{10}(OH)_2(PO_4)_6$	10.19	7.70	0.756

表 5.53 碱土焦磷酸盐单晶的大小

焦磷酸盐	a(Å)	b(Å)	c(Å)	Z
α-多晶型物(斜方晶系)				
$Ca_2P_2O_7$	8.44	12.52	5.26	4
$Sr_2P_2O_7$	8.87	13.27	5.39	4
$Ba_2P_2O_7$	9.35	13.87	5.61	4
β-多晶型物(四方晶系)				
$Ca_2P_2O_7$	6.66	—	23.86	8
$Sr_2P_2O_7$	6.92	—	24.79	8

碱土金属的亚磷酸盐很难溶于水。Mg 的六水合物 $Mg(HPO_3)\cdot 6H_2O$ 的晶体结构已经测定,在每一个 HPO_3^{2-} 基团中,H 和三个 O 原子在以 P 为中心的四面体的四个角上。这种晶体与 $MgSO_4\cdot 6H_2O$ 是同晶型的。

不溶的连二磷酸盐可用沉淀法制备。有些是水合物,如 $Mg_2P_2O_6\cdot 12H_2O$、$Ca_2P_2O_6\cdot 2H_2O$ 和 $Sr_2P_2O_6\cdot 2H_2O$。把正盐溶于连二磷酸 $H_4P_2O_6$ 中,然后由真空蒸发或加入乙醇就有酸式盐结晶析出。Ca、Sr、Ba 都有 $MH_2P_2O_6\cdot 2H_2O$ 的酸式盐。

4.12.3 其他

碱土金属的偏锑酸盐 MSb_2O_6 是六方晶系。M^{2+} 和 Sb^{5+} 离子在分开的层中,从 Ca^{2+} 离子半径(0.99Å)到 Ba^{2+} 离子半径(1.35Å)都能适合此种层状结构,只是把层与层的距离推远一些。因此单晶中垂直于 Sb—O 层的距离从 5.222Å 增大到 5.289Å。有人提出砷的相应化合物有类似结构,但尚需进一步证实。

砷酸钙和它的碱式盐 $Ca_3(AsO_4)_2\cdot 3Ca(OH)_2$ 曾用作杀虫剂。这些粉末对棉桃象鼻虫是有效的,而象鼻虫中某些品种对有机杀虫剂产生了抗药性。反胃、麻痹和休眠是无机含砷制剂的典型作用。砷酸盐也用于控制草皮中的酸苹果草。

4.13 第 VIA 族含氧酸盐

4.13.1 硫酸盐

碱土金属硫酸盐已被广泛地研究过。主要研究的不是阳离子或阴离子,而是集中于研究这些盐类的水合物和配合物的生成。从水溶液中不能得到无水 $MgSO_4$。硫酸镁共有七种水合物,无水物只能从一种水合物脱水(有浓 H_2SO_4 存在)制得。$MgSO_4 \cdot H_2O$ 在自然界中以硫镁矾形式存在,而 $MgSO_4 \cdot 7H_2O$(称泻盐)则以泻盐矿形式存在。$MgSO_4 \cdot 7H_2O$ 可以稳定的正交晶型(I)和不稳定的单斜晶型(II)存在,(I)在常温的水溶液中是稳定相,而(II)在某些条件下低于 4℃时结晶析出。

由于存在着不少介稳相,并且达到平衡的速度较慢,因此 $MgSO_4$-H_2O 体系的溶解度关系很复杂。各种硫酸镁水合物都能生成过冷溶液和介稳固相。$MgSO_4$-H_2O 体系中相转变点与相应的固相示于表 5.54 中。

表 5.54 $MgSO_4$-H_2O 体系中的相转变点

固相	温度(℃)	浓度($gMgSO_4/100gH_2O$)
冰-$MgSO_4 \cdot 6H_2O$	−15	39.4
冰-$MgSO_4 \cdot 7H_2O$(II)	−8.4	31.6
冰-$MgSO_4 \cdot 7H_2O$(I)	−5.2	27.95
冰-$MgSO_4 \cdot 12H_2O$	−3.8	21.95
$MgSO_4 \cdot 12H_2O$-$MgSO_4 \cdot 7H_2O$(I)	1.8	27.2
$MgSO_4 \cdot 7H_2O$(II)-$MgSO_4 \cdot 6H_2O$	(23)	(43.6)
$MgSO_4 \cdot 7H_2O$(I)-$MgSO_4 \cdot 6H_2O$	48.2	49.5
$MgSO_4 \cdot 6H_2O$-$MgSO_4 \cdot H_2O$	67.5	56.6
$MgSO_4 \cdot 6H_2O$-$MgSO_4 \cdot 4H_2O$	(75)	(62.7)
$MgSO_4 \cdot 6H_2O$-$MgSO_4 \cdot 5H_2O$	77.5	62.0

体系中 $MgSO_4 \cdot 5H_2O$ 和 $MgSO_4 \cdot 7H_2O$(II)是不稳定的。$MgSO_4 \cdot 6H_2O$ 只是在 48.2—67.5℃温度范围是稳定相,而在其他温度都是介稳相。硫镁矾 $MgSO_4 \cdot H_2O$ 在高于 67.5℃时是稳定的。它的溶解度随着温度升高而迅速减少。

t(℃)	67.5	100	126	150	170	195
溶解度($gMgSO_4/100gH_2O$)	56.6	50.4	39.3	23.9	8.9	1.9

当水合物脱水时，在比较低的温度(250℃)可能发生水解。但是如果在一些浓 H_2SO_4 的存在下进行加热，可以得到相当稳定的无水 $MgSO_4$，即使加热到约800℃也不再分解了。在900℃可以观察到分解作用。在1100℃几小时内完全分解为 MgO、O_2、SO_2 和 SO_3。有C存在时750℃的分解作用如下：

$$MgSO_4 + C \longrightarrow MgO + SO_2 + CO$$

无水 $MgSO_4$ 易吸水，与湿空气接触它逐渐生成 $MgSO_4 \cdot 7H_2O$。$MgSO_4 \cdot 7H_2O$ 和 NH_3 气生成水合氨化物 $MgSO_4 \cdot NH_3 \cdot 3H_2O$、$MgSO_4 \cdot 2NH_3 \cdot 4H_2O$ 和 $MgSO_4 \cdot 2NH_3 \cdot 2H_2O$。硫酸镁溶于硫酸溶液中可以得到酸式硫酸盐 $MgSO_4 \cdot H_2SO_4$、$MgSO_4 \cdot H_2SO_4 \cdot 3H_2O$ 和 $MgSO_4 \cdot 3H_2SO_4$ 的结晶。将 MgO 加入 $MgSO_4$ 的饱和溶液中，可以制得碱式盐 $MgSO_4 \cdot 3MgO \cdot 11H_2O$ 和 $MgSO_4 \cdot 5MgO \cdot 8H_2O$ (或 $13H_2O$)。

$MgSO_4$ 与碱金属以及其他碱土金属硫酸盐能组成许多复盐，并可作为天然矿石存在于海洋盐沉积物中。在控制温度和浓度条件下，这些复盐也可以从相应盐溶液中制得。表5.55中列出了某些较重要的复盐。

人工制备的软钾镁矾可用作肥料，特别适用于对 Cl^- 离子敏感的植物。$MgSO_4$的用量少但用途广泛。纯盐可用 H_2SO_4 与 MgO 或 $Mg(OH)_2$ 作用而制得；粗盐可从矿石或 $MgSO_3$ 的氧化或 $CaSO_4 \cdot 2H_2O$ 与 $MgCO_3$ 作用等法制得。

表5.55 $MgSO_4$ 的复盐

分子式	矿石名	
	中文	英文
$Na_2SO_4 \cdot MgSO_4 \cdot 4H_2O$	白钠镁矾	astrakanite
$Na_2SO_4 \cdot MgSO_4 \cdot 2.5H_2O$	钠镁矾石	loewite
$3Na_2SO_4 \cdot MgSO_4$	硫酸钠镁石	vanthoffite
$K_2SO_4 \cdot 2MgSO_4$	无水钾镁矾	langbeinite
$K_2SO_4 \cdot MgSO_4 \cdot 4H_2O$	钾镁矾	leonite
$K_2SO_4 \cdot MgSO_4 \cdot 6H_2O$	软钾镁矾	schoerite
$K_2SO_4 \cdot MgSO_4 \cdot 2CaSO_4 \cdot 2H_2O$	杂卤石	pdyhalite
$2KCl, MgSO_4 \cdot 6H_2O$	钾盐镁矾	kainite

硫酸钙在自然界存在有两种形式，硬石膏即无水 $CaSO_4$ 和二水合物即石膏 $CaSO_4 \cdot 2H_2O$。另一种重要的形式为烧石膏 $CaSO_4 \cdot \frac{1}{2}H_2O$。对硫酸钙的研究如此活跃主要在于它的工业价值，石膏遍布世界各国，以致大多数国家在本国能适量自给。主要矿藏来自海洋沉积物，特殊形式有如下几种：

(1) 雪花石膏——较纯的石膏,质软而致密。很久以来就被用来雕成坛、壶及其他小器皿,做成石膏像,雕塑成各种艺术品等。

(2) 透明石膏——片状的纯石膏,长和宽可达数呎,厚度达数时,并且是完全透明的,破裂下来的部分也是具有相似性质的平行四边形。薄片石膏可使光偏振,因此用于偏振光仪器。它与云母不同,一旦歪曲,将不能恢复原状。

(3) 硬石膏——天然无水 $CaSO_4$。它的溶解度与 $CaSO_4 \cdot 2H_2O$ 相同,但是并不迅速与水作用生成水合物,因此不能用以制造石膏,但可用于制备 $(NH_4)_2SO_4$。

$$CaSO_4 + 2NH_3 + CO_2 + H_2O \rightleftharpoons (NH_4)_2SO_4 + CaCO_3$$

(4) 纤维石膏——形似石棉,成平行线状。沉积在石膏矿附近,是由带有溶解石膏的地下水蒸发而得,因此又称为二级石膏。

(5) 土石膏——含 60%—90%的石膏,混以各种砂土和腐殖质。沉积于地面附近,它是由带有石膏溶液的地下水流到地表面时蒸发生成的。曾用于制造烧石膏和建筑材料,现在已失去它的工业价值。

(6) 石膏砂——广泛分布于地面。这些沉淀物中常含杂质 Na_2SO_4,因此不能用于建筑或水利方面的材料。

各种硫酸钙都一定程度地溶于水,生成 Ca^{2+} 和 SO_4^{2-} 离子。$CaSO_4$ 对其他物质呈惰性,几乎不溶于有机溶剂,不会引起有机反应,仅活性无水 $CaSO_4$ 能立即从有机物和体系中吸取水分。在 900—1200℃范围内分解,$CaSO_4 \longrightarrow CaO + SO_3$,CaO 可直接应用,$SO_3$ 可作为副产物。反应时,加入 NaCl 和湿空气可以增加分解反应的速度。加入石英则可使分解温度从 1200℃降低到 1000℃。

石膏可用以制备卜特蓝水泥,可延长水泥凝固的时间;可以改良土壤,磨成粉末的石膏与粪肥混合,可以固定挥发性的和可溶性的含氮化合物,因而阻止含氮化合物因挥发和浸沥而散失;还可以中和黑碱土中因碳酸盐反应而产生的碱性;石膏可用于制造着色玻璃,在玻璃原料中加入少量 $CaSO_4$、Si 和 Al,把化合态的“S”还原成游离的 S,因而产生乳白色或琥珀色;此外石膏还用于油漆、药物、纸的填料、杀虫药粉以及水的处理等。

加热石膏 $CaSO_4 \cdot 2H_2O$ 可得到烧石膏 $CaSO_4 \cdot \frac{1}{2}H_2O$。烧石膏与适量的水混合搅拌,然后倒入并压紧在模具中,可做成所需要的模型,应用于建筑、牙科和骨科等,还可以铸造小的低熔金属或合金的模,如铝制品。石膏和砂、纤维等混合可制造各种墙灰和墙板。如果将聚四氟乙烯(Teflon)、烧石膏和水的混合物倒入模中,加热使聚合物熔化,然后溶去 $CaSO_4$,可留下多孔的聚四氟乙烯的模型。

纯石膏加热到650℃以上即完全脱水。所得无水硫酸钙与天然的硬石膏有相同的晶体结构，不溶于水，称为僵烧石膏。磨细后可作金氏(Keene)干固水泥的基底，也是最光亮而价廉的纸张填料。如果将任何一种石膏 $CaSO_4 \cdot 2H_2O$ 加热到128℃，先得到烧石膏 $CaSO_4 \cdot \frac{1}{2}H_2O$，再加热到低于300℃所得无水 $CaSO_4$ 可溶于水，保持原来石膏的形式、形状和多数的物理性质、其晶格保持不变。它的水蒸气压力很低，约0.667Pa，吸水能力很强。这种无水石膏称为可溶无水石膏。无水 $CaSO_4$ 是好的干燥剂，它可以在190—220℃均匀地加热而再生，一次装料可供数百次之用。由于可溶无水 $CaSO_4$ 表现中性、稳定、体积不变、化学惰性、不溶于有机溶剂、无毒、不易腐蚀、价廉等特点，因此比其他干燥剂有更广泛的应用，如用于冰箱中吸收冷冻剂的水分，以防在膨胀阀处结冰，也常用作拼接电话电缆和精密仪器的干燥剂。

粒状或粉状无水石膏在潮湿大气中，可以很快地吸收水分。从吸水实验证明，无水石膏 $CaSO_4$ 可以和含水约6.6%的烧石膏 $CaSO_4 \cdot \frac{1}{2}H_2O$ 并存。又X射线分析证明，$CaSO_4 \cdot \frac{1}{2}H_2O$ 的晶格可吸收0.5mol左右的水分而不会严重改变结构，这又意味着无水物和半水合物可以并存，且有相同的结构。此外Powell实验证明，从 $CaSO_4 \cdot 2H_2O$ 完全脱水，可产生38%体积的空隙，因此得到结论，这几种硫酸钙的结构基本上相似，吸水量超过6.6%时，表示吸附的水保留在空隙之中。石膏是层状结构(图5.30)，层与层之间通过水分子的氢键连在一起，这就证明了石膏的破碎，仅是普通的分裂。每个 H_2O 分子连接在一个 Ca^{2+} 离子和相邻两层各一个 SO_4^{2-} 离子的O原子上。H_2O—OSO_3 距离为2.82Å，质子顺磁共振测出水分子中O—H距离为0.98Å。从石膏中脱去水合水时并不会使层结构有更大的扭变，如图5.29所示。S—O距离分两类，1.479Å和1.497Å，后者的长度代表其中的O原子通过氢键结合到水分子上，因而S—O的键长增加了。

硫酸锶在自然界以天青石存在。它是无水物，加热到1580℃ $SrSO_4$ 分解为SrO和 SO_3。硫酸钡的主要矿石是重晶石，它常与其他矿石共生在一起，它是Ba化合物的主要来源。$BaSO_4$ 是正交晶体，在1580℃熔融而分解。在水中溶解度非常小(30℃为 8.5×10^{-4} g/100gH_2O)，所以无毒。对误食 Ba^{2+} 化合物中毒者，应立即服 Na_2SO_4 溶液，使 Ba^{2+} 离子转化为 $BaSO_4$ 沉淀。$BaSO_4$ 溶于浓 H_2SO_4 生成酸式盐，用水稀释时又沉淀为 $BaSO_4$。$BaSO_4$ 常用以作为不透明对照介质，供X射线透视胃肠之用，并作为止泻和缓冲粉末。磨细的重晶石可用于油井处理，它与膨润土以及其他化学药品做成的泥浆，钻井时可以把污物和地下岩石漂浮除去，又由于这种泥浆比重大，可以阻止岩粒沉积堵塞油井，并使钻头易于抽出，还可放在钻孔壁上封住井壁。磨细和漂白的重晶石可作为油漆填料。当重晶石作为白色颜料时,由于折射率较低,需与折射率高的 ZnS、TiO_2 等共沉淀,如纯 BaS+纯 $ZnSO_4 \longrightarrow BaSO_4 + ZnS$(锌钡白)。钡化合物与原料的关系示意于图 5.31 中。

从含 Ra 的矿物中萃取镭时,产品一般为 $RaSO_4$。$RaSO_4$ 的最重要性质是有非常低的溶解度(20℃为 2.1×10^{-4} g/100gH_2O),可利用 $RaSO_4$ 和 $BaSO_4$ 的溶解度的差别,分离 Ra 和 Ba。

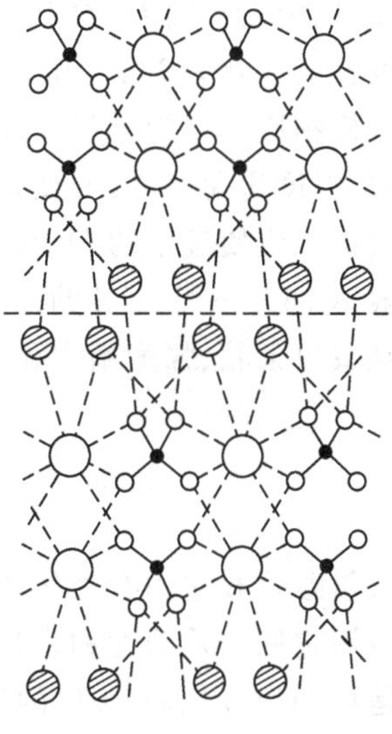

图 5.30　石膏的层状结构

● S　○ O　⊘ H_2O　○ Ca^{2+}

4.13.2　亚硫酸盐

碱土金属的亚硫酸盐 MSO_3 通常用适当可溶的碱土盐和可溶的亚硫酸盐作用,或用 SO_2 作用于 $M(OH)_2$ 或碱式碳酸盐而制得,如在 $Mg(OH)_2$ 或碱式碳酸镁的悬浮液中通入过量 SO_2,先生成 $Mg(HSO_3)_2$ 逐渐加热该清液可以制得六水合物 $MgSO_3 \cdot 6H_2O$。此六水合物在 60℃发生相变,从正交晶系转变为六方晶系,100℃转化为三水合物 $MgSO_3 \cdot 3H_2O$。由于转变速度较慢,因此在转变温度上下,两种固相都出现介稳状态。亚硫酸钙也有六水合物和三水合物两种,性质与镁盐类似,但温度高于 100℃时 $CaSO_3 \cdot 3H_2O$ 继续失去一分子水成为二水合物。与其他亚硫酸盐相似;碱土金属的亚硫酸盐受热易分解为 MO 和 SO_2。亚硫酸盐水溶液在空气中能慢慢地被氧化为 MSO_4。

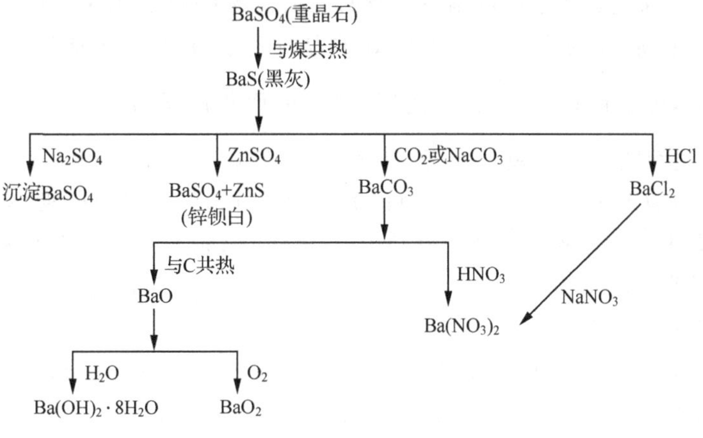

图 5.31　钡化合物及其与原料的相互关系

$MgSO_3$ 和 $CaSO_3$ 都被用于制造纸浆。纸浆工业中一个最大问题是处理含有木质素的黑液。$MgSO_3$ 与木质素能生成可溶于水的木质素磺酸盐而除去。$MgSO_3$法的优点是能综合利用废液中的无机和有机物质。因为 $MgSO_3$ 在相当低的温度就能分解为 MgO 和 SO_2，且这两者能循环使用。同时，黑液中的木质素和其他有机物质能作为燃料以提供操作过程中所需的能源。操作过程中应该注意两点，一是温度避免过高，要使回收的 MgO 处于活性状态而能循环使用，二是在气体吸收塔中应使过量的 O_2 维持在最低程度以减少 $MgSO_4$ 的生成。MgO 的回收率一般达 75%—88%，S 的回收率达 66%—70%。用 $MgSO_3$ 法比用 $CaSO_3$ 法制造的纸浆更柔软、强度稍大和对折叠性有较高的耐受力。

4.14　第 VIIA 族含氧酸盐

次氯酸钙和它的有关化合物是次氯酸和"有效氯"的方便而稳定的原料。这主要是应用它们的杀菌性和表现为漂白能力的氧化性。所谓漂白液(bleaching liquor)是 $Ca(ClO)_2$ 和 $CaCl_2$ 的溶液，其中含 85—100g/l 的有效氯。可将不纯 Cl_2 气(含 H_2 和 CO_2)通入 $Ca(OH)_2$ 的悬浮液中而制得。在高浓度时可以结晶出 $Ca(ClO)_2 \cdot 2Ca(OH)_2$，其大量应用于漂白纸浆。

次氯酸钙的稳定性与含水量成反比，一般含水量在 1%以下。工业品每年约分解 1%—4%，其中 2/3 变为氯酸钙，其余变为 Cl_2O。分解反应是强放热反应。一定量中只要有任一部份达到 180℃，分解作用就会持续到全部分解为止。

$$3ClO^- \longrightarrow ClO_3^- + 2Cl^-,$$

$$Ca(ClO)_2 + H_2O \longrightarrow Cl_2O + Ca(OH)_2$$

将 Cl_2 气通到石灰浆中可制备大量的二水合物 $Ca(ClO)_2 \cdot 2H_2O$。不同的工艺可制得不同形式的晶体。一种完好的晶体称为半碱次氯酸钙 $Ca(ClO)_2 \cdot \frac{1}{2}Ca(OH)_2$，由于它的碱性太高，使用不便，因而年产量很小。在制备次氯酸钙时，如果在温度低于 22℃就停止通 Cl_2 气至石灰浆中，有时会生成四碱次氯酸钙 $Ca(ClO)_2$。$CaCl_2 \cdot 4Ca(OH)_2 \cdot 24H_2O$，它的长针形结晶可使槽浆"冻结"而使生产报废。真正的漂白粉分子式可写成 $Ca(ClO)_2 \cdot CaCl_2 \cdot Ca(OH)_2 \cdot 2H_2O$。这是一种不易吸水的干粉。早在 1798 年 Charles Tennant 曾首先以生产漂白粉作为运输 Cl_2 的一种方法。

碱土金属的氧化物或碳酸盐和 NH_4ClO_4 共热可得到无水 $M(ClO_4)_2$。碱性愈强的金属作用得愈快，并且反应温度也愈低。$M(ClO_4)_2$ 在水和一些有机溶剂中的溶解度很高，示于表 5.56 中。

表 5.56　25℃时 $M(ClO_4)_2$ 在水和一些有机溶剂中的溶解度(g·100g 溶剂)

化合物	H_2O	CH_3OH	C_2H_5OH	CH_3COCH_3	$(C_2H_5)_2O$
$Mg(ClO_4)_2$	100	52	24	43	0.29
$Ca(ClO_4)_2$	189	237	166	62	0.26
$Sr(ClO_4)_2$	310	212	181	150	不溶
$Ba(ClO_4)_2$	198	217	125	125	不溶

它们还有许多水合物和氨合物,如二水、三水、四水和六水合物在室温时都是稳定的。无水 $Mg(ClO_4)_2$ 对水有很大的亲和力。$Mg(ClO_4)_2$ 水合为 $Mg(ClO_4)_2 \cdot 6H_2O$ 所放出的水合热大于 P_2O_5 与水作用生成 H_3PO_4 所放出的热,因此它是一种良好的干燥剂。对白色正交晶体 $Mg(ClO_4)_2 \cdot 6H_2O$ 的结构研究表明,每个 H_2O 分子只有一个相邻的 Mg^{2+}。值得注意的是,Bacarella 等曾用无水 $Mg(ClO_4)_2$ 吸收甲醇、乙醇、丙酮、吡啶、乙腈氨和硝基甲烷的蒸气,因而认为 $Mg(ClO_4)_2$ 在分析工作中可作为一般蒸气的吸收剂,但是用 $Mg(ClO_4)_2$ 干燥有机物蒸气时曾发生过爆炸现象。因此使用时必须参考有关文献资料。

顺便提及,用酸水解 XeF_6 时能生成 $Xe(OH)_6$ 酸。再用 $Ba(OH)_2$ 滴定 $Xe(OH)_6$ 酸,生成微溶的 Ba_3XeO_6,后者在 250℃分解为 BaO、Xe 和 O_2。

参 考 文 献

[1] J. C. Bailar et al., ed., "Comprehensive Inorganic Chemistry", Vol. 1(1973).

[2] R. E. Kirk and D. F. Othmer, ed., "Encyclopedia of Chemical Technology", 2nd ed., (1967).

[3] Friedhelm Korte, "Methodicum Chimicum", Vol. 7, Main Group Elements and Their Compounds, (1977).

[4] N. V. Sidgwick, "Chemical Elements and Their Compounds", Vol. 1(1952).

[5] D. T. Hurd, "An Introduction to the Chemistry of the Hydrides", Chapter V and VI(1952).

[6] R. C. Weast ed., "Handbook of Chemistry and Physics", 59th ed., (1978—1979).

[7] Kurt Niedenzu and Hans Zimmer, "Aunuel Reports in Inorganic and Gen eral Syntheses", p. 2, (1972).

[8] M. F. Lappert, ed., "Inorg. Chem. Series 1", Vol. 1, Main Group Elements, p. 22, (1972).

[9] M. F. Lappert, ed., "Inorg. Chem. Series 2", Vol. 1, Main Group Elements, p. 19(1975).

[10] A. F. Wells, "Structural Inorganic Chemistry", 2nd ed., p. 698(1952).

[11] P. W. M. Jacobs et al., J. Phys. Chem., 66, 1113(1962).

[12] Richard W. Mooney and Michael A. Aia, Chem. Revs., 61, 434(1961).

5.5 有机金属化合物[1-3]

除镭以外,所有碱土金属都有脂肪族和芳香族的衍生物。研究得最多的是有机金属镁的化合物,因为他们既是重要的合成试剂,又是重要的催化剂。在有机金属化合物的一般领域中,碱土金属化学是最活跃的。有机金属化合物的化学活性是由两方面控制的,即有机基团的正碳离子特性和金属的缺电子特性。在简单的R-M-X化合物中,通过分子内的相互作用或通过由配位体(特别是溶剂分子)给予电子,可减少电子不足的情况,因而增强了它们的稳定性。

5.1 格氏试剂

格氏试剂是以Victor Grinard(1871—1935)而命名的,它是一种溶剂合的RMgX分子,其中X为卤素。RMgX一般都与溶剂分子络合,有些无溶剂合的格氏试剂是在没有给予体的溶剂中直接由Mg和RX或ArX反应而制得的。格氏试剂的结构往往不大确定,并且也很少是化学计量的。它们可能是由两个卤素原子或两个烷基桥联的链状聚合物,通常习惯于用RMgX作为格氏试剂的分子式。但是即使不去考虑其中的溶剂分子,这也不是令人满意的分子式。正确的表示法可以用下面平衡式来表示:

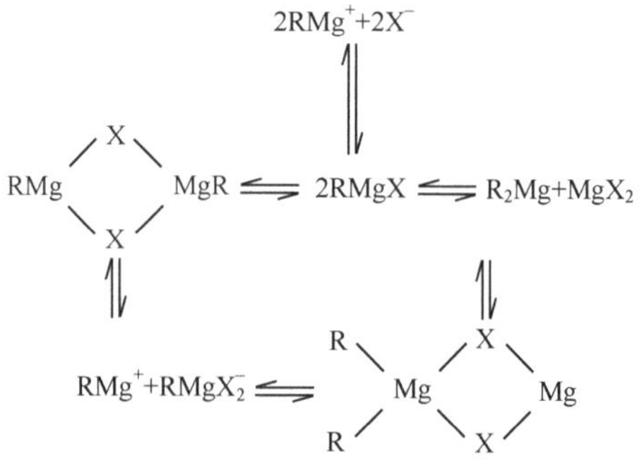

请注意,这里的分子表示式中是卤桥而不是烷基桥。关于这一点,在测定乙醚中不同的烷基镁卤化物的缔合度时,得到了最有力的证明。当烷基是甲基或乙基时,由于它们的体积较小和电负性较大,对成桥是有利的,但实际上缔合度反而比其他烷基的格氏试剂都小。

Mg在生成有机金属化合物时是有其独自特点的,因为电负性比它更大的金属所生成的有机金属化合物更为活泼,实验条件则难于掌握。所以格氏试剂的重要性主要是由于它们易于合成,而且金属镁一般不需要预先净化。合成的方法是,在备有搅拌和冷凝装置的反应器中,将镁屑悬浮于溶剂中,然后慢慢地加入 RX 溶液。操作时必须排除空气和湿气,因此要求用干燥的乙醚或其他溶剂。反应初始阶段是缓慢的,因为镁屑与空气接触中,原来都已生成了一层氧化物保护膜,而试剂穿透镁屑的氧化膜需要一段时间。有时可加入一粒碘的晶体以缩短引发期。试剂必须小心地混合,因为反应是放热的,易于失去控制。CH_3I 对制备 CH_3MgX 是最合宜的试剂,但是溴化物用得最多。为了减少副产物 R_2 的生成,一般采用较不活泼的溴化物。

乙醚是最常用的溶剂。但为了特殊的目的也应用其他溶剂。例如反应需要在高温下进行时可用二正丁醚;有时需要用与最后合成物有不同沸点的溶剂;有时要求用一种有强给予体的溶剂以促进格氏试剂的生成;THF 也是经常应用的溶剂。如果需要溶剂的沸点与 RX 的沸点相接近最为合宜时,格氏试剂的合成就以烃类为溶剂。

格氏试剂的最重要的无机反应是用于与另一金属的 M′X 相反应,以制备 M′ 的有机金属化合物。在高压的 H_2 下,格氏试剂生成一种烃和 MgH_2,在需要用重氢 D_2 制备含重氢的烃和 MgD_2 时,这是一个有用的反应。格氏试剂大量用于有机合成中,例如:

$$C_6H_5I + Sr \xrightarrow[\text{Mg(催化剂)}]{\text{THF}} C_6H_5SrI \cdot THF$$

$$C_6H_5SrI \xrightarrow{CO_2} C_6H_5COOH \qquad C_6H_5SrI \xrightarrow{(C_6H_5)_2CO} (C_6H_5)_3COH$$

$$RBaI + (C_6H_5)_2CO \rightleftharpoons (C_6H_5)_2C = CHR + (C_6H_5)_2C(R)OH$$

(R = Me,Et,Pr,Bu 或 Ph)

5.2　其他有机碱土金属化合物

人们已经制得了二烷基和二芳基化合物 R_2M 和 Ar_2M($M = Mg$、Ca、Sr 和 Ba)。环戊二烯与 Mg 在 THF 中作用可以得到 $Cp_2Mg \cdot 2THF$。120℃脱除溶剂得到 Cp_2Mg。用类似方法可制得 Cp_2Ca,并测定了结构。Cp_2Sr 和 Cp_2Ba 也都已被制得。

R_2Mg 在格氏试剂部分已提及,Ca、Sr 和 Ba 的 R_2M 可以从 R_2Hg、R_2Zn、R_2Cd 或 R_4Sn 的交换反应制取:

$$R_2Hg + M \xrightarrow[THF]{Et_2O\ 或} R_2M \quad (M = Ca、Sr 和 Ba,\ R = CH_3、CH_2 = CHCH_2、C_6H_5、C_6H_5CH_3 和 C_9H_7 茚基)$$

其中金属的反应活性次序为：Ca＞Sr＞Ba，而产物的活泼性次序则为：$R_2Ba > R_2Sr > R_2Ca$

$$(CH_2 = CH \cdot CH_2)_4Sn + M \xrightarrow[THF]{HgBr_2} (C_3H_5)_2M$$

$$(M = Ca、Sr 和 Ba)$$

$$R_2Zn + M \xrightarrow{苯} R_2M \quad (M = Ca、Sr 和 Ba, R = Me, Et)$$

Mg 与 Be 相似，也能生成烷基烷氧基镁化合物，如下面反应所示：

$$RX + R'OH + Mg \xrightarrow[THF]{Et_2O\ 或} RMgOR'$$

$$(R = Me,\ R' = Bu^t,\ Pr^i, Pr^n 等)$$

在 THF 中得到二聚体(a)，在 Et_2O 中得到立方烷四聚体(b)和直线形低聚物。

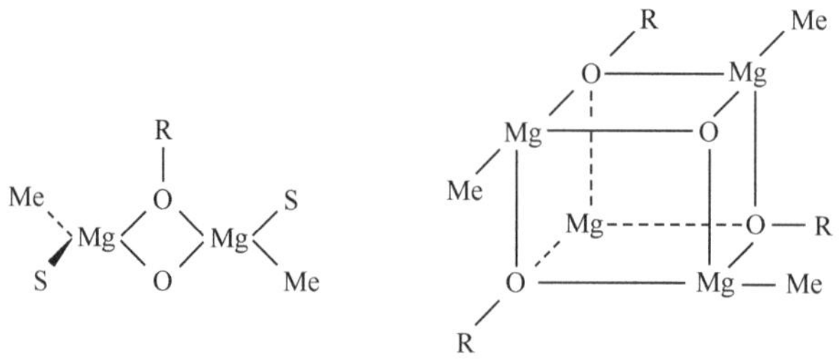

(a) (S=THF)　　(b)

还有一系列类似反应，可制备其他有机镁化合物。

$$R_2Mg + R'OH \rightleftharpoons R—Mg—OR' + RH$$

$$R_2Mg + R'SH \rightleftharpoons R—MgSR' + RH$$

$$R_2Mg + 2HNR'_2 \rightleftharpoons Mg(NR'_2)_2 + 2RH$$

$$或\quad R_2Mg + HNR'_2 \rightleftharpoons R—Mg—NR'_2 + RH$$

$$RMgX + HNR'_2 \rightleftharpoons XMg—NR'_2 + RH$$

$X—Mg—NR'_2$ 又可应用于有机合成。

5.6 碱土金属的配合物

碱土金属特别是 Mg 的配合物早为人们所熟知，这些配合物中的配位体必须具有强给电子本领。因此给电子原子一般限于 O 或 N。它们与 O 的配位能力较强，与 N 的配位能力较弱，与 C 或卤素配位很弱。碱土金属本身配位能力的大小次序为：Mg＞Ca＞Sr＞Ba。对于碱土金属配合物的物理化学研究较少，因此它们的热力学数据也较少。

6.1 以 N 为给体原子的配合物

碱土金属的氨配合物研究较多，它们在 25℃液氨中的氧化电位分别为：

	Mg	Ca	Sr	Ba
电位(V)	1.74	2.17	2.3	2.2

当蒸发 Ca 在液氨中的溶液时，能得到稳定沉淀物六氨合钙 $Ca(NH_3)_6$。从 $CaCl_2$ 和 $CaBr_2$ 的各种氨合物在 25℃的离解压可以看出它们的稳定性变化情况：

$CaCl_2 \cdot 8NH_3$	$CaCl_2 \cdot 4NH_3$	$CaCl_2 \cdot 2NH_3$
压力(Pa)	153,320	38,663

$CaBr_2 \cdot 8NH_3$	$CaBr \cdot 6NH_3$	$CaBr_2 \cdot 4NH_3$	$CaBr_2 \cdot 2NH_3$	$CaBr_2$
压力(Pa)	91,992	2,533	2.53	0.113

在 23℃水溶液中 $M(NH_3)_x^{2+}$ 的各级生成常数如下：

	K_1	K_2	K_3	K_4	K_5	K_6
Mg^{2+}	0.23	−0.15	−0.42	−0.7	−0.95	−1.3
Ca^{2+}	−0.2	−0.6	−0.8	−1.1	−1.3	−1.7

Mg^{2+} 的 N,N,N′-三甲基乙二胺的配合物是二聚体，如下式：

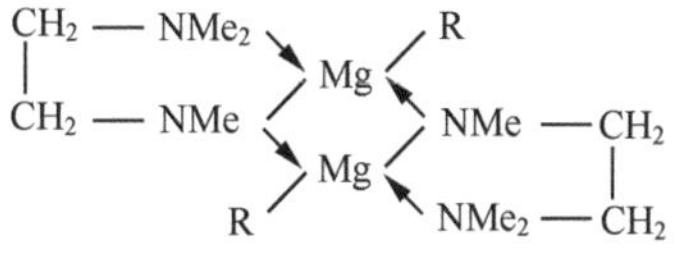

天然产物中叶绿素 a 和叶绿素 b 是 Mg 的稳定配合物(见 5.2.9)。此外还有四联吡啶配合物等

$$Ba(Sr或Ca) + 4bipy \xrightarrow[\text{无空气与水}]{\text{液} NH_3} Ba(bipy)_4$$

四联吡啶钡对空气是敏感的,有顺磁性。蒸去 NH_3 后留下黑色结晶,可在 THF 中重结晶提纯。

6.2　以 O 为给体原子的配合物

Mg 和 Ca 的 EDTA 螯合物(4 个 O 和 2 个 N 为给体原子)是众所周知的稳定配合物,应用于分析测定 Ca 和 Mg。$[CaEDTA]^{2-}$ 的结构式如(a)式所示。Sr 和 Ba 也能与 EDTA 生成螯合物,但螯合物的稳定性较差。它们在 20℃(离子强度为 0.1)的 pK 值如下:

	$[MgEDTA]^{2-}$	$[CaEDTA]^{2-}$	$[SrEDTA]^{2-}$	$[BaEDTA]^{2-}$
pK	8.69	10.59	8.63	7.76

与 Be 一样,碱土金属都能与乙酰丙酮生成螯合物,结构式如(b)所示。

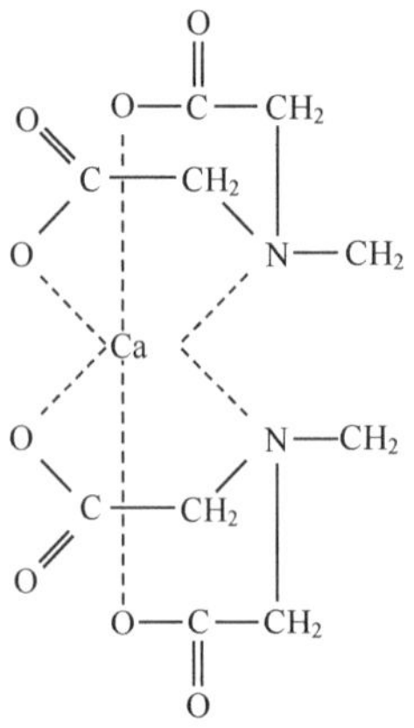

(a)

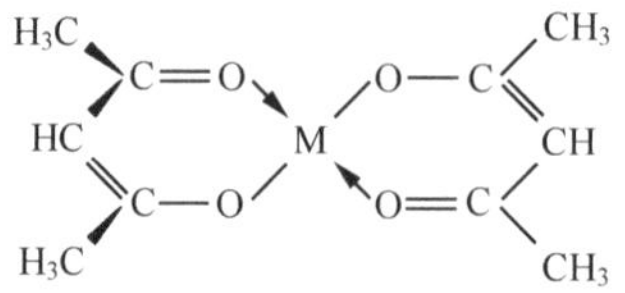

(b) M=Mg、Ca、Sr和Ba

此外,大环醚的碱土金属配合物也已被制得。大环醚包括冠醚(大单环多元醚)和窝穴体(含桥头氮原子的大二环多元醚)两类,(a)(b)和(c)(d)分别为这两类化合物的典型代表。

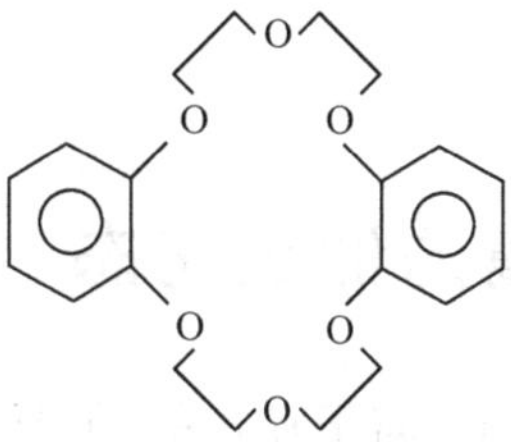
二苯并-18-冠-6(a)

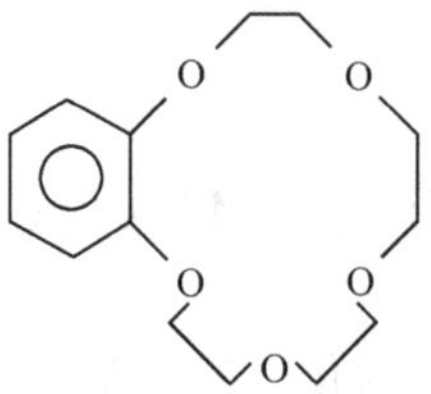
苯并-15-冠-5(b)

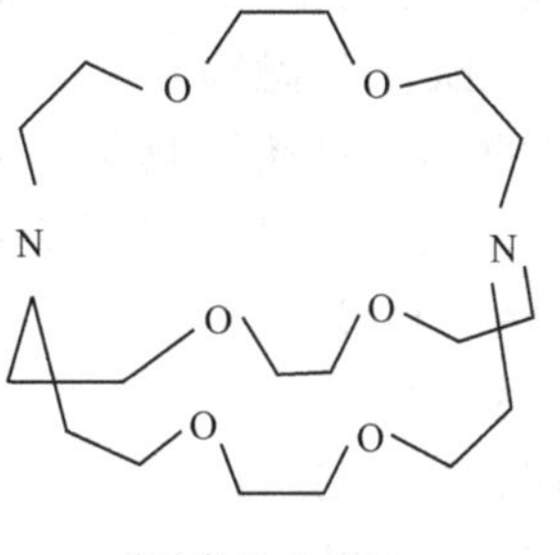
穴醚体[2, 2, 2](c)

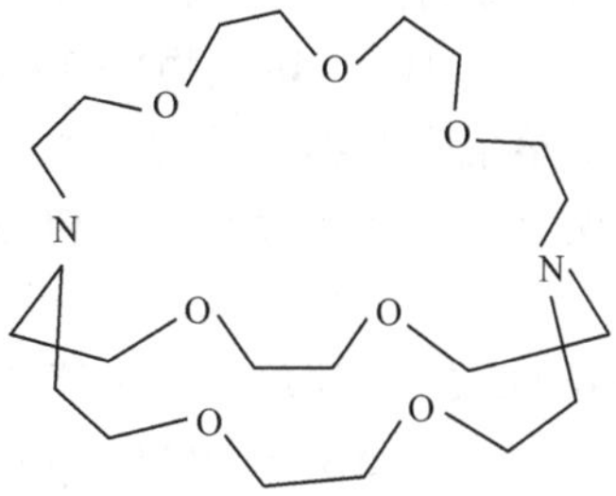
穴醚体[3, 2, 2](d)

它们都能与碱土金属离子生成配合物。据初步测定结果表明,穴醚体(c)与碱土金属的配合物的稳定常数次序为:$Ba^{2+}>Sr^{2+}>Ca^{2+}$。因此可用此配体慢慢地溶解$BaSO_4$。由于较大的离子更适于装入笼内,因此有人用穴醚体[2,2,2]的钾盐喂老鼠,成功地从老鼠身上除去了^{85}Sr。

5.7 IIA 族金属的低氧化态

虽然 IIA 族金属的化合物几乎总是以 M^{2+} 离子存在的，但是在特殊条件下也存在 M^{+} 离子的化合物。已经证明，Be 在氯化物体系中就存在着 Be^{+}。在低电荷密度的条件下，Be 金属的阳极溶解于 $BeCl_2$ 的熔融物中，发生如下反应：

$$Be^{2+}(\text{熔融物}) + Be \rightleftharpoons 2Be^{+}(\text{熔融物})$$

含有 Be^{+} 离子的熔融混合物在外观上和原来的 Be^{2+} 盐熔融物很相似，但是加水后会放出 H_2，证明有 Be^{+} 离子存在。气相的 BeCl 也可由下面的反应获得：

$$BeCl_2(\text{气}) + Be(\text{液}) \rightleftharpoons 2BeCl(\text{气})$$

在 1300℃和 1450℃之间，反应的自由能变化为正值：

$$\Delta G = [372\,794 - 164.8T(K)]J;$$

$$\Delta H^0_{f,298}(BeCl_g) = 15.5 \pm 15.9kJ/mol$$

$$\text{和} \quad S^0(BeCl_g) = 221.8J/deg \cdot mol。$$

碱土金属的气相化合物 MX 也经证明是存在的，其中 M 为碱土金属，X 为卤素。它们的键能大都已被准确测定过，表 5.57 中列出了所有 MX 的键能，并与相应碱金属卤化物的键能(列于括号内)作对比。

表 5.57 碱土金属与卤素在 MX 中的键能(kJ/mol)

MgF 441.4(477)	CaF 523(498)	SrF 525.5(485)	BaF 565(502)
MgCl 343(407.9)	CaCl 339(422)	SrCl (422)	BaCl 485(444)
MgBr 314(362.8)	CaBr (381)	SrBr (422)	BaBr (378.2)
MgI 284(304)	CaI 293(322)	SrI (322)	BaI (343)

由于实验困难较大，碱土金属在它们熔融卤化物中的溶液比碱金属的相应体系研究得较少，与碱金属的情况一样，M 在 MCl_2 中的溶解度随碱土金属的原子序数增加而递增：

$Mg\text{-}MgCl_2 < 0.5$，$Ca\text{-}CaCl_2$ 2.7，$Sr\text{-}SrCl_2$ 5.5，$Ba\text{-}BaCl_2$ 20mol%。

$Sr\text{-}SrCl_2$ 体系的比电导随浓度成直线增大。$Ca\text{-}CaCl_2$ 体系与 Na-NaCl 体系相似，比电导随浓度增加而减小。Na-NaCl 体系中这种行为归之于 Na_2^{+} 离子的生成，因此在 $Ca\text{-}CaCl_2$ 体系中也可能生成 Ca_2^{2+} 离子。

5.8 镭的特殊性能

镭和镭化物的化学性质与钡和钡化物非常相似，已在前面各节与其他碱土金属同时叙述过。这里要特别指出的是它的放射性，也就是金属镭和镭盐都会不断发出热、光和各种射线。每个镭原子 Ra^{226}，无论是单质或化合态，放出一个 α 粒子，同时自己变成另一个元素氡 Rn^{222}。氡原子很快又放出一个 α 粒子，变成 RaA 原子，是钋 Po 的同位素，当第三个 α 粒子射出时，RaA 又变成 RaB，是铅 Pb^{214} 的同位素。以后又分别射出 β 粒子和 α 粒子等，最后成为铅的稳定同位素。在射出 α 粒子或 β 粒子的同时，往往伴随着放出 γ 射线。

放射性的特点是，放射强度与化合态无关，只与放射元素如 Ra 的含量成正比。由于放射性能量很大，比同样重量的碳原子燃烧时释出的能量约大百万倍，因此放射性既不可逆，放射强度又不随温度而改变。如把镭的样品放在液态空气这样低的温度或放在高温炉内加热，放射速率并不改变。

镭和其他放射性元素一样，它逐渐消失的规律是，在一定时期内一半量消失变成氡，又在同样长时期内消失未衰变的一半，剩下的 $\frac{1}{4}$ 以同样速率消失下去。因此不同的放射性元素有各自的半衰期，有的非常长，可达几亿年，如铀的一种同位素的半衰期为 4.6×10^{9} 年，有的半衰期非常短，如 ThC'的半衰期只有几亿分之一秒。镭的半衰期为 1.6×10^{3} 年。

参 考 文 献

[1] J. C. Bailar et al. , ed. ,"Comprehensive Inorganic Chemistry", Vol. 1(1973).

[2] Friedhelm Korte,"Methodicum Chimicum" Vol. 7, Main Group Elements and Their Compounds, (b) pp. 101—111(1977).

[3] A Specialist Periodieal Report,"Organometallic Chemistry", Vol. 1(1972); Vol. 3(1975); Vol. 4 and Vol. 5(1976).

6. 硼

6.1 前　　言

硼(B)是周期系 IIIA 族的第一个元素，原子序数为 5，原子结构为 $1s^2 2s^2 2p^1$，原子量为 10.81。天然硼由两种稳定同位素 $^{10}_{5}B$(质量为 10.0129$a.u.$)和 $^{11}_{5}B$(质量为 11.00931$a.u$)组成，它们的相对丰度分别为 19.78%和 80.22%[1]。

硼的第一电离能为 800.5kJ/mol(8.296eV)，第二、三、四、五电离能分别为 2426.5kJ/mol (25.149eV)、3658.7kJ/mol (37.920eV)、25018.1kJ/mol (259.298eV)和 32816.8kJ/mol(340.127eV)[4]。硼的电子亲和能为 31.8kJ/mol (0.33eV)[2]；电负性为 2.01(Allred 标度)[3]。

从几种单质硼晶体中最短的 B-B 键键长来看[4]，硼原子的共价半径为 0.80—0.855Å。B^{3+} 离子的有效半径为 0.10Å(配位数 3)、0.11Å(配位数 4)和 0.27Å(配位数 6)[5]。

硼具有较强的形成共价键的倾向，主要呈现非金属性。从单质和化合物的性质来看，硼同硅很相似，是周期系中“对角线相似”的主要实例之一。

硼原子的价电子层结构是 $2s^2 2p^1$，但它的主要氧化态不是＋1 而是＋3，这是因为它额外形成两个共价单键所释放出来的能量超过了将 s^2p^1 状态激发到 $s^1p_x^1p_y^1$ 状态所需的能量。为了增强成键能力，硼原子的一个 s 轨道和两个 p 轨道杂化形成三个 sp^2 杂化轨道(在同一平面上互成 120°角)而与其他原子成键。

在硼的＋3 氧化态化合物中，共价态硼原子的外电子层为 $2s^2 2p_x^2 2p_y^2 2p_z^0$，比稀有气体 Ne 原子的结构少一对电子，出现一个空轨道。因此，这种化合物叫做“缺电子化合物”。这类化合物有很强的接受电子对的能力，表现为很容易形成聚合型分子或稳定的配位化合物，并且是一类路易斯酸。

硼砂是人类最早利用的含硼化合物。早在公元前 2000 年，硼砂就已被人们用来处理和焊接黄金了。在古埃及和古罗马时期用它来制造硬质玻璃。到公元 300 年时，已有由硼砂制成的珐琅质。9 世纪末在阿拉伯炼金术士的手稿中采用 baurach 这个词来称呼硼砂。在 18 世纪以前我国西藏盐湖的硼砂，通过印度转销曾控制了国际市场，直到美国发现了盐湖硼砂之后，西藏硼砂才失去了市场。人们对硼砂进行真正的化学研究大约始于 18 世纪初，并在那时制备了硼酸。1808 年人们用金属钾还原硼酸第一次制备了不纯的单质硼。1812 年通过氨和三氟化硼作用制备了历史上第一个配位化合物。1909 年有人通过单质区域熔融提纯第一次得到了高纯度单质硼，在电弧温度下用氢还原三氯化硼也制得了高纯硼。1912 年硼和氢的二元化合物问世，从此开辟了一个新的共价化学领域[4]。

由于硼原子具有很强的成键本领以及单质硼和硼化合物具有复杂多变的结构，所以硼化学的发展和结构化学的发展有着密切联系。近 30 年来，随着结构化学在理论和实验技术上的不断发展，使硼化学也得到了迅猛的发展；而硼化学的发展又向价键理论提出了新挑战，促使共价键理论也获得了新进展（例如多中心键理论的建立等）。此外，单质硼和硼化合物有许多重要用途，因而硼化学在无机化学发展中占有独特的地位。从发展来看，硼化学有可能与碳化学媲美，形成另一个独立的化学领域，给人们提供丰富多彩的研究课题和物质来源而造福于人类。

参 考 文 献

[1] R. C Weast (ed.),"Handbook of Chemistry and Physics", 55th ed. ,CRC Press(1974——1975).

[2] J. A . Dean(ed.),"Lange's Handbook of Chemistry",11th ed. ,McGraw-Hill(1973).

[3] F. A. Cotton,G. Willkinson,"Advanced Inorganic Chemistry",3rd ed. ,Interscience(1972).

[4] N. N. Greenwood, 11. Boron tn "Comprehensive Inorganic Chemistry", Vol. 1, Eds. J. C. Bailar, H. J. Emeleus, R. Nyholm, A. F. Trotman-Dickenson,Pergamon (1973).

[5] H. A. Shannon,*Acta Cryst.*, A32(5), 751(1976).

6.2 硼的存在及单质

2.1 硼在自然界的存在[1,2]

硼是自然界中分布较广的元素，作为痕量元素它存在于土壤中；海水里含硼量约为几个 ppm；据估计，地壳中的硼含量约为 10ppm。

硼在自然界主要以含氧化合物形式存在，如硼酸、各种硼酸盐和硼硅酸盐、硼酸在火山区分布较广，常常含于某些温泉中。在自然界存在的各种硼酸盐和硼硅酸盐中，人们最为熟悉的是硼砂（$Na_2B_4O_7 \cdot 10H_2O$ 或 $Na_2B_4O_5(OH)_4 \cdot 8H_2O$），它是一种重要的硼矿。其他如：方硼矿（$Mg_5B_{14}O_{26} \cdot MgCl_2$）、纤维硼镁石（$Mg(BO_2)OH$）、硼钠钙石（$NaCa(B_5O_9) \cdot 8H_2O$）、斜方硼砂（$Na_2B_4O_7 \cdot 4H_2O$）和硬硼钙石（$CaB_6O_{11} \cdot 5H_2O$）等也是较为重要的硼矿。另外，还有以氟硼酸盐形式存在的硼矿如(K、Cs)BF 和 $NaBF_4$，但很少见。

2.2 单质硼的制备[2,3]

单质硼最普通的制备方法是用镁在高温下还原氧化硼：

$$B_2O_3 + 3Mg \longrightarrow 3MgO + 2B$$

用氢氧化钠、盐酸和氢氟酸仔细处理反应产物后，可以制得纯度为 95%—98%的棕色无定形硼。

在 350℃以上，通过钠（或钾）与卤化硼（或氟硼酸盐）反应：

$$3Na + BX_3 \longrightarrow 3NaX + B$$

$$3K + KBF_4 \longrightarrow 4KF + B$$

也可制得纯度为 98%的无定形硼。总之，用金属（Li、Na、K、Be、Mg、Ca、Al、Fe、Zn 和 Hg）甚至非金属（C、Si 和 P），在高温下还原氧化硼、硼酸、硼砂、卤化硼或氟硼酸盐，都可制得不同纯度的无定形硼。

在 850—900℃下通过锌与三氯化硼蒸气反应：

$$3Zn + 2BCl_3 \longrightarrow 3ZnCl_2 + 2B$$

可以制得大晶体的硼（纯度约 96%）。

用金属或石墨电极，电解熔融的硼酸盐或氟硼酸盐或 KBF_4-KCl 熔体（可以不断增添 B_2O_3）或 KBF_4-KCl-NaCl 熔体或 KBF_4-KF-KCl 熔体，都能够制得不同纯度的无定形硼。不过，电解产生的硼并不是在电极上直接生成的，而是通过电解析出的活泼金属与硼酸盐或氟硼酸盐反应产生的。用蒙铜(一种镍、铜、铁、锰的合金)作阳极，致密石墨作阴极，电解 KBF_4-KF-KCl 熔体所产生的硼，经洗涤后其纯度一般为 94%—96%。如果电解条件选择得好，仅用钾盐不用钠盐，硼的纯度可达 99.5%。

将三氯化硼和氢的混合气体，通过 1000℃以上的高温钨丝(或钽丝)，可以形成较高纯度(99.9%以上)的硼。为了便于操作和容易还原，可以用三溴化硼代替三氯化硼：

$$2BBr_3 + 3H_2 \longrightarrow 2B + 6HBr$$

一般来说，在温度低于 1000℃时只能形成无定形硼；温度在 1000℃左右时以生成 α-菱形硼晶体为主；在 1100—1200℃时以 β-菱形硼晶体为主；在 1150—1300℃时以四方硼-I 晶体为主；在 1280—1500℃时以四方硼-III 晶体为主。由于其他因素：气体的组成、流速、热丝材料的性质和温度梯度，都会影响到晶形，因此产物常常是几种同素异形体的混合物。

在 800—1000℃的钽丝上热分解三碘化硼，可制取纯度高于 99.95%的 α-菱形硼。在钨丝或氮化硼表面上同样也可以进行这种热分解[4]。热分解硼的氢化物或在 800—1200℃下使单质硼在硼-铂熔体内结晶，也能得到 α-菱形硼[4]。在 1100—1300℃的钨丝或钽丝上热分解三溴化硼，还可能制得一种混有其他变体的四方硼-II 晶体。

总之，金属热还原法只能制得纯度不高的无定形硼；电解法也只能制取纯度不高的无定形硼，但比较便宜；而热丝法和热解法则是目前制备较高纯晶态硼的常用方法。

为了得到高纯硼，可用真空熔炼和区域熔融等方法提纯单质硼，但这时要十分注意选择坩埚材料。因为在温度高于 1500℃时，单质硼是很活泼的。

2.3　单质硼的结构和性质

2.3.1　单质硼的结构[2,3]

单质硼有好几种同素异形体，除无定形硼外，据目前所知，就有六种晶状变体：α-菱形硼、β-菱形硼、四方硼-I、四方硼-II、四方硼-III 和六方硼。这些变体都是由硼原子构成的二十面体或二十面体碎片，以不同方式结合而成。因此，在晶状硼中硼原子的二十面体是一种重要的结构单元(图 6.1)。在每个二十面体中，12 个硼原子占据在角顶上，这个二十面体有 20 个等边三角形面和 30 条棱边；这个多面体有 6 个五重旋转对称轴(即两个相对的角顶连线)、10 个三重旋转轴(即两个相对的三角形中心连线)、15 个二重轴(即两条相对棱边的中点连线)。就是说,在每个二十面体中共有 31 个旋转对称轴。另外,它还有 15 个通过两条相对棱边中点的镜面。

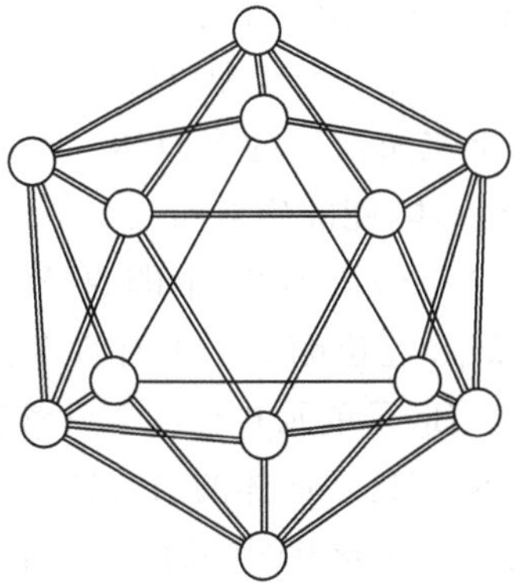

图 6.1 二十面体

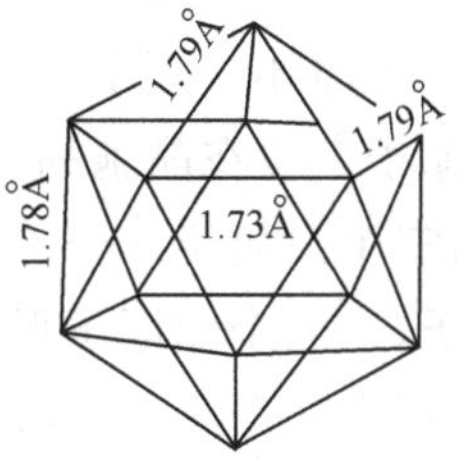

图 6.2 α-菱形硼中的二十面体

α-菱形硼是晶状硼的最常见变体,在这种变体中大体上规则的 B_{12} 二十面体形成稍有变形的立方密堆积。在每个二十面体内部,相邻硼原子之间的键长分别为 1.73Å、1.78Å 和 1.79Å(图 6.2),平均值是 1.77Å。二十面体的排列可把二十面体点阵划分成六方晶胞($a_0=4.908$Å,$c_0=12.567$Å)来描述。晶胞的底面(图 6.3 中的虚线)由图 6.1 中用 e 和 $\bar{e}$ 标记的硼原子组成,每个二十面体的六个 $e(\bar{e})$ 硼原子和六个相邻二十面体的 $e(\bar{e})$ 硼原子分别通过

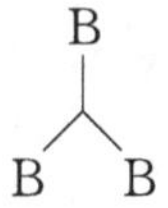

三中心键(图 6.3 中的点线,键长 2.025Å)连结,用 1 标记的三中心键的轨道重叠中心低于用 2 标记的重叠中心。这种由三中心键连结而成的二十面体层,一层层地重叠起来,相邻两层之间的 B_{12} 二十面体由图 6.1 中用 r 和 $\bar{r}$ 标记的硼原子分别通过正规的 B—B 二中心键(键长 1.71Å)连结,这种二中心键在每个 B_{12} 二十面体的上面和下面各有三个(图 6.3 中没有表示出来)。

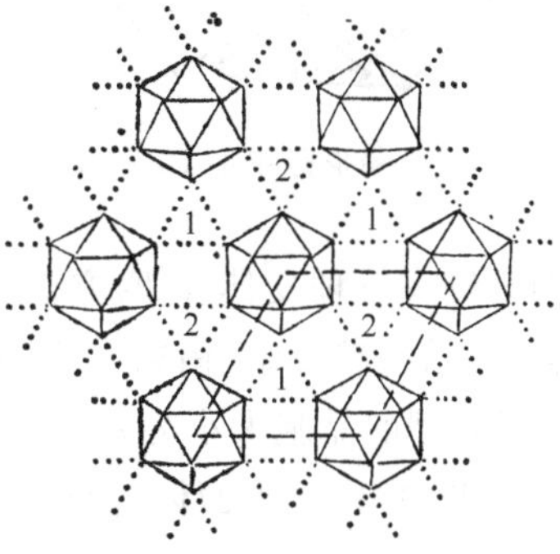

图 6.3 α-菱形硼晶格底面上 B_{12} 二十面体的密堆积排列(点线表示三中心键,虚线表示六方晶胞底面)

β-菱形硼是一种结构较复杂的变体,它的点阵和 α-菱形硼属同一空间群,但晶格常数为 $a_0=10.145$Å,$\alpha=65.28°$,每个晶胞含 105 个硼原子,有 $B_{84}+2B_{10}+B$ 的复杂排列。其中的 B_{84} 单元(图 6.4)以自己的三个准五重轴,沿菱形晶胞轴取向,

形成菱形晶胞的骨架。这种连接方式使相邻 B_{84} 单元各以一个“半二十面体”准确地对合而成完整的二十面体。在晶胞的三重轴周围还留下六个空穴，这些空穴由不在三重轴上的六个 B_{84} 单元上的六个“半二十面体”包围而成。填满这六个空穴需要两个图 6.5 所示的 B_{10} 子单元。每个子单元都有一个 9 配位的硼原子，九个 8 配位的硼原子，它们形成有 3 个五角形面和 5 个三角形面的多面体。这些五角形面连同 9 配位的硼原子组成三个密集的半二十面体，能准确地和三个空穴对合，形成三个完整的二十面体。两个 B_{10} 子单元使每个晶胞增加 20 个硼原子。B_{10} 子单元的 9 配位硼原子定位在晶胞的三重轴上，它的 8 配位硼原子中有六个为两个二十面体共有，另三个只属于一个二十面体。两个 B_{10} 子单元共有六个只属于一个二十面体的硼原子，这六个硼原子形成一个八面体，在这八面体的中心还有一个硼原子，它是晶胞的第 105 个原子，也是最后一个原子。β-菱形硼中的 B_{84} 单元内的 B-B 键长比 α-菱形硼中的 B_{12} 单元内的 B-B 键长有所增加，平均为 1.83Å。β-菱形硼是一种在相当宽的温度范围内热力学较稳定的变体，当熔融的硼结晶时，一般总是得到这种变体。

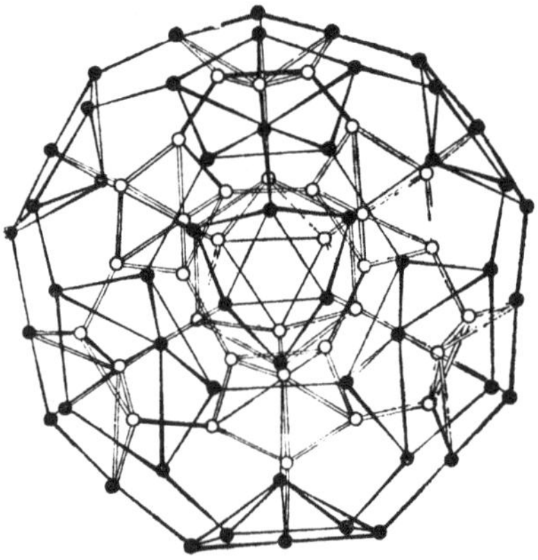

图 6.4　β-菱形硼中的 B_{84} 单元

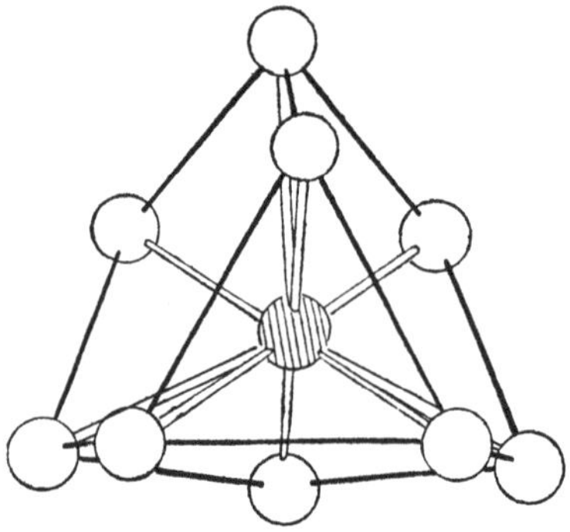

图 6.5　β-菱形硼中的二十面体子单元 B_{10}

四方硼有三种变体：α-四方硼（或四方硼-I）、四方硼-II 和四方硼-III。后两者发现较晚，结构较复杂，尚未有详细的说明。在此仅就 α-四方硼的结构略作介绍。

α-四方硼的晶胞大小为 $a_0=8.75$Å，$c_0=5.06$Å，含 50 个硼原子。结构单元也是稍有变形的 B_{12} 二十面体，但比 α-菱形硼中的二十面体略大，B-B 键长为 1.75—1.85Å，平均值是 1.805±0.015Å。每个晶胞含四个这样的二十面体单元和两个单个的硼原子。每个二十面体的 12 个硼原子通过 12 个向外的键与别的硼原子相结合。其中，10 个硼原子直接与其他二十面体中的硼原子结合，B-B 键平均键长为 1.68±0.03Å；另 2 个硼原子则分别通过单个硼原子与其他二十面体结合，每个单个硼原子形成四个同样的 B-B 键(键长为 1.60Å),如图 6.6 所示。

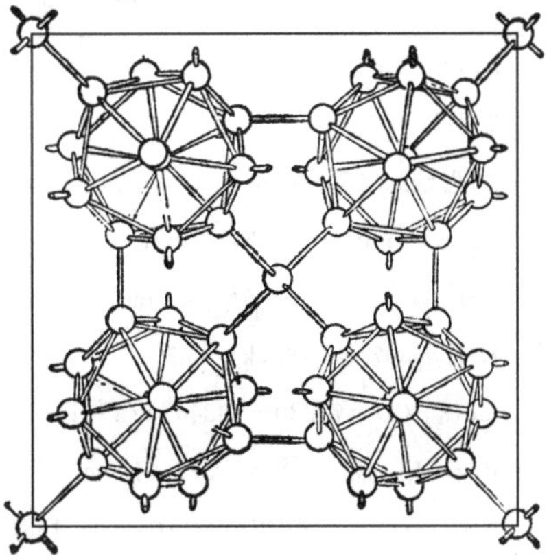

图 6.6 α-四方硼晶格中四个 B_{12} 二十面体的排布(沿 c 轴方向投影)

六方硼的结构尚未见详细报道,不过它的晶胞大小已有数据,现将它随同其他硼变体的晶胞常数汇列在表 6.1 中,供参考。

表 6.1 六种硼变体的晶胞常数

变体	a_0(Å)	c_0(Å)	α	单元晶胞的原子数
α-菱形硼	5.057	—	58.06°	12
六方晶胞	4.908	12.567	—	36
β-菱形硼	10.145	—	65.28°	105
六方晶胞	10.96	23.78	—	324
四方硼-I	8.75	5.06	—	50
四方硼-II	8.57	8.13	—	约 78
四方硼-III	10.12	14.14	—	约 192
六方硼	8.932	9.8	—	约 90

2.3.2 单质硼的物理性质[2,3]

单质硼是高熔点、高沸点和难挥发(在 2187K 时,蒸气压为 5.1×10^{-2} Pa;在 2410K 时,约为 1.3Pa)的固体。它的一些热力学性质汇列在表 6.2 中[2]。

表 6.2　单质硼的一些热力学性质

性　质	数　据
熔点	2450±20K
沸点	3931K
熔化热	ΔH_m^O=22.55kJ/mol
升华热	$\Delta H_{s,0}^O$=550.6±16.74kJ/mol
	$\Delta H_{s,298.15}^O$=555.6±16.7kJ/mol
气化热	ΔH_v^O=507.5±16.7kJ/mol
蒸气压	$\log P_{atm}$(s)=7.239−28840/T(1781−2152K)
热焓函数	B(g),$H_{298.15}-H_0^O$=6,323.7J/mol(计算)
自由能函数	B(g),$-G_{298.15}-H_0^O$/298.16=132.168J/deg · mol(计算)
热膨胀系数(α)	单晶　　多晶
	5.0×10^{-6}/℃　4.8×10^{-6}/℃　(25−300℃)
	6.2×10^{-6}/℃　6.4×10^{-6}/℃　(300−800℃)
	6.9×10^{-6}/℃　7.0×10^{-6}/℃　(800−1050℃)
热导	3W/cm deg(最大值)
	0.6W/cm deg(300K)
熵	
晶态(β-菱形)	$S_{298.15}^O$=5.870±0.4J/deg · mol
液态	$S_{298.15}^O$=14.782J/deg · mol
气态	$S_{298.15}^O$=153.339J/deg · mol
无定形	$S_{298.15}^O$=6.544J/deg · mol
热容	
晶态(β-菱形)	$C_{p,298.15}$=11.088J/deg · mol
无定形	$C_{p,298.15}$=11.958J/deg · mol
转化热	(无定形→晶体) 5.0kJ/mol

无定形硼和β-菱形硼的密度是相同的,都比α-菱形硼和高压变体的密度约小5%。硼丝(纤维)具有相当大的抗张强度和挠曲强度,对于应力是完全弹性的。单质硼脆而坚硬,以 Mohs 硬度计(15 分制标度)它的硬度为 11,仅次于 B_4C(硬度为 12)、立方 BN(硬度为 14)和金刚石(硬度为 15)。现将单质硼的一些力学性质,择要汇列在表 6.3 中[2]。

表 6.3 单质硼的一些力学性质

性 质	数 据
密度	
无定形	2.350±0.005 g/cm^3(室温)
β-菱形硼(99.5%)	2.35 g/cm^3(25℃)
α-菱形硼	2.45－2.46 g/cm^3(22.6℃)
高压变体	2.46－2.52 g/cm^3
液体	2.08 g/cm^3(在熔点以上 50℃时)
抗张强度(抛光的丝)	3447.5－4826.5×10^2 N/cm(室温)
挠曲强度(丝)	约 1379×10^3 N/cm^2(室温)
压缩强度	5171.25×10 N/cm^2(有 B_2O_3 粘结剂)
Young's 模量	4826.5×10^4 N/cm^2(室温)
最大内聚强度(计算)	2689.05×10^3 N/cm^3
Mohs 硬度(15 分制标度)	11
线性压缩系数	1.8×10^{-7}(30℃)
体积压缩系数	3.0－5.5×10^{-7}(20－30℃)
表面张力	(1060±50)×10^{-7}N/cm(在熔点以上 50℃时)
	(1008±50)×10^{-7}N/cm(在熔点时)
粘度	41－106×10^{-3}kg/m·sec(2035－2077℃)

单质硼具有很高的电阻系数，痕量杂质对它的电学性质影响特别灵敏；最纯的晶体往往是 p-型半导体。现将单质硼的一些电学性质汇列在表 6.4 中[2]。

单质硼的光学性质与它的结构和所含的杂质有密切关系。α-菱形硼和四方硼可以透过黄色到红色范围的可见光，而 β-菱形硼可以透过 0.9－8μ 波长范围的红外线，并在 3－4μ 处有最大的透射率，在 0.8μ 处有一个吸收限。β-菱形硼单晶对 0.41－0.65μ 波长的光，折射率 n＝3.29－3.40。β-菱形硼对 8.8－3.1μ 波长的光，反射率从 20±1%增至 29±4%。α-菱形硼和 β-菱形硼对光的吸收系数是各向异性的，它们都是二向色性的晶体[2]。

表 6.4 单质硼的一些电学性质

性 质	数 据
电阻系数	
α-四方硼	10^6 Ohm cm(25℃)
β-菱形硼	7×10^{12}－4×10^{13} Ohm cm(－180℃)
	1.5×10^6－6.6×10^6 Ohm cm(室温)

续表

性　　质	数　　据
多晶	10^6 Ohm cm (20℃)
	10^3 Ohm cm(175℃)
	10 Ohm cm(400℃)
能带隙(激活能,内禀区,>200℃)	
热的	$\Delta E_g=1.26-1.52$ eV
光的	$\Delta E_g=1.32-1.60$ eV
Hall 效应	$\Delta E_g=1.38$ eV
电导率是 T 的函数(−70−700℃)	$\sigma_T=\sigma_{1\exp}(-\Delta E_g/2kT)+\sigma_{2\exp}(-\Delta E_s/2kT)$
	(ΔE_g=激活能(内禀区)=1.39 eV ΔE_s=激活能(外赋区)=0.42eV)
温差电势率,Q	
β-菱形硼区域熔炼的	Q 从 630μV/℃降到 330μV/℃(180−620℃)
β-菱形硼	Q 从 630μV/℃降到 370μV/℃(300−700℃)
β-菱形或 α-四方硼多晶	Q 从 150μV/℃降到 660μV/℃(室温−300℃)[1)]
β-菱形硼单晶	Q_{max}=760μV/℃(100℃)
介电常数	
β-菱形硼(区域熔炼)	9.3(估计值)
β-菱形硼	10.5−11.5(0.4−0.65μ)
β-菱形硼单晶	9.3(1.3eV);10.5(1.5eV);11,63(最大 2.60eV)
Hall 常数,R_H	
	$R_H=2\times10^{10}$ cm³/coulomb(室温)
β-菱形硼	$=10^5-10^6$ cm³/coulomb(室温)
	$=0.1-10^2$ cm³/coulomb(300−600℃)
迁移率	
上限	$\mu\leq1.3\times10^{-1}$ cm²/V · sec(−70−+50℃)
	$\mu<1$ cm²/V · sec(室温)
	$\mu\approx1$ cm²/V · sec
	$\mu_s=6\times10^3$ cm²/V · sec(室温)
	$\mu_p=4\times10^3$ cm²/V · sec(室温)
	$\mu=0.4-3.1$ cm²/V · sec
载流子浓度	$n=2.4\times10^9$/cm³(室温)
	$p=1.5\times10^7$/cm³(室温)
	$\sim10^{13}$/cm³(室温)
	$10^{17}-10^{19}$/cm³(300−600℃)
空穴迁移率与电子迁移率之比	$C=M_h/M_e=2.7-2.9$(275℃)

1) 在 434.28atm 下。

2.3.3 单质硼的化学性质[2,3]

单质硼在常温下可与氟直接化合，而与氧的化合仅能发生在表面上。在300℃以下，硼对其他非金属是惰性的；但只要条件合适，它几乎可以与所有非金属(除碲外)反应。硼不能直接与氢和稀有气体反应。

粉末状无定形硼在20℃时就可自发地与氟反应，而与氯、溴、碘的反应则分别要在400℃、600℃、700℃时进行：

$$B+\frac{3}{2}X_2 \rightarrow BX_3(g)$$

粗大的晶体硼与卤素反应都要求有较高的温度。三卤化硼在25℃下的标准生成热 ΔH_f(kJ/mol)分别为[5]：

$BF_3(g)$：−1137.00；$BCl_3(g)$：−403.76；

$BBr_3(g)$：−205.64；$BI_3(g)$：71.13。

硼与氧大约在450℃时可以迅速发生反应，但因生成的 B_2O_3 覆盖层阻碍继续氧化，所以反应会逐渐停顿下来，而使氧化作用不完全。如果在较高温度下反应，则反应速度将受玻璃状 B_2O_3 液层的扩散作用控制。在1000℃以上反应，由于 B_2O_3 覆盖层蒸发而使反应得以不断进行。但对于块状硼来说，即使在1200℃时，它的抗氧化性仍可与一些难熔金属媲美。硼与氧起完全反应时的方程式为：

$$2B+\frac{3}{2}O_2 \rightarrow B_2O_3(C);\Delta H_f(298.15°)=-1272.77\text{kJ/mol}$$[5]

硼与硫在600℃时反应生成 B_2S_3；与硒反应要求温度高一些，生成 B_2Se_3。熔化的碲不与硼作用。当将摩尔比为12∶1的硼和硫的混合物迅速加热至1600−1700℃时，可生成 $B_{12}S$。

硼粉与氮在1050−1200℃下反应可生成BN：

$$B+\frac{1}{2}N_2 \rightarrow BN(C);\Delta H_f(298.15°)=-254.39\text{kJ/mol}$$

硼与磷要在1000℃时才能完全反应生成BP。硼与砷在800℃时加压能反应生成BAs。

硼在900℃以上可与金刚石反应；在1200−1250℃时可与碳纤维反应，生成 $B_{12}C_3$(或 B_4C)；在2000℃以上的高温下，硼与碳可形成一系列产物，但它们的性质尚未弄清。硼与硅在低于1370℃时反应生成 B_4Si，而在高于1370℃时反应则生成 B_6Si。在所有的反应中，晶体硼都要比无定形硼反应慢。

硼可与许多金属直接反应生成金属硼化物，但并不与锗反应。某些金属(如Rb、Cs；Cu、Ag、Au；Zn、Cd、Hg；Ga、In、Tl；Sn、Pb；Sb、Bi等)的硼化物有的虽有报道，但化学式尚来确定；有的则尚无报道。

硼可在高温下与许多氧化物反应，生成 B_2O_3 或它的衍生物。一般纯度的粉状硼可与沸水缓慢地反应，而在赤热下反应会变得很猛烈。在 830℃时将水蒸气通过硼时会生成 $B_3O_3H_3$ 和少量的 $B_3O_4H_3$。将硼和 B_2O_3 的粉状混合物在真空中加热到 900℃时没有反应；但到 1050℃即可发生反应，在反应器的冷阱处得到一种组成为 BO 的升华物，呈琥珀色玻璃状。将这种氧化物加热到高于 450℃时会发生歧化作用而又变成 $B+B_2O_3$。在 1000－2000℃时蒸气分子的组成为 B_2O_2。

粉末状的晶体硼可被浓 H_2O_2 或 30％H_2O_2 和浓 HNO_3 的混合溶液缓慢地氧化，但不能被 30％H_2O_2 和稀 HNO_3 的混合溶液侵蚀。在 1200℃时，硼可与 CO 反应；在暗赤热时，可以在 CO_2 中燃烧，都生成 B_2O_3 和 C。在赤热时，粉末状硼可与 N_2O 和 NO 反应，生成 B_2O_3 和 BN；并在同样条件下也能还原 P_2O_5、As_2O_3、As_2O_5 和 SO_2。

硼可以把许多金属（如 Cu、Sn、Pb、Sb、Bi、Fe 和 Co 等）氧化物还原成金属。硼与熔化的 Na_2O_2 反应可生成硼酸钠熔体。碱土金属氧化物一般不能被硼还原。在 1300℃的真空中，硼与 Al_2O_3 作用生成 AlO 和 BO；在 1800℃时与 ZrO_2 作用生成 Zr 和 BO；在 1400℃时与 MgO 作用生成 Mg 和 B_2O_2。

在水溶液里，即使是胶态硼也不会与非氧化性酸（如氢氟酸、盐酸和氢碘酸）起反应，可是 30 筛孔的 94％－98％硼却能在 300℃时与无水 HF 进行放热反应而生成 BF_3。硼与硝酸的反应情况，不仅取决于硼的纯度和表面积，而且也与硝酸的浓度和温度有关；实验证明，用热的 1∶1 硝酸与硼反应最为有效。热的浓 HNO_3 和王水可以从碳化硼中除去游离的硼。浓 H_2SO_4 和浓 HNO_3 2∶1 的混合酸是分析化学中用以溶解单质硼的最满意的试剂。热的浓 H_2SO_4 或硫酸和铬酸的混合酸都不能溶解硼。

晶状硼对沸热的浓 NaOH 溶液或 500℃左右的熔融 NaOH 有耐蚀性，但在 537℃时它会缓慢地熔解在熔融的 NaOH 中。在分析化学里，用熔融的 Na_2CO_3 或 Na_2CO_3-$NaNO_3$ 混合物来熔解硼，是由于在形成透明熔体时的温度已达 850－900℃，足以保证硼起完全反应。过硫酸铵水溶液对硼的作用很慢。单用焦硫酸钾或在其中加氧化剂都能完全熔解硼。高碘酸钾水溶液与硼反应则更为有效。

用氢稀释的硫化氢在 1500℃时可与硼反应生成 B_2S_3。在 850－900℃时用 H_2Se 来进行同样的反应，可生成 B_2Se_3。在高温下，使硼与 Sn、Pb、As 和 Sb 的硫化物反应，都可生成 B_2S_3。硼可以熔化在氮化硼中而不起反应。但是，在 1500－2000℃和 50000－90000 atm 时，硼可与 Li_3N 和 Mg_3N_2 反应生成立方 BN。硼在 1400－1700℃时可与 AlP 反应，生成 $B_{13}P_2$；在 300℃时，可与 CaH_2 反应生成 CaB_6；在室温下，可与 NO_2F 反应生成 NO_2BF_4 等。

总之，硼在化学性质上主要表现为非金属，但在晶态时呈现某些金属性。因此，人们常将它列为半金属或准金属元素。硼的化学活性与纯度、粉细度和反应条件有密切关系。高纯晶态硼是相当稳定的，而一般纯度的粉状无定形硼则比较活泼；高纯硼即使是粉细的也较稳定，但在高温或强氧化剂作用下，还是相当活泼的。

参 考 文 献

[1] W. A. Gale, Chapter 1 in "Boron, Matallo-Boron Compounds and Boranes", Ed. R. M. Adams, Interscience(1964).

[2] N. N. Greenwood, 11. Boron in "Comprehensive lnorganic Chemistry", Vol. 1, Eds. J. C. Bailar, H. J. Emeleus, R. Nyholm, A. F. Trotman-Dickenson, Pergamon(1973).

[3] A. E. Newkirk, Chapter 6 in "Boron, Matallo-Boron Compounds and Boranes", Ed. R. M. Adams, Interscience(1964).

[4] F. A. Cotton, G. Wilkinson, "Advanced lnorganic Chemistry", 3rd ed., Interscience(1972).

[5] J, A. Dean(ed.), "Lang's Handbook of Chemistry" 11th ed., McGraw-Hill(1973).

6.3 硼 化 物

3.1 引 言

硼化物一般是指硼与电负性比它小的元素化合而成的二元化合物。绝大多数的硼化物是硼与金属所形成的二元化合物。但有时人们把一些电负性比硼略大的非金属(如 P、As 等)与硼形成的二元化合物也列入硼化物。另外,还有人把一些含硼的三元物相,例如 $Cr_{23}(C,B)_6$ 和 $(Fe,Ni)_{23}B_6$ 等也称为硼化物。本章主要讨论二元金属硼化物。

在二元金属硼化物中,只有极少数是按组分元素的正常氧化态互相化合的。例如 Ti_3B_4 可认为是氧化态为+4 的钛与氧化态为−3 的硼形成的化合物;FeB 可认为是氧化态为+3 的铁与氧化态为−3 的硼形成的化合物。而其余大多数金属硼化物的组成都是无法用正常氧化态来说明的,例如 LiB_4、CaB_6、AlB_{12}、V_2B、Cr_4B 和 Mn_4B 等等。现将目前确知的二元金属硼化物按周期表汇列在表 6.5 中[1]。

从组成来看,二元金属硼化物约有二十四种型式。其中有六种型式(M_2B、MB、MB_2、MB_4、MB_6 和 MB_{12})较为常见,数量超过 70%。其中以 MB_2 型最为普遍,很多金属都能形成这种硼化物。此外,还有许多不定组成的非整比物相也是已知的。

根据晶格中金属原子与硼原子的比例不同,文献上常常将金属原子相对比较多的硼化物,例如 M_3B、M_7B_3、M_2B、M_3B_2 甚至 MB 和 M_3B_4 等型式的硼化物,叫做富金属的硼化物;硼原子显著多的硼化物叫做富硼的硼化物。周期系 VB—VIII 族的过渡金属多形成富金属的硼化物;而那些电正性较大的金属,如碱金属、碱土金属、IIIB 族和 IVB 族的过渡金属、镧系和锕系金属,则主要形成富硼的硼化物。

人们对二元金属硼化物的认识,也有一个逐步深入的过程。例如:过去曾被广泛用来制备低级硼烷的“Mg_3B_2”,人们到 1959 年才知道它原来是一种复杂的镁在 MgB_2 中的固溶体;碱金属硼化物是在 1963 年才制备出来的;早先报道的 CrB_6 到 1968 年才知道是 CrB_4;ThB_{18} 和 ThB_{66} 也是到了 1968 年才被制备出来;Np 和 Am 等超铀元素的硼化物,只是在 1969 年之后才逐步制备出来;那些组成很特殊的硼化物如 AlB_{10} 和 YB_{66},是在 1967 年和 1969 年通过 X 射线衍射分析之后才被确定的等等[1]。据报道,1977 年人们通过在惰性气体或真空中熔融锂和硼两种单质的混合物,制得了四方晶的 LiB[2]。总之,二元金属硼化物迄今仍是一个正在发展中的领域。

在此也简述一下与二元金属硼化物相类似的三元物相金属硼化物。这类金属硼化物目前已经知道得很多，有些甚至二元硼化物尚未确知，而同类的三元物相却已经制备出来了。例如：已经稳定地制得了 $Cr_{23}(C,B)_6$，并且知道它具有 $Cr_{23}C_6$ 结构，可是至今 $Cr_{23}B_6$ 还没有合成出来；同样，$(Fe,Ni)_{23}B_6$ 和 $(Fe,Re)_{23}B_6$ 都已制得，但它们的母体 $Fe_{23}B_6$ 却尚未制备出来；又如 $Fe_3(B,C)$ 和 $(Fe,Ni)_3B$ 等已经制得，而 Fe_3B 还没有制备出来等等[1]。在这些三元物相中，只要在合成时调节括号内两种元素的相对量，便可出现各种组成的化合物，在此原子的大小和可利用的电子数是决定因素。不久前，人们在一种充氩气的钢弹中，将单质放在钽坩埚里加热，又分别制得了三种纯的三元金属硼化物：Li_2RhB_2、LiPdB 和 $Li_{1.63}IrB_2$[3]。

3.2 金属硼化物的制备[1]

制备金属硼化物大约有如下十种方法：

(1) 单质的直接化合

这是一种制取少量硼化物供研究之用的方法：例如：

$$Cr+nB \xrightarrow{1150℃} CrB_n$$

产品的纯度主要取决于金属，因为单质硼中的杂质往往是挥发性的。当然还要防止坩埚材料对产品的污染。用金属氢化物与单质硼作用制备金属硼化物的方法，也可包括在这种方法中：

$$MH_{2x}+nB \rightarrow MB_n+xH_2$$

(2) 用单质硼还原金属氧化物

用单质硼热还原金属氧化物可以制备很纯的硼化物，因为在反应中氧能通过与硼形成挥发性氧化物而被除去，但很浪费单质硼。例如：

$$Sc_2O_3+7B \xrightarrow{1800℃} 2ScB_2+3BO$$

前两年，人们在真空中的 ZrB_2 容器内用单质硼（过量 3%－7%）热还原稀土氧化物制得了立方十二硼化物 MB_{12}（M＝Y、Tb、Dy、Ho、Er、Tm、Yb、Lu）[4]。

(3) 用氢气还原卤化硼和金属卤化物的混合物

在氢气中，使卤化硼和挥发性金属卤化物的混合物在金属丝上进行热解反应，可以制备少量很纯的金属硼化物。例如：

$$2TiCl_4+4BCl_3+10H_2 \xrightarrow{1300℃} 2TiB_2+20HCl$$

但是，这种方法不能制备铌、钽、钼和钨的硼化物，因为在低于形成这些金属硼化物所需温度下就会沉积出金属单质。用硼烷还原金属的挥发性化合物来制备金属硼化物，也属于这种方法。

表 6.5 确知的二

(括号内的化合物

LiB_4 (LiB_6)	Be_3B Be_4B Be_2B BeB_2 BeB_6 BeB_{12}					
NaB_6	MgB_2 MgB_4 MgB_6 MgB_{12}					
KB_6	(CaB_2) CaB_4 CaB_6	ScB_2 ScB_4 ScB_6 ScB_{12}	(Ti_2B) TiB Ti_3B_4 TiB_2	V_2B V_3B_2 VB V_4B_4 V_2B_3 VB_2	Cr_4B Cr_2B Cr_5B_3 Cr_3B_2 CrB Cr_3B_4 CrB_2、CrB_4 (CrB_6)	Mn_4B Mn_2B MnB Mn_3B_4 Mn_3B_2 MnB_2 MnB_4
(RbB_6)	SrB_6	YB_2 YB_4 YB_6 YB_{12} YB_{66}	ZrB ZrB_2 ZrB_6 ZrB_{12}	(Nb_2B) Nb_3B_2 NbB Nb_3B_4 NbB_2	Mo_2B Mo_3B_2 MoB MoB_2 Mo_2B_5 MoB_4、MoB_{12}	Tc_3B Tc_7B_3 TcB Tc_3B_4 TcB_2
(CsB_6)	BaB_6	La_2B LaB_2 LaB_4 LaB_6 (LaB_{12})	HfB HfB_2	Ta_2B Ta_3B_2 TaB Ta_3B_4 TaB_2	W_2B WB WB_2 W_2B_5 WB_4 WB_{12}	(Re_4B) Re_3B Re_7B_3 (Re_3B_2)、ReB (Re_3B_4)、(Re_2B_3) ReB_2(Re_2B_5) ReB_3

CeB_4 CeB_6	PrB_4 PrB_6	NdB_4 NdB_6	Pm	SmB_4 SmB_6	EuB_4 EuB_6	GdB_2 GdB_4 GdB_6 GdB_{100}
ThB_4 ThB_6 ThB_{10} ThB_{66}	Pa	UB_2 UB_4 UB_{12}	NpB_2 NpB_4 NpB_6 NpB_{12}	(PuB) PuB_2、PuB_4 PuB_6、PuB_{12} PuB_{100}	AmB_4 AmB_6	Cm

元金属硼化物

是尚未肯定的)

					B		
					AlB_2 (AlB_4) AlB_{10} α-AlB_{12} β-AlB_{12} γ-AlB_{12}		
Fe_2B FeB	Co_3B Co_2B CoB	Ni_3B Ni_2B Ni_3B_2 Ni_4B_3 NiB (Ni_2B_3) NiB_2 NiB_{12}	(CuB_{22})	Zn	Ga	Ge	
Ru_7B_3 $Ru_{11}B_8$ $RuB_{1.1}$ Ru_2B_3 RuB_2 Ru_2B_5	Rh_7B_3 (Rh_2B) $RhB_{1.1}$ (RhB_2)	Pd_3B Pd_5B_2 (Pd_2B)	(AgB_2)	Cd	In	Sn	(BSb)
(OsB) OsB_2 Os_2B_5	$IrB_{1.1}$ (IrB_2)	Pt_3B Pt_2B Pt_3B_2 PtB	(AuB_2)	Hg	Tl	Ph	Bi

TbB_2 TbB_4 TbB_6 TbB_{12} $TbB_{\sim 70}$	DyB_2 DyB_4 DyB_6 DyB_{12}	HoB_2 HoB_4 HoB_6 HoB_{12} $HoB_{\sim 70}$	ErB_2 ErB_4 ErB_6 ErB_{12}	TmB_4 TmB_6 TmB_{12}	YbB_4 YbB_6 YbB_{12} $YbB_{\sim 70}$	LuB_2 LuB_4 LuB_6 LuB_{12}
Bk	Cf	Es	Fm	Md	No	Lr

(4) 用金属还原卤化硼

在高温下，某些金属可以还原卤化硼生成金属硼化物和金属卤化物。借挥发或浸溶以除去金属卤化物便可制得金属硼化物：

$$nBX_3 + (x+1)M \rightarrow MB_n + xMX3n/x$$

某些过渡金属如钼和钨，它们同卤化硼反应时并不生成金属卤化物，特别是在氢气中，只会生成金属硼化物、氯气和氯化氢，所以这种方法最适于制备这些金属的硼化物。例如：

$$BCl_3 + W + \frac{1}{2}H_2 \xrightarrow{1200℃} WB + Cl_2 + HCl$$

如果用金属氧化物代替金属，则产率很低，并且产品不纯。

(5) 电解熔盐

将三氧化二硼(或硼砂)和金属氧化物一起熔解在一种适当的熔盐如碱金属或碱土金属的卤化物或氟硼酸盐中，在700－1000℃下用石墨做阳极，石墨或钢做阴极进行电解，在熔盐中不断按比例添加原料以保持最佳的电解质浓度，在阴极上就会沉积出金属硼化物。

这种方法可以制备许多金属硼化物，有些已达到工业生产水平。但是有三个缺点：电流效率低、可能生成几个硼化物的物相以及产品难以从熔盐中纯净地分离出来。不过，碱土和稀土金属的六硼化物，铁、钴、镍、钼和钨的硼化物，用熔盐电解法来制备是比较好的。

(6) 用碳还原三氧化二硼和金属氧化物的混合物

在高温下，用碳还原三氧化二硼和金属氧化物的混合物，可以较大量地制备金属硼化物。例如：

$$V_2O_5 + B_2O_3 + 8C \xrightarrow{1500℃} 2VB + 8CO$$

但由于在高温下各种氧化物的挥发度不同，会引起化学组成上的变化，而且产品很可能被中间产生的硼或碳化硼和碳污染，因此这种方法不宜于小规模操作。用这种方法制备钛、锆、钒、铌和钽的二硼化物，CrB 和 VB，以及钼的低硼化物较为合适。

(7) 用碳化硼还原金属氧化物

碳化硼是一种最实用和经济的硼原料，它能与许多金属或金属氧化物反应。碳化硼是通过三氧化二硼在约1600℃高温下与碳反应来合成的，产量可按吨计。用碳化硼来制备金属硼化物时，原料用量可按碳化硼中的碳或三氧化二硼中的氧完全形成一氧化碳而被除去来计算。例如：

$$Eu_2O_3 + 3B_4C \xrightarrow{1600℃} 2EuB_6 + 3CO$$

$$7Ti + 3B_4C + B_2O_3 \xrightarrow{2000℃} 7TiB_2 + 3CO$$

为了确保碳或氧以一氧化碳形式完全除去，必要时可补充加入三氧化二硼或碳。这种方法可以大规模制备六硼化物、四硼化物和许多过渡金属的二硼化物。

(8) 用金属还原三氧化二硼和金属氧化物的混合物

用活泼金属如碱金属和钙作还原剂，还原三氧化二硼和金属氧化物的混合物，可以制备某些金属的硼化物。例如可以用熔融的钠来还原三氧化二硼和二氧化钛的混合物以制备 TiB_2。但是，用镁或铝作还原剂所得产物不能使人满意，因为产品很容易被难熔和不溶于酸的氧化物所污染，此外，有时还会生成三元硼化物如 $Mo_7Al_6B_7$。

用某种金属还原三氧化二硼制取这种金属的硼化物，也可包括在这种方法内。例如，早先人们通过镁还原三氧化二硼来制备 MgB_2(实际上是镁在 MgB_2 中的一种复杂固溶体)。

(9) 用金属与碳化硼反应

某些金属如锂与碳化硼反应也能生成金属硼化物如 LiB_4。但产品都会被游离的石墨所污染。

(10) 在水溶液中用硼氢化钠还原金属离子

例如，人们通过钴(II)盐在水溶液中与 $NaBH_4$ 反应制得了硼化钴[5]。这种沉淀硼化物是活性催化剂。

3.3 二元金属硼化物的结构和成键

3.3.1 结构[1][6]

在二元金属硼化物的晶体中，硼原子的空间排布是多种多样的。在许多富金属的硼化物晶体内存在着成单的硼原子，这些硼原子以不同的方式间充在金属晶格的孔隙里、随着晶格中硼原子的比例增大，硼原子将依次地形成原子对、“之”字形链、分支链、双链、平面网络和皱褶网络，以至最后形成硼原子的三维网络，现仅就以下几种硼化物的结构概述如下：

(1) 具有成单硼原子或硼原子对的结构

凡具有这种结构的硼化物，几乎都是金属原子比硼原子显著多的富金属硼化物。当硼原子和金属原子的半径比 r_B/r_M 超过 0.414，最有利于金属对硼取八面体配位。三角棱柱体配位的“理想”比率是 0.528，但实际观察到比率在 0.64 到 0.71 范围内通常采用这种几何配位。Re_3B(图 6.7)和 Co_3B、Ni_3B、Pd_3B 都形成三角棱柱体堆积。许多 M_2B(M＝Ta，Mo，W，Mn，Fe，Co，Ni)化合物和 Cr_5B_3 采用更复杂的 $CuAl_2$ 型金属原子堆积(图 6.8)。它的一种变体是 M_3B_2(M＝V，Nb，Ta)采用的 U_3Si_2 结构(图 6.9)。式为 M_7B_3(M＝Re，Ru，Rh，Tc)的硼化物也是金属原子和硼原子大体以密堆积方式组成的三角棱柱体间充物(图 6.10)。具有成单硼原子的其他结构类型还有 Be_2B 采用的反 CaF_2 结构和 PtB 采用的反-NiAs 结构。在采用 $CuAl_2$ 结构的硼化物里,各层内的金属原子比硼原子多两倍,所以它们的组成为 M_2B,如果在这种结构里减少一半硼原子,将形成 Mn_4B 的结构。

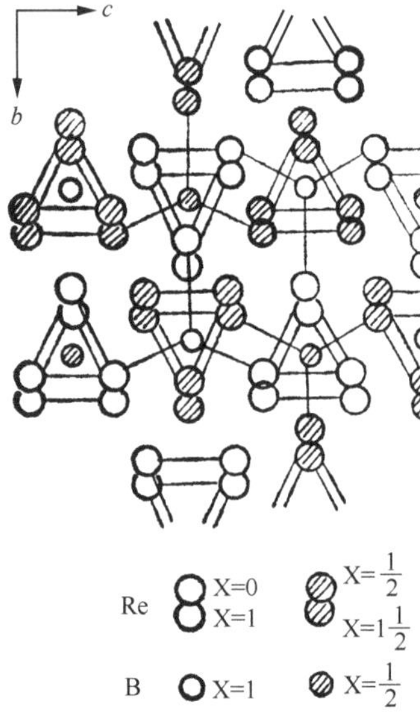

图 6.7　Re_3B 的晶体结构

(稍微倾斜于 a 轴的投影)

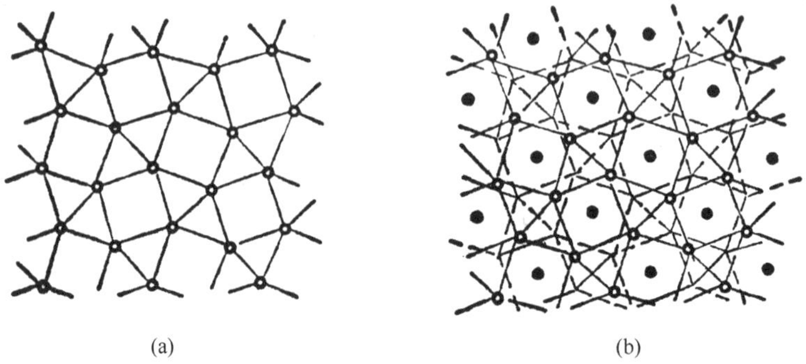

图 6.8　(a)金属原子的 A 层;(b)A 层和 $A_{\frac{1}{2}\frac{1}{2}}$ 层的叠合(底面上的投影)。在 $CuAl_2$ 结构中,金属原子层的叠合次序是 $A\text{-}A_{\frac{1}{2}\frac{1}{2}}\text{-}A\text{-}A_{\frac{1}{2}\frac{1}{2}}$;在 Cr_5B_3 结构中,金属原子的叠合次序是 $A\text{-}A\text{-}A_{\frac{1}{2}\frac{1}{2}}\text{-}A_{\frac{1}{2}\frac{1}{2}}$。硼原子处在正方反棱柱体的"孔穴"中

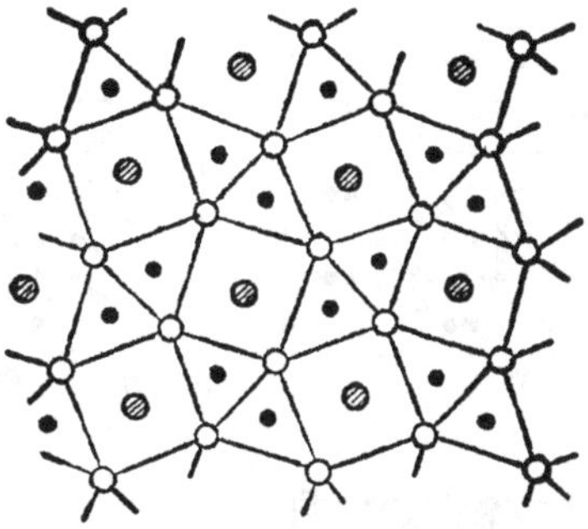

图 6.9　M_3B_2 的结构(金属原子底面 A 上的投影)○代表金属原子；●代表在三角棱柱体格点上的硼原子对；◎代表在立方体格点上的硼原子。

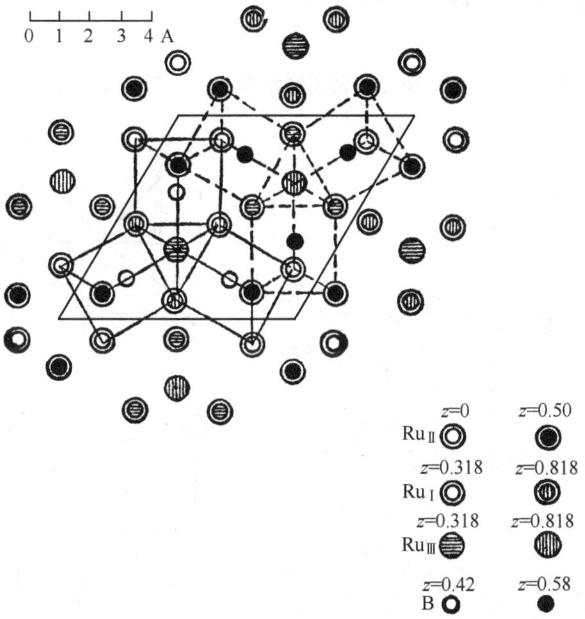

图 6.10　Ru_7B_3 的结构(底面上的投影)

(2) 具有硼链的结构

当硼原子相对于金属原子的比例增大时，就会开始形成硼原子对，在 Cr_5B_3 和 M_3B_2 结构中就已经可以看到这种倾向了。随着比例接近于 MB 时，就往往会形成斜方晶(FeB 或 CrB)或四方晶(MoB)结构。在这些结构中，金属原子堆积成三角棱柱体，硼原子的"之"字形链穿过各个棱柱体的一部分四边形面；而各个硼原子则被金属原子三角棱柱体所配位(图 6.11)。斜方或单斜 Ni_4B_3 的结构都是同样情况，只是堆积更复杂一些而已(图 6.12，图 6.13)。

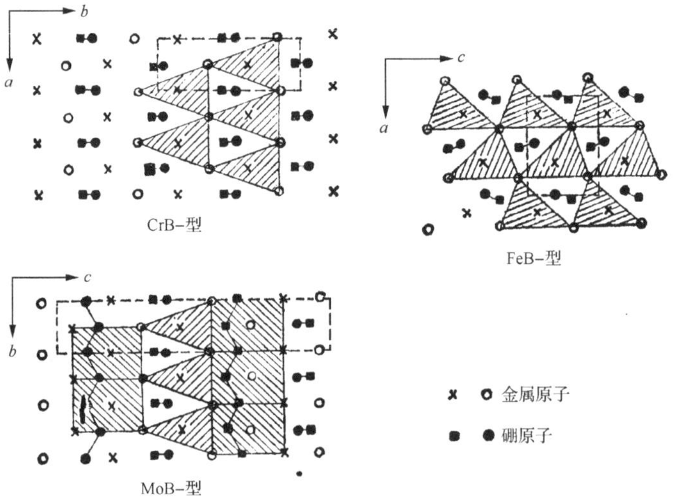

图 6.11　具有硼链的硼化物结构投影(○和×相距$\frac{1}{2}$层)

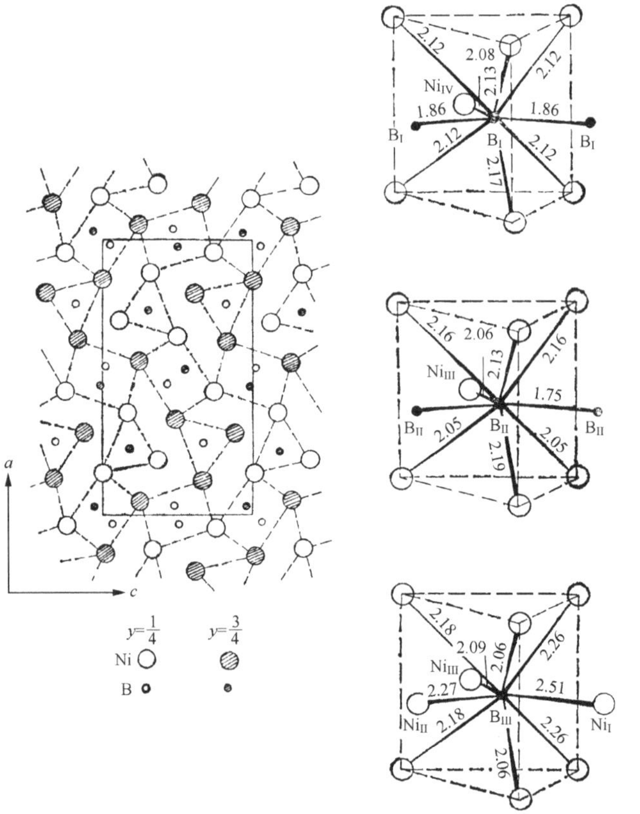

图 6.12　斜方 Ni_4B_3 的结构在(010)晶面上的投影以及硼原子的三种型式的环境

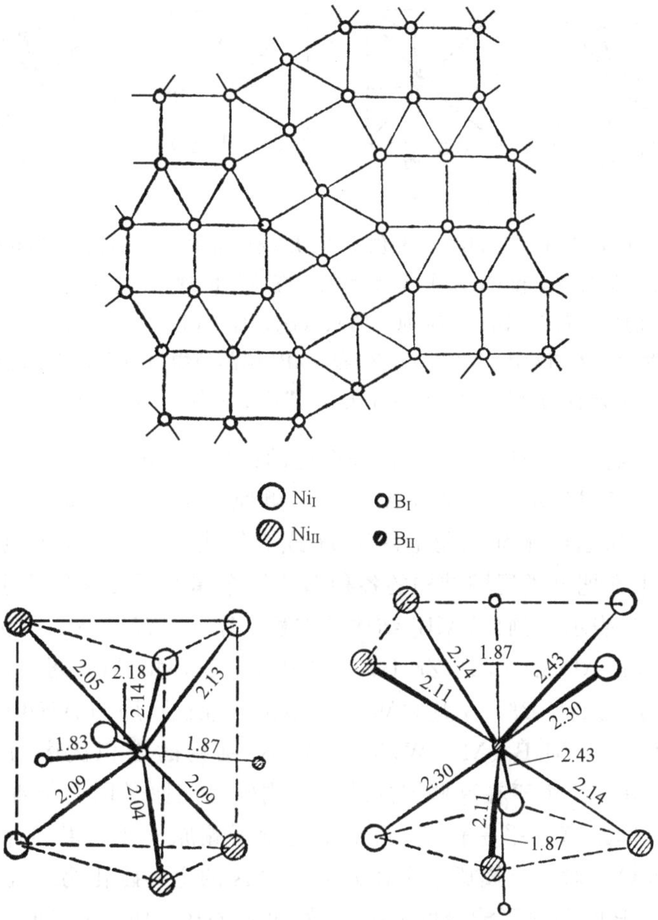

图 6.13 单斜 Ni_4B_3 晶体中平行于(202)晶面的镍原子层以及硼原子的两种型式的环境

显然,所有这些富金属硼化物的多种多样的化学组成,全都植根于各种堆积模型的巧妙安排,以及三角棱柱体单元格点的占有关系。图 6.14 概括了硼原子在三角棱柱体单元中的四种理想环境。分支链硼化物 $Ru_{11}B_8$ 的独特结构和化学组成是由硼原子在单元晶胞中同时具有这四种型式的配位而衍生出来的;这种结构作为单链硼化物向双链硼化物 M_3B_4(M=V,Nb,Ta,Cr,Mn)过渡的一种标志,是有重要意义的。

(3) 具有二维硼网的结构

有这种结构的大多数硼化物,其组成接近于 MB_2,而六角形的 AlB_2 结构是其中的主要结构型式。如图 6.15 所示,这类结构是由交替着的金属原子和硼原子的平面或皱褶六角形网层构成的;环绕硼原子仍有三角棱柱体配位。六角形网层堆积次序的变化衍生出其他的结构类型。金属层的堆积次序,垂直堆在前一层上面

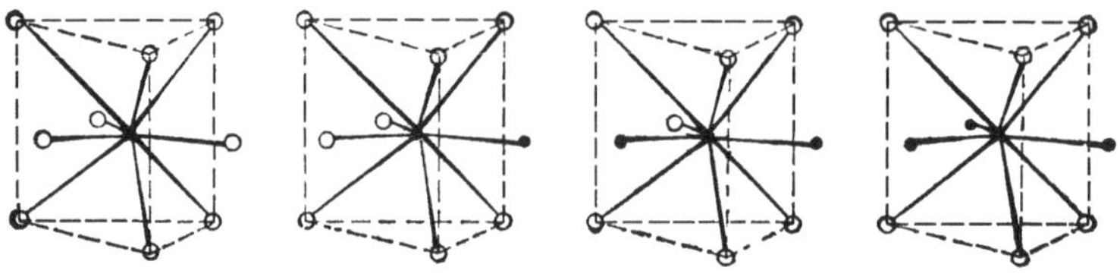

(a)　　　　(b)　　　　(c)　　　　(d)

图 6.14　(a)在 Re_3B、Fe_3C,Th_7Fe_3 和斜方 Ni_4B_3(有 B_{III}原子的)同晶型物相中硼原子的理想环境;(b) 在 U_3Si_2 和 Cr_5B_3 同晶型物相中硼原子的理想环境;(c)在斜方 Ni_4B_3(有 B_I 和 B_{II}原子的)、单斜 Ni_4B_3(有 B_I 原子的)、FeB、CrB、MoB 和 Ta_3B_4 同晶型物相中硼原子的理想环境;(d)在 Ta_3B_4、AlB_2、Mo_2B_5 和 W_2B_5 同晶型物相中硼原子的理想环境(在最后两种构型里,只有硼原子处在“I”号孔穴中,才具有 d 的环境)

的记作 A,中间隔一层的记作 B,中间隔两层的记作 C。图 6.15 所示的 AlB_2 结构型式,其金属原子层的堆积次序为 AAA…。硼原子层插在金属层之间,它们可以构成如图 6.16 所示的平面六角形网层 H 或 H',或者皱褶六角形网层 K 或 K'。于是,在文献上常把这类层网结构的各种型式用金属原子层和硼原子层的堆积次序编排在一起来表示。例如,AlB_2 结构的堆积次序为 $AHAH$…,所包括的硼化物是 MB_2(M=Mg;Al,Sc,Y,Ti,Zr,Hf,V,Nb,Ta,Cr,Mo,Mn,镧系,U,Pu);ReB_2 结构的堆积次序为 $AK'BK'$;WB_2(‘W_2B_5’)结构的堆积次序为 $AHAK'BHBK'$…,所包括的硼化物是 M_2B_5(M=W,Ti);Mo_2B_5 结构的堆积次序为 $AHAKBHBKCHCK$…;等等。由于在这些层网结构中刚硬的硼原子网层起着支配作用,所以其中的 B-B 间距离几乎是恒定的,常常接近于硼原子正常共价半径之和(2×0.87Å=1.74Å)。对于金属原子半径大于 1.53Å 的金属硼化物来说,晶胞的 a 轴会变长一些,B-B 间距离可能会增大一些,例如在 ZrB_2 中的 B-B 间距离为 1.83Å,在 YB_2 中则为 1.90Å;当然,c 轴也会变长一些。

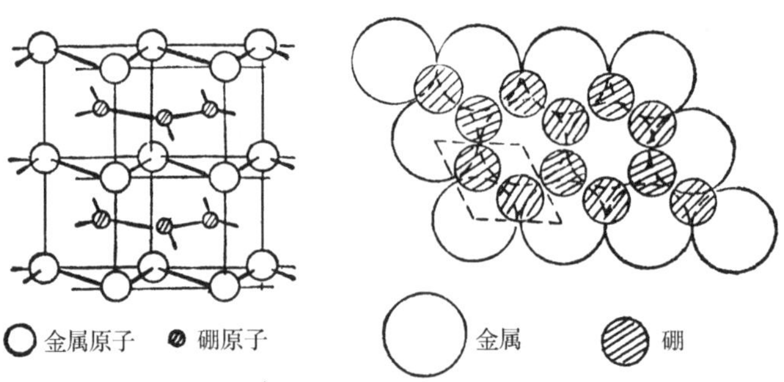

图 6.15　AlB_2 的晶体结构以及沿着 c 轴投影的原子排列
(用虚线画出的是一个单元晶胞)

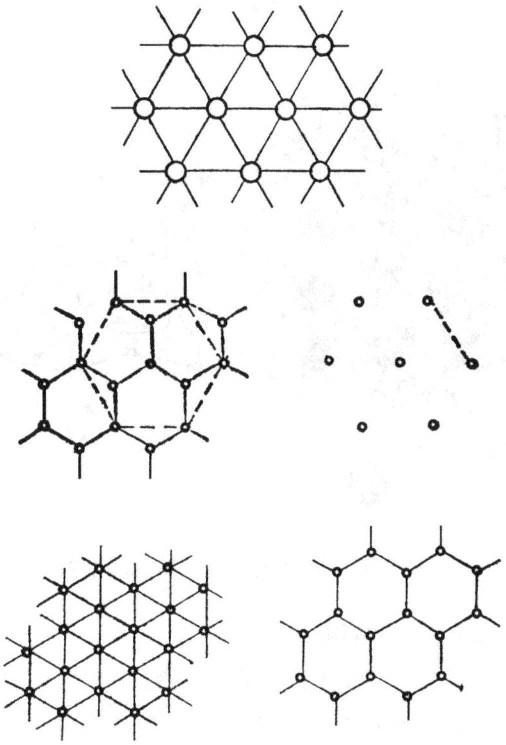

图 6.16　在一些富硼的硼化物结构中所含的金属原子层（A、B、C）和硼原子层（H、H'；K、K'）

(4) 具有三维硼网的结构

具有这类结构的硼化物有四种主要型式：四方晶的四硼化物 MB_4，立方晶的六硼化物 MB_6，立方晶的十二硼化物 MB_{12} 和以碳化硼 $B_{12}C_3$（即 B_4C）结构型式为基础的各种斜方晶物相。前三者将分别概述于下，而最后一种型式，在此仅就 B_4C 的结构稍作介绍，与它有关的物相就不作介绍了。

1) 金属四硼化物 MB_4 的结构

MB_4 的结构是 MB_2 结构（二维硼网结构）和 MB_6 结构（三维硼网结构）之间的过渡。如图 6.17 所示，在这种结构中，硼原子构成一种规则的正方形和七边形混合网孔，每个正方形是一个 B_6 八面体的部分，每个七边形中的三个硼原子并不是两个相邻八面体的部分，而是在金属原子三角棱柱体的中心，B_6 八面体本身都处在金属原子的立方体内。这样一来，每个金属原子在平面中有五个（而不是六个）金属原子与它最邻近，金属原子的堆积可被想像为一串立方体的曲折。在每个单元晶胞（图 6.17 中虚线所示）内，都有一个立方体堆积留下的空间，容纳四个三角棱柱体配位的硼原子，每个立方体内正好容纳一个 B_6 八面体。有这种结构的典型代表是钙、钇、镧系和锕系金属的四硼化物。

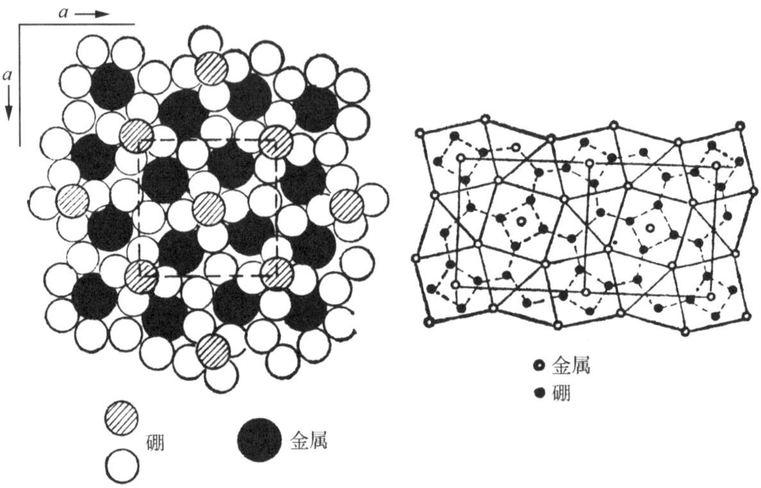

图 6.17 在 MB_4 中的原子排列(沿 c 轴投影)

2) 金属六硼化物 MB_6 的结构

在碱金属、碱土金属、镧系和锕系金属的六硼化物中,B_6 八面体作为结构单元排列成简单的立方晶格,位于这种晶格体心上的金属原子排列成另一个简单立方晶格,这两个立方晶格互相穿插,从而形成了一种相似于 CsCl 型的体心立方晶格。如图 6.18(a)所示,在 B_6 八面体的所有六个方向上都分别与其他的 B_6 八面体连

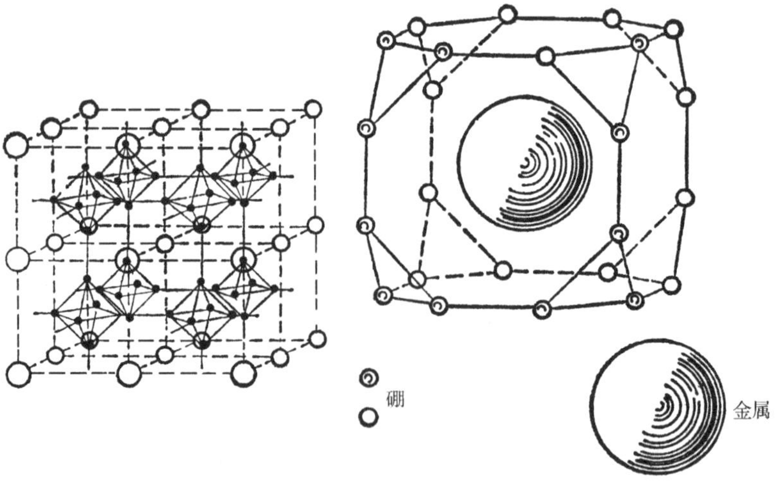

(a) (b)

图 6.18 在立方晶 MB_6 结构中的(a)B_6 八面体,(b)每个金属原子周围的硼原子配位

接在一起,构成一种刚硬的、开放的硼框架,而每个八面体则被金属原子的一个立方体所包围。同样,每个金属原子也被八个 B_6 单元(在一个立方体的角上)包围在中央,以致每个金属原子同等地被 24 个硼原子有效地配位着,如图 6.18(b)所示。硼框架是刚性的,B-B 间距离除 BaB_6 外都是在 1.70－1.74Å 范围内。由于 Ba 原子比较大,所以使 B-B 间平均距离增大到 1.77Å。

3) 金属十二硼化物 MB_{12} 的结构

许多大的电正性金属所形成的 MB_{12} 硼化物也具有刚硬的、开放的硼原子框架结构。这种结构如图 6.19(a)所示,可认为是由金属原子的面心立方体和 B_{12} 立方八面体的面心立方体穿插在一起构成的 NaCl 型晶格,其中,金属原子和 B_{12} 立方八面体在晶格结点上交替地出现,致使每个金属原子被一种含有 24 个硼原子的"硼笼"所包围,如图 6.19(b)所示。换句话说,这里的 B_{12} 单元是由相邻的硼笼接触在一起构成的,它的中心点正好处在 NaCl 型晶格 Cl^- 离子所占的位置上。

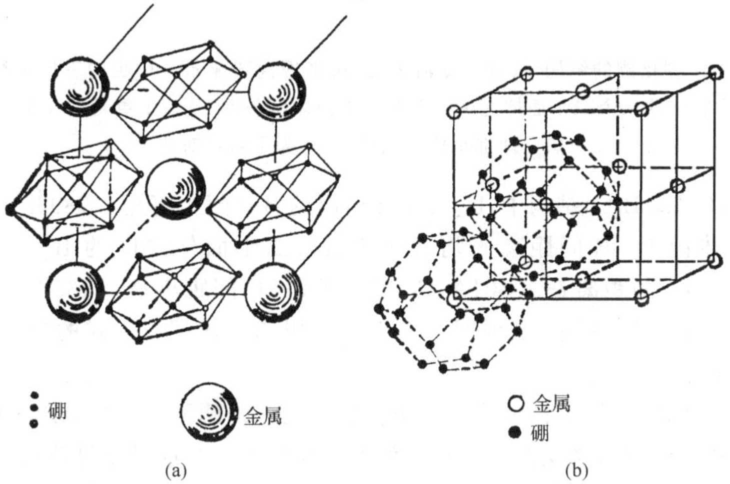

图 6.19 (a) 在 MB_{12} 中,金属原子和 B_{12} 立方八面体的面心晶格;
(b) 在 MB_{12} 中,金属原子被 24 个硼原子的立方八面体配位

4) 碳化硼 $B_{12}C_3$(即 B_4C)的结构

碳化硼的结构如图 6.20 所示,在一种基本的菱形单元晶胞中,其结构基础是 B_{12} 二十面体(不是在 MB_{12} 中的立方八面体)和直线型 C_3 基团。在这种基本结构内部,如果用其他原子或原子组合来代替线型 C_3 基团,就可以出现各种组成的富硼硼化物和 $B_{12}C_3$(即 B_4C)的同类物,例如 $B_{13}C_2$(即 C_3 基团中一个碳原子被硼原子代替了)、$B_{12}Si_2$ 和 $B_{12}P_2$(即由较大的硅原子和磷原子形成的 Si_2 和 P_2 单元代替了 C_3 基团)等,不过,C_3 基团中的三个碳原子不可能全部被硼原子代替,因为硼原子比碳原子大,并且它缺电子。

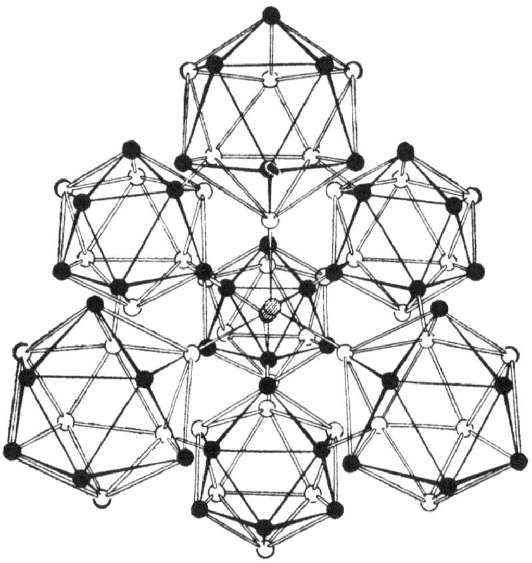

图 6.20　碳化硼的结构(沿着三重轴透视)这张透视图显示了中央的三原子线型链被菱形联结的八个二十面体之中的七个二十面体所包围,是一个单元晶胞的轮廓。黑白球都是代表硼原子,是为了衬托对比

在 $B_{12}C_3$(即 B_4C)结构中,B_{12} 二十面体内的 B-B 间距离是 1.789Å(α-菱形硼中的二十面体内 B—B 间距离平均为 1.77Å),二十面体之间的 B—B 间距离是 1.718Å,B—C_3 间距离是 1.604Å,C_3 链内部 C—C 间距离是 1.435Å。C_3 链与最接近的硼原子成 99.9°角,这说明只有容易采用四面体配位方式的原子才能成为键的端梢原子。

除了上述四种结构外,还有一些更为复杂的三维硼网物相如 AlB_{10} 和 YB_{66} 等,它们的结构请查阅参考文献[1],在此就不再介绍了。在这里要附带提及的一个问题是关于铝的十二硼化物 AlB_{12}。具有这个组成的硼化物有三种晶型:α-AlB_{12}、β-AlB_{12} 和 γ-AlB_{12},但它们的详细情况还不够清楚。从它们的性质都非常相似于单质硼以及晶胞的大小来看,可认为它们的主要结构单元都是 B_{12} 二十面体。还有一种所谓"单斜 AlB_{12}",现在已经知道它在结构上实际上和 β-菱形硼相同。

3.3.2　成键[1]

金属硼化物的成键包括两个内容:硼原子或硼原子组合(原子对、原子链或原子网)与有关的金属原子之间,通过电子得失(或转移)的成键;以及硼原子组合内部硼原子之间共价的成键。一般认为,在富金属的硼化物如 M_2B 和 MB 中,电子是从硼原子或硼原子组合向金属原子转移而成键的,在富硼的硼化物如 MB_4、MB_6 和 MB_{12} 中,正好相反,电子是从金属原子向硼原子组合(即硼网)转移而成键的。二硼化物 MB_2 则是二者之间的过渡。

(1) 富金属硼化物的成键

根据一般的电负性和共价键理论来看，在金属硼化物成键时似乎应该是电子从电负性小的金属原子向"缺电子"的硼原子(或原子组合)转移。但是，这种观点仅适用于一般化合物，对于金属物相来说是不适用的。多种实验证明，在富金属的硼化物中，电子的转移正好相反，是由硼向金属转移电子。因而，在过渡金属硼化物中的最高硼含量是随着金属的原子序数增大(即 d 能带中的空位减少)而降低的。根据 CrB、MnB、FeB、CoB、NiB、Fe_2B 和 Co_2B 的磁性测定，更直接地证明了电子是从硼原子(或硼链)向部分填满的金属能带上转移的。通过 Mössbauer 谱，还可进一步证明这一点。

(2) 富硼硼化物的成键

我们首先以 MB_6 为例来讨论富硼硼化物的成键。人们认为在 MB_6 中 B_6 单元的八面体框架分子轨道是由硼原子的 $2s$ 和 $2p$ 轨道构成的，并且常作的近似处理认为共振积分与重叠积分是成正比的。B_6 八面体的对称性以及它在简单立方晶格结点上的重复排列，决定了每个硼原子沿着立方晶格的棱边方向，使用了两个 sp 杂化轨道，在杂化轨道的两个垂直方向上还有两个互成 90°角的纯 p 轨道。每个硼原子的一个 sp 杂化轨道波瓣指向八面体外如图 6.2(a)所示，并分别与相邻八面体的一个同样的轨道重叠形成 σ 键，而构成立方晶格。每个硼原子的另一个 sp 杂化轨道波瓣指向八面体内，并在八面体内成键。于是，在 B_6 单元中存在着一个由 6 个内向 sp 杂化轨道组成的 a_{1g} 框架成键分子轨道(图 6.21(b))，三个 π 对称的 t_{1u} 框架成键分子轨道(其中之一表示在图 6.21(c)中)，以及三个 δ 对称的 t_{2g} 框架成键分子轨道(其中之一表示在图 6.21(d)中)。各原子轨道的所有其他线性组合有些形成非键轨道，有些形成反键轨道。完全填满 B_6 八面体的成键分子轨道需要 20 个电子(每个 B_6 单元的 6 个电子是在向外的八面体之间的 σ 键上，14 个电子是在图 6.21(b)、(c)、(d)所示的七个成键分子轨道上)。六个硼原子自己只能提供 18 个成键电子，要完全填满其共价结合的网络，每个 B_6 单元必需输入 2 个电子，这 2 个电子将由金属原子供应，例如 $Ca^{2+}(B_6)^{2-}$。

现将金属六硼化物的分子轨道和能带表示在图 6.22 中。从这里可以看到，每个 B_6 单元开始都需要 20 个电子。最高占有的分子轨道和最低未占的分子轨道之间的能量隙，将决定二价金属的六硼化物是绝缘体还是半导体。据上述简单理论表明，在 MB_6 中似乎有一个约为 1eV 的相当大的能量隙存在，但通过更精确的计算指出，能量隙要小得多(0.1－0.4eV)。这同已知的 CaB_6、SrB_6 和 BaB_6 有半导体性质是相符的。从镧系金属六硼化物的磁性来看，可以认为金属原子几乎都是三价的。从导电性数据来看，在许多镧系金属六硼化物中每个金属原子只有一个传导电子，另外两个电子已经转移给 B_6 八面体了，其中，只有 EuB_6 和 YB_6 是例

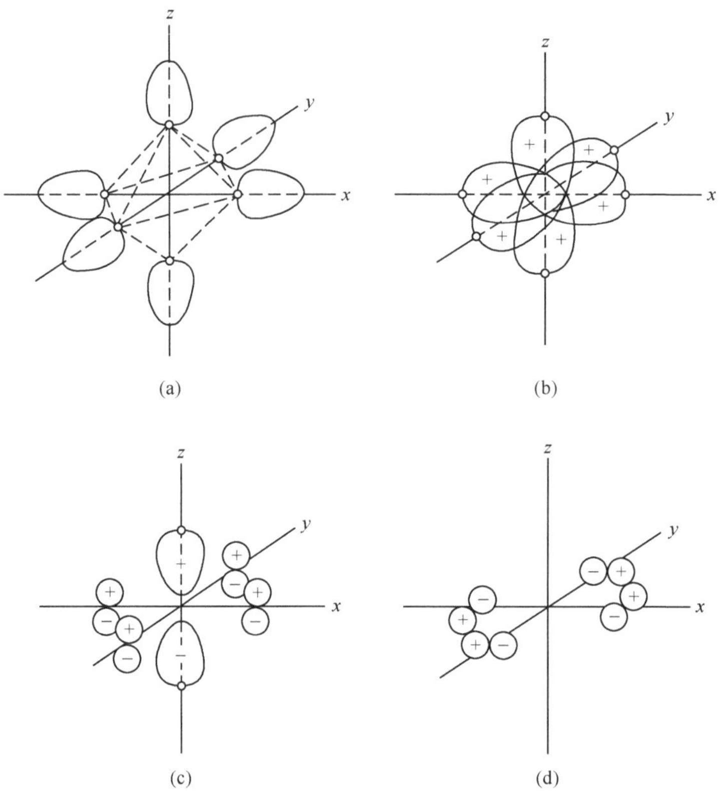

图 6.21　B_6 八面体的轨道对称性

(a) 六个波瓣向外的 sp 杂化轨道，用来与相邻的八面体形成 σ 键；

(b) 六个波瓣向内的 sp 杂化轨道，用来形成 a_{1g} 框架成键分子轨道；

(c) t_{1u} 框架成键分子轨道之一(另两个分子轨道在 YZ 和 ZX 平面上)的诸分量；

(d) t_{2g} 框架成键分子轨道之一(另两个分子轨道在 YZ 和 ZX 平面上)的诸分量

外，每个金属原子的传导电子几乎等于零，这就是说，金属原子的氧化态已从 3 降到 2 了。值得注意的是，这两种六硼化物的晶格常数也有一种异常的增大，呈现明显的二价特征。

其他多硼硼化物的成键，也可以用同样的方法来定性地描述。就 MB_{12} 而言，那些离析出来的 B_{12} 立方八面体可认为都是通过定域的键连接起来的，这些键是由向外指的分子轨道重叠而成的。在剩下的 16 个分子轨道中，13 个是成键轨道，3 个是非键轨道。当所有的成键轨道填满了电子时，每个 B_{12} 单元需要 38 个电子($12\times1+13\times 2$)。十二个硼原子自己只能提供 36 个电子，其他 2 个电子只能从金属原子那里转移过来，所以可表示为 $M^{2+}(B_{12})^{2-}$。同样地，在四硼化物 MB_4(单元晶胞是 M_4B_{16})中，硼框架需要 56 个电子，其中十六个硼原子自己只能提供 48

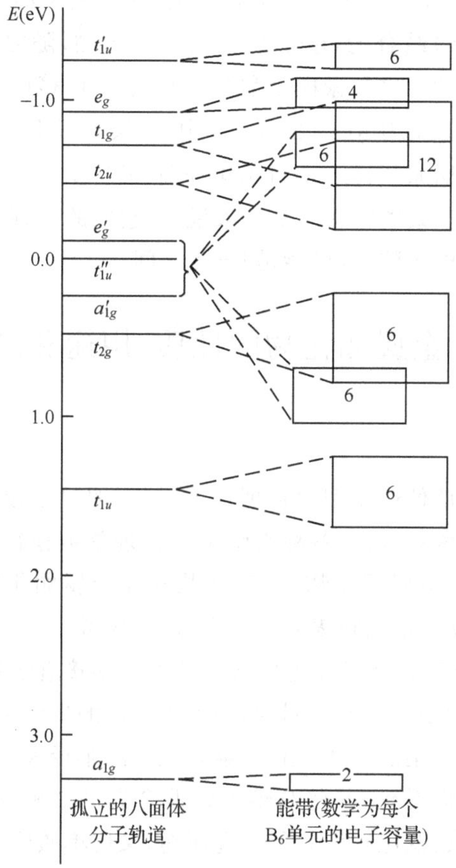

图 6.22 MB_6 中的分子轨道和能带

个电子(3×16),还有 8 个电子是由四个金属原子提供的(每个金属原子各提供 2 个电子)。

除了上述三种组成的富硼硼化物外,还有许多其他组成的富硼硼化物的成键情况,在此就不再列举了。

(3) 金属二硼化物的成键

MB_2 具有六角形硼网结构,是富金属硼化物和富硼硼化物之间的过渡。因此,对于二硼化物的成键,两个方向的电子转移都应该考虑。如果电子从硼转移给金属,则意味着六角形硼网内部三角形共价键每个硼原子的可用电子数将少于 3 个;反之,如果电子从金属转移给硼,则意味着除了三个三角形 σ 单键之外,还应该像石墨那样存在有 π 键。

根据 MB_2 结构中六角形硼网的牢固性和刚硬性,晶格常数在平面内的相似性(即 B—B 间距离几乎是固定的),以及垂直于平面方向的热膨胀系数比较大等这样一些事实，可以认为 MB_2 的成键是：在六角形硼网的平面内，硼原子之间是通过三角形共价单键（σ 键）结合的，电子从金属转移给硼，随之而形成硼层之间的 π 键。这种设想，同 ${}^{11}_{5}B$ 的核磁共振耦合常数和 Knight 位移也是相一致的。于是，二价金属的二硼化物可表示为 $M^{2+}(B^-)_2$，其中，硼层与石墨是等电子的。YB_2 的导电性同它内部每个金属原子有 1 个自由电子即 $Y^{3+}(B^-)_2e^-$ 很吻合，是这种设想的一个重要例证。对于某些特殊的金属来说，在它们的二硼化物中，每个金属原子转移给六角形硼网的电子数，也可能是 0—1 之间。

3.4 金属硼化物的性质、用途和硼合金

3.4.1 物理性质[1,6]

硼化物的物理性质像单质硼的物理性质一样，明显地取决于它们的纯度。由于制备高纯硼化物很困难，所以各种文献上的物理常数往往出入很大。现将一些典型的硼化物，主要是金属硼化物，也包括几种非金属硼化物的密度、熔点、生成热、电阻系数和显微硬度汇列在表 6.6 中[1]，以供参考。

从熔点来看，重要的非金属硼化物 B_4C 的熔点很接近于单质硼的熔点（2200—2300℃）。富金属硼化物的熔点，一般都相近于它们的母体金属，但是，富硼硼化物的熔点主要反映了硼框架的性质，当然，金属原子的半径大小和电离能有时也起明显的作用。另外还可以看到，某些高熔点过渡金属的二硼化物 MB_2（M＝Ti，Zr，Hf，V，Nb，Ta）的熔点，既比它们的母体金属高，又比单质硼高。

表 6.6 一些典型硼化物的主要物理性质

	密度 (g/cm³)	熔点 (℃)	生成热 (kJ/mol)	电阻系数 25℃ (μOhmcm)	冷显微硬度 (VPN) (kg/mm²)
CaB_6	2.46	2230		>200	2750
AlB_2	3.16	1710			980
α-AlB_{12}	2.58	2050			2400
LaB_6	4.72	2230		15	2700
B_4C	2.52	2350	−59		≈4000
TiB_2	4.52	2980	−280	9—15	3250
ZrB_2	6.09	3040	−305	7—10	2250
HfB_2	11.20	3250	−330	10—12	2900
ZrB_{12}	3.63	2680	−502	60—80	

续表

	密度 (g/cm³)	熔点 (℃)	生成热 (kJ/mol)	电阻系数 25℃ (μOhmcm)	冷显微硬度 (VPN) (kg/mm²)
BN(六方)	2.27	≈3000(d)	−255	绝缘体	230
BN(立方)	3.48				
BP	2.4	1100(d)	−418		3500
VB_2	5.10	2400	−100	16−38	2100
NbB_2	7.21	3000	−167	12−65	2100
TaB_2	12.60	3100	−197	14−68	2000
CrB_2	5.20	1900	−130	21−56	≈1900
“MoB_2”	7.78		−96	20−40	
“Mo_2B_5”	7.48	2100	−84	18−45	2350
W_2B_5	13.1	2200	−75	21−56	2650
Fe_2B		1390			
Co_2B		1265			1150
ThB_4	8.45	2200	−218		2650
UB_4	9.38	2100			2500

金属二硼化物、六硼化物和十二硼化物的线性热膨胀系数 α 都很小，而且一般要比它们的母体金属小。例如：$\alpha(MB_2)$为$(4-8)\times10^{-6}$；$\alpha(MB_6)$为$(6-8)\times10^{-6}$；$\alpha(MB_{12})$为$\sim3\times10^{-6}$。在硬度方面，MB 的 Vickers 硬度模数通常在 2000−3600kg/mm² 范围内；MB_2 在 2000−3400kg/mm² 范围内；MB_6 在 2000−3000kg/mm² 范围内。

磁性测定指出，VB 和 CrB 都有 Curie-Weiss 顺磁性，但 NiB 仅显微弱的 Pauli 顺磁性(磁化率$=4.0\times10^{-8}$ emu)与温度无关；MnB、FeB、CoB 和 Fe_2B 都有铁磁性，其中 MnB 在室温下的自发磁化强度高达 140±1gauss cm³/g。MnB、FeB 和 Fe_2B 的铁磁性 Curie 温度分别为 289℃、309℃和 742℃。大多数二硼化物是顺磁性的，但 ZrB_2 是抗磁性的。除 Sm 外，镧系金属六硼化物的磁距都是与 M^{3+} 离子的存在相一致的。表 6.7 列出了若干镧系金属六硼化物的磁距[1]。

表 6.7 若干镧系金属六硼化物的磁矩

	YB_6	LaB_6	CeB_6	PrB_6	NdB_6	SmB_6	GdB_6	YbB_6
μ实验/BM	0	0	2.61	3.37	3.63	2.52	7.67	4.58
μ计算(M^{3+})/BM	0	0	2.56	3.62	3.68	1.60	7.94	4.50

从电学性质来看，有相当一部分金属硼化物的电阻系数比较小，类似于金属。除表 6.6 中所列的一些金属硼化物外，还有如 Ni_3B(ρ＝25.5μ ohmcm)、VB(ρ～35μ ohmcm)和 CrB、NbB(ρ～65μ ohmcm)等电阻系数也比较小。NbB 在相当高的温度(8.25K)下会变成超导体，另外，还有几个多金属硼化物也能在 1.28K 以上的温度下检出超导性，如 Ta_2B、Nb_2B、Mo_2B(4.74K)、W_2B(3.10K)和 Ru_7B_3(2.58K)等。

许多金属二硼化物的热电功率、Hall 常数和电阻系数都已在参考文献[6]中被列成表。它们的 Hall 常数都是负值(电子导电性)，尤其是 TiB_2、ZrB_2 和 HfB_2 的值特别大。它们的电阻系数都在 10－70μOhm cm 范围内。

金属六硼化物有些是半导体，有些有金属性。在室温下，碱土金属六硼化物的电阻系数比较大(ρ＝80－220μ Ohm cm)，能带隙约为 0.4eV(CaB_6 和 SrB_6)和 0.1eV(BaB_6)，Hall 常数的大小提供了这些六硼化物的传导电子数(0.05 至 0.08 个/每个金属原子)，证实了前面所述的成键分析是对的。对比之下，镧系金属六硼化物(除 Sm 外)在室温下的电阻系数就相当小了(ρ＝20－40μ Ohmcm)，类似于金属，而且可以预料，它们的传导电子数大约是 1 个/每个金属原子。镧系金属六硼化物还有一个重要性质是具有很低的功函数(或逸出功)，这种性质使它们可以应用于电子装置。

3.4.2　化学性质[1]

金属硼化物的化学性质，和物理性质一样，在许多方面相似于相应金属的碳化物、氮化物、硅化物和磷化物。周期系 IA、IIA 和 IIIB 族(包括镧系和锕系)金属的硼化物往往可被水分解而生成硼的氢化物，可是，IVB－VIB 族过渡金属的硼化物则趋于耐高温和化学惰性。由于对金属硼化物的化学性质了解得比较少，所以这方面的资料不够多，且无系统。再说，过去的许多工作是用不纯的材料来做的，所提供的资料往往不可靠，有些甚至是有矛盾的。

硼化物的一般特征是化学惰性，特别是对非氧化性试剂更是如此。在氧化剂存在下，硼化物的惰性是随着硼含量的增加而增强的。另外，它们的反应性能不仅取决于纯度，而且还与样品的粉细程度有关。现将金属硼化物在酸溶液中的溶解(反应)情况汇列在表 6.8 中[1]，供参考。

对盐酸和硫酸来说，大约可作如下的概括：

① 主族元素硼化物的耐蚀能力，随着硼含量的增加而增强；

② 过渡金属硼化物的耐蚀能力，随着金属原子的原子序数增加而增强。

表 6.8 金属硼化物在酸溶液中的溶解情况

盐酸		硫酸		硝酸	
溶解	不溶解	溶解	不溶解	溶解	不溶解
	NaB_6		NaB_6	Be_2B, BeB_2	
Be_5B, Be_2B	BeB_2, BeB_6	Be_2B	BeB_2, BeB_6	BeB_4, BeB_6	
MgB_2, MgB_4	MgB_6, MgB_{12}	MgB_2	MgB_6, MgB_{12}	MgB_2	
AlB_2	AlB_{12}		AlB_{12}	AlB_{12}	
	$M^{II}B_6$, LnB_6		$M^{II}B_6$, LnB_6	$M^{II}B_6$, LnB_6	
ThB_4, UB_4	ThB_6, UB_{12}	ThB_4, UB_4	ThB_6, UB_{12}	ThB_4, ThB_6	
TiB_2, ZrB_2	TiB_2, ZrB_2	TiB_2, ZrB_2	TiB_2, ZrB_2	TiB_2, ZrB_2	
VB_2	VB, NbB_2 TaB_2	VB_2	VB, NbB_2, TaB_2	VB, VB_2	NbB_2, TaB_2
Cr_4B, Cr_2B,		Cr_4B, Cr_2B,		Mo_2B, MoB	Cr_4B, Cr_2B,
Cr_5B_3, Cr_3B_2		Cr_5B_3 Cr_3B_2,		Mo_3B_4, MoB_2	Cr_5B_3 Cr_3B_2,
CrB, Cr_3B_4		CrB, CrB_4			CrB, Cr_3B_4
CrB_2		CrB_2		Mo_2B_5	CrB_2
MoB, Mo_3B_4	Mo_2B, W_2B	Mo_2B, MoB_2	MoB, Mo_2B_5	WB, W_2B_5	
Mo_2B_5	WB, W_2B_5		W_2B_5	MnB, MnB_2	
MnB, MnB_2	CoB, NiB	MnB, MnB_2	CoB, NiB	CoB, Fe_2B, FeB	
Fe_2B, FeB	Pt_2B_3	Fe_2B	FeB, Pt_2B_3	Ni_2B, NiB	

注：M^{II}代表碱土金属；Ln 代表镧系金属。

就所有研究过的金属硼化物来说，除 Cr 的硼化物外，它们都能被硝酸溶解，而 Cr 的硼化物只能与沸热的硝酸反应，这与金属 Cr 对硝酸有钝化作用一致的。氢氟酸可以侵蚀低级硼化物(如 VB、FeB、CrB、Cr_3B_4 和 UB_4)，但对大多数较高级的硼化物(如 TiB_2、VB_2、Pt_2B_3、LnB_6、ThB_6 和 UB_{12})没有作用。所有硼化物都能溶解在诸如王水、硝酸和硫酸、硝酸和过氧化氢等这样一些氧化性混合酸中。

大多数硼化物能耐抗水溶性碱，但有一些(如 TiB_2、ZrB_2、VB、VB_2、NbB_2、Mo_2B_5 和 MnB_2)可以缓慢地同碱溶液作用。有报道说 MnB 和 MnB_2 不仅会与氨水反应，甚至还会与水反应。

金属硼化物往往可与无水酸反应。例如：在 200℃下 CrB_2 和 NiB 与盐酸吡啶反应，可分别生成$(C_5H_5N)_3CrCl_3$ 以及$(C_5H_5N)_4NiCl_2$ 和$(C_5H_5NH)_2NiCl_4$ 的混合物。同样地，熔融的盐酸苯胺可与 NiB 反应生成聚合的$(C_6H_5NH_2)_2NiCl_2$。有一些反应产物是很特别的，例如 VB_2 与无水醋酸和苯甲酸反应，将生成成桥的二聚钒(III)羧酸盐。氯磺酸在 140℃时可与 VB_2、NbB_2、CrB_2 和 CaB_6 完全起反应，产生 SO_2 和 HCl，同时伴有 SO_2Cl_2 和 Cl_2 产生，而这些金属化合物则分别变成

VCl_4、Nb_2O_5、$Cr_2(SO_4)_3$ 和 $CaSO_4$。无水氟化氢在 225℃时可与 CaB_6、TiB、MnB 和 MoB 反应。在赤热时，MB_6、CrB、MnB 和 MnB_2 可与无水氯化氢反应，ThB_4 同无水 HCl 的反应温度可稍为低一些，产物往往是 H_2、BCl_3 和低价的金属氯化物。

各类硼化物都能与氟剧烈地反应，但与其他卤素的反应将缓慢得多，有时往往还需要给以强烈加热。

许多硼化物像它们的母体元素一样，在室温下可以不受空气的氧化。而在加热时，所有硼化物都能被空气氧化，不过，氧化速度差别很大，将取决于它们的纯度、粉细程度、有关金属的性质以及是否形成氧化物或硼酸盐保护层。反应温度处于 400－1700℃范围内，反应温度的高低顺序为：(CoB、NiB)＜(FeB、Fe_2B、WB)＜(MoB)＜(W_2B、VB_2)＜($M^{II}B_6$、NbB_2、TaB_2、MoB_2)＜(TiB_2、ZrB_2、HfB_2)＜(CrB、CrB_2)。由于单质硫与硼化物作用不会生成保护层，所以在 400－700℃时，反应即可迅速进行，生成 B_2S_3 和金属硫化物。

各类硼化物也有耐氮化的性质，如碱土金属六硼化物在高温下可以不受氮和氨的作用，而 CaB_6 至少在 2000℃时还是稳定的。有报道说，在铍的硼化物表面上有一层 Be_3N_2 保护层，因而它们对氮和氨相当稳定，但尚未能检出氮化硼的存在。人们对 Cr、Fe、和 W 的硼化物在氨气中的氮化作用进行了仔细的研究后指出：产物是氮化硼和金属氮化物的混合物，金属氮化物的组成取决于反应温度而不是原材料。

在制备金属硼化物时，石墨通常是在所需高温下能保持足够机械强度的唯一材料，所以了解碳和金属硼化物之间的反应条件是相当重要的。据报道，有些硼化物在同碳一起加热时会转变成相应的碳化物。例如铍的硼化物会转变成 Be_2C，当硼含量升高时，这种转变反应就要求较高的温度。钨的各种硼化物同碳一起加热时，会全部转变成 WB。碱土金属六硼化物至少可以稳定到 2000℃而 ZrB_2 可以稳定到 1600℃。

现将各类金属硼化物与熔融的氢氧化物、氧化物、过氧化物、氧化性盐类和非氧化性盐类的反应情况概括在表 6.9 中[1]，以供参考。

表 6.9　金属硼化物与熔融的氢氧化物、氧化物、过氧化物和盐类的反应情况(＋表示反应；×表示不反应)

硼化物	M_2CO_3	MOH	$MHSO_4$	MNO_3	$MClO_3$	MO_2	PbO_2
BeB_2，BeB_6	＋						
CaB_6	＋	＋	＋	＋		＋	＋
LnB_6	＋	＋	＋	＋		＋	＋
ThB_4		＋					
UB_4，UB_{12}					＋	＋	

续表

硼化物	M_2CO_3	MOH	$MHSO_4$	MNO_3	$MClO_3$	MO_2	PbO_2
TiB_2,VB_2	+	+	+			+	+
NbB_2	+	+					
TaB_2		+					
Cr_3B_2	+	+		+			
CrB		+	+		+	+	
Mo_2B		+					
MnB	+						
FeB,CoB	+	+		+	+		
Pt_2B_3	+	+		×	+		

据报道,有几个硼化物是不受卤化物和氰化物这样一些非氧化性熔盐侵蚀的,同样,有一些硼化物(如 TiB_2、ZrB_2、CrB_2 等)是可以不受那些不易形成硼化物的熔态金属(如 Cu、Zn、Mg、Al、Sn、Pb、Bi 等)侵蚀的。总之,除了在氧化条件下之外,金属硼化物都是化学惰性的。

3.4.3 硼化物的用途[1]和硼合金[7]

硼化物在工业上有广泛的用途,这是由它们的特殊物理性质和化学性质决定的。大批生产的硼化物几乎都是耐高温的粉剂。由于它们难熔、坚硬和难延展,所以在加工成型时只能采用粉末冶金工艺和制陶技术。

过渡金属硼化物如 TiB_2、ZrB_2 和 CrB_2 等,可用来做涡轮机的叶片、燃烧室衬里、火箭喷咀、烧蚀挡板以及磁流体发电的电力发生部件。对于熔融的金属、矿渣和盐类有耐蚀性,所以有些硼化物或表面涂硼化物的金属可用来做高温反应容器、蒸发舟、坩埚、泵片、热电偶套和冶炼炉的风咀。有些金属硼化物在高温下可耐化学腐蚀,并有良好的导电和导热性,因此有人建议用它们来做铝电解槽的阴极、静电沉淀器中的电极导线、热交换材料和高温电接触器。沉淀出来的镍和钴的硼化物,可以做氢化反应或脱氢反应的多相催化剂,它们的活性可以和 Raney 镍相媲美,但不自燃,并具有高度的抗疲劳性。

有些富硼硼化物可以做半导体材料。CaB_6 砖是很便宜的中子防护板。在生产高导性硼时,CaB_6 是有效的去氧剂。在铝中分散 50%的 TiB_2 可以形成一种高强度、低膨胀性的特种合金。

在此要提一下碳化硼的用途。它是一种优质磨料,其硬度稍次于金刚石。有时,碳化硼也可用来做喷砂器的喷管、制动器和离合器的衬料以及高温轴承。碳化硼还广泛地被用来做合成金属硼化物、三氯化硼和硫化硼的原料。另外,它和其他硼化物常在核动力工业中做控制材料和防护材料。

硼除了与金属形成金属硼化物外，还可与一些金属和非金属形成硼合金。硼合金在黑色冶金和有色冶金工业中有着广泛的用途。例如硼铁是炼钢时的去氧剂和硼加入剂；在钢中含 0.001％以下的硼时，就可增加淬硬性。又例如碳化硼（含铁）合金和锰硼（含铁）合金都是有色合金冶炼中的清洁剂和去氧剂；硼化钙（含铁、碳）合金是冶炼高导铜和其他铜合金的去氧剂；镍硼（含碳、铝、硅）合金是冶炼镍基高温合金的去氧剂等等。现将一些常见的硼合金及它们的组成介绍于下：

碳化硼合金：52－58％B，32－39％C，其余是铁；

硼化钙合金：40－45％B，30－35％Ca，14－18％C，其余是铁；

硼铁合金：10－14％B，其余是铁；

硼铁合金：17.5％B（最低量），1.5％Si，0.5％C，0.5％Al，其余是铁；

硼铁合金：19.0％B（最低量），其余是铁；

锰硼合金：17.5％B，75％Mn，3％C，1.5％Si，其余是铁；

镍硼合金：15－18％B，1.5％Si，1.0％Al，0.5％C，其余是镍；

硅铁合金（硼轴承）：0.04－0.08％B，47－51％Si，其余是铁；

铁钛合金（硼轴承）：0.33％B，27－32％Ti，2.25％Si，1.5％Al，0.15％Cu，0.10％C，0.03％P，其余是铁；

铁钛合金（硼轴承）：0.11－0.15％B，66－68％Ti，3.50％Al，0.10％C，0.10％Si，0.10％Cu，0.03％P，其余是铁；

铁锆合金（硼轴承）：0.2－0.5％B，50－60％Zr，10－13％Al，8.0％C，0.8％Mn，0.5％Si，其余是铁；

Borosil 合金：3.5％B，43％Mn，其余是铁；

Carbortam 合金；1.5％B，1.70％Ti，6.0％C，3.0％Si，1.5％Al，其余是铁；

Grainal No.1 合金：0.2％B，25.0％V，15.0％Ti，10.0％Al，其余是铁；

Grainal No.79 合金：0.5％B，20.0％Ti，13.8％Al，8.0％Mn，5.0％Si，4.0％Zr，其余是铁。

参 考 文 献

[1] N. N. Greenwood, 11. Boron in "Comprehensive Inorganic Chemistry", Vol. 1, Eds. J. C. Bailar, H. J. Emeleus, R. Nyholm, A. F. Trotman-Dickenson, Pergamon(1973).

[2] V. P. Sorokin, P. I. Gavrilov, E. V. Levakov, *Zh. Neorg. Khim*, 22(3), 595(1977).

[3] W. Jung, B. Schmidt, *Naturwissenschaften*, 63(12), 583((1976).

[4] L. L. Moiseeko, V. V. Odintsov, G. A. Ivashina, *Izv, Vyssh. Uchebn. Zaved.*, *Fiz.* 20(5), 159(1977).

[5] F. A. Cotton, G. Wilkinson, "AdVanced lnorganic Chemistry", 3rd ed., lnterscience(1972).

[6] B. Post, Chapter 5 in "Boron Mctallo-Boron Compounds and Borans", Ed. R. M. Adams, Interscience (1964).

[7] Kirk-Othmer, "Encyclopedia of Chemical Technology", 2nd ed., Vol. 3, Interscience(1964).

6.4 硼烷及其衍生物

4.1 概　　论[1,2]

硼可以形成一系列共价型氢化物，由于这些氢化物在性质上类似于碳的氢化物（“碳烷”即烷烃）和硅的氢化物（硅烷），所以把它们叫做硼烷。

人们对硼烷的研究大约始于 1912 年前后，到了 1933 年已有专题评论发表。五十年代以来，由于高能燃料的研究以及应用现代技术如红外光谱、核磁共振谱等研究硼烷类化合物的结构，使硼烷化学有了新的发展。目前确知的硼烷中性分子已超过二十种，包括：B_2H_6、B_4H_{10}、B_5H_9、B_5H_{11}、B_6H_{10}、B_6H_{12}、B_8H_{12}、B_8H_{14}、B_8H_{16}、B_8H_{18}、B_9H_{15}、异-B_9H_{15}、$B_{10}H_{14}$、$B_{10}H_{16}$、α-$B_{10}H_{18}$、β-$B_{10}H_{18}$、$B_{10}H_{20}$、$B_{14}H_{18}$、$B_{14}H_{20}$、$B_{16}H_{20}$、$B_{18}H_{22}$、异-$B_{18}H_{22}$ 和 $B_{20}H_{16}$ 等；其中，1933 年时确认的只是前五种和 $B_{10}H_{14}$。

除了中性分子外，还有大量的多种多样的硼烷阴离子。这些阴离子大体上可分为三类：

(1) $B_nH_n^{2-}$ 系列的阴离子。

已确知的这类阴离子有 $B_6H_6^{2-}$、$B_7H_7^{2-}$、$B_8H_8^{2-}$、$B_9H_9^{2-}$、$B_{10}H_{10}^{2-}$、$B_{11}H_{11}^{2-}$ 和 $B_{12}H_{12}^{2-}$ 等。这些离子的结构都是完整的硼原子多面体闭合结构，内部的成键相似于它们相应的中性硼烷分子。

(2) 由已知（或假设）的硼烷通过脱质子作用或 H^- 离子加成作用，从结构上或化学上衍生出来的阴离子。

这类阴离子包括 BH_4^-、$B_2H_7^-$、$B_3H_8^-$、$B_4H_7^-$、$B_5H_8^-$、$B_5H_{10}^-$、$B_6H_9^-$，$B_9H_{12}^-$、$B_9H_{14}^-$、$B_{10}H_{13}^-$、$B_{10}H_{12}^{2-}$、$B_{10}H_{14}^{2-}$、$B_{10}H_{15}^-$、$B_{11}H_{14}^-$ 和 $B_{11}H_{13}^{2-}$ 等。

(3) 由连接的氢化硼单元衍生出来的阴离子。

这类阴离子包括 $B_{18}H_{21}^-$、$B_{20}H_{18}^{2-}$（有两种异构体）、$B_{20}H_{19}^{3-}$（有两种异构体），$B_{20}H_{18}^{4-}$（有三种异构体）和 $B_{24}H_{23}^{3-}$ 等。

在硼烷阴离子中，如有一个或多个 B^- 被等电子的碳原子代替，便形成一系列碳硼烷，如 $B_nC_2H_{n+2}$。但是，还有许多碳硼烷如 $B_4C_2H_8$ 等在硼烷阴离子系列中是没有类似物的。目前，碳硼烷已经发展到有数千个化合物，形成了一个相当广阔的领域。

除碳硼烷外，还有氮硼烷、磷硼烷和硫硼烷等其他杂原子硼烷类衍生物，在此就不列举了。总之，硼烷及其衍生物是一个非常广泛、复杂和多变的化学领域。它们不仅有特别的制备方法、性质和用途，而且在结构上还自成体系，形成了一个独特的以硼原子簇多面体为基础的化合物结构种类。在所有的硼原子簇多面体中，最重要的多面体是由十二个硼原子构成的 B_{12} 二十面体。大多数硼烷及其衍生物的结构几乎都可看成是 B_{12} 二十面体的碎片或碎片连接体。

4.1.1　硼烷及其衍生物的命名

硼烷及其衍生物的命名是一个比较复杂的问题，参考文献[3]已详细地提出了一个有关硼烷及其衍生物的命名法建议，在此仅作如下几点概要的介绍和说明。

(1) 硼烷分子中的硼原子数目，在英文名称里是通过一个拉丁词头来表示的，在中文名称里可以用天干或数字来表示，氢原子数目都可用名称后面圆括号里的阿拉伯数字来表示。例如：B_5H_9 的英文名称是 pentaborane(9)，中文名称是戊硼烷(9)；$B_{16}H_{20}$ 的英文名称是 hexadecaborane(20)，中文名称是十六硼烷(20)。

(2) 具有闭合结构(即硼骨架是完整的多面体，所有的棱面都是三角形的结构)的硼烷及其衍生物，英文名称常用斜体字词头"*closo-*"来标明；中文名称前可用"闭式－"来标明。

非闭合结构的 B_nH_{n+4} 系列，英文名称常用斜体字词头"*nido-*"来标明；中文名称前可用"巢式-"来标明。例如，$B_{10}H_{14}$ 的英文名称是 *nido*-decaborane(14)；中文名称是巢式-癸硼烷(14)。

非闭合结构的 B_nH_{n+6} 系列，英文名称常用斜体字词头"*arachno-*"来标明；中文名称前可用"网式-"来标明．例如，B_5H_{11} 的英文名称是 *arachno*-penta borane(11)；中文名称是网式-戊硼烷(11)。

由两个或两个以上较简单的结构单元连接而成的硼烷，英文名称叫做 *conjuncto*-borane；中文名称叫做联式-硼烷。例如，$(B_5H_8)_2$ 的英文名称是 *conjuncto-decaborane* (16)；中文名称是联式-癸硼烷(16)。

(3) 有取代基的硼烷，取代基将依次列入名称中，类似于碳烷。例如 $B_{10}H_4I_{10}$ 的英文名称是 decAlodo-decaborane(14)；中文名称是十碘(代)癸硼烷(14)。

(4) 硼原子的编号，对于巢式和网式硼烷来说，是根据分子的平面投影图(从骨架结构敞口部分的对面来观察而绘制的)，如图 6.23 所示，从十二点钟位置(即图内第一个编号处)开始，先内后外地顺时针方向编号。

对于闭合硼烷来说，如图 6.24 所示，在垂直于最长最高次轴的各个平面内相继依次进行硼原子编号；在每个垂直于这个对称轴的平面内，编号都从同一个包含这个轴的参考平面开始，依顺时针方向进行。这个编号规则，也适用于增加一个骨架原子就变成闭式结构的硼烷，只要闭式结构有多于三个垂直于最高次对称轴的原子平面。

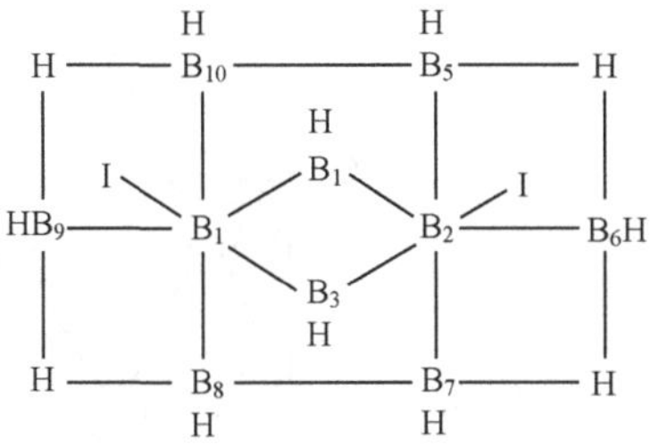

图 6.23 2,4-$I_2B_{10}H_{12}$;2,4-二碘代癸硼烷(14)

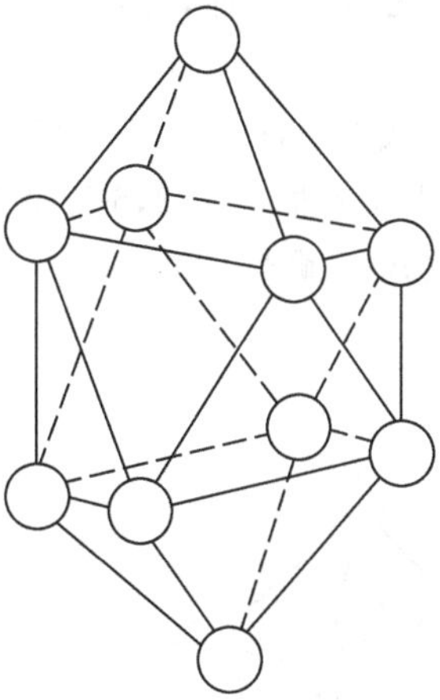

图 6.24 闭式-$B_{10}H_{10}^{2-}$离子

(5) 符号和数字的用法仿照标准的有机化学命名法。

(6) 在 BH_2 基或有取代的 BH_2 基中,对于那些指向背离母体多面体中心的氢原子或取代基,在英文名称里常标以斜体字词头“*exo-*”,而其余的则标以“*endo-*”;中文名称里可分别用“外-”以及“内-”来表示.成桥的取代基用 μ 来标明。

(7) 硼烷阴离子及其衍生物的名称一般按照配位化合物的命名原则来命名。不论 B—H 键有无极性,均称“hydro-”,即“氢合”某硼酸根(习惯上略去合字)。离子的电荷,可表示在名称词尾的圆括号内。为了明了,在某硼酸根的英文名称前常添加 *nido-*、*arachno-*、*closo-* 和 *conjuncto-* 等斜体字词头;中文名称里则可分别添加巢式-、网式-、闭式-和联式-等词头。例如:

$B_{10}H_{10}^{2-}$ 的英文名称是 decahydro-*closo*-decaborate(2－),中文名称是十氢合-闭式-癸硼酸根(2－)。

$Na_2B_{10}H_{10}$ 的英文名称是 sodium decahydro-*closo*-decaborate(2－),中文名称是十氢合-闭式-癸硼酸(2－)钠(或二钠)。

$K_2[Zn_3(BH_4)_8]$的英文名称是 potassium octakis(tetrahy-droborato)-trizincate(2－),中文名称是八个四氢硼酸根合三锌酸(2－)钾(或二钾)。

(8) 碳硼烷作为硼烷的一种含杂原子的衍生物,其命名法基本上与硼烷相同;碳原子的编号方法,一般来说也同硼原子一样,但在名称中要把碳原子的位置标明并尽可能给予最低的编号。不过,在文献中常出现许多编号不一致的名称.现仅举三例来说明一下碳硼烷的一般命名法:

1) 闭式-1,2-$C_2B_4H_6$(图 6.25)的英文名称是 1,2-dicarba-*closo*-hexaborane(6);中文名称是 1,2-二碳代-闭式-己硼烷(6)。在这个命名中,以己硼烷(6)

$[B_6H_6]$作为假想母体，有两个 B 原子被两个 C 原子所代替，碳原子处在 1,2 位置上。

2）巢式-2,3,6-$C_3B_3H_7$（图 6.26）的英文名称是 2,3,6tricarba-*nido*-hexaborane(7)；中文名称是 2,3,6-三碳代-巢式-己硼烷(7)[有时也称 1,2,3(或 2,3,4)-三碳代-巢式-己硼烷(7)]。

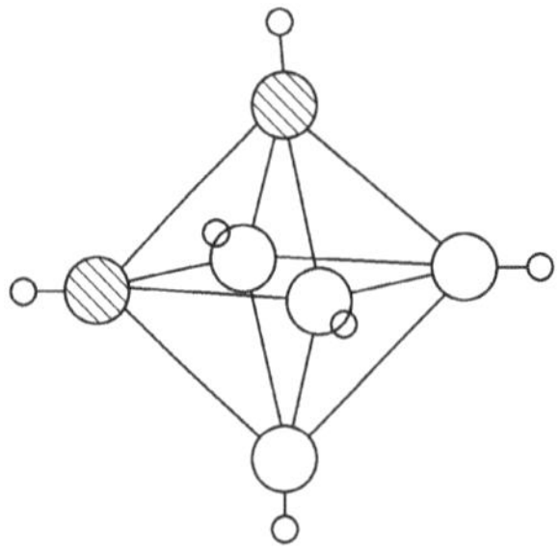

图 6.25　闭式-1,2-$C_2B_4H_6$

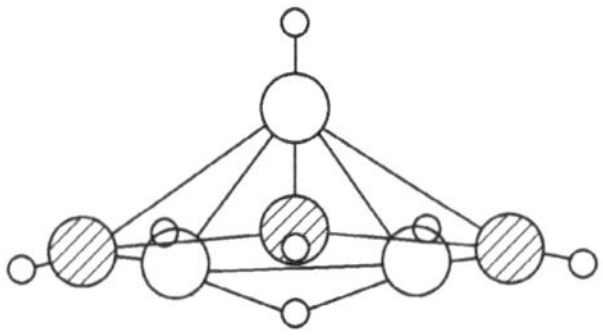

图 6.26　巢式-2,3,6-$C_3B_3H_7$

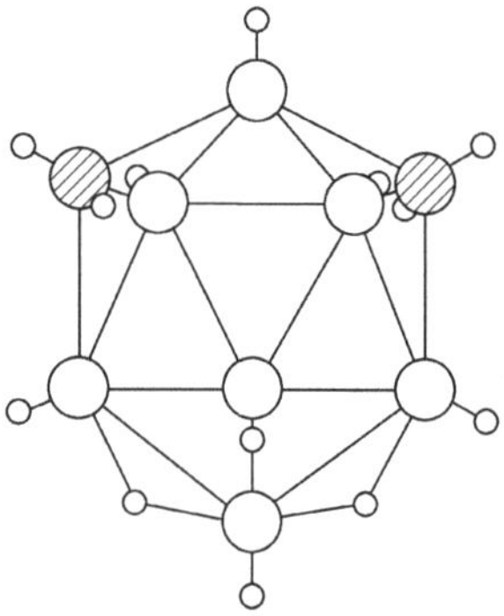

图 6.27　网式-1,3-$C_2B_7H_{13}$

3）网式-1,3-$C_2B_7H_{13}$（图 6.27）的英文名称是 1,3-dicarba-*arachno*-nonaborane(13)；中文名称是 1,3-二碳代-网式-壬硼烷(13)[也可以叫做 4,6-二碳代-网式-壬硼烷(13)]。

4.1.2　硼烷及其衍生物的结构和成键

硼烷类化合物是一类"缺电子化合物"，为了说明它们的结构，人们提出了三中心两电子共价键的成键原理．这种原理认为在硼烷及其衍生物的分子或离子中，除了有正规的两中心两电子共价键外，还存在着三种型式的三中心两电子共价键；

B—H—B 硼氢桥键（可表示为 B╱H╲B ）、闭合型的 B—B—B 键（可表示为 B 连接于中心、下接 B　B 的 Y 形 ）和开口型（或桥式）B—B—B 键（可表示为 B╱B╲B ）。根据这种成键原理，诺贝尔奖金获得者 Lipscomb 运用半拓扑学的方法成功地描述了许多已知几何构型的硼烷类化合物内部的成键方式，并且还预言了一些构型未知的分子和离子内部的成键情况[4]。

当硼烷的组成确定以后，用半拓扑学方法能够画出一种平面投影图。在这种图的下面，还常用圆括号列出硼烷中所含 BHB 键的数目 (s)，BBB 键的数目 (t)，正规，B—B 键的数目 (y) 和 BH_2 基的数目 (x)，即 ($styx$)。图 6.28 是 $B_{10}H_{14}$，分

子和 $B_{10}H_{14}^{2-}$ 离子的半拓扑结构图。由这种图能一目了然地看出硼烷类化合物的成键方式。这种方法的一个基本假定是，每个硼原子至少形成一个正规的 B—H 键，这个键在半拓扑图上是省略不画的。基于这个假定用代数方法也常能方便地确定 ($styx$)。这是因为，每个硼原子可用于成键的原子轨道有四个 ($2s$,$2px$,$2py$,$2pz$)，价电子有三个。在形成一个正规的 B—H 键后，剩下三个成键轨道和两个价电子。如硼烷的分子式为 B_pH_{p+q}，它能形成 s 个 BHB 键（每个键相当于两个 B 轨道，一个 B 电子，一个 H 原子），t 个 BBB 键（三个 B 轨道，两个 B 电子），y 个 B—B 键（两个 B 轨道。两个 B 电子），x 个 BH_2 基（相当于一个额外的 B—H 键，合一个 B 轨道，一个 B 电子，一个 H 原子）。则必有电子数平衡 $s+2t+2y+x=2p$，轨道数平衡 $2s+3t+2y+x=3p$ 和氢原子数平衡 $s+x=q$。解这三个联立方程，并记住 s,t,y 和 x 都只能取非负整数，由此得出的 ($styx$) 只能是有限的几组。为唯一地稳定成键方式，不论是作半拓扑图还是采用代数方法，有时必须考虑分子的对称性和化学性质。

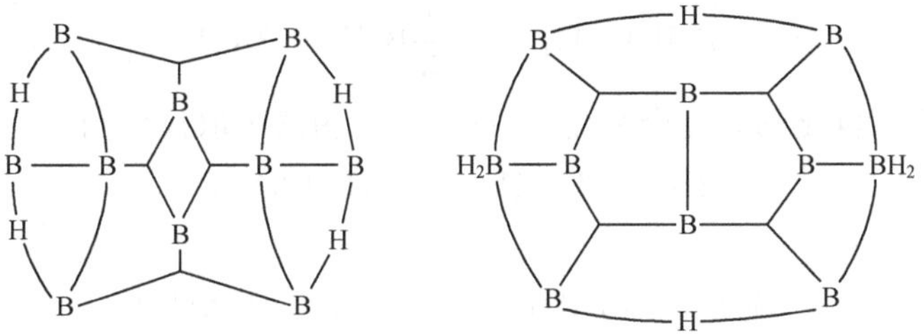

$B_{10}H_{14}$
(4620)

$B_{10}H_{14}^{2-}$
(2632)

图 6.28 $B_{10}H_{14}$ 分子和 $B_{10}H_{14}^{2-}$ 离子的半拓扑结构

定域两中心键和三中心键的概念，在说明对称性较低或者具有多面体碎片结构的硼烷及其衍生物的成键时是比较成功的。可是，对于那些对称性较高或者具有闭合多面体结构的硼烷及其衍生物（如 B_5H_9、$B_{10}H_{10}^{2-}$ 和 $B_{12}H_{12}^{2-}$ 等），就不大合适了；这时，应该用一种在讨论富硼硼化物成键时曾经介绍过的更为通用的多中心分子轨道法来说明较为合适[5]。在研究硼烷及其衍生物的结构方面，研究成果一直在不断地有所发展[6]。

在研究高级硼烷、碳硼烷及它们的衍生物的结构时，人们总结出一套规律：即这类化合物（包括硼烷阴离子和碳硼烷阴离子）的骨架结构，可以从它们所含的骨架成键电子对的数目推导出来；成键电子对的总数减去分配给每个骨架原子的一个端梢 B—H 键或 C—H 键一对电子之后，余下的电子对数目就是骨架成键电子对的数目：就一种具有 n 个骨架原子的高级硼烷或碳硼烷（包括分子和离子）而言，如果它的骨架成键电子对数目为 $(n+1)$ 时，它将采取闭合结构，$(n+2)$ 和 $(n+$

3）时，则将分别采取巢式和网式结构[7][8]。

4.2　乙硼烷(6)B_2H_6

4.2.1　制备[1,2]

制备乙硼烷(6)一般有六类方法：

(1) 用质子(H^+)进行阳离子取代作用。

例如，
$$MnB + 3H^+ \longrightarrow \frac{1}{2}B_2H_6 + Mn^{3+}$$

(2) 用单质氢(H_2)进行氢化反应。

例如：
$$BCl_3 + 3H_2 \longrightarrow \frac{1}{2}B_2H_6 + 3HCl$$

$$R_3B + 3H_2 \longrightarrow \frac{1}{2}B_2H_6 + 3RH$$

(3) 用金属氢化物和复合氢化物(H^-)进行阴离子取代作用。

例如：
$$2BF_3 + 6NaH \longrightarrow B_2H_6 + 6NaF$$

$$4BCl_3 + 3LiAlH_4 \longrightarrow 2B_2H_6 + 3LiAlCl_4$$

(4) 通过质子迁移作用或电解作用，从 BH_4^- 离子中脱去 H^-。

例如：
$$KBH_4 + H^+ \xrightarrow{\text{无水酸}} \frac{1}{2}B_2H_6 + K^+ + H_2$$

$$LiBH_4 \xrightarrow{\text{电解}} Li + \frac{1}{2}B_2H_6 + \frac{1}{2}H_2$$

(5) 高级硼烷的热降解。

例如：
$$B_4H_{10} \xrightarrow[\Delta]{} B_2H_6 + \text{高级硼烷和聚合物}$$

$$B_4H_{10} + B_5H_{11} \xrightarrow[\Delta]{} 2B_2H_6 + B_5H_9$$

(6) 通过配位作用使高级硼烷降解。

例如：
$$B_4H_{10} + 2(CH_3)_2O \longrightarrow (CH_3)_2O \cdot BH_3 + (CH_3)_2O \cdot B_3H_7$$
$$(CH_3)_2O \cdot BH_3 \longrightarrow \frac{1}{2}B_2H_6 + (CH_3)_2O$$

最初,人们是通过热分解硼化镁的水解产物 B_4H_{10} 来制备 B_2H_6 的;后来,采用下列反应制得了纯度为 90—95%的 B_2H_6:

$$3LiBH_4 + (C_2H_5)_2O \cdot BF_3 \xrightarrow{(C_2H_5)_2O} 2B_2H_6 + 3LiF + (C_2H_5)_2O$$

为了避免使用挥发性醚类和产生副产物(C_2H_5F),有人用二甘醚(diglyme;$(CH_3O \cdot CH_2CH_2)_2O$)代替乙醚作溶剂,用便宜的 $NaBH_4$(或 KBH_4)代替 $LiBH_4$ 来制备 B_2H_6:

$$3NaBH_4 + 4BF_3 \xrightarrow{\text{二甘醚}} 2B_2H_6 + 3NaBF_4$$

但因只有 4/7 的硼转化为 B_2H_6,因而结果是不能令人满意的。

在实验室里,通过无水酸对 $NaBH_4$(或 KBH_4)进行质子迁移作用,也可方便地制取 B_2H_6。例如:

$$NaBH_4 + H_2PO_3F \xrightarrow{\text{真空}} \frac{1}{2}B_2H_6 + NaHPO_3F + H_2 \text{(79\% 产率)}$$

如果用无水硫酸,则将会被部分地还原成 SO_2 和 H_2S;用无水磷酸时,产率为 70%。应该注意,所有这些反应都是强烈放热的,反应物过快混合都会引起危险的猛烈反应。

有一种制备 B_2H_6 的方法可以不用气态反应剂和挥发性醚类,也可以不要加热:

$$2NaBH_4 + Hg_2Cl_2 \xrightarrow{\text{二甘醚}} B_2H_6 + H_2 + 2NaCl + 2Hg$$

产品较纯,产率可达 98%,溶剂和汞都可回收。另外还有一些便于发生和计量、可用于硼氢化反应和其他反应的乙硼烷制法,在此就不再列举了。

4.2.2 分子结构和物理性质[1]

乙硼烷(6)的分子结构和分子内部的电荷分布如图 6.29 所示,这是一种由两个对称的三中心 BHB 氢桥键所构成的分子。其中两个硼原子各用两个 sp^2 杂化轨道分别与两个氢原子的 1*s* 轨道重叠而成两个互为~120°角的 σ 键(B—H 键),这四个键同处在一个平面上,共用 8 个成键电子,每个硼原子又用第三个 sp^2 杂化轨道和余下的一个 *p* 轨道组合而成两个轨道 ϕ,一个指向平面的上边,一个指向平面的下边,分别与一个“桥氢”原子的 1*s* 轨道对称地组合而成两个成键 BHB 分子轨道,构成两个三中心 BHB 桥键,并正好用上其余的 4 个价电子。

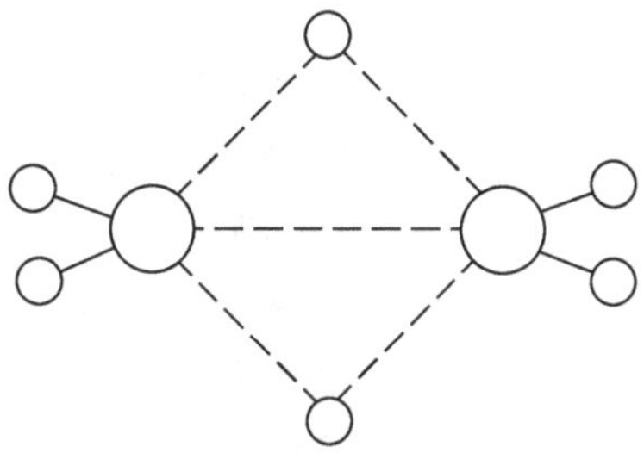

图 6.29 B_2H_6 的分子结构

在这个结构中,两个硼原子之间的距离虽然与单质硼内的 B—B 键很相近,但二者没有直接成键，而是通过两个 BHB 桥键连接在一起的。所以它们之间不能旋转。

B_2H_6 是一种无色气体，在常压下于 180.6K 液化。它至少有两种晶状变体：低温的 α 型和高温的 β 型，二者的转变温度大约是 60K。现将它的物理性质和热力学性质汇列在表 6.10 中[1]。

B_2H_6 在二甘醚（diglyme）中的溶解度为：7.4mg/g 溶剂（20℃，1atm）；29.5mg/g 溶剂（20℃，5.01atm）。下面一些数据是它在其他溶剂中的溶解度（20℃，1atm 时每 ml 溶剂溶解 B_2H_6 气体的 ml 数）：

硝基苯——24.7；液体石蜡——10.02；糠醛——10.52；乙基溶纤剂——1.71；硅酮——8.8；二癸基酞酸酯——8.7；$(C_2H_5O)_3SiH$——4.7；$(C_2H_5O)_4Si$——5.8。B_2H_6 在各种溶剂中的溶解热，一般是在 4—209kJ/mol 范围内。

乙硼烷(6)虽然是一个吸热化合物，但相当稳定。如果 β- 菱形硼的原子化热是 562.7kJ/mol，则 B_2H_6 的原子化热是 2397.9kJ/mol。这就是说，B_2H_6 分子内的化学键是比较牢固的。根据间接法估算 $B_2H_6 \longrightarrow 2BH_3$ 的离解能大约是 92kJ/mol，B—H 键的平均键能大约是 384.6kJ/mol。

4.2.3　化学性质[1,2]

乙硼烷(6)B_2H_6 的化学性质相当活泼（表 6.10），即使是在室温或低于室温时，它也可以与各种无机分子和有机分子起反应。这一方面是由于它是吸热化合物，但更主要的是由于硼对氟、氧、氮、磷等这些电负性元素有很大的亲和力．反应的结果，往往是 B—H 键和 BHB 桥键断裂而形成 B—F、B—O、B—N、B—P 等键。

表 6.10　B_2H_6 的物理性质和热力学性质

性　　质	数　　据
熔点(℃)	－164.85
沸点(℃)	－92.59
液体密度(g/cm^3)	0.4282(沸点，1atm.)
气体密度(g/cm^3)	1.947×10^{-3}(沸点，1atm.)
molar 体积(cm^3/mol)	64.67(沸点，1atm)
临界温度(℃)	16.71
临界压力(atm)	39.52
临界体积(cm^3/mol)	166.9
气化热(kJ/mol)	14.318(沸点，1atm)
气化熵(J/mol·K)	79.287(沸点，1atm)
热函(kJ/mol)	11.954(25℃，1atm)

续表

性　质	数　据
熵(J/mol·K)	232.00(25℃,1atm)
比热 C_p(J/deg·mol)	56.90(25℃,1atm)
热容商 C_p/C_v	1.1790(25℃,1atm)
生成焓(kJ/mol)	35.6(25℃,1atm)
生成熵(J/mol·K)	−171.42(25℃,1atm)
Gibbs 生成自由能(kJ/mol)	86.61(25℃,1atm)
粘度(Ns/cm^2)	77.6×10^{-13}(26.85℃,1atm)
表面张力(N/cm)	18.32×10^{-7}(−120.3℃)
液体的介电常数	2.3721—0.0027653T
导热系数(J/cm·s·K)	217.6×10^{-6}(26.85℃,1atm)
磁化率	-2.1×10^{-3}
第二维里系数(cm^3/mol)	−227
Joule-Thomson 系数(K/atm)	1.1088(25℃,1atm)

乙硼烷(6)的化学反应,从产物来看一般可概括为下列几类:加合反应;取代反应;加成反应(或硼氢化反应);起还原作用的反应和其他反应。不过,这样的分类并不是绝对的,因为它们之间可能会出现重叠,更没有涉及反应历程．现通过一些实例来介绍一下它的各类反应:

(1) 加合反应

B_2H_6 可以与许多配位体形成单桥加合物,尽管这些化合物不一定可以分离出来。例如:$C_5H_5N\cdot B_2H_6$,$(C_2H_5)_3N\cdot B_2H_6$,$NH_3\cdot B_2H_6$,$CH_3NH_2\cdot B_2H_6$ 和 $(CH_3)_3N\cdot B_2H_6$ 等等。这些加合物的结构大概可以表示为:

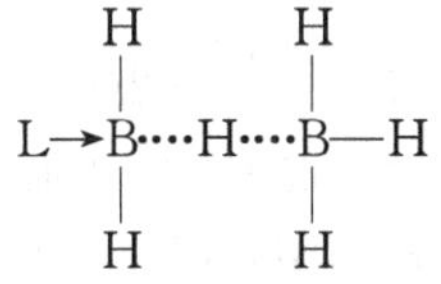

不过,在正常情况下反应还会继续下去,进一步与第二个配位体作用,或者发生对称断裂的加合反应,或者发生不对称断裂的加合反应;

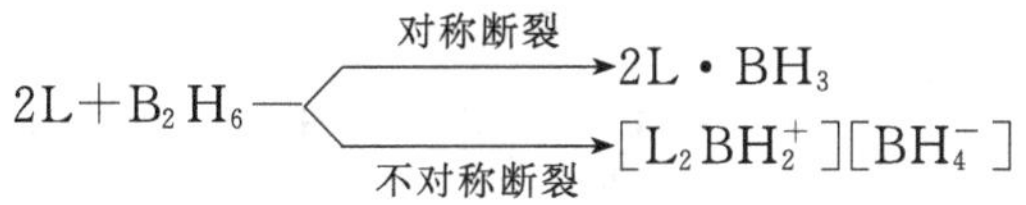

在对称断裂反应中,除中性分子外,各种阴离子也可以起配位基的作用。例如;

$$BH_4^- + \frac{1}{2}B_2H_6 \longrightarrow B_2H_7^-$$

$$AlH_4^- + \frac{1}{2}B_2H_6 \longrightarrow AlBH_7^-$$

$$CN^- + \frac{1}{2}B_2H_6 \longrightarrow BH_3CN^-$$

$$F^- + \frac{1}{2}B_2H_6 \longrightarrow BH_3F^-$$

此外，与 SiH_3^-、GeH_3^-、RCO_2^-、CNO^-、R_2NCS^-、$C(CN)_3^-$、$N(CN)_2^-$、SCN^- 和 N_3^- 等阴离子还可进行生成不稳定加合物的对称断裂反应。B_2H_6 还会与一些金属羰基阴离子进行显著的对称断裂反应，生成络合物。例如：$[(CO)_5MnBH_3]^-$、$[(CO)_5ReBH_3]^-$ 和 $[(CO)_4Mn(C_6H_5)_3PBH_3]^-$ 等。

乙硼烷(6)与氨、甲胺和二甲胺可直接生成不对称断裂产物：$[L_2BH_2^+][BH_4^-]$ ($L=NH_3$、CH_3NH_2、$(CH_3)_2NH$)。但三甲胺的不对称断裂产物 $[(CH_3)_3N]_2BH_2^+BH_4^-$，要通过其他途径来制备。另外，$B_2H_6$ 也能与二甲亚砜进行不对称断裂反应，生成 $[(CH_3)_2SO]_2BH_2^+BH_4^-$。

(2) 取代反应

B_2H_6 分子中的端梢氢原子，可被一些有机基团取代而形成许多乙硼烷(6)的有机衍生物：

$$(6-n)B_2H_6 + 2nBR_3 \rightleftharpoons 6B_2H_{6-n}R_n \qquad (n=1,2,3,4)$$

但要想取代桥氢原子形成五、六取代物，则总是会引起桥键的断裂而发生歧化作用。其他取代物如三取代物，也会发生歧化作用：

$$2B_2H_3R_3 \rightleftharpoons B_2H_4R_2 + B_2H_2R_4$$

不过，这种歧化常常很慢，甚至还可将各个化合物通过低温精馏分离出来。

通过 B_2H_6 与有机金属化合物反应，也可在它的端梢移接上有机基团。例如：

$$R_4Pb + B_2H_6 \longrightarrow R_3PbH + RB_2H_5 \qquad (R = CH_3、CH_2=CH 等)$$

可是，有些有机金属化合物可使 B_2H_6 断裂桥键而放出 H_2。例如：

$$(CH_3)_4Sb_2 + B_2H_6 \xrightarrow{100℃} 2(CH_3)_2SbBH_2 + H_2$$

当然，烃基乙硼烷并非一定要直接通过 B_2H_6 来制备。

B_2H_6 与有限量的 NH_3 和 R_2NBH_2 ($R=CH_3$、C_2H_5 等)在合适的条件下作用，可分别产生乙硼烷的桥式取代物：

$B_2H_6 + NH_3$(限量的) $\longrightarrow$ 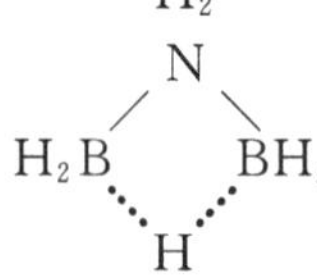 $+ H_2$　　(μ-氨基乙硼烷)

$B_2H_6 + 2R_2NBH_2 \longrightarrow 2$ 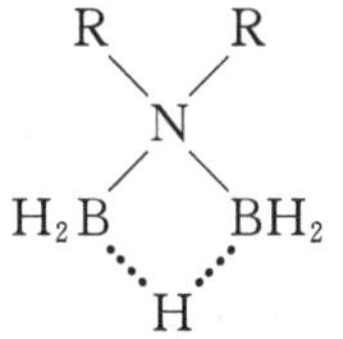 （μ-二烷氨基乙硼烷）

μ-二甲胺基乙硼烷(6)[μ-$(CH_5)_2NB_2H_5$]也可通过 B_2H_6 与[$(CH_3)_2NBH_3$]$^-$ 反应[5]或别的方法[9]来制得。在这些桥式取代物中，μ-NH_2 和 μ-NR_2 的结合比 BHB 桥键牢固，例如 μ-$NH_2B_2H_5$ 在加热时 BHB 键断开而失去$\frac{1}{2}B_2H_6$，但 μ-NH_2 结合将保存下来而形成聚合物$(H_2NBH_2)_n$。通过气相热解$(CH_3)_2NH \cdot BH_3$ 可以制得两个桥氢被取代的乙硼烷 μ-$[(CH_3)_2N]_2B_2H_4$[10]；从这个含有 B_2N_2 四元环的化合物在乙醚中于室温下与 LiH 反应要几个月之后才能产生$Li[(CH_3)_2NHB_3]$来看[11]，也说明 μ-NR_2 的结合是牢固的。

通过 B_2H_6 进行下列连续反应，可制得 μ-SHB_2H_5：

$$B_2H_6 + R_4NHS \longrightarrow [R_4H]^+[HS(BH_3)_2]^- \xrightarrow{\text{无水 HCl}} R_4NCl + H_2 + \mu\text{-}SHB_2H_5$$

这是一种不够稳定的桥式取代物，它的甲基衍生物 μ-$CH_3SB_2H_5$ 也是已知的，也是不够稳定的。

B_2H_6 的卤代作用只能发生在一个端梢 H 原子上，不能发生在两个或两个以上的端梢 H 原子上，更不能发生在“桥氢”原子上，这可能是由于卤原子吸引电子的能力大，会破坏 BHB 桥键所致，故至今尚未能制得 B_2H_5F。在三种已知的卤代乙硼烷中，B_2H_5Cl(熔点－143℃，外推沸点约为－11℃)最不稳定，在空气中易自燃，可通过在过量氢存在下对 BCl_3 进行放电作用来制备，但就乙硼烷的取代作用而言，可通过下列平衡来制取：

$$B_2H_6 + BCl_3 \rightleftharpoons B_2H_5Cl + BHCl_2$$

B_2H_5Br 和 B_2H_5I 同样可以通过 $B_2H_6^-$ 和 BX_3(X＝Br、I)之间的平衡来制备，这种方法经改进后可使 80％的 B_2H_6 转化成 B_2H_5X[12]。对于 B_2H_5Br 来说，还可通过单质 Br_2 对 B_2H_6 进行直接的取代反应来制备：

$$B_2H_6 + Br_2 \longrightarrow B_2H_5Br + HBr$$

由于单质 Cl_2 对 B_2H_6 的反应太猛烈，单质 I_2 对 B_2H_6 的反应太缓慢，所以 B_2H_5Cl 和 B_2H_5I 二者都不宜用这种直接取代反应来制备。

(3) 加成反应(或硼氢化反应)

在有机合成中，B_2H_6 是一种有多方面用途的反应试剂，并且使用比较方便。B_2H_6 的加成反应涉及范围较广，在此只能择要介绍。

B_2H_6 在室温下能平稳而又迅速地与烯烃发生加成反应，几乎定量地生成有机硼烷：

$$3RCH{=\!=}CH_2 + \frac{1}{2}B_2H_6 \longrightarrow (RCH_2CH_2)_3B$$

它还可以同共轭二烯的两个双键发生反应；但是不能同芳环反应。与丙二烯反应时，最初生成环状 1,2-丙撑乙硼烷，但很快就会聚合起来。乙炔也可以迅速地硼氢化，并且三键还会进行双硼氢化作用。

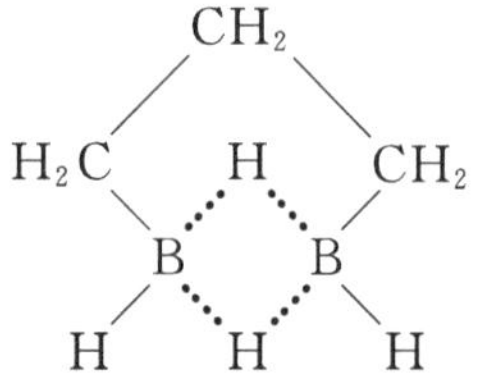

丙烯烃可以通过硼氢化作用之后先进行热异构化生成端梢硼烷，然后再使它转化而成具有端梢烯键的烯烃，或水解而成具有端梢羟基的伯醇：

$$RCH{=}CHCH_2CH_3 \xrightarrow{\frac{1}{2}B_2H_6} RCH_2\underset{}{CH(BH_2)}CH_2CH_3 \xrightarrow[\Delta]{} R(CH_2)_4BH_2$$

$$R(CH_2)_4BH_2 \xrightarrow{K'CH{=}CH_2} RCH_2CH_2CH{=}CH_2$$

$$R(CH_2)_4BH_2 \xrightarrow[H_2O_2]{NaOH} R(CH_2)_4OH$$

硼氢化作用的重要性在于能容易地提供有机硼烷，而有机硼烷可使用于各种合成反应里。举例来说，有机硼烷可与无水羧酸发生加质子分解作用，生成饱和烃；与碱性过氧化氢进行水解作用，生成伯醇，这两种产物所具有的碳原子数都同原先的烯烃碳原子数相等：

$$(RCH_2CH_2)_3B \xrightarrow{C_2H_5COOH} 3RCH_2CH_3$$

$$(RCH_2CH_2)_3B \xrightarrow[H_2O_2]{NaOH} 3RCH_2CH_2OH$$

有机硼烷与 CO 在二甘醚中进行加热反应，可使硼原子上的烷基转移给碳，从而生成叔醇：

$$R_3B + CO \xrightarrow[\text{二甘醚}]{100-125℃} R_3CBO \xrightarrow[H_2O_2]{NaOH} R_3COH$$

有机硼烷在水存在下与 CO 进行加热反应，可生成链长超过原先烯烃两倍的酮：

$$R_3B + CO \xrightarrow[100℃]{H_2O} RB(OH)CR_2OH \xrightarrow[H_2O_2]{NaOH} R_2CO$$

在较低的温度下，有 $NaBH_4$ 或 $LiAlH(OCH_3)_3$ 存在时，可生成伯醇或醛，它们的链长都增加了一个碳原子：

$$R_3B + CO \xrightarrow[NaBH_4/\text{二甘醚}]{45℃} \xrightarrow{KOH} RCH_2OH$$

$$R_3B+CO \xrightarrow[\text{LiAlH(OCH}_3)_3/\text{四氢呋喃}]{25℃} \xrightarrow[\text{缓冲}]{H_2O_2} 2ROH+RCHO$$

此外,有机硼烷 R_3B 还可被铬酸氧化成羧酸;可与碱性硝酸银反应生成烷烃 R—R;可与$(C_2H_5)_2NCl$ 和 I_2/OH^- 反应分别生成卤代烷 RCl 和 RI;可与 NH_2Cl 或氨基磺酸反应生成伯胺等等。

(4) 起还原作用的反应

B_2H_6 是一种亲电子还原剂,它可优先对分子中电子密度高的位置起作用。根据反应的最后效果来看,它的还原反应可概括为如下几种形式:

1) 加两个或四个氢原子之后,没有键断裂的还原反应。

这种还原反应几乎都是同它的加成反应联系在一起的。例如前面提到的 B_2H_6 可使烯烃和炔烃转化成烷烃,就是这种还原反应。对于异极的双键和三键,B_2H_6 的加成作用总是常规地将 BH_2 基加到电子较多的原子上去,如加到 C=O 基的氧原子上去,加到 C≡N 基的氮原子上去。于是,通过加质子分解作用,醛变成伯醇,酮变成仲醇(在 BF_3 存在下,可能发生 $\rangle$C=O 完全被还原成 $\rangle CH_2$ 的反应);同样地,腈被还原成胺,肟被还原成 N-烷基羟胺,Schiff 碱被还原成仲胺:

$$RC\equiv N \longrightarrow RCH_2NH_2$$

$$RR'C=NOH \longrightarrow RR'CH—NHOH$$

$$RC_6H_4CH=NC_6H_4R' \longrightarrow RC_6H_4CH_2NHC_6H_4R'$$

2) 加两个氢原子之后,有键断裂的还原反应。

这种还原反应基本上是发生在单键被还原时,当然,也是同它的加成反应联系在一起的。不过,对于 C—C 键来说,除了具有空间张力的环丙烷外,在常况下几乎都不发生这种还原裂解。环氧化合物也会被还原裂解,但诸如四氢呋喃那样的环醚即使在加热下反应也非常缓慢。缩醛和缩酮都较易发生这种还原反应,其中的一个 C—O 键将被裂解,生成醚和醇:

$$RR'C(OR'')_2 \longrightarrow RR'CHOR''+R''OH$$

3) 脱除一个或几个氧原子的还原反应。

这种还原反应可以加氢原子也可以不加氢原子。例如:膦氧化物$(C_6H_5)_3PO$ 和$[(CH_3)_2N]_3PO$ 几乎都可定量地被还原成相应的膦$(C_6H_5)_3P$ 和$[(CH_3)_2N]_3P$;氧化吡啶可被还原成吡啶;芳族的亚硝基化合物都能被还原成胺。去氧加氢还原作用的又一个例子是下列反应:

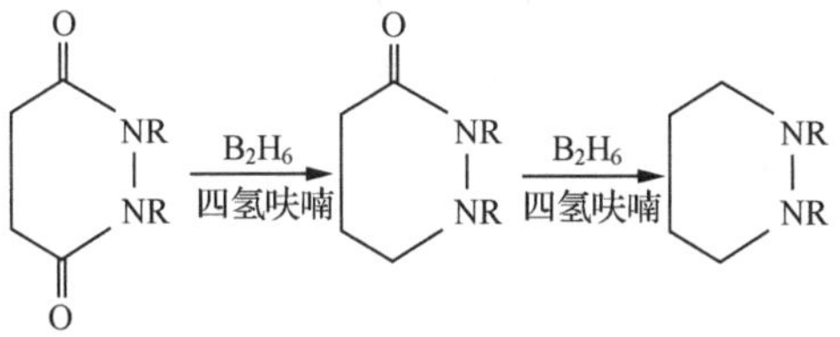

(5) 其他反应

B_2H_6 与碱金属氢化物在适当的溶剂中反应,可形成越来越复杂的硼氢酸盐:

$$NaH \xrightarrow[\text{二甘醚}]{\frac{1}{2}B_2H_6} NaBH_4 \xrightarrow[\text{二甘醚}]{\frac{1}{2}B_2H_6} NaB_2H_7 \xrightarrow[100℃]{\frac{1}{2}B_2H_6} NaB_3H_8 + H_2$$

甚至可形成高级硼烷阴离子 $B_{12}H_{12}^{2-}$。在加压下有一种醚(如四氢呋喃)存在时,MgH_2 和 CaH_2 也可进行同样的反应。

B_2H_6 与钠、钾和钙等金属的反应较缓慢,需要有好几天的功夫,但在一种醚存在下,可使反应变快:

$$2Na + 2B_2H_6 \longrightarrow NaBH_4 + NaB_3H_8$$

B_2H_6 在醚溶液中可与某些醇盐反应生成四氢硼酸盐,并将烷氧基转移给硼原子。例如:

$$3NaOCH_3 + 2B_2H_6 \longrightarrow 3NaBH_4 + (CH_3O)_3B$$

这样的反应可用来制备新的四氢硼酸盐。例如:

$$2(CH_3O)_2Sn + 3B_2H_6 \xrightarrow{-78℃} 2Sn(BH_4)_2 + 2(CH_3O)_2BH$$

$$4R_3PbOCH_3 + 3B_2H_6 \longrightarrow 4R_3PbBH_4 + 2(CH_3O)_2BH$$

二烃氨基同样可以转移给硼原子:

$$2R_{4-n}Sn[N(C_2H_5)_2]_n + nB_2H_6 \longrightarrow 2R_{4-n}SnH_n + 2n(C_2H_5)_2NBH_2$$

还有其他许多在硼化合物中引入 B—N 键的 B_2H_6 的反应,在此就不列举了。

B_2H_6 与某些环状有机硼烷作用,会使环打开而引入 BH_3。例如:

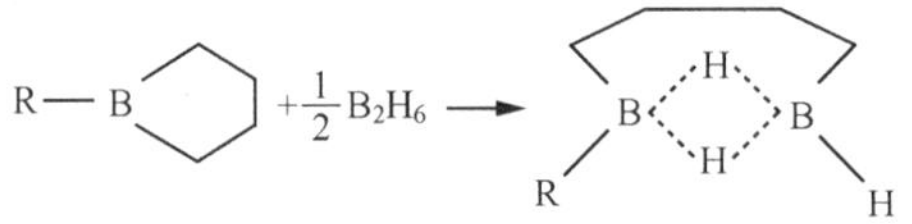

B_2H_6 在常温下与水反应生成硼酸和氢:

$$B_2H_6 + 6H_2O \longrightarrow 2B(OH)_3 + 6H_2$$

但在 −130℃ 时,形成 $B_2H_6 \cdot 2H_2O$,其结构可能是 $(H_2O)_2BH_2^+BH_4^-$ 或 $H_2O \cdot BH_3$;据报道,它与甲醇和乙醇在低温下也有同样的反应[5]。不过,在常况下 B_2H_6 可发生醇解作用:

$$B_2H_6 + 4CH_3OH \longrightarrow 2(CH_3O)_2BH + 4H_2$$

B_2H_6 与氨的作用,除了在低温(−120℃)下可发生不对称断裂反应外,在 90℃ 下将会发生成环反应形成六元的硼氮环;在加热和过量氨的作用下,又会形成亚胺基硼聚合物,进一步加热便生成氮化硼:

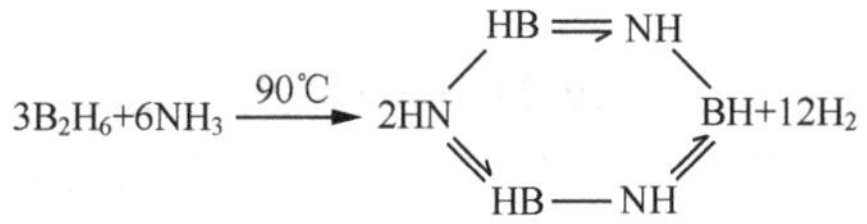

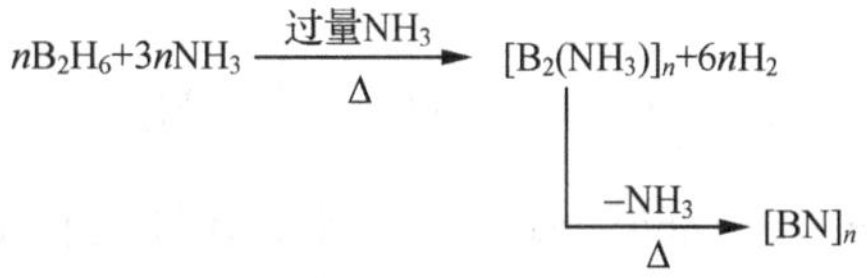

纯 B_2H_6 在室温下对于空气和氧是稳定的，在空气中的闪点是 145－150℃，在氧中的闪点是 130－145℃。不过，在温度超过 110℃时已可进行缓慢的氧化反应了，该反应历程尚未弄清，可能是一种支链自由基历程。在不同条件下，B_2H_6 的不完全氧化产物是 $H_3B_3O_3$ 和 $H_2B_2O_3$，它们的结构式是：

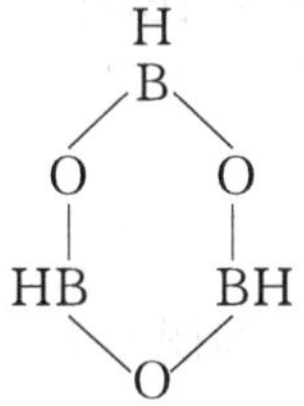

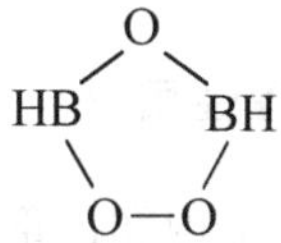

$H_3B_3O_3$ 的结构间三硼三氧环(3)　　$H_2B_2O_3$ 的结构二硼三氧环(2)

B_2H_6 在氧或空气中燃烧，其单位重量的燃烧热仅次于 H_2、BeH_2 和 BeB_2H_8：

$$B_2H_6 + 3O_2 \longrightarrow B_2O_3 + 3H_2O;\ -\Delta H = 2165.6\text{kJ/mol}$$

$$B_2H_6 + 3O_2 \longrightarrow 2B(OH)_3;\quad -\Delta H = 2224.2\text{kJ/mol}$$

为此，乙硼烷(6)及其衍生物曾作为潜在的高能燃料和推进剂而被广泛地研究过。不过，由于各种技术困难，至今未实际采用。

B_2H_6 与氟的反应，即使在低温下也能自发地进行。与氯的反应，在常温下是爆炸性的，而且还会有一些单质硼析出；在较低的温度下，反应比较缓和，可定量地按下式进行：

$$B_2H_6 + 3Cl_2 \longrightarrow 2BCl_3 + 6HCl$$

与溴的反应，甚至在光照和加热下也比较缓慢，纯 B_2H_6 几乎不与碘反应。

除上述这些反应外，B_2H_6 还可在不同条件下进行热解和光解反应，转化成高级硼烷和硼烷阴离子，其中有些反应将在后面有关部分提到，在此不予列举了。

4.3 丁硼烷(10)B_4H_{10}

4.3.1 制备[1,2]

B_4H_{10} 早先都是用酸分解金属硼化物来制备的，后来大多是通过热解 B_2H_6 来制备：

$$2B_2H_6 \longrightarrow B_4H_{10} + H_2$$

在大量氢气存在下，使 B_5H_{11} 在 100℃时进行 10 分钟热降解反应，也可制取 B_4H_{10}：

$$B_5H_{11} + H_2 \rightleftharpoons B_4H_{10} + \frac{1}{2}B_2H_6$$

将 B_5H_{11} 在 0—25℃和 1999.8—2666.4Pa 下进行 1 分钟受控的气相水解反应，可以定量地生成 B_4H_{10}：

$$B_5H_{11} + 3H_2O \longrightarrow B_4H_{10} + B(OH)_3 + 2H_2$$

通过碘代乙硼烷与金属钠的反应，也能制备 B_4H_{10}：

$$2B_2H_5I + 2Na \longrightarrow B_4H_{10} + 2NAI$$

另外，利用多磷酸与 $(CH_3)_4NB_3H_8$ 或 $(C_2H_5)_3NHB_9H_{14}$（这两种化合物可分别由 B_2H_6 和 $B_{10}H_{14}$ 来制取）作用，也能制备少量的 B_4H_{10}。

4.3.2 分子结构和物理性质[1]

丁硼烷(10)的分子结构和内部的电荷分布如图 6.30 所示。在这个结构中 B_2 和 B_4 两个硼原子各与两个端梢氢原子构成一个 BH_2 基（H—B—H 的键角为 122℃）；这两个硼原子又分别通过两个 BHB 氢桥键与 B_1 和 B_3 两个硼原子相连结。B_1 和 B_3 两者直接以 B—B 单键结合；它们还分别与一个氢原子形成 B—H 键，B—B 键和 B—H 键之间互成 118°角。B_1 和 B_4 之间的距离是 1.84Å，B_2 和 B_4 之间的距离是 2.88Å。$\angle B_4B_1B_2 = 98°$；$B_1B_2B_3$ 平面和 $B_1B_3B_4$ 平面间的二面角约为 121°。

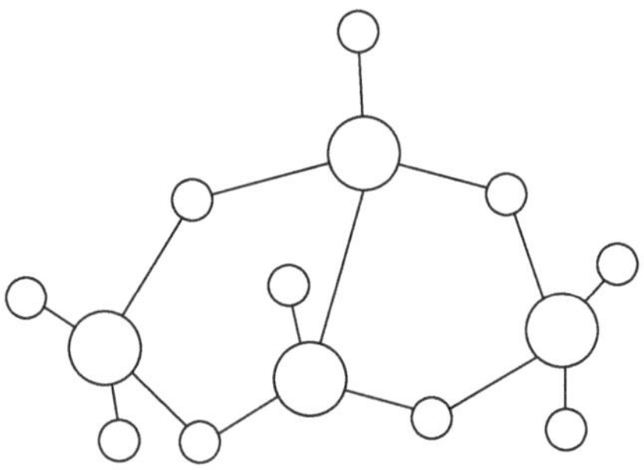

图 6.30　B_4H_{10} 的分子结构

B_4H_{10} 是一种无色的液体或气体，在室温下沸腾，具有难闻的气味。它的热稳定性较差，致使难以精确测定其物理性质。现选择一些较为可靠的数据汇列在表 6.11中[1]，供参考。

表 6.11 B_4H_{10}的一些物理性质和热力学性质

性质	数据	性质	数据
熔点	−120℃	气化热	27.07 kJ/mol
沸点	18℃(1.0133bar)	气化熵	93.7 J/deg · mol
	0℃(0.516bar)	生成热	57.7 kJ/mol
密度(液体)	0.56 g/cm²(−35℃)	原子化热	4.385 kJ/mol
(固体)	0.70 g/cm³	电离能	10.4±0.1eV
偶极矩	0.56±0.01D(在苯中)		

B_4H_{10}在水中的溶解度很小，会漂浮在冷水中缓慢地水解，但没有 B_2H_6 容易水解。B_4H_{10}可以任意溶解在苯和二硫化碳中。

4.3.3 化学性质[1,2]

B_4H_{10}在室温下会降解而成 B_2H_6 和 H_2；在适度热解时能产生 B_5H_9、B_5H_{11}、B_6H_{12}、B_8H_{18}、B_9H_{15}和 $B_{10}H_{14}$等较高级的硼烷。

B_4H_{10}与$(CH_3)_2Hg$ 或 1,2-$(CH_3)_2B_2H_4$ 反应可生成 2-CH_3-B_4H_9。在 $AlCl_3$ 存在下，B_4H_{10}与 CH_2 ═CH_2 反应会产生一种特别的化合物，这种化合物可通过一种 100−0℃的热冷反应器分离出来：

$$B_4H_{10}+C_2H_4 \xrightarrow{AlCl_3} B_4H_8C_2H_4+H_2$$

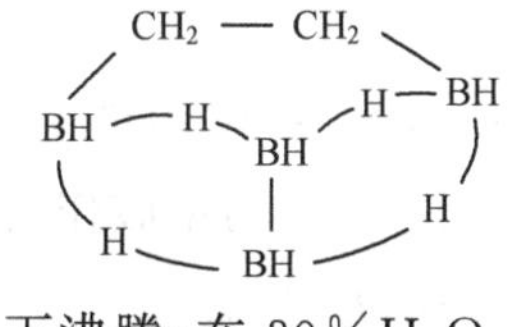

这种产物在 0℃(14.5mmHg)下沸腾；在 30% H_2O_2 作用下，可氧化水解而成乙二醇 $HOCH_2CH_2OH$；与 CH_3OH 作用发生醇解而成 $(CH_3O)_2BCH_2CH_2B(OCH_3)_2$。

B_4H_{10}与 CH≡CH 在室温下作用可生成巢式-碳硼烷 2,3,6-$C_3B_3H_7$ 的一甲基和二甲基衍生物；在 100℃急骤反应，会生成一系列从 $C_2B_3H_5$ 至 $C_2B_8H_{10}$闭式-碳硼烷的衍生物。

纯 B_4H_{10}在空气中不会自燃；在燃烧时，部分氧化的产物是 B_2H_6、H_2 和 $H_2B_2O_3$。它的水解和乙醇解反应相当慢最终产物是 $B(OH)_3$ 和 $B(OC_2H_5)_3$；但也曾分离得到一些聚合产物和别的中间产物，例如在浓 KOH 作用下产生的

$KOBH_3$：

$$B_4H_{10} + 4KOH \longrightarrow 4KOBH_3 + H_2$$

这种产物在空气中是稳定的，具有强还原性。在 I_2 存在下，B_4H_{10} 的甲醇解作用会立即发生，并且反应是定量的：

$$B_4H_{10} + 9I_2 + 12CH_3OH \longrightarrow 4B(OCH_3)_3 + 18HI + 2H_2$$

B_4H_{10} 在 −15℃ 下与 Br_2 反应 12−18 小时，可生成 2-BrB_4H_9（熔点 −37℃）；在 $AlCl_3$ 存在下，与 HCl 反应将缓慢地生成 BCl_3。

B_4H_{10} 在气相中与 NH_3 反应或在 −78℃ 下于醚中与 NH_3 反应；都生成二氨合物 $(NH_3)_2BH_2^+B_3H_8^-$：

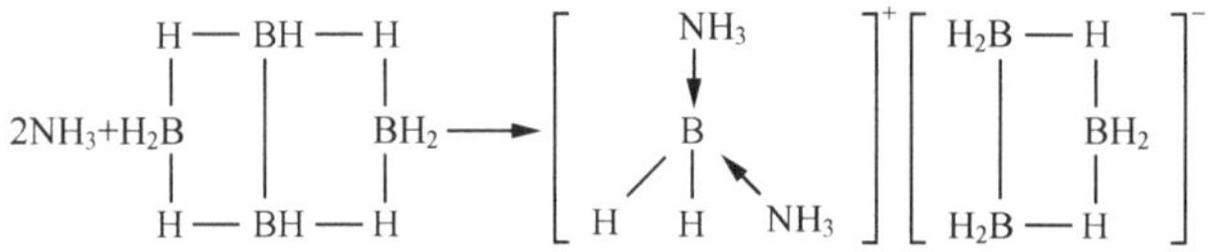

在醚中与 NaH、KBH_4、$KB(OCH_3)_4$、KNH_2 或 KOH 作用下，也同样生成不对称裂解产物，例如：

$$2B_4H_{10} + 4KOH \longrightarrow 2KB_3H_8 + KBH_4 + KB(OH)_4$$

B_4H_{10} 与叔胺的裂解反应，跟与氨的反应不同，生成的不是 BH_2^+ 加合物和 $B_3H_8^-$，而是 BH_3 和 B_3H_7 的加合物。例如：

$$2(CH_3)_3N + B_4H_{10} \longrightarrow (CH_3)_3N \cdot BH_3 + (CH_3)_3N \cdot B_3H_7$$

$$2C_5H_5N + B_4H_{10} \longrightarrow C_5H_5N \cdot BH_3 + C_5H_5N \cdot B_3H_7$$

当然，也会发生较复杂的副反应。与二甲胺的反应随反应条件而变，可生成桥式取代的乙硼烷[1,2]：

$$2(CH_3)_2NH + B_4H_{10} \longrightarrow 2[\mu\text{-}(CH_3)_2NB_2H_5] + H_2$$

也可生成 $[(CH_3)_2NH]_2BH_2^+B_3H_8^-$[13]。与甲胺作用，将发生跟氨相同的不对称裂解反应，生成 $[(CH_3)NH_2]_2BH_2^+B_3H_8^-$[13]。

B_4H_{10} 与某些弱配位体 L（二甲醚、四氢呋喃、乙二醇醚、二甲基硫、噻吩）作用，可离析出 B_2H_6；与一些配位体 L′（R_3N、CN^-、R_2O、R_2S）还可进一步作用，全部生成 BH_3 和 B_3H_7 的加合物：

$$2B_4H_{10} + 2L \longrightarrow 2L \cdot B_3H_7 + B_2H_6$$

$$B_4H_{10} + 2L' \longrightarrow L' \cdot B_3H_7 + L' \cdot BH_3$$

更弱的配位体（如 CO）虽然不能使 B_4H_{10} 裂解，但可与它形成不稳定的加合物，并失去 H_2：

$$B_4H_{10} + CO \xrightarrow{80-110℃} 1\text{-}CO \cdot B_4H_8 + H_2$$

4.4 戊硼烷 B_5H_9 和 B_5H_{11}

4.4.1 B_5H_9 的制备[1,2]

将 B_2H_6 和五倍于其体积的 H_2 混合，通过一种电热反应器，在低于 1atm 下进行热解反应，可较大量地制备 B_5H_9。混合气体在反应器中停留的时间，随温度而变，一般来说，在 250℃下是 3 秒钟；在 240℃下是 5 秒钟；在 225℃下是 15 秒钟，产率可达 60%－80%。在适中的温度下，进行一段时间的恒温热处理，B_5H_9 的纯度可达 99%。这是由于 B_5H_9 的热稳定性在液态硼烷中是最高的，在热处理时其他硼烷都会转化成不挥发的聚合物。

使 $B_5H_8^-$ 质子化也可制备 B_5H_9。在真空下，$B_3H_8^-$ 和 $B_9H_{14}^-$ 与多磷酸进行质子化反应，产物中也有 B_5H_9。路易斯碱的 B_3H_7 加合物，能催化 B_4H_{10} 转化成 B_5H_9；$[(CH_3)_2N]_2BH$ 也可催化 B_4H_{10} 或 B_5H_{11} 转化成 B_5H_9：

$$B_4H_{10} + L \cdot B_3H_7 \longrightarrow B_5H_9 + B_2H_6 + L + H_2$$

$$2B_4H_{10} + [(CH_3)_2N]_2BH \xrightarrow{-15℃} B_5H_9 + B_2H_6 + 2(CH_3)_2NBH_2 + H_2$$

$$2B_5H_{11} \xrightarrow[-78°-0℃]{[(CH_3)_2N]_2BH} B_5H_9 + B_4H_{10} + \frac{1}{2}B_2H_6$$

一种简便的实验室制法是：使 B_2H_6 在一端为 180℃，另一端为－80℃的反应器中进行两天半热解作用，同时生成的 B_4H_{10} 和 B_5H_{11} 可用热处理法除去，或用上面的催化转化法转变成 B_5H_9。热解$[(C_4H_9)_4N]^+[B_3H_7Br]^-$ 也可便利地制备较纯的 B_5H_9[14]。

4.4.2 B_5H_9 的分子结构和物理性质[1]

戊硼烷(9)的分子结构和内部电荷分布如图 6.31 所示，它是一种对称性较高的结构。

B_5H_9 是一种无色的挥发性液体，它的物理性质和热力学性质汇列在表 6.12内[1]。

表 6.12 B_5H_9 的物理性质和热力学性质

性 质	数 据
熔点(℃)	－46.8
沸点(℃)	60.0
密度(g/cm³)	0.6404－0.000883T'

续表

性　　质	数　　据
蒸气压(mmHg)	$\log P = 5.6352 - 1384/(T+250)$,(25—75℃)
	$\log P = 4.4803 - 730/(T+160)$,(75—125℃)
临界温度(℃)	244
临界压力(atm)	37.9
偶极矩(D)	2.13(g);3.4(l)
介电常数	28(0℃)
折射系数	1.4445
表面张力(N/cm)	$r = [(71.1 - 0.143T)\alpha^{2/3}] \times 10^{-7}$
动态粘度(poise)	$\eta = 0.4988$(25℃)
运动粘度(centistoke)	$\log \nu = (344475/T) - 1.45851$
导热系数(W/(m^2·K))	$K_L = 0.49628 - 38.84 \times 10^{-5} T$,($T$=K)
从原子出发的生成热(kJ/mol)	4571.98
S°(J/deg·mol)	98.45(g),184.76(l)
C_p^0(J/deg·mol)	79.50(g),149.79(l)
ΔH_f^0(kJ/mol)	164.4(g),32.6(l)
ΔG_f^0(kJ/mol)	275.93(g),161.5(l)
ΔH_m(kJ/mol)	6.134
ΔS_m(J/deg,mol)	27.02
ΔH_v(kJ/mol)	32.22
ΔS_v(J/deg·mol)	97.5

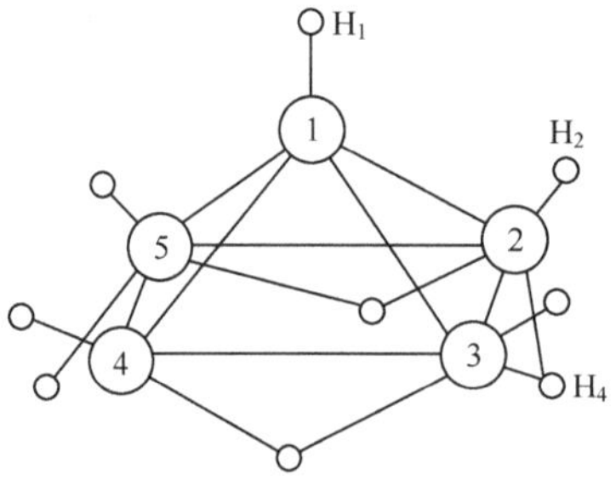

B_5H_9

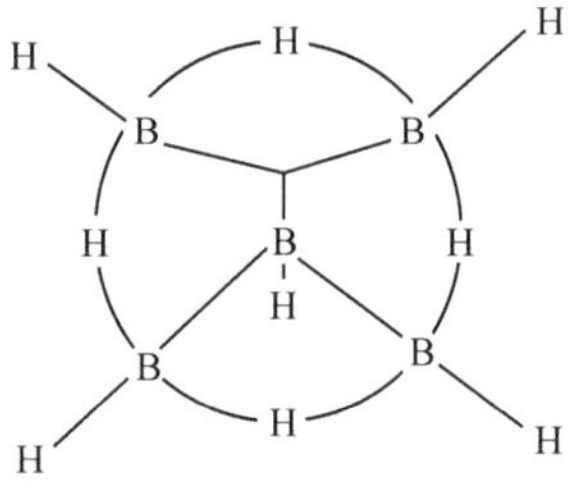

(4120)

图 6.31　B_5H_9 的分子结构

$B_1 - B_2$ 1.66—1.70Å;$B_2 - B_3$ 1.77—1.80Å;$B_1 - H_1$ 和 $B_2 - H_2$ 1.20—1.23Å;$B_2 - H_\mu$ 1.35—1.36Å;$\angle B_1B_2B_3 = 120 \pm 20^{\circ}$;$B_1B_2B_3$ 平面和 $H_\mu B_2B_3$ 平面之间的夹角 $187 \pm 10^{\circ}$(H_1 和 B_1 分别为顶端氢和顶端硼;H_2 和 B_2 分别为底端氢和底端硼;H_μ 为桥氢)。

4.4.3 B_5H_9 的化学性质[1,2]

B_5H_9 在空气或氧中燃烧将产生 B_2O_3 和 H_2O,但难以定量反应。虽然它在空气中不发生强烈的反应,可是在合适的条件下它可能自燃、爆炸甚至爆鸣,它的不完全氧化反应相当复杂,能产生 H_2、B_2H_6 和一种白色固体,这种固体可能是 $B_2H_2O_3$ 和 $B_4H_{12}O$ 或 $B_4H_{10}O$,这也许跟反应条件有关。

B_5H_9 不能和水混溶,但能缓慢地与水反应;水中如有二氧杂环己烷,水解将加快进行。它溶解在 30%NaOH 中几乎没有气体产生。在室温下;它的甲醇解作用要过夜才能接近完成;与烷基硫醇作用将发生裂解反应放出 H_2 并生成有三个烷硫基的硼烷。B_5H_9 在水解和醇解时,它的 B—B 键可能比 B—H 键更易起反应(被氧氧化时也一样),即

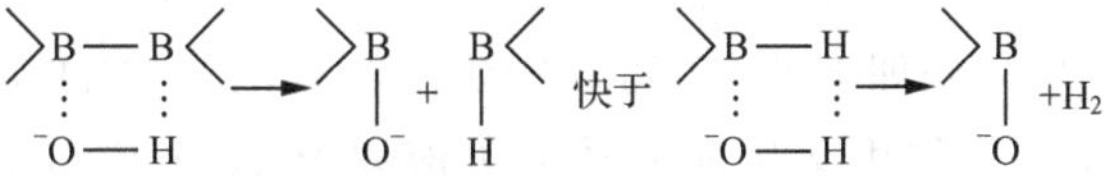

B_5H_9 与碱金属氢化物反应,将放出 H_2 并产生 $B_5H_8^-$:

$$MH+B_5H_9 \longrightarrow MB_5H_8+H_2(M=Li、Na,K)$$

与甲基锂和正丁基锂也会发生类似的反应:

$$RLi+B_5H_9 \xrightarrow[-78℃至-30℃]{(C_2H_5)_2O} LiB_5H_8+RH$$

B_5H_9 在-78℃的乙醚溶液中可与氨生成不对称裂解的二氨合物:

$$B_5H_9+2NH_3 \xrightarrow[-78℃]{(C_2H_5)_2O} (NH_3)_2BH_2^+B_4H_7^-$$

这种产物只有在低于 0℃时才是稳定的;在-78℃的乙醚溶液中与过量 HCl 作用,将定量地发生下列反应:

$$(NH_3)_2BH_2^+B_4H_7^-+HCl \xrightarrow[-78℃]{(C_2H_5)_2O} (NH_3)_2BH_2Cl$$
$$+(C_2H_5)_2O \cdot B_4H_8$$

B_5H_9 与二甲胺作用形成三聚二甲胺基硼烷$[(CH_3)_2N]_3B_3H_3$;与三甲胺作用先形成固体加合物$[(CH_3)_3N]_2B_5H_9$,这种加合物无论是在过量或没有过量三甲胺的情况下,将分别发生下列两种裂解反应:

$$[(CH_3)_3N]_2B_5H_9 \xrightarrow{过量三甲胺} 2(CH_3)_3N \cdot BH_3$$
$$+\frac{1}{x}[B_3H_3(CH_3)_3N]_x$$

$$[(CH_3)_3N]_2B_5H_9 \longrightarrow (CH_3)_3N \cdot BH_3+(CH_3)_3N \cdot B_4H_6$$

B_5H_9 与三甲膦也可形成 1∶2 加合物,这种加合物在过量 1 摩尔三甲膦的作用下,将产生$[(CH_3)_3P]_2B_2H_4$[15]。

B_5H_9 可直接被 Br_2 或 I_2 卤化而成 1-卤代戊硼烷(9)：

$$B_5H_9 + X_2 \longrightarrow 1-XB_5H_8 + HX \ (X = Br、I)$$

相应的 1-ClB_5H_8 可在 0℃下在有 BCl_3 和 $AlCl_3$ 存在时用 Cl_2 处理 B_5H_9 来制备；没有 $AlCl_3$ 将形成低产率的 2-ClB_5H_8；在较强烈的条件下能生成 1,2-$Cl_2B_5H_7$，这种二氯代物在六亚甲基四胺作用下会异构而成 2,3-二氯代物和 2,4-二氯代物的混合物。2-BrB_5H_8 和 2-IB_5H_8 可通过 1-XB_5H_8 的碱催化异构作用来制备。用 SbF_3 氟化 2-IB_5H_8 可生成 2-FB_5H_8。

B_5H_9 与烷基卤进行 Friedel-Crafts 亲电子烷基化作用，可生成顶端氢原子被取代的 1-RB_5H_8。这种烷基取代物也可在亲电子催化剂存在下，通过 B_5H_9 与烯烃直接反应来生成；但在胺或醚的诱导下会发生亲核反应而生成底端氢原子被取代的烷基取代物。

B_5H_9 的桥式取代物可通过 LiB_5H_8 与$(CH_3)_3SiCl$、R_3GeCl 或 R_2PCl 的反应来制备；用$(CH_3)_2BCl$ 处理 LiB_5H_8 可以得到高产率的 μ-$(CH_3)_2B \cdot B_5H_8$。

B_5H_9 与 $Fe(CO)_5$ 作用会生成一种橙色液体 $B_4H_8 \cdot Fe(CO)_3$[16]。在乙醚中 B_5H_9 与 $Fe(CO)_5$ 和 $LiAlH_4$ 反应，将生成乙硼烷(6)合六羰基二铁化合物 $B_2H_6 \cdot Fe_2(CO)_6$[17]。

B_5H_9 与碳、乙炔或其他炔类反应时，将生成碳硼烷。例如，B_5H_9 与碳反应生成 CB_5H_7 和 $C_2B_5H_7$；在 215℃时与乙炔反应生成 CB_5H_9 的 C-甲基异构体；在放电下与乙炔反应生成 $C_2B_3H_5$、$C_2B_4H_6$ 的两种异构体以及 $C_2B_5H_7$。

4.4.4 B_5H_{11}[1,2]

通过乙硼烷(6)在较低的温度(<175℃)下进行短时间的热解反应，可很容易地制得 B_5H_{11}。使 B_4H_{10} 和 B_2H_6 在一种热(120℃)-冷(−30℃)反应器中起反应，也能很顺利地制取 B_5H_{11}：

$$2B_4H_{10} + B_2H_6 \rightleftharpoons 2B_5H_{11} + 2H_2$$

通过 $B_4H_9^-$(可由 B_4H_{10} 与 KH 或 NH_3 作用等方法制取)在约−35℃的乙醚溶液中与 B_2H_6 反应先形成 $B_5H_{12}^-$，然后使 $B_5H_{12}^-$ 与液态 HCl 作用，也可制备 B_5H_{11}[18]。

B_5H_{11} 的分子结构和内部电荷分布如图 6.32 所示，它是一种网式分子。

B_5H_{11} 是一种无色流动性液体，挥发性比 B_5H_9 稍为低一些。现将它的物理性质和热力学性质汇列于表 6.13 中[1]。

B_5H_{11} 的化学性质同物理性质一样，也不如 B_5H_9 研究得多。总的来说，B_5H_{11} 没有 B_5H_9 稳定。例如：B_5H_{11} 在 60℃时可缓慢分解成乙硼烷和少量癸硼烷；在 100℃时它将迅速分解而成乙硼烷和 B_5H_9 等等。

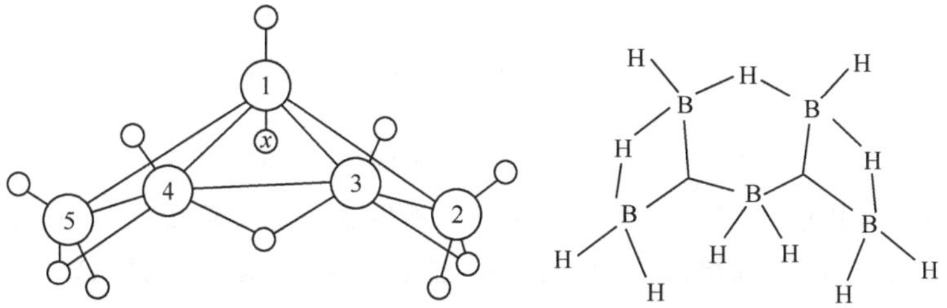

B_5H_{11}　　　　(3203)

图 6.32　B_5H_{11}的分子结构

B_1-B_2 1.77Å；B_1-B_3 1.73Å；B_2-B_3 1.75Å；B_3-B_4 1.77Å；B-Hext 1.07Å；$B-H_\mu$ 1.24Å；
$\angle B_2B_1B_5=107°$。H_x 类似于桥氢 H_μ，介于 H_μ 和外部氢 Hext 之间的中间状态；
B_5-H_x 间距离 1.68Å

表 6.13　B_5H_{11}的物理性质和热力学性质

性　质	数　　据	性　质	数　　据
熔点(℃)	−122	$S°$(J/deg · mol)	293
沸点(℃)	65	ΔS_m(J/deg · mol)	31.84
蒸气压(mmHg)	$\log P=7.8533-1675.7/T67$ (或 92.9±4)	ΔH_v(kJ/mol)	31.84
ΔH_f^0(kJ/mol)		ΔS_v(J/deg · mol)	94.1
ΔG_f^0(298)(kJ/mol)	201		

B_5H_{11}可定量地水解而成 B_4H_{10}、$B(OH)_3$ 和 H_2：

$$B_5H_{11}+3H_2O \longrightarrow B_4H_{10}+B(OH)_3+2H_2$$

B_5H_{11}与强路易斯碱的反应往往是复杂的。例如它与三甲胺的反应：

$$B_5H_{11}+2(CH_3)_3N \longrightarrow 2(CH_3)_3N\cdot BH_3+[B_3H_5]$$

$$[B_3H_5] \longrightarrow \text{液体硼烷}+\text{固体聚合物}+H_2$$

这种反应可用来制备己硼烷。相反，B_5H_{11}与二甲醚反应却可生成一种能分离出来的加合物$[(CH_3)_2O]_2\cdot B_5H_{11}$；这种加合物也许是 B_5H_{11} 碱催化分解生成 B_6H_{10}、B_2H_6、B_4H_{10}和 B_5H_9 时的中间体。

B_5H_{11}与 NH_3 可在−35℃下生成不对称裂解的二氨合物，这种产物在过量 B_5H_{11}作用下将放出 B_4H_{10}而产生 $B_5H_{10}^-$[8]：

$$B_5H_{11}+2NH_3 \xrightarrow{-35℃} [(NH_3)_2BH_2]^+[B_4H_9]^-$$

$$[(NH_3)_2BH_2]^+[B_4H_9]^- + B_5H_{11} \longrightarrow$$

$$[(NH_3)_2BH_2]^+[B_5H_{10}]^- + B_4H_{10}$$

B_5H_{11}与某些弱配位体(如 CO 和 PF_3)作用，将形成裂解产物 $L\cdot B_4H_8$ 和 L ·

BH_3：

$$B_5H_{11}+2CO \xrightarrow[20atm]{25℃} B_4H_8 \cdot CO+BH_3 \cdot CO$$

$$B_5H_{11}+2PF_3 \xrightarrow{30℃} B_4H_8 \cdot PF_3+BH_3 \cdot PF_3$$

B_5H_{11}在 $AlCl_3$ 存在下与烷基卤反应并不生成烷基戊硼烷(11)，而是生成游离的链烷和一种卤代戊硼烷(11)；与乙烯在 25℃反应，主要产物是$(C_2H_5)B_5H_{10}$，同时也生成少量的 $C_2H_4B_4H_8$、B_4H_{10}、$(C_2H_5)_2B_2H_4$、$C_2H_5B_2H_5$、B_2H_6 和 H_2；它与乙炔反应，将生成烷基戊硼烷(11)和碳硼烷。

4.5 己硼烷 B_6H_{10}和 B_6H_{12}以及 $B_6H_6^{2-}$ 离子

4.5.1 B_6H_{10}[1,2]

酸解硼化镁或硼化铍；热解乙硼烷以及在真空下用多磷酸对$[(C_2H_5)_3NH]^+[B_9H_{14}]^-$进行加质子作用，都可产生少量的 B_6H_{10}。通过 B_5H_{11} 的碱催化互变制备 B_6H_{10}，产率有时可达 30%左右。下列数据是 B_5H_{11} 在五种碱催化剂作用下转化成其他硼疪的典型产率(以 mol%计)：

催化剂	温度范围	B_2H_6	B_4H_{10}	B_5H_9	B_6H_{10}
$[(CH_3)_2N]_2BH$	−78—0℃	11	19	37	8.4
$(CH_3)_3N \cdot BH_3$	−20—0℃	32	6.5	10	13
三甲胺	−130—−10℃	13	12	20	17
二甘醚	−20℃	18	33	2	24
二甲醚	−78—−20℃	25	22	3	26

在乙醚中使 B_8H_{12}(由 $B_{10}H_{14}$ 降解制取)。进行有限的水解，可几乎定量地制得 B_6H_{10}；利用 B_2H_6 与 LiB_5H_8 反应；也能制备 B_6H_{10}[5]。近来，人们通过 B_5H_9 的溴化产物 1-BrB_5H_8 在乙醚中与 KH 作用产生 K[1-BrB_5H_7]；然后使它与 B_2H_6 反应可制得 B_6H_{10}[19]。

B_6H_{10}的分子结构和内部电荷分布如图 6.33 所示，其偶极矩计算值为 3.69D。它是一种活泼的中等挥发性的液体，熔点−62.3℃、沸点 108℃；S°(298K)＝291.2J/deg·mol；ΔH_f^0(298K)＝71kJ/mol；ΔG_f^0(298K)＝188.3kJ/mol；蒸气压 $\log P_{mmH_g}=6.4529+1.75\log T-0.00561T-2270/T$。

按理论推测，B_6H_{10}可先发生顶端氢的取代反应，后发生底端氢的取代反应，但这些简单的亲电子或亲核取代反应几乎未见报道。不过，B_6H_{10}在−78℃的乙

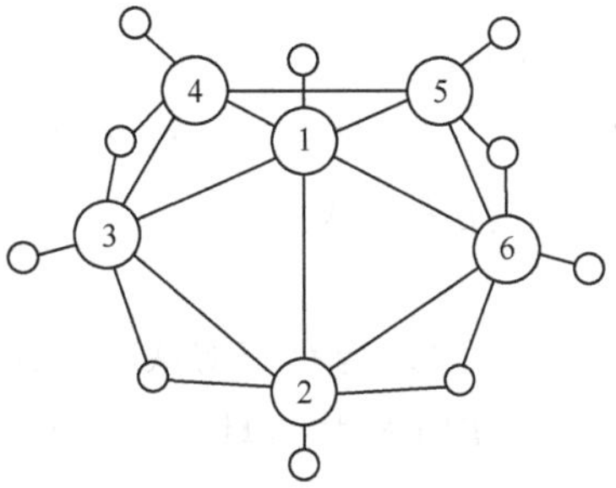

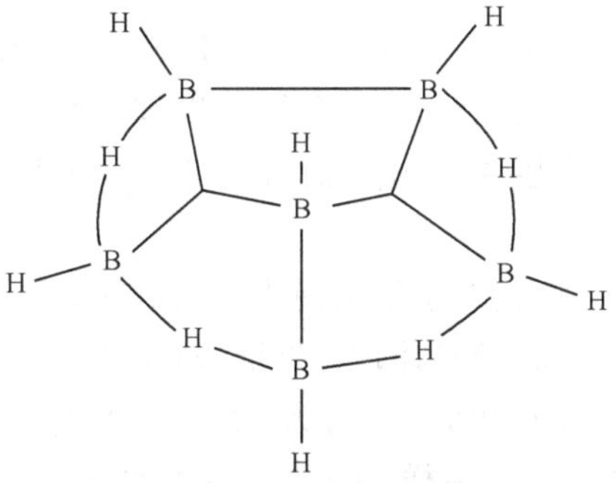

图 6.33 B_6H_{10}的分子结构

B_1-B_2 1.74Å;B_1-B_3 1.75Å;B_1-B_4 1.80Å;B_2-B_3 1.79Å;B_3-B_4 1.74Å;B_4-B_5 1.60Å。

醚中可与甲基锂和氢化钠(钾)作用脱去一个桥氢而形成 $B_6H_9^-$：

$$B_6H_{10}+CH_3Li \xrightarrow[-78℃]{(C_2H_5)_2O} Li^+B_6H_9^-+CH_4$$

$$B_6H_{10}+MH \longrightarrow M^+B_6H_9^-+H_2 \quad (M=Na、K)$$

$B_6H_9^-$ 在室温下分解的很缓慢,比 $B_5H_8^-$ 稳定。另外,我们可以通过下列反应看到,B_5H_9、B_6H_{10}和 $B_{10}H_{14}$之间的相对酸度(给出质子的能力)是随硼烷分子的变大而增强的：

$$LiB_5H_8+B_6H_{10} \xrightarrow[-60℃]{(C_2H_5)_2O} B_5H_9+LiB_6H_9$$

$$LiB_6H_9+B_{10}H_{14} \xrightarrow[-78℃]{(C_2H_5)_2O} B_6H_{10}+LiB_{10}H_{13}$$

在 200℃ 的气相中,用二甲基乙炔来处理 B_6H_{10},可产生少量的碳硼烷 $(CH_3)_2C_2B_6H_6$;在紫外光照射下,产率可达 12%。B_6H_{10}与 $Fe_2(CO)_9$ 作用将生成一种挥发性黄色晶体 μ-$Fe(CO)_4$-B_6H_{10}[8]。B_6H_{10}与$(C_6H_5)_3P$ 作用可生成加合物$(C_6H_5)_3P \cdot B_6H_{10}$。$B_6H_{10}$即使在 90℃的水中,16 小时后也不会水解完全;与 30%的碱作用,只会放出很少量的 H_2。但是,在酸性条件下它将立即完全水解：

$$B_6H_{10}+18H_2O \xrightarrow{H^+} 6B(OH)_3+14H_2$$

4.5.2 B_6H_{12}[1,2]

B_6H_{12}最初是从 B_6H_{10}和其他硼烷的混合物中分离出来的。通过$(CH_3)_4N^+B_3H_8^-$ 在 40℃时与聚磷酸反应,可生成 4%的 B_6H_{12}(同时有 43%的 B_4H_{10}和 14%的混合戊硼烷)。在 110℃下,使 B_2H_6 与 B_4H_{10}作用(10 分钟)来制备 B_5H_{11}时,或者在 110℃和 0℃的一种热-冷管式反应器中进行热解 B_4H_{10}时,都能产生 B_6H_{12}。

在 25℃下缓慢地分解 B_5H_{11}：

$$2B_5H_{11} \longrightarrow B_6H_{12} + B_4H_{10}$$

然后通过气相色谱法提纯，可以较简便地制得 B_6H_{12}。通过 $B_5H_8^-$ 与 B_2H_6 进行加成反应先生成 $B_6H_{11}^-$，而后使 $B_6H_{11}^-$ 与液态 HCl 作用来生成 B_6H_{12}，是一种较新的制法[18]。

B_6H_{12} 的分子结构尚未最后确定，据知导 B_5H_{11} 的结构有密切联系。B_6H_{12} 的熔点为−82.3℃，沸点(外推法)为 80−90℃，挥发性稍大于 B_6H_{10}，−23℃时的蒸气压为 560.0Pa，0℃时为 2266Pa，$\Delta H_f^0 = 110.9$kJ/mol。

同 B_5H_{11} 一样，B_6H_{12} 在过量水存在下也可几乎定量地水解而成 B_4H_{10}：

$$B_6H_{12} + 6H_2O \xrightarrow{0℃} B_4H_{10} + 2B(OH)_3 + 4H_2$$

B_6H_{12} 与二甲醚作用可分离出一个 BH_3 基而产生 B_5H_9：

$$B_6H_{12} + (CH_3)_2O \longrightarrow B_5H_9 + (CH_3)_2O \cdot BH_3$$

B_6H_{12} 经碱催化重排而成 B_5H_9 和 B_2H_6 的焓变计算值为：

$$B_6H_{12}(g) \xrightarrow{\text{碱催化}} B_5H_9(g) + \frac{1}{2}B_2H_6(g), -\Delta H = 33\text{kJ/mol}$$

4.5.3　$B_6H_6^{2-}$ 离子[1]

在 100℃的 $NaBH_4$ 二甘醚(diglyme)溶液中通入 B_2H_6，然后在 162℃将所得的混合物回流 16 小时，便可产生 $B_6H_6^{2-}$ 离子：

$$2BH_4^- + 2B_2H_6 \longrightarrow B_6H_6^{2-} + 7H_2$$

以四取代铵盐 $[(CH_3)_4N]_2B_6H_6$ 计，其产率为 5−11%。还有一种制备 $B_6H_6^{2-}$ 的途径是在乙醇、四氢呋喃或 1.2-二甲氧基乙烷中，用空气逐步氧化 $B_9H_9^{2-}$，使之连续降解而生成 $B_8H_8^{2-}$、$B_8H_8^-$、$B_7H_7^{2-}$，最后可产生 $B_6H_6^{2-}$ 离子。

$B_6H_6^{2-}$ 离子的结构如图 6.34 所示，是一种对称的等边八面体闭式结构。

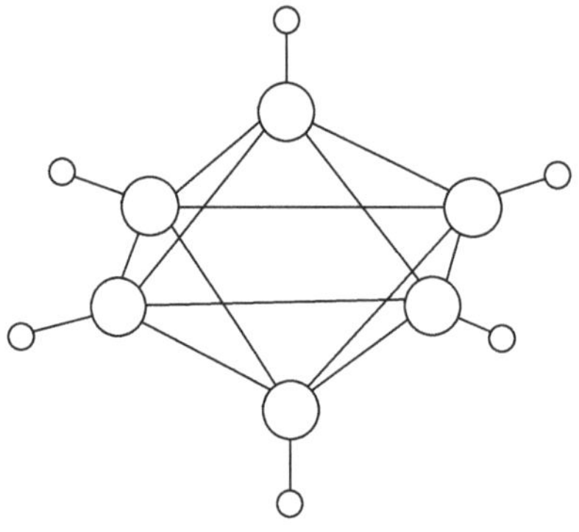

图 6.34　$B_6H_6^{2-}$ 离子和结构

$B_6H_6^{2-}$ 的铵盐、钾盐和铯盐都是已知的，其中铯盐的热稳定性比较好，在封管中加热到 600℃还是稳定的。银盐不够稳定，对热和光都是敏感的，会爆炸。$B_6H_6^{2-}$ 在中性和碱性水溶液中是稳定的，但在酸性溶液中将立即水解。$B_6H_6^{2-}$ 与 NaOBr 作用可溴化而成 $B_6Br_6^{2-}$，这种离子跟 $B_6H_6^{2-}$ 不同，在酸性溶液中是稳定的。

4.6 辛硼烷 B_8H_{12}、B_8H_{14}、B_8H_{16}和 B_8H_{18}以及 $B_8H_8^{2-}$ 离子

4.6.1 B_8H_{12}[1]

当 B_2H_6 和 B_5H_9 的气态混合物(2∶1)同氢气一道在低压(1600Pa)下通过2700V 交流电放电装置时,将低产率地生成不太稳定的 B_8H_{12},用分级凝聚法可将它以纯晶体形式分离出来。在 B_9H_{15}进行一级分解时,也能产生 B_8H_{12};异-B_9H_{15}在-35℃以上分解时,同样也能产生 B_8H_{12}(同时还生成 $B_{10}H_{14}$和正-$B_{18}H_{22}$)。

B_8H_{12}的分子结构如图 6.35 所示,这是一种 B_{12}二十面体的碎片结构:

B_8H_{12}在乙醚中与水反应,可几乎定量地产生 B_6H_{10}:

$$B_8H_{12}+3H_2O \xrightarrow{(C_2H_5)_2O} B_6H_{10}+B_2O_3+4H_2$$

过量的水会进一步使 B_6H_{10}水解而成 B_4H_{10}。B_8H_{12}与 NaH 作用放出 H_2,并生成一种自由基离子 · $B_8H_{12}^-$,经 HCl 处理便可形成 B_8H_{14}。B_8H_{12}与 KB_6H_9 反应的产物,经酸化后可产生一种新的硼烷 $B_{14}H_{20}$(产率不高)[20]。另外,B_8H_{12}可与许多配位体如$(C_2H_5)_2O$、$(CH_3)_3N$ 和 CH_3CN 等生成加合物 L · B_8H_{12}。

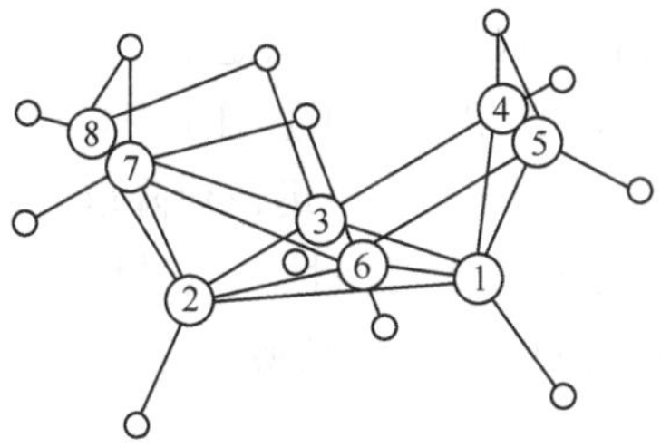

B_8H_{12}

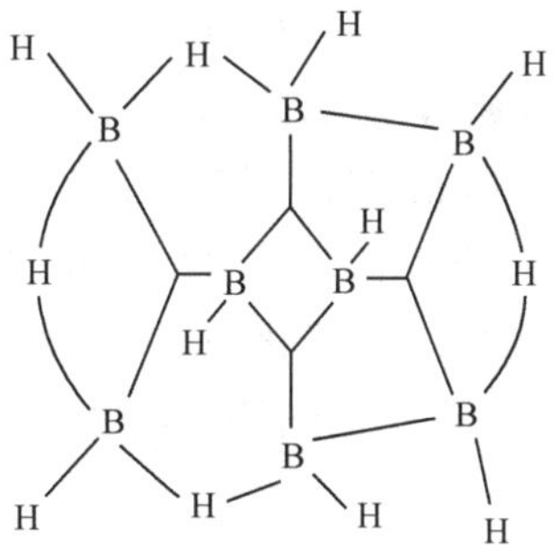

(4420)

图 6.35 B_8H_{12}的分子结构

B_4-B_5 1.674Å;B_7-B_8 1.707Å;B_1-B_2 1.830Å 和 1.826Å;端梢 B—H 1.047—1.138Å;桥氢键都是不对称的,B_3-H-B_8 差异最大,B—H 是 1.300Å 和 1.506Å

4.6.2 B_8H_{14}、B_8H_{16}和 B_8H_{18}[1]

B_8H_{14}可由 B_8H_{12}通过两步合成法来制备:首先用钠汞齐或 NaH 处理 B_8H_{12},并加入$(CH_3)_4NCl$ 使产物形成沉淀$(CH_3)_4N^+B_8H_{12}^-$,然后在一种特别设计的仪器中用液态 HCl 来处理沉淀,便可生成 B_8H_{14}。B_8H_{14}在高于-30℃时会完全分解成 B_8H_{12},在 100℃的水中加热 24 小时,会完全水解。室温下,B_8H_{14}可与 CO 反应生成 BH_3 · CO、B_4H_{10}和 B_4H_8 · CO。B_8H_{14}的分子结构尚未最后确定。

B_8H_{16}可在一种 140℃/－20℃的流动骤冷体系中通过 B_5H_9 与 B_2H_6 的反应来制备(同时有高级硼烷生成)。它不太稳定,分子结构尚未完全确定。

B_8H_{18}是 $B_3H_8^-$ 与聚磷酸作用时的微量产物。它的分子结构如图 6.36 所示,是一种由两个 B_4H_9 单元通过一个 B—B 键连接起来的分子。

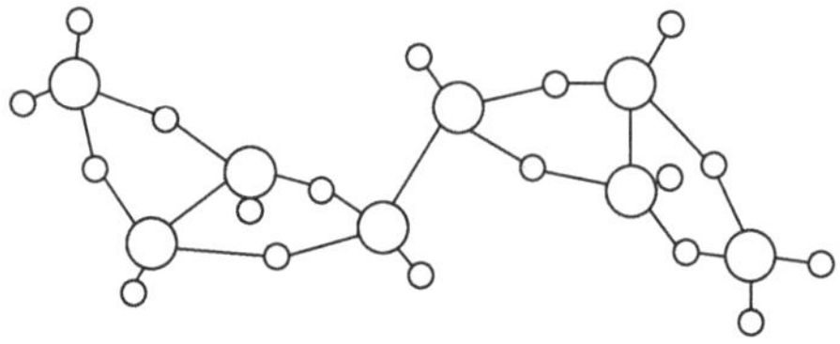

图 6.36 B_8H_{18}的分子结构

4.6.3 $B_8H_8^{2-}$ 离子[1]

$B_8H_8^{2-}$ 离子可通过 $B_9H_9^{2-}$ 离子的局部氧化降解来制取。在 70℃下将 $Na_2B_9H_9$ 在 1,2-二甲氧基乙烷中的悬浮液沸煮 15 分钟,使之生成含自由基离子 · $B_8H_8^-$ 的深红色溶液,而后通入 2 小时空气使它渐渐褪色,最后加入 CsOH 以生成 $Cs_2B_8H_8$,产率约 40%:

$$B_9H_9^{2-} + O_2 + H_2O \longrightarrow B_8H_8^{2-} + B(OH)_3$$

$Cs_2B_8H_8$(密度 2.34g/cm^3)在真空中加热到 600℃时还是稳定的。除了铯盐外,$Rb_2B_8H_8$、$[Zn(NH_3)_4]B_8H_8$、$[Cd(NH_3)_4]B_8H_8$ 和$[(C_6H_5)_3P(CH_3)]_4B_8H_8$ 都是已知的。$B_8H_8^{2-}$ 会被含水的酸和氧化剂(如 Fe^{3+}、Cu^{2+})迅速地降解。在NaOBr作用下,$B_8H_8^{2-}$ 会溴化而成 $B_8Br_6H_2^{2-}$ 离子,这种离子对酸性介质是稳定的。

$B_8H_8^{2-}$ 离子的结构如图 6.37 所示,是一种稍微变形的硼原子十二面体闭式结构:

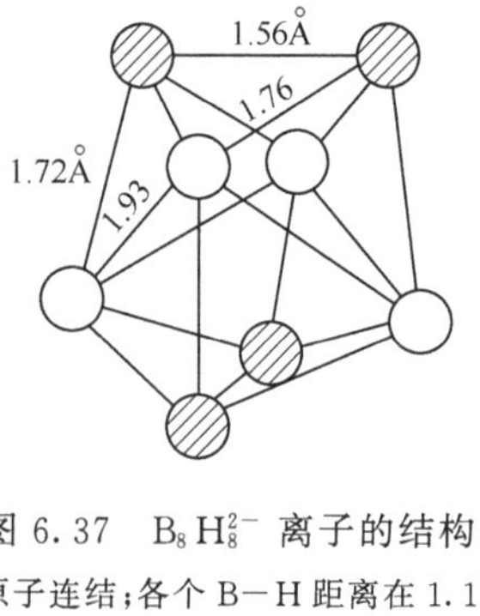

图 6.37 $B_8H_8^{2-}$ 离子的结构

每个 B 原子都各与一个 H 原子连结;各个 B－H 距离在 1.11－1.25(±0.14)Å 范围内

4.7　壬硼烷(15)B_9H_{15}以及B_9H^{2-}离子

4.7.1　正-B_9H_{15}和异-B_9H_{15}[1]

将B_2H_6通过一种放电装置，可制取少量的正-B_9H_{15}。在0℃下使B_5H_{11}与六亚甲基四胺反应，可得到产率为13%的正-B_9H_{15}，这个反应可能是分两步进行的：

$$B_5H_{11}+L \longrightarrow B_4H_8+L\cdot BH_3$$

$$B_4H_8+B_5H_{11} \longrightarrow \text{正-}B_9H_{15}+2H_2$$

在室温下，使B_2H_6和B_5H_{11}进行加压（约25atm）缓慢（要几天时间）反应，也能合成正-B_9H_{15}。在−30℃时，液态B_2H_6与B_8H_{12}反应也可产生正-B_9H_{15}：

$$B_8H_{12}+\frac{1}{2}B_2H_6 \longrightarrow \text{正-}B_9H_{15}$$

正-B_9H_{15}的分子结构如图6.38所示，它是一种不易挥发（28℃时蒸气压为106.7Pa）、熔点为2.6℃的无色液体。在氨或液态氨中的钠汞齐作用下，正-B_9H_{15}会发生脱质子反应而形成$B_9H_{14}^-$离子。它与乙腈作用，将发生裂解反应，产生$B_8H_{12}\cdot NCCH_3$，同时还会形成一些聚合物$(\text{-}BNCCH_3\text{-})_3$[8]。

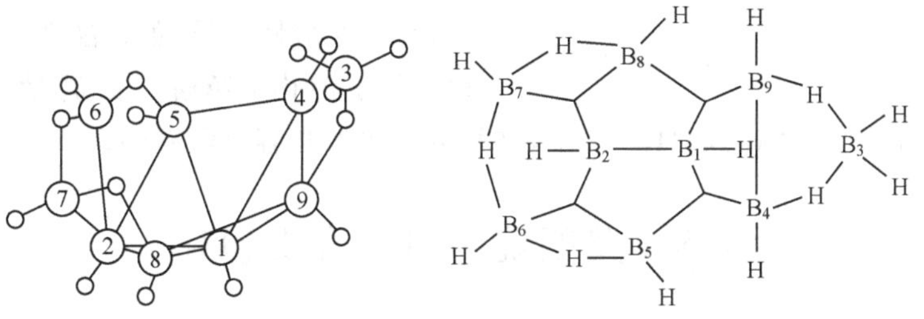

图6.38　正-B_9H_{15}的分子结构

除了B_4-B_9 1.80Å；B_2-B_5和B_2-B_8 1.82Å；B_4-B_5和B_5-B_9 1.95Å外，其他B−B距离都是1.75−1.77Å

在−80℃时，用干燥的HCl处理KB_9H_{14}可制备异-B_9H_{15}。但是，这种化合物在高于−35℃时就会分解成B_8H_{12}、$B_{10}H_{14}$和正-$B_{18}H_{22}$并放出H_2；在100℃时与甲醇作用9小时之后，可以完全被降解。异-B_9H_{15}的分子结构尚未确定。值得提起的是，在甲苯中用过量的CH_3CN处理异-B_9H_{15}，可定量地生成$CH_3CN\cdot B_9H_{13}$，其结构已经测得；可认为这是一种不稳定壬硼烷(13)的加合物。在乙醚中，用干燥的HCl处理MB_9H_{14}还能得到这种壬硼烷的乙醚合物$(C_2H_5)_2O\cdot B_9H_{13}$；通过配位体的置换作用，又可从乙醚合物转化成其他配位体的加合物$L\cdot B_9H_{13}$。

4.7.2　$B_9H_9^{2-}$ 离子[1]

在真空下，在 230℃时热解 CsB_3H_8 可产生 $B_9H_9^{2-}$ 离子：

$$20CsB_3H_8 \longrightarrow 2Cs_2B_9H_9 + 2Cs_2B_{10}H_{10} + Cs_2B_{12}H_{12} + 10CsBH_4 + 35H_2$$

将热解产物放在水中煮沸、过滤，可以分离得到不溶解的 $Cs_2B_9H_9$。在有醚存在时，可提高 $B_{12}H_{12}^{2-}$ 离子的产率，合理选择阳离子、溶剂（如果需要溶剂的话）和加热速度，可控制合成 $B_9H_9^{2-}$、$B_{10}H_{10}^{2-}$，或 $B_{12}H_{12}^{2-}$。另外，$B_9H_9^{2-}$ 离子还可通过 $Na_2B_{10}H_{10}$（240℃）或 $B_{10}H_{14}^{2-}$（310℃）的热解来制备。除铯盐外，它的铊(I)盐和铷盐都是已知的。$B_9H_9^{2-}$ 离子的结构如图 6.39 所示，在三角棱柱的三个面上带三个“帽子”。

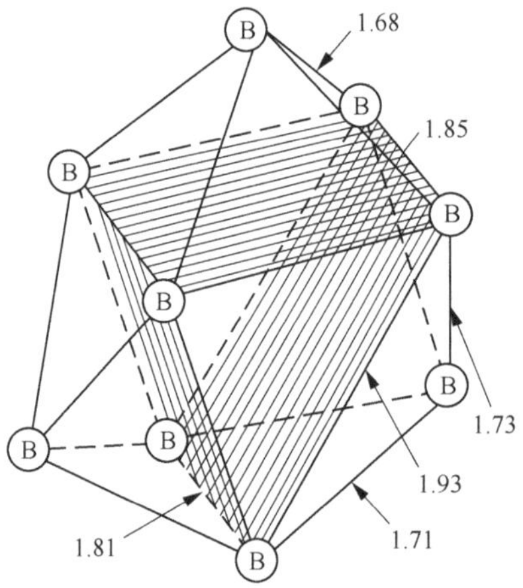

图 6.39　$B_9H_9^{2-}$ 离子的结构

$Cs_2B_9H_9$ 的热稳定性稍差于 $Cs_2B_6H_6$ 和 $Cs_2B_8H_8$（氧化作用大约始于 575℃）。在空气的连续氧化下；$B_9H_9^{2-}$ 可逐步降解而成 $B_8H_8^{2-}$、$B_7H_7^{2-}$ 和 $B_6H_6^{2-}$ 离子。$B_9H_9^{2-}$ 离子也只在中性和碱性的含水介质中稳定，在酸性介质（如稀醋酸）中，将很快地（几分钟内）降解。在碱性溶液中将 $B_9H_9^{2-}$ 溴化可产生 $B_9Br_6H_3^{2-}$ 离子，这种离子仍然是容易酸解的。

4.8　癸硼烷 $B_{10}H_{14}$ 和 $B_{10}H_{16}$

4.8.1　$B_{10}H_{14}$[1,2]

$B_{10}H_{14}$ 早先是通过 B_2H_6 在一定温度（115—120℃）和压力（1atm）下，进行缓慢（2 天）的热解作用来制备的（产率 10%），醚可以起催化作用，并提高其产率。例如在二甲醚存在下，150℃热解 B_2H_6 15—30 分钟，$B_{10}H_{14}$ 的产率可达 60%。通过 $NaBH_4$ 与 $BF_3 \cdot O(C_2H_5)_2$ 反应先产生 $B_{11}H_{14}^-$ 离子，随后再氧化这种中间产物可以较简便地制得 $B_{10}H_{14}$[21]。另外，通过 B_2H_6 与 B_5H_9 的反应，B_2H_6 与 B_4H_{10} 的反应，或者热解 B_4H_{10} 等方法也能制得 $B_{10}H_{14}$。$B_{10}H_{14}$ 在高温下很容易热解而产生高聚物，即使在室温下也会慢慢地产生高聚物。为了得到较纯的 $B_{10}H_{14}$，可采用简单的真空升华或重结晶（在环己烷中）法来提纯。

$B_{10}H_{14}$ 的分子结构如图 6.40 所示，这是一种 B_{12} 二十面体的碎片结构，其中硼原子的电子电荷密度大小次序为[6]：

6,9>5,7,8,10>1,3>2,4

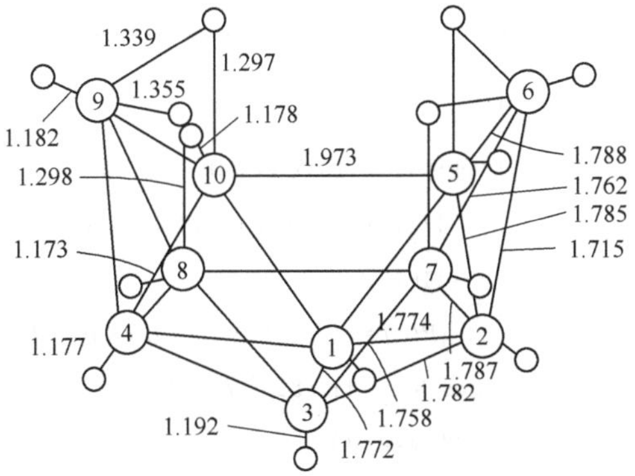

$B_{10}H_{14}$

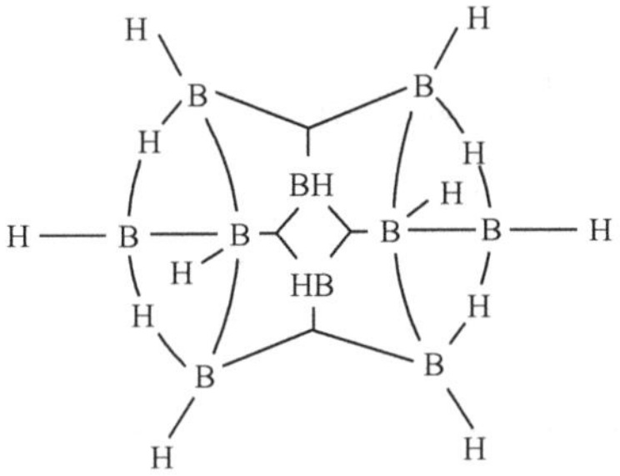

(4620)

图 6.40 $B_{10}H_{14}$的分子结构

$B_{10}H_{14}$是一种无色的挥发性晶体,它的物理性质和热力学数据汇列在表6.14中[1]。

在室温下,$B_{10}H_{14}$在各种溶剂中的溶解度(g/100g 溶剂)分别为:

$CH_3COOC_2H_5$(50);CS_2、$CH_3CH_2CH_2Br$、$CH_3CH_2CH_2CHO$、C_6H_6、$(CH_3CO)_2O$(20);CH_3COOH(10—20);$(C_2H_5O)_3B$、CCl_4(10);$\underbrace{CH_2(CH_2)_4CH_2}$(4—5);$CH_3(CH_2)_5CH_3$(2)。

应当注意,$B_{10}H_{14}$在四氯化碳(或其他一些氯代烃)中的溶液对震动是很敏感的,受到撞击时会爆炸;$B_{10}H_{14}$本身又有高毒性,应防止吸入人体内或渗入皮肤。不过,$B_{10}H_{14}$在潮湿空气中是不易降解的,稍加小心还是可以安全和方便地操作它的。

$B_{10}H_{14}$的化学性质大体上可通过以下几种化学反应反映出来:

表 6.14　$B_{10}H_{14}$的物理性质和热力学性质

性　质	数　据
熔点(℃)	99.5
沸点(℃)	213
密度(g/cm^{-3})	液体 0.78(100℃);固体 0.92(99℃)
偶极矩(D)	3.17(在 CS_2 中);3.62(在 C_6H_6 中)
molar 磁化率(c·g·s)	-116×10^{-6}
蒸气压(mmHg)	$\log P(1)=16.63911-1.07975\times10^{-2}T-4225.345/T$
	$\log P(s)=11.482-3799/T$
ΔH_f^0(kJ/mol)	109(g),33(1),−67(s)
ΔG_f^0(kJ/mol)	29.3(g),272(s)
$S°$(J/deg·mol)	350.6(g),177.74(s)
C_p^0(J/deg·mol)	219.32(s)
ΔH_s^0(kJ/mol)	76.69(298K)
ΔH_m(kJ/mol)	32.6
ΔH_v(kJ/mol)	48.5
ΔS_m(J/deg·mol)	87.4
ΔS_v(J/deg·mol)	130.1

(1) 提供质子的反应

在适当的条件下,强碱可从 $B_{10}H_{14}$ 中提取一个质子而使之成为 $B_{10}H_{13}^-$ 离子(有时是溶剂合离子)。例如:

$$B_{10}H_{14}+H^- \xrightarrow[25℃]{(C_2H_5)_2O} B_{10}H_{13}^- + H_2$$

$$B_{10}H_{14}+OH^- \longrightarrow B_{10}H_{13}^- + H_2O$$

$$B_{10}H_{14}+OCH_3^- \longrightarrow B_{10}H_{13}^- + CH_3OH$$

$$B_{10}H_{14}+(CH_3O)_3BH^- \longrightarrow B_{10}H_{13}^- + (CH_3O)_3B + H_2$$

$$B_{10}H_{14}+NH_2^- \longrightarrow B_{10}H_{13}^- + NH_3$$

$$B_{10}H_{14}+BH_4^- \longrightarrow B_{10}H_{15}^- + \frac{1}{2}B_2H_6$$

$$B_{10}H_{15}^- \longrightarrow B_{10}H_{13}^- + H_2$$

用碱溶液滴定在含水乙醇、含水丙酮、乙腈、二甲替甲酰胺和 96%二甘醚-4%。乙腈混合溶液中的 $B_{10}H_{14}$,证明它是一元强酸。在与二乙胺、三苯膦-亚甲或三甲胺-亚甲作用时,$B_{10}H_{14}$ 也表现为一元酸:

$$(C_2H_5)_2NH + B_{10}H_{14} \longrightarrow (C_2H_5)_2NH_2^+ B_{10}H_{13}^-$$

$$(C_6H_5)_3P-CH_2+B_{10}H_{14}\longrightarrow(C_6H_5)_3CH_3P^+B_{10}H_{13}^-$$
$$(CH_3)_3N-CH_2+B_{10}H_{14}\longrightarrow(CH_3)_4N^+B_{10}H_{13}^-$$

在更为强烈的条件下，$B_{10}H_{14}$还会显示二元酸的性质。例如，在乙醚中它能与NaH反应析出不溶性的盐$Na_2B_{10}H_{12}$。

(2) 加电子的反应

$B_{10}H_{14}$在醚、苯或液氨中与碱金属反应，最后将产生$B_{10}H_{14}^{2-}$离子。在醚中会出现一个深红色的中间过程，这标志着有游离基阴离子$B_{10}H_{14}^-$产生，进一步反应的副产物是$B_{10}H_{13}^-$。也有人研究了$B_{10}H_{14}$的电解还原反应，认为还原过程有两个阶段，并有一些中间产物和副产物生成，其总反应是：

$$B_{10}H_{14}+2e\longrightarrow B_{10}H_{14}^{2-}$$

通过$B_{10}H_{14}$在水溶液中与BH_4^-作用，可较方便地制得$B_{10}H_{14}^{2-}$，但在醚中进行这种作用，其中间产物则是$B_{10}H_{15}^-$，它们之间的关系可表示为：

$$B_{10}H_{14}\xrightarrow[-[BH_3]]{+BH_4^-}B_{10}H_{15}^-\underset{+H^+}{\overset{-H^+}{\rightleftharpoons}}B_{10}H_{14}^{2-}$$

(3) 端梢氢的取代反应

$B_{10}H_{14}$与卤素直接进行卤化反应是很缓慢的。$B_{10}H_{14}$的直接碘化可生成两种一碘代物(1-$IB_{10}H_{13}$和2-$IB_{10}H_{13}$)和两种二碘代物(1,2-$I_2B_{10}H_{12}$和2,4-$I_2B_{11}H_{12}$)；在CS_2中和在有$AlCl_3$存在下用I_2或ICl进行碘化作用，也能生成1-碘代物和2-碘代物，两者的比例跟直接碘化时相似。不过，在甲醇存在下$B_{10}H_{14}$与I_2作用将定量地按下式进行反应：

$$B_{10}H_{14}+20I_2+30CH_3OH\longrightarrow10(CH_3O)_3B+40HI+2H_2$$

这个反应可应用于分析化学。在$AlCl_3$存在下，通过Br_2与$B_{10}H_{14}$的反应；或者，在$FeCl_3$存在下，用溴化乙烯来处理$B_{10}H_{14}$，都可制得一溴代癸硼烷(14)。在Friedel-Crafts催化剂存在下，通过卤仿与$B_{10}H_{14}$反应，也能产生一卤代和二卤代癸硼烷(14)。用1,1-二氟乙烷和$AlCl_3$来处理$B_{10}H_{14}$，可制得1-氯代和2-氯代癸硼烷(14)。

通过烷基卤和催化剂(如$AlCl_3$和$FeCl_3$等)对$B_{10}H_{14}$进行Friedel-Crafts烷基化反应。可以制取烷基化的癸硼烷(14)。例如，通过甲基化反应将主要产生2-$CH_3B_{10}H_{13}$；2,4-$(CH_3)_2B_{10}H_{12}$和1,2-$(CH_3)_2B_{10}H_{12}$；1,2,3-$(CH_3)_3B_{10}H_{11}$和1,2,4-$(CH_3)_3B_{10}H_{11}$；以及1,2,3,4-$(CH_3)_4B_{10}H_{10}$。这是同$B_{10}H_{14}$分子内硼原子上的电子密度分布状况完全一致的。这种亲电子取代作用同样也发生在$B_{10}H_{14}$的乙基化过程中。

硼烷的亲核取代作用，一般来说没有亲电取代作用那样特征，但对于$B_{10}H_{14}$却有几个例子是已知为亲核取代的。例如，甲基锂和乙基锂可使$B_{10}H_{14}$进行亲核取代作用而主要产生6-$CH_3B_{10}H_{13}$和6-$C_2H_5B_{10}H_{13}$，另外，也生成少量的5-CH_3

$B_{10}H_{13}$、6,5(8)-$(CH_3)_2$-$B_{10}H_{12}$和 6,9-$(CH_3)_2B_{10}H_{12}$。$B_{10}H_{14}$与 Grignard 试剂作用可生成"癸硼烷基 Grignard"试剂 $B_{10}H_{13}MgI$ 和 $B_{10}H_{12}(MgI)_2$。通过这两种试剂与烷基氟作用能制备烷基癸硼烷,与苄基氯作用能制备苄基癸硼烷。

(4) 生成加合物的反应

在室温下的醚溶液中,$B_{10}H_{14}$与 NaCN 反应先形成一种有色的 $NaB_{10}H_{14}CN$,随后它分解而放出 H_2,并生成一种稳定的醚合物:

$$B_{10}H_{14} + NaCN \xrightarrow{R_2O} [NaB_{10}H_{14}CN] \xrightarrow{25℃} NaB_{10}H_{12}CN \cdot 2R_2O + H_2$$

通过这种途径可以生成 $NaB_{10}H_{12}CN \cdot 2(C_2H_5)_2O$、$NaB_{10}H_{12}NCO$。2.5$(CH_2)_4O_2$、$(CH_3)_4NB_{10}H_{12}SCN$、$NaB_{10}H_{12}OCH_3 \cdot (CH_2)_4O_2$ 和$(CH_3)_4NB_{10}H_{12}C(CN)_3$ 等加合物。

在通常情况下,1mol $B_{10}H_{14}$可与 2mol 配位体作用形成各种 1∶2 的加合物:

$$B_{10}H_{14} + 2L \longrightarrow L_2B_{10}H_{12} + H_2$$

这种反应当初是在 $B_{10}H_{14}$乙腈溶液中沉淀出$(CH_3CN)_2B_{10}H_{12}$时发现的。除乙腈外,能与 $B_{10}H_{14}$形成这类加合物的配位体主要还有:其他腈类、胺类、酰胺、硫脲、四氮杂茂、二烃基氨腈、膦、膦化氧、亚磷酸酯、次膦酸酯、胂、硫化物和亚砜等。有人还制得了 $B_{10}H_{14}$与双齿配位体形成的加合物 $L \cdot B_{10}H_{12}$($L=(CH_3)_2NCH_2$-$CH_2N(CH_3)_2$、$(C_2H_5)_2NCH_2CH_2N(C_2H_5)_2$、$(C_6H_5)_2PCH_2CH_2P$-$(C_6H_5)_2$)。

$L_2B_{10}H_{12}$加合物中的配位体可按配位能力由弱到强而进行置换:

$$L_2B_{10}H_{12} + 2L' \longrightarrow L'_2B_{10}H_{12} + 2L$$

一般情况下,配位体的置换顺序是 $R \cdot C(NH_2):NH \geqslant (C_6H_5)_3P \approx (C_2H_5)_3N \approx C_5H_5N > (C_2H_5O)_3P > CH_3CON(CH_3)_2 = HCON$-$(CH_3)_2 > (C_2H_5)_3As > (C_2H_5)_2NCN > CH_3CN > (CH_3)_2S$。膦类配位体的置换顺序是$(C_6H_5)_3P \approx (C_6H_5)_2PH \approx C_6H_5PH_2 > [(CH_3)_2N]_3P > (CH_3O)_3P > C_6H_5P[N(CH_3)_2]_2 > (C_6H_5O)_3P > [(CH_3)_2N]_2PCl > C_6H_5PClN(CH_3)_2$。硫化物配位体的置换顺序是 $C_4H_8S > (C_2H_5)_2S > (CH_3)_2S > C_4H_8OS$。$L_2B_{10}H_{12}$加合物有时还可失去 1mol 配位体而形成 $LB_{10}H_{12}$(如$(CH_3)_2SB_{10}H_{12}$)。

(5) 骨架加成反应

$B_{10}H_{14}$在一甘醚(monoglyme)中与 $LiBH_4$ 反应会放出 H_2 而先形成 $B_{11}H_{14}^-$ 离子:

$$B_{10}H_{14} + LiBH_4 \xrightarrow{90℃} LiB_{11}H_{14} + 2H_2$$

这种离子仅缺一个骨架硼原子就能构成 B_{12}二十面体,所以它进一步反应便可形成闭式-$B_{12}H_{12}^{2-}$ 离子。$B_{10}H_{14}$与$(C_2H_5)_3N \cdot BH_3$ 反应,可直接形成 $B_{12}H_{12}^{2-}$ 离子,并且产率较高:

$$B_{10}H_{14} + 2(C_2H_5)_3N \cdot BH_3 \xrightarrow{90-100℃} [(C_2H_5)_3NH]_2B_{12}H_{12} + 3H_2$$

另外，$B_{10}H_{14}$还能进行许多杂环加成反应。例如在 CH_3CN 或$(CH_3)_2S$ 这样一些弱碱存在下，$B_{10}H_{14}$可与炔类反应形成碳硼烷的衍生物：

$$B_{10}H_{14}+RC\equiv CR' \longrightarrow RR'C_2B_{10}H_{10}+2H_2$$

在 $B_{10}H_{14}$的 B_{10}骨架中，不仅可以加入碳原子，而且还能加入硫原子形成硫杂硼烷阴离子 $B_{10}H_{10}S^{2-}$。这种阴离子的合成通常是分步进行的，首先是 $B_{10}H_{14}$在水溶液中与 S^{2-}离子反应生成 $B_9H_{12}S^-$：

$$B_{10}H_{14}+S^{2-}+3H_2O \longrightarrow B_9H_{12}S^-+H_2BO_3^-+3H_2$$

然后使 $CsB_9H_{12}S$ 在 200℃下脱氢而转化成 $CsB_{10}H_{11}S$，最后用碱处理 $CsB_{10}H_{11}S$ 而形成 $B_{10}H_{10}S^{2-}$：

$$B_{10}H_{11}S^-+OH^- \longrightarrow B_{10}H_{10}S^{2-}+H_2O$$

$B_{10}H_{10}S^{2-}$离子可与许多过渡金属的离子形成络合物 。

(6) 骨架降解反应

$B_{10}H_{14}$在室温下是不容易水解的(10 天仅水解 10%)，只有到 200℃时才会完全水解。在等摩尔强碱的水溶液中，$B_{10}H_{14}$能缓慢地水解而成 $B_9H_{14}^-$离子：

$$B_{10}H_{14}+NaOH+2H_2O \xrightarrow{12\text{小时}} NaB_9H_{14}+B(OH)_3+H_2$$

强碱量加倍可使反应迅速生成一种无色的中间产物，而后再缓慢地降解而成 $B_9H_{14}^-$，如果此时将溶液酸化，则中间产物的降解作用将加快，$B_9H_{14}^-$的产率也较高：

$$B_{10}H_{14}+OH^- \longrightarrow B_{10}H_{13}^-(\text{黄色})+H_2O$$

$$B_{10}H_{13}^-+OH^- \longrightarrow B_{10}H_{13}OH^{2-}(\text{无色})$$

$$B_{10}H_{13}OH^{2-}+H_3O^++H_2O \longrightarrow B_9H_{14}^-+B(OH)_3+H_2$$

在非离子配位体存在下，使 $B_{10}H_{14}$进行受控的溶剂分解作用，可产生 $L\cdot B_9H_{13}$型加合物，它是 $B_9H_{14}^-$离子的等电子体。在二氧杂环已烷的水溶液中，$B_{10}B_{14}$与 NCS^-离子反应，会产生 $B_9H_{13}NCS^-$。

$B_{10}H_{14}$在甲醇作用下可更进一步地降解而成 $B_3H_8^-$ 离子，如果有碘的诱导，将彻底分解而成$(CH_3O)_3B$(见 169 页)。$B_{10}H_{14}$可与叠氮苯 $C_6H_5N_3$ 进行一种特别的反应，产物是一种含一个硼原子和四个氮原子的五元环：

$$B_{10}H_{14}+3C_6H_5N_3 \longrightarrow (C_6H_5)_2N_4BH+H_2+2N_2+[C_6H_5,N,B_9,H_{11}]$$

这种产物的性质曾被深入地研究过，但反应残余物的性质尚未弄清。

(7) 形成金属配合物的反应

$B_{10}H_{14}$在室温下的乙醚中与$(CH_3)_3N\cdot AlH_3$ 反应，会生成一种很活泼的化合物：

$$B_{10}H_{14}+(CH_3)_3N\cdot AlH_3 \longrightarrow [(CH_3)_3NH]^+[B_{10}H_{12}AlH_2]^-\cdot 2(C_2H_5)_2O+H_2$$

这种化合物可认为是金属离子(Al^{3+})被 $B_{10}H_{12}^{2-}$离子螯合而成的配合物。这种配合物遇到含羟基的化合物(如水、甲醇和乙醇等)会发生很猛烈的反应,若有大量乙醚存在,则反应可缓和地进行,放出 1molH_2,并产生 $B_{10}H_{15}^-$:

$$[(CH_3)_3NH]^+[B_{10}H_{12}AlH_2]^- \cdot 2(C_2H_5)_2O + 3H_2O \longrightarrow$$
$$[(CH_3)_3NH]^+[B_{10}H_{15}]^- + Al(OH)_3 + H_2 + 2(C_2H_5)_2O$$

用$(CH_3)_4NCl$来处理水解产物,可生成$[(CH_3)_4N][B_{10}H_{15}]$,使这种水解产物通过阳离子交换剂之后,再用甲醇来处理它,将会放出 H_2 而重新生成 $B_{10}H_{14}$:

$$[(CH_3)_3NH]^+[B_{10}H_{15}]^- \xrightarrow{H_3O^+} [H_3O^+B_{10}H_{15}^-] \longrightarrow B_{10}H_{14} + H_2 + H_2O$$

在醚类溶剂(乙醚、四氢呋喃)中,在稍高的温度下,$B_{10}H_{14}$与锌和镉的二烷基和二芳基化合物反应,都能生成配合物:

$$B_{10}H_{14} + R_2Zn \xrightarrow{(C_2H_5)_2O} [(C_2H_5)_2O]_2ZnB_{10}H_{12} + 2RH$$

$$2B_{10}H_{14} + (C_2H_5)_2Cd \xrightarrow{(C_2H_5)_2O} \{[(C_2H_5)_2O]_2CdB_{10}H_{12}\}_2 + 4C_2H_6$$

根据结构测定,镉的这种配合物是二聚的,其中镉原子处在成桥位置上;锌的这种配合物很可能也是二聚的。在水溶液中,锌的这种配合物与$(CH_3)_4NCl$作用,可产生$[Zn(B_{10}H_{12})_2]^{2-}$;镉的二聚配合物在水解时也会产生同类的络离子。

$B_{10}H_{14}$在苯中与亚铁配合物$(C_5H_5N)_4FeBr_2$作用,Fe(II)被氧化而成 Fe(III),产物是一种不溶性的棕色配合物,这种产物在四氢呋喃中会裂解而成高自旋的四面体 Fe(III)配合物 $C_5H_5NFeBr_2B_{10}H_{13}C_5H_5N$:

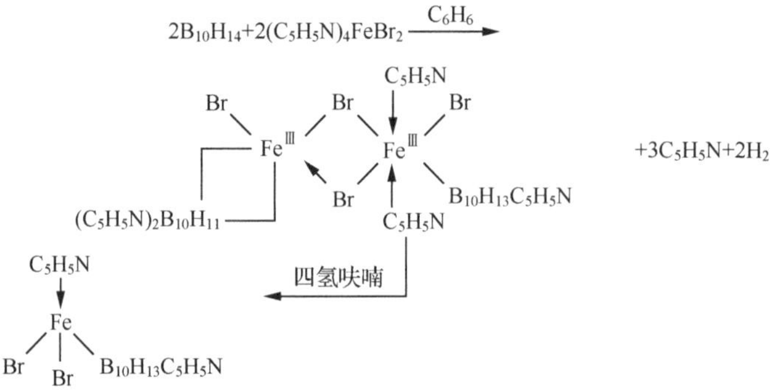

$B_{10}H_{14}$在室温下的乙醚中与三甲基铊反应,会产生两种产物:$[(CH_3)_2Tl]^+[B_{10}H_{13}]^-$和$[(CH_3)_2Tl]^+[(CH_3)_2TlB_{10}H_{12}]^-$;前者是简单的盐,后者是配合物[8]。在醚溶液中,这两种产物与过量的 HCl 反应都会重新形成 $B_{10}H_{14}$,并有计算量的二甲基氯化铊生成。

除了以上所述的化学性质外,$B_{10}H_{14}$在室温下对空气是稳定的,到 100℃左右时将会与氧发生爆炸反应。

4.8.2　$B_{10}H_{16}$[1]

在氢气流中,使 B_5H_9 通过一种放电装置,或用中子照射 B_5H_9,都可产生一定量的联式-$B_{10}H_{16}$：

$$2B_5H_9 \longrightarrow B_{10}H_{16} + H_2$$

$B_{10}H_{16}$的分子结构如图 6.41 所示，是一种由两个戊硼烷单元通过顶端连接而构成的分子。

联式-$B_{10}H_{16}$可溶于非极性溶剂 CS_2 中；在真空中，它可稳定到 170℃。在 HBr 或 HI 的作用下，$B_{10}H_{16}$会裂解而成 B_5H_9 及其卤代物：

$$B_{10}H_{16} + HX \longrightarrow B_5H_9 + B_5H_8X \ (X = Br、I)$$

在碘的作用下，或在 CS_2 中在 $AlCl_3$ 的催化作用下，$B_{10}H_{16}$会发生重排反应而转化为巢式-$B_{10}H_{14}$，与乙烯作用，也会发生这种重排反应：

$$B_{10}H_{16} + I_2 \xrightarrow{150℃} B_{10}H_{14} + 2HI$$

$$B_{10}H_{16} \xrightarrow[AlCl_3]{CS_2} B_{10}H_{14} + H_2$$

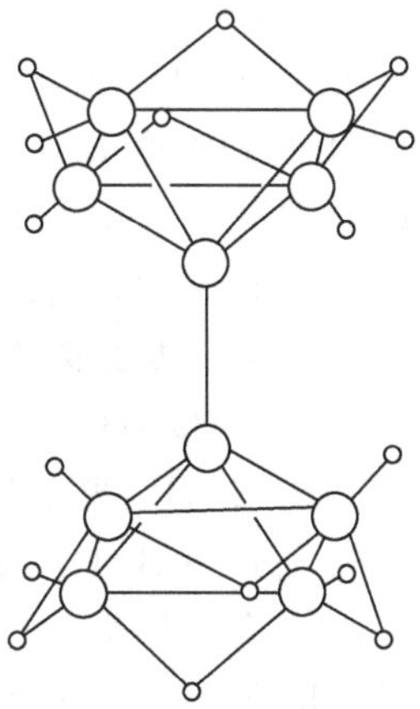

图 6.41 $B_{10}H_{16}$的分子结构

$$B_{10}H_{16} + C_2H_4 \longrightarrow B_{10}H_{14} + H_2 + 其他产物$$

另外，$B_{10}H_{16}$与一些配位体如吡啶、1,2-二甲基吡啶还会形成 $L_2B_{10}H_{12}$型配合物。

4.9 $B_{10}H_{10}^{2-}$和 $B_{12}H_{12}^{2-}$离子

4.9.1 $B_{10}H_{10}^{2-}$离子[1]

在煮沸的二甲苯中，使 $B_{10}H_{14}$与$(C_2H_5)_3N$ 反应，可制得$[(C_2H_5)_3NH]_2^+B_{10}H_{10}^{2-}$(粗盐产率为 93%)：

$$B_{10}H_{14} + 2(C_2H_5)_3N \longrightarrow [(C_2H_5)_3N]_2B_{10}H_{12} + H_2$$

$$[(C_2H_5)_3N]_2B_{10}H_{12} \longrightarrow [(C_2H_5)_3NH]_2^+B_{10}H_{10}^{2-}$$

用碱金属氢氧化物来处理产物，将会生成更稳定的碱金属盐：

$$[(C_2H_5)_3NH]_2B_{10}H_{10} + 2MOH \longrightarrow M_2B_{10}H_{10} + 2(C_2H_5)_3NHOH$$

在较低的温度下，通过$(C_2H_5)_3N \cdot BH_3$ 与 B_2H_6 的缩合作用也能制取 $B_{10}H_{10}^{2-}$：

$$2(C_2H_5)_3N \cdot BH_3 + 4B_2H_6 \xrightarrow{<180℃} [(C_2H_5)_3NH]_2B_{10}H_{10} + 9H_2$$

另外，热解$(C_2H_5)_4NBH_4$(185℃)和$(C_2H_5)_4NB_3H_8$ 等，也都能形成 $B_{10}H_{10}^{2-}$离子。不久前，有人通过$(C_2H_5)_4NCl$ 和 KBH_4 在少量水存在下进行反应合成了 $B_{10}H_{10}^{2-}$，产率较高[22]；还有人通过 $R_3N \cdot BH_3$($R = CH_3$ 或 C_2H_5)和 $NaBH_4$ 在 180℃的癸烷中进行反应也较好地制得了 $B_{10}H_{10}^{2-}$[23]。

$B_{10}H_{10}^{2-}$离子的结构如图 6.24 所示，它是一种闭式结构，其中的 B_1—B_2 距离为 1.73Å，B_2—B_3 为 1.86Å，B_2—B_6 为 1.81Å。根据高锰酸盐氧化含水 $B_{10}H_{10}^{2-}$而

成 $B(OH)_3$ 的量热法研究，表明，$B_{10}H_{10}^{2-}$ 离子的 $\Delta H_f^0(298)=92\pm21kJ/mol$；它的 $S^0(298)=251\pm18J/deg\cdot mol$；$\Delta G_f^0(298)=272\pm21kJ/mol$。在空气中，$B_{10}H_{10}^{2-}$ 离子的热稳定性也较好。在溶液中，它的极谱半波电位是+0.85V。

闭式-$B_{10}H_{10}^{2-}$ 离子在水溶液或酒精溶液中与氯、溴、碘或 N-碘代琥珀酰胺起卤化作用，可以产生 $B_{10}H_{10-n}X_n^{2-}$（$n=1-10$）混合物。有些卤代物如 $Cs_2B_{10}H_2Cl_8$、$(H_3O)_2B_{10}Cl_{10}$、$Cs_2B_{10}H_3Br_7$、$Cs_2B_{10}Br_{10}$ 和 $Cs_2B_{10}I_{10}$ 等已被分离出来。在碱性试剂的作用下，$B_{10}H_{10}^{2-}$ 会打开其闭合结构而形成 2-$BrB_{10}H_{13}$。除卤代物外，$B_{10}H_{10}^{2-}$ 离子还有许多其他取代基如—OH、—OR、—SH、—SR、—COR、—OCOR、—R、—CN、—N_3—$CONH_2$、—NCO、—COOR、—NH_2 和—NNAr（Ar=芳基）等的取代物。另外，$B_{10}H_{10}^{2-}$ 离子与 $C_7H_6Br_2$（tropenium bromide）作用，还可形成赤道位置取代的 $C_7H_6\cdot B_{10}H_9^-$，甚至双赤道位置取代的 $(C_7H_6)_2B_{10}H_8$。

用过量的亚硝酸处理 $(NH_4)_2B_{10}H_{10}$，然后再用 $NaBH_4$ 酒精溶液来还原，可制得 $B_{10}H_8(N_2)_2$。因中间物易爆炸，反应机理尚未弄清楚。在这种重氮化合物里的重氮很易被某些亲核物质如氨、胺、腈、N_3^-、OH^-、H_2S 和 CO 等取代而形成 $L_2B_{10}H_8$ 型配合物。

$B_{10}H_{10}^{2-}$ 离子在室温下可定量地被中性 $KMnO_4$ 氧化而成 $B(OH)_3$。被无水 $CuCl_2$ 氧化时会产生自由基：

$$K_2B_{10}H_{10}+2CuCl_2\xrightarrow{醚}2KCl+CuCl+HCl+CuB_{10}H_9$$

$$CuB_{10}H_9+CuCl_2\longrightarrow 2CuCl+\cdot B_{10}H_9$$

$B_{10}H_{10}^{2-}$ 离子与 NO_2 反应会生成一种蓝色离子 $[B_{20}H_{18}NO]^{3-}$，这种离子对氧化剂和碱都是稳定的，但其中的 NO 基团可被 Raney 镍上的氢还原成 NH_2。这种离子有不少的卤代物，已被分离出来的有 $[B_{20}H_{10}F_8NO]^{3-}$、$[B_{20}H_2Cl_{16}NO]^{3-}$、$[B_{20}H_{14}Br_4NO]^{3-}$ 和 $[B_{20}H_{11}I_7NO]^{3-}$ 等。

4.9.2　$B_{12}H_{12}^{2-}$ 离子[1]

在三乙胺或二甘醚的存在下，通过 B_2H_6 或 $B_{10}H_{14}$ 与 $NaBH_4$ 反应可大量地制备 $B_{12}H_{12}^{2-}$ 离子：

$$2NaBH_4+5B_2H_6\xrightarrow{180℃}Na_2B_{12}H_{12}+13H_2$$

$$2NaBH_4+B_{10}H_{14}\xrightarrow{90℃}Na_2B_{12}H_{12}+5H_2$$

也可以用 $(C_2H_5)_3NBH_3$ 来代替 $NaBH_4$：

$$2(C_2H_5)_3NBH_3+5B_2H_6\longrightarrow[(C_2H_5)_3NH]_2B_{12}H_{12}+11H_2$$

$$2(C_2H_5)_3NBH_3+B_{10}H_{14}\longrightarrow[(C_2H_5)_3NH]_2B_{12}H_{12}+3H_2$$

近年来，有人通过 $(C_2H_5)_3NBH_3$ 和 $NaBH_4$（或 KBH_4）在 200—250℃的癸烷（或十二烷）中反应，高产率地（93—95%）合成了 $B_{12}H_{12}^{2-}$[23][24]。

$B_{12}H_{12}^{2-}$ 离子的结构如图 6.42 所示，它是一种完整的闭式 B_{12} 二十面体，相似于 α-菱形硼中的 B_{12} 二十面体。

根据 $B_{12}H_{12}^{2-}$ 离子被 $KMnO_4$ 氧化成 $B(OH)_3$ 时的反应热测定以及熵变的估算，$B_{12}H_{12}^{2-}$ 离子的 $\Delta H_f^0(298) = 46 \pm 42kJ/mol$。$\Delta S^0(298) = 259 \pm 17J/deg \cdot mol$，$\Delta G_f^0(298) = 264 \pm 42kJ/mol$。

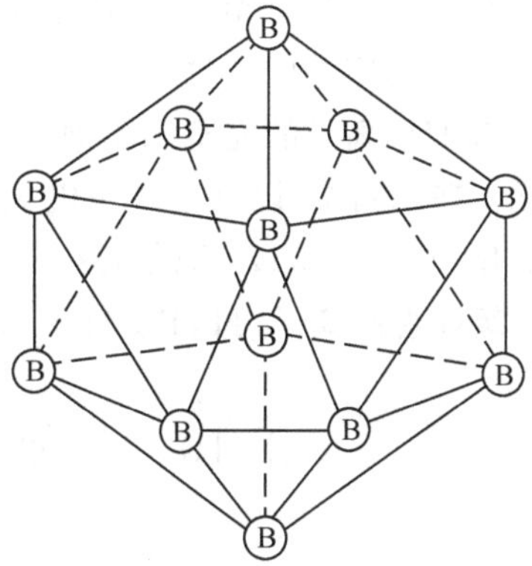

图 6.42 $B_{12}H_{12}^{2-}$ 离子的结构
每个硼原子各与一个氢原子以 B—H 键结合，在 30 条棱边(B—B 键)中有 6 条是 1.755Å，其余 24 条是 1.780Å

$B_{12}H_{12}^{2-}$ 离子具有高度的对称性，因此它的取代异构体是比较少的，可以预期它的一取代物只有一种可能性，二取代物将有三种可能性(1,2-1,7-和 1,12-)，三取代物将有五种可能性(1,2,3-、1,2,4-、1,2,7-、1,2,8-和 1,2,12-)。在酸性介质中，调节 $B_{12}H_{12}^{2-}$ 与 CO 反应的条件，可以制取其羰基衍生物 $B_{12}H_{11}CO^-$ 和 $B_{12}H_{10}(CO)_2$ 的 1,7-、1,12-异构体，用这些异构体作原料，通过配位体的取代作用，可制备别的衍生物。实际上，CO 与酸性 $B_{12}H_{12}^{2-}$ 反应，开头是先生成 $B_{12}H_{11}(COOH)^{2-}$ 和 $B_{12}H_{10}(COOH)_2^{2-}$，随后再脱除羟基而产生羰基衍生物。在强酸性介质中，用碱性配位体(如砜、磺胺、四甲基脲、腈、硝基苯和 N-甲基吡咯烷酮)来处理 $B_{12}H_{12}^{2-}$，将形成一系列衍生物 $LB_{12}H_{11}^-$ 和 $L_2B_{12}H_{10}$。如果用羟胺磺酸水溶液来处理 $B_{12}H_{12}^{2-}$，则将产生 $(NH_3)_2B_{12}H_{10}$ 的所有三种可能的二取代异构体，利用它们各自在水中和在乙腈中的溶解度，便可将它们分离出来。

$B_{12}H_{12}^{2-}$ 离子直接卤化可生成各种卤代物，例如：$B_{12}H_6Cl_6^{2-}$、$B_{12}H_6Br_6^{2-}$、$B_{12}H_2Br_{10}^{2-}$、$B_{12}Br_{12}^{2-}$、1,2-$I_2B_{12}H_{10}^{2-}$ 和 1,7-$I_2B_{12}H_{10}^{2-}$ 等。卤化作用也可用 HX 来进行。单质 F_2 虽然会使 $B_{10}H_{10}^{2-}$ 降解，但可使 $B_{12}H_{12}^{2-}$ 形成 $B_{12}F_{11}OH^{2-}$。在 $B_{12}H_{12}^{2-}$ 离子上还可引入许多别的取代基如—OH、—OR、—OCOR、—SH、—SR、—NH_2、—N_3、—N ═NAr(Af＝芳基)、—NCO、—R、—CN、—COR、—COOR 和—$CONH_2$。苯酰氧与 $B_{12}H_{12}^{2-}$ 反应可产生硼-氧结合的产物，这种产物可溴化而成 $B_{12}Br_{10}(OH)_2^{2-}$。$C_7H_6Br_2$ 与 $B_{12}H_{12}$ 反应能生成 $B_{12}H_{10}(C_7H_6)^{2-}$ ·($C_7H_6^{2+}$ 的结构式为

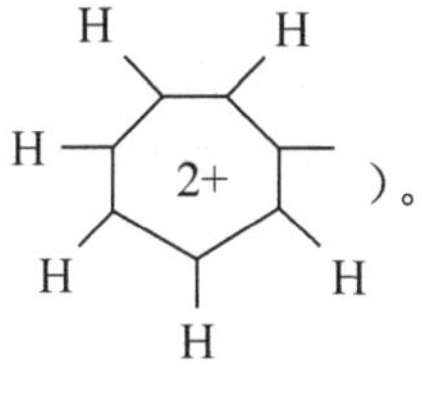

)。

通过羰基衍生物可间接制取 $B_{12}H_{12}^{2-}$ 的类卤取代物，但只能得到一取代和二取代物。要得到进一步的取代物，可通过卤代物的光诱导亲核反应来制备，例如在 CN^- 存在下长时间光照 $B_{12}Br_{12}^{2-}$ 可产生 $B_{12}Br_3(CN)_9^{2-}$，$B_{12}H_2Br_{10}^{2-}$ 可产生 $B_{12}H_2Br(CN)_9^{2-}$，$B_{12}Cl_{12}^{2-}$ 可产生 $B_{12}Cl_5(CN)_7^{2-}$。

$B_{12}H_{12}^{2-}$ 离子的完整二十面体结构，使它相当稳定，即使到＋1.4V 时还不会被氧化。在乙腈中，以标准甘汞电极作参比电极，它的阳极氧化波是＋1.50V，其电极氧化产物为 $B_{24}H_{23}^{3-}$ 离子，这是一个通过氢桥把两个 $B_{12}H_{12}^{2-}$ 单元连接起来而成的高级硼烷阴离子 $[H_{11}B_{12}\text{-}H\text{-}B_{12}H_{11}]^{3-}$。

4.10　几种高级硼烷和硼烷阴离子

4.10.1　$B_{16}H_{20}$[1]

$B_{16}H_{20}$ 是热解 $(CH_3)_2S \cdot B_9H_{13}$ 所得的产物之一。它的结构如图 6.43 所示，它是一种没有对称要素的分子。关于它的性质，人们了解得还很少。据知，在路易斯碱 L(L＝$(CH_3)_2S$、$(C_6H_5)_3P$) 的作用下，它会裂解，首先是生成 $B_{10}H_{14}$，其次是生成 $L_2B_{10}H_{12}$，另外还有一些其他产物。它是一种类似于 $B_{10}H_{14}$ 的强酸，在水溶液中不够稳定，受控水解时会产生一种新的硼烷 $B_{14}H_{18}$[8,25]。

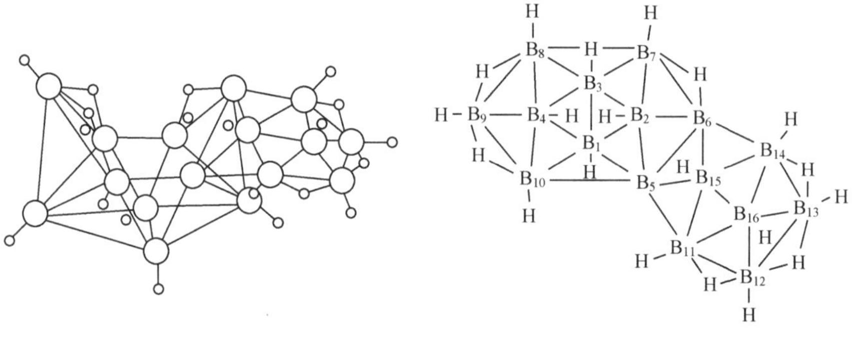

图 6.43　$B_{16}H_{20}$ 的分子结构

4.10.2　$B_{18}H_{22}$[1]

将 $[(C_2H_5)_3NH]_2B_{20}H_{18}$ 乙醇溶液通过一种酸性离子交换树脂可以得到产率为 60％的正-$B_{18}H_{22}$。热解 $(C_2H_5)_2O \cdot B_9H_{13}$ 和 $(CH_3)_2S \cdot B_9H_{13}$ 可分别制得正-、异-$B_{18}H_{22}$：

$$2L \cdot B_9H_{13} \xrightarrow{\Delta} B_{18}H_{22} + 2L + 2H_2$$

这两种十八硼烷(22)的结构如图 6.44 所示，都是由两个相同的癸硼烷单元在两个硼原子处稠合而成的分子，但正-$B_{18}H_{22}$具有中心对称结构(图 6.44(a)、(b))，异-$B_{18}H_{22}$则具有镜面对称结构(图 6.44(c))。

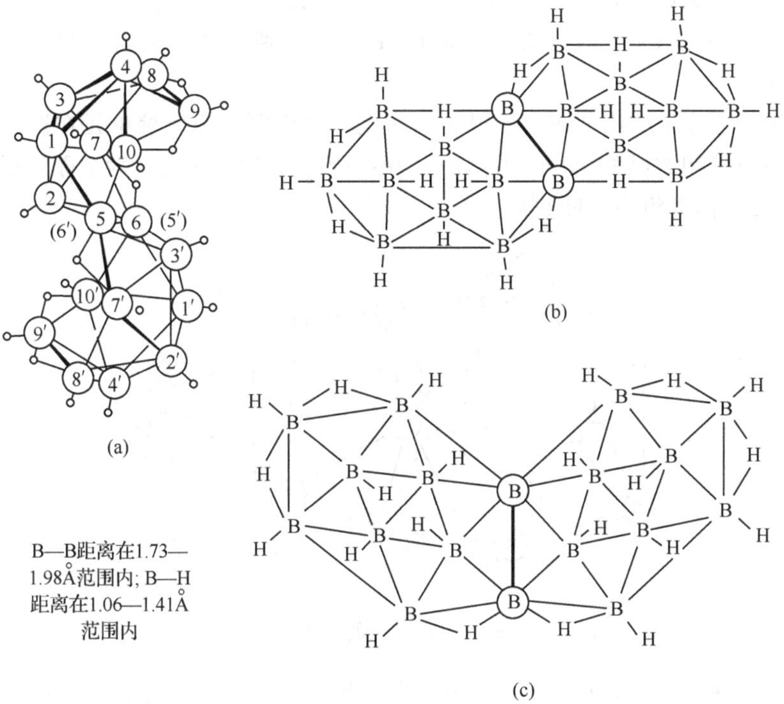

图 6.44　正-$B_{18}H_{22}$和异-$B_{18}H_{22}$的分子结构

这两种十八硼烷(22)在水溶液中表现为一元酸和二元酸，分别形成正-$B_{18}H_{21}^-$、异-$B_{18}H_{21}^-$和正-$B_{18}H_{20}^{2-}$、异-$B_{18}H_{20}^{2-}$离子；在无水条件下，它们与(正)丁基锂反应也会分别生成正-(异-)$B_{18}H_{20}^{2-}$离子：

$$B_{18}H_{22} + 2C_4H_9Li \longrightarrow B_{18}H_{20}^{2-} + 2C_4H_{10} + 2Li^+$$

正-(异-)$B_{18}H_{20}^{2-}$离子类似于$B_{10}H_{12}^{2-}$离子，可与过渡金属的膦化物和羰基化物反应，生成$(B_{18}H_{20})ML_n$型配合物[8]。正-$B_{18}H_{22}$与吡啶反应会生成一种橙色的取代物$B_{18}H_{20}(C_5H_5N)_2$；异-$B_{18}H_{22}$与环己基胩作用可生成碳硼烷$B_{18}H_{20}CNH_2C_6H_{11}$[8]。

$B_{18}H_{22}$与乙腈之间未见有反应，但三甲胺可从$B_{18}H_{22}$中提取一个桥氢而形成$(CH_3)_3NH^+B_{18}H_{21}^-$。将正-$B_{18}H_{22}$直接碘化可产生正-$B_{18}H_{21}I$。用钠汞齐还原这两种十八硼烷(22)，先生成绿色的自由基离子·$B_{18}H_{22}^-$，而后分别生成正-(异-)$B_{18}H_{22}^{2-}$离子。

4.10.3　$B_{20}H_{16}$[1]

$B_{20}H_{16}$的特征是分子中氢原子数少于硼原子数。将用氢气为载体的$B_{10}H_{14}$蒸气通过由两个铜电极构成的1700V交流电放电装置，可产生$B_{20}H_{16}$。在低压和催化剂$(CH_3)_2BNHCH_3$的存在下，将$B_{10}H_{14}$加热到350℃也能制得$B_{20}H_{16}$（产率15%）。

$B_{20}H_{16}$的分子结构如图6.45所示，这是一种由两个癸硼烷单元在四个硼原子处稠合而成的闭式结构，分子中除四个“稠接硼原子”外，其余十六个硼原子各与一个氢原子结合，并没有BHB桥。

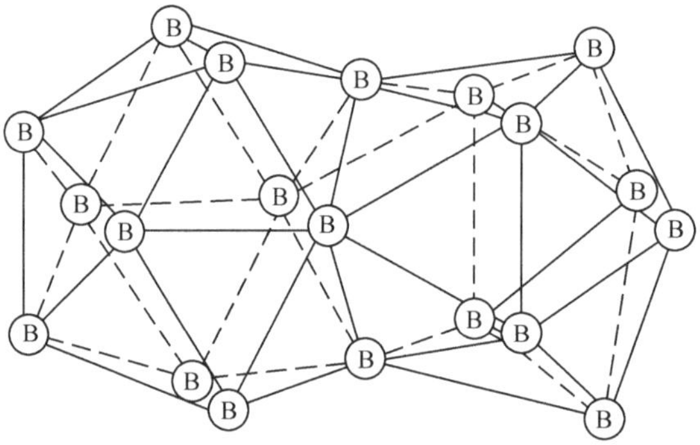

图6.45　$B_{20}H_{16}$的分子结构

$B_{20}H_{16}$是一种在高真空下能升华、对热很稳定的无色化合物，它有吸水性，与水形成强酸性溶液，从中可分离出$(H_3O)_2[B_{20}H_{16}\text{-}(OH)_2]$，这种酸的$Cs^+$盐和$(CH_3)_4N^+$盐都是已知的。$B_{20}H_{16}$还可与一些路易斯碱反应，生成加合物$L_2 \cdot B_{20}H_{16}$。$B_{20}H_{16}$与乙醇作用最终形成$[B_{20}H_{16}(OC_2H_5)_2]^{2-}$离子。

4.10.4　$B_{20}H_x^{n-}$ 离子[1]

在水溶液中，用Fe^{3+}或Ce^{4+}氧化闭式-$B_{10}H_{10}^{2-}$，主要产物是$B_{20}H_{18}^{2-}$离子。$B_{20}H_{19}^{3-}$离子是一种中间产物，可通过形成复盐$[(C_2H_5)_3NH]_2B_{20}\text{-}H_{18} \cdot [(C_2H_5)_3NH]_3B_{20}H_{19}$的形式分离出来。这种氧化作用也可用电化学方法来进行。在0℃时，用Ce^{4+}氧化$B_{10}H_{10}^{2-}$，或者用活泼金属（如Mg、Al、Zn）还原$B_{20}H_{18}^{2-}$都可得到$B_{20}H_{19}^{3-}$，用Fe^{3+}氧化$B_{10}H_{10}^{2-}$的浓溶液，可高产率地制得$B_{20}H_{19}^{3-}$。

$B_{20}H_{18}^{2-}$离子有两种异构体：正常$B_{20}H_{18}^{2-}$离子和感光异构的$B_{20}H_{18}^{2-}$离子，它们的结构如图6.46、图6.47所示。正常$B_{20}H_{18}^{2-}$离子是由两个$B_{10}H_{10}^{2-}$单元通过两个三中心BBB键结合而成的，感光异构$B_{20}H_{18}^{2-}$离子则是通过两个三中心BHB键结合而成的。感光异构体加热到100℃时能转化成正常结构。

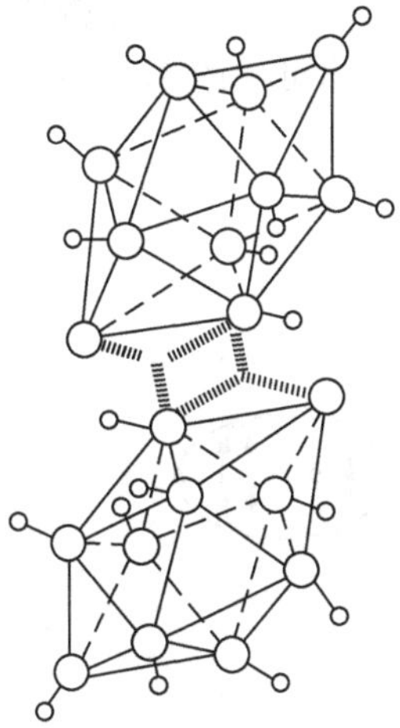

图 6.46 $B_{20}H_{18}^{2-}$ 离子的结构

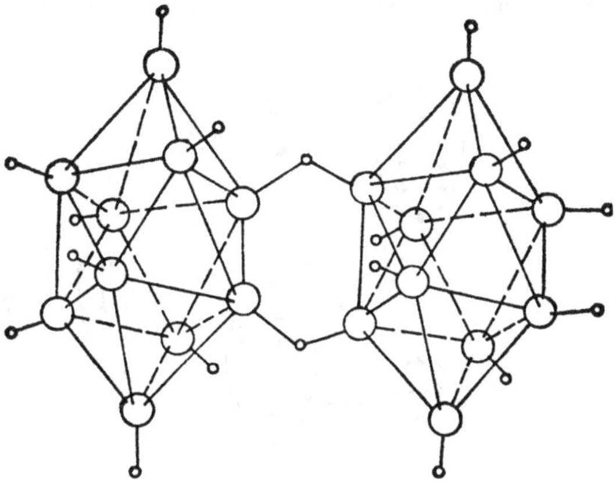

图 6.47 感光异构 $B_{20}H_{18}^{2-}$ 离子的结构

$B_{20}H_{19}^{3-}$ 离子很可能是由两个 $B_{10}H_{10}^{2-}$ 单元共用一个普通的桥氢原子结合而成的。由于桥联位置不同，所以这种离子也有异构现象。如果把闭式 $B_{10}H_{10}^{2-}$ 多面体中两个轴顶上的硼原子称为轴顶硼(用 *a* 表示)，垂直于长轴的两个平面上的八个硼原子称为“赤道”硼(用 *e* 表示)，则 $B_{20}H_{19}^{3-}$ 离子应该有三种可能的异构体。由两个轴顶硼和一个桥氢构成 BHB 键而形成的 $B_{20}H_{19}^{3-}$ 离子，称为 *aa* 异构体，其余还有 *ee* 异构体和 *ae* 异构体。曾被分离出来的两种异构体以 *ae* 异构体最稳定，它的结构如图 6.48 所示。

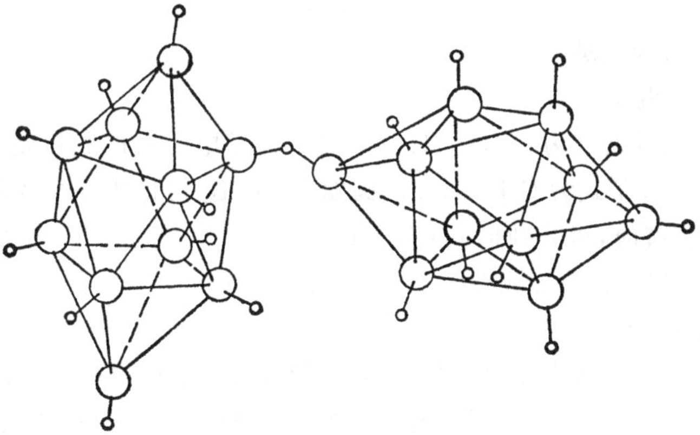

图 6.48 最稳定的 $B_{20}H_{19}^{3-}$ 离子 (*ae*) 异构体

在液氨中用金属钠还原 $B_{20}H_{18}^{2-}$ 离子还可产生一种 $B_{20}H_{18}^{4-}$ 离子。由于这种离子是由两个 $B_{10}H_{10}^{2-}$ 多面体单元各用一个“赤道”硼原子而直接以 B—B 键结合而成的，所以是 *ee* 异构体。这种离子在酸催化下，会相继出现其他两种异构体，它们分别是 *ae* 和 *aa* 异构体。这三种 $B_{20}H_{18}^{4-}$ 离子异构体的结构可用图 6.49 来表示。

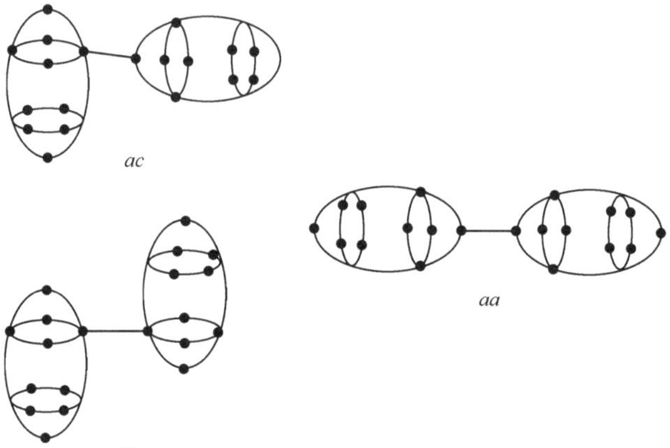

图 6.49　$B_{20}H_{18}^{4-}$ 离子三种异构体的结构示意

$B_{20}H_{18}^{2-}$ 离子与 OH^- 反应会产生 $B_{20}H_{18}^{4-}$ 的衍生物 $B_{20}H_{17}OH^{4-}$ 这种离子有四种异构体，但加质子之后都变成同一种 $B_{20}H_{18}OH^{3-}$ 离子（即 *ae*-$B_{20}H_{19}^{3-}$ 上有一个赤道—OH 基）。另外，$B_{20}H_{18}^{2-}$ 离子与氯替和溴替琥珀酰亚胺反应，将部分卤化而产生 $B_{20}H_{12}Cl_6^{2-}$ 和 $B_{20}H_{13}Br_5^{2-}$。

4.11　碳　硼　烷

碳硼烷可分为三类：

（1）闭式碳硼烷

这类碳硼烷的通式为 $C_aB_{n-a}H_{n-a+2}$，骨架成键电子对的数目是 $n+1$，其中最常见的是 $a=2$，分子式为 $C_2B_{n-2}H_n$ 的碳硼烷。$C_2B_{n-2}H_n$ 中一个或两个碳原子被等电子的 B^- 代替时，可分别形成 $CB_{n-1}H_n^-$ 和 $B_nH_n^{2-}$ 离子，而一个碳原子被等电子的 BH 单元代替时，将形成 $CB_{n-1}H_{n+1}$ 碳硼烷。

（2）巢式碳硼烷

这类碳硼烷的通式为 $C_aB_{n-a}H_{n-a+4}$，骨架成键电子对的数目是 $n+2$。其中的碳原子被 B^- 或 BH 代替时便形成与巢式硼烷 B_nH_{n+4} 有关的各种碳硼烷，甚至形成 B_nH_{n+4} 及其阴离子。

（3）网式碳硼烷

这类碳硼烷的通式为 $C_aB_{n-a}H_{n-a+6}$，骨架成键电子对的数目是 $n+3$。在结构上，这类碳硼烷与网式硼烷 B_nH_{n+6} 是有联系的。

在这三类碳硼烷中，据目前所知，网式碳硼烷数量最少，闭式碳硼烷数量最多。限于篇幅，在此仅能作一些简介。

4.11.1 网式碳硼烷[1,5]

用铬酸氧化闭式-2,3-$C_2B_9H_{11}$，可制得网式-1,3-$C_2B_7H_{13}$，其结构如图 6.27 所示。这是人们最早制得的网式碳硼烷。在二苯醚中，在 200—250℃下热解 1,3-$C_2B_7H_{13}$将形成闭式 1,7-$C_2B_6H_8$、4,5-$C_2H_7H_9$ 和 1,6-$C_2B_8H_{10}$，还可间接形成 1,10-$C_2B_8H_{10}$。网式-1,3-$C_2B_7H_{13}$脱去一个或两个桥氢，可分别形成 $C_2B_7H_{12}^-$ 和 $C_2B_7H_{11}^{2-}$ 两种碳硼烷阴离子，例如：

$$C_2B_7H_{13} + NaH \xrightarrow{\text{四氢呋喃}} C_2B_7H_{12}^- + Na^+ + H_2$$

$$C_2B_7H_{13} + 2NaH \xrightarrow{\text{乙醚}} C_2B_7H_{11}^{2-} + 2Na^+ + 2H_2$$

如果用 B_2H_6 来处理上述两个反应的产物，可较高产率地合成闭式-1,6-$C_2B_8H_{10}$[5]，以及巢式-5,7-$C_2B_8H_{12}$[8]，副产物是 $NaBH_4$。在 1,3-$C_2B_7H_{13}$的一个或两个碳原子上连接一个苯基、一个甲基或两个甲基的衍生物都是已知的，并且还制得过网式-1,3-$(CH_3C)_2$-$B_7H_{10}^-$离子。

据报道，通过巢式-5,6-$C_2B_8H_{12}$ 的碱性乙醇分解，可低产率地生成网式-$C_2B_8H_{14}$(熔点 143℃)[8]。

4.11.2 巢式碳硼烷[1,5]

常见的巢式碳硼烷有两种：一种是与 B_5H_9 等电子的 1,2-$C_2B_3H_7$；另一种是与 B_6H_{10} 等电子的巢式-1,2-$C_2B_7H_3$(图 6.50)、2-CB_5H_9(图 6.51)、4,5-$C_2B_4H_8$(图 6.52)、2,3,6-$C_3B_5H_7$(图 6.26)和 3,4,5,6-$C_4B_2H_6$(图 6.53)。这些都属于小巢式碳硼烷。它们中的大多数以及它们的烃基衍生物，都可在较缓和的条件下，通过硼烷与炔类反应来制取，条件强烈一些，就会形成闭式碳硼烷。例如，B_5H_9 与 C_2H_2 在 215℃下反应可生成产率为 30%—40%的巢式-2,3-$C_2B_4H_8$(即 4,5-$C_2B_4H_8$)和巢式-2-CB_5H_9 的几种甲基衍生物，但在 450—500℃时或放电条件下或紫外线

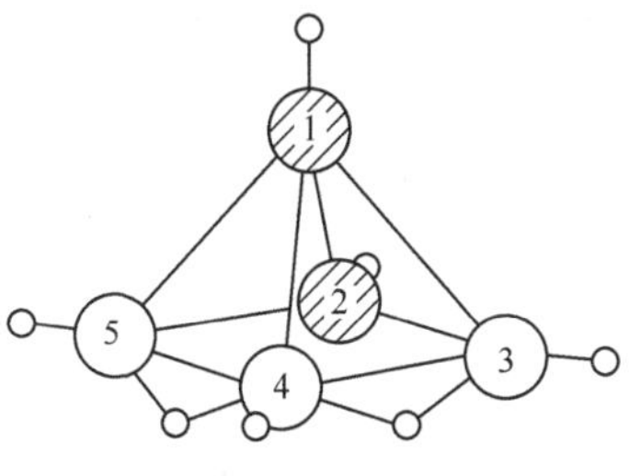

图 6.50 巢式-1,2-$C_2B_7H_3$

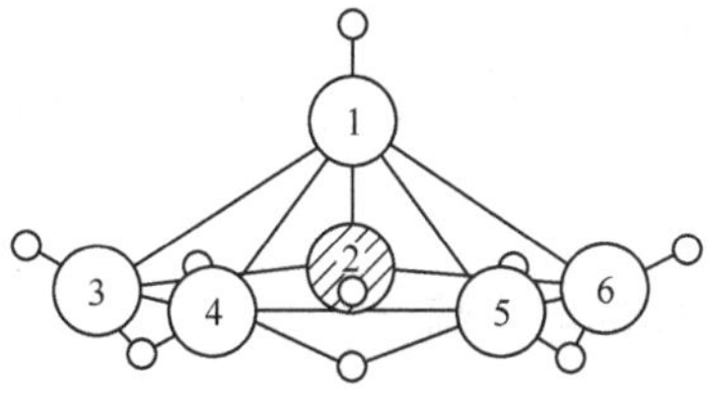

图 6.51 巢式-2-CB_5H_9

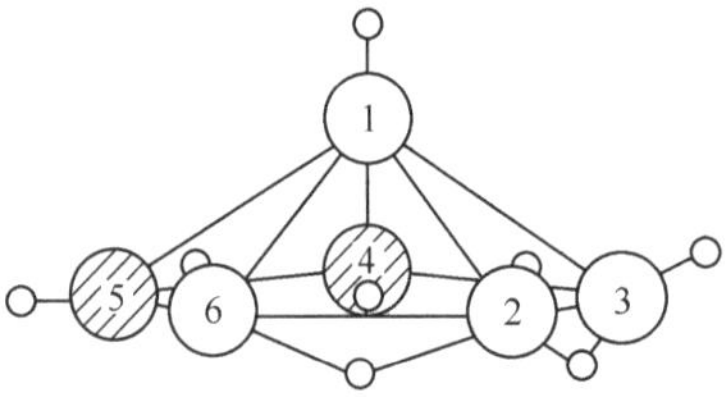

图 6.52 巢式-4,5(或 2,3)-$C_2B_4H_8$

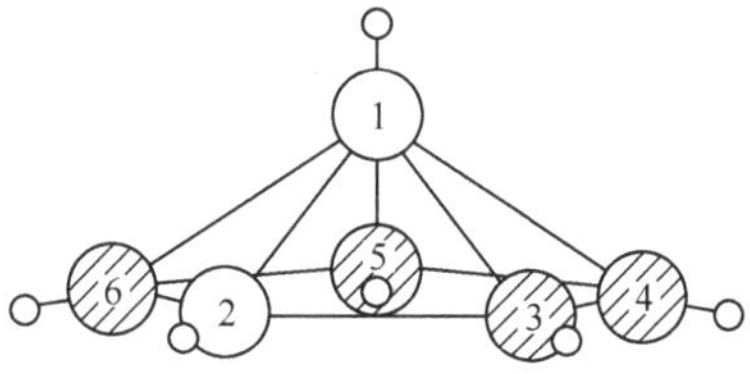

图 6.53 巢式-3,4,5,6(或 2,3,4,5)-$C_4B_2H_6$

照射下,便形成小闭式碳硼烷 1,5-$C_2B_3H_5$,1,2-和 1,6-$C_2B_4H_6$ 以及 2,4-$C_2B_5H_7$。又如,B_4H_{10}与 C_2H_2 按 1∶10 混合在 50℃下气相反应 24 小时,可产生最小的巢式碳硼烷 1,2-$C_2B_3H_7$[8],但在 100℃时将生成闭式碳硼烷。在 100℃的二甘醚中,使闭式-$C_2B_6H_8$ 与 $(CH_3)_4NBH_4$ 反应[5],或在 600℃和 550℃下分别热解 1-$CH_3B_5H_8$ 和 1,2-$(CH_3)_2B_5H_8$[8],都可产生巢式-2-CB_5H_9。液态 B_5H_9 与 $LiC\equiv CCH_3$ 反应,将生成 2-$C_2H_5CB_5H_9$ 和 2-CH_3-2,3-$C_2B_4H_8$。在 25—70℃下,使 B_4H_{10}与 C_2H_2 进行气相反应,可产生巢式-2,3,6(即 2,3,4)-$C_3B_3H_7$ 的一些烷基衍生物[8]。在低压下于 550℃热解 1,2-四甲撑乙硼烷(6),或在 50℃下使 1,2-$C_2B_3H_7$ 与 C_2H_2 反应[8],都可产生巢式 3,4,5,6(即 2,3,4,5)-$C_4B_2H_6$,这种四个碳原子的巢式碳硼烷的全烷基取代衍生物$(C_2H_5)_4R_2C_4B_2$ 可通过$(C_2H_5)_2BCl$ 与 $Na[(C_2H_5)_3BC\equiv CR]$进行如下的反应来制取:

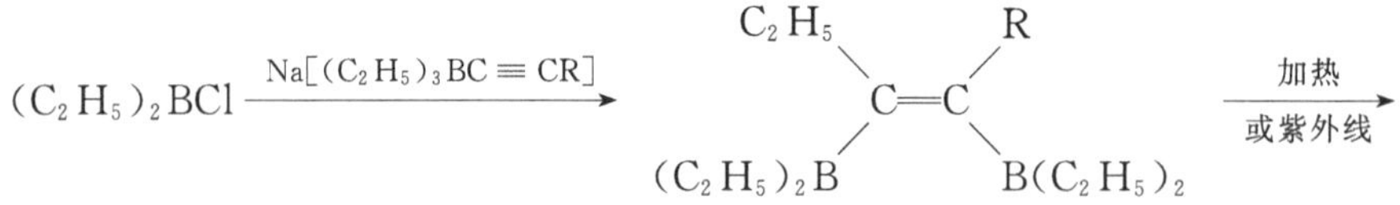

$$(C_2H_5)_3B + \frac{1}{2}(C_2H_5)_2R_2C_4B_2(C_2H_5)_2 \quad (R = CH_3 \text{ 或 } C_2H_5)$$

除 4,5-$C_2B_4H_8$ 外,其他小巢式碳硼烷的化学性质了解得都很少。有报道说,在−30℃和−10℃以下,4,5-$C_2B_4H_8$ 可分别被 $Cl_2/AlCl_3$ 和 $Br_2/AlBr_3$ 卤化而成 3-卤代物;在 300℃下与$(CH_3)_3B$ 反应能生成闭式 2,4-$C_2B_5H_7$ 的甲基衍生物;在 215℃下与$(CH_3)_3Ga$ 进行气相反应,会生成一种闭式-镓杂-碳硼烷的甲基衍生物 1-CH_3Ga-2,3-$C_2B_4H_6$[8];在二甘醚中与 NaH 作用,将使它脱去一个桥氢而形成 $C_2B_4H_7^-$ 离子。

一些较大的巢式碳硼烷及它们的阴离子,在此不予介绍了,有的也许会在后面提及。

4.11.3 闭式碳硼烷[1,5]

常见的闭式碳硼烷通式为 $C_2B_mH_{m+2}$(或 $C_2B_{n-2}H_n$),其中 $m=3,4,5$ 和

CB_5H_7 都属于小闭式碳硼烷；$m=6,7,8,9$ 的，则属于中等闭式碳硼烷。大的闭式碳硼烷主要是指 $C_2B_{10}H_{12}$ 的三种异构体：1,2-$C_2B_{10}H_{12}$（邻-碳硼烷）、1,7-$C_2B_{10}H_{12}$（间-碳硼烷）和 1,12-$C_2B_{10}H_{12}$（对-碳硼烷）。

小闭式碳硼烷可通过下列途径来制备：

1）硼烷与炔类在高能条件下进行反应；

2）巢式碳硼烷的转化作用；

3）烃基硼烷的热解和放电作用；

4）硼烷与碳蒸气反应。

它们的烃基衍生物可用下列方法来制备：

1）烃基硼烷与炔类反应；

2）炔基硼烷的硼氧化作用；

3）烃基硼烷的卤代物与碱金属进行脱卤作用。

除了硼烷与炔类反应会产生少量的 $C_2B_6H_8$ 和 $C_2B_8H_{10}$ 外，以上这些途径和方法都不大容易产生大于 $C_2B_5H_7$ 的闭式碳硼烷。

最小的闭式碳硼烷 1,5-$C_2B_3H_5$（图 6.54），可通过 B_5H_9 与 C_2H_2 在 490℃下反应，或快速热解巢式-$C_2B_4H_8$（有 $(CH_3)_3B$ 存在下）来制取。在 500℃下热解 1-$(C_2H_5)B_5H_8$ 也可产生 1,5-$C_2B_3H_5$[8]。它的熔点为 −126.4℃，沸点为 −3.7℃。在 25℃下，它的纯液体会缓慢地分解而成较高级的碳硼烷（包括 $C_2B_4H_6$ 和 $C_2B_6H_8$）；在 350℃时更易形成由两个 $C_2B_3H_4$ 单元通过 B—B 键结合起来的联碳硼烷 $C_4B_6H_8$[8]。在室温下，闭式 1,5-$C_2B_3H_5$ 对空气、水、三甲胺或丙酮都没有反应；不过，在 −78℃下，它可与 $(CH_3)_3N$ 形成 1∶1 加合物，但这种加合物在室温下就分解了。闭式-1,5-$C_2B_3H_5$ 在卤化和被 NO_2 氧化时会完全降解；但在 165℃时，它可缓慢地与 $CH_3C{\equiv}CH$ 作用形成链烯基的衍生物[8]。它可能还有两种异构体：1,2-和 2,3-$C_2B_3H_5$，但都尚未能制得，不过，在无声放电下使 B_2H_6 与炔类反应，可产生 1,2-$C_2B_3H_5$ 的甲基衍生物。

闭式-CB_5H_7（图 6.55）可通过 $CH_3B_5H_8$ 放电分解或热解来制备，也可通过 1,2-$(CH_3)_2B_5H_7$ 的热解来制备[8]：

$$CH_3B_5H_8 \xrightarrow{\text{放电}} CB_5H_7 + 2H_2$$

$$1\text{-}CH_3B_5H_8 \xrightarrow{600℃} CB_5H_7 + 2\text{-}CB_5H_9$$

$$1,2\text{-}(CH_3)_2B_5H_7 \xrightarrow{500℃} 1,5\text{-}C_2B_3H_5 + CB_5H_7 + 2\text{-}CB_5H_9$$

CB_5H_7 与 NaH 反应会失去 H_2 而形成 $CB_5H_6^-$ 离子，这种离子与 HCl 作用又可重新形成 CB_5H_7。

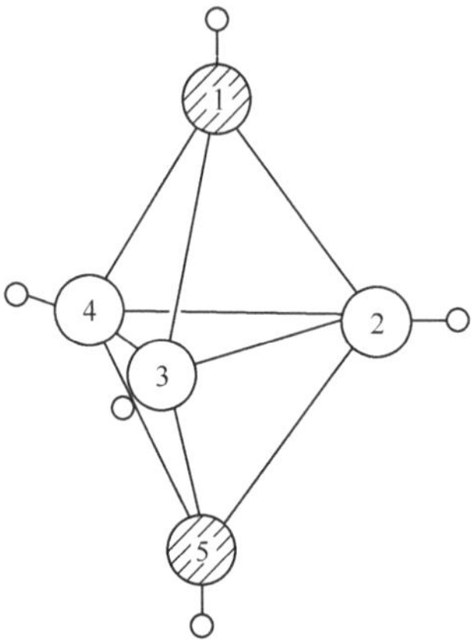

图 6.54　闭式-1,5-$C_2B_3H_5$

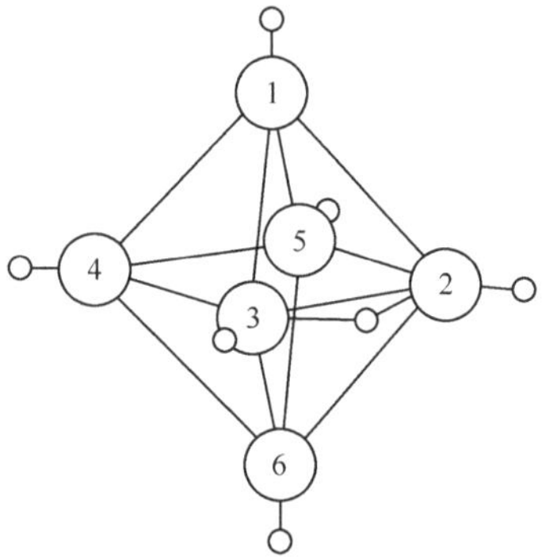

图 6.55　闭式-CB_5H_7

在紫外线照射下,巢式-$C_2B_4H_8$ 能转化成一定量的闭式-1,2-$C_2B_4H_6$(顺式异构体,图 6.25),这种顺式异构体在 250℃时会重排而成闭式-1,6-$C_2B_4H_6$(反式异构体)。这两种异构体的熔点、沸点分别为:

1,2-$C_2B_4H_6$,熔点−25℃、沸点 39℃。

1,6-$C_2B_4H_6$,熔点−32℃、沸点 27℃。

据报道,1,6-$C_2B_4H_6$ 在室温下对空气、水、氨和丙酮没有反应,但与$(CH_3)_3N$ 会缓慢地反应而生成巢式衍生物[8]:

$$1,6\text{-}C_2B_4H_6 + (CH_3)_3N \xrightarrow[25℃]{10\text{天}} 5\text{-}(CH_3)_4N^+—[2,4\text{-}C_2B_4H_6^-]$$

1,6-$C_2B_4H_6$ 与正丁基锂作用将生成 $LiCB_4H_4CLi$,这种产物与 CH_3I 作用时,可生成 $CH_3CB_4H_4CCH_3$,溴化时,也产生碳原子上的氢被取代的衍生物。但是,在 $AlBr_3$ 存在下直接溴化 1,6-$C_2B_4H_6$ 将产生硼原子上的氢被取代的衍生物[8]。

闭式-2,4-$C_2B_5H_7$ 是所有小闭式碳硼烷中最容易制取的化合物。当热解巢式-$C_2B_4H_8$ 时,可制得产率为 40%的 2.4-$C_2B_5H_7$;在无声放电下,B_5H_9 与 C_2H_2 反应也可有效地产生这种闭式碳硼烷。它的分子结构如图 6.56 所示,它是一种极性分子,偶极矩为 1.32D。这种闭式碳硼烷通过与正丁基锂作用所产生的 $LiCB_5H_5$-CLi,可制得其碳原子上的氢被烷基取代的衍生物;用 X_2/AlX_3(X=Cl、Br)进行卤化作用,将产生 5 号硼原子上的氢被卤代的衍生物;没有 $AlCl_3$ 的氯化作用,将生成 1 号和 3 号硼原子上的氢被氯代的衍生物。闭式-2,4-$C_2B_5H_7$ 在室温下可被碱完全降解。

关于中等闭式碳硼烷:$C_2B_6H_8$、$C_2B_7H_9$、$C_2B_8H_{10}$ 和 $C_2B_9H_{11}$ 的情况,在此不予列举了,请查阅参考文献[1][5]和[8]。

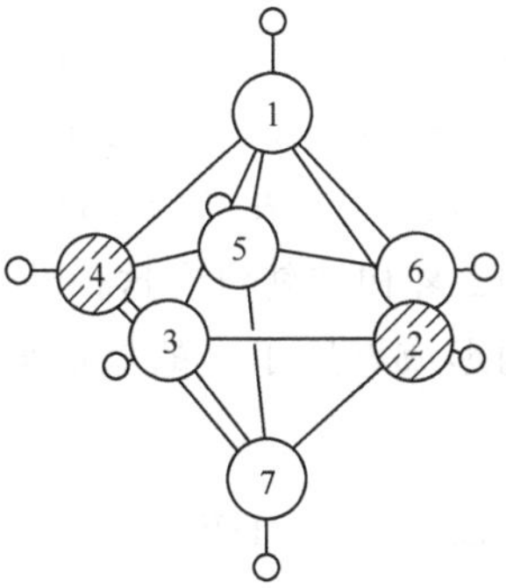

图 6.56 闭式-2,4-$C_2B_5H_7$

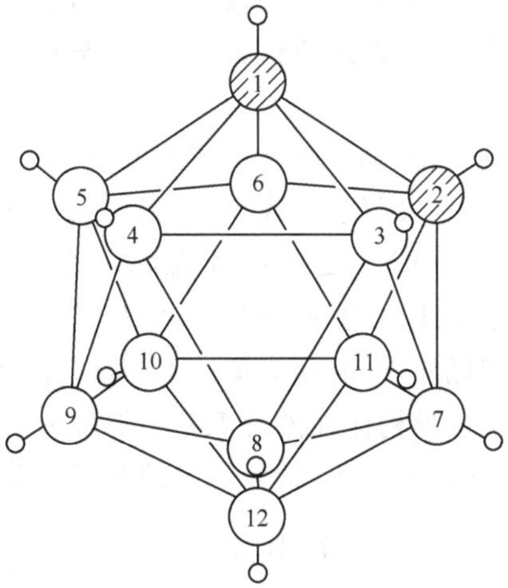

图 6.57 闭式-1,2-$C_2B_{10}H_{12}$

在大闭式碳硼烷中，1,2-$C_2B_{10}H_{12}$ 最容易制备，其分子结构如图 6.57 所示。在某种溶剂(如苯、正丙基醚)中，有路易斯碱(如$(C_2H_5)_2S$)存在下，通过 $B_{10}H_{14}$ 与 C_2H_2 反应，便可制取闭式 1,2-$C_2B_{10}H_{12}$：

$$B_{10}B_{14}+2(C_2H_5)_2S \longrightarrow [(C_2H_5)_2S]_2B_{10}H_{12}+H_2$$

$$[(C_2H_5)_2S]_2B_{10}H_{12}+C_2H_2 \longrightarrow C_2B_{10}H_{12}+2(C_2H_5)_2S+H_2$$

还有一种制法是：

$$B_{10}H_{14}+2(CH_3)_2S \xrightarrow{苯} [(CH_3)_2S]_2B_{10}H_{12}+H_2$$

$$[(CH_3)_2S]_2B_{10}H_{12}+CH_3COOCH_2C{\equiv}CCH_2COOCH_3 \xrightarrow{苯} (CH_3COOCH_2C)_2B_{10}H_{12}$$

$$3(CH_3COOCH_2C)_2B_{10}H_{12}+10KOH+8KMnO_4 \longrightarrow 3C_2B_{10}H_{12}+8MnO_2+6CH_3COOK+6K_2CO_3+8H_2O$$

将闭式-1,2-$C_2B_{10}H_{12}$ 加热到 470℃，可使它在气相中进行重排，几小时后，可得到闭式-1,7-$C_2B_{10}H_{12}$(产率 90%)；如果在 600℃下进行 30 秒钟重排，产率几乎是定量的。在 700℃下将 1,7-$C_2B_{10}H_{12}$ 加热几秒钟，可产生 20%产率的闭式-1,12-$C_2B_{10}H_{12}$。

1,2-$C_2B_{10}H_{12}$ 和 1,7-$C_2B_{10}H_{12}$ 都是极性分子，偶极矩分别为 4.31－4.53D 和 2.76－2.85D，1,12－$C_2B_{10}H_{12}$ 则是非极性分子。三者的熔点分别为 320℃、265℃和 261℃，晶态标准生成焓 ΔH_f^0(kJ/mol)分别为－169.9±10.0，－240.6±10.9，－310.9±10.9[8]。根据燃烧热和升华热计算，1,2-和 1,7-$C_2B_{10}H_{12}$ 的气态标准生成焓 ΔH_f^0(kJ/mol)分别为－110.4±10.9 和－177.8±14.2[8]。在这三种异构体

分子中，碳原子的电负性较强，它们的电子密度要比所有硼原子来得大，而硼原子上的电子密度，据理论计算，在 1.2-异构体内是 9，12＞8，10＞4，5，7，11＞3，6；在 1，7-异构体内是 9，10＞5，12≥4，6，8，11＞2，3；在 1，12-异构体内十个硼原子的电子密度则是相同的，而且所带的电荷很少。

这三种二碳代-闭式-十二硼烷（12）的异构体，对于空气、水、热、氧化剂（如 $KMnO_4$、H_2O_2）和还原剂，都是稳定的，不过，1，2-异构体和 1，7-异构体较易在甲氧基离子 CH_3O^- 和肼 $NH_2—NH_2$ 等亲核物质的作用下，失去一个靠近两个碳原子的骨架硼原子，而形成巢式-$C_2B_9H_{12}^-$ 离子；但 1，12-异构体就没有这种性质。

这三种异构体在液态 HF 中都可被 F_2 氟化而形成硼原子上的氢被氟取代的衍生物，在此条件下，碳原子上的氢都不受影响：

$$C_2H_2B_{10}H_{10} + 10F_2 \xrightarrow[0℃]{\text{液态 HF}} C_2H_2B_{10}F_{10} + 10HF$$

要使碳原子上的氢也被氟取代，可先通过它们的 C，C′-二锂（代）衍生物与 ClO_3F 作用，然后再用 F_2 来氟化：

$$B_{10}H_{10}C_2Li_2 \xrightarrow{2ClO_3F} B_{10}H_{10}C_2F_2 \xrightarrow{10F_2} C_2B_{10}H_{12}$$

在选择溶剂、控制反应时间和反应温度、光照或使用催化剂的情况下，1，2-异构体可被 Cl_2 直接氯化而成各种氯代物：$C_2H_2B_{10}H_8Cl_2$（有两种异构体）、$C_2H_2B_{10}H_7Cl_3$、$C_2H_2B_{10}H_6Cl_4$（有两种异构体）、$C_2H_2B_{10}H_4Cl_6$、$C_2H_2B_{10}H_2Cl_8$、$C_2H_2B_{10}Cl_{10}$ 和 $C_2HClB_{10}Cl_{10}$。如果用 N-氯代琥珀酰胺来氯化，还可得到全氯代衍生物 $C_2B_{10}Cl_{12}$；通过 $C_2HB_{10}Cl_{10}$ 与三乙胺先形成盐之后再氯化，可得到全氯代衍生物：

$$C_2HB_{10}Cl_{10} \xrightarrow{2(C_2H_5)_3N} [(C_2H_5)_3NH]_2C_2B_{10}Cl_{10} \xrightarrow{Cl_2} C_2B_{10}Cl_{12}$$

在 $AlBr_3$ 催化下，用 Br_2 来溴化 1，2-异构体，可逐步产生：9-$BrB_{10}HC_2H_2$，9，12-$Br_2B_{10}H_8C_2H_2$，8（或 10），9，12-$Br_3B_{10}H_7C_2H_2$ 和 8，9，10，12-$Br_4B_{10}H_6C_2H_2$。这同理论上计算出的硼原子上电子密度大小次序是一致的。1，7-异构体在进行同样的亲电子卤化作用时所表现出来的硼原子电子密度大小次序，为 9，10≥4，6，8，11＞5，12≫2，3，同理论计算结果有些差异。与前两种异构体不同，1，12-异构体很不易进行亲电子卤化作用，这也是同理论计算相一致的。

通过闭合二十面体的先降解后复原的途径，可生成 1，2-异构体在 3 号硼原子上氢被取代的衍生物。例如：

$$1,2\text{-}C_2B_{10}H_{12} \xrightarrow{OH^-} C_2B_9H_{11}^{2-} \xrightarrow{C_6H_5BCl} 3\text{-}C_6H_5B_{10}H_9C_2H_2$$

另外，在液态氨中用钾或钠还原 1，2-异构体，也可以在 3 号硼原子上代入取代基，先形成-NH_2 基，然后再氧化成-NO_2 基：

$$H_2C_2B_{10}H_{10} \xrightarrow[\text{K(或 Na)}]{\text{液氨}} H_2C_2B_{10}H_9NH_2 \xrightarrow[-60℃]{KMnO_4} 3\text{-}NO_2B_{10}H_9C_2H_2$$

通过-NH_2 基衍生物还可转化成其他取代基的衍生物。

闭式 1,2-$C_2B_{10}H_{12}$碳上的氢呈弱酸性,可与正丁基锂发生分步反应形成 C-锂代和 C,C′-二锂代衍生物,所以它是二元酸:

$$B_{10}H_{10}C_2H_2 \xrightarrow{C_4H_9Li} B_{10}H_{10}C_2HLi \xrightarrow{C_4H_9Li} B_{10}H_{10}C_2Li_2$$

这两种 C-锂代衍生物很象有机锂化物 RLi,当它们与各种反应剂作用时,可在闭合二十面体的碳原子上连接各种无机和有机基团,形成大量的闭式-1,2-$C_2B_{10}H_{12}$的衍生物。例如:

$$Li_2C_2B_{10}H_{10} \xrightarrow{X_2} LiC_2XB_{10}H_{10} \xrightarrow{X_2} C_2X_2B_{10}H_{10}$$

$$Li_2C_2B_{10}H_{10} \xrightarrow{RX} LiC_2RB_{10}H_{10} \xrightarrow{R'X} C_2RR'B_{10}H_{10}$$

$$Li_2C_2B_{10}H_{10} \xrightarrow{2R_3MX} (MR_3)_2C_2B_{10}H_{10}$$

(R 和 R′代表烷基或芳基,X 代表卤原子,M 代表 Si、Ge、Sn 等)

闭式-1,2-$C_2B_{10}H_{12}$及其衍生物的化学反应是多种多样的,其中还有一部分是成环反应,限于篇幅,在此不予详述了,如有需要请查阅参考文献[1]、[5]、[8]。人们为了方便明了地表达闭式-1,2-$C_2B_{10}H_{12}$及其衍生物的化学反应,特别是成环反应,常用如下符号来表示这种闭式碳硼烷及其衍生物:

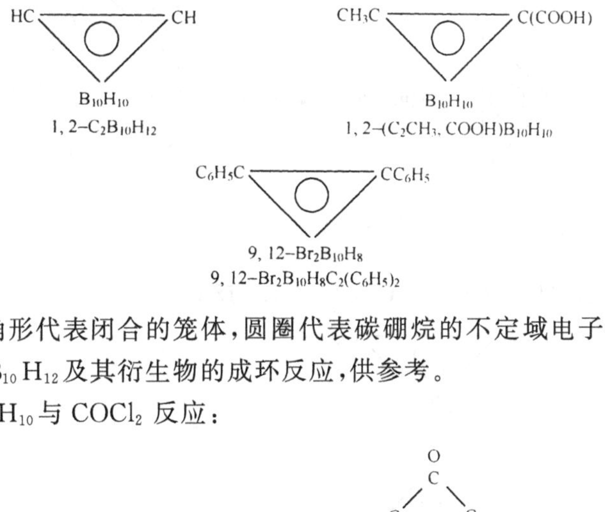

1, 2-$C_2B_{10}H_{12}$　　1, 2-$(C_2CH_3, COOH)B_{10}H_{10}$

9, 12-$Br_2B_{10}H_8C_2(C_6H_5)_2$

在上列符号中三角形代表闭合的笼体,圆圈代表碳硼烷的不定域电子体系。下面介绍几种 1,2-$C_2B_{10}H_{12}$及其衍生物的成环反应,供参考。

(1) $Li_2C_2B_{10}H_{10}$与 $COCl_2$ 反应:

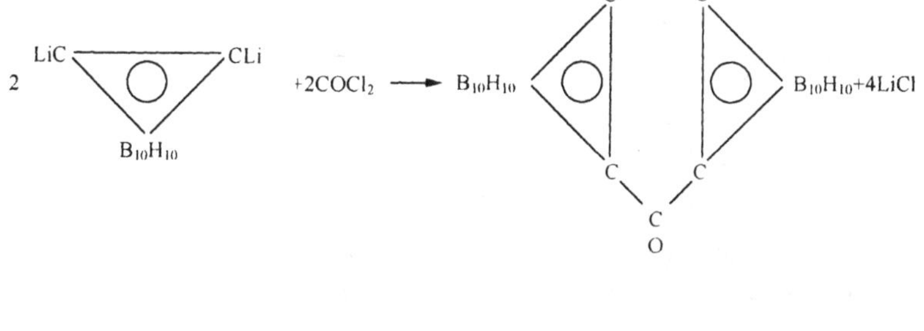

(2) $Li_2C_2B_{10}H_{10}$ 与 $ClCH_2CH{=}CHCH_2Cl$ 反应，反应产物可氧化成苯并碳硼烷：

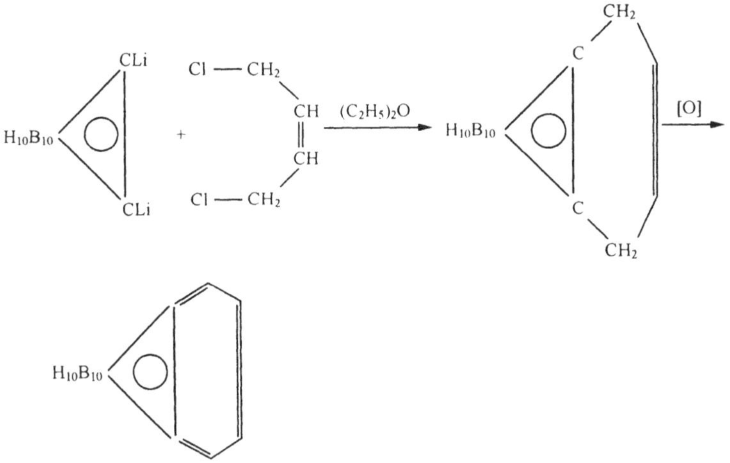

(3) $Li_2C_2B_{10}H_{10}$ 与 R_nMCl_2 ($R_nM=(CH_3)_2Si$、C_6H_5P、C_6H_5As)反应：

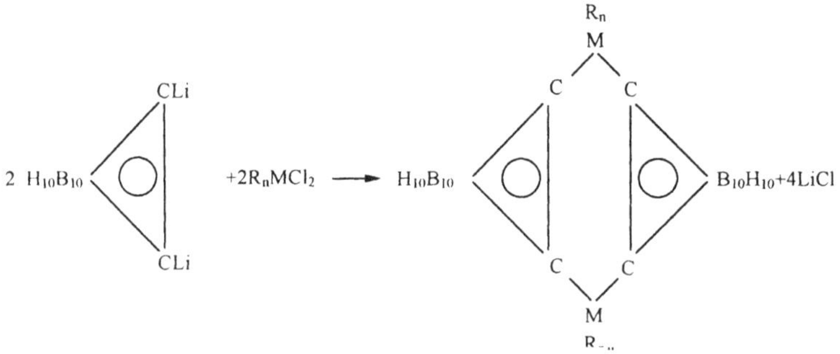

(4) $LiCB_{10}H_{10}C\text{-}CB_{10}H_{10}CLi$ 与 $ZnCl_2$ 反应[8]：

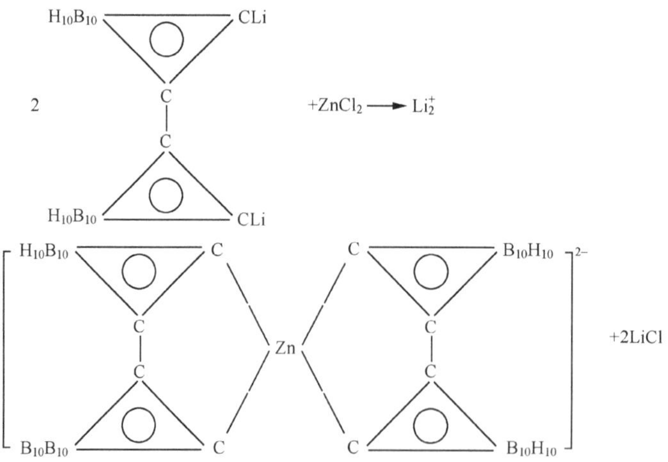

闭式 1,7-$C_2B_{10}H_{12}$与它的 1,2-异构体相比,碳原子上的氢更易被金属原子取代,因而它的衍生物也是很多的。一般来说,1,7-异构体的衍生物要比同类的 1,2-异构体的衍生物的极性小、易挥发和熔点低。

闭式 1,12-$C_2B_{10}H_{12}$是三种异构体中最不易得的一个,因此对它的研究也最少。据报道,在 $AlCl_3$ 催化下在 CCl_4 中四流 1,12-异构体可发生亲电子氯化作用,生成硼原子上的氢被氯取代(一氯、二氯、三氯和四氯代)的衍生物,溴化和碘化作用,只能产生一卤代和二卤代衍生物。当 1,12-异构体与正丁基锂作用形成 C-锂代和 C,C′-二锂代衍生物之后,可制取它的 1-COOH、1,12-$(COOH)_2$、1,12-$(SH)_2$ 和 1,12-$(SCl)_2$ 衍生物,但当 1,12-$Li_2C_2B_{10}H_{10}$与$(C_6H_5)_2SnCl_2$ 作用时,将生成聚合物:

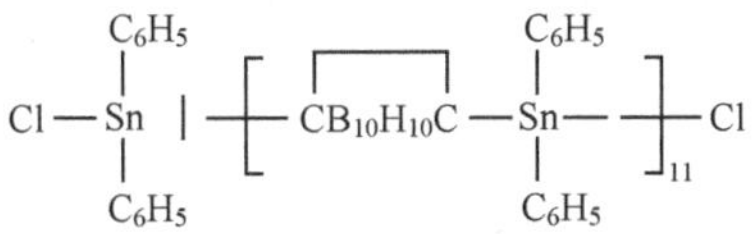

这三种异构体虽然都可生成聚合物,但 1,7-异构体生成的聚合物通常要比 1,2-异构体所形成的聚合物用处多,并且稳定。人们通过 1,7-异构体已合成出一种非常耐热的聚-*m*-碳硼烷硅氧烷人造橡胶(Dexsil)。

4.11.4 碳硼烷阴离子的金属配合物[1,5,8]

如前所述,强碱 CH_3O^- 或 N_2H_4 可使闭式-1,2 和 1,7-$C_2B_{10}H_{12}$ 降解而成 $C_2B_9H_{12}^-$,这种离子经质子化之后便形成巢式-$C_2B_9H_{13}$。因为母体有两种异构体,所以形成的巢式-碳硼烷也有两种异构体,但两者失去的都是 3 号硼原子。因而,这两种巢式-碳硼烷分别为(3),1,2-$C_2B_8H_{13}$(图 6.58)和(3),1,7-$C_2B_9H_{13}$。括号中的(3)代表脱掉硼原子的位置,读作 3-脱硼。于是,这两种巢式-碳硼烷异构体的名称叫做 3-脱硼-1,2(或 1,7)-二碳代-巢式-十一硼烷(13)。作为二元酸,它们都可被碱滴定成(3),1,2-$C_2B_9H_{12}^-$离子(图 6.59)和(3),1,7-$C_2B_9H_{12}^-$离子,与更浓的碱溶液(或 NaH)作用,还可进一步形成(3),1,2-$C_2B_9H_{11}^{2-}$ 离子(图 6.60)和(3),1,7-$C_2B_9H_{11}^{2-}$ 离子。

巢式(3),1,2-$C_2B_9H_{11}^{2-}$(或(3),1,7-$C_2B_9H_{11}^{2-}$)有一个开口的五边形面(图 6.61),在其上的三个 B 原子和两个 C 原子各有一个 sp^3 杂化轨道指向脱硼的 3-位上。根据理论计算,这 5 个 sp^3 杂化轨道中共有 6 个电子,这正好类似于环戊二烯基离子 $C_5H_5^-$,在成键性质上与 π-环戊二烯基离子 $C_5H_5^-$ 是等电子的。所以,它们可与许多过渡金属离子形成二茂铁形式的配合物。例如,在四氢呋喃(THF)中,(3),1,2-$C_2B_9H_{11}^{2-}$ 与 $FeCl_2$ 反应会生成一种 Fe(II)的夹心式配合物,并在空气中还会被氧化而成红色的 Fe(III)的相应配合物(图 6.62)

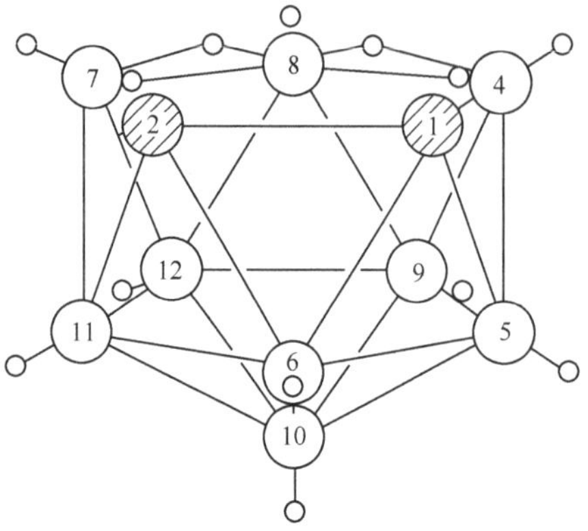

图 6.58　巢式(3),1,2-$C_2B_9B_{12}$

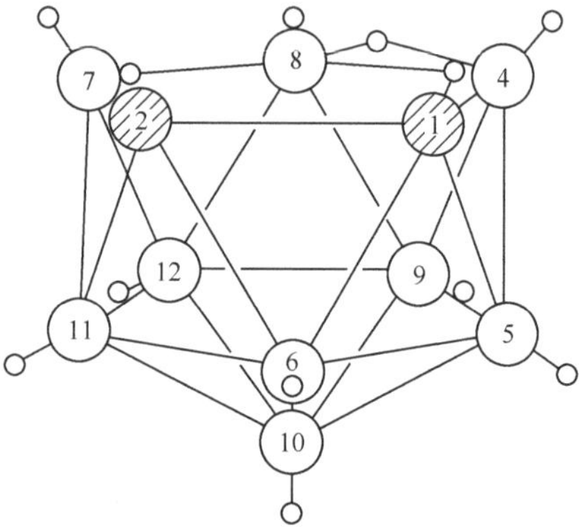

图 6.59　巢式(3),1,2-$C_2B_9H_{12}^-$

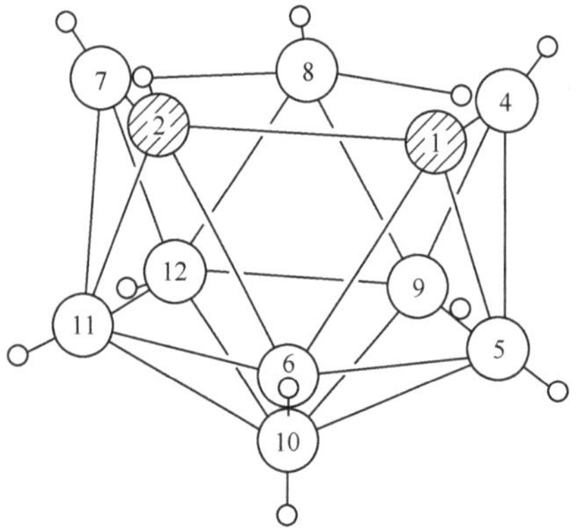

图 6.60　巢式(3),1,2-$C_2B_9H_{11}^{2-}$

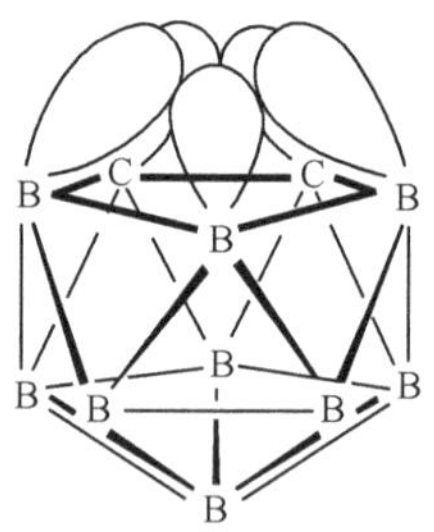

图 6.61　巢式(3),1,2-和 1,7-$C_2B_9H_{11}^{2-}$
的开口五边形面

$$2C_2B_9H_{11}^{2-}+Fe^{2+}\xrightarrow{THF}[(\pi\text{-}C_2B_9H_{11})_2Fe^{II}]^{2-}\underset{Na/Hg}{\overset{[O]}{\rightleftharpoons}}[(\pi\text{-}C_2B_9H_{11})_2Fe^{III}]^-$$

如果反应中加入 NaC_5H_5,则可生成混合型夹心式配合物(图 6.63):

$$C_5H_5^-+C_2B_9H_{11}^{2-}+Fe^{2+}\xrightarrow[-e]{THF}[(\pi\text{-}C_5H_5)Fe^{III}(\pi\text{-}(3),\ 1,2\text{-}C_2B_9H_{11})]$$

这是一种紫色化合物,熔点为 182℃。同类的 Co(II)和 Co(III)的配合物,用相似的方法也能制得,这些配合物一般为黄色或橙色,熔点在 250－300℃左右。据报道,能够与 $C_2B_9H_{11}^{2-}$ 离子生成夹心式配合物;与 $C_2B_9H_{11}^{2-}$ 和 $C_5H_5^-$ 离子生成混合型夹心式配合物的金属离子是很多的,其中包括 Cr、Mo、W;Mn、Re;Fe、Co、Ni;Pd;Cu、Ag、Au;和 Be 等。

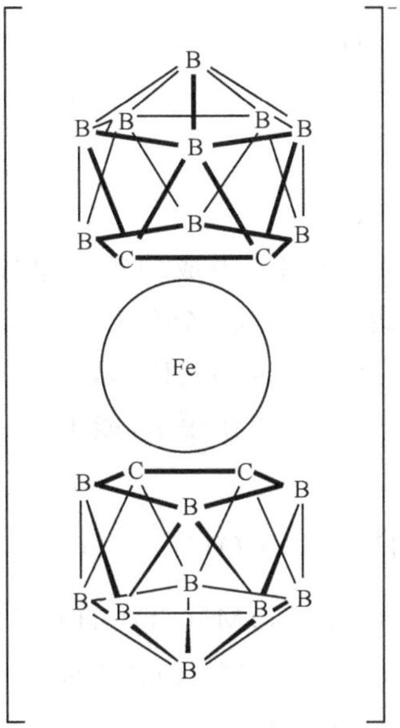

图 6.62 [(π-$C_2B_9H_{11}$)$_2$Fe]$^-$

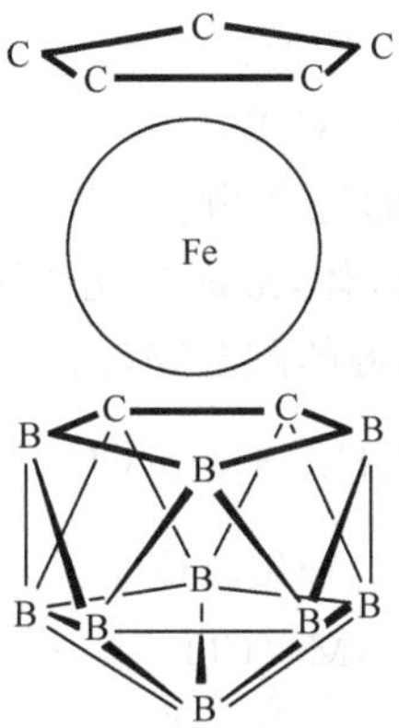

图 6.63 [(π-C_5H_5)Fe(π-$C_2B_9H_{11}$)]

当某些过渡金属的羰基化合物与 $C_2B_9H_{11}^{2-}$ 离子作用时，也能生成混合配位体的配合物。例如，在四氢呋喃中使 BrRe(CO)$_5$ 与 $Na_2C_2B_9H_{11}$ 反应，能生成一种淡黄色的配合物[(π-$C_2B_9H_{11}$)Re(CO)$_3$]$^-$(图 6.64)：

$$C_2B_9H_{11}^{2-} + BrRe(CO)_5 \xrightarrow{THF} [(\pi\text{-}C_2B_9H_{11})Re(CO)_3]^- + Br^- + 2CO$$

用 BrMn(CO)$_5$ 代替 BrRe(CO)$_5$ 进行如上反应，将生成[(π-$C_2B_9H_{11}$)Mn(CO)$_3$]$^-$。如果使 Fe(CO)$_5$ 和 1,2-$C_2B_9H_{11}^{2-}$ 离子在四氢呋喃中回流，则生成的将是一种双核配合物[(π-$C_2B_9H_{11}$)$_2$Fe$_2$(CO)$_4$]$^{2-}$(图 6.65)。

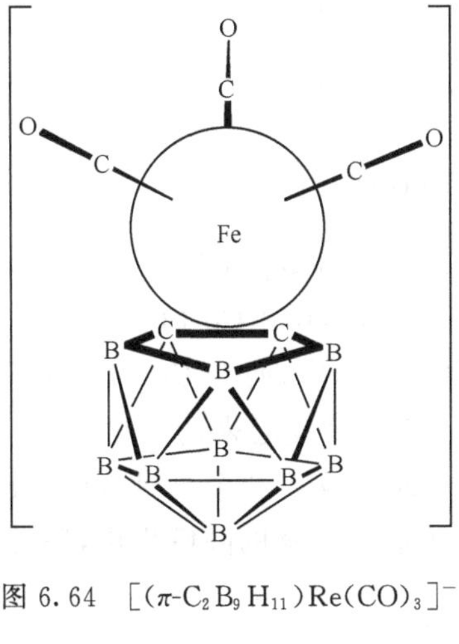

图 6.64 [(π-$C_2B_9H_{11}$)Re(CO)$_3$]$^-$

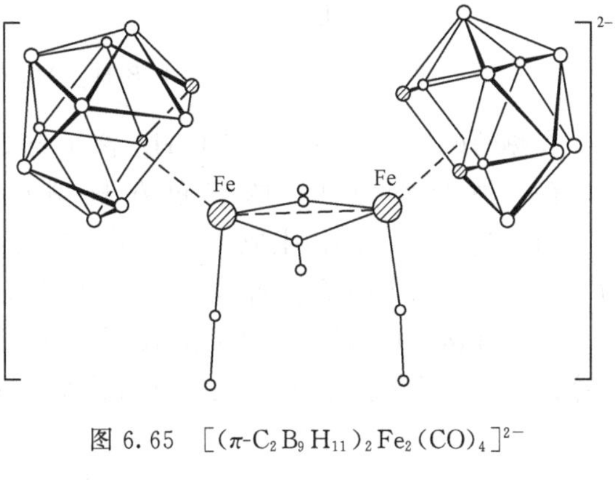

图 6.65 [(π-$C_2B_9H_{11}$)$_2$Fe$_2$(CO)$_4$]$^{2-}$

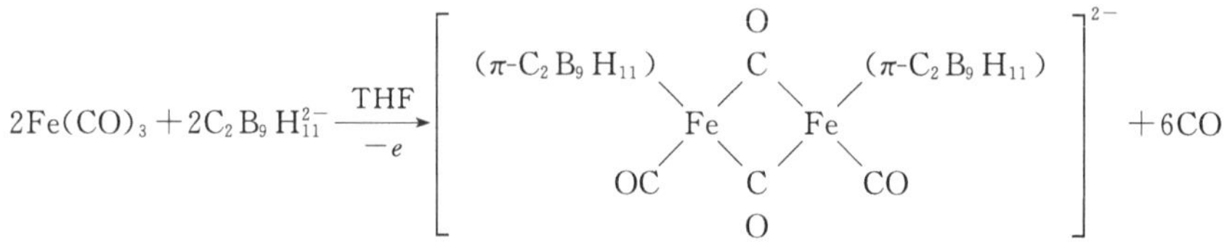

不过，当用 $CO_2(CO)_8$ 代替 $Fe(CO)_5$ 进行如上反应时，生成的却是单核配合物 $[(\pi\text{-}C_2B_9H_{11})Co(CO)_2]^-$。有趣的是，在紫外线照射下由 $Mo(CO)_6$ 与 $C_2B_9H_{11}^{2-}$ 离子反应生成的配合物 $[(\pi\text{-}C_2B_9H_{11})Mo(CO)_3]^{2-}$，还可在 HCl 或 CH_3I 作用下进一步接受配位体，形成多配位体的配合物；在 $W(CO)_6$ 作用下，能生成一种双核的含金属-金属键的配合物(图 6.66)：

$$C_2B_9H_{11}^{2-} + Mo(CO)_6 \xrightarrow[h\nu]{THF} [(\pi\text{-}C_2B_9H_{11})Mo(CO)_3]^{2-} + 3CO$$

$$[(\pi\text{-}C_2B_9H_{11})Mo(CO)_3]^{2-} + HCl \longrightarrow [(\pi\text{-}C_2B_9H_{11})Mo(CO)_3H]^- + Cl^-$$

$$[(\pi\text{-}C_2B_9H_{11})Mo(CO)_3]^{2-} + CH_3I \longrightarrow [(\pi\text{-}C_2B_9H_{11})Mo(CO)_3CH_3]^{2-} + I^-$$

$$[(\pi\text{-}C_2B_9H_{11})Mo(CO)_3]^{2-} + W(CO)_6 \longrightarrow$$
$$[(\pi\text{-}C_2B_9H_{11})Mo(CO)_3W(CO)_5]^{2-} + CO$$

据报道，不仅 Mo 有这样的反应，Cr 和 W 同样也可以进行这类反应，生成相应的配合物。

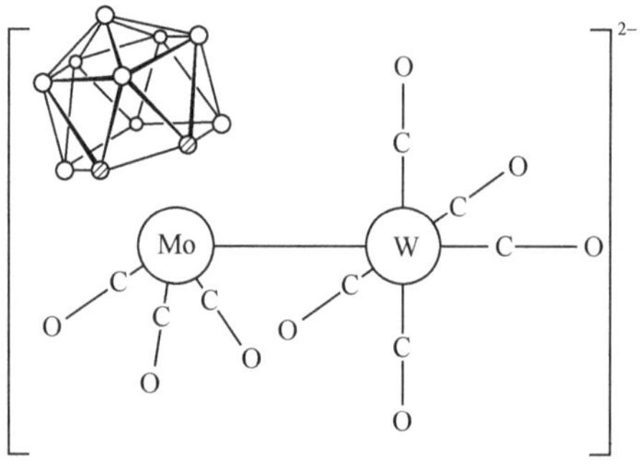

图 6.66 $[(\pi\text{-}C_2B_9H_{11})Mo(CO)_3W(CO)_3]^-$

在热的碱溶液中用 1,2-$C_2B_9H_{11}^{2-}$ 离子与 $CoCl_2$ 反应制取 $[Co^{III}(C_2B_9H_{11})_2]^-$ 时，有一种产率为 1% 的红色双核副产物 $[(C_2B_9H_{11})Co(C_2B_8H_{10})Co(C_2B_9H_{11})]^{2-}$(图 6.67)生成。在这种双核配合物的结构中，两个 Co(III) 核是通过一种篮子似的十原子多面体(3,6)-1,2-$C_2B_8H_{10}^{4-}$ 离子桥连起来的。在 100℃ 的 30%NaOH 溶液中，使 $[(C_2B_9H_{11})_2Co^{III}]^-$ 离子与 $CoCl_2$ 反应几个小时，可以较高产率地(约 15%)生成这种双核配合物。如果进一步进行强碱的降解作用，还可以

生成三核配合物[(π-$C_2B_9H_{11}$)Co^{III}($C_2B_8H_{10}$)Co^{III}($C_2B_8H_{10}$)Co^{III}(π-$C_2B_9H_{11}$)]$^{3-}$。

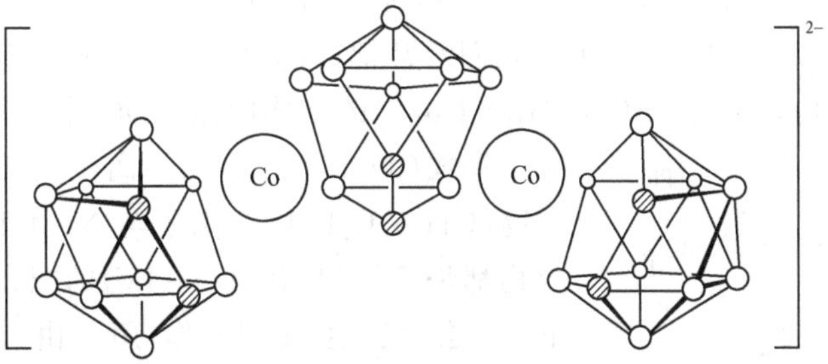

图 6.67 [(π-$C_2B_9H_{11}$)Co($C_2B_8H_{10}$)Co(π-$C_2B_9H_{11}$)]$^{2-}$

有些配合物的结构是很有趣的。例如，在 CS_2 中用 $AlCl_3$ 处理 K[Co(π-1,2-$C_2B_9H_{11}$)$_2$]后再通入 HCl，能生成一种中性的配合物[($C_2B_9H_{10}$)$_2$CoS_2CH](图 6.68)，产率为 70%。在这种配合物的结构中，Co(III)离子被两个参差的 1,2-$C_2B_9H_{11}^{2-}$ 离子配位着，这两个配位体离子又分别在 8 和 8′号硼原子上通过一种 $—S—\overset{+}{\underset{H}{C}}—S—$ 单元跨连了起来。又如，在冷的 40%NaOH 水溶液中由 Cu^{2+} 离子与 $C_2B_9H_{11}^{2-}$ 离子作用可以生成一种深蓝色配合物[(π-$C_2B_9H_{11}$)$_2$Cu]$^{2-}$(图 6.69)。

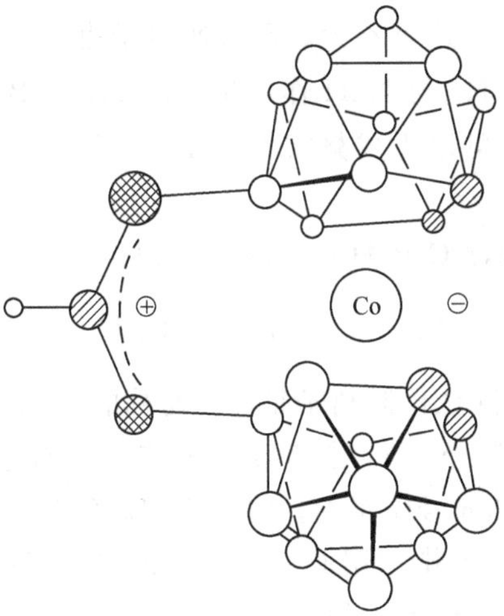

图 6.68 [($C_2B_9H_{10}$)$_2$CoS_2CH]

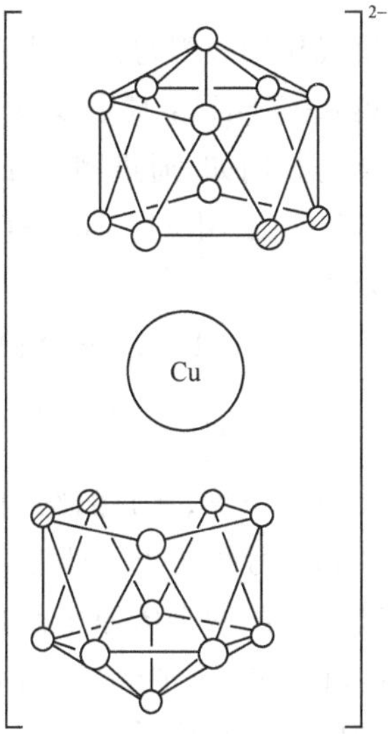

图 6.69 [(π-$C_2B_9H_{11}$)$_2$Cu]$^{2-}$

在这种配合物的结构中，由于两个配位体离子分别地向两侧平行位移了 0.6Å，致使 B—Cu 间距离比 C—Gu 间距离要短。除 Gu(II)外，Ni(II)、Cu(III)和 Au(III)等金属离子也能与 $C_2B_9H_{11}^{2-}$ 离子形成这种结构的配合物。这些金属离子一般都含有 8 个或 8 个以上的 d-电子。人们常常把前面介绍的$[(\pi\text{-}C_2B_9H_{11})_2Fe]^-$的结构叫做对称结构，而把$[(\pi\text{-}C_2B_9H_{11})_2Cu]^{2-}$的结构叫做滑动结构。

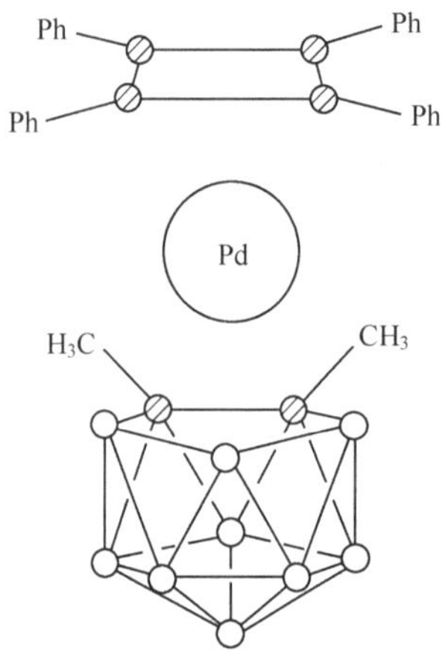

图 6.70 $[(C_6H_5)_4C_4Pd(\pi\text{-}(CH_3)_2C_2B_9H_9)]$

巢式(3)-1,2-$C_2B_9H_{11}^{2-}$ 离子的 C,C′-二甲基衍生物$(CH_3)_2C_2B_9H_9^{2-}$ 离子与 Ni 和 Pd 所形成的配合物都是已知的，并且 Ni(IV)的配合物在一定条件下还会发生重排作用，由$[\pi\text{-}(3)\text{-}1,2\text{-}(CH_3)_2C_2B_9H_9]Ni^{IV}[\pi\text{-}(3)\text{-}1,2\text{-}(CH_3)_2C_2B_9H_9]$转变成$[\pi\text{-}(3)\text{-}1,2\text{-}(CH_3)_2C_2B_9H_9]Ni^{IV}[\pi\text{-}(4)\text{-}1,2\text{-}(CH_3)_2C_2B_9H_9]$。此外，$(CH_3)_2C_2B_9H_9^{2-}$ 离子在与$(C_6H_5)_4C_4PdCl_2$ 作用时，还可以生成一种混合配位体的红色中性配合物(图 6.70)：

$$[(C_6H_5)_4C_4PdCl_2]+[(CH_3)_2C_2B_9H_9]^{2-}\longrightarrow$$
$$2Cl^-+[(C_6H_5)_4C_4Pd(CH_3)_2C_2C_9H_9]$$

巢式(3)-1,2-$C_2B_3H_{11}^{2-}$ 离子的溴代物与 Co(III)所形成的配合物，可以通过下列取代反应来制备：

$$[Co(C_2B_9H_{11})_2]^-\xrightarrow[CH_3COOH]{Br_2}[Co(C_2B_9H_8Br_3)_2]^-$$

在这里的溴代作用一般总是发生在离开两个碳原子最远的 8,9 和 12 号硼原子上。

除了巢式-$C_2B_9H_{11}^{2-}$ 离子及其衍生物外，还有不少碳硼烷阴离子也能与过渡金属形成配合物。例如，通过网式-1,3-$C_2B_7H_{13}$与 NaH 作用生成的 1,3-$C_2B_7H_{11}^{2-}$ 离子，在室温下于乙醚中与无水 $CoCl_2$ 反应可以生成巢式-$C_2B_7H_9^{2-}$ 离子与 Co(III)构成的配合物：

$$1,3\text{-}C_2B_7H_{13}+2NaH\longrightarrow 1,3\text{-}C_2B_7H_{11}^{2-}+2Na^++2H_2$$

$$2C_2B_7H_{11}^{2-}+\frac{3}{2}Co^{2+}\longrightarrow\frac{1}{2}Co+2H_2+[(C_2B_7H_9)_2Co]^-$$

这是一种红色配合物，在它的结构中两个配位体阴离子是高度对称的，它们的碳原子都是在 6 和 7 号位置上。当反应在 70℃下进行时，生成的将是一种棕色变体，配位体阴离子中的两个碳原子都是在 1 和 6 号位置上。将红色和棕色两种变体分别在 250℃和 315℃下加热，它们都会发生重排作用而变成另一种橙色变体，配位体阴离子中的两个碳原子都在 1 和 10 号位置上。如果将上述的 $C_2B_7H_{11}^{2-}$ 离子和 $BrMn(CO)_5$ 一起放在四氢呋喃中回流，则碳硼烷阴离子将会降解掉一个硼原子而生成另一种碳硼烷阴离子的混合配位体的配合物$[(\pi\text{-}C_2B_6H_8)Mn(CO)_3]^-$。

不仅较大的碳硼烷阴离子可以作为配位体与过渡金属形成配合物，即使是相当小的碳硼烷阴离子如 $C_2B_4H_6^{2-}$ 和 $C_2B_3H_7^{2-}$ 等也能与过渡金属形成配合物，例如$[(C_2B_4H_6)Fe(CO)_3]^{2-}$和$[(C_2B_3H_7)Fe(CO)_3]^{2-}$等。另外，某些含其他杂原子的碳硼烷阴离子如 $CB_9H_{10}P^{2-}$ 及其衍生物和 $CB_9H_{10}As^{2-}$ 及其衍生物等，也可以作为配位体形成单配位体或混合配位体的配合物，例如$\{[(3)\text{-}1,7\text{-}B_9H_9CHP]_2Fe^{II}\}^{2-}$、$\{[(3)\text{-}1,7\text{-}B_9H_9CHPCH_3]_2Fe^{II}\}$以及$[(C_5H_5)Co^{III}(1,2\text{-}B_9H_9CHAs)]$等。应该指出，不仅是过渡金属能够与碳硼烷阴离子形成配合物，实际上，某些主族元素如 Be、Al、Ga、In、Ge、Sn 和 Sb 等也能与碳硼烷阴离子形成配合物，限于篇幅，就不予列举了。

在过渡金属和碳硼烷阴离子所形成的配合物中，钴的配合物研究得比较广泛，特别是碳硼烷阴离子和环戊二烯离子与钴所形成的混合配位体配合物，研究得也许更多一些。因而，除了前面已经提到过的一些钴配合物外，在此很有必要再选择一些内容作一下专门的介绍。

据报道，在 $CoCl_2$ 和 C_5H_5Na 存在下，通过萘钠对单核的钴碳硼烷配合物的还原作用，可以合成$[(C_5H_5)_2Co_2C_2B_nH_{n+2}]$和$[(C_5H_5)_3Co_3C_2B_nH_{n+2}]$两系列双核和三核的混合配位体钴配合物[26]。同时，还可通过下列反应将单核配合物转变成双核配合物，其中的碳硼烷阴离子将被降解一个硼原子[27]：

$$2[4\text{-}(C_5H_5)\text{-}4\text{-}Co\text{-}1,8\text{-}C_2B_{10}H_{12}]\xrightarrow[C_5H_5^-]{KOH\text{-}C_2H_5OH}\xrightarrow{CoCl}$$

$$2[4,5\text{-}(C_5H_5)_2\text{-}4,5\text{-}Co_2\text{-}1,8\text{-}C_2B_9H_{11}]$$

在类似的情况下，$2,1,6\text{-}(C_5H_5)CoC_2B_7H_9$ 可被转变成 $1,8,2,3\text{-}(C_5H_5)_2Co_2C_2B_7H_9$，也很可能被转变成 $1,2,8,3,6\text{-}(C_5H_5)_3Co_3C_2\text{-}B_7H_9$[28]。有人通过下列反应合成了$[(C_5H_5)Co(7\text{-}CB_{10}H_{11})]$[29]：

$$CB_{10}H_{13}^-\xrightarrow{KOH\text{-}C_2H_5OH}\xrightarrow[C_5H_5^-]{CoCl_2}\xrightarrow{\text{氧化}}(C_5H_5)Co(7\text{-}CB_{10}H_{11})$$

在以较小的碳硼烷阴离子作为配位体的配合物方面，人们通过气相或溶液中的反应由 $1,5\text{-}C_2B_3H_5$ 和 $(C_5H_5)Co(CO)_2$ 直接合成了 $(C_5H_5)CoC_2B_3H_5$ 和 $(C_5H_5)_2Co_2C_2B_3H_5$，并用相似的方法制得了 $(C_5H_5)_3Co_3C_2B_5H_7$（两种异构体）[30]。在空气、水和丙酮存在下通过 $NaC_2B_4H_7$ 与 $CoCl_2$ 和 C_5H_5Na 的反应，可以制得 $(C_5H_5)Co(2,3\text{-}C_2B_4H_6)$、$(C_5H_5)Co(2,3\text{-}C_2B_3H_7)$ 和 $(C_5H_5)_2Co_2(2,3\text{-}C_2B_3H_5)$[31]。另外，人们还制得了钴和铁以及钴和镍混合金属双核配合物：$[(C_5H_5)Co^{III}(C_2B_7H_9)Fe^{III}(C_5H_5)]$、$[(C_5H_5)Co^{III}(C_2B_9H_{11})Fe^{III}(C_5H_5)]$[32]和$[(C_5H_5)Co^{III}(CB_7H_8)Ni^{III}(C_5H_5)]$[33]。

经 ^{11}B 和 ^{13}C 核磁共振各向同性位移实验证明，在 $(C_5H_5)Co\text{-}(C_2B_nH_{n+2})$ 和 $Co(C_2B_nH_{n+2})_2$（$n=6-9$）配合物中，电子是从配位体向金属离子离域的，而在二十

面体的Co(II)配合物中,情况正好相反[34]。

过渡金属和碳硼烷阴离子所形成的配合物在适当的加热条件下,往往会发生热重排反应。这种热重排在前面已有过介绍。对于钴的配合物来说,它们的热重排反应也是相当特征的,在这方面也有专门的报道[35,36]。下列这些重排反应就是其中的几个实例:

$$(C_5H_5)CoC_2B_8H_{10} \xrightarrow{\Delta} (C_5H_5)_2Co_2C_2B_8H_{10}\text{(六种异构体)}$$

$$[(C_5H_5)_2Co][Co(C_2B_8H_{12})_2] \xrightarrow{\Delta} (C_5H_5)_2Co_2C_2B_8H_{10}\text{(五种异构体)}$$

$$2,6,1,10\text{-}(C_5H_5)_2Co_2C_2B_6H_8 \xrightarrow{280℃} 2,7,1,10\text{-}(C_5H_5)_2Co_2C_2B_6H_8$$

$$1,7,2,4\text{-}(C_5H_5)_2Co_2C_2B_7H_9 \xrightarrow{98℃} 1,7,2,3\text{-}(C_5H_5)Co_2C_2B_7H_9 \xrightarrow{150℃} 1,10,2,3\text{-}(C_5H_5)_2Co_2C_2B_7H_9$$

为了概括说明一些较大的碳硼烷及碳硼烷阴离子之间;碳硼烷阴离子与钴所形成的配合物之间;碳硼烷阴离子和 $C_5H_5^-$ 离子与钴所形成的混合配位体配合物之间的降解作用、质子化作用、脱质子和脱 H^- 离子作用、脱 H_2 作用以及跟路易斯碱反应等的变化情况,人们设计了如下的一个示意图[37],这个图对于我们了解有关这些内容的相互联系也许是有帮助的。

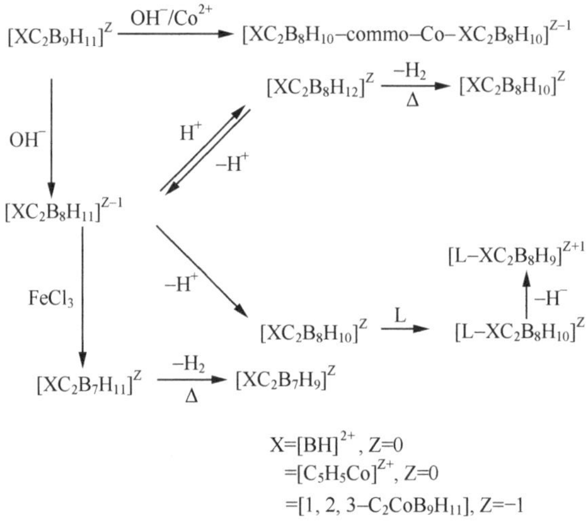

4.12　四氢硼酸盐

请参阅《无机化学丛书》第一卷第二专题 2.5.2 节。

参 考 文 献

[1] N. N. Greenwood, 11. Boron in "Comprehensive Inorganic Chemistry", Vol. 1, Eds. J. C. Bailar, H. J. Emeleus, R. Nyholm, A. F. Trotman-Dickeson, Pergamon(1973).

[2] R. M. Adams, Chapter 7 in "Boron, Metallo-Boron Compounds and Boranes", Interscience(1964).

[3] R. M. Adams, K. L. Loening, Inorg. Chem., 7, 1945(1968); R. M. Adams, Pure Appl. Chem., 30, 683(1972).

[4] G. W. Campbell, JR., 3. The Structures of the Boron Hydride in "Progress in Boron Chemistry", Vol. 1, Eds. H. Steinberg, A. L. McCloskey, Pergamon(1964).

[5] N. F, Travers, 3. Boron Hydrides in "Inorganic Chemistry", Series One, Vol. 1, Consultant ed. H. J. Emeleus, Ed. M. F. Lappert, Butterworths, University Park(1972).

[6] W. N. Lipscomb, Pure Appl. Chem., 29(4), 493(1972).

[7] K. Wade, Chem. Comm., 792(1991); R. E. Willams, Inorg. Chem., 10, 210(1971).

[8] M. G. H. Wallbridge, N. Davies, 3. Boron Hydrides in "Inorganic Chemistry", Series Two, Vol, 1, Consultant ed. H. J. Emeleus, Ed. M. F. Lappert, But-terworth, University Park, (1975).

[9] P. C. Keller, Inorg. Synth., 17, 34(1977).

[10] P. C. Keller, Inorg. Synth., 17, 32(1977).

[11] P. C. Keller, Inorg. Synth., 14(2), 440(1975).

[12] J. E. Drake, B. Rapp, C. Riddle, J. Simpson, Inorg. Synth., 18, 145(1978).

[13] A. R. Dodds, G. Kodam, Inorg. Chem., 16(11), 2900(1977).

[14] G. E. Ryschkewitsch, V. H. Miller, J. Amer. Chem. Soc., 92(12), 6258(1975).

[15] R. K. Hertz, M. L. Denniston, S. G. Shore, Inorg. Chem. 17(9), 2673(1978).

[16] L. G. Sueddon, A. Davison, S. S. Wreford, J. C. S, Chem. Commun., (17), 718(1974).

[17] E. L. Anderson, T. P. Fehlner, J. Amer. Chem. Soc., 100(14), 606(1978).

[18] H. D. Johnson, S. G. Shore, J. Amer. Chem. Soc., 93, 3798(1971); R. J. Remmel, H. D. Johnson, I. S. Jaworiwsky, S. G. Shore, ibid., 97(19), 5395(1975).

[19] R. J. Remmel, H. D. Johnson, V. T. Bric, S. G. Shore, Inorg. Synth., 19, 247(1979).

[20] J. C. Huffman, D. C. Moody, R. Schaeffer, J. Amer. Chem. Soc., 97(6), 1621(1975).

[21] G. B. Dunks, K. P. Ordonez, J. Amer. Chem. Soc., 100(8), 2555(1978).

[22] 张国敏、祝虹，化学学报，36(4)，315(1978).

[23] V. V. Volkov, I. S. Posnaya, Izv. Akad. Nauk SSSR. Ser. Khim., (2), 400(1980).

[24] V. V. Volkov, I. S. Posnaya, Zh. Neorg. Khim., 20(10), 2824(1979).

[25] S. Hermanek, K. Fetter, J. Plesek, L. T. Todd, A. R. Garber, Inorg. Chem., 14(9), 2250(1975).

[26] W. J. Evans, M. F. Hawthorne, Inorg. Chem., 13, 869(1974).

[27] D. F. Dustin, M. F. Hawthorne, J. Amer. Chem. Soc., 96, 3462(1974).

[28] W. J. Evans, M. F. Hawthorne, J. C. S. Chem. Comm., 706(1973).

[29] R. R. Rietz, D. F. Dustin, M. F. Hawthorne, Inorg. Chem., 13, 1580(1974).

[30] V. R. Miller, L. G. Sneedon, D. C. Beer, R. N. Grimes, J. Amer. Chem. Soc., 96, 3090(1974).

[31] R. N. Grimes, D. C. Beer, L. G. Sneedon, V. R. Miller, R. Weiss, Inorg. Chem., 13, 1138(1974).

[32] D. F. Dustin, W. J. Evans. M. F. Hawthorne, J. C. S. Chem. Comm., 805(1973).

[33] C. G. Salentin, M. F. Hawthorne, J. C. S. Chem. Comm., 560(1973).

[34] R. J. Wiersema, M. F. Hawthorne, J. Amer. Chem. Soc., 96, 761(1974).
[35] W. J. Evans, C. J. Jones, B. Štib'r, M. F. Hawthorne, J. Organometallic Chem., 60, C27(1973).
[36] W. J. Evans, M. F. Hawthorne, J. Amer. Chem. Soc., 96, 301 (1974); D. F. Dustin, W. J. Evans, C. J. Jones, R. J. Wiersema, H. Gong, S. Chan, M. F. Hawthorne, ibid., 96, 3085(1974).
[37] C. J. Jones, J. N. Francis, M. F. Hawthorne, J. Amer. Chem. Soc., 95, 7633(1973).

6.5 硼的含氧化合物

硼是一种亲氧元素，在自然界除了有一些含氟的化合物外，基本上都是以含氧化合物的形式存在。包括氧化硼、硼酸和各种硼酸盐在内的无机硼-氧化学是硼化学中最老的分支，就结构化学而言，这个分支的复杂性和多样性并不亚于前面所介绍的硼化物和硼烷。在这里，将主要讨论无机的硼氧化合物，也可能简单提及一些含 B—O 键的有机化合物。

5.1 硼的氧化物[1,2]

硼的主要氧化物是三氧化二硼(B_2O_3)，它很难形成晶体，常以玻璃体形式出现。虽然硼在空气或氧中可直接加热生成 B_2O_3，但一般总是通过硼酸 H_3BO_3 的脱水来制备 B_2O_3。在 200—400℃下，使硼酸进行真空脱水，可得到非常干燥的 B_2O_3；在大气中脱水，即使加热到 1000℃以上，也难以除去最后的痕量水。

在常压下，使液态 B_2O_3 于 200—250℃范围内结晶，可形成普通的六方晶体 α-B_2O_3；在 40000atm 和 600℃下结晶，将形成高温高压型的单斜晶体 β-B_2O_3。在 22000atm 和 400℃时，α-B_2O_3 可转变成 β-B_2O_3；后者的密度为 2.95g/cm^3，比前者约大 20%。表 6.15 汇列了 B_2O_3 的一些物理性质和热力学数据，其中的晶体都是指普通的六方晶体。[2,3]

表 6.15 B_2O_3 的一些物理性质和热力学数据

性　质	数　据
熔点(℃)	450
沸点(℃)	2250(外推的)
密度(g/cm^3)晶体	2.46
无定形体	1.80—1.84
液体	1.3388+228/T　(600K<T<800K)
	1.3947+157.9/T　(T>1000K)
转化热(kJ/mol)	−18.24(无定形→晶体)
蒸气压(mmHg)	$\log P$=6.742—16960/T(K)
ΔH_v(kJ/mol)	374.0

续表

性　质	数　据
ΔH_m(kJ/mol)	22.18
介电常数	3.5(低温)、25(500℃)
ΔH_f°(kJ/mol)[3]	−1272.77(晶)、−1254.53(无定形)、−843.79(气)
ΔG_f°(kJ/mol)[3]	−1193.70(晶)、−1182.4(无定形)、−831.99(气)
S°(J/deg · mol)[3]	53.97(晶)77.8(无定形)、279.70(气)
C°_p(J/deg · mol)[3]	62.93(晶)、61.1(无定形)、66.86(气)

常见的 B_2O_3 玻璃体在 325—450℃时软化，其密度随受热情况的不同而有一个变化范围。玻璃体 B_2O_3 的结构很可能是一种由许多三角形 BO_3 单元通过共用的氧原子部分有序地连接而成的网络结构。其中，硼原子和氧原子相间的 B_2O_3 六元环占优势。在较高的温度下，玻璃体内部结构的无序度增加；超过 450℃时将会形成有极性的—B ═O 基；高于 1000℃时，蒸气将完全由单体分子组成，其结构为：

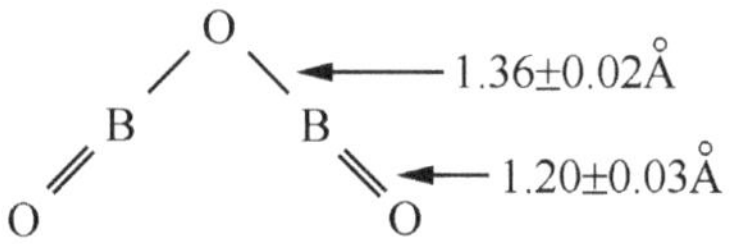

B—O—B 键角尚未确定，可能是 95°或 125°。

α-B_2O_3 晶体的结构，据报道是由两组变了形的 BO_4 四面体通过六方对称结合而成，不过，键长变化很大，这种说法曾被人们怀疑过。

B_2O_3 是酸性氧化物，在熔融时可溶解许多金属氧化物，形成有色硼酸盐玻璃。它能被碱金属、镁和铝等还原成不纯的单质硼，但即使在赤热下也不能被碳还原(高温下会形成碳化硼)。在 600℃下，B_2O_3 与 NH_3 反应可生成 BN，与 CaH_2 反应将生成 CaB_6。

B_2O_3 溶于水放出大量热形成 H_3BO_3 溶液；在高温的热蒸气中，它主要形成挥发性偏硼酸：

$$B_2O_3(s) + 3H_2O(l) \longrightarrow 2H_2BO_3(aq)$$

$$B_2O_3(s) + H_2O(g) \longrightarrow 2HBO_2(g) - \Delta H^\circ = 199.2kJ/mol$$

无定形 B_2O_3 变成晶体 H_3BO_3 的水合热为 -76.40 ± 0.33kJ/molB_2O_3 最主要的用途是制造硼硅酸盐玻璃。另外，还可考虑用它来做特殊的高温非水溶剂。

在高温下，硼或硼化物被部分氧化将产生低氧化态的氧化硼$(BO)_x$；在 1000—1300℃时产生 B_2O_2 蒸气，这种氧化物在冷凝时歧化而成 B 和 B_2O_3 据计算，下列反应：

$$\frac{2}{3}B(s)+\frac{2}{3}B_2O_3(g) \rightleftharpoons B_2O_2(g)$$

的反应热为 141.0±14.6kJ/mol。由此导出 B_2O_2(g)在 OK 时的生成热为 −464.0±29.3kJ/mol。人们将这种氧化硼的结构定为 O═B—B═O,并且已经假设了它在固相中的聚合形式。除此之外,报道,硼还有一些低氧化态的氧化物如 BO、B_4O_5、B_6O 和 B_7O,但它们的化学式和结构式都尚未完全确定。

5.2 硼　　酸[1,2]

硼的主要含氧酸是正硼酸 H_3BO_3 或 $B(OH)_3$,它常以矿物形式出现在自然界中。用无机酸处理各种硼酸盐,都可形成 H_3BO_3。正硼酸在高于 100℃时很易脱水而成不同的偏硼酸 HBO_2 变体。图 6.71 为 H_2O-B_2O_3 体系的相图;表 6.16 为相图内有关各点的熔点。

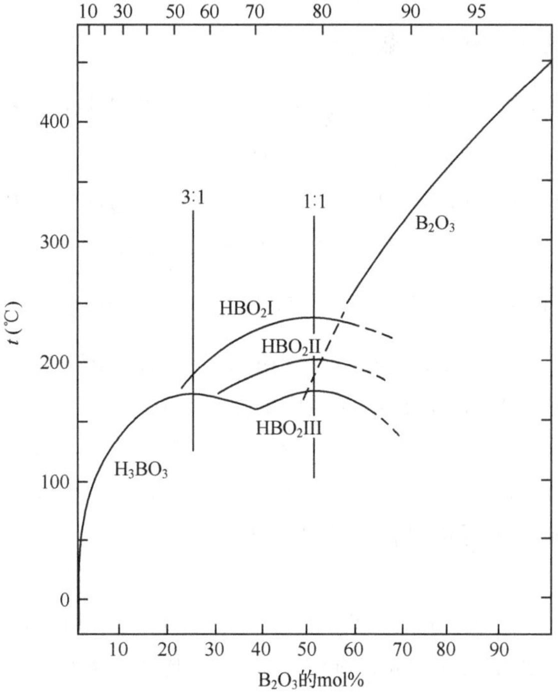

图 6.71　H_2O-B_2O_3 体系的相图

表 6.16　H_2O-B_2O_3 体系中的熔点

体　　系	B_2O_3(重量%)	熔点(℃)
H_2O	0.00	0.0
$H_2O+H_3BO_3$	1.28	−0.76(低共熔点)
H_3BO_3	56.30	170.9
$H_3BO_3=HBO_2(I)+$液体	51	169　(异元熔点)
$H_3BO_3+HBO_2(II)$	61.6	169.6 (低共熔点)
$H_3BO_3+HBO_2(III)$	69.8	158.8 (低共熔点)
$HBO_2(I)$	79.45	236
$HBO_2(II)$	79.45	200.9
$HBO_2(III)$	79.45	176.0
$HBO_2(III)+B_2O_3$	82.5	235　(低共熔点)
B_2O_3	100.00	450

以下为硼酸的一些热力学数据[2]：

$$\frac{1}{2}B_2O_3(\text{glass})+\frac{3}{2}H_2O(l)\longrightarrow B(OH)_3(s),$$

$$-\Delta H^\circ=38.200\pm0.16\text{kJ}$$

$$B(OH)_3(s)+nH_2O(l)\longrightarrow B(OH)_3aq(0.05M),$$

$$-\Delta H^\circ=21.614\pm0.15\text{kJ}。$$

$$B(s)+\frac{3}{2}H_2(g)+\frac{3}{2}O_2(g)\longrightarrow B(OH)_3(s),$$

$$-\Delta H^\circ(298)=1096.88\pm1.34\text{kJ}$$

硼酸在热蒸汽中较易挥发，它在不同温度的水蒸气中，蒸气压分别为[2]：

温度(℃)	109	129	142	159	180
H_3BO_3 蒸气压(Pa)	82.66	359.97	839.92	1155.90	1999.8

硼酸在水中的溶解度随温度升高而迅速增大[3]：

温度(℃)	0	20	40	60	80	100
溶解度($gH_3BO_3/100gH_2O$)	2.66	5.04	8.72	14.81	23.75	40.25

正硼酸晶体的密度为 1.435g/cm^3(15℃)[3]，其结构如图 6.72 所示，是一种片层结构，其中氢键起支配作用，许多平面三角形 BO_3 单元是通过不对称的氢键连接起来的。在这种结构中，平面内原子之间的距离比较短，而层与层之间的距离(3.181Å)比较大。因此，H_3BO_3 晶体容易在平面层之间裂解。

偏硼酸有三种变体，它们的密度和标准生成热分别为[2]：

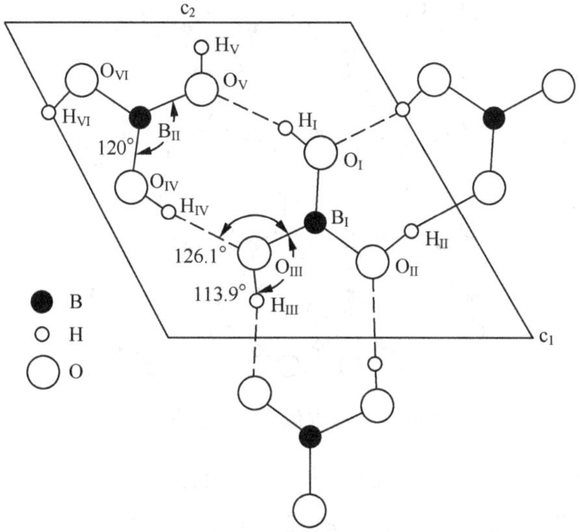

图 6.72 正硼酸晶体的片层结构

	密度(g/cm^3)	$\Delta H_f^\circ(298°)$(kJ/mol)
正交 HBO_2(I)	2.486	−805.79±1.67
单斜 HBO_2(II)	2.045	−797.5±2.09
斜方 HBO_2(III)	1.784	−797.5±4.2(或−790.86)

正硼酸在低于 130℃时脱水形成斜方 HBO_2(III),其晶体结构如图 6.73 所示,也是一种片层结构,在平面内 BO_3 单元通过氢 键相连接,B—O 距离为 1.37Å,B_3O_3 六元环内 O—O 距离为 2.37Å,O—H⋯O 距离为 2.74Å。将 HBO_2(III)继续加热到 BO—150℃时,便会转化为单斜 HBO_2(II),其结构则是由许多两端连接起来的组成为 $B_3O_4(OH)(OH_2)$的"之"字形链构成的;同一层内的"之"字形链和不同层的"之"字形链之间都是通过氢键连接起来的。其中,2/3 的硼原子处在平面的 BO_3 单元内,B—O 的平均距离为 1.367Å,1/3 的硼原子处在四面体 BO_4 单元内,B—O 的平均距离为 1.472Å。正交 HBO_2(I)是在 HBO_2(II)加热到高于 150℃时生成的,它有一种 BO_4 四面体的三维网络结构,其中的 B—O 距离分别为 1.436、1.465、1.482 和 1.503Å,在这种结构里,BO_4 四面体之间的氢键比较强(O—H⋯O 距离为 2.487Å),因此这种变体的密度是三个变体中最大的。

硼酸在水溶液中基本上都是以未电离的 $B(OH)_3$ 单体存在,但有少部分 $B(OH)_3$ 分子与水中的 OH^- 络合,而使溶液呈微酸性,表现为一元弱酸($pK=9.25$)[2]:

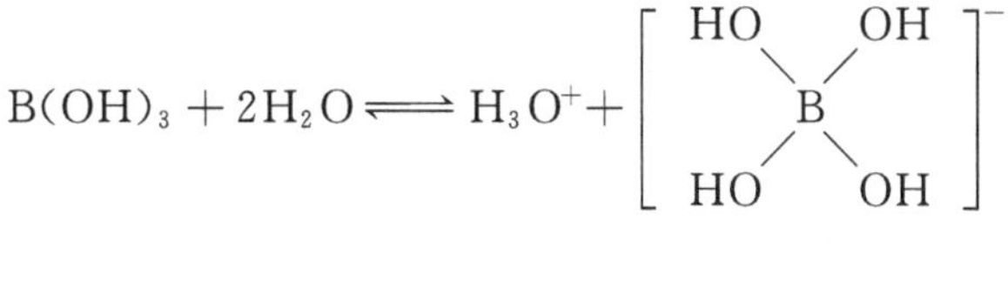

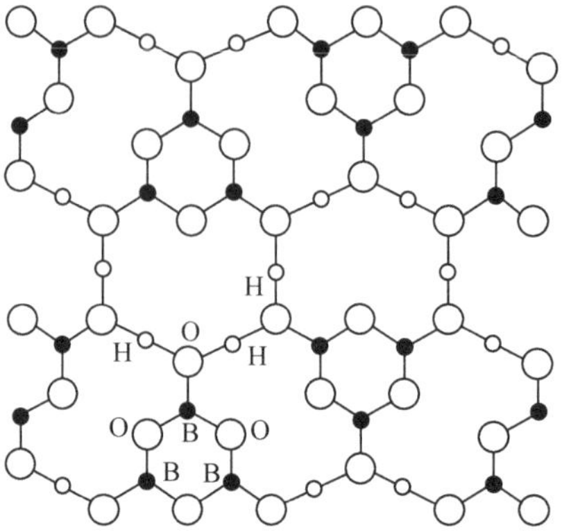

图 6.73　斜方偏硼酸的晶体结构

据报道，在稀溶液中(≤0.025M)硼酸确以 $B(OH)_3$ 和$[B(OH)_4]^-$形式存在，但浓度较高时，溶液的酸性会明显增强。通过 pH 和电导率的研究，人们认为在较浓的硼酸溶液中形成了较强的三聚硼酸(pK=6.84)[2][4]：

$$3B(OH)_3 \rightleftharpoons H_3O^+ + H_2O +$$

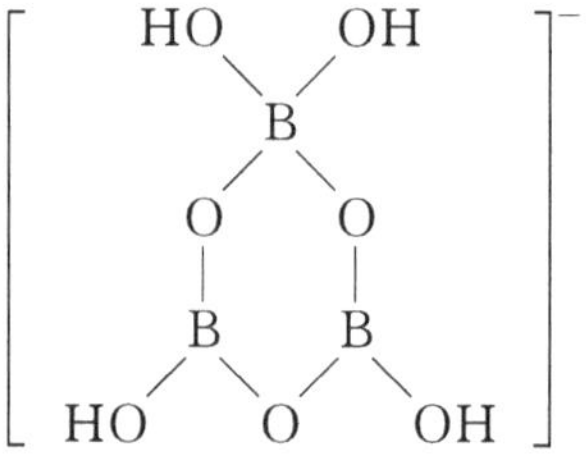

甚至还有四聚硼酸 $H_2B_4O_7$(pK_1~4，pK_2~9)[3]形成。另外，在硼酸和硼酸盐的混合溶液中，也证实有三聚硼酸根离子存在[2,4]：

$$2B(OH)_3 + B(OH)_4^- \rightleftharpoons B_3O_3(OH)_4^- + 3H_2O \quad K = 110$$

当然，关于多硼酸及多硼酸根的存在形式，说法是很多的。但是，最为流行的多硼酸根离子是 $HB_2O_4^-$、$H_4B_3O_7^-$、$B_4O_7^{2-}$、$HB_4O_7^-$ 和 $B_5O_8^-$。其中以三硼酸根离子较为合理和确实。

硼酸和硼酸盐可以非常迅速地与点多元醇[5]和 α-羟基羧酸[6]形成稳定的螯合物，其中以 1∶1 型为主，也有 1∶2 型的，它们的结构式分别为：

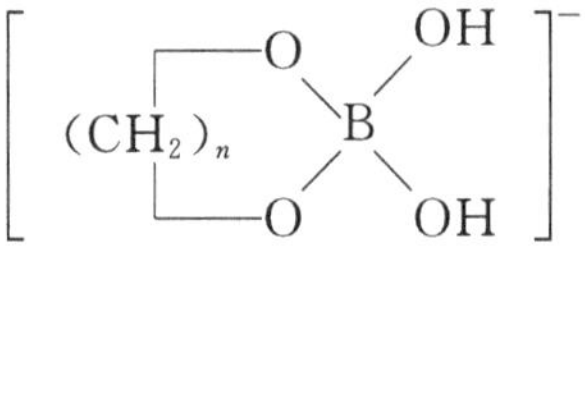

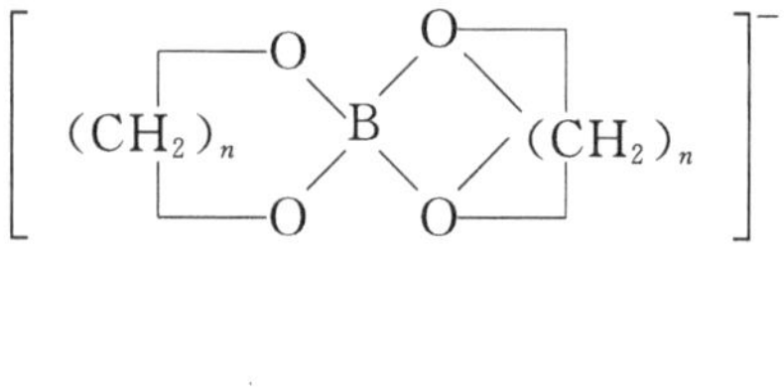

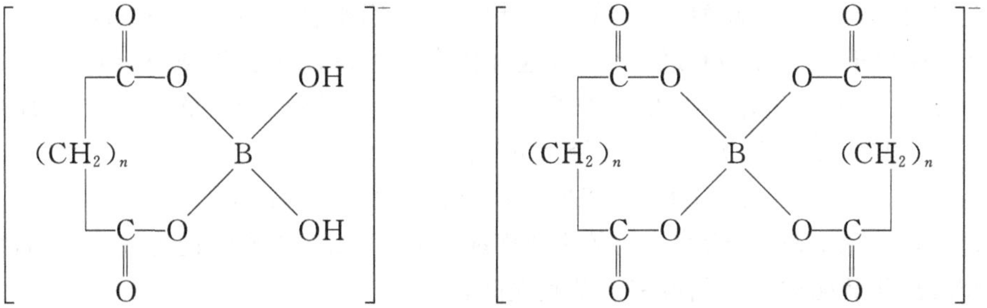

硼酸的酸性在多元醇(如甘油、甘露醇)的螯合作用下,可以大为增强,例如在甘露醇存在下,硼酸的电离常数可增大 10^4 倍(即从 pK9.25 增大到 5.15)[2],这是分析化学中可以在甘露醇存在下用 NaOH 溶液滴定硼酸的基础。一元醇、乙二醇或反式-环戊二醇-1,2 跟硼酸并不显示这种螯合作用,但顺式-环戊二醇-1,2 却能进行这种螯合作用,因而在立体化学中可用它来判别环戊二醇是顺式还是反式。

硼酸在水溶液中与氢氟酸反应可立即形成三氟硼酸,随后再缓慢地转化而成四氟硼酸:

$$B(OH)_3 + 3HF \longrightarrow H[F_3BOH] + 2H_2O$$

$$H[F_3BOH] + HF \longrightarrow H[BF_4] + H_2O$$

实际上,从硼酸到四氟硼酸有一个完整的变化系列:$H[B(OH)_4]$、$H[FB(OH)_3]$、$H[F_2B(OH)_2]$、$H[F_3BOH]$、$H[BF_4]$,其中,$H[FB(OH)_3]$只是一种暂时出现在含水体系中的中间产物;$H[F_2B(OH)_2]$则是一种浆状液体,在干燥空气中稳定,沸点约 160℃;纯 $H[F_3BOH]$最好是在水中加入饱和量的 BF_3 来制备;$H[BF_4]$则是 BF_3 与 HF 直接加合的产物。

硼酸在各种非水溶剂中的化学性质,特别是在液态氨、吡啶、二氧杂环己烷、甲醇和硫酸中的化学反应已有过充分的研究[1]。硼酸在这些非水溶剂中的溶解,并非一般溶解,而往往是发生了化学反应。例如硼酸溶解在液态氨中(25℃时的溶解度为 1.92g/100gNH_3)就发生了如下的反应:

$$7NH_3 + 4H_3BO_3 \longrightarrow (NH_4)_2B_4O_7 + 5NH_3 \cdot H_2O$$

溶解在硫酸和发烟硫酸中将发生下列反应:

$$B(OH)_3 + 6H_2SO_4 \longrightarrow 3H_3O^+ + 2HSO_4^- + [B(HSO_4)_4]^-$$

$$B(OH)_3 + 3H_2S_2O_7 \longrightarrow H_3SO_4^+ + [B(HSO_4)_4]^- + H_2SO_4$$

硼酸在水溶液中与过氧化氢反应生成过硼酸(过氧硼酸)溶液,溶液中很可能含有过一硼酸根离子$[HOOB(OH)_3]^-$。碱金属过硼酸盐(过氧硼酸盐)都是大家熟知的氧化剂,它是许多洗涤剂的重要成分。在硼酸盐中加入过氧化氢,或者用过氧化钠处理硼酸,或者用电解法氧化碱金属硼酸盐,都可生成碱金属过硼酸盐(过氧硼酸盐)。不过,有人认为产物是不相同的,应该用不同的化学式:$NaBO_3 \cdot 4H_2O$ 和 $NaBO_2 \cdot H_2O_2 \cdot 3H_2O$ 来表示,前者为过氧硼酸盐,后者为硼酸盐的过氧化氢合物[4]。在过硼酸盐(过氧硼酸盐)中,以四水合物 $NaBO_3 \cdot 4H_2O$(即 $Na[HOOB(OH)_3] \cdot 2H_2O$)最为重要,这种化合物可以逐步脱水成 $NaBO_3 \cdot 3H_2O$ 和 $NaBO_3 \cdot H_2O$ 而并不损失“过氧”的功能,但在高温下就会分解成无水 $NaBO_2$。

硼酸与一元醇反应可生成三烃基硼酸酯:

$$B(OH)_3 + 3POH \rightleftharpoons B(OR)_3 + 3H_2O$$

这是一种酯化平衡,当除去生成的水或硼酸酯时,可以使平衡移向生成物。用过量的硼酸酐代替硼酸也能制得三烃基硼酸酯:

$$B_2O_3 + 3ROH \longrightarrow B(OR)_3 + B(OH)_3$$

此时可以避免除水,对于低级醇的硼酸酯来说有些优点,但只有一半的硼被酯化。三氯化硼的醇解也可以生成三烃基硼酸酯,这将在后面提到。另外,高级醇的硼酸酯还可以方便地通过低级醇的硼酸酯与高级醇进行酯基转移作用来制备:

$$B(OR)_3 + 3R'OH \longrightarrow B(OR')_3 + 3ROH$$

三烃基硼酸酯是挥发性液体或白色不挥发固体化合物,它们一般都具有母体醇所赋予的特殊香味,沸点随 R 的碳原子增加而升高,密度一般都小于水,折射率随链长的增加而增大,燃烧时火焰呈绿色。它们的化学反应很多,其中包括:热解成链烯的反应;水解成母体醇的反应;与胺类进行的氨基醇化作用;以及与 HCl 或 Cl_2 进行的氯化作用。例如:

$$B(OCH_2CH_2R)_3 \xrightarrow{350℃} B(OH)_3 + 3RCH{=}CH_2$$

$$B(OR)_3 + 3H_2O \longrightarrow B(OH)_3 + 3ROH$$

$$B(OR)_3 + R'NH_2 \longrightarrow (RO)_2NBHR' + ROH \text{ 等}$$

$$B(OR)_3 + HCl \rightleftharpoons ROH + (RO)_2BCl$$

$$(RO)_2BCl + HCl \rightleftharpoons ROH + ROBCl_2 \text{ 等}$$

$$B(OCH_3)_3 + 9Cl_2 \longrightarrow BCl_3 + 3COCl_2 + 9HCl$$

下列反应也是三烃基硼酸酯的相当重要的化学反应:

$$B(OR)_3 + ArMgX \xrightarrow{-50℃} [ArB(OR)_3]MgX \quad (Ar = \text{芳基})$$

$$B(OR)_3 + R'Li \longrightarrow [R'B(OR)_3]Li$$

$$B(OR)_3 + MOR \longrightarrow M^+[B(OR)_4]^- \quad (M = Li、Na、K \text{ 或 } Tl)$$

$$2B(OR)_3 + M + 2ROH \xrightarrow{ROH} M^{2+}[B(OR)_4^-]_2 + H_2$$

$$(M = Mg、Ca、Sr \text{ 或 } Ba)$$

前两种反应的产物经酸化之后,可以分别生成芳基硼酸$[ArB(OH)_2]$和烷基硼酸$[RB(OH)_2]$;后两种反应可以用来制取硼的配位体为芳氧基或烷氧基的对称性配合物。另外还有下列一些反应也是值得提起的:

$$2B(OR)_3 + BCl_3 \longrightarrow 3(RO)_2BCl$$

$$B(OR)_3 + 2BCl_3 \longrightarrow 3ROBCl_2$$

$$B(OCH_3)_3 + NaH \xrightarrow{\text{四氢呋喃}} NaBH(OCH_3)_3$$

$$B(OCH_3)_3 + 4NaH \xrightarrow{\text{约 }250℃} NaBH_4 + 3NaOCH_3$$

前两种反应可用来制取氯化的烷氧基硼，后两个反应则是制取强还原剂 $NaBH(OCH_3)_3$ 和 $NaBH_4$ 的反应[4]。有关三烃基硼酸酯的化学反应还有不少，限于篇幅，在此不再列举了。

硼酸在加热下与适当摩尔比的一元醇反应，还能生成烷氧基硼氧环 $(ROBO)_3$：

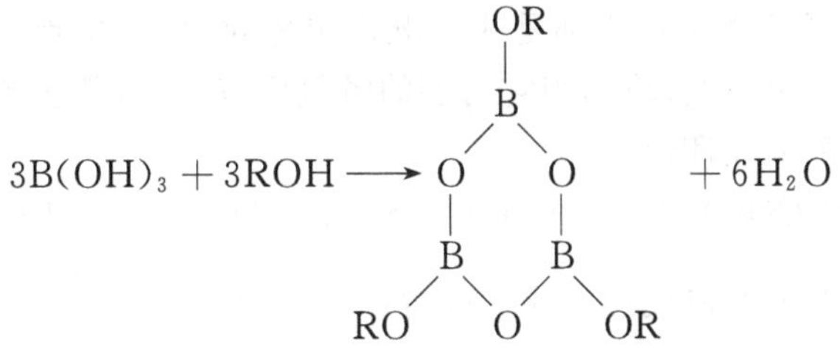

反应产生的水，可通过抽空或形成共沸混合物加以除去。偏硼酸和硼酸酐也可以与一元醇反应，生成同样的产物：

$$3HBO_2 + 3ROH \longrightarrow (ROBO)_3 + 3H_2O$$

$$3B_2O_3 + 6ROH \longrightarrow 2(ROBO)_3 + 3H_2O$$

硼酸与三烃基硼酸酯反应以及热解氯化二烷氧基硼或烷基硼酸，也都能生成烷氧基硼氧环：

$$2(\text{异}\text{-}C_3H_7O)_3B + B(OH)_3 \longrightarrow (\text{异}\text{-}C_3H_7OBO)_3 + 3\ \text{异}\text{-}C_3H_7OH$$

$$3(RO)_2BCl \xrightarrow{250℃} (ROBO)_3 + 3RCl$$

$$3RB(OH)_2 \longrightarrow (ROBO)_3 + 3H_2O$$

除了 $(\text{异}\text{-}C_3H_7OBO)_3$ 的熔点为 50℃、$(\text{正}\text{-}C_6H_{11}OBO)_3$ 的熔点为 150℃ 和 $(C_6H_5OBO)_3$ 的熔点为 225℃外，多数烷氧基硼氧环是粘滞的吸湿性液体。烷氧基硼氧环中的烷氧基通过酯基转移作用是可以更换的，例如：

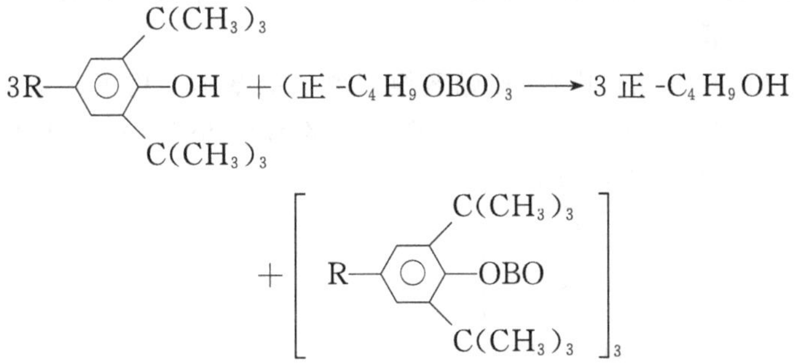

据报道，烷氧基硼氧环在蒸馏时会发生歧化分解；热解时往往产生烯烃；高温氧化时会生成玻璃状硼酸酐：

$$(ROBO)_3 \longrightarrow (RO)_3B + B_2O_3$$

$$(RCH_2CH_2OBO)_3 \longrightarrow 3RC{=}CH_2 + 3HBO_2$$

$$2(CH_3OBO)_3 + 9O_2 \longrightarrow 3B_2O_3 + 9H_2O + 6CO_2$$

它们的水解和醇解也是典型的反应。

硼酸与酰氯反应可以生成酰氧基硼烷：

$$B(OH)_3 + 3RCOCl \longrightarrow (RCOO)_3B + 3HCl$$

硼酸酐与乙酸酐反应；三卤化硼、乙硼烷(6)或三烷基硼烷与羧酸反应也都能生成酰氧基硼烷。酰氧基硼烷一般都是些吸湿性单体化合物，熔点往往在 90—150℃ 范围内。其中的乙酰氧基硼烷，当它与别的酰氯反应时，乙酰基将很容易被取代出来而生成另一种酰氧基硼烷：

$$(CH_3COO)_3B + 3RCOCl \longrightarrow (RCOO)_3B + 3CH_3COCl$$

硼酸还可以与乙酸酐反应生成一种对称的(>B—O—B<)四乙酸取代物：

$$2B(OH)_3 + 5(CH_3CO)_2O \longrightarrow (CH_3COO)_2BOB(CH_3COO)_2 + 6CH_3COOH$$

这种化合物也可以通过三烃基硼酸酯或三氯化硼与乙酸酐反应来制备。

除了上述的正硼酸、偏硼酸和多硼酸之外，还存在一种二硼酸 $B_2(OH)_4$，这种化合物可通过$[(CH_3)_2N]_2B—B[(CH_3)_2N]_2$ 水解来制取。在室温下，$B_2(OH)_4$ 对水是稳定的，但硫酸尤其是氢氧化钠有催化作用，可促使它水解而成硼酸，并放出氢：

$$B_2(OH)_4 + 2H_2O \longrightarrow 2B(OH)_3 + H_2$$

小心地使 $B_2(OH)_4$ 脱水，可制得 B_2O_2。

5.3 硼 酸 盐[2,4]

自然界中存在着各种硼酸盐，它们常常以水合物形式出现。无水硼酸盐一般是通过熔融硼酸和金属氧化物的混合物来制备，而水合硼酸盐则是通过结晶的方法从水溶液中制备。

在硼酸盐的晶体结构中，构成硼酸根阴离子的基本结构单元是平面三角形的 BO_3 单元和四面体的 BO_4 单元。有些硼酸盐的酸根离子是由一个 BO_3 单元或一个 BO_4 单元形成的单核阴离子构成的：

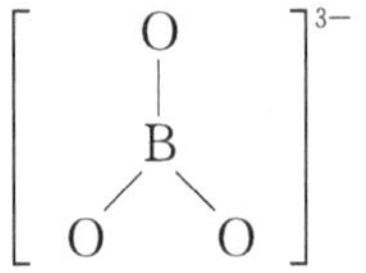

BO_3^{3-} 离子

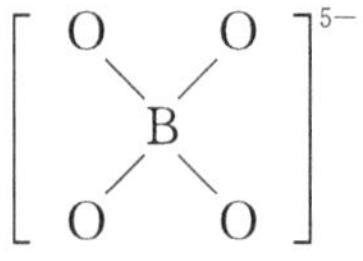

BO_4^{5-} 离子

前一种单核阴离子出现在稀土正硼酸盐 MBO_3、硼钙锡矿 $CaSn(BO_3)_2$、镁硼石

$Mg_3(BO_3)_2$ 和硼铍石 $Be_2(OH)BO_3$ 等的晶体结构中；后一种单核阴离子出现在锆石型 $TaBO_4$、硼钽石(Ta,Nb)BO_4 和砷硼钙石 $Ca_2H_4BAsO_8$ 等的晶体结构中。当 BO_4 单元中的氧原子被氢氧基团代替时，便构成与 BO_4^{5-} 离子构型相似的单核四羟基阴离子$[B(OH)_4]^-$，在氯硼铜石 $CuB(OH)_4Cl$ 结构中就有这种离子。

有些硼酸盐的酸根离子是由两个 BO_3 单元或两个 BO_4 单元通过共用的氧原子连接而成的双核阴离子构成的：

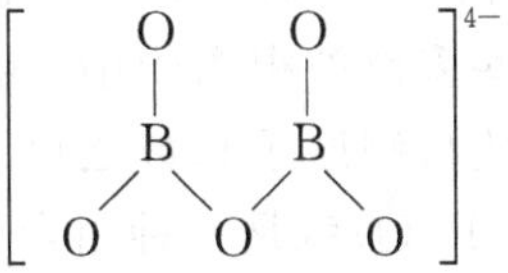

$B_2O_5^{4-}$ 离子

；

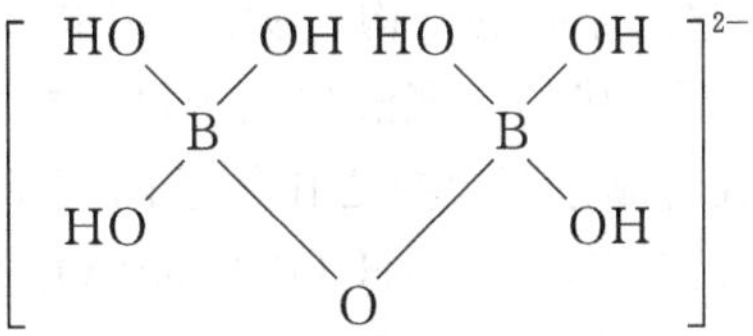

$[(OH)_3B—O—B(OH)_3]^{2-}$ 离子

前一种双核阴离子出现在某些焦硼酸盐($Mg_2B_2O_5$、$Co_2B_2O_5$ 和 $Fe_2B_2O_5$)的晶体中；后一种双核阴离子出现在柱硼镁石 $MgB_2O\cdot(OH)_6$ 晶体中。在过氧硼酸钠 $NaBO_3\cdot 4H_2O$ 晶体中存在的过氧硼酸根离子$[B_2(O_2)_2(OH)_4]^{2-}$，也是双核阴离子：

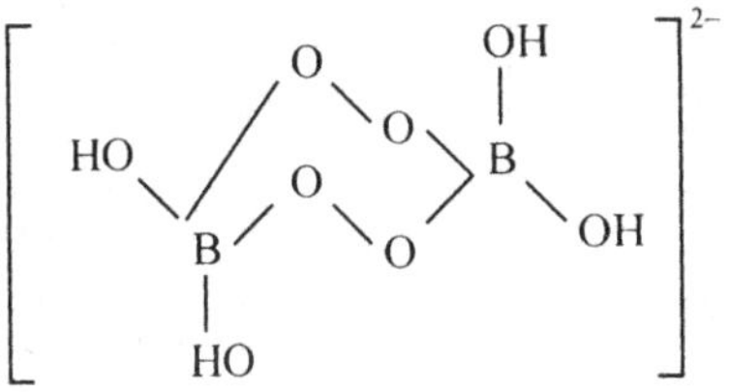

所以，过氧硼酸钠的化学式写成 $Na_2[B_2(O_2)_2(OH)_4]\cdot 6H_2O$ 更为合适。

在某些偏硼酸盐如 $NaBO_2$ 和 KBO_2 结构中，存在着由三个 BO_3 单元通过共用氧原子连接而成的三核环状阴离子$(B_3O_6)^{3-}$，因而它们的分子式应该是 $Na_3B_3O_6$ 和 $K_3B_3O_6$；但是，在另一种偏硼酸盐如 $Ca(BO_2)_2$ 结构中，其酸根离子则是由 BO_3 单元形成的多核长链阴离子$(BO_2)_n^{n-}$ 构成的：

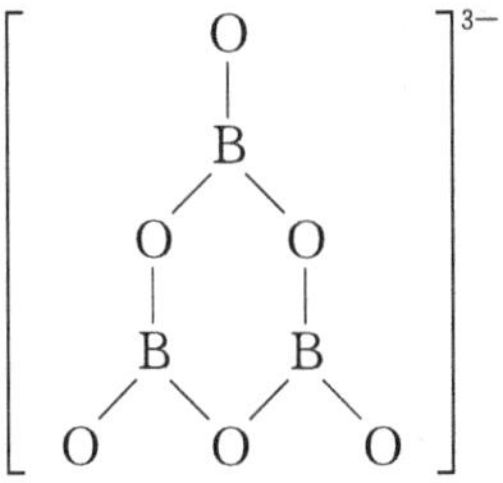

$(B_3O_6)^{3-}$ 离子

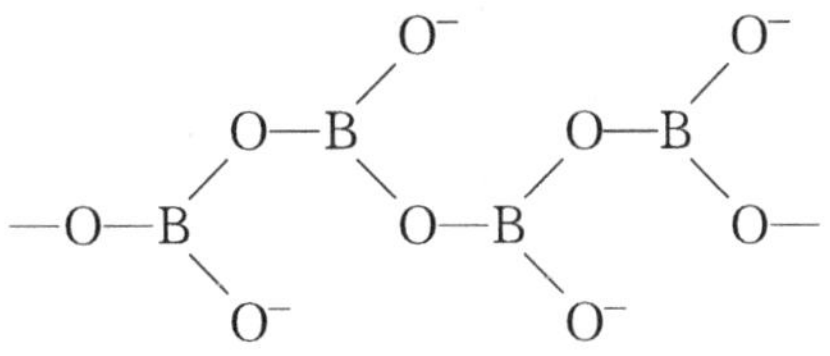

$(BO_2)_n^{n-}$ 离子

由 BO_3 单元构成的三维多核阴离子，可以在一种硼硅酸盐矿电气石的结构中找到；但在另一种硼硅酸盐矿硅钙硼石 $CaB(OH)SiO_4$ 的结构中，却存在着由四面

体 $BO_3(OH)$ 单元构成的多核片层阴离子。在化合物 BPO_4 和 $BAsO_4$ 以及矿石 $NaBSi_3O_8$ 和 $Zn_4B_6O_{13}$ 的晶体中，还可找到由 BO_4 单元构成的三维多核结构。

在多硼酸盐的晶体结构中，B_3O_3 六元环也是一种基本结构单元。这种环可由 BO_3 或 BO_4 单元构成，也可由两者混合起来构成。具有这种环的多硼酸根离子，其稳定性取决于环中所含的四面体配位的硼原子，没有这种硼原子的多硼酸根离子是不稳定的，如偏硼酸盐中的 $B_3O_6^{3-}$ 离子和偏硼酸 $B_3O_3(OH)_3$，将会迅速水合，而失去它们原有的结构。所以，在水合体系中由含一个或两个四面体配位硼原子的 B_3O_3 环构成的多硼酸根离子最为常见，在这些多硼酸根离子中，四面体配位的硼原子数与硼原子总数之比等于阴离子的电荷数与硼原子总数之比。例如：四水合五硼酸钾 $KB_5O_8 \cdot 4H_2O$（即 $KB_5O_6OH)_4 \cdot 2(H_2O)$ 就是一种由含两个 B_3O_3 环，共用一个四面体配位硼原子，离子电荷为－1 的螺环形阴离子 $[B_5O_6(OH)_4]^-$ 构成的水合多硼酸盐，矿石三斜硼钙石 $CaB_3O_3(OH)_5 \cdot H_2O$ 和板硼石 $CaB_3O_3(OH)_5 \cdot 4H_2O$，两者同样都是由含一个 B_3O_3 环，环中有两个四面体配位硼原子，离子电荷为－2 的环形阴离子 $[B_3O_5(OH)_5]^{2-}$ 构成的水合多硼酸盐：

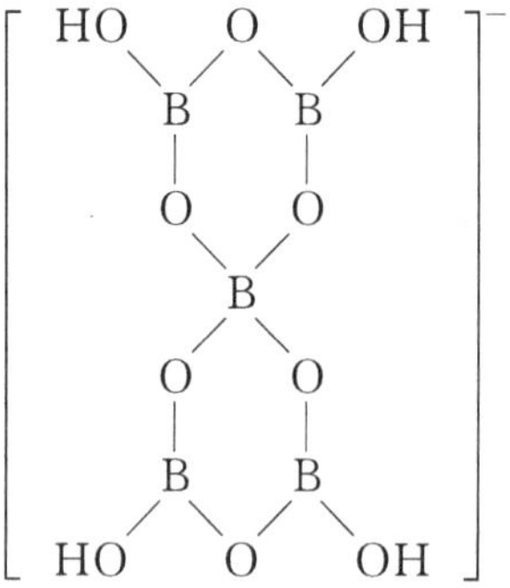

$[B_5O_6(OH)_4]^-$ 离子

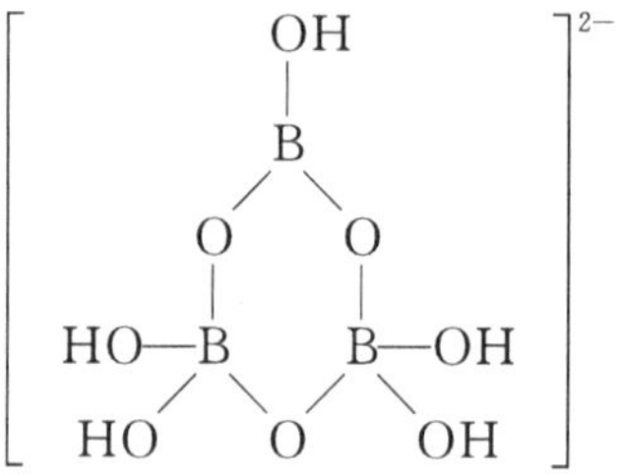

$[B_3O_3(OH)_5]^{2-}$ 离子

在硼砂 $Na_2B_4O_7 \cdot 10H_2O$ 晶体中，含有一种四核阴离子 $[B_4O_5(OH)_4]^{2-}$：

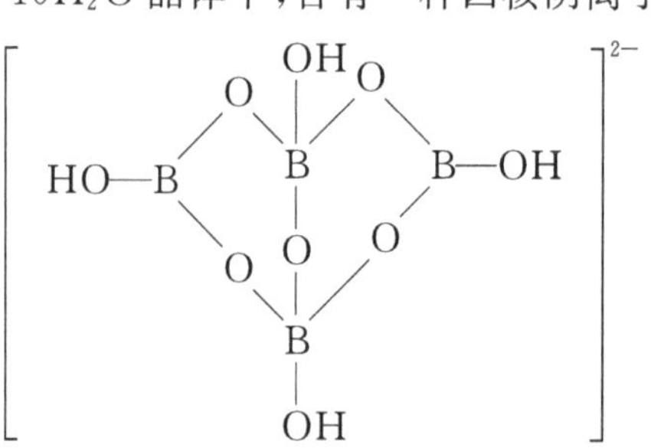

这种阴离子是由两个 B_3O_3 环通过两个四面体配位的硼原子稠合而成的，每个环含两个 BO_4 单元（共用）和一个 BO_3 单元。因此，硼砂的化学式应该是 $Na_2[B_4O_5(OH)_4] \cdot 8H_2O$。

B_3O_3 环上的四面体配位硼原子，可以稠合其他的结构单元构成更复杂的多硼酸根阴离子，所生成的多硼酸根阴离子还可通过共用氧原子连接成链状、片状或三维网络状多硼酸根阴离子。例如，无水 KB_5O_8 就是由前面所述的四水合物结构中的螺环形$[B_5O_6(OH)_4]^-$离子，通过 OH 基之间的缩水作用而形成螺旋形链，相邻的螺旋形链连接成一种复杂的三维网络阴离子构成的：

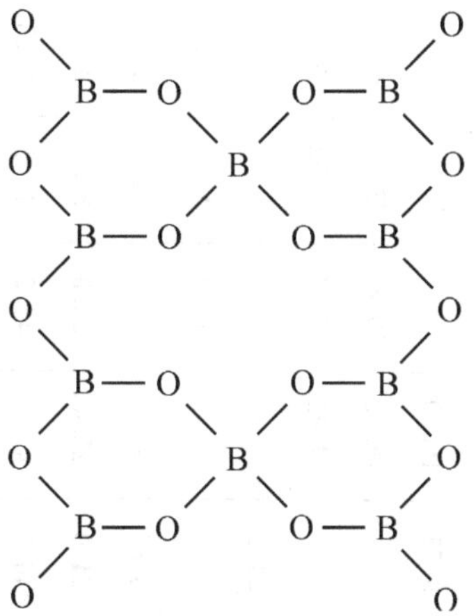

无水 CsB_3O_5 的阴离子则是由前面所述的三硼酸根离子$[B_3O_3\cdot(OH)_5]^{2-}$，通过 OH 基之间的缩水作用，彼此共用四个外部氧原子，形成一种平行连接的螺旋形链构成的：

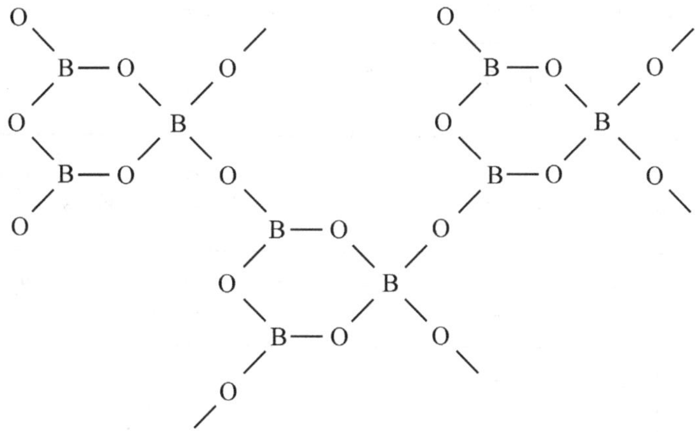

$Li_2B_4O_7$ 的结构是由聚合的硼砂阴离子形成的两个三维联结网络构成的。

现将碱金属硼酸盐和硼酸铵在不同温度下于水中的溶解度汇列在表 6.17 中[1]，供参考。

表 6.17　碱金属硼酸盐和硼酸铵盐在不同温度下于水中的溶解度（以无水盐的重量%计）

温度(℃)	0	10	20	25	30	40	50	60	70	80	90	100
$Li_2O \cdot 5B_2O_3 \cdot 10H_2O$							20.88	24.34	27.98	31.79	36.2	41.2
$Li_2O \cdot 2B_2O_3 \cdot 4H_2O$	2.2—2.5	2.55	2.81	2.90	3.01	3.26	3.50	3.76	4.08	4.35	4.75	5.17
$Li_2O \cdot B_2O_3 \cdot 16H_2O$ 1)	0.88	1.42	2.51	3.34	4.63	9.40						
$Li_2O \cdot B_2O_3 \cdot 4H_2O$						7.40	7.84	8.43	9.43	10.58	11.8	13.4(101.2℃)
$Na_2O \cdot 5B_2O_3 \cdot 10H_2O$	6.28	8.10	10.55	12.20	13.75	17.40	21.80	26.90	32.25	37.84	43.80	50.30
$Na_2O \cdot 2B_2O_3 \cdot 10H_2O$ 2)	1.18	1.76	2.58	3.13	3.85	6.00	9.55	15.90				
$Na_2O \cdot 2B_2O_3 \cdot 5H_2O$								16.40	19.49	23.38	28.37	34.63
$Na_2O \cdot 2B_2O_3 \cdot 4H_2O$								14.82	17.12	19.88	23.31	28.22
$Na_2O \cdot B_2O_3 \cdot 8H_2O$	14.50	17.0	20.0	21.7	23.6	27.9	34.1					
$Na_2O \cdot B_2O_3 \cdot 4H_2O$								38.3	40.7	43.7	47.4	52.4
$K_2O \cdot 5B_2O_3 \cdot 8H_2O$	1.56	2.11	2.82	3.28	3.80	5.12	6.88	9.05	11.7	14.7	18.3	22.3
$K_2O \cdot 2B_2O_3 \cdot 4H_2O$		9.02	12.1	13.6	15.6	19.4	24.0	28.4	33.3	38.2	43.2	48.4
$K_2O \cdot B_2O_3 \cdot 2^1H_2O$		42.3	43.0	43.3	44.0	45.0	46.1	47.2	48.2	49.3	50.3	
$Rb_2O \cdot 5B_2O_3 \cdot 8H_2O$	1.58	2.0	2.67	3.10	3.58	4.82	6.52	8.69	11.4	14.3	18.1	23.75(102℃)
$Cs_2O \cdot 5B_2O_3 \cdot 8H_2O$	1.6	1.85	2.5	2.97	3.52	4.8	6.4	8.31	10.5	13.8	18.0	23.45(101.65℃)
$Cs_2O \cdot B_2O_3 \cdot 7H_2O$			36.8(18℃)									
$(NH_4)_2O \cdot 2B_2O_3 \cdot 4H_2O$	3.75	5.26	7.63	9.00	10.8	15.8	21.2	27.2	34.4	43.1	52.7	
$(NH_4)_2O \cdot 5B_2O_3 \cdot 8H_2O$	4.00	5.38	7.07	8.03	9.10	11.4	14.4	18.2	22.4	26.4	30.3	

1) $Li_2O \cdot B_2O_3 \cdot 16H_2O \longrightarrow Li_2O \cdot B_2O_3 \cdot 4H_2O$ 转变点 36.9℃或 40℃；

2) $Na_2O \cdot 2B_2O_3 \cdot 10H_2O \longrightarrow Na_2O \cdot 2B_2O_3 \cdot 5H_2O$ 转变点 60.7℃，溶解度 16.6% $Na_2B_4O_7$；$Na_2O \cdot 2B_2O_3 \cdot 10H_2O \longrightarrow Na_2O \cdot 2B_2O_3 \cdot 4H_2O$ 转变点 53.6℃，溶解度 36.9% $Na_2B_2O_4$。

参 考 文 献

[1] N. P. Nies, G. W. Campbell, Chapter 3 in "Boron, Metallo-Boron Compounds and Borane", R M. Adams (Ed.), Interscience (1964).

[2] N. N. Greenwood, 11. Boron in "Comprehensive Inorganic Chemistry", Vol. 1, J. C. Bailar, H. J. Emeleus, R. Nyholm, A. F. Trotman-Dickenson (Eds.), Pergamon (1973).

[3] J. A. Dean (Ed.), "Lange's Handbook of Chemistry", 11th ed. McGraw-Hill(1973).

[4] F. A. Cotton, G. Wilkinson (Eds.), "Advanced Inorganic Chemistry", 3rd ed. Interscience (1972).

[5] R. F. Nickerson. J. lnorg. Nuclear Chem.. 32, 1401(1970).

[6] K. Kustin, R. Pizer, J. Amer. Chem. Soc., 91, 317(1969).

6.6 硼的氮化合物和磷化合物

6.1 硼的氮化合物

硼的含氮化合物范围相当广，主要内容有氮化硼、胺-硼烷加合物、氨基硼烷、氨基二硼化合物和硼氮环等。其中，硼氮环代表了最大的一类硼-氮化合物，它们不仅包括间三氮三硼环(6)及其衍生物(对称取代的、不对称取代的和聚合的间三氮三硼环)，而且还包括二氮二硼环$(-BH-NH-)_2$的衍生物和硼氮八环(或四氮四硼环)$(-BH-NH-)_4$的衍生物(二氮二硼环和四氮四硼环本身都是未得肯定)；另外还有许多其他的硼-氮环状化合物。限于篇幅，在此仅概要介绍氮化硼和间三氮三硼环(6)本身的有关内容。

6.1.1 氮化硼[1,2]

氮化硼$(BN)_x$是人们知道得最早的硼-氮化合物，它的几种结构变体同碳的几种变体很相似，这主要是由于B—N基团和C—C基团是等电子体，并且两者的大小基本相同所造成的。它有不少制备方法。在实验室里，可通过熔融硼砂和氯化铵的混合物来制备较纯的氮化硼。用过量的液氨处理三氯化硼，然后在750℃下使反应混合物在氨气中热分解，便可制得纯度为99.4%的氮化硼：

$$BCl_3 + 6NH_3 \longrightarrow [B(NH_2)_3] + 3NH_4Cl$$

$$x[B(NH_2)_3] \longrightarrow (BN)_x + 2xNH_3$$

在工业上，通常是在500—950℃的氨气中熔融尿素和硼酸来制取氮化硼的。产物是一种无定形体，在微量氧化硼存在下，经低于1800℃的高温处理，便可转化为六方系晶体。六方系BN是一种常见的变体，其层状结构与(图6.74)石墨相似，每个层是由许多扁平的B_3N_3六角形单元构成，层之间的堆积正好是上层六角形单元中的硼原子与下层六角形单元中的氮原子联系在一起。层与层之间的结合能约为17kJ/mol。

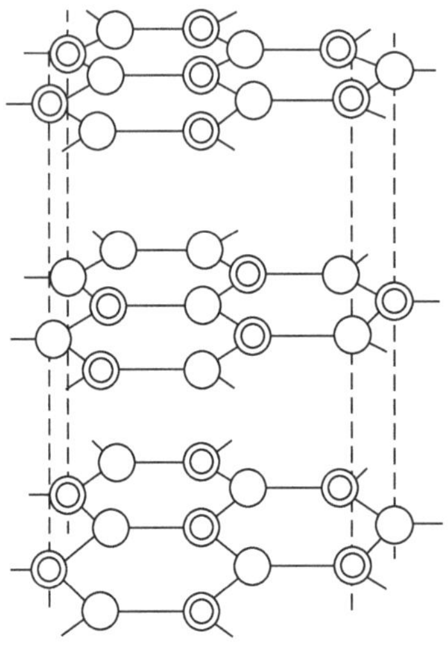

图6.74 六方系BN的结构

六方系 BN 和石墨是最接近的类似物，两者在结构上的差异仅在于层堆积的性质。石墨是一种密堆积层状结构，其中有半数原子处在相邻层的六角环中心之间。不过，这两种材料中的原子间力很相似，所以使人觉得堆积的不同是次要的。现将这两种材料的晶胞大小和密度并列在表 6.18 中[2]，以供对比。

表 6.18 六方系 BN 和石墨的晶胞大小和密度

	a(Å)	c(Å)	c/a	密度(g/cm^3)	
				计算值	实验值
六方系 BN	2.504	6.661	2.66	2.27	2.29
石　墨	2.464	6.736	2.73	2.26	2.255

在六方系 BN 中，硼和氮之间都是通过 B—N 键连接起来的，同一层内的 B—N 键键长是 1.446Å，大大地小于硼原子和氮原子的单键共价半径之和，但与石墨中同一层内的 C—C 键键长(1.45Å)很接近。层与层之间的距离，六方系 BN 为 3.30Å，石墨为 3.345Å，也比较接近。最初人们根据 B—N 键的键长比两个原子的单键半径之和短得很多这一事实，提出了在六方系 BN 中同层硼原子和氮原子之间有部分双键结合的看法。后来，这种看法得到了 ^{11}B 核磁共振研究工作者的支持，并算出了在六方系 BN 中的键有 45%的双键性质。不过，也有人认为白色、低电导率的六方系 BN 中不会有离域的电子存在，B—N 键必然是单键。看来，这个问题还有待于进一步探讨。

六方系 BN 是一种洁白润滑性很好的耐高温晶体。它的绝缘性能特别好，即使在高温下，其绝缘性能也超过最耐高温的氧化物，它的电阻率在 2000℃ 时是 1900Ohm · cm，在室温时是 $>10^{12}$ Ohmcm。它的折射率 >1.74，抗磁性磁化率为 $-0.4\pm0.1\times10^{-6}$ cgsemu/g，热膨胀系数为 40.5×10^{-6}/deg(c 轴方向)，-2.9×10^{-6}/deg(a 轴方向)。它的红外光谱在 1372 和 812cm^{-1} 处有两个吸收带。

在温度接近 1800℃ 和压力为 85000atm 时，六方系 BN 可转变成一种具有闪锌矿结构的立方变体，这种转化作用可被碱金属和碱土金属催化。立方系 BN 的晶格常数为 3.615Å(金刚石为 3.567Å)。在 50000atm 和 2500℃ 下，立方系 BN 也可转变为六方系 BN。在低温下，通过静压力，即使没有催化剂，六方系 BN 也可转变成一种纤锌矿变体。如果采用适当的六方系 BN 粉料，在较低的压力和温度下，也可转变成立方系 BN[3]。据报道，立方系 BN 非常坚硬，其硬度甚至超过金刚石，或者说能刻伤金刚石[4]。

有关氮化硼化学性质的报道，特别是它的水解作用，往往是相互矛盾的。这可能是由于各种合成方法所制得的产品，在纯度上或结构上不相同造成的。

氮化硼与单质氟反应，可定量地产生 BF_3 和 N_2：

$$2BN+3F_2 \longrightarrow 2BF_3+N_2$$

但与氟化氢作用,则定量地产生 NH_4BF_4:

$$BN + 4HF \longrightarrow NH_4BF_4$$

后一个反应可用于定量的测定 BN。

氮化硼对其他无机酸和化学试剂都有耐蚀性。水不能浸蚀它,但热的浓碱可使它分解。它的熔点近 3000℃。在真空下,到将近 2700℃它才开始离解;在空气中,到 1200℃以上才开始氧化。

BN 的高度化学稳定性和热稳定性,使它可做坩埚材料或其他耐火器材。在高温下能保持其高绝缘性,又使它可以做优质的电绝缘材料;具有良好的导热性,还使它可以做受热器、电子管底座和晶体管电路,以代替有毒和不易加工的 BeO。六方系 BN 粉末是一种耐高温的固体润滑剂。高硬度的立方系 BN,可做耐高温的磨料和磨具。

6.1.2　间三氮三硼环(6)[1,2]

人们第一次得到时间三氮三硼环(6)是从 B_2H_6 与 NH_3 反应的混合产物中分离出来的:

$$3B_2H_6 + 6NH_3 \xrightarrow{180-190℃} 2B_3N_3H_6 + 12H_2$$

由于产率低和工艺上有困难,所以这是一种不能令人满意的制法。一种较好的合成方法是先通过 BCl_3 与 NH_4Cl 反应生成 B-三氯代间三氮三硼环,然后再用 $LiBH_4$ 或 $NaBH_4$ 来还原这种产物而制取间三氮三硼环(6):

$$3BCl_3 + 3NH_4Cl \longrightarrow (-BCl-NH-)_3 + 9HCl$$

$$(-BCl-NH-)_3 + 3MBH_4 \longrightarrow (-BH-NH-)_3 + 3MCl + \frac{3}{2}B_2H_6$$

$$(M = Li 或 Na)$$

间三氮三硼环(6)是一种无色液体,它的分子结构如下所示,它是由 BH 基和 NH 基交替组成的一种平面六角形环:

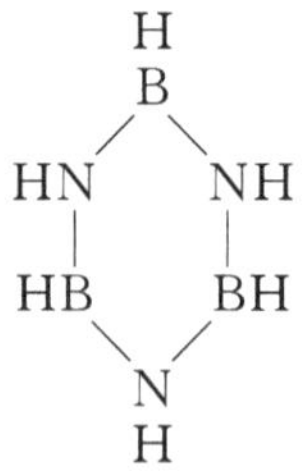

其中,B—N 键长 1.44Å、N—H 键长 1.02Å、B—H 键长 1.20Å。由于间三氮三硼环(6)在结构上和物理性质上跟苯极为相似,所以人们将它叫做“无机苯”。现将两者的物理性质并列在表 6.19 中[2],供比较。

表 6.19 间三氮三硼环(6)和苯的一些物理性质

物理性质	硼氮环	苯
分子量	80.5	78.1
熔点(K)	216	279
沸点(K)	328	353
Trouton 常数	21.4	21.1
等张比容	208	206
临界温度(K)	525	561
沸点时的液体密度(g/cm^3)	0.81	0.81
熔点时的固体密度(g/cm^3)	1.00	1.01
熔点时的表面张力(N/cm^3)	31.1×10^{-7}	31.0×10^{-7}

间三氮三硼环(6)容易与水、甲醇和卤化氢形成 1∶3 加合物。热解它的甲醇加合物能生成 B-三甲氧基硼氮环($-BOCH_3-NH-$)$_3$,并放出氢。在贮存时,它会缓慢地分解,在加热水解时,会生成 $B(OH)_3$ 和 NH_3。间三氮三硼环(6)能光解而产生氢、硼氮萘、联硼氮环和一种不挥发的聚合物,还可能生成一种中间产物 $H_4N_3B_3$[5]。

间三氮三硼环(6)还容易与单质氯、溴和碘作用,其中与溴作用的产物已经确定是 1∶3 加合物,热解这种加合物可产生 B-三溴代间三氮三硼环,并放出溴化氢,另外,间三氮三硼环(6)在溴化苯基镁的作用下,会生成一种 B-一苯基、二苯基和三苯基间三氮三硼环的混合物,在三卤化硼作用下,会生成 B-三卤代间三氮三硼环。

间三氮三硼环(6)质子化可形成 $H_3B_3N_3H_4^+$,失去质子可形成 $H_2B_3N_3H_3^-$,其质子亲和能大于磷化氢、环丙烷、丙二烯等的质子亲和能,但小于氨的质子亲和能。据化学电离质谱法研究指出,它是一种较强的碱,其质子亲和能为 8.8±0.3eV[5]。

由此可见,间三氮三硼环(6)虽在结构上和物理性质上同苯很相似,但在化学性质上与苯是有根本区别的,是一种非芳香化合物。根据分子轨道法计算和由取代作用所得的实验结果,人们认为在平面的 B_3N_3 环中 B—N 之间除了有 σ 键(电子从 B 向 N 偏移)外,还有部分的 π 键(电子从 N 向 B 偏移)存在,由于前者超过后者,所以其中的氮原子都相对地显负电性[4]。

6.2 硼的磷化物

硼的含磷化合物比含氮化合物范围要小得多。以硼烷为电子对接受体,磷化合物为电子对给予体所生成的配合物是最大的一类硼的含磷化合物,这类化合物在讨论硼烷时多少已经提到一些，在此就不再赘述了。类似于间三氮三硼环(6)的硼磷化合物尚未确知，但其他成环的硼磷化合物是已知的。在这里，将概要介绍硼和磷的二元化合物（磷化硼）和膦基硼烷（或称硼膦烷）。

6.2.1　磷化硼[1]

将单质硼和红磷的混合物加热到 900—1000℃，可以制得化学式为 BP 的磷化硼，它是一种高折射的红棕色晶体。热解 $PCl_3 \cdot BCl_3$；使硼与 Zn_3P_2 或 PH_3 反应；用氢还原 BCl_3 和红磷的混合物以及使 BCl_3 与 PH_3、AlP 或 Zn_3P_2 进行复分解反应，都可制备 BP。这种磷化硼是立方系 BN 的类似物，具有闪锌矿结构，其晶格常数为 4.54Å，B—P 键长 1.96Å。

立方系 BP 不受沸热的浓无机酸侵蚀，也不受沸热的碱溶液侵蚀，但在事先加热下可明显地受熔融 NaOH 的侵蚀。在空气中，它的耐氧化作用可达 1000℃左右，但在 500℃左右时可被氯化。

在高压下，立方系 BP 可稳定到 2500℃；在真空中，超过 1100℃它就会分解。BP 部分失去磷将形成另一种磷化硼 $B_{12}P_{1.8}$。据报道，$B_{12}P_{1.8}$的晶体结构为类碳化硼型，是由 B_{12}二十面体和交联它们的 P_2 链结合而成的，P_2 链上的位置大约只有 70%被磷原子占据，晶胞间的孔穴大约有 7%被磷原子占据，所以它的平均组成是 $B_{12}P_{1.8}$。

6.2.2　膦基硼烷(硼膦烷)[1]

在三乙胺存在下，通过磷化氢与二甲基溴硼烷反应，人们制得了第一个单体硼膦烷 $(CH_3)_2BPH_2$：

$$(CH_3)_2BBr + PH_3 + (C_2H_5)_3N \longrightarrow (CH_3)_2BPH_2 + (C_2H_5)_3N \cdot HBr$$

根据凝固点下降法测定分子量证明，产物最初是单体分子，但过了几小时之后就在溶液中聚合了。无论是它的单体或聚合体，对于空气和湿气都是很敏感的。后来，人们又通过金属的膦盐与二芳基氯硼烷的复分解反应，高产率地制得了几种 B-二芳基硼膦烷。例如：

$$(C_2H_5)_2PLi + (C_6H_5)_2BCl \longrightarrow (C_2H_5)_2PB(C_6H_5)_2 + LiCl$$

跟 $(CH_3)_2BPH_2$ 完全不同，这些四取代的硼膦烷几乎不会聚合，并且对于空气和水都是稳定的。随后，人们通过二甲胺基氯代硼烷与金属膦盐进行类似的复分解反应，或与 $(CH_3)_3SiPR_2$ 进行脱 $(CH_3)_3SiCl$ 反应，也分别制得了一些 B-二胺基硼膦烷如 $[(CH_3)_2NP]_2BR_2$ 等。这些硼膦烷都是易被氧化和水解的。在参考文献[1]中，汇列了一些单体硼膦烷的熔点。

在三乙胺存在下，通过二取代膦与三卤化硼反应可制得环二硼膦烷的 B-四卤代衍生物。例如：

$$2(C_6H_5)_2PH + 2BX_3 + 2(C_2H_5)_3N \longrightarrow [(C_6H_5)_2PBX_2]_2 + 2(C_2H_5)_3N \cdot HX$$

用金属的膦盐与三氯化硼进行复分解反应，也可制得环二硼膦烷的 B-四氯代衍生物。例如：

$$2(C_2H_5)_2PLi + 2BCl_3 \longrightarrow [(C_2H_5)_2PBCl_2]_2 + 2LiCl$$

另外，通过如下的磷-硅键裂解反应，也可制备 B-卤代的环二硼膦烷：

$$2(C_4H_9)_2PSi(CH_3)_3 \cdot BBr_3 \xrightarrow{110℃} [(C_4H_9)_2PBBr_2]_2 + 2(CH_3)_3SiBr$$

(C_4H_9 为正丁基)

人们认为 B-四卤代环二硼膦烷最合理的结构是：

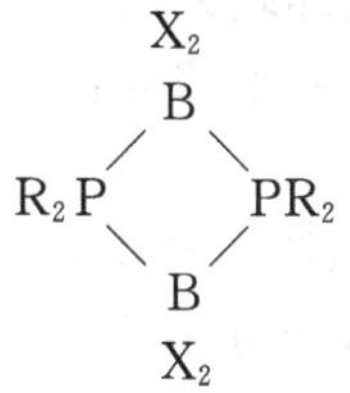

热解二烃基膦-硼烷加合物可以制得环三硼膦烷：

$$3R_2PH \cdot BH_3 \longrightarrow (R_2PBH_2)_3 + 3H_2 \text{（R 为烷基或芳基）}$$

这种反应除了主要产生环三硼膦烷外，还往往产生其他的聚合物。用 $LiBH_4$ 还原二烃基磷酰氯或四烃基二膦化二硫，也可产生环三硼膦烷：

$$3R_2POCl + 3LiBH_4 \longrightarrow (R_2PBH_2)_3 + 3LiCl + 3H_2O$$

$$\frac{3}{2}R_2PSPSR_2 + 3LiBH_4 \longrightarrow (R_2PBH_2)_3 + \frac{3}{2}H_2S + \frac{3}{2}Li_2S + \frac{3}{2}H_2$$

在少量三卤化铝催化下，将环三硼膦烷和卤代烷一起回流，可制得 B-六卤代-P-六烃基环三硼膦烷（或 B-六卤代-P-六烃基间三磷三硼环）：

$$(H_2BPR_2)_3 + 6CH_nX_{4-n} \xrightarrow{AlX_3} (X_2BPR_2)_3 + 6CH_{n+1}X_{3-n}$$

($n=1,2$ 或 3)

如果用 N-溴代或 N-碘代琥珀酰亚胺来做卤化剂，则可制得环三硼膦烷的 B-一溴代或 B-一碘代的衍生物，通过这种一碘代的衍生物进行某些复分解反应，可在 P-六烃基环三硼膦烷的一个硼原子上引入其他的取代基。

环三硼膦烷类化合物大多数都是无色晶体，化学稳定性和热力学稳定性都较好。例如，P-六甲基环三硼膦烷 $[(CH_3)_2PBH_2]_3$ 在真空中加热到 250℃时还是完全稳定的，到 360℃时只是很缓慢地分解，但在空气中分解作用会大大地加快。它本身是不易水解的，但它的 B-六卤代衍生物要比它容易水解，溴代物比氯代物易水解，氟代物和碘代物最容易水解。据测定，P-六甲基环三硼膦烷的结构为[4]：

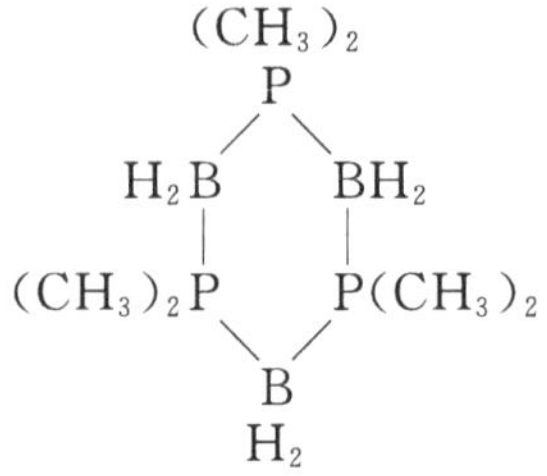

热解仲膦-硼烷加合物可得到少量的环四硼膦烷。据知，P-八甲基环四硼膦烷$[(CH_3)_2PBH_2]_4$的结构是一种褶皱的硼、磷原子交替构成的八元环，在热稳定性方面它比$[(CH_3)_2PBH_2]_3$的六元环较差，并且容易水解。在参考文献[1]中汇列了一些环硼膦烷的熔点。其中除一小部分在室温下是液体外，多数环硼膦烷是固体。

热解二烃基膦-硼烷加合物时，除了产生环三硼膦烷和环四硼膦烷之外，通常还生成一些聚合硼膦烷，但大多数产量非常小。不过，在热解四甲基联膦-硼烷加合物时，却得到了一种产率约为50%的白色热塑性聚P-二甲基硼膦烷：

$$n(CH_3)_2P—P(CH_3)_2 \cdot BH_3 \longrightarrow [(CH_3)_2PBH_2]_n + n(CH_3)_2PH$$

在叔胺存在下，热解二甲基膦-硼烷加合物也可得到一种相似的聚合物。用这些方法所得到的聚合物都是热塑性的，并且都可溶于热苯中，在化学稳定性上它们与环硼膦烷相似，据推测都是一些线型聚合物。另外，人们通过共热解二烃基膦-硼烷加合物与戊硼烷、氨基膦以及烷撑二膦的混合物，还制得了交联的或热固的聚合硼膦烷，这些聚合物都是不溶性的也不是热塑性的，但它们的热稳定性和化学稳定性都比简单的聚合物好。

参 考 文 献

[1] K. Niedenzu, J. W. Dawson, "Boron-Nitrogen Chemistry", Springer-Verlag(1965).

[2] N. N. Greenwood, 11. Boron in "Comprehensive Inorganic Chemistry", Vol. 1, Eds. J. C. Bailar, H. J. Emeleus, R. Nyholm, A. F. Trotman-Dickenson, Pergmon(1973).

[3] M. Wakatsuki, K. Ichinose, T. Aoki, Mater. Res. Bull., 7(9), 999(1972).

[4] F. A. Cotton, G. Willinson, "Advanced Inorganic Chemistry", 3rd ed. Interscience(1972).

[5] R. H. Cragg, 5. Other Aspects of Boron Chemistry in "Inorganic Chemistry", Series Two, Vol. 1, Consultant ed. H. J. Emeleus, Ed. M. F. Lappert, Butterworths, University Park(1975).

6.7 硼的卤化物

硼的卤化物包括：三卤化硼、四卤化二硼、其他低价卤化硼和四卤硼酸盐。在此将主要介绍三卤化硼和四卤化二硼。

7.1 三卤化硼和四卤硼酸盐

7.1.1 三卤化硼的制备[1]

三氟化硼在工业上早先是通过浓硫酸处理萤石和氧化硼或硼酸盐的混合物来制备的：

$$3CaF_2 + B_2O_3 + 3H_2SO_4 \longrightarrow 2BF_3 + 3CaSO_4 + 3H_2O$$

$$6CaF_2 + Na_2B_4O_7 + 8H_2SO_4 \longrightarrow 4BF_3 + 2NaHSO_4 + 6CaSO_4 + 7H_2O$$

但这种方法的产率很低。现在基本上是通过下列两步反应来制备三氟化硼：

$$Na_2B_4O_7 + 12HF \longrightarrow Na_2O(BF_3)_4 + 6H_2O$$

$$Na_2O(BF_3)_4 + 2H_2SO_4 \longrightarrow 4BF_3 + 2NaHSO_4 + H_2O$$

在实验室里，热分解一种氟硼酸的重氮盐，可以得到很纯的三氟化硼：

$$C_6H_5N_2BF_4 \longrightarrow C_6H_5F + N_2 + BF_3$$

三氯化硼在工业上一般是在高于 500℃的温度下对碳和氧化硼（或硼酸盐）的混合物进行氯化来制取的：

$$B_2O_3 + 3C + 3Cl_2 \longrightarrow 3CO + 2BCl_3$$

产品中常含有少量的光气。在实验室里，可通过单质硼的直接氯化，或三氟化硼和三氯化铝的复分解反应，以制备较纯的三氯化硼。

三溴化硼可用制取三氯化硼的类似方法来制备，产品中含有的单质溴可通过金属汞处理来除去。

三碘化硼可通过 $LiBH_4$ 和 I_2 在已烷中回流，或者在 125℃和 200℃时使 I_2 分别与 $LiBH_4$ 和 $NaBH_4$ 反应来制备：

$$MBH_4 + 3I_2 \longrightarrow BI_3 + MI + 2HI + H_2 \ (M = Li、Na)$$

将粗产品溶在 CS_2 中与锌汞齐一起回流，可以除去其中的少量杂质（I_2），随后，将除去溶剂的产品进行真空升华，便可得到较纯的三碘化硼。在赤热下使。HI 与 BCl_3 作用也可制得 BI_3[2]。

在 900－1200℃的温度范围内，通过相应的卤素单质与碳化硼和硼化钙的混合物反应,也能制备高纯度的 BCl_3、BBr_3 和 BI_3[3]。

7.1.2 三卤化硼的结构和物理性质[1]

三卤化硼都是平面等边三角形分子。其中,硼原子用三个 sp 杂化轨道分别与三个卤原子以 σ 键结合,剩下一个垂直于分子平面的 $2p$ 空轨道,三个卤原子也各采取 sp^2 杂化态,其中各有一个 p 轨道(已充有 2 个电子)与分子平面垂直,这四个互相平行的 p 轨道共有 6 个电子,形成一种四中心六电子 π 键,键能大约分别为 201(BF_3)、126(BCl_3)和 109(BBr_3)kJ/mol[1]。从 π 轨道的能量推导出来的分子 π-稳定化能的次序是 $BF_3 > BCl_3 > BBr \sim BI_3$[3]。据测定,$BF_3$ 中的 B—F 键长为 1.295±0.01Å,F—B—F 键角为 120°;BCl_3 中的 B—Cl 键长为 1.72±0.01Å,Cl—B—Cl 键角为 120±3°;BBr_3 中的 B—Br 键长为 1.87±0.02Å,Br—B—Br 键角为 120±6°[4];BI_3 中的 B—I 键长为 2.10±0.04Å[1]。

纯三卤化硼都是无色的,但 BBr_3 和 BI_3 会因光照游离出卤素单质而变得带有颜色。表 6.20 中汇列了一些三卤化硼的物理性质和热力学性质[1],以供参考。

表 6.20 三卤化硼的一些物理性质和热力学性质

性 质	BF_3	BCl_3	BBr_3	BI_3
熔点(℃)	−127.1	−107	−46	49.9
沸点(℃)	−99.9	12.5	91.3	210
$\log P$(mmHg)	*a*	*b*	$1752/T+7.691$	—
密度(g/cm³)	*c*;* 2.99×10⁻³g/l(g)	* $1.373^{0°}$	* $2.6954^{0°}$	* $3.35^{50°}$
临界温度(℃)	−12.25	178.8	300	—
临界压力(atm)	49	* 38.2	—	—
ΔH_f^0(g)(kJ/mol)	* −1,137.00	* −403.76	* −205.64	* 71.13
ΔG_f^0(g)(kJ/mol)	* −1120.35	* −388.74	* −232.46	* 20.75
S^0(g)(J/deg · mol)	* 254.01	* 289.99	* 324.13	* 349.07
C_p^0(g)(J/deg · mol)	* 50.46	* 62.72	* 67.78	* 70.79
B—X 键能(kJ/mol)	645.59	443.9	368.2	266.5

注:带 * 号的数据引自参考文献[5];

a. $1174.4/T+1.75\log T-0.013350T+8.0536$;

b. $1364.8/T+1.75\log T-0.0032734T+4.2790$;

c. $1.699-0.00445(t+125)$($t=-124.3$℃至-102.4℃)。

7.1.3 三卤化硼的化学性质和四卤硼酸盐[1,2]

三卤化硼都是硼原子配位未饱和的缺电子化合物,因此它们的化学性质主要表现为路易斯酸的性质，能够与许多路易斯碱形成多种稳定性不同的加合物或配合物。在大多数路易斯碱中，给予体原子是周期表中第 VA 族（N、P、As）和第 VIA 族（O、S）的成员。许多事实说明，三卤化硼作为接受体，它们的强度次序为 $BBr_3 > BCl_3 > BF_3$。通过 BF_3、BCl_3 和 BBr_3 与硝基苯或吡啶之间的反应热测定，可以定量地反映出这种次序。另外，BBr_3-吡啶配合物和 BBr_3-哌啶配合物的晶体生成热都大于 BCl_3 相应配合物的晶体生成热，而 BCl_3-乙腈配合物的晶体生成热又大于 BF_3-乙腈配合物的晶体生成热，以及在这三种三卤化硼中只有 BBr_3 能与 PCl_3 和 PBr_3 形成配合物，而 BCl_3 与 $POCl_3$ 形成的配合物要比 BF_3 与 $POCl_3$ 形成的配合物稳定，也同样说明了这样的强度次序。通过一系列 $R_2NO \cdot MX_3$（M＝B 減 Al，X＝F、Cl 或 Br）配合物溶液的电子自旋共振研究，根据已配合的 NO 基中 ^{14}N 的自旋密度，人们也提出了接受体的强度次序为 $AlCl_3 \approx BF_3 < BCl_3 < BBr_3$[3]。这样的强度次序是由多种因素决定的，因为当一种三卤化硼与某一种路易斯碱配合时，分子结构将要由原来的平面三角形（硼原子 sp^2 杂化）变为三角锥体（硼原子 sp^3 杂化），需要足够的能量来克服各种阻力。其中，克服原来分子中的 π 键是一个主要因素，而三卤化硼分子中的 π 键强度是按 $BBr_3 < BCl_3 < BF_3$ 次序显著递增的，因此造成了上述的接受体强度次序。BI_3 的强度并不如预期的那样大，这可能是由于碘原子的位阻效应和屏蔽作用所致。

三卤化硼与路易斯碱形成的配合物，其稳定性一方面取决于接受体的性质，另一方面也取决于给予体的性质。例如，BF_3-吡啶配合物可在 300℃时蒸馏而不分解，但 BF_3-碳酰氯配合物仅能在低于熔点－134.3℃的温度下以固态存在，即使在这样的低温下，它的蒸气也已完全离解成组分分子了。

在大多数的情况下，配位基的性质对配合物的稳定性有明显的作用。例如 $(CH_3)_3P \cdot BF_3$ 和 $(CH_3)_3N \cdot BF_3$ 是类似物，但前者的稳定性比后者差，很易离解。又例如在室温和 8666Pa 个大气压下 $(CH_3)_2O \cdot BF_3$ 有 20％离解成它的组分分子；在同样条件下 $(CH_3)_2S \cdot BF_3$ 就有 95％以上离解了。这就是说，氮和氧作为配位基与硼形成配键都比它们的同族元素稳定。

配位基上连接的官能团也会影响配合物的稳定性。一般来说，三卤化硼与胺类、烷基取代的酰胺和腈类形成的配合物，其稳定性是依次降低的，与醚类、醇类和羰基化合物形成的配合物，其稳定性也是依次降低的。就同一种配位基来说，如果它连接的电负性取代基愈多，则配合物的稳定性愈差。例如 $BF_3 \cdot NCH_3Cl_2$ 的稳定性比 $BF_3 \cdot N(CH_3)_2Cl$ 差，而 NCl_3 就不能与 BF_3 形成配合物了。

三卤化硼配合物的稳定性还与空间张力和位阻效应有关。例如，在水溶液中 $\alpha\alpha'$-二甲基吡啶的碱性比吡啶强，但 $C_5H_5N \cdot BF_3$ 却比 $\alpha\alpha'$-$(CH_3)_2C_5H_3N \cdot BF_3$ 稳定。醚合物的稳定性顺序为：

$$BF_3 \cdot \underline{CH_2(CH_2)_2CH_2O} > BF_3 \cdot (CH_3)_2O$$

$$> BF_3 \cdot (C_2H_5)_2O > BF_3[(CH_3)_2CH]_2O$$

由于腈类与三卤化硼形成1∶1配合物时所构成的B—N≡C基团是直线型的，所以位阻效应对这类配合物的稳定性几乎无影响。与此不同，尽管三卤化硼与氮配位基形成的配合物一般要比磷配位基形成的配合物稳定，但$(C_6H_5)_3P \cdot BF_3$却是稳定的，而$(C_6H_5)_3N$则不能与BF_3形成配合物。这显然是由于苯基的位阻效应造成的。类似的情况也发生在$(C_6H_5)_2S \cdot BCl_3$比$(C_6H_5)_2O \cdot BCl_3$稳定上。

有一些三卤化硼配合物的稳定性还往往来自晶格能和溶剂合作用。另外，接受体和给予体的数量比也对配合物的稳定性有影响。

据报道，在低温下BF_3和NH_3除了可形成1∶1配合物$BF_3 \cdot NH_3$外还能形成1∶2、1∶3和1∶4的配合物。1∶1和1∶2的水合物和醇合物也是已知的。所有这些超过1∶1的氨合物、水合物和醇合物都可认为是过量的配位基通过氢键与1∶1配合物结合而成的产物。某些叔胺如$(C_2H_5)_3N$在低温下还能与三卤化硼形成不稳定的2∶1配合物如$(BCl_3)_2 \cdot N(C_2H_5)_3$。人们认为在这类配合物中在硼原子之间存在着单卤桥：

$$(C_2H_5)_3N \longrightarrow \underset{X}{\overset{X}{B}} —X—BX_3$$

BF_3也可与一些醚类形成2∶1配合物，甚至还能与乙醚形成3∶1配合物$3BF_3 \cdot O(C_2H_5)_2$，而这些配合物在超过它们的熔点时，都会离解成相应的1∶1配合物。

三卤化硼与路易斯碱形成配合物时，如果给予体原子直接与氢原子相连，则生成的配合物往往是不够稳定的，较易发生B—X键的加质子分解作用失去HX而分解，有时甚至不等到形成配合物就分解了。在这方面，BF_3的配合物是较难发生这种分解作用的，这是由于B—F键强度较大所致。

例如，三氟化硼溶于水时，虽有一定程度的水解：

$$4BF_3 + 6H_2O \longrightarrow 3H_3O^+ + 3BF_4^- + B(OH)_3$$

在溶液中同时有BF_4^-、BF_3OH^-、$BF_2(OH)_2^-$和$BF(OH)_3^-$等离子，但它能与一定量的水形成$H_2O \cdot BF_3$晶体（熔点6.0℃）和$(H_2O)_2 \cdot BF_3$晶体（熔点6.2℃），在这两种水合物的液相中存在着下列平衡：

$$H_2O \cdot BF_3 \rightleftharpoons H^+ + BF_3OH^-$$

$$(H_2O)_2 \cdot BF_3 \rightleftharpoons H_3O^+ + BF_3OH^-$$

然而，其他三卤化硼遇水将立即完全水解而生成$B(OH)_3$和HX：

$$BX_3 + 3H_2O \longrightarrow B(OH)_3 + 3HX(X=Cl、Br 和 I)$$

又例如，三氟化硼在低温下可与H_2S形成1∶1配合物（熔点－137℃），这种配合物在熔点时将大量地离解成组分分子，三氯化硼在低温下也能形成这种1∶1

配合物(熔点－35.3℃),但在稍高的温度下将分解而放出 HCl。三溴化硼与 H_2S 也同样会发生这种分解作用:

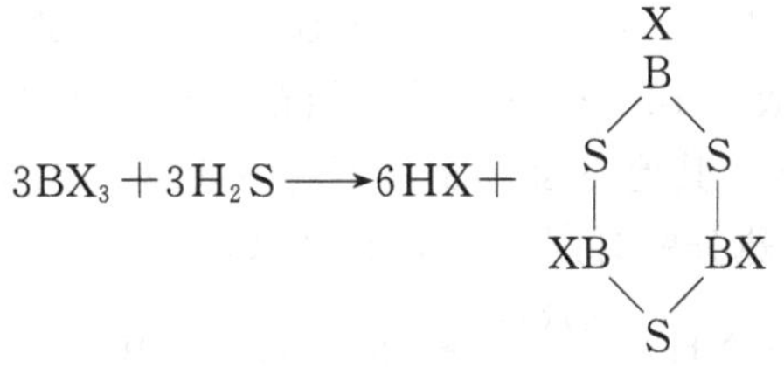

(X ═Cl 或 Br)

三溴化硼与过量的 H_2S 还会发生如下反应:

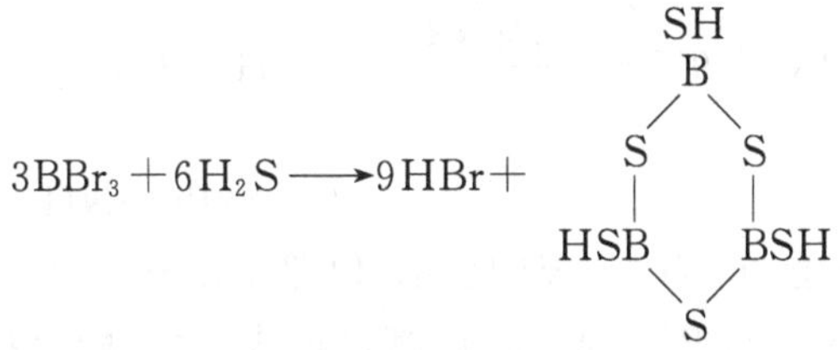

BBr_3 还能与 H_2S_2 反应生成一种五元的硼-硫环:

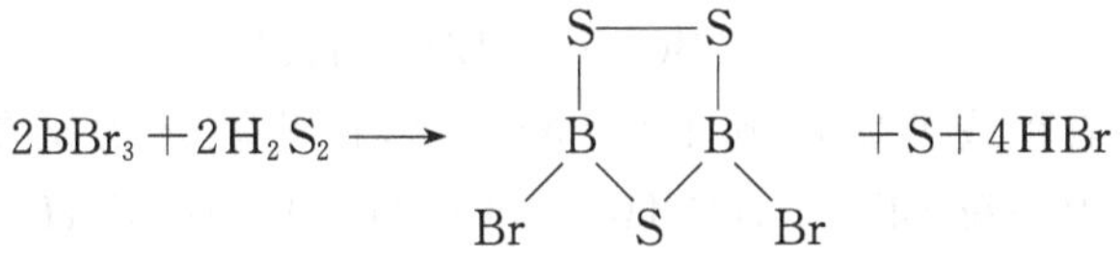

三氟化硼与醇类所形成的 1∶1 和 1∶2 的配合物,在液态时都能发生一定程度的电离:

$$ROH \cdot BF_3 \rightleftharpoons H^+ + ROBF_3^-$$

$$(ROH)_2 \cdot BF_3 \rightleftharpoons ROH_2^+ + ROBF_3^-$$

在后一种醇合物中,第二个醇分子都是通过氢键结合的。与 BF_3 配合时,醇类给予体的强度次序为 $H_2O > CH_3OH > C_2H_5OH > C_3H_7OH > C_4H_9OH$。其他三卤化硼与低级醇将迅速反应生成烷氧基卤化硼和硼酸酯:

$$BX_3 + ROH \longrightarrow ROBX_2 + HX$$

$$BX_3 + 2ROH \longrightarrow (RO)_2BX + 2HX$$

$$BX_3 + 3ROH \longrightarrow (RO)_3B + 3HX$$

与高级醇的反应比较缓慢。如果是叔醇或苯甲醇与 BCl_3 反应,则将生成烷基氯或苄基氯和硼酸:

$$BCl_3 + 3R_3COH \longrightarrow 3R_3CCl + B(OH)_3$$

$$BCl_3 + 3C_6H_5 \cdot CH_2OH \longrightarrow 3C_6H_5CH_2Cl + B(OH)_3$$

三氯化硼在低温下可与烷基硫醇形成 1∶1 配合物,但高于－20℃将脱去 HCl:

$$RSH \cdot BCl_3 \longrightarrow RSBCl_2 + HCl$$

三溴化硼与烷基硫醇将发生下列反应而生成三烷基硫代硼酸酯。例如：

$$2CH_3SH + BBr_3 \longrightarrow (CH_3S)_2BBr + 2HBr$$

$$2(CH_3S)_2BBr \longrightarrow (CH_3S)_3B + CH_3SBBr_2$$

三氟化硼与氨形成的 $BF_3 \cdot NH_3$ 晶体能在真空中升华，但温度超过 125℃将分解成 NH_4BF_4 和 BN。其他三卤化硼与氨将发生猛烈的反应，生成胺和亚胺类化合物，亚胺类化合物热分解时则生成 BN。例如：

$$BCl_3 + NH_3 \xrightarrow{\text{过量 } BCl_3} Cl_2BNH_2 + HCl$$

$$Cl_2BNH_2 \xrightarrow{NH_3} ClB(NH_2)_2 + HCl$$

$$2BX_3 + 9NH_3 \xrightarrow{\text{过量 } NH_3} B_2(NH)_3 + 6NH_4X$$

$$B_2(NH)_3 \xrightarrow{\triangle} 2BN + NH_3$$

BF_3 仅在低温下能与 PH_3 形成配合物，但即使在－100℃以下也不能与 AsH_3 形成配合物。其他 BX_3 与 PH_3 或 AsH_3 都可形成 1∶1 配合物，其中 $H_3P \cdot BCl_3$ 在强热下会分解生成 BP：

$$H_3P \cdot BCl_3 \longrightarrow BP + 3HCl$$

BF_3 很易与伯胺或仲胺形成 1∶1 配合物，这些配合物仅在高温下才失去 HF。例如，在苯中回流 $BF_3 \cdot O(C_2H_5)_2$ 和 $C_6H_5NH_2$ 或 $(C_6H_5)_2NH$，便可分别生成 $C_6H_5NH_2 \cdot BF_3$ 或 $(C_6H_5)_2NH \cdot BF_3$，加热到 280℃，前者将失去 HF 而生成间三氮三硼环的衍生物 $(C_6H_5NBF)_3$，后者将生成 $(C_6H_5)_2NBF_2$[3]。仔细控制伯胺和仲胺的用量，其他 BX_3 也能形成 1∶1 配合物，但它们都很易热解失去 HX。例如：

$$3RNH_2 \cdot BCl_3 \longrightarrow (—NR—BCl—)_3 + 6HCl$$

$$R_2NH \cdot BCl_3 \longrightarrow R_2NBCl_2 + HCl$$

如果反应物用量控制得好，三卤化硼与伯胺将可形成一系列胺基硼烷的衍生物：

$$BX_3 \xrightarrow{RNH_2} RNHBX_2 \xrightarrow{RNH_2} (RNH)_2BX \xrightarrow{RNH_2} (RNH)_3B$$

BCl_3 在沸热的 C_6H_5Cl 中与 α-萘胺反应，将经由中间产物 α-$C_{10}H_7NH_2 \cdot BCl_3$ 和 α-$C_{10}H_7NH \cdot BCl_2$ 而最后生成如下的产物[3]：

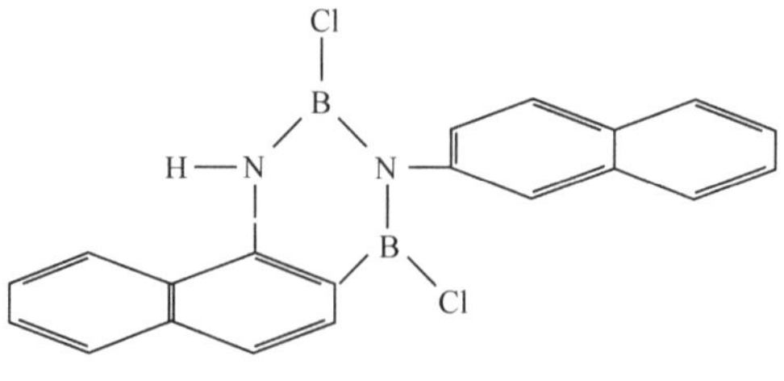

伯膦和仲膦也能与 BF_3 形成 1∶1 配合物，但稳定性比相应的胺基配合物差，较易离解。BBr_3 和 BI_3 与二苯膦形成的 1∶1 配合物，在叔胺中回流很易失去 HX：

$$2(C_6H_5)_2PH \cdot BX_3 \xrightarrow{(C_2H_5)_3N} [(C_6H_5)_2PBX_2]_2 + 2(C_2H_5)_3NHX$$

BF_3 或 BCl_3 与甲肼之间一般可形成 1∶1 配合物，不过，BF_3 能使硅和锗的肼衍生物发生 Si—N 键和 Ge—N 键的解离[3]：

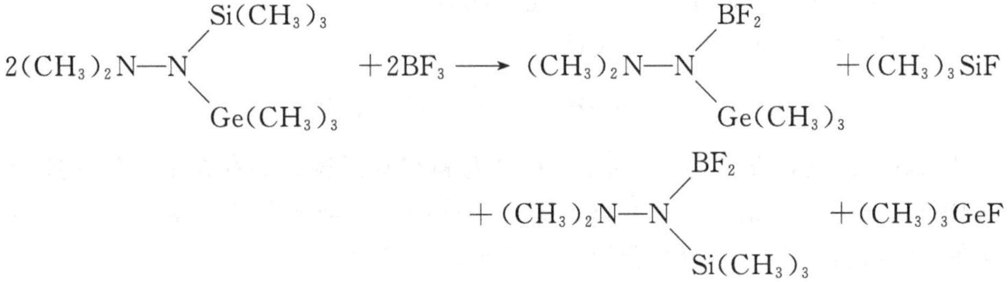

BF_3 和 BCl_3 都可与若干种氨基酸酯形成配合物，其中，BF_3 与甘氨酸甲酯或 β-氨基丙酸甲酯的配合物都可转化成为相应的 N-取代的硼氮环衍生物。另外，BBr_3 或 BI_3 都能解离蛋氨酸中的醚侧链[3]。

BF_3 还能进行一种有趣的反应，反应中先形成加合物，而后再可逆地出现一个独特的阳离子和阴离子体系[3]：

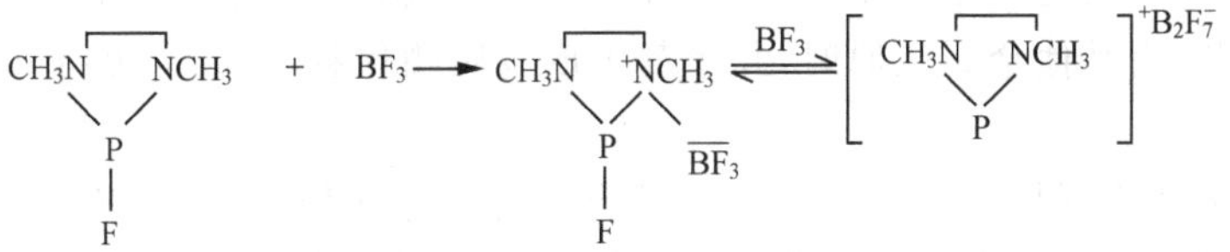

人们研究了 BCl_3 和 BBr_3 以及 BF_3 和 BCl_3 两种混合物的 Ramman 光谱和红外光谱之后发现，在这两种混合物体系中都发生了卤原子的再分配反应，出现了硼的混合卤化物：

$$BCl_3 + BBr_3 \rightleftharpoons BCl_2Br + BClBr_2$$

$$BF_3 + BCl_3 \rightleftharpoons BF_2Cl + BFCl_2$$

不过，这些混合卤化物都未曾分离出来。另外，通过核磁共振的研究证明，在 BF_3、BCl_3 和 BBr_3 以及 BCl_3、BBr_3 和 BI_3 两种三元混合物体系中，分别形成了 BFClBr 和 BClBrI。

类似的再分配反应也发生在某些三卤化硼和乙硼烷之间：

$$BX_3 + B_2H_6 \rightleftharpoons BHX_2 + B_2H_5X (X = Cl、Br)$$

主要产物是二卤代硼烷 BHX_2 和一卤代乙硼烷 B_2H_5X（卤原子在端梢上），中间产物有一卤代硼烷 BH_2X 和不对称二卤代乙硼烷 $B_2H_4X_2$。

三卤化硼与三烷基硼烷或三芳基硼烷之间还会发生许多交换反应，这些反应是制备烷基硼的卤化物和芳基硼的卤化物的基础：

$$BX_3 + 2BR_3 \longrightarrow 3R_2BX$$

$$2BX_3 + BR_3 \longrightarrow 3RBX_2$$

类似的交换反应也可发生在三卤化硼和三烷氧基硼烷或三芳氧基硼之间：

$$BX_3 + 2B(OR)_3 \longrightarrow 3XB(OR)_2$$

$$2BX_3 + B(OR)_3 \longrightarrow 3X_2BOR$$

三卤化硼在还原剂作用下，可被还原成 B_2H_6。例如在电弧下或在高温活泼金属上面，氢气可将 BCl_3 还原成 B_2H_6：

$$BCl_3 + 3H_2 \longrightarrow \frac{1}{2}B_2H_6 + 3HCl$$

这是乙硼烷的制备反应之一。不过，在高温和在有活泼金属存在下用氢还原 BF_3 或 BBr_3 制备 B_2H_6 的产率比较低。碱金属或碱土金属氢化物也能将适量的 BX_3 或在某些溶剂中的 BX_3 溶剂合物还原成 B_2H_6。例如：

$$6NaH + 2BCl_3 \longrightarrow B_2H_6 + 6NaCl$$

碱金属的复合氢化物同样能将 BX_3 还原成 B_2H_6。例如：

$$3MBH_4 + BCl_3 \longrightarrow 2B_2H_6 + 3MCl$$

$$3MAlH_4 + 4BCl_3 \longrightarrow 2B_2H_6 + 3MAlCl_4$$

除了 BF_3 呈显惰性之外，BCl_3 和 BBr_3 也能被一系列硅烷如 $(CH_3)_3SiH$ 或 $ClSiH_3$ 等还原，较高产率地产生 B_2H_6[3]。此外，在加热下碱金属或碱土金属可将 BX_3 还原成单质硼，用其他金属还原时，几乎都生成金属硼化物。BeB_{12} 可将 BCl_3 还原成高纯硼。

三卤化硼特别是 BF_3 对许多有机反应有着良好的催化性能，所以它们是有机合成的常用催化剂。它们在许多催化过程中的作用至今尚未完全弄清楚，但一般认为在很多情况下是由于它们形成了配合物，产生了离子型中间产物的缘故。例如在芳烃的 Friedel-Crafts 合成中，BF_3 的催化作用可能是由于形成了碳鎓离子：

$$RX + BF_3 \rightleftharpoons R^+ + BF_3X^-$$

$$R^+ + C_6H_6 \rightleftharpoons C_6H_5R + H^+$$

在制备酮时，可能是由于形成了酰基碳鎓离子：

$$RCOOCH_3 + BF_3 \longrightarrow RCOOCH_3 \cdot BF_3$$

$$RCOOCH_3 \cdot BF_3 \rightleftharpoons RCO^+ + CH_3OBF_3^-$$

$$RCO^+ + C_6H_6 \longrightarrow C_6H_5COR + H^+$$

$$H^+ + CH_3OBF_3^- \rightleftharpoons CH_3OH \cdot BF_3$$

在醇形成醚的过程中，BF_3 的作用在形式上很像一种脱氢剂：

$$ROH + BF_3 \longrightarrow ROH \cdot BF_3 \rightleftharpoons H^+ + ROBF_3^-$$

$$H^+ + ROH \rightleftharpoons ROH_2^+$$

$$ROH_2^+ + BF_3 \rightleftharpoons R^+ + H_2O \cdot BF_3$$

$$R^+ + ROH \longrightarrow R_2O + H^+$$

在羧酸的酯化过程中，也起着类似的作用：

$$H^+ + RCOOH \rightleftharpoons RCOOH_2^+ \xrightleftharpoons{BF_3} RCO^+ + H_2O$$

$$RCO^+ + R'OH \longrightarrow RCOOR' + H^+$$

在芳族化合物的硝化和磺化过程中，很可能分别形成了硝酰和磺酰阳离子：

$$HONO_2 + BF_3 \rightleftharpoons NO_2^+ + HOBF_3^-$$

$$HOSO_3H + BF_3 \rightleftharpoons SO_3H^+ + HOBF_3^-$$

$$NO_2^+ + C_6H_6 \longrightarrow C_6H_5NO_2 + H^+$$

$$SO_3H^+ + C_6H_6 \longrightarrow C_6H_5SO_3H + H^+$$

在一种质子助催化剂(如水)存在下，BF_3 对烯烃聚合的催化作用，很可能是首先形成碳鎓离子，而后是烯分子一个接一个地进行链式加成反应：

$$H_2O + BF_3 \longrightarrow H_2O \cdot BF_3 \rightleftharpoons H^+ + HO \cdot BF_3^-$$

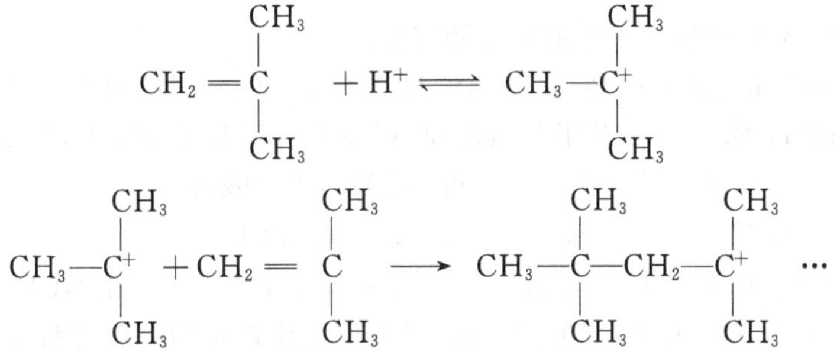

三卤化硼除了如上所述的配合反应、B—X 键加质子分解反应、卤原子的再分配和交换反应、还原反应以及催化反应等化学性质之外，还具有加合一个相应的卤离子形成四卤硼酸根离子 BX_4^- 的性质。对 BF_3 来说，它无论在有或没有惰性溶剂的情况下，都很容易与金属氟化物加合而成四氟硼酸盐：

$$MF + BF_3 \longrightarrow MBF_4$$

适于这种反应的非水溶剂有液态的 HF、BrF_3、AsF_3 和 SO_2 等。BF_3 与某些共价氟化物如 NO_2F、RCOF 等也能进行类似的反应。例如：

$$C_2H_5COF + BF_3 \longrightarrow C_2H_5CO^+BF_4^-$$

在低温下，BF_3 与 S_2F_2 可生成 $S_2F^+BF_4^-$[3]。虽然 BF_3 不会与无水 HF 作用，但在水溶液中可与氢氟酸形成四氟硼酸：

$$HF + BF_3 \longrightarrow H^+BF_4^-$$

这种酸并不能以纯态游离出来，在稀水溶液中会部分水解而产生羟基氟硼酸根离子：$HOBF_3^-$、$(HO)_2BF_2^-$ 和 $(HO)_3BF^-$。碱金属四氟硼酸盐在水溶液中也有一些水解：

$$BF_4^- + H_2O \rightleftharpoons HOBF_3^- + HF \quad K = 2.3 \times 10^{-3}$$

在浓溶液中，这类盐还能以无水形式沉淀出来。有些四氟硼酸盐如 $AgBF_4$ 和 $Cu(BF_4)_2$ 还能溶解在某些有机溶剂(如二乙醚、苯和硝基甲烷)中。BF_4^- 离子呈四面体，在铷盐中的 B—F 键长为 1.43Å。

BCl_3 在 500℃的密闭容器内与 KCl、RbCl 和 CsCl 反应，可形成相应金属的四氯硼酸盐；用硝基苯做溶剂，可以在较低的温度下完成这种反应：

$$MCl + BCl_3 \longrightarrow MBCl_4 (M = K、Rb、Cs)$$

NaCl 在这些条件下都不会与 BCl_3 作用。这就是说，要使 BCl_4^- 离子稳定必须要有较大的阳离子。用二氯甲烷做溶剂，通过盐酸吡啶与 BCl_3 反应，可以制得吡啶的四氯硼酸盐：

$$C_5H_5NHCl + BCl_3 \longrightarrow C_5H_5NH^+BCl_4^-$$

用三氯甲烷或无水氯化氢做溶剂，使氯化四烃基铵与 BCl_3 反应，还可制得四烃基铵的四氯硼酸盐。例如：

$$(C_2H_5)_4N^+Cl^- + BCl_3 \longrightarrow (C_2H_5)_4N^+BCl_4^-$$

各种胺类与 BCl_3 反应也可生成四氯硼酸盐。例如：

$$2(C_2H_5)_2NH + 2BCl_3 \longrightarrow (C_2H_5)_2NH_2^+BCl_4^- + (C_2H_5)_2NBCl_2$$

另外，人们通过 BCl_3 与三苯甲基氯反应，以及在特丁基氯存在下，使 BCl_3 与环庚间三烯反应，分别制得了三苯基碳鎓和草鎓的四氯硼酸盐：

$$(C_6H_5)_3CCl + BCl_3 \longrightarrow (C_6H_5)_3C^+BCl_4^-$$

$$C_7H_8 + BCl_3 + (CH_3)_3CCl \longrightarrow C_7H_7^+BCl_4^- + (CH_3)_3CH$$

通过 BCl_3、PCl_5 和 NH_4Cl 之间的反应，可制取氯化磷氮鎓的四氯硼酸盐$[Cl(Cl_2P{=}N)_nPCl_3]^+BCl_4^-$，阳离子中的 n 取决于反应温度；通过 BCl_3、PCl_3 和 C_4H_9Cl 之间的反应，可制备$[C_4H_9PCl_3]^+ \cdot BCl_4^-$[3]。所有这些四氯硼酸盐都是容易水解的，水解速度取决于阳离子的大小。碱金属的四氯硼酸盐遇水将猛烈水解，而四烃基铵、碳鎓和草鎓等的四氯硼酸盐水解得比较缓慢。

与上述四氯硼酸盐相应的大阳离子的四溴硼酸盐和四碘硼酸盐大体上也可用类似的方法制备，它们也都是容易水解的。同一种阳离子的四卤硼酸盐，它们的稳定性次序为 $MBCl_4 > MBBr_4 > MBI_4$。其中，四碘硼酸盐在光照下容易析出单质碘而呈紫色。由不同的卤原子混合配位的某些四卤硼酸根离子也是存在的，如 BF_3Cl^-。

三卤化硼还有一些化学性质在此值得一提。例如：BBr_3、BI_3 和 BF_3 溶解在液态氯化氢中时，Br 和 I 原子都会被 Cl 原子取代出来，而 BF_3 不发生这种作用；BCl_3 溶解在焦硫酸中时能生成 $HB(HSO_4)_4$；BF_3 在硝酸中可形成加合物 $HNO_3 \cdot 2BF_3$(熔点 42℃)，在液相中存在着 $NO_2^+(BF_3)_2OH^-$[3]。又如：BF_3 或 BCl_3 在金属表面上有吸收作用能形成金属表面配合物，BF_3 的金属表面配合物对空气是稳定的，在 Ni 或 Pd 上的 BF_3 可被 CO 取代，在 V 或 Cu 上的 BF_3 则不能被取代；

另外，BX_3($X=F$、Cl、Br)还能与平面正方形的 Pt^{II} 的卤配合物构成双核的桥联 Pt^{II} 配离子[3]。再如：BX_3 与六氟代丙酮或其他多氟代酮类反应，可高产率地生成全卤代有机硼酸酯；$BF_3 \cdot O(C_2H_5)_2$ 在合成肽时可有效地除去特丁氧基羰基氮保护基，它和 C_2H_5SH 或 $(CH_2SH)_2$ 的混合物在室温下可脱去碳水化合物中的邻苄基[3]。

7.2 四卤化二硼和其他低卤化硼[1,6]

在-80℃左右，用 SF_4 对 B_2O_2、$B_2(OH)_4$ 和 $B_2(OC_2H_5)_4$ 进行氟化都可制得 B_2F_4：

$$B_2O_2 + 2SF_4 \longrightarrow B_2F_4 + 2SOF_2$$

$$B_2(OH)_4 + 4SF_4 \longrightarrow B_2F_4 + 4SOF_2 + 4HF$$

$$B_2(OC_2H_5)_4 + 4SF_4 \longrightarrow B_2F_4 + 4SOF_2 + 4C_2H_5F$$

早先是通过 SbF_3 或 $CH_2=CHCH_2F$ 对 B_2Cl_4 氟化来制备 B_2F_4 的：

$$3B_2Cl_4 + 4SbF_3 \longrightarrow 3B_2F_4 + 4SbCl_3$$

$$B_2Cl_4 + 4CH_2=CHCH_2F \longrightarrow B_2F_4 + 4CH_2=CHCH_2Cl$$

后来也有人通过 $(CH_3)_2BF$ 与 B_2Cl_4 的反应来制备 B_2F_4[7]：

$$4(CH_3)_2BF + B_2Cl_4 \longrightarrow B_2F_4 + 4(CH_3)_2BCl$$

B_2Cl_4 是同系列低卤化硼中最早制得的化合物。当初人们是通过浸在液态 BCl_3 里的锌电极进行电弧放电来制取 B_2Cl_4，但产率很低且杂质很多。后来，改进为在 BCl_3 蒸气中用汞电极(或铜电极)放电来制备 B_2Cl_4，效果较好。汞电极放电的还原反应，在产生 B_2Cl_4 的同时还有 Hg_2Cl_2 生成：

$$2BCl_3 + 2Hg \longrightarrow B_2Cl_4 + Hg_2Cl_2$$

用微波激发 BCl_3 也可生成 B_2Cl_4，副产物是 Cl_2：

$$2BCl_3 \longrightarrow B_2Cl_4 + Cl_2$$

在 200－250℃的 B_2O_2 上面通过 59995Pa 的 BCl_3 蒸气也能产生 B_2Cl_4：

$$3B_2O_2 + 4BCl_3 \longrightarrow 2B_2O_3 + 3B_2Cl_4$$

但产率不高。在室温下，通过 B_2F_4 与 BCl_3 反应，可得到较高产率(80%以上)的 B_2Cl_4[7]。用铜蒸气还原 BCl_3，并通过低温冷凝，可以在实验室里较高产率地制备 B_2Cl_4[3,8]。

将 BBr_3 蒸气通过辉光放电的两个镍电极；或者在-80℃下使 BBr_3 与 B_2Cl_4 反应，都可制备 B_2Br_4：

$$3B_2Cl_4 + 4BBr_3 \longrightarrow 3B_2Br_4 + 4BCl_3$$

低压 BI_3 蒸气通过射频放电约有 30% B_2I_4 产生：

$$2BI_3 \longrightarrow B_2I_4 + I_2$$

反应中还有其他低碘化硼生成。为了得到较纯的 B_2I_4，可将产物在 60－70℃ 和 1.33×10^{-2} Pa 以下进行升华提纯。

在 B_2X_4 中，B_2F_4 和 B_2Cl_4 的分子结构已经测出。在固态时，这两种化合物都是平面的中心对称分子：

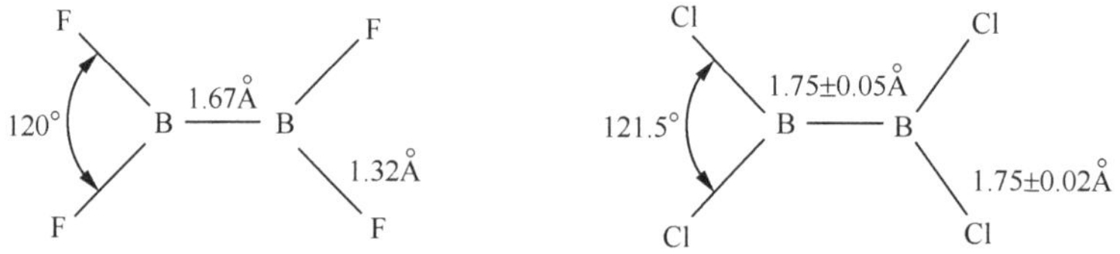

在液态和气态时，这两种分子内的两个 BX_2 平面都分别扭成互为 90°角[1]。

在室温下，B_2F_4 是无色气体，B_2Cl_4 和 B_2Br_4 是无色液体，而 B_2I_4 是淡黄色固体。它们的熔点和沸点分别为[1]：

	B_2F_4	B_2Cl_4	B_2Br_4	B_2I_4
熔点(℃)	－56.0	－92.6	—	125(分解)
沸点(℃)	－34[1)]	65.5[2)]	22.5(733.3Pa)	60(1.33×10^{-2}Pa)

1) $\log P_{mmHg}=9.009-1466/T$；

2) $\log P_{mmHg}=8.057-1753/T$。

四卤化二硼的热稳定性都远不如相应的三卤化硼，其中最稳定的 B_2F_4，在室温下每天也会有 8%的分解[4]。B_2Br_4 在室温下会很快歧化分解，甚至真空蒸馏也难以进行。B_2I_4 有一定的稳定性，因为它在室温下是固体。四卤化二硼歧化分解时生成三卤化硼和氧化态低于＋2 的硼的低卤化物聚合物：

$$nB_2X_4 \longrightarrow nBX_3 + (BX)_n$$

B_2Cl_4 在气相中与 H_2 反应，生成 B_2H_6 和 BCl_3[2,7]：

$$3B_2Cl_4 + 3H_2 \longrightarrow 4BCl_3 + B_2H_6$$

液态 B_2Cl_4 与 H_2 反应，或者在乙醚溶液中进行反应，由于 B_2Cl_4 会与生成的 B_2H_6 发生副反应，而使反应产物复杂化。B_2Cl_4 在低温（如－45℃）和没有溶剂的条件下，还能与 $LiBH_4$ 和 $Al(BH_4)_3$ 迅速反应，产物是含有 B_2H_6、B_4H_{10}、B_5H_9 和微量 $B_{10}H_{14}$ 的混合物，这些硼烷的比例量随温度不同而稍有变化。据认为，最初的反应是：

$$4LiBH_4 + B_2Cl_4 \longrightarrow 4LiCl + B_4H_{10} + B_2H_6$$

其他的硼烷是由不稳定的丁硼烷热分解产生的。不过，在四氢呋喃中 B_2Cl_4 并不会与 $LiAlH_4$ 或 $Ca(AlH_4)_2$ 反应产生任何挥发性氢化物。B_2Cl_4 与 $(CH_3)_2Zn$ 或 $(CH_3)_2Cd$ 的反应只是生成 $B(CH_3)_3$ 和含硼的黑色固体。

B_2Cl_4 曝置在空气或氧中将燃烧生成 B_2O_3 和 BCl_3，并产生美丽的绿色火焰：

$$6B_2Cl_4 + 3O_2 \longrightarrow 2B_2O_3 + 8BCl_3$$

B_2F_4 与氧的反应是复杂的，所生成的固体残渣含有硼、氧和氟，其中氟的含量是可变的。

B_2F_4 很易与氯反应，生成 BCl_3 和 BF_3 的混合物。同样地，B_2Cl_4 也很易与氯和溴反应：

$$3B_2F_4 + 3Cl_2 \longrightarrow 4BF_3 + 2BCl_3$$

$$B_2Cl_4 + Cl_2 \longrightarrow 2BCl_3$$

$$3B_2Cl_4 + 3Br_2 \longrightarrow 4BCl_3 + 2BBr_3$$

但在室温下 B_2Cl_4 并不会与碘、硫或二氧化硫反应；在 0℃时，也不会与 HCl 和 HI 反应。

B_2F_4 和 OF_2 的混合物可在低温（如－78℃）下燃烧，生成 BF_3 和 B_2O_3：

$$6B_2F_4 + 3OF_2 \longrightarrow 10BF_3 + B_2O_3$$

同样，B_2F_4 与某些金属氧化物（如 HgO、MnO_2 和 CuO 等）接触也会猛烈地反应，生成 BF_3 和 B_2O_3，反应的猛烈程度和金属氧化物在加热时放出氧的难易程度是一致的。

B_2Cl_4 在室温下很易与过量的水反应，生成二硼酸；在 160℃时，二硼酸将进一步与水反应放出 H_2 而转化成硼酸：

$$B_2Cl_4 + 4H_2O \xrightarrow{\text{室温}} B_2(OH)_4 + 4HCl$$

$$B_2(OH)_4 + 2H_2O \xrightarrow{160℃} 2B(OH)_3 + H_2$$

碱的存在可起催化作用。类似的情况也发生在 B_2F_4、B_2Br_4 和 B_2I_4 的水解作用中。

B_2Cl_4 在室温下可与 H_2S 发生如下反应：

$$3B_2Cl_4 + 3H_2S \longrightarrow 3H_2 + B_2S_3 + 4BCl_3$$

不过，在－80℃时可形成两种加合物：$B_2Cl_4 \cdot H_2S$ 和 $B_2Cl_4 \cdot 2H_2S$。

B_2Cl_4 与甲醇或乙醇作用会醇解而产生相应的四烷氧基二硼：

$$B_2Cl_4 + 4ROH \longrightarrow B_2(OR)_4 + 4HCl$$

在反应混合物中加入三甲胺有助于除去 HCl。

B_2Cl_4 与过量的氨或二甲胺反应，将分别生成 $(BNH)_x$ 或 $B_2[N(CH_3)_2]_4$，并都失去 HCl：

$$6xNH_3 + xB_2Cl_4 \longrightarrow 4xNH_4Cl + 2(BNH)_x$$

$$8(CH_3)_2NH + B_2Cl_4 \longrightarrow 4(CH_3)_2NH_2Cl + B_2[N(CH_3)_2]_4$$

前者为白色固态聚合物，水解时产生 NH_3 和微量的 H_2，大概还有 $B_2(OH)_4$；后者为乙硼烷(4)的二甲胺衍生物。

B_2Cl_4 和 B_2F_4 都是二元路易斯酸，都能与三甲胺或三乙胺形成 1∶2 配合物：

$$B_2X_4 + 2NR_3 \longrightarrow B_2X_4 \cdot 2NR_3$$

这类配合物的形成会大大增强它们本身的热稳定性。例如，$B_2Cl_4 \cdot 2N(CH_3)_3$ 能在 90℃真空升华，在 228℃熔化而无显著的分解，即使在 250℃时，也不会离解。另外，两者也能与乙腈、膦、三氯化磷、二甲醚、二乙醚和二甲硫等形成 1∶2 配合物；还能与 N,N,N′,N′-四甲基乙二胺、四甲基二膦和 1,2-二甲氧基乙烷等双啮配位体形成 1∶1 配合物。据报道，B_2Cl_4 与 $(CH_3)_4NCl$ 或 PCl_5 在低温液态 HCl 中反应可形成 $B_2Cl_6^{2-}$ 离子。

B_2Cl_4 和 B_2F_4 还有与不饱和的有机分子进行加成反应的性质。例如，两者分别在 −80℃和 −23℃时能与乙烯进行加成反应，生成 1,2-双(二卤硼基)乙烷：

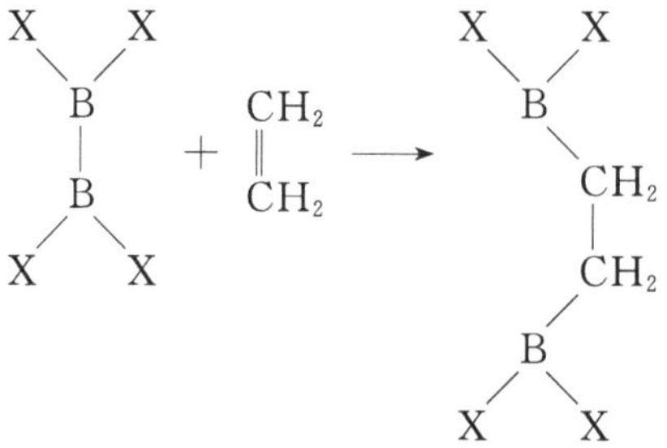

类似的反应也可发生在 B_2Cl_4 与丙烯、顺式或反式的丁烯-2、4-氯丁烯、3-氯丙烯或环己烯之间以及 B_2F_4 与丁烯-2 或 4-氯丁烯之间，只是反应温度和反应速度不同而已。某些不饱和的金属有机化合物如乙烯基三氯代锡烷等，也能进行这种加成反应：

$$CH_2{=}CHSnCl_3 + B_2Cl_4 \xrightarrow[3天]{0℃} \begin{array}{ll} CH_2 & \!\!—CHSnCl_3 \\ | & \;\;| \\ BCl_2 & \;\;BCl_2 \end{array}$$

值得指出的是 B_2Cl_4 并不能与 3-氟丙烯发生加成反应，而只能进行卤原子的交换反应：

$$B_2Cl_4 + 4CH_2{=}CHCH_2F \longrightarrow B_2F_4 + 4CH_2{=}CHCH_2Cl$$

B_2F_4 与 3-氟丙烯之间也不发生加成反应，只是促进后者发生聚合作用，类似的情况也出现在 B_2Cl_4 与异丁烯之间。

B_2Cl_4 与丁二烯或环己二烯-1,3 之间的加成反应可以是 1∶1 加成，也可以是 2∶1 加成，主要取决于反应物之间的比例。B_2Cl_4 在 0℃时也能与环丙烷进行加成反应，生成 1,3-双(二氯硼基)丙烷：

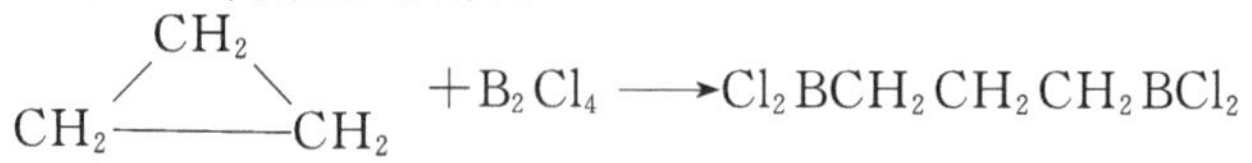

B_2Cl_4 在 −48−120℃时可与乙炔进行分步加成反应，先生成 1,2-双(二氯硼基)乙烯，再生成 1,1,2,2-四个(二氯硼基)乙烷：

$$B_2Cl_4 + HC \equiv CH \longrightarrow Cl_2BCH = CHBCl_2 \xrightarrow{B_2Cl_4} (Cl_2B)_2CH—CH(BCl_2)_2$$

据报道，B_2F_4 在 140℃时也能进行类似的反应。

B_2Cl_4 在室温下还可缓慢地与苯反应，但不是生成加成产物而是得到取代产物二氯化苯基硼 $C_6H_5BCl_2$。在室温下，它与萘进行长时间作用后会生成一种黄色液体 $C_{10}H_8 \cdot 2B_2Cl_4$，据证实其结构为：

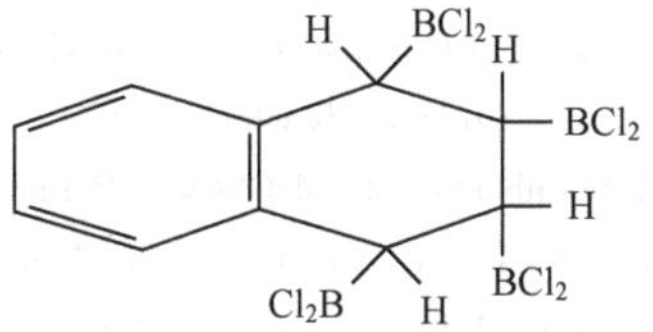

将 B_2Cl_4 以每小时 10mg 的速度通过汞放电管时，会产生一种淡黄色的挥发性固体 B_4Cl_4（熔点 95℃）。据测定，B_4Cl_4 分子是由一个 B_4 四面体和四个向外均衡伸出的 B—Cl 键组合而成，其中 B—B 键长 1.70±0.04Å，B—Cl 键长 1.70±0.03Å。B_4Cl_4 可稳定到 200℃左右，在干燥空气中会自燃，遇水和甲醇时会水解和醇解而产生 H_2，加碱时会进一步放出 H_2，与二甲基锌作用生成 $B_4Cl_3CH_3$，与二甲胺作用生成 $B_4[N(CH_3)_2]_4$ 和 $(CH_3)_2NH_2Cl$ 等等[1,2]。

B_2Cl_4 热分解时的歧化产物，除 BCl_3 外还有大量氧化态低于+2 的硼的低氯化物形成，其中有微量的 B_4Cl_4、较多量的大红色的顺磁性固体 $B_{12}Cl_{11}$（熔点 115±1℃）、橙色的固体 B_9Cl_9 和紫红色的固体 B_8Cl_8[1][2]。

在−78℃下用 SO_2Cl_2 对 $[(C_4H_9)_4N]_2[B_9H_9]$ 进行氧化氯化作用，在先产生 $[(C_4H_9)_4N]_2[B_9Cl_9]$ 之后，接着可得到产率为 30%—40%的 B_9Cl_9，这种中性簇化合物在二氯甲烷溶液中可被 $(C_4H_9)_4NI$ 定量地还原成 $B_9Cl_9^{2-}$[9]。

B_2X_4 热分解时，会分别产生聚合的 $(BX)_n$（X=F、Br、I）。$(BF)_n$ 是不挥发的黄色固体，$(BBr)_n$ 和 $(BI)_n$ 是能真空升华的固体，都具有很强的还原性[1]。在高温低压下，使 BX_3 蒸气通过电弧放电装置或晶体硼的上面，会出现 BF、BCl 和 BBr 的蒸气，它们的存在可用光谱来证实。它们的一些热力学性质和核间距如表 6.21 所示[1]：

表 6.21 气态 BX 的一些热力学性质和核间距

	BF(g)	BCl(g)	BBr(g)
ΔH_f^0(kJ/mol)	247	314	281.2
ΔG_f^0(kJ/mol)	234	284	238.5
S^0(J/deg·mol)	151.17	213.17	225.1
C_p^0(J/deg·mol)	29.54	31.59	—
r_0(Å)	1.265	1.716	1.87

参 考 文 献

[1] N. N. Greenwood, 11. Boron in "Comprehensive Inorganic Chemistry", Vol. 1, Eds, J. C. Bailar, H. J. Emeleus, R. Nyholm, A. F. Trotman-Dickenson, Pergamon(1973).

[2] F. A. Cotton, G. Wilkinson, "Advanced Inorganic Chemistry", 3th ed., Interscience(1972).

[3] R. H. Cragg, 5. Other Aspect of Boron Chemistry in "Inorganic Chemistry", Series, Two, Vol. 1, Consultant ed., H. J. Emeleus, Ed. M. F. Lappert, Butterworths, University Park(1975).

[4] R. C. Weast(ed.), "Handbook of Chemistry and Physics", 55th ed., CRC Press(1974—1975).

[5] J. A. Dean(ed.), "Lange's Handbook of Chemistry", 11th ed., McGraw-Hill(1973).

[6] R. J. Brotherton, 1. The Chemistry of Compounds which contain Boron-Boron Bonds, in "Progress in Boron Chemistry", Vol. 1, Eds. H. Steinberg, A. L. McCloskey, Pergamon(1964).

[7] R. H. Cragg, 5. Other Aspect of Boron Chemistry in "Inorganic Chemistry", Series One, Vol. 1. Consultant ed., H. J. Emeleus, Ed. M. F. Lappert, Butterworths, University Park(1972).

[8] P. L. Timms, Inorg. Synth., 19, 74(1979).

[9] R. M. Kabbani, E. H. Wong, J. Chem. Soc., Chem. Commun. (11), 462(1978).

6.8 硼的化学分析

硼的化合物在灼烧时能产生绿色火焰，是人们最早用来分析鉴定硼的方法基础。实际上，在没有铜和钡的情况下，焰色试验的确是分析鉴定硼化合物的较可靠而又灵敏的方法。在检验时，一般是将样品溶解在浓硫酸中，加入甲醇使之产生挥发性的硼酸甲酯，然后点燃化合物，如果产生绿色火焰，证明有硼存在。这种方法可检出 1μg 硼[1]。

人们根据硼化合物的不同形式，设计出了各种分析鉴定硼的点滴反应，有些点滴反应的灵敏度是相当高的。例如：用氯化三苯四唑啉(Triphenyltetrazolin Chloride)鉴定硼烷(或硼氢化物)的点滴反应，其检出限量为 0.005μg 硼烷(癸硼烷、戊硼烷、乙硼烷和硼氢化物)，最低浓度为 1∶10,000,000，这种鉴定反应还可用来进行定量分析[2]；用 N,N-二乙基烟酰胺鉴定癸硼烷的点滴反应，检出限量为 1μg，最低浓度为 1∶50,000[2]；鉴定硼酸的姜黄素点滴反应，检出限量为 0.02μg 硼，最低浓度为 1∶2,500,000；羟基蒽醌包括茜素 S、红紫素和醌茜素的点滴反应，检出限量分别为 1.0μg、0.6μg 和 0.06μg 硼；*p*-硝基苯偶氮铬变酸的点滴反应，检出限量为 0.08μg 硼(在 0.04ml 中)，最低浓度为 1∶7,500,000[2]。以上这些硼酸的鉴定反应都可用在定量分析中[2]。另外，1,1′-二蒽酰亚胺(1,1′-dianthrimide)、胭脂红或胭脂红酸的浓硫酸溶液，也是既可用于定性鉴定又可用于定量分析硼的灵敏试剂[1-3]。

对于有机硼化物(如 $RB(OH)_2$ 等)来说，二苯卡巴腙是一种很好的络合显色剂，既可定性又可定量比色($\lambda_{max}=551nm$)[1]。还有五甲基栎精(pentamethylquercetin)、四溴柯嗪(tetrabromochrysazin)、二氨柯嗪(diamino chrysazin)、蜡咻紫(waroline purple)、绛酸(rufianic acid)、氟钛酸和过氧化氢、以及桑色素等也是人们曾用过的试剂[1]。

在硼的定量分析中，容量法是相当重要的。其中，在多元醇(甘油或甘露醇)存在下，以酚酞为指示剂，用标准碱溶液滴定硼酸的方法，是一种经典的酸碱滴定法，至今仍是人们常用的好方法。另外，有两种新的酸碱滴定法在此值得一提。一种叫做测温酸碱滴定法，即当标准碱溶液滴定试样溶液中的酸时，终点是通过测量中和反应放出的热来确定的。不过，这种方法所用的滴定剂浓度必须比试样溶液中的酸的浓度大 100 倍，这样可以使热容的变化降到最小，试样溶液中正硼酸的最佳浓度为 $10^{-3}-10^{-4}M$。另一种叫做测电流酸碱滴定法，这实际上就是标准的果糖溶液(将果糖溶解在 0.1*M*LiCl-0.1*M*LiOH 溶液中的溶液)与硼酸盐溶液所进行的电流滴定。因为，在 0.1MLiCl-0.1MLiOH 中的果糖，其极谱波的降低(或称衰减)是与所加入的硼酸根离子的浓度成正比的。方法中应用的电压为－2.05V。在此电压下，所有起极谱作用的阳离子都有干扰，必须事先通过 H 离子型阳离子交换树脂除去。Li^+、Cl^-、Br^-、I^-、PO_4^{3-} 和 CO_3^{2-} 不干扰。BrO_3^- 和 IO_3^- 的干扰也要预先在碱性溶液中用 SO_2 处理来排除。对于在 25ml 溶液中含 0.5－2.00mg 硼的试样来说，其准确度约为±0.01mg[4]。

在测定硼氢化物试样中的硼含量时，通常采用氧化还原滴定法。这时，硼氢化物将在强碱性溶液中被过量的次氯酸盐定量地氧化而成偏硼酸根：

$$BH_4^- + 4OCl^- \longrightarrow BO_2^- + 4Cl^- + 2H_2O$$

剩余的次氯酸盐将通过溶液酸化后加入碘化钾析出碘，然后用标准硫代硫酸钠溶液滴定来测得[4]。

四氟硼酸盐的试样，可通过沉淀滴定法测定其硼含量。对含量小的四氟硼酸盐来说，将是一种分配滴定。这种方法可在硼酸盐和氟化物存在下进行滴定，用二氯甲烷作溶剂，因为它的分配系数高。在用标准的氯化四苯钾(tetraphenylarsonium Chloride)滴定四氟硼酸盐时，前者不仅是一种沉淀剂，而且还是一种萃取剂。终点可用测光度法或测电流法来确定，在高浓度时，这两种方法所得的滴定曲线是一致的。NO_3^-、ClO_3^-、ReO_4^- 等都会被萃取，所以必须除去。含 51.7－1068.5μg 硼的试样，标准误差为 0.6%[4]。

硼也可以通过偏硼酸钙的称量形式用重量法测定。这时，硼酸盐试样中的硼将在盐酸存在下与甲醇形成硼酸甲酯，并使它定量地蒸馏出来，用水中的已知量氧化钙吸收而皂化成偏硼酸钙：

$$2(CH_3O)_3B + CaO + 3H_2O \longrightarrow 6CH_3OH + Ca(BO_2)_2$$

经蒸发、干燥、灼烧和恒重，增加的重量即为 B_2O_3 的重量[1,3]。不过，因操作繁琐，硼的重量分析已很少被使用。

无论是定性还是定量，都必须首先使试样中的硼进入溶液。为此，如何很好地分解各种试样是一个十分重要的问题。晶体硼几乎不溶于酸或碱溶液，但可熔解在熔融的苛性碱中；硼酸盐是能够溶于水或稀酸中的；合金可用稀酸或加入过氧化氢的稀酸来溶解；硼化物和玻璃可用熔融的碳酸钠来分解。对于含硼的有机化合物来说，可根据它们的反应活性，用各种方法使它们氧化而分解，但必须避免形成碳化硼。下面是一些氧化分解含硼有机物的方法[1]：

1）在 25atm 和 500℃的氧弹中燃烧；

2）在 900℃下进行高温催化氧化；

3）在一种含有氧气的 Shöniger 烧瓶中燃烧；

4）在装有过氧化钠的 Parr 弹中燃烧；

5）用过氧化氢、过二硫酸钾、三氟过氧醋酸或浓硝酸分解；

6）在 200－400℃的封管中，用发烟硝酸氧化。

必须注意，在所有硼的分析工作中，应该避免使用硼硅酸盐玻璃器皿。对于温度不高、作用不剧烈的反应以及后来的滴定或比色，可以使用石英器皿、钠玻璃容器或塑料容器；必要时，都应使用惰性金属容器。

参 考 文 献

[1] N. N. Greenwood, 11. Boron in "Comprehensive Inorganic Chemistry", Vol. 1, Eds, J. C. Bailar, H. J. Emeleus, R. Nyholm, A. F. Trotman-Dickenson, Pergamon(1973).

[2] F. Feigl, V. Anger, "Spot Test in Inorganic Analysis", 6th ed., Elsevier(1972).

[3] W. Wagner, C. J. Hull, G. E. Markle, "Advanced Analytical Chemistry", Reinhold(1956).

[4] W. Wagner, C. J. Hull, "Inorganic Titrimetric Analysis", Marcel Dekker(1971).

7. 铝

7.1 单　　质[1—7]

1.1 发现史、存在和分布

1.1.1 发现史

史前时代，人们就已经使用含铝矿物——粘土来制作陶器。古代希腊和罗马曾把明矾用做止血药和在染棉织品时用做媒染剂。1761 年 de Morveau 建议将明矾中的主要元素叫 Alumine。1787 年 Lavoisier 注意到这是一种未发现的金属氧化物。

1825 年 H. C. Oeisted 将氯气通入红热的氧化铝和木炭的混合物中，制备了氯化铝，然后用钾汞齐将铝还原出来，第一次制备出不纯的金属铝。1827 年 E. Wöhler 用钾还原氯化铝得到较纯的灰色金属铝粉末，并描述了它的许多性质。直到 1854 年法国化学家 H. St. C. Deville 改进了以前的制备方法，用钠来还原氯化铝，生产出产率较高的比较纯的金属铝（约为 92%）。同年 Deville 和德国的 R. Bunsun 各自在实验室首次用电解熔融的氯化铝钠（$NaAlCl_4$）方法制得金属铝（约为 96%）。现用的工业电解铝方法是美国的 Charles Martin Hall 和法国的 Paul-Louis Heroalt 在 1886 年同时发明的。此法是将溶解在熔融冰晶石中的氧化铝用直流电电解。这一方法的要点仍是近代铝冶金工业的基础。

1.1.2 存在和分布

铝是地球表面上存在的最丰富的金属元素，并且分布广泛，在地壳中铝含量高达 8.8%（重量）。但是自然界从来未发现过游离态的铝。海水中平均含 0.16—0.19g/ton 的铝。铝广泛存在于植物中，特别是在潮湿和酸性的土壤中生长的植物有相当高的含铝量。

几乎在所有岩石中均含有硅酸铝矿物。在火成岩中最重要的含铝矿物是长石，约占火成岩的 59.5%（重量）。含铝的主要矿物形式是硅酸盐矿物及其风化产物粘土矿和氧化物矿物。

在适宜的气候条件下，含铝矿物由于风化作用较彻底，某些矿物可以被溶解，铝可以从溶液中以粘土矿物或氢氧化物形式，或二者同时沉淀出来。氧化铝与硅石结合成粘土矿物，粘土矿物脱硅后形成氧化铝矿，而氢氧化铝也可以再硅化形成粘土矿。自然界中的氧化铝有：铝土矿（水铝矿、粘土矿、石英等矿物的混合物），一水软铝石(boehmite,α-AlO · OH),一水硬铝石(diaspore,β-AlO · OH),三水铝石(gibbsite,α-$Al(OH)_3$),三羟铝石(bayerite,β-$Al(OH)_3$)和刚玉(α-Al_2O_3)。

在适宜的气候和温度条件下,重要的含铝矿物如长石和类长石分解为粘土矿:伊利石(illite～13.5%Al),高岭石(Kaolinite～20%Al)和蒙脱石(montmorillonite～11%Al)。粘土矿物进一步风化,分解出硅石和水合氧化铝。其中铝的含量也进一步得到提高如:三水铝石(～34.6%Al),一水软铝石或一水硬铝石(～45%Al)和胶体氢氧化铝。

用以生产铝的典型铝土矿含 Al_2O_3 40%—60%,SiO_2 1%—15%,Fe_2O_3 7%—30%,TiO_2 1%—5%,结合水 12%—13%。

1.2　生产和工业用途

生产铝一般有两个步骤:①从矿石中提取和纯制氧化铝并脱水,②将氧化铝溶解在熔融的冰晶石中电解。

铝土矿是最常用的原料。一般用拜耳法(Bayer Process)处理铝土矿。该法首先将矿石粉碎,然后在 140—230℃和加压下用苛性钠溶液(每升 Na_2O 80—110g)溶解。一水氧化铝矿物要比三水氧化铝矿物较难溶解,所以处理一水氧化铝矿物所用的苛性钠浓度要提高到每升 Na_2O 220g,温度提高到 300℃,压力升高到 150atm[3]。溶解后生成易溶的铝酸钠,不溶的残渣("红泥渣")用倾泻法和过滤法除掉。这些残渣主要含有铁、钛、和钒的氧化物,还有硅铝酸钠。后者的量是由溶液中可溶性碱金属的硅酸盐量所决定的。冷却后,溶液中铝酸钠是过饱和的,加入回收的三水合氧化铝晶种并搅拌,溶液中的氧化铝将以三水合氧化铝的形式析出,洗涤后放在温度高达 1300℃的转炉中煅烧,得到无水氧化铝(含 0.3%苏打,少于 0.1%Fe_2O_3 和 SiO_2)[3],含碱的滤液在浓缩后可再循环使用。

当铝土矿含二氧化硅很高时要用联合法处理。这种方法是先用拜耳法处理铝土矿,然后将含有不溶性杂质及硅酸铝钠的红泥渣与氧化铝、碳酸钠一起煅烧,红泥渣中各种形态的氧化铝将都形成铝酸钠,然后将铝酸钠用水浸取,从所得溶液中可回收氧化铝[3]。

氧化铝能溶解在熔融的电解质中。熔融电解质的组分是:冰晶石(Na_3AlF_6)(占大部分),2%—8%的 Al_2O_3 和大约 10%的 CaF_2 和 NaF(用以降低熔点和改善操作条件)。电解池是长方形的内衬耐火砖的钢槽,碳极为衬里并作为阴极。实际上在电解过程中熔融的铝覆盖在碳极上。为防止引入杂质,阳极是用纯碳(煅烧的石油焦或沥青焦)制成的。可改变阴、阳极的距离以调节电流的热效应,维持操作温度为 960—970℃,电流效率为 85%—92%。电解池终端电压为 4—6V(因炉大小和条件而异),一个电解槽系列可以有 50—200 个电解池,用虹吸法将熔融态铝从电解池注入大坩埚中，然后倒入模中成型得到铸锭，这种电解铝(原铝)的平均纯度为 99.8%。

用 Hoopes 电解精炼法，铝的纯度可超过 99.99%。精炼法电解的电解质有两类：氟氯化物(AlF_3、NaF、$BaCl_2$)和纯氟化物(AlF_3、NaF、BaF_2)，电解温度约为 760—800℃。1954 年在巴黎召开的国际会议上 Chaudron 介绍了区域精炼法(Zone refining)。用该法炼铝其纯度可达 99.9996%[1]

由于金属铝的密度小，它的合金被广泛用于建筑、交通、电力、化学、食品包装、机器制造和日用品等工业。其中建筑业用铝量最大。

虽然铝的单位截面积电导只有铜的 60%，但它比铜轻而便宜，因此常用铝做电线、导电板及各种电工制品。铝是一种战略金属。在军事工业上用铝合金可制造飞机、舰艇、装甲车和坦克的部件。高纯铝具有更好的导电性，可塑性，反光性和抗腐蚀性，其中最有价值的是它的抗腐蚀性，因为它的表面有一层致密的氧化保护膜，纯度愈高氧化膜愈牢固。高纯铝还用做各种无线电器件，天文望远镜的反射镜，装浓硝酸和双氧水的容器。导弹、人造卫星和宇宙飞船也都大量用铝和铝的合金。最重要的铝的化合物有氧化物、氯化物、硫酸盐、明矾等。三水氧化铝($Al_2O_3 \cdot 3H_2O$ 或 $Al(OH)_3$)是制备太多数铝化合物的原料。某些铝的化合物在医药上得到应用。铝的卤化物是重要的 Friedel-Crafts 反应的催化剂。许多有机铝化合物是重要的催化剂和其他化学试剂。目前有机铝化合物最重要的用途是作为合成聚乙烯、聚丙烯和聚丁二烯的助催化剂。

1.3 物理性质

铝是银白色的金属(物理性质见表 7.1)。硅、铁等杂质的存在会使它变为暗蓝灰色。铝质轻，没有毒性和磁性，撞击时不产生火花。纯铝很软，硬度是 2.9(莫氏硬度)，但它与 Cu、Mg、Si、Mn 等许多金属可以形成强度高而重量轻的铝基合金。延展性好(延性在金属中居第六位，展性居第二位)。密度在 20℃ 时为 2.6989g/cm^3。自然界的铝均为 ^{27}Al，它的热中子截面仅为 0.21*b*(靶恩)。由于它的热中子截面小和辐射产物(^{28}Al)的半衰期短，因此铝可以用于核反应堆。早期的反应堆就是用铝作为铀燃料的套管和用作铀堆里盛冷却剂的导管和配件。铝的同位素有 ^{23}Al、^{24}Al、^{25}Al、^{26}Al、$^{26m*}Al$、^{28}Al、^{29}Al 和 ^{30}Al，只有 ^{26}Al 的半衰期超过 10 分钟。

* 质量数在后面有 *m* 表明是一种亚稳状态或同质异能状态，在这一状态中有足够长的半衰期，它与基态无关。

表 7.1　铝的物理性质

铝在地壳中的丰度(质量%)	8.8
(原子%)	6.6
在海水中的丰度 g/ton	0.16—0.19
原子体积 cc/gatom	9.995
原子量	26,98154
原子化:化为基态原子(25℃)	
所需热量(kJ)	326
沸点(℃)	2467
熔点(℃)	660.37
键能(同核,单键,计算值)	
(kJ/mol)	200.0
导热率(w/m·K)	234.46
晶体结构:晶系	立方(立方面心)
空间群	$Fm3m-0h^5$
结构型式	Cu
晶格常数 a	4.04959
b	—
c	—
密度(g/cm^3)(20℃)	2.6989
熔点时密度(液体)	2.37
熔化时密度变化(%)	−6.4
核间距(固体)	2.8635(25°)
弹性模数(kg/mm^2)	722
(Psi)	(20℃退过火的)
电子亲和能(eV)	0.52
电负性	
Allred-Rochow(H=2.1)	1.47
Mulliken(H=2.1)	1.81
Pauling(H=2.1)	1.61
Sanderson(H=3.55)	2.25
电子结构(基态)原子	Ne, $3s^2 3P(^2p^0_{1/2})$
Al^+	Ne, $3s^2(^1S_0)$
Al^{3+}	Ne, $(^1S_0)$

续表

焓(298.15K)(25℃)	
(kJ/mol)	4.577
熵(298.15K)	
(J/K·mol)晶体	28.35±0.08
气体	164.440±0.030
生成热(气体)(298.15K)	
(kJ/mol)	329.7±0.40
X射线特征激发电势	
(K层)(KV)	1.55
线性热膨胀系数$\times10^{-6}$(℃)	23.03(20°)
	24.9(30—300°)
纯金属本身的摩擦系数	1.3
霍耳系数(Hall constant)	
R,$\times10^{-3}m^3/c$(室温)	−0.379±0.035
硬度(莫氏硬度)	2.75
热容(J/kg·K)	903.1
熔化热 ΔH_{298}(J/g)	397
热容(C_p)(J/kg·mol·deg(25℃))	24367.18
	29307.60
$C_p=a+bT+cT^{-2}$　a	20682.79
($c=0$)　b	12392.93
系数的应用范围	25℃—熔点
升华热 ΔH^0_{298}(J/mol)	314,010
水化热 ΔH(kJ/mol)	
单个的3+离子	−4707
电离能(eV)	
第一电离能	5,986
第二电离能	18,828
第三电离能	28,447
第四电离能	119,99
天然同位素丰度(%)	^{27}Al(100)
晶格能 $\Delta H^0_{气体}$(kJ/g·atom)	324.01
磁化率 lg(c·g·s单位$\times10^{-6}$)	0.6276

续表

lg · atom(c · g · s 单位 $\times 10^{-6}$)	+16.5(固态,室温)
	+12.0(液态)
M^{3+} 极化力	9.23
原子半径(Å)(Bragg-slater)	1.25
离子半径(Å)M^{3+}	0.39(配位数 4)
	0.48(配位数 5)
	0.535(配位数 6)
反射率(%)	85—90
	(电镀磨亮,可见光)
电阻(微欧姆 · 厘米)(℃)	2.62(0)
	2.6548(20)
温度系数	0.00429(20℃)
标准电极电位 $M^{3+}+3e \longrightarrow M$	−1.66
超导转变温度(K)	1.183(量热法)
	1.196(磁法)
表面张力(N/cm)(℃)	915×10^{-5}(660)
抗拉强度(kg/mm)(℃)	1.27(20)退火过的
热电势(mV)相对于 Pt,	+0.42
冷端(0℃),热端(100℃)	
热中子吸收截面(barns)	0.215
范氏半径(气体)(Å)	1.046
蒸气压方程式	(1200−2800K)
$\log P(\text{mmHg})=\frac{A}{T}+B+C\log T$	$A=16,450$ $B=12.36$ $C=-1.023$
给定温度下(K)的蒸气压(N/m^2)	−0.0627(1273K)
$1N/m^2=0.750\times 10^{-2}$mmHg	−0.526(1377K)
$=0.9869\times 10^5$atm	2.93(1473K)
在熔点的蒸气压(N/m^2)	2.42×10^{-6}
粘度(帕)(℃)	0.0045(660)
	0.0029(770)
	0.0025(800)

铝为面心立方晶格。不太纯的铝由于杂质的析出而使晶格收缩。铝具有高导

电率、高导热率和高反射率，铝对可见光和紫外光的反射性是普通金属中最高的。铝是可以用作近似黑体的物质。在红外区铝的反射性仅次于金和银。在室温下，纯铝(99.99%)的电导率是国际韧炼铜标准(IACS)的 62%(体积)，20℃时约为 $2.8m\Omega/cm^3$。这表明铝的单位质量电导约为铜的两倍。

热导与杂质和冷加工的程度有关。合金的热导和电导比纯金属都低。大多数铝合金的电导是纯铝的 40%－50%，而热导为 0.30—0.45cgs 单位。

纯铝的热膨胀系数($\sim24\times10^{-6}/℃$，20—300℃)是钢的两倍。高硅铝合金的膨胀系数是铝合金中最低的。

铝在绝对温度 1.2K 以下变为超导体。

铝的电阻率随温度下降而降低，因此，为了减少电能消耗常常用冷却来降低电磁导体的温度。由于铝的磁阻饱和值低(约为 20K，99.999%Al，20×10^{-4}T)($T=1Wb/m^2$)，因此在高磁场强度的磁铁中经常用到铝。

氢气是仅有的可微溶于固态或熔融态铝的气体，在 400℃时 100g 金属铝中可溶解 $0.003cm^3$ 的 H_2(标准状态)，660℃时可增加到 $0.05cm^3$。

由于铝的微结构取向是无规则的，所以它的弹性常数是各向同性的。弹性常数为(单位 N/cm^2)：泊松比 0.345×10^6；体积模数 7.52×10^6；杨氏模数 7.06×10^6；刚性模数 2.62×10^6。

1.4 化学性质

铝原子的电子构型是 $1s^22s^22p^63s^23p^1$。除在高温时铝有＋1，＋2 价的化合物外，在通常条件下铝在化合物中都显＋3 价。

铝在空气中是稳定的。铝能抗海水、多种淡水和化学试剂的侵蚀。这是由于在铝表面能生成一层薄而透明的坚韧的氧化保护膜，这一天然的氧化铝薄膜达到一定厚度就自动停止生长，其厚度由环境和暴露时间而定，在干燥空气中和室温下约为 50Å，最厚可达 100Å。熔融的铝被一层较厚的氧化物所保护，因此如不搅拌，液态铝的氧化进行得很缓慢。用湿的氯化汞摩擦铝的表面可破坏其氧化膜，汞齐化的表面在潮湿空气中迅速氧化而生成珊瑚状或须状的氧化铝。粉状铝能与沸腾的水迅速反应生成氢气和氢氧化铝，但与冷水反应缓慢。

纯度为 99.950%的铝能抗多数酸的腐蚀，但它能溶于王水。因此铝可用以贮藏硝酸、浓硫酸、有机酸和许多其他的化学试剂。它的氧化物薄膜可溶于碱性溶液中，因此铝同碱性溶液作用能生成可溶性铝酸盐和氢气。

在高温时铝能还原许多含氧化合物，尤其是金属氧化物。这类反应能释放出大量的热，从而使整个反应迅速完成，因此通常可以在坩埚中简便地制备某些金属(如 Mn、Cr、Mo)和合金(如 Fe-Ti，Al-Ti，Si-Al-Ti)这类反应称为铝热反应，其反应式可表示如下：

$$3MO + 2Al \longrightarrow Al_2O_3 + 3M$$

铝还可还原硅石、硅酸盐，特别是玻璃，这种反应可在远低于铝的熔点时发生。

铝能与溴、碘激烈反应生成三卤化物。加入合适的惰性溶剂（非羟基的）可以减慢这种反应，加热时铝可与干燥无氧的氯气或氯化氢气体反应，生成挥发性的三氯化铝。在电弧下或有助熔剂时铝可与氮反应生成氮化物。加热时，铝还可与其它许多非金属（B、Si、P、As、S、Se、Te）反应，并可与大多数金属反应生成金属间化合物或合金。在高温下（约 2000℃）铝与碳反应生成 Al_4C_3，但铝不能与氧反应。

在加热时铝可还原许多卤化物 M_mX_n（即 S_2Cl_2，Se_2Cl_2，PCl_5，$AsCl_3$，$SbCl_3$）生成 AlX_3。室温时铝不与 O_3、CO_2 和 CO 作用。

1.5　毒　　性

金属铝广泛用作烹调器皿，铝的化合物用于发酵粉中，也常用做饮用水的净水剂，至今未发现铝有毒性。铝的化合物（氢氧化物、磷酸盐、碱式碳酸盐等）已广泛用于治疗胃溃疡、十二指肠溃疡和胃酸过多症，即使大剂量口服都无显著的毒性反应。铝的化合物存在于大部分天然水和食物中，也并无有毒的记载。但在工业中已发现铝化合物能引起皮炎和支气管哮喘。

1.6　铝的分析化学

在分析样品中，当铝是主要成分时，常用于测定铝的方法有 EDTA 和酸碱中和等容量法。根据情况也可采用以铜铁试剂（亚硝基苯胲胺）分离杂质后的八羟基喹啉重量法。测定微量或痕量铝时可用埃利罗青及铬天蓝 S 比色法、荧光法、发射光谱法、火焰光度法、原子吸收光谱法和极谱法以及有关的技术。这些方法和技术已有许多总结文献可供参考。

铝没有特征的点滴反应，人们常常利用生成有色的吸附配合物或“沉淀色料”进行鉴定。在弱碱或氨存在的条件下，可用天然或合成的染料（如茜素、试铝灵、羊毛铬花青、苏木精、醌茜素等）使之着色。一些能水解产生不溶性氢氧化物的金属离子对这些鉴定反应有干扰。上述这些试剂也可以用做比色测定，乙二醛对铝的鉴定反应受到 Cd^{2+} 和 Ca^{2+} 的干扰，但这些干扰是容易消除的。检出和稀释极限是 0.5μgAl，1∶100000。

因为铝与伴生元素化学性质极为相似，在混合物中定量测定它相当困难，所以需要先进行分离。常用的分离方法有氨、苯甲酸铵、氢氧化钠等沉淀分离法；离子交换及萃取分离法等。其中以铜铁试剂-三氯甲烷萃取法对于从大量铁钛中分离铝的效果较好。目前很少使用离子交换法及汞阴极电解法来分离测定铝。

铝与 EDTA 的络合稳定常数 $\log K=16.13$,但在室温下络合反应速度很缓慢,只有加热至沸才能很好络合。

铝的 EDTA 滴定方法有两种,即间接滴定法和氟化钠(钾)取代法。间接滴定法是在含铝的溶液中加入过量的 EDTA,调节 pH 为 4.5,煮沸,然后再用其他金属盐回滴过量的 EDTA 从而得出铝含量。此法选择性较差。氟化钠(钾)取代法是先在溶液中加入 EDTA,再加入氟化钠取代 Al-EDTA 配合物中的铝,然后用锌盐(或铜、铅盐)滴定释出的 EDTA。这种方法选择性较高。

在 1M 盐酸溶液中用铜铁试剂-三氯甲烷萃取分离杂质后,再用 8-羟基喹啉沉淀铝。沉淀的组成是 $Al(C_9H_6ON)_3$,其分子量很大,其中三氧化二铝的量只占 11.1%,因此可用于测定低含量的铝。

1.7 合 金

铝可与许多元素(包括镧系和锕系元素)形成金属互化物,它们的相图和应用已有专门报道。可与铝形成金属互化物的元素有:Ag,As,Au,B,Ba,Be,Bi,Ca,Cd,Ce,Co,Cr, Cu,Fe,Ga,Ge,Hf,Hg,In,La,Li,Mg,Mn,Mo,Ni,Pb,Pd,Pr,Pt,Sb,Se,Si,Sn,Te,Th,Ti,Tl,U,V,W,Zn,Zr,Nb,Nd,Np,Pu,Sr 和 Ta。这些元素溶于铝能形成复杂的二元体系,生成一种或多种金属互化物。一般在冷却时发生分解,少数情况固化时不发生分解。大多数金属互化物是由转熔反应形成的,也就是说在冷却适合组成的液体混合物时,已经沉淀出的固相与余留下的液相发生反应形成新的物相——金属互化物。为数众多的三元和四元相图已由 L. A. Willey 提供。

Be,Ga,Si,Ge,Sn,Zn 和 Hg 能与 Al 形成简单的低共熔物。Na,K,Rb,Cs,In,Tl,Pb 和 Cd 在熔铝中的溶解度有限,形成简单的偏晶型体系。

在工业上应用的铝合金中主要掺合元素有 Mg,Si,Cu,Zn,Mn,Ni。适量加入这些元素与铝能形成固溶体。在规定用途的特殊合金中常加入少量其他元素:Cr,Zn,V,Pb 和 Bi。制做精细的浇铸构件常加入 Ti。含锰合金(Mn 1.2%)具有中等强度,且易加工,可做炊具和包装材料;Al-Mn-Mg 合金强度较大,可用做建筑材料;易加工和抗侵蚀的 Al-Mg 合金用于船舶制造;若提高 Mg 含量可增强合金的强度;Al-Cu-Mg-Mn 合金强度大,能用于航空工业和交通运输业;Al-Si 合金可用于制做铸件。

参 考 文 献

[1] J. C. Bailar, H. J. Emel'eus, R. Nyholm, A. F. Trotman-Dickenson, "Comprehensive Inorganic Chemis-

try" Vol. 1 Pergamon(1973).
[2] "Handbook of Chemistry and Physics", 61 th ed, (1980—1981).
[3] 《科学技术百科全书》七卷,238—243,科学出版社(1980).
[4] K. 格里奥特海姆等,《铝电解原理》,冶金工业出版社(1982).
[5] 邱所贤等,《铝电解》,东北工学院(1980).
[6] 《岩石矿物分析》编写小组,《岩石矿物分析》,北京地质出版社(1974).

7.2 铝的化合物

2.1 铝的氢化物

详见《无机化学丛书》第一卷专题2. 氢。

2.1.1 氢化铝的配位化合物

AlH_3 作为路易斯酸可与路易斯碱 L 在一定条件下络合成 1∶1 或 1∶2 的配合物。用四氢铝酸盐还原 $AlCl_3$，随所用溶剂不同而得到 $AlH_3 \cdot 2OEt_2$、$AlH_3 \cdot NMe_3$、$AlH_3 \cdot 2NMe_3$、$AlH_3 \cdot NPr^i_2Et$ 和 $AlH_3 \cdot NPr^n_3$，或用 $LiAlH_4$ 与 Me_3NHCl 反应：

$$LiAlH_4 + Me_3NHCl \longrightarrow LiCl\downarrow + H_2\uparrow + Me_3N \cdot AlH_3$$

用 $MAlH_4$ 与 R_3NHCl 反应亦可得到配合物

$$MAlH_4 + R_3NH^+Cl^- \longrightarrow H_3Al \cdot NR_3$$

（M：碱金属；R：烷基）

光谱和晶体结构研究表明，在 $Me_3N \cdot AlH_3$ 中铝是四配位，该化合物是四面体型结构。$(Me_3N)_2AlH_3$ 是三角双锥体结构，在这一结构中存在着直线型 $N \longrightarrow Al \longleftarrow N$ 骨架。室温下 $(Me_3N)_2AlH_3$ 能部分分解：

$$(Me_3N)_2AlH_3 \rightleftharpoons Me_3N \cdot AlH_3 + Me_3N$$

金属铝与路易斯碱 L 在氢气氛中可直接反应生成配合物 $LAlH_3$。如在 70℃，一定压力下与路易斯碱 $N(C_2H_4)_3N$ 反应：

$$N(C_2H_4)_3N + Al + \frac{3}{2}H_2 \longrightarrow N(C_2H_4)_3N \cdot AlH_3$$

$N(C_2H_4)_3NAlH_3$ 的晶体是聚合物结构，平面形的 AlH_3 可与二胺分子的任一端的 N 原子相联，Al—N 键长是 2.195Å（在 $(Me_3N)_2AlH_3$ 中该键长是 2.18Å）。

铝胺氢化物 $H_{3-n}Al(NR_2)_n$ 可用相似方法制取：

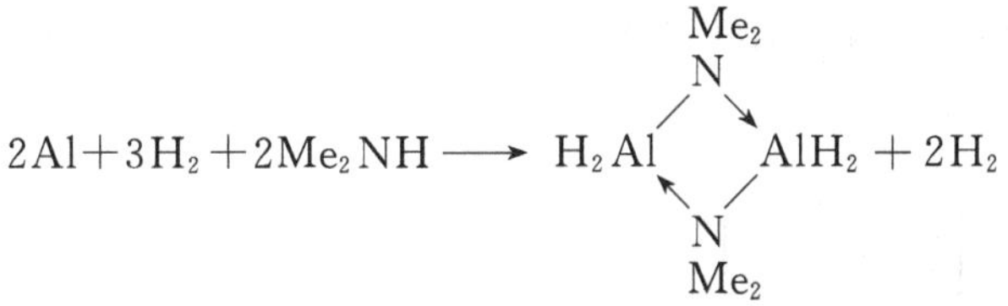

AlH_3、$LAlH_3$、或衍生物 $AlH_{3-n}X_n$($X=NR_2$、OR、卤素)的溶液在有机化学中可作为选择性还原剂。严格控制 100% H_2SO_4 与 $LiAlH_4$ 在四氢呋喃溶液中进行反应,所得的 AlH_3 溶液比较稳定,适合于上述用途。

$$2LiAlH_4 + H_2SO_4 \xrightarrow{THF} 2AlH_3 + 2H_2 + Li_2SO_4$$

2.1.2 铝的硼氢化物

$Al(BH_4)_3$ 起初是用三甲基铝与过量的二硼烷反应来制备的:

$$Me_6Al_2 + 4B_2H_6 \longrightarrow 2Al(BH_4)_3 + 2Me_3B$$

更方便的制法是用 $AlCl_3$ 与 $NaBH_4$ 在 100—150℃在没有溶剂的情况下进行反应:

$$3NaBH_4 + AlCl_3 \longrightarrow Al(BH_4)_3 + 3NaCl$$

如果卤化铝过量则产生氯化硼氢化铝 $ClAl(BH_4)_2$ 或 Cl_2AlBH,$NaBH_4$ 是用 $B(OCH_3)_3$ 与 NaH 在 250℃反应制取的。通过 $AlCl_3$ 与 $LiBH_4$ 或 KBH_4 反应亦可得到 $Al(BH_4)_3$。

$Al(BH_4)_3$ 是挥发性的无色液体,沸点为 44.5℃,熔点为 −64.5℃ $\left(\log P_{(mmHg)} = 7.808 - \frac{1565}{T}\right)$,是铝化合物中最易挥发的。它在空气中会猛烈氧化,但在真空中保持低于 25℃时分解很慢。在加热至 70℃时 $Al(BH_4)_3$ 分解失去氢并形成不同的非挥发性产物。反应的第一阶段是先分解为硼烷,这是一个可逆反应:

$$Al(BH_4)_3 \rightleftharpoons HAl(BH_4)_2 + [BH_3]$$

许多硼氢化铝的反应与上述反应是一致的。这些反应产生许多复杂的混合物,例如 AlH_3,B_2H_6,$H_nAl(BH_4)_{3-n}$等。$Al(BH_4)_3$ 与水或质子试剂 HX 猛烈反应放出氢气:

$$Al(BH_4)_3 + 12HX \longrightarrow AlX_3 + 3BX_3 + 12H_2$$

在气相中 $Al(BH_4)_3$ 以单体形式存在。每个 BH_4^- 通过二个氢桥与中心的铝原子相连,六个氢桥成三角棱柱体分布在铝的周围。电子衍射法测定有关的原子间距为:Al—H,1.80Å;B—H,1.82Å;Al—B,2.14Å;B—H,1.20Å;桥键键角 H—Al—H,73°;H—B—H,114°;H—B—H,46°。$Al(BH_4)_3$ 与三甲基胺反应能生成 1∶1 配合物 $Me_3N \cdot Al(BH_4)_3$:

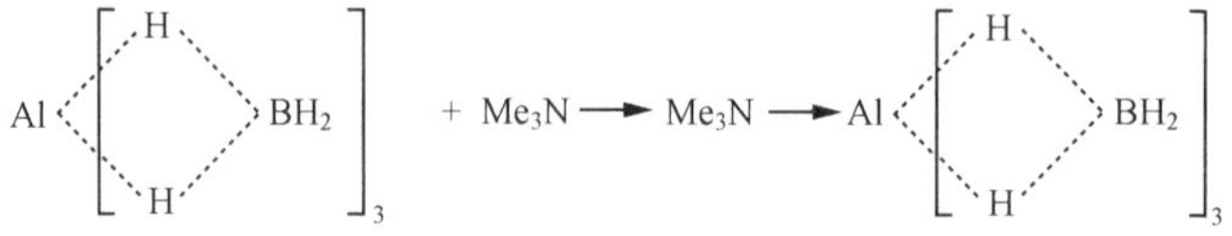

AlH_2B“桥”仍然保持不变。在室温下无法确定这一化合物中氢原子的位置，总的结构是四面体型。在−160℃下该化合物的三个 BH_4 的配位体并不是等同的。Al 周围有五个 H 基本上在一个平面上，有一个 H 占据五角双锥的一个顶点上，另一顶点被 N 占据。H—Al—N 在一个轴上。有关的原子间距：Al ⟵N，2.00Å；Al⋯H1.97Å；B⋯H，1.43Å；Al⋯B，2.23Å，B—H，1.19Å。$Al(BH_4)_3$ 还可与 $(Me_2CH)_2O$、THF 或 Me_2NH 生成 1∶1 的配合物，与 $MeNH_2$ 生成 1∶2 的配合物，与 NH_3 生成 1∶6 的配合物 $Al(BH_4)_3 \cdot 6NH_3$。根据 ^{11}B 核磁共振谱确定该化合物为离子结构：$AlH_2(NH_3)_2^+BH_2(NH_3)_2^+(BH_4^-)_2$。已知二硼烷与三甲胺-氢化铝配合物反应可生成许多种硼氢化铝：

$$B_2H_6 + Me_3N \cdot AlH_3 \xrightarrow{Et_2O} Me_3N \cdot Al(BH_4)_3$$

$$B_2H_6 + Me_3N \cdot Al(BH_4)_3 \xrightarrow{Et_2O} Me_3N \cdot BH_3 + Et_2O \cdot Al(BH_4)_3$$

$$B_2H_6 + Me_2NAlH_2 \xrightarrow{Et_2O} Me_2NAl(BH_4)_2 \xrightarrow[B_2H_6]{THF} Bu^nOAl(BH_4)_2 + Me_2NB_2H_5$$

2.2 卤 化 物

2.2.1 单卤化物

在高温下铝与 AlF_3 或 $AlCl_3$ 反应可生成 AlF 和 AlCl。AlF 在常温下是稳定的，即使在湿空气中也是稳定的。但其他单卤化物在常温下则按下列反应歧化为金属和 AlX_3：

$$3AlX \longrightarrow 2Al + AlX_3$$

根据在高温下得到的微波谱数据计算的单卤化铝的键长和离解能列于表 7.2中。

表 7.2 气态下铝的单卤化物核间距 d(M-X)和离解能 D(M-X)[1]

	F	Cl	Br	I
d(Å)	1.6544	2.1298	2.295	2.56
D(kJ/mol)	653	490	439	364

Grimm 及 Waddington 等人曾假定 AlX 是卤化钠型离子晶格，并计算了上述反应的熵变、歧化热和单卤化物的生成热。Waddington 等人又假定 AlX_2 是卤化镁型离子晶格，也计算了类似的数据均列于表 7.3 中。

表 7.3 单卤化铝和二卤化铝的生成热(ΔH_f)和歧化热($\Delta H_{歧化}$)(按假定晶形计算)

	$-\Delta H_f$(kJ/mol)		$-\Delta H_{歧化}$(kJ/mol)	
	AlX	AlX_2	AlX[1)]	AlX_2[2)]
F	393	774	105	230
Cl	188	272	46	201
Br	126	146	50	205
I	46	−8	59	218

1) 指 $AlX \longrightarrow 2/3Al + 1/3AlX_3$ 的焓变；

2) 指 $AlX_2 \longrightarrow 1/3Al + 2/3AlX_3$ 的焓变。

人们利用高温下的微波吸收谱测定了 AlF 的核四极偶合常数、旋转常数和超精细结构常数。对 AlX($X = {}^{35}Cl, {}^{37}Cl, {}^{79}Br, {}^{81}Br$ 和 I)也进行了类似的测定。从 ^{27}Al 的偶合常数计算出来的铝的电负性是 1.3。有人曾报道过在铝的成键轨道中含 27%*s* 轨道成分。在 Al—X 键中，该键的离子性对 Cl、Br 和 I 分别为 92、≥87 和 85。

2.2.2 三卤化铝

三卤化铝是一类重要的化合物，在电解铝的生产中需要大量的三氟化铝，三氯化铝有许多用途，特别是在 Friedel-Crafts 反应中作为酸催化剂更显得重要。三溴化铝也有类似的应用。

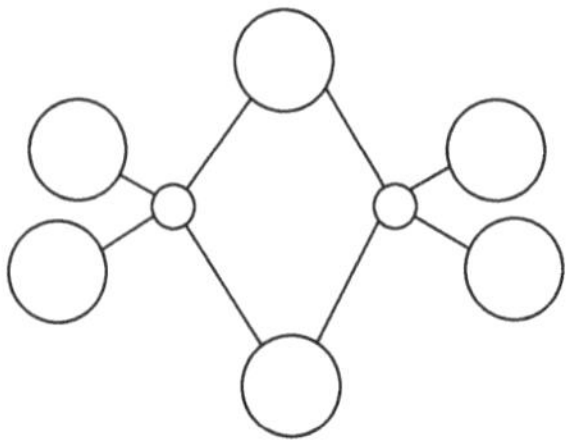

图 7.1 Al_2Br_6 分子的结构

从氟到碘，铝的三卤化物的化学键从离子键向共价键过渡。这些化合物在常温下是稳定的。AlF_3 晶体属六方密堆积到立方密堆积的过渡型结构，$AlCl_3$ 晶体是层状结构。在 AlF_3 晶体中铝的配位数是六，周围的卤离子呈八面体分布。其中三个 F 在距离铝 1.70Å 位置上，另三个 F 在 1.89Å 位置上。在由 Cl 密堆积所形成 $AlCl_3$ 晶体的八面体空隙中，2/3 为 Al^{3+} 离子所占据。与 AlF_3、$AlCl_3$ 不同，$AlBr_3$ 晶体具有 Al_2Br_6 的分子结构，两个 Al 分别处在由 Br 密堆积所形成的相邻的两个四面体空隙中。其结构如图 7.1 所示。

AlI_3 也有类似的结构。

AlF_3 是很稳定的离子晶体，加热到 1300℃ 才升华为 AlF_3 分子。固体 $AlCl_3$ 的电导在温度升高到接近熔点时迅速增加，在熔点时电导降为零，这一性质与它的层状结构有关。在溶化时它的密度变化很大(约 45%)，这是由于此时 Al 的六配位离子晶体变为四配位的 Al_2Cl_6 分子所造成的。$AlCl_3$ 几乎能溶解于所有的有机溶剂中。约在150℃即可气化成Al_2Cl_6，在高温下解离为平面形的$AlCl_3$（Al是三配位的）。

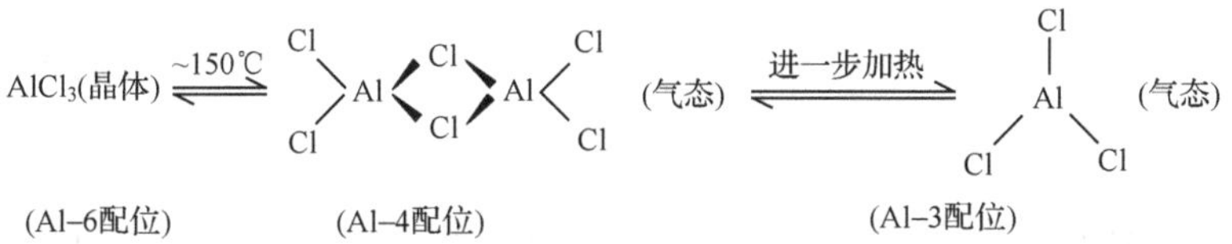

激光拉曼光谱再一次证实卤化铝在熔融状态下也存在着独立的Al_2X_6分子（X=Cl,Br,I）。在225—450℃时Al_2Cl_6的激光拉曼光谱有九条谱线（表7.4），经过分析表明它的结构对称性属D_{2h}点群，这与以前的测定结果是一致的。Al_2Br_6，Al_2I_6的激光拉曼光谱也证实它们的结构对称性属D_{2h}点群，这表明在这些分子之间没有明显的金属之间的作用[2]。

表7.4　Al_2Cl_6的拉曼光谱数据

状态，温度	液，225℃	气，225℃	气，450℃
频率		77，很弱，去极化	
(cm^{-1})	104，强，极化	99，很强，极化	
	119，强，去极化	117，强，去极化	115，很强，极化
	116，弱，去极化	165，弱，	168，弱
	218.5，很强，极化	217，中强，极化	217，中强
	290，中强，极化		285，很弱
	341，很强，极化	336，强，极化	336，中强
			385，很弱
	440，弱，—		438，中强
	512，中强，极化	510	501，中强
	608，中强，极化	612，弱，去极化	608，中强

Wade曾利用热力学数据计算了三卤化铝和三甲基铝的桥键和末端键的键能。他发现在所有Al_2X_6形式的化合物中末端键长（$M-X_{②}$）总比桥键键长（$M-X_{①}$）短些。这是因为末端键能比桥键键能大的缘故，还应指出甲基所形成的桥键键能较卤桥键能为小，因为卤桥有两个双电子键而甲基桥只有一个双电子键。

据报道，最近有人用新方法测定了液相和气相的三氯化铝的密度（D）并提出了更精确的计算公式（温度范围为：188—296℃）

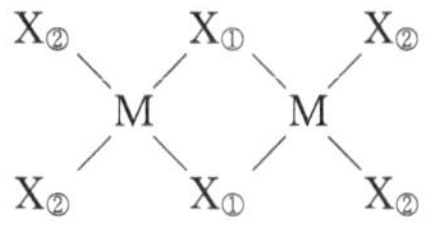

∠XMX 键角(°)

d_{M-X}核间距(Å)

	$d_{M-X②}$	$d_{M-X①}$	∠X① MX①	∠X② MX②
Al_2Cl_6	2.06	2.21	79	118
Al_2Br_6	2.21	2.33	87	115
Al_2I_6	2.53	2.58	102	112
Al_2Me_6	1.95	2.12		

液相：

$$D = 1.9089 - 5.524 \times 10^{-3}T + 1.8584 \times 10^{-5}T^2 - 3.474 \times 10^{-8}T^3$$

气相：

$$D = -0.25748 + 3.7958 \times 10^{-3}T - 1.92624 \times 10^{-5}T^2 + 3.6065 \times 10^{-8}T^3$$

$$(T = ℃, D = g/cm^3)$$

熔融状态 $AlCl_3$(192—220℃)，$AlBr_3$(100—240℃)和 AlI_3(200—400℃)的粘度可用 Arrhenius 公式：$\eta = A\exp(E_a/RT)$计算。

从表 7.5—表 7.7 中所列出的铝三卤化物的物理性质常数、热力学数据、振动光谱和拉曼光谱数据可以看出从氟化铝到碘化铝性质的递变情况。

表 7.5　三卤化铝晶体的性质[1]

	F	Cl	Br	I
熔点(℃)	—	192.4	97.8	189.4
升华温度(1atm,℃)	1272	180	256[1)]	381—2[3)]
ΔH_s(kJ/mol)	299.2[2)]	117.2[3)]	36.0[3)]	112.1[3]
ΔH_m(kJ/mol)	—	35.1	11.3	15.9
ΔH_f^0(25℃,kJ/mol)	−1497	−707	−527	−310
ΔG_f^0(25℃,kJ/mol)	−1418	−632	−506	−251
S(25℃,J/mol·deg)	67	109	180	188
C_p(25℃,J/mol·deg)	75.3	92	100.4	98.7
分子量	83.98	133.34	266.71	407.69
密度(25°,g/cm³)	2.88	2.44	3.29	3.98

1) 液体的沸点；

2) 单分子；

3) 双聚分子。

表 7.6 Al_2X_6 中 Al-X 键的生成热和键能 E(Al-X)(kJ/mol)[1]

	Cl	Br	I	H	Me
$\Delta H_f^0(Al_2X_6)(g)$	1293	971	519		230
E(Al-X)$_{桥}$	289	251	192	172	151
E(Al-X)$_{末端}$	381	322	259	272	255

表 7.7 气态 AlX_3 的热力学数据和原子间距[1]

	AlF_3	$AlCl_3$	$AlBr_3$	AlI_3
ΔG_f^0(25℃,kJ/mol)	1184	569	452	251
ΔH_f^0(25℃,kJ/mol)	1201	586	423	205
S(25℃,J/mol·deg)	276	314	356	364
$\Delta H_{缔合}$(kJ/mol)1)	109	63	59	50
$\Delta H_{重整}$(kJ/mol)2)	—	134	117	79
E(Al-X)(kJ/mol)	—	427	360	285
r(Al-X)(Å)	1.63	2.14	2.27	2.44

1) 指气相 $AlX_3 \longrightarrow \frac{1}{2}(Al_2X_6)$这一过程的焓变;

2) 重整能——分子由平面型变为角锥型(∠XAlX 为 109°)所需的能量。

2.2.3 三氟化铝

无水三氟化铝是白色晶体。与其他铝的三卤化物不同,AlF_3 在大部分有机溶剂和无机溶剂中都不溶解。它在水中的溶解度 25℃时为 0.41%,在溶液中含有 HF 的情况下,溶解度随 HF 量的增加而增大,最高达 25%(重量),这是由于生成了 AlF_6^{3-} 的结果。它的晶型是三角偏方三八面体,通常以顶角为 88°49′的菱面体形式存在,空间群是 $R32\text{-}D_3^7$。在晶胞中有两个 AlF_3,$a_0=5.039$Å,$\alpha=58°31'$。折射率是 1.376。在晶体中 Al 是八面体配位最稳定,F 是 2 配位,3 个 Al—F 键键长为 1.89Å,3 个 Al—F 键键长为 1.70Å,Al 与 Al 的间距为 3.51Å,F 与 F 的距离为 2.53Å。在 1 大气压下,AlF_3 在 1272℃升华,生成平面三角形的 AlF_3 分子,其中 Al—F 键键长为 1.63Å。双聚三卤代铝 $Y_2AlX_2AlY_2$ 的振动光谱数据见表 7.8。气相单体三卤化物拉曼光谱的特征的收频率见表 7.9。

表 7.8 双聚三卤化铝 $Y_2AlX_2AlY_2$ 的振动光谱数据[1]

	Al_2F_6	Al_2Cl_6	Al_2Br_6	Al_2I_6
A_g ν_1 Al-Y 伸缩 R	(936)	501	417	348
ν_2 Al-X 伸缩 R	(602)	336	210	148
ν_3 Al-Y_2剪式 R		217	140	95

续表

	Al_2F_6	Al_2Cl_6	Al_2Br_6	Al_2I_6
ν_4 环形弯曲　R		115	70	56
A_u ν_5 AlY_2 扭转	(191)			
B_{1g} ν_6 Al-X 伸缩　R	(874)	438	354	(301)
ν_7 Al-Y_2 摇摆　R	(326)	168	85	82
B_{1u} ν_8 Al-Y 伸缩 IR	995强	625强	502强	415强
ν_9 AlY_2 分子前后俯仰振动 IR	340弱	(194)		
ν_{10}　IR			(18)	(13)
B_{2g} ν_{11} Al-Y 伸缩 R	(970)	608	485	405
ν_{12} AlY_2 分子前后俯仰振动 R	(259)	(142)	114	63
B_{2u} ν_{13} Al-X 伸缩 IR	600弱	420中强	345中强	291强
ν_{14} Al-Y_2 摇摆 IR	(232)	(114)	90中强	64很弱
B_{3g} ν_{15} Al-Y_2 扭转 R	(336)	(163)	(103)	54
B_{3u} ν_{16} AlY 伸缩 IR	805中强	484强	375强	320强
ν_{17} 环形弯曲　IR	575弱	(375)	198强	140中强
ν_{18} AlY_2 剪式　IR	300弱	(175)	111中弱	81弱

注：1) 频率单位是 cm^{-1}；

2) R——拉曼光谱，IR——红外光谱；

3) 括号中频率由标准坐标分析计算而来；

4) 气相拉曼光谱是 Al_2X_6/AlX_3 混合物（X=Cl，Br 或 I）的光谱

5) Al_2F_6 的数据是这样得到的：a. 假定 Al_2F_6 的对称性属 D_{2h}，b. 测出隔离基质样品的频率，在此基础上估算气相频率。

表 7.9　气相单体三卤化物 MX_3（M=Al，Ca，In）拉曼光谱的特征的收频率（ν_1，ν_4 cm^{-1}）[1]

	MCl_3	MBr_3	MI_3
M=Al	371，146	228，93	156，64
M=Ga	382，128	219(237)，83	147，50
M=In	350，94	212，62	151，44

AlF_3 可用下列三种方法制备[5]：

$$2Al + 6HF = 2AlF_3 + 3H_2$$

$$Al_2O_3 + 6HF = 2AlF_3 + 3H_2O$$

$$2Na_3AlF_6 + Al_2(SO_4)_3 = 4AlF_3 + 3Na_2SO_4$$

AlF_3 与水生成含水分子数不定的水合物 $AlF_3 \cdot nH_2O$。也可生成含水分子数一定的水合物 $AlF_3 \cdot nH_2O$（n=1，2 或 9）。在低温下 AlF_3 可以从水溶液中以

$AlF_3 \cdot 9H_2O$形式结晶出来，高于8℃这种水合晶体不稳定。$AlF_3 \cdot 3H_2O$常以两种形式存在，在25℃以下Al与氢氟酸反应可得溶解度很大的、介稳的α-$AlF_3 \cdot 3H_2O$；在100℃从水溶液中结晶出来的是溶解度小的β-$AlF_3 \cdot 3H_2O$(25℃稳定，密度是2.09g/cm^3)。将$AlF_3 \cdot 3H_2O$加热到200℃时，将失去70%的水；到700℃时则失去大部分残余水，并失去一些HF而转变为Al_2O_3。尤其是在超过300℃迅速加热的情况下该现象更易发生。在工业上是用水合氧化铝与氢氟酸反应制备$AlF_3 \cdot 3H_2O$的。在约700℃由氟化氢气体与氧化铝反应来制备AlF_3时，由于产生的水蒸气可以从反应体系中除掉，产物基本上是无水的氟化铝。通过^{1}H和^{19}F核磁共振研究已经证明，在AlF_3水溶液中含有六配位的离子$[AlF_x(H_2O)_{6-x}]^{3-x}$[2]。

氟化铝在浓硫酸中能缓慢地溶解，并放出氟化氢。它与浓碱溶液反应生成铝酸根离子，与熔碱反应生成氟化物和铝酸盐。氟化铝与碱金属氟化物或其他强金属性元素的氟化物作用可生成含有AlF_6^{3-}的复盐。

电解铝工业中需要大量的三氟化铝，因为它是熔融电解质的一个组分(其他组分是Na_3AlF_6、Al_2O_3和CaF_2)。据统计每生产一百吨铝需要3吨三氟化铝。三氟化铝还可用于陶瓷、焊接剂和催化剂。

2.2.4 三氯化铝

三氯化铝是无色结晶，在空气中易潮解、冒烟($AlCl_3 + 3H_2O \longrightarrow Al(OH)_3 + 3HCl$)。无水$AlCl_3$的密度为2.44g/cm^3，常温下可以挥发，无水$AlCl_3$几乎可以溶解在所有的有机溶剂中，也易溶于水，并强烈水解。溶解在盐酸中，结晶可得$AlCl_3 \cdot 6H_2O$，是无色易潮解的晶体。氨气通过无水$AlCl_3$可生成$AlCl_3 \cdot 6NH_3$，它是白色粉末，180℃失氨。在给电子溶剂中$AlCl_3$能形成配合物，通常形成L_nAlCl_3型配合物(L＝溶剂分子，n＝1,2或3)偶尔也形成LAl_2Cl_6型配合物。$AlCl_3$在有机溶剂中常带有颜色，这是由于它能与可降解的杂质进行反应的结果，如要得到清澈透明的溶液，可将二次升华的$AlCl_3$溶解在已用$AlCl_3$处理、提纯过的溶剂中。

以前是采用以下步骤来制备三氯化铝的，在850—900℃下在焦炭与氧化铝的混合物中通入氯气。若用氯气与金属铝直接反应，则更方便，产品也纯，反应产生的热量足可以维持金属呈熔融状态，使反应能继续进行。工业上用此法生产$AlCl_3$时需要冷却。由于$AlCl_3$在一大气压下于180℃升华，因此管道温度应保持在180℃之上，以防止管道堵塞，反应通常是在高于金属熔点(660.37℃)的温度下进行的。

通常制得的粗三氯化铝因含有杂质(过量的金属、氯化物、铁、痕迹量有机物)而呈显各种颜色(桔红、黄、绿、灰色)。这些杂质能适当提高$AlCl_3$的催化活性。

将氯气与铝在 600—650℃下进行反应,产物再在氩气下蒸馏或直接用干燥氯化氢与分析纯的铝反应,都可得到比较纯的 $AlCl_3$。粗的商品 $AlCl_3$(常含有 $FeAl_3$)可用升华法提纯。该方法是在粗 $AlCl_3$ 中加入 10%的干燥 NaCl 和少量的铝或锌或钠,然后加热使 $AlCl_3$ 升华得以提纯。$AlCl_3$ 可用下述方法拉制大的单晶:即慢慢地提拉放在 210℃浴中的装有 $AlCl_3$ 的密封管子,使其均匀地降温。加热装有 $AlCl_3$ 的密封管时要特别小心,否则会发生危险。因为 $AlCl_3$ 本身会产生压力,装料时水解产生的氯化氢气的解吸也会产生压力。另外,当 $AlCl_3$ 熔化时,由紧密的离子晶格转变为体积较大的 Al_2Cl_6 分子($AlCl_3$ 固体密度为 2.44g/cm^3。25℃;液体密度为 1.31g/cm^3,200℃,3atm),其体积几乎膨胀一倍,也会产生巨大的压力。

$AlCl_3$ 是单斜晶系,空间群为 $C_2^3-C_2$,晶胞参数是 $a=5.91$Å,$b=10.24$Å,$c=6.16$Å,$\beta=71°21'$。每个晶胞含有四个化学式单位。

在液相、在低温的蒸气中和在某些惰性溶剂中(如四氯化碳)三氯化铝以二聚物 Al_2Cl_3 形式存在。在 200℃蒸气中主要是 Al_2Cl_6 随着温度升高,单分子 $AlCl_3$,数目增加,在 750℃时 $AlCl_3$ 占绝大多数。二聚物的解离焓($Al_2Cl_6 \longrightarrow 2AlCl_3$)是 125.4kJ/mol。液体三氯化铝的电导很小($<3\times10^{-7}$ ohm^{-1} cm^{-1},200℃),这反映了它的共价性。

无水三氯化铝主要用来做 Friedel-Crafts 反应的酸性催化剂。Friedel-Crafts 反应广泛用于各类有机化工生产和精细有机合成。Friedel 和 Crafts 1877 年发现的这个反应,早先一般是指卤化烷或酰卤等在 Lewis 酸(如 $AlCl_3$)作用下,对芳香族化合物的环系进行的烷基化反应和酰化反应。他们认为反应过程中 $AlCl_3$ 是有效的催化剂。烯烃和炔烃的酰化反应以及烯烃的聚合反应都可以看作 Friedel-Crafts 反应的扩展。

烷基化和酰基化反应的过程,可以看作亲电子的烷基 R^+ 或酰基 RCO^+ 进攻芳香环系(Ar)所发生的亲电子取代反应:

$$RCl + AlCl_3 \rightleftharpoons [R^+ \ AlCl_4^-] \xrightleftharpoons{ArH} RAr + HCl + AlCl_3$$

$$RCOCl + AlCl_3 \rightleftharpoons [RCO^+ \ AlCl_4^-] \xrightleftharpoons{ArH} RCOAr + HCl + AlCl_3$$

工业上常利用 Friedel-Crafts 反应生产各种重要的有机化合物。例如生产市售的洗涤剂(主要成分是十二烷基苯磺酸钠):

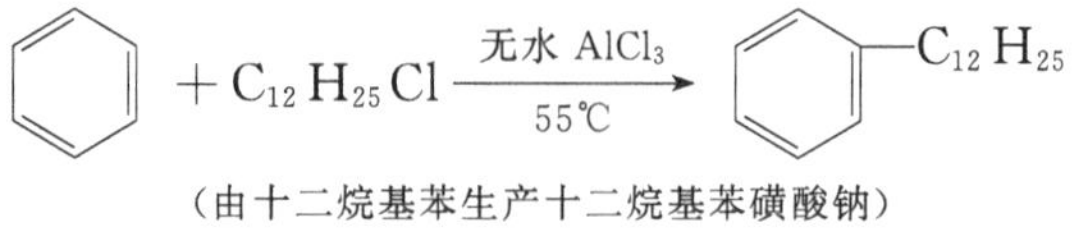

(由十二烷基苯生产十二烷基苯磺酸钠)

芳环上引入烷基最常用的烷基化试剂,除卤化烷外还有烯烃和醇

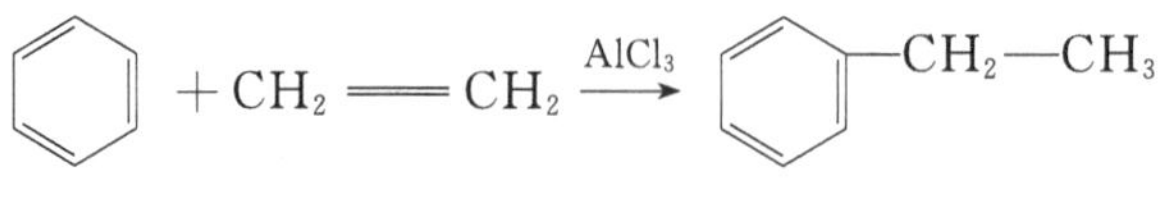

工业上重要的化工原料乙苯、丙苯等大都是利用 Friedel-Crafts 反应来进行芳环上的烷基化的。

通过烷基化还可以进行闭环反应，合成环状化合物：

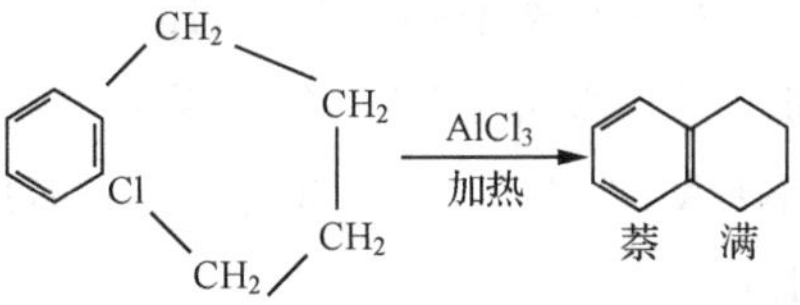

用酰基化反应可合成芳酮。染料工业中所需的蒽醌就是以光气为酰化剂合成的：

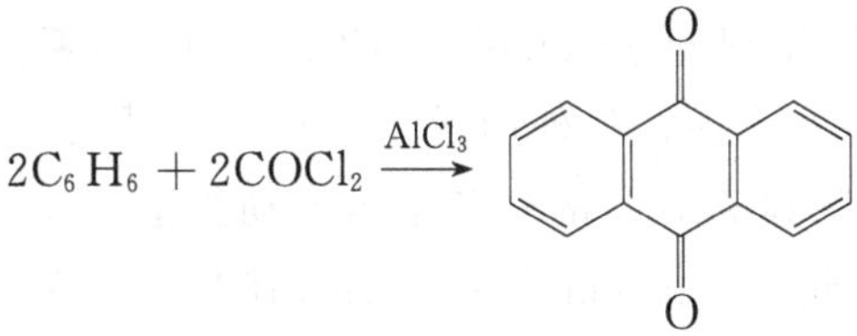

还可利用 Friedel-Crafts 反应进行各种缩合反应、异构化反应及环化反应：

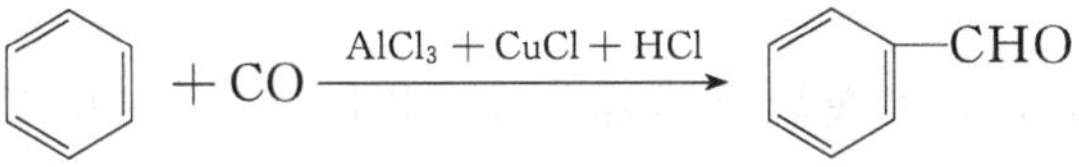

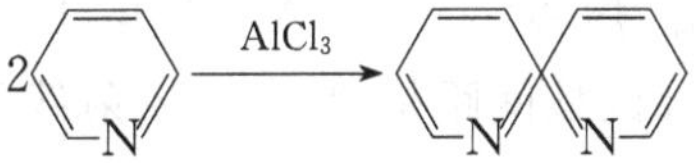

$$RCH_2CH_2Me \xrightarrow{AlCl_3} RCHMe_2$$

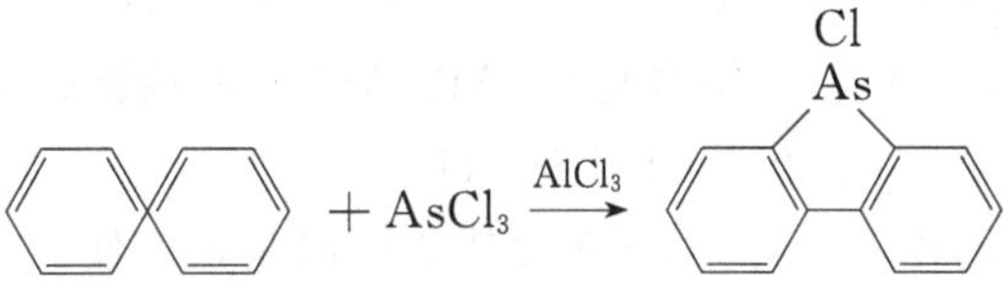

有关上述反应的综合评述可查阅参考文献[4]。

显然 Friedel-Crafts 反应等化学反应都表明 $AlCl_3$ 对 Cl 有很大的亲和力，从而生成 $AlCl_4^-$。因此在需要生成离子质点的反应时就要用 $AlCl_3$。在 Friedel-Crafts 反应中 $AlCl_3$ 可以认为是起这种作用的催化剂。许多实验已经证明确实存在着 $AlCl_4^-$。据报道有人从 CH_3COCl-$AlCl_3$ 体系中分离出一种粘稠的化合物。该化合物的红外光谱表明该化合物有三种存在形式：两种是离子形式的，一种是配合物形式的。离子形式是：$(H_3C—C\equiv O)^+(AlCl_4)^-$（在 $v_{CO}=2200cm^{-1}$ 有谱线）；杂化超共轭类乙烯酮结构（$^+CH_3=C=O$）（$AlCl_4^-$）（在 $v_{CO}=2300cm^{-1}$ 有谱线）据说在用 Friedel-Crafts 反应合成酮的过程中第一阶段的活性物质是含氧碳的氯化铝。配合物对反应机理并不重要[2]。

$AlCl_3$ 与 Cl^- 有很大的亲和力还导致生成一些不常见的阳离子。在 $SOCl_2$ 存在的条件下 S_4N_4 与 $AlCl_3$ 反应可得到 $S_5N_5^+AlCl_4^-$ 结晶。当 $AlCl_3$ 与一些金属在它们的卤化物存在的条件下进行反应可以生成多原子金属簇阳离子，它们的 $AlCl_4^-$ 盐已被分离出来。这些阳离子是 Cd_2^{2+}，Hg_3^{2+}，M_4^{2+}（M＝Se 或 Te）Te_6^{2+}，M_8^{2+}（M＝Bi 或 Se）和 Bi_5^{3+} 等。此外 $AlCl_4^-$ 的一系列其他盐也已被制备出来。例如 Bu^tPCl_3，PCl_4^+，Cl_3PNHMe^+，$NP_2Cl_6^+$，SCl_3^+，$Al(NH_3)_4^{3+}$，$Al(MeCN)_6^{3+}$，$Al(DMSO)_6^{3+}$ 和 $Al(OPCl_3)^{3+}$。

在 $AlCl_3$ 与碱金属卤化物的熔盐体系中也表现出 $AlCl_3$ 对 Cl^- 有很强的亲和力。例如在 KCl-$AlCl_3$ 的熔盐体系中，测定了该体系在 180－1080℃，15—80mol％$AlCl_3$ 的电导，发现 50—50mol％ $AlCl_3$—KCl 体系的电导最大。这是因为在这个条件下 $KAlCl_4$ 最多。另外用激光拉曼光谱研究了 50—50mol％ $AlCl_3$-NaCl 体系（225℃）观测到 $AlCl_4^-$ 的四条基本振动光谱：ν_1，351cm^{-1}，极强，极化；ν_2，121cm^{-1}，强，去极化；ν_3，490cm^{-1}，中强；ν_4，186cm^{-1}，强，去极化。研究 50—50mol％ $AlCl_3$-KCl 体系也观测到 $AlCl_4^-$ 的类似的谱线：ν_1，350；ν_2，122；ν_3，487 和 ν_4，182cm^{-1}[2]。

下面列出常见的氯铝酸盐及其熔点：$LiAlCl_4$，熔点 143.5℃；$NaAlCl_4$，熔点，200℃；$KAlCl_4$ 和 $CuAlCl_4$，熔点，233℃；$AgAlCl_4$、$BaAl_2Cl_8$ 和 NH_4AlCl_4 熔点 304℃。$NaAlCl_4$ 中 Al—Cl 的核间距是 2.13Å（X 射线衍射），$KAlCl_4$ 中是 2.16Å（电子衍射法）。在液态氯化氢中 Al_2Cl_6 与 MeCOCl 反应可得 $Al_2Cl_7^-$ 的盐：

$$MeCOCl + Al_2Cl_6 \xrightarrow{\text{液体氯化氢}} MeCO^+Al_2Cl_7^-$$

这个盐有一个卤桥，$Al_2Cl_7^-$ 的结构是 $Cl_3AlClAlCl_3$，末端键（Al—Cl）是 2.10Å，桥键（Al—Cl）是 2.24Å，而键角 AlClAl 是 111°。

在合成铝的其他化合物时，以三氯化铝为原料是很方便的。例如：

$$AlCl_3 + 3MX \longrightarrow AlX_3 + 3MCl$$

（MX＝LiR、$LiNR_2$、LiN：CR_2、NaOR）

$$AlCl_3 + 4MX \longrightarrow MAlX_4 + 3MCl$$

（MX＝LiR、$LiNR_2$、LiN：CR_2、NaOR、LiH）

它也可以把某些非金属的氟化物转变为氯化物例如：

$$BF_3 + AlCl_3 \longrightarrow AlF_3 + BCl_3$$

$AlCl_3 \cdot 6H_2O$ 或 50％$AlCl_3$ 在盐酸中的水溶液都是重要的工业原料。水合氯化铝最好由水合氧化铝和盐酸反应来制备。在肥皂工业中盐析出丙三醇、制备除臭剂和木材防腐剂都要用到它。在 0℃以下由三氯化铝水溶液中析出的结晶是 $AlCl_3 \cdot 9H_2O$。

2.2.5 三溴化铝

三溴化铝是无色、六角形片状晶体。容易吸潮水解。与制备 $AlCl_3$ 相似，也可用金属在溴气氛中加热来制备三溴化铝，并可用蒸馏法提纯。晶体属单斜晶系，空间群是 $P2_1/a-C_{24}^5$，晶胞参数是 $a=10.20, b=7.09, c=7.48Å, \beta=96°$，密度是 $3.29g/cm^3$。它的键参数已列在表 7.7 中。

与氯化铝相似，在液相或气相中都存在着 $AlBr_3$ 和 Al_2Br_6 之间的平衡。

溴化铝与水猛烈反应，与分子量比较小的醇反应也很猛烈。它能溶解（比 $AlCl_3$ 更容易）。在苯、已烷、二硫化碳、丙酮、氯仿、硝基苯和腈类中。在惰性溶剂中以二聚物 Al_2Br_6 形式存在。在电子对给予体溶剂中，能生成配合物 $LAlBr_3$ 或 $L_2AlBr_2^+AlBr_4^-$。在 $AlBr_3$ 的 $PhNO_2$（Ph 为苯基）、MeCN 和 PhCN 溶液中，由于生成了 $L_2AlBr_2^+AlBr_4^-$ 而使溶液可以导电。$AlBr_3$ 比 $AlCl_3$ 在烃类中有更大的溶解度，因此它在 Friedel-Crafts 反应中有更大的催化活性。但 $AlBr_3$ 因价格高而限制了它的广泛应用。

在空气中加热三溴化铝可失去溴变为氧化铝。与氯化氢反应能迅速生成 $AlCl_2Br$，最后生成 $AlCl_3$。与路易斯碱（L）生成配合物，最普通的实验式是 $LAlBr_3$。熔融的 $AlBr_3$ 与其他金属溴化物或溴化铵反应可得四溴铝酸盐 $MAlBr_4$（M＝Li，熔点 197℃；Na，201℃；K，191℃；Ag，215℃；NH_4，232℃）或 $M(AlBr_4)_2$（M＝Mg，Ca，Zn，或 Cd）或七溴二铝酸盐 MAl_2Br_7（M＝Li，Na，K，Ag，NH_4）。

将无水溴化铝小心地溶解在氢溴酸中或者将金属铝或水合氧化铝溶解在氢溴酸中都可得到三溴化铝溶液。在 20℃下由这些溶液中析出的结晶是 $AlBr_3 \cdot 6H_2O$，熔点 93℃，密度 $2.54g/cm^3$，是一种淡黄色针状晶体。在－9℃时析出的结晶是 $AlBr_3 \cdot 15H_2O$。加热这两种水合晶体都将失去水和溴化氢变为 Al_2O_3。

2.2.6 三碘化铝

三碘化铝是无色或淡棕色易潮解的片状物，熔点 189.4℃。碘与过量铝粉在密封管中在 300℃下加热 24 小时可制备三碘化铝。在 150℃下可进行真空升华提纯。AlI_3 与水激烈反应。在空气中加热可得到 Al_2O_3 和 I_2。它的蒸气易燃，燃烧时火焰呈桔红色，生成氧化铝雾。碘化铝蒸气与空气混合后加热会爆炸。AlI_3 溶解在含羟基的溶剂中将被分解；在惰性溶剂中以 Al_2I_6 形式存在；在电子对给予体溶剂中将生成配合物。将铝或水合氧化铝溶解在氢碘酸中可生成 $AlI_3 \cdot 6H_2O$（熔点 185℃）和 $AlI_3 \cdot 15H_2O$[3]。

当把 AlI_3 和 Pr_4^nNI（碘化四正丙基胺）溶解在二氯甲烷中，不仅生成 AlI_4^- 还生成 AlI_3Cl^-、$AlI_2Cl_2^-$、$AlICl_3^-$ 以及 $AlCl_4^-$。这些质点用 ^{27}Al 核磁共振谱很容易得到鉴别，因为铝周围卤素原子分布不同，这些质点有不同的化学位移。

2.2.7　三卤化铝的配位化合物

三卤化铝作为路易斯酸可以与多种多样的路易斯碱形成为数众多的三卤化铝的路易斯酸碱加合物。这是第三族元素最重要的一种化学现象。路易斯碱包括大量有机化合物如芳烃、烯、卤代烷、卤代芳烃、氧鎓卤化物($R_3O^+Cl^-$)、胺、硝基化合物、腈、醚、醛、酮、醇、羧酸、酸酐、酯、酰胺、酰卤以及各种类型有机磷、砷、硫化合物。无机化合物如过渡金属卤化物也可以作为路易斯碱与三卤化铝加合。1963年以前有关三卤化铝的配位化学已由Greenwood和Wade做了很好的总结。

下面首先介绍第五族到第七族元素配位原子及不同配位数与三卤化铝所形成的配合物的性质及结构。然后介绍不饱和配合物的情况。最后介绍三卤化铝与其它金属离子的化合物所形成的配合物,其与吡啶生成的配合物生成物见表7.10。

三卤化铝最常见的路易斯酸碱加合物形式是$LAlX_3$(L:路易斯碱)。常见的配位原子是N和O。加合物的作用力与配位原子种类、配位数和路易斯酸碱的强度有关。强度差别很大,可以从范氏力直到稳定的共价键。加合物中铝的最常见的配位数是4。

虽然含磷、锑的配合物已有报道,但在第五族中最常见的配位原子还是氮。最常见的氮的配合物是$Me_3N \cdot AlCl_3$。X射线结构分析测出,它具有类甲烷的结构。铝周围是近似四面体配价,Cl—Al—Cl角为112°,NAlCl角为107°,原子间距为Al—N 1.96Å,Al—Cl 2.12Å。$AlBr_3$与PEt_3、PBr_3、PPh_3和$SbBr_3$也可形成类似的1∶1配合物。

表7.10　第三族卤化物MX_3与吡啶生成的配合物的生成热(kJ/mol)

化合物	$-\Delta H_f(c)$[1)]	$-\Delta H_f(g)$[2)]	$D(L\text{-}MX_3)$[3)]
Py,BCl_3	169.9	158.6	285.3
Py,BBr_3	196.4	182.0	291.6
Py,$AlCl_3$	119.7	191.2	323.4
Py,$AlBr_3$	136.4	189.5	307.9
Py,AlI_3	126.8	183.7	264.0
Py,$CaCl_3$	124.7	146.9	247.7
Py,$GaBr_3$	121.3	141.0	236.8
Py,GaI_3	113.4	120.0	194.5

1) 指液体吡啶与凝聚态(液体或固体)生成固体$Py \cdot MX_3$;

2) 指气相反应$Py(g)+MX_3(g) \longrightarrow Py \cdot MX_3(g)$;

3) $D(L\text{-}MX_3)$是键的解离能,它由下关系式得到,

$D(C_3H_5N-AlX_3)=\Delta H_f(g)+\Delta H_{重排}$。

用 X 射线系统地研究了吡啶-卤化铝体系，确定了下列化合物的结构：$(C_5H_5N)_nAlX_3$（X=Cl，Br，n=1，2，3）和$(C_5H_5N)_nAlI_3$（n=1，3）。这些化合物的熔融态具有低电导（由 1—10×10^{-3}s/cm）说明它们主要是共价键。它们的生成热和配位键、解离能呈有规律的变化。

上述数据表明，以吡啶作为参比物，路易斯酸的酸度大小顺序是 $AlX_3 > BX_3 > GaX_3$；$AlCl_3 > AlBr_3 > AlI_3$。以四乙基吡啶为参比物也得到类似的变化趋势。从上述顺序可以比较出在卤化铝配合物中配位键的强度。

有人利用红外移动测知，各种咪唑衍生物都是用类吡啶氮而不是用亚胺氮与铝配位的[2]。

卤化铝与其他含金属的化合物所生成的配合物可以有下述两种方式生成：①金属作为路易斯碱 $M \longrightarrow AlX_3$ ②与金属相联结的集团作为路易斯碱，如：(i)在金属与铝之间生成单桥 $M—Y \longrightarrow AlX_3$ (ii)生成双桥键

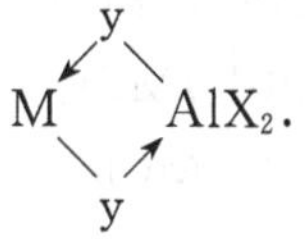

最普通的形式是这种双桥键的配合物。第(i)种形式的配合物已报道的只有 Y=Me。

1968 年 Auel 和 Amma 报道了含有 $AlCl_4^-$ 的一系列化合物的制备方法及其特征。这些化合物是$(C_6H_6)_2 \cdot Sn(AlCl_4)_2$，$(C_6H_6)_2 \cdot Pb \cdot (AlCl_4)_2$，$C_6H_6 \cdot 2TlAlCl_4$，$(C_6H_6)_2 \cdot TlAlCl_4$，$C_6H_6 \cdot BiCl_2AlCl_4$。第一个化合物的结构已经测定，它主要是由 Sn^{2+} 和正四面体 $AlCl_4^-$ 所组成的键。

在 Sn^{2+} 周围有三种配位情况，与具有两个给体的 $AlCl_4^-$ 的末端 Cl 相联，对称配位的苯分子可以认为是躺在链的表面。Sn^{2+} 周围的几何构型可近似地看作是五角双锥体。

将金属钛与三氯化铝放在一起熔融，进行反应所生成的 $Ti(AlCl_4)_2$，具有类似的金属离子和 $AlCl_4$ 四面体的链。X 射线衍射法测定晶体结构表明这种固体是由与两个 $AlCl_4$ 四面体相联接的扭曲的 $TiCl_6$ 八面体的链所组成。相邻的链并没有联结在一起[2]。

$CuAlCl_4$ 是一个与上面讨论的相类似的配合物，它可以与芳香溶剂进行络合反应。X 射线结构测定表明苯分子用 C-Cπ 键与 Cu^I 成键，而在上述的 Sn^{II}的配合物中苯分子是对称地生成配位键。已报道过甲苯与 $CuAlCl_4$ 的离解能为 47.8±1.3kJ/mol。这与已知的金属-芳烃之间的作用能是相一致的[2]。

氯化铝与金属氯化物如 NaCl，$MgCl_2$，$CoCl_2$，$NiCl_2$，$MnCl_2$，$NdCl_3$，UCl_4，$CrCl_3$ 等在高温下可生成能挥发的化合物。例如温度超过 550℃ NaCl 与 $AlCl_3$ 可生成挥发性的 NaCl · $AlCl_3$。在 500℃左右与 $CrCl_3$ 进行如下反应：

$$CrCl_{3(s)} + 1.5Al_2Cl_{6(g)} \rightleftharpoons [CrCl_3 \cdot 3AlCl_3]_{(g)}$$

有人假定在这个化合物中八面体 $CrCl_6$ 与三个四面体共边，能形成类似配合物的还有 $NbCl_3$，UCl_3，VCl_5 等金属卤化物。人们预言这些配合物可能采取如下的结构：

(1) MCl · $AlCl_3$(NaCl · $AlCl_3$)有一个四面体。

(2) MCl_2 · $AlCl_3$($BeCl_2$ · $AlCl_3$)有两个四面体共面

(3) MCl_2 · 2$AlCl_3$($CaCl_2$ · 2$AlCl_3$)MCl_6 八面体与 $AlCl_4$ 四面体共用二个面。

(4) MCl_3 · $AlCl_3$($FeCl_3$ · $AlCl_3$)两个四面体共边。

(5) MCl_3 · 3$AlCl_3$($NbCl_3$ · 3$AlCl_3$)MCl_6 八面体与三个 $AlCl_4$ 四面体共棱。

(6) MCl_4 · 2$AlCl_3$(UCl_4 · 2$AlCl_3$)MCl_6 八面体与 $AlCl_4$ 四面体共用二个棱。

(7) MCl_5 · $AlCl_3$(UCl_5 · $AlCl_3$)MCl_6 八面体与一个 $AlCl_4$ 四面体共用一个棱。

在有 Al 和 $AlCl_3$ 存在的条件下，$CrCl_3$ 与苯反应可生成二苯化铬。可是如果用 $PdCl_2$ 进行同样的合成，则可生成不常见的配合物：[$PdAlCl_4C_6H_6$]和[$PdAl_2Cl_7C_6H_6$]它们的结构可用单晶方法测定。后者的结构是：

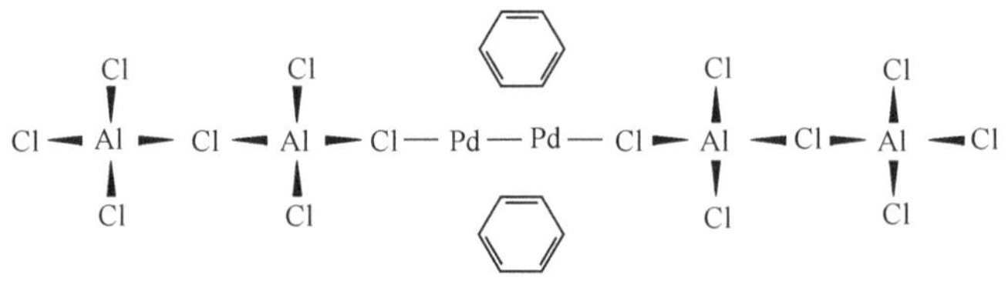

前者的结构与此相似，只是没有两个末端的 $AlCl_3$ 分子。目前讨论这种结构的主要兴趣在于这种分子中只有一个氯桥。在一般情况下相同的 Al—Cl—M 桥键(在 Al—Cl—Al 中是 2.25Å，在 Al—Cl—Pd 中是 2.15Å)比 Al—Cl 末端键(2.13Å)要长些。然而在 Al_2X_6 的双桥键中，Al—X—Al 键角大约为 87°，而在上述配合物中相应的键角则为 115.6°。当 Cl 桥键与铝所成的键长变小时，Cl—Al—Cl 角将增加。[Cl_b—Al—Cl_b = 96.5°，Cl_b—Al—Cl_t = 107.7°，Cl_t—Al—Cl_t = 113.3°]。对这种化合物键角键长的差别有人认为是在桥键 Al—Cl—M 中 Al 原子的 p 轨道成分比在末端键中要大的缘故。

$(CO)_5MnX$，$(h^5\text{-}C_5H_5)(CO)_2FeX$ 和 $(Me_3P)_2(CO)_2FeX_2$ 与 AlX_3(X=Cl，Br，I)反应能生成 1∶1 的配合物。这些配合物中单个卤桥起着重要作用。

在 1958 年 Chini 和 Ercohi 分离出了对空气敏感的加合物 $Co_2(CO)_8$ · $AlBr_3$，

关于这个化合物的结构曾引起过许多推测。Shriver 和他的同事以及 Schmid 等人重新鉴定了这个化合物。两个组都报道了这个化合物的红外光谱在大约 $1600cm^{-1}$ 处有一个新的强的谱带，这可归结为在 M—CO ⟶ $AlBr_3$ 中 CO 的伸缩振动。根据 Shriver 关于羰基桥的路易斯碱碱度的研究，两个组都认为这个化合物具有如下结构：

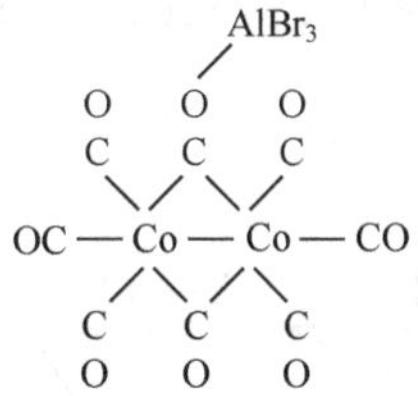

这个化合物涉及卤化铝的铝金属有机化合物的第一个例子。将这一化合物溶在苯中加热到 60℃可得到更有意思的化合物 $Co_3(CO)_9COAlBr_2$，它是 $AlBr_3$ 的加合物或者是在 NMe_3 存在的条件下可做为胺的加合物。

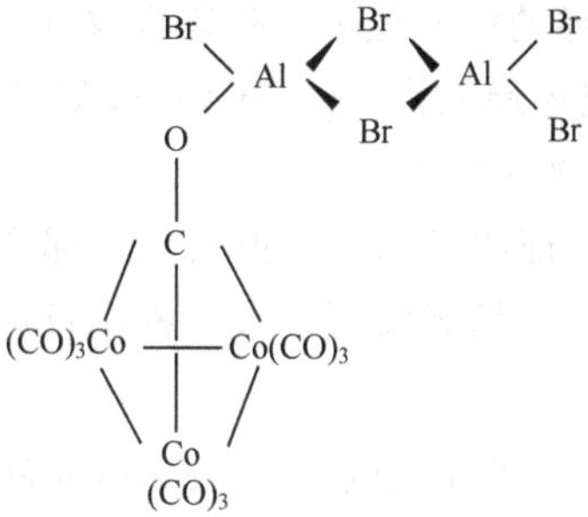

由下面的反应可以分离出只含铝的金属簇化合物。这一化合物的红外光谱在羰基区与 $Co_4(CO)_4$ 很相似。

$$AlCl_3 + 3Na[Co(CO_4)] \xrightarrow[\text{苯}]{30℃} AlCo_3(CO)_9 + 3NaCl + 3CO$$

因此人们认为 $AlCo_3$ 簇与 Co_4 簇很相似。

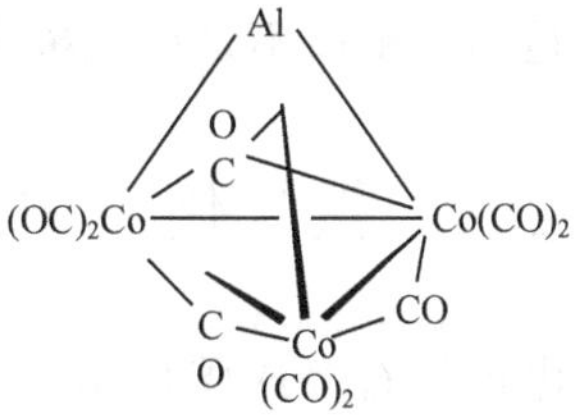

含金属钛的化合物与有机铝卤化物所生成的配合物是重要的催化剂。通过对这一化合物的研究可以了解到在乙烯聚合作用中 Ziegler-Natta 催化剂的作用。

1967 年 Henrici-Olivé 和 Olivé 总结了关于均相 Ziegler-Natta 催化剂（如 $Cp_2TiCl_2 \cdot EtAlCl_2$）的作用得到这样的结论①虽然在这样的体系中 Ti^{IV} 被还原为

Ti^{III},但催化活性质点中含有 Ti^{IV}②还原过程与聚合过程是密切相联的。③关键的物质是 $Cp_2TiEtCl$。在下述平衡中可生成乙基钛(IV)

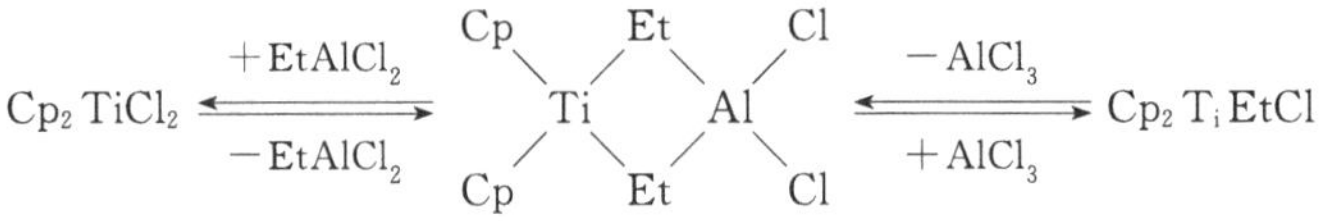

他们假定在下面所表示的两个 $Cp_2TiEtCl \cdot EtAlCl_2$ 配合分子互相作用时可进行还原反应。

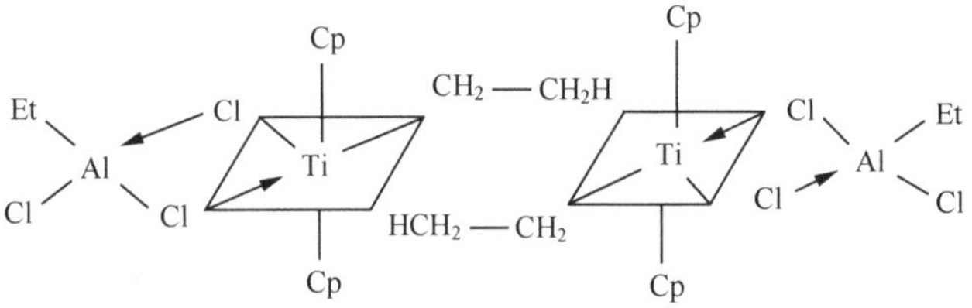

可以认为与铝相联的卤桥削弱了 Ti—Et 键。因此氢原子可以由一个配合物的乙基上转移到可以被诱导的空配位上。接着氢又转移到第二个配合物的配位乙基上,从而消除乙烷并生成还原质点 $Cp_2TiCl \cdot EtAlCl_2$。乙烯从第一个配合物中消失也导致 Ti^{III}—Al 配合物的生成。

Henrici-Olivé 和 Olivé 证明了乙烯占据右上方那个配合物的空配位上可以降低 Ti-Et 键的稳定性。加入乙烯确实可以大大提高反应速度。

电子自旋共振研究表明,被还原的 Ziegler-Natta 催化剂的 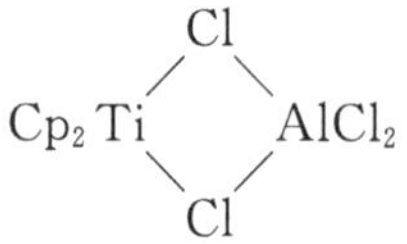 体系中存在着顺磁的 Ti^{III}。由核的四极偶合常数和线宽确定:

(1) 第三族卤化物对 Cp_2TiCl 的路易斯酸度的顺序为:

$$GaCl_3 > BCl_3 > AlCl_3 > ICl_3$$

(2) $EtAlCl_2$ 和 $MeAlCl_2$ 都能与 Cp_2TiCl 生成双卤桥。

(3) $HAlCl_2$ 和 Cp_2TiH 是用氢桥而不是用氯桥联结。

2.3 氰　化　物

氰化铝(I)(AlCN) 将氮化铝与石墨或碳化铝在 1500—1860K 下加热可得到能短时间存在的气体 AlCN,在冷却时它可分解为氮化铝和碳。质谱分析表明它可能生成两种同分异构物 AlCN 和 AlNC。AlCN(g) 的标准生成热 ΔH_f^0 为 553.5kJ/mol,原子化热为 1255kJ/mol。

氰化铝(III)($Al(CN)_3$)在过量的 HCN 与 AlH_3 的乙醚溶液中反应可产生乙

醚的加合物 $Et_2O \cdot Al(CN)_3$ 沉淀。在空气中它可暂时存在,但可被水分解为 $Al(OH)_3+3HCN$。过量的氰化氢与 $LiAlH_4$ 的乙醚溶液反应可产生不太稳定的四氰铝酸盐沉淀,它是无色的无定形粉末,在室温下即使没有湿气和氧气它也能分解,失去氰根生成黄色物质。在水中它分解为 $Al(OH)_3$、LiCN 和 HCN。用两个摩尔的 HCN 与一个摩尔 $LiAlH_4$ 的乙醚溶液反应,产生混合的氰氢化物 $LiAlH_2(CN)_2$。$Hg(CN)_2$ 与 AlH_3 的乙醚溶液反应产生氢化二氰铝 $AlH(CN)_2$:

$$AlH_3+Hg(CN)_2 \xrightarrow[Et_2O]{-20℃} AlH(CN)_2\downarrow+Hg+H_2$$

HCN 与三烷基铝 R_3Al 反应能制备出氰化二烷基铝 R_2AlCN:

$2(Me_3Al)_2+4HCN \rightarrow$ 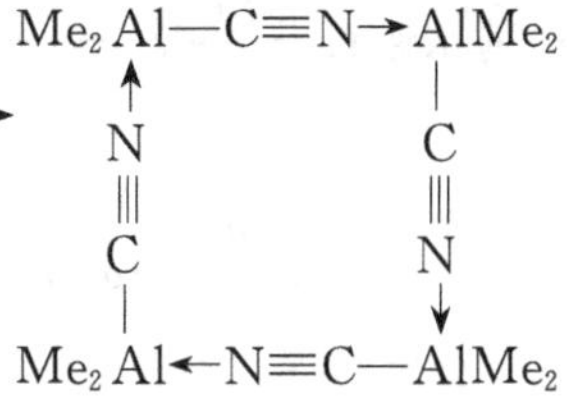

这类化合物的四聚或更高缔合物的生成,是由于氰根有成线型桥的倾向。

2.4　氧化物和氢氧化物

铝的氧化物和氢氧化物有 $Al(OH)_3$,$AlO\cdot OH$,Al_2O_3 三种形式。它们有着广泛的用途,在铝化学中占有重要地位。氧化铝主要用于生产金属铝。在陶瓷、耐火材料、医药、吸附剂、催化剂及其载体等方面氧化铝也有重要应用。γ-Al_2O_3 在化工、石油工业中是很重要的。因为它有很强的吸附能力(称“活性氧化铝”)、催化活性和热稳定性[11]。

氧化铝和氢氧化铝都有许多变体,有多种多样的结构,在命名和译名上尚未统一。主要形式有:$Al(OH)_3$,$AlO\cdot OH$,Al_2O_3,它们各自有自己的变体。现分述如下:

$Al(OH)_3$ 变体有 γ-$Al(OH)_3$　水铝石(Gibbsite 或称 Hydrargillite)

α_1-$Al(OH)_3$　拜铝石(Bayerite)

α_2-$Al(OH)_3$　诺铝石(Nordstrandite)

$AlO\cdot OH$ 变体有 γ-$AlO\cdot OH$　薄水铝石(Boehmite)

α-$AlO\cdot OH$　硬水铝石(Diaspore)

γ'-$AlO\cdot OH$　假薄水铝石(Pseudo-boehmite)

Al_2O_3 变体约有八种*(χ-,η-,γ-,δ-,κ-,θ-,ρ-,α-Al_2O_3)

---

* ρ:无定形的;χ:立方的;η:立方尖晶石的;δ:正交的;γ:立方的;κ:正交的;θ:单斜的;α:三方的。

现将各种水合氧化铝的热转化过程图示如下：

(1) 在空气中[10]

$$\text{薄水铝石(晶粒较大)}\xrightarrow{450℃}\gamma\text{-}\xrightarrow{750℃}\delta\text{-}\xrightarrow{1000℃}(\theta+\alpha)\xrightarrow{1200℃}\alpha\text{-}Al_2O_3$$

$$\text{硬水铝石}\xrightarrow[\text{真空或空气中}]{450℃}\alpha\text{-}Al_2O_3$$

(2) 在空气中[11]

$$\text{水铝石}\xrightarrow{450℃}\chi\text{-}\xrightarrow{900℃}\kappa\text{-}\xrightarrow{1200℃}\alpha\text{-}Al_2O_3$$

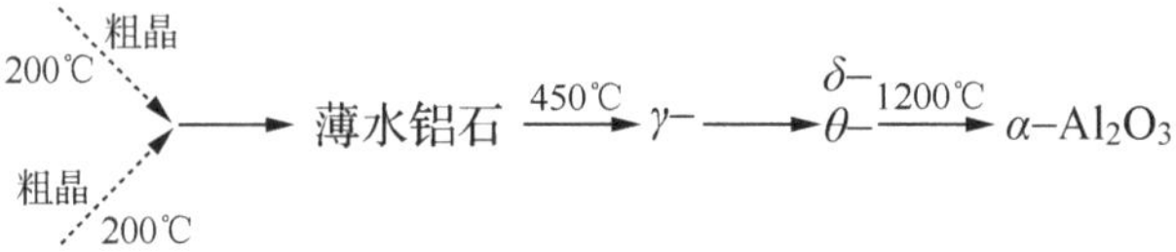

$$\left.\begin{array}{l}\text{拜铝石}\\ \text{诺铝石}\end{array}\right\}\xrightarrow{230℃}\eta\text{-}\xrightarrow{850℃}\theta\text{-}\xrightarrow{1200℃}\alpha\text{-}Al_2O_3$$

(3) 真空中[13]

$$\text{水铝石}\xrightarrow{200—230℃}\text{薄水铝石}\xrightarrow{465℃}\rho\text{-}\xrightarrow{650℃}\gamma\text{-}\xrightarrow{780℃}\delta\text{-}\xrightarrow{860℃}\theta\text{-}\xrightarrow{980—1125℃}\alpha\text{-}Al_2O_3$$

$$\text{拜铝石}\xrightarrow{70—220℃}\rho\text{-}\xrightarrow{600℃}\eta\text{-}\xrightarrow{790℃}\delta\text{-}\xrightarrow{900℃}\theta\text{-}\xrightarrow{1040—1100℃}\alpha\text{-}Al_2O_3$$

$$\text{拜铝石}\xrightarrow{\text{骤然升温至 }700℃}\theta\text{-}\xrightarrow{1150℃}\alpha\text{-}Al_2O_3$$

由此可见水合氧化铝的热转化是比较复杂的。中间相的种类与原始物体、加热条件(压力、温度、空气或真空)都有关系。一般说单水氧化铝(即 $AlO\cdot OH$ 型)脱水过程较简单，三水氧化铝(即 $Al(OH)_3$ 型)脱水过程较复杂。γ-三水氧化铝和α-三水氧化铝同是三水铝石，但它们的脱水情况并不相同。

有的文献指出水蒸气对某些相的生成有催化作用。因此在真空中和空气中出现的中间相是不同的。

关于中间相的数目看法也不尽相同。比较多的文献认为 δ-Al_2O_3 和 θ-Al_2O_3 属两种不同的结构，而有的文献则认为 δ 和 θ 的晶体结构相同[8]，Wells[3] 指出 δ 和 θ 都是高结晶相。δ 是尖晶石的超结构。θ 相与 α 相结构相同。1/2 金属占据四面体空隙，其余金属占据八面体空隙，O 原子是立方密堆积。

只有硬水铝石加热可直接得到 α-Al_2O_3，而 γ-、α_1-、α_2-$Al(OH)_3$ 需经长时间加热才能得到 α-Al_2O_3。

从组成为 Al_2O_3 到 $AlO\cdot OH$(即从 Al_2O_3 到含有 15%水分的 Al_2O_3)，在这个范围内已经确定有六个不同的相(γ-，δ-，κ-，η-，θ-和 χ-Al_2O_3)。α-Al_2O_3 是无水氧化铝。原来以为 β-Al_2O_3 是 α-Al_2O_3 的变体，实际上它是含钠离子的$Na_2O\cdot 11Al_2O_3$。

在质谱中气化 Al_2O_3 可得到 AlO、Al_2O、Al_3O_3 的碎片。它们的原子化焓分别为 481+21,1025±29,1527±29kJ/mol。

一些氧化铝和氢氧化铝的标准生成热列于表 7.11 中。

表 7.11 氧化铝和氢氧化铝的标准生成热

物质名称		ΔH_f^0, 298K(kJ/mol)
Al_2O_3	α-刚玉	−1675.7
	γ-刚玉	−1665±8
	ρ-刚玉	−1636±8
AlO·OH	薄水铝石	−1975
	硬水铝石	−2004±4
$Al(OH)_3$	水铝石	−2563
	拜铝石	−2553

2.4.1 氢氧化铝

$Al(OH)_3$ 的三种变体:水铝石(γ-$Al(OH)_3$),拜铝石(α_1-$Al(OH)_3$),诺铝石(α_2-$Al(OH)_3$)。其中以水铝石最为重要,它是铝矾土的主要组分,是拜耳法的中间产物。这三种变体都是层型结构,层内都是 OH^- 的 AB 双层密堆积。三者差别在于层与层的重叠方式不同。层内的八面体空隙有 2/3 被 Al^{3+} 占据。空的八面体空隙比被占据的空隙稍小,因此使晶体稍有变形[9]。

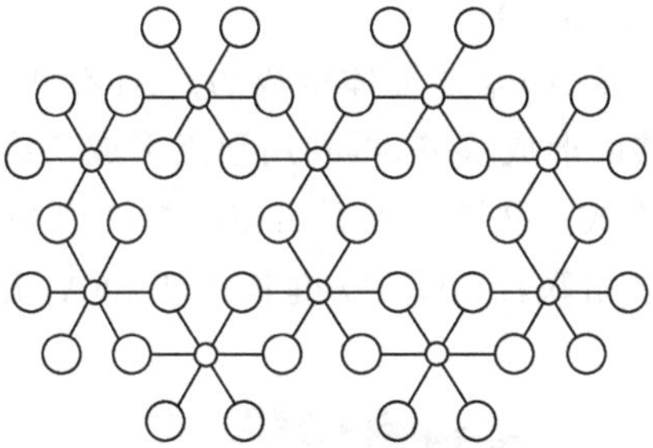

图 7.2 理想的 $Al(OH)_3$ 层。笔划重的圈表示 OH^- 在纸面上,笔划轻的圈表示 OH^- 在纸面下;小圈表示 Al 在纸面上

$Al(OH)_3$ 层可用图 7.2 表示。Al 在八面体中心,它的周围有 6 个 OH^-。八面体有三个边被共用。

拜铝石中氧原子呈近似的六方密堆积,层间关系是‖AC‖AC‖AC‖*,密度是

---

* *ABC* 是互相错开的密置层。

2.53g/cm³。水铝石中间层关系是‖*BC*‖*CB*‖*BC*‖，密度是 2.42g/cm³。诺铝石则处于一种中间状态，层间堆积方式类似于水铝石。由于堆积方式不同所以它们的层间距也不同[14]：

	d(Å)
拜铝石	4.72
诺铝石	4.79
水铝石	4.85

自然界中的水铝石，既有结晶状，又有胶体。结晶状沿 001 面有完整解离。胶体水铝石见于许多铝土矿中。

在 40—60℃将 CO_2 通入 pH>12 的 $NaAlO_2$ 溶液，就可得到纯的水铝石（γ-$Al(OH)_3$）

拜铝石（α_1-$Al(OH)_3$）在自然界中并不存在。但可用许多方法制备。在 20℃下快速通 CO_2 到 pH>10 的 $NaAlO_2$ 溶液中。或者在低于 70℃时将乙醇铝水解，或在室温下将铝汞齐水解都可以制得拜铝石。

诺铝石的制备比较困难，直到五十年代才制备出来。先用氨水中和铝盐溶液得到沉淀，再将沉淀在 58℃下于乙二胺溶液中老化 60 天即可制得。它存在于自然界。

2.4.2 羟基氧化铝

羟基氧化铝（AlO·OH）有两种变体：α-AlO·OH（硬水铝石，Diaspore）和 γ-AlO·OH（薄水铝石 Boehmite）。

α-AlO·OH 是由许多 AlO_6 八面体构成的。Al 在八面体中央，O 原子在八面体顶点上，八面体通过共面形成双链，再共用顶点形成三维骨架结构。图 7.3 表示了 AlO_6 八面体的连接方式。从图中可看出在此结构中 O 原子是六方密堆积。每个 O 原子都与三个 Al^{3+} 相联接，Al—O 键长为 1.86Å，并形成一个氢键，此 O—H—O 键长为 2.65Å。

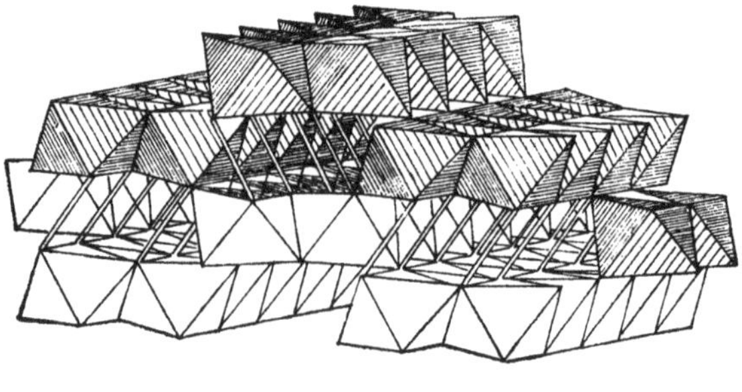

图 7.3　α-AlO·OH 的结构

图中八面体表示[AlO_6]，双线表示 O—H…O 键从图 7.4 可以看出在 γ-AlO · OH 中有二套 O 原子，一套 O 原子与 4 个 Al^{3+} 相联，另一套 O 原子则与二个 Al^{3+} 相联，并参与两个氢键的形成。与 α-AlO · OH 不同，γ-AlO · OH 是层状结构。

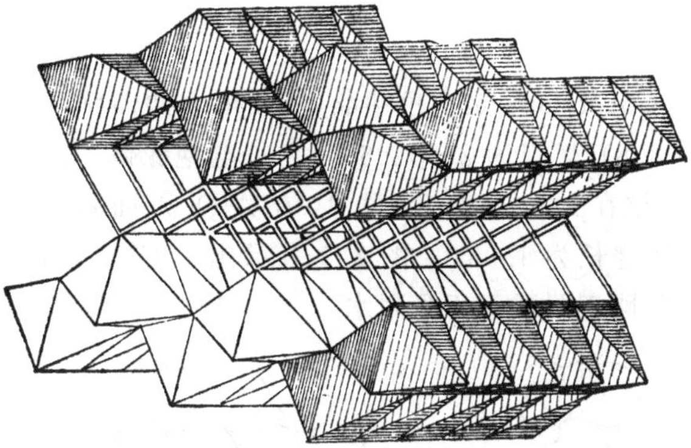

图 7.4 γ-AlO · OH 的结构

图中八面体表示[AlO_6]，双线表示 O—H…O 键

α-AlO · OH 与 α-Al_2O_3 中的 O 原子都是六方密堆积。加热 α-AlO · OH，脱水后可直接得到 α-Al_2O_3。

就 γ-AlO · OH 整体来说 O 原子并不是立方密堆积，但层内 O 原子是立方密堆积的。加热脱水可得到具有催化活性的 γ-Al_2O_3（尖晶石结构，O 原子也是立方密堆积）。进一步加热最后也得到 α-Al_2O_3。

羟基氧化铝在自然界既有典型的晶体也有胶体。硬水铝石存在于铁矾土或粘土中。

将薄水铝石放入 0.4% 的 NaOH 溶液中，加入 5% 自然界产的硬水铝石；在高压釜中用水蒸气加热到 380℃、500atm，反应一星期后，可制得硬水铝石。温度在 275℃—425℃，水蒸气压力大于 140atm 下，所有的氢氧化物和氧化铝，在加入硬水铝石晶种时都可转化为硬水铝石。

薄水铝石是欧洲铝矾土的主要成分。在高压釜中将水铝石在 300℃下用水热法处理二小时，可制得结晶很好的薄水铝石。

将 $Al(OH)_3$ 胶体在 pH>12 和 80℃下老化可制备胶体薄铝石。

除了上述两类结晶态水合氧化铝外，还有低结晶态的氧化铝水合物，它们统称为凝胶。凝胶结构中的水分子数不很确定。它是制备水合氧化铝过程中最先生成的物相。其中一种物相的结构是无定形的，称为无定形凝胶（Amorphous gel）。它的组成中 H_2O/Al_2O_3 比为 3—5。另一种凝胶的物相结构类似薄水铝石，但晶体很不完整，故称假薄水铝石（Pseudo-Boehmite）它的组成中 H_2O/Al_2O_3 比为 1.20—20。还有一种凝胶，它的物相结构类似于拜铝石，但晶体也不完整，面间比稍大，故称假拜铝石(Pseudo-Bayerite)。

在催化剂制备中最重要的是拜铝石和假薄水铝石。水铝石和诺铝石只是以杂相形式偶尔出现。

2.4.3 氧化铝

刚玉(α-Al_2O_3 Corundum)是白色结晶，呈菱形六面体状，密度是 4.0g/cm^3，非常硬(莫氏硬度为 8.8)，熔点为 2055±6℃，它是电绝缘体。刚玉结构中 O 原子是六方密堆积。Al^{3+} 填在 2/3 八面体空隙中。在 AlO_6 八面体中，3 个 Al—O 键长为 1.89Å；3 个 Al—O 键长为 1.93Å。图 7.5 表示出了 C′A 与 C″B 层的堆积情况。与活性氧化铝不同，刚玉耐酸而不吸附水。

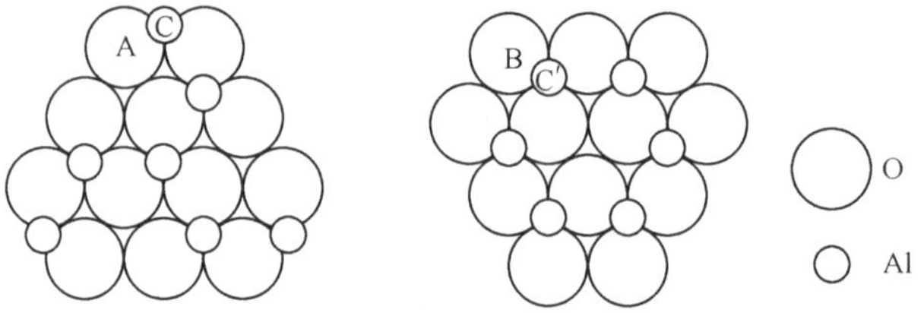

图 7.5　α-Al_2O_3 中氧和铝原子的密置层

刚玉和人造刚玉(铝矾土在电炉中熔化后制得)可作磨料或抛光材料。氧化铝体须可作增强复合材料。

γ-Al_2O_3 是具有缺陷的尖晶石结构。尖晶石的单位晶胞中有 32 个立方密堆积的 O 原子，形成 16 个八面体空隙和 8 个四面体空隙。而在 γ-Al_2O_3 中只有 $21\frac{1}{3}$ 个铝原子任意分布在这些空隙当中。因此还有 $2\frac{2}{3}$ 个空位[9]。

金属铝表面生成的氧化铝是具有缺陷的岩盐结构。其中阴阳离子的排列，如在岩盐中一样，但有 1/3 阳离子空穴。经过阳极氧化处理，可以得到抗腐蚀的(致密的)氧化薄膜。

光电子能谱研究表明 O_{1s} 与 Al_{2p} 间电子能量差在 γ-Al_2O_3 中是 456.82±0.98eV，在 α-Al_2O_3 中是 457.04±0.14eV。这种关系对具有 4 配位或 6 配位的 Al 在各种类型的尖晶石中也是适合的。因此它们可以作为测定含有 Al_2O_3 的物质的光电子能谱的标准物[8]。

人们原来以为 $Na_2O \cdot 11Al_2O_3$ 是 Al_2O_3 的一种变体，所以叫 β-Al_2O_3。但 X 衍射分析证明它是一种近于有缺陷的尖晶石结构。在晶胞中 58 个原子有不少于 50 个原子按尖晶石结构的方式排列。大的 Na^+ 离子或 K^+ 离子存在于具有尖晶石结构的片之间，可以使得结构稳定。β-Al_2O_3 的空间群是 $P6_3/mmc$。理想的 β-

Al_2O_3 组成是 $Na_2O \cdot 11Al_2O_3$，纯单晶的组成在 9—10 $\frac{1}{2}Al_2O_3:Na_2O$ 间变动。很纯的 β-Al_2O_3 单晶的组成是 $Na_{2.58}Al_{21.81}O_{34}$。在熔融情况下，$Na^+$ 离子可被其他单价阳离子（Ag^+，K^+，Rb^+）变换。产物与 $Na_2O \cdot 11Al_2O_3$，同晶。Ag^+ 盐与 $NOCl \cdot AlCl_3$ 反应，NO^+ 取代 Ag^+ 产生 $(NO^+)_2O \cdot 11Al_2O_3$。人们对 β-$Al_2O_3$ 重新感兴趣，是由于它的离子电导很大，因此它是制作固体电池的理想材料。

铝和其他金属可形成混合氧化物。红宝石的组成是氧化铝中含有痕量的 Cr^{3+}。蓝宝石的组成是 Al_2O_3 中含有痕量的 Fe^{2+}、Fe^{3+} 或 Ti^{4+}。人造红宝石或蓝宝石可作为激光光源产生相干光。在混合氧化物诸如尖晶石 Mg_2AlO_4 或铝铍石 $BeAl_2O_4$ 中，Al_2O_3 中的 Al 在八面体或四面体空隙中被其他阳离子所取代。

按结构系列可将氧化铝分为下面几类：

α 系列　O 原子呈六方密堆积，排列方式是‖*AB*‖*AB*‖…，其中包括 α-Al_2O_3 及 β-$AlO \cdot OH$ 热分解产物

β 系列　呈交替密堆积晶格，排列方式是‖*ABAC*‖*ABAC*‖…或‖*ABAC*‖*CABA*‖…，其中包括 χ-，κ-Al_2O_3

γ 系列　呈立方密堆积，即‖*ABC*‖*ABC*‖…。β-三水铝石及一水软铝石的热分解产物，如 γ-，δ-，η-和 θ-Al_2O_3 皆属此系列。

2.5　含 Al—S、Al—Se 键的化合物及碲化物

在高温下铝蒸气与气态硫、硒、碲反应，可以生成只能瞬时存在的气态质点 AlX、Al_2X 和 Al_2X_2（X＝S、Se、Te）和 $AlTe_2$。质谱测定双原子分子 AlX 的键能：AlS，373.6±7.9；AlSe，337.6±10.0；AlTe，267.8±10.0kJ/mol。

在常温下只有 Al_2S_3、Al_2Se_3 和 Al_2Te_3 是稳定的。用适当比例的组分元素在高温下反应可以制备这些化合物。Al_2S_3，700—1000℃，6—8 小时；Al_2Se_3，1000℃，24 小时；Al_2Te_3，1000℃，1 小时。

已知 Al_2S_3 有四种结构形式：α，β，γ 型和在高压下具有四面体形式的有缺陷的尖晶石结构的 δ 型。Al_2Se_3 和 Al_2Te_3 同 α-，β-Al_2S_3 一样具有纤锌矿结构，但只有 2/3 阳离子空位被铝原子占据（M_2X_3 型化合物结构型式见表 7.12）。

Al_2S_3、Al_2Se_3 和 Al_2Te_3 的一些性质列在表 7.13 中。表中 ΔE 值与它们的半导体禁带宽度有关。该值在相邻的 II-VI 和 III-V 族（MX 型）化合物之间。例如 ΔE 值按 AlP＜Al_2S_3＜MgS 次序增加。

表 7.12　M_2X_3 型化合物结构型式

(M＝Al、Ga、In；X＝S、Se、Te)

元素	S	Se	Te
Al	α，$\omega^{3)}$ β，$\omega^{2)}$ γ，$Al_2O_3^{1)}$（刚玉型） δ，有缺陷的尖晶石型	$\omega^{3)}$ $\omega^{2)}$	$\omega^{2)}$
Ga	α，$\omega^{3)}$ β，$\omega^{1)}$＞600℃ γ，$S^{1)}$＜550℃	$S^{1)}$	$S^{1)}$
In	α，γ′-$Al_2O_3^{1)}$ β，尖晶石型	α，γ′-Al_2O_3 $S^{1)}$	α，γ′-Al_2O_3 $S^{1)}$

注：$Al_2O_3^{1)}$：$21\frac{1}{3}$个金属原子无序地分布在尖晶石结构中的 8 个四面体空隙和 16 个八面体空隙；

γ′-$Al_2O_3^{1)}$：在尖晶石结构中金属原子优先占据八面体空隙；

$\omega^{1)}$：无序的纤锌矿结构；

$\omega^{2)}$：有缺陷的纤锌矿结构；

$\omega^{3)}$：有序的有缺陷的纤锌矿结构；

$S^{1)}$：无序的闪锌矿结构。

表 7.13　Al_2S_3、Al_2Se_3、Al_2Te_3 的性质

	α-Al_2S_3	Al_2Se_3	Al_2Te_3
颜色	白	灰	暗灰
密度(g/cm^3)	2.32	3.91	4.5
ΔH_f^0，298K(kJ/mol)	−724	−565	−326
空间格子(Å)a	6.42	3.89	4.07
c	17.83	6.30	6.93
ΔE(300K，eV)	4.1	3.1	2.2
电导(300K，s/cm)	—	—	185

所有这些化合物遇水都迅速地完全地水解成 $Al(OH)_3$ 和 H_2X(X＝S，Se，Te)[1]

人们现已经了解了许多包括 $M^{II}Al_2X_4$(X＝S，Se，Te)型化合物在内的三元化合物(例如 $MnAl_2S_4$)。它们的电学性质与相应的二元化合物 Al_2S_3 相近。这些三元化合物比 Al_2X_3 型化合物水解性稍弱，化学性质较稳定。类似的化合物，通式可表示为 $L_6M_2Al_2S_{14}$ 和 $L_6Al_{10/3}S_{14}$(L：稀土，M：过渡元素)。这类化合物的制法和结构均有报道[2]。

R_3Al 与金属硫化物或金属硫醇盐反应可制得含 Al—S 键的有机衍生物如：$MeAl(SMe)_2$，$(Et_2AlSSiMe_3)_3$，$[EtAl(SSiEt_3)_2]_{1.4}$，$(SAlSSiEt)_x$ 及 Et_2AlSNa。现将典型的制法表示如下：

$R_3Al+M_2S \longrightarrow R_2AlSM$（R：乙基，正丁基，苯基；M：碱金属）

Et_3Al 与 Et_3SiSeH 反应得到不同的化合物。

$$Et_3Al+Et_3SiSeH \longrightarrow Et_2AlSeSiEt_3+EtH$$

$$\downarrow$$

$$(EtAlSe)_n$$

$$Et_3Al+3Et_3SiSeH \longrightarrow SeAlSeSiEt_3$$

$Al(SeR)_3$ 与某些过渡金属的卤化物反应可生成相应的衍生物 $M(SeR)_4$（M＝Ti，Zr，W）[3]。

2.6 铝的氮、磷、砷和锑的化合物

铝与第 V 族元素化合能生成 1∶1 的二元化合物，即所谓 III-V 族化合物。它们具有一定的离子性，但基本上仍是共价化合物。这些化合物具有半导体性质，很有实用价值。含有 Al—N 键的化合物尤其是它的有机化合物为数众多。铝除了二元的氮化物，还有三元的氮氧化物和碳氮化物，如 $(AlN)_x(Al_2O_3)_y$、$(AlN)_x(Al_4C_3)_y$。另外，还有许多氨基铝化合物，在这类化合物中与 Al 相连的 NH_2 基的数目可由 1 增至 6，其组成可表示为 $X_nAl(NH_2)_{3-n}$（$n=0,1,2$）或 $M^I_xAl(NH_2)_{3+x}$（$x=1,2$）（M^I：一价碱金属离子）。最常见的是它们的衍生物，如二烷基胺衍生物 $X_nAl(NR_2)_{3-n}$ 等、亚甲胺衍生物 $Al(N{:}CR_2)_3$ 以及含有 NH 或 NR 的亚胺衍生物，还有叠氮化物 $X_nAl(N_3)_{3-n}$（$n=0,1,2$）。

2.6.1 氮化铝

和镓、铟不同，铝与氮可直接化合为氮化铝。在 1600℃，100atm 下氮与铝可以直接进行反应。在 600℃时通入氯气可除去未反应的杂质。铝与喷射出来的氮的等离子体或与低气压的氯-氮等离子体反应，或在 1300℃时将 $AlCl_3 \cdot NH_3$ 热分解，都可制得氮化铝。它是黄色粉末或玻璃状物体，化学性质稳定，耐酸，耐碱。在 1400—2000℃下升华可得到具有半导体性质的纯的氮化铝单晶。具有纤锌矿结构，铝与氮都是四配位，但并不是规则的正四面体。由于结构类似于金刚石，因此 AlN 极为坚硬。在 AlN 晶体结构中两种 Al—N 键的键长分别为 1.885Å 和 1.917Å，键角∠NAlN 是 107.7°和 110.5°。AlN 晶体密度为 $3.05g/cm^3$，标准生成热 ΔH_f^0 为－241.4kJ/mol。人们曾研究过 AlN 单晶的红外和双光子红外吸收光谱。有关它的光学和电学性质可参见专著。在很低的压力和 1400℃的条件下

AlN 能分解为组分元素，但并未熔化。在 2200℃，4atm 下 AlN 熔融。人们在质谱中已检测到 Al_2N 的存在。

在 1000℃下氮和氧化铝反应可生成氧氮化物 $AlN(Al_2O_3)_x$（$x \geqslant 1$）（产物中还有 AlN）。铝，氧化铝，氮气三者直接反应也可产生氧氮化物。将氮化铝与相近比例的 Al_4C_3 反应或将铝和碳在氮气氛下反应，都可制得碳氮化物 $Al_4C_3(AlN)_x$（$x \geqslant 1$）。这些化合物（如 $Al_8C_3N_4$，$Al_6C_3N_2$）的结构介于 AlN 与 Al_4C_3 之间。

2.6.2　胺基铝和亚胺基铝化合物

有关氨基铝化合物 $X_nAl(NH_2)_{3-n}$ 的性质人们现了解得较少，仅知道它们易失去氨，能生成组分不固定的氨基（NH_2—），亚胺基（HN＝）或氮基（N≡）的混合物。然而，某些四氨基铝盐 $M^IAl(NH_2)_4$（M＝Li，K，Rb，或 Cs）和五氨基铝盐 $M^I_2Al(NH_2)_5$（M＝Na）已从铝与碱金属的液氨反应液中分离得到晶体。这两种晶体都含有八面体 $Al(NH_2)_6$ 单位，每个八面体有四个或两个 NH_2 桥基。

二烷胺基铝化合物 $X_nAl(NR_2)_{3-n}$ 或 $M^IAl(NR_2)_4$ 更易被制备，因此更引起了人们的重视。它们可通过以下反应制得：

$$Bu^i_3Al + 3Me_2NH \longrightarrow (Me_2N)_3Al + 3Bu^iH$$

$$Al + 3R_2NH \longrightarrow (R_2N)_3Al + 3/2H_2$$

$$Me_3N \cdot AlH_3 + 2Me_2NH \longrightarrow (Me_2N)_2AlH + 2H_2 + Me_3N$$

$$LiAlH_4 + 4Me_2NH \longrightarrow LiAl(NMe_2)_4 + 4H_2$$

$$AlCl_3 + Me_2NLi \longrightarrow Me_2NAlCl_2 + LiCl$$

在胺基铝化合物 $X_nAl(NR_2)_{3-n}$ 中，除了因 R 基太大妨碍缔合外，一般是缔合的。它们能形成四元环 $(AlN)_2$ 或六元环 $(AlN)_3$。例如二甲胺基铝化合物 $(Me_2AlNMe_2)_2$ 是二聚的，有如下的 $(AlN)_2$ 四元环结构；而甲胺基铝化合物 $(Me_2AlNHMe)_3$ 形成折迭的 $(AlN)_3$ 六元环结构：

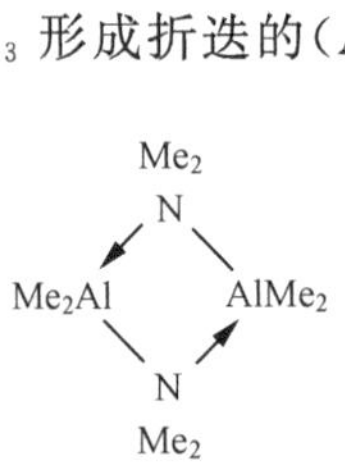

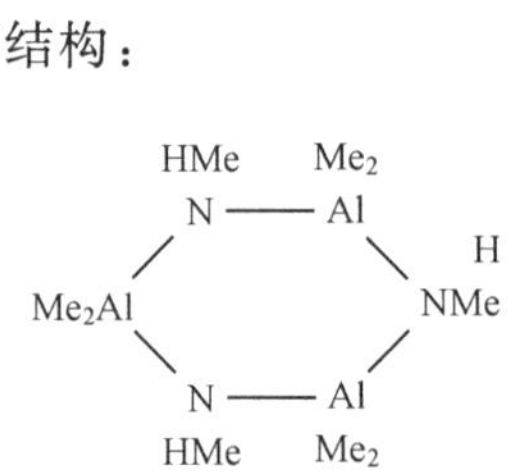

在化合物 $[(Me_3Si)_2N]_3Al$ 中 $(Me_3Si)_2N$ 基团的大小会影响它缔合，这种化合物具有如下图所示的螺旋桨式的结构。而在化合物 $(Me_3Si)_2NAl_2Me_5$ 中，基团 $(Me_3Si)_2N$ 并不妨碍缔合，它以氮和碳原子为桥，将铝原子连结在一个折迭的（Al-NAlC）环中：

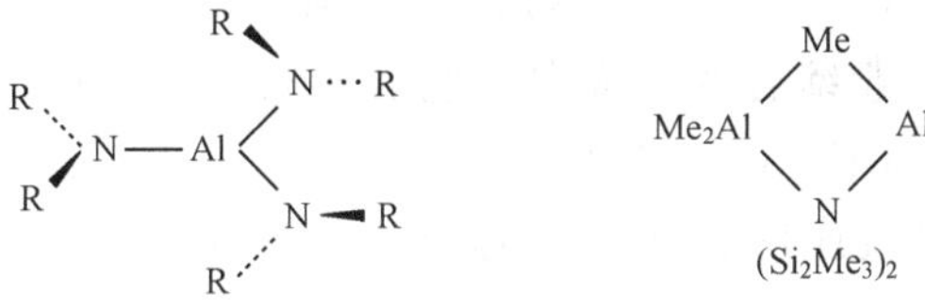

(R=Me_3Si; r(Al–N)=1.78Å)

亚胺基铝化合物 $RN(AlX_2)_2$ 或 RNAlX 可能有更高程度的缔合结构,因为亚胺基 RN 能够形成三个 Al—N 键。

$$Ph_3Al + RNH_2 \xrightarrow{-PhH} (Ph_2AlNHR)_2 \xrightarrow{-PhH} (PhAlNR)_4$$

化合物$(PhAlNPh)_4$的结构是以 Al_4N_4 立方体为基础的,其中 Al—N 棱长为 1.93Å。化合物 $Al_4Cl_4(NMe_2)_4(NMe)_2$ 有更复杂的笼状结构:铝原子排列成四面体,而四个 NMe_2 和二个 NMe 基团为桥键,连接着六条四面体的棱。铝与 NMe_2 基团中配位数为 4 的氮原子间距离为 1.90—1.94Å,铝与 NMe 基团中配位数为 3 的氮原子间距离为 1.79Å。

环状亚胺基铝衍生物,通式为 $R_2Al\overline{N(CH_2)_xCH_2}$,$x$=1,2,3 或 4,R=Me,Et 或 Bu^n。例如化合物 x=1,R=Me 时,核磁共振谱证明它是三聚体:

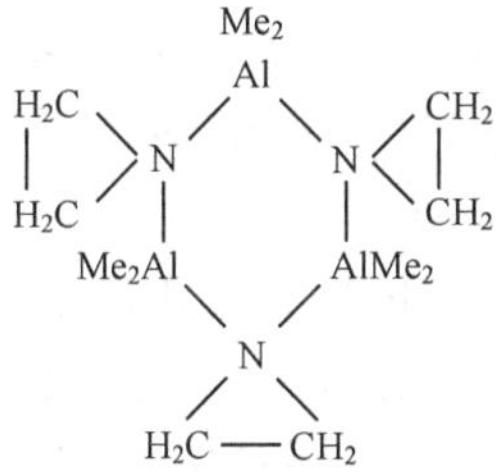

胺基铝和亚胺基铝化合物中的 Al—N 链可以被质子酸、各种不饱和化合物(例如酮和环醚)及内酯所断裂。例如:

$$X_2AlNR_2 + Ph_2CO \longrightarrow Ph_2C(NR)_2OAlX_2$$

胺基铝化合物与过渡金属的卤化物或醇盐混合组成 Ziegler-Natta 型催化剂体系,能够催化烯烃的聚合反应。

与胺基铝和亚胺基铝化合物有密切联系的化合物有肼基铝化合物$(R_2AlNHNR'_2)_2$,$(RXAlNHNR'_2)_2$,$(RAlNNR'_2)_x$ 等和酮亚胺基铝化合物$(X_2AlN{=}CR'_2)_2$,$XAl{-}(N{=}CR'_2)_2$,$Al(N{=}CR_2)_3$ 等。肼基铝化合物可由二烷基肼 R'_2NNH_2与有机铝化合物反应制备。酮亚胺基铝可以由酮亚胺 $R_2C{=}NH$ 与烷基铝反应、或由烷基铝与腈反应、或由卤化铝与 N-锂基酮亚胺反应来制备:

$$(Me_3Al)_2 + 2Ph_2C{=}NH \longrightarrow (Ph_2C{:}NAlMe_2)_2$$

$$(Me_3Al)_2 + 2Bu^tCN \longrightarrow (Bu^t{-}\underset{\underset{Me}{|}}{C}{=}NAlMe_2)_2$$

$$AlCl_3 + 4Bu^t_2C = NLi \longrightarrow LiAl(N = CB^t_2)_4$$

酮亚胺基铝化合物一般缔合为二聚体。它含有$(AlN)_2$四元环，Al—N 键长约 1.92Å。在锂化合物 $LiAl—(N=CBu^t_2)_4$ 中有两个酮亚胺基为桥，连接着铝和锂原子，另两个酮亚胺基端连在铝原子上，这里的 Al—N 键长是 1.78Å。

2.6.3 叠氮化铝

叠氮化铝 $Al(N_3)_3$ 是由 AlH_3 的乙醚溶液与过量的叠氮酸的乙醚溶液在 −100℃反应生成的白色沉淀：

$$AlH_3 + 3HN_3 \longrightarrow Al(N_3)_3 + 3H_2$$

它也可由 $AlCl_3$ 的苯溶液与叠氮化钠反应制备。

叠氮化铝溶于四氢呋喃，不溶于苯。遇潮气迅速水解。对撞击敏感，在火焰中能燃烧并爆炸。它与腈和硫化酰胺作用生成四唑，与氟化二苯基硼

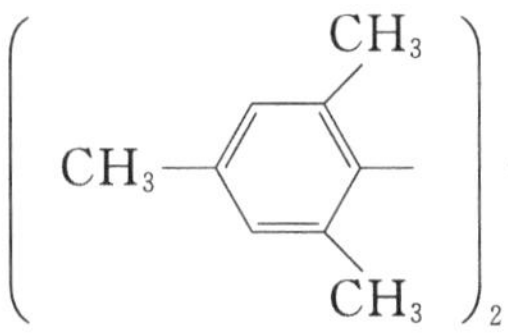

—BF 反应生成

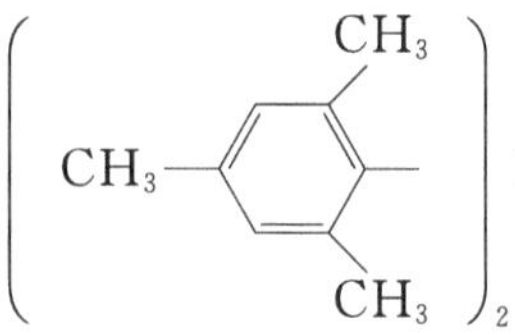

BN_3。

四叠氮铝盐 $R_3NH^+ Al(N_3)_4^-$ 和五叠氮铝盐$(R_3NH^+)_2$。$Al(N_3)_5^{2-}$ 是由 $R_3N \cdot AlH_3$ 或$(R_3N)_2AlH_3$ 与 HN_3 在四氢呋喃中反应制得的：

$$(Me_3N)_nAlH_3 + (3+n)HN_3 \longrightarrow (Me_3NH)_nAl(N_3)_{3+n} + 3H_2$$

四叠氮铝盐 $M^IAl(N_3)_4$ 作为火箭推进物而获得专利。

有机铝叠氮化物 R_2AlN_3 或 $RAl(N_3)_2$ 可由如下反应制备：

$$Me_3Al + 2HN_3 \longrightarrow MeAl(N_3)_2 + 2MeH$$

$$R_3Al + ClN_3 \longrightarrow R_2AlN_3 + RCl$$

$$R_2AlCl + NaN_3 \longrightarrow R_2AlN_3 + NaCl$$

叠氮化二甲基铝 Me_2AlN_3，沸点 65℃(133.3Pa)；叠氮化二乙基铝 Et_2AlN_3，沸点 63℃(0.133Pa)。它们是非爆炸性的，但对空气和水汽有很强的反应活性。用冰点降低法测定，它们在苯中是三聚体$(R_2AlN_3)_3$，具有六元环$(AlN)_3$结构。

2.6.4 磷化铝、砷化铝、锑化铝

磷化铝，砷化铝，锑化铝都是半导体(表 7.14)。有关它们的半导体性质、制备和提纯方法已有过详细的总结[19]。与 AlN 不同，它们都是闪锌矿结构。

Al 与 P 只能生成一种二元化合物 AlP。在 900—950℃下将铝与磷化锌(Zn_3P_2)反应可得 AlP。升华后纯度可提高到 99%以上。磷与过量铝在 1350℃反应 2 小时，随后缓慢冷却到室温即可得到黄色磷化铝结晶。用热的 1,2-二溴乙烷处理，可除去未反应的金属。在熔融的金属铝中亦可合成和培养 AlP 结晶。

表 7.14 AlN、AlP、AlA₈、AlSb 的物理常数

	AlN	AlP	AlAs	AlSb
密度	3.26	2.40	3.81	4.15
结构型式	纤维锌矿(扭曲)	闪锌矿	闪锌矿	闪锌矿
晶胞常数(Å)	a=3.11, c=4.978	5.467	5.662	6.1355
Al—X(X=N,P、As、Sb)键长(Å)	1.885,1.917	2.367	2.45	2.66
Al—X 键能(kJ/mol)	—	212.5±12.5	—	—
生成热(25℃)(kJ/mol)	−318.0	−166.5	−116.3±2.1	12±10.5
比热 c_p(J/g·atom·K)		$-7372+24.73T$		$-7966+28.99T$
熔点(℃)	2750—2850	2000	1740±20	1060
禁带(eV)	4.26	2.42(20℃)	2.13(22℃)	1.6
熔化热(kJ/mol)	—	—	24.48	58+2.1
介电常数	—	8.5	10.3	10.2

磷化铝在潮湿空气中分解为氧化铝和磷,在惰性气氛中在约 1100℃以下是稳定的,在 700℃以上与氧反应可生成斜方的 $AlPO_4$。AlP 与水或稀碱反应是缓慢的,与稀矿酸激烈反应放出 PH_3。

砷、锑与磷一样也只能生成一种二元化合物 AlAs,AlSb。

在 1100℃下将被气态砷所饱和的氢气流与熔融的铝接触可制得高纯的结晶状砷化铝。过量的 Al 也能用 1,2-二溴乙烷除去。在熔融的铝、镓、锡中重结晶可得桔黄色的 AlAs。

在安瓿中抽成真空或在氩气氛中按化学计量使 Al 与 Sb 进行反应可制得 AlSb。在氩气氛中重结晶所得到的高纯度的 AlSb,可用于在熔融态下拉单晶。AlAs 与 AlSb 在真空中都是稳定的。即使在室温下也能被水和潮湿空气分解生成氧化铝、AsH_3 或 Sb、H_2。

AlSb 有很高的整流系数(大约为 10^4),可用作整流二极管。它具有合适的禁带宽度,适于做太阳能电池。

2.6.5 三异硫氰酸铝

用三异硫氰酸的醚溶液与铝反应可得三异硫氰酸铝 $Al(NCS)_3$ 与醚的配合

物。利用这一反应可使芳香烃硫氰酸化。$Al(CN)_3$ 与 S 或 Se 的液氨溶液反应可制出氨的配合物 $Al(NCO)_3$。

2.7 碳化物、硅化物、碳酸盐

铝除了有二元的碳化物外还有三元的碳化物，碳氮化物和碳氧化物，它们的通式为 $Al_4C_3 \cdot nAlN(n=1,2,3,4)$，$Al_4C_3 \cdot nAl_2O_3(n=1$ 或 $4)$。碳氮化物的结构介于 AlN 和 Al_4C_3 之间。Al_2C_2 只能在空气中短暂存在。许多 $M_xAl_yC_z$ 型、$M_xAl_ySi_z$ 型化合物已被制备出来(M:第二种金属)，一些不定组成的碳酸盐也已被制出。

2.7.1 碳化铝

在没有氧气或氮气的情况下，将铝和碳一起加热可得 Al_4C_3。在 1000℃以下反应缓慢。该反应是可逆反应，在 1300—1500℃碳化铝分解：

$$Al_4C_{3(s)} \longrightarrow 4Al_{(g)} + 3C_{(s)} \quad \Delta H = 268kJ/mol$$

高温下铝与四氯化碳、糖、一氧化碳反应或氧化铝与碳反应都可制得含有杂质的碳化铝。氧化铝与碳反应或在高温下铝与碳反应制得的 Al_4C_3 都含有 $Al_4C_3 \cdot Al_2O_3$ 和 $Al_4C_3 \cdot 4Al_2O_3$ 等杂质。

碳化铝是一种浅黄色、坚硬、透明的菱形六面体结晶，密度为 $2.36g/cm^3$，是离子晶体，在此结构中金属原子可以是 4、5、6 配位，Al—C 键长在 1.90—2.22Å 之间，最短的 C—C 键是 3.16Å。Al_4C_3 在常温下不导电。热水或稀酸可使 Al_4C_3 迅速水解。Al_4C_3 与水反应产生甲烷($Al_4C_3 + 12H_2O \longrightarrow 4Al(OH)_3 + 3CH_4$)，X 射线研究证实 Al_4C_3 与乙炔不同，它有单个的碳原子存在。大气中氧可使 Al_4C_3 表面氧化，在燃烧时产生 Al_2O_3 和 CO_2。Al_4C_3 也能与其他氧化剂(Cl_2、Br_2 及煮沸的浓硫酸)反应。也可以被碱金属或碱土金属还原($2Al_4C_3 + 3Ca \rightleftharpoons CaC_2 + 8Al$)。在 300℃时 Al_4C_3 与干燥的氯化氢反应可以生成二氯甲基铝 $MeAlCl_2$。Al_4C_3 与 HCl 和 BCl_3 的混合物反应生成氯化甲基硼($MeBCl_2$、Me_2BCl)。

Al_2OC 具有无序的纤维锌矿结构，而 Al_4O_4C 是三维网状结构，它含有 AlO_3C 正四面体，这些四面体交替地共角和共棱，Al—O 键长在 1.71—1.87Å 之间，Al—C 1.91—1.98Å，Al⋯Al2.63Å。

Al_4C_3 与 AlN 在高温下按适当比例混合在氮气氛下反应可生成一系列碳氮化物 $Al_4C_3(AlN)_n(n=1、2、3、4)$。这些化合物的结构介于 AlN 和 Al_4C_3 之间。在 Al_4C_3 与 AlN 所生成的均相物质中，如同氮原子一样，铝永远是 4 配位(四面体配位)，而碳原子则可以是 4,5 或 6 配位。和 Al_4C_3 相类似，这些化合物中的金属—碳键是缺电子的。

铝与碳反应有$(AlC)_2$生成，这可由质谱鉴定其存在。

$$2Al_{(g)}+2C_{(s)}\rightarrow Al_2C_{2(g)}\quad \Delta H=-138/mol$$

人们已经知道有许多种三元的金属铝碳化物的存在，特别是 可表示为M_3Al_2C(M=Nb，Ta，V，Ti，Sc 或 Cr)类型的三元 化合物。在这些化合物中碳原子是八面体配位。在真空炉中加热 Al、C、Si，可制得Al_4C_4Si。

2.7.2 硅化铝

铝与硅并不能发生反应。Al—Si 相图表明只存在一个低共熔混合物，它含有11.7%。的 Si，熔点是 577℃。但却有许多三元的铝硅化合物$M_xAl_ySi_z$，如$Ca_2Al_4Si_3$（立方），$Ca_3Al_6Si_2$（六方），Ni_2AlSi，Pd_4Al_3Si，Co_2AlSi_2（六方）和$Co_3Al_3Si_4$(立方)等。

在硅中掺入极少量的 Al 可制备 p 型半导体，因为每一个铝原子比主晶体中每个原子少提供一个电子。

2.7.3 碳酸铝

将二氧化碳通入铝酸钠或铝酸钾溶液中，可以产生不定组成的碱式碳酸盐沉淀。在沉淀中碳酸盐的含量随反应条件而变化。当沉淀在 75℃加热时碳酸盐的含量会急剧减少，碳酸盐的含量还可能与沉淀中碱金属的含量有关。人们现已制备出近似组成为$Na_2O\cdot Al_2O_3\cdot 2CO_2\cdot 3H_2O$的化合物。应用这种化合物可配制用来降低胃酸的解酸剂。

2.8 硼酸盐、硼化物

2.8.1 硼酸铝$(Al_2O_3)_nB_2O_3$

Al_2O_3—B_2O_3混合氧化物体系是有实用价值的。从这个混合氧化物体系可以制备出表面具有Al_2O_3催化活性的物质，也可以合成纤维材料(可作石棉代用晶)。$(Al_2O_3)_n\cdot B_2O_3$可形成一系列化合物，$n>1$的物质能稳定存在，已证明存在$n=2$(固液异成分的熔点为 1050℃)和$n=2.5$(固液异成分的熔点为 1440℃)的物质。这些氧化物的生成热为：

$$2Al_2O_{3(结晶)}+B_2O_{3(液体)}\longrightarrow Al_4B_2O_{9(结晶)}$$

$$\Delta H(1250℃)=46kJ/mol$$

$$9Al_2O_{3(结晶)}+2B_2O_{3(液体)}\longrightarrow Al_{18}B_4O_{33(结晶)}$$

$$\Delta H(1500℃)=176kJ/mol$$

在 100℃下用AlF_3与B_2O_3反应可制得$Al_{18}B_4O_{33}$。在 1050—1450℃时该硼

酸盐分解为固体 Al_2O_3 和气体 B_2O_3；在有 Al 存在时还可生成气体 $AlBO_2$ ($\Delta H^0_{f(1500℃)} = -569 \pm 13kJ/mol$)和气体 AlBO($\Delta H^0_{f(1500℃)} = -159 \pm 13kJ/mol$)。

2.8.2 硼化铝

硼化铝的结构与金属互化物相似，其结构主要取决于铝金属和硼的晶体结构而不取决于它们的化合价关系。铝的硼化物有 AlB_2、AlB_4 和 AlB_{12}。二硼化物 AlB_2 可由单质在 600℃以上反应生成。它是层状结构。Al 原子直接重叠(A，A 方式)，B 原子充填在 Al 原子直接重叠而形成的三角柱中，即硼层放在两个铝层之间。硼层与石墨结构相同，硼原子联结成六角网状，每一个 B 原子与其他三个 B 原子的距离为 1.73Å，有六个铝原子与 B 相联接，它们占据在三角柱的顶点上。AlB_2 可溶解在稀盐酸中产生具有还原性的溶液，该溶液可能含有 $HB(OH)_3^-$。在 920℃以上 AlB_2 分解生成 AlB_{12}。也可用铝热法由 B_2O_3 或其他含硼矿物制取 AlB_{12}。它在 1900℃分解为元素单质。十二硼化铝含有二十面体的 B_{12}，由 Al 原子把它们联结起来。AlB_2 不溶于稀盐酸和硫酸，但能溶于硝酸中。AlB_2 和 AlB_{12} 的标准生成热分别为 $-67 \pm 13kJ/mol$，$-201 \pm 42kJ/mol$。最近的工作没有证实早期文献中谈到的十硼化铝。但 $AlB_{24}C_4$ 确实存在。有一系列 AlB_xC_y 型化合物，在这种类型化合物中二十面体 B_{12}，通过 B_4C 或四面体 B 彼此联结起来。如在碳硼烷 $C_2B_{10}H_2$ 中一样，碳有可能进入二十面体 B_{12} 中。

2.9 羧 酸 铝

2.9.1 甲酸铝

将刚沉淀的氢氧化铝溶于浓的甲酸溶液可制得水合二甲酸铝盐 Al(OH)$(O_2OH)_2 \cdot H_2O$ 的结晶。水合三甲酸铝 $Al(O_2CH)_3 \cdot 3H_2O$ 由于容易发生过饱和现象，结晶较困难，所以只有在含过量的甲酸的溶液中才析出晶体。还可以用三氯化铝与甲酸钠反应来制备。甲酸铝的甲酸溶液在工业上用于防水织物或造纸。甲酸铝溶液可单独使用也可与淀粉、酪朊、树脂或硅酮一起使用。甲酸铝也可用于制造止汗药，还可作棉织品染色的媒染剂。

2.9.2 乙酸铝

由铝或氯化铝与乙酸及醋酐混合物加热反应可制备三乙酸铝 $Al(O_2CCH_3)_3$。也可由氢氧化铝与乙酸的中和作用或硫酸铝与乙酸钡的复分解作用制得。二乙酸铝 $Al(OH)(O_2CCH_3)_2$ 由铝酸钠溶液与醋酸反应或者由水合氯化铝与醋酸钠反应制备；它也可用 $Al(OH)_3$ 与含水的醋酸反应制备；如果用稀醋酸反应，则生成

单醋酸盐 $Al(OH)_2(O_2CCH_3)$。三种醋酸铝都是白色粉末。它们在工业上的用途类似甲酸铝。

三醋酸铝与液氨作用能生成加合物 $Al(O_2CCH_3)_3 \cdot 3NH_3$，在室温下放出氨。三醋酸铝在约 120—1400℃失去醋酐生成碱式醋酸盐，其组分近似于 $Al_2(O_2CCH_3)_4O$ 或 $Al_3(O_2CCH_3)_7O$；在 200℃进一步分解为 $Al(O_2CCH_3)O$。用 $M(NO_3)_3 \cdot nH_2O$ 和醋酐反应也能制备类似的化合物 $M_3(O_2CCH_3)_6O(NO_3)(H_2O)_{1-4}$（M=Al，Fe 或 Cr）。它们的结构类似于碱式醋酸铍或碱式醋酸锌，中心是三角形配位的氧原子，构成 OM_3 而成为核心。三对醋酸根桥联着 OM_3 的金属原子。

2.9.3 其他羧酸铝

铝与较高级的羧酸形成的盐，类似于甲酸或乙酸的铝盐。例如二丙酸铝 $Al(OH)(O_2CC_2H_5)_2$ 和三丙酸铝 $Al(O_2CC_2H_5)_3$。碱式二硬脂酸铝 $Al(OH)[O_2C(CH_2)_{16}CH_3]_2$ 在苯溶液中是缔合的，它可能是通过羧酸基为桥而缔台的。

二元羧酸容易与铝配位形成配位阴离子，二草酸铝离子 $Al(C_2O_4)_2^-$ 及三草酸铝离子 $Al(C_2O_4)_3^{3-}$ 就是这种配位阴离子。其钾盐 $K_3Al(C_2O_4)_3 \cdot 3H_2O$ 可用草酸(3mol)加到铝(1mol)的氢氧化钾水溶液(3mol)中来制备，加入乙醇能促进结晶。

2.10 醇　　铝

醇铝 $Al(OR)_3$，特别是异丙醇铝 $Al(OPr^i)_3$，在有机合成中有着重要的作用，所以特别引起人们的重视。例如在 Тишенко 反应中，以乙醇铝为催化剂，可以使醛经过歧化作用而生成酯。工业上制备乙酸乙酯就是用这个方法：

$$2CH_3—\overset{H}{C}=O \xrightarrow{Al(OC_2H_5)_3} CH_3—\overset{O}{\overset{\|}{C}}—OC_2H_5$$

又如异丙醇铝在二级醇(通常用异丙醇)存在下，可将醛或酮还原为醇(Meerwein-Ponndorf-Verley 还原)。这个还原作用是专一的，如果醛酮分子内含有其他不饱和基时，它只将羰基还原为羟基，其他基团不受影响。

$$R_2CO+R_2'CHOH \xrightleftharpoons{Al(OPr^i)_3} R_2CHOH+R_2'CO$$

这反应是可逆的。因此在异丙醇铝 $Al(OPr^i)_3$，或叔丁醇铝 $Al(OBu^t)_3$ 存在下，用大大过量的丙酮可将醇氧化为醛或酮(Oppenauer 氧化)。

有人认为这一反应过程中在 $R_2'C=O\rightarrow$ 与 $R_2CH—O—Al$ 之间发生了 H^- 的转移。很可能经过下列的过渡状态：

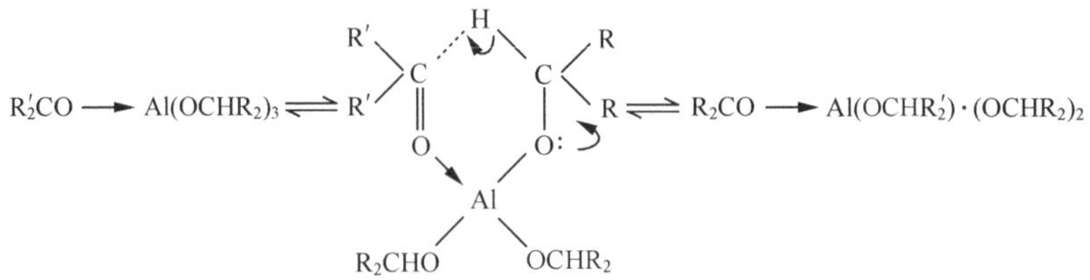

原酸酯与醇铝共热失去醇而转变为稀酮的缩酮。这一过程也可能是经过一个环状的过渡状态。所用的醇铝以异丙醇铝和叔丁醇铝为最佳。

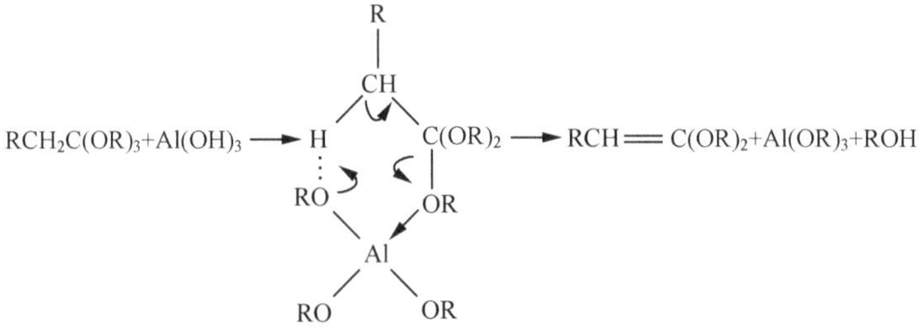

醇铝的制备,可用铝与相应的醇反应。反应需要活化。可用 $HgCl_2$ 或 I_2 为活化剂。例如异丙醇在填满铝的塔中回流,可制得 $Al(OPr^i)_3$。更高级的醇铝可以由异丙醇铝与醇的置换反应来制备。

$$Al + 3Pr^iOH \longrightarrow Al(OPr^i)_3 + 3/2H_2$$

$$Al(OPr^i)_3 + 3Bu^tOH \longrightarrow Al(OBu^t)_3 + 3Pr^iOH$$

另外,还可用三氯化铝为原料制备醇铝,例如 $AlCl_3 + 3LiOR$ 或 $AlCl_3 +$ 过量的 ROH。后者需用 NH_3 除去生成的 HCl。

异丙醇铝 $Al(OPr^i)_3$ 是一种白色的固体,在 118—138℃范围内熔融为一种粘滞的液体,沸点为 124℃(400Pa),140—150℃(1599Pa)。它必须保存在干燥气氛中,因为其很易水解为 $Al(OH)_3$ 和 $3Pr^iOH$。它的熔融过程有一温度范围,并且很易呈过冷状态,这是由于 $Al(OPr^i)_3$ 的缔合程度易变化之故。新制得的固体 $Al(OPr^i)_3$ 含有三聚体 $[Al(OPr^i)_3]_3$ 和四聚体 $[Al(OPr^i)_3]_4$。它们的结构已由 ^1H 核磁共振谱测知:

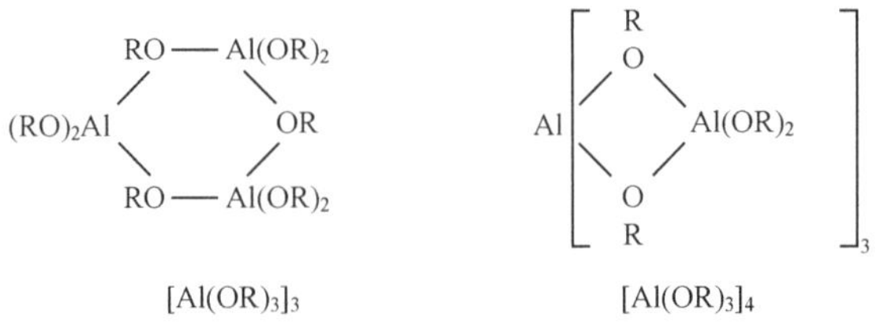

$[Al(OR)_3]_3$　　　　$[Al(OR)_3]_4$

纯的四聚体可用吡啶除去三聚体后获得。苯甲醇铝 $Al(OCH_2Ph)_3$ 也是四聚体。叔丁醇铝 $Al(OBu^t)_3$、三氯乙醇铝 $Al(OCH_2CCl_3)_3$ 则有二聚体结构 $(RO)_2Al$

$(OR)_2Al(OR)_2$。混合的醇盐多半也有类似的结构，即以烷氧基为桥连接铝与另一个金属原子。这样的混合醇盐如 $Mg[Al(OEt)_4]_2$，熔点 129℃；$Mg[Al(OPr^i)_4]_2$，熔点 20℃；$Ca[Al(OPr^i)_4]_2$，熔点 124℃；$KAl(OBu^t)_4$，熔点 164℃。

醇铝在有机溶剂中有一定的溶解度，所以在制备其他铝化合物时，它可作为中间体。例如，它与羧酸反应可生成羧酸铝盐 $Al(O_2CR)_3$。异丙醇铝是制造甘氨酸铝的中间体。甘氨酸铝是一种止汗剂。

乙酰丙酮铝盐（$Al[(MeCO)_2CH]_3$）是一种白色单斜晶体，熔点 194℃，沸点 315℃，可以由 $AlCl_3$ 与$(MeCO)_2CH_2$ 反应来制备或者由氢氧化铝与乙酰丙酮反应慢慢地生成。它不溶于水，在有机溶剂中以单体溶解。

8-羟基喹啉铝 $Al(C_9H_7NO)_3$ 是与醇铝有关的化合物。它属于芳氧基衍生物，是重量法测定铝的重要化合物。

2.11 硅　酸　盐

地壳中含有大量的二氧化硅及硅酸盐矿物，而很多硅酸盐矿物中含有铝，因此铝有着内容丰富的硅酸盐化学。在硅酸盐结构中硅与氧的结合力起着主要的作用，硅氧的结合方式决定着整个硅酸盐的结构。硅酸铝结构形式繁多，部分原因是由于化学计量及硅酸阴离子结构的多样性。在硅酸盐中既有有限的硅—氧团如独立的 SiO_4^{4-}，$Si_2O_7^{6-}$，又有无限的单链 $(SiO_3)_n^{2n-}$，双链 $(Si_4O_{11})_n^{6n-}$，层型结构 $(Si_2O_5)_n^{2n-}$。Al^{3+} 与其他离子可取代硅进入硅氧四面体，这样就使结构更复杂多样。长石类硅酸盐就具有这样复杂的骨架，如钾长石 $K(AlSi_3O_8)$ 含有 $(AlSi_3O_8)_n^{n-}$ 骨架。

在铝硅酸盐中，铝原子不但可以存在于硅氧四面体中，也可以存在于骨架中。Al^{3+} 与 O^{2-} 的半径比为 0.43，很接近于临界值 0.414，因此在铝硅酸结构中 Al^{3+} 的配位数既可为 6 又可为 4。

2.11.1 含有有限的硅—氧团的铝硅酸盐

立方晶系的柘榴子石类含有独立的 SiO_4^{4-}，在镁铝柘榴石 $Mg_3Al_2(SiO_4)_3$ 和钙铝柘榴子石 $Ca_3Al_2(SiO_4)$ 中，Al^{3+}、Mg^{2+} 在 O^{2-} 的八面体中配位数为 6 而 Ca^{2+} 的配位数为 8。红柱石、蓝晶石、硅线石的组成都是 Al_2SiO_5，它们都有独立的 SiO_4，而 AlO_6 八面体则联结成链。十字石 $Fe(OH)_2\cdot 2Al_2SiO_5$ 的结构是由蓝晶石中的 Al_2SiO_5 层与 $Fe(OH)_2$ 层交互堆积而成。其中 Fe 是 4 配位。在符山石 $Ca_{10}Al_4(Mg,Fe)_2(Si_2O_7)_2(SiO_4)_5(OH)_4$ 和绿帘石 $Ca_2FeAl_2Si_3O_{12}(OH)$ 中，硅存在于两种硅—氧团即 SiO_4^{4-} 和 $Si_2O_7^{6-}$ 中，这种情况是很少见的，含有$(Si_3O_9)^{6-}$的铝硅酸盐矿物有电气石 $CaMg_3Al_6(BSi_2O_9)_3(OH,F)_4$，含有$(Si_6O_{18})^{12-}$的有绿宝

石 $Be_3Al_2(Si_6O_{18})$。在绿宝石的结构中 Be^{2+} 在四面体的空隙内，而 Al^{3+} 在八面体的空隙内。

2.11.2 含有无限单链$(SiO_3)_n^{2n-}$ 或双链$(Si_4O_{11})_n^{6n-}$ 的铝硅酸盐

在这类硅酸盐中，链内的 Si—O 链比链间的 A—O 链要强很多(A 为正离子，周围有 6 或 8 个氧原子配位)。因此这类硅酸盐易沿链间断开。

含有无限单链，$(SiO_3)_n^{2n-}$ 的铝硅酸盐有人造锂钠硅酸盐和辉石类硅酸盐如锂辉石 $LiAl(SiO_3)_2$，硬玉 $NaAl(SiO_3)_2$ 等。

角闪石类硅酸盐含有双链$(Si_4O_{11})_n^{6n-}$，如钠铁闪石 $Na_3Mg_4Al(Si_4O_{11})_2(OH)_2$。在$(Si_4O_{11})_n^{6n-}$ 中有一个 Si 原子被 Al 原子取代则成为$(AlSi_3O_{11})_n^{7n-}$。

在链型硅酸盐中，Al^{3+}、Mg^{2+} 存在于硅氧链间的八面体中。

2.11.3 层型铝硅酸盐

层型硅酸盐含有硅氧层$(Si_2O_5)_n^{2n-}$。许多不同形式的铝硅酸盐也具有层状结构。云母类和粘土类硅酸盐是具有这种结构的分布最广的铝硅酸盐。最简单的是单层结构$(Si,Al)_2O_5$ 与阳离子在一起的铝硅酸盐。在这样的结构中 AlO_4 或 SiO_4 四面体与相邻的四面体共用三个顶点。具有这种结构的矿物较少。如果单层中未公用的顶都指向一边，则两个这样的层可以通过共用氧结合在一起而成为双层，具有$(Si,Al)O_2$ 的组成，因为这时所有的顶都共用了。六方的 $CaAl_2Si_2O_8$ 和 $BaAl_2Si_2O_8$ 就具有这样的结构。

最重要的某些层型结构是由一个硅氧层与 $Al(OH)_3$ 或 $Mg(OH)_2$ 结合在一起组成的新层，它的组成是 $Al_2(OH)_4Si_2O_5$。在这样的层中 Si 是四面体配位，而 Al 是八面体配位。粘土类硅酸盐矿物具有这种结构。其中的典型矿物是高岭土，还有地开石、埃洛石和珍珠陶土。如果两个硅氧层与 $Mg(OH)_2$ 或 $Al(OH)_3$ 结合在一起组成新层，则它的组成是 $Al_2(OH)_2Si_4O_{10}$。叶腊石就具有这种结构。膨润土(Al 被 Mg—Na 取代)和蛭石(含有 Mg^{2+}、Fe^{3+} 及 Al^{3+})也属叶腊石型结构。这些粘土矿物有不同的工业用途。高岭土可做陶瓷器和填料等。钠膨润土在水中易膨胀，铸造时它可用做砂的粘结剂，钻油井时用它作为增稠剂。蛭石的应用范围更广，从土壤改良到塑料和水泥的填料都用到它。

云母类硅酸盐结构与叶腊石结构类似。不同的是云母类是 $Al(OH)_3$ 与二个$(AlSi_3O_{10})_n^{5n-}$ 层联成一个双层，而电价较低，半径较大的 K^+，Na^+，Ca^{2+} 与 O^{2-} 之间离子键使各个双层成一整体。这类结构的矿物有白云母 $KAl_2(AlSi_3O_{10})(OH)_2$，金云母 $KMg_3(AlSi_3O_{10})(OH)_2$，镁绿泥石 $Mg_2Al(OH)_4SiAlO_5$ 和珍珠云母 $CaAl_2(Si_2Al_2O_{10})(OH)_2$。

叶腊石矿物由中性的层组成，因此双层间易劈裂，硬度也小。云母类矿物层间靠电价较小，半径较大的 K^+、Na^+、Ca^{2+} 胶合，因此硬度不大，也较易解离。但随阳离子电价的增加结合力也增加，因此就不难理解珍珠云母的硬度比白云母要大。

在绿泥石中层型结构有进一步的变化。这里有带有正电荷的金属羟基层（典型结构是 $Mg_2Al(OH)_6^+$），它可以插入到两个带负电荷的硅铝酸盐层（从[$Mg_3(AlSi_3O_{10})(OH)_2$]$^-$ 到[$Mg_2Al(Al_2Si_2O_{10})(OH)_2$]$^-$）中。

2.11.4 骨架型硅酸盐

有三种重要的硅酸盐具有无限的骨架型结构。它们是长石类硅酸盐，沸石类硅酸盐，群青类硅酸盐。这类硅酸盐中 AlO_4 四面体与 SiO_4 四面体联成一个骨架，在空隙中填入电价较低、半径较大的 K^+，Ba^{2+} 和 Na^+，Ca^{2+} 等。结构中（Si+Al）∶O 永远是 1∶2。长石具有比较紧密的结构，而沸石和群青的结构较松散，水分子、阳离子甚至大的阴离子都可填充进去。

（1）长石类硅酸盐

2/3 的岩石界系长石类硅酸盐。例如花岗石含有长石，云母，石英。典型的长石是钡长石 $BaAl_2Si_2O_8$，正长石 $KAlSi_3O_8$，钠长石 $NaAlSi_3O_8$，钙长石 $CaAl_2Si_2O_8$。各种长石的骨架是相似的。这种骨架是由链通过较少的 Si—O—Si 键结合而成。这种骨架空隙较大，可以容纳大的阳离子，而通常在层型、链型出现的较小的阳离子（Fe，Cr，Mn，Mg），一般在长石中不出现。

（2）沸石类硅酸盐

沸石类硅酸盐的结构一般要比长石类更空旷。水分子可进入骨架空隙成为结构水，受热后又可释出。此外气体 CO_2 或 NH_3、乙醇、和汞都可进入骨架空隙。它们具有能交换阳离子的功能，含钠沸石长久以来用来软化水，工业上用做软水剂，使用过的沸石可用盐水再生。并可利用沸石有较大的阳离子交换容量来改良土壤。天然沸石——菱沸石具有干燥剂及分子筛的作用，可用于酸性气体的干燥；丝光沸石可用以消除 SO_2；斜发沸石对 Sr^{2+} 及 Cs^+ 离子有选择交换能力，可用来处理放射性废物。典型的沸石有杆沸石 $NaCa_2(Al_5Si_5O_{20})\cdot 6H_2O$，方沸石 $Na(AlSi_2O_6)\cdot H_2O$，菱沸石 $(Ca,Na_2)(Al_2Si_4O_{12})\cdot 6H_2O$，八面沸石 $NaCa_{0.5}(Al_2Si_5O_{14})\cdot 10H_2O$，白榴石 $K(AlSi_2O_6)$；铯榴石 $Cs(AlSi_2O_6)\cdot xH_2O$，片沸石 $Ca_2(Al_4Si_{14}O_{36})\cdot 12H_2O$，钠沸石 $Na_2(Al_2Si_3O_{10})\cdot 2H_2O$，钡沸石 $Ba(Al_2Si_3O_{10})\cdot 4H_2O$ 和组成为 $M^{I}_{12}(Al_{12}Si_{12}O_{48})\cdot nH_2O$ 或 $M^{II}_6(Al_{12}Si_{12}O_{48})\cdot nH_2O$ 的人造沸石，对它们的结构 Wells 曾进行过评述性描述。

（3）群青类硅酸盐

群青类硅酸盐既包括有色的可做颜料的硅酸盐（如天青石）也包括结构与群青很相似的无色矿物（如方钠石）。这类硅酸盐的结构特征就是许多阴离子（Cl^-，SO_4^{2-}，S^{2-}，Se^{2-} 或 Te^{2-}）可填充到骨架空隙中。与长石类相仿，与沸石类不同，群青类硅酸盐一般并不含有结构水。重要的群青类硅酸盐有：群青 $Na_8(Al_6Si_6O_{24})S_2$，方钠石 $Na_8(Al_6Si_6O_{24})Cl_2$，黝方石 $Na_8(Al_6Si_6O_{24})SO_4$，日光柘榴子石 $(Mn, Fe)_8(Be_6Si_6O_{24})S_2$。群青类硅酸盐亦可与溶液和熔融液体进行离子交换。群青本身是一蓝色的颜料，其颜色是由于在结构中有 S^{2-} 存在。

2.12 硝 酸 盐

除了硝酸盐和碱式硝酸盐，铝没有其他的氮的含氧酸盐。硝酸盐有三种水合物 $Al(NO_3)_3 \cdot nH_2O(n=6,8$ 或 $9)$。以 NO_3^- 为配体可与铝形成各种配位离子如 $[Al(NO_3)_4]^-$，$[Al(NO_3)_5]^=$ 等。

早期人们曾用水合物制备无水 $Al(NO_3)_3$，但没有成功，七十年代有的文献曾报道用被 NO_2 饱和的发烟硫酸做脱水剂，由水合硝酸铝脱水制备无水 $Al(NO_3)_3$ 获得了成功。同一作者还用 $Al(NO_3)_3 \cdot 9H_2O$ 制备出 $Al(NO_3)_3 \cdot xH_2O(x=8, 6,5,4,2)$[2]。还有文献报道可用硝酸氯与三溴化铝反应来制备无水 $Al(NO_3)_3$。它是一种白色粉末，在真空中加热能分解。

用硫酸铝溶液与硝酸铅或硝酸钡反应可得硝酸铝水溶液，蒸发滤液可得 $Al(NO_3)_3 \cdot 9H_2O$ 的菱形结晶(熔点 73.5℃)。工业上用酸处理铝矾土或铝矿石亦可得这种硝酸盐。加热 $Al(NO_3)_3 \cdot 9H_2O$ 可得到 $Al(NO_3)_3 \cdot 6H_2O$ 和无定形的 $Al_2(OH)_5NO_3$。新制备的 $Al(OH)_3 \cdot$ 与硝酸反应或 $Al(NO_3)_3 \cdot 9H_2O$ 热分解可得各种形式的碱式盐。九水合硝酸铝在水中溶解度很大(63.7g/100ml，25℃)，在乙醇中溶解度更大(100g/100mol)。硝酸铝在＞80％和 73％—80％的硝酸中分别结晶出 $Al(NO_3)_3 \cdot 6H_2O$ 和 $Al(NO_3)_3 \cdot 8H_2O$。$Al(NO_3)_3 \cdot nH_2O$ $(n=6,9)$的生成热分别为－2849kJ/mol 和－3758kJ/mol。

$Al(NO_3)_3 \cdot 9H_2O$ 是单斜晶体，空间群是 P_{z_1}/a；晶胞参数为 $a=10.86$，$b=9.59$，$c=13.83$Å，$\alpha=\gamma=90°$，$\beta=96°10'$，密度为 1.72g/cm³。其中三个水分子与 $Al(H_2O)_6^{3+}$ 中的 H_2O 和 NO_3^- 以氢键相联结。

在 500—700℃下加热 $Al(NO_3)_3 \cdot 9H_2O$，它将全部分解为无定形氧化铝。在 100—150℃下加热时约有 75％的硝酸盐发生这种转化。当用煮沸的水加热可得易溶的碱式盐 $Al(OH)_2NO_3$。硝酸铝水溶液在静置时水解(加热时迅速)为胶状碱式盐和氢氧化铝。

铝的六氨合物$[Al(NH_3)_6](NO_3)_3$ 及其氘化衍生物$[Al(ND_3)_6](NO_3)_3$ 已经被制备出来。将上述六氨合物热分解可得到$[Al(NH_3)_5]NO_3$ 及其氘化衍生物。六氨合物的对称性属 O_h，中心是 AlN_6，在 $470cm^{-1}$，$490cm^{-1}$ 出现的峰被认为是分属于 $v_1(A_{1g})$和 $v_3(F_{1u})$。当除去一摩尔 NH_3 之后 NO_3^- 进入内界，降低了骨架的对称性，使对称性降低为 C_{4v} 这就增加了红外光谱的复杂性；$[Al(H_2O)_6](NO_3)_3$

的红外光谱为 $v_3(F_{1u})$在 613cm^{-1}，$v_4(F_{1u})$在 315cm^{-1}，而 $v_1(A_{1g})$在拉曼光谱中 529cm^{-1}处出现[2]。

无水或水合硝酸铝与过量纯的 N_2O_5 反应可生成 $Al(NO_3)_3 \cdot N_2O_5$，其结构为 $NO_2^+[Al(NO_3)_4]^-$，是一种白色粉末，在室温下稳定。含有同样阴离子的化合物还有$[Et_4N][Al(NO_3)_4]$和 $NO^+[Al(NO_3)_4]^-$等。有文献报道说，用 $AlBr_3$ 与 N_2O_5 在 0℃反应也可制出含有硝酸根配位离子的盐。它们的红外光谱与早期制备出的同类化合物相似。测得 $NO_2[Al(NO_3)_4]$的生成热为－997.5±1.7kJ/mol。在 N_2O_5 的硝酸饱和溶液中 $AlBr_3$ 与 $CsNO_3$（摩尔比为 1∶2）反应可得到 $Cs_2[Al(NO_3)_5]$[2]。

2.13 磷和砷的含氧酸盐

已经制备出的酸的铝盐有：次磷酸 H_3PO_2，亚磷酸 H_3PO_3，焦磷酸 $H_4P_2O_7$，多聚磷酸$(H_3PO_4)_n$ 和四聚偏磷酸$(HPO_3)_4$。

$Al(OH)_3$ 与游离酸反应可以制得碱式盐。铝有许多含有 M^+，M^{2+}离子（即碱金属或碱土金属）的复盐。少数硫代磷酸盐及砷的含氧酸盐也已有报道。在这些化合物中重要的有磷酸铝（自然界存在着无水 $AlPO_4$ 及其水合物）和绿松石（turquoise）$CuAl_6(PO_4)_4(OH)_3 \cdot 4H_2O$。后者的结构已经被测定。由于铜的含量不同，它的颜色由天蓝→浅绿→蓝→苹果绿。它具有腊状光泽，在薄边处呈半透明状，密度为 2.6—2.8g/cm^3。

在这个领域中，最近的工作集中在具有 Al—O—P 键的多聚化合物方面，这可能是由于它们可做阻燃剂和稳定剂，或者把兴趣集中在磷酸铝、亚磷酸铝，焦磷酸铝的配位离子上。

2.13.1 亚磷酸铝

将铝盐溶液与 50%次磷酸，在 80—90℃下加热一小时，可缓慢沉淀出结晶状的无水次磷酸铝 $Al(H_2PO_2)_3$。

通过亚磷酸铵与铝盐水溶液反应可制得亚磷酸铝。

2.13.2 磷酸铝

将中性铝盐溶液加入碱金属的磷酸盐中可得到胶状磷酸铝 $AlPO_4 \cdot xH_2O$ 沉淀。将铝酸钠溶液用浓磷酸酸化，在密封管中加热（250℃）几个小时，可得到结晶状的 $AlPO_4 \cdot xH_2O$。它难溶于水（$K_{sp}=3.87\times10^{-11}$，25℃），微溶于浓盐酸和浓硝酸中，其熔点为 1850±500℃，d(23℃)＝2.56g/cm^3。已经制备出几种水合磷酸铝，并用红外光谱、X 射线和热分析法进行了鉴定。据报道有人用商品 $Al(PO_4)_3$

制备出了抗氟化氢腐蚀的拉曼样品池(Raman cell)。

$AlPO_4$ 与石英是类质同晶。石英中的硅可被 Al 与 P 取代(Al+P 与 2Si 是等电子体)。和石英一样,$AlPO_4$ 在室温到 1200℃范围内有四种稳定的结晶形式,它们相似于 α-石英(Q)、β-石英(Q)、鳞石英(T)和方英石(C)

$$\alpha\text{-Q} \xleftrightarrow{580\pm5^\circ\text{C}} \beta\text{-Q} \xleftrightarrow{707\pm5^\circ\text{C}} \text{T} \xleftrightarrow{1047\pm8^\circ\text{C}} \text{C}$$

鳞石英相和方英石相在 93±5°和 215±5°有介稳平衡。块磷铝矿(α)的热力学数据是 $\Delta H_f^0 = -414.4$ $\Delta G_f^0 = -1601.2\text{kJ/mol}$, $S^0 = 21.70$, $C_p^0 = 93.18\text{J/deg}\cdot\text{mol}$。人们用 X 光粉末法测定了 $AlPO_4 \cdot 2H_2O$ 的晶胞大小及原子间距[2]。

Al_2O_3-P_2O_5-H_2O　平衡体系在 60℃时存在有正磷酸盐 $Al(H_2PO_4)_3 \cdot nH_2O$ ($n=0,2$)和 $AlH_3(PO_4)_2 \cdot nH_2O$($n=5,9$)。已经制备出来 $Al(H_2PO_4)_3$ 的几种有机衍生物,如 $Al(O_2P(OEt)_2)_3$ 等。

磷酸盐 $Al_2(HPO_4)_3$ 和 $Al(H_2PO_4)_3$,在高温下都分解,前者在 400℃下分解为焦磷酸,后者在 250℃呈玻璃状,它们在高温下产生长链多聚磷酸盐和四聚偏磷酸盐。人们已经用 X 光粉末法测定了 $Al(H_2PO_4)_3$ 的结构。

用氧化铝或三氯化铝与磷酸在 300—500℃下反应,并在此条件下结晶,可制备出铝的二、三、多聚磷酸盐及四聚偏磷酸盐。它们在水中不溶解。当加热到 900—1000℃时多聚磷酸盐转化为四聚偏磷酸盐(熔点 1230—1250℃),在 1000℃以上便逐渐失去 P_4O_{10}。四聚偏磷酸铝 $Al_4(P_4O_{12})_3$ 的振动光谱表明它基本上是离子结构。

磷酸铝最重要的用途是做高温粘合剂。当耐火材料用磷酸铝水溶液粘合在一起时,即使在高温下也能持久地保持粘合的牢固性。铝的多聚磷酸盐及偏磷酸盐可用于制造玻璃、陶瓷和催化剂。

将新制得的 $Al(OH)_3$ 和磷酸共煮可制得碱式磷酸铝。

$(Me_4N)_3[Al(PO_4)_2] \cdot 10H_2O$ 已从溶液中被分离出来。这表明水溶液中存在着 $[Al(PO_4)_2]^{3-}$。$[Me_4N]_3[Al(PO_4)_2]$ 的各种水合物已被制备出来。并已得到 $Ba_3[Al_2(PO_4)_3]_2$。

人们用电导滴定或电位滴定来研究连二磷酸及其盐与 Al^{3+} 的 反应。已证实 $Al(NO_3)_3$ 与 $H_4P_2O_6$ 或 $Na_2H_2P_9O_6$ 存在着下列一系列反应[2]:

$$H_4P_2O_6 + Al^{3+} \longrightarrow AlH_2P_2O_6^+ + 2H^+$$

$$H_4P_2O_6 + Al^{3+} \longrightarrow AlHP_2O_6 + 3H^+$$

$$4Al^{3+} + 3H_2P_2O_6^{2-} \longrightarrow Al_4(P_2O_6) + 6H^+$$

$$4Al^{3+} + 3H_xP_2O_6^{x-4} \longrightarrow Al_4(P_2O_6)_3 + 3xH^+$$

用核磁共振谱(^{27}Al、^1H、^{31}P、^{19}F 等)研究铝的溶液化学,可提供关于铝配合物的重要信息。Al^{3+} 在磷酸溶液中的核磁共振谱,特别是在低温下 ^{31}P 的数据表明,该溶液中含有质点:(i)与未解离的酸形成的[AlH_3PO_4]$^{3+}$;(ii)[AlH_2PO_4]$^{2+}$与[$Al(H_2PO_4)_2$]$^{+}$可交换;(iii)$Al(H_3PO_4)_n$($n\geqslant 2$),但未解离酸的状态是不清楚的[2]。

2.13.3 硫代磷酸铝

在650℃下,在硫的气氛下加热AlP可得到$AlPS_4$。它是一种白色针状或片状物,在空气中非常易潮解和分解,并能放出H_2S,同时具有与SiS_2相似的链。

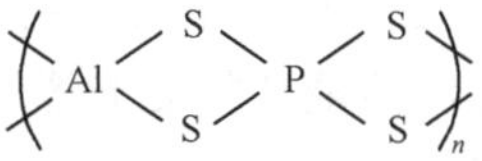

据报道将Al—P—S混合物在密封管中反应可制得$Al_2P_2S_7$,$Al_2P_3S_9$和$Al_3P_2S_6$。

2.13.4 亚砷酸铝和砷酸铝

将酸化的$K_2As_4O_7$加入冷的$Al_2(SO_4)_3$饱和溶液中可沉淀出$AlAsO_3$,它在酸、碱中都溶解。由Al_2O_3在As_2O_5的水溶液中可结晶出铝的正砷酸盐$AlAsO_4\cdot 8H_2O$、$Al_2(HAsO_4)_3\cdot 14.5H_2O$和$Al(H_2AsO_4)_3\cdot 5H_2O$。还可以得到其他水合物。将$NaNO_2$与$H_3AsO_4$溶液或$Al_2(SO_4)_3$与$K_2HAsO_4$溶液在密封管中于250℃下长时间加热,可得到六角的$AlAsO_4$。与$AlPO_4$一样,它也是石英的同晶物,是单斜晶体,在高压下是金红石型多晶。铝的焦砷酸盐也已被制得。

2.14 硫、硒、碲的含氧酸盐

2.14.1 溶剂化的Al^{3+}离子

近期的研究工作表明可用物理测试手段探测金属离子内界配位的溶剂分子的数目。核磁共振谱(n. m. r)已广泛地应用于研究Al^{3+}在溶液中的行为。主要的工作集中在Al^{3+}在AlL_n^{3+}(L=氧原子做为配位原子的配位体)的配位情况。

在低温下浓盐酸中,由于体相水与结合水之间的质子交换所引起的水位移的交换微扰是可以忽略的,因此可利用体相水与结合水之间化学位移的差别来估计铝的溶剂化数目。用早期的文献数据,并对水化水的化学位移(δ_s)进行校正,在5℃下所得到的Al的配位数近于6,这与低温下得到的积分值是一致的。这个结果否定了以前由计算得出的配位数为13的结论,在混合溶剂:H_2O-dmso、H_2O-tmso或H_2O-THF(dmso=Me_2SO,tmso=$(CH_3)_4SO$)中含有$Al(ClO_4)_3$和作为惰性稀释剂的丙酮,在低温下质子交换是慢的,于是体相水与结合水的信号就可以分开了。直接积分可给出最临近配位层内的水分子数目,以及在某些情况下其他溶剂分子的配位数目。Al^{3+} 的配位总数是 6。只有 dmso 和 tmso 同水竞相与 Al^{3+} 配位。当水的浓度很低时即使丙酮和 THF 也能溶剂化 Al^{3+} 。

在含有 H_2O-甲基膦酸二甲酯(dmmp)和 H_2O-三甲基磷酸酯(tmp)混合物的 $Al(ClO_4)_3$ 溶液中,有人在 30℃下已由 n. m. r 谱求得了 Al^{3+} 的 C_A 值(在溶剂化层内以磷为配位原子的分子数目)。在纯 tmp 或 tmp-丙酮的混合物中 Al^{3+} 的 C_{tmp} 接近 6。在 H_2O-tmp-丙酮的混合物中在－10℃存在着$[Al(tmp)_{6-n}(H_2O)_n]^{3+}$ 质点。与此相反,在氧原子做为配位原子的溶剂中如乙醇、丙醇中铝的典型的溶剂化数目是 4。在质点 $Al(ROH)_4^{3+}$ 之间氢键作用产生了空间位阻效应,这样就限制了铝的溶剂化数目为 4。$Al(NO_3)_3$ 溶液的拉曼光谱表明,NO_3^- 并不与 Al^{3+} 接触,这与 n. m. r. 的实验结果是一致的。

已经发现用 ^{13}C n. m. r. 谱可以将 dmso 溶液中的结合溶剂和游离溶剂区分开来,因此可以用 ^{13}C 的 n. m. r. 代替 ^1H 的 n. m. r. 来研究溶剂化层。据知应用电导法可以测定在 $Al(ClO_4)_3$—H_2O—$HClO_4$ 体系中 Al^{3+} 的溶剂的数目。

现在人们有理由确认 Al^{3+} 在水和有机溶剂(除去醇)中的配位数是 6,人们的兴趣已集中在体相与结合溶剂质点间的交换机理方面。有人已经测定了 $Al(H_2O)_6^{3+}$ 与 H_2O 的质子交换速率,得知这种质子交换比全部水分子之间的交换还要多。这种质子交换的动力学是复杂的,$Al(H_2O)_6^{3+}$ 的酸式离解和 $Al(H_2O)_6^{3+}$、$[Al(H_2O)_5OH]^{2+}$ 与二个或更多个水分子之间的反应都牵连在一起。Takahashi 用 n. m. r. 进行了类似的研究。他认为质子交换有三种方式:(i) H^+ 由 $Al(H_2O)_6^{3+}$ 转移到 H_2O 上;(ii)借助于 H_2O,H^+ 由 $Al(H_2O)_6^{3+}$ 转移到 $Al(H_2O)_5OH^{2+}$ 上;(iii)在 Al^{3+} 和 H^+ 的溶剂化层之间 H_2O 的交换。相对于(ii)(iii)的反应,(i)的速度可以忽略。在 Al^{3+} 的水及 dmso 溶液中,当水的摩尔比小于 0.75 时,体相与结合的 dmso 分子直接交换;而当水是高浓度时,则进行间接交换,包括 dmso 被水取代随后 H_2O 又被 dmso 取代。$Al(dmt)_6^{3+}$,$Al(dmso)_6^{3+}$ 和 $Al(tmp)_6^{3+}$ 的活化能和频率因子是很相似的。

人们已用 n. m. r. 法及 X 射线法对含 $Al(H_2O)_6^{3+}$ 八面体的固体如 $AlCl_3 \cdot 6H_2O$ 和$[Al(H_2O)_6][RuCl_6]4H_2O$ 等进行了研究。从 X 射线法得知 Al^{3+} 占据在变形的八面体中心,Al-O 的平均距离为 1.880(4)Å。

2.14.2 亚硫酸铝

将新制备的 $Al(OH)_3$ 溶解在 SO_2 水溶液中,在不同的压力和温度下,可产生水化物沉淀 $Al(OH)SO_3$,$[Al(OH)_2]_2SO_3$。但并不存在 $Al_2(SO_3)_3$。

2.14.3 硫酸铝

硫酸铝是最有价值的铝盐,大量用于做净水剂和造纸充填剂,还有许多其他用途。关于硫酸铝的物理和化学性质以及在工业上的应用已有不少文章进行了总结。用20%—50%的热硫酸来煮铝矾土或粘土可制备商业用的硫酸铝。当蒸发和除去固体沉淀之后,在正常情况下可以得到 $Al_2(SO_4)_3 \cdot 16H_2O$。用拜耳法所得到的纯氧化铝水合物代替铝矾土可得到不含铁的硫酸铝。人们已经介绍了许多水合的碱式和酸式盐。对水溶液中溶解度的研究表明硫酸铝有各种水合物 $Al_2(SO_4)_3 \cdot nH_2O$,$n=27$,18或16(最后一个可在−19到95°范围内结晶)。

近年来有人用^{27}Al 的 n. m. r. 法对硫酸铝水溶液进行了深入的研究,证明在铝的八面体配合物中含有配位的 SO_4^{2-},图7.6表明,除了在3.3ppm 处有 $Al(H_2O)_6^{3+}$ 的共振峰外,还存在着质点 $Al(H_2O)_{6-x}(SO_4)_x^{(3-2x)+}$($x$ 可能是1),在强磁场出现的共振峰可能是由 $Al(H_2O)_x(H_2SO_4)^{3+}$ 质点引起的。以前的工作曾检出有二聚物 $Al_2(OH)_2(H_2O)_8^{4+}$ 的存在。这表明在硫酸铝溶液中有着复杂的平衡。因此有人认为 $Al_2(SO_4)_3 \cdot xH_2O$ 中 x 值是值得考虑的。有人已经做了 Al-H_2O-SO_4^{2-} 体系的 n. m. r. 谱。按照 IR 的数据在浓溶液或惰性盐存在的情况下,SO_4^{2-} 以单配位基形式与 Al^{3+} 配位[2]。

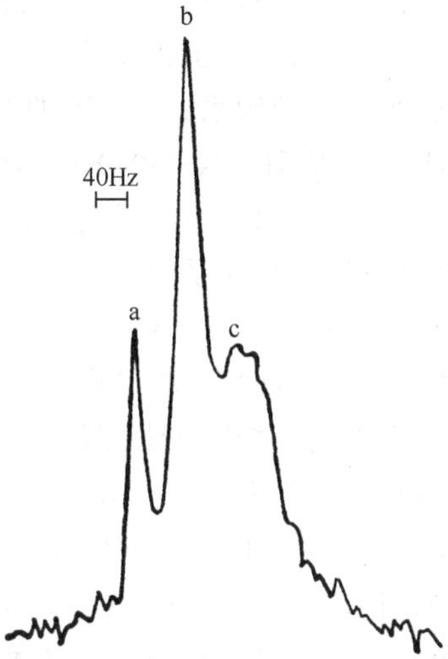

图7.6 含有大大过量硫酸的硫酸铝溶液的^{27}Al 的 n. m. r 谱 *a*. $Al(H_2O)_6^{3+}$;b. 可能是 $Al(H_2O)_5(SO_4)^+$;c. 含有配位硫酸的配位离子

硫酸铝在高温下(大约150℃)水解,大部分的产物是 $3Al_2O_3 \cdot 4SO_3 \cdot 9H_2O$。明矾石 $K_2[Al_6(SO_4)_4(OH)_{12}]$ 晶格中的 K^+ 被 H_3O^+ 取代就成为该化合物。在100℃以上其他的水解产物也有文献介绍。将铝溶解在硫酸中可得到碱式盐 $Al_2O_3 \cdot 2SO_3 \cdot 11H_2O$,在这一化合物中 $[Al_2(OH)_2(H_2O)_8]^{4+}$ 与硫酸根和水分子以氢键相联。当硫酸铝水溶液(或其他铝盐)用碱处理时则发生缩合反应,这一反应是通过一系列碱式多核的铝阳离子进行的。用质谱分析无水硫酸铝热分解的最初产物为 SO_2、O_2,最终产物是 r-Al_2O_3。关于 $Al_2(SO_4)_3 \cdot nH_2O$ 的热分解产物说法不一。有两位作者用的都是 $Al_2(SO_4)_3 \cdot 18H_2O$,他们都认为中间产物有 $Al_2(SO_4)_3 \cdot 16H_2O$ 及 $Al_2(SO_4)_3 \cdot 6H_2O$;而有一位作者则认为还有 $Al_2(SO_4)_3 \cdot 12H_2O$ 生成。非明矾石型的复盐如 $Na_3Al(SO_4)_3$(熔点675℃)是很少的。

用 $MHSO_4$(M=Li,Na,K)与 $NOAlCl_4$ 在75—200℃反应可得碱金属二氯硫酸铝 $MAlCl_2SO_4$。

2.14.4 矾

“矾”一般是指复盐 $M^{I}M^{III}(SO_4)_2 \cdot 12H_2O$(硒也有类似的复盐)。它们具有相同的结构,例如钠矾 $NaAl(SO_4)_2 \cdot 12H_2O$,铁矾 $KFe(SO_4)_2 \cdot 12H_2O$ 和铬矾 $KCr(SO_4)_2 \cdot 12H_2O$。在矾中 6 个水分子以八面体形式配位于 M^{III} 的周围,而另外 6 个 H_2O 则将这些离子与硫酸根连接起来。虽然矾在外观上具有相同的对称性(空间群 $Pa3$),但仍然可以把它们分为三组 (α,β,γ),因为它们的内部结构稍有差别。这是由于一价正离子大小不同引起的。Li^+ 比 K^+ 小很多不能形成稳定的复盐;另一方面镧系元素 M^{III} 的半径大也不能形成矾。Ti,V,Cr,Mn,Co,Ga,In,Rh,Ir 可以成矾。Na(γ),K(α),Cs(β)矾的存在说明矾有三种形式 (α,β,γ)。有的文献详细地介绍了一些矾的结构,多晶型,密度,晶体常数,介电常数,弹性系数,热膨胀系数和热弹性系数。

在矾中 M^+ 可被 $N_2H_5^+$、NH_3OH^+ 或 $CH_3 \cdot NH_3^+$ 取代但不能被更大的烷基铵离子取代。在“假矾”$M^{II}SO_4 \cdot Al_2(SO_4)_3 \cdot 24H_2O$ 中 M^{2+} 取代了矾中两个 M^+,但它们的结构与矾是不同的。

可利用 IR 对矾进行较深入的研究。在 $M^{I}M^{III}(SO_4)_2$ 中,M^{III} 对振动频率的影响比 M^{I} 要大。T_2v(S—O)和 T_2v(O—S—O)的分离说明铝与硫酸根之间的键有一些共价键的性质。IR 光谱还指出在 $NaAl(SO_4)_2$ 矾中,SO_4^{2-} 具有 C_{2v} 或更低的对称性,而其余部分具有 C_{3v} 对称性。比较 α 矾 $M'[Al(SO_4)_2] \cdot 12H_2O$($M'$=K,$NH_4^+$,Rb)在 300K 和 100K 的红外光谱发现有 $v_3(SO_4^{2-})$ 谱带出现,证明了 SO_4^{2-} 的变形。钾矾在 100K 时有四条谱带:2870,2980,3145,3230cm^{-1}。有人认为这是由于 H_2O 变形引起的,有人则认为这是氢键引起的。关于 $Al(H_2O)_6^{3+}$ 骨架结构的存在,意见是一致的。有的文献认为在 880,840 和 730cm^{-1} 处出现谱带是由于化合物$[Al_2(OH)_2(H_2O)_8](SO_4)_2 \cdot 2H_2O$ 有 OH 桥的缘故[2]。

$K_2SO_4 \cdot Al_2(SO_4)_3 \cdot 24H_2O$ 热分解的情况,文献报道是相互矛盾的。有人认为 120℃脱水变为无水盐,高于 800℃复分解则放出 SO_3 剩下 K_2SO_4 和 Al_2O_3。也有人认为在 120℃,230℃,320℃分别失去 4,6,2 个水。还有人认为 780℃下复分解产物是 K_2SO_4,γ-Al_2O_3,α-Al_2O_3 和 $3K_2SO_4 \cdot Al_2(SO_4)_3$ 此外有人说在 700—900℃时于空气中加热得到 K_2SO_4 和 γ-Al_2O_3。$(NH_4)_2 \cdot SO_4 \cdot Al_2(SO_4)_3 \cdot 24H_2O$ 加热依次失去 21,24 个水。

纯铝钾矾的质子张弛时间很长,因此它有希望做为存储极化的晶体。在广泛温度范围内已经测定过许多矾的 ^1H,^{27}Al n. m. r. 谱。有些矾的溶解热和生成热的测定工作也已进行。$(NH_4)_2SO_4 \cdot Al_2(SO_4)_3 \cdot 24H_2O$ 的 $\Delta H_{溶解}=-2472.7kJ/mol$,$\Delta H_f=-5938.8kJ/mol$。

矿物钠明矾的单晶是 $NaAl(SO_4)_2 \cdot 11H_2O$,空间群是 $C_{2/6}$,含有独立的

$Al(H_2O)_6^{3+}$，Al—O 平均距离为 1.878Å。根据 X 光数据人们已经讨论了在 $NaAl(SO_4)_2 \cdot nH_2O$（$n=12$，苏打矾；$n=11$，钠明矾；$n=6$，斜钠明矾）体系内的结构转变。

人们对矾和其他硫酸盐配合物感兴趣是由于它们可以作为磁性离子的主体晶体。利用在 M^{3+} 和 M^{2+} 存在下生长的硫酸盐配合物单晶（$[C(NH_2)_3]Al(SO_4)_2 \cdot 6H_2O$），可以测定在已知对称性的晶格上金属离子的极化光谱或电子自旋共振谱（e. s. r）. 利用这种掺杂的单晶方法可以测定晶体中过渡金属的电子能级。

2.14.5 其他硫的含氧酸铝盐

将 $H_2S_2O_3$ 的醚溶液和 AlH_3 或 $LiAlH_4$ 混合可合成硫代硫酸盐 $Al_2(S_2O_3)_3$ 或 $LiAl(S_2O_3)_2$。钡盐与硫酸铝进行复分解反应可制备连二硫酸盐 $Al_2(S_2O_6)_3 \cdot 18H_2O$ 和连四硫酸盐 $Al_2(S_4O_6)_3 \cdot 18H_2O$。铝与有关的游离酸反应可制中性的或碱式氨基磺酸盐。

2.14.6 铝和其他的含氧酸盐

用碱金属亚硒酸盐与其他铝盐水溶液反应可沉淀出碱式亚硒酸铝，但用 SeO_2 与铝盐反应则碱式盐就变为中性亚硒酸盐 $Al_2(SeO_3)_3 \cdot 7H_2O$。这种亚硒酸盐加热时先分解为三水合物，然后分解为 Al_2O_3 和 SeO_2。有几种酸式盐在 1900 年以前就已被制备出来了。

氢氧化铝与稍过量的硒酸反应很容易制备纯的 $Al_2(SeO_4)_3 \cdot 16H_2O$。它的溶解度和一般性质与相应的硫酸盐很相似。例如它也生成许多碱式盐及矾型复盐。$Al_2(SeO_4)_3 \cdot 16H_2O$ 的热重分析表明它在 350—400℃时变为无水盐，同时 $Se^{VI} \rightarrow Se^{IV}$。用 $Al(OH)_3$ 与 H_2SeO_4 反应可制备 $[Al_2(OH)_2(H_2O)_8][SeO_4]_2 \cdot 2H_2O$，它的结构与相应的硫酸盐相同。

Berzelius 在 1834 年制得铝的碲化物和碲酸盐。将很细的粉状 Al_2O_3 和 TeO_2，在 650—700℃下于空气中加热 20 小时，可合成出 Al_2TeO_6，它可用作陶瓷和油漆的颜料。

2.15 卤氧酸盐

2.15.1 氯酸铝和高氯酸铝

将 $Ba(ClO_3)_2$ 和 $Al_2(SO_4)_3$ 溶液混合可得到氯酸铝盐水溶液，蒸发后结晶，可得到 $Al(ClO_3)_3 \cdot 9H_2O$。

将 $AlCl_3$ 和 $AgClO_4$ 的有机溶液（如甲醇或苯）混合可制备无水的高氯酸铝。

在 150℃下蒸发滤液可得到 $Al(ClO_4)_3$。将 $AlBr_3$ 溶解在近于 100％的高氯酸中可得到水合盐 $Al(ClO_4)_3 \cdot 4.5H_2O$。用 30％高氯酸热溶液溶解适量的 $Al(OH)_3$，随后冷却至－15℃就可得到无色的针状 $Al(ClO_3)_3 \cdot 15H_2O$。这种针状物加热失水，在 178℃时分解为 $Al(OH)(ClO_4)_2$。高氯酸铝有好几种水合物 $Al(ClO_4)_3 \cdot nH_2O$(n=3，4.5，6，9，15)；在碱金属高氯酸盐存在下可分离出配合物 $M[Al(ClO_4)_4(H_2O)_2]$(M＝Cs，Rb)，在这些化合物中高氯酸根是以单基方式与铝配位的。

因为高氯酸根与铝的配位倾向小，所以在研究与以氧原子作为配位原子的配位体所形成的加合物时，常用高氯酸铝作为路易斯酸。因此对具有单配位基的配位体，由 Al 与配位体的摩尔比可确定在无水配位化合物中金属离子的配位数，以及配位体的电子构型和空间构型。在下述的化合物中 Al^{3+} 大概是近于八面体形式配位：$[Al(tmso)_6](ClO_4)_3$，$[Al(tmp)_6](ClO_4)_3$，$Al[(Me_2N)_2 \cdot P(O) \cdot NMeP(O)(NMe_2)_2]X_3$ (X＝NO_3，Cl，Br，I，NCS)，$[Al(pydo)_6](ClO_4)_3$ (pydo＝2-吡啶)，$[Al(dmso)_6](AlX_4)_3$，$[Al(dmso)_6]X_3$ (X＝Cl，Br，ClO_4)，$[Al(dmmp)_6](ClO_4)_3$ 和 $Al(POCl_3)_6$。这表明裸露的 Al^{3+} 有六配位的强烈倾向，至少对氧配位原子是这样的。

因为高氯酸根与 Al^{3+} 的配位倾向小，所以可利用高氯酸铝来研究铝的水解。在 25℃下人们测定了 $Al(ClO_4)_3$ 在 1MNaClO^4 溶液中的酸度，平衡并进行了离心实验，这些实验结果都表明溶液中存在着 $Al_2(OH)_2^{4+}$ 和 $Al_{13}(OH)_{32}^{7+}$。这些质点也存在于碱式盐晶格中。

2.15.2　溴酸铝

$Al_2(SO_4)_3$ 与 $Ba(BrO_3)_2$ 溶液进行复分解反应可制得溴酸铝，蒸发滤液可得到 $Al(BrO_3)_3 \cdot 9H_2O$ 结晶。这种晶体的熔点为 62℃，加热到 100℃以上可分解。

2.15.3　碘酸铝

蒸发 $Al(NO_3)_3$ 和 $Na_2H_3IO_6$ (摩尔比为 1.0—1.5∶1.0)的硝酸溶液可得到原高碘酸铝 $Al(IO_4)_3 \cdot 12H_2O$ 的立方晶体。在 130℃以上它分解为无水碘酸盐 $Al(IO_3)_3$。$AlIO_4$ 与 $LiIO_4$ 可生成复盐，利用这一性质可以从大量的 Na^+ 中分离出 Li^+。

2.16　铝　酸　盐

2.16.1　Al^{3+} 在溶液中的水解

关于铝盐水解的研究已经进行有一个世纪了。人们应用许多技术进行了广泛的研究，但由于使用不同的方法往往得到相互矛盾的结论。在酸碱介质中水合质点的本性现还有许多争论。Greenwood 等人对这些问题进行了简明的总结。他们发现^{27}Al的 n. m. r. 对这些溶液中质点的水解是灵敏的，能够测出 $Al(H_2O)_6^{3+}$，$Al_2(OH)_2(H_2O)_8^{4+}$，$Al_3O_4(OH)_{24}(H_2O)_{12}^{7+}$的可靠浓度，这样就将这一问题的研究深入了一大步。

测定铝盐溶液的电势可以得到水解情况的一些信息。将碱加入到稀的铝盐溶液中一直到 Al^{3+} 与 OH^- 的摩尔比为 1∶2.5 时，溶液的 pH 改变都不大。若假定生成 $Al_n(OH)_{2.5n}^{0.5n+}$ 质点（n=2—13），则这一现象可以得到解释。另一方面，在铝盐溶液中加入酸，从测定 pH 值得到的结论是只有单核水解质点[$Al(OH)\cdot(H_2O)_5^{2+}$]，或者是单核和双核质点。而用冰点降低法则表明，当加入碱直至 12.5 摩尔时还未有大质点生成。用八羟基喹啉萃取法证明存在有 $Al(H_2O)_6^{3+}$、$Al(OH)(H_2O)_5^{2+}$ 和多核质点。电泳和溶解度数据表明溶液中存在 $Al(OH)_4^-$ 和 $Al(OH)_2^+$。离心试验表明当加入碱时聚合度从 1 大约增加到 11。这与电势测定的结果是一致的，即溶液中存在单聚物、双聚物和 Al_{13} 质点。用凝聚法也可以获得关于水解的信息。在铝盐溶液中使碘化银凝聚最有效的组分是带有四个电荷的水解所得到的阳离子质点。铝酸钾、钠、锂的溶液的拉曼光谱表明在 pH＝10.0—12.8，Al^{3+} 与 OH^- 能形成络合离子，当 pH＞12.9 时有 AlO_2^- 出现；而 1—4M 铝盐的拉曼光谱表明溶液中并不存在 $Al(OH)_4^-$ 或 $Al(OH)_6^{3-}$，存在的质点是 $[(OH^-)_2Al(OH^-)_4]_n$。

Mesmer 和 Baeo 在高温下对酸性介质的铝溶液进行了电势测定。他们发现假定在酸介质中存在着小的质点 $Al_2(OH)_2^{4+}$，$Al_3(OH)_4^{5+}$ 和大的聚合物 $Al_{14}(OH)_{34}^{8+}$，则能够与测定数据相符合。但假定 $Al_{13}(OH)_{32}^{7+}$ 与二聚和三聚离子在一起也能与数据相符合。Greenwood 等人测定^{27}Al和^1H的 n. m. r. 谱，得到分立的 $Al(H_2O)_6^{3+}$、二聚离子 $Al_2(OH)_2(H_2O)_8^{4+}$ 以及多聚离子 $Al_{13}O_4(OH)_{24}(H_2O)_{12}^{7+}$ 的峰。即说明存在着$[Al_{13}O_4(OH)_{24}(H_2O)_{12}]^{7+}$质点是比较可靠的。因为从高度水解的溶液得到的固体进行 X 光结构分析表明该固体中有 Al_{13} 质点。这一质点是由 12 个 AlO_6 八面体共边，而它们的顶点则有规则地排列在 AlO_4 四面体周围。溶液的 X 射线数据也证实溶液中存在这个离子。$AlCl_3$ 水溶液的情况比较简单，该溶液中只存在未水解的 $Al(H_2O)_6^{3+}$ 和二聚离子。只有在 pH 值很高和溶液陈化之后，才有多聚离子出现。若有弱的窄的多聚的^{27}Al峰出现，则表明含有对称的 AlO_4 四面体，并且它是多聚物中总的 Al^{3+} 的一部分，其余的 Al^{3+} 存在于变形的八面体中，上述两个研究组都认为在一定范围的水解条件下，除上述质点外还必须假定有其他质点存在，它们可能是八聚物 $Al_8(OH)_{20}(H_2O)_x^{4+}$ 和三聚物 $Al_3(OH)_4^{5+}$。从^{27}Al共振谱数据可以充分证明在溶液中铝大部分是以 $Al(H_2O)_6^{3+}$，二聚物和多聚物形式存在，但中间产物 Al_{6-8} 的多聚物的存在也是肯定的。电势滴定和^{27}Al的 n. m. r. 谱还证实在酸溶液中存在着少量的$[Al(H_2O)_5OH]^{2+}$。

2.16.2　碱金属铝酸盐

碱金属铝酸盐的结构数据比相应的碱土金属铝酸盐的数据要少，人们已经获得了α和β-Li_5AlO_4的X射线数据，但它们的整个结构尚未测定出来。$Na_2O\cdot4MgO\cdot15Al_2O_3$结晶的空间群是$P6_3/mmc$，结构类似于$\beta$-$Al_2O_3$。在两个含有$Na^+$的镜面之间相距15.9Å，两个镜面之间构成类尖晶石单元，单元内氧原子是立方密堆积，间隙中有Mg或Al。单元之间被许多线型的Al-O-Al柱所隔开。三种氧化物的理想化学式是$Na_2O\cdot MgO\cdot5Al_2O_3$，它的主要形式是$Na_2O\cdot5Al_2O_3$（$\beta''$-氧化铝），它的结构也类似于$\beta$-$Al_2O_3$。它有三个厚度为11Å的尖晶石单元被Al-O-Al柱子间隔开。在含有氧原子柱的底面上Na^+可以在这个面上扩散。文献中曾报道了合成$MAlOCl_2$（M＝Na，K，Cs）、$Rb_2O\cdot Al_2O_3$、Li_3AlO_3、Li_5AlO_4、$Rb_20.5Al_2O_3$、$Rb_2O\cdot11Al_2O_3$、$M_2Al_2O_4\cdot4H_2O$（M＝Na，K，Rb，Cs）、$Rb_2O\cdot12Al_2O_3$和铯的β-铝酸盐的方法，并获得了它们的X射线谱图，但关于这些化合物的结构资料还很少。用质谱挥发法研究$LiAlO_2$(S)和$NaAlO_2$(s)，表明它们可分解为气态金属、氧和Al_2O_3。人们已经测定了它们的反应热。已经有人证明在浓的铝酸盐溶液中存在的质点有$NaAlO_2$，$3NaAlO_2\cdot Na_3AlO_3$和$3NaAlO_2\cdot2Na_3AlO_3$。Durig等人计算了$Al(OH)_4^-$的势能常数和平均振幅。有人讨论了高温下二铝酸锂的水解；在25℃下铝酸钾与硫酸的相互作用；$Rb_2O_3\cdot Al_2O_3$与$Rb_2O\cdot5Al_2O_3$的化学性质：铝酸盐溶液的复分解反应；混合的碳酸盐和铝酸盐的热分解。用Mössbauer谱研究了^{57}Fe在铝酸盐中的行为。

水泥化学与碱金属的碳酸铝盐的一些性质密切相关，因此研究这些盐的性质是很重要的，尽管人们对这些盐进行了一些红外光谱的研究，例如得知$Na_2O\cdot Al_2O_3\cdot2CO_2\cdot mH_2O$($m$＝2，3，4)以及含$K^+$，$Rb^+$的铝酸盐在470—492$cm^{-1}$处有相应于$v(AlO_6)$的吸收峰。但有关它们的结构数据仍然少见。在含有$H_2O$与$Al_2O_3$的摩尔比大于2的化合物中有非化学键的水存在，也可能存在变形的CO_3^{2-}(C_{2v})。$Rb_2O\cdot Al_2O_5\cdot2CO_2\cdot3H_2O$和$Cs_2O\cdot Al_2O_3\cdot4H_2O$在504—516$cm^{-1}$处有一很强的红外光谱，这可能是由于八面体配位的$v$(Al-O)引起的。这些化合物可能含有MAlO(OH)HCO_3。$NH_4[Al(OH)_2CO_3]H_2O$的n. m. r. 谱与化学式$NH_4[Al(OOH)HCO_3]H_2O$是相一致的。尖晶石型铝酸锂$LiAl_5O_8$已应用于作为光学研究的基质晶格及$^{57}Fe^{3+}$ Mössbauer谱的研究。

2.16.3 碱土金属铝酸盐

(1) 铝酸钡

比较早的文献已经总结了混合金属氧化物体系 $B_xA_yH_z$(B=BaO,A=Al_2O_3,H=H_2O)的合成方法。并指出了水合分子的确定数目。除了 β-BAH_2 和新的五(或六)水合物外,以前知道的所有的铝酸钡均已被制备出来。Dent-Glasoer 等人对铝酸钡的结构资料进行了总结,列于表 7.15 中。

表 7.15 铝酸钡水合物的结构数据

化学式	空间群	结构的简明描述
$2BaO \cdot Al_2O_3 \cdot 5H_2O$	*PI*	双核阳离子 $Al_2(OH)_{10}^{4-}$ 和 Ba^{2+} 阳离子,铝的配位多面体是变形的八面体,化合物是 $Ba_2[Al_2(OH)_{10}]$
$Ba_3Al_2(OH)_{12}$	*Ia3d*	在变形的八面体中 Al 被六个 OH^- 所围绕,Ba 周围有八个 OH^-,已经获得其红外光谱,钡类似于水合柘榴石
α-$BaO \cdot Al_2O_3 \cdot 2H_2O$	*Pbca*	配位阴离子$[AlO(OH)_2^-]_\infty$,$AlO_2(OH)_2$ 四面体通过共角形成螺旋形单链,化合物是 α-$Ba[AlO(OH)_2]_2$
α-$BaO \cdot Al_2O_3 \cdot 4H_2O$	*PI*	四个共边的八面体形成簇状物,这四个八面体的化学式是$[Al_4(OH)_{16}]^{4-}$,它们通过 Ba^{2+} 和氢键联结在一起
γ-$BaO \cdot Al_2O_3 \cdot 2H_2O$	F*dd*2	四面体共顶角形成了链,链的组成是$[AlO \cdot (OH)_2^-]_\infty$,化学式是 γ-$Ba[AlO(OH)_2]_2$
$BaO \cdot Al_2O_3 \cdot H_2O$	*Pm3m*	红外光谱中有 OH 的伸缩振动和 H_2O 的弯曲振动也就是表明存在有缩合的 AlO_4 四面体

表 7.15 表明在铝酸盐中随着氧与铝的比例下降,多面体缩合程度增加,这个过程一直进行到铝的配位数由 6 到 4。图 7.7 可以更精确地说明这一结论。虽然对铝酸盐溶液的本性还未能了解的十分清楚,但可以指出当 B_3AH_6,B_2AH_5,BAH_4 依次从溶液中结晶出来时,溶液的 pH 值是下降的。因此在强碱性溶液中 $Al(OH)_6^{3-}$ 是可以存在的;与此相反,在 pH 值很低时则缩合成团,最后变成 $Al(OH)_3$ 沉淀。

有人用 $BaCO_3$ 与 Al_2O_3 在电炉中(1250—1450℃)反应合成了 $BaO \cdot Al_2O_3$、$3BaO \cdot Al_2O_3$、$BaO \cdot 6Al_2O_3$。已经测得它们的反应活化能、热容和焓。$3BaO \cdot Al_2O_3(6—7)H_2O$ 在甲醇中极易溶解。红外光谱表明在这种化合物中存在着单个的 $Al(OH)_6^{3-}$,由 X 光数据可以认为还存在着游离的 OH^-。

(2) 铝酸钙和镁

对含有 Al_2O_3 和 CaO 的混合氧化物人们已经研究了一百多年。这些化合物被广泛应用在水泥和陶瓷工业中。图 7.8 中 $CaO \cdot 2Al_2O_3$ 晶体的空间群是 $C_{2/c}$,

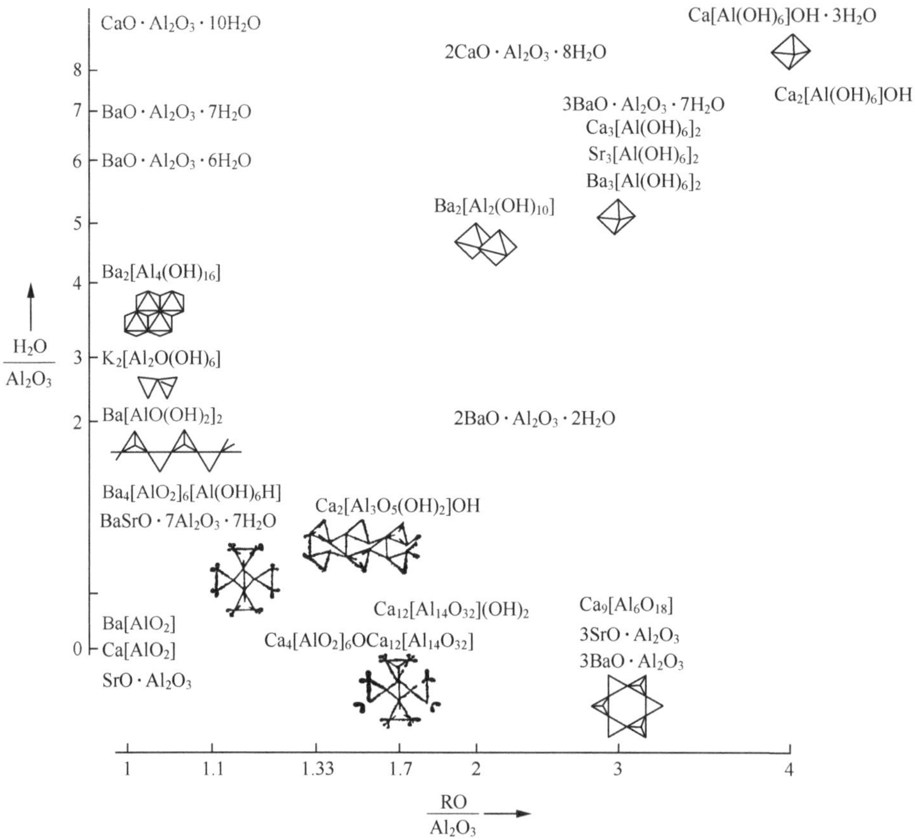

图 7.7　$RO-Al_2O_3-H_2O$ 体系的化合物，R＝Ca，Sr，Ba$K_2[Al_2O(OH)_6]$ 并不是碱土铝酸盐，但考虑到完整性还是列入图中；在方括号内的阴离子是经 X 光结构分析的结构式；非完整的四面体表明共用顶角形成了无限的链，也就是说 $Ca_2[Al_3O_5 \cdot (OH)_2]OH$ 的阴离子是层状结构

骨架由在链中的 AlO_4 四面体组成。它与 $SrAl_2O_7$ 同晶。将正交晶系的 $4CaO \cdot 3Al_2O_3 \cdot 3H_2O$ 脱水可得到四钙铝酸盐 $4CaO \cdot 3Al_2O_3$，它的空间群是 $1\bar{4}3m$，由 AlO_4 四面体构成。这些四面体通过共顶角形成无限的网状结构$(AlO_2)_\infty^-$。正确的表达式应为 $2[Ca_4(Al_2O_4)_3O]$。$12CaO \cdot 7Al_2O_3$（空间群 $I\bar{4}3d$）的准确强度数据表明在该结构中存在着共顶角的 AlO_4 四面体，还有某些 7 配位的 Ca^{2+}。按照 X 光显微照像分析，在 $CaO \cdot 2Al_2O_3$，$CaO \cdot Al_2O_3$，$12CaO \cdot 7Al_2O_3$，$3CaO \cdot Al_2O$ 中 Al^{3+} 是四配位的，但在 $CaO \cdot 6Al_2O_3$ 中 Al^{3+} 有 4，6 两种配位。这一结论与用 IR 导出的结果有些不同。二钙铝酸盐 $2CaO \cdot Al_2O_3$ 是正交的体心结构，与 $4CaO \cdot Al_2O \cdot Fe_2O_3$ 是同晶形。

(3) 尖晶石型

最初尖晶石这个名词专门指 $MgAl_2O_4$。现在则用来描述具有同样结构型式的化合物。镁铝尖晶石仍然是重要的研究课题。通常把它作为已知对称性的基本晶格来研究杂质离子的电子结构和光谱。有人用 ^{27}Al 的 n.m.r. 和 ^{57}Fe 的 Mössbauer 谱测定了尖晶石的电场梯度。对于尖晶石单晶的生长技术人们也进行了研讨。关于尖晶石阳离子的分布,氧的作用,有序度,非计量比化合物 $9Al_2O_3 \cdot AlN$ 以及 $MgO \cdot Al_2O_3$ 的热分解也都有报道。另外,人们曾用 X 光衍射法测定了部分二价阳离子在 $NiAl_2O_4$、$CuAl_2O_4$、$ZnAl_2O_4$ 中的四面体位置。

2.16.4 稀土和其他铝酸盐

在 Al_2O_3 中掺杂 Nd^{3+} 可以做固体激光器,这个事实使人们对稀土氧化物——氧化铝体系又重新产生了兴趣。早期相图显示的化合物有 $3M_2O_3 \cdot 5Al_2O_3$(柘榴石结构),$M_2O_3 \cdot Al_2O_3$(钙钛矿结构)以及 $2M_2O_3 \cdot Al_2O_3$(M=稀土阳离子)。对 $2Eu_2O_3 \cdot Al_2O_3$ 的 X 射线研究表明它是单斜晶体,铝是四面体配位,Eu^{3+} 占据在 6,7 配位的位置上。化合物 $2M_2O_3 \cdot Al_2O_3$ 是同晶型的。由 $GdAlO_3$ 的极化红外反射光谱(100—1200cm^{-1})设想它的空间群是 *Pnma* (D_{2h}^{16})。含有杂质 Nd^{3+} 的 $Y_3(Al,Ga)_5O_{12}$ 晶体的 e.s.r.、荧光光谱以及吸收光谱都表明有 4 和 6 配位的铝。熔融碱土金属氧化物,稀土氧化物和氧化铝的混合物可以得到混合氧化物 $CaD_yAl_3O_7$ 和 $SrD_yAl_3O_7$。在一般条件下可以合成含有 Y 和 Gd 的二元铝酸盐。利用 Al—O—Al 键的弯曲和伸缩振动带可以对后者进行研究和鉴定。高压下台成的单晶 $MAlO_3$($M=D_y \rightarrow Lu$),用 X 射线法进行鉴定表明从 Sm 到 Lu,*a*,*c* 轴变短,*b* 轴变长。一个轴变长可能是由于从 La 到 Gd 配位数在逐渐变化。

$Bi_2Al_4O_9$ 的 X 射线分析显示出 $Bi_2Al_4O_9$ 和 $Bi_2Ga_4O_9$ 同反铁磁性的 $Bi_2Fe_4O_9$ 的结构极为相似。有人在低温下测定了稀土柘榴石型化合物 $Gd_3Al_2(AlO_4)_3$ 和 $Y_3Al_5O_{12}$ 的 ^{27}Al 的 n.m.r. 用以研究精细的相互作用以及温度对晶体场梯度的依赖关系。

参 考 文 献

[1] J. C. Bailar, H. J. Emel'eus, R. Nyholm, A. F. Trotman Dickenson, "Comprehensive Inorganic Chemistry", Vol. 1 Pergamon Press(1973).

[2] M. F. Lappert, "Inorganic Chemistry Series Two", Vol. 1 Butterworths University Park Press (1975).

[3] A. F. Wells "Stractural Inorganic Chemistry", 4th ed, Clarenden Press (1975).

[4] 天津大学有机化学教研室编,《有机化学》(1979).

[5] H. Remy, "Treatise on Inorganic Chemistry" Vol. 1 Elsevier Publishing Company(1956).

[6] 朱洪法,《催化剂载体》,化学工业出版社(1980).

[7] 唐有祺,《结晶化学》,高等教育出版社(1957).

[8] 张明海,张晏清,石油炼制,11,56 (1979).
[9] J. Beretka, M. J. Ridge, JCSA, 12, 2106 (1967).
[10] Akitt, J. W., Greenwood, N. N., Khandelwal, B. L, and Lester, G D., J. C. S., Dalton trans., 604 (1972).

7.3 有机铝化合物

有机铝化学的范围很广泛。铝能以 σ 键与有机基团相连，形成中性衍生物 R_nAlX_{3-n}（$n=1,2,3$；X＝H，F，Cl，Br，I，OR，O_2CR，$OSiR_3$，O_2PR_2，$OSPR_2$，S_2PR_2，SR，NR_2，NCR_2，N_3，PR_2，AsR_2，CN，SCN 等；R＝烷基、芳基、不饱和烃基等）及配位阴离子 $M^+AlR_nX_{4-n}^-$（$n=1,2,3,4$；X＝卤素、H、OR 等）。它也能与某些烯烃形成弱的 π 配合物。

虽然人们知道有机铝化合物已有一百多年的历史，但在早期很少引入重视。只有在 1950 年左右 K. Ziegler 及其同事的两个发现之后，有机铝化合物才具有了实际生产意义。

K. Ziegler 的两个发现：一是用金属铝、烯烃和氢能直接合成三烷基铝；二是把烷基铝化合物加到烯烃中，能生成 C—C 键。后者是开辟高分子新领域的关键。

在工业上，有机铝化合物主要用于烯烃的聚合作用。它是烯烃定向聚合反应的 Ziegler-Natta 催化剂的必要组分。它也用于制造长链醇（大约 14 个碳的醇），用于制造去垢剂以及用于由丙烯制造异戊二烯（合成橡胶的原料）。它们也可用作还原剂和烷基化剂。例如由三乙基铝电解合成四乙基铅等。

有机铝化学在不少书刊上曾作过介绍。1972 年出版了有机铝化合物的专著《Organoaluminium Compounds》，概括了 1971 年前的主要的有关文献。1972 年后每年出版的《Organometallic Chemistry》有前一年的有关文献的综述。

3.1 有机铝化合物的一般制备方法

烷基铝的制备有多种方法。在实验室中，一般是通过金属铝和烷基汞反应制备三烷基铝：

$$2Al + 3R_2Hg \xrightarrow{80—90℃} 2R_3Al + 3Hg$$

工业上有两种主要的合成方法。这两种方法都是以金属铝为原料。一种是用金属铝与卤代烷反应制备有机铝卤化物；另一种是由金属铝与烯烃和氢直接合成三烷基铝或氢化二烷基铝。

铝与卤代烷反应的产物是倍半卤化烷基铝：

$$2Al + 3RX \longrightarrow R_3Al_2X_3$$

反应是放热的，一般是在无溶剂或在惰性的烃类溶剂中进行。只有有限的有机铝化合物可用此反应制得。例如铝与氯甲烷、氯乙烷反应较容易，与氯苯反应较困难。反应中卤代烷可用氯代烷、溴代烷或碘代烷。它们的反应性按 RI＞RBr＞RGl 顺序降低。反应开始一般较慢，为加快金属铝活化，可加入三卤化铝、三烷基铝或结晶碘，有利于反应的起动。

倍半卤化烷基铝对空气敏感，它在室温下是液体，但无敏锐的沸点，在加热时发生歧化反应。所以反应产物很可能不是单一的倍半卤化烷基铝 $R_3Al_2X_3$，而是以二聚的$(R_2AlX)_2$和$(RAlX_2)_2$的混合物存在：

$$2Al + 3RCl \longrightarrow R_3Al_2Cl_3 \rightleftharpoons \frac{1}{2}(R_2AlX)_2 + \frac{1}{2}(RAlX_2)_2$$

反应产物$(R_2AlX)_2$和$(RAlX_2)_2$如果沸点差别较大，可用分馏法分离。如果反应产物要求是单卤化物$(R_2AlCl)_2$，可将 NaCl 加到反应混合物中，使$(RAlCl_2)_2$变为 $NaAlCl_3R$，然后减压蒸馏，可得纯的$(R_2AlCl)_2$。

$$2NaCl + (RAlCl_2)_2 \longrightarrow 2NaAlCl_3R$$

如果需要三烷基铝或三芳基铝 R_3Al，可以用金属钠作还原剂与$(R_2AlCl)_2$反应而得。例如：

$$3(Me_2AlCl)_2 + 6Na \longrightarrow 6NaCl + 2Al + 2(Me_3Al)_2$$

合成有机铝化合物的另一个重要方法是直接合成法或称 Zi-egler 合成法。即由金属铝与烯烃和氢在压力下合成三烷基铝或氢化二烷基铝。这是工业上制造三乙基铝、三丙基铝、三异丁基铝及氢化二异丁基铝等化合物的重要途径。

铝和氢直接反应不容易生成 AlH_3。但活化的铝在预先制备好的三烷基铝存在下能吸收氢：

$$2R_3Al + 3/2H_2 + Al \longrightarrow 3R_2AlH \tag{1}$$

生成的氢化二烷基铝又按 Иаркофникоб 规则的方向加到烯烃中：

$$R_2AlH + H_2C = C< \longrightarrow R_3Al \tag{2}$$

总的反应式：

$$3/2H_2 + Al + 3H_2C = C< \longrightarrow R_3Al \tag{3}$$

反应(1)和(2)能够分开进行(两步操作)或同时进行(一步操作)。选择哪一种操作是由控制副反应的需要决定的。例如两步合成操作对三乙基铝的制备是主要的，而三异丁基铝则采用一步合成为宜。两步合成开始要加入较大量的三烷基铝，而一步合成开始仅需要使金属铝活化的三烷基铝。三异丁基铝是用铝与活化剂(Bu_3^iAl)，加入液体异丁烯 $Me_2C{=}CH_2$ 和氢，在 200atm，80—110°一步反应来制得的。

由三异丁基铝 Bu_3^iAl 为原料，用烯烃置换法，能够制备其他的三烷基化物(Me_3Al 除外)：

$$Bu_3^iAl \xrightarrow[-3CH_3-CH=CH_2]{3CH_3-CH=CH_2} Pr_3^nAl \xrightarrow[-3CH_3CH=CH_2]{3CH_2=CH_2} Et_3Al$$

3.2 有机铝化合物的特性

有机铝化合物的大多数化学性质都是以有机铝单体的 Lewis 酸性为依据的。它的 Lewis 酸性是与铝原子有构成电子八隅体的倾向直接有关的。三烷基铝的配合性很强。它与中性的 Lewis 碱例如醚可生成 1∶1 的醚合物 $R_3Al \cdot OEt_2$。三甲基铝乙醚合物 $Me_3Al \cdot OEt_2$，沸点 68℃/2000Pa；三乙基铝乙醚合物 $Et_3Al \cdot OEt_2$，沸点 112℃/1600Pa。三甲基铝同三甲胺或三甲膦都能络合，它们同铝的络合强度有如下顺序：

$$NMe_3 > PMe_3 > OMe_2 > SMe_2 > SeMe_2 > TeMe_2$$

三烷基铝可与阴离子生成有机铝配位阴离子，例如 $AlEt_3Cl^-$。有机铝化合物比硼、铟或镓的有机衍生物的 Lewis 酸性强。铝化合物形成配合物比硼化合物空间阻碍小(铝配位四面体共价半径为 1.26Å，硼为 0.88Å)。

有机铝化合物容易自身缔合，也是由于其 Lewis 酸性。有机铝的醇盐、胺化物、硫醇盐、膦化物、卤化物等大多数是以二聚或齐聚(即低聚)为特征的。这是由于 Lewis 酸的铝中心原子与电负性大的原子的孤对电子结合的结果。而在二聚的三烷基铝及齐聚的氢化烷基铝中，则形成了缺电子的桥键。这情况类似于二硼烷 B_2H_6。在三烷基铝或三芳基铝 R_3Al 中，除非 R 基团太大而不允许形成桥键外，通常都是以含缺电子桥键的二聚体 $R_2AlR_2AlR_2$ 存在。

有机铝化合物有许多容易进行的反应，都是先由 Lewis 碱与铝中心原子配位，随后 Al—C 键断裂，发生质子转移。例如三烷基铝与醇反应，得到有机铝醇盐：

$$R_3Al + R'OH \longrightarrow R_2AlOR' + RH$$

与氨或一级、二级胺反应得到有机铝胺化物：

$$Me_3Al + NH_3 \longrightarrow Me_3Al \cdot NH_3 \xrightarrow{70℃} Me_2AlNH_2 + CH_4$$

与硫醇反应得到有机铝硫醇盐：

$$Me_3Al + MeSH \longrightarrow Me_2AlSMe + CH_4$$

与膦反应得到有机铝膦化物：

$$Me_3Al + PHMe_2 \longrightarrow Me_3Al \cdot PHMe_2 \xrightarrow{200—215°} Me_2AlPMe_2 + CH_4$$

三烷基铝对氧化剂(包括分子氧)有高的反应性，而三芳基铝对氧的反应性较低。缔合较弱的化合物反应性较高，而缔合较强的化合物反应性则大大降低。

3.3 三烷基铝和三芳基铝及其反应

3.3.1 三烷基铝的物理性质

三烷基铝化合物几乎都是无色液体或低熔点的固体。因为它们对空气中的氧和水非常敏感，所以必须保存在惰性气体中。较轻的三烷基铝暴露在空气中易自燃，使用时必须严格遵守安全规则。

一些简单的三烷基铝的物理性质见表 7.16。

表 7.16　简单的三烷基铝的物理性质[2]

单体分子式	熔点(℃)	沸点(℃/Pa)	密度(g/cm^3,25℃)
Me_3Al	+15	$126/1.0\times10^5$,$25/1.6\times10^2$	0.748
Et_3Al	+45.5[1)],−46.8[1)]	$194/1.01\times10^3$,$100/1.73\times10^2$	0.832
		$68-70/2.67\times10^2$	
n-Pr_3Al	−60,−84	$110/1.33\times10^3$,56/26.7	0.821
i-Pr_3Al	+2	$44-46/2.67\times10^2$	
n-Bu_3Al	−27	$120/2.67\times10^2$	0.816(30℃)
i-Bu_3Al	+6	$86/1.33\times10^3$	0.781
t-Bu_3Al		20/0.133	

1) 双晶的。

表中许多数据并不是特别精确的。这是由于三烷基铝的反应性——热分解为氢化烷基铝以及易与烯烃反应之故。例如，三乙基铝中含有少量的氢化乙基铝以及二乙基丁基铝等杂质。

由表可见，三烷基铝的沸点不是随烷基大小的增加而逐渐减小的。这是由于烷基大小也影响缔合程度。正烷基衍生物$(Et_3Al)_2$、$(Pr^nAl)_2$、$(Bu_3^nAl)_2$在室温下都是二聚体，而分支链烷基铝例如Pr_3^iAl、Bu_3^iAl和$(Me_3C—CH_2)_3Al$则表现出较小的缔合倾向。

3.3.2　三甲基铝

三甲基铝Me_6Al_2在室温下是清澈而易流动的液体。它在空气中能自燃，遇水发生爆炸式分解(分解为甲烷及氢氧化铝)。它可在 1 大气压下蒸馏而无变化(较高级的烷基铝易失去烯烃形成氢化物)。它在溶液甚至在蒸气相中都缔合为二聚体。其结构是通过甲基桥把两个铝原子连在二聚体中，所形成的四元环是对称的。原子间距离为 Al—C(末端)1.95Å；Al—C(桥上)2.12Å；Al⋯Al2.61Å；桥角 Al—C—A176°。

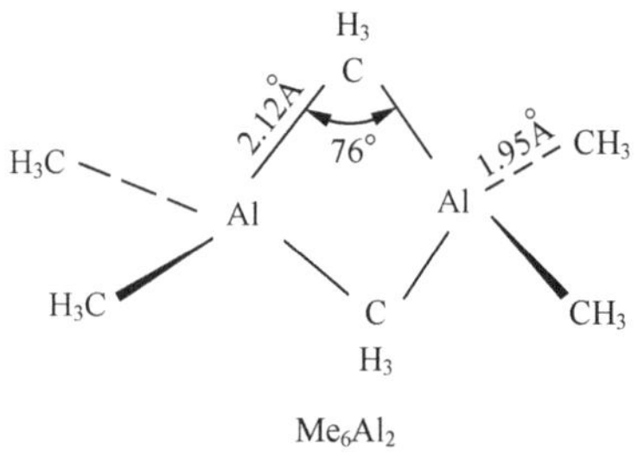

Me_6Al_2

在低压(4.0kPa)215℃时，三甲基铝蒸气主要是以单体存在。用电子衍射法测定和 Raman 光谱分析证明单体 Me_3Al 有一个三角形的平面结构(D_3 对称性)，其 Al—C 距离为 1.96Å。Me_6Al_2 在室温下^1H 核磁共振谱只有一个单峰，这是由于末端和桥上的甲基迅速交换所致；而在 −70℃ 则有两个尖锐的峰，积分比例为 1∶2，它们分别代表了桥上二个甲基上的六个氢及末端四个甲基上的十二个氢。这说明在 −70℃ 时它们的交换是足够慢的。在红外光谱中，甲基弯曲振动吸收在 $1440cm^{-1}$(不对称，弱)和 $1255cm^{-1}$ 及 $1208cm^{-1}$(桥和末端的甲基，对称，强)；末端的 Al—C 伸展振动吸收在 $772cm^{-1}$(不对称)和 $616cm^{-1}$(对称)。

气态 Me_6Al_2 离解为两个 Me_3Al 单体的热焓是 83.7kJ/mol。Me_6Al_2 的桥键和末端键的 Al—C 键离解能分别是 151 和 255kJ/mol。

3.3.3 三芳基铝

三芳基铝在工业上不易得到。一般在实验室内是由其他金属(如镁或汞)的芳基衍生物来制备的。例如三苯基铝可用金属铝与 Ph_2Hg 在沸腾的甲苯中反应或用三氯化铝与 PhLi 反应来制备。

三芳基铝对氧只有中等的反应性，但对水或醇有较高的反应性。三苯基铝与氯化二苯基铝有中等热稳定性，加热到 200℃ 以上慢慢分解。

三苯基铝$(Ph_3Al)_2$，熔点 225—228℃，它的晶体结构如同 Me_6Al_2 的结构。两个桥上的苯基在与 Al⋯Al 轴成直角的平面上。原子间距离：Al—C(末端)1.96Å；Al—C(桥上)2.18Å；Al⋯Al2.70Å，键角 Al—C—Al 77°。

混合的芳基烷基铝，例如二甲基苯基铝，是由三甲基铝与三苯基铝以 2∶1 比例制备的。熔点 98—103℃。它也是以二聚体 $Me_2AlPh_2AlMe_2$ 存在的，其中也有苯基桥。

3.3.4 三烷基铝和三芳基铝的反应

三烷基铝及三芳基铝的典型反应如下：

(1) 与 Lewis 碱反应

三烷基铝和三芳基铝与 Lewis 碱迅速反应，放出热量，形成 1∶1 配合物 $LAlR_3$。如果三烷基铝或三芳基铝是缔合的话，则先裂开“缺电子”桥：

$$R_6Al_2+2L \longrightarrow 2LAlR_3 \quad (L=R_3N,R_3P,R_2O,R_2S,R_2Se,R_2Te,R_2CO,RCN\text{ 等})$$

$$R_6Al_2+X^- \longrightarrow [R_3AlXAlR_3]^- \quad (X=H,\text{卤素},OR,NR_2,CN)$$

$$R_6Al_2+2X^- \longrightarrow 2[AlR_3X]^- \quad (X=H,CN,\text{卤素},OR,R)$$

三烷基铝或三芳基铝的配合物一般为白色的晶体或无色液体[2]。

（2）与质子酸反应

质子酸 $\overset{\delta+}{H}-\overset{\delta-}{X}$ 将 Al—C 键裂开将产生烃 RH：

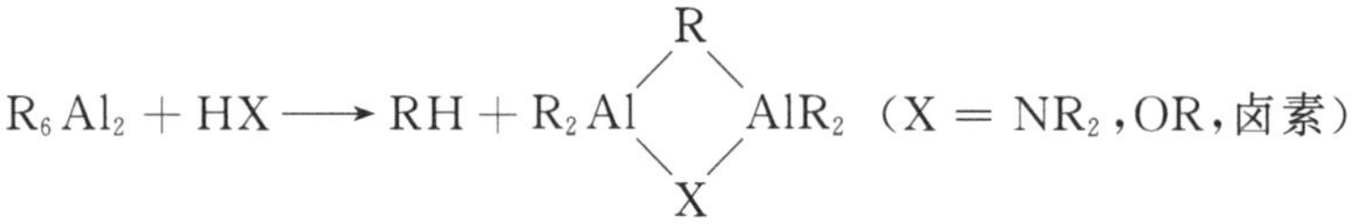

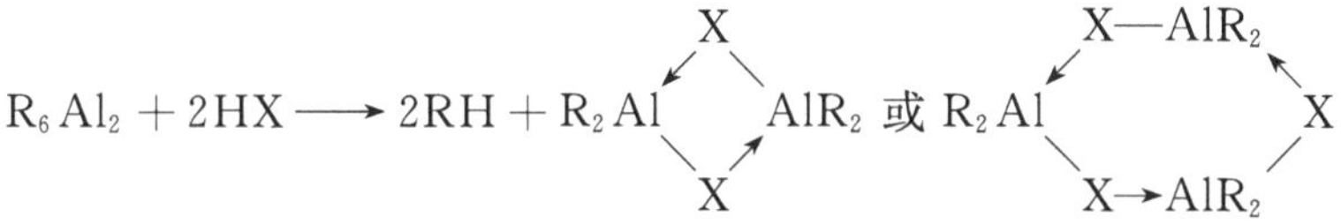

$$R_6Al_2 + 过量\ HX \rightarrow 6RH + 2AlX_3 (X = OH, OR, Cl, Br)$$

测定三烷基铝或三芳基铝在水解或醇解时产生的烃 RH 的量，可用来分析它们的含量。

（3）与不饱和化合物反应

不饱和化合物可以嵌进 Al—C 键中。例如：

$$R_3Al + RC\equiv N \rightarrow RCH \cdot AlR_3 \rightarrow \frac{1}{2}(R_2AlN = CR_2)_2$$

假如烷基 R 有连在 β 碳原子上的氢，则消除一个烯烃分子后，Al—H 加到不饱和键中。例如：

$$Et_3Al + PhC\equiv N \rightarrow \frac{1}{2}(Et_2AlN = CHPh)_2$$

有机铝化合物与烯烃的重要反应将在 3.4 节中讨论。

（4）交换反应

有机铝化合物可以用来制备比铝电正性更小的元素（如硼、镓、硅、锗、锡等）的烷基或芳基衍生物。由烷基铝或芳基铝与这些元素的卤化物或醇盐反应，便可生成相应元素的烷基或芳基衍生物：

$$MX_n + (过量的)R_3Al \rightarrow R_nM + \frac{n}{3}AlX_3$$

$$(M = B, Ga, Si, Ge, Sn\ 等, X = 卤素, OR)$$

混合的有机铝衍生物可以用两种不同的三烷基或三芳基铝（R'_3Al）和（R^2_3Al）的平衡反应来制得：

$$R^1_6Al_2 + R^2_6Al_2 \rightarrow R^1_5Al_2R^2, R^1_4Al_2R^2_2\ 等等$$

三烷基铝或三芳基铝与卤化铝反应产生有机铝卤化物：

$$R_6Al_2 + Al_2X_6 \rightarrow R_4Al_2X_2, R_3Al_2X_3, R_2Al_2X_4\ 等(X = Cl, Br)$$

（5）氧化

三烷基或三芳基铝燃烧（在空气中可能是自燃）产生 Al_2O_3、H_2O 和 CO_2。用限量的氧温和氧化，产生 Al—OR 基。它可能经过过氧化物 Al—OOR 中间体。

三烷基或三芳基铝与卤素反应产生 Al—X 键和 RX。

(6) 还原

三烷基或三芳基铝与碱金属反应，产生四烷基铝盐：

$$2R_6Al_2 + 3Na \rightarrow 3NaAlR_4 + Al$$

(7) 末端分解

在 50—200℃范围内加热，带 β 氢的烷基铝失去烯烃，留下有机铝氢化物：

$$R_2AlCH_2CHR_2 \rightarrow R_2AlH + R'_2C = CH_2$$

加热至约 300℃，它们分解为金属、氢和混合的烃类。

3.4 有机铝化合物与烯烃的反应

有机铝化合物与烯烃的反应是一个重要的反应。Al—H 或 Al—C 键与烯烃加成，烯烃嵌入单体的烷基铝化合物中，产生长链衍生物。这反应可能是从富电子的双键与 Lewis 酸的铝中心原子间的反应开始的。可能经过不饱和键与铝的 π 配合物中间体。

最普通的例子是氢化二烷基铝的 Al—H 键加到烯烃中去，这是 Ziegler 直接合成法的重要一步。也是三烷基铝(最常用三异丁基铝)用烯烃置换法生成另一种三烷基铝的关键反应。

三烷基铝的 Al—C 键连续加到烯烃中去，产生长链衍生物，即所谓“增大反应”。产物的链长可由温度、压力及接触时间控制。

例如：

$$Et_3Al \xrightarrow{C_2H_4} Al \leftarrow \begin{matrix} C_2H_4Et \\ Et \\ Et \end{matrix} \xrightarrow{nC_2H_4} Al \leftarrow \begin{matrix} (C_2H_4)_xEt \\ (C_2H_4)_yEt \\ (C_2H_4)_zEt \end{matrix}$$

“增大反应”的产物经氧化或用烯烃取代，为工业上提供了一个合成中等链长(C_{10}—C_{20})、不分支的醇或烯烃的有价值的路线。例如含 14 个 C 原子、不分支的脂肪醇，在工业上用于合成去垢剂。它是由“增大反应”的产物控制氧化制得的：

$$> AlC_{14}H_{29} \xrightarrow{O_2} > AlOC_{14}H_{29} \xrightarrow{H_2O} > AlOH + C_{14}H_{29}OH$$

“增大反应”在 Ziegler-Natta 催化剂作用下大大加快。应用 Ziegler-Natta 催化剂可使烯烃定向聚合。Ziegler-Natta 催化剂有多种配方，但一般至少有两个组分，有时有三个：(1)周期表 I 至 IV 主族正电性高的金属化合物。最常用是三烷基铝、氢化或卤化烷基铝，甚至金属铝。但也可能是铍、镁、锌或锂的化合物。(2)第一长周期过渡金属的卤化物、醇盐或其他衍生物。常用的是金属的低氧化态的化合物。最常用是 $TiCl_4$ 或 $TiCl_3$。但钒、锆或铬的化合物也被应用。(3)有时加入一个碱。例如醚或三级胺。Ziegler-Natta 催化剂组分及其比例的选择、物理状态、制备方法决定了聚合物的收率、分子量及空间规则性。

在 Ziegler-Natta 催化剂中，其活性据认为是在部分烷基化的、低氧化态的过渡金属的配合物上。它提供了空位可让烯烃占据，随后烯烃就嵌入相邻的金属—碳键之中。该催化剂的特征是在较高级烯烃或双烯聚合时有空间规则性——定向聚合。例如，丙烯聚合时，常用三氯化钛与氯化二乙基铝或三乙基铝为催化剂，得到空间规则的聚丙烯。但如果单用有机铝化合物作催化剂，则会引起丙烯的二聚合反应，得到 2-甲基戊烯-1。它断裂时得到异戊二烯(合成橡胶的原料)和甲烷。

$$>AlH \xrightarrow{+CH_3CH=CH_2} >AlCH_2CH_2CH_3 \xrightarrow{+CH_3CH=CH_2}$$

$$>AlCH_2\underset{}{\overset{CH_3}{\overset{|}{C}}}HCH_2CH_2CH_3 \rightarrow AlH + CH_2=\overset{CH_3}{\overset{|}{C}}-CH_2CH_2CH_3$$

$$CH_2=\overset{CH_3}{\overset{|}{C}}-CH_2CH_2CH_3 \rightarrow CH_2=\overset{CH_3}{\overset{|}{C}}-CH=CH_2 + CH_4$$

关于 Ziegler-Natta 催化剂可参看 Ketley 较全面的综述(The Stereochemistry of Macromolecules, Vol. 1)。Ziegler 对于有机铝化学有许多重要贡献，他的工作概况可参看 1968 年发表的文章(*Advances in Organometal*, *Chem*. 6(1), 1968)。

3.5　取代的有机铝化合物 R_2AlX 及 $RAlX_2$

已经知道有许多有机铝化合物属于 R_2AlX 及 $RAlX_2$ 类型。它们在形式上是三烷基铝或三芳基铝 R_3Al 的一个或二个烷基(或芳基)被其他原子或基团 X 取代而衍生得来的。X＝H, F, Cl, Br; I, OR, O_2CR, $OSiR_3$; O_2PR_2, $OSPR_2$, S_2PR_2, SR, NR_2, NCR, N_3, PR_2, AsR_2, CN 等。其中有一些在前面章节中已讨论过。详细的论述请参看文献。本节仅讨论一些典型的卤化物及氢化物。

3.5.1　有机铝的卤化物

由金属铝与卤代烷反应能制备有机铝的卤化物。三烷基(或三芳基)铝与三卤化铝或卤化氢的反应是制备卤化物 $R_3Al_2X_3$, $R_4Al_2X_2$, $R_2Al_2X_4$ 等的另一条路线。

有机铝卤化物大多是无色的易挥发的液体或低熔点固体。除碘代甲基铝外，其他卤化烷基铝在蒸馏纯化时对热是足够稳定的。它们对空气中氧的敏感性比三烷基或三芳基铝小些。Al—C 键对氧化或水解断裂的反应性依下列次序降低：$R_3Al > R_2AlX > RAlX_2$。而它们的 Al—X 键易被水解或醇解断裂。较常见的卤化烷基铝化合物的物理性质见表 7.17。

有机铝的氯化物、溴化物和碘化物一般是二聚体。它们的结构是以卤素桥为基础的。例如二氯化甲基铝 $(MeAlCl_2)_2$ 是通过氯原子桥连在一起的二聚体。它

的二个甲基是反式排列的。平均键长 Al—Cl(桥)2.25Å,Al—Cl(末端)2.05Å:

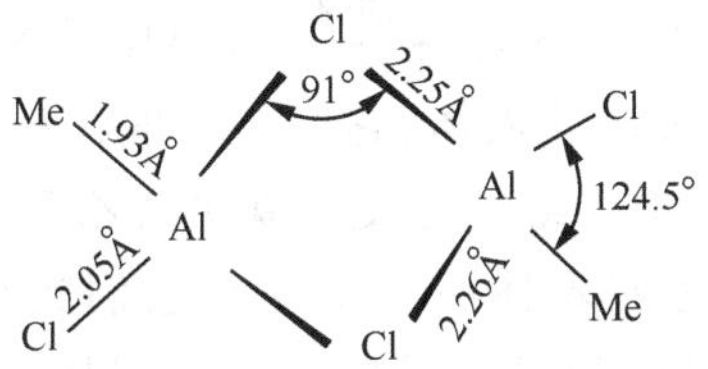

表 7.17 卤化烷基铝的物理性质[2]

分子式	沸点(℃/Pa)	熔点(℃)	密度(g/cm³),℃
Me_2AlI	80.5—81/2.13×10³;109—110.5/6.67×10³(部分歧化)		
$MeAlI_2$	歧 化	68—71	
Me_2AlBr	54/2.27×10³;74—77/6.67×10³;150/1.01×10⁵		
Me_3AlBr_3		4	
$MeAlBr_2$	93/2.13×10³	79	
Me_2AlCl	92—93/2.67×10⁴;119/1.01×10⁵	−40;−21	
Me_3Al_2Cl		23	
$MeAlCl_2$	94.5—95/1.33×10⁴;152/1.01×10⁵	72.7	
Et_2AlI	100/6.67×10²;118—120/5.33×10²	−57	1.583,25
$EtAlI_2$	158—160/5.33×10²	39—40	
Et_2AlBr	147—148/6.67×10³		1.286,30
$EtAlBr_2$	120—122.5/1.33×10³	23.5—24.5	
Et_2AlCl	127/6.67×10³;100/2.27×10³;60/2.53×10²	−74;−85	0.961,25
$Et_3Al_2Cl_3$		−20	
$EtAlCl_2$	113/6.67×10³;100/4.0×10³;60/6.67×10²	32	1.207,50
Pr_2AlI	153—156/5.60×10²—6.27×10²		
$PrAlI_2$	142—143/67—93	3—4	
Pr_2AlCl	80/1.33×10²		0.930,30
i-Bu_2AlCl	147/6.67×10³;86—88/40;60/40	−39	0.905,25; 0.945,20
i-$BuAlCl_2$	77/1.33×10²	−30	1.121,30
Me_2AlF	68—70/2.0×10³;98—100/1.07×10⁴		
Et_2AlF	105—106/2.67×10²—4.0×10²		
n-Pr_2AlF	122—123/67		
i-Bu_2AlF	86—88/27—40		

有机铝氟化物 R_2AlF 一般是用卤素的交换反应制备的。即用干燥的粉末氟化钠与相应的氯化二烷基铝在热的二甲苯中搅拌反应,除去沉淀的 NaCl,产物经

减压蒸馏得到：

$$R_2AlCl + NaF \xrightarrow{\text{二甲苯}} R_2AlF + NaCl\downarrow$$

有机铝氟化物通常是玻璃状液体，它们的粘度比相应的氯、溴和碘化物为高。说明它们有较高的缔合程度。经测定表明氟化二乙基铝（Et_2AlF）和氟化二甲基铝（Me_2AlF）在苯溶液中是四聚体（R_2AlF）$_4$。它们的结构类似于四聚的腈化物（R_2AlCN）$_4$，含有以线型 AlFAl 为单位的八元环（AlF）$_4$

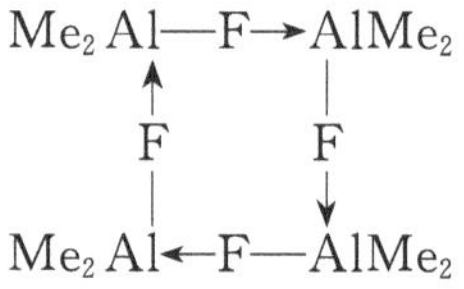

3.5.2 有机铝的氢化物

有机铝的氢化物是由金属铝、烯烃和氢直接合成三烷基铝的中间体。Ziegler 合成法的第一步就是由三烷基铝制备氢化二烷基铝的好方法。三烷基铝还可用氢气氢解或与氢化铝锂反应来制备氢化二烷基铝：

$$R_3Al + H_2 \xrightarrow[\text{催化剂}]{300\text{atm}, > 120^\circ} R_2AlH + RH$$

$$Me_3Al + LiAlH_4 \rightarrow Me_2AlH + LiAlH_3Me$$

三烷基铝通过消除烯烃也可制备氢化二烷基铝。但这是一个可逆反应。只有烷基在 β 位有分支（即能产生 1,1-二取代乙烯），反应才有利于消除烯烃。而 Et_3Al 和 R^n_3Al 的平衡主要倾向左边。

$$i\text{-}Bu_2Al{-}CH_2{-}CHMe_2 \rightleftharpoons i\text{-}Bu_2AlH + H_2C{=}C{-}Me_2$$

此外，氢化二烷基铝可由卤化二烷基铝用氢化锂或氢化钠反应来制备：

$$R_2AlX + LiH \rightarrow R_2AlH + LiX$$

$$R_2AlX + NaH \rightarrow R_2AlH + NaX$$

氢化二烷基铝一般是无色液体。氢化物比它们的母体三烷基化物对氧和水汽有更高的反应性。氢化二乙基铝和氢化二异丁基铝在苯中是三聚体，而一些更高级的有分支的氢化二烷基铝可能是二聚体。氢化二烷基铝三聚体（R_2AlH）$_3$ 具有六元环（AlH）$_3$ 结构。

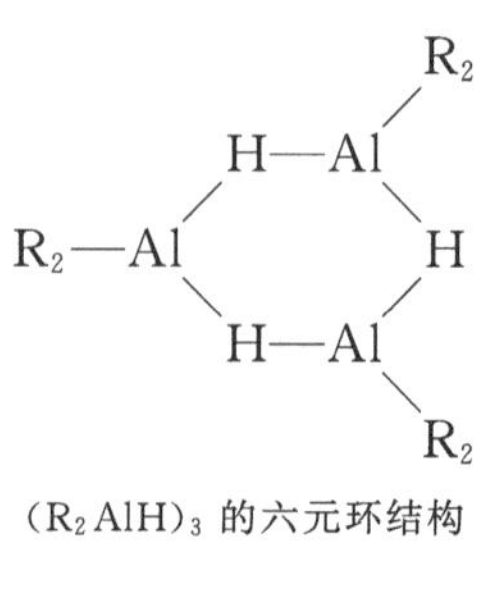

（R_2AlH）$_3$ 的六元环结构

每个 AlHAl 桥键的缔合热是 62.7—83.6kJ/mol(参比 Me_6Al_2 中每个 AlMeAl 桥键是 41.8kJ/mol)。它们的红外光谱由于 AlHAl 伸展振动,所以在约 $1800cm^{-1}$ 有明显的吸收。简单的氢化二烷基铝物理性质见表 7.18。

表 7.18 氢化二烷基铝的物理性质[2]

分子式	熔点(℃)	沸点(℃/Pa)	密度(g/cm³,25℃)	缔合程度
Me_2AlH	粘滞的油	$43/1.33\times10^3$	—	2—3(蒸气压分子量法)
				3(渗透压法)
Et_2AlH	−58	$65—67/1.33\times10^2$;	0.8123	3(冰点降低法)
		$77/1.33\times10^2$		
	−60	55—56/0.133		
Pr_2AlH	−62	$94—96/1.33\times10^2$	0.797	
$i\text{-}Bu_2AlH$	−80	$114/1.33\times10^2$	0.798	3(冰点降低法)
	−70	$140/5.33\times10^2$		2.45(在菲中冰点降低法)

由下列方法制备的二氢化单烷基铝 $RAlH_2$ 是以加合物 L · $AlRH_2$ 形式存在的:

(1) 由 L · AlR_3 + 2L, AlH_3

(2) 由 L · AlH_3 + R_2Ag

(3) 由 L · $AlRCl_2$ + 2LiH(例如 L = Me_3N)

氢化二苯基铝 Ph_2AlH,熔点:156—158℃(分解)和二氢化苯基铝 $PhAlH_2$,熔点:124—130℃(分解)。它们由 $Ph_3Al + AlH_3$ 在乙醚中制备的。

3.6 四烷基铝盐 $M^+AlR_4^-$

四烷基铝盐 $M^+AlR_4^-$,其中 M 是 Li、Na 或 K 等碱金属。它们可用碱金属与三烷基铝反应制备:$3M + 4R_3Al \rightarrow 3M \cdot AlR_4 + Al$ 或者由碱金属烷化物与三烷基铝制备:$RM + R_3Al \rightarrow M \cdot AlR_4$。

四烷基铝盐一般是灰白色的固体,在空气中易发烟和燃烧,常见的四烷基铝盐的熔点见表 7.19。

四烷基铝盐在烃溶剂中的溶解度依如下次序递增:M = K < Na < Li 和 R = Me < Et < Pr^n。例如化合物 $LiAlEt_4$ 能够用苯-环己烷混合液重结晶,并能真空升华,而钾盐实际上不溶于烃溶剂中。四烷基铝盐易溶于四氢呋喃和醚中,并能生成配合物。如四甲基铝钠与四氢呋喃生成 1∶1 配合物。

表 7.19 四烷基铝盐 $M^+AlR_4^-$ 的熔点

化合物	熔点(℃)	化合物	熔点(℃)
$LiAlMe_4$	260(分解)	$NaAlPr_4$	54—56
$LiAlEt_4$	163—165	$NaAl^iBu_4$	79—82
$LiAlPr_4$	180—182	$NaAlBu_4$	67—69
$LiAl^1Bu_4$	170—175	$KAlMe_4$	264(分解)
$LiAlBu_4$	181—183	$KAlEt_4$	80—82
$NaAlMe_4$	221—225	$KAlPr_4$	液体(室温)
$NaAlEt_4$	122—124	KAl^iBu_4	47—48

四甲基铝的钾盐、铷盐，铯盐和四乙基铝的锂盐的结构已由 X 射线结晶学测定。这些晶体的晶格是由交替的碱金属阳离子和四烷基铝阴离子以链状结构组成的。只有在锂化合物中，碱金属原子和烷基间有明显的共价键。Al—C 键长在 $CsAlMe_4$ 中为 1.95Å；在 $LiAlEt_4$ 中为 2.02Å；在 $RbAlMe_4$ 中为 2.06Å；在 $KAlMe_4$ 中为 2.10Å。

镁的化合物 $Mg(AlMe_4)_2$，熔点 39℃。可以由 $Me_2Mg+Al_2Me_6$ 来制备。它具有桥的结构 $Me_2AlMe_2MgMe_2AlMe_2$。其中 Mg—C2.21Å；Al—C(桥上)2.10Å，Al—C(末端)1.97Å，Mg—Al2.70Å。它在加热时逐步失去 Me_3Al：

$$Mg(AlMe_4)_2 \xrightarrow{-Me_3Al} MeMg(AlMe_4) \xrightarrow{-Me_3Al} Me_2Mg$$

四烷基铝盐电解，在阳极产生烷基。阳极如果用合适的金属(例如铅)制造，那么可以用这个方法烷基化制备四乙基铅。

参 考 文 献

[1] J. C. Bailar, H. J. Emeléus, R. Nyholm, A. F. Trotman-Dickenson, "Comprehensive Inorganic Chemistry", Vol. 1 (1973).

[2] T. Mole and E. A. Jeffery, "Organoaluminum Compounds", Elsevier, New York (1972).

[3] K. Ziegler, Organometallic Chemistry, Ch. 5, (ed. H. teiss), Reinhol, New York(1960).

[4] R. Köster and P. Binger. Advan. Inorg. Chem. Radiochem. , 7. 263, (1965).

[5] A. N. Nesmeyann and R. A. Sokolik, "The Organic Compounds of Boron, Aluminium, Gallium, Indium and Thallium", North-Holland, Amsterdam (1967).

[6] G. E. Coats, M. L. H. Green and K. Wade, "Organometallic Compounds" 3rd Ed. Vol. 1, Methuon, London (1967).

[7] D. Seyferth and R. B. King (Eds), "Annual Surveys of Organometallic Chemistry (1965—1967)", Continued Since 1968 as Organometal. Chem. Rev. B.

[8] J. B. Farmer and K. Wade, "Internat. Rev. Sci Inorg. Chem. Series 1", 4, 105, (1972).

[9] G. E. Coats, M. L. H. Green, P. Powell and K. Wade, "Principles of Organometallic Chemistry", Methuen, London (1968).

[10] A. D. Ketley (Ed), "The Stereochemistry of Macromolecules", Vol. 1, Dekker, New York(1967).

[11] K. Ziegler, Advances in Organometal. Chem. , 6, 1, (1968).

8. 镓 分 族

8.1 绪　　论[1-3]

镓、铟、铊和硼、铝同属周期表中 IIIA 族元素，由于它们在地壳中是分散存在的，至今未发现可供开采的单独矿物。故被称为希散元素。镓、铟、铊的物理化学性质列于表 8.1。

表 8.1　镓、铟、铊的物理化学性质

	镓	铟	铊
在地壳中的丰度(质量%)	1.5×10^{-3}	1×10^{-5}	3×10^{-5}
(原子%)	4×10^{-4}	1.5×10^{-6}	3×10^{-6}
在海水中的丰度(g/ton)	5×10^{-4}	—	
原子体积(cc/g atom)	11.8	15.71	17.25
原子化：化为基态原子			
(25℃)所需要的热量(kJ)	276	243	184
沸点(℃)	2403	2080	1457±10
熔点(℃)	29.78	156.61	303.5
键能(同核、单键、计算值)(kJ/mol)	157.3	125.9	61.5
导热率(W/m·K)	29.31—37.68(30℃)	82.061(0—100℃)	39.356(0—100℃)
晶体结构：晶系	斜方晶系	四方晶系	α，六方晶系 β，立方晶系
空间群	$Cmca\text{-}D_{2h}^{18}$	$14mmm\text{-}D_{4h}^{17}$	$P63/mmc\text{-}D_{6h}$；$Fm3m\text{-}O_h^3$
结构型式	Ga	In	Mg　Cu
晶格常数 a	4.5198	4.5979	3.4566　3.882
b	7.6602	—	—　—
c	4.5258	4.9467	5.5248　—
密度(g/cm^3)(20℃)	5.907	7.31	α，11.85；β，11.86—11.87
熔点温度时固态的密度	5.904(29.65℃)	—	244℃和 290℃时，11.54
熔点温度时液态的密度	6.095(29.8℃)	7.03(155℃)	11.29
熔化时密度变化(%)	+3.4	—2.5	—3.23
核间距，固态(℃)	2.44，2，71，2.74	3.2511，3.3730(20)	(α 型，18)3.4076，3.4566
弹性模数(kg/mm^2)	—	1070(20℃，退过火的)	810(20℃，退过火的)
硬度(莫氏硬度)	1.5	1.2	1.2—1.3

续表

	镓	铟	铊
热容(J/g · deg)(℃)	0.3711(0—16)	0.2376	α,0.1322(18); β,0.1632(230)
熔化热 ΔH_{298}(J/g)	80.16	28.4	21.09
升华热 ΔH_{298}(J/mol)	270886	237391	180032
M^{3+}离子的水化热 ΔH (kJ/mol)	−4732		−4234
电离能(kJ/mol)			
第一电离能	577	558.1	589.1
第二电离能	1984.5	1819.6	1970.2
第三电离能	2961.8	2704.5	2874
第四电离能	6192	5246	4895
磁化率 lg(c · g · s 单位×10^{-6})	−0.31(17℃)	−0.56(20℃)	α,−0.249(20℃); β,−0.158(>235℃)> −0.131(300℃)
lgatom(c · g · s 单位×10^{-6})	−21.6(固体 17℃) +2.5(液体 40℃)	−64.0(室温)	−50.9(α,室温) −26.8(液体,300℃)
M^{3+}离子的极化力	7.80	3.54	2.72
原于半径(A)(Bragg-Slater)	1.30	1.55	1.90
M^{3+}离子半径(Å)	0.62	0.81	0.95
反射率(%)	75.6(4360A)	—	—
电阻(μΩ · cm)(℃)	a,17.4;b,8.1;c,54.3	8.37(20)	16.6;74(液体,303)
温度系数	0.0039(固体,0—29.8℃) 0.07—0.09(液体 30℃)		
标准电极电位			
$M^{3+}+3e \longrightarrow M$	−0.53	−0.345	−0.3363($Tl^{+}+e \longrightarrow Tl$)
电子亲和能(eV)	0.18	0.20	2.1
电负性:			
Allred-Rochow(H=2.1)	1.82	1.49	Tl(III)1.44
Mulliken (H=2.1)	1.95	1.80	
Pualing (H=2.1)	1.81	1.78	2.04
Sanderson (H=3.5)	3.23	2.86	3.02
电子结构(基态):			
原子	Ar,$3d^{10}4s^{2}4p(2P^{0}_{1/2})$	Kr,$4d^{10}5s^{2}5p(2P^{0}_{1/2})$	Xe,$4f^{14}5d^{10}6s^{2}6p(2P^{0}_{1/2})$

续表

	镓	铟	铊
M^+离子	Ar,$3d^{10}4s^2(^1S_0)$	Kr,$4d^{10}5s^2(^1S_0)$	Xe,$4f^{14}5d^{10}6s^2(^1S_0)$
M^{3+}离子	Ar,$3d^{10}(^1S_0)$	Kr,$4d^{10}(^1S_0)$	Xe,$4f^{14}5d^{10}(^3D_3)$
焓(298.15K)(kJ/mol)	5570	6602	6828
熵(25℃)(J/deg · mol)			
晶体	40.88	57.82	64.18
生成热(气体)(298.15K)			
(kJ/mol)	276.1	243.5	186.2
X射线特征激发电势(kV)			
K	10.4	27.9	85.2
L	1.31	4.28	15.3
M		0.83	3.71
N		0.12	0.86
霍耳系数(Hall constant)			
R,$\times10^{-3}m^3$/℃(室温)	−0.63	−0.24±0.03	+0.24
超导转变温度(K)			
量热法	1.087	3.3966	2.36
磁　法	1.091	3.4035	2.392
表面张力(N/cm)(℃)	592×10^{-5},735×10^{-5} (H_2或CO_2,30℃)	$(602-0.10T)\times10^{-5}$	
抗拉强度(kg/mm)(℃)	2.0−3.8(纯度99.9%)	0.3(纯度99.9%)	0.981(20℃)(1300Psi)
热电势(mV)相对于Pt,			
冷端(0℃),热端(100℃)	—	+0.69	+0.58
热中子吸收截面(barns)	2.77±0.12 (天然同位素)	190±10(天然同位素) 63(^{113}In),197(^{115}In)	
给定温度下(K)的蒸气压	0.161(1230)	0.00834(1000)	1.63×10^{-4}(623)
(N/m^2),$1N/m^2=$ 0.750×10^{-2}	0.775(1274)	0.207(1128)	3.64×10^{-2}(743)
mmHg$=0.9869\times10^5$atm	1.41(1327)	1.62(1233)	9.87×10^{-2}(773)
在熔点的蒸气压(N/m^2)	9.31×10^{-36}	1.42×10^{-17}	5.33×10^{-6}
粘度(帕)(℃)	0.0204(29.8)	0.0169(200)	0.0265(熔点)
	0.0164(100)		0.0105(1000K)
	0.00756(600)	0.0132(300)	

镓、铟和铊具有 ns^2np^1 的价电子层结构，+3 是它们的特征氧化态。这族元素的+1 氧化态从上至下趋向稳定，Tl(I)明显地较 Tl(III)稳定，这可归因于惰性电子对效应的影响，这种影响使 s 电子失去或参与共价键的形成变得困难，其原因尚难用电离势的大小来加以解释。例如 Ga、In、Tl 的第二和第三电离势之和，In(46.89eV)比 Ga(51.3eV)低，Tl(50.2eV)位于两者之间，显然这是与本族元素氧化态的递变规律相矛盾的。然而它们形成三价化合物的键能却是从上至下有规律地递减，例如它们的三氯化物的键能(kJ/mol)分别为：Ga，242；In，206；Tl，153，这说明惰性电子对的成键能力从上至下逐渐减弱。

镓、铟和铊与本族元素硼的性质差别较大，而和铝相似。它们皆为金属，其晶体皆为金属晶格，原子间的金属键较易断开，故熔点较低，但沸点则较高，因此它们的液态温度范围很宽，其中镓的这种性质尤为显著，液态范围竟宽达二千多度。

在三卤化物、三烷基化物和三氢化物中，与相应的硼化合物相比有不少相似点。例如 MX_3 型化合物具有作为 Lewis 酸的行为，它能接受中性配体分子或阴离子生成四面体型化合物。除铊外，Lewis 酸的强度按 Al>Ga>In 的顺序减弱。但是与硼仍有明显的区别，例如当硼形成 $Me_2\overline{B}=\overset{+}{N}Me_2$ 时，Al、Ga 和 In 形成二聚体如$[Me_2AlNMe_2]_2$，其中有一个 NMe_2 桥式基，并且金属和氮原子二者都是四配位的；又如，所有卤化硼都是单体，而 Al、Ga 和 In 的类似卤化物却是二聚体；最后，和硼相反，Al、Ga 和 In 有明确的水合阳离子(例如水合离子$[In(H_2O)_6]^{3+}$)、含氧阴离子的盐和配合物，均以八面体存在，对 Al^{3+}(水合)离子来说，其配位数为 6，已由^{17}O 核共振研究所证实。

参 考 文 献

[1] F. A. Cotton(ed.)，北京师范大学等校译，《高等无机化学》，上册，人民教育出版社，9(1981).

[2] J. C. Bailar Jr. (ed.)，"Comprehensive Inorganic Chemistry"，Pergamon Press，Vol. 1(1973)

[3] 武汉大学、吉林大学等校编，《无机化学》，下册，高等教育出版社，9(1983).

8.2 镓

2.1 发　现　史[1-3]

法国化学家 Paul Émile Lecoq de Boisbaudran 应用光谱分析法，对镓的同族元素的发射光谱进行了长期研究，发现这些元素的谱线以相同的排列重复出现，并有规律地变化。因此他推测在铝和铟之间应存在着一种未被发现的元素，于是他从 1865 年开始对许多矿物进行了分析，希望找到这种新元素，但均未成功。直到 1868 年，他收集到了 Pyrénés 的锌矿，他把这种锌矿溶于过量的盐酸中，然后加入一些锌，发现在锌的表面上有沉积物产生，把此沉积物放在氢氧焰或电火花中灼烧，发现大致在波长 4170Å 和 4040Å 处有两条紫色的谱线。他用了七年时间，终于在 1875 年最后确认这一新元素的存在，他用法国古代的名称 Gallia 命名这一新元素为 Gallium，元素符号 Ga，我国称为镓。同年，他把从几百公斤闪锌矿中制得的氢氧化镓溶于氢氧化钾溶液中进行电解，首次获得 1g 多重的金属镓，并测定了镓的一些重要性质。

由于俄国化学家 Д. И. Менделеев 早在 1871 年就预言，在他的化学元素周期表中，铝和铟之间存在着一种“类铝”的元素，尚待在光谱研究中发现，并对“类铝”的重要性质作了科学的预言。因此当 Boisbaudran 把所测得的关于镓的某些性质简要地发表在《巴黎科学院院报》上后，不久就收到了 Менделеев 的来信，在信中他指出：在报告中关于镓的比重是不正确的，它不应该是 4.7，而应是 5.9－6.0。为此 Boisbaudran 重新仔细地清除了混入镓中的杂质，并再次测定了镓的比重，结果是 5.94，与 Менделеев 的预言完全吻合。所以镓的发现不仅是一种化学元素的发现，而且进一步证实了化学元素周期律的伟大意义。

2.2　存在与分布[1,4,5]

镓在地壳中的丰度约为 $1.5\times10^{-3}\%$。镓的丰度不仅超过了许多稀有元素，而且还超过了某些普通元素，例如锑、砷等。但是镓在地壳中的分布极其分散。1956 年 Rumford 曾报道在非洲发现了一种带有金属光泽、硬度为 3.0－3.5、密度为 $4.40g/cm^3$、其组成为 $CuGaS_2$ 的镓矿。其他如硫铜锗矿 Cu_3GeS_4，含镓量约为 1%，含锗量 5%～8%。但由于这些矿物储量极少，工业上没有实用价值，所以一般认为镓没有自己的单独矿物。

地球化学表明，在地壳中镓是和它在周期表中的相邻元素 Zn、Al、In、Ge、Tl 等共生于矿物中。从表 8.2 看出，具有水铝石结构的 AlO(OH)、GaO(OH) 的晶胞参数和三价阳离子半径都很接近。另外，镓以 GaAs 的形式存在于立方晶系的闪锌矿(ZnS)的晶格内，它们的晶胞参数(ZnS：$a=5.412$Å；GaAs：$a=5.635$Å)和核间距(ZnS 2.35Å；GaAs 2.44Å)也很接近。因此镓通常和 Ge、In、Tl 一起伴生于锌的硫化物矿和铝矾土矿中。表 8.3 列出某些矿物、岩石、煤和海水中镓的百分含量。其中最重要的矿物是闪锌矿和铝矾土矿。目前工业生产镓及其化合物主要来源于这两种矿物在冶炼过程中所产生的残渣。某些煤燃烧后的烟道灰中(煤加热时，Ga_2O 在 650－700℃升华)所含的镓已开始作为镓的来源之一。

表 8.2　AlO(OH)和 GaO(OH)的晶胞参数

	阳离子半径(Å)	晶胞参数		
		a	*b*	*c*
AlO(OH)	0.57	4.40	9.38	2.83
GaO(OH)	0.62	4.53	9.76	2.97

表 8.3　某些矿物中镓的含量

矿物	Ga_2O_3(%)
硫镓铜矿 $CuGaS_2$	32.3
硫锗铜矿 Cu_3GeS_4	0.76－1.85
闪锌矿 ZnS	0.001－0.01
美国闪锌矿	0.01—0.1
黄铜矿 $CuFeS_2$	0－0.01
黄铁矿 FeS_2	0－0.01
霞石 $Na[AlSiO_4]$	0.01－0.02
明矾石 $KAl_3(SO_4)_2(OH)_6$	0.001－0.003
铝矾土矿	0.002－0.003
长石	0.001－0.0025
独居石(Ce,La…)PO_4	0.001－0.01
石膏矿 $CaSO_4$	0－0.001
花岗岩	0.002
伟晶矿脉矿石	0.01
烟煤	0－0.003
海水	5×10^{-4}g/ton
殒石	微量

2.3 同 位 素

镓在自然界中存在两种同位素$^{69}_{31}Ga$,60.4%和$^{71}_{31}Ga$,39.6%,其他均为放射性同位素。表 8.4 列出了镓同位素的某些性质和主要生产方法。

表 8.4 镓的同位素的某些性质和主要生产方法

同位素	丰度	半衰期	衰变类型	衰变能(MeV)	主要生产方法
$^{62}_{31}Ga$		0.1178 秒	β^+	7.80	
^{63}Ga		31 秒	β^+,EC	5.5	$^{63}Cu(\alpha,4n)$
					$^{60}Ni(^6Li,3n)$
					$^{58}Ni(^6Ni,n)$
^{64}Ga		2.6 分	β^+,EC	7.08	$^{63}Cu(\alpha,3n)$
					$^{64}Zn(p,n)$
					$^{64}Zn(d,2n)$
^{65}Ga		15.2 分	β^+,EC	3.36	$^{63}Cu(\alpha,2n)$
					$^{64}Zn(d,n)$
					$^{64}Zn(p,r)$
^{66}Ga		9.4 小时	β^+,EC	5.175	
^{67}Ga		78.1 小时	β^+,EC	1.0003	$^{67}Zn(d,n)$
					$^{65}Cu(\alpha,2n)$
					$^{67}Zn(p,n)$
^{68}Ga		68.3 分	β^+,EC	2.919	^{68}Ge 子体
					$^{65}Cu(\alpha,n)$
					$^{68}Zn(p,n)$
					$^{67}Zn(d,n)$
					$^{69}Ga(n,2n)$
^{69}Ga	60.4%				
^{70}Ga		21.1 分	β^-	1.66	$^{69}Ga(n,r)$
					$^{71}Ga(n,2n)$
					$^{70}Ge(n,p)$
^{71}Ga	39.6%				
^{72}Ga		14.10 小时	β^-	4.00	$^{71}Ga(n,r)$
					$^{72}Ge(n,p)$
					$^{75}As(n,\alpha)$
^{73}Ga		4.9 小时	β^-	1.55	$^{73}Ge(n,p)$
					$^{76}Ge(d,2n)$
^{74}Ga		7.9 分	β^-	5.60	$Ge(d,\alpha)$
					$Ge(n,p)$
^{75}Ga		2 分	β^-	3.3	$Ge(n,pn)$
					$Ge(r,p)$
^{76}Ga		32 秒	β^-		
^{77}Ga		17 秒	β^-		

镓的放射性同位素通常是从加速器或反应堆中得到，然后用化学方法（如离子交换、溶剂萃取、分级沉淀或吸附等）进行分离和提纯。例如目前应用于某些肿瘤定位和造影的无载体$^{67}_{31}Ga$是在加速器中用下述五种核反应来制备：α粒子轰击天然铜靶，$^{65}Cu(\alpha,2n)^{67}Ga$；$^{3}He$轰击天然铜靶，$^{65}Cu(^{3}He,n)^{67}Ga$；氘核轰击天然锌靶，$^{66}Zn(d,p)^{67}Ga$和$^{67}Zn(d,2n)^{67}Ga$；质子轰击天然锌靶，$^{67}Zn(p,n)^{67}Ga$和$^{68}Zn(p,2n)^{67}Ga$；$\alpha$粒子轰击天然锌靶，$^{64}Zn(\alpha,p)^{67}Ga$和$^{64}Zn(\alpha,n)^{67}Ge \xrightarrow[18.7分]{} {}^{67}Ga$。这样制得的Ga总是混杂着其他同位素（如$^{63}Cu$、$^{65}Cu$、$^{64}Zn$、$^{67}Zn$、$^{68}Zn$和$^{70}Zn$等），一般可用离子交换法或溶剂萃取法加以分离。在$^{67}Ga$产品中同时会有$^{66}Ga$生成，但$^{66}Ga$的半衰期较短（9.4小时），只要在用$^{67}Ga$之前，先放置几天即可消除$^{66}Ga$的影响。

2.4　生产和提纯[1,4-8]

目前世界上约90%的镓是作为炼铝工业的副产品获得。其余10%的镓主要是从锌冶炼的残渣中回收。并开始从某些煤烟灰中提取镓。一般方法是先将镓从分散的残渣中富集，然后用溶剂萃取等方法进行分离和净化，再用电解法制得粗的金属镓。若要得到用于半导体材料的高纯镓（含镓99.9999%以上），通常还需要进一步用电解精制、拉单晶或区熔等方法进行提纯。

2.4.1　从铝矾土矿生产铝的过程中回收镓

把铝矾土矿放入高压釜中，在加压下用氢氧化钠处理（Bayer法），使镓和铝一起转变成可溶性的镓酸盐和铝酸盐溶入溶液中，往此溶液中放入少量作为晶种的氢氧化铝晶体，此时，大部分铝成为白色的晶态氢氧化铝析出，镓和部分铝留在溶液中。过滤后，往滤液中通入CO_2，使溶液的pH值降低，由于铝和镓的氢氧化物从碱性溶液中开始沉淀的pH值（分别为10.6和9.7）不同，所以剩下的铝按下列反应式大部分沉淀析出，而大多数镓仍留在溶液中。

$$2NaAlO_2 + CO_2 + 3H_2O \longrightarrow 2Al(OH)_3 \downarrow + Na_2CO_3$$

将沉淀物滤出，再向溶液中通入CO_2，此时，镓和残留的铝一起形成氢氧化物共沉淀。

$$2NaGaO_2 + CO_2 + 3H_2O \longrightarrow 2Ga(OH)_3 \downarrow + Na_2CO_3$$

由于它们开始沉淀的pH值相差不大，只能达到使镓富集的目的。一般还需要通过溶剂萃取、电解等方法进一步使镓和铝分离。例如，用CO_2调节初始浓度为9－10g/l Al_2O_3，60－80 mg/l Ga_2O_3的碱性溶液的pH值，最后的沉淀物中含镓量可提高到3%。

Frarg 曾提出往铝酸盐溶液中加氢氧化钙的方法富集镓，铝酸盐和氢氧化钙生成微溶的 $3GaO \cdot Al_2O_3 \cdot 6H_2O$ 沉淀。

$$2NaAl(OH)_4 + 3Ca(OH)_3 \longrightarrow 3CaO \cdot Al_2O_3 \cdot 6H_2O + 2NaOH$$

镓也将形成类似的化合物 $3CaO \cdot Ga_2O_3 \cdot 6H_2O$，但它的溶解度（20℃，0.79% Ga_2O_3）比铝酸钙大。因此用这种方法可使溶液中的镓浓度比铝高 6－7 倍。从铝酸盐溶液中回收镓有二种工艺流程。一种是把含镓的氢氧化物用氢氧化钠溶液溶解，以不锈钢作阳极和阴极，在 80－90℃的条件下进行电解，液态镓聚集在电解槽的底部，可定时取出，这样制得的镓含量为 96%－99%，并含少量锌、铁、铝和＜0.01%的硅、钛、锡、钼、镁、铜和汞。另一种是用盐酸溶解后，经乙醚萃取和通入硫化氢以除去重金属，然后电解，这样可制得较纯的金属镓。

在上述过程中，仍会有一部分镓留在氢氧化铝中，这部分镓在电解炼铝时和铝一起在阴极析出。当铝以三层电解法精炼时，镓富集在残留的阳极合金内，根据原料来源不同，其中约含 0.2%－0.3% Ga，50%－60% Al，30%－35% Cu，4%－8%Fe，1%－3%Si 和微量的 Mg、Zn、Pb、Co 和 Ni 等。从阳极合金中回收镓通常是用 6MHCl 将它溶解，并利用铝和镓的氯化物在饱和盐酸溶液中的溶解度（室温下，每 1000g 溶液溶解 1.09g$AlCl_3 \cdot 6H_2O$；130g $GaCl_3$）有显著差别而加以分离，然后用溶剂萃取法提纯，最后用电解法从碱性溶液中制取金属镓（图 8.1）。

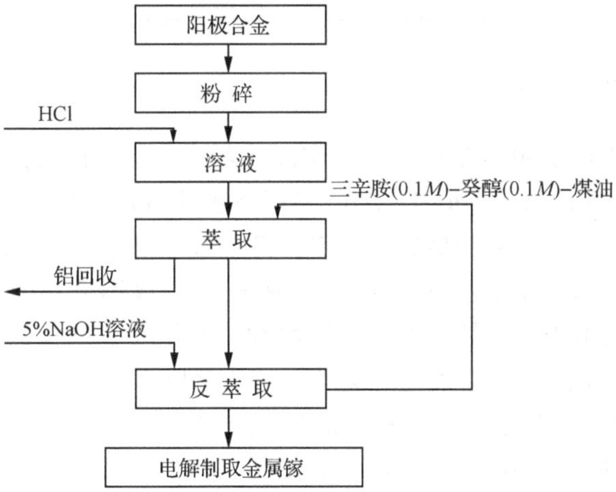

图 8.1 从阳极合金中回收镓

2.4.2 从锌冶炼中回收镓

随着湿法炼锌的发展，镓主要残留在锌浸出渣和锌置换渣中，一般是先用盐酸或硫酸将渣溶解，根据金属的氢氧化物在溶液中开始沉淀的 pH 值(表 8.5)不同进行沉淀分离，然后用有机萃取剂萃取镓，反萃取液中的镓水解成氢氧化镓沉淀，过滤后，用氢氧化钠溶液将沉淀溶解，并在碱性溶液中电解制取金属镓，产品的含镓量为 99.99%。

表 8.5 镓和一些金属的氢氧化物开始沉淀的 pH 值

金属	浓度(g/l)	开始沉淀 pH
Fe(III)	2.0	1.7
Al(III)	1.0	4.0
Cu(II)	2.0	4.4
Zn(II)	100—120	5.5—5.6
Cd(II)	0.3	7.5
Fe(II)	0.5	8.5
Co(II)	0.05	8.5
Mn(II)	0.5	9.0
Ga(III)	0.2	3.0—5.0

2.4.3 镓的溶剂萃取法[6-8]

Swift 最早提出了用乙醚从 5.5—6MHCl 溶液中萃取镓的方法。从表 8.6 可以看出，在 6MHCl 溶液中 Cu(II)、Al(III)等不被萃取，但 Fe(III)和 Ga(III)同时被萃取，所以在萃取前需要用铁粉先将 Fe(III)还原为 Fe(II)。乙醚萃取镓虽能取得较好的分离效果，但由于乙醚易挥发，常酿成火灾，故不适用于工业生产。Fisher 和 Lauter 曾提出用沸点较高的二异丙醚和二异丁醚萃取镓的方法。图 8.2 绘出了在 $GaCl_3$-HCl 体系中用某些醚类萃取镓的萃取率和 HCl 浓度之间的关系曲线。醚类对镓的萃取率受到盐析剂的影响，因此需要往水相中加入碱金属或碱土金属的卤化物来提高萃取率，其萃取能力按氯化物＞溴化物＞碘化物顺序递减在氟化物体系中镓不能被醚类萃取。

表 8.6 乙醚从 6MHCl 溶液中萃取某些金属的萃取率(E%)

金属	E%	金属	E%
Al	0	In	0
Be	0	Cu	痕量
Bi	0	Pt	痕量
W	0	Se	痕量
Fe(II)	0	Hg	痕量
Cd	0	Zn	痕量
Co	0	As(V)	2—4
Mn	0	Ir	5
Ni	0	Sb(III)	6
Os	0	Sn(IV)	17
Pd	0	Sn(II)	15—30
稀土金属	0	Te	34
Rh	0	Ge	40—60
Ag	0	As(III)	68
Pb	0	Mo	80—90
Ti	0	Sb	81
Th	0	Au	95
U	0	Tl(III)	90—95
Cr	0	Ga	97—98.5
Zr	0	Fe(III)	99
V	痕量		

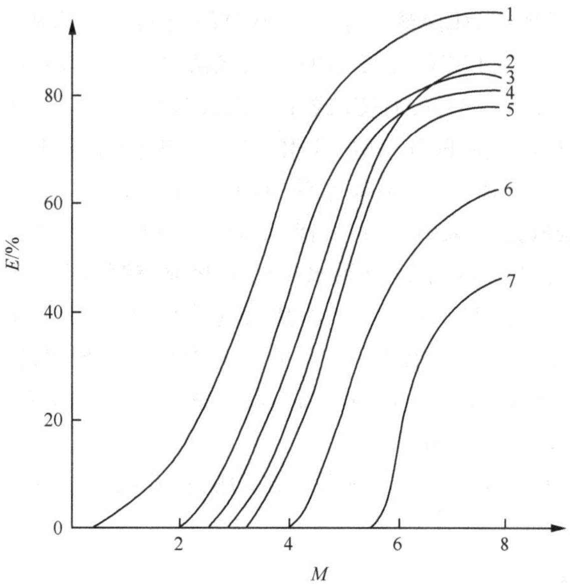

图 8.2 醚类萃取镓(III)的萃取率(E%)和盐酸浓度(M)的关系曲线

1. 乙醚;2. 甲基乙基醚;3. 乙基己基醚;4. 甲基丁基醚;5. 二异丙醚;6. 二丁醚;7. 二戊醚

某些酯类、醇类、酮类和伯、仲、叔胺等对镓的萃取也已有报道(表 8.7)。其中某些胺类萃取剂在盐酸体系中的分配系数可达 10^4 数量级。

表 8.7　用某些萃取剂萃取镓,HCl 浓度和分配系数的关系

(溶液中镓的浓度为 81.6mg/l)

萃取剂	在不同浓度 HCl 溶液中镓的分配系数							
	2.0*M*	3.0*M*	4.7*M*	5.7*M*	6.6*M*	7*M*	8*M*	9*M*
乙醚	0.029	0.023	43	49	13	—	2	—
异丙醚	—	0.2	25	32—52	—	2500	—	—
醋酸丁酯	—	—	64	≥300	≥300	≥400	72	28
乙酸戊酯	—	—	20	110	140	196	≥400	170
苯甲酸乙酯	—	—	0.95	17	110	—	—	—
异戊醇	—	—	20	110	230	—	—	—
已醇	—	—	18	160	230	—	—	—
苯甲醇	—	—	21	110	130	—	—	—
苯乙酮	—	—	125	140	140	—	—	—
环已酮	240	—	—	—	—	—	—	—
n-三辛胺	14.5	140	1500	—	—	~10^4	—	—
三-(2-乙基已基)胺	21.0	5600	~10^4	—	—	—	—	—

含磷的有机萃取剂,如磷酸三丁酯(TBP)能与 $GaGl_3$ 形成 $GaCl_3 \cdot 3TBP$(>2*M*HCl)和 $HGaCl_4 \cdot 2TBP$(<2*M*HCl)。当镓浓度为 1g/l,有机相和水相的体积比为 1∶2 时,在 2.10—6.10*M*HCl 或 1.2*M*HCl,2—4*M*NH_4Cl 的溶液中,100% TBP 可定量萃取镓。在 HCl(6*M*)-TBP(20%)-煤油体系中,镓的萃取率约为 85%。在 HCl(4*M*)-TBP(25%)-苯体系中,镓也能被定量萃取。并和铟(III)、铊(III)分离。De Schepper 采用 TBP 从锗厂排放液中萃取回收镓。先在 4*M*HCl 溶液中,将 Fe(III)还原为 Fe(II),再用水解法反萃取,镓的回收率为 99.5%。干燥产品中含 50.9%Ga 和 1%Fe。二-2-乙基已基磷酸(P_{204},D_2EHPA)从 0.1*M*HCl 中可以萃取 99%以上的镓。有人用 P_{204}-C_{5-9} 氧肟酸从锌浸出渣中回收镓、铟、锗,萃取率分别为 97.1%~100%和 99.6%。反萃率为~100%,99.3%和~100%,并获得纯度为 99.99%的 Ga、In 和 Ge。

其他如 8-羟基喹啉,β-二酮类等萃取剂均能有效地萃取镓,但因价格昂贵,仅用于镓的分析化学中。

2.4.4　镓的提纯

工业上制得的粗镓含有少量铝、铜、铁和锌等杂质。欲得到高纯镓还需要进行提纯。提纯镓的主要方法有：化学处理、电解精制、真空蒸馏、区熔和拉单晶提纯等。

(1) 用三乙基镓提纯镓

先将工业镓制成粗的三乙基镓 $Ga(C_2H_5)_3$，再用蒸馏法提纯三乙基镓，在稀有气体保护下，用汞气灯辐射的紫外光照射，使已被提纯的三乙基镓按下列两个反应式分解制得镓：

$$2Ga(C_2H_5)_3 \longrightarrow 2Ga + 3C_2H_4 + 3C_2H_6$$

$$Ga(C_2H_5)_3 \longrightarrow Ga + 3C_2H_4 + \frac{3}{2}H_2$$

这样制得的镓纯度为 99.999%。

(2) 电解法精制镓

以一条铂丝插入待提纯的金属镓中为阳极，以另一条铂丝插入高纯镓(99.9999%Ga)中为阴极，用 NaOH 水溶液做电解液，在一个圆形的有机玻璃的电解槽内进行电解。电流密度为 $0.3A/cm^2$，温度 40℃。

阳极反应：$Ga + 4OH^- - 3e \longrightarrow GaO_2^- + 2H_2O$

阴极反应：$GaO_2^- + 2H_2O + 3e \longrightarrow Ga + 4OH^-$

电解过程中，电位在镓后面的杂质(如 Fe、Cu 等)落集在阳极区的底部；在镓前面的杂质(如 Al、Na、Zn 等)被留在溶液中而不会同镓一起在阴极析出。Mg^{2+} 离子则以 $Mg(OH)_2$ 沉淀析出。用这种方法经过一次电解可使镓的含量从 99.99%提高到 99.999%，经过二次电解可得到纯度为 99.9999%的高纯镓。

卤化镓熔融电解制取镓，这是一种用经过严格提纯的卤化镓为电解质，用铂作阳极和阴极。阳极电流密度在 $5-10A/dm^2$ 之间，相应的电压为 0.5－1V。当阳极表面为 $1.6dm^2$ 时，24 小时可制得 1kg 的高纯镓，其中 Ga99.99999%；Cu、Pb＜10^{-5}%；Zn＜10^{-7}%。

制备 7 个“9”的高纯镓可用电解精制后的镓(6 个“9”的镓)，用拉单晶提纯法使其含量达到 99.99999%。

2.5 用 途[1,4,9,10]

镓最重要的用途是它和 As、Sb、P 组成的二元化合物(GaAs、GaSb 和 GaP)能被用作为半导体材料。目前应用最广泛的是砷化镓，它用于制作微波振荡二极管、肖脱基势垒二极管、变容二极管以及红外线发光二极管和激光器等。由于砷化镓的电子迁移率和禁带宽度比硅、锗大(电子迁移率：Si $1900cm^2/V \cdot S$，Ge $3800\ cm^2/V \cdot S$，GaAs $8500cm^2/V \cdot S$；禁带宽度：Si 1.107eV，Ge 0.67eV，GaAs 1.35eV)，所以可作高频大功率器件的材料。砷化镓电池可应用于光电技术，例如通过镓、氯化氢和含有适当量掺杂剂的砷反应，使其沉积在涂有石墨衬底的钨上，可制得砷化镓薄膜同质太阳能电池。目前为开发能源正在发展此项研究，据太阳能研究协会估计，美国光电技术部门对镓的需要量，在2000—2020年间，每年需要增加500—2000吨镓。

镓的沸点和熔点相差2373℃，因此可用来制造测温范围较宽的石英套管高温温度计(600—1300℃)。用Ga和Bi、Pb、Sn、Cd、In等能制成低熔合金。表8.8列出了一些低熔合金的组成(重量%)和熔点。这些合金已用于制造防火信号材料、电路熔断器中。镓铂、镓铟和镓钯合金是良好的镶牙材料。由于镓对光的反射能力强，液态镓对波长在4000—7000Å的各种光都有较高的反射率，同时液态镓又能很好地粘附在玻璃表面上，因此用两块加热的玻璃片将镓压在中间即可制造特种光学镓镜，它对波长为4360Å和5890Å的光的反射率分别为75.6%和71.3%。镓的低蒸气压被用于真空装置的液封(如用于质谱仪人口系统的密封)。

表8.8　镓的一些低熔合金

组成重量(%)					熔点(℃)
Ga	In	Zn	Sn	Tl	
61	25	1	13		3
62	25		13		5
62.5	21.5		16		10.7
69.8	17.6		12.5		10.8
67	29	4			13
76	24				16
82		6	12		17
92			8		20
95		5			25
99.5				0.5	27.3

此外，镓铅合金可代替汞做医疗器械上紫外线辐射灯的阴极，它所发射的宝石蓝和红色光能提高治疗效果。

镓盐已被用于发光油漆的活化剂。镓还用来制备某些有机合成的催化剂，如SiO_2(33%)-Al_2O_3(5%)-Ga_2O_3用作碳氢油类裂化催化剂，这种催化剂不但活性大，而且能降低碳氢油类裂化所产生的油焦和气体。

某些放射性同位素(如^{67}Ga)可用于观察癌症的部位。由于镓和许多金属能形成合金，所以在发展新的抗腐蚀材料方面有着宽广的前景，如往铝合金中加入少量镓可增强合金的硬度，镓还能提高纯镁和镁锡合金的抗腐蚀性能。

纯镓可作为核反应堆的热交换介质，虽然它的中子俘获截面大是一种缺点，但镓的液态温度范围宽、蒸气压低是其他金属所不及的。V_3Ga、Nb_3Ga 和 Zr_3Ga 等是在低温下具有超导性的材料。

2.6 物理性质

镓的某些物理性质见表 8.1。固态镓的外观略带蓝色，质软，有延展性。液态镓呈银白色。镓晶体属于斜方晶系，电阻率按其晶轴的 3 个方向不同而不同，所以晶轴是各向异性的。液态镓的温度范围很宽，而且液态镓易出现过冷现象，温度低于凝固点的纯镓，有时仍能保持液态达数月之久，它的最低过冷温度可达－120℃而不凝固，如向过冷的液态镓中加入一小块镓晶体或进行搅拌和振荡，液态镓很快就凝固为固态。

由于很纯的镓也难免含有高挥发性的 Ga_2O，以及测定方法不同，目前有关镓的沸点报道各不相同（如有 1983℃、2250℃、2737℃和 2403℃等）。液态镓的蒸气压很低，1350℃时镓的蒸气压仅为 133.322Pa，镓的密度随状态不同而改变，所以镓从液态变为固态时，体积增大。镓在熔点时从液态变为固态的膨胀率为 3.4%，固态变为液态，每克镓的体积收缩 0.005cm^3

2.7 化学性质

镓在化学反应中氧化态表现为＋1、＋2 和＋3，其中＋3 是镓最稳定的氧化态。镓和锌、铝类似，均属于两性金属，它既溶于酸也溶于碱。它们的标准电极电势分别为：$E^0_{Ga^{3+}/Ga}=-0.56V$，$E^0_{Zn^{2+}/Zn}=-0.76V$，$E^0_{Al^{3+}/Al}=-1.66V$，镓的化学活性类似锌而比铝低。在常温下，由于镓表面形成一层很薄的氧化膜，阻止了镓继续被空气中的氧所氧化，所以它在常温和干燥空气中是稳定的，在潮湿空气中镓会失去光泽，在红热的干燥空气中由于表面被氧化成 Ga_2O 而呈灰蓝色。在 1000℃则全部被氧化，镓和 100℃以下的水不起作用，但在 200℃的加压水蒸气中镓被氧化。

镓在冷的硝酸中钝化（表面生成 Ga_2O_3 保护膜）。镓缓慢地溶于冷的硫酸和盐酸中，较快地溶于热的硝酸、高氯酸、浓的氢氟酸和盐酸-硝酸、盐酸-高氯酸等混合酸中。镓易溶于浓的强碱溶液形成镓酸盐。

镓在加热时能很快同卤素、硫等非金属反应生成相应的卤化物和硫化物。

2.8 毒　性

据报道长期接触镓的化合物会引起龋齿和骨关节痛。对动物试验表明，吸收大量氯化镓能使动物出现严重虚弱，畏光和消化不良性腹泻以及失明和后肢麻痹，血液中氮含量增高等症状。解剖检查还发现有肺出血和水肿,肾色苍白,肾皮出血等现象。将镓涂擦在动物已有炎症的皮肤上,能使炎症加剧。由于在一般原料中含镓量较低,故不致对人体产生危害。

2.9 合　金

金属镓在高温下可以和许多金属形成金属化合物或固溶体。Ga 和 In、Sn、Bi、Zn 等能形成一系列低熔合金;和 V、Nb、Zr 等形成如 GaV_3、$GaNb_3$ 和 $GaZr_3$ 等在低温下具有超导性能的合金。镓和各族金属形成的二元合金分别概述如下:

镓和 IA 族金属在常温下碱金属难溶于镓中。钠和钾在液态镓中的溶解度分别为 0.001%(30℃)和 4×10^{-6}%(32℃)。Ga 和 Li 在氩气氛中,700℃时形成体心立方结构的 LiGa,它在高温下和 Na、K 形成 Na_5Ga_8,mp. 556℃;$NaGa_3$,mp. 497℃(图 8.3)和 K_9Ga_8,mp. 620℃。Na_5Ga_8 能缓慢地溶于乙醇和冷水中,易溶于热水和酸中。$NaGa_3$ 具有金属光泽,在干燥的空气中稳定;在湿空气中失去光泽,它能缓慢地溶于稀酸中。

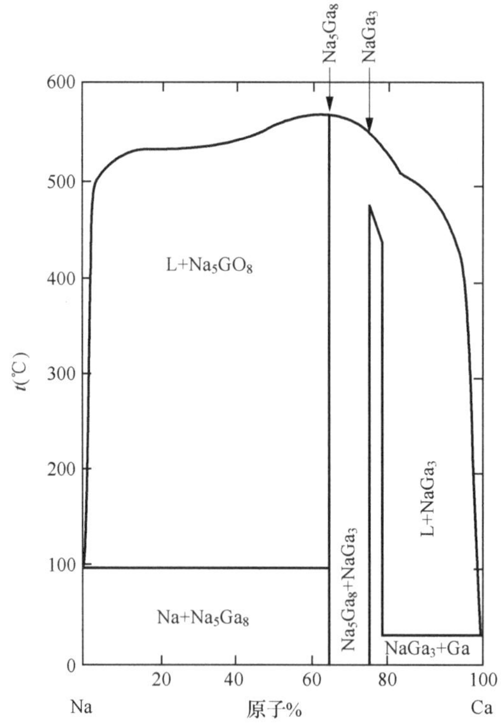

图 8.3　Na-Ga 合金体系相图

镓和铜族金属　Ga 和 Cu 在高温下可形成 Cu_4Ga(A3)，Cu_4Ga_9，$CuGa_2$。镓铜合金有较好的延展性，但随着镓含量的增加，导电性将下降；Ga 和 Ag 形成 Ag_3Ga，Ag_2Ga_3；在加热下镓溶于金中形成 AuGa，$AuGa_2$，Au_3Ga 和 Au_7Ga_3，$AuGa_2$ 是 CaF_2 型的立方结构，将 Au_3Ga 和 AuGa 加热至 286℃得到 Au_7Ga_3，这些合金的硬度普遍增加，但导电性比纯金低。

镓和 IIA 族金属　在熔融态镓和镁可形成 Mg_5Ga_2（正交体心），Mg_2Ga(*czz*)，MgGa 和 $MgGa_2$（图 8.4）；和其他金属形成 MGa_2（M＝Ca、Sr、Ba）。当镁中含少量镓时，可增强镁的可煅性和抗腐蚀性，但镓含量为 53.4％－74.1％时，合金变得脆而硬。

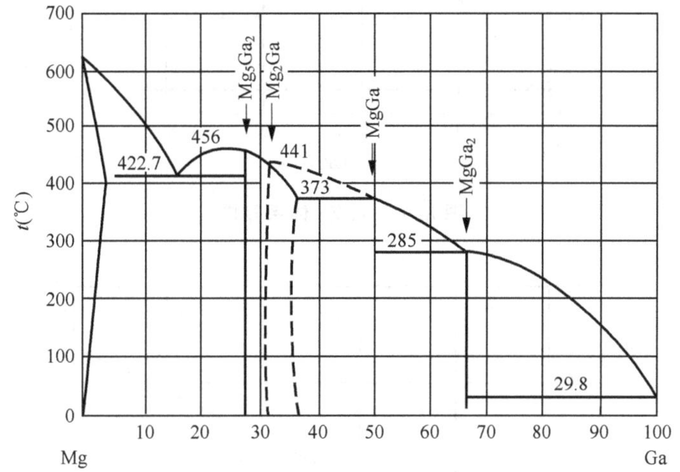

图 8.4　Ga-Mg 合金体系相图

镓和锌族金属不形成金属化合物（图 8.5），含 Ga5％（重量）的低熔 Zn-Ga 合金 mp. 25℃，镓和汞形成汞齐，由于镓和汞的密度不同，汞齐的上层含镓量比下层高。在常温下它们仅相互微溶，随着温度升高溶解度逐渐增大，关于镓在汞中或汞在镓中的溶解度数据目前仍不一致，汞齐已被应用于从铝酸盐溶液中电解回收镓。

镓和 IIIA 族金属　Ga 和 Al、In、Tl 不形成金属化合物，铝中含少量镓对铝的机械和电学性质影响很小，但镓含量增大时，化学稳定性有所降低，在潮湿空气中缓慢地被腐蚀。含 Ga24.8％的 Ga-In 合金，熔点 15.73℃。

镓和 IVA 族元素　在 Ga-Si 固溶体系中有一种含 Si 0.5％－0.55％的低共熔体（mp. ～18℃），硅溶于镓中时吸热 67.8kJ/mol，镓的加入降低了硅的电导和硬度。锗溶于镓中时吸热 34.7kJ/mol 其溶解度随温度升高而增加。当镓在锗中的比例增大时，电阻率、硬度相应下降。Ge-Ga 合金具有半导体性质并用作半导体材料。镓微溶于固态锡中（图 8.6），液态可以以任意比例互溶，含 Sn 8％的低共熔物 mp. 15℃。

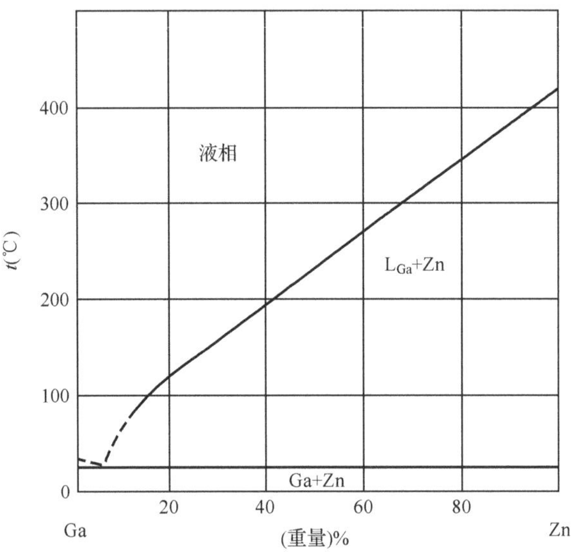

图 8.5　Ga-Zn 体系相图

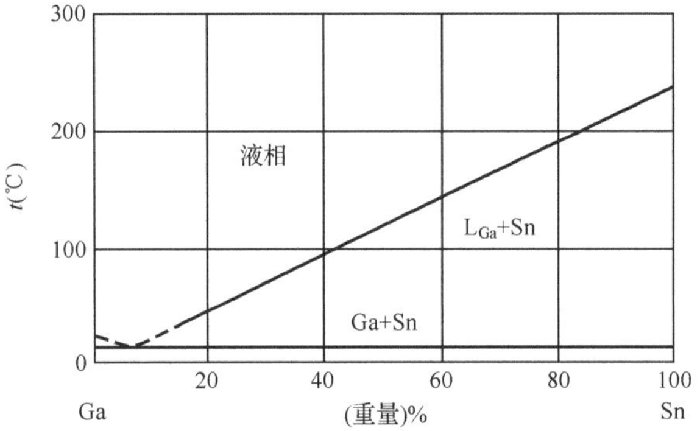

图 8.6　Ga-Sn 体系熔度图

镓不溶于固态铅，在液态铅中可溶解 5%(重量)的镓(图 8.7)。

镓和过渡金属　钛、锆在 540—600℃易和镓作用并形成一定结构和超导临界温度的金属间化合物，如 Ti_3Ga(六方结构)，Ti_2Ga(六方结构)，TiGa(DO_{19})，$TiGa_3$(DO_{22})；Zr_5Ga，Zr_2Ga_3，$ZrGa_3$(DO_{22})；钒易和镓反应形成 V_3Ga($3A_{15}$)(16.8K)，V_6Ga_5，VGa，V_2Ga_5(四方结构 Mn_2H_{g5} 型)(3.55K)，$V_{4.5}Ga$(9.15K)，Nb_3Ga(14.5K)。镓很难和钽作用，即使在高温下亦难作用。钽在镓中的溶解度在 450℃为 0.01%，800℃1.3%。

铬、钼和镓反应可形成立方结构的 $GaCr_3$、Ga_4Cr 和 Ga_2Mo、$GaMo_3$(A15)、

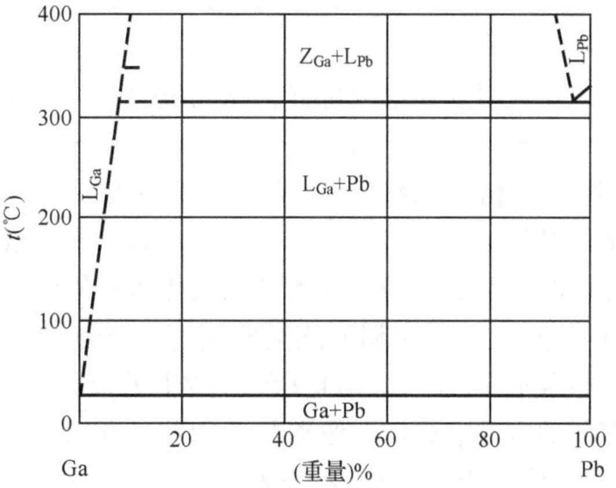

图 8.7 Ca-Pb 体系熔度图

Ga_4Mo。超导临界温度分别为:9.5,0.75,9.5K,铁、钴、镍易和镓形成金属间化合物或固溶体,Fe_3Ga(立方),CoGa(B2),Ni_3Ga,Ni_2Ga(B8),Ni_3Ga 和 Ni_2Ga_3(棱形结构),这类合金通常能使硬度增强。高温下,镓和铑、钯、铂形成 GaRh(立方),Ga_7Pd_3(体心立方结构),GaPd(立方),$GaPd_2$(斜方)和 $GaPd_3$;Pt_4Ga(单斜)。Pt_3Ga(LI_2),Pt_5Ga_3(斜方),PtGa(B20),Pt_2Ga_3(立方)$PtGa_2$(立方)Pt_3Ga_7(立方);镓和镧系、锕系金属元素能生成 MGa_2(C32;M=La、Ce、Pr),UGa,UGa_2,UGa_3 等。

2.10 氢 化 物[1,4,11]

2.10.1 镓(I)氢化物

在氢气和氦气的气氛中,2300℃时镓蒸气的紫外吸收光谱显示出具有键长1.72Å的双原子分子 GaH 的谱线。从光谱估计的键离解能在 269.20—283.68kJ/mol之间,GaH 之所以不稳定是由于镓具有高的蒸发热(297kJ/mol)和氢分子高离解能(435kJ/mol)。因此 GaH 易离解。

$$GaH(g) \longrightarrow Ga(l) + \frac{1}{2}H_2(g) \quad \Delta H = -238.49kJ/mol$$

2.10.2 镓(III)氢化物

一种非配位的氢化镓的报告最先出现于 1963 年。三氢化镓(GaH_3)是一种粘胶状液体,高于−15℃时,分解,它能与多种配位基(H^- 和具有给体原子 N,P,As,O 或 S)形成配合物。人们研究四氢镓酸盐已有一定的历史,其中以锂盐最为重要。

(1) 氢化镓(III)

在-20℃至-15℃利用置换反应可得到非配位的GaH_3，如：

$$Me_3N \cdot GaH_3(s) + BF_3(g) \longrightarrow GaH_3(l) + Me_3N \cdot BF_3(s)$$

GaH_3是一种略显极性的粘胶油状体，不溶于非极性溶剂中，它的熔点是-15℃，在室温时分解为镓和氢气。GaH_3像IIIA族(B,Al,In)的氢化物一样，纯的单体至今尚未制得。已知加入乙醚作为溶剂可增强氢化镓单体的稳定性，生成$GaH_3 \cdot (C_2H_5)_2O$，低于35℃不分解，但室温时逐渐转化为多聚物$(GaH_3)_n$。

氯化镓$GaCl_3$与氢化铝锂($LiAlH_4$)在乙醚中的反应是制备GaH_3二聚体$(GaH_3)_2$的一种方便的方法。$GaCl_3$像硼与铝的相应化合物一样，是共价不饱和的，可作为一种电子受体。因此假设像乙硼烷的结构一样，在$(GaH_3)_2$分子中有两个氢桥，即：

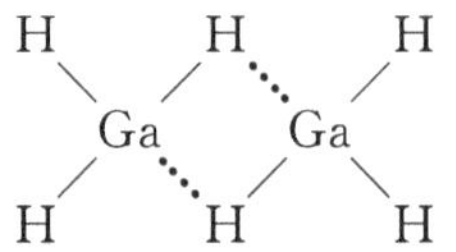

乙镓烷在-21.4℃熔化，是一种可流动的无色液体。它对热是比较稳定的，但在130℃时开始分解成为金属镓和氢气。于0℃时GaH_3的多聚体$(GaH_3)_n$可由在乙醚中的氢化镓锂溶液与三氯化镓反应而制得。

$$3nLiGaH_4 + nGaCl_3 \longrightarrow 4(GaH_3)_n + 3nLiX$$

$(GaH_3)_n$是一种白色固体，比低分子的氢化镓稳定得多。与水反应很慢，但与稀酸猛烈反应，同时逸出氢气。在真空下加热至140℃开始释放出氢气，在380—400℃多聚体完全分解为镓和氢气。在多聚体$(GaH_3)_n$中镓原子的配位不是(如在乙镓烷中)4，而是(如在氢化铝中)6，但它们的结构是相似的。

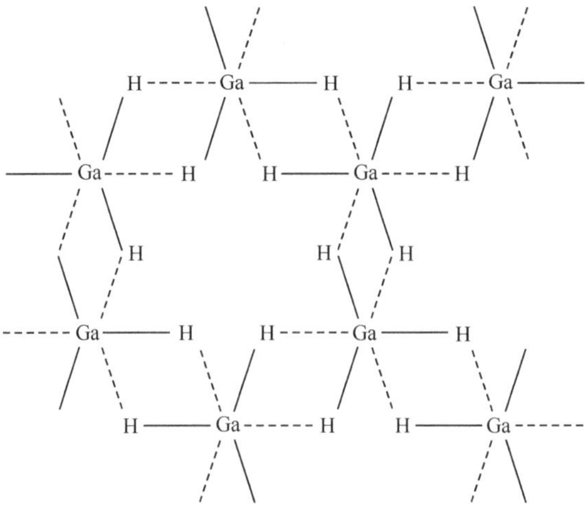

氢化镓(III)具有相当强的还原能力,但至今尚未找到有任何实际应用。

(2) 氢化镓(III)的加合物

通过对 GaH_3 与含 N、P、As、O 和 S 基的加合作用的研究,使人们获得了很多结构方面的知识(主要来自振动光谱),以及不同系列配体的加合物的稳定性顺序。

和大多数基团不同,三甲基胺与 GaH_3 有两种加合物(1∶1 和 2∶1)。无色的 1∶1 加合物的熔点为 70.5℃,它是 GaH_3 最稳定的加合物。它的制备方法可作为制备许多加合物的代表:

$$Me_3M \cdot HCl + LiGaH_4 \xrightarrow{-78℃} Me_3N \cdot GaH_3 + LiCl + H_2$$

而第二种加合物的稳定性则弱得多。

$Me_3N \cdot GaH_3$ 能与一些配位基团起取代反应(例如与 Me_2NH),与卤化剂也能发生某些反应,这些反应在硼烷或铝烷的化学中是没有前例的,例如:

$$Me_3N \cdot GaH_3 + Me_3NHCl \longrightarrow Me_3N \cdot GaH_2Cl + Me_3N + H_2$$

Me_2NH 加合物能很快失去 H_2 而形成 $Me_2N{=}GaH_2$,在气态中 $Me_2N{=}GaH_2$ 是单体,而在苯溶液中是二聚体。

与 N、P、As、O 和 S 配位原子所形成的镓烷加合物其稳定性按下列顺序减小:

$Me_2NH > Me_3N > C_5H_5N > Et_3N > PhNMe_2 \gg Ph_3N$

$Me_3N \sim Me_3P > Me_2PH >$ 其他仲膦

$Ph_3P > Ph_3N > Ph_3As$

R_3N 或 $R_3P > R_2O$ 或 R_2S

和硼化学的情况不同,仲膦的加合物很弱,而且当磷上有较高级烷基或芳基取代基时会变得更弱。在 $Me_2PH \cdot GaH_3$ 的分解中 $Me_2P \cdot GaH_2$ 仅是一种短暂的中间体。$Me_3As \cdot GaH_3$ 的不稳定性是由于砷和金属之间的 d_π-d_π 相互作用不足以补偿弱的 As-Gaσ-键。(d_π-d_π 在稳定砷-过渡金属配合物中是很重要的)

(3) 其他镓(III)氢化物

卤代氢化镓 GaH_nX_{4-n} 在 −20 至 −15℃,可利用有关的置换反应制备卤代二氢化镓。

$$Me_3N \cdot GaH_2Cl(s) + BF_3(g) \longrightarrow GaH_2Cl(l) + Me_3N \cdot BF_3(s)$$

GaH_2Cl 是一种粘性油状液体,略显极性,不溶于非极性溶剂中。二卤代镓烷是相对稳定的。$GaHCl_2$ 和 $(GaHBr_2)_2$ 皆可利用 Me_3SiH 和 GaX_3($X=Cl, Br$)之间的复分解反应而制得,例如:

$$GaCl_3 + (CH_3)_3SiH \longrightarrow HGaCl_2 + (CH_3)_3SiCl$$

这些卤代化合物在 29℃熔化,在 150℃时完全分解为 H_2 和 Ga_2Cl_4。

四氢化镓酸盐　锂、铊(III)和银的四氢化镓酸盐含有阴离子 GaH_4^-,对于IIIA族的其他元素来说此类化合物也已经制得。在配位的氢化镓中氢带有一个负电荷，它与水和含有羟基的化合物猛烈反应，且具有强的还原能力。因为它们对热更稳定和更易溶于有机溶剂中，所以比起简单氢化物来说在实际应用方面更为方便。

$LiGaH_4$ 是用三氯化镓的乙醚溶液与过量四倍的氢化锂细粉反应而制得：

$$4LiH + GaGl_3 \longrightarrow LiCaH_4 + 3LiCl$$

这个反应早期是在 −80℃ 升至室温的加热过程中进行的。以后改用 $GaCl_3$ 或 $GaBr_3$ 与 LiH 在室温时合成。反应分二步，首先生成 $Li(GaX_3H)$ 中间物，然后混合物在 35℃ 水浴中加热得到 $LiGaH_4$。它是一种白色的固体，在室温时慢慢地分解，在 150℃ 时则很快分解。

$$LiGaH_4 \longrightarrow LiH + Ga + \frac{3}{2}H_2$$

人们认为 $LiGaH_4$ 的分解反应加快是由于反应产生的细的镓粉起催化作用的结果。它与水剧烈反应放出氢气。

$$LiGaH_4 + 4H_2O \longrightarrow Li[Ga(OH)_4] + H_2$$

$LiGaH_4$ 溶于乙醚，是一种强的还原剂，但与 $LiAlH_4$ 相比则为较温和的还原剂。

$Tl(GaH_4)_3$ 和 $AgGaH_4$ 是用 $LiGaH_4$ 的乙醚溶液分别与 $TlCl_3$（−115℃）或 $AgClO_4$（−100℃）的复分解反应而制得。

$$TlCl_3 + 3LiGaH_4 \longrightarrow Tl(GaH_4)_3 + 3LiCl$$

$$AgClO_4 + LiGaH_4 \longrightarrow AgGaH_4 + LiClO_4$$

$Tl(GaH_4)_3$ 是一种白色固体，在乙醚溶液中，当温度低于 −90℃ 时稳定，−90℃ 以上分解形成金属铊、氢气和 $GaH_3 \cdot (C_2H_5)_2O$。

$AgGaH_4$ 是一种不溶于乙醚的橙红色固体，它是不稳定的，在乙醚溶液中 −75℃ 时很快分解，析出银并放出氢气，同时形成 $GaH_3 \cdot (C_2H_5)_2O$。分解析出的 Ag 又能催化 GaH_3 的分解反应。

二元银氢化物与二元锂氢化物一样，热稳定性从 B→Ga 逐渐减弱，如

	$AgH \cdot BH_3$	$AgH \cdot AlH_3$	$AgH \cdot GaH_3$
开始分解温度（℃）	−30	−50	−75

此外尚有二元镓氢化物 $Ga(AlH_4)_3$ 和 $Ga(BH_4)_3$，它们分别是不稳定和很不稳定的。

(4) 有机氢化镓

用三甲基镓和氢气可制备二聚氢化二甲基镓，它高于 130℃ 分解为镓、三甲基镓和氢气。四氢化铝酸锂与三烷基镓反应生成氢化烷基镓锂。氢化镓和三甲胺与甲胺反应制得三聚氢化甲胺基镓 $(CH_3{-}NHGaH_2)_3$ 并生成 $(CH_3)_3NCH_3GaH_2$。

2.11　卤　化　物[1,4,13−18]

镓能形成 Ga^IX、$Ga^I[Ga^{III}X_4]$ 和 $Ga^{III}X_3$ 型卤化物。

2.11.1 镓(I)卤化物

(1) 氟化镓(I)

气态的一氟化镓是在～1400℃时加热金属镓与 AlF_3 而获得。一氟化镓的离解能为577±14.6kJ/mol。在分子中 Ga—F 的距离为1.775Å。至今,纯净的一氟化镓未曾获得。

(2) 氯化镓(I)

在约800℃时把三氯化镓蒸气通入熔化的金属镓中可得到一氯化镓。它作为一种棕色的升华物收集在反应器的冷却的表面上。

制备纯净的一氯化镓是困难的,甚至当一氯化镓全部分离后,仍然含有它自身的歧化产物。

液态的一氯化镓是无色的,而固态是暗棕色的。GaCl 具有很强的吸湿性,溶于水时歧化为镓和 $GaCl_3$。

$$3GaCl \longrightarrow GaCl_3 + 2Ga$$

在高温下一氯化镓是稳定的,当温度降低时,会部分发生歧化。

GaCl 有正的生成热,气态分子中 Ga^+ 的半径为0.66±0.03Å,Ga—Cl 的核间距为2.20Å。

(3) 溴化镓(I)

很难得到纯净状态的一溴化镓。在一支密闭的石英管中加热三溴化镓与金属镓至500℃以上,可获得一溴化镓。

对同位素组成为 $^{69}Ga^{79}Br$ 的转动光谱测定,得到 Ga—Br 的核间距为2.3525±0.0001Å。

在湿气存在下一溴化镓水解,镓逐步地被氧化成三价状态。

(4) 碘化镓(I)

在密闭干燥的石英管中加热三碘化镓与金属镓或碘与过量的金属镓可获得一碘化镓。

一碘化镓熔化时呈现暗色。

GaCl、GaBr 和 GaI 与卤离子接受体(如三卤化铝)能形成更稳定的化合物(例如 $Ga^+[AlCl_4]^-$)。

一卤化镓的生成自由能和离解能见表8.9。卤化镓的物理性质见表8.10。

表8.9 一卤化镓的生成自由能和离解能

	ΔH_f^0	ΔG_f^0	离解能
GaF	−251.9	—	577±14.6
GaCl	−79.9	−106.3	480.3,482.4
GaBr	−49.8	−90.0	393±3.8
GaI	28.9		318±67,276±4

表 8.10　卤化镓的物理性质

	GaF_3	$GaCl_3$	$GaBr_3$	GaI_3
熔点(℃)	>1000	77.75	122.3	211.5
ΔH 熔化(kJ/mol)	~3975	21.8		
沸点(℃)		201.2	279	346
$\Delta H_{汽化}$(kJ/mol)		51.5,49.4(熔点); 43.9,47.7(沸点)		75.7(熔点),64.4(沸点)
液态蒸气压等式 $\log P$(mmHg)		$\frac{-17,600}{4.57T}-\frac{15}{1.986}\times\log T+31.312$	$\frac{-14,300}{4.57T}+8.554$	$\frac{27,800}{4.57T}-\frac{20}{1.986}\times\lg T+40.822$
升华热		71.1(熔点)	57.7	96.2(25℃)
S^0(J/deg · mol)	84	142	180	
ΔH_f^0(固)(kJ/mol)	−1163	−524.7	−386.6	−238.9
ΔG_f^0(固)(kJ/mol)	−1085.3	−454.8	−359.8	
二聚体离解热(kJ/mol)		87.9	76.6	~46
二聚体离解度(%单体)		0.2(熔点),2.0(沸点), 100(400℃)	14(熔点),30(沸点)	92(沸点)
密度(g/cm^3)	4.475	2.47(25℃)　2.0536(熔点)	3.69(25℃)	4.15
水中溶解度	2.4×10^{-2}g/l			
电导(ohm^{-1},cm^{-1}) 液态 固态		1.86×10^{-6}	1.19×10^{-6}	118.2×10^{-6} 56×10^{-6}
晶体结构	菱形	三斜		

续表

	GaF_3	$GaCl_3$	$GaBr_3$	GaI_3
体系空间群 型 晶格常数	$R3C$ FeF_3 $a=5.20$ $\alpha=57.5°$	PI $a=6.94, b=6.84$, $c=6.82$ $\alpha=119.5°, \beta=90.8°$ $\gamma=118.6°$		
摩尔/单位晶胞		一个 Ga_2Cl_6		
表面张力(N/cm)		$\sigma=[27.30-0.105$ $\times(T-78)]\times10^{-3}$ $T=71-140$℃	$\sigma=[35.5-0.15\cdot(T-120)]$ $\times10^{-3}$ $T=117.8-135.9$℃	
线性膨胀系数(熔点)		$(90-120)\times10^{-5}$	$(80-95)\times10^{-5}$	$(60-80)\times10^{-5}$
溶解热(kJ/mol) 在 9.2%HCl 0℃ 27℃		 159.0±1.26 163.2	 153.6 160.7±0.8	 132.6±0.4 138±1.2
IR 与拉 曼谱(cm^{-1}) $\nu_1, \nu_2, \nu_3, \nu_4$ 力常数(GaX_4^- 在 ν_1, dyne/cm)		346,114,386,149 2.50×10^5	210,71,278,102 2.8×10^5	145,52,222,73 1.57×10^5[705] 1.265×10^5[519]
融熔态的密度(g/cm^3) d_4^t		71—196℃ $2.0531-0.00209\cdot(t-78)$	117.8—135.9℃ $3.119-0.00247\cdot(t-120)$	207—309℃ $3.600-0.00224\cdot(t-211)$
二聚体离解常数($\log K_p$)		$\frac{-2100}{4.57T}+9.947$	$\frac{-18500}{4.57T}+9.802$	$\frac{11000}{4.57T}+7.87$
水解常数(25℃)		1.4×10^{-4}	4.6×10^{-4}	—

2.11.2 高镓(III)卤化物

(1) 氟化镓(III)

在氩气中，$(NH_4)_3GaF_6$ 热分解生成无水三氟化镓。用 HF 在 N_2 气保护下同加热到 550℃的金属镓反应，也可得到无水 GaF_3。

GaF_3 是无色针状体，与 $GaF_3 \cdot 3H_2O$ 相比它难溶于水。GaF_3 与 FeF_3 和 CoF_3 是等结构的，晶体结构由密堆积的 F^- 组成，Ga^{3+} 占据在八面体的空隙中。Ga—F 核间距为 1.89Å，Ga—F—Ga 键角为 145°，Ga—Ga 核间距为 3.16Å。

把氢氧化镓、氧化镓或金属镓溶于稍过量的氢氟酸(40%)中可制得 GaF_3 的溶液。蒸发溶液至干，可得 $GaF_3 \cdot 3H_2O$。它受热分解为 $GaF_2OH \cdot nH_2O$。$GaF_3 \cdot 3H_2O$ 是一种白色的晶状粉末，易熔于稀盐酸和浓的氢氟酸。在晶体中，F^- 和 H_2O 分子占据八面体配位位置，它与 $\alpha\text{-}AlF_3 \cdot 3H_2O$ 是等结构的，因此二者可生成无限混合的固溶体。$GaF_3 \cdot 3H_2O$ 的单晶参数为：$a = 9.36 \pm 0.01$Å，$c = 9.40 \pm 0.01$Å。25℃时它在水中的溶解度为 4.1%，在水溶液中能部分水解：

$$GaF_3 \cdot 3H_2O + H_2O \rightleftharpoons [GaF_2 \cdot 4H_2O]^+ + F^-$$

(2) 氯化镓(III)

在氯气流中燃烧镓或氯化氢气体(或亚硫酰氯)与加热的氧化镓(≥200℃)反应均可制得三氯化镓。在氯气流中(或 Cl_2/N_2)重蒸馏，随后采用真空升华或区域熔炼可制得无水纯三氯化镓。其沸点随压力的变化为：

压力 (Pa)	13332	90259	93325	97325
沸点 (℃)	133	196.4	197.7	199.5

三氯化镓具有分子晶格(桥式二聚体)，如图 8.8 所示。

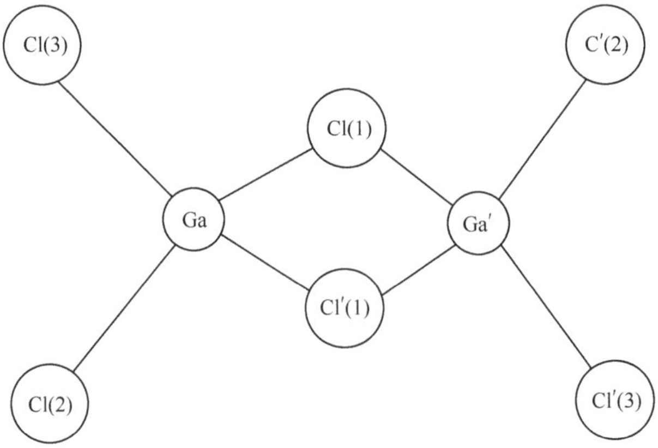

图 8.8　Ga_2Cl_6 的分子结构

二聚体分子为片状排列。弱的分子间力使它的熔点较低(77.75℃),熔化时密度只有微小的改变。78℃时二聚体的离解度仅为0.2%。

无水三氯化镓具有很强的吸湿性,在空气中吸收湿气而冒烟,而且逐步地转化为一种胶状物质。溶于水中放热,易溶于醚中。这一种性质被用于镓的回收,即用乙醚、异丙醚、异丁醚以及用醋酸丁酯从5.5*M*mol/L盐酸溶液中或从被易溶的氯化物所饱和的硫酸溶液中萃取镓。

浓的三氯化镓水溶液是稳定的,但在稀释时形成碱式盐沉淀,此沉淀能慢慢溶于稀盐酸中。在稀溶液中加热时会可逆地溶解。电位法研究给出了在0.004—0.25mol/l浓度范围内的第一水解常数为1.4×10^{-4}(25℃)。

$$Ga^{3+}+H_2O \rightleftharpoons GaOH^{2+}+H^+$$

用强碱滴定三氯化镓时,当Ga^{3+}:OH^-的比值为1∶2.8时可沉淀完全。在反应过程中,开始的两个阶段是生成可溶的和大量离解的碱式盐$Ga(OH)Cl_2$和$Ga(OH)_2Cl$。配位的水进一步被OH^-取代,同时伴随有不同单体阳离子的逐步凝聚和沉淀。

加热加合物$GaX_3\cdot EtOH$能够制得含有$(GaO)_4$的环状固体碱式卤化物$[Ga(OH)X_2]_4$(X=Cl或Br)。

三氯化镓与O,S,N,P和卤离子能形成1∶1的配合物。其中Cl^-是较强的给体,比已测定的中性配体强2倍。气相中$GaCl_3+Cl^- \longrightarrow GaCl_4^-$的生成热为−335kJ/mol。

在CS_2和CCl_4中测定三氯化镓的偶极矩为零。在苯中则测出具有高的偶极矩3.05D,这显然是由于生成加合物$GaCl_3\cdot C_6H_6$的缘故。

利用$Ga/GaCl_3$和$HCl/H_2(Pt)$组成的原电池电动势的测定计算,在25℃时$Ga^{3+}\longrightarrow Ga^0$还原的自由能:$\Delta F=162.3$kJ/mol,熵$\Delta S=-164.0$kJ/mol和焓$\Delta H=-211.3$kJ/mol。

(3) 溴化镓(III)

由氮气或二氧化碳的快速气流带入的饱和溴蒸气与金属镓反应可方便地制得$GaBr_3$。镓与纯净的溴进行反应时能发生闪光,甚至在0℃时反应也很剧烈。挥发的三溴化镓冷凝在冷的接受器里。采用真空升华法可使$GaBr_3$纯化。所得到的$GaBr_3$是无色具有很强吸湿性的晶体。

在熔融状态和苯溶液中,振动光谱显示出二聚体Ga_2Br_6的存在。有关$GaBr_3$和它的二聚体的一些数据列于表8.10中。

三溴化镓能形成具有1,2,3,4个水分子的水合物,奇怪的是还有每摩尔$GaBr_3$具有15摩尔H_2O的水合物。

(4) 碘化镓(III)

镓溶解在回流的碘(过量5%)的CS_2溶液中,能从冷却的浓溶液中分离出浅

黄色的 GaI_3 结晶，产率约 80％。采用升华或区域熔炼纯化 GaI_3，熔体是橙棕色。熔融的三碘化镓有过冷的倾向。X 射线粉末衍射模型和红外、拉曼振动光谱证明在固态和熔融状态的 GaI_3 是二聚体，蒸气则是单体。GaI_3 单体在 25℃用电子衍射测定得到 $d_{Ga-I}=2.458\pm0.005$Å。从四极共振光谱所得结论是：Ga－I 键的离子特征比 Al－I 键小。

蒸气压力随着温度的升高而显著地增加，但在接近熔点时蒸气压有很轻微地变化。蒸气压与温度的依赖关系列于表 8.10。

GaI_3 单体和二聚体分子在蒸气中处于平衡状态($Ga_2I_6 \rightleftharpoons 2GaI_3$)，平衡常数随温度升高而增大的关系见表 8.10。沸腾时，蒸气中含有大约 8％的二聚体 Ga_2I_6 分子。

三碘化镓有吸湿性，但与 $GaBr_3$ 或 $GaCl_3$ 相比则相对较弱。在真空中 160℃时升华，在高温时部分分解并有单质碘的析出。

对于 $GaCl_3$ 和 $GaBr_3$ 的二聚体，离解热大于单体与二聚体平衡时的气化热，而 GaI_3 则相反。其离解度也随温度升高而降低。在 150℃用光激发 GaI_3 蒸气，由于以下反应而产生黄色萤光：

$$GaI_3 + h\nu \longrightarrow GaI + I_2^* ;\ GaI_3 + h\nu \longrightarrow GaI_2^* + I$$

GaI_3 分子是抗磁性的，其比磁化率为 -0.33×10^{-6}，摩尔磁化率则为 -149×10^{-6}。

(5) 氰化镓(III)和硫代氰酸镓

镓没有二元氰化物如 $Ga(CN)_x$。在水溶液中镓与 NCS^- 能反应生成 $Ga(NCS)_3$，可以像 $Fe(NCS)_3$ 一样用乙醚或异戊醇萃取。$Ga_2(SO_4)_3$ 和 $Ba(NCS)_2$ 的复分解反应制成水合物 $Ga(NCS)_3\cdot3H_2O$。红外光谱证明 $Ga(NCS)_3\cdot3H_2O$ 是单体结构，Ga 是六配位的。

$Ga(NCS)_3\cdot3H_2O$ 溶于水、乙醇、甲醇、丙酮、乙腈、乙酸乙酯、硝基苯和乙醚中，但不溶于二氯甲烷、环己烷和氯仿中。在热水中能很快水解。电位法和分光光度法测定了$[GaNCS]^{2+}$的不稳定常数($pK=2.15$ 和 2.26)，它的稳定性介于$[InNCS]^{2+}$和$[AlNCS]^{2+}$之间。

2.11.3 镓(I)-镓(III)混合卤化物

有希望制备二卤化物(Ga_2Cl_4，Ga_2Br_4 和 Ga_2I_4)的方法之一是这种类型的反应：

$$2Ga + 2MX_2 \rightleftharpoons Ga_2X_4 + 2M$$

这里 MX_2 表示汞、铅、铜或银的氯化物，溴化物或碘化物。形成的二卤化物用苯和其他惰性溶剂萃取。例如，在封闭管中加热金属镓与化学计量的汞(I)或汞(II)的卤化物可制得二卤化镓，其结构式为 $Ga^+[GaX_4]$。此反应也可在苯中进行，产量几乎是定量的。

在 175－176℃，白色晶状的二氯化物能熔化成无色的液体。Ga_2Cl_4 的熔化热为 21.3kJ/mol，生成热是－703.7kJ/mol。在液态、固态和有机溶剂中的二氯化镓主要以二聚体存在，在高温蒸气态以单态存在，而单态 $GaCl_2$ 是不稳定的。200℃以上，二氧化镓开始分解：

$$3GaCl_2 \rightleftharpoons 2GaCl_3 + Ga$$

二氯化镓具有吸湿性，在空气中冒烟。其晶体吸收大气中的水汽而逐渐转变为糖浆状的物质。二氯化镓溶于水中，溶液会慢慢地变为棕色，然后逐渐产生一种棉花状的白色沉淀，此沉淀可重新溶解在母液中，尤其在加热时。显然这是由于 Ga_2Cl_4 溶于水时发生了歧化和其他反应，产生使溶液着色的更低价的化合物。反应产物反过来又与水作用形成氢气和正三价镓的氢氧化物。当二氯化镓溶于矿酸时放出氢气。它也溶于苯。

二氯化镓具有还原性，它的溶液能还原高锰酸钾和其他氧化剂。

二溴化镓有两种变体。它的稳定 β-相在 165℃熔化；介稳的 α-相在 153℃熔化。两种变体的转化温度是 110℃。二溴化镓是一种无色的晶状物质，在熔融状态易产生过冷现象。金属镓溶解于二溴化镓中能生成一溴化镓，在 170℃时，二溴化镓可溶解 9.3%(摩尔)的金属镓。

黄色固态碘化物 211℃时熔化成一种深红色的液体。只在蒸气状态才存在单体分子 GaI_2。与二氯化镓和二溴化镓相比，二碘化镓受热时易按下列反应部分发生歧化：

$$Ga_2I_4 \rightleftharpoons GaI + GaI_3$$

Ga_2Cl_4 和 Ga_2Br_4 与苯能形成 1∶1 的配合物，可能的结构如图 8.9 所示。对于 $C_6H_6 \cdot Ga_2Br_4$，已经得到其热力学数据，即 $\Delta H^0 = 17.82kJ/mol$，$\Delta G^0 = 11.63kJ/mol$。

Ga_2Cl_4，Ga_2Br_4 和 Ga_2I_4 与含氧、氮、硫、硒和砷等给体(L)在广泛范围内生成 $[GaL_4]^+[GaX_4]^-$ 型的配合物。

2.11.4 含氧、硫、硒和碲的卤化物

(1) 卤氧化镓(III)(见含氧酸盐部分)

(2) 卤硫化镓、卤硒化镓和卤碲化镓

将镓的硫属化物和适量的三卤化镓混合后加热，几天后形成化合物 GaSX (X＝F，Cl，Br 或 I)、GaSeX 和 GaTeX(X＝Cl，Br 或 I)。最适宜的温度是 210－345℃。在镓的硫卤化物中，硫氟化物 GaSF(似 GaOI)的化学性质不活泼，其余的对水很敏感，尤其是 GaSeBr、GaSeI 和 GaTeI。

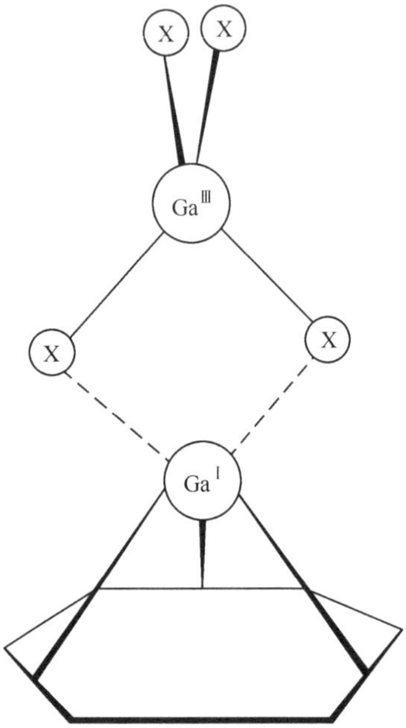

图 8.9　$Ga_2X_4 \cdot C_6H_6$ 的结构(X=Cl,Br)

2.11.5　含卤素配体配合物

三卤化镓,尤其是三氯化镓与许多 Lewis 碱形成的配合物,即使使用过量的碱,也主要是生成含有 4-配位的 1∶1 配合物 $LGaX_3$。制备时最好在惰性溶剂中以适宜的比例混合反应剂,生成的产物大多数是无色晶状的化合物。

三卤化镓配合物　下列一些 Lewis 碱能与 GaX_3 生成加合物 $L \cdot GaX_3$:胺类、腈类、硝基化合物、酮类、醚类、硫化物、酰卤化物、烷基卤化物、碱金属卤化物、无机氮、磷和砷的给体(如 NH_3、PCl_3、$AsCl_3$)以及卤氧化物(如 NOCl、$POCl_3$)。某些典型加合物的熔点如下:

$L \cdot GaCl_3$:

L	C_5H_5N	$C_5H_{11}N$	PhCN	$PhNO_2$	Et_2O	Me_2CO	PhCOCl
mp.(℃)	126	134	125	64	16	42	46
L	NH_3	$POCl_3$	KCl	GaCl			
mp·(℃)	124	118	259	172			

$L \cdot GaBr_3$:

L	Me_3N	C_5H_5N	Me_2O	$POCl_3$	$POBr_3$	GaBr
mp·(℃)	200	126	8	115	154	166

L_2GaCl_3（从相图研究所得）：

L	C_5H_5N	$C_5H_{11}N$	Et_2O
mp ·（℃）	113	112	9

这些加合物的离解度变化很大，例如 $RX \cdot GaX_3$ 加合物是易于离解的，从蒸气压测定所得的反应热可以例示：

$$MeCl \cdot GaCl_3(S) \longrightarrow GaCl_3(S) + MeCl(g)$$
$$\Delta H = 31.8 kJ/mol$$

气相反应的数据证明，通过 O 原子（如醚类、酮类、$POCl_3$）或 N 原（如腈类、胺类）配位的碱与 GaX_3 能生成稳定配合物。例如把 GaX_3 与不同比例的相应的碱在气相中混合，用量热计测量所产生的热，然后计算得到离解能。

$$L \cdot GaX_3(g) \longrightarrow GaX_3(g) + L(g) \quad \Delta H(kJ/mol)$$

X	Cl	Cl	Cl	Cl	Br
L	$POCl_3$	C_5H_5N	$C_5H_{11}N$	Et_2O	C_5H_5N
ΔH	96	146	159	92	159

再从这些数据推算下列键的离解能 $D(X \longrightarrow GaCl_3)$（kJ/mol）

X	N	O	Cl
D	289	234	180

一般认为 1∶1 加合物 $LGaX_3$ 的晶体结构是镓具有 4-配位的单体，但是对它们在溶液中或熔体中的电导进行广泛研究以后，已经证明其中多数的电导远大于共价结构所应具有的电导，并且在这些液体中或溶液相中可能存在着离子形式，诸如在 1∶1 加合物 $L \cdot GaX_3$ 中有 $LGaX_2^+X^-$ 和 $[L_2GaX_2]^+[GaX_4]^-$ 存在，在 2∶1 加合物 $L_2 \cdot GaX_3$ 中有 $L_2GaX_2^+X^-$ 存在。联吡啶配合物 bipy-$GaCl_3$ 已由 X-射线结晶学确定为 $[bipy_2GaCl]^+[GaCl_4]^-$ 的结构。

有人用振动光谱证实了以上的结构测定，并在许多场合下确定了给予体的位置，如三卤化镓与 RCOCl（R＝Me，Ph）的加合物是离子式 $RCO^+ \ GaCl_4^-$，但与 $POCl_3$ 的加合物则是共价型的 $Cl_3P{=}O \longrightarrow GaCl_3$。镓-卤素的振动光谱是随着配合物的结构变化而变化的。GaX_4^- 离子的振动光谱频率如下：

$$GaCl_4^-: 346, 372-386cm^{-1}$$
$$GaBr_4^-: 210, 275-278cm^{-1}$$
$$GaI_4^-: 145, 222-226cm^{-1}$$

中性配合物 $LGaX_3$ 在红外光谱中有二种 $\nu(Ga-X)$ 式样：一种为 E，它在比相应四面体阴离子 GaX_4^- 的 T_2 式样较高的频率处，另一种 A_1 在较低的频率处，ν(Ga—

X)也随给予体原子的质量不同而稍有差异,在与氧给体原子的配合物中频率最高,在与膦给予体的配合物中频率最低。2∶1 加合物$(Me_3N)_2 \cdot GaCl_3$是三角双锥结构,其中二个 Lewis 碱位于金属的反位,而三个 Cl 原子排列在金属原子周围的平面三角形顶点,在它的红外光谱中 $365cm^{-1}$处有简单的金属-卤素伸缩振动吸收,这支持了此种结构的存在。唯一确定的六卤镓酸盐阴离子 GaF_6^{3-} 是八面体结构,它的红外光谱在 $464cm^{-1}$处有一简单金属-卤素伸缩振动吸收。其他配合物光谱的详情可参考 Carty 的评论(*Coord. Chem. Rev.* 4(1969)29)。

2.12 氧化物、氢氧化物

2.12.1 氧化物

镓与氧能形成低氧化物 Ga_2O,氧化物 GaO 和倍半氧化物 Ga_2O_3。现已从高温下产生的光谱中检测到 GaO 的存在,并计算出气态分子 GaO 的离解能是 483.8±12kJ/mol。Ga_2O 蒸气的电子衍射研究得出了 $d_{Ga-O}=1.84\pm0.01$Å 和 ∠GaOGa=140±10°。

(1) 氧化镓(I)

在真空下加热至 500℃,镓能把 Ga_2O_3 还原到 Ga_2O,这种低氧化物升华到容器经冷却的壁上,成为一种暗棕色的粉末。在高真空中加热至 500℃在有金属镓存在的条件下,采用反复升华的办法可提纯 Ga_2O。在真空下加热至约 700℃以上 Ga_2O 歧化成 Ga_2O_3 和 Ga。Ga_2O 在干燥空气中稳定,它的密度为 4.77g/cm³,摩尔容积是 32.3cm³(0℃)和 32.6cm³(25℃),生成热为−356kJ/mol(固)和−88kJ/mol(气)。

Ga_2O 是一种强还原剂,它能把稀 H_2SO_4 还原至 H_2S,能猛烈地与溴作用并常伴随有发光现象,用高锰酸盐或在空气中加热则被氧化为 Ga_2O_3。

$$7H_2SO_4(稀)+2Ga_2O \longrightarrow 2Ga_2(SO_4)_3+H_2S+6H_2O$$

$$Ga_2O+O_2 \longrightarrow Ga_2O_3 \quad \Delta H=-73.2\pm17kJ/mol$$

Ga_2O 与稀硝酸的反应很慢而且不完全,与浓硝酸猛烈地反应以致于常常发生飞溅现象。

(2) 氧化镓(III)

Ga_2O_3 是镓的氧化物中最稳定的。在空气中加热金属镓使之氧化或在 200—250℃时焙烧硝酸镓、氢氧化镓以及某些镓的化合物都可形成 Ga_2O_3。Ga_2O_3 有五种同分异构体:$\alpha,\beta,\gamma,\delta,\varepsilon$。其中最稳定的是 β-异构体,当加热至 1000℃以上或水热条件下(即湿法)加热至 300℃以上时,所有其他的异构体都被转化为 β-异构体。可采用各自不同的方法制得各种纯的异构体。这些氧化物和它们的水合物之间的转变关系示于图 8.10。

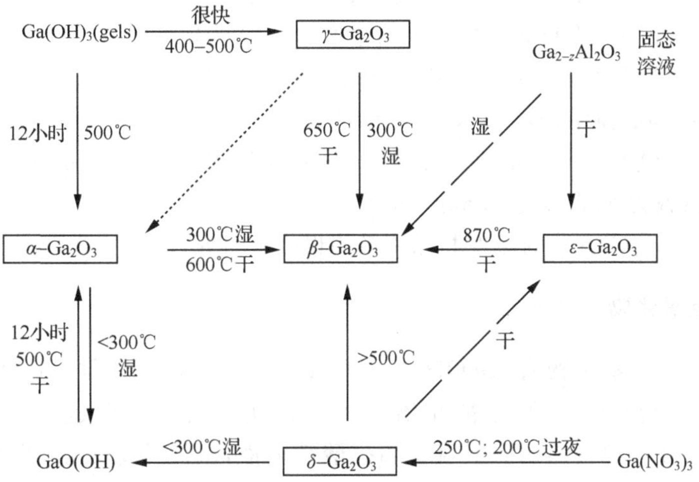

图 8.10 氢氧化镓的转化和脱水

把金属镓在空气中加热至 420－440℃；焙烧硝酸盐使之分解或加热氢氧化镓至 500℃等都可制得 α-Ga_2O_3。

快速加热氢氧化物凝胶至 400－500℃可制得 γ-Ga_2O_3。γ-Ga_2O_3 具有缺陷的尖晶石结构。

在 250℃加热硝酸镓然后在约 200℃浸渍 12 小时，可制得 δ-Ga_2O_3，它类似于 In_2O_3、Tl_2O_3、Mn_2O_3 和 Ln_2O_3 的 *C*-结构。

在 550℃短暂加热(约 30 分钟)δ-Ca_2O_3 可制得 ε-Ga_2O_3。

将硝酸盐、醋酸盐、草酸盐或其他镓的化合物以及 Ga_2O_3 的任意其他异构体加热至 1000℃以上均可分解或转化成 β-Ga_2O_3。

用氢气或 CO 在 600℃时可将 Ga_2O_3 还原为较低价态的氧化物。当加热至红热时可还原成金属镓。

Ga_2O_3 能与单质氟作用生成 GaF_3，Ga_2O_3 溶于 50% 的 HF 中得到产物 $GaF_3 \cdot 3H_2O$。Ga_2O_3 能溶于微热的稀硝酸、稀盐酸和稀硫酸中。经过灼烧的 Ga_2O_3 不溶于这些酸甚至于浓硝酸，也不溶于强碱的水溶液中，只能通过与 NaOH、KOH 或 $KHSO_4$ 和 $K_2S_2O_7$ 一起熔融才能使它溶解。与过量两倍的 NH_4Cl 在 250℃一起熔融生成氯化镓。在红热时 Ga_2O_3 与石英反应形成玻璃体，但冷却时没有新化合物生成。红热时也能和上釉的瓷坩埚发生反应。

在加热的条件下 Ga_2O_3 能与许多金属氧化物起反应。现已测定了与碱金属氧化物反应(高于 400℃)所得到的镓酸盐 M^IGaO_2 的晶体结构。与 Al_2O_3 和 Ln_2O_3 一样，它与 MgO，ZnO，CoO，NiO 和 CuO 反应能形成尖晶石型的

$M^IIGa_2O_4$。与三价金属氧化物反应的产物 M^IIIGaO_3 通常有钙钛矿或石榴石型结构(如镧系镓酸盐 $LnGaO_3$)。而且有更为复杂的三元氧化物。人们研究过有关用于激光、磷光和发光材料的镓的混合氧化物。认为镓酸盐的发光性质应归之于氧的空缺。因为 $FeGaO_3$ 有令人感兴趣的电磁性质(即压电性和铁磁性)所以它的合成、稳定性和晶体结构已被深入广泛地研究。

$Ga_{2-x}Fe_xO_3$($x \approx 1$)属于正交晶体,晶胞参数是:$a = 8.75$Å,$b = 9.40$Å,$c = 5.07$Å,配位数为 8,密度是 5.53g/cm^3。

$NiO \cdot Fe_{2-x}Ga_xO_3$ 的磁性和晶体结构也已被研究过。

2.12.2 氢氧化物

已知镓的氢氧化物有:GaOH,GaO(OH),$Ga_2O(OH)_4$ 和 $Ga(OH_3)$。纯的 GaOH 虽未分离得到,但已被光谱分析所证实。从多方面也已证实了 $Ga_2O(OH)_4$ 的存在。混合热的碳酸氢镓和硝酸镓溶液,沉淀洗涤之后,再在真空下干燥,可制得 $Ga_2O(OH)_4$。

(1) 偏氢氧化镓 GaO(OH)

将 $Ga(OH)_3$ 在 100℃或在真空室温条件下用 P_2O_5 作干燥剂脱水,也可以使 $Ga(OH)_3$ 在水下长时间(6 天至 7 个星期)陈化来制备 GaO(OH),它的晶体结构类似于水铝石。α-GaO(OH)在 110－300℃之间是稳定的。

(2) 氢氧化镓 $Ga(OH)_3$

尽管焙烧过的 Ga_2O_3 具有吸湿性,但 Ga_2O_3 难溶于水,不与水作用,因此不能用它来制备 $Ga(OH)_3$。碱作用于镓盐溶液或酸作用于镓酸盐溶液可制备 $Ga(OH)_3$。随着溶液 pH 升高,水合镓(III)离子逐步水解,在不同 pH 范围内镓的不同水解物占优势的形式如下:

Ga^{3+}(pH0－2.8),$Ga(OH)^{2+}$(2.8－3.5),$Ga(OH)_2^+$(pH3.5－4.5)。$Ga(OH)_3$从 pH3.0 开始出现,在 pH4.5 时占优势。

氢氧化镓或镓的碱式盐开始沉淀的 pH 值随溶液中 Ga^{3+} 的浓度增大和温度的升高而减小,并与盐的阴离子有关。25℃时氯化物、溴化物、过氯酸盐和硝酸盐的溶液中浓度为 0.06－0.18mol/l 的镓,开始沉淀的 pH 是 5.01－5.15。同样条件下,在硫酸盐溶液中的 pH 值约为 2.8。据报道 $Ga(OH)_3$ 溶于碱溶液中的 pH 是 11.06－11.62(也有报道 pH＝9.7)。当有配位阴离子(如 SO_4^{2-})存在时,经常形成碱式盐。

刚沉淀的 $Ga(OH)_3$ 胶体是无定形的,比起与空气接触一段时间的 $Ga(OH)_3$ 能较好地溶于苛性碱和氨中,而且可转化为离子型可溶性的 $M^IGa(OH)_4$。导电性的测量显示出多核聚集体和具有大于四配位氢氧根离子的物质的存在。

当加热至 350℃,$Ga(OH)_3$ 能部分脱水,温度升至 420－500℃,$Ga(OH)_3$ 失

去水并转化为氧化物，$Ga(OH)_3$ 甚至在冷的情况下也会失去一份水而形成 $HGaO_2$，因此有人认为 $Ga(OH)_3$ 是偏镓酸的一水合物 $HGaO_2 \cdot H_2O$。

Yatsenko 和 Demenev 发现，在 20－60℃范围内，水合氧化镓从镓酸盐溶液中开始沉淀的 pH 是绝对温度的线性函数：

$$pH = \frac{2524}{T} + 2.32$$

不同温度下 $Ga(OH)_3$ 的溶度积数值为：25℃，0.7×10^{-35}；1×10^{-34}；1.4×10^{-34}；70℃，6.3×10^{-34}。

$Ga(OH)_3$ 相对地易溶于稀酸和稀碱溶液中，也溶于氨水和碳酸铵溶液中。

氢氧化镓具有两性，酸性略大于碱性，H_3GaO_3 第一级酸式离解常数为 1.4×10^{-7}，$Ga(OH)_4^-$ 的水解常数为 7.03×10^{-8}。氢氧化铝的第一级酸式电离常数为 2×10^{-11}，显示出它的酸性比氢氧化镓弱得多。

Ivamov-Emin 等人研究了氢氧化镓在氢氧化钠和氢氧化钾中的溶解度。

表 8.11 列出了在 25℃时氢氧化镓在不同浓度碱溶液中的溶解度。

表 8.11　25℃时，Ga_2O_3 在氢氧化钠和氢氧化钾溶液中的溶解度

氢氧化钠	浓度(mol/l)Ga_2O_3	氢氧化钾	浓度(mol/l)Ga_2O_3
0.742	0.446	0.0507	0.098
1.51	0.547	0.542	0.224
1.62	0.492	2.45	0.615
2.49	1.106	4.127	0.755
4.33	1.302	5.82	1.508
4.85	1.479	6.51	2.336
5.81	2.045	7.41	3.325
6.95	2.579	8.12	4.183
7.37	2.756	8.63	3.399
7.57	3.212	8.56	2.862
7.85	3.397	9.18	2.644
8.24	3.420	10.23	1.768
8.62	3.759	10.83	1.337
9.15	3.372	12.18	0.734
9.78	3.101	14.42	0.416
10.41	3.493	14.58	0.420
10.80	4.042	15.09	0.382
11.20	2.423		
12.41	3.030		
13.02	2.248		
14.64	1.761		
15.25	0.974		
15.81	0.851		
18.52	0.193		

表 8.12 列出在氨水溶液中氢氧化镓的溶解度和所形成的溶液的导电性。

表 8.12 25℃时,氢氧化镓在氨水中的溶解度

浓度(mol/l)		溶液的电导(s/cm)	
氨初始溶液	饱和后在溶液中的镓	初始	氢氧化镓溶解后
0.000826	0.0001045	2.93×10^{-5}	3.18×10^{-5}
0.00248	0.0003135	5.395×10^{-5}	6.50×10^{-5}
0.00826	0.001045	1.008×10^{-4}	1.69×10^{-4}
0.0248	0.003135	1.777×10^{-4}	4.42×10^{-4}
0.083	0.0105	3.27×10^{-4}	1.28×10^{-3}
0.249	0.0315	5.7×10^{-4}	3.47×10^{-3}

2.13 硫化物、硒化物和碲化物

2.13.1 硫化物

镓与硫可形成氧化态从 1 至 3 的一系列硫化物:Ga_2S,$GaS(Ga_2S_2)$,Ga_4S_5 和 Ga_2S_3。

(1) 一硫化二镓(Ga_2S)

Ga_2S 不是从元素直接合成的,而是在 925℃用氢气还原 Ga_2S_2,也可以在高真空中,在 700—720℃用金属镓还原 Ga_2S_2 来制备。

Ga_2S 是一种灰或灰黑色固体,密度 4.18—4.22g/cm³。它在 900℃以下稳定,900℃以上会发生歧化反应:

$$2Ga_2S \rightleftharpoons Ga_2S_2 + 2Ga$$

在真空中加热至 800℃ Ga_2S 分解成 Ga 和 Ga_2S_3,在 960—1210℃的范围内蒸气压和绝对温度的关系可用下式表示

$$\log P_{mmHg} = -\frac{9098}{T} + 7.93$$

按上述关系式计算的 Ga_2S 沸点为 1530℃,室温时 Ga_2S 在空气中能缓慢地水解释放出 H_2S。它也能缓慢地被水和稀酸所分解并稀放出 H_2S。

(2) 硫化镓($GaS(Ga_2S_2)$)。

将金属镓与硫按化学计量比(Ga : S=2 : 1)混合,此混合物在 1100℃开始反应,然后在 1200—1250℃加热半小时即可制得 Ga_2S_2。它是一种黄色层状晶体,熔点为 970±3 或 965±10℃,密度为 3.75g/cm³;在 900—1000℃时升华,高于熔点

时分解;在高真空中加热至 700℃,按下列反应发生歧化:

$$3Ga_2S_2 \rightleftharpoons Ga_2S + Ga_4S_5$$

高于 1200℃,发生下列反应:

$$3Ga_2S_2 \rightleftharpoons 2Ga_2S + Ga_2S_3 + S$$

Ga_2S_2 对水稳定,几乎不溶于酸。在空气中加热被氧化并释放出 SO_2。用 15%沸腾的醋酸处理释放出硫化氢,与溴能剧烈反应。

磁性测定显示出 GaS 分子是抗磁性的,故被认为应是二聚体 Ga_2S_2。X 射线衍射已确证在分子中有 Ga_2^{4+} 离子的存在。GaS(如 GaSe、GaTe 和 InSe)属于 $M^{III}Y^{III}$层状半导体。已讨论过它们的键长和基本的光学光谱和能带结构。在 100—603K 的整个温度范围内,层状 $M^{III}Y^{III}$结晶体的导热性具有敏锐的各向异性现象。

(3) 五硫化四镓(Ga_4S_5)

把金属镓和硫的 1∶1 混合物加热至 1250℃时形成硫化物 Ga_4S_5。当加热 Ga_2S_3 至 950℃以上时发生下列反应也可制备 Ga_4S_5。

$$2Ga_2S_3 \rightleftharpoons Ga_4S_5 + S$$

Ga_4S_5 的密度 $d_4^{20} = 3.82 \pm 0.03 g/cm^3$。

(4) 三硫化二镓(Ga_2S_3)

在 950℃把 H_2S 通入金属镓中可制备 Ga_2S_3。在真空中于 800℃时升华可得到细的白色晶体。在碘参与下采用化学迁移(Chemical transport)的方法可获得 Ga_2S_3 单晶。

纯的 Ga_2S_3 是白色晶体,它有三种晶型。γ-Ga_2S_3 为低温稳定构型具有闪锌矿的结构;β-Ga_2S_3 为高温稳定构型具有纤维锌矿结构;在 1000℃时通过退火 β-Ga_2S_3 可制得 α-Ga_2S_3,具有纤维锌矿结构。因为 Ga_2S_3 和 ZnS 有着相似构型的品种,所以它们在矿物中共生。

Ga_2S_3 的物理常数为:熔点约 1255℃,$\Delta H_{298} = 572.4 \pm 12.6 kJ/mol$,室温时的比磁化率为 0.34×10^{-6},摩尔磁化率为 80×10^{-6},比热为 64.8J/deg · mol。

Ga_2S_3 在潮湿的空气中会慢慢分解并放出 H_2S,与其他硫化物不同,它能完全地溶于稀盐酸中而放出 H_2S,与溴猛烈作用被氧化为硫酸盐。水(尤其是热水)能使 Ga_2S_3 分解,但形成的硫化氢防止了 $Ga(OH)_3$ 的沉淀。与稀硝酸反应释放出 H_2S,与浓硝酸作用则析出硫。强碱溶液能使硫化镓分解为镓酸盐和硫代镓酸盐。

(5) 含镓的三元硫化物:M^IGaS_2,$M^{II}Ga_2S_4$,$M^{III}GaS_3$

三元硫化物的通式是:

1) M^IGaS_2(M^I=IA,Tl,Cu,Ag)

2）$M^{II}Ga_2S_4$（M^{II}＝IIA，Zn，Cd，Hg 等）

3）$M^{III}GaS_3$（M^{III}＝Ln）

制备三元硫化物的方法有湿法和干法两种。在 900℃时，在碱金属碳酸盐和 Ga_2O_3 的混合物中通入 H_2S 可制得 M^IGaS_2 型的化合物（M^I＝Li，Na，K，Rb，Cs）。在 900－1000℃ Ga_2S_3 与 Cu_2S、Ag_2S 和 $T_{12}S$ 混合可分别制得 $CuGaS_2$，$AgGaS_2$ 和 $TlGaS_2$。Ga_2S_3 与 $M^{II}S$（M＝Zn，Cd，Hg）的 1∶1 混合物加热至 900℃可制得 $ZnGa_2S_4$，$CdGa_2S_4$ 和 $HgGa_2S_4$。$M^{III}GaS_3$ 的制备与 $M^{II}Ga_2S_4$ 相似。

对于它们的有价值的电学性质，特别是关于单晶的生成和物理性质，已积累了大量的文献。例如 $TlGaX_2$（X＝S，Se 或 Te）是 $A^{III}B^{VI}$ 型半导体的类似物，而 $CdGa_2S_4$ 则是具有压电性的化合物

2.13.2　硒化物

已知镓的硒化物有 Ga_2Se、GaSe 和 Ga_2Se_3。

加热硒和镓的混合物时，在冷凝物中有一种黑色的产物 Ga_2Se，已被 X-射线确证。

缓慢加热 1∶1 硒和镓的混合物可合成 GaSe。它是一种暗棕色闪光的片状晶体。GaSe 和 GaS 一样是层状半导体，随着温度的降低，GaSe 光电效应最大值向短波方向移动。

加热硒和镓按化学计量的混合物可制得 Ga_2Se_3。把硒化氢通入镓的浓度不低于 50g/l 的三氯化镓水溶液中（pH 为 6.5－7.0），可制得高纯度的 Ga_2Se_3，此反应需加热至 80℃，时间为 1－2 小时。

三元硒化物：$ZnGa_2Se_4$、$CdGa_2Se_4$ 和 $HgGa_2Se_4$ 的性质列于表 8.13。

表 8.13　镓和锌分族的三元硒化物的物理性质

化合物	颜色	晶格参数(Å)		密度(g/cm^3)		结构
		a	c	X 射线衍射	比重测定	
$ZnGa_2Se_4$	亮棕	5.496	10.99	5.215	5.13	S_4^2　D_{d_2}
$CdGa_2Se_4$	暗绿	5.742	10.73	5.326	6.28	S_4^2
$HgGa_2Se_4$	黑	5.715	10.78	6.185	6.10	S_4^2

按化学计量混合相应的硒化物成糊浆状并在 900℃加热 12－14 小时可制得 $ZnGa_2Se_4$，$CdGa_2Se_4$ 和 $HgGa_2Se_4$。它们属正方晶系，硒原子形成一种接近立方晶格的密堆积晶格，两种金属原子位于四面体的顶角。

2.13.3　碲化镓

镓的碲化物有 GaTe、Ga_2Te_3、Ga_3Te 和 $GaTe_3$ 四种。

GaTe：按化学计量熔化碲和镓的混合物可制得 GaTe，它是由软的容易裂开的薄片所组成的。熔点是 824±2℃，在 8.0Pa 的碲蒸气下熔点为 8.35±2℃，密度 $d_4^{25}=5.44g/cm^3$，X 射线衍射测得 $a=23.80Å$，$b=4.076Å$，$c=10.48Å$，$\beta=45.50$。

随着温度的降低，GaTe 光电导最大值向短波长的方向移动。

Ga_2Te_3：按化学计量熔化镓和碲的混合物可制得 Ga_2Te_3，它是一种硬而脆的黑色结晶，熔点为 790±2℃，在 266.64Pa 碲蒸气压下熔点是 792±2℃。密度 $d_4^{25}=5.57g/cm^3$。晶格参数 $a=5.887\pm0.003Å$。少量铜（$\sim10^{-5}$重量%）的加入将导致新相的出现，很明显它是 Ga_2Te_3 的异构体。

从电负性分析，Ga_2X_3（X = S，Se 和 Te）的离子性顺序为：$Ga_2S_3>Ga_2Se_3>Ga_2Te_3$

Ga_3Te_2：按化学计量熔化镓与碲的混合物可制得 Ga_3Te_2。它的热稳定性上限约为 753±2℃，下限 610℃，在这个温度范围内可观察到电阻方面的异常现象。

$GaTe_3$：从热分析中证实了 $GaTe_3$ 的存在。固态 $GaTe_3$ 稳定性的上限大约是 429±2℃，而下限设想为 408℃。$GaTe_3$ 属六方晶系，参数 $a=6.43Å$，$c=14.2Å$。

三元化合物：在镓与其他金属碲化物的三元碲化物中，人们对 Ga_2Te_3-In_2Te_3 系统进行了最透彻的研究（表 8.14）。X 射线结构分析证明所有的组成均为闪锌矿结构。如图 8.11 所示在广泛浓度范围内生成取代固熔体，已由热分析和密度测定所证实。

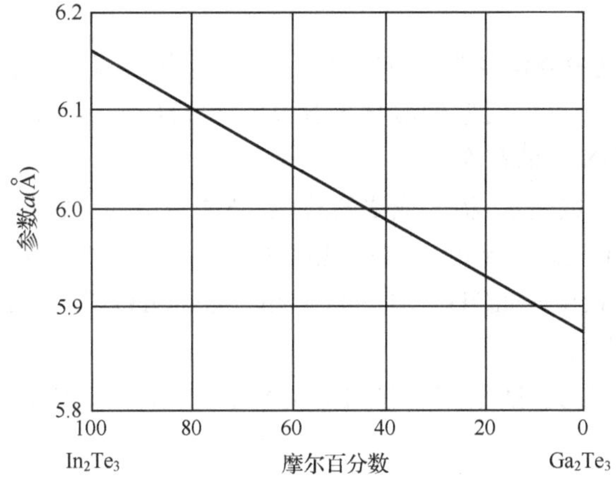

图 8.11 Ga_2Te_3-In_2Te_3 体系参数 a 的变化

在 900℃时，熔化 ZnTe 和 CdTe 与 Ga_2Te_3 的混合物以及在 600－700℃熔化 HgTe 与 Ga_2Te_3 的混合物将分别制得 $ZnGa_2Te_4$、$CdGa_2Te_4$ 和 $HgGa_2Te_4$。由于 $HgGa_2Te_4$ 的不稳定，所以制备 $HgGa_2Te_4$ 是困难的。

表 8.14　镓和锌分族的三元碲化物的物理性质

化合物	制备温度(℃)	晶格常数 Å		密度(g/cm³)		结构
		a	b	X 射线衍射	比重瓶 d_4^{25}	
$ZnGa_2Te_4$	900	5.925	11.85	5.674	5.57	S_4^2　D_{2d}''
$CdGa_2Te_4$	900	6.081	11.79	5.771	5.63	S_4^2
$HgGa_2Te_4$	600－700	6.005	12.01	6.481	6.42	S_4^2　$D_{2d'}$

2.14　氮化物、胺化物和亚胺化物

2.14.1　氮化物和迭氮化物

(1) 氮化物

即使在 1000℃氮与镓也不直接反应。在氨气流中于 1050－1100℃加热金属镓 30 分钟可制得疏松的灰色粉末状氮化镓 GaN。加入碳酸铵可提供气体以搅动液态金属，并促使与氮化剂的接触。

在干燥的氨气流中焙烧磨细的 GaP 或 GaAs 也可制得 GaN。

GaN 在 1050℃开始分解：$2GaN(c)=2Ga(g)+N_2(g)$ X 射线衍射已经指出 GaN 晶体属纤维锌矿晶格类型的六方晶系。晶格参数 $a=3.180\pm0.004$Å，$c=5.166\pm0.005$Å。

在氮气或氨气中当温度为 1000℃时 GaN 会慢慢挥发，证明 GaN 在较高的温度下是稳定的，在 1130℃时它们蒸气压比从焓和熵计算得到的数值低，这是由于有多聚体分子$(GaN)_x$ 的存在。

GaN 不被冷水或热水，稀的或浓的盐酸、硝酸和硫酸，或是冷的 40％HF 所分解。在冷的浓碱中也是稳定的，但在加热的情况下能溶于碱中：

$$GaN+NaOH+3H_2O \rightleftharpoons Na[Ga(OH)_4]+NH_3$$

(2) 三元氮化物

已制得的三元氮化物有 Li_3GaN_2、Mn_3GaN、Cr_3GaN、Ta_2GaN 和 Co_6Ga_3N 等。

(3) 迭氮化物

当温度低于－116℃时，氢化镓 GaH_3 的乙醚溶液与过量的迭氮酸反应猛烈地释放出氢并生成迭氮化镓。在－20℃时，反应进行得很完全：

$$GaH_3+HN_3 \longrightarrow Ga(N_3)_3+3H_2$$

在室温时除去乙醚，$Ga(N_3)_3$ 以一种无色的晶状物形式离析出来，它能溶于四氢呋喃中且对湿气很敏感。

2.14.2 胺化物和亚胺化物

把过量的镓加入氢氧化钾的液氨溶液中，可制得四氨基合镓酸钾 $K[Ga(NH_2)_4]$。-36℃时在液态氨中用 NH_4Cl 部分中和 $K[Ga(NH_2)_4]$，可制得无定形的胺化镓 $Ga(NH_2)_3$。在真空中加热至 180—300℃时，胺化镓酸盐分解，生成二亚胺合镓酸钾 $K[Ga(NH)_2]$。另外还有一种多聚体的亚胺镓烷 $(HNGaH_2)_n$ 存在。

2.15 磷化物、砷化物和锑化物

镓和 VA 族元素形成的 $A^{III}B^{V}$ 型（A＝Ga、In；B＝P，As，Sb）化合物是重要的半导体材料。应用最广泛的是 GaAs，由于 $A^{III}B^{V}$ 型化合物性质相差极大，因此可以根据不同的使用要求来选择不同的材料，如 GaAs、ZnP 的电子迁移率比 Si、Ge 都大，而且禁带宽度较宽，是作为高频大功率器件的良好材料；InSb、InAs 禁带宽度很窄，电子迁移率非常高，是制造红外器件，霍尔器件和磁阻器件的良好材料。

高纯度的半导体材料通常用区域熔炼和拉单晶的方法来制备，并根据不同用途（p 或 n 型）需要添加一定的杂质。

2.15.1 磷化镓

磷化镓可通过下列反应制备：

$$Ga_2O_3 + 2PH_3 \xrightleftharpoons[950℃, 3-5\text{小时}]{(H_2\text{或}Ar)} 2GaP + 3H_2O$$

$$Ga + \frac{1}{4}P_4 \xrightarrow[\text{真空或}Ar]{700℃} GaP$$

$$2Ga + Zn_3P_2 \xrightleftharpoons{800℃, \text{惰气}} 2GaP + 3Zn$$

$$3GaX(X=Cl, Br) + \frac{1}{2}P_4 \xrightarrow{\text{真空}, 1050℃} 2GaP + GaX_3$$

或收 PCl_3 与过量的镓在干燥的石英管中加热至 76℃，这是制备 GaP 相当理想的方法。当反应过程趋于结束时把温度升至 600℃，产率可达 95%以上。

据最近报道，最纯的 GaP 是在涂有氮化硼内层的石英管中并用 BN 制作的舟皿中合成的。分析表明，它比用石英器皿合成的 GaP 的硅含量低，并且有比较高的电阻率。

表 8.15 磷化镓、砷化镓和锑化镓的物理性质

	GaP	GaAs	GaSb
熔点(℃)	1465	1238	>12±0.3
$\Delta H_{熔化}$(kJ/g·atom)		52.7	30.5±1.2;32.6±0.4
热容 C_p(J/g·atom)(K)	24.8(298—1200)	$22.6+30.5\times10^{-4}T$ (298—1250)	26.4(298—985)
$-\Delta G_f^0$(kJ/mol)	97.1±2.5(从红磷)	−67.8	−38.9
ΔH_f(kJ/mol)	103.8±6.7(从红磷)	−71	−41.8
离解焓(气体分子,	230±12.6	—	—
kJ/mol)		5.4	—
密度(g/cm^3)	4.13		
迁移率(cm^{-2}s^{-1}v^{-1})			
n	150	8500	4000
P	150	400	700
传导性(Ohm^{-1}cm^{-1})			
电子介电常数,a_0			
(Å)	9.1	10.9	14.4
闪锌矿结构	10.300	10.684	11.561
立方晶格	5.4504±0.0008		

GaP 晶体属于纤维锌矿结构,它有 n-型半导体性质,而且有强的光电效应。

GaP 不溶于水,即使在沸水中加热也不溶。能微溶于浓的和稀的(1∶1)盐酸和硫酸中,易溶于浓的和稀的(1∶1)的硝酸中,溶于热碱并放出 PH_3。

2.15.2 砷化镓

通常在抽空的石英管中将砷和镓混合并加热至 1280－1340℃ 即可制备 GaAs。考虑到高温下液态镓和砷蒸气有较大的反应活性,反应器材料的选择是很重要的。现已采用石墨容器,因为在这种容器中制得的 GaAs 所含的杂质极少。

经过深入地研究还得到了几种间接制备的方法,如选用合适的卤化镓用砷蒸气还原来制备 GaAs:

$$6GaCl + As_4 \longrightarrow 4GaAs + 2GaCl_3$$

这种方法的优点是在远低于化合物的熔点时就能以令人满意的速率进行合成。

GaAs 为闪锌矿结构,GaAs 单晶呈有紫色色调的暗灰色。从 60K 到熔点的范围内对 GaAs 的磁性测量结果表明,随着温度的降低,抗磁性减弱。室温时磁化率是 -32.4×10^{-6}。GaAs 具有 p-和 n-型导电性。

GaAs 对水和大气中的氧气是稳定的，不易被盐酸和硫酸分解而生成 AsH_3，在硝酸中钝化。GaAs 能溶解某些金属，在溶解 Cd 和 Zn 的过程中，是作为受体，即它们产生空穴传导；而 S、Se、Te 和 Ge 则作为给体，即作为电子传导。少量 In、Si、Ge、Sn 和 Sb 不改变 GaAs 的传导性。当 GaAs 同时掺入具有浅层的锌受体混合物和具有深层的氧给体混合物时，可得到高电阻的 GaAs。

Cu 表现出特殊性能，将 GaAs 与 Cu 加热至 840℃，n-型电导率的砷化物转变为具有 p-型电导率的晶体。

GaAs 中的激光作用是电子与空穴在结的 P 端重新结合的结果，正如 GaAs 二极管的光辐射一样，但后者的再结合是瞬间发生的，而在激光中的再结合是在共振结构中发生的。其中再结合发射的光子包括输入电流的所有能级，但是垂直于共振空穴边缘的光子传播多半包含在结构内部，因此在这里所取方向传播的光子数是随着时间和电流而增加的。最后达到一个临界电流，在此值以上，所有更多的光于是向所取方向发射的，这就是激光作用。高的激光临界电流密度约为 10 000A/cm^2，它使结的温度增加。从而在激光一旦产生时辐射波长增加和输出功率减少。这类结激光可作为电泵，它既小又易于调节，而通常的光泵装置则庞大而复杂。

2.15.3 锑化镓

将化学计量的镓和锑的混合物加热熔融可以制得 GaSb，然后可用区域熔炼提纯。

锑化镓在水和空气中稳定，难溶于盐酸和硫酸，在硝酸中钝化。

熔融的 GaSb 是有金属光泽的灰色液体。在常温下稳定，约在 400℃时被空气中的氧气所氧化。

在 GaSb 中掺入 Cu、Cd、Zn 杂质形成 p-型半导体，掺入 Se 和 Te 等杂质成为 n-型半导体。它在酸中的溶解度与半导体的性质有关，n-型半导体晶体能溶于氢氟酸和硝酸中，而 p-型半导体晶体则溶于盐酸和硝酸的混合酸中。

2.15.4 镓的多元化合物

(1) Li_3GaP_2

加热过量 Li_3P 和 GaP 至 450℃可制得 Li_3GaP_2，此二元磷化物中含有少量的 Li_3P，它是具有萤石结构的棕色结晶，晶格参数 $a=11.76$Å，密度为 2.48g/cm^3。

(2) $Ga_xIn_{1-x}As$

In 溶于 GaAs 中形成一个组成为 $Ga_xIn_{1-x}As$ 的固溶体的连续系列。但 GaAs 不与 Ge 形成固溶体，仅有组成为 $Zn_{\frac{x}{2}}Ge_{\frac{x}{2}}Ga_{1-x}As$ 的相。

(3) Li_3GaAs_2

把 Li_3As 和 GaAs 一起加热可能会生成 Li_3GaAs_2，它属于四面体晶系，晶格参数 a=11.94Å 和 c=12.13Å。

Li_3GaA_2(A=N,P,As)具有离子的结构．除了 GaA_2^{3-} 外没有观察到其他阴离子，这种离子结构是由于 N^{3-}、P^{3-}、As^{3-} 离子有相对高的电荷。化合物的热稳定性从 GaN 到 GaAs 稍有减弱。

2.16　碳化物和硅化物

镓的碳化物和硅化物因在室温不稳定而尚未得到过。但已研究过一些镓的三元碳化物的固体结构和电磁性质。有关镓、碳和锰、铁、钴、镍、铂、稀土元素等组成的三元化合物，如 Mn_3GaC、Fe_6Ga_2C、$Co_3GaC_{0.5}$、$Ni_3GaC_{0.1}$ 和 $PtGaC_x$ 等都已有过研究。

2.17　含 氧 酸 盐

2.17.1　第 VIIA 族含氧酸盐

(1) 次卤酸镓

加热等当量的金属与氧化镓和卤素可制得次卤酸镓

加热到约 300℃ O_2 作用于 GaI_3 可以制备 GaOI(产率约 65%)，其他次卤酸可以用 F_2(20℃)、Cl_2(150℃)或 Br_2(200℃)与 GaOI 作用而制得。它们都是白色固体，GaOI 易溶于水；GaOBr 的溶解度不大，在水溶液中易水解；GaOCl 和 GaOF 几乎不溶于水。它们都不溶于无水有机溶剂。有 O_2 存在时，GaOX 在 500℃ 分解为 Ga_2O_3。

(2) 卤酸镓

混合氯酸钡和硫酸镓溶液可制得氯酸镓。除去 $BaSO_4$ 之后，在真空干燥器中蒸发滤液直到白色，有针状的 $Ga(ClO_3)_3 \cdot H_2O$ 晶体出现，它可通过在水和盐酸中重结晶来加以提纯。它溶于水而不溶于丙酮或乙醚。

混合溴酸钡和硫酸镓溶液可制得溴酸镓，但是得不到晶体，因为在真空干燥器中蒸发溶液时溴酸镓会部分地分解而析出溴。至今尚未找到制备纯溴酸镓的方法。

处理硝酸镓与计算量的 HIO_3(1∶3)可制得碘酸镓。水浴蒸发后，从溶液中沉淀出组成为 $Ga(IO_3)_3 \cdot 2H_2O$ 的白色晶体，它难溶于水、乙醚和丙酮，但易溶于稀硝酸、稀盐酸和稀硫酸，浓盐酸能把它分解。用 $NaIO_3$ 代替 HIO_3 则沉淀出组成

为 $Ga(IO_3)_3 \cdot Ga_2O_3 \cdot 3H_2O$ 的碱式盐，它微溶于水、乙醚和丙酮，而易溶于稀盐酸。

(3) 高氯酸镓

当镓溶于热的 11$M$$HClO_4$ 中会发生下列复杂反应：

$$Ga + HClO_4 \rightleftharpoons GaClO_4 + \frac{1}{2}H_2$$

$$4GaClO_4 + 9HClO_4 \rightleftharpoons 4Ga(ClO_4)_3 + HCl + H_2O$$

在 125℃把 $Ga(ClO_4)_3$ 溶液在真空中蒸发得到正八面体的 $Ga(ClO_4)_3 \cdot 6H_2O$，它易溶于水、乙醇和醋酸，在空气中 175℃分解形成碱式盐。高氯酸盐装在真空干燥器中，用浓硫酸作为干燥剂则得到 $Ga(ClO_4)_3 \cdot 9\frac{1}{2}H_2O$。适当加热能转变为六水合物，进一步加热转变为 Ga_2O_3。

2.17.2 第 VIA 族含氧酸盐

(1) 镓的硫酸盐

在加热下，镓或 $Ga(OH)_3$ 溶于硫酸而生成硫酸镓(III)；在 60－70℃把溶液蒸发浓缩，冷却后加入乙醇和乙醚的混合溶液可沉淀出硫酸镓的水合物 $Ga_2(SO_4)_3 \cdot 18H_2O$；采用慢慢蒸发 $GaCl_3$ 和计算量的硫酸溶液也可制得 $Ga_2(SO_4)_3 \cdot 18H_2O$。$Ga_2(SO_4)_3 \cdot 18H_2O$ 在大于 165℃时逐步加热脱水经 16、14、12、7 和 4.5H_2O 至无水 $Ga_2(SO_4)_3$，此过程是不完全可逆的。若加热至 520℃无水硫酸镓发生分解：

$$Ga_2(SO_4)_3 \rightleftharpoons Ga_2O_3 + 3SO_3$$

硫酸镓水溶液的水解随加热而加剧，并析出白色沉淀，冷却时沉淀又重新溶解。但长时间加热后的沉淀不再溶解。硫酸镓的水解已被反复研究过，其水解产物可能是碱式盐 $Ga(OH)SO_4$、$[Ga(OH)_2]_2SO_4$ 和 $Ga_3(OH)_7SO_4 \cdot nH_2O$。

硫酸镓易形成复盐，它和碱金属离子能形成类似明矾的复盐 $MGa(SO_4)_2 \cdot 12H_2O$($M = NH_4$、K、Rb、Cs)。在水溶液中水解生成明矾石型的碱式硫酸镓复盐 $M(H_2O)[Ga_3(OH)_6(SO_4)_2]$。

(2) 亚硒酸盐和硒酸盐

亚硒酸与镓(III)在不同条件下可形成酸式、中性和碱式亚硒酸镓。也可通过把亚硒酸盐和任一种镓盐(例如硫酸盐)混合，经 1 至 3 天后可形成亚硒酸镓沉淀，这种沉淀的组成取决于各组分的相对比例。

在 $pH \approx 2$，Ga^{3+}/SeO_3^{2-} 的比值从 9 到 1，且总浓度恒定为 0.04mol/l 的稀溶液中，可形成碱式盐；当镓的浓度不变而改变亚硒酸的浓度，Ga^{3+}/SeO_3^{2-} 的比值从 16.6 到 4.2 的条件下也形成碱式盐。用过氯酸溶液重结晶以及在 100℃干燥，

碱式盐的组成是 $Ga(OH)SeO_3$。

在 pH≈2,在同样浓度的溶液,而 Ga^{3+}/SeO_3^{2-} 的比值从 2.07 到 3.32 的条件下,则沉淀出中性亚硒酸盐 $Ga_2(SeO_3)_3 \cdot 6H_2O$。让和亚硒酸溶液接触的碱式亚硒酸盐静置 6—8 个月,也可制得中性盐。其分步反应如下:

$$GaSO_4(OH) + H_2SeO_3 \rightleftharpoons Ga(OH)(SeO_3) + H_2SO_4$$

$$2Ga(OH)(SeO_3) + H_2SeO_3 \rightleftharpoons Ga_2(SeO_3)_3 + 2H_2O$$

在过量亚硒酸存在下,生成的是酸式亚硒酸镓 $GaH(SeO_3)_2$。它可在稀的高氯酸中重结晶。

从溶液中沉淀出的亚硒酸镓是一种无色的细小晶体,微溶于水、乙醇和乙醚,但能溶于稀的硫酸、盐酸、硝酸和高氯酸中。

加热煮沸 $Ga(OH)_3$ 和硒酸的混合物,分离出残余的 $Ga(OH)_3$,在室温下用真空蒸发可制得硒酸镓 $Ga_2(SeO_4)_3 \cdot 16H_2O$。

(3) 亚碲酸盐

三氧化二镓和二氧化碲在空气中加热至 650—700℃,并保持 20 小时可以制得亚碲酸镓,它可作为陶瓷和涂料的色素。

2.17.3 第 VA 族含氧酸盐

(1) 硝酸盐

把镓或 $Ga(OH)_3$ 溶于浓和热的硝酸中,冷却其饱和溶液,能析出大量透明的棱柱状硝酸镓水合物 $Ga(NO_3)_3 \cdot 8H_2O$ 晶体,熔点约为 65℃,在大气中潮解,具有很强反射光的能力。溶于水发生部分水解,能形成可溶于稀硝酸的絮状沉淀。硝酸镓能溶于乙醇但不溶于乙醚。

把硝酸镓溶于无水乙醇中,在 40—50℃的水浴中温热,加入足量的乙醚(用钠干燥过),然后保存在用 $CaCl_2$ 作干燥剂的真空干燥器中,直至乙醚蒸发除去为止,可得到碱式硝酸盐 $Ga(OH)_2NO_3 \cdot Ga(OH)_3 \cdot 2H_2O$。这种化合物是不吸湿的。

(2) 次磷酸盐、亚磷酸和磷酸盐

次磷酸是一价酸,它与镓形成碱式盐 $Ga(OH)(H_2PO_2)_2 \cdot H_2O$ 和 $GaO(H_2PO_2)$。中性和酸式的次磷酸镓现还未曾制得。把新沉淀的 $Ga(OH)_3$ 溶于次磷酸中可制得 $Ga(OH)(H_2PO_2)_2 \cdot H_2O$,它溶于稀盐酸但不溶于乙醇和乙醚。混合硝酸镓溶液和次磷酸钠溶液则形成 $GaO(H_2PO_2)$,它不溶于水、乙醇或乙醚而溶于稀盐酸。

把新制备的 $Ga(OH)_3$ 溶于亚磷酸,可制得 $GaH(HPO_3)_2 \cdot 2H_2O$,混合硝酸镓和亚磷酸钠溶液可制得碱式亚磷酸盐 $Ga(OH)HPO_3$。它们都溶于稀盐酸而不溶于水、乙醇和乙醚。中性亚磷酸盐还未见报道。

无水的正磷酸镓($GaPO_4$)和水合磷酸镓($GaPO_4 \cdot 2(3)H_2O$)以及酸式永合磷

酸镓($GaPO_4 \cdot H_3PO_4 \cdot 3H_2O$)现都已制得。

用 NaOH 中和 GaGl。和磷酸的混合溶液至 pH = 2.5 - 7.2,可产生 $GaPO_4 \cdot 2H_2O$沉淀。在较高的 pH 下则沉淀出碱式盐。在结构上二水合物可写成$[Ga_2(OH)(H_4O_2)](H_2O \cdot H)(PO_4)_2$,方括号内的原子是互相连结的。形成无限的双链配合物。中心 Ga 原子是六配位,每个磷酸基的 O 原子配位到一个 Ga 原子上。$GaPO_4 \cdot 2H_2O$ 在 200℃易脱水得到无水的正磷酸镓($GaPO_4$)。$GaPO_4$ 有两种晶型:低温石英型和白硅石型结构。

酸式磷酸盐 $GaPO_4 \cdot H_3PO_4 \cdot 3H_2O$ 在 $GaPO_4$ 的浓磷酸溶液(41－73% H_3PO_4)中能成为大的棱柱体或针状结晶而离析出来,随着温度的升高,中性磷酸镓的溶解度减小,而且在较浓的磷酸溶液中仍保持中性磷酸镓不变。例如,在 25℃和磷酸浓度大约为 17%时,中性磷酸盐转化为酸式盐;而 75℃时转化所需的磷酸浓度是 35%。

(3) 砷酸盐

在砷酸根离子存在下,中和 $GaCl_3$ 的盐酸溶液或酸化了的 $Ga_2(SO_4)_3$ 溶液,能析出无定形的 $GaAsO_4 \cdot 2H_2O$ 沉淀,在 pH=3 时沉淀接近完全。在一支密闭管中将含有砷酸的某一种镓盐溶液加热至 200℃,可制得砷酸镓晶体。无水 $GaAsO_4$ 有低温石英结构,晶格参数 a=5.00Å,c=5.68Å。加热至 1000℃时,发生热分解:

$$2GaAsO_4 = Ga_2O_3 + As_2O_5$$

处理镓与适当过量的砷酸盐的强碱溶液可制得水合酸式盐 $Na[Ga(HAsO_4)_2] \cdot 1\frac{1}{2}H_2O$。

(4) 锑酸盐

前面曾描述过 $GaSbO_4$ 的性质,$GaSbO_4$ 结晶成为金红石型之后,其晶格常数 a=4.60Å 和 c=3.03Å。

2.17.4 碳酸盐

人们曾对酸式碳酸盐和碱性碳酸盐的形成和性质做过详细地研究,但对于中性盐则了解得很少。

镓酸钠和碳酸氢钠溶液反应可制得碱式碳酸镓:

$$NaGa(OH)_4 + 2NaHCO_3 + H_2O \rightleftharpoons NaGa(OH)_2CO_3 \cdot 3H_2O + Na_2CO_3$$

通过对沉淀物的化学分析、X 射线和差热分析研究,已确证了此碱式盐的存在。

上述反应不能反应完全,最佳沉淀 pH 是 9.2—10;减小 pH 值时,沉淀有可变的组成,而溶液碱性很强时沉淀又溶解。

Yatsenko 和 Demenev 曾指出获得正碳酸盐 $Ga_2(CO_3)_3$ 的可能性,还有报道认为正碳酸盐是一种白色胶体沉淀。

2.18 有机酸盐及其衍生物

2.18.1 羧酸盐

镓与有机羧酸能形成中性、碱式盐和许多配合物。通常是用相应的有机酸溶解新沉淀的 $Ga(OH)_3$，回流，再让产物结晶而得到的。例如甲酸与新沉淀的 $Ga(OH)_3$ 反应生成 $Ga(HCOO)_3 \cdot Ga_2O_3 \cdot 5H_2O$。这种碱式盐可溶于稀盐酸中。

(1) 醋酸盐

过量的醋酸和三氯化镓或硫酸镓溶液反应，长时间静置后析出 $4Ga(OAc)_3 \cdot 2Ga_2O_5 \cdot 5H_2O$ 晶体，它吸湿，在水中水解，不溶于冷的冰醋酸，通过长时间的干燥，脱水形成碱式盐 $Ga_2(OH)_3(OAc)_3$，约 140℃以上开始分解为 GaO(OAc)。进一步加热到 159℃分解为 Ga_2O_3 和乙醛。这二步反应都是吸热的($\Delta H_1 = 81.6$kJ/mol，$\Delta H_2 = 47.07$kJ/mol)。

三氯化镓的乙醚溶液与冰醋酸反应，加热至沸，最后可得 $Ga(OAc)_3$：

$$GaCl_3 \xrightarrow[4-8\text{小时}]{HOAc} GaCl(OAc)_2 \xrightarrow[1\text{周}]{HOAc} Ga(OAc)_3$$

制备 $GaCl_2(OAc)$ 的方法是：

$$Ga(OAc)_3 + 2GaCl_3 \xrightarrow{130℃} 3GaCl_2(OAc)$$

三种化合物 $GaCl_n(OAc)_{3-n}$($n=0-2$)都能水解，并使溶液呈酸性。

(2) 草酸盐

草酸盐体系现已研究得很完整。水浴加热 $Ga(NO_3)_3$ 或 $GaCl_3$ 与草酸的溶液，可制得中性盐 $Ga_2(C_2O_4)_3 \cdot nH_2O$($n=2$ 或 4)。草酸镓是无色吸湿的晶状固体，能溶于硫酸和过量草酸中，受热时失去水、CO 和 CO_2：

$$Ga_2(C_2O_4)_3 \cdot 4H_2O \xrightarrow{140℃} Ga_2(C_2O_4)_3 \cdot 2H_2O$$
$$\xrightarrow{170℃} Ga_2(C_2O_4)_3 \xrightarrow{200℃} Ga_2O_3 + 3CO + 3CO_2$$

在四水合草酸镓配合物中，两个水分子处于内界，另两个在外界，镓原子配位数为 4，其中一个草酸根离子桥联二个 Ga 原子，二水合草酸镓的结构可以这样表示：

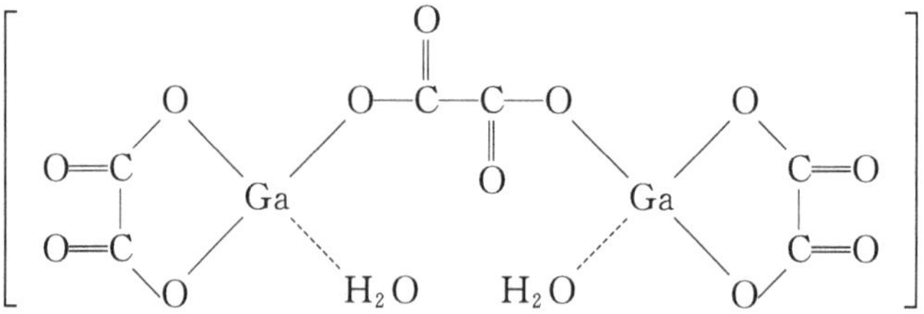

草酸根离子对镓的配位随溶液中氢离子浓度减少而数目增大。如 pH≤1 时形成 $Ga(C_2O_4)^+$；pH≥3 时 $Ga(C_2O_4)_2^-$ 是主要的；在较高 pH 值的溶液中，$Ga(C_2O_4)_3^{3-}$ 占优势。这些离子的离解常数亦已测定，室温时分别为 $K_1=5.85\times10^{-9}$，$K_2=3.06\times10^{-6}$和 $K_3=3.3\times10^{-2}$。

在过量草酸中草酸镓能形成稳定的配位阴离子，而在同样条件下铝不形成稳定的配位阴离子，这种差异可用于镓和铝的分离，因此可用阴离子交换法分离镓(III)和铝(III)。配合物 $M[Ga(C_2O_4)_3]$($M=NH_4$，Na，K)的制备和性质也已有过报道。

(3) 酒石酸盐

将新制备的 $Ga(OH)_3$ 溶于稀的酒石酸，经蒸发浓缩、结晶析出和重结晶可制得酒石酸镓 $Ga_2(C_4H_4O_6)_3\cdot4H_2O$。经研究证明在水溶液中，镓和酒石酸根能形成阳离子和阴离子类型的配位离子，在过量 $GaCl_3$ 和较低 pH 时，先形成 $Ga(HC_4H_4O_6)^{2+}$；随着 pH 升高则转化为较稳定的 $Ga(C_4H_4O_6)^+$；pH≈7 时，又转化为稳定的$[Ga_2(C_4H_4O_6)]^{2+}$。配位阴离子$[Ga(HC_4H_4O_6)_5]^{2-}$存在于 pH2—2.9，最稳定的配位阴离子$[Ga(C_4H_4O_6)_2]^-$存在于 pH>3。

一些酒石酸盐配合物已经被制得，如利用丙酮从相应的溶液中析出二元电解质$[Ga(C_4H_4O_6)]\cdot Cl\cdot 3H_2O$。配合物 $Na[Ga(C_4H_4O_6)_2]\cdot2H_2O$ 也已被制得。

(4) 柠檬酸盐

柠檬酸和 $Ga(OH)_3$ 反应可制得碱式柠檬酸镓 $Ga(OH)(C_6H_6O_7)$，为了研究镓的生理特性，它已被用作为动物生理实验的药品。

其他还有苯甲酸镓($Ga(OOCPh)_3$)，苯基醋酸镓($Ga\cdot(OOCCH_2Ph)_3$ (mp. 224℃))和肉桂酸镓($Ga(OOCH=CHPh_3)_3$(mp. 240℃)。分别可由相应的酸和金属镓在 230、225 和 175℃反应 2—3 天制得。

2.18.2 醇盐和酚盐

在 180—220℃持续加热(2 天以上)金属镓与苯酚(如苯酚本身，对甲酚和 β-萘酚)的混合物可形成酚盐 $Ga(OAr)_3$，例如 $Ga(OPh)_3$(熔点 192℃)和 $Ga(OC_6H_4Me)_3$(320℃时分解)。$Ga(OPh)_3$ 可用以制备醇盐 $Ga(OR)_3$(R=Me 或 Et)，方法是酚盐与相应的沸腾的醇反应：

$$Ga(OPh)_3+3HOR \longrightarrow Ga(OR)_3+3PhOH$$

(R=Me，Et 或 MeCO)

如三乙醇氧镓 $Ga(OEt)_3$ 是无色针状晶体，熔点为 144.5℃，真空中可以升华。另一种合成醇盐的方法是在相应的醇中利用 $GaGl_3$ 与 NaOR 的反应。

$$GaCl_3+3NaOR \longrightarrow Ga(OR)_3+3NaCl$$

当使用过量的醇盐(如 $GaCl_3+4NaOR$)或利用下面反应 $Ga(OR)_3+MOR$，

$MGaCl_4 + 4MOR$，$MGaR_4 + 2O_2$ 或 $MGaH_4 + 4ROH$ 时，可生成四烷氧基镓酸盐 $M^+ Ga(OR)_4^-$。

2.18.3　β-二酮盐

乙酰丙酮与新沉淀的 $Ga(OH)_3$ 反应可制得 $Ga(C_5H_7O_2)_3$。

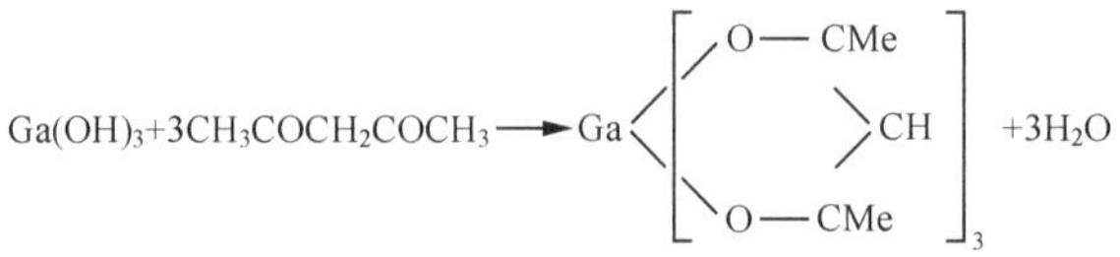

它在苯中是单体，在 100℃ 以上的真空中升华。橙色乙酸丙酮酸镓的熔点是 194—195℃，其有二种晶型。$Ga(C_5H_7O_2)_3$ 的 α-型在 CS_2、甲醇或乙醇的溶液中结晶为六方形絮片体，密度 $d_4^{20} = 1.414g/cm^3$，β-型与 α-型可同时从丙酮或乙酸乙酯溶液中结晶出来。密度 $d_4^{20} = 1.408g/cm^3$。

乙酰丙酮酸镓晶体是二色性的：α-型沿着 a 轴透过橙色光，而沿 b 轴透过柠檬黄光。在 β-型中双折射是最显著的。

乙酰丙酮酸镓能很快溶于二硫化碳、甲醇、乙醇、丙酮、乙酸乙酯、氯仿和苯中，因此在分析化学上用于溶剂萃取，但在乙醚和水中很少溶解。

2.19　有机镓化合物

在分子中至少含有一个 Ga—C 键的那些化合物称为有机镓化合物。

2.19.1　烷基镓化合物及其衍生物

(1) 三烷基镓及其衍生物

1) 三甲基镓及其衍生物[1,17]

用镓和二甲基汞反应来制备三甲基镓：

$$2Ga + 3Hg(CH_3)_2 \longrightarrow 2Ga(CH_3)_3 + 3Hg$$

这个反应进行的很平稳，而且在 130℃ 是定量的反应；该反应需要在低温下加热几天。因为反应的唯一产物是三甲基镓，不需要再进行纯化，所以此法是很简便的。用 Grignard 试剂(如烷基卤化镁)和 $GaCl_3$ 反应也能制得 $Ga(CH_3)_3$：

$$GaCl_3 + 3CH_3MgBr \longrightarrow Ga(CH_3)_3 + 3MgBrCl$$

该反应也可用有机锂或有机铝试剂代替 Grignard 试剂，如用后者，必须过量，并加入 KCl 使生成的 R_2AlX 与它形成配合物，便于使产物分离。

三甲基镓是一种无色流动性的液体，mp. −16℃；bp. 56℃，它在气态和液态中都是单体。它在环戊烷中的 ^1H 核磁共振谱在 9.97τ 处有一单峰，红外光谱中，

GaC_3 的不对称伸张振动在 587、577 和 571cm^{-1}处产生三个一组的峰，拉曼光谱则由于对称 GaC_3 的伸张振动在 521.5cm^{-1}处有一很强极化线，在 Me_3Ga 中 Ga—C 链的平均离解能是 238±17kJ/mol。

Me_3Ga 有高的反应活性，甚至在－76℃与氧气接触就会着火，它的蒸气与空气的混合物在室温下就发生爆炸。

三甲基镓是路易斯酸，它与给体如胺类，膦类、醚类以及硫醚类配位，得到四面体的四配位化合物。Me_3Ga 是受体时，^1H 核磁共振光谱研究指出其 Lewis 碱的强度按下列顺序递减。

$$Me_2NH > Me_3N > NH_3 > Me_3P > MeNH_2 > Me_2O > Me_2S$$

三甲基镓和胺类能形成稳定的配位化合物 $(CH_3)_3Ga \cdot N(CH_3)_3$，$(CH_3)_3Ga \cdot NH(CH_3)_2$，$(CH_3)_3Ga \cdot NH_2CH_3$。在室温下三甲基胺与三甲基镓生成晶状的配合物 $Ga(CH_3)_3 \cdot N(CH_3)_3$。在这种配合物中 N 作为给体原子，它的结构可表示如下：

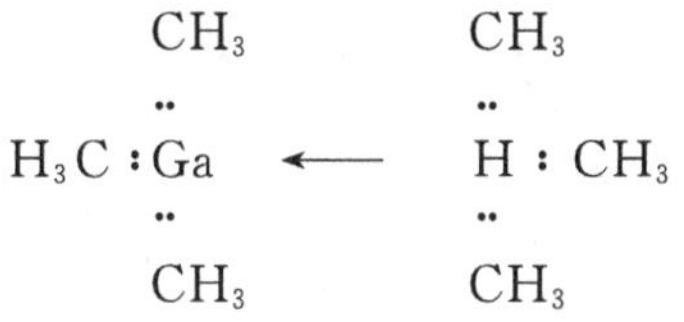

三乙基胺按三甲基胺同样的反应式与三甲基镓进行反应生成 $Ga(CH_3)_3 \cdot N(C_2H_5)_3$。

乙醚与三甲基镓在 N_2 气氛下按下列反应形成配合物 $Ga(CH_3)_3 \cdot (C_2H_5)_2O$

$$3CH_3MgBr + GaBr_3 + (C_2H_5)_2O \rightleftharpoons Ga(CH_3)_3 \cdot (C_2H_5)_2O + 3MgBr_2$$

3 摩尔氯化氢与三甲基镓反应，生成甲基二氯化镓 $Ga(CH_3)Cl_2$。

对于 VA 族，甲基衍生物给体的性能按下列顺序递减：N＞P＞As＞Sb＞Bi；其中 $Bi(CH_3)_3$，不能与 $Ga(CH_3)_3$ 反应。三甲基胺可从相应配合物中取代出三甲基膦，而三甲基膦又可从具有三甲基镓的相应配合物中取代出三甲基胂：

$$(CH_3)_3Ga \cdot P(CH_3)_3 + N(CH_3)_3 \rightleftharpoons (CH_3)_3Ga \cdot N(CH_3)_3 + P(CH_3)_3$$

$$(CH_3)_3Ga \cdot As(CH_3)_3 + P(CH_3)_3 \rightleftharpoons (CH_3)_3Ga \cdot P(CH_3)_3 + As(CH_3)_3$$

以上反应是定量的。

三甲基镓与 VIA 族元素的三甲基衍生物形成的配合物稳定性的顺序是 O＞Se＞S＝Te。三甲基镓与甲醚形成的配合物，其稳定性处于三甲基镓与 $P(CH_3)_3$ 和 $(CH_3)_3As$ 形成的配合物的稳定性之间，正如下面反应所示：

$$(CH_3)_3Ga \cdot As(CH_3)_3 + (CH_3)_2O \rightleftharpoons (CH_3)_2O \cdot Ga(CH_3)_3 + As(CH_3)_3$$

将三甲基镓的胺配合物加热至 90℃释放出 CH_4 和生成桥式结构的二聚体分子：

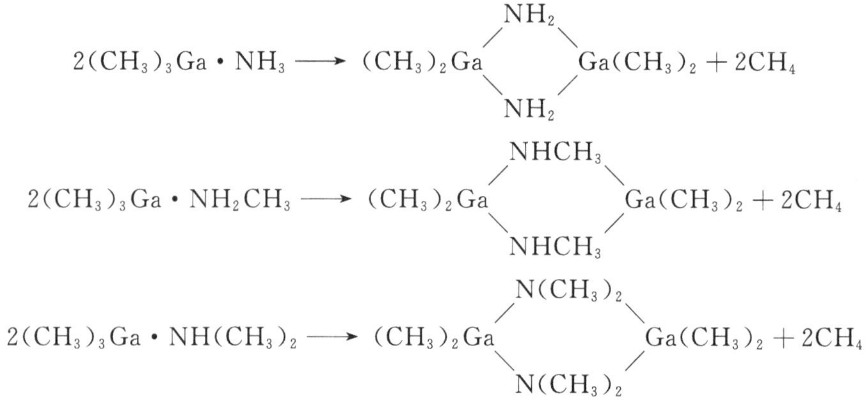

加热至 140℃以上，有下列反应产生：

$$\frac{n}{2}[(CH_3)_2GaNH_2]_2 \longrightarrow [CH_3GaNH]_n + \frac{n}{2}CH_4$$

在某些条件下这些化合物可形成链状结构，例如：

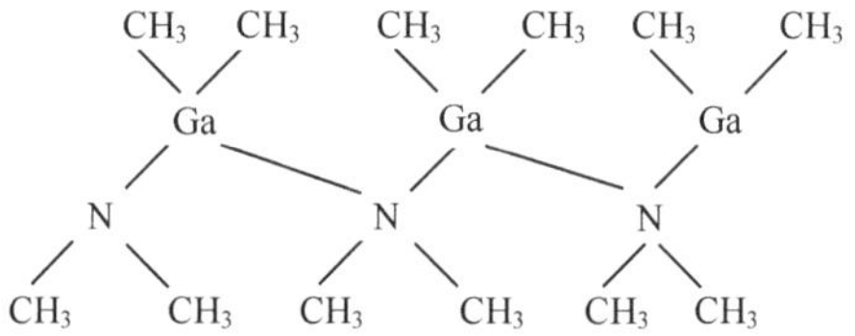

乙酰丙酮以下列方式与三甲基镓反应：

$$(CH_3)_3Ga + CH_3COCH_2COCH_3 \longrightarrow (CH_3)_2Ga(CH_3COCHCOCH_3) + CH_4$$

产物可用升华法提纯，熔点 21.8—22.0℃，20℃时的蒸气压为 1466 Pa。其蒸气是单体。假定在此化合物中镓的配位数为 4，而且镓在六元环上，分子结构可表示如下：

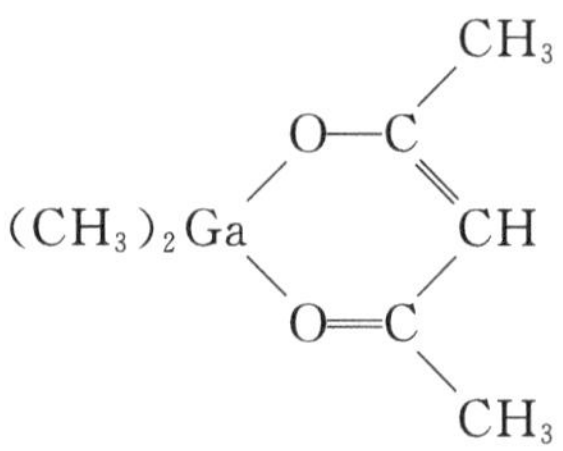

2）三乙基镓及其衍生物

和制备三甲基镓的方法相似可按如下反应制备三乙基镓：

$$3Hg(C_2H_5)_2 + 2Ga \xrightleftharpoons{160℃} 2Ga(C_2H_5)_3 + 3Hg$$

但更方便的制法是 $GaBr_3$ 和 Et_3Al 反应。

三乙基镓是粘滞的液体，具有特殊的臭味，熔点是−82℃，沸点 143℃，在 30℃时的密度是 $1.0576g/cm^3$，在蒸气中或在烃的溶液中是单体，蒸气压

$$\log P = -\frac{2162}{T} + 8.083$$

在空气中能自燃，在干燥氧气中或与 6N HNO_3 接触即发生爆炸，与水能剧烈反应释放出乙烷：

$$Ga(C_2H_5)_3 + H_2O \longrightarrow Ga(C_2H_5)_2OH + C_2H_6$$

在 95%的酒精中，这个反应能明显地得到缓和，它也是路易斯酸，在 0℃时和略过量的氨作用形成 $Ga(C_2H_5)_3 \cdot NH_3$。它是无色的液体，能溶于苯和乙醚中，被空气中的湿气和水分解而释放出乙烷。与 HCl 和 6NH_2SO_4 反应分别生成 $Ga(C_2H_5)_2Cl$和$[Ga(C_2H_5)_2]_2SO_4$，并放出乙烷。

在氮气保护下，用下述反应可以制得 $Ga(C_2H_5)_3(C_2H_5)_2O$

$3C_2H_5MgBr + GaBr_3 + (C_2H_5)_2O \longrightarrow Ga(C_2H_5)_3 \cdot (C_2H_5)_2O + 3MgBr_2$

(2) 二烷基一卤化镓(R_2GaX)

从三烷基镓，通过镓—碳键的断裂或交换反应可制得 R_2GaX，例如：

$R_3Ga + HX \longrightarrow R_2GaX + RH \quad X = OR', SR', NR'_2$ 或 H

$R_3Ga + X_2 \longrightarrow R_2GaX + RX \quad X =$卤素

$2R_3Ga + GaX_3 \longrightarrow 3R_2GaX \quad X =$卤素

R_2GaX 是活泼的共价物质，通常以二聚体$(R_2GaX)_2$ 溶于惰性溶剂(如烃)，$(R_2GaX)_2$ 具有以$(MX)_2$ 四元环为基础的结构：

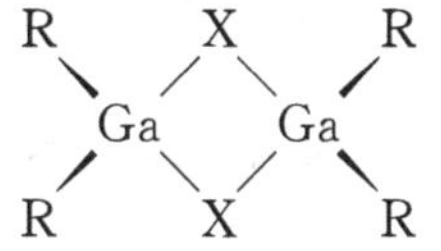

典型的例子是卤化物：$(Me_2GaCl)_2$ 熔点为 45.3－45.6℃，外延沸点为 154℃；$(Me_2GaBr)_2$ 溶点 58.7－59.0℃；$(Me_2GaI)_2$ 熔点 53.2－53.7℃。这些物质与路易斯碱反应，形成配位化合物 R_2GaXL，例如 $Me_2GaX \cdot NMe_3$ (X＝Cl，熔点 112℃；X＝Br，熔点 134－136℃；X＝I，熔点 127－128℃)。R_2GaX 能被还原成氢化物 R_2GaH：

$$Et_2GaCl + Et_2AlH + KCl \longrightarrow Et_2GaH + K[AlEt_2Cl_2]$$

水解得到氢氧化物或氧化物，也可直接从三烷基镓制备：

$$2Me_3Ga + H_2O \xrightarrow{\text{冷 } Et_2OH} (Me_2Ga)_2O + 2MeH$$

$$Me_3Ga + H_2O \xrightarrow{\text{冷 } Et_2O} Me_2GaOH + MH$$

(3) 一烷基二卤化镓($RGaX_2$)

利用再分配反应，可以制得镓的一取代有机衍生物，例如：

$GaCl_3 + Me_4M \longrightarrow MeGaCl_2 + Me_3MCl (M = Si, Ge, Sn)$

$Me_3N \cdot GaMe_3 + 2Me_3N \cdot GaH_3 \longrightarrow 3Me_3N \cdot GaH_2Me$

在适于制备某些烷基衍生物的反应中，在低温或室温下把氢化物$(HGaCl_2)_2$（从$GaCl_3+Me_3SiH$）很快地加到乙烯中

$$2C_2H_4+(HGaCl_2)_2 \longrightarrow (EtGaCl_2)_2$$

20℃时在苯或乙醚中，用碘可除去Me_3Ga的两个甲基：

$$Me_3Ga+2I_2 \longrightarrow MeGaI_2+2MeI$$

MeI与Ga_2Cl_4反应生成$MeGa_2ICl_4$：

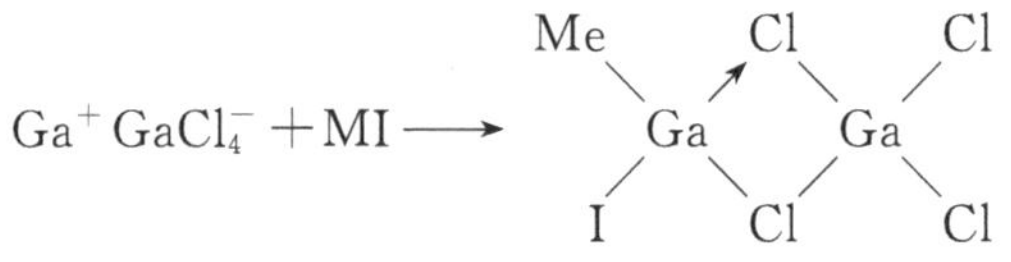

产物$MeGaX_2$通常将用以$(GaX)_2$四元环为基础的二聚体的结构$(RGaX)_2$。典型的例子是$(MeGaCl_2)_2$，熔点75－76℃。

2.19.2　芳基镓化合物及其衍生物

镓和$Hg(Ph)_2$在130℃反应3天后可制得Ph_3Ga，熔点166℃，溶液中是二聚体，但在晶体中，分子间Ga与苯环上间位C相互作用，连结成链状结构，分子内Ga—C键距为1.95—1.97Å，而分子之间的Ga—C(间位)距离为3.42Å。

酚类和它们的衍生物也能与三甲基镓及其衍生物反应，在这些反应中，甲基被相应基团所取代。化合物$(CH_3)_2Ga(OC_6H_5)$在132℃时熔化，它的分子是二聚体。

$[(CH_3)_2Ga(OC_6H_5)]_2$在147℃熔化，在苯溶液中它的一部分是以单体存在的。

$[(CH_3)_2Ga(SC_6H_5)]_2$在真空中于120－125℃时升华，143－145℃时熔化，在苯中它以单体存在。在真空中于110－120℃时升华，它的蒸气压很低，这显示出多聚体的形成。它能吸收三甲基胺蒸气而形成配合物$[(CH_3)_2Ga(SC_6H_5)]\cdot N(CH_3)_3$，在51℃时熔化。$[(CH_3)_2Ga(SeC_6H_5)]_2$可由苯硒酚与三甲基镓在苯中反应而制得，在136℃时熔化，在空气中由于水解和随后苯硒酚的氧化而转变为黄色。在苯中是二聚体。$[(CH_3)_2\cdot Ga(SeC_6H_5)]_2$在187－188℃时熔化，在石油醚和苯中用沸点升高法测定其分子量，证明其是二聚体分子。

比较含O—，S—，Se—苯酚衍生物的性质，可以看出配合物的稳定性依序减少O>S>Se。上述二甲基镓的配合物是二聚体；其中镓原子被连结在四元环中，在四元环中O、S或Se原子与镓形成配位共价键。

参　考　文　献

[1]　J. C. Bailar, Jr. (ed.), "Comprehensive Inorganic Chemistry", Pergamon Press, Vol. 1, (1973).

[2]　M. E. Weeks, "Discovery of the Elements", 6th, edition, 673－675(1960).

[3] 《化学发展简史》编写组,《化学发展简史》,科学出版社,131(1980).
[4] I. A. Sheka, J. S. Chaus and T. T. Mityureva, "The Chemistry of Gallium" Elsevier, Amsterdam(1966).
[5] 郭承基,《稀有元素矿物化学》,科学出版社,(1965).
[6] [苏]A. M. 罗津主编,袁承业等译,《萃取手册》,第一卷,原子能出版社,181－184(1981)
[7] 《稀有金属》,1981(6),7－14.
[8] A. De Schepper, Hydrometallurgy, Vol. 4, No. 3, 285－290(1979).
[9] F. E. Katrak, (ed.), J. Metals, 33, No. 9, 33－36(1981).
[10] S. Shirley, (ed.), Appl. Phys. Lett., 39, No. 10, 803－805(1981).
[11] D. T. 赫尔德著,燕正曜译,《氢化物化学导论》,科学出版社,90－91(1959).
[12] 《稀有金属》编写组,《稀有金属应用》,下册,冶金出版社,(1974).
[13] P. J. Durrant, "Introduction to Advanced Inorganic Chemistry", W. Clowes & sons, London, 552 (1962).
[14] J. L. Margrave & P. Sthapitanonda, J. Phys. Chem., 59, 1231(1955).
[15] S. C. Wallwork & I. J. Worrall, J. Chem. Soc., 1816(1965).
[16] M. J. Taylor, J. Chem. Soc., 2812(1970).
[17] H. J. Emeléus, F. R. S. "Inorganic Chemistry" Series One, Butterworths, London, 123－127(1972).
[18] M. F. Lappert, "Inorganic Chemistry" Series Two, Vol. 1, "Main Group Elements Hydrogen and Groups I-III", University Park Press 311－338(1975).
[19] Fridhelm Korte, Methodicum Chimicum, Academic Press. Vol. 7 "Main Group Elements and Their Compounds", Part A, 207－211(1977).
[20] R. E. Kirk and D. F. Othmer, "Encyclopedia of Chemical Technology", 3rd. ed., Vol. 11, 604－620 (1980).
[21] A. Speciatist Peridical Report, "Inorganic Chemistry of The Main-Group Elements", Vol. 5, 99－103 (1975, 10－1976. 9).
[22] R. B. 赫斯洛普和 K·琼斯著,北京工业学院等译,《高等无机化学》中册,人民教育出版社,120－128 (1981).

8.3 铟

3.1 发 现 史

1863 年 F. Reich 教授和他的助手 H. T. Richter 在一个偶然的机会里发现了元素铟。当时 Reich 正在由硫化物矿组成的 Freiberg 的闪锌矿中寻找铊，他委托 Richter 对闪锌矿进行光谱检测。当放在铂丝上的闪锌矿样在本生灯火焰中加热时，他观察到了明亮的靛蓝色谱线，它与铯的谱线不相符。由于这种特征的谱线，新元素被命名为铟。Reich 和 Richter 后来发现有两条铟的谱线，较明亮的谱线比锶的蓝色谱线具有稍大的折射性，较弱的谱线具有更大折射性而且位置接近于钙的蓝色谱线。他们还制得了少量的氯化铟和水合氧化铟。在碳酸钠的存在下用木炭小心还原氧化物也制得了金属铟。

3.2 存在与分布

自然界中从未曾发现过自由态的铟。铟一般以低浓度分布于自然界中。在地壳中铟的丰度大约是 0.1ppm，与银大致相同。只是最近才确证了独立的稀有的铟矿物(如 $InFeS_4$ 和 $InCuS_2$)的存在。

通常在闪锌矿中能发现铟的存在。但在圆柱锡矿(cylindriite)，黄铜矿(chalcopyrite)，菱锌矿(smithsonite)，钨矿物(tungsten minerals)，锌铁矿(franklinite)，水锌矿(calamite)，明矾石，蔷薇辉石(rhodonite)，金云母(phlogopite)，菱铁矿(siderite)，磁黄铁矿(pyrrhotite)，锡石(cassiterite)，黑钨矿(wolframite)，钨锰矿(huBnerite)，铌钇矿(samarskite)，锡矿石，铅锡锭镉的回收过程以及在"cottrel"(电吸尘器)烟道尘中也有铟存在的征候。在大多数矿物中铟的丰度大约是 0.001%，而某些矿物中含铟少于 0.0001%。

在火成岩活跃的熔岩阶段，铟被浓集于多金属的矿石中，例如闪锌矿中平均含铟 1440ppm 而黄铜矿中为 445ppm。尽管大量黄铁矿的基底金属沉积物中仅含 18ppm 的铟(在它们的黄铜矿组分中)，但鉴于它们的巨大储量，这些沉积物是铟的重要潜在的来源。人们曾偶然发现在一些氢氧化铁中铟的浓集高达千分之几。通过地层的下降过程形成的沉积物中铟的含量变化于 10^{-6} 至 10^{-5}%之间，泥质和沙质的沉积物比碳质的沉积物含铟量较大。在矿物中铟的浓度虽然主要取决于矿物形成液和沉积的条件,但是似乎还与主矿中的锡含量有关。

氧化了的锌矿如菱锌矿和皓矾(goslarite)其含铟量为原始闪锌矿的百分之一至十分之一。Murray 和他的同事在考察了成百种的锌、铅、银和金矿的样品之后,发现在 35000 吨的矿石沉积物中,平均每吨含有 55.28g 的铟。

在商业上,铟没有可开发的单独矿物,像其他较稀有的金属一样,它能富集于各种冶金操作的副产物中,如锌残渣和商业上可用为回收铟的冶金厂炉渣中。

3.3 生产和提纯

从冶金获得的残留物中回收铟。通过处理残留物,烟尘,炉渣和在熔炼锌以及熔炼铅的过程中回收金属铟。铟的主要来源之一是从闪锌矿提取锌之后的残留物中获得。粗铟的纯化是通过化学处理和电解。

具体处理的过程和方法甚多,下面略述几例。

在 Anaconda 方法中,焙烧过的闪锌矿或鼓风炉的烟雾通过稀硫酸沥取以除去其中的氧化锌,含铟的残留物溶于硫酸中。铟成为氢氧化物或亚硫酸盐沉淀,重新溶于酸且用硫化氢硫化。然后通过用锌置换沉淀生产出海绵铟,进一步电解提纯铟。

Asarco 发展了两种独立的方法。第一种方法,用强酸沥取含铟残渣使铟成为磷酸盐沉淀,然后用热的氢氧化钠处理获得氢氧化铟。还原氢氧化物成为金属铟并进一步电解提纯。第二种方法,用稀硫酸沥取从锌-铅锭获得的氯化物炉渣,加入锌粉生产出海绵铟-锌。通过氯化然后电解进一步提纯海绵铟。

Rammelsberg 矿石加工法,将烤钵冶金法的残渣用稀硫酸沥取,用锌板处理溶液即可获得粗海绵铟。

在 Cerro de pasco 方法中,首先还原和熔化锡-铟浮渣,加入锌和铅的氯化物到融熔体中,用硫酸和盐酸的混合物湿磨氯化物炉渣并用铟条纯化溶液,然后用锌棒置换沉淀生产出纯铟(99.8%)。

在 Russian(苏联)方法中,在 70—80℃用酸沥取含 0.05—0.098%铟的铅饼,然后用铁屑除铜。在 pH3.5—4.0 下加入氧化锌浮渣到此溶液中,过滤。然后将含 2.2%铟的残留物溶于硫酸,并用烷基磷酸萃取铟。利用盐酸从有机相反萃取铟,最后用铝或锌置换沉淀成为梅绵铟。通过进一步精炼可生产出五个九级别的铟。

Cominco 方法是先在电炉中还原含 2.5—3%铟的废炉渣,然后在氟硅酸溶液中电解以上取得的金属锭,用硫酸沥取含 20—25%铟的粘泥,用铟片除去溶液中的铜,用铝或锌置换沉淀获得海绵铟,进一步电解精炼可生产出 99.97%纯度的铟,通过电解可提纯至 99.999%。

含有杂质锡、镉、锌、铋和铊的 99.5%的工业纯铟,可以通过化学处理(先用稀 H_2SO_4)、电解、真空烧固和真空蒸馏等方法提纯至杂质<1ppm。

3.4 用　　途

铟有许多用途。特别有价值的是把铟涂盖在其他金属上以保护它们免于磨损和腐蚀。涂盖方法有:(1) 电镀;(2) 成为液态喷涂金属;(3) 铟蒸气的冷凝;(4) 铟粉熔化和扩散至受热物体的表面;(5) 应用在合适的载体(如石油)中乳化的铟,然后把载体在真空中或在惰性介质中沸腾脱除。铟的电沉积已使用多年。沉积通常是通过热处理至使铟熔化进入基底金属,从而防止剥成薄片和脱落。它还可使金属产生高度的抗腐蚀性。把铟涂盖在引擎轴承中可消除由油引起的腐蚀而使表面有很好的润滑性质。

在与其他金属如铅、铜、铝和锌制成的合金中,少量铟的加入通常有硬化和强化金属的效果,而且有增强抵制丧失光泽和耐腐蚀的能力。使用 Zn-In 合金作为钢推进器的耐腐蚀涂盖层,以及在铝的拉丝中作为钢的喷丝头的涂盖层具有好的润滑性质且可延长喷丝头的寿命。由于它的优良的反射性能,可用作镜子和反射器的涂盖层。

低熔合金的制造,可熔性安全装置(热保护器),热调节器,喷淋器和其他防火安全系统都使用了铟。向低熔的 Lipowitz's 合金(50.1%Bi,10%Cd,26.6%Pb 和 13.3%的 Sn)中加入 18.3%的铟可使熔点自 68℃降低至 48℃。在外科手术中使用铟与铋、铅、锡、镉和铊的合金,熔点为 49℃。加进铟的 Wood's 合金可用作玻璃-玻璃和金属-玻璃的胶粘剂。

由于铟有显著的润湿性和耐碱性,可被用作金属的焊料。富铟的焊料甚至能把金属联结到非金属上或薄的金属膜上,因此广泛用做高真空仪表的密封材料。

在有色金属中加入少量铟,能提高耐震裂和耐腐蚀性能。饰物在用作饰物的金(25—55%Au),银(10—33%Ag),钯(2—25%Pd)和铜(10—25%)的合金中加入铟,可提高饰物的硬度、耐久性、耐腐蚀性和增加饰物的色彩。通常使用的 75%Au,20%Ag 和 5%In 的合金,俗称为"绿金"。

在电阻器、热电偶、电流计中使用铟丝,并在望远镜的瞄准器中作为格栅。在核反应器的控制棒中也使用铟合金,它在$(n、\gamma)$反应中消耗中子的功率,因为铟对中子辐射是敏感的,对于工人易于辐射部位它可用作安全监控的标志。

在无线电工程和半导体技术中也经常广泛地使用铟。在锗晶体整流器和放大器的制造中,铟(可用来使锗间歇导电。在 p-n-p 型锗晶体管中铟是特别重要的,主要是由于液态铟有润湿锗表面的能力和在比较低的温度下能够使这两种金属熔合在一起。因为铟是一种很软的金属,熔化收缩期间在锗中不会引起压力。在某些铁磁合金如 Cu-Mn-In,Cu-Mg-In 和 Mn-C-In 以及在半导体如锑化铟,砷化铟和磷化铟中,铟有着广泛的用途。在某些红外探测器和磁电阻器制造中使用了锑化铟。

为了提高接触能力和耐腐蚀性,闭合开关的接触点、电仪器中的石墨刷和其他仪器的元件都应用了铟涂盖层。它与二氧化钛和钛酸钡有异常低的接触电阻使它能用在压电的元件和各类特殊的接触器中。

3.5 物理性质

铟类似于铂,是一种软的、带有蓝色色调的银白色金属,它有很好的延展性和可塑性,具有面心四方晶体结构。它比铅还软,用指甲可划痕,它与其他金属摩擦时能附着上去,甚至在液态氮温度下还能保持软性。它又类似于锡,当纯铟棒弯曲时能发出一种高音的“叫声”。

铟是唯一具有四方结构而又有 7% 偏离于面心立方结构的金属。因此,通过机械的孪晶的生成可使其变形而不显示面心立方结构,所以它具有可塑的性质,强可塑性是铟的最值得注意的特征。由于它不易硬化,所以它的延伸率反常的低,它能无限制地受压变形。

铟比锌或镉的挥发性小,但在氢气或真空中加热能够升华。

熔化的铟象镓一样能润湿干净的玻璃。

有关铟的物理化学性质见表 8.1。

3.6 化学性质

铟有一些化学性质与锌和铁相似,而其他的化学性质则与锡和铝相似。

铟有 1,2 和 3 三种氧化态,三价最常见。三价的铟在水溶液中是稳定的,而一价化合物受热通常发生歧化。

铟是在空气中相当稳定的最软固态金属之一。在通常温度下,金属铟不被空气氧化,但在强热下它燃烧并伴随着无光的蓝红色火焰生成氧化铟(III)。金属铟表面容易纯化,一旦暴露于大气,就出现类似于铝表面的薄膜,薄膜坚韧但易溶于盐酸。当温度升至稍高于它的熔点时,金属表面保持光亮;在高温下表面形成氧化物。然而,常温时在含有 CO_2 的潮湿空气中,尤其是被铁污染的铟易氧化。

块状铟不被碱、沸水和熔融的 $NaNH_2$ 所侵蚀。但是分散的海绵状或粉状的铟能与水作用生成氢氧化物。它能慢慢地溶于冷稀的矿酸中,易溶于热的稀或浓的矿酸中生成铟(III)盐和氢气,溶于热的硝酸中生成铟(III)盐积氮的氧化物。它也能溶于草酸和醋酸。

加热时铟能与卤素、硫、磷以及砷、锑、硒、碲反应。它与氢和氮反应分别生成氢化物和氮化物，铟能与汞形成汞齐，铟与大多数的金属生成合金并伴随着明显的硬化效应。

铟在它的化合物中能形成共价键，这种性质能影响它的电化学行为。某些铟盐溶液有低的导电性，这表明了它们的非离子键的特性。铟的电极反应需要中等高的活化能。使用一种可以发生可逆电极反应的缔合电解质，能够电解加工铟。使用氰化物、硫酸盐、氟硼酸盐和氨基磺酸盐容易电镀铟。

3.7 核　性　质

天然存在的铟有二种同位素：^{113}In4.33%；^{115}In95.67%。

做为商品能够购买到 In-111，114m 和 116m 的样品。In-111 和 In-114m 在 0.1MHCl 中成为氯化物。In-116m 以未加工的放射性铟的形式存在。

3.8 毒　　性

铟及其化合物对人体没有明显的危害。临界值限度委员会(美国政府工业卫生联合会)已颁布 0.1mg/m^3 为铟的临界值限度。处理铟和铟的半导体器件制作二十年以上的经验证明铟对皮肤没有刺激或伤害，铟对呼吸系统也许有作用，通过消化系统摄取的铟大约占吸入的 0.5%，而通过呼吸作用大约占 5%。未曾报道过铟的工业中毒，这表明正常的安全和控制是可以避免铟中毒的。

铟盐和人体组织破伤部位接触是有毒的。口服铟盐的毒害则较低，小鼠实验表明，致命的铟氧化物量为 10g/kg 体重。金属铟和它的氯化物、硫酸盐，对于人类的皮肤没有发现刺激性反应。建议有组织破伤的工作者勿接触铟或铟盐溶液。

咽下小剂量粉末铟或铟的衍生物几乎不发生显著的中毒。这可能是由于 In^{3+} 离子是在胃肠的粘液中，以及胃酸没有和金属发生作用的结果。

铟盐溶液具有相似于铝盐的味道。

3.9 合　　金

铟与许多金属可以形成合金。铟在其合金中的化学行为是与它在周期表中的位置相一致的。

混合熔化的金属以制备合金。应注意海绵状铟分散得很细易被氧化，因此必须在惰性物质覆盖下熔化海绵铟或晶体铟以防氧化。通常使用石蜡、纯煤油和苛性碱与氰化钠的混合物以隔离空气，其中苛性钠是最常用的。

铟通常能增加基质金属的强度、硬度和抗腐蚀性。在硬化锡、铅方面是特别有效的。在富铟的合金中，铋是最有效的硬化剂，其次是镉，再次是铅。铟合金也包括许多相对低熔点合金。铟与铅、锡、铋和镉的低熔合金(47℃)被使用在外科的铸件、制模、透镜的保护上和用做电器保险丝等。In24%-Ga76%合金在16℃熔化并用于核反应堆以循环使用γ射线的活性，而In5%-Ag15%-Cd80%的合金则用于控制棒。锡-铟和铅-锡-铟焊料合金的熔点在100—300℃范围内，而且对碱呈现良好的抗腐蚀性。50%—50%锡-铟合金能润湿玻璃、石英和许多陶瓷。

下面略述几种类型的铟合金。

1) 电子学方面的合金　铟与锑、砷和磷的合金已受到很大的注意(详细见化合物有关部分)。

2) 轴承合金　在大多数轴承合金中，铟看来是一种复合(或并合)材料而不是一种真正的合金组分。在使用中，铟通常被放置在基底金属上并通过加热扩散进入基底金属。在电炉或油浴中将被镀部分加热至约175℃，2小时后可使扩散完成。一些典型的轴承合金是：Ag-Pb-In，Pb-Cd-In，Cd-Ag-Cu-In，Ag-Tl-In，Pb-Sn-In，Cd-Sn-In和Pb-Sn-Sb-As-In。这些金属可以根据需要按不同比例组合。

3) 铁磁合金　这些合金也被命名为Heusler合金。在这些合金中，用途最广的是Cu-Mn-In合金。其中Cu/Mn比是2/1，而铟含量以5%(原子)的梯度变化于0至60%(原子)之间。这些合理的结构研究指出它们具有有序的体心立方结构。

4) 其他合金　一些普通的和典型的铟合金与它们的组成、熔点和应用列于表8.16。一些低熔点的铟合金列于表8.17中。

表8.16　一些较普通的铟合金

商业名称	组成(重量%)	熔点(℃)	用途
Cerrolow140	47.5% Bi, 25.4% Pb, 12.6% Sn, 9.5%Cd, 5%In	56—62	成形合金
Cerrolow105	43%Bi, 8%Sn, 22%P, 4%Hg, 5%Cd, 18—33%In	43.3	易熔合金
Cerro-Seal35	50%Sn, 50%In	116—127	焊接玻璃到金属
Cerro-Seal25	50%Cd, 50%In	108—239	
Incoro 20	In, Cu, Au	970—1015	真空管
Incoro 60	In, Cu, Au	860—900	铜焊和密封
Nioro	In, Ni, Sn	935	真空管铜焊和密封
Incosil 10	In, Cu, Ag	685—715	铜焊合金
Incosil 15	In, Cu, Ag	630—685	
Indalloy-1	50%Sn, 50%In	117	低熔焊料
Indalloy-2	80%In, Ag, Pb	156.7	
Indalloy-10	25%In, 75%Pb	230.0	
Indalloy-8	18.3%In+hipowitz[1)]	110.0	
Indalloy-12	5%In，剩余部分Ag和Pb	290.0	
核控制棒合金	15%Ag, 5%In, 80%Cd	775—825	核技术

1) 一种具有下列组成的低共熔型易熔合金：50%Bi, 26.7%Pb, 13.3%Sn和10%Cd。

表 8.17　一些低熔点合金的组成

特性	组成(重量%)	熔点(℃)
三元低共熔混合物	62.5%Ga,21.5%In,16%Sn	10.7
三元低共熔混合物	69.8%Ga,17.6%In, 12.6%Sn	10.8
五元低共熔混合物	10.8%Sn,40.8%Bi,22%Pb,18%In,8.4%Cd	46.5
五元低共熔混合物	8.3%Sn,44.7%Bi,22.6%Pb,19.1%In,5.3%Cd	47.0
四元低共熔混合物	10.6%Sn,49.5%Bi,18.6%Pb,21.3%In	58.2
三元低共熔混合物	16.5%Sn,32.5%Bi,51%In	65.0
二元低共熔混合物	67%In,33%Bi	70
二元低共熔混合物	52%In,48%Sn	117
二元低共熔混合物	75%In,25%Cd	120

应用于牙科和宝石的含铟合金通常具有下列的组成:5%—65%Au,2%—30%Pd,10%—50%Ag,10%—25%Cu 和 0.5%—5%In。

3.10　氢　化　物

铟的氢化物比镓的氢化物更不稳定。无配位的铟烷(InH_3)是一种极不稳定的气体。已描述过聚合氢化物$(InH)_n$ 和$(InH_3)_n$。也已制得不稳定的锂盐 $LiInH_4$和 $LiInX_3H$(X=Cl,Br 或 I)和混合氢化物 $In(MH_4)_3$(M=B 或 Al)。

3.10.1　铟烷 InH_3、$(InH_3)_n$ 和$(InH)_n$

在熔化的金属铟上通入原子氢,在快速流动的系统中仅能短暂地产生单铟烷 InH_3。质谱法能观测到它。非挥发性的“聚铟烷”$(InH_3)_n$ 可以从 InH_3 的乙醚溶液中沉积出来,后者可从 $LiInH_4$ 制得:

$$3LiInH_4 + InCl_3 \xrightarrow[-30^\circ C]{Et_2O} 4InH_3 \cdot nEt_2O$$

所提及的溶液在 20℃仅能慢慢地分解,产生$(InH)_n$,它在 340℃以下是稳定的。已观察到的单体氢化物似乎太稳定,所以是不真实的。

3.10.2　氢化铟酸锂

在−25℃氢化锂与氯化铟(III)或溴化铟(III)的乙醚溶液反应(摩尔比 4∶1)生成 $LiInH_4$ 溶液。

$$InBr_3 + 4LiH \longrightarrow LiInH_4 + 3LiBr \quad (80\%产率)$$

三乙醚加合物 $LiInH_4 \cdot 3Et_2O$ 于−30℃在浓缩溶液时析出,温热至 0℃加合物能很快分解。

在 LiH 和 InX_3(X=Br,I)的摩尔比为 1∶1 时生成三卤氢化铟酸盐 $LiInX_3H$。它们成为油性的和直至 0℃时还是稳定的乙醚加合物,制备 $LiInBr_3H$ 和较不稳定的 $LiInCl_3H$ 的另一路线是经过四氢硼酸盐类似物:

$$LiBH_4 + InCl_3 \xrightarrow[-50℃]{} LiInCl_3(BH_4) \xrightarrow[5-20℃]{-BH_3} LiInCl_3H$$

3.10.3 其他氢化物

在四氢呋喃中三甲基铟与二硼烷反应(−45℃)产生 $In(BH_4)_3$ 的溶液。它在 −40℃成为 $In(BH_4)_3 \cdot 3THF$ 结晶,在真空中分解成 In,H_2,B_2H_6 和 THF。

三氯化铟与四氢铝酸锂反应产生白色的 $In(AlH_4)_3$,它不溶于乙醚,在 −40℃时能缓慢地分解。

3.11 卤 化 物

铟能形成三种卤化物 In^IX,$In^I[In^{III}X_4]$和 InX_3(表 8.18,表 8.19)。所有简单一卤化物 InX 都已被制得,其中气态 InF 是在高温下制备的。对于假定的混合卤化物虽然已计算出生成热,但是一直未曾离析出铟的混合卤化物。对铟的混合卤化物在溶液中的稳定性也已作了研究,并证实存在下列混合卤化物:$InClBr^+$,$InCl_2Br$ 和 $InCl_3Br^-$。

3.11.1 铟(I)卤化物

(1) 氟化铟(I)

在约 1400℃时加热金属铟与 AlF_3 能获得气态 InF。用质谱已测定 InF 的离解能为 506±14.6kJ/mol。

(2) 一卤化铟 InX(X=Cl,Br,I)

从组分元素或在真空中加热(315—350℃)金属铟与 Hg_2Cl_2,Hg_2Br_2 或 HgI_2 可制备 InX(X=Cl,Br,I)。在加热的铟上面通过 $InCl_3$ 蒸气能生成 InCl。按类似的方法也可制得 InBr 或 InI。

InCl 是一种能固化为黄色或红色块状的血红色液体。它被水歧化为 $InCl_3$ 和金属铟,但能溶于酸。InCl 具有扭变的 NaCl 结构,其中部分为 In—In 键。InBr 是一种红色固体,它在冷水中能缓慢地水解(加热时速度很快)歧化成 $InBr_3$ 和 In。InI 是棕红色固体,升华时转变为绯红色。InI 对湿气是最不敏感的。它被温水所水解(但仅在空气存在下)成为 $In(OH)_3$ 和 HI 水溶液。高于 280℃受激发的 InI 蒸气能发出紫色光。正如所预期的,一卤化物可与卤离子受体反应,例如:

$$InCl + AlCl_3 \longrightarrow InAlCl_4$$

表 8.18　卤化铟的物理性质

	InF_3	$InCl$	$InCl_3$	$InBr$	$InBr_3$	InI	InI_3
熔点(℃)	1170	225	—	220	—	351	198
沸点(℃)	>1200	608	498(升华)	662	371(升华)	715	
密度(g/cm³)	4.39	4.18	3.45	4.96	4.74	5.32	4.72
相转化温度(℃)		125—135					
离解热(kJ/mol)		428.4		385		330	
生成热							
ΔH_f^0(固)(kJ/mol)		−186.2	−537.2	−175.3	−428.9	−116.3	−238
ΔH_f^0(气)(kJ/mol)		−75	−374.0	−56.9	−282.0	+7.5	−120.5
汽化热(kJ/mol)							95.4
晶体结构	六方形	立方	单斜				单斜
体系空间群	D_{3d}^6-R3c	$P2,3$					$P2_L/c$
晶格常数	$a=5.419$ $c=14.43$	$a=12.368\pm0.001$	$a=6.41$, $b=11.10$ $c=6.31$, $\beta=109°8'$				$a=9.837$, $b=6.102$, $c=12.195$, $\beta=107.690$
摩尔/单位晶胞		32					2
水中溶解度	0.040g/100ml (20℃)	分解(快)	66.11g/100g 溶液(d1.97)22℃	分解(慢)	84.64g/100g 溶液(d2.84)22℃	2.2×10^{-7} (溶度积)	92.91g/100g 溶液(d3.46)22℃
乙醇中溶解度			53.2g 溶液 (d1.40)22℃		74.0g/100g 溶液 (d2.21)24℃		

表 8.19 一卤化铟的生成焓和生成自由能(kJ/mol)

	ΔH_f^0	ΔG_f^0
InF	−203.3	—
InCl	−186.2	—
InBr	−175.3	−169.0
InI	−116.3	−120.5

3.11.2 铟(III)卤化物

(1) 氟化铟(III)

在120−170℃的惰性气氛中$(NH_4)_3InF_6$分解为NH_4InF_4,后者在300℃热解生成无色InF_3。结晶的InF_3在室温时慢慢地吸收氨形成1∶1的加合物,此加合物热解为InN。熔化按组分混合的氟化物(InF_3和MF)可获得六氟铟酸盐M_3InF_6(M=碱金属等),也可获得含有$[InF_5(H_2O)]^{2-}$和$[InF_4]^-$的配合物。

在水溶液中InF_3被强烈地水解(含3%InF_3的水溶液,pH=2.75)。溶液中含有In^{3+},InF^{2+},InF_3和InF_4^-。

(2) 氯化铟(III)

通过在过量氯气中加热铟或低氧化态的氯化铟,或盐酸作用于金属铟都可制得$InCl_3$。它是一种白色晶状固体,极易潮解,溶于水和乙醇,有高的蒸气压。

水合物$InCl_3 \cdot 3H_2O$可从铟和盐酸反应的溶液中结晶出来,熔点为56℃,受热分解为In_2O_3。使In_2O_3与气态的HCl(100℃)或在密闭管中(300℃)与$SOCl_2$反应能制备无水的$InCl_3$。通过真空升华提纯生成极易吸湿的白色片状体。在蒸气中它是单体($d_{In-Cl}=2.46$Å)。熔化的三氯化物能导电。当量电导(Λ)与温度(t℃)的关系是;$\Lambda=14.7-0.017(t-586)$。振动光谱指出,在固态三氯化铟和三溴化铟中,金属原子在多聚体层晶格中是6-配位的,因此在非给予体的溶剂中溶解度极低(如在CCl_4,C_6H_6,$TiCl_4$中实际上为零,在S_2Cl_2中为0.047%)。对照在极性溶剂如氯仿,乙醇和丙酮中的溶解度分别为1.5,36.2和3.80(20℃时,每100克饱和溶液中所含$InCl_3$的克数)。在具有氧和氮给予体的极性溶剂中由于配位结果它容易溶解。如同其他第III主族卤化物,它能与许多种Lewis碱,包括卤离子,形成配合物。

由于氢氯酸的加入增加了它在水中的溶解度(22℃时d1.96,66.11g/100g溶液)。与氯离子给予体反应生成含有$InCl_4^-$(与Et_2OH^+,NH_4^+,R_4N^+,K^+等),$InCl_5^{2-}$(与Ba^{2+})和$InCl_6^{3-}$(与In^+,K^+,Tl^+等)的配合物。

在$InCl_3$配合物中金属配位数可以是4(与EtOAc为1∶1),5(与许多其他物质)或6(与氮给予体)。

(3) 溴化铟(III)

利用热的金属铟与夹带在快速的氮气或二氧化碳气流中的溴蒸气反应，可制得三溴化铟。也可由 InBr 和 $InBr_2$ 形成三溴化铟并保留在反应器中。通过真空升华法使三溴化铟纯化，获得无色极易吸湿的三溴化铟晶体。它能溶于水和乙醇。

$InBr_3$ 类似 $GaBr_3$，在熔融状态和在苯溶液中振动光谱证明了二聚体(In_2Br_6)的存在。

虽然 $InBr_3$ 的酸性并不明显，但是当它们形成配合物时，镓和铟的三溴化物的性质都很象三氯化物。溴化铟已受到普遍的重视。铟配位数是 4、5 或 6，这取决于配位体。现已制得少数含有 $InBr_4^-$ 或 $InBr_6^{3-}$ 的盐。

(4) 碘化铟(III)

铟溶于回流的碘(过量 5%)的 CS_2 溶液中。在冷却浓的溶液时能析出浅黄色三碘化物晶体(产率～80%)。在用二氧化碳饱和的空气中于 150－200℃ 加热铟和碘蒸气也可制得 InI_3，它极易吸湿，能溶于水。

通过升华或区域熔炼能够纯化 InI_3，熔融体是暗棕色，高于 300℃，熔融的 InI_3 明显地分解。X 射线粉末衍射图和振动(红外和 Raman)光谱指出 InI_3(象 AlI_3 和 GaI_3)在固态和融熔状态是二聚体，而蒸气是单体。通过铟的四极共振光谱研究了在 InI_3 中的压力诱导相变。使用标记的 InI_3 已研究了卤素与烷基碘化物交换的速率，InI_3＋PrI(碘丙烷)是最快的(22℃在一分钟内为 100%)。InI_3 与 O,S,N 和 P 给体能形成相当数量的配合物。

(5) 氰化铟(III)，六氰合铁酸铟

HCN 气体和 In 或 $In(OH)_3$ 在 350℃能以低的产率形成氰化铟(III)。它易溶于水，但溶液能缓慢地失去 HCN 并沉积为($In(OH)_3$。$In(CN)_3$ 溶于(25℃，g/100g)二甲苯(0.12)，乙醇 21.0)，丙酮(1.71)，吗啉(0.11)，苯胺(0.08)和乙醚(＞30)。X 射线粉末图表明 $In(CN)_3$ 为层状晶格。

将过量的铟盐水溶液加到六氰合铁(II)酸钾或六氰合铁(III)酸钾中能形成白色凝胶六氰合铁(II 或 III)酸铟(III)。以离心机用蒸馏水洗涤凝胶直至上层清液无氯离子为止，然后在室温下空气干燥，快速干燥可以防止产物分解为普鲁士兰或滕氏兰。由于铁(II)氰化铟(III)的白色能保持长久不变，因此与许多其他铁(II)氰化物相比，它是特殊稳定的化合物，也是最难溶的铁(II)氰化物之一(溶度积为 1.9×10^{-44})。

$In(ClO_4)_3$ 和碱金属铁(III)氰化物在水溶液中反应，唯一的产物是黄色的 $InFe(CN)_6$。在 20.1±0.1℃ 它的溶解度是$(3.01\pm0.15)\times10^{-5}M$。

3.11.3　铟(I)—铟(III)混合卤化物

在氯化氢中加热铟(200℃)或在 85：15 的氢气和氯化氢混合物中，缓慢地将

$InCl_3$ 加热至低于 600℃都能获得 $InCl_2$。按类似于 $InCl_2$ 的方法也可制得 $InBr_2$ 或 InI_2。

$InCl_2$ 是一种琥珀色的液体，固体为无色的晶体。水解时被分解为铟和 $InCl_3$，$InCl_2$ 与 $SnCl_2$ 类质同晶；$InBr_2$ 是一种淡黄色固体，在水中歧化为 $InBr_3$ 和 $InBr$；InI_2 溶于乙醇。

事实上 InX_2 可视为 InX-InX_3 的混合卤化物。InX-InX_3（X＝Cl，Br）的相图研究指出有许多稳定的混合价态卤化物存在。现已报道过有下列固态化合物存在：$InCl_2$，In_2Cl_3，In_4Cl_7，In_5Cl_9，$InBr_2$，In_2Br_3，In_4Br_7，In_5Br_9 和 InI_2。化合物 InX_2 和 In_2Cl_3 的结构是 $In^{I}[In^{III}X_4]$和 $In^{I}_3[In^{III}Cl_6]$。

3.11.4 含氧、硫、硒和碲的卤化物

（1）卤氧化铟(III)

已知制备卤氧化铟有下列几种方法：① In_2O_3 和 InF_3 在密闭管中的反应（800—1000℃，4－15 小时）；② 通过 InI_3 与 O_2 在少量水蒸气存在下的反应（225℃）；③ 类似于镓的相应化合物，从 InOI 通过卤素取代能制备 InOBr 和InOCl。

加热时所有的氧卤化铟都歧化为 In_2O_3 和 InX_3。0.25 克样品完全歧化的近似温度是：InOF480℃，InOCl 430℃，InOBr 360℃和 InOI320℃。

（2）卤硫化铟(III)、卤硒化铟(III)、卤碲化铟(III)

在 200－440℃范围内加热 In_2S_3、In_2Se_3 或 In_2Te_3 和 InX_3（1∶1）的混合物 1—5 星期能制得硫属卤化铟[InSX，InSeX（X＝F，Cl，Br 或 I）]和 InTeX（X＝Cl，Br 或 I）。X 射线粉末图测定了它们的晶体结构，证明化合物 InSCl，InSBr，InSeCl 和 InSeBr 的晶体均具有 $CdCl_2$ 排列。人们曾试图制备 InSF 和 InTeF 但未获成功。

3.11.5 含卤素配体配合物

三卤化铟（尤其是三氯化物）与许多 Lewis 碱能形成配位化合物。在惰性溶剂中，混合适当比例的反应剂所制得的化合物大多数是无色晶体。其中金属原子的配位数是 5 或 6。

在形成金属具有配位数大于 4 的配合物方面，铟的倾向比镓大得多，这在典型配合物的化学计量中反映了这一点，如 L_2InX_3 和 L_3InX_3 是较常见的，而 $LInX_3$ 则比较少见。然而，正如下面所指出的，配合物的化学计量对于金属原子的配位数的确定决不是确切可靠的依据。

（1）4-配位配合物

一些中性的加合物如膦的加合物 Ph_3PInI_3（通过 X 射线结晶学已指出是单

体)代表了在铟配位化学中主要的 $LInX_3$ 型加合物。已知的阴离子 InX_4^- (X=Cl,Br 或 I)的配合物 $R^+InX_4^-$,当 X=Cl 或 Br 时,条件(溶剂、反应剂比例,R 本身)需小心地控制,以避免更高电荷的阴离子 InX_5^{2-} 或 InX_6^{3-} 的生成。在非水溶液中从 $R_4N^+X^-$ 和 InX_3 能制得它们的四烷基铵盐。然而对较高配位数的碘化物阴离子 InI_5^{2-} 或 InI_6^{3-} 并未作研究。$Et_4N^+InCl_4^-$ 的 X 射线结晶学的研究确证了其阴离子为四面体结构,d_{In-Cl} 为 2.33Å。阴离子 InX_4^- 中 In—X 的振动频率是 321 和 337cm^{-1}(X=Cl),197 和 239cm^{-1}(X=Br),139 和 185cm^{-1}(X=I)。

四配位铟也存在于某些盐$[InL_4]^{3+}[X^-]_3$ 的阳离子中,此处 L 是一种庞大的单齿配体如 Ph_3P,Ph_3PO 或 Ph_3As,而 $X^-=ClO_4^-$ 或 NO_3^-。从相应的水合盐的乙醇溶液中能制得它们。

(2) 5-配位配合物

已知有许多中性加合物 L_2InX_3,X 射线结晶学研究了配合物$(Ph_3P)_2InCl_3$ 并确定为三角双锥几何形,具有轴向的磷原子(In—P,2.71Å)和赤道的氯原子(In—Cl,2.38Å)。虽然对于许多其他加合物 L_2InX_3(例如 L=Me_3N,Ph_3PO,Et_2O;X=Cl 或 Br)也可能有相似的几何构形,但是碘化物加合物$(Me_2SO)_2InI_4$ 的 X 射线结晶学研究表明它属另一种可能的几何构形,它有离子的结构$(Me_2SO)_4InI_2^+InI_4^-$。

5-配位的有氯代和溴代(但没有碘代)阴离子配合物 InX_5^{2-},对$(Et_4N)_2InCl_5$ 盐的 X 射线结晶学的研究表明此盐在金属周围含有四方锥体排列的氯原子(具有 $d_{In-Cl_{顶点}}=2.415$Å 和 $d_{In-Cl_{底}}=2.456$Å)这样一种结构对于主族元素的 5-配位配合物是罕见的,它通常是三角双锥几何体。铊化合物$(Et_4N)_2TlCl_5$ 与$(Et_4N)_2InCl_5$ 是类质同晶。然而,化合物$(Me_4N)_2InBr_5$ 是由 $2Me_4N^+ + InBr_4^- + Br^-$ 所组成。固态配合物通过 X 射线结晶学所确定的结构在溶液中不一定能保持。例如,在硝基甲烷中离子 $InCl_5^{2-}$ 离解成为 $InCl_4^-$ 和 Cl^-,而在水溶液中离子 $InCl_4^-$ 不具有它在非水溶液中所有的四面体结构。

(3) 6-配位配合物

在铟的配位化学中 6-配位是最常见的。在酸性铟盐水溶液中的 $In(H_2O)_6^{3+}$ 离子中的水分子能被多种 Lewis 碱所取代,形成配位阳离子$[InL_6]^{3+}$或$[InL'_3]^{3+}$,此处 L 是单齿配体而 L′是双齿配体(例如 L=Me_2SO,$(H_2N)_2CO$,$(H_2N)_2CS$;L′=2,2′-二吡啶基,等等)。相似地,$InCl_3$ 和 $InBr_3$ 加进 3 摩尔单齿配体 Lewis 碱(L),假如这些碱分子不是太大,则形成 6-配位中性配合物 L_3InX_3。氰酸铟 $In(NCO)_3$和硫氰酸铟 $In(NCS)_3$ 形成类似的加合物 $L_3In(NCO)_3$ 和 $L_3In(NCS)_3$。通过振动光谱已确定阴离子 InX_6^{3-} 是规则的八面体对称。已知还有许多混合配体如$[InCl_5H_2O]^{2-}$,$[InCl_4(urea)_2]^-$,$[InCl_4bipy]$和$[InCl_2(bipy)_2]^+$。最后这些例子被认为是实验式$(bipy)_{1.5}InCl_3$ 晶体中的离子,此晶体可从 $InCl_3$ 和二吡啶基在乙醇中制得；在水溶液中，用相同的试剂可得到 $In(bipy)_3Cl_3$。

人们认为 6-配位铟也存在于相当于 $InCl_7^{4-}$ 和 $InBr_7^{4-}$ 化学计量的配合物之中，额外的一个卤离子在铟配位界中估计是不占据位置的。

3.12 氧化物、氢氧化物

3.12.1 氧化物

(1) 氧化物

文献中曾报道过铟的四种氧化物 In_2O_3，In_2O，InO 和 In_3O_4，后者被认为是 In_2O_3 和 InO 的混合物。

在空气中燃烧铟或高于 850℃焙烧氢氧化物、碳酸盐、硝酸盐、硫酸盐等均可获得 In_2O_3。它是最常见的铟的氧化物。在低温下形成的 In_2O_3 是淡黄色无定形固体，一经加热可逆地转暗至棕红色。黄色的 In_2O_3 易溶于酸和碱，棕红色的相对地难溶。在 400—500℃范围内用氢气或其他还原性气体（如干燥的氨气）易把 In_2O_3 还原为金属铟。在仔细控制的条件下还原为较低价态的氧化物。现已使用 In_2O_3 生产有色玻璃（黄色）。通过提高铟盐溶液的 pH 值，水合氧化物可成为胶凝的化合物沉淀析出（通常认为是氢氧化物并写成 $In(OH)_3$）。In_2O_3 有立方的 Mn_2O_3 结构并与 Fe_2O_3 类质同晶而且与 MgO，CaO 和 CdO 形成类似于尖晶石复合氧化物或铁氧体。类似于铝和镓的三氧化物，In_2O_3 与较小正三价阳离子氧化物形成一系列阳离子有序物相 $A^{III}B^{III}O_3$，高压合成的斜方钙钛矿 $A^{III}B^{III}O_3$ 的阳离子之一是 In^{3+} 或 Tl^{3+}。从组分氧化物（$Cs_2O+In_2O_3$，600℃，8 天）能制得无色吸湿性的 $CsInO_2$。

温度低于 400℃时，用氢气还原 In_2O_3 可制备 In_2O。它是一种黑色晶状不具吸湿性的固体，在冷水中溶解，但不与水反应，溶于盐酸放出氢气。In_2O 蒸气的电子衍射研究给出 $d_{In-O}=2.02\pm0.01$Å 和∠InOIn＝150±10°。In_2O 的原子化热是 745kJ/mol。

在高真空或在还原性气体中加热 In_2O_3 时表面上形成灰白色的 InO 固体溶于酸。在高温下铟和氧形成的光谱上可观察到 InO 的存在。已计算出气态分子 InO 的离解能，其上限是 431±21kJ/mol。

(2) 过氧化铟

过氧化物 $In_2O_x\cdot nH_2O(x=4,5,6,7,8,9)$ 是已知的。－20℃时把 10% NaOH(100ml)加到 $InCl_3$(2.5g)在 80—90%的 H_2O_2 溶液(10ml)中，能制得很不稳定的 $In_2O_7\cdot mH_2O$ 和 $In_2O_9\cdot mH_2O$。在高于 0℃时脱水，或通过使用 30% H_2O_2 能制得含氧较少的过氧化物。

3.12.2 氢氧化物

铟的氢氧化物有 $InO(OH)$ 和 $In(OH)_3$。在火焰中已检测到 InOH，它的离解能是 360±33kJ/mol。

在加压下(68—1700 大气压)能制得晶状的 InO(OH)。它具有变形的金红石结构。

铟(III)盐的水溶液中含有离子 $In(H_2O)_5(OH)^{2+}$ 和 $In(H_2O)_4 \cdot (OH)_2^+$，而且在浓度低于 0.001$M$ 时这些离子 pK 为：

$$In^{3+} + H_2O \rightleftharpoons InOH^{2+} + H^+ \qquad pKa_1 = 4.43 \pm 0.005$$

$$InOH^{2+} + H_2O \rightleftharpoons In(OH)_2^+ + H^+ \qquad pKa_2 = 3.9 \pm 0.2$$

在较高浓度下形成多核阳离子 $In[(OH)_2In]_n^{(3+n)}$，第一步 pK=5.21 以后各步 pK=4.70。往铟(III)盐(例如硝酸盐)的溶液中加入碱溶液或氨水在 pH=3.41—3.43，氢氧化铟开始析出沉淀，硫酸铟和氯化铟除了形成氢氧化物外还形成碱式盐。在 100℃干燥后，沉淀的组成相当于 $In(OH)_5$。它具有 AX_3 型的最简单的(立方)三维构架(即 ReO_3 结构)，稍微扭变，让位于 OH 根之间的氢键。

氢氧化铟(III)在水中和在低浓度的碱中实际上是不溶的，在 pH7.2，上清液达到 In^{3+} 最低溶解度为 4.8×10^{-8}mol/ml。在过量的碱溶液中氢氧化物被胶溶，成为透明胶态溶液(由于吸收 OH^- 而稳定化)。在高浓度的碱溶液中氢氧化铟溶解转变为铟酸盐。由于陈化或由于铵盐的存在(减小了 OH^- 离子浓度)它在碱中的溶解度减少。在 Brauer's 推荐的过程中考虑到这些因素，即在 100℃时往 $InCl_3$ 水溶液加稍过量的氨水，并在母液存在下将沉淀静置陈化几小时，洗涤除去氯化物并在室温下干燥，可制得氢氧化铟。

在热的 15M 碱溶液中溶解新沉淀的氢氧化铟，随后冷却，已获得了下列晶状的羟基铟酸盐：$Na_3[In(OH)_6] \cdot 2H_2O$，$K_3[In \cdot (OH)_6] \cdot 2H_2O$ 和 $Rb_2[In(OH)_5 \cdot H_2O]$。它们能被水完全分解为 $In(OH)_3$。

3.13 硫化物、硒化物和碲化物

3.13.1 硫化物

铟的主要硫化物是 In_2S_3。In-S 系统的详细研究指出下列产物在室温下是稳定的：InS，In_6S_7 和 In_2S_3。化合物 In_6S_7 相当于文献中常引述的 In_4S_5。In_3S_4 在 370℃以上是稳定的。

块状 In_2S 是黑色的，而薄层的 In_2S 是黄色的。它们在冷水和热水中稳定。

(1) 硫化铟 InS 和 In_6S_7

在抽空密闭的石英管中分别熔化化学计量的铟和硫得到这两种硫化物。然后缓慢地分别冷却到 660—675℃或 740—760℃静置约一小时，取出前把管子冷却至室温，所得到的 InS 是红色晶体，斜方的单胞具有 $a=3.944$，$b=4.447$，$c=10.648$Å，空间群 $Pmnn$，$Z=4$。在 100—603K 和在不同结晶的方向测定了 InS 的导热性，在 90—760K 测定了导电性、Hall 系数和 Seebeck 系数。InS 从液态 In 和气态 S_2 计算的生成热是 222kJ/mol。

In_6S_7 几乎是黑色的，单胞是单斜的。具有晶格参数 $a=9.090$，$b=3.887$，$c=17.705$Å，$\beta=108.20°$，空间群 PZ_1/m，$Z=2$，这种结构是由两个分离的剖面组成，二者都有硫原子的近似立方密堆积排列与铟原子的八面体配位。

(2) 硫化铟(III)

通过加热铟与硫或在铟盐的弱酸性溶液中通入 H_2S 或在 In_2O_3 上通过硫化氢都能制得 In_2S_3。In_2S_3 沉淀的颜色(从黄至红棕)和晶体的大小都取决于形成的条件。In_2S_3 溶于酸和硫化钠溶液。

从很弱的酸溶液或碱溶液中沉淀 In^{3+} 离子成为亮黄色的 α-In_2S_3。从含有乙酸盐的乙酸溶液或从 0.03—0.05M 盐酸溶液用硫化氢沉淀都能定量地得到硫化铟。先往 $InCl_3$ 溶液中加氨水直至恰好浑浊为止，再使用硫化铵也能定量地沉淀出 In_2S_3。干燥后的沉淀呈橙色。往含 In^{3+} 离子的水溶液加入碱金属硫化物溶液首先产生 In_2S_3(例如 $Na_2S/InCl_3<1$)，而在 Na_2S 过量的情况下 In_2S_3 溶于过量 M_2S 生成硫代铟酸盐 $MInS_2$。

α-In_2S_3 的晶体结构类似于 γ'-Al_2O_3 的立方密堆积，具有 In 的四面体($d_{In-S}=2.32$Å)和八面体($d_{In-S}=2.68$Å)配位以及 S—S 距离为 3.79Å。低温异构体在接近 300℃时不可逆地变为深红色的 β-In_2S_3。

β-In_2S_3 是具有阳离子缺陷的尖晶石结构。由于缺乏某些四面体配位的阳离子(在尖晶石中发现的)，导至从理想化的位置变为可观的原子位移。晶状的 β-In_2S_3 是一种 n 型半导体。通过介电常数的测量和吸收峰的边界随温度而有大的移动，确证了该晶格是高度离子性的。β-In_2S_3 具有光敏性，在低温时发射波长为 0.75—0.88μm 的红外辐射。In_2S_3 的蒸气压如下面两式所示：

$$\log P_{mm}=(-11451/T)+8.5 \qquad (T=675-800℃)$$

$$\log P_{mm}=(-9311/T)+9.8 \qquad (T=800-925℃)$$

In-S 相图指出，β-In_2S_3 的熔点为 1098℃。生成自由能作为组成和温度的函数测定为 60.7—73.2kJ/mol 范围内。

(3) 含铟三元硫化物

三元硫化物的一般类型是：

(A) M^IYS_2(M^I=第一主族，Tl，Cu，Ag)

(B) $M^{II}Y_2S_4$(M^{II}＝第二主族,Zn,Cd,Hg 等等)

(C) $M^{III}YS_3$(M^{III}＝稀土元素)

制备方法有湿法和干法两种。由于它们的有价值的电学性质,关于单晶的生长和物理性质方面已有广泛的研究。例如,铊化合物 $TlYX_2$(Y＝In 或 Ga;X＝S,Se 或 Te)都是类似 $A^{III}B^{VI}$型的半导体。在真空中于 400—1100℃下利用熔炼铟-硫族混合物或二元硫族化物的混合物可得到含铟三元硫族化物。用类似方法可制备化合物 $M^{II}Y_2S_4$ 和 $M^{III}YS_3$。

关于 $ZnIn_2S_4$ 的结构和电学性质已有详细报道,在蒸气相中使 $ZnIn_2S_4$ 慢慢生长可制得单晶,单晶具有光电导性。用类似方法可制得铟与镉或汞的三元硫化物(MIn_2S_4)的单晶。被痕量铜或金活化的 $CdIn_2S_4$,在强光照射下具有显著的光电导性。

3.13.2　硒化物和碲化物

通过 In—Se 和 In—Te 熔融体的 X 射线研究指出有十种二元化合物:In_4Se_3,InSe,In_5Se_6,In_2Se_3,In_4Te_3,InTe,In_3Te_4,In_2Te_3,In_3Te_5 和 In_2Te_5。在密闭的真空管中,按正确比例熔化组成元素能制得每种化合物。In_4Se_3 相和 In_4Te_3 相中含有同核的三原子阳离子$(In_3)^{3+}$。

InSe 是类似于 GaS 结构的层状半导体,在室温下用 60KeV 电子照射时 InSe 能发射可见光。InSe 具有变形的 NaCl 结构。在 InSe 中较长的 In—In 距离(3.16Å;In 的共价直径＝2.88Å),是由于 $In^+\cdots In^+$之间的相互排斥。在许多衍生的三元化合物中,有些也是半导体,例如 A^2MY_2(M＝In,Y＝Se 或 Te)。

半导性的化合物 In_2Se_3 和 In_2Te_3 具有缺陷的 ZnS 晶格,其中非金属原子被三个金属原子和一个空缺按四面体的方式排列着。化合物 In_2Se_3 和 In_2Te_3 还有另外的多晶型晶体。In_2Se_3(六面体的)和 In_2Te 的标准生成焓分别是－318.0±5.0 和－210.4±8kJ/mol。

InTe 是四面体构型,空间群 14/*mcm*。In 原子位置有两种类型,一种是接近于四面体配位,另一种是被八个 Te 原子的笼所围绕,其他二个 Te 原子在 *c*-轴方向上。

In_2Te_5 属单斜晶系,空间群为 C_c。这种结构是由四员的 In—Te 环构成,通过 Te_3 单元连结起来。每个 In 原于是四面体配位,In—Te 的平均键长是 2.832Å。

3.14　氮　化　物

在快速的氨气流中加热$(NH_4)_3InF_6$ 或用氨在 620—630℃还原和氮化 In_2O_3(4 小时)可制备氮化铟 InN。它具有纤维锌矿结构,是黑色稳定的粉末(大约

300℃InN 仍是稳定的)，易被酸和碱分解。

它是一种半导体(禁带的宽度，$\Delta E = 2.4$eV)。生成热(固态，25℃)是-17.6kJ/mol。

3.15 磷化物、砷化物和锑化物[1,3]

这些化合物都仅有 1∶1 的化合物，且都结晶成具有闪锌矿排列的半导体，因此受到人们的极大的注意，尤其是锑化铟已被广泛地研究。

在空气中 InP＞700℃；InAs＞450℃时发生氧化。除在氧化剂存在外，不易受酸的腐蚀。

人们曾研究过 InAs 和 InSb 的催化活性。当作为 n 或 p 半导体掺入时，发现这两种状态之间系统的差异(表 8.20)。对于像甲酸或乙醇的脱氢或乙烯的加氢反应，过量的传导状态所产生的活化能比空缺传导状态约高 33—79kJ/mol。后者说明非占据的电子状态或低的 Fermi 能有利于这类反应。

表 8.20 铟的 IIIA—VA 族半导体化合物的一些性质

化合物	熔点(℃)	ΔG_f° (kJ/mol)	ΔH_f° (kJ/mol)	带宽(eV)	迁移率 ($cm^2/V \cdot sec$)	电子介电常数
InSb	523	77.0	－88.7	1.34(OK)	5,000	9.6
InAs	942;936	53.6	－58.6	0.45(OK)	23,000 240	12.3
InP	1070	25.5	－30.5	0.17;0.25	30,000 1,000	15.7

在石英管中，用高纯的氢气或惰性气体保护，将按组分量称量的高纯铟和锑在 635—650℃熔化可制得锑化铟。铟和锑化合生成一种单一的金属间化合物。在锑化铟中电子的流动性随温度变化而改变，如 300K 时为 80 000cm^2/V · sec；77K 时约大于 500 000cm^2/(V · sec)。这种与它的狭窄的光谱间隙相结合的性质成为在光电导体和电磁仪表中使用 In—Sb 的原因。In—Sb 主要应用于包括直流—交流转化器，回转器，绝缘体，瓦特计，放大器，物相辨别器，数字模拟编码器，激光器，微波激射器(masers)和接触电位计。

通过两种方法已制得砷化铟。在单式炉方法中，高纯的元素可直接反应，而在双式炉方法中必须在高于 In—As 的熔点温度时使砷的蒸气与铟反应。这种合金比 InSb 硬得多，在这种化合物中杂质对电子流动性是十分敏感的，如用 99.99% 铟和高纯砷合成 InAs，其杂质浓度为 1×10^{17} atom/cm^3 时，电子流动性为 15 000cm^2/V · sec，而杂质浓度为 2.3×10^{16} atom/cm^3 时，它的电子流动性为 24 000cm^2/V · sec。InAs 还具有小的谱带间隙。

通过熔化计量的两种元素可制备磷化铟。但即使在 700℃和 350—400 小时之后铟和磷的反应也仅达 94%—95%。磷化铟具有宽大的光谱间隙和高电阻率。虽然人们曾建议把磷化铟使用于晶体管中，但是至今制得的 InP 的纯度和结晶等级尚未达到锗基晶体管的水平。但 InP 用作微波振荡器和放大器预计比 GaAs 优越，它已成为新型异质结太阳电池和微波通讯向毫米波段发展的新型材料。

3.16 碳　化　物

室温下铟的碳化物不能稳定存在。已研究过一些三元碳化物的结构、磁性和电性质。通常比率为 In∶C∶第三元素是 1∶1∶2 或 3，如 Mn_3InC 和 $(Ln)_3InC$。

3.17 含氧酸盐

3.17.1 第 VIIA 族含氧酸盐

现已知有氯酸铟(III)和高氯酸铟(III)两种，未制得铟的含氧溴酸盐和含氧碘酸盐。将氢氧化铟溶于过量相应酸的水溶液中能制得氯酸盐和高氯酸盐。蒸发后生成 $In(ClO_3)_3 \cdot nH_2O$（玻璃体）和 $In(ClO_4)_3 \cdot 7H_2O$。稍经加热就发生分解。高氯酸铟与氧、氮和磷给体反应能生成 4-或 6-配位的 In(III)配位阳离子。这里高氯酸根是非配位基。浓的高氯酸铟、硫酸铟和硝酸铟溶液的高粘度说明有大量的高度有序的水分子簇聚集于 In^{3+} 的周围。

3.17.2 第 VIA 族含氧酸盐

(1) 硫酸盐

金属铟或它的氧化物 In_2O_3 溶于热的硫酸生成 $In_2(SO_4)_3$ 溶液。硫酸铟是一种白色晶状、易潮解、易溶于水的固体。

将硫酸铟溶液蒸发浓缩，析出斜方晶体 $In_2(SO_4)_3 \cdot 5H_2O$，在 500℃加热 6 小时分解成无水硫酸盐；高于 800℃(1atmN_2 中)进一步分解为 In_2O_3 和 SO_3。生成热是：$\Delta H_{298.15} = -2717.9 \pm 2.5$kJ/mol。在水中 $In_2(SO_4)_3$ 的溶解度是 53.92%(20℃)，溶液中存在着配位离子 $InSO_4^+$，$In(SO_4)_2^-$ 和 $In(SO_4)_3^{3-}$。

蒸发中性溶液能析出碱式硫酸盐的混合物。长时间加热稀酸溶液可沉淀出含有无限的 In-OH-In 链的 $In(OH)SO_4$。

$In_2(SO_4)_3$ 和碱金属硫酸盐能够形成复盐 $MIn(SO_4)_2 \cdot nH_2O$（例如 M＝Na，K，Rb）和 $M_3In(SO_4)_3 \cdot nH_2O$（例如 M＝$NH_4$，Rb）。它们与 $In_2(SO_4)_3 \cdot 5H_2O$的结构不同，它们含有一个配位的硫酸根．$In_2(SO_4)_3$ 还能

和铵或具有有机取代基的铵的硫酸盐生成复盐，如$(NH_4)In(SO_4)_2 \cdot 12H_2O$和$(CH_3NH_3)In(SO_4)_2 \cdot 2H_2O$。

已知的硫化物还有铟的氨基磺酸盐和连四硫酸盐。

(2) 亚硒酸盐和亚碲酸盐

在水溶液中从$InCl_3$，Na_2SeO_3和H_2SeO_3能制得亚硒酸盐$In_2(SeO_3)_3 \cdot 6H_2O$。

把铟溶解于TeO_2水溶液中可制备亚碲酸铟$In_2(TeO_3)_3$。在弱酸性溶液中形成酸式亚碲酸盐$In_2(TeO_3)_3 \cdot 2TeO_2 \cdot 6H_2O$。

3.17.3 第VA族含氧酸盐

(1) 硝酸盐

金属铟或氧化物溶解在硝酸中可制得硝酸盐。$InCl_3$与N_2O_5反应则可制得无水硝酸铟。蒸发硝酸铟溶液析出易溶于水的$In(NO_3)_3 \cdot 3H_2O$晶体，它在100℃脱水转变为一水合物。

从$In(NO_3)_3 \cdot 3H_2O$已获得1)阳离子配合物和2)阴离子配合物，例如：

1) $In(Me_2SO_4)_6(NO_3)_3$，$In(urea)_6(NO_3)_3$，$[In(phen)_3] \cdot (NO_3)_3$和同分异构的$[In(phen)_2(NO_3)_2]NO_3 \cdot phen$。

2) $Et_4N[In(NO_3)_4]$

$In(NO_3)_4^-$的红外光谱类似于等电子的$Sn(NO_3)_4$的红外光谱。$In(NO_3)_3 \cdot 3H_2O$加热分解经过$In_2O(NO_3)_4 \cdot 2H_2O$和$In_2O \cdot (OH)_2(NO_3)_2$而变为$In_2O_3$。

(2) 磷酸铟(III)

在70℃和25℃时对体系$In_2O_3 \cdot P_2O_5 \cdot H_2O$的相图研究表明下列盐是以稳定的固相存在：

$In_2O_3 \cdot P_2O_5 \cdot 4H_2O$(70℃)；$In_2O_3 \cdot 2P_2O_5 \cdot 11H_2O$(25℃)；$In_2O_3 \cdot 3P_2O_5 \cdot 7H_2O$(25℃)。

将适量的NaOH溶液加入有过量磷酸存在的铟盐溶液中，可制得$In_2O_3 \cdot P_2O_5 \cdot 4H_2O$。若在蒸汽浴上加热沉积出的$In_2O_3 \cdot P_2O_5 \cdot 4H_2O$，先用热的0.5%$H_3PO_4$洗涤，然后用热水洗，且在空气中干燥可得到$InPO_4 \cdot 2H_2O$。在800℃虽然它能有效地保持组成$InPO_4$，但它已失水变成黑色。

$InPO_4 \cdot 2H_2O$是斜方晶体，$a=10.36$，$b=8.84$，$c=10.19$Å，$Z=8$，空间群$Pbca(D_{2h}^{15})$。其结构是复杂的三维网状，其骨架是由In、磷酸根和一套水分子中的氧建立起来的。第二套氧原子位于骨架之外而未在系统中。

在In^{3+}的硫酸溶液中加入$Na_4P_2O_7$能沉淀出各种焦磷酸盐：$In(H_3P_2O_7)_3$，$In_2(H_2P_2O_7)_3$，$In(HP_2O_7)$，或$In_4(P_2O_7)_3$。它们的形成取决于pH值。pH在1.6到2.94之间，从$In_2(SO_4)_3 : Na_4P_2O_7 \approx 1:1$的溶液中能获得$In(HP_2O_7)$；

pH 在 1.2 到 2.3 之间时，$In_4(P_2O_7)_3$ 可从 4∶3 的溶液中沉淀出来。在 600—700℃这些盐脱水。溶度积：$InHP_2O_7$ 为 $(3.66\pm1.14)\times10^{-13}$，而 $In_4(P_2O_7)_3$ 为 $(3.35\pm1.16)\times10^{-63}$。

通过离子交换技术能够检测 In 的阴离子和阳离子的焦磷酸盐配合物。形成何种配合物与焦磷酸盐的浓度无关，而取决于溶液的 pH 值，例如 pH5.53，在 In^{3+} 水溶液中形成 $InH_3(P_2O_7)_2^{2-}$。

(3) 亚砷酸盐和砷酸盐

极谱测定证明在水溶液中亚砷酸钠与三氯化铟反应生成 $InAsO_3$。在砷酸根离子存在下中和酸化了的铟盐（氯化物或硫酸盐）溶液时沉淀出砷酸盐 $InAsO_4\cdot H_2O$。

3.17.4　第 IVA 族含氧酸盐

In_2O_3 和 SiO_2 不能生成化合物。在 In_2O_3-GeO_2 体系中于 1200℃仅发现一种化合物 $In_2Ge_2O_7$（焦锗酸铟）。

3.18　有机酸盐及其衍生物

在广泛范围内铟能形成羧酸盐 $In(O_2CR)_3$、醇盐 $In(OR)_3$ 和酚盐 $In(OAr)_3$，以及有关的阴离子配合物 $(InO_2CR)_4^-$ 或 $In(OR)_4^-$。但通常难以准确确定这些产物的组成，只能近似地表示为：$In(O_2CR)_2(OH)$，$In(O_2CR)(OH)_2$，$InO(O_2CR)$，等等，还能得到一些有机铟羧酸盐如 $R_2In(O_2CR)$ 和醇盐 $R_2In(OR)$。

3.18.1　羧酸盐

将新沉淀的 $In(OH)_3$ 溶于适宜的酸中（最好用回流），可制得中性的羧酸盐 $In(O_2CR)_3$ 晶体，而更普遍的是碱式盐 $In(O_2CR)_2\cdot(OH)$。无水醋酸与金属铟（甚至在回流条件下）的反应速度很慢。所以通常制备醋酸铟（可能以碱式盐形态）的方法是把 $In(OH)_3$ 溶于无水醋酸中然后析出结晶。从 $In(OH)_3$ 和 HCO_2H 也可制备碱式甲酸盐 $In(O_2CH)_n(OH)_{3-n}\cdot xH_2O$。通过回流氧化物与甲酸制得的甲酸铟(III)，它的红外光谱证明甲酸钢是通过两个氧原子共价地键合到铟原子，但不能推断单独的羧基是螯合到一个铟原子或是桥联两个铟原子。

人们对草酸盐已有较系统的研究。用 $InCl_3$ 和草酸的水溶液反应可制得水合草酸铟 $In_2(C_2O_4)_3\cdot nH_2O$，它受热分解。在含有过量草酸根离子的溶液中铟形成阴离子配位的草酸盐 $In(C_2O_4)_2^-$ 和 $In(C_2O_4)_3^{3-}$，而且已制得它们的盐类，例如 $NH_4In(C_2O_4)_2\cdot H_2O$ 和 $K_3In(C_2O_4)_3\cdot 3H_2O$。当草酸根离子不足时生成碱式盐 $In(OH)\cdot(C_2O_4)\cdot H_2O$。

3.18.2 β-二酮盐

铟能形成溶于乙醇和苯的三-β-二酮螯合物，其结构和铝、镓的同类螯合物相似。反应式如下：

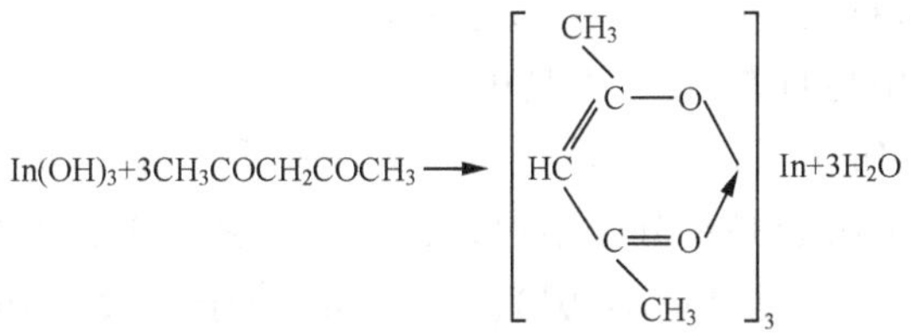

$In(C_5H_7O_2)_3$ 以单体溶于苯中，100℃以上真空升华。它是黄棕色结晶，熔点为186—187℃。有两种晶型，从 CS_2、CH_3OH 或 C_2H_5OH 溶液中结晶析出的是 α-型；从丙酮或乙酸乙酯中结晶析出的是带有 α-型的 β-型。

3.18.3 醇盐

铟和铝、镓等相似，都能形成醇盐，这些醇盐可以形成配合物，例如在过量的 Na(OR) 中能得到 $NaIn(OR)_4$。$In(OR)_3$ 溶于惰性溶剂中，与 $Al(OR)_3$ 相似，都为聚合物，其中 In 的配位数都是 4。

3.19 有机铟化合物

铟以+3 氧化态形成化合物 R_3In、R_2InX 和 $RInX_2$ 以及某些配合物。铟也以+1 氧化态(类似铊)形成一些衍生物 RIn。+3 氧化态的有机铟化合物的性质介于铝和铊的相应化合物之间，例如它们通过缺电子的 MCM 桥而缔合的倾向比有机铝化物为小，并且它们的 M—C 键也不易被含质子的试剂或不饱和化合物断裂。在 R_2MX 化合物中，M—C 键的活性减少顺序如下：Al＞Ga～In＞Tl。

3.19.1 三烷基和三芳基铟(R_3In)[1,3,5]

通过下列的几种方法中的任一种方法均可制得三甲基、三乙基、三丙基和三苯基铟：①铟与烷基汞反应形成相应的烷基铟，并通过蒸馏以分离汞；②$InCl_3$ 与烷基锂反应；③Grignard 反应，使用长链醚或苯以消除铟化合物和醚之间强配位键的形成。

三甲基铟(Me_3In)，mp. 88.4℃，bp. 136℃，是一种无色晶状，易溶于有机溶剂中。在 100℃，由铟和 Me_2Hg 反应制得。在蒸气状态或溶液中(如苯)，Me_3In 是单体，易聚合，水解后生成 $MeIn(OH)_2$，与稀的无机酸 HX 生成 InX_3，在空气中易自燃。

固体三甲基铟的结构是特殊的，它具有不对称的桥，即在晶体中它的三角平面分子能微弱地缔合成四聚体，在四聚体中金属铟被碳原子的一个变形三角双锥体所围绕。赤道 d_{In-C} = 2.06，2.12 和 2.15Å；轴向 d_{In-C} = 3.10，3.60Å。在 Me_3In 中平均的 In—C 键离解能是 163kJ/mol。

其他已知的铟的三烷基化合物都是单分子。三乙基铟（Et_3In）mp. 83—84℃（1.6kPa），在空气中易自燃，在苯中是单体。

三苯基铟（Ph_3In）mp. 208℃，从铟与二苯基汞反应制得，从氯仿中可成为无色针状结晶析出。Ph_3In 也是单分子结构。在晶体中它的分子微弱地缔合成链。

配合物 R_3InL（L 是 Lewis 碱）。典型的例子有 Me_3InNMe_3，mp. 66℃；Me_3InPMe_3，mp. 46℃；$Me_3InAsMe_3$，mp. 24℃。碱式配体比 Lewis 酸配体挥发性低和难被水解，氧化反应敏感性差，这些加合物比铝的类似配合物易离解。

3.19.2　二烷基和二芳基衍生物（R_2InX）

制备和性质可参考相应的镓化合物。

烷基铟在氧化和水解反应方面与镓的类似化合物表现出一些差别。较低的烷基铟在空气中能自燃，而较高的烷基铟易被空气氧化，Me_3In 在 −78℃ 时缓慢地被氧化成氧化物 $(Me_2In)_2O$ 和乙烷。在 20℃ 时，两个 In—C 键被水分子所断裂如下示：

$$Me_3In + 2H_2O \longrightarrow MeIn(OH)_2 + 2MeH$$

在 0℃ 时 Me_2InClO_4 在水溶液中仍然是稳定的（仅在几天后分解），对水合阳离子 Me_2In^+ 进行光谱研究指出 C—In—C 为线性骨架，这意味着 In(III) 是 5-或 6-配位 [$Me_2In(OH)_{3或4}$]。在 Et_3In 中尽管在 90℃ 时三个 In—C 键都被断裂，而在冷水中仅断裂一个 In—C 键。在乙醇中甚至在 70℃ Et_3In 也仅断裂一个键：

$$Et_3In + EtOH \rightarrow Et_2InOEt + EtH$$

乙酰丙酮与 Me_3In 反应可形成螯合物：

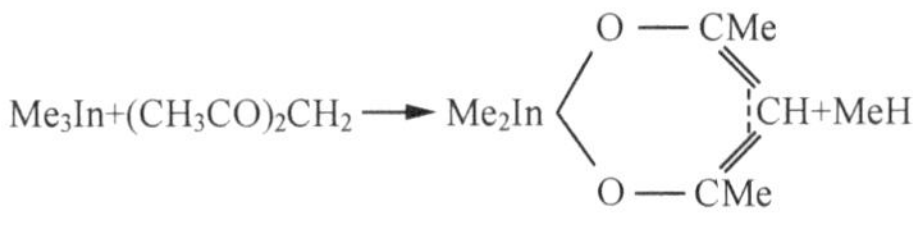

3.19.3　一烷基和一芳基衍生物（$RInX_2$）

某些一取代的有机铟衍生物可以通过质子裂解二烷基衍生物而制得。

$$Me_3In \xrightarrow{H_2O} Me_2InOH \xrightarrow{H_2O} MeIn(OH)_2$$

从 Et_3In 和 $(Me_2SnS)_2$ 反应可制得 $(EtInS)_n$，它不溶于水，可能是一种配位聚合物。

3.19.4 茂基铟(C_5H_5In)

茂基铟是铟在+1氧化态中唯一的有机衍生物,它是对湿气稳定对氧敏感的淡黄色晶状固体。C_5H_5In 是 C_5H_5Na 和 $InCl_3$ 之间反应的主要产物,在此反应中还生成少量的三茂基铟化合物 $(C_5H_5)_3In$,大约在高于160℃时分解成铟(I)化合物。茂基铟易被稀硫酸分解。在晶体中,它形成交替的茂基环和铟原子的曲折链,金属—环的距离为3.19Å,金属—金属间距离为3.99Å,在蒸气中通过电子衍射表明它的结构类似铊的同类化合物,为"半-夹心型"结构。

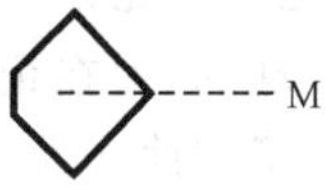

参 考 文 献

[1] Foster Dee Snell and Leslie S. Ettre,"Encyclopedia of Industrial Analysis",Vol. 14,518—562(1971).

[2] R. E. Kirk and D. F. Othmer,"Encyclopedia of Chemical Technology",3rd. ed.,Vol. 13,207—212(1981).

[3] J. C. Bailar Jr. et. al. (ed.),"Comprehensive Inorganic Chemistry",Vol. 1(1973).

[4] A. Speciatist peridical Report,"Inorganic Chemistry of The Main-Group Elements",Vol. 5,103—106(1975.10—1976.9).

[5] R. B. 赫斯洛普和K. 琼斯著,北京工业学院等译,《高等无机化学》中册,人民教育出版社,120—128(1981).

[6] M. F. Lappert,"Inorganic Chemistry" Series Two,Vol. 1,"Main Group Elements Hydrogen and Groups I—III",University Park press, 311—338(1975).

[7] Friedhelm Korte,"Methodicum Chimicum",Academic Press. Vol. 7,"Main Group Elements and Their Compounds",Part A, 211—214(1977).

8.4 铊

4.1 发现史

1861 年 Sir William Crookes 记载了铊存在的第一个迹象。他是在用分光镜寻找某一硫酸厂的废渣中的碲时发现的，他在记录中这样写着："突然一种亮绿色的线条闪入视域然而又很快地消失了。"他认为这种物料必定含有某种新元素。从光谱中绿色的光线联想起春天草木的颜色，所以他从希腊语 thallos（幼叶、嫩叶）称这种元素为 Thallium（铊）。他在其创办和编辑的杂志中宣告了这一新发现。而且大约同一时间（1862 年 3 月）法国化学家 C. A. Lamy 在另一硫酸厂残渣的发射光谱中也观察到这种绿色的线条。关于谁第一个获得这种单体元素是有争执的。尽管通常认为铊的发现者是 Crookes，而 Lamy 确是首先获得了一定数量的铊。

4.2 存在与分布

铊是一种稀散元素，地壳中铊的含量估计变动于 0.1－10ppm，但通常人们认为是 0.3ppm。在山岩、陨星和植物中也曾发现含铊。

Tl^+ 和 Rb^+ 的半径很相近，这一事实支配着铊的地球化学。岩浆含钾矿物（如长石和云母）的后期结晶中浓集了铊和铷。铊不仅存在于氧化矿物中，也是一种亲硫元素。它与汞、镉、铟和锗一起存在，也以很小的浓度分散于其他重金属的硫化物矿中，所以几乎所有工业用的铊都是从硫化物矿的冶炼过程作为副产品的回收物中提取。

有少数含铊矿物如红铊矿 $TlAsS_2$（59％ Tl），硫锑砷铊矿 $TlAs_2SbS_5$（30％ Tl），硒铊银铜矿 $(Cu, Tl, Ag)_2Se$（17％ Tl）和红铊铅矿 $(Tl, Ag)_2S \cdot PbS \cdot (As_2S_3)_2$，其中最重要的矿物是硒铊银铜矿。在为数众多的岩石和许多含铜的黄铁矿中也发现痕量的铊。

当进入硫化物矿时，两种相似的元素铟和铊由于半径方面的差异表现出很大不同。半径较小的铟通常取代在闪锌矿中的锌，而半径较大的铊取代在方铅矿中的铅。

铊在月球岩中的丰度大约是在地球岩中的 1/300 至 1/100。这归因于月球的增大前后由于高温挥发而损失。

4.3 生产与用途

4.3.1 生产

(1) 粗铊的提取

在硫酸生产过程中黄铁矿的焙烧，铅、锌生产过程中硫化铅矿和闪锌矿的焙烧，铊都作为一种副产物被回收。这是铊的主要的商品来源。在焙烧或熔炼的操作温度下，铊的化合物易挥发，通常以氧化物或硫酸盐的形态被收集在烟道灰中，其中铊的含量仍然很低。假如所含铊的化合物是可溶性的(硫酸盐，氧化物等)，进一步富集的方法是先用水或用稀酸沥取。否则，采用氧化焙烧，硫酸盐化或用碱处理可使铊转变为可溶性化合物，然后使铊作为 TlCl 或粗制的金属铊沉积出来。

(2) 提纯

1) 粗铊的纯化

粗铊常包含烟道灰中的其他元素，特别是 Pb、Zn、Ni、Cd、In、Ge、Se、Te 和 As。把铊溶于热的稀硫酸中，再稍稀释，然后滤掉 $PbSO_4$ 沉淀。也可把铊溶于热的稀硝酸中，然后加入稍过量的浓硫酸并加热直至冒出 SO_3 白烟，使 $TlNO_3$ 转化为 Tl_2SO_4，用水稀释后滤掉不溶性的 $PbSO_4$，处理过程中形成的少量 Tl(III)可用 SO_2 还原之。

用 HCl 把 Tl^+ 重复沉淀为 TlCl，继之以热的稀硫酸溶解以进一步提纯 Tl_2SO_4。纯化后的 Tl_2SO_4 溶液供电解制备铊。

2) 电解 Tl_2SO_4 制备铊

为了避免锌的阴极离析和 Tl_2O_3 的阳极沉积需用硫酸酸化亚铊溶液。为了抑制在沉积的金属中包裹铊的硫酸盐，必须充分稀释溶液。使用低的电流密度以便使离析的金属呈结晶状和尽可能的致密。在实验室里，将短的铂丝电极浸没在溶液中 1cm，密封在玻璃管内的阳极插入溶液至容器的底面上。阴极正好低于液体的表面。用一支狭窄的玻璃叉耙经常地把离析的铊从阴极移开。用纯的沸水冲洗后贮存，以便聚集到一定数量后熔化。

4.3.2 用途

硫酸铊作为杀鼠剂和杀虫剂已被对其他动物毒害较小的杀虫剂所取代。尽管人们正在探索铊的化合物在化学合成方面的应用，但目前对铊或铊的化合物还没有找到重要的商业出路。虽然某些铊的合金具有独特的性质，但由于毒性极大，限制了它们的使用。

下面简述金属铊及铊的化合物的一些用途：由 72%Pb，15%Sb，8%Tl 和 5% Sn 组成的轴承在质方面已超越由铅基合金制成的最好轴承。由银和铊制成的轴承合金具有高的耐久性和很低的磨擦系数以及良好抗酸性能，它在机械性能方面胜过 Ag/Pb 和 Gu/Pb 合金。由金-银-铊制成的轴承合金(25%—50%Au，25%—50%Ag，1%—40%Tl)有很高的抗腐蚀和很低的磨擦系数以及很高的耐久性能。

铅和含有 20%Tl 的合金在许多矿酸中的溶解度很小。因此在铜的电解中，使用由 70%Pb，20%Sn 和 10%Tl 组成的合金可作为不溶性阳极。

最独特的铊合金是能形成低共熔混合物的汞-铊合金(含 8.7%Tl，－59℃凝固，低于汞的凝固点大约 20℃)。即使在北极或同温层也很少遇到比－60℃更低的温度，所以人们认为这种合金可用于温度计，电键，锁合和密封等场合。

少量的铊加添到钨制白炽灯丝中，可延长灯丝的寿命。

氧硫化铊对红外很敏感，用氧硫化铊制成的光电池，其光谱的长波部分和在低强度照明方面都胜过硒光电池。

在测辐射热的仪器(半导体对电磁发射光谱的可见部分的记录仪器)以及在照相曝光、测量星球辐射信号系统、光学光度计上对温度的控制和调节等仪器中都已使用氧硫化铊光电池。

现人们已开始使用溴化铊(42%)和碘化铊(58%)的晶体混合物作为信号系统的红外辐射源。在硝基苯的生产中使用铊作为催化剂。铊添加剂可增大光学玻璃的折射率。

铊在医药上有治疗作用，但由于其同时也含有毒性，因而限制了铊化合物在医药方面的应用。

4.4 物理性质

铊的外观和性质与铅很相似。它是一种灰白的、密度大而软的、容易铸模和可塑的(甚至用手也可塑造)金属。新切开的铊具有灰白的金属光泽，在空气中立即变暗，变成象铅的蓝灰色。与空气接触几天后在表面上形成厚的氧化物壳层。但与铅不同的是，铊的氧化层会继续发展。

铊具有三种晶型：低于 230℃是六方密堆积晶格，230℃以上转化为体心立方晶格。在高压下形成面心立方型。这三种结构之间的三相点是 110℃和 30kbar。

铊的蒸气主要是单原子的，但像其他 IlIA 族金属一样，在石墨管状炉中加热至 2000℃时，铊的双原子分子蒸气发射出可见带状光谱。

表 8.1 列出了铊的一些物理性质。

4.5 化学性质

铊虽是第三主族元素，但与三价的硼，铝，镓和铟不同。铊的化合物是一价或三价，而以一价为最稳定。这可能是所谓“惰性电子对”效应的一种表现。对于铊来说，失去唯一的一个 $6p$ 电子形成铊(I)，比进一步失去 2 个 $6s$ 电子形成 Tl(III)更为容易。

铊是活泼金属，它的主要化学性质简述如下：

(1) 与空气、氧气和水的反应

铊在常温下在潮湿的空气中能很快被灰色的氧化亚铊所覆盖，100℃时 Tl_2O 变为棕色的 Tl_2O_3 薄膜。室温时氧气与铊反应生成两种氧化物(Tl_2O 和 Tl_2O_3)，而臭氧只生成 Tl_2O_3。铊不受绝对干燥的氧气、氮气和不含有空气或氧气的水所影响，而溶有空气或氧气的水会很快腐蚀金属铊成为氢氧化亚铊 TlOH。

(2) 与酸、碱反应

铊能溶于氢氟酸中，但由于其他一卤化铊难溶于水，所以除氢氟酸外，其他氢卤酸与铊作用很微弱。铊易溶于硝酸和浓硫酸，在稀硫酸中溶解较慢。铊不溶于碱溶液如苛性钠和液氨。

(3) 与其他试剂的反应

铊不与 B、C、Si 或 Cl_2 化合。在 600℃时能与氢气反应。原子氢被金属铊吸收形成不稳定的氢化物。在 620℃时铊蒸气和 N_2 或 NH_3 反应获得 TlN。通常温度下氟与铊激烈反应，但与其他的卤素反应缓慢。铊熔化时能与磷蒸气反应。与 S、Se 和 Te 反应也需要升高温度，产物随试剂比例不同而异。铊溶于汞，能与大多数的金属形成合金。

Tl(II)/Tl(I)和 Tl(I)/Tl 电对的标准电极电势：

$$Tl \longrightarrow Tl^{+} + e \qquad E^0 = -0.336 + 0.0591\lg[Tl^{+}]$$

$$Tl^{+} \longrightarrow Tl^{3+} + 2e \qquad E^0 = +1.252 + 0.0591\lg\frac{[Tl^{3+}]}{[Tl^{+}]}$$

在碱性溶液中的电势为：

$$OH^{-} + Tl \longrightarrow TlOH(s) + e, E_B^0 = -0.3445V$$

和

$$2OH^{-} + TlOH(S) \longrightarrow Tl(OH)_3(s) + 2e, \qquad E_B^0 = -0.05V$$

因此，只能用很强的氧化剂如 MnO_4^- 和 Cl_2 在很强的酸性介质中才能将 Tl^{+} 氧化成 Tl^{3+}。相反，在碱性介质中 Tl^{+} 是强还原剂。

4.6 核　性　质

铊有两种稳定的同位素(^{203}Tl 29.50%;^{205}Tl 70.50%)和多种放射性同位素。寿命最长的同位素样品^{204}Tl(β-发射体)是在 0.1M H_2SO_4 中以硫酸亚铊或铬酸亚铊形式掺合在银箔中。

表 8.21 中列出了半衰期超过 10 分钟的铊放射性同位素。

表 8.21　铊的核素[1)]

核素	质量[2)]	半衰期	衰变类型	制备
^{191}Tl	190.97265	10m	EC,β^+	^{182}W(^{14}N,5n);质子作用于 Hg
^{192}Tl	191.97258	11m	EC,β^+	^{181}Ta(^{16}O,5n);^{12}ConRe;质子作用于 Hg
^{193}Tl	192.97112	23m	EC,β^+	^{184}W(^{14}N,5n);质子作用于 Hg
^{194}Tl	193.97136	33m	EC	质子作用于 Hg,^{194}Pb 的子体
^{194m}Tl		32.8m	EC	质子作用于 Hg
^{195}Tl	194.96999	1.16h	EC,β^+	^{196}Hg(d,3n);质子作用于 Hg
^{196}Tl	195.97055	1.84h	EC	^{196}Pb 的子体,质子作用于 Hg
				^{197}Au(α,5n)
^{196m}Tl		1.41h	EC,IT	质子作用于 Hg,^{197}Au(α,5n)
^{197}Tl	196.96957	2.84h	EC	^{197}Au(α,4n);^{198}Hg(d,3n)
^{198}Tl	197.97046	5.3h	EC,β^+	^{198}Pb 的子体;^{197}Au(α,3n)
^{198m}Tl		1.87h	IT,EC	^{197}Au(α,3n)
^{199}Tl	198.96978	7.4h	EC	^{197}Au(α,2n);^{199}Hg(d,2n)
^{200}Tl	199.97096	26.1h	EC,β^+	氘作用于 Hg;^{197}Au(α,n);^{203}Tl(p,4n)
^{201}Tl	200.97074	74h	EC	^{201}Pb 的子体;氘作用于 Hg
^{202}Tl	201.971971	12.0d	EC,β^-	^{202}Hg(d,2n);^{201}Hg(d,n);^{203}Tl(d,t)
^{204}Tl	203.973868	3.773y[3)]	β^-,EC	^{203}Tl(n,γ)

注:EC,电子俘获;

IT 异构转化;

1) C. M. Lederer, J. M. Hollander and I. Perlman, "Tables of Isotopes," 6th ed., Wiley, New York (1968);

2) A. H. Wapstra and N. B. Gove, *Nuclear Data Tables*. 9,265(1971);

3) K. C. Jordon, J. H. Birden and B. C. Blanke. *J. lnorg. and Nuclear Chem*. 31,2641(1969).

4.7 毒　　性

铊的化合物是有毒的,亚铊的溶液有剧毒。人们已经研究过铊化合物对细菌、动物和人的毒性效应。从偶然的或治疗过程中吸收了含有铊的物质,会产生多种严重的或致命的后果。

硫酸铊对人致死量大约是 1.75 克。铊能会很快被胃或皮肤吸收;铊是一种累积性的毒物(每天只有3.2%被排泄)。在1—5天内就会出现中毒症状,它能引起胃肠和神经系统的紊乱。慢性中毒的征兆是:虚弱和极端的疼痛(多发性神经炎)和头发脱落。严重中毒则引起恶心、呕吐、腹泻、颤抖、极端的疼痛、虚脱、昏迷、痉挛甚至死亡(由于呼吸作用衰退,肺炎或循环失调)。铊中毒过的人类射线照相研究,由于铊存在于肝脏表现为肝的不透光性。

目前尚未弄清铊的毒性的生理机制,但研究已指出,在多种酶的活化作用中Tl(I)会取代钾离子。而且,Tl(I)对钾的活化作用亲和力比钾约大十倍。假如Tl(I)的毒性是由于与钾竞争的结果,那么铊(I)几乎会影响所有的人体组织。如神经系统、心血管系统、肝脏、肾和肠道等,只有血液可能不受伤害。近代应用铊的核磁共振谱(n. m. r.)研究Tl(I)对酶的结合作用。尽管只是初步的探索,但对于铊(I)对酶结构和活性的研究,有可能产生重要的突破。

人们曾建议铊在大气中的浓度极限为0.1mg铊/m^3。

铊主要从尿中排除。二巯基丙醇(BAL)和普鲁士兰(口服)是有效的解毒剂。盐酸青霉素也用作铊(I)的解毒药,而且比前述两种化合物的副作用小。

4.8 合 金

除Al、As、B、Fe、Mn、Ni和Zn在液态铊中具有有限溶解度外,铊能与大多数金属形成合金。已测定过二元,三元,四元合金的最低共熔点。表8.22列出了其中的几种。

表8.22 熔点低于100℃铊的最低共熔的二元、三元和四元合金

组成(%)						最低共熔温度(℃)
Bi	Cd	Sn	Pb	Hg	Tl	
49.1	18.2	23.4			9.3	95
46.5		14.0	28.0		11.5	93
55.2			33.3		11.5	91
44.3	11.0		35.8		8.9	81
				59.5	40.5	0.6
				91.3	8.7	−59

4.9 氢 化 物

4.9.1 铊(I)氢化物

(1) TlH

紫外光谱已发现在氢气中使铊蒸发可形成铊(I)氢化物。氢气在铜阳极和铊阴极之间通过放电产生的 TlH 可由光谱检出。铊与原子氢在 130℃反应也生成 TlH。在 TlH 分子中核间距是 1.870Å，TlH 键的离解能是 192.5±19.2kJ/mol。

$TlBH_4$ 在真空中加热至 40℃或通过不稳定 TlH_3 的分解可制得聚合 TlH。从 TlOEt 和二硼烷在乙醚中于－20℃时反应也可制得 TlH。

(2) $TlBH_4$ 和 $TlAlH_4$

从铊(I)化合物和四氢硼酸锂或四氢铝酸锂在乙醚溶液中的反应可制备配合物 $TlMH_4$。

$$TlOEt + LiBH_4 \xrightarrow[Et_2O]{20℃} TlBH_4 + LiOEt$$

$$TlClO_4 + LiAlH_4 \longrightarrow TlAlH_4 + LiClO_4$$

硼氢化物 $TlBH_4$ 只能缓慢地被水分解，所以能够从 $TlNO_3$ 和 KBH_4 的水溶液中制得，用乙醇和乙醚快速洗涤，可除去沉淀中的水。$TlBH_4$ 是白色固体，不溶于水，是强还原剂(例如它能从银盐中沉淀出金属银)。它是离子化合物(属 NaCl 晶格，a＝6.882Å)。

在水溶液中利用复分解反应可制备微溶的盐 $Tl_2B_{10}H_{10}$ 和 $Tl_2B_{12}H_{12}$。

4.9.2　铊(III)氢化物

$LiTlH_4$ 是最稳定的铊(III)的氢化合物。曾报道过有 TlH_3 和 $(TlH_3)_n$ 存在，但未得到证实。

(1) $LiTlH_4$

－15℃时 $TLCl_3$ 和 LiH 在乙醚中进行反应，然后把溶剂蒸出，可制得 $LiTlH_4$，产率为 27%。$LiTlH_4$ 是一种对湿气敏感的白色固体，高于 30℃则其迅速分解，生成 LiH、Tl 和 H_2。在 0℃的乙醚溶液中能保存几小时。稳定性的递减顺序(正如所预期的)为：

$$LiBH_4 > LiAlH_4 > LiGaH_4 > LiInH_4 > LiTlH_4$$

(2) $Tl(AlH_4)_3$ 和 $Tl(GaH_4)_3$

$TlCl_3$ 和相应的 $LiMH_4$ 在－115℃乙醚中生成难溶的 $Tl(MH_4)_3$。$Tl(AlH_4)_3$ 在生成时就开始分解，$Tl(GaH_4)_3$ 在－90℃分解。

$$2Tl(MH_4)_3 \longrightarrow Tl + 6MH_3 + 3H_2$$

(3) $TlCl(MH_4)_2$(M＝B,Al,Ga)

在－115℃乙醚中 $TlCl_3$ 与 AlH_3 或过量的 $LiBH_4$ 反应可生成高度不稳定和难溶的白色氯代化合物，－95℃它分解为 TlCl、H_2 和 B_2H_6 或 $(AlH_3)_n$。曾报道过化合物 $TlCl(AlH_4)_2$ 和 $Tl(GaH_4)_3$ 在高于－90℃两者都发生分解。

4.10 卤 化 物

铊(I)卤化物在空气中是稳定的无色(TlF,TlCl)或黄色(TlBr,TlI)的固体(某些物理性质见表 8.23)。TlF 易溶于水,其余的微溶于水。铊(I)卤化物以离子性占优势且水溶液为中性。TlF 具有扭变的 NaCl 型结构,这种扭变本质上是 Tl^+ 和 F^- 离子之间的静电作用引起的。在铊(I)卤化物中共价键的成分在以具有双层斜方结构的 TlI 中达到最大值。TlCl 和 TlBr 皆属于 CsCl 型结构。氯化物、溴化物和碘化物曝光变为灰色。人们已广泛地研究过它们的紫外吸收光谱,由光电离作用推导出来的离解能与用其他方法获得的数值很接近。

	TlF	TlCl	TlBr	TlI
离解能 (kJ/mol)	441.4±2.1	368.6+2.1	330.1±3.8	269.4+2.1

在卤化亚铊蒸气中,氟化物主要是由$(TlF)_2$组成的,氯化物,溴化物和碘化物在熔点时的蒸气中二聚体分别约占 5%,0.5%和 1%的。

在水溶液中卤化亚铊不完全离解。在高浓度卤离子存在下形成的阴离子 TlX_2^-,TlX_3^{2-} 和 TlX_4^{3-}。在 TlF-TlF_3 混合物的物相研究中已证实有几种混合氧化态的氟化铊。其他混合氧化态卤化物如 $Tl^I[Tl^{III}Cl_4]$,$Tl^I_3[Tl^{III}Cl_6]$,$Tl^I[Tl^{III}Br_4]$和 $Tl^I_3[Tl^{III}Br_6]$也已被研究。

三卤化物较不稳定,受热时失去卤素并易被湿气水解。三碘化物是一种亚铊盐。现人们已制得许多卤化铊(III)的配合物,尤其是与卤离子和与含氮或含氧给予体的配位化合物。

4.10.1 铊(I)卤化物

(1) 铊(I)氟化物

TlF 在水中的溶解度为 80%(重量%,15℃),在 HF 中溶解度为 580g TlF/100gHF(11.9℃)。将 Tl_2CO_3 加入 HF 水溶液中得到 TlF 溶液,将溶液冷却能析出 TlF 晶体,过滤(或蒸发至干),在铂坩埚中熔化(最好在氮气中)、干燥得到白色的 TlF。碳酸亚铊与 HF 气体反应也可制得无水的 TlF。

在晶体中每个 Tl 原子有六个邻接的 F 原子处在扭变的八面体中[四个近邻平均的 $d_{TlF}=2.58$Å 而两个远隔的(反位)$d_{TlF}=3.53$Å]。长键产生于两原子的厚层之间,说明薄片的特性。假定从离子键计算的晶格能为 724kJ/mol 与由 Born-Haber 循环所得到的晶格能 828kJ/mol 和从具有 $r=2.58$Å 的 NaCl 型结构计算的晶格能 812kJ/mol 相比较,说明由于 Tl^+ 离子的扭变在晶格能中大约有 88kJ/mol的损失。

表 8.23　TlX 的某些物理性质

	TlF	TlCl	TlBr	TlI
熔点(℃)	322	430.8±0.5	460.0±0.5	441.6±0.5
沸点(℃)	826±5	720	815	823(*β-TlI*)
密度	8.23	7.004	7.227(17.3°)	7.29(α),7.098(β,14.7)
溶解度,g/100gH_2O,(℃)	80g(15°)	0.325g(20°), 0.783g(50°)	0.05767(25°) 0.132(50°)	0.06g(20°), 0.035g(60°)
晶体结构	斜方	b.c. 立方	b.c. 立方	斜方
体系空间群	*Pm2a*			*Cmcm*
构型	扭变的 NaCl	CsCl	CsCl	
晶格常数(Å)	$a=5.175, b=6.092, c=5.488$	$a=3.8340$	$a=3.97$	$a=4.582, b=12.92, c=5.251$
摩尔数/单位晶胞,Z 原子间距,Tl-X(Å)	4			4
蒸气	2.0844	2.4848	2.6181	2.8135
固体,通常结构	2.58(×4),3.53(×2,顺式)	3.325	3.436	3.36,3.49(×4),3.83,3.87
NaCl 结构		3.15	3.29	3.47
压缩系数(megabar^{-1})		4.69×10^{-6}	5.26×10^{-6}	7.40×10^{-6}
热力学				
ΔH_f^0(kJ/mol,25℃),固态	−325.5±4.2	−204.14	−173.2	−123.8
ΔG_f^0(kJ/mol,25℃)	−95.69	−184.93	−167.36	−125.39
S^0(J/deg·mol,25℃)		111.25	120.5	127.86±0.21
C_p^0(J/deg·mol,25℃)		50.92		
升华热(成为单体)				
ΔH_{298}^0(kJ/mol)	142.7±0.4	102.1±0.8	136.0±0.4	139.3±0.8
分子的离解能				
(±2.1kJ/mol)	441.4	368.6	330.1	269.4
晶格能(kJ/mol)	828	711.7	692.9	672.8
相转化温度(℃)	81			169±2°,178±1°
介电常数(20℃)		31.9	29.8	30
折射率		2.20(730mμ),2.38(450mμ)		

在蒸气中二聚体$(TlF)_2$占优势，但也存在着单体、三聚体和四聚体。

在含卤配合物中最被熟知的是配位氟化物。其有两种主要类型：

(i) $TlF \cdot M^nF_n$：$TlM^{III}F_4$ 和 TlM^VF_6。

(ii) $2TlF \cdot M^nF_n$：$Tl_2M^{II}F_4$，$Tl_2M^{III}F_5$ 和 $Tl_2M^{IV}F_6$。

$TlM^{III}F_4$(M=B，Al，Ga，As，Sb，Bi，Fe)：

从 Tl_2CO_3 溶液或加热的 Tl 在 35%HBF_4 水溶液中能结晶析出 $TlBF_4$，通过在水溶液中重结晶可提纯 $TlBF_4$。低温形态的 $TlBF_4$ 是斜方的 $BaSO_4$ 型，并与 $CsBF_4$ 是同晶的。在 203—206℃时它转变为另一种多晶体。等摩尔的 TlF 和 $Al(OH)_3$溶于热的 HF 水溶液中，经结晶后生成很稳定的 $TlAlF_4$，它微溶于水，不溶于乙醇且熔化时不发生分解。用类似方法制备的 $TlFeF_4$ 与四方的 $TlAlF_4$ 是同晶的。

把 TlF 加到 AsF_3 中可制备 $Tl^IAs^{III}F_4$，反应是自发的，并可在 AsP_3 中重结晶。$TlAsF_4$ 极易吸湿。用同样方法可以制得 $TlGaF_4$。$TlAsF_4$ 的水溶液和熔融物的导电性研究指出它是离子型的(Tl^+ AsF_4^-)。在液态 HF 中加入等摩尔的两种组分氟化物，然后蒸出过量的氟化氢可制得 $Tl^ISb^{III}F_4$ 和 $Tl^IBi^{III}F_4$。

TlM^VF_6(M=P，As，Sb，V，Nb，Ru)

这些化合物的制备方法有以下几种：

1) 氟化的直接化合。如从 TlF 和 AsF_5 制备 $TlAsF_6$；

2) M_2O_5 在 HF 中和 TlF 反应。如 TlF 在液态 HF 中和 Nb_2O_5 反应；或 TlF 在 40%HF 水溶液中和 Sb_2O_5 或 V_2O_5 反应；

3) 复分解反应。在甲醇的水溶液中从 TlOH 和 NH_4PF_6 或 $TlClO_4$ 和 KPF_6 反应可制得 $TlPF_6$。化合物 $TlPF_6$ 与 KPF_6 是同晶型的，这说明了八面体 PF_6^- 的存在。

从 Tl_2CO_3 和$(NH_4)_2BeF_4$ 可制得 Tl_2BeF_4 并能在水中重结晶。它与 K_2SO_4 是同晶的。

在氟化氢中 TlF 和 $Al(OH)_3$ 反应可制备 Tl_2AlF_5，蒸发浓缩可得到无色针状的配合物。它溶于水，不溶于乙醇和乙醚，加热分解为 TlE 和 $TlAlF_4$。

Tl_2SbF_5 可用制备 NH_4^+，Rb^+和 Cs^+的相应盐的方法来制备。按组分比在稀 HF 水溶液中溶解 Tl_2CO_3 和 Sb_2O_3 并在 100℃结晶可制得 Tl_2SbF_5。它与含有正方锥阴离子的离子型化合物 K_2SbF_5 是同晶的。

$Tl_2M^{IV}F_6$(M=Si，Ti，Zr，Hf)

从 MO_2，HF 酸和 TlF 可获得这些氟配合物。

(2) 铊(I)氯化物

把氯离子(来自盐酸或某种可溶性金属氯化物)加到亚铊盐水溶液中即析出 TlCl。在水中重结晶或在氮气中蒸馏可使产物纯化。要制备高纯度 TlCl，最好使

用 Tl_2SO_4 和盐酸。把盐酸（0.25M）加到 Tl_2SO_4 溶液中（在 1.5 升沸水中加 30gTl_2SO_4）直至刚好出现沉淀为止。冷却后，用蒸馏水洗涤 TlCl 并真空干燥（120℃）。

氯化亚铊与氯化银相似，一经曝光就会变暗，但高纯的 TlCl 不受光的作用。氢能把它还原成金属。Hg 在 120℃以上，Zn 则在 TlCl 的熔点以上把 TlCl 还原为 Tl。TlCl 也不同于 AgCl，它几乎不溶于氨水，卤化铊（Ⅰ）在水中难溶并且不完全离解。

人们已测量过作为温度函数的纯 TlCl 和纯 TlBr 的温差电势率（275—400℃）。纯 TlCl 的温差电势率约为 −0.2mV/deg，加入 $PbCl_2$（0.01—0.5 摩尔%）后变得更负。

相图、电导测定和其他方面的研究证实了有许多 TlCl 的复盐存在。在表 8.24中列出了复盐生成的体系。

表 8.24　具有 TlCl 的二元体系

体系	化合物中 TlX∶X 比率	熔点（℃）	体系	化合物中 TlX∶X 比率	熔点（℃）
TlCl—$BeCl_3$	2∶1	458		3∶2	225（*n.c.*）[1)
	1∶1	368			
TlCl—$MgCl_2$	3∶1	—	TlCl—CuCl	2∶1	225（*n.c.*）
	1∶2	499	TlCl—AgCl	2∶1	252（*n.c.*）
TlCl—$CaCl_2$	1∶1	683	TlCl—$ZnCl_2$	3∶1	—
TlCl—$SrCl_2$	1∶1	569（分解）		2∶1	352
TlCl—$AlCl_3$	1∶1	297		1∶2	226
	1∶2	163（*n.c.*）	TlCl—$ZnSO_4$	1∶1	440
TlCl—$PbCl_2$	3∶1	397	TlCl—$CdCl_2$	1∶1	436
	1∶1	397（*n.c.*）	TlCl—$HgCl_2$	4∶1	—
	1∶2	427		1∶1	224
TlCl—$SbCl_5$	1∶1	—	TlCl—$MnCl_2$	1∶1	497
TlCl—$BiCl_3$	3∶1	413	TlCl—$FeCl_3$	2∶1	290
	2∶1	330（*n.c.*）		1∶1	283

1）*n.c.*，(non-Congruent)非同成分的。

（3）铊（Ⅰ）溴化物

在亚铊溶液（例如高氯酸盐，硝酸盐或硫酸盐）中加含溴离子的水溶液（例如 HBr 溶液）可析出 TlBr。用沸水煮解几次以纯化产物，然后吸滤、干燥，并把它贮存在暗的干燥器里。它在 1 大气压和低于熔点（460℃）时升华，也可在氮气流中蒸馏提纯。

溴化铊(I)呈黄绿色,见光变为暗灰色。溴能把它氧化成 $TlBr_3$ 而碘则与它产生 TlI 和 Br_2。浓硝酸可将它氧化成 $Tl_3[TlBr_6]$。

人们现已制备了 TlBr 与 $AlBr_3$(TlBr∶X=1∶1 和 1∶2),$PbBr_2$(3∶1,1∶1,1∶2),$BiBr_3$(2∶1),AgBr(2∶1),$CaBr_2$(1∶1)和 $HgBr_2$(1∶1)等复盐。

(4) 铊(I)碘化物

由于 TlI 在冷水中的溶解度低(例如在 10℃时为 0.036g/l),把计算量的碘离子(例如 KI 或 HI)加至可溶性的铊(I)盐(例如硫酸盐或高氯酸盐)溶液中可制得 TlI。用水洗涤并在 110℃干燥。应在红光下操作以避免光照分解。正如 TlCl 和 TlBr 一样,TlI 曝光时颜色的改变取决于沉淀的条件。

在大约 175℃或 4.7kbar 下 TlI 发生可逆的结构变化,即从较低对称性的斜方晶型变为亚稳态的红色的 8 配位数的立方晶型(CsCl 结构)。6*s* 和 6*p* 能级的混合伴随着铊原子从八面体或立方体场的扭变。对 TlI 两种晶型的电子光谱和磁化率的估算提出在低温时它的能级混合大约是 71%,而在对称性更好的红色立方晶型的能级混合低于 28%。

升高温度,TlI 将变为更加紧密的 CsCl 排布。TlI 受光照或 X 射线照射会发光。大约高于 160kbar 的压力时它表现出金属的导电性。

TlI 在稀盐酸和稀硫酸中稳定,但热稀的或冷浓的硝酸能使它分解。在液氨中它与钠反应生成 NaTl 和 $NaTl_2$。人们现已制得 TlI 与 PbI_2(3∶1,1∶1),SbI_3(3∶2)和 BiI_3(2∶1)的复盐。在水溶液中已制得 TlI_2^-,TlI_3^{2-} 和 TlI_4^{3-} 的碱金属盐和铵盐并已测定了它们的稳定常数。

正如 $KI+I_2$ 可以生成 KI_3,在减压下蒸发等摩尔的 TlI 和 I_2(在浓 HI 中)溶液可以制备 TlI_3。X 射线数据证明此黑色产物的分子式为 $Tl^+(I\text{-}I\text{-}I)^-$。

TlI 不溶于硫代硫酸钠溶液,也不溶于醋酸铵溶液。

(5) 铊(I)氰化物、硫代氰酸盐和硒代氰酸盐

利用可溶性的铊(I)盐(通常是硫酸盐或硝酸盐)和相应碱金属的拟卤化物生成沉淀物的办法可制得铊(I)拟卤化物 TlCN,TlN_3,TlCNS,TlSeCN,TlNCO,TlONC 和 $Tl_2(CN)_2$。利用 KCN 和 Tl^+ 型 Dowex-50 离子交换树脂上进行交换也可制得 TlCN。

1) 铊(I)氰化物

TlCN 在水中的溶解度是 28℃时在 100 克水中 16.8 克,用 CH_3COOTl 和 KCN 能够制得 TlCN 沉淀,因为两种反应剂和另一产物 CH_3COOK 比 TlCN 更易溶解。因此通常用重结晶法提纯。用离子交换法能得到高纯的 TlCN。TlCN 的水溶液呈强碱性。固体的密度是 5.96g/cm³。TlCN 是离子型的盐(CsCl 晶格),具有抗磁性。人们已研究过晶体的热力学性质和相转化。它与 AgCN 不同,不能

与氰离子继续反应。

2) 铊(I)硫代氰酸盐

把硫代氰酸根离子加到 Tl^+ 的水溶液中可产生 TlSNC 沉淀，且能从水中重结晶。

TlSNC 与 KNCS 是类质同晶(斜方晶型，$a=6.80$，$b=6.78$，$c=7.52$Å)，密度为 4.90(20℃)，磁化率 $X_{mol}=-66.7\times10^{-6}$。在紫外光下发出红紫色的萤光。它微溶于水(0.032g/l,20℃,91%离解)和甲醇。它的热力学性质列于表 8.25。

表 8.25 TlNCS 的热力学性质

状态	ΔH_f^0 (kJ/mol)	ΔG_f (kJ/mol)	S^0 (J/deg · mol)
固态	−28.4	−38.53	163
水溶液，标准状态，m=1	−81.80	−60.29	269.9
水溶液，未离解；标准状态，m=1	−69.41	−55.73	243.5

Tl^+ 与过量的 NCS^- 水溶液反应生成 $Tl(NCS)_2^-$ 和 $Tl(NCS)_3^{2-}$。它像其他硫代氰酸盐一样能被热的稀酸所分解(例如与盐酸反应产生 HSCN)。与溴和碘反应产生 $TlSCNX_2$。

3) 铊(I)硒代氰酸盐

在乙醇中 CH_3COOTl 和 KNCSe 作用能获得黄色的晶体 TlNCSe。它的密度为 5.64(20℃)；属离子型化合物。

(6) 铊(I)的含氰配体配合物

用 Tl^{III}，Fe^{II}，Ni^{II}，Pd^{II}，Cu^{I}，Ag^{I}，Zn^{II} 和 Cd^{II} 等能制得完好结晶状的氰配位 Tl^+ 盐如 $TlAg(CN)_2$，$Tl_2Zn(CN)_4$，$Tl_3Cu(CN)_4$ 等。从 $Tl_2O_3\cdot xH_2O$ 和 20% HCN 水溶液可制备 $Tl_2(CN)_4$。它是一种真正的配合物 $Tl^+[Tl^{3+}(CN)_4]$，溶于水而不发生分解。从 Tl_2CO_3 和 $K_2Ni(CN)_4$ 能制备橙色的 $Tl_2Ni(CN)_4$ 晶体，其有两种晶型。混合 Tl^+ 和 $Fe(CN)_6^{4-}$ 的水溶液，$Tl_4Fe(CN)_6\cdot 2H_2O$ 即沉淀析出。人们现已制得混合的铁氰化物，其中部分的 Tl^+ 能被 Ca^{2+}、Mg^{2+}、Sr^{2+}、Cu^{2+} 或 $[UO_2]^{2+}$ 所取代。

4.10.2 铊(III)卤化物

(1) 氟化铊(III)

在氟气、BrF_3 或 SF_4 的气流中，慢慢地加热铊(III)氧化物，达到 300℃时可形成白色的 TlF。TlF_3 可贮存在密闭的石英管中(在氟气下)。它的生成热是 −573kJ/mol，mp. 550℃(分解)。

晶态 TlF_3 是斜方的($a=5.8$，$b=6.97$，$c=4.84$Å)，密度是 8.65g/cm³。它的性质介于离子—共价键之间，TlF_3 与 β-BiF_3 是同晶型物，对湿气很敏感。

$$TlF_3 + H_2O \longrightarrow Tl(OH)_3 + 3HF + 35.1kJ/mol$$

在水溶液中氟离子对 TlF_3 不发生配位作用（与水中其他 TlX_4^- 离子的稳定性成对照）。在 TlF-TlF_3 体系中四个中间相出现含有非配位的铊阳离子：Tl_2F_3（$Tl_3^+Tl^{3+}F_6$），Tl_3F_5（$Tl_2^+Tl^{3+}F_5$），Tl_2F_4（$Tl^+Tl^{3+}F_4$）和 Tl_3F_7（$Tl^+Tl_2^{3+}F_7$）。相反，碱金属化合物 M_3TlF_6 含有分立的$[TlF_6]^{3-}$配位离子。在 HF 中，TlF_3 的溶解度随着 KF 浓度增大而几乎线性的增大，这是由于生成了弱的配合物。在液态 HF 中，$TlF_3(S)+F^- = TlF_4^-$ 其平衡常数是 1.3×10^{-2}。

（2）氯化铊(III)

把 Cl_2 通入近沸的 TlCl 在少量水中的悬浮液，形成固态的 Tl^I—Tl^{III}氯化物，它随后又溶解，继续通入氯气并在约 65℃ 蒸发浓缩，得到细的五色针状 $TlCl_3 \cdot 4H_2O$，使用亚硫酰氯能使它脱水变为 $TlCl_3$(mp. 155℃)。制备无水 $TlCl_2$ 的一种较简易的方法是往 TlCl 在乙腈的悬浮液中通 Cl_2。四水合物的 mp. 37℃，它在干燥空气中是稳定的且易溶于水(86.2g/100g 溶液，17℃)。近来曾报道过一种制备纯 $TlCl_3$ 的改进方法，即在密闭的管子里用 NOCl 氯化金属铊、TlCl 或 Tl_2CO_3 生成配合物 $TlCl_3 \cdot NOCl$，它在温和条件下分解成为 $TlCl_3$ 和 NOCl。

$TlCl_3$ 水合物是单斜晶体，无水的 $TlCl_3$ 属 YCl_3 晶型。当它完美有序时相当于省略$\frac{2}{3}$个阳离子的 NaCl 排布。

预期离析出的 $TlCl_3$ 是具有偶极矩为零的正平面三角形分子，它在二噁烷中的偶极矩 $\mu=1.93D$；在乙醚中为 2.04D；在苯中为 3.93D。这只能用配合物的形成来解释。具有氧的给予体的配合物是在预料之中，而在苯中的高偶极矩数值的原因尚不知道。

（3）溴化铊(III)

溴化铊在室温下不稳定，但在水溶液中或作为四水合物是容易制得的。把溴加入搅动着的干燥溴化亚铊在乙醇中的悬浮液，直至所有的固体溶解，即制得在乙醇中(或其他惰性溶剂中)苍黄色的 $TlBr_3$ 溶液。假如反应在水中进行或在 30℃ 浓缩溶液中可制得长的黄色针状的 $TlBr_3 \cdot 4H_2O$。它易溶于水。在真空中大约 18℃或在空气中大约 30℃发生分解，形成“二溴化物”$Tl[TlBr_4]$、水和溴。

它易与如卤离子配体反应也能和具有给体氮和氧的分子反应。

（4）碘化铊(III)

室温时不存在固态的或在溶液中自由的碘化铊。有人认为“碘化铊(III)”TlI_3 是过碘化铊(I)：

$$Tl^+ I_3^- \rightleftharpoons [I\text{-}Tl\text{-}I]^+ I^-$$

TlI_3 易丢失 I_2，它能溶于 $C_2H_4Br_2$ 和 $C_6H_5NO_2$ 中。

电动势和溶解度测定表明，在碘离子较广的浓度范围内 Tl^{3+} 被 I^- 还原为

Tl^+。在高的碘离子浓度情况下形成配合物 TlI_4^-;稳定常数 $\beta_4=(4.6\pm1)\times10^{35}$。形成配合物的趋势比氯化物和溴化物体系更强。

(5) 铊(III)的混合卤化物

1) 二氯氟化铊($TlFCl_2\cdot 3H_2O$)

Cl_2 通入 TlF 在氢氟酸中的溶液可制备二氯氟化铊。在 30—40℃时进行反应直至开始形成白色晶体并又溶解。降低温度再在氯气气流中蒸发溶液可得到二氯氟化物的晶体,在干燥器里用五氧化二磷干燥之。减压下使其脱水成为白色晶状粉末的无水 $TlFCl_2$,它易吸湿和溶于无水乙醇中。

2) 二溴氟化铊($TlFBr_2$)

采用制备二氯氟化物的方法制备 $TlFBr_2$。它能被水分解但吸湿性比 $TlFCl_2$ 较小,在真空中稳定。混合的氯溴化物可能是组分卤化物的混合物。

现已制得混合卤素的四卤铊(III)酸盐离子$[TlX_nY_{4-n}]^-$的盐,这里 X 或 Y=Cl,Br 或 I。化合物 $Tl_4Cl_2Br_4$,$Tl_4Cl_3Br_3$ 和 $Tl_4Cl_4Br_2$ 可能是六卤铊(III)酸的铊(I)盐。

(6) 氧卤化铊(III)和氧族卤化铊(III)

1) 氧卤化物(TlOF,TlOCl,TlOI)

1909 年 Geweche 发现在 40%HF 中的棕色氢氧化铊悬浮体在铂坩埚中经缓慢加热变为橄榄绿色的固体。把它放在浓 H_2SO_4 的上方脱水得到产物 TlOF。它的显著的易脱水性暗示这种产物可能是碱式氟化物(例如 $TlF(OH)_2$)而不是真正的氧氟化物。

因为铊(III)化合物在升高温度时倾向于分解,所以制备氧卤化物的最好方法是在相当低的温度下并选用强氧化剂。

TlCl 与 Cl_2O 在 4℃长时间反应可合成氧氯化铊。$TlBr_3^5$ 与臭氧反应可制得氧溴化铊。TlOBr 在 180℃分解产生 Tl_2O、O_2 和 Br_2。但没有关于氧碘化铊的报道。

$$\begin{cases} TlCl + Cl_2O \longrightarrow TlOCl + Cl_2 \\ TlBr_3 + O_3 \longrightarrow TlOBr + O_2 + Br \end{cases}$$

2) 氧族卤化物

铊(I)卤化物与 S 或 Se 在密闭管中于 180℃加热 30 小时进行反应,能制得氧族卤化物 TlChX(Ch=S,Se;X=Cl,Br,I)。最后用区熔法提纯。它们不溶于水和有机溶剂,遇碱和热的氧化性的酸发生分解。

4.10.3　含卤素配体的配合物

从第 4.5 节的标准电极电位已经知道在水溶液中 Tl^+ 远比 Tl^{3+} 稳定,$Tl^{3+}+2e \rightleftharpoons Tl^+$ $E^0=+1.25V(E_f=+0.77,1M HCl;+1.26,1M HClO_4)$。$Tl^+$ 离子对

pH 值不敏感而 Tl^{3+} 则即使在 pH1.0—2.5 时也很易水解为 $Tl(OH)^{2+}$ 和胶状氧化物，还原电位明显地依赖于溶液的 pH 值和配位阴离子的浓度。从上面 1*M*HCl 的电位可以看出，Cl^- 对 Tl^{3+} 的配位比对 Tl^+ 更强，因此它的还原电位下降。

(1) 铊(I)卤化物配合物

在含有高浓度卤离子的溶液中明显地有卤化铊(I)的配位阴离子形成，配位数很少超过 4。在二甲亚砜作为溶剂时，TlX 中小于 1％的 Tl 能形成各种配位阳离子和配位阴离子，但也有大量的离子对存在，这些配位离子的稳定常数列于表 8.26中。

表 8.26　卤化铊(I)的配位阳离子和配位阴离子的稳定常数

配合物	稳定常数	配合物	稳定常数
Tl_2Cl^+	1000	TlCl	180
Tl_2Br^+	370	$TlCl_2^-$	2300
Tl_2I^+	9	$TlCl_3^{2-}$	1460
Tl_3I^{2+}	74	TlBr	300
		$TlBr_2^-$	1000
		$TlBr_3^{2-}$	800
		TlI	73
		TlI_2^-	180
		TlI_3^{2-}	230

通过对铊(I)卤化物的溶解度测定和发光光谱的研究，在含氯化物和溴化物的水溶液中已检出了 TlX，TlX_2^- 和 TlX_3^{2-} 等。

用 Tl^+ 活化的碱金属卤化物能产生黄光，这是由于生成了卤阴离子，这类晶体磷光体已被用作闪烁辐射的检测器。

(2) 铊(III)卤化物配合物

在三卤化铊配合物中，给予体可以是阴离子(由一种卤离子产生四卤、五卤或六卤的铊酸盐(III))或中性分子(通常是具有氧或氮给体原子的有机分子)。含有机配体的三卤化铊配合物具有广泛的化学计量范围，但是配体分子的数目和配体的空间要求之间并不存在确定的相互关系。然而，中性的单齿配体 L 几乎都形成 TlX_3L_2。这样的配合物有五种可能结构：

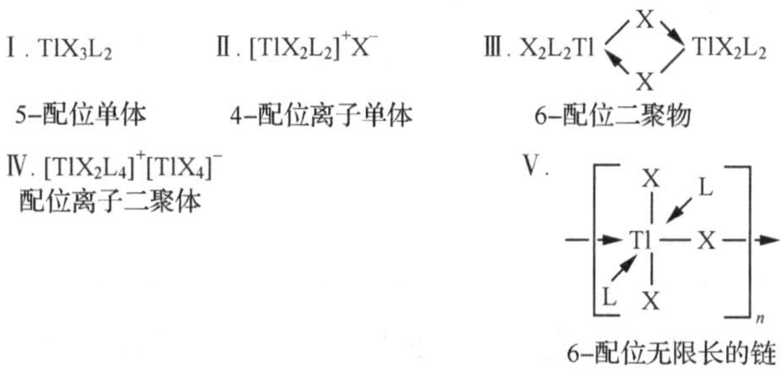

关于铊(III)的 4-和 6-配位的配合物研究现在已有不少报道，而关于 Tl^{3+} 的 5-配位的配合物研究近代也有一些专论。大多数铊(III)配合物可以在极性溶剂中采用经典的方法制备。在水溶液中由配体与卤化铊(III)直接作用可制得许多配合物。它们的振动光谱已有详细的研究。表 8.27 列出了铊配合物中 Tl-X 的振动频率。

表 8.27　铊配合物中 Tl—X 的振动频率

配合物类型	v(Tl—X)频率或范围(cm^{-1})			
	L	X=Cl	X=Br	X=I
TlX_4^{3-}		262,280(R)	153,161(R)	
		294	190,195	
		192,264(R)		
		230		
TlX_3L	Py		136,155,168,176	
TlX_3L_2	$(CH_3)_2SO$	298,309		
		293,314(R)		
	Py	224,253,268		
		247,256,272,281		
	$\frac{1}{2}$(bipy)	223,230,243,272		
		292		
		231,249,279,290		
		295		
	$\frac{1}{2}$(phen)	234,246,257,267		
		292		
		249,258,272,292		
		296,299		
TlX_3L_3	γ-pic	235,255		
	$\frac{1}{3}$(terpy)	248,285		
	$\frac{1}{2}$(pyrazine)	229,274,290		
$TlX_2L_3^+$	$\frac{1}{3}$(terpy)	270,277,308,318		138,150,186
$TlX_4L_2^-$	$\frac{1}{2}$(bipy)	212,235,267	<200	
	$\frac{1}{2}$(phen)	224,236,265		

在 $TlCl_3$ 的水溶液中有配合物 $TlCl^{2+}$、$TlCl_2^+$ 和 $TlCl_4^-$(除 $TlCl_3$ 外)存在，

表 8.28列出了它们的 Raman 光谱。这些是属于最稳定的金属与氯配体的配合物,例如 $TlCl^{2+}$ 的标准生成自由能是 42.68kJ/mol($TlBr^{2+}$ 54.39kJ/mol)。已制得固态配合物 $TlCl^{2+}$,$TlCl_2^+$,$TlCl_3$ 和 $TlCl_4^-$(通常还有含 O、N 或 P 的给予体)。$TlCl_3$ 与螯合配体生成含有八面体的铊的多聚体配合物。已知还有混合卤化物的配合物,其中 Cl 能部分地被 Br 或 I 所取代。例如已制得一系列 $Et_4N \cdot TlX_4$ 类型的四卤铊酸盐(X=Cl、Br 和 I)并可利用 X 射线粉末照相和各类光谱进行检定。

表 8.28 在水溶液中生成的铊(III)的各种氯配合物的拉曼光谱参数[1)]

种类	峰频率(cm^{-1})	半高峰宽(cm^{-1})	极化[2)]	相对强度
Tl^{3+}(aq)	445—455	—	—	—
$TlCl^{2+}$	327	64	p	2.5
$TlCl_2^+$	320	62	p	6.1
$TlCl_3$	313	43	p	10.0
$TlCl_4^-$	305	25	p	17.6
	81	48	dp	9.2
$TlCl_6^{3-}$	273	43	p	15.2

1) T. G. Spiro, *Inorg. Chem.* **4**(1965)731;

2) p,极化,dp,去极化。

人们现已制备了如 $Cs_3Tl_2Cl_9$ 和 $K_3Tl_2Br_9$ 等多核配合物;阴离子是由具有一个共用面的两个 TlX_6 八面体组成。这样的氯桥也说明了其他含氯配合物如 $TlCl_3 \cdot Py_2$ 的多聚作用。

1) 4-配位的配合物

为数众多的四氯铊(III)酸盐(包括 Tl(I)盐如 $Tl^I[Tl^{III}Cl_4]$)是母体酸 $HTlCl_4$ 的衍生物。用干燥的氯气作用于水合的 $TlCl_3$ 可制得液态的水合酸 $HTlCl_4 \cdot 3H_2O$。脱水即成为长针状的固体水合酸。它在潮湿的空气中易吸水。

在极性的有机溶剂中易制得季铵或季鏻四氯铊酸盐,例如 $TlCl_3$ 的乙腈溶液与适当的卤化四乙铵(反应物按 1∶1 摩尔比)形成 $Et_4N \cdot TlCl_3X$(X=Cl,Br,I)。产物经蒸发后便结晶析出。$[TlX_4]^-$ 离子(X=Cl,Br 或 I)在它们的盐中是四面体结构。混合型$[TlX_{4-n}Y_n]^-$(X=Cl,Y=Br,I 和 X=Br,Y=1)的电子吸收光谱证明它们也是四面体结构。

配合物 $MTlBr_4 \cdot 2H_2O$(M=NH_4,K 或 Rb)和 $CsTlBr_4$ 属同晶型,为对称 O_h^6 立方体,单胞含有 24 个分子。这些盐从两种溴化物的溶液中结晶析出。例如,浓的 RbBr 溶液与三溴化铊溶液作用可沉淀出铷的四溴铊酸盐 $Rb[TlBr_4]$。振动光谱证明这些化合物含有四面体的$[TlBr_4]^-$离子。

当有大的正一价阳离子如 R_4N^+ 或 R_4As^+ 存在时,容易得到固态的四碘铊酸盐配合物，例如用 NaI 可将 $TlCl_3$ 转化成 TlI_3，然后用三苯基甲基钟碘化物使 $[Ph_3(Me)As]^+[TlI_4]^-$ 沉淀析出。

2) 5-配位的配合物

现已制备了一些五氯铊(III)酸盐。例如，把过量的 EtNCl 加到 $TlCl_3$ 的乙腈溶液(3∶1 摩尔比)中，然后蒸发浓缩即可制得白色的 $(Et_4N)_2TlCl_5$ 晶体(250～255℃分解)。

人们也已制得具有氧给体原子(例如 Me_2SO，Ph_3PO)和氮给体原子(例如 C_5H_5N，邻-二氮杂菲)的配合物，但明确的五配位的例子不多。然而，$TlCl_3$-$(Me_2SO)_2$ 的全振动分析证实它是三角双锥形反式排布，$TlCl_3$(bipy)可能也是 5-配位的化合物。在固态中化学计量的 $TlCl_3Py_2$ 似乎是卤桥八面体的二聚体，但在丙酮溶液中是离子 $[TlPy_4Cl_2]^+[TlCl_4]^-$ 化合物。

3) 6-配位的配合物

已知一些六氟铊(III)酸盐(M_3TlF_6，M＝Na，K，Rb，Cs)。如其他六卤铊酸盐一样，它们含有分隔的八面体 $[TlX_6]^{3-}$ 离子。

现已制备了许多六氯铊(III)酸盐，但不能肯定它们是否都含有 $[TlCl_6]^{3-}$ 离子。振动频率 ν(Tl-X)通常是在 290～224cm^{-1}。从含有 Cl^- 离子和两种金属离子成适当比例的水溶液中已得到下面一些六氯铊(III)、酸盐 $Li_3TlCl_6 \cdot 8H_2O$，$Na_3TlCl_6 \cdot 12H_2O$，$K_3TlCl_6 \cdot 12H_2O$，K_3TlCl_6，$Rb_3TlCl_6 \cdot H_2O$，$Cs_3TlCl_6 \cdot H_2O$，$(NH_4)_3TlCl_6 \cdot 2H_2O$，$(NH_4)_3TlCl_6$ 和 $Co(NH_3)_6TlCl_6$。例如，浓缩 $TlCl_3$ 和 $KClO_3$ 的摩尔比为 1∶3 的混合物和过量的浓 HCl，直至析出 $K_3TlCl_6 \cdot 2H_2O$ 晶体。在减压下，约加热至 60℃，脱水生成无水盐。从 K_3TlCl_6 和 $[Co(NH_3)_6]Cl_3$ 水溶液中可制得 $[Co(NH_3)_6][TlCl_6]$。每摩尔的 $TlCl_3$ 与少于 3 摩尔的碱金属氯化物反应可得到钾、铷和铯的水合五氯铊(III)酸盐($M_2[TlCl_5 \cdot H_2O]$)。

4.11　氧化物和氢氧化物

4.11.1　氧化物

铊有四种氧化物，黑色的 Tl_2O，棕黑色的 Tl_2O_3，黑色的 Tl_4O_3 和棕紫色的过氧化物 TlO_2。

(1) 氧化铊(I)(Tl_2O)

隔绝空气加热氢氧化铊(100℃)或碳酸盐(370℃)即可得到 Tl_2O。在氮气氛中把碳酸盐在 700℃时加热能形成晶状的 Tl_2O。在颗粒状的铊上面通入空气和水蒸气也可制得 Tl_2O。

Tl_2O 的一些物理常数见表 8.29。

表 8.29 Tl_2O 和 Tl_2O_3 的物理性质

	Tl_2O	Tl_2O_3
晶体结构	菱形 $a=12.73Å$，$\alpha=15°45'$， $Z=2d(Tl—O)=2.19\pm0.005Å$	Mn_2O_3 型($D5_3$)每单胞 16 摩尔 $a=10.54Å$，d_{Tl-O}(平均)$=2.26Å$
密度	10.36	10.038(0℃)
熔点	596±3℃ 354±2℃发生多晶转变	716±2°(1 大气压的 O_2)
沸点	1080℃	1169℃
ΔH_f (kJ/mol)	−169.0±5.8	−394.6±3.3(298K)
$\Delta H_{原子化}$ (kJ/mol)	611(原子化)	
$\Delta H_{熔化}$ (kJ/mol)		14.6±4
$\Delta H_{气态}$ (kJ/mol)	5.0	376(1000K)
电阻率(Ω·cm)		约 10^{-4}

Tl_2O 具有吸湿性，与水反应能生成 TlOH。与酸作用生成盐，与醇作用生成醇盐。自然界中存在有 KTlO 和 RbTlO 两种混合氧化物。Tl_2O 可以任何比例溶于熔融的 B_2O_3 中(1200℃)。从 Tl_2O 和 Ga_2O_3(560℃，72 小时)可制得 $TlGaO_2$。用类似方法可制备 $TlAlO_2$。

(2) 氧化铊(III)(Tl_2O_3)

制备 Tl_2O_3 的方法有多种，如把过氧化氢加入碱性的铊(I)溶液中可制得 Tl_2O_3。最使人满意的方法是用 Cl_2 或 Br_2 氧化 $TlNO_3$ 溶液，再用碱使棕色的水合氧化铊(III)(约 $Tl_2O_3\cdot1.5H_2O$)沉淀，经脱水干燥得到 Tl_2O_3。Tl_2O_3 热分解为 Tl_2O 和 O_2，反应是可逆的，在 1000K 的反应焓变是 251kJ/mol。

$$Tl_2O_3(l) \rightleftharpoons Tl_2O(l) + O_2(g)$$

在表 8.27 中给出了黑色无定形 Tl_2O_3 的物理性质。Tl_2O_3 通常取 C—M_2O_3 结构(其中金属配位成二个扭变的共边八面体，氧则为正四面体配位)，但在 500—600℃和 65kbar 压力下形成具有刚玉结构的美丽的黑色晶体。它不溶于水而溶于矿酸、醋酸和草酸中并生成盐。Tl_2O_3 与 $AlCl_3$(24 小时，300℃)和 S_2Cl_2(475℃)反应可分别生成 TlCl 和 $Tl_3[TlCl_6]$。含有 Tl^{III} 的一些三元氧化物描述如下。

(3) 铊(I)-铊(III)的混合氧化物(Tl_4O_3)

在惰性气氛中加热 3∶1 摩尔比的 Tl_2CO_3 和 Tl_2O_3 的混合物在 450℃维持 18 小时，可制得混合氧化物($3Tl_2O\cdot Tl_2O_3$)。X 射线衍射研究指出具有晶格参数 $a=7.62$，$b=3.47$，$c=10.89Å$，$\beta=109.4°$的单斜对称(空间群为 C_{2h}^2 或 C_2^2)结构，每

单位晶胞有两个 Tl_4O_3 化学式单位。此化合物受光照时，0.5mm 长针状晶体的导电性增大约 10%以上。当光照停止后导电性立即回复至原有的数值。

(4) 过氧化铊(TlO_2)

在 20℃时用两个铂电极(电压 3—4V，电流密度 15—20A/dm^2)电解硫酸铊(Ⅰ)和少量草酸的水溶液可制得 TlO_2。从阴极取出棕紫色的 TlO_2，用水和乙醇洗涤，然后在真空中加热至 130℃干燥之。

TlO_2 不溶于水、碱和大多数稀酸。与稀盐酸和浓 H_2SO_4 作用能放出氧气。

4.11.2 氢氧化物

仅仅在没有氧气和二氧化碳存在的情况下，化学计量的 $Ba(OH)_2$ 和 Tl_2SO_4 作用可制得 TlOH 的水溶液。还原氧化铊的水合物也能获得 TlOH 水溶液。TlOH 溶液可作为制备其他铊(Ⅰ)化合物的原料，但不适用于制备游离的 TlOH 固体。在氧气存在下从金属铊和乙醇能制得固态的 TlOH。表 8.30 中列出了 TlOH 在水中的溶解度。

表 8.30 TlOH 在水中的溶解度

温度(℃)	0	18.5	29	32.1	40	54.1	78.5	99.2
溶解度(g/L)	25.4	34.3	39.8	41.1	49.5	65.0	103.3	148.2

TlOH 是淡黄色的针状晶体，室温时在空气中或在真空中变暗，受热分解为 Tl_2O 和 H_2O。25℃的生成焓是−238.9kJ/mol TlOH 溶液的拉曼光谱显示出它是离子化合物，电解时沉积出铊。

固体 TlOH 和它的水溶液易吸收氧气和二氧化碳。TlOH 溶液呈强碱性，冷时能缓慢地与玻璃作用。

往铊(Ⅲ)盐的水溶液中加强碱只生成氧化物 Tl_2O_3，显然不存在 $Tl(OH)_3$。但是$[Tl(OH)(H_2O)_5]^{2+}$和$[Tl(OH)_2(H_2O)_4]^+$可能存在于水中。

4.11.3 铊酸盐

铊(Ⅰ)酸盐可看成是二元氧化物，将 M_2O(M=K，Rb)和 Tl_2O 混合，加热至～550℃可制得红色单斜晶体的 KTlO 和 RbTlO。偏铊(Ⅲ)酸盐 $MTlO_2$(M=碱金属)也可用同样方法制备，它们具有 α-$NaFeO_2$ 结构。正铊(Ⅲ)酸盐只得到一种，是橙黄色的 Li_3TlO_3，它的制备需要在较高温度(800℃)加热摩尔比为 3∶1 的 Li_2O 和 Tl_2O_3。

其他多铊(Ⅲ)酸盐有 $M_4Tl_2O_5$、$M_2Tl_4O_7$ 和 $M_4Tl_6O_{11}$[M=Ag、Tl(Ⅰ)]，将 Ag_2SO_4 或 Tl_2SO_4 溶液加至含有 50%过量 NaOH 的 Tl_2O_3 溶液中，析出的沉淀就是上述多铊(Ⅲ)酸盐。曾报道过有 Li，Na，K，Mg，Ca，Sr，Ba 和 Fe 盐，但它们是

否都是真的多铊(III)酸盐,是值得怀疑的。

4.12 硫化物、硒化物和碲化物

4.12.1 硫化物

在铊-硫体系中,已被确认的硫化物有 Tl_2S、Tl_4S_3、TlS、TlS_2 和 Tl_2S_5。铊(I)硫化物 Tl_2S 和混合硫化物 TlS($Tl^+[Tl^{3+}S_2]^-$)是两种特征已很清楚的铊的硫化物。没有简单的硫化铊(III)Tl_2S_3。结晶学的研究也证实了多硫化物 TlS_2 和混合氧化态硫化物 Tl_4S_3 的存在。从多硫化铵和铊盐制得了多硫化物 Tl_2S_5,它有红色和黑色两种形态,此外已报道过的硫化物还有 Tl_2S_9 和 Tl_8S_7。

(1) 硫化铊(I)(Tl_2S)

H_2S 能从碱性亚铊盐溶液中沉淀出黑色的硫化铊(I)(表 8.31):

$$2Tl^+ + H_2S \rightleftharpoons Tl_2S + 2H^+ \ (25℃, K_c = 0.637)$$

Tl_2S 能溶于稀的矿酸中,但不溶于硫化铵。把组分元素混合并加热熔化也可形成硫化亚铊。如用干燥 H_2S 与乙醇中 Tl(OEt)反应能得到很细的活性很大的不含氧 Tl_2S。电导测定表明熔融态的 Tl_2S 具有相当程度的离子性。

表 8.31 Tl_2S 的物理性质

密度(g/cm^3)	8.39
熔点	448.5℃
熔化热(kJ/mol)	12.6
ΔH_f^0 (25℃)(kJ/mol)	−97.1
ΔG_f^0 (25℃)(kJ/mol)	−93.68±0.50
磁化率	-99.54×10^{-6}
导电性(s/cm)	
熔点时	1.75
771℃	33.8
溶解度(g/l,20℃)	
水中	0.215
0.02M H_2SO_4 中	1.451

Tl_2S 的层状结构类似于 PbI_2,仅有微小偏离。

在空气中 Tl_2S 易被氧化生成 Tl_2O 和 $Tl_2S_2O_3$。Tl_2O 又氧化为 Tl_2O_3。65℃时 Tl_2S 能被氢气缓慢地还原为 Tl 和 H_2S。在乙醇中与溴或碘反应生成 Tl_2SBr_4 或 Tl_2SI_4。现已制得复合硫化物 PbS · Tl_2S。有几种硫代酸的 Tl^I 盐也已制得,

例如 $Tl_3M^VS_4$(M=V,Nb,Ta)。

加热 Tl_2S 与 Se 和 Te 的混合物可生成铊(III)的衍生物 Tl_2SSe_2 和 Tl_2STe_2。用上述方法,可从 Tl_2Se 制得 Tl_2SeS_2 和 Tl_2SeTe_2。

(2) 硫化铊(I,III)

在抽空的 Pyrex 玻璃管中加热等摩尔的纯铊和重蒸馏过的硫可制得混合氧化态的硫化物 $Tl^I[Tl^{III}S_2]$。TlS 和 TeSe 的晶体结构表明有两种不同氧化态的铊原子存在因而支持了铊(I)-铊(III)硫化物的化学式。对它的化学性质的研究现尚未开展。

在密闭管中熔化组分硫化物可得到混合硫化物(例如 $Cu^ITl^{III}S_2$)。

Tl-S 相图指出没有二元硫化铊(III) Tl_2S_3 存在的迹象。在水溶液中 Tl^{3+} 和 S^{2-} 是不相容的。假如用硫化氢处理铊(III)盐溶液能立即沉淀出 Tl_2S-S 混合物。

4.12.2 硒化物和碲化物

对 Tl-Se 和 Tl-Te 体系的研究表明可生成下列化合物:Tl_5Se_3,Tl_2Se,Tl_2Se_3,Tl_5Te_3,Tl_2Te,TlTe 和 Tl_2Te_3。在密闭管中,将组分元素混合,加热至约 400℃可制备此类化合物。因为它们有令人感兴趣的并有潜在的用途,因此对它们的物理性质,尤其是电学性质已有详细的报道。Tl_2Se 半导体薄膜能用于整流器部件中。

硒化铊(I)具有四面体的结构,在晶胞中有十个分子(a_0 = 8.54Å,C_0 = 12.71Å)。Tl_2Te 的导电性随温度升高而增大,达到熔点时明显升高。这是因为在熔融状态,共价键形成一种链状结构,这些链的末端是电流的载体。熔融的 Tl_2Se 和 Tl_2Te 是半导体。许多工作者研究过液态半导体材料的电学性质(Jobbe 和 Regel 的评论中包括直至 1960 年出版的大多数论著),但大多数注意力集中于含硒和碲的体系。部分工作者研究过 Tl-Se 或 Tl-Te 熔融体系。两个体系都显示出在相应于 Tl_2Se 和 Tl_2Te 的组成时电导为极小值。在该组成处绝对温差电势率能改变它的符号。用电子散射模型可解释这些结果。

Tl_2Se 与卤素反应能生成 Tl_2SeCl_4、Tl_2SeBr_4 和 Tl_2TeI_4。

TlSe 的结构表明它的化学式为 $Tl^I[Tl^{III}Se_2]$。铊原子有两种氧化态。其中一组按四面体型式被四个硒原子包围,另一组则有八个邻近的硒原子。前者通过硒原子形成四面体的链共用对面的棱而连结在一起,而后者处于链之间的八配位之中。

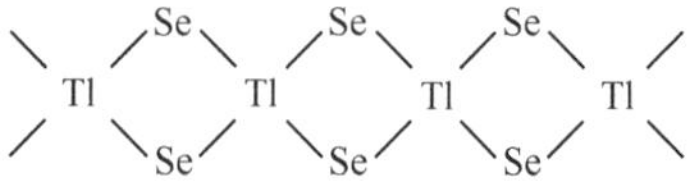

Tl 原子和它的八个相邻的 Se 原子之间的距离为 3.42Å，与在链中的 Tl-Se 原子间距离为 2.68Å，根据这一结果，人们提出了作为多聚阴离子$(Tl^{III}Se_2)_n^{n-}$ 的亚铊盐的化学式是$\{Tl^{I}[Tl^{III}Se_2]\}_n$。

人们已制得的三元化合物 MTlX(M＝Ag，Cu；X＝S，Se)、CuTlSe 和 AgTlSe 具有立方晶格。人们也曾制得几种其他铊(I)的复盐硒化物，例如 $Tl^{I}(Sb^{III}Se_2)$。

固态 TlSe 是一种半导体而且具有光电导性(图 8.12)。下列反应的 ΔG 随温度而变化。

$$\alpha\text{-Tl(固)} + \text{Se(六方)} = \text{TlSe(固)}$$

TlSe 的熔化热和升华热分别是 19.66 和 128.9kJ/mol。

TlTe 的结构比 TlS 或 TlSe 的结构复杂。它是 W_5Si_3 结构的取代物变体，晶体的空间群 $I4/mcm$，$a=12.95$Å，$C=6.18$Å。链长是 Tl—Tl＝3.52 和 3.72Å，Tl—Te＝3.42 和 3.56Å 以及 Te—Te＝3.09 和 3.38Å。

对于 Tl_2Se_3 化合物的存在人们曾有一些争论，但是 Tl_2Te_3 则已确证。并已确定了 Tl_2Te_3 和 Tl_5Te_3 的晶体结构。后者是具有 Tl—Te 和 Tl—Tl 二种相互作用的层状结构。Tl_2Te_3 是一种半导体，人们已详细地研究过它的电学性质。

熔化组成元素可制得一些三元的铊(III)的硒化物和碲化物(例如 $CuTlX_2$ 和 $AgTlX_2$，X＝Se 或 Te)。$CuTlSe_2$ 属黄铜矿结构。$AgTlTe_2$ 属四方晶格，其中每个 Ag 原子位于 Te 原子组成的四面体的中心，Te 原子位于由四个 Tl 和二个 Ag 原子组成的不规则三角柱的中心，Tl 原子位于由 Te 原子构成的立方体的中心(Tl—Te＝3.42Å)见图 8.13。

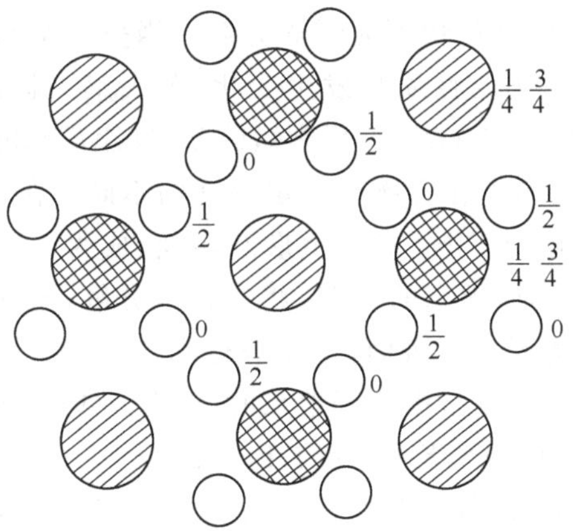

图 8.12 投影到底平面上的 TlSe 晶胞大圆画网纹的为 Tl(I)；大圆画平行线的为 Tl(III)；小圆为 Se。

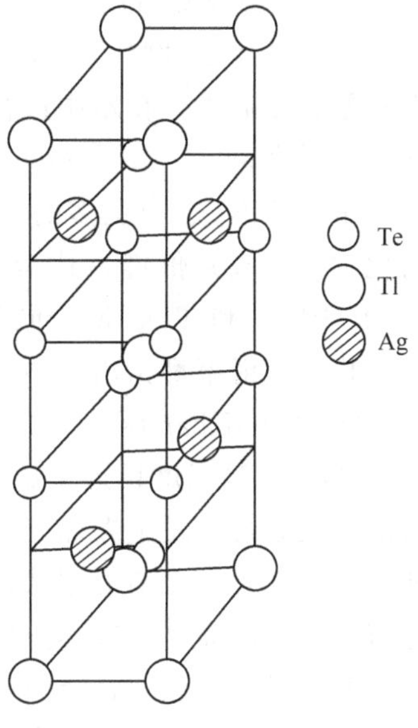

图 8.13 $AgTlTe_2$ 的四方状态结构

$AgTlSe_2$ 的结构是由 Ag 和 Tl 原子组成的平面三角形网，而六个 Se 原子构成的环位于离这些平面较远的空间（Tl-Se 距离为 3.11，3.20，3.77 和 3.84Å）。

4.13　氮化物、磷化物、砷化物和锑化物

铊(I)形成氮化物 Tl_3N 和叠氮化物 TlN_3。虽然有混合氧化态的叠氮化物 $Tl^{I}[Tl^{III}(N_3)_4]$存在，但是铊(III)既不形成氮化物也不形成叠氮化物。虽然文献中曾提到两种磷化物 TlP_3 和 Tl_3P，但是两者都没有得到令人满意的鉴定结果。有一种多磷化物 TlP_5，它是从 Tl 和 P 在 700—800℃加热制得。铊与砷、锑和铋则形成合金。前面曾描述过金属间的化合物 Tl_3Sb 和 Tl_7Sb_2。

(1) 氮化铊(I)(Tl_3N)

将等摩尔比的 $TlNO_3$ 和 KNH_2 分别溶在液态氨中，一经反应便析出黑色 Tl_3N 沉淀。

$$3TlNO_3 + 3KNH_2 \longrightarrow Tl_3N + 3KNO_3 + 2NH_3$$

人们试图用氨和 TlF、Tl_2O 或金属铊的反应来制备 Tl_3N，但都未成功。

像某些其他重金属氮化物一样（例如 Hg_3N_2），Tl_3N 具有爆炸性，它对含质子的试剂的活性影响很大。受震动、受热或与水或稀酸作用都会发生爆炸。

Tl_3N 可溶于 $TlNO_3$ 的水溶液和 KNH_2 的液氨溶液中（产物不知道）。它的化学行为人们尚未研究过。

(2) 叠氮化铊(I)(TlN_3)

把叠氮离子（例如 NaN_3）加到铊(I)盐（例如 TlOAc）的乙醇溶液中便沉淀出粉状叠氮化亚铊。在水中进行重结晶能获得黄色大颗粒晶体，然后用乙醇洗涤，在 50℃干燥之。

虽然 TlN_3 含有更多的氮，但是它比氮化物不易爆炸分解。当叠氮基与金属的化学键变成共价键占优势时，叠氮化物的性质将发生变化，令人感兴趣的是：NaN_3、RbN_3 和 TlN_3 属于同晶型。然而，在 TlN_3 中反常短的 Tl-N 距离和随方向而变化的折射率都指出 TlN_3 与纯粹的离子化合物有一定程度的不同。在 291℃或 29℃，6.65Kbar 压力的情况下，固态的 TlN_3 能发生形态转变，成为无扭变的 CsCl 结构。当温度接近于熔点（335℃）时，固态的 TlN_3 将慢慢地分解，而到液态时能很快分解且发生爆炸。固体的分解开始于表面，继续进行则在晶体所取的方向。这或许是与晶格的层状结构有关。在真空中低于熔点时 TlN_3 升华，370℃时分解，430℃爆炸。TlN_3 与卤素反应产生 TlN_3X_2（X＝Cl，Br，或 I）。

TlN_3 的生成热 $\Delta H = +233.5$kJ/mol，晶胞常数 $a_0 = 6.23$，$C_0 = 7.37$Å，晶格能为 684.1kJ/mol。对它的导电性，红外光谱，可见吸收光谱，光电导性和在溶液中离子的活度人们都已有研究。

(3) Tl_2N_{12}

在干燥器中,0℃时,$Tl(OH)_3$ 在氨溶液中可析出黄色针状的$(TlN_6)_n$。它可能是混合的铊(I)-铊(III)化合物 $Tl^+[Tl^{3+}(N_3)_4]$。受震动或经摩擦或受热都将导致爆炸。人们曾用电势测量研究过 Tl^{3+}-叠氮基配合物。$Tl^{3+}—N^-$ 和 $Tl^{3+}—N_3^-—Cl^-$ 的水溶液混合物的比色研究指出,在溶液中存在着$[Tl(N_3)_6]^{3-}$、$[Tl(N_3)_4Cl_2]^{3-}$和$[Tl(N_3)_2Cl_4]^{3-}$。

现已制得两种三元氮化物 Ti_3TlN 和 Zr_2TlN,前者具有 Ti_3TlC 结构,后者具有 Ti_2TlC 结构。

4.14 碳化物和硅化物

从未曾报道过碳化物和硅化物的存在。铊以可以忽略的程度溶于碳。液态铊和液态的硅同样是不可混合的。但是,有许多稳定的固态三元碳化物,Ti_3TlC,Y_3TlCx,Ce_3TlCx,Pr_3TlC,Nd_3TlC 和 Dy_3TlC,它们具有钙钛矿结构(在表 8.30 列出)。这些碳化物具有面心立方晶形,铊原子位于立方体的顶角,而过渡金属原子在六个面的中心并形成围绕立方体中心位置上的碳原子的八面体。另一类三元碳化物 Ti_2TlC、Zr_2TlC 和 Hf_2TlC 具有 Cr_2AlC(H-相)的结构,其中碳原子也被过渡金属以八面体的形式围绕着(在表 8.32 列出)。

表 8.32 铊的三元碳化物

钙钛矿结构		Cr_2AlC(H-相)结构		
化合物	a(Å)	化合物	a(Å)	c(Å)
Ti_3TlC	4.209	Ti_2TlC	3.158	13.98
Y_3TlCx	4.889	Zr_2TlC	3.36	14.79
Ce_3TlCx	5.096	HfTlC	3.32	14.63
Pr_3TlC	5.08			
Nd_3TlC	5.042			
Dy_3TlC	4.88			

4.15 含氧酸盐

4.15.1 第 VIIA 族含氧酸盐

通常用相应的酸和 Tl_2CO_3 或 $TlNO_3$ 或 Tl_2SO_4 的复分解反应制备卤素含氧酸铊(I)盐。有铊(III)的氯酸盐、溴酸盐、碘酸盐和高氯酸盐;高溴酸盐或许可以制得。但至今没有铊(III)的高碘酸盐。

(1) 氯含氧酸盐

从 TlOH,H_2O_2 和 ClO_2 可制得亚氯酸铊(I)$TlClO_2$,它在室温时能慢慢分解,加热则迅速分解。受撞击时发生爆炸。

氯酸铊(I)是由 TlOH 与 $HClO_3$ 反应制得的,它是单分子晶胞的菱形体($a=4.43Å$,$\alpha=86°20'$),与溴酸盐同晶型,空间群 C_{3V}^5,铊原子在每一个顶角,一个卤原子在体心,三个氧原子与在同一轴上的铊原子是等距离的。它的密度为 $5.50g/cm^3$,$\Delta H°_f=-93.7kJ/mol$,$\Delta G°_f=-35.6kJ/mol$,$S°=287.9J/deg\cdot mol$. $TlClO_3$ 在空气中是稳定的,受热时发生分解:

$$7TlClO_3 \xrightarrow{\triangle} 3Tl_2O_3 + TlCl + 6ClO_2$$

在 196℃时发生爆炸。

把 Tl_2CO_3 溶于高氯酸中或蒸发过量 $HClO_4$ 和 $TlNO_3$ 的溶液可制得 $TlClO_4$。高氯酸亚铊与 $KClO_4$ 具有相同结构。核磁共振谱指出高氯酸亚铊是高度离解的,但较弱的酸和 TlOH 生成的盐在溶液中则形成离子对。

高氯酸亚铊现已成为制备各种铊(I)配合物的原料。

将 Tl_2O_3 和 $HClO_3$ 的溶液蒸发,浓缩可结晶析出四水合氯酸铊(III)。利用 $TlClO_3$ 和 $AgClO_4$ 之间的复分解反应可制得高氯酸盐 $Tl(ClO_4)_3$。将 $TlClO_4$ 在高氯酸溶液中经阳极氧化则制得 $Tl(ClO_4)_3$。

(2) 溴、碘含氧酸盐

冷却 $NaBrO_3$ 和 Tl_2SO_4 的混合溶液,可结晶析出溴酸铊(I)$TlBrO_3$,其热力学数据是:$\Delta H°_f=-136.4kJ/mol$,$\Delta G°_f=-53.14kJ/mol$,$S°=168.6J/deg\cdot mol$。加热至 120℃以上,$TlBrO_3$ 可分解为 Tl_2O_3、Br_2 和 O_2。溶解度研究表明在水溶液中 $TlBrO_3$ 具有缔合作用。

当混合含有组分离子的水溶液时,便可沉淀出碘酸铊(I)$TlIO_3$(18—20℃在水中的溶解度是 $1.56\times10^{-3}M$)。热力学数据是:$\Delta H_f^0=-267.36kJ/mol$,$\Delta G_f^0=-191.88kJ/mol$,$S°=176.6J/deg\cdot mol$。至今尚未确证 $TlIO_4$ 的存在。

冷却 Tl_2CO_3 在 $HBrO_3$ 中的浓溶液,可析出白色吸湿性的溴酸铊(III)$Tl(BrO_3)_3$ 晶体。

有多种水合的碘酸铊(III),如 $Tl(IO_3)_3\cdot 12H_2O$,$Tl(IO_3)_3\cdot 15H_2O$ 和 $Tl(IO_3)_3\cdot 2H_2O$。

4.15.2 第 VIA 族含氧酸盐

几乎所有的硫的含氧酸铊(I)盐都已被制得。铊(III)能形成硫酸盐、碱式硫酸盐和几种复盐。铊(I)和铊(III)类似的亚硒酸盐和硒酸盐,以及硒代硫酸铊(I)也已被制得。

(1) 硫酸铊(I)

将 TlOH 或 $TlNO_3$ 溶于稀硫酸中可制得 Tl_2SO_4,然后可在水中重结晶、用乙醇洗涤并在 150—170℃干燥之。纯的硫酸铊(I)可用电解法制备。它主要是离子型的。它的一些物理性质列于表 8.33。

表 8.33 Tl_2SO_4 的物理性质

熔点(℃)	632
生成热(ΔH°_f)固态(kJ/mol,25℃)	−931.8
水溶液	−898.56
生成自由能(ΔG°_f)固态(kJ/mol,25℃)	−830.48
水溶液	−809.56
熵(S°)固态(J/deg·mol,25℃)	230.5
水溶液	271.1
晶格能(kJ/mol)	1719
晶体结构	正交的
转化温度(变为六方形的)	500±2℃
密度(D_4^{30})	6.765
溶解度(gTl_2SO_4/100g 溶剂)	
水(0.2°,15.6°,100℃)	2.7,4.3,18.5
介电常数(20℃)	25.5
磁化率(20℃)(cgs)	-112.61×10^{-6}
折射率	
n_α	1.8704
n_β	1.8778
n_γ	1.8964

硫酸铊(I)属于 D_{2h}^{16} 空间群,在它的斜方的单胞中含有四个化学式单位。它与铬酸铊、β- 硫酸钾和 β- 硫酸铷是同晶型的,加热(500℃,而 K_2SO_4 为 583℃)时转化为六方型晶体,其中或许有硫酸根的定向力障碍。

正如其他硫酸盐一样,室温时在接近饱和的硫酸铊(I)溶液中一部分离子会发生缔合,但是,拉曼光谱的频率表明。至少有一个水分子占据在金属离子和硫酸根离子之间。使用脉冲辐射分析技术,在 Tl_2SO_4 的水溶液中已证实有 Tl^{2+} 和 Tl_2^+ 离子存在。

在硫酸中 Tl_2SO_4 转化为具有两种多晶体(针状体,α 和片状体,β)的酸式盐。和 Na_2SO_4 类似,硫酸铊(I)与 BF_3 能形成 1∶1 的加合物 $Tl_2SO_4 \cdot BF_3$,其中阴离子中的氧原子是作为给予体

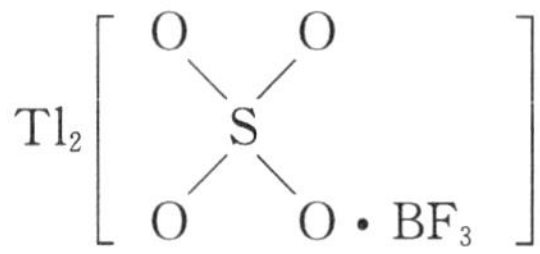

Tl_2SO_4 与一价、二价、三价的金属硫酸盐能生成许多复盐。同时也有混合的铊(I,III)硫酸盐。在10%硫酸中蒸发等摩尔的 Tl_2SO_4 和 $Tl_2(SO_4)_3$ 的混合物可制得 $Tl^{I}Tl^{III}(SO_4)_2$。Tl_2SO_4 与 SO_3 反应产生焦硫酸盐 $Tl_2S_2O_7$。电解 Tl_2SO_4 则产生过二硫酸盐 $Tl_2S_2O_8$。

也已制得含卤硫酸盐,如溴作用于 Tl_2SO_4 的水溶液产生浅黄色化合物 $Tl_2Br_2SO_4$,按推理它可能是 $Tl^{I}[Tl^{III}Br_2SO_4]$。

(2) 亚硫酸盐和连二亚硫酸盐

混合含有相应离子的水溶液可得到亚硫酸铊(I),(例如混合 Na_2SO_3 和 Tl_2SO_4 溶液)。它是一种白色的粉末,密度为6.42(19.8℃),在空气中稳定,微溶于水(3.23% Tl_2SO_3)。在强碱性溶液中它与NO反应产生二亚硝基亚硫酸盐 $Tl_2(NO)_2SO_3$。

把 SO_2 作用于金属铊可制得连二亚硫酸铊(I)$Tl_2S_2O_4$,也可用 $Na_2S_2O_4$ 从除去空气的 Tl_2CO_3 水溶液沉淀出 $Tl_2S_2O_4$。它是对空气敏感的固体。呈柠檬黄色,受热时分解为硫代硫酸盐:

$$3Tl_2S_2O_4 \longrightarrow SO_2 + Tl_2SO_4 + 2Tl_2S_2O_3$$

(3) 硫代硫酸铊(I)和连硫酸铊(I)

通常通过复分解反应制备硫代硫酸盐,例如使 $Na_2S_2O_3$ 和过量的 $TlNO_3$(或 Tl_2SO_4)反应制备 $Tl_2S_2O_3$;若 $Na_2S_2O_3$ 过量则产生 $Na[TlS_2O_3]$,用同样的方法可得到钾盐 $K[TlS_2O_3]$,乙醇能使 $M^{I}[Tl^{I}S_2O_3]$ 成为一水合物沉淀。

通过对水溶液中配合物的研究,Nilssion 证实有下列配位体存在:$[TlS_2O_3]^-$($\log K_1 = 0.86$),$[Tl(S_2O_3)_2]^{3-}$($\log K_2 = -0.14$),$[Tl(S_2O_3)_3]^{5-}$($\log K_3 = -0.54$)和 $[Tl_m(S_2O_3)_{m+2}]^{(m+4)-}$($m>2$)。$TlNO_3$ 对 $Na_2S_2O_3$ 的电导滴定也证实了它们的存在。从水溶液中已分离出化合物 $Na_4[Tl_2(S_2O_3)_3] \cdot 8H_2O$。Tl(III)能被硫代硫酸盐还原为Tl(I)。

通过相应的钡盐和铊盐进行复分解反应可制得连二和连三硫酸盐。$Tl_2S_2O_6$。在215℃以下是稳定的,但 $Tl_2S_3O_6$ 在20℃时就慢慢地分解。从 Tl_2O_3 和 BaS_4O_6-$H_2S_4O_6$(8∶1)可制备连四硫酸盐 $Tl_2S_4O_6$。

(4) 氨基磺酸铊(I)

可以用复分解反应来制取 $TlSO_3NH_2$。如可从钠盐和甲酸亚铊制得 $TlSO_3NH_2$。$TlSO_3NH_2$ 易从水中结晶析出,在139—140℃时熔化,但进一步加热则失氨经由亚氨基二磺酸盐 $HN(SO_3Tl)_2$ 分解为 Tl_2SO_4。

(5) 焦硫酸铊(I)和过硫酸铊(I)

加热 Tl_2SO_4 和 SO_3 可制得焦硫酸铊(I) $Tl_2S_2O_7$ 或 $Tl_2SO_4 \cdot SO_3$。电解 Tl_2SO_4 的硫酸溶液或与 $(NH_4)_2S_2O_8$ 发生复分解反应都可制得过硫酸铊(I) $Tl_2S_2O_8$,它在空气中很不稳定。易被过硫酸盐氧化。

(6) 硫酸铊(III)

Tl_2O_3 溶于稀硫酸中形成的硫酸铊(III)能被水分解并以碱式盐 $Tl_2(OH)_2(H_2O)_4(SO_4)_2$ 沉淀析出。它是含有 TlO_6 八面体的链状结构。

Tl_2O_3 在 45%—50%硫酸的溶液中能结晶析出酸式盐 $TlH(SO_4)_2 \cdot 4H_2O$。220℃时它分解为中性硫酸盐 $Tl_2(SO_4)_3$。Tl^{3+} 的硫酸基配合物比 Tl^+ 的稳定。

(7) 铊与硒的含氧酸盐

从 Tl_2CO_3 和相应的酸能制得中性和酸性的铊(I)的亚硒酸盐和硒酸盐。Tl_2SeO_3,能微溶于水,它和 β-K_2SO_4 一样为正交晶体,高于 630℃时亚硒酸盐能分解并放出 O_2,它能形成许多复盐。硒代硫酸铊(I)和硒酸铊(III)在制备和性质方面分别与相应的硫代硫酸盐和硫酸盐相类似。

4.15.3 第 VA 族含氧酸盐

(1) 氮的含氧酸盐

铊(I)和铊(III)都能形成亚硝酸盐、硝酸盐和连二次硝酸铊(I) $Tl_2N_2O_2$。

1) 亚硝酸铊(I)和连二次硝酸铊(I)

在减压下约 40℃时蒸发 Tl_2SO_4:$Ba(NO_2)_2$(1∶1)的水溶液可析出黄色的 $TlNO_2$。$TlNO_2$ 在水中的溶解度为:0℃,15.1%;20℃,28.7%;50℃,55.1%和 110℃,97.4%。它的结构是 CsCl 型且主要是离子型化合物。导电性测定表明其离解常数 $K=0.16$。对热的稳定性不如 KNO_2。大约在高于 120℃时它能从大气中吸收氧气,高于熔点(182℃)时则分解:

$$2TlNO_2 \longrightarrow Tl_2O + NO + NO_2$$

从亚硝酸铊和亚硝酸盐(Li,Ca,Sr,Ba,Cd,Hg,La,Ce,Pr 或 Nd 盐等)的混合溶液可结晶析出复盐。在具有配位阴离子的盐中如过渡金属的亚硝基配合物中,铊能取代碱金属。

通过铊(I)盐和连二次硝酸钠的复分解反应可得到连二次硝酸铊(I) $Tl_2N_2O_2$。

2) 硝酸铊(I)

金属铊或 Tl_2CO_3 溶于稀硝酸,然后蒸发、浓缩、结晶、在水中重结晶,或通过 Tl_2SO_4 和 $Ba(NO_3)_2$ 的复分解反应都能制得 $TlNO_3$。它是白色多晶型,约 300℃以下是稳定的。在真空中 800—900℃时它分解生成纯的 Tl_2O、NO 和 NO_2。固态 $TlNO_3$ 的红外光谱表明离子性占优势。但是晶格能指出它的某些共价特性比预料的稍高。在熔融物中 $TlNO_3$ 主要是以离子存在。

硝酸亚铊能大量地溶于水(见表 8.32),所以被用作为制备其他亚铊盐的原料,例如制备 TlCl,TlBr,TlI,$TlIO_3$ 和 Tl_2SO_4 等。

关于 $TlNO_3$ 的物理和热力学数据见表 8.34。

表 8.34　$TlNO_3$ 的物理性质

熔点(℃)	206
熔化热(kJ/mol)	9.58
沸点(℃)	430°
热容,C_p(273—345K)	10.95+0.04266T
密度(21.4 和 290℃)	5.555,4.74
溶解度,g/100gH_2O(0.65℃,15.40℃,	4.07,7.93,14.63
30.60℃,44.65℃,76.00℃,104.5℃(沸点))	24.98,91.93,593.9
(i)　(ii)	
转化温度(八面体→六方→立方)	(i)79℃,(ii)144.6℃
晶格能	~690kJ/mol
比电导	0.364—0.540s/cm

3) $TlNO_3$ 的配合物

在任何对称中,s^2 电子是 σ- 反键的,由于铊的 s^2 电子,使得铊(I)不易形成配合物。但是铊与尿素(TU)能形成 TlX·4TU 配合物(X 为单电荷的阴离子)。这些配合物,在近似四方棱柱体中,铊原子邻近有八个硫原子。在 $TlNO_3$·4TU 中 Tl-S 距离为 3.43Å,接近于 $Tl^I(Tl^{III}S_2)$中的 Tl-S 距离(3.3Å),因此把 Tl-S 键认为是静电引力占优势。但是 $Tl(phen)_2X$ 和 $Tl(bipy)_2X$(X 包括 NO_3,phen=菲绕林,bipy=联吡啶)的红外光谱表明给体 N 原于是四面体配位到中心铊原子上,其振动频率 ν_{TlN} 接近于 120cm^{-1}。

$TlNO_3$(或 TlCl)的水溶液能很快地与 $Co^{II}(CN)_5^{3-}$ 水溶液反应,生成独特的 $[(CN)_5Co\text{-}Tl\text{-}Co(CN)_5]^{5-}$。

4) 亚硝酸铊(III)和硝酸铊(III)

$Ba(NO_3)_2$ 和 Tl_2SO_4 在水溶液反应后,把滤出液用乙醚萃取,经蒸发除去乙醚便得到稻草黄色的 $Tl(NO_2)_3$。加热浓缩或减压都会引起 $Tl(NO_2)_3$ 分解。在大气中固体变为棕色,反应式为:

$$Tl(NO_2)_3 \longrightarrow TlNO_3 + N_2O_3$$

将溶有 Tl_2O_3 的热的浓硝酸溶液冷却,能沉淀出无色晶体 $Tl(NO_3)_3$·3(或 4)H_2O。在大气中或与水接触生成,$Tl(OH)_3$ 和 HNO_3,加热至 100℃生成 Tl_2O_3 和 HNO_3。它是一种强氧化剂。将氨加到经酸化的 $Tl(NO_3)_3$ 溶液(≥0.5$M$$HNO_3$)中能产生一种可溶于过量氨的白色沉淀。现还不清楚所形成的配合

物的性质，但它们受热后能分解为棕色的 Tl_2O_3 沉淀。电导测量已证实 N_2O_5 与 $TlNO_3$ 反应可得到一种白色粉末，它是离子性的 $NO^+Tl(NO_3)_4^-$ 配合物。

硝酸铊(III)可溶于像乙醇和 glymes(甘醇二甲醚 $MeO(C_2H_4O)_nMe$)的极性有机溶剂中。它已被应用于有机合成中作为“Oxythallating”(铊氧化)剂。例如，它与烯类或炔类能形成不必分离的有机铊中间产物，随后能转变成氧化产物(酮、醛、羧酸或酯)。由使用 $Tl(NO_3)_3$ 而产生的氧化作用(通常在甲醇溶液中，且一般作为酸性加工产物)有如下的实例：

PhC:CPh ⟶ PhCOCOPh　　PhCOMe ⟶ $PhCH_2CO_2Me$

RC:CH ⟶ RCO_2H　　R_2C:NOH ⟶ R_2C:O

PhC:CMe ⟶ $PhCHMeCO_2Me$　　PhCMe:CH_2 ⟶ $PhCH_2COMe$

EtC:CEt ⟶ EtCH(OH)COEt

5) 硫代亚硝酰铊(III)

在液氨中的四氮化四硫($S_2N_2 \cdot NH_3$ 也许应是 $H_2NSN{=\!=}S{=\!=}NH$)与在液氨中或在有机溶剂中的重金属盐反应，能生成不稳定的硫代亚硝酰铊(III)。硝酸亚铊能被转变为红棕色的 $Tl(NS)_3 \cdot \frac{1}{2}NH_3$ 而且 $Tl(NS)_3 \cdot \frac{1}{2}NH_3$ 在真空中48℃时也能生成 $Tl(NS)_3$。这种化合物极易受震荡或受热而爆炸，在沸水中它们转变为 Tl_2SO_3 和氨。

$Tl(NS)_3$ 的结构尚未弄清，可能和 $PbN_2S_3 \cdot NH_3$ 相类似，含有 TlN_2S_2 环。另一种组成颇为奇特的硫代亚硝酰 $Tl_3(NS)_8$ 是由乙醇中的 $S_2N_2NH_3$ 与过量的 $TlNO_3$ 反应得到的沉淀物。

(2) 亚磷酸盐、磷酸盐和有关的化合物

现已知有含一个或两个磷原子的普通含氧酸的铊(I)盐和几种不完全检定的偏磷酸盐。已知具有1,2,3和4个硫原于的硫代一磷酸盐。已制得几种胺基和亚氨基磷酸盐。铊(III)化合物仅限于 $TlPO_4$ 和 $Tl(PO_2Cl_2)_3$。

现已制得亚砷酸铊(I) $TlAsO_2$ 和 Tl_3AsO_3，砷酸铊(I) $Tl_nH_{3-n}AsO_4$ ($n=1-3$)，焦砷酸盐 $Tl_nH_{4-n}As_2O_7$ ($n=1,2$)和四砷酸盐 $Tl_4As_4O_{12}$ 以及砷酸铊(III) $TlAsO_4$。

从 Tl_2X-M_2X(X = S, Se, Te; M = As, Sb, Bi)相图研究已检出下列几种化合物。

1) 亚磷酸铊(I)

亚磷酸盐有吸湿性，易溶于水。它们的性质类似于相应的钠盐。在无水乙醇中用 TlOH 或 Tl_2CO_3 中和亚磷酸 H_3PO_3 可沉淀析出 TlH_2PO_3(mp. 30℃)。从 TlOH 和 H_3PO_3 的饱和水溶液中也得到 TlH_2PO_3。在空气中小于115℃是稳定的。同 $Na_2H_2P_2O_5$ 一样，加热二氢亚磷酸铊(I)可得到 $Tl_2H_2P_2O_5$，所以二者也许有相似的结构，即由 HO—P(O)H—OP(O)H—OH 而不是由 HO—P(O)H—P(O)(OH)$_2$衍生而来。

2) 连二磷酸铊(I)

从硫酸亚铊和相应的钠盐和钡盐进行复分解反应，可方便地制得 $H_4P_2O_6$ 的四铊和二铊盐。虽然二铊盐结晶较慢，但是二者均微溶于冷水。高于 200℃二铊盐分解并释放出 PH_3($Na_2H_2P_2O_6$ 的分解需要较高的温度)。

3) 磷酸二氢铊(I)

TlH_2PO_4 能以无水状态结晶析出，易溶于水。Tl_2CO_3 在化学计量的稀 H_3PO_4 溶液中一旦加入乙醇即沉淀出 TlH_2PO_4。晶体的熔点是 165℃，属单斜晶形。它能定量地分解成 $Tl_2H_2P_2O_7$(190℃)和 $TlPO_3$(440℃)。

Tl_3PO_4 仅微溶于水(15℃，0.50g/100ml)，可是由于晶体的开放式结构而使它具有吸湿性。Tl_3PO_4 的制法是煮沸 H_3PO_4 和 $TlNO_3$ 的水溶液，然后加入氨水以中和形成的酸。

4) 多核磷酸铊(I)

在 190℃加热可使 TlH_2PO_4 脱水生成酸式焦磷酸盐 $Tl_2H_2P_2O_7$，其熔点为 270℃。$Tl_2O—P_2O_5—H_2O$ 的相图研究已证明了 $TlH_3P_2O_7$ 的存在。从钠盐可以制得 $Tl_4P_2O_7$(溶解度 $2.07\times10^{-2}M$)。它有两种形态其转变温度是 265℃。极谱方法已证实多种 Tl^+ 的焦磷酸盐复合物(例如 $TlP_2O_7^{3-}$)的存在。

$Tl_2H_2P_2O_7$ 在 400℃完全变为一种高分子量的链状多核磷酸盐$(TlPO_3)_n\cdot H_2O$。骤冷$(TlPO_3)_n\cdot H_2O$ 的熔融体，将获得一种含有长链阴离子的玻璃体和少量环状的三聚和四聚偏磷酸盐。

5) 硫代磷酸铊(I)和胺基磷酸铊(I)

从 Na_3PO_3S、$Na_3PO_2S_2$ 或 Na_3POS_3 和 $TlNO_3$ 水溶液反应可制备硫代-磷酸铊(I) Tl_3PO_3S，TlH_2PO_3S，$Tl_2HPO_2S_2$ 和 Tl_3POS_3。硫代聚磷酸盐$(TlPS_3)_n$ 在水和酸中是稳定的，它可能是高分子量的共价多聚体。文献中已报道过 O,O-双取代的二硫代磷酸的铊(I)和二烷基铊(III)衍生物的制备方法和性质。

现已知的基磷酸盐有胺基-磷酸盐$(TlO)_2PONH_2$，亚氨磷酸盐 $Tl_4P_2O_6NH$，三聚和四聚偏磷酸盐。

6) 磷酸铊(III)

从 Tl_2O_3 和 H_3PO_4 可制备无水的 $TlPO_4$(350—400℃，一星期)。$TlPO_4$ 分子结构中铊按八面体方式被六个氧原子配位，每个 O 原子属于不同的磷酸根[d_{TlO}=2.02Å(2 个 O)和 2.28Å(4 个 O)]。它与 $InPO_4$、$VCrO_4$ 和 $CuCrO_4$ 是等结构的。$TlPO_4\cdot 2H_2O$ 的结构也已确定。

Cl_2O 与溶于 $POCl_3$ 中的 $TlCl_3$ 反应可制得二氯磷酸铊(III) $Tl(PO_2Cl_2)_3$。红外光谱表明三个 O_2PCl_2 的螯合基团以八面体形式围绕着每个铊原子。

4.15.4 第 IVA 族含氧酸盐

(1) 碳酸盐及其衍生物

铊(I)能形成碳酸盐、碳酸氢盐、三硫代碳酸盐和叠氮硫酸盐,而铊(III)则不能。已知有几种铊(I)(R_2NCS_2Tl)和铊(III)[$(R_2NCS_2)_3Tl$]的二硫代氨基甲酸盐已被制备。

1) 碳酸铊(I)和碳酸氢铊(I)

Tl_2CO_3 可以用实验室中制备碱金属碳酸盐的方法来制备,其物理性质见表 8.35。

表 8.35 Tl_2CO_3 的物理性质

熔点(℃)	272
转化温度(℃)	228
生成热,ΔH_f^0(kJ/mol)	−699.98
生成自由能,ΔG_f^0(kJ/mol)	−614.6
熵,S^0(J/deg · mol)	155.23
密度(g/ml)	7.16
磁化率(Xmol)	-101.4×10^{-6}
溶解度($gTl_2CO_3/100gH_2O$) (15.6,18,60,100℃)	4.0,5.2,11.7,22.4

使用氢氧化钡把热稀硫酸铊(I)溶液转化成为氢氧化物,滤液用 CO_2 饱和直至呈酸性。

$$Tl_2SO_4 + Ba(OH)_2 \xrightarrow[BaSO_4]{} 2TlOH \xrightarrow{CO_2} Tl_2CO_3 + H_2O$$

碳酸盐经冷却分离析出并在水中重结晶,于 105℃干燥之。它是无色、针状、具有明显的对映体转化点的单斜晶体。其他物理性质列于表 8.35。

水解后水溶液呈强碱性,是典型的强碱性碳酸盐。其溶液能溶解酸性氧化物,尤其在加热时(包括沉淀的 SiO_2)。在室温时 Tl_2CO_3 稀溶液吸收二氧化碳生成 $TlHCO_3$。它不溶于乙醇且不具吸湿性。在空气中直至大约 175℃还是稳定的。进一步加热会失去 CO_2;在 368℃时熔融物的离解压是 1atm。

碳酸亚铊与稀土碳酸盐能形成碳酸复盐:$2Tl_2CO_3 \cdot M_2(CO_3)_3 \cdot nH_2O$($n\approx0$ 或 6)。与 Th^{4+} 和 UO_2^{2+} 也能形成碳酸复盐。

2) 三硫代碳酸铊(I)

把 Tl^+ 的水溶液加到 $Na_2CS_3 \cdot 2H_2O$ 的溶液中能生成橙红色 Tl_2CS_3 沉淀。它在空气中 20℃时是稳定的,但一旦受热则很快分解为 Tl_2S 和 CS_2。除碱金属和碱土金属的硫代碳酸盐以外,它是较为稳定的硫代碳酸盐之一。

受热时在水中的溶解度(0.01g/l)减小。它可溶于许多极性和非极性的有机溶剂中。红外光谱表明其离子性占优势。它在室温时对强碱水溶液和有机酸是稳定的。与矿酸反应能生成相应的盐。在20℃它与氯气反应生成 TlCl 和 $TlCl_3$,与溴生成 TlBr 并也可与其他氧化剂反应。

3) 叠氮硫代碳酸铊(I)

由新制备的叠氮硫代碳酸水溶液和 Tl^+ 溶液反应能沉淀出极不稳定和易爆炸的化合物 $TlCS_2N_3$。它是黄色晶体,不溶于水和大多数的有机溶剂中,微溶于甲醇和乙酸。它与稀酸作用缓慢,如稀 HCl 和稀 HNO_3 但与浓 H_2SO_4 作用发生爆炸。

4) 二硫代氨基甲酸铊

铊(I)水溶液与二烷基或二芳基胺、二硫化碳和氢氧化钠反应能制得二硫代氨基甲酸铊(I):

$$R_2NH + CS_2 + Tl^+ + OH^- \longrightarrow R_2NCS_2Tl + H_2O$$

二丙基二硫代氨基甲酸铊(1)$(C_3H_7)_2NCS_2Tl$ 的晶体结构表明:它是由二聚体的单元构成的。每个二聚体的中心部分是以四个几乎共平面的硫原子和两个铊原子排列成扭变的八面体。

通过 $TlCl_3$ 和钠盐 R_2NCS_2Na 之间的交换作用能制得二硫代氨基甲酸铊(III)$[(R_2NCS_2)_3Tl]$。

(2) 硅酸盐和锗酸盐

慢慢地把溶于稀(2%)$NaNO_3$ 中的稀(2%)Na_2SiO_3 溶液加到(4%)TlOH 中能得到不溶性的偏硅酸铊(I)Tl_2SiO_3。从4%的 Na_2SiO_3 和11%。的 TlOH 可制备不溶性的黄色原硅酸盐 Tl_4SiO_4。

快速冷却融熔的硅酸铊(I)能生成一种超常规高度折射率和分散性的玻璃体,这种略呈绿色的玻璃体使人联想起黄玉 $Al_2SiO_4(OH,F)$。

加热高岭土和 Tl_2SO_4 能得到铝硅酸铊 $TlAlSiO_4$。从含有这两种阳离子的冻胶通过水、热可合成 $TlAlSi_2O_6$(或 $Tl_2O \cdot Al_2O_3 \cdot 4SiO_2$)。后者具有方沸石 $[NaAl(SiO_3)_2 \cdot H_2O]$ 型结构。

在800—1250℃和1atm或升高压力的情况下加热 Tl_2O 与 GeO_2 可制备锗酸铊 $Tl_2Ge_xO_{2x+1}$(x=2—7)。Tl_2O 和 GeO_2 为1∶1摩尔比的熔融物水解后生成 $Tl_3HGe_7O_{16} \cdot 4H_2O$,在650℃脱水变为 $Tl_2Ge_4O_9$,在高于700℃时,变成 $Tl_2Ge_6O_{13}$。人们曾用X射线粉末照相研究过 $Tl_2Ge_6O_{13}$、$Tl_2Ge_7O_{15}$、$Tl_3HGe_7O_{15}$ 和 $Tl_3HGe_7O_{16}$。现已制得具有烧绿石结构的锗酸铊,(III)$Tl_2Ge_2O_7$。

Tl(I)和锗或锡与 H_2S 的共沉淀能得到 $TlGeS_2$ 和 $TlSnS_2$。

4.16 有机酸盐及其衍生物

(1) 羧酸铊(I)

因为氢氧化亚铊是一种相当强的碱且易溶于水,故可用酚酞等常用的酸碱指示剂。任何一种酸的盐都可以在水溶液中通过滴定而制得。另一种方法是把 Tl_2CO_3 溶于适当数量的酸中,减压下蒸发,盐即沉淀析出。用类似的方法也能制备其他酸性物质,例如羟基酸、苯酚和 β-二酮类。用紫外光谱研究 Tl(I)的羧酸苯酚和 β-二酮类的衍生物表明,在这些衍生物中 Tl—O 键比类似的碱金属一氧键具有相当多的共价特性。

在非水条件下,也能制备羧酸的铊(I)盐。将乙氧基铊(I)加入以乙醚或乙醇等为溶剂的羧酸溶液中,可定量的制得羧酸的铊(I)盐。这些盐对光不敏感,无色,是具有明显熔点并稳定的固体。

1) 甲酸铊(I)

Brauer 以 Tl_2CO_3 或 TlOH 和甲酸反应制备了甲酸铊(I)。产物 101℃熔化而不分解,熔化后呈一种五色的流动的熔融体,密度(104℃)为 4.967。它具有吸湿性,易溶于水(10℃,500gHCOOTl/100gH_2O),在水中易形成高度流动的,无色、无味、具有高密度和十分稳定的溶液(10℃、20℃、50℃和 100℃的饱和溶液的密度分别是 3.31、3.40、4.10 和 4.76g/ml)。它难溶于乙醇但易溶于甲醇,可在甲醇中通过重结晶来提纯。

2) 乙酸铊(I)

可用氢氧化铊(I)或碳酸盐和乙酸的反应来制备乙酸铊,然后经蒸发和在乙醇中重结晶来加以提纯。加计算量的乙酸于乙氧基铊(I)的乙醇溶液中,乙酸铊(I)便沉淀析出。产物 131℃熔化,易溶于水。在溶液中它不完全离解。现把许多羧酸铊(I)配合物的稳定常数列于表 8.36。乙酸铊(I)与溴在乙酸中反应能形成 $CH_3COOTlBr_2$。

3) 羧酸铊(I)的合成价值

近代已发现羧酸铊(I)在有机合成中具有应用价值。例如,处理羧酸铊(I)与化学计量的酰基氯或芳酰基氯在乙醚中的悬浮液,然后过滤除去氯化铊(I),再蒸馏,除去乙醚,可定量地得到对称或非对称的羧酸酐。

$$RCOCl + R'COO^- Tl^+ \longrightarrow R\text{—}\overset{\overset{\displaystyle O}{\|}}{C}\text{—}O\text{—}\overset{\overset{\displaystyle O}{\|}}{C}\text{—}R' + TlCl$$

另一制备对称酸酐的方法是在室温时处理羧酸铊(I)与亚硫酰氯的乙醚的悬浮液,中间产物二酰基亚硫酸酯或二芳酰基亚硫酸酯会自发地失去二氧化硫:

表 8.36　羧酸铊(I)配合物在水溶液中的稳定常数

羧酸	$\log K_1$	离子强度
乙酸	−0.11	0
柠檬酸	2.82	—
酒石酸	1.39	—
3,4-二羟基苯甲酸	2.38	—
3,4,5-三羟基苯甲酸	2.55	—
$HSCH_2CH_2COOH$	0.44	—
$(CHSCH_2COOH)_2$	3.28	—
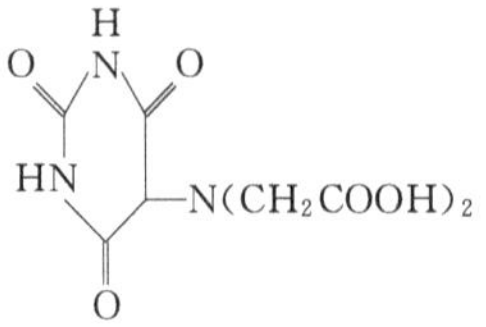	5.99	0.1
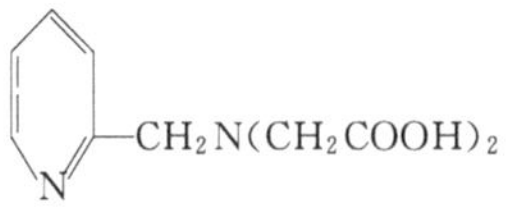	3.84	0.1
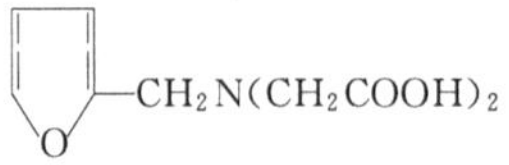	3.11	0.1
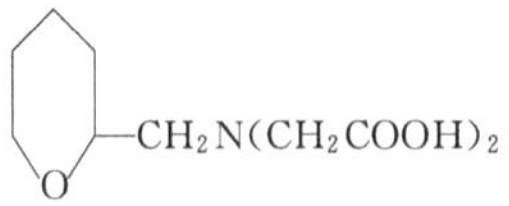	4.06	0.1
氮基三乙酸	4.74	0.1
乙二胺四乙酸	6.55	0.1
丙二胺四乙酸	3.90	0.1
戊二胺四乙酸	3.73	0.1
1,2-环己二胺四乙酸	5.84	0.1
1,2-环己二胺四乙酸	5.33	0.5
1,2-环己二胺四乙酸	6.7	0.1
二乙三胺戊乙酸	5.45	0.4
二乙三胺戊乙酸	5.94	0.1

$$2RCOO^- Tl^+ + SOCl_2 \longrightarrow [R\overset{\displaystyle O}{\overset{\|}{C}}O\overset{\displaystyle O}{\overset{\|}{S}}O\overset{\displaystyle O}{\overset{\|}{C}}R] \longrightarrow (R\overset{\displaystyle O}{\overset{\|}{C}})_2O + SO_2 + 2TlCl \quad (100\%\ 产率)$$

在经典 Hunsdiecker 反应的改良法中，用溴的四氯化碳溶液处理正链烷酸的羧酸铊(Ⅰ)易产生正烷基溴：

$$2RCOO^- Tl^+ + 3Br_2 \longrightarrow 2RBr + CO_2 + Tl_2Br_4$$

羧酸铊(Ⅰ)也能与烷基碘反应形成碘化铊(Ⅰ)和相应的酯：

$$RCOOTl + R'I \longrightarrow TlI + RCOOR'$$

(2) 其他酸的铊(Ⅰ)盐

甲醇铊(Ⅰ)，叔-丁醇铊(Ⅰ)，戊醇铊(Ⅰ)和三甲基硅醇铊(Ⅰ)都是具有扭变的立方烷结构共价四聚体，所以含有 3-配位铊。铊原子在四面体的顶角上。人们曾使用简单的拓扑学的等效轨函数近似法讨论过$(TlOR)_4$ 和其他四面体分子的电子结构。结论是铊原子之间没有成键。

乙醇铊(Ⅰ)能溶于大多数的有机溶剂中(包括烃类)，所以与乙醇钠不同，它能够被用于非极性溶剂中的均相碱催化反应。

乙醇铊(Ⅰ)能与许多酸性有机物形成铊(Ⅰ)盐，而产物作为中间体在广泛的多样性的有机合成反应中得到应用。例如室温时苯酚的铊(Ⅰ)盐的乙醚悬浮液用等摩尔量酰基卤或芳酰基卤处理，可得到纯的苯酚酯，其产率很少低于 97%。用同样方法可制备苯酚甲苯磺酸盐。苯酚铊盐中的 Tl—O 键经历的插入反应是共价金属一氧键的典型例子。

(3) 羧酸铊(Ⅲ)盐

从 Tl_2O_3 和沸腾的冰醋酸可制备乙酸铊(Ⅲ)，冷却时白色小片状结晶析出。它易水解并与乙酸铵形成复盐。乙酸铊(Ⅲ) 和其他的羧酸经温和的复分解反应可制得其他羧酸铊(Ⅲ)。$Tl(OAc)_3$ 和其他的铊(Ⅲ)化合物都是强的 Lewis 酸。例如它 是一种很有效的 Friedel-Crafts 催化剂：

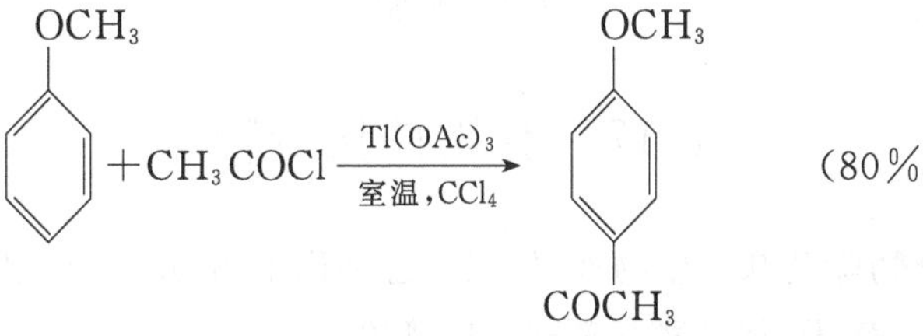

(80%)

人们已发现乙酸铊(Ⅲ)与溴反应能实现全部是对位的溴化作用，在此高度专一的亲电子反应中，溴-乙酸铊(Ⅲ)-芳香底物的复合物似乎是中间物。

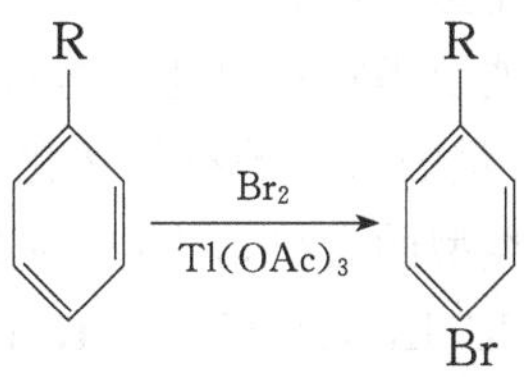

$Tl(OAc)_3$ 用于使 α- 二醇分裂，这说明了它的温和而有选择性的和非自由基的氧化性质。

$$Ph_2C(OH)C(OH)Ph_2 \xrightarrow[CCl_4]{Tl(OAc)_3} 2Ph_2C{=}O(84\%)$$

一种最通用的铊(III)反应剂是三氟乙酸铊(III)。它与芳香族底物反应(通常在室温)生成双三氟乙酸芳基铊(III),这说明它作为一种亲电子的试剂的显著反应活性。

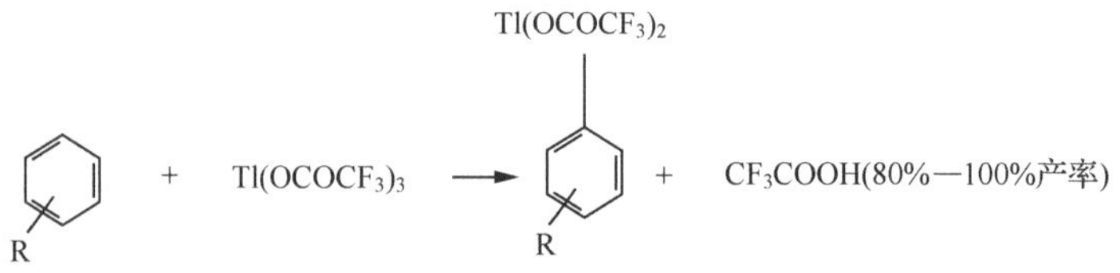

这些双三氟乙酸芳基铊(III)在各种取代的芳香化合物的合成中是通用的中间体。例如,在室温时它与碘化钾水溶液能产生芳香碘化物。用四乙酸铅然后用三苯膦处理可以容易地制得苯酚。应该注意到上述反应中任何一个都不需要分离出中间体双三氟乙酸芳基铊。在三氟乙酸溶液中能进行铊(金属)化作用,然后把适当的试剂直接加入反应混合物。

对芳香腈的合成也可利用双三氟乙酸芳基铊作为中间体,而在 D_2O 中用氘化铝锂或铝汞齐还原分裂时则导致底物特有的氘化作用。这些反应概括如下。

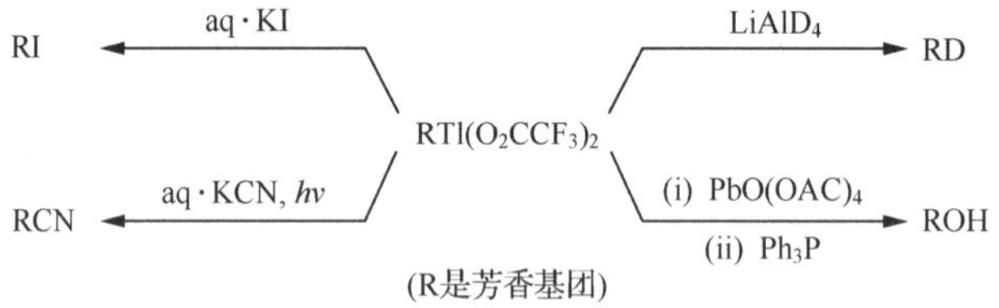

4.17　有机铊化合物

有机铊化合物除茂基衍生物外,仅三价态是稳定的,现已有人发现了短寿命的有机铊(I)和有机铊(II)化合物存在的一些迹象。

所有饱和的、不饱和的和芳基的铊衍生物都是晶状的,大多数是无色的具有敏锐的熔点,仅较低级的三烷基铊是液体。

以前,铊及其衍生物很少被使用在有机化学方面,然而,最近几年,活性的有机铊(III)的中间体已被应用于大量的特定的有机转化反应中。

概括起来,铊能形成下列类型的有机衍生物:少数几种铊(I)有机衍生物 RTl;大量的铊(III)有机衍生物,如 $RTlX_2$,R_2TlX 和 R_3Tl。其中最为人们所熟悉的是二烷基和二芳基衍生物 R_2TlX,它们对空气和湿气都稳定,犹如阳离子盐 R_2Tl^+。三烷基铊和三芳基铊 R_3Tl 对比之下则反应活性大得多,对热呈相对的不稳定。

对于一取代的化合物 $RTlX_2$，虽然不如其他类型的化合物那样广泛地被研究过，但是在某些有机反应中仍然是重要的中间体。

4.17.1 单有机铊(I)衍生物(RTl)

铊(I)能形成一系列有关金属茂基的化合物如 C_5H_5Tl 等，它是一种对空气稳定的黄色晶体，生成自由能 $\Delta G^0_{298}=177.0\pm2.1$kJ/mol。震荡 TlOH 与茂的水溶液时即沉淀出 C_5H_5Tl，在高度真空中大约 100℃时升华。它的微波谱表明是"半夹心面包片"对称陀螺 C_{5v}。结构，金属原子与茂基环的中心距离为，2.4Å，而金属—碳距离为 2.70Å。在晶体中，它形成 C_5H_5 单位和 Tl 原子交替的曲折链。它是从金属卤化物制备金属茂的一种有用的试剂，例如：

$$2C_5H_5Tl+NiBr_2 \longrightarrow 2TlBr+(C_5H_5)_2Ni$$

从烷基茂和 TlOH 能制备烷基茂基铊(I)RC_5H_5Tl，其对空气是敏感的。

人们曾企图制备简单的烷基铊(I)或芳基铊(I)RTl，现已告失败。苯基锂和氯化铊(I)反应能产生 Ph_3Tl 和金属铊(甚至在－78℃)，而 TlX 与 Grignard 试剂 RMgX 生成金属和二取代的铊(III)化合物 R_2TlX 或偶合反应的产物 R_2。RTl 也许是这些反应的中间体，然而如同在三烷基铊(III)或三芳基铊(III)R_3Tl 的热分解中，也形成金属和混合烃类。

4.17.2 单有机铊(III)衍生物($RTlX_2$)

三卤化铊或三羧酸盐与有机硼、有机汞或有机锡反应能制备 $RTlX_2$，例如

$$PhB(OH)_2+TlX_2+H_2O \longrightarrow PhTlX_2+B(OH)_3+HX \quad (X=Cl 或 Br)$$

过量的苯基硼酸会导致二苯基铊的生成：

$$2PhB(OH)_2+TlX_3+2H_2O \longrightarrow Ph_2TlX+2B(OH)_3+2HX$$

也可通过分裂二有机衍生物的一个 Tl—C 键来制备，例如

$$Me_2TlOAc+Hg(OAc)_2 \longrightarrow MeTl(OAc)_2+MeHgOAc$$

还可用羧酸铊(III)，最好用三(三氟乙酸)盐，使芳烃"铊化"而制备，例如

$$C_6H_6+Tl(O_2CCF_3)_3 \longrightarrow PhTl(O_2CCF_3)_2+CF_3COOH$$

或通过烯的"氧铊化"来制备，例如

$$Ph:CH:CH_2+Tl(OAc)_3+MeOH \longrightarrow MeOCHPhCH_2Tl(OAc)_2+HOAc$$

最后两种方法特别重要，用其可以直接合成有机铊化合物，这样更好地证明了有机铊化合物在有机合成中是有价值的中间体。

单有机铊(III)衍生物 $RTlX_2$ 是共价化合物，例如二氯苯基铊 $PhTlCl_2$，其熔点为 235℃(分解)，它作为单体易溶于许多有机溶剂中，在丙酮中它是一种非电解

质。它与碱金属化合物 MX（X＝CN，OH，CNS，N_3）反应形成衍生物 $PhTlX_2$，与 Lewis 碱反应形成加合物 $PhTlCl_2 \cdot L$。这些加合物在溶液中可电离。$RTlX_2$ 在含有氯离子的溶液中成形如$[PhTlCl_3]^-$和$[PhTlCl_4]^{2-}$的配位阴离子。在某些用于制备芳基碘的反应中，碘离子能分裂金属-碳键，例如

$$ArH + Tl(O_2CCF_3)_3 \longrightarrow ArTl(O_2CCF_3)_2 \xrightarrow{K_I} ArI + TlI$$ 将化合物 $RTlX_2$ 热分解可得到 RX（X＝CN 或 NCS）。

烯类的氧铊化反应[即 X_2TlY（通常 Y＝OR）加到烯上]是有用的，因为有机铊产物分解的残留物是一种氧化形态，例如像乙二醇、醛或酮：

$$Me_2C{=}CH_2 \xrightarrow[aq,HOAc]{Tl(OAc)_3} [HOCMe_2CH_2Tl(OAc)_2] \longrightarrow$$
$$Me_2CHCHO + Me_2C(OH)CH_2OH$$

在铊化阶段也许包含金属—烯 π-配合物，而在去铊化阶段也许包含碳鎓离子：

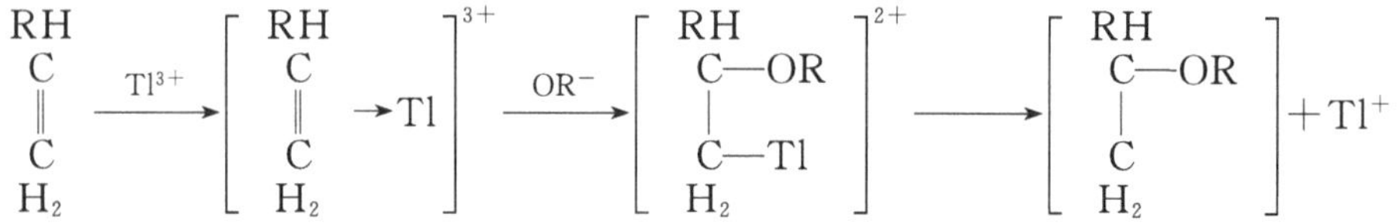

4.17.3　二有机铊(III)衍生物(R_2TlX)

各种有机金属化合物可用于制备稳定的二有机铊衍生物，其中有机锂化合物和 Grignard 试剂最常用来制备 R_2TlX：

$$2LiR + TlX_3 \longrightarrow R_2TlX + 2LiX$$
$$2RMgX + TlX_3 \longrightarrow R_2TlX + 2MgX_2$$

R_2TlX 是已知的有机金属化合物中最稳定的和具有最小反应活性的化合物之一。

三烷基和三芳基铊与“酸”（例如卤化氢、醇、茂、炔）反应生成相应的二有机铊化合物：

$$R_3Tl + H{-}Y \longrightarrow R_2TlY + HR$$

从金属铊与芳基重氮盐反应能制得二芳基铊(III)化合物：

$$[ArN_2]^+[BF]^- + Tl \longrightarrow [Ar_2Tl]^+[BF_4]^-$$

二有机铊卤化物 R_2TlX 是在 180—300℃范围内熔化（伴随分解）的晶状固体。表 8.37 列出了某些卤化物、硝酸盐和氰化物的熔点。R_2TlX 与盐类 MY（M＝Ag，Tl，Li，Na，K）反应能使其中阴离子组分得到取代，得到 R_2TlY。与潮湿的氧化银反应则得到氢氧化物 R_2TlOH，它是一种强碱，与酸 HY 同样能生成盐类 $R_2Tl^+Y^-$。它们的金属-碳键不能被空气或水氧化或水解而分裂，但它们能溶于水并电离成$[R_2Tl(H_2O)_n]^+$和 Y^-。当 R＝Me 时，溶液的拉曼光谱证实[Me—Tl—

$Me]^+$ 单元是直线型结构(TlC_2 对称伸展频率是 $498cm^{-1}$)，而直线的 $[MeTlMe]^+$ 单元是在晶态二甲基铊卤化物以及在许多其他的盐中存在的。在卤化物的晶体中，铊原子位于扭变的八面体中心，具有四个赤道配位的卤原子和两个轴向配位的甲基。弯曲的 MeTlMe 单元存在于二甲基铊卤化物 Me_2TlX、醇盐 Me_2TlOR、硫醇盐 Me_2TlSR 和氨化物 Me_2TlNR_2 的惰性溶剂溶液中，当采取二聚体结构 $Me_2TlXTlMe_2$ 时，金属原子有扭变的四面体配位。在对化合物 R_2TlX(X 是可能的双齿)和配合物 R_2TlXL(L 是单齿或双齿 Lewis 碱)广泛的研究过程中，已发现各种中间体的配位类型。如五氟苯基衍生物 $(C_6F_5)_2TlX$ 已被研究得很多。氢氧化物 $(C_6F_5)_2TlOH$ 则是包含三重桥 OH 基团和 5-配位金属原子的链状结构。

表 8.37 化合物 R_2TlX 的熔点

R \ X	Cl	Br	I	NO_3	CN
Me	>280	295	264—6	>300	275
Et	205—6	280	185—7	277	—
Pr	大约 200	188	183—5	348	—
Ph	>300	>290	—	—	318
C_6F_5	238—9	217—220	—	287—9	190

双五氟苯基铊溴化物与许多低价金属卤化物反应，能把五氟苯基基团转移到其他的金属上，在此过程中铊被还原为 Tl(I)，例如

$$(C_6F_5)_2TlBr + SnCl_2 \longrightarrow (C_6F_5)_2SnCl_2 + TlBr$$

$$(C_6F_5)_2TlBr + (Ph_3P)_2PdCl_2 \longrightarrow (Ph_3P)_2Pd(C_6F_5)_2Cl_2 + TlBr$$

不同种类 R_2^1TlX 和 R_2^2TlX 之间有机基团的交换是不容易发生的，如从含有阳离子 Me_2Tl^+ 和 Et_2Tl^+ 的盐的混合物所得到的质子核磁共振光谱表明并没有形成 $MeEtTl^+$ 的迹象。但是用分步合成法能制得混合型的 R^1R^2TlX，例如

$$PhTlCl_2 + p\text{-tolylB}(OH)_2 + H_2O \longrightarrow$$
$$Ph(p\text{-tolyl})TlCl + H_3BO_3 + HCl$$

通过下列类型的反应铊能插入有机环中：

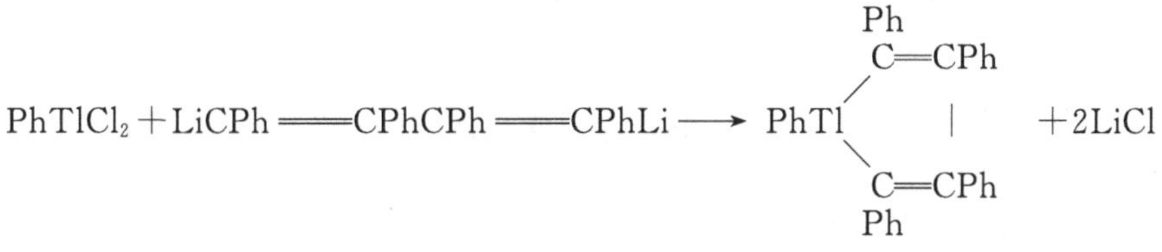

4.17.4 三有机铊(III)衍生物(R_3Tl)

三烷基和三芳基铊的衍生物是较不稳定和活性大的物质。它们的合成需用高

度活性的有机金属试剂或 Grignard 试剂的四氢呋喃溶液(二乙基醚溶液的活性是不够的)。

在甲基碘的存在下,甲基锂作用于二甲基铊卤化物或碘化铊(I)能制得三甲基铊[(m. p. 38. 5℃),b. p. (外推)147℃]:

$$2MeLi + MeI + TlI \longrightarrow Me_3Tl + 2LiI$$

这个反应包括几个步骤,其包括 MeTl 的形成和立即歧化为三甲基铊和金属铊,后者具有很高活性,与甲基碘反应再生成 MeTl 和 TlI。

三甲基铊形成无色晶体,其中三角平面 Me_3Tl 分子之间有微弱的缔合以提高金属的配位数到 5(扭变的三角双锥体)。金属—碳链距离是:分子内部,2. 22,2. 30 和 2. 34Å;分子间,3. 16,3. 31Å。它具有挥发性(20℃时蒸气压约 666. 6Pa),易溶于醚和苯中,对光敏感,除非贮存于黑暗中否则表面会沉积出一层金属的薄层。大约在高于 90℃时,它易分解且发生爆炸。

从 EtLi 和 EtTlCl,从 EtLi,EtBr 和 TlCl,或从 EtMgBr,EtBr 和 TlCl 在四氢呋喃中反应都能制得三乙基铊。它的熔点为−63℃,沸点(外推)为 192℃,它是亮黄色液体,当冷却至−196℃其颜色褪为无色。它具有微挥发性(43℃蒸气压 1mmHg),在高于大约 125℃时很快分解。

三异丁基铊在 75℃蒸气压为 1. 6mmHg,呈苍黄色,是一种对光敏感的液体。

三苯基铊可从 PhLi 和 Ph_2TlBr 反应制得,熔点 169—170℃,在烃溶液中以无色针状结晶析出。它在高于熔点时分解为金属和烃,包括联苯。它与汞反应产生铊汞齐和二苯基汞。它与像苯甲酰氯这类活性氯化物反应,以一个苯基交换卤素而形成 Ph_2TlX。

三烷基和三芳基的交换反应比二烷基和二芳基更易发生。例如,室温时 Me_3Tl 和 Et_3Tl 在二氯甲烷或甲苯的溶液中反应,从 ^1H 核磁共振光谱的研究可以证实 Me_2EtTl 和 $MeEt_2Tl$ 的存在。

三烷基铊和三芳基铊的中性配合物 R_3TlL(L=Lewis 碱)也是已知的,三甲基铊对二乙醚的配位很弱它能很快地从乙醚溶剂中分离出来。现已知有晶状配合物 $Me_3Tl \cdot NMe_3$(mp. 约 0℃)和 $Me_3Tl \cdot PMe_3$(mp. 27—28℃),但它们在蒸气相中被相当程度地离解。IIIA 族元素的三甲基衍生物的 Lewis 酸度变化顺序为 B<Al>Ga>In>Tl。

参 考 文 献

[1] J. C. Bailar Jr. et. al. (ed.),"Comprehensive Inorganic Chemistry",Vol. 1(1973).

[2] A. G. Lee,"The Chemistry of Thallium",Elsevier,Amsterdam(1971).

[3] R. E. Kirk and D. F. Othmer,"Encyclopedia of Chemical Technology",2 ed.,Vol. 20,63—69(1969).

[4] D. T. Burns,A. Townshend and A. H. Carter,"Inorganic Reaction Chemistry"Vol. 2,"Reactions of The Elements and Their Compounds",Part B,444—450(1981).

[5] A. Speciatist Peridical Report,"Inorganic Chemistry of The Main-Group Elements",Vol. 5,106—108(1975. 10—1976. 9).

[6] M. F. Lappert,"Inorganic Chemistry"Series Two,Vol. 1,"Main Group Elements Hydrogen and Groups I-III",University Park Press,311—338(1975).

[7] Friedhelm Korte,"Methodicum Chimicum",Academic press,Vol. 7,"Main Group Elements and Their Compounds",Part A,214—222(1977).

[8] R. B. 赫斯洛普和 K. 琼斯著,北京工业学院等译,《高等无机化学》中册,人民教育出版社,120—128(1981).

8.5 镓、铟和铊的测定

5.1 镓的测定

(1) 络合滴定法

较重量法简便，适用于分析含镓量为 0.25－50mg 的合金，加入过量的 EDTA，用埃络黑 T 为指示剂，在 pH9－9.5 以 Mn(II)反滴定可以获得良好的结果[1]。但在多数情况下需利用萃取法或离子交换法使镓富集并与伴随金属分离。

(2) 比色分析法

罗丹明 B 是一种高灵敏度显色剂的碱性染料，与金属络阻离子形成离子缔合物，常用于稀有稀散元素的萃取比色测定，在 6*M*HCl 溶液中。Ga(III)与罗丹明 B 能生成玫瑰红配合物，然后可用苯-醋酸丁酯混合萃取剂萃取后进行比色测定，Fe(III)、Tl(III)、Au(III)、Sb(V)、Mo(VI)等元素能与罗丹明 B 反应妨碍测定。萃取前应加入 $TiCl_3$ 将上述元素还原为低价，即可消除其干扰。Ueda，Joichi 等[2]曾用亚甲基二甲苯酚兰与镓在 pH1.3－1.7 时生成紫色红 1∶1 配合物作分光光度测定，其最大吸收在 561nm，在 0.2－2.0μg/ml 范围内符合 Beer 定律。

(3) 电化学分析法

韩铠[3]以微分脉冲阳极溶出法测镓，探讨了苦杏仁酸中测镓的最佳条件，利用苯-乙酸乙酯萃取分离镓，以水反萃取的方法进行矿石中微量镓的测定，含镓 0.001%－0.004%试样的变差系数为 4%－10%。谭政之[4]报道了以示波极谱连续测定微量镓、铟的方法。铟、镓与溴邻苯三酚红(BPR)能形成电活性配合物，分别在 pH4.5－5.5 及 6.2－7.5 的醋酸钠介质中产生灵敏的吸附催化波，检出下限分别为 $2\times10^{-8}M$ 及 $1.4\times10^{-7}M$。试液于溴化钠-硫酸介质中用乙酸乙酯一次萃取分离后可达到铟、镓的连续测定，该法可用于岩石和土壤分析。最近俞薇华[5]等用荧光镓试剂离子选择电极作动力学分析测定痕量镓，详尽地讨论了用动力学方法测定镓的条件，测定下限可达 0.005μg/ml，测定纯铝杂质中痕量镓，可测出 1×10^{-5}%镓。

(4) 光谱分析法

对于发射光谱使用 294.4 和 287.4nm 的谱线可以检出 10^{-7}g 的镓，对更低含量的镓可使用 417.2 和 403.3nm 的谱线[6]。对原子吸收光谱法，在空气/乙炔火焰中镓 287.4nm 测定的灵敏度是 2.2μg/ml/1%，检出限是 0,1μg/ml。在氧化亚氮/乙炔火焰中镓 294.4nm 测定的灵敏度为 1.0μg/ml/1%。石墨炉原子吸收光谱法的检出限为 1×10^{-11}g,样品中加入过量铵盐可以消除许多干扰[7]。Gorlova, M·N. 和 Veller, N·D[8]曾报道了用原子吸收光谱法测定铝合金中的镓,混合样品 0.5g 和 50%(V/V)HCl30ml 和几滴浓 HNO_3,加热分解,将该溶液在氧化亚氮/乙炔火焰中原子化,并于 287.4nm 处测定吸光度,Ga 在小于 60μg/ml 校正曲线呈线性;若 Ga<0.2mg/g,则在 HGA-74 石墨炉中电热原子化。条件为在100℃干燥 20 秒,在 850℃灰化 30 秒,2600℃原子化 6 秒,Ga 为 0.01—0.05μg/ml 时校正曲线呈线性,但 Al>500μg/ml 干扰测定。韩恒斌和倪哲明[9]介绍了应用石墨平台技术的石墨炉原子吸收法测定土壤、地质和果叶样品中痕量镓的方法。黄崇艺[10]曾应用氧屏蔽空气/乙炔火焰原子吸收光谱法测定了铁矿石及冶炼中间产品中的镓。0.1%以上的镓可以直接测定,低含量的镓经苯萃取后测定,适用于 0.001%—0.1%的镓。

(5) 流动注射分析方法

近年来流动注射荧光法测定镓已被人们重视,N·Ishibshi[11,12]等发表了流动注射荧光法镓的选择性测定以及溶剂萃取流动注射分析以镓为试剂的荧光法测定。

5.2 铟的测定

(1) 重量法和络合滴定法

常用于对精矿、工业产品或合金中常量及微量铟的测定,各种方法的选择取决于伴生元素,大多数测定铟的方法只有在分离与其共存元素之后才能检测。重量法通常为铟的硫化物、8-羟基喹啉、氢氧化物或碱性盐,都能获得良好的结果[13]。在 pH=10 的溶液中,以埃络黑 T 为指示剂用 EDTA 进行滴定,加入酒石酸作为辅助配合剂可防止氢氧化铟的析出,滴定在煮沸的溶液中进行[1]。铟的滴定已应用于电介浴分析,在 pH2.5 时,以 CuY-PAN 为指示剂,可作银铟、铟砷碲和铟锌锡合金中铟的分析。

(2) 比色分析法

通常使用属于三苯甲烷类的碱性染料结晶紫作为显色剂,在 3.0M H_2SO_4 介质中,加入碘化钾,铟的碘化物配离子(InI_4^-)与结晶紫反应生成蓝紫色配合物,以苯萃取进行比色测定,在氢溴酸介质中,砷、锡、锑可借氢溴酸转化为溴化物而挥发除去。在 4.5MHBr 介质中,以硫代硫酸钠还原铁(III),以醋酸丁酯萃取溴化铟,然后在过氧化氢存在下以 HCl(1∶1)反萃取,使铟与铁、铜、锌、汞、金、镓、铊等干扰元素分离,残留的微量铁和铜的干扰可通过加入硫代硫酸钠消除,本法测定铟含量为 0.0001%—0.01%。陈祥彬等[14]研究了阳离子及非离子型表面活性剂对铟-

水杨基荧光酮络合反应的胶束增敏作用的适宜范围和吸收光谱特性，试验表明溴化十六烷基三甲基胺(CTMAB)增敏作用最强，摩尔吸光系数可达 1.8×10^{-5}。他考察了 40 多种离子对反应的影响，在 0—15μgIn_2O_3/25ml 范围内符合 Beer 定律。Rakhmatullaev，K[15]等曾报道了一种测铟的方法，将铟从 0.5$M$$H_2SO_4-2.5M$NaI 的 10％二甲基酰胺水溶液萃入苯中，有机相分出后用 2-乙胺基-5-(2-吡啶偶氮)-对甲酚的醋酸铵缓冲液(pH3.2)处理，于 535nm(ε＝31，000)测量所得溶液的吸光度，此法可用于铝加工厂的结块和粉末分析。呙安池[16]等报道了以 TBP-HBr 体系萃取色层分离微量 In，用苯萃取，0.1％丁基罗丹明 B 显色，在波长 560nm 下进行比色测定的方法。Rao。R[17]等又报道了一种方法，用 40％Aliquat336S 的二甲苯溶液从丙二酸盐溶液中萃取铟，用 0.5MHCl 提取有机相，蒸发所得的水相，再加入 NaAc 缓冲液(pH＝4)和 0.1％的 4-(2-吡啶偶氮)间苯二酚水溶液，在 520nm 测定吸光度。

(3) 电化学分析法

极谱法是测定微量铟的灵敏、快速可靠的方法。叶利华[18]对 In-铜铁试剂配合物在弱酸性介质中的极谱行为进行了研究，发现在 pH3.8－6.3 的醋酸盐缓冲介质中，于峰电位－0.80V 处均能产生灵敏度很高的极谱波，选定最佳底液为 pH5 的 HAc-NaAc-铜铁试剂，波长与浓度的线性范围为 0.005－1μg/ml。王宪章[19]等发现在 0.4M H_2SO_4－0.5MKSCN 介质中，引入 0.008$M$$(C_2H_5)_4NBr$ 时，可产生很灵敏不可逆的阴极导数峰，峰电位为－0.67V，可检出 1.8×10^{-8} M 铟。孙世祥[20]探讨了以 N_{263} 为固定相，磺基水杨酸为流动相萃取的色谱法从矿石中分离镓、铟，镓、铟的回收率分别在 96％－104％和 95％－105％之间，镓以比色法测定，铟以极谱法测定。有人曾报道过镓铟-茜素 S 配合物的示波导数极谱波，对镓铟的灵敏度分别为 0.01μg/ml、0.005μg/ml。

(4) 光谱分析法

利用 325.6nm 的谱线，以直流电源电弧的中部照射狭缝，灵敏度约为 1.5μgIn，用靠近阴极部分的电弧照射，灵敏度为 0.2μgIn[13]。在空气/乙炔火焰中利用 304.0nm 的谱线，铟的灵敏度为 1μg/ml/1％，检测限为 0.02μg/ml。原子吸收石墨炉法可以检测 1×10^{-11}g 的铟，高浓度氯化物特别是盐酸会减小吸收信号，铟在低于 900℃时灰化不会损失[7]。Bernal，J. L[21]等对 0.5g 铝合金样品以 6M HCl 溶液稀释到 100ml，1－30ppm(原子吸收光谱法，N_2O/乙炔火焰，451.1nm)和 1－100ppm(原于发射光谱法)In 校正曲线为直线。原子发射光谱法的检测限(≈0.5ppm)和变异系数(≈0.4％)较原子吸收光谱法好 1－2 倍，对含 5ppmIn 的溶液，原子吸收光谱法对绝大多数元素(＜500ppm)不干扰，但用原子发射光谱法分析时其干扰相当严重。姜淑清[22]对矿石中 Ge、Tl、In、Ga 进行光谱定量测定，以碳酸锂：锌粉：二氧化硅：五硫化锑：氟化钠＝1.5：1：0.5：0.5 为缓冲剂，Sn、

Bi 为内标，直流电弧为激发光源，分析范围为 0.0001%－0.03%。

原子吸收光谱法测定铟时各种酸的干扰按 HCl＞HBr＞$HClO_4$＞HI＞H_2SO_4，HNO_3 递减，这与它们的铟化合物的解离能降低的次序一致[23]。

5.3 铊的测定

(1) 重量法及络合滴定法

重量法是测定一价铊的主要方法，包括碘化铊沉淀法，铬酸铊沉淀法，氢氧化物沉淀法，无机络盐沉淀法及有机试剂沉淀法[13]。兹简述络合滴定法分析一价铊。试样溶液中加入碘化钾使之生成黄色的 TlI 沉淀。将经过滤和用 KI 洗涤过的含有 10－30mgTl 的 TlI 沉淀，用数滴王水溶解，使之氧化为 Tl(III)，蒸发至近干以逐去生成的碘和氮的氧化物，残渣用水沥取，稀释至 100ml，加 5.0mgMgY，用 1*M*NaOH 溶液中和，加入 2ml pH 为 10 的缓冲剂，以埃络黑 T 为指示剂，用 0.01*M* EDTA 滴定到由红变蓝[1]。有人比较了九种指示剂作 3－300mgTl(III)的滴定，认为以 PAR 或 PAN 为指示终点最敏锐，在 pH1－2 范围滴定，Pb、Co、Cr、Zn、Cd 及少量 Fe 和 Al(用氟化铵隐蔽)不干扰[23B]。

(2) 比色分析法

在氢卤酸存在下溶液中 Tl(III)的氯化物络阴离子 $TlCl_4^-$ 与结晶紫作用生成蓝紫色配合物，以甲苯萃取进行比色测定，溶液含 0.3－3μgTl/ml 服从 Beer 定律。Au(III)、Hg(II)、Sb(V)等元素，在 HCl 酸性溶液中形成氯化物络阴离子，同样与结晶紫生成有色配合物干扰测定。在 3－6*M* H_3PO_4 酸性溶液中，汞和锑不生成配合物，Au(III)在此条件下能够显色，对测定有干扰，但在分解试样时用 $SnCl_2$ 处理，可将金还原为金属态而消除干扰。试样中含有大量铅时，必须在分解试样时避免生成大量硫酸铅以防止铊的吸附使结果显著偏低，本法可测定含 Tl 量为 0.0005%－0.001%的试样。

Petrov, B. I.[24] 等利用界面阴离子交换反应改善溶剂萃取 Tl 的选择性，Tl(III)由 2*M* HCl 和 1*M* $NaClO_4$(25－50ml)的水溶液介质中用 0.1*M* 二安替比啉甲烷 $CHCl_3$ 溶液萃取分离出来，萃取物可以用络合法或分光光度法测定铊，络合滴定法是用 pH4－5 的醋酸盐缓冲水溶液溶出铊，然后以 10m*M*Na_2EDTA，二甲苯酚橙作指示剂来滴定。分光光度法是把萃取物与 10ml 0.02%KI 水溶液混合振荡 2 分钟，在 400nm 处测量有机相中 $Tl\text{-}I^-$ 配合物的吸光度，测定下限为 0.4μgTl/ml，Se、Ti、Zr、Hf、Th 和 Fe(II)有干扰，但可以用 2*M* HCl 萃取 Tl 并以 2*M* HCl-1MNaClO$_4$ 淋洗几次萃取物予以消除。

复杂矿中含量在 0.0002%以上的铊的测定，是用 TBP-0.8*M*HBr 体系萃取色层富集铊，再用抗坏血酸-柠檬酸钠-柠檬酸溶液洗脱铊，最后以结晶紫比色测定[25]。矿石中铊的测定也可用王水或 HF-HNO_3 混合溶液溶样，蒸干，于 H_3PO_4 介质中用 $Fe^{3+}+H_2O_2$ 氧化铊，用醋酸异戊酯萃取，吸收波长 603nm，$\varepsilon=1.1\times10^5$。

(3) 电化学分析法

在 Tl 的电化学分析法中主要是极谱测定法，铊的半波电位与支持电介质的组成无关，其半波电位在 −0.46 至 −0.48V 之间。汪乃兴[26]等报道了痕量铊的阳极溶出伏安法测定，试验了不同介质等一系列条件中铊的阳极溶出行为，检测限度可达 $5\times10^{-11}M$。毛禹平[27]采用泡沫塑料快速分离大量干扰元素，然后以铁粉还原 Ag、Au 等在泡沫塑料上的吸附，以 0.1%KBr+0.15%饱和溴水+0.5% HCl 混合液漂洗，再以 1%Na_2SO_3 解脱，在 1%Na_2SO_3+0.3% KI 底液中测定铊的吸附催化波，导数测定可达 0.025μg/ml，可测样品中 0.0000X−0.0X%Tl；0.0X%以上的 Tl 经 1% Na_2SO_3 解脱后，不加 KI，Tl 浓度在 20−2000μg/20ml 范围内与波高成正比。

(4)光谱分析法

用空气/乙炔火焰法测定 Tl 时无干扰，共振线为 276.8nm 时，灵敏度为 0.5μg/ml/1%。检测限度约 0.02μg/ml。高浓度 Tl 的测定时采用 377.6nm 共振线其灵敏度约为 3μg/ml/1%[7]。在空气/乙炔火焰中，采用 80%乙醇溶液能提高灵敏度。在 0.5M 高氯酸溶液中，Tl(Ⅰ)与磷钼杂多酸形成磷钼铊杂多酸[$Tl_2HPMo_{12}O_{40}$]沉淀，分离后用高氯酸溶液洗涤沉淀，置于 0.1M 氢氧化钠溶液中溶解，再在空气-乙炔火焰中用钼 313.2nm 测定钼。即可间接测定 2—20ppmTl[28]。铊的石墨炉法可测定至 1×10^{-11}g，由于 Tl 易挥发，测定时必须预先分离有关的共存干扰元素。韩恒斌[29]等研究了卤化物、硫酸盐和高氯酸盐以及各种阳离子对铊的干扰影响，提出了应用涂锆(或涂钽)石墨平台以减少干扰，并应用于直接测定碘化铊废水和人发中的痕量铊。铊的回收率为 92%−100%。

参　考　文　献

[1] G. 施瓦岭巴赫，H · 弗拉施卡著，阎大任译，《络合滴定法》，冶金工业出版社 1981，5.
[2] Ueda，Joich. Kitadani，Toshio，日本化学会志，12，1914−1917(1982).
[3] 韩铠，分析化学，10，558(1982).
[4] 谭政之，分析化学，10，525(1982).
[5] 俞薇华，尹杏娟，汪厚基，分析化学，12，700(1984).
[6] Board，"Comprehensive inorganic chemistry"，Vol 1，1072，First edition 1973.
[7] Bernhard，Welz，"Atomic Absorption Spectroscopy"Verlag Chemic，Weinheim，New York，1973.
[8] Gorlova，M. N.；Veller，N. D. Sabол. лаб 48，(12)31−32(1982).
[9] 韩恒斌，倪哲明，分析化学 11，571(1983).
[10] 黄崇艺，分析化学，11，135(1983).

[11] N. Ishibshi, K. Kima and Y. Goto, Anal. chim. Acta. 114, 325(1980).
[12] T. Imasaka, T. Harada, N. Ishibashi, Anal. chim, Acta,, 129, 195(1981)
[13] 史慧明,李玲颖,叶率官,沈含熙编;《稀有元素分析化学》(下册),人民教育出版社,1964.
[14] 陈祥彬,韩丛晏、袁正莲,分析化学 12,135(1984).
[15] Rakhmatullaev, K. , Zakirov, B. G. узб. хим, нс, 3, 26—30(1982).
[16] 呙安池,钟淑珍,王平,沈河山,分析化学 9,347(1981).
[17] Rao, R. Raghun, khopkar, S. M. , Indian J. chem. Sect. A, 21, 498—500(1982).
[18] 叶利华,分析化学,10,292(1982).
[19] 王宪章,童明熙,杜霞,分析化学,10,606(1982).
[20] 孙世祥,分析化学,12,445(1984).
[21] Bernal, J. L. ; Delnozal, M, J; Deban, L; Aller, A. J. 29, 1113—1116(1982).
[22] 姜淑清,分析化学 10,102(1982).
[23] K. Fujiwara, Anal, Chem,, 47, 1670(1975).
[23b] 张志华,尹仲潮,俞汝勤,化学通报 34(1966).
[24] Petrov, B. I. ; Moskvitionova, T. B. , Ж. анал. хим, 37, 1185—1192(1982)
[25] 呙安池,钟淑珍,分析化学,10,425(1982).
[26] 汪乃兴,宋鸿镃,分析化学,9,9(1981).
[27] 毛禹平,全国有色金属分析情报网《1983 年电分析化学会议论文》,1983,10,烟台.
[28] R. S. Danchik, Anal. Letters, 1, 891(1968).
[29] 韩恒斌,倪哲明,分析化学,11,908(1983).

无机化学丛书·典藏版

第三卷

碳　郝润蓉

硅　方锡义

锗分族　钮少冲

科学出版社

北京

内 容 简 介

本书是《无机化学丛书》第三卷，第 9，10，11 专题，分别叙述碳、硅、锗分族的无机化学，介绍了碳、硅、锗、锡、铅这五种元素的存在形式、物理和化学性质、化学分析方法，分类讨论了这些元素的化合物的性质、用途及合成方法. 本书可供高等学校教师、高年级学生和研究生、科技人员参考.

图书在版编目（CIP）数据

无机化学丛书：典藏版/张青莲主编. —北京：科学出版社，2018.1

ISBN 978-7-03-056380-4

Ⅰ. 无… Ⅱ. 张… Ⅲ. 无机化学–丛书 Ⅳ. O61-51

中国版本图书馆 CIP 数据核字（2018）第 012426 号

责任编辑：胡华强 杨 震 / 责任校对：张怡君

责任印制：赵 博 / 封面设计：王 浩

科学出版社 出版

北京东黄城根北街 16 号

邮政编码：100717

http://www.sciencep.com

北京厚诚则铭印刷科技有限公司印刷

科学出版社发行 各地新华书店经销

*

2018 年 1 月第 一 版 开本：720 × 1000 B5

2018 年 1 月第一次印刷 印张：27

字数：505 000

定价：998.00 元（全 10 册）

《无机化学丛书·典藏版》书目

第一卷　1. 稀有气体　2. 氢　3. 碱金属

第二卷　4. 铍　5. 碱土金属　6. 硼　7. 铝　8. 镓分族

第三卷　9. 碳　10. 硅　11. 锗分族

第四卷　12. 氮　13. 磷　14. 砷分族

第五卷　15. 氧　16. 硫　17. 硒分族

第六卷　18. 卤素　19. 铜分族　20. 锌分族

第七卷　21. 钪　22. 稀土元素

第八卷　23. 钛分族　24. 钒分族　25. 铬分族

第九卷　26. 锰分族　27. 铁系　28. 铂系

第十卷　29. 锕系　30. 锕系后元素

《无机化学丛书》序

无机化学是化学科学的一个重要分支,也是最早发展起来的一门化学分支学科.无机化学研究的对象是周期系中各种元素及其化合物,不包括碳氢化合物及其衍生物.二十世纪中叶以来,无机化学又进入了新的发展阶段.这是和许多新的科学技术领域,如原子能工业、空间科学技术、使用半导体材料的通信和计算技术等的兴起密切相关的.这些科技部门要求人们利用无机化学的理论去探索和研制种种具有特殊性能的新材料,研究极端条件下物质的性质和反应机理,以及提出新的无机物生产的工艺流程.与此同时,现代物理学、生命科学、地质科学以及理论化学的新进展等因素也都在日益推动着无机化学的发展进程.

我国在解放前缺少与无机化学有关的工业基础,因此无机化学人才培养得较少,科学研究工作的基础也比较薄弱.解放后我国无机化学虽然有了很大发展,但仍比较落后.为了扭转这种局面,加速无机化学科学人员的培养和提高,促使教学和研究工作的迅速发展,以及为了解决我国丰富的矿产资源的综合利用、新型材料的合成、无机化学新观点和新理论的提出等问题,有必要编辑出版一套中型的无机化学参考书.为此,科学出版社和中国化学会共同组织了《无机化学丛书》编辑委员会主持本丛书的编写工作.经过多次讨论和协商、拟订了丛书的编辑计划和写作大纲,确定丛书分十八卷,共四十一个专题,从 1982 年起陆续出版.全丛书共约六百余万字,前十卷为各族元素分论,后八卷为无机化学若干重要领域的专论.

本丛书适合高等学校教师、高年级学生和研究生、科学研究人员和工程技术人员参阅.编委会竭诚欢迎广大读者对本书的内容提出宝贵的意见,以便在再版时加以修改.

《无机化学丛书》编委会

1982 年 9 月

前　　言

我们在日常教学与科研工作中，常需阅读各类化学图书. 一部好书如同一位良师益友，它不仅提供有用的专业知识，并且往往给人以启迪，使读者获益匪浅. 我们也希望这套丛书的出版，能为我国化学教学与研究工作作出有益贡献.

我们负责编写的《无机化学丛书》第三卷分为“碳”、“硅”和“锗分族”三个专题，包括了周期表ⅣA族五个元素. 这三个专题的撰写按专题顺序分别由郝润蓉(北京大学化学系)、方锡义(北京大学技术物理系)和钮少冲(辽宁大学化学系)完成. 全卷由方锡义负责. 卷内各专题的处理次序一般从介绍有关元素的性质开始，然后分类讨论它们的化合物. 第9专题“碳”分为四章，第一章是碳元素，其余三章介绍碳的各类无机化合物. 有机金属化合物是一大类含碳化合物，但鉴于这类化合物在近代化学中的重要地位，这套丛书已另设专题讨论(见《无机化学丛书》第15卷第37专题)，故有关有机金属化合物的内容已从本卷略去. 第10专题“硅”分成五章，其中第五章集中介绍各类有机硅化合物(包括硅酮聚合物). 第11专题“锗分族”包括锗、锡和铅三个元素分论，每一元素各成一章.

我们应邀参加《无机化学丛书》第三卷的编写，殊感荣幸，但一接触实际工作，遇到的困难不少. 主要问题是手头资料不足，时间又仓促，加之我们自己学识水平有限，故本卷在选材、编排以及论述等各方面均难免有不妥甚至错误之处，我们诚恳希望读者赐教和指正.

本卷各专题初稿完成之后，“碳”稿承厦门大学化学系顾学民教授，“硅”稿承南京大学化学系甘兰若教授，“锗分族”稿承北京工业学院化学系曹庭礼教授分别审阅. 三位审稿人的共同特点是热情、认真、负责. 他(她)们在百忙之中抽出时间逐字逐句细心审阅初稿，并提出极有价值的审稿意见，使作者得到极大帮助. 此外，在本卷编写过程中，我们还曾多次受到北京大学化学系华彤文教授、北京大学技术物理系刘元方教授以及辽宁大学化学系吕云阳教授等的关心和指导，我们谨此一并致以诚挚的谢意.

科学出版社的同志们在《无机化学丛书》的编辑与组稿过程中不辞劳苦，精心工作，为《丛书》的顺利出版作出巨大努力. 他们对我国科技出版事业的这种献身精神，我们深感钦佩.

作　者

1985年6月于北京

目　　录

9. 碳

10. 硅

11. 锗　分　族

9. 碳

9.1 元　素　碳

1.1 概　　述

1.1.1 碳的存在形式

碳是最早被发现和利用的元素之一. 人类从一开始用火,就跟碳打交道了. 在北京周口店猿人居住的洞穴所留下的灰土中就有用火的遗迹;这些灰土经过化学分析,证明有烧火残存的单质碳存在*. 在我国,用煤为燃料并用来冶炼金属,已有悠久的历史,在世界上也是最早的国家之一. 碳的英文名称 carbon 来自木炭的拉丁文 carbo. 已知碳是组成化合物品种最多的元素,含碳化合物的总数约二百多万种**. 碳占地壳重量组成的 0.018%,在地壳中的丰度居元素的第 16 位[1]. 在太阳、彗星、其他星球以及地表大气中也含有很多碳. 碳以单质及化合物形式广泛地存在于自然界.

以单质形式存在的碳的同素异形体有:金刚石、石墨和无定形碳,它们将在后面专节叙述. 最近二十年,还发现单质碳的其他两种晶体[1,2]. 1968 年发现"白"碳(英文名称 chaoite). 制备方法是将石墨在低压下热解,在约 2300K 时,让它在自由蒸发的条件下升华,此时有很小的透明晶体产生,附在石墨底面的边缘上. 这种晶体属六方晶系,晶胞参数为 $a = 894.5$ pm, $c = 1407.1$ pm,晶体密度 3.43g/cm^3,是一种透明的具有双折射性质的物质. 1972 年得到碳的另一种晶体,它是在约 2500K 氩气氛中(氩气压力可以从低到高达 1atm),长时间将石墨加热得到的. 它也属六方晶系,晶胞参数 $a = 533$pm, $c = 1224$pm,晶体密度大于 2.9g/cm^3. 上述两种晶体的结构尚未测定,但估计晶体中均包含有—C≡C—C≡C 的结构单位. 这两种晶体均比石墨更不易氧化和还原,性质更接近金刚石. 木炭和煤都是无定形碳,其中煤是自然界里单质碳中数量最多的一种.

以化合物形式存在的碳化合物种类是极其繁多的. 在地壳中主要是碳酸钙,例如石灰石、大理石、白云石[$(Ca,Mg)CO_3$]等;其他重要的碳酸盐矿还有菱锌矿($ZnCO_3$)、菱铁矿($FeCO_3$)、菱锰矿($MnCO_3$)和菱镁矿($MgCO_3$)等. 组成植物机体

---

* 北京猿人距今约五十万年. 另外在云南元谋发现了一处原始人类的遗址,经测定距今有一百七十万年之久. 在这个遗址中也有很多燃烧过的炭屑灰烬,说明元谋人当时已使用火了.

** 指由合成或分离方法获得、并已确定其结构和性质的化合物.

的各种有机物都是含碳的化合物;被埋在地下的动植物经高温高压等一系列复杂化学变化形成石油和煤. 在大气中,碳主要以 CO_2 存在. 按体积计,CO_2 占地球大气的 0.03%;按重量计占地球大气的 0.046%. 由于工业的发展,使得石油和煤等大量燃烧,CO_2 在大气层中的含量有所增长,但植物生长时光合作用又消耗 CO_2,所以自然界中 CO_2 基本保持平衡. CO_2 在自然界的循环可归纳于图 9.1 中.

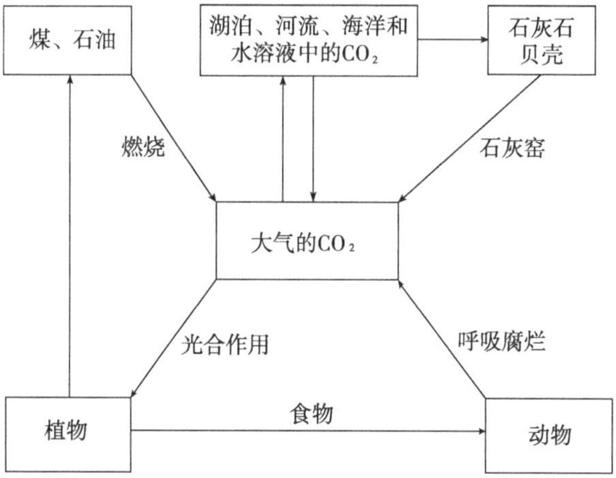

图 9.1 自然界二氧化碳的循环[3]

地壳中碳的总量约为 2×10^{16} 吨,其中矿物燃料约占自然界总碳量的 0.05%(1×10^{13} 吨),大气中(主要以 CO_2 形式存在)只占 0.003%(6.7×10^{11} 吨),有机物中约占 0.013%(2.5×10^{12} 吨)[1,4].

1.1.2 碳的同位素

碳的同位素主要是稳定同位素 ^{12}C, ^{13}C 及具有放射性的 ^{14}C. ^{9}C, ^{10}C, ^{11}C 和 ^{16}C 等放射性同位素也已制得. 有关碳的同位素列于表 9.1 中.

自然界存在的碳,约含 98.892% 的 ^{12}C, 1.108% 的 ^{13}C 和极少量的放射性同位素 ^{14}C. 完全分离 ^{12}C 和 ^{13}C 是困难的,但可通过下面两个反应得到 ^{13}C 的浓缩物. 在 273K 时,以下反应的平衡常数为 1.098.

$$^{12}CO_2 + ^{13}CO \rightleftharpoons ^{13}CO_2 + ^{12}CO$$

在 298K 时,以下反应的平衡常数为 1.012,

$$H^{12}CN(g) + ^{13}CN^-(aq) \rightleftharpoons H^{13}CN(g) + ^{12}CN^-(aq)$$

后一反应曾用于生产,按原子百分数计算最多能得到 65% 的 ^{13}C,但 HCN 甚毒,加之它有聚合作用又使反应复杂化,故不常用. 在 70K 时 $^{12}C^{16}O/^{13}C^{16}O$ 的蒸气压比是1.01,所以可用蒸馏CO来分离^{13}C. 藻类优先吸收$^{12}CO_2$,因此也可用以富集$^{13}CO_2$.

表9.1 碳的同位素表[6]

同位素	质 量	天然丰度,%	半衰期	衰变类型及粒子能量,MeV	
^{10}C	10.016810				
^{11}C	11.011432		20.34min	β^+ EC(K)	0.97 0.19%
^{12}C	12.000000	98.89			
^{13}C	13.003345	1.11			
^{14}C	14.003242		5730a	β^-	0.156(100%)
^{15}C	15.010600		2.46s	β^-	9.82(32%) 4.51(68%)
^{16}C	16.014700		0.74s	[β^-]	
^{17}C				[β^-]	
^{18}C				[β^-] [n]	

^{13}C虽无放射性,但可用质谱法分析它的行踪,以了解碳的活动状态. 所以在^{14}C发现以前,^{13}C在化学动力学中作示踪原子用. 用它还可以示踪农田肥料与农药等的使用情况. 在医学上^{13}C可用来检查一些疾病. 虽然由于^{14}C的放化检查方便,目前常以^{14}C代替^{13}C,但^{13}C仍有它的优点:一方面可以制得含^{13}C占60%(按原子百分计)的样品,另一方面根据^{13}C的核自旋性质($I=1/2$)可以同时用核磁共振谱和质谱对含^{13}C的化合物进行研究.

同位素^{12}C是现在原子量测量的基准. 1961年以前存在两种独立的原子量标度,物理标度以$^{16}O=16.0000$为基准,而化学标度则以自然界存在的原子$O=16.0000$为基准. 自然界的氧由质量为16、17和18的同位素组成,所以化学标度高于物理标度,其比值γ为1.000273. 由于氧的同位素丰度随来源不同而异,γ不是一个定值,可由1.000268变到1.000278. 1961年国际理论化学和应用化学联合会(IUPAC, International Union of Pure and Applied Chemistry)确定了统一的原子量标度,改用^{12}C为基准,即规定^{12}C的原子量为12.000000. 这一变动的实际效果是将以前的化学原子量基准减去43ppm. 虽然这一改变在目前原子量测量的精度范围以内是很小的,但有些很精确的物理化学数据要求考虑进去.

碳的放射性同位素^{14}C的半衰期为5730年,是碳的最稳定、最重要的放射性同位素. ^{14}C可用中子轰击^{14}N制得

$$^{14}_{7}N+^{1}_{0}n \longrightarrow ^{14}_{6}C+^{1}_{1}H$$

在高层大气中,由于宇宙线产生的中子轰击^{14}N可使它转变为^{14}C,后者在大气层中和O_2结合成$^{14}CO_2$. 宇宙线的强度稳定不变时,$^{14}CO_2$的浓度也不会改变. 在大气中^{14}C的含量大约是C总量的$1.2\times10^{-10}\%$. 在地球上活着的生物体内,由于新陈代谢作用,^{14}C的含量保持不变,但当生物死后,失去新陈代谢作用,^{14}C就不能再通过碳的循环进行置换而进入生物体,留在生物体内的^{14}C只能按其“半衰期”减少. 利用^{14}C的残留量可判断数万年内古生物体的年龄,这个方法叫做“碳测定年代法”. 在考古学上用得较多,常用于测定三万五千年内生物体年龄. W. F. Libby奠定这个方法的基础,他因此在1960年获得诺贝尔化学奖.

1.1.3 碳的成键型式

碳原子的核外电子层结构为$1s^22s^22p^2$,电离能为:I_1 = 1087kJ/mol,I_2 = 2352kJ/mol,I_3 = 4621kJ/mol,I_4 = 6221kJ/mol. 碳主要以共价键方式和其他原子结合成化合物. 每个碳原子可以按sp杂化(直线形)、sp^2杂化(平面三角形)和sp^3杂化(四面体形)等方式成键. 碳原子本身可以不限定数目地按链型、环型、平面型和骨架型互相连接形成各种各样的化合物.

碳的电负性为2.5—3.2,不同的成键方式电负性的数值不同. 四面体形(sp^3杂化轨道)成键的原子其电负性为2.5左右,平面三角形(sp^2杂化轨道)成键的原子为2.7左右,直线形(sp杂化轨道)成键的原子为3.2左右.

碳原子和其他原子成键的性质与碳原子的杂化轨道形式有关. 例如,C—H键的键长、力常数和解离能随着碳原子的杂化形式不同而不同,如表9.2所示.

在碳的化合物中,碳可以按共价单键方式成键,也可以按双键、三键或其他变异的键型成键*.

表9.2 碳原子的杂化形式对C—H键性质的影响[3]

分子	杂化轨道	C—H键键长,pm	力常数,N/m	C—H键解离能,kJ/mol
CH_4	sp^3	109.0	538.7	431
C_2H_4	sp^2	106.9	612.6	444
C_2H_2	sp	106.0	639.7	506
CH基	p	112.0	449.0	335

碳原子的共价单键半径为77.2pm,共价双键和共价叁键的半径分别为

* 1983年美国和西德化学家证实:碳能够稳定地和五、六个锂原子结合,形成Li_5C(D_{3h}点群)、Li_6C(O_h点群)等分子. 这些分子中的键型,需要进一步进行探讨. 参看:P. von R. Schleyer and J. A. Pople, *J. Am. Chem. Soc.*, 105, 5930(1983).

66.7pm和60.3pm.碳离子半径如表9.3所示.

表9.3 碳离子的离子半径[3]

碳离子	离子半径,pm
C^+	28
C^{2+}	22
C^{3+}	17
C^{4+}	15
C^-	137
C^{4-}	260

碳除与其他元素生成化合物外,本身也能结合成小分子.例如将石墨升华气化,发现有 C_1,C_2,C_3,C_4 等分子,其中 C_3 的数量较多.石墨升华成单原子气体的升华热为715.0kJ/mol,成为 C_2 和 C_3 的升华热分别为879kJ/mol 和795kJ/mol.通过这些数据,可以求得 C_2 和 C_3 的 D(C—C)分别为544kJ/mol 和669kJ/mol,与双键键能比较接近,表明 C_2 和 C_3 中的化学键具有双键特性.有关各种低碳分子的生成热(ΔH_f°)和键能数据列于表9.4中.

表9.4 低碳分子的生成热 ΔH_f° 及键能[3]

低碳分子	ΔH_f°(0K),kJ/mol	平均C—C键能,kJ/mol
C_1	709.52	—
C_2	828.4	590.8
C_3	787.0	671.1
C_4	1006	610.9
C_5	1005	635.6
C_6	≥1172	≤619
C_7	≥1130	≤636

从表中可以看出由奇数碳原子组成的分子,其平均键能比偶数碳原子的大,说明奇数碳原子更稳定.

理想的单原子气体碳的热容、熵和生成焓的数据如表9.5所示.表中生成焓的数据以石墨的生成焓作为0.000计算.

1.1.4 碳的化学性质

碳能与多种其他元素形成很强的化学键.因此可以预期它具有很活泼的性质,但是在室温下,碳的这种活泼性质被它具有很高的升华热抵消了,相对来说比较不活泼. 但是在高温下,特别是气相时,碳具有高度的活泼性,所以高温时它能与许多金属生成碳化物.

表 9.5　理想的单原子碳的热容、熵和生成焓的数据[3]

T,K	C_p°,J/mol	S°,J/(mol·K)	ΔH_f°,kJ/mol
0	0.000	0.00	709.506
100	21.276	135.07	711.832
200	20.907	149.66	713.610
298	20.840	157.99	714.987
300	20.840	158.12	715.008
500	20.807	168.76	716.807
1000	20.790	183.17	717.774
2000	20.958	197.61	715.100
3000	21.623	206.22	711.380
4000	22.263	212.54	707.719
5000	22.878	217.59	704.004
6000	23.184	221.79	699.866

由于 C ═O 键的键能很高,为 803kJ/mol,所以固体碳能和一些氧化剂作用生成 CO_2. 例如碳能和热的浓硝酸或浓硫酸按下式反应

$$C + 4HNO_3 \longrightarrow CO_2 + 4NO_2 + 2H_2O$$

$$C + 2H_2SO_4 \longrightarrow CO_2 + 2SO_2 + 2H_2O$$

当然,实际的反应过程要比上式复杂得多,碳与硫酸作用的产物除上式所示外,还可分离出苯六羧酸、苯五羧酸等氧化产物.

碳和氧分子反应,可形成 CO 和 CO_2,这两种反应在理论和实际上都有十分重大的意义,将在后面讨论.

将碳转变为碳的气态化合物已进行大量的研究工作,例如

$$2C + O_2 \longrightarrow 2CO \tag{1}$$

$$C + CO_2 \longrightarrow 2CO \tag{2}$$

这是产生气体燃料及工业生产一氧化碳的反应. 红热的碳和水蒸气作用,发生下一反应

$$C + H_2O \longrightarrow CO + H_2 \tag{3}$$

这是工业上获得氢气的主要方法之一,在合成氨等工业中极为重要.

碳与氢气作用,可生成 CH_4、C_2H_6 等碳氢化合物,例如

$$C + 2H_2 \longrightarrow CH_4 \tag{4}$$

这种碳和氢形成碳氢化合物的反应是煤液化和气化的重要基础.

上述关于碳的四个方面的反应,在工业上都比较常用,且极为重要. 对这些反应已进行大量的研究. 表 9.6 列出上述四个反应在不同温度下的平衡常数.

表 9.6 碳的几种反应的平衡常数(K_p)*[3]

温度,K	$\log K_p$			
	(1)	(2)	(3)	(4)
300	-23.93	-20.81	+15.86	-8.82
400	-19.13	-13.28	+10.11	-5.49
600	-14.34	-5.72	+4.29	-2.00
800	-11.93	-1.97	+1.36	-0.15
1100	-9.94	+1.08	-1.06	+1.43
1400	-8.79	+2.80	-2.44	+2.36

* 表中(1)、(2)、(3)、(4)分别代表下列不同的反应:

(1) $CO \rightleftharpoons C + \frac{1}{2}O_2$

(2) $C + CO_2 \rightleftharpoons 2CO$

(3) $CO + H_2 \rightleftharpoons C + H_2O$

(4) $CH_4 \rightleftharpoons C + 2H_2$

热的焦炭可与硫蒸气反应,生成 CS_2

$$C + 2S \longrightarrow CS_2$$

1.1.5 碳的分析

在有机化学中,碳的微量分析通常是在高温下使有机物质在氧的气流中燃烧,并将生成的气体通过一个适当的催化剂以确保氧化完全. 该催化剂可以是氧化铜(Ⅱ)或铂,也可以是氧化铜(Ⅱ)和铂石棉的混合物. 将完全燃烧的气体在除去 N、P、S、卤素等干扰元素的单质和化合物后,再通过无水 $Mg(ClO_4)_2$ 脱水干燥,最后用碱石灰或苏打石棉吸收 CO_2. CO_2 也可以用 $Ba(OH)_2$ 吸收为 $BaCO_3$ 称重测得. 虽然后一方法常规使用并不方便,但能提高分析灵敏度,这个方法可以分析 5mg 左右的样品.

钢或合金中的碳可以在上述方法的基础上作些改进进行测定. 金属或合金在氧气中在 1300—1400K 燃烧,使其中的碳氧化为 CO_2,再按以上方法进行分析. 对于难熔合金需要用碳硅棒电炉加热到约 1700K.

在炼钢中,要求快速、准确地连续分析钢的含碳量,可以根据熔融物的氧电位与含碳量的关系进行测定.

1.2 石　墨

1.2.1 石墨的生产和应用

石墨的英文名 graphite 来自希腊文 graphin，意思是“写”. 虽然人们早就使用石墨，但直到 1779 年 Scheele 将它氧化成 CO_2 后，才证明它就是碳. 天然石墨分布很广，主要产地有苏联、朝鲜、墨西哥、奥地利以及我国的山东、湖南、黑龙江、内蒙古等地. 1975 年全世界的产量约为 440,000 吨[1].

天然石墨经浮选除去较大量的杂质，再用 HF 和 HCl 交替回流处理，最后，在真空中加热到 1770K 或氯气流中加热到 3270K 提纯，即可获得纯度较高的石墨.

虽然天然石墨矿的开采量很大，但世界各国仍使用大量的合成石墨，例如，1960 年，全世界人工合成的石墨达 1,230,000 吨.

合成石墨的方法随用途及原料而定，但几乎都是由煤和石油产品作为起始原料，并用热解过程进行生产.

纯石墨通常用 Acheson 流程生产，起始原料是石油焦. 先将石油焦在 1670K 下焙烧除去大量杂质，同时改善晶体结构，然后将它和煤沥青黏结剂在 440K 混合. 烧结之前在 1070K 到 1270K 下挤压成所需的形状，并使黏结稳定. 再注入沥青，以达到所需的密度，最后在 2870—3270K 温度下，在真空（或惰性气氛）电炉中加热进行石墨化.

石墨化后所得的产品在密度、孔隙度等方面都有很大差异，但对一般使用没有多大关系. 产品最后还得根据其用途进行处理和提纯.

简单有机物的热解可得结构有序化较高的石墨，其结构的完整程度依赖于沉积温度. 用此方法生产电阻碳膜，需要很小心地对热解进行控制.

1.2.2 石墨的结构

石墨为层型结构，层中每个 C 原子以 sp^2 杂化轨道与三个相邻的碳原子形成三个等距离的 σ 键，由此形成 C 原子的无限平面层. 而各个碳原子垂直于该平面的 P_Z 轨道，彼此相互重叠形成离域 π 键，使层中 C 原子间距离变为 141.5pm，较 C—C 单键短，其键级相当于 $1\frac{1}{3}$. 石墨中 C 原子层的结构如图 9.2 所示，石墨晶体就是由这种结构堆积而成的.

C 原子层的堆积方式主要有两种：一种是以 ABAB…的顺序重复，这种石墨具有六方晶系的对称性，称为六方石墨，又称 α – 石墨，其结构示于图 9.3 中. 六方石

墨空间群为 $D_{6h}^{4}-P6_{3}/mmc$，晶胞参数为：$a=245.6\text{pm}$，$c=669.6\text{pm}$.

石墨另一种结构是以 ABCABC……的顺序重复堆积，这种石墨具有三方晶系的对称性，称为三方石墨，又称β-石墨，其结构如图 9.4 所示. 三方石墨的空间群为 $D_{3d}^{5}-R\bar{3}m$. 三方晶胞参数为 $a=363.5\text{pm}$，$\alpha=39°30'$，若选六方晶胞，晶胞参数为 $a_{H}=245.6\text{pm}$，$c_{H}=1004.4\text{pm}$. 两种石墨的物理性质相似，只是在晶体中层形分子的堆积方式有所不同.

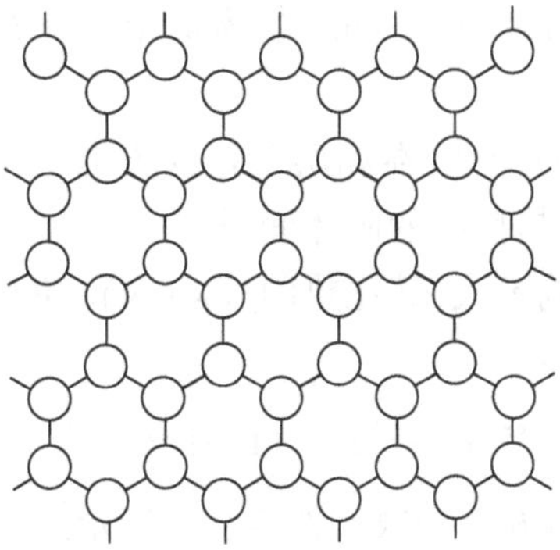

图 9.2 石墨中 C 原子层的结构

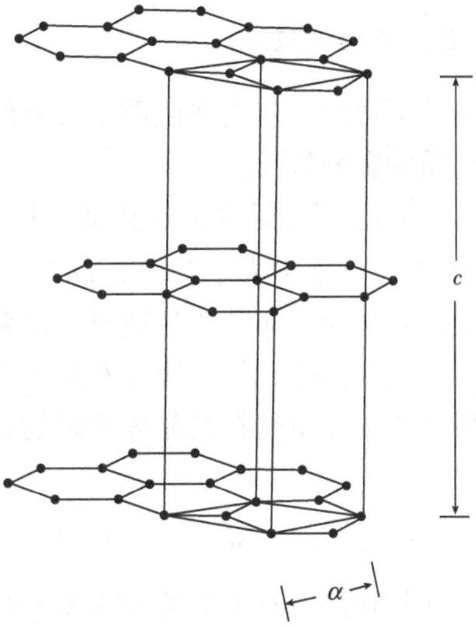

图 9.3 六方石墨(α-石墨)的结构

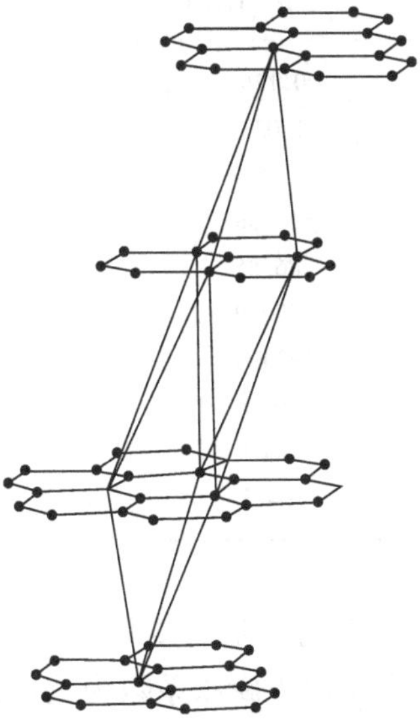

图 9.4 三方石墨(β-石墨)的结构

六方石墨和三方石墨中层间距离均为 335pm,层间的作用力是较弱的 van der Waals 引力.

虽然天然石墨中除六方石墨外还有大约 30% 的三方石墨,但是所有合成的石墨都是六方石墨. 六方石墨进行机械处理,例如进行研磨处理,可以得到三方石墨. 而当三方石墨加热到 1300K 以上则又转变为稳定的六方石墨. 由六方石墨转变为三方石墨所需的 ΔH 为 0.586kJ/mol.

1.2.3　石墨的物理性质[8,9]

石墨的层形结构使它在性质上具有鲜明的各向异性. 而石墨中的缺陷和杂质对石墨性质的影响很大.

石墨的密度按 X 射线衍射数据计算,为 2.266g/cm^3,但实际上由于缺陷和位错的影响,密度值很少大于 2.15g/cm^3.

石墨的力学性质非常明显地显示出各向异性,在和层平行的方向上显示出完整的解理性,层间易于滑动. 所以石墨很软,是良好的固体润滑剂.

石墨的热学性质受石墨晶体缺陷的影响不大. 其比热[J/(g · K)]可用下面的近似公式

$$c_p = -5.293 + 58.61 \times 10^{-3} T - 432.25 \times 10^{-3} T^2 + 11.51 \times 10^{-9} T^3$$

表达,在不同温度下,石墨的熵 $S°$ 和焓($H_T^\circ - H_0^\circ$)的数值如表 9.7 所示.

表 9.7　石墨的熵和焓[3]

T,K	$H_T^\circ - H_0^\circ$,J/mol	$S°$,J/(mol · K)
13	0.176	0.017
25	1.037	0.0644
50	8.463	0.2632
100	61.396	0.5919
200	386.85	3.0894
289.16	1050.9	5.7396
500	3434.6	11.710
1000	12869	24.512
2000	36604	40.819
4000	89423	59.048

石墨的热膨胀系数在不同方向上差别甚大,其膨胀主要出现在垂直于平面层的方向上; 平行于层的方向在室温下膨胀系数为负值,直到 673K 时才转为正值,273K 时 $\alpha_{//}$ 约为 -1.4×10^{-6}.

石墨作为耐火材料时,热导率十分重要,其值随温度而改变.在3K时其值为0.01W/(cm·K),100K时为40W/(cm·K),室温时为15W/(cm·K).石墨在1atm下加热至3925—3970K时升华.石墨的电导率具有明显的各向异性,平行于层的方向,室温下电阻率为0.4×10^{-4}—$5.0\times10^{-4}\Omega\cdot cm$,与一般金属相似,但垂直于层的方向,室温下电阻率为0.2—1.0Ω·cm,电阻率约大5000倍.石墨的导电性质和石墨层形分子离域π键的形成密切相关.

石墨和芳香分子相似,在反磁性上显示出明显的各向异性.和层平行的方向上,室温时,$\chi_{/\!/}=0.5\times10^{-6}cm^3/g$,其数值不随温度而变.垂直于层的方向磁化率随温度升高变小.在液氦温度时,$\chi_{\perp}=-30\times10^{-6}cm^3/g$.

α-石墨和金刚石的一些物理性质归纳对比于表9.8中.

表9.8　α-石墨和金刚石的物理性质[1]

性　质	α-石墨	金刚石
密度,g/cm^3	2.266(理想值)	3.514
莫氏硬度	<1	10
折光率 n,(546nm)	2.15(平行于层) 1.81(C轴)	2.41
禁带宽度 E_g,kJ/mol	—	~580
电阻率,Ω·cm	$(0.4-5.0)\times10^{-4}$(平行于层) (0.2-1.0)(C轴)	10^{14}—10^{16}
mp,K	4100±100(在9kbar)	4100±200(在125kbar)
ΔH_f°,kJ/mol	0.00(标准态)	1.90
$\Delta H^\circ_{升华}$,kJ/mol	715*	~710*
$\Delta H^\circ_{燃烧}$,kJ/mol	393.51	395.41

* 升华为原子C(g).

由于上述这些性质,石墨广泛地用作电极材料,用作铅笔芯和润滑剂.此外在原子反应堆中,石墨还可作中子的慢化剂,是原子能工业的重要材料.

1.3　金　刚　石

早在公元前700年,人们就知金刚石很硬,“金刚石”的英文名diamond来自希腊文adamas,意思是“无敌”.1796年,S. Tennant将金刚石燃烧成CO_2,证明金刚石是由碳组成.天然金刚石是地下熔岩中的碳在高温下形成的结晶体.在世界上许多地方都已发现金刚石,其中主要产地是南非.人们获得的天然金刚石都是具有一定大小的颗粒,颗粒越大越名贵.1905年在南非的比勒陀利亚发现了一颗世界上最大的金刚石,重 3106 克拉*,体积约为 10cm × 6.5cm × 5cm. 1977 年 12 月在我国山东省临沭县也发现了一颗大金刚石,重 158.79 克拉.

1.3.1　金刚石的结构和性质

在金刚石中,C 原子以 sp^3 杂化轨道形成四面体的键,每个碳原子均以四个按四面体分布的键与相邻的四个碳原子结合成庞大的分子. 在金刚石中 C 原子的所有外层电子都参与成键,所以高纯而完整的金刚石晶体是绝缘体. 通常见到的金刚石属于立方晶系. 空间群为 $O_h^7—Fd3m$,晶胞参数 $a = 356.688$pm(298K). 立方金刚石的晶体结构如图 9.5(a)所示.

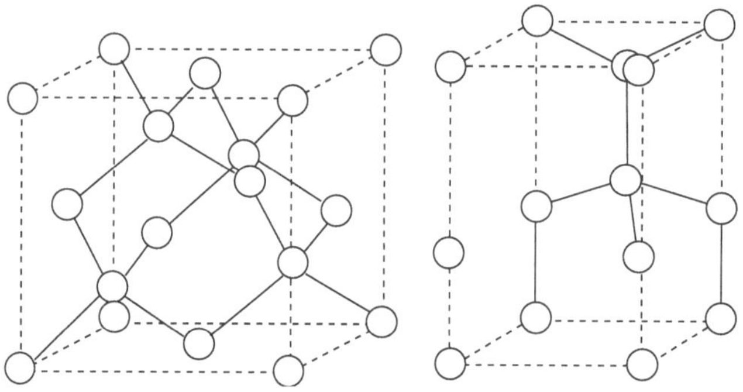
(a)　　(b)

图 9.5　金刚石的结构

(a)立方金刚石;(b)六方金刚石

在立方金刚石中 C—C 键键长为$(\sqrt{3}/4)a$,即 154.4pm. 由于 C—C 键贯穿整个晶体,使晶体解理困难,因此金刚石是天然存在最硬的物质. 它的抗压强度高,耐磨性能好,而且具有抗腐蚀、抗辐射等优良性能.

金刚石的熔点是所有单质中最高的一种,高达 4100 ± 100K. 热膨胀系数为 1.06×10^{-6},线膨胀系数与温度关系为 $\alpha_c = 0.09613 \times 10^{-5} + 3.522 \times 10^{-9} T - 0.0888 T^2$. 金刚石的压缩性很小,压缩系数为 $2.22 \times 10^{-7} cm^2/kg$. 这些性质都与 C—C 键贯穿整个晶体有关. 金刚石具有高对称性和高折射率,在 $\lambda = 546$nm 时,折射率高达 2.41,所以金刚石可以磨制成灿烂夺目的宝石,是贵重的装饰品. 关于金刚石的性质可参看文献[7]、[10]、[11].

在仔细研究立方金刚石的性质时,发现它有两种类型:类型Ⅰ和类型Ⅱ. 这两种类型性质上略有差异,可以通过红外光谱、紫外光谱以及电子顺磁共振加以区别. 例如在红外吸收谱中,Ⅰ型有 3,4.1,4.8 和 8μm 的吸收峰,Ⅱ型只有 3,4.1,4.8而无 8μm 的吸收峰. 在紫外吸收谱中,Ⅰ型在 < 300nm 吸收,Ⅱ型在 < 225nm

* 钻石的重量单位,1carat = 0.2000g.

吸收. 在 X 射线衍射谱中, Ⅰ型的衍射 111/222 强度比值较小, Ⅱ型的衍射 111/222 强度比值较大. 在Ⅰ型金刚石中含有氮,在Ⅱ型金刚石中基本上不含氮或含氮很少. Ⅰ型金刚石又可分为 $\mathrm{I_a}$ 型和 $\mathrm{I_b}$ 型两种,这两种的区别在于氮的存在形式不同,在 $\mathrm{I_a}$ 型金刚石中,绝大部分氮是以化合状态存在,因而无电子顺磁共振讯号;在 $\mathrm{I_b}$ 型金刚石中,绝大部分的氮是以分散状态存在,因而具有电子顺磁共振讯号. Ⅰ型金刚石是绝缘体,电阻率为 5×10^{11}—$10^{16}\Omega\cdot$cm. Ⅱ型金刚石可以是绝缘体($\mathrm{II_a}$),也可能是半导体($\mathrm{II_b}$). $\mathrm{II_b}$ 型金刚石用 250nm 的光照射,还会出现强的磷光. 除上述性质外,其他许多物理性质,例如密度、可见光吸收、介电常数等等,两种类型均相同.

除立方金刚石外,还有六方金刚石[12],六方金刚石是介稳的晶体,已在陨石中找到,也可将石墨加压到 130k · atm(1atm = 1.01325×10^5Pa),温度超过 4000K 时制得. 在这种金刚石中,碳原子的成键方式和 C—C 键的键长均和立方金刚石相似. 六方金刚石晶体所属的空间群为 $D_{6h}^4-P6_3/mmc$,六方晶胞参数为: a = 251pm, c = 412pm,六方金刚石的结构示于图 9.5(b)中.

1.3.2 金刚石的人工合成

以上介绍的石墨和金刚石是碳的两种最熟悉的同素异形体. 它们由于原子排列及结构状况的不同,它们的物理及化学性质有很大差异. 金刚石的密度比石墨的大些,但石墨更为稳定,在 300K 和 1atm 下的标准自由焓相差 2.87kJ/mol. 由密度数据可知,要使石墨转变为金刚石,必须进行加压,从这两个同素异形体的已知热力学性质,估计它们于 300K 时会在约 15,000atm 下达到平衡. 当然,在该温度要达到平衡是极缓慢的,这是在通常的条件下,金刚石依然稳定存在,不必担心它变成石墨的原因.

金刚石的来源有天然的和人工合成的两种. 由于天然金刚石稀少,开采困难,因此世界上一些国家都很注意发展人造金刚石的生产.

人工合成金刚石需要高压技术,这是由金刚石和石墨的热力学性质决定的. 在常温常压下,石墨比金刚石稳定,这可从它们的燃烧热看出:石墨燃烧热为 393.51kJ/mol,而金刚石的燃烧热为 395.41kJ/mol. 石墨和金刚石的热力学性质的数据列于下表.

	ΔH°, kJ/mol	S°, J/(mol · K)	ΔG_f°, kJ/mol	C_p°, J/(mol · K)	密度, g/cm^3
金刚石	1.90	2.44	2.87	6.05	3.514
石　墨	0.00	5.69	0.00	8.64	2.266

根据这些数据进行粗略计算,要使石墨转化为金刚石至少需要15000atm,所以人工合成金刚石的技术主要是高压技术.

在高压下,碳的相图如图9.6所示.图中有些部分是通过计算估计的,用虚线表示.描有阴影部分的相区,是最有利于石墨－金刚石催化转变的相区范围.常压下石墨的升华温度为3640±25K.金刚石-石墨-液态碳的三相点为4100±1100K,125—130kbar(1bar=100kPa),而另一三相点即石墨-液态碳-气态碳的三相点为4020±50K,126±15kbar.为了使石墨转变为金刚石具有一定的反应速度,通常加入适量的催化剂并提高一定的温度.

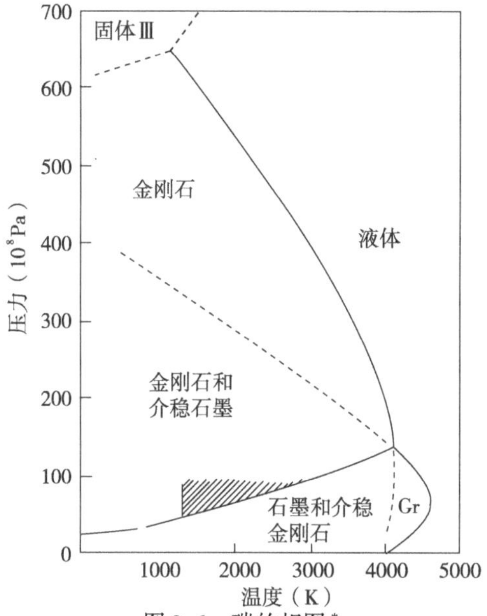

图9.6　碳的相图*

阴影的部分是最有利于石墨-金刚石催化转变的条件

二十世纪五十年代经过实验成功地把石墨转变为金刚石,由于高压技术的发展,还探索出利用熔融金属(Ni,Cr,Mn,Fe,Co等)作催化剂,在5—100kbar高压和1200—2400K高温下,人工合成金刚石的技术.目前工业上合成金刚石的方法主要有静压法和冲击波法.静压法合成的金刚石质量较好,颗粒较大,但设备比较昂贵.冲击波法是利用炸药爆炸产生的强烈冲击波,出现高压高温条件,使之作用于石墨,发生相变转化成金刚石,这种方法所得的金刚石颗粒较小,适合于工业上研磨和抛光等方面的应用.

人造金刚石的世界产量逐年增加.六十年代末,年产量超过四千万克拉,和天

* 参看F. P. Bundy, *J. Chem. Phys.*,38,618,631(1963).

然金刚石产量相当. 七十年代末,人工合成金刚石的年产量超过七千万克拉,大大超过天然金刚石的产量(1979 年天然金刚石产量为 4800 万克拉). 由于金刚石的应用很广,工业上的需要量将进一步增加,预计到 20 世纪末,金刚石的年需要量将超过二亿克拉,这就为人工合成优质、价廉的金刚石提出新的研究课题.

人工合成的金刚石,大部分为颗粒很小的晶体,它们可以进一步加工成器件,这些器件在工业和科学技术中有着广泛的应用. 例如在石油、煤炭、冶金等部门的地质钻探中,用金刚石的聚晶钻头比硬质合金钻头效率更高,经久耐用. 在建筑材料工业中,用于大理石、水磨石、花岗岩等硬质材料的切割、铣磨和钻孔,水泥、混凝土制品的加工. 在机械加工工业中,金刚石聚晶车刀既能加工硬质合金和陶瓷等超硬材料,又能在不锈钢、非铁金属或合金工件上获得很高的光洁度,金刚石聚晶器件还可用作磨具、拉丝模、砂轮及其他切割轮等等.

在合成大颗粒金刚石单晶方面,现用晶种法,在较高压力和较高温度下(如 60000atm、1800K)在几天时间内使它长成粒度为几个毫米、重达几个克拉的宝石级人造金刚石. 虽然目前离完全代替天然金刚石还有相当距离,但是可以预期人工合成金刚石必将会取得更大成果. 人工合成金刚石时,用金属作催化剂,在合成的金刚石中残留有微量的金属,因此可以鉴别出金刚石是天然的还是人工合成的.

1.4 无定形碳及其他形式的碳

无定形碳是由石墨层型结构的分子碎片互相大致平行地无序堆积,间或有碳按四面体成键方式互相键连,而形成无序结构. 在无定形碳中,以四面体成键的碳有多有少,若这种成键方式较多,则形成的无定形碳比较坚硬,如焦炭、玻璃态碳等. 无定形碳的颗粒有大有小,有的形成分散度很大的颗粒,颗粒直径只有几个到几十个纳米(nm). 无定形碳中具有石墨层形分子结构的有序范围有大有小,通常只有几十个周期. 无定形碳存在的形式很多,焦炭、木炭、炭黑和玻璃态碳等是无定形碳的主要存在形式,而煤和碳纤维等的结构则介于石墨和无定形碳之间.

无定形碳不论其来源如何,其中都包含有由不完整的石墨层形分子堆积而成. 和石墨相比相邻的层间位置并无特定周期性联系,可以通过垂直于层形分子平面的转动或平移而产生无规的结构. 这种无规结构使层间距离较石墨晶体中稍大,前者平均为 340pm ,而后者则为 335pm. 无定形碳的无序结构反映在 X 射线衍射图上,出现石墨结构中 *ool* 型的衍射峰以及 *hko* 型的衍射峰,而不出现 *hkl* 型的衍射峰. 若无定形碳中结晶度较好,则衍射峰尖锐,并可出现 *hkl* 型的衍射峰,而 *ool* 型衍射峰的极大值移向较高的角度.

纯的无定形碳可用纯蔗糖隔绝空气加热到 1200K 以上制得,

$$C_{12}H_{22}O_{11} \longrightarrow 12C + 11H_2O$$

由于无定形碳很容易吸附 H_2,N_2,O_2, SO_2 等气体,所以制备高纯的无定形碳应在高真空设备中进行.

无定形碳的概念比较广泛,涉及的内容较多,下面分几节简单地加以介绍.

1.4.1 煤

煤是最主要的能源之一,和人类的生活关系极为密切. 由于它储量大、产量多,也是工业生产中最重要的原材料之一. 煤的综合利用是一个重要的研究课题.

煤的蕴藏量很大,以苏联、中国和美国为最多. 至 1980 年底止,我国经勘探证实的煤储量为六千四百多亿吨. 现在全世界每年采掘和消耗量超过三十多亿吨.

煤的主要成分是元素碳,其中也含有一部分碳氢化合物和无机物. 煤是由植物性物质在隔绝空气、有水而温度不太高的条件下缓慢分解而成的. 在自然界中,由于煤的生成条件不同,石墨化程度及碳氢物的成分等可以相差很大,生成地质年代较短的泥煤和褐煤,石墨化的程度较差,而杂质的含量较多.

煤通常根据燃烧情况分为无烟煤(硬煤)和烟煤(软煤)两类. 硬煤包含大约 6% 挥发性物质,发热量大,燃烧时不出现黑烟,适合于民用供暖和轮船锅炉燃料. 硬煤和焦炭更相近,可用于制造水煤气. 软煤含挥发物较多,燃烧时有煤烟,通常用作燃料. 按照它们燃烧时是否融化,软煤可分为炼焦煤和非炼焦煤. 炼焦煤用来制造焦炭. 炼焦是将烟煤在隔绝空气条件下,在炼焦炉中高温加热干馏,产生可燃气体、焦炭、氨及煤焦油等,从煤焦油中又可提取许多有价值的产品.

煤和煤产品的分析鉴定技术可参看参考文献[13].

1.4.2 焦炭

焦炭是干馏煤的重要产物,它有许多优良性能,较纯、较硬,孔隙较多,透气性好,具有一定的机械强度. 焦炭的这些性质与其内部结构密切相关,在焦炭内部有各种取向的层型缩聚芳香环分子,它们进一步通过 C—C 单键连接成三维网格的结构,这种网格按无序的方式连接,其中包含许多大小不等的孔隙和空穴.

焦炭的产量,1974 年全世界为 3.7 亿吨. 它的用途很广,是工业上的重要原料. 用于冶金工业中作还原剂的焦炭,约占总量的 90%. 在炼铁高炉中,焦炭和铁矿石一起共热,焦炭既可承受一定的机械压力,保持高炉中通风透气良好,又可以燃烧放出热量并产生一氧化碳,将铁矿石还原为金属铁. 用焦炭和氧化钙一起通电加热,还可以制造电石(CaC_2). 在合成氨等工业中用焦炭制造水煤气,得到 CO 和 H_2,是工业上获得 H_2 的重要途径.

1.4.3 木炭和活性炭

木炭是木材及果壳等干馏的产物,其组成主要是碳. 将木炭在 1200K 的水蒸气中加热,可得活性炭.木炭和活性炭有很高的比表面,其值约为300—2000m^2/g,可作吸附剂,在气体和溶液中进行选择吸附.例如在防毒面具中,活性炭可以吸附毒气,净化空气.在有色水溶液中加活性炭可以吸附色素,使溶液脱色,此法广泛用于制糖、制药等工业中.活性炭的多孔结构和吸附性质可参看参考文献[14].

1.4.4 炭黑

气态碳氢化合物不完全燃烧可得到炭黑,由碳氢化合物形成炭黑的条件是:热解和部分燃烧.将天然气或石油气不完全燃烧热解而得的黑烟,喷以水雾冷却,通过静电沉降器收集得到炭黑.炭黑形成的机理可参看参考文献[15].炭黑的颗粒很小,X射线衍射研究表明,基本的结构单位是层形石墨分子,但层形分子小的直径只有2nm左右,而颗粒分布约20—30nm居多.

炭黑可以用作橡胶的填充剂或用作油墨等,在印刷业中起重要作用.我国很早就用松香制墨,即通过不完全燃烧的方法得到炭黑,用以制成墨,由于炭黑稳定,经久而不褪色,使大量的古代文化得以保存.

1.4.5 碳纤维[16,17]

碳纤维是一种人工制造的纤维状的碳,可用含碳的有机高聚物纤维炭化得到,利用高聚物生产碳纤维一般经过下列三个阶段:

(1)低温(500—600K)下进行预氧化,促使交联,使高聚物稳定化.

(2)在约1270K下,在惰性气氛中进行炭化.

(3)在2500—3000K下进行石墨化.

例如,利用聚丙烯腈纤维为原料制备碳纤维,其过程的微观机理可大致示于图9.7中.图中第一步是在低温下进行热处理,在约470K使—CN基环化,交联成—C═N—C═N,控制氧化脱氢使部分芳化;第二步在约670—870K脱氢,扩大纤维链间交联;第三步在870—1570K脱氮而进一步交联,参见图9.7.

碳纤维具有很高的比模数、比强度,还有很高的耐热性,而比重较低,约为2.0g/cm^3,所以碳纤维与玻璃纤维一样,可用作塑料的增强剂,碳纤维的强度比玻璃纤维高六倍,用碳纤维增强的塑料比玻璃钢更优越,是制造飞机、火箭和宇宙飞船等的重要材料.

1.4.6 玻璃态碳

除上述煤、焦炭、炭黑、碳纤维等外,玻璃态碳也是一种无定形碳.玻璃态碳是一种外表像黑色玻璃、性质特殊的无定形碳素材料.由于它密度小,强度高、透气性低及化学稳定性好等特性,引起人们的重视.

玻璃态碳可以用糠醛树醋为原料,经固化、碳化及高温处理而制成.

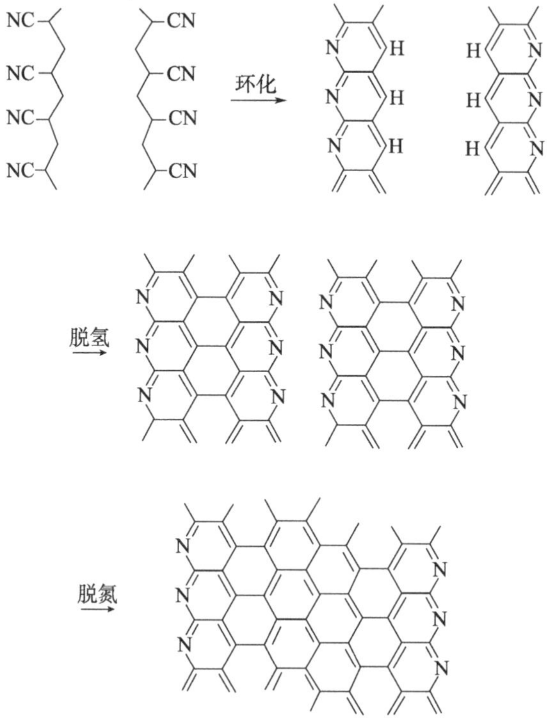

图 9.7　由聚丙烯纤维制备碳纤维的示意图[16]

由 X 射线衍射、电子衍射及电子显微镜等方法研究表明,玻璃态碳结构形式处于石墨和金刚石之间,即其中既包含以 sp^3 杂化轨道按四面体向成键的碳原子,也包含以(sp^2+p)轨道按平面三角形成键的碳原子. 随着处理温度的增加,按四面体方式成键的碳原子减少,石墨微晶区增加. 玻璃态碳是由石墨微晶相、无定形或玻璃状的微晶基体以及微细的、封闭的微孔所组成. 在玻璃态碳中,微晶相、基体、微孔所占的体积不相上下. 微晶相呈螺旋条带状,并互相缠结,微孔封闭而不相通,分布在玻璃态基体和微晶之间,并不透气. 由于微孔的存在,玻璃态碳密度低,约 $1.5g/cm^3$.

玻璃态碳的硬度与一般陶瓷相似,可用金刚石或碳化硅工具切割抛光. 有较好的高温机械性能.

玻璃态碳是一种很好的导电材料,电阻率为 $4\times10^{-3}\Omega\cdot cm$ 左右,略高于石墨. 导热系数略低于石墨.

玻璃态碳是化学惰性材料,能耐各种强酸和强碱的腐蚀,在空气中抗氧性能优于一般石墨,可在空气中使用到 970K.

玻璃态碳表面光滑,比表面积小,电极电位稳定,不吸附,不污染,是一种理想的固体电极材料.

参 考 文 献

[1] N. N. Greenwood and A Earnshaw, "Chemistry of the Elements". Pergamon Press (1984).

[2] "Handbook of Chemistry and Physics", 61st Ed., (1980—1981).

[3] A. K. Holliday, G. Hughes and S. M. Walker, "Carbon", in "Comprehensive Inorganic Chemistry", Vol. I, Pergamon Press (1973).

[4] B. Bolin, "Chemistry in the Environment", W. H. Freeman, San Francisco (1973).

[5] J. C. Bokros, "Chemistry and Physics of Carbon", Vol. 5, (P. L. Walker, ed.), Dekker (1969).

[6] 马崇智等,《放射性同位素手册》,科学出版社(1979).

[7] R. Berman (ed.), "Physical Properties of Diamond", Clarendon Press (1965).

[8] B. T. Kelley and R. Taylor, "Chemistry and Physics of Carbon", Vol. 10, (P. L. Walker, ed.) Dekker (1974).

[9] I. L. Spain, "Chemistry and Physics of Carbon", Vol. 8, (P. L. Walker, ed.), Dekker (1973).

[10] G. Davies, "Chemistry and Physics of Carbon", Vol. 13, (P. L. Walker, ed.), Dekker (1977).

[11] J. E. Field (ed.) "The Properties of Diamond", Academic Press, London (1979).

[12] J. D. Donohue, "The Structure of the Elements", Wiley (1974).

[13] E. L. Fuller (ed.), "Coal and Coal Products: Analytical Characterization Techniques", ACS, 205(1982).

[14] M. M. Dubinin, "Chemistry and Physics of Carbon", Vol. 2 (P. L. Walker, ed.), Dekker (1966).

[15] J. Lahaye and G. Prado, "Chemistry and Physics of Carbon", Vol. 14, (P. L. Walker, ed.), Dekker(1978).

[16] J. B. Donnet and R. C. Bansal, "Carbon Fibers", Dekker (1984).

[17] W. N. Reynolds, "Chemistry and Physics of Carbon", Vol. 11 (P. l. Walker, ed.), Dekker (1975).

9.2 碳化物与石墨化合物

碳化物是指碳与电负性比它低的或和它相近的元素化合生成的化合物. 碳与硫、氧、氮、磷、卤素等生成的化合物,不在这里讨论. 习惯上不把碳与氢生成的化合物归到这一类. 从组成看,石墨化合物也是一类碳化物,将在 2.4 节中讨论.

碳化物通常归纳为三种类型:

(1)离子(或类盐)碳化物. 这类化合物主要由碳与ⅠA 族、ⅡA 族和ⅢA 族元素形成.

(2)间隙碳化物. 这类碳化物由碳与过渡金属,特别是ⅣB,ⅤB 和ⅥB 族元素组成,碳与原子半径较小的过渡金属则组成界于离子化合物与间隙化合物之间的碳化物.

(3)共价碳化物. 这类碳化物是由碳与 Si,B 等电负性相近的元素组成的化合物. 如 SiC,B_4C 等.

有时有些碳化物的性质介于上述三种类型之间,要对它们进行归类是困难的.

碳化物通常可以用以下方法制备:

(1)在高温($>2300K$)下,碳与其他元素直接化合.

(2)高温下,碳与金属氧化物反应.

(3)金属与适宜的碳氢化合物蒸气一起加热反应. 另外一种特殊情况是将乙炔通入金属(Cu,Ag,Mg,Zn,Cd)盐溶液得到的化合物,通常叫乙炔化合物,例如 Cu_2C_2 和 Ag_2C_2 等.

2.1 离子碳化物

电负性低的金属元素的碳化物有许多性质与离子晶体一致. 具有无色、透明、常温下不导电等性质. 可以被水或稀酸分解并放出碳氢化合物,这一现象表明,在离子碳化物中碳以阴离子形式存在. 在离子碳化物中,主要的碳阴离子有 C^{4-},C_2^{2-} 和 C_3^{4-} 等. 已知含 C_3^{4-} 的化合物只有 Mg_2C_3,其中 C_3^{4-} 呈直线$(C=C=C)^{4-}$,可按下式水解:

$$(C=C=C)^{4-}+4H^{+}\longrightarrow H_2C=C=CH_2$$

下面分别对含 C^{4-} 及 C_2^{2-} 的化合物进行讨论.

2.1.1 含有 C^{4-} 离子的碳化物

Be_2C 和 Al_4C_3 等化合物属于含有 C^{4-} 的离子碳化物,它们在水解时放出甲烷.

Be_2C 可以利用碳与 BeO 在 2200K 的真空中加热得到. 该反应若低于 1970K 则不发生,但高于 2370K,则 Be_2C 又分解为石墨,所以合成时准确地控制温度十分重要. Be_2C 晶体呈砖红色,属于反萤石型的结构(即 Be 代替 CaF_2 中的 F^-,而 C 代替 Ca^{2+}),如图 9.8 所示.

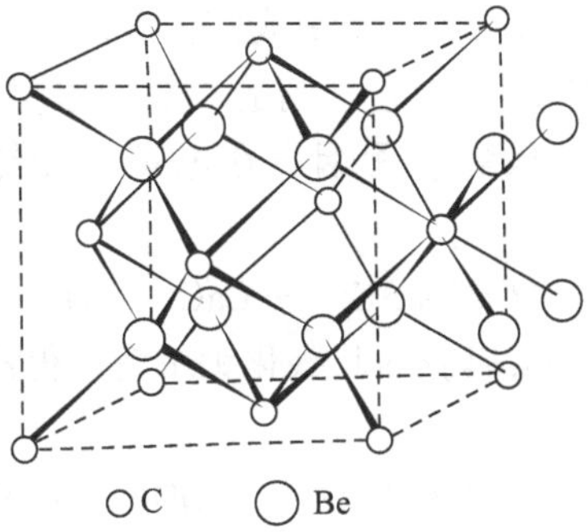

图 9.8 Be_2C 的结构

将铝和碳放在电炉中加热可得到 Al_4C_3. Al_4C_3 是淡黄色晶体,熔点 2470K,在真空中在 2070K 时升华. Al_4C_3 遇冷水缓慢地反应,与热水或稀酸反应较快.

$$Al_4C_3 + 12H_2O \longrightarrow 4Al(OH)_3 + 3CH_4$$

该反应在实验室可用来制备甲烷. Al_4C_3 可与 $HgCl_2$ 的 HCl 溶液反应得到 $Hg(CH_3)_2$,

$$2Al_4C_3 + 3HgCl_2 + 18HCl \longrightarrow 3Hg(CH_3)_2 + 8AlCl_3$$

Al_4C_3 的结构比较复杂,其中碳原子有两种不同的配位:一种碳原子周围有五个 Al 原子配位,其中四个距离为 190—194pm, 第五个距离为 221pm;另一种碳原子周围有六个 Al 原子配位,距离为 217pm,Al 原子处在碳原子形成的变形四面体中心. 碳和碳之间的最近距离为 316pm,由此数据可见,碳原子之间并不成键.

2.1.2 含有 C_2^{2-} 离子的碳化物

目前已知含有 C_2^{2-} 离子的碳化物列于表 9.9.

表 9.9 含有 $(C \equiv C)^{2-}$ 的碳化物[2]

Ⅰ族	Ⅱ族	Ⅲ族
Li_2C_2 Na_2C_2 K_2C_2 Cu_2C_2 Rb_2C_2 Ag_2C_2 Cs_2C_2 Au_2C_2	BeC_2 MgC_2 CaC_2 ZnC_2 SrC_2 CdC_2 BaC_2 $Hg_2C_2 \cdot H_2O$ HgC_2	Al_2C_6

含 C_2^{2-} 离子的碳化物以水解时产生乙炔为特征,又称乙炔化合物. 在化合物中$(C\equiv C)^{2-}$作为孤立单位存在,而金属离子以它们正常的氧化态存在.

碱金属的乙炔化合物可由乙炔与金属的液氨溶液反应制得.

将金属 Be、Mg 粉末与乙炔一起加热至约 800K,可得 BeC_2 和 MgC_2. Ca,Sr,Ba 的碳化物也可用相同方法制备,但需要更高的温度.

CaC_2 在工业上颇为重要,因为它是制造乙炔的原料,目前世界上约有 80% 的乙炔来源于 CaC_2. 将 CaO、焦炭和无烟煤在电炉中加热到 2100—2500K 可得到 CaC_2,其反应如下:

$$CaO + 3C \longrightarrow CaC_2 + CO$$

该反应为吸热反应,$\Delta H = 465.7kJ/mol$. 碳化钙水解可得乙炔.
其反应为

$$CaC_2 + 2H_2O \longrightarrow Ca(OH)_2 + C_2H_2$$

这是一个放热反应,$\Delta H = -120kJ/mol$ 需要小心控制. 在低温(193K)下,在钙的液氨溶液中通入乙炔,先得到 $CaC_2 \cdot C_2H_2$ 晶体,然后在 600K 真空中分解,可得纯 CaC_2,

$$Ca(\text{液氨}) + 2C_2H_2 \xrightarrow{193K} H_2 + CaC_2 \cdot C_2H_2$$

$$CaC_2 \cdot C_2H_2 \xrightarrow{600K} CaC_2 + C_2H_2$$

CaC_2 的物理性质如下

熔点	2570K
热容	1.09J/(g·K)
ΔH 熔融	502.1J/g
密度	2.2g/cm^3

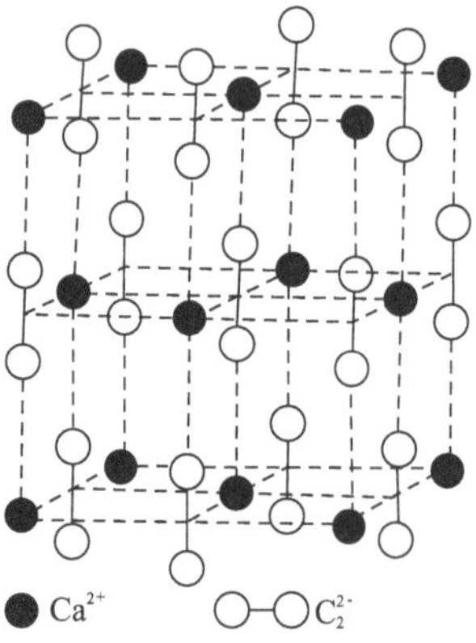

图 9.9 CaC_2 的晶体结构

CaC_2 与 N_2 在 1300K 下反应得氰氨化钙.

$$CaC_2 + N_2 \longrightarrow CaCN_2 + C$$

这是一个放热反应,$\Delta H = -296kJ/mol$. $CaCN_2$ 是制备氨基氰(H_2NCN)的重要原料.

已知 CaC_2 至少有下列四种晶型:

(1)CaC_2(Ⅳ)立方晶体,在 720K 以上稳定;

(2)CaC_2(Ⅲ)是介稳相;

(3)CaC_2(Ⅱ)低于 298K 时稳定;

(4)CaC_2(Ⅰ)是最常见的一种晶型,属四方晶系在 298K 到 720K 之间稳定. 它是 CaC_2 最常见的存在形式. 其结构如图 9.9 所示. 四方 CaC_2 的晶体结构类似

NaCl 型,但由于(C≡C)$^{2-}$ 离子呈椭圆形,定向排列,晶体属于四方晶系. 在 CaC_2 晶体的 C_2^{2-} 离子中,C—C 距离为 120pm. 相当于碳-碳叁键的键长,Ca 和 C 间的距离为 259 和 282pm. 其他碱金属的碳化物的晶胞参数列于表 9.10 中.

表 9.10 四方晶系碱金属碳化物的晶胞参数[2]

晶体	a,pm	c,pm
MgC_2	386	576
CaC_2	387	637
SrC_2	411	668
BaC_2	439	704

Cu_2C_2 和 Ag_2C_2 可由乙炔通入铜和银的盐的氨水溶液中制得,分别称为乙炔铜和乙炔银. 干燥的乙炔铜和乙炔银是强爆炸物,尤其后者,对热和机械振动均敏感,能诱发爆炸.

2.1.3 镧系和锕系碳化物

镧系元素的碳化物 MC_2 都为四方碳化钙型结构. 表 9.11 列出 MC_2 型镧系碳化物的晶胞参数. 从表中数据可见,镧系元素碳化物的晶胞参数从 LaC_2 到 LuC_2 依次减小,这与"镧系收缩"现象有关. 在这系列化合物中,EuC_2 和 YbC_2 的晶胞参数及水解行为和其他镧系碳化物不太一样,这和 Eu^{2+},Yb^{2+} 比较稳定有关.

表 9.11 镧系碳化物(MC_2)的晶胞参数和(C≡C)$^{2-}$ 的键长[1,5]

M	a,pm	c,pm	(C≡C)$^{2-}$ 键长,pm
La	393.4	657.2	130.3
Ce	387.8	648.8	128.3
Pr	385.5	643.4	-
Nd	382.3	640.5	-
Sm	377.0	633.1	-
Eu	-	-	-
Gd	371.8	627.5	-
Tb	369.0	621.7	129.3
Dy	366.9	617.6	-
Ho	364.3	613.9	-
Er	362.0	609.4	-
Tm	360.0	604.7	-
Yb	363.7	610.9	128.7
Lu	356.3	596.4	127.6

镧系和锕系的碳化物通常由氧化物与碳一起加热制得，也可将各种单质分别与碳按化学比配好压片，在惰性气氛中用电弧熔融制备. 镧系与锕系的碳化物 MC_2 和 $M_4(C_2)_3$ 中 $(C\equiv C)^{2-}$ 键的键距比碱金属碳化物的略长（在 CaC_2 中 $C\equiv C^{2-}$ 与乙炔中的相同）. 通过顺磁散射分析得知在镧系与锕系碳化物的结构中金属原子基本上为三价. 估计有部分电子从金属给予 $(C\equiv C)^{2-}$ 离子的反键轨道，这样使 C 和 C 间的距离变长了. 镧系碳化物具有导电性，这和上述复杂的电子结构有关，即部分电子处在晶体的导带上.

镧系和锕系碳化物水解时主要产物不再是乙炔，而是氢和各种碳氢化合物. 铀和钚的碳化物由于可用于高温能源反应堆而受到人们的重视. 铀和钚都可生成 MC, M_2C_3 和 MC_2 等碳化物，它们可以在惰性气氛中，按元素的化学组成比，用电弧熔融来制备. 这些碳化物呈银灰色金属状. 钚的化合物易与水蒸气反应，而铀的碳化物与水在适当的条件下才反应. 一些锕系碳化物的物理常数见表 9.12.

表 9.12　一些锕系碳化物的物理常数[1,2]

碳化物	熔点, K	结构型式	晶胞参数, pm	ΔH°_{298}, kJ/mol
ThC	~2900	面心立方	$a=534.6$	−123.8
ThC_2	—	单斜	$a=653$ $b=424$ $c=656$ $\beta=104°$	−132.2
UC	2790	面心立方	$a=496.05$	−88.3
U_2C_3	2000（分解）	体心立方	$a=808.89$	−205.0
UC_2	2770	四方	$a=352.41$ $c=599.62$	−83.68
PuC	~2000	面心立方	$a=497.30$	−50.2
Pu_2C_3	~2300	体心立方	$a=812.56$	—
PuC_2	~2600	四方	$a=363$ $c=609.4$	< −7.1

锕系碳化物中 ThC_2 的结构与 CaC_2 有些相似，然而它是单斜晶系（$a=653$pm, $b=424$pm, $c=656$pm, $\beta=104°$）.（$C\equiv C$）$^{2-}$ 在晶体中的取向不像 CaC_2 那样平行于四重轴方向，而是互相倾斜排列.

在 ThC_2 的结构中 C—C 键长 147pm，比 CaC_2 晶体中的 C—C 键要长. Th—C 间最短距离为 238pm. ThC_2 和金属相似，有金属光泽、能导电，水解时主要放出 CH_4 气体.

2.2 间隙碳化物

由过渡金属形成的碳化物通常具有金属光泽,而且它们导电性优良,极硬,难熔. 现将这类化合物分为两组进行讨论.

2.2.1 Ⅳ-Ⅵ族(Cr 除外)过渡金属碳化物

这类碳化物可由金属粉末与碳一起在缺氧的情况下加热到 2500K 得到;也可在乙炔中用电激发加热金属得到,为了防止乙炔自身热解为石墨和氢气,可用惰气(例如 Ar)将乙炔稀释. 已知Ⅳ-Ⅵ族元素的间隙碳化物如下:

TiC	VC	V_2C		
ZrC	NbC	Nb_2C	MoC	Mo_2C
HfC	TaC	Ta_2C	WC	W_2C

在这类碳化物中,金属原子以密堆积方式排列,碳原子填入它们的八面体空隙中.

在立方密堆积结构中,八面体空隙数目等于金属原子数目. 如果八面体空隙都填满,则所得碳化物的化学式应为 MC,该结构与 NaCl 结构一致(金属原子占据 Cl^- 的位置,而 C 原子占据 Na^+ 的位置). 如果只有一半八面体空隙被碳原子占据,则为 M_2C 型间隙碳化物.

实际上,把间隙碳化物当作碳原子填入金属密堆积空隙的看法过于简单. 在间隙碳化物中存在金属和碳之间的共价键. 例如,TiC 为 NaCl 型结构,具有金属的光泽和导电性,熔点很高,为 3683K,非常坚硬,硬度为 8—9(按 Mohs 硬度计). 根据这些性质可以预计它在晶体中具有高度的共价性. 这种共价结合是由于晶体中 C 原子半径较小,使 Ti—C 距离缩短. 在这个结构中 C 和 Ti 均为正八面体的六配位结构,碳利用它的三个 2p 轨道与 Ti 的 d^2s 杂化轨道($3d_{x^2-y^2}$, $3d_{z^2}$, $4s$)在 6 个 Ti—C 键方向形成 σ 键如图 9.10(a)所示. 另一方面 C 原子利用它的 2p 轨道又可

(a)
(b)
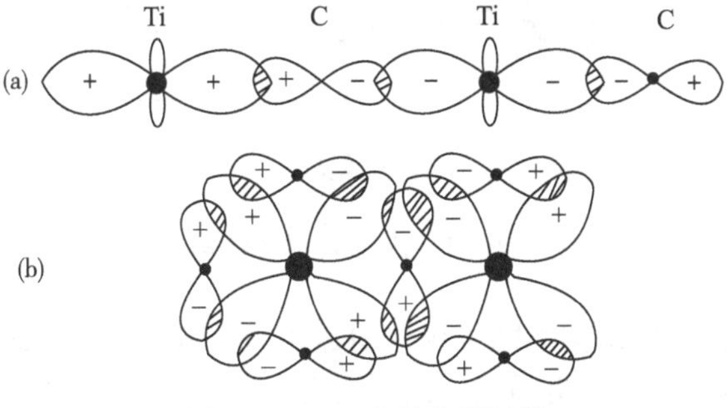

图 9.10 TiC 中的化学键[3]

与 Ti 的 d_{xy},d_{yz}、d_{zx}轨道迭合成 π 键,如图 9.10(b)所示.正是这些共价键的形成,促使这些间隙化合物和纯金属在性质上有较大的差异.

间隙碳化物不同于离子碳化物,它们能抗水腐蚀.化学性质一般不活泼,但可溶解在浓 HNO_3 或 HF 中.在空气中稳定,在氧中加热到 800K 以上可得氧化物.在氢气中加热则使 C 损失.

2.2.2　Cr 及Ⅶ、Ⅷ族过渡金属碳化物

这类碳化物可以在高温下用碳还原金属氧化物或由碳与金属直接反应制备.已知这类碳化物如下.

$Cr_{23}C_6$	$Mn_{23}C_6$	Fe_3C	Co_3C	Ni_3C
Cr_7C_3	Mn_3C	Fe_2C	Co_2C	
Cr_3C_2	Mn_5C_2			
	Mn_7C_3			
	$Mn_{15}C_6$			

这类碳化物虽归为间隙碳化物,但金属原子并不按密堆积排列,因而碳原子并不处在八面体空隙之中.

Fe_3C 的晶体结构[2]示于图 9.11 中.在晶体中每个碳原子周围有六个 Fe 原子,这六个 Fe 原子处在近似三角棱柱形的顶点.Fe—Fe 距离为 249—268pm,Fe—C距离为 185—215pm,没有明显的 C—C 相互作用.Fe_3C 称为渗碳体,是组成钢铁的重要成分.在 Cr_3C_2 中,Cr—C 距离为 202—207pm,C—C 距离达 165pm,较 Fe_3C 中的短,这个距离比正常脂肪族中的 C—C 距离稍长,可以认为 C—C 之间有相互作用.

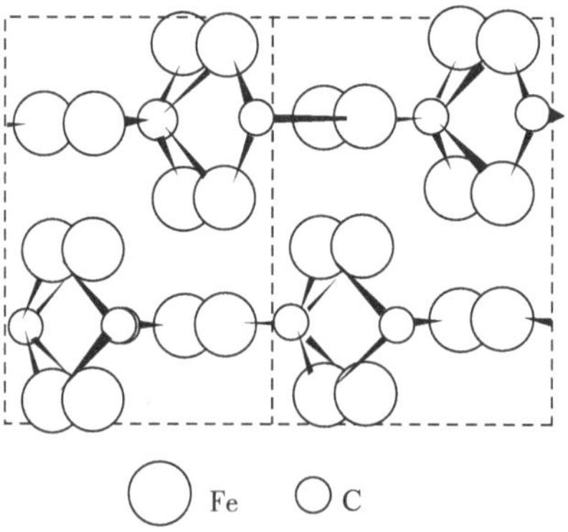

图 9.11　Fe_3C 的晶体结构

由于这类碳化物的结构不同于Ⅳ－Ⅵ族的间隙碳化物,因此在性质上也有差异.它们比Ⅳ－Ⅵ族碳化物更易反应.它们都溶于稀酸,在某些情况下,与水直接反

应得到碳氢化合物和氢的混合物.

2.3 共价碳化物

碳与一些电负性相似的元素化合生成共价碳化物. 重要的有碳化硼(B_4C)和碳化硅(SiC). 前面谈到的某些碳化物,例如 Be_2C,TiC 等也有共价键的性质.

在工业上,碳化硼是由碳与氧化硼(或硼)在电炉中加热制备. 或者将 BCl_3 与 CCl_4 加热到 1820—1920K 的石墨棒的表面进行热分解,可以得纯的碳化硼. 碳化硼是闪光的黑色晶体,导电、难熔、非常坚硬,可以作磨料和耐火材料.

B_4C 是一种重要的碳化物,熔点为 2623K;硬度为 9.5. 它的结构已经测定,晶体属三方晶系,三方晶胞参数为 $a=519$pm,$\alpha=66.3°$,晶胞中含三个[B_4C]. 对于 B 和 C 在晶体中的情况先后提出了两种结构相似的模型:先前认为 B 原子以 B_{12} 为单位,组成三角二十面体,碳原子以 C_3 为单位,形成直线型. 结构式可写成(B_{12})(C_3);以后认为 B_4C 的结构式为(B_{11}C)(CBC). 组成三角二十面体的是 11 个 B 和 1 个 C,而 CBC 呈直线形. 它和 $B_{13}C_2$[结构中包含的(B_{12})、(CBC)两种单位]具有相同的(CBC)单位. 晶体结构由三角二十面体相互连接成三维骨架,在骨架的大空隙中放(CBC)单位. 根据结构测定结果,键长数据如下:[4]

键	B_4C 即(B_{11}C)(CBC)	$B_{13}C_2$ 即(B_{12})(CBC)*
B—B(三角二十面体内)	178.9pm	177—183pm
B—B(三角二十面体间)	171.8pm	173pm
B—C(三角二十面体内或间)	160.4pm	161.7pm
B—C(CBC 内)	143.5pm	142.9pm

碳化硅俗称金钢砂,是一种重要的磨料. 工业上 SiC 是在电炉中把二氧化硅和过量的碳加热到 2300K 制得,总反应为

$$SiO_2 + 3C \longrightarrow SiC + 2CO$$

在 H_2 气中将 CH_3SiCl_3 加热到 1770K 进行热分解可以得到纯的 SiC.

SiC 是无色晶体,表面受到氧化后变成蓝黑色.

已知 SiC 的晶型有一百多种. 各种晶型的结构都有共同的特点:即 C 和 Si 均为四面体配位,C 和 Si 交替排列,每个 C 原子周围有 4 个 Si 原子,每个 Si 原子周围有 4 个 C 原子,各种晶型的结构都可以从闪锌矿和纤维锌矿的结构出发来理解. 表 9.13 列出若干形式的 SiC 的结构情况,表中 β 型 SiC 即立方 SiC. 它的结构

* 引自 A. Kirfel, A. Gupta and G. Will, *Acta Cryst.*, B35, 1052(1979).

和闪锌矿的结构相同，立方晶胞参数，$a=434.8\text{pm}$，Si—C 原子之间最短距离为 189pm，而 C 和 C、Si 和 Si 之间最短距离为 309pm，相互并不成键. 若将立方晶胞换成六方晶胞：$a=307.7\text{pm}$，$C=757\text{pm}$. 表中 $2H$ 型 SiC 的结构和纤维锌矿的结构相同. 闪锌矿与纤维锌矿虽然不是层型结构，但我们可以将它们的结构剖析成 a 型层和 b 型层连接而成，如图 9.12 所示. 从图 9.12 可以看出闪锌矿的结构只由 a 型层构成，而纤维锌矿则由 a 型层和 b 型层交替排列构成.

表 9.13　若干碳化硅结构中层的排列顺序[2]

SiC 晶型	层的排列顺序
β(立方 SiC)	a,a,a……
$2H$	ab,ab,ab……
$4H$-Ⅲ	aab,aab……
$6H$-Ⅱ	$aabb,aabb$……
$15R$－Ⅰ	$baaba,baaba$……

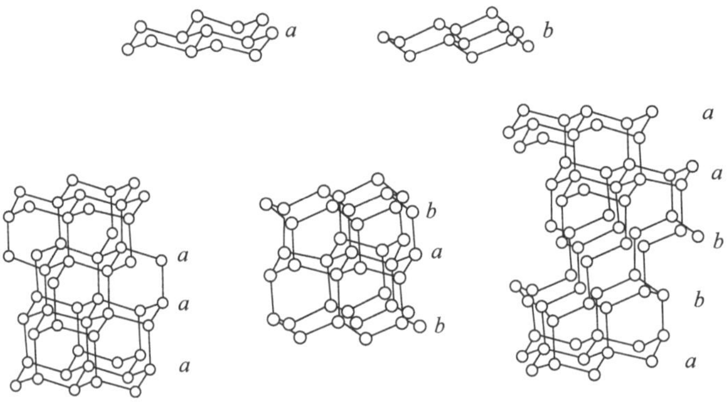

图 9.12　β,$2H$,$4H$－Ⅲ等晶型的 SiC 结构之间的关系

表 9.14 列出若干形式 SiC 的六方晶胞参数以及在 c 方向上重复的层数 n.

表 9.14 列出的数据，不论晶体结构是六方(H)或三方(R)均取六方晶胞表达. 由六方晶胞参数可见，不论哪一种结构，晶胞参数 a 的值相近，均为 307pm，而晶胞参数 c 的数值均约为 251pm 的整数倍，即为 $251n$(pm)左右. 在这些结构中，Si 和 C 原子位置均处在三重轴或六重轴位置上. 为了描述各种晶型的 SiC 的结构，我们先以β－SiC为例说明.

β－SiC 均由 a 型层组成，但 a 型层的排列位置并不相同. 若以 β－SiC 中 Si 原子(或 C 原子)的位置作为该层相对位置的标准，选定第一层的某个 Si 的位置作为晶胞的原点，该原子的分数坐标为(0,0,0)，这样晶胞中第二层中Si的位置为

表 9.14　各种 SiC 的六方晶胞参数[2]

SiC 晶型	a,pm	c,pm	n
β(立方)	307.3	757	3
$2H$	307.6	504.8	2
$4H$ – Ⅲ	307.3	1005.3	4
$6H$ – Ⅱ	307.3	1508	6
$8H$	307.9	2014.70	8
$10H$	307.9	2518.3	10
$19H$	307.9	4784.9	19
$27H$	307.9	6799.6	27
$15R$ – Ⅰ	307.3	3770	15
$21R$ – Ⅳ	307.3	5278	21
$27R$	307.9	6799.6	27
$33R$Ⅵ	307.3	8294	33
$51R$(1) – Ⅴ	307.3	12903	51
$51R$(2)	307.9	12843.7	51
$75R$	307.9	18887.8	75
$84R$	307.9	21154.3	84
$87R$(Ⅶ)	307.3	21865.7	87
$141R$	307.9	35504	141
$174R$	307.9	43670	174
$393R$	307.9	98960	393

$\left(\frac{1}{3},\frac{2}{3},\frac{1}{3}\right)$,第三层中 Si 的位置为$\left(\frac{2}{3},\frac{1}{3},\frac{2}{3}\right)$,第四层为$\left(0,0,\frac{3}{3}\right)$,即它的 x, y 坐标与第一层重复,而 z 坐标增加 1. 若以这三种坐标作为相对位置的记号,简单地以 0,1 和 2 分别代表 x,y 坐标为(0,0),$\left(\frac{1}{3},\frac{2}{3}\right)$和$\left(\frac{2}{3},\frac{1}{3}\right)$的层,则$\beta$ – SiC 的结构可表示为:$\begin{matrix} a & a & a \\ 0 & 1 & 2 \end{matrix}$,按三层周期沿 c 轴重复排列. 表 9.15 列出若干型式的碳化硅结构.

表 9.15　若干型式的碳化硅结构[6]

SiC 晶型	沿 c 轴按周期重复排列的层及位置
β	$a\ a\ a$ 0 1 2
$2H$	$a\ b$ 0 0
$4H$ – Ⅲ	$a\ b\ a\ b$ 0 1 0 2

续表

SiC 晶型	沿 c 轴按周期重复排列的层及位置
$6H$ – Ⅱ	$a\ a\ b\ a\ a\ b$ 0 1 2 0 2 1
$15R$ – Ⅰ	$a\ b\ a\ a\ b\ a\ b\ a\ a\ b\ a\ b\ a\ a\ b$ 0 2 0 1 2 1 0 1 2 0 2 1 2 0 1
$21R$ – Ⅳ	$a\ a\ b\ a\ a\ b\ a\ a\ a\ b\ a\ a\ b\ a\ a\ a\ b\ a\ a\ b\ a$ 0 2 1 2 0 1 0 2 1 0 1 2 0 2 1 0 2 0 1 2 1
$33R$ – Ⅵ	$a\ b\ a\ a\ b\ a\ a\ b\ a\ a\ b\ a\ b\ a\ a\ b\ a\ a\ b\ a$ 0 2 0 1 2 1 0 2 0 1 0 2 0 2 2 0 2 1 0 1 $a\ b\ a\ b\ a\ a\ b\ a\ a\ b\ a\ a\ b$ 2 0 2 1 2 0 1 0 2 1 2 0 1

碳化硅很硬(Mohs 硬度 9.15),可用作磨料和磨具. 作磨具时是将碳化硅粉末与黏土或硅酸钠一起铸模、烧结成型,成为各种形状的工具,广泛地应用于机械、钻探等方面. 碳化硅的化学性质不活泼,在浓酸、甚至是沸腾的浓酸中都是稳定的. 加热时与铬酸钾和铬酸铅迅速反应. 在高温时更活泼,能被碱溶解. 在 1300K 以上被氧气氧化,在 1200K 以上与 Cl_2 反应得 $SiCl_4$ 与 C.

2.4　石墨化合物

在常温下,石墨能与下列多种单质或化合物反应生成各种石墨化合物:

(1)第Ⅰ族金属元素的单质包括 Li、Na、K、Rb、Cs 等;

(2)在液氨或其他溶剂中第Ⅰ、Ⅱ族金属的溶液;

(3)Br_2、Cl_2、ICl 和其他卤素互化物及 BCl_3;

(4)在有 Cl_2 存在时,多种金属氧化物的蒸气;

(5)在某些溶剂中的金属氯化物;

(6)酸,如 HF,$HClO_4$,H_2SO_4,HNO_3 等;

(7)CrO_2Cl_2 和 CrO_2F_2;

(8)某些氧化物和硫化物如 CrO_3 等.

由上述途径形成的石墨化合物可分为两类. 一类为石墨共价化合物,在这类化合物中其他原子与碳原子之间形成共价键. 典型石墨的性质已不存在,加热时直接得到二氧化碳等产物. 另一类为石墨夹层化合物,其他原子或分子处在石墨的碳原子之间,大多数石墨化合物属于这类.

2.4.1　石墨共价化合物

1. 氧化石墨(石墨酸)

早在 1860 年就知道用氧化剂处理石墨可制得氧化石墨. 以后常角的制法是将

石墨悬浮在按体积比为 1 :2 的浓硝酸和浓硫酸的混合溶液中,加入固体氯酸钾氧化,制得淡柠檬色的产物,该法是 Staudenmaier 发现的. 现在用硝酸钠、硫酸和高锰酸钾制备,可得到氧化程度和纯度都比 Staudenmaier 法好的氧化石墨.

氧化石墨对热不稳定,340K 以上即开始分解,473K,发生爆炸,产生一氧化碳、二氧化碳、水和烟炱. 由于分解温度很低,而常用的干燥温度又为 373—573K,所以可说明文献所报道的该化合物在组成上反复无常,不很确定的特点.

氧化石墨的组成随氧化程度不同而异,后来在燃烧实验中发现有氢,使组成更为复杂. 一般的范围为 $C_7O_4H_2$ 到 $C_{24}O_{13}H_9$.

Clauss 等对化学式为 $C_8O_2(OH)_2$ 的氧化石墨提出酮式及烯醇式的结构,如图 9.13 所示. 这一结构模型不仅能满意地说明氧化石墨的化学性质,而且也与红外光谱数据相符,可以确定—OH, C—O 和 C ═O 等基团的存在,即表明存在烯醇式和酮式的平衡. 表 9.16 示出氧化石墨的红外光谱数据.

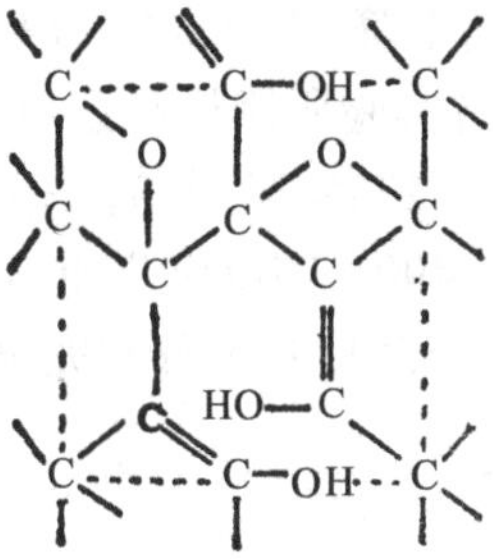

(a)

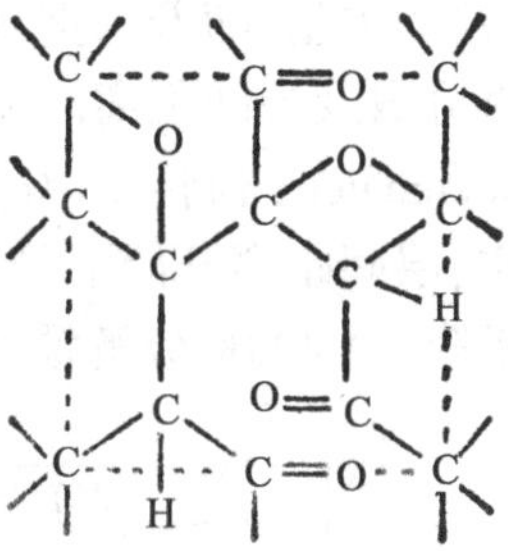

(b)

图 9.13 $C_8O_2(OH)_2$ 的烯醇式(a)和酮式(b)的结构示意图

表 9.16 氧化石墨的红外光谱数据[1]

频率 cm^{-1}	相应的振动
3440	C(固定)—OH 伸缩
1720	C ═O 伸缩
1620	H_2O 弯曲
1420	O—H 变形
1360	C—OH 变形
1070	C—OH 伸缩,C—O—C 桥伸缩
980	环氧化物或过氧化物

氧化石墨的 X 射线衍射研究指出,在形成氧化石墨时,石墨的层间距离增加,随着含水量的不同,层间距离从 600pm 增加到 1100pm. X 射线粉末图指出在 $10\bar{1}0$ 和 $11\bar{2}0$ 面上 C—C 的投影距离为 144pm,而石墨中为 141pm,这一距离与褶皱的脂环化合物的投影距离相近,相当于 C—C 键键长为 153pm. 氧化石墨的结构模型示于图 9.14 中.

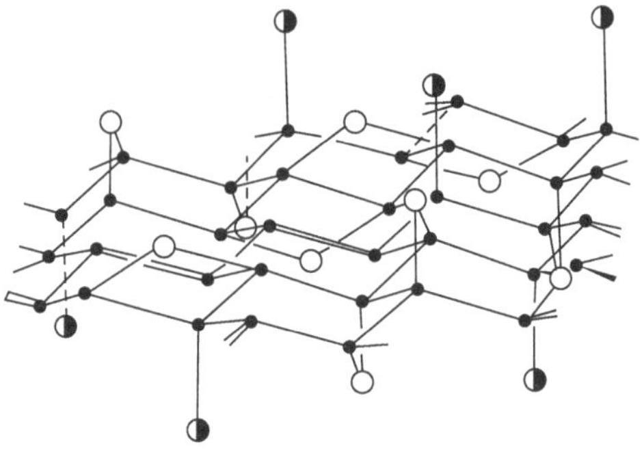

图 9.14　氧化石墨的结构模型

根据氧化石墨的层型结构,可以较好地联系它的热分解性质.氧化石墨受热发生分解,失去一定的重量,随着失重,层间距离下降.图 9.15 示出氧化石墨在不同温度下的失重百分数及层间距离.这一热分解实验所用样品系以斯里兰卡石墨为原料,按照 Staudenmaier 法制得.由图可见,在 273K 以后,有一个明显的失重峰,主要是去吸附水,层间距离开始下降.在 420—490K 间继续失重,这时放出 CO_2.层间距离明显地下降.过 490K 分解缓慢进行,在 550K 基本分解完全.

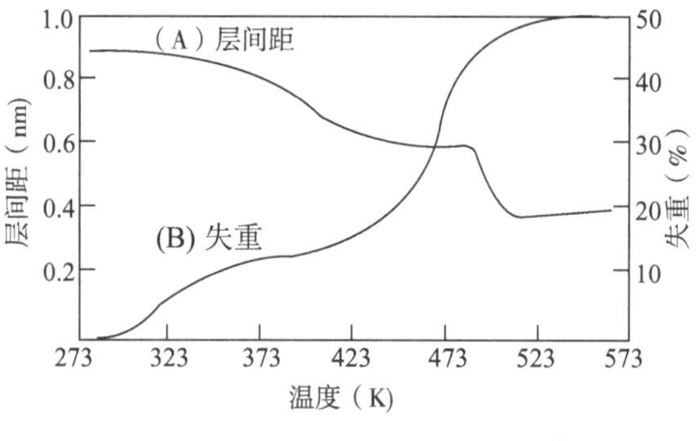

图 9.15　氧化石墨在不同温度下的失重百分数(B)及层间距离(A)

由于氧化石墨为层型结构,层间有较空旷的空间,当氧化石墨和不同的溶剂接触时,极性分子可插入层间,使层间距离加大.氧化石墨在弱碱性溶液中,例如 0.01mol/L的 NaOH 溶液中,会发生膨胀,这是由于吸收阳离子,使层间距离加大的原因.

2. 石墨氟化物

石墨在氟中燃烧,随着反应温度和 F_2 的气压的不同,可生成多种氟化碳.例如,690K 及 1atmF_2 的条件下,可得灰色固体,组成为$(CF)_n$.温度升高,反应加快,约在 870K,反应以爆炸速度进行,得到 CF_4,C_2F_6 和 C_5F_{12}等产物.在 690—820K

间,可得组成为 $CF_{0.68}$ 到 $CF_{0.99}$ 的产物.

$(CF)_n$ 是共价化合物,F 原子排列在 C 原子层的上下,C 原子以 sp^3 杂化轨道成键,所以 C 原子不再像石墨那样处于同一平面上,而是形成起皱的层,C—C 距离为 154pm,其结构模型如图 9.16 所示.

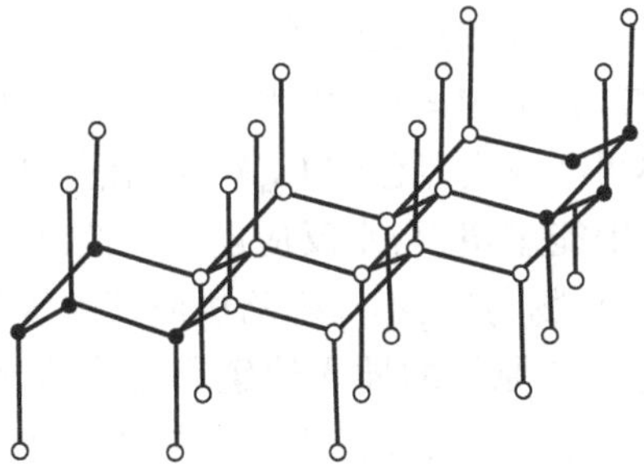

图 9.16 $(CF)_n$ 的结构模型

$(CF)_n$ 在 870K 以下是热稳定的,慢慢加热到 1270K 时释放出 CF_4,C_2F_2,C_2F_6,C_3F_8,C_5F_{12} 及其他高氟化合物.

在室温将氟和氟化氢的混合物通过石墨,很容易生成 C_4F. C_4F 的许多性质与 $(CF)_n$ 相似,但在组成、颜色、电导和结构上明显不同. C_4F 不活泼,在空气中稳定,不与稀酸和碱作用,甚至加热时也不作用. 低铁盐或碘酸等也不和 C_4F 起作用. C_4F 的导电性虽然比石墨差,但仍为较好的导体,其电阻率约为 2—4Ω · cm.

C_4F 加热到 373K 以上时分解,当迅速加热时,C_4F 燃烧(有时冒烟)而留下很细的烟炱. C_4F 的结构如图 9.17 所示.

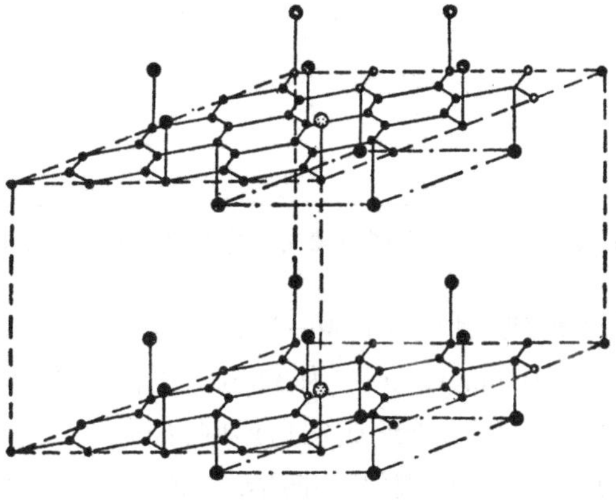

图 9.17 C_4F 的晶体结构

从图可见,在 C_4F 的结构中,碳原子仍保留平面六角形的网状结构,C—C 距离与石墨中的一样. 氟原子排列在碳原子面上下,C—F 距离为 140pm,F 原子规则分布成三角形面网，F—F 距离为 490pm. C_4F 的层间距离为 534pm. 在 $C_{3.6}F$ 中为 550pm. 由于层间间隔较大，密度较低，为 $2.077g/cm^3$.

2.4.2　石墨金属夹层化合物

石墨很容易与熔融的钾、铷、铯或它们的蒸气生成一系列石墨夹层离子化合物 C_8M，$C_{24}M$，$C_{36}M$，$C_{48}M$ 和 $C_{60}M$（M = K，Rb 和 Cs）. C_8M 的颜色介于古铜色和红铜色之间. C_8M 进一步加热可变成钢蓝色的 $C_{24}M$. 若剧烈加热则碱金属可被赶走. 这类化合物很活泼，在空气中能燃烧，与水反应剧烈. 控制反应条件，使其与水或醇反应只得到碱金属的氢氧化物与氢，不产生乙炔或其他碳氢化合物.

在这类化合物中，金属 M 原子的插入使碳层排列方式 ABAB 发生变化，使得凡是金属原子插入的上下两层排列方式相同. 在 C_8M，$C_{24}M$，$C_{36}M$，$C_{48}M$ 和 $C_{60}M$ 中分别每隔一层、两层、三层、四层和五层碳原子插入一层 M 原子. 与 M 原子层相邻的上下两层碳原子的排列方式相同，是这类化合物的结构特征. 图 9.18 为石墨和碱金属石墨夹层化合物间关系的示意图.

石墨	C_8M	$C_{24}M$	$C_{36}M$	$C_{48}M$	$C_{60}M$
——*A*	——*A*	——*A*	——*A*	——*A*	——*A*
——*B*	○○○	○○○	○○○	○○○	○○○
——*A*	——*A*	——*A*	——*A*	——*A*	——*A*
——*B*	○○○	——*B*	——*B*	——*B*	——*B*
	——*A*	○○○	——*A*	——*A*	——*A*
		——*B*		——*B*	——*B*
		——*A*		○○○	——*A*
				——*B*	
				——*A*	
				——*B*	
				——*A*	

图 9.18　石墨与碱金属石墨夹层化合物层间关系示意图

在 C_8M 中，M 原子形成三角形网（M—M 距离 491pm）如图 9.19(a) 所示. M 有 12 个等距（C_8K 中为 307pm，C_8Rb 中为 324pm）的配位碳原子，即上层和下层各有六个碳原子. 在 $C_{24}M$ 中，M 原子形成六角形网，如图 9.19(b) 所示，M—M 距离也为 491pm，是碳原子六角形中心距离的两倍. 由碳原子层和 K 原子层堆积成 C_8K 的晶体结构示意于图 9.20 中.

表 9.17 列出钾石墨和铷石墨各化合物的晶胞参数 c 的数值.

从表中可以看出：C_8M，…$C_{60}M$ 各化合物的晶胞参数都以相同的距离增加. 金属原子在石墨 π 键结构中的作用，可从钾石墨的电导和磁化率的数据来了解. 钾石墨的电导及磁化率的数据列于表 9.18 中.

这些数据表明,金属插入石墨层中破坏了石墨原有的半导性和反磁性. 石墨的电导随着温度升高而增加,但这些钾石墨的电导却和石墨的相反,随温度升高而降低,和金属相似,电导的温度系数是负值. 石墨为反磁性而钾石墨为顺磁性.

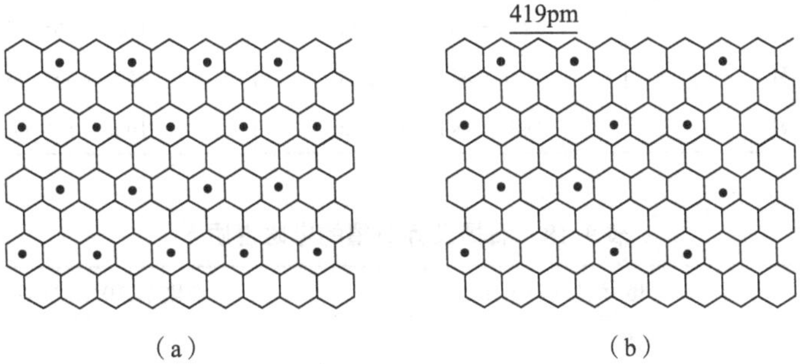

图 9.19 M 原子在 C_8M(a) 和 $C_{24}M$(b) 中的排列方式

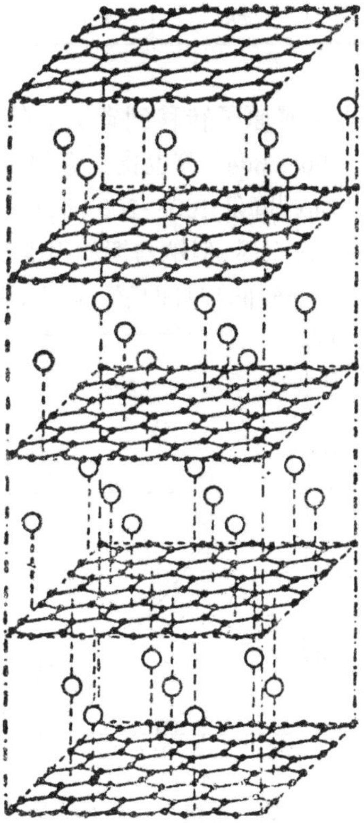

图 9.20 C_3K 晶体的结构

表 9.17　钾石墨和铷石墨的晶胞参数 c 的数值[1]

化合物	钾石墨,pm	铷石墨,pm
C_8M	541	565
$C_{24}M$	876 = 541 + 335	902 = 565 + 335
$C_{36}M$	1212 = 541 + 2 × 335	1234 = 565 + 2 × 335
$C_{48}M$	1548 = 541 + 3 × 335	1575 = 565 + 3 × 335
$C_{60}M$	1883 = 541 + 4 × 335	1908 = 565 + 4 × 335

表 9.18　石墨及钾石墨的电磁性质[1]

化合物	电导,1/(Ω · cm)		磁化率,$10^6 cm^3/mol$		
	90K	288K	90K	195K	288K
石墨	26.5	35.2	-94.8	-81.8	-72.48
C_8K	1302	980	16.55	16.48	16.42
$C_{12}K$	1073	870	—	—	—
$C_{18}K$	—	565	—	—	—

这些效应是由于电子从插入金属原子转移到碳层引起的. 电子自旋共振证明,金属 - 碳原子间键是定域键. Ubbelohde* 等也指出金属插入石墨使石墨沿 a 轴的电阻降低 10 倍,而垂直于碳平面则降低 100—200 倍,如图 9.21 所示.

虽然钾、铷和铯很容易进入石墨,但钠与锂却很少与石墨反应生成相应的化合物. 锂与石墨在 773K 的真空中,随加热时间长短生成不同的化合物. 长时间加热最

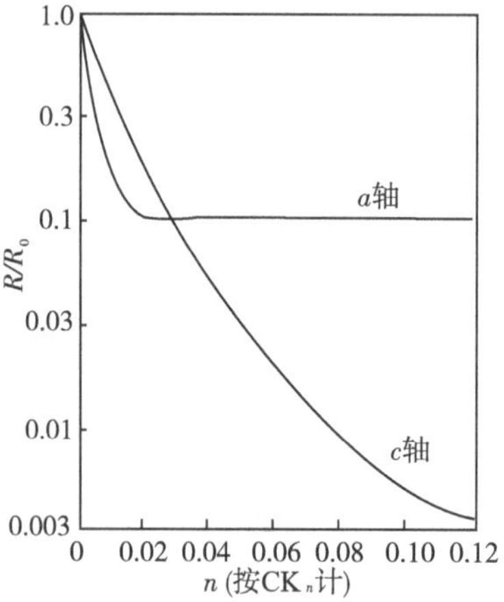

图 9.21　钾石墨的相对电阻与金属含量关系(图中 R_0 为纯石墨的电阻)

* 参看 A. R. Ubbelohde, L. C. Blackmann and J. F. Mathews, *Nature*, 183454 (1959).

终生成 Li_2C_2. 中间产物可以得到夹层化合物 C_4Li. 若用光谱纯的石墨与 99.98% 的锂蒸气进行反应还可得到 C_6Li, $C_{12}Li$ 和 $C_{18}Li$, 此外还制备出了 $C_{16}Li$ 和 $C_{40}Li$.

将分散度较高的石墨粉末加在熔融的钠中,在 723K 下反应约一周,得到深紫色的产物,其组成为 $C_{64}Na$, X 射线实验指出每隔 7 层碳原子插入一层钠离子. 还制备出了 $C_{32}Na$ 和 $C_{120}Na$.

2.4.3 其他石墨夹层化合物

石墨除与金属生成石墨金属夹层化合物外,尚可以和 NH_3, R_4N^+, 卤素,酸及金属卤化物等生成多种石墨夹层化合物. 下面分几类进行讨论.

1. 石墨氨夹层化合物

在 220K 液氨中,碱金属溶液与石墨反应生成含氨碱金属石墨化合物. 根据石墨的颗粒大小及碱金属浓度,所得产品可为蓝色的 $C_{12}M(NH_3)_2$ 或黑色的 $C_{28}M(NH_3)_2$. 其点阵参数 c 值分别为 660pm 和 990pm, 与 M 是什么金属无关. 它们的结构和碱金属石墨夹层化合物相似,性质也相似,例如磁性及对水敏感等.

在液氨中,碱土金属溶液能与石墨反应,生成金属氨石墨夹层化合物,它们的组成、颜色和点阵参数 c 的数值列于表 9.19 中.

表 9.19 碱土金属氨石墨夹层化合物[1]

组 成	颜 色	点阵参数 c, pm
$C_{12}Ca(NH_3)_2$	深 蓝	662
$C_{28}Ca(NH_3)_4$	蓝 黑	995
$C_{12}Sr(NH_3)_2$	红 紫	636
$C_{28}Sr(NH_3)_4$	蓝 黑	987
$C_{12}Ba(NH_3)_2$	红 紫	636
$C_{28}Ba(NH_3)_4$	蓝 黑	979

利用石墨电极通过电解法在硝酸铵的液氨溶液中,可制得含 NH_4^+ 的石墨夹层化合物. $C_x^- \cdot NH_4^+ \cdot nNH_3$, 改变反应物还可制得含下列离子的石墨夹层化合物:

$C_x^- \cdot (NH_3CH_3)^+$, $C_{45}^-(C_2H_5)_4N^+$, $C_{60}^-(C_2H_5)_4P^+$, $C_x^- \cdot (C_2H_5)_4As^+$ 等.

2. 石墨盐

石墨在浓酸中能被强氧化剂或阳极所氧化,而形成石墨盐. 在石墨盐中,带负电的酸根离子与酸分子一起进入石墨夹层之中. 石墨层型分子带正电,显示金属正离子的性质,故称为石墨盐. 例如

$$C_x + \frac{n}{2}O + nH_2SO_4 \longrightarrow C_x^{n+}(HSO_4)_n^{n-} + \frac{n}{2}H_2O$$

用发烟硝酸多次处理 $C_x^{n+}(HSO_4)_n^{n-}$ 可得硝酸石墨. 在发烟硝酸中用 N_2O_5 处理石墨,可得第一层级(first stage)石墨盐. 若升高温度(约 390K)并加氧化剂(CrO_3),可得第二层级石墨盐,其他三、四、五层级石墨盐,也可用相同方法制得. 硝酸石墨盐的点阵参数 c 的数值和结构情况,列于表 9.20 中.

表 9.20 硝酸石墨盐的结构[1]

石墨盐	点阵参数 c,pm	结 构
第一层级	784	六方,$P6/mmm$
第二层级*	1114 = 779 + 1 × 335	三方,$R\bar{3}m$
第三层级	1449 = 779 + 2 × 335	正交,$Cmc2_1$
第四层级	1784 = 779 + 3 × 335	三方,$R\bar{3}m$
第五层级	2119 = 778 + 4 × 335	

* 其组成为 $C_{48}^{+}NO_3^{-} \cdot 3HNO_3$.

在干燥的液态 HF 中,将石墨进行阳极氧化,可得氢氟酸石墨夹层化合物. 将石墨与高氯酸反应,可得高氯酸盐. 将石墨与浓硫酸和浓硝酸混合液反应,可得石墨硫酸氢盐. 石墨硫酸氢盐有两种晶型:α 型和 β 型,各型中石墨层的结构和相应的纯石墨相同. 这些石墨盐的点阵参数列于表 9.21 中.

表 9.21 若干石墨盐的点阵参数[1]

层级数	点阵参数 c,pm		
	石墨氢氟酸盐	石墨高氯酸盐	石墨硫酸氢盐(α)
1	808*	794	798**
2	1129	1112	1133
	(794 + 1 × 335)	(777 + 1 × 335)	(789 + 1 × 337)
3	1468	1430	1472
	(794 + 2 × 335)	(777 + 2 × 335)	(798 + 2 × 337)
4	1803	1765	1809
	(794 + 3 × 335)	(777 + 3 × 335)	(798 + 3 × 337)
5	—	2100	2146
		(777 + 4 × 335)	(798 + 4 × 337)
11	—	—	4168
			(798 + 10 × 337)

* 组成为 $C_{24}^{+} \cdot HF_2^{-} \cdot 2H_2F_2$.

** 组成为 $C_{24}^{+} \cdot HSO_4^{-} \cdot 2H_2SO_4$.

石墨盐 $C_{24}^{+}\cdot HSO_4^{-}\cdot 2H_2SO_4$ 的晶体结构和 C_8M 相似,HSO_4^{-} 及 H_2SO_4 在石墨夹层之中呈现很有规律的排列. 上述这些石墨盐的比电阻和纯石墨相比均有下降.

3. 石墨夹层分子化合物

在石墨夹层之间可以填充分子,形成石墨夹层分子化合物. 填充分子主要是金属卤化物. 表 9.22 列出已报道可进入石墨夹层之间,形成石墨夹层分子化合物的卤化物.

表 9.22 与石墨形成夹层分子化合物的卤化物[5]

氟化物	$HF, ClF_3, BrF_3, IF_5, XeF_6, XeOF_4CrO_2F_2, SbF_3Cl_2, TiF_4, UF_6$, MF_5: M = As, Sb, Nb, Ta
氯化物	MCl_2: M = Be, Mn, Co, Ni, Cu, Zn, Cd, Hg
	MCl_3: M = B, Al, Ga, In, Tl, Y, Sm, Eu, Gd Tb, Dy; Cr, Fe, Co; Ru, Rh, Au; I
	MCl_4: M = Zr, Hf, Re, Ir; Pd, Pt
	MCl_5: M = Sb, Mo, U
	MCl_6: M = W, U; CrO_2Cl_2, UO_2Cl_2
	$AlCl_3$ 加 Br_2, I_2, ICl_3, $FeCl_3$, WCl_6 的混合物
溴化物	$CuBr_2$, $AlBr_3$, $GaBr_3$, $AuBr_3$

表 9.22 所列的这些石墨夹层分子化合物,最先制得的是 $C_{6-7}\cdot FeCl_3$. 这是第一层级化合物,只要将 $FeCl_3$ 和石墨粉混合均匀,加热到 520K,经过一段时间即可得到. 它的点阵参数 c 值在 937—945 之间. 第二层级化合物 $C_{12}FeCl_3$ 的点阵参数 c 值为 1280pm ,它的组成为 $C_{70}^{+}Cl^{-}\cdot FeCl_2\cdot 5FeCl_3$.

Br_2, Cl_2 和 ICl 也能与石墨反应生成石墨夹层化合物,从几何观点看,C_8Br 和 C_8K 相似. 石墨卤化物的导电性比石墨大,可能是石墨把电子贡献给插入夹层中的卤素原子,使之形成相应的卤化物 C_8X. 这些化合物形成时,体积较石墨大,与石墨把电子给予卤素原子的观点一致.

参 考 文 献

[1] A. K. Holliday, G. Hughes and S. M. Walker, "Carbon", in "Comprehensive Inorganic Chemistry", Vol. I, Pergamon Press (1973).

[2] R. W. G. Wyckoff, "Crystal Structures", 2nd ed., Interscience (1963).

[3] D. M. Adams, "Inorganic Solids", Wiley (1974).

[4] A. F. Wells, "Structural Inorganic Chemistry", 5th ed., Clarendon Press, Oxford (1984).

[5] N. N. Greenwood and A. Earnshaw, "Chemistry of the Elements", Pergamon Press (1984).

[6] J. Lahaye and G. Prado, "Chemistry and Physics of Carbon", Vol. 14, (P. L. Walker, ed.), Dekker (1978).

9.3 碳的氧化物和碳酸盐

3.1 一 氧 化 碳

3.1.1 一氧化碳的制备

碳在氧气供给不足的情况下燃烧,可以生成一氧化碳.

$$2C + O_2 \longrightarrow 2CO \qquad \Delta H^\circ = -221.0\text{kJ}$$

CO 的实验室制备方法是将甲酸滴在热浓硫酸上,使甲酸脱水分解而成. 利用 $Ni(CO)_4$ 在 470K 左右分解,也可制得纯的 CO.

$$HCOOH \xrightarrow{H_2SO_4} CO\uparrow + H_2O$$

$$Ni(CO)_4 \longrightarrow Ni + 4CO$$

工业上,CO 的主要来源是发生炉气和水煤气. 焦炭或炭在空气不足的情况下燃烧,得到的混合气体称为发生炉气,它是一种便宜的气体燃料. 发生炉气的成分大致为:CO25%,$N_2$70%,$CO_2$4%,还有少量的 H_2,CH_4 和 O_2 等.

水煤气是用水蒸气通过炽热的焦炭而得:

$$H_2O + C \longrightarrow CO + H_2 \qquad \Delta H = 131.4\text{kJ}$$

水煤气的成分大致为:CO40%,$H_2$50%,$CO_2$5%,此外还有 5% 左右的 N_2 和 CH_4 等. 水煤气不仅是 CO 气体的重要来源,也是工业上氢气的重要来源.

3.1.2 一氧化碳的结构和性质

CO 分子的结构可根据其性质加以说明. 实验测得 CO 分子中 C—O 键键长为 112.8pm,比羰基双键键长 122pm 短. CO 的偶极矩很小,为 0.112D,比酮类的羰基 $\left(\gt C{=}O\right)$的偶极矩小很多. CO 分子的红外光谱中强谱带出现在 2144cm^{-1},以及 C—O 键的振动的力常数等光谱性质,可以认为 C 和 O 原子间形成三重键,即一个 σ 键和两个 π 键,其中一个 π 键由氧原子单方面提供电子,以配键形式结合,其结构式可表示为

$$:C \overset{\longleftarrow}{=} O:$$

由这个结构式可见,由于氧原子单方面向碳原子提供公用电子对,不仅抵消了 C 和 O 之间由于电负性差引起的极性,而且使氧原子一端显电正性,C 原子端显电负

性,在和金属离子配位时,总是以 C 原子端去和金属结合成键.

CO 是有毒、易燃、无味、无色的气体. 它与血液中的血红朊能迅速反应,形成亮红色的羰基配位化合物,使血红阮不再与 O_2 结合成氧配位血红朊,致使人体因缺氧而中毒. CO 与血红朊的亲和力为 O_2 的 300 倍,因此空气中只要有少量 CO 就能发生毒性反应. 今将一氧化碳的物理性质列于表 9.23 中.

表 9.23　CO 的物理性质[1]

性　质	数　据	性　质	数　据
熔点,K	68.1	ΔH_f°,kJ/mol	-110.5233
$\Delta H_{熔化}$(在 68.1K),J/mol	836.8	ΔS_f°,J/(mol·K)	197.907
沸点,K,1atm	81.6	C_p°,J/(mol·K)	29.141
$\Delta H_{气化}$(在 81.6K),kJ/mol	6.042	键长,pm	112.8
临界温度,K	133.3	键能,kJ/mol	1070.3
临界压力,Pa	3.4986×10^6	力常数,N/m	1.902×10^3
临界密度,g/cm^3	0.3010	偶极矩,D	0.112
三相点	478.2K,1.539×10^4 Pa	溶解度(273K),cm^3/($100cm^3$ H_2O)	3.5
自燃温度,K	1477	密度(273K),g/dm^3	1.2500
ΔG_f°,kJ/mol	-137.27	电离能,eV	14.01

一氧化碳的分子结构,使其具有还原作用、加合作用以及提供电子对的作用等特性.

一氧化碳在氧气或空气中燃烧,可放出大量的热,

$$2CO + O_2 \longrightarrow 2CO_2 \qquad \Delta H = -568.5kJ$$

在此反应中,少量水蒸气是必要的,因为干燥的一氧化碳不易和氧结合,当含很少量的水时,其反应速度与水蒸气的多少成正比.

在高温时,一氧化碳可使金属氧化物还原,是冶炼金属的重要还原剂. 例如高炉炼铁过程中,氧化铁被 CO 和 C 还原为铁:

$$3Fe_2O_3 + CO \longrightarrow 2Fe_3O_4 + CO_2$$

$$Fe_3O_4 + CO \longrightarrow 3FeO + CO_2$$

$$FeO + CO \longrightarrow Fe + CO_2$$

在常温下,一氧化碳可使氯化钯还原成金属钯. 氯化钯的水溶液呈粉红色而金属钯呈黑色,颜色的变化明显,可用此反应来检测空气中少量存在的 CO. 反应式如下:

$$PdCl_2 + CO + H_2O \longrightarrow Pd + 2HCl + CO_2$$

CO 可与 I_2O_5 作用生成 I_2,

$$5CO + I_2O_5 \longrightarrow I_2 + 5CO_2$$

利用这一反应，也可以测量少量（浓度 $<1\%$）CO 的存在. 常温下 CO 稳定，但当温度升高时，特别是有催化剂存在时，可发生下面的可逆反应：

$$2CO \rightleftharpoons C + CO_2$$

在 820K，CO 的平衡浓度为 10%，到 1270K 时，CO 的平衡浓度为 99%.

一氧化碳具有加合作用，在催化剂作用下能与 H_2，H_2O，炔、烯等反应，是制备有机物的重要原料. 例如，将 CO 和 H_2 的混合气体，在 200atm 和 570—670K 下通过催化剂如 $ZnO-Cr_2O_3$ 即可反应生成甲醇：

$$CO + 2H_2 \longrightarrow CH_3OH$$

是工业上生产甲醇的重要方法.

在 6—8atm、390—400K 下，CO 可与粉末状的氢氧化钠作用生成甲酸钠.

$$CO + NaOH \longrightarrow HCOONa$$

在较高压力下 CO 可与 H_2O 直接生成甲酸，可以认为 CO 是甲酸的酸酐. 但甲酸中碳原子显示出形式上的四价，加之在室温下 CO 不与水起作用，所以通常只把 CO 看作形式上的酸酐.

一氧化碳与硫磺一起共热，可化合生成硫氧化碳：

$$CO + S \longrightarrow COS$$

CO 可看作给电子分子，能提供电子对与缺电子分子化合. 例如，能与硼烷进行反应：

$$B_2H_6 + 2CO \longrightarrow 2H_3BCO$$

由于 H_3BCO 与 CO_2 是等电子分子，根据等电子原理，人们成功地合成了硼烷碳酸盐 $(H_3BCO_2)^{2-}$[*].

在四氢呋喃（THF）中，当有四氢硼酸钠存在时 CO 与乙硼烷作用，其反应如下：

$$3B_2H_6 + 6CO \xrightarrow[THF]{NaBH_4} 2$$

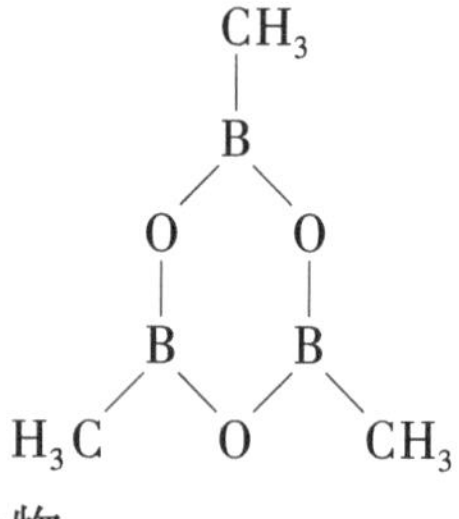

利用这种作用，可制得一系列硼碳化合物.

在液氨中，CO 可与碱金属作用形成碱金属的羰基化合物，其结构式可写成 NaOC≡CONa.

---

* L. J. Malone and R. W. Parry, *Inorg. Chem.*, 6, (1967) 817.

3.1.3 羰基配合物

一氧化碳是重要的配位体,能以 C 原子端和许多过渡金属形成配合物,包括单核羰基配合物、多核原子簇羰基配合物以及和其他配位体形成混合配位的羰基配合物. 表 9.24 列出若干已知的中性羰基配合物分子.

表 9.24 已知的中性羰基配合物分子*[2]

VA	VⅠA	VⅡA	VⅢA		
$V(CO)_6$	$Cr(CO)_6$	$Mn_2(CO)_{10}$	$Fe(CO)_5$ $Fe_2(CO)_9$ $Fe_3(CO)_{12}$	$Co_2(CO)_8$ $Co_4(CO)_{12}$ $Co_6(CO)_{16}$	$Ni(CO)_4$
	$Mo(CO)_6$	$Tc_2(CO)_{10}$ $Tc_3(CO)_{12}$	$Ru(CO)_5$ $Ru_2(CO)_9$ $Ru_3(CO)_{12}$	$Rh_2(CO)_8$ $Rh_4(CO)_{12}$ $Rh_6(CO)_{16}$	
	$W(CO)_6$	$Re_2(CO)_{10}$	$Os(CO)_5$ $Os_2(CO)_9$ $Os_3(CO)_{12}$	$Ir_2(CO)_8$ $Ir_4(CO)_{12}$ $Ir_6(CO)_{16}$	

* Os 尚可形成:$Os_5(CO)_{16}$,$Os_5(CO)_{19}$,$Os_6(CO)_{18}$,$Os_6(CO)_{20}$,$Os_7(CO)_{21}$和 $Os_8(CO)_{23}$等.

在羰基配合物中,CO 主要以 C 原子端和金属原子 M 配位. 配位形式在单核羰基配合物中为 M—CO,基本上呈直线形如图 9.22(a). 在多核羰基配合物中还有多种形式如图 9.22(b)—(h)所示.

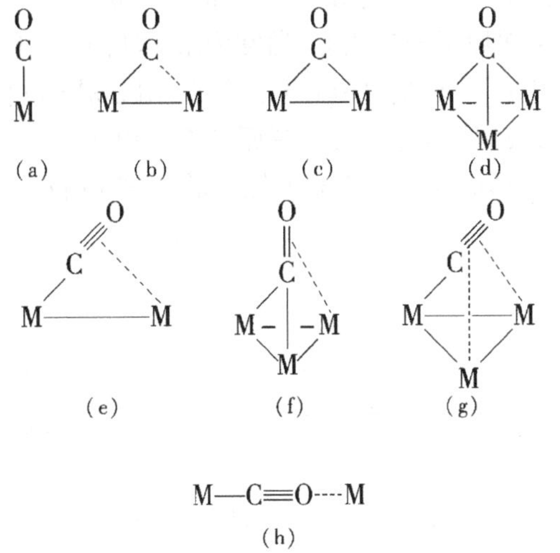

图 9.22 CO 和金属原子的配位形式

图 9.22(b),(c)表示 CO 以 C 原子和两个金属原子成桥式配位(μ_2—CO),有不对称形式(b),也有对称形式(c).例如 $Fe_2(CO)_9$ 中有三个 CO 分别和两个 Fe 原子成桥式配位.图 9.22(d)中,表示 CO 以 C 原子同时和三个金属原子桥连配位(μ_3—CO).例如在 $Rh_6(CO)_{16}$中,有 4 个 CO 分别和三个金属原子配位.图 9.22(e)、(f)、(g)都是表示 CO 分子除了 C 原子端和金属形成 σ 配键外 CO 分子中的 π 电子也能提供电子和金属原子 M 配位结合.图 9.22(h)表示 CO 分子分别以 C 原子和 O 原子进行桥连配位.例如下面加合物分子即属于这种配位形式.

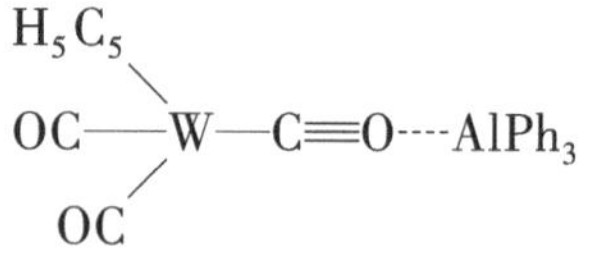

在同一族中,M—CO 键的平均解离能一般随着周期数的增加而增加,例如

$Cr(CO)_6$	109kJ/mol
$Mo(CO)_6$	151kJ/mol
$W(CO)_6$	176kJ/mol

在同一周期中,随着原子序数的增加而增加,若平均解离能用 kJ/mol 为单位,其数值如下:

$Mn_2(CO)_{10}$	100	$Fe_2(CO)_5$	121
$Co_2(CO)_8$	138	$Ni(CO)_4$	147

在 M—C—O 键中,一般 C—O 的距离[例如 $Ni(CO)_4$]为 115pm,比 CO 分子中 CO 键 112.8pm 稍长,而 M—C 键比共价单键半径之和稍短些.例如 Ni—C 键为 183.8pm,而 Ni 和 C 的共价半径之和为 192pm.其成键情况可表达如下:配位的充满电子的 σ 轨道和金属原子的空轨道[通常为杂化轨道如 $Ni(CO)_4$ 中 Ni 用 sp^3 轨道,$Cr(CO)_6$ 中 Cr 用 d^2sp^3 轨道,$Fe(CO)_5$ 中 Fe 用 dsp^3 轨道]相互重叠成 C→M 的 σ 配键,如图 9.23(a)所示.同时,金属原子充满电子的 d 轨道和 CO 分子的空的 $\pi*$ 反键轨道重叠,形成 M→C 的 π 配键,如图 9.23 所示.

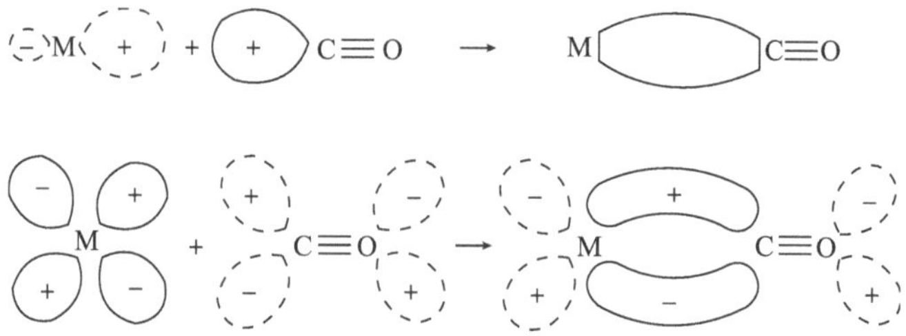

图 9.23　M—C—O 键中 σ - π 配键

这种作用可使由配键聚集在金属原子上的负电荷通过 π 键分散到配位体,起

协同作用,总称 σ - π 配键. 这两种键的作用使得 M—C 间距离缩短. 而 π 配键的形成,使部分电子从 M 原子移到 CO 的 $\pi*$ 轨道,削弱 C—O 键的强度,使 C—O 键比 CO 分子的键长稍长一些.

有些羰基配合物可直接将金属和一氧化碳作用制得,例如在常温常压下,新还原的金属镍粉与 CO 反应,可以得到 $Ni(CO)_4$,

$$Ni + 4CO \longrightarrow Ni(CO)_4$$

在常温常压下,铁粉不易与 CO 起反应,必须将 CO 升温加压. 通常是以 470K 和 100atm 的 CO 通过金属得到,

$$Fe + 5CO \longrightarrow Fe(CO)_5$$

$Co_2(CO)_8$ 则要以 H_2 和 CO 的混合气,在 420K 及 200 到 300atm 下作用在碳酸钴上才能得到,

$$2CoCO_3 + 2H_2 + 8CO \longrightarrow Co_2(CO)_8 + 2CO_2 + 2H_2O$$

$M(CO)_n$ 型单核配合物都是疏水的,易挥发,可以不同程度地溶解在非极性液体中.

一些金属羰基配合物作为催化剂,在反应时有一个羰基化的过程,称为 CO 的嵌入反应. 例如,在下一反应中 CO 可嵌入到 M—CH_3 之间,

$$(CO)_5MnCH_3 + CO \longrightarrow (CO)_5MnCOCH_3$$

现以 $(CO)_5MnCH_3$ 和 CO 作用为例,说明 CO 嵌入的机理是通过分子内部运动形成的,

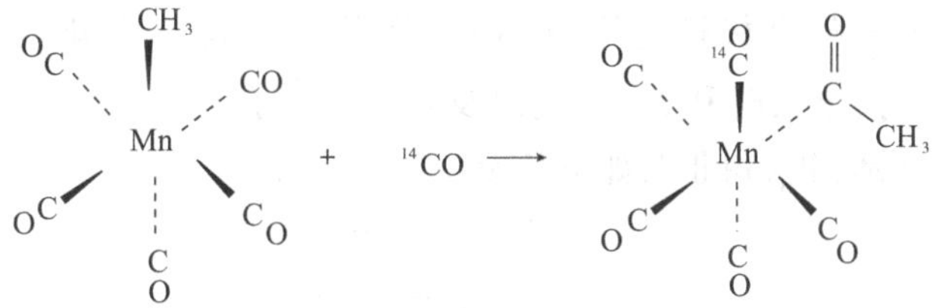

式中 ^{14}CO 是以 ^{14}C 标记的一氧化碳分子.

3.2 二氧化碳和碳酸

3.2.1 二氧化碳的制备

二氧化碳是大气的重要成分,对植物的生长十分重要. 其制备方法可通过下列途径:

(1) 碳在充足的氧气中燃烧,即产生二氧化碳. 所有含碳的化合物在空气中完全燃烧,也产生二氧化碳. 当这些含有氮气等的混合气,通过浓的碳酸钾溶液,二氧

化碳即被吸收,而形成碳酸氢钾溶液,将此溶液减压加热,放出不含氮气的纯二氧化碳.

$$CO_2 + H_2O \rightleftharpoons H_2CO_3$$

$$H_2CO_3 + 2K^+ + CO_3^{2-} \rightleftharpoons 2K^+ + 2HCO_3^-$$

(2)醣类等有机物发酵形成醇和二氧化碳,后者可收集应用,

$$C_6H_{12}O_6 \longrightarrow 2C_2H_5OH + 2CO_2(g)$$

(3)将固体碳酸氢钠加热,可较简便地获得纯的二氧化碳,

$$2NaHCO_3 \longrightarrow Na_2CO_3 + H_2O + CO_2(g)$$

许多碳酸盐加热分解,放出二氧化碳气体,例如用碳酸钙烧制石灰,就有大量二氧化碳气体产生:

$$CaCO_3 \longrightarrow CaO + CO_2(g)$$

(4)实验室常用盐酸与碳酸盐(如方解石)作用制取二氧化碳,

$$CaCO_3 + 2HCl \longrightarrow CaCl_2 + H_2O + CO_2,$$

(5)工业生产中大量的 CO_2 是合成氨工业的副产品,在这过程中若从天然气制 H_2,可将 CH_4 进行下一催化反应,

$$CH_4 + 2H_2O \longrightarrow CO_2 + 4H_2$$

在水煤气制 H_2 时,通常将水煤气进行转换反应,而得 CO_2,

$$CO + H_2O \rightleftharpoons CO_2 + H_2$$

3.2.2　二氧化碳的结构和性质

CO_2 是线型分子,偶极矩为零. 在 CO_2 分子中 C 以 sp 杂化轨道和 O 形成 σ 键. C 和 O 原子剩下的 $2p_y$ 和 $2p_z$ 轨道以及其上的电子再形成两个互相垂直的三中心四电子离域 π 键: Π_{y3}^{4} 和 Π_{z3}^{4},如下所示:

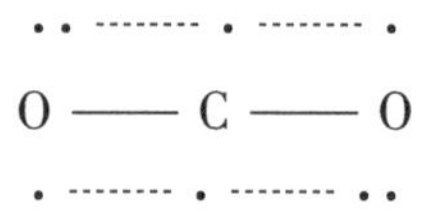

C—O 键长为 116pm,比羰基 $\gt C{=}O$ 中的 C—O 距离 122pm 短.

CO_2 受热分解,其解离百分数如下:

温度,K	压力,atm			
	0.1	1	10	100
2000	4.35	2.05	0.96	4.09
4000	97.9	93.9	83.4	63.8

CO_2 是无色、无臭、无毒的气体,不助燃,比空气重 1.5 倍. CO_2 的物理性质列于表 9.25 中.

表 9.25　二氧化碳的物理性质[1,3]

性　质	数　值
熔点,K	216.6
沸点,K	194.7(升华)
临界温度,K	304.16
临界压力,Pa	7.6279×10^6
密度:气体(273K),g/dm^3	1.977
液体(236K),g/cm^3	1.101
固体(194K),g/cm^3	1.56
$100cm^3$ 水中溶解度,g	0.385(273K)
	0.097(313K)
	0.058(333K)
C=O 键长,pm	116.32
键解离能,kJ/mol	531.4
ΔH_f°,kJ/mol	393.5127
ΔG_f°,kJ/mol	394.3830
S°,J/(mol·K)	4.439
电离能,eV	13.79,17.59,18.07,19.38
蒸气压方程(液),kg/cm^2	$P=7.856\left(\frac{T}{100}-1.261\right)^{3.917}$

CO_2 的临界温度为 304.2K,室温下加压即可液化. 液态 CO_2 蒸发时吸收大量的热,这样就把一部分 CO_2 冷凝成雪花状固体二氧化碳. 通常叫干冰. 干冰是一种很好的冷冻剂,其冷冻程度可达 203K 到 193K. 由干冰与丙酮混合组成的冷冻剂,冷冻程度可达 163K. 用 CO_2 作冷冻剂,冷冻食品及其他物质,约消耗 CO_2 产量的半数.

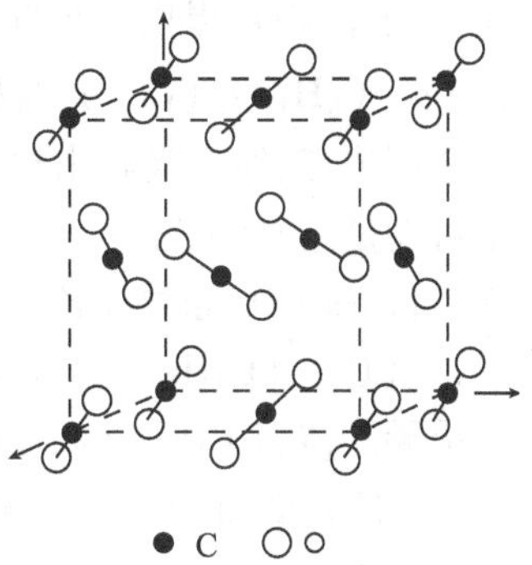

图 9.24　CO_2 晶体结构图[6]

干冰是由 CO_2 分子组成的晶体,属立方晶系,晶胞参数为:$a=557.5$pm(83K),晶胞中包含 4 个 CO_2 分子. 晶体由直线形 O—C—O 分子通过微弱的 van der Waals 引力相互结合而成. C 原子处在立方面心位置,但晶体为简单立方点阵型式,空间群为 T_h^6-Pa3,三重轴通过直线形分子,在空间三重轴并不相交. CO_2 晶体的结构图形示于图 9.24 中.

在我国,二氧化碳主要用以生产碳酸氢铵[$(NH_4)HCO_3$],碳酸钠(Na_2CO_3 ·

$10H_2O$)，碳酸氢钠($NaHCO_3$)，碱性碳酸铅[$Pb_3(OH)_2(CO_3)_2$]等工业产品. 食品工业中用以生产汽水等饮料.

二氧化碳不能自燃、也不助燃，可起灭火作用. 常用的泡沫灭火器，其中分别装有碳酸氢钠的水溶液以及硫酸铝溶液. 当发生火灾时，将灭火器倒过来，让两种溶液混合，硫酸铝就与碳酸氢钠作用，喷出大量二氧化碳，在此反应中，还产生氢氧化铝，通过预先加在溶液中的泡沫稳定剂，使喷射出来的二氧化碳连同含有氢氧化铝的泡沫一起，覆盖在着火物的表面上，使其隔绝空气，起灭火作用.

$$[Al(H_2O)_6]^{3+}(aq) + 3HCO_3^-(aq) \longrightarrow$$
$$Al(OH)_3(s) + 3CO_2(g) + 6H_2O$$

干燥的 CO_2 可与 NH_3 气作用：

$$CO_2 + 2NH_3 \longrightarrow NH_2COONH_4$$

NH_2COONH_4 为白色晶体，极易溶于水，其溶液热至 333K 水解为碳酸铵.

$$NH_2COONH_4 + H_2O \longrightarrow (NH_4)_2CO_3$$

CO_2 可按下面(Ⅰ)、(Ⅱ)两种形式和金属原子 M 相结合：

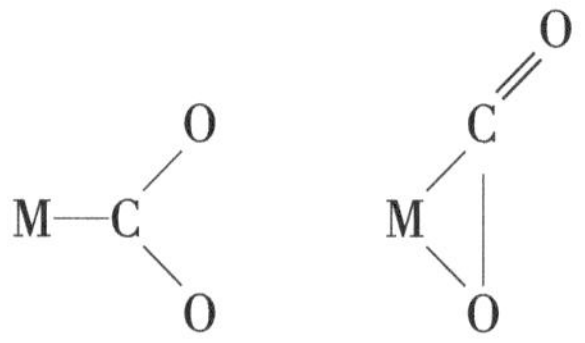

(Ⅰ)　　　　(Ⅱ)

在(Ⅰ)中，CO_2 提供一个配位点，红外吸收带出现在 1550 和 1220cm^{-1}附近，如在$\{Ir[o-C_6H_4As[(CH_3)_2]_2(CO_2)\}^+$中，很可能是这种结合. 在(Ⅱ)中，$CO_2$ 提供二个配位点，红外吸收出现在 1660 和 1630cm^{-1}附近. 如在 $RhCl(CO_2)(Bu_3P)_2$ 中很可能是这种结合.

将 Na_2CO_3 悬浮于乙醚中并冷至 243K，可和 HCl 反应得到碳酸乙醚加合物晶体，$H_2CO_3 \cdot (C_2H_5)_2O$. 该晶体在 263K 分解. 在二甲醚中有相似的反应，可得碳酸二甲醚晶体 $H_2CO_3 \cdot (CH_3)_2O$. 该晶体在 226K 熔化，得黏稠的液体，约在 278K 分解. 红外光谱和^{1}H 核磁共振谱都证实它的分子式为 $OC(OH)_2 \cdot O(CH_3)_2$，已知它的 $\Delta H_f = -640kJ/mol$.

3.2.3　二氧化碳和碳酸

CO_2 易溶于水，在 1atm 下，100 体积水内溶解 CO_2 的体积数随温度不同而异，其数值如下：

温度,K	273	283	293	298	333
体积数	171	119	88	75.5	36

溶解度与压力有关,当压力低于 5atm 时,溶解度与压力成正比;超过 5atm,由于碳酸的形成,溶解度大于正比量.

CO_2 溶于水生成 H_2CO_3,H_2CO_3 只存在于水溶液中. H_2CO_3 是弱二元酸,分两步电离:

$$H_2CO_3 \rightleftharpoons H^+ + HCO_3^-$$

$$K_1 = \frac{[H^+][HCO_3^-]}{[H_2CO_3]} = 4.16 \times 10^{-7}$$

$$HCO_3^- \rightleftharpoons H^+ + CO_3^{2-}$$

$$K_2 = \frac{[H^+][CO_3^{2-}]}{[HCO_3^-]} = 4.84 \times 10^{-11}$$

其中第一电离常数 K_1 只是表观电离常数,因为假定所有溶于水的 CO_2 都以 H_2CO_3 的形式存在. 实际上,大部分溶解的 CO_2 是以弱的水合分子存在. 用真实的 H_2CO_3 浓度,第一"有效电离常数"大约为 2×10^{-4}.

CO_2 和 H_2O 作用生成 H_2CO_3 以及 H_2CO_3 分解这两种过程达到平衡的速度都是很慢的,这就使我们可以区分 H_2CO_3 与弱的水合 CO_2.

CO_2 和碱的作用以两种途径发生.

$pH < 8$ 时,主要发生下述反应,

$$CO_2 + H_2O = H_2CO_3 (慢) \tag{1}$$

$$H_2CO_3 + OH^- = HCO_3^- + H_2O (瞬时) \tag{2}$$

该反应速度是赝一级

$$-\frac{d[CO_2]}{dt} = k_{CO_2}[CO_2]$$

$$k_{CO_2} = 0.03 s^{-1}$$

$pH > 10$ 时,主要是 CO_2 与 OH^- 直接反应,

$$CO_2 + OH^- = HCO_3^- (慢) \tag{3}$$

$$HCO_3^- + OH^- = CO_3^{2-} + H_2O (瞬时) \tag{4}$$

$$\frac{d[CO_2]}{dt} = k_{OH^-}[OH^-][CO_2]$$

$$k_{OH^-} = 8500 dm^3/(s \cdot mol)$$

在 pH8—10 的范围内,两种机理都重要. 相应的逆反应为:

$$H_2CO_3 \longrightarrow H_2O + CO_2$$

$$k_{H_2CO_3} = k_{CO_2} \times K = 20 s^{-1}$$

$$HCO_3^- \longrightarrow CO_2 + OH^-$$

$$k_{HCO_3^-} = k_{OH^-} \times \frac{KK_w}{K_a} = 2 \times 10^{-4} s^{-1}$$

因此,对于下一平衡,其平衡常数为:

$$H_2CO_3 \rightleftharpoons CO_2 + H_2O$$

$$K = \frac{[CO_2]}{[H_2CO_3]} = \frac{k_{H_2CO_3}}{k_{CO_2}} = 600$$

根据此式,可以说明 H_2CO_3 的真实电离常数 K_a 大于其表观的电离常数,如前面所述.

在 273K,45atm 下,二氧化碳可与水形成水合物 $CO_2 \cdot 8H_2O$.

3.3　一氧化碳和二氧化碳的平衡[8]

C 燃烧既可生成 CO,也可生成 CO_2,

$$2C(s) + O_2(g) \longrightarrow 2CO(g) \tag{1}$$

$$2C(s) + O_2(g) \longrightarrow CO_2(g) \tag{2}$$

CO 和 CO_2 之间又存在以下平衡:

$$2CO(g) + O_2(g) \rightleftharpoons 2CO_2(g) \tag{3}$$

因此,从热力学角度讨论以上反应之间的关系,不仅有助于了解碳的氧化过程而且有助于了解利用 C 与 CO 等还原剂对金属氧化物的还原作用.

C,O_2,CO,CO_2 等标准热力学数据如表 9.26 所示. 根据表中数据,可计算上述三个反应的生成焓(ΔH°_{298}),自由焓改变(ΔG°_{298})及熵变值(ΔS°),如表 9.27 所示. 由于标准自由焓改变 ΔG 与熵变 ΔS 之间有以下关系 $-\Delta S = \left(\frac{\partial \Delta G}{\partial T}\right)_P$,因此反应(3)的 ΔS 为负值,ΔG 随温度升高而增大;对于反应(2),ΔS 几乎为 0;对于反应(1),ΔS 为正值,ΔG 随温度增加而下降.

表 9.26　C,O_2,CO,CO_2 的标准热力学数据[3]

分子	ΔH°_{298}, kJ/mol	ΔG°_{298}, kJ/mol	ΔS°_{298}, J/(K · mol)
C	0	0	1.3009
O_2	0	0	49.003
CO	−26.416	−32.808	47.301
CO_2	−94.052	−94.260	51.061

表 9.27 若干反应的热力学数据

反 应	ΔH°, kJ	ΔG°, kJ	ΔS°, kJ/K
(1) $2C(s) + O_2(g) \longrightarrow 2CO(g)$	-221.0	-274.6	0.179
(2) $C(s) + O_2(g) \longrightarrow CO_2(g)$	-393.5	-394.4	0.003
(3) $2CO(g) + O_2(g) \longrightarrow 2CO_2(g)$	-565.6	-514.2	-0.172

反应(1)、(2)、(3)的标准自由焓与温度关系可参看图 9.25.

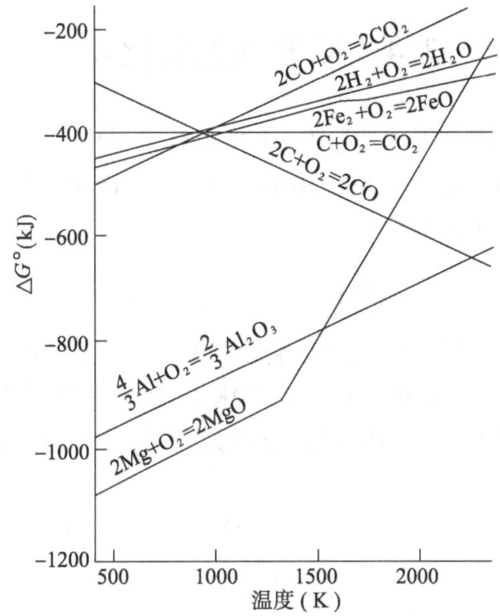

图 9.25 碳的氧化反应及一些金属氧化反应的标准自由焓改变值 (ΔG°) 与温度的关系

从图 9.25 可见,反应(1)、(2)和(3)在 983K 有一公共交点,即在这个温度反应(1)、(2)和(3)的自由焓改变相等,因此,在该温度时下一反应[即反应(3) - (1)]的自由焓改变为零,平衡常数为 1.

$$2CO \rightleftharpoons C + CO_2 \qquad (4)$$

在 983K 以下,反应(4)的 ΔG 为负,CO 是强的还原剂;在 983K 以上反应(4)的 ΔG 为正,C 是更强的还原剂.

从图 9.25 还可以看出反应(1)随温度升高 ΔG 明显下降,这就意味着在足够高的温度利用碳可以还原许多金属氧化物. 图中铁的氧化线约在 750K 与反应(3)相交,可见在 750K 以下,下一反应的 ΔG° 为负值,

$$CO + FeO = Fe + CO_2$$

即 CO 是适用的还原剂. 超过 1000K,下一反应的 ΔG° 为负,

$$C + FeO = Fe + CO$$

即焦炭(C)为适用的还原剂.

从图中可看到 Mg 的氧化线不与反应(3)相交,在大约 1900K 与反应(1)相交,高于此温度,反应的 ΔG 为负,

$$C + MgO = Mg + CO$$

即在高温下 MgO 可被焦炭还原. 而碳作还原剂炼铝则显得十分困难.

3.4　碳的其他氧化物*

碳的稳定的氧化物除 CO,CO_2 外,还有 C_3O_2,C_4O_3,C_5O_2,$C_{12}O_9$ 等低氧化物.

二氧化三碳 C_3O_2 可由丙二酸(HOOC—CH_2—COOH)或丙二酸二乙酸酯与过量的五氧化二磷一起加热得到,

$$C_3H_4O_4 \xrightarrow{P_2O_5} C_3O_2 + 2H_2O$$

常温下 C_3O_2 是有恶臭的气体,熔点 160.7K,沸点 279.9K,ΔH_f = 198.3kJ/mol. 在 195K 时可以存放很长时间,在 370K 以上能聚合形成红色到深红色的产品,在 670K 产品为紫色,在 770K 产品分解为碳. 各种聚合物$(C_3O_2)_x$ 的基本结构可用下式表示,

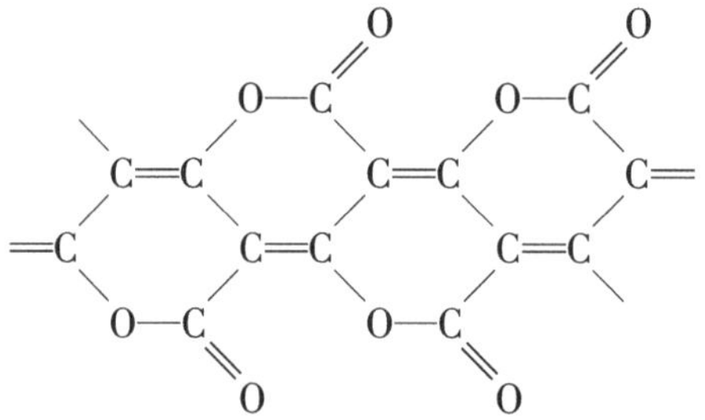

C_3O_2 为直线型分子,具有 $D_{\infty h}$ 点群的对称性,结构式可写成 O═C═C═C═O,C—C键长 128pm,C—O 键长 116pm.

C_3O_2 能与 O_2 反应,生成 CO_2,还能与 H_2O,NH_3,HCl,HBr 等反应,其反应式如下,

$$C_3O_2 + 2H_2O \longrightarrow CH_2(COOH)_2$$

$$C_3O_2 + 2NH_3 \longrightarrow CH_2(CONH_2)_2$$

$$C_3O_2 + 2HCl \longrightarrow CH_2(COCl)_2$$

---

* 可参看 T. Kappe and E. Ziegler, *Angew. Chem.*, *Int. Edn.* 13, (1974) 491.

C_3O_2 可以光解,

$$C_3O_2 \xrightarrow{h\nu} C_2O + CO$$

C_2O 可进一步分解为 CO 和固体碳. C_2O 可与烯烃反应如下,

$$C_2O + CH_2 = CH_2 \longrightarrow H_2C = C = CH_2 + CO$$

碳的其他低氧化物都不如 C_3O_2 稳定.

C_4O_3 以聚合形式存在,$(C_4O_3)_x$ 分子的结构式如下,

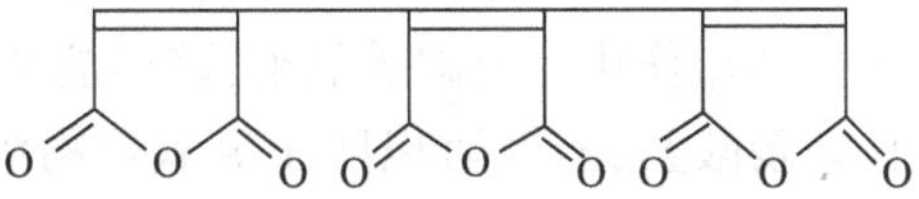

没有分离出 C_4O_3 的单体或二聚、三聚体.

C_5O_2 的结构式可能如下,

$$O = C = C = C = C = C = O$$

其熔点低于 173K,而沸点由外推估计为 378K.

$C_{12}O_9$ 可由 $C_6(COOH)_6$ 与 CH_3COCl 一起密封于玻璃管中加热至 433K 得到,通过升华可得到白色固体,其结构为

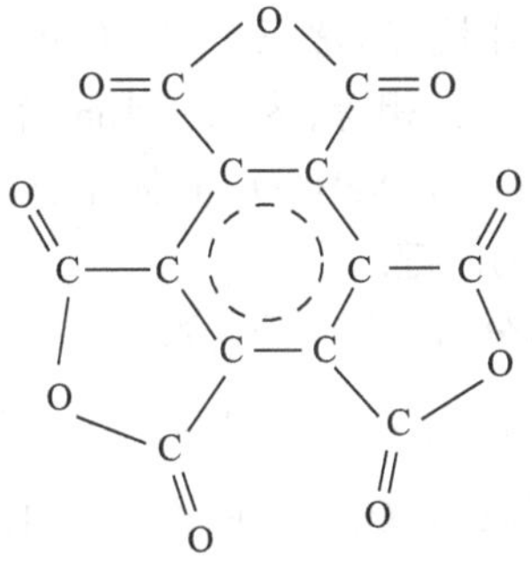

3.5 碳酸盐和碳酸氢盐

3.5.1 概述

二氧化碳的水溶液叫碳酸溶液,虽然纯碳酸 H_2CO_3 尚未制得,但是碳酸溶液和金属氧化物作用,可得碳酸盐和碳酸氢盐. 这些盐广泛地分布在自然界中,有些是重要的工业产品. 在自然界中,分布最广、含量最多的碳酸盐是碳酸钙;在工业产品中,最普遍又最重要的碳酸盐是碳酸钠、碳酸氢钠和碳酸氢铵等.

碳酸盐的制备通常有两种方法,一是可溶性的碱,如 NaOH,与 CO_2 反应,另一种方法是可溶性的金属盐与可溶性碳酸盐通过置换反应制备. 由于大多数碳酸盐

不溶于水，所以后一种方法理论上有着广泛的应用. 然而实际上受到生成金属氢氧化物、碱式盐及生成复杂碳酸盐的限制. 因为在不同条件下，可得不同的产品，例如，

$$H_2CO_3 + 2NaOH \longrightarrow Na_2CO_3 + 2H_2O$$

$$Na_2CO_3 + CO_2 + H_2O \longrightarrow 2NaHCO_3$$

$$3Cu(OH)_2 + 2H_2CO_3 \longrightarrow Cu_3(OH)_2(CO_3)_2 + 4H_2O$$

$$CaCO_3 + CO_2 + H_2O \longrightarrow Ca(HCO_3)_2$$

碳酸钠的饱和溶液和 CO_2 作用形成碳酸氢钠，该溶液是个缓冲溶液，pH 约为8. 利用碳酸氢钠溶液制备碳酸盐，有时可以防止氢氧化物沉淀或碱式盐的形成. 对于高价金属离子如 Fe^{3+}，Al^{3+}，Zr^{4+}，Ti^{4+}，容易生成氢氧化物、氧化物或碱式盐，而不易生成纯碳酸盐. 对 Mg^{2+}，Zn^{2+}，Co^{2+} 等金属离子开始沉淀出碱式碳酸盐，但和碳酸氢盐一起经过陈化，转变为碳酸盐. 用上述方法，Cu^{2+} 不能形成纯的碳酸盐.

碳酸盐中包含 CO_3^{2-}；自由的 CO_3^{2-} 离子具有 D_{3h} 点群的对称性，3 个 C—O 键长理应是等同的. 但在晶体中，受到 CO_3^{2-} 所处位置对称性的影响，氢和氢键作用的影响以及配位金属离子的作用，通常三个 C—O 键并不等长. 在方解石中，CO_3^{2-} 处在三重轴位置，3 个 C—O 键长相等，为 129.4pm. 在 $Cu_3(OH)_2(CO_3)_2$ 晶体中，C—O 键长为 124，127，130pm. 在 $NaHCO_3$ 晶体中，C—O 键长为 126.3，126.4 和 134.6pm，其中的长键是 C—OH 键.

金属碳酸盐受热发生热分解，分解反应如下：

$$MCO_3(s) \longrightarrow MO(s) + CO_2(g)$$

只要有氧化物(MO)和碳酸盐(MCO_3)存在，而又不生成固溶体物相或其他碱式碳酸盐，上述反应的平衡常数 K_P 等于二氧化碳的分压，P_{CO_2}. 若干碳酸盐的 $\log K_P$ 值及相应的正离子半径值列于表 9.28 中. $\log K_P$ 值粗略地与分解温度平行，即在分解温度时，CO_2 的平衡压力是 1atm. 实际上分解温度对微量水的存在相当敏感.

由表 9.28 可见，在同一族离子中，正离子半径加大，$-\log K_P$ 的绝对值也加大，表明在相同温度条件下，随着离子半径增大，P_{CO_2} 在减小. 这可从反应的产物和生成物的离子晶体结构来理解. 在上述反应中，反应的熵变值都近似地相等，所以表中 $\log K_P$ 值主要由反应热 ΔH 决定. 而反应的 ΔH 则与产物(MO)和反应物(MCO_3)的点阵能相关. 随着离子半径增大，MO 点阵能减小值较 MCO_3 点阵能减小值多(因为 O^{2-} 的离子半径比 CO_3^{2-} 要小)，反应不易进行，因而使 P_{CO_2} 值下降. 换言之，金属离子半径小的碳酸盐，由于产物 MO 较稳定，分解容易进行，P_{CO_2} 的分压较高.

表 9.28 298K 时一些碳酸盐分解反应的平衡常数与正离子半径 *[1]

离子	$\log K_P$	半径,pm	离子	$\log K_P$	半径,pm
Li^+	-31.2	76	Ag^+	-5.6	115
Na^+	-48.5	102	Zn^{2+}	-3.3	74
K^+	-62.4	138	Cd^{2+}	-8.9	95
Rb^+	-62.7	152	Hg^{2+}	-24.0	102
Cs^+	-61.4	167	Pb^{2+}	-7.5	119
			Mn^{2+}	-10.5	83
Mg^{2+}	-11.5	72	Fe^{2+}	-6.2	78
Ca^{2+}	-22.8	100	Co^{2+}	-7.4	75
Sr^{2+}	-32.2	118	Ni^{2+}	-0.6	69
Ba^{2+}	-37.9	135	Cu^{2+}	(0.6)	73

* 按 6 配位的有效离子半径计.

碳酸盐受热分解,放出 CO_2. CO_2 的分压与温度成正比. 熔融的碱金属碳酸盐可使不溶性的氧化物或金属盐类转变为可溶性的碱金属的盐,这在分析化学中有广泛的应用,例如:

$$SiO_2 + CO_3^{2-} \longrightarrow SiO_3^{2-} + CO_2$$

该反应也是制造玻璃等硅酸盐工业的重要反应,这个反应受下面两个酸碱反应平衡所支配:

$$SiO_3^{2-} \rightleftharpoons SiO_2 + O^{2-}$$

$$CO_3^{2-} \rightleftharpoons CO_2 + O^{2-}$$

其中 O^{2-} 为可以转移的物种

$$CO_2 + O^{2-} \rightleftharpoons CO_3^{2-}$$

即

$$\text{酸(氧化物)} + O^{2-} \rightleftharpoons \text{碱(负离子)}$$

由于 CO_2 的酸性较 SiO_2 弱,O^{2-} 就从 CO_3^{2-} 转移到 SiO_2 上,生成硅酸盐. 熔融碳酸盐的酸度可用 pO^{2-} ($= -\log[O^{2-}]$) 表示,或直接用 pCO_2 表示. 将 pCO_2 对熔融碳酸盐的氧化还原电势 E 作图(它像水溶液中的 pH - E 图,)可解释熔融 Na_2CO_3 对各种金属的腐蚀作用. 例如,金不生成氧化膜,不被熔融 Na_2CO_3 作用,不受腐蚀. 镍生成氧化膜,就受到 Na_2CO_3 的严重腐蚀.

下面就一些重要的碳酸盐分别加以叙述:

3.5.2 碳酸钙($CaCO_3$)

碳酸钙主要以方解石和文石两种晶体存在. 方解石的结构如图 9.26 所示,它可以看成是 NaCl 型结构的面心立方晶胞,沿三重轴压缩成三方晶系的菱面体晶胞,在 Na^+ 位置上放 Ca^{2+},在 Cl^- 位置上放 CO_3^{2-}. CO_3^{2-} 是平面正三角形离子,其平面与三重轴垂直. 方解石晶体所属的空间群为 $D_{3d}^6 - R\bar{3}C$,三方晶胞参数为 $a = 1282$pm, $\alpha = 101.9°$,结构中 Ca^{2+} 和 6 个 O^{2-} 配位,Ca—O 距离为 237pm.

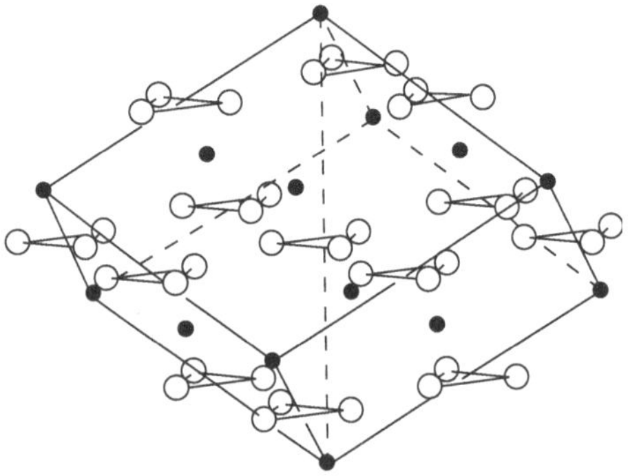

图 9.26　方解石的结构[6]

文石为正交晶系晶体,空间群为 $D_{2h}^{16} - Pcmn$,正交晶胞参数为 $a = 494$pm, $b = 794$pm, $c = 572$pm. 平面型 CO_3^{2-} 垂直于 C 轴排列,其晶体结构示于图 9.27 中. 在文石中,Ca^{2+} 和 9 个 O^{2-} 配位,Ca—O 距离为 250pm.

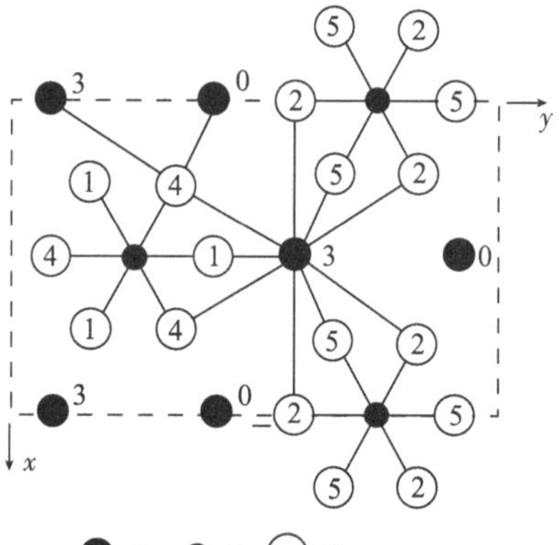

图 9.27　文石的结构(结构沿 Z 轴投影,原子中数字 n 表示高度为 $\frac{n}{6}$(单位)[6]

由于文石型结构中 Ca^{2+} 的配位数多,Ca—O 距离大,适合于正离子半径较大的化合物,而方解石型结构适合于正离子半径较小的化合物. 表 9.29 列出若干属于方解石型和文石型结构的碳酸盐.

表 9.29　若干属于方解石型和文石型结构的碳酸盐[6]

方解石型化合物	正离子半径,pm	文石型化合物	正离子半径,pm
$CoCO_3$	61	$CaCO_3$	100
$FeCO_3$	65	$SrCO_3$	131(<1185K)
$MgCO_3$	72	$PbCO_3$	135
$ZnCO_3$	74	$BaCO_3$	147(<1083K)
$MnCO_3$	83		
$CdCO_3$	95		
$CaCO_3$	100		

从上表可见,由方解石型到文石型的型变与正离子的大小有关,而 Ca^{2+} 的大小恰好在分界线附近,所以 $CaCO_3$ 可在不同条件下以两种结构型式存在. 由于方解石的密度为 2.71g/cm^3,文石的密度为 2.93g/cm^3,即文石型结构的密度大于方解石,因此使密度增加的外界条件增强,有利于文石相的形成. 温度上升,体积增大,密度下降;压力增加,体积下降,密度增大. 所以单纯从密度考虑,高温有利于形成方解石相,而高压有利于形成文石相,实验结果与这一观点相符. 图 9.28 示出碳酸钙的相图.

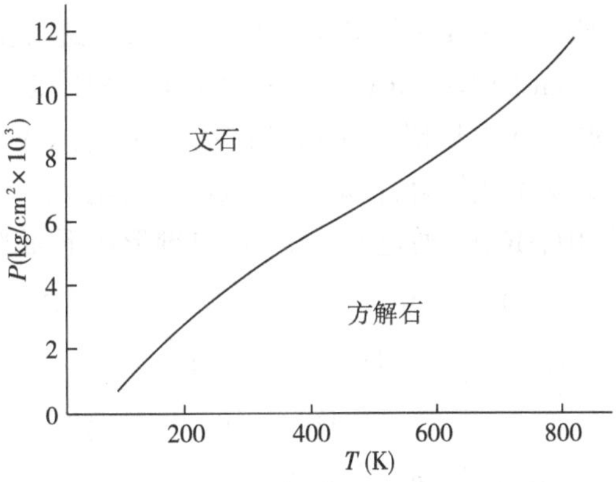

图 9.28　碳酸钙的相图[4]

$CaCO_3$ 在水中的溶解度不仅与温度有关,还与 CO_2 的分压(P_{CO_2})有关. 291K 时,不同 P_{CO_2} 下 $CaCO_3$ 的溶解度(以 100g 水溶解的克数表示)如下,$CaCO_3$ 的这种溶解性质,直接影响下面两种自然现象.

P_{CO_2},atm	0	0.014	0.142	0.982
溶解度,g	0.013	0.223	0.533	1.086

第一,关于钟乳石的形成问题. 当地下水在较高的二氧化碳分压和较高温度下,溶解的碳酸钙较多,这种水流到山洞中渗出地面,温度较低,溶解度下降,即析出 $CaCO_3$,日渐积累在渗水的地层表面上,形成钟乳石.

第二,关于暂时硬水的煮沸软化. 在 CO_2 分压较高、含有较多的 HCO_3^- 溶液中,$CaCO_3$ 溶解度较大,水中含 Ca^{2+},HCO_3^- 等离子,这种水称暂时硬水. 将暂时硬水加热煮沸,HCO_3^- 受热分解,Ca^{2+} 与 CO_3^{2-} 形成 $CaCO_3$ 沉淀,可除去 Ca^{2+}.

$$Ca(HCO_3)_2 \longrightarrow CaCO_3(s) + H_2O + CO_2(g)$$

3.5.3　碳酸钠和碳酸氢钠

碳酸钠俗称纯碱,是重要的工业原料. 在水溶液中由于 CO_3^{2-} 水解,溶液中除 CO_3^{2-} 外,还有 HCO_3^- 和 OH^- 离子,溶液呈碱性. 在含 Ca^{2+},Mg^{2+} 等离子的硬水中,加入 Na_2CO_3 可以形成 $CaCO_3$,$MgCO_3$ 沉淀,使水质软化.

碳酸氢钠俗称小苏打,因 HCO_3^- 的 $K_b = 1.8 \times 10^{-4}$,所以它的水溶液显碱性,pH 约为 8.3. $NaHCO_3$ 和 Na_2CO_3 的混合溶液是一种缓冲溶液,浓度为0.025mol/L $NaHCO_3$ 与 0.025mol/L Na_2CO_3 的混合液,298K 时 pH 为 10.0[8]. 碳酸氢钠加热分解为碳酸钠和 CO_2,

$$2NaHCO_3 \longrightarrow Na_2CO_3 + H_2O + CO_2(g)$$

碳酸氢钠的工业制法,主要是氨碱法,即按下一反应进行生产,

$$NaCl + NH_4HCO_3 \longrightarrow NaHCO_3 + NH_4Cl$$

我国制碱专家侯德榜在 1942 年研究成功了侯氏制碱法,对氨碱法作了重大的改革,使制碱工业与合成氨工业结合,同时生产纯碱和氯化铵.

在碳酸氢钠晶体中,HCO_3^- 通过 O—H…O 氢键形成下面的氢键体系[7]

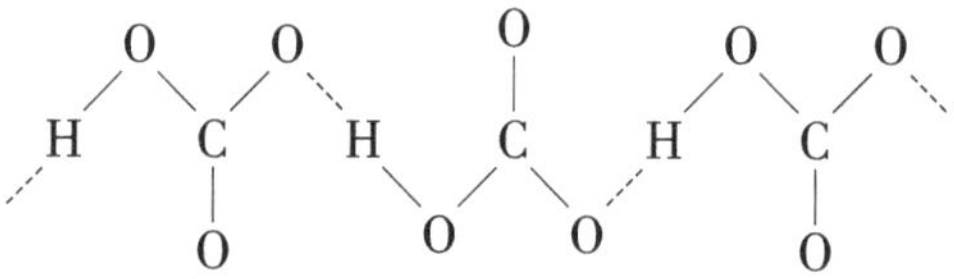

由于氢键的形成,使 $NaHCO_3$ 较稳定地存在.

碳酸盐和碳酸氢盐均受热分解,碳酸盐 MCO_3 分解得金属氧化物 MO 和 CO_2,$M(HCO_3)_2$ 分解得碳酸盐 MCO_3,CO_2 及 H_2O 表 9.30 列出一些碳酸盐和碳酸氢盐的分解压力(即 CO_2 压力)达 1atm 时的温度.

3.5.4　碳酸氢铵

将 NH_3 气通入碳酸溶液,可得碳酸氢铵:

$$NH_3 + H_2CO_3 \longrightarrow (NH_4)HCO_3$$

表 9.30 若干碳酸盐和碳酸氢盐的分解温度(K, P_{CO_2} = 1atm)

$BeCO_3$	298	$MgCO_3$	813
$FeCO_3$	555	$CaCO_3$	1173
$PbCO_3$	588	$SrCO_3$	1473
$ZnCO_3$	573	$BaCO_3$	1573
$CdCO_3$	<873		
$NaHCO_3$	375	$KHCO_3$	430
$RbHCO_3$	438	$CsHCO_3$	449

碳酸氢铵比碳酸铵稳定,是我国氮肥的主要品种之一. 它具有肥效高、生产简便、能耗低等特点. 但$(NH_4)HCO_3$ 受热即分解为 CO_2, NH_3 和 H_2O,所以也有不稳定、易分解、易吸湿结块造成损失的缺点. $(NH_4)HCO_3$ 晶体属正交晶系, $a = 722.0pm$, $b = 1067.2pm$, $c = 871.9pm$, 晶体密度为 1.522g/cm³. 在晶体中, HCO_3^- 形成和 $NaHCO_3$ 相似的链型 O—H···O 氢键体系.

O—H···O 键长 254pm,是一较强的氢键,所以使得碳酸氢铵比碳酸铵更为稳定. 上述链型氢键体系通过和 NH_4^+ 形成的 N—H···O 氢键,结成三维晶体,也是重要的稳定因素.

参 考 文 献

[1] A. K. Holliday, G. Hughes and S. M. Walker, "Carbon", in "Comprehensive Inorganic Chemistry". Vol. I, Pergamon Press (1973).

[2] N. N. Greenwood and A. Earnshaw, "Chemistry of the Elements", Pergamon Press (1984).

[3] "Handbook of Chemistry and Physics", 61st. Ed. (1980—1981).

[4] R. E. Newnham, "Phase Diagrams", Vol. 6-V, Academic Press (1978).

[5] F. A. Cotton and G. Wilkinson, "Advanced Inorganic Chemistry", 4th ed., Wiley (1980).

[6] R. C. Evans, "An Introduction to Crystal Chemistry", 2nd ed., Cambridge University Press (1976).

[7] A. F. Wells, "Structural Inorganic Chemistry", 5th ed., Clarendon (1984).

[8] "Gemelins Handbuch der Anorganishen Chemie", Achte Auflage, "Kohlenstcff" Teil C, Lieferung 1 (1970).

9.4 碳的其他化合物

4.1 碳卤化合物

4.1.1 四卤化碳

在碳的卤化物中最常见的为四卤化碳. 室温下 CF_4 是气体, CCl_4 是液体, CBr_4 和 CI_4 是固体. 它们的物理性质列于表 9.31 中.

表 9.31 四卤化碳的物理性质[1]

性　　质	CF_4	CCl_4	CBr_4	CI_4
熔点,K	89.7	250.3	360.3	444.2
沸点,K	145	349.9	462.7	—
密度,g/cm^3	1.96 (液,89K)	1.60178 (液,288.2K)	2.9609 (液,373.2K)	4.32 (固,293.2K)
ΔH_f,kJ/mol	933.2	106.7	159	—
解离能 $X_3C—X$,kJ/mol	514.6	284.5	205	—
临界温度,K	225.9	556.4	—	—
临界压力,atm	37.0	45.0	—	—

CF_4 异常稳定,是含碳化合物氟化过程的最终产物. 氟与碳直接化合,碳化硅的氟化或 AgF 与 CCl_4 在 573K 作用都可产生 CF_4. 工业上以氟在氯氟化碳(例如 CF_2Cl_2 或 CF_3Cl)气氛中燃烧得到 CF_4. CF_4 在 298K,水中溶解度为 0.0015(重量多%),CF_4 的化学性质不活泼. 虽然从热力学观点来看 CF_4 并不很稳定,这一点从下式的 $\Delta G°$ 值得知

$$CF_4(g) + 2H_2O(g) \longrightarrow CO_2(g) + 4HF(g)$$

$$\Delta G° = -151kJ$$

即 CF_4 能够和水发生水解作用. 但是由于速度缓慢实际上该反应并不发生,所以 CF_4 是动力学上稳定的物质.

碳和氯不能直接化合,CCl_4 可以用 $MnCl_2$, $AlCl_3$, $MoCl_5$ 或 $SbCl_5$ 为催化剂由 CS_2 与 Cl_2 反应制得,

$$CS_2 + 3Cl_2 \xrightarrow{MnCl_2} CCl_4 + S_2Cl_2$$

副产物 S_2Cl_2 又能使 CS_2 进一步氯化，因此这是工业上制备 CCl_4 的重要方法.

用甲烷氯化也可制得 CCl_4：

$$CH_4 + 4Cl_2 \longrightarrow CCl_4 + 4HCl$$

CCl_4 为无色液体，折光率高，$n = 1.46044(293K)$，有麻醉作用. CCl_4 常温下不活泼，不与酸碱起反应，但对若干金属如铁、铝有明显的腐蚀作用. CCl_4 是实验室常用的溶剂，它可以和乙醇或其他多数有机液体完全混溶. 实验室或工业上常用它作油脂或树脂的溶剂，在水中 298K 时溶解度按重量百分计为 0.08%. CCl_4 还用作灭火剂.

用 HBr 或 Br_2 使甲烷溴化可以得到 CBr_4. CBr_4 也可由 CCl_4 和 $AlBr_3$ 在 373K 反应得到. CBr_4 在室温下为黄色晶体，不溶于水及其他极性溶剂，但能溶于某些非极性溶剂，例如苯中.

CI_4 可通过反应制得，

$$CCl_4 + 4C_2H_5I \xrightarrow{AlCl_3} CI_4 + 4C_2H_5Cl$$

CI_4 为亮红色立方晶体，熔点 444K.

四卤化碳的热稳定性随卤素原子量增加而下降，CF_4 在 1270K 时在钨丝上分解，CCl_4 在 670K 以下稳定，而 CI_4 在 444K 分解. C—X 键的键能随卤素原子量的增加而下降，如表 9.32 所示.

表 9.32　CX_4 中 C—X 键的键能和键长

键	键能, kJ/mol	键长 pm
C—F	485	131.7
C—Cl	327	176.9
C—Br	285	194
C—I	213	215

除单一的卤化碳外，还可生成混合的卤化碳，其中较重要的是用作冷冻剂与喷气燃料的“氟里昂”，它们无毒，不爆炸.

“氟里昂”是由 CCl_4 氟化得到. 表 9.33 列出几种“氟里昂”的物理性质.

除“氟里昂”外，还有其他一些混合的卤化碳，表 9.34 列出它们的结构参数.

含氟的混合四卤化碳（例如 CCl_2F_2）常用来制备 $CHClF_2$；若将 $CHClF_2$ 在 770—1270K下进行裂解，可得四氟乙烯，

$$2CHClF_2 \longrightarrow CF_2 = CF_2 + 2HCl$$

表 9.33　几种“氟里昂”的物理性质[1]

化学式	CF_3Cl	CF_2Cl_2	$CFCl_3$
商品名	氟里昂 13	氟里昂 12	氟里昂 11
熔点,K	91.6	118	162.5
沸点,K	192.0	243	296.93
临界温度,K	302.0	384.7	471
临界压力,atm	38.1	40.1	43.2
ΔH 蒸发,kJ/mol	16.4	20.29	24.94
ΔH_f,kJ/mol,298	−698.7	−468.6	−276.1
C—F,pm	132.8	133.5	133
C—C,pm	174.0	177.5	176
偶极矩,D	0.50	0.51	0.49

表 9.34　若干混合四卤化碳的结构参数[1]

化合物	键长,pm	键角
$CBrCl_3$	C—Br 193.6,　C—Cl 176.4	ClCCl 111.2°
$CBrF_3$	C—Br 190.8,　C—F 133.0	FCF108°
CBr_2Cl_2	C—Br 193,　C—Cl 175	全部角为 109.5°
CBr_3F	C—Br 191,　C—F 144	Br C Br 114°
CCl_2F_2	C—Cl 177.5,　C—F 133.5	F C F 109.5° Cl C Cl 108.5°
CCl_3F	C—Cl 176,　C—F 140	Cl C Cl 111.5°
CF_3I	C—F 133.2,　C—I 212.6	F C F 108°
$CClF_3$	C—Cl 175.1,　C—F 132.8	F C F 109°

四氟乙烯分子间的作用力很小,沸点很低(196.6K)可聚合成聚四氟乙烯,

$$nCF_2{=}CF_2 \longrightarrow \text{+}CF_2{=}CF_2\text{+}_n$$

聚四氟乙烯具有优良的热稳定性,摩擦系数极低,是一种性能优良的重要塑料.

4.1.2　碳的含氧卤化物

碳的含氧卤化物,其通式为 COX_2,可通过多种途径制得,例如,

$$CO + Cl_2 \longrightarrow COCl_2$$

$$COCl_2 + HF \longrightarrow COClF$$

$$CO + BrF_3 \longrightarrow COBrF$$

$$CO + IF_3 \longrightarrow COIF$$

上述化学反应中产物不是单一的,所以反应式没有配平.

COX_2 常温下均是气体,它们的熔点、沸点如下

化合物	COF_2	COFCl	COFBr	COFI	$COCl_2$	$COBr_2$
mp,K	159	135	153	183	145.3	—
bp,K	190	231	252.5	296.5	280.7	337.6

COX_2 能被水水解,按下式进行反应,

$$COX_2 + H_2O \longrightarrow CO_2 + 2HX$$

COF_2 热稳定性高,$COCl_2$ 在 573K 以上发生分解,可能途径有:

$$COCl_2 \longrightarrow CO + Cl_2$$

或

$$2COCl_2 \longrightarrow CO_2 + CCl_4$$

$COCl_2$ 的光解却是按前一反应式进行的.

$COCl_2$ 俗名光气,是毒性很大的气体.将 CO 与 Cl_2 直接作用,通过放热反应,即可制得,

$$CO(g) + Cl_2(g) \longrightarrow COCl_2(g) \quad \Delta H = -112.5kJ$$

将 $COCl_2$ 气体冷却,可得无色液体,沸点 281K.它作为 Lewis 碱与 $SnCl_4$,$AlCl_3$,$SbCl_5$ 和 $SOCl_2$ 等生成加合物. COF_2 和 $COCl_2$ 的物理性质和结构数据列于表9.35 中.

表 9.35 COF_2 和 $COCl_2$ 的物理性质[1]

性 质	COF_2	$COCl_2$
密度,g/cm^3	1.139(液,159K)	1.392(液,292K)
ΔH 熔化,kJ/mol		5.736
ΔH 蒸发,kJ/mol	16.07	24.40
ΔH_f°,kJ/mol	629.06	223.0
临界温度,K	—	455
临界压力,atm	—	56
临界密度,g/cm^3	—	0.52
C—X,pm	131.2	174.6
C—O,pm	117.4	116.6
∠XCX	108.0°	111.3°
偶极矩,D	0.95	—

4.2　碳氮化合物

“无机”碳化学的一个重要领域是含有 C—N 键的化合物，其中重要的化合物有氰、氰化氢、氰化物、氰酸盐等.

4.2.1　氰

实验室中用 $CuSO_4$ 与 KCN 溶液在 333K 反应可得氰 $(CN)_2$，

$$2CuSO_4 + 4KCN \longrightarrow Cu_2(CN)_2 + 2K_2SO_4 + (CN)_2$$

反应放出的气体中含氰 78%，CO_2 20% 和 HCN 2%. 将此混合气通过 NaOH 溶液除去 CO_2 后，再通过 $AgNO_3$ 溶液除去 HCN，最后用 $CaCl_2$ 或 $CaSO_4$ 干燥即得氰. 氰也可以用 $Cu_2(CN)_2$ 与 $FeCl_3$ 的水溶液加热得到，

$$Cu_2(CN)_2 + 2FeCl_3 \longrightarrow 2CuCl + (CN)_2 + 2FeCl_2$$

$(CN)_2$ 是无色带苦杏仁味的剧毒气体. 其毒性与 HCN 相似，最大容许的蒸气浓度为 10ppm.

氰为直线型分子，结构式为 :N≡C—C≡N:，C≡N 键长为 115pm，C—C 键长为 138pm. 分子中两个 N 原子间的距离和 N 原子 van der Waals 距离相近. 在低温 (178K) 下，通过电子衍射测得氰的晶体属正交晶系. 每个晶胞中有四个分子，其结构相当于 N 原子按六方密堆积排列. 氰的物理性质列于表 9.36 中.

表 9.36　氰的物理性质[1]

沸点，K	251.99
熔点，K	245.3
气体密度，g/dm^3	2.321
沸点时液体密度，g/cm^3	0.9537
临界压力，atm	59.6
临界温度，K	396.5
ΔH_f，kJ/mol	308.8
100 克溶剂中溶解氰	
的克数：　水	1.1—1.3
乙醇	26
乙醚	5

由表可见，氰溶于水、乙醇和乙醚等溶剂中，能与溶剂作用分解成 HCN，HOCN 和尿素等多种产物.

氰在碱溶液中生成氰化物和氰酸根离子,

$$(CN)_2 + 2OH \longrightarrow CN^- + OCN^- + H_2O$$

尽管氰有很高正值的生成焓($\Delta H^\circ_{,298} = 308.8 kJ/mol$)纯氰到 1120K 仍稳定,但当有杂质存在时,在 570—770K 聚合成棕黑色固体,其结构为

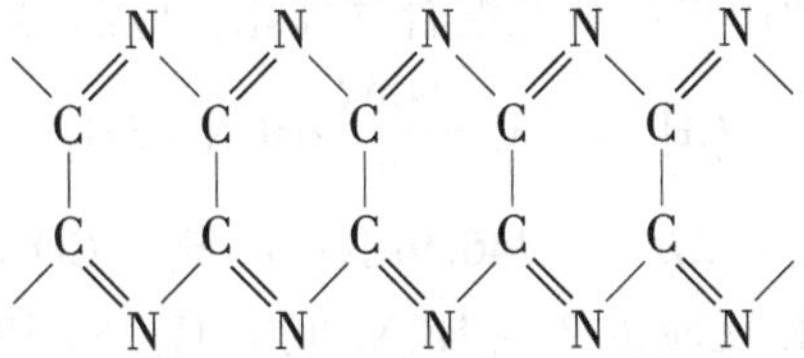

在 1070K 以上聚合物又转变为$(CN)_2$,在 1120K 以上产生 CN 基. 若将 O_2 和$(CN)_2$ 一起燃烧,其反应可简单地表示为

$$(CN)_2 + O_2 \longrightarrow 2CO + N_2$$

按化学计量混合燃烧能产生高达 4640K 的高温*,这是已知化学反应得到的最高火焰温度之一.

$(CN)_2$ 能与许多试剂反应形成多种化合物,图 9.29 示出$(CN)_2$ 与一系列试剂发生的反应.

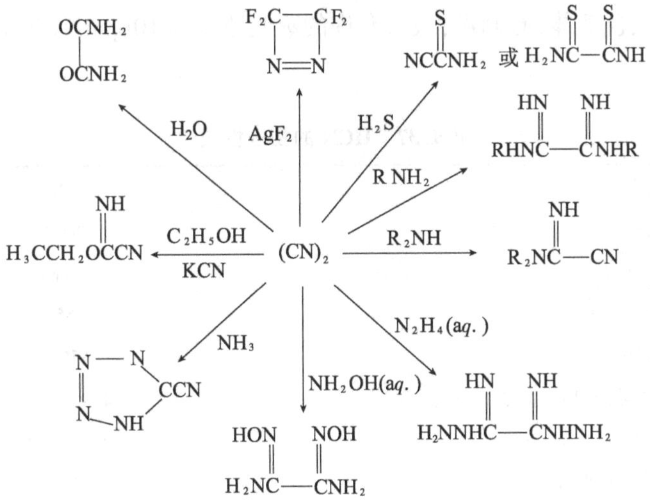

图 9.29 $(CN)_2$ 的一些反应示意图[2]

4.2.2 氰化氢

HCN 可由甲酸铵脱水制得,

---

* 参看 J. B. Conway and A. V. Grosse, *J. Am. Chem. Soc.*, & 2972 (1958). 有的报道最高火焰温度可达 5050K.

$$HCOONH_4 \xrightarrow{P_2O_5} HCN + 2H_2O$$

或由 H_2S 气体与 $Hg(CN)_2$,反应得到,

$$H_2S + Hg(CN)_2 \longrightarrow 2HCN + HgS$$

工业生产 HCN 是利用甲烷和氨混合气催化反应制得,

$$CH_4 + NH_3 \xrightarrow[Pt]{1470K} HCN + 3H_2$$

该反应是强烈的放热反应,$\Delta H = -246.9kJ/mol$. 氨与 CO 在催化剂(例如 Al_2O_3 或 CeO_2)表面在 770—970K 反应也产生 HCN. 但由 H_2,N_2 和 C 直接化合生成 HCN,只能在高于 2070K 时发生. 实验室中 HCN 由稀硫酸和 NaCN 反应得到,经过反复蒸馏和冷凝提纯.

HCN 为直线分子,C—H 键长 106.5pm,C≡N 键长 115.6pm 是共价型分子化合物. 虽然有 R—CN 和 R—NC 的同分异构体,但已知 HCN 只有一种型式. 在低温下,HCN 可结晶成晶体,在晶体中 HCN 分子排列成如下的无限长链:

$$\cdots\cdots N\equiv C—H\cdots N\equiv C—H\cdots N\equiv C—H\cdots\cdots$$

|←318pm→|

HCN 为无色液体,有剧毒,最大允许的蒸气浓度为 10ppm. HCN 的物理性质列于表 9.37 中.

表 9.37　HCN 的物理性质[1]

熔点,K	259.8
沸点,K	298.8
密度,g/cm^3	0.681
临界压力,atm	55
临界温度,K	456.7
摩尔电导(273K),1/Ω	4.5×10^{-7}
黏度(293K),Pa · S	0.000201
介电常数(288.8K)	123
偶极矩(298K),D	2.8
Trouton 常数	20.2

HCN 为极性分子,可与水,乙醇和乙醚混溶. HCN 在水溶液中只有很少解离($K_a = 2.1 \times 10^{-9}$),比 HF 还弱,因此在水溶液中可溶性氰化物会发生水解. 由于氢键的结合作用,HCN 具有较高的介电常数. 液态的 HCN 是一种质子溶剂,实验数据表明它的溶解能力比水小,离子在 HCN 中的淌度比相应的离子在水中的淌度大

3—4 倍,说明在 HCN 中的溶剂化作用比水中要小.

在没有稳定剂的液态 HCN 中,HCN 可以聚合成多种聚合物. 三聚体的结构式为

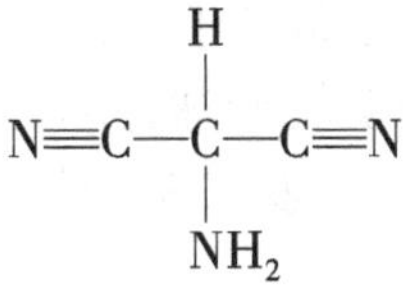

四聚体的结构式可写成(式中数字为键长,单位为 pm):

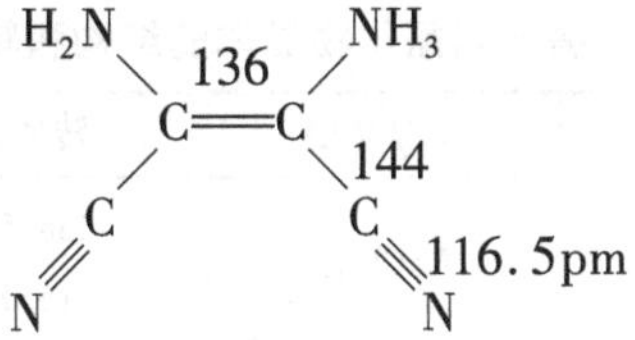

HCN 在工业上的应用主要是用来制丙烯腈和己二腈. 丁二烯在镍催化剂作用下与 HCN 作用生成 $NC(CH_2)_4CN$,是合成尼龙 66 的原料. 反应过程如下:

$$2CH_2{=}CH{-}CH{=}CH_2 \xrightarrow{2HCN} \begin{cases} CH_2{=}CH{-}CH(CN)CH_3 + \\ CH_3CH{=}CH{-}CH_2CN \end{cases}$$

$$\rightleftarrows$$

$$CH_2{=}CHCH_2CH_2CN$$

$$\downarrow \text{HCN}$$

$$NC(CH_2)_4CN$$

4.2.3 氰化物[3]

金属氰化物可分为两类: 离子型氰化物和共价型氰化物. 碱金属和碱土金属的氰化物属于离子型氰化物. 大多数重金属的氰化物和氰基络合物属于共价型氰化物.

氰化钠(NaCN)的早期工业制备方法是将 $NaNH_2$ 与碳反应制得,

$$NaNH_2 + C \xrightarrow{870K} NaCN + H_2$$

现在是由 $CaCN_2$ 与碳和 Na_2CO_3 一起熔融,通过水浸即得 NaCN,

$$CaCN_2 + Na_2CO_3 + C \longrightarrow CaCO_3 + 2NaCN$$

NaCN 为无色结晶体,可熔于水和酒精. 由于水解作用,水溶液显碱性. NaCN 大量用于配制电镀液,特别是贵金属的电镀液,NaCN 也用来提取银和金.

KCN 的用途与 NaCN 相似,它易潮解,易溶于水,微溶于酒精.

常温下，NaCN、KCN 和 PbCN 的晶体为 NaCl 型，而 CsCN 和 TlCN 的晶体则为 CsCl 型.

氰化物的晶体结构之所以与卤化物相似是由于 CN^- 能自由旋转，实际上呈球形，有效半径为 192pm. 该半径介于氯离子半径 181pm 与溴离子半径 196pm 之间.

“低温”下，CN^- 离子像一个旋转椭球，其长轴为 430pm，短轴为 360pm，由于 CN^- 离子不呈球形，对称性降低了. 表 9.38 列出碱金属高低温晶体的晶型和转变点.

表 9.38 碱金属氰化物晶体的结构和转变点[3]

化合物	低温晶型	高温晶型	转变点	备 注
NaCN KCN	正交晶系	NaCl 型	288.5K 165K	图 9.30
CsCN	三方晶系	CsCl 型		图 9.31
NH_4CN	四方晶系	—	连续变化	图 9.32(b)
LiCN	正交晶系	—	无变化	图 9.32(a)

NaCN 和 KCN 的低温晶体属正交晶系. 其结构如图 9.30 所示，这一结构可以从 NaCl 型结构来理解. 在结构中 CN^- 的排列都是平行的，阴离子和阳离子都有六个配位. 低温 RbCN 为变型的 NaCl 型结构，其详细结构不清楚. 低温 CsCN 为三方晶系，其结构见图 9.31，CN^- 沿三重轴方向取向，配位数为 8. LiCN 在很多方面不同于碱金属的氰化物，它的熔点(493K)比 NaCN(823K)和 KCN(893K)低得多，结构疏松，密度也低($1.025g/cm^3$). 图 9.32(a)示出它的晶体结构. 在 LiCN 中可以区别出 C 和 N 原子，而在其他碱金属氰化物中则不能. Li^+ 离子只有四配位.

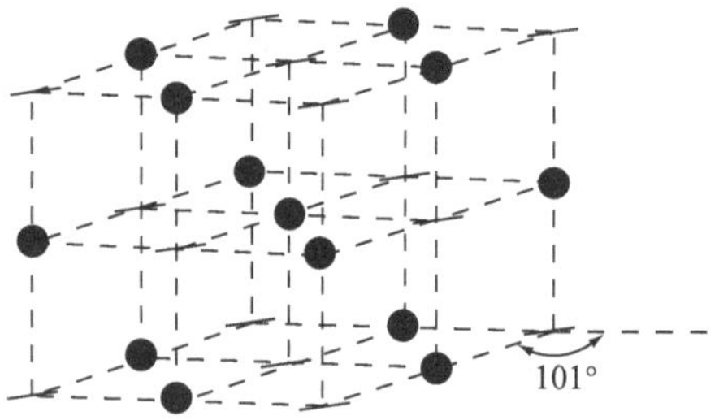

图 9.30 NaCN 低温晶型的结构(线段代表 CN^-)

NH_4CN 在 193K 到 308K 没有显示多晶型现象，它的结构可以从 CsCl 的结构出发来了解. 每个 NH_4^+ 周围有 8 个 CN^- 配位，4 个较近. NH_4^+ 和 CN^- 的接触距离为 356pm，结构示于图 9.32(b)中.

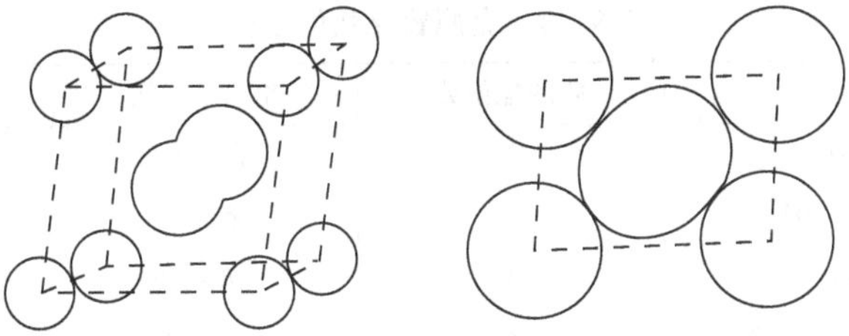

(a)　　　　　　　　　　(b)

图 9.31　CsCN 低温晶型的结构

(a)晶胞(圆球代表 Cs^+);(b)通过密堆积层的截面表示 Cs^+(圆球)和 CN^- 的堆积

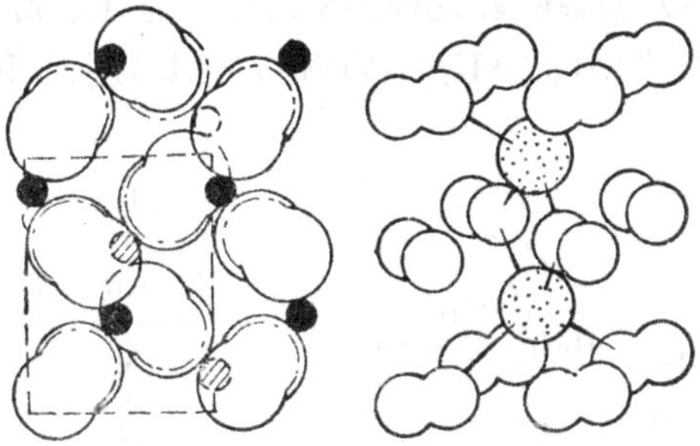

(a)　　　　　　　　　　(b)

图 9.32　晶体结构

(a)LiCN[结构沿(100)面的投影];(b)NH_4CN

由以上讨论可见,从 CsCN ⟶NaCN ⟶LiCN 配位数从 8→6→4,除离子大小的因素外,Li^+ 的极化作用也有明显影响.

用 NaCN 处理 $HgSO_4$ 再用乙醇萃取可以得到 $Hg(CN)_2$. $Hg(CN)_2$ 晶体由接近线型的 NC—Hg—CN 分子构成,其结构数据如下:

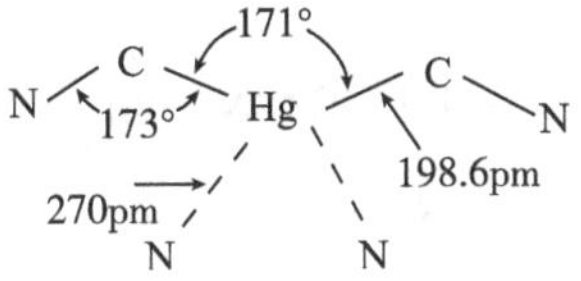

分子中 CN 基的 C 与 Hg 成键. X 射线及中子衍射指出垂直于 C—Hg—C 的平面上有两个弱的 Hg—N 键,Hg—N 距离为 270pm.

大多数重金属的氰化物不溶于水,而溶于过量的碱金属氰化物溶液中形成氰合离子$[M(CN)_n]^{m-}$的盐. 表 9.39 所列的这些盐中,CN^- 只有一端和金属相连,形成 M—C—N 键. 有关情况见表 9.39.

表 9.39　金属氰化物的结构[3]

化合物	M 的配位数	络离子形状	相似的金属
K[NC—Ag—CN]	2	直线型	Au
$Ba[Pd(CN)_4]\cdot 4H_2O$	4	平面四方形	Ni,Pt
$K_2[Cu(CN)_4]$	4	四面体型	
$K_4[Fe(CN)_6]\cdot 2H_2O$	6	八面体型	W,Re
$K_4[Mo(CN)_8]\cdot 4H_2O$	8	反四方棱柱形	W

CN 基可同时以 C 和 N 分别和两个金属原子配位形成桥式结构,M—C—N—M 一般为直线型或近似为直线型. 这种类型的氰化物可分成下列几类.

(1)有限结构:如线型的$(NH_3)_5CoCNCo(NH_3)_5$(a)和环形分子[Au(n-$C_3H_7)_2$—CN$]_4$(b)

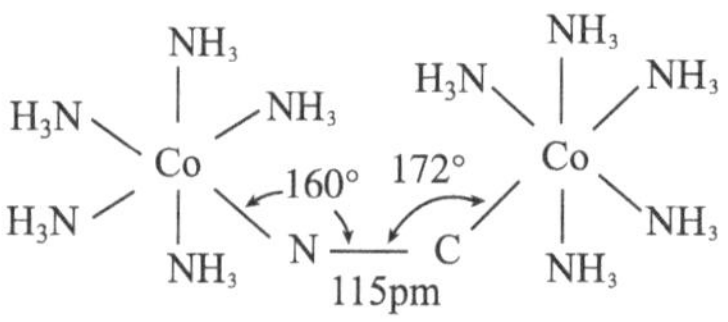

(a)

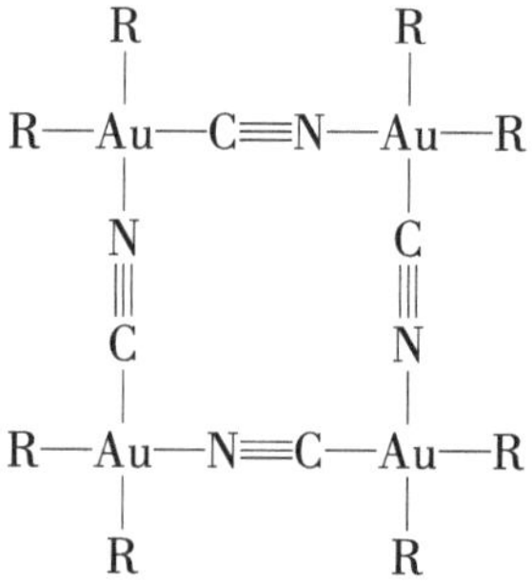

(b)

(2)链形结构:AgCN,AuCN 和 $Ag_3CN(NO_3)_2$ 均为链形. AgCN 的结构式如下:

$$—Ag—C—N—Ag—C—N—Ag—$$

(3)层形结构:$Pd(CN)_2$,$Pt(CN)_2$ 和 $Ni(CN)_2$ 可看成简单的层形结构,M 原子形成平面四方配位,例如 $Pd(CN)_2$ 的结构式如下:

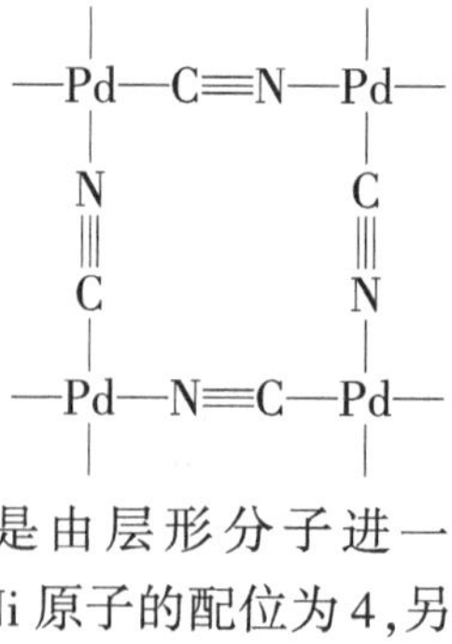

$Ni(CN)_2\cdot NH_3\cdot C_6H_6$ 是由层形分子进一步连接构成的笼状包合物,$Ni(CN)_2$形成层形结构,一半 Ni 原子的配位为 4,另一半的配位为 6,即除层中的 4 个配位外还有两个 NH_3 分子在垂直层的方向上和 N 配位. 层间形成一个空腔,这

个空腔可以装入 C_6H_6 分子,其结构如图 9.33 所示.

(4)三维骨架结构:如普鲁士蓝、$Cd(CN)_2$ 等. $Cd(CN)_2$ 为立方晶体,其结构如图 9.34 所示,$Zn(CN)_2$ 的结构和它相似.

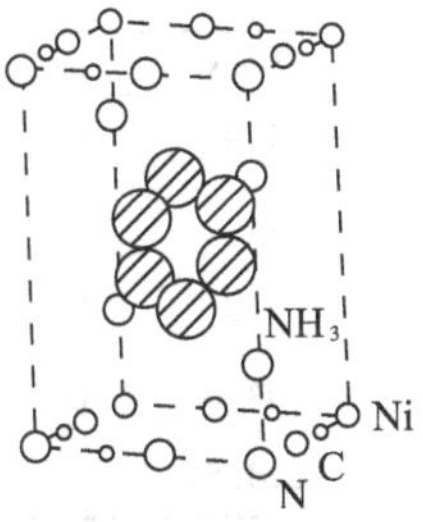

图 9.33 $Ni(CN)_2 \cdot NH_3 \cdot C_6H_6$ 的结构

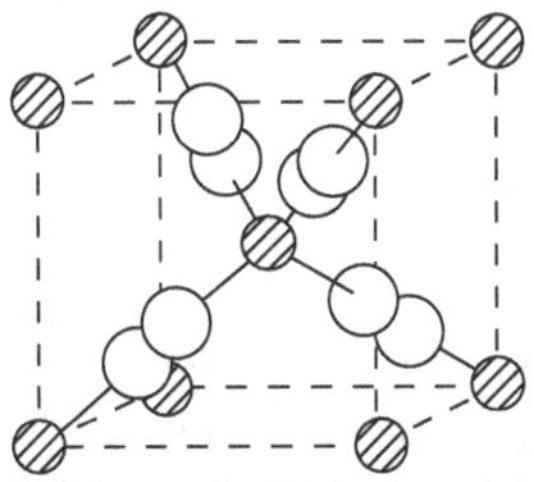

图 9.34 $Cd(CN)_2$ 的结构

普鲁士蓝为 Fe^{III} 溶液与低铁氰离子 $[Fe^{II}(CN)_6]^{4-}$ 作用产生的蓝色沉淀. 而 Fe^{II} 溶液与高铁氰离子 $[Fe^{III}(CN)_6]^{3-}$ 作用产生的蓝色沉淀称为滕氏蓝.

从生成过程来看两者似乎有区别,但 Mössbauer 谱等研究说明,两种沉淀实际上都是水合 $Fe^{III}[Fe^{II}(CN)_6]$,其中高自旋的 Fe^{III} 和低自旋的 Fe^{II} 之比为 4 :3,它们的晶体结构均属于立方晶系,均由铁 - 氰骨架组成的小立方体组成,立方体顶点为 Fe 原子,边为 Fe—C—N—Fe,CN 两端均和 Fe 相连,起连接桥的作用. 立方体中心有较大空隙可容纳其他离子(如 K^+,Na^+,……)或分子(如 H_2O),由于包合离子或分子的成分不同,普鲁士蓝实际上是一系列化合物的总称,通式可写为 $M^I Fe^{III}[Fe^{II}(CN)_6] \cdot xH_2O$,其结构示于图 9.35(b)中,高铁氰化高铁 $FeFe(CN)_6$(Berlin 绿)与白色的低铁氰化低铁 $K_2FeFe(CN)_6$ 的结构和普鲁士蓝相似,分别示于图 9.35(a)和(c).

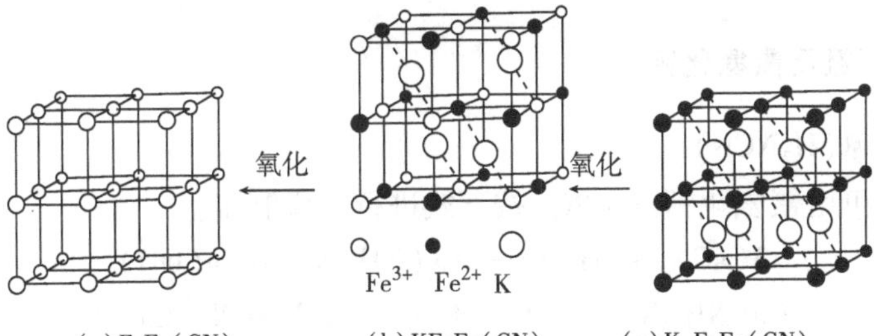

图 9.35 (a) $FeFe(CN)_6$,(b)普鲁士蓝 $KFeFe(CN)_6$,和(c) $K_2FeFe(CN)_6$ 的结构及相互之间的关系

4.2.4 氰的卤化物 XCN

将氰化物与氯化物或溴化物一起反应,或放在四氯化碳等惰性介质中反应,即可得 ClCN 和 BrCN;将干燥的 $Hg(CN)_2$ 和 I_2 一起反应,可得 ICN;若在氮气流中将

$F_3C_3N_3$ 在 0.66atm,1570K 下热解可得 FCN.

XCN 均为直线型分子,结构式为 X—C≡N,它的结构参数和物理性质列于表 9.40.

表 9.40　氰的卤化物的结构参数和物理常数[1,2]

款项	FCN	ClCN	BrCN	ICN
C—X,pm	126	163	179	199
C—N,pm	116	116	116	116
偶极矩,D	—	2.5	2.9	2.71
bp,K	227	286	334.5	419(升华)
mp,K	191	266.3	324.5	419

XCN 能与 NaN_3 反应,产生 N_3CN,反应式为

$$XCN + NaN_3 \rightarrow N_3CN + NaX$$

XCN 能与 NaOH 作用生成 NaOCN. ClCN 与 AgOCN 作用产生不挥发的化合物 OC_2N_2,其结构可能为 N≡C—N═C═O.

如同 HCN 一样,XCN 能发生聚合,三聚体的结构如下:

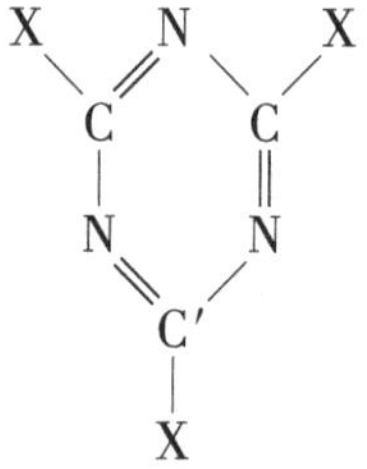

4.2.5　氨基氰及氰氨化钙

1. 氨基氰(H_2NCN)

氨基氰可由氰氨化钙[$CaCN_2$]按下式进行反应制得:

$$2CaCN_2 + 2H_2O \longrightarrow Ca(NHCN)_2 + Ca(OH)_2$$

$$Ca(NHCN)_2 + CO_2 + H_2O \longrightarrow 2H_2NCN + CaCO_3$$

氨基氰常温下为晶体,熔点 317K,沸点 413K (分解). 分子具有 C_{2v} 点群的对称性,其结构式和结构数据如下(键长单位为 pm):

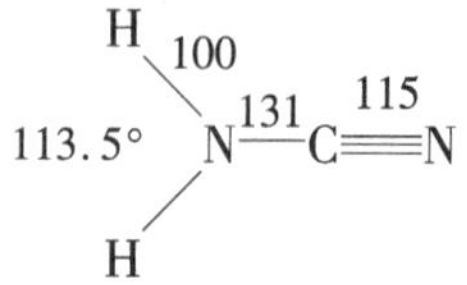

晶体属正交晶系,晶胞参数为:$a = 903pm$,$b = 706pm$,$c = 682pm$,密度为 $1.083g \cdot cm^{-3}$.

常用的氨基氰是二聚体,

$$H_2N-\underset{\underset{NH}{\|}}{C}-NH-C\equiv N$$

它含有互变异构体,

$$H_2N-\underset{\underset{NH}{\|}}{C}-N=C=NH$$

在酸性溶液中氨基氰可和 HNO_2 进行反应,产生异氰酸,

$$H_2NCN + HNO_2 \longrightarrow HNCO + N_2 + H_2O$$

氨基氰也可和尿素等进行加合反应,

$$H_2NCN + (NH_2)_2CO \longrightarrow H_2N\underset{\underset{NH}{\|}}{C}-NH-CO-NH_2$$

2. 氰氨化钙($CaCN_2$)

$CaCN_2$ 可由磨成细粉的碳化钙和氮气作用制得,

$$CaC_2 + N_2 \xrightarrow{1370K} CaCN_2 + C$$

这是个放热反应,所以当将反应物加热至一定的温度(1370K),使反应开始进行,即可利用放出的热量,使反应延续进行.

$CaCN_2$ 是离子化合物,由 Ca^{2+} 及 $(N=C=N)^{2-}$ 所组成,直线的 $(N=C=N)^{2-}$ 离子和 CO_2 是同构的等电子体系,N=C 键长为 121pm.

如前所述,$CaCN_2$ 是制备 NaCN、KCN 等的重要原料.

4.2.6 氰酸(HOCN)及异氰酸(HNCO)

氰酸和异氰酸呈现互变异构现象.

$$HOCN \rightleftharpoons HNCO$$

可由三聚氰酸热分解制得,

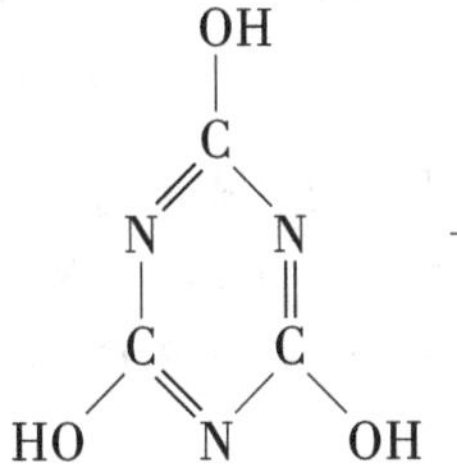

$$\longrightarrow 3HNCO$$

室温时分解产物绝大部分为异氰酸. 异氰酸也可从异氰酸钾(或钠)酸化制得. 将尿素加热可按下式得异氰酸,

$$H_2NCONH_2 \longrightarrow HNCO + NH_3$$

此法虽然在实验室中未曾应用,但却是工业上生产异氰酸的基础,例如在水溶液中加热分解 $H_2NCONHNO_2$ 可得异氰酸,

$$H_2NCONHNO_2 \longrightarrow HNCO + H_2NNO_2$$

1828 年,F. Wöhler 报道了从无机物人工合成有机物——尿素[5]的方法. 先制得异氰酸铵,再将它加热异构化即得尿素,

$$NH_4Cl + AgCNO \longrightarrow AgCl + NH_4NCO$$

$$NH_4NCO \longrightarrow CO(NH_2)_2$$

异氰酸常温下在气相和有机溶液中难以储存,因为它会聚合. 为了减慢聚合速度,可在干冰或液氮温度下储存.

异氰酸熔点 193K,沸点 297K. 低温时可结晶成两种晶型. 在 148K,测定高温晶型的结构,晶体属正交晶系,晶胞参数 $a = 1082$pm,$b = 523$pm,$c = 357$pm. 分子的结构式和构型数据如下(键长以 pm 为单位):

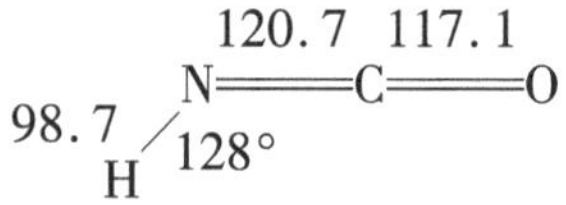

异氰酸在水中水解,

$$HNCO + H_2O \longrightarrow [H_2NCOOH] \longrightarrow NH_3 + CO_2$$

式中 H_2NCOOH 是可能的中间物.

许多极性化合物能通过异氰酸中的 C ═N 键加成*,例如:

$$HN{=}CO + HX \longrightarrow H_2NCOX$$

$$HN{=}CO + H{-}OR \longrightarrow H_2NCO_2R$$

$$HN{=}CO + HO_3S{-}OH \longrightarrow HO_3SNHCO_2H$$

$$\longrightarrow HO_3SNH_2 + CO_2$$

$$HN{=}CO + RCO{-}OH \longrightarrow RCONHCO_2H$$

$$\longrightarrow RCONH_2 + CO_2$$

异氰酸能与不饱和化合物(X ═Y)作用,按下式进行反应,

$$X{=}Y + HNCO \longrightarrow HX{-}YNCO$$

式中 X ═Y 可为:HN ═CO,$Me_2CHCH_2{=}N_2$,RR′C ═O,BuOCH ═CH_2,$NH_2CON{=}CO$,HC≡CH,phCH ═NEt 等.

* 参看 D. J. Belson, A. N. Strachun, *Chem. Soc. Rev.* 11,41(1982).

4.3 碳硫化合物

4.3.1 CS 及硫羰配合物[4]

CS 不像 CO,是一个不稳定的化合物,甚至在很低温度下(例如 77K)也是一个活泼的基团,能和 S,Se,Te,卤素等反应,生成 CS_2,CSSe,CSTe,CSX_2 等化合物. 已制得以 CS 为配体的配合物,并发现有多种配位形式,如下所示:

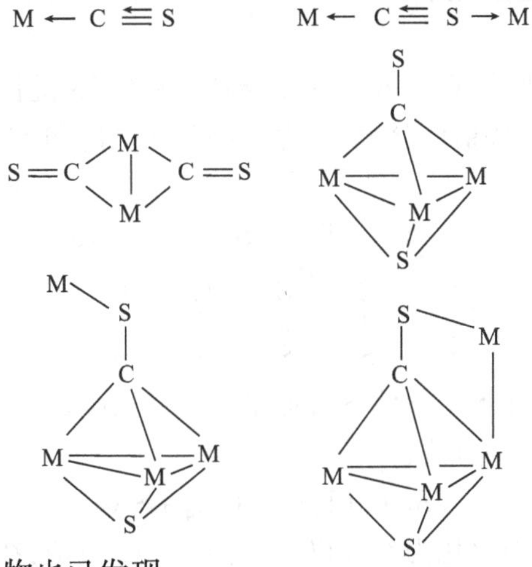

类似的 CSe,CTe 配合物也已发现.

4.3.2 二硫化碳及有关化合物

二硫化碳的工业制法主要有二:一是将硫黄和焦炭混合,放在铸铁制的曲颈瓶中加热至 1170K;另一方法是将硫粉与甲烷的混合物通过硅胶或氧化铝催化剂热至 870K.

CS_2 为无色液体,具有较高挥发性和较高折射率,其物理性质列于表 9.41 中.

表 9.41 CS_2 的物理性质[1]

沸点,K	319.4
熔点,K	161.6
临界温度,K	546
临界压力,atm	75
$\Delta H_{熔化}$,kJ/mol	4.389
$\Delta H_{气化}$, kJ/mol	27.61

续表

ΔH_f, kJ/mol	
（气体）	115.3
（液体）	87.9
ΔG_f(298K 气体), kJ/mol	65.06
ΔG_f(298K, 液体), kJ/mol	63.9
蒸气压	$\ln P(\mathrm{mmHg}) = 4.67948 - 1578.8/T^{*}$
电导率(298K, 液体), 1/(Ω · cm)	78×10^{-19}

* 压力单位 1mmHg = 133.322Pa.

二硫化碳为直线形分子,结构式为 S ═C ═S, C—S 键长为 155pm.

CS_2 能被阳光和强辐射所分解,变为 CS 基. 在高压和 448K 以上能聚合成黑色固体,其结构为

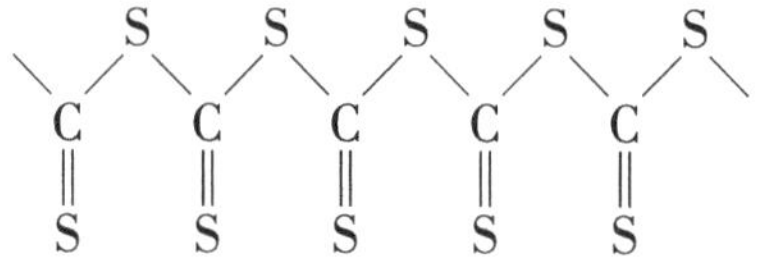

CS_2 与卤素作用,在不同条件下可得不同产品. 例如, CS_2 可与氯气反应,生成 CCl_4,是工业上制 CCl_4 的方法,

$$CS_2 + 3Cl_2 \longrightarrow CCl_4 + S_2Cl_2$$

在有碘存在时, CS_2 可被氯化为 Cl_3CSCl. CS_2 可与 F_2 反应,在不同条件下反应生成 F_3CSF_5, $F_2C(SF_3)_2$, $F_3SCF_2SF_5$, SF_4, SF_6 以及 S_2F_{10} 等.

CS_2 与 NH_3 作用可按下式所示的两个步骤进行:

$$NH_3 + CS_2 \longrightarrow [H_2N\text{—}\underset{\underset{\textstyle S}{\|}}{C}\text{—}SH] \xrightarrow{NH_3} [H_2N\text{—}\underset{\underset{\textstyle S}{\|}}{C}\text{—}S]NH_4$$

这是制备有机硫化物的重要中间物.

CS_2 可与 H_2 化合,在镍催化剂作用下生成 HS—CH_2—SH,

$$CS_2 + 2H_2 \xrightarrow{450K} HS\text{—}CH_2\text{—}SH$$

在钴催化剂作用下,生成 CH_3SH,

$$CS_2 + 3H_2 \xrightarrow{523K} CH_3SH + H_2S$$

CS_2 作为一种小分子,可进行插入反应,可将 $\text{—}S\text{—}\underset{\underset{\textstyle S}{\|}}{C}\text{—}$ 基插入 Ti—N, Sn—N, Co—Co 或其他键之间,例如与二烃基酰胺钛作用,可得到二硫代胺基甲酸盐,

$$Ti(NR_2)_4 + 4CS_2 \longrightarrow Ti(S_2CNR_2)_4$$

CS_2 被 SO_3 氧化,可制得 OCS,这化合物也可由粉状硫氰酸钾加浓硫酸制得. OCS 的熔点 134. 7K,沸点 223. 4K,$\Delta H_f = 4.724$kJ/mol,$\Delta H_v = 18.62$kJ/mol,固态 OCS 为三方晶系,每个晶胞中只含有 1 个分子. 气态 OCS 分子呈直线形,由电子衍射测得 C—O,113pm;C—S,158pm. OCS 为极性分子,偶极矩为 0. 72D, 其结构式可写作 O ═C ═S.

SH^- 在碱性溶液中与 CS_2 作用,可制得硫代碳酸盐,

$$CS_2 + SH^- \longrightarrow S_2CSH^- \xrightarrow{OH^-} CS_3^{2-} + H_2O$$

若将 $BaCS_3$ 固体用冷冻的 5mol/L 盐酸处理,可得 H_2CS_3. H_2CS_3 是红色油状液体,具有较高的折光率,熔点 246. 3K,沸点 331K,$d_4^{20} = 1.483$g/cm^3,$\Delta H_f = 23.4$kJ/mol. 在 163K 结晶成黄色单斜晶系晶体,分子呈平面三角形,结构式可写作:

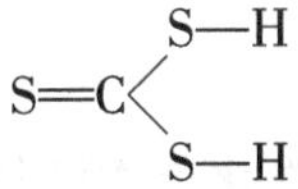

C—S 键长 169—177pm

S—C—S 键角 120°

H_2CS_3 受热分解为气态 H_2S 和 CS_2,

$$H_2CS_3 \longrightarrow CS_2 + H_2S$$

CS_2 用 Zn 还原,可制得 C_3S_2,

$$3CS_2 + 4Zn \longrightarrow C_3S_2 + 4ZnS$$

C_3S_2 是红色液体,熔点 268K,它溶于 CS_2,苯等溶剂中,对水稳定,在真空中受热分解为 CS_2 和 C.

CS_2 大多数以二齿形式和一个金属原子结合,例如:

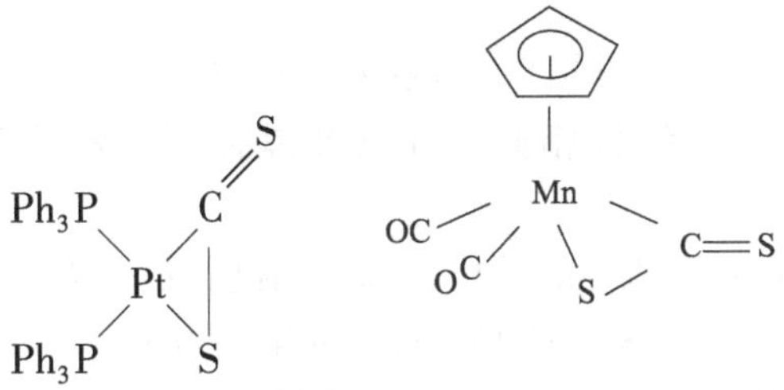

CS_2 还可以和两个金属原子成桥式结合,

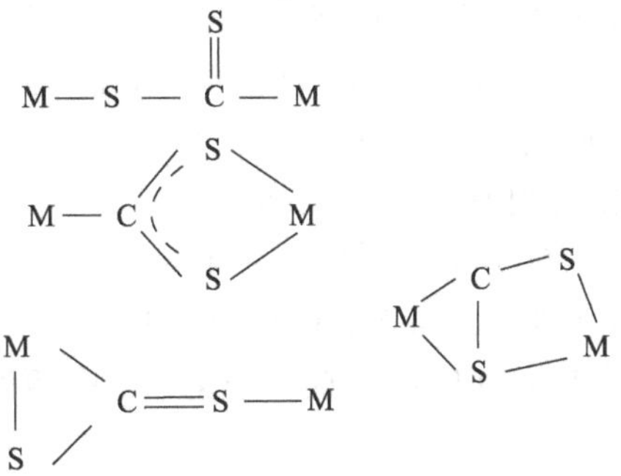

与金属结合的 CS_2 通常显得比较活泼，可以被亲电试剂或乙炔类的试剂作用. 例如：

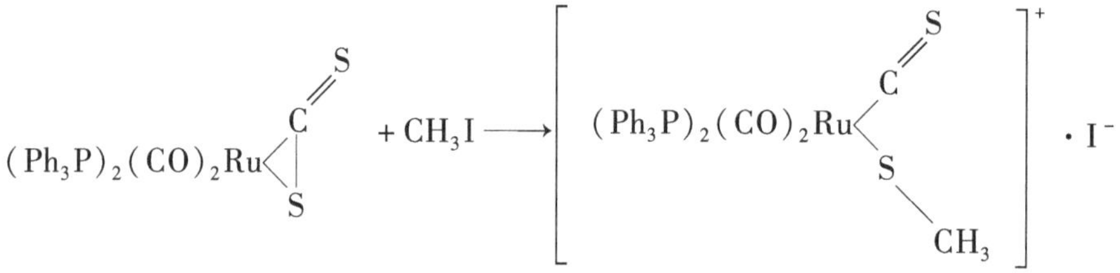

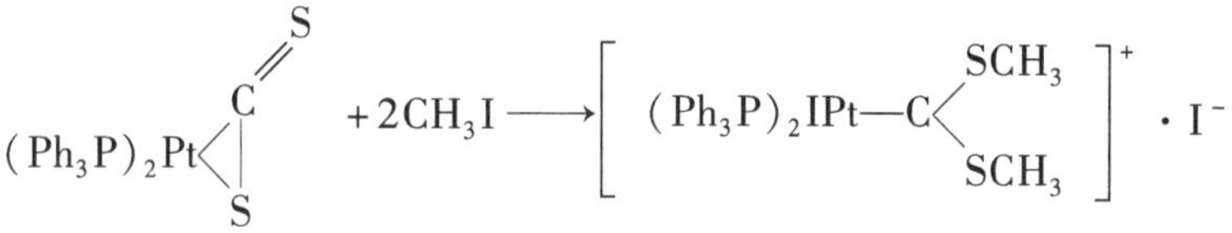

4.3.3 硫氰酸盐

硫氰酸盐是指包含 SCN 基团的化合物，这类化合物可分下列三种类型.

(1) 含有 SCN^- 离子的离子晶体；

(2) 含有 M—SCN 或 M NCS 配位的化合物；

(3) 含有 M－SCN－M 桥连的化合物.

下面按这三种情况分别叙述于下.

1. 含有 SCN^- 离子的晶体

KSCN 晶体属正交晶系，由 K^+ 和 SCN^- 组成. 直线型的 SCN^- 离子的键长数据为

S—C，169pm；C—N，115pm

TlSCN 和 KSCN 同晶型，结构相似. NH_4SCN 晶体属单斜晶系，由 NH_4^+ 和 SCN^- 组成.

在 KSeCN 晶体中，直线型的 $SeCN^-$ 离子的键长数据为

Se—C，183pm；C－N，112pm.

2. 含有 M－SCN 或 M－NCS 配位的化合物

许多过渡金属常和 SCN^- 形成 M－SCN 或者 M－NCS 形式的配合物，前者常称为硫氰酸盐，后者称为异硫氰酸盐. 由于这两种结合形式会改变，而且同一化合物可同时出现两种结合形式，所以本书在名称上不加区分，统称为硫氰酸盐. 非金属硫氰酸盐通常是以硫氰酸根中的 S 原子结合.

对于第一长周期过渡金属，除 Cu^{2+} 外，一般形成 M—NCS. 第二长周期过渡金属的一部分以及第三长周期过渡金属，通常形成 M—SCN. 而有的金属如 Pd，既可形成 M—SCN，也可形成 M－NCS，甚至在一个化合物中两种配位形式都有. 下面列出若干实例，

M—NCS:四面体形配位$[Co(NCS)_4]^{2-}$

$[Ni(NCS)_4]^{2-}$

八面体形配位$[Cr(NH_3)_2(NCS)_4]^-$

$Fe(NCS)_2(Py)_4$

$Ni(NCS)_2(NH_3)_4$

$Ni(NCS)_2(en)_2$

M—SCN:平面四方形配位 $Pt(SCN)_4^{2-}$

四面体形配位 $Hg(SCN)_4^{2-}$

八面体形配位$Cu(SCN)_2(en)_2$

$Rh(SCN)_6^{3-}$

SCN—M—NCS:平面四方形配位

$Pd[Pph_2—C_3H_6—N(CH_3)_2](SCN)(NCS)$

根据红外光谱测定 C—N 键或 C—S 键的振动频率,可以了解硫氰酸根是以什么样的形式和金属离子配位的. 利用 X 射线衍射可以了解配位形式及构型数据. 下面列出几种配合物的结构:

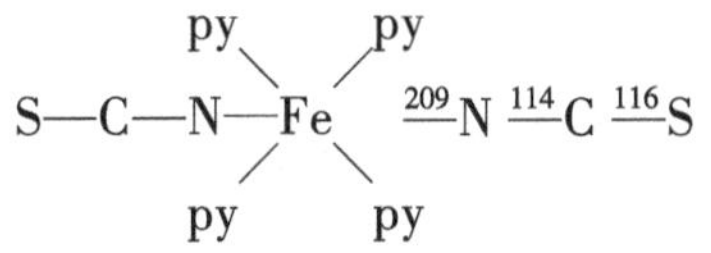

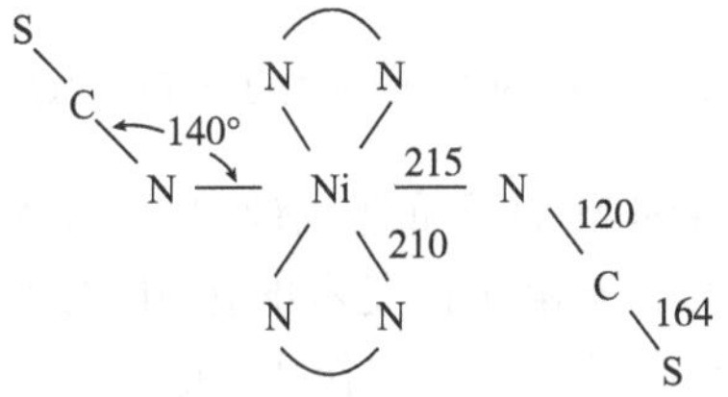

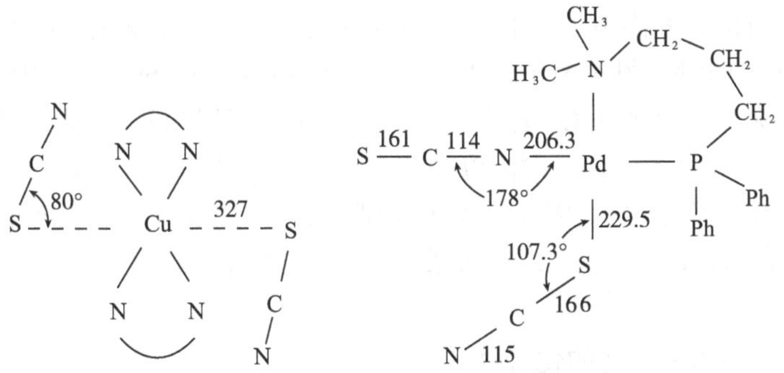

SCN^-的配位方式是由其内部的电子结构以及金属原子 M 和其他配位体的性质决定的. 例如$[Co(NH_3)_5(NCS)]^{2+}$及$[Co(CN)_5(SCN)]^{3-}$,由于 Co 周围配位体的影响,SCN^-在两种配位离子中的配位形式不同,它们的结构式如下:

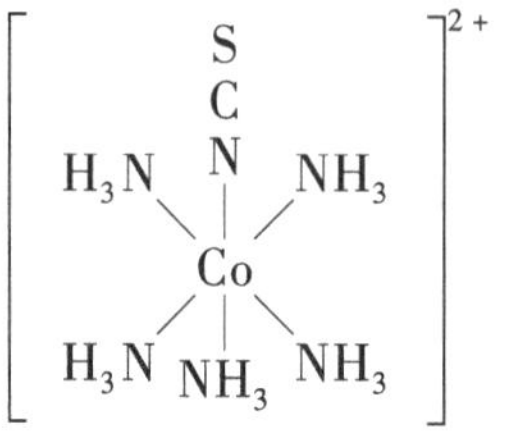

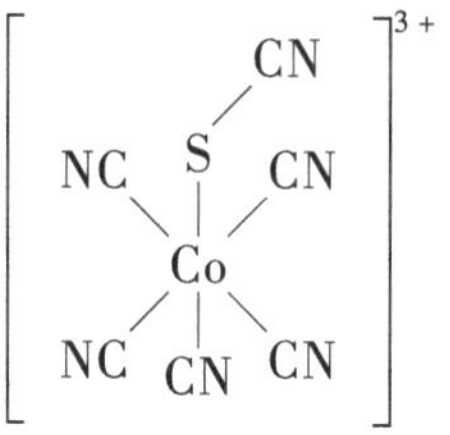

在这两种配位离子中,Co^{3+}和SCN^-间的结合方式为什么不同?考虑SCN^-的π型分子轨道情况可以了解其原因. 在SCN^-中,N原子的电负性最大,是个具有极性的分子轨道,即充满电子的π分子轨道中,N原子的轨道贡献较多,而π^*分子轨道中,S原子的轨道贡献较多,如图9.36所示.

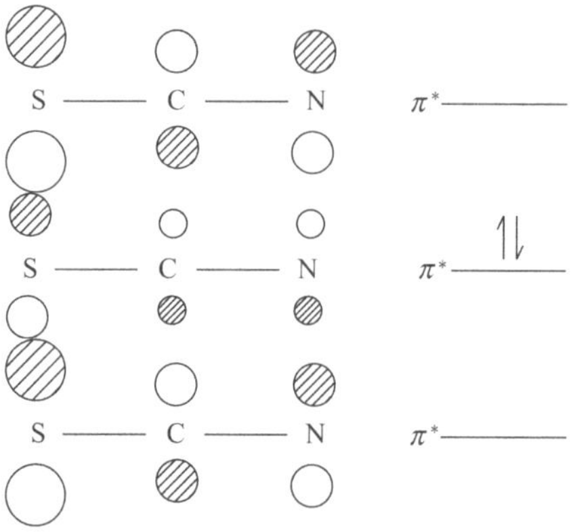

图9.36　SCN^-的π分子轨道示意图

三个π分子轨道均可和M原子重迭成键. 当形成M—NCS配位时,—NCS作为π电子提供者的作用大于π电子接受者的作用;而当M—SCN配位时,作为π电子接受者的作用大于π电子提供者的作用. 所以SCN^-和M配位时,若M的π轨道已充满或部分充满电子,则SCN^-利用S原子端结合. 反之,M没有这种充满电子的轨道,则SCN^-用N原子端去结合. 在$[Co(CN)_5 \cdot (SCN)]^{3-}$中,由CN提供的负电荷很大部分集中在Co上,所以$SCN^-$以S原子端和Co结合. 在$[Co(NH_3)_5(NCS)]^{2+}$中,Co显正电性,$SCN^-$以带负电的N原子端和Co配位. 空间效应也影响$SCN^-$和M的结合方式,因为以N原子端结合,一般M—NCS接近直线型,而以S原子端结合时, 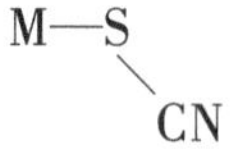 为弯曲型,两者的空间效应不同.

3. 含有—SCN—桥连的化合物

这类化合物包含—SCN—基团,它的两端分别和金属配位成桥M—S—C—N—M,例如AgSCN的结构为一无限长链,在S原子处弯曲,形成曲折的长链,

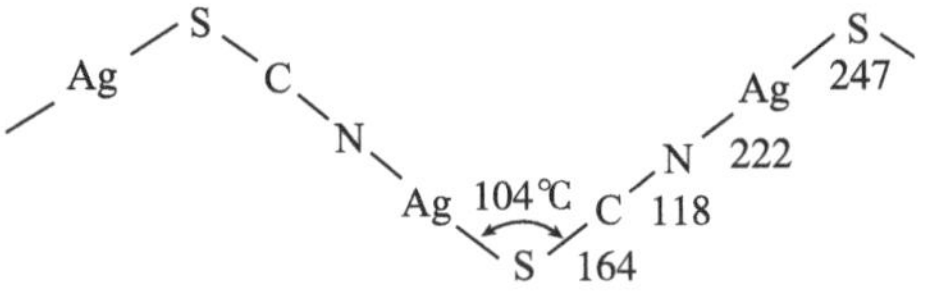

在$[PtCl(SCN)P(C_3H_7)_3]_2$中,形成下式所示的有限分子,

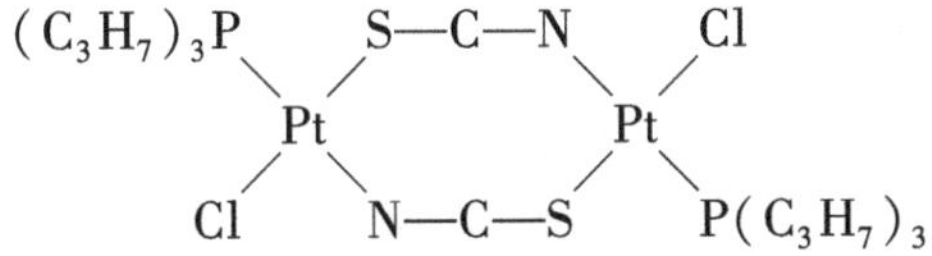

在$[Co(NCS)_6Hg_2]\cdot C_6H_6$中,$NCS^-$为三齿配体,

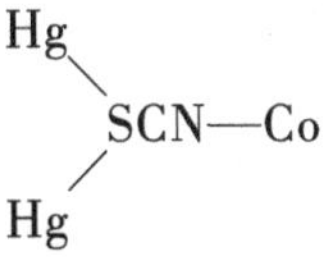

形成三维的配合物.

将硫氰酸银悬浮在乙醚溶液中,用碘或溴进行氧化,可制得$(SCN)_2$.$(SCN)_2$晶体的熔点为271K,它的结构式为

$$N\equiv C—S—S—C\equiv N$$

参 考 文 献

[1] A. K. Holliday, G. Hughes and S. M. Walker, " Carbon ", in " Comprehensive Inorganic Chemistry" ,Vol. I,Pergamon Press(1973).

[2] F. A. Cotton and G. Wilkinson,"Advanced Inorganic Chemistry",4th ed. ,Wiley (1980).

[3] A. F. Wells,"Structural Inorganic Chemistry",5th ed. ,Clarendon (1984).

[4] N. N. Greenwood and A. Earnshaw,"Chemistry of the Elements",Pergamon Press (1984).

[5] 《化学发展简史》编写组,《化学发展简史》,科学出版社(1980).

10. 硅

10.1 元 素 硅

1.1 引 言

严格说来,硅化学应属于近代化学之范畴.天然硅酸盐(含硅岩石与黏土——硅在自然界的主要存在形式)早已为人类所熟悉和利用,但对硅元素的研究却未能及早开展.原因大致有两个方面,其一,这类天然硅酸盐具有高度化学惰性,几乎不为一般化学试剂所侵蚀;其二,这类硅酸盐的组成与结构十分复杂,不易认识.1771 年,Scheele 发现了氢氟酸,为开展硅化学的研究创造了条件,但有关的研究工作进展得仍较缓慢.真正使硅化学得到迅速发展的,乃是近代无机结构化学的杰出成就,而硅化学的发展也极大地丰富了近代无机结构化学的内容.

硅是周期表 IVA 族紧靠在碳下面的一个元素.硅与碳的化学性质在许多方面十分相似,而在某些方面则又有明显的差别.这两种元素都是最常见最熟悉的元素.碳通过其自身原子间的共价单键或重键形成链状或环状的碳的骨架结构,并进而与氢及其他元素的原子结合,组成了大量的有机化合物.硅则通过硅-氧共价结合,形成各种构型的硅氧骨架,并与其他元素一起,组成硅氧化合物及各种简单和复杂的硅酸盐,以此充斥于广博的无机矿物世界.碳是地球表面分布较广的元素之一,而硅在地壳的含量仅次于氧,是地壳的一种主要组成元素.

硅与人类物质文明有极密切的联系,而且逐渐成为人类生活不可缺少的物质基础.19 世纪末,首次分离出硅的单质,此后又陆续合成出一系列硅的重要化合物.二十世纪初至 40 年代期间,有机硅化学得到发展.硅化学的每一重大进展都对人类文明产生深刻而积极的影响.为此,硅化学一直是化学学科中一个既有理论意义又有实际价值的研究领域.而且可以预见,这一领域仍将充满活力而富于成果.

1.2 硅的发现史

1.2.1 人类早期对天然硅酸盐的利用

已有资料可以证明,人类对天然硅酸盐的利用可追溯到远古的石器时代.当时的原始人利用山洞藏身栖息,并用天然石块作为狩猎、防御武器以及最初的劳动工具.这些原始石器的使用,逐渐促成人类的手足分工及双手功能的完善.在北京周口店猿人遗址发掘出来的粗糙石器,据考证距今已有四、五十万年历史.这些石器大抵是由脉石英、砂石或燧石形成的天然拳状石块或带有刃状边缘的石片[2]. 而从北京人遗址附近，距今约一万余年的山顶洞人遗址中发掘出来的各种石器已有明显的人类磨制加工的痕迹，它们的形状也更加多样化[2]. 考古学者正是从这些石器及其他人类遗存的演变来探索人类进化的历史.

应用燧石作为点火工具，最早始于何时已无法查考，但这一发明显然为早期人类的普遍用火创造了条件.

天然硅酸盐作为人类建筑材料的历史可谓源远流长. 现存的遗迹中，建于六千年前的古埃及金字塔以及建于两千七百多年前的我国万里长城，可作为这方面的典型例证.

天然硅酸盐经过初步加工予以利用的最初记录是陶器. 陶器的出现标志人类文明的一大进步，因为原始人使用陶制器皿之后，就可以不必用火直接烧烤食物. 我国西安半坡村博物馆展出的六千年前的部分陶盆、陶罐，其图案之精美，质地之光洁，堪称杰作[3]. 与此同期的埃及、西南亚、印度、波斯及希腊人的制陶工艺也都达到相当水平. 这些陶制品乃是原始人长期实践和试验的成果，绝非一日之功. 这些实践无疑可看成是人类对硅酸盐工艺的最初研究.

古代人类在硅酸盐工艺方面取得的另一重大成就是玻璃. 据认为，玻璃制造技术的最初发祥地是埃及. 在公元前千余年的古埃及墓葬中发现有许多玻璃制品. 这些古代玻璃虽有颜色，且不甚透明，但足证当年的玻璃制造已有相当水平. 这些古玻璃制品最初用作珍贵饰物，其后才逐渐成为日常用品. 古埃及的玻璃制造与其自然条件有关. 据传当时埃及的某些湖岸盛产天然碱(碳酸钠). 人们发现，当天然碱与砂石混合，再经高温熔化，便可得到一种美丽透明的物块，这就是玻璃[3].

综上所述，可知人类对天然硅酸盐的利用已有久远的历史.

1.2.2　硅单质的制备与早期生产方法

从硅酸盐矿物中分离出硅单质的历史还不足二百年. 大致于氢氟酸发现之后. 1808 年前后，Berzelius 就试图制备硅的单质. 他将石英与铁、碳混合，加热后获得一种产物，并误认这一产物为"硅". 显然，Berzelius 当时所得到的不过是一种硅铁合金. 1809 年，Davy 也从事制备单质硅的试验，但未获成功. 两年之后，Gay Lussac 与 Thénard 用金属钾同四氯化硅反应，得到一种棕色粉末，但可惜他们未能认出这种棕色粉末便是硅的单质. 到 1823 年，Berzelius 又用钾还原氟硅酸钾，

$$K_2SiF_6 + 4K \longrightarrow 6KF + Si$$

用水将产物中的氟化钾洗去后，Berzelius 终于获得了硅单质. 他此时所得的乃是一种"无定形"黑色粉末. Berzelius 还利用他的制品确定了硅的若干主要性质. 此后不久，他又应用 Gay Lussac 和 Thénard 曾用过的方法制得硅单质. 为此，通常将发现与首次制备硅单质的荣誉归于 Berzelius. 1857 年，Sainte-Claire Deville 用从熔融

铝中结晶的方法制成有金属光泽的片状硅.

这些先驱者的成就极大地推动了硅单质的制备研究.继他们的工作之后,又发现了许多硅单质的制备法,其中包括用钠或镁还原四氟化硅及以钾,钠,镁,铍,铝,锌或氨基钠还原四氯化硅的方法.1880年,发现了在硅烷中放电以制备硅单质的方法.此后,又有通过硅烷或三氯氢硅加热分解,硫化硅水解,氟硅酸钾 - 碱金属氟化物熔融电解以及以钠[4]或铝[5]还原氟硅酸盐制取硅单质的报道.

铜亦曾用于硅单质的制备.铜与二氧化硅的反应分两步进行:先以铜与 SiO_2 反应生成 Cu_5Si 及少量游离硅,然后再以 Cu_5Si 与硫加热得到 CuS 与硅[6].

二十世纪初,制备及生产硅单质最盛行的方法已发展为用碳还原二氧化硅(这一反应现一般是在电炉内进行)[7-12].为减少反应过程中碳化硅的生成及硅的蒸发损失,须在二氧化硅-碳的进料中添加百分之几的硅酸盐[13].另一提高硅产量的措施是先使二氧化硅部分还原,然后再加入过量新鲜二氧化硅.这一措施可以防止由于过快的 CO 气流带走硅蒸气所造成的损失[14].为去除制品中所含大量碳杂质,一种方法是将所得低品位硅在坩埚内再度熔融,坩埚底部事先铺衬一层碱土金属碳酸盐.熔融过程中碳酸盐分解后生成的 CO_2 气泡从硅熔层穿过,与碳反应生成 CO.用此法得到的硅,其电阻率达到 $\frac{1}{2}\Omega \cdot \mathrm{cm}$[15].

另一生产硅的方法是以硅酸盐为原料,用碳或铝为还原剂[16—17].

上述各种方法所得硅的纯度很低,为此,在若干年内曾使用过多种沥取方法,以改善硅的品位.例如,四十年代初用过的一种沥取操作包括下列步骤:将硅粉碎至200目,浸入 HCl-HNO_3-H_2O 混合溶液数小时;蒸馏水洗涤,加入 H_2SO_4 与 HF,煮沸;洗涤后,再用 HF-H_2O 混合液处理,最后洗涤.由此程序得到的硅可用于制作微波二极管[18].另一类似沥取体系可见于另一份美国专利[9]

1905年,曾有人提出用一氧化硅为制取硅单质的原料,并以碳化硅为还原剂[20].此法至1961年改进为以氢作还原剂,且在还原前将一氧化硅蒸馏提纯;据称,用此法可获得高纯硅[21].

六十年代初,一份美国专利提出用熔融铝还原低温玻璃中的硅酸盐以制备半导体用硅的方法.还原过程中硅从过量熔态铝中沉淀析出,由此法所得之硅为铝所饱和[22].另一用铝的方法先通过铝与 SiO_2 反应生成 $Si + Al_2O_3$ 混合物;混合物经 HCl 沥取后,再将硅溶于熔态锡.由于硅在锡中的溶解度比铝的低得多,故从锡中析出的硅具有很高纯度[23].而且据信此法产率很高(约90%),故适用于含浓缩硅同位素的二氧化硅等昂贵试样之还原.

1.2.3 某些硅共价化合物的早期研究

1771年 Scheele 继发现氢氟酸之后,又通过氢氟酸与二氧化硅的反应,首次制成纯四氟化硅. 但 Scheele 当时还不能解释四氟化硅与水或碱之间发生的复杂反应. 这一难题直至 1823 年才由 Berzelius 解决. 同年, Berzelius 又进而从事四氯化硅的制备研究. 1846 年 Ebelmen 又从四氯化硅出发合成了正硅酸四乙酯 [$Si(OC_2H_5)_4$]. 硅的挥发性氢化物由 Wöhler 首先发现, 他分别于 1857 与 1858 两年制成三氯甲硅烷($SiHCl_3$)和甲硅烷(SiH_4). 这些进展促使人们对硅与碳两元素的相似性进行更深入的研究, 并导致 Friedel 和 Crafts 于 1863 年合成第一个有机硅化合物——四乙基甲硅烷[$Si(C_2H_5)_4$]. 此后七年内, Friedel 与 Crafts 又相继合成出其他许多有机硅化合物. 稍后, Friedel 又与 Ladenburg 一起在同一领域从事十多年的研究工作. 硅共价化合物研究最迅速的发展出现于二十世纪初, 以 Stock 对于硅氢化物(硅烷)及 Kipping 对于有机硅衍生物的研究为标志. 此时硅共价化合物化学已经发展到一个崭新阶段, 硅化学的一个重要分支——有机硅化学开始形成.

1.3　硅的存在形式与分布

硅(Silicon)的学名来自拉丁文 Silex, 意为燧石. 地壳中硅的含量极为丰富, 其元素丰度在 20% 以上, 居地壳元素丰度的第二位. 自然界硅的存在形式主要是硅酸盐和二氧化硅, 它从不以单质形态出现.

硅酸盐在地表的分布极广, 其中包括云母、长石、沸石及石榴石等矿物. 而遍布地表的黏土则是多种硅酸盐的集合体.

自然界的二氧化硅通常以晶体的形态出现, 统称为硅石, 较纯净透明的硅石又称为石英或水晶. 由于所含杂质不同, 二氧化硅可以形成多种色调的美丽晶体, 例如, 岩晶(透明石英), 紫晶(紫色, 由于含少量锰), 玫瑰红晶(红色, 含少量钛)和烟晶(含少量有机物). 二氧化硅还有两种高温变体, 即鳞石英和白硅石, 这两种晶体通常出现在火山降积物中. 还有其他许多矿物, 如石英岩, 玛瑙, 碧玉, 红玉髓, 蛋白石及燧石等, 它们的主要成分也都是二氧化硅. 二氧化硅也是花岗岩, 正长岩及流纹岩等火成岩的主要成分(例如花岗岩便是硅石、长石和云母的混合物). 有时玄武岩与闪长岩中也可找到硅石, 并且几乎所有变质岩中都混有硅石. 此外, 二氧化硅显然也是常见砂石的主要成分. 表 10.1 给出各类岩石中硅的平均百分含量.

表 10.1　岩石中的硅含量[1]

火成岩	伟晶岩	玄武岩	花岗岩(高钙)	花岗岩(低钙)	正长石
%Si	20.5	23.9	31.4	34.7	29.1
沉积岩	页岩	砂岩	石灰岩	海积石灰岩	海积黏土
%Si	27.3	36.8	2.4	3.2	23.0

在地球表面,硅不仅大量地分布在上述矿物界,且几乎到处可以找到它的踪迹,例如地表所有水体中都含有少量的硅(可溶性二氧化硅,泥沙);地表周围的大气中也不乏它的存在(尘埃).此外,动物的骨骼和组织以及植物体内部都含有硅.

硅在地表的分布及存在形式既然如此复杂多样,加之地壳的绝大部分我们实际上无法接触,可知要精确估计地壳中硅的平均含量实非易事;这在很大程度上取决于人们对组成地壳的各种岩石的相对含量作何估计.一种习见的理论模型将地壳的组成估计为:伟晶岩,0.25%;玄武岩,18%;高钙花岗岩,39%;低钙花岗岩,39%以及正长岩,3.75%.由此模型计算得到的硅平均含量为37%.另一种更为合理的模型将地壳组成估计为:玄武岩,50%;高钙花岗岩,50%.由此算出的地壳平均含硅量为27.6%.而我们通常将硅的地质丰度取为27.2%(氧的相应丰度为45.5%).

就地球整体而言,硅所占的百分含量我们无从确定,因为构成地球实体的主要部分,即地心与地幔的组成状况我们近乎一无所知.地心的质量约占地球总质量的31.5%,而地幔约占68.1%.一般认为,地心的组成接近于 $Fe_{25}Ni_2Co_{0.1}S_3$;而地幔则可能由致密的氧化物与硅酸盐(例如橄榄石 $(Mg,Fe)_2SiO_4$)所组成.地壳的质量仅占地球总质量的0.4%,但含硅量最高,这可能是因为地球最初形成时,硅酸盐矿物密度较低而浮在地表的缘故[24].

就宇宙范围而论,硅的存量次于氢、氦、碳、氮、氧与氖,其丰度居第七位.习惯上取硅作为衡量宇宙间元素丰度的标准.根据这一标准,其他元素的宇宙丰度表示为相对于每 10^6 个 Si 原子该元素所存在的原子数目.以此标准表示,存量高于硅的六种元素的宇宙丰度分别为:

氢	3.2×10^{10}原子/10^6Si 原子
氦	4.1×10^{9}原子/10^6Si 原子
碳	11×10^{6}原子/10^6Si 原子
氧	3.1×10^{6}原子/10^6Si 原子
氮	3×10^{6}原子/10^6Si 原子
氖	8.6×10^{6}原子/10^6Si 原子

硅的宇宙丰度高于铁、铝及钙的相应值,并依次为这三种元素丰度的1.8,11和20倍[25].

天然硅由 ^{28}Si, ^{29}Si 及 ^{30}Si 三种稳定同位素组成,它们的同位素丰度分别为 ^{28}Si,92.23%; ^{29}Si,4.67%; ^{30}Si 3.10%.从宇宙空间飞来的陨石,从现有资料看,其同位素丰度组成与地壳中的并无不同.

以上各种数据证明,无论在宇宙或地球范围,硅的存量高于大多数其他元素.这一事实曾引起不少学者的注意,并促使他们从核结构理论上作出解释.二十世纪二十至五十年代曾经流行一种 α 粒子假说.这种假说基于不稳定核在进行核蜕变

时放出 α 粒子(He 核),而将 α 粒子看作核稳定性的参考模型,即质量为 α 粒子的整数倍的核应具有更大的稳定性. 以此观点衡量碳、氧、镁、硅、硫与钙诸元素的主要同位素,它们的核均含有偶数且数目相等的中子与质子,这些核应有较高的稳定性,故相应元素在自然界的高丰度也就得到解释. 然而,α 粒子假说存在以下严重缺陷.

(1) 自然界不存在质量为 α 粒子质量两倍的丰富同位素;

(2) 不少丰富同位素(如氮,铁,钠)的核质量并非是 α 粒子质量的整数倍;

(3) 假说只解释中子数与质子数相等的核,且其范围不超过 $^{40}_{20}Ca$;

(4) $^{28}_{14}Si$ 与其相近的 $^{24}_{12}Mg$,$^{32}_{16}S$ 皆符合稳定性要求,但假说不能说明为何前者远比后两者丰富.

可见,α 粒子假说同某些其他更早期的假说一样,不能完满解答元素的丰度问题. 这个问题一直到核结构壳层模型理论提出之后才有比较满意的解释. 该理论要点如下.

(1) 核子(质子或中子)分布在核内不同能量的运动轨道上,符号,s,p,d,f,g,……分别代表它们的角量子数为 $l=0,1,2,3,4,\cdots\cdots$;

(2) 核子自身有自旋运动,自旋量子数 $I=\frac{1}{2}$;

(3) 由于轨道 - 自旋偶合(l-I 偶合),产生核的总角动量,总角量子数 $j=l\pm\frac{1}{2}$,核能级相应分裂为 $j=l+\frac{1}{2}$ 与 $j=l-\frac{1}{2}$ 两个能级,并假定 $j=l+\frac{1}{2}$ 能级的能量较低;

(4) $j=l+\frac{1}{2}$ 与 $j=l-\frac{1}{2}$ 两能级差随 l 增大而增大;

(5) 总角量子数为 j 的能级,核子的最大容量为 $2j+1$.

图 10.1 绘出由壳层模型安排的核能级图[26]. 不难看出,如从最低一个能级($1s_{1/2}$)开始,依能量增加的顺序向各能级逐一填充同一种核子(中子或质子),在核子数分别为 2,8,20,28,50,……处得到充满层的核子结构,这样就解释了具有这些“魔数”质子或中子的核性能稳定和含量丰富的实验事实. 再观察图 10.1,当 $1d_{5/2}$ 能级全充满时,核子总数应为 14(即 14 个中子或 14 个质子). 我们看到,$^{28}_{14}Si$ 正是同时具有这两种核子稳定结构的核素. 自勿待言,同位素 $^{28}_{14}Si$ 应该成为硅元素的主要同位素,正如 $^{16}_{8}O$ 应成为氧的主要同位素一样. 硅其他两个稳定同位素 $^{29}_{14}Si$ 和 $^{30}_{14}Si$ 的核因为具有充满层质子结构和接近充满层中子结构,它们的稳定性也可得到同样解释. 基于 $^{28}_{14}Si$ 的核结构,这一核素还应具有以下属性:核反应截面较低以及每一核子结合能较高. 有关的实验数据完全证明这些预测:$^{28}_{14}Si$ 的热中子吸收截面只有 0.08 靶,而每一核子结合能则高达 8.52MeV. 后一数值已非常接近于在

铁、镍区域出现的结合能最大值 8.73MeV. 作为比较，氧、碳和氦的每一核子结合能分别为 7.95，7.66 和 7.07MeV. 综上所述，我们容易设想，当宇宙间元素最初形成时，像氧和硅等元素的原子核犹如核形成过程的中间休息站，自当有更多轻物质在此聚集.

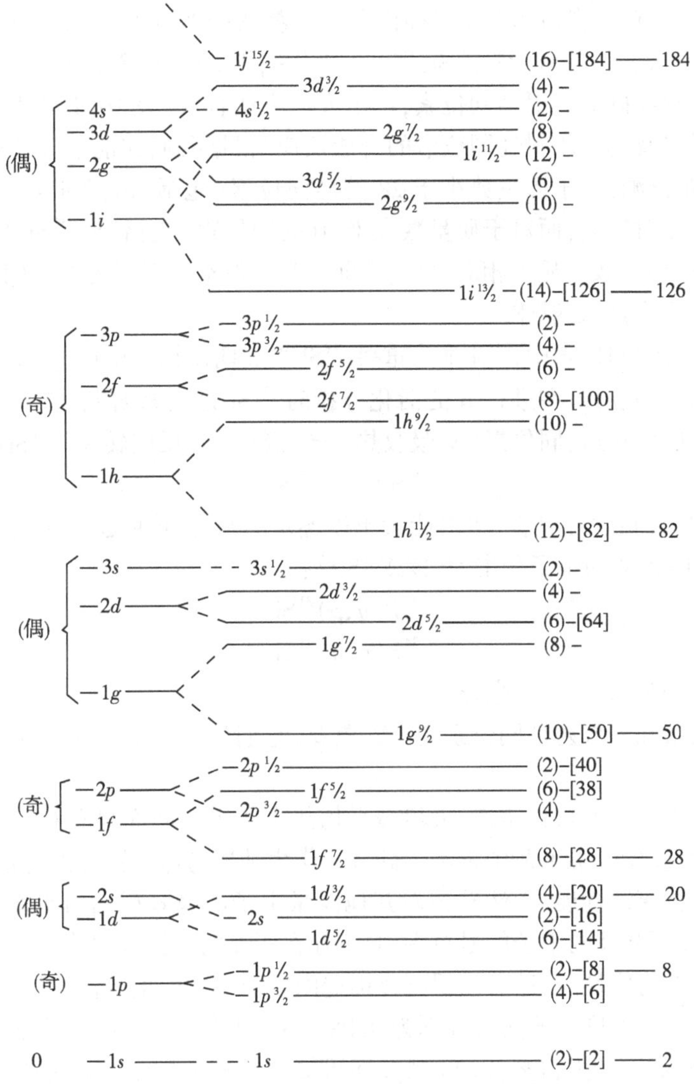

图 10.1 核能级图

能级符号 $1p_{3/2}$，$1d_{5/2}$，…，等称为项符，其右下脚标为 j 值，每一 j 值的能级最多容纳 $2j+1$ 个核子（圆括号内数字），虚线箭头标出 $^{28}_{14}Si$ 核所在位置.

1.4　硅的核性质

天然硅含有^{28}Si,^{29}Si及^{30}Si三种稳定同位素,平均原子量为28.086.此外,已经发现的硅同位素还有^{25}Si,^{26}Si,^{27}Si,^{31}Si,^{32}Si,^{33}Si,^{35}Si和^{36}Si等八种放射性同位素.自然界并不存在硅的放射性同位素,都由人工方法合成.表10.2列出各种硅同位素的核性质以及这些放射性同位素的合成反应.根据我们在前节介绍的核稳定性的概念,不难推测:对于质量数小于28的硅同位素(包括^{25}Si,^{26}Si与^{27}Si),核构造内的中子数相对贫乏,而对于质量数大于30的同位素(包括^{31}Si,^{32}Si,^{33}Si,^{34}Si,^{35}Si与^{36}Si),核内中子数则显得相对过剩,故前一类同位素常表现为β^+放射体,后一类同位素则表现为β^-放射体.

硅的放射性同位素中,^{31}Si最为重要.^{31}Si半衰期比较适中($t_{1/2}=2.62h$),常可用作硅的示踪同位素.在进行硅的活化分析时,^{31}Si是测试对象.将含硅试样置于反应堆某一照射孔道,同位素^{30}Si吸收热中子,经(n,γ)反应转变为^{31}Si:

$$^{30}Si(n,\gamma)^{31}Si$$

由此获得的^{31}Si可通过其β^-辐射能量予以鉴定.^{31}Si还可通过其他核反应途径制备,例如以14MeV的中子轰击^{31}P核或^{34}S核:

$$^{31}P(n,p)^{31}Si$$

$$^{34}S(n,a)^{31}Si$$

反应截面分别为80与130毫靶[27].

硅的其余几种放射性同位素均不甚重要,它们的核衰变性质及制备反应可参见表10.2.

基于我们前述的核稳定性,天然硅平均热中子吸收截面只有0.16靶.由于硅的这一特性,核反应堆工艺中常利用硅合金作为铀棒与保护铝罐的焊接材料,借以增强铀棒的抗腐蚀性能.天然硅核对其他能量中子的吸收截面可见图10.2,由图可以看到,在所涉及的中子能量范围内,不存在明显的共振吸收峰.

在讨论核稳定性时,还必须提到核构造内核子成对的重要性.可以援引以下事实:^{28}Si与^{30}Si吸收热中子截面分别为0.08与0.11靶,而它们的近邻^{29}Si(中子不成对)的相应截面却大得多(0.28靶).还可援引硅核的中子结合能数据来作进一步的说明.容易设想,壳层的饱和程度愈低,核与外来中子结合时释放能量愈多.当^{27}Si核吸收一个中子时(形成稳定的^{28}Si),释放17.12MeV能量.相同情形下,^{28}Si吸收一个中子(形成^{29}Si)却只释放8.47MeV能量.这些实验结果为已充满$1d_{5/2}$能级的稳定性提供又一证明.

表 10.2　硅同位素表

同位素	质量	天然丰度(%)	半衰期	衰变类型及粒子能量(MeV)		γ射线能量(MeV)	结合能(MeV)	热中子活化截面(靶)	主要产生方式
^{25}Si			0.23s	P β+	1.95 3.74 2.31 2.18				$^{37}Al(p,3n)$
^{26}Si	25.992343		2.1s	β^+	3.83 3.00	0.511(200%) 0.82(34%)	206.036		$^{24}Mg(^3He,n)$
^{27}Si	26.986703		4.17s	β^+	3.85	0.511(200%)	219.361		$^{27}Al(p,n)$
^{28}Si	27.976929	92.23					236.536	0.17 ±0.03	
^{29}Si	28.976496	4.67					245.011	0.28 ±0.09	
^{30}Si	29.973762	3.10					255.628	0.107 ±0.002	
^{31}Si	30.975349		2.62h	β^-	1.48	1.26(0.07%)	262.222	0.48 ±0.09 (286 年^{32}Si)	$^{30}Si(n,\gamma)$ $^{31}P(n,p)$ $^{34}S(n,\alpha)$
^{32}Si	31.974020		286a	β^-	0.21	无γ	271.530		$^{30}Si(t,p)$ 质子轰击 Cl 核
^{33}Si			6.3s	β^-	3.98 3.29	1.848 1.431 2.539			
^{34}Si			2.8s	β^-					
^{35}Si				β^-					
^{36}Si				β^-					

参考文献:1. 马崇智等编著,《放射性同位素手册》,科学出版社,492—493(1979).
2. G. Friedlander et al. ,“Nuclear and Radiochemistry”,3rd ed. ,p. 611,John Wiley and Sons,N. Y. (1981).

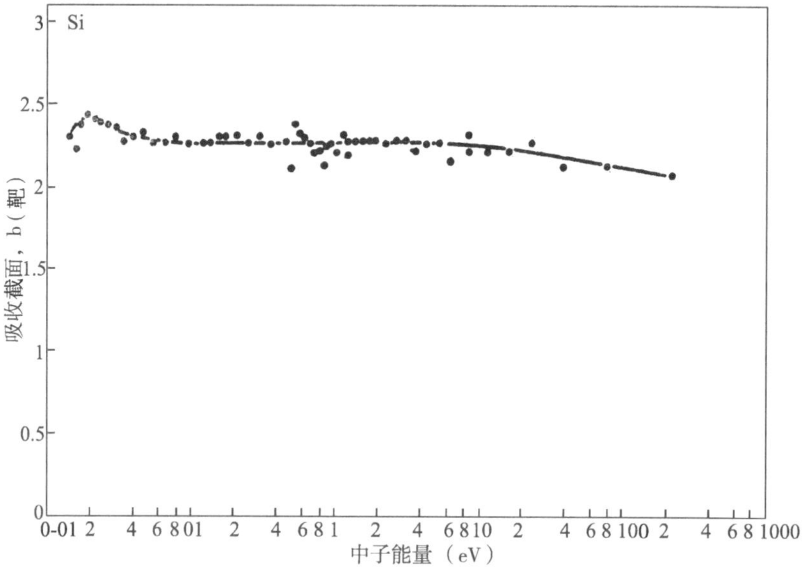

图 10.2　各种能量中子对天然硅的反应截面

1.5　硅的物理性质

常温下，硅单质的唯一存在形式是晶态固体. 早期的学者曾认为，硅的另一种常温形态是“无定形”的，其实，经 X 射线衍射实验证明，所谓的“无定形硅”不过是硅的极微小晶粒而已. 硅晶体属于立方晶系并具有金刚石型晶体结构. 这种晶体结构的特征是晶格中任一硅原子的周围都对称而等距地分布着另四个硅原子. 这是硅单质常温下存在的唯一晶型，其晶格常数及 Si—Si 原子距可分别见表 10.3 与表 10.4. 然而，如果将硅晶体与 20%（重量）的氟化钙及 1% 氟化钠混合并加热至 900℃ 两小时，可以得到硅晶体的另一种高温变体. 这种晶态变体具有六方晶格，晶格常数 $a = 686\text{pm}$, $c = 1029\text{pm}$（$c/a = 1.5$）. 但当以上体系的温度一旦下降为 400℃，这种变体又立即发生转变，恢复为常见的立方晶体.

硅单晶的颜色灰黑，具有闪亮金属光泽. 由于所属晶型的牢固性及晶格中 Si—Si 共价键的强度，硅晶体质地坚硬而有脆性（硅晶粒的硬度约与普通砂粒相当）. 硅晶粒在重击下容易碎裂，与金刚石的行为相近. 这些特性使硅的许多力学常数的侧定产生困难，故不同作者的实验数据常有某些出入.

由于结构上的原因，硅单质的熔融与蒸发都比较困难，故相应的熔点及沸点很高. 有关数据可参见表 10.3. 表 10.4 至表 10.8 分别列出硅化合物中 Si—Si 原子距、硅的标准电极电势、电离势、光学常数与键折射度数据.

表 10.3 硅的物理常数[1]

物理性质	常数	物理性质	常数
熔点	1683K	原子距离	(见表 10.4)
ΔH(熔融)	46.4kJ/mol	晶格能	2050J/mol 原子(103K)
沸点	2750K	密度(293K)	2.327g/cm^3(计算值)
ΔH(蒸发)	296.8kJ/mol(沸点)		2.336g/cm^3(测得值)
ΔH(升华)	376kJ/mol(298K)	硬度	7.0,Mohs(划痕试验)
	431kJ/mol(0K)		240.0kg/mm^2,Brinell
蒸气压公式			72.6,Rockwell"A"
液体	$\lg P=-18550/T+79.55$		48,Shore
固体	$\lg P=-19720/T+10.20$		1320kg/mm^2,Vickers 显微
临界温度	4920K	弹性	$C_{11}=28.9\times10^6$N/cm^2
临界压力	1450atm		$C_{12}=23.4\times10^6$N/cm^2
比热,C_P	0.113J/(g·K)(20—77K)		$C_{44}=5.54\times10^6$N/cm^2
	0.7422J/(g·K)(283—373K)	Young 氏模量	108890kg/mm^2
标准焓	18.9J/mol 原子·K(固体)	扭力模量	4050kg/cm^2
	167.9J/mol 原子·K(气体)	Poisson(泊松)比	$\mu=0.42$
晶格	金刚石型	抗张强度	$\sigma_B=0.7$kg/mm^2
晶格常数	$a=541.962$pm(291K)	抗弯强度	6.36kg/mm^2
	$a=541.987$pm(298K)	抗压强度	9.49kg/mm^2
抗剪强度	1000kg/cm^2(10000kg/cm^2 压力)	Hall 效应,R_H	1×10^3cm^3/(A·S)(293K)
	2400kg/cm^2(20000kg/cm^2 压力)	欧姆阻抗	40Ω·cm(298K)
	4700kg/cm^2(30000kg/cm^2 压力)	电阻温度系数	−1.7Ω·cm/K
	6900kg/cm^2(40000kg/cm^2 压力)	介电常数	13
	8800kg/cm^2(50000kg/cm^2 压力)	电子亲和势	$Si+e=Si^-$ −1.22eV
压缩系数	$\Delta V/V_0$		$Si^-+e=Si^{2-}$ −5.46eV
	0.00491(5000kg/cm^2)		$Si^{2-}+e=Si^{3-}$ −8.42eV
	0.00965(10000kg/cm^2)	电离势	(见表 10.6)
	0.01433(15000kg/cm^2)	离子极化度	0.084(Si^{4+}离子
	0.01888(20000kg/cm^2)	电负性	1.90(Pauling)
	0.02332(25000kg/cm^2)		1.74(静电)
	0.02755(30000kg/cm^2)	比磁化率	0.189×10^{-6}
等张比容[P]	25.0	光学常数	(见表 10.7)
热导	0.84J/(cm·s·k)(293K)	键折射度	(见表 10.8)
燃烧热	28.4kJ/g		
热偶电势	478mV/K(对 Cu)		
电极电势	(见表 10.5)		
氢超电势	0.192V(1mol/LH_2SO_4 介质)		

硅同时兼有本征半导体与非本征半导体性质,故导电率问题对硅具有特殊意义. 所谓本征半导体乃指高纯硅本身,即为一种半导体. 非本征半导体是指硅材料中由于掺入外来杂质而成为半导体,即所谓"外赋"半导体. 常用的掺杂元素有 B,Ga,Al 与 In(p 型杂质)以及 As,P 与 Sb(n 型杂质). 杂质浓度 N(单位体积内的杂

原子数)与半导体导电率 σ 有如下关系:

$$\sigma = eN\mu$$

此处 e 为电子电荷,μ 为载流子迁移率.

表 10.4 Si—Si 原子距离[1]

硅化合物	Si—Si 距离,pm
Si_2(气体)	225.2
Si_2Cl_6	229
Si_2H_6	232
$(CH_3)_3SiSi(CH_3)_3$	234
晶态硅	235.2

表 10.5 硅的标准电极势 $\varphi°$(298K)[1]

半 反 应	$\varphi°$,V(对 NHE)
$Si + 4H^+ + 4e = SiH_4(g)$	−0.102
$Si + 4H_2O + 4e = SiH_4 + 4OH^-$	+0.73
$SiO_2 + 4H^+ + 4e = Si + 2H_2O$	−0.86
$H_2SiO_3 + 4H^+ + 4e = Si + 3H_2O$	−0.84
$SiO_8^{2-} + 3H_2O + 4e = Si + 6OH^-$	−1.7
$SiF_6^{2-} + 4e = Si + 6F^-$	−1.2

表 10.6 硅的电离势[1]

取走电子数	$I_{测得}$,eV	$I_{计算}$,eV	I(以 cm^{-1}表示)
1	8.149	8.14	65,743
2	16.34	16.29	131,818
3	33.46	33.35	269,941
4	45.13	44.84	364,098
5	166.73	167.4	1,345,100
6	205.11	207.9	1,654,800
7	246.41	250.5	1,988,000
8	303.87	309.1	2,451,570
9	351.83	357.6	2,838,460
10	401.3	407.2	3,237,400
11	476.0	475.8	3,840,470
12	523.2	521	4,221,460

表 10.7 硅的光学常数[1]

波长,nm	反射率,%	临界角	折射系数	消光系数*
578.0	40.9	77°24′	4.39	0.18
546.0	40.3	77°42′	4.28	0.21
436.0	48.1	78°54′	4.68	0.43
406.0	68.2	79°18′	4.62	0.54

续表

波长,nm	反射率,%	临界角	折射系数	消光系数*
366.0	52.8	79°17′	4.38	0.65
335.0	56.6	78°15′	3.21	1.07
281.0	62.3	77°12′	2.20	1.64
254.0	63.8	73°48′	1.24	2.38

* 此处消光系数 x 按下式定义：$I/I_0 = e \cdot \exp\pi - 4xd/\lambda$

表 10.8　键折射度[1]

Si—O	1.75	Si—F	1.50
Si—C(链烃)	2.50	Si—Cl	7.20
Si—C(芳烃)	2.56	Si—Br	10.20
Si—Si	5.65	Si—N	2.00
Si—H	3.20	Si—S	6.25

温度对硅的导电率有重要影响. 这一影响的总趋势可由图 10.3 示意[28]. 图 10.3 的区域 1 可以理解为由于温度过低,杂原子未发生电离,故导电率随温度下降而降低. 区域 2 是硅晶体管的正常工作区,导电率由已电离的杂原子所贡献. 这一区域称为硅的非本征导电区,其特征是随温度上升而电导率降低(载流子的迁移率随温度上升而降低). 区域 3 即硅的本征导电区,此区域内由于温度较高,足以完成硅晶体由价带向导带的过渡,故此区域内的导电率主要由热激活的载流子而不是由杂质原子所贡献.

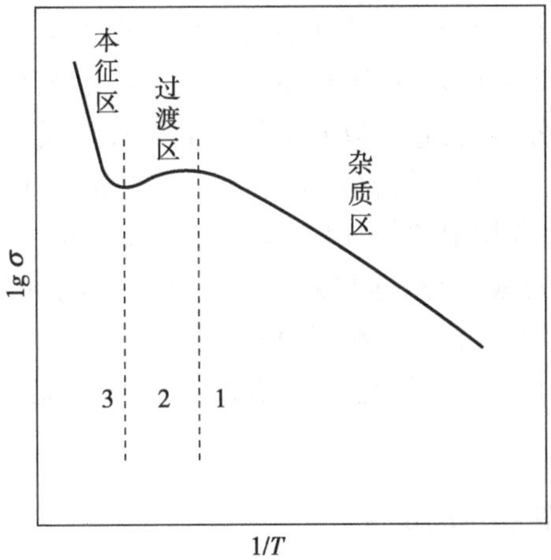

图 10.3　温度(T)对导电率(σ)的影响,$\lg\sigma$-$\frac{1}{T}$图

然而,杂质类型不同和含量不同时,温度对导电率的影响也有所不同,表现在上述各区域内曲线斜率将发生变化. 作为比较,图 10.4 示出纯硅及含不同杂质的

两种硅试样电阻率 ρ 随温度 T 变化的关系曲线.

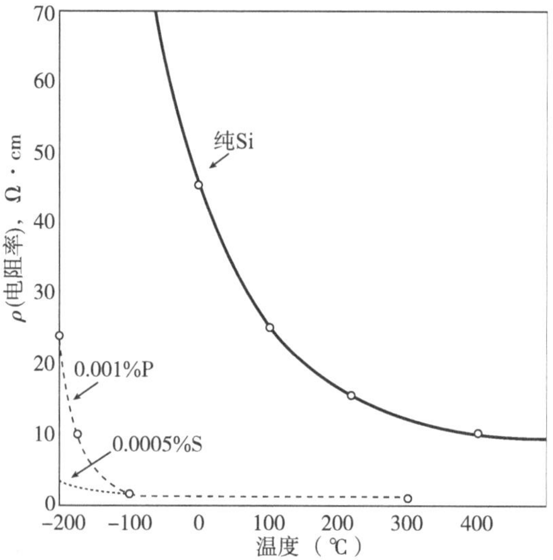

图 10.4　硅电阻率随温度的变化

1.6　硅的化学性质

常温下硅的化学性质极其稳定. 纯硅或熔结的工业用硅(99%)可经久贮存而不变质. 例如,一块在空气中暴露有十年之久的99%硅的表面,与从其上击落下来的碎片的新鲜表面相比,无论光泽或颜色,两者毫无差异. 超纯硅样品虽经多年应用,仍能保持其闪亮,蓝灰色外观,不留刻痕,也不失去光泽. 然而,一旦处于高温,硅的性质立即变得十分活泼;它可以同空气中的氧甚至氮发生反应,生成相应的氧化物和氮化物. 当硅处于熔态时,它几乎能跟所有金属氧化物,硅酸盐以及铝酸盐发生反应,夺取这些化合物中的氧. 熔态硅与碳的反应也十分剧烈,且能与金属碳化物反应以夺取其中的碳. 熔态硅与氮及大多数氮化物的反应也能顺利进行. 总之,熔态硅几乎能够腐蚀所有常见耐温材料. 因此,盛放熔态硅的容器必须由经过专门选择的材料(最好选用二氧化锆或第Ⅳ至第Ⅵ周期过渡金属的硼化物)所制成.

1.6.1　硅与无机酸、碱和水的反应

用不同方法制备的硅单质,由于所含杂质及硅自身分散度的不同,它们所表现出的化学性质也有明显的差别. 这些差别在硅跟无机酸的反应上尤为明显.

氢氟酸与硅的反应具有特殊重要性. 极纯的硅晶体几乎不跟包括氢氟酸在内的所有无机酸发生反应. 但是,以镁还原二氧化硅所获得的棕色粉末状硅易溶于氢

氟酸中. 从低共熔合金中析出的硅与氢氟酸反应剧烈(由硅－铝低共熔合金析出的硅甚至与浓硝酸也发生剧烈反应). 硅与氢氟酸作用,发生下列反应,过程中放出氢气,

$$Si + 4HF = SiF_4 + 2H_2$$

在用还原法制备硅单质时,为防止过程中生成硅化物,还原剂的加入量往往低于按计算所需的反应量,故所得硅单质制品中总混有硅氧化物杂质. 很自然,这种硅制品与氢氟酸作用时所放出氢气的体积将小于预期的数值. 而另一方面,从金属熔体(如铝、锌、银或铅)中析出的硅与氢氟酸作用时将放出较多的氢(由于金属杂质和酸的反应). 为此常可通过硅与氢氟酸作用后释放氢气的多少解释各种反应状况. 还须指出,在硅与氢氟酸反应体系中,如果还有硝酸,高锰酸钾,三氧化铬,三氯化铁或过氧化氢等氧化剂存在,反应将更加剧烈.

盐酸与硅的反应取决于硅的纯度. 纯硅与盐酸无作用,但硅试样中如含有金属硅化物杂质(如 Mg_2Si),反应按下式进行,

$$Mg_2Si + 4HCl = 2MgCl_2 + SiH_4$$

稀硝酸与硅的反应状况与盐酸的相似. 稀硝酸对不含硅化物杂质的纯硅基本上无反应. 然而浓硝酸或发烟硝酸与粉末状硅剧烈反应,其结果是硅被氧化为二氧化硅. 该反应的剧烈程度有时可使反应物处于炽热状态.

浓硫酸对硅的作用比较温和,过程中粉末状硅被缓慢氧化.

室温时磷酸对不纯的粉末状硅(如 97% 硅)也无明显反应,但当反应物被加热至 230℃时,90% 磷酸便可使硅粉缓慢溶解,生成胶状沉淀物.

无机碱对硅的作用与无机酸的作用有很大差别. 不论硅属于何种"形态",均易溶于苛性碱溶液,过程中也有氢气放出,

$$Si + 4OH^- = SiO_4^{4-} + 2H_2$$

反应中生成的 SiO_4^{4-} 与水进一步反应,

$$SiO_4^{4-} + 4H_2O = Si(OH)_4 + 4OH^-$$

总的结果相当于硅在氢氧根离子的催化下溶解于水. 这一结论已为实验事实所验证. 盛放于铂或石英器皿中的纯水长时期对粉末状还原硅无腐蚀作用,而在普通玻璃器皿中的水仅因含有从玻璃中溶出的微量碱便可使粉末状硅在其中缓慢溶解.

水中含氧的多少也影响水与硅的作用. 室温时去氧的纯水在一年时间内可溶解小颗粒晶态硅 2% 和溶解"无定形"硅 6%,但同一条件下含有溶解氧的水能在相同时间内溶解同类晶态的硅 12%.

水蒸气在 600℃时可使粉末状硅缓慢氧化并放出氢气.

氨与硅的反应与水的相似. 液氨对硅基本上无作用,但赤热状态的"无定形"硅可跟氨气发生反应,生成氮化硅与氢.

1.6.2　硅与氧的反应

硅与氧的反应是硅的重要化学反应之一. 关于硅与氧反应的机制及动力学曾有过广泛的研究. 高温下硅与氧化合,在硅表面形成二氧化硅[$\Delta H_f(SiO_2) = -842.4kJ/mol$]薄膜,

$$Si + O_2 = SiO_2$$

根据硅与二氧化硅的密度及分子量可以算出,每生长厚度为 x_0 的二氧化硅薄膜,将消耗厚度为 $0.45x_0$ 的硅层[29]. 由此可以推测,覆盖在硅表面的二氧化硅薄膜必定是紧密和连续的. 氧化层的实际厚度可以通过硅试样在氧化后的增重或通过光学技术精确测定. 已经证明,两种方法所获得的结果相当吻合.

通过放射性示踪原子方法或其他方法可以证实,硅的氧化是通过氧化性物质从氧化膜向硅内部扩散运动来完成的(与铜的氧化形成有趣对照:铜的氧化是通过金属离子向外部运动进行的[30]). 氧化性物质要达到硅表面并发生反应,必须经历以下三个连续步骤:

(1) 从气体内部向气体-氧化层界面传递;

(2) 从该氧化层向硅表面扩散;

(3) 在硅表面发生反应.

设想以下模型:氧分子到达气体-氧化层界面后首先在界面吸附,然后进入氧化层. 氧分子一旦进入氧化层,即按以下方式分离为带负电的氧离子与带正电的空穴[29]:

$$O_2 + O_2^- + (空穴)^+$$

氧离子(此处是氧化性物质)与空穴同时穿过氧化层向硅表面移动(故流过氧化层的净电流仍等于零). 但有较高迁移率的空穴移动较快,它领先于氧离子并吸引后者一起向前运动(凡具有不同迁移率而带异性电荷的两种粒子一起运动时都有这种自建电场产生;这种电场有助于较慢的粒子向前运动).

Cabrera 与 Mott 详细地探讨了上述过程. 他们的理论预期:当氧化层厚度小于某一临界值时,将出现一个初期快速氧化阶段,但当厚度一旦超过此临界值,氧化层厚度的增长速率就会减慢. 此临界厚度的估计值约为 15nm[29].

在 950℃以内,暴露在空气中的硅基本上不被氧化. 当温度上升至 950℃,每平方厘米硅面的耗氧量大致与钛在 500℃时单位面积的耗氧量相当,即每 100 分钟内每平方厘米硅面耗氧 0.04 毫克. 在 950 至 1160℃范围内,单位面积硅面的耗氧量 Q 为

$$Q = k\lg(1 + 0.4t)$$

式中 t 为耗氧时间(分), k 是常数. 不同温度下的 k 值不同(图 10.5),而且 k 的对数与温度 T(K)的倒数有线性关系(图 10.6). 在 950—1160℃区间,硅表面氧化物

薄膜是玻璃状的二氧化硅. 氧离子在薄膜层中的扩散,或多或少地会遇到某些阻塞,正是这些阻塞的统计结果呈现以上的对数规律. 但氧化物薄膜对卤素分子的侵入毫无阻碍,故我们可以这样假定:卤素分子(如 Br_2 分子,虽然其体积甚大于氧分子)通过氧化层的扩散速度要比氧的大得多.

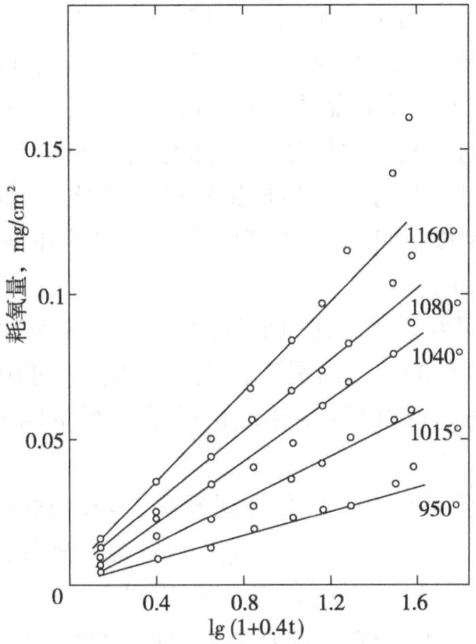

图 10.5 耗氧量与耗氧时间的对数关系

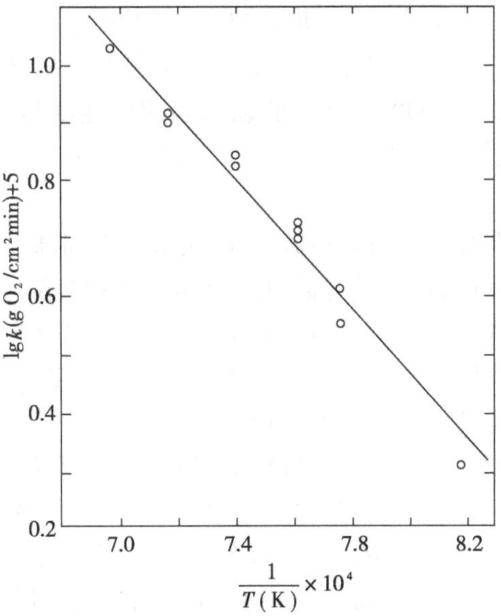

图 10.6 速度常数 k 的对数随温度倒数的变化图

1.6.3　硅与卤族元素及卤化物的反应

与硅发生化学反应的诸元素中，卤族元素是最活泼的一类. 液氟与液氯跟硅虽无反应，但相应的这两种卤素气体跟硅的反应十分剧烈. 氟气在室温时即与粉末状硅剧烈反应生成四氟化硅[$\Delta H_f(SiF_4) = -1510kJ/mol$]. 由于反应中释放很大的热量，常可导致粉末状硅炽热熔融. 氯气与活泼性还原硅在140℃左右就开始反应，生成四氯化硅，但氯与硅的块状晶体反应的起始温度必须高至300℃. 硅与氯的反应也大量放热，除生成四氯化硅外，还常伴随有其他的副产物. 但欲使硅在较低温度下长时间缓慢氯化，又会有利于生成链状的硅氯化物. 例如，将35% Cu-65% Si的铜硅合金在150℃氯化十四天，所得产物除四氯化硅外，还有30%的Si_2Cl_6，4%的Si_3Cl_8及1%的Si_4Cl_{10}、Si_5Cl_{12}及Si_6Cl_{14}.

在室温下溴蒸气可跟活泼性还原硅发生反应，但要利用这一反应来制备四溴化硅，其反应温度须为500℃. 碘酊易与硅发生反应，它可用作冶金用硅的优良浸蚀剂. 与溴的情况相仿，若欲以较快速度由硅单质制备四碘化硅，最好将硅加热至500℃.

卤化氢气体在低温时与块状硅晶体无反应，但在200—400℃的温度之间，它们极易与硅化合. 氟化氢气与硅作用后，除得到四氟化硅外，尚不知有其他产物. 通过氯化氢气与硅或硅合金反应以制备三氯甲硅烷($SiHCl_3$)已有详细研究. 在280—360℃之间，以活泼性硅或铜-硅合金为原料，并将氯化氢以氢稀释，所得反应产物除四氯化硅与三氯甲硅烷外，还有相当数量的二氯甲硅烷(SiH_2Cl_2). 温度在500℃，用纯氯化氢与晶态硅反应，所得产物主要是四氯化硅，三氯甲硅烷所占份额极少，且无二氯甲硅烷产生. 用硅化钙或硅铁为原料，反应结果基本相同.

溴化氢气在360°—400℃之间亦能以相当快的速度与98%硅进行反应；在此温度下，如改用溴化氢与氢的混合气体，反应粗产物中有将近65%的三溴甲硅烷($SiHBr_3$).

四氯化硅蒸气在高温时与晶态硅反应，生成一系列高级氯代硅烷，产物中还混有少量高沸点非挥发性黄色液体(硅氯聚合物). 请看实例：在1000℃高温，在石英管中用四氯化硅蒸气反复流过99.8%硅表面，产物除Si_2Cl_6、Si_3Cl_8及Si_4Cl_{10}外，还得到少量黄色黏稠液体. 经鉴定，黄色液体的组成为$SiCl_{2.61}$. 这种化合物与放电过程中用氢还原四氯化硅所得产物极其相似.

硅在高温下亦能与氯代甲烷进行反应；该反应是直接合成甲基氯代硅烷之基础. 在280°—350℃之间，所用的硅原料愈纯，反应进行愈慢. 而在400℃或更高温度(超过氯代甲烷热解温度)下，反应只能产生四氯化硅和烃. 因此，为合成甲基氯代硅烷，有必要使用某种催化剂，使反应能在不超过氯代甲烷的热解温度下进行. 铜是一种较理想的催化剂. 铜的加入形式以铜粉、铜-硅共熔体或烧结体，或铜的某种可还原化合物最为适宜. 关于铜的作用机制见解不一,但看来催化过程是先从氯代甲烷在铜表面的化学吸附开始,然后经过与铜或铜-硅体的反应形成某种中间产物. 后者要比氯代甲烷自身活泼得多,它能够从硅的晶格上夺取硅原子. 一种见解认为铜与被吸附的氯代甲烷作用后,先生成铜(Ⅰ)的氯化物及某种短寿命的甲基铜化合物;后一种化合物随即在硅表面分解,生成甲基自由基. 该自由基又立刻为硅表面某些松弛的硅原子所俘获. 而氯-铜(Ⅰ)与硅之间的固-固相反应,能使氯化铜(Ⅰ)为硅所还原,并进而将氯转授于硅,破坏硅－硅键. 后一过程又有助于硅表面上某些硅原子的松弛. 如果在氯代甲烷中掺入氯化氢,可进一步加剧硅原子的松弛,但将使产物中含有更多的 $SiCl_4$, $SiHCl_3$ 与 CH_3SiCl_3(若不用铜催化剂而直接用硅与 CH_3Cl-HCl 混合物反应,在 CH_3Cl 不发生热解的条件下也可得到某些甲基氯代硅烷). 用铜作催化剂的优点是不向体系引入额外的氯,通过铜自身的不断再生进行循环反应,将甲基团和氯成功地转移给硅,由此获得高产率的二甲基二氯甲硅烷[$(CH_3)_2SiCl_2$]. 而且合成反应可以在低于氯代甲烷气相热解的温度下以令人满意的速度进行,从而避免某些甲基团在同硅反应之前就降解为乙烯,氢与碳. 除铜以外,某些其他金属(如铝)虽然也可增强硅对氯代甲烷反应的总的活性,但不利于甲基团的转移. 而另一些金属(如钛与锰)则对生成甲基氯代硅烷的反应有害,且能加快碳的沉积. 各种金属对硅反应活性的影响差别如此巨大,其化学基础迄今仍不清楚.

溴代甲烷,氯代乙烷与溴代乙烷处于气相时也可与硅发生反应以生成卤代烷基硅烷,总的反应倾向是:卤代烷的级次愈高,反应愈难进行.

氯苯必须在400℃或更高温度下才可跟硅进行反应,但当铜或银等催化剂存在时,可从该反应获得高产率的苯基氯代硅烷.

高沸点的卤代烷烃与卤代芳烃也可与粉末状硅进行反应以生成相应的烷基(或芳基)卤代硅烷,反应在铜粉的催化下更易进行. 这类反应代表着直接合成有机硅化合物的一个方面. 有时通过这类反应合成有机硅化合物较之前述气-固反应更为方便. 例如,将溴苯与铜-硅合金一起密封在旋转的球磨机内,于230℃下长时间加热,可获得所需苯基溴代硅烷,

$$2C_6H_5Br + Si \xrightarrow[230℃]{Cu} (C_6H_5)_2SiBr_2$$

以及

$$3C_6H_5Br + Si \xrightarrow[230℃]{Cu} C_6H_5SiBr_3 + (C_6H_5)_2$$

迄今已经发现其他许多氯代或溴代烷烃及芳烃均可与硅单质进行类似反应,生成各种有机卤代硅烷. 此外,对于有机二氯代物、卤代烯烃或卤代炔烃以及酸基

氯、酸基溴,氨基氯与无机氯化物也已进行过类似研究. Petrov 等已将这一类反应汇编成册[31].

Golubtsov 等曾对直接合成有机卤代硅烷的机制进行了研究. 他们发现在硅表面有含卤硅键的稳定化合物形成. 如果将硅衬底先氯化,可大大加快它与氯代甲烷的反应[32,33].

以上着重归纳了硅对氯代烃类化合物的反应行为. 因这一类反应是直接合成有机硅化合物的重要途径,故有关的研究工作颇为详尽. 在讨论硅与有机卤代物反应时,我们会联想到,可否通过硅与醇,醛,醚及有机酸的反应来直接合成有机硅化合物? 诚然,基于硅对氧的亲和势,我们预期会有某些反应的发生. 然而事实上这些反应均难实现,例如,以硅与甲醇蒸气反应可以生成四甲氧基硅烷,但反应效率极低,而硅与其他醇的反应根本不能进行. 在很高温度时,苯酚可跟硅直接反应,得到四苯氧基硅烷. 醚类与硅完全不起反应[除非醚类先裂解为醇]. 一般认为,这些含氧有机物与硅的反应很可能由于在硅表面形成氧化膜而不能深入进行. 如果这一说法正确,我们又可证实前面的假定:这种氧化膜不能阻止卤代物与硅的反应.

1.6.4　硅与其他非金属元素的反应

氢对硅的化学作用显得惰性很大. 在低温与中等温度范围,氢与硅无反应. 用氢与硅直接反应来产生甲硅烷(SiH_4),实际上不能实现. 据信,用氢通过硅熔体可以产生极少量的甲硅烷.

氮对硅的作用在通常温度下基本上是惰性的. 但当温度上升至 1400℃或更高时,大气中的氮也可与硅发生反应,生成一氮化硅(SiN)与四氮化三硅(Si_3N_4).

纯碳与纯硅在低温及中等温度下无作用. 在 1500℃高温下,碳与硅直接化合为碳化硅(SiC);反应迅速完成,但不形成任何低共熔物.

更仔细的研究指出,实际上在硅的熔点(1410℃)以前,碳硅固相界面通过相间扩散而进行碳与硅的反应(生成 SiC);1150℃时,这种反应的速度已可测出. 此时若有其他液态物质存在,反应更易进行. 例如在锌 - 铝合金熔体中,碳与硅在 520℃便发生反应,形成 SiC 的 α -或立方变体.

因为 SiC 极其稳定(在 2700℃才开始分解),化学惰性大(氢氟酸与硫酸均不能腐蚀碳化硅),故当硅或硅的非卤代化合物与任何有机化合物共热时,最终产物往往是碳化硅(甚至用硅与己烷一起加热也能得到碳化硅). 硅在同其他金属碳化物(如 TiC)共热时,它通常能够从后者夺取碳而形成碳化硅.

硼与硅在 1400℃以内无反应,但在 1600℃到 1800℃间,硼与硅化合为 B_3Si 与 B_6Si 形式的化合物.

VA 族的砷及 VIA 族的硒与碲仅在高温时与硅反应而生成组成为 SiAs,$SiAs_2$,SiSe,$SiSe_3$,SiTe 与 $SiTe_2$ 的二元化合物. 固态硫与固态磷与硅无反应,但它们的蒸气分别在 600℃和 1000℃或更高温度与硅迅速发生反应,生成相应的硫化物及磷化物.

1.6.5 硅与金属的反应

硅与各种金属的反应大体上可分成以下三种类型.

(1) 硅与金属生成二元化合物.

硅与大多数金属的反应属于这一类型. 在适当条件下硅与金属作用后生成各种组成的金属硅化物,例如铜与硅反应

$$Si + 5Cu = Cu_5Si$$

(2) 硅与金属简单互溶.

硅与金属作用后,或是硅溶于金属,或是金属溶于硅,过程中并无任何二元化合物生成. 属于这一类型的金属有锌与镉等.

(3) 硅与金属无任何作用.

属于这一类型的金属既不能与硅化合,也不与硅互溶. 这一类型的金属极少,如汞与铊.

总的来说,硅大约可与周期表中 79% 的化学元素发生化学反应,至少可以生成 160 种二元化合物,而绝大多数金属可在适当条件下与硅结合成二元化合物. 所有碱金属和除铍以外的碱土金属均可与硅发生反应生成各种组成的金属硅化物. 碱金属硅化物的组成通常为 M_2Si 与 MSi 两种形式,但迄今未知有 M_4Si 形式的化合物. 碱土金属中唯有镁与钙生成 Mg_2Si 与 Ca_2Si,较重的碱土金属锶与钡则生成 SrSi, $SrSi_2$, $BaSi_2$ 及 $BaSi_3$.

过渡金属与硅的作用颇有自己的特色. 首先,每一种金属所生成的硅化物在数量上远远超过任何碱金属或碱土金属的硅化物. 其次,过渡金属的硅化物大都具有明显的金属特性,例如,它们有明亮的金属光泽,优良的导电性与导热性以及较低的生成热. 值得注意的是这些硅化物的生成热与相应硼化物及碳化物的非常接近,但远低于相应氮化物的有关数值.

有关各类金属二元化合物的细节,本书将在稍后部分述及.

铍,银,金,锌,镉,铝,镓,铟,锡及锑均不能与硅发生反应. 当将这些金属与硅加热至适当温度,两者熔融后形成低共熔物(第二类型). 硅对所有 B 族金属作用的总倾向是:金属原子量愈大,硅与金属的互溶性愈差. 当这种倾向发展到极端,就表现为硅与某些金属完全不能互溶(第三类型). 属于这一类型的金属有汞,铊,铅以及铋. 即使处于高温熔态,硅也不与这些金属发生任何作用.

与硅作用的诸金属元素中具有独特行为的是硅的同族元素锗. 硅与锗在固态时具有相同的晶型(金刚石型),而且它们的晶胞大小也很接近(相差仅 4%),故两者有可能按任何比例互溶而形成固态溶液. 实验证明,这种固态溶液具有近似理

想溶液的性质. 然而,硅与另两个同族元素锡和铅之间并无类似关系(图 10.7, 图 10.8 与图 10.9). 硅与锡在熔态时可按任何比例互溶,但熔体中一旦有固相析出,析出固体不是纯锡即是纯硅,且析出物的晶格参数与原组成物的一致.

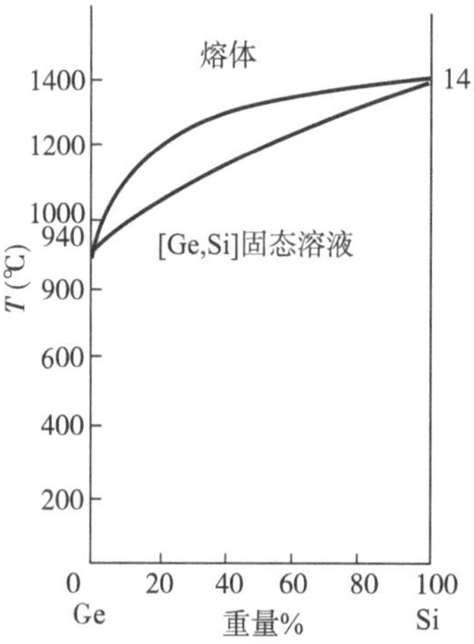

图 10.7　Ge-Si 体系相图

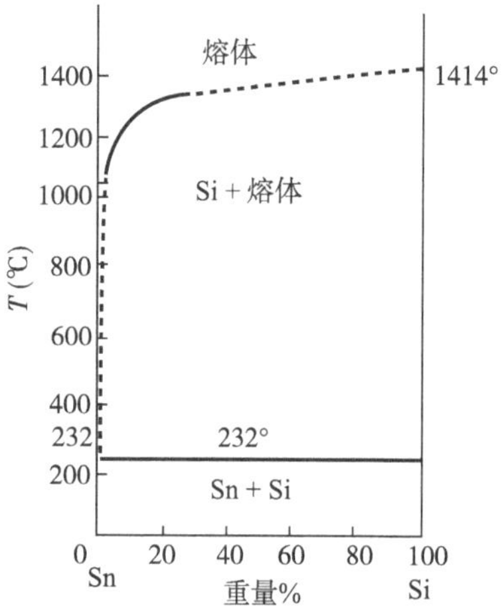

图 10.8　Sn-Si 体系相图

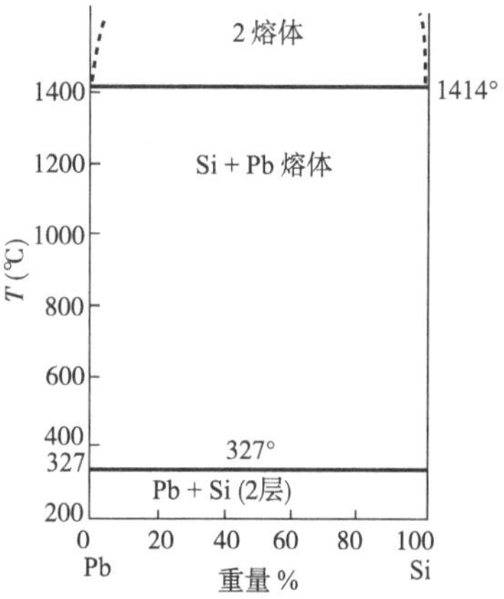

图 10.9　pb-Si 体系相图

1.6.6　硅原子凝聚反应

硅原子凝聚反应代表硅单质化学的一个较新的研究方面. 这一反应曾一度引起很大兴趣. 用电热或电子轰击方法首先使硅单质熔融与蒸发,然后将所得硅原子蒸气与所需反应物(基质)气体一起凝聚在以液氮(77K)制冷的容器壁上. 当凝聚物温度逐渐上升至室温时,硅原子与基质分子的 Si—H 键之间发生插入反应,得到不稳定的硅烯中间体[34]

$$:\!Si\!: + R_3SiH \rightarrow R_3Si-\underset{\cdot\cdot}{Si}-H$$

(上式中 $R = CH_3, H, SiH_3$ 等)

从反应产物的分析可以证明,上述硅原子仅与基质分子的 Si—H 键进行插入反应,它与 C—H 键、C—Si 键或 Si—Si 键之间并不发生类似反应.

硅烯中间体往往通过下列两个途径之一形成稳定产物.

(1) 硅烯分子与另一基质分子的 Si—H 键发生第二次插入反应;

(2) 硅烯分子通过聚合反应形成聚合物.

以上两个过程可表示为:

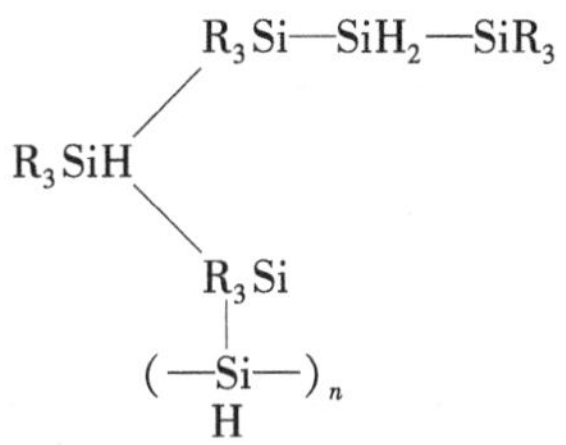

表 10.9 列出硅原子蒸气与不同基质凝聚反应的产物以及它们的产率[35].

表 10.9　硅原子凝聚反应的产物

基　质	产　物	产率%	每一 Si—H 键的反应率,%
Me_3SiH^a	$Me_3Si—SiH_2—SiMe_3$	27	27
Me_3SiH^b	$Me_3Si—SiH_2—SiMe_3$	14	14
$Me_2SiH_2^b$	$Me_2HSi—SiH_2—SiHMe_2$	30	15
$MeSiH_3{}^b$	$MeH_2Si—SiH_2—SiH_2Me$	39	11
$H_3SiSiH_3{}^b$	$SiH_3SiH_2—SiH_2—SiH_2SiH_3$	18	3

a. 硅原子蒸气由电热法产生;

b. 硅原子蒸气由电子轰击法产生.

1.7　生物圈中的硅

1.7.1　自然界的硅循环

在自然界,硅不断由岩石圈经过水圈向生物圈转移,然后又不断由生物圈或水圈返回岩石圈. 这一循环周而复始,永无止息(表 10.10 与图 10.10)[36]. 而实现硅由岩石圈向生物圈转移的乃是水的巨大功绩.

表 10.10　几种常见元素在岩石圈与生物圈的丰度

元　素	丰度,原子%	
	岩石圈	生物圈
H	2.92	49.8
O	60.4	24.9
C	0.16	24.9
N	—	0.27
Ca	1.88	0.073
K	1.37	0.046
Si	20.5	0.033
Mg	1.77	0.031

续表

元　素	丰度,原子%	
	岩石圈	生物圈
P	0.08	0.030
S	0.64	0.17
Al	6.2	0.016

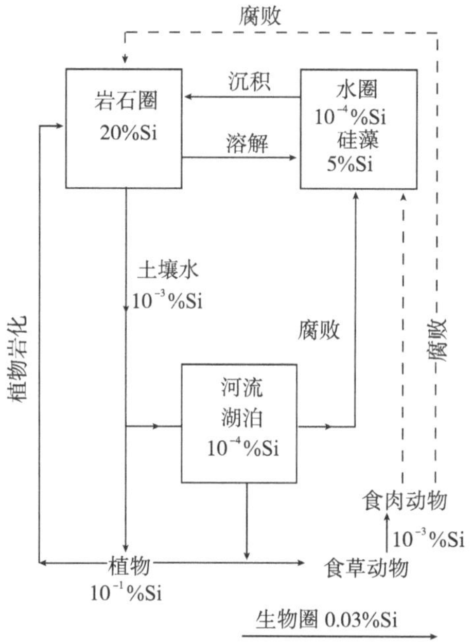

图 10.10　硅循环及其浓度量级

天然二氧化硅和硅酸盐在与水的长期接触过程中,其表层结构中的 Si—O—Si 键总会有一部分被水解而向水相释放出极少量的硅酸. 硅酸在水中的溶解度约为 100ppm,浓度低于这一数值时,硅酸以 $Si(OH)_4$ 的单体形式存在,浓度高于这一数值时,硅酸单体易于聚合为二聚,三聚,……,或多聚硅酸,并最终形成胶状二氧化硅. 在 pH =5.5 时,硅酸的聚合最为明显. 在 pH =9 以上,硅酸发生电离,其溶解度也随之急剧上升. 在 pH =1—9 区间,硅酸在水中的溶解度维持在 100—140ppm. 水中含有其他物质对硅酸的溶解影响极大. ≡SiOH 基团易与碱性金属氢氧化物发生反应,导致硅酸为铁、铝等氧化物所强烈吸附,从而大大降低硅酸在水中的溶解度. 例如,

$$\equiv SiOH + Fe(OH)_2^+ \rightarrow (\equiv SiOFeO) + H^+ + H_2O$$

由于诸如此类的原因,土壤间隙水以及江河湖海等水体中硅酸的溶解度要低得多,据报道,土壤水中的硅酸溶解度为 13—60ppm,而海水及湖水中硅酸的

溶解度仅有 5ppm 左右. 虽然硅酸在这些天然水体中的溶解度较低,然而硅每年从陆地向海洋的输送量约在 10^8 吨数量级,而硅藻类生物残骸沉积所形成的固态蛋白石型二氧化硅又每年向海洋添加 10^{12} 吨的可溶性硅氧化物. 据信,生物圈每年碳的结合量约为 10^{10} 吨,这一数字足见硅元素每年在地球上运动规模之巨大[36].

1.7.2 硅在生物体中的分布及其生物效应

据统计,全世界植物的年总产量为 10^{11} 吨,其中约有 40% 为海洋浮游植物. 就陆生植物而言,它们的平均含硅量为 0.15% (见表 10.11). 由此估算植物体每年从土壤中吸取的硅总量为 10^8 吨量级,这是极其可观的数量. 不同植物的含硅水平不同,其中以禾本科植物含硅量最高(植物灰平均含 $SiO_2$30%—60%),豆科及双子叶科植物含硅较低. 马尾(一种木贼属植物)含硅尤其丰富,这种原始植物的灰烬中竟含有高达 90% 的 SiO_2[36].

表 10.11 陆生植物体内元素的重量百分含量

元素	%	元素	%	元素	%
O	70	Fe	2×10^{-2}	Br	1×10^{-4}
C	18	Mn	7×10^{-3}	Mo	5×10^{-5}
H	10.5	F	3×10^{-3}	Y	4×10^{-5}
Ca	0.5	Ba	3×10^{-3}	Ni	2×10^{-5}
N	0.5	Al	2×10^{-3}	V	2×10^{-5}
K	0.3	Sn	2×10^{-3}	Pb	2×10^{-5}
Si	0.15	B	1×10^{-3}	Li	1×10^{-5}
Mg	7×10^{-2}	Zn	3×10^{-4}	U	1×10^{-5}
P	7×10^{-2}	Rb	2×10^{-4}	Ga	3×10^{-6}
S	5×10^{-2}	Cs	2×10^{-4}	Co	2×10^{-6}
Cl	4×10^{-2}	Ti	1×10^{-4}	I	1×10^{-6}
Na	2×10^{-2}	Cu	1×10^{-4}	Ra	2×10^{-12}

从土壤水中被吸取的硅酸在植物体内以蛋白石形式(无定形水合二氧化硅 SiO_2nH_2O,也有报道认为以 α -石英的形式)沉积在组织内部. 这种固态沉积体(植物岩)常常具有特征的形状. 植物体内不同部位硅的分布量不同,表 10.12 给出成熟燕麦各部位 SiO_2 含量的典型分析结果[36].

植物体内硅氧化物的存在对植物生长有益无害. 植物组织内的硅酸及固态二氧化硅能够减轻某些金属(如锰)对植物造成的毒性. 谷类植物体内的固态二氧化

表 10.12　燕麦体各部位 SiO_2 含量

部　位	SiO_2%(干重)
麦壳	10.9
麦节	10.3
节间	1.4
叶	5.3
叶鞘	4.5
根	1.8
麦粒	0.12

硅可以抑制某些寄生真菌对植物体的感染活性,从而增强水稻对棕斑病、烂茎病及稻瘟病等疾病的抵抗力.这种保护作用的机制尚不清楚.但因大多数寄生真菌是通过钻进表皮细胞壁而侵入植物体的,故这些细胞壁的硅化为真菌的侵入设置了机械的障碍.

固态 SiO_2 在植物体内的沉积还可以大大增强植物茎,叶的机械强度.水稻叶片含硅量较低时,叶片容易下垂,而当硅酸的供应量充足时,水稻叶片显得格外挺拔.此外,谷类植物在氮的供应过多的情况下,由于生长太快,作物的茎叶往往细长柔嫩.这样的植物由于不能经受风雨而常常大面积倒伏,由此对粮食生产造成巨大损失,而作物茎、叶的高度硅化将大大缓解这种倒伏倾向.

动物的骨灰中含有丰富的硅.据信某些鸟类的羽翅含 SiO_2 量可高达 40%.动物的软组织中也含有微量硅,其含量通常在 10^{-2}% 量级.

人体平均含硅量约为 260ppm;硅在人体中的分布已有较详尽的研究.成年人体含硅总量在 18 克左右,此值虽已超出人体微量元素的划定标准(万分之一),但最近 WHO(世界卫生组织)仍将硅划为人体微量元素之列.硅主要分布在人的骨骼,皮肤以及肺部;肝,肾,肺,脾及心等脏器含硅分别为 25,17,430,37 和 19ppm(干重).尿硅每 24 小时平均为 59.2 ±2.5 毫克[37].

硅在动物体的主要存在形式为可溶性水合二氧化硅(硅酸).它对于动物体的作用通常表现为惰性而无害.食草动物每天从食物中摄取大量二氧化硅但很容易从尿中排出.例如以燕麦和大麦饲养的家兔,从每 100 毫升尿中排出二氧化硅 19 毫克,两天内可排尽多余的硅.用燕麦和稻草喂养的家兔也有同样的结果.家犬的食料中掺入石英粉末,SiO_2 的排出率为每 100 毫升犬尿内含 20 毫克,15 天排尽.但相同量的 SiO_2 若以硅酸形式掺入家犬食料,SiO_2 的排出时间仅需上述的一半,最大排出率可达每 100 毫升犬尿含 $SiO_2$70 毫克.

就人体而言,70 年代前硅曾被认为是人体的"无害"或"非必需"元素.但近年来的研究工作表明,硅在人体的积极功能不容忽视,故从 70 年代中期起,硅与氟、镍、锡、硒及钒相继在五年内被确定为人体的"必需"元素[38].

已经发现,硅与动物体内粘多糖的生物合成密切有关.硫酸软骨素 A,B,C 的组成中均含有硅,其中硫酸软骨素 A 含硅尤多.实验证明,硅与骨骼的生长和结构有关.硅的摄入量不足,可使骨灰中的含硅量明显降低,并导致小鸡及幼鼠的生长延缓,器官萎缩,骨骼畸形及牙齿发育不良.若在低硅饲料中补充硅,可使动物的生长速度增加 20%—50%[37].

有人认为,人的关节炎与动脉硬化可能与缺硅有关.

饮水中可溶性二氧化硅含量丰富时可降低心血管疾病的发病率.据报道,英国某些含硅较高的硬水区(每升水含硅 17 毫克),居民冠心病死亡率较低,而水中含硅低的地区,居民冠心病死亡率较高[37].芬兰的研究报告也报道过类似结果(芬兰东部地区每升饮水含硅仅 4.8 毫克,人群中冠心病死亡率较高)[37].有趣的是世界各著名矿泉中含硅量均十分丰富.例如,美国黄石公园猫眼泉每升矿泉含可溶性二氧化硅 784 毫克,新西兰罗滔露(Rotorua)泉每升含 173—340 毫克,法国蒙道(Mont-D'ore)泉每升含 170 毫克,薇溪(Vichy)泉每升含 65 毫克[1].看来,大量饮用矿泉对人有益无害.

由于硅的摄入而导致人体疾病的仅有例证是硅肺.这种疾病的患者由于长期吸入无水二氧化硅粉尘而使肺组织逐渐纤维化.酿成这种疾病的原因非常复杂,在相同致病条件下工作的人群中感染硅肺者只占万分之几,大部分人的肺部虽有二氧化硅沉积但不形成硅肺.值得注意的是可溶性二氧化硅,硅胶与硅酸盐并不引起这种疾病.

从毒理学而论,天然二氧化硅及硅酸盐对生物体是无害的,已如前述.然而由实验室或工厂合成的其他含硅化合物对人体的毒性必须区别对待.例如硅酮聚合物(如聚二甲基硅氧烷)对人体完全无害,某些极纯级别的硅像胶或其他硅酮聚合物很早以来便是外科医用材料.然而硅的卤化物遇水后即产生氢卤酸,对生物组织有强烈刺激性和腐蚀性,故当硅化物中有较多卤原子与硅成键时,这种化合物就应看成毒品,处理时也必须倍加小心.按毒品的毒性划分,四卤化硅及所有含卤硅键化合物因能严重灼伤生物组织,故不论以何种伤害方式(接触、咽入或吸入),其毒性均列为高毒等级.硅氢化物与硼氢化物相同,它们均可造成组织灼伤,也列为高毒等级.碳化硅的毒性按吸入方式计,列为轻毒,其他方式无毒.硫化硅因水解时产生硫化氢,按吸入或咽入方式考虑,列为高毒.

1.8 硅的生产和应用

从天然二氧化硅或硅酸盐出发,用不同方法可以制备出各种纯度等级的硅单质制品.这些制品有广泛的工业用途,现分别简介于后.

1.8.1　硅铁的应用和生产

硅以硅铁(硅-铁合金)形式大量应用于冶金工业. 这类合金大致有以下用途.

(1) 铸铁时的脱氧剂.

(2) 铸铁添加剂.

(3) 制造高硅-铁合金,可以大大增强铁对化学试剂的抗腐蚀能力. 用这种硅铁制成排水管道,可供化工厂及化学实验室使用.

(4) 大量用于制造硅钢片,在电器工业上用于制造电动机及变压器等电器的硅钢叠片.

生产硅铁的原料一般选用不含磷或钙的石英岩或石英砂. 磷与钙的存在将严重降低最终产品的质量(磷与钙分别以磷化钙和硅化钙的形式出现在产品中;这两种物质的化学性质活泼,与大气中的水蒸气作用后生成 PH_3 与 SiH_4,因而导致硅铁剥蚀分解).

硅铁合金的制备过程大致如下:先将石英粉与低硫、低磷的铸铁切屑以及高纯焦炭混合,然后混合物被送入功率为 4000—12000 瓩的电弧炉加热. 炉温高于硅的熔点,在此高温下,二氧化硅被还原为硅,

$$SiO_2 + 2C \longrightarrow Si + 2CO$$

表 10.13 列出制备各种规格硅铁的操作条件.

表 10.13　各种硅铁合金的生产

规格 / 性质	15%硅铁	30%硅铁	75%硅铁	90%硅铁
%Si	14—16	47—52	75—79	90—94
%Fe	83	48	20	4.5
%C(最高)	1.0	0.1	0.1	0.1
%P(最高)	0.05	0.05	0.05	0.05
熔点,℃	1280	1360	1360	1450
电极电流密度,A/cm^2	5—10	5—10	5—10	5—10
能耗,kWh/kg	4—5.5	4—7.5	6.5—7.5	6.5—7.5
损失率,%	10—15	10—15	10—15	10—15
电极消耗,$kg/10^3 kg$	10—25	25—30	35—55	60—70

1.8.2　化学工业用硅

硅大量应用于化学工业,用以合成硅酮化合物,硅酮油,硅酮树脂和硅酮橡胶. 适合这一用途的硅材料要求有相当高的纯度. 例如,用于直接合成甲基氯代硅烷类物质(并由此合成硅酮聚合物)的硅材料具有表 10.14 所列的典型成分.

表 10.14 化学合成用硅的典型成分

Si	98.53%	Mn	0.04%
Fe	0.56	Ti	0.02
Al	0.41	其他金属	0.08
Ca	0.12	O(减剩)	0.34

生产这一类硅材料须采用较严格的工艺流程. 原料用精选过的高纯石英砂或石英粉,还原剂采用石油焦. 用于这一目的的电弧炉的炉型较小,功率 3000—5000 瓩. 操作时碳电极直接插入装料混合物,钢制炉壁用碳块铺衬并保持电中性. 能耗约 12kwh/kg. 从电炉中放出的熔融硅经铸模,冷却,再用颚式粉碎机及冲击研磨机将硅块碎成粉末,再用酸沥取法进一步纯化. 后面这一纯化步骤看来很有必要,否则产品含铁量可高达 3%.

1.8.3 超纯硅材料的应用与生产

超纯硅的应用极广,它是已知半导体材料中最有用途的一种. 超纯硅大量用于制造各种半导体器件,电学元件及其他仪器设备,其主要用途如下.

(1) 用于整流器件,目前各种容量的硅整流器已取代或部分取代以前的直流电源,如直流发电机,铅蓄电池,汞整流器与硒整流器等.

(2) 用于二极管,其他晶体管及集成电路,基本上取代了过去各种类型的电子管.

(3) 用于可控硅整流元件,已广泛用于电子技术部门.

(4) 用于各种无线电器材,计算机及自动化元件上的检波器和高频振荡转换器.

(5) 用于太阳能电池,将太阳能转换为电能;估计太阳能电池的用硅量将占整个硅用量的 5%.

(6) 用于原子能电池,将放射性废物的辐射能转变为电能.

(7) 用于放射性强度测定仪中的探测元件.

(8) 用于红外测试设备方面,超纯硅晶体对 2—8 微米的光有良好穿透性,可用作红外透镜或滤色片.

(9) 用于光电池,以硅为基底的 P-N 型光电池以高效率为特征.

(10) 硅及其他半导体材料还广泛用作热敏电阻、光敏电阻、温差电偶、半导体铁磁体以及半导体致冷器等方面.

超纯硅的制备需要极严格的工艺条件. 一般的程序是将前面介绍的冶金用硅或化学用硅直接氯化为四氯化硅或与氯化氢作用生成三氯氢硅:

$$Si + 2Cl_2 \xrightarrow{450°—500℃} SiCl_4$$

$$Si + 3HCl \xrightarrow{280°—300℃} SiHCl_3 + H_2$$

所得四氯化硅或三氯氢硅经过蒸馏精制即可用作制备超纯硅的原料. 从四氯化硅或三氯氢硅出发可通过多种途径生产纯硅. 早期的四氯化硅-锌还原法由于容易引进较多杂质,影响产品质量,已为世界各国淘汰. 目前应用较广的是四氯化硅-氢还原法或三氯氢硅-氢还原法. 用氢还原的特点是氢易于精制,尤其是采用钯合金管扩散法可以得到极高纯度的氢. 三氯氢硅-氢还原法比四氯化硅-氢还原法在原料纯化上更有效,且还原过程中硅的沉积速度更快,故这种方法是工业上优先采用的方法,

$$SiCl_4 + 2H_2 \xrightarrow{1100°—1180℃} Si + 4HCl$$

$$SiHCl_3 + H_2 \xrightarrow{1100℃} Si + 3HCl$$

将上述工艺过程获得的纯硅熔融,为拉制硅的单晶体作准备. 从熔融硅直接拉制硅单晶已是一种很成熟的技术. 方法是将硅熔体的温度保持在刚刚超过硅的熔点,并取小块硅晶粒作为晶种,使晶种刚好浸入熔体,然后以极其缓慢而稳定的速度向上方拉升,熔融硅便从晶种开始沿拉升途径形成棒状硅单晶,直至所需长度. 图 10. 11是拉制硅单晶的典型装置的示意图.

用上述装置从熔体直接拉制硅单晶的方法又称为 Czochrolski 单晶生长法. 这种方法设备简单,炉容量大,且易于控制晶体外形,晶体型号,电阻率及位错密度等,但其最大缺点是由于坩埚高温沾污,使进一步提高晶体质量受到限制. 单晶硅棒的进一步纯化可以采用“浮区熔炼”法. 所谓“浮区熔炼”,实质上是古老的重结晶提纯法的一种改型. 当硅从其熔体中结晶析出时,在固-液两相界面上杂质的分配倾向于向液相富集,故析出晶体的纯度优于其在结晶以前. 为此将硅单晶棒两端垂直固定,外部围以加热套管,套管上通过高频线圈(一匝或两匝)通电后加热,如图10. 12所示. 加热从硅棒的一端开始,与线圈靠近的晶体部分受热熔化,形成“浮区”(由于熔融硅的表面张力,加之硅密度较低,故“浮区”部分的硅仍能保持在原先所在位置). 当线圈缓慢稳速向棒另一端移动时,“浮区”随之同步移动;同时,硅

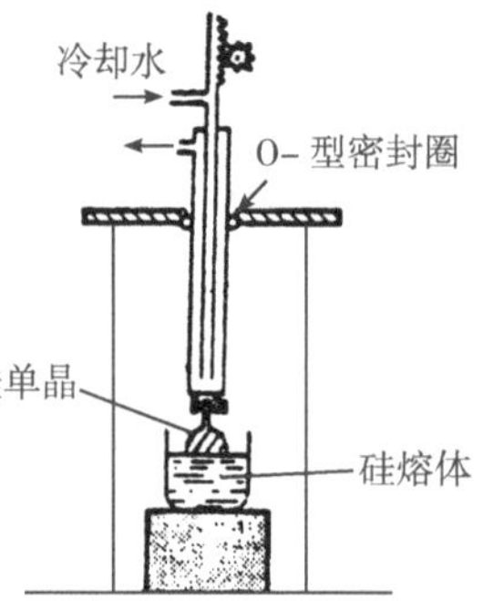

图 10. 11　硅单晶拉制装置

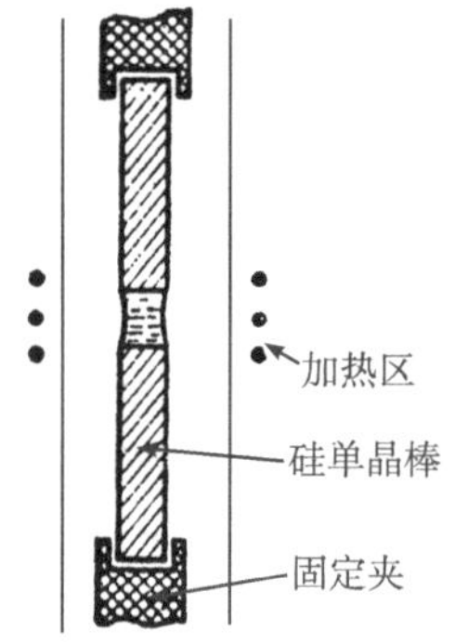

图 10. 12　硅“浮区熔炼”装置图

中杂质也向棒的另一端富集. 必要时,上述操作可沿同一方向重复几次,直至硅晶体获得所需纯度. 操作完毕,将杂质富集端割去,即得超纯硅的单晶体. 由浮区熔炼法所得到的硅单晶可达到很高质量水平(p 型:150,000Ω · cm;n 型:1000Ω · cm),硅棒最大直径可达 50 毫米.

另一生产超纯硅的平面工艺称为硅单晶层外延生长技术. 所谓外延,即在硅单晶片或其他惰性物质衬底平面上再生长硅单晶薄层. 外延生长技术之所以重要,是由于薄层(外延层)中的杂质浓度容易通过控制气流中杂质浓度予以单独调节而不依赖于衬底中之杂质. 这样,外延生长技术就能用来在外延层与衬底之间形成 p-n 结. 下面以应用最广的 $SiCl_4$-H_2 气相外延法为例说明这种技术的实现过程.

在石英反应器内将硅单晶片加热至 1200℃左右,使 $SiCl_4$-H_2 混合气体流过硅单晶片(衬底)表面. 在反应器温度下,四氯化硅与氢反应所释放出来的硅原子开始在单晶片表面沉积,逐渐形成外延层,反应中生成的 HCl 气体及时随氢气排出. 以上外延系统的主要部分由图 10.13 示意说明. 外延技术始兴于二十世纪六十年代,由于这种技术不仅可用于制备各种晶体管,而且大量用于集成电路,微波器件及发光器件的生产,故它的发展极快. 除广为应用的各种气相外延以外,还发展了真空蒸发,真空溅射及分子束等真空技术,以及利用硅在低温下能穿透某些金属薄层的特性而发展了固相外延技术,但这些技术已不属本书应讨论的范围.

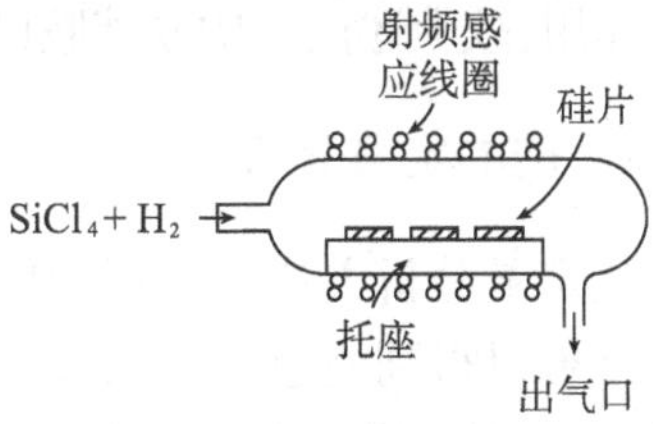

图 10.13 用于硅外延生长的反应器

1.9 硅的分析化学

1.9.1 硅元素定性分析

在实验室内进行硅的定性分析最直接可靠的方法是原子发射光谱法. 用直流或交流电弧蒸发和激发含硅试样,激发态硅原子发射以下灵敏原子线:288.16nm,252.86nm,252.41nm,251.92nm,251.62nm,250.09nm 以及 243.62nm. 用这种方法通常可以检出试样中 0.0005% 的硅. 实验室如果不具备发射光谱条件,常采用以下化学定性方法.

固态硅试样(硅酸盐矿物或硅氧化物)置于铂制或聚乙烯器皿内,小心滴加稀氢氟酸溶液. 反应完毕后倾出上层清液. 取此清液 1—2 滴加在有机玻璃显微载片上,再加入少许氯化钠晶粒. 水分蒸发后,液滴周围出现氟硅酸钠的六方片状,棱状及锥状晶体(该晶体折射系数 1.31,接近于冰的折射系数 1.33).

另一种经典方法是将研碎的试样与少量氟化钙粉末混合后装入专用的小型铅

杯(内径1厘米,深1厘米),并加入数滴浓硫酸,盖上杯盖. 杯盖也是铅质的,中间有一小孔. 在小孔上方覆盖一层潮湿黑色滤纸,黑纸之上再覆盖一块潮湿普通滤纸. 然后将铅杯在蒸气浴上缓缓加热. 十分钟之后,如果试样中有明显量硅氧化物存在,则在小孔上方的黑纸部位有白色淀积物产生[39].

较为灵敏的硅定性检出法是先将试样中的硅转化为可溶性硅酸盐(试样与过氧化钠或碳酸钠共熔),然后溶于水;取此试液与钼酸铵溶液(5克钼酸铵溶于100毫升水,加35毫升浓硝酸)各1滴在滤纸上进行反应,微热后再用联苯胺溶液还原. 滤纸上出现蓝色斑迹表示硅的存在. 此法可检出 $SiO_2$0.1－1微克. 磷酸根会干扰反应,但磷酸根的影响可预先在溶液中加入草酸溶液予以消除. 近年来发现联苯胺对人体有致癌作用,故上述反应中联苯胺已用亚硫酸钠,羟胺,Mohr盐或氢醌代替[40].

1.9.2　硅的定量分析

硅定量分析方法中应用最广的是重量法和比色法. 常量范围内,用重量法测定硅常常可以得到满意的结果. 硅的容量法测定无论在分析速度或准确度方面均逊于重量法,故一般少用. 试样中含硅量较低时宜采用比色法. 比色法尤其适用于水及生物试样中硅的测定. 除此之外,在条件许可的场合,中子活化法也是硅定量测定的一种有效手段.

以硅酸盐矿物中硅的分析为例说明用重量法测定硅的实际过程[41]. 粉碎后的试样(0.5—1克)通常用盐酸或用碳酸钠共熔法进行分解. 分解后的试样蒸发至干,然后经过一系列分析步骤.

1. 第一次沉淀

分解后的试样用15—25毫升盐酸(比重1.1)处理并在水浴上加热10分钟,此际大部分 SiO_2 脱水析出;用等体积水稀释溶液,立即过滤. 沉淀物用热的稀盐酸溶液(5毫升比重1.2盐酸加95毫升水)洗涤,再用水洗涤. 以上过滤可用抽滤.

2. 第二次沉淀

上述过程的全部滤液在砂浴上蒸发至干,并在105°—110℃脱水2小时;用10毫升盐酸(比重1.1)脱水处理,在水浴上加热10分钟后用50毫升水稀释,立即过滤(不用抽滤);沉淀物用冷的稀盐酸溶液(1毫升浓盐酸加99毫升水)洗涤. 沉淀物与第一次沉淀物合并,滤液弃去.

以上两次沉淀物实际上含有试样中全部硅氧化物,残留在溶液中的 SiO_2 决不超过原始含量的0.1%. 沉淀物在铂制坩埚内经过滤纸灰化并灼烧至恒重. 一般情况,所得 SiO_2 的重量即可认为是分析结果. 此际 SiO_2 应是白色,如果发生严重着色,为取得精确结果,须作进一步处理.

3. SiO_2 重量的精确测定

灼烧后的 SiO_2,尤其在严重着色时,往往含有 $BaSO_4$,TiO_2,Al_2O_3,Fe_2O_3,P_2O_5

等微量杂质. 为此,将前面称重后的 SiO_2 先用 3 毫升水浸湿,再加入数滴浓硫酸和 5 毫升氢氟酸,在通风橱内蒸发至干. 然后将坩埚加热至红,冷却后再称重. 两次恒重的重量差即为 SiO_2 的净重.

硅比色分析的基础是可溶性硅酸盐与钼酸铵作用后生成硅钼酸杂多酸盐(黄色),或在适当还原剂存在下得到该杂多酸的还原形式(蓝色). 两种形式的杂多酸均可用于硅的比色分析,但试样含硅量较低时(<5%)宜采用后面这种形式. 用分光光度计测定时,如以亚硫酸钠为还原剂,测定波长可选在 715nm[58];如果采用 1-氨基-α -萘胺.4 磺酸(ANSA),亚硫酸钠及亚硫酸氢钠混合溶液作还原剂,测试波长选在 815nm[59]. 后一方法的分析灵敏度大致为前一种方法的五倍,适用于 0.005—5%范围的硅含量分析. 以上方法中 F-离子的干扰可加入硼酸消除. 还原以前加入草酸溶液可基本上抑制磷钼酸配合物的形成. 关于硅钼酸法比色测定硅已有大量文献报道,有兴趣的读者可参阅 Snell[42] 和 King[43] 的详细评论.

在用中子活化法测定含硅试样时可将试样直接或经过预处理(除去干扰物)后与硅的标准试样一起送入核反应堆指定孔道. 在热中子辐照下同位素 ^{30}Si 核经 (n,γ) 反应转变为 ^{31}Si, ^{31}Si 的半衰期为 2.62 小时,最大 β 能量 1.48MeV(本章 1.4 节). 辐照步骤完成以后,用 β 计数器测定样品中 ^{31}Si 的 β 放射性强度,与标准 Si 试样中 ^{31}Si 相应放射性强度对照,便可确定未知试样中的硅含量.

有关有机硅化合物的分析化学,本专题拟在后面讨论有机硅化合物时再作介绍.

参 考 文 献

[1] E. G. Rochow, "Comprehensive Inorganic Chemistry", Vol. 1, pp. 1323—1467, Pergamon Press, N. Y. (1973).
[2] 刘泽华等编著,《中国古代史》(上),第一章,人民出版社(1959).
[3]《化学发展简史》编写组,《化学发展简史》,第一章,科学出版社(1980).
[4] Josef Eringer, *US Pat.* 2,172, 989(1939).
[5] W. Schmidt, *US Pat.* 2,857,252(1958).
[6] G. de Chalmot, *US Pat.* 602,632(1898).
[7] R. Franchot, *US Pat.* 2,261,516(1941).
[8] F. J. Tone, *US Pat.* 921, 183(1909).
[9] H. N. Potter, *US Pat.* 908, 150(1908).
[10] M. J. Udy, *US Pat.* 2, 823, 983(1958).
[11] F. J. Tone, *US Pat.* 937,120(1909).
[12] F. J. Tone, *US Pat.* 745, 122(1903).
[13] B. Scheid, *US Pat.* 662,548(1900).
[14] F. J. Tone, *US Pat.* 869, 276(1907).
[15] J. T. H. Dempster, *US Pat.* 1, 019, 431(1912).
[16] C. H. Homan, *US Pat.* 732, 410(1903).

[17] F. J. MacHatske, *US Pat.* 1, 062,982(1913).
[18] H. C. Torry and C. A. Whitmer, "Crystal Rectifier",McGraw-Hill Book Co. N . Y . (1948).
[19] W . Voos, *US Pat.* 2, 972, 521(1961).
[20] H . N . Potter, *US Pat.* 875, 672(1907).
[21] R. S. Aries, *US Pat.* 3, 010, 797(1961).
[22] W . E. Smith, *US Pat.* 2, 955, 024(1960).
[23] C. D . Thurmond, *US Pat.* 2, 904, 405(1959).
[24] N. N. Greenwood and A. Earnshaw, "Chemistry of Elements", chap. 9, p. 380, Pergamon Press (1984).
[25] H. E. Suess and H. C. Urey,同上,p. 548.
[26] G. Friedlander et al. ,"Nuclear and Radiochemistry",3rd ed. ,p. 384,John Wiley and Sons,N. Y. (1981).
[27] D. Deseete et. al. , "Neutron Activation Analysis", pp. 780—784, Wiley-Interscience, N. Y. (1972).
[28] W. R. Runyan,"Silicon Semiconductor Technology",Chap. 6,pp. 104—105 McGraw-Hill Book Co. ,N. Y. (1965).
[29] A. S. Grove 著,齐建译,《半导体器件物理与工艺》,第二章,科学出版社(1976).
[30] N. Cabrera and N. F. Mott,*Rep. Progr. Phys.* 12,163(1948).
[31] A. D. Petrov et. al. ,"Synthesis of Organosilicon Monomers",pp. 53—59,Consultants Bureau,N. Y. (1964).
[32] S. A. Golubtsov et. al. ,*Izv. Akad. Nauk. SSSR*,*Ser. Khim.* 622(1972).
[33] A. P. Belyi et. al. ,*Zh. Fiz. Khim.* 46,521(1972).
[34] J. Simpson, "Inorganic Chemistry", Series Two, Vol. 2, pp. 1—18, Univ. Park Press, Butterworths,London(1975).
[35] P. S. Skell and P. W. Owen,*J. Am. Chem. Soc.* 44,5434(1972).
[36] J. D. Birchall, "New Trends in Bio-Inorganic Chemistry", Chap. 7, pp. 209—252, Academic Press,London(1978).
[37] 孔祥瑞编著,《必需营养元素的营养、生理及临床意义》,328—383,安徽科学技术出版社(1982).
[38] 同上,第 3 页
[39] F. J. Welcher ed. ,"Standard Methods of Chemical Analysis",6th ed. ,Chap. 41,pp. 950—975, R. E. Kriegger Publ. Co. N. Y. (1975).
[40] R. C. Smith et. al. ,"Silicone,Analysis",Chap. 7,JohnWiley and Sons,N. Y. (1974).
[41] H. J. Horner, "Treatise on Analytical Chemistry", Part II, Vol. 12, pp. 241—294, Interscience, N. Y. (1965).
[42] H. R. Snell, "Treatise on Analytical Chemistry", Part II, Vol. 2, pp. 161—171, Interscience, N. Y. (1962)
[43] E. J. King,et. al. ,*Analyst*,80,441(1955).

10.2 硅的化合物(一)

2.1 氢化物

硅以多种氧化态与氢结合,生成各种共价氢化物,其中以 Si(Ⅳ)的氢化物为最重要. Si(Ⅳ)与氢化合,生成在形式上与普通有机烷烃相同的硅烷类化合物(Si_nH_{2n+2}). 硅的低价氢化物中除形式为$(SiH)_x$的“不饱和”氢化物和聚硅烯$(SiH_2)_x$可稳定存在外,其余皆为不稳定化合物. 这些不稳定化合物包括一氢化硅(SiH)与二氢化硅(SiH_2);Si(Ⅲ)的氢化物是否存在,迄今未见报道.

2.1.1 一氢化硅与二氢化硅

用硅电极进行弧光放电,并在电极间隙流过60mm 压力氢气,可获得不稳定的一氢化硅. SiH 双原子分子基态电子构型为 X^2,激发态 $A^2\Delta$: $KL3so^23p\sigma^23p\pi$ 及 $KL3s\sigma^23p\sigma3p\pi^2$. 分子惯性矩: $J_e = 3.74 \times 10^{-40}$ g · cm; 键力常数 $k = 2.48 \times 10^2$N/m. SiH 的离解常数表示为 $K = \frac{P_{Si}P_H}{P_{SiH}}$,温度对 K 的影响表达为 $\lg K = 3.65 + 0.5\lg T - \frac{1000}{T}$, $\lg K$ 在 4700—5740K 间的数值为 2.1—2.7. SiH 分子离解能为 3.0eV. 气态 SiH 的摩尔熵 $S^0_{298} = 202.94 \pm 0.42$J/(mol · K). SiH 的分子光谱详见有关专著[2],分子吸收带出现在日光光谱区.

二氢化硅(或硅烯基,SiH_2)的存在已为许多实验事实所证明. 在甲硅烷及其烷基衍生物的热分解过程中,作为活泼中间体出现的是硅烯基(SiH_2)还是甲硅烷基(SiH_3),曾有一段时期的争论[3,4].

$$SiH_4 \longrightarrow SiH_2 + H_2$$
$$SiH_4 \longrightarrow SiH_3 + H$$

但近年来的工作提供愈来愈多的证据说明这种活泼中间休是 SiH_2 而非 SiH_3. 在 SiH_4-PH_3 混合体系中反冲^{31}Si 原子的反应也已证明有硅烯基的产生[5],而且它们与甲硅烷的反应产物也与上述热解过程中的相同. 在硅原子凝聚反应(见1.6.6)方面,甲硅烷在凝聚相与硅原子的反应也同样证实过程中有硅烯基的参加[6]. John 与 Purnell[7]还计算了 SiH_2 基及 SiH_3 基的绝对熵,用于比较这两个物种的热力学稳定性. 他们的结果表明,在甲硅烷的热解条件下,SiH_2 比 SiH_3 更为稳定. 实际上,对含有一个以上 Si—H 键的烷基聚硅烷而言,SiH_2 对 Si—H 键的插入反应已被公认为是这类硅烷分解反应的普遍机理[8]. 实验工作还发现,硅烯基对硅烷的反应活泼性随 SiH_4 至 Si_2H_6 的次序增加;关于这一实验现象,如果能将 SiH_2 对 Si—Si 键的插入考虑为过程的一个重要辅助反应,就可获得满意解释[5].

2.1.2 "不饱和"氢化物

甲硅烷经无声放电处理,除放出氢气外,还生成一种黄色固态沉积物. 该固态物质的组成不定,其分析成分在 $SiH_{1.42}$ 至 $SiH_{1.36}$ 之间. 该物质不溶于醚,醇,氯仿,四氯化硅及三氯氢硅,但易为强碱所分解(放出氢). 该物质在空气中燃烧时还冒出大量火花.

用硅化镁与酸反应所得到的氢和甲硅烷混合物,在无声放电过程中亦产生一种组成为 $SiH_{1.2}$ 至 $SiH_{1.7}$ 的黄色固体. 该固体物亦溶于强碱溶液,但 30% H_2O_2 或 $KMnO_4$ 溶液与之无反应.

SiH_4 的热分解以及 Na-K 合金与 Si_2H_6 反应均可得到组成为 $SiH_{1.22}$ 的黄色固体. $SiHCl_3$,甚至是 SiH_2Cl_2,SiH_3Cl 与金属钠反应后也可得到类似不饱和氢化物.

2.1.3 聚硅烯 $(SiH_2)_x$

用冰醋酸或氯化氢的无水乙醇溶液与硅化钙(CaSi)反应,可获得另一类型的硅氢聚合物. 硅化钙晶体具有正交结构,晶格硅原子成平行角链状分布;链中 Si—Si 原子距 247pm(按:Si_2H 及 Si_2Cl_6 中 Si—Si 原子距为 232pm). 因这种结构中硅原子周围并无硅原子正四面体结构,而钙原子离硅链较远(311pm),故在一定条件下(如 CaSi 在低温时与无水酸反应,并以 0℃ 的无水乙醇或乙醚充分浸洗),钙原子可为氢原子置换而保持硅链无损

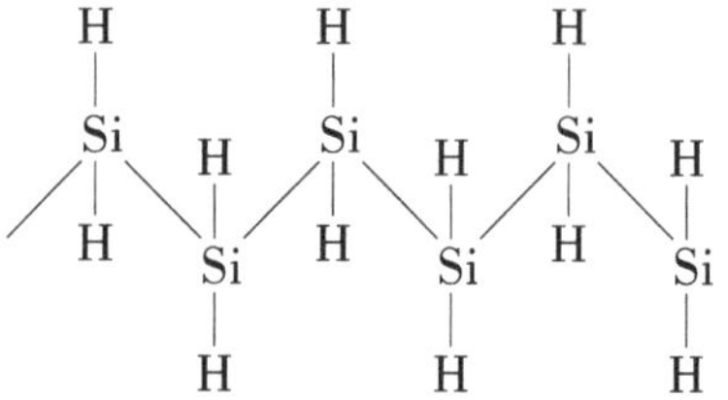

由此得到的聚合氢化物是一种棕色固体粉末. 这种聚合物极不稳定:它在空气中自燃(生成 SiO_2),遇浓硫酸可发生爆炸,与浓硝酸作用可着火燃烧;稀碱或稀酸水溶液与它作用后放出氢. 该固态物质在真空中受热后歧化为硅与正硅烷(Si_nH_{2n+2}).

在用盐酸与 CaSi 反应产生正硅烷的过程中,也有类似(或聚合程度较低的)聚硅烯物质作为短寿命中间体形成[9].

2.1.4 硅烷 (Si_nH_{2n+2})

1902 年 Moissen 用硅化锂与酸反应得到 SiH_4 和少量 Si_2H_6. 稍后,Stock 及其同

事(尤其是 Wiberg)先用镁还原 SiO_2 得到"硅化镁",再将"硅化镁"与含水酸反应得到 SiH_4,Si_2H_6,Si_3H_8,Si_4H_{10}以及由 Si_5H_{12}与 Si_6H_{14}组成的难分离混合物. Stock 首次系统地研究了这类氢化物并将它们依次命名为甲硅烷(monosilane),乙硅烷(disilane),丙硅烷(trisilane)等. 这些名称由此沿用,并在此基础上发展了以硅烷衍生物命名硅共价化合物的命名体制. 关于硅烷类化合物的详细资料可参阅 Stone[10],Ebsworth[11]及 Mac Diamid[12]的专著.

为提高硅烷的产率,Stock 改用稀磷酸代替盐酸并放慢硅化物的加入速度,但即使采取这些改进措施,原料中的硅也只有四分之一转变为硅烷,其余部分则主要以双氧-乙硅氧烷(dioxo-disiloxane)的形式残留于酸液之中. 在这四分之一的硅中,约有 40% 形成 SiH_4,30% 形成 Si_2H_6,还有 15% Si_3H_8,10% $n-Si_4H_{10}$,5% n-Si_5H_{12}以及少量更高级硅烷. 近年来已用色谱法证明,由 Stock 方法所获得之挥发性产物含有 21 种成分,其中还包括 Si_4H_{10}及 Si_5H_{12}的正、异同分异构体,n-Si_6H_{14},n-Si_7H_{16}以及 Si_8H_{18}[10]. 由上述方法所得的硅烷产率低的主要原因在于硅烷在含水酸中迅速水解,故改进的关键寄托于应用非水体系. 例如 Johnson[13]曾用溴化铵-液氨溶液作为酸来制备硅烷;Kuratomi 等用 NH_4SCN 在液氨介质中与 Mg_2Si 作用,曾获得产率高达 81% 的 Si_4H[17]. 其他体系可参见 Stone 的著作[10].

Feher 及其同事曾比较详细地描述了一种半工业规模的甲硅烷及其高级同系物的制备程序. 这一程序基本上采纳了 Stock 原先制备硅烷的方法,即在磷酸介质中硅化镁水解法. 他们发现,各种个别硅烷的产率取决于多种因素,其中包括磷酸浓度,温度,以及所用硅化镁的颗粒大小等,并从而确定了最佳条件,以备既获得很高产率的甲硅烷,又使其他硅烷控制在最低生产水平[18],或者相反,利用这些条件可以获得量以克计的、直至 $Si_{15}H_{32}$的系列高级硅烷[19]. 他们还用气相色谱法对反应中形成的 Si_8H_{18}以前的硅烷同分异构体进行检定. 在另一工作中[20],Feher 等还专门讨论了大量液态硅烷的贮存问题,并介绍了贮存这些硅烷的锰钢容器. 据信锰钢容器可使所贮存硅烷的分解降至最低限度. Feher 等应用如此方便易得的原料和切实可行的方法制备出这样大量的高级硅烷,确实引人注目.

硅烷制备的第二种通用方法是用有关氯代硅烷为原料并以氢化锂铝或其他金属氢化物(或硼(Ⅲ)氢化物)为还原剂. 例如在乙醚溶液中四氯化硅被氢化锂铝还原可获得高产率的甲硅烷[14]. 以上体系同样可从 Si_2Cl_6 产生 Si_2H_6,从 Si_3Cl_8 产生 Si_3H_8,

$$Si_3Cl_8 + 2LiAlH_4 \xrightarrow[80\%—90\%]{Et_2O} Si_3H_8 + 2LiCl + 2AlCl_3$$

除简单氯硅化物外,其他大量有机卤代硅烷皆可进行类似反应,如:

$$\left.\begin{matrix} SiBr_4 \\ SiHCl_3 \\ (CH_3)_2SiCl_2 \\ C_6H_5SiHCl_2 \\ (C_6H_5)_3SiBr \end{matrix}\right\} \xrightarrow[LiAlH_4]{Et_2O} \left\{\begin{matrix} SiH_4 \\ SiH_4 \\ (CH_3)_2SiH_2 \\ C_6H_5SiH_3 \\ (C_6H_5)_3SiH \end{matrix}\right.$$

此外,烃氧基硅烷,甚至有些硅氧烷,也可被氢化锂铝所还原,

$$Si(OC_6H_5)_4 + LiAlH_4 \xrightarrow{Et_2O} SiH_4 + LiOC_6H_5 + Al(OC_6H_5)_3$$

由此可见,氢化锂铝还原法实是实验室最有用的硅烷制备法. 该方法唯一的缺陷是还原剂价格昂贵且需用无水乙醚为溶剂(由此带来分离工作上的麻烦及可能生成过氧化物). 实验室有时也可用较低廉的氢化锂 - 二氧杂环己烷悬浮液作还原剂,但硅烷产率较低. 氢化钠则由于在以上溶剂中溶度过低而难于使用,但若将氢化钠溶于 LiCl-KCl 低共熔体,就可作为多种卤代硅烷的快速而经济的还原剂,如

$$SiCl_4 + 4NaH \xrightarrow[345℃]{LiCl-KCl} SiH_4 + 4NaCl$$

在以上低共熔体系中,甚至可直接用金属锂和氢还原四氯化硅,可获得约 70% 产率的甲硅烷[15]

$$SiCl_4 + 2H_2 + 4Li \xrightarrow[425℃]{LiCl-KCl} SiH_4 + 4LiCl$$

此外,二异丁基铝氢(i-Bu_2AlH)也曾用于还原 $SiCl_4$,由此获得 SiH_4 的产率达 90%[16].

硅烷制备的第三种通用方法以硅(或硅合金,如硅铁)与卤化氢(或某种离解、裂解后产生卤化氢的物质)直接进行反应:

$$3HCl + Si \xrightarrow{350℃} SiHCl_3 + H_2$$

$$2CH_3Cl + Si \xrightarrow[Cu]{300℃} CH_3SiHCl_2 + H_2 + C$$

这类反应已在 1.6 节讨论过. 我们虽不能从这些反应直接得到二元氢化物 Si_nH_{2n+2},但这些反应同后继的还原反应相结合,为我们提供了一条制备硅烷的实用途径.

甲硅烷在加热时容易分解,分解后析出硅单质并放出氢气

$$SiH_4 \xrightarrow{600°—1000℃} Si + 2H_2$$

工业上将这一反应大量应用于超纯硅制备和外延技术. 在这方面,甲硅烷热分解工艺较之 1.8 节介绍的四氯化硅(或三氯氢硅) - 氢还原工艺有以下突出优点.

(1) 甲硅烷是一种挥发性气体,易于纯化精制,而且甲硅烷含硅量高,每制成 1 公斤硅只需甲硅烷 1.14 公斤;

(2)不需还原剂,避免还原剂引入杂质;

(3)甲硅烷的分解完全,无需回收,且过程中无有害气体(如 HCl)产生;

(4) 反应温度低,易控制,耗能也少.

然而,甲硅烷气体有毒并容易爆炸,为生产工艺带来一定的麻烦.

硅烷类化合物除甲硅烷外,其他硅烷尚未知有何工业用途.但就有机硅化学而论,Si—H 基是一种极其重要的含硅功能基.这种功能基在硅酮聚合反应,烯烃及炔烃的加成反应以及各种形式的插入反应中均有重要应用.

表 10.15 列出几种低级硅烷的部分物理化学性质.在化学性质上硅烷远不如相应有机烷烃稳定.所有硅烷受热后均易分解;硅烷分子愈复杂,分解速度愈快. CH_4 分子的 C—H 键能为 414kJ/mol,而 SiH_4 分子中 Si—H 键能仅有 325kJ/mol.但两者在稳定性上的实际差别比上述数字更为突出.例如甲硅烷在 300℃下 20 小时内即可分解完毕,并在玻璃器壁上形成棕色覆盖物.甲硅烷在硅胶表面的分解更快,而在焦炭表面,180℃下 10 小时内其分解量便已相当可观.甲硅烷分解的初始产物是氢与非挥发性聚硅烷,只有在温度到达 500℃,最终产物才是硅单质.

表 10.15 几种正硅烷的物理化学性质

性 质	SiH_4	Si_2H_6	Si_3H_8	n-Si_4H_{10}
熔点,K	88	140.6	155.7	188.8
熔融热,ΔH,J/mol	667.3			
沸点,K	161.2	258.6	326.0	480.5
ΔH(蒸发),kJ/mol	12.48	21.21	28.38	35.56
液态蒸气压公式	$\lg P=-\frac{740.0}{T}+1.75\lg T-0.0079701T+4.87448$	$\lg P=-\frac{1380}{T}+1.751gT-0.0069309T+5.78216$		$\lg P=-\frac{2247.3}{T}+1.751gT-0.00576T+6.4472$
蒸气压,mm(273K)			12.7	1.21
kPa(155K)	70.6	0.1		
转变点,K	63.45			
临界温度,K	269.6	382	462	522
临界压力,atm	47.8			
热容(熔点),J/(mol · K)	55.98			
生成热 ΔH_f,J/mol	+32.6			
标准熵,ΔS,J/(mol · K)	204			
Si—H 键能,kJ/mol	325			
Si—Si 键能,kJ/mol		194		
离解能,kJ/mol	1337			
熔点液态密度,g/cm³	0.68	0.69	0.725	0.79
沸点表面张力 ×10⁹,N	15.11			
沸点摩尔等张比容	99.65	160	223	286
黏度(273K),10^{-3}Pa	1.078			

续表

性　质	SiH_4	Si_2H_6	Si_3H_8	n-Si_4H_{10}
IR 吸收带, cm^{-1}	974.6			
	2190.6			
	914.2			
Raman 线 Δv, cm^{-1}	978	434.5		
	2187	2163		
介电常数, $(E-1)10^6$	1691.6			
折射系数, $(n-1)10^4$				
644.0nm	754.22	1502.6		
546.2nm	763.13	1518.3		
508.7nm	768.00	1528.0		
480.1nm	772.61	1542.2		
435.9nm	781.36	1557.1		
Si—H 键距, pm	147.9	147		
Si—Si 键距, pm		232		
键角 H—Si—H	109.7°	109.8°		
键力常数, 10^2N/m	2.7			
键力常数(Si-Si), 10^2N/m		1.74		
质子共振化学位移, ppm, 相对于 CH_4(g)	−3.00			

乙硅烷在400—500℃间分解为SiH_4、氢及某些高级硅氢化物. 丙硅烷的性质更加活泼,在日光照射、室温下便开始缓慢分解,放出氢;在0℃时的蒸气压可在数月之内由12.56kPa上升为12.77kPa,而在相同时间内,Si_4H_{10}分解产生2(体积)%的H_2,16%的$SiH_4+Si_2H_6$及少许Si_3H_8. 相同条件下Si_6H_{14}分解更快,产物主要是SiH_4和Si_2H_6(数量上后者约为前者的一半).

硅烷与有机烷烃在化学性质上的差异着重表现在两者对氧的反应活泼性上. 硅烷极易氧化,它们对空气敏感,易于被水甚至甲醇所氧化

$$SiH_4 + 2CH_3OH(l) \longrightarrow SiH_2(OCH_3)_2 + 2H_2$$

或

$$SiH_4 + 4CH_3OH(l) \longrightarrow Si(OCH_3)_4 + 4H_2$$

甲硅烷与水的反应很有趣:在熔结石英器皿中,甲硅烷与水无反应;但碱金属离子对甲硅烷水解有显著催化效果,上述纯水中只需投入小块普通玻璃,即足以引发甲硅烷的水解反应. 强酸不论在何种容器中均促使硅烷水解.

据Stock报道,纯氧甚至在−180℃也与硅烷反应并引起爆炸,但最近的研究表明,高级硅烷才发生以上情况,而极纯的SiH_4并无此种现象[51]. 实验表明,用体积比为1∶10的纯氧与纯氮的混合气体在−110℃时作用于SiH_4,除将近半数的SiH_4未反应外,产物中有H_2、H_2O及少量固态沉积物——其中约含80%的$(SiH_2O)_x$及20%硅酸. SiH_4与纯氧(或空气)反应大致可分为以下三个阶段:

(1) SiH_4部分氧化放出氢;(2) 氢与氧混合;(3) 反应进行至相当阶段,体系温度上升至氢-氧爆炸点,发生爆炸.

由此可见,硅烷是一种相当强的还原剂. 在水溶液中它们可将 Cu^{2+} 还原为氢化铜,Hg^{2+} 还原为 Hg,Ag^+ 还原为 Ag(故 $AgNO_3$ 可用于 Si—H 键的定量测定)以及 $KMnO_4$ 还原为 MnO_2. 基于这种强还原性,硅烷与氯或溴反应时可引起爆炸. 降低温度可以减缓硅烷与卤素反应的剧烈程度,例如 -50℃时固态溴与 SiH_4 反应可获得 90% 产率的 SiH_3Br.

在适当催化剂(通常为 $AlCl_3$)存在下,硅烷与卤化氢的反应较易控制. 反应可如下进行(Stock 曾用过的方法):先用升华法使氯化铝覆盖于球形容器内壁,然后引入凝结的 SiH_4 与 HCl,而后升温进行气相反应

$$SiH_4 + HCl \xrightarrow{AlCl_3} SiH_3Cl + H_2$$

$$SiH_3Cl + HCl \xrightarrow{AlCl_3} SiH_2Cl_2 + H_2$$

另一方法是将卤化铝载于石棉表面,在 100℃ 恒温下使硅烷与卤化氢混合气流过该表面

$$2SiH_4 + 3HBr \xrightarrow[100℃]{AlCl_3} SiH_3Br + SiH_2Br_2 + 3H_2$$

氯代硅烷(或溴代硅烷)也可用同一催化剂进行类似反应

$$SiH_4 + SiH_2Cl_2 \xrightarrow{AlCl_3} 2SiH_3Cl$$

此类反应若在熔盐介质中进行也很方便,其优点是反应速度快,产物易于分出(溶剂非挥发性).

硅烷与氯代甲烷的反应可同时完成氯向硅转移和氢向碳转移的两个过程;这一反应足证硅与氯的高度亲和性. 以丙硅烷与氯仿反应为例说明

$$Si_3H_8 + 4CHCl_3 \xrightarrow{AlCl_3} Si_3H_4Cl_4 + 4CH_2Cl_2$$

$$Si_3H_8 + 5CHCl_3 \xrightarrow{AlCl_3} Si_3H_3Cl_5 + 5CH_2Cl_2$$

硅烷与碱金属、碱金属氢化物及碱金属烷基化合物的反应可以看成一类复分解反应

$$Si_2H_6 + KH = SiH_4 + KSiH_3$$

$$SiH_4 + C_2H_5Li = LiH + C_2H_5SiH_3$$

或

$$SiH_4 + 4C_6H_5Li = 4LiH + (C_6H_5)_4Si$$

如欲获得满意的产率,前一反应须在 1,2-二甲氧基乙烷介质中进行,后一反应的适宜介质为二乙醚. 液氨可溶解钾,也是一种有效的溶剂

$$2SiH_4 + 2K \xrightarrow{NH_3} 2KSiH_3 + H_2$$

但产物分出前即发生氨解,它很快就同溶剂中酸性离子反应再生甲硅烷

$$KSiH_3 + NH_4^+ = SiH_4 + NH_3 + K^+$$

故产物须立即用于制备反应

$$KSiH_3 + CH_3Cl \xrightarrow{NH_3} CH_3SiH_3 + KCl$$

在1,2-二甲氧基乙烷介质中以钾-钠液态合金与乙硅烷反应,也可制成甲硅基钾

$$Si_2H_6 + 2NaK = 2KSiH_3 + 2Na$$

由此获得的产物是一种具有氯化钠结构的无色晶体. 它在200℃以上分解,放出氢. 甲硅基钾遇水立即分解

$$KSiH_3 + H_2O = SiH_4 + KOH$$

随后又有

$$SiH_4 + 4H_2O \xrightarrow{KOH} Si(OH)_4 + 4H_2$$

甲硅基钾与卤化物的反应可预期为

$$KSiH_3 + HCl = SiH_4 + KCl$$

同样

$$(C_6H_5)_3SiK + C_6H_5Br = Si(C_6H_5)_4 + KBr$$

硅烷对烯烃及炔烃的加成反应时有报道[22,23],但这类反应对很纯的硅烷实际上不易进行. 例如,SiH_4 与乙烯加成需在450℃完成,而在此温度下 SiH_4 大量分解,故所得产率极低. 但当硅氢化物含有氯或其他负电性取代基时,可使Si—H键相对活化,有利于加成反应. 例如,$SiHCl_3$ 与乙烯的反应在250℃即可顺利进行而无需任何催化剂. 硅烷与不饱和烃的加成在有适当催化剂存在时可以得到很大的改善. 例如在汞灯照射下并有汞蒸气存在时,甲硅烷在室温条件下即可同乙烯缓慢反应. 关于这类反应我们在稍后部分还要讨论.

近年来在实现硅烷同有机胺类的反应中曾取得不少颇有启发性的结果. Watkins等[24]在对硅烷-甲胺体系的蒸气压进行了仔细的研究后指出,硅烷 Si_nH_{2n+2} ($n=1—3$)显示Lewis酸性;它们的酸性随下列顺序增加:$SiH_4 < Si_2H_6 < Si_3H_8$. 在 Si_3H_8 与二甲胺的反应历程中,他们证实 Si_3H_8 首先与二甲胺形成配合物,然后才是Si—Si键的解离

$$Si_3H_8 + Me_2NH \longrightarrow Si_3H_8(HNMe_2) \longrightarrow Si_2H_6 + SiH_3NMe_2$$

此外,近年来在合成稳定的环聚硅烷衍生物的研究方面也取得不少进展. 许多有关的化合物已陆续见于报道. 其中颇值得一提的是用二甲基二氯甲硅烷与金属锂反应,一步可以合成高产率的环己硅烷甲基衍生物. 反应在适当溶剂中于0℃进行,6小时后可得到90%产率的十二甲基环己硅烷[$(SiMe_2)_6$]

$$6Me_2SiCl_2 + 12Li \xrightarrow[0℃]{溶剂} (SiMe_2)_6 + 12LiCl$$

产物环$(SiMe_2)_6$在硬质烃类容器中于77K或在氩基体中于10K进行光解反应，可以得到$(SiMe_2)_5$和亮黄色的二甲基硅烯$SiMe_2$. 据信，后一光解产物在以上条件下可以长期稳定. 较详细的讨论可参见有关参考书目[25].

最后我们须强调说明硅烷化合物在操作上的安全问题. 前已指出所有硅烷均能在空气中自燃或爆炸，故一切涉及硅烷的操作必须在真空系统进行. 工作后剩余的硅烷最好用水解方法处置. 甲硅烷的衍生物操作时较为安全，它们可以经久存放而不自燃. 例如SiH_3Cl,CH_3SiH_3或CH_3SiHCl_2等物质虽然都能显示Si—H键的还原性质，但它们在空气中不会自燃(但点火后在空气中燃烧). 此外，所有卤代硅烷及含卤-硅键的化合物均能严重灼伤人体肺组织，应绝对防止吸入.

2.1.5 氘化物

所有氘硅化物完全可以模仿相应氕硅化物的制法进行制备. 四氘化硅(SiD_4)的制备通常沿用经典的硅化镁水解法. 以DCl或D_2O作用于硅化镁，后者分解并放出SiD_4及其他高级氘硅化物. 表10.16与表10.17分别给出SiD_4蒸气压和几种氘硅化物正常沸点数据，两表还同时列入各相应氕化物的数据，可以进行比较.

表10.16 SiD_4与SiH_4的蒸气压

温度,K		93.2	103.2	113.2	123.2	133.2	138.2
蒸气压 kPa	SiH_4	0.11	0.37	1.44	4.73	12.5	19.5
	SiD_4	0.08	0.37	1.47	4.73	12.8	19.6
温度,K		143.2	148.2	153.2	158.2	161.2	162.2
蒸气压 kPa	SiH_4	29.2	41.9	59.2	80.8	97.0	103.6
	SiD_4	29.2	42.5	60.9	82.4	97.8	103.7

表10.17 氕化物和氘化物的正常沸点

沸点 \ 化合物	SiH_4	SiD_4	Si_2H_6	Si_2D_6	Si_3H_8	Si_3D_8	Si_4H_{10}	Si_4D_{10}
b. p. ,K	161.95	161.8	259.0	257.8	326.2	325.0	381.6	380.0

2.2 卤化物

2.2.1 氟化物

1. 一氟化硅(SiF)

在0.1kPa压力下SiF_4分子的带状光谱中显示SiF分子的存在. 双原子分子SiF的惯性矩$J_e = 48.3 \times 10^{-40}\,g \cdot cm^2$，各种能态的键力常数：$X^2$, $k = 4.873 \times$

10^2N/m；A^2，$k=3.385\times10^2$N/m；B^2，$k=6.786\times10^2$N/m. SiF 分子离解常数由下式给出：$\lg K=3.95+0.5\lg T-25000/T$，在 5740—4720K 间，$\lg K$ 为 1.5 至 0.5. 标准熵 $S^0_{298.16}=220\pm6$kJ(mol · K).

2. 二氟化硅(SiF_2)

低压下用 99.9% 纯硅在 1150℃还原 SiF_4 可以得到 SiF_2. 二氟化硅(或称二氟硅烯)常温下是气体，与相应的碳烯很相似，但其寿命比大多数碳烯长 100 倍，故可用来进行许多化学反应. 如将这种气态物质在液氮低温下冷凝，SiF_2 自身聚合，形成组成为$(SiF_2)_x$ 的聚合物. $(SiF_2)_x$ 是一种有很高分子量的橡胶状物质；它在空气中立即自燃，故涉及它的反应须在真空或惰性气氛下进行. 这种聚合物与 20% 氢氟酸反应，可得 30% 产率的氢化物，其中主要是各种中级硅烷：Si_2H_6(占氢化物总量 40%)，Si_3H_8(17%)与 Si_4H_{10}(15%). 若使该聚合物在 300℃进行破坏性蒸馏，可得 SiF_4 直至 $Si_{14}F_{30}$系列高级氟硅烷(Si_nF_{2n+2})，它们或是无色液体，或是白色固态晶体. 微量叔胺可催化这些高级氟硅烷重新聚合.

SiF_2 还可参与其他许多反应. 当 SiF_2 与适当试剂一起在 −196℃(液氮冷阱)凝聚，然后逐渐升温，即发生各种形式的凝聚反应. 例如 SiF_2 与 CF_3I 或 C_2F_5I 发生如下反应[26]

$$SiF_2 + CF_3I \longrightarrow CF_3SiF_2I$$

或

$$SiF_2 + C_2F_5I \longrightarrow C_2F_5SiF_2I$$

又例如 SiF_2 与丙二烯发生另一形式的反应[27]

$$2SiF_2 + 2H_2C{=}C{=}CH_2 \longrightarrow H_2C{=}C{=}CHSiF_2SiF_2CH_2CH{=}CH_2$$

有关二氟硅烯反应的机制[28]曾有不同见解，最近的研究证明，在 SiF_2 凝聚反应过程中，二氟硅烯单体(SiF_2)和聚合体[$(SiF_2)_x$]两种基团都参与了反应[29]. 在含有 C—X 键[30]与 O—F 键[31]等不稳定键的体系中，反应产物主要由 SiF_2 单体所决定，而对于不饱和烃及某些非金属卤化物，则主要通过多聚体的加成或插入进行反应[32—37]. 通过$^{31}SiF_2$ 的示踪研究还证明，物相对二氟硅烯的反应方式有重要影响[38]. 气态$^{31}SiF_2$(在$^{31}Si/PF_3$ 体系由反冲^{31}Si 原子拾取 F 所产生)与丁二烯反应得到硅杂环戊烯化合物[下式(a)]. 这一产物显然来自 SiF_2 单体对丁二烯所进行的 1,4 加成反应，而相应的凝聚相反应则给出完全不同结果[36]，反应产物主要是 1,2 二硅杂环己烯化合物[下式(b)]. 这种产物表明：反应中间体可能是 Si_2F_4 双基而非 SiF_2. 关于二氟硅烯基的化学研究已有详尽的总结[29,39-41]

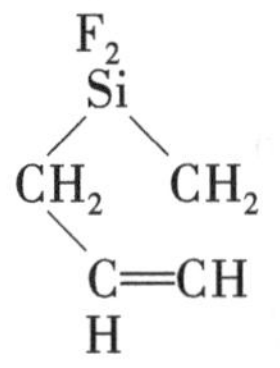

(a)

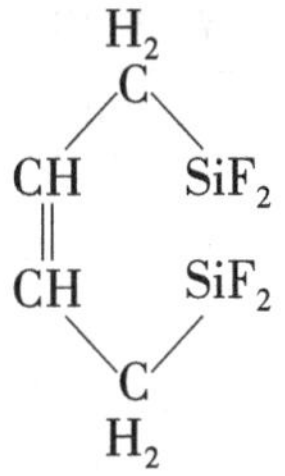

(b)

3. 四氟化硅(SiF_4)

大量四氟化硅是从磷肥生产的副产物中获得的. 含氟磷灰石[$Ca_5(PO_4)_3F$]经硫酸处理后,放出大量 HF;HF 与含硅矿物反应,生成挥发性的 SiF_4

$$4Ca_5(PO_4)_3F + 4H_2SO_4 + SiO_2$$
$$\longrightarrow 4Ca_5(PO_4)_3HSO_4 + 2H_2O + SiF_4$$

实验室内可用多种方法制备 SiF_4,例如用硅单质与氟直接反应,以赤热的硅与无水 HF 反应,用 SiO_2 与浓氢氟酸反应,用 SiO_2 与许多活泼氟化物反应,用浓硫酸与 SiO_2-CaF_2 混合物反应,用浓硫酸与 Na_2SiF_6 反应,以及用氟硅酸盐进行热分解等等. 将以上方法所得的 SiF_4 粗产物通过灼热的玻璃毛,再通过 -60℃冷阱,即可除去其中 HF 及 H_2O 等杂质. SiF_4 的进一步纯化可在一金属真空系统内用升华法进行.

SiF_4 的物理性质见于表 10.18. 表中同时列入 $SiCl_4$,$SiBr_4$ 及 SiI_4 的有关物理常数,可供比较.

硅的各种四卤化物化学性质都比较活泼,它们在硅化学的发展进程中占有重要位置.

如前所述,四氟化硅在 1150℃ 可被硅还原并生成活泼中间体 SiF_2;SiF_2 又可进一步与 SiF_4 化合得到 Si_2F_6,Si_3F_8 及其他高级氟硅烷.

所有四卤硅烷遇水即发生水解,SiF_4 水解后生成稳定的氟硅酸,其水解过程较其他卤化物水解更复杂. 纯氟硅酸(H_2SiF_6)虽从未有人制成,但如将 SiF_4 缓慢通入有限量的冷水,滤去同时析出的水合二氧化硅,可以制得浓度高达 60% 的氟硅酸水溶液. 由于 H_2SiF_6 的高生成热($\Delta H_f H_2SiF_6 = -2230$kJ/mol)以及 HF 的高溶解热,故 SiF_4 水解反应强烈放热. H_2O-HF-H_2SiF_6 三元体系相图表明,该体系沸点极大值出现在 115℃,相应的重量组成为:H_2SiF_6,41%;H_2O,59%. H_2SiF_6 水溶液密度:10%溶液 1.0834;20%溶液,1.1748;30%溶液,1.2742(g/cm$_3$). 100 克水中含 $H_2SiF_6$1 克时,冰点下降 0.317℃. $H_2SiF_6$60%水溶液的折射系数为 1.3465. 25℃时 H_2SiF_6 的当量电导有:7.2%溶液,$\lambda = 87$;0.9%溶液,$\lambda = 106.5$;0.06%溶液,$\lambda = 130.9$.

表 10.18　四卤化硅的物理性质

物理性质	SiF_4	$SiCl_4$	$SiBr_4$	SiI_4
熔点,K	182.8	202.7	278.5	393.6
ΔH(熔融),kJ/mol	7.071			
沸点,K	177.4	330.1	408	460.6
蒸发热,J/mol	18.66(183K)	28.69(330K)	37.86(278.5K)	
蒸发熵,J/(mol · K)	102	87.9	88.7	
升华热,kJ/mol	25.9	38.1		
0℃蒸气压,kPa	68.6(173.3K)	10.3	0.24	
蒸气压公式,1g*P*	$10.48-\frac{1346}{T}$	$7.6416-\frac{1572}{T}$	$(-1865T)+1.75\lg T+3.16$	
临界温度,K		506.7	656	
临界压力,atm.		36.8		
von der waals a		34.0		
热胀系数(293K)		0.001430	0.000983	
液态密度,d_4^{25}	1.598(193K)	1.4707	2.7715	4.198(193K)
Si—X 键能,kJ/mol	565	381	310	234
ΔH_f,kJ/mol	-1548	-640	-398	-132
标准熵(熵单位)	281	239	378	404
压缩系数 $\times 10^{-5}cm^2/N$,(303K)		116×10^{-12}		
比热(293K)	73.08	145.3		
C_p/C_v(303K)		1.44		
表面张力 $\times 10^3$,N/cm(293K)		19.71	16.9	
等张比容 *P*	131.5	242.2	292.4	392.7
表面能 $\times 10^7$,*J*		383.9		
黏度,10^{-3}Pa · s(273K)		0.554	1.00(283K)	
303K 声速,m/s		766.2		
折射系数,n_D		1.4090	1.5685	
磁化率 x,10^{-6}		-88.3	-128.6	
介电常数,8		2.40		
绝缘常数,相对于空气		2.80		
电离势,SiX_4^+,eV		11.6		
键长,nm	0.154	0.201	0.215	0.243
键力常数,10^2N/m	5.9	2.7	2.0	1.7
nmR 位移,ppm(相对于 CF_3COOH)	83.3			
eQ_q,*c/s*		40.8	294	1329

温度超过 75℃时,H_2SiF_6 浓溶液的液面上可以测到明显的 SiF_4 与 HF 分压;这一事实证明气-液相间存在多重平衡.

氟硅酸能腐蚀锑以及有相当活性的其他金属,但它与铜及铁作用分别在铜,铁表面形成保护性不溶膜. 如以 NaOH 水溶液滴定 1 摩尔的 H_2SiF_6,滴定曲线出现两个拐点,其中之一出现在 pH = 3,相应的 NaOH 滴定数为 2 摩尔;另一出现在 pH = 8,相应于 NaOH 6 摩尔,终点产物是 NaF. 大部分金属均有氟硅酸盐;氟硅酸盐的不寻常特性表现在它的重金属盐可溶性好,而它的钡盐、钠盐、钾盐、铷盐和铯盐却很难溶. 氟硅酸还能形成多种含氮碱盐;氟硅酸胍盐可用作杀虫剂.

2.2.2 氯化物

1. 一氯化硅($SiCl$)

在 $SiCl_4$ 的带状光谱中发现 SiCl 分子的存在. SiCl 分子的寿命约在 10^{-3} 秒量级,Si—Cl 键距为 201pm,键力常数 $k=2.6\times10^2$N/m. 下列状态的离解能为 4.0eV.

$$SiCl = Si(^3P_0) + Cl(^2P_{3/2})$$

在惰性气氛下,$Si_{10}H_{20}Cl_{20}$ 于 300℃进行热解,可得 SiCl 的聚合体$(SiCl)_x$;这是一种黄色固体,但它的颜色在 180—200℃之间能够可逆地由黄转变为橙红. 这种聚合物在 500℃以下稳定;温度过高,它容易歧化为 Si 与 $SiCl_4$. 它不溶于任何溶剂,但含有水分的乙醚可使它逐渐转变为红色的$(SiOH)_x$. 98℃时它在干燥的氧气中燃烧为 SiO_2,如用浓硝酸湿润该固体,然后加热,30℃时即可引起爆炸. 它也是一种相当强的还原剂,可从硝酸银溶液中析出银.

SiCl 分子的电子光谱可参阅有关文献[42,43].

2. 二氯化硅($SiCl_2$)

$SiCl_2$ 分子单体出现在 7Pa 压力 $SiCl_4$ 蒸气的放电过程中. 分子光谱可以证明 $SiCl_2$ 不是线型分子,其基态振动频率 $\omega''_1=540\text{cm}^{-1}$,激发态 $\omega'_1=445\text{cm}^{-1}$;它的弯曲振动频率 $\omega''_2=248\text{cm}^{-1}$,$\omega'_2=201\text{cm}^{-1}$. 它的反对称振动 ω_3 不存在,符合 Herzberg-Teller 选律. $SiCl_2$ 离解能 8eV,相当于 775kJ/mol.

$SiCl_4$ 蒸气与氢混合,并通过 10kV 的辉光放电区,可以获得 $SiCl_2$ 的聚合体$(SiCl_2)_x$,这是一种非挥发性白色固体.

在 1000℃高温,以硅单质与 $SiCl_4$ 蒸气反应,得到不纯的液态 $SiCl_2$;化学分析表明,所得产物含氯摩尔数总是超过硅摩尔数的两倍. 这种液态物质能吸收甲基氯而生成甲基氯代硅烷.

二氯硅烯与二氟硅烯一样,可通过在 −196℃与其他物质一起凝聚,然后用升温的方法实现某些化学反应. 例如 $SiCl_2$ 与 B_2Cl_4[44] 或 $SiCl_2$ 与 B_2Cl_4 及 CO[44] 的反应

$$SiCl_2 + B_2Cl_4 \longrightarrow SiCl_3BCl_2 + \cdots$$

$$2SiCl_2 + B_2Cl_4 + CO = (SiCl_3)_2BCl_2BCO$$

$SiCl_2$ 分子的红外及 Raman 谱图可参阅有关文献[45].

3. 四氯化硅($SiCl_4$)

四氯化硅可从硅与氯在 300—500℃直接反应制备. 如用硅合金或硅化物为原料,氯化须在较高温度进行(如碳化硅氯化须在 1250℃). 其他制备方法还有:用 HCl 或其他活泼氯化物作用于硅烷,以及用 SiO_2 或硅酸盐与还原剂混合加热,然

后氯化等. 工业上生产四氯化硅通常用工业硅、硅铁或碳化硅碎片在适当温度下氯化,也有用石英粉与焦炭粉混合压坯,然后在赤热状态氯化. 以上方法获得的 $SiCl_4$ 粗产品以蒸气状态通过液态 $SiCl_4$,以除去 $TiCl_4$,$AlCl_3$ 及 $FeCl_3$ 等杂质,然后用蒸馏法进一步精制.

四氯化硅的物理性质列于表 10.18.

四氯化硅在潮湿空气中冒烟. 它与水反应剧烈;水解过程中它的四个氯原子全部被 OH 基置换. 但在 -80℃,将水滴入 $SiCl_4$ 乙醚溶液,可观察到在冷溶液中出现微细悬浮晶粒

$$2SiCl_4 + H_2O \xrightarrow[\text{乙醚}]{-80℃} Cl_3SiOSiCl_3 + 2HCl$$

用这种方法可获得高产率的六氯乙硅氧烷. 产物中还混有少量更高级氯代硅氧烷,如八氯丙硅氧烷($Si_3O_2Cl_8$)和十氯丁硅氧烷($Si_4O_3Cl_{10}$). 上述三种氯代硅氧烷也可用氯-氧混合气体在 700℃作用于 98% 硅制备,产品中还可得到少量八氯环丁硅氧烷[$(Cl_2SiO)_4$](须注意此法的主要产物仍是 $SiCl_4$)[46]. 这些氯代硅氧烷的性质列于表 10.19. 线型氯代硅氧烷通常是无色黏稠液体,其黏度随分子量增加迅速增大. 高级氯代硅氧烷易于形成过冷玻璃体;环型氯代硅氧烷($Cl_2SiO)_4$ 可以形成无色高折射率的棱形大晶体.

表 10.19　氯代硅氧烷的物理性质

物理性质	Si_2OCl_6	$Si_3O_2Cl_8$	$Si_4O_3Cl_{10}$	$Si_5O_4Cl_{12}$	$Si_6O_5Cl_{14}$	$Si_7O_6Cl_{16}$	$(SiOCl_2)_4$
熔点,K	245.0	203					350
沸点(15mm)K		349	382	403	413	149	364
正常沸点,K	410	457	478				
蒸发热,kJ/mol	38.9						
蒸发熵,kJ/(mol · K)	95.0						
蒸气压(273K),mmHg	1.5						
蒸气压(323K),mmHg	34						
蒸气压(373K),mmHg	251						
蒸气压公式,lg*P*	$\frac{-21974}{T}+8.2936$						
Si—Cl 键距,pm	202						
Si—O 键距,pm	164						
Si—O—Si 键角	130°						

2.2.3　溴化物

1. 一溴化硅(SiBr)

SiBr 出现在 $SiBr_4$ 蒸气的放电过程中,从该体系发射的带光谱($^2\Sigma \rightarrow X^2\pi$)可

以确定它的存在. SiBr 分子的键力常数 $k = 2.2 \times 10^2 N/m$,离解能 3 ±0.5eV(230 ± 50kJ/mol). SiBr 分子的电子光谱可参见有关文献[47,48]

2. 二溴化硅($SiBr_2$)

$SiBr_4$ 蒸气在 0.05mm 低压下进行电容放电,在 $SiBr_4$ 发射光谱 370—390nm 谱区所出现的发射带系与 $SiCl_2$ 及 $SnCl_2$ 的 *A* 带相似,由此可确定 $SiBr_2$ 分子的存在.

3. 四溴化硅($SiBr_4$)

四溴化硅可从溴-硅单质直接反应制备. 用 Br_2 或 HBr 作用于赤热的硅化物或硅合金也可得到 $SiBr_4$. $SiBr_4$ 还可用 SiH_4 溴化法制备.

表 10.18 列出 $SiBr_4$ 的物理性质数据.

$SiBr_4$ 的化学性质活泼,它在水中剧烈水解. 在 670—695℃ 间,$SiBr_4$ 与氧化合生成系列溴代硅氧烷(温度过高,硅被氧化为 SiO_2;900℃时,硅全部转变为 SiO_2). 溴代硅氧烷也可用溴和氧的混合气体于 700℃ 直接作用于硅单质制成. 也可以在 500℃时用溴-氧混合气体与硅反应先得到 $SiBr_4$,然后产物在 250℃ 与更多的氧进一步氧化生成六溴乙硅氧烷(Si_2OBr_6). 溴代硅氧烷都是无色液体,唯有八溴环丁硅氧烷是固体. $(SiOBr_2)_4$ 可从 CCl_4 溶液中结晶(一种无色针状晶体)析出.

溴代硅氧烷的物理性质列于表 10.20. 溴代与氯代硅氧烷均易水解,水解后生成二氧化硅和相应的卤氢酸. 这两种硅氧烷还具有硅卤化物的其他反应性质,其中包括它们与有机锂试剂或镁试剂的反应,其结果是卤素为有机基团所置换.

表 10.20 溴代硅氧烷的物理性质

物理性质	Si_2OBr_6	$Si_3O_2Br_8$	$Si_4O_3Br_{10}$	$Si_5O_4Br_{12}$	$(SiOBr_2)_4$
熔点,K	301	290.6	182	191	396.6
沸点,K	391	432	395	423	428
(压力,mmHg)	15	12	0.5	0.5	7
正常沸点,K	—	—	—	—	570

2.2.4 碘化物

1. 一碘化硅$(SiI)_x$

已发现的 Si(I)氧化态的唯一碘化物是一碘化硅的聚合物:$(SiI)_x$. 这种橙色无定形固态物没有熔点和沸点,它受热后由橙色可逆地转变为锈红. $(SiI)_x$ 可从 Si_2I_6 的热分解过程中制备.

$(SiI)_x$ 不溶于任何有机溶剂,0℃时它与水作用后放出少量气体并生成浅黄色水解产物. 若假定ⅣA 元素的双原子氢化物和卤化物存在 π^2 基态,则在 $600cm^{-1}$ 处应能观察到 SiI 的带光谱,但这种光谱实际上还没有观察到.

2. 四碘化硅(SiI_4)

四碘化硅可由 I_2 或 HI 在 500℃作用于硅或硅合金进行制备. SiI_4 的粗产品可用减压蒸馏方法纯制. 四碘化硅的物理性质列于表 10. 18. 四碘化硅在水的作用下强烈水解,水解后生成二氧化硅与氢碘酸. 可见除 SiF_4 外,硅的四卤化物 SiX_4(X = Cl,Br,I)具有相同的水解性质

$$SiX_4 + 2H_2O = SiO_2 + 4HX$$

2.2.5　高级卤化物(Si_nX_{2n+2})

硅的二元卤化物中以氟化物及氯化物最为活跃,已知这两种卤化物均有 Si_nX_{2n+2}系列化合物存在. 2. 2. 1 中提及可以制出长达 14 个硅原子链的氟硅化物: $Si_{14}F_{30}$. 在硅化学中硅原子这种自身成链现象并不少见(例如在 2. 1. 3 中曾提到 $Si_{15}H_{32}$),事实证明具有原子自身成链能力的元素并非象以往所认为的只有碳一种. 然而硅原子的这种性质与碳原子相应性质比较,仍有较大的差别. 例如,含很长硅链的稳定化合物以硅卤化物为主,而具有最长碳链的稳定化合物则是碳的氢化物. 这一区别反映了硅原子的成链特性. 一般认为,卤原子有可能将自身电子反馈于硅原子 3d 轨道成键,这一情况多少可以补偿 Si—X 键中成键电子对于 Si 原子的偏离,从而使所有价键得到加强. 又如,与 C—C 链相比,Si—Si 链的氧化倾向要大得多(其机制仍可用 d 轨道成键假定说明). 为此,凡涉及含 Si—Si 链化合物的化学操作须在隔绝空气和水的情况下进行. 自然界当然也就不会有这类化合物存在.

Si_nF_{2n+2}系列中的六氟乙硅烷(Si_2F_6)可由 ZnF_2 与 Si_2Cl_6 反应制备. 更高级氟化物的制备可参见 Margrava 的工作[49]. 表 10. 21 给出某些高氟硅烷的物理性质. 高氟硅烷与万氟碳烷的化学性质有很大区别. 高氟硅烷异常活泼,它们在空气中自燃,与水剧烈反应,并在有限空气及水蒸气下聚合为组成接近于 SiF_2 的聚合物. 它们在常见有机溶剂中的溶度很低[49]. 高氯硅烷虽不易在空气中自燃,但它们在其他方面所表现的化学性质都十分活泼. 高氯硅烷易溶于烃及含氯有机溶剂. 高溴硅烷的挥发性低于前两种高卤代烷,但它们在潮湿空气中冒发白烟,而且易于和金属有机化合物发生反应.

由于卤代硅烷性质活泼,实验室内往往只需进行简单操作便可将它们转变为硅的其他共价化合物,故硅卤化物常是制备各种硅化合物的初始材料. 它们与水反应得到硅酸和硅氧烷;与氨或有机胺反应得到硅氨烷或硅烷基胺;与氢化锂铝或硼氢化钠反应得到硅烷;与硫化氢或硫醇反应得到硅硫烷或硅烷基硫醇;与醇反应得到硅酸酯;与锂,钾等金属反应得到活泼金属甲硅基衍生物,以及用于制备假卤代硅烷衍生物(例如以硫氰酸银与氯代硅烷反应)和磷化氢或砷化氢的甲硅基衍生物(例如以这些氢化物的钠衍生物与氯代硅烷反应)等等. 它们还可以跟含氮碱,

表 10.21　高级硅烷卤化物的物理性质

物理性质	Si_2F_6	Si_3F_8	Si_4F_{10}	Si_2Cl_6	Si_3Cl_8	Si_4Cl_{10}	Si_5Cl_{12}	Si_6Cl_{14}	Si_2Br_6	Si_3Br_8	Si_4Br_{10}
熔点,K	254.5	271.9	340	275.6	206			443	368	406	458
沸点,K	254.2	315	358	420	489	423	463	真空升华(473K)	513	熔融	熔融
蒸发热,kJ/mol	27.2	36.8	45.2	41.8	62.7						
升华热,kJ/mol	43.5	59.0	74.5								
熔融热,kJ/mol	46	22	29								
蒸发熵,J/(mol·K)	107	116	126	100	130						
Si—Si 键长,pm				232							
Si—X 键长,pm				200							
密度 d^{15}_{-4}				1.5624	1.61						
蒸气压公式				$\lg P=(-2537.4/T)+1.75\lg T-0.005466T+6.6084$	压力:17mm(373K) 47mm(397K) 72mm(408.6K)						
折射率(291K)				1.4748	1.5135						
摩尔反磁性/10^{-6}				-138							

膦类,胂类,醚类,硫醚,含卤化合物以至卤素单质形成无数加成物. 典型的反应如:

$$SiBr_4 + 8NH_3 \longrightarrow Si(NH_2)_4 + 4NH_4Br$$

$$SiCl_4 + 2H_2S \longrightarrow SiS_2 + 4HCl$$

$$SiCl_4 + LiAlH_4 \longrightarrow SiH_4 + LiCl + AlCl_3$$

$$SiCl_4 + 4C_2H_5OH \longrightarrow Si(OC_2H_5)_4 + 4HCl$$

$$SiCl_4 + 4CO(NH_2)_2 \longrightarrow SiCl_4 \cdot 4CO(NH_2)_2$$

$$n(CH_3)_2SiCl_2 + nH_2O \longrightarrow [(CH_3)_2SiO]_n + 2nHCl$$

$$(C_6H_5)_2SiCl_2 + 2H_2O \longrightarrow (C_6H_5)_2Si(OH)_2 + 2HCl$$

硅卤化物的另一重要方面是它们能同许多有机金属试剂发生反应以形成硅-碳键. 这一类反应曾为有机硅化学奠定基础. 最早在这方面应用的有机金属试剂有二乙基锌,如

$$SiCl_4 + 2Zn(C_2H_5)_2 \longrightarrow Si(C_2H_5)_4 + 2ZnCl_2$$

有机汞试剂和有机镉试剂也能以同样方式使 Si—X 键上的卤原子为烷基或芳基所置换. 稍后,又出现以金属钠为试剂以实现上述目的的 Wurtz 缩合反应以及有机锂试剂的反应. 这一领域最重大的进展是将 Grignard 试剂应用于合成有机硅化合物;从此,通过各种硅卤化物或卤代硅烷的反应,几乎可以合成任何所需的有机硅化合物.

在工业上,四氯化硅的重要性远超过其他所有硅卤化物. 它是制备超纯硅,纯二氧化硅,正硅酸四乙酯及缩合硅酸乙酯的重要原料. 前面已经提及,$SiCl_4$-H_2 还原法用于制备超纯硅及外延工艺,在半导体工业上迄今仍占有重要位置. 纯 SiO_2 的生产可以通过两种方法,一是用 $SiCl_4$ 水解,另一方法是将 $SiCl_4$ 直接燃烧为 SiO_2. 纯 SiO_2 可用于制作荧光灯的硅酸盐磷光体以及硅橡胶的增强剂(尤其是后一方法生产的 SiO_2). 有人认为四氯化硅也是工业上生产有机氯代硅烷和硅酮聚合物的重要中间体,但此说不确,因 $SiCl_4$ 含硅仅有 16.25%,在这方面的应用不如硅单质合算.

2.2.6　三元四卤化物($SiX_nX'_{4-n}$)

除上述二元四卤化硅外,还有许多由混合卤素形成的四卤化硅,其中多数含有氟. 这些混合四卤化物可通过以下两种途径制备.

(1) 卤素交换. 如以 SbF_3 处理沸腾态的 $SiBr_4$,后者分子中的溴被氟部分置换得到 $SiBr_3F$ 等;

(2) Si—Si 键卤化. 例如通过 Si_2F_6 或 Si_2Cl_6 中的 Si—Si 键溴化等.

含三种不同卤素的硅化物也可通过上述途径之一进行制备,例如用 SbF_3 处理溴氯化硅 $SiBr_3Cl$ 或 $SiBr_2Cl_2$,表 10.22 给出部分混合卤代硅烷的物理性质.

表 10.22　混合四卤化硅的物理性质

物理性质	$SiClF_3$	$SiCl_2F_2$	$SiCl_3F$	$SiBrF_3$	$SiBr_2F_2$	$SiBr_3F$	$SiBrCl_3$	$SiBr_2Cl_2$	$SiBr_3Cl$	$SiBrCl_2F$	$SiBr_2ClF$	$SiICl_3$	SiI_2Cl_2	SiI_3Cl	$SiIBr_3$	SiI_2Br_2	SiI_3Br
熔点,K	133	133.4	152.3	202.6	206.2	190.6	211	227.6	252.3	160.8	173.8	<213	<213	276	287	311	326
沸点,K	203.1	240.9	285.3	231.4	286.8	356.9	353	377.6	401	308.5	332.6	387	445	507	465	503	528
蒸发热,kJ/mol	18.5	21.0	24.5	18.4	24.8	32.8				24.9 (292.4K)	29.7 (294.48K)						
蒸发熵,J/(mol·K)	91.2	88.3	87.8	79.5	86.6	91.6				41.8 (214.1K)	41.8 (237.5K)						
蒸气压,mmHg	449	253	116	299	449	118.5											
相应温度,K	193.6	218.0	242.6	210.9	273.1	305.4				*d*	*e*						
蒸气压公式	*a*	*b*	*c*														
临界温度,K	307.58	368.87	438.4														
临界压力,atm	34.2	34.5	35.3														
van der Waals $a\times10^3$(临界点)	12.6	15.1	17.7														
van der Waals $b\times10^3$	411.6	488.8	567.9														
Si—F 键距,pm	155.0			155.0	155												
Si—Cl 键距,pm	199.8						205										
Si—Cl 键力常数								2.50	2.00								
Si—Br 键距,pm				215.9	216		219										
Si—Br 键力常数								1.70	2.46								
液态密度 D_4^{25}							1.826	2.172	2.49								
等张比容[P]							259.6	273.3	287								

表中 *a*. $\lg P=7.4563-929.3/T$; *b*. $\lg P=7.4247-1095/T$; *c*. $\lg P=3530-1278/T$; *d*. $\lg P=7.0982-1301/T$; *e*. $\lg P=7.5669-1558/T$.

混合卤化硅化学性质活泼;它们在潮湿空气中迅速水解,与过量水发生以下分步反应

$$SiClF_3 + 4H_2O \longrightarrow Si(OH)_4 + HCl + 3HF$$

$$6HF + Si(OH)_4 \longrightarrow H_2SiF_6 + 4H_2O$$

前一步反应进行迅速,后一步反应的速度取决于所在条件. 混合卤化硅与醇作用生成硅酸酯;酯化速度随卤原子不同而有差异. 它们与 Grignard 试剂及其他有机金属试剂的反应也有类似情况.

2.2.7　假卤化物

Si(Ⅳ)的假卤化物泛指硅烷的氰基,异氰基,氰酸基,异氰酸基,硫氰酸基及异硫氰酸基取代物,尤指卤代硅烷中卤原子被上述各种基团完全置换的那些化合物,如 $Si(OCN)_4$,$Si_2(NCO)_6$ 等. 以上几种多原子团在化学性质上极像卤原子,“假卤化物”由此而得名.

硅的假卤化物一般可从相应氯化物进行制备(过程中有时还伴随假卤基的异构化). 用无水异氰酸银粉末加入 $SiCl_4$ 的纯苯溶液,回流,可获得 78% 产率的氰酸基硅与异氰酸基硅混合物(其中 $Si(CNO)_4$,占 98%;$Si(OCN)_4$ 占 2%)[50]. 但有趣的是,用 AgCNO 作用于 $SiHCl_3$,产物依旧是 $Si(OCN)_4$ 而非 $SiH(OCN)_3$,试图用 AgOCN 代替 AgCNO 与 $SiBr_4$ 作用以制备 $Si(OCN)_4$ 也未获成功. 而 AgCNO 与 Si—Cl 键的反应却可推广至许多高级假卤化物及假卤代硅氧烷的制备[50].

硅的硫氰酸基化合物可通过 $Pb(CNS)_2$ 与 $SiCl_4$ 反应制备.

假卤化物多数易于挥发. 表 10.23 给出某些假卤化物的物理性质. 在化学性质方面,假卤化物与相应氯化物及溴化物相似,它们与水作用生成胶状二氧化硅

$$Si(NCO)_4 + 4H_2O \longrightarrow Si(OH)_4 \text{ 等} + 4HNCO$$

$$Si(OCN)_4 + 12H_2O \longrightarrow Si(OH)_4 \text{ 等} + 4NH_4HCO_3$$

四异氰酸基硅在 400℃ 以下不与 O_2,Cl_2 或 Br_2 发生反应;它与 SbF_3 的反应慢于它同 $SiCl_4$ 的反应,但快于它同 $SiBr_4$ 的反应. 甲醇可使它逐渐转化为甲氧基衍生物——其中还包括少量的 $Si(OCH_3)_4$[50]. $Si(NCO)_4$ 的氟代物也同甲醇发生反应

$$SiF_x(NCO)_{4-x} + (8-x)CH_3OH \longrightarrow Si(OCH_3)_4 + (4-x)NH_2COOCH_3 + xHF$$

关于硅烷的氰基衍生物迄至目前所知甚少;四氰基硅是否存在尚无定论. 已确定的氰化物有一氰代甲硅烷(SiH_3CN). SiH_3CN 可通过 SiH_3I 蒸气与 AgCN 的反应制备. 这是一种易于升华的固态物质(mp 为 307K);它在稀 NaOH 溶液中水解,生成 NaCN 并放出氢[51]. 有关 SiH_3CN 的红外及 Raman 光谱研究可参阅 Buerger 的工作[52].

表 10.23　假卤化硅的物理性质

物理性质	$Si(OCN)_4$	$Si(NCO)_4$	$Si_2O(NCO)_6$	$Si_3O_2(NCO)_8$	$SiF_3(NCO)$	$SiF_2(NCO)_2$	$SiF(NCO)_3$	$SiCl_3(NCO)$	$SiCl_2(NCO)_2$	$SiCl(NCO)_3$	$Si(CNS)_4$	$SiCl_3(CNS)$
熔点,K	307.6	299.1	317.6	<195		198	243.9	204	193	238	417	198
沸点,K	520	459	436 (14mm)	443 (2mm)	267	341.7	407.4	359.9	391	425	587	
蒸气压公式	*a*	*b*				*c*	*d*					*e*
蒸发热,kJ/mol	69.0	54.0				35.8	45.2				58.1	39.4
蒸发熵,J/(mol·K)	132.6	110.8				104.6	110.4				99.1	97.9
密度,D_4^{20}	1.414	1.442		1.508		1.437	1.456	1.445 (d_4^{25})	1.437 (d_4^{25})	1.437 (d_4^{25})	1.41	1.461
折射系数(293K)	1.4646	1.4610		1.4658		1.354	1.416	1.4262	1.4380	1.4507		1.5091
摩尔折射度,R		37.3				22.7	30.0	31.1	33.3	35.3	70.4	39.2

注:表中 *a*. $\lg P = 9.8211 - 3611/T$; *b*. $\lg P = 9.0198 - 2816/T$; *c*. $\lg P = 8.33860 - 1864.9/T$; *d*. $\lg P = 8.65196 - 2351.1/T$; *e*. $\lg P = 7.9985 - 2060/T$.

2.3 卤代硅烷(SiH_nX_{4-n})

2.3.1 制备和性质

卤代硅烷是一类极其重要的硅化合物. 它们通常是合成其他硅烷衍生物(尤其是有机硅衍生物)的起始材料,故有关卤代硅烷制备方法的研究目前仍旧是硅化学领域受重视的研究课题之一.

甲硅烷卤代物的制备比较简单:在三氯化铝催化剂存在时用甲硅烷与卤化氢反应可以制得多种卤代甲硅烷,例如以 SiH_4 与 HCl 反应

$$SiH_4 + HCl \xrightarrow{AlCl_3} SiH_3Cl + H_2$$

产物中混有部分二氯及三氯代物杂质. SiH_3Br 与 SiH_3I 均可用类似方法制备,但 SiH_3F 一般需由 SiH_3Cl 与 SbF_3 进行卤素交换反应制备.

甲硅烷二卤代物(包括 SiH_2Cl_2, SiH_2Br_2 与 SiH_2I_2)的制备方法与一卤代物的制法相仿,但需用二倍计量的卤化氢(以相应的三卤化铝为催化剂)与甲硅烷进行反应. SiH_2F_2 仍需由 SiH_2Cl_2 与 SbF_3 进行交换反应制备.

$SiHCl_3$ 的制备方法更为简单,一般用 HCl 直接与硅或硅铁在 280—350℃ 发生反应. 此法与 Wöhler 在 1857 年首次制备 $SiHCl_3$ 的方法相同. 近代制备方法常用硅化铜或 95% 硅铁为原料. 例如 Schwarz 以 HCl 与硅铁在 400—800℃ 反应曾获得 95% 产率的 $SiHCl_3$[53]. $SiHBr_3$ 可由类似方法制备. 但相同方法不适用于 $SiHI_3$ 的制备. 虽然用 HI-H_2 混合气体与硅粉反应能得到少量 $SiHI_3$,但反应产率极低. 较佳的方法是以液氨为介质,用 NH_4I 与 $SiHCl_3$ 反应[54]. $SiHF_3$ 需由 $SiHCl_3$ 与 AsF_3, SnF_4 或 TiF_4 反应制备. 例如用等摩尔量的 $SiHCl_3$ 与 TiF_4 混合,在密封管内加热 18 小时,可获得相当产率的 $SiHF_3$[55].

乙硅烷与卤化氢有类似反应,但反应速度更快. 大部分乙硅烷卤代物化学性质不稳定,它们迅速分解;唯有 Si_2H_5I 在室温较为安定,可以分离出它的纯化合物. Si_2H_5I 在空气中自燃,熔点 -86.1℃,沸点 102.8℃,90℃ 时它在 5 小时内分解完毕. 表 10.24 列出各种甲硅烷卤代物的物理性质. 除表上列出的化合物外,还可提到另三种卤代物的性质,它们是:$SiHClF_2$(熔点 -144℃,沸点 50℃),$SiHCl_2F$(熔点 -149.5℃,沸点 18.5℃)及 Si_2H_5Br(沸点 69.5℃).

所有甲硅烷卤代物化学性质活泼;它们在受热后进行分子重排

$$2SiH_3Cl = SiH_4 + SiH_2Cl_2$$

表 10.24　卤代甲硅烷的物理性质

物理性质	SiH_3F	SiH_2F_2	$SiHF_3$	SiH_3Cl	SiH_2Cl_2	$SiHCl_3$	SiH_3Br	SiH_2Br_2	$SiHBr_3$	SiH_3I	SiH_2I_2	$SiHI_3$
熔点,K		151	142	155	151	146.6	179	203.0	200	216	272	281
沸点,K	174.5	197	178.7	242.7	281.4	304.8	275	339	385.3	318.7	423	493
ΔH(蒸发), kJ/mol	18.8	19.9	16.1	20.1	25.2	26.6	23.6	28.6	33.9	28.9	36.8	62.7
ΔS(蒸发), kJ/mol · K	107.9	84	88	82.8	89.5	84	88.3	91.2	87.8	90.4	87.0	159
蒸气压公式			*c*	*e*	*f*	*g*	*h*	*i*				
Si—X 键长,pm	159.4	157.7	156.5	204.8	202	202.1	220.9		216	243		
Si—H 键长,pm	147.4	147.1	145.6	145.6	146	147	157			155		
F 化学位移(对CCl_3F)	217	151	110									
耦合常数,JHF	45.8	60.5	95.8									
JHFJ[29]SiF	229	297	275									
$eQ\tau$(轻同位素)				−40.0			336			−1240		
$eQ\tau$(重同位素)				−30			278					
偶极矩,D	1.268	1.54	1.26	1.303	1.173	0.97	1.23		0.79			
键力常数,SiH		2.72		2.82			2.78		2.85	2.77		
键力常数,SiX	5.95	3.70		3.00		2.73	2.46		2.27	1.95		

注：表中 *c*. $\lg P = (-1561.87/T) - 9.4206\lg T + 32.834$；*e*. $\lg P = (-1384.8/T) + 1.75\lg T - 0.0088305T + 6.5558$；*f*. $\lg P = (-1297.2/T) + 1.75\lg T - 0.0024827T + 3.9022$；*g*. $\lg P = (-1666.95/T) + 1.75\lg T - 0.005585T + 5.70249$；*h*. $\lg P = (-1178.3/T) + 1.75\lg T - 0.00143545T + 32914$；*i*. $\lg P = 7.6542 - 1620.2/T$.

它们易于氧化，但唯有 SiH_3Br 在空气中自燃. 一般规律是：衍生物含卤素愈多，剩余≡SiH 键基还原性愈弱.

所有卤代硅烷都发生双重水解：首先是卤原子被 OH 基迅速置换而生成卤化氢，然后是—SiH 基的缓慢水解. 这两种水解反应在速度上的差异常被利用来分离出乙硅氧烷或类似衍生物

$$2SiH_3Cl + 2H_2O = 2SiH_3OH + 2HCl$$

$$2SiH_3OH = H_3SiOSiH_3 + H_2O$$

后面这种缩合反应总是发生在分子之间，故不会形成 Si═O 双键. 迄今所知其他元素的原子能与硅形成经典双键者极为少见.

但上述水解反应如在过量强碱水溶液中进行，卤素和氢均可被 OH 基迅速置换.

二卤代硅烷水解后缩合为多聚硅氧烷：

$$nSiH_2Cl_2 + nH_2O = (—H_2Si—O—)_n + 2nHCl$$

无强碱存在时，三卤代硅烷水解后生成白色聚合物 $(HSiO_{1.5})_n$ 这是一种具有层状结构的物质；在结构上它与硅氧烯 $(H_2Si_2O)_n$ 比较接近. 硅氧烯可用氯化氢的醇溶液萃取 Ca_2Si 中的钙制得；它保留着 Ca_2Si 的层状结构. 硅氧烯以其极强的化学发光能力著称. 当硅氧烯的水悬浮液为高锰酸钾氧化时即导致化学发光.

卤代甲硅烷与乙醇反应得到硅酸乙酯与卤化氢，如

$$SiHBr_3 + 3C_2H_5OH = SiH(OC_2H_5)_3 + 3HBr$$

为防止缩合反应及避免 SiH 基与反应积累的卤化氢反应，故这类反应最好在吡啶或二甲胺等卤素接受体存在时进行. 但含胺氢的碱自身亦可与卤代硅烷反应生成硅烷基胺与硅氨烷

$$SiH_3Br + 2NH(CH_3)_2 = SiH_3N(CH_3)_2 + (CH_3)_2HN \cdot HBr$$

$$xSiH_2Cl_2 + 3xNH_3 = (—H_2SiNH—)_x + 2xNH_4Cl$$

第二个反应中，卤代硅烷在氨解的同时伴随缩合反应. 这一类型的反应在用过量一氯硅烷与氨反应时表现尤为典型

$$SiH_3Cl + 2NH_3 = SiH_3NH_2 + NH_4Cl$$

$$2SiH_3NH_2 = (SiH_3)_2NH + NH_3$$

$$3(SiH_3)_2NH = 2(SiH_3)_3N + NH_3$$

$$x(SiH_3)_2NH = (—SiH_2—NH—)_x + xSiH_4$$

stock 早已指出硅氨烷与硅氧烷的密切相似性，以及硅烷反应中—NH—与—O—基的类同行为. 两者的主要差别在于硅氨结构的键能小于硅氧结构键能(Si—NH—：322kJ/mol；Si—O—，420kJ/mol)，故含前一种化学键的物质在适当条件下几乎都能水解

$$(—H_2SiNH—)_x + xH_2O = (—H_2SiO—)_x + xNH_3$$

2.3.2 对烯烃和炔烃的加成反应

关于 SiH 基对烯烃[56-65]和炔烃[66]的加成反应不断有文献报道. 研究这一类反应的意义在于它们是合成硅酮化合物的重要途径. 最初也是最主要的用于这一反应的卤代硅烷是三氯甲硅烷(三氯氢硅). 例如选用适当的有机过氧化物为催化剂,三氯甲硅烷与辛烯-1(或类似端烯化合物)进行以下反应

$$C_6H_{13}—CH{=}CH_3 + HSiCl_3 \xrightarrow{(CH_3COO)_2} C_6H_{13}CH_2CH_2SiCl_3$$

同样,戊烯-1,环己烯及异丁烯在加压下与三氯甲硅烷化合分别得到戊基三氯甲硅烷,环己基三氯甲硅烷及异丁基三氯甲硅烷. 其他许多烯烃也可在适当过氧化物存在下在回流温度与三氯甲硅烷进行加成,其中多数反应也可在紫外线或 γ 射线辐照[63,64]下进行. 据信,所有上述反应历程中均涉及自由基的反应;反应先从打开 Si—H 键开始,然后经过一系列过程形成 Si—C 键及 C—H 键

$$(CH_3COO)_2 \longrightarrow 2CH_3COO\cdot \longrightarrow 2CH_3\cdot + 2CO_2$$

$$CH_3\cdot + HSiCl_3 \longrightarrow CH_4 + \cdot SiCl_3$$

$$RCH = CH_2 + \cdot SiCl_3 \longrightarrow \cdot \underset{\displaystyle R}{\underset{|}{C}}HCH_2SiCl_3$$

$$\cdot \underset{\displaystyle R}{\underset{|}{C}}HCH_2SiCl_3 + HSiCl_3 \longrightarrow RCH_2CH_2SiCl_3 + \cdot SiCl_3$$

反应依此连续向前进行. 与硅连接的卤原子并不参与反应,它们的作用仅在于使 Si—H 键活化. 从以上的反应历程可知,过氧化物起到了引发剂的作用.

关于加成反应中催化剂的研究是该工作的一个重要方面. 有机过氧化物是常用催化剂之一;过氧化物不同,其催化效果不同. 以过氧化物对三氯甲硅烷与戊烯-1反应的催化为例,催为剂的活性按下列顺序增加,

过氧化异丁基 < 过氧苯甲酰 < 庚酮-2 过氧化物 < 过乙酸异丁酯

各种金属也影响过氧化物的催化反应:铜和铬都是抑制剂;铁的粉末能使反应完全停止,而锡则是该反应的促进剂.

过氧化物通常也是烯烃聚合反应的引发剂,故它们用作加成反应催化剂有很大局限性. 有些加成反应也可在高压釜内于 280—300℃进行,在自身压力下而不需任何过氧化物. 但高温通常也易促使烯烃聚合,而且还可能引起产物异构化或分解.

另一类更为有效的催化剂涉及到 VIII 族金属及其化合物. 这类催化剂极少引发烯烃聚合,故其应用更广.

三氯甲硅烷对乙炔的加成,铂粉是优良催化剂. 铂粉载体的性质也会影响催化

效果. 分散在氧化铝(γ 体)上的铂粉最为有效,同量铂粉分散在焦炭上效果明显下降,而分散在碳酸钙上的铂粉完全失效. 对于三氯甲硅烷与烯丙基氯的加成,铂分散在焦炭,氧化铝或硅胶上面均同等有效. 若用铑或钌代替铂,加成反应和还原反应同时发生,而分散在硅胶上的铑和钌则失去活性. 催化剂的这种敏感性质可能要涉及其制备过程中的多种因素与某种中毒机制,难以一言蔽之. 分散在焦炭上的铑以及 Raney 镍对于甲基二氯甲硅烷与异丁烯酸甲酯的加成均无催化效果,但该氯代硅烷与戊烯-1 的加成可用 $PdCl_2$, $IrCl_3$ 或 K_2PtCl_6 进行催化,效果依次增加. 另一种目前应用最广而且对多数取代硅烷与烯烃或炔烃加成反应都是有效的催化剂是氯铂酸. 应用这种催化剂时通常是以 0.1mol/L $H_2PtCl_6 \cdot 6H_2O$ 的异丙醇溶液的形式加到沸腾的反应液中. 硅烷使 Pt(Ⅳ)还原为极微细的铂分散相悬浮在溶液中. 这种催化剂(或称 Speier 催化剂)在极低浓度时便起催化作用. 例如,对以下加成反应

$$CH_3SiHCl_2 + C_3H_7CH = CH_2 \longrightarrow CH_3(C_5H_{11})SiCl_2$$

每摩尔烯烃用 5×10^{-9}mol H_2PtCl_6 催化,加成物产率为零;用 5×10^{-8}mol,产率为 82%;用 5×10^{-7}mol,产率即高达 92%. 反应放热,故试剂加到沸腾溶液时须加倍小心. 由于乙炔及低级烯烃性质过于活泼,故对它们的加成反应宜在室温下进行.

镍粉,Raney 镍,铜粉与铁粉对某些加成反应也有催化效果;五羰基铁及氧化镍在某些条件下也可用作催化剂[67].

然而以上各催化剂(包括铂)对于卤代硅烷和丙烯腈的加成均无效果. 此场合下的最佳催化剂是镍或铜的含氮碱配合物以及某些含氮碱自身[67,68]. 氯代硅烷对丙烯腈的加成可按两种方式进行,得到 α 及 β 同分异构体

$$CH_2{=}CHCN + SiHCl_3 \longrightarrow Cl_3Si{-}\underset{\displaystyle CH_3}{\underset{|}{CH}}{-}CN \quad (\alpha\text{ 体})$$

$$CH_2{=}CHCN + SiHCl_3 \longrightarrow Cl_3SiCH_2CH_2CN \quad (\beta\text{ 体})$$

有利于 α 加成的催化剂有 $NiCl_2$ 的吡啶配合物,吡啶自身(在不锈钢高压釜内),羰基镍以及 $PdCl_2$ 的三丁胺配合物加 N,N-四甲基乙二胺,而有利于 β 加成的有:$CuCl_2$ 三丁胺配合物加 N,N-四甲基乙二胺以及叔胺加三苯膦.

卤代硅烷分子中与 Si 成键的其他基团的性质也严重影响它们对烯烃和炔烃的加成反应. 例如在铂为催化剂条件下,R_nSiHCl_{3-n}形式的卤代硅烷对不饱和化合物加成反应的活泼性按下列顺序下降

$$C_2H_5SiHCl_2 > (CH_3)(C_2H_5)SiHCl > HSiCl_3 > (CH_3)(C_2H_5)_2HSi$$

但这种顺序并不绝对,如在用 H_2PtCl_6 为催化剂时对乙烯加成的活泼性顺序为

$$CH_3SiHCl_2 > (CH_3)(C_2H_5)HSiCl > C_2H_3SiHCl_2 > C_3H_7SiHCl_2$$
$$> (CH_3)(C_2H_5)_2HSi > HSiCl_3 > (C_2H_5)_3SiH$$

关于不同卤原子的影响,已知在过氧化物催化的烯烃加成过程中,三溴甲硅烷的活泼性超过三氯甲硅烷[67].

溶剂的影响也不容忽视. 例如在 CH_3SiHCl_2 对苯乙烯的加成,不用任何溶剂,以 2% Pt(Al_2O_3 为载体)作催化剂,可得 45% 的 α 异构体及 55% 的 β 异构体. 上述条件下若以四氢呋喃为溶剂,可获得 100% β 异构体. 又如用上述硅烷对丙烯腈加成,若以乙腈为溶剂,反应结果有明显改善;如加入同体积苯为溶剂,对结果毫无影响.

用紫外辐照代替催化剂以引发卤代硅烷对烯烃的加成,缺点是反应耗时过长(从 1 小时至 10 周),而且过程中烯烃有明显聚合. 如果要使聚合现象不严重,就要用三至七倍的过量卤代硅烷,才有助于缩短反应时间及提高产率.

2.4 第Ⅴ、Ⅵ族硅烷衍生物

本节涉及的硅烷衍生物主要是含 Si—N 键及 Si—O 键的硅烷基化合物. 在这一方面,Stock 及其他早期工作者已制备出乙硅氧烷($H_3Si—O—SiH_3$),三甲硅基胺[$(SiH_3)_3N$]及其他甲硅烷衍生物. MacDiarmid 在此基础上又制备出一系列甲硅基及乙硅基化合物. 表 10.25 给出部分有关化合物的物理性质.

乙硅氧烷在化学性质上与硅烷接近,具有一般硅烷的还原性质. 它与氯反应生成四氯化硅(反应剧烈可引起爆炸). 三氯化铝可使它转变为卤代硅烷,如

$$H_3SiOSiH_3 + AlCl_3 \rightarrow SiH_3Cl + H_3SiOAlCl_2 \text{ 等}$$

乙硅氧烷有较好的热稳定性;它在 300℃ 以下保持稳定. 在空气中不自燃,但点火后剧烈燃烧.

三甲硅胺的热稳定性也较好,但它在空气中自燃. 它与氯化氢反应得到甲硅基氯

$$(SiH_3)_3N + 4HCl = 3SiH_3Cl + NH_4Cl$$

甲硅基胺化合物在 Lewis 酸戊硼烷的催化下容易缩合. 与通常碱催化缩合不同,这一体系的缩合程度极为有限,故缩合产物可以一一个别检出[69]. 例如,液态三甲硅胺在 B_5H_9 存在下于 45℃ 五天内完成下列缩合过程

$$2(SiH_3)_3N \longrightarrow (SiH_3)_2NSiH_2N(SiH_3)_2 + SiH_4$$

据报道,这一反应的最初步骤可能涉及三甲硅胺与硼氢化物之间的缔合[70].

另一典型含 Si—N 键甲硅基化合物是 *N*, *N*-四甲硅基肼[$(SiH_3)_2N—N(SiH_3)_2$]. 这一化合物可从碘代甲硅烷与肼的反应来制得. 四甲硅基肼的熔点 −24℃,沸点 109℃;由于这种物质的每一分子中含四个强还原基,故它一遇到空气即发生爆炸. 它的碱性极弱(见下),也不能与甲硅基碘形成加合物. 已经知

表 10.25　第Ⅴ、Ⅵ族元素的甲硅基衍生物

衍生物	熔点,K	沸点,K	液态密度	蒸气压	偶极	Si—X—Si 键角°	Si—X 键长,pm	Si—H 键长,pm	$J_{Si—H}$ C/S	$J_{H—H}$ C/S	键力常数,Si—H	键力常数,Si—X
$(SiH_3)_3N$	167.5	325.1	0.895 (167K)	*d*	0	119.6	173.8	154	212	11		4.1
$(SiH_3)_2NCH_3$	397.2	305.4										
$SiH_3N(CH_3)_2$	276.5											
$(SiH_3)_2NC_2H_5$	146	339										
$SiH_2[N(CH_3)_2]_2$	169	366										
$SiH[N(CH_3)_2]_3$	183	417										
$(Si_2H_5)_3N$	176.0	451.9	0.873									
$(SiH_3NSiH_2)_3$		406										
SiH_3NCS	221.3	281.50				180	171.4	148.4			2.80	3.22
$(SiH_3)_2NCN$	198.3	357.8										
$(CH_3)_2NSiH_2CH_3$		359.3										
$CH_3N(SiH_2CH_3)_2$	158	353.2										
$(CH_3SiH_2)_3N$	166	381.7										
$(SiH_3)_2NB_2H_5$	204	327										
$SiH_3CH_3NB_2H_5$	234	324										
SiH_3PI_2	271.3	463										
SiH_3AsI_2	269.1	483										
$(SiH_3)_4N_2$	270.7	382	0.83									
SiH_3CN	305.5	322.7										

续表

衍生物	熔点,K	沸点,K	液态密度	蒸气压	偶极	Si—X—Si 键角°	Si—X 键长,pm	Si—H 键长,pm	$J_{Si—H}$ C/S	$J_{H—H}$ C/S	键力常数,Si—H	键力常数,Si—X
$(SiH_3)_2O$	129	257.9	0.881 193K	*c*	0.24	144	163.4	148.6	222	14		
$(SiH_3)_2S$	203	331.9										
$(SiH_3)_2Se$	205	358.3										
SiH_3SH	149	287.3										
SiH_3OCH_3	174.6	252.0			1.166							
$SiH_2(OCH_3)_2$	173.3	306.6										
$SiH(OCH_3)_3$	128.3	354.2										
SiH_3SCF_3	146	286.7										
$SiH_3SC_2H_5$		290 (0.1mm)										
$(CH_3SiH_2)_2O$	135	307.6										
$[(CH_3)_2SiH]_2O$		346										
$(CH_3SiH_2)_2S$	153	378										
$[(CH_3)_2SiH]_2S$	127	418										
$(Si_2H_5)_2O$		367.9										
$(Si_2H_5)_2S$	202.7	416.9										

注:表中 *c*. $\lg P = 7.6864 - 1232.2(1/T)$; *d*. $\lg P = (-1956.1/T) + 1.751\lg T - 0.0083T + 7.204$.

道的肼的甲硅基衍生物还有不少[71]，但它们多数已属有机硅化学的范畴(见后).

从上面介绍的各种反应以及其他许多反应中可以看到，在适当条件下，甲硅基(SiH_3—)也如同一般有机甲基(CH_3—)，在反应中可以作为一个整体进行转移. 因此我们可以得到与 CH_3OCH_3 相应的 $H_3SiOSiH_3$(乙硅氧烷，俗称二甲硅醚)，与 $(CH_3)_3N$ 相应的 $(SiH_3)_3N$(三甲硅胺)，等等. 然而这些结构形式相同的碳与硅的化合物在性质上却有很大的差异；这些外在的差异为我们在揭示这两种元素的原子在成键性质上的内在区别提供了有益的启示. 众所周知，C 原子在同 N，O 等原子成键时，其价电子总是通过某种程度的 *sp* 杂化形式. Si 原子的成键与此有明显不同，一般认为，它的 *p* 电子很可能借助自身的 3*d* 空轨道而与 N，O 等原子成键，例如，二甲醚分子中 C—O—C 的实测键角为 110°，而乙硅氧烷分子的 Si—O—Si 键角则为 155°. 其次，如前所述，Si 原子与 N，O 等强电负性原子成键时，后者倾向于将自身的多余电子反馈到 Si 原子 *d* 轨道，从而使 Si—N 键、Si—O 键具有某种程度的重键性质，例如 Si—N 键距一般较短(160—180pm，见表 10.25). 而且，如果以上的说法正确，$(CH_3)_2O$ 中的 O 原子将比 $(SiH_3)_2O$ 中的 O 原子具有更强的电子授体性质. 实验证明，$(CH_3)_2O$ 可与 B_2H_6 形成醚合物，而 $(SiH_3)_2O$ 则不能(如果单从 C 与 Si 的电负性考虑，所得结论正好相反). 又如，$(CH_3)_3N$ 分子中的 N 原子由于有一对孤对电子而使自身具有强 Lewis 碱性，且使分子几何构型呈角锥形，而看来 $(SiH_3)_3N$ 中 N 原子的孤对电子几乎完全进入重键，故它的分子是平面形的，由此它也不具碱性，也不易水解. 实验还证明，N 原子连接的 Si 原子愈多，它的碱性也愈弱；这方面的最佳例证可举四(个)三甲代甲硅基胺螺环化合物，该化合物有如下结构

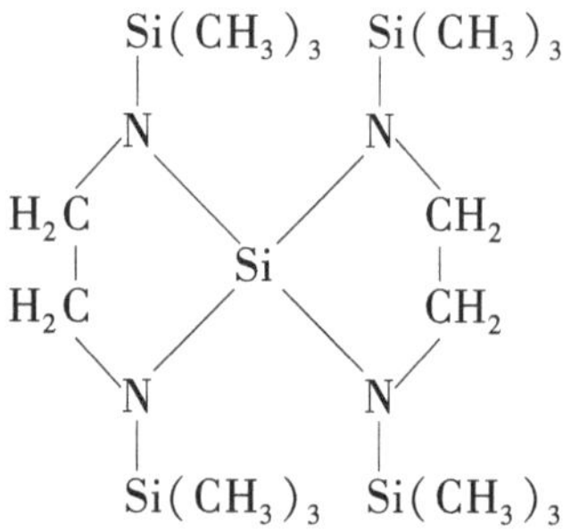

这一化合物甚至可从甲醇水溶液中重结晶而稳定不变. 在相反方面，与同一 N 原子成键的 Si 原子愈少，则该化合物的碱性愈强，例如 $CH_3SiH_2N(CH_3)_2$ 和 $(CH_3)_3SiN(CH_3)_2$ 可与甲基碘生成稳定的季胺化合物，而 $[(CH_3)_3Si]_2NCH_3$ 与 $[(CH_3)_3Si]_3N$ 则不可能.

参 考 文 献

[1] E. G. Rochow, "Comprehensive Inorganic Chemistry", Vol. 1, pp. 1323—1467, Pergamon Press

(1973).
[2] G. Herzberg, "Spectra of Diatomic Molecules", 2nd ed, N. Y. (1950), Gmelins Handbuch der anorganischen Chemie, 8th ed., System No. 15, Part B, p. 227(1959).
[3] S. A. Golubtsov et. al., *Izv. Akad. Nauk. SSSR.*, *Ser. Khim.*, 622(1972)
[4] P. P. Gaspar et. al., "Carbon Chemistry", 2nd ed., Acad. Press, N. Y. (1971).
[5] P. P. Gaspar et. al., *J. Phys. Chem.*, 76, 132(1972).
[6] P. S. Skell and P. W. Owen, *J. Am. Chem. Soc.*, 94, 5434(1972).
[7] P. John and J. H. Purnell, *J. Organometal Chem.*, 29, 233(1971).
[8] M. A. Ring et. al., *Inorg. Chem.*, 10, 883(1971).
[9] R. Schwartz and F. Heinrich, *Z. anorg. Chem.*, 221, 277(1935).
[10] F. G. A. Stone, "Halogen Compounds of the Group IV Elements", Prentice-Hall, N. Y. (1962)
[11] E. A. V. Ebsworth, "Volatile Silicon Compounds", Macmillan, N. Y. (1963).
[12] A. G. MacDiarmid, "Silicones and Their Derivatives", in "Advances in Inorganic Chemistry", Vol. 3, pp. 207—251(1961).
[13] W. G. Johnson and T. R. Horgness, *J. Am. Chem. Soc*, 56, 1252(1934).
[14] A. E. Finholt et. al., *J. Am. Chem. Soc.*, 69, 2692(1947).
[15] A. M. Pavlov et. al., *Tr. Khim. Khim. Tekhnol.*, 17(1970).
[16] E. P. Bochalev et. al., *Nauch. Tr. Nauch. Issled. Prakt. Inst. Redkometal. Prom.*, 33, 64(1971).
[17] T. Kuratomi et. al., *US Pat.* 3, 577, 220(1971).
[18] F. Feher et. al., *Z. Anorg. Allg. Chem.*, 385, 202(1971).
[19] F. Feher et. al., *Z. Anorg. Allg. Chem.*, 383, 203(1971).
[20] F. Feher et. al., *Z. Anorg. Allg. Chem.*, 384, 226(1971).
[21] 见文献[2], Gmelin, p. 744.
[22] H. Moissan, *Comp. rend.*, 135, 1284(1902).
[23] 见文献[11].
[24] J. J. Watkins et. al., *Inorg. Chem.*, 11, 3147(1972).
[25] N. N. Greenwood et. al., "Chemistry of the Elements", p. 421, Pergamon Press(1984).
[26] K. G. Sharp and T. D. Coyle, *Inorg. Chem.*, 11, 1259(1972).
[27] J. C. Thompson and C. S. Liu, *J. Organometal. Chem.*, 38, 249(1972).
[28] J. Simpson, "MTP International Review of Science" (M. F. Lappert, editor), Vol. 1, 221, London, Butterworths(1972).
[29] J. L. Margrave et. al., *Fortschr. Chem. Forsch.*, 26, 1(1972).
[30] 见文献[26].
[31] K. G. Sharp and J. L. Margrave, *J. Inorg. Nucl. Chem.*, 33, 2813(1971).
[32] J. C. Thompson and C. S. Liu, *Inorg. Chem.*, 10, 1100(1971)
[33] J. C. Thompson and C. S. Liu, *J. Organometal. Chem.*, 38, 249(1972).
[34] C. S. Liu, J. L. Margrave and J. C. Thompson, *Can. J. Chem.*, 50, 465(1972).
[35] C. S. Liu, J. L. Margrave, J. C. Thompson and P. L. Timms, *Can. J. Chem.*, 50, 459(1972).

[36] J. C. Thompsom and J. L. Margrave, *Inorg. Chem.*, 11, 913(1972).

[37] R. W. Kirk, D. L. Smith, W. Airey and P. L. Timms, *J. Chem. Soc.*, Dalton Trans, 1392(1972).

[38] Y. N. Tang, G. P. Gennaro and Y. Y. Su, *J. Amer. Chem. Soc.*, 94, 4355(1972).

[39] P. L. Timms, *Advan. Inorg, Chem. Radiochem.*, 14, 121(1972).

[40] J. L. Margrave and P. W. Wilson, *Accounts Chem. Res.*, 4, 145(1971).

[41] "The Dihalides of Group IVB Elements", Topics in Current Chemistry(F. Boschke, editor), Vol. 26 New York, Springer Verlag(1972).

[42] G. A. Oldershaw and K. Robinson, *J. Mol. Spectrosc.*, 38, 306(1971).

[43] S. Singhal and R. D. Verma, *Can. J. Phys.*, 49, 407(1971).

[44] R. W. Kirk, D. L. Smith, W. Airey and P. L. Timms, *J. Chem. Soc.*, Dalton Trans, 1392(1972).

[45] G. Mass, R. H. Hauge and J. L. Margrave, *Z. Anorg. Allg. Chem.*, 392, 295(1972).

[46] W. C. Schumb and D. F. Holloway, *J. Am. Chem. Soc.*, 63, 2753(1941).

[47] G. A. Oldershaw and K. Robison, *Trans. Faraday Soc.*, 67, 1870(1971).

[48] R. K. Mishra and B. N. Khanna, *Indian J. Phys.*, 46, 1(1972).

[49] P. L. Timms, R. A. Kent, T. C. Ehlert and J. L. Margrave, *J. Am. Chem. Soc.*, 87, 2824(1965), and Subsequent publications of J. L. Margrave.

[50] J. S. Thayer and R. West, "Organometallic Pseudohaalides", in Vol. V of "Advances in Organometallic Chemistry", Academic Press, N. Y. 169(1967); G. S. Forbes and H. H. Anderson, *J. Am. Chem. Soc*, 62, 761(1940); *ibid.* 66, 1703(1944).

[51] H. J. Emeléus, A. G Maddock and C. Reid, *J. Am. Chem. Soc.*, 353(1941).

[52] H. Buerger and G Schirawski, *Spectrochim. Acta*, 27A, 311(1971).

[53] R. Schwarz and S. E. Meyer, *Ger. Offen.*, 1, 942, 280(1971).

[54] O. Ruff, *Ber.*, 41, 3738(1908).

[55] O. Ruff and C. Albert, *Ber.*, 38, 56(1905).

[56] C. Eaborn, M. R. Harrison and D. R. M. Walton, *J. Organometal. Chem*, 32, 43(1971).

[57] K. Yamamoto, T. Hayashi and M. Kumada, *J. Organometal. Chem.*, 28, C37(1971).

[58] E. W. Bennett and P. J. Orenski, *J. Organometal. Chem.*, 28, 137(1971).

[59] J. Tsuji, H. Hara and K. Ohno, *Chem. Commun.*, 247(1971).

[60] M. Copka, P. Svoboda. V. Bavant and V. Chvalovsky, *Chem. Prum.*, 21, 324(1971)

[61] M. Capka, P. Svoboda, M. Kraus and J. Hetflejs, *Chem. Ind.*, London, 650(1972).

[62] S. Takahashi, T. Shibano, H. Kojuma and N. Hagihara, *Organometallics in Chemical Synthesis*, 1, 193(1972).

[63] T. Ueda, H. Muramatsu and K. Inukui, *Nippon Kagaku Kaishi*, 602(1972).

[64] T. Ueda, H. Muramatsu and K. Inukui, *Kogyo Kogaku Zasshi*, 74, 1676(1971).

[65] M. Capka, P. Svoboda, V. Bazant and V. Chvalovsky, Collect. *Czech. Chem. Commun*, 36, 2785 (1971).

[66] M. F. Lappert and S. Takahashi, *J. Chem. Soc.*, (*Chem. Commun.*), 1272(1972)

[67] A. D. Petrov, U. F. Mironov, U. A. Ponoma enko and E. A. Chernyshev, "Syn-thesis of Organosili-

con Monomers", Consultants Bureau, N. Y. Part 4: "Syn-thesis and Conversions of Organosilicon Hydrides", pp. 361—489 (1964).

[68] B. A. Bluestein, *J. Am. Chem. Soc.*, 83, 1000 (1961); U. S. Patents 2,971,970 (1961), 2,971,971 (1961) and 2,971,972 (1961).

[69] W. M. Scantlin and A. D. Norman, *Chem. Commun.*, 1246 (1971)

[70] W. M. Scantlin and A. D. Norman, *Inorg. Chem.*, 11, 3082 (1972).

[71] A. G. MacDiarmid, "Silanes and Their Derivatives" ("Advances in Inorganic Chemistry and Radiochemistry", edited by H. J. Emeléus and A. G. Sharpe, Vol. 3, pp. 207—251 (1961)).

10.3　硅的化合物(二)

硅主要以 Si(Ⅳ)氧化态与氧化合为二氧化硅及各种形式的硅酸类物质. 但在特定条件下,硅也能以 Si(Ⅱ)氧化态与氧结合,生成一氧化硅. 本节将集中讨论上述这一范畴所涉及的各类化合物.

3.1　一氧化硅(SiO)

一氧化硅的存在首先由分子光谱[2]及质谱[3]研究所证实,但常温下有无热力学稳定的 SiO 分子存在曾是一个疑问. 不少研究工作者多次声称他们已经制成稳定的一氧化硅,但一经鉴定,他们的制品实际上与一氧化硅无关,例如,Potter[4]所得到的"一氧化硅"(一种不透明浅棕色粉末)经 X 射线衍射实验证明,不过是白硅石与硅单质的紧密混合物. 近年硅化学领域不少工作涉及二氧化硅及各种组成"硅低氧化物"薄膜形成的研究[5],但 X 射线发射光谱证实,报道中的"一氧化硅"(块状或沉积薄膜)实际上含有硅单质和二氧化硅,没有证据说明 SiO 的存在[6]. 真正见过一氧化硅的化学家并不多,因为这种物质在 1180℃ 以下任何温度都不稳定. 通过急骤冷却,可以得到薄层介稳态的一氧化硅.

在 1100℃ 或更高温度,从硅单质或二氧化硅出发,可以经由各种途径制备一氧化硅

$$SiO_2 + Si \xrightarrow[10^{-4}\,mmHg]{1250-1300℃} 2SiO$$

$$Al_2O_3 \cdot 2SiO_2 + 2Si \xrightarrow[真空]{1450℃} Al_2O_3 + 4SiO$$

$$Al\text{-}Si(合金) + SiO_2 \xrightarrow{1200℃} Al + 2SiO$$

$$SiO_2 + H_2 \xrightarrow{1150℃} SiO + H_2O$$

$$SiO_2 + C \xrightarrow{1150℃} SiO + CO$$

$$Si(硅铁) + MgO \xrightarrow{1200℃} SiO + Mg$$

$$SiC + O_2 \xrightarrow[0.01\,mmHg]{1300℃} SiO + CO$$

$$SiC + 2SiO_2 \xrightarrow{1450℃} 3SiO + CO$$

除此之外,产生 SiO 的反应还有:以 SiO_2 与碱土金属或金属铝在隔绝空气的情况

下共同加热[8];使 SiH_4 在低于500℃的温度下不完全氧化[9]以及 SiO_2 在高于其熔点的温度下自身分解(尤其在1750—1800℃间)等. 图10.14 给出硅氧体系的假设相图[1]. 一氧化硅的物理性质列于表10.26[1]. 表10.27 列出了不同波长下一化硅的折射率和消光系数.

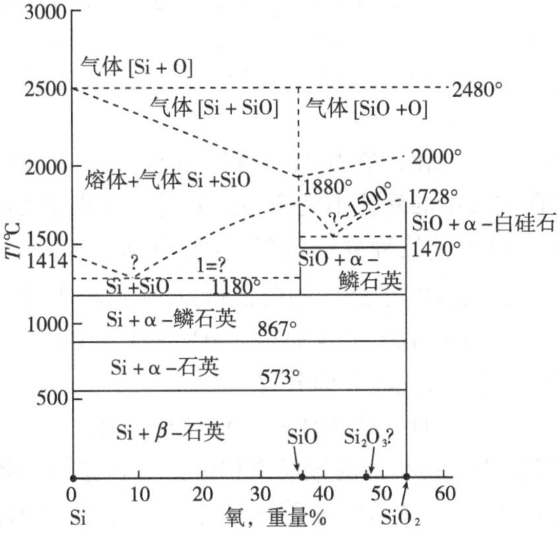

图10.14 Si–O 体系假设相图

表10.26 一氧化硅的物理性质

性 质	物理常数	性 质	物理常数
熔点	>1973K		
沸点	2153K(计算值)	晶格参数	$a=640$pm
$\Delta H_{蒸发}$	320.7kJ/mol	膨胀系数	4.6×10^{-6}
固态蒸气压公式	$\lg P=-\frac{16750}{T}+1.75T+1.9$	摩尔体积	19.77
固态蒸气压	1mmHg(1598K)	由单质(气态 O_2)形成体积改变	$\Delta V=+71.7\%$
稳定范围	1453—2753K	折射率,n	1.98
热容	38.4J/(mol·K)	n 随 λ 变化	见表10.27
熵	$S=209.5$J/(mol·K)	消光系数	见表10.27
生成热	$\Delta H^0_{298}=-89.5$kJ/mol	红外吸收最大波长	10μm
离解能(成气态单质)	708.2kJ/mol	UV 吸收最大波长	向可见区延伸
与 SiO_2 平稳温度	2273K	基态电子构型	$X'\Sigma^+$
键距	150.9pm	激发态电子构型	$A'\pi$
密度	2.13g/cm^3	介电常数	4.9
晶体结构	立方晶系,T^6		

表 10.27　一氧化硅的折射率和消光系数

λ,nm	240.0	300.0	350.0	400.0	500.0	600.0	1000.0	5000.0	7000.0
n	1.85	2.2	2.3	2.2	2.0	1.95	1.9	1.8	1.6
x	0.7	0.4	0.3	0.2	0.05	—	—	—	—
λ,nm	8000.0	9000.0	10000.0	10500.0	11000.0	12000.0	13000.0	14000.0	
n	1.2	0.9	1.9	2.8	2.75	2.1	2.05	2.0	
x	0	0.75	1.4	0.9	0.4	0.2	0.25	0.3	

就化学性质而言,一氧化硅在高温时是还原剂. 它在 500℃ 与水蒸气反应,放出氢,该温度下它在空气中的氧化不完全. 400℃ 时它可以被 CO_2 所氧化,800℃ 时被氯氧化(过程中可能生成某种硅的氯氧化物,继而又经分子重排得到 $SiCl_4$ 与 SiO_2). 它与钙-镁混合氧化物(煅烧后的白云石)反应后析出镁[7]

$$MgO + 2CaO + SiO \longrightarrow Ca_2SiO_4 + Mg$$

沸腾的强碱溶液使一氧化硅立即分解

$$SiO + 2NaOH \longrightarrow Na_2SiO_3 + H_2$$

与前述 Si 原子及卤代硅烯的凝聚反应相仿,SiO 也参与一系列低温凝聚反应. 气态 SiO 在 −196℃ 凝聚,当体系温度重新升高至室温,在此场合的硅氧化物表现出异常的化学活泼性,它可以跟与它同时凝聚的许多饱和及不饱和化合物进行化学反应,生成各种聚合物[10—12]

$$n\text{SiO} + \text{RH} = \text{RH(SiO)}_n \text{(R = 烷基,烯基,炔基,芳基}, n = 2—10)$$

$$n\text{SiO} + \text{RX} = \text{RX(SiO)}_n \text{(R = 烷基,芳基, X = Cl, Br, OH}, n = 4—6)$$

$$4\text{SiO} + \text{NH}_2\text{R} = \text{RNH}_2\text{(SiO)}_4 \text{(R = H}, n\text{-C}_4\text{H}_9)$$

对以上反应产物的分析可以证明,该实验条件下看来 SiO 基有能力直接对 C—H 键进行插入,这一情况在硅烯类化合物的凝聚反应中还未见过.

3.2　二氧化硅(SiO_2)

由前面的介绍我们不难看出,在硅化学领域中有许多方面的研究工作还不充分,其中有些尚是空白. 与此形成鲜明对照的是二氧化硅. 二氧化硅堪称当今化学学科中研究最详尽最充分的两大物质之一(另一物质可想而知是水). 有关二氧化硅的研究资料成篇累牍,例如 Gmelin 手册专用 312 页介绍二氧化硅,其篇幅之大甚至超过元素氟或元素锶. 仅二氧化硅与其他元素氧化物的作用而言,它几乎能同周期表中十分之九元素的氧化物互溶或化合(生成无数 Dalton 型或 Bertholet 型化合物);Levin 等编著的相图专辑所收集的 SiO_2 体系相图竟有 4000 幅之多. 幸喜如此庞大内容中的绝大部分已归入陶瓷化学的研究栏目,有兴趣的读者可参看有关专著及专利[14—16]. 鉴于以上情况,本节所述的仅是二氧化硅的物理和化学性质的概括.

3.2.1 天然二氧化硅的形态分类

地壳中二氧化硅(硅石)的含量高而分布广,其存在形态也多种多样. 见于报道的二氧化硅物相已超过22种;虽然这些物相中的一部分与所含杂质或晶体缺陷有关,但就"纯"二氧化硅而言,其存在物相便有十余种之多. 二氧化硅是自然界物质以多形态存在的典型. 天然二氧化硅的形态大致可分为以下几类.

(1) 晶态. 属于这一形态的二氧化硅有石英,鳞石英和白硅石,其中每一种都有自己的低温与高温变体(α -变体与β -变体). 由于所含微量杂质之不同,天然石英又有岩晶,紫晶,玫瑰晶,烟晶,茶晶及美晶石英等各个品种. 天然石英还是花岗石,砂岩及天然砂粒的主要成分.

(2) 非晶态(无定形态). 这类二氧化硅包括各种水化程度的无定形物质,其中主要有蛋白石和硅藻土等.

(3) 隐晶态. 这一形态的常见天然二氧化硅有玉髓,玛瑙,碧玉,红玉髓,缟玛瑙及燧石等.

(4) 玻璃态. 属于这一形态的天然二氧化硅形成于大块陨石撞击地面时的超高压之下. 这是一种质地致密的高密度物质,称为科石英(coesite). 较为常见的天然玻璃态二氧化硅是黑曜石.

除天然二氧化硅外,还有两种人工合成产物,即凯石英(keatite)和 W-硅石(W-silica).

就晶态二氧化硅而言,其结构主要是由$\{SiO_4\}$正四面体通过角原子而连接起来的无限阵列. 它的各种变体随温度变化的关系大致可参见图 10.15 的相图. 普通石英,即α -石英或低温石英(Si—O 距:159.7 与 161.7pm;Si—O—Si 键角 144°)仅在573℃前稳定;超过该温度,α -石英即转变为其β -变体(高温石英). β -石英基本上保持其前身的结构,但晶格排列更加整齐(Si—O—Si 角 155°). 图 10.16 给出这两种变体的示意结构. 上述转变进行快速而且可逆,过程中不涉及任何化学键或大范围的结构变动. (左旋石英转变后保持为左旋,可见变化不大.) 这种转变称为非再建性转变. 当温度上升为 867℃,β -石英又转变为β -鳞石英. 这是一次再建性转变,伴随的晶格变化相当显著;原有的$\{SiO_4\}$四面体被撕裂,变成更简单的低密度六方结构. 为此,这一转变相当迟缓(故当温度上升过快,β -石英可于 1550℃直接熔化而无上述转变). 鳞石英有低温,次高温及高温三种变体. 图 10.17 给出其高温(或β_2-)变体的晶体结构. 当β -鳞石英冷却至约 120℃,它又经历一次非再建性转变得到介稳态的α -鳞石英(相应晶格原子稍作位移). 另一方面,当温度上升为 1470℃,晶体内部发生第二次再建性变化,β_2-鳞石英转变为β -白硅石. 这一转变迟缓,故在转变点以下,β -白硅石有可能以介稳相存在. 在 200—280℃间,晶体出

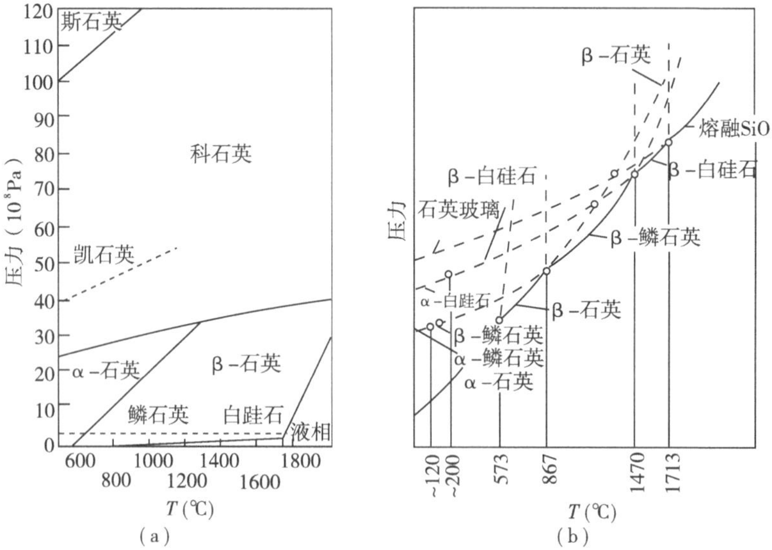

图 10.15　(a) SiO_2 的压力-温度相图，图示各种晶态的稳定区；图中在水平虚线以下的部分示于图(b)中. 图(b)表明正文中所阐述的各种晶态变化. 注意图(a)与图(b)的坐标刻度未按比例[17]

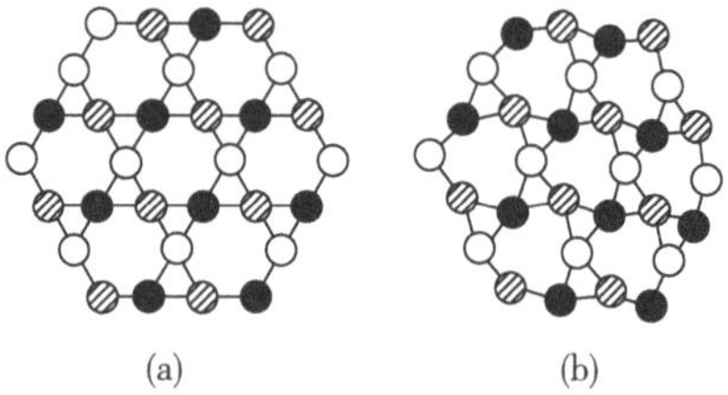

图 10.16　α-石英(b)与 β-石英(a)的对称性比较. 图中仅画出 Si 原子

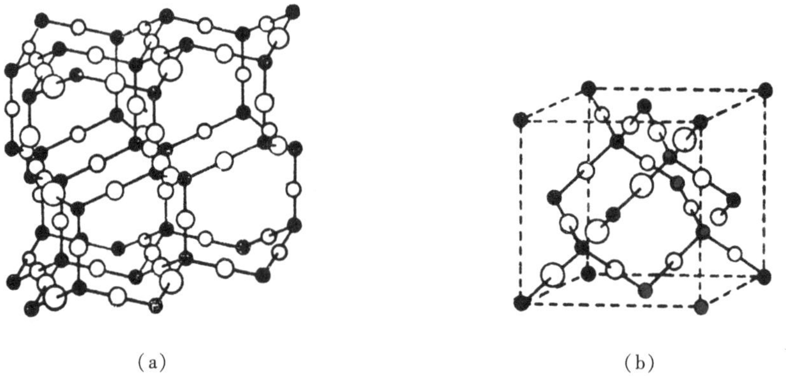

图 10.17　β-鳞石英(a)与 β-白硅石(b)的理想化结构图中小黑圈代表 Si 原子

现另一次快速可逆变化，β -白硅石转变为 α -白硅石(Si—O，161pm；Si—O—Si，147°).

在 1713℃，白硅石熔化为中等黏度的无色液体，但其逆过程(晶化过程)较难实现，因这种液态物质常易形成膨胀系数很低的玻璃态固体(软化点约 1500℃).这种过冷物质由低温直至 1000℃，均处于介稳态，但若能使它在 1100 至 1300℃间保持相当长时间，它可晶化为 β -白硅石(而非鳞石英). 上述各种晶态转变可归纳为以下关系图[17]

$$\beta\text{-石英} \underset{\text{慢}}{\overset{867°}{\rightleftharpoons}} \beta\text{-鳞石英} \underset{\text{慢}}{\overset{1470°}{\rightleftharpoons}} \beta\text{-白硅石} \underset{\text{迟缓，易形成玻璃态}}{\overset{1713°}{\rightleftharpoons}} \text{液态 } SO_2$$

β -石英 ⇅ 快 573° α -石英；β -鳞石英 ⇅ 快 120—260° α -鳞石英；β -白硅石 ⇅ 快 200—280° α -白硅石

二氧化硅有三种晶态形成于高压之下(见图 10. 15)科石英(coesite)最初由 Coes 在实验室制成，后又在自然界发现，该晶体具有由四个{SO_4}四面体连接起来的网架结构，其中含四员与八员环结构. 凯石英(keatite)的形成压力更高，其结构中{SiO_4}连接为五，七和八员环，斯石英(stishovite)是 SiO_2 晶态中密度最高的一种(表 10. 28)，它具有金红石结构，其中含六配位的 Si.

表 10. 28　各种形态 SiO_2 的密度(室温)

密度，g/cm^3		密度，g/cm^3	
w-硅石(纤维状)	1.97	β -石英(600℃)	2.533
勒石英(lechatelierite)	2.19	α -石英	2.648
玻璃态 SiO_2	2.196	科石英	2.911
鳞石英	2.265	凯石英	3.010
白硅石	2.334	斯石英	4.287

W-硅石是一种密度很低的纤维状物质，它形成于晶状 SiO(介稳态)的歧化过程中

$$SiO_2 + Si \xrightarrow[10^{-4}\text{mmHg}]{1250—1300°} 2SiO \longrightarrow W\text{-}SiO_2 + Si$$

W-SiO_2 的结构特征是{SiO_4}四面体用两条相对的棱边分别与前后两个四面体共享，由此形成无限长链(类似于 SiS_2 与 $SiSe_2$ 的结构)；这种结构在 Si—O 化学中极为罕见，因为通常硅氧连接总是通过共享{SiO_4}的 O 角原子来实现的. 这种构型很不稳定，故纤维状 SiO_2 一旦受热或有少量潮气存在时，便很快转变为无定形的二氧化硅.

表 10. 28 给出各种形态二氧化硅的密度[17].

3. 2. 2　二氧化硅的物理性质

表 10. 29 列出二氧化硅的部分物理性质. 普通石英(α -或低温石英)有左旋石

英与右旋石英之分;它们互为结构对映体. 在这两种石英的六方晶体棱柱上,所有宏观晶面皆一一对称(图 10.18). 由于结构上的这一特性,两种晶体分别具有使偏振光振动面左旋或右旋的能力,故普通石英常是旋光仪的主要光学部件材料. 石英还具有压电性质. 沿石英晶体某一晶面切割下来的晶片,经精细磨制成一定厚度,便可用作具有确定频率的晶控振荡器元件(用于无线电发射机). 天然完整石英晶体在这方面的应用供不敷求,为此近代发展了用水热法生长石英晶体的整套技术,可以提供大小和质量均合乎规格的人造石英晶体. 水热法技术要点如下:在钢制弹式容器中用水溶解二氧化硅玻璃,体系温度控制在水的临界温度之上;溶解的二氧化硅在一小块石英晶种上结晶析出;由于玻璃态二氧化硅比普通石英具有更高的自由焓,它的溶解度也大于后者,故体系中的溶解以及在石英晶体上的沉积过程不会中断. ——二氧化硅玻璃的生成自由能 ΔG_f 值在 298K 时为 -798.7kJ/mol,α-石英的相应值为 -805.0kJ/mol;另据 Berezhnoi[7],二氧化硅玻璃在 703kg/cm^2 压力下的溶解度为 2429ppm(400℃),石英在相同条件下的溶解度仅为 1259ppm.

表 10.29　二氧化硅的物理性质

物理性质	α-石英	β-石英	β-鳞石英	β-白硅石	玻璃态石英
熔点,K	1823		1976	1986	约 1773
熔融热,kJ/mol	8.53			8.8	
沸点,K	3223	3223	3223	3223	3223
晶相转变点,K	846^a	1140^b	1743^c		
转变热,J/g	10.5^a	837^b	293^a	837^a	
热容,J/g,373K	0.694	0.791	0.473		0.774
热导,J/(cm·S·K),373K	79.5^d				0.0142
晶格常数,a,c,nm	0.49127;0.54046	0.501;0.547	0.503;0.822	0.711^e;	
晶体对称性	D_3	D_6	D_{6h}	O_h	
Si—O 键距,nm	0.161	0.155		0.1541	0.162
Si—O—Si 键角,°	142	155			
密度,g/cm^3,273K	2.6507	2.533^f	2.262	2.21	2.1957
Mohs 硬度	7				5.5
弹力常数	*	*			*
压缩系数β,10^{-7}cm/(N·K)	2.65				2.69
抗拉强度,kg/cm^2	1210^d				43,872
声速,m/s	5870				5730
在 UV 区透明限	150.0nm				199.0nm
吸收与 Raman 谱	*	*			*
折射系数,589.2nm	1.5442		1.4773	1.484^g	1.4584
介电常数	4.55^d				3.810
损耗因素,10^4tgδ	1.5^h				1.0^h
绝缘强度,MV/cm	6.7^d				5.4

*参见 Gmelin,8th. ed. System No. 15,PartB,pp217—408. a. α→β 转变;b. β-石英→β-鳞石英转变;c. β-鳞石英→β-白硅石;d. 平行于 c 轴;e. 在 250℃;f. 在 600℃;g. 对 α-变体;h. 在 15 兆周

3.2.3 二氧化硅的化学性质

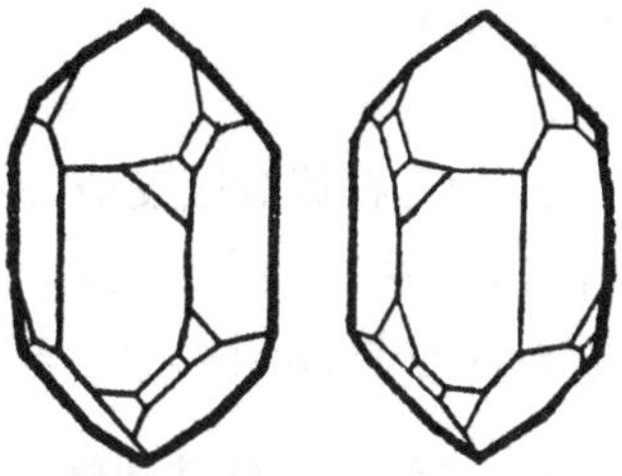

图 10.18 左旋石英和右旋石英，所有宏观晶面——对称

不论何种形态的二氧化硅皆可溶于 40% 氢氟酸；无定形水合二氧化硅的溶解速度最快，玻璃态的次之，α-石英溶解最慢．溶解的产物是不同组成的 $SiF_4 + H_2SiF_6$，其相对含量取决于溶解温度和氢氟酸浓度．前人曾经认为，石英或普通玻璃对于无水 HF 具有抗性，但这种说法不确；实际上它们与 HF 的反应很快就开始，而且过程中由于 HF 与 SiO_2 的反应自身有水产生(诚然，由磷酸盐及氟化物制成的非硅酸玻璃可以承受 HF 的作用；这种玻璃可以用作 HF 流量计或计量器)．石英玻璃经适当处理后，可对氟具有相当强的抗腐蚀性，方法是将该玻璃置于真空中彻底焙烤干燥，并在焙烤后用氟对玻璃进行预处理，再将氟抽去．但须注意，完全干燥的玻璃实际不存在．所有玻璃均含溶解水，这部分水终究会从内部向外慢慢扩散而参与反应．

所有碱性溶液均可腐蚀二氧化硅，但溶液的 pH 值只有在超过 13 或 14 的情况下，腐蚀作用才有明显速度．

碱金属碳酸盐熔体能溶解大多数含 SiO_2 的矿物及硅酸盐

$$SiO_2 + K_2CO_3 = K_2SiO_3 + CO_2$$

在这一类反应以及 SiO_2 体系所参与的多数高温反应中，二氧化硅都作为一种酸出现．它能够置换另一弱酸或挥发性酸，故甚至硫酸盐亦可与 SiO_2 发生作用以制造玻璃

$$Na_2SO_4 + SiO_2 = Na_2SiO_3 + SO_3$$

硝酸盐在 1000℃ 或更高温度也有类似反应

$$2KNO_3 + SiO_2 = K_2SiO_3 + NO + NO_2 + O_2$$

在这一方面，二氧化硅确是一种来源方便，价格低廉的酸性材料．这一点也正是它在冶金工业上发挥重要作用的主要原因．

在讨论二氧化硅化学反应时，有一颇有意义的方面值得重视．在二氧化硅从一种晶态向另一晶态转变期间，它所参与的化学反应速度可以大大加快．这是因为：在转变期间，晶格离子或原子刚刚失去它们原先所在位置并正试图在另一晶态中寻觅新的晶格位置，此际它们有可能暂时摆脱晶格力的束缚而表现出某种程度的液态反应特性，导致反应加速．举下例为证

$$NiO + SiO_2 \longrightarrow NiSiO_3$$

此反应开始于 573℃(注意该温度是 α-与 β-石英的转变点)；继续升温，在 600℃ 至 900℃ 间反应速度基本上保持不变．900℃ 以后，在向白硅石转变期间，反应速度又有较大幅度的增加[18]．又如，在既定条件下，α-石英及 β-石英对 SO_2 的氧化均

无催化活性

$$2SO_2 + O_2 = 2SO_3$$

但在 573℃,石英对该反应确有明显催化效果. 在硅化学范畴之外,还可举出若干例证. 但下述结论明确无疑:二氧化硅在其晶态转变时期的化学性质比它在其他时期所表现的更加活泼. 这一结论在陶瓷化学研究中可能有重要意义.

3.2.4　二氧化硅与其他氧化物的反应

二氧化硅与其他金属氧化物或准金属氧化物的反应较为复杂. 经常可以看到,随着温度和组成的改变,一个简单二元体系可能有若干新化合物产生,并形成多种低共熔体系. 为此,对这一类型反应体系的描述,最好借助于相图. 前人进行长时期实验工作所获得的各类相图为我们在这方面提供了详尽的资料. 这一范畴的研究可以 Morey 与 Bracek 的工作为代表[16].

现在就从较简单的 SiO_2-Na_2O 二元体系开始讨论. 图 10.19 给出该体系的相图. 图中标出 Na_2SiO_3 及 $Na_2Si_2O_5$ 的同成分熔点 1080℃及 867℃. 由这两种成分与 Na_2O 及 SiO_2 形成三种低共熔体系. 由图可以清楚看出,从高熔点的 SiO_2 逐步过渡为低熔点的硅酸钠玻璃的全过程. 应该说明,图中某些组分可溶于水;尤其是,若将赤热熔体直接倾入冷水,同时大力搅拌,便可以得到我们熟知的硅酸钠水溶液(水玻璃). 硅酸钠水溶液的实用性与其组成密切相关,其中细节可见图 10.20 所示的组成状况图及其说明.

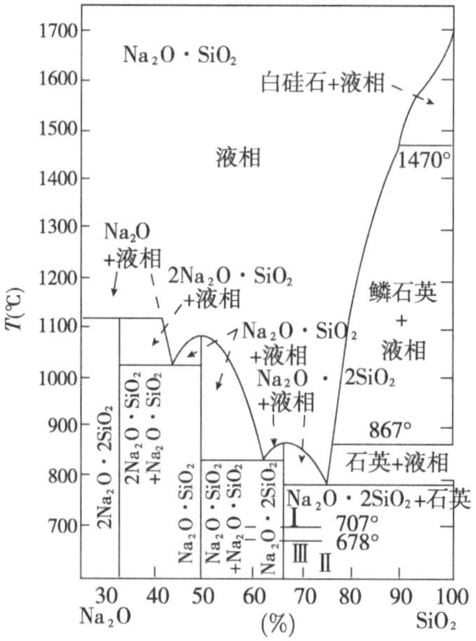

图 10.19　SiO_2-$2Na_2O \cdot SiO_2$ 体系

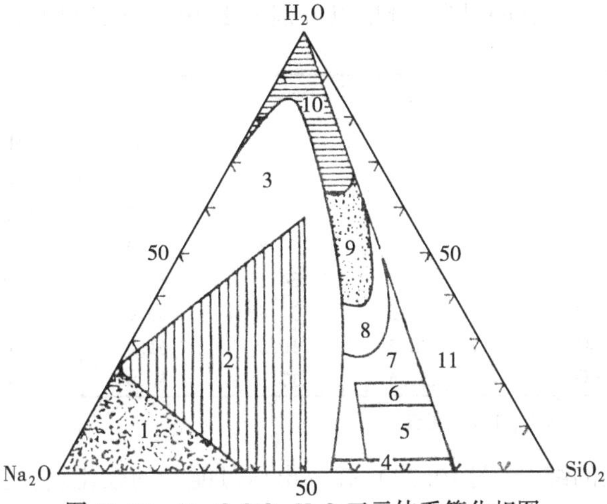

图 10.20　Na_2O-SiO_2-H_2O 三元体系简化相图

由图可知,具有工业价值的可用组成范围(阴影部分)很窄:(1)无水"Na_2SiO_4"与 NaOH 混合物;(2)晶态碱金属硅酸盐(如 Na_2SiO_3)及其水合物;(3)不经济的部分晶化混合物;(4)玻璃;(5)不经济的水合玻璃;(6)去水液相;(7)不经济的固相和凝胶;(8)不稳定的黏稠液相;(9)普通工业液相;(10)稀液相;(11)不稳定液相与凝胶

图10.21给出SiO_2-CaO体系的相图.由图可见,硅酸钙的熔点比相应钠盐的

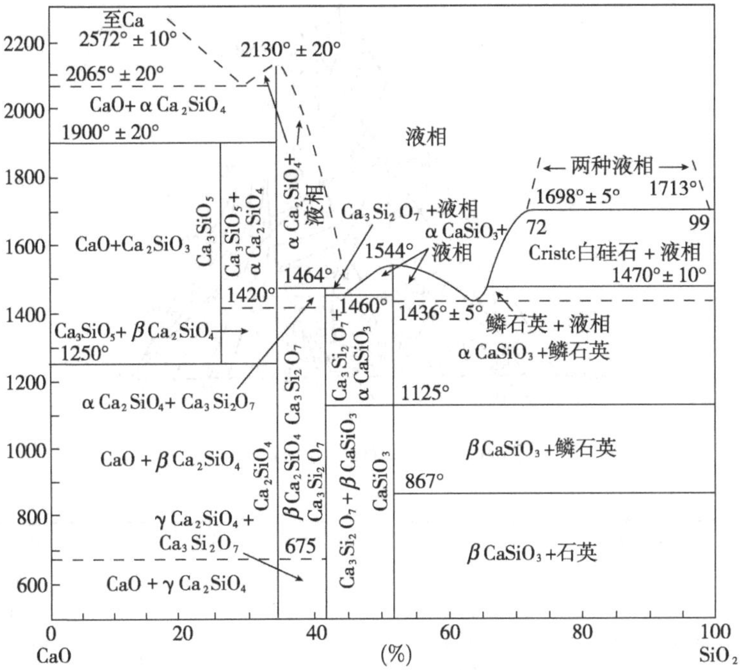

图 10.21　CaO-SiO_2 体系

高得多(Ca_2SiO_4 与 $CaSiO_3$ 同成分熔点分别为 2130℃与 1544℃).

化　合　物	CaO	Na_2O	SiO_2	温度	备注
SiO_2			100.0	1710	M
$\alpha CaO \cdot SiO_2$	48.3		51.7	1540	M
$\beta CaO \cdot SiO_2$	48.3		51.7	1180	T
$Na_2O \cdot SiO_2$		50.8	49.2	1088	M
$Na_2O \cdot 2SiO_2$		34.1	65.9	874	M
$2Na_2O \cdot CaO \cdot 3SiO_2$	15.6	34.4	50.0	1141	D
$Na_2O \cdot 3CaO \cdot 6SiO_2$	28.5	10.5	61.0	1047	D
$Na_2O \cdot 2CaO \cdot 3SiO$	31.6	17.5	50.9	1284	M

注:M = 熔点; D = 分解点; T = 转变点

以上两体系的综合(图 10.22),并寻出尽可能低的软化点,便得到日用玻璃的配方:SiO_2,79%;CaO,8.5%;Na_2O,12.5%.更为常见的情况是用氧化钾代替部分氧化钠以扩大玻璃的适用温度范围及改善玻璃的机械性能.

与二氧化硅反应并可用于玻璃制造的氧化物还有:

B_2O_3　B_2O_3 进入玻璃成分,降低硅酸盐玻璃熔点,极大地降低玻璃的膨胀系数,但也增加了玻璃的可溶性.

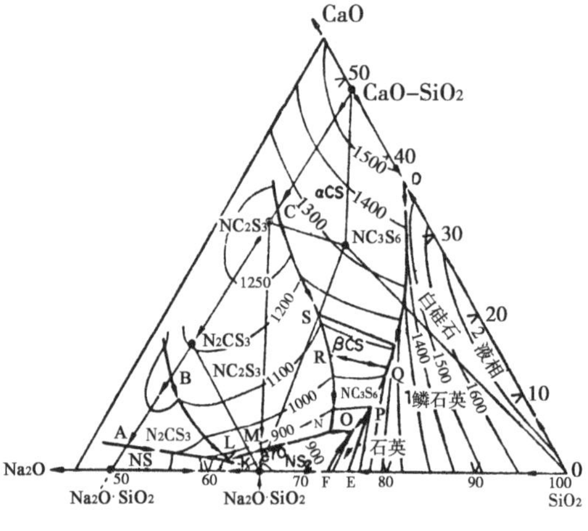

图 10.22　Na_2O-CaO-SiO_2 体系

符	号	晶　相	CaO	Na_2O	SiO_2	温　度
△	A	NS-N_2CS_3	3.0			1060
●	B	N_2CS_3-NC_2S_3	11.5			1141
△	C	NC_2S_3-αCS	33.0			1280
△	D	αCS-S	37.0		63.0	1436
⊙	E	T-石英		24.3	75.3	870

续表

符	号	晶 相	CaO	Na_2O	SiO_2	温 度
△	F	石英-NS_2		26.4	73.6	790
*	K	NS_2-NS-N_2CS_3	1.8	37.5	60.7	821
○	L	N_2CS_3-NC_2S_3-NS_2	2.0	36.6	61.4	827
○	N	NS_2-NC_2S_3-NC_3S_6	5.2	24.1	70.7	740
*	O	NC_3S_6-Q-NS_2	5.2	21.3	73.5	725
○	P	Q-NC_3S_6-T	7.0	18.7	74.3	870
○	Q	T-βCS-NC_3S_6	12.9	13.7	73.4	1035
○	R	NC_3S_6-$NC_2S_3\beta$CS	14.5	19.0	66.5	1030
●	S	βCS-NC_2S_3-αCS	19.5	17.7	62.8	1110
●	T	αCS-S-βCS	15.6	11.4	73.0	1110
△	1	NS-NS_2		38.0		840

注：△二元低共熔物；*三元低共熔物；●分解点；○反应点；⊙转变点；C = CaO；N = Na_2O；S = SiO_2；Q = 石英 T = 鳞石英

Al_2O_3　Al_2O_3 的存在提高玻璃熔点及增大玻璃晶化倾向，但可增强玻璃对水及碱性溶液的抗腐蚀能力.

MgO　MgO 有时代替部分氧化钙以扩大玻璃的可工作范围.

ZnO　某些德国玻璃含有这一成分；这种玻璃具有高度抗化学腐蚀性能.

化学实验室所用玻璃的一种典型配方是：SiO_2，83.9%；B_2O_3，10.6%；Al_2O_3，1.2%；Na_2O，3.9%以及 K_2O，0.4%. 这种玻璃的特点是组成中碱金属含量大幅度降低而代之以 $B_2O_3 + Al_2O_3$，其优点是抗化学腐蚀能力强与热膨胀系数较低. 它的热膨胀系数约为 3×10^{-6}，此值颇低于苏打-石英玻璃的 100×10^{-6}（作为比较：石英玻璃的热膨胀系数为 0.25×10^{-6}）. SiO_2-Na_2O-B_2O_3 三元体系低钠部分的相图见于图 10.23.

有时在相图某一区域（通常在高 SiO_2 区）共存两种非混溶液相. 由于组成不同，它们对化学腐蚀剂的反应活性也不相同. 含有这种混合成分的玻璃器皿如果在适当温度下长时间充分加热，以使该两液体的分散相再现，然后淬火，便可使玻璃变成乳色. 将此器皿再用一种可使其中一相溶解的试液沥取，便得到只含另一相的多孔玻璃器皿. 后者再经洗涤、干燥并加热至它的熔结温度；在该温度下，玻璃熔结，收缩，最后得到该器皿的体积略小的透明制品. 以上做法的目的在于使最后制品中几乎不含可溶性碱金属物质而只剩高含量的二氧化硅（例如 Vycor 玻璃含 SiO_2 达 96%）. 这种玻璃材料具有石英玻璃的所有优点：低膨胀系数，高熔点和很高的抗化学腐蚀性能等，而且还适合自动机制. 对比之下，石英玻璃则显得工作范围窄，而且它一旦到达熔点立即熔化，冷凝时硬化也快，故石英玻璃器皿一般不宜机制，手工制作也需要较高技艺.

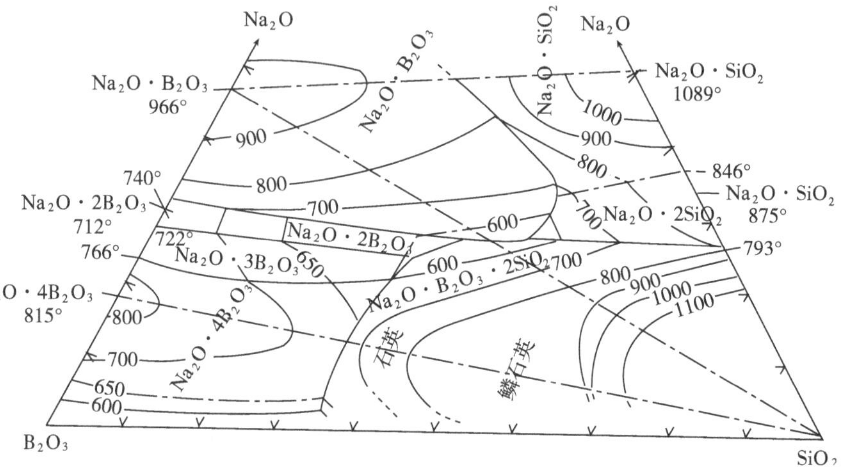

图 10.23　Na_2O-B_2O_3-SiO_2 体系

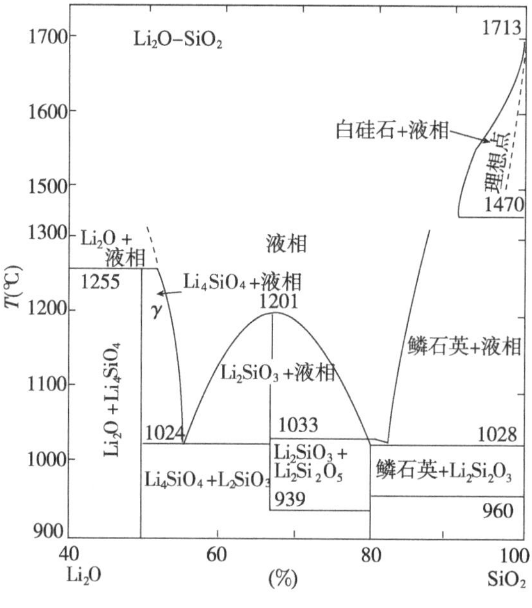

图 10.24　SiO_2-$2Li_2O \cdot SiO_2$ 体系

二氧化硅易与锂的氧化物(或氢氧化物,硝酸盐,碳酸盐及硫酸盐)发生反应生成正硅酸锂(Li_4SiO_4)和硅酸锂(Li_2SiO_3,mp,1021℃),如图 10.24 所示. 该体系低共熔物熔点略高于相应钠盐的熔点. 若将 Na_2O 加入 SiO_2-Li_2O 体系,其熔点将大大降低而形成某些低熔玻璃. 一种成分接近于 $Na_2O \cdot Li_2O \cdot SiO_2$ 的低共熔物,熔点只有 637℃;这一数值可能已接近二氧化硅体系熔点的最低值.

图 10.25 的 $PbO-SiO_2$ 体系在 710—725℃间形成连续低共熔物，组成中完全无碱金属参与. SiO_2 与 B_2O_3 或 P_2O_5 的各种组合也可得到若干种低共熔物. 所有这些硅酸盐熔体均能溶解过渡金属氧化物，因此它们全可用作这类氧化物氧化-还原反应的非水溶剂.

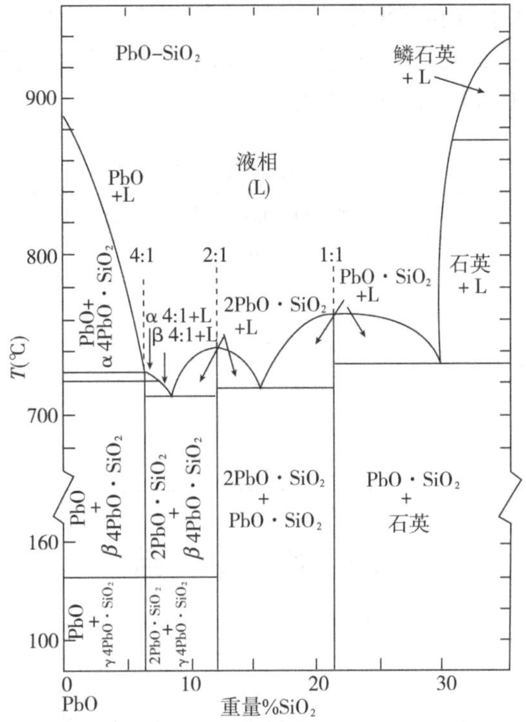

图 10.25 $PbO-SiO_2$ 体系

硅酸盐熔体对几乎所有金属氧化物的这种溶剂作用很有实际意义：在某些场合有益，而在另一些场合则有害. 例如，少量氧化铁溶于玻璃而使玻璃着有 Fe(II) 的特征绿色（铁在玻璃中保持 Fe(II) 状态的部分原因是高温有利于过渡金属的低氧化态，部分原因是加热的火焰具有中等还原性）. 氧化钴的存在可使玻璃染成深蓝. 二氧化锰使玻璃产生浅粉红色（可用来抵销玻璃中杂质铁形成的浅绿色）. 其有害方面主要是玻璃熔体对熔槽耐火材料有强烈的腐蚀作用.

玻璃组成中若含有锆，钛，铝及其他金属氧化物悬浮体即形成玻璃陶瓷；瓷釉实际上也是一种含氧化铝的高熔点透明玻璃. 在某种程度上陶瓷也可看作由玻璃基体黏结起来的陶粒的熔结体. 视颗粒粗细及熔结程度之不同，陶瓷品大致可分成以下几等：

(1) 轻度熔结，粗糙多孔，基本上未玻璃化，如常见的墙砖；

(2) 熔结度略高，质地较细，多孔，如瓦与未上釉的陶器；

(3) 玻璃化程度较高,质地细致但仍有细孔,如未上釉的瓷器或“瓷坯”;

(4) 高度玻璃化,半透明,表面光洁而不透水,如瓷器,尤其是细瓷器.

二氧化硅与其他氧化物反应的另一个实用方面是水泥. 水泥是一种复杂的硅酸盐混合物. 工业上将石灰石、黏土与炉渣或页岩的混合物粉碎成一定粒度,然后送入转窑煅烧,去除水分和二氧化碳,并使混合物在一定程度上熔结,玻璃化. 熔块冷却后再粉碎至一定粒度,并与石膏粉(用以控制水泥凝固时间)混合,便得到一定标号的水泥. 表 10.30 给出两种水泥的组成.

表 10.30 两种典型水泥的组成

化合物	普通水泥(Portland 水泥)%	高氧化铝水泥%
SiO_2	19—25	3—11
Al_2O_3	5—9	38—48
Fe_3O_4	2—4	2—15
CaO	60—64	35—42
MgO	1—4	
SO_3	1—2	

3.3 硅 酸 盐

3.3.1 硅酸盐分类

X 射线衍射实验证明:在所有硅酸盐结构中,与同一硅原子成键的氧原子(以 O^{2-} 阴离子形式存在)彼此相距均在 260 至 280pm 之间,而与不同硅原子成键但彼此相邻的氧原子之间的距离也落在该数值范围以内. 由此不难推测,在晶态硅酸盐中,O^{2-} 离子必定以某种密堆积的形式排布. 实验还证明,体积较小的 Si 原子处在 O^{2-} 离子密堆积阵列的正四面体空隙之中. 根据异质同构取代原理,晶体空隙中的 Si 原子可被铝原子所置换. 其他金属离子如 Fe^{2+},Mn^{2+},以及 Mg^{2+},由于大小接近,故在这种间隙位置上可以彼此置换而无需改变晶格构造(但改变了晶体的物理性质,如密度,光学性质等). 这种置换作用主要取决于置换离子的体积大小而非所带电荷;置换过程中造成的电荷不平衡可通过其他途径获得补偿(例如进入 Na^+ 或 Li^+ 离子,或以 OH^- 离子代替 O^{2-} 离子等). 如此看来,天然硅酸盐化学组成之复杂多样也就不难理解. 基于以上情况,对硅酸盐的分类若以阴离子或化学组成为基础就有困难;较为妥善的做法是以它们的晶体内部结构作为分类依据. 各类硅酸盐在结构上最有意义的差别在于 SiO_4 正四面体连接方式上的不同. 从这一角度出发,硅酸盐大体上可分成以下几类:

1. 具有独立硅氧阴离子团的硅酸盐

这类硅酸盐又有以下几种情况：

(1)阴离子团只含一个 SiO_4 正四面体，无任何氧原子与其他正四面体共享. 这类硅酸盐称为正硅酸盐或原硅酸盐，其阴离子团的形式为 SiO_4^{4-}；

(2)阴离子团含两个 SiO_4 正四面体，但有一个氧原子为两个四面体所共享，形成阴离子团 $Si_2O_7^{6-}$，称为焦硅酸盐阴离子；

(3)阴离子团含有三个或更多个 SiO_4 正四面体，其中每一正四面体均有两个氧原子分别与另两个正四面体所共享，形成环状阴离子团，$(SiO_3)_n^{2n-}$；图 10.26 给出这些阴离子团的示意结构.

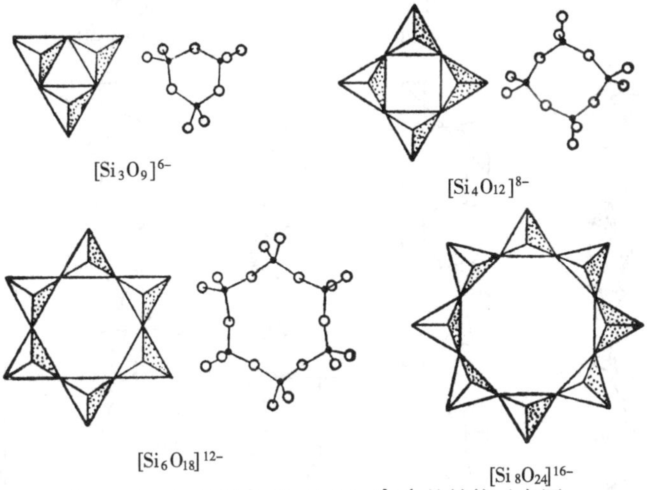

图 10.26　环状阴离子团 $(SiO_3)_n^{2n-1}$ 的结构示意图，
图中 n 分别等于 3,4,6 与 8

2. 具有 SiO_4 正四面体无限长链的硅酸盐

每一正四面体有两个氧原子分别与前后两个四面体共享，其负电荷沿长链分布，不形成环状阴离子. 正四面体长链的形式如

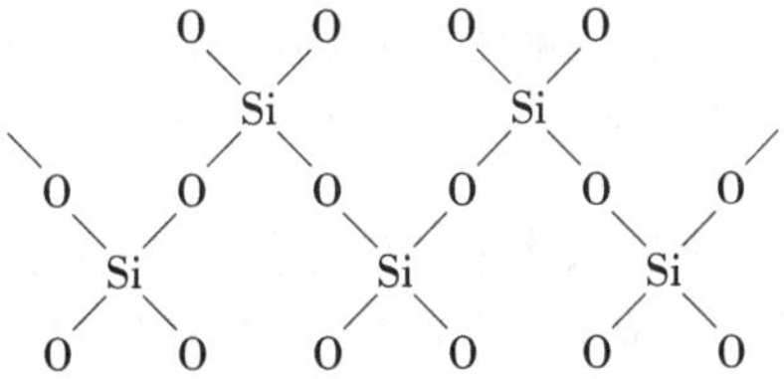

这些长链和上述阴离子环一样，具有平均组成 $(SiO_3)_n^{2n-}$，但这两类硅酸盐由于结构上的重大差别，其机械性质截然不同. 图 10.27 给出含各类阴离子长链的硅酸盐的结构示意图. 图示的各种阴离子长链在各自的结构中相互平行，并满足链间阳离子所需配位.

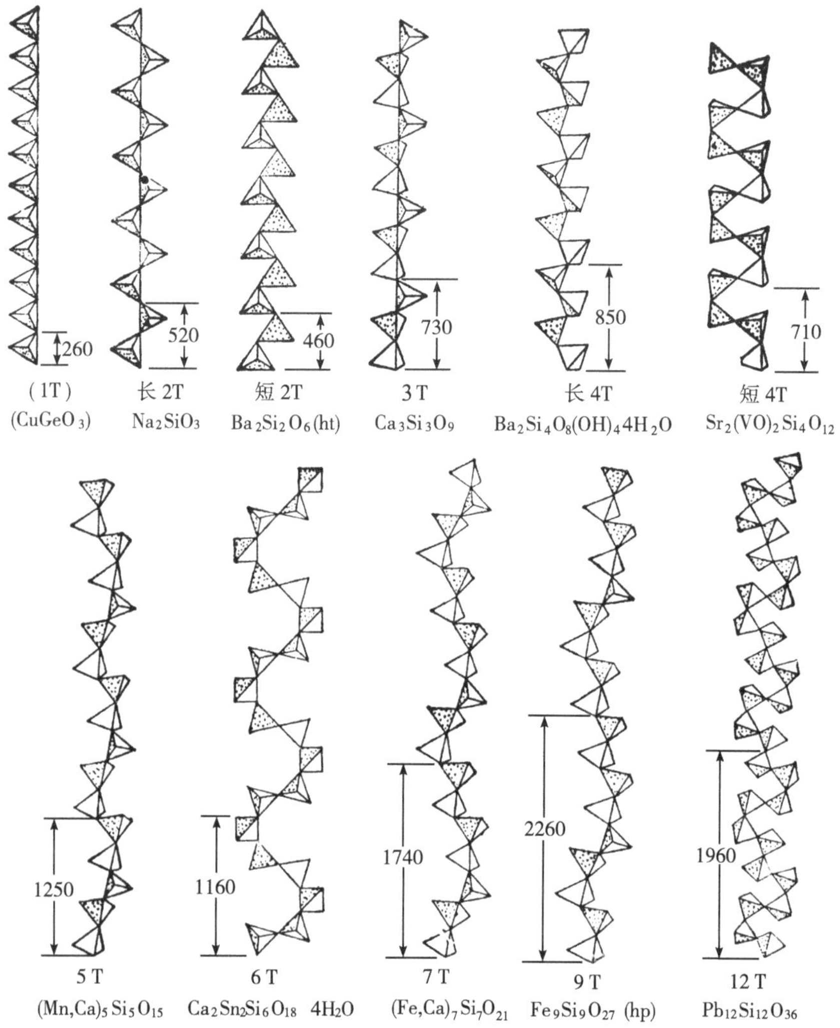

图 10.27　各种硅酸盐阴离子长链的结构示意图

长链中每隔 1,2,…,7,9 或 12 个四面体(T)形成一个结构单元,这种单元沿同一方向重复和延伸便得到“无限”长链. 图中标出数字是每一单元的长度(pm),符号(ht)代表高温体,(hp)代表高压体

3. 具有 SiO_4 四面体二维层状构造的硅酸盐;每一四面体皆有三个氧原子分别与相邻的三个四面体共享,形成硅、氧交替的“无限”二维层状结构. 层状结构中四面体之间的组合可取多种方式,其中以组成正六边形环状结构最为普遍(如云母). 阴离子平均组成为$(Si_4O_{10})_n^{4n-}$.

4. 具有 SiO_4 正四面体三维网架构造的硅酸盐,SiO_4 正四面体的每个氧原子皆与相邻四面体共享,形成“无限”三维网架结构. 晶态二氧化硅的结构属于这一类型. 结构中的硅若有部分为铝所取代,便得到长石或硅藻土的结构.

以上四种结构的硅酸盐分别讨论如下.

3.3.2 含独立阴离子团的硅酸盐

1. 正硅酸盐

含独立 SiO_4^{4-} 阴离子的典型天然矿物是橄榄石[$(Mg,Fe,Mn)_2SiO_4$]. 这种矿物的结构特征是:Si 原子位于 O^{2-} 离子密堆积的正四面体空隙中央,而 Mn^{2+} 等离子则处于该密堆积的八面体空隙之中. 橄榄石主要由正硅酸盐所组成,Fe^{2+} 离子的数目仅相当于镁离子数目的九分之一,而 Mn^{2+} 离子的数目更少得多. 另一类结构相仿的天然矿物是粒硅镁石类矿物,其组成可写成$[Mg_2SiO_4]_m[Mg(OH)_2]_n$ 通式. 粒硅镁石本身的组成为$[MgSiO_4]_2 \cdot [Mg(OH)_2]_2$,有关矿物的 m/n,之比有 1, 2,3 和 4 等. 组成中的 OH^- 离子均可为 F^- 离子所置换.

锆英石亦是人所共知的正硅酸盐,其组成为 $ZrSiO_4$. 这种矿物的组成虽然简单,但结构相当复杂;矿物结构中 Zr^{4+} 居于八配位位置,有半数 O^{2-} 离子与之相距 205pm,另半数 O^{2-} 离子则相距 241pm[19]. 其他比较典型的正硅酸盐矿物还有硅铍石和石榴石. 硅铍石(Be_2SiO_4) 晶体结构中的 Be^{2+} 和 Si^{4+} 都是正四面体配位. 石榴石[$(Cu,Mg,Fe)_3(Al,Cr,Fe)_2(SiO_4)_3$]结构中正二价离子为八配位,正三价离子为六配位.

普通水泥的主要成分也是正硅酸盐. 从转窑煅烧出来的混合物含有 Ca_2SiO_4, Ca_3SiO_5(仅在 1250℃以上稳定,冷却后即分解为 CaO 与 Ca_2SiO_4),$Ca_3Al_2O_6$ 以及 Ca_2AlFeO_5. Ca_2SiO_4 有四种晶型,此处所涉及的是它的 β 体. 干燥的 β-Ca_2SiO_4 在室温时是介稳的,但它一旦与水接触,即膨胀为低密度而稳定的 α 体(橄榄石结构),与此同时还有许多水化物形成,其中包括 $Ca_3(SiO_3 \cdot OH)_2 \cdot 2H_2O$ 和 $Ca_2(SiO_3 \cdot OH)OH$,以及水化铝酸盐和硫酸盐.

2. 焦硅酸盐

天然硅酸盐中含独立 $Si_2O_7^{6-}$ 阴离子的较为常见,可举以下实例.

(1)异极石　这是一种锌矿石,其组成可表示为 $Zn_4(OH)_2 \cdot Si_2O_7$;

(2)符山石　这种矿物是 Ca,Mg,Al 与 Fe 的焦硅酸盐,组成中也含有正硅酸根阴离子;

(3)绿帘石　这种矿物的组成可以表示为 $Ca_2FeAl_2(SiO_4) \cdot (Si_2O_7)O(OH)$.

3. 具有$(SiO_3)_n^{2n-}$ 环状阴离子的硅酸盐

含这种阴离子的天然硅酸盐以绿玉类矿物($Be_3Al_2 \cdot Si_6O_{18}$) 最为人所熟知. 这类天然宝石有时无色,有时呈浅蓝绿色(如海蓝宝石),有时为绿色(如绿宝石). 在此类矿物的结构中,六边形阴离子环成平行平面排列,通过正离子的作用而结合在一起.

3.3.3　含阴离子长链的硅酸盐

这一类型硅酸盐中较为常见的有:

(1)硅酸钠与硅酸锂　这类硅酸盐含有延伸的阴离子链,其中硅氧键的 Si—O—Si 键角为 137.5°,Si—O 键距 168pm(非链的氧原子距硅原子 157pm).

(2)辉石矿　包括透辉石[$CaMg(SiO_3)_2$],顽火石($MgSiO_3$)以及黝辉石[$LiAl(SiO_3)_2$]等.

(3)闪石矿　包括透闪石[$Ca_2Mg_5(Si_4O_{11})_2(OH)_2$]以及它的许多变体.

辉石矿和闪石矿结构上的主要区别在于辉石矿结构中含阴离子硅氧单链,而闪石矿则含有阴离子双链(呈梯状结构),见图 10.28 所示. 由于结构上的这一特点,这类矿物宏观上都具有纤维状结构.

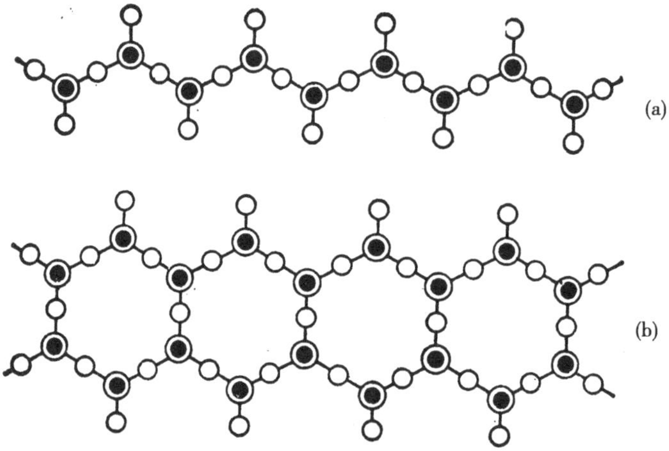

图 10.28　辉石矿(a)与闪石矿(b)中的硅氧阴离子长链

3.3.4　含层状结构的硅酸盐

这类硅酸盐在变形岩和风化岩中最为常见,其中包括云母,黏土类矿物以及蛇纹石型的温石棉(即普通石棉)等. 这些矿物的层状结构可描绘如下:两个氧原子平面层之间紧夹一个硅原子平面层(硅氧成键),形成氧-硅-氧夹心饼干式层状构造;夹心层与夹心层之间再通过 Mg^{2+},Ca^{2+} 与 Fe^{2+} 等二价阳离子"黏结"在一起,构造中的硅可被铝所置换. 如果 O^{2-} 离子为 OH^- 离子所置换,一价阳离子也可置换上述二价阳离子. 置换的结果是使得这类矿物的组成非常复杂,几乎无法用化学成分对它们进行分类. 图 10.29 给出滑石和叶蜡石层状结构的示意图. 注意图中滑石的层状构造,作为两个硅-氧-硅夹心层"黏结剂"的是水化 Mg^{2+} 离子,而叶蜡石结构中起相同作用的是水化铝离子.

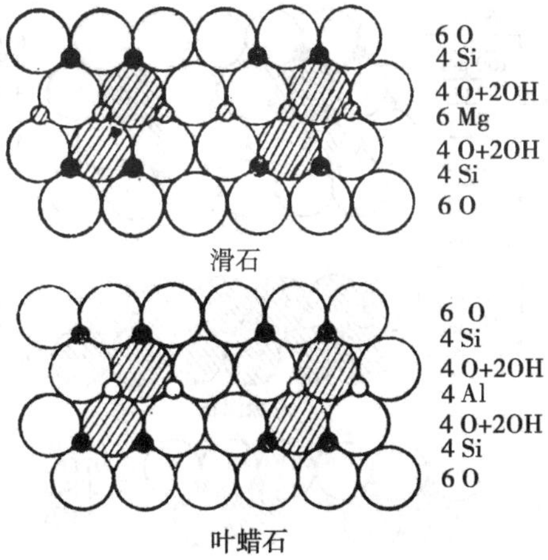

图 10.29　滑石和叶蜡石的层状结构(剖面示意图)

云母类矿物是天然硅酸盐含层状结构的典型实例, 其中白云母[$KAl_2(OH)_2Si_3AlO_{10}$]和金云母[$KMg_3(OH)_2Si_3AlO_{10}$]具有和滑石相似的结构;在此场合作为夹心层黏结剂的是 K^+ 离子,并由此而使云母质地坚硬而有脆性. 如果滑石或叶蜡石的双层再用水化镁、铝离子层隔开,便可得到绿泥石的结构,见图 10.30(a).

黏土类矿物可举多水高岭土、高岭土和蒙脱土为实例. 多水高岭土与高岭土的层状结构可见图 10.30(b)与(c). 蒙脱土的结构与叶蜡石的相同,但 c 轴间距较长.

所有黏土类矿物都能吸收水分,但吸收水分的比例和方式有所不同. 蒙脱土在硅铝层之间吸水而使其结构的 c 轴单方向伸长;当湿土干燥时就发生相反的过程,使土层大大收缩. 膨润土的吸水方式与此不同,它以极细的颗粒多边吸水,致使颗粒多方向散开而成凝胶.

3.3.5　含三维聚阴离子的硅酸盐

这是硅酸盐的一个大类. 按 Wells[19] 的分法,这类硅酸盐大体上可分为长石,沸石和佛青三类,分别介绍如下.

(1) 长石　这类矿物是大多数火成岩的主要成分. 在地壳上层 15 公里范围内,它们约占地层总重量的 60%. 它们由成分不同但结构相近的多种硅酸的碱金属盐及碱土金属盐所组成. 从结构上看, 长石可以分成两大类,一类是多孔或大离子型长石,其组成为 $KAlSi_3O_8$(正长石)或 $BaAl_2Si_2O_8$(钡长石);另一类是小离子型长石,其组成为 $NaAlSi_3O_8$(钠长石)或 $CaAl_2Si_2O_3$(钙长石). 在前一类长石的结构中,K + Si 为 Ba + Al 所取代(类质同晶取代),总体上大小无变化;后一类结构中,较小的 Na + Si 为 Ca + Al 类质同晶置换,以维持电荷分布平衡.

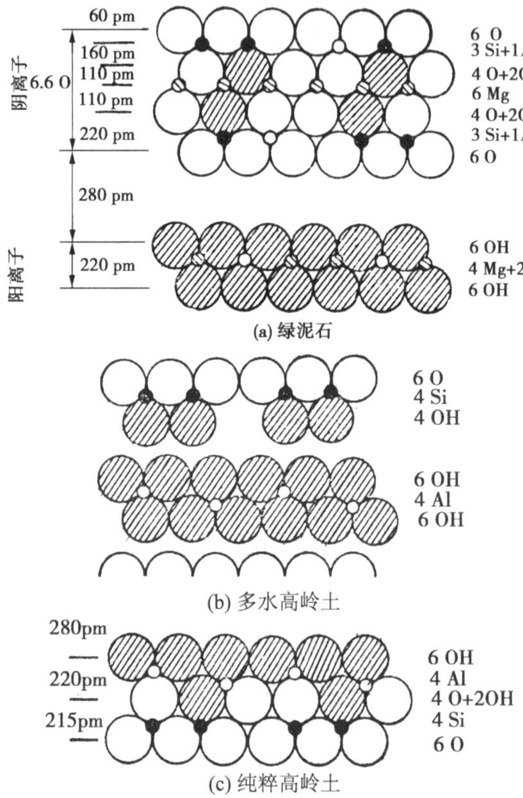

图 10.30　绿泥石、多水高岭土与纯粹高岭土的层状结构(剖面示意图)

工业上长石用于制陶或制釉.

(2) 沸石　这一类矿物具有$(Si, Al)_nO_{2n}$.形式的多孔网架结构,该结构实际上可以看成SiO_2结构中部分Si^{4+}离子为Al^{3+}离子所取代,电荷的平衡可由网架空隙中的阳离子所维持.水很容易从这种结构中被吸入或排出,而当水中含有阳离子时,它们可与空隙中原有的阳离子进行交换.沸石是一种熟知的天然无机离子交换剂.Na型沸石常用于硬水软化.沸石还可在其内部空隙中吸收CO_2和NH_3等气体分子,它甚至还能吸收乙醇及汞等液体.沸石的内部空隙有时还可依据分子的大小与形状对某些烃类进行选择性吸附,故某些类型的沸石可用于分离烷烃.但内部空隙大小适用于以上分子特性吸附的天然沸石毕竟不多,故在模仿其结构特征的基础上发展了多种类型人造沸石(分子筛),这是近代无机合成的一项重要成就.

其他在化学上较有意义的天然沸石还有:菱沸石,组成:$(Ca, Na_2)(Al_2Si_4O_{12}) \cdot 6H_2O$,可用作气体吸附剂和阳离子交换剂;杆沸石,组成:$NaCa_2(Al_5Si_5O_{20}) \cdot 6H_2O$,可用作硬水软化剂;钠沸石,$Na_2(Al_2Si_3O_{10}) \cdot 2H_2O$,这是一种纤维性沸石;铯沸石,$Cs(AlSi_2O_6) \cdot xH_2O$,用于提取铯.

(3) 佛青　天青石及市售合成蓝色染料(佛青)均属于此类硅酸盐. 它们在结构上与沸石密切相关但不含水分. 此类硅酸盐在化学成分上也不同于沸石,例如方钠石含有氯,黝方石含硫酸根离子,日光榴石含有铍以及天青石与染料佛青中含有硫离子等. 工业上用碳酸钠、硫、氧化铝及二氧化硅混合物加热熔融以制备佛青. 它的近似组成可写作 $Na_8Al_6Si_6O_{24}S_2$. 因佛青不含过渡金属,故其蓝色仅与其结构有关.

近年来硅酸盐研究工作中一个很有意义的方面是有关超高压及高温下的硅酸盐晶相研究. 这一研究使地球化学学者有可能模拟地表以下数千公里深处的条件去探询在这类晶相转变过程中所引起的体积改变. 据信,通过这一途径将为地震机制的研究提供有价值的信息.

3.4　硅酸及有关化合物

与其他无机酸相比,硅酸(或二氧化硅的水合物)的形态与组成状况要复杂得多. 基于 SiO_2 与 H_2O 的密切相似性(包括这两种物质晶态结构上的相似性),二氧化硅可以形成多种形态和组成的水合物,其中包括组成确定的单分子型硅酸(如正硅酸,偏硅酸与焦硅酸等),聚分子型硅酸以及二氧化硅的各种溶胶与凝胶. 本节从最简单的单分子型硅酸开始讨论,然后再涉及其他有关内容.

3.4.1　单分子型硅酸

Iler[20] 曾指出,当将各种硅酸的水溶液蒸发成它们的固相,这些水溶液的个性特征即告完全消失. 人们很难判断在这些固相中有无确定组成的某种硅酸,亦即,人们无从回答这些固相中是否曾经含有偏硅酸根,正硅酸根或者前一节在晶态硅酸盐中遇到的那些特征离子与离子群. 但在水溶液中(以及某种程度在固相)已经证实有五种组成确定的单分子型硅酸. 表 10.31 列出这五种硅酸的组成以及它们在水中的溶解度.

表 10.31　单分子硅酸的组成与溶解度

硅酸名称	相对组成	含水量(重量)%	溶解度(20℃)10^{-4}mol/dm^3
五水二硅酸,$H_{10}Si_2O_9$	$SiO_2 \cdot 2.5H_2O$	42.8	2.9
正硅酸,H_4SiO_4	$SiO_2 \cdot 2H_2O$	37.4	7
焦硅酸,$H_6Si_2O_7$	$SiO_2 \cdot 1.5H_2O$	32.2	9.6
偏硅酸,H_2SiO_2	$SiO_2 \cdot H_2O$	23.1	10
偏二硅酸,$H_3Si_2O_5$	$SiO_2 \cdot 0.5H_2O$	13.03	20

(1) 五水二硅酸($H_{10}Si_2O_9$). 这是五种硅酸中含水最高的一种. 将正硅酸乙酯

溶于一半体积的乙醇，然后加入 50 倍体积之水，在 17℃长时间搅拌（少量 HCl 存在，搅拌时间可以缩短）. 所得固态产物在 11℃缓慢干燥即可得到 $SiO_2 \cdot 2.5H_2O$ 的稳定态物质，但其中所含水分即使在 11℃也不易长时间稳定.

（2）正硅酸（H_4SiO_4）. 有多种途径可制备正硅酸，其中主要有：以四氯化硅或正硅酸乙酯水解；以无机酸稀溶液与 Na_4SiO_4 反应；以不含 CO_2 的氯化氢在 −25℃与 $Na_4SiO_4 \cdot 4H_2O$ 缓慢反应，再用无水乙醇或乙醚洗涤；以 80% 硫酸在 −17℃与正硅酸锂作用等.

$SiO_2 \cdot 2H_2O$ 与液氨作用时，其中部分 H_2O 可为 NH_3 所置换，生成 $SiO_2 \cdot xNH_3 \cdot yH_2O$（式中 $x+y=2$）. 正硅酸是一种固态物质，它在 300K 的水蒸气压只相当于纯水的三分之一. 正硅酸大约在 pH2—3 最为稳定.

（3）焦硅酸（$H_6Si_2O_7$）. 这是正硅酸的一种衍生物. 焦硅酸是由沉淀后的二氧化硅缓慢脱水或由水与二氧化硅在恒压下长时间作用形成的[21]. 在 300—320K 间，焦硅酸的水蒸气压比 H_4SiO_4 的低 20% 左右.

（4）偏硅酸（H_2SiO_3）. 用适当浓度的 H_2SO_4 或丙酮使 H_4SiO_4 部分脱水可制成偏硅酸. 另一制法是用 Na_2SiO_3 的微晶粉末在低于 15℃的温度下与 80% 硫酸作用，大力搅拌，然后加入数升冷水，所得白色固体在洗去硫酸后在双层滤纸间吸干. 其他固态硅酸脱水最终也成为偏硅酸[22]. 液氨作用于偏硅酸，使组成中部分水为氨所置换；置换上去的氨在 −78.5℃不会被泵抽出；在该温度下，（$NH_3 + H_2O$）对 SiO_2 之比保持为 1.0. 升温后，有较多的氨可被泵抽出. 在 20—50℃区间，剩余物中（$NH_3 + H_2O$）对 SiO_2 之比保持为 0.50 ± 0.22. 以上事实清楚表明偏二硅酸氨合态之存在.

（5）偏二硅酸（或二硅酸，$H_2Si_2O_5$）. 这种硅酸可通过其他硅酸恒温脱水制备. H_2SiO_3 在 45℃时转变为 $H_2Si_2O_5$；在 50℃时此过程是可逆的. $H_2Si_2O_5$ 的水蒸气压比 H_2SiO_3 的小得多：320K 时为 9mmHg 对 16mmHg；350K 时为 14mmHg 对 28mmHg. 偏二硅酸也可用浓盐酸处理硅酸钠来制备；此法用 Na_2SiO_3、$Na_2Si_2O_5$ 或 $NaHSiO_3$ 均无妨，因为随后用无水丙酮长时间脱水（120 小时脱水），最终会得到含 $0.5molH_2O$ 比例的固态产物. 其他任何硅酸经 P_2O_5 强烈脱水也可得到相同的定组成化合物. 偏二硅酸是一种白色固体粉末. 当它的微细颗粒悬浮于水中时，呈现丝状外观，并可得到它的 X 射线衍射图，但在 150℃它转变为无定形. 它与液氨作用后生成另一种固体，其中有半数 H_2O 为 NH_3 所置换. 该物质的 X 射线衍射图与 $H_2Si_2O_5$ 的颇相似，证明有 $NH_4H \cdot Si_2O_5$ 形成，同时说明氨的碱性仅足以与 $H_2Si_2O_5$ 的第一离解氢反应.

以上各种单分子硅酸均是很弱的无机酸. 表 10.32 列出偏硅酸的二级酸离解常数.

3.4.2　聚分子硅酸

由于硅与氧之间难于形成经典双键，故在一切非离子型硅氧化合物中，氧总

表 10.32　偏硅酸的离解常数

K_a	测定方法
	一级离解常数,$K_{a1}=[H^+][HSiO_3^-]/[H_2SiO_3]$
4.2×10^{-10}	电位滴定,0.1mol/LHCl 滴定 0.05mol/L Na_2SiO_3
3.1×10^{-10}	由 Na_2SiO_3 – HCl 滴定曲线,氢电极
1.6×10^{-10}	由水解数据计算
1.9×10^{-10}	由 $Si(OCH_3)_4$ 皂化动力学数据计算
10^{-12}	二级离解常数,$K_{a_2}=[H^+][SiO_3^{2-}]/[HSiO_3^-]$
	电位滴定,同上
1.7×10^{-12}	滴定曲线,同上
0.5×10^{-16}	由水解数据计算
4.4×10^{-13}	由 $Si(OCH_3)_4$ 皂化动力学数据计算
2.3×10^{-11}	电位滴定,0.1mol/L HCl + 0.05mol/L H_2SiO_3,用 0.17mol/L NaOH 滴定

是同两个不同硅原子成键,从而形成硅氧长链或三维网架. 这一事实,我们可以从 SiO_2 与 CO_2 以及硅酮与碳酮之间的重大差别得到充分说明. 因而不难设想,偏硅酸与偏二硅酸等带较少 OH 端基的硅酸必定易于聚合;它们只需经历很短时间便可由自身结构过渡为聚合硅酸结构. H_2SiO_3 的聚合形式可以表示为

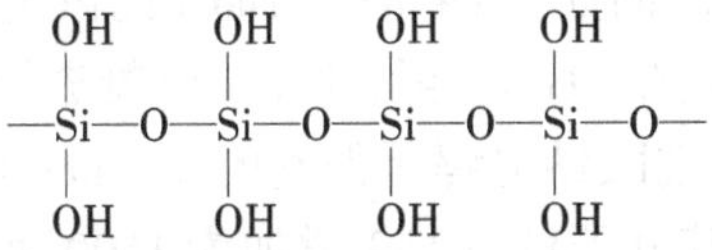

上式中—$Si(OH)_2$—双功能基也可用相当比例的单功能基与三功能基代替. 相邻硅氧链之间的缩合交联又形成 OH 基含量更低的聚硅酸

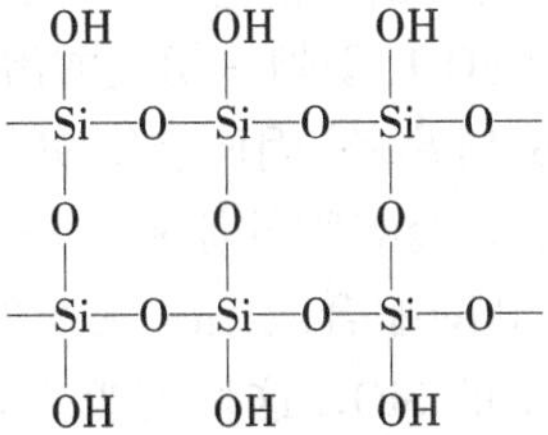

以上这种交联现象有程度上的不同,有时交联程度较低(形成低级聚硅酸),有时交联程度较高(形成高度缩合的聚硅酸),其极端情况是完全交联(SiO_2 自身).

基于 SiOH 基固有的酸性(所有硅醇的酸性皆强于相应碳醇的酸性),故所有含 OH 基的缩合硅氧结构均可看成与它们所含 OH 基多少有关的弱酸.

正硅酸的聚合与所在溶液的 pH 值密切相关. 例如,在 pH = 2 或 3,0℃,由四氯化硅水解所产生的正硅酸,其浓度在短时期内甚至可高达 0.1mol/L(相当于含 $SiO_2$0.6%),虽然在此场合下的 SiO_2 溶度限只有 0.01%. 在其他较低或较高的 pH 值场合,正硅酸很快缩合成聚硅酸,然后又进一步形成二氧化硅溶胶或凝胶(当然在强碱溶液内使正硅酸转变为它的碱金属盐可以长时期贮存).

就高度缩合的聚硅酸而言，在其微细颗粒之内部，有可能接近于—Si—O—Si—链完全交联，而在该颗粒外表的氧势必未曾饱和，它们仍可接受质子，从而使颗粒表面为 SiOH 弱酸基所覆盖，在此意义上，高度缩合的聚硅酸与胶态二氧化硅并无本质上的差别.

3.4.3 胶态二氧化硅

室温下，不论用正硅酸乙酯或四氯化硅水解，或以酸中和硅酸钠溶液所得到的各种硅酸，都能很快缩合并形成大小在胶态分散相范围内的微细颗粒. 这一过程往往不会停顿，直至逐渐增大的硅氧网架内部吸足水分，最终以凝胶方式析出. 凝胶的形成速度与所在溶液的 pH 值有关. 概括说来，在酸性介质中的凝聚速度要比在中性或碱性介质中的大得多. 如前所述，这一过程在强碱溶液中根本不会发生. 实验证明，在 1mol/L NaOH 溶液中的 SiO_3^{2-} 阴离子非常稳定，但在 pH 为 13. 5 至 10. 9区间，最稳定的阴离子是 $Si_2O_5^{2-}$. 当 pH 值低于 10. 9 时，缩合反应开始，但实际还不可能出现胶凝，因为初形成的胶粒由于表面吸附大量 OH^- 离子而带负电荷，从而阻止过程深入进行. 但此时溶液中若有高浓度可溶性盐类存在，表面负电荷的保护作用就可能丧失. 例如，当溶液中 NaCl 的浓度超过 0. 2mol/L，胶凝过程甚至可在碱性溶液内发生. 在 pH =5 至 8 区间，胶凝进行最快，但当 pH 值下降为 2 时，胶凝速度再度减慢. 由硅酸钠电解所得到的 0. 5mol/L 二硅酸溶液，在 pH =3. 2 时最为稳定，四天时间内其分子量由 159 增加为 1500. 前已指出，酸的存在对硅酸的缩合以及已形成溶胶的胶凝皆有普遍加速作用. 至于在 pH =2 附近的反常行为，Iler[20] 认为是由于在溶液中存在微量 F^- 杂质离子作用的结果. 由此我们可以断言，除非溶液中存在 HF 或 NaOH，否则一切硅酸溶胶的胶凝过程均会很快进行；HF 或 NaOH 都易使 Si—O—Si 键离解，因而抗衡缩合反应.

工业上用硅酸钠作为制备硅酸溶胶的原料. 以硅酸钠溶液通过氢型阳离子交换树脂可获得纯硅酸溶液，在硅酸缩合成 1nm 大小的颗拉时，即加入强碱稳定剂. 由此制备的硅酸溶胶约含 30% 的 SiO_2. 这种溶胶主要应用于纺织和造纸工业. 它也可用作乳化剂和胶体保护剂. 它还可掺入地板涂料作地板防滑剂.

3.4.4 硅胶

硅胶的应用极为广泛，故人们对它的研究也较详尽. 制备硅胶的原料是硅酸钠. 用于中和硅酸钠的试剂有多种，其中包括各种无机酸，有机酸，酸式盐，CO_2，SO_2 以及 Cl_2. 有时也可用电解法使硅酸钠中和. 所得硅酸经过干燥，体积大大收缩，然后再用水洗去一切可溶性物质. 干燥的速度和干燥方法都影响硅胶产品的孔性和体密度，因为在通常蒸发过程中，水蒸气逸出时常可使硅胶崩裂成细小颗粒. 防止硅胶崩裂的一个有效手段是用乙醇通过扩散置换其中水分，然后将含醇硅胶在高压釜内在乙醇临界温度以上加热. 在此条件下,将乙醇不断抽出,最后可得到极高表面积和极低体密度的硅胶骨架. 这类“气凝胶”主要用作硅橡胶的增强剂.

硅胶实用性的一个方面在于它能吸收大量气体(在其内,外表面). 市售硅胶的每克表面积可达 300—800cm^2, 而孔径大小可达 2—15nm,硅胶经过热水充分洗涤并经过各种“活化”处理,其表面积及孔径均可有所改变. 硅胶对不同极性的分子吸附能力不同. 它对极性分子的吸附能力超过它对烃类的吸附能力. H_2O,SO_2 以及 NH_3 等极性分子可被硅胶牢固吸附. 当将硅胶用来干燥相对湿度为 80% 的空气流时,每克表面积为 800cm^2 的硅胶可以吸收相当于自重 40% 的水分.

在硅胶制备的初始阶段,如在硅酸钠中加入其他成分,可使制成后的硅胶表面含有铁,钙,铝或其他元素的原子. 这种做法可以大大改变硅胶表面的化学活性. 其他物质也可通过溶液或蒸气处理方法,分布在硅胶表面. 二氧化硅自身在非均相催化过程中具有酸的活性;如使其表面载带碱性氧化物或载带铂、镍及其他催化剂,则硅胶在许多催化过程中都有重要用途(例如在石油提炼,烃的催化氧化以及硫酸生产等工业过程中). 实验室常用的“蓝胶”,其中含钴盐指示剂. 工业上生产不同类型的硅胶,以满足各种不同需求.

3.5 硅酸的有机酯

3.5.1 正硅酸四乙酯[$Si(OC_2H_5)_4$]

以乙醇作用于四氯化硅,发生以下反应

$$4C_2H_5OH + SiCl_4 \longrightarrow Si(OC_2H_5)_4 + 4HCl$$

产物 $Si(OC_2H_5)_4$ 是一种无色液体. 对于这类甲硅烷的烃氧基取代物的命名,一般采用酯类的命名规则. 正硅酸四乙酯通常简称为硅酸乙酯. 工业上大规模地采用上述反应生产硅酸乙酯. 为取得最佳产率,最好采用以下步骤进行反应:在 20—40℃之间,将 $SiCl_4$ 逐渐加入无水乙醇,并不断用干燥空气流带走反应生成的无水氯化氢;残存的氯化氢用 $NaOC_2H_5$ 中和,再将产物蒸馏提纯. 即使采用以上步骤也不能获得 100% 产率,因为无水氯化氢易与过量乙醇反应,使部分乙醇转化为醚或氯代乙烷

$$C_2H_5OH + HCl \longrightarrow C_2H_5Cl + H_2O$$

生成的水又很快与四氯化硅作用,得到六氯乙硅氧烷或其他高级高氯硅氧烷

$$SiCl_4 + H_2O \longrightarrow Cl_3SiOH + HCl$$

$$2Cl_3SiOH \longrightarrow Cl_3SiOSiCl_3 + H_2O$$

$$Cl_3SiOH + SiCl_4 \longrightarrow Cl_3SiOSiCl_3 + HCl$$

这类氯代硅氧烷的进一步酯化导致某些高沸点酯类的产生, 因而降低纯

$Si(OC_2H_5)_4$的产率. 这种情况也不宜用加入不足量乙醇的方法来改善,因为这样做可能导致生成某些强腐蚀性的氯代乙氧基硅烷,而且使产品难于分离提纯.

若采用乙醇与水的共沸点混合物(95% C_2H_5OH)代替无水乙醇,上面提到的高沸点酯类的生成反应将更显著. Andrianov[23] 证实,采用绝对酒精时,正硅酸四乙酯的产率最高可达 88%;用 95% 乙醇的产率降为 63%,而用 92% 乙醇的产率仅有 55%. 当乙醇含水量超过 8%,反应混合物可能发生胶凝. 产率降低的原因在于反应物或中间产物发生水解,而酯化过程中导致水解反应的物质首先是那些含 Si—Cl 键的化合物.

在用 92%—95% 乙醇制备硅酸乙酯时,过程中乙氧基硅氧烷物质(缩合硅酸乙酯)的生成对最终产品有利而无害,因此类化合物分子中保留的 $SiOC_2H_5$ 基团与 $Si(OC_2H_5)_4$ 一样进行水解,无碍于硅酸乙酯的应用,而且这类高沸点缩合硅酸乙酯含有更多的 SiO_2,无论生产或运输,都更经济合理.

硅酸乙酯的应用总是同它在一定条件下水解生成二氧化硅的过程有关. 纯 $Si(OC_2H_5)_4$在蒸馏水中的水解极其缓慢,完成水解可能需要数月时间. 将酯与水同时溶入乙醇,可使进程加快,但总的速度仍嫌缓慢. 酸或碱均对硅酸乙酯水解有强烈催化效果,故硅酸乙酯水解有酸式水解及碱式水解之分.

关于硅酸乙酯的酸式水解,一种见解认为过程涉及以下两个衔接的反应[24]

$$n\mathrm{Si(OC_2H_5)_4} + n\mathrm{H_2O} \longrightarrow n\mathrm{Si(OH)_4} + 4n\mathrm{C_2H_5OH}$$

$$n\mathrm{Si(OH)_4} \longrightarrow (\mathrm{SiO_2})_n + 2n\mathrm{H_2O}$$

实验发现(在二氧杂环已烷介质),在 0.00002 至 0.06mol/L HCl 范围内,水解速度服从以下一级关系式

$$\lg k = 1.01\mathrm{g}[\mathrm{HCl}] + \lg 0.051$$

式中 k 是速度常数,该反应活化能为 28kJ/mol. 但在硅醇迅速缩合时,反应变为二级.

硅酸乙酯碱式水解强烈依赖溶剂性质并需较高浓度的 OH^- 离子. 虽然酸式水解在 pH = 3 时进行很快,而碱式水解在 NaOH 浓度等于 10^{-3} mol/L 时几乎停顿. 氨或吡啶的浓度须在 1mol/L 以上才有明显催化效果. 硅酯乙酯由低浓直至 0.9mol/L,碱式水解均表现为一级反应,可表达为以下关系式[24]

$$2.303\lg(S_0 - x) = -kt + C$$

式中 S_0 代表硅酸乙酯的起始浓度. 在更高酯浓度时,速度常数迅速下降. 碱式水解的机制明显涉及 OH^- 离子对硅的配位,并随即排出烷氧基离子

$$\equiv\mathrm{SiOC_2H_5} + \mathrm{OH^-} \longrightarrow [\equiv\mathrm{SiOC_2H_5}]^- \text{（}\ddot{\mathrm{O}}\mathrm{H}\text{ 配位）} \longrightarrow \equiv\mathrm{SiOH} + \mathrm{OC_2H_5^-}$$

$$H_2O + OC_2H_5^- \longrightarrow C_2H_5OH + OH^-$$

这种五配位中间体已在许多涉及有机硅化合物的反应中得到相当肯定的证实.

正硅酸四乙酯的应用主要是通过它的水解得到纯二氧化硅(不含金属离子);纯二氧化硅可用作荧光灯、阴极射线管或电视显像管的磷光材料. 它还可用作黏结剂和砌合剂,或者以它的部分水解形式(含相当量硅醇)用作油漆载色剂,多孔石料的保护剂,以及含锌材料的防腐涂料等.

3.5.2 其他正硅酸酯

正硅酸四甲酯[$Si(OCH_3)_4$]的制备方法与前述乙酯的制法相仿,只需用甲醇代替乙醇为反应试剂. 但这类方法的产率很低,主要原因是制备过程中大量甲醇与 HCl 作用转变为一氯甲烷和水,并由此生成聚甲氧基硅氧烷,对于以上缺点,即使采用无水甲醇也难避免,而且反应生成的甲氧基氯代硅氧烷也不易从产品中除去(由于两者沸点接近).

制备不含氯的硅酸甲酯可用无水甲醇在 280℃ 与硅单质直接反应(用铜粉为催化剂),但这种方法的产率也只有 50% 左右.

硅的甲氧基衍生物大都是强刺激性物质,尤其能对眼睛造成严重损伤,故在进行有关操作时必须严加防范. 正是由于上述各种缺点,硅酸甲酯在工业上的应用远不如硅酸乙酯.

用 $SiCl_4$ 与不同的醇反应还可制备出正硅酸丙酯,异丙酯,丁酯以及其他高级酯. 但由于反应过程释放的 HCl 使醇转变为氯代物,越是高级酯,越难用此法制备. 为此高级酯类通常利用酯的转移反应来制备,例如

$$Si(OC_2H_5)_4 + 4CH_3COOC_4H_9 \longrightarrow Si(OC_4H_9)_4 + 4CH_3COOC_2H_5$$

反应用 $AlCl_3$ 为催化剂,过程中生成的乙酸乙酯用蒸馏法不断蒸出. 通过高级醇与硅酸乙酯的反应也可实现上述目的,例如正硅酸四烯丙酯的制备

$$Si(OC_2H_5)_4 + 4C_3H_5OH \longrightarrow Si(OC_3H_5)_4 + 4C_2H_5OH$$

反应用少量 HCl 或一滴 $SiCl_4$ 为催化剂[23]. 乙醇由分馏柱蒸出,硅酸烯丙酯的产率可达 91%.

$SiCl_4$ 的部分酯化可被利用于硅酸混合酯的制备. 例如,以 $SiCl_4$ 首先与两摩尔量乙醇反应生成 $Si(OC_2H_5)_2Cl_2$,然后再以所得产物与稍过量的第二种醇进行反应便得到相应的混合酯.

硅酸的芳香酯亦可用 $SiCl_4$ 与有关的酚反应来制备,此时 HCl 与苯酚基本上无反应. 正硅酸四苯酯是一种热稳定性极佳的物质,它可以在 1atm 空气压力下于 415℃ 进行蒸馏而不分解.

硅酯还有以下几种制备方法.

用硅化镁或硅化钙进行醇解[25]

$$Mg_2Si + 8CH_3OH \longrightarrow Si(OCH_3)_4 + 2Mg(OCH_3)_2 + 4H_2$$

$$CaSi + 6CH_3OH \xrightarrow{-40℃} Si(OCH_3)_4 + Ca(OCH_3)_2 + 3H_2$$

用二硫化硅醇解

$$SiS_2 + 4CH_3OH \longrightarrow Si(OCH_3)_4 + 2H_2S$$

（这一反应无副反应，产率很高.）

用 SiF_4 代替 $SiCl_4$ 进行酯化[26]

$$SiF_4 + 4ROH \xrightarrow{75℃} Si(OR)_4 + 4HF$$

（R = 丙基，异丙基，丁基，异丁基，n-戊基）

（产率在 55% 至 63% 之间.）

还有一种更为少用的反应是用沸腾的 $SiCl_4$ 吸收氧化乙烯，生成四个 β-氯代乙氧基甲硅烷，反应为

表 10.33 与表 10.34 分别给出部分有代表性的正硅酸烷基酯与芳基酯的物理性质.

3.5.3　高级硅酸的酯类

以正硅酸酯进行有限水解（如 1mol 硅酸乙酯与 0.5molH_2O 反应），可得到系列烷氧基硅氧烷. 按酯的命名规则，这些化合物也可叫作偏二硅酸，偏三硅酸等高级硅酸的酯. 这类硅酸酯也可由 $SiCl_4$ 与含适量水的醇反应来制备，或由 Si_2OCl_6，$Si_3O_2Cl_8$ 等高级氯代硅氧烷与无水醇反应来制得. 烷氧基硅氧烷都是黏稠液体，而芳氧基硅氧烷则都是高熔点固体. 由 Si_2Cl_6 与醇或酚反应亦可制成烷氧基或芳氧基乙硅烷[$Si_2(OR)_6$]. 这类化合物在强碱水溶液中水解，生成 SiO_2、醇以及由 Si—Si键水解所释放的氢

$$(CH_3O)_3SiSi(OCH_3)_3 + 4H_2O \longrightarrow 2SiO_2 + 6CH_3OH + H_2$$

表 10.35 列出某些高级硅酸的酯类化合物的物理性质.

3.5.4　硅酸酯的其他反应

除水解，醇解等反应外，Si—OR 键的重要反应还有：

(1) 与金属试剂的反应. 这类反应的结果是硅酸酯的部分酯基被烷基或芳基所置换，如

$$Si(OC_2H_5)_4 + 2CH_3MgBr \longrightarrow (CH_3)_2Si(OC_2H_5)_2 + 2MgBrOC_2H_5$$

$$Si(OCH_3)_4 + 4C_6H_5Na \longrightarrow (C_6H_5)_4Si + 4CH_3ONa$$

表 10.33　正硅酸烷基酯的部分物理性质

物理性质	$Si(OR)_4$ 中的 R 基											
	Me	Et	nPr	iPr	nBu	iBu	nAm	iAm	nHex	nHep	BClEt	C_3H_5
熔点,K	275	196		251								
熔融热,kJ/mol		8.83										
沸点,K	394	441.6	799	352 (50mm)	548	531	575	448 (12mm)	505 (20mm)	495 (3mm)	426 (2mm)	408 (34mm)
蒸气压公式,lgp		$7.9681-\frac{2247.15}{T}$										
蒸发热,kJ/mol		42.62			62.08				91.2			
蒸发熵,J/(mol·K)		96.42			117				140			
比热,J/(g·K)	2.10											
临界温度,K		889										
密度,d_4^{20}	1.0523	0.9346	0.911	0.878	0.899	0.953	0.950	0.893	0.888	0.872		0.984
折射系数,n_D^{20}	1.3681	1.3830	1.4015	1.3852	1.4140	1.4040	1.4212	1.4183	1.4300		1.4641	1.4334
介电常数,	5.9	4.10										
偶极矩/10^{-13}	1.61	1.82	1.83	1.80	1.65				1.66	1.60		
电导率,$S/cm\times10^6$	1.6	0.03										
动力黏度,$10^{-3}cm^2/S$,298K		7.8	0.128									

表 10.34　正硅酸芳基酯的部分物理性质

物理性质	C_6H_5	n-$C_6H_4CH_3$	m-$C_6H_4CH_3$	p-$C_6H_4CH_3$	$\beta C_{10}H_7$
熔点,K	325.6	253		342	368
沸点,K	688	718	716	715	473(7mmHg)
密度,d_4^{13}		1.119	1.120		
比热,J/(g·K)		1.7(298K)			
热导,J/(cm·K·S)		1447×10^{-6}			
压缩系数,0—100℃		775×10^{-6}			
黏度,$10^{-3}cm^2/S$	66(328K)	410(298K)			
折射系数,328K	1.5583				

表 10.35　烷氧基与芳氧基硅氧烷的部分物理性质

物理性质	$Si_2O(OEt)_6$	$Si_3O_2(OEt)_8$	环-$Si_4O_4(OEt)_8$	$Si_6O_5(OEt)_{14}$	$Si_2O_5(OMe)_{14}$
熔点,K					
沸点,K	433	543	553	518	513
(压力,mmHg)	3		20	0.003	12
折射系数,n_D^{20}	1.3914	1.3948			
密度,d_4^{20}	0.9982	1.0301	1.071		1.230
绝对黏度,Pa·s					0.0170
摩尔磁化率 x	2173×10^{-7}				

在此过程中,硅酸酯的作用与相应卤代物的相似. 但在此场合下的烷基化速度较慢,易于控制. 为此,硅酸酯通常是实验室合成有机硅化合物的重要原料.

(2) 与氢的反应. 在 200℃ 与 100atm 下,有 20% 左右的硅酸酯可被氢还原

$$2Si(OC_2H_5)_4 + H_2 \longrightarrow (C_2H_5O)_3SiSi(OC_2H_5)_3 + 2C_2H_5OH$$

(3) 与酸性氯化物的反应. 将硅酸酯与乙酰氯,苯甲酰氯或 $AlCl_3$,PCl_5,$POCl_3$ 等酸性氯化物共热以进行反应,可使硅酸酯恢复为相应的氯化物.

(4) 与有机酸的反应. 硅酸酯与有机酸反应的结果通常是生成相应的有机酯和硅酸,如

$$Si(OC_2H_5)_4 + 4CH_3COOH \longrightarrow Si(OH)_4 + 4CH_3COOC_2H_5$$

其他有机酸也有同样反应;硅酸酯与有机酸酯的这种类似性使我们有可能用它跟其他有机物或有机金属化合物进行许多反应.

参考文献

[1]E. G. Rochow,"Comprehensive Inorganic Chemistry", Vol. Ⅰ,pp. 1332—1467,Pergamon Press (1973).

[2]S. N. Ruddlesden and P. Popper,*Acta Crys.*,11,465(1958).

[3]A. F. Wells,"Structural Inorganic Chemistry",3rd ed.,p. 484,Oxford(1962).

[4]Gmelin's Handbuch der anorganischen Chemie, 8th ed.,System No. 15,Part B,p. 761(1959).

[5]E. Riuer, *Vak-Tech.*,21,42(1972).

[6]W. L. Baun and J. S. Solomon,*Vacuum*,165(1971).

[7]A. S. Berezhnoi,"Silicon and Its Binary Systems",Consultants Bureau,N. Y. 8(1960).

[8]I. Otami,*Japan Pat.* 71,11084(1971).

[9]M. L. Barry,"Chem. Vapour Deposition",Int. Conf. 2nd.,595(1970).

[10]E. T. Schaschel et al,*J. Organometal Chem.*,36, 69(1972).

[11]P. L. Timms,*US Pat.*,3,660,450(1972).

[12]E. T. Schaschel,*US Pat.* 3,661,961(1972).

[13]W. C. Johnson and T. R. Hogness,*J. Am. Chem. Soc.*,56,1252(1934).

[14]R. B. Sosman,"The Phases of Silica",Rutgers Univ. Press,New Brunswick,N. J. (1965).

[15]R. B. Sosman,"The Properties of Silica",A. C. S. Monograph 37,Chem. Cat. Co.,N. T. (1927).

[16]E. M. Levin et al.,"Phase Diagrams for Ceramists",American Ceramic Society,Columbus,Ohio (1961).

[17]N. N. Greenwood and A. Earnshaw,"Chemistry of the Elements",pp. 393—396,Pergamon Press (1984).

[18]W. Hückel. "Structural Chemistry of Inorgnic Compounds",English ed.,Vol. II,pp. 950—953, Elsevier Publ. Co. (1951).

[19]文献[3],Chap. 7.

[20]R. K. Iler,"The Colloid Chemistry of Silica and Silicates",Cornell Univ. Press,Ithaca, N. Y. (1965).

[21]文献[4],P. 410.

[22]文献[4],PP. 411,412.

[23]K. A. Andrianov,"Organic Silicon Compounds",Moscow (1955);translation 59—11239,U. S. Dept. Commerce, Washington, Chap. 4.

[24]R. Aelion et. al.,*J. Am. Chem. Soc.*,72,5705(1950).

[25]E. Hengge and W. Struber,*Z. Anorg. Allg. Chem.*,389, 83(1972).

[26]A. A. Ennan et al.,*Zh. Prikl. Khim*(Leningrad)44,1429(1971).

10.4 硅的化合物(三)

4.1 硅的金属化合物和硅合金

在元素硅一节我们已经指出,在所有金属元素中,仅有个别金属(如 Hg 和 Tl)与硅不发生任何作用,有一部分金属(如 Al,Ga,In,Zn,Cd,Sn,Sb,Ag 与 Au)与硅生成低共熔合金,而绝大多数金属(主要是过渡金属 Ti,Zr,Hf,V,Nb,Ta,Cr,Mo,W,Mn,Re,Fe,Co,Ni,Ru,Rh,Pd,Os,Ir,Pt,Cu,以及稀土和锕系金属 Y,La,Ce,Pr,Nd,Sm,Th,U,Np,Pu 等)可与硅生成具有金属外观的金属间化合物. 此外,碱金属和碱土金属也易与硅形成金属化合物,但这些金属硅化物缺乏金属特征,而在某种程度上与硼化物和碳化物相似. 锗的性质最为特别,它可以与硅按任何比例形成接近理想行为的固态溶液. 已知的二元金属硅化物以及硅金属间化合物已有 119 种之多,并有专门著述[2]可供查阅.

金属硅化物的制备一般较为简单. 最简单的情况是只需在惰性气氛下用硅与金属直接加热化合,有时也可用过量硅还原金属氧化物,少数情况下也可用铝或碳还原 SiO_2 与某种金属氧化物的混合物.

4.1.1 ⅠA 金属的硅化物

(1) 锂的硅化物. 金属锂在惰性气氛下与硅一起加热,并将反应中过剩的锂蒸发除去,可得 Li_4Si,Li_2Si 与 Li_2Si_4. 这些硅化物在赤热状态时与氯剧烈反应,但它们与 S,Se,Te 以及 P 的反应较为和缓. 它们都是强还原剂,可以还原 CaO 和 Cr_2O_3,但不能还原 Al_2O_3.

(2) 钠的硅化物. Na 与 Si 生成二元化合物 Na_2Si 与 NaSi. 两者都能与水或酸反应置换出氢. NaSi 在 240℃分解. Na,Si 和 Al 还能生成三元化合物 $NaAlSi_4$,该化合物(晶态) 属四方晶系($a=413$pm,$c=740$pm),空间群 D_{4h}. Na_2Si 可完全溶于水

$$Na_2Si + 3H_2O \longrightarrow Na_2SiO_3 + 3H_2\uparrow$$

(3) 钾,铷,铯的硅化物. 钾与硅除能生成 KSi 外,还可生成 KSi_8. KSi 在空气中自燃. 铷和铯也形成组成相似但性质更加活泼的 RbSi 和 CsSi. 这两种硅化物分别在 350 和 300℃分解.

4.1.2 ⅡA 金属的硅化物

(1) 铍-硅体系. 铍与硅仅形成简单低共熔体系,最低熔点 1100℃. 该最低值相

应的硅含量为61%.

(2) 镁的硅化物. 在650—1200℃间,镁与硅生成蓝灰色的Mg_2Si. Mg_2Si熔点1085℃,它在950℃与硅形成低共熔物,Mg_2Si(晶态)具有萤石结构,空间群O_h^5,$a=633.8$pm. Mg_2Si溶于稀酸时产生甲硅烷

$$Mg_2Si + 2H_2SO_4 \longrightarrow 2MgSO_4 + SiH_4$$

注意此处晶态Mg_2Si与前述以镁粉还原过量SiO_2所得之"硅化镁"不同;后者实际上是一种无定形复杂混合物,它与酸作用除产生甲硅烷外,还生成硅烯和硅氧烯.

Mg_2Si是弱导电体,但它是非离子型化合物. Mg-Si体系的重要性在于它们在制造合金铝方面的特殊用途. 在一定条件下Si与Mg_2Si在合金中形成沉积相,从而使合金在制成后强度增大,质地坚硬. 铝与Mg_2Si形成准二元体系,最低共熔点在595℃(相应于Mg_2Si 1.83%). 这种合金铝在应用于飞机制造时,往往还加入少量铜和锰.

(3) 钙的硅化物. Ca-Si体系较为复杂. 相图表明存在三种钙的硅化物:(1)Ca_2Si,异成分熔点接近910°,在760℃与Ca形成低共熔物. Ca_2Si属正交晶系($PbCl_2$晶格),$a=900.2$pm, $b=766.7$pm, $c=479.9$pm, 空间群:D_{2h}^{16}, 密度:2.17g/cm^3. (2)CaSi,熔点:1245℃,含硅41%. CaSi晶体属正交晶系,$a=391$pm,$b=459$pm,$c=1079.5$pm,空间群:D_{2h}^{17}. CaSi晶格中不存在Si正四面体群;Si—Si键距是247pm,表明结构中Si原子成链. (3)$CaSi_2$,与61% Si形成低共熔物(980℃),含Si_6六元环,空间群:D_{3d};Si—Si距248pm,Ca—Si距299pm,Ca—Ca距388pm.

钙的这三种硅化物均与烯酸发生反应,但反应方式有所不同. Ca_2Si与烯酸反应时无硅烷生成,CaSi生成硅烷与SiH_2,$CaSi_2$与烯酸反应放出氢与少量SiH_2,也无硅烷生成. Ca_2Si与$CaSi_2$均能与水反应,生成SiO_2,$Ca(OH)_2$,并放出氢,但两者与醇的反应进行程度较差. 硅化钙的其他重要反应还有

$$Ca_2Si + H_2 \xrightarrow{900℃} CaSi + CaH_2$$

$$CaSi + H_2 \longrightarrow CaSiN_2$$

$$CaSi_2 + N_2 \longrightarrow Ca(SiN)_2, CaSiN_2, Si, Si_3N_4, Ca_3N_2$$

三种硅化钙均是强还原剂. 工业硅化钙由SiO_2,CaC_2与焦炭在电炉内反应制得,应用在高级钢的最后去氧.

(4) 锶与钡的硅化物. 已知这两种元素的硅化物有:SrSi,$SrSi_2$,BaSi,$BaSi_2$,$BaSi_3$以及可能存在的某种形式多硅化钡. 一硅化物由两种单质在氢气流中于1000℃制得,但$SrSi_2$的制备需1400℃高温,$BaSi_2$的制备只需400℃. 这些硅化物尚不知有何用途.

4.1.3　ⅢA 金属的硅化物

(1) B-Si 体系. 硼与硅之间有无确定组成的化合物曾有争议,但多数学者倾向于有 B_3Si 的存在. 硼以扩散的形式溶入硅,溶度限大致为 0.3%(重量)B. 因 B 与 Si 原子半径相差较大,两者不可能形成互溶的固态溶液,两者也不形成低共熔物.

(2) 铝的硅化物. 铝与硅可形成低共熔物(11.1% Si),熔点 577℃. Al-Si 体系无确定组成化合物,而且仅在很窄范围形成固态溶液. 其他组分的加入可能导致生成三元化合物. 对高铝合金的研究(该合金含 Cu,Mg,Mn,Fe,Si 等合金元素)证实下列硅化物的存在(晶格参数以 pm 为单位).

AlCuMgSi	六方,$a=1030$,$c=404$;	比重:2.79
$Al_8Mg_3FeSi_6$	六方,$a=662$,$c=792$;	比重:2.82
AlMnSi	立方,$a=1263$;	比重:3.55
AlFeSi	立方,$a=1252$;	比重:3.67
AlFeSi	单斜,$a=b=611$,$c=4140$,$\beta=91°$;	比重:3.39
AlFeSi	四方,$a=611$,$c=946$;	比重:3.43

(3) 稼、铟、铊与硅的作用. Ga 和 In 都能跟 Si 形成低共熔物,但这两种低共熔物的熔点分别与纯镓,纯铟的很接近;低共熔物中含 Si 极少. 如前述,Tl 与 Si 即使处于熔态也不能混溶,也无其他任何作用发生.

4.1.4　硅与ⅣA 族元素

硅与锗在液态时可按任何比例互溶,并形成接近理想行为的固态溶液.

液态锡与液态硅可按任何比例混溶,但不形成固态溶液.

铅与硅不能混溶,也不形成任何化合物.

4.1.5　过渡金属的硅化物

(1) Ti-Si 体系. 已知 Ti 与 Si 可形成三种硅化物:Ti_5Si_3,TiSi 与 $TiSi_2$. 这些硅化物的部分物理性质列于表 10.36. 这些硅化物质地坚硬,有闪亮金属光泽和良好导电性. $TiSi_2$ 表现出很强的化学惰性. 它不受 H_2SO_4,HCl,HNO_3,$HClO_4$ 以及 50% KOH 或 NaOH 等强酸和强碱的腐蚀. 甚至熔融 $KHSO_4$ 也难使它分解. 但它易溶于氢氟酸和熔态氢氧化钾. Ti 的硅化物目前尚无用途.

(2) Zr-Si 体系. 在 15%—25% Si 的区域出现五种硅化物,它们的熔点都落在 2095—2250℃温度区间. 它们在化学性质上很像 $TiSi_2$,但在工业上也无用途.

(3) V,Nb,Ta 的硅化物. 钒,铌和钽的硅化物在性质上都与钛,锆的硅化物相近. 它们都是坚硬的金属性固体. 它们能够抗御除氢氟酸外的所有强酸的侵蚀. 赤热状态时,它们可与 F_2 或 Cl_2 发生反应. 它们也溶于熔态 KOH. 已知晶体结构的

V,Nb 和 Ta 的硅化物及其部分物理性质列于表 10.36. 这些硅化物的熔点均在 1930°至 2015℃之间. 它们都没有工业用途.

表 10.36　部分过渡金属硅化物的物理性质

硅化物	晶　系	空间群	晶格常数,nm			密度 g/cm^3	熔点 K
			a	b	c		
Ti_5Si_3	六方	D_{6h}^3	0.7465		0.5162	4.31	
TiSi	正交	D_{2h}^1	0.3611	0.4960	0.6479	4.34	
$TiSi_2$	正交	D_{2h}^{24}	0.8236	0.4773	0.6523	4.39	
$TiSi_2$	正交	D_{7h}^{17}	0.362	1.376	0.3605	3.85	
V_3Si	立方	O_h^3					
V_5Si_3	六方	D_{6h}^3					
V_5Si_3	四方	D_{4h}^{18}					
VSi_2	六方	D_{6h}^4					
Nb_5Si_3	六方	D_{6h}^3					
Nb_5Si_3	四方	D_{4h}^{18}					
Nb_5Si_3	四方	D_{2d}^{11}					
$NbSi_2$	六方	D_6^4					
Ta_3Si	四方	D_{4h}^{18}					
Ta_5Si_3	六方	D_{6h}^3					
Ta_5Si_3	四方	D_{4h}^{18}					
$TaSi_2$	六方	D_6^4					
Mn_3Si	立方	O_h^9	0.285			6.98	1346
Mn_5Si_3	六方	D_{6h}^3	0.6898		0.4802		1558
MnSi	立方	T^4	0.4548			5.98	1548
$MnSi_2$	四方		0.551	1.742	0.316		1417
Fe_3Si	立方	O_h^5	0.564			7.23	
Fe_5Si_3	六方	D_{6h}^3	0.673		0.470	6.55	
FeSi	立方	T^4	0.4438			6.57	
$FeSi_2$	四方		0.268		0.518	4.79	1493
Co_2Si	正交	D_{2h}^{16}	0.7095	0.4908	0.3730		1605
CoSi	立方	T^4	0.4438			6.60	1693
$CoSi_2$	立方	O_h^5	0.535			5.00	1550
$CoSi_3$	立方						1579
Ni_3Si	立方	O_h^1	0.350			7.90	1313
Ni_5Si_2	六方		0.767		0.915	7.03	
Ni_2Si	正交	D_{2h}^{16}	0.703	0.494	0.372	7.40	
Ni_2Si	六方	C_{6h}^2	0.3805		0.4890	7.89	1563
Ni_3Si_2	六方		0.763		0.957		1103(分解)
NiSi	正交	D_{2h}^7	0.562	0.518	0.354		1273
$NiSi_2$	三方		0.882			4.90	1223(转变)
$NiSi_2$	立方	O_h^5	0.5395			4.89	1298
Cu_6Si	六方	D_{6h}^4	0.259		0.448		1125
Cu_5Si	立方	T_4^6	0.6211			7.9	988

续表

硅化物	晶　系	空间群	晶格常数,nm			密度 g/cm^3	熔点 K
			a	b	c		
$Cu_{15}Si_4$	立方	T_4^6	0.9694			7.78	1073
Cu_3Si	六方						1123

(4) 铬的硅化物. 已知铬的二元硅化物有 Cr_3Si(mp:1750℃),Cr_2Si(mp:1606℃),CrSi(mp:1630℃) 与 $CrSi_2$(mp:1500℃). 它们均不溶于酸甚至王水,但易溶于氢氟酸. 这些硅化物在 1300℃ 可被空气氧化. 铬的二元硅化物虽没有重要工业用途,但它的三元硅化物 AlCrSi 及 $Al_3Cr_4Si_4$ 是某些铝合金的重要组成. 铬,硅及碳可以形成各种组成的三元化合物,它们都是高强度钢的有用组成.

(5) 钼的硅化物. 已知钼的二元硅化物有三种,即 Mo_3Si(mp:2050℃),Mo_5Si_3(mp:2100℃)与 $MoSi_2$(mp:2030℃). 三种硅化物均有较好的导电性,但抗氧化能力都较差. $MoSi_2$ 置空气中在 500℃ 数小时内崩裂为氧化物粉末;它甚至在室温下便吸收氧. 然而在 1700℃ $MoSi_2$ 表面生成保护性氧化膜,故可用作导热耐火材料.

(6) 钨的硅化物. 已知钨的硅化物有 W_5Si_3(mp:2320℃) 与 WSi_2(mp:2165℃). 这两种硅化物能抗御除氢氟酸以外的各种强酸的腐蚀,但易为强碱水溶液所溶解. WSi_2 与 $MoSi_2$ 的相互作用犹如一个准二元体系,可形成一系列固态溶液;这些固态物质有较强的抗空气氧化能力,例如,30% WSi_2 + 70% $MoSi_2$ 组成的固态溶液在 1500℃ 空气中放置 4 小时,其重量保持不变.

(7) 锰的硅化物. 对 Mn-Si 体系的研究较为充分. 锰的硅化物有 Mn_3Si,Mn_5Si_3,MnSi 与 $MnSi_2$. 它们的部分物理性质列于表 10.36. Mn_3Si 具有 α-铁的结构,晶格中 Mn 与 Si 原子成统计分布. MnSi 和 $MnSi_2$ 到 1000℃ 才开始氧化,并基本上不被强酸(HF 除外)所分解,但它们易溶于熔融碱. 它们本身虽无重要用途,但它们与其他金属所形成的三元体系是合金铝和合金钢的重要组分.

(8) 铁的硅化物. 从 Fe-Si 体系相图可知有四种铁的二元硅化物,它们是 Fe_3Si,Fe_5Si_3,FeSi 与 $FeSi_2$. 这些二元硅化物的部分物理性质见于表 10.36.

铁的硅化物在化学性质上与大多数过渡金属硅化物相似. 在室温下它们可被 F_2 所腐蚀,赤热状态时可被 Cl_2 与 Br_2 所腐蚀. 除氢氟酸外,强酸(如 H_2SO_4 和 HNO_3)对它们无作用,但熔融碱与熔融碳酸盐可使它们迅速分解.

含 14%—18% Si 的硅铁具有很强的抗化学腐蚀性能,故它们常被用作化工与化学实验室的排水管道. 硅铁合金的主要用途是作为铸钢的脱氧剂(尤其是对低碳钢),其年耗量可达到钢铁产量的 0.3%. 硅铁合金的另一专门用途是制造多种电器设备所必需的硅钢叠片(用于变压器,电动机及扼流圈等). 在这方面应用时,硅钢的纯度,晶粒大小和取向,以及表面氧化程度等均需严加控制,以尽量降低硅钢磁芯的涡流耗损. 优质变压器硅钢片含 Si 4%—4.5%,硫或磷的含量极低. 这种硅钢电阻中等,残磁极低.

(9) 钴的硅化物. Co-Si 体系含六种钴硅化物,其中除 Co_3Si 与 CO_5Si_3 的性质还不清楚外,另外四种(Co_2Si,CoSi,$CoSi_2$ 与 $CoSi_3$)的部分物理性质可见表 10.36. 钴硅化物的性质大体上和多数过渡金属硅化物的相似. 二元钴硅化物尚无工业用途,但含有 Co、Si 及其他元素的三元体系常用于制造金属陶瓷.

(10) 镍的硅化物. Ni-Si 体系较为重要,其中含有表 10.36 所列的八种物相. Ni_2Si 的化学性质比较活泼,它易于氧化,赤热状态时还易与 HCl,HBr 和 H_2O 发生化学反应. 它也溶于盐酸和硝酸的混合溶液. K_2CO_3 及 KNO_3 的混合熔体可使它转化为可溶性硅酸盐及氧化镍.

(11) Ⅷ族贵金属的硅化物. 此处Ⅷ族贵金属包括 Ru,Rh,Pd 与 Os,Ir,Pt 两个三元素组. 这些贵金属可与硅形成一系列二元化合物,其中有:Ru_3Si_2,RuSi,Ru_2Si_3,Rh_3Si_2,RhSi,Rh_2Si_3,$RhSi_2$,Pd_3Si,Pd_2Si,PdSi,Os_2Si_3,OsSi,Ir_3Si_2,IrSi,Ir_2Si_3,IrS_3,Pt_5Si_2,Pt_2Si 以及 PtSi. 这些硅化物的熔点均在 1100—1250℃之间;它们可被王水、熔融氢氧化物以及熔融碳酸盐所溶解. 如将铂与 SiO_2(或硅酸盐)在还原性气氛中一起加热,可以得到硅化铂;该体系在高铂一侧所形成的低共熔物,熔点只有 830℃. 由这一实验事实可知,实验室应避免使用以铂丝围绕石英管或玻璃管所构成的加热元件;在这种场合改用氧化铝或氧化锆代替石英或玻璃较为适宜.

(12) 铜的硅化物. Cu-Si 体系的主要二元化合物有 Cu_6Si,Cu_5Si,$Cui_{15}Si_4$ 与 Cu_3Si. 这些硅化物的部分物理性质列于表 10.36. 从所列数据可知,铜硅化物的熔点颇低于其他过渡金属硅化物的熔点. 在相图高铜一侧的所有化合物及低共熔物,熔化温度全都在 802—852℃范围以内.

在讨论硅单质化学性质时,我们曾提到硅与烷基或芳基卤化物反应以生成有机卤代硅烷,该反应以铜为催化剂. 可以认为 Cu_3Si 是该反应可能涉及的活泼相. 500℃时硅在铜中的溶解度是 4.6(重量)%(虽然 100℃时仅 1.1%),故即使在 300℃(铜催化反应的常用温度),铜与硅之间的溶解扩散已足以形成 Cu_3Si.

所有铜的硅化物都具有金属外观,它们坚硬而有金属光泽. 在加热时,铜硅化物容易与 Cl_2,O_2 以及 S 反应. 稀酸可以使它们缓慢分解.

硅与铜还能形成许多三元化合物,例如 Cu_3MgSi(六方,D_{6h}^4)和 $Cu_{10}Mg_9Si_7$(面心立方). 这些硅化物是飞机用合金铝的致硬成分. 硅还可代替锡,与铜形成坚硬合金(例如硅青铜与赛钢硅青铜);赛钢硅青铜也称为铜硅锰合金(或 Everdur 合金),其中含 94% Cu,4% Si 与 2% Mn.

(13) Au-Si 体系与 Ag-Si 体系. 这两种合金体系都只形成低共熔物. Au-Si 的低共熔物颇引人注目,因其熔点只有 330℃,它们很可能成为有机硅化合物合成反应中的液态硅原料.

4.1.6　镧系及锕系金属的硅化物

已知镧系元素的硅化物有：$LaSi_2$，CeSi，$CeSi_2$，$PrSi_2$，$NdSi_2$，$SmSi_2$. 这些硅化物的性质和用途均不详. Ce-Si 体系的部分相图已有人制成[2]. 据信，Ce 的加入，可使含 Fe 和 Si 的铝合金中铁硅沉积相颗粒减小.

关于锕系元素，仅研究过 Th，U，Np 及 Pu 对 Si 的工作体系. 已知的硅化物有 ThSi，Th_3Si_2，$ThSi_2$，U_3Si，U_3Si_2，USi，USi_2，USi_3，NpSi，$NpSi_2$ 和 $PuSi_2$. U-Si 体系的研究较为充分，该体系的六种晶相及其晶体结构归于下表.

硅化物	晶　系	空间群	晶格参数，pm			U-Si 键距最小值，pm
			a	*b*	*c*	
U_3Si	四方	D_{4h}^{18}	602.9		869.6	292
U_3Si_2	四方	D_{4h}^{5}	732.9		390.1	230
USi	正交	D_{2h}^{16}	566	767	391	236
β-USi_2	六方	D_{6h}^{1}	386		467	229
α-USi_2	四方	D_{4h}^{19}	398		1374	222
USi_3	立方	O_h^1	404			

USi_2 500℃时可与氯反应，在 800℃时与氧反应. 它与氢氟酸的反应在冷溶液时便已开始. 王水对 USi_2 无作用，强碱溶液也难使它分解，但熔融 KOH 或 $KHSO_4$ 可使它迅速溶解. 所有铀硅化物的熔点都在 1600℃ 左右，远超过纯铀的熔点(1132.3℃). 在硅的应用一节曾经提到，低熔铝-硅合金在核反应堆工艺中有特殊用途. 它可用作反应堆燃料元件铀棒与铝罐之间的“焊接”材料，借以增强铀对冷却水的抗腐蚀性能并改善铀棒与冷却水之间的热导.

4.2　碳　化　硅

碳化硅的发现可以追溯到 1891 年 Acheson 的一次著名实验[3]. Acheson 当时将黏土与炭粉混合，放在一个经过专门改装的电炉内加热. 他在反应剩余物中找到一种黑色的坚硬晶粒. 这就是碳化硅. 他为他的产品设计了专用商品名称，称作“carborundum”(碳质金刚砂)，并将它很快应用于制造砂轮. 1905 年，Moissen[4] 在陨铁中发现了天然碳化硅，那是一种微小的绿色六边形晶片. 实际上，如果碳充分过量，任何含碳与含硅的物质混合，并一起加热至赤热状态(或更高温度)，都有可能得到碳化硅. 在形式上，硅与碳之间只存在一种化合态，即 SiC，但我们切不可因这种形式上的简单而低估了这种化合物的复杂性. 首先，碳化硅存在两种晶态变体，α-SiC 与 β-SiC，其次是这两种晶态变体又含有多种晶型(详见本卷第 9 专题《碳》的有关章节). 已知 α-SiC 含有 18 种六方晶型和 23 种正交晶型，而 β-SiC 则为立方晶型,具有闪锌矿或准金刚石结构,工业碳化硅大多是 a-SiC,它们通常是带有浅绿或淡紫色彩的黑色晶体颗粒. β-SiC 往往形成于更高温度及真空条件之下,它是浅黄色的透明晶体. 一般猜测,如果碳化硅是"绝对"纯净,α-SiC 和 β-SiC 有可能皆是无色晶体.

4.2.1 碳化硅的制备

总的说来,碳化硅的制备主要通过以下两条途径:或由两种单质直接反应,或以过量碳还原二氧化硅.

从单质制备碳化硅,例如以很细的硅粉与炭黑混合,并在惰性气氛下直接加热. 该反应开始于 1250℃,到 1400℃ 反应迅速进行. 反应混合物若在 1atm 氩气氛下于 1800℃ 加热,半小时即可完成反应.

β-SiC 的制备也是从单质出发. 用超纯硅微细晶粒,置于极纯的石墨坩埚内,在真空中加热至 1500℃,并在该温度下保持数小时,直至坩埚内熔融液相为 SiC 所饱和. 此时若使液相温度缓慢升高,而坩锅底部仍保持为 1500℃,β-SiC 便可从液相结晶析出,集结于坩埚底部. 冷却后将硅的熔块溶于 $3HF + 5HNO_3$ 混合酸(该混合酸对 β-SiC 无作用,便可得到柠檬黄色的 β-SiC 透明片状和针状晶体.

工业上更为常用的制备方法是以二氧化硅为原料;二氧化硅与木炭混合物在 950℃ 开始反应;二氧化硅与石墨的反应在 1450℃ 可顺利进行. 工业上用于生产碳质金刚砂的原料配方(按重量计)如下:55% 砂子,40% 焦炭,4% 锯末和 1% 食盐. 配料送入电炉加热,当强电流通过焦炭堆心时,二氧化硅在高温下被碳还原,反应大致经历以下步骤

$$SiO_2 + C \longrightarrow SiO + CO$$

$$SiO + 2C \longrightarrow SiC + CO$$

$$SiO + C \longrightarrow Si + CO$$

$$Si + C \longrightarrow SiC$$

反应在 1460℃ 开始,以放出 CO 为标志. 1600℃ 时生成无定形 SiC. 为获得有较佳晶形的产品,温度须升高至 1950℃. 配料中加入氯化钠的目的是使 Fe,Ti 及 Al 等杂质(从砂子中引入)转变为挥发性氯化物,锯末的加入是使炉内堆料保持疏松多孔,以利于上述杂质挥发逸出(据信配料中含 2%—3% Fe_2O_3 有利于提高 SiC 产率且有助于产品晶化,Al_2O_3 的存在对反应不利).

在常贝的熔融铸铁中也有少量碳化硅生成.

4.2.2 物理性质

10.37 列出碳化硅的部分物理性质. 除非另有说明,表中所列均是 α-SiC 的数据. β-SiC 的晶体结构十分规整,晶格中 Si 原子与 C 原子交替分布,每个 Si 原子与

其周围成正四面体分布的四个 C 原子成键,而每一 C 原子周围同样是由四个 Si 原子形成的正四面体. 在 α-SiC 晶体结构中,Si 原子与 C 原子的面堆积上出现一定程度的不规则性:在它们基面之上呈现三角形(分度 C_3)或六角形(分度 C_6)的左螺旋或右螺旋结构. 这些螺旋结构的出现与晶体生长过程的环境有关.

表 10.37　碳化硅的物理性质

性　　质	物　理　常　数
熔点,K	2973(分解)
(Si + SiC)固相蒸气压	$\lg p = 50420/T + 20.294$
蒸发活化能,kJ/mol	244.5
熵,J/(mol · K)	16.46
生成热,kJ/mol	111.8
热容公式	$C_p = 8.99 + 2.91 \times 10^{-3}T - 2.84 \times 10^{-5}T$
摩尔热,J/(mol · K)	1.93(75K),5.90(115K),24.7(276K)
Si + C = SiC,反应平衡常数(1573K)	4.9×10^4
燃烧热(α-SiC),kJ/mol	30.458
燃烧热(β-SiC),kJ/mol	30.343
线膨胀系数(373K)	6.58×10^{-6}
线膨胀系数(1173K)	2.98×10^{-6}
热导,J/(cml · s · K)	0.063 至 0.096
密度(288K,α 体,4H)	3.208
密度(288K,β 体)	3.216
Mohs 硬度	9.5
压缩系数	0.21×10^{-6}
对钠光折射率	$N_e = 2.697$　$N_o = 2.654$　$N_e - N_o = 0.043$
晶格常数 a(β 体,立方),pm	435.02
晶格常数 a(α4H,六方),pm	307.39
晶格常数 c(α4H,六方),pm	1006.1
c/Q	3.27
磁化率(绿色 α 体)	-12.8×10^{-6}

4.2.3　化学性质

从表 10.37 可知,SiC 具有极佳的热稳定性. 实验证明,在 2300℃ 高温,碳化硅固体表面气相中含自由硅只有 5%. 当固态 SiC 暴露在空气中加热,其表面氧化实际上从 1000℃ 就开始,但由此生成的 SiO_2 保护膜阻止氧化反应的深入进行. 在 1020℃,SiC 表面的氧吸收量 Q 与吸收时间 t 的关系可表达为

$$Q = k\lg(1 + \alpha t)$$

k 与 α 均为常数[6]. SiC 在水蒸气中的氧化速度与此接近.

氮在 1100℃之前与碳化硅无作用. 氯与 SiC 的反应剧烈,100℃时反应产物是

$SiCl_4$ 和碳;1000℃时反应产物是 $SiCl_4 + CCl_4$. SiC 有很强的抗酸能力,氢氟酸和浓硫酸都与它不发生作用,但正磷酸却可使它分解. SiC 易溶于熔融碳酸盐及熔融氢氧化物;在溶解过程中,由于 SiC 失去表面 SiO_2 保护膜,故使其自身的氧化反应无休止地向前进行,直至所有 SiC 转变为偏硅酸盐和二氧化碳. 当 SiC 被用作高温耐火材料时,应该避免使它与 PbO 或 $PbCrO_4$ 接触,因这些化合物亦可毁坏表面保护膜而使其内部氧化. 温度高于 1000℃时,硅酸铝可被 SiC 所还原;在 1600℃ Al_2O_3 亦可被 SiC 还原. 两种反应均生成 Al-Si 合金

$$Al_2O_3 + 3SiC \longrightarrow 2Al + 3Si + 3CO$$

同样,SnO_2 可被还原为锡(1400℃);Pb_2O_3 被还原为铅(1200℃);Fe_2O_3 被还原为硅化铁(1500℃). 此外,碳化硅还可全溶于熔态冰晶石,因而它不能用作生产铝的电极.

4.2.4 碳化硅的应用

基于前述碳化硅的物理和化学性质,它在工业上的高度实用价值历久而不衰,碳化硅的主要应用(指 α-SiC 而言)大致有以下几个方面.

(1) 用作研磨材料. 碳质金刚砂刚问世不久即已用于制造砂轮. 碳化硅在这方面的应用取决于它有很高硬度(Mohs 硬度 9.5,表 10.37)以及这种材料颗粒的优良耐磨性质,而且也与它断裂时形成锐利边角的特性有关. 以上各种特性均与 SiC 晶体生长条件以及所含杂质密切相关.

(2) 用作耐火材料. 这方面的应用是基于碳化硅的高度热稳定性以及它的抗氧化能力,而且也与它在多次使用过程中表现出的低膨胀系数及低压缩性有关. 除此之外,碳化硅还具有很强的抗压性以及它在高温时不生成易软化的玻璃相. 还有一个重要方面值得一提,即碳化硅在所使用的温度范围内不发生任何相转变,因而避免了使用时可能出现的体积突变和短时间内的化学活性变化以及由此而引起的机械性能变坏等.

(3) 用作电炉致热元件. 在这方面的应用涉及 SiC 三方面的特性. 首先是它的导电性. 不论何种形态的 SiC 自身都是本征半导体,它的满带与空带的能量间隔在纯硅与纯碳(金刚石)的相应能量间隔之间. 高纯 SiC 的电导太低(体电导约 10^{-13}S/cm³),不适宜用作电炉致热元件,但工业碳化硅所含有的杂质足以改变上述状况,使它成为有用的非本征半导体(0℃时的电导为 0.01 至 3.4S). 其次是 SiC 的电导温度系数总是表现为正值(这一点刚好与金属相反). 举一种叫做“夕立特”(silit)的商业碳硅电阻材料为例,它在 0℃时的电阻 R_0 与它在 t℃时的电阻 R 有以下比例关系

$$R/R_0 = 1 - 7.95 \times 10^{-4}t + 3.15 \times 10^{-7}t^2$$

由于电导温度系数为正值,故在应用 SiC 为致热电阻材料时,供电线路中必须加入

限流装置,以免电流失去控制. 再其次是 SiC 致热电阻元件的表面(或接触) 电阻与元件表面 SiO_2 层的厚度有关,该 SiO_2 层是在 SiC 的生产过程以及其后的元件(SiC 管或棒)制作过程中所形成的. 因这种材料在室温时氧化速度较慢,故在电阻元件制成后,其接触表面最好经过适当研磨,然后再用金属铝喷涂.

β-SiC 的应用范围与 α-SiC 的完全不同. β-SiC 与 α-SiC 相比,犹如超纯单晶硅比之于硅铁. β-SiC 与纯硅一样,主要用于制作半导体电子器件(如晶体三极管,二级整流管及电光三极管等). 由 β-SiC 制成的半导体器件有其特殊应用性能. 通常,由锗制成的器件最高工作温度只有 75℃,而硅器件的最高工作温度也只能达到 150℃,但由 β-SiC 所制成的器件,其适用温度极限可高达 600℃. 因此这种半导体器件可用于高温热电变阻器以及高温下应用的场效应管,辐射探测器以及太阳能电池等. 然而,要制备所需纯度的 β-SiC,还有不少技术上的困难需要克服.

4.3　含 Si—N 键的化合物

含 Si—N 键的化合物不存在于自然界,其来源主要是工厂和实验室,实验室制备这类化合物大体上经由两条途径. 第一条途径是从硅单质出发,使之在高温下(1400℃以上)直接与氮反应;另一条途径是通过其他硅化物(特别是四卤化硅)的氨解,氮与硅可以形成系列二元化合物. 除此之外,还有许多含 NH_2 基及 NH 基的硅氮化合物,以及为数众多的有机硅氨烷类化合物(一种含 Si—N—Si 键的化合物,与含 Si—O—Si 键的硅氧烷形成对照)和有机硅胺类化合物. 本节所涉及的仅是这些化合物的无机部分,有机部分的内容留待有机硅化合物一章介绍.

4.3.1　氮化硅(Si_3N_4)

硅与氮可以形成多种二元化合物,已见于文献报道的有 Si_2N_3, Si_3N_4, SiN 以及 $(Si_2N_2)_x$ 等. 其中 Si_3N_4 为人们熟悉已有近百年的历史,对它的研究也较为详尽. 特别是由于这一化合物自身固有的优良的物理和化学性质(高电阻率,高硬度,极佳的热稳定性,抗热震性及化学惰性等),它曾一直受到硅化学学者的注目. 近十多年来,随着氮化硅在半导体工业及其他方面应用的开展,对于这一化合物的研究又有不少重要进展. 然而,除 Si_3N_4 外,其他硅氮二元化合物我们迄今知之甚少,故本分节集中于 Si_3N_4 的讨论.

Si_3N_4 也有 α-与 β-两种晶态变体,其中 α 变体更为常见. β-Si_3N_4 具有与硅铍石(Be_2SiO_4)相似的结构:Si 原子居于 N 原子密堆积正四面体空穴中央. 在 α-Si_3N_4 的结构中, SiN_4 四面体排列成六方晶胞,其上方是一个对映层. Si_3N_4 的这两种晶态变体的晶格参数以及它们的部分物理性质列于表 10.38.

表 10.38　Si_3N_4 的部分物理性质

熔点,K,2173 比热* J/(g · K)(293K)0.7309 熵,J/(mol · K)(298.1K)95.4 密度,g/cm^3(293K)3.44	晶型 α 体:密积六方 β 体:硅铍石结构 晶格常数 α 体:a = 775.3pm c = 561.8pm β 体:a = 815pm α = 108.0°

* 比热随温度变化公式:

$$C_p = 0.6929 + 3.868 \times 10^{-4} t - 6.2 \times 10^{-8} t^{1/2}$$

在氮气氛中,将硅的晶态粉末加热至 1300℃ 至 1400℃,氮与硅缓慢反应生成 Si_3N_4. Si_3N_4 是白色固体粉末,但通常的制品由于含有其他杂质或过量硅而染有灰色. 以上反应如用 Al-Si 合金代替纯 Si,速度可以加快,但所得产品的纯度较差,铁的存在也能加速反应. 例如一份苏联专利曾专门报道用 SiFe 与 N_2 反应以制备 Si_3N_4[7]. 供晶相学研究用的极纯的 Si_3N_4 可用超纯硅与超纯氮在 1350—1450℃ 反应来制备(由此得到 α-Si_3N_4). β-Si_3N_4 可由纯硅与 NH_3 在 1500℃ 进行长时间(3 天)的反应制得. 在 1275—1450℃ 用纯 N_2H_4 与纯硅反应也是制备 Si_3N_4 的有效方法[8,9]. 若用 SiO_2 作为制备 Si_3N_4 的起始材料,必须选用恰当的还原剂,一般将 SiO_2 与碳粉混合,在含有少量氢的氮气流中加热至 1500℃ 以进行反应. 在用电热法生产硅的过程中也可得到相当数量作为反应副产物的不纯 Si_3N_4,因为熔融硅及其蒸气只要与空气接触总会生成 SiO_2,SiO 和 Si_3N_4. 近年来曾有大量工作集中于无定形 Si_3N_4 薄膜的形成研究. 通过某些气相沉积反应不难在所需基质(如纯硅,硅表面氧化层以及砷化镓等)表面形成这种硅氮薄膜. 常用的气相反应体系包括甲硅烷-氨以及四氯化硅-氨两类,总的反应过程可分别表示为

$$3SiH_4(g) + 4NH_3(g) \longrightarrow Si_3N_4(s) + 12H_2(g)$$

$$3SiCl_4(g) + 4NH_3(g) \longrightarrow Si_3N_4(s) + 12HCl(g)$$

甲硅烷与氨的反应可在室温下用无声放电或微波放电的方法进行[10,11],或最好用加热的方法在氢存在时于 700—1100℃ 间进行.[12,13] 四氯化硅与氨反应的可选择温度为 550—1275℃(典型温度 850℃),并用氢或氮作载气[12,14]. 其他已见于报道的气相沉积反应还有:SiH_4-N_2H_4 体系[15],SiF_4-NH_3 体系(570—2400℃)[16] 以及 $SiF_4(NH_3)_2$ 配合物的热分解(1150—1350℃)[17] 等.

Si_3N_4 具有极好的热稳定性,其熔点为 1900℃,高温下 Si_3N_4 热分解为相应单质;热分解过程中,1600K 时 N_2 的平衡压力仅有 0.27mm ,1802K 时为 5.5mm. 据计算,欲使 N_2 的平衡压力达到 1atm,需有 2250K 的高温. Si_3N_4 在强酸中水解,生成 SiO_2 与相应铵盐;它在纯水中的水解速度尤其缓慢,它与 SiO_2 相似,易溶于氢

氟酸,但一般稀酸对它无作用.热的浓硫酸可与 Si_3N_4 缓慢反应.浓 NaOH 溶液对它的作用也很缓慢,但熔融 KOH 可使它迅速转变为 K_2SiO_3 与 NH_3, Si_3N_4 在600℃以上温度时可还原过渡金属氧化物以及 PbO_2,ZnO 和 SnO_2 等氧化物,同时放出 NO 和 NO_2,氮化钙与 Si_3N_4 的反应犹如 CaO 对 SiO_2 的反应,其结果是

$$Ca_3N_2 + Si_3N_4 \longrightarrow 3CaSiN_2$$

Si_3N_4 与氮化镁(Mg_3N_2)[18],氮化钡(Ba_3N_2)[19]以及氮化锂(Li_3N)[18]均有类似反应

$$Mg_3N_2 + Si_3N_4 \xrightarrow{800—1400℃} 3MgSiN_2$$

$$Ba_3N_2 + Si_3N_4 \xrightarrow{1000℃} 3BaSiN_2$$

$$Li_3N + 2Si_3N_4 \xrightarrow{1200—1500℃} 3LiSi_2N_3$$

氨存在时,Si_3N_4 与金属锰反应也生成相应的 Mn—Si—N 三元金属化合物[20]

$$3Mn + 2NH_3 + Si_3N_4 \xrightarrow{1050℃} 3MnSiN_2 + 3H_2$$

温度高于290℃时,Si_3N_4 与无水氟化氢无反应,但在70—210℃温度区间,Si_3N_4 与 HF 发生反应,生成氟硅酸铵与四氟化硅[21]

$$Si_3N_4 + 16HF \xrightarrow{70—210℃} SiF_4 + 2(NH_4)_2SiF_6$$

Si_3N_4 在半导体器件的制作工艺中具有相当重要的实用价值.基于前述的物理和化学性质,它可作为器件的组分之一用于 MNOS(金属-氮化物-氧化物-半导体)结构的晶体管中;同理,它也可用作半导体器件和集成电路的绝缘,钝化和密封材料.

4.3.2　其他含 Si—N 键化合物

室温时用过量 $SiCl_4$ 蒸气与氨反应,得到白色固态氨解缩合物,但在 -50℃时将氨通入液态 $SiCl_4$,反应产物是四氨基硅与氯化铵

$$SiCl_4 + 8NH_3 \longrightarrow Si(NH_2)_4 + 4NH_4Cl$$

在较高温度或反应热未及时散失的情况下,四氨基硅脱氨而变成二亚氨基硅

$$Si(NH_2)_4 \longrightarrow Si(NH)_2 + 2NH_3$$

这一过程相似于正硅酸脱水为偏硅酸.

然而,前述反应若在液氨介质中进行(-85℃),氨解结果有所不同

$$SiCl_4 + 7NH_3 \longrightarrow Si(NH_2)_2NH + 4NH_4Cl$$

生成物 $Si(NH_2)_2NH$ 相当于 $Si(NH_2)_4$ 脱去一分子 NH_3 后的产物,故在室温下,它又经脱氨缩合,仍转变为 $Si(NH)_2$

$$Si(NH_2)_2NH \longrightarrow Si(NH)_2 + NH_3$$

$Si(NH)_2$ 是一种白色松散固体,没有熔点;当温度升高至900℃,它进一步缩合为

$NH(SiN)_2$

$$2Si(NH)_2 \longrightarrow NH(SiN)_2 + NH_3$$

在更高温度,上述化合物最终缩合为稳定的 Si_3N

$$3NH\ (SiN)_2 \longrightarrow 2Si_3N_4 + NH_3$$

四氯化硅的氨解若在乙醚溶液中进行,其结果又有明显不同,产物中除有中等产率的$(SiCl_3)_2NH$外. 还有相当数量的线型与环型聚氯代硅氨烷[22],但该体系并无$N(SiCl_3)_3$,生成.

如果换用其他氯代硅烷进行氨解,可以获得相应含 Si—N 键化合物,如

$$2SiHCl_3 + 9NH_3(g, 0.25atm) \xrightarrow{60℃} (HSiNH)_2NH + 6NH_4Cl$$

$$SiH_2Cl_2 + 3NH_3 \xrightarrow{20℃} SiH_2(NH) + 2NH_4Cl$$

$$3SiH_3Cl(过量) + 4NH_3 \xrightarrow{20℃} (SiH_3)_3N + 3NH_4Cl$$

前两个反应的产物是非挥发性固体,第三个反应的产物是低沸点液体,三甲硅胺$[(SiH_3)_3N]$是一种典型叔硅胺化合物(与 NH_3 和$(CH_3)_3N$ 比较). $(SiH_3)_3N$ 分子富于理论上的兴趣;这是一种具有三角对称性的平面分子,而且没有 Lewis 碱性,它不仅在 -80℃与乙硼烷无反应,在 25℃与$(CH_3)_3B$ 也无反应. 它在 -40℃与$(CH_3)_3Al$生成等摩尔加合物,但这一加合物在 0℃便分解. 三甲硅胺遇水立即分解,生成 SiO_2 并放出 NH_3 与 H_2. 它与氯化氢气反应后定量地转变为原来的氯代硅烷.

从三甲硅胺的分子形状及其碱性考虑,显见分子中 N 原子的孤对电子基本上已失去作用. 唯一合理的解释是这一孤对电子已参与成键(从而使 Si—N 键具有重键性质). Ebsworth 著作[23]中的一份轨道图显示出该分子平面分布上所有三个 Si 原子 d 轨道与 N 原子 p 轨道重叠的可能性(见图 10. 31). 故$(SiH_3)_3N$ 分子中 Si 与 N 之间的成键可以这样推测:Si 原子借助自身的 $3d$"空"轨道而与 N 原子的一对非键 p 电子形成 $p\pi$-$d\pi$, 键, 因而 N 的全部 p 电子均参与成键. 有机硅胺中的$[(CH_3)_3Si]_3N$ 分子也有同样情况.

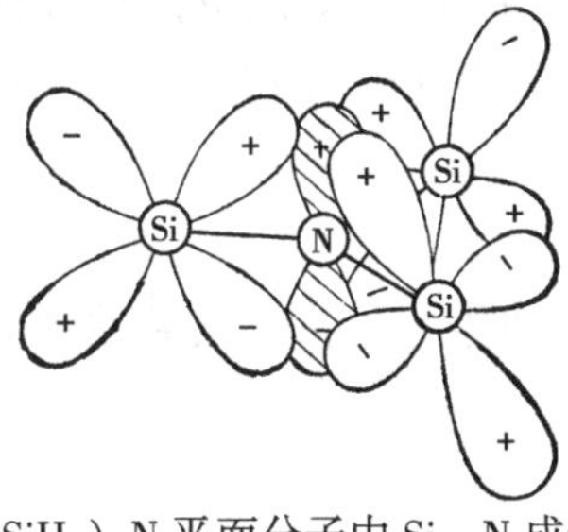

图 10. 31 $(SiH_3)_3N$ 平面分子中 Si—N 成键的示意图

N 的一对非键电子与 Si 的 $3d$"空"轨道形成 $p\pi$-$d\pi$ 键. 图示 N 的 p 轨道与 Si 的 d 轨道电子云重叠的可能性

(引自 N. N. Greenwood and A. Earnshaw,"Chemistry of Elements",p. 418,Pergamon Press(1984).)

仍以$(SiH_3)_3N$为例说明上述成键性质. 若用一个甲基置换$(SiH_3)_3N$分子中的一个甲硅基,就得到N-甲基二甲硅胺$[CH_3N(SiH_3)_2]$. 这一置换立刻使化合物性质发生变化. 实验证明:N-甲基二甲硅胺在与乙硼烷、三甲基硼、三甲基铝以及三甲基镓的反应中所表现出的电子授与能力比它的前身要强得多. 如果两个甲硅基被甲基所置换,分子的碱性还要加强. 表 10.39 列出三甲硅胺的部分性质,表中附带列入两种N-甲基甲硅胺的熔点及沸点数据,以资比较,还须着重说明,即以上所说 N 原子孤对电子参与成键的程度只有在 N 原子同时与三个 Si 原子成键时达到顶点. 这一结论还可在许多有机硅氨烷及有机 N—Si 聚合物中得到印证.

表 10.39　硅胺的物理性质

	$(SiH_3)_3N$	$(SiH_3)_2NCH_3$	$SiH_3N(CH_3)_2$
熔点,K	167.5	149	276
沸点,K	322	305	—
液态密度(167K)	0.895		
蒸气压(193K),mmHg	0.1		
键力常数,10^2 N/m	4.1	~4.2	
蒸气压公式	*		

* $\lg p = (-1956.1/T) + 1.75\lg T - 0.00830T + 7.204$.

室温时过量四氯化硅或氯代硅烷与伯胺或仲胺的气相反应可以得到另一系列的氯代甲硅胺化合物[24]. 例如,以乙胺与氯代硅烷反应,实验发现,当硅原子上的氢增多时,N 原子上的两个 H 原子愈易为氯代甲硅基所置换,这一现象可能与分子反应过程的空间效应有关. 还可证明:三氯甲硅烷与乙胺的置换反应是分步进行的:

$$SiHCl_3 + 2C_2H_5NH_2 \longrightarrow (SiHCl_2)NHC_2H_5 + C_2H_5NH_3Cl$$

$$SiHCl_3 + (SiHCl_2)NHC_2H_5 \longrightarrow (SiHCl_2)_2NC_2H_5 + HCl$$

氯代甲硅胺类化合物在室温时都易自身缩合[24],缩合过程通常在数小时内完成. 产物除缩合聚合物外还有甲硅烷,氯代甲硅烷或四氯化硅,具体结果与原来 Si 原子含氯多少有关. 据认为,缩合聚合物仍含有 Si—N 键,这一结论尚待进一步证实.

4.4　硅与硫族元素的化合物

4.4.1　硅的硫化物

(1) 一硫化硅(SiS). 用硅与硫或硫化物反应,或以SiO_2在适当还原剂存在下与金属硫化物反应,除得到二硫化硅(SiS_2)外,还可得到相当量的一硫化硅. 所得一硫化硅是一种白色或黄色固体.在实验室,一硫化硅可从以下方法制取.

以 FeS 或 ZnS 与 SiO_2,碳粉混合,加热至 1450℃.

以 FeS 与硅铁混合,加热至 1700℃.

以硅与硫(或硅铁与硫)混合,加热至 900℃.

以二硫化碳蒸气在 1000℃流过硅粉(在石英管内).

由以上各方法所获得的一硫化硅制品再经真空升华(在石英管内)提纯.升华步骤若在 850℃进行,冷凝后的 SiS 是浅黄色粉末,但若在 1000℃以较快速度进行升华,可得浅红色玻璃状固态冷凝物,该物质缓慢冷却时分解为 $Si + SiS_2$,颜色也由红变黑.表 10.40 给出一硫化硅部分物理性质.

表 10.40　一硫化硅的物理性质

熔点　约 1173K	Si—S 键距　193pm
沸点　　1213K	键力常数:
密度,d_4^{15} 1.853g/cm^2	基态　　4.94×10^2 N/m
离解能　648.8kJ/mol	D 激发态　2.31×10^2 N/m
UV 吸收带　209.735—250.35nm	E 激发态　1.42×10^2 N/m

一硫化硅在空气中点火后燃烧,生成 SiO_4 和 SO_2.它在潮湿空气中水解,产物是水合二氧化硅及硫化氢.它与水的反应剧烈,有时导致着火.在氢气氛中,SiS 与少量水在 0℃反应,生成二氧乙硅氧烷[$(HSiO)_2O$].240℃时它与无水氯化氢反应,生成 H_2S 与 $HSiCl_3$.它溶解于 KOH 水溶液,放出氢

$$SiS + 2KOH = SiO_2 + K_2S + H_2\uparrow$$

一硫化硅尚不知有何工业用途.

(2)二硫化硅(SiS_2).在 1000℃高温时将硅在硫蒸气中燃烧,或以 H_2S(亦可用 CS_2)通过赤热的硅(约 1300℃)或硅合金,均可制成 SiS_2.此外,在有适当还原剂存在时,二氧化硅或硅酸盐也可用于制备 SiS_2,如以 SiO_2 或硅酸盐粉末与木炭(或焦炭)粉末混合,在硫蒸气中(或与硫化物混合)强烈加热,可以得到相当产率的 SiS_2.用作磷光体的 SiS_2 可用普通二硫化硅(如由 Si + 干燥 H_2S 在 1300℃加热或由砂粉 + As_2S_3 在 1100℃加热制备)加少量还原剂(如糖或菲)加热至 1200℃来制得.

1250℃时纯 SiS_2 可在氮气流中升华并形成细长柔软的白色石棉状针形物.这是 SiS_2 的正交型晶体.该晶体内部与 SiO_2 的三维网架构造完全不同,它可以看成是由 SiS_4 正四面体通过 S 原子联结起来的无限长链

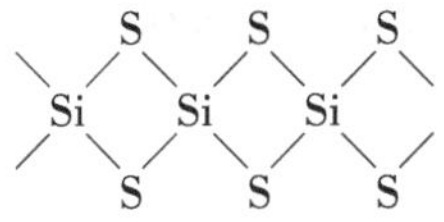

这种特征链状结构充分阐释了 SiS_2 晶体的柔软性质以及它的异乎寻常的解离性

(受压后沿纵长方向裂开成纤维). 表 10.41 列出这种晶体的晶格参数与部分物理性质.

表 10.41 SiS_2 的物理性质

熔点,K	1363	轴比 $a:b:c$	1.015 :1 :1.727
升华温度,K	1523	Si—Si 键矩,pm	276
密度(293K)	2.02	Si—S 键距,pm	214
空间群	D_{2h}^{26}	S—Si—S 键角	109°
晶系	正交	磷光谱带,nm	
晶格常数,pm	$a_x=560$		615—575
	$b_x=553$		568—540
	$c_x=975$		536—507

SiS_2 遇水后立即水解,析出 SiO_2 沉淀并放出 H_2S. 由此看来,这种物质不可能在自然界存在,也不知它有何合适溶剂. Si—S 离子键键能为 808kJ/mol(由电负性差计算[25],此值颇低于 Si—C 键的相应数值(1013kJ/mol),故 Si—S 键较易水解和氧化. SiS_2 甚至可还原 CO_2 和 CO,如

$$2CO_2 + SiS_2 \longrightarrow 2CO + 2S + SiO_2$$

但 SiS_2 自身不被氢所还原.

SiS_2 与液氨接触,即发生完全的氨解

$$SiS_2 + 4NH_3 \longrightarrow Si(NH)_2 + 2NH_4SH$$

在 800℃高温下,SiS_2 与 Na_2S 在石英管内长时间加热(48 小时),发生下列反应[26]

$$4SiS_2 + 2Na_2S \longrightarrow Na_4Si_4S_{10}$$

(与 SiO_2 对 Na_2O 的反应相似.)镁,铝以及铁的硫化物与 SiS_2 也发生类似反应,可分别得到相应的硫代硅酸盐.

乙醇与 SiS_2 反应,可使 SiS_2 转变为硅酸乙酯及硫化氢. 但 20℃时在苯溶液中 SiS_2 与丁醇的反应十分复杂,反应后得到大分子量的聚合物 $(BuO)_nSi(SH)_{4-n}$ $[(BuO)_2SiS]_2$,式中 $n=2,3$[27].

通过适当反应,还可得到硅的硫卤三元化合物. 例如,用 $SiCl_4$ 蒸气和 H_2S 同时通过赤热的玻璃管,反应中生成 $SiSCl_2$. $SiSCl_2$ 在 74℃ 熔化并可在 92℃ 及 22.5mm压力下进行蒸馏. 相应溴化物 $SiSBr_2$ 熔点 93℃,其水解反应尤其剧烈.

基于 SiS_2 及一切含 Si—S 键的化合物(包括有机硅硫化合物)的易水解易氧化特性,排除了它们在通常条件下有任何实际应用的可能性.

4.4.2 硅的硒化物与碲化物

(1) 一硒化硅(SiSe) 与一碲化硅(SiTe). 在 100—1000℃间,SiSe 的存在曾由

其紫外吸收带首先得到证实. 用 SiO_2 和 MgSe 在真空条件下加热至 1100℃,可以得到 SiSe 的固态升华物. SiSe 在潮湿空气中立即水解. 一碲化硅的制法大致与一硒化硅的相同:真空中以 SiO_2 与 MgTe 在 1100℃加热 3 小时,由此生成的 SiTe 在该条件下缓慢升华. 一碲化硅晶体属立方晶系,它在潮湿空气中也立即水解. 它的带状光谱曾被详细研究过[28].

SiSe 和 SiTe 均无工业用途.

(2) 二硒化硅($SiSe_2$)与二碲化硅($SiTe_2$). 用硅与硒直接共熔,只能得到一种状似金属但组成不定的块状物. 然而,用干燥 H_2Se 流过赤热的硅单质颗粒表面可以制成 $SiSe_2$. 此外,用硅和硒混合并在石英管内于 900℃长时间(7 天)加热[29]或以 SiO_2 与 B_2Se_3 加热反应(得到 B_2O_3 和 $SiSe_2$)均可制取 $SiSe_2$. $SiSe_2$ 是一种质地坚硬而有光泽的固态物,其外观更像硒化硼而不像二硫化硅. 二硒化硅遇水缓慢水解,析出 SiO_2 并放出 H_2Se[29]. 当 $SiSe_2$ 暴露在空气中时,其表面的微量水解足以产生一种恶臭. 它在赤热状态与 O_2 发生反应时,生成 SiO_2,SeO_2 与少量 Se. 当四氯化硅蒸气与硒化氢一起通过红热的瓷管,两者反应之后并不生成与 $SiSCl_2$ 相似的 $SiSeCl_2$,而是得到红色的硒沉积物,绝大部分 $SiCl_4$, 未起反应.

将镁粉,碲粉与充分过量的硅粉混合,在真空条件下于 1100℃加热 3 小时,可得相当量的 SiTe 升华物,但无 $SiTe_2$ 生成.

碲与硅还能形成某种含碲 5%—15% 的“合金”. 这种合金是由两种单质直接共熔而制得. 硅-碲混合物的表面用一层 $CaCO_3$ 覆盖. 加热过程中由 $CaCO_3$ 分解产生的 CO_2 对熔融物提供保护气氛,而 CaO 则可与任何可能出现的 SiO_2 形成硅酸盐而覆盖于熔融物表面.

此外,在高温和高压(如 1200℃, 6000atm) 下,硫族元素单质与硅反应还可得到组成近似为 $Si_{10}S_4$、$Si_{10}Se_4$ 和 $Si_{10}Te_4$ 的稳定化合物[18];据信,这些化合物(其中还包括硅的混合硫族化合物 $Si_{10}S_xSe_yTe_x$, $x+y+z=4$)将来很有可能在半导体和热探测元件方面有重要用途.

4.5 四乙酸硅及其他有关化合物

迄今为止,我们已经涉及为数众多的各类无机硅化合物. 下一章即将转入有机硅化合物的讨论. 在硅化学的无机部分行将结束之际,读者或许会问,硅元素能否作为一种金属,与某些含氧酸成盐? 回答是否定的. 横观周期表,第三周期由 Na 至 Si 的四种元素,前三种可以分别形成各自的硝酸盐: $NaNO_3$, $Mg(NO_3)_2$ 与 $Al(NO_3)_3$;硫酸盐:Na_2SO_4,$MgSO_4$ 与 $Al_2(SO_4)_3$,但迄今未知有硅的四硝酸盐与二硫酸盐. 究其原因,自然可笼统归结为硅的弱金属性或弱碱性. 然而,在聚二甲基硅氧烷聚合过程中所出现的带 $\equiv$Si—O—SO_3H 键团的中间产物,可以被看成是有机硅的一种酸式硫酸盐. 上述聚合过程用 100% H_2SO_4 作为 Si—O—Si 键的分解试剂,由此生成的带≡Si—O—SO_3H 键团的化合物又为反应产生的水所分解

$$-\overset{|}{\underset{|}{Si}}-O-\overset{|}{\underset{|}{Si}}- + H_2SO_4 \longrightarrow -\overset{|}{\underset{|}{Si}}-OH + -\overset{|}{\underset{|}{Si}}-O-SO_3H$$

$$2-\overset{|}{\underset{|}{Si}}-OH \longrightarrow -\overset{|}{\underset{|}{Si}}-O-\overset{|}{\underset{|}{Si}}- + H_2O$$

$$-\overset{|}{\underset{|}{Si}}-O-SO_3H + H_2O \longrightarrow -\overset{|}{\underset{|}{Si}}-OH + H_2SO_4 \text{ 等}$$

过程中 H_2SO_4 的作用如同一种催化剂,它不断消耗,又不断再生,故含酸式硫酸基的化合物即使生成也是短寿命的.

然而,硅与某些羧酸(如甲酸,乙酸等)确实可以生成形式为$Si(HCOO)_4$及$Si(CH_3COO)_4$的化合物. 在这类化合物中,对四乙酸硅的研究较为充分.

将四氯化硅加入过量乙酸酐,并不断抽去反应过程生成的乙酰氯,最后可得到四乙酸硅晶体

$$SiCl_4 + 4(CH_3CO)_2O \longrightarrow Si(CH_3COO)_4 + 4CH_3COCl$$

制备四乙酸硅的其他方法还有:在苯溶液中以乙酸钠与四氯化硅反应;以乙酸乙酯(以及相应的丙酯或丁酯)与四氯化硅反应等. 用乙酸直接作用于四氯化硅也可得到四乙酸硅,但反应的产率很低,因过程中有水生成,导致产物部分分解. 四乙酸硅粗制品的纯化可采取在乙酸酐介质中重结晶的方法. 四乙酸硅有很强的吸水性,它水解时析出 SiO_2 和乙酸. 当被加热到 170℃时,四乙酸硅热分解为乙酸酐及一种含硅的残留物.

四甲酸硅可通过四氯化硅与过量甲酸的反应来制备. 四甲酸硅是一种非挥发性粉末状物质;它仅微溶于苯和甲苯.

除此之外,若用硅酸乙酯与乙酸酐发生反应,还可制成硅的乙酸氧-乙氧混合基化合物. 这类化合物以及四乙酸硅的物理性质列于表 10.42.

表 10.42　四乙酸硅及有关化合物的部分物理性质

化合物	熔点,K	沸点,K	密度(20℃),g/cm^3	折射系数(20℃)
$Si(CH_3COO)_4$	383	421(5.5mmHg)		
$Si(OC_2H_5)(OOCCH_3)_3$		354(19mmHg)	1.020	1.3910
$Si(OC_2H_5)_2(OOCCH_3)_2$			1.076	1.3960
$Si(OOCH_2Cl)_4$	427			

4.6 硅(Ⅳ)的配合物

总的说来,以 Si(Ⅳ)为中心离子所形成的配合物种类和数目都很有限. 不少主族元素的氯化物在与一氯丁烷-三氯化磷混合物反应时,可以有效地得到系列低电荷氯基阴离子[30],但四氯化硅在该体系的反应却不能得到 $SiCl_5^-$ 阴离子. 已知性能比较稳定而且可以分离出来供研究用的 Si(Ⅳ)配合物有以下几类:

氟硅酸和氟硅酸盐;

含硅杂多酸及其盐类;

各种卤代硅烷与胺的加合物;

乙酰丙酮-硅螯合物.

其中氟硅酸和氟硅酸盐当然是最大的一类.

4.6.1 氟硅酸与氟硅酸盐

工业上氟硅酸通常来自磷肥生产的副产物. 当硫酸作用于氟石或含氟磷灰石,即产生氟化氢;氟化氢再作用于含硅的矿物,便得到四氟化硅. 因此,当磷肥生产过程中所排出的气体经水吸收之后,即形成氟硅酸水溶液(20% H_2SiF_6). 氟硅酸盐一般通过氟硅酸的中和或复分解反应来制备. 氟硅酸与氟硅酸的可溶盐均是剧毒物质;它们常被用作杀虫剂或灭菌剂.

氟硅酸只能以水溶液状态存在. 浓缩之后,它以 HF 和 SiF_4 的形式释放出来,故在浓氟硅酸水溶液的液面上常可测出一定分压的 HF 和 SiF_4. 例如,75℃时,30.4%氟硅酸溶液液面上的 SiF_4 分压为 4.8mmHg,HF 分压为 2.2mmHg 以及水蒸气分压 207mmHg. 氟硅酸水溶液能腐蚀绝大多数金属,尤其是铝,故盛放氟硅酸溶液的容器最宜用聚乙烯或硬质橡胶制品.

若用 NaOH 溶液滴定氟硅酸,可以看到,当每 molH_2SiF_6 中加入 2molNaOH 时,溶液的 pH 值发生突变,滴定产物相当于 Na_2SiF_6;如果继续加入 NaOH,又可看到,当 NaOH 的加入总量为 6mol 时,溶液的 pH 值再次急剧上升,相应于滴定产物为 $Si(OH)_4+6NaF$. 0.03mol/LH_2SiF_6溶液的 pH 值为 1.6.

不同氟硅酸盐的溶解度有很大差别,其中以 $BaSiF_6$ 为最难溶,而 $FeSiF_6$ 为最易溶(参见表 10.43). 就氟硅酸的碱金属盐而论,溶解度从 Li_2SiF_6 到 Na_2SiF_6,顺序降低;K_2SiF_6 达到溶解度最低值;到 Cs_2SiF_4,溶度又复上升为很大数值. 氟硅酸碱金属盐在溶解度上的这种变化曾被利用于碱金属的系统分析.

氨与肼同样与氟硅酸成盐. 氟硅酸铁的部分性质已列于表 10.43. 此外,氟硅酸还可与大量有机含氮碱生成各种白色或灰色的晶态盐,其中胍、联苯胺、吡啶、苯胺与甲苯胺的氟硅酸盐曾受到特别注意,因为这些盐可用作杀虫剂.

表 10.43　氟硅酸盐的部分性质

性　质	Na_2SiF_6	K_2SiF_6	Rb_2SiF_6	Cs_2SiF_6	$FeSiF_6$	$BaSiF_6$	$(NH_4)_2SiF_6$
晶系	六方	立方	立方	立方	三方	正交	六方
折射率	1.312				1.364		1.370
	1.309				1.385		
比重	2.679	2.665	3.332	3.372	1.961	4.29	2.01
熔点,K	分解	分解	分解	分解	分解	分解	升华
水中深解度,g/dm^3							
290K	6.52	1.20	1.60	600	1282	0.26	186
373K	24.6	9.54	13.5	略低	—	0.91	5.55

4.6.2　硅钼酸和其他含硅杂多酸及其盐类

硅是已知可作为杂多酸集合体中心原子的 36 种元素之一[31];早在 1847 年,硅钨酸($H_4SiW_{12}O_{40}\cdot 2H_2O$)盐的存在已为人所知. Werner 察觉这种酸以及它们的离子都具有配位结构. 其后,Rosenheim 与 Miolati 将 Werner 的思想推广并引进大量同类化合物. 据 Rosenheim 的分类方法 $H_4SiW_{12}O_{40}\cdot 2H_2O$ 是原型为 H_6XO_6 酸的 12 多酸,其著名钾盐的化学式应为 $K_4H_4[Si(W_2O_7)_6]\cdot 7H_2O$. 而后,Pauling 建议这种酸的结构应是:一个中心正四面体 SiO_4^{4-} 离子,周围是 12 个 WO_6 八面体,而每一八面体有三个氧原子与相邻三个八面体共享. Keggin 也建议如下结构:一个中心正四面体,周围是 WO_6 八面体,但 SiO_4 正四面体的每个角原子与三个八面体共享,而每一八面体又与两个相邻八面休各共享一个氧原子. 于是四个 W_3O_{13}基团通过共享角原子而连结起来,形成阴离子$[XW_{12}O_{40}]$. 这一组成形式与偏钨酸 $H_8[W_{12}O_{40}]$非常接近. Keggin 的观点已为许多多酸盐的 X 射线研究所证实,而且他提出的结构与偏磷酸盐及聚偏砷酸盐之间的关系也已为 Emeléus 和 Anderson 所说明. 前面提到的用作硅元素比色分析基础的蓝色硅钼酸也正是这类多酸之一.

4.6.3　卤代硅烷与胺的加合物

四卤化硅与氨或胺的反应常常导致硅-卤键的氨解而形成含 Si—N 的共价键化合物(本章 4.3 节),但在适宜条件下(如低温及合适溶剂等),特别是当硅-卤键有足够强度(如 Si—F 键),四卤化硅可与氨或胺形成具有简单配比的加合物. SiF_4 与胺的加合物已有较详细的研究[32-35],已经证明 SiF_4 与伯胺的反应形成正八面体的 1:2 加合物.

例如,在室温(25℃)时,SiF_4 在苯溶液中与胺反应,可以得到表 10.44 所列配比的加合物[35]. 除少数多功能基胺类外,多数胺类均能与 SiF_4 形成加合物. 加合反应后的混合物往往是难于过滤的黏稠液体. 当加合物从苯中分出以后,其性能就更加稳定. 例如,苯胺的加合物若在苯溶液中迴流很容易分解,而该物质纯态时可在80—100℃升华,升华过程中仅有少量 SiF_4 损失,且无任何氨解产物生成. SiF_4-胺加合物仅在十分强烈的实验条件下发生氨解,例如将加合物与金属、金属氢化物或有机金属化合物在300℃反应,或使加合物与氨基金属化合物反应等. 当有某种叔胺化合物存在时,加合物的氨解缩合也很容易进行,因而生成氟代硅氨烷化合物. 例如,用四氟化硅的伯胺加合物或伯胺在过量 SiF_4 存在下与某种叔胺反应,反应按下列方式之一进行

$$RNH_2 + 2R_3N + 3SiF_4 \rightleftharpoons \frac{1}{n}(RNSiF_2)_n + 2R_3NH^+SiF_5^-$$

$$RNH_2 + 2R_3N + (m+1)SiF_4 \rightleftharpoons \frac{1}{n}(RNSiF_2)_n$$

$$+ \frac{1}{m+1}(R_3NH^+)_{m+1}Si_mF_{5m+1}^{-(m+1)}$$

反应实际上按何种定量配比进行取决于所用叔胺性质[35].

表 10.44 四氟化硅与胺的反应(25℃, 苯溶液)

胺类	摩尔比 Si:N	熔点与挥发性	加合物分析组成
$(C_2H_5)_2NH$	*		
$C_6H_5NH_2$	1:2	mp:410—413K 升华 398K, latm	$C_{12}H_{14}N_2SiF_4$
o-$C_6H_4(NH_2)_2$	1:1	353—373K, 1atm 升华, 373—388K, 1atm	$C_6H_8N_2SiF_4$
o-$C_6H_4(OH)(NH_2)$	1:2	mp. 495—498K 升华, 433—443K, 1atm	$C_{12}H_{14}N_2O_2SiF_4$
2,4-$(NH_2)(Cl)C_6H_3CH_3$	1:2**		$C_{14}H_{16}N_2Cl_2SiF_4$
o-$C_6H_4(SH)(NH_2)$	无反应		
3,3′,4,4′-四胺二苯	无反应		

* 形成固态物,去苯后即分解;

* * 分析结果说明产物含过量胺.

如果在室温下并且不附加任何溶剂, SiF_4 与 NH_3 及 CH_3NH_2 的反应同样得到1:2 加合物[34],

$$SiF_4 + 2NH_3 = SiF_4 \cdot 2NH_3$$

$$SiF_4 + 2CH_3NH_2 = SiF_4 \cdot 2CH_3NH_2$$

但在同样条件下较重的四卤化硅($SiCl_4$, $SiBr_4$ 与 SiI_4)与甲胺反应得到配比为 1:6 的物质(见表 10.45). 但这些物质并非加合物,而是甲胺与卤化氢所形成的盐以及

相应含 Si—N 键的缩合物. 例如,四氯化硅与氨和甲胺的反应[34]

$$SiCl_4 + 6NH_3 \longrightarrow 4NH_4Cl + [Si(NH)_2]_x$$

$$SiCl_4 + 6CH_3NH_2 \longrightarrow 4[CH_3NH_3]Cl + [Si(NCH_3)_2]_x$$

$$SiCl_4 + 6(CH_3)_2NH \longrightarrow 6[(CH_3)_2NH_2]Cl + \{Si[N(CH_3)_2]_3Cl\}_x$$

各种四卤化硅与甲胺化合物的反应结果列于表 10.45[34].

表 10.45　SiX_4 与 R_3N 的反应($X = F, Cl, Br, I; R = N, CH_3$)

卤化硅	胺	摩尔比 Si∶N	卤化硅	胺	摩尔比 Si∶N
SiF_4	NH_3	1.00∶2.00	$SiBr_4$	NH_3	1.00∶5.97
SiF_4	CH_3NH_2	1.00∶1.99	$SiBr_4$	CH_3NH_2	1.00∶5.96
SiF_4	$(CH_3)_2NH$	1.00∶1.97	$SiBr_4$	$(CH_3)_2NH$	1.00∶5.80
$SiCl_4$	NH_3	1.00∶5.86	SiI_4	NH_3	1.00∶6.03
$SICl_4$	CH_3NH_2	1.00∶5.99	SiI_4	CH_3NH_2	1.00∶5.91
$SiCl_4$	$(CH_3)_2NH$	1.00∶5.90	SiI_4	$(CH_3)_2NH$	1.00∶5.93

4.6.4　硅的螯合物

β-二酮类物质(如乙酸丙酮)能与许多金属或准金属形成环状螯合物,对硅也不例外. 酸式 β-二酮的性质犹如一元酸,同时又兼有羰基授主性质. 它们与金属生成下列形式的环状化合物

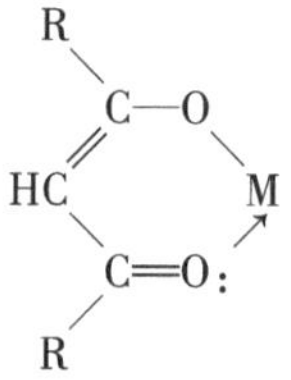

因为硅是四价元素,可以预期它与 β-二酮形成的配合物应含有四个上述基团,但因硅的配位数最大为 6(迄今未知硅有八配位化合物),故它与 β-二酮的配合物至多只可能含有三个这样的螯合环而将其第四个电荷用于成盐. 例如 $Si(acac)_3X$(此处 acac 代表乙酰丙酮). 这类反应可在氯仿溶液中进行,以乙酸丙酮作用于四氯化硅,生成可溶于苯的氯盐 $Si(acac)_3Cl$. 这种盐又可转化为不溶于苯的配盐,如 $Si(acac)_3 \cdot FeCl_4$, $Si(acac)_3AuCl_4$, $Si(acac)_3ZnCl_3$ 及 $(Siacac_3)_2PtCl_6$ 等. 所有这类化合物遇水立即水解,析出 SiO_2, 对这一形式的硅六配位化合物的动力学研究表明,在几种不同温度下,不对称 C 原子的外消旋速度与水解速度大致相等,由此说明外消旋作用的根源是来自水解而不是由于构型的倒转. 这两种过程的速度都是一级的,与其他正八面体配合物水化动力学的研究结果相符.

参 考 文 献

[1] E. G. Rochow, in J. C. Bailar ed. , "Comprehensive Inorganic Chemistry", Vol. I. pp. 1323—1467, Pergamon press(1973).

[2] A. S. Berezhnoi, "Silicon and Its Binary Systems", Consultants Bureau, N. Y. (1960).

[3] E. G. Acheson, "A Pathfinder: Discovery, Invention and Industry", The Press Scrup Book, p. 97 (1910).

[4] H. Moissen, *Compt. rend.* , 140, 405(1905).

[5] 文献[2], P. 76.

[6] M. B. Bradsky and C. D. Cubicciotti, *J. Am. Chem. Soc.* , 73, 3497(1951).

[7] G. G. Deeley, *Brit. Pat.* 1, 273, 145(1972).

[8] R. J. Lumdy, *US Pat.* 3, 591, 337(1971).

[9] W. J. Arrol, *Ger. Offen.* , 2, 037, 396(1971).

[10] J. E. Drake et. al. , *J. Chem. Soc.* , (A)2587(1971).

[11] E. A. Taft, *J. Electrochem. Soc.* , 118, 1141(1971).

[12] M. T. Duffy and W. Kern, *RCA Rev.* , 31, 742(1970).

[13] 文献[9].

[14] A. Kato et. al. , *Yoggo Kyokai Sci.* , 80, 114(1972).

[15] Van den C. H. J. Brekal and P. J. Saverin, *J. Electrochem.* Soc. , 119, 372(1972).

[16] Y. N. Goryachkin et. al. , *Tr. Mosk. Khim-Tekhnol. Inst.* , 67, 76(1970).

[17] D. G. Sestrich, *US Pat.* 3, 637, 423(1972).

[18] E. D. Whitney ad R. F. Fiese, *Inorg. Chem.* , 10, 1090(1971).

[19] J. Gaude and J. Lang, *C. R. Acad. Sci.* , *Paris*, 274C, 521(1972).

[20] R. Marchand et. al. , *C. R. Acad. Sci.* , Paris, 272C, 1654(1971).

[21] 文献[16], P. 73.

[22] U. Wannagat et. al. , *Z. Anorg. Allg. Chem.* , 381, 288(1971).

[23] E. A. V. Ebsworth, "Volatile Silicon Compounds", p. 113, Macmillan, N. Y. (1963).

[24] J. E. Drake and N. P. C. Westwood. *J. Chem. Soc.* , (A)3617(1971).

[25] V. Banžand et. al. , "Organosilicon Compounds", Vol. I. , p. 15, *Czech. Acad. Sci.* , Prague (1965).

[26] A. Cade et. al. , *C. R. Acad. Sci.* , Paris, 275C, 1054(1972).

[27] W. Wojnovski and M. Wojnovska, *Z. Anorg. Allg. Chem.* , 389, 302(1972).

[28] "Gmelins Handbuch der anorganischen Chemie", 8th ed. , System No. 15, Part B. P. 756; G. Herzberg, "Spectra of Diatomic Molecules", 2nd ed. , p. 570, N. Y. (1950).

[29] R. Hillel et. al. , *Bull. Soc. Chim.* Fr. 394(1971).

[30] W. M. Scantlin et. al. , *Chem. Commun.* , 1246(1971).

[31] H. J. Emelélls and J. S. Anderson, "Modern Aspects of Inorganic Chemistry", Van Nostrand, N. Y. (1954).

[32] B. J. Aylett et. al. ,*J. Chem. Soc.* ,(Dalton Trans)1953(1972).
[33] J. J. Harris. *Inorg. Chem.* ,5,1627(1966).
[34] A. P. Hagen and B. W. Callaway,*J. Inorg. Nucl. Chem.* ,34,487(1972).
[35] J. J. Harris et. al. ,*J. Inorg. Nucl. Chem.* ,34,75(1972).

10.5　有机硅化合物

如果我们设法使某种有机基团(如烷基或芳基)直接与硅原子连接,就得到有机硅化合物.这是一大类含 Si—C 键的化合物,与一般含碳有机物不同,有机硅化合物在自然界不存在,近年来虽不断有人声称他们在生物体中找到了有机硅化合物,但这类物质即使存在,数量也极有限.大量有机硅化合物来自工厂和实验室.人类开始研究和制备这类化合物已有百年以上历史,最早的工作可追溯到 1863 年 Friedal 与 Crafts 合成四乙基硅.这两位学者当年用四氯化硅作用于二乙基锌,在一密封管内于 160℃加热数小时得到四乙基硅

$$SiCl_4 + 2Zn(C_2H_5)_2 \longrightarrow Si(C_2H_5)_4 + 2ZnCl_2$$

他们还从二甲基锌用类似反应制成四甲基硅.稍后,Ladenburg 与 Pape 推广了他们的工作,Ladenburg 采用烷基钠和烷基汞来合成有机硅化合物.他曾制备出三乙基苯基硅[$(C_6H_5)Si(C_2H_5)_3$],并发现该化合物的一个重要性质,即当这种化合物与碱或酸作用时,组成中的苯基比乙基更易从硅原子上脱落.Pape 的主要贡献是在这一领域引进 Wurtz.缩合反应.

对经典有机硅化学的形成与发展作出杰出贡献的是 Kipping.从 1900 至 1940 年的数十年间,他在这一领域曾连续发表过 57 篇论文,他首先引入 Grignard 反应,使有机硅化合物的合成工作获得极大推动,他多年致力于研究硅化学与碳化学之间的相似性并获得许多重要成果,他合成了第一个含不对称硅原子的化合物.这一物质如所预期的具有旋光性.他通过实验证明:Si 原子与 C 原子之间很难形成双键.他研究了 Si—O—Si 键及 Si—Si 键的稳定性,而且还对他在实验中发现的油状黏稠物作出判断,证明它是由以下过程所形成的聚合物,当然,Kipping 的工作远不止于上述这一些,他的贡献是多方面的.他是这一领域当之无愧的奠基人.

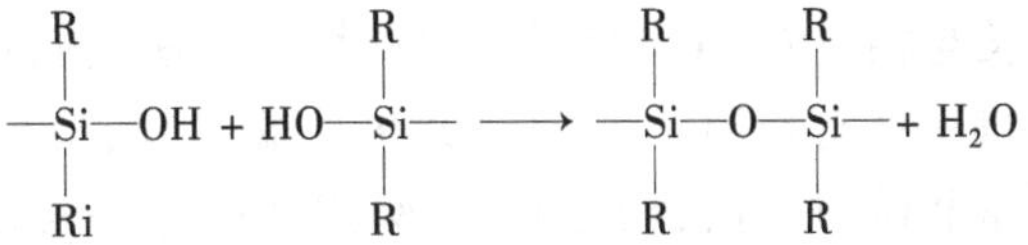

经过这些先驱者的努力,有机硅化学不断发展并完善自身的学科体系.加之 40 年代后期,有机硅化合物的工业价值日渐取得公认,更激起化学家们对它们的研究兴趣.截至 1965 年的统计,已知的有机硅化合物的数量已达 14000 种之多,且其年增长速度仍旧有增无减.现今,有关硅化合物的发现和研究均有年度总结,特别是有机硅化合物,基于它们重要而广泛的工业用途,已经建立起一门专门的工艺学,即硅酮工艺学,以从事于它们的性质,制备及应用的研究.有关硅酮聚合物的单

体合成[2-5]聚合物的动力学,反应机制及结构研究[6-8]以及它们的全课题研究(包括合成,单体化合物,性质,制备和应用)[9-12],均有不少有价值的专著可供查阅.

本章先按前面处理无机硅化合物的方式分别讨论各类有机硅化合物(如氢化物,卤化物等),然后再由单体合成过渡为聚合物的讨论,最后我们还要提到颇具特色的硅酮的分析化学,然而在进行这些讨论之前,我们有必要先讨论一下影响有机硅化合物物理和化学性质极为关键的 Si—C 键的性质.

5.1 Si—C 键的性质

5.1.1 Si—C 键键长

Si—C 键键长随所在化学环境之不同而有所增减,表 10.46 列出若干有代表性的 Si—C 键键长数据[1]. 可以看到,所列化合物的硅-碳原子距大致都在 183 至 189pm 之间. 这些数值均低于硅与碳的共价半径之和(194pm),但考虑到碳与硅二元素的电负性差(2.50 - 1.74 = 0.76),应用 Schomaker-Stevenson 方法对共价半径值进行校正,可使计算值降为 188pm[7],这一数值与表 10.46 所列大部分实验值相当吻合.

表 10.46 某些典型化合物的 Si—C 键键长

化合物	Si—C 键长 pm	参考值 pm	化合物	Si—C 键长 pm	参考值 pm
$(CH_3)_4Si$	189 ± 2	193.0 ± 0.3	$(CH_3)_3SiF$	189	
$(CH_3)_3SiCl$	187 ± 3	189 ± 3	$(CH_3)_2SiF_2$	189	
$(CH_3)_2SiCl_2$	189 ± 6		CH_3SiF_3	188	
CH_3SiCl_3	187	187.6	CH_3SiH_2F	184.8 ± 0.5	
$(CH_3)_3SiH$	186.8 ± 0.2	187.30 ± 0.6	$CH_2=CHSiH_3$	185.3	
$(CH_3)_2SiH_2$	186.7 ± 0.4	186.00 ± 0.04	$N\equiv CSiH_3$	184.8	
CH_3SiH_3	186.68 ± 0.05	185.7 ± 0.7	$[(CH_3)_2SiO]_3$	188 ± 4	

以 Si—C 键键长与相应 C—C 键键长进行对比,可使我们对硅、碳二元素在成键性质上的差异获得一些有益启示. 由表 10.46 数据可知,当 Si—C 键上的 C 原子由饱和碳改变为不饱和碳时,键长相应缩短. 例如,由 $H_3Si—CH_3$ 的 186.7pm 降为 $H_3Si—C\equiv N$ 的 184.8pm,两者相差 1.9pm. 而相应情况下的 C—C 键键长的改变则要大得多,即由 $H_3C—CH_3$ 的 154.3pm 改变为 $H_3C—C\equiv N$ 的 143.8pm,相差 10.5pm. 这种现象若用我们前面提到的 Si 原子($p \longrightarrow d$)成键的设想就不难得到说明. 基于 Si 原子这种业已存在的成键性,故由 $H_3C—SiH_3$ 过渡为 $H_3Si—C\equiv N$ 时,Si—C 键键长的缩短就不如在相同情形下 C—C 键的键长改变那样明显,关于 Si 原子的这种成键性我们在前面已有所论证. 此外,在氟硅酸盐化合物中,以及在

$SiCl_4$,$(CH_3)_2SiC_2$ 等化合物水解过程的中间产物中,这一性质也都已得到肯定[9].还有大量动力学研究证明芳环结构与直接连接于环的 Si 原子 d 轨道之间存在 π 键性.故我们可以假定:任何与 Si 原子靠近而又有较高电子云密度的区域(例如 CH_3 基团)都有可能与 Si 原子 $3d$ 轨道电子云充分重叠,从而产生明显的重键性质.这种效应虽不易由仪器方法直接测试,但有充分化学事例供佐证.

5.1.2 Si—C 键键能与反应性质

Si—C 键的键能视其数据来源之不同而有所出入,例如已见于报道的数据中有 243kJ/mol[9],301kJ/mol[7]和 318kJ/moi[9]等.Eaborn 根据化合物生成热给出以下数据:Si—丁基化合物,218kJ/mol,Si—丙基化合物,238kJ/mol;Si—乙基化合物,259kJ/mol;Si—CH = CH_2 基化合物,297kJ/mol;Si—甲基化合物,314kJ/mol.他还指出:随着烷基体积增大,Si—C 键离解能下降更快:Si—甲基,331kJ/mol;Si—乙基,209kJ/mol;Si—丙基,192kJ/mol.

然而,我们并不能单纯依据上述键能大小去判断某一具体有机硅化合物的热稳定性及其反应趋向.有机硅化合物的热稳定性在很大程度上还要取决于 Si—C 键两侧所连接基团的性质(它们对 Si—C 键的诱导效应以及形成重键的可能性等).举四苯基硅烷[$(C_6H_5)_4Si$]为例,这一化合物的高度热稳定性是众所周知的.$(C_6H_5)_4Si$(bP:428℃)及其氯代物$(C_6H_5)_3SiCl$(bP:378℃),$(C_6H_5)_2SiCl_2$(bP:305℃)均可在大气压下充分蒸馏而不分解.这种情况在碳氢化合物及其氯代物中极为罕见.这一实例足以说明 Si—C 键及 C—C 键性质上的明显差别,虽然这两种键的键能相差并不大.又如四甲基硅(TMS,bP:27℃),除去它有适宜的核磁共振性质外,还由于它的化学惰性及易于分离提纯的特性,常被选作质子核磁共振的基准物.还有前一章提到的碳化硅,它的热稳定性超过石墨以至超过金刚石.

由上述诸例我们注意到,当有机硅化合物分子具有高度对称性以及硅或碳上取代基的诱导效应使 Si—C 键的电荷分离度仅保持在低水平,Si—C 键均成为强键.故我们在考虑 Si—C 键的强度时,自然要联系该键在实际分子中的极性状况.基于硅与碳的电负性差,Si—C 键自然属于极性键范畴(注意碳与氯电负性差仅 0.33,而 C—Cl 键在有机化学中被看作高度极性键),故这种键本身易受亲电子试剂的影响.然而如果选择适当取代基以降低极性,将有利于 Si—C 键的强度增加.就 Si—C 键 C 的一侧而言,这就意味着取代基须比碳具有更高的正电性.氢(电负性 2.20)的正电性高出于碳 0.30(电负性单位),故氢是此种场合下十分有用的取代基.其他较氢有更高正电性的可用取代基还有 SiH_3 基或 R_3Si 基,R_3Ge 基及 R_3Sn 基等.反之,若某些含强电负性元素的基团连接于碳,将使 Si—C 键极性更加增强,从而削弱键的强度.有机化学中的许多常见功能基如—OH,—COOH,—CO—,—O—,—NH_2,—NH—,—N = N—,—C≡N,—X,—OR 等实际上都属于这种取代基,故当 C 原子上连接有这些功能基时,Si—C 键将更易受反应试剂的作用而断裂. 而如果这些负电性功能基出现在β-C 原子上就更有破坏性,因为此际容易发生以 Si 原子为接受体的β-消去反应. 例如,β-氯代烷基硅烷受热后很容易使 Si—C 键断裂,生成 Si—Cl 键和烯烃. 以上负电性功能基的作用可举≡Si—CH_3,≡Si—CH_2Cl,≡Si—$CHCl_2$ 以及≡Si—CCl_3 系列为例说明,这一系列的 Si—C 键的碱解倾向依上述顺序迅速增大. 又例如氟碳硅烷或氟碳硅氧烷(尤其是氟在 α-C 或 β-C 原子上)的反应活泼性都远远超过取代以前的烷基硅烷或烷基硅氧烷. 此外,属于≡Si—C = C 及≡Si—C≡C 体系的 Si—C 键,它们在反应性质上很像≡Si—$CHCl_2$ 和≡Si—CCl_3 中的 Si—C 键,而比相应甲基硅烷中的 Si—C 键活泼得多,例如,在冷水中乙炔基很容易从 Si 原子上分裂出去.

从以上讨论我们也容易理解,为什么在有机硅聚合物范围内,甲基(而非乙基,丙基,丁基等)硅酮总是占有统治地位(但甲基聚合物也有自身弱点,因 C—H 键高温时易离解,也易为氧化剂所氧化). 若以具有很强共振能的苯基代替甲基,可以大大纠正甲基团的上述弱点. 故苯基或苯基-甲基硅酮在空气中及在较高温度使用时,比纯甲基硅酮更为优越,虽然≡Si—C_6H_5 键团具有较强极性,易与 Lewis 酸发生反应.

再就 Si—C 键的 Si 原子一侧而言,情况与以上所讨论的刚好相反,即如果 Si 原子上带有负电性基团将有利于增大 Si—C 键的强度. 因而,Cl_3S_1—CH_3 的热稳定性远远胜过 H_3Si—CH_3 的热稳定性. 而在聚合物中,含有—$(CH_3)_2Si$—O—结构单元的聚合物将具有较高的稳定性. 同理,含—$(CH_3)_2Si$—CH_2—结构的聚合物,其稳定性必定较差.

5.2　有机硅卤化物

5.2.1　制备方法

有机卤代硅烷,尤其是其中的氯代物,通常是制备其他有机硅化合物的起始材料. 例如,烷基或芳基氯代硅烷经过水解可以得到相应的烷基或芳基硅醇或硅氧烷;经过醇解可以得到烷氧基化合物,或经过适当还原剂还原以及其他途径可以获得所需各种烷基或芳基化合物,故有机卤代硅烷在硅酮合成工业中具有十分重要的地位. 制备这类化合物的方法通常有三种,它们各有专门用途. 第一种方法也是最经典的方法,是用有机金属试剂(如二乙基锌,二苯基汞,丁基锂或 Grignard 试剂)与 $SiCl_4$ 反应,用烷基或芳基置换 $SiCl_4$ 中的一个或多个氯. 这一方法至今仍在实验室沿用. 第二种方法是直接合成法,即由硅单质与芳基氯或烷基氯在催化剂存在时直接反应,从而获得 R_2SiCl_2,$RSiCl_3$,等型式的化合物. 这种方法对于制备苯基或甲基氯代硅烷特别有用，是一种重要的工业方法. 第三种方法是通过加成反应，即在适当催化剂存在下用烯烃(有时也用炔烃)与硅烷的 SiH 基进行加成. 这种方法特别适合于制备乙基和高级烷基氯代硅烷以及乙烯基氯代硅烷，但不能用于制备甲基或芳基氯代硅烷. 这三种方法分别扼要介绍如下.

1. 取代法

此法以四氯化硅(有时用三氯氢硅)为硅源，因这种化合物很易从硅，硅铁或二氧化硅与焦炭混合物直接氯化制得. 取代反应所需有机金属试剂(烷化剂)可以从金属(Mg，Li，Na，Zn 等) 直接制取，或由这些初始有机金属试剂转变为中间有机金属试剂(如由 $HgCl_2 + (C_6H_5)_2Zn$ 制成$(C_6H_5)_2Hg$；由 $CdCl_2 + C_2H_5MgBr$ 制成$(C_2H_5)_2Cd$ 等)，然后再用于烷基化反应. 制备 Grignard 试剂的方法都熟悉，此处从略.

Grignard 试剂制备简易，应用面宽，故它在实验室合成有机硅卤化物时应用最广. 但用于工业生产时，这种实验室方法有其固有的弱点：(1)消耗大量金属镁但又不能回收；(2)需用大量乙醚及四氢呋喃等价格较贵的试剂，并由此带来回收及防止生成过氧化物等一系列问题；(3)由于不可消除的竞争反应，所得产物总是混有杂质；(4)由于溶剂的存在，使产品蒸馏耗时，操作复杂化；(5)产品难以从大量二卤化镁的醚合物中完全分出；(6)该反应难于应用在甲基卤代硅烷的生产上，因 CH_3MgCl 的生成很慢，且在乙醚中的溶度很低；(7)用 $SiCl_4$ 为硅源，不经济($SiCl_4$ 含 Si 仅约 17%).

烷基钠在所用溶剂方面优于 Grignard 试剂，但它的反应较难控制. 丁基锂及其他几种烷基锂在用作烷化剂时颇受人注意，因它们性质活泼且可采用廉价烃类溶剂. 三烷基铝在用作烷化剂时也很有潜力，因其性质活泼且也可应用廉价溶剂或不用溶剂，此外它的制备原料可用烯烃和氢，无需消耗价格较贵的烷基卤化物.

2. 直接合成法

用烷基或芳基卤代物(其中最常用的是甲基氯)与加热的硅粉直接反应可合成所需有机硅卤化物，这是工业生产上应用最广的方法. 合成反应在有催化剂存在时顺利进行. 该反应的催化剂研究已有详细报道[3,5,9,10]，其中工业上应用最广的是铜粉，工业上最常用的反应方式是将甲基氯热蒸气流从硅粉流动床的底部输入，流出气体经过旋风分离和过滤，以除去夹带的硅粉尘，然后将产品冷凝收集. 铜粉的用量约为硅重量的 10%，也可加入其他反应“促进剂”. 反应温度一般控制在 300—350℃；温度超过 350℃后，不能生成四甲基硅，主要产品$(CH_3)_2SiCl_2$ 的产率也显著降低，由于反应放热(反应热：293kJ/mol)，故过程中必须采用适当冷却措施以控制体系温度. 体系压力通常保持为 4—6atm. 氧对合成反应有害，氢基本上无影响. 自由基吸收体(如 NO) 的存在使反应速度减慢，量大时甚至完全抑制反应进行. 若在 CH_3Cl 进料中掺入无水 HCl，将增加产品中 CH_3SiHCl_2 的含量，但$(CH_3)_2SiCl_2$ 的产率也大幅度下降. 假定所有操作保持在最佳条件下进行，并使用纯

CH_3Cl 为原料,可得表 10.47 所示的各种产品及其百分分布[1].

表 10.47　$CH_3Cl+Si(Cu)$ 的反应产物(300—360℃)

产　物	沸点,℃	产率,%(约值)
$(CH_3)_4Si$	26.5	1
$HSiCl_3$	31.5	2
$(CH_3)_2SiHCl$	36	1
CH_3SiHCl_2	41	3
CH_3SiCl_3	65	12
$(CH_3)_2SiCl_2$	70	70
$(CH_3)_3SiCl$	56	5
$SiCl_4$	57	2
$(Me_nSiCl_{3-n})_2$	150—160	4

以上合成反应的副产物大致可分为以下几类:(1)烃类,如 2-甲基戊烷与 3-甲基戊烷,这类副产物可能来自 CH_3Cl 原料中原有的烃类杂质;(2)CH_3CHCl_2 与其他氯代烷,这类副产物可能是甲基团与杂质元素氯化物反应后的产物;(3)$(CH_3)_nSi_2Cl_{6-n}$形式的乙硅烷衍生物,其中仍保留硅晶体的 Si—Si 键(与无水 HCl 作用后即分裂为甲硅烷衍生物,以及形式为 $Me_x(SiCH_2Si)Cl_{6-x}$,$Me_x(SiCH_2CH_2Si)Cl_{6-x}$与 $Me_x(SiCH_2SiCH_2Si)Cl_{8-x}$的硅甲撑,硅乙撑化合物.这些副产物可能由二氯甲烷及 1,2-二氯乙烷与硅反应所产生.以上这些副产物中,幸而烃类含量很低;如果 CH_3Cl 原料是由 $CH_3OH+HCl$ 反应所制备,烃类副产物即可消除,副产物中的高沸点部分(乙硅烷,聚硅烷及硅甲撑等)能为我们提供某些稀罕少见的有机硅化合物,这些化合物用其他方法还很难制备.

用乙基氯与 $x\%$ Si-$(100—x)\%$ Cu 混合物在 360℃至 370℃反应以产生乙基氯代硅烷,其结果列于表 10.48.由表可见,当铜粉的重量百分数增加时(直至 50% Cu),产物中$(C_2H_5)SiHCl_2$ 及 $C_2H_5SiCl_3$ 的产率提高,但$(C_2H_5)_2SiCl_2$ 产率下降.然而,用高比例的铜却对苯基氯代硅烷的合成有利;Zn 的加入也有助于苯基氯代硅烷合成反应.例如,用 C_6H_5Cl 与 50% Si + 34% Cu + 16% Zn 的混合物在 400℃至 450℃反应,C_6H_5Cl 蒸气一次通过,就可使用的 40% 转变为 80% $(C_6H_5)_2SiCl_2$ 加 20% $C_6H_5SiCl_3$ 的混合产物.用银作催化剂可增加苯基氯代硅烷的合成产率.此外,在 580—600℃,银还可促成 α-$C_{10}H_7Cl$ 和 Si 的直接合成反应,而铜在相应场合则无能为力.

甲基,乙基及苯基溴代硅烷的直接合成反应,在设备与条件方面均与相应氯代硅烷的相仿.例如,C_6H_5Br 与 80% Si + 20% Cu 在 410—420℃反应,可使 50% 溴苯转变为$(C_6H_5)_2SiBr_2$(28%),$C_6H_5SiBr_3$(45%),$(C_6H_5)_3SiBr$(3%),$SiBr_4$(18%)及其他有机硅化合物(6%)[12].有机碘代硅烷有时也可用同样方式直接合成.

表 10.48 $C_2H_5Cl + Si(Cu)$ 的反应产物(300—370℃)

产　物	$C_2H_5SiHCl_2$	$C_2H_5SiCl_3$	$(C_2H_5)_2SiHCl$	$(C_2H_5)_2SiCl_2$	残留物
沸点,℃	75.4	97.9	99.7	129	
产率,%					
50% Cu	38	25	4	23	10
30% Cu	38	23	5	24	10
15% Cu	30	17	5	38	10
5% Cu	20	20	8	51	1

直接合成反应还可用于乙烯基及其他烯基氯代硅烷的制备,反应条件与合成苯基氯代硅烷的接近而与合成烷基氯代硅烷的稍有不同. 二氯烯烃(如1,4-二氯-2-丁烯)的反应已有详细研究;这类反应常常涉及二氯烯烃在与硅反应前的异构化[2]. 碳骨架上还带其他功能基的氯代烷及氯代烯与硅的直接合成反应也已有相当充分的研究,其目的在于一步合成较为复杂的有机硅化合物,但成功的例证极少. 例如,用 CF_3Cl 及 C_2F_5Cl 与硅在500℃以上反应可以得到 SiF_3Cl 等化合物,但无高氟烷基-氯代硅烷生成.

有机氟代硅烷需从相应氯代硅烷来制备,后者在20—30℃与 $SbF_3 + SbCl_5$,或在30℃与 ZnF_2 反应可得所需烷基或芳基氟代硅烷. 它们也可从相应有机硅氧烷与无水 HF 或 $NH_4F + H_2SO_4$ 作用来制取. 除此之外,它们也可通过取代反应,由 SiF_4 与 Grignard 试剂反应制备.

3. 加成反应

烯烃(或炔烃)与 Si—H 键的加成反应具有重要实际意义. 这一反应可使大量有机物引进有机硅烷基,从而获得多种有机硅化合物. 加成反应有很多催化剂可供选择,故适用范围极宽,关于这一反应的催化剂可见于有关总结性文献[2-9]. 可用的催化剂大致可分为以下六类:过氧化物;紫外辐射;涂铂木炭;氯铂酸;胺类及 VIII 族元素配合物. 关于这些催化剂我们已在介绍 $SiHCl_3$ 的反应时有所说明(2.3.2 分节),此处从略.

加成反应的优点是:(1)由于反应通常在较低温度进行,故可应用于多种烯烃与炔烃的加成,过程中无需考虑这些原料化合物的分解或异构化;(2)基于同样理由,反应化合物中原有的功能基,反应后仍可在所得产物中保留;(3)不同催化剂适用于不同场合,故加成反应的应用范围广;(4)加成反应只需应用有机化学的常规技术和一般玻璃器皿. 加成反应的缺点是:(1) 反应需采用硅烷为原料,而一般含 Si—H 键的化合物少而昂贵,故与前述两种主要合成反应相比,显得较不经济;(2)不能合成最稳定而又最有价值的甲基或苯基氯代硅烷.

5.2.2 烷基及芳基氯代硅烷的性质和反应

已经提到以上三种合成方法所得最终产物都是含各种化学成分的复杂混合

物，故其中每一产品的分离和提纯都可能遇到一定困难. 例如在甲基氯代硅烷的生产中，一甲基，二甲基，以及三甲基氯代硅烷的沸点相近（依次为 66.1，70.2 与 57.6℃），而且 $(CH_3)_3SiCl$ 与 $SiCl_4$，还形成共沸物. 这一情况为产品的蒸馏分离带来麻烦. 又例如，苯基氯代硅烷在蒸馏过程中，即使有少量 $AlCl_3$ 存在（如在直按合成反应中可由于硅原料所含铝杂质而引进），也会带来严重不良后果：$AlCl_3$ 的催化作用促使苯基解离而使最后产品变成 C_6H_6 和 $SiCl_4$. 这一严重情况可由于蒸馏前加入适量 NaCl 而有所缓和.

表 10.49 与表 10.50 分别列出甲基氯代硅烷与其他烷基氯代硅烷的部分性质. 表 10.51 列出若干苯基与混合苯基-烷基氯代硅烷的性质，注意各表所列化合物仅是大量有机氯代硅烷类化合物的少数代表，更详细的表格可参见 Gmelin 手册[14]，尤其是 Bažant[3] 表册的有关章节.

有机氯代硅烷的重要反应之一是它们水解后得到相应的硅醇. 例如

$$(C_6H_5)_2SiCl_2 + 2H_2O \longrightarrow (C_6H_5)_2Si(OH)_2 + 2HCl$$

上述水解过程只需有充分过量的水存在便可在室温顺利进行；水解产物二苯基硅二醇是一种白色晶态物质，其晶格结构业已确定（三斜晶系，$a:b:c = 0.5657:1:1.700$；$\alpha = 90°2'$，$\beta = 111°20'$，$r = 87°27'$），但其熔点未定，因温度一旦超过 100℃，二醇分子间即发生缩合反应，生成聚二苯基硅氧烷. 这些聚硅氧烷或是环型的三聚体与四聚体，或是线型聚合体，如

$$3(C_6H_5)_2Si(OH)_2 = [(C_6H_5)_2SiO]_3 + 3H_2O$$

缩合产物中，环型与线型硅氧烷各占何比例虽可测定，但无关紧要. 关键是这类二醇一般不会形成分子内缩合物 $(C_6H_5)_2Si{=}O$. 这种“酮”状分子不仅自然界不存在，实验室也很难制备. 虽然“硅酮”一词早已在有机硅化学领域广泛使用，但是硅与氧难于形成稳定的“羰”式双键，而且硅一般也难与其他任何元素形成稳定双键. 过去曾有大量工作从事于制备含这类双键的物种，但无一成功. 近年来的工作虽曾提到 Si 与 C[15-18] 以及硅与氧[19] 之间形成 $p\pi$-$p\pi$ 键，但涉及的化合物充其量也是不稳定的. Barton[20] 等由某种 −196℃ 凝聚化合物的红外光谱，推论该化合物是 $Me_2Si=CH_2$. Walsh[21] 与 Davidson 等依据对某些动力学及热力学数据的分析，分别计算了 $Me_2Si{=}CH_2$ 和 $Me_2Si=O$ 的 π 键键能. 尤其是，一份用量子化学从头计算法对假设的分子 Si_2H_2 的计算工作表明，两个 Si 原子之间存在极弱的叁键[22]. 不少硅化学学者悉心致力于硅不饱和化合物的合成研究，但直至最近才取得明显成功. 1976 年，两个研究小组彼此独立地从低温（8K）的氩基体中分离出 1，1，2-三甲基硅代乙烯（$Me_2Si=CHMe$，此物质在 45K 以上即缩合为其二聚体而失去 Si═C 双键），并确定其性质[26]. 尤其难能可贵的是 A. G. Brook[26] 和他的小组

表 10.49　甲基氯化硅烷的性质

性　质	CH_3SiCl_3	$(CH_3)_2SiCl_2$	$(CH_3)_3SiCl$	CH_3SiH_2Cl	CH_3SiHCl_2
熔点,℃	-77.5	-75.5	-57.7	-134.1	-92.5
沸点,℃(760mmHg)	66.1	70.2	57.3	7.5	40.7
气化热,kJ/mol	30.28	31.50	30.20	25.90	28.51
蒸发熵,J/mol·℃	89.1	91.6	91.2		90.8
蒸气压公式 lg$P$	$\frac{-1457}{T+256}+7410$	$\frac{-1645}{T}+7.6738$	$\frac{-1578}{T}+7.6559$	$\frac{-1354.6}{T}+7.7263$	$-\frac{1489.4}{T}+7.6304$
Si—Cl 键距,pm	200　2	199　3	209　3		
si—C 键距,pm	187.6	183　6	189　3		
蒸气相聚集态			二聚		
密度(液,25℃)		1.06	0.846	0.835(-80℃)	1.105
折射率,n_D^{20}			1.3884		
IR 吸收带,Si—C,cm^{-1}	458	473	487		
	577	553			
	764	688	640		
IR 吸收带,C—H,cm^{-1}	2923	2918			
	2990	2984	2977		

表 10.50　高级烷基氯气硅烷的性质

化合物	熔点,℃	沸点,℃	气化热,kJ/mol	气化熵	密度(20℃)	蒸气压公式 lg$P$	折射率 n_D^{20}	偶极矩	Si—C 键矩 pm	Si—Cl 键矩 pm	表面张力,10^{-5}N/cm (25℃)	黏度 10^{-3}Pa · S
$C_2H_5SiCl_3$	-106	97.9	32.21	87.0	1.238	$\frac{-1684.3}{T}+7.420$	1.4257	2.07	188	200		
$(C_2H_5)_2SiCl_2$		127			1.051		1.431	2.39				
$(C_2H_5)_3SiCl$		146		85.3	0.898		1.4304	2.04				
$C_2H_5SiHCl_2$	-107	74.9		81.6	1.093	$\frac{-1648.2}{T}+7.6271$	1.4148				21.70	0.527
$(C_2H_5)_2SiHCl$	-143	99.7			0.890	$\frac{-1689.5}{T}+7.4195$	1.4133 (25℃)				22.30	0.490
i-$C_3H_7SiCl_3$	-87.7	119.4										
$(n\text{-Pr})_2SiCl_2$		175			1.03							
$(i\text{-Pr})_2SiCl_2$		68 (11mm)			1.06							
$(i\text{-Pr})_3SiCl$		202			0.902		1.4515					
$(n\text{-Bu})_2SiCl_2$		63 (4.5mm)			0.9915		1.4448					
$(i\text{-Bu})_3SiCl$		93 (16mm)			1.00							
$(t\text{-Bu})_2SiCl_2$	-15	190			1.01		1.4561					
$(n\text{-Bu})SiHCl_2$		129			1.0466		1.4274					

表 10.51 芳基氯代硅烷的性质

化合物	熔点,℃	沸点,℃	气化热	密度(20℃)	折射率 n_D^{20}	偶极矩	Si—C 键距,pm
$C_6H_5SiCl_3$		201.5		1.325	1.524	2.41	200
$(C_6H_5)_2SiCl_2$		305				2.56	
$(C_6H_5)_3SiCl$	89	378				2.14	
$C_6H_5SiHCl_2$		184					
$(C_6H_5)_2SiHCl$		143 (10mmHg)		1.118	1.581		
$(CH_3)(C_6H_5)SiCl_2$		82.5 (13mmHg)		1.186			
$(CH_3)_2(C_6H_5)SiCl$		195		1.032	1.508		
$(CH_3)(C_6H_5)_2SiCl$		295		1.110	1.574		
$EtPhSiCl_2$		230					
n-$PrPhSiCl_2$		140 (44mmHg)		1.08			
t-$BuPhSiCl_2$		133 (27mmHg)		1.106	1.515		

终于在 1981 年制备出在室温下稳定的硅代乙烯化合物$(Me_3Si)_2Si=C(OSiMe_3)(C_{10}H_{15})$*. 以上我们引证的大量研究工作表明,硅与碳、氧、氮等元素之间通常很难形成重键,而那些成功的经验迄今为止还只是极少数特殊例证,而最为普遍的情况是,硅原子与其他元素原子成键时所表现出的性质,和它在 SiO_2 中所表现的一样,即硅与氧形成极性单键,而每一氧原子通常总是与两个不同硅原子成键. 因而有机硅氧烷总是聚合的,不论它们由缩合形成,或是由氧化或其他过程形成,结论同样正确.

甲基氯代硅烷水解时得到的硅醇都是不稳定物(特殊情况例外),因为甲基氯代硅醇立即缩合为相应硅氧烷. 缩合过程与水解过程同样快速. 因此,甲基氯代硅烷的水解只能得到硅氧烷

* 这是一种浅黄色针状物质,mP:92℃, 固态时在隔绝空气与没有其他化学试剂介入的情况下可在室温下稳定存在,但在溶液中缓慢转化(数日时间)为其同分异构物,其合成反应为

$$(n+4)(CH_3)_2SiCl_2+(n+4)H_2O = [(CH_3)_2SiO]_4 + [(CH_3)_2SiO]_n + 2(n+4)HCl$$

以上反应式如此表达是试图说明，水解过程同时产生环型与线型两类聚硅氧烷(但无任何游离硅二醇生成). 所得硅氧烷大部分是液态的四聚物(bP:176.4℃)与较少量的晶态三聚物(mP:65℃). 另有一半左右的水解产物是带有 OH 端基的各种线型二甲基硅氧烷的油状混合物. 环型产物可通过碱或酸催化下的开环过程转变为线型硅氧烷. 而线型产物也可通过适当过程转变为环型；具体过程是将线型物在少量 NaOH 存在下猛烈加热，使可挥发的环型四聚物不断蒸出. 这些实验事实说明甲基硅氧烷存在链-环平衡过程，而影响这一过程的因素是温度与酸度，这样我们自然就会明白，由 $(CH_3)_2SiCl_2$ 水解所得环型与线型产物相对含量之多少完全取决于水解条件，尤其与所用水的过量程度有关.

其他有机氯代硅烷的水解可生成各种硅醇和硅氧烷，完全取决于水解条件及这些氯代硅烷的自身性质. 一般说来，有机基团愈大，相应硅醇也愈稳定. 其次，对一定烷基或芳基而言，中心硅原子所连接的基团愈多，硅醇也愈稳定. 因此，$(CH_3)_3SiOH$ 与 $(CH_3)_2Si(OH)_2$ 可在特殊条件下被分离出来，而 $CH_3Si(OH)_3$ 则不能，*t*-丁基硅醇难于缩合(实际上其氯代硅烷也不易水解). $(C_6H_5)_2Si(OH)_2$ 在 25℃可经久存放，而 $(C_6H_5)_3SiOH$ 甚至可在 180℃与 1mmHg 压力下蒸馏而不缩合. 总之，各种有机氯代硅烷水解的产物差别极大，随有机基团的种类与数目以及水解条件的不同而有大幅度变化.

有机氯代硅烷也易与醇反应，其方式酷似 $SiCl_4$ 的醇解，反应得到的烷基或芳基烷氧基硅烷是进一步合成很有用的中间体，因这类烷氧基硅烷可以高度纯化与经久存放，而且还易于通过各种反应形成不同产物.

有机氯代硅烷还可通过与无水氨的作用生成胺基硅烷 $[R_nSi(NH_2)_{4-n}]$ 或它们的缩合产物有机硅氨烷 $[(R_2Si—NH—)x]$，氨解与水解的不同点在于前者产生更多的环型氨解物，线型物产率很低. 例如，$(CH_3)_2SiCl_2$ 在 −35℃与氨反应只生成环型有机硅氨烷 $[(CH_3)_2SiNH]_3$ 与 $[(CH_3)_2SiNH]_4$. 这一结果与我们熟知的硅氨烷趋向于成环的性质一致.

有机氯代硅烷在 $AlCl_3$ 或类似 Lewis 酸作为催化剂的情况下，可在一定程度上发生分子间重排反应. 例如在 $AlCl_3$ 作用下(250—450℃，加压)，反应平衡时，从纯 $(CH_3)_3SiCl$ 可以得到 6.9% $(CH_3)_4Si$，80.8% $(CH_3)_3SiCl$，12.3% $(CH_3)_2SiCl_2$. Si—H 键的存在看来对上述过程有利. 例如当 $AlCl_3$ 与 CH_3SiHCl_2 存在时，$(CH_3)_3SiCl$ 与 CH_3SiCl_3 在 150℃进行重排可得到 79% 产率的 $(CH_3)_2SiCl_2$. 这类重排反应有时有害(如在苯基氯代硅烷蒸馏过程中)，但也能加以利用(如使高沸点甲基氯代硅烷聚合物转变为 $(CH_3)_2SiCl_2$ 等).

5.2.3 其他有机卤代硅烷

1. 烷基与芳基氟代硅烷

有机氟代硅烷由于难以纯化和保存，所以不是理想的合成中间体，它们的水解也由于 HF 对硅－氧体系的特殊反应而变得非常复杂. 但这种复杂性可在其逆方向上加以利用：无水 HF 作用于任何硅酮聚合物，可使后者的硅氧基转变为相应氟代硅烷，从而将聚合物分解为它的组成结构单元. 因过程中有机基团并未从硅原子上消除，故分解后所得有机氟代硅烷只需经过分离，鉴定与含量测定，便可定量确定原聚合物的结构与组成. 这一处理方法要求我们对有机氟代硅烷的性质有所了解，表 10.52 列出几种有代表性的有机氟代硅烷的性质.

表 10.52 有机氟代硅烷的性质

化合物	熔点℃	沸点℃	气化热 kJ/mol	蒸发熵 kJ/(mol·k)	Si—C 键距 pm	密度 (20℃)	折射率 n_D^{20}	偶极矩
CH_3SiF_3	-72.8	-30.2	23.72	97.5	188			
$(CH_3)_2SiF_2$	-87.5	2.7	25.77	93.3				
$(CH_3)_3SiF$	-74.3	16.4	26.90	92.9				
CH_3SiHF_2	-110	-35.6	22.21	93.3				
$C_2H_5SiF_3$	-113	-4.2	25.60	95.9				
$(C_2H_5)_2SiF_2$	-78.8	60.9	31.89			0.9348		2.23
$(C_2H_5)_3SiF$		109.5				0.8361	1.391	1.72
n-$PrSiF_3$		24.9	27.06	90.8				
n-$BuSiF_3$	-96.9	52.4				1.006 (26.5℃)		
$C_6H_5SiF_3$	-18	101.18				1.210		2.77
$(C_6H_5)_2SiF_2$		252				1.15		2.57
$(C_6H_5)_3SiF$	64	205 (10mmHg)						1.84
$MePhSiF_2$		142.9				1.099		

2. 烷基与芳基溴代硅烷及碘代硅烷

如果选用溴化烷基或芳基镁合成有机溴代硅烷，最好用 $SiBr_4$（而非 $SiCl_4$）为起始材料，这样做可以避免合成过程中发生的卤素交换，以减少后继分离工作的困难. 有机溴代硅烷除用于实验室合成外并无实际工业用途. 有机碘代硅烷通常很少用到，因为它们在贮存期间容易发生光解，故它们的纯化合物很快就被碘所污染. 表 10.53 列出某些有机溴代及碘代硅烷的物理性质. 这两种有机卤代硅烷都易水解,生成相应有机硅氧烷. 它们还可以进行前述有机氯代硅烷的其他各种反应.

表 10.53　有机溴代硅烷与有机碘代硅烷的性质

	熔点℃	沸点℃	密度(20℃)	折射率 n_D^{20}	偶极矩
CH_3SiBr_3	-28.4	133.5	2.253	1.515	1.86
$(CH_3)_2SiBr_2$	-58.5	112.3	1.727	1.470	2.45
$(CH_3)_3SiBr$	-43.5	79.5	1.189	1.421	2.36
$C_6H_5SiBr_3$	-21.0	178.3	2.023 (25℃)	1.597	2.36
$(C_6H_5)_2SiBr_2$	3.8	192.2	1.587 (25℃)	1.618	2.77
$(C_6H_5)_3SiBr$	118	210			2.26
$C_6H_5SiH_2Br$	-30	118	1.363 (25℃)	1.556	2.07
$C_6H_5SiHBr_2$		147	1.729 (25℃)		
CH_3SiI_3		229	2.946		
$(CH_3)_2SiI_2$		170	2.203		
$(CH_3)_3SiI$		107	1.470		
$C_6H_5SiI_3$		251	2.748		
$(C_6H_5)_2SiI_2$		221	2.009		

3. 有机硅假卤化物

已知有机硅假卤化物(包括异氰化物,异氰酸化物,异硫氰酸化物等)的总数已在50种以上,它们绝大多数都是由相应氯代硅烷通过与有关银盐或铅盐的反应制得,表10.54列出几种有机硅假卤化物的部分物理性质. 有机硅假卤化物虽无实际用途,但它们组成一个颇有意义的"转换系",在该系列中的假卤基可以彼此交换,例如—CNS可与—NC发生交换,—CNO可与—CNS交换等. 所有有机硅假卤化物均易水解,而其他方面的化学性质则与氯代物或溴代物的相似.

5.2.4　其他类型的有机硅中间体

直至目前我们所讨论的有机硅化合物皆是甲硅烷衍生物,但须知还有其他各种类型的化合物.

1. 有机乙硅烷与有机聚硅烷

含Si—Si键的有机硅化合物并不少见,它们可从 Si_2Cl_6 与 Si_3Cl_8 等化合物为起始物进行制备(但须注意某些金属试剂破坏Si—Si键). 在甲基氯代硅烷的直接合成过程中有时也可得到这类化合物的甲基衍生物. 此外,硅烷基钾或锗烷基钾与氯代硅烷或氯代锗烷的反应可以产生含Si—Si键,Si—Ge键及Ge—Ge键的化合物. 这类物质的化学性质与对应无机物的很相似.

表 10.54 有机硅假卤化物的性质

化合物	熔点℃	沸点℃	蒸气压公式 lg$P$	密度 (20℃)	折射率 n_D^{20}	气化热 kJ/mol	蒸发熵 J/(mol · k)
$(CH_3)_3SiNC$	110	117.8	70mmHg,沸点 116℃	0.7834 (30℃)	1.389	34.7	
$(CH_3)_3SiNCO$	49	91.3	$\frac{-1807}{T}+7.8446$	0.867			95.0
$(C_2H_3)_3SiNCO$		165		0.889	1.429		
n-$BuSi(NCO)_3$	37	215	$\frac{-2737}{T}+8.4830$	1.141			107.1
$C_6H_5Si(NCO)_3$		252	$\frac{-3038}{T}+8.6663$	1.273	1.521		110.4
$(C_6H_5)_2Si(NCO)_2$	22.9	320	$\frac{-3421}{T}+8.6683$	1.188	1.568		110.8
$(C_6H_5)_3SiNCO$	95	372	$\frac{-3511}{T}+8.3234$			67.3	104.2
$(CH_3)_3SiNCS$	-32.8	143	$\frac{-2043}{T}+7.7899$	0.931	1.482	39.1	94.1
$(C_2H_5)_3SiNC_3$		210		0.934	1.494		
$(C_6H_5)_2Si(NCS)_2$	46	376	$\frac{-3193}{T}+8.9132$	1.188 (30℃)		79.9	115.5
$(C_6H_5)_3SiNCS$	76	396	$\frac{-3572}{T}+8.2182$			68.2	102.1

2. 有机硅氧烷

如前述,含 Si—O—Si 键的化合物通常由有机硅醇的缩合反应所产生;在直接合成反应过程中,如果硅被部分氧化或有少量空气存在,这类化合物以副产物形式出现在反应混合物中. 较简单的有机硅氧烷还可通过具有中等活泼性的有机金属试剂与相应氯代硅氧烷的反应来制备.

3. 硅甲撑及硅乙撑型有机硅化合物

在直接合成甲基氯代硅烷的反应副产物中,通常还可得到少量含 Si—CH_2—Si 与 Si—CH_2—CH_2—Si 基团的物质. 接更长碳链的化合物一般可从 a,ω-二溴或二氯烷烃(如 $Cl(CH_2)_5Cl$)来制备. 制备时宜先将这些化合物转变为二锂衍生物,然后加入如 R_3SiCl 等的单功能基试剂,如果采用双功能基化合物(如$(CH_3)_2SiCl_2$ 等),则可能较多生成环型化合物. 含硅杂环(但非芳香环)的物质很容易通过这种方法制得.

4. 硅苯撑型化合物

将二溴代苯或有关二卤代芳环物质先转变为它们的二镁衍生物,然后再与一卤代有机硅烷反应,即可得到 $R_3Si—C_6H_4—SiR_3$ 形式的化合物. 若用双功能基有机硅卤化物为原始试剂,则得到形式如$(—R_2Si—C_6H_4—)_x$ 的聚合物. 硅苯撑型化合物有相当强的抗热解和抗氧化性能,但硅苯撑型或硅甲撑型物质都不具有硅酮特性.

5.3　其他有机硅化合物

从有机氯代硅烷或其他卤代硅烷出发,可以合成多种类型有机硅化合物以及含各种结构的聚合物. 本节集中介绍这些物质的纯化合物,聚合物部分留待下节讨论.

5.3.1　有机硅酸酯

Si—Cl 键(或别的硅-卤键或硅-假卤键)在醇或酚的作用下发生醇解反应,可以得到相应有机烷氧基或芳氧基硅烷(即有机硅酸酯). 进行以上过程时,可供利用的醇或酚不下数十余种,它们可用于置换每种有机卤代硅烷的每个卤原子. 故由上述过程可以得到的有机硅酸酯的种数将是一个大得惊人的数字. 在 Gmelin 手册有关表格[14]中列出 1954 年以前发表的这类化合物已有 413 种. 1954 年之后,当然会有新的化合物见于报道. 鉴于这类化合物的制备、产率、物理常数及化学性质均已见于 Gmelin 及 Bažant 的列表,故表 10.55 仅列出其中少数代表性化合物与其性质.

表 10.55　有机硅酸酯的性质

化合物	熔点℃	沸点℃	密度(20℃)	折射率 n_D^{25}	偶极矩	其他常数
$CH_3Si(OCH_3)_3$		103		1.3687	1.69	
$(CH_3)_2Si(OCH_3)_2$		82				
$(CH_3)_3SiOCH_3$		55		1.3678		
$CH_3Si(OC_2H_5)_3$		148	0.938	1.3867(20℃)	1.70	
$(CH_3)_2Si(OC_2H_5)_2$		112	0.890	1.3793	1.36	
$(CH_3)_3SiOC_2H_5$		76	0.757	1.3712	1.18	
$(CH_3)_3SiO—n\text{-}Bu$		124	0.777	1.3925(20℃)		
$C_2H_5Si(OC_2H_5)_3$		159	0.895	1.3955(20°)		蒸气压公式 $\lg P=\frac{-1980.5}{T}-7.4759$; 蒸发热 = 38.00kJ/mol; 蒸发熵 = 87.97J/(mol · K)
$n\text{-}BuSi(OC_2H_5)_3$		193	0.888	1.4011(20°)		
$CH_2=CHSi(OC_2H_5)_3$		63(20mmHg)	0.903(25℃)	1.3960		
$C_6H_5Si(OC_2H_5)_3$		235	0996	1.4580	1.67	表面张力 $\gamma=27.93\times10^{-5}N/cm$; 等张比容 541.2
$C_6H_5Si(OC_6H_5)_3$	40	250(13mmHg)				
$C_6H_5(CH_3)_2SiOC_2H_5$		199	0.923	4799	1.30	黏度 $\eta=1.3\times10^{-2}cm^2/s$(25℃)

有机硅酸酯容易水解,水解后生成硅醇或硅氧烷. 它们也可经过适当反应转变为有机卤代或假卤代硅烷,或在一定条件下与 Grignard 试剂及别的有机金属试剂发生反应. 它们通常可与其母体醇形成共沸物. 在实验室范围以外,有机硅酸酯尚无实际用途.

5.3.2 有机硅醇

如前述,有机氯代硅烷水解后得到有机硅醇,后者经缩合反应又可得到有机硅氧烷. 表 10.56 列出几种典型有机硅醇的物理性质. 表列的二甲基硅二醇对微量酸或碱都极敏感;酸和碱均可使其转变为二甲基聚硅氧烷,故这种化合物须由 $(CH_3)_2Si(OCH_3)_2$ 或 $(CH_3)_2Si(OC_2H_5)_2$ 的水解来制备(水解后最好用石英容器或酸处理过的玻璃容器将醇与水分别蒸出),前面已提到,硅原子上 R 基愈多以及 R 基的体积愈大,相应的醇也愈易从反应后的混合物中分离和保存.

有机硅醇的特点之一是它们比相应有机碳醇具有更强的酸性. 例如,$(CH_3)_3SiOH$ 经 12mol/L NaOH 溶液处理后可转变为相应钠盐,而 *t*-丁醇 OH 基团上的氢需用活泼金属(如钠)方可置换. 同样,绝大多数有机硅二醇皆可溶于强碱水溶液而形成钠盐. 硅醇的这种酸性不可能用诱导效应来解释,因为硅的电负性既然低于碳,它就不应该再从 O :H 键吸引电子. 但由于硅醇的酸性所体现的硅原子确实吸引电子的事实,为我们提供又一个证据,说明 Si—O 键确非简单的 σ 键,而有相当多的过剩电荷由氧向硅的 3*d* 空轨道转移.

甲基三氯代硅烷在碱性溶液中水解可产生甲基聚硅三醇的钠盐 $[CH_3Si(ONa)O]_x$. 这种盐的水溶液有一种很特别的用途. 将它的浓溶液涂于砖墙或混凝土墙面上,待溶液被吸入之后,沉积出的钠盐吸收空气中的二氧化碳或其他酸性气体,从而逐渐转变为甲基聚硅氧烷;数日之内,墙面就被一层防水性很强的涂层所覆盖. 这种处理方法曾被应用于防止砖墙渗水,并取得良好效果.

5.3.3 有机硅氧烷(纯化合物)

如前所述,有机硅醇在酸或碱的作用下形成有机硅氧烷,但有机硅醇的缩合方式是多样的. 具有 R_3SiOH 型的硅醇缩合时只得到有机硅氧烷 $R_3SiOSiR_3$,但 $R_2Si(OH)_2$型的二醇缩合时既可得到$(R_2SiO)_x$ 型的环型硅氧烷,也可得到具有 *a*,ω-二醇型的线型硅氧烷 $HO(R_2SiO)_xH$. 特别是当 $R_2Si(OH)_2$ 与 R_3SiOH 共缩合时,可以导致形成 $R_3SiO(R_2SiO)_xSiR_3$ 型的硅氧烷(例如当$(CH_3)_2$—$SiCl_2$ 与 $(CH_3)_3SiCl$ 共水解时). 如果上述硅氧烷的 *x* 值甚小,该化合物就能以纯化合物的形式被分离出来. 故在分子量较小的场合,我们可以获得两种类型的线型硅氧烷,即 *a*,*ω*-二醇系列的硅氧烷以及"端位堵塞"型的系列硅氧烷. 其他已知的有机硅氧烷还有液态混合聚合物(例如"硅油",如 R 主要是甲基及少部分苯基),或固态弹

表 10.56　有机硅醇的性质

	熔点,℃	沸点,℃	气化热,kJ/mol	蒸发熵 kJ/(mol·K)	蒸气压公式	密度(20℃)	折射率 n_D^0	介电常数 ε	偶极矩	晶格结构
$(CH_3)_2Si(OH)_2$	101					1.097	1.454 (25℃)			
$(CH_3)_3SiOH$		99	45.6	123	*a*	0.8141	1.3889	7.17	2.01	
$(C_2H_3)_2Si(OH)_2$	96	140				1.134				
$(C_2H_5)_3SiOH$		154	50.6	118	*c*	0.86380	1.4329	2.66	0.62	*d*
$(i\text{-}Pr)_2SiH(OH)$		65 (4mmHg)				0.8435	1.435			
$(C_6H_5)_2Si(OH)_2$	130^f					1.1777				*e*
$(C_6H_5)_3SiOH$	151								1.45	*g*
$(CH_3)_2(C_6H_5)SiOH$		101 (14mmHg)				0.990 (25°)	1.510 (25℃)			
$(CH_3)(C_6H_5)_2SiOH$		167 (14mmHg)				1.084 (25°)	1.579 (25℃)			
$n\text{-}Bu(C_6H_5)_2SiOH$		165 (0.3mmHg)				0.9700	1.5178			

注:表中 *a*. $\lg P=\frac{-2308.3}{T}+9.3331$. *c*. $\lg P=\frac{-2642.5}{T}+9.0552$. *d*. 空间群 $c_{2h}^5=P2_1/a$;$a=14.55$,$b=4.96$,$c=10.25$,$\beta=110°10'$,4 个分子/晶胞. *e*. 三斜晶系 $a:b:c=0.5657:1:1.700$　$\alpha=90°2'$,$\beta=110°20'$,$\gamma=87°20'$, *f*. 数值从 115℃到 165℃:由加热速度决定. *g*. 三斜晶系 $a:b:c=2.1441:1:1.1331$　$\alpha=59°30'$,$\beta=113°29'$ $\gamma=84°11'$.

性材料(例如“硅橡胶”,如 R 基仍主要是甲基,还有部分苯基或乙烯基,三氟丙基,氰乙基,且分子量大于 10^6). 此外,甲基,苯基或其他有机硅三醇的缩合可得到含以下结构单元的交联物

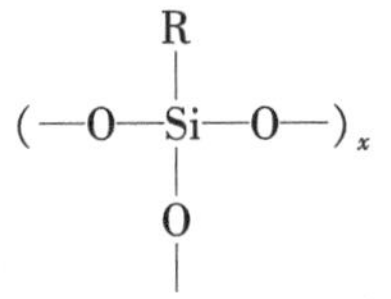

这类聚合物称为“硅酮树脂”. 诸如此类可作为工业材料用的聚合有机硅氧烷将留在下节专门讨论.

线型硅氧烷的端位如果未被 R_3Si—基“堵塞”,则还有可能接上其他基团. 须知有机硅氧烷实际上很少从硅醇直接缩合制备,而主要是从有机氯代硅烷(或其他可水解中间体)的水解并伴以缩合过程来制备. 故从氯代硅氧烷得到的线型硅氧烷可能带有 Cl 端基,尤其是当水解在缺水状态进行时. 同样,$(CH_3)_2Si(OC_2H_5)_2$ 的水解产物也可能残留部分乙基端基. 这类化合物为数不少,详见有关专著[14,23]. 表 10.57 列出某些低分子量纯有机硅氧烷的性质.

环型二甲基硅氧烷的通式可表示为 $[(CH_3)_2SiO]_x$ 式中 $x=3,4,5$ 或 6. 这类硅氧烷可由 $(CH_3)_2SiCl_2$ 在三倍于其体积的水中,于 15—20℃ 快速搅拌下进行水解来制备. 典型的产率为:0.3% 三聚体,42.0% 四聚体,6.7% 五聚体,1.6% 六聚体以及 49.4% 非挥发性残留物(内含高分子量的线型 a,ω-二醇). 这些环型硅氧烷的性质曾与相应线型硅氧烷 $(CH_3)_3SiO[(CH_3)_2SiO]_x$—$Si(CH_3)_3$(此处 $x=0,1,2,3,\cdots\cdots$)的性质有过详细比较. 图 10.32 给出前五种线型硅氧烷的黏度随 Si 原子数的变化;作为比较的是前四种液态环型硅氧烷. 立即可以看出,线型硅氧烷的黏度变化趋势要比环型的更为缓和.

此外,由表 10.57 可知,线型二甲基硅氧烷还比相应环型物具有更宽的液态范围和更低的密度. 由于这几种原因,一般采用线型硅氧烷制作“硅油”,而尽量避免使用环型物质.

从黏度数据以及蒸气压数据使我们有可能对两种类型硅氧烷分子性质进行对比. 对五种纯环型及一种纯线型甲基硅氧烷的研究结果表明,不仅蒸气压(P)和黏度(η)都随温度变化,而且硅原子数(n)与 $\lg P$ 之间也有线性关系,故在一定温度下可得到如下的蒸发热公式

$$\Delta H_{蒸发}(环型)=(22.8+5.64n)\,\mathrm{kJ}$$

$$\Delta H_{蒸发}(线型)=(19.4+6.90n)\,\mathrm{kJ}$$

同样,黏滞流动活化能也有以下平行关系

$$\Delta E_{黏滞}(环型)=(4.10+16.6\lg n)\,\mathrm{kJ}$$

$$\Delta E_{黏滞}(线型)=(7.28+6.23\lg n)\,\mathrm{kJ}$$

表 10.57　低分子量纯有机硅氧烷的性质

化合物	熔点℃	沸点℃	气化热 kJ/mol	蒸气压公式	密度（20℃）	折射率 n_D^{20}	黏度 10^{-3} Pa·s（25℃）	黏度 10^{-3} Pa·s（30℃）	黏度 10^{-3} Pa·s（75℃）	Si—C 键矩，pm	Si—O 键矩，pm	晶体结构	其他数据	偶极矩，10^{18} Debye
$(CH_3)_6Si_2O$	-59	100.8	34.7		0.7638	1.3772	0.488	0.366	0.287	188	163			
$HO(Me_2SiO)_2H$	66				1.095	1.459							a	
$EtO(Me_2SiO)_2Et$	-134	161			0.8788	1.3880	0.97							
$Me_3SiOSiEt_3$		172 (724mmHg)			0.8110	1.4099								
$(C_6H_5)_6Si_2O$	221	494				1.59								
$(MePh_2Si)_2O$	51	418			1.076 (25°)	1.5866 (25°)								
$[(CH_3)_2SiO]_3$	64	133	39.7	g						188	166	d	f	
$[(CH_3)_2SiO]_4$	17.5	171	45.6	h	0.9558	1.3968	2.20	1.41	0.96				j	1.09
$[(CH_3)_2SiO]_5$	-38	205	50.2	i	0.9593	1.3982	3.82	2.36	1.56					1.35
$[(CH_3)_2SiO]_6$	-3	236	57.7	i	0.9672	1.4015	6.88	4.06	2.54					1.56
$[(CH_3)_2SiO]_7$	-26	193 (99.5mmHg)	62.3	i	0.9730	1.4040	10.8	6.06	2.54					1.78
$[(C_6H_5)_2SiO]_3$	189	295 (1mmHg)			1.22				3.71			l	k	

续表

化合物	熔点℃	沸点℃	气化热 kJ/mol	蒸气压公式	密度 (20℃)	折射率 n_D^{20}	黏　度 10^{-3}Pa·s			Si—C 键矩, pm	Si—O 键矩, pm	晶体结构	其他数据	偶极矩, 10^{18} Debye
							(25℃)	(30℃)	(75℃)					
$[(C_6H_3)_2SiO]_4$	201	335 (1mmHg)			1.185							n		
$Me_3SiOMe_2SiOSiMe_3$	-86	152	39.5		0.820	1.3848	0.846	0.614	0.471				o	0.99
$Me_3SiO(Me_2SiO)_2SiMe_3$	-76	194	48.1		0.854	1.3895	1.310	0.928	0.691				p	1.22
$Me_3SiO(Me_2SiO)_3SiMe_3$	-84	229	53.1		0.876	1.3925	1.826	1.266	0.930				q	1.40
$Me_3SiO(Me_2SiO)_4SiMe_3$	-59	184 (99.5mmHg)	61.1		0.891	1.394	2.3728	1.609	1.168					1.58

注:表中a. 空间群 $c_{2h}^5-P2_1/a$;a = 21.28,b = 5.86,c = 8.46,β = 111°,4 个分子/晶胞.

d. c_{8v}^5 - R3m,六方晶胞,a = 4.53,b = 19.23.

f. 生成热 = 1489kJ/mol.

g. $\lg P = \frac{-2080.2}{T} + 7.8829$.

h. $\lg P = \frac{-4530.2}{T} - 12.3508\lg T + 45.7216$.

i. 高级环型物$[Me_2SiO]_n$. $\lg P = 7.07 - 1190/T + (0.265 - 294/T)$.

j. 临界温度 = 314℃,临界压力 = 14atm,临界密度 = 0.31,比热 = 0.502kJ/(mol·℃)(18℃).

k. 生成热 = 972.1kJ/mol.

l. 两种晶型:I. 正交型,D_2-222,$a:b:c$ = 0.775:1:0.4993. Ⅱ. 三斜平行双面,α = 96,β = 95.30°,γ = 101°,两者每一晶胞均含四个分子.

n. 两种晶型:Ⅰ. 三斜平行双面,$a:b:c$ = 0.5614:1:0.5770,α = 83.7°,β = 104°,γ = 96.50°. Ⅱ. 单斜,$c_{2h}-2/m$,$a:b:c$ = 2.295:1:2.143,β = 121.32°.

o. 生成热 = 1410kJ/mol.

p. 生成热 = 2129kJ/mol.

q. 生成热 = 2690kJ/mol.

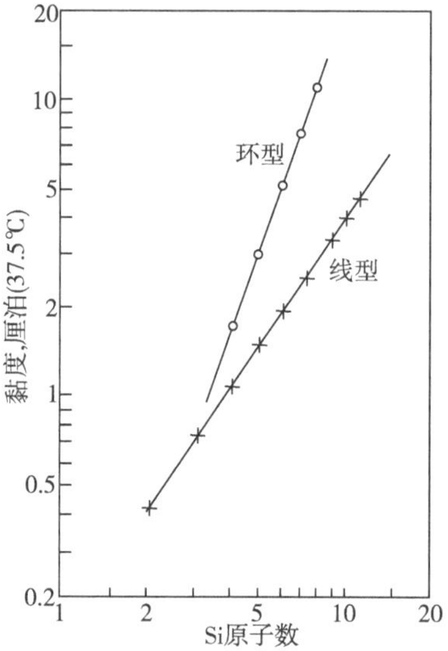

图 10.32　线型与环型甲基聚硅氧烷的黏度

Eyring[24]等已经指出,许多系列化合物在正常沸点的蒸发能 $\Delta E_{蒸发}$是黏滞流动活化能的三倍或四倍:对于接近球型的分子,该因数为 3,对于不对称分子,该因数为 4,而 $\Delta E_{蒸发}$的数据可从以下关系算出

$$\Delta E_{蒸发} = \Delta H_{蒸发} — RTb$$

式中 RTb 可从蒸气压公式求得(设 $P = 760$mmHg). 由此可以求得 $\Delta E_{蒸发}/\Delta H_{黏滞}$的比值. 此值对所有环型二甲基硅氧烷约为 3(证明其分子为球形),对于 $(CH_3)_3SiOSi(CH_3)_3$,约为 3.3(表明该分子接近于球形). 对于更长的线型硅氧烷,$\Delta E_{蒸发}/\Delta H_{黏滞}$由 $n = 1$ 的 3.88 上升为 $n = 9$ 的 6.59. 假定该比值对所有长分子定为 4[24],则对于更长的分子,其运动仿佛分段进行,而每段运动之活化能仅是整个分子运动活化能的一部分. Eyring 将这样的一个分子段称为一个流动单元. 对于很长的烃类,一个流动单元接近于极限值$(—CH_2—)_{25}$,而对于一个很长的甲基硅氧烷分子,一个流动单元接近于$(—(CH_3)_2SiO—)_7$,故我们可将线型烃及甲基硅氧烷的最大流动单元表示于表 10.58.

表 10.58　线型烃与甲基硅氧烷的最大流动单元

性　　质	烃　　类	甲基硅氧烷
组　成	$C_{25}H_{50}$	$(CH_3)_{14}Si_7Oi_7$
分子量	350	519
近似长度,nm	3.2	2.3
截面积,$(nm)^2$	0.4×0.5	0.5×0.8
体积,$(nm)^3$	0.64	0.92
$\Delta E_{黏滞}$,kJ	25 至 29	16

如将极限黏滞流动活化能理解为推开其他分子并打通一个足够每一流动单元通过的孔道所需要的能量,则含较大流动单元的高级甲基硅氧烷分子打通上述孔道所需能量反而低于高级烃类分子所需相应能量. 由此我们可以推断甲基硅氧烷分子间的吸引力一定低于烃类分子间吸引力. 实际上,考虑以下各种现象,不难得出同样结论:(1)所有线型甲基硅氧烷黏度的温度系数都比较低;(2)甲基硅氧烷的沸点较低(比较:$(CH_3)_3SiOH$, b p 99℃, 而$(CH_3)_3SiOSi(CH_3)_3$, bp 仅100.8℃);(3)纯$[(CH_3)_2SiO]_x$弹性胶的抗张强度低于有相同分子量的纯烃弹性胶的相应强度;(4)甲基硅树脂的强度和黏着性都属于中等水平;(5)在很宽的频带范围内甲基硅氧烷的功耗较低;当温度变化时,介电功耗因子与介电常数变化不大;(6)液态甲基硅氧烷摩尔体积较大,有较高的可压缩性. 至于这类物质分子间引力较低的原因过去一直未有解释. 然而应用宽线核磁共振技术对固态甲基硅氧烷的研究结果表明:在甲基硅氧烷内部存在异乎寻常的甲基团运动自由度. 正是由于这种运动,阻碍了相邻分子互相靠近. 原先使得硅-氧键密切协调的极性力(如在晶态 SiO_2 中)由于受到迅速运动的甲基团的包裹屏蔽而大大削弱(与距离六次方成反比).

单分子有机硅氧烷的另一值得注意的性质是环型苯基硅氧烷具有多种晶型,而且不同晶型之间可以彼此转化. 将$(C_6H_5)_2Si\cdot(OH)_2$(由$(C_6H_5)]_2SiCl_2$在冷水中水解定量转化制得)溶于乙醚,并加入少量浓盐酸,适当加热,可以获得高产率的单分子硅氧烷$[(C_6H_5)_2SiO]_3$. 这种三聚物从溶液中结晶析出时是正交晶型,而从它的熔体中析出时则是三斜晶体. 而另一方面,若将原先的$(C_6H_5)_2Si(OH)_2$溶于沸腾乙醇并加入数滴 NaOH 溶液,冷却后可以分离出四聚物$[(C_6H_5)_2SiO]_4$的特征晶体. 诸如此类的实验表明,强酸有利于生成三聚物,强碱则促使生成四聚物. 因这两种缩合反应都在很温和的温度条件下进行,故此处不涉及温度对分子形成的影响. 但有无催化剂存在对缩合反应有决定性影响,例如,若无酸或碱的存在,$(C_6H_5)_2Si(OH)_2$ 可以进行重结晶而无任何缩合反应发生,而且该二醇可以多年存放也无变化. 因此,我们可以得出结论:决定产物分子形成的乃是催化缩合反应的自身机制,而两种形式分子的几何构型将对这一机制的解释提供有益启示.

5.3.4 有机硅胺及有机硅氨烷

有机氯代硅烷与氨或胺反应,可以得到 $R_xSi(NH_2)_{4-x}$ $R_xSi—(NHR')_{4-x}$及$R_xSi(NR'_2)_{4-x}$等型式的有机硅胺. 前两种硅胺还可进行分子间缩合而形成有机硅氨烷. 有机硅氨烷是一类含有交替硅、氮原子链的化合物,其中的氮可以—NH—基的形式或以—NR′—基的形式出现,其分子类型自然也有环型与线型之分. 表10.59列出部分有代表性的硅胺的性质,部分有机硅氨烷的性质(包括环型与线型分子)则示例于表10.60.

表 10.59　有机硅胺的物理性质

化合物	熔点,℃	沸点,℃	密度(20℃)	折射率 n_D^{20}
$MeSi(NMe_2)_3$	-11	161	0.850	1.4324
$Me_2Si(NHMe)_2$		105		
$Me_3SiNHMe$		71	0.739	1.3905
$Me_2Si(NMe_2)_2$	-98	128	0.809	1.4169
$Me_2Si(NHEt)_2$		137	0.807	1.4151
$Me_2Si(NHPh)_2$	45	328	1.07(30℃)	
Et_3SiNH_2		138		1.4260
$Et_3SiNHEt$		63(22mmHg)	0.799	1.4290
$Et_2Si(NEt_2)_2$		141(50mmHg)	0.853	1.4485
$(t\text{-}Bu)_2Si(NH_2)_2$		189(37mmHg)	0.861	1.4534
$(t\text{-}Bu)PhSi(NH_2)_2$		148(737mmHg)	0.974	1.5198

表 10.60　有机硅氨烷的物理性质

化合物	熔点,℃	沸点,℃	密度(20℃)	折射率 n_D^{20}	Si—C 键距,pm	Si—N 键距,pm	Si—N—Si 键角
$Me_3SiNHSiMe_3$		126	0.774	1.4080			
$Me_3SiNH(Me_2SiNH)SiMe_3$		194	0.837	1.4281			
$Me_3SiNMesiMe_3$		145	0.794 (25℃)	1.4190 (25℃)			
$Me_2EtSiNHSiMe_2Et$		175	0.808	1.4214			
$[Me_2SiNH]_3$	-10	188	0.920	1.4448	187	178	117°
$[Me_2SiNH]_4$	97	225			187	178	123°
$[Et_2SiNH]_3$	-41	150 (10mmHg)	0.929	1.4670			
$[Et_2SiNH]_4$	16	191 (10mmHg)	0.952	1.4769			
$[Ph_2SiNH]_3$	213						

有机硅胺中的最简单成员$(CH_3)_3SiNH_2$目前已可合成[25]. 在石油醚溶液中,以$(CH_3)_3SiN(CH_3)_2$在-30℃与过量NH_3进行反应,可以制成$(CH_3)_3SiNH_2$,产率60%. 温度超过室温,$(CH_3)_3SiNH_2$立即缩合为$[(CH_3)_3Si]_2NH$. $(CH_3)_3SiNH_2$的性质已由核磁共振及质谱等技术测定,其Si—N键伸缩振动频率为$882cm^{-1}$. 它与$(CH_3)_3COCl$发生反应,生成$(CH_3)_3SiNCl_2$.

将氨通入沸腾的$(CH_3)_3SiCl$的乙醚溶液,可得到六甲基乙硅氨烷$(CH_3)_3SiNHSi(CH_3)_3$,产率约65%. 该化合物若用氯代硅烷加入液氨的方法制备,则所得产率较低. 与此不同,环型二甲基硅氨烷的制备需从液氨出发,将$(CH_3)_2SiCl_2$液流导入液氨,最后用苯将产品萃出,涉及的反应为反应同时产生三聚物(62%)与四聚物(38%),混合物总产率为76%.

$$7(CH_3)_2SiCl_2 + 21NH_3 \longrightarrow [(CH_3)_2SiNH]_3 + [(CH_3)_2SiNH]_4 + 14NH_4Cl$$

欲制备全线型有机硅氨烷,可将$[(CH_3)_2SiNH]_3$与1%分量的NH_4Br在135℃及4atm氨气压下加热80小时,可得20%产率的$[(CH_3)_2SiNH]_x$,以及少量四聚物及大量未反应的三聚物.保持一定氨气压力的目的在于抑制—NH—基的进一步缩合,而使—NH—基仍保持在链端位置并保持聚合物分子量处于低水平.更高分子量的聚合物可如下制备:将$[(CH_3)_2SiNH]_3$与等摩尔量的NH_4Br或NH_4I在160℃加热6小时,并用NH_3气搅动液态产物的乙醚溶液以破坏可能生成的硅-卤键,再蒸去乙醚及齐聚的油状物

$$[(CH_3)_2SiNH]_3 \xrightarrow{NH_4Br} 2[(CH_3)_2Si]_{3/2}N + NH_3$$

用这种方法可得50%的晶态聚合物;该产物熔化温度约为120℃,分子量接近10000.

所有甲基硅氨烷(包括环型,线型及其多聚物)在均匀介质中水解时皆生成相应硅氧烷.在室内空气中,固态甲基硅氨烷缓慢水解.甲基硅氨烷的水解速度与N原子上连接的Si原子多少有关.同一N原子与Si原子成键的数目愈多,相应硅氨烷的水解速度愈慢.这一结果与我们在前面部分(2.4节)所阐明的原理一致.但这一情况在线型甲基硅氨烷很难实现,因为它的胺基氢不易为$(CH_3)_3Si$—基所置换,而且生成物有强烈的形成小环的倾向(胺基氢即使被甲基所取代,所得产物也将主要是下列四员环化合物,而得不到聚合物).

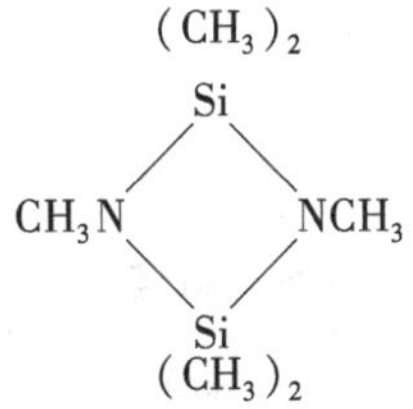

引进三甲基甲硅基的一种很有用的试剂是$NaN[Si(CH_3)_3]_2$.这种试剂可用$(CH_3)_3SiNHSi(CH_3)_3$为原料进行制备

$$(CH_3)_6Si_2NH + NaNH_2 \xrightarrow{C_6H_6} NaN[Si(CH_3)_3]_2 + NH_3$$

该试剂为制备$[Si(CH_3)_3]_3N$提供了方便途径

$$NaN[Si(CH_3)_3]_2 + (CH_3)_3SiCl \longrightarrow [Si(CH_3)_3]_3N + NaCl$$

充分利用这种试剂可以得到大量有机硅-氮化合物.

肼的有机硅衍生物值得一提,表10.61列出七种有关化合物的物理性质,以资参考.

表 10.61 肼的有机硅衍生物

化合物	熔点℃	沸点		密度		折射率	
		℃	mmHg	测得值	温度,℃	n_D	温度,℃
$Me_3SiH_2H_2SiMe_3$	-137	70	40	0.817	21	1.4268	22
$Et_3SiN_2H_2SiEt_3$	-123	162	40	0.860	33	1.4560	20
$Pr_3SiN_2H_2SiPr_3$	-105	190	20	0.848	21	1.4562	24
$Ph_3SiN_2H_2SiPh_3$	140						
$Me_3SiN_2H(SiMe_3)SiMe_3$		89	13	0.846	24	1.4442	20
$Et_3SiN_2H(SiMe_3)SiEt_3$	-87	164	3	0.892	21	1.4764	20
$Me_3SiN_2HCH_3SiMe_3$		74	40	0.771	19	1.3820	19

5.3.5 有机硅的硫化物与有机硅硫醇

当反应体系中有 HCl 接受体(如吡啶,三乙胺等)存在时,有机氯代硅烷与 H_2S 反应可以得到环型、线型及聚合态的有机硅硫的衍生物. 这些有机硅硫化合物与前面讨论的有机硅醇,硅氧烷,硅胺与硅氨烷很相似. 有机硅硫醇也很易缩合,因此它们在生成时总会伴生部分含 Si—S—Si 键的衍生物. 这些衍生物中的三聚物$[R_2SiS]_3$,通常最为稳定. 有机硅-硫化合物具有中等程度的热稳定性. 它们很容易水解,生成相应硅氧烷,而且以能形成下列形式的四员环而著名,其结构与 SiSz 的十分相似. 这类有机硅-硫化合物的典型代表及其物理性质列于表 10.62.

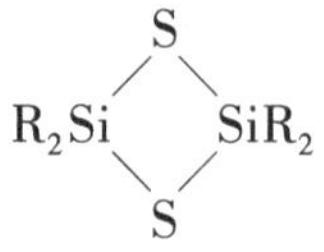

表 10.62 几种有机硅-硫化物的性质

化合物	熔点,℃	沸点		密度	折射率		Si—S 键距,pm	Si—S—Si 角	S—Si—S 角	电偶极矩 μ
		℃	mmHg		n_D	温度,℃				
$[Me_2SiS]_2$	113	173	38				218	75°	105°	0.0
$[Me_2SiS]_3$	18	152	38				215	110°	115°	1.03
$[Et_2SiS]_2$	20	161	46							
$[Et_2SiS]_3$	29	113	0.2							
$[n\text{-}P_2SiS]_2$		123	0.8							
$[n-Pr_2SiS]_3$		178	0.8							
$Me_3SiSSiMe_3$		164	760							

续表

化合物	熔点,℃	沸点		密度	折射率		Si—S 键距,pm	Si—S—Si 角	S—Si—S 角	电偶极矩 μ
		℃	mmHg		n_D	温度,℃				
$Et_3SiSSiEt_3$	-75	278	760	0.9	1.492	12				
$Pr_3SiSSiPr_3$		168	7							
Me_3SiSH		76	760							
Et_3SiSH		158	760							
Pr_3SiSH		84	7							

5.4 硅酮聚合物

Wöhler 当年在从事有机硅化学研究之际,曾寄于一种热切期望:他试图仿照当时已知的各种普通含碳有机物,一一合成出对应的有机硅类似物,借以证明硅与碳在化学性质上的完全相似性. 1857 年他提出“硅酮”一词也正是基于这种思想. 他的努力当然一再遭受挫折,因为正如我们在前面的论述,硅原子很难与氧或其他任何原子(包括硅自身原子)形成稳定双键. 有机碳酮($R_2C=O$)的类似物有机硅酮($R_2Si=O$)实际上不易稳定存在,但“硅酮”一词却从那时起一直沿用下来. 而今这一名词主要用于泛指各种以硅为基础的聚合物,尤指那些含 Si—O—Si 键的硅氧烷型聚合物(偶尔也有用于指单体化合物). 这一术语的用法当然不够严格,但“硅酮”在用于区分硅化合物的大类方面仍有它的积极意义.

硅酮聚合物包括我们在前面介绍的聚硅氧烷,聚硅氨烷,聚硅甲撑与聚硅苯撑等物质,但其中可以用作工业材料并有真正生产价值的唯有聚硅氧烷,而所有硅氧烷型聚合物中又以甲基,苯基或甲基-苯基混合基聚硅氧烷最为重要. 与普通天然或人工有机聚合物相比,硅酮聚合物具有自己的独特性质,使它们有可能在工厂和实验室的多处应用上取代普通有机物,而且应用于普通有机聚合物所不能胜任的场合. 硅酮聚合物的特性有以下几方面.

1. 高度热稳定性

硅酮聚合物的热稳定性不难从其结构成分的分析上得到解释. 首先,硅氧烷型聚合物以交替的 Si—O 链(包括一维,二维及三维结构)为其结构骨架. 基于 Si—O 键的高离解能,这种骨架的热稳定性是不言而喻的. 其次是 Si—C 键,这种键的键能要比 C—C 键的键能高得多,而且在上述骨架的维护下,其热稳定性也容易理解. 再其次是甲基与苯基,由于 C—H 键的高键能与苯环的高共振能,这两种基团同样表现出良好的抗热性质. 以上各因素的综合,使得硅酮聚合物具有比一般有机聚合物优越得多的热稳定性. 例如,硅酮弹性材料在 350℃时仍能保持性质稳定,而某些硅树脂甚至可承受 400℃高温.

2. 化学惰性

硅酮聚合物也以其化学惰性著称. 通常硅酮聚合物的抗氧化性比其抗热性更受重视. 从结构成分上考察,—CH_3 基与苯基的抗氧化性自然胜过其他烃基,而作为结构骨架的硅氧构造对氧表现惰性更是理所当然. 硅酮聚合物对其他试剂所表现的化学稳定性也可从其组成上作类似解释. 一般说来,硫酸,盐酸,磷酸,甲酸和乙酸对硅酮聚合物基本上无作用. 各种盐的浓溶液也与它们无反应. 浓硝酸和浓铬酸可使它们氧化,而氢氟酸及浓碱溶液则可使它们完全分解. 在 200—300℃密封容器中,热水蒸气的长时间作用可使硅酮聚合物解聚并生成有机硅醇.

3. 黏度与其他物理性质的低温度系数

与以上两种性质不同,甲基硅酮在这方面所表现出的特性难于从化学组成上寻找原因. 这一性质可能与 Si—CH_3 键的异常运动以及线型构型中 Si—O 键角的可变性有关. 如前所述,甲基硅酮分子间的作用力由于每一分子内部甲基团的不寻常运动而受削弱,从而减小分子间黏附力并导致甲基硅酮蒸发自由能降低,而另一方面则增加其可压缩性及传声速度等性质. 这些性质的总结果是使得硅酮油具有比一般烃油与甘油酯低得多的黏度温度系数. 同样的情况也出现于硅酮橡胶. 这种橡胶可在 −70℃直至 350℃温度范围保持柔软稳定,为一般天然橡胶所不能及.

4. 与一般有机试剂不混溶

硅酮聚合物不存在于自然界,迄今也未知自然界有无其同类物. 它们与一般有机聚合物无共同之处. 这一点就意味着高分子量的硅酮聚合物难于同普通液态有机物混溶(相似相溶原理). 故一般硅酮橡胶不可能在烃类油脂中有很大程度的溶胀性. 同理,天然橡胶也不易在硅油中溶胀. 这一特性使硅酮橡胶可以用作与滑润油以至氯代联苯及苯醚等物质直接接触的垫圈和封料. 同样的道理可说明硅油对人体肌肤作用温和而有保护性. 硅油还可用作橡胶轮胎的脱模剂以及家具、汽车等上光时蜡晶的滑润剂. 在一般工作场合,拥有这类聚合物并与普通有机材料结合使用,常能给工作带来许多方便.

5. 憎水性及其他表面特性

用甲基硅酮油涂敷过的物体表面不为水所浸润,这种表面对水有很大接触角. 因此,利用硅油涂层提供防水膜,不论在造纸,纺织或在建材工业上均有重要用途. 此外,硅酮薄层还可用于黏结玻璃纤维和有机树脂,因为它们与这两种材料有类近的结构特征. 液态硅酮还可用于改变两种不同液相间的界面张力,故曾被用作泡沫抑制剂或调节剂. 这些应用均涉及液态硅酮非同一般的表面特性,与天然聚合物所具有的截然不同.

以上各点阐明硅酮聚合物的各种特性,但须注意,并非每种硅酮拥有上述全部特性而是各有偏重. 有关细节将在以下讨论各种类型的硅酮聚合物时提到.

5.4.1 硅(酮)油

硅(酮)油属于线型甲基硅氧烷范畴. 在线型甲基硅氧烷 $[(CH_3)_3SiO[(CH_3)_2SiO]_nSi(CH_3)_3]$ 的均相系列中,分子量较高的几种硅氧烷的混合物,即是硅油. 硅油的制备通常用适当比例的 $(CH_3)_3SiOSi(CH_3)_3$(提供单功能或链端基)与 $[(CH_3)_2SiO]_4$(提供双功能基或成链基)混合,然后再与 100% H_2SO_4 在一起长时间振荡. 硫酸的作用在于破坏 Si—O 键以形成—HSO_4^- 酯,硫酸酯然后水解,重新形成 Si—O 键

$$—\overset{|}{\underset{|}{Si}}—O—\overset{|}{\underset{|}{Si}}— + H_2SO_4 \rightarrow —\overset{|}{\underset{|}{Si}}—O—SO_3H + —\overset{|}{\underset{|}{Si}}—OH$$

$$—\overset{|}{\underset{|}{Si}}—OH + HO_3S—O—\overset{|}{\underset{|}{Si}}— \longrightarrow —\overset{|}{\underset{|}{Si}}—O—\overset{|}{\underset{|}{Si}}— + H_2SO_4$$

以上分步反应反复进行亿万次,其结果是生成各种长度不等的线型甲基硅氧烷分子. 它们的长度取决于最初提供的单功能基与双功能基物种的比例. 反应结束后,洗去硫酸,必要时再蒸去产品中的低分子量成分,以期获得所需平均分子量和一定黏度的硅油. 硅油的黏度与所含硅氧烷分子的平均链长有关;黏度值在 20℃时大致在 0.50 至 3,000cm^2/s 之间. 不同硅油的凝固温度不同:对纯甲基硅油而言,其最低黏度的硅油,凝固点在 -60℃左右;1,000cm^2/s 的硅油为 -50℃;3,000cm^2/s 的为 -40℃. 若需进一步降低硅油凝固温度,可用苯基置换甲基硅氧烷的部分甲基(例如 10mol% 甲基为苯基所置换,可使凝固点降至约 -75℃). 苯基的引入,扰乱了分子链的有序性,从而抑制晶化. 所有纯甲基硅油密度均在 0.96 至 0.97 之间(甲基-苯基硅油为 1.03 至 1.09). 硅油的折射系数随黏度增大而上升,纯甲基硅油的数值为 1.4047 至 1.4058(甲基-苯基硅油的相应值为 1.465 至 1.515). 黏度的温度系数规定为

$$\mathrm{VTC} = \frac{\eta_{38^\circ} - \eta_{100^\circ}}{\eta_{38^\circ}}$$

纯甲基硅油为 0.60;25% 苯基硅油为 0.76;45% 苯基硅油为 0.83. 硅油的其他物理常数还有:体膨胀系数,甲基硅油为 95×10^{-5}/℃,甲基-苯基硅油为 78 至 87×10^{-5}/℃(与苯基含量有关);压缩系数,甲基硅油约为 $1 \times 10^{-5} cm^2/N$;表面张力,20×10^{-5} N/cm;介电常数,2.8(20℃);功耗因素正切值,1.2×10^{-4}(1000 周,20℃);电阻率,$4 \times 10^5 \Omega \cdot cm$;绝缘击穿强度,120,000V/cm(在 60 周与 6000V/s 升压下测得).

基于硅油的上述物理性质,它常被用作液态电绝缘介质,水力系统用油以及可压缩液体及液体弹簧. 高分子量硅油还可用作扩散泵油,其耐用性能远胜过一般烃油和酯油. 但另一方面,甲基硅油对钢质齿轮或转轴不具良好润滑性能. 纯甲基硅

油因为不含极性或成膜物质,故在高压时易从金属表面挤出. 在这方面,甲基苯基硅油性能稍好,但其“油性”及“滑润性”只有在化学改型或加添加剂后才能与石蜡润滑油相比. 硅油的化学改型包括苯基卤化或在苯基上引进某些—CF_3 基,或用氰乙基置换部分甲基等. 此外,甲基苯基硅油在加入锂肥皂适当稠化后亦能成为合格的润滑脂. 用这种方法制成的最佳润滑脂,其使用寿命相当于一般烃油润滑脂的四倍(在 150℃有负载状态下).

5.4.2　硅(酮)橡胶

绝大多数硅酮弹性材料都是经过“增强”处理的线型甲基硅氧烷. 这是一种有很高分子量的聚合物,其分子量通常在 0.5×10^6 至 10×10^6 之间. 硅酮弹性材料还有其他各种类型,例如,为提高这种材料的耐高温性能,常用苯基置换 10%—40% 的甲基. 当用大量—$CH_2CH_2CF_3$ 基或—CH_2CH_2CN 基置换甲基时,可以增加这种材料对烃类燃料与溶剂的抗腐蚀能力. 此外,还有引入氯代烷基及苯基,乙烯基或 SiH 基的其他改体,其目的在于取得所需的各种化学性能.

硅酮弹性材料的制备过程大体上与制备硅油的相仿,但为获得所需高分子量,制备过程中应力求避免$(CH_3)_3Si$—基及其他任何链端基物料之介入. 同时为使最终产品具有最大弹性,也须防止三功能基或交联物的引进. 制备从极纯的八甲基丁硅氧烷出发,使之与 0.02% KOH 或 0.1% $(CH_3)_4NOH$ 分散相共同加热,实现催化聚合. 反应过程中 KOH 不断破坏 Si—O 键以形成链长不等的硅醇和硅醇盐;后两者又任意结合,缩合成甲基硅氧烷. 如此聚合反应不断向前进行,直至平衡. 反应完毕,除去 KOH 或使之钝化. 产物是黏稠的胶态聚合物,留待进一步“硫化”处理. 上述聚合反应也有采用酸性物(如 $FeCl_3$,H_2SO_4)或烷基金属为催化剂的,但以采用 KOH 所得产品性能最佳. 此处所谓“硫化”实际上与硫无关,而是一种采用其他交联手段以使硅橡胶组成物固化的处理过程. “硫化”主要有两种方法. 第一种是氧化交联法,其过程是:配料时用 0.8% 至 3% 的双苯甲酸化过氧或 2,4-双二氯苯甲酰化过氧与聚合物及填料混合,然后制模(在 150℃加热约 10 分钟),最后在烘炉内于 250℃继续加热 1 至 10 小时,以完成“硫化”并使产品获得最佳性能. 第二种方法是通过某一链的 Si—H 基(在适当位置)对另一链上的 $SiCH{=}CH_2$ 基进行催化加成以实现分子间交联(或提供必要功能基实现类似链间反应). 后面这种非氧化交联法可使“硫化”在室温进行,故在硅橡胶用作密封剂或胶黏剂的场合,此法显示很大优点.

不论何种类型的硅酮弹性材料均需经过“增强”处理才能具备足够的机械强度以供实际应用. 较理想的增强剂是一种有很大表面积而且表面经过特殊处理的二氧化硅. 这是一种唯一可使最终产品抗拉强度超过 $1000kg/cm^2$ 的增强剂. 供这方面应用的二氧化硅有 SiO_2 气凝胶或由四氯化硅在适当气氛下燃烧后的产物. 二氧化硅表面处理的目的是使其表面覆盖单分子层的有机硅烷基(或烷氧基),以使增强剂更易加入聚合物并与聚合物有更强黏附性(表面处理的方法将在稍后部分提到). 此外,经过表面处理并有很大表面积的钛或铝的氧化物也可用作此场合的增强剂,但由此生产的硅橡胶抗拉强度与模量均较差. 有时为适应特殊需要,还在二氧化硅增强剂中加入其他无机氧化物,例如 HgO 的加入可降低某些橡胶的压缩形变. 硅橡胶不宜用炭黑作填料,炭黑对硅橡胶既无增强效果,且在高温时易于氧化并生成气体,而且也干扰聚合物的"硫化"处理.

在应用方面,硅橡胶常可弥补天然及合成有机橡胶之不足. 硅橡胶的玻璃化温度为 -96℃,远低于普通橡胶的相应温度,故当喷气飞机在高空飞行,在彼时彼地的气温条件下,唯有硅橡胶可保持其柔韧和弹性,另一极端是,普通有机橡胶在 100℃至 150℃即失去强度,而硅橡胶在 200℃至 250℃犹有足够强度与模量可供应用.

据估计,一般甲基硅橡胶的使用寿命为:在 120℃为 10 年;在 150℃为 5 年;在 205℃,2 年;在 260℃,3 个月. 特殊配方的硅橡胶还可在更高温度下使用. 表 10.63 列举甲基硅橡胶的某些机械性质及电学性质,以供参考.

表 10.63 甲基聚硅氧烷橡胶的性质

抗张强度	$130kg/cm^2$(20℃);$60kg/cm^2$(120℃);$28kg/cm^2$(200°)
密度	$0.98g/cm^2$(20℃)
最高使用温度	260℃
最低使用温度	-100℃
最大伸长,%	800(20℃);350(120℃);200(200℃)
抗扯性	44.7kg/cm(20℃)
介电常数,60cps	2.9(50℃);2.7(100℃);2.4(150℃)
10^4cps	2.93(20℃)
10^6cps	2.92(20℃)
10^8cps	2.90(20℃)
10^{10}cps	2.79(20℃)
功耗因数,60cps	0.001(50℃);0.003(140℃);0.001(200℃)
10^3cps	0.001(20℃)
10^6cps	0.005(20℃)
绝缘强度	47000V/mm(0.25mm);17000V/mm(2.5mm)

5.4.3 硅(酮)树脂

硅树脂是一类高交联度的有机硅氧烷聚合物. 与前面介绍的硅油及硅橡胶一样,硅树脂也有多种类型. 基于这类聚合物的应用价值注重在它们的耐高温、抗氧化及温度改变时所显示的稳定性,故各种类型的树脂中以甲基或苯基树脂为最主要,但有时也可见到氯代苯基,氰乙基,乙烯基或其他基团型的树脂. 用作挠性电绝缘材料的典型"软"树脂,其组成中平均每一硅原子带 1.0 个甲基及 0.8 个苯基,但刚性树脂只含甲基,R/Si 比平均为 1.3.

制备硅树脂最常用的方法是用多种氯代硅烷按适当比例混合，然后共水解生成聚硅醇，例如：

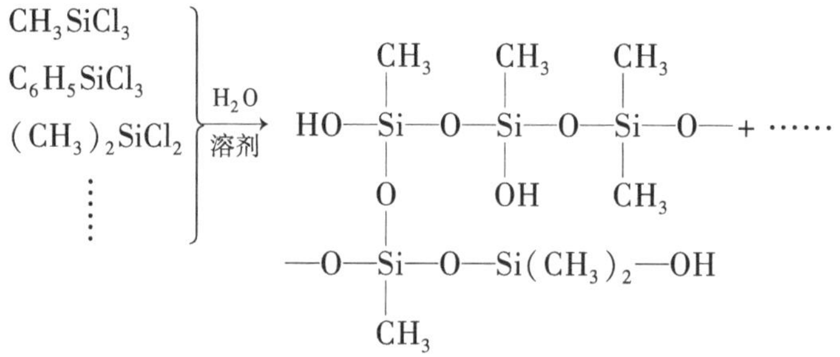

以上体系通常用烃或酮为溶剂. 水解后产生的聚硅醇缩合后又形成聚硅氧烷，但溶液中的缩合是不完全的，只有溶剂蒸发后，剩余物再经加热处理，聚硅醇的缩合才又继续下去. 缩合物的分子量不断增大，最后形成一种坚硬、不溶和难熔的固态物，这就是硅树脂. 鉴于以上情况，硅树脂在使用前常以溶液状态保存. 许多催化剂可以加快缩聚反应，尤其是锌、铁与铅的可溶性盐(如环烷酸盐). 不少胺类也可用作催化剂. 苯基硅醇缩合时所需温度甚高于甲基硅醇的缩合温度. 如无催化剂存在，其固化过程须在250℃至350℃才能进行. 然而，催化剂的使用须有节制，因催化剂可能缩短硅树脂使用寿命. 为此，硅树脂在制备时必须对固化、用途及使用寿命等因素进行必要的权衡.

进行硅树脂固化，除通常的硅醇缩合反应外，还可采用其他方法. 前面用于硅橡胶制备的苯甲酸化过氧氧化交联法在此场合不能应用，因硅树脂所需交联度远超过硅橡胶交联度. 但利用结构中 SiH 基对邻近 Si—CH ═CH_2 基的催化加成，以及由自由基引发的相邻乙烯基的聚合反应，都不失为有效聚合手段. 除此之外，还有利用 Si—CH ═CH_2 基与有机油类或有机树脂中的不饱和基进行聚合，可以制成硅树脂与有机树脂的共聚物. 这种共聚树脂特别适用于制作保护性表面涂料. 实际上有些“软”性硅树脂是由硅树脂与烷基树脂，丙烯聚合物或甲醛树脂等混合或共聚制得，由此可获得众多优质涂料.

硅树脂的交联度不同，其性质也大有差别. 与硅橡胶比较，典型的“软”树脂(交联度较低的树脂)在 +30℃至 -20℃间，其模量由 10^2 改变为 10^5，而相应硅橡胶的硬化发生在 -60℃至 -90℃，另一方面，高交联的硅树脂在 -100℃至 +250℃，其模量保持在 10^4—10^5. 较硬的树脂常用玻璃纤维布或云母碎片为添加剂. 在电学性质方面，硅树脂与硅橡胶相似，但硅树脂由于不必保留弹性，其耐热时间要比硅橡胶的长得多(尤其因为含 C，H 少，含 Si，O 多，故氧化速度也慢). 经玻璃布增强的甲基-苯基硅树脂在250℃的绝缘强度经过4500 小时才下降一半. 这种材料以层状叠合，抗张强度在20℃时可高达1000 至3000kg/cm^2，到260℃时，其值减半. 硅树脂的热导为 2×10^{-3}J/(cm · s · K)，线膨胀系数为30×10^{-6}/℃.

硅树脂一般加在有机载体内一起使用,借以改善抗氧化性能或延长在酸或盐存在时的使用寿命. 高交联硅树脂本身也可用作涂料中铝粉的载体,以供很高温度(300℃至600℃)下使用,此际有机基团由于氧化而消失,但生成的二氧化硅仍能将铝粉微粒保持在它们原先所在的位置上.

5.4.4 界面膜

硅酮聚合物应用的一个特殊方面是用于表面处理. 设想一份含硅酮聚合物的稀溶液涂在某种基质(如玻璃,织物与纸张等)表面. 如果溶剂是挥发性的,则当溶剂逸去后,基质表面将留下一层聚合物薄膜. 假定聚合物所含功能基可与基质表面所带功能基发生某种反应并在界面形成化学键,又假定在给定条件下该反应能顺利完成,其结果将使基质表面为有机硅烷基所覆盖,从而使表面性质发生深刻变化. 以上设想的正是我们应用硅酮聚合物进行表面处理的实际过程,进行这种处理的目的在于改善基质表面性能以达到下列目标之一:

1. 使亲水表面变为憎水. 例如可在织物、玻璃(如眼镜)、纸张以及建筑材料表面形成憎水薄膜.

2. 使某些固态无机物(如玻璃,二氧化硅)与母体聚合物或弹性材料(如环氧树脂,烃类聚合物及硅橡胶等)牢固粘合.

3. 使基质(如纸张)表面具有某种"脱粘"性质,从而不为粘性物质所黏附.

以上表面处理涉及多种化学反应. 例如将硅油稀溶液涂于洁净玻璃表面,溶剂蒸发后,玻璃表面即可获得憎水硅酮膜,然而这样形成的薄膜未经加热处理,不能与玻璃进行充分的化学粘合. 通常将载有硅酮膜的玻璃置空气中于一定温度下(加热温度与所用硅油性质有关,如甲基硅油可选用300—350℃)焙烤数小时. 加热期间,一部分甲基被氧化,促使薄膜与玻璃界面形成 Si—O—Si 键. 另一种更快速的表面处理法可例见于用甲基硅醇钠处理砖石表面. 由于这种碱性有机硅试剂对砖石表面的侵蚀,促使两种含硅物质黏结在一起,直至碱为空气中 CO_2 所中和,由此在砖石表面形成憎水薄膜. 还有一类特别快速的反应例见于用甲基氯代硅烷(这种试剂以蒸气状态使用更有效)处理纤维素. 试剂中的活泼 Si—Cl 基一旦与纤维素结构中的 OH 基接触,立即发生反应,从而使甲基硅烷基直接与纤维素结构连接. 与此相关的是甲基氯代硅烷($(CH_3)_2SiCl_2$ 蒸气与 $Cl—[(CH_3)_2SiCl—]_xSi(CH_3)_2Cl$ 液体)与玻璃或其他硅酸盐表面的化学吸附水的反应;反应的结果也导致甲基硅烷基与基质表面结构连接. 前述用于形成憎水膜的有机硅试剂如果结构中还含有 SiH 基,也可考虑采用氧化黏结法(在中等温度),以使硅酮膜固定在基质表面.

用硅酮聚合物处理玻璃纤维或其他粒状、纤维状无机增强剂表面具有重要工业意义. 这类材料虽然也可用有机氯代硅烷进行表面处理,但存在某些问题. 首先,该试剂与玻璃表面吸附水的反应只能是分子对分子进行,而且吸附水的量既有限也多变(取决于大气湿度);其次,有机氯代硅烷与水或 OH 基的反应产生 HCl,由此带来腐蚀问题. 故更妥善的处理法是采用有机硅醇水溶液或有机硅酸酯的水分散相. 在此场合,玻璃纤维对有机硅试剂的吸收犹如织物从溶液中吸收染料;随后,硅原子上的酯基在玻璃中碱的作用下水解,促成有机硅烷基与玻璃结构连接. 过程中的加热手续可在后续工艺中一并解决. 此外,还可将有机硅试剂投入树脂型母体,玻璃从这种介质中吸收有机硅试剂也很方便.

实现有机硅膜与有机树脂的结合需经过一系列化学反应,其中包括有机聚合物与硅酮膜之间的简单加成反应以及许多相当复杂的反应. 红外光谱、X 射线衍射以及电子扫描电镜的大量研究工作证明:硅酮薄膜与玻璃或有机聚合物结构之间确实存在共价化学键.

最后提到在基质表面形成"脱粘"薄膜的问题. 使这种薄膜加于纸张,在方法上与前述形成憎水薄膜所使用的基本相同,而事实上某些硅酮薄膜兼有这两种用途. 一般说来,这种有机硅界面膜应当避免有任何功能基之存在,这样就可减少薄膜与所接触的黏性物质发生反应以及被后者所"湿润"的可能性. 我们前面例举的各种反应均可用于使脱粘有机硅薄膜加于各种基质表面.

5.4.5　硅酮分析化学

由于硅酮工业的发展以及硅酮分析本身所具特点,硅酮分析化学已成为当今分析化学中的一个专门课题. 前面我们曾用较大的篇幅讨论了硅酮聚合物的分类、性质、合成反应与应用,在有关的讨论行将结束之际,我们再用适当笔墨提到硅酮的分析化学,显得很有必要.

有机硅化合物中硅之定性检出可参考本专题 1.9 节介绍的无机硅定性检出方法. Smith[27] 还提出以下步骤.

2—3 滴硅酮化合物液态试样或 0.02 克固体试样与 5∶1Na_2CO_3-Na_2O_2 混合物混匀. 取其中部分压进一白金丝圈并在微焰灯上熔融. 溶融物冷却后溶于 1—2 毫升蒸馏水,煮沸一分钟. 取此溶液一滴置于滤纸上,再加一滴钼酸铵溶液. 微热后再加一滴亚硫酸钠溶液,出现蓝色斑迹表示硅的存在.

有机硅之检出常可通过某些简单试验而获得满意结果. 例如取少量试验物并在火焰上点燃,观察燃烧与冒烟状况,天然橡胶,合成橡胶,有机塑料及石油类物质在点燃后冒出大量黑烟,而硅橡胶、硅树脂、甲基硅油以及其他硅酮聚合物在燃烧时火焰小而明亮,并冒出白烟;燃烧后的残余物也是白色且可溶于氢氟酸. 又例如,水滴在硅酮聚合物处理过的表面上形成水珠. 水滴与该表面的接触角常大于 90°(用氟硅化物和石蜡处理过的表面也有类似性质,注意区分)[28]. 此外,几乎所有硅酮化合物均可溶于强碱溶液.

有机硅化合物中各种元素的定量测定为确定该化合物组成与结构所必需. 但

此项工作进行之初,需通过各种手段(如红外光谱,核磁共振,气相色谱以及熔点和折射率测定等)对被测试样进行严格的纯度鉴定,否则测得结果可能毫无意义. 全元素分析中 Si,C,H 等元素的数据尤为重要.

(1) 硅的测定. 进行有机硅定量分析时须充分注意到此类物质的易挥发性. 试样分解过程中尤须注意某些低分子量硅氧烷中间体会以稳定态蒸气逸出体系. 对于这类测试采用一般热解或灰化方法显然不妥,因一般方法除有上述容易丢失试样的缺点外,灼烧后的剩余物中还往往可以找到少量碳化硅. 碳化硅一旦生成,再使它氧化分解就比较困难. 碳化硅完全氧化需用很高温度(1300—1400℃),且需添加氧化铅或五氧化二钒等辅助氧化剂[29]. 为此,硅酮试样的分解须采取特别措施. 一种方法是将试样在一密闭烧瓶内与发烟硝酸-硫酸混合酸进行分解反应. 近年来更为常用的方法是碱分解法,即所谓过氧化钠热弹分解法. 对于特别容易挥发的试样,可预先封入低二氧化硅玻璃管[30];含水试样,可事先装入外层用火棉胶处理过的明胶小皿,一般试样称入明胶小皿. 在弹杯的底部放置 1.5g Na_2O_2,0.7g $KClO_3$ 与 0.15g 糖($KClO_3$ 与糖的加入可促成反应完全并加快分解速度),混匀,使小皿一半埋入混合物,再用 Na_2O_2 将杯充满,加盖密封. 调节火焰,使弹杯底部在 30 至 35 秒内呈现樱红,再继续加热 30 秒钟,即将热弹反应器投进冷水中冷却并进行后续处理. 以上分解步骤完毕后,用重量法或比色法测定硅含量.

(2)碳与氢的测定. 这两种元素的测定可在图 10.33 所示的石英燃烧管内进行[27]. 氧气(~10ml/min)从管的一端流过样品舟,可移动的加热器缓慢向前移动,在样品舟部位停留 10 至 15 分钟. 在上述条件下,试样缓慢而完全燃烧分解. 燃烧气从管的另一端流出并进入吸收管. 为防止碳化硅的形成,还须使用多种催化剂. 典型的催化剂有铂网,镍丝圈,镀铂石棉,氧化镁,氧化铬(Ⅲ)与高锰酸银等. 催化剂在管内的装置状况可参见图 10.33.

(3)活泼氢(HOH,SiOH,COH,SH,NH_2,COOH)的测定. 在密闭容器中试样与 Grignard 试剂反应,然后测定释放出来的甲烷[31,32],

$$\equiv SiOH + CH_3MgI \longrightarrow \equiv SiOMgI + CH_4$$

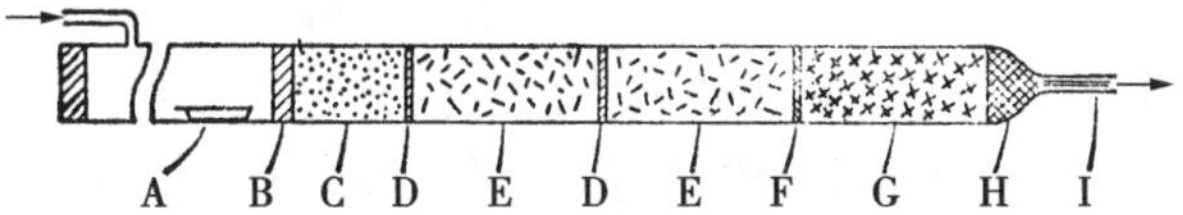

图 10.33 碳-氢燃烧管

A. 样品舟;B. 铂网;C. MgO;D. 镀铂石棉;E 氧化铜丝;
F. 石棉;G. 银丝网;H. 玻璃毛;I. 多股绞合银丝(改善热导)

(4)硅氢基(SiH)的测定. 在密封体系内,试样与强碱水溶液(或醇溶液)[33],丁醇钠[33]或湿哌啶[33,34]反应. 收集反应中释放出的氢气. 每摩尔 SiH 基生成一摩尔 H_2.

(5) 氮的测定. 用标准 Kjeldahl 法可以同时测定硅和氮. 试样以浓硫酸分解(加 1 滴汞). 作用以后,用水稀释,滤去二氧化硅沉淀,滤液中加入亚硫酸钠与强碱溶液,蒸馏. 蒸出的氨用标准酸吸收.

(6) 全卤素测定. 直接与硅成键的氯、溴与碘遇水或强碱溶液即水解. 水解后的试样溶液用标准硝酸银溶液滴定,铬酸钾作指示剂. 一种更简易的方法是将试样在水和冰中水解,然后用标准碱滴定所产生的氢卤酸. 但须注意某些与碳成键的卤素如易水解也将被同时滴定. 难以水解的有机卤可用过氧化钠热弹方法分解试样后,再进行卤素测定.

对于未知有机硅试样的鉴定或结构分析尚需采用其他技术,其中最常用的有红外光谱,Raman 光谱及质子核磁共振等,而尤以红外光谱应用最广. 事实证明,红外光谱方法不仅对一般有机物的鉴定和结构分析十分有用,而且特别适用于有机硅化学方面的研究和结构测定. 许多有机硅功能基具有红外活性,故它们在红外区显示特征吸收带. 而且,由于 Si 原子比 C 原子有更强的隔离效应(Si 原子质量重,体积大),有机硅化合物的红外吸收谱比一般有机物吸收谱更富于特征性. 相对而言,Raman 光谱是一种发展较晚的分子光谱技术. 自从采用激光作 Raman 光谱的光源后,这种技术有很大发展. 虽然红外吸收光谱与 Raman 散射光谱都能传送分子内部的结构信息,但两者产生机制截然不同. 简言之,红外光谱的产生与分子振动时分子的偶极矩 μ 的变化 $d\mu/dQ$(Q 是振动坐标)有关,而 Raman 光谱振动带的强度取决于振动时的极化率 α 的变化 $d\alpha/dQ$(α 可以形象地看成是分子中电子的有效容积). 故有些分子振动表现为红外活性,另一些分子振动则表现为 Raman 活性. 有时某些分子振动兼有红外活性与 Raman 活性,但所得两种谱带的强度不同. 因此这两种光谱技术所获得的分子结构信息总是互相补充的,而这两种技术的同时运用有可能使我们对分子内部的结构状况得到更全面的认识. 图 10.34 给出 $Me_3SiOSiMe_3$ 的红外和 Raman 光谱图. 由图我们可以清楚看到这两种光谱技术的相互补充性质. 例如,Si—O—Si 键的不对称伸缩振动

导致明显的偶极矩变化,因而在 1050cm^{-1} 出现强红外吸收带(图 10.34a). 在以上的振动模式中,Si—O 键的伸长使电子有效容积增加,但 Si—O 键的缩短又使该容积减小,故这种振动模式中的 α 净变化等于零. 这种分子振动不会产生 Raman 光谱. 同样理由可用于解释 Si—O—Si 键的对称伸缩振动

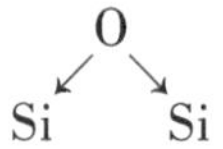

这种振动在 523cm^{-1} 产生 Raman 强带,而在红外谱图上只出现弱吸收带.

图 10.35 给出某些重要有机硅功能团的红外吸收频带范围.

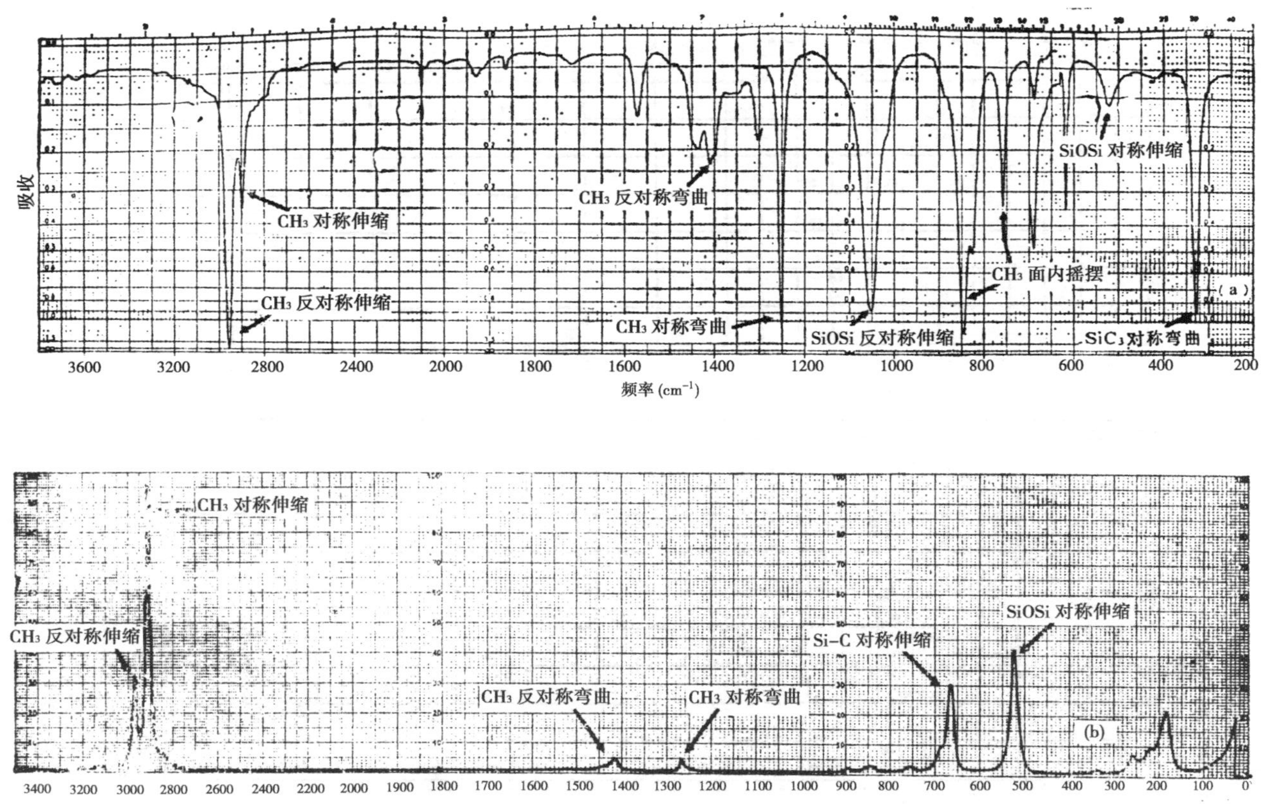

图10.34　(a) $Me_3SiOSiMe_3$的红外光谱（10%CCl_4与2%CS_2，0.1mm液槽）；(b) $Me_3SiOSiMe_3$的Raman光谱

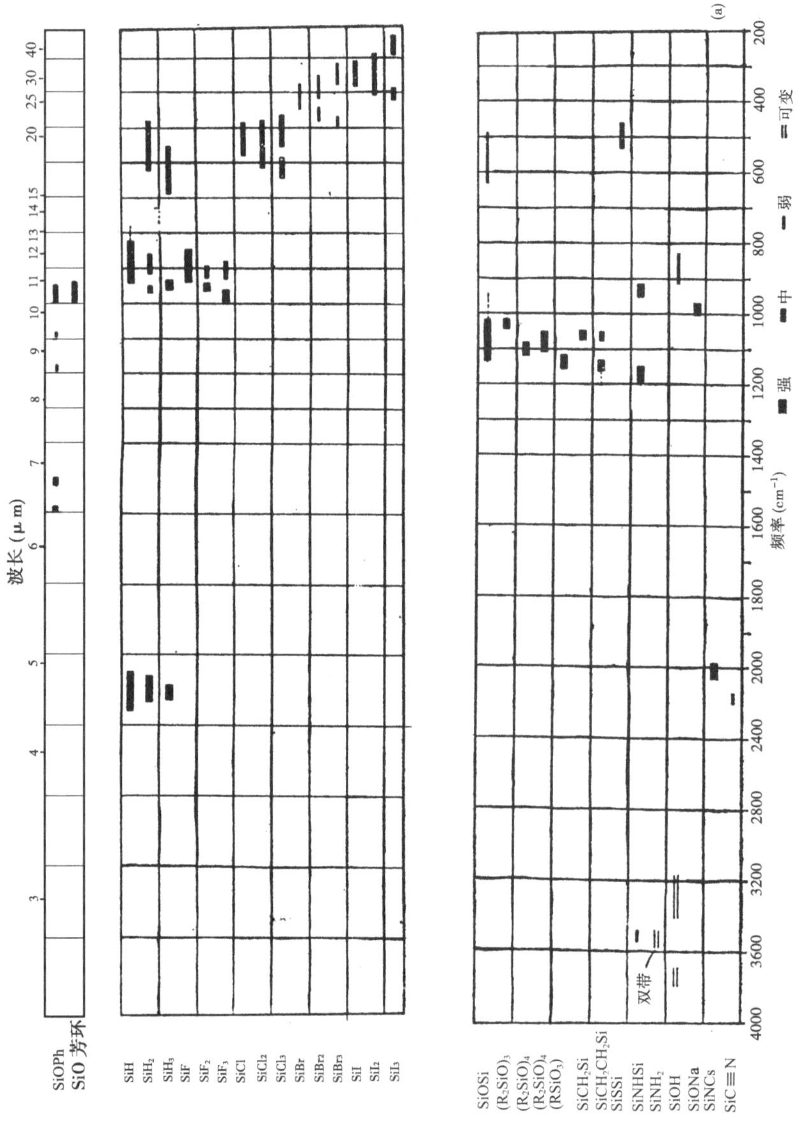
波长(μm)
频率(cm⁻¹)
(a)
强
中
弱
可变
双带
SiOPh
SiO 芳环
SiH
SiH₂
SiH₃
SiF
SiF₂
SiF₃
SiCl
SiCl₂
SiCl₃
SiBr
SiBr₂
SiBr₃
SiI
SiI₂
SiI₃
SiOSi
(R₂SiO)₃
(R₂SiO)₄
(R₂SiO)₄
(RSiO₃)
SiCH₂Si
SiCH₂CH₂Si
SiSSi
SiNHSi
SiNH₂
SiOH
SiONa
SiNCs
SiC≡N

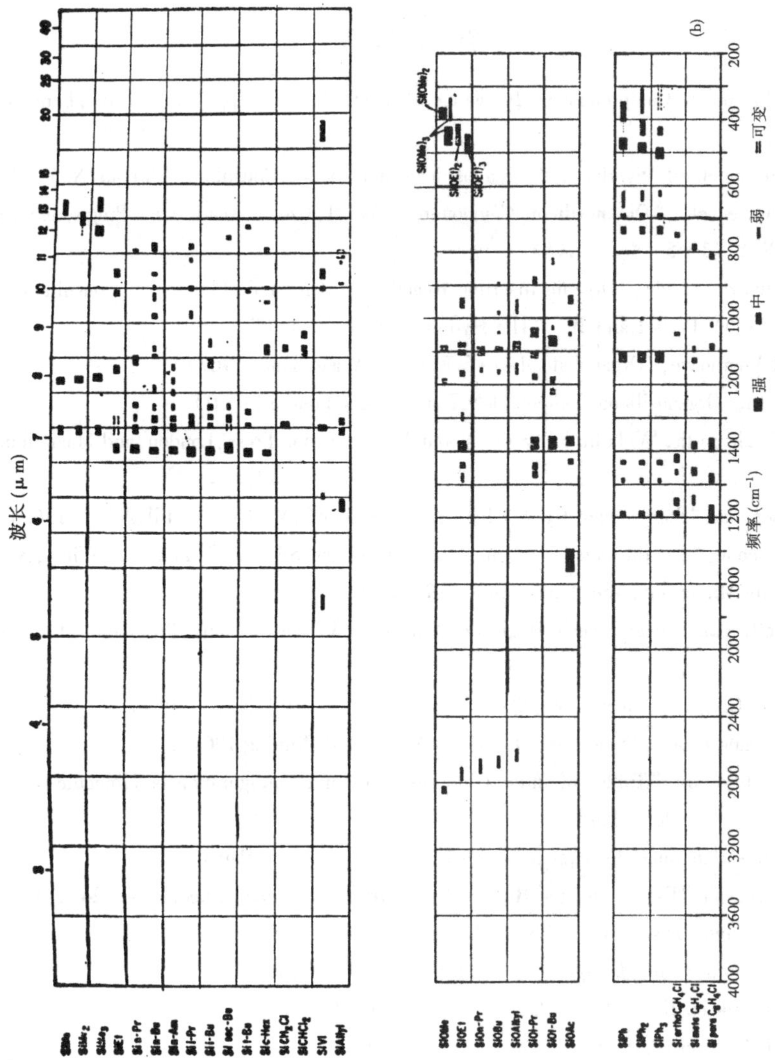

图10.35 有机硅化合物的红外光谱和结构的关联图(非特征CH伸缩振动未绘出)

核磁共振技术也常用于有机硅化物之鉴定及结构分析. 这种方法可以迅速完成某些不可分离的混合物(如共聚物,掺合聚合物,聚合物链上的不同功能基以及不稳定组分等)的测定. 但这种方法应用时受样品的限制较大,较详细的讨论可参见 williams 的专题文章[35].

参考文献

[1] E. G. Rochow ,"Comprehensive Inorganic Chemistry", Vol. I, pp 1323—1467, Pergamon Press (1973).

[2] A. D. Petrov et. al. "Synthesis of Organosilicon Monomers", Consultants Bureau, N. Y. (1964).

[3] V. Bažant et. al. ,"Organosilicon Compounds", Vol. I, Czech. Acad. Sci. , Pragu, and Academic Press, N. Y. (1965).

[4] E. Y. Lukevits et. al. ,"Organic Insertion Reactions of Group Ⅳ Elements", Consultants Bureau, N. Y. (1966), Parts I and Ⅳ :"The Hydrosilylation Reaction".

[5] R. J. H Voorhoeve,"Organohalosilanes", Elsevier, Amsterdam (1967).

[6] C. Eaborn,"Organosilicon Compounds", Butterworths, London(1960).

[7] E. A. V. Ebsworth,"Volatile Silicon Compounds", Pergamon Press, London, and Macmillan Co. N. Y. (1963).

[8] L. H. Sommer,"Stereochemistry, Mechanism and Silicon", MacGraw - Hill, N. Y. (1965).

[9] E. G. Rochow,"An Introduction to the Chemistry of the Silicones", 2nd ed. , Wiley, N. Y. , and University Microfilms, Ann Arbor, Mich. (1951).

[10] W. Noll,"Chemie and Technologie der Silicone", Verlage Chemie, Weinheim(1960; 2nd ed. 1967).

[11] R. R. McGregor,"Silicones and Their Uses", McGraw - Hill, N. Y. (1954).

[12] R. E. Meals et. al. ,"Silicones", Reinhold, N. Y. (2nd Printing 1961).

[13] L. E. Satton ed. ,"Tables of Interatomic Distances and Configuration of Molecules and Ions", *Chem. Soc.* , London(1958).

[14] "Gmelins Handbuch der anorganischen Chemie", System 15, Part C.

[15] R. T. Jackson,"Essays on Free Radical Chemistry", *Chem Soc.* , Spec. Publ. , 24, 295(1970).

[16] H. S. Kaufman, *Diss. Abstr.* , 31B, 1171(1970).

[17] R. P. Clifford et. al. , *J. Organometal. Chem.* , 34, 53(1972).

[18] P. Boudjouk et. al. , *J. Amer. Chem. Soc.* , 94, 7926(1972).

[19] I. M. T. Davison et, al. , *Chem. Commun.* , 251(1971).

[20] T. J. Barton et. al. , *J. Chem. Soc.* (*Chem.* Commun.), 861(1972).

[21] R. Walsh, *J. Organometal Chem.* , 38, 245(1972).

[22] B. Wirsam, *Theor. Chim. Acta*, 25, 169(1972).

[23] 文献[3] , Vol. Ⅱ, Parts 1 and 2.

[24] R. E. Powell et. al. , *Ind. Eng. Chem.* , 33, 430(1941); R. Ewell and H. Eyring, *J. Phys. Chem.* , 5, 726(1937).

[25] N. Wiberg and W. Uhlenbrack, *Chem. Ber.*, 104, 2643(1971).

[26] N. N. Greenwood and A. Earnshaw, "Chemistry of the Elements", pp. 419—420, Pergamon Press (1984).

[27] R. C. Smith et. al., "Silicone Analysis", Chap. 7, John Wiley and Sons, N. Y(1974).

[28] 文献[27], Chap. 8, Section Ⅲ A.

[29] O. H. Kriege, *U. S. Atomic Energy Commision Report No. LA* – 2366(1959).

[30] W. F. Gillian et. al., *J. Amer. Chem. Soc.*, 63, 801(1941).

[31] F. O. Guenthor, *Anal Chem.*, 30, 1118(1958).

[32] O. D. A. nders, Dow Chem. Co, Midland, Mich., Private Communication.

[33] J. A. McHard, "Analytical Chemistry of Polymers", Vol. Ⅻ, Part Ⅰ, Chap. ⅩⅣ, pp. 361—397, Intersclence (1959).

[34] K. Damm and W. Noll, *Koloid Z.* 158, 97(1958).

[35] D. E. Williams, "Nuclear Magnetic Resonance Spectroscopy", in A. L. Smith ed., "Silicone Analysis", Chap. 11, John Wiley and Sons(1974).

11. 锗分族

锗，锡，铅属于元素周期表中的ⅣA 族元素，常常称为锗分族，它们都是金属元素.

锗在地壳中的丰度要比贵金属金和银高得多，但由于它的富矿极少，分布又很分散，直到 1886 年才被发现. 锡、铅在地壳中的丰度比一些稀有元素，例如钛、铷、锆、钒等还少，但是它们容易从富矿中提炼，而且熔点低，易加工，因而早在古时候就成为人类所熟悉和应用的元素. 现在已经无法考察这些元素是谁发现的.

本分族元素原子的价电子层结构是 ns^2np^2，它们在形成化合物时，可失去两个 p 电子成为 +2 氧化态，也可用两个 p 电子和两个 s 电子以 sp^3 杂化轨道参与成键，成为 +4 氧化态. 随着 Ge，Sn，Pb 原子序数的增大，稳定氧化态逐渐由 +4 变成 +2，因此 Ge(Ⅱ)，Sn(Ⅱ)是很好的还原剂，其中 Ge(Ⅱ)比 Sn(Ⅱ)的还原性更强. 与此相反，Pb(Ⅱ)盐是最稳定的，而 Pb(Ⅳ)却是强氧化剂. 这种 +2 氧化态按 Ge，Sn，Pb 的顺序逐渐稳定的趋势，是由于离子半径增大，成键能力减弱，生成 Pb(Ⅳ)化合物所释放的能量不足以补偿电离 $6s^2$ 电子所需要的能量.

锗，锡，铅都具有自身成键性质，成键的能力则依次减小. 在锗的氢化物(Ge_2H_6 到 Ge_9H_{20})，氯化物(如 Ge_2Cl_6)和某些有机锗化合物中存在着 Ge—Ge 键；在 Sn_2H_6 及某些有机锡化合物中含有 Sn—Sn 键；在有机铅化合物和铅合金，例如 Na_4Pb_4 和 Na_4Pb_9 的簇状阴离子中含有 Pb—Pb 键.

与碳不同，锗，锡，铅在任何情况下自身都不形成 $p\pi$ 重键.

11.1 锗

1.1 元 素 锗

1.1.1 锗的发现史[1,2]

1864 年,Odling 发表了"原子量和元素符号"表,他在硅和锡之间留了一个空位,但没有加以说明. 同年 Newlands 注意到硅和锡为三元素组的两端,其中间空白元素尚待补足,但是在第二年他重排元素表时,没有在硅锡之间留出空位. 1871 年门捷列夫排列元素周期表时,明确地预言在硅和锡之间存在着一种未被发现的"类硅"元素. 他不但预言了该元素的许多物理和化学性质,而且还描述了它的化合物特性. 1885 年秋弗赖堡矿学院教授 Albin Weisbach,在弗赖堡附近的矿井中发现一种新矿石,他把此新矿石称为"argyrodite"(硫银锗矿,$4Ag_2S \cdot GeS$). 他为了确定新矿石的成分,请 Winkler 做了一次精确的定量分析. Winkler 从新矿石测得下列组成:Ag 74.72%,S 17.13%,FeO 0.66%,ZnO 0.22%,Hg 0.31%,总含量始终少 7%,因此他断定矿石中一定含有一种未知的新元素.

Winkler 将矿石粉末与碳酸钠,硫共熔,并将熔物加水浸出过滤,再向滤液中加酸,使滤液呈微酸性;除去沉淀,此时因新元素并未随沉淀移去,所以应当成为钠硫盐而存留于滤液中. 可是当再加少量酸时,又有新沉淀析出,此沉淀是硫而不是硫化物. 即使将滤液蒸发至干,残留物除 NaCl 外并无其他物质. 此后他又辛勤劳动了四个月,到 1886 年 2 月 6 日,他像以前那样,将沉淀的硫滤去,并以失望沮丧的心情,胡乱地把大量盐酸注入清澈的滤液中. 使他十分高兴的结果是:一种呈片状的大量白色沉淀立即出现,这种物质是新元素的硫化物,它极易溶解于氨水,当加入过量盐酸时,便重新沉淀出来. 它不溶于各种浓酸而易溶于水及稀酸. 他把此新元素命名为"Germanium"("锗"),以纪念他的祖国(Germany).

起初 Winkler 假设此新元素是"类锑"应把它放在周期表的锑与铋之间. 但是当他研究了新元素及其化合物的性质之后,发现此元素与门捷列夫预言的"类硅"十分吻合(见表 11.1)而不像"类锑",他还指出:锗的金属性比预言的要弱些.

1.1.2 锗的存在和分布[1,3]

锗在地壳中的含量不算少,其相对丰度估计是 $7 \times 10^{-4}\%$,与常见的元素硼、砷的丰度大致相等,比汞,锑的略高.但它分布得很分散,只有几种含锗较多的矿物.将这几种矿物列举于表11.2.然而这几种矿物在自然界中是极少的,不能作为锗的主要来源.除了这几种含锗量较多的矿物,还有16种矿物含锗在0.1%—1%,其余尚有700种矿物含锗量为0.0001%—0.1%.

表11.1　"类硅"与锗的性质

性质	"类硅"门捷列夫 1871年的预言	锗	
		Winkler 1886年的报告	现在的数据
原了量	72	72.32	72.59
比重	5.5	5.47	5.35
熔点,℃	高	—	947
比热,J/(g·K)	0.305	0.318	0.310
摩尔体积,cm^3/mol	13	13.22	13.5
颜色	暗灰	淡灰白	淡灰白
化合价	4	4	4
与酸碱的反应	被盐酸稍微浸蚀能很好地耐碱腐蚀	锗不溶于稀盐酸,稀NaOH但溶于浓NaOH	不溶于稀盐酸和稀NaOH但溶于浓NaOH
GeO_2 的比重	4.7	4.703	4.228
$GeCl_4$ 的比重	1.9	1.887	1.8443
$GeCl_4$ 的沸点,℃	100	86	84

表11.2　含锗较多的矿物

矿名	主要成分	含锗,%	产地
硫银锗矿	$4AgS \cdot GeS$	5—7	德国
黑硫银锡矿	$Ag_8(SnGe)S_8$	1—8	玻利维亚
锗石	近似于	5—10	西南非洲
	$Cu_5(Cu,Fe)_6AsGeS_{12}$	5—10	西南非洲
硫砷铜矿	Cu_3AsS_4	1.0	美国西部
硫锗铁铜矿		5—7	西南非洲
			刚果

锗主要伴生于Cu,Zn,Pb,Sn,As,Ag,Fe等矿物中.如闪锌矿中的锗含量为0.005%—0.1%,氧化铅锌矿中含锗量为0.001%—0.005%,赤铁矿的含锗量高达0.0135%.

由于二氧化锗微溶于水,使某些泉水中含微量的锗(0.03mg/L).地下水中的锗能被有机物质吸附,所以煤中也含有锗,含量为0.001%—0.01%.

太阳和许多星球以及来自宇宙间的铁陨石、石陨石中也含有痕量的锗,其宇宙丰度约为每 10^6 个硅原子中有 50 个锗原子.

国外锗的主要来源是西南非洲及刚果的铅锌铜矿,其中含锗量为 0.015%. 锗以锗石或硫锗铜铁矿的形式存在于该矿中.

1.1.3 锗的生产[1,5-7]

生产锗的原料比较多,主要是铅锌铜等金属冶炼过程中的副产品,某些铁矿和煤也是锗的重要来源. 我国主要是从炼锌过程中的副产品以及煤燃烧后的烟道灰中回收锗.

锗的生产一般分为三个阶段:(1) 富集锗成锗精矿;(2) 制取金属锗;(3)金属锗提纯为超纯锗.

1. 锗的富集

从含锗矿物中富集锗的方法较多,不但随原料而异,而且相同的原料也有不同的方法,以下仅举几个富集锗的例子.

例如从含锗 0.005%—0.015% 的硫化锌精矿富集锗. 这种锌精矿经氧化焙烧,锗主要留在焙砂中. 把焙砂和炭,氯化钠混合,在 1200—1300℃ 进行烧结, Ge, Pb 和 Cd 均富集于电收尘器所收集的烟尘中. 烟尘用硫酸浸出, Pb 以 $PbSO_4$ 形式沉淀出来,而 Ge, Cd, Cu, Zn 和 As 进入溶液,加锌粉置换 Cu, Ge, As,使大部分 Cd 仍留在溶液中. 置换出来的 Cu, Ge, As 沉淀再用硫酸溶解,而后用锌粉进行第二次置换,即可得到含锗 4%—7% 的锗精矿.

我国从含锗 0.0059% 左右的硫化锌精矿(Ge 主要以 GeS_2, GeS 形态存在)回收锗,采用两次挥发的方法. 首先将锌精矿和焦炭粉混合放入回转窑中,于 850—1000℃ 温度下进行第一次挥发. 焙砂送去提锌,挥发物(烟尘)含锗 0.045%, Ge 的挥发率为 90%—92%. 烟尘经制团和干燥后,装入竖炉进行第二次挥发,锗的挥发率为 98%. 所得烟尘含砷约 30%—50%,需要在 550℃ 温度下氧化焙烧脱砷,可获得含锗为 6%—10% 的锗精矿. 此流程有工序短,锗回收率高,不消耗硫酸等优点.

2. 制备金属锗

目前国内外从锗精矿制备金属锗的工业方法几乎趋于一致,它包括以下几个主要工艺过程:(1)制取四氯化锗;(2)水解四氯化锗制得二氧化锗;(3)用氢将二氧化锗还原成金属锗.

(1)制取四氯化锗. 富集来的锗精矿(含氧化锗及硫化锗),先经焙烧使硫化锗全部转变成氧化锗,然后用酸或碱处理来提取锗. 若用碱处理可以同时回收稼.

酸法处理. 以一定浓度的盐酸(若先用发烟硝酸或用硫酸和发烟硝酸的混合酸处理,将锗转变成 GeO_2,加热赶走 HNO_3 后,再用盐酸)分解锗精矿,通入氯气,将 $GeCl_4$ 中的杂质 As(Ⅲ)氧化成 As(V),其反应式为

$$GeO_2 + HCl \rightleftharpoons GeCl_4 + 2H_2O$$

$$As_2O_3 + 6HCl \rightleftharpoons 2AsCl_3 + 3H_2O$$

$$AsCl_3 + 4H_2O + Cl_2 \longrightarrow H_3AsO_4 + 5HCl$$

因 $GeCl_4$ 容易水解,为了防止水解,反应终点的酸度不小于6—6.5mol/L. 用分馏柱在不低于 $GeCl_4$ 沸点的温度进行分馏,馏出液为 $GeCl_4$,因 H_3AsO_4 不易挥发而留在残液中.

碱法处理(应用较少). 用50% NaOH 处理锗精矿粉,蒸发至干,而后在搅拌下加水,过滤,滤液中含 Ge,As,Ga,Mo 的含氧酸和硫代酸的钠盐. 用硫酸中和滤液后,再以 HNO_3 酸化,生成 As_2S_3 和硫沉淀. 过滤,滤液用氨水中和得水合二氧化锗沉淀,约需要 24 小时才能沉淀完全. 过滤,用水洗涤,沉淀于 150℃ 温度下干燥得 GeO_2. 然后用盐酸把 GeO_2 转化成 $GeCl_4$,通氯气进行蒸馏提纯.

(2)由 $GeCl_4$ 制备 GeO_2. 精馏提纯的 $GeCl_4$ 用高纯水(1000 万欧姆·厘米以上)于有机玻璃或石英器皿内进行水解. 当盐酸浓度为 5.3mol/L 左右时,$GeO_2 \cdot nH_2O$ 在盐酸中的溶解度为最小,因此水解时加入的水量应以水解结果生成的盐酸浓度保持5.3mol/L 左右为准,使获得 GeO_2 的量最多. 将白色的 $GeO_2 \cdot nH_2O$ 滤出,用水洗涤后装入瓷皿或石英皿中于 150℃ 温度下烘干.

(3)金属锗的制备. 目前国内外基本上都采用在石英管中通入纯度为99.999%以上的纯氢还原 GeO_2 来制取金属锗. 还原反应分两步进行,首先 GeO_2 被还原成 GeO_2,GeO 进一步还原得到 99.999—99.9999% 的金属锗. 由于 GeO 在700℃时有挥发性,还原过程的温度应控制在 600—680℃ 之间. 粉末状的金属锗在1000℃左右温度下铸锭.

3. 制备超纯锗

上述锗锭用区域熔炼法加以提纯,可以获得 99.99999999% 以上纯度的超纯锗,用四探针测量它的电阻率,得出其中的杂质为 1×10^{-10}%.

1.1.4　锗的应用[1,8]

1. 作为半导体材料

锗与其他半导体材料组成的 P-N 结具有整流、检波作用;组成的 PNP 三极管(即锗晶体管)有放大作用. 因此锗广泛地用于制造二极管、三极管、集成电路,为电子仪器小型化及超小型化创造了条件. 锗整流器可以在比硒整流器大一千倍的电流密度下工作,前者的整流效率比后者高,可达 98%—98.5%. 锗在这方面的应用约占锗总产量的 95%.

2. 作为光(热)电材料

光辐射,热辐射及放射性物质的射线等照射在锗片的 P-N 结上,产生光(热)电效应,因此可用锗作光电池材料. 目前锗光电池已作为人造卫星,宇宙飞船,晶体管收音机的电源. 用在这方面的材料有 GeSi, GeTe, $(GeTe)_{85}(GeSi)_{15}$, $(Ge_{0.75}Pb_{0.25})Te$, $Ge_{30}Si_{70}$等.

3. 作为红外光学材料

高纯锗单晶有很高的折射系数,且对红外光透射性很好,对紫外光及可见光无透过性. 因此高纯锗单晶用于制作专透红外光的锗窗、棱镜及透镜. 这些光学元件可用于制造特种用途的显微镜,军用监视仪,农业空中照像机以及监视污染空中照像机等.

含锗玻璃(含 60% GeO_2, 37% PbO, 3% TiO_2)也具有非常好的红外透射特性,在 2.5—70 微米的红外区透射率为 74%.

此外锗还可以用作电阻温度计等. 组成为 $Te_{21}Ge_{15}As_6$ 及 $Te_{50}Ge_{20}As_{30}$ 的物质是玻璃半导体,用它们制成的器件可用作记忆元件.

1.1.5 锗的同位素[1,9]

锗的同位素有 21 种, 其中^{70}Ge, ^{72}Ge, ^{73}Ge, ^{74}Ge, ^{76}Ge 是天然同位素, 见表 11.3.

天然锗同位素混合物的热中子吸收截面为 2.23b(靶恩). 吸收 10.0eV 中子的截面是 5.13b,吸收 3800eV 中子的截面是 4.47b,用热中子轰击较轻的锗同位素发生(n,γ)反应,产生一种比它稍重的同位素. 但是^{70}Ge 经(n,p)反应后得^{70}Ga, ^{72}Ge与^{73}Ge 也有同样的反应. 同位素^{74}Ge 经(n,α)反应后得到^{71}Zn. 由慢中子分裂^{235}U核的裂变产物中含有质量为 74,75,76,78 的锗同位素.

1.1.6 锗的物理性质[1,4,10,11]

单质锗是脆性的非金属,其晶体属立方晶系,具有金刚石晶格. 大块锗的颜色与镍相同. 它无延展性,精确测定它的机械性质是困难的. 锗的主要物理性质列于表 11.4.

现代技术能制得特纯的锗称为"无杂质锗". 由于能从锗的共价键中跃出的高能电子很少,无杂质锗是不导电的.

往锗里掺入一些ⅤA 族元素,如 As 或 Sb 等杂质,As 或 Sb 原子取代锗晶格中的锗原子. 每掺入一个 As 原子就多余一个电子成为自由电子. 掺入一定量的 As(Sb) 杂质后,使锗在常温下有显著的导电作用,这种导电作用是依靠电子来传递的,称为"电子导电",这种锗晶体称为"N 型锗晶体". 与此相反,如果向锗的晶格里加入一些ⅢA 族元素 B,Al,Ga,In 等,就会使锗晶体内一些共价键中缺少电子而形成空穴,在外电场作用下,由于空穴夺取附近原子的电子来填补,从而在它的附近产生新的空穴. 在电场作用下这种空穴将顺着电场的方向移动而传导电流,这种导电称为"空穴导电",这种锗晶体称为"P 型锗晶体".

表 11.3　锗的同位素

同位素	质量	天然丰度,%	半衰期	衰变类型及粒子能量,MeV		γ射线及内转换电子能量,MeV	
^{64}Ge			64s	β^+	2.26,1.96	γ	0.128,0.427,0.667
				EC	7%		
^{65}Ge	64.939600		1.5min	β^+	5.27,4.62	γ	0.062,0.511,0.650,0.809
^{66}Ge	65.934800		2.4h	β^+	2.0,1.3	γ	0.046,0.114,0.185,0.38
				EC	~38%		
^{67}Ge	66.932940		19min	β^+	3.18,3.01,2.52,2.27,1.54	γ	0.166,0.511,1.477,1.837—3.157
^{68}Ge	67.928530		280d	EC	100%	γ	0.0092
^{69}Ge	68.927963		38.5h	β^+	1.215,0.62,0.22	γ	0.511,0.573,1.107
				EC	~65%		
^{70}Ge	69.924252	20.7					
^{71}Ge	70.924956		11.8d	EC	100%	γ	0.009—0.011
^{71m}Ge			20s	IT			
	71.922082	27.5					
^{72}Ge	72.923463	7.7					
^{73}Ge			0.53s	IT	100%	γ	0.054
^{73m}Ge							0.012, 0.043, 0.053
^{74}Ge	73.921181	36.4					
^{75}Ge	74.922883		82min	β^-	1.19,0.92	γ	0.066,0.199,0.265,0.427
^{75m}Ge			48s	IT		γ	0.139
						e^-	0.128, 0.138
^{76}Ge	75.921405	7.7					
^{77}Ge	76.923600		11.3h	β^-	2.27,2.12,1.56,0.76	γ	0.21,0.22,0.27,0.37 0.42,0.56,1.08,2.02
						e^-	0.198,0.253

续表

同位素	质量	天然丰度,%	半衰期	衰变类型及粒子能量,MeV		γ射线及内转换电子能量,MeV	
^{77m}Ge			54s	β^-	2.90,2.70	γ	0.159,0.215
				IT	24%	e^-	0.148,0.158
^{78}Ge			1.47h	β^-	0.71	γ	0.277
^{79}Ge			42s	β^-	4.3,4.0	γ	0.230,0.543,0.755
^{80}Ge			22.7s	β^-		γ	0.266,0.110,1.564
^{81}Ge			10.1s	β^-	~5.6,~5.28	γ	0.198,0.336
^{82}Ge			4.60s	β^-			
^{83}Ge			1.9s	β^-			
^{83}Ge			1.2s	β^-			

注:表中所用符号β^+:正电子,β^-:负电子,m:同质异能态,EC:轨道电子捕获,IT:同质异能跃迁,γ:γ射线,e^-:内转换电子.

表 11.4　元素锗的物理性质

原子量	72.59
mp	947.4℃
bp	2830℃
熔化热	411 ±20J/g
液体气化热	334.3kJ/mol
升华热	351.46kJ/mol
液体蒸气压	
996℃	10^{-4}mmHg
1112℃	10^{-3}mmHg
1251℃	10^{-2}mmHg
1421℃	10^{-1}mmHg
1635℃	1mmHg
C_p,J/(mol · K)	
298K	23.35
200K	20.89
150K	18.63
热导率,J/(sc · cm^2 · K)	0.63
标准熵	42.26J/(mol · K)
Debye 温度	362K
晶体结构	金刚石结构,A^4 型
晶胞参数	
-253℃	563pm
20℃	565.76pm
840℃	568.1pm
原子间距离	244.5pm
晶格能	175.73kJ/mol
密度 D_4^{25}	5.323g/cm^3
原子半径	126pm
电离势[10] I_1	7.809eV
I_2	15.86eV
I_3	34.07eV
I_4	45.50eV
离子半径	
Ce^{2+}	73pm
Ce^{4+}	39pm,　53pm (四配位)(六配位)
原子价	1,2,4
电负性	2.01Pauling
硬度	
Brinell 标度	1.86×10^9N/m^2
Mohs 标度	6
屈服点	
523℃	1.08×10^7N/m^2
614℃	5.10×10^5N/m^2

续表

弹性模量 E	$7.85\times10^{10}N/m^2$
表面张力(在 mp)	$6\times10^{4}N/m^2$
电弧光谱灵敏线,nm	270.9,275.4,269.1 265.15,259.2,265.1, 326.9,303.9.
电极电势[11]	
$Ce^{2+}+2e \rightleftharpoons Ge$	$\varphi^0=0.24V$
$HGeO_3^-+2H_2O+4e \rightleftharpoons Ge+5OH$	$\varphi^0=-1.03V$
$Ge^{4+}+2e \rightleftharpoons Ge^{2+}$	$\varphi^0=0.00V$
$H_2GeO_3+4H^++4e \rightleftharpoons Ge+3H_2O$	$\varphi^0=-0.182V$

1.1.7 锗的化学性质[1,20,21]

单质锗不能吸收 N_2,但能吸收 H_2,O_2,CO_2,H_2O,醇和一般含氢、含氧化合物.加热吸收水后的锗能放出 H_2,并在它的表面上形成一层氧化物薄膜.原子氢能腐蚀锗生成氢化物.

锗虽能吸收氧,但在常温下不反应,加热至575℃时才开始反应,氧化速度符合关系式

$$Q=Q_{\infty}(1-e^{-kt})$$

式中 Q 是 t 时的耗氧量,t 是时间,Q_{∞} 是在很长时间内消耗的氧总量,速度常数 k 在615℃时为 $0.034min^{-1}$,在703℃时为 $0.87min^{-1}$.

加热时粉状的单质锗在氯、溴中能燃烧,生成四卤化锗.加热时干燥的 HCl 气体能腐蚀锗,生成 $GeCl_4$ 和少量的 $GeHCl_3$,

$$Ge+4HCl \rightleftharpoons GeCl_4+2H_2$$

$$Ge+3HCl \rightleftharpoons GeHCl_3+H_2$$

锗与硫共热到 620—700℃ 或者锗和 H_2S 在 400℃ 时都能进行反应,生成 GeS_2.

常温下3% H_2O_2 能慢慢地溶解块状锗,升温到90—100℃时溶解速度加快.

90℃时浓硫酸与块状锗有微量反应,历时一周锗的重量损失为1%.浓硝酸能腐蚀块状锗的表面.

NaOH 或 KOH 水溶液与锗的作用很慢,但是熔融的苛性碱,Na_2CO_3,Na_2O_2,$Na_2B_4O_7$ 能迅速地溶解各种形态的锗,生成碱金属锗酸盐.

NaClO 水溶液能氧化粉状的锗,生成 GeO_2.

碳与锗不起反应,石墨对锗的污染很小.

氯代甲烷(乙烷),溴代甲烷(乙烷)及许多烷基,烯基卤化物,在气态时能腐蚀热的锗,形成相应的有机锗卤化物.

1.1.8　锗合金[1,8,14]

锗能与许多金属或非金属单质形成合金. 其中最重要的是它与造币金属形成的合金.

(1) 锗金合金. 金属锗与金在氢气中加热到 960℃, 可制备锗金合金. 合金的含锗量为 12%, 具有最低共熔点 356℃. 锗金合金具有良好的可铸性以及对金铜合金或金板的良好焊接性.

(2) 锗铜合金. 铜能溶解约 10% 的锗, 含锗量较高时能形成金属间化合物. 随着合金中锗含量的不同对酸的抗腐蚀性也不同, 合金中锗含量超过 25% 时, 它只溶于王水; 少于 25% 时, 可以被硝酸所腐蚀, 但仍不能被盐酸及硫酸所腐蚀.

(3) 锗钛锆合金. 这种合金主要由 10%—20% Ge, 55%—75% Ti, 15%—25% Zr 所组成. 此合金用于钎焊石墨及难熔金属(包括Ⅳ, Ⅴ, ⅥB 族元素的单质及其合金)制成的零件.

锗合金中生成多种化合物, 见表 11.5.

表 11.5　锗与金属的化合物

化合物	晶　系	空间群	晶胞参数, pm			密　度
			a	*b*	*c*	
LiGe	四方	—	43.8	—	58.0	—
NaGe	单斜	$P(2_1/c)$	123.3	67.0	114.2	3.09
KGe	立方	—	127.8	—	—	2.78
RbGe	立方	—	131.9	—	—	3.63
CsGe	立方	—	136.7	—	—	4.28
s-Cu_3Ge	正交	$P(6/m)mc$	26.5	45.5	42.0	14.00
Mg_2Ge	立方	$Fm3m$	63.9	—	—	3.09
Ca_2Ge	正交	$Pnma$	90.7	77.3	48.3	—
CaGe	正交	$Cmcm$	40.0	45.8	108.4	—
BaGe	正交	$Cmcm$	50.7	119.8	43.0	—
$BaGe_2$	立方	$P4_132$	145.2	—	—	4.28
Sc_5Ge_3	六方	$P(6/m)cm$	79.4	—	58.8	2.76
Y_5Ge_3	六方	$P(6/m)cm$	84.7	—	63.5	5.40
La_5Ge_3	六方	$P(6/m)cm$	89.6	—	68.0	—
Ce_5Ge_3	六方	$P(6/m)cm$	88.8	—	65.7	—
Pr_5Ge_3	六方	$P(6/m)cm$	88.0	—	66.0	—
Ni_5Ge_3	六方	$P(6/m)cm$	87.6	—	65.7	—
Sm_5Ge_3	六方	$P(6/m)cm$	86.5	—	64.9	—
Gd_5Ge_3	六方	$P(6/m)cm$	85.1	—	64.1	—
Lu_5Ge_3	六方	$P(6/m)cm$	83.1	—	62.3	—
Lu_5Ge_3	六方	$P(6/m)cm$	82.4	—	61.7	—
TiGe	正交	$Pm2m$	38.1	52.3	38.3	5.86

续表

化合物	晶 系	空间群	晶胞参数,pm			密 度
			a	*b*	*c*	
ZrGe	正交	*Pnma*	70.8	39.0	54.0	—
$HfGe_2$	正交	*Cmcm*	38.2	150.0	37.8	—
$V_{11}Ge_8$	正交	—	134.1	160.9	50.2	6.89
NbGe	六方	$P6_222$	49.6	—	67.7	—
α-Ta_5Ge_3	四方	$I(4/m)cm$	66.0	—	120.1	—
$TaGe_2$	六方	$P6_222$	49.5	—	67.4	—
Cr_3Ge	立方	*Pm3n*	46.1	—	—	7.28
Mo_3Ge	立方	*Pm3n*	49.3	—	—	9.70
Mn_3Ge_3	六方	$P(6/m)cm$	71.84	—	50.5	—
$Mn_{11}Ge_8$	正交	—	132.2	158.3	50.9	7.38
Fe_3Ge	立方	*Pm3m*	35.7	—	—	—
$FeGe_2$	四方	$I(4/m)cm$	59.0	—	49.4	7.70
$CoGe_2$	四方	—	56.8	56.8	108.1	—
NiG	正交	*Pnma*	58.1	53.8	34.3	—
RuGe	立方	*P*213	48.5	—	—	—
RhGe	正交	$P(4/n)cm$	57.0	64.8	32.5	9.70
PdGe	正交	$P(4/n)cm$	62.58	57.8	34.8	—
O_3Ge_2	四方	$C(2/m)$	89.9	30.9	76.9	11.10
IrGe	正交	*Pnma*	62.8	56.1	34.9	—
PtGe	正交	*Pnma*	60.9	57.3	37.1	—
$PtGe_2$	正交	*Pnma*	61.9	57.7	29.1	—
Th_3Ge_2	四方	$P(4/m)bm$	79.7	—	41.7	10.48
U_5Ge_3	六方	$P(6/m)cm$	85.8	—	57.9	13.40
Pu_2Ge_3	六方	$P(6/m)mm$	39.75	—	42.0	10.60

1.1.9 锗在生物体中的作用[1,15]

锗普遍存在于生物体中,但不是生物生长的必须痕量元素.锗对人体是低毒性的,比锡和铅的毒性小得多,每人每天可以从食物中摄取 1500μg 锗,无毒性作用.但当动物的食物中含 1000ppm 锗时,可抑制动物生长,有 50% 动物死亡.动物饮用含 100ppm 二氧化锗的水时,在第四周也有 50% 死亡率.化合物 GeH_4 具有溶血作用,大于 100ppm 时就能危害动物的生命安全.

1.1.10 锗的分析化学[3,16-20]

1. 试样的分解

锗矿及含锗的无机样品,可用硫酸分解(或加硝酸作氧化剂),如果二氧化硅的含量较高,需要加入氢氟酸.倘若试样中含有或可能含有氯化物,为了防止少量

$GeCl_4$ 挥发,不能采用酸分解的方法,宜改用碱熔法.

金属锗及其合金常用硫-硝混合酸溶解,或用苛性碱,Na_2O_2, NaOH 及 Na_2CO_3 熔融. 由于金属锗腐蚀铂,最好选用镍坩埚作熔融器皿.

2. 分离方法

试样分解后,往往需要分离干扰元素. 一般采用溶剂萃取或利用 $GeCl_4$ 的挥发性进行蒸馏,使锗与溶液中的其他元素分离. 这两种方法都是分离锗的最重要的方法. 离子交换法和共沉淀法也可用于分离锗.

(1)溶剂萃取法

1950 年 Sandell 首先应用四氯化碳从盐酸溶液中萃取四氯化锗,这是溶剂萃取法用于分离锗的开端. 采用 CCl_4 作为萃取剂从含锗的 8—9mol/L 盐酸溶液中萃取 $GeCl_4$ 振荡 1—2 分钟即可达到平衡,锗的萃取率约 95%. 但是当锗浓度大于 2.6×10^{-3}mol/L 时,$GeCl_4$ 在 CCl_4 内的分配系数明显下降. 如果含有 F^- 离子,且它的浓度比锗大 10 倍时,锗的萃取率也下降. 这时可加入与 F^- 等量的 Al^{3+} 来消除 F^- 的干扰. 此法并非定量萃取,为了使分析结果可靠,可用标准曲线法进行测试. 一般采用水从 CCl_4 相对锗进行反萃取.

若被萃取液中含有与锗共萃取的金属离子 As(Ⅲ)或 Sb(Ⅴ),在萃取前需要改变它们的氧化态. 如果是 As(Ⅲ),可加入溴或氯酸钾把 As(Ⅲ)氧化成 As(Ⅴ),因为 As(Ⅴ)几乎不溶于四氯化碳,这样就避免了 As 的共萃取. 如果含有大量的 Sb(Ⅴ),可用硫酸肼将 Sb(Ⅴ)还原成 Sb(Ⅲ).

甲基异丁基酮从 8mol/LHCl 溶液中萃取锗的萃取率达 98%,但钒,砷,铁(Ⅲ),锆,锑,锡等杂质也能被萃取.

(2)蒸馏法

利用 $GeCl_4$ 的挥发性,采用从含锗的 6mol/LHCl 溶液中蒸馏 $GeCl_4$ 的方法,很容易与其他多种金属离子分离. 蒸馏时需通入空气(或 CO_2 或 H_2 气),把蒸馏出的 $GeCl_4$ 导入用冰冷却的接收器中,细心操作可定量回收锗.

若溶液中含有不溶性物质,如无定形的二氧化硅(表面积大,引起共沉淀)或硫酸铅,会影响 $GeCl_4$ 的定量蒸馏. 为了消除 SiO_2 的影响,在蒸馏前需加入氢氟酸和硫酸. 为了防止 $AsCl_3$ 同 $GeCl_4$ 一起蒸馏出来,可用氯气(或加 CO_2 稀释)或 $KMnO_4$ 把 As(Ⅲ)氧化成 As(Ⅴ).

(3)离子交换法

在很稀的盐酸溶液中锗(Ⅳ)不被强酸型阳离子交换树脂吸附,而铅、铜、锌、铁等能被树脂吸附,利用此性质可以将锗(Ⅳ)与这些金属离子分离. 但是 As, Sb 也不被树脂吸附,即与锗一起留在流出液内.

含锗(Ⅳ)的 5mol/LHCl 溶液通过强碱性阴离子交换树脂时,锗(Ⅳ)不被树脂吸附,而易形成氯配合物的 Fe(Ⅲ),Ga(Ⅲ),U(Ⅵ)等能被树脂吸附. 8 至10mol/L

HCl 溶液中的 Ge(Ⅳ)能被强碱性树脂吸附,其分配系数从 80 增加到 400,而不易形成氯配合物的 As(Ⅴ)和稀土元素离子仍留在溶液内.

(4)共沉淀法

含锗(Ⅳ)2—10μg/ml 的溶液,以 $Fe(OH)_3$ 作共沉淀剂进行共沉淀,加入铁的量按 Fe:Ge 是 25:1 为好.然后用上述的溶剂萃取、蒸馏、离子交换等方法将锗与铁进行分离.

共沉淀法和萃取或蒸馏法相结合起来的分离方法,已用于分离测定海水中的锗.

3. 定性分析

锗的定性分析方法较多,择其中一部分叙述如下:

(1)每毫升含 10 毫克锗的溶液喷雾燃烧时形成的蓝色火焰,表示有锗的存在.

(2)加硫酸于含锗的溶液中至酸度为 3mol/L 时,通入 H_2S 气;如得白色 GeS_2 沉淀,表明有锗存在.

(3)含锗溶液加入含有 0.15—0.34mol/L HNO_3 的 5% 钼酸铵溶液中立即生成柠檬黄色的锗钼酸 $H_4(GeMo_{12}O_{40})$ 溶液,表示有锗存在.此反应区别于在 40—50℃ 温度下 PO_4^{3-} 与钼酸铵生成黄色磷钼酸铵沉淀;也区别于 AsO_4^{3-}, SiO_3^{2-} 和钼酸铵的反应.其原因是后者在常温时反应极慢,可视为不可能生成有色物质.

(4)取一滴含 $GeCl_4$ 的馏出液于滤纸上,加钼酸铵一滴及联苯胺一滴,再加乙酸钠饱和溶液几滴,用 NH_3 气熏,形成深蓝色或浅蓝色斑点,表示或多或少有锗存在(磷酸、硅酸、砷酸有类似的反应,但在蒸馏的馏出物中不会含有这些酸).

(5)含锗量极微时,可以用与 Marsh 验砷法类似的方法检验锗,方法如下:将滴液漏斗内的盐酸慢慢滴入盛有锌粒与含锗样品的试管中,放出 H_2 及 $GeCl_4$ 气体,经过加热的燃烧管,出现黑色斑点即生成金属锗(必须无砷存在).此法能检出 0.06mg 锗.

(6)有机试剂苏木因(hematein)与锗形成可溶于 CCl_4 的紫色配合物.具体方法是:取极少量的苏木因溶于 5ml 3mol/LH_2SO_4,将所得溶液慢慢加入 95ml 乙醇中配制成酸性苏木因醇溶液.向酸性含锗溶液中加入 6 滴苏术因醇溶液和 15 滴 CCl_4,振荡 15—30 秒,底部 CCl_4 层出现紫色,证明有锗存在.

注意:Mo,Sb 与苏木因醇溶液也能形成紫色配合物,但是它们不溶于 CCl_4.

4. 锗的定量分析

锗的常量分析可采用重量法和容量法.

(1)重量法.用于锗重量分析的沉淀剂有单宁,Mg^{2+}(形成锗酸镁沉淀),Ba^{2+}(生成酒石酸锗钡沉淀)和钼酸根、钨酸根离子.但是这些沉淀剂都没有被广泛采用.特别是锗钼酸,锗钨酸沉淀是非化学计量的,必须用经验因素来校正才能获得正确结果. 目前一般采用 GeS_2 沉淀法来定量测定锗. 例如,将 H_2S 气通入含锗的 3mol/LH_2SO_4 溶液直至饱和,再继续维持通 H_2S 30 分钟以上使沉淀完全,静置 12 小时以上,将 GeS_2 沉淀置于 375℃温度下灼烧 3—4 小时或溶于氨水后,用 30% H_2O_2 氧化,得到的 GeO_2 在 800℃灼烧. 为了防止 GeO 挥发,GeS_2 的量以不超过 200mg 为宜. 此方法适用于测定含锗为 0.01%—100% 及含锗量在 50—100mg 的样品,测定结果的准确度对含锗低的样品为 2%—3%,含锗高的样品为 0.1%.

(2)容量法. 利用锗在溶液内与多羟醇形成配合酸后,再用标准碱滴定的方法来定量测定锗. 此法用得不多.

广泛采用的是氧化还原滴定法. 含锗 50—100mg 的样品经溶解,蒸馏分离后获得 $GeCl_4$. $GeCl_4$ 收集于已盛有 125ml1∶3 盐酸和约 10 克次亚磷酸钠及 10ml 48%氢溴酸的接受瓶中,共收集馏出液 70—75ml. 加热使 Ge(Ⅳ) 被 NaH_2PO_2 还原成 Ge(Ⅱ),冷却后用标准碘酸钾溶液滴定. 此法可测定锗含量为 0.01%—100%的试样,准确度达到 0.2%.

5. 仪器分析法

少量及痕量锗的测定,常采用准确且灵敏的发射光谱法和分光光度法,也有采用极谱法,色层法及原子吸收分光光度法.

(1)发射光谱法. 可以测定锗含量为 0.001%—1% 的试样,极限准确度为 10%. 用此法可以测定和检出硅酸盐中包括锗在内的所有挥发性的痕量元素. 用铋作内标,265.18nm 线为锗的分析线,检出极限是 0.5ppm 的锗. 锗的其他分析线还有 303.9,275.46,270.96,259.26nm .

(2)分光光度法. 几种有机试剂与锗能形成有色物质可用来测定锗,其中用得最多的是苯芴酮. 在准确度要求不高的场合,氧化苏木精(Oxidized hemotoxylin)用得比苯芴酮还多. 本法测定锗含量的最低限是 0.0001%.

苯芴酮分光光度法:用 CCl_4 从 9—10mol/LHCl 含锗试液中萃取锗. 根据 Ge(Ⅳ)与苯芴酮生成的配合物易溶于醇类的特性,向 CCl_4 层中加入一些醇(如戊醇),再加入 0.03%苯芴酮溶液,在 CCl_4 相中出现明显的红色. 微量的铁,锡对比分析有干扰,可加入少量的乙酰丙酮作掩蔽剂,然后在 517nm 波长处测定吸收值.

(3)极谱法. 向萃取锗的 CCl_4 层中加入少量的水并用氨水进行碱化后蒸干,然后溶于氨性底液(500ml 底液中含氨水 34ml,NH_4Cl 27g,$Na_2SO_4$10g),在氨性底液中进行示波极谱测定. 5ml 底液中含锗 0.1—150μg 时,峰电流与锗浓度成正比,峰电位约为 -1.47V(Vs,SCE). 例如 12ml 萃取锗的 CCl_4 层,加水 3ml,加氨水 3ml 碱化并蒸干,加入 3(或 5)ml 氨性底液,微热溶解,冷却后加 10% EDTA 二钠盐溶液 1 滴,然后进行示波极谱测定,在 -1.1V 开始起峰.

(4)原子吸收分光光度法. 在 265.12—265.16nm 二重线测定锗时,采用氧化亚氮-乙炔火焰较好,1%吸收灵敏度为 1.5μg/ml,若用空气-乙炔火焰和空气-氢气火焰时灵敏度较差.

1.2 锗(I)、锗(Ⅲ)化合物

1.2.1 锗(I)化合物[1,12,14]

1. 一氢化锗$(GeH)_x$

制备一氢化锗的方法有多种. 碱金属锗化物 MGe 与湿空气或冷水反应,或者在液氨中 NaGe 与 NH_4Br 作用,以及在60℃温度下金属钠与 $GeHCl_3$ 蒸气反应都能制得棕色固态无定形化合物一氢化锗. 一氢化锗常以聚合物形式出现,其化学式可写成$(GeH)_x$. 在真空中 −78 到 −50℃ 温度下液氨与 GeH_3Cl 作用,能生成$(GeH)_x$,

$$3xGeH_3Cl + 3xNH_3 \longrightarrow 3xNH_4Cl + xGeH_4 + 2(GeH)_x$$

此反应可能是 GeH_3Cl 与液氨先生成 NH_4Cl 与 GeH_2,然后 GeH_2 歧化成 GeH_2 与$(GeH)_x$.

$(GeH)_x$ 不溶于无机及有机溶剂. 干燥或近于干燥时,$(GeH)_x$ 与空气接触就会立即分解,发生爆炸. 它在惰气或真空中缓慢分解,在真空中100℃分解时慢慢放出 H_2,160℃分解时发生爆炸,生成 GeH_4 及细粉状的锗.

$(GeH)_x$ 是一种强还原剂,与卤素起反应生成 GeX_4. HNO_3,H_2O_2 能把它氧化成 GeO_2.

2. 一卤化锗

(1)一氟化锗. 只在 GeF_4 放电的光谱中发现 GeF,计算得出分子的键力常数为 3.92×10^2 N/m.

(2)一氯化锗. 在光谱中可发现 GeCl,计算出其键力常数为 2.2×10^2 N/m.

一氯化锗的固态聚合物可由人工合成. 把 $GeCl_4$ 和 H_2 气一同通过1000℃的加热管或者用 H_3PO_2 还原 $GeCl_4$ 的水溶液都能制得$(GeCl)_x$.

$(GeCl)_x$ 是暗棕色的固体,在真空中360℃温度下稳定,500℃时歧化为 $GeCl_4$ 和金属锗. $(GeCl)_x$ 能微溶于水,并缓慢水解. 它对冷浓硝酸稳定,热浓硝酸使它迅速氧化. 它易溶于沸腾的 KOH 溶液并被氧化,

$$2GeCl + 6KOH \longrightarrow 2K_2GeO_3 + 2KCl + 3H_2$$

(3)一溴化锗. 在光谱中发现 GeBr,计算得出分子的键力常数为 2.0×10^2 N/m.

(4)一碘化锗. 在光谱中从未发现过 GeI.

1.2.2 锗(Ⅲ)化合物[1]

氧化态为3的锗化合物很少见到. 只有某些 $R_2Ge\text{-}GeR_2$ 型式的化合物是含

Ge(Ⅲ)的,其中之一是$(GeH_2)_2$,这是一种假设的二聚体.它的制备方法是利用$NaGeH_3$与溴苯在液氨介质内反应,

$$2NaGeH_3 + 2C_6H_5Br \xrightarrow{液氨} 2NaBr + 2C_6H_6 + (GeH_2)_2$$

$(GeH_2)_2$是白色固体,加热至室温即按下式进行歧化反应,

$$3(GeH_2)_2 \longrightarrow 2GeH_4 + 4GeH$$

在液氨中,1mol$(GeH_2)_2$与2mol的金属钠反应,生成深红色的溶液,设想其化学式为NaH_2GeGeH_2Na.

1.3　锗(Ⅱ)化合物

锗在参加化学反应时,若只用$4p^2$价电子成键则形成Ge(Ⅱ)化合物,但它的$4s^2$电子也容易参与成键,生成Ge(Ⅳ)化合物,因此Ge(Ⅱ)化合物往往是很好的还原剂.

1.3.1　二氢化锗[聚锗烯,$(GeH_2)_x$][1]

锗(Ⅱ)的氢化物不能由锗与氢直接合成.必须在隔绝空气的情况下,以浓盐酸作用于氯化钠和锗化钙(CaGe)的混合物,生成一种组成为$(GeH_2)_x$的黄色固体聚合物.这是一种锗烯聚合物.用等体积的醇和浓盐酸溶液处理Mg_2Ge,Mg_2Ge经水解而产生不纯的$(GeH_2)_x$.热分解Ge_2H_6也能得到少量的黄色固体$(GeH_2)_x$.

将$(GeH_2)_x$置于空气中干燥时能自燃.在隔绝空气的情况下,把$(GeH_2)_x$加热到200℃,$(GeH_2)_x$缓慢分解成Ge和H_2,它在300℃时迅速分解.干燥的$(GeH_2)_x$被剧烈打击时能迅速分解成Ge和H_2并引起爆炸,放出的氢气立即燃烧.

在浓强碱溶液中,$(GeH_2)_x$转化成GeH_4及碱金属锗化物.用浓盐酸处理$(GeH_2)_x$,产生H_2,Ge,GeH_4,Ge_2H_6及Ge_3H_8.$(GeH_2)_x$容易被溴氧化成$GeBr_4$,能被浓HNO_3或H_2O_2(在醇和氨水溶液中)氧化成GeO_2.

1.3.2　二卤化锗[1,10,12,14,21,22]

单质锗和GeX_4共热可制备二卤化锗GeX_2(X = F,Cl,Br),GeX_2皆为固体,GeF_2是白色晶体,其他GeX_2都有色,呈黄色和棕色.

1. 二氟化锗(GeF_2)

干燥的HF与金属锗装入耐压釜内,在200℃温度下起反应,或者单质锗与GeF_4在100℃以上进行反应皆可制得白色晶体GeF_2.

在GeF_2分子中F—Ge—F的键角约为97°,Ge—F键长是172.3pm.GeF_2的熔点为111℃,它是含有氟桥的聚合物,在它的蒸气中除了GeF_2,也有它的二聚体和

三聚体.

在碱金属氟化物溶液内，GeF_2 与 F^- 离子生成不易水解的 GeF_3^- 配离子，此配离子能被空气中的氧所氧化，或在强酸中被 H^+ 氧化成 GeF_6^{2-}，

$$GeF_3^- + 2H^+ + 3F^- \longrightarrow GeF_6^{2-} + H_2$$

GeF_2 能溶于水，将 H_2S 气通入它的水溶液得 GeS 沉淀.

2. 二氯化锗($GeCl_2$)

低压的 $GeCl_4$(0.1mmHg)蒸气缓慢地通过 300℃ 粉状的锗就会生成 $GeCl_2$，它在加热管的较冷一端冷凝成固体，开始呈白色，随着 $GeCl_2$ 层的增厚，颜色逐渐加深至淡黄色. 此反应是可逆的，在真空中将 $GeCl_2$ 加热到 1000℃ 或更高的温度时即发生歧化反应，生成 $GeCl_4$ 和金属锗. 过量的氢气与 $GeCl_4$ 蒸气从 800℃ 石英管通过，产生一些 $GeCl_2$. 热分解 $GeHCl_3$ 也得到 $GeCl_2$，

$$GeHCl_3 \underset{20℃}{\overset{700℃}{\rightleftharpoons}} GeCl_2 + HCl$$

$GeCl_2$ 为淡黄色固体，在室温下它能被氧慢慢氧化成 GeO_2 和 $GeCl_4$. $GeCl_2$ 与 Cl_2、Br_2 容易起反应，与 Cl_2 生成 $GeCl_4$，与 Br_2 反应的产物有 $GeCl_4$ 及 $GeBr_4$. $GeCl_2$ 和 H_2S 在室温下就能起复分解反应，生成 GeS 和 HCl. 在盐酸溶液中 $GeCl_2$ 是很强的还原剂.

$GeCl_2$ 易水解成黄色 $Ge(OH)_2$ 沉淀(它慢慢脱水成暗棕色的 GeO)，水解产生的 HCl 能与过量的 $GeCl_2$ 作用，形成 $GeHCl_3$. $GeCl_2$ 与 95% 乙醇或氯仿不起化学反应. $GeCl_2$ 能使软木塞呈深红色.

3. 二溴化锗($GeBr_2$)

以锌还原 $GeBr_4$ 和 $GeHBr_3$ 或者不足量的 HBr 通过 400℃ 的锗，都能制备黄色固态 $GeBr_2$.

$GeBr_2$ 的熔点为 122℃. 在 40℃ 时它遇干燥的 HBr 即生成 $GeHBr_3$. $GeBr_2$ 比 $GeCl_2$ 容易发生歧化反应，在 150℃ 时就能生成 $GeBr_4$ 和金属锗. $GeBr_2$ 微溶于 5mol/L HBr 酸，它遇水水解成 $Ge(OH)_2$ 和 HBr.

4. 二碘化锗(GeI_2)

在氢碘酸介质中，用微过量的 H_3PO_2 还原 GeI_4 能制得 GeI_2. 例如将 20gGeI_4 溶于 10ml57% HI，加 20ml 水，在搅拌下加入 50% $H_3PO_4$7.6ml. 经迴流红色的 GeI_4 转变成亮黄色的 GeI_2. 冷却到 10℃，滤出 GeI_2，用氢碘酸洗涤后，将它放在真空中或在 P_2O_5 上干燥，GeI_2 的产率为 75%.

粉末状的 GeS 溶解于充分过量的热浓氢碘酸，滤去未溶的 GeS，滤液冷却结晶，得 GeI_2 晶体.

GeI_2 晶体属六方晶系，晶胞参数：$\alpha = 424.9$pm，$c = 683.3$pm. Ge—I 键矩为 299pm，力常数为 1.605×10^2N/m. 它的升华热 $\Delta Hs = 125.94$kJ/mol. 生成自由能

$\Delta G^{\circ} = 74.89 kJ/mol$.

GeI_2 不能被干燥的空气所氧化. 它在湿空气中慢慢水解. GeI_2 在真空中 240℃ 时升华,加热到 540—643℃ 发生歧化反应,生成 Ge 和 GeI_4.

GeI_2 和 CH_3I 在 110℃温度下起反应,生成黄色 CH_3GeI_3(mp:48—50℃).

在盐酸和 KI 水溶液中,I_2 能把 GeI_2 氧化成 GeI_4,

$$GeI_2 + I_2 \xrightarrow{HCl + KI} GeI_4$$

若无 HI 存在时,GeI_2 被 I_3^- 氧化成锗酸,反应如下,

$$GeI_2 + I_3^- + 3H_2O \longrightarrow H_2GeO_3 + 4H^+ + 5I^- + 108.71 kJ$$

GeI_2 溶于液氨生成 GeNH 及 NH_4I,GeI_2,可溶于盐酸、氢碘酸.

1.3.3　一氧化锗,氢氧化亚锗[1,12,14]

1. 一氧化锗(GeO)

在用 H_2 还原 GeO_2 制备金属锗的过程中,反应的第一步得到 GeO,温度高于 700℃时有 GeO 挥发逸出. 加热 $Ge(OH)_2$,经脱水也能获得 GeO. 锗和 GeO_2 粉末混合并加热到 1000℃,得到黄色无定形升华物 GeO,将它在 650℃温度下继续加热即转变成暗棕色 GeO 晶体.

GeO 晶体的密度为 $1.83 g/cm^3$,25℃时的生成热是 25.10kJ/mol,标准熵 $S_{298}^0 = 234.72 J/(mol \cdot K)$. GeO 的蒸气压如下:

温度,℃	915	948	978
蒸气压,mmHg	1.80	9.9	28.5

蒸气压与温度关系的方程是

$$4.57 \lg p = -63000/T + 57.9$$

压力 p 的单位为 mmHg. GeO 的摩尔磁化率为 -28.6×10^{-6}.

GeO 在室温下是稳定的,在干燥空气中加热到 550℃即被空气氧化成 GeO_2. GeO 很容易被含氨的 H_2O_2 溶液氧化. 许多氧化剂,如高锰酸钾溶液,氯水及高氯酸银溶液等能将 GeO 慢慢氧化成 Ge(Ⅳ)化合物. 其中与高氯酸银的反应如下,

$$GeO + 2AgClO_4 + 6HF \longrightarrow 2Ag + 2HClO_4 + H_2O + H_2GeF_6 + 276.14 kJ$$

观察不到硫酸,盐酸和苛性碱溶液对 GeO 的侵蚀,但它可被发烟硝酸缓慢氧化.

2. 氢氧化亚锗($Ge(OH)_2$)

Ge(Ⅱ)盐水解或 Ge(Ⅳ)盐被还原成 Ge(Ⅱ)盐后水解,很容易制得 $Ge(OH)_2$. 例如,把 GeO_2 溶于稍过量的 5mol/L KOH 溶液,加适量的盐酸达到 5mol/L HCl 浓度为止,再加入过量的 30% H_3PO_2,在 95℃温度下保持 2 小时,冷却后用氨水中和得黄色 $Ge(OH)_2$ 沉淀. 因为 $Ge(OH)_2$ 能迅速被空气氧化,所以必须

在氮气氛下进行过滤,洗涤(用不含氧的水)及干燥.

$Ge(OH)_2$ 在放置时能慢慢脱水,颜色变暗,最后变成暗棕色的 GeO. $Ge(OH)_2$ 在氮气中加热到650℃完全脱水.

新鲜制备的 $Ge(OH)_2$ 易溶于浓盐酸,但是经过陈化后的 $Ge(OH)_2$,由于其组成发生变化,性质也逐渐接近于 GeO,例如它在4mol/LHCl 中只能溶解0.01mol/L.

$Ge(OH)_2$ 是强还原剂,能夺取 NaOH 中的氧转变成 Na_2GeO

$$Ge(OH)_2 + 2NaOH \xrightarrow[50\%]{} Na_2GeO_3 + H_2O + H_2$$

1.3.4 锗(Ⅱ)的硫族化合物[1,12,13,23]

1. 一硫化锗

用氢气还原 GeS_2 可制得 GeS,通 H_2S 气于 GeF_2 水溶液中得 GeS 沉淀. 还可采用 H_3PO_2 还原 GeS_2 的方法来制取 GeS,即将 H_2S 气通入含 6mol/LHCl 的 $GeCl_4$ 水溶液中,待析出 GeS_2 沉淀后将容器置于蒸气浴上加热,加入 H_3PO_2,搅拌至 GeS_2 消失,溶液变成无色清澈为止. 溶液冷却后用 H_2S 饱和,在继续通 H_2S 气情况下以氨水中和至生成 GeS 沉淀. 沉淀在氮气氛中过滤,并在充氮气且盛有 P_2O_5 的干燥器中干燥,得红色无定形粉末状 GeS,此粉末在真空中600℃温度下升华后转变成黑色正交双棱锥形的 GeS 晶体.

GeS 晶体属正交晶系,晶胞参数 $a = 429$pm, $b = 1042$pm, $c = 364$pm,空间群为 $Pnma - D_{2h}^{16}$. 在 GeS 晶体中每个锗原子周围围绕着六个 S 原子,形成八面体结构. Ge—S 键距为 247, 264, 291, 300pm. 计算密度为 4.24g/cm^3,摩尔磁化率是 -4.92×10^{-6}.

粉末状的 GeS 在湿空气中能缓慢水解;遇水即迅速水解成 $Ge(OH)_2$,接着慢慢脱水成 GeO,GeS 微溶于 NaOH 水溶液. 它难溶于液氨也不发生氨解,在液氨中的溶度积为 9×10^{-6}.

2. 一硒化锗(GeSe)

GeSe 可由单质锗和硒在 CO_2 气氛中 500℃温度下直接化合而成,或者将 H_2Se 气体通入 $GeCl_2$ 水溶液内生成暗红色的 GeSe 沉淀.

GeSe 晶体属四方晶系,其晶胞参数 $a = 883$pm, $c = 976$pm, $z = 16$. 它的测定密度为 5.30g/cm^3,熔点大约 667℃. 它在空气中迅速被氧化. 它不溶于 5% HCl、乙醇、醚,但能溶于含溴的盐酸及含有 H_2O_2 的碱性溶液并被氧化成 GeO_2,及 Se. 硝酸能把 GeSe 氧化成 GeO_2 及 H_2SeO_3.

3. 一蹄化锗(GeTe)

在 Ge-Te 体系中有化合物 GeTe 存在,其熔点是 725℃,参看图 11.1. GeTe 晶体属立方晶系.键力常数为 2.9×10^2N/m,加热时 GeTe 能与浓盐酸,硫酸及水反应,但王水,H_2O_2 与 HCl 的混合物在冷时就能侵蚀它.

1.3.5 锗(Ⅱ)的氮族化合物[1,12]

1. 亚胺亚锗与氮化亚锗($GeNH$,Ge_3N_2)

GeI_3 在液氨内生成亚胺亚锗 GeNH,其反应式如下,

$$GeI_2 + 3NH_3 \longrightarrow GeNH + 2NH_4I$$

反应产物经过滤,再用液氨洗去 NH_4I,得金黄色粉末 GeNH,该物质在空气中迅速被氧化成 GeO_2.

GeNH 在真空中加热至 300℃时转变成暗棕色的氮化亚锗并有 NH_3 逸出,

$$3GeNH \xrightarrow[\text{真空}]{300℃} Ge_3N_2 + NH_3$$

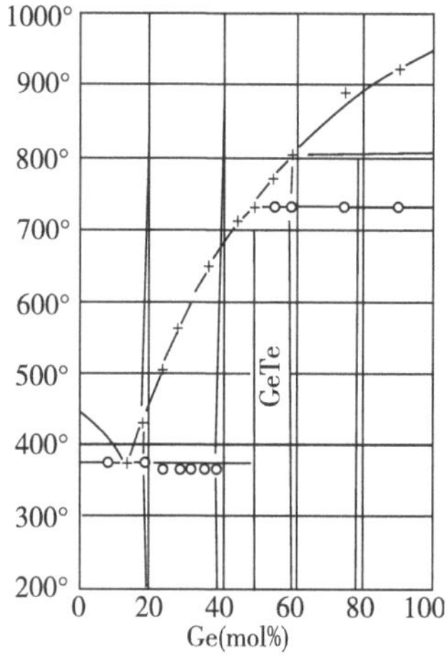

图 11.1 Ge-Te 体系相图

继续加热到 500℃ Ge_3N_2 分解,生成单质 Ge 和 N_2.如果把 Ge_3N_2 置于氢气内加热到 500—600℃,生成锗和 NH_3,

$$Ge_3N_2 + 3H_2 \longrightarrow 3Ge + 2NH_3$$

2. 磷化亚锗与砷化亚锗(GeP,GeAs)

将单质锗与白磷放入抽真空的玻璃管内加热,熔融的锗与磷化合成 GeP,生成热为 25.10kJ/mol. GeP 在 540℃时分解成组分单质.

从 Ge-As 的相图上看出有两种锗砷化合物存在,GeAs(mp:737℃)和 $GeAs_2$(mp:732℃).这两种化合物在空气中稳定,能保存几个月.

1.4 锗(Ⅳ)化合物

1.4.1 锗烷[1,24,25]

1. 锗烷的制备

单质锗和氢是不能直接化合成锗烷的,因此只能采用间接方法来制备.

用还原剂或者电解法将水榕液中的 Ge(Ⅳ)还原成锗烷.例如镁锌等还原剂与含 H_2SO_4 的 Ge(Ⅳ)溶液作用,能生成少量的锗烷,同时放出大量的氢气.

Mg_2Ge 在稀酸(例如盐酸)溶液中水解,是制备锗烷的古典方法,约有 20—25%的锗转变成锗烷,其中 GeH_4 含 73.6%,Ge_2H_6 为 20%而 Ge_3H_8 的量仅占 1%.另外还可以从 Mg_2Ge 水解产物中分离出较高级的锗烷 Ge_4H_{10}和 Ge_5H_{12}.

NH_4Br 与悬浮于液氨中的 Mg_2Ge 起反应,将有 60%—70%的锗转变成各种锗

烷,这是制备锗烷的一种较好的方法.

早期的方法还有:在乙醚介质中用 $LiAlH_4$ 还原 $GeCl_4$ 来制备锗烷,将气体产物中的乙醚蒸气分离除去可得纯锗烷.

在酸性溶液内用 $NaBH_4$ 还原 Ge(Ⅳ)也可以制取锗烷:把 GeO_2 溶于 1mol/L HBr 溶液,逐滴加入过量的 $NaBH_4$ 水溶液(5g $NaBH_4$ 溶于 100ml 水),生成锗烷与氢,产物冷却到 -196℃,锗烷冷凝即能与氢气分离. 所得锗烷中含 98% GeH_4 和约 1% Ge_2H_6.

将 GeH_4 循环通过低压(约 0.5atm)无声放电,可以转变成 Ge_2H_6,Ge_3H_8 以至 Ge_7H_{16},Ge_8H_{18}.

2. 锗烷的性质

锗烷的物理性质列于表11.6. 各种锗烷受热皆分解,随着锗烷中锗原子数增

表 11.6 锗烷的物理性质

性质	GeH_4	Ge_2H_6	Ge_3H_8	Ge_4H_{10}	Ge_5H_{12}
mp,℃	-164.8	-109	-105.6		
bp,℃	-88.1	29	110.5	176.9	234
熔化热,J/mol	835.55				
蒸发热,kJ/mol	14.06	26.78	33.47	40.38	47.28
蒸气压,mmHg					
-127℃	53.0				
-115℃	142.5				
-95℃	523.5				
-68.1℃		6.4			
-10.2℃		152.7			
0℃		239.0			
18.8℃		503.5			
25.3℃			39.9		
45℃			90.9		
80.9℃			317		
99.5℃			545		
密度,g/cm^3(在熔点)	1.52 (-142℃)	1.98	2.20		
临界温度,K	308	483	588	665	730
临界压力,atm	54.8	45.7	37.9	32.5	28.8
生成热,kJ/mol	90.37	161.92			
键能,kJ/mol					
Ge—H	288.70				
Ge—Ge		158.57			
Ge—H 键距,pm	152.7				
Ge—Ge 键距,pm		241	241		

加，其热稳定性减弱. 甲锗烷在 280℃慢慢分解成锗和氢，375℃时迅速分解. 当压力为 200mmHg 时，乙锗烷约于 215℃ 进行分解，而丙锗烷于 195℃ 开始分解. Ge_4H_{10}50℃时缓慢分解，100℃时迅速分解成 GeH_4 及液体产物. Ge_5H_{12} 在 100℃以上分解为 GeH_4 及固体产物. 但在 350℃以上所有较高级锗烷都分解成锗和氢.

锗烷与硅烷不同，它们在空气中不能自燃. GeH_4 能与纯氧混合而不起化学反应，升温至 160—183℃它才逐渐被氧化(在低压下需要升温至 320℃才起反应)，生成白色的 GeO_2 和 H_2O，Ge_2H_6 比 GeH_4 容易被氧化，100℃时即氧化成 GeO_2 和 H_2O. Ge_3H_8 更容易被氧化，把它暴露在空气中不久就变成白色固体 GeO_2，但不会燃烧.

锗烷与硅烷不同，硅烷在稀碱溶液中迅速分解，而 GeH_4，Ge_2H_6，Ge_3H_8 不但与稀碱溶液不反应，甚至与 33% 的碱溶液亦无化学变化.

GeH_4 遇 1mol/LHBr 水溶液不水解. 它是强还原剂，与 $AgNO_3$ 水溶液反应能放出氢气并析出黑色的金属锗与银的混合物.

GeH_4 及 Ge_2H_6 的液氨溶液具有导电性，其中 Ge_2H_6 液氨溶液的导电率比纯溶剂大 10000 倍. 一般认为此溶液能导电的原因是生成了 NH_4^+，GeH_3^- 及 $Ge_2H_4^{2-}$ 离子. GeH_4 的液氨溶液和活泼金属钠，钾能发生置换反应，放出氢气并生成白色固态 $NaGeH_3$，$KGeH_3$，这两种化合物在室温下都不稳定.

Ge_2H_6，Ge_3H_8 溶于 CCl_4 并与溶剂起反应，生成 $GeCl_4$.

1.4.2　四卤化锗，卤代锗烷[1,10,12,13,22,23,26,27]

1. 四氟化锗(GeF_4)

由相应单质可直接合成 GeF_4，也可用 BrF_3 将 GeO_2 氟化成 GeF_4，

$$3GeO_2 + 4BrF_3 \longrightarrow 3GeF_4 + 3O_2 + 2Br_2$$

此反应能定量进行. 制备 GeF_4 的最好方法是在石英管中 600℃ 温度下热分解 $BaGeF_6$，此方法的优点是很容易获得较高纯度的 GeF_4.

四氟化锗的物理性质列于表 11.7.

在 100mmHg 压力下，将 GeF_4 加热到 1000℃时不分解. GeF_4 易水解，水解的结果生成胶状 GeO_2 沉淀及 HF. 向 GeF_4 溶于充分过量水配成的溶液中加入 KOH，即析出 K_2GeF_6 沉淀，这表明在 GeF_4 水溶液中有 GeF_6^{2-} 离子形成.

当 GeF_4 气体通过 100℃ 以上的还原锗，或者通过 350℃ 以上的晶体锗，Ge(Ⅳ)被还原，生成白色具有挥发性的固态 GeF_2，压力为 1atm 的 GeF_4 从热的 $AlCl_3$，$MgCl_2$ 或 $FeCl_3$ 上通过时，发生卤素交换反应，获得 $GeCl_4$ 而不生成混合卤化锗.

将 GeO_2 溶于浓氢氟酸，配成清澈溶液，然后置于浓 H_2SO_4 上蒸发可得 $GeF_4 \cdot 3H_2O$ 无色晶体. 产物具有很强的吸湿性. 它易溶于水并缓慢水解. $GeF_4 \cdot 3H_2O$ 受热即

分解,故不能将它加热脱水来制取无水盐.

GeF_4 的实用价值很小.

表 11.7 四卤化锗的物理性质

性质	GeF_4	$GeCl_4$	$GeBr_4$	GeI_4
颜色		无色	白色	橙色
晶型			八面体	立方体
mp,℃	-36.5(升华)	-49.5	26	146
bp,℃		84	186	约 400
蒸发热,kJ/mol	34.737(升华热)	30.75		84.10(升华热)
蒸发熵,J/(mol · K)		86.40		154.81
蒸气压,mmHg				
-62.7℃	75.9			
-41.4℃	452	1.0		
0℃		25		
39.4℃		161		
81.0℃		708.5		
93.7℃			58.4	
140.0℃			232	
180.2℃			655	
373℃				0.17
393℃				0.66
408℃				1.36
临界温度,K		548		
临界压力,atm		36.6		
比热,J/(g · K)	0.551	0.699	0.249	0.181
标准熵,J/(mol · K)	301.58	347.48	396.52	451.45
密度,g/cm^3,(30℃)	2.126(0℃,加压)	1.844	2.1002	4.322(26℃)
表面张力,N/m^2(30℃)		22.44×10^{-3}	35.51×10^{-3}	
介电常数,(0℃)		2.491		
Ge—X 键距,pm	167	208	229	250
X—X 键距,pm	273	339	382	409
Raman 频率,cm^{-1}				
v_1	740	397	235	
δ_{12}		132	80	
v_{234}		451	327	
δ_{345}		171	112	
磁化率 $\times10^6$	-49	-72.0		-174
折射率,白光,(20℃)		1.4648	1.6296	
白光,(25℃)		1.4614	1.6270	
生成热,kJ/mol		690.36	328.44	

2. 四氯化锗($GeCl_4$)

早在1886年就已经制得$GeCl_4$,它是人们了解得最充分的共价锗化合物. 以下方法可制备$GeCl_4$.

5gGeO_2溶于125ml6.5mol/L HCl溶液中,导入HCl气体,小火加热,保持沸腾,$GeCl_4$与恒沸盐酸在一水冷的冷凝管中一起迴流,$GeCl_4$凝结于-78℃的收集器内壁上,此时HCl从该收集器中逸出.

氯气通过500—600℃的锗上,即生成$GeCl_4$,将收集的产物进行分馏除去大部分氯,再加铜粉进行蒸馏以除掉残余的氯,蒸馏出的$GeCl_4$收集于冰盐水冷却器中.

以氮气稀释的CCl_4蒸气与GeO_2在500℃反应可得$GeCl_4$,或者在600℃温度下$COCl_2$(或CO与Cl_2的混合物)与GeO_2作用也能制得$GeCl_4$.

$GeCl_4$的物理性质列于表11.7.

$GeCl_4$有较好的热稳定性,它的蒸气加热到950℃仍不分解. 600℃温度下,氢能将$GeCl_4$还原成金属锗,$GeCl_2$是中间产物.

$GeCl_4$易水解,它遇湿空气立即发烟,并伴随着破裂的响声,

$$GeCl_4 + 2H_2O \longrightarrow GeO_2 + 4HCl$$

由于水解生成GeO_2沉淀,液态$GeCl_4$与液态水界面的反应相当缓慢. $GeCl_4$在6—9mol/L HCl中也有部分水解生成$[Ge(OH)_n Cl_{6-n}]^{2-}$离子.

$GeCl_4$与PI_3(或TiI_4)一起加热时,发生完全的卤素交换反应,生成GeI_4及相应的氯化物. 而$GeCl_4$与$SriBr_4$只有小部分卤素发生交换,形成$GeCl_3Br$及$SnBr_3Cl$.

液态$GeCl_4$和硫酸或浓盐酸不起反应,但能与硝酸缓慢反应,生成GeO_2及氮的氧化物. $GeCl_4$与液氮反应,生成二亚胺锗$Ge(NH)_2$.

$GeCl_4$易溶于乙酸酐,温度高时更易溶解,一部分按以下方程进行反应,生成四乙酸锗,

$$GeCl_4 + 4(CH_3CO)_2O \rightleftharpoons GeAc_4 + 4CH_3COCl$$

反应是可逆的,因此不能进行完全. 为了消除CH_3COCl,需要加入TlAc,以生成TlCl沉淀,

$$4CH_3COCl + 4TlAc \longrightarrow 4TlCl + 4(CH_3CO)_2O$$

促使上式平衡向右移动.

$GeCl_4$与Grignard试剂、烷基锂(钠)反应能够制备多种有机锗化合物,例如,

$$4C_2H_5MgBr + GeCl_4 \xrightarrow{\text{乙醚}} (C_2H_5)_4Ge + 4MgBrCl$$

$$C_6H_5MgCl + GeCl_4 \xrightarrow{\text{四氢呋喃}} C_6H_5GeCl_3 + MgCl_2$$

由此可见,$GeCl_4$是制备有机锗化合物的重要原料.

3. 四溴化锗($GeBr_4$)

(1)四溴化锗的制备. 单质锗与溴可以直接化合成 $GeBr_4$,用氮气稀释的溴蒸气通过220℃的锗粉即生成 $GeBr_4$,产物收集在用冰水冷却的收集器中,用蒸馏法除去剩余的溴,收率接近理论产率. 或者以粉状的锗与液溴作用 4 小时后,加热使过量的溴蒸发掉,再用 Hg_2Cl_2 除去残余的溴,然后进行蒸馏可得纯 $GeBr_4$,此外也可将 GeO_2 与 10 倍重量的 HBr 一起在油浴上加热 24 小时,生成 $GeBr_4$,后进行蒸馏提纯.

(2)四溴化锗的性质. 四溴化锗的物理性质见表 11.7. 它是白色晶体在紫外光作用下呈黄色.

$GeBr_4$ 容易水解,遇湿空气则冒烟.

活泼金属例如镁在 25—40℃ 就能将 $GeBr_4$ 还原成黑色金属锗. 活泼氯化物(如 $C_6H_5Cl_2$)可与 $GeBr_4$ 进行卤素交换反应,$GeBr_4$ 首先转变成氯溴化锗,然后变成 $GeCl_4$,产率 57%,其他产物还有 $GeCl_3Br$. $GeBr_4$ 与 $GeHCl_3$ 也有卤素交换反应,而 $GeBr_4$ 与 $SnCl_4$ 之间无类似反应.

$GeBr_4$ 与硝酸的反应和 $GeCl_4$ 相似,它被转化成 GeO_2,放出氮的氧化物. $GeBr_4$ 与干燥的 NH_3 能生成白色固体加合物.

$GeBr_4$ 遇 KOH 溶液(1:4)立即反应,反应过程中先析出 GeO_2,新析出的 GeO_2 又迅速溶解于过量的碱溶液,生成锗酸钾.

$GeBr_4$ 与乙酸丙酮慢慢作用形成二溴化二乙酰丙酮锗. $GeBr_4$ 溶于无水乙醇,CCl_4,苯,乙醚及丙酮,它溶于丙酮后慢慢分解,放出溴蒸气.

4. 四碘化锗(GeI_4)

(1)四碘化锗的制备. 单质锗和碘也能直接化合成 GeI_4,这与上述三种四卤化锗的合成相似. 以 CO_2 气稀释的碘蒸气通过加热的锗粉,在 220℃时开始合成 GeI_4 的反应,360℃时反应剧烈进行.

GeO_2 与 HI 酸在微沸下反应,然后加热蒸发浓缩,滤出 GeI_4 晶体,或者在反应后用 CCl_4(或苯)萃取,都可得到 GCl_4 粗产品. 这是制取 GeI_4 的简易方法. 粗制的 GeI_4 可通过真空中升华或者在 $CHCl_3$ 内重结晶等方法加以提纯.

(2)四碘化锗的性质. GeI_4 晶体属立方晶系,$a = 1197$pm,空间群为 $Pa3$,$Z = 8$. GeI_4 的部分物理性质见表 11.7.

GeI_4 的热稳定性较差,干燥的 GeI_4 热至 400℃ 即分解. GeI_4 的水解不如 $GeCl_4$,$GeBr_4$ 那样剧烈,它在湿空气中缓慢转变成 H_2GeO_3 与 HI. 在 25 ± 1℃ 的水解反应热为 40.33kJ/mol.

$$GeI_4(s) + 3H_2O \rightleftharpoons H_2GeO_3(l) + 4H^+ + 4I^- + 40.33kJ/mol$$

GeI_4 与液氨作用的产物是 $Ge(NH)_2$;若以 $C_2H_5NH_2$ 代替液氨则生成 $Ge(NC_2H_5)_2$. 干燥的氨气通入 GeI_4 的 CCl_4 溶液析出白色的 $GeI_4 \cdot 8NH_3$ 微晶沉

淀;如果用有机胺代替氨气则得 GeI_4 与4,5,6,10个分子胺的加合物.

GeI_4 与浓硫酸在室温下经24小时而无反应,85℃时它们缓慢反应,析出碘.室温下 GeI_4 能慢慢溶于浓盐酸,历时几周才能全部溶解. GeI_4 也能溶于1:4 KOH溶液,生成 K_2GeO_3,但比 $GeBr_4$ 与KOH溶液的反应慢得多.

GeI_4 与 $SnCl_4$ 或 $ZnCl_2$, $CdCl_2$, $HgCl_2$, $AsCl_3$,或 $SbCl_3$ 等一起迴流能发生完全的卤素交换反应,生成 $GeCl_4$ 及相应的碘化物. GeI_4 和 $SbCl_5$ 则按方程

$$2SbCl_5 + GeI_4 \longrightarrow 2SbCl_3 + GeCl_4 + 2I_2$$

进行反应.

GeI_4 易溶于 CS_2, CCl_4 及苯.

5. 锗(Ⅳ)的混合卤化物

已经研究过的锗(Ⅳ)的混合卤化物有: GeF_3Cl, GeF_2Cl_2, $GeFCl_3$, $GeClBr_3$, $GeCl_2Br_2$ 与 $GeCl_3Br$ 等.它们的性质介于两种卤素的单一的四卤化锗之间并且都不稳定,容易变成单一的四卤化锗.

$GeFCl_3$, GeF_2Cl_2 与 GeF_3Cl 是在 $SbCl_5$ 催化剂作用下,由 SbF_3 和 $GeCl_4$ 在真空中反应而得到的.这三种化合物都不稳定,在-78℃温度下保存时就逐渐变成 $GeCl_4$ 及 GeF_4,

$$2GeF_2Cl_2 \longrightarrow GeF_3Cl + GeFCl_3$$

$$4GeF_3Cl \longrightarrow 3GeF_4 + GeCl_4$$

$$4GeFCl_3 \longrightarrow GeF_4 + 3GeCl_4$$

混合卤化锗(Ⅳ)溶于无水乙醇,它们遇水很快水解,生成 GeO_2 沉淀.它们能与稀KOH溶液剧烈反应,生成物都可溶.

6. 卤代锗烷(GeH_nX_{4-n})

卤代锗烷中最重要的是三卤代锗烷 $GeHCl_3$ 和 $GeHBr_3$,此外还有 GeH_2Cl_2, GeH_3Cl 及 GeH_3Br, GeH_2Br_2.

(1) $GeHCl_3$

$GeCl_2$ 与无水HCl容易起反应,产物是 $GeHCl_3$,或者用 $GeCl_4$ 蒸气和 H_2 在石英管中加热到900℃制得 $GeHCl_3$.锗粉与用氮气稀释的HCl气一起加热到500℃也能制备 $GeHCl_3$.

$GeHCl_3$ 分子具有 $CHCl_3$ 型的四面体结构,Cl—Ge—Cl键角为108°17′.

$GeHCl_3$ 在75℃蒸馏时有部分分解成 $GeCl_2$ 与HCl,强热时分解成Ge, $GeCl_4$ 及HCl.

碘能使 $GeHCl_3$ 转化成 $GeICl_3$,

$$GeHCl_3 + I_2 \longrightarrow GeICl_3 + HI$$

$GeHCl_3$ 在醇类介质中能缓慢分解放出氢气,

$$2GeHCl_3 \xrightarrow{\text{乙醇}} GeCl_4 + GeCl_2 + H_2$$

5ml $GeHCl_3$ 在辛醇内起初的分解速度为每天放出 3mlH_2. $GeHCl_3$ 暴露于空气中能被氧氧化成白色的 $GeOCl_2$.

$$2GeHCl_3 + O_2 \longrightarrow 2GeOCl_2 + 2HCl$$

$GeHCl_3$ 溶于盐酸后用水冲稀时,$GeHCl_3$ 立即水解成 $Ge(OH)_2$ 沉淀,

$$2GeHCl_3 + 4H_2O \longrightarrow 6HCl + 2Ge(OH)_2$$

$GeHCl_3$ 与 Na_2CO_3 溶液也形成 $Ge(OH)_2$ 沉淀,

$$2GeHCl_3 + 3Na_2CO_3 + H_2O \longrightarrow 6NaCl + 3CO_2 + 2Ge(OH)_2$$

此反应实际上是 $GeHCl_3$ 先进行水解,产生的盐酸再与 Na_2CO_3 作用生成 NaCl 和 CO_2.

(2) $GeHBr_3$

用制取 $GeHCl_3$ 类似的方法可以制得 $GeHBr_3$,或者把 GeS 溶于 40% HBr 溶液也能获得 $GeHBr_3$.

$GeHBr_3$ 是无色液体,它与 $CHCl_3$,$GeHCl_3$ 能发生卤素交换反应,

$$GeHBr_3 + CHCl_3 \longrightarrow GeHClBr_2 + CHCl_2Br$$

$$GeHBr_3 + GeHCl_3 \rightleftharpoons GeHClBr_2 + GeHCl_2Br$$

(3) GeH_2Cl_2 及 GeH_3Cl

在催化剂 $AlCl_3$ 作用下 GeH_4 与适量的 HCl 反应,生成 GeH_3Cl 与 GeH_2Cl_2,

$$2GeH_4 + 3HCl \xrightarrow{AlCl_3} GeH_3Cl + GeH_2Cl_2 + 3H_2$$

经分馏可将 GeH_2Cl_2 与 GeH_3Cl 分离.

—78℃的液氨能从 GeH_2Cl_2 中夺取 HCl,析出褐色金属锗沉淀,

$$GeH_2Cl_2 + 2NH_3 \longrightarrow Ge + 2NH_4Cl$$

GeH_3Cl 中 H—Ge—H 键角为 111°04′.

在真空中,-78℃至-50℃温度下液氨与 GeH_3Cl 起反应生成 GeH_4 和 $(GeH)_x$.

GeH_3Cl 遇水生成白色沉淀,此沉淀逐渐变成淡黄色.

(4) GeH_3Br 及 GeH_2Br_2

在 $AlBr_3$ 催化剂作用下,GeH_4 与干燥的 HBr 起反应,生成 GeH_3Br 和 GeH_2Br_2. 在类似的条件下,GeH_4 与 HI 不能形成碘锗烷,只得到还原产物 GeI_2.

GeH_3Br 中 H—Ge—H 键角为 112°.

卤代锗烷的一些物理性质列于表 11.8.

表 11.8　卤代锗烷的一些物理性质

性质	$GeHCl_3$	GeH_2Cl_2	GeH_3Cl	$GeHBr_3$	GeH_2Br_2	GeH_3Br	GeH_2I_2	GeH_3I
mp,℃	-71	-68	-52	-25	-15	-32	44.9	-15
bp,℃	75	69.5	28		89	52		
蒸气压,mmHg	26.5	36.9	185	1.9	6.5	73.8	0.1	20
测定温度,℃	0.7	0.4	-5.0	0	0.6	-3.3	0	0
密度,g/cm^3	1.93	1.90	1.75		2.80	2.34		
测定温度,℃	0	-68	-52		0	29.5		
Ge—X 键距,pm	211.4		214.7			229.7		
Ge—H 键距,pm	155		152			155		
Raman 频率 cm^{-1},δ_{12}	149			95				
δ_3	181			128				
v_1	409			273				
v_{23}	438			325				
v_{45}	699			474				
v_4	2159			2116				

1.4.3　二氧化锗和锗酸盐[1,8,12,13,22]

1. 二氧化锗(GeO_2)

(1)二氧化锗的制备. 单质锗或 GeS 在氧气中灼热,或用浓硝酸将它们氧化都能制得 GeO_2. 由 $GeCl_4$ 水解获得的微小六角形晶体是 GeO_2 的一种变体. 它可溶于水,称为可溶性 GeO_2. 不溶于水的变体是四方形的,是由可溶性 GeO_2 在水中加热(GeO_2 和水装入密闭容器内,加热到 355℃ 并保持 100 小时)转变而来. 不溶性的 GeO_2 在 1033℃ 以下是稳定的,在 1033℃ 时慢慢转变成可溶性变体.

(2)二氧化锗的性质. GeO_2 是白色粉末固体,它的物理性质列于表 11.9. GeO_2 在熔融态时外观很像玻璃,升温至 1250℃ 能观察到它的挥发性. 含 GeO_2 的玻璃比相应的硅酸盐玻璃具有更高的折射率.

不溶性 GeO_2 晶体与 25mol/LHF,12mol/LHCl 及 18mol/LH_2SO_4 在蒸汽浴上加热都不起反应. 可溶性 GeO_2 晶体与 12mol/LHCl 作用生成 H_2GeCl_6;与 25mol/LHF 迅速反应得 H_2GeF_6;与 18mol/LH_2SO_4 几乎不起作用.

GeO_2 与 10 倍量的 NaOH 加热到 550℃ 熔融,GeO_2 与 5 倍量的 Na_2CO_3 加热到 900℃ 熔融皆生成锗酸盐,生成物易溶于水. 不溶性 GeO_2 晶体与 5mol/L NaOH 热溶液缓慢反应,而可溶性 GeO_2 能迅速反应,都生成锗酸钠.

表 11.9 GeO_2 的物理性质

性质	可溶性 GeO_2	不溶性 GeO_2	透明(玻璃) GeO_2
mp,℃	1116	1086	
晶系	六方	四方	无定形
晶胞参数,pm *a*	498.7	439.4	
c	565.2	285.2	
空间群	$p3_121$	$p(4/m)nm$	
Ge—O 键距,pm		186	165
密度,g/cm^5	4.228	6.239	3.637
折射率,ω	1.695	1.99	
8	1.735	2.05	1.607
水中溶解度,g/1,(25℃)	4.53	0	
(100℃)	10		
磁化率,$\times 10^6$	-34.3		

600—680℃温度下用 H_2 还原 GeO_2 可制备金属锗(参看 1.1.3). 温度高于 610℃,LiH 能把 GeO_2 还原成 GeO 或金属锗.

BrF_3 与 GeO_2 作用能放出定量的氧,

$$3GeO_2 + 4BrF_3 \longrightarrow 3GeF_4 + 3O_2 + 2Br_2$$

GeO_2 可被 $SOCl_2$ 氯化,

$$GeO_2 + 2SOCl_2 \xrightarrow{300℃} GeCl_4 + 2SO_2$$

2. 锗酸盐

锗酸盐有正、偏、二、四、五锗酸盐.

在图 11.2 所示的 Na_2O-GeO_2 的相图上可以看到有下列化合物生成: Na_2GeO_3 (mp: 1083℃), $Na_2Ge_2O_5$ (mp: 799℃) 及 $Na_2Ge_4O_9$ (mp: 1052℃). 相图上三个最低共熔点温度及 GeO_2 含量分别为: (1) 778℃, 75.8%; (2) 789℃, 78.5%; (3) 1042℃, 89.2%.

由水溶液中制得的偏锗酸钠盐含有结晶水, 例如, $Na_2GeO_3 \cdot 6H_2O$, $Na_2GeO_3 \cdot 7H_2O$.

在 K_2O-GeO_2 的相图(图 11.3)上看到三种化合物: K_2GeO_3 (mp: 842℃), $K_2Ge_2O_5$ (mp: 797℃), 及 $K_2Ge_4O_9$ (mp: 1033℃).

用 KOH 溶液中和含 GeO_2 的 2mol/LKCl 溶液, 当 pH 为 8—10.2 时, 得到白色微细的晶态 $K_2Ge_5O_{11}$ 沉淀. 它慢慢溶解于水, 其水溶液呈微碱性.

1930 年 Schwarz 将 H_2O 作用于碱金属锗酸盐水溶液得到 $Na_2GeO_3 \cdot 2H_2O_2 \cdot$

$2H_2O$, $Na_2Ge_2O_5 \cdot 2H_2O_2 \cdot 2H_2O$ 及 $K_2Ge_2O_5 \cdot 2H_2O_2 \cdot 2H_2O$ 晶体，后来证明这些化合物都是过氧化氢加合物，而不是过氧盐.

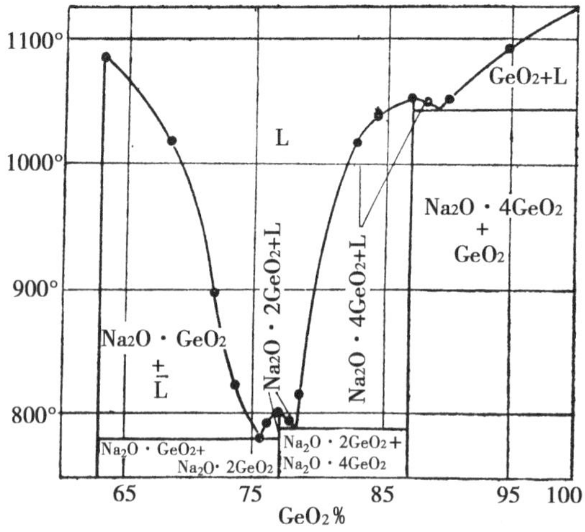

图 11.2　Na_2O-GeO_2 体系相图

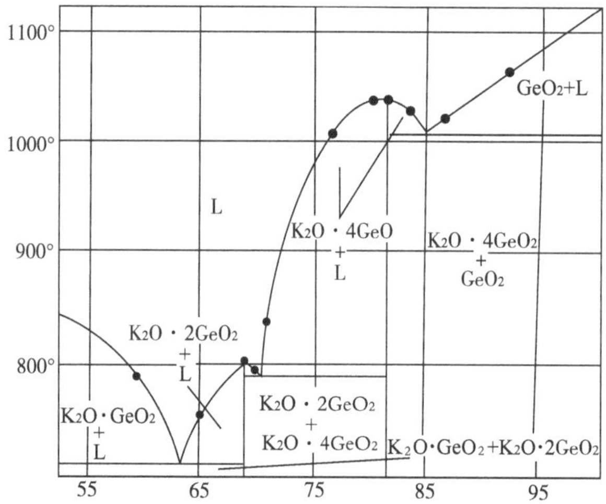

图 11.3　K_2O-GeO_2 体系相图

BeO 与 GeO_2 按相应的摩尔比混合，用 4160atm/cm^2，压力压成锭后，在 600 和 1000℃温度下各维持 20 小时，可生成 Be_2GeO_4.

MgO 与 GeO_2 的混合物用 14029atm/cm^2 压力压成锭后，在 600 和 1000℃温度下各维持 24 小时，生成 $MgaGeO_4$，它可用作荧光灯的发光材料.

1.4.4 锗(Ⅳ)的硫族化合物[1,4,12,13,23]

1. 二硫化锗(GeS_2)

(1)二硫化锗的制备. GeO_2 溶于 KOH 水溶液,加入硫酸(或盐酸)进行酸化,使溶液酸度达到 3mol/L(或 6mol/L HCl)浓度,通入 H_2S 气,析出白色 GeS_2 沉淀,沉淀完全需要 48 小时,或将 GeO_2 溶于 3mol/L H_2SO;达到饱和后,通入 H_2S 气,生成白色 GeS_2 沉淀. 迅速过滤. 依次用 H_2S 饱和水溶液,H_2S 饱和醇溶液及乙醚洗涤沉淀,然后把它放在真空中干燥.

(2)二硫化锗的性质. GeS_2 晶体属正交晶系,晶胞参数 $a = 1166$pm,$b = 2234$pm,$c = 686$pm,Z = 24. Ge—S 键距等于 219pm,空间群为 $Fdd2$,GeS_2 的密度 $D = 2.94g/cm^3$,mp 约 800℃ . 它在水中的溶解度为 0.45g/100g.

把 GeS_2 置于空气中加热,它被空气氧化成暗棕色熔块并放出 SO_2. 室温时 GeS_2 遇水缓慢水解,能闻到明显的 H_2S 气味. 若把 GeS_2 悬浮于水并加热,能定量地生成水合 GeO_2.

GeS_2 微溶于液氨,在 -33℃ 液氨中的溶解度约为 2.12g/100g,溶解过程中不发生氨解反应. 金属钠能置换此溶液内的锗,结果得到 Na_2S 及分散的红棕色锗沉淀,其反应如下,

$$GeS_2 + 4Na \longrightarrow 2Na_2S + Ge$$

若有过量的钠存在,则新沉淀的锗可与钠化合成 Na_4Ge.

硝酸能将 GeS_2 氧化成 GeO_2 和 H_2SO_4. GeS_2 溶解于 12mol/L HCl,放出 H_2S 气. 它易溶于氨水及苛性碱水溶液.

2. 二硒化锗($GeSe_2$)

$GeSe_2$ 可由单质直接合成. 化学计量的锗与硒混合,置于 CO_2 气中加热到 500℃,可制得具有金属光泽的黄到橙色的 $GeSe_2$ 晶体. 或者把 GeO_2 溶于 6mol/L HCl 溶液,通入 H_2Se 气,能定量地析出黄棕色 $GeSe_2$ 沉淀.

$GeSe_2$ 晶体属正交晶系,晶胞参数 $a = 1296$pm,$b = 693$pm,$c = 2209$pm,$Z = 24$. $D^{25} = 4.56g/cm^3$,mp 为 707℃,高于熔点即蒸发.

$GeSe_2$ 晶体在空气中加热能生成 GeO_2,在 490—500℃温度时开始析出硒.

$GeSe_2$ 难溶于盐酸和硫酸,而能溶解于含溴的 12 mol/LHCl. 浓硝酸能把 $GeSe_2$ 氧化成 GeO_2 和 H_2SeO_3. 碱性溶液中的 H_2O_2 能将 $GeSe_2$ 氧化成硒.

3. 二碲化锗($GeTe_2$)

锗与啼能形成合金,在 Ge—Te 相图上只有化合物 GeTe 存在,而没有发现 $GeTe_2$ 的形成.

1.4.5　氮化锗(Ⅳ)和二亚胺锗[12,22,27]

1. 氮化锗(Ⅳ)(Ge_3N_4)

以氨气通过由 H_2 还原法新制备的锗粉,加热到650℃开始反应,生成氮化锗,

$$3Ge + 4NH_3 \rightleftharpoons Ge_3N_4 + 6H_2$$

反应温度保持在700以下,因为700℃已有极少量的 Ge_3N_4 分解.

Ge_3N_4 是淡棕色粉末,其密度 $d_4^{25} = 5.25g/cm^3$,Ge_3N_4 晶体属六方晶系,晶胞参数 $a = 1384pm$,$c = 925pm$,$Z = 18$.

将 Ge_3N_4 加热到900℃以上,分解成锗和氮气,不生成中间产物 Ge_3N_2. 少量 Ge_3N_4 在此温度下几分钟就能完全分解,但是在700℃时需要75小时才能完全分解.

室温时 Ge_3N_4 对空气是稳定的. Ge_3N_4 不溶解于2mol/L HCl,2mol/L HNO_3,2mol/L NaOH,1mol/L H_2SO_4,溶液及浓HCl,浓 HNO_3,浓 H_2SO_4,浓NaOH溶液. 它在熔融NaOH中分解.

Ge_3N_4 与 H_2 在700℃时发生反应,生成粉末状锗,

$$Ge_3N_4 + 6H_2 \rightleftharpoons 3Ge + 4NH_3$$

在820℃温度下以 N_2 稀释的氧能将 Ge_3N_4 氧化,

$$Ge_3N_4 + 5O_2 \longrightarrow 3GeO_2 + 4NO.$$

2. 二亚胺锗($Ge(NH)_2$)

$GeCl_4$ 作用于液氨生成二亚胺锗,

$$GeCl_4 + 6NH_3 \longrightarrow Ge(NH)_2 + 4NH_4Cl$$

$Ge(NH)_2$ 在氮气中加热到150℃,放出 NH_3 生成 Ge_2N_3H,Ge_2N_3H 在300℃以上进一步分解成 Ge_3N_4.

伯胺及仲胺如 $C_2H_5NH_2$,$(C_2H_5)_2NH$,$C_6H_5NH_2$ 等有机胺与 $GeCl_4$ 反应,也生成亚胺锗(Ⅳ)$Ge(NR)_2$($R = C_2H_5, C_6H_5$).

1.4.6　含氧酸的锗(Ⅳ)盐[1,22,27]

1. 硫酸锗

将 $GeCl_4$ 和 SO_3 置于一个密封管内加热到160℃,经过12小时生成 $Ge(SO_4)_2$,其反应如下,

$$GeCl_4 + 6SO_3 \longrightarrow Ge(SO_4)_2 + 2S_2O_5Cl_2$$

$Ge(SO_4)_2$ 受热至200℃分解. 它易水解. $Ge(SO_4)_2$ 和NaOH的反应很剧烈并放热,生成物是 Na_2GeO_3 和 Na_2SO_4,

$$Ge(SO_4)_2 + 6NaOH \longrightarrow Na_2GeO_3 + 2Na_2SO_4 + 3H_2O$$

2. 四乙酸锗($GeAc_4$)

利用 TlAc 与 $GeCl_4$ 在乙酸酐中的反应可以制备 $GeAc_4$. 具体步骤是,将 50gTlAc 悬浮于 100ml 乙酸酐中,在猛烈搅拌下,把 10g$GeCl_4$ 溶于 20ml 乙酸酐配成的溶液滴入,滴入过程中维持 80℃ 温度,滴完继续搅拌 15 分钟,降温至室温再搅拌 45 分钟,在隔绝空气的情况下滤去 TlCl 后,在真空度为 20mmHg 的条件下浓缩至 10ml,冷却析出接近理论量的 $GeAc_4$;吸滤,用乙酸酐及无水乙醇洗涤,真空干燥得 $GeAc_4$ 产品.

$GeAc_4$ 是白色针状晶体,mp156℃. 它在湿空气中易水解成 GeO_2 和 HAc. $GeAc_4$ 易溶于苯,丙酮,乙酸酐,几乎不溶于 CCl_4 和乙醚.

1.4.7 锗-水体系的电势-pH 图[28]

1. 关于绘制锗-水体系电势-pH 图的反应式和方程式如下:

(1) $H_2GeO_3 \rightleftharpoons HGeO_3^- + H^+$

$$\lg \frac{[HGeO_3^-]}{[H_2GeO_3]} = -8.52 + pH$$

(2) $HGeO_3^- \rightleftharpoons GeO_3^{2-} + H^+$

$$\lg \frac{[GeO_3^{2-}]}{[HGeO_3^-]} = -12.72 + pH$$

(3) $H_2GeO_3 + 4H^+ + 2e \rightleftharpoons Ge^{2+} + 3H_2O$

$$\varphi = -0.363 - 0.1182pH + 0.0295\ \lg - \frac{[H_2GeO_3]}{[Ge^{2+}]}$$

(4) $H_2GeO_3^- + 5H^+ + 2e \rightleftharpoons Ge^{2+} + 3H_2O$

$$\varphi = -0.111 - 0.1477pH + 0.0295\lg - \frac{[HGeO_3^-]}{[Ge^{2+}]}$$

(1′) $H_2GeO_3/HGeO_3^-$ $pH = 8.52$

(2′) $HGeO_3^-/GeO_3^{2-}$ $pH = 12.72$

(3′) $Ge^{2+}/HGeO_3$ $\varphi = -0.363 - 0.1182pH$

(4′) $Ge^{2+}/HGeO_3^-$ $\varphi = -0.111 - 0.1477pH$

(5) $GeO + 2H^+ + 2e \rightleftharpoons Ge + H_2O$

a. $\varphi = -0.286 - 0.0591pH$

b. $\varphi = -0.130 - 0.0591pH$

(6) $GeO_2 + 4H^+ + 4e \rightleftharpoons Ge + 2H_2O$

c. $\varphi = -0.246 - 0.0591pH$

d. $\varphi = -0.202 - 0.0591pH$

(7) $GeO_2 + 2H^+ + 2e \rightleftharpoons GeO + H_2O$

$$ac.\ \varphi = -0.206 - 0.0591pH$$

$$ad.\ \varphi = -0.117 - 0.0591pH$$

$$bc.\ \varphi = -0.362 - 0.0591pH$$

$$bd.\ \varphi = -0.273 - 0.0591pH$$

(8) $Ge^{2+} + H_2O \rightleftharpoons GeO + 2H^+$

$$a.\ lg[Ge^{2+}] = -9.69 - 2pH$$

$$b.\ lg[Ge^{2+}] = -4.41 - 2pH$$

(9) $GeO_2 + H_2O \rightleftharpoons H_2GeO_3$

$$c.\ lg[H_2GeO_3^-] = -4.37$$

$$d.\ lg[H_2GeO_3] = -1.37$$

(10) $GeO_2 + H_2O \rightleftharpoons HGeO_3^- + H^+$

$$c.\ lg[HGeO_3^-] = -12.83 + pH$$

$$d.\ lg[HGeO_3^-] = -9.90 + pH$$

(11) $GeO_2 + H_2O \rightleftharpoons GeO_3^{2-} + 2H^+$

$$c.\ lg[GeO_3^{2-}] = -25.60 + 2pH$$

$$d.\ lg[GeO_3^{2-}] = -22.59 + 2pH$$

(12) $Ge^{2+} + 2e \rightleftharpoons Ge$

$$\varphi = 0.000 + 0.0295lg[Ge^{2+}]$$

(13) $H_2GeO_3 + 4H^+ + 4e \rightleftharpoons Ge + 3H_2O$

$$\varphi = -0.182 - 0.0591pH + 0.0148lg[HGeO_3]$$

(14) $HGeO_3^- + 5H^+ + 4e^- \rightleftharpoons Ge + 3H_2O$

$$\varphi = -0.056 - 0.0738pH + 0.0148lg[HGeO_3^-]$$

(15) $GeO_3^{2-} + 6H^+ + 4e \rightleftharpoons Ge + 3H_2O$

$$\varphi = 0.132 - 0.0886pH + 0.0148lg[GeO_3^{2-}]$$

(16) $H_2GeO_3 + 2H^+ + 2e \rightleftharpoons GeO + 2H_2O$

$$a.\ \varphi = -0.074 - 0.0591pH + 0.0295lg[H_2GeO_3]$$

$$b.\ \varphi = -0.232 - 0.0591pH + 0.0295lg[H_2GeO_3]$$

(17) $HGeO_3^- + 3H^+ + 2e \rightleftharpoons GeO + 2H_2O$

$$a.\ \varphi = 0.177 - 0.0886pH + 0.0295lg[HGeO_3^-]$$

$$b.\ \varphi = 0.019 - 0.0886pH + 0.0295lg[HGeO_3^-]$$

(18) $GeO_3^{2-} + 4H^+ + 2e \rightleftharpoons GeO + 2H_2O$

$$a.\ \varphi = 0.550 - 0.1182pH + 0.0295lg[GeO_3^{2-}]$$

$$b. \varphi = 0.394 - 0.1182pH + 0.0295\lg[GeO_3^{2-}]$$

(19) $Ge + 4H^+ + 4e \rightleftharpoons GeH_4$

$$\varphi = -0.867 - 0.591pH - 0.0148\lg P GeH_4$$

以上这些反应式下面的符号分别为

a. 棕色水合 GeO, b. 黄色水合 GeO,

c. 不溶性 GeO_2, d. 可溶性 GeO_2 沉淀.

2. 锗-水体系的电势-pH 图

在溶液中,锗的氧化还原反应不仅与溶液中离子的浓度有关,而且与溶液的 pH 值有关,即电极电势与浓度及酸度成函数关系,若规定浓度,则电极电势只与溶液的 pH 值有关.由此利用前述方程式可算得不同 pH 值时的电极电势,并绘出电势-pH 图(图 11.4 与图 11.5).

图 11.4 与图 11.5 中,1,2,…线的编号与前述方程的编号相一致. a,b 线是水的电势-pH 图,b 线以上是 O_2 稳定区,a 线与 b 线之间是 H_2O 稳定区,a 线以下是 H_2 稳定区. a 线与 b 线是由理论计算结果绘制成的,实际作用线要比 a 线降低约 0.5V;比 b 线升高约 0.5V.

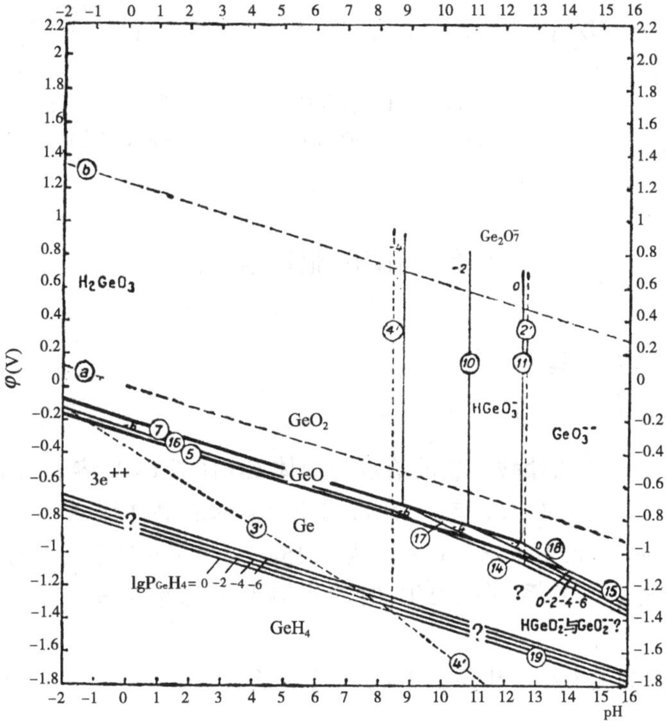

图 11.4 锗-水体系电势-pH 图

(图中 GeO 是棕色水合 GeO; GeO_2 是不溶性的 GeO_2)

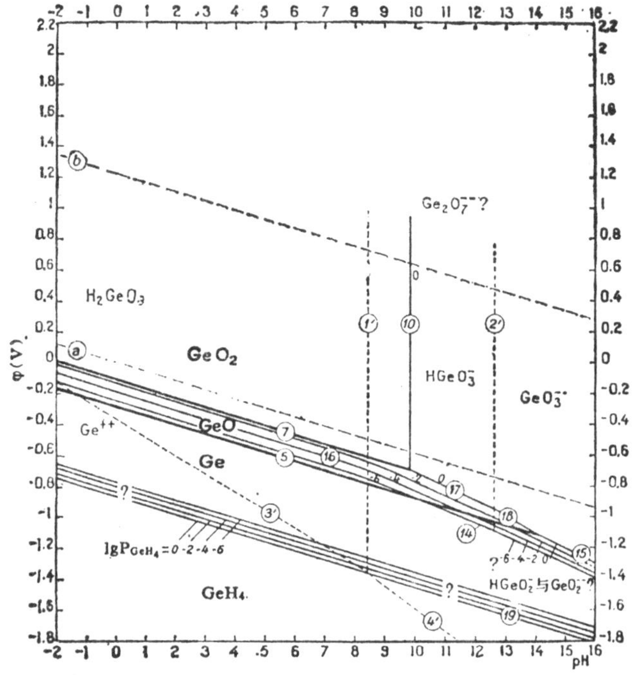

图 11.5　锗-水体系的电势-pH 图

（图中 GeO 是棕色水合 GeO；GeO_2 是可溶性的 GeO_2 沉淀）

1.5　锗的配位化合物

1.5.1　卤合锗(Ⅱ)酸盐[12,23,29]

1. $CsGeCl_3$

$Ge(OH)_2$ 溶于浓盐酸制成的溶液与固体 CsCl（或 CsCl 溶于 5mol/LHCl 的溶液）作用，析出白色 $CsGeCl_3$ 结晶. 在常温下，CsGeCl，晶体属六方晶系，晶胞参数 $a=767.4$pm，$c=948.9$pm，$Z=3$. 密度为 3.15g/cm^3. 六方晶系的 $CsGeCl_3$ 在 155℃ 温度下转变成立方晶系，在 175℃ 时测得其晶胞参数 $a=547.5$pm，空间群为 $Pm3m$，$Z=1$.

用上述制备 $CsGeCl_3$ 相似的方法可以制备 NH_4GeCl_3，$KGeCl_3$ 和 $RbGeCl_3$，但不能制备 $NaGeCl_3$.

2. $CsGeBr_3$

$Ge(OH)_2$ 溶于 HBr 酸形成含 $GeBr_2$ 23.5% 的 HBr 酸溶液，此溶液与浓 CsBr

的 HBr 酸溶液直接作用,析出黄色 $CsGeBr_3$ 晶体(RbBr 在相同的条件下无沉淀生成). 此化合物不溶于 HBr 酸,它遇水立刻水解成橙红色 $Ge(OH)_2$ 沉淀. $CsGeBr_3$ 在空气中几周后有部分由黄色逐渐褪成白色.

3. $RbGeI_3$ 和 $CsGeI_3$

用差热分析和 X 射线衍射法研究 GeI_2-RbI 和 GeI_2-CsI 体系,发现有 $RbGeI_3$ 和 $CsGeI_3$ 生成. $Ge(OH)_2$ 溶于 HI 酸形成的溶液与固态 CsI 作用,慢慢析出一种黑色 $CsGeI_3$ 沉淀. 这两种晶体都属于正交晶系. $RbGeI_3$ 晶体的晶胞参数 $a=1179$pm, $b=860$pm, $c=806$pm, $z=4$, 空间群为 $P2_12_12_1$. $CsGeI_3$ 晶体的晶胞参数 $a=592.6$pm, $b=597$pm, $c=608.8$pm, $z=1$, 空间群为 $P222$ 或 $Pmmm$, $RbGeI_3$ 是半导体而 $CsGeI_3$ 是导体. 这两种盐都能水解成 $Ge(OH)_2$ 沉淀.

4. $CsGe_2Br_5$

向 $GeBr_2$ 浓溶液内加入 CsBr 得到一种砖红色的盐,在 40—50℃ 干燥后,这种盐的组成接近于 $CsBr \cdot 2GeBr_2$. 它遇水即水解成橙红色 $Ge(OH)_2$ 沉淀. $GeBr_2$ 溶液与 RbBr 作用不析出类似的化合物沉淀.

1.5.2 卤合锗(Ⅳ)酸及其盐[4,12,13,22]

1. H_2GeF_6 和 K_2GeF_6

可溶性的 GeO_2 溶于过量的 25mol/L HF(或 40% HF)生成 H_2GeF_6;它在常温下具有挥发性,因此此溶液可在水浴上进行真空蒸馏,但从未分离出 H_2GeF_6.

向 H_2GeF_6 溶液中加入 KOH 或 KF,或者把 KF 加入 GeF_4 溶液中都可获得 K_2GeF_6 结晶.

K_2GeF_6 晶体属六方晶系,晶胞参数 $a=562$pm, $c=-465$pm, $z=1$, Ge—F 键距等于 177pm. 它与相应的氟硅酸盐类质同晶. K_2GeF_6 的密度为 3.32g/cm^3, mp 为 730℃, bp 约 835℃, K_2GeF_6 微溶于水,18℃时它在水中的溶解度为 0.542g/100g, 但不溶于乙醇.

把 RbF 或 CsF 加到 GeF_4 溶液内可制得相应的盐 Rb_2GeF_6 及 Cs_2GeF_6.

另外,GeO_2 溶于氢氟酸,然后与 $BaCl_2$ 溶液作用得白色颗粒状 $BaGeF_6$ 晶体. 热分解 $BaGeF_6$ 是制备 GeF_4 的一种方法(参见 1.4.2).

2. H_2GeCl_6

$GeCl_4$, 与 12mol/LHCl 混合即形成 H_2GeCl_6, 冷却到 −49℃ 析出结晶.

将电极插入 $GeCl_4$ 溶解于 12mol/LHCl 配成的浓溶液中,进行电解时锗移向阳极表明锗以阴离子形成存在于溶液中.

3. Cs_2GeCl_6

$GeCl_4$ 加入 CsCl 的乙醇-浓盐酸(1:2)溶液中,析出淡黄色 Cs_2GeCl_6 沉淀,沉淀用浓盐酸洗涤,然后在空气中干燥.

Cs_2GeCl_6 晶体属立方晶系 $a = 1020pm, z = 4$, Ge—Cl 键距为 235pm. Cs_2GeCl_6 的密度 $D^{25} = 3.45g/cm^3$. 室温下,它在干燥空气中稳定,微溶于水并迅速水解,不溶于无水乙醇和 12mol/L 盐酸.

1.5.3 硫代锗(Ⅳ)酸及其盐[30]

1. $H_2Ge_2S_5$

将新沉淀并已洗净的 1g 水合 GeO_2 悬浮于 25 ml 无水乙醇中,用 H_2S 处理,有下列反应发生,

$$2GeO_2 + 5H_2S \longrightarrow H_2Ge_2S_5 + 4H_2O$$

反应需要一小时才能完全. 将溶液置于无水硫酸镁上干燥并用 H_2S 饱和. 加入用 H_2S 饱和的 200ml 乙醚(0℃),立即分离出一种黏稠的第二相,其中含有极高浓度的硫代锗酸. 此溶液在常温下不稳定,但在 0℃时分解得很慢. 用最少量被 H_2S 饱和的无水乙酸乙酯(0℃)从黏稠液中萃取硫代锗酸,很容易分层,用干燥空气流干燥产品.

2. $K_2Ge_2S_5$

3gGeO_2 和 3gKOH 溶于 10ml 水得浓锗酸钾溶液,

$$GeO_2 + 2KOH \rightleftharpoons K_2GeO_3 + H_2O$$

用 3.5 ml 冰乙酸中和可得水合 GeO_2 在水中的悬浮液,它能与 H_2S 迅速反应,产生一种无色而稍微黏稠的硫代锗酸钾溶液,

$$2GeO_2 + 5H_2S + 2KAc \longrightarrow K_2Ge_2S_5 + 2HAc + 4H_2O$$

$K_2Ge_2S_5$ 极易溶于水,不能从溶液中析出结晶. 加入 100ml 丙酮,溶液立即分成两层,上层丙酮相含有 KAc 和 HAc,下层水相是很浓的硫代锗酸钾溶液. 加 50ml 无水乙醇于水相中,立即析出片状 $K_2Ge_2S_5$ 细晶体,产物用醇洗涤,在干燥空气流中干燥.

1.5.4 锗钼酸和锗钨酸[31,32]

将锗酸盐与钼酸盐(或钨酸盐)水溶液酸化即生成黄色锗钼酸(或无色锗钨酸),可用乙醚将它萃取,蒸去有机相溶剂可得锗钼酸(锗钨酸). 例如,7gNaOH 溶于 200ml 水再溶解 5gGeO_2,将此溶液煮沸,在搅拌下慢慢加入 70g MoO_3,开始 MoO_3 迅速溶解,约加入 35gMoO_3 时析出沉淀,继续加入 MoO_3 则沉淀复溶,加完 MoO_3 微沸 5 分钟,冷却后加几百毫升乙醚,再用 4.5mol/LH_2SO_4 酸化到产生的混浊消失为止. 在 40℃温度下将有机相的乙醚蒸去得锗钼酸. 它可在酸性水溶液中用乙醚萃取及在水中重结晶纯化,得 $H_4(GeMo_{12}O_{40}) \cdot aq$, aq 为 26, 27, 28, 30 H_2O.

锗钼酸和锗钨酸在酸性溶液中稳定,当 pH 值升到 5.4 或 7.3 时分解成 GeO_2

及钼酸盐或钨酸盐.

1.6 有机锗化合物

目前对有机锗化合物已有大量研究.虽然没有发现和制成碳化锗,但锗却能与碳形成牢固的 Ge—C 键(键的离解能,Ge—CH_3 = 247.27kJ/mol,Ge—C_2H_5 = 237.23kJ/mol,Ge—C_3H_7 = 237.65kJ/mol).因此,锗生成的有机金属化合物甚多.

1.6.1 有机锗化合物的制备方法[1]

1. Grignard 试剂可使卤化锗烷基化,如:

$$GeCl_4 + 2RMgCl \longrightarrow R_2GeCl_2 + 2MgCl_2$$

此方法的过程很容易控制,可以制取 $RGeX_3$,R_3GeX 和 R_4Ge 型化合物以及二烷基二氯锗烷.用相应的 Grignard 试剂也可以制备混合烷基锗 RR′R″R‴Ge.

2. 用烷基锌,芳基锌使锗的卤化物,锗的氧化物烷基化,如,

$$GeX_4 + 2R_2Zn \longrightarrow R_4Ge + 2ZnX_2$$

Winkler 于 1886 年第一次应用此反应,这种方法用于制备四烷基锗是十分满意的.在上述反应中烷基汞可以代替烷基锌.

3. 用有机锂 RLi 作试剂,以碳氢化合物作溶剂对锗卤化物,锗假卤化物进行烷基化.

4. 较低级的卤代烷与锗粉在催化剂作用下可以直接合成二氯(溴)二烷基锗,如,

$$2CH_3Cl + Ge \xrightarrow[\text{铜催化剂}]{300℃} (CH_3)_2GeCl_2$$

此反应也伴随产生少量 $RGeCl_3$ 和痕量 R_3GeCl.

5. Ge—H 化合物对烯或炔进行加成以实现烷基化,例如 $GeHCl_3$ 对端烯的加成,

$$GeHCl_3 + CH_3(CH_2)_nCH{=}CH_2 \longrightarrow CH_3(CH_2)_nCH_2CH_2GeCl_3$$

这类反应可以用游离基引发剂作催化剂,或用紫外光,H_2PtCl_6 及铜粉等作催化剂.

在适当条件下 $HGeCl_3$ 能对芳香碳氢化合物加成,

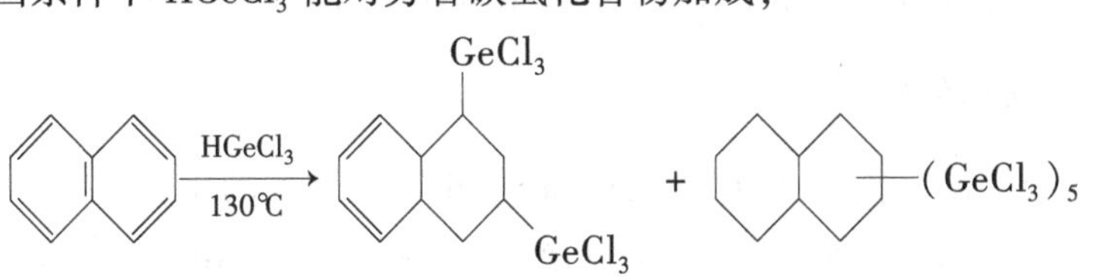

53%　　　　10%—20%

$HGeX_3$ 与噻吩也能进行加成,

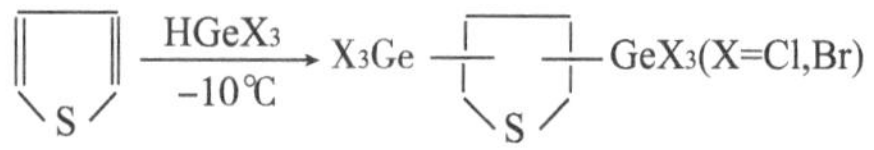

6. 利用有机锗碱金属衍生物与不饱和烃的加成作用,

$$(C_6H_5)_3GeLi + C_6H_{13}CH{=\!=}CH_2 \longrightarrow (C_6H_5)_3GeCH_2CHLiC_6H_{13} \xrightarrow{H_2O} (C_6H_5)_3GeCH_2CH_2C_6H_{13} + LiOH$$

这是一种方便的方法.

7. 在有机溶剂中以 C_6H_5Li 与 GeI_2 进行反应,可以从生成的橙棕色溶液中分离出组成为$(C_6H_5)_2Ge$ 的聚合物.

1.6.2　四烷基,四芳基锗[1]

四烷基、四芳基锗所含 Ge—C 键能被 CCl_4 溶剂中的溴所断裂,例如,

$$(C_6H_5)_4Ge + Br_2 \longrightarrow (C_6H_5)_3GeBr + C_6H_5Bt$$

在卤化铝存在下,Ge—C 键亦能被卤氢酸断开(HF 酸不需要 AlF_3),如,

$$(CH_3)_4Ge + HBr \xrightarrow{AlBr_3} (CH_3)_3GeBr + CH_4$$

$$(C_2H_5)_4Ge + HF \longrightarrow (C_2H_5)_3GeF + C_2H_6$$

乙酸酐中的 HNO_3 及醇水溶液中的 $HClO_4$ 也能将 R—Ge 键断开. R—Ge 对酸的水溶液是中等稳定的.

金属 Li 或 Na-K 合金能裂解$(C_6H_5)_4Ge$,但不能裂解$(C_4H_9)_4Ge$.

另外 R_4Ge 中的 R 如果是烯类,此化合物在加热加压下可以生成聚合物.

1.6.3　有机锗氢化物[1]

已知 GeH_4 有许多烷基,芳基衍生物,这些有机锗氢化物与 HX 作用时,氢能被 HX 中的卤素置换放出氢气. 它们与烷基锂反应可生成含 Ge—Li 键的化合物,

$$(C_2H_5)_3GeH + RLi \longrightarrow (C_2H_5)_3GeLi + RH$$

但是 R_3SiH 与 LiR 反应只能获得 R_4Si 和 LiH.

$RGeH_3$ 与氯甲醚作用,得到甲醚及氯代有机锗烷.

$$RGeH_3 + nClCH_2OCH_3 \xrightarrow{AlCl_3} RGeH_{3-n}Cl_n + nCH_3OCH_3$$

1.6.4　有机锗卤化物[1]

已经合成和研究了很多 R_3GeX, R_2GeX_3, $RGeX_3$ 型式的化合物.

有机锗卤化物能够水解,反应是可逆的. 例如,$(CH_3)_2GeCl_2$ 水溶液应有水解产物$(CH_3)_2Ge(OH)_2$,但是在 105℃ 温度下蒸发后没有留下残余物,其原因是$(CH_3)_2GeCl_2$ 比$(CH_3)Ge(OH)_2$ 易挥发,这表明水解反应的可逆性.

$(CH_3)_2GeCl_2$ 水溶液与相应试剂作用可以形成含有 $(CH_3)_2Ge^{2+}$ 离子的硫化物,铬酸盐及硫氰酸盐沉淀.表明 $(CH_3)_2GeCl_2$ 发生下列离解过程,

$$(CH_3)_2GeCl_2 \rightleftharpoons (CH_3)_2Ge^{2+} + 2Cl^-$$

有机锗氯化物与偶氮甲烷反应时,一个氯甲基团取代氯原子,建立起新的 Ge—C 键,

$$CH_3GeCl_3 + CH_2N_2 \longrightarrow CH_3(CH_2Cl)GeCl_2 + N_2$$

产率为75%.

以 AgCN,AgCNS,AgCNO 等作用于有机锗卤化物时,发生置换反应,可获得有机锗假卤化物.

1.6.5 有机锗氧化物(氢氧化物)[1]

用0.1mol/LNaOH 水溶液滴定 0.6mol/L $(CH_3)_2GeCl_2$ 水溶液,其 pH 值由原来的1.2 升至 12 时也无 $(CH_3)_2GeO$ 或 $(CH_3)_2Ge(OH)_2$ 沉淀生成,此现象表示 $(CH_3)_2Ge(OH)_2$ 是易溶于水的.

$(CH_3)_2GeCl_2$ 水溶液用石油醚萃取后,把石油醚层强烈地干燥,可形成一种环状的四聚体 $[(CH_3)_2GeO]_4$.它的熔点为92℃,它易溶于水,其水溶液经蒸发生成一种聚合物 $[(CH_3)_2GeO]_x$,其熔化温度约为132℃.

在200℃ 温度和 100mmHg 压力下,$(CH_3)_2GeO$ 在蒸气相中以二聚体 $[(CH_3)_2GeO]_2$ 形式存在.

二乙基锗氧化物是 $(C_2H_5)_2GeCl_2$ 的水解产物,是一种油状聚合物,在水中的溶解度比 $(CH_3)_2GeO$ 的小.

参 考 文 献

[1] E. G. Rochow, in J. C. Bailar ed. ,"Comprehensive Inorganic Chemistry", Vol 2, pp. 1 – 41 Pergamon Press (1973).

[2] 韦克思(Weeks)著,黄素封译,《化学元素的发现》,商务印书馆,327(1965).

[3] F. D. Snell and L. S. Ettre,"Encyclopedia of Industrial Chemical Analysis". Vol. 13, Interscience Publisehers(1971).

[4] R. C. Weast,"CRC Handbook of Chemistry and Physics",63rd ed. ,CRC Press(1982).

[5] 马荣骏,有色金属(选冶部分),10,23—27(1978).

[6] M. Sittig,"Inorganic Chemical and Metallurgical Process Encyclopedia", Noyes(1968).

[7] H. E. Sness and H. C. Urey,"McGraw-Hill Encyclopedia of Science and Technology", Vol. 6, 5th ed. ,McGraw-Hill(1982).

[8] 稀有金属应用编写组,《稀有金属应用》下册,冶金工业出版社(1974).

[9] 马崇智等,《放射性同位素手册》,科学出版社(1979)

[10] F. A. Cotton and G. Wilkinson,"Advanced Inorganic Chemistry",3rd ed. ,Interscience (1972).

[11] Guilio Milazzo and Sergio Caroli, "Tables of Standard Electrode Potentials", John Wiley & Sons, 157(1978).
[12] "Gmelins Handbuck der Anorganischen Chemie", Achte Auflage, System No. 45, Germanium, Verlag Chemie(1958).
[13] J. W. Mellor, "Comprehensive Treatise on Inorganic and Theoretical Chemistry", Vol. Ⅶ, Longman, Green(1927).
[14] M. C. Sneed and R. C. Brasted, "Comprehensive Inorganic Chemistry", Vol. Ⅶ., Van Nostrand (1958).
[15] 北京医学院第三附属医院职业病科,《金属中毒》人民卫生出版社,432 – 4(1977).
[16] J. Korkisch, "Modern Methods for the Separation of Rarer Metal Ions", Pergam on Press, 357 – 74(1969).
[17] 赵丹若,《稀有元素定性分析》人民教育出版社,16 – 18(1960).
[18] F. Feigl and V. Anger, "Spot Test in Inorganic Analysis" 6th ed., Elserier Publishing (1972).
[19] 北京矿冶研究院,《矿石及有色金属分析法》,科学出版社(1973).
[20] [日] 武内次夫,铃木正已著,王玉珊等译,《原子吸收分光光度分析法》,科学出版社,123(1975).
[21] H. J. Emeléus, "Inorganic Chemistry Series two", Vol. 2, Butterworths, 67 (1975).
[22] H. Remy, "Treatise on Inorganic Chemistry", Vol. 1, Elsevier Publishing(1956).
[23] J. D. H. Donnay and Helen M. Ondik, "Crystal Data Determinative Tables", 3rd ed., Vol. 11, NSRDS & JCPDS (1973).
[24] D. T. Hurd 著,燕正曜译,《氢化物化学导论》,科学出版社,103(1959).
[25] F. G. A. Stone, "Hydrogen Compounds of the Group IV Elements", Prentice Hall (1962)
[26] W. C. Fernelius 主编,申泮文译,《无机合成》,第二卷,科学出版社 (1959).
[27] Geory Brauer 著,何泽人译,《无机制备化学手册》,上册,增订第二版,燃料化学工业出版社 (1972).
[28] Marcel Pourbaix, "Atlas D'equilibres Electrochimiques", Gauthier-Vilars, 466 (1963).
[29] Luc Guen, Pierre Palvadeau, Michel Spisser and Michel Tournoux, *CA*, 97 134296n.
[30] H. H. Willard and C. W. Zuehlke, *J. Am. Chem. Soc.*, 65, 1887 – 1889(1963)
[31] Charles G. Grosscup, *J. Am. Chem. Soc.*, 52, 5154 – 60(1930).
[32] A. Tchakirian and P. Souchay, *CA*, 40, 4971.

11.2 锡

2.1 元 素 锡

2.1.1 锡的发现史[1-3]

锡是人类很早就发现的元素之一,其原因是锡的主要矿石——锡石的成分SnO_2 容易被 CO 还原成金属锡. 人们只要把矿石和木柴间隔堆放并点火燃烧,锡石就被还原成金属锡. 所以公元前 3000 年埃及人就能从锡矿石提炼出金属锡.

我国在公元前 1800—1500 年,青铜(含锡铜合金)工业已经有一定的规模. 从河南安阳小屯村殷墟中曾出土成块的锡,这表明到了商代我们的祖先已能冶炼纯锡了.

2.1.2 锡的存在和分布[1,2,4]

最重要的锡矿石是锡石,其次是少量的黄锡石(亦称黝锡矿,$Cu_2S \cdot FeS \cdot SnS_2$). 这两种锡矿石具有工业价值. 另外还有 14 种锡矿石没有经济价值. 有时在自然界也能发现与黄金在一起的少量金属锡的存在.

最初发现的锡矿物分散于岩石中,特别是在花岗岩里.

锡在自然界中的丰度,地壳中估计为 $4 \times 10^{-3}\%$(重量),海水中 0.003g/t.

我国锡的储量丰富,主要集中分布在云南、广西,其次是湖南、江西和广东. 国外储量大于 100 万吨的国家有泰国、马来西亚、扎伊尔、印度尼西亚. 储量在 30—100 万吨的国家有苏联,玻利维亚、缅甸等. 国外的总储量约 540 万吨. 目前世界供应锡的主要国家有马来西亚、玻利维亚、印度尼西亚、扎伊尔和尼日利亚. 其他生产锡的国家有我国、澳大利亚、罗得西亚、南非、美国、智利和英国.

2.1.3 锡的生产[1,2,5]

锡矿石中锡石是用来炼锡的主要矿石,纯锡石(SnO_2)的锡含量为 78.6%,其次是黝锡矿. 开采的锡矿中除锡石外,还有大量脉石和其他杂质. 这种矿砂一般只含百分之几的锡. 国外开采的砂锡矿,最低含锡量为 0.01%—0.02%,开采含锡石的脉锡矿最低品位是 0.1%—0.2%. 利用锡石比重大的特点,对氧化矿床的矿石可以进行重力选矿. 对于硫化矿床的矿石则用浮选-重选法,以除去较轻的矿物,如硅石等,再用磁选法除去某些杂质,而黑钨矿. 锡的粗精矿中含锡 40%—60%,含铁 5%—18%,还有少量砷、锑、秘、铜、铅、硅、钙、硫与铝等杂质.

锡冶炼通常经过以下几个步骤：粗精矿精选、焙烧、酸浸、还原熔炼和粗锡精炼等.

1. 精选

为了处理复杂的粗锡精矿，需要采用各种方法（磁选、静电选矿、重选、浮选、重介质选矿等）进行精选，以便回收其中有价值的矿物. 精选后的锡精矿含锡量可达 70%—75%.

2. 焙烧

锡精矿中的砷、锑、铅、铜、铁通常以硫化物形式存在. 硫化物经焙烧变成氧化物并放出 SO_2. 在焙烧过程中生成的 As_2O_3 和一部分 Sb_2O_3 同时挥发出来.

3. 浸出

锡石不溶于热的强酸，强碱，氧化性及还原性溶液，但焙烧过的锡精矿中锑、秘、铅、铁等的氧化物则易溶于盐酸，故用盐酸作浸出液可把这些杂质的氧化物与锡石分离. 也可用硫酸代替盐酸浸出，但是钙、铅等形成的硫酸盐是难溶的，所以效果较差.

4. 还原熔炼

工业上一般采用炭作还原剂，但固体与炭直接反应比较缓慢. 实验曾证明，把固体炭与 SnO_2 混合后在真空或惰性气氛中加热，在低于 1000℃时，没有明显的反应. 而 SnO_2 和炭不混合，通入空气使炭燃烧，在 800℃时 SnO_2 就能迅速地被还原. 因此，SnO_2 被固体炭还原主要是借助于 CO 来完成的. 锡石中的杂质铜、铅、锌、砷、锑、秘、银的氧化物同时也被还原成金属，混于锡中成为粗锡. 其他杂质如钙、镁、铝、硅、钛、铌、钽、钨等的氧化物难于被还原，它们与熔剂（如石灰石、石英等）作用形成炉渣. 而 Fe_2O_3 被还原成 Fe_3O_4 或 FeO 进入渣中，但也有一部分 FeO 被还原为金属铁进入粗锡中.

5. 粗锡精炼

粗锡中常见的杂质有 Fe，As，Sb，Bi，Cu，Pb，S. 精炼方法有火法精炼和电解精炼两类.

（1）火法精炼. 火法精炼是在锡的熔点以上温度下进行的. 根据杂质性质不同采用不同的方法，现简要介绍如下.

（i）熔析法及凝析法除铁、砷. 熔析法和凝析法都是根据铁、砷等杂质在液态锡中的溶解度随温度改变以及锡和这些杂质形成的化合物的熔点比锡高的特点. 利用这些性质，熔析法是把粗锡加热到锡的熔点以上，锡熔化成液体，而铁、砷的化合物 $FeSn_2$ 及 Sn_3As_2 仍保持固态与液锡分开. 此法能除去大部分铁、砷，残留部分需要进一步用凝析法除去. 凝析法是把液态粗锡降温，杂质达到饱和后以晶体析出. 由于析出的 Sn_3As_2 晶体不易凝聚，成为细小的粒子悬浮于液锡中. 将锯木屑搅到液锡中，Sn_3As_2 晶体黏着在锯木屑上，带到锡液面上变成浮渣. $FeSn_2$ 也能黏附于锯木屑上容易上浮.

(ⅱ)加铝除锑,砷. 我国生产的粗锡含锑一般在0.02%—2%间,用熔析法与凝析法处理后,含锑量没有明显变化. 需要加入铝,它与锑,砷生成的高熔点化合物AlSb及AlAs,其比重小于锡,能从液锡中析出结晶.

(ⅲ)加硫除铜. 温度在320℃以上时,向液锡中加入硫、铜与硫化合成Cu_2S. 由于它的熔点高,故可以从液锡中析出.

(ⅳ)结晶分离法除铅和铋. 金属铅和铋在锡晶体中的含量比液态锡内少得多. 因此将锡加热熔化后再冷却凝固,杂质铅、铋较多地残留在未凝固的液态锡中,使晶体锡得到提纯.

(ⅴ)氯化法除铅. 国外采用火法精炼粗铅时,氯化法是一种重要的除铅方法,此法利用反应,

$$Pb + SnCl_2 \xrightarrow[>500℃]{<400℃} PbCl_2 + Sn$$

进行除铅,实践中一般采用加入浓二氯化锡溶液或含结晶水的二氯化锡的方法,作业温度为240—255℃,温度太高,使氯化物挥发加剧,污染空气.

(ⅵ)真空蒸馏. 蒸馏温度控制在减压下锡的沸点以下,"杂质沸点"以上,使杂质挥发除去. 除了铁和铜以外,其他杂质都比锡的沸点低得多,用真空蒸馏法都可以将它们除去.

(2)电解精炼. 粗锡电解精炼始于20世纪初,生产中所用的电解液有两类,酸性电解液和碱性电解液. 酸性电解液有:硅氟酸电解液,氨基磺酸电解液,$SnSO_4$-Na_2SO_4-H_2SO_4电解液,硫酸-甲酚磺酸电解液,氯化物电解液等. 碱性电解液有:硫化碱,苛性碱电解液. 酸性电解液在工业上用得较多. 粗锡中含铅、铋较高时用氯化物电解液,可以较大程度减轻阳极钝化.

粗锡电解精炼,用粗锡作阳极,纯锡作阴极,以槽电压0.2—0.4V的电流通过时,阳极上锡氧化成阳离子进入电解液,

$$Sn \longrightarrow Sn^{2+} + 2e$$

电位序在锡之前的杂质,如锌、铁、铟等也被氧化成离子(Zn^{2+} + Fe^{2+},In^{3+})进入溶液,电位序在锡之后的铅、锑、砷、铋、铜、银等不易被氧化而留在阳极上. 在阴极上,Sn^{2+}发生还原反应,

$$Sn^{2+} + 2e \longrightarrow Sn$$

电位序在锡之前的Zn^{2+},Fe^{2+},In^{2+}等离子不易被还原,故仍留在电解液中. 利用这些性质,将粗锡电解能够使锡与杂质分离,达到精炼的目的.

6. 高纯锡的生产

高纯锡及特种锡合金是电子工业和超导体材料的原料之一. 高纯锡一般含锡在99.999%以上. 生产高纯锡的工艺,国内外都采用电解法,电解-真空挥发法和电化学-区域熔炼法.

2.1.4　锡的应用[1]

锡具有较好的抗腐蚀性,大量用于制造马口铁,这种用途占锡总消耗量的40%.锡与其他金属制成的合金有良好的抗蚀性和机械性能,因此,这类合金用于机器制造工业.高纯锡广泛用于电子工业,半导体工业和制造超导合金(Nb_3Sn).锡的应用范围见表11.10.

表11.10　锡的应用情况

应用范围	占锡总消耗量,%
马口铁	40.2
焊料	16.5
青铜和黄铜	12.7
巴比特合金(耐磨)	8.7
镀锡	3.5
锡管和锡箔	4.7
化学试剂和氧化物	3.9
其他	9.8

2.1.5　锡的同位素[2,6]

在自然界没有发现锡的天然放射性同位素,锡的稳定同位素有10种,但没有一种在自然界中含量超过1/3,丰度最大的是^{120}Sn,也只占32.97%.锡的各种同位素列于表11.11.

2.1.6　锡的物理性质[2,7-10]

锡有两种晶型,18℃以上稳定的是β型,称为白锡,18℃以下稳定的是α型,称为灰锡.锡在略低于它的熔点温度时变脆,从前曾有人把这种性质归于第三种变体——γ型,但是根据近年来X射线结构分析研究,证明这种变体是不存在的.

α型锡的晶体结构类似于碳的金刚石型结构,$a=648.9$pm,β型锡的晶体结构是:每个Sn原子周围有四个相邻较近的原子,相距301.6pm,形成比较扁平的四面体,另有两个较远的相邻原子相距317.5pm,因此在β型晶体中每个锡原子处于畸变八面体中央,如图11.6所示.这种结构接近于理想的密堆积,所以它的密度比金刚石结构的灰锡为大.

通常使用的金属锡属于β型的,白锡转变成灰锡的温度是18℃.如果没有催化剂存在,即使远低于18℃也很难发生晶型转变,白锡可以在相当长的时间内处于过冷的亚稳状态.但是这种情形不能持久,只要有一粒白锡变成灰锡,它便成为β型转变为α型的催化剂,因此在低于18℃时转型一旦开始,进程就变得十分迅速.转型时密度变小,导致锡的迸裂并完全碎成灰锡粉末.这种现象称为“锡瘟”.

表 11.11 锡的同位素

同位素	质量	天然丰度%	半衰期	衰变类型及粒子能量 MeV		γ 射线及内转换电子能量 MeV	
^{106}Sn				β^+			
				EC			
^{107}Sn			1.3min				
^{108}Sn			9.2min	EC		γ	0.28,0.42
^{109}Sn			18.1min	β^+	1.6	γ	0.335,0.521,0.89,1.12
						e^-	0.305,0.491,0.86,1.09
^{110}Sn			4.0h	EC	100%	γ	0.283
						e^-	0.255
^{111}Sn	110.908060		35min	β^+	1.51	γ	0.511,0.75,1.14,1.89
				EC	73%		
^{112}Sn	111.904835	0.96					
^{113}Sn	112.905187		115d	EC	100%	γ	0.024—0.028,0.255,0.393,0.65
^{113m}Sn			20min	IT	91%	γ	0.079
				EC	9%	e^-	0.050,0.75
^{114}Sn	113.902773	0.66					
^{115}Sn	114.903346	0.35					
^{116}Sn	115.901745	14.3					
^{117}Sn	116.902958	7.61					
^{117m}Sn			14d	IT		γ	0.158
						e^-	0.130,0.155
^{118}Sn	117.901606	24.03					

续表

同位素	质量	天然丰度%	半衰期	衰变类型及粒子能量 MeV		γ 射线及内转换电子能量 MeV	
^{119}Sn	118.903313	8.58					
^{119m}Sn			245d	IT	100%	γ	0.0025 – 0.029, 0.024, 0.065
						e^-	0.020, 0.026, 0.061
^{120}Sn	119.902198	32.85					
^{121}Sn	120.904227		27.0h	β^-	0.383		
^{122}Sn	121.903441	4.72					
^{123}Sn	122.905738		129.3d	β^-	0.34, 1.42	γ	1.089, 1.032
^{123m}Sn			40min	β^-	1.26	γ	0.160
^{124}Sn	123.905272	5.94					
^{125}Sn	124.907746		9.62d	β^-	2.37, 1.3, 0.40	γ	0.468, 0.342, 0.811, 0.904
^{126}Sn	125.907640		1×10^5a	β^-		γ	0.060, 0.067, 0.092
^{127}Sn	126.910260		2.2h	β^-	1.45	γ	0.44, 0.82, 2.32, 2.82
^{127m}Sn			4.1min	β^-	2.7	γ	0.49
^{128}Sn	127.910470		59.3min	β^-	0.80	γ	0.044, 0.072, 0.50, 0.57
^{129}Sn			2.52min	β^-		γ	0.642
^{130}Sn			3.69min	β^-	0.95	γ	0.0695
^{131}Sn			3.4min	β^-			0.192, 0.228
^{132}Sn			2.2min	β^-			0.776

注：表中符号的意义见本分族表 1.3 的符号解释.

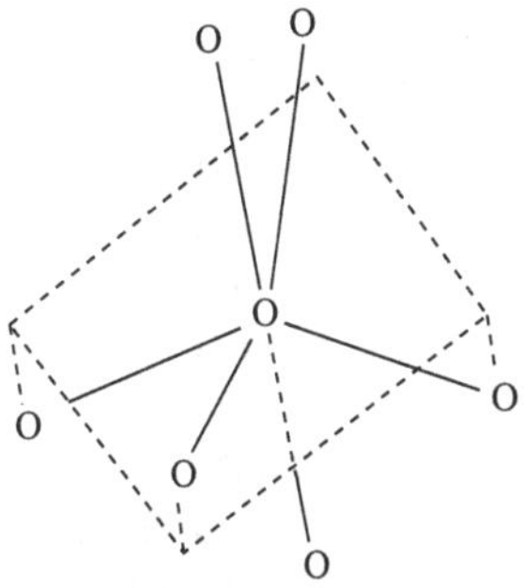

图 11.6 β 锡晶体的畸变八面体结构

白锡很软,将锡条或锡片弯曲时,由于晶体间的摩擦,发生唧唧的响声,称为“锡鸣”. 它没有延性,不能拉成细丝;但富有展性,可压成极薄的锡箔.

锡的物理常数见表 11.12.

表 11.12 锡的物理性质

原子量*	118.69
mp,℃	232
bp,℃	2260
熔化热,kJ/mol	7.07
气化热,kJ/mol	288.70
熔化熵,J/(mol·K)	14
蒸气压,mmHg	
700℃	7.4×10^{-6}
1000℃	8.3×10^{-3}
1200℃	0.17
1700℃	30.6
2300℃	638
临界温度,℃	3460
临界压力,atm	650
热导率 J/(s·cm·K)	
18℃	0.157
200℃	0.143
500℃	0.078
密度,g/cm^3	
α 型	5.769
β 型	7.285
电阻率,Ω·cm(20℃)	11×10^{-6},低于 3.72K 有超导性
表面张力,N/m(4000℃)	0.7
液态锡的黏度,m·Pa·s	
250℃	1.88
400℃	1.38
800℃	0.87

续表

电离势,eV	
I_1	7.332
I_2	14.6
I_3	30.7
I_4	46.4
离子半径,pm	
Sn^{2+}	102
Sn^{4+}	71(六配位)
电负性	1.8—1.9

* 北京大学化学系,元素周期表,科学出版社(1978).

2.1.7 锡的核磁共振性质[2]

核磁共振技术已广泛用于锡化学,三种天然锡同位素^{115}Sn,^{117}Sn与^{119}Sn的核自旋量子数I都是1/2,都具有非零的核磁矩,而没有核四极矩.锡的原子序数为50,其质量数为偶数的锡同位素的核自旋量子数皆为零($I=0$),因此,这些核没有核磁矩.一些^{119}Sn化合物的化学位移值列于表11.13.

表 11.13 ^{119}Sn 化合物中^{119}Sn的核磁共振性质

化合物	化学位移(δ)ppm
SnI_4,(CS_2,溶液)	1701
$SnSO_4$	909
$SnBr_4$	638
$SnCl_2$,(水溶液)	521*
$SnCl_4$	150
$Sn(C_4H_9)_4$	12
$SnCl_3(C_4H_9)$	3
$(CH_3)_4Sn$	0
$(CH_3)_2SnCl_2$	-36
$(C_2H_5)_2SnCl_2$	-62
$(C_4H_9)_2SnCl_2$,(丙酮中)	-71
$(C_4H_9)_2SnCl_2$,(CS_2 中)	-114
$(C_2H_5)_3SnCl$	-151

* 由于增加$SnCl_3^-$浓度,可使δ移向200ppm处,即δ值与浓度和加入盐酸的量有关.

2.1.8 锡的 Mössbauer 谱[3]

Mössbauer效应可应用于测定含锡固态物质的性质和结构,也应用于分析含锡矿物样品.现在已有商品小型手提Mössbauer谱仪,其重量小于3175g.

表11.14中列出一些锡化合物的化学位移值可以区别锡的氧化态是Sn(Ⅱ)还是Sn(Ⅳ).如果以α(灰)锡作标准(即$\delta=0$),则所有Sn(Ⅳ)化合物的化学位

移均为负值,而 Sn(Ⅱ)化合物的化学位移均为正值. 从表列数据可以推测灰锡内部可能以 Sn(Ⅳ)结合,而白锡内部可能以 Sn(Ⅱ)结合. 这种推测可从锡的化学反应得到证实. 灰锡与浓盐酸作用得 $SnCl_4$,白锡和浓盐酸反应不能获得 $SnCl_4$,而只能生成 $SnCl_2$. 可以从反应后的盐酸酸性溶液中分别分离出 $SnCl_4 \cdot 5H_2O$ 及 $SnCl_2 \cdot 2H_2O$.

表 11.14 锡及一些锡化合物的化学位移(α 锡 =0)

化合物	化学位移(δ),mm/s
$SnCl_2$	2.40
$SnBr_2$	2.10
SnI_2	2.00
SnF_2(单斜)	1.45
$SnCl_2$ · PY	1.30
SnS	1.25
SnF_2(正交)	1.20
SnTe	1.20
$Sn_3(PO_6)_2$	1.10
SnO(四方)	0.70
β-2n	0.60
SnO(正交)	0.60
α-Sn	0
SnI_4	-0.20
有机 Sn(Ⅳ)化合物	-0.3—1.93
SnS_2	-0.80
$SnBr_4$	-1.00
$SnCl_4$	-1.90
SnO_2	-2.20
SnF_4	-2.50

2.1.9 锡的化学性质[2,5,11]

常温下锡对氟是稳定的,热至 100℃则生成 SnF_4. 干燥的氯、溴在常温下就能与锡起反应. 锡与碘需要热至 400℃才能化合,但在 CCl_4 中 20℃两者就能作用.

在室温下,潮湿的空气很难将锡氧化,干燥空气更不能作用,故锡能长期保持其光泽. 锡在空气中加热到白热生成 SnO_2. 锡与硫一起加热到 600—800℃能直接化合成 SnS,SnS_2 及 Sn_2S_3. 锡与冷水无作用.

锡与稀的无机强酸在冷时能慢慢进行反应,其中稀氢氟酸反应更慢,只能轻微侵蚀锡. 很稀的硫酸对锡无作用,当浓度增加到含 $H_2SO_4$48% 时才能开始反应. 17—20℃时,锡在 0.2mol/L HCl 中七天期间的溶解速度为 0.42g/(dm^2 · d). 锡与稀硝酸的作用也很慢,其反应方程是,

$$4Sn + 10HNO_3 \longrightarrow 4Sn(NO_3)_2 + NH_4NO_3 + 3H_2O$$

热的浓盐酸，氢溴酸，氢碘酸能迅速溶解白锡，形成 Sn(Ⅱ)盐并放出 H_2. 热浓硫酸与锡的主要反应是，

$$Sn + 2H_2SO_4 \longrightarrow SnSO_4 + SO_2 + 2H_2O$$

除了能放出 H_2 外，还有 H_2S 气体及固态硫生成. 锡与热浓硝酸作用生成水合 SnO_2，亦称为偏锡酸或 β 锡酸，

$$3Sn + 4HNO_3 \longrightarrow 3SnO_2 + 4NO + 2H_2O$$

冷的氯磺酸作用于锡生成 $SnCl_4$，

$$4HSO_3Cl + Sn \longrightarrow SnCl_4 + 2SO_2 + 2H_2SO_4$$

H. Fleck 观察到有机酸仅能稍微腐蚀锡，但老有空气存在锡就被溶解，例如，有空气存在下锡能溶于乙酸、酒石酸和柠檬酸.

在常温下锡对 H_2S 是稳定的，但在 100—400℃ 温度时锡能置换 H_2S 中的氢，生成 SnS 和 H_2. SO_2 水溶液能慢慢腐蚀锡，形成 SnS 沉淀.

一些非金属元素的氯化物能使金属锡氯化. 例如，亚硫酰氯($SOCl_2$)与锡能慢慢作用，生成 $SnCl_4$. 150℃ 时 $SOCl_2$ 与过量的锡，按下式进行缓慢的反应，

$$3Sn + 2SOCl_2 \longrightarrow 2SnCl_2 + SnS + SO_2$$

PCl_5 在热时能与锡起反应，生成 $SnCl_4$ 及 PCl_3.

锡与充分过量的固体 NH_4Br 混合后在试管中小火加热，即生成 $SnBr_2$，其反应方程是，

$$Sn + 2NH_4Br \longrightarrow SnBr_2 + 2NH_3 + H_2$$

生成的 $SnBr_2$ 升华到离管底 1—2cm 高处.

硫化钠与锡一起熔融，生成 SnS. 锡能溶于热苛性碱溶液，形成碱金属锡酸盐并放出氢气，

$$Sn + 2OH^- + 4H_2O \longrightarrow [Sn(OH)_6]^{2-} + 2H_2$$

许多热的盐溶液能腐蚀锡，例如，NaClO，$CuSO_4$，$FeCl_3$，$AgNO_3$，NH_4Cl，$KHSO_4$，明矾等溶液均可腐蚀锡. 但 $NaNO_3$，KNO_3，$NaHSO_4$，硼砂等的稀溶液对锡的腐蚀作用很小. 具有氧化性的$(NH_4)_2S_2O_8$ 或 $K_2S_2O_8$ 溶液能迅速腐蚀锡，生成 SnO_2，而无气体放出. 与$(NH_4)_2S_2O_8$ 有相似性质的 H_2O_2 溶液却不能氧化金属锡. 反过来锡也不能催化分解 H_2O_2.

氨水不能腐蚀锡，A. J. Hale 等人曾用 0. 2mol/L. 氨水在 17—20℃ 时处理锡，经过 28 天也没有观察到锡的溶解.

以锡作阳极插入苛性碱溶液中，使电流通过溶液，有

$$Sn + 6OH^- - 4e \longrightarrow [Sn(OH)_6]^{2-}$$

反应发生. 但是在导电过程中，当电流密度升到一定数值时，突然出现钝化现象.

在铂催化剂的作用下，锡与 KNH_2 的液氨溶液经 18 小时的反应，生成深红色

的多锡化钾溶液,其反应方程式为,

$$11Sn + 6KNH_2 \longrightarrow K_4Sn_9 + 2(SnNK \cdot 2NH_3)$$

2.1.10 锡合金[1,2]

锡是用来制备合金的非常重要的金属.只要合金成分有很小的变化,就可以获得特殊的性质,因此到目前为止,已有记载的锡合金种类很多.

锡合金是常用的易熔合金,它应用于电动机,电器设备等的安全装置上.

世界锡产量约17%用于生产各种焊料,锡能使焊料具有黏结金属的能力.

巴比特合金有广泛的用途,例如,用于制造船舶发动机和汽车发动机的轴承.

一些重要锡合金的组成见表11.15.

表11.15 一些重要锡合金的组成

合金	Sn%	Cu%	Pb%	Sb%	Bi%	其他%
铜锡合金	97	3				
锡箔	88	3	8	1		
伍德合金	12.5		25		50	Cd12.5
易熔合金	15		32		53	
锡铅合金	85	7		2	6	
软焊条	50				50	
巴氏合金	90	4		6		
轴承合金	82	4		14		
炮铜	10	90				
青铜	33	67				
白铜	5	1	75	19		

2.1.11 锡在生物体内的作用[12]

锡是生物生长的必需微量元素之一,食物中含锡为1—2PPm.但是锡在生物中的作用机理还是不甚清楚的.已知有机锡化合物有抑制细菌生长的作用.

2.1.12 锡的分析化学[13-16]

1.定性分析

(1)生成钼蓝的方法. Sn(Ⅱ)既能还原钼酸盐,也能还原磷钼酸盐而形成钼蓝,将一滴Sn(Ⅱ)盐溶液置于干燥的钼酸钱试纸上,形成蓝色斑点.此法可以检出$1:6.7\times10^5$溶液中$0.03\mu g$的锡.

如果试样是Sn(Ⅳ)盐,可在盐酸酸性溶液内用镁或锌先把Sn(Ⅳ)还原成Sn(Ⅱ)后,再用上述方法检出锡.若试样是含锡金属,将少量试样与10倍量NH_4Br置于试管底部,小心加热,生成的$SnBr_2$升华并凝聚在离管底1—2cm高处,待冷却至室温,用湿的钼酸铵试纸与升华物接触,如果出现蓝色斑点,表示有锡存在.

（2）二硫醇试验. 弱酸性含锡试液与 3，4-二硫醇甲苯的乙醇溶液起反应，生成黄色到黑色的沉淀，表明有锡存在，其反应方程为

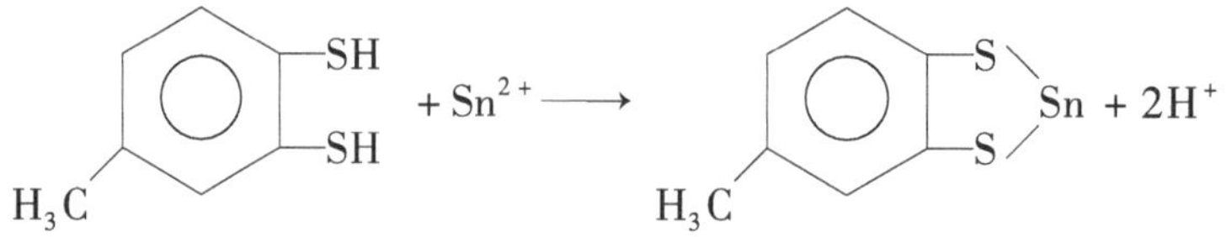

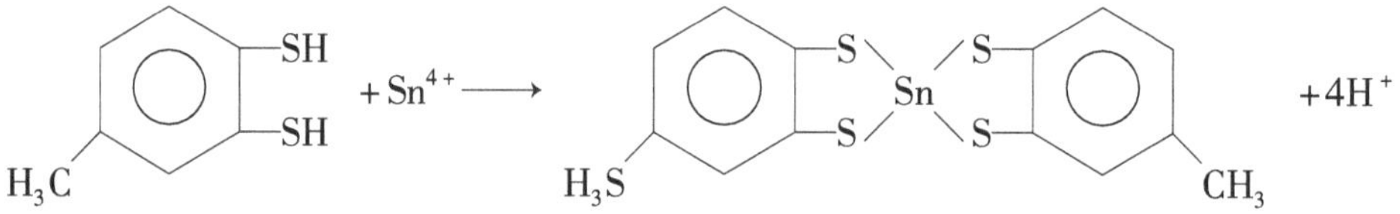

此反应能检出 1∶100 万溶液中 0.05μg 锡.

（3）焰色反应（锡烷燃烧）. 镁，锌等活泼金属将盐酸溶液中的 $SnCl_4$ 还原，生成的锡烷及 H_2 一起从溶液中逸出，把此混合气体导入无色本生灯焰中燃烧，焰色呈蓝色表示有锡存在.

（4）桑色素试验. 桑色素的乙醇（或丙酮）溶液与 Sn（Ⅱ）、Sn（Ⅳ）氢氧化物（或碱金属亚锡酸盐，锡酸盐）反应，获得的产物在紫外线作用下产生黄绿色荧光. 为了避免其他生色离子的干扰，可用过量的硫化铵溶液（黄色）处理试液，干扰离子生成硫化物沉淀，而锡生成 SnS_3^{2-} 离子留在溶液中. 经离心或过滤，取滤液一滴加入一滴 5% H_2O_2，待完全退色，SnS_3^{2-} 被氧化成 $Sn(OH)_4$，1—2 分钟后，取一滴退色溶液置于滤纸上，然后在氨气上薰，再加一滴 0.02% 桑色素丙酮溶液. 把此纸放于 24∶1 乙醇-冰醋酸混合溶液内处理约 4 分钟，以除去多余的桑色素（可排除桑色素在紫外线照射下产生黄色荧光的干扰）. 最后将滤纸置于紫外光下照射，出现黄色荧光，表示有锡存在. 此法在 1∶100 万的溶液中的检出限量为 0.05μg 锡.

（5）利用 Sn（Ⅱ）能把 $HgCl_2$ 还原成 Hg_2Cl_2 白色沉淀及黑色金属汞的方法来检出锡的存在.

（6）无机 Sn（Ⅳ）化合物和有机一、二烷基或芳基锡（Ⅳ）盐溶液都能与邻苯二酚紫溶液形成蓝色配合物，反应可在滤纸上进行. 但三，四有机基锡（Ⅳ）化合物与邻苯二酚紫溶液不起反应.

2. 定量分析

这里介绍次亚磷酸钠还原碘量法.

在惰性气体 N_2 或 CO_2 保护下，20% 盐酸溶液中，以氯化亚汞（约 0.03g）为催化剂，加热到 60—70℃，加入次亚磷酸钠 $NaH_2PO_2 \cdot H_2O$（约 2g）将锡（Ⅳ）还原，

$$SnCl_4 + NaH_2PO_2 + H_2O \longrightarrow SnCl_2 + NaH_2PO_3 + 2HCl$$

放冷后，以淀粉作指示剂用碘标准溶液滴定，可定量测定锡.

NaH_2PO_2 在热时是强还原剂，冷时失去还原性能，不能把 Sn（Ⅳ）还原也不和

碘反应,所以对滴定结果无影响. 60mgSb,5mgCu,20mgAs 不影响测定数值.

某些书上介绍用 EDTA 二钠盐滴定 Sn(Ⅳ),但是由于 Sn(Ⅳ)的水解,容易引起较大的误差.

3. 仪器分析法

(1)苯芴酮分光光度法

在约 1.7mol/L H_2SO_4 -0.6mol/L KI 溶液内,锡(IV)与碘离子形成 SnI_4,用苯萃取使它与干扰元素分离,然后向有机相中加入苯芴酮(2,3,7-三羟基-9-苯基-6-芴酮)形成锡的配合物,用分光光度法,在 510nm 处测定吸光值. 用苯萃取 SnI_4 时锑也有部分被萃取,为了防止锑被萃取,在萃取操作前可加入柠檬酸-酒石酸溶液.

(2)极谱法

Sn(Ⅱ)在 1mol/L HCl,1mol/L HNO 或 0.5mol/L H_2SO_4 溶液中产生清晰的极谱波,对于饱和甘汞电极其 $E_{1/2}$值在以上介质中分别为 -0.47V, -0.44V 及 -0.46V.

Sn(Ⅳ)要在足够多的 Cl^- 离子(例如 4mol/L NH_4Cl 及 1mol/LHCl)存在下形成 $SnCl_6^{2-}$ 后,才能产生还原波,

$$E_{1/2Sn(Ⅳ)\longrightarrow Sn(Ⅱ)} = 0.25V$$

$$E_{1/2Sn(Ⅱ)\longrightarrow Sn} = -0.52V(Vs,SCE).$$

在 H_2SO_4-NaCl 底液中,可获得锡的良好极谱波,$E_{1/2}$为 -0.5V. 当 50ml 底液中含锡量在 0.025—50mg 时,波高与锡浓度成比例.

在极谱法中可用 $BaCl_2$ 作共沉淀剂来除去 Pb^{2+} 离子,以及用铁粉作还原剂除去铁(Ⅲ)、铜、砷、锑、钨、钼、铋等元素的干扰.

(3)原子吸收分光光度分析

锡的原子吸收分光光度分析可以利用的灵敏谱线有若干条,它们在各种火焰中的灵敏度可见表 11.16,结果证明在空气-氢火焰中的灵敏度较好,但是易受其他元素的干扰.

表 11.16 三条锡吸收线灵敏度的比较

谱线,nm	1%吸收灵敏度,μg/ml		
	空气-氢	空气-乙炔	N_2O-乙炔
226.41	1.1	2.8	3.0
235.48	2.2	4.0	3.8
286.33	1.8	5.0	5.4

(4)发射光谱分析

发射光谱分析是检定样品中微量锡的很重要的方法,也可用于半定量测定试样中不同含量的锡. 用于检定锡的光谱灵敏线有:326.233,286.333,283.999,317.502,303.412,270.651,333.059,300.915,254.655,242.950,235.485nm,其中前三条线是最灵敏最常用的检定锡的光谱线;前六条可用于测定锡含量.

2.2　锡(II) 化合物

在一般情况下,锡化合物的氧化数是 +2 和 +4. 那些氧化数为 +1 的化合物,如 SnF,SnCl,SnBr,SnI 都只在光谱中才发现.

2.2.1　二卤化锡[2,4,9-11,17-20]

锡原子基态外层的电子结构是 $5s^25p^2$,它提供二个 5*p* 电子与其他元素形成 Sn(II) 共价化合物. 假如 $5s^2$ 电子未参加成键,则在 SnX_2 分子中的键角应为 90°. 事实上 SnX_2 型分子的键角是 120°,这恰好等于 *s* 电子与 *p* 电子形成 sp^2 杂化轨道的夹角. 例如,二氯化锡在气态时的结构如图 11.7(a) 所示,锡的两个 sp^2 轨道与氯原子形成两个共价键,另有一对未共享电子对. 图 11.7(b) 是 $SnCl_3^-$ 离子,锡以 sp^3 杂化轨道成键. 除了两个 Sn-Cl 键及一对孤对电子,另一个 Cl^- 离子配位于锡的 sp^3 杂化的空轨道上. 因此它还有一对孤对电子可用于与金属 M 形成配位键.

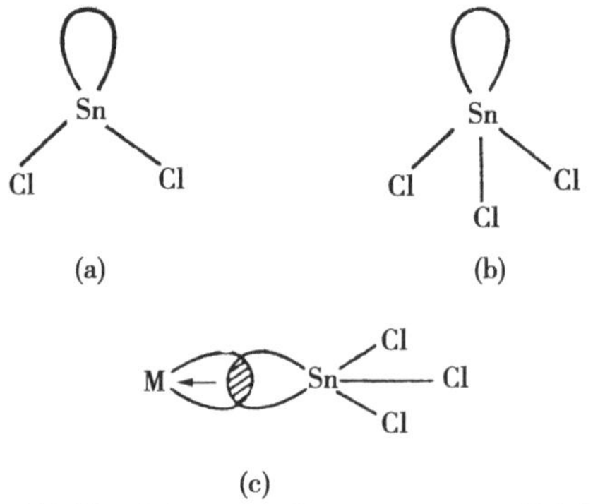

图 11.7　(a)$SnCl_2$(气态),(b)$SnCl_3^-$ 和(c)M←$SnCl_3$ 配合物中的孤对电子

1. 二氟化锡(SnF_2)

二氟化锡的制备: SnO 溶于 40% 的氢氟酸,蒸发浓缩得 SnF_2 的无色单斜晶体. 在 160—220℃ 温度下,锡与无水氟化氢作用或加热时用锡还原 SnF_4 都能制取 SnF_2.

SnF_2 有两种晶型,α 型是正交晶系,晶胞参数 a = 1028pm, b = 1542pm, c = 474pm, Z = 16. 空间群为 $P2_12_12_1$. 正交晶型的 SnF_2 晶体中锡处于不规则的三棱锥中,两个 Sn—F 键距为 215pm,一个 Sn—F 键距为 245pm. 另有三个 F 约在 280pm 处,总共构成一个畸变的八面体. 白色 β 型晶体属单斜晶系,晶胞参数 a = 1386pm, b = 492pm ,c = 1346pm, $β$ = 109°30′, Z = 16. 单斜晶系的 SnF_2 晶体结构中含有

Sn_4F_8 四聚体,其中 Sn—F 交替排列成八元环. 环中 Sn—F—Sn 夹角为 132.1°及 170.4°.

SnF_2 的生成焓 $\Delta H^\circ_{298} = -686.18$kJ/mol,生成自由能 $\Delta G^\circ_{298} = -621.32$kJ/mol,熵 $S^0_{298} = 121.34$J/(mol·K).

干燥的 SnF_2 无吸湿性. 加热时 SnF_2 能被氢还原成金属锡,但不能被碳还原. 较活泼的金属,例如,Mn,Zn,Al ,Fe,V,U 等都能还原 SnF_2,生成相应的金属氟化物及金属锡.

SnF_2 与 Cl_2 或 Br_2 共热,分别生成 SnF_4 和 $SnCl_4$ 或 SnF_4 和 $SnBr_4$.

SnF_3 与 SbF_5,AsF_5,BF_3 都能生成 1:1 的加合物,与三倍过量的 SbF_5 还能生成 1:2 的加合物. 在这些加合物中,SnF_2 作为 F 的给予体,而 SbF_5,AsF_5,BF_3 是 F 的接受体.

SnF_2 与碱金属氟化物一起熔融,生成 $MSnF_3$, MSn_2F_5; 与碱土金属氟化物一起熔融得 $M^{II}(SnF_3)_2$和 $M^{II}(Sn_2F_5)_2$.

SnF_2 易溶于水,不同温度下它在水中的溶解度为

温度,K	273.16	283.02	303.16
溶解度,g/100g	38.68	47.38	89.04

SnF_2 大量应用于制造牙膏(粉),其作用是降低龋齿的发病率.

2. 二氯化锡($SnCl_2$)

(1) 二氯化锡的制备

氯气与金属锡接触生成 $SnCl_2$,但是纯 $SnCl_2$ 是用其他方法制得的.

从常温到 150℃ 温度范围内,锡与 $SOCl_2$ 也能反应,生成 $SnCl_2$,反应方程式如下,

$$3Sn + 2SOCl_2 \longrightarrow 2SnCl_2 + SnS + SO_2$$

锡溶于盐酸生成 $SnCl_2$ 并放出氢,锡在冷的稀盐酸中溶解得较慢,而在热浓盐酸中溶解得较快. 蒸浓 $SnCl_2$ 盐酸溶液,析出 $SnCl_2 \cdot 2H_2O$ 晶体. 用乙酸酐脱去 $SnCl_2 \cdot 2H_2O$ 中的结晶水,可得无水 $SnCl_2$ 晶体,

$$SnCl_2 \cdot 2H_2O + 2(CH_3COO)_2O \longrightarrow SnCl_2 + 4HAc$$

反应时放出大量的热,以至乙酸酐会沸腾. 滤出脱水的 $SnCl_2$晶体,用乙醚洗涤,可得定量的 $SnCl_2$.

若将 $SnCl_2 \cdot 2H_2O$ 加热脱水,则有一部分 $SnCl_2$ 发生水解. 因此必须在真空中干燥,或在干燥的 HCl 气流中加热才能得无水盐.

干燥 HCl 气通入 $Sn(CF_3COO)_2$ 的 CF_3COOH 溶液(25℃),生成白色 $SnCl_2$ 沉淀及 CF_3COOH.

在 200℃ 以上,用氢还原 $SnCl_4$,控制 H_2 的用量就可获得 $SnCl_2$. 通氯气于 SnO_2 和碳的混合物(607—777℃)上也能获得 $SnCl_2$,并放出 CO_2.

(2) 二氯化锡的性质

$SnCl_2$ 是具有油状光泽的白色晶体,属正交晶系,晶胞参数 $a=779pm$, $b=920pm$, $c=441pm$,空间群为 $Pnam$, $Z=4$.

密度 $D_4^{25}=3.95g/cm^3$,mp 为 246℃,bp 为 652℃,熔融的 $SnCl_2$ 有较大的过冷现象.

$SnCl_2$ 的生成焓 $\Delta H^o_{298}=-325.10kJ/mol$,生成自由能 $\Delta G^o_{298}=-293.30kJ/mol$,熵 $S^o_{298}=125.94J/(mol \cdot K)$.

固态 $SnCl_2$ 的红外吸收频率,$v_1=424cm^{-1}$, $v_2=204cm^{-1}$, $v_3=555cm^{-1}$.

在 210－605℃温度下,$SnCl_2$ 可被 H_2 还原成金属锡,

$$SnCl_2 + H_2 \longrightarrow Sn + 2HCl$$

常温下 $SnCl_2$ 在空气中较稳定,但是长时间暴露在空气中逐渐发生水解和氧化.

氧与 $SnCl_2$ 接触立即生成 $SnOCl_2$,220℃以上 $SnCl_2$ 无论是在氧气中或在空气中都能生成 SnO_2 及 $SnCl_4$,

$$2SnCl_2 + O_2 \longrightarrow SnO_2 + SnCl_4$$

温度在 220—240℃时此反应较慢,在 300—350℃之间反应较快.

$SnCl_2$ 被氯气氯化成 $SnCl_4$. $SnCl_2$ 与 S, Se 及 Te 的反应速度按顺序递减. $SnCl_2$ 与 S 在 140—150℃ 温度时反应,生成 $Sn_2Cl_2S_3$, $SnCl_2$ 与 Se 在 240℃温度下反应,生成 $Sn_3Cl_2Se_5$,而 $SnCl_2$ 与 Te 需要更高的温度即在 480℃时才能反应,产物是 $Sn_4Cl_2Te_7$.

用锤打击钠或钾和 $SnCl_2$ 的混合物时发生猛烈反应并导致爆炸. 400℃时锌能将 $SnCl_2$ 还原成金属锡,镉与铅也有类似的作用.

300—600℃时 $SnCl_2$ 与水蒸气接触即水解成 SnO_2,

$$SnCl_2 + H_2O(g) \rightleftharpoons 2HCl + SnO$$

此反应是可逆的. 无论是气态的 H_2S 或 H_2S 水溶液与 $SnCl_2$ 作用都能生成 SnS. $SnCl_2$ 与气态 NaCl 加合成 $NaSnCl_3$.

商品二氯化锡是二水合物,它可从含盐酸及二氯化锡的水溶液中析出结晶,在 $SnCl_2 \cdot 2H_2O$ 晶体中,一个 H_2O 分子是晶格水,另一个 H_2O 分子则配位于 $SnCl_2$ 上.

$SnCl_2 \cdot 2H_2O$ 被加热到 37.7℃时有部分熔化,40.5℃时完全熔化.

$SnCl_2 \cdot 2H_2O$ 在盐酸中的溶解度见图 11.8.

二氯化锡水溶液有下列性质.

0.02mol/L$SnCl_2$ 酸性水溶液,在 pH = 2.12 时开始水解,pH 值为 2.65 时开始沉淀,pH 值为 3.3 时 Sn^{2+} 完全水解成水合一氧化锡沉淀. 水解产物在盐酸溶液中溶解得很慢.

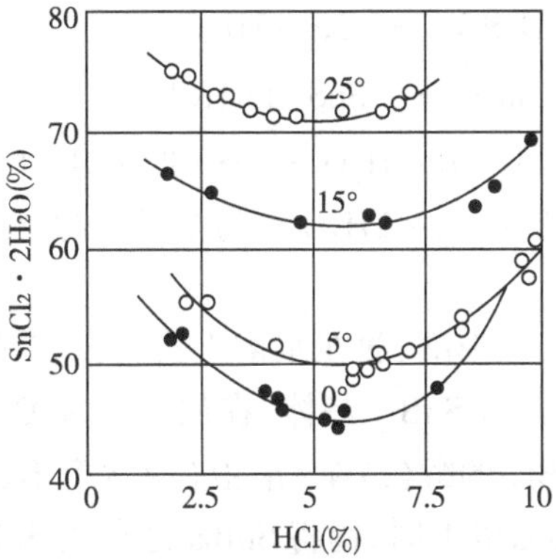

图 11.8 $SnCl_2 \cdot 2H_2O$ 在盐酸中的溶解度等温线

加碱溶液于 $SnCl_2$ 溶液中，生成 $Sn(OH)_2$ 沉淀，$Sn(OH)_2$ 溶于过量的碱得亚锡酸盐溶液.

在 $SnCl_2$ 的盐酸酸性溶液中，较活泼的金属例如镁、铝、铁、锌、镉甚至铅等都可把 Sn^{2+} 还原到金属锡.

二氯化锡水溶液能吸收空气中的氧，生成氯氢氧化锡及四氯化锡，

$$3SnCl_2 + \frac{1}{2}O_2 + H_2O \longrightarrow SnCl_4 + 2Sn(OH)Cl$$

臭氧能将酸性水溶液中的 $SnCl_2$ 氧化成 $SnCl_4$，

$$3SnCl_2 + 6HCl + O_3 \longrightarrow 3SnCl_4 + 3H_2O$$

原子氧也有类似的作用，

$$SnCl_2 + O + 2HCl \longrightarrow SnCl_4 + H_2O$$

$SnCl_2$ 的酸性水溶液是人们熟悉的还原剂. 它能把 N_2O 还原成 NH_2OH；把许多金属离子还原成低氧化态，甚至还原到金属. 例如，在 5mol/L 盐酸溶液中 Sn^{2+} 能把 Mo(Ⅵ)还原成 Mo(Ⅴ)；在浓盐酸溶液中则能还原到 Mo(Ⅲ). 在 9mol/L 盐酸溶液中 W(Ⅵ) 被 Sn^{2+} 还原成 W(Ⅴ)(此反应可以定量进行)以及 Hg(Ⅱ), V(Ⅴ), Cr(Ⅵ), Fe(Ⅲ), Pt(Ⅳ), Au(Ⅲ)分别被还原成 Hg, V(Ⅳ), Cr(Ⅲ), Fe(Ⅱ), Pt, Au.

在含盐酸的水溶液中 $SnCl_2$ 能把 SO_2 中 S(Ⅳ)还原到负离子(S^{2-})，加热使反应更易进行，其反应方程式为

$$6SnCl_2 + 2SO_2 + 8HCl \longrightarrow 5SnCl_4 + SnS_2 + 4H_2O$$

或者写成

$$3SnCl_2 + 6HCl + H_2SO_3 \longrightarrow 3SnCl_4 + H_2S + 3H_2O$$

而且还有下列副反应发生

$$2H_2S + H_2SO_3 \longrightarrow 3S + 3H_2O$$

$$2H_2S + SnCl_4 \longrightarrow SnS_2 + 4HCl$$

$$SnCl_4 + H_2SO_3 + H_2O \longrightarrow SnCl_2 + 2HCl + H_2SC_4$$

$SnCl_2$ 溶于甲醇，它及 $SnCl_2 \cdot 2H_2O$ 都易溶于乙醇，$SnCl_2 \cdot 2H_2O$ 微溶于丙醇.

3. 二溴化锡($SnBr_2$)

粉末状的金属锡溶于氢溴酸，放在水浴上进行蒸发浓缩至液面上有一层薄薄的盐膜时，冷却析出黄色针状 $SnBr_2$ 晶体. 在加热(100℃以下)并在铂或钯催化剂的作用下，将 H_2 通入 $SnBr_4$ 的醇(或醚)溶液(或含有 HBr 的水溶液)，$SnBr_4$ 即被还原成 $SnBr_2$. 温度在250℃以上时，锡将 $SnBr_4$ 还原为 $SnBr_2$，提高反应温度有利于提高产率.

在400—850℃温度范围内，用蒸气压法测得气态 $SnBr_2$ 是以二聚体 Sn_2Br_4 形式存在.

$SnBr_2$ 的生成焓 $\Delta H^\circ_{298.15} = -243.5$kJ/mol，生成自由能 $\Delta G^\circ_{298.15} = -244.76$kJ/mol. $SnBr_2$ 晶体属正交晶系. 晶格能 $U = 2234.26$kJ/mol，密度为 5.117g/cm^3，mp215.5℃，bp620℃.

气相 $SnBr_2$ 的可见紫外光谱吸收带，$v_1 = 451.7$nm，$v_2 = 396.7$ nm，$v_3 = 327.4$nm.

$SnBr_2$ 在红热时与干燥的氧反应，生成 SnO_2 并放出 Br_2. $SnBr_2$ 与碘共热至100℃生成 SnI_2Br_2.

锌、镉、铝及铅等较活泼的金属在加热时能将 $SnBr_2$ 还原成金属锡，同时生成相应的溴化物 $ZnBr_2$，$AlBr_3$，……，等等，其中铝与 $SnBr_2$ 约在216℃就能进行反应.

把 $SnBr_2$ 和 KNO_3 混合并加热，KNO_3 能把 $SnBr_2$ 氧化成 $SnBr_4$ 及 SnO_2.

$SnBr_2$ 易溶于水，溶解度0℃时为85.2g/100g，100℃时222.5g/100g. 其稀溶液水解时生成 $SnOH^+$ 及 $Sn_2(OH)_2^{2+}$

$$Sn^{2+} + H_2O \longrightarrow SnOH^+ + H^+$$

$$2Sn^{2+} + 2H_2O \longrightarrow Sn_2(OH)_2^{2+} + 2H^+$$

$SnBr_2$ 能溶于甲醇、乙醇、乙醚、丙酮、乙酸乙酯，四氢呋喃而不溶于己烷.

4. 二碘化锡(SnI_2)

在2mol/L 盐酸溶液中，碘与锡作用得红色针状晶体. $SnCl_2$ 水溶液(含盐酸)与等当量的 KI 反应，得到红色 SnI_2 沉淀. 将锡溶于氢碘酸也能生成红色 SnI_2 结晶. 把溶液中析出的 SnI_2 结晶置于盛有 P_2O_5 的真空干燥器中干燥得到 SnI_2 产品.

SnI_2 的生成焓 $\Delta H^\circ_{298} = -143.51$kJ/mol，生成自由能 $\Delta G^\circ_{298} = -163.59$kJ/mol. SnI_2 的密度为 5.285g/cm^3，mp320℃，bp717℃. SnI_2 晶体属单斜晶系，晶胞参数 $a = 1429$pm，$b = 453$pm，$c = 1072$pm，$\beta = 92°$，$Z = 6$.

SnI_2 中 Sn—I 键的离子性仅占 19%. SnI_2 可以单分子存在于气相中,但是晶格中却不存在 SnI_2 分子.

SnI_2 被加热到沸腾也不分解,所以可用蒸馏法进行纯化.

加热时用氢气能把 SnI_2 还原成金属锡. 室温下于乙醚中用镁粉能将 SnI_2 定量地还原. SnI_2 在液氨中能被金属钠还原成锡.

SnI_2 在纯水中的溶解度较低,20℃时为 0.98g/100g, 100℃时为 4.03g/100g. SnI_2 能溶于热的碱金属氯化物或碘化物水溶液. SnI_2 易溶于氨水、氢碘酸而不溶于液态 HI. 它微溶于氯仿,二硫化碳及苯.

2.2.2 一氧化锡、氢氧化亚锡和亚锡酸盐[2,4,9,10,18-20]

1. 一氧化锡(SnO)

(1) 一氧化锡的制备

由甲酸亚锡热分解可得一氧化锡

$$Sn(HCOO)_2 \xrightarrow{250—350℃} SnO + 2CO + H_2O$$

这是制备 SnO 的一种简便方法. 热分解 $Sn(OH)_2$ 也可获得 SnO,这种方法的具体过程是: 将碳酸钠分次加入 $SnCl_2 \cdot 2H_2O$ 的热浓盐酸溶液中至酚酞变红,得到白色的 $Sn(OH)_2$ 沉淀; 把 Sn(OH),置于盐水浴(沸点 110℃)上加热 2—3 小时,脱水成带有蓝黑色金属光泽的 SnO. 在隔绝空气的情况下,加热草酸亚锡也可得黑色 SnO

$$SnC_2O_4 \xrightarrow{320-350℃} SnO + CO + CO_2$$

SnO 比 SnO_2 和熔融的锡容易挥发,并且它在气态时是稳定的,因此利用此性质,采用加热 SnO_2 和锡的混合物的方法来制备 SnO,即把金属锡和 SnO_2 混合后加热到 1300—1500℃,熔融成为均匀相,生成的 SnO 迅速挥发. 把 SnO 收集于低温的充满氢气或氮气的收集器中,此时的一氧化锡是以二聚体形式 Sn_2O_2 存在.

(2) 一氧化锡的性质

SnO 具有两种变体,α 型是黑色的,属四方晶系,β 型是红色的,属正交晶系. 四方晶系 SnO 的晶胞参数 $a=379.6$pm,$c=481.6$pm,空间群为 $P\frac{4}{n}mm$,$Z=2$. 正交晶系 SnO 的晶胞参数为 $a=572$pm, $b=1112$pm, $c=500$pm, $Z=8$. 空间群为 $Bb2_1m-C_{2v}^{12}$.

黑色 α 型 SnO 转变成红色 β 型需要在真空中 550℃温度下完成.

α 型 SnO 晶体具有层状结构,锡原子位于四方锥的顶点,底部是四个氧原子. Sn—O 的键距为 221pm,层中 Sn—Sn 之间的距离是 270pm,与金属锡中 Sn—Sn 之间的距离接近.

SnO 的生成焓 $\Delta H^{\circ}_{298.15}=-285.77\mathrm{kJ/mol}$，生成自由能 $\Delta G^{\circ}_{298.15}=-256.90\mathrm{kJ/mol}$，熵 $S^{\circ}_{298.15}=54.68\mathrm{J/(mol\cdot K)}$. SnO 晶体的密度为 $6.446\mathrm{g/cm^3}$，晶格能为3489.46kJ/mol.

SnO 的蒸气压见下表:

温度,℃	670	820	955	1132	1425
蒸气压,mmHg	0.07	0.80	8.5	78	760

SnO 受强热时发生歧化反应

$$2SnO \rightleftharpoons SnO_2 + Sn$$

SnO 在空气中热至 300℃迅速被氧化成 SnO_2 并发光

$$SnO + \frac{1}{2}O_2 \longrightarrow SnO_2 \qquad \Delta H=-297.06\mathrm{kJ/mol}$$

加热时，氢可将 SnO 还原成单质锡.

SnO 与氟气加热至 150℃时仍观察不到有明显的反应. 热至 200℃反应生成物形成两层，即 SnF_4 层和 SnO_2 层，500℃时 SnO 完全转变成 SnF_4 而没有 SnO_2 生成. 氟比氯活泼，因此可以推测 SnO 与氯的反应不如 SnO 与氟容易进行. 加热至 275℃才开始发生反应，500—600℃时反应按下式进行

$$2SnO + 2Cl_2 \longrightarrow SnO_2 + SnCl_4$$

SnO 与 Br_2 也有类似的反应.

SnO 与 HF 气在 -18℃到 -7℃ 无反应. 室温下 SnO 遇 HCl 气生成 $SnCl_2$.

600—1100℃温度下 SnO 与 SO_2 的反应按下式进行

$$2SnO + SO_2 \longrightarrow 2SnO_2 + 0.5S_2$$

SnO 与 Fe_2O_3 混合并加热到 575℃保持 10 分钟，有部分 SnO 被氧化，Fe_2O_3 则被还原为 Fe_3O_4.

FeS 与 SnO 共热至 600—750℃ 时，SnO 作为氧化剂将部分 Fe(II) 氧化成 Fe(III)，反应式如下

$$4SnO + 3FeS \longrightarrow 3SnS + Fe_3O_4 + Sn$$

在真空中 SnO 与 $SrCO_3$(或 $BaCO_3$)热至 900℃时，生成 $SrSnO_2$(或 $BaSnO_2$).

SnO 与浓硝酸作用得 β-SnO_2.

2. 氢氧化亚锡

以前不少书上将氢氧化亚锡的化学式写成 $Sn(OH)_2$，实际上该物种并不存在，真正存在的是水合氧化锡(II)$3SnO\cdot H_2O$. 它的单晶是由高氯酸亚锡十分缓慢地水解得到的. 经 X 射线结构测定，证明它含有 Sn_6O_8 原子簇，其中六个锡原子在八面体的角上，氧原子在八面体的每个面上. 它的化学式可以写成 $H_4Sn_6O_8$，Sn_6O_8 原子簇之间的排列由氢桥连接. $H_4Sn_6O_8$ 是由溶液中的两个 $Sn_3(OH)_4^{2+}$ 离

子经去质子缩合而成的.

在控制条件下,亚锡盐水溶液的水解是按下列反应式进行的

$3Sn^{2+} + 4H_2O \rightleftharpoons Sn_3(OH)_4^{2+} + 4H^+$, $\lg K = -6.77 \pm 0.03$

$2Sn^{2+} + 2H_2O \rightleftharpoons Sn_2(OH)_2^{2+} + 2H^+$, $\lg K = -4.45 \pm 0.15$

$Sn^{2+} + H_2O \rightleftharpoons SnOH^+ + H^+$, $\lg K = -1.70$

其中水解产物 $Sn_3(OH)_4^{2+}$ 被认为具有环状结构,见图 11.9(a).

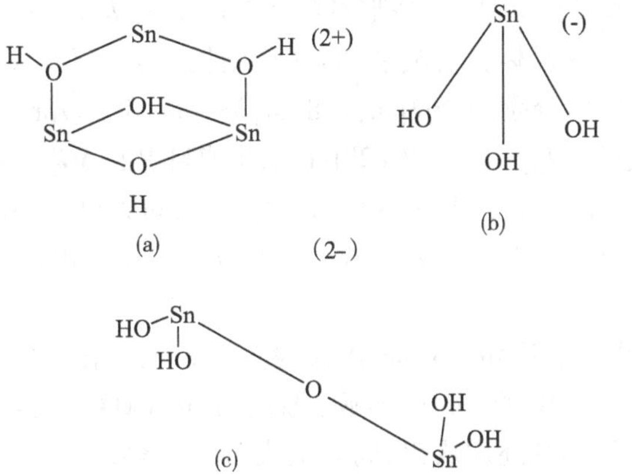

图 11.9 (a) $Sn_3(OH)_4^{2+}$, (b) $Sn(OH)_3^-$ 和 (c) $[Sn_2O(OH)_4]^{2-}$ 离子的结构

氢氧化亚锡能迅速被氧化,因此它是一种良好的还原剂. 它能把 Pb^{2+}, SbO^+, BiO^+ 离子从水溶液中还原成金属.

3. 亚锡酸盐

隔绝空气把 SnO 溶于苛性钠溶液或用 $SnCl_2$ 溶液与 NaOH 溶液作用,都能获得经基亚锡酸钠 $NaSn(OH)_3$. 其中 $Sn(OH)_3^-$ 离子具有棱锥形结构,参看图 11.9(b). $Sn(OH)_3^-$ 离子部分脱水可得氧化四羟二锡阴离子 $Sn_2O(OH)_4^{2-}$,其结构见图 11.9(c). 例如, $NaSn(OH)_3$ 溶液与 $Ba(OH)_2$ 在 35℃ 温度下反应得 $Ba[Sn(OH)_3]_2$,它在较高温度下部分脱水成 $Ba[Sn_2O(OH)_4]$.

2.2.3 锡(Ⅱ)的硫族化合物[2,4,9-11,18,21]

锡的硫化物有 SnS, SnS_2 及 Sn_2S_3.

1. 一硫化锡(SnS)

(1) 一硫化锡的制备

在加热下由单质硫和锡直接化合成灰色的 SnS 晶体. 应该注意的是硫容易蒸发,因此在合成过程中要用过量的硫. 获得的产物 SnS 通常是非化学计量的. 锡(Ⅱ) 盐的水溶液中通入 H_2S 气得到暗棕色的 SnS 沉淀. 此沉淀最初是以水合物形式存在,它容易脱水成无水 SnS. 也可在 $Na_2S_2O_3$ 水溶液中,以锡和石墨作电极进

行交流电解,生成黑色的 SnS 紧紧地附着在锡电极上.

粗制 SnS 的纯化: 把粗 SnS 置于真空中加热到 450℃ 以上,排除多余的硫,然后在氮气中加热到 1000℃维持 1—2 小时,SnS 中夹杂的 SnS_2 分解成 SnS 和 S. 然后把温度降至 890℃进行真空蒸发以除去熔融 SnS 中微量的硫. 接着进行高真空蒸馏.

(2) 一硫化锡的性质

一硫化锡晶体属正交晶系,晶胞参数 $a = 433$pm, $b = 1118$pm, $c = 398$pm,空间群为 $Pbnm$, $Z = 4$. SnS 晶体具有畸变 NaCl 型结构,其中离开每个锡原子较近的四个硫原子与锡的距离分别为 262pm,268pm,337pm 和 339pm. SnS 的晶格能 U = 2979kJ/mol,生成焓 $\Delta H^{\circ}_{298.15} = -77.82$kJ/mol,生成自由能 $\Delta G^{\circ}_{298.15} = -82.42$kJ/mol, 熵 $S^{\circ}_{298.15} = 98.74$J/(mol · K). 密度 $D^{25} = 5.22$g/cm^3. mp882℃ ,bp1230℃.

熔融的 SnS 凝固后继续降温至 600—400℃时,其休积显著膨胀,可能把薄壁的容器胀裂.

在空气中室温下,用 Mössbauer 谱仪检查 SnS 无氧化现象,但热至 300℃,SnS 表面上即形成一层 SnS_2 和 SnO_2 薄膜;温度升至 800℃,则全部转变成 SnO_2 和 SO_2. H_2 可以将热的 SnS 还原成锡,同时生成 H_2S 气体.

室温下 SnS 与氟作用,生成 SnF_4, 400—500℃ 时反应很猛烈. SnS 与氯气在常温下也能反应. 而 SnS 与溴、碘需要适当的加热才能进行反应,前者生成 $SnBr_2$ 及 S_2Br_2,后者生成 SnI_2 及 S.

SnS 与 SO_2 反应的产物随着温度改变而改变,400—800℃时生成物有 $SnSO_4$, SnO_2,也有 SnS_2 及很少量的金属锡. 高于 800℃时主要产物是 SnO_2 而没有 $SnSO_4$. 如果将 SnS 置于液态 SO_2Cl_2 中则生成 $SnCl_2$, S 及 SO_2.

SnS 与气态 HCl 在常温下不作用,共热时能起反应,生成 H_2S 和 $SnCl_2$. SnS 易溶于 3—4mol/LHCl 及 2mol/LNaOH 水溶液. SnS 于 0.1 及 1.0mol/L HCl 水溶液中的溶解度,在 20℃时分别为 4×10^{-5} 及 2.6×10^{-4}mol/L.

热的 $CuCl_2$ 及 $FeCl_3$ 稀溶液都能把 SnS 氧化,其反应式如下

$$4CuCl_2 + SnS \longrightarrow SnCl_4 + 2Cu_2Cl_2 + S$$

$$4FeCl_3 + SnS \longrightarrow SnCl_4 + 4FeCl_2 + S$$

由于在悬浮液中 SnS 与 Cu_2Cl_2 能定量地进行复分解反应,当 Cu_2Cl_2 溶液与过量的 SnS 混合,就会产生 Cu_2S 沉淀.

Sn(II) 不能形成硫代锡(II) 酸盐,只有当 Sn(II) 被氧化成 Sn(IV)后才能生成硫代锡(IV)酸盐. 因此 SnS 与 $(NH_4)_2S$ 水溶液无论冷时或热时都不起反应. 而 SnS 能溶于 $(NH_4)_2S_2$ 水溶液,其原因是多硫离子具有氧化性,把 Sn(II) 氧化成 Sn(IV)进而形成硫代锡酸盐 $(NH_4)_2SnS_3$,其反应式为

$$SnS + (NH_4)_2S_2 \longrightarrow (NH_4)_2SnS_3$$

SnS 不溶于液氨.

2. 一硒化锡(SnSe)

在 Sn-Se 体系相图上有 SnSe, $SnSe_2$ 和 Sn_2Se_3 存在.

在真空中粉状的单质硒和锡和热至 350℃时开始反应直接化合成 SnSe,并放出大量的热. 由 SnS 与 ZnSe(或 CdSe)在高温下经复分解反应也可制得 SnSe. 将 H_2Se 气体通入 $SnCl_2$ 的酸性水溶液中,可析出深棕色的 SnSe 沉淀.

SnSe 晶体属正交晶系,晶胞参数 $a=446pm$, $b=1157pm$, $c=419pm$,空间群为 $Pbnm$, $Z=4$.

SnSe 的密度为 6.179g/cm^3, mp861℃, 生成焓 $\Delta H^o_{298}=-68.62kJ/mol$, 熵$S^0_{298}=88.7J/(mol\cdot K)$.

SnSe 是蓝灰色固体,具有半导体性质. 它对热较稳定,在蒸馏时不分解. SnSe 与 H_2 在低温下不作用,在白热温度下 SnSe 被还原成金属锡,并放出 H_2Se 气体. 将 SnSe 置于空气中加热,容易被氧化成 SnO_2 及单质硒. 在二硫化碳中 SnSe 与 Br_2 能起反应

$$2SnSe+2Br_2 \longrightarrow SnBr_4+SnSe_2$$

$$SnSe+2Br_2 \longrightarrow SnBr_4+Se$$

SnSe 与碘也有类似的反应. 新沉淀出的固态 SnSe 极易溶于碱溶液中.

3. 一碲化锡(SnTe)

制备一碲化锡的方法与制备一硒化锡相似,在真空中单质锡与碲放于石英安培瓶内加热即得 SnTe. 或者把 H_2Te 气体通入 Sn(Ⅱ) 盐的酸性水溶液中,析出 SnTe 沉淀.

一碲化锡晶体有三种晶型,在通常情况下灰色的 SnTe 是 β 型,属立方晶系,$a=629.8pm$,空间群为 $Fm3m$, $Z=4$. 低温型是 α 型具有菱形结构. 高温型是 γ 型属正交晶系,$a=448pm$, $b=1159pm$, $c=437pm$. 通常情况下的 β 型 SnTe 在 18000 大气压下能够转变成 γ 型.

SnTe 的密度为 6.48g/cm^3, mp780℃.

SnTe 在高温时稳定. 它对石墨是稳定的,不但在常温下无反应,而且当 SnTe 被加热到熔融时也不与石墨起作用. 高于 720℃ SnTe 与 SnI_4 按下式反应:

$$2SnTe(S)+2SnI_4(g) \rightleftharpoons 4SnI_2(g)+Te_2(g)$$

在此场合下 Ter^{2-} 起着还原剂的作用.

SnTe 不溶于水,$K_{SP}=2.0\times10^{-45}$. 新沉淀的 SnTe 能溶于稀强酸并放出 H_2Te 气体. 块状的 SnTe 却不能与浓盐酸作用,但是热浓硫酸能使它变成紫色. SnTe 也能溶于多硫化碱水溶液中. SnTe 与 Na_2CO_3 水溶液无作用.

2.2.4　含氧酸的锡(II)盐[2,4,10,11,20,21]

1. 硫酸亚锡($SnSO_4$)

金属锡溶解于稀硫酸,或者在20—90℃时锡(II)盐如$SnCl_2$与硫酸作用都能制得$SnSO_4$. 利用锡与$CuSO_4$水溶液的置换反应,可以制备纯的硫酸亚锡.

$SnSO_4$是白色结晶粉末,其晶体属正交晶系,晶胞参数a=711.50pm, b=879.90pm ,c= 531.90pm ,空间群为$Pbnm$,Z=4. 密度为4.15g/cm^3.

$SnSO_4$在放置时很稳定,因此被推荐为纯Sn(II)的来源. $SnSO_4$在加热到350℃开始分解,350—400℃时的产物是SnO_2和SO_2,分解过程分子内部发生氧化还原.

$SnSO_4$具有强烈的吸湿性,能从空气中吸收水分. $SnSO_4$也能吸收HCl气,生成白色粉末状的加合物$SnSO_4 \cdot 2HCl$并放热.

$SnSO_4$易溶于水,它在水中及稀硫酸中的溶解度随着温度升高而降低,参见表11.17.

表11.17　$SnSO_4$在不同溶剂中的溶解度(g/100g)

溶解度 / 温度℃ / 溶剂	20	30	50	60	100
H_2O	35.2	33.4	30.0	28.2	22.0
H_2SO_4(0.5mol/L)	23.2	22.6	20.6	19.0	13.2
NaOH(1mol/L)	2.27	2.29	2.52	2.62	—

向$SnSO_4$的水溶液中加入碱或氨水,可产生碱式盐沉淀,当pH=1.5—2.7时生成$Sn_3O(OH)_2SO_4$(或$SnSO_4 \cdot 2SnO \cdot H_2O$). 此碱式盐于230℃时失水后成为$Sn_3O_2SO_4$(或$SnSO_4 \cdot 2SnO$).

2. 硝酸亚锡($Sn(NO_3)_2$)

无水固体$Sn(NO_3)_2$是不存在的,$Sn(NO_3)_2$只存在于稀溶液中. 这种溶液是由SnO溶于稀硝酸或利用$SnCl_2$(或$SnSO_4$)与硝酸盐的复分解反应来制得的. 如果将$Sn(NO_3)_2$水溶液蒸发浓缩至有结晶析出时,$Sn(NO_3)_2$即分解,而且很可能引起爆炸. 分解产物有SnO_2及氮的氧化物如一氧化二氮,羟胺等.

Weker曾把SnO溶于密度为1.2g/cm^{3}的硝酸并将所得溶液冷却到-20℃,获得白色极易潮解的叶片状结晶$Sn(NO_3)_2 \cdot 20H_2O$. 它极易分解.

HNO_3作用于水合SnO能制得碱式硝酸亚锡$Sn_3(OH)_4(NO_3)_2$晶体. 因还原剂Sn(II)和氧化剂NO_3^-共存于同一种化合物中,故$Sn_3(OH)_4(NO_3)_2$容易热分解.

3. 磷酸亚锡($Sn_3(PO_4)_2$)

可以利用 Na_2HPO_4 与 $SnSO_4$ 在酸性溶液中的反应来制备 $Sn_3(PO_4)_2$. 例如,将 10% Na_2HPO_4 溶液在搅拌下倾入硫酸酸化的饱和 $SnSO_4$ 水溶液(1:10)中,生成白色 $Sn_3(PO_4)_2$ 沉淀. 先用热水洗涤沉淀,再用乙醇、乙醚洗涤,然后把它置于 P_2O_5 上干燥. 注意,如果把 $SnSO_4$ 溶液倾入 Na_2HPO_4 溶液中,由于水解将形成黄色碱式盐沉淀.

$Sn_3(PO_4)_2$ 是白色无定形固体,D^{17} 为 3.823g/cm^3,在空气中稳定. 它不溶于水,溶于稀强酸和碱溶液.

4. 磷酸氢亚锡($SnHPO_4$)

13g 锡溶于 50ml 7:3 热磷酸水溶液,或者 10g$SnSO_4$ 溶于 50ml 水的溶液和 20mlH_3PO_4($D=1.75$g/cm^3)溶于 40ml 水配成的溶液混合都生成结晶性 $SnHPO_4$ 沉淀,沉淀在真空中干燥.

$SnHPO_4$ 的密度为 3.476g/cm^3,它在 327—330℃ 熔化,395℃ 时脱水成 $Sn_2P_2O_7$.

5. 磷酸二氢亚锡($Sn(H_2PO_4)_2$)

10g$SnHPO_4 \cdot 0.5H_2O$ 加入 10gH_3PO_4($D=1.7$g/cm^3)中,加热至 140℃ 使锡盐溶解,并将绝大部分水蒸去. 冷却后 $Sn(H_2PO_4)_2$ 结晶析出. 结晶分出后放在 P_2O_5 上干燥.

$Sn(H_2PO_4)_2$ 是白色晶体,属正交晶系,其密度为 3.167g/cm^3,它能被热水分解.

6. 焦磷酸亚锡($Sn_2P_2O_7$)

将 $SnHPO_4$ 置于 CO_2 气流中加热到 350—400℃,脱水即得无定形的 $Sn_2P_2O_7$. 或者在搅拌下向乙酸酸化的 9.09% $SnCl_2 \cdot 2H_2O$ 水溶液中,加入过量的 10% $Na_2H_2P_2O_7 \cdot 6H_2O$ 水溶液,生成 $Sn_2P_2O_7$ 沉淀,过滤,用水和丙酮洗涤后,放在盛 P_2O_5 的真空干燥器中干燥.

$Sn_2P_2O_7$ 对空气稳定,不溶于水,能慢慢地溶解于稀无机酸中,在浓无机酸中溶解较快;它也能溶于 $Na_4P_2O_7$(或 $K_4P_2O_7$)水溶液,所得溶液中会有 $SnP_2O_7^{2-}$ 离子.

7. 亚磷酸氢亚锡($SnHPO_3$)

将 10gSnO 溶于 10g 热 H_3PO_3 中,或者将 10g 锡溶于 75g1:4H_3PO_3 水溶液都能得 $SnHPO_3$.

$SnHPO_3$ 晶体属正交晶系,晶胞参数 $a=460$pm,$b=618$pm,$c=1234$pm;密度为 3.78g/cm^3,mp316℃.

2.3　锡(Ⅳ)化合物

锡的外层电子结构是 $5s^2 5p^2$,当这四个价电子都参与形成化学键时,以 sp^3 杂化轨道成键. 许多锡(IV)化合物,例如在除氟以外的四卤化锡和有机锡化合物中,都存在这种共价键. 此外,在有些锡(IV)化合物中还有利用锡的 5*d* 轨道以形成 sp^3d 及 sp^3d^2 杂化轨道而成键的.

2.3.1　锡的氢化物[2,4,19,20,22]

已知的二元锡氢化物有锡烷 SnH_4 与 Sn_2H_6.

(1) 锡烷的制备

最初采用 Sn-Mg 合金与稀酸作用制备 SnH_4,但是产率太低. 其后以铅作电极电解还原锡盐溶液来制取锡烷,产率依然很低.

后来采用在痕量氧存在下,以 $LiAlH_4$,还原 $SnCl_4$ 来制备 SnH_4,使产率达到 80%—90%. 反应步骤是

$$SnCl_4 + 4LiAlH_4 \longrightarrow Sn(AlH_4)_4 + 4LiCl$$

$$Sn(AlH_4)_4 \longrightarrow SnH_4 + 4AlH_3$$

副反应有

$$Sn(AlH_4)_4 \longrightarrow Sn(AlH_4)_2 + H_2 + 2AlH_3$$

$$Sn(AlH_4)_2 \longrightarrow Sn + H_2 + 2AlH_3$$

锡是锡烷分解的催化剂. 痕量的氧能在分解产物锡的表面上形成氧化膜,使锡失去催化作用,从而保证了锡烷的高产率.

也可利用氢化硼钠 $NaBH_4$ 水溶液(如5%)还原 $SnCl_2$ 的反应以制取锡烷,最高产率为84%. 若采用氢化硼钾 KBH_4 处理 Sn^{2+} 水溶液,除了生成 SnH_4 外,还生成乙锡烷 Sn_2H_6,此氢化物在真空系统中蒸馏时并不分解.

(2) 锡烷的性质

SnH_4 的结构如同甲烷,是正四面体结构. SnH_4 气体的密度与温度的关系符合下式

$$D_4^t = (1.737 \pm 0.001) - (3.9 \times 10^{-3} \pm 1 \times 10^{-4})t$$

在 233—273K 时 SnH_4 气体的黏度符合公式

$$\eta = (5.740 \times 10^{-7})T^{1.020}$$

SnH_4 的其他物理性质有: mp—150℃, bp—52℃,临界温度 366K,临界压力

51.7atm,临界体积为 158cm^3/mol,Sn—H 的热化学键能为 252.71kJ/mol,Sn—H 之间的距离为 170.1pm.

SnH_4 的化学性质介于锗烷与硅烷之间,光照会加速 SnH_4 的分解. SnH_4 在低温蒸馏时不分解,但在室温下明显分解,100℃以上迅速分解,此分解反应属一级反应. Sn_2H_6 的热稳定性不如 SnH_4,它在室温时即完全分解.

SnH_4 不与稀酸、稀碱反应,也不被它们分解. 但它能被浓酸或固体碱迅速分解. $AgNO_3$,$HgCl_2$ 溶液也能使 SnH_4 分解.

在液氨中,SnH_4 与钠反应放出 H_2,并生成 H_2SnNa_2. 继续加入 SnH_4 则产生 H_3SnNa. 这两种生成物的热稳定性都较差. 在 -63.5℃除去氨时,它们即分解放出氢气. 同样在液氨(-77℃)中 SnH_4 与钾反应得 H_3SnK.

SnH_4 与 HCl 气体作用放出氢气,生成氯代锡烷 H_3SnCl. 此产物的热稳定性差,在 -70℃就显著分解.

SnH_4 是很好的还原剂. 它能将苯甲醛还原成苯甲醇,此反应能定量进行. 它也很容易使硝基苯还原.

SnH_4 有剧毒.

2.3.2 四卤化锡和卤氧化锡[3,4,9-11,18-20]

1. 四氟化锡(SnF_4)

(1) 四氟化锡的制备

单质锡与氟在 190℃以上能直接化合成 SnF_4, $SnCl_4$ 与过量的无水 HF 在微热下起反应也得 SnF_4

$$SnCl_4 + HF \rightleftharpoons SnF_4 + 4HCl$$

此反应是可逆的,为了保证反应向右进行,必须加入过量的 HF. 反应后使体系温度保持在 130—220℃之间以蒸出 $SnCl_4$,再加热至红热使 $SnCl_4$ 与 SnF_4 的加合物 $SnCl_4 \cdot SnF_4$ 分解,$SnCl_4$ 挥发后即得 SnF_4.

用氟气将 SnO_2 氟化可生成 SnF_4,400℃时有 80% SnO_2 转变成 SnF_4,在 500—550℃时完全转变成 SnF_4. 或者在过量的 COF_2 存在下,用 SnO_2 与 HF 于 175—200℃ 温度下反应得 SnF_4. 另外在 25—300℃温度范围内利用 SnS_2 与氟的反应,也可制备 SnF_4.

(2) 四氟化锡的性质

SnF_4 晶体属四方晶系,晶胞参数 $a=404.8$pm, $c=793.0$pm, 空间群为 $I\frac{4}{m}mm$,$Z=2$,密度为 4.78g/cm^3. 气态 SnF_4 具有四面体结构,锡是四配位的,而固态 SnF_4 与气态 SnF_4 有明显的差别,其中锡是六配位的. 晶体 SnF_4 具有层状结构,如图 11.10 所示.

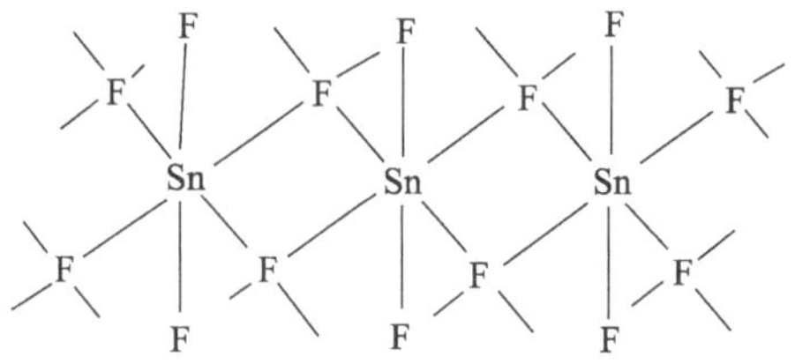

图 11.10　SnF_4 晶体的层状结构

由图可知,平面中每个锡原子分别与四个氟原子接触,Sn—F 之间的距离为 208pm,层的上面和下面各有一个氟原子,Sn—F 之间的距离是 188pm.

SnF_4 晶体有很强的吸湿性.

SnF_4 能被活泼金属钠、钾甚至铁还原成金属锡. 700℃温度下 SnF_4 亦能被锡还原成 SnF_2.

43℃时 SnF_4 吸收 NH_3 气生成加合物 $SnF_4 \cdot NH_3$. 把氨气通入盛有 SnF_4 的管中并加热到 102—130℃则生成 $SnF_4 \cdot 2NH_3$. 将 NO_2 通于 SnF_4 晶体上,在室温以上的温度时有下列反应发生

$$4NO_2 + 3SnF_4 \longrightarrow 2SnF_3(NO_3) + (NO)_2SnF_6$$

SnF_4 与磷的氯化物 PCl_3, PCl_5 及 $POCl_5$ 都能发生卤素交换反应,生成 $SnCl_4$ 及相应的磷的氟化物 PF_3, PF_5, POF_3.

2. 四氯化锡($SnCl_4$)

(1) 四氯化锡的制备

在 110—115℃温度下,金属锡与氯气可直接化合成四氯化锡

$$Sn + 2Cl_2 \longrightarrow SnCl_4$$

工业上就是利用此反应从镀锡废物回收锡,即是用氯气处理废镀锡碎片以生成 $SnCl_4$,再根据 $SnCl_4$ 比 $FeCl_3$ 容易挥发的特性,进行蒸馏得液态 $SnCl_4$.

金属锡与氯化亚硫酰($SOCl_2$)反应也能制备 $SnCl_4$

$$Sn + 2SOCl_2 \longrightarrow SnCl_4 + 1/8S_8 + SO_2$$

通氯气于红热的 SnO_2 上或者把 SnO_2 与氯化亚硫酰($SOCl_2$)一起加热到 250℃都能得 $SnCl_4$.

四氯化锡的水合物 $SnCl_4 \cdot 5H_2O$ 与 $SOCl_2$(或 $COCl_2$)一起加热回流数小时以进行脱水

$$SnCl_4 \cdot 5H_2O + 5SOCl_2 \longrightarrow SnCl_4 + 5SO_2 + 10HCl$$

再在水浴上蒸去多余的 $SOCl_2$,然后进行减压蒸馏以除去残余的 $SOCl_2$ 及溶解的 SO_2, HCl,最后收集 114℃ 时馏分,即得无水 $SnCl_4$.

粗 $SnCl_4$ 可在 CO_2 气流中蒸馏提纯.

(2) 四氯化锡的性质

四氯化锡的部分物理性质列于表 11.18.

表 11.18 四卤化锡的物理性质

性质	$SnCl_4$	$SnBr_4$	SnI_4
颜色	无色	无色	棕色
mp,℃	-33.3	31	144
bp,℃	114	205	348
晶系		单斜	立方
晶胞参数 pm			
a		1066	1226
b		710	
c		1059	
空间群		$P(21/a)$	$Pa3$
Z		4	8
生成焓 kJ/mol	-471.54	-377.40	-171.54
生成自由能,kJ/mol	-440.16	-350.20	
熔化热 kJ/mol	9.16	13.18	18.95
蒸发热 kJ/mol	33.30	43.47	56.94
密度 g/cm^3	2.23(20℃)	3.34(35℃)	4.56(20℃)
Sn—X 键距,pm	231	244	264
临界温度,℃	319		
临界压力,atm	36.947		
比热 J/(g·K)	0.6176		
介电常数	3.2		
磁化率(每摩尔 10^{-6})	-115	-149	

固态 $SnCl_4$ 的蒸气压(P)有以下数值:

t,℃	-52.6	-43.9	-39.2	-30.1
P,mmHg	0.055	0.099	0.154	0.551

液态 $SnCl_4$ 的蒸气压(P) 为:

t,℃	-10	0	10	20	30	40	50
P,mmHg	3.08	5.88	10.72	18.72	31.42	50.88	79.68
t,℃	60	70	80				
P,mmHg	121.1	178.8	257.5				

氢气可以将 $SnCl_4$ 还原成 $SnCl_2$ 和锡,200℃时反应开始,600—800℃时有 70—80% 的 $SnCl_4$ 转变成 $SnCl_2$,850—900℃时还原成金属锡.

臭氧能将无水 $SnCl_4$ 氧化成 $SnOC1_2$. 用锤打击钠(或钾)与 $SnCl_4$ 的混合物,能发生爆炸性剧烈反应.

在 $SnCl_4$ 的饱和水溶液中形成水合物 $SnCl_4 \cdot nH_2O$,$n=2,3,4,5,8(9)$,n 值随温度改变而改变,<19℃时,$n=8$ (或 9),19—56℃时,$n=5$,56—63℃之间,$n=4$,

63—83℃之间，$n=3$.

在常温下 $SnCl_4$ 吸收干燥 NH_3，形成白色固体氨合物 $SnCl_4 \cdot 2NH_3$，这是一种易升华的物质. $SnCl_4$ 与液态氨的反应产物随温度而改变，不同温度下的反应方程式如下

$$6NH_3 + SnCl_4 \xrightarrow{-63℃} Sn(NH_2)_3Cl + 3NH_4Cl$$

$$6NH_3 + SnCl_4 \xrightarrow{-45—-36℃} (NH_4)_2[Sn(NH_2)_3Cl_3] + NH_4Cl$$

$SnCl_4$ 也能与 PH_3，PCl_3，PCl_5，$POCl_3$，NOCl 等生成加合物. 如 $SnCl_4$ 与 NOCl（王水的蒸气）形成 $SnCl_4 \cdot 2NOCl$ 及 $SnCl_4 \cdot 4NOCl$ 加合物，有过量 NOCl 存在时可生成 $(NO)_2SnCl_6$. $SnCl_4$ 吸附 PH_3 生成黄色固态加合物 $3SnCl_4 \cdot 2PH_3$. $SnCl_4$ 与 PCl_5，结合成 $SnCl_4 \cdot PCl_5$ 及 $SnCl_4 \cdot 2PCl_5$. $SnCl_4$ 与 $POCl_3$ 能加合成 $SnCl_4 \cdot POCl_3$.

$SnCl_4$ 与液态 H_2S（−78.5℃）也能形成组成为 $SnCl_4 \cdot 2H_2S$ 及 $SnCl_4 \cdot 4H_2S$ 的加合物.

$SnCl_4$ 溶于氢氟酸，生成 $[SnCl_nF_{\sigma-n}]^{2-}$ 配离子（$n=1-6$）. 如果 $SnCl_4$ 水溶液中含有 NH_4F，发生水解时形成 $[SnCl_nF_m(OH)_{6-n-m}]^{2-}$ 离子（$n=2,3,4$，$m=1,2,3$）. 将 $SnCl_4$ 溶于盐酸或其他可溶性氯化物水溶液则生成氯锡阴离子 $SnCl_6^{2-}$.

$SnCl_4$ 在 6mol/L HCl 溶液中的吸收峰在 215—216nm，在 2mol/L HCl 溶液中的吸收峰在 207nm.

$SnCl_4$ 还易溶于许多其他无机溶剂，并与有些无机溶剂以任意比例互溶. 如 $SnCl_4$ 易溶于氯化亚硫酰中，1ml $SnCl_4$ 可溶于约 5ml $SOCl_2$. $SnCl_4$ 也易溶于 SO_2Cl_2，溶解过程伴随着溶剂的离解. 电导测定表明有下列离解过程

$$SnCl_4 + 2SO_2Cl_2 \rightleftharpoons 2SO_2Cl^+ + SnCl_6^{2-}$$

$SnCl_4$ 可与 CCl_4 或 CS_2 以任意比例互溶. $SnCl_4$ 也易溶于 $CHCl_3$，溶液中的 $SnCl_4$ 能与肼发生化学反应.

$SnCl_4$ 还易溶于许多有机溶剂并与有些有机溶剂以任意比例互溶，例如 $SnCl_4$ 与环己烷或苯等可按任意比例互溶. $SnCl_4$ 较难溶于乙醚. 在 $SnCl_4$ 的乙醚溶液中，镁能把 64% 的 Sn(Ⅳ) 还原成金属锡；在 −40℃ 以上，$LiAlH_4$ 能将 $SnCl_4$ 还原成 SnH_4 及 Sn，同时生成 AlH_3 及 H_2；若将温度降至 −60—−80℃，$SnCl_4$ 与 $LiAlH_4$ 发生复分解反应，生成 $Sn(AlH_4)_4$ 和 LiCl，而不涉及氧化-还原过程.

$SnCl_4$ 易溶于热乙酸，约 3 份 $SnCl_4$ 可溶于 1 份热乙酸（按重量）.

$SnCl_4$ 与某些含氧有机化合物形成加合物. 这些含氧有机物包括二噁烷、甲醇、乙醇、丙烯醇、一元羧酸酯及二元羧酸酯等（参见 2.4.2）.

3. 四溴化锡（$SnBr_4$）

(1) 四溴化锡的制备

液态溴可与锡直接化合成 $SnBr_4$. 或者利用锡与 IBr 的反应来制备上述产物.

亦可采用溴处理 $SnBr_2$ 或 SnO 来制取 $SnBr_4$ 在 155—160℃ SnO 与溴反应，除了 $SnBr_4$ 还生成 $Sn_3O_4Br_4$. 热分解 $H_2SnBr_6 \cdot 8H_2O$ 及其 Ca, Sr, Ba, Zn, Mn, Co 和 Ni 盐也能得 $SnBr_4$.

$SnBr_4$ 与 $SnCl_4$ 一样可以采用分馏方法进行提纯.

(2) 四溴化锡的性质

气态 $SnBr_4$ 具有正四面体结构，Sn—Br 键距为 244pm，Br—Br 键距是 398pm. 晶态 $SnBr_4$ 也具有正四面体结构. $SnBr_4$ 的某些物理性质列于表 11.18.

$SnBr_4$ 能被空气中的氧慢慢地氧化. 液态 $SnBr_4$ 与臭氧作用能定量地生成 $SnOBr_2$ 而没有副反应.

气态 $SnBr_4$ 吸收 347.1, 291.5, 244.2nm 的紫外线后发生如下光解反应

$$SnBr_4 \longrightarrow SnBr_2 + 2Br(^2P_{3/2})$$

$$SnBr_4 \longrightarrow SnBr_2 + Br(^2P_{3/2}) + Br(^2P_{1/2})$$

$$SnBr_4 \longrightarrow SnBr_2 + 2Br(^2P_{1/2})$$

活泼金属能将 $SnBr_4$ 还原成金属锡，例如钠、钾的稀薄蒸气(0.01mmHg) 能将气态 $SnBr_4$ 还原成金属锡. 铝与气态 $SnBr_4$ 在 155—168℃时开始反应，加热 30 分钟获得定量的锡和 $AlBr_3$.

-36℃时 $SnBr_4$ 与过量的液氨进行氨解反应

$$SnBr_4 + 8NH_3 \longrightarrow Sn(NH_2)_3Br \cdot 2NH_3 + 3NH_4Br$$

$SnBr_4$ 与过量 NO_2Cl 的反应很剧烈，在 -75℃时生成 $(NO)_2SnCl_6$, N_2O_4, Br_2 及 $SnOCl_2$. $SnBr_4$ 能与 Cl_2O 作用，生成 $SnOBr_2$

$$SnBr_4 + Cl_2O \longrightarrow SnOBr_2 + Br_2 + Cl_2$$

$SnBr_4$ 与液态 SO_2 在 -35℃时能形成加合物 $SnBr_4 \cdot 0.5SO_2$.

$SnBr_4$ 溶于氢溴酸生成溴锡酸 H_2SnBr_6. $SnBr_4$ 能溶于多种无机溶剂，例如溶于液态 HBr, HI, SO_2, S_2Br_2, CS_2, BBr_3 及 $SbBr_3$，但它不溶于液态 H_2S.

$SnBr_4$ 溶于水的过程是放热的，此水溶液冷时清澈并慢慢发生 $SnBr_4$ 的水解，加热能加速水解反应的进行

$$[SnBr_4(H_2O)_2] + nH_2O \rightleftharpoons$$
$$[Sn(OH)_{n+m}Br_{4-n}(H_2O)_{2-m}]^{m-} + nBr^- + (n+m)H^+$$

式中 $n = 0—4$, $m = 0—2$.

$SnBr_4$ 还可溶于许多有机溶剂，如溶于己烷，环己烷，石油醚，苯与甲苯. 它与苯在 -9.9℃ 时形成低共熔物；其中含 $SnBr_4$ 34.1 mol%. $SnBr_4$ 也溶于 CCl_4, CH_2Cl_2, $CHCl_3$, 1,2-二氯乙烷，溴乙烷，四溴乙烷，1,2-二氯苯，甲醇，乙醇，无水乙醇，丙醇，四氢呋喃以及二噁烷等溶剂.

水合四溴化锡

$SnBr_4$ 水溶液在浓硫酸(或 P_2O_5)上浓缩到溶液中含 66.7—73.6% $SnBr_4$ 时，析出 $SnBr_4 \cdot 8H_2O$ 晶体，此晶体部分脱水得 $SnBr_4 \cdot 4H_2O$.

4. 四碘化锡

(1) 四碘化锡的制备

与前面三种四卤化锡相似，SnI_4 也可以从它的组分元素直接合成. 取 10g 锡和 21g 碘在玻璃管中共热至 50℃时，生成红色 SnI_4. 或者采用单质锡和碘在溶剂中进行反应的方法制备 SnI_4. 取 75ml CCl_4 倒入干燥的烧瓶中，加入 12g 锡(0.101mol)和 40g 碘(0.157mol)，加热，锡与碘可在 CCl_4 中进行反应(也可用 CS_2 代替 CCl_4).

在水溶液中 Sn^{4+} 遇 I^- 离子就生成 SnI_4 沉淀. 例如，45% $SnCl_4$ 溶液与 57% HI 溶液按两种化合物的摩尔比为 1:4 混合，即析出 SnI_4 沉淀，向 $SnCl_2$ 浓溶液中加入 KI 溶液也能析出 SnI_4 沉淀. 或者以 SnO_2 溶于热的氢碘酸(在蒸汽浴上加热)中生成 SnI_4 沉淀.

(2) 四碘化锡的性质

SnI_4 在环己烷中的红外吸收峰 v_3 为 219cm^{-1}，v_4 为 71cm^{-1}，固态 SnI_4 的两个吸收峰分别为 $v_3 = 216$cm^{-1} 和 $v_4 = 60$cm^{-1}. SnI_4 的部分物理性质列于表 11.18.

将 SnI_4 加热到接近熔点(144.5℃)已有明显的分解现象，产生 SnI_2 和 I_2.

600℃温度下氢能将 SnI_4 慢慢还原，首先生成 SnI_2，进一步还原成金属锡. SnI_4 和金属锡混合并加热至 360℃缓慢反应生成 SnI_2，完成反应大约需要 14 小时.

SnI_4 溶于水即水解. SnI_4 溶于液氨，有氨解反应，在 -63— -36℃温度范围内的反应为

$$SnI_4 + 8NH_3 \longrightarrow Sn(NH_2)_2I_2 \cdot 4NH_3 + 2NH_4I$$

在熔融的 SnI_4，$SnBr_4$ 和 $SnCl_4$ 混合物中发生卤素交换反应，生成 SnI_2BrCl，$SnIBr_2Cl$ 和 $SnIBrCl_2$. SnI_4 与 $SbCl_3$，$SbCl_5$ 也能进行卤素交换反应，其中 $SbCl_5$ 还能将 I^- 离子氧化成 I_2

$$3SnI_4 + 4SbCl_3 \rightleftharpoons 4SbI_3 + 3SnCl_4$$

$$2SbCl_3 + SnI_4 \rightleftharpoons 2SbCl_3 + SnCl_4 + 2I_2$$

SnI_4 不溶于液态 H_2S，但能少量地溶于液态 SO_2. 它易溶于 $CHCl_3$，CCl_4 及 CS_2，SnI_4 可溶于许多有机溶剂，例如，烷烃、环己烷、无水醇、无水醚及苯. 它在苯、甲苯和二甲苯中生成 1:1 配合物，例如 $SnI_4 \cdot C_6H_6$.

5. 氟氧化锡和氯氧化锡

SnF_2 被 200℃的热空气氧化成 $SnOF_2$. 在真空中 200℃时 $SnF_2(NO_3)_2$ 分解后也产生 $SnOF_2$.

$SnOF_2$ 晶体属立方晶系，晶胞参数 $a = 889$pm，$Z = 12$；密度为 4.77g/cm^3. 将

$SnOF_2$ 热至350℃,即分解成 SnO_2 与 SnF_4. $SnOF_2$ 既不与 $POCl_3$ 也不与吡啶形成加合物.

以 Cl_2O 作用于 $SnCl_4$ 可以制得 $SnOCl_2$,或者把装在封闭管中的 $SnCl_2$ 和氧加热到500℃时生成 $SnOCl_2$.

$SnOCl_2$ 是一种无色易潮解的晶体,在160℃温度下分解. 用冰点降低法测出 $SnOCl_2$ 的分子量后,可以推断二氯氧锡可能以三聚体 $(SnOCl_2)_3$ 形式存在,也可能是一种环状的锡噁烷.

2.3.3 假卤化锡[2,21]

氰化锡 $[Sn(CN)_4]$ 是用 $K_4[Fe(CN)_6]$ 和 $SnCl_4$ 的复分解反应来制备的.

异氰酸锡 $[Sn(NCO)_4]$ 很容易由 $SnBr_4$(或 SnI_4)与 AgNCO 的复分解反应制得.

硫氰酸锡 $[Sn(SCN)_4]$ 可以从 $SnCl_4$ 与 NH_4SCN 在甲基氰溶液中的复分解反应得到,产物是白色晶体. $Sn(SCN)_4$ 具有两个红外吸收带,920—1070 和 1940—2080cm^{-1}. 这种盐容易水解.

叠氮化锡(IV) 直到目前为止还未曾制出过. 当四氯化锡与叠氮酸钠反应,得到的产物不是 $Sn(N_3)_4$ 而是六叠氮锡酸钠 $[Na_2Sn(N_3)_6]$

$$6NaN_3 + SnCl_4 \longrightarrow Na_2Sn(N_3)_6 + 4NaCl$$

叠氮氯锡和有机锡叠氮化物的制备方法可用下列反应式表示

$$SnCl_4 + ClN_3 \longrightarrow Cl_3SnN_3 + Cl_2$$

$$R_3SnCl + NaN_3 \longrightarrow R_3SnN_3 + NaCl$$

$$(R = CH_3, C_4H_9, C_6H_5)$$

2.3.4 二氧化锡[2,4,9,10,11,18-20]

SnO_2 以锡石形式存在于自然界.

(1)二氧化锡的制备

大规模制备 SnO_2 的方法是把金属锡置于空气流中高温灼烧,锡被氧化成 SnO_2. 其他制取 SnO_2 的方法是利用水合氧化锡(IV)及草酸锡(IV)热分解;以及 $SnSO_4$ 在氮气中加热到378℃热分解.

(2) 二氧化锡的性质

SnO_2 晶体有四方晶系及正交晶系两种变体. 四方晶系 SnO_2 的晶胞参数 a = 467pm, c = 314pm,空间群为 $P\frac{4}{m}nm$, $Z=2$.

SnO_2 的晶格能 $U = 1.185 \times 10^4$kJ/mol,密度为 6.95g/cm^3, SnO_2 的生成焓 $\Delta H^\circ_{298} = -580.74$kJ/mol,生成自由能 $\Delta G^\circ_{298.15} = -519.65$kJ/mol,熵 $S^\circ_{298.15} = 52.3$J/

(mol · K). 在289.4K时 SnO_2 的 C_p 为52.59J/(mol · K). 它的热导率为0.29J/(S · cm · K).

SnO_2 在高于1800℃时升华而无熔点.

加热时氢气能还原 SnO_2,175℃时的还原产物是SnO,185℃时得金属锡.1300—1500℃温度下锡能将 SnO_2 还原获得挥发物SnO,这是制备SnO的一种方法.

SnO_2 与氟气在300℃以下无作用,温度升到400℃时,有80% SnO_2 转变成 SnF_4,在500—550℃温度下 SnO_2 完全变成 SnF_4. 而 SnO_2 与氯气需要加热到800℃才开始反应,SnO_2 能完全氯化成 $SnCl_4$ 并放出 O_2. SnO_2 与HCl气只需400℃以下温度就开始反应,生成 $SnCl_4$ 和 H_2O.

SnO_2 与纯炭在低于1000℃温度下没有明显的反应,而 SnO_2 与CO在400℃时就开始反应,高于840℃能迅速反应

$$SnO_2(s) + CO(g) \longrightarrow SnO(g) + CO_2(g)$$

$$SnO(g) + CO(g) \longrightarrow Sn(l) + CO_2(g)$$

高温下 CaC_2 能把 SnO_2 还原到金属,而没有 SnC_2 生成

$$3SnO_2 + 2CaC_2 \longrightarrow 3Sn + 2CaO + 4CO \quad -107.11kJ$$

SnO_2 难溶于酸和碱溶液中,例如在200℃以下,SnO_2 对0.05mol/L HNO_3 或0.05mol/L NaOH 溶液都是稳定的. 用0.2—2.5mol/LNaOH溶液能够浸出 $SnO_2$0.0034到0.03mol/L,其反应式为

$$SnO_2 + 2H_2O + OH \rightleftharpoons Sn(OH)_5^-$$

红热的 SnO_2 能少量溶于浓盐酸. SnO_2 溶于不同浓度热硫酸;与熔融苛性碱反应生成锡酸盐.

CH_4 通过700－910℃的 SnO_2 表面时,后者被还原成金属锡.

SnO_2 和 Na_2CO_3、硫磺混合并加热反应,生成硫代锡(IV)酸钠

$$SnO_2 + 2Na_2CO_3 + 4S \longrightarrow Na_2SnS_3 + Na_3SO_4 + 2CO_2$$

SnO_2 主要用作珐琅釉及乳白玻璃的原料.

水合二氧化锡

α-二氧化锡亦称α-锡酸,它是由Sn(IV)盐在低温下水解制得的. 例如,将30g纯锡溶于200ml沸腾的浓硫酸,继续加热煮沸,直至析出的硫凝聚成团而溶液变成澄清透明. 冷却后过滤;再将浓硫酸加入滤液使溶液总体积为200ml. 在猛烈搅拌下,将溶液迅速滴入一升去离子水(过程中使溶液保持在0—2℃). 此时溶液变成乳白色. 次日再按同样方法用五升去离子水将它稀释,于是析出乳白色组成为 $SnO_2 \cdot xH_2O$ 的α-锡酸. 待沉淀沉降后,用大量去离子水将沉淀洗涤多次,以洗去大部分硫酸,直至洗出液近中性,然后过滤,再用水洗至无硫酸根(用 $BaCl_2$ 检查). 所得α-锡酸在空气中室温下干燥(此时已有一部分转变成β型).

若用氨水水解 $SnCl_4$ 水溶液以制备α-锡酸,则除去产品上吸附的杂质离子是

十分困难的.

若采用高温水解或者在水浴上把锡溶解于 HNO_3($D=1.4g/cm^3$),则生成β-二氧化锡或称为β-锡酸.

α-锡酸易溶于酸或碱,显示它的两性性质. α-锡酸陈化后转变为β-锡酸. β-锡酸难溶于酸或碱及其他溶剂.

α、β 型锡酸都具有含吸收水的金红石结构,两者在性质上的明显差异,可能与它们的颗粒大小及表面性质不同有关.

加热时,α、β 型锡酸的脱水曲线绘于图 11.11 中.

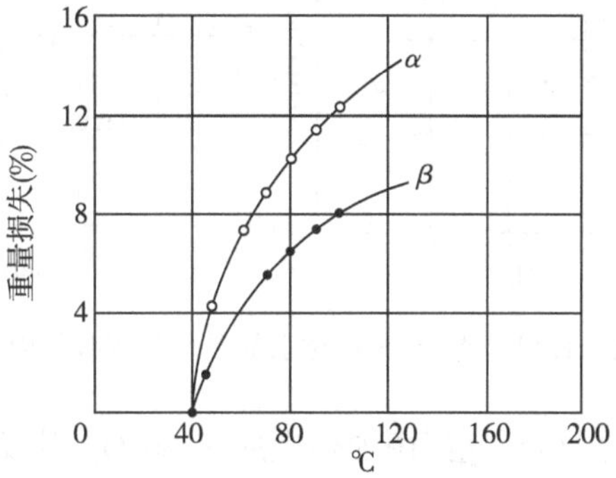

图 11.11 α, β 锡酸的脱水曲线

水合二氧化锡与氢气在 38atm 和 300℃ 温度下经三个小时作用形成白色结晶水合一氧化锡. 再将温度与压力分别提高到 350℃ 及 50atm,经过一小时作用有部分 Sn(II) 被还原成金属锡.

锡酸能吸附氨气,在 19℃ 及氨气压力 < 1mmHg 的情况下,生成氨合物的组成是 $SnO_2 \cdot 0.30NH_3 \cdot 1.26H_2O$.

水合 SnO_2 具有离子交换性质,干燥的 α-锡酸在 032mol/L HNO_3 溶液中吸附阴离子的次序是 $PO_4^{3-} > C_2O_4^{2-} > SO_4^{2-} > Cr_2O_7^{2-} > [Fe(CN)_6]^{4-} > [Fe(CN)_6]^{3-} > Cl^- > MnO_4^- > Br^- > I^-$. β-锡酸吸附阴离子的次序为 $PO_4^{3-} > Br^- > Cl^-$.

水合 SnO_2 在 0℃ 及 100℃ 时对水的吸附及解吸等温线见图 11.12. 在 13.2℃ 温度下,当它与苯蒸气饱和的空气接触时能吸附 7.0% 的苯. 水合二氧化锡也能吸附丙酮、甲苯、二甲苯、乙醚、二硫化碳、氯仿、吡啶、甲酚蒸气.

锡的氧化物除 SnO 与 SnO_2 外,已报道的 SnO 与 SnO_2 之间的中间化合物还有 Sn_2O_3, Sn_3O_4, Sn_5O_6. 而在相图上 SnO 和 SnO_2 之间只有 Sn_3O_4 存在.

2.3.5 锡酸盐[2,24]

碱金属氧化物和 SnO_2 以不同比例混合,在真空中(或氮气氛中)一起加热,在不同温度下分别生成 M_2SnO_3，M_4SnO_4 及 $M_2Sn_2O_7$ 型式的锡酸盐. 例如 Na_2O 与 SnO_2 在真空中 500℃时生成 Na_4SnO_4. 该物质在氮气氛下于 800℃分解为 Na_2SnO_3 及 Na_2O. 相同情况下，K_2SnO_3 在 850℃分解成 $K_2Sn_3O_7$ 及 K_2O

$$3K_2SnO_3 \xrightarrow{850℃} K_2Sn_3O_7 + 2K_2O$$

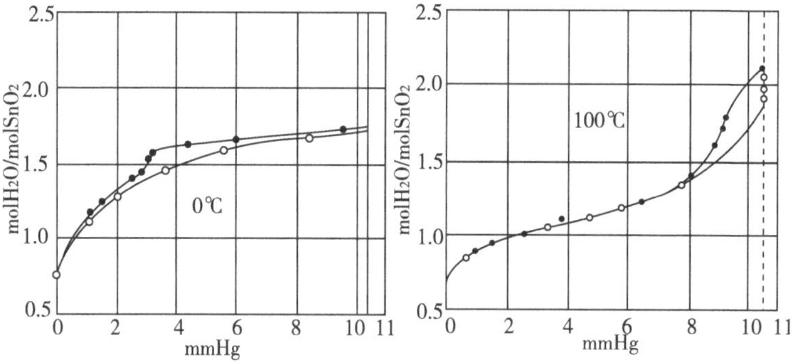

图 11.12　水合 SnO_2 对水的吸附和解吸等温线

K_4SnO_4，K_2SnO_3 在 CO_2 气氛中加热生成 $K_2Sn_4O_9$，其反应方程式如下

$$4K_4SnO_4 + 7CO_2 \xrightarrow{320-600℃} K_2Sn_4O_9 + 7K_2CO_3$$

$$4K_2SnO_3 + 3CO_2 \xrightarrow{320-600℃} K_2Sn_4O_9 + 3K_2CO_3$$

温度高于 660℃，$K_2Sn_4O_9$ 与 CO_2 能进一步反应生成 SnO_2

$$K_2Sn_4O_9 + CO_2 \xrightarrow{>600℃} K_2CO_3 + 4SnO_2$$

将 NaOH 水溶液加入 $SnCl_4$ 水溶液中，$SnCl_4$ 水解成水合二氧化锡沉淀. 该沉淀物溶于热的 7mol/L NaOH 溶液，最后生成 $Na_2[Sn(OH)_6]$ 沉淀. 依次用 7mol/L NaOH 水溶液，乙醇及乙醚洗涤沉淀得到纯 $Na_2[Sn(OH)_6]$. 把 $Na_2[Sn(OH)_6]$ 加热到 250℃时脱水获得立方晶系的 α-Na_2SnO_3，继续加热至 330℃ 发生晶型转变得单斜晶系的 β-Na_2SnO_3.

β-Na_2SnO_3 的晶胞参数为 $a = 550$pm，$b = 953$pm，$c = 1099$pm；$\beta = 99.6°$，空间群为 $C\frac{2}{c}$，$Z = 8$.

锡酸盐通常都是白色晶体，它们对 CO_2 敏感，与水剧烈反应.

2.3.6　过锡酸及其盐[2.11]

以过氧化氢与 Sn(II) 或 Sn(IV) 化合物作用可得过锡酸或过锡酸盐，已见于报道的有 $H_2Sn_2O_7$，$HSnO_4 \cdot 3H_2O$，$KSnO_4 \cdot 2H_2O$ 及 $K_2Sn_2O_7 \cdot 3H_2O$. 这些化合物的确切性质目前还不清楚，在许多情况下它们只是 H_2O_2 的加合物. 把 Na_2CO_3 加入

$SnCl_2$ 水溶液中沉淀出氢氧化亚锡，再加入过量的 30% H_2O_2 后，加热至 70℃，过滤，干燥得白色过锡酸 $HSnO_4 \cdot 3H_2O$，进一步干燥，它逐渐失去水和氧，到 100℃时转变成 $H_2Sn_2O_7 \cdot 3H_2O$.

以 H_2O 作用于锡酸钾（钠）得白色无定形粉末状的过锡酸钾（钠）$KSnO_4 \cdot 2H_2O$（或 $NaSnO_4 \cdot 2H_2O$）. 加热，它即失去水和氧，转变成 $K_2Sn_2O_7 \cdot 3H_2O$. 或者采用碱金属锡酸盐浓溶液在低电流密度下电解，在阳极的氧化作用下能够产生少量的过锡酸根.

$KSnO_4 \cdot 2H_2O$ 的水溶液呈碱性，在 H_2SO_4 介质中有还原性，能使 $KMnO_4$ 褪色.

2.3.7 锡(Ⅳ)的硫族化合物[2,4,7,10,11,18,21]

1. 二硫化锡

(1) 二硫化锡的制备

大量制备二硫化锡的方法是由其组分元素在加热下直接化合而成. 例如锡丝与气态硫在 500℃以上的温度下经 400 小时的反应得黄色小片状二硫化锡，产物可用升华法提纯.

SnS 或 Sn_2S_3 与硫在真空石英管中加热也得 SnS_2. 或者将 H_2S 气通入酸性 $SnCl_4$ 溶液中析出亮黄色 SnS_2 沉淀

$$SnCl_4 + 2H_2S \longrightarrow SnS_2 + 4HCl$$

(2) 二硫化锡的性质

SnS_2 有两种晶型，常温下稳定的 α 型，属六方晶系，它在高温时转变成 β 型.

α 型 SnS_2 的晶胞常数 $a = 362pm$, $c = 585pm$，密度为 4.5g/cm³. $\Delta H^o_{298} = -179.58kJ/mol$, $\Delta g^o_{298} = -198.95kJ/mol$.

SnS_2 在隔绝空气的条件下加热至 600℃即分解成 SnS，Sn_2S_3 和硫. SnS_2 在空气中加热到 200—400℃时，有部分 SnS_2 被氧化，500℃温度下可完全被氧化成 SnO_2.

在适当温度下氢能还原 SnS_2，例如两者在 210℃经 8 小时反应生成 SnS 550℃时经 4 小时生成金属锡.

SnS_2 与 F_2 在 100℃以下无作用，200℃ 以上全部 SnS_2 被氟化成 SnF_4 但氯气在室温下就能与 SnS_2 起化学反应，生成 $SnCl \cdot 2SCl_4$ 黄色结晶.

SnS_2 遇热的 HCl 气或 HBr 气起复分解反应，分别生成 $SnCl_4$ 或 $SnBr_4$ 以及 H_2S 气体.

在液氨介质中 SnS_2 与碱金属起化学反应，生成加成化合物 $MSnS_2$.

SnS_2 不溶于 −18 到 −7℃的无水液态 HF，它微溶于水，其溶解度为 0.0002g/100ml. H_2O_2 可以把 SnS_2 氧化成 SnO_2 和 H_2SO_4.

在室温下,从水溶液中新沉淀出来的 SnS_2 易溶于过量的热的 5mol/L HCl,并放出 H_2S

$$SnS_2 + 4HCl \rightleftharpoons SnCl_4 + H_2S$$

但是由高温干法合成的 β-SnS_2,却十分难溶于浓盐酸和硝酸. 沸腾的王水可以把它氧化成 SnO_2 和 H_2SO_4.

SnS_2 微溶于微碱性溶液,当 pH = 12 时有下列反应

$$SnS_2 + OH^- \rightleftharpoons Sn(OH)S_2^-$$

溶于苛性碱溶液中的 SnS_2 与碱反应时,生成羟基锡酸离子和硫代锡酸根离子

$$3SnS_2 + 6OH^- \rightleftharpoons [SnS_3]^{2-} + [Sn(OH)_6]^{2-}$$

SnS_2 溶于 Na_2S 及 $(NH_4)_2S$ 溶液,形成硫代锡酸盐 M_2SnS_3 及 $M_4[SnS_4(H_2O)_2]$. SnS_2 在液氨中也有类似的反应,生成难溶的 $(NH_4)_4SnS_4$ 和易溶的 $(NH_4)_2SnS_3$.

SnS_2 与硫化物(如 BaS)一起加热得到硫代酸盐

$$BaS + SnS_2 \xrightarrow[\text{真空,石英管}]{500-1300℃} BaSnS_3$$

由于 CuS 比 SnS_2 难溶于水,SnS_2 与热 $CuCl_2$ 溶液能发生复分解反应,并且反应进行得较完全

$$SnS_2 + CuCl_2 \longrightarrow SnCl_4 + 2CuS$$

同样它与 Cu_2Cl_2 溶液也能进行复分解反应,生成 $SnCl_4$ 及 Cu_2S,但反应不完全.

SnS_2 不溶于冷的 $(NH_4)_2CO_3$ 饱和溶液,加热时 100ml 碳酸铵溶液能够溶解约 0.17g SnS_2.

在酸性溶液中,$KMnO_4$ 能将 SnS_2 氧化成 SnO_2 及 SO_4^{2-}

$$16KMnO_4 + 5SnS_2 + 28H^+ \longrightarrow 5SnO_2 + 10SO_4^{2-} + 16Mn^{2+} + 16K^+ + 14H_2O$$

SnS_2 不溶于液态 H_2S,也无化学反应. 它溶于 SO_2Cl_2 并起反应,生成 $SnCl_4$,同时析出硫.

纯二硫化锡用作假金.

2. 三硫化二锡(Sn_2S_3)

锡与硫的二元化合物中,除了 SnS 和 SnS_2 外,还有 Sn_2S_3,这是一种含 Sn(Ⅳ)及 Sn(Ⅱ) 的混合硫化物.

单质锡与硫按化学计量混合,放于石英管中,抽真空并加热到 500—900℃,得到黑色的 Sn_2S_3 晶体. 也可用 SnO (或 SnO_2) 与单质硫在 600—800℃温度下反应来制备 Sn_2S_3.

经 X 射线测定,Sn_2S_3 的结构是由 $Sn^{IV}S_6$ 八面体和 Sn(Ⅱ)离子连接成线型结构.

Sn_2S_3 晶体属正交晶系,晶胞参数 $a = 879$pm ,$b = 1402$pm,$c = 374$pm . 空间群

为 $Pnam-D_{2h}^{16}$.

将 Sn_2S_3 加热至 640℃,即开始热分解成 SnS 和 S.

3. 二硒化锡($SnSe_2$)

化学计量的单质锡和硒在真空中加热到 700—800℃ 直接合成 $SnSe_2$. 或将 H_2Se 气体通入酸性 $SnCl_4$ 水溶液,即析出暗橙色到暗红褐色的 $SnSe_2$ 沉淀. 在 CS_2 溶剂中化学计量的碘能把 SnSe 氧化成 $SnSe_2$,其反应式为

$$2SnSe+2I_2 \longrightarrow SnI_4+SnSe_2$$

注意,碘不能过量,否则 $SnSe_2$ 就会与碘进一步反应,生成 Se 及 SnI_4,影响 $SnSe_2$ 的产率.

$SnSe_2$ 具有 CdI_2 结构,晶胞参数 $a=381.1pm$, $c=613.7pm$. $SnSe_2$ 和 SnSe 一样也是半导体,其电阻率为 10^3 到 $10^{-1}\Omega\cdot cm$.

$SnSe_2$ 能热分解成 SnSe 和 Se.

4. 三硒化二锡(Sn_2Se_3)

将摩尔比为 2:3 的单质锡与硒混合物放入石英管中,抽真空后加热到 220℃,由此获得的不是单一的化合物,而是 SnSe 和 $SnSe_2$ 的混合物,可以看作 Sn_2Se_3.

5. 二碲化锡($SnTe_2$)

在 Sn-Te 体系的相图中找不到 $SnTe_2$ 存在的依据. 将 H_2Te 气通入酸性 Sn(Ⅳ) 水溶液中,能获得 $SnTe_2$ 沉淀. 经鉴定,高温下的 $SnTe_2$ 沉淀由线型分子组成,其分子结构与 CO_2 的相似.

2.3.8 含氧酸的锡(Ⅳ) 盐[2.21]

1. 硫酸锡[$Sn(SO_4)_2$]

$SnCl_4$ 的 SO_2Cl_2 溶液和 SO_3(摩尔比 1:6)经 40 小时反应,生成无水 $Sn(SO_4)_2$,其反应如下

$$SnCl_4+6SO_3 \longrightarrow Sn(SO_4)_2+2S_2O_5Cl_2$$

二水合硫酸锡 $Sn(SO_4)_2\cdot 2H_2O$ 是由新沉淀的水合 SnO_2 溶于热稀硫酸来制备的. 它是无色针状结晶,具有特强的吸湿性,因此最好贮存在密封的安瓿中.

$Sn(SO_4)_2$ 的生成焓 $\Delta H_{298}^{\circ}=-1645.99$ kJ/mol, 生成自由能 $\Delta G_{298}^{\circ}=-1556.45$kJ/mol.

$Sn(SO_4)_2$ 在水中完全水解成水合二氧化锡沉淀,它溶于稀硫酸可得到清澈的溶液.

在 $Sn(SO_4)_2-H_2SO_4-H_2O$ 体系中,当 H_2SO_4 浓度 <4mol/L 时有下列平衡

$$SnSO_4^{2+}+SO_4^{2-} \rightleftharpoons Sn(SO_4)_2$$

当 H_2SO_4 浓度在 4—17mol/L 时,则有

$$Sn(SO_4)_2 + H_2SO_4 \rightleftharpoons H_2[Sn(SO_4)_3]$$

2. 硝酸锡[$Sn(NO_3)_4$]

以 N_3O_5, $ClNO_3$ 或 $BrNO_3$ 作用于 $SnCl_4$ 得白色挥发性的 $Sn(NO_3)_4$. 其中锡具有八配位数,每个硝酸根基团作为二齿配位体.

$Sn(NO_3)_4$ 在水中容易水解.

$Sn(NO_3)_4$ 与脂肪烃很容易反应,生成羧酸、烷基硝酸和硝基烷. 此反应容易进行是因为 $Sn(NO_3)_4$ 能释放出活性很强的自由基 NO_3

$$Sn(NO_3)_4 \longrightarrow Sn(NO_3)_2 + 2NO_3$$

3. 锡(IV) 的磷酸盐

(1) 磷酸氢锡[$Sn(HPO_4)_2$]

将 $SnCl_4$ 与浓 H_3PO_4 按摩尔比为 1:5 混合,加热至 150℃并维持 24 小时,生成结晶性沉淀,沉淀用丙酮洗涤,然后在 P_2O_5 上干燥获得 $Sn(HPO_4)_2 \cdot H_2O$. 此化合物在 100—130℃ 脱水成无水盐;继续加热至 250—300℃ 能进一步脱水,生成 SnP_2O_7.

(2) 焦磷酸锡(SnP_2O_7)

新沉淀的水合二氧化锡与 84% H_3PO_4 混合,放在铂容器中加热到 200—250℃约 1 小时,得到澄清溶液,然后迅速升温到 500℃并保持 3—4 小时,有 SnP_2O_7 结晶生成. 或者将 $Sn(HPO_4)_2$ 加热脱水得 SnP_2O_7.

SnP_2O_7 晶体属立方晶系 $a = 791pm$, $Z = 4$. SnP_2O_7 受强热时分解,放出 P_2O_5 残留 SnO_2. SnP_2O_7 不溶于 H_2O_2、浓酸、浓碱、苯或醇.

锡(IV)的其他磷酸盐有 $Sn_2O(PO_4)_2 \cdot 10H_2O$, $Sn_2O(PO_4)_2$ 和 SnP_4O_{12},还有配合物 $K_5Sn(PO_4)_3$, $KSnOPO_4$ 和 $Na_2Sn(PO_4)_2$.

4. 砷酸锡[$Sn(HAsO_4)_2 \cdot H_2O$]

将无水 $SnCl_4$ 加入含 6mol/L H_3AsO_4 和 3mol/L HNO_3 的溶液中,并使此溶液中的原子比 As:Sn = 10. 然后加热约 100 小时,得砷酸锡结晶 $Sn(HAsO_4)_2 \cdot H_2O$ (或 $SnO(H_2AsO_4)_2$),产物中 As:Sn 为 1.97.

0.1mol/L $SnCl_4$ 与 0.1mol/L Na_2HAsO_4(或 H_3AsO_4)水溶液按等体积混合,在 pH = 1 时,振荡此溶液,生成的沉淀用水洗净后于 40℃温度下干燥即得无定形砷酸锡. 产品中 As 与 Sn 之比为 1.80—1.84.

结晶砷酸锡在 100—200℃温度下脱水成 $Sn(HAsO_4)_2$. 在常温下结晶砷酸锡对 8—12mol/L HCl, 8mol/L H_2SO_4, 8mol/L HNO_3, 8mol/L HF 在一周内是稳定的,甚至在沸腾温度下也不溶于这些无机酸.

无定形砷酸锡对稀 HNO_3, H_2SO_4, HCl,水以及有机溶剂都是稳定的.

砷酸锡能溶于碱,无定形砷酸锡易溶于 0.1mol/L NaOH 溶液中. 结晶砷酸锡溶于 1mol/L 以上浓度的苛性碱水溶液.

砷酸锡对热及酸稳定,并有离子交换性质,因此它是较高温度下很好的 H 型离子交换剂,特别适用于 Pb^{2+},Fe^{2+},Fe^{3+}, Cr^{3+} 和 UO_2^{2+} 离子的分离.

2.3.9 锡-水体系的电势-pH 图[25]

1. 用于绘制锡-水体系电势-pH 图的反应式和方程式

(1) $Sn^{2+} + 2H_2O \rightleftharpoons HSnO_2^- + 3H^+$

$$\lg \frac{[HSnO_2^-]}{[Sn^{2+}]} = -15.88 + 3pH$$

(2) $Sn^{4+} + 3H_2O \rightleftharpoons SnO_3^{2-} + 6H^+$

$$\lg \frac{[SnO_3^{2-}]}{[Sn^{4+}]} = -23.47 + 6pH$$

(3) $Sn^{4+} + 2e \rightleftharpoons Sn^{2+}$

$$\varphi = 0.151 + 0.0295\lg \frac{[Sn^{4+}]}{[Sn^{2+}]}$$

(4) $SnO_3^{2-} + 6H^+ + 2e \rightleftharpoons Sn^{2+} + 3H_2O$

$$\varphi = 0.844 - 0.1773pH + 0.0295\lg \frac{[SnO_3^{2-}]}{[Sn^{2+}]}$$

(5) $SnO_3^{2-} + 3H^+ + 2e \rightleftharpoons HSnO_2^- + H_2O$

$$\varphi = 0.374 - 0.0886pH + 0.0295\lg \frac{[SnO_3^{2-}]}{[Sn^{2-}]}$$

(1′) $Sn^{2+}/HSnO_2^-$ $pH = 5.29$

(2′) Sn^{4+}/SnO_3^{2-} $pH = 3.91$

(3′) Sn^{2+}/Sn^{4+} $\varphi = 0.151$

(4′) Sn^{2+}/SnO_3^{2-} $\varphi = 0.844 - 0.1773pH$

(5′) $HSnO_2^-/SnO_3^{2-}$ $\varphi = 0.374 - 0.0886pH$

(6) $SnO + 2H^+ + 2e \rightleftharpoons Sn + H_2O$

a. $\varphi = -0.104 - 0.0591pH$

b. $\varphi = -0.091 - 0.0591pH$

(7) $SnO_2 + 4H^+ + 4e \rightleftharpoons Sn + 2H_2O$

c. $\varphi = -0.106 - 0.0591pH$

d. $\varphi = -0.008 - 0.0591pH$

(8) $SnO_2 + 2H^+ + 2e \rightleftharpoons SnO + H_2O$

$$ac.\ \varphi = -0.108 - 0.0591pH$$

$$ad.\ \varphi = 0.088 - 0.0591pH$$

$$bc.\ \varphi = -0.121 - 0.0591pH$$

$$bd.\ \varphi = 0.075 - 0.0591pH$$

(9) $Sn^{2+} + H_2O \rightleftharpoons SnO + 2H^+$

$$a.\ \lg[Sn^{2+}] = 1.07 - 2pH$$

$$b.\ \lg[Sn^{2+}] = 1.50 - 2pH$$

(10) $SnO + H_2O \rightleftharpoons HSnO_2^- + H^+$

$$a.\ \lg[HSnO_2^-] = -14.81 + pH$$

$$b.\ \lg[HSnO_2^-] = -14.38 + pH$$

(11) $Sn^{4+} + H_2O \rightleftharpoons SnO_2 + 4H^+$

$$c.\ \lg[Sn^{4+}] = -7.68 - 4pH$$

$$d.\ \lg[Sn^{4+}] = -1.02 - 4pH$$

(12) $SnO_2 + H_2O \rightleftharpoons SnO_3^{2-} + 2H^+$

$$c.\ \lg[SnO_3^{2-}] = -31.16 + 2pH$$

$$d.\ \lg[SnO_3^{2-}] = -24.50 + 2pH$$

(13) $Sn^{2+} + 2e \rightleftharpoons Sn$

$$\varphi = -0.136 + 0.0295\lg[Sn^{2+}]$$

(14) $HSnO_2^- + 3H^+ + 2e \rightleftharpoons Sn + 2H_2O$

$$\varphi = 0.333 - 0.0886pH + 0.0295\lg[HSnO_2^-]$$

(15) $SnO_2 + 4H^+ + 2e \rightleftharpoons Sn^{2+} + 2H_2O$

$$c.\ \varphi = -0.077 - 0.1182pH - 0.0295\lg[Sn^{2+}]$$

$$d.\ \varphi = 0.120 - 0.1182pH - 0.0295\lg[Sn^{2+}]$$

(16) $SnO_3 + H^+ + 2e \rightleftharpoons HSnO_2^-$

$$c.\ \varphi = -0.546 - 0.0295pH - 0.0295\lg[HSnO_2^-]$$

$$d.\ \varphi = -0.349 - 0.0295pH - 0.0295\lg[HSnO_2^-]$$

(17) $SnO_3^{2-} + 4H^+ + 2e \rightleftharpoons SnO + 2H_2O$

$$a.\ \varphi = 0.812 - 0.1182pH + 0.0295\lg[SnO_3^{2-}]$$

$$b.\ \varphi = 0.791 - 0.1182pH + 0.0295\lg[SnO_3^{2-}]$$

(18) $Sn + 4H^+ + 4e \rightleftharpoons SnH_4$

$$\varphi = -1.074 - 0.0394pH - 0.0148\lg P_{SnH_4}$$

式前符号: a. 黑色无水 SnO, b. 白色水合 SnO, c. 无水 SnO_2, d,水合 SnO_2.

2. 锡-水体系的电势-pH 图

在溶液中,锡的氧化还原反应不仅与溶液中离子的浓度有关,而且与溶液的 pH 值有关,即电极电势与浓度及酸度成函数关系. 若指定浓度,则电极电势只与溶液的 pH 值有关. 由此利用上述方程式可算得不同 pH 值时的电极电势,并绘出电势-pH 图.

图 11.13 是采用有关无水 SnO 和无水 SnO_2 的方程计算的结果绘制成的. 图 11.14 是采用有关水合 SnO 和水合 SnO_2 的方程计算的结果绘制成的. 两个图中 1,2,……线的编号与上述方程的编号相一致; a 线与 b 线的意义见本分族图 11.5 后的解释.

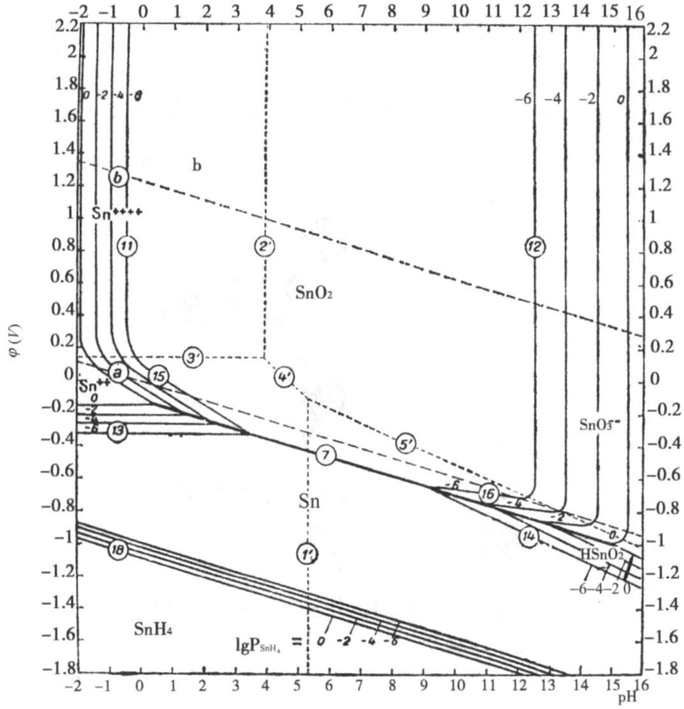

图 11.13 锡-水体系的电势-pH 图(25℃)

(图中 SnO_2 是无水 SnO_2)

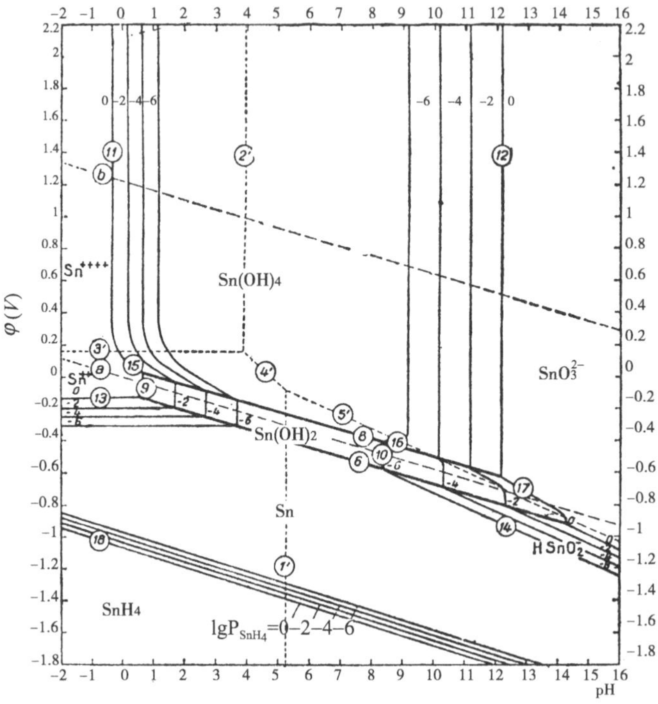

图 11.14　锡-水体系的电势-pH 图

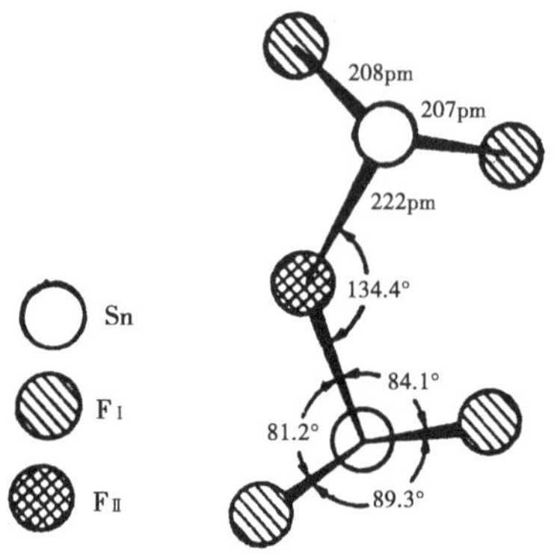

图 11.15　$NaSn_2F_5$ 中 $Sn_2F_5^-$ 离子的结构

2.4 锡的配位化合物

2.4.1 锡(Ⅱ)的配位化合物[2,11,18,19,24,26-28]

1. 卤合锡(Ⅱ)酸及其盐

SnX_3^- 离子存在于溶液及 $HSnX_3$ 酸和 $MSnX_3$ 盐中. SnX_3^- 离子是三棱锥形的,位于锥顶的锡原子有一对未键合的电子对;此电子对使 SnX_3^- 成为配位体能与许多金属形成配位化合物.

在溶液中 SnX_3^- 的离解常数: SnF_3^- 为 1.1×10^{-11}, $SnCl_3^-$ 为 3×10^{-5}, $SnBr_3^-$ 是 4.5×10^{-2},由此可见它们的稳定性顺序是 $SnF_3^- > SnCl_3^- > SnBr_3^-$.

$HSnCl_3$, $HSnI_3$ 晶体可以从溶液中结晶出来. 例如,在0℃时 $SnCl_2$ 水溶液先以 HCl 气饱和,然后冷却至 -40℃析出 $HSnCl_3$ 晶体. 饱和 SnI_2 水溶液与25% HI 水溶液混合,用冰水冷却得 $HSnI_3$ 黄色针状晶体.

M^ISnX_3(X = F, Cl, Br, I) 可由相应组分的熔融盐制得,也可从水溶液中析出结晶.

H_2SnX_4 存在于溶液及晶体中,它的碱金属、碱土金属的盐: Na_2SnF_4, K_2SnF_4, Na_2SnCl_4, $K_2SnCl_4\cdot nH_2O(n=0,1,2,3)$, $K_2SnBr_4\cdot nH_2O(n=0,1,2)$, $BaSnCl_4\cdot 4H_2O$ 等都已经制得和研究过. 例如:Na_2SnF_4, K_2SnF_4 在相应比例的 NaF - SnF_2 及 KF - SnF_2 熔融体系中生成,K_2SnCl_4 可以由 KCl 浓溶液与 $SnCl_2$ 溶液按一定比例混合后,浓缩结晶而得.

当 MX-SnX_2 体系或其水溶液中 X^- 离子的浓度不足于形成 $MSnX_3$ 时,可生成 MSn_2X_5 盐. 例如,MSn_2F_5(M 为 Na, K, Rb, Cs)可以从 MF-SnF_2 熔融体系或 MF-SnF_2-H_2O 体系中生成. KSn_2Cl_5 可以从 KCl-$SnCl_2$-H_2O 体系中形成. KSn_2Br_5 可在 KBr-$SnBr_2$ 熔融体系中生成. 在隔绝氧气的条件下,将 SnI_2 加入 RbI 热溶液(含 HCl),当 SnI_2 过量时,可得橙黄色立方晶体 $RbSn_2I_5$.

$Sn_2F_5^-$ 离子的结构绘于图 11.15. 由图可见两个 SnF_2 基团是通过 F 来联接的. Sn—F 之间的距离是222pm,两端 Sn—F 之间的距离为207pm 和208pm.

在 KCl-$SnCl_2$ 体系中还生成 KSn_3Cl_7,它的熔点为218℃. 在 SnF_2 和 NaF 的热水溶液中,当 SnF_2 与 NaF 在相应比例时可析出 $Na_4Sn_3F_{10}$结晶. 在 $Sn_3F_{10}^{4-}$ 离子中两端两个 SnF_3 基团分别由 F 原子为桥与中间的 SnF_2 相连接.

在 SnX_2 溶液中有 $SnX_n^{(2-n)+}$ 生成,表 11.19 列举它们的生成常数,以表明卤合锡(II) 离子在溶液中的形成与稳定性.

表 11.19　$SnX_n^{(2-m)+}$ 的生成常数

卤离子	研究方法	温度℃	介质	生成常数(对数值)						
				K_1	B_2	B_3	B_4	B_5	B_6	B_8
F	电势法	25	0.85($NaClO_4$)	6.26	8.76	9.25	7.0*			
Cl	极谱法	16	外推至0	1.85	2.31	1.94	2.00			
Br	溶度法	25	4(H_2SO_4 + HBr)	0.90	1.73	2.13	1.66	1.98		
I	溶度法	25	4($NaClO_4$)	0.70	1.13	2.13	2.30		2.59	2.08

* 极谱法.

2. 二卤化锡的配位化合物

SnF_2,$SnCl_2$,$SnBr_2$ 中锡的外层具有六个电子,能接受电子作为 Lewis 酸,与适当的给电子体形成配位化合物;这可以说明 1:1 配位化合物的形成. 其他比例的配位化合物可能是锡应用它的 $5d$ 空轨道而形成 $SnCl_2L_n$ 型配位化合物.

SnX_2 容易和含 O、含 N 的化合物形成一系列的配位化合物;与含 S 化合物形成的配位化合物较少. 一些 SnX_2 的配位化合物列于表 11.20.

表 11.20　一些二卤化锡的配位化合物

SnF_2	$SnCl_2$	$SnBr_2$
H_2O 1:1	H_2O 1:1　1:2	吡啶 1:2
吡啶 1:1	二噁烷 1:1	苯胺 1:2
1:2	二甲亚砜 1:2　1:3	四甲基硫脲 1:1
	吡啶 1:1	
	硫脲 1:1　1:2　2:5	
	氨 1:2.5　1:4　1:9	

0.06—0.25mol/L $SnCl_2$ 于 2mol/L HCl 介质中与 Rh^{3+} 生成红色铑配合物,其结构为[28]

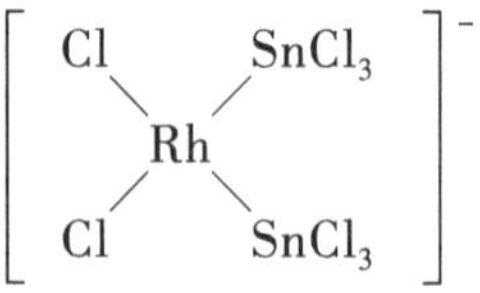

当 $SnBr_2$ 或 SnI_2 在相应的酸性介质中,Rh 与亚锡形成类似于上述结构的$[Rh_2Br_2(SnBr_3)_4]^-$和$[Rh_2I_2(SnI_3)_4]^-$. 这些配阴离子可被戊醇、乙酸乙酯、TBP 萃取,然后可进行分光光度测定.

$[Co(CO)_4]_2$ 与 SnI_2 在四氢呋喃或苯溶剂中,由氮气保护,常温下便能加合成 $[Co(CO)_4]_2SnI_2$.

用氮作保护气，$[\pi-C_6H_5Fe(CO)_2]$ 与 SnI_2 在四氢呋喃溶剂中能够加合成 $[\pi-C_6H_5Fe(CO)_2]_2SnI_2$.

2.4.2 锡(Ⅳ)的配位化合物[2,9.11,18,19,21]

1. 卤合锡酸及其盐

SnX_6^{2-} (X = F, Cl, Br, I) 离子可以在含有过量高浓度 X^- 离子的 SnX_4 溶液中形成.

将 HCl 或 HBr 气体通入相应的四卤化锡浓溶液可制得 $H_2SnCl_6 \cdot 6H_2O$ 或 $H_2SnBr_6 \cdot 8H_2O$ 晶体. 通 HCl 气于水合四氯化锡上也可获得 $H_2SnCl_6 \cdot 6H_2O$ 晶体. 把 SnX_4 分别溶于碱金属、碱土金属的卤化物浓水溶液中，冷却可分离出相应的卤锡酸盐.

三苯磷 $[(C_6H_5)_3P]$ 的醇溶液与 $SnBr_4$ 在浓 HBr 水溶液中反应，能够析出 $[(C_6H_5)_3PH]_2SnBr_6$ 沉淀.

SnX_6^{2-} 阴离子具有八面体结构. 而在 Na_2SnF_6 的晶体结构中 SnF_6^{2-} 离子形成畸变八面体，其中 Sn—F 的键距为 183pm，192pm 及 196pm. 在 $SnCl_6^{2-}$ 的正八面体结构中，Sn—Cl 之间键距为 242pm.

$H_2SnCl_6 \cdot 6H_2O$ 是无色叶片状晶体，密度为 1.95g/cm^3；mp19.2℃. 它在潮湿空气中容易潮解. 加热稍强即放出 HCl 气. 此晶体没有特殊的重要性，但是它的铵盐 $(NH_4)_2SnCl_6$ 可以作为生丝的媒染剂.

K_2SnCl_6 及 $(NH_4)_2SnCl_6$ 皆为白色晶体，前者的密度为 2.71g/cm^3，后者的密度为 2.39g/cm^3. 它们在空气中久置而不分解，煮沸其稀溶液即水解产生 $SnO_2 \cdot nH_2O$ 沉淀，但在适当浓度时虽经煮沸也不分解.

除了六氟锡酸盐外，固体 $(NH_4)_2SnF_6$ 热分解时可产生 NH_4SnF_5. 当加碱于含 $[SnF_6]^{2-}$ 的水溶液进行水解时，生成 $[Sn(OH)F_5]^{2-}$、顺反异构体 $[Sn(OH)_2F_4]^{2-}$ 及面式、子午线式异构体 $[Sn(OH)_3F_3]^{2-}$ 等配离子.

在含有 Sn(IV)—Cl^- 的水溶液中，存在一系列的氯锡离子：$SnCl_2^{2+}$，$SnCl_3^+$，$SnCl_5^-$ 及 $SnCl_6^{2-}$ ($SnCl_5^-$ 与 $SnCl_6^{2-}$ 存在于较浓的 Cl^- 离子溶液中).

$SnCl_5^-$ 离子也可以在非水溶剂中生成，如在 61℃ 温度下，$SnCl_4$ 与 PCl_5 于 $POCl_3$ 溶剂中起化学反应，生成可溶性的 $SnCl_4 \cdot PCl_5$ (= $[PCl_4][SnCl_5]$) 以及不溶解的 $SnCl_4 \cdot 2PCl_5$ (= $[PCl_4]_2[SnCl_6]$).

$SnCl_5^-$ 具有三角双锥形结构，Sn—Cl 键距为 230pm，240pm 及 238pm. Cl—Sn—Cl夹角为 114°，120°和 126°.

$SnBr_5^-$ 离子存在于化合物 $[(C_2H_5)_4N]SnBr_5$ 中，后者是由等摩尔的 $[(C_2H_5)_4N]Br$ 和 $SnBr_4$ 在二氯甲烷溶剂中进行反应制成.

混合卤锡(IV) 阴离子如 SnF_5Cl^{2-}, $SnF_4Cl_2^{2-}$(顺反), $SnF_3Cl_3^{2-}$(面式,子午线式), $SnFCl_5^{2-}$, SnF_5Br^{2-}, $SnIF_5^{2-}$, $SnI_2F_4^{2-}$, SnI_3F_3, $Sn(NCS)_3F_3^{2-}$, $Sn(CN)F_5^{2-}$ 等都已研究过. 例如, K_2SnF_6 和 $[(n-C_3H_7)_2NH_2]_2SnI_6$ 在 $CHCl_3$ 溶剂中起反应,生成 $[SnIF_5]^{2-}$, $[SnI_2F_4]^{2-}$ 及 $[SnI_3F_3]^{2-}$ 离子,其中 $[SnI_2F_4]^{2-}$ 离子有顺反结构. 由 $[SnIF_5]^{2-}$ 离子生成顺反 $[SnI_2F_4]^{2-}$ 离子的平衡常数分别为

$2[SnIF_5]^{2-} \rightleftharpoons [SnI_2F_4]^{2-}$(顺式) $+ SnF_6^{2-}$ $K_{顺} = 1.1$

$2[SnIF_5]^{2-} \rightleftharpoons [SnI_2F_4]^{2-}$(反式) $+ SnF_6^{2-}$ $K_{反} < 0.011$

因此在此溶液中顺式 $[SnI_2F_4]^{2-}$ 的浓度比反式 $[SnI_2F_4]^{2-}$ 的大 100 倍以上.

此外,还有一些八面体的一价卤锡(IV) 阴离子,它们都有一个中性配位体. 这些阴离子有 $Sn(H_2O)F_5^-$, $Sn\{(CH)_2SO\}ClF_4^-$, $Sn\{(C_6H_5)_3P\}F_5^-$ 等.

2. 硫代锡酸盐

硫代锡酸盐包括含有 SnS_3^{2-}, SnS_4^{4-}, $Sn_2S_0^{4-}$ 及 $Sn_2S_7^{5-}$ 离子的盐.

碱金属硫化物作用于 SnS_2 或锡酸盐溶液能生成硫代锡酸盐;SnS 溶于碱金属多硫化物也能形成硫代锡酸盐.

例如,把 100g$Na_2Sn(OH)_6$ 和 250g$Na_2S \cdot 9H_2O$ 溶于 700ml 沸蒸馏水(因 $Na_2Sn(OH)_6$ 中含有杂质呈绿黑色),加热,在 90－100℃ 维持三小时,加 MgO 除去杂质后浓缩至 300ml,放冷结晶析出 $Na_4SnS_4 \cdot 18H_2O$ 无色单斜晶体. 此晶体在 200－270℃时失去部分结晶水,最后在失去两个分子水时,分解成 Na_2S 和 SnS_2. 它易溶于水,18℃时的溶解度为 57.1g/100g.

66.3g$Na_4SnS_4 \cdot 18H_2O$ 溶于 132ml 去离子水,加热煮沸(放一些锡粒,以防空气氧化),加 18.3g SnS_2 粉末,待 SnS_2 完全溶解,然后蒸发浓缩,在 $CaCl_2$ 上结晶,得无色棱形 $Na_2SnS_3.8H_2O$ 晶体. 16℃时在水中的溶解度为 61.45g/100g.

Berzelius 将 Na_4SnS_4 溶液与 $CaCl_2$ 溶液混合,生成 $Ca_2SnS_4 \cdot 14H_2O$ 沉淀. 把硫代偏锡酸钾加到 $SrCl_2$ 溶液中得 $SrSnS_3 \cdot 12H_2O$ 沉淀,他用类似的方法也制得 $BaSnS_3 \cdot 8H_2O$.

将 BaS 与 SnS_2 置于真空石英管中,加热至 500－1300℃生成 $BaSnS_3$.

在硫化物的碱性溶液(pH = 10—11.5)中,以锡作阳极,用电解法可制备 $Sn_2S_6^{4-}$ 离子.

$Sn_2S_6^{4-}$ 与 S^{2-} 反应可生成 SnS_4^{4-}

$$Sn_2S_6^{4-} + 2S^{2-} \rightleftharpoons 2SnS_4^{4-}$$

$Sn_2S_6^{4-}$ 可被 $K_2Cr_2O_7$ 水溶液氧化析出硫.

此外,还有一些含氧硫代锡酸根离子 $SnOS_2^{2-}$, $HSnOS_2^-$ 及 $Sn(OH)S_2^-$, 这三种离子存在于不同 pH 的水溶液中. 下面给出它们的离子平衡及存在的 pH 范围

pH > 10.7 时, $SnS_2 + 2OH^- \rightleftharpoons SnOS_2^{2-} + H_2O$

pH9.8－10.7，$SnOS_2^{2-} + SnS_2 + H_2O \rightleftharpoons 2HSnOS_2^-$

$12 \geqslant pH \geqslant 9$，$SnS_2 + OH^- \rightleftharpoons Sn(OH)S_2^{2-}$

3.四卤化锡的配位化合物

SnX_4(X＝F，Cl，Br，I) 都是 Lewis 酸，能与某些 Lewis 碱(电子给予体)形成配位化合物，这些碱包括胺、氰化物、硫化物、膦、砷化物、醚、酮、醋等.

$SnCl_4$ 遇干燥的 N_2O_3 及 N_2O_4 分别生成1∶1 的加合物 $SnCl_4 \cdot N_2O_3$ 及 $SnCl_4 \cdot N_2O_4$.

$SnCl_4$ 与 $POCl_3$ 作用生成加合物 $SnCl_4 \cdot POCl_3$. $SnCl_4$ 与 HCN 可加合成 $SnCl_4 \cdot HCN$.

$SnCl_4$ 能和一些含氧的有机化合物形成加合物. 如 $SnCl_4$ 与乙醚形成 $SnCl_4 \cdot 2Et_2O$，$SnCl_4$ 与二噁烷能形成1∶1和1∶2加合物. $SnCl_4$ 与甲醇能形成稳定的二醇合物，并能分离出来. $SnCl_4$也能与乙醇、丙烯醇形成加合物. $SnCl_4$ 与一元酸酯生成1∶2配合物，与二元酸酯则生成1∶1的配合物. $SnCl_4$ 溶于热 HAc 时，当 $SnCl_4$ 的摩尔含量为25%时，生成 $SnCl_4 \cdot 3HAc$.

$SnCl_4$ 与 NH_3，PH_3，PCl_5，NOCl 及 H_2S 等能生成加合物，参见2.3.2.

$SnBr_4$ 的甲醇、乙醇、正丙醇、异戊醇溶液中有三溶剂合物 $SnBr_4 \cdot 3ROH$ 存在，在甲醇中还形成四溶剂合物 $SnBr_4 \cdot 4CH_3OH$.

SnI_4 在苯、甲苯、二甲苯中生成1∶1的加合物. SnI_4 在二噁烷中也有溶剂合物生成.

2.5 有机锡化合物

含有 Sn—C 键的有机 Sn(II) 化合物是极少的. 以前熟悉的许多有机锡化合物，如二烷基锡，二芳基锡，现在已知它们都是 Sn(IV) 化合物的多聚体. 而10，11-二氢二苯锡(Ⅱ)栓和二环戊二烯锡(Ⅱ)是例外. 10，11-二氢二苯锡(Ⅱ)栓的结构为

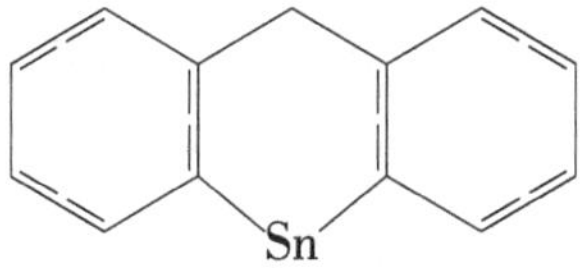

环戊二烯锡(II) 在气相中的结构是角形层状分子.

在有机金属化学中有机锡化学是研究得最多的.

2.5.1 四烷基，四芳基锡[2]

四烷基，四芳基锡主要有以下几种制备方法.

(1) 从有机锌制备有机锡是一种简便易行的方法. 这种方法在锡化学史上曾经具有重大历史意义,现在在特定场合仍然应用,其反应是

$$SnCl_4 + 2R_2Zn \longrightarrow R_4Sn + 2ZnCl_2$$

$$Sn + RZnCl \longrightarrow R_4Sn$$

(2) 应用金属钠或钠锡合金来制备有机锡化合物. 此方法在历史上也是有意义的. 例如,由溴代乙烷和一种锡合金(含钠14%,Zn15%)反应,可以产生四乙基锡

$$4RBr + 4NaSn \longrightarrow R_4Sn + 4NaX + 3Sn$$

过程中还伴随副反应,生成三烷基锡溴化物、二烷基锡及六烷基二锡等.

近年来采用有机卤化物和四卤化锡在金属钠存在下进行反应来制备四有机锡,反应是 Wurtz 型的

$$4RCl + SnCl_4 + 8Na \longrightarrow SnR_4 + 8NaCl$$

(3) 用 Grignard 试剂和有机锂作原料来制备有机锡化合物. 这是一种合成有机锡的重要实验室方法,也广泛地应用于工业生产上,其反应是

$$SnX_4 + 4LiR \longrightarrow SnR_4 + 4LiX$$

$$SnX_4 + 4RMgX \longrightarrow SnR_4 + 4MgX_2$$

这两个反应适用于许多有机基团. 由于位阻作用只有两个叔丁基团能够加到锡原子上,有机锡卤化物是此反应的副反应.

除了上述制备四有机基锡的方法外,还有一些生成 Sn－C 键的方法,可用下列反应方程式来表示

$$4R_3Al + 3SnCl_4 \longrightarrow 3R_4Sn + 4AlCl_3$$

$$4C_6H_5C \vdots CNa + SnCl_4 \longrightarrow (C_6H_5C \vdots C)_4Sn + 4NaCl$$

除了链状有机锡化合物,还有环状化合物,Sn－C 链是杂环中的一员,它们主要由复分解反应或氢化物分子间的加成反应来制备

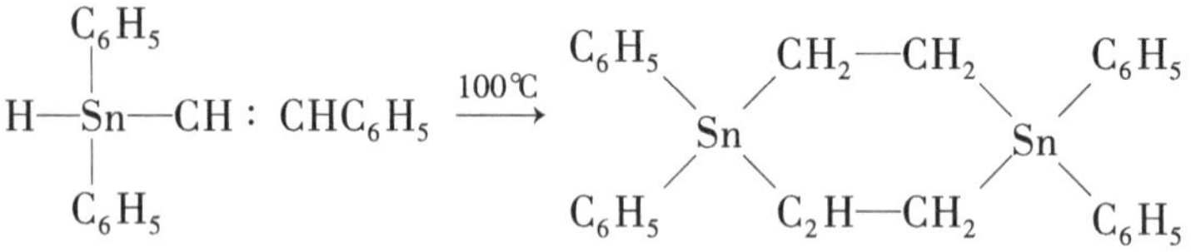

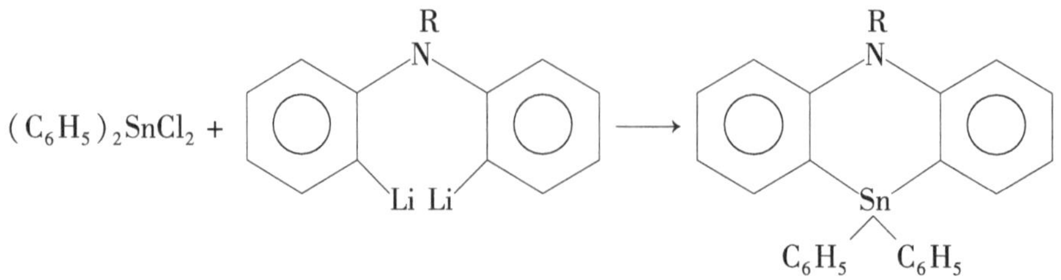

四有机基锡的物理性质跟相应的碳氢化合物很类似,较低分子量的四烷基锡

是挥发性液体,分子量较高的是腊状固体. 四芳基锡都是较高熔点的固体.

由 X 射线衍射研究表明,R_4Sn 中四个有机基团是对称的且按正四面体结构分布.

四有机基锡的化学性质主要有以下几个方面.

(1) 在较高温度和压力下,四有机基锡化合物中的锡可以被氢置换,并进而形成金属锡沉淀.

(2) 四有机基锡化合物中锡原子的有机基团可以被卤素置换,这些基团的置换反应按以下顺序逐渐变得容易进行:丁基,丙基,乙基,甲基,乙烯基,酚基,苯基,$—CH_2COOR$ 及氰甲基.

(3) 四有机基锡化合物在通常条件下一般不水解也不被氧化,点火则燃烧,同时生成 SnO_2 云雾. 水和醇有时能使活泼的四有机基锡中的 Sn－C 键破裂,例如,

$$2C_6H_5C \vdots CSn(C_2H_5)_3 + H_2O \longrightarrow 2C_6H_5C \vdots CH + [(C_2H_5)_3Sn]_2O$$

$$NC_5H_4Sn(CH_3)_3 + ROH \longrightarrow C_5H_5N + (CH_3)_3SnOR$$

(4) 各种四有机基锡化合物中的 Sn—C 键都能被硫醇破坏而转化成 Sn—S 键;与硒醇也有类似的反应. 单质硫,硒也能够破坏 Sn—C 键

$$R_4Sn + R'SH \longrightarrow R_3SnSR' + RH$$

$$(C_6H_5)_4Sn + Se \longrightarrow (C_6H_5)_3SnSeC_6H_5$$

(5) 四有机基锡化合物能与其他有机金属化合物交换有机基团,此反应常常是合成有机金属化合物的路线. 例如,

$$(CH_2{:}CH)_4Sn + 4C_6H_5Li \longrightarrow 4CH_2=CHLi + (C_6H_5)_4Sn$$

(6) 还有许多试剂能引起四有机基锡化合物中 Sn—C 键的破裂,它们是卤化氢、卤化汞、卤化铋、卤化砷、卤化磷、卤化硼、氯化铊、SO_2,$SOCl_2$、硫酸及有机酸等.

2.5.2 有机锡氢化物[2]

有机锡氢化物是由相应的有机锡卤化物还原来制备的,例如

$$CH_3SnCl_3 + LiAlH_4 \longrightarrow CH_3SnH_5$$

$$(C_2H_5)_2SnCl_2 + LiAlH_4 \longrightarrow (C_2H_5)_2SnH_2$$

$$(C_2H_5)_3SnCl + LiAlH_4 \longrightarrow (C_6H_5)_3SnH$$

$$(C_4H_9)_3SnCl \xrightarrow{Al/Hg + H_2O} (C_4H_9)_3SnH$$

$$(C_4H_9)_2\underset{\substack{|\\ Cl}}{Sn}\underset{\substack{|\\ Cl}}{Sn}(C_4H_9)_2 + LiAlH_4 \longrightarrow (C_4H_9)_2\underset{\substack{|\\ H}}{Sn}\underset{\substack{|\\ H}}{Sn}(C_4H_9)_2$$

有机锡氢化物中 Sn—H 键比 SnH_4 中的稳定,而且随着分子中 Sn—C 键的数目增加,键的稳定性也增加. 纯三有机基锡氢化物在常温下放置几个月只有微量分解,而丁基锡三氢化物只需放置几小时就沉积出黄色固态物质.

有机锡氢化物可在有机或无机合成化学中用作特殊的还原剂,例如,

$$(C_6H_5)_2SnH_2 + CH_2\!:\ CHCOCH_3 \longrightarrow [(C_6H_5)_2Sn]_n + CH_2\!:\ CHCH(OH)CH_3$$

$$(C_6H_5)_3SnH + C_6H_5CHO \longrightarrow C_6H_5CH_2OH + (C_6H_5)_3SnSn(C_6H_5)_3$$

它们也容易和不饱和烃进行加成反应

$$(C_6H_5)_3SnH + CH_2\!:\ CHC_6H_5 \longrightarrow (C_6H_5)_3SnCH_2CH_2C_6H_5$$

$$(C_3H_7)_3SnH + CH\,\vdots\,CC_6H_5 \longrightarrow (C_3H_7)_3SnCH\!:\ CHC_6H_5$$

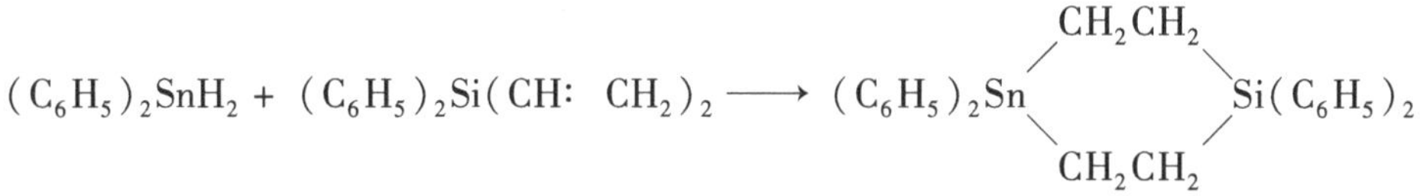

有机锡氢化物中的氢和其他化合物中的卤素或金属元素进行交换反应,例如,

$$CCl_4 + Bu_3SnH \longrightarrow CHCl_3 + Bu_3SnCl$$

$$(C_6H_5)_2PCl + (C_6H_5)_3SnH \longrightarrow (C_6H_5)_2PH + (C_6H_5)_3SnCl$$

$$(C_2H_5)_3SnH + [(C_2H_5)_3Ge]_3Sb \longrightarrow [(C_2H_5)_2Sn]_3Sb + (C_2H_5)_3GeH$$

2.5.3 有机锡卤化物[2]

有机锡卤化物的应用是有机锡化学的先导,它是有机锡化学中研究和应用最多的化合物.

有机锡卤化物中 R_3SnX 及 R_2SnX_2 的 X 原子包括 F,Cl,Br 和 I 原子,而 $RSnX_3$ 只有 $RSnF_3$.

有机锡卤化物的制备方法有下列几种.

(1) 用卤素,卤化氢,BF_3,SO_2Cl_2 等试剂把四有机基锡卤化是合成有机锡卤化物的代表性方法,

$$R_4Sn + X_2 \longrightarrow R_3SnX + RX$$

$$R_3SnX + X_2 \longrightarrow R_2SnX_2 + RX$$

$$R_4Sn + HX \longrightarrow R_3SnX + RH$$

$$R_3SnX + HX \longrightarrow R_2SnX_2 + RH$$

$$(C_6H_5)_4Sn + BF_3 \longrightarrow (C_6H_5)_3SnF + C_6H_5BF_2$$

$$R_4Sn + SO_2Cl_2 \longrightarrow R_2SnCl_2 + 2RCl + SO_2$$

$$(Bu)_2Sn(CH\!:\!CH_2)_2 + AsBr_3 \longrightarrow Bu_2SnBr_2 + (CH_2=CH)_2AsBr$$

(2) 另一种广泛被采用的合成方法是以 SnX_4 和 R_4Sn 按一定的摩尔比进行反应

$$3R_4Sn + SnX_4 \longrightarrow 4R_3SnX$$

$$R_4Sn + SnX_4 \longrightarrow 2R_2SnX_2$$

$$R_4Sn + 3SnX_4 \longrightarrow 4RSnX_3$$

这些反应的容易程度按 Cl > Br > I 的顺序减小.

(3) 卤素可以把六有机基二锡或环二有机基锡中的 Sn—Sn 键打开,生成相应的有机锡卤化物,其反应式为:

$$R_3SnSnR_3 + X_2 \longrightarrow 2R_3SnX$$

$$(R_2Sn)_n + nX_2 \longrightarrow nR_2SnX_2$$

(4) 用试剂把 SnX_4 及 SnX_2 直接烷基化或芳基化,可用下列反应方程式表示

$$SnX_4 + nRMgX \longrightarrow R_nSnX_{4-n} + nMgX_2$$

$$SnX_4 + nRLi \longrightarrow R_nSnX_{4-n} + nLiX$$

$$SnX_2 + R_2Hg \longrightarrow R_2SnX_2 + Hg$$

(5)金属锡与烷基,芳基卤化物进行直接合成,例如,

$$Sn + 3CH_3Br \longrightarrow (CH_3)_3SnBr + SnBr_2$$

$$2Sn + 3C_6H_5CH_2Cl \longrightarrow (C_6H_5CH_2)_3SnCl + SnCl_2$$

$$Sn + 2RX \xrightarrow{\text{催化剂}} R_2SnX_2$$

一般来说,有机锡氯化物,溴化物,碘化物的气态,液态和固态都是未缔合的单分子,只有三甲基锡氯化物通过氯桥有弱的分子间缔合. 它们都有一定的挥发性,易溶于有机溶剂,但是所有的有机锡氟化物都缔合成聚合体.

有机锡卤化物的化学性质主要有以下几个方面.

(1) 有机锡卤化物中的卤素可以被金属置换,例如下列反应

$$R_3SnCl + 2Li \longrightarrow R_3SnLi + LiCl$$

$$2(CH_3)_2SnBr_2 + 4Na \longrightarrow (CH_3)_2\underset{\underset{\displaystyle Na}{|}}{Sn}\underset{\underset{\displaystyle Na}{|}}{Sn}(CH_3)_2 + 2NaBr$$

$$(CH_3)_2SnBr_2 + 4Na \longrightarrow (CH_3)_2SnNa_2 + 2NaBr$$

$$2(C_6H_5)_3SnCl + 2Ca \longrightarrow (C_6H_5)_3SnCaSn(C_6H_5)_3 + CaCl_2$$

(2) 有机锡卤化物与其他化合物起复分解反应时卤素被金属或非金属置换,例如,

$$(CH_3)_3SnCl + NaMn(CO)_5 \longrightarrow (CH_3)_3SnMn(CO)_5 + NaCl$$

$$(C_6H_5)_3SnCl + (C_6H_5)_3MK \longrightarrow (C_6H_5)_3SnM(C_6H_5)_3 + KCl$$

$$(M = Si, Ge, Sn)$$

$$R_3SnCl + LiNR'_2 \longrightarrow R_3SnNR' + LiCl$$

$$R_3SnCl + LiP(C_6H_5)_2 \longrightarrow R_3SnP(C_6H_5)_2 + LiCl$$

$$R_3SnX + LiP(C_6H_5)_2 \longrightarrow R_3SnP(C_6H_5)_2 + LiX$$

$$R_2SnX_2 + 2R'OH \longrightarrow R_2Sn(OR')_2 + 2HX$$

$$(CH_3)_3SnCl + NaN_3 \longrightarrow (CH_3)_3SnN_3 + NaCl$$

(3) 许多有机锡卤化物与 SnX_4 一样是 Lewis 酸,能与电子给予体形成配位化合物. R_4Sn 不能生成稳定的配位化合物,但只要引入一个卤原子于锡原子上成为

R_3SnX,就能和相当弱的碱发生配位作用. 有机锡卤化物作为 Lewis 酸的酸性随着卤原子数增加而增加.

(4) 有机锡卤化物水解可得到不同类型的有机锡羟化物,它们有聚合倾向. 例如,三甲基锡羟化物在非极性溶剂中以二聚体形式$[(CH_3)_3SnOH]_2$ 存在,其中有两个羟桥

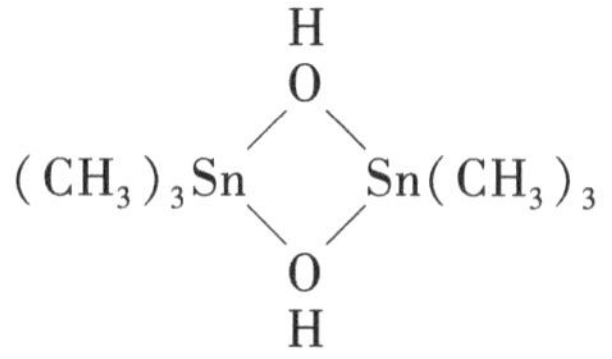

在晶体中它具有链状结构

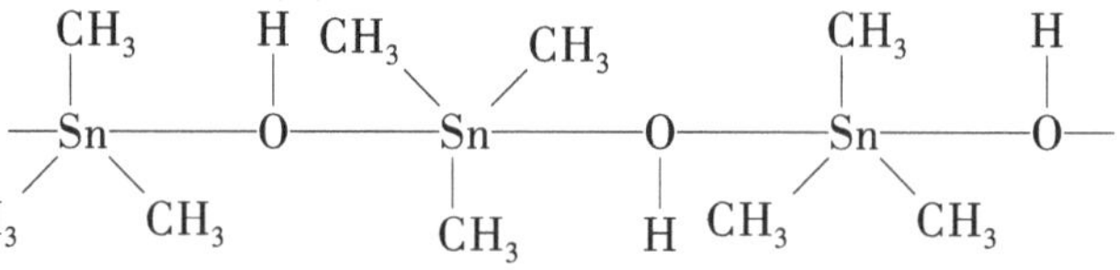

2.5.4　有机锡氧化物[3]

有机锡氧化物是由相应的有机锡卤化物水解获得的. 例如,

$$2R_3SnX + H_2O \xrightarrow{OH^-} R_3SnOSnR_3 + 2HX$$

$$R_2SnX_2 + H_2O \xrightarrow{OH^-} R_2SnO + 2HX$$

$$RSnX_3 + 2H_2O \xrightarrow{OH^-} RSn(O)OH + 3HX$$

生成物 $R_3SnOSnR_3$ 的结构与有机醚相似. 二烷基(或二芳基)锡氧化物 R_2SnO 是半结晶的粉末,它们是一类聚合物$(R_2SnO)_n$,其结构有人认为是

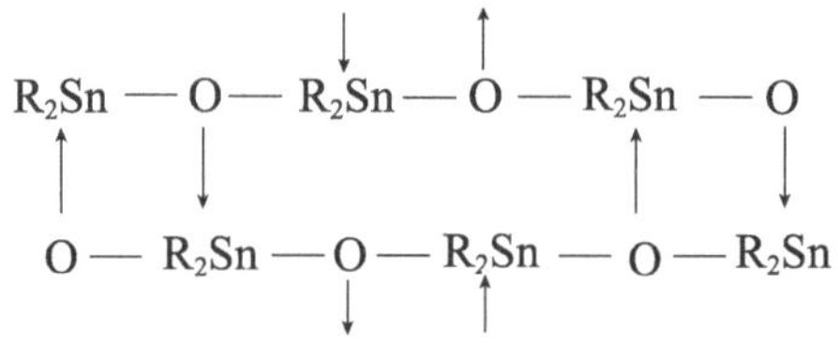

其中每个锡原子是五配位的. RSn(O)OH 称为烷基(芳基)锡酸,它们可能具有环状结构,经脱氢后聚合.

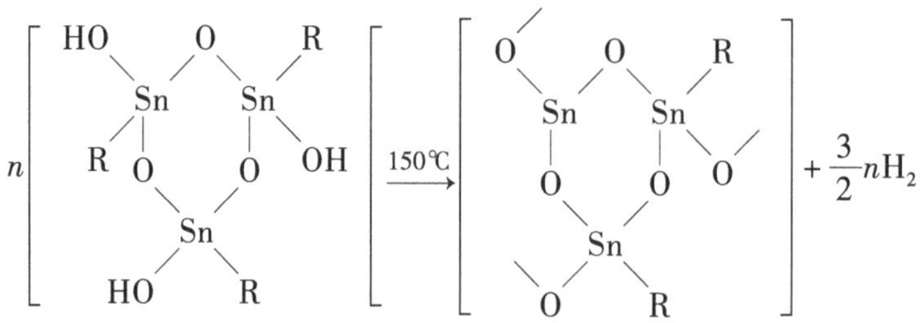

有机锡氧化物中的 Sn－O 键通常极其活泼.

2.5.5 其他有机锡化合物[2]

除了以上提到的有机锡化合物,还有有机锡硫化物、硒化物、蹄化物、氰化物、叠氮化物、异氰酸盐、硫氰酸盐、硒氰酸盐、羧酸盐、硝酸盐、高氯酸盐、包括 Sn－M 键的有机锡化合物(M＝Li, Na,Zn,Cd,Ge,Sn,Pb 及非金属 Si,B 等)和多元锡环有机化合物.

在这些有机锡化合物中,有机锡硫化物已大规模生产及应用.工业上它们主要用作聚氯乙烯和有关塑料的稳定剂,其中用得较多的是 $R_2Sn(SR')_2$.

参 考 文 献

[1] 云南锡公司,昆明工学院,锡冶金编写组,《锡冶金》,冶金工业出版社(1977).

[2] E. W. Ebel, in J. C. Bailar ed. ,"Comprehensive Inorganic Chemistry", Vol. 2, pp. 43－104, Pergamon Press(1973).

[3] 凌永乐,《化学元素的发现》,科学出版社,P. 14(1965).

[4] R. C. Weast,"CRC Handbook of Chemistry and Physics",63rd ed. ,CRC Press(1982).

[5] "Gmelins Handbuch der Anorganischen Chemie", Achte Auflage. System No. 46,Zinn,Teil B , Verlag Chemie (1971).

[6] 马崇智等,《放射性同位素手册》, 科学出版社(1979).

[7] 付鹰,《大学普通化学》,下册,人民教育出版社(1981).

[8] F. A. Cotton and G. Wilkinson, "Advanced Inorganic Chemistry", 3rd ed. , In terscience publishers (1972).

[9] Geory Brauer 著,何泽人译,《无机化学制备手册》,上册,增订第二版,燃料工业出版社(1972).

[10] J. D. H. Dennag and Helen M . Ondik, "Crystal Data Determinative Tables", 3rd ed. ,Vol. 11, NSRDS &JCPDS (1973).

[11] J. W. Mellor, "Comprehensive Treatise on Inorganic and Theoretical Chemistry", Vol. VII, Longm,Green (1927).

[12] James E. Huheey,"Inorganic Chemistry Principles of Structure and Reactivity", 2nd ed. ,Harper and Row Publishers,775(1978).

[13] F. Feigl and V. Anger, "Spot Test in Inorgnic Analysis",6th ed. ,Elserier Publishing (1972).

[14] 北京矿冶研究院,《矿石及有色金属分析法》,科学出版社 (1973).

[15] [日] 武内次夫,铃木正已著,王玉珊译,《原子吸收分光光度分析》,科学出版社,123(1975).

[16] F. D. Snell and L. S. Ettre, "Encyclopedia of Industrial Chemica Analysis", Vol. 19, Interscience Publishers, 38(1974).

[17] R. C. Mcdonold, H. Ho－kuen and Han K . Eriks, *Inorg. Chem.* ,15, 762(1976).

[18] M . C. Sneed and R. C. Brasted, " Comprehensive Inorganic Chemistry ", Vol. VII, Van N ostrand (1958).
[19] "Gmelins Handbuch der Anorganischen Chemie", Achte Auflage, System No. 46, Zinn, Teil Cl, Verlag Chemie (1972).
[20] H. Remy, "Treatise on Inorganic Chemistry", Vol. 1, Elsevier Publishing(1956).
[21] "Gmelins Handbuch der Anorganischen Chemie", Achte Auflage, System No. 46, Zinn, Teil C2, Verlag Chemie (1975).
[22] F. G. A. Stone, "Hydrogen Compounds of the Group IV Elements", Prentice - Hall(1962).
[23] J. C. Bailar 主编,张元什译,《无机合成》,第四卷,科学出版社(1962).
[24] "Gmelins Handbuch der Anorganischen Chemie", Achte Auflage, System No. 46, Zinn, Teil C3(1975).
[25] Marcel Pourbaix, "Atlas D' equilires Electrochimiques", Gauthier - Villars, 475 (1863).
[26] L. G. Sillén and A . E. Martell, "Stability Constants of Metal Ion Complexes", Burlington House (1964).
[27] 同上, Supplement No. 1(1971).
[28] 罗宗铭,《三元络合物及其在分析化学中的应用》,人民教育出版社,46(1981).

11.3 铅

3.1 元素铅

3.1.1 铅的发现史[1—3]

由于氧化铅矿石容易被碳或一氧化碳还原成金属铅,以及硫化铅矿石在用火灼烧时能析出少量金属铅,所以铅的发现很早,并成为古代人类使用最早的六种金属之一.

我国是发现、生产和应用铅很早的国家之一. 早在公元前 2000 年,我们的祖先就已经用铅铸造货币,名叫“铅刀”. 根据《尚书 · 禹贡》记载,商代以前,山东青州已生产铅,殷代和西周使用的铜器是锡铅铜的合金.

古埃及阿巴多斯(Abydos) 城的大教堂里有一幅约在公元前 3000 年的铅画. 公元前 1515—1461 年古埃及的象形文字中已记载了金属铅. 公元前二世纪在希腊和罗马已大量开采铅矿.

古代铅的最大应用是制造铅管. 从古罗马废墟中挖出许多铅管碎片就是有力的证据. 4 世纪时罗马帝国每年生产六万吨铅. 19 世纪中叶,人们发现了铅能抗酸、抗碱、防潮、制造蓄电池,因此炼铅工业获得很大发展. 到 1901 年世界铅的总产量已达 83.5 万吨.

3.1.2 铅的存在和分布[2,3]

铅在地壳中的含量估计为 $1.6\times10^{-3}\%$,在海水中的浓度为 0.004g/t. 最重要的铅矿是方铅矿(PbS),这种矿广泛分布于世界各地. 其他重要铅矿有白铅矿($PbCO_3$),硫酸铅矿($PbSO_4$),磷氯铅矿[$PbCl_2 \cdot 3Pb_3(PO_4)_2$]和砷氯铅矿[$PbCl_2 \cdot 3Pb_3(ASO_4)_2$]. 还有储量较少的铬铅矿($PbCrO_4$)、黄铅矿($PbMoO_4$)和钨铅矿($PbWO_4$).

我国铅锌矿(含 PbS) 的分布极广,几乎遍布各省区. 云南兰坪和青海柴达木盆地的锡铁山都发现了大型铅锌矿. 锡铁山的铅锌矿还伴有金、银等贵金属及其他有色金属.

国外铅储量以美国、苏联、加拿大、澳大利亚等国最多. 铅矿开采量较大的国家除了苏联、美国、加拿大,还有墨西哥、秘鲁、南斯拉夫及保加利亚.

3.1.3　铅的生产[2,3]

铅矿石一般含铅量不高,而且成分复杂,需要先进行选矿. 选矿过程是把矿石中较轻的杂质如 ZnS 等除去,这一步就可以使矿砂含铅量富集到 40%—70%,成为铅精矿. 再通入空气将铅精矿焙烧,烧去精矿中大量的硫、砷、锑等杂质.

焙烧过程中氧化反应的一般反应式为

$$xMS+\frac{1}{2}(4x-2a+b)O_2 \longrightarrow bMO+(x-a)MSO_4+(a-b)M+aSO_2+Q$$

式中 M = Pb, Zn, …… 等. 生成的硫酸盐受热分解成氧化物

$$MSO_4 \longrightarrow MO+SO_2+\frac{1}{2}O_2-Q$$

焙烧温度升到 550℃ 以上时,部分 PbS 燃烧形成的 $PbSO_4$ 与剩余的 PbS 反应获得氧化铅

$$3PbSO_4+PbS \longrightarrow 4PbO+4SO_2$$

然后把焙烧所得的铅烧结矿放入炉中用焦炭还原得到粗铅. 粗铅中含杂质 Cu, Sn, As, Sb, Bi, Zn, Fe, Co, Ni, S, Se 及 Te 等. 这些杂质的总含量一般在 1%—4%,因此粗铅必须进行精炼,以除去杂质并回收其中有价值的金属.

粗铅精炼的方法有火法精炼和电解精炼两种,我国大多数工厂都采用电解精炼的方法.

粗铅的火法精炼通常按下列工序进行.

(1) 除铜. 粗铅初步除铜一般采用熔析法. 利用在低温下铜和它的砷化物、锑化物在熔融铅中溶解度小的原理,控制一定温度使它们从熔铅中析出. 另一种除铜的方法是加硫除铜. 加入的硫首先与铅生成硫化铅,硫化铅再与铜作用生成金属铅和硫化亚铜. 由于 Cu_2S 比重小于铅,并且在此操作温度下,它又不溶于熔融铅,漂浮在液态铅上形成固体浮渣而排除.

(2) 除铜后的粗铅,为了除去 Sn, As, Sb,可吹入空气进行氧化精炼. 按金属的氧化顺序(Zn, Sn, Fe, As, Sb, Pb, Bi, Cu),在精炼过程中的杂质 Zn, Sn, As 及 Sb 生成氧化物进入废渣,它们溶于 PbO 或与 PbO 形成化合物. 另一种氧化精炼法称为碱性精炼法. 在 420 - 450℃ 温度下,将熔融铅通过 NaOH 与 NaCl 混合熔体,并不断加入氧化剂 $NaNO_3$(不用空气作氧化剂),把 Sn, As, Sb 氧化成锡酸钠、砷酸钠和锑酸钠浮于熔铅上. 以砷为例,反应如下

$$2As+4NaOH+2NaNO_3 \longrightarrow 2Na_3AsO_4+2H_2O+N_2$$

$$4As+10NaOH+2NaNO_3 \longrightarrow 4Na_3AsO_4+5H_2+N_2$$

熔融铅由此获得精制.

(3) 加锌提取金、银. 在适当温度下,加入 Zn 与 Au, Ag 形成锌金、锌银化合物,

以固态浮于熔融铅之上.

(4) 除锌. 多余的锌采用氧化、氯化或真空蒸馏法除去. 氧化除锌法(是一种古老的方法): 吹入空气、水蒸气或纯氧以生成氧化锌,后者不溶于液态铅而浮于熔铅之上. 氯化除锌法: 通入氯气使锌(和其他杂质)成为氯化物,$ZnCl_2$ 基本上进入浮渣. 作业结束时,降温撇渣,将液铅汲至另一坩埚,于 430℃ 温度下加 NaOH,或 NaOH 和 NaCl 混合物,以除去残余的杂质. 精铅品位可达 99. 998%.

(5) 除铋. 加钙镁于熔铅里生成铋的钙镁化合物 Ca_3Bi_2 与 Mg_3Bi_2,它们不溶于液态铅而成为浮渣.

在粗铅的电解精炼前,粗铅要经过火法精炼除去部分杂质(如铜、锡与部分砷,锑). 然后将铅铸块以作阳极,用电解铅作阴极,以氟硅酸(H_2SiF_6) 和氟硅酸铅($PbSiF_6$) 的水溶液作电解液,进行电解可获得纯度在 99.99% 以上的金属铅.

将含量为 99.99% 以上的铅再一次电解精炼,纯度可提高到 99. 99930% 以上,称为高纯铅,或用区域熔炼可使铅含量提高到 99. 9999%.

目前湿法提铅正在试验阶段,这种方法适用于低品位矿. 其原理是利用适当的溶剂使铅化合物溶解而与脉石分开,然后再从水溶液中析出铅.

3.1.4 铅的应用[2,3]

铅大量用于制造铅蓄电池,这种用途约占铅用量的 35%. 作汽油抗震剂用的四乙基铅,占铅用量的 10%. 此外铅还广泛用于电缆包衣、铅管和设备内衬、轴承合金、低熔合金、焊料、活字合金、放射性和射线的防护层.

3.1.5 铅的同位素[2,5]

自然界仅发现四种铅的稳定同位素,它们是 ^{204}Pb, ^{206}Pb, ^{207}Pb, ^{208}Pb. 其中只有 ^{204}Pb 与放射性元素无关,其他三种铅的稳定同位素皆存在于从放射性元素衰变所积聚的矿物中. 这类矿物中铅同位素的含量,在 1—1600 百万年范围内可作为计算矿石地质年代的重要根据. 此外,尚有多种放射性铅同位素. 铅的各种同位素列于表 11.21.

表 11.21 铅的同位素

同位素	质量	天然丰度%	半衰期	衰变类型及粒子能量 MeV		γ 射线及内转换电子能量 MeV	
^{186}Pb			8s	α	6.320		
				EC	92%		
^{187}Pb			17s	α	6.08		
^{188}Pb			26s	α	5.975		
^{189}Pb			51s	α	5.72		

续表

同位素	质量	天然丰度%	半衰期	衰变类型及粒子能量 MeV		γ射线及内转换电子能量 MeV	
^{190}Pb			1.2min	α	5.58		
^{191}Pb			1.3min	α	5.29		
^{192}Pb			2.3min	α	5.06		
^{194}Pb			11min	EC		γ	0.204
^{195}Pb			17min	EC		γ	0.383,0.393
						e^-	0.084,0.096,0.30
^{196}Pb	195.973800		37min	EC	100%	γ	0.192,0.253,0.367,0.503
						e^-	0.155,0.168
^{197}Pb	196.974090					γ	0.386
^{197m}Pb			42min	EC	80%	γ	0.085,0.222,0.234,0.386
				IT	20%	e^-	0.069,0.136,0.207,0.300
^{198}Pb	197.972410		2.4h	EC		γ	0.117, 0.173, 0.290, 0.865
^{198m}Pb			25min	EC		e^-	0.031,0.159,0.205,0.270
^{199}Pb	198.972860		90min	β+	2.8(?)	γ	0.353,0.367,0.720
				EC		e^-	0.267
^{199m}Pb			12.2min	IT	100%	γ	0.424
						e^-	0.336,0.409
^{200}Pb	199.991970		21.5h	EC		γ	0.1095,0.236,0.450,0.605
						e^-	0.024,0.133,0.172,0.183
^{201}Pb	200.972860		9.4h	$β^+$	~2.5,0.55	γ	0.331,0.584,1.099,1.40
				EC		e^-	0.244,0.275,0.316
^{201m}Pb			61s	IT		γ	0.629
						e^-	0.541,0.614
^{202}Pb	201.972003		3×10^5a	EC	100%		
^{202m}Pb			3.62h	EC	10%	γ	0.390,0.422,0.658,0.961
				IT	90%	e^-	0.115,0.302,0.699,0.772
^{203}Pb	202.973229		52.1h	EC	100%	γ	0.279,0.401,0.680
						e^-	0.193,0.264
^{203m}Pb			6.1s	IT	100%	γ	0.825
						e^-	0.737,0.810
^{204}Pb	203.973044	1.4					
^{204m}Pb			66.9min	IT	100%	γ	0.375,0.90
						e^-	0.287,0.360,0.824,0.897
^{205}Pb	204.97448		3.0×10^7a	EC	100%		
^{206}Pb	205.974468	24.1					
^{207}Pb	206.975903	22.1					
^{207m}Pb			0.80s	IT		γ	0.570,1.064
						e^-	0.482,0.975,1.048
^{208}Pb	207.976650	52.4					
^{209}Pb	208.981082		3.30h	β−	0.635		
^{210}Pb	209.984187		22.2a	$β^-$	0.061,0.015	γ	0.047
						e^-	0.030,0.043
^{211}Pb	210.988742		36.1min	$β^-$	1.36,0.95,0.25	γ	0.405,0.427,0.766,0.832

续表

同位素	质量	天然丰度%	半衰期	衰变类型及粒子能量 MeV		γ 射线及内转换电子能量 MeV	
^{212}Pb	211.991892		10.64h	β^-	0.589,0.355	γ	0.239,0.300,0.415
^{213}Pb	212.996580		10.2min	β^-			
^{214}Pb	213.999844		26.8min	β^-	1.03,0.73	γ	0.053,0.242,0.295,0.352
						e^-	0.037,0.049

表中所用符号解释：α: α粒子,其他符号的意义参看本分族表 1.3 的符号解释.

3.1.6 铅的物理性质[1,2,4,6,7]

铅没有同素异形体,其唯一的晶型具有面心立方晶格结构,其中 α 为 494.89pm,邻近 Pb—Pb 之间的距离是 349pm. 铅属于白色金属,但它总是具有淡蓝灰色的外观,因此"铅灰"色成为一种特定的颜色用词. 纯铅的硬度为 1.5, 是重金属中最软的一种,其表面可用指甲刻出痕迹. 铅的展性好,可以制成铅箔,但它的机械强度和弹性限度较低. 铅在低于 7.23K 时具有超导性. 铅的一些物理性质见表 11.22.

表 11.22 铅的物理常数

原子量*	207.2
熔点,℃	327.502
沸点,℃	1751
熔化热,kJ/mol	5.11
蒸发热,kJ/mol	179.91
熔化熵,J/mol	8.49
热容 C_p,J/(mol·K)(25°)	26.44
熵 S^o_{298}, J/(mol·K)	64.89
热导率,J/(s·cm·K)	
0℃	0.347
100℃	0.381
密度,g/cm³(20℃)	11.341
(327℃)	10.67(液体)
电阻率,Ω·cm	19×10^{-6}
表面张力,N/m (327℃)	0.444
蒸气压,mmHg, 920℃	0.49
1000℃	1.77
1100℃	6.85
1250℃	37.5
1340℃	90.3
离子半径,** pm Pb^{2+}	119(配位数 6)
Pb^{4+}	77.5(配位数 6)

续表

电离势,eV	
I_1	7 .415
I_2	15.03
I_3	31.93
I_4	39 .0
标准电势	$Pb^{2+} + 2e \rightleftharpoons Pb$　-0.126V
电负性	1.8

* 北京大学化学系,元素周期表,科学出版社 1978).

* * R. D. Sharnnan, Acta Cryst. A32, 751 (1976).

3.1.7　铅的核磁共振性质[2]

铅的天然同位素^{204}Pb,^{206}Pb,^{208}Pb 的核自旋量子数 $I=0$. 而占天然丰度 21.7%的^{207}Pb 的 $I=\frac{1}{2}$. 因此可以对^{207}Pb 及其化合物进行核磁共振测定,它的化学位移值的变化范围接近 16000ppm,这表明^{207}Pb 核受到较大的顺磁性屏蔽. 一些^{207}Pb 的化学位移值见表 11.23.

表 11.23　一些^{207}Pb 的化学位移值 δ

化合物	化学位移 ppm
金属铅	0
PhO_2,98%	+6900
$PbAc_2 \cdot 3H_2O$	+10900
$PbAc_2$ 溶液	+ 12300
$PbCl_2$ 粉末	+ 13800
$PbSO_4$ 粉末	+15200
$Pb(NO_3)_2$ 粉末	+15200
$Pb(NO_3)_2$溶液	+14400
PbO,黄色	+ 7400
PbO,红色	+11200
$Pb(ClO_4)_2$ 溶液	+14100
PbTe	+10800
PbS	+10100
PbSe	+ 8700

3.1.8　铅的化学性质[1,2,8,10]

空气中的氧能将铅氧化,在铅表面生成氧化铅薄膜,使铅失去金属光泽. 若空气中含有水蒸气及 CO_2,则可在铅表面形成碱式碳酸铅薄膜. 反应过程是,首先形成 PbO,PbO 与水作用得到 $Pb(OH)_2$,$Pb(OH)_2$ 再与 CO_2 生成$(PbOH)_2CO_3$. 氧化铅及碱式碳酸铅薄膜在常温下能保护金属，防止铅继续被氧化. 在湿空气中切开金属铅后，能观察到铅在较短时间内即失去金属光泽.

含有氧气的水能腐蚀铅，生成氢氧化铅，此化合物微溶于水，因铅有毒(见 3.1.10)，故能造成水的污染. 如果水中含有少量的二氧化碳，碳酸盐或硅酸盐，它们与铅反应生成不溶性的碳酸铅和硅酸铅，可防止铅的进一步腐蚀并减少水的污染.

在常温下铅与氟、氯能缓慢作用生成二氟化铅、二氯化铅. 加热时铅可在氟或氯中燃烧. 因溴不如氯活泼，铅与溴在常温下不起化学反应，只有在加热时才起反应，生成二溴化铅. 但溴的无水乙醚溶液遇铅即迅速反应生成二溴化铅.

气态 HF 迅速腐蚀铅. 常温下氯化氢仅轻微腐蚀铅，但在加热时它能与铅进行不可逆反应. 当铅接触硫化氢气时，其表面逐渐变黑，生成 PbS.

铅与二氧化硫共热到 300℃ 时生成 PbS，热至 400℃ 则生成 $PbSO_4$，其反应式如下

$$Pb + 3SO_2 \xrightarrow{300℃} PbS + 2SO_3$$

$$Pb + 2SO_3 \xrightarrow{327-400℃} PbSO_4 + SO_2$$

磷与熔融铅反应生成磷化铅. 砷与熔融铅作用得砷化铅，产物是一种合金.

铅溶于稀硝酸，生成硝酸铅并放出氮氧化物；它与浓硝酸的反应很慢. 铅在盐酸中微溶. 铅与硫酸作用形成不溶性硫酸铅覆盖层，可防止铅的进一步被腐蚀，但浓度小于 5% 的 H_2SO_4 对铅的腐蚀率剧增. 铅对 60%—100% H_3PO_4 的抗腐蚀性较强.

铅溶于含氧气的低于 80% 的乙酸中，生成乙酸铅及水，铅过量则形成碱式乙酸铅. 铅对酒石酸溶液，柠檬酸溶液(<30%)的抗腐蚀性较好；若溶液中含有氧气则对铅的腐蚀率增大.

与同族的锗、锡不同，铅与熔融碱不作用. 但苛性碱水溶液能腐蚀铅.

室温时金属铅对某些盐溶液有较强的抗腐蚀性，这些盐溶液包括 K_2SO_4，KNO_3，KX(X = F, Cl, Br)，K_2S，K_2SO_3，$MgSO_4$，MgF_2，$Fe_2(SO_4)_3$，$FeSO_4$ 及 $ZnSO_4$ 溶液. 然而铅对另一些盐溶液(如 $MgCl_2$，<40%；$CaCl_2$，10%；$Ca(NO_3)_2$，10%)的抗腐蚀性较差. 铅对 <20% 的 K_2CO_3 溶液的抗腐蚀性较差，而对 30%—40% K_2CO_3 溶液的抗腐蚀性较好. NaCl 溶液及海水能轻微腐蚀铅.

铅与钠的液氨溶液反应得到 Na_4Pb；若有过量钠与 Na_4Pb 作用，则生成 Na_4Pb_9($4Na^+ + Pb_9^{4-}$).

铅在水中的溶解度很小，在 24℃ 时铅在无空气的水中溶解度为3.11×10^{-6} g/L.

3.1.9 铅合金[3]

铅与许多金属，包括 Zn，Cd，Hg，Al，Ga，In，Tl，Ln (镧系元素)，Ti，Zr，Th，Ge 和

Sn 等都能形成合金.

工业上常用的铅基合金有轴承合金、活字合金、焊料、硬铅等. 铅与锡、镉、铋及汞等可形成熔点低于 100℃ 的低熔点合金. 在铅或铅基合金中加入少量碲,可以改善它们的机械性能和抗蚀性. 例如,铅碲合金(含 Te0.5%),可用于制造耐硫酸的设备,其使用期比纯铅延长一倍. 铅铜银合金,是在铅内加入银和铜各 0.003%—0.005%,借以提高铅的抗张强度(约 15%),并增加抗蠕动性及抗疲劳强度,此种合金适用于制造铅管. 铅锡镉合金是在铅中加入 Sn 1.25%—1.75%,Cd 0.2%—0.3%,可改善铅的机械性能.

常用铅基合金的组成列于表 11.24.

表 11.24　铅基合金的组成,%

名称	Pb	Sb	Sn	Cu	Mg	As	Cd
轴承合金	81.75		17.0	1.25			
	73.0	10.0	15.0	2.0			
	72.7	11.5	11.0	1.75		1.5	1.55
	66.25	16.0	16.0	0.75			
重轴承合金	98.7				1.3		
轻轴承合金	90—80	10 —17	10—0	0—1			
焊料	50		50				
活字金	73—92	4—18	3—10	1			
电缆皮	98—99	0.5—2				0.025	
榴霰弹	99 .8				0.2		

3.1.10　铅在生物体内的作用[2,7,8]

人类很早就知道铅和所有铅的化合物都有毒性. 人体不断从被污染的食物或饮料中摄取微量的铅,这样少量的铅,在人体正常的新陈代谢过程中能顺利排出,一般不致引起积累性中毒. 若铅的摄取量过多可导致人体中毒,因此,目前铅中毒仍然是最重要的工业危害之一.

铅中毒的发生主要起源于呼吸道吸入铅蒸气,含铅灰尘或铅化合物. 进入人体的铅,大部分沉积于人体骨骼,其余部分进入血液,五脏及皮肤,并通过人的粪便、尿、唾液或乳汁排出. 急性铅中毒极其少见,慢性中毒以消化道,造血系统与神经系统受损为主.

消化道损害表现为口腔炎、流涎、嗯心、呕吐、便秘、脐周围发作性剧痛(称为铅痠痛). 造血系统损害表现在贫血,红血球大小不等,形状不一. 神经系统损害表现为神经炎.

铅中毒的治疗常采用注射乙二胺四乙酸二钠钙($CaNa_2edta$) 的方法,其结果是使尿中铅的排出量增加 10—30 倍. 可以在短时间内得到减轻或消除症状的疗效. 注射二乙烯三胺五乙酸三钠钙的盐水溶液,排铅效果较好. 此外青霉胺与二巯基丁二酸钠也可用于排铅.

空气中含铅最大允许量为 0.15mg/m^3. 空气中铅污染的来源主要是城市中汽车行驰时排出的尾气以及冶炼铅和使用铅和铅化合物工业的废气,粉尘.

3.1.11 铅的分析化学[2,9-14]

至今人们还没有找到在多种元素中检验铅的特效试剂,因此在检验之前必须事先进行铅同其他元素的分离.

1. 分离方法

一般采用下列几种分离方法. 在中性或微碱性溶液中用双硫腙的 CCl_4 或 $CHCl_3$ 溶液萃取微量铅. 对微克量的铅可采用在 pH≥2 的微酸性介质中析出 PbS 沉淀的方法,为使沉淀完全可加入 Ag^+,Cu^{2+},Hg^{2+} 进行共沉淀. 还可在 1mol/L HCl 介质中使铅以 $PbCl_3^-$ 配离子形式和铋一起吸附在强碱性阴离子交换树脂上,达到与其他金属离子分离的目的,再用 0.01mol/L HCl 将铅洗脱,而铋仍然留在树脂上.

2. 定性分析

铅的化学定性分析以检出铅(II) 离子为基础. 通常采用以下方法.

(1) 在碱性溶液中溴水(或次溴酸盐)能把铅(II) 盐转化成 PbO_2,过量的 BrO^- 用氨水迅速破坏

$$3BrO^- + 2NH_3 \longrightarrow 3Br^- + N_2 + 3H_2O$$

再加热除去多余的氨,加入联苯胺乙酸溶液,出现蓝色,表示有 Pb^{2+} 存在.

(2) 在中性溶液中铅(II) 与双硫腙生成配合物,后者可萃入氯仿或四氯化碳相而显红色,表明有 Pb^{2+} 存在. 此法可检出 40ngPb.

上述 Pb^{2+} 与双硫腙的试验方法也适用于二烷基铅盐、三烷基铅盐的水溶液. 如果烷基铅盐溶液中有 Pb^{2+} 离子干扰,可采用 EDTA 隐蔽. 二烷基铅盐与试剂生成黄橙色配合物,三烷基铅盐与试剂生成红橙色配合物. 检出限量为 100ng R_3Pb^+ 或 R_2Pb^{2+}.

3. 定量分析

铅的定量分析有重量分析和容量分析. 在重量分析中可被利用的有多种铅盐沉淀. 如 $PbSO_4$,$PhCrO_4$,$PbMoO_4$,PbC_2O_4,$Pb_3(PO_4)_2$, 邻氨基苯甲酸铅,邻苯二甲酸铅以及 8-羟基喹啉铅等. 用 EDTA 溶液滴定铅是人们熟悉而又常用的容量分析方法.

4. 仪器分析法

定性和定量测定铅常用的仪器分析法有发射光谱分析法、极谱分析法、分光光度法、原子吸收分光光度法、原子荧光分析法和荧光分析法等.

(1) 发射光谱分析法. 对于铅的矿物和不挥发的无机样品，采用发射光谱分析法较为方便，利用铅 560.88, 405.782, 363.958, 283.307, 368.347, 261.418, 220.35, 216.999nm 等谱线鉴定铅并进行铅含量的测定.

(2) 极谱分析法. 用极谱分析法测定铅含量，可以测出 10^{-8}mol/L 浓度的铅，精确度约 5%. 在 0.01—0.5mol/L NaOH 溶液中铅(II) 酸根离子的半波电势与氢氧离子浓度呈线性关系

$$\varphi_{1/2}^{\circ} = -0.765 - 0.083\lg C_{OH^-}$$

25℃时铅在不同电解质中的半波电势为：0.1mol/L KCl(或 HCl)，-0.396V (对 SCE，下同)；1mol/L KCl(或 HCl)，-0.435V；1mol/L HNO_3，-0.405V.

(3) 分光光度法. 分光光度法测定铅的最佳试剂是双硫腙，其他试剂用得不多.

把中性或微碱性铅(II) 溶液与双硫腙 $CHCl_3$(或 CCl_4) 溶液一起振荡，铅(II) 与双硫腙形成粉红色双硫腙铅盐 $Pb(HD_2)_2$ 而进入有机相. 萃取铅的最佳 pH 值范围为 7—10. 在波长为 520nm 处测定吸光值.

双硫腙法测定铅时所用主要掩蔽剂是 KCN，它能与 Ag, Hg, Pd, Au, Cu, Zn, Cd, Co 及 Ni 等杂质离子形成稳定配合物，从而阻止了它们与双硫腙的反应.

铋对测定铅的干扰最严重. 在 pH3—10 时铋被双硫腙 CCl_4 溶液定量萃取. 但也可以利用此性质，事先在 pH 为 3 时用双硫腙将铋萃取分离出去.

(4) 原子吸收分光光度法. 铅最灵敏吸收线的波长为 217.00nm，其他吸收线的波长是 283.31 和 261.42nm. 用铅空心阴极灯及空气-乙炔火焰测得不同铅谱线的灵敏度及最佳测试范围列于表 11.25.

表 11.25　铅吸收线的灵敏度与测试范围

谱线，nm	灵敏度，μg/ml/1%	最佳测试范围，μg/ml
217.00	0.3	6—10
283.31	0.5	10—100
261.42	50	1000—10000

(5) 荧光分析. Pb^{2+} 离子吸附在 ZnS 沉淀上，用紫外线照射即发出黄色荧光，据此可进行铅的定性和半定量分析. 定性分析的检出限是 5×10^{-11}g. 半定量检测范围为 1—100μg/ml. Tl^+, Cu^{2+}, Sn^{2+}, Sb^{3+}, Bi^{3+} 等离子有干扰. Pb^{2+} 与 Cl^- 形成的铅氯配合物，在紫外光激发下发出蓝色荧光，该荧光的峰值在 480nm 处. 如配制成 3.6mol/L HCl—0.82mol/L KCl 试样溶液，用 270.00 nm 波长的光照射激发后，在荧光峰 480.0nm 处测量荧光强度以确定铅含量，测量范围为 0.1—0.6μg/ml.

3.2 铅(Ⅱ)化合物

3.2.1 二卤化铅[1,2,4,16-20]

1. 二氟化铅

(1) 二氟化铅的制备

常温下单质氟与铅可直接化合成 PbF_2;在合成过程中要控制氟的用量,不然过量的氟能与 PbF_2 反应生成 PbF_4. 在常温下以氟作用于碘化铅或碳酸铅,或将氢氧化铅(或碳酸铅)溶于氢氟酸,以及在 160℃时以氟化氢作用于金属铅都能制备二氟化铅. 碱金属氟化物溶液加入硝酸铅(或乙酸铅)溶液中析出 PbF_2 晶体. 加热速熔分解氟氢化铅(Ⅱ)也得 PbF_2. 一种廉价制备 PbF_2 的方法是将等摩尔的氟硅酸钠和硫酸铅加热到 500—700℃,放出 SiF_4 气体,残留物用水处理时硫酸钠溶解,留下的是二氟化铅晶体.

在不含氧的氮气(压力为 10—20mmHg)中,从熔融的二氟化铅里可生成萤石型单晶. 此晶体高度透明,立方结构,适用于作棱镜材料,也适用做闪烁计数器的探测元件.

(2) 二氟化铅的性质

二氟化铅是白色结晶粉末,它有两种变体,室温时稳定的是 α 型晶体,属正交晶系;高于 316℃温度下稳定的是 β 型晶体,属立方晶系. 这两种晶型的相互转变通常是很慢的.

α 型 PbF_2 晶体的晶胞参数 $a=644.1pm$, $b=764.8pm$, $c=389.7pm$,空间群为 $Pnam$, $z=4$. β 型晶体的 $a=593.94pm$,空间群为 $Fm3m$, $z=4$. 二氟化铅棱镜的折射系数与入射波长的关系见表 11.26. PbF_2 晶体的硬度近于 2. PbF_2 的其他物理性质见表 11.26.

表 11.26 PbF_2(β 型)棱镜的折射系数与入射线波长 λ(nm)的关系(18.50℃)

λ	706.520	690.75	667.815	656.279	643.847	589.593
n	1.75450	1.75577	1.75770	1.75873	1.75995	1.76626
λ	587.662	546.074	508.582	492.193	486.133	479.991
n	1.76653	1.77290	1.78026	1.78406	1.78562	1.78724
λ	467.815	447.148	434.047	404.656		
n	1.79667	1.79744	1.80232	1.81554		

在较长时间的紫外线或 X 射线照射下,立方晶系的 PbF_2 呈现黄棕色. 常温下二氟化铅在潮湿空气中稳定. 在赤热温度下氢气可将二氟化铅还原成金属铅,

同时生成 HF. 加热时 PbF_2 遇氟气即生成 PbF_4

$$PbF_2 + F_2 \xrightarrow{250℃} PbF_4$$

但红热的 PbF_2 不易被氧所氧化. 活泼金属,如铝能将二氟化铅还原成金属铅

$$2Al + 3PbF_2 \longrightarrow 2AlF_3 + 3Pb$$

金属铋也有类似的作用,加热到 900℃仅有微量反应,生成 BiF_3 及 Pb. PbF_2 与水蒸气在 500—700℃时反应放出 HF,以 $H_2O - HF$ 混合蒸气流出,并生成 PbO

$$PbF_2 + H_2O \rightleftharpoons 2HF + PbO$$

在含水的热空气中也有此反应.

二氟化铅与三氧化硫在 50℃时起反应,表现在它的重量增加,可能生成一种氟硫酸铅. 在 170—175℃温度下 PbF_2 于氮气氛中与 P_2S_5 的摩尔比为 3∶1 时,两者反应后生成一硫化铅和氟硫化磷

$$3PbF_2 + P_2S_5 \xrightarrow{170—175℃} 3PbS + 2PSF_3$$

二氟化铅难溶于氢氟酸,但能溶于盐酸和硝酸. 它能被冷浓硫酸分解,生成硫酸铅和氟化氢. PbF_2 在 2mol/L 热氢氧化钠溶液中溶解得很慢.

PbF_2 在水中的溶解度为:598(8.99℃)、681(26.61℃) mg/L. 在 25℃时饱和溶液(660mg/L) 的 pH 值 = 5.3,这表明 PbF_2 有较弱的水解现象,其比电导 $x \cdot 10^6 = 505.5 S \cdot cm^{-1}$.

用氨水处理 PbF_2 水溶液,析出氟氧化铅沉淀.

2. 二氯化铅

(1) 二氯化铅的制备

从单质直接合成,即把氯气导于 300℃的铅上得到 $PbCl_2$,因为 $PbCl_4$ 容易分解,所以此反应只能生成 $PbCl_2$. 氯气作用于 PbO 也得 $PbCl_2$. 从常温到 300℃以上的温度范围内,通 HCl 气于 PbO 上,几乎是定量地生成二氯化铅. 铅溶于 100℃的盐酸,生成 $PbCl_2$ 并放出氢气. $PbCl_2$ 易溶于热盐酸形成 H_2PbCl_4,但是冷却后又从该饱和溶液中析出 $PbCl_2$ 晶体.

干燥 HCl 与 $Pb(NO_3)_2$ 猛烈反应生成 $PbCl_2$. 四氯化铅在 105℃时分解(爆炸)得到氯气与二氯化铅. 可溶性铅(Ⅱ)盐的稀溶液与氯化物(包括盐酸)反应析出 $PbCl_2$ 沉淀.

此外在 150℃温度下,$SOCl_2$ 作用于 PbO_2 或 Pb_3O_4 也可制备二氯化铅

$$SOCl_2 + PbO_2 \longrightarrow PbCl_2 + SO_3$$

(2)二氯化铅的性质

二氯化铅的部分物理性质列于表 11.29.

二氯化铅晶体属正交晶系,晶胞参数 $a = 760.5pm$, $b = 902.7pm$, $c = 452pm$,空间群为 D_{2h}^{16}. $Pnam$, $z = 4$. 在 $PbCl_2$ 晶体中每个铅离子周围有 9 个 Cl^- 离子,其中 6

个 Cl^- 位于三角棱柱的顶点，其余三个 Cl^- 在三个棱柱面中心之外侧.

$PbCl_2$ 冷时为白色，熔融时先变成黄色，到 600—800℃之间呈暗红色.

二氯化铅在湿空气中加热到低于它的熔点温度时吸收水蒸气后水解，生成氯氧化铅，并放出 HCl 气

$$2PbCl_2 + H_2O \longrightarrow PbO \cdot PbCl_2 + 2HCl$$

继续加热，当温度高于 $PbCl_2$ 的熔点温度时可放出氯气. $PbCl_2$ 在干燥空气中加热到 550℃，有少量 PbO 及 Cl_2 生成. $PbCl_2$ 在惰性气氛（如 CO_2）中加热时是稳定的，直接蒸发而不分解.

在 600℃以上氢将 $PbCl_2$ 还原成金属铅. $PbCl_2$ 与氯气在干燥时不起化学反应，它也不溶于液态氯. $PbCl_2$ 与熔融硫的反应不完全，只有部分 $PbCl_2$ 转化成黑色的 PbS.

在常温下 $PbCl_2$ 与镁无作用，但在加热时能剧烈反应，常常导致爆炸，结果生成氯化镁. $PbCl_2$ 与钙在加热时的反应也很猛烈.

$PbCl_2$ 与过量的液氨，在 -78.5℃时生成加合物 $PbCl_2 \cdot 8NH_3$，温度升到 0℃时，$PbCl_2 \cdot 8NH_3$ 放出大部分 NH_3 后变成 $PbCl_2 \cdot 2NH_3$.

$PbCl_2$ 与 NO_2 无作用，它与 CO 加热到 650 - 700℃时反应也不完全，有部分 $PbCl_2$ 被还原成金属铅，同时生成 $COCl_2$.

将 $PbCl_2$ 与 NaCl 按摩尔比为 1:2 或 1:1 混合后加热，分别生成 Na_2PbCl_4 或 $NaPbCl_3$. $PbCl_2$ 与 ZnO 悬浮于水中，反应后产生 Pb(OH)Cl 与 $ZnCl_2$ 或 $ZnCl_2 \cdot 4Zn(OH)_2$.

$PbCl_2$ 难溶于水，它在水中的溶解度见表 11.27.

表 11.27 $PbCl_2$ 在水中的溶解度

温度，℃	0	15	25	35	45	55	80	100
溶解度，10^{-3}mol/L	24.21	32.65	38.82	47.33	55.79	64.86	91.50	115.2

$PbCl_2$ 水溶液在 22.5℃时有两个吸收带，吸收峰分别在 208.5 和 227nm.

在 25℃时 $PbCl_2$ 的饱和水溶液使蓝色石蕊试纸变成红色，可见有水解发生，但水解量很有限，0.005mol/L $PbCl_2$ 溶液 100℃时约有 0.6% 的 $PbCl_2$ 发生水解. 从 $PbCl_2$ 水溶液的电导数据可知仍有 6% 的 $PbCl_2$ 未电离. 在已电离的 $PbCl_2$ 中约有一半保持着一级电离（$PbCl_2 \rightleftharpoons PbCl^+ + Cl^-$），另一半是二级电离（$PbCl_2 \rightleftharpoons Pb^{2+} + 2Cl^-$）.

强氧化剂如 H_2O_2 能将水溶液中的 $PbCl_2$ 氧化成 PbO_2.

把 NaOH 溶液加入 $PbCl_2$ 溶液中，当 $PbCl_2$ 与 NaOH 的摩尔比为 2:1 时，生成的沉淀中有大量的 PbCl(OH)，当摩尔比在 1:1—1:2 之间时，沉淀中主要也是

PbCl(OH).

$PbCl_2$ 溶液与 Na_2CO_3 反应生成 $(PbCl)_2CO_3$ 沉淀；与 $M_2C_2O_4$ 生成 $(PbCl)_2C_2O_4$ 沉淀；与 $(NH_4)_2CrO_4$ 溶液反应生成 $PbCrO_4$ 沉淀，同时伴随生成少量的 $Pb_2Cl_2CrO_4$ 沉淀.

$PbCl_2$ 在盐酸及乙酸中的溶解度列于表 11.28.

表 11.28　$PbCl_2$ 在盐酸及乙酸中的溶解度(25℃)

HCl, mol/L	0.20	0.50	1.00	1.20	2.04	2.57	2.90
$PbCl_2$, 10^{-3} mol/L	6.60	5.10	4.905	4.925	5.21	5.63	5.90
HCl, mol/L	3.52	4.02	4.70	5.16	5.78		
$PbCl_2$, 10^{-3} mol/L	6.65	7.475	9.06	10.805	14.01		
HAc, mol/L	0.050	0.100	0.200	0.465	0.929	1.845	3.680
$PbCl_2$, 10^{-3} mol/L	38.91	39.085	38.515	36.96	34.015	28.43	18.94

由表可见，在盐酸中 $PbCl_2$ 于 1.00mol/L 盐酸中的溶解度为最小；在乙酸中 $PbCl_2$ 于 0.100mol/L 乙酸中的溶解度为最大.

$PbCl_2$ 在乙醇、丙醇中的溶解度小于在水中的溶解度，但是它在甘油中的溶解度(2.04g/100g) 反而比水中为大.

在 0℃ 时 100g 液态 SO_2 只溶解 0.019g$PbCl_2$ · $PbCl_2$ 难溶于 $SOCl_2$，不溶于 SO_2Cl_2.

表 11.29　二卤化铅的部分物理性质

性　质	PbF_2	$PbCl_2$	$PbBr_2$	PbI_2
颜色	白(丝光)	白(丝光)	白	亮黄
密度, g/cm³	8.24	5.85	6.66	6.16
mp, ℃	855	501	373	402
bp, ℃	1290	950	916	954
晶格结构	α 型正交 β 型立方	正交	正交	六方
生成焓 ΔH^0, kJ/mol	−663.16	−359.20	−277.02	−175.10
生成自由能 ΔG^0, kJ/mol	−619.65	−313.97	−260.41	−173.76
熵 S^0, J/(mol · K)	121.37	136.40	161.50	176.98
热容 C_p, J/(mol · K)	74.02	76.99	80.525	
Pb—X 键距, pm (气态 PbX_2 分子)	213	246	260	279
晶格能, kJ/mol	2620.86	2316.68	2192.42	2125.47

3. 二溴化铅

硝酸铅水溶液与氢溴酸或可溶性溴化物水溶液混合析出 PbBr 沉淀. 将金属铅与二溴化锡一起加热到 360℃,铅能把锡从 $SnBr_2$ 中置换出来,生成 $PbBr_2$ 和金属锡. 以浓氢溴酸作电解液,铅作阳极进行电解,以及 PbO 溶解于氢溴酸都可制备 $PbBr_2$.

$PbBr_2$ 的部分物理性质见表 11.29. 气态 $PbBr_2$ 分子中 Br—Pb—Br 键角小于 180°. $PbBr_2$ 晶体和 $PbCl_2$ 晶体一样,每个铅离子周围有 9 个 Br^- 离子,其中 6 个 Br^- 离子位于三角棱柱的顶点,其余三个 Br^- 在三个棱柱面中心的外侧. $PbBr_2$ 晶体属正交晶系,晶胞参数 $a = 803.8$pm ,b = 951.8pm ,$c = 471.7$pm ,空间群为 *Pnam*,z = 4.

$PbBr_2$ 在阴极射线的照射下缓慢分解,放出溴蒸气,留下金属铅. 将 $PbBr_2$ 加热到 373℃时熔化成红色液体,冷却则凝成块状固体. 加热到高于 600℃有明显分解.

氢能将 $PbBr_2$ 还原成金属铅,在 500℃温度下经 2.5 小时,有 1.54% 铅(Ⅱ)被还原,600℃时 2.5 小时有 6.82% 的铅(Ⅱ)被还原成金属铅.

用锤打击 $PbBr_2$ 与钠或钾的混合物可发生爆炸性反应. $PbBr_2$ 与镉加热到 360℃时也发生置换反应.

与 $PbCl_2$ 相似,$PbBr_2$ 遇双氧水也被氧化成 PbO_2.

$PbBr_2$ 在浓盐酸中可转变成 $PbCl_2$. 将 $PbBr_2$ 悬浮于碘化钾溶液中能转化成 PbI_2 沉淀.

和 $PbCl_2$ 相似,$PbBr_2$ 与液态氨在 −78.5℃也可形成加合物 $PbBr_2 \cdot 8NH_3$.

$PbBr_2$ 难溶于水,它在水中的溶解度列于表 11.30.

表 11.30 $PbBr_2$ 在水中的溶解度

温度,℃	0	15	25	35	45	55	80	100
$PbBr_2$,10^{-3}mol/L	12.41	19.87	26.46	35.77	47.05	57.31	88.19	124.0

5×10^{-4}mol/L $PbBr_2$ 溶液的光吸收峰在 208.5nm ,$PbBr_2$ 饱和溶液(2.3×10^{-2}mol/L) 的吸收峰移至 235.5nm .

0.0132mol/L $PbBr_2$ 水溶液与 0.1936mol/L NaOH 水溶液按摩尔比 1∶2 至 1∶4混合可析出 PbBrOH 沉淀. 通 H_2S 气于 $PbBr_2$ 溶液中,可析出黄色 Pb_2Br_2S 沉淀. 与 $PbCl_2$ 相似,$PbBr_2$ 饱和水溶液与 $M_2C_2O_4$ 反应,生成$(PbBr)_2C_2O_4$ 沉淀.

4. 二碘化铅

无空气存在时,铅与碘一起加热,或碘蒸气通于熔融铅上均可制备 PbI_2. 氢碘酸或 KI 水溶液与可溶性铅(Ⅱ)盐水溶液混合,生成 PhI_2 沉淀. 或在 KI 水溶液中,采用铅作阳极进行电解也获得 PbI_2 沉淀.

二碘化铅具有层状结构，有 α、β 两种变体，但都属六方晶系. α 型 PbI_2 晶体的晶胞参数 $a = 454pm$，$c = 686.2pm$，β 型的 $a = 454pm$，$c = 2070pm$，$z = 3$. 表 11.29 列出 PbI_2 的其他物理性质.

把 PbI_2 加热时，亮黄色的 PbI_2 首先转变为红色，然后呈棕红色，冷却时又恢复为原来的亮黄色.

在常温下阳光照射干燥的 PbI_2 上不发生反应；湿的 PbI_2 经长时间的阳光照射（如一个月），缓慢分解放出碘，其重量有明显减少.

将 PbI_2 置于氧中加热，氧能把 PbI_2 中的 I^- 氧化成单质碘，103kPa（773mmHg）左右氧压力下 292℃时开始放出碘. 同时生成氧化铅和氧碘化铅. PbI_2 在 1atm 压力的氮气中加热到 550℃仍不分解. PbI_2 与氟气在常温下起化学反应生成氟化铅.

PbI_2 难溶于水，现列出 PbI_2 在不同温度水中的溶解度数据，以供参考（见表 11.31）.

表 11.31　PbI_2 在水中的溶解度

温度,℃	0	15	25	35	45	55	80	100
溶解度,10^{-3}mol/L	0.96	1.33	1.65	2.24	3.12	3.94	6.39	8.95

PbI_2 在热水中有部分水解，生成碱式盐

$$PbI_2 + H_2O \rightleftharpoons PbI(OH) + HI$$

PbI_2 能溶于 5 – 10 倍过量的稀硝酸溶液，此时 HNO_3 可将 I^- 氧化成游离碘. 由于 $PbSO_4$ 在水中的溶解度 1.4×10^{-4}mol/L 比 PbI_2 的溶解度 1.65×10^{-3}mo1/L 小，故将 PbI_2 与 H_2SO_4 水溶液混合就能进行沉淀转化反应，难溶的 PbI_2 逐渐转变成更难溶的 $PbSO_4$ 沉淀，同时产生氢碘酸.

在常温下 PbI_2 与氨气不起化学反应.

5. 氟氯化铅（PbClF）

在相图上，当 PbF_2 ∶$PbCl_2$ 为 1∶1 时，存在混合卤化铅 PbClF，其熔点为 601℃. 将 $PbCl_2$ 饱和水溶液和中性的氟化物水溶液混合可析出白色 PbFCl 沉淀. 例如，0.9g $Pb(NO_3)_2$ 溶于 150ml 水配成的溶液，滴入 1gKCl 及 0.1076g NaF 溶于 150ml 水配成的溶液，放置 12 小时，用 G_4 玻璃砂漏斗过滤，每次用 5ml $PbCl_2$ 饱和水溶液洗涤沉淀，共洗六次，然后把它置于 140℃ 温度下干燥得化学计量组成的 PbClF.

PbClF 难溶于水，现列出 PbClF 在不同温度水中的溶解度数据，以供参考.

温度，℃	0	25	50	75	100
PbClF 溶解度，10^{-4} mol/L	8.8	13.4	21.6	28.5	38.5

PbClF 难溶于水，又能形成化学计量的沉淀物，将它加热到 66—538℃之间亦无重量变化，且仍符合化学式 PbClF，因此可利用它作基准来测定氟化物中的氟含量.

PbClF 晶体属四方晶系，晶胞参数 a = 409pm，c = 721pm，空间群为 $P\frac{4}{n}nm$，$z=2$，密度为 7.05g/cm^3.

6. 氟溴化铅（PbBrF）

PbBrF 是由 PbF_2 与 $PbBr_2$ 一起加热熔融制备的，或者把 PbF_2 饱和水溶液加入 NH_4Br 水溶液中，获得无定形白色粉末状 PbBrF 沉淀.

PbBrF 晶体属四方晶系，晶胞参数 a = 418pm，c = 759pm，空间群为 $P\frac{4}{n}mm$，$z=2$.

PbBrF 也难溶于水.

在 PbF_2-PbBr_2 体系的相图上除了有 $PbF_2\cdot PbBr_2$（mp561℃），还有 $4PbF_2\cdot PbBr_2$，后者在 585℃时形成.

7. 氯溴化铅（PbBrCl）

用等摩尔的 $PbCl_2$ 与 $PbBr_2$ 加热熔融即生成 $PbCl_2\cdot PbBr_2$ 白色细针状结晶（mp450℃）. 或者采用 KBr 与 $PbCl_2$ 的水溶液混合，例如 100ml$PbCl_2$ 饱和溶液与含 6g KBr 的浓 KBr 溶液混合，以及用 $PbAc_2$ 与 HCl，HBr 的水溶液混合，均可生成 PbBrCl 沉淀. 也可将 $PbCl_2$ 与 $PbBr_2$ 的饱和水溶液混合，得少量 PbBrCl 沉淀.

PbBrCl 在阳光照射下不分解，它难溶于水、冷或热醇，也不溶于冰醋酸.

除了上述几种混合卤化铅，还有 $PbF_2\cdot PbI_2$ 及 $PbCl_2\cdot PbI_2$，前者存在于 PbF_2-PbI_2 共熔体系，也可以从含 PbF_2 与 KI 的水溶液中沉淀出来；后者存在于 $PbCl_2-PbI_2$，共熔体系或从含 $PbCl_2$ 及 KI 的水溶液中沉淀出来.

3.2.2 假卤化铅（Ⅱ）[2,4,15-17,19,21]

1. 硫氰酸铅[$Pb(SCN)_2$]

$Pb(SCN)_2$ 是由 KSCN（或 NH_4SCN）水溶液加入 Pb（Ⅱ）盐水溶液沉淀而得. 例如，把 60g KSCN 溶于 560ml 水，将配成的溶液加入 100g $Pb(NO_3)_2$ 溶于 1000ml 水配成的溶液中，当 KSCN 溶液的加入量为 280ml 时，. 此混合溶液开始出现浑浊，析出细微的 $Pb(SCN)_2$ 结晶，全部 KSCN 溶液加完后，过滤，用水洗涤沉淀，直到滤液无 NO_3^- 为止. 沉淀在减压的盛浓 H_2SO_4 的干燥器中干燥，得 $Pb(SCN)_2$ 约 60g.

在 $Pb(SCN)_2$ 晶体中，每个 Pb^{2+} 离子与邻近的四个 SCN^- 离子中两对硫原子连接，Pb^{2+} 与这两对硫原子的距离分别为 305pm 和 314pm；每个 Pb^{2+} 离子还与附近另外四个 SCN^- 离子中两对氮原子连接. 这两对氮原子与 Pb^{2+} 的距离分别为 270pm 和 272pm. 每个 SCN^- 离子两端的硫、氮原子各与两个 Pb^{2+} 离子相连接.

$Pb(SCN)_2$ 的生成焓 $\Delta H° = 115.06$ kJ/mol，生成自由能 $\Delta G° = 134.31$ kJ/mol，晶格能为 2179.86kJ/mol，密度为 3.82g/cm^3.

$Pb(SCN)_2$ 在 2095，2042，946，929，912，753cm^{-1} 处有红外吸收峰.

$Pb(SCN)_2$ 的热分解温度为 190℃.

$Pb(SCN)_2$ 与氯气的反应是放热的，生成氯化硫、氯氰及氯化铅；与溶解于 $CHBr_3$ 中的溴发生作用，产生 $PbBr_2$ 和 $(SCN)_2$.

150℃温度下，把 H_2S 气通过 $CaCl_2$ 干燥后与 $Pb(SCN)_2$ 进行反应，生成黑色的 PbS 和 HSCN 气体

$$Pb(SCN)_2 + H_2S \longrightarrow PbS + 2HSCN$$

生成的 HSCN 与过剩的 H_2S 继续反应得到 CS_2 和 NH_3. 如果将 $Pb(SCN)_2$ 悬浮于水中，并通入 H_2S 气体，只发生复分解反应，生成 PbS 沉淀和 HSCN.

$Pb(SCN)_2$ 与 KNO_3 按重量比 45∶55 混合，加热时反应剧烈进行并有爆炸现象. $Pb(SCN)_2$ 与硝酸受微热就能强烈地反应，生成 $PbSO_4$ 而无游离硫产生.

2. 叠氮化铅[$Pb(N_3)_2$]

把 600ml 5% HAc 溶液置于烧杯中，在搅拌下慢慢滴加 500ml 2% NaN_3 溶液，起初得无定形沉淀，继续搅拌到形成结晶，过滤，水洗，醇洗，室温真空干燥，能获得 20.58g α 叠氮化铅. 如果在制备过程中有有机染料如曙红(0.02%)存在，有助于生成 β 型 $Pb(N_3)_2$. 硝酸铅和 NaN_3 通过缓慢扩散，也能得 β 型 $Pb(N_3)_2$.

$Pb(N_3)_2$ 的生成焓 $\Delta H°_{98} = -436.39$kJ/mol. $Pb(N_3)_2$ 是无色针状或粉末状晶体. α 型 $Pb(N_3)_2$ 晶体属正交晶系，晶胞参数 $a = 1137$pm，$b = 1632$pm，$c = 665$pm. β 型属单斜晶系，晶胞参数 $a = 1750.8$pm，$b = 884.4$pm，$c = 509$pm.

$Pb(N_3)_2$ 难溶于水，在水中的溶解度，18℃ 时为 0.023 g/100g，70℃ 时为 0.09g/100g.

β 型 $Pb(N_3)_2$ 在水溶液中或者在光的作用下容易转变成 α 型，但如果置于暗中干燥处能保存几年而不转型.

无论 α 型或 β 型 $Pb(N_3)_2$ 受热或受冲击震动都易分解，因此可用作起爆剂. β 型 $Pb(N_3)_2$，的热分解活化能远比 α 型为低. 在 260℃时 β 型 $Pb(N_3)_2$ 爆炸的猛烈程度约比 α 型大 20 倍，所以在处理时要倍加小心，特别是在有少量杂质存在时能催化分解并爆炸.

$Pb(N_3)_2$ 不溶于氨水. 但 $Pb(N_3)_2$ 能被稀的硝酸、高氯酸、硫酸等分解，也能

被湿的 CO_2 分解生成碳酸铅,并都放出 HN_3 · $Pb(N_3)_2$ 易溶于 HAc.

可以从 $Pb(N_3)_2$ 和含 NaOH 的 NaN_3 的混合溶液中沉淀出碱式叠氮酸铅.

将 $Pb(NO_3)_2$,NaN_3 和 KCl 溶液混合可析出 $Pb(N_3)_2 \cdot PbCl_2$ 沉淀,若以 KBr 代替 KCl 则得到 $Pb(N_3)_2 \cdot PbBr_2$ 沉淀.

3.2.3 卤氧化铅(Ⅱ)[2,15,19]

1. 氟氧化铅(Pb_2OF_2)

等摩尔的 PbO 与 PbF_2 在坩埚中混合后一起在氮气流中加热熔融,生成片状的黄褐色 Pb_2OF_2 晶体. Pb_2OF_2 晶体属四方晶系,晶胞参数 $a = 813.5$pm,$c = 570.6$pm,$z = 4$. 密度为 8.16g/cm^3.

2. 氯氧化铅

从 $PbC_2 - PbO$ 体系的相图上可看出有 $PbCl_2 \cdot PbO$,$PbCl_2 \cdot 2PbO$ 及 $PbCl_2 \cdot 4PbO$ 三种氯氧化铅存在. $PbCl_2 \cdot PbO$ 为淡黄褐色针状晶体,于524℃时分解成 $PbCl_2$ 及 PbO. $PbCl_2 \cdot 2PbO$ 也为淡黄褐色针状晶体,它在693℃熔融而不分解. $PbCl_2 \cdot 2PbO$ 晶体属正交晶系,晶胞参数 $a = 952$pm,$b = 1195$pm,$c = 587$pm,生成焓为 −835.96kJ/mol. $PbCl_2 \cdot 4PbO$ 是有光泽的黄色片状晶体. 自然界中存在的氯氧化铅有 $PbCl_2 \cdot PbO$,$PbCl_2 \cdot 2PbO$, $2PbCl_2 \cdot PbO$.

3. 溴氧化铅

从 $PbBr - PbO$ 体系的相图上看,有 $PbBr_2 \cdot PbO$(497℃分解),$PbBr_2 \cdot 2PbO$(mp,709℃),$PbBr_2 \cdot 3PbO$(mp,707℃)及 $PbBr_2 \cdot 7PbO$(mp,741℃)四种溴氧化铅存在. $PbBr_2 \cdot PbO$ 的生成焓为 −511.70kJ/mol ,它与水反应完全变成 $PbBr_2 \cdot PbO \cdot H_2O$, $PbBr_2 \cdot 2PbO$ 晶体属正交晶系,晶胞参数 $a = 981$pm,$b = 1225$pm,$c = 588$pm. 空间群为 $Pbnm - D_{2k}^{16}$生成焓为 −738.06kJ/mol.

4. 碘氧化铅

用热分析研究 $PbI_2 - PbO$ 体系,发现在该体系中有 $PbI_2 \cdot PbO$,$PbI_2 \cdot 2PbO$,$PbI_2 \cdot 4PbO$ 三种碘氧化铅存在. $PbI_2 \cdot PbO$ 不溶于水,溶于热稀乙酸成清澈的溶液.

3.2.4 一氧化铅和铅(Ⅱ)酸盐[1,2,4,15,18]

铅与氧形成的化合物有 PbO,Pb_3O_4,$Pb_{12}O_{17}$ Pb_2O_3,$Pb_{12}O_{19}$,PbO_2,文献中还记载有 Pb_6O_{10},Pb_7O_{11}(或 Pb_5O_8)和 Pb_2O_5 等.

在不同温度和氧压力下各种铅氧化物的存在相见图 11.16 所示.

1. 一氧化铅

PbO_2 热分解的最终产物是 PbO. 在真空中将 PbO_2 加热到 430 −480℃ 经 8 个星期得红色四方晶系的 PbO.

许多铅盐经热分解也得 PbO，例如，$Pb(NO_3)_2$ 加热到 650℃，$PbSO_4$ 加热至 800℃都得到 PbO. PbS 在空气中焙烧生成 PbO 及 SO_2.

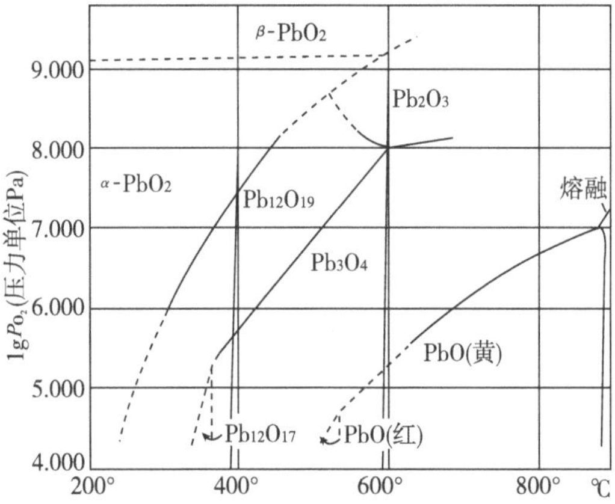

图 11.16　在 Pb－O_2 体系中，各相的存在与温度、压力的关系

把 $PbCO_3$ 置于 400℃的 KNO_3－$NaNO_3$ 熔融体中，超过一天时间，四方晶系的红色棱柱体 PbO 和正交晶系的黄色片状 PbO 以及橙色针状 Pb_3O_4 一起生成.

工业上是利用空气氧化金属铅来制备 PbO，即把空气吹入熔融的金属铅得黄色 PbO.

PbO 溶于浓碱溶液后慢慢降温冷却，可析出小的 PbO 单晶.

在聚乙烯容器中装入 $PbAc_2$ 水溶液，慢慢加入氨水，先生成黄色正交晶型的 PbO，然后逐渐转变成红色四方晶型，这是制备纯红色 PbO 的方法. 杂质对这种转型过程影响很大，例如，只要含 10ppm 的 Si 或 Ge，P，As，Sb，Se，Te，Mo，W 就能阻止晶型转变，玻璃容器溶解下来的硅酸盐已足以阻止这种转型的发生. 因此必须采用聚乙烯容器来制备红色 PbO.

α 型红色 PbO 在常温下是稳定的. β 型黄色 PbO 在 488℃以上是稳定的. 那种被人认为是黑色一氧化铅的变体，实际上仅是黄色或红色 PbO 外面覆盖一层金属铅薄膜而已.

在红色 PbO 的晶体结构中，有四个相等的 Pb—O 键，键长为 230pm，每个 Pb 原子邻近有 4 个氧原子，它们都位于铅原子的一侧，具有层状结构(图 11.17).

J. Leciejewicz(1961)用中子衍射法测定了黄色 PbO 的结构，这种 PbO 也具有层状结构，层内每个链中一个铅原子有两个最贴近的氧原子(Pb—O＝221pm)，链与链又通过两个 Pb—O 键(Pb—O＝249pm)松弛地连接为层.

红色 PbO 晶体的生成焓 $\Delta H^\circ_{298.15}=-218.99$kJ/mol，生成自由能 $\Delta G^\circ_{298.15}=-188.95$kJ/mol，熵 $S^\circ_{298.15}=66.53$J/(mol·K)，密度为 9.53g/cm^3. 黄色 PbO 晶体的生成焓 $\Delta H^\circ_{298.15}=-215.33$kJ/mol，生成自由能 $\Delta G^\circ_{298.15}=-187.90$kJ/mol，熵

$S^0_{298.15}$ = 68.70J/(mol · K),密度为 8.0g/cm³. PbO 的晶格能为 3489.46kJ/mol,熔点为 886℃.

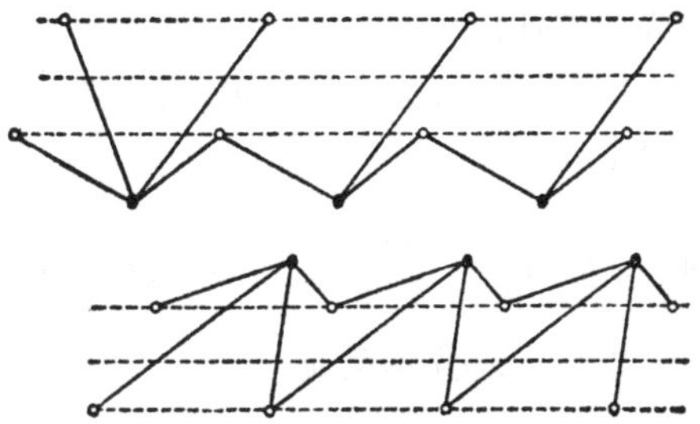

图 11.17 红色-氧化铅的结构

●铅原子 ○氧原子

PbO 在不同温度下的蒸气压如下:

温度,K	887	952	980	1023	1043
蒸气压,10^{-5}mmHg	7.358	51.18	160.4	630.8	1185

在此温度间,温度与 PbO 蒸气压的关系符合下列关系式

$$\lg P = 7.8339 - 13320/T \text{(P 的单位为 mmHg)}$$

PbO 可被 H_2 气还原成金属铅,反应在 160℃时就开始,但若用 C_2H_4 作还原剂,需要加热到 600℃才能发生反应.

红色或黄色 PbO 在空气中煅烧都变成 Pb_3O_4. 在 1atm 氧压力下,温度高于 390℃时红色或黄色 PbO 都被氧化成 Pb_3O_4.

PbO 与氯气在 500 - 700℃ 温度下起化学反应

$$PbO + Cl_2 \rightleftharpoons PbCl_2 + \frac{1}{2}O_2$$

但常温时溴就能将 PbO 氧化成 PbO_2. 在氮气氛下 600℃石英管中的硫蒸气与 PbO 作用生成 PbS. PbO 与 C 混合,加热至 370℃开始燃烧,C 被氧化成 CO_2,PbO 转变成金属铅. 300℃ 时,PbO 被 CO 还原成金属铅.

活泼性大于铅的金属都能作为 PbO 的还原剂,它们与 PbO 进行热还原的顺序与元素的电势序相同.

不同摩尔比的 PbO 与 SiO_2 在高温下能生成 PbO · SiO_2,2PbO · SiO_2,4PbO · SiO_2 及 2PbO · 3SiO_2.

许多金属氧化物与 PbO 混合后在空气中加热,能生成铅酸盐或某种酸的铅盐,例如,

$$CaO + PbO \xrightarrow[700℃]{\text{空气或 }O_2} Ca_2PbO_4$$

或在密封条件下于 400—500℃ 加热等摩尔的 Sb_2O_3 与 PbO，生成亮灰色的 $Pb_3(SbO_3)_2$. 而 Al_2O_3 与 PbO 即使在 900℃ 温度时仍不起反应，这表明在高温下 PbO 不能腐蚀 Al_2O_3 制成的器皿.

PbO 与 NaOH 一起加热熔融，在 800—830℃ 温度下形成 Na_2PbO_2. PbO 与 Na_2CO_3 共热也生成 Na_2PbO_2

$$PbO + Na_2CO_3 \xrightarrow{350-700℃} Na_2PbO_2 + CO_2$$

PbO 与 ZnS 在 400℃ 能发生复分解反应

$$PbO + ZnS \xrightarrow{400℃} PbS + ZnO + 52.72kJ$$

在 720—820℃ 温度下，PbO 与硼砂熔融，形成一种组成为 $PbO \cdot 3Na_2B_4O_7$ 的多硼酸盐.

PbO 溶于硝酸(在浓硝酸中溶解度降低)、乙酸、酒石酸及高氯酸，而不溶于液氯.

PbO 与一些碱金属氯化物溶液作用，生成氯氧化铅(Ⅱ)和苛性碱，例如 PbO 与低于 1mol/L 的 NaCl 溶液的反应按下式进行

$$2NaCl + 5PbO + H_2O \rightleftharpoons 4PbO \cdot PbCl_2 + 2NaOH$$

PbO 与高于 lmol/L 的 NaCl 溶液发生如下反应

$$2NaCl + 4PbO + H_2O \rightleftharpoons 3PbO \cdot PbCl_2 + 2NaOH$$

此反应在 18℃ 时约有 50% 的 NaCl 转变成 NaOH. NaBr, KBr, NaI, MCl_2 (M = Mg, Ca, Sr, Ba) 溶液与 PbO 也有类似的反应.

一氧化铅用作颜料、铅玻璃及铅盐的原料和油漆的催干剂. 它与甘油混合能形成坚硬的物质，可用作粘合剂.

2. 水合一氧化铅

水合一氧化铅有 $PbO \cdot 0.5H_2O$ 或 $2PbO \cdot H_2O$ ($PbO \cdot Pb(OH)_2$)，$PbO \cdot 0.4H_2O$ 或 $5PbO \cdot 2H_2O$，$PbO \cdot 0.33H_2O$ 或 $3PbO \cdot H_2O$. 它们都是由 Pb(Ⅱ) 盐水溶液经氢氧化钾水溶液或氨水沉淀而得. 例如 $2PbO \cdot H_2O$ 的制备：185g 乙酸铅溶于 1000ml 新鲜蒸馏水，并在 0℃ 时倾入 1000ml 无 CO_2 的 14mol/L 氨水中，摇荡约 10 分钟，析出白色沉淀，每次用 5L 冷水洗涤沉淀，共洗五次，过滤，在 30% 碱溶液上真空干燥一天即得产品. $3PbO \cdot H_2O$ 的制备：将乙酸铅水溶液加入氢氧化钠水溶液中或者在 15℃ 温度下把 2ml 1mol/L $PbAc_2$ 溶液倒入 100ml 10—12mol/L 氨水中，均可获得白色 $3PbO \cdot H_2O$ 结晶. 值得注意的是，如果将碱溶液倾入 $Pb(NO_3)_2$，或 $PbAc_2$ 水溶液中得到的是碱式盐沉淀而不是水合一氧化铅.

R. A. Howie 等人建议(1968)把 $3PbO \cdot H_2O$ 写成 $Pb_6O_3H_4$ 较好，因为其中含

有一个八面体的 Pb_6 原子簇(见图 11.18).

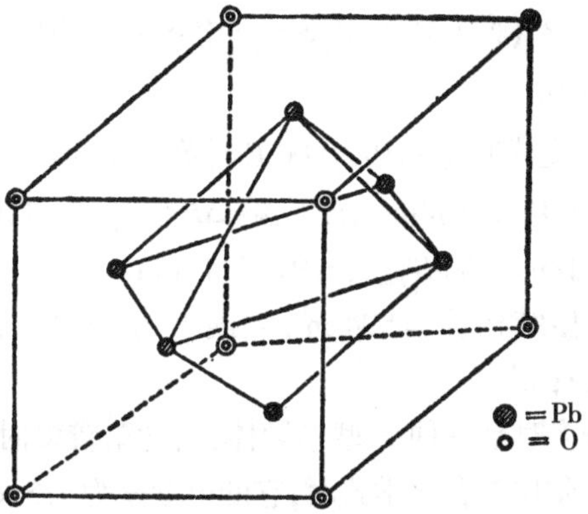

图 11.18 $Pb_6O_8H_4$ 中 Pb_6O_8 原子簇的结构

3. 铅(Ⅱ) 酸盐

PbO 溶于 0.001mol/L 以上的碱溶液(25℃),生成 $HPbO_2^-$ 阴离子,其反应按 $PbO + OH^- \rightleftharpoons HPbO_2^-$ 进行. 红色 PbO 和黄色 PbO 溶于 NaOH 溶液中的平衡常数值 K 分别为 4.6×10^{-2} 和 7.2×10^{-2}.

新沉淀的水合氧化铅溶于碱,生成铅(Ⅱ)酸根离子 $Pb(OH)_3^-$.

"氢氧化铅"溶于 KOH 溶液时,产物常常被写成为 $K_2Pb(OH)_4$, 但是没有证据证明 $Pb(OH)_4^{2-}$ 离子的存在.

3.2.5 铅(Ⅱ)的硫族化合物[2,4,16,17,19,22]

1. 一硫化铅

在自然界中一硫化铅以方铅矿形式大量存在.

(1)一硫化铅的制备

通 H_2S 气于酸性铅(Ⅱ)盐溶液中,只能获得完全无定形或部分结晶的 PbS 沉淀. CS_2 蒸气通于红热的铅上,可得很好的 PbS 结晶,并放出 CO_2 和 SO_2.

在温热时以硫脲与铅(Ⅱ)酸钠溶液反应,可制得均匀结晶态 PbS. 例如,把 75g $PbAc_2 \cdot 3H_2O$ 溶于 1000ml 蒸馏水中,加固体氢氧化钠直到产生的沉淀完全生成铅(Ⅱ)酸钠而复溶解. 另以 17g 硫脲溶解于 1000ml 水配成硫脲溶液,过滤后,将等体积的上述两种溶液混合,加热至 50℃开始有 PbS 晶体沉淀,沸腾 10 分钟使 PbS 沉淀完全. 用水洗至无碱性,烘干,可得理论产量的具有铅灰色金属光泽的 PbS 晶体.

PbO 与过量的 H_2S 气体在 370℃温度下反应一小时得到 PbS 并放出 H_2O 气.

纯 PbS 的制备:铅屑与单斜硫在真空(5×10^{-4} mmHg)石英管内,加热到 1100℃,或者 PbO 与 H_2S 在石英管内加热到 500℃,皆可制备纯 PbS. 另一种制备

纯 PbS 的方法是利用在水溶液中 $Pb(NO_3)_2$ 与 H_2S 的反应

$$Pb(NO_3)_2 + H_2S \longrightarrow PbS + 2HNO_3$$

(2)一硫化铅的性质

PbS 能升华而不转变成其他物质,1000℃时蒸气压为 20mmHg, 1200℃沸腾.

PbS 的晶格能为 3004.11kJ/mol,生成焓 $\Delta H^\circ_{298.15} = -100.42kJ/mol$,生成自由能 $\Delta G^\circ_{298.15} = -98.74kJ/mol$,熵 $S^\circ_{298.15} = 91.21J/(mol \cdot K)$.

PbS 晶体属 NaCl 型结构,$a = 594pm$,空间群为 $Fm3m$,$z = 4$,Pb—S 的键长为 297pm. 密度 $D = 7.5g/cm^3$.

PbS 晶体中含硫较多时是一种 P 型半导体,当含铅较多时是一种 N 型半导体.一硫化铅中含铅与硫的摩尔比符合化学式时,它的电导率为 $1.3 \times 10^{-4}S \cdot cm^{-1}$.

高温下,PbS 按下式分解:

$$PbS \longrightarrow Pb + \frac{1}{2}S_2$$

1000℃时分解的硫蒸气压为 0.126mmHg, 1350℃ 时,PbS 的分解速度加快.

PbS 于空气中在 600—1250℃温度下焙烧,生成 $PbSO_4$,$PbSO_4 \cdot PbO$,$PbSO_4 \cdot 2PbO$,$PbSO_4 \cdot 4PbO$,PbO 和金属铅.焙烧过程的反应同时有三种类型.

(ⅰ)氧化反应:如 $4PbS + 7O_2 \longrightarrow 2(PbSO_4 \cdot PbO) + SO_2$;

(ⅱ)硫酸盐化反应,如 $PbSO_4 \cdot PbO$ 与生成的 SO_2 之间的反应:

$$2(PbSO_4 \cdot PbO) + O_2 + 2SO_2 \longrightarrow 4PbSO_4$$

(ⅲ)还原反应,如氧化产物 $PbSO_4 \cdot 2PbO$ 与 PbS 蒸气发生反应:

$$2PbS + PbSO_4 \cdot 2PbO \longrightarrow 5Pb + 3SO_2$$

关于 PbS 氧化反应平衡的物相图可参见图 11.19.

PbS 遇臭氧迅速被氧化成 $PbSO_4$.

氢气还原 PbS 的反应在 440℃时开始,600℃完全转变成金属铅.

在常温下 PbS 与氯气无作用,加热时反应也较缓慢,几天后才能完全氯化成 $PbCl_2$ 和 S_2Cl_2. 但溴与 PbS 在常温下就能起反应,生成类似的化合物

$$2PbS + 3Br_2 \longrightarrow 2PbBr_2 + S_2Br_2$$

PbS 与 C 一起加热到白热,C 将 PbS 部分还原成金属铅,同时产生 CS_2.

PbS 能被 H_2O_2(或加入少许 HNO_3) 氧化成硫酸铅

$$PbS + 4H_2O_2 \longrightarrow PbSO_4 + 4H_2O$$

PbS 也能被 SO_3 氧化成硫酸铅

$$PbS + 4SO_3 \longrightarrow PbSO_4 + 4SO_2$$

500℃温度下经 15 分钟,HCl 气将 PbS 完全转化成 $PbCl_2$.

加热时许多金属(如 Zn,Cd,Al,Sn 和 Ni 等)能将 PbS 还原成金属铅. 高温下有些金属氧化物能将 PbS 氧化,例如,

$$PbS + 3Fe_2O_3 \xrightarrow[N_2\text{气流}]{700-1050℃} PbO + 6FeO + SO_2$$

$$PbS + 6CuO \xrightarrow[\text{真空}]{770℃} PbO + 3Cu_2O + SO_2$$

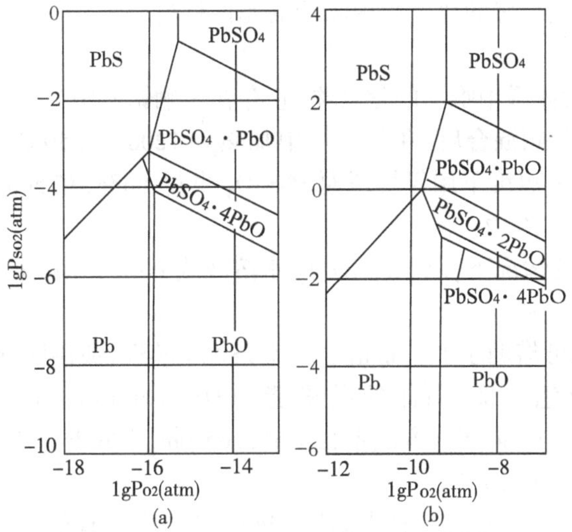

图 11.19 PbS 的氧化反应平衡图

(a) 600℃ ,(b)900℃

熔融的 PbS 与熔融的 FeS,Cu_2S,Ag_2S 能以任何比例互溶.

PbS 能溶于浓盐酸,浓氢溴酸,浓氢碘酸中,生成二卤化铅并放出 H_2S 气体. 例如,

$$PbS + 2HCl \rightleftharpoons PbCl_2 + H_2S$$

在 80℃时反应的平衡常数 $K = 0.00012$. PbS 也溶于浓硝酸. 它与浓硫酸反应生成 $PbSO_4$,H_2S, SO_2 及 S. 许多含有复杂阴离子的有机酸(如柠檬酸)能溶解 PbS,生成该有机酸的铅配合物.

PbS 能溶于熔融的氢氧化钠,析出金属铅

$$PbS + 8NaOH \longrightarrow 4Pb + 3Na_2S + Na_2SO_4 + 4H_2O$$

但它不溶于 NaOH 水溶液,只有在加压釜中才能反应,例如在 25atm 下 PbS 与 350g/L NaOH 水溶液作用,先生成不溶性的 $Pb(OH)_2$,再转变成可溶性的 Na_2PbO_2.

PbS 溶解于含 2mol/LCl^-离子的水溶液,形成氯铅配合物,如 500g/L 的 NH_4Cl 水溶液能溶解少量的 PbS. 它也溶于含 CO_3^{2-}, HCO_3^- 离子的水溶液生成

$[PbHCO_3]^+$,但 PbS 不溶于 NH_4Ac 水溶液.

因 CuS 和 Ag_2S 的 K_{sp} 较 PbS 的小,所以 $Cu(NO_3)_2$, $CuSO_4$, $AgNO_3$ 水溶液遇 PbS 皆能发生复分解反应,使 PbS 转化成 CuS, Ag_2S 沉淀.

PbS 与碳酸盐一起熔融并吹入空气,PbS 被氧化成硫酸铅,生成物与剩余的 PbS 反应,最后产生金属铅和二氧化硫.

PbS 难溶于水,25℃时的 K_{sp} 为 3.4×10^{-28}.

结晶型 PbS 是很好的放射性探测器的元件材料.

2. 一硒化铅

PbSe 是铅-硒体系中唯一的化合物,它存在于硒铅矿中.

等摩尔的铅与硒混合后,在氢气流中加热到 1200—1250℃直接化合成 PbSe. 或者在 350—850℃温度下用氢气还原 $PbSeO_3$ 也得 PbSe,在 500—600℃温度范围内产率为 97.5%—100%.

在除去空气的情况下,以 $Pb(NO_3)_2$ 水溶液或 $PbAc_2$ 水溶液滴入饱和 H_2Se 水溶液,析出 PbSe 沉淀.

PbSe 的提纯可借助于 10^{-6}mmHg 真空条件下蒸馏,或用区域熔炼法进行.

PbSe呈铅灰色. PbSe晶体的晶格能为3024.61kJ/mol,生成焓 $\Delta H^\circ_{293.15} = -75.31$kJ/mol, PbSe 属立方晶系,$a=612.65$ pm,空间群为 $Fm3m$, $Z=4$. 密度 $D^{15}=8.10$ g/cm^3, mp, 1065℃ .

和 PbS 相似,PbSe 也是一种半导体; PbSe 单晶中含有稍微过量的铅或硒分别成为空穴或电子半导体.

PbSe 在空气中加热到 130℃时保持稳定,继续加热至 350℃,经 10 分钟后 PbSe 表面形成 100nm 厚度的 $PbSeO_3$ 层.

在 PbSe 薄膜中含有氧或其他元素时,它具有很好的光电导性,光敏性在 3—10μm 范围.

碘蒸气与 PbSe 作用时,碘原子可渗入 PbSe 晶格内部. PbSe 溶于沸腾的硝酸,而不溶于盐酸及硫酸,但能被 60% 热硫酸(250—300℃)所分解,生成 $PbSO_4$ 及 SO_2、Se、SeO_2. 沸腾的 $FeCl_3$ 或 $CuCl_2$ 水溶液能把 PbSe 中的 Se^{2-} 氧化成单质硒,以 $CuCl_2$ 为例,其反应为

$$PbSe + 2CuCl_2 \longrightarrow 2PbCl_2 + Cu_2Cl_2 + Se$$

3. 一碲化铅

PbTe 是铅-碲体系中唯一的化合物,它存在于自然界中的碲铅矿.

化学计量的单质铅和碲在真空(10^{-6}mmHg) 或氩气氛下加热到 954℃(920—970℃)直接化合成 PbTe. KOH 溶液中的碲粉与沸腾硝酸铅水溶液作用得到 PbTe 沉淀,反应过程中可能有中间产物 K_2TeO_3 存在. 铅盐与 $(NH_4)_2Te$ 在惰气中加热或者导 H_2Te 气于四苯基铅的苯溶液都可得到 PbTe.

PbTe 晶体的晶格能 $U = 2807.46$kJ/mol，生成焓 $\Delta H^\circ_{298} = -69.45$kJ/mol，生成自由能 $\Delta G^\circ_{298} = -68.20$kJ/mol；PbTe 晶体属立方晶系，$a = 645.2$pm，空间群为 $Fm3m$，$Z = 4$. 密度为 8.164g/cm^3，mp，917℃.

PbTe 具有半导体性质，在低温时显示光电导性.

混合碲化物 $Pb_xSn_{1-x}Te$ 是一种可调谐长波激光器的材料，可在不同温度及不同压力下使用.

加热到 950℃有部分 PbTe 分解成铅与碲. PbTe 在稀硝酸中表面呈黑色，在浓硝酸中呈灰色，大概是生成 TeO_2 的缘故. PbTe 在 100℃硝酸中迅速反应放出 NO_2 气体，生成硝酸铅和硝酸碲(Ⅳ). PbTe 对 HF，HCl，$HClO_4$，HAc 水溶液以及 30% NaOH 水溶液稳定.

3.2.6 铅(Ⅱ)的氮族化合物[2,23]

铅的氮化物尚未制得过，叠氮化铅(Ⅱ)已在假卤化铅(Ⅱ)一节中讨论，因此本节只讨论铅的磷、砷、锑、铋化合物.

1. 二磷化三铅

将乙酸铅的醇溶液滴入 KOH 醇溶液中，同时导入 PH_3 气体，有黑色薄片沉淀 Pb_3P_2 析出，过滤后，为了避免水解，用醇洗涤沉淀.

Pb_3P_2 易被冷水、稀酸及碱的水溶液所分解.

2. 磷化铅(PbP_5)

将磷化铷(Rb_2P_5)的液氨溶液注入 $Pb(NO_3)_2$ 的液氨溶液中，析出无定形黑色的 PbP_5 沉淀，沉淀用液氨洗涤.

PbP_5 不稳定，在空气中可以自燃，它在真空中热至 400℃（尚未熔化）即分解放出磷. PbP_5 遇水缓慢分解. 稀硝酸能将 PbP_5 氧化成磷酸. PbP_5 与稀硫酸或稀盐酸作用生成 PH_3 和 $PbSO_4$ 或 $PbCl_2$.

3. 铅的砷、锑、铋化合物

砷化氢与乙酸铅反应生成不稳定的二砷化三铅. 自然界有许多含铅并含砷、锑、铋的矿物，例如：脆硫砷铅矿 $Pb_4As_2S_4$，硫砷铅矿 $Pb_2As_2S_5$，砷铂矿 $Pb_4As_2S_7$，铋脆硫锑铅矿 $PbBiSbS_4$.

3.2.7 含氧酸的铅(Ⅱ)盐[1,2,4,15-20,23-25]

1. 亚氯酸铅[$Pb(ClO_2)_2$]

浓亚氯酸钙水溶液与硝酸铅水溶液混合后加热至 50—60℃，冷却析出黄色亚氯酸铅结晶.

亚氯酸铅晶体属四方晶系，$a = 414$pm，$c = 625$pm，$Z = 1$.

$Pb(ClO_2)_2$ 被热至 100℃即发生歧化反应，生成 $PbCl_2$ 和 $Pb(ClO_4)_2$，没有重量

损失. 温度升到 126℃,由于迅速分解放出氧,会引起爆炸,固体产物是 $PbCl_2$.

$Pb(ClO_2)_2$ 在水中的溶解度不大,温度在 20℃,100℃时的溶解度分别为 0.095,0.42g/100g. 它不溶于 80% 乙醇. $Pb(ClO_2)_2$ 被 40—50℃的 1:1 稀硫酸分解,生成 $PbSO_4$ 并放出 ClO_2 气体.

2. 氯酸铅[$Pb(ClO_3)_2$]

一氧化铅或碳酸铅溶于按化学反应计算量的氯酸水溶液,小心蒸发浓缩,冷却析出白色 $Pb(ClO_3)_2 \cdot H_2O$ 结晶.

$Pb(ClO_3)_2 \cdot H_2O$ 属单斜晶系,密度为 4.037g/cm^3. $Pb(ClO_3)_2 \cdot H_2O$ 易溶于水,18℃时溶解度为 151.3g/100g. 它也溶于醇. 将 $Pb(ClO_3)_2 \cdot H_2O$ 小心加热到 110—150℃得无水盐,继续加热至 230℃,分解并爆炸,放出氧和氯,留下 $PbCl_2$ 和 PbO,其反应式为

$$Pb(ClO_3)_2 \longrightarrow PbCl_2 + 3O_2$$

$$2Pb(ClO_3)_2 \longrightarrow 2PbO + 2Cl_2 + 5O_2$$

3. 高氯酸铅[$Pb(ClO_4)_2$]

碳酸铅溶于按化学反应计算量的高氯酸水溶液,经蒸发浓缩,冷却结晶得到 $Pb(ClO_4)_2 \cdot 3H_2O$ 晶体. 此晶体在真空中 100℃干燥脱水,可制得 97%—98% 无水高氯酸铅. 注意在蒸发浓缩过程有部分盐水解成 $Pb_2O(ClO_4)_2$ 和 $PbCl(ClO_4)$.

$Pb(ClO_4)_2$ 的密度 $D_4^{25} = 4.84$g/cm^3,它在 200℃稳定,约 250℃时分解成 $PbCl_2$,PbO,O_2 及 Cl_2.

过量的 PbO 溶于高氯酸溶液,滤去剩余的 PbO,浓缩结晶,并于不含 CO_2 的水中重结晶,得到组成为 $[Pb_3(OH)_4](ClO_4)_2$ 的碱式高氯酸铅结晶.

4. 硫酸铅($PbSO_4$)

自然界中往往有大块正交晶系的硫酸铅晶体. 如铅矾,纯净状态像透明的玻璃,因此人们称之为铅玻璃,但其中常因含有杂质而使之带色. 硫酸铅的单斜晶系晶体也存在于自然界.

(1) 硫酸铅的制备

SO_2 作用于不高于 400℃的熔融铅,生成硫酸铅和硫化铅

$$2Pb + 2SO_2 \longrightarrow PbSO_4 + PbS$$

PbS 能被 O_2 及 SO_2 氧化成 $PbSO_4$,如 O_2 1%—50% 和 SO_2 1%—50% 在氮气氛中加热到 700—800℃,可使 PbS 氧化成硫酸铅. 可溶性铅(Ⅱ)盐溶液与硫酸盐溶液混合析出 $PbSO_4$ 沉淀(此反应可用于定量分析). 一氧化铅粉末悬浮于水中,加入足量的硫酸,搅拌并加入少量乙酸作催化剂,PbO 先与 HAc 反应,生成 $PbAc_2$;$PbAc_2$ 遇硫酸即生成 $PbSO_4$ 沉淀. 这是工业上大量制备 $PbSO_4$ 的方法.

(2) 硫酸铅的性质

硫酸铅有正交晶系和单斜晶系两种晶型. 正交晶系 $PbSO_4$ 晶体的晶胞参数,

$a=693$pm,$b=845$pm,$c=538$pm,空间群为 $Pbnm$, $Z=4$. $PbSO_4$ 晶体的晶格能 $U=2468.56$kJ/mol ,生成焓 $\Delta H^\circ_{298.15}=-919.94$kJ/mol ,生成自由能 $\Delta G^\circ_{298.15}=-813.20$kJ/mol,熵 $S^\circ_{298.15}=148.57$J/(mol · K),热容 $C_p^\circ=103.21$ J/(mol · K),密度为 6.20g/cm^3,mp,1170℃.

$PbSO_4$ 的热稳定性较好,强热时可逐渐分解,中间产物是碱式硫酸铅,最终产物是 PbO. 分解过程的变化是: $PbSO_4 \longrightarrow PbSO_4 \cdot PbO \longrightarrow PbSO_4 \cdot 2PbO \longrightarrow PbSO_4 \cdot 4PbO \longrightarrow PbO$. $PbSO_4$ 在不同温度下的分解情况见图 11.20.

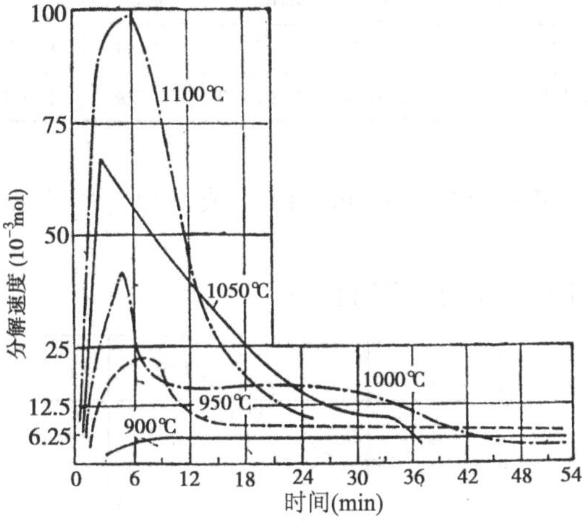

图 11.20 $PbSO_4$ 热分解

500℃温度下氢气可将 $PbSO_4$ 完全还原成金属铅,同时生成 SO_2, H_2O. 碳在 550℃温度下也能还原 $PbSO_4$.

在 500—700℃温度下氯气能将部分 $PbSO_4$ 转化成 $PbCl_2$, 转化率在 500℃时为 6.62%,600℃为 17.1%,700℃为 21.0%.

$PbSO_4$ 与 HF 气体在 15—100℃温度范围内经过 24 小时仍无作用. 而在冷却时(在冷却剂中冷却) $PbSO_4$ 吸收 HCl 气形成加合物,当高于 32℃此加合物又释放出 HCl 气.

加热时 $PbSO_4$ 能被 CO 还原,随着温度变化,还原产物也不同,在 500—600℃时 $PbSO_4$ 中只有硫的氧化数由 +6 降到 +4 及 -2,产物有 PbS,PbO 和 SO_2;超过 675℃ Pb(Ⅱ)才被还原成金属铅.

用氮气稀释的 CCl_4 蒸气在 500—600℃温度下与 $PbSO_4$ 作用,生成 $PbCl_2$.

将金属钠与 $PbSO_4$ 一起热至暗红得金属铅和硫化铅. 金属钾与 $PbSO_4$ 的反应要猛烈得多,在常温时就有爆炸性反应. 在 480—500℃温度下金属铅与 $PbSO_4$ 作用生成 PbS.

碳酸钠(钾)水溶液或可溶性铬酸盐水溶液与固态硫酸铅的反应,能较快地达到平衡,常温下在较短时间内 $PbSO_4$ 就能完全转化成 $PbCO_3$ 沉淀或 $PbCrO_4$ 沉淀.

由于 Pb^{2+} 与 Ac^- 能形成 $PbAc_3^-$ 配离子,故 $PbSO_4$ 可溶于碱金属乙酸盐(包括 NH_4Ac)水溶液. $PbSO_4$ 也溶解于酒石酸盐溶液.

$PbSO_4$ 可溶于盐酸、氢碘酸、硫酸、硝硫及苛性碱溶液中.

$PbSO_4$ 溶于热盐酸,冷却后可析出 $PbCl_2$ 晶体. $PbSO_4$ 在不同浓度盐酸中的溶解度见表 11.32.

表 11.32　$PbSO_4$ 在盐酸中的溶解度(18℃)

HCl,g/l	0.1	0.5	1	2.5	4.88	9.75	25	50
$PbSO_4$, 10^{-5}mol/l	0.170	0.320	0.442	0.810	1.268	2.490	3.470	3.260

4ml 恒沸点的氢碘酸能溶解 1g $PbSO_4$,生成$[PbI_n]^{(n-2)-}$离子,当稀释溶液时,即有 PbI_2沉淀析出.

$PbSO_4$ 在硫酸中的溶解度见图 11.21.

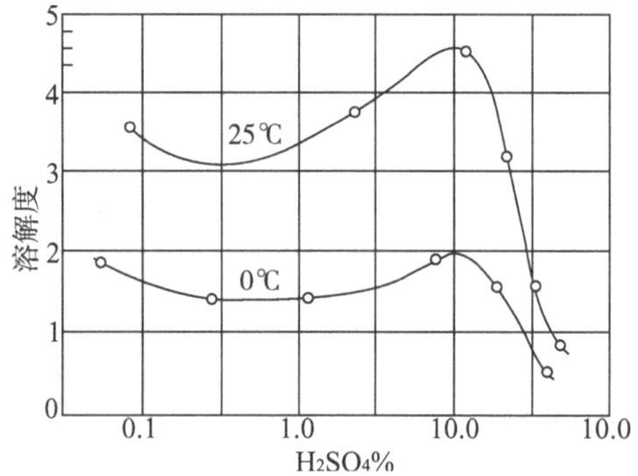

图 11.21　$PbSO_4$ 在硫酸水溶液中的溶解度(g/l,以 Pb 计)

$PbSO_4$ 在较浓的硫酸溶液中以配合酸 $H_2Pb(SO_4)_2$ 的形式存在. 小心慢慢地用水稀释 $PbSO_4$ 的硫酸溶液,析出水合硫酸氢铅 $Pb(HSO_4)_2 \cdot H_2O$.

$PbSO_4$ 在硝酸中的溶解度见表 11.33.

表 11.33　$PbSO_4$ 在硝酸中的溶解度(25℃)

HNO_3, mol/l	0.1	0.5	1.0	2.0	3.0	4.2
$PbSO_4$, 10^{-4}mol/l	14.05	32.72	66.72	118.9	177.7	239.6

NH_4Cl 冷溶液可溶解少量的 $PbSO_4$. 将溶液加热至沸腾, $PbSO_4$ 的溶解度增大,冷却则从溶液中析出 $PbCl_2$ 沉淀而不是 $PbSO_4$, $PbSO_4$ 也能少量溶于 NaCl, KCl, $MgCl_2$, $CaCl_2$, NaBr, $SnCl_2$, $FeCl_3$, $(NH_4)_2SO_4$, NaAc 等水溶液中.

$PbSO_4$ 不溶于液氨;在常温下不被 2—12mol/L 氨水所腐蚀.

把 CaO 与 $PbSO_4$ 混合并加热至红热,发生复分解反应,生成硫酸钙和氧化铅.

5. 碱式硫酸铅

碱式硫酸铅有 $PbSO_4 \cdot PbO$, $PbSO_4 \cdot 2PbO$, $PbSO_4 \cdot 4PbO$ 及 $PbSO_4 \cdot 3PbO \cdot H_2O$. 前三种盐是由化学计量的 PbO 与 $PbSO_4$ 一起熔融制得的. 制备$PbSO_4 \cdot PbO$ 也可用 1 摩尔的 PbS 和 3—7 摩尔的 $PbSO_4$ 混合后在真空中加热到 600℃以上进行反应的方法,其反应是

$$PbS + 7PbSO_4 \longrightarrow 4(PbSO_4 \cdot PbO) + 4SO_2$$

高温燃烧一种含锌的方铅矿,并控制进入焙烧炉内的空气量,能制备含有 ZnO 的碱式硫酸铅,称为升华白铅,其组成为 75% 的 $PbSO_4$, 20% 的 PbO 和 5% 的 ZnO. 它主要用作油漆的颜料,它的优点是遇到 H_2S 不变黑.

$PbSO_4 \cdot 3PbO \cdot H_2O$ 称为三盐基硫酸铅,它是一种聚氯乙烯塑料的热稳定剂,目前在塑料工业中用量较大. 它的制备方法大致有以下三种.

(1) 在乙酸催化作用下,PbO 与 H_2SO_4 生成 $PbSO_4$(先生成 $PbAc_2$然后转变成 $PbSO_4$),后者再和多余的 PbO 形成 $PbSO_4 \cdot 3PbO \cdot H_2O$. 这是一种比较好的制备方法,目前广泛地用于工业生产. 例如,20kgPbO 悬浮于 100L 水中,40℃时在搅拌下加入 0. 3kg99% 乙酸,然后在一小时内慢慢加入 7. 02L 300g/ L 的硫酸,形成 $PbSO_4 \cdot 3PbO \cdot H_2O$ 沉淀,用水洗涤沉淀,干燥后得产品 21. 2kg.

(2)1mol/L NaOH 水溶液用 PbO 饱和,首先形成 $5PbO \cdot 2H_2O$ 沉淀,再加入硫酸使 $5PbO \cdot 2H_2O$ 悬浮液的 pH = 12(25℃),加热生成 $PbSO_4 \cdot 3PbO \cdot H_2O$. 制备过程必须保持在 70℃以下,在较高温度下,此化合物逐渐脱水成无水盐.

(3)PbO 悬浮于水中,鼓入空气进行搅拌,加入硫酸或硫酸铅生成 $PbSO_4 \cdot 3PbO \cdot H_2O$.

$PbSO_4 \cdot 3PbO \cdot H_2O$ 受热至 150℃前是稳定的,160℃时在它的 X 射线图上出现变化,210℃开始脱水,350—400℃分解成 $PbSO_4 \cdot PbO$ 和 $PbSO_4 \cdot 4PbO$.

$PbSO_4 \cdot 3PbO \cdot H_2O$ 在水中的溶解度为 26. 2mg/L(18℃). 常温下当溶液离子活度$a_{SO_4^{2-}} = 1$, pH > 9. 6 时, $PbSO_4 \cdot 3PbO \cdot H_2O$ 在水中是稳定的,离子活度 $a_{SO_4^{2-}} = 10^{-6}$, pH = 6. 6 – 11. 6 时也是稳定的.

6. 硝酸铅

铅或氧化铅溶于稀硝酸(为了防止生成碱式硝酸铅,应有少量游离硝酸),从溶液中析出硝酸铅晶体. 或者用稀硝酸分解 Pb_3O_4 以产生 PbO_2,同时得副产品$Pb(NO_3)_2$

$$Pb_3O_4 + 4HNO_3 \longrightarrow 2Pb(NO_3)_2 + PbO_2 + 2H_2O$$

$Pb(NO_3)_2$晶体属立方晶系, a = 786pm ,空间群为 $Pa3$, Z = 4. $Pb(NO_3)_2$ 的晶格能 U = 2158. 94kJ/mol, 生成焓 ΔH°_{298} = 449. 15kJ/mol, 熵 $S^\circ_{298.16}$为 212. 97J/

(mol · K)，热容 C_p = 152.30J/(mol · K)，D = 4.53g/cm^3.

用热重量分析法研究硝酸铅的热分解过程，其结果是：445℃为 $Pb(NO_3)_2 \cdot PbO$ 稳定相，445—455℃时形成 $Pb(NO_3)_2 \cdot 2PbO$，455—470℃是 $Pb(NO_3)_2 \cdot 5PbO$ 棕红色结晶，到531℃时分解成 Pb_3O_4，648℃以上是 PbO 稳定相. 热分解过程放出 NO_2 和 O_2.

$Pb(NO_3)_2$ 的热分解动力学见图 11.22.

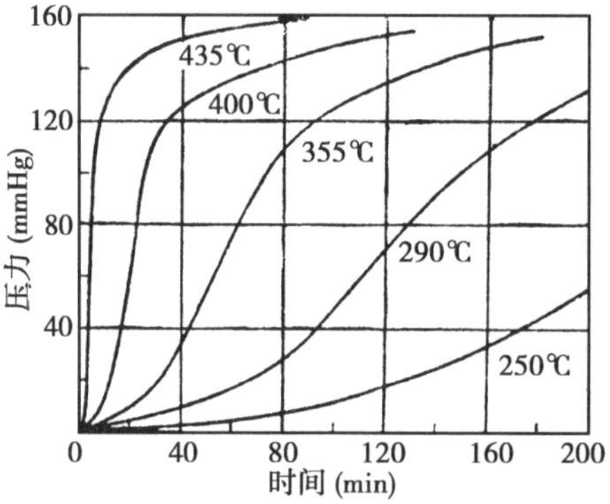

图 11.22　$Pb(NO_3)_2$ 热分解动力学(纵坐标为分解产物压力)

常温下氟不能侵蚀硝酸铅. $Pb(NO_3)_2$ 能强烈地腐蚀金属铅，其原因是它可使铅氧化，本身转变成黄色的亚硝酸铅. 将 $Pb(NO_3)_2$ 投到红热的碳上，由于它迅速分解放出 O_2 和 NO_2，即可引起爆炸.

无水硝酸铅遇湿的 H_2S 气即发生复分解反应. $Pb(NO_3)_2$ 与干燥 HCl 气起化学反应，产生 NOCl、NO_2 和 $PbCl_2$；与 HBr 气反应得 $PbBr_2$；与干燥的 NOCl 在水浴上加热两天生成 $PbCl_2$ 和 NO_2.

硝酸铅难溶于冷的浓硝酸，在沸腾的浓硝酸中每升也只溶解 0.7g. $Pb(NO_3)_2$ 在不同浓度硝酸中的溶解度见表 11.34.

表 11.34　硝酸铅在硝酸中的溶解度(25℃)

HNO_3，浓度，mol/L	2.02	4.64	8.77	14.35
$Pb(NO_3)_2$ 溶解度，mol/L	0.536	0.185	0.042	0.0017

不同温度下 $Pb(NO_3)_2$ 在水中的溶解度列于表 11.35.

表 11.35　硝酸铅在水中的溶解度(g/100g)

温度，℃	0	10	20	30	40	50	60	80	100
$Pb(NO_3)_2$	36.80	46.20	55.52	64.75	74.60	81.82	91.57	111.86	131.48

$Pb(NO_3)_2$ 与许多硝酸盐不同,它在水溶液中并不完全离解,例如25℃时稀水溶液中 $PbNO_3^+$ 的形成常数为15.1($Pb^{2+}+NO_3^- \rightleftharpoons PbNO_3^+$, 离子强度=2). 其水溶液的水解度也不大,80℃时0.5mol/L $Pb(NO_3)_2$ 水溶液的水解度为0.15%.

以NaOH水溶液与 $Pb(NO_3)_2$ 水溶液作用,可获得 $Pb(NO_3)_2 \cdot mPbO \cdot nH_2O$, m=1,1.5,2,2.5,3,5,例如把0.4mol/L NaOH水溶液滴入0.4mol/L $Pb(NO_3)_2$ 溶液,生成 m=1,1.5,2,5等碱式硝酸铅沉淀.

$Pb(NO_3)_2$ 易溶于液态氨、联氨及吡啶. 常温下它在联氨中的溶解度为52g/100ml,在吡啶中的溶解度在19.97℃为6.78g/100g, 80℃时为61.60g/100g. $Pb(NO_3)_2$在醇中的溶解度要小得多,例如20.5℃时,在甲醇中的溶解度为1.37g/100g;在乙醇中为0.04g/100g.

7. 磷酸氢铅($PbHPO_4$)

自然界有磷酸氢铅存在,它是一种稳定的化合物.

以 H_3PO_4 作用于 $Pb(NO_3)_2$ 水溶液,得 $PbHPO_4$ 晶体,例如,在搅拌下把45ml86.4%的 H_3PO_4 加入100g $Pb(NO_3)_2$ 溶于1200ml水的沸腾溶液,生成 $PbHPO_4$ 沉淀. 以 Na_2HPO_4 水溶液加入稀 $Pb(NO_3)_2$ 水溶液或者将 $Pb_2P_2O_7$ 与水共热至250℃以上都能生成 $PbHPO_4$.

$PbHPO_4$ 晶体属单斜晶系,其晶胞参数 a=576pm, b=663pm, c=465pm, β=97°12′,空间群为 $P\frac{2}{c}$,密度 D=5.661g/cm^3.

$PbHPO_4$ 的生成焓 $\Delta H^\circ_{298}=-1301.22$kJ/mol,生成自由能$\Delta G^\circ_{298}=-1183.49$kJ/mol.

$PbHPO_4$ 在350℃温度下脱水聚合成焦磷酸铅. 在360—399℃和220—298atm氢气压力下,氢能将 $PbHPO_4$ 还原成 $PbHPO_3$. $PbHPO_4$ 难溶于水,25℃时在水中的溶解度为0.0129g/l.

8. 磷酸二氢铅[$Pb(H_2PO_4)_2$]

$PbHPO_4$ 或 $Pb_3(PO_4)_2$,溶于热的80%—90% H_3PO_4 水溶液中,冷却得针状晶体 $Pb(H_2PO_4)_2$.

$Pb(H_2PO_4)_2$ 在空气中稳定,80℃以上脱水成焦磷酸铅($Pb_2P_2O_7$);遇冷水先形成 $PbHPO_4$,然后生成 $Pb_3(PO_4)_2$. $Pb(H_2PO_4)_2$ 遇 H_2S 生成PbS. $Pb(H_2PO_4)_2$ 溶于稀硝酸及碱中,在浓硝酸中生成 $Pb(NO_3)_2$. 它也溶于浓盐酸而不溶于浓度在50%以上的乙酸.

9. 正磷酸铅[$Pb_3(PO_4)_2$]

$Pb_2P_2O_7$ 与PbO混合并加热到800℃;PbO与 $PbHPO_4$ 一起熔融;计算量的 $PbCO_3$ 与 $(NH_4)_2HPO_4$ 混合并加热至950℃维持24小时;PbO与 $NH_4H_2PO_4$ 的摩尔比为3:2于750℃加热30分钟或者 $Pb(NO_3)_2$, ($PbAc_2$)与 Na_3PO_4 水溶液反应等都能制备正磷酸铅.

$Pb_3(PO_4)_2$ 是无色或白色结晶粉末,属六方晶系,晶胞参数 $a=966$pm,$c=711$pm,$Z=3$. 生成焓 $\Delta H^\circ_{298}=-2595.33$kJ/mol,生成自由能 $\Delta G^\circ_{298}=-2432.58$kJ/mol,熵 $\Delta S^\circ_{298}=353.34$J/(mol · K),$C_{p298.1}=257.94$J/(mol · K),mp,1014℃. 密度为 7.011g/cm³.

650℃以上氢气将 $Pb_3(PO_4)_2$ 还原成金属铅. 干燥的 $Pb_3(PO_4)$ 与干燥的 HBr 反应生成 $PbBr_2$ 及 H_3PO_4.

$Pb_3(PO_4)_2$ 与 CaO 按摩尔数比为 1∶3 混合并加热至 524℃,发生复分解反应

$$Pb_3(PO_4)_2 + 3CaO \longrightarrow 3PbO + Ca_3(PO_4)_2$$

$Pb_3(PO_4)_2$ 与 SrO、BaO 也有类似的反应.

$Pb_3(PO_4)_2$ 难溶于水,20℃时在水中的溶解度为 1.4×10^{-6}g/100g. 它能溶于稀硝酸生成 $PbHPO_4$,溶于浓硝酸则生成 H_3PO_4 及 $Pb(NO_3)_2$. $Pb_3(PO_4)_2$ 也溶于碱溶液、氨水和稀乙酸,如 1 份 $Pb_3(PO_4)_2$ 可溶于 9 份 38.9% 的乙酸,但它不溶于纯乙酸及无水醇.

10. 碱式正磷酸铅

碱式正磷酸铅有 $Pb_3(PO_4)_2 \cdot 5PbO$(或 $8PbO \cdot P_2O_5$),$Pb_3(PO_4)_2 \cdot 2PbO$(或 $5PbO \cdot P_2O_5$)及 $Pb_3(PO_4)_2 \cdot PbO$(或 $4PbO\ P_2O_5$).

化学计量的 $PbCO_3$ 与 $(NH_4)_2HPO_4$ 混合后加热至 800℃维持 24 小时,得到 $Pb_3(PO_4)_2 \cdot 5PbO$. 计算量的 $PbCO_3$ 与 $(NH_4)_2HPO_4$ 混合后,热至 900℃经 24 小时生成 $Pb_3(PO_4)_2 \cdot PbO$ 和 $Pb_3(PO_4)_2 \cdot 2PbO$.

$Pb_3(PO_4)_2 \cdot 5PbO$ 的熔点为 860℃.

11. 焦磷酸铅($Pb_2P_2O_7$)

把 $PbHPO_4$ 加热到 500℃,脱水后得到 $Pb_2P_2O_7$. 化学计量的 $PbCO_3$,与 $(NH_4)_2HPO_4$ 共热至 800℃经 24 小时,或计算量的 PbO 与 H_3PO_4 于铂坩埚中加热,都能制得 $Pb_2P_2O_7$. 乙酸铅水溶液与 $Na_4P_2O_7$ 水溶液反应析出 $Pb_2P_2O_7$ 沉淀.

$Pb_2P_2O_7$ 晶体属立方晶系,$a=803$pm,空间群为 $Pa3$,$Z=4$. $Pb_2P_2O_7$ 的热稳定性较好,用热重量法测得它在 310—960℃温度范围内是恒重的.

将 $Pb(H_2PO_4)_2$ 加热至 208℃脱水成 $PbH_2P_2O_7$. 另外 $Pb_5(P_3O_{10})_2$ 及 $Pb_3P_4O_{13}$ 的制备也有报道.

12. 亚磷酸氢铅($PbHPO_3$)

$Pb(NO_3)_2$(或 $PbAc_2$)水溶液与 Na_2HPO_3(或 H_3PO_3)水溶液作用,析出白色粉末状的 $PbHPO_3$ 沉淀. 在 360—399℃温度及 220—298atm 氢气压力下,氢能将 $PbHPO_4$ 还原成 $PbHPO_3$. PbO 与过量的 H_3PO_3 加热至 100℃也生成 $PbHPO_3$ 沉淀. 但 PbO 在水中的悬浮液与 H_3PO_3 作用生成针状晶体 $PbHPO_3 \cdot 2PbO$.

$PbHPO_3$ 的密度为 5.85g/cm³,$PbHPO_3$ 能被 300℃的热空气所氧化. $PbHPO_3$ 溶于热

亚磷酸浓溶液,生成亚磷酸二氢铅[$Pb(H_2PO_3)_2$]透明晶体. $PbHPO_3$ 溶于 HNO_3 形成 $PbHPO_3 \cdot Pb(NO_3)_2$. $PbHPO_3$ 可与 HCl,HBr,HI 气形成加合物.

13. 亚磷酸二氢铅[$Pb(H_2PO_3)_2$]

$PbHPO_3$ 溶于热的 H_3PO_3,冷却后可制得 $Pb(H_2PO_3)_2$ 晶体,焦亚磷酸二氢铅($PbH_2P_2O_5$)与水作用也得 $Pb(H_2PO_3)_2$.

$Pb(H_2PO_3)$的稳定性较差,它在湿空气中逐渐变成 $PbHPO_3$ 及 H_3PO_3;将它加热至150℃以上即失水成 $PbH_2P_2O_5$.

14. 连二磷酸铅($Pb_2P_2O_6$)

此化合物是由乙酸铅和连二磷酸氢钠水溶液反应制得. 例如,将425g $PbAc_2 \cdot 3H_2O$ 溶于850ml水的溶液,加入174g$Na_2H_2P_2O_6 \cdot 6H_2O$ 溶于1000ml水配成的溶液中,析出白色粉末沉淀 $Pb_2P_2O_6$,过滤,洗涤后将沉淀放入盛有 P_2O_5 的真空干燥器中干燥,干燥后的连二磷酸铅并非完全无水. $Pb_2P_2O_6$ 受热至120℃不分解,它溶于水、稀乙酸及稀硝酸,并易被硫酸所分解.

15. 碳酸铅($PbCO_3$)

自然界有碳酸铅存在,称为白铅矿.

碱金属碳酸盐水溶液与 $PbAc_2$ 水溶液作用,生成白色 $PbCO_3$ 沉淀. 在此制备过程中,为了避免生成碱式碳酸盐,必须保持在冷溶液中进行反应. 或者把碳酸钠冷溶液与溶解度比 $PbCO_3$ 稍大的铅盐如 $PbCl_2$(或 $PbSO_4$)悬浮液一起振荡,$PbCl_2$(或 $PbSO_4$)可转变成 $PbCO_3$ 沉淀.

碳酸铅晶体属正交晶系,晶胞参数 $a = 613.02$pm,$b = 848$pm ,$c = 517.26$pm . 空间群为 $Pnam$, $Z = 4$. 密度为6.6g/cm³ · $PbCO_3$ 的生成焓 $\Delta H^\circ_{298.15} = -699.15$kJ/mol,生成自由能 $\Delta G^\circ_{298.15} = -625.51$kJ/mol,熵 $S^\circ_{298.15} = 130.96$J/(mol · K),热容 $C^\circ_p = 87.40$J/(mol · K).

$PbCO_3$ 暴露于阳光下有微量分解. 在电子轰击下 $PbCO_3$ 可被还原成金属铅.

$PbCO_3$ 在130℃时开始分解,184℃时的分解压约10mmHg,470℃热分解结束.

$PbCO_3$ 难溶于水,20℃时在水中的溶解度为0.00011g/100g,如果水中存在少量 CO_2,能增加它的溶解度. $PbCO_3$ 与水一起加热发生水解,反应的结果生成碱式盐

$$3PbCO_3 + H_2O \longrightarrow 2PbCO_3 \cdot Pb(OH)_2 + CO_2$$

$PbCO_3$ 能溶于无机酸、乙酸、K_2CO_3 水溶液,但是它不溶于$(NH_4)_2CO_3$ 水溶液.

16. 碱式碳酸铅[$2PbCO_3 \cdot Pb(OH)_2$]

碱式碳酸铅俗名铅白或白铅粉. 其制备方法大致有以下几种.

(1)最古老的制备铅白的方法是干法,此法目前仍在大工业生产上应用. 把铅片(铅花)暴露于 HAc 气中,同时通入 CO_2 气,其反应式为

$$Pb + 2HAc + \frac{1}{2}O_2 \longrightarrow PbAc_2 + H_2O$$

$$PbAc_2 + H_2O \longrightarrow Pb(OH)Ac + HAc$$

$$6Pb(OH)Ac + 2CO_2 \longrightarrow Pb_3(OH)_2(CO_3)_2 + 3PbAc_2 + 2H_2O$$

这三种反应同时进行,直到 CO_2 停止供给或铅全部反应为止.

(2)PbO 溶于沸乙酸水溶液,形成碱式乙酸铅悬浮液,再向此悬浮液中通入 CO_2 气,得 $2PbCO_3 \cdot Pb(OH)_2$ 沉淀.

(3)用铅作阳极插入 NaCl 电解液中,向电解液内加入碳酸钠和导入二氧化碳气,通电时铅进入溶液并形成 $2PbCO_3 \cdot Pb(OH)_2$ 沉淀

$$Pba \longrightarrow Pb^{2+} + 2e$$

$$3Pb^{2+} + 2OH^- + 2CO_3^{2-} \longrightarrow 2PbCO_3 \cdot Pb(OH)_2$$

(4) 在加压及较高温度下用尿素从可溶性铅(Ⅱ)盐水溶液中沉淀出 $PbCO_3$ 与 $2PbCO_3 \cdot Pb(OH)_2$ 的混合物. 例如,取 37.9g $PbAc_2 \cdot 3H_2O$ 和 11.2g PbO 的混合物溶于乙酸酸化的 300ml 热水,冷却后加尿素 6g,将此溶液过滤后在封闭炉中加热至 180℃(尿素分解),经 12 小时生成 $2PbCO_3 \cdot Pb(OH)_2$ 与 $PbCO_3$ 混合物,再用淘洗法把它们分离. 如果所用铅盐浓度较低,则主要生成碱式碳酸铅.

$2PbCO_3 \cdot Pb(OH)_2$ 属六方晶系,晶胞参数 $a = 910.64$pm,$c = 2483.9$pm,$Z = 9$,密度为 6.14g/cm³.

$2PbCO_3 \cdot Ph(OH)_2$ 在水中的溶度积为 3.5×10^{-46},它微溶于含 CO_2 的水,易溶于硝酸而不溶于醇. $2PbCO_3 \cdot Pb(OH)_2$ 遇 H_2S 即变黑,因为生成黑色的一硫化铅.

铅白是一种白色颜料,主要用于制造防锈漆及户外用漆. 铅白在白色颜料中具有最大的覆盖能力. 在商品铅白中一般加入 20% $BaSO_4$ 来降低成本,而不降低铅白的覆盖能力,并使它以后易被铲除.

17. 铬酸铅

常温下经硫酸酸化的铬酸钾溶液注入乙酸铅水溶液中,即析出亮黄色 $PbCrO_4$ 沉淀

$$2Pb^{2+} + Cr_2O_7^{2-} + H_2O \longrightarrow 2PbCrO_4 + 2H^+$$

用中性铬酸盐水溶液制得的 $PbCrO_4$ 沉淀颜色较暗. 也可用电解法制备 $PbCrO_4$,即以铅作阳极,铁作阴极,阳极液采用含少量 Na_2CrO_4 的 NaAc(或 $NaNO_3$) 水溶液,阴极液采用 Na_2CrO_4 水溶液,通电电解后,$PbCrO_4$ 在阳极室中沉淀析出.

亮黄色的铬酸铅晶体有两种晶型,α 型属单斜晶系,晶胞参数 $a = 711.8$pm,$b = 743.4$pm,$c = 679.4$pm,$\beta = 102°25'$,空间群为 $P\frac{2_1}{n}$,$Z = 4$. 密度 $D = 6.123$g/cm³;β 型属正交晶系,晶胞参数 $a = 713$pm,$b = 867$pm,$c = 559$pm,空间群为 $Pnma$,$Z = 4$. 密度 $D = 5.8$g/cm³. $PbCrO_4$ 的熔点是 844℃. 它难溶于水,25℃时在水中的溶解度为 5.8×10^{-6}g/100g,而可溶于硝酸及苛性碱溶液.

铬酸铅是组成铬黄颜料的成分. 用紫外线照射 $PbCrO_4$ 时可放出氧气,其外观也由亮黄变成灰黑;加入铅、锡、钛的氧化物能改善铬黄颜料的耐光性.

$PbCrO_4$ 对热稳定,热至熔融状态仍不分解.

用 X 射线对 $PbCrO_4-PbO$ 体系进行物相分析,发现 $PbCrO_4$ 与 PbO 在室温下即可形成 $PbCrO_4 \cdot PbO$ 和 $PbCrO_4 \cdot 4PbO$ 两种化合物. Gadalla 将 1 摩尔 $PbCrO_4$ 与 2 摩尔 PbO 一起加热至 737℃以上得 $PbCrO_4 \cdot 2PbO$,此化合物在低于 737℃的固态时分解成 $PbCrO_4 \cdot PbO$ 及 $PbCrO_4 \cdot 4PbO$. $PbCrO_4 \cdot PbO$ 是红色粉末晶体,密度为 6.63g/cm^3,它是铬红颜料的主要成分.

18. 钛酸铅($PbTiO_3$)

等摩尔的 PbO 与 TiO_2(锐钛矿)混合后加热到 350℃,生成 $PbTiO_3$,若以金红石代替锐钛矿则需要加热到 390℃.

$PbTiO_3$ 晶体属四方晶系;晶胞参数 $a=389.66$pm, $c=414.4$pm;空间群为 $P4mm$, $Z=1$;生成焓 $\Delta H_{298}=-1145.16$ kJ/mol,生成自由能 $\Delta G^\circ_{298}=-1071.52$kJ/mol.

将 $PbTiO_3$ 粉末置于铂坩埚中在不同温度下各加热一小时, $PbTiO_3$ 分解成 TiO_2 与 PbO;由于 PbO 挥发致使试样重量损失:1170℃时为 0.1%,1250℃时为 5%,1320℃时是 20%.

纯钛酸铅与干燥的 H_2S 气无明显作用. 它很少被冷硫酸所侵蚀,但能被热浓硫酸分解. 硝酸,盐酸能侵蚀 $PbTiO_3$. $PbTiO_3$ 与 20%以上的乙酸无反应,它遇碱溶液也保持稳定.

19. 锆酸铅($PbZrO_3$)

等摩尔的 PbO 与 ZrO_2 混合后,隔绝空气加热至 1000℃经过 24 小时得 $PbZrO_3$. 由差热分析测定 PbO 与 ZrO_2 混合物,在 855—925℃之间有放热反应,生成锆酸铅.

将 $PbZrO_3$ 置于铂坩埚中在不同温度下各加热一小时, $PbZrO_3$ 分解成 ZrO_2 与 PbO,由于 PbO 挥发造成试样重量损失:1000℃时为 0.4%,1100℃时为 3.5%,1200℃时是 27.9%,1300℃时高达 53.7%. $PbZrO_3$ 溶于热浓硝酸、硫酸、盐酸和稀盐酸,但不溶于冷浓盐酸、硝酸和硫酸.

$PbZrO_3$ 可作为陶瓷的原料.

20. 乙酸铅($PbAc_2$)

氧化铅溶解于较浓的乙酸水溶液,发生放热反应,冷却后得 $PbAc_2 \cdot 3H_2O$ 结晶. 此晶体受热至 150℃或在常温下于浓硫酸中脱水,可得无水乙酸铅.

$PbAc_2$ 的生成焓 $\Delta H^\circ_{298}=-964.41$ kJ/mol, $PbAc_2 \cdot 3H_2O$ 的生成焓 $\Delta H^\circ_{298}=-1853.93$kJ/mol, $PbAc_2$ 的密度 $D_4^{2c}=3.25$g/cm^3,mp,280℃.

$PbAc_2$ 在真空中加热到 200℃开始分解,240℃迅速分解. 将 $PbAc_2$ 放在氮气中并以 10℃/分钟的速度加热至 200℃,然后再以 2℃/分钟速度加热至 400—500℃,得到丙酮、CO_2 和 H_2O,残留的物质是铅.

$PbAc_2$ 易溶于水,在水中的溶解度:20℃ 时为 44.3g/100ml,50℃ 为 221g/100ml. $PbAc_2$ 亦能溶于甘油. $PbAc_2 \cdot 3H_2O$ 不溶于无水乙醇,但在甲醇中的溶解度却相当大,15℃时 100g 甲醇溶解 74.75g $PbAc_2 \cdot 3H_2O$.

$PbAc_2$ 在水溶液中有部分水解. $PbAc_2$ 水溶液吸收空气中 CO_2,析出难溶性的 $PbCO_3$ 沉淀. $PbAc_2$ 水溶液能溶解大量一氧化铅,形成可溶性的碱式乙酸铅.

乙酸铅及其水溶液遇 H_2S 皆生成黑色 PbS,因此乙酸铅纸常用于检出 H_2S 气体. 乙酸铅纸容易着火,可以作为火种.

21. 硬脂酸铅[$Pb(C_{17}H_{35}COO)_2$]

硬脂酸与稀 NaOH 水溶液共热,生成硬脂酸钠皂液,再与可溶性铅盐水溶液进行复分解反应,生成硬脂酸铅沉淀.

硬脂酸铅是白色粉末,密度 $D_4^{25} = 1.323g/cm^3$,mp,115.7℃,有很好的润滑性,虽有吸湿性但难溶于水,可溶于热的乙醇和乙醚. 它遇强酸复分解成硬脂酸及相应的铅盐,遇 H_2S 生成黑色的 PbS.

硬脂酸铅用作聚氯乙烯制品的光、热稳定剂.

3.3　铅(Ⅳ)化合物

3.3.1　铅(Ⅳ)的氢化物[2,26]

在ⅣA 族的氢化物中,铅的氢化物是最不稳定的.

用铅电极电解稀硫酸时,放出的氢气中约含百分之几的气态铅烷 PbH_4;小粒镁铅合金溶于稀酸或用金属镁还原稀乙酸铅水溶液都生成少量铅烷. 但是用氢化铝锂处理四氯化铅,只生成金属铅而无氢化铅.

在碱性或弱酸性溶液中,高电流密度下铅阴极表面碎裂,这种现象据信是由于在铅阴极上形成不稳定的 PbH_2 的缘故.

PbH_4 具有正四面体结构,估计其沸点约 -13℃. 铅烷是很不稳定的化合物,室温下很快地分解为组分元素,析出的单质铅黏附于容器壁上.

3.3.2　四卤化铅[1,2,4,15-17,19,22]

由于 Pb(Ⅳ)能使 Br^- 和 I^- 氧化. 不能制成 $PbBr_4$ 和 PbI_4,四卤化铅中只有 PbF_4 和 $PbCl_4$ 可以稳定存在.

1. 四氟化铅

300℃时通氟气于 PbF_2 上直接氟化;将氟气导入 $Pb(NO_3)_2$ 水溶液;或用铅阳

极电解 PbF_2 水溶液(含 HNO_3 或 HF)都能制成四氟化铅.

将 PbF_4 置于氟气流中热至500℃升华,能制得 PbF_4 单晶.

PbF_4 是白色针状晶体,属四方晶系,晶胞参数 $a=424.7$pm, $c=803.0$pm,空间群为 $I\frac{4}{m}mm$, $z=2$,晶格能 $U=9347.06$kJ/mol,生成焓 $\Delta H^\circ_{298.15}=-941.82$kJ/mol,熵 $S^\circ_{298.15}=333.43$J/(mol · K);热容 $C_p^\circ=90.93$J/(mol · K).

四氟化铅对湿气十分敏感,遇湿气即水解成 PbO_2 和 HF,同时放出热量. 在310℃时 PbF_4 能被氢还原成 PbF_2. PbF_4 溶于30%盐酸.

2. 四氯化铅

四氯化铅最简便的制备方法是用六氯铅酸吡啶与浓硫酸作用. 例如,在搅拌下,将600g、10℃的浓硫酸慢慢滴加在20g六氯铅酸吡啶[$(C_5H_5NH)_2PbCl_6$]上,历时约10分钟,得到 $PbCl_4$. 使反应混合物的温度升到0℃,并在此温度保持1小时,以利于 $PbCl_4$ 完全析出.

在 -21℃把HCl气通于 PbO_2 上,生成 $PbCl_4$ 并伴随产生 $PbCl_2$, Cl_2, H_2O. 如果在室温或更高温度,由于 $PbCl_4$ 容易分解,只能得到 $PbCl_2$.

在0℃以下把氯气通入 $PbCl_2$ 于浓盐酸的悬浮液,再将固体 NH_4Cl 溶于此溶液,得黄色六氯铅酸铵晶体. 此盐与浓硫酸在0℃以下反应生成 $PbCl_4$,它不溶于浓硫酸,因此可以分离出来

$$(NH_4)_2PbCl_6+H_2SO_4 \longrightarrow (NH_4)_2SO_4+2HCl+PbCl_4$$

产品中还混有少量 $PbSO_4$ 杂质,其来源是

$$PbCl_4 \longrightarrow PbCl_2+Cl_2$$

$$PbCl_2+H_2SO_4 \longrightarrow PbSO_4+2HCl$$

四氯化铅是具有高折射率的透明黄色油状液体. 它的生成焓 $\Delta H^\circ_{298}=-329.91$kJ/mol,熵 $S^\circ_{298}=384.48$J/(mol · K),热容 $C_P=100.96$J/(mol · K). 密度 $D_4^\circ=3.18$g/cm^3, mp, -15℃. $PbCl_4$ 中 Pb—Cl 键长为243pm, Cl—Pb—Cl 键角是109°28′. 在0℃时测得其Raman频率 v_1, v_2, v_3, v_4 分别为327,90,348,90cm^{-1}.

$PbCl_4$ 置于湿空气中水解并冒烟,生成 PbO_2 及 HCl. 室温时 $PbCl_4$ 分解放出 Cl_2,105℃时猛烈分解而爆炸

$$PbCl_4 \longrightarrow PbCl_2+Cl_2$$

$PbCl_4$ 苯溶液经光照后分解成 $PbCl_2$, Cl_2,光解过程为

$$PbCl_4+C_6H_6 \xrightarrow{hv} PbCl_4^-—C_6H_6^+ \longrightarrow PbCl_3+C_6H_6Cl \longrightarrow PbCl_2+Cl_2+C_6H_6.$$

在盐酸溶液中 $PbCl_4$ 与碱金属氯化物MCl(包括 NH_4Cl)反应生成 M_2PbCl_6.

$PbCl_4$ 能溶于无水 $CHCl_3$ 而不发生反应,在此溶液中 $PbCl_4$ 与 NO_2, S_2Cl_2, PCl_3, PCl_5, HCN, ClCN 等均无反应. $PbCl_4$ 能溶于 CCl_4,溶解过程吸热,吸热量为

2.957kJ/mol. 把 Cl_2O 通入 $PbCl_4$ 的 CCl_4 溶液（-10℃），生成氯氧化铅并放出氯气

$$PbCl_4 + Cl_2O \longrightarrow PbOCl_2 + 2Cl_2$$

生成的 $PbOCl_2$ 有吸湿性，遇水即水解成 PhO_2 和 HCl.

3.3.3　铅（Ⅳ）的氧化物和铅（Ⅳ）酸盐[1,2,4,15-18,22,27]

1. 二氧化铅

在自然界二氧化铅形成某些稀有的矿物.

（1）二氧化铅的制备

用稀硝酸溶解 Pb_3O_4 中的 Pb（Ⅱ），剩余物是 PbO_2

$$Pb_3O_4 + 4HNO_3 \longrightarrow PbO_2 + 2Pb(NO_3)_2 + 2H_2O$$

碱性溶液中用氧化剂氧化铅（Ⅱ）盐或铅（Ⅱ）的氧化物，是一种比较简便的制备 PbO_2 的方法. 例如，在碱性溶液中用 H_2O_2 作用于 PbO 即生成 PbO_2，或者用次氯酸盐，氯将 $PbAc_2$ 氧化成 PbO_2

$$2PbAc_2 + Ca(ClO)_2 + 4NaOH \longrightarrow 2PbO_2 + CaCl_2 + 4NaAc + 2H_2O$$

取 20g$PbAc_2$ 溶于 50ml 水，将配成的溶液与 10g NaOH 溶于 90ml 水配成的溶液混合并搅拌，向此混合液中加入 80ml $Ca(ClO)_2$ 溶液（14g 高效次氯酸钙或 28g 工业漂白粉，溶解于 200ml 水，过滤），搅拌并加热煮沸几分钟. 如果氧化不完全，再加 10ml 或更多的 $Ca(ClO)_2$ 溶液，直到完全氧化为止. 然后用 6mol/L HNO_3 处理沉淀以除去铅酸钙或 $Pb(OH)_2$，经水洗、干燥、PbO_2 的产量几乎是定量的.

以 5mol/L HNO_3 热溶液处理 PbO，产物在 140℃ 时干燥得 $PbO_{1.983} \cdot 0.028H_2O$；$PbAc_4$ 水解能得到很纯的 PbO_2 沉淀. 新沉淀的 PbO_2 具有很高的活性，在有机化学中用作氧化剂.

（2）二氧化铅的性质

PbO_2 晶体有两种晶型，α 型属正交晶系，其晶胞参数 a = 549.7pm，b = 595.1pm，c = 494.8pm. 空间群为 $Pnab$，Z = 4. 密度为 9.53g/cm^3，α 型 PbO_2 具有铌铁矿结构，它基本上是由氧原子的六方密堆积构成的，其八面体孔隙有半数为 Pb^{4+} 所占据. 此结构中一个 Pb^{4+} 离子周围有六个相邻氧原子，其中两个氧原子在 216pm 处，两个在 217pm 处，另外两个在 222pm 处. β 型 PbO_2 属四方晶系，a = 495.5pm，c = 338.3pm；空间群为 $P\frac{4}{m}nm$，Z = 2；密度为 9.375g/cm^3.

PbO_2 的晶格能 U = 11225.67kJ/mol，生成焓 $\Delta H^\circ_{98.15}$ = -277.40kJ/mol，生成自由能 $\Delta G^\circ_{298.15}$ = -217.36kJ/mol，熵 $S^\circ_{298.15}$ = 68.62J/(mol · K)，热容 $C^\circ_{p298.1}$ = 64.64J/(mol · K).

在酸性介质中 PbO_2 还原为 Pb 或 Pb^{2+} 的半反应及标准电势分别为：

$PbO_2 + 4H^+ + 4e \rightleftharpoons Pb + 2H_2O \quad \varphi^0 = 0.666V, 25℃$

$PbO_2 + 4H^+ + 2e \rightleftharpoons Pb^{2+} + 2H_2O \quad \varphi^0 = 1.455V, 25℃$

α 型,β 型 PbO_2 混合物于 4mol/L H_2SO_4 中的放电曲线绘于图 11.23.

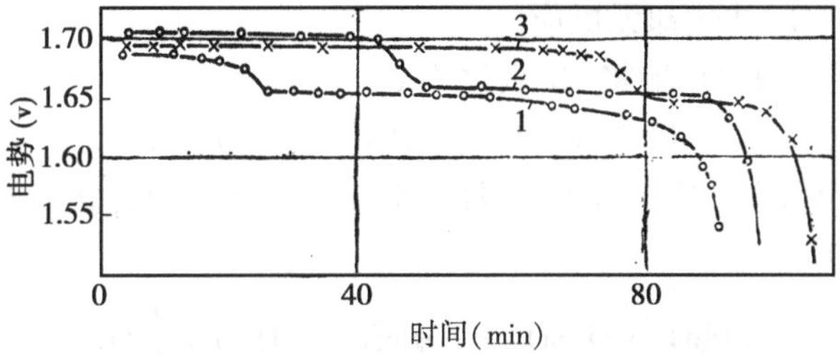

图 11.23 α、β PbO_2 于 4mol/L H_2SO_4 中的放电曲线(常温)

1. 25%β - PbO_2, 2. 50%β - PbO_2, 3. 75%β - PbO_2

干燥的 PbO_2 通常含有少量的水,在空气或真空中加热脱水成完全无水物的同时已有部分 PbO_2 开始放出氧,生成 PbO 和 Pb_3O_4. 只有在氧气流中,小心地将 PbO_2 加热到 250℃才能获得完全无水的 PbO_2.

将 PbO_2 放在金管中连续加热,从热谱图上可知,200℃ PbO_2 开始分解,400℃时生成黑色玻璃状的 Pb_2O_3. 将 PbO_2 加热至 570℃生成 PbO,而在减压下(160—170mmHg) 400℃时放出氧并转变成 Pb_3O_4.

通氢气于 PbO_2 上并加热至 175℃开始还原反应,200℃时反应迅速进行.

PbO_2 被 C 还原的反应有

$$PbO_2 + C \longrightarrow PbO + CO + 68.62kJ$$

$$PbO_2 + C \longrightarrow Pb + CO_2 + 132.21kJ$$

$$PbO_2 + 2C \longrightarrow Pb + 2CO - 30.54kJ$$

$$2PbO_2 + C \longrightarrow 2PbO + CO_2 + 297.99kJ$$

$$PbO_2 + CO \longrightarrow PbO + CO_2 + 231.38kJ$$

$$PbO_2 + 2CO \longrightarrow Pb + 2CO_2 + 294.97kJ$$

PbO_2 是强氧化剂,它与硫或红磷一起研磨便能着火,这是把 PbO_2 应用于火柴中的依据. PbO_2 与液态 N_2O_4 作用 7 小时有 97% 的 PbO_2 变成硝酸盐. PbO_2 与 HCl 气在 -21℃时能进行复分解反应

$$PbO_2 + 4HCl \rightleftharpoons PbCl_4 + 2H_2O$$

但是也有小部分反应物按下式进行反应

$$PbO_2 + 4HCl \longrightarrow Cl_2 + PbCl_2 + 2H_2O$$

当升高温度时,$PbCl_4$ 即分解成 $PbCl_2$ 和 Cl_2,所以在 0℃至常温范围,PbO_2 与 HCl 气的反应按后一方程式进行.

PbO_2 能将潮湿的 H_2S 氧化成 $PbSO_4$. 它也能把 SO_2Cl_2 氧化,250—300℃时按下列反应进行

$$2PbO_2 + SO_2Cl_2 \longrightarrow PbCl_2 + PbSO_4 + O_2$$

PbO_2 与碱金属氧化物或碱土金属氧化物一起加热生成铅酸盐,但是与 ZnO, CdO, Al_2O_3 或 TiO_2 共热却无反应.

在乙酸介质中,PbO_2 能将 HI 氧化成 I_2

$$PbO_2 + 4HI \longrightarrow PbI_2 + 2H_2O + I_2$$

PbO_2 与浓盐酸反应(室温),由于生成的 $PbCl_4$ 是不稳定的,立即放出氯气. 它与浓硫酸作用放出 O_2

$$PbO_2 + H_2SO_4 \longrightarrow PbSO_4 + H_2O + \frac{1}{2}O_2$$

在酸性条件下 PhO_2 能氧化 Mn^{2+} 成高锰酸.

新沉淀的 PbO_2(水合物) 能迅速把 ClO_2 氧化成 $HClO_4$ · ClO_2 被认为是 $HClO_3$ 自动分解的产物,因此当 H_2SO_4 与 PbO_2 的混合物和 $KClO_3$ 混合后回流,直到用碘化物试验无碘析出为止,冷却可得到理论量的 $KClO_4$.

PbO_2 是铅 - 酸蓄电池极板的基本组分之一,铅蓄电池单池的一个极板是海绵铅,另一个极板是填满了 PbO_2 的铅网,充、放电过程中的电池反应为

在正极（PbO_2板） $$PbO_2 + SO_4^{2-} + 4H^+ + 2e \underset{充电}{\overset{放电}{\rightleftharpoons}} PbSO_4 + 2H_2O$$

在负极（铅板） $$Pb + SO_4^{2-} \underset{充电}{\overset{放电}{\rightleftharpoons}} PbSO_4 + 2e$$

2. 四氧化三铅(Pb_3O_4)

四氧化三铅俗名红铅或铅丹.

(1)四氧化三铅的制备

PbO_2 在不含 CO_2 的大气中加热到 400℃生成 Pb_3O_4,或将 Pb_2O_3 热至 460—520℃变成 Pb_3O_4 并放出 O_2,PbO 在 450℃的空气中被氧化成微晶体 Pb_3O_4. 将碱式硝酸铅加热至 450—500℃分解并氧化成 Pb_3O_4.

粗大 Pb_3O_4 晶体可以从 $K_2Pb(OH)_4$ 和 $K_2Pb(OH)_6$ 的混合溶液中慢慢结晶来制备,结晶过程的反应是

$$\underset{(9mol/L\ KOH)}{2K_2Pb(OH)_4} + \underset{(9mol/L\ KOH)}{K_2Pb(OH)_6} \longrightarrow Pb_3O_4 + 6KOH + 4H_2O$$

或者把 PbO_2,NaOH,H_2O 置于钢弹中加热至 375℃来制备粗大 Pb_3O_4 晶体.

工业上制备 Pb_3O_4 有两步法及一步法. 两步法:把空气吹入熔融的铅,首先生成 PbO,然后在约 450℃温度下再氧化. 注意温度不能过高,如果达到 550℃将有少量 Pb_3O_4 分解成 PbO. 一步法:把温度控制在 460—510℃,用过量的空气使铅蒸气直接氧化成 Pb_3O_4.

(2)四氧化三铅的性质

Pb_3O_4 呈鲜红色,其结构是由 $Pb^{IV}O_6$ 八面体的链组成,这些链之间是以 Pb

(Ⅱ)周围配位三个氧原子呈棱形的原子团连接的(图 11.24).

Pb_3O_4 晶体属四方晶系,晶胞参数 $a = 878.8$pm,$c = 655.1$pm,空间群为 $P\bar{4}b2$,$Z = 4$. 生成焓 $\Delta H^{\circ}_{298.15} = -718.36$kJ/mol,生成自由能 $\Delta G^{\circ}_{298.15} = -601.24$kJ/mol,熵 $S^{\circ}_{298.15} = 211.29$J/(mol · K). 密度为 9.1g/cm³,热容 $C^{\circ}_{p298.15} = 146.86$J/(mol · K). Pb_3O_4 在酸性介质中的半反应及相应的电势值 φ 为

$$Pb_3O_4 + 8H^+ + 2e \rightleftharpoons 3Pb^{2+} + 4H_2O$$

$$\varphi = 2.094 - 0.2394pH - 0.0886\lg a_{Pb^{2+}} \ (25℃)$$

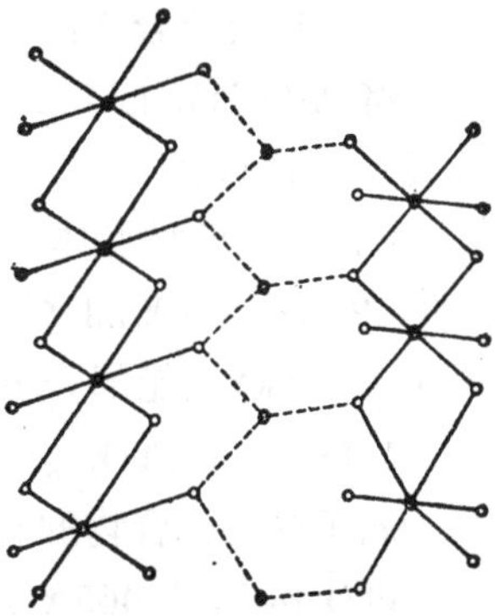

图 11.24 Pb_3O_4 的结构

●铅原子,○氧原子

Pb_3O_4 的湿空气中,经阳光照射逐渐变成灰色. 纯 Pb_3O_4 热至 200℃已有少量分解,610—619℃时定量地分解成 PbO

$$Pb_3O_4 \longrightarrow 3PbO + \frac{1}{2}O_2$$

在 450℃ 时氧与 Pb_3O_4 的平衡压力为 15mmHg,如果把氧压力提高到 150mmHg,则 Pb_3O_4 在 500℃也是稳定的,550℃时分解产生氧气的分压是0.2atm,因此升高氧气分压力可以抑制 Pb_3O_4 的热分解.

在 160℃温度下,氢气可以把 Pb_3O_4 还原到 PbO,升温至 235℃,可还原成金属铅. 高温时,Pb_3O_4 把石墨氧化成 CO_2,此气体产物的纯度可达 98%.

Pb_3O_4 与 400%过量的 $NH_4F \cdot HF$ 一起加热到 200℃经过 6 小时,或 500℃经过 2 小时可获得 98%无水 PbF_2,Pb_3O_4 溶于浓硝酸,生成硝酸铅并放出氧气. 但它只能部分(约 2/3 的铅量)溶解于热的 1∶ 1 稀硝酸,不溶解的部分是 PbO_2. 所以可以把 Pb_3O_4 看作由碱性氧化物 PbO 和酸性氧化物 PbO_2 生成的正铅酸盐 $Pb_2PbO_4 \cdot Pb_3O_4$溶于热浓盐酸时,Pb(Ⅳ)将 Cl^- 氧化成氯气,并生成 $PbCl_2$. Pb_3O_4 也溶于热浓硫酸,放出氧,生成 $PbSO_4$ 沉淀. 遇稀硫酸时,Pb_3O_4 中只有 PbO 部分与硫酸形成 $PbSO_4$ 沉淀而无氧气放出. 它也能与乙酸反应

$$Pb_3O_4 + 8HAc \longrightarrow PbAc_4 + 2PbAc_2 + 4H_2O$$

在硝酸或乙酸存在时,H_2O_2 能将 Pb_3O_4 氧化成β 型 PbO_2.

Pb_3O_4 溶于熔融的硝酸钾,冷却时能从此熔融物中析出少量的双折射棱柱形 Pb_3O_4 晶体.

红铅是很有用的化合物. 它主要用于玻璃、陶瓷、火柴和油漆等工业. 在水管、煤气管外部涂的红色油漆中就有 Pb_3O_4;它是干性油氧化的催化剂,能促使油漆很快地干化. 红铅也可以作为封泥,用于钢板及导管连接处.

3. $PbO_{1.41}$—$PbO_{1.50}$

属于这类化合物的有 $Pb_{12}O_{17}$ 及 Pb_2O_3.

将 $Pb(OH)_2$ 或 PbC_2O_4 在空气中加热至300℃,或将 $PbCO_3$ 加热至260℃都能生成黑色的 Pb_2O_3.

Pb_2O_3 有两种变体,α 型属单斜晶系,β 型属正交晶系.β 型 Pb_2O_3 可溶于碱,lg β-Pb_2O_3 与 100ml 6mol/L KOH 溶液共沸 3 小时,有 0.68g Pb_2O_3 溶解.$PbO_{1.41}$—$PbO_{1.50}$ 能部分溶于稀硝酸,未溶解的部分是 PbO_2.

4. $PbO_{1.57}$—$PbO_{1.66}$

属于这类化合物的有 Pb_7O_{11},$Pb_{12}O_{19}$,Pb_5O_8,Pb_6O_{10}.

PbO 和 O_2 在 465℃,200atm 压力下,经 2—3 小时,或 $PbCO_3$ 与 O_2 在 200atm,360—470℃温度下都生成 Pb_7O_{11}. Pb_7O_{11} 在 1atm 压力的氧气中热至 360℃时是稳定的. 它在 80atm 压力的氧气中 420℃以及在 200atm 压力的氧气中 465℃皆开始分解成 Pb_3O_4.

PbO_2 在约 350℃的氧气中加热几小时,产生黑色的 Pb_5O_8,Pb_5O_8 晶体属四方晶系,其密度为 9.514g/cm^3. 把 Pb_5O_8 热至 390℃即分解成 Pb_3O_4.

5. 铅(Ⅳ)酸盐

铅(Ⅳ)酸盐有三种形式,即正铅(Ⅳ)酸盐 $M_4^{I}PbO_4$,偏铅(Ⅳ)酸盐 $M_2^{I}PbO_3$ 和六羟合铅(Ⅳ)酸盐 $M_2^{I}Pb(OH)_6$.

(1)正铅(Ⅳ)酸盐. 把 1:2 摩尔比的 PbO_2 与 Na_2O 混合物置于氧化镁舟中,在隔绝 CO_2 和湿气的条件下,加热到 400℃能定量地生成 Na_4PbO_4. Na_4PbO_4 具有吸湿性并被水猛烈地分解成 PbO_2 和碱. CaO 与 PbO 在不含 CO_2 的空气中加热至 860℃生成 Ca_2PbO_4

$$2CaO + PbO + \frac{1}{2}O_2 \longrightarrow Ca_2PbO_4$$

Ca_2PbO_4 的密度为 5.71g/cm^3,它对水稳定,不溶于水而能溶于酸.

(2)六羟合铅(Ⅳ)酸盐. 六羟合铅(Ⅳ)酸盐 $M_2^{I}Pb(OH)_6$ 被称为三水合偏铅(Ⅳ)酸盐 $M_2^{I}PbO_3 \cdot 3H_2O$. PbO_2 与过量苛性碱于银坩埚中加热熔融,熔融物溶于水,溶液经蒸发浓缩得 $M_2^{I}Pb(OH)_6$ 结晶. 此化合物中含有六羟合铅(Ⅳ)阴离子 $Pb(OH)_6^{2-}$. 也可以自 Pb(Ⅱ)盐的碱性溶液通过电解氧化或者在 $PbAc_4$ 水解时控制加入的碱量来制备 $Na_2Pb(OH)_6$.

(3)偏铅(Ⅳ)酸盐. 把 $Na_2Pb(OH)_6$ 放在封闭管中,抽真空(或用水喷射泵抽吸)并加热至 300℃ 进行脱水,可获得黄色 Na_2PbO_3. PbO 与 MgO 在空气中加热到 800℃,可制得 $MgPbO_3$. CaO,SrO,BaO 与 PbO 也有类似的反应. 或者用碱土金属硝酸盐代替它的氧化物与 PbO 一起加热来制备 $MPbO_3$. Na_2PbO_3 在加热至约 700℃时分解;它在热水中分解成 PbO_2.

3.3.4 含氧酸的铅(Ⅳ)盐[2,4,18,20,22]

1. 硫酸铅(Ⅳ)

以硫酸水溶液($D=1.7$)为电解液,铅作阳极进行电解,电解时升温到50℃,冷却并进行分离得到黄色结晶粉末状的$Pb(SO_4)_2$. 浓硫酸与PbF_4或$PbAc_4$反应,也能生成$Pb(SO_4)_2$.

$Pb(SO_4)_2$在干燥空气中稳定,遇湿空气即被水解成PbO_2. 硫酸铅(Ⅳ)的浓硫酸溶液在100℃时分解,放出SO_3,O_2,残留$PbSO_4$. 在硫酸溶液中$Pb(SO_4)_2$的水解温度与硫酸浓度的关系列于表11.36.

表 11.36 $Pb(SO_4)$在硫酸溶液中的水解

H_2SO_4 浓度	$Pb(SO_4)_2$ 的水解
稀	迅速水解
$D=1.65g/cm^3$	常温下水解
$D=1.653g/cm^3$	常温下不水解
$D=1.7g/cm^3$	50℃水解
$D=1.8g/cm^3$	100℃不水解,但分解放出O_2

$Pb(SO_4)_2$是一种强氧化剂,它能把醇氧化成醛,把$H_2C_2O_4$氧化成CO_2,把氢卤酸(不包括氢氟酸)氧化成卤素,将碘氧化成碘酸.

2. 四乙酸铅

四乙酸铅可由Pb_3O_4与HAc及乙酸酐的反应来制备. 例如,将550ml冰乙酸和170ml纯乙酸酐在气密烧瓶中混合,加热到40℃,在猛烈搅拌下,把事先在200℃烘干过的300g Pb_3O_4慢慢加入烧瓶中. 为了避免$PbAc_4$被乙酸酐还原,在加入Pb_3O_4过程中应保持温度在65℃以下,待反应完毕,冷却,析出$PbAc_4$结晶. 其反应为

$$Pb_3O_4+8CH_3COOH \longrightarrow Pb(CH_3COO)_4+2Pb(CH_3COO)_2+4H_2O$$

$$4H_2O+4(CH_3COO)_2O \longrightarrow 8CH_3COOH$$

制得的产品中有时含有少量的PbO_2而呈淡玫瑰色或稍带棕色. 用热冰乙酸进行重结晶,可得无色$PbAc_4$约150g. 母液中存留的$PbAc_2$,通入氯气将它氧化后回收$PbAc_4$. 如果反应物中不包括乙酸酐,即未消除上述第一个反应所产生的水,则反应温度应该保持在60℃以下,才能避免$PbAc_4$的水解.

$PbAc_4$为扁十二面体晶体,属单斜晶系,mp,175℃,密度$D^{17}=2.228g/cm^3$.

$PbAc_4$于213℃完全分解,分解产物有乙酸甲酯和$PbAc_2$,还有CO_2(占62%)及甲烷、乙烷(甲烷:乙烷为1:9)占29%的混合气体.

在较低温度下$PbAc_4$遇干燥HCl气即迅速进行复分解反应得到$PbCl_4$和HAc · $PbAc_4$能溶于37%氢氟酸成为无色溶液,生成PbF_4或H_2PbF_6. Pb(IV)能氧

化 Cl^-，Br^-，I^- 离子，因此当 $PbAc_4$ 溶于氢卤酸（HX，X = Cl，Br，I）时，生成 PbX_2 并产生 X_2. $PbAc_4$ 在稀硫酸中水解成 PbO_2 及 HAc，在浓硫酸中则进行复分解反应，生成 $Pb(SO_4)_2$ 及 HAc，在该溶液中也形成 $H_2Pb(HSO_4)_6$ 和 $[HPb(HSO_4)_6]^-$，$[Pb(HSO_4)_6]^{2-}$ 阴离子.

$PbAc_4$ 是一种强氧化剂，它能把干燥的 H_2S 氧化成单质硫同时生成 PbS，也可把水溶液中的 SO_2 氧化成 H_2SO_4. 在常温下 $PbAc_4$ 能氧化甲酸，生成物有 $PbAc_2$，HAc 及 CO_2. $PbAc_4$ 在溶液中是稳定的，沸腾 1.75 小时，只有 2.6% 铅(Ⅳ)被还原.

$PbAc_4$ 在乙酸中的溶解度随温度的关系如下：

温度，℃	16.40	16.52	16.60	18.2	25.2	45	68.4	94.4
溶解度 mol%	0.280	0.088	0	0.354	0.427	0.798	1.64	3.74

在 $PbAc_4$-HAc 体系中，I_2 被氧化成碘酸，金属 Zn，Hg，Pb，Fe，Cu，Ag 等被氧化成相应的乙酸盐.

$PbAc_4$ 溶于氟磺酸或氯磺酸生成 $H_2Pb(FSO_3)_6$ 或 $H_2Pb(ClSO_3)_6$ 的黄色溶液. $PbAc_4$ 微溶于干燥的 $CHCl_3$. CCl_4 和苯.

在有机化学中 $PbAc_4$ 被用作选择性氧化剂.

其他有机酸铅（Ⅳ）的盐如丙酸、丁酸和硬脂酸铅（Ⅳ）盐，可用上述制备 $PbAc_4$ 类似的方法来制备. 它们对水都是不稳定的.

3.3.5　铅 – 水体系的电势 – pH 图[28]

1. 用于绘制铅 – 水体系电势 – pH 图的反应式和方程式如下：

(1) $Pb^{2+} + 2H_2O \rightleftharpoons HPbO_3^- + 3H^+$

$$\lg \frac{[HPbO_3^-]}{[Pb^{2+}]} = -28.02 + 3pH$$

(2) $Pb^{4+} + 3H_2O \rightleftharpoons PbO_3^2 + 6H^+$

$$\lg \frac{[PbO_3^{2-}]}{[Pb^{4+}]} = -23.06 + 6pH$$

(3) $PbO_3^{2-} + H_2O \rightleftharpoons PbO_4^{4-} + 2H^+$

$$\lg \frac{[PbO_4^{4-}]}{[PbO_3^{2-}]} = -40.87 + 2pH$$

(4) $Pb^{4+} + 2e \rightleftharpoons Pb^{2+}$

$$\varphi = 1.694 + 0.0295\lg \frac{[Pb^{4+}]}{[Pb^{2+}]}$$

(5) $PhO_3^{2-} + 6H^+ + 2e \rightleftharpoons Pb^{2+} + 3H_2O$

$$\varphi = 2.375 - 0.1773\text{pH} + 0.0295\lg\frac{[PbO_3^{2-}]}{[Pb^{2+}]}$$

(6) $PbO_3^{2-} + 3H^+ + 2e \rightleftharpoons HPbO_2^- + H_2O$

$$\varphi = 1.547 - 0.0886\text{pH} + 0.0295\lg\frac{[PbO_3^{2}]}{[HPbO_2^-]}$$

(1′) $Pb^{2+}/HPbO_2^-$ pH = 9.34

(2′) Pb^{4+}/PbO_3^{2-} pH = 3.84

(3′) PbO_3^{2-}/PbO_4^{4-} pH = 20.44

(4′) Pb^{2+}/Pb^{4+} $\varphi = 1.694$

(5′) Pb^{2+}/PbO_3^{2-} $\varphi = 2.375 - 0.1773\text{pH}$

(6′) $HPbO_2^-/PbO_3^{2-}$ $\varphi = 1.547 - 0.0886\text{pH}$

(7) $PbO + 2H^+ + 2e \rightleftharpoons Pb + H_2O$

a. $\varphi = 0.248 - 0.0591\text{pH}$

b. $\varphi = 0.252 - 0.0591\text{pH}$

c. $\varphi = 0.277 - 0.0591\text{pH}$

(8) $Pb_2O_3 + 2H^+ + 2e \rightleftharpoons 3PbO + H_2O$

a. $\varphi = 0.972 - 0.0591\text{pH}$

b. $\varphi = 0.959 - 0.0591\text{pH}$

c. $\varphi = 0.885 - 0.0591\text{pH}$

(9) $3Pb_2O_3 + 2H^+ + 2e \rightleftharpoons 2Pb_3O_4 + H_2O$

$\varphi = 1.228 - 0.0591\text{pH}$

(10) $3PbO_2 + 4H^+ + 4e \rightleftharpoons Pb_3O_4 + 2H_2O$

$\varphi = 1.127 - 0.0591\text{pH}$

(11) $2PbO_2 + 2H^+ + 2e \rightleftharpoons Pb_2O_3 + H_2O$

$\varphi = 1.093 - 0.0591\text{pH}$

(12) $Pb^{2+} + H_2O \rightleftharpoons PbO + 2H^+$

a. $\lg[Pb^{2+}] = 12.63 - 2\text{pH}$

b. $\lg[Pb^{2+}] = 12.80 - 2\text{pH}$

c. $\lg[Pb^{2+}] = 13.64 - 2\text{pH}$

(13) $PbO + H_2O \rightleftharpoons HPbO_2^- + H^+$

a. $\lg[HPbO_2^-] = -15.36 + \text{pH}$

b. $\lg[HPbO_2^-] = -15.22 + \text{pH}$

c. $\lg[HPbO_2^-] = -14.38 + \text{pH}$

(14) $Pb^{4+} + 2H_2O \rightleftharpoons PbO_2 + 4H^+$

$$\lg[Pb^{4+}] = -8.26 - 4pH$$

(15) $PbO_2 + H_2O \rightleftharpoons PbO_3^{2-} + 2H^+$

$$\lg[PbO_3^{2-}] = -31.32 + 2pH$$

(16) $Pb^{2+} + 2e \rightleftharpoons Pb$

$$\varphi = -0.126 + 0.0295\lg[Pb^{2+}]$$

(17) $HPbO_2^- + 3H^+ + 2e \rightleftharpoons Pb + 2H_2O$

$$\varphi = 0.702 - 0.0886pH + 0.0295\lg[HPbO_2^-]$$

(18) $Ph_3O_4 + 8H^+ + 2e \rightleftharpoons 3Pb^{2+} + 4H_2O$

$$\varphi = 2.094 - 0.2364pH - 0.0886\lg[Pb^{2+}]$$

(19) $Pb_3O_4 + 2H_2O + 2e \rightleftharpoons 3HPbO_2^- + H^+$

$$\varphi = -0.390 + 0.0295pH - 0.0886\lg[HPbO_2^-]$$

(20) $PbO_3^{2-} + 4H^+ + 2e \rightleftharpoons PbO + 2H_2O$

a. $\varphi = 2.001 - 0.1182pH + 0.0295\lg[PbO_3^{2-}]$

b. $\varphi = 1.997 - 0.1182pH + 0.0295\lg[PbO_3^{2-}]$

c. $\varphi = 1.972 - 0.1182pH + 0.0295\lg[PbO_3^{2-}]$

(21) $PbO_2 + 4H^+ + 2e \rightleftharpoons Pb^{2+} + 2H_2O$

$$\varphi = 1.449 - 0.1182pH - 0.0295\lg[Pb^{2+}]$$

(22) $PbO_2 + H^+ + 2e \rightleftharpoons HPbO_2^-$

$$\varphi = 0.621 - 0.0295pH - 0.0295\lg[HPbO_2^-]$$

(23) $3PbO_3^{2-} + 10H^+ + 4e \rightleftharpoons Pb_3O_4 + 5H_2O$

$$\varphi = 2.515 - 0.1477pH + 0.0443\lg[PbO_3^{2-}]$$

(24) $Pb + 2H^+ + 2e \rightleftharpoons PbH_2$

$$\varphi = -1.507 - 0.0591pH - 0.0295\lg P_{PbH_2}$$

* a. 红色 PbO，b. 黄色 PbO，c. 水合 PbO.

2. 铅-水体系的电势-pH 图

在溶液中，铅的氧化还原反应不仅与溶液中离子的浓度有关，而且与溶液的 pH 值有关，即电极电势与浓度及酸度成函数关系. 若指定浓度，则电极电势只与溶液的 pH 值有关，由此利用上述方程式可算得不同 pH 值时的电极电势，并绘出电势-pH 图.

图 11.25 中的 1，2……线编号与上述方程的编号相一致；a 线与 b 线的意义见本分族图 11.5 下的解释.

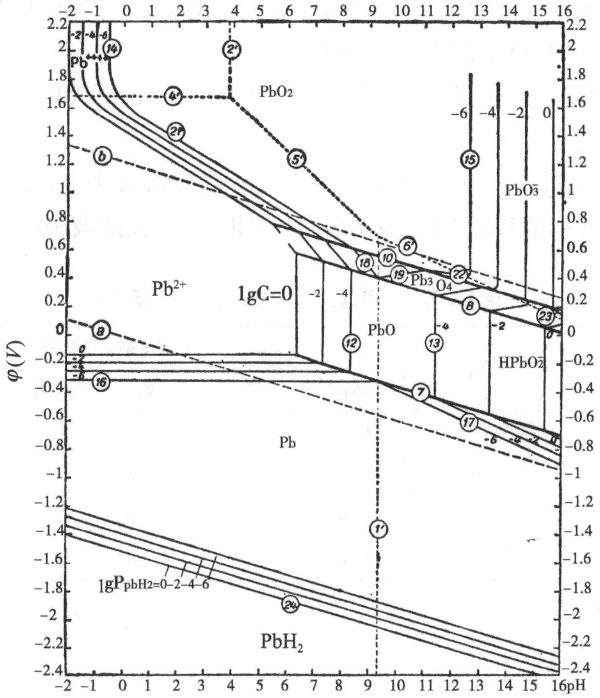

图 11.25 铅-水体系的电势-pH 图(25℃)

3.4 铅的配位化合物

3.4.1 铅(Ⅱ)的配位化合物[1,2,15,19,25,29]

1. 卤合铅(Ⅱ)酸盐

碱金属的卤合铅(Ⅱ)酸盐可以由二卤化铅与相应的碱金属卤化物一起加热熔融来制备,也可以从含这两种组分的溶液中析出结晶. 例如,$PbCl_2$ 与 NaCl 摩尔比为 1∶2 或 1∶1 的混合物,在加热熔融后分别生成 Na_2PbCl_4 及 $NaPbCl_3$. 在 $PbCl_2$-KCl 体系中,当 KCl 的摩尔含量为 33.3% 时生成 KPb_2Cl_5,它在 430℃ 时熔融而不分解;当 KCl 的摩尔含量为 60%,68% 时分别生成 K_2PbCl_4 和 K_4PbCl_6. 在 $PbCl_2$-RbCl 体系存在 $RbPb_2Cl_5$,$RbPbCl_3$ 及 Rb_2PbCl_4 三种化合物. 在 $PbCl_2$-CsCl 体系中,当 CsCl 摩尔含量为 67% 时生成 Cs_2PbCl_4. 在 CsCl 摩尔含量为 75% 时,得到 Cs_3PbCl_5.

$Pb(NO_3)_2$ 溶液与过量的 KI 溶液混合并加热,生成黄色 PbI_2 沉淀,冷却时逐渐变成淡黄色的 $KPbI_3 \cdot 2H_2O$,加热时又离解成 PbI_2 和 KI. 将 $KPbI_3 . 2H_2O$ 置于浓 H_2SO_4 上或者溶于丙酮中再用乙醚来沉淀,获得无水 $KPbI_3$. 有趣的是无水 $KPbI_3$

与水作用后，水解成亮黄色的 PbI_2 和 KI，而不生成 $KPbI_3 \cdot 2H_2O$. 因此利用这个反应可以检定气相或有机溶剂中痕量的水.

$MPbX_3$ 配合物的稳定性顺序是 $F \ll Cl < Br < I$. 在 K_4PbF_6，K_4PbCl_6，K_4PbBr_6 中，PbX_6^{4-} 离子是八面体的.

卤合铅(Ⅱ)配合物可存在于晶体中也可存在于溶液中，表 11.37 列举一些卤合铅(Ⅱ)离子的生成常数，以此表明卤合铅(Ⅱ)离子在溶液中的形成及稳定性.

表 11.37　$[PbX_n]^{2-n}$的生成常数(25℃)

X	方法	介质	生成常数(对数值)					
			K_1	β_2	β_3	β_4	β_5	β_6
F^-	极谱法	2($NaClO_4$)	1.26	2.55	3.42*	3.10*		
Cl	电势法	4Li(ClO_4)	1.23	1.72	2.08	1.34	0.6	
Br^-	电势法	4($LiClO_4$)	1.54	2.65	3.30	3.76	2.5	2.2
I^-	溶度法	2($NaClO_4$)	1.30	2.38	3.14	4.43		

* 离子强度外推到零.

2. 硫氰酸根合铅(Ⅱ)配离子

Pb^{2+} 与 SCN^- 在 $NaClO_4$ 水溶液(离子强度保持 3mol/L)介质中生成 $Pb(SCN)_n^{(2-n)}$ 配离子. 25℃时，用极谱法测得其生成常数对数值为 K_1 0.78，β_2 0.99，β_3 0.97，β_4 0.92，$\beta_5$0.86，$\beta_6$0.63.

3. 硫代硫酸根合铅(Ⅱ)配离子

Pb^{2+} 与 $S_2O_3^{2-}$ 在 $NaClO_4$ 水溶液(离子强度保持 3mol/L)介质中生成 $Pb(S_2O_3)_n^{(2-2n)}$ 配离子. 25℃时，用极谱法测得其生成常数的对数值为：K_1 2.56，β_2 4.88，β_3 6.34，β_4 6.23.

4. PbH_2edta

Pb^{2+} 与 EDTA 在 KNO_3 水溶液(离子强度保持 0.1mol/L)中生成 PbH_2edta，20℃时，用极谱法测得 PbH_2edta 的生成常数 $K_f = 10^{18.04}$. 利用 EDTA 对铅的配合作用，注射 $CaNa_2$edta 溶液能排除人体内的铅以治疗铅中毒.

5. 羟合铅(Ⅱ)正离子

羟合铅(Ⅱ)正离子有 $PbOH^+$，Pb_2OH^{3+}，$Pb_3(OH)_4^{2+}$，$Pb_4(OH)_4^{4+}$，$Pb_6(OH)_8^{4+}$. 这些正离子都是 Pb^{2+} 在不同条件下水解的产物.

(1) $PbOH^+$ 及 $Ph_4(OH)_4^{4+}$. 在 25℃的 2mol/L $NaClO_4$ 水溶液中，当 pH 值为 5.5—7.5 时，0.1—10^{-4}mol/L 浓度的铅(Ⅱ)盐水解后生成 $PbOH^+$，$Pb_4(OH)_4^{4+}$. 其水解常数为

$$Pb^{2+} + H_2O \rightleftharpoons PbOH^+ + H^+ \qquad pK = 7.93$$

$$Pb^{2+} + 4H_2O \rightleftharpoons Pb_4(OH)_4^{4+} + 4H^+ \qquad pK = 19.35$$

(2) $Pb_3(OH)_4^{2+}$. 在25℃温度下，黄色一氧化铅溶于含0.320mol/L $NaClO_4$ 和0.103mol/L $HClO_4$ 的水溶液内并达到饱和，水解生成 $Pb_3(OH)_4^{2+}$.

(3) Pb_2OH^{3+}. 用电势法测得在1.5mol/L $Mg(ClO_4)_2$ 水溶液中铅(Ⅱ)盐水解后生成 Pb_2OH^{3+}.

(4) $Pb_6(OH)_8^{4+}$. 在0.3—3mol/L $NaClO_4$ 水溶液中，25℃时，用电势法测得反应

$$6Pb^{2+} + 8H_2O \rightleftharpoons Pb_6(OH)_8^{4+} + 8H^+$$

的 $pK = 42.14$.

6. 氨合铅(Ⅱ)盐

许多铅(Ⅱ)盐遇液态氨即生成氨合物，这些氨合物的共同特点是随着温度升高而逐步放出 NH_3.

(1) $Pb(NO_3)_2 \cdot nNH_3$ ($n = 1,3,6$). 液态氨与 $Pb(NO_3)_2$ 在 −78—— −37℃时反应得 $Pb(NO_3)_2 \cdot 6NH_3$. 此化合物在升温时逐步分解. 当温度在 −21.2—0℃时失去一部分氨变成 $Pb(NO_3)_2 \cdot 3NH_3$，温度升到77℃时分解成 $Pb(NO_3)_2 \cdot NH_3$. 它们的生成焓如下：

	$Pb(NO_3)_2 \cdot 6NH_3$	$Pb(NO_3)_2 \cdot 3NH_3$	$Pb(NO_3)_2 \cdot NH_3$
生成焓 $\Delta H°$, kJ/mol	−977.80	−745.17	−544.38

(2) $PbCl_2 \cdot nNH_3$ ($n = 1,2,8$). 当 $PbCl_2$ 与液态氨在 −78℃作用时生成 $PbCl_2 \cdot 8NH_3$. $PbCl_2 \cdot 8NH_3$受热时逐步失去氨，经热重分析测得0℃时存在 $PbCl_2 \cdot 2NH_3$ 稳定相，34.65℃时稳定的是 $PbCl_2 \cdot NH_3$. 它们的生成焓 $\Delta H°$ 为：$PbCl_2 \cdot 8NH_3$，−1038.89；$PbCl_2 \cdot 2NH_3$，−544.80 及 $PbCl_2 \cdot NH_3$，−461.91kJ/mol.

(3) $PbBr_2 \cdot nNH_3$ ($n = 1,2,3,8$). 用类似于合成 $PbCl_2 \cdot 8NH_3$ 的方法，在 −78.5℃时合成 $PbBr_2 \cdot 8NH_3$. 生成物在升温至0℃时，失去5个分子 NH_3 变成 $PbBr_2 \cdot 3NH_3$；34.74℃时 $PbBr_2 \cdot 2NH_3$ 稳定，110.16℃时再失去1个分子的 NH_3，变成一氨合二溴化铅.

(4) $PbI_2 \cdot nNH_3$ ($n = 1,2,8$). 采用上述方法合成 $PbI_2 \cdot 8NH_3$ (−78.5℃)，升温至55.9℃时放出部分氨形成 $PbBr_2 \cdot 2NH_3$，80.2℃时只有 $PbI_2 \cdot NH_3$ 存在.

另外用 −78.5℃的液态氨与 $PbSO_4$ 反应可制得 $PbSO_4 \cdot 4NH_3$. 升温至21℃分解出部分氨变成 $PbSO_4 \cdot 2NH_3$.

7. 胺合铅(Ⅱ)盐

和氨有相似性的胺类也能与Pb(Ⅱ)盐形成胺合铅(Ⅱ)盐. 此处列举几种苯

胺合二卤化铅.

(1) $PbCl_2 \cdot 3C_6H_5NH_2$. $PbCl_2$ 与苯胺混合,加热使 $PbCl_2$ 溶解,冷却从溶液中慢慢析出白色三苯胺合二氯化铅结晶,在约 15℃温度下干燥. 其密度 $D^{18}=1.98g/cm$. 在 20—22℃时,水及有机溶剂都能使它分解析出苯胺.

(2) $PbCl_2 \cdot C_6H_5NH_2$. 可从 0.08mol/L 苯胺和 0.1mol/L $PbCl_2$ 的热溶液中析出白色的 $PbCl_2 \cdot C_6H_5NH_2$ 结晶.

(3) $PbBr_2 \cdot 2C_6H_5NH_2$. 用类似于制备 $PbCl_2 \cdot 3C_6H_5NH_2$ 的方法来制备 $PbBr_2 \cdot 2C_6H_5NH_2$. 这是一种白色针状结晶,其密度 $D^{17}=2.47g/cm^3$,在 20—22℃时它在醇中分解成黄色的 $3PbBr_2 \cdot 2C_6H_5NH_2$ 及苯胺.

8. 吡啶合铅(Ⅱ)盐

(1) $Pb(NO_3)_2 \cdot nPy$ ($n=2,3,4$). 在 -19.4—110℃温度范围内,测定 $Pb(NO_3)_2$ 在吡啶中的溶解度时,发现存在三种固态加合物即 $Pb(NO_3)_2 \cdot 4Py$, $Pb(NO_3)_2 \cdot 3Py$ 与 $Pb(NO_3)_2 \cdot 2Py$,转变温度分别在 51℃及 96℃.

(2) $PbCl_2 \cdot 2Py$. $PbCl_2 \cdot 2Py$ 存在于 $PbCl_2$ 的吡啶溶液中,并可从饱和溶液中析出白色结晶. 这是一种聚合物,具有八面体结构.

(3) $PbBr_2 \cdot nPy$. 19℃时 $PbBr_2$ 的饱和吡啶溶液中存在 $PbBr_2 \cdot 3Py$ 与 $PbBr_2 \cdot 2Py$ 的平衡,高于 19℃时二吡啶合物 $PbBr_2 \cdot 2Py$ 是稳定的.

同样在 PbI_2 的吡啶溶液中也有 $PbI_2 \cdot 3Py$ 及 $PbI_2 \cdot 2Py$ 存在.

9. 8-羟基喹啉合铅(Ⅱ)

乙酸铅与 8-羟基哇啉溶于计算量的 NaOH 水溶液配成的溶液混合,生成 $Pb(C_9H_6NO)_2 \cdot 2H_2O$ 沉淀. 经热重分析研究,该化合物在 45℃开始失去一个分子的水变成一水合物,130℃时一水合物脱水成无水物. 无水的 8-羟基哇啉合铅(Ⅱ)在 280—285℃开始热分解.

$Pb(C_9H_6NO)_2$ 的水合物在通常湿度的空气中是不稳定的.

用分光光度法测得水溶液中 $[Pb(C_9H_6NO)]^+$ 的生成常数 $K_1=10^{9.02}$(25℃,离子强度外推到 0). 在 50% H_2O-二噁烷溶液中,25℃时用 pH 法测得 $Pb(C_9H_6NO)_n^{(2-n)+}$ 的生成常数 $K_1=10^{10.61}$, $\beta_2=10^{18.70}$.

10. 二噁烷合高氯酸铅

白色 $Pb(ClO_4)_2 \cdot 2C_4H_3O_2$ 晶体是以 $Pb(ClO_4)_2$ 与过量的二噁烷作用,再用冷二噁烷洗涤来制取的.

11. 硫脲合铅(Ⅱ)配离子

$[Pbth_n]^{2+}$ 存在于 10^{-3}mol/L Pb^{2+} 与 0.5—1.0mol/L 硫脲的水溶液中;在 25℃以 0.1mol/L KNO_3 水溶液为支持电解质,用极谱法测得 $[Pbth_n]^{2+}$ 的生成常数(对数值) K_1 0.60, β_2 1.04, β_3 0.98, β_4 2.04.

3.4.2 铅(Ⅳ)的配位化合物[2,15,22]

(1)六氟铅(Ⅳ)酸盐($M_2^{II}PbF_6$).其制备方法是将碱金属的铅(Ⅳ)酸盐溶于氢氟酸或者利用碱金属碳酸盐与 PbF_4 的氢氟酸溶液的反应.这些盐容易水解,遇水即水解成 PbO_2、KF 和 HF.

碱土金属的氟铅(Ⅳ)酸盐($MPbF_6$)由碱土金属的铅(Ⅳ)酸盐 $MPbO_3$ 直接氟化而得.它们的结构互不相同,$CaPbF_6$ 没有独立的 PbF_6^{4-} 配离子,$SrPhF_6$ 含有线性聚合配离子$[PbF_5]_n^{(n-1)-}$ 与 F^- 离子,而 $BaPbF_6$ 则有独立的 PbF_6^{2-} 离子.

(2)K_3HPbF_8.将 $PbAc_4$ 加入氟化钾的氢氟酸溶液或把 PbO_2 和碱的熔融物溶解于氢氟酸均可制备 K_3HPbF_8.此晶体属单斜晶系,它在空气中稳定.100—110℃加热4小时无重量变化,250℃时失去 HF 变成 K_3PbF_7.

(3)六氯铅(Ⅳ)酸及其盐.在低温下,将 $PbCl_4$ 溶于盐酸可以制备 H_2PbCl_6.溶液中 $PbCl_4$ 与 HCl 的比值对产生 H_2PbCl_6 沉淀的影响很大,当 $PbCl_4$:HCl < 1:5 时不产生沉淀,比率在1:4—1:5 需几小时才能生成 H_2PbCl_6 沉淀,比率≥1:3 立刻析出 H_2PbCl_6 沉淀.

把氯气通入 $PbCl_2$ 浓盐酸的悬浮液中生成 H_2PbCl_6 溶液,或者用冰将 $PbCl_4$ 溶于盐酸的溶液,冷却,再与用冰冷却后的 NH_4Cl 水溶液混合来制备$(NH_4)PbCl_6$.将 H_2PbCl_6 溶液与 KCl 水溶液混合,于0℃温度下通入 HCl 气能充分析出 K_2PbCl_6 晶体.这两种盐皆为柠檬黄色立方晶体,它们比 $PbCl_4$ 稳定得多,$(NH_4)_2PbCl_6$ 于130℃分解,K_2PbCl_6 的分解温度为190℃,

此外,早在1898年就报道有以下四氯化铅的配位化合物:$PbCl_4(NH_3)_2$,$PbCl_4(NH_3)_4$,$PbCl_4(CH_3NH_2)_4$,$PbCl_4(C_2H_5NH_2)$,$PbCl_4(C_3H_7NH_2)_4$,$PbCl_4(C_6H_5NH_2)_3$ 和 $PbCl_4(C_6H_5NH_2)_2$ 等.

3.5 有机铅化合物

3.5.1 四烷基、四芳基铅[2]

工业上生产四乙基铅$(C_2H_5)_4Pb$ 的方法是利用烷基氯化物与钠铅合金的反应

$$4PbNa + 4C_2H_3Cl \longrightarrow (C_2H_5)_4Pb + 4NaCl + 3Pb$$

或用铅作阳极,电解烷基氯化镁来制取.

实验室制法是利用 Grignard 试剂与氯化铅的反应

$$4C_2H_5MgBr + 2PbCl_2 \xrightarrow{\text{乙醚}} (C_2H_5)_4Pb + Pb + 2MgCl_2 + 2MgBr_2$$

此制备过程有较多量的六乙基二铅副产物生成. 三乙基铅溴化物与 C_2H_5MgBr 反

应也能生成四乙基铅.

生成 Ph(IV)—C 键的反应还有

$$Pb + 4Li + 4C_2H_5Br \longrightarrow (C_2H_5)_4Pb + 4LiBr$$

$$2(C_2H_5)_2Zn + PbCl_2 \longrightarrow (C_2H_3)_4Pb + 2ZnCl_2$$

$$4RLi + 2PbX_2 \longrightarrow R_4Pb + 4LiX + Pb$$

$$4R_3Al + 6PbX_2 \longrightarrow 3R_4Pb + 3Pb + 4AlX_3$$

四乙基铅是无色易流动的油状液体,密度 $D_4^{20} = 1.6524g/cm^3$,在日光下或热至 195℃ 会分解. 它对空气及水稳定,不溶于水及 96% 乙醇,能溶于无水乙醇、乙醚及其他常用的有机溶剂. 四乙基铅有毒且易为皮肤吸收. 还常用作汽油的抗震剂.

四烷基、四芳基铅在常温下是稳定的,在加热到 600—800℃ 时,放出有机自由基后,接着发生相当复杂的反应. 如四甲基铅在热分解时除了形成铅镜,还有甲烷、乙烷、氢、乙烯、丙烯及 2-甲基丙烯等产物. 若热分解放出的有机自由基 ($\cdot CH_3$) 流过玻璃壁上的铅镜,则 $\cdot CH_3$ 与铅发生反应

$$4 \cdot CH_3 + Pb \longrightarrow (CH_3)_4Pb$$

除热分解外,许多试剂如 $AgNO_3$、PCl_3、$SOCl_2$、金属钠、卤素都能引起 Pb—C 键的断裂,其反应是

$$R_4Pb + Na \xrightarrow{NH_3} R_3PbNa$$

$$(C_2H_5)_4Pb + PCl_3 \longrightarrow (C_2H_5)_2PbCl_2 + (C_2H_5)_2PCl$$

$$(CH_3)_4Pb + AgNO_3 \longrightarrow (CH_3)_3PbNO_3$$

$$R_4Pb + SOCl_2 \longrightarrow R_2PbCl_2 + R_3PbCl$$

醇也可使烷基铅解离

$$R_4Pb + R'OH \longrightarrow R_3PbOR' + RH$$

反应中醇的活泼性顺序是甲醇 > 乙醇 > 丙醇. 丁醇无这种活性,不能使 Pb—C 键破裂.

3.5.2 有机铅氢化物[2]

三烷基铅氢化物和二烷基铅二氢化物是在 −78℃ 的低温时用 $LiAlH_4$ 还原相应的氯化物合成的. 有机锡氢化物与有机铅盐的交换反应也是合成有机铅氢化物的一种有用的方法. 例如

$$(n-Bu)_3PbX + (C_6H_5)_3SnH \longrightarrow (n-Bu)_3PbH + (C_6H_5)_3SnX$$

有机铅氢化物不如硅、锗和锡的相应化合物那样稳定.

三甲基铅氢化物(mp ~ −106℃),三乙基铅氢化物(mp ~ −145℃)热分解时生成相应的四烷基铅、金属铅和氢,它们在 −30— −20℃ 即已开始缓慢分解,但升温至 0℃ 时反应仍然较慢,经几小时也未完全分解.

三烷基铅氢化物中 Pb—H 键的重要反应包括：

(1)加成反应

$$R_3PbH + CH_2{=}CHCOOCH_3 \longrightarrow R_3PbCH_2CH_2COOCH_3$$

$$R_3PbH + C_2H_4 \longrightarrow R_3PbC_2H_5$$

$$R_3PbH + CH_2{=}CHCN \longrightarrow R_3PbCH_2CH_2CN$$

$$R_3PbH + C_6H_5C{\equiv}CH \longrightarrow R_3PbCH = CHC_6H_5$$

(2) 卤化反应

$$R_3PbH + RX \longrightarrow R_3PbX + RH$$

$$R_3PbH + HCl \longrightarrow R_3PbCl + H_2$$

$$R_3PbH + CCl_4 \longrightarrow R_3PbCl + CHCl_3 + CH_2Cl_2$$

3.5.3 有机铅卤化物[2]

有机铅卤化物在数量上要比 IVA 族其他元素的有机金属卤化物为少，其中 R_3PbX、R_2PbX_2 型化合物是很特征的，而 $RPbX_3$ 型化合物尚未制得.

有机铅卤化物的一般制备方法是以 HX 作用于四有机基铅化合物. 首先是四有机基铅被 HX 破坏一个 C—Pb 键

$$R_4Pb + HX \longrightarrow R_3PbX + RH$$

此反应是在溶剂中低温下进行的，产物为三烷基、三芳基铅卤化物 R_3PbX(X = Cl, Br, I). 如果升高温度，反应按以下方式

$$R_3PbX + HX \longrightarrow R_2PbX_2 + RX$$

继续进行，基本产物是二烷基、二芳基铅卤化物.

另一有用的合成路线是用金属或非金属卤化物或卤素与有机铅作用来制得有机铅卤化物，反应举例如下

$$(C_6H_5)_4Pb + AlCl_3 \longrightarrow (C_6H_5)_2PbCl_2 + (C_6H_5)_2AlCl$$

$$R_4Pb + SOCl_2 \longrightarrow R_3PbCl + RSOCl \quad (\text{R 为烷基})$$

$$Ar_4Pb + SOCl_2 \longrightarrow Ar_2PbCl_2 + Ar_2SO$$

$$R_3Pb \cdot PbR_3 + X_2 \longrightarrow 2R_3PbX \quad (\text{R 为烷基}, X = Cl, Br, I)$$

六烷基二铅是工业合成抗震剂四烷基铅的副产品，因此用六烷基二铅合成三烷基铅卤化物是一条较经济的途径.

有机铅氟化物最好的制备方法是以碱金属氟化物作用于有机铅卤化物或利用 HF 与烷基铅羟化物的反应

$$(C_6H_5)_3PbBr + KF \longrightarrow (C_6H_5)_3PbF + KBr$$

$$(CH_3)_3PbOH + HF \longrightarrow (CH_3)_3PbF + H_2O$$

有机铅卤化物已被确定的结构数据是很少的. X 射线结构分析示出二苯基铅二氯化物是线性聚合结构,氯原子均成桥,每个铅原子是六配位的,呈八面体结构(图 11.26).

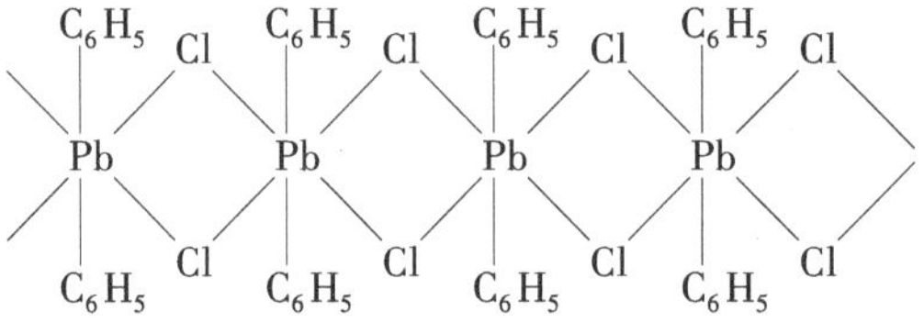

图 11.26　$(C_6H_5)_2PbCl_2$ 的晶体结构

三有机基铅氯化物在稀 KOH 溶液中可被铝还原成六有机基二铅.

大多数有机铅卤化物易溶于强极性溶剂,而在非极性溶剂中溶解度较小.

R_3PbX 是极强的催喷嚏剂.

有机铅卤化物是合成有机铅化合物的重要原料,其中卤原子可被其他原子或原子团置换.

3.5.4　有机铅氧化物和羟化物[2]

有机铅羟化物 R_3PbOH 和 $R_2Pb(OH)_2$ 可以由相应的有机铅卤化物用碱进行水解制得.

有机铅氧化物 $R_3PbOPbR_3$ 和$(R_3PbO)_n$ 的制法是将金属钠作用于有机铅羟化物. 臭氧作用于 R_3PbPbR_3 也得到相应的氧化物 $R_3PbOPbR_3$,这种氧化物对水很敏感,水解生成相应的羟化物.

在室温下三烷基铅羟化物和氧化物有明显的分解,然而三苯基铅羟化物却是相当稳定的.

有机铅羟化物的水溶液中有$[(CH_3)_2Pb(H_2O)_2]^{2+}$离子存在,其中骨架 $CH_3—Pb—CH_3$ 为直线型. 在不同酸度下,水合$(CH_3)_2Pb^{2+}$离子有如下的平衡

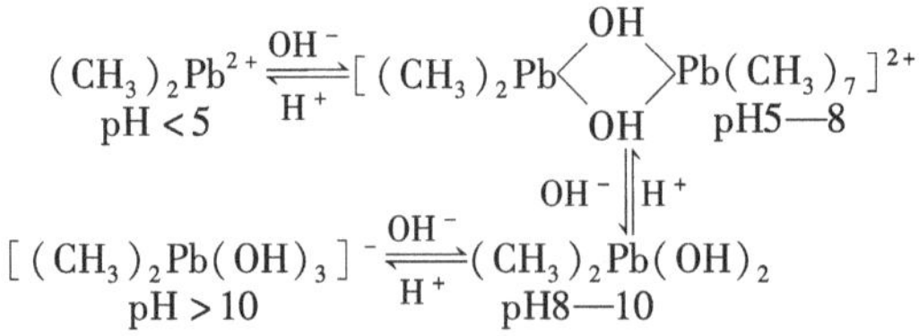

3.5.5　其他有机铅化合物[2]

1. 有机铅羧酸盐

有机铅羟酸盐有 $R_3PbOO\ R'$, $R_2Pb(OOCR')_2$ 和 $RPb(OOCR')_3$ 三种类型,它们的合成方法有多种,现举例如下

$R_4Pb + R'COOH \longrightarrow R_3PbOOCR'$

$R_3PbOH + R'COOH \longrightarrow R_3PbOOCR' + H_2O$

$R_2PbO + R'COOAg \longrightarrow R_3PbOOCR'$

$R_2PbX_2 + 2R'COOAg \longrightarrow R_2Pb(OOCR')_2 + 2AgX$

$(C_2H_5)_4Pb + (CH_3COO)_4Pb \longrightarrow (C_2H_5)_3PbOOCCH_3$

$(C_2H_5)_6Pb_2 + (C_2H_5COO)_2 \longrightarrow 2(C_2H_5)_3PbOOCC_2H_5$

目前尚缺乏这些化合物的结构资料，但据信三甲基铅羧酸盐是一种配位聚合物，其中三甲基铅离子与羧酸基团在一个平面上连接起来，如图 11.27 所示.

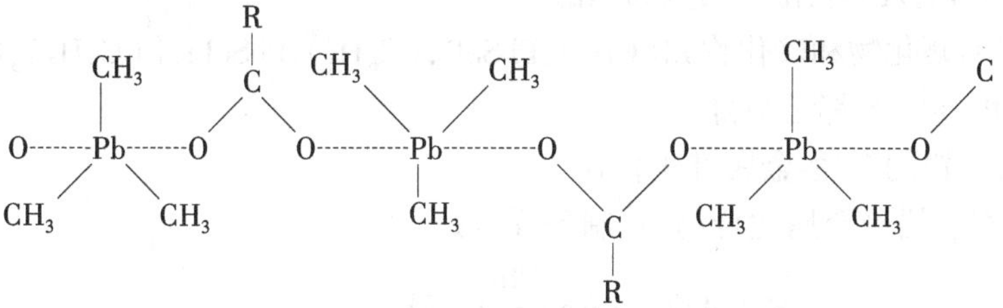

图 11.27　三甲基羧酸盐的聚合物

2. 有机铅的氮族化合物

烷基、芳基铅硝酸盐有 R_3PbNO_3（R 为 CH_3，CH_2CH_3，C_6H_5），$(C_3H_5)_2Pb(NO_3)_2$，$(C_2H_5)_2Pb(NO_3)_2 \cdot 2H_2O$ 和 $(p\text{-}CH_3C_6H_4)_2Pb(NO_3)_2 \cdot 3H_2O$ 等.

制备方法是利用有机铅化合物与硝酸或无机硝酸盐进行的反应

$(C_6H_5)_4Pb + HNO_3 \longrightarrow (C_6H_5)_2Pb(NO_3)_2 \cdot 2H_2O$

$(C_2H_5)_4Pb + HNO_3 \longrightarrow (C_2H_5)_2Pb(NO_3)_2$

$(C_6H_5)_4Pb + Cu(NO_3)_2 \longrightarrow (C_6H_5)_3PbNO_3$

$(CH_3)_2Pb(NO_3)_2$ 水溶液的 Raman 光谱表明，此化合物中的硝酸根未完全离解.

有机铅的胺、膦、胂和䏲化合物也都已制得. 有机铅胺中的 sec-$C_4H_9NHPb(C_2H_5)_3$ 是由三乙基铅氯化物和仲丁基胺钠反应来制备的.

3. 有机铅的硫族化合物

含 Pb—S 键的有机铅化合物是很多的，如 R_3PbSR'，$R_2Pb(SR')_2$ 和 $R_3PbSPbR_3$ 等，制备这些化合物的方法大致如下

$R_3PbOH + R'SH \longrightarrow R_3PbSR' + H_2O$

$(C_2H_5)_3PbOH + (NH_2)_2CS \longrightarrow (C_2H_5)_3PbSPb(C_2H_5)_3$

$(C_2H_5)_4Pb + S \longrightarrow (C_2H_5)_3PbSPb(C_2H_5)_3$

铅是ⅣA 族中唯一能形成稳定的 M(Ⅱ)硫醇盐的元素. 当用硫醇直接作用于 Pb(Ⅱ)盐溶液时，立即生成黄色结晶沉淀的铅(Ⅱ)硫醇盐. 它广泛作为有机合成

的中间体,例如

$$(CH_3S)_2Pb + CH_3COCl \longrightarrow CH_3COSCH_3 +$$

$$(RS)_2Pb + BrCH_2CH_2COONa \longrightarrow RSCH_2CH_2COONa$$

铅(Ⅱ)硫醇盐可被空气和碘氧化

$$(RS)_2Pb + \frac{1}{2}O_2 \longrightarrow R_2S_2 + PbO$$

$$(RS)_2Pb + I_2 \longrightarrow R_2S_2 + PbI_2$$

硝酸能把$(RS)_2Pb$氧化成相应的磺酸.

有机铅硒化物和碲化物如$(CH_3)_3PbSeR$,$(C_6H_5)_3PbSeLi$,$[(C_6H_5)_3Pb]_2Te$和$(C_6H_5)_3PbTeLi$等都已制得.

4. 有机铅的金属-金属键化合物

(1)有机铅碱金属化合物,其制备反应是

$$R_3PbPbR_3 + Na \xrightarrow{NH_3} R_3PbNa$$

$$R_4Pb + Na \xrightarrow{NH_3} R_3PbNa$$

$$RLi + PbCl_2 \longrightarrow R_3PbLi$$

$$(C_6H_5)_2PbBr_2 + Li \xrightarrow{NH_3} (C_6H_5)_2PbLi_2$$

其中R_3PbLi(R为芳基)型化合物是很稳定的. 这类化合物常用作合成过程的中间体,例如

$$(C_6H_5)_3PbLi + H_{4-n}CCl_n \longrightarrow [(C_6H_5)_3Pb]_nCH_{4-n}\ (n=1-4)$$

$$(C_6H_5)_nPbLi_{4-n} + RH \longrightarrow (C_6H_5)_nPbR_{4-n}\ (n=2,3)$$

$$(C_6H_5)_3PbLi + \overline{CH_2CH_2S} \longrightarrow (C_6H_5)_3PbCH_2CH_2SLi$$

(2)具有Pb—Pb键的化合物. 这类化合物包括六烷基及六芳基二铅,其合成反应举例如下

$$(CH_3)_3PbCl + NH_4Pb(CH_3)_3 \longrightarrow (CH_3)_3PbPb(CH_3)_3 + NH_4Cl$$

$$2(C_6H_5)_3PbCl + 2Na \longrightarrow (C_6H_5)_3PbPb(C_6H_5)_3 + 2NaCl$$

$$C_6H_5MgBr + PbX_2 \longrightarrow (C_6H_5)_3PbPb(C_6H_5)_3$$

除了这些含Pb—Pb键的化合物,还有含四个Pb—Pb键的化合物,如$[(C_6H_5)_3Pb]_4Pb$,此化合物还含有Pb—Pb—Pb键,见图11.28. 它是亮红色晶体,可以从氯仿溶液中析出.

许多试剂,如HX,X_2,$AlCl_3$,$AgNO_3$,$KMnO_4$,C_2H_5ONa和RSSR等都能使Pb—Pb键断裂,举例如下

$$R_6Pb_2 + HX \longrightarrow R_3PbX + PbX_2 + RH$$

$$R_6Pb_2 + AlCl_3 \longrightarrow R_4Pb + PbCl_2 + RAlCl_2$$

$$R_6Pb_2 + KMnO_4 \longrightarrow R_3PbOPbR_3$$

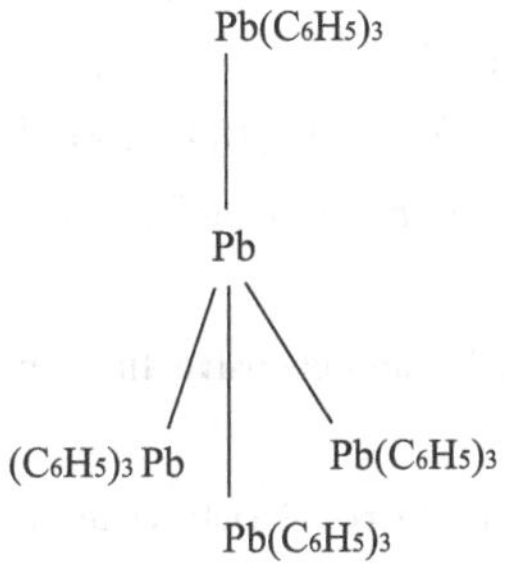

图 11.28 $[(C_6H_5)_3Pb]_4Pb$ 的结构示意图

碘可以把$[(C_2H_5)_3Pb]_4Pb$中所有的 Pb—Pb 键全部破坏

$$[(C_6H_5)_3Pb]_4Pb + 3I_2 \longrightarrow 4(C_6H_5)_3PbI + PbI_2$$

六苯基二铅热分解的产物是四苯基铅和金属铅.

(3)含铅-过渡金属键的化合物. 这类化合物是由有机铅卤化物与含金属羰基阴离子的化合物经复分解反应而获得的. 例如

$$(C_2H_5)_3PbCl + Fe(CO)_4^{2-} \longrightarrow [(C_2H_5)_3Pb]_2Fe(CO)_4$$

$$(C_6H_5)_3PbCl + \pi\text{-}C_5H_5Cr(CO)_3^- \longrightarrow (C_6H_5)_3PbCr(CO)_3(\pi\text{-}C_5H_5)$$

$$(C_6H_5)_2PbCl_2 + Co(CO)_4^- \longrightarrow (C_6H_5)_2Pb[Co(CO)_4]_2$$

铅-过渡金属键可被卤素迅速破坏.

参 考 文 献

[1] J. W. Mellor, "Comprehensive Treatise on Inorganic and Theoretical Chemistry", Vol. VII, Longman and Green(1927).

[2] E. W. Abel, in J. C. Bailar ed, "Comprehensive Inorganic Chemistry", Vol. 2, pp. 105—146, Pergamon Press(1973).

[3] 东北工学院有色金属冶炼教研室,《铅冶金》,冶金工业出版社(1976).

[4] R. C. Weast, "CRC Handbook of Chemistry and Physics", 63rd ed. , CRC Press(1982).

[5] 马崇智等,《放射性同位素手册》,科学出版社(1979).

[6] 左景伊,《腐蚀数据手册》,化学工业出版社(1982).

[7] 薛启冀、张树彬,《化学工业毒物简明手册》,增订二版,化学工业出版社,45 页(1970),

[8] 北京医学院第三附属医院职业病科,《金属中毒》,人民卫生出版社,46—90 页(1977).

[9] F. Feigl and V. Angex, "Spot Test in Inorganic Analysis"6th ed, Elserier Publishing(1972).

[10] F. D. Snell and L. S. Ettre, "Encyclopedia of Industrial Chemical Analysis", Vol. 15, Interscience

Publishers(1972).
[11] [波] Z. 马钦科(Marczenko)著,郑用熙、任奇钰、冯克聪,刘长松译,《元素的分光光度测定》,地质出版社,279(1983).
[12] I. M. Kolthoff and J. J. Lingane 著,许大兴等译,《极谱学》,第二卷,科学出版社(1957).
[13] W. T. Elwell and J. A. F. Gidley 著,冶金部原子吸收光谱翻译组译,《原子吸收分光光度法》,科学出版社,90—92 页(1972).
[14] 陈国珍主编,《荧光分析法》,科学出版社,189—190 页(1975).
[15] "Gmelins Handbuch der Anorganischen Chemie",Achte Auflage,System No. 47,Blei,Teil C 1, VerlagChemie(1969).
[16] M. C. Sneed and R. C. Brasted,"Comprehensive Inorganic Chemistry",Vol. VII,Van Nostrand (1958).
[17] J. D. Donnay and Helen M. Ondik,"Crystal Data Determinative Table",3rd. ,Vol. 11,NSRDS & JCPDS(1973).
[18] H. Remy,"Treatis on Inorganic Chemistry",Vol. 1,Elsevier Publishing(1956).
[19] "Gmelins Handbuch der Anorganischen Chemie",Achte Auflage,System No. 47,Blei,Teil C 2, Verlag Chemie(1969).
[20] C. Duval, "Inorganic Thermogravimetric Analysis", 2nd ed., Elsevier Publishing Co. ,193(1963).
[21] H. D. Fair, R. F. Walker, "Energetic Materials 1 (Physics and Chemistry of the Inorganic Azides)",Plenum,69—71(1977).
[22] Georg Brauer 著,何泽人译,《无机化学制备手册》,上册,增订第二版,燃料工业出版社(1972).
[23] "Gmelins Handbuch der Anorganischen Chemie", Achte Auflage, System No. 47, Blei, Teil C3(1970).
[24] M. Sittig,"Inorganic Chemical and Metallurgical Process Encyclopedia",Noyes (1968).
[25] "Gmelins Handbuch der Anorganischen Chemie", Achte Auflage, System No. 47, Blei, Teil C4 Verlag Chemie(1971).
[26] D. T. Hurd 著,燕正曜译,《氢化物化学导论》,科学出版社,107(1959).
[27] H. S. Booth 主编,龚毅生,申泮文译,《无机合成》,第一卷,科学出版社(1959).
[28] Marcel Pourbaix,"Atlas D'equilibres Electrochimiques",Gauthier-Villars,485(1963).
[29] L. G. Sillén and A. E. Martell,"Stability Constants of Metal Ion Complexes" Burlington House (1964).

无机化学丛书·典藏版

第四卷

氮 项斯芬

磷 严宣申

砷分族 曹庭礼 郭炳南

科学出版社

北京

内 容 简 介

本书是《无机化学丛书》第四卷，第 12，13，14 专题，主要论述第 VA 族各元素的存在形式、物理和化学性质，有关元素的同位素及各类化合物的性质、用途及合成方法.

本书可供高等院校师生以及从事化学化工方面的科技人员参考.

图书在版编目（CIP）数据

无机化学丛书：典藏版/张青莲主编. —北京：科学出版社，2018.1

ISBN 978-7-03-056380-4

Ⅰ. 无… Ⅱ. 张… Ⅲ. 无机化学–丛书 Ⅳ. O61-51

中国版本图书馆 CIP 数据核字（2018）第 012426 号

责任编辑：胡华强 杨 震 / 责任校对：宋玲玲

责任印制：赵 博 / 封面设计：王 浩

科学出版社 出版

北京东黄城根北街 16 号

邮政编码：100717

http://www.sciencep.com

北京厚诚则铭印刷科技有限公司印刷

科学出版社发行 各地新华书店经销

*

2018 年 1 月第 一 版 开本：720 × 1000 B5

2018 年 1 月第一次印刷 印张：26

字数：438 000

定价：998.00 元（全 10 册）

（如有印装质量问题，我社负责调换）

《无机化学丛书·典藏版》书目

第一卷 1. 稀有气体 2. 氢 3. 碱金属

第二卷 4. 铍 5. 碱土金属 6. 硼 7. 铝 8. 镓分族

第三卷 9. 碳 10. 硅 11. 锗分族

第四卷 12. 氮 13. 磷 14. 砷分族

第五卷 15. 氧 16. 硫 17. 硒分族

第六卷 18. 卤素 19. 铜分族 20. 锌分族

第七卷 21. 钪 22. 稀土元素

第八卷 23. 钛分族 24. 钒分族 25. 铬分族

第九卷 26. 锰分族 27. 铁系 28. 铂系

第十卷 29. 锕系 30. 锕系后元素

《无机化学丛书》编委会

《无机化学丛书》序

无机化学是化学科学的一个重要分支，也是最早发展起来的一门化学分支学科. 无机化学研究的对象是周期系中各种元素及其化合物，不包括碳氢化合物及其衍生物. 二十世纪中叶以来，无机化学又进入了新的发展阶段. 这是和许多新的科学技术领域，如原子能工业、空间科学技术、使用半导体材料的通信和计算技术等的兴起密切相关的. 这些科技部门要求人们利用无机化学的理论探索和研制种种具有特殊性能的新材料，研究极端条件下物质的性质和反应机理，以及提出新的无机物的工艺流程. 与此同时，现代物理学、生命科学、地质科学以及理论化学的新进展等因素也都在日益推动着无机化学的发展进程.

我国在解放前缺少与无机化学有关的工业基础，因此无机化学人才培养得较少，科学研究工作的基础也比较薄弱. 解放后我国无机化学虽有了很大发展，但仍然比较落后. 为了扭转这种局面，加速无机化学科学人员的培养和提高，促使教学和研究工作的迅速发展，以及为了解决我国丰富的矿产资源的综合利用、新型材料的合成、无机化学新观点和新理论的提出等问题，有必要编辑出版一套中型的无机化学参考书. 为此，科学出版社和中国化学会共同组织了《无机化学丛书》编辑委员会主持本丛书的编写工作. 经过多次讨论和协商，拟订了丛书的编辑计划和写作大纲，确定丛书分十八卷，共四十一个专题，从 1982 年起陆续出版. 全丛书共约 600 余万字，前十卷为各族元素分论，后八卷为无机化学若干重要领域的专论.

本丛书适合高等学校教师、高年级学生和研究生、科学研究人员和技术人员参阅. 编委会竭诚欢迎广大读者对本书的内容提出宝贵的意见，以便在再版时加以修改.

《无机化学丛书》编委会

1982 年 9 月

前　　言

《无机化学丛书》第四卷包括三个专题：12 氮、13 磷、14 砷分族.

各专题介绍有关元素的存在、同位素、性质及它们的各类化合物. 第12 专题氮分为七章，较详细地介绍近年来发展较快的含双氮配合物、含一氧化氮配合物等，并附有较多的参考文献以供读者查阅；第13 专题磷分为十二章，重点讨论其同素异形体、卤化物、氧化物、含氧酸及其盐；第14 专题砷分族包括砷、锑、铋三种元素，介绍了它们和其他元素的互化物及有机化合物.

这三个专题分别由项斯芬（北京大学化学系）、严宣申（北京大学化学系）、曹庭礼、郭炳南（北京理工大学化学工程系）完成.

由于作者学识水平有限，本卷在选材、论述方面难免有不妥甚至错误之处，敬希读者赐教和指正.

本卷各专题初稿完成后，承蒙西北大学化学系刘翊纶教授仔细审阅，对初稿提出许多宝贵的意见，使作者在修改过程中得到很大的帮助. 本卷在整个编写过程中经常受到北京大学化学系张青莲教授亲切关怀和指导以及唐任寰副教授的热情帮助. 科学出版社有关同志在编辑整稿过程中做了大量深入细致的工作. 正是由于他们的贡献，《无机化学丛书》第四卷才得以和读者见面. 作者谨向他们表示诚挚的谢意。

作　者

1990 年 9 月于北京

目　　录

14. 砷分族

12. 氮

12.1 引　　言

氮是元素周期表中第V主族的第一个元素.它是在18世纪70年代初期从空气中发现的.第一个认识到氮是空气组分之一的是瑞典的Scheele.在发现氮气以后,仅过了一两年时间就发现了氧气,从而对空气的性质有了进一步的认识.后来Lavoisier根据氮气的惰性给氮取名为“azote”.“azote”来自希腊文,原意是“无益于生命”.此词至今仍保留在法语中.俄语中的“A_{3OT}”也是从它演变而来.在英语中,词头“az－”仍用来命名某些氮的化合物,如叠氮化物称作“azide”,联氨称作“hydrazine”等.我国曾把氮气称作“淡气”,表示冲淡了空气的意思.氮的拉丁名称“*nitrogenium*”来自英语的“nitrogen”,意即“硝之源”[1,2].

从发现氮到现在的两个世纪以来,氮的化学有了很大的发展,并且了解到它和生命、工农业生产以及尖端技术等各个方面都有着密切的联系.

氮化学涉及的面很广.除无机化学外,大部分属于有机化学、生物化学或生物无机化学的研究范围.由于《无机化学丛书》专题38将专门介绍生物无机化学,故本专题将不涉足氮的生物无机化学,以免重复.当然更不包括氮的有机化学和生物化学.

1.1　氮的存在和意义

氮在地壳中的重量百分含量是0.0046%,绝大部分以氮分子(N_2)的形式存在于大气中.大气中含78%(体积)的氮气,还有少量氨,以及因雷电的作用使空气中的氮和氧化合而形成的少量氮的氧化物,此外,由于石油燃烧、汽车废气等因素造成的大气污染,也使氮的氧化物的浓度有所增加.大气中的氮因细菌、闪电和化学作用得到固定;因细菌和燃烧使有机物质分解得到释放,氮在大气中的浓度是这二者之间平衡的结果.土壤中氮的含量不高,约为1%.氮的天然矿藏主要有印度硝石(KNO_3)和智利硝石($NaNO_3$).生物体中的蛋白质、酶和维生素等都含有氮,氮对于生命有着极其重要的意义.

大气中的氮气是取之不尽、用之不竭的天然资源,从空气中分离出来的氮气,不仅是常用的保护气氛,而且用它作原料还可制得一系列重要的无机产品(图12.1),特别是各种肥料.随着世界人口的增长,对粮食的需求日益增加,氮肥的用量也越来越大.除氮肥外,硝酸是重要的基本化工原料,制造炸药、染料及医药等各种产品都离不开它.

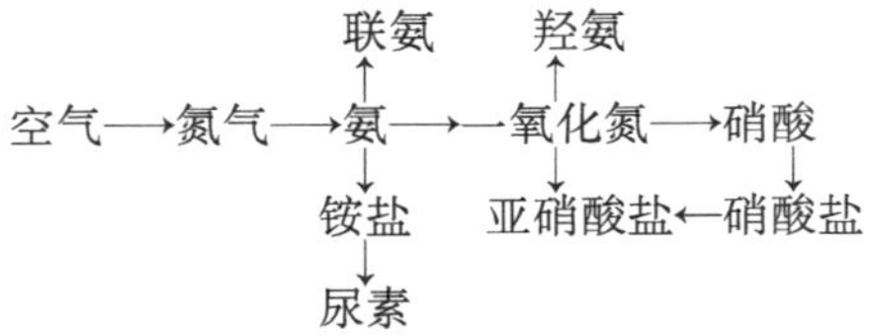

图 12.1　以氮气为原料的重要无机产品

1.2　氮的同位素

已知氮有 7 种同位素(表 12.1)[3]. 天然存在的稳定同位素有^{14}N 及^{15}N,它们的丰度比为 273:1. 其他五种同位素:^{12}N,^{13}N,^{16}N,^{17}N 及^{18}N 均为放射性同位素. 寿命最长的^{13}N 半衰期接近 10min. 对于大多数化学实验,氮的放射性同位素寿命太短,因此,有关同位素效应及跟踪的研究大都采用^{15}N 同位素.

^{14}N 和^{15}N 两种稳定同位素都可用于核磁共振(NMR)研究,但它们存在着各自的问题[4]. ^{14}N 的天然丰度很高,为 99.64%,所以它的 NMR 信号较易观测到,但^{14}N的核自旋量子数 $I=1$,即^{14}N 核具有四极矩. 若氮原子在某种化合物中处于非球形对称的电场中,则^{14}N NMR 信号的线宽就会变得很宽,通常在 100 到 1000Hz 之间,即 14 到 138ppm 之间(在 2.35T). 若分子中存在一种以上的氮原子,就难以分辨,因为尽管氮总的化学位移范围很广,约为 1 000ppm,但对某一特定的化合物,化学位移仅为 50ppm 左右.

表 12.1　氮的同位素

同位素	天然丰度(%)	原子质量	半衰期	衰变方式	衰变能(MeV)
$^{12}_{7}$N			0.011 s	β^+	16.4
$^{13}_{7}$N			9.97min	β^+	1.19
$^{14}_{7}$N	99.64	14.00307			
$^{15}_{7}$N	0.36	15.00011			
$^{16}_{7}$N			7.2 s	β^-	10.44
$^{17}_{7}$N			4.16 s	$\beta^-(\eta)$	8.68
$^{18}_{7}$N			0.63 s	β^-	13.9

鉴于上述原因,人们的注意力逐渐转移到^{15}N 上. ^{15}N 曾因灵敏度低,特别是它的天然丰度仅为 0.36%,而被忽视. 但^{15}N 的核自旋量子数 $I=1/2$,实验证明它具有内在的窄的线宽,缺点是灵敏度低. ^{14}N 及^{15}N 核性质的比较列于表12.2中[5].

尽管^{15}N 同位素的 NMR 信号极弱,但 Fourier 变换(FT)NMR 谱仪的出现和发展开拓了^{15}N NMR 的道路. 20 世纪 70 年代以来,由于 FT NMR 谱仪的改进,使得那些在天然丰度下灵敏度极低的核的研究成为可能. 应用天然丰度或经富集的

表 12.2　^{14}N 和 ^{15}N 核性质的比较

	^{14}N	^{15}N
天然丰度(%)	99.64	0.36
自旋量子数 I	1	1/2
2.35T 时 NMR 频率(MHz)	7.23	10.13
对 ^{1}H 的相对灵敏度(核数相等)	0.00101	0.00194
对 ^{13}C 的相对灵敏度(天然同位素丰度)	17.22	0.0214

^{15}N NMR 谱可以研究有机分子的结构、分子间的相互作用、化学反应机理、无机和有机金属化合物,甚至在生物分子等方面已有不少应用. 由于氮在有机及生物化学中的特殊地位,随着 NMR 实验技术的改进和灵敏度的不断提高,可以预期 ^{15}N NMR 在不久的将来一定会成为研究分子结构及其他方面的一个重要手段.

1.3　氮的键合特征

氮原子的基态电子构型为 $1s^2 2s^2 2p^3$,即它有 5 个价电子,其中 3 个 $2p$ 电子分别分布在 p_x,p_y,p_z 轨道中,且自旋平行. 基态的光谱项为 ^4S. 氮原子的某些物理性质列于表 12.3 中[6].

表 12.3　氮原子的物理性质

性质	温度(K)	数值
原子序数		7
原子量		14.006747
原子半径		0.92Å
非极性共价半径		0.75Å
原子体积		15.95cm^3
电负性		2.93(Sanderson) 3.05(Pauling)
电子亲和势		3.85 kJ · mol^{-1}
第一电离能		14.54 eV
ΔH_f^o	298.15	472.70 kJ · mol^{-1}
ΔG_f^o	298.15	455.57 kJ · mol^{-1}
S_o	298.15	153.23 J · K^{-1} mol^{-1}
C_p^o	298.15	20.79 J · K^{-1} · mol^{-1}

氮能形成众多的化合物,其中多数属于有机化学的范围. 基于上述氮原子的电子构型,它能获得电子,或与其他原子或基团共享电子以满足八隅律. 氮仅能从电

正性高的元素那里夺取电子，形成离子型的氮化物，Li_3N 和 Na_3N 就是两例. 大多数氮的化合物属共价型，可通过下列几种途径来实现八隅体[6,7].

(1) 获得电子形成电子对键

氨基离子 NH_2^- 及亚氨基离子 NH^{2-} 属此类.

(2) 共享电子对形成单键

典型的例子是 NH_3 及 NF_3 分子，其中氮和氢或氟原子共享电子对，形成三个共价单键. 此类分子一般具有三角锥形的立体结构，只有少数例外，如在铱的配位离子 $[Ir_3N(SO_4)_6(H_2O)_3]^{4-}$ 中，氮原子位于平面三角形的中心.

(3) 共享电子对形成双键

在有些化合物中，氮原子形成一个单键及一个双键. 例如，偶氮化合物中含 $—\ddot{N}=\ddot{N}—$ 键；ONCl 分子中含 $O=\ddot{N}—Cl$ 键，且呈弯曲形；NO_2^-，NO_3^- 等含氧酸根阴离子中也存在着双键.

(4) 共享电子对形成叁键

氮分子 N_2 中便存在这种叁键，即 :N≡N: . 氮和碳、硫等原子之间也能形成叁键，$CH_3—C≡N$ 和 $F_3S≡N$ 就属此例.

(5) 失去电子形成电子对键

表 12.4　氮实现八隅体的途径

类型	键型	实例
获得电子，离子	N^{3-}	Li_3N，Na_3N
获得电子，共享	HN^{2-} H_2N^-	Li_2NH KNH_2，$Zn(NH_2)_2$
共享电子，单键	:N<（三个单键）	NH_3，NCl_3
共享电子，双键	／N=N／ 或 ＼N=N／ ／N=O	N_2F_2，N_4H_4 ONCl
共享电子，叁键	:N≡N: —C≡N: :C≡N:	N_2 MeCN，$(CN)_2$ KCN，NaCN
失去电子，共享	NH_4^+ $N_2H_5^+$	NH_4Cl，NH_4NO_3 $N_2H_5NO_3$，N_2H_5Cl

氮能失去一个电子,形成四个共价键. NH_4^+,$N_2H_5^+$,$(C_2H_5)_4N^+$等阳离子均属此类. 它们也可看作由孤对电子的质子化而来,如:

$$H_3N:+H^+\longrightarrow NH_4^+$$

表 12.4 总结了上述各种途径.

值得注意的是,在少数化合物中,氮原子并不具备八隅体的构型,典型的实例有 NO 及 NO_2,其他还有$(O_3S)_2NO^{2-}$等. 它们都有一个未成对的电子,是顺磁性物质. 这些化合物的结构通常用分子轨道法描述.

氮的电负性很高,因此,它的氢化物可参与氢键的形成. 其中氮既可作为质子

表 12.5 某些氮键的键长和键能

键	典型分子或离子	键级	键长(Å)	键能(kJ·mol⁻¹,298K)
N—H	NH	1	1.084	356
	NH_3	1	1.031	390.8
	NH_4^+	1	1.034	360
	HN_3	1	1.012	356
N—C	$MeNH_2$	1	1.47	291.6
N═C	$(MeC{=}NOH)_2$	2	1.29	615
N≡C	NCCN	3	1.16	824
	HCN	3	1.15	824
N—N	N_2H_4	1	1.45	159
	NH_2NO_2	1	1.40	280
	N_2O_4	1	1.75	218
N═N	MeN═NMe	2	1.24	414
	N_2O	2	1.29	498
	N_2^+	2.5	1.12	842.7
N≡N	N_2	3	1.098	941.8
N—O	NH_2OH	1	1.47	192
	$HO{-}NO_2$	1	1.36	238
	NO_3^-	1.33	1.23	381
	$MeNO_2$	1.5	1.22	431
	N_2O	1.5	1.19	615
	NO_2	1.75	1.197	468
	N_2O_4	1.75	1.18	—
N═O	HONO	2	1.20	611
	NO_2^+	2	1.154	665
	NO	2.5	1.15	627.2
N≡O	NO^+	3	1.06	1048.1

的给予体，N—H…X（X =F，O 等）；又可作为接受体，H_3N…H—X.

氮分子以及其他很多含氮的分子或离子，还可作为电子对给予体向金属离子配位，形成配位化合物. $[Ru(N_2)(NH_3)_5]Cl_2$，$[Fe(N_2H_4)_3](NO_3)_2$，$[(H_3N)_5Co(NO_2)]Cl_2$，$[(C_5H_5)Cr(NO)_2]_2$ 就是为数众多的过渡金属配位化合物中的几例.

关于氮的单质及其化合物的结构将在有关的各节中介绍. 为了便于比较，表 12.5列出了某些典型分子的结构参数[6].

1.4　氮的氧化还原性

氮的氧化态可由 −3 到 +5（表 12.6），因此，氮的氧化还原性质很复杂. 现将某些重要的标准电极电势数据列于表 12.7 中[3,6]. 电势图则表示在图 12.2 中.

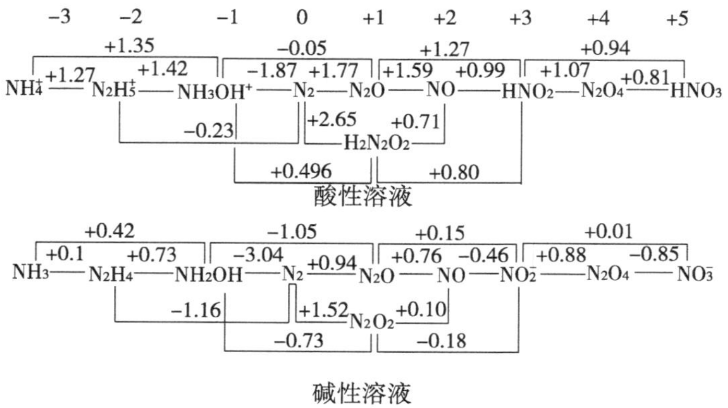

图 12.2　氮及其化合物在水溶液中的电势图

表 12.6　氮的氧化态

氧化态	实　例
−3	NH_3，NH_4^+，氮化物
−2	N_2H_4，$N_2H_5^+$
−1	NH_2OH，H_2NF，NH_3OH^+
−1/3	HN_3，叠氮化物
0	N_2
+1	N_2O，$H_2N_2O_2$，$N_2O_2^{2-}$，HNF_2
+2	NO，N_2F_4
+3	HNO_2，NO_2^-，ONF，NF_3
+4	NO_2，N_2O_4
+5	N_2O_5，HNO_3，NO_3^-

表 12.7 某些氮的半反应的标准电极电势

半反应	标准电极电势 E°_{298}(V)
$3N_2 + 2H^+ + 2e^- \longrightarrow 2HN_3$	−3.1
$N_2 + 2H_2O + 4H^+ + 2e^- \longrightarrow 2NH_3OH^+$	−1.87
$N_2 + 4H_2O + 4e^- \longrightarrow N_2H_4 + 4OH^-$	−1.16
$N_2O + 5H_2O + 4e^- \longrightarrow 2NH_2OH + 4OH^-$	−1.05
$2NO_3^- + 2H_2O + 2e^- \longrightarrow N_2O_4 + 4OH^-$	−0.85
$N_2O_2^{2-} + 6H_2O + 4e^- \longrightarrow 2NH_2OH + 6OH^-$	−0.73
$NO_2^- + H_2O + e^- \longrightarrow NO + 2OH^-$	−0.46
$N_2 + 5H^+ + 4e^- \longrightarrow N_2H_5^+$	−0.23
$2NO_2^- + 2H_2O + 4e^- \longrightarrow N_2O_2^{2-} + 4OH^-$	−0.18
$N_2O + H_2O + 6H^+ + 4e^- \longrightarrow 2NH_3OH^+$	−0.05
$2H^+ + 2e^- \longrightarrow H_2$	0.00
$NO_3^- + H_2O + 2e^- \longrightarrow NO_2^- + 2OH^-$	+0.01
$2NO + 2e^- \longrightarrow N_2O_2^{2-}$	+0.10
$2NO_2^- + 3H_2O + 4e^- \longrightarrow N_2O + 6OH^-$	+0.15
$2NH_2OH + 2e^- \longrightarrow N_2H_4 + 2OH^-$	+0.73
$2NO + H_2O + 2e^- \longrightarrow N_2O + 2OH^-$	+0.76
$2HNO_2 + 4H^+ + 4e^- \longrightarrow H_2N_2O_2 + 2H_2O$	+0.80
$2NO_3^- + 4H^+ + 2e^- \longrightarrow N_2O_4 + 2H_2O$	+0.81
$N_2O_4 + 2e^- \longrightarrow 2NO_2^-$	+0.88
$NO_3^- + 3H^+ + 2e^- \longrightarrow HNO_2 + H_2O$	+0.94
$NO_3^- + 4H^+ + 3e^- \longrightarrow NO + 2H_2O$	+0.96
$HNO_2 + H^+ + e^- \longrightarrow NO + H_2O$	+0.99
$N_2O_4 + 4H^+ + 4e^- \longrightarrow 2NO + 2H_2O$	+1.03
$N_2O_4 + 2H^+ + 2e^- \longrightarrow 2HNO_2$	+1.07
$2HNO_2 + 4H^+ + 4e^- \longrightarrow N_2O + 3H_2O$	+1.27
$N_2H_5^+ + 3H^+ + 2e^- \longrightarrow 2NH_4^+$	+1.27
$NH_3OH^+ + 2H^+ + 2e^- \longrightarrow NH_4^+ + H_2O$	+1.35
$2NH_3OH^+ + H^+ + 2e^- \longrightarrow N_2H_5^+ + 2H_2O$	+1.42
$2NO + 2H^+ + 2e^- \longrightarrow N_2O + H_2O$	+1.59
$N_2O + 2H^+ + 2e^- \longrightarrow N_2 + H_2O$	+1.77
$H_2N_2O_2 + 2H^+ + 2e^- \longrightarrow N_2 + 2H_2O$	+2.65

参考文献

[1]《化学发展简史》编写组,化学发展简史,科学出版社,1980.

[2] 凌永乐,化学元素的发现,科学出版社,1981.

[3] R. C. Weast(Editor), Handbook of Chemistry and Physics, 63th Ed., CRC Press, 1982.
[4] R. K. Harris and B. E. Mann(Editor), NMR and the Periodic Table, Academic Press, 1978.
[5] G. C. Levy and R. L. Lichter, Nitrogen - 15 Nuclear Magnetic Resonance Spectroscopy, Wiley, 1979.
[6] J. C. Bailar, Jr., H. J. Emeléus, R. Nyholm and A. F. Trotman-Dickenson (Editorial Board), Comprehensive Inorganic Chemistry, Vol. 3, Pergamon, 1973.
[7] F. A. Cotton and G. Wilkinson, Advanced Inorganic Chemistry, 4th Ed., Wiley, 1980.

12.2 分 子 氮

2.1 氮气的制备

氮在自然界主要以双原子分子的形式存在于大气中，因而工业上由液态空气分馏来获得氮气，产品通常储存在钢瓶中出售. 从空气分馏得到的氮气纯度约为90%，其中含少量的氧气、氩气及水等杂质.

实验室制备少量氮气的方法很多. 例如，可由固体亚硝酸铵的热分解来产生氮气.

$$NH_4NO_2 \xrightarrow{\triangle} N_2 + 2H_2O$$

此反应剧烈，不易控制. 故常采取在饱和亚硝酸钠溶液中，滴加热的饱和氯化铵溶液，或直接温热饱和亚硝酸铵溶液的办法来得到氮气. 这样制得的氮气含少量氨、一氧化氮、氧气及水等杂质.

$$NH_4^+ + NO_2^- \longrightarrow N_2 + 2H_2O$$

重铬酸铵热分解也能产生氮气：

$$(NH_4)_2Cr_2O_7 \xrightarrow{\triangle} N_2 + Cr_2O_3 + 4H_2O$$

上述反应是爆发式的，但若加入硫酸盐则可控制.

$$K_2Cr_2O_7 + (NH_4)_2SO_4 \longrightarrow N_2 + Cr_2O_3 + K_2SO_4 + 4H_2O$$

将氨气通入溴水也能制备氮气. 经净化除去少量氨、溴及水等杂质后，可得较纯的氮气.

$$8NH_3 + 3Br_2 \longrightarrow N_2 + 6NH_4Br$$

光谱纯的氮气则可由小心地加热非常干燥的叠氮化钡或叠氮化钠而制得.

$$2NaN_3 \xrightarrow{300℃} 2Na + 3N_2$$

2.2 分子氮的性质和化学键

2.2.1 分子氮的物理性质和化学性质

分子氮的重要物理常数列于表 12.8 中[1].

表 12.8　分子氮的重要物理常数

性质	温度(K)	数值
转变温度(α - 立方到 β - 六方)	35.61	-237.55℃
熔点	63.14	-210.01℃
沸点	77.36	-195.79℃
临界温度	126.2	-146.95℃
临界压力		3.40MPa
转变热(α - β)	35.61	$228.9 J \cdot mol^{-1}$
熔化热	63.14	$720 J \cdot mol^{-1}$
蒸发热	77.36	$5.586 kJ \cdot mol^{-1}$
$C_p^\ominus$(热容)	298	$29.12 J \cdot K^{-1} \cdot mol^{-1}$
离解能		$941.8 kJ \cdot mol^{-1}$
固体密度(α - 型)	20.6	$1.0265 g \cdot cm^{-3}$
(β - 型)	63	$0.8792 g \cdot cm^{-3}$
液体密度	76.21	$0.8163 g \cdot cm^{-3}$
气体密度	273.1/101.3kPa	$1.25046 g \cdot cm^{-3}$
液体介电常数	78.5	1.455
液体黏度	64	$2.10 \times 10^6 Pa \cdot s$
液体表面张力	70	$4.624 \times 10^{-5} N \cdot cm^{-1}$

众所周知,分子氮不活泼.室温下,氮气仅能和金属锂反应,生成氮化锂.它还能和某些过渡金属配合物反应,生成双氮配合物(2.4 节).提高温度,氮的活泼性增加,特别是在催化剂的作用下.典型的反应如下:

$$N_2 + 3H_2 \longrightarrow 2NH_3$$

$$N_2 + O_2 \longrightarrow 2NO$$

$$N_2 + 3Mg \longrightarrow Mg_3N_2$$

$$N_2 + CaC_2 \longrightarrow C + CaCN_2$$

利用氮气的惰性,可将它用作保护气氛.

2.2.2　分子氮的结构和化学键

氮分子的结构式为 :N≡N:,即两个氮原子间以叁键相结合,N—N 距离为 1.0976Å.和其他具有叁键的体系,如 C_2H_2(H—C≡C—H),CO(:C≡O:),HCN(H—C≡N:)等比较,N_2 显得特别不活泼.氮分子的这种稳定性,可从它的分子轨道能级图中得到回答.

氮的分子轨道能级图已由紫外光电子能谱的实验及理论计算得到[2-4].为了比较,图 12.3 表示了 C_2H_2,CO,N_2,NO 及 $O_2$5 种分子基态的电子结构及相对能级. 为了清晰起见,图 12.4 表示出 N_2 分子基态的能级状态[5].

由图 12.3 及图 12.4 可见,氮分子基态的电子结构为:

$$KK(\sigma_g 2s)^2(\sigma_u 2s)^2(\pi_u 2p)^4(\sigma_g 2p)^2$$

它和乙炔分子基态的电子结构不同,后者为

$$KK(\sigma_g 2s)^2(\sigma_u 2s)^2(\sigma_g 2p)^2(\pi_u 2p)^4$$

换句话说,N_2 分子的 HOMO 是 $\sigma_g 2p$,它的能量很低,因此,N_2 的电离能(15.58eV)很高,接近氩的值(15.75eV). 在 N_2 分子中,$\pi_u 2p$ 分子轨道的能量比 $\sigma_g 2p$ 的低,而电离能较高;而在 C_2H_2 中,$\pi_u 2p$ 电子的电离能仅为 11.4eV. 同时,N_2 分子的 $\pi_g 2p$ 轨道(LUMO)比 $\sigma_g 2p$ 轨道(HOMO)能量高 8.6eV. 它仅能为电正性高的碱金属等提供的电子所占领,而在 $\sigma_g 2p$ 及 $\pi_g 2p$ 之间又无其他的轨道. 这就在很大程度上解释了分子氮的不活泼性.

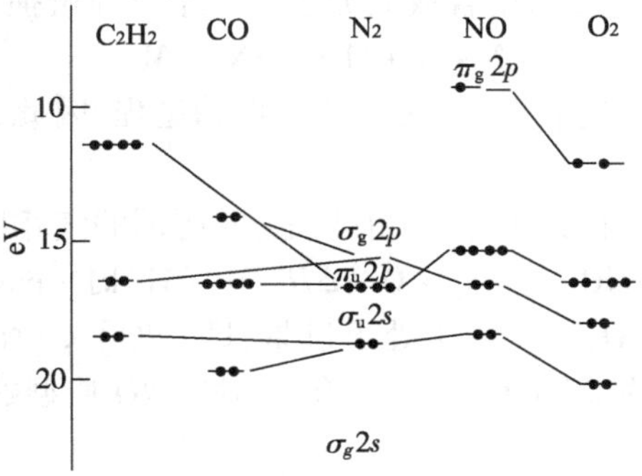

图 12.3 相对能级图(用绝热的电离能)

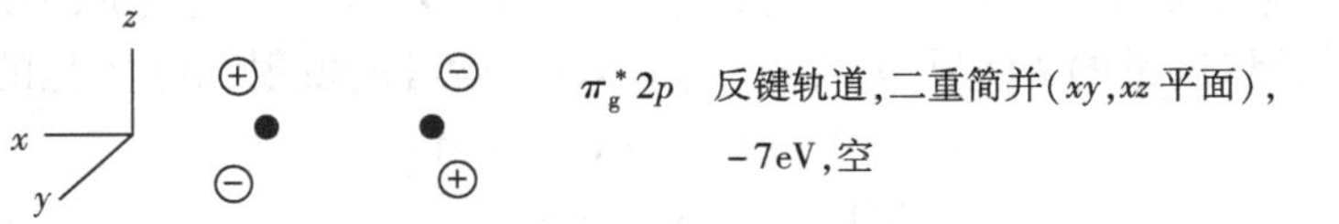

图 12.4 N_2 分子轨道能级状态

2.3 活 性 氮

氮气在 ~13Pa 的低压下放电，产生桃色的辉光. 放电终止后仍可产生黄色的余辉，并可持续数分钟之久. 上述辉光气称为活性氮，主要含氮分子及处于基态(^4S)的氮原子[6-9]. 当氮原子处于^4S态时，三个 $2p$ 电子分占三个 p 轨道，且自旋平行. 活性氮中基态氮原子的存在已为实验所证实. 例如，活性氮的顺磁共振谱中，仅含一来自^4S态的三重态. 在质谱中，质量数为 14 的峰的数值约为 14.8eV，非常接近氮原子的第一电离能(14.54eV)，此外，在活性氮的真空紫外光谱图中，由^4S态氮原子产生的吸收峰在 1200Å 的位置上.

余辉是由激发态氮分子的发射谱带所造成的，而激发态氮分子则是由氮原子重新结合得来的. 氮原子重新结合成氮分子是一个三体碰撞过程：

$$N + N + M \longrightarrow N_2 + M$$

式中“M”为氮分子或放电管壁. 这是一个较慢的过程，因此，氮原子的寿命相对是较长的.

气流中原子态氮的浓度可用 NO 来测定，即所谓的气相“滴定”.

$$N + NO \longrightarrow N_2 + O \quad \Delta H^\ominus = -314\mathrm{kJ \cdot mol^{-1}}$$

若以很慢的速度通入 NO，则氮原子处于过量，即[NO] < [N]，于是过量的氮原子和氧原子作用，产生激发态 NO^* 分子. 它能发射出 NO 典型的紫色到蓝色的 β 带及 γ 带.

$$N + O + M \longrightarrow NO^* + M$$

$$NO^* \longrightarrow NO + h\nu$$

若 NO 以很快的速度通入，则 NO 处于过量，即[NO] > [N]，于是氮原子迅速地耗尽，致使氧原子和过量的 NO 反应，结合形成 NO_2^*，后者能发射出绿黄色的气辉.

$$NO + O + M \longrightarrow NO_2^* + M$$

$$NO_2^* \longrightarrow NO_2 + h\nu'$$

在气相“滴定”的等当点，即[NO] = [N]时则无发射，呈现昏暗的状态. 因此，当缓慢地增加 NO 的流速时，颜色依次由黄、紫、蓝、暗色变为绿黄色. 在昏暗的“终点”时，NO 的流速可用以指示活性氮中 N(^4S)原子的浓度.

活性氮中的 N(^4S)原子有很好的化学活性，例如：

$$N + CO_2 \longrightarrow NO + CO$$

$$N + NO_2 \longrightarrow \begin{cases} N_2O + O & (43\%) \\ 2NO & (33\%) \\ N_2 + 2O & (13\%) \\ N_2 + O_2 & (10\%) \end{cases}$$

激发态的 N_2^* 分子也较通常的氮分子活泼,以下几个反应就是有力的证明:

$$N_2^* + 6Na \xrightarrow{150℃} 3Na_3N$$

$$N_2^* + 2NO \longrightarrow 2N_2 + O_2$$

$$N_2^* + C_2H_2 \longrightarrow 2HCN$$

$$C_2H_4 \xrightarrow{N_2^*} \begin{cases} HCN(\text{主要产物}) \\ C_2H_6 \\ CH_4 \\ C_2H_2 \\ (CN)_2 \end{cases}$$

2.4 分子氮的配位化合物

1965 年 Allen 等在水溶液中,用水合肼还原 $RuCl_3 \cdot 3H_2O$ 企图制备 $[Ru(NH_3)_6]^{2+}$ 时,意外地得到了第一个含分子氮的配合物——二氯化双氮·五氨合钌(Ⅱ),$[Ru(N_2)(NH_3)_5]Cl_2$. 它在红外光谱中,在 ~2100cm^{-1} 处有一强吸收带[10]. 这一发现震惊了化学界,打破了长期以来认为氮分子不能作为 π 接受体,不能形成配合物的传统观念. 从此,新的分子氮配合物不断涌现. 人们期望通过氮分子和过渡元素的配位,削弱氮分子的叁键,活化氮分子,以利于将氮还原成氨,从而达到固氮的目的. 迄今为止,已制得的氮分子配合物数以百计,几乎遍及周期表上从ⅣB 到Ⅷ族所有的过渡元素. 这类配合物现通称双氮配合物,有关的综述不断地发表[5,11-13].

2.4.1 双氮配合物的制备

制备双氮配合物的途径,大体上可分为以下三类[5,13].

(1) 直接法

直接用氮气和金属配合物在强还原剂存在下进行反应.

$$[WCl_4(PMe_2Ph)_2] \xrightarrow[Na/Hg]{N_2} [W(N_2)_2(PMe_2Ph)_4]$$

$$[MoCl_4(PMe_2Ph)_2] \xrightarrow[Na, C_6H_5Me]{N_2} [Mo(N_2)_2(PMe_2Ph)_4]$$

$$[FeHCl(depe)_2] \xrightarrow[NaBH_4, CH_3COCH_3]{N_2} [FeH(N_2)(depe)_2]BH_4$$

$$[CoCl_2(PMe_3)_2] \xrightarrow[Mg, THF, PMe_3]{N_2} Mg[(N_2)Co(PMe_3)_3]_2(THF)_4$$

某些金属配合物中的活性配体可直接被氮分子取代. 这类反应通常在温和的条件下进行,且反应可逆.

$$[CoH_3(PPh_3)_3] + N_2 \xrightleftharpoons{EtOH} [CoH(N_2)(PPh_3)_3] + H_2$$

$$[Ru(NH_3)_5(H_2O)]^{2+} + N_2 \xrightleftharpoons{H_2O} [Ru(NH_3)_5(N_2)]^{2+} + H_2O$$

$$[Cr(\eta^6-C_6H_6)(CO)_2(\eta^2-C_5H_8)] \xrightarrow[C_6H_6]{N_2} [Cr(\eta^6-C_6H_6)(CO)_2(N_2)]$$

(2)间接法

将含 N—N 键的配体转变成 N_2,这是大多数双氮配合物的合成途径.

$$[(\eta^5-C_5H_5)Mn(CO)_2(N_2H_4)] + 2H_2O_2 \xrightarrow[-40℃]{Cu^{2+}/THF} [(\eta^5-C_5H_5)Mn(CO)_2(N_2)] + 4H_2O$$

$$[(PPh_3)_2Cl_2\overbrace{Re\text{-}N=N\text{-}CPh}^{O}] + 2PPh_3 \xrightarrow{MeOH} 反\text{-}[ReCl(N_2)(PPh_3)_4]$$

$$反\text{-}[Ir(CO)Cl(PPh_3)_2] + PhCON_3 \xrightarrow[0℃]{CHCl_3} 反\text{-}[Ir(N_2)Cl(PPh_3)_2] + PhCONCO$$

(3)取代法

通过取代法,一种双氮配合物可转变成另一种双氮配合物.

$$[Mo(N_2)_2(dppe)_2] \xrightarrow[C_6H_6]{RCN} [Mo(N_2)(RCN)(dppe)_2]$$

$$[Os(Cl)_2(N_2)(PR_3)_3] \xrightarrow[EtOH]{NaBH_4} [OsHCl(N_2)(PR_3)_3]$$

$$[ReCl(N_2)(PMe_2Ph)_4] \xrightarrow{Py} [ReCl(N_2)(Py)(PMe_2Ph)_3]$$

除以上三类主要的制备方法以外,还可由其他的途径获得双氮配合物. 最近报道由低温光解羰基化合物可产生不稳定的双氮配合物. 例如,在 -79℃ 下,用紫外光光解溶于液态 Xe - N_2 混合物的 $Cr(CO)_6$,产生一系列 $Cr(CO)_{6-x}(N_2)_x$(x = 1 -5)配合物,产物已为 RI 光谱所证实[14]. $Cr(CO)_5(N_2)$ 分子在液 Xe 中,在 -35℃ 下稳定;$Cr(CO)(N_2)_5$ 则在 -90℃ 就不稳定. 类似地,在 -159℃ 下,在黏稠状的 Kr - N_2 混合物中,光解 $Ni(CO)_4$ 可得到 $Ni(CO)_3(N_2)$,此产物不稳定[15].

2.4.2 双氮配合物的结构

在双氮配合物中,氮分子通常以端基或桥式端基的形式和金属原子结合,少数以侧基或桥式侧基的形式出现(图 12.5).

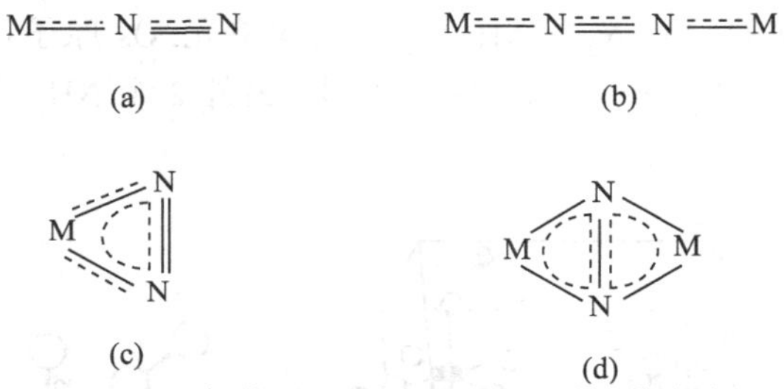

图 12.5 氮分子和金属原子的几种配位方式
(a)端基 (b)桥式端基 (c)侧基 (d)桥式侧基

(1)端基

表 12.9 列出了某些端基双氮配合物的结构参数和 N≡N 键的 IR 伸缩振动频率 $v_{N≡N}$. 为了比较,表中同时列出了氮分子相应的数据.

表 12.9 某些端基双氮配合物的结构数据

化合物	$v_{N≡N}$ (cm^{-1})	键长(Å)		键角(°)	文献
		M—N	N—N	M—N—N	
N_2	2 331	—	1.0976	—	
反-[$Mo(N_2)_2(dppe)_2$]	—	2.014	1.118	176.6	[16]
$ReCl(N_2)(PMe_2Ph)_4$	1 992	1.97	1.06[a)]	177	[17]
$CoH(N_2)(PPh_3)_3$	2 085	1.829	1.123	178	[18]
	2 105	1.784	1.101		
[$Ru(N_2)(NH_3)_5$]Cl_2	2 112	2.10	1.12[a)]	180	[19]
[$Ru(N_2)(N_3)(en)_2$](PF_6)	2 103	1.894	1.106	179.3	[20]
$RhH(N_2)[PPh(C_4H_9)_2]_2$	2 155	1.970	1.074	线形	[21]
[$Rh(N_2)(NH_3)_5$]Cl_2	2 105	2.10	1.12	线形	[22]
	2 025				
[$Os(N_2)(NH_3)_5$]Cl_2	2 010	1.842	1.12	178.3	[23]

a)由于晶体的无序性,不可能准确测定.

在含端基的双氮配合物中,N—N 距离通常在 1.10—1.12Å,仅比氮分子的 N≡N 距离(1.0976Å)稍长,且有些还在实验的误差范围内. 键角 M—N—N 接近 180°,这表明 M—N—N 基本上为线形. 在第一个双氮配合物[$Ru(N_2)(NH_3)_5$]Cl_2 的晶体结构中,N_2 配体随机地占据着八面体 6 个配位位置中的任一个,N—N 距离也不能准确地测定. 图 12.6 表示了类似的双氮配合物[$Os(N_2)(NH_3)_5$]Cl_2 的结构，其中存在着分立的$[Os(N_2)(NH_3)_5]^{2+}$结构单元. Os 原子以及周围 3 个 NH_3 分子中的 N 原子还有 N_2 分子处于同一平面上，另外 2 个 NH_3 分子中的 N 原子几乎正对着 Os 原子的上方与下方.

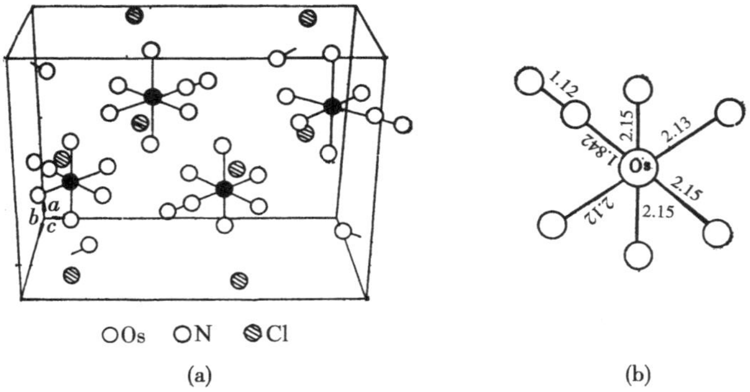

图 12.6　$[Os(N_2)(NH_3)_5]Cl_2$ 的结构（H 原子未示出）

(a) $[Os(N_2)(NH_3)_5]Cl_2$ 结构中的晶胞 (b) $[Os(N_2)(NH_3)_5]^{2+}$ 离子的结构及键长（Å）

在双氮配合物$[Ru(N_2)(N_3)(en)_2](PF_6)$中，存在着分立的$[Ru(N_2)(N_3)(en)_2]^+$及 PF_6^- 离子. 在正离子中，Ru 处于 6 个 N 原子的八面体配位中，这 6 个 N 原子来自三种不同的配位体. 为了比较 Ru—N 之间的距离，图 12.7 示出了$[Ru(N_2)(N_3)(en)_2]^+$离子的结构. 由图所标键长数据可见，Ru ═N_2 间的距离（1.894Å）虽比 Ru—N_3 及 Ru—en 间平均的单键键长（2.125Å）短，但仍比 Ru ═N 间的双键距离长. 例如，在 $K_3[Ru_2NCl_8(H_2O)_2]$中，Ru ═N 的距离为 1.718Å.

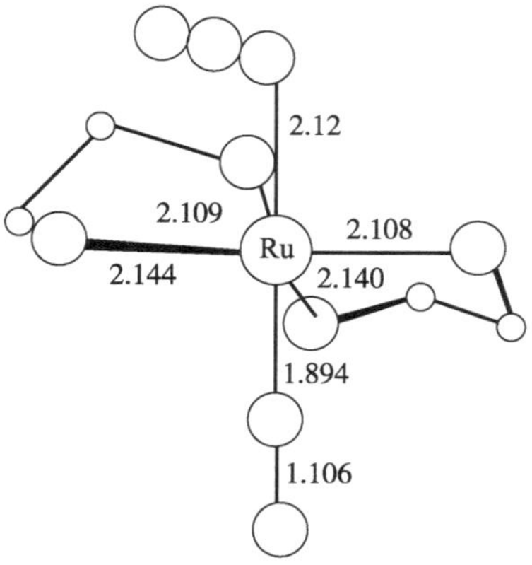

图 12.7　$[Ru(N_2)(N_3)(en)_2]^+$离子的结构

(2)桥式端基

表12.10列出了某些含桥式端基的双氮配合物的结构数据.图12.8及图12.9表示了两种有关的分子结构或结构的主要部分.

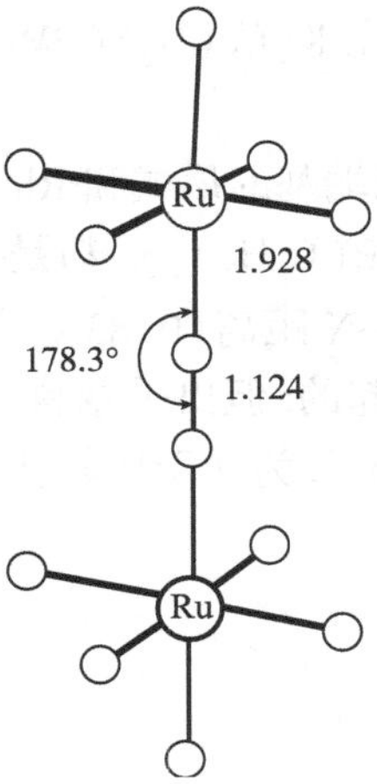

图12.8 $[\{Ru(NH_3)_5\}_2(\mu\text{-}N_2)]^{4+}$离子的结构

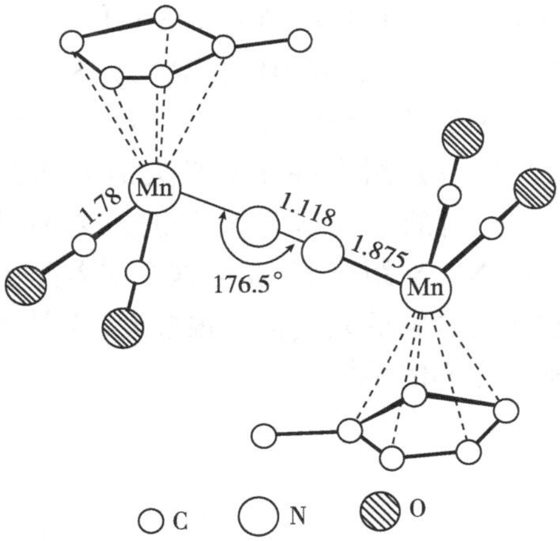

图12.9 $[(\eta^5-C_5H_4Me)Mn(CO)_2]_2(\mu-N_2)$的结构

表12.10 某些含桥式端基双氮配合物的结构数据

化合物	$v_{N\equiv N}$ (cm^{-1})	键长(Å)		键角(°)	文献
		M—N	N—N	M—N—N	
$[Zr(\eta^5-C_5Me_5)_2(N_2)]_2(N_2)$	1556(b) 2006, 2041(t)	2.075, 2.087(b) 2.188(t)	1.182(b) 1.115(t)	176.7, 177.4(b) 177.9(t)	[24]
$[TaCl_3\{P(CH_2C_6H_5)_3\}(THF)]_2(N_2)\sim0.7CH_2Cl_2$	—	1.796	1.282	178.91	[25]
$MoCl_4(OMe)(N_2)ReCl(PMe_2Ph)_4$	1660	Re—N 1.82 Mo—N 1.90	1.18	Re—N—N179.6 Mo—N—N178.7	[26,27]
$MoCl_4[(N_2)ReCl(PMe_2Ph)_4]_2$	1800	Re—N 1.75 Mo—N 1.99	1.28	—	[28]
$[Mn(\eta^5-C_5H_4Me)(CO)_2]_2(N_2)$	1971 (戊烷)	1.875	1.118	176.5	[29]
$[Co(N_2)(PMe_3)_3]_2Mg(THF)_4$	2068 (己烷)	Mg—N 2.04 Co—N 1.72	1.18	Mg—N—N 158	[30]
$[Ni\{P(C_6H_{11})_3\}_2]_2(N_2)$	—	1.78	1.12	178.3	[31]
$[\{Ru(NH_3)_5\}_2(N_2)](BF_4)_4$	2050—2100	1.928	1.124	178.3	[32]

(3)侧基

在橙红色的 K[Co(N_2)(PMe_3)$_3$]晶体中,N_2 分子以端基的形式和 Co 原子结合,但和 K^+ 离子却有端基及侧基两种形式(图 12.10)[33]. 其中 Co—N 距离 1.71Å,N—N 距离 1.16—1.18Å,K—N 距离 2.76—2.93Å. K[Co(N_2)(PMe_3)$_3$]的 THE 溶液的 $v_{N\equiv N}$,在 RI 光谱中为 1868 及 1843cm^{-1}.

如前所述,RhH(N_2)[PPh(C_4H_9)$_2$]$_2$ 中的 N_2 分子以端基的形式和 Rh 原子结合(表 12.9). 耐人寻味的是类似的化合物 RhCl(N_2)[P(C_3H_7)$_3$]$_2$ 却是侧基型的[34]. 后者的 Rh—N 距离分别为 2.51 及 2.55Å,而 N—N 距离(0.83Å)却比 N_2 分子的 N—N 距离短,显然这个误差是由晶体的无序引起的. 但出乎意料,上述两个双氮配合物的 $v_{N\equiv N}$值却很接近,分别为 2155 及 2100cm^{-1}. 为便于比较,图 12.11 表示了它们的结构.

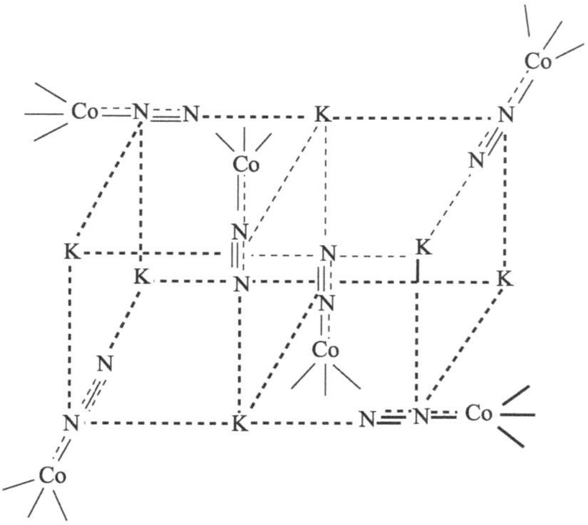

图 12.10 K[Co(N_2)(PMe_3)$_3$]的晶体结构

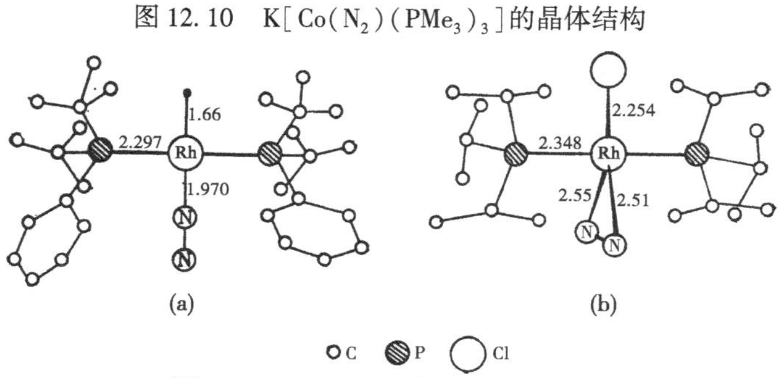

图 12.11 RhH(N_2)[PPh(C_4H_9)$_2$]$_2$ (a)和 RhCl(N_2)[P(C_3H_7)$_3$]$_2$(b)的结构

(4)桥式侧基

镍形成一些颇不寻常的双氮配合物,它们具有复杂的晶体结构. 深红色的

$[(PhLi)_6Ni_2(N_2)(Et_2O)_2]_2$ 配合物就是一例[35]. 其中 Ni—N 的平均距离为 1.93Å,N—N 距离 1.35Å,Ni—Ni 距离 2.687Å. 图 12.12 表示了该配合物的骨架结构. 配合物 $[Ph(Na\cdot OEt_2)_2(Ph_2Ni)_2(N_2)NaLi_6(OEt)_4\cdot OEt_2]_2$ 又是另一实例[36]. 其中 Ni—N 的平均距离为 1.97Å,N—N 距离 1.36Å,Ni—Ni 距离2.754Å. 图 12.13 表示了该分子中 N_2 和 Ni 及 Li 原子间的关系. 由图可见, N_2 分子和 $(Ph_2Ni)_2$ 体系中的 Ni 原子以桥式侧基的形式配位. 由于这类配合物为数较少,尚不能得出一般的规律,但从上述两例可以看到,其中的 N—N 距离是各类双氮配合物中最长的.

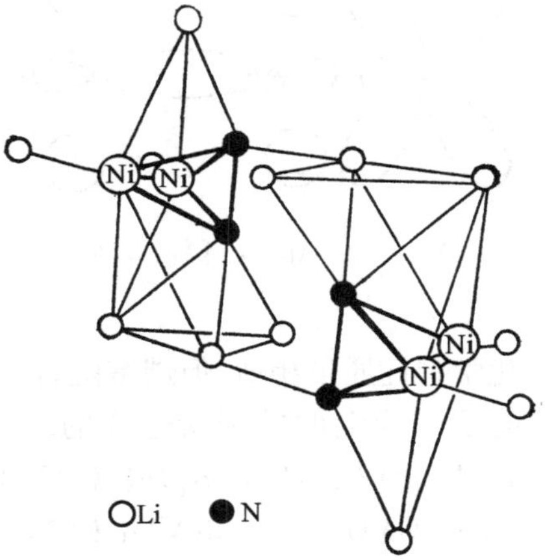

图 12.12 $[(PhLi)_6Ni_2(N_2)(Et_2O)_2]_2$ 分子的骨架结构

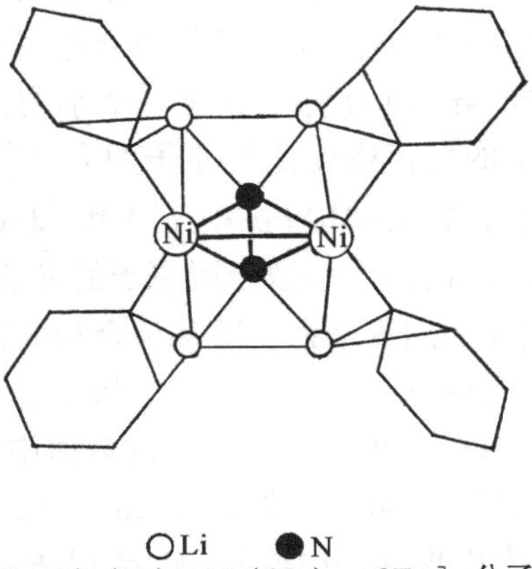

图 12.13 $[Ph(Na\cdot OEt_2)_2(Ph_2Ni)_2(N_2)NaLi_6(OEt)_4\cdot OEt_2]_2$ 分子中 N_2 和 Ni,Li 原子间的关系

2.4.3 双氮配合物的化学键

N_2 和 CO 是等电子体,因此,M—N_2 间的化学键性质和 M—CO 相似,即在双

氮配合物中,N_2 既是 σ 给予体,又是 π 接受体. 按照分子轨道法的处理,M—N_2 间的化学键是 N_2 的 $\sigma_g^b(2p)$ 及 $\pi_g^*(2p)$ 分子轨道和金属原子对称性匹配的 d 轨道重叠的结果(图 12.14)[5].

由图 12.14 可见,M—N_2 之间的化学键,除有 M←N_2 的 σ 键以外,还有 M→N_2 的反馈键($d\pi \rightarrow p\pi$). 结果形成一个协同的 σ—π 配键,即 σ 键的加强,导致 π 键的同时加强.

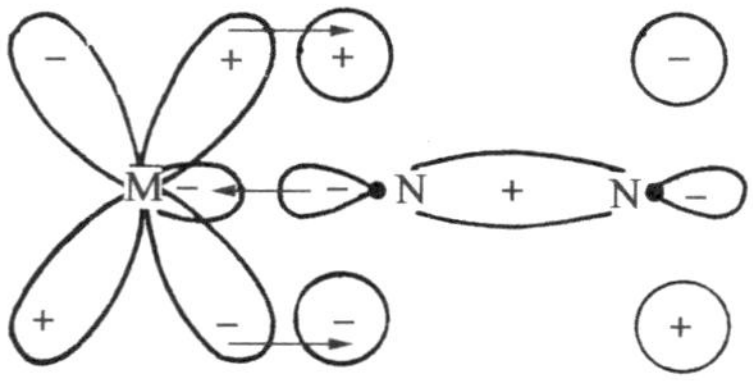

图 12.14 M—N_2 键示意图

M—N_2 和 M—CO 的化学键性质虽相似,但羰基配合物却比双氮配合物稳定,这又是由于 N_2 和 CO 在电子结构上的差别所造成的. N_2 分子的电子结构已在 2.2.2节中述及. CO 分子的 HOMO 虽然也是 $\sigma_g 2p$(图 12.3),但和 N_2 分子的主要区别在于:从能量上看,CO 的 HOMO (-14.0eV)不如 N_2 的(-15.58eV)稳定. 这可从电离掉一个电子后,相应键长的变化中得到说明. 当 $CO \rightarrow CO^+$,C—O 键长由 1.128Å 缩短至 1.115Å;而当 $N_2 \rightarrow N_2^+$,N—N 键长则由 1.0976Å 增加至 1.117Å,此外,CO 和 N_2 的电荷分布情况也不同. CO 是异核双原子分子,碳原子和氧原子的半径、电负性等均有所不同,导致 CO 分子具有一个小的偶极矩(μ =0.2D). 理论计算指出,碳原子孤对电子的电荷密度比氧原子的大. N_2 分子则是非极性的同核双原子分子. 此外, CO 分子的 HOMO(σ 轨道)和 LUMO(π^* 轨道)的能量差(-6eV)比 N_2 分子的小 0.6eV,而大多数金属原子的 d 轨道,在能量上和 CO 的 σ 及 π^* 轨道较匹配. 这种内在的因素增强了羰基配合物的稳定性.

在双氮配合物中,由于 M—N 间 σ—π 配键的形成,使得 N≡N 键级有所降低,键长有所增加. 这可从 N≡N 键的伸缩振动频率的数值中得到说明. Raman 光谱的实验结果表明,N_2 分子的伸缩振动频率为 2331cm^{-1}. 在含端基的双氮配合物中, N≡N键的伸缩振动在 IR 中出现强的吸收带. 从表 12.9 的数据可见,在双氮配合物中,$v_{N\equiv N}$由数值均比 N_2 分子的有不同程度的降低,而 N—N 键长则比 N_2 分子有所增加. X 射线光电子能谱(XPS)的实验结果也表明在双氮配合物中,N_{1s}结合能的数值均比 N_2 分子的 409.93eV 有所降低(表 12.11)[13]. 同时,在 M—N—N 中,由于两个氮原子所处的化学环境不同,结合能出现了化学位移. 外端的氮原子负电荷密度较高,结合能的数值较低.

表 12.11 若干双氮配合物的 XPS 数据

化合物	E_B N_{1S}(eV)
$Mo(N_2)_2(dppe)_2$	399.6 398.6
$Mn(\eta^5-C_5H_5)(N_2)(CO)_2$	403.0 401.8
$ReCl(N_2)(PMe_2Ph)_4$	400.1 398.4
$ReCl(N_2)(Py)(PMe_2Ph)_3$	399.8 398.3
$FeH_2(N_2)(PPh_3)_3$	400.1 399.0
$[RuCl(N_2)(diars)_2](SbF_6)$	402.3 400.7
$IrCl(N_2)(PPh_3)_2$	400.4 399.1

2.4.4 双氮配合物的化学性质

双氮配合物的化学反应,主要有以下 4 类[5,13]:

(1)还原反应

化学家对双氮配合物最大的兴趣是希望能找到一种在常温、常压下,就能将 N_2 配体还原成 NH_3 的体系,以实现化学固氮的目的. 但目前能成功地还原得到氨或联氨的稳定的双氮配合物为数不多. 其中氨产率较高的为 1975 年 Chatt 合成的顺-$[M(N_2)_2(PMe_2Ph)_4]$和反-$[M(N_2)_2(PMePh_2)_4]$(M = Mo, W)等[37,38]. 前者在 20℃ 无氧的条件下, 在甲醇溶液中用硫酸处理, 可产生氨. 顺-$[M(N_2)_2(PMe_2Ph)_4]$ $\xrightarrow[\text{MeOH,20℃ KOH 蒸馏(当 M = Mo)}]{H_2SO_4}$

$$N_2 + 2NH_3 + M(VI)\text{化合物} + 4[HPMe_2Ph](HSO_4)$$

M 为 Mo 或 W,反应产物及 NH_3 的产率不同. 当 M ═W 时,NH_3 产率最高,可达 90%,最终产物主要是 W(Ⅵ)的氧化物. 当 M ═Mo 时,则 NH_3 产率较低,仅为 36%,产物的组成尚不清楚. 上述钼、钨双氮配合物和硫酸的反应结果列于表 12.12 中. 若用其他的酸处理,也可产生氨,但不如硫酸有效.

表 12.12 钼、钨双氮配合物和硫酸反应产生的氨及联氨的产率

化合物	溶剂	NH_3(%)	N_2H_4(%)
顺-$[W(N_2)_2(PMe_2Ph)_4]$	MeOH	90	2
	THF	46	13
顺-$[Mo(N_2)_2(PMe_2Ph)_4]$	MeOH	36	<1
	THF	35	<1
反-$[W(N_2)_2(PMePh_2)_4]$	THF	36	15
反-$[Mo(N_2)_2(PMePh_2)_4]$	THF	4	<1

(2)氧化反应

双氮配合物对氧化剂特别敏感,其中有相当一部分在中心金属原子或离子被氧化的同时,失去氮分子,如:

$$反\text{-}[Mo(N_2)_2(dppe)_2] \xrightarrow[THF]{PhSCl} [MoCl(SPh)(dppe)_2] + N_2$$

$$经\text{-}[OsCl(N_2)(PEt_2Ph)_3] \xrightarrow[CHCl_3]{Cl_2} [OsCl_3(PEt_2Ph)_3] + N_2$$

$$反\text{-}[IrCl(N_2)(PPh_3)_2] \xrightarrow[C_6H_6]{RCOCl} [IrCl_2(R)(CO)(PPh_3)_2] + N_2$$

$(R = Me, Et, C_6H_5CH_2$ 等)

但也有些双氮配合物,在中心离子被氧化时并不失去氮分子,如:

$$反\text{-}[Mo(N_2)_2(dppe)_2] \xrightarrow[MeOH]{I_2} 反\text{-}[Mo(N_2)_2(dppe)_2]I_3$$

$$反\text{-}[Mo(N_2)_2(dppe)_2] \xrightarrow[EtOH]{HClO_4} [MoH(N_2)(dppe)_2]ClO_4$$

$$反\text{-}[W(N_2)_2(PMePh_2)_4] \xrightarrow[THF]{FeCl_3} 反\text{-}[W(N_2)_2(PMePh_2)_4](FeCl_4)$$

$$反\text{-}[ReCl(N_2)(PMe_2Ph)_4] \xrightarrow[CCl_4]{Cl_2} 反\text{-}[ReCl(N_2)(PMe_2Ph)_4]Cl$$

(3)取代反应

有些比较稳定的双氮配合物在进行配体的取代反应时,仍保持着 $M—N_2$ 之间的化学键,例如:

$$反\text{-}[Mo(N_2)_2(PMePh_2)_4] \xrightarrow[THF]{dppe} 反\text{-}[Mo(N_2)_2(PMePh_2)_2(dppe)]$$

$$反\text{-}[W(N_2)_2(PMePh_2)_4] \xrightarrow[THF]{Py} 反\text{-}[W(N_2)_2(PMePh_2)_3(Py)]$$

$$顺\text{-}[Mo(N_2)_2(PMe_2Ph)_4] \xrightarrow[C_6H_5Me, 20℃]{dpte} 反\text{-}[Mo(N_2)_2(PMe_2Ph)_2(dpte)]$$

但更多的是取代 N_2 配体的反应,其中有些还是可逆的,例如:

$$[CoH(N_2)(PPh_3)_3] + NH_3 \rightleftharpoons [CoH(NH_3)(PPh_3)_3] + N_2$$

$$[Ru(N_2)(NH_3)_5]^{2+} + NH_3 \longrightarrow [Ru(NH_3)_6]^{2+} + N_2$$

$$反\text{-}[Mo(N_2)_2(dppe)_2] + 2CO \xrightarrow{THF 或 C_6H_5Me} 顺\text{-}[Mo(CO)_2(dppe)_2] + 2N_2$$

$$[\{Zr(\eta^5-C_5Me_5)_2(N_2)\}_2(N_2)] + H_2 \xrightarrow{C_6H_5Me} [ZrH_2(\eta^5-C_5Me_5)_2] + 3N_2$$

(4)Lewis 碱反应

在含端基的双氮配合物中,M—N—N 外端的氮原子具有较高的负电荷密度.因此,单核的双氮配合物可作为 Lewis 碱参与反应,形成同核或异核的桥式端基双

氮配合物. 例如:

$[(NH_3)_5Ru(N_2)]^{2+}+[Ru(NH_3)_5(H_2O)]^{2+}\longrightarrow[(NH_3)_5Ru(N_2)Ru(NH_3)_5]^{4+}+H_2O$

$[(NH_3)_5Ru(N_2)]^{2+}+[Os(NH_3)_5(H_2O)]^{2+}\longrightarrow[(NH_3)_5Ru(N_2)Os(NH_3)_5]^{4+}+H_2O$

$[(PMe_2Ph)_4ClRe(N_2)]+[CrCl_3(THF)_3]\longrightarrow[(PMe_2Ph)_4ClRe(N_2)CrCl_3(THF)_2]+THF$

其中的 $CrCl_3(THF)_2$ 基团还可为 $TiCl_3(THF)_2$, $TaCl_5$, $NbCl_5$ 等很多 Lewis 酸所取代,形成相应的双氮配合物.

利用双氮配合物的 Lewis 碱反应,可制得一系列双核或叁核的双氮配合物. 当然,从原则上讲,桥式端基配合物也可解离成单核的端基双氮配合物. 这类反应的实例有:

$[(PCy_3)_2Ni(N_2)Ni(PCy_3)_2]\rightleftharpoons[(PCy_3)_2Ni(N_2)]+[Ni(PCy_3)_2]$

在上述 4 类反应中,最有实际意义并受到极大关注的是双氮配合物的还原反应. 从过渡金属双氮配合物在常温常压下还原产生氨,取得的某些重大突破是可喜的. 但还存在一系列的问题,如中心金属离子的再生等. 因此目前尚无实用价值.

参 考 文 献

[1] J. C. Bailar, Jr., H. J. Emeléus, R. Nyholm and A. F. Trotman-Dickenson (Editorial Board), Comprehensive Inorganic Chemistry, Vol. 3, Pergamon, 1973.

[2] M. I. Al-Joboury, D. P. May and D. W. Turner, *J. Chem. Soc.*, 616 (1965).

[3] D. W. Turner and D. P. May, *J. Chem. Phys.*, 45, 471 (1966).

[4] R. S. Mulliken, *Can. J. Chem.*, 36, 10 (1958)

[5] D. Sellmann, *Angew. Chem. Int. Ed. Engl.*, 13, 639 (1974)

[6] W. L. Jolly, The Inorganic Chemistry of Nitrogen, Benjamin, 1964.

[7] A. N. Wright and C. A. Winkler, Active Nitrogen, Academic Press, 1968.

[8] R. Brown and C. A. Winkler, *Angew. Chem. Int. Ed. Engl.*, 9, 181 (1970).

[9] 戴安邦等译,科学技术百科全书,第七卷,无机化学,科学出版社,1980.

[10] A. D. Allen and C. V. Senoff, *Chem. Commun.*, 621 (1965).

[11] J. Chatt, F. R. S. and G. J. Leigh, *Chem. Soc. Rev.*, 1, 121 (1972).

[12] A. D. Allen, R. O. Harris, B. R. Loescher, J. R. Stevens and R. N. Whiteley, *Chem. Rev.*, 73, 11 (1973).

[13] J. Chatt, J. R. Dilworth and R. L. Richards, *Chem. Rev.*, 78, 589 (1978).

[14] J. J. Turner, M. B. Simpson. M. Poliakoff and W. B. Maier Ⅱ, and M. A. Graham, *Inorg. Chem.*, 22, 911 (1983).

[15] W. B. Maier, M. Poliakoff, M. B. Simpson and J. J. Turner, *J. Mol. Struct.*, 80, 83 (1982).

[16] T. Uchida, Y. Uchida, M. Hidai and T. Kodama, *Acta Cryst.*, B 31, 1197(1975).
[17] B. R. Davis and J. A. Ibers, *Inorg. Chem.*, 10, 578(1971).
[18] B. R. Davis, N. C. Payne and J. A. Ibers, *Inorg. Chem.*, 8, 2719(1969).
[19] F. Bottomley and S. C. Nyburg, *Acta Cryst.*, B24, 1289(1968).
[20] B. R. Davis and J. A. Ibers, *Inorg. Chem.*, 9, 2768(1970).
[21] P. R. Hoffman, T. Yoshida, T. Okano, S. Otsuka and J. A. Ibers. *Inorg. Chem.*, 15, 2462(1976).
[22] F. Bottomley and S. C. Nyburg, *Chem. Commun*, 897(1966).
[23] J. E. Fergusson, J. 1. Love and W. T. Robinson, *Inorg. Chem.*, 11, 1662(1972).
[24] R. D. Sanner, J. M. Manriquez, R. E. Marsh and J. E. Bercaw, *J. Am. Chem. Soc.*, 98, 8351 (1976).
[25] M. R. Churchill and H. J. Wasserman, *Inorg. Chem.*, 21, 218(1982)
[26] M. Mercer, R H. Crabtree and R. L. Richards, *J. Chem. Soc-Chem*, *Commun.* 808(1973)
[27] M. Merceer, *J. Chem. Soc.*, *Dalton Trans.*, 1637(1974).
[28] P. D. Cradwick, J. Chatt, R. H. Crabtree and R. L. Richards, *J. Chem. soc*, *Chem. Commun.* 351 (1975).
[29] M. L. Ziegler, K. Weidenhammer, H. Zeiner, P. S. Skell and W. A. Herrmann, *Angew. Chem. Int. Ed. Engl.*, 15, 695(1976).
[30] R. Hammer, H-F. Klein, U. Schubert, A. Frank and G. Huttner, *Angew. Chem. Int. Ed. Engl.*, 15, 612(1976).
[31] P. W. Jolly, K. Jones, C. Krüger and Y. H. Tsay, *J. Organometal. Chem.*, 33, 109(1971)
[32] I. M. Trcitel. M. T. Flood, R. E. Marsh and H. B. Gray, *J. Am. Chem. Soc.*, 91, 6512(1969).
[33] R. Hammer, H-F. Klein, P. Friedrich and G. Huttner, *Angew. Chem. Int. Ed. Engl.* 16, 485 (1977).
[34] C. Busetto, A. D. Alfonso, F. Maspero, G. Perego and A. Zazzetra, *J. Chem. Soc. Dalton*, *Trans.*, 1828(1977).
[35] C. Krüger and Y-H. Tsay, *Angew. Chem. Int. Ed. Engl.*, 12, 998(1973).
[36] K. Jonas. D. J. Brauer, C. Krüger, P. J. Roberts and Y-H. Tsay, *J. Am. Chem. Soc.*, 98, 74(1976)
[37] J. Chatt, A. J. Pearman and R. L. Richards, *J. Chem. Soc.*, *Dalton Trans.*, 1853(1977).
[38] J. Chatt, A. J. Pearman and R. L. Richards, *Nature*, 253, 39(1975).

12.3 氮的氢化物

3.1 氨

3.1.1 氨的生产

自从 1913 年在德国建立了第一个用 Haber 法生产合成氨的工厂以后,合成氨的工业飞速发展.但是氨的合成过程,不论是合成条件、工艺路线、催化剂成分还是设备结构等方面,原则上都和最初的方法相似,即在高温、高压及催化剂存在下,用氢气和氮气直接合成氨.

目前,氨的合成一般分为低压、中压及高压法三种.压力低于 200atm 的称低压法,高于 600atm 的称高压法,介于 200 - 350atm 的称中压法.以上三种方法各有优缺点.我国中型以上的合成氨厂大都采用中压法,操作压力为 320atm 左右.因为在这样的压力条件下,设备困难不太大,氨的合成效率也比较高[1].

氨的合成反应式为:

$$3H_2 + N_2 \rightleftharpoons 2NH_3 \quad \Delta H_{298} = -92.38\text{kJ} \cdot \text{mol}^{-1}$$

这是一个体积减少、放热的可逆反应,且要在催化剂存在下,反应才能较快地进行.实验表明,在无催化剂存在的情况下,即使温度达 700 - 800℃,压力达 1000 - 2000atm,反应仍然进行得很慢.只有在 850 - 900℃, 4500atm 下才能不外加催化剂,而氨的合成率高达 97%,估计这是由于反应器的器壁参与催化作用的结果.

从化学平衡的角度来看,温度越低,压力越高,平衡时混合气中氨的含量也越高.这种情况可从表 12.13 及图 12.15 中清楚地看到.

表 12.13　平衡时混合气中的氨含量($V\%$)

温度	压力(atm)					
(℃)	100	150	200	300	600	1 000
300	52.04	—	64.24	70.96	84.21	92.55
400	25.37	32.83	38.82	48.18	65.20	79.82
450	16.40	22.32	27.40	35.87	53.71	69.69
500	10.51	14.87	18.81	25.80	42.15	57.47
550	6.82	9.91	12.82	18.23	31.63	41.16
600	4.52	—	9.15	13.77	23.10	31.43

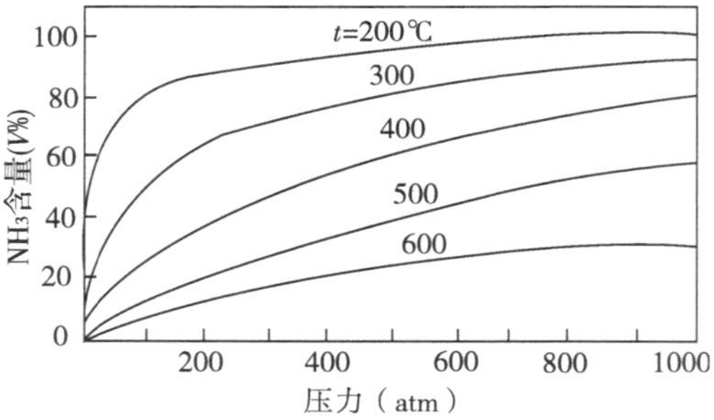

图 12.15　平衡时混合气中氨含量和温度、压力的关系

合成氨反应的平衡常数很小(表 12.14)，所以在工业上采取气体循环的流程.即反应后通过冷却把混合气中的氨分离出来，以利于反应朝着氨合成的方向进行，然后补充新鲜的氢气和氮气，继续循环.

表 12.14　合成氨反应中温度、压力和平衡常数的关系

温度(℃)	平衡常数 K_p			
	100atm	300atm	600atm	1000atm
400	0.0137	0.0169	0.0275	0.0594
450	0.00725	0.00884	0.0129	0.0233
500	0.00402	0.00498	0.00651	0.00978

从动力学的角度来看，决定反应速率的一步是氮分子在催化剂表面的吸附分解反应，这一步所需的活化能相当高，反应速率慢，而催化剂表面的氢化及氨的脱附所需的活化能很低，因而反应速率快.类似地，对于氨的分解，氨在催化剂表面的吸附和脱氢是快的，而氮分子的解吸一步是慢的.据此，Temkin 和 Pyzhev 提出了如下的速率方程：

$$\frac{dp_{NH_3}}{dt}=k_1p_{N_2}\left(\frac{p_{H_2}^3}{p_{NH_3}^2}\right)-k_2\left(\frac{p_{NH_3}^2}{p_{H_2}^3}\right)$$

式中 k_1，k_2 分别为正、逆反应的速率常数，p_{H_2}，p_{N_2}，p_{NH_3} 分别为 H_2，N_2，NH_3 的分压.若用逸度代替分压，并引入校正因子，则上述速率方程适用于高压：

$$\frac{dp_{NH_3}}{dt}=k_1f_{N_2}\left[\frac{f_{H_2}^3}{f_{NH_3}^2}\right]^{\alpha}-k_2\left[\frac{f_{NH_3}^2}{f_{H_2}^3}\right]^{1-\alpha}\frac{\exp(\overline{V}_s-\overline{V}_a)P}{RT}$$

式中乘幂 $\alpha<1$，通常取 0.5. $\overline{V}_s$ 和 $\overline{V}_a$ 分别为吸附的氮和过渡态的摩尔体积分数，P 为总压.实验结果证实了氮分子的化学吸附是决速步骤，而修正的 Temkin-Pyzhev 方程和实验数据相符[2].

由合成氨的速率方程可见,正反应的反应速率和反应物的分压成正比,而逆反应的则与之成反比,因而提高压力可加速氨的生成. 提高温度也有利于加快反应速率,所以我国中压法合成氨的温度大致控制在 460 – 550℃,视不同的催化剂型号略有上下.

可用作氨合成的催化剂很多,如 Os,Fe,Pt,Mn,Mo,W 和 U 等,其中以 Os 和 U 的活性最高. 但工业上选择催化剂除了要考虑活性以外,还要考虑其他很多因素,如要成本低、抗毒性强、寿命长、机械强度高、制造方便等. 目前,工业上都采用铁催化剂,并加入 Al_2O_3 和 K_2O 等助催化剂. 实际生产中采用铁的氧化物 Fe_2O_3 及 FeO,使用前用氢气和氮气的混合气体将它们还原为具有活性的金属铁(α – Fe).

$$FeO + H_2 \rightleftharpoons Fe + H_2O \quad \Delta H = 34.7\text{kJ} \cdot \text{mol}^{-1}$$

$$Fe_2O_3 + 3H_2 \rightleftharpoons 2Fe + 3H_2O \quad \Delta H = 92\text{kJ} \cdot \text{mol}^{-1}$$

综上所述,中压法生产合成氨的反应可表示如下:

$$3H_2 + N_2 \xrightleftharpoons[\text{Fe}]{\sim 500^\circ\text{C},320\text{atm}} 2NH_3 \quad \Delta H = -92.38\text{kJ} \cdot \text{mol}^{-1}$$

在铁催化剂上进行的合成氨的反应机理大体上可分成下列步骤[3]:

化学吸附 $N_2 + 2(Fe) \longrightarrow 2N(Fe)$

$H_2 + 2(Fe) \rightleftharpoons 2H(Fe)$

表面反应 $N(Fe) + H(Fe) \rightleftharpoons NH(Fe) + (Fe)$

$NH(Fe) + H(Fe) \rightleftharpoons NH_2(Fe) + (Fe)$

$NH_2(Fe) + H(Fe) \rightleftharpoons NH_3(Fe) + (Fe)$

脱附 $NH_3(Fe) \rightleftharpoons NH_3 + (Fe)$

Haber 法生产氨是当前工业上制造氮肥最主要的方法. 氨水虽可直接用作氮肥,但它易挥发,运输、储存都较困难,因此,一般都将它加工成硫酸铵、碳酸氢铵、硝酸铵或尿素等固体氮肥. 氨不仅对农业有着重要的意义,而且也是重要的工业原料. 例如,氨可加工成胺或磺胺,后二者又是合成纤维及制药的重要原料. 尿素是高效肥料,也是制造塑料、合成纤维及医药的原料. 在食品冷冻工业上,氨又是最常用的致冷剂. 硝酸铵不仅是氮肥,而且还可作炸药,用于开发矿山、隧道等. 在化工工业上,利用氨氧化法来制硝酸. 众所周知,硝酸是基本化工产品,很多重要的工业部门都离不开它. 总之,合成氨工业在国民经济中占有重要的地位.

3.1.2 氨的结构和化学键

氨分子具有三角锥形的几何构型,属 C_{3v}点群(图 12.16). 电子衍射的实验结果表明,气态 NH_3 分子的键角 H—N—H 为 109.1°,N—H 键长 1.019Å,氨分子的三角锥形和平面排列之间的能量差很小,仅为 24.7kJ · mol⁻¹. 因此,分子中的氮原子,有两个等同的平衡位置,它们位于三个氢原子所在平面的两侧[图 12.17(a)].

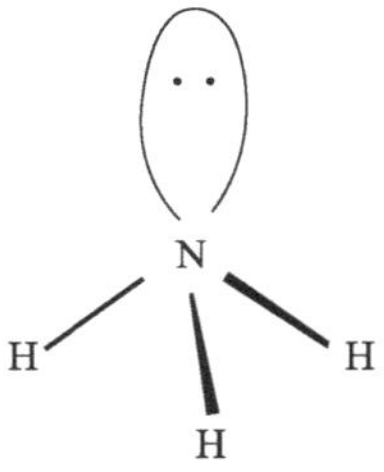

图 12.16　氨分子的几何构型

氮原子由平面一侧的平衡位置($+r_0$)跨越到另一侧的平衡位置($-r_0$),需攀越一高势能态. 图 12.17(b)表示出氨分子的势能随氮原子离氢原子平面距离的变化关系. 由图 12.17 可见,在氨分子的势能曲线上,出现两个最低值,相应于氮原子处在氢原子平面两侧的平衡位置上. 这时氮原子距氢原子平面 0.38Å 处. 图中虚线表示未发生这种转变时,氨分子的势能. NH_3 的振动能态可分裂为对称(s)及不对称(as)的振动,可由 RI 及微波谱测定[2].

固态氨的结构比冰的复杂. 每一个氮原子周围有 6 个最邻近的氮原子,它们之间的距离为 3.38Å. 这种"结构单元"通过不对称的、非线形的氢键连接起来. 和中心氮原子键合的三个氢原子分别和另外三个氨分子形成氢键. 中心氨分子的氮原子又通过氢键和其他三个氨分子结合. 实际上每个氮原子和 6 个氢原子连接,其中三个为正常的共价键,三个相当于氢键的距离(图 12.18)[4]. 在固态氨中,H—N—H 键角和气态氨接近,为 107°,但 N—H 键距却比气态氨明显地增长,为 1.13Å. 氨分子的结构参数列于表12.15中.

分子束电偏转(molecular beam electric deflection)的研究表明,氨分子能形成聚合体. 通式为$(NH_3)_n$ ($n=1-6$)[6]. 其中$(NH_3)_2$ 呈极性,因而推侧在它的结构中仅含一个氢键. $n \geqslant 3$ 的聚合体则为非极性,此与环状的氢键结构相符(图12.19).

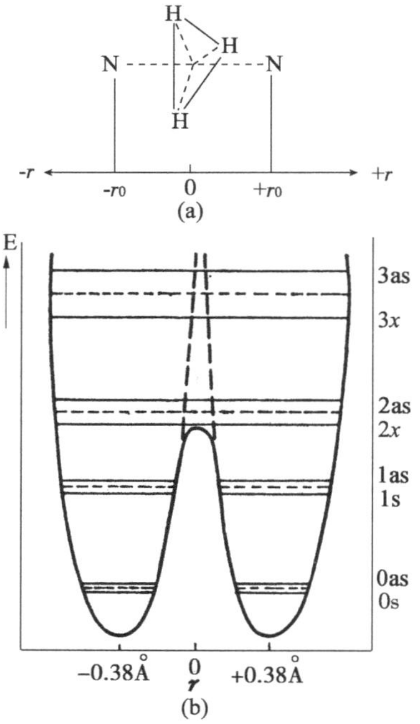

图 12.17　氨分子势能随氮原子离氢原子平面距离的变化关系

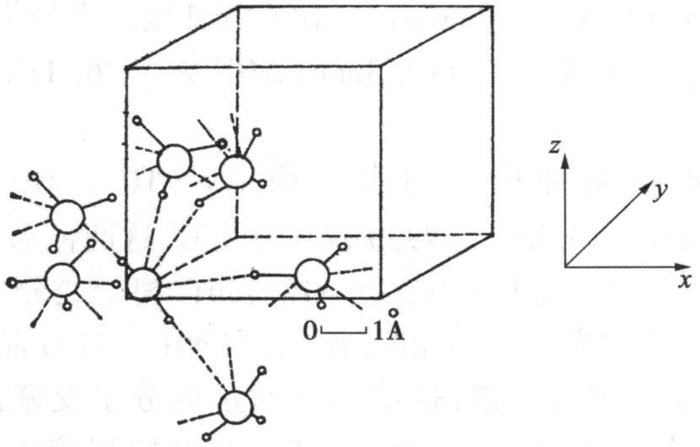

图 12.18 固态氨结构示意图

表 12.15 氨分子的结构数据

	键长、键角或其他	数值	文献
电子衍射	N—H 键长 键角 H—N—H 三角锥高	1.019Å 109.1° 0.381Å	[5]
X 射线衍射	N—H 键长 N—N 距离 键角 H—N—H 键角 N—N—N	1.13Å 3.380Å 107° 118.05°,71.66°	[4]
离解能	$D(NH_2-H)$ $D(NH-H)$ $D(N-H)$	$435kJ\cdot mol^{-1}$ $368kJ\cdot mol^{-1}$ $368kJ\cdot mol^{-1}$	[2]

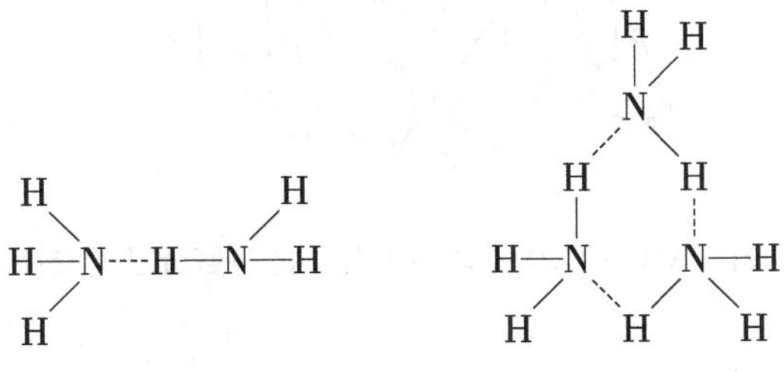

图 12.19 氨分子的二聚体(a)及三聚体(b)的结构

3.1.3 氨的性质和反应

氨是有刺激性臭味的无色气体,极易溶于水.由于氨分子间存在着氢键,所以它的熔点（-77.74℃）和沸点（-33.42℃）比同族其他元素的氢化物都高. 氨的临界温度为 132.4℃，临界压力为 112.3atm，$\Delta H_f^\ominus$ 为 $-46.11\text{kJ}\cdot\text{mol}^{-1}$，$\Delta G_f^\ominus$ 为 $-16.48\text{kJ}\cdot\text{mol}^{-1}$.

氨在低温下形成两种稳定的水合物，即 $NH_3\cdot H_2O$ 和 $2NH_3\cdot H_2O$（图12.20）[7]，它们的熔点分别为 -79.0 及 -78.8℃. 这两种水合物的晶体结构均已测定[8,9]. 测定结果表明，其中并不存在 NH_4^+，OH^- 离子或分立的 NH_4OH 分子，而是氨分子和水分子以复杂的氢键相联. 例如，在 $NH_3\cdot H_2O$ 晶体中，水分子以氢键（2.76Å）联成平面的锯齿状链，这些链又通过氨分子交联成三维结构. 其中 O—H⋯N型的氢键较短，为 2.78Å；而 O⋯H—N 型的则较长，为 3.21，3.26 及 3.29Å. 图 12.21 表示了 $NH_3\cdot H_2O$ 的晶体结构，图中短氢键以实线表示，长氢键以虚线表示.

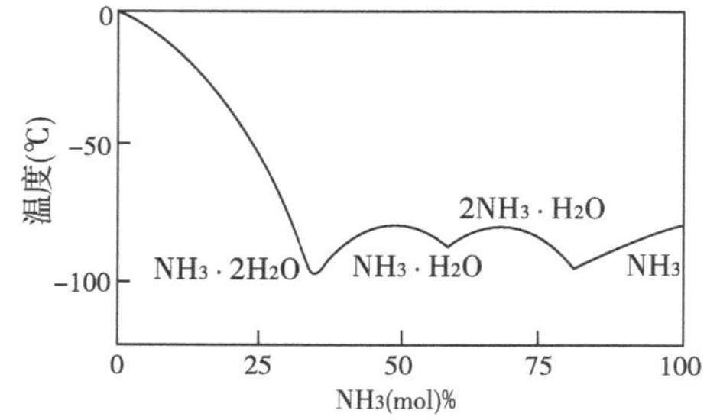

图 12.20　NH_3-H_2O 体系的相图

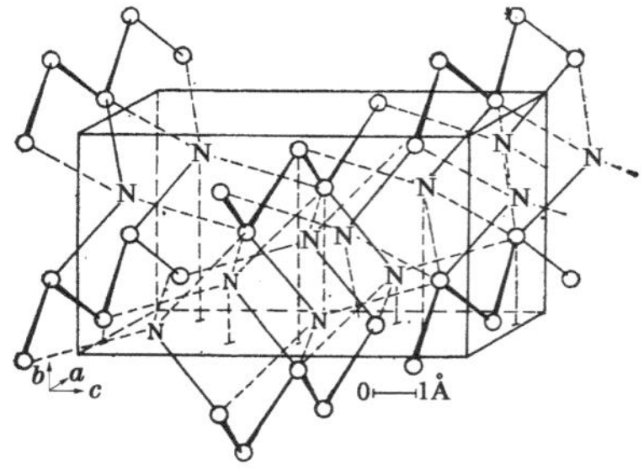

图 12.21　$NH_3\cdot H_2O$ 晶体中水分子链与氨分子的交联方式

氨的水溶液中存在以下平衡：

$$NH_3(aq) + H_2O \rightleftharpoons NH_4^+ + OH^-$$

$$K_{298} = \frac{[NH_4^+][OH^-]}{[NH_3]} = 1.81\times10^{-5}$$

NMR 的实验结果表明，在氨水中，氨分子的氢原子和水分子的氢原子迅速地进行交换,而在气相或液氨中,这种交换很慢[10].

氨有以下几类重要的化学反应:

(1)氧化反应

氨能进行一系列的氧化反应[2],如

$$4NH_3 + 5O_2 \longrightarrow 4NO + 6H_2O$$
$$\Delta H_{298} = -906.05\text{kJ} \cdot \text{mol}^{-1}$$
$$4NH_3 + 3O_2 \longrightarrow 2N_2 + 6H_2O$$
$$\Delta H_{298} = -1267.5\text{kJ} \cdot \text{mol}^{-1}$$
$$4NH_3 + 4O_2 \longrightarrow 2N_2O + 6H_2O$$
$$\Delta H_{298} = -1103.9\text{kJ} \cdot \text{mol}^{-1}$$
$$4NH_3 + 7O_2 \longrightarrow 4NO_2 + 6H_2O$$
$$\Delta H_{298} = -1134.5\text{kJ} \cdot \text{mol}^{-1}$$
$$4NH_3 + 6NO \longrightarrow 5N_2 + 6H_2O$$
$$\Delta H_{298} = -1809.8\text{kJ} \cdot \text{mol}^{-1}$$

其中最重要、最有实际意义的是氨氧化生成一氧化氮的反应,它是工业制硝酸的基础. 为使氨有效地转化成一氧化氮,通常采用铂,或在反应温度下挥发性较小的铂-铑催化剂,进行选择性的催化氧化.

一般认为,氧化反应是通过氨分子和吸附在铂表面的氧之间的碰撞发生的,但目前分离出多种中间产物,因而对反应的起始产物尚存在分歧. 已经提出的几种反应机理,包括最初形成亚氨基、硝酰基或羟胺.

亚氨机理:

产生 NO 的反应;

$$NH_3 + O \longrightarrow NH + H_2O$$
$$NH + O_2 \longrightarrow HNO_2 \longrightarrow NO + OH$$
$$2HNO_2 \longrightarrow NO + NO_2 + H_2O$$
$$HNO_2 + O_2 \longrightarrow HNO_4 \longrightarrow NO + O_2 + OH$$

副反应:

$$NH + O \longrightarrow HNO \longrightarrow 1/2N_2O + 1/2H_2O$$
$$NH + NH_3 \longrightarrow N_2H_4$$
$$2NH \longrightarrow N_2 + H_2$$
$$NH_3 + HNO_2 \longrightarrow N_2 + 2H_2O$$
$$2NO \longrightarrow N_2 + O_2$$
$$2OH \longrightarrow H_2O + O$$

硝酰机理:

产生 NO 的反应:

$$NH_3 + O_2 \longrightarrow HNO + H_2O$$
$$HNO + O_2 \longrightarrow HNO_3$$
$$4HNO_3 \longrightarrow 4NO + H_2 + 2H_2O$$

副反应:

$$HNO + NH_3 \longrightarrow N_2 + H_2 + H_2O$$
$$H_2 + 1/2O_2 \longrightarrow H_2O$$

羟胺机理:

产生 NO 的反应:

$$NH_3 + O \longrightarrow NH_2OH$$
$$NH_2OH + O_2 \longrightarrow HNO_2 + H_2O$$
$$HNO_2 + O_2 \longrightarrow HNO_4 \longrightarrow NO + O_2 + OH$$
$$4HNO_2 \longrightarrow 4NO + O_2 + 2H_2O$$

副反应:

$$NH_2OH + O \longrightarrow HNO + H_2O$$
$$2HNO \longrightarrow N_2O + H_2O$$
$$HNO_2 + NH_3 \longrightarrow N_2 + 2H_2O$$
$$HNO + NH_2OH \longrightarrow N_2 + 2H_2O$$
$$2OH \longrightarrow O + H_2O$$

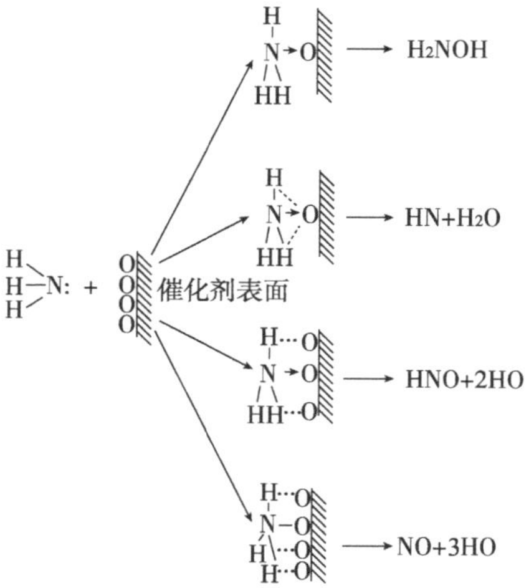

图 12.22　氨氧化的机理

形成上述三种最初产物的途径表示在图 12.22 中. 由图可见,氨分子首先通过氮原子上的孤对电子和吸附在催化剂表面的氧原子配位. 氨分子中的氢则和配位的氧,或其他吸附在催化剂表面的氧原子形成氢键.然后,经过同分异构化形成羟胺,或脱氢形成硝酰、亚氨,甚至一氧化氮.

(2)加合反应

氨分子的氮原子上有一对孤对电子,它可以作为 Lewis 碱与 Lewis 酸发生加合反应.例如,和 BF_3 形成如下的加合物:

$$BF_3 + :NH_3 \longrightarrow F_3B \longrightarrow NH_3$$

氨溶于水形成 $NH_3 \cdot H_2O$,$2NH_3 \cdot H_2O$ 等水合物;和酸反应,形成相应的铵盐,如 NH_4Cl,$(NH_4)_2SO_4$,NH_4NO_3 等;和二氧化硫反应,则形成 $NH_3 \cdot SO_2$,$(NH_3)_2 \cdot SO_2$ 等加合物[11].

氨能和金属,特别是过渡金属形成大量的配合物,其中氨分子用它的孤对电子和中心金属离子形成 σ 配键.例如,往硫酸铜溶液中加入过量的氨水,溶液由浅蓝色转变成深蓝色,再加入乙醇,便可得到深蓝色的 $[Cu(NH_3)_4]SO_4 \cdot H_2O$ 结晶.又如顺式和反式 $Pt(NH_3)_2Cl_2$ 是铂(Ⅱ)的两个极其重要的配合物.它们不仅在配位理论的发展过程中起过作用,而且在 20 世纪 60 年代中期又发现顺-$Pt(NH_3)_2Cl_2$ 对癌症有一定的疗效.顺式的同分异构体可直接由氨水和四氯合铂(Ⅱ)酸钾反应制得[12]:

$$K_2[PtCl_4] + 2NH_3 \xrightarrow{NH_4Cl} \text{顺-}[Pt(NH_3)_2Cl_2] + 2KCl$$

反式的同分异构体则需通过如下的途径制备:

$$K_2[PtCl_4] + 4NH_3(\text{浓}) \longrightarrow [Pt(NH_3)_4]Cl_2 + 2KCl$$

$$[Pt(NH_3)_4]Cl_2 + 2HCl \xrightarrow{\triangle} \text{反-}[Pt(NH_3)_2Cl_2] + 2NH_4Cl$$

显然,这是受反位效应支配的结果.

氨的配合物不仅数量多,而且研究得较深入,包括它们在水溶液中的稳定性、反应动力学、振动光谱、电子吸收光谱以及晶体结构等许多方面.表 12.16 列出了某些氨的配合物及相应的 $M—NH_3$ 键长的数据,图 12.23 表示了其中的一例 $[Rh(NH_3)_5Cl]^{2+}$ 离子的结构.

氨不仅是一个常见的单齿配体,而且还有许多有机胺,包括乙二胺、二乙三胺等以及某些含氮原子的杂环化合物如吡啶、联吡啶等,均可成为单齿、双齿或多齿配体.它们都和过渡金属形成为数众多的配位化合物.

(3)取代反应

若 NH_3 分子中的一个或一个以上的氢原子被其他原子或基团所取代,则生成相应的氨基($—NH_2$)、亚氨基($>NH$)或氮化物($\equiv N$).

表 12.16　若干氨和过渡金属离子形成的配合物

配合物	$M—NH_3$ 平均键长(Å)	文献
$[Cr(NH_3)_6][CuBr_5]$	2.059	[13]
$[Cr(NH_3)_6][FeF_6]$	2.073	[14]
$[Cr(NH_3)_4(OH)]_2Cl_4 \cdot 4H_2O$	2.08	[15]
$[Co(NH_3)_6]I_3$	1.936	[16]
$[Co(NH_3)_6][Co(CN)_6]$	1.972	[17]
$[Co(NH_3)_5(N_3)](N_3)_2$	1.966	[18]
$[Co(NH_3)_5(NO_2C_3H_4N_2)]Cl_2$	1.972	[19]
$Ni(NH_3)_4(NO_2)_2$	2.07	[20]
$Ni(NH_3)_4(NCS)_2$	2.15	[20]
$Ni(NH_3)_3(NCS)_2$	2.07	[20]
$[Ru(NH_3)_6]I_2$	2.144	[21]
$[Ru(NH_3)_6](BF_4)_3$	2.104	[21]
$[Ru(NH_3)_5NO_2]Cl \cdot H_2O$	2.127	[22]
$[(NH_3)_4Ru(NH_2)_2Ru(NH_3)_4]Cl_4 \cdot 4H_2O$	2.137	[23]
$[Rh(NH_3)_5Cl]Cl_2$	2.055	[24]
$[Rh(NH_3)_5Br]Br_2$	2.056	[24]
$[Os(NH_3)_5N_2]Cl_2$	2.14	[25]
$[Ir(NH_3)_5(SCN)](ClO_4)_2$	2.121	[26]
顺-$Pt(NH_3)_2Cl_2$	2.01	[27]
反-$Pt(NH_3)_2Cl_2$	2.05	[27]
$[Cu(NH_3)_4]SO_4 \cdot H_2O$	2.032	[28]
$[Cu(NH_3)_4](CuCl_2)_2 \cdot H_2O$	2.025	[29]
$[Cu(NH_3)_4](CuBr_2)_2$	1.996	[29]
$[Cu(NH_3)_4](CuI_2)_2$	2.14	[29]

当存在痕量催化剂时，碱金属或碱土金属和液氨反应，产生相应的金属氨基化物，例如：

$$2Na + 2NH_3 \xrightarrow{FeSO_4} 2NaNH_2 + H_2$$

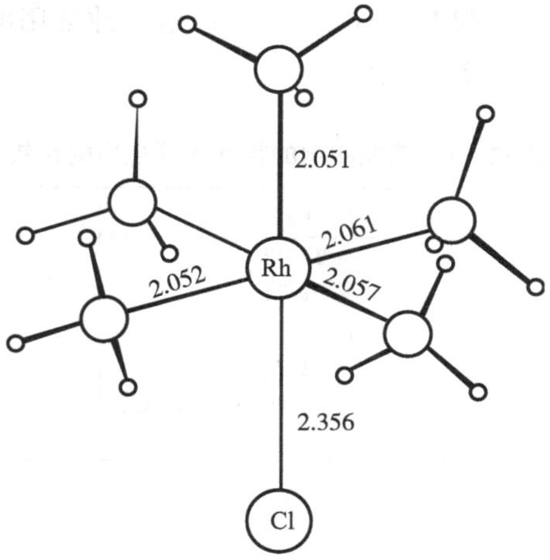

图 12.23 $[Rh(NH_3)_5Cl]^{2+}$离子的结构

类似的氨基化物也可由金属-烷基或金属-芳香基化合物和氨反应制得.

$$Et_2Zn + 2NH_3 \longrightarrow Zn(NH_2)_2 + 2C_2H_6$$

$$PhNa + NH_3 \longrightarrow NaNH_2 + C_6H_6$$

由金属氨基化物可进一步得到金属亚氨基化物或氮化物,如:

$$2LiNH_2 \xrightarrow[\text{真空}]{360℃} Li_2NH + NH_3$$

$$3Zn(NH_2)_2 \longrightarrow Zn_3N_2 + 4NH_3$$

除金属外,氨中的氢原子还可被非金属或有机基团取代,例如:

$$\underset{(\text{光气})}{COCl_2} + 4NH_3 \longrightarrow \underset{(\text{尿素})}{CO(NH_2)_2} + 2NH_4Cl$$

$$SOCl_2 + 4NH_3 \longrightarrow \underset{(\text{硫酰胺})}{SO(NH_2)_2} + 2NH_4Cl$$

上述反应实际上是氨参与的复分解反应,类似于水解反应,所以又称为氨解反应.被有机基团取代的实例有:Ph_3GeNH_2,$LiNMe_2$,$(Me_3Si)_2NH$,Et_2NH和$(Me_3Sn)_3N$等,不胜枚举.

3.2 液　　氨

尽管液氨的沸点很低,且有刺激性气味,但它却是除水以外最重要的无机溶剂,也是研究得较多的非水溶剂之一[7,30,31].和水类似,液氨也是高度缔合的液体,实验结果表明,在液氨中,每个氨分子周围平均有11个其他的氨分子[32].液氨的气化热很高,沸点时为23.35kJ · mol^{-1},所以它是一种常用的制冷剂. 液氨和水某些物理性质的比较列于表12.17中.

表12.17　液氨和水的某些物理性质的比较

性质	NH_3	H_2O
沸点(℃)	-33.42	100
凝固点(℃)	-77.74	0
比电导($\Omega^{-1}\cdot cm^{-1}$)	1×10^{-11}	4×10^{-8}
介电常数	22.7(-50℃)	81.7(18℃)
密度($g\cdot cm^{-3}$)	0.6900(-400℃)	1.00(4℃)
偶极矩(D)	1.49	1.84

3.2.1　液氨的溶解性

液氨之所以能成为优良的溶剂,是因为氨是极性分子,它的介电常数较高,而溶剂化能由Born方程决定,

$$\Delta E=\frac{e^2}{2r}\left(1-\frac{1}{\varepsilon}\right)$$

式中ε为介电常数,r,e分别为气态离子的半径及电荷.

若干无机盐在液氨中的溶解度汇集于表12.18中. 由于液氨的介电常数比水低(表12.17),预期在液氨中离子-溶剂间的作用力较水的弱,除非该离子为Brönsted酸或Lewis酸,因为氨能接受质子,或与许多金属离子形成配合物. 确实离子性物质在液氨中的溶解度比在水中的小,特别是那些具有-2或-3价负离子的盐,它们在液氨中实际上不溶或微溶(表12.18),因为它们的晶格能太高. 一般来讲,铵盐在液氨中的溶解度很大,这可能是由于它们和溶剂在结构上类似的缘故. 极性有机化合物,如醇、酰胺、胺、醛、酮和酯等易溶于液氨. 除偶极-偶极之间的作用力外,对醇和胺等还有氢键的作用力. 饱和碳氢化物及二元羧酸实际上不溶于液氨.

表12.18　若干无机盐在液氨及在水中溶解度的比较

无机盐	液氨中溶解度,25℃[a)] ($g/100gNH_3$)	水中溶解度[b)] ($g/100cm^3\ H_2O$)
NH_4Cl	102.5	29.7
NH_4Br	237.9	59.8
NH_4I	368.4	154.2
NH_4SCN	312.0	128
NH_4ClO_4	137.9	10.74
NH_4NO_3	390.0	118.3
NH_4Ac	253.2	148(4℃)

续表

无机盐	液氨中溶解度,25℃[a) ($g/100gNH_3$)	水中溶解度[b) ($g/100cm^3\ H_2O$)
$(NH_4)_2HPO_4$	0.0	57.5(10℃)
$(NH_4)_2CO_3 \cdot H_2O$	0.0	100(15℃)
NaF	0.35	4.22(18℃)
NaCl	3.02	35.7
NaBr	137.95	79.5
NaI	161.9	158.7
Na_2CO_3	0.0	7.1
Na_2SO_4	0.0	4.76
Na_2SO_3	0.0	12.54
Na_2CrO_4	0.05(18℃)	87.3(20℃)
KCl	0.04	34.7(20℃)
KBr	13.5	53.48
KI	182	127.5
K_2CO_3	0.0	112(20℃)
$K_2Cr_2O_7$	0.02(18℃)	4.9
AgCl	0.83	8.9×10^{-5}(10℃)
AgBr	5.92	8.4×10^{-6}
AgI	206.84	3×10^{-7}

a)在加压的情况下.

b)除注明的外,均为0℃.

3.2.2 液氨的酸碱性

在液氨中,氨分子能失去一个质子,成为碱性的氨基离子;或者得到一个质子,成为酸性的铵离子.此二者共存于氨的自电离中:

$$2NH_3 \rightleftharpoons NH_4^+ + NH_2^- \quad K = 1.9\times10^{-33}(-50℃)$$

从电离常数 K 的数值可见,液氨中 NH_4^+ 离子的浓度可在极大的范围内变动,即可从 $1mol\cdot L^{-1}\ NH_4Cl$ 中的$[NH_4^+]=1mol\cdot L^{-1}$到 $1mol\cdot L^{-1}\ KNH_2$ 中的$[NH_4^+]\simeq10^{-33}mol\cdot L^{-1}$.

液氨中 NH_4^+ 及 NH_2^- 离子的许多化学反应,类似于 H_3O^+ 及 OH^- 离子在水中的反应,例如:

酸碱反应:

$HCl + KOH \longrightarrow KCl + H_2O$(在水中)

$NH_4Cl + KNH_2 \longrightarrow KCl + 2NH_3$(在液氨中)

两性反应:

$ZnCl_2 + 2KOH \longrightarrow Zn(OH)_2 \downarrow + 2KCl$

$Zn(OH)_2 + 2KOH \longrightarrow K_2Zn(OH)_4$（在水中）

$ZnCl_2 + 2KNH_2 \longrightarrow Zn(NH_2)_2 \downarrow + 2KCl$

$Zn(NH_2)_2 + 2KNH_2 \longrightarrow K_2Zn(NH_2)_4$（在液氨中）

活泼金属置换酸中氢的反应：

$Na + H_3O^+ + Cl^- \longrightarrow 1/2H_2 + NaCl + H_2O$（在水中）

$Na + NH_4Cl \longrightarrow 1/2H_2 + NaCl + NH_3$（在液氨中）

沉淀反应：

$2AgNO_3 + 2KOH \longrightarrow 2AgOH + 2KNO_3$（在水中）

$\qquad\qquad\qquad\qquad\qquad \hookrightarrow Ag_2O \downarrow + H_2O$

$AgNO_3 + KNH_2 \longrightarrow AgNH_2 \downarrow + KNO_3$（在液氨中）

氨解反应：

$CH_3COOC_2H_5 + H_2O \xrightarrow{H_3O^+} CH_3COOH + C_2H_5OH$（在水中）

$CH_3COOC_2H_5 + NH_3 \xrightarrow{NH_4^+} CH_3CONH_2 + C_2H_5OH$（在液氨中）

由于液氨的碱性比水强，因此，大多数在水中的弱酸在液氨中却是强酸，乙酸便是其中的一例.

$CH_3COOH + H_2O \rightleftharpoons H_3O^+ + CH_3COO^-$（在水中）

$CH_3COOH + NH_3 \longrightarrow NH_4^+ + CH_3COO^-$（在液氨中）

少数化合物，如碱金属氢化物及氧化物等的碱性比氨基离子强，它们能从氨分子中夺走质子.

$LiH + NH_3 \longrightarrow LiNH_2 + H_2$

$Na_2O + NH_3 \longrightarrow NaNH_2 + NaOH$

3.2.3　金属-液氨溶液

碱金属和碱土金属（除铍外）等电正性金属能溶于液氨形成均相溶液. 某些碱金属的溶解度列于表 12.19 中.

金属-液氨的稀溶液具有相同的吸收光谱，和金属的性质无关. 谱图中有一强而宽的吸收带，它的最大值约在 15000Å 处，但尾部一直延伸到可见光的范围内，所以溶液显蓝色. 金属-液氨的稀溶液具有异常高的电导率，甚至高于任何电解质在任何已知溶剂中的电导率. 稀溶液的摩尔磁化率接近 1mol 自由电子. 浓度增加到 $0.1mol \cdot L^{-1}$以上，则摩尔磁化率降得很低，基本上相当于电子全部配对.

现在认为，金属-液氨溶液的上述光学、电学和磁学性质，是由于金属溶解后，形成氨合金属正离子和氨合电子 e_{am}^-所致. 在稀溶液（$< 0.001mol \cdot L^{-1}$）中，它们基本上是独立的. 每个氨合电子存在于一个大的溶剂的空腔里，空腔的周围有定向

的、氨的偶极子,使它能稳定地存在,如:

表 12.19　碱金属在液氨中的溶解度

金属	温度(℃)	溶解度 mol 金属/1000g 氨	mol 氨/mol 金属
锂	-33.2	15.66	3.75
	-63.5	15.41	3.81
钠	-33.8	10.72	5.48
	-50	10.89	5.39
钾	-33.2	11.86	4.95
	-50	12.3	4.9
铯	-50	25.1	2.34

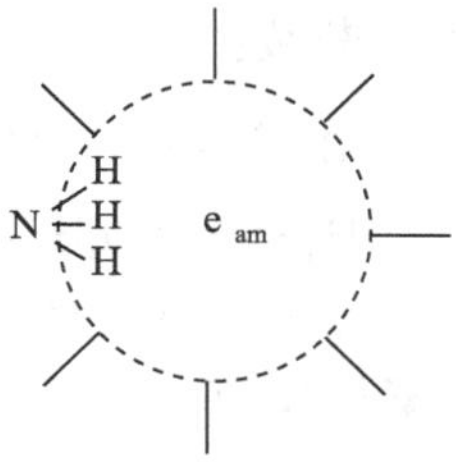

在中等浓度(~0.01mol · L^{-1})的溶液中,金属正离子和电子重新结合,发生下列过程:

$$M^+ + e_{am}^- \longrightarrow M$$

$$2M^+ + 2e_{am}^- \longrightarrow M_2$$

式中"M"表示简单的离子对,其中氨合金属正离子和氨合电子借库仑力联系在一起."M_2"则表示两个氨合金属正离子和两个氨合电子的聚集体,其中两个电子的自旋相反.溶液浓度再增大,则进一步聚集.在很浓的溶液里,由于没有足够的氨分子和电子形成溶剂化物,电子又参与到金属键中,这时溶液的电导率接近纯金属.

所有的金属-液氨溶液都处在一种亚稳状态,它们能分解产生氢气和金属氨基化物.

$$M + xNH_3 \longrightarrow (x/2)H_2 \quad M(NH_2)x$$

在低温或纯净的情况下,反应缓慢.若有催化剂,如过渡金属盐存在,则反应迅速进行.

金属-液氨溶液是强还原剂,因为它含氨合电子;

$$M \xrightarrow{\text{液氨}} M^+ + e_{am}^-$$

大多数金属-液氨溶液中的反应,具有下列几种起始步骤之一:

(1)简单地加合电子,而无键的断裂:

$$e^-_{am} + A \xrightarrow{液氨} A^-$$

或 $$M + A \xrightarrow{液氨} MA$$

例如: $$e^-_{am} + O_2 \longrightarrow O_2^-$$

或 $$K + O_2 \longrightarrow KO_2$$

$$2e^-_{am} + Ni(CN)_4^{2-} \longrightarrow Ni(CN)_4^{4-}$$

或 $$2K + K_2[Ni(CN)_4] \longrightarrow K_4[Ni(CN)_4]$$

(2)加合一个电子,并发生键的断裂:

$$e^-_{am} + A-B \xrightarrow{液氨} A\cdot + B^-$$

例如: $$e^-_{am} + NH_4^+ \longrightarrow NH_3 + (1/2)H_2$$

或 $$K + NH_4Cl \longrightarrow NH_3 + (1/2)H_2 + KCl$$

(3)加合两个电子,并发生键的断裂:

$$2e^-_{am} + A-B \xrightarrow{液氨} A^- + B^-$$

例如: $$2e^-_{am} + Ge_2H_6 \longrightarrow 2GeH_3^-$$

或 $$2K + Ge_2H_6 \longrightarrow 2KGeH_3$$

这类反应还包括下列形式的氨解反应:

$$2e^-_{am} + N_2O + NH_3 \longrightarrow N_2 + OH^- + NH_2^-$$

或 $$2K + N_2O + NH_3 \longrightarrow N_2 + KOH + KNH_2$$

$$2e^-_{am} + C_2H_5Br + NH_3 \longrightarrow Br^- + C_2H_6 + NH_2^-$$

或 $$2K + C_2H_5Br + NH_3 \longrightarrow KBr + C_2H_6 + KNH_2$$

金属-液氨溶液在无机合成中占有重要的地位,尤其对于合成低氧化态的过渡金属化合物更是一种优良的介质.这是因为金属-液氨溶液本身具有还原性,能使低价化合物趋向稳定.例如,铬(0)的配合物可在液氨中用钾还原六氰合铬(Ⅲ)酸钾得到:

$$K_3[Cr(CN)_6] + 3K \xrightarrow{液氨} K_6[Cr(CN)_6]$$

上述反应产物又是制备其他一系列铬(0)中性配合物的中间体,如:

$$K_6[Cr(CN)_6] + 3L \longrightarrow CrL_3 + 6KCN$$

$$L = Ph_2PCH_2PPh_2, bipy 等$$

第Ⅷ族的某些金属元素也有类似的反应,如:

$$K_2[M(CN)_4] + 2K \xrightarrow{液氨} K_4[M(CN)_4] (M = Ni, Pt, Pd)$$

$$K_2[Pd(CN)_2(C{\equiv}CR)_2] + 2K \xrightarrow{液氨} K_2[Pd(C{\equiv}CR)_2] + 2KCN$$

它们也可作为合成其他配合物的中间体,如:

$$K_4[Ni(CN)_4] + 4L \longrightarrow NiL_4 + 4KCN$$

$$L = PPh_3, AsPh_3, SbPh_3$$

此外，ⅣA，VA及ⅥA族的某些元素，在金属-液氨溶液中能形成原子簇. 尽管目前对这类颜色很深的物质还了解甚少，但按照它们的化学计量可表示为：

ⅣA　$NaPb_2, NaPb_4, Na_4Pb_9, Li_4Pb_x$ 等；

VA　$NaP_3, KP_5, K_2AS_4, Na_3Sb_{5-7}, NaBi_3, NaBi_{5-7}$ 等；

ⅥA　$M_2X_n(X = S, Se, Te, n = 1-7)$ 等.

金属-液氨溶液还能和那些在液氨中表现出酸性的物质，像某些共价型氢化物及其衍生物反应形成金属盐，并放出氢气.

$$AsH_3 + Na \longrightarrow NaAsH_2 + (1/2)H_2$$

$$PH_3 + 2Na \longrightarrow Na_2PH + H_2$$

某些酸性较弱的有机化合物，不能和氨基离子反应，但却能和金属-液氨溶液反应，形成稳定的金属衍生物. 它们是有机合成中有用的中间体. 例如，在液氨中制备的碱金属衍生物RM，可用作烃化剂.

$$R^-M^+ + CH_3I \longrightarrow RCH_3 + MI$$

$R = CH_3CONH, (C_6H_5)_3C, C_6H_5NH, C_2H_5O, (C_6H_5)_2P$ 等

3.3 铵　盐

氨与硫酸、硝酸、盐酸直接发生中和反应，便生成相应的硫酸铵、硝酸铵和氯化铵. 若在一定温度下，将二氧化碳通入氨水至饱和，然后冷却，便析出碳酸氢铵：

$$NH_3 + CO_2 + H_2O \longrightarrow NH_4HCO_3$$

铵盐的性质和碱金属盐，特别是钾盐和铷盐非常相似，因为铵离子的半径(1.43Å)和钾离子(1.33Å)及铷离子(1.48Å)的半径接近. 铵盐和钾盐或铷盐常为同晶型.

铵盐大都易溶于水(表12.18). 由强酸形成的铵盐，水溶液显弱酸性.

$$NH_4^+ + H_2O \rightleftharpoons NH_3 + H_3O^+ \quad K = 5.5 \times 10^{-10}(25℃)$$

固态铵盐加热时，易分解放出氨，例如：

$$NH_4Cl(s) \rightleftharpoons NH_3(g) + HCl(g) \quad \Delta H = 177.0 kJ \cdot mol^{-1}$$

上述反应是可逆的，即氨和氯化氢在气相又会重新结合生成氯化铵. 因此，可用于提纯铵盐. 若组成铵盐的酸有强氧化性，则可将氨进一步氧化，生成氧化二氮或氮气. 再提高温度，则氧化二氮又分解生成氮气和氧气. 如：

$$NH_4NO_3 \xrightarrow{200-260℃} N_2O + 2H_2O$$

$$2NH_4NO_3 \xrightarrow{300℃} 2N_2 + O_2 + 4H_2O$$

$$(NH_4)_2Cr_2O_7 \xrightarrow{\triangle} N_2 + Cr_2O_3 + 4H_2O$$

在硝酸铵的分解中,硝酸有催化作用,可能引起爆炸,必须多加注意. 高氯酸铵的热分解也依赖于温度.

$$4NH_4ClO_4 \xrightarrow{<300℃} 2N_2O + 3O_2 + 2Cl_2 + 8H_2O$$

$$2NH_4ClO_4 \xrightarrow{>300℃} 2NO_2 + O_2 + Cl_2 + 4H_2O$$

硫酸铵、硝酸铵及碳酸氢铵等除了是常用的固体氮肥以外,氯化铵是媒染剂,且还可用于电池、焊接和镀锡作业中. 氯化铵用于焊接的作用是:当它和赤热的金属接触时,便分解为氨和氯化氢, 后者能溶解金属氧化物,生成挥发性的氯化物,起到清洗金属表面的作用,使焊药更好地附着在金属表面上.

3.4 氨的衍生物

氨的衍生物种类很多,除氨基化物、亚氨基化物、氮化物以外, 还有羟胺、联氨以及大量的有机胺,因此,不可能一一述及. 本节仅讨论氮化物及羟氨,12.6 节将介绍联氨.

3.4.1 氮化物

氮的化学性质稳定,但在一定条件下,却能和大多数元素结合形成相应的氮化物. 按照它们的性质和结构,可将氮化物分为 4 类,即类盐、金属、非金属(类金刚石)及挥发性氮化物. 现分别加以讨论:

(1)类盐氮化物

由 IA,ⅡA 及ⅢB 族金属元素形成的氮化物以离子键为主,称类盐氮化物. 它们易水解,和水反应放出氨并形成相应的氧化物或氢氧化物. 在类盐氮化物中,唯有氮化锂 Li_3N 受到工业技术上的重视. 它是一种离子导体,也是当前能提供的最好的固体锂电解质之一. ⅢB 族金属元素形成的氮化物则为金属导体或至少是半导体,它们代表了由类盐到金属氮化物的过渡态.

氮化锂呈深红色,熔点 813℃,晶体结构具有六方对称性. 它在潮湿的空气里稳定,因其表面覆盖了一层以 LiOH 为主要成分的保护层. Li_3N 具有高的各向异性的离子电导率,室温下垂直于 ***c*** 轴方向上的电导率比平行于 *c* 轴方向上的高两个数量级(表 12.20). 此外,Li_3N 的电子电导率极低,在 20 - 200℃ 的范围内低于 $10^{-9}\Omega^{-1}\cdot cm^{-1}$[33].

氮化锂作为固体电解质的突出优点是制备简单,可在200℃,10atm 下由 Li 和 N_2 直接反应形成;在潮湿的气氛中稳定;且 Li_3N 能和固态或液态的金属锂共存,直到它的熔点,这就有可能在锂电池中以金属锂为阳极,直接和 Li_3N 电解质接触. 此外,在常温下 Li_3N 的离子电导率高,而电子电导率低到可忽略不计. 目前,以 Li_3N 作固体电解质的全固态锂电池有 $Li/Li_3N/PbI_2$ 和 $Li/Li_3N/Li_3N + TiS_2$ 电池等[34,35].

表 12.20 Li_3N 的离子电导率 σ 和活化焓 H 的数值

化合物	H (eV)	σ300K ($\Omega^{-1}\cdot cm^{-1}$)	σ400K ($\Omega^{-1}\cdot cm^{-1}$)	σ500K ($\Omega^{-1}\cdot cm^{-1}$)
Li_3N 单晶(⊥C)	0.29	1.2×10^{-3}	8×10^{-3}	4×10^{-2}
Li_3N 单晶(//C)	0.49	1×10^{-5}	6×10^{-4}	8×10^{-3}
Li_3N 烧结体	0.29	1.5×10^{-3}	1×10^{-2}	3×10^{-2}

(2)金属氮化物

金属氮化物主要包括ⅣB—ⅦB 族的过渡金属氮化物. 它们的某些性质和结构类型列于表 12.21 中[36]. 此类氮化物一般具有金属的性质,例如,金属的光泽和导电性. 高硬度、高熔点和耐腐蚀是它们的特征. 在它们的晶体结构中,氮原子占据着立方或六方密堆积金属晶格的间隙,成为间隙化合物,因而倾向于形成非化学计

表 12.21 金属氮化物的性质和结构

氮化物	颜色	结构	密度 ($g\cdot cm^{-3}$)	熔点 (℃)	硬度a)
TiN	金黄	fcc NaCl 型	5.43	2950	HM2000
ZrN	浅黄	fcc NaCl 型	7.3	2980	HM1520
HfN	绿黄	fcc NaCl 型	14.0	3330	HM1640
VN	棕	fcc NaCl 型	6.10	2350	HM1500
NbN	深灰	fcc NaCl 型	8.47	2630d	HM1400
ε-TaN	深灰	六方	14.3	2950d	HM1100
δ-TaN	黄灰	fcc NaCl 型	15.6	2950d	HM3200
CrN	灰	fcc NaCl 型	6.14	1080db)	HM1090
Mo_2N	灰	fcc	9.46	790dc)	HM1700
W_2N	灰	fcc	17.7	d	—
ThN	灰	fcc NaCl 型	11.9	2820	HM600
UN	深灰	fcc NaCl 型	14.4	2800	HK580
PuN	深灰	fcc NaCl 型	14.4	2550	—

a) HM = 微硬度,HK = Knoop 硬度.

b) 在 0.1MPa 时.

c) 在 0.7MPa 时.

量化合物，组成可在一定的范围内变动. $VN_{0.37-0.43}$，$VN_{0.72-1.00}$；TiN_{1-x}，Ti_4N_{3-x}；ZrN_{1-x}和 TaN_{1-x}就是其中的几例[37—39].

由于金属氮化物具有高熔点、高硬度、高温化学稳定性及良好的导热、导电性，已广泛地应用于耐高温、耐磨损领域. 例如，含 TiN 涂层的高速钢切屑工具比相应的高速钢或烧结碳化物工具有明显的优越性. 前者能减少磨损，提高切屑速率，延长刀具的使用寿命. TiN 还在手饰工业上用作金色涂料，主要用于涂表壳.

UN 和 ThN 之所以受到重视并经过较深入的研究，是因为目前使用的氧化物陶瓷核燃料如 UO_2 等，最大的缺点是导热性差，因此，设想以 UN 或 ThN 作核燃料和反应堆，因为它们对反应器的覆盖层——钼是稳定的.

(3) 非金属(类金刚石)氮化物

非金属氮化物包括ⅢA 和ⅣA 族元素的氮化物，如 BN，AlN，GaN，InN 和 Si_3N_4 等. 它们的化学性质稳定，硬度高、熔点高，大都是绝缘体或半导体. 此类氮化物以共价键为主，结构单元为四面体的 M_4N，类似于金刚石，故又称作类金刚石氮化物. 虽然 BN 最常见的结构形式类似于石墨，但在高压下有催化剂存在时能转变成类似于金刚石的结构，故也归在类金刚石氮化物一类中. 表 12.22 汇集了此类氮化物的某些性质和结构类型[36].

表 12.22　非金属氮化物的性质和结构

氮化物	结构	密度 $(g \cdot cm^{-3})$	稳定的最高温度(℃)	硬度
BN	六方	2.3	3000	类似石墨
BN	fcc 闪锌矿型	3.4	2000	接近金刚石
AlN	六方 纤锌矿型	3.05	2200	HM1230
GaN	六方 纤锌矿型	5.0	600[a)]	—
Si_3N_4	六方	3.0	1900	HM3340

a) 在真空中.

Si_3N_4 是非金属氮化物中极其重要的一个. 它兼有一系列优越的性能，包括高强度、高硬度、耐氧化、耐腐蚀和抗热冲击，是一种颇有前途的高温结构材料. 近年来，Si_3N_4 陶瓷已成为金属切削工具的一种重要材料，并有可能取代高温蠕变、强度差以及不耐氧化腐蚀的金属材料，用于燃气轮机等动力机械中，借以提高工作温度，减少摩擦损耗，从而达到提高热机效率，降低能源消耗的目的[40—43].

除 Si_3N_4 外，其他非金属氮化物也有许多重要的用途. 例如，立方 BN 虽不及金刚石硬，但它在高温下对铁系元素的抗腐蚀性却优于金刚石. 立方 BN 制成的刀具用于淬火钢、抗磨合金铸铁、冷硬铸铁以及耐磨合金等的精密加工和高速切削等方面已取得良好的经济技术效益.

AlN 的优点是室温强度高,且强度随温度的升高下降较慢. 它的导热性好,热膨胀系数小,是一种良好的耐热冲击材料. AlN 具有优良的抗熔融金属侵蚀的能力,是熔铸纯铁、铝或铝合金理想的坩埚材料. AlN 还是电绝缘体,有良好的介电性能,用作电器元件也很有希望[44].

(4)挥发性氮化物

挥发性氮化物是指某些非金属元素形成的氮化物,它们在常温下为气体、液体或挥发性的固体. 在这类氮化物中,最重要的是氨(氢的氮化物)和各种氧的氮化物. 它们在各有关节中叙述,此处将不涉及. 卤素的氮化物将在 12.7 节中介绍. 硫能形成多种氮化物,如 S_4N_4,S_2N_2 和$(SN)_x$ 等. S_4N_4 可由 NH_3 和 S_2Cl_2 反应形成,熔点 178℃. S_4N_4 晶体为电绝缘体,25℃ 的电导率仅为 $10^{-14}\Omega^{-1}\cdot cm^{-1}$. S_2N_2 在室温下为无色晶体,可由 S_4N_4 在一定条件下分解而来. S_2N_2 可聚合形成$(SN)_x$,后者为金黄色晶体,具有金属光泽. 在空气中加热到约 240℃时,便发生爆炸分解,在真空中加热到约 135℃ 便升华[45]. 挥发性氮化物还有$(CN)_2$,PN,AsN 等,不拟详述.

制备以上各类氮化物的方法很多,但主要有以下几条途径:

(1)单质直接氮化法

许多氮化物可在一定条件下由单质直接和氮气反应形成,例如:

$$6Li + N_2 \xrightarrow{200℃,100atm} 2Li_3N$$

$$2Ti + N_2 \xrightarrow{1200℃} 2TiN$$

$$2Ta + N_2 \xrightarrow{>1000℃} 2TaN$$

$$3Si + 2N_2 \xrightarrow{1200-1450℃} Si_3N_4$$

(2)化学气相沉积法

化学气相沉积(chemical vapor deposition,CVD)法是当前获得高纯度、高密度氮化物涂层和薄膜最有效的方法之一. 例如,用流动法使 $TiCl_4$-N_2-H_2 混合气体与石墨片表面接触,石墨片采用外部加热,结果基片在温度较低的区域形成红棕色的涂层;温度较高的区域形成金黄色的涂层;在 1200 – 1300℃ 的区域则形成针状晶须[46].

$$TiCl_4(g) + 2H_2(g) + 1/2N_2(g) \xrightarrow{\triangle} TiN(s) + 4HCl(g)$$

$$\Delta H = 50kJ \cdot mol^{-1}$$

能用 CVD 法在钢、铸铁或烧结碳化物等衬底上产生氮化物涂层的其他气体混合物还有很多,例如[47—52]:

$$NbCl_4(g) + NH_3(g) + 1/2H_2(g) \xrightarrow{800-1400℃} NbN(s) + 4HCl(g)$$

$$B_3N_3H_6(g) \xrightarrow{1600-1800℃} 3BN(s) + 3H_2(g)$$

$$BCl_3(g) + NH_3(g) \xrightarrow[H_2, P_{总}=0.7-8kPa]{1200-2000℃} BN(s) + 3HCl(g)$$

$$2GaCl_2(g) + 2NH_3(g) \xrightarrow{500-650℃} 2GaN(s) + 4HCl(g) + H_2(g)$$

$$3SiCl_4(g) + 4NH_3(g) \xrightarrow[H_2]{1350-1450℃} \alpha-Si_3N_4(s) + 12HCl$$

$$3SiCl_4(g) + 4NH_3(g) \xrightarrow[H_2, TiCl_4]{1350-1450℃} \beta-Si_3N_4(s) + 12HCl$$

CVD 的缺点是需要很高的温度才能得到附着性强的致密涂层,若用等离子辅助 CVD,可大大地降低氮化物的沉积温度[53,54].

(3)氧化物碳热还原法

某些氮化物如 AlN 和 Si_3N_4 等可用氧化物碳热还原法制得,此类反应的热力学和动力学性质已作了较深入的研究[44,55,56].

$$Al_2O_3 + 3C + N_2 \xrightarrow{1600-1750℃} 2AlN + 3CO$$

$$3SiO_2 + 6C + 2N_2 \xrightarrow{1200-1450℃} Si_3N_4 + 6CO$$

除上述三种途径外,氮化物还可通过其他的方法制备,如由一种氮化物制备另一种氮化物,或由其他金属化合物制备等,此处不一一述及[57—61].

3.4.2　羟胺

羟胺 NH_2OH 可看作是 NH_3 分子中的一个 H 原子被 OH^- 基取代而来. 它的碱性比氨弱.

$$NH_2OH(aq) + H_2O \rightleftharpoons NH_3OH^+ + OH^-$$

$$K = 6.6 \times 10^{-9}(25℃)$$

羟胺可用二氧化硫或电解法,在严格控制反应条件的情况下还原硝酸盐或亚硝酸盐得到;也可在催化剂存在下,在盐酸溶液中用氢气还原二氧化氮来制备. 羟胺是白色固体,熔点 33℃,但必须保存在 0℃,以免分解. 常见的大都是羟胺的水溶液或盐,如$(NH_3OH)Cl$,$(NH_3OH)NO_3$ 及$(NH_3OH)_2SO_4$ 等. 它们是稳定的、水溶性的白色固体.

羟胺有顺式和反式两种几何异构体(图 12.24)[62]. 若 OH 基绕 N—O 键转动一定的角度,还可产生一系列扭曲的中间状态. X 射线晶体结构的测定表明,N—O 键长为 1.47Å. 从氢键的情况判断,羟胺在固态的结构和反式构型一致[63]. 气态可能是顺式和反式构型的混合物,同时不排除扭曲状存在的可能性,因为 RI 光谱的实验结果表明,羟胺分子属 C_s 点群,唯一的对称元素是含 N—O 及 O—H 键,且平分 H—N—H 键角的镜面.

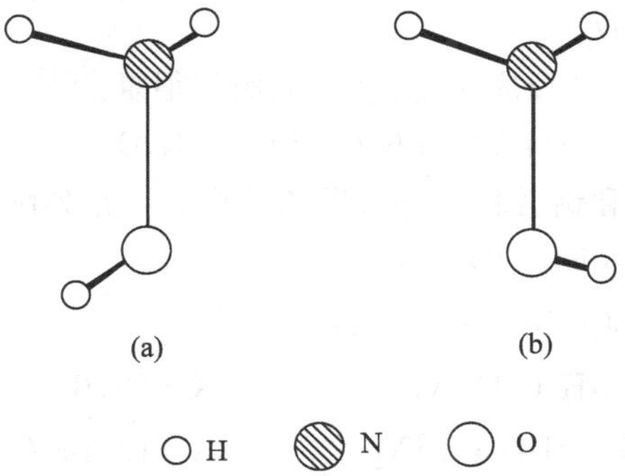

图 12.24 羟胺的两种几何异构体
(a)顺式 (b)反式

在碱性溶液中,羟胺主要按下式分解:

$$3NH_2OH \longrightarrow NH_3 + N_2 + 3H_2O$$

在酸性溶液中,主要的分解产物为氧化二氮:

$$4NH_2OH \longrightarrow 2NH_3 + N_2O + 3H_2O$$

羟胺既可作氧化剂又可作还原剂,但以还原性为主. 羟胺的还原产物在不同的情况下不同. 例如,它和溴化银反应,产生氮气及氧化二氮;和硝酸亚汞反应,则主要产物为氧化二氮.

$$2NH_2OH + 2AgBr \longrightarrow 2Ag + N_2 + 2HBr + 2H_2O$$

$$2NH_2OH + 4AgBr \longrightarrow 4Ag + N_2O + 4HBr + H_2O$$

$$2NH_2OH + 2Hg_2(NO_3)_2 \longrightarrow 4Hg + N_2O + 4HNO_3 + H_2O$$

羟胺可被亚硝酸或硝酸氧化. 和亚硝酸的反应通常在酸性介质中进行:

$$(NH_3OH)^+ + HNO_2 \longrightarrow N_2O + H_3O^+ + H_2O$$

和硝酸的反应,只有在硝酸的浓度较高时才能发生,在 25℃,所需硝酸的最低浓度 $\sim 2.5 mol \cdot L^{-1}$. 该反应有一诱导期,随后是一个快的自催化过程,亚硝酸是主要的催化剂. 羟胺被硝酸氧化为亚硝酸的反应可表示为:

$$(NH_3OH)^+ + 2HNO_3 \longrightarrow 3HNO_2 + H_3O^+$$

反应历程则可用式(1) - (5)来表示[64]:

$$HNO_2 + H^+ + NO_3^- \rightleftharpoons N_2O_4 + H_2O \quad (1)$$

$$NH_2OH + N_2O_4 \longrightarrow HNO + N_2O_3 + H_2O \quad (2)$$

$$HNO + N_2O_4 \longrightarrow HNO_2 + N_2O_3 \quad (3)$$

$$N_2O_3 + H_2O \rightleftharpoons 2HNO_2 \quad (4)$$

$$HNO_2 + (NH_3OH)^+ \longrightarrow N_2O + H_3O^+ + H_2O \quad (5)$$

式(2)是决定反应速率的一步. 由此可见,羟胺被硝酸氧化的产物是氧化二氮和亚硝酸,并有若干中间产物.

羟胺盐还原铁(Ⅲ)的反应是定量的,但历程很复杂[65]. 总反应可表示为:

$$2NH_3OH^+ + 4Fe^{3+} \longrightarrow 4Fe^{2+} + N_2O + 6H^+ + H_2O$$

羟胺可作为配体,和钴、镍、锌等金属离子形成一系列配合物[66],例如:

$[Co(NH_2OH)_6]Cl_3$	
$[CoCl(NH_2OH)(en)_2]Cl_2$	
$Co(NH_2OH)_2X_2$	X = Cl, Br
$[Ni(NH_2OH)_6]X_2$	X = Cl, Br, ClO_4
$Ni(NH_2OH)_4X_2$	X = Cl, Br, NO_3, ClO_4
$Ni(NH_2OH)_3Cl_2$	
$Ni(NH_2OH)_2X_2$	X = Cl, Br
$Ni(NH_2OH)X_2$	X = Cl, NO_3
$Zn(NH_2OH)_2X_2$	X = Cl, Br, (1/2) SO_4

在形成配合物时,羟胺既能以氮原子又能以氧原子作为配位原子,即具有 $M \longleftarrow NH_2OH$ 和 $M \longleftarrow ONH_3$ 两种配位形式. 例如,由 $(NH_3OH)Cl$ 和 ZnO 反应得到的配合物,经 IR 证明为 $Zn(ONH_3)Cl_2$. NH_2OH 和 $ZnCl_2$ 的反应产物则依赖于溶剂. 若用丁醇作溶剂,配体具有 NH_2OH 的形式;若用乙醇作溶剂,则为 NH_2OH/ONH_3 的混合体系,IR 谱图上同时出现此二者的特征峰. 但 $(NH_3OH)Br$ 和 ZnO 或 NH_2OH 和 $ZnBr_2$ 的反应产物,配体均具有 NH_2OH 的形式. 类似地,由 $(NH_3OH)Cl$ 和 $CoCO_3$ 反应得到的产物为 $Co(ONH_3)_2Cl_2$,而 $[Co(NH_2OH)_6]Cl_3$ 中的配体却为另一种形式.

参 考 文 献

[1] 上海吴泾化工厂,氨的合成工艺与操作,燃料化学工业出版社,1974.
[2] J. C. Bailar, Jr., H. J. Emeléus, R. Nyholm and A. F. Trotman-Dickenson (Editorial Eoard), Comprehensive Inorgnic Chemistry, Vol. 3, Pergamon, 1973.
[3] 唐有祺,化学动力学和反应器原理,科学出版社,1978.
[4] I. Olovsson and D. H. Templeton, *Acta Cryst.*, 12, 832 (1959).
[5] O. Bastiansen and B. Beagley, *Acta Chem. Scand*, 18, 2077 (1964).
[6] J. A. Odutola, T. R. Dyke, B. J. Howard and J. S. Muenter, *J. Chem. Phys*, 70, 4884 (1979).
[7] W. L. Jolly, The Inorganic Chemistry of Nitrogen, Benjamin, 1964.
[8] I. Olovsson and D. H. Templeton, *Acta Cryst.*, 12, 827 (1959).

[9] W. J. Siemons and D. H. Templeton, *Acta Cryst.*, 7, 194(1954).

[10] F. A. Cotton and G. Wilkinson, Advanced Inorganic Chemistry, 4th Ed., Wiley, 1980.

[11] I. C. Hisatsune and J. Heicklen, *Can J. Chem.*, 53, 2646(1975).

[12] G. B. Kauffman and D. O. Cowan, *Inorg. Syn.*, 7, 239(1963).

[13] S. A. Goldfield and K. N. Raymond, *Inorg. Chem.*, 10, 2604(1971).

[14] V. K. Wieghardt and J. Weiss, *Acta Cryst.*, B 28, 529(1972).

[15] S. J. Cline, D. J. Hodgson, S. Kallese and S. Larsen, *Inorg. Chem.*, 22, 537(1983).

[16] N. E. Kime and J. A. Ibers, *Acta Cryst.*, B 25, 168(1969).

[17] M. Iwata and Y. Saito, *Acta Cryst.*, B 29, 822(1973).

[18] G. *J. Palcnik*, *Acta Cryst.*, 17, 360(1964).

[19] C. B. Storm, C. M. Freeman, R. J. Butcher, A. H. Turner, N. S. Rowan and P. O Johnson, *Inorg. Chem.*, 22, 678(1983).

[20] M. A. Poraj-Kojic, A. S. Antzishkina, L. M. Dickareva and E. K. Jnkhnov, *Acta Cryst.*, 10, 784 (1957).

[21] H. C. Stynes and J. A. Ibers, *Inorg. Chem.*, 10, 2304(1971).

[22] F. Bottcmley, *J. Chem. Soc. Dalton Trans.*, 2148(1972).

[23] M. T. Flood. R. F. Ziolo, J. E. Earley and H. B. Gray, *Inorg. Chem.*, 12, 2153(1973).

[24] R. S. Evans, E A. Hopcus, J. Bordner and A. F. Schreiner, *J. Cryst. Mol. Struct.*, 3, 235(1973).

[25] J. E. Fergusson, J. L. Love and W. T. Robinson, *Inorg. Chem.*, 11, 1662(1972).

[26] H. D. Flack and E. Parthe, *Acta Cryst.*, B 29, 1099(1973).

[27] G. H. W. Milburn and M. R. Truter, *J. Chem. Soc.*, A, 1609(1966).

[28] B. Morosin, *Acta Cryst.*, B 25, 19(1969)

[29] A. A. G. Temlinson, B. J. Hathaway, D. E. Billing and P. Nichols. *J. Chem. Soc.*, A, 65(1969).

[30] O. Popovych and R. P. T. Tomkôns, Nonaqueoua Solution Chemistry, Wiley, 1981.

[31] J. J. Lagowski, *J. Chem. Edu.*, 55, 752(1978).

[32] R. F. Kruh and J. I. Petz, *J. Chem. Phys.*, 41, 890(1964).

[33] U. v. Alpen, *J Solid State Chem.*, 29, 379(1979).

[34] S. Furukawa, K. Mcriwaki and K. Nishio, JP 60189169; JP 60189170.

[35] B. Knutz and S. Skaarup, *Solid State Ionics*, 18 – 19, 783(1986).

[36] Kirk-Othmer, Encyclopedia of Chemical Technology, 3rd. Ed., Vol. 15, p. 871, Wiley, 1981.

[37] O. N. Carison, J. F. Smith and R. H. Nafziger, *Metallurgical Transactions*, 17A, 1647(1986).

[38] W. Lengauer, *J. Less-Common Met.*, 125, 127(1986).

[39] J. G. Desmaison and W. W. Smeltzer, *J. Electrochem. Soc.*, 122, 354(1975).

[40] 殷之久、陈人鹏、李家治、符锡仁,新型无机材料,9,28(1981).

[41] J. Aucote and S. R. Foster, *Mater. Sci. Technol.*, 2, 700(1986).

[42] F. L. Rilcy and S. J. Milsom, *Mater. Sci. Technol.*, 2, 891(1986).

[43] A. Bennett, *Mater. Sci. Technol.*, 2, 895(1986).

[44] 黄莉萍、黄熊璋、符锡仁、沈宝珍,硅酸盐学报,14,332(1986).

[45] M. M. Labes P Love and L. F. Nichals, *Chem. Rev.* ,79,1(1979).
[46] A. Kato and N Tamari, *J. Cryst. Growth*,29,55(1975).
[47] T. Watari, Y. Takakura, M. Murakami and A. Kato, *J. Mater. Sci.* ,19,2915(1984).
[48] T. Matsuda, H Nakae and T. Hirai, *J. Mater. Sci.* ,23,509(1988).
[49] H. Hannache and R. Naslain, *J. Less-Common Met.* ,95,221(1983).
[50] P. J. Bcrn and D. S. Robertson, *J. Mater. Sci.* ,15,3003(1980).
[51] T. Hirai and S Hayashi, *J. Am. Ceram. Soc.* ,64,C-88(1981).
[52] K. Oda, T. Yoshio and K. O-Oka, *J. Am. Ceram. Soc.* ,66,C-8(1983).
[53] A. Michalski and A. Sokolowska *J. Mater. Sci.* ,20,1842(1985).
[54] M. Konuma, Y. Kanzaki and O. Matsumoto, *J. Less-Common Met.* ,75,1(1980).
[55] S. -C. Zhang and W. R. Cannon. *J. Am. Ceram. Soc.* ,67,691(1984).
[56] 刘方兴、雅菁,硅酸盐通报,6,27;36(1987).
[57] D. L. Segal, *Trans. J. Br. Ceram.* ,85,184(1986).
[58] G. M. Brown and L. Maya, *J. Am. Ceram. Soc.* ,71,78(1988).
[59] H. Jacobs and J. Bock, *J. Less-Common Met.* ,134,215(1987).
[60] M. Uno, M. Katsura and M. Miyake, *J. Less-Common Met.* ,121,615(1986);135,25(1987).
[61] G. M. Demyashev, E. E. Koshchug, N. N. Repnikov and R. K. Chuzhko, *J. Less-Common Met.* , 107,59(1985).
[62] P. A. Giguere and I. D. Liu, *Can. J. Chem.* ,30,948(1952).
[63] E. A. Meyers and W. N. Lipscomb, *Acta Cryst.* ,8,583(1955).
[64] J. R. Pembridge and G. Stedman, *J. Chem. Soc. Dalton Trans.* ,1657(1979).
[65] G. Bengtsson, *Acta Chem. Scand.* ,27,1717(1973).
[66] M. N. Hughes and K. Shrimanker, *Inorg. Chim. Acta*,18,69(1976).

12.4　氮的氧化物

氮能形成多种氧化物,氧化态为 +1 到 +6. 已知的氮的氧化物列于表 12.23 中[1],其中 N_2O,NO,N_2O_3,N_2O_4 及 N_2O_5 是很早就知道的;NO_3 是在含 N_2O_4 和 O_2 的低压放电管中形成的,它的寿命很短;N_2O_2 则为 NO 的二聚体,有时用化学式 $(NO)_2$ 表示. 此外,还有不稳定的氧化四氮(N_4O)及二氧化四氮(N_4O_2).

在氮的化学中,氧化物是研究得较深入的一类化合物,因为它们广泛地用于有机及基本化学工业中作硝化剂或氧化剂. 氮的氧化物又是主要的大气污染源之一,因此,了解它们的反应,对研究大气及环境化学有着重要的意义. 此外,在配位化学中,氮的氧化物又是常见的配位体.

4.1　氮的氧化物的结构

氮的氧化物的结构示于图 12.25 中,相应的结构数据汇集在

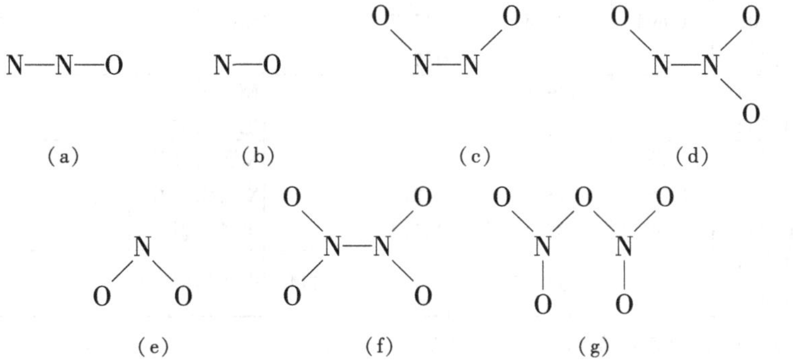

图 12.25　氮的氧化物的结构

(a)$N_2O(C_{\infty v})$　(b)NO　(c)$N_2O_2(C_{2v})$　(d)$N_2O_3(C_s)$
(e)$NO_2(C_{2v})$　(f)$N_2O_4(D_{2h})$　(g)N_2O_5

表 12.23　氮的氧化物

分子式	氧化态	名称	颜色	温度(℃)	活泼性
N_2O	+1	氧化二氮	无色	m. p. −99.8, b. p. −88.5	相当不活泼
NO	+2	一氧化氮	无色	m. p. −163.6, b. p. −151.8	中等活泼
N_2O_2	+2	二氧化二氮			
N_2O_3	+3	三氧化二氮	液:深蓝 固:浅蓝	f. p. −100.6, d. 3.5	> −30℃,开始明显解离, $N_2O_3 \longrightarrow NO + NO_2$

续表

分子式	氧化态	名称	颜色	温度(℃)	活泼性
NO_2	+4	二氧化氮	棕色	m. p. −11.20, b. p. 21.15	相当活泼
N_2O_4	+4	四氧化二氮	无色	b. p. 21.2	气态极易解离为 NO_2，液态部分解离
N_2O_5	+5	五氧化二氮	无色	m. p. 30, d. 47	气态不稳定
NO_3, N_2O_6	+6	三氧化氮			很不稳定

表 12.24 中[2].

表 12.24　氮的氧化物的结构数据

氧化物	键长(Å)		键角(°)			实验方法	文献
	N—O	N—N	ONO	NNO	NON		
N_2O	1.186	1.127		180		红外光谱	[3]
	1.188	1.129		180		微波谱	
NO	1.154					微波谱	
N_2O_2	1.161	2.237		99.6		微波谱	[4]
	1.15	2.18		101		X 射线衍射	[5-7]
N_2O_3	1.142 a)			105.1 a)			
	1.202 b)	1.864	129.8	112.7 b)		微波谱	[8]
	1.217 c)			117.5 c)			
NO_2	1.193		134.1			微波谱	
	1.202		134.0			电子衍射	
N_2O_4	1.21	1.73	133	113.5		X 射线衍射	
	1.21	1.75	135	112.5		X 射线衍射	
	1.190	1.782	135.4	112.3		电子衍射	[9]
N_2O_5	1.188		133.3 d)		~114	电子衍射	[10]
	1.499						

a) 亚硝酰氧；　b) 顺式硝基氧；　c) 反式硝基氧；　d) 硝基.

由图 12.25 可见，N_2O 为线形结构，偶极矩接近零(0.17D)，而仅多一个电子的 NO_2 分子却为弯曲形，ONO 键角为 134°. 这种几何构型上的差别可从分子轨道法的计算结果中得到回答. 图 12.26 表示了 AY_2 型分子的 Walsh 图[11]. N_2O 分子的价电子数为 16，它的 HOMO($1\pi_g$)当弯曲时能量升高，因而它是一个线形分子，NNO 键角为 180°. NO_2 的价电子数为 17，它的 HOMO 为 $2\pi_u$. 从 Walsh 图上可清楚地看到：$2\pi_u$ 在弯曲时能量明显地下降，换句话说，若分子呈弯曲形则成键倾向明显地增加，因而 NO_2 分子呈弯曲形. 和上述情况一致，若 N_2O 的一个价电子由 $1\pi_g$ 激发到 $2\pi_u$ 上，分子呈激发态，则平衡的几何构型通常转变为弯曲形. 此外，对于

N_2O 分子,不对称的 N—N—O 结构比对称的 N—O—N 结构稳定,因为充填电子的 π 分子轨道宁可让电负性较大的氧原子占据端梢的位置[12].

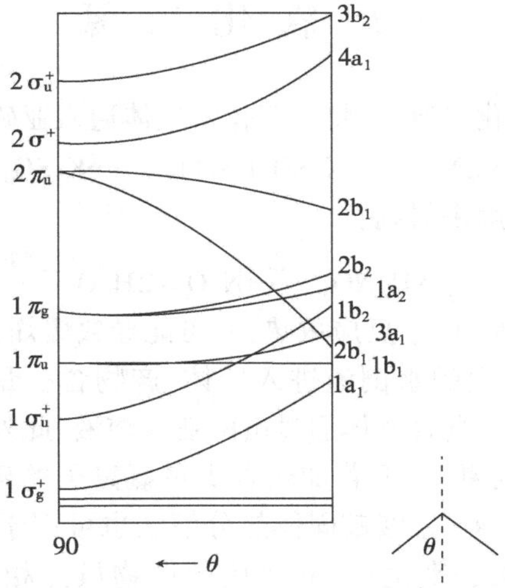

图 12.26 AY_2 型分子的 Walsh 图

NO 分子的电子构型为$(\sigma_1)^2(\sigma_1^*)^2(\sigma_2)^2(\pi)^4(\pi^*)$. 由于反键的 π 轨道上有一个未成对的电子,致使气态 NO 分子具有顺磁性,且键级为 2.5. 相应的 N—O 键长为 1.15Å,介于 NO^+ 中叁键键长(1.06Å)和典型的双键键长(~1.20Å)之间,这和上述电子结构一致. NO 在固态发生聚合作用,沸点时,蒸气中存在着二聚体[13]. 它具有顺式平面结构. 二聚体中无未成对的电子,但它具有弱的固有的顺磁性,而与温度无关[1]. 二聚体的结合能小于 10.0kJ · mol^{-1},此与长的 N—N 键一致.

N_2O_2,N_2O_3 和 N_2O_4 可视为由 NO 和 NO_2 基团按不同的方式结合而来. 它们都是平面型分子,且中间的 N—N 键特别长. N_2O_2,N_2O_3 和 N_2O_4 均能形成稳定性较差的同分异构体. 以 N_2O_4 为例,图 12.25(f)是它最稳定的一种构型,其中的 N—N 键(1.78Å) 比联氨 $H_2N—NH_2$ 中的 N—N 键(1.47Å)长. 分子轨道法的计算表明,虽然这种长的 N—N 键为 σ 型,但由于该电子对是离域的,且成对地充填在分子轨道上,排斥力强,致使 N—N 键特别长,而力的微妙的平衡宁可采取此种具有弯曲形 O—N—O 基的共面结构[14]. N_2O_4 中 N—N 键转动势垒的估计值约为 9.6kJ · mol^{-1}.

N_2O_5 在气态的结构如图 12.25(g)所示. 固态的稳定形式为 $NO_2^+NO_3^-$,即为硝酸硝鎓.

由于氮的氧化物种类颇多,本节只可能就某些重要的氧化物作较深入的介绍.

4.2 氧化二氮

实验室制备少量氧化二氮,可将一氧化氮气体通入亚硫酸钾溶液得到.

$$K_2SO_3 + 2NO \longrightarrow K_2SO_3(NO)_2 \longrightarrow K_2SO_4 + N_2O$$

也可通过硝酸铵的热分解来得到:

$$NH_4NO_3 \xrightarrow{\triangle} N_2O + 2H_2O$$

分解作用约在 170℃ 开始. 由于反应放热,并可能导致爆炸,因此,需注意控制温度(<250℃),同时防止产生的水倒流进入熔体. 产物含少量一氧化氮及氮气等杂质,为除去一氧化氮,可将混合气体通过硫酸亚铁溶液. 此外,硝酸铵中不得含氯离子,否则便催化分解得到氮气. 但若加热含少量氯离子的硝酸铵的硝酸或硫酸溶液,可得到很纯的氧化二氮. 硝酸铵固体热分解法也可用于工业上生产氧化二氮. 工业上还可通过氨氧化法来生产,此反应的产物虽然相当复杂,但若在 200 - 300℃ ,用含铁或铋的锰作催化剂,氧化二氮的产率可达 88%;在 200℃ ,用 MnO-BiO 催化剂,产率可达 71%.

氧化二氮在室温下为无色气体. 和氮的其他氧化物比较,相当不活拨,常温下不和卤素、碱金属等起反应,和氢的主要反应是:

$$N_2O + H_2 \longrightarrow N_2 + H_2O \quad \Delta H^\ominus = 314kJ \cdot mol^{-1},$$

H_2—N_2O 混合气的燃点比 H_2—O_2 混合气的低,但放出的热量却比 H_2—O_2 反应的高,原因是使 N_2O 分子发生解离所需的能量($188kJ \cdot mol^{-1}$)低于 O_2 分子的 $251kJ \cdot mol^{-1}$. 当然,H_2—N_2O 的反应不仅和 N_2O 的解离有关,它的反应历程是很复杂的.

H_2—N_2O 混合气的爆炸极限很宽,即使将 N_2O 稀释至含 79% 的 N_2 气,和 H_2 气混合仍能发生爆炸. 不仅如此,N_2O 对 H_2—O_2 的反应也极为敏感,若在 H_2—N_2O 的混合气中加入 O_2 气,立即发生燃烧,或由于自催化反应的结果,引起爆炸.

某些金属,若它们的碳、磷、硫或氧化物的生成热较高,则在氧化二氮中加热,能发生燃烧,甚至比在空气中烧得更旺,反应结果形成氧化物和氮.

$$M + N_2O \longrightarrow MO + N_2$$

和原子氯反应,产生的中间氧化物分解,最终得到相应的单质.

$$Cl + N_2O \longrightarrow [ClO] + N_2$$

$$2[ClO] \longrightarrow Cl_2 + O_2$$

在约 200℃ ,氧化二氮和熔融的氨基化钠或氨基化钾反应,产生叠氮化物.

$$2KNH_2 + N_2O \longrightarrow KN_3 + KOH + NH_3$$

高于585℃,氧化二氮分解为氮气和氧气.

$$N_2O \longrightarrow N_2 + (1/2)O_2$$

氧化二氮俗称笑气,可作麻醉剂.

4.3 一 氧 化 氮

4.3.1 一氧化氮的制备和性质

从工业角度看,一氧化氮是所有氮的氧化物中最重要的一个. 它是氨氧化制硝酸的必经之路. 在实验室制备少量一氧化氮,则可通过还原硝酸、硝酸盐或亚硝酸盐来得到. 例如:

$$8HNO_3 + 3Cu \longrightarrow 3Cu(NO_3)_2 + 2NO + 4H_2O$$

由下列水溶液的反应,可得相当纯的NO:

$$2NaNO_3 + 2NaI + 4H_2SO_4 \longrightarrow 4NaHSO_4 + I_2 + 2NO + 2H_2O$$

$$2NaNO_2 + 2FeSO_4 + 3H_2SO_4 \longrightarrow 2NaHSO_4 + Fe_2(SO_4)_3 + 2NO + 2H_2O$$

NO还可通过干法制备:

$$3KNO_2 + KNO_3 + Cr_2O_3 \xrightarrow{\triangle} 2K_2CrO_4 + 4NO$$

气态NO无色,但在液态或固态却为蓝色. 遇氧立即氧化成二氧化氮:

$$2NO + O_2 \longrightarrow 2NO_2$$

毫无疑问,此为NO最重要的化学反应. 动力学的研究表明,上述反应是简单的三级反应,遵循下列速率方程[15]:

$$\frac{-d[NO]}{dt} = -2\frac{d[O_2]}{dt} = k[NO]^2[O_2]$$

高于360℃,逆反应明显,速率方程为:

$$\frac{-d[NO]}{dt} = k[NO]^2[O_2] - k'[NO_2]^2$$

反应机理包括形成$(NO)_2$或NO_3,或二者均有.

形成$(NO)_2$:

$$2NO \rightleftharpoons (NO)_2$$

$$(NO)_2 + O_2 \longrightarrow 2NO_2$$

形成NO_3:

$$NO + O_2 \rightleftharpoons NO_3$$

$$NO_3 + NO \longrightarrow 2NO_2$$

除氧以外,臭氧、硝酸等也能将一氧化氮氧化成二氧化氮.

一氧化氮能和氟、氯或溴形成亚硝酸卤化物 XNO. 它们的物理性质及结构数据列于表 12.25 中.

亚硝酰卤化物的稳定性由氟到溴依次降低. 室温下 ClNO 约有 0.5% 分解成 Cl_2 和 NO, 而 BrNO 则有 ~7% 分解.

在 25℃ 及 101.3kPa 下, NO 是热力学不稳定的. 在高压下, 它很易在 30 - 50℃ 的范围内歧化分解.

$$3NO \longrightarrow N_2O + NO_2$$

表 12.25　亚硝酰卤化物的物理性质及结构数据

性质	FNO	ClNO	BrNO
气体颜色	无色	橙黄色	红色
熔点(℃)	-133	-62	-56
沸点(℃)	-60	-6	~0
结构	弯曲形	弯曲形	弯曲形
X—N(Å)	1.52	1.95	2.14
N—O(Å)	1.13	1.14	1.15
键角 X—N—O(°)	110	116	114

前已述及, 在 NO 分子中, π^* 轨道上有一未成对的电子, 若丢掉该电子则转变为亚硝酰离子 NO^+. 由于移走的是反键轨道上的电子, 致使 NO^+ 离子的化学键比 NO 的强, 表现在 NO^+ 的键长比 NO 的缩短了 0.09Å, 而伸缩振动频率则由 NO 的 $1840cm^{-1}$ 增加到 NO^+ 的 $2150 - 2400cm^{-1}$.

亚硝酰离子能形成多种离子型化合物, 例如, N_2O_3 或 N_2O_4 溶于浓 H_2SO_4 中, 便产生 NO^+ 离子:

$$N_2O_3 + 3H_2SO_4 \longrightarrow 2NO^+ + 3HSO_4^- + H_3O^+$$

$$N_2O_4 + 3H_2SO_4 \longrightarrow NO^+ + NO_2^+ + 3HSO_4^- + H_3O^+$$

氢硫酸亚硝酰 $NO^+HSO_4^-$ 是铅室法制硫酸的重要的中间产物. NO^+ 离子的离子型化合物还有 $NO^+ClO_4^-$, $NO^+BF_4^-$, $NO^+MoF_6^-$, $(NO^+)_2PtCl_6^{2-}$, $NO^+FeCl_4^-$, $NO^+AsF_6^-$ 和 $NO^+SbCl_6^-$ 等. 所有 NO^+ 的盐都易水解.

$$NO^+ + H_2O \longrightarrow H^+ + HNO$$

有关 NO^+ 的离子化合物还将在 4.4 节中涉及.

NO^+ 离子和 CO 是等电子体, 与 CO 类似, 它能和金属原子或离子形成一系列配合物(4.3.2 节).

4.3.2　一氧化氮的配位化合物

一氧化氮的金属二元化合物为数极少, 已经证实的有 $Cr(NO)_4$[16,17], 它具有四面体的结构. $Co(NO)_3$ 也曾有过报道[18],但需进一步证实. 然而,含一氧化氮配体的化合物,即亚硝酰配合物,却为数甚多.

近 20 年来一氧化氮的配位化学发展迅速,合成了大量的亚硝酰配合物,而且对它们的结构和化学键性质作了较深入的研究. 一个重要的因素是由于 NO 是大气污染的主要有害物之一. 防治大气污染,除改善燃烧条件,减少生成氮的氧化物以外,还需发展催化剂,使 NO 转化为毒性较低的物质,因为 NO 的分解或还原反应,在动力学上是惰性的. 采用的催化剂大多数是金属或金属氧化物,因此,需要了解 NO 分子是如何和催化剂表面的金属中心作用的,这就在某种意义上促进了亚硝酰配位化学的发展.

(1)亚硝酰配合物的制备

一氧化氮和某些羰基化合物反应可制得相应的亚硝酰、羰基配合物,NO 和 $Co_2(CO)_8$,$M_3(CO)_{12}$(M = Ru 或 Os)反应生成 $Co(CO)_3(NO)$ 或 $M_3(CO)_{10}(NO)_2$ 就是两例[18,19].

$$Co_2(CO)_8 + 2NO \longrightarrow 2Co(CO)_3(NO) + 2CO$$

$$M_3(CO)_{12} + 2NO \longrightarrow M_3(CO)_{10}(NO)_2 + 2CO$$

某些其他的过渡金属配合物也能直接和一氧化氮反应,如 $[Ru(NH_3)_6]^{3+}$ 在酸性介质中和 NO 反应,产生 $[Ru(NH_3)_5(NO)]^{3+}$[20].

$$[Ru(NH_3)_6]^{3+} + NO + H^+ \longrightarrow [Ru(NH_3)_5(NO)]^{3+} + NH_4^+$$

往某些金属配合物的溶液里通入 NO 时,除生成亚硝酰配合物外,NO 还发生歧化反应,歧化产生的 NO_2 也同时和中心金属离子配位,例如[21]:

$$RhCl(PPh_3)_2(CO) + 4NO \longrightarrow RhCl(PPh_3)_2(NO)(NO_2) + N_2O + CO$$

$$IrCl(PPh_3)_2(N_2) + 4NO \longrightarrow IrCl(PPh_3)_2(NO)(NO_2) + N_2O + N_2$$

关于亚硝酰配合物的合成,文献[22]作了较全面的综合,此处不详述.

(2)亚硝酰配合物的结构

在亚硝酰配合物中,M—N—O 有线型和弯曲型的两种构型,弯曲型的通常指那些键角介于 120 – 140 之间的;线型的则包括那些稍偏离 180°,或键角由 160°到 180°的配合物;键角在 150°左右的为数较少. M—N—O 取线型或弯曲型的决定因素还不完全清楚,但已了解到中心离子的电子构型会影响 M—N—O 的键角. 例如,在五配位的四方锥配合物中,d^6 构型通常为线型,而 d^8 构型则为弯曲型.

线型及弯曲型的两种极端情况,可分别用 NO^+ 及 NO^- 表示,即:

M—N≡O:

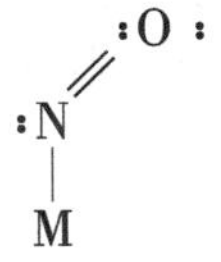

前者可视为叁电子给予体,后者则可视为单电子给予体. 某些含线型或弯曲型 M—

N—O 键,即端梢 NO 的配合物,列于表 12.26 中.

表 12.26　若干含端梢一氧化氮的配合物

化合物	键角 M—N—O (°)	v_{NO} (cm^{-1})	文献
$Ru(NO)(PPh_3)_2Cl_3$	180.0	1876	[23,24]
$Fe(NO)[S_2CN(CHMe_2)_2]_2$	179.0	1695	[25]
$[Fe(NO)(CN)_4]^{2-}$	177.1	1755	[26]
$K_2[Ru(NO)Cl_5]$	176.8	1900	[27,28]
$FeH(NO)(CO)(PPh_3)_2$	175.1	1690	[29]
$K[Ir(NO)Cl,] \cdot H_2O$	174.3	2006	[30]
$Fe(NO)(S_2CNMe_2)_2$	170.4	1690	[31]
$(\eta^5-C_5H_5)Cr(NO)_2Cl$	170.0 168.8	1816 1711	[32]
$(\eta^5-C_5H_5)W(NO)_2Cl$	169.0 168.4	1650 1773	[32]
$Co(NO)_2I(PPh_3)$	165.2 163.3	1830 1771	[33]
$[Rh(NO)_2(PPh_3)_2](ClO_4)$	158.9	1759 1714	[34]
$Fe(NO)(C_8H_{18}N_2S_2)$	158.4[a)] 155.2	1650	[35]
$Co(NO)(S_2CNMe_2)_2$	139	1626	[1]
$[Ru(NO)_2Cl(PPh_3)_2](PF_6) \cdot C_6H_6$	138[b)] 178	1687 1845	[36]
$Co(NO)\{S_2CN(CHMe_2)_2\}_2$	129.2	1610	[37]
$Rh(NO)Cl_2(PPh_3)_2$	125	1620	[21]
$[Ir(NO)Cl(CO)(PPh_3)_2]^+$	124.1	1680	[21]
$Ir(NO)Cl_2(PPh_3)_2$	123	1560	[21]
$[Co(NO)Cl(en)_2]^+$	121	1611	[1]
$Ir(NO)IMe(PPh_3)_2$	120	1525	[1]

a) 化合物具有两种结构上独立的分子.

b) 一为弯曲型,一为线型(图 12.27).

图 12.27 表示了$[Ru(NO)_2Cl(PPh_3)_2]^+$离子的结构,其中 Ru(Ⅱ)处于变形

四方锥的配位环境中,线型 NO 占据锥底的位置,弯曲型 NO 则处于轴向的位置上.

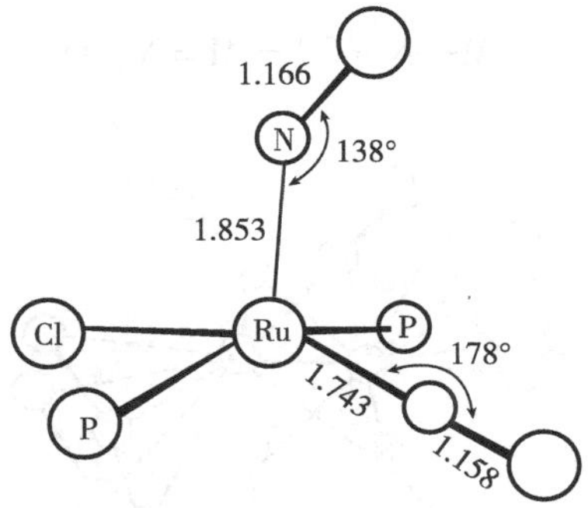

图 12.27　$[Ru(NO)_2Cl(PPh_3)_2]^+$ 的结构(Ph 基未示出)

在亚硝酰配合物中,NO 配体除端基外,还有边桥基和面桥基的结合方式. 和羰基化合物类似,边桥基有对称和不对称之分. 图 12.28 –12.30 分别表示了$[(\eta^5\text{-}C_5H_5)Fe(NO)]_2$[38],$[(\eta_5\text{-}C_5H_5Cr(NO)_2]_2$[39],及$[(\eta^5\text{-}C_5H_5)_3Mn_3(NO)_4]$[40]分子的结构. 由图可见,在$[(\eta5\text{-}C_5H_5)Fe(NO)]_2$ 分子中,仅含(μ_2-NO)基,Fe—Fe 键长 2.326Å,相当于 Fe = Fe 双键,而 Fe—Fe 单键键长在 2.50-2.70Å 的范围内. 在$[(\eta^5\text{-}C_5H_5)Cr(NO)_2]_2$ 分子中,既含边桥 NO 基,又含端梢 NO 基. 而在$[(\eta^5\text{-}C_5H_5)_3Mn_3(NO)_4]$分子的结构中,含两种不同的桥基,即边桥基($\mu_2$-NO)和面桥基($\mu_3$-NO),它们位于锰原子所在平面的两侧.

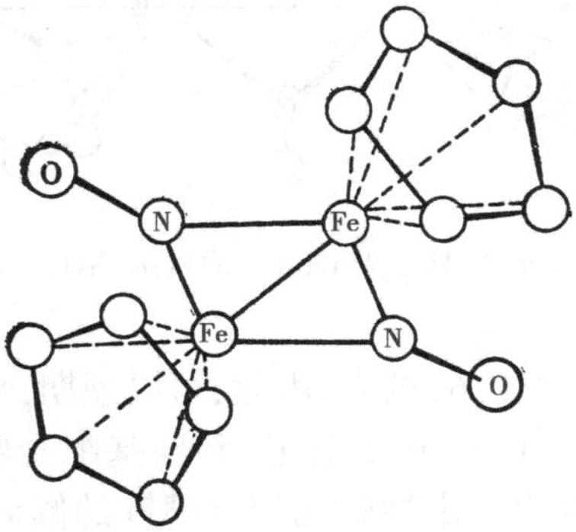

图 12.28　$[(\eta^5-C_5H_5)Fe(\mu_2-NO)]_2$ 的分子结构

综上所述,在亚硝酰配合物中,NO 配体和金属原子的结合方式有四种:(1)端基,直线型;(2)端基,弯曲型;(3)边桥基;(4)面桥基.

(3)亚硝酰配合物的化学键性质

一氧化氮仅在反键的 π 轨道上比一氧化碳多一个电子,因此,和羰基配合物类似，过渡金属的亚硝酰配合物也存在 M ⟶NO 的反馈键（$d\pi \longrightarrow p\pi$），可表示为：

$$-\mathrm{M}-\overset{+}{\mathrm{N}}\equiv \mathrm{O}^{+}\rightarrow \mathrm{M}=\overset{+}{\mathrm{N}}=\mathrm{O}$$

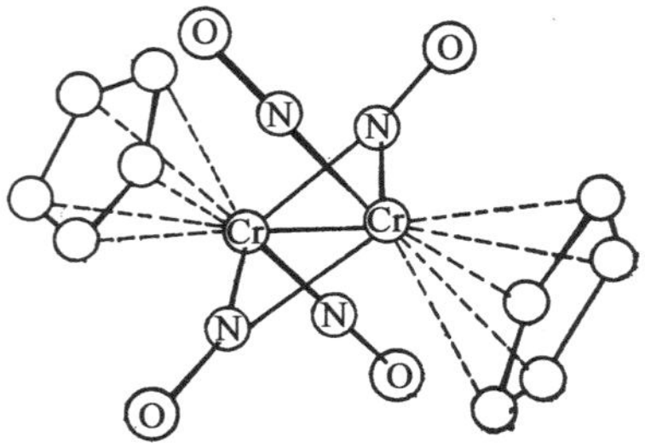

图 12.29　$[(\eta^5\text{-}C_5H_5)Cr(\mu_2\text{-}NO)(NO)]_2$ 的分子结构

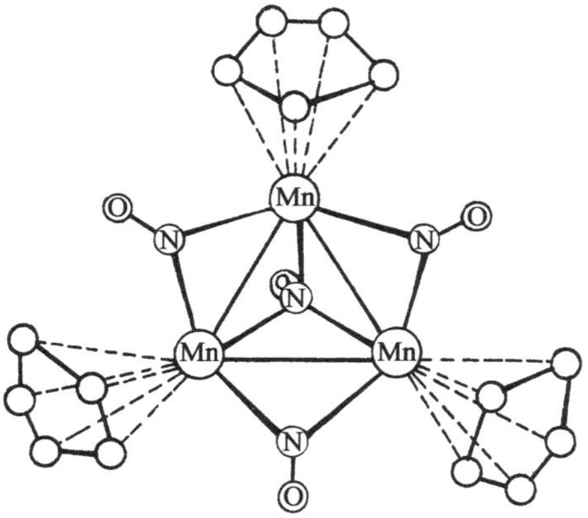

图 12.30　$[(\eta^5\text{-}C_5H_5)_3Mn_3(\mu_3\text{-}NO)(\mu_2\text{-}NO)_2]$的分子结构

由于 N 的电负性(3.0)比 C(2.6)的大，因此，可以预期，NO 的 π 接受性比 CO 强，即 M ⟶NO 的反馈键比 M ⟶CO 的强. 和羰基配合物类似，亚硝酰配合物的 N—O 伸缩振动频率，也可用以定性的比较反馈键的倾向，即 v_{N-O}的数值越低，反馈键越强. 表 12.27 比较了若干八面体构型$[M(NO)(CN)_5]^{n-}$线型亚硝酰配合物的 v_{N-O}值. 由表 12.27 可见，反馈键的倾向按 Fe，Mn，V 的顺序依次递增，相应的 N—O 键长也递增. 对于线型和弯曲型的端梢亚硝酰配合物，总趋势是弯曲型的 v_{N-O}. 值较低(表 12.26).

亚硝酰配合物中 M ⟶NO 反馈键的倾向，不仅可用红外光谱来研究，还可用X射线光电子能谱，通过测定N1s及O1s的电子结合能E_B来研究. 表12.28比较

表 12.27 若干同类亚硝酰配合物的 $v_{N—O}$ 值

化合物	键角 M—N—O (°)	$v_{N—O}$ (cm^{-1})	N—O 键长(Å)	文献
$Na_2[Fe(NO)(CN)_5]\cdot 2H_2O$	178.3	1939	1.13	[41,42]
$K_3[Mn(NO)(CN)_5]\cdot 2H_2O$	174.3	1725	1.21	[43,44]
$K_3[V(NO)(CN)_5]\cdot 2H_2O$	171.4	1530	1.29	[45]

了若干$[Fe(NO)(diars)_2X]^{m+}$类型配合物的 IR 和 XPS 的测定结果[46]. 若以 E_B(N1s)对 $v_{N—O}$值作图,则接近线型关系(图 12.31). 由此可见,N1s 电子结合能的数值也可用以定性比较 M ⟶NO 反馈键的相对强弱,即结合能的数值越低,反馈键越强. 对于表 12.28 所列的配合物,由上往下反馈键的倾向依次增强.

表 12.28 若干$[Fe(NO)(diars)_2X]^{m+}$配合物的 IR 和 XPS 数值

编号	化合物	键角 M—N—O (°)	$v_{N—O}$ (cm^{-1})	E_B(N1s) (eV)
1	$[Fe(NO)Cl(diars)_2](BF_4)_2$	180	1883	403.2
2	$[Fe(NO)(NCS)(diars)_2](ClO_4)_2$	180	1870	403.2
3	$[Fe(NO)I(diars)_2](ClO_4)_2$	180	1835	402.5
4	$[Fe(NO)(diars)_2](ClO_4)_2$	168	1760	402.1
5	$[Fe(NO)Cl(diars)_2](BPh_4)$	160	1620	400.2
6	$[Fe(NO)I(diars)_2]I$	160	1620	399.7

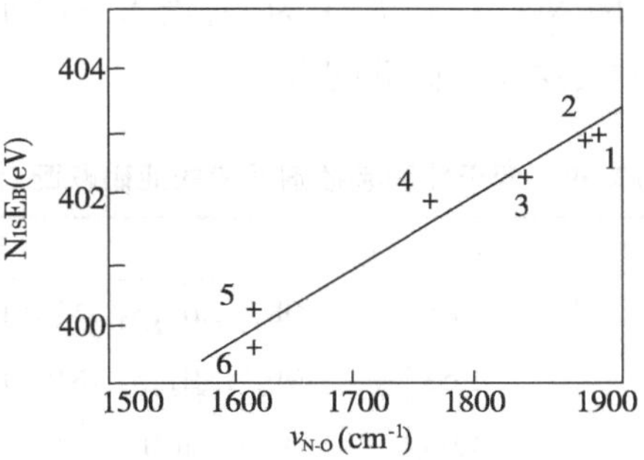

图 12.31 $[Fe(NO)(diars)_2X]^{m+}$配合物的 E_B(N1s)$-v_{N—O}$图

对于同一族的配合物$[(\eta^5\text{-}C_5H_5)M(NO)_2Cl]$(M = Cr, Mo, W), N1$s$ 和 O1s 的电子结合能由铬到钨显著降低(表 12.29)[47],表明 M ⟶NO 反馈键的倾向由铬到钨依次递增. 这是符合一般规律的,因为同族过渡元素自上而下 π 给予性增强.

表 12.29 $[(\eta^5-C_5H_5)M(NO)_2Cl]$的 XPS 数据

化合物	E_B(eV)	
	N1s	O1s
$(\eta^5-C_5H_5)Cr(NO)_2Cl$	407.47	539.45
$(\eta^5-C_5H_5)Mo(NO)_2Cl$	407.35	538.98
$(\eta^5-C_5H_5)W(NO)_2Cl$	407.23	538.67

(4)亚硝酰配合物的化学反应

过渡金属亚硝酰配合物的发现虽已有一个多世纪的历史，而且 NO^+ 又是 CO 的等电子体，但对亚硝酰配合物化学反应的了解和研究却远不如对羰基配合物. 一个重要的因素是 M—NO 间的化学键很强，缺乏活性. 例如，配体取代反应对羰基配合物是一类很重要的反应，但对亚硝酰配合物，类似的反应却少见. 不仅如此，M—NO 中一氧化氮配体的反应也较少. 当然，这类反应有时也能发生，例如，OH^-，ROH 和 N_2H_4 等亲核剂能进攻某些 M—NO 中的配体，发生如下的反应[24,48].

$$[Fe(NO)(CN)_5]^{2-}+2OH^- \longrightarrow [Fe(NO_2)(CN)_5]^{4-}+H_2O$$

$$[Ir(NO)Cl_3(PPh_3)_2]^+ + ROH \longrightarrow [Ir(RONO)Cl_3(PPh_3)_2]+H^+ (R=Me,Et)$$

$$[Ru(NO)Cl(diars)_2]^{2+}+N_2H_4 \longrightarrow [Ru(N_3)Cl(diars)_2]+2H^+ + H_2O$$

经过对大量亚硝酰配合物的研究，发现，凡是 $v_{N—O} \gtrsim 1890cm^{-1}$ 的线型 M—NO，至少能和一种以上的亲核剂反应. 表 12.30 列出了一些实例. 上述现象可解释为：$v_{N—O}$的数值高意味着 M $\longrightarrow$NO 的反馈键弱，即 NO^+ 的负电荷密度低，因而可作为亲电子剂发生反应. 以$[Ir(NO)X_5]^-$离子为例，当 X = Cl 时，$v_{N—O}=2006cm^{-1}$；当 X = Br时，$v_{N—O}=1953cm^{-1}$，这在亚硝酸配合

表 12.30 若干能和亲核剂反应的亚硝酰配合物

化合物	$v_{N—O}(cm^{-1})$	亲核剂
$[Ir(NO)Cl_5]^-$	2006	OH^-, NH_3, N_3^-, NH_2OH
$[Ir(NO)Br_5]^-$	1953	OH^-, NH_3, N_3^-, NH_2OH
$[Ir(NO)Cl_3(PPh_3)_2]^+$	1945	MeOH, EtOH
$[Fe(NO)(CN)_5]^{2-}$	1938	OH^-, SH^-, NH_2OH, N_3^-
$[Ru(NO)(NH_3)_5]^{3+}$	1925	OH^-, NH_2OH, N_2H_4
$[Ru(NO)(CN)_5]^{2-}$	1927	OH^-
$[Os(NO)(CN)_5]^{2-}$	1905	OH^-
$[Ru(NO)Cl(diars)_2]^{2+}$	1886	OH^-, N_3^-, N_2H_4, $PhNHNH_2$

物中几乎是最高的值. 它们能发生一系列如下的反应:

$$[Ir(NO)X_5]^- + 2OH^- \longrightarrow [Ir(NO_2)X_5]^{3-} + H_2O$$

$$[Ir(NO)X_5]^- + NH_2OH + H_2O \longrightarrow [IrX_5(H_2O)]^{2-} + N_2O + H_3O^+$$

$$[Ir(NO)X_5]^- + N_3^- + H_2O \longrightarrow [IrX_5(H_2O)]^{2-} + N_2O + N_2$$

$$[Ir(NO)X_5]^- + 2NH_3 \longrightarrow [Ir(NH_3)X_5]^{2-} + N_2 + H_3O^+$$

$[Ir(NO)_2(PPh_3)_2](PF_6)$能和CO反应,结果NO配体被还原为$N_2O$[49].

$$[Ir(NO)_2(PPh_3)_2]^+ + 4CO \longrightarrow [Ir(CO)_3(PPh_3)_2]^+ + N_2O + CO$$

其他的还原反应还有:$[Cr(NO)(H_2O)_5]^{2+}$和Cr(Ⅱ)在酸性溶液中,反应产生NH_3OH^+等.

$$2[Cr(NO)(H_2O)_5]^{2+} + 4[Cr(H_2O)_6]^{2+} + 2H_3O^+$$
$$\longrightarrow 3[Cr(OH)(H_2O)_4]_2^{4+} + 2NH_3OH^+ + 6H_2O$$

亚硝酰配体还能被氧化,例如,$[Co(NO)(en)_2]^{2+}$离子在碱性溶液中和氧发生如下的反应:

$$[Co(NO)(en)_2]^{2+} + MeCN + (1/2)O_2 \longrightarrow [Co(NO_2)(en)_2(NCMe)]^{2+}$$

关于亚硝酰配合物的化学反应,不拟作更多的介绍. 除文中所引文献外,文献[50]也对此类配合物的反应,作了详细的综述.

4.4 二氧化氮和四氧化二氮

4.4.1 二氧化氮、四氧化二氮的性质和平衡

工业上用以制取硝酸的二氧化氮,是用空气氧化一氧化氮而来. 实验室则可用硝酸铅的热分解来制备少量二氧化氮.

$$2Pb(NO_3)_2 \longrightarrow 2PbO + 4NO_2 + O_2$$

产生的气体通过冷凝器以去除少量的硝酸,然后再通过五氧化二磷进行干燥.

二氧化氮为棕色、顺磁性的物质. 二氧化氮分子有一个未成对的电子,它的很多反应类似于自由基. 例如,它从饱和碳氢化物中夺走氢的反应:

$$RH + NO_2 \longrightarrow R\cdot + HONO$$

和不饱和碳氢化物、芳香族碳氢化物的加成反应以及二聚反应等. 因此,NO_2在有机合成中用作硝化剂或氧化剂.

二氧化氮的其他化学反应有如:

$$NO_2 + F_2 \longrightarrow NO_2F + F$$

$$NO_2 + ClO_2 \longrightarrow NO_3 + OCl$$

$$NO_2 + CO \longrightarrow NO + CO_2$$

$$NO_2 + 2HCl \longrightarrow NOCl + 1/2Cl_2 + H_2O$$

在较高的温度下,亚硝酰卤化物发生分解,在这种情况下的反应可表示为:

$$NO_2 + 2HCl \longrightarrow NO + Cl_2 + H_2O$$

$$NO_2 + 2HBr \longrightarrow NO + Br_2 + H_2O$$

NO_2 能发生聚合作用,形成 N_2O_4,后者是无色、反磁性的物质.

$$N_2O_4(g) \rightleftharpoons 2NO_2(g) \quad \Delta H^{\ominus}_{298} = 59kJ \cdot mol^{-1}$$

NO_2 和 N_2O_4 之间的平衡强烈地依赖于温度. 在固态,全部为 N_2O_4. 液态发生部分解离. 在凝固点 -11.20℃时,液相含 0.01% 的 NO_2,呈浅黄色;达沸点 21.15℃时,NO_2 的含量增至 0.1%,液体呈深红棕色. 在 100℃时,蒸气的组成是:90% 的 NO_2 及 10% 的 N_2O_4. 当温度超过 140℃,N_2O_4 全部解离. 分子束质谱的研究表明,NO_2 还存在三聚体、四聚体和五聚体[51],但在通常的条件下,尚未证实此类聚合体的存在.

4.4.2　液态四氧化二氮

由于液态四氧化二氮是火箭推进系统的有效氧化剂,又常和二甲基联氨一起用作火箭燃料,因而对四氧化二氮的非水溶液化学进行过较为详尽的研究[52].

液态四氧化二氮的自电离可用下式表示:

$$N_2O_4 \rightleftharpoons NO^+ + NO_3^- \quad \Delta H = 49.8kJ \cdot mol^{-1}$$

它的介电常数为 2.42,接近于苯的数值(2.28),因而此二者的溶液性质相似. 例如,许多有机化合物,包括脂肪族、芳香族的碳氢化物,以及卤化物、硝基化物、羧酸、酯、酮等,均可溶于液体 N_2O_4 中. 相反,金属盐却不溶于纯 N_2O_4 液体中,但由于工业上所用的 N_2O_4 中总含有少量的水,致使金属盐微溶.

值得注意的是,正因为液体 N_2O_4 的介电常数低,它才能被有机溶剂稀释并形成稳定的溶液,且仍电离出 NO^+ 及 NO_3^- 离子,只不过电离的程度不同而已. 例如,用 CH_3NO_2 稀释后的 N_2O_4 溶液,能使许多金属,如 Zn 和 U 的反应速率大大地提高,而反应产物不变,但这时产物却可溶于该混合溶剂中. 用 CH_3NO_2 作稀释剂的优点是,它不和 N_2O_4 反应,而介电常数(37)却较高. 又如四氯化铀能和四氧化二氮发生如下的反应:

$$UCl_4 + 4N_2O_4 \longrightarrow UO_2(NO_3)_2 \cdot N_2O_4 + 4NOCl$$

但由于 UCl_4 不溶于液态 N_2O_4,故反应速率慢. 若用 N_2O_4 和 CH_3NO_2 的混合液,则反应速率加快. 有些氯化物,如 $FeCl_3$ 和 $CrCl_3$ 等,在上述混合液中仍不能顺利地进行反应,则可选用电子给予体溶剂,如采用 N_2O_4-EtOAc 混合液.

$$FeCl_3 + 4.5N_2O_4 \xrightarrow{EtOAc} Fe(NO_3)_3 \cdot 1.5N_2O_4 + 3NOCl$$

液体四氧化二氮仅能和少数金属直接反应,形成相应的硝酸盐,并释放出一氧化氮,例如:

$$Na + N_2O_4 \longrightarrow NaNO_3 + NO$$

上述反应实为电子由金属原子转移到 NO^+ 离子上,即

$$Na + NO^+ \longrightarrow Na^+ + NO$$

在低温和加压的条件下,部分 NO 仍滞留在溶液里,并和 N_2O_4 结合形成蓝绿色的 N_2O_3. 除碱金属外,Ag,Zn,Hg 也能和液体 N_2O_4 反应. 在 N_2O_4-EtOAc 混合液中,U,Mn,Co,Cu,Cd 和 In 等金属也能与之反应,但 Fe,Ni,Cr,Pt 和 Al 等仍无反应.

金属和非水溶剂的反应,取决于两个主要的因素:(1)发生电子转移;(2)形成的金属离子即刻离开金属表面. 倘若溶液中存在合适的配体,便能使金属离子以配离子的形式进入溶液. 在 N_2O 溶液中,NO_3^- 离子能作为配体,某些给电子溶剂也是良好的配体.

凡能和 N_2O_4 反应的金属及其化合物,几乎都产生硝酸盐和四氧化二氮的加合物 $M(NO_3)_x \cdot yN_2O_4$. 这类化合物的热稳定性差别甚大,其中有些温热即释放出 N_2O_4,如 $Zn(NO_3)_2 \cdot yN_2O$($y = 1$ 或 2)和 $Ni(NO_3)_2 \cdot 0.5N_2O_4$ 等;有些则很稳定,加热分解为相应的氧化物,$Cr(NO_3)_3 \cdot 2N_2O_4$ 和 $Fe(NO_3)_3 \cdot yN_2O_4$($y = 1$ 或 1.5)即为几例.

一度曾认为 $M(NO_3)_x \cdot yN_2O_4$ 的晶体结构中包含 N_2O_4 分子,因此,采用"加合物"一词,但近来 X 射线晶体结构的测定结果表明,其中并无分立的 N_2O_4 分子. 它们实际上是金属-硝酸根配离子的亚硝酰盐. 例如,以化学式 $Cr(NO_3)_3 2N_2O_4$ 表示的化合物,实际上是离子型化合物 $(NO^+)_2[Cr(NO_3)_5]^{2-}$. 以化学式 $Fe(NO_3)_3 \cdot N_2O_4$(棕色)及 $Fe(NO_3)_3 1.5N_2O_4$(黄棕色)表示的两种化合物,前者经 IR 测定,表明其中含 NO^+ 离子,实为 $(NO^+)[Fe(NO_3)_4]^-$;后者经 X 射线晶体结构及振动光谱的测定,表明实为 $(3NO^+ \cdot NO_3^-)[Fe(NO_3)_4^-]_3$[53-55]. 图 12.32 及 12.33 分别表示了 $[Fe(NO_3)_4]^-$ 离子及 $N_4O_6^{2+}$ 基的结构. 由图 12.32 可见,负离子中的 Fe(Ⅲ)是 8 配位的,在它的周围有 4 个对称的双齿 NO_3^- 配体. 图 12.33 示出了正离子中 NO^+ 及 NO_3^- 的相对位置,其中 NO^+ 的一端位于 NO_3^- 离子 O—N—O 键角的平分线上,总体可视为 $N_4O_6^{2+}$ 基团.

上述铁的化合物具有很大的实际意义. Apollo 号宇宙飞船在执行空间任务时,火箭中的液体 N_2O_4 贮存于含铁的容器中. 结果,腐蚀产物中即含此类化合物,它可自液体 N_2O_4 中分离出来.

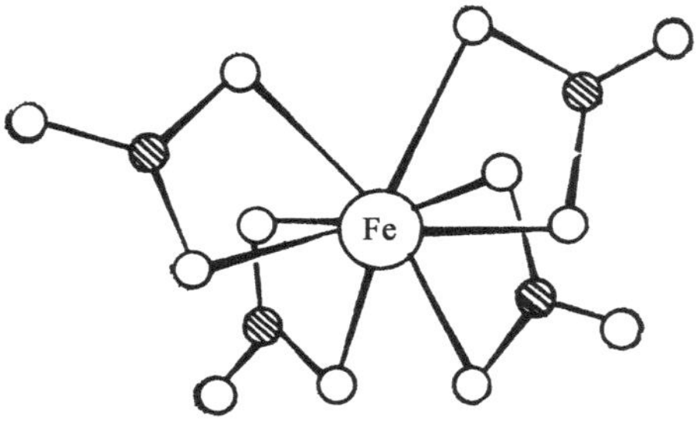

图 12.32　$[Fe(NO_3)_4]^-$ 离子的结构

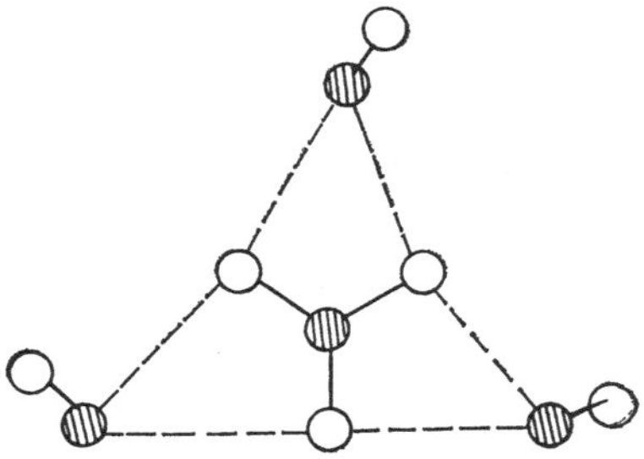

图 12.33　$N_4O_6^{2+}$ 基团的结构

4.4.3　氮的氧化物对大气的污染及防治

NO 和 NO_2 的混合物常用 NO_x 来表示,它是城市空气污染的主要危害之一. 全世界每年因燃烧产生的氮的氧化物,估计约为 10^5t,其中主要是 NO. 尽管 N_2 和 O_2 直接化合形成 NO 的反应自由能为很大的正值($+84kJ \cdot mol^{-1}$),在 298K 时的平衡常数很小(5.27×10^{-31}),但在高温燃烧的条件下,仍有少量 NO 形成,其形成速率强烈地依赖于温度. 此外,NO_x 还来自燃料本身含氮化合物的氧化. NO 很易被空气氧化成 NO_2,后者更为有害. 在清洁的空气中,NO_x 的含量为 0.001 - 0.01ppm;而在污染的空气中,则为 0.01 - 0.5ppm.

光化学烟雾的形成也和 NO_x 有关[56]. 在通常使用汽油作燃料的情况下,汽车排出的废气中就含可观的碳氢化物和一氧化氮,它们在高温度、强阳光、低湿度的异常气侯条件下,进行光化学反应,就有可能形成光化学烟雾. 世界上第一次严重的光化学烟雾,于 1946 年发生在美国洛杉矶市,以后又曾在其他国家的大城市出现过.

虽然空气中主要的一级污染物为碳氢化物和 NO,NO 本身并不吸收大气低层的辐射线,但 NO 很容易转化成 NO_2,后者能吸收大气低层的可见光及紫外光,发生光化学反应,产生臭氧、过氧基、烷基、聚合物以及有机硝基化物等二级污染物. 例如:

$$NO_2 + h\nu \longrightarrow NO + O$$
$$O + O_2 + M \longrightarrow O_3 + M$$
$$O_3 + NO \longrightarrow NO_2 + O_2$$

式中 M 表示 N_2,O_2 或其他分子. O,O_3 和碳氢化物反应,又能形成一系列稳定的化合物或自由基. 这些自由基和 NO,NO_2 或自由基之间又能发生反应,形成其他的自由基或稳定的产物. 总之,光化学烟雾包含了一系列复杂的链锁反应. 这些由 NO 而来的二级污染物能刺激眼睛,缩短视程,造成肺水肿. NO_2 能进入人体血液,形成氧化血红蛋白,使血红蛋白丧失输氧功能. 光化学烟雾还能危害农作物和观赏植物.

为防治光化学烟雾,除了从工厂、汽车的设计进行改进以外,也采用某些物理或化学的方法. 但 NO_x 的去除相当困难,主要原因是烟道气中 NO_x 的主要成分 NO,相对来说较稳定. 此外,烟道气中水蒸气、CO_2 和 SO_2 等的浓度通常高于 NO,而这些物质又比 NO 活泼. 现时虽采取了一些措施,进行过一些研究. 例如,已发现 $[Co(NH_3)_n(NO)]^{2+}$ - Y 型沸石在高于 50℃,NO 分压低于 133Pa 时,是用氨将 NO 还原成氮及水的活性催化剂[57,58]. 除催化还原、催化分解以外,还有用硅胶或分子筛进行吸附,或利用物理方法进行分离等. 但烟道气净化除 NO_x 的问题,仍然是环境化学及工业上治理污染的一个重要的研究课题.

4.5 五氧化二氮

五氧化二氮是硝酸的酸酐,可通过五氧化二磷使硝酸脱水得到:

$$4HNO_3 + P_4O_{10} \longrightarrow 4HPO_3 + 2N_2O_5$$

N_2O_5 很不稳定,有时甚至会引起爆炸. 因此制备时,或者在 -10℃,将浓硝酸逐滴加到大大过量的五氧化二磷上,然后在约 35℃ 缓慢地进行蒸馏;或者将硝酸预冷至 -78℃,再加入五氧化二磷,然后使混合物缓慢地回升到室温.

五氧化二氮还可通过臭氧氧化二氧化氮来制备.

$$2NO_2 + O_3 \longrightarrow N_2O_5 + O_2$$

为避免干燥 NO_2 所遇到的困难,可首先用干燥的 O_2 气氧化干燥的 NO,待反应完全后,通入 O_2 - O_3 的混合气.

气态 N_2O_5 热分解的机理,一般认为分如下三步[59]:

$$N_2O_5 \rightleftharpoons NO_2 + NO_3 \qquad (1)$$
$$NO_2 + NO_3 \longrightarrow NO + NO_2 + O_2 \qquad (2)$$
$$NO + NO_3/N_2O_5 \longrightarrow NO_2 + NO_2/2NO_2 \qquad (3)$$

五氧化二氮和过氧化氢反应,除产生硝酸外,还得到过硝酸.

$$N_2O_5 + H_2O_2 \longrightarrow HNO_3 + HNO_4$$

在硝酸、高氯酸、硫酸或磷酸等非水溶剂中，五氧化二氮能解离产生硝鎓离子，为制备硝鎓盐提供了一条简便的途径.

$$N_2O_5 + 3H_2SO_4 \longrightarrow 2NO_2^+ + 3HSO_4^- + H_3O^+$$

$$N_2O_5 + 3HClO_4 \longrightarrow 2NO_2^+ + 3ClO_4^- + H_3O^+$$

$$2N_2O_5 + H_3O^+ClO_4^- \longrightarrow NO_2^+ClO_4^- + 3HNO_3$$

$$N_2O_5 + 2SO_3 \longrightarrow (NO_2^+)_2S_2O_7^{2-}$$

由于 N_2O_5 的强氧化作用，它能和还原剂，包括某些金属和有机物等，发生剧烈的反应，形成硝酸盐或氧化物. 例如：

$$N_2O_5 + Na \longrightarrow NaNO_3 + NO_2$$

$$N_2O_5 + NaF \longrightarrow NaNO_3 + FNO_2$$

$$N_2O_5 + I_2 \longrightarrow I_2O_5 + N_2$$

参 考 文 献

[1] F. A. Cotton and G. Wilkinson, Advanced Inorganic Chemistry, 4th Ed, Wiley, 1980.

[2] A. J. Vosper, in *Internat. Rev. Sci.*, *Inorg. Chem.*, Series Two, Vol. 2, p. 124, Butterworths, London, 1975

[3] J. L. Griggs, Jr. K. N. Rao, L. H. Jones and R. M. Potter, *J. Mol. Spectrosc.*, 25, 34(1968).

[4] S. G. Kukolich, *J. Am. Chem. Soc.*, 104, 4715 (1982).

[5] W. N. Lipscomb, F. E. Wang, W. R. May and E. L. Lippert, Jr., *Acta Cryst.*, 14, 1100 (1961).

[6] W . N. Lipscomb, *J. Chem. Phys.*, 54, 3659(1971).

[7] C. E. Dinerman and G. E. Ewing, *J. Chem. Phys.*, 54, 3660 (1971)

[8] A. H. Brittain, A. P. Cox and R. L. Kuczkowski, *Trans. Faraday Soc.*, 65, 1963(1969).

[9] B. W. McClelland, G. Gundersen and K. Hedberg, *J. Chem. Phys.*, 56, 4541(1972).

[10] B. W. McCleliand, *Diss. Abs. Int.*, B 32, 2099(1971).

[11] J. K. Burdett, Molecular Shapes, Wiley, 1980.

[12] S. D. Peverimhoff and R. J. Buenker, *J. Chem. Phys.*, 49, 2473 (1968).

[13] S. Skaarup, P. N. Skanke and J. E. Boggs, *J. Am. Chem Soc.*, 98, 6106 (1976).

[14] D. C. Frost, C. A. McDowell and N. P. C. Westwood, *J. Electron Spectrosc Relat. Phenom.*, 10, 293 (1977)

[15] A. G. Sykes, Kinetics of Inorganic Reactions, Pergamon, 1970.

[16] M. Herberhold and A. Razavi, *Angew. Chem. Int. Ed.*, 11, 1092(1972).

[17] B. I. Swanson and S. K. Satija, *J. Chem. Soc.*, *Chem. Commun.*, 40(1973).

[18] I. H Sabherwal and A. B. Burg, *J. Chem. Soc.*, *Chem. Commun.*, 1001(1970).

[19] J. R. Norton. J P. Collman, G. Dolcetti and W. T. Robinson, *Inorg. Chem.*, 11, 382(1972).

[20] J. N. Armon, H. A. Scheidegger and H. Taube, *J. Am. Chem. Soc.*, 90, 5928 (1968).

[21] R. Eisenberg and C. D. Mayer, *Acc. Chem. Res.*, 8, 26 (1975).

[22] K. G. Caulten, *Coord. Chem. Rev.*, 14, 317 (1975).
[23] B. L. Haymcre and J. A. Ibers, *Inorg. Chem.*, 14, 3060 (1975).
[24] F. Bottomley, *Coord. Chem. Rev.*, 26, 7 (1978).
[25] R. J. Butcher and E. Sinn, *Inorg. Chem.*, 19, 3622 (1980).
[26] J. Kopf and J. Schmidt, *Z. Naturforsch*, 32B, 275 (1977).
[27] J. T. Veal and D. J. Hodgson, *Acta Cryst.* B 28, 3525 (1972).
[28] J. R. During, W. A. McAllister, J. N. Wills, Jr. and E. E. Mercet, *Spectro chim. Acta*, 22, 1091 (1966)
[29] M. Cygler, F R. Ahmed, A. Forgues and J. L. A. Roustan, *Inorg, Chem.*, 22, 1026 (1983).
[30] F. Bottomiey, *J. Chem. Soc.*, *Dalton Trans.*, 2538 (1975).
[31] G. R. Davies, J. A. J. Jarvis, B. T. Kilbourn, R. H. B. Mais and P. G. Owston, *J. Chem. Soc.*, A, 1275 (1970)
[32] T. J. Greenbough and B. W. S. Kolthammer, *Acta Cryst.*, B 36, 795 (1980).
[33] B. L. Haymcre, J. C. Huffman and N. E. Butler, *Inorg. Chem.*, 22, 168 (1983).
[34] J. A. Kaduk and J. A. Ibers, *Inorg. Chem.*, 14, 3070 (1975).
[35] K. D. Karlin, H. N. Rabinowitz, D. L. Lewis and S. J. Lippard, *Inorg. Chem.*, 16, 3262 (1977).
[36] C. G. Pierpont and R. Eisenberg, *Inorg. Chem.*, 11, 1088 (1972).
[37] G. A. Brewer, R. J. Butcher, B. Letafat and E. Sinn, *Inorg. Chem.*, 22, 371 (1983).
[38] J. L. Calderon, S. Fontana, E. Frauendorfer, V. W. Day and S. D. A. Iske, *J. Organometal. Chem.*, 64, C 16 (1974).
[39] J. L. Calderon, S. Fontana, E. Frauendorfer and V. W. Day, *J. Organometal. Chem.*, 64, C10 (1974).
[40] R. C. Elder, *Inorg. Chem.*, 13, 1037 (1974).
[41] G. Bcr, *J. Inorg. Nucl. Chem.*, 17, 174 (1961).
[42] P. T. Manoharan and W. C. Hamilton, *Inorg. Chem.*, 2, 1043 (1963).
[43] A. Tullberg and N. G. Vannerberg, *Acta Chem. Scand.*, 21, 1462 (1967).
[44] F. A. Cotton, R, R. Monchamp, R. J. M. Henry and R. C. Young, *J. Inorg. Nucl. Chem.*, 10, 28 (1959).
[45] S. Jagner and N. G. Vannerberg, *Acta Chem. Scand.*, 24, 1988 (1970).
[46] P. Brant and R D. Feltham, *Inorg. Chem.*, 19, 2673 (1980).
[47] H. W. Chen, W. L. Jolly, S. F. Xiang and P. Legzedins, *Inorg. Chem.*, 20, 1779 (1981).
[48] F. Bottomley, *Acc. Chem. Res.*, 11, 158 (1978).
[49] B. F. G. Johnson and S. Bhaduri, *J. Chem. Soc.*, *Chem. Commun.*, 650 (1973).
[50] J. A. McCleverty, *Chem. Rev.*, 79, 53 (1979).
[51] S. E. Novick, B. J. Howard and W, Klemperer, *J. Chem. Phys.*, 57, 5619 (1972).
[52] C. C. Addison, *Chem. Rev.*, 80, 21 (1980).
[53] C. C. Addison, L. J. Blackwell, B. Harrison, D. H. Jones, N. Logan, E. K. Nunn znd S. C. Wallwork, *J. Chem. Soc.*, *Chem. Commun.*, 347 (1973).

[54] L. J. Blackwell, E. K. Nunn and S. C. Wallwork, *J. Chem. Soc, Dalton Trans.*, 2068(1975).
[55] T. J. King, N. Logan, A. Morris and S. C. Wallwork, *J. Chem. Soc.*, *Chem. Commun.*, 554 (1971).
[56] J. H. Seinfeld, Air Pollution: Physical and Chemical Fundamentals, McGraw-Hill, 1975.
[57] K. A. Windhorst and J. H. Lunsford, *J. Chem. Soc.*, *Chem. Commun.*, 852(1975).
[58] K. A. Windhorst and J. H. Lunsford, *J. Am. Chem. Soc.*, 97, 1407(1975).
[59] G. J. Audley, D. L. Baulch, I. M. Campbell and L. T. Hamill, *J. Chem. Soc.*, *Chem. Commun.*, 433 (1980).

12.5 氮的含氧酸和含氧酸盐

氮能形成多种含氧酸,其中以硝酸(HNO_3)最为重要. 亚硝酸(HNO_2)不稳定,仅存在于溶液中. 连二亚硝酸($H_2N_2O_2$)干燥时极易爆炸,水溶液则较稳定. 次硝酸($H_4N_2O_4$)存在于液氨中. 过硝酸(HNO_4, HOO—NO_2)也很不稳定,即使在 -30℃,仍能猛烈分解,并发生爆炸.

5.1 氮的含氧酸的结构

重要的氮的含氧酸和相应的酸根负离子的结构示于图 12.34 中,结构数据汇集在表 12.31 中.

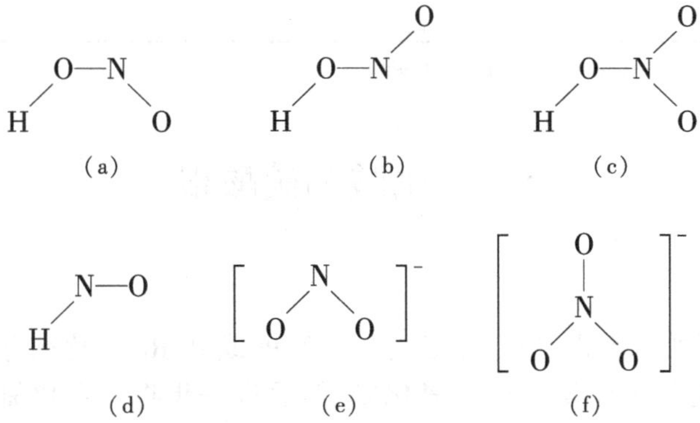

图 12.34 若干氮的含氧酸和酸根负离子的结构

(a)顺亚硝酸 (b)反亚硝酸 (c)硝酸

(d)亚硝酰酸 (e)亚硝酸根 (f)硝酸根

亚硝酸具有顺式和反式两种几何异构体,其中反式的较稳定. 这两种异构体均为平面型分子,但由于顺-HNO_2 存在分子内的氢键,故在键长和键角上都有一定的差别.

气态 HNO_3 为平面型分子[图 12.34(c)]. 硝酸和水的加合物主要有 $HNO_3 \cdot H_2O$ 和 $HNO_3 \cdot 3H_2O$,它们的晶体结构均已用 X 射线衍射法进行过测定. $HNO_3 \cdot H_2O$ 在 85K 及 225K 的晶体结构中,均含 H_3O^+ 及 NO_3^- 离子,可用式$(H_3O)^+(NO_3)^-$表示. 其中 H_3O^+ 离子通过氢键和三个 NO_3^- 离子相连,构成无限层状结构[6]. $HNO_3 \cdot 3H_2O$ 中的另外两个水分子,则通过短氢键和 H_3O^+ 离子联系在一起，形成 $H_7O_3^+$. $H_7O_3^+$ 基团又通过一较长的氢键相互联接成螺旋体. 这些螺旋体再进一步通过氢键和 NO_3^- 离子形成($H_7O_3^+$)(NO_3^-)的三维结构[7].

表 12.31　若干氮的含氧酸和酸根阴离子的结构数据

酸或酸根	键长(Å)			键角(°)			实验方法	文献
	N—O	O—H	N—H	O—N—O	N—O—H	H—N—O		
顺-HNO_2	1.185a) 1.392b)	0.982		113.6	104.0		微波谱	[1]
反-HNO_2	1.432b) 1.170c)	0.958		110.7	102.1		微波谱	[1]
HNO_3	1.199a) 1.406b) 1.211c)	0.964		115.9a) 130.3d) 113.8c)	102.2		微波谱	[2]
HNO	1.212		1.063			108.6	电子吸收光谱	[3]
NO^-	1.26						间接估计	[4]
$NaNO_2$	1.24			115			X 射线衍射	[3]
$NaNO_3$	1.241 1.256			120 120			X 射线衍射 中子衍射	[3] [5]

a)端梢顺式氧；b)中心氧；c)端梢反式氧；d)硝基.

5.2　硝酸和硝酸根

5.2.1　硝酸

硝酸是重要的基本化工原料. 工业上是在 Pt 或 Pt-Rh 催化剂存在下，在 750 – 900℃，首先用空气氧化氨形成一氧化氮，然后进一步将一氧化氮氧化成二氧化氮，最后用水吸收来生产硝酸的[8].

$$NH_3 + 1.25O_2 \longrightarrow NO + 1.5H_2O \qquad \Delta H_{298K} = -226\text{kJ} \cdot \text{mol}^{-1}$$

$$2NO + O_2 \rightleftharpoons 2NO_2 \qquad \Delta H_{298K} = -114\text{kJ} \cdot \text{mol}^{-1}$$

$$3NO_2 + H_2O \rightleftharpoons 2HNO_3 + NO \qquad \Delta H_{298K} = -135.6\text{kJ} \cdot \text{mol}^{-1}$$

由于 $HNO_3 - H_2O$ 体系在 120.5℃形成最高恒沸混合物，其中含 68.5% 的 HNO_3，故浓 HNO_3 的重量百分浓度为 68.5%，密度 1.4089g · cm^{-3}，相当于 158mol · L^{-3}. 硝酸无色，但由于光化学分解产生二氧化氮，常显黄色.

$$2HNO_3 \xrightarrow{h\nu} 2NO_2 + (1/2)O_2 + H_2O$$

发烟硝酸是由浓硝酸溶解过量的二氧化氮得到，颜色由黄到红褐色不等，取决于 NO_2 溶解的量.

纯硝酸的收集方法是，在 0℃或 0℃以下，用纯硫酸处理硝酸钠或硝酸钾，然后在暗处，全部使用玻璃仪器，并在无真空油脂的条件下，进行真空蒸馏，在低于硝酸凝固点的温度下收集得到.

$$H_2SO_4 + KNO_3 \longrightarrow KHSO_4 + HNO_3$$

若用浓硝酸和95% -100%的硫酸，按1:3体积混合，在0℃左右进行减压蒸馏，并重复操作两三次. 蒸馏液在0℃或0℃以下收集保存，也能得到纯硝酸[9]. 上述两种制备纯硝酸的方法，均适用于实验室规模.

纯硝酸为无色液体或白色晶状固体. 沸点为82.6℃，凝固点为-41.6℃，14℃时的介电常数为50. 它只有在低于凝固点的温度以下才稳定，高于凝固点，则分解产生 NO_2 和 O_2. 但实际上，纯硝酸可在0℃保持数小时而无明显的分解.

液态纯硝酸发生如不的自电离[10]：

$$2HNO_3 \rightleftharpoons H_2O + NO_2^+ + NO_3^-$$

由上式可见，在纯硝酸的自电离过程中产生水. Raman 光谱证实水分子确实存在于纯硝酸中. 凝固点降低法的测定结果也表明水分子处于非离解状态. 加水到3.6%（重量），酸的电导率反而降低. 由此表明，在此限度内，H_2O 仍处于分子状态，并抑制了硝酸的自电离作用. 若用纯硝酸处理无水金属氯化物，结果得到的并非无水硝酸盐，而是相应的水合物. 例如，用纯 HNO_3 处理 MCl_2（M = Mn，Co，Ni，Cu）或 $M'Cl_3$（M′ = Cr，Fe），得到 $M(NO_3)_2 \cdot 2H_2O$ 或 $M'(NO_3)_3 \cdot 2H_2O$；处理 $Cu(NO_3)_2$ 则得到 $Cu(NO_3)_2 \cdot 1.67H_2O$. 凡此种种事实，均表明纯硝酸中的水是由自电离产生的. 因此，确切地说，无水硝酸仅存在于固态.

浓硝酸最特征的化学性质是它的强氧化性. 有机物或碳能被它氧化成二氧化碳，单质硫则被氧化成硫酸：

$$4HNO_3 + 3C \longrightarrow 3CO_2 + 4NO + 2H_2O$$

$$2HNO_3 + S \longrightarrow H_2SO_4 + 2NO$$

金属，除金、铂、铱等少数几种以外，都能和硝酸起反应. 铁、铝、铬遇冷的浓硝酸，表面生成一层致密的氧化物，阻止金属进一步被氧化，这种现象称“钝化”.

金属和硝酸的反应速率以及硝酸的还原产物，强烈地依赖于酸的浓度. 硝酸由浓到稀，主要的还原产物由 NO_2，NO 到 N_2O，某些活泼金属还能将很稀的硝酸还原为 NH_3. 以锌和硝酸的反应为例：

$$Zn + 4HNO_3(\text{浓}) \longrightarrow Zn(NO_3)_2 + 2NO_2 + 2H_2O$$

$$3Zn + 8HNO_3(\sim 6-8\text{mol} \cdot L^{-1}) \longrightarrow 3Zn(NO_3)_2 + 2NO + 4H_2O$$

$$4Zn + 10HNO_3(\sim 2\text{mol} \cdot L^{-1}) \longrightarrow 4Zn(NO_3)_2 + N_2O + 5H_2O$$

$$4Zn + 10HNO_3(\text{很稀}) \longrightarrow 4Zn(NO_3)_2 + NH_4NO_3 + 3H_2O$$

值得注意的是，硝酸和金属的反应极其复杂，产物往往不是单一的某一种.

金和铂等贵金属虽不和硝酸反应，但它们却能溶于王水（浓 HNO_3 和浓 HCl 体积比为 1:3 的混合物). 后者除了有强氧化性以外,还能作为配体,形成配合物.

$$Au + HNO_3 + 4HCl \longrightarrow H[AuCl_4] + NO + 2H_2O$$

$$3Pt + 4HNO_3 + 18HCl \longrightarrow 3H_2[PtCl_6] + 4NO + 8H_2O$$

类似地,钽可溶于浓硝酸和氢氟酸的混合酸中.

$$Ta + 5HNO_3 + 7HF \longrightarrow H_2[TaF_7] + 5NO_2 + 5H_2O$$

此外,浓 HNO_3 和浓 H_2SO_4 的混合酸还是有机合成中常用的硝化剂,这是因为其中存在 NO_2^+ 离子:

$$HNO_3 + 2H_2SO_4 \rightleftharpoons NO_2^+ + H_3O^+ + 2HSO_4^-$$

它对于芳香族的硝化反应具有特殊重要的意义. 例如:

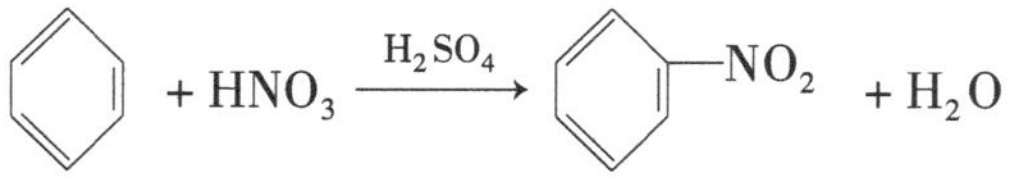

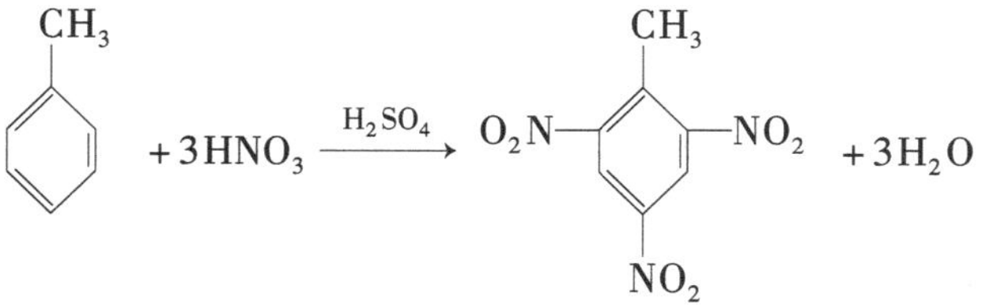

硝酸是重要的基本化工产品,很多工业部门,如冶金、化工、化肥、炸药等,都离不开它. 例如,在制造炸药的过程中,硝酸用以硝化有机化合物,如制硝化甘油、三硝基甲苯、硝化纤维等. 大量的硝酸还可制各种硝酸盐. 众所周知,硝酸铵可用作肥料和炸药. 此外,在尖端技术中,HNO_3-N_2O_4(l)的混合物是火箭发动机中的氧化剂.

5.2.2　硝酸盐

许多金属都能形成硝酸盐,包括无水盐或水合物. 制备硝酸盐最简单的方法是:直接用硝酸和金属、金属氧化物或碳酸盐反应,然后从水溶液中结晶析出. 大多数金属硝酸盐都可用此法得到. 以碱土金属为例,在 20℃,它们的结晶分别为:$Be(NO_3)_2 \cdot 4H_2O$, $Mg(NO_3)_2 \cdot 6H_2O$, $Ca(NO_3)_2 \cdot 4H_2O$, $Sr(NO_3)_2 \cdot 2H_2O$ 及 $Ba(NO_3)_2$. 其中除钡外,均为水合物. 加热钙或锶的水合物,可得无水盐;但加热铍或镁的水合物则发生水解,得不到相应的无水盐. 因此,除了从水合物加热脱水以外,无水硝酸盐还可通过其他的途径制备[11]:

(1) 在液态 N_2O_4 中反应

某些金属、金属氧化物或其他形式的化合物可在液态 N_2O_4 中反应,得到相应的无水硝酸盐. 例如:

$$Ca + 2N_2O_4 \xrightarrow{MeNO_2} Ca(NO_3)_2 + 2NO$$

$$ZnO + 4N_2O_4 \longrightarrow Zn(NO_3)_2 \cdot 2N_2O_4 + N_2O_3$$

$$\xrightarrow[\text{真空}]{\triangle} Zn(NO_3)_2 + 2N_2O_4$$

$$Ni(CO)_4 + 2N_2O_4 \longrightarrow Ni(NO_3)_2 + 2NO + 4CO$$

(2)在纯 HNO_3-N_2O_5 或液态 N_2O_5 中反应

无水金属盐和纯 HNO_3 作用,得不到无水硝酸盐(见 5.2.1 节),但若有 N_2O_5 存在,即使有少量水,也会转变成硝酸. 例如:

$$Th(NO_3)_4 \cdot 4H_2O \xrightarrow[25℃]{\text{纯 } HNO_3-N_2O_5} Th(NO_3)_4 \cdot 2N_2O_5 \xrightarrow[150-160℃, 4h]{10^{-3}Pa} Th(NO_3)_4$$

液态 N_2O_5 和金属氧化物或氯化物反应,产生的加合物在真空中热分解,也能得到无水硝酸盐,如:

$$TiCl_4 + 4N_2O_5 \longrightarrow Ti(NO_3)_4 + 2N_2O_4 + 2Cl_2$$

(3)和卤素的硝酸盐反应

$ClNO_3$ 能和许多金属或金属氯化物反应,但 $ClNO_3$ 的熔点(-107℃)很低,反应必须在低温下进行,例如:

$$TiCl_4 + 4ClNO_3 \xrightarrow{-80℃} Ti(NO_3)_4 + 4Cl_2$$

$$SnCl_4 + 4ClNO_3 \xrightarrow{-40—-70℃} Sn(NO_3)_4 + 4Cl_2$$

类似的反应还有:

$$3SnBr_4 + 4Br(NO_3)_3 \xrightarrow{-40℃} 3Sn(NO_3)_4 + 8Br_2$$

卤素的硝酸盐可通过下列方法制备:

$$F_2 + NaNO_3 \longrightarrow FNO_3 + NaF$$

$$2ClO_2 + 2N_2O_5 \longrightarrow 2ClNO_3 + N_2O_4 + 4O_2$$

$$BrF_3 + 3N_2O_5 \xrightarrow[CCl_3F]{-30—-50℃} Br(NO_3)_3 + 3FNO_2$$

$$ICl_3 + 3ClNO_3 \xrightarrow{-70℃} I(NO_3)_3 + 3Cl_2$$

某些金属除能形成硝酸盐以外,还能形成通式为 $MO_x(NO_3)_y$ 的碱式硝酸盐,如 $Be_4O(NO_3)_6$, $TiO(NO_3)_2$, $VO_2(NO_3)$, $CrO_2(NO_3)_2$, $ReO_3(NO_3)$, $FeO(NO_3)$, $UO_2(NO_3)_2$ 及 $BiO(NO_3)$等. 其中有些是在 N_2O_5 中反应得到的,例如[12]:

$$UO_3 \xrightarrow[\text{充分搅拌}]{N_2O_5(S)} UO_2(NO_3)_2 \cdot xN_2O_5 \xrightarrow[\substack{125—130℃\\3.4h}]{10^{-2}Pa} UO_2(NO_3)_2$$

$$(x = 0.99 - 1.09)$$

挥发性的 $Be_4O(NO_3)_6$,则由真空中加热 $Be(NO_3)_2$ 得到.

大多数硝酸盐为离子型晶体，易溶于水．某些无水盐具有挥发性，如 $Ti(NO_3)_4$，$Co(NO_3)_3$，$Sn(NO_3)_4$ 及 $Cu(NO_3)_2$ 等．$Ti(NO_3)_4$ 和 $Sn(NO_3)_4$ 是强氧化剂，遇有机物甚至会引起燃烧或爆炸．

硝酸盐的热分解，有以下三种不同的形式：

(1)碱金属和碱土金属的硝酸盐，热分解产生亚硝酸盐和氧气，如：

$$2NaNO_3 \xrightarrow{\triangle} 2NaNO_2 + O_2$$

(2)电位序在镁和铜之间的金属硝酸盐，热分解产生金属氧化物，如：

$$2Pb(NO_3)_2 \xrightarrow{\triangle} 2PbO + 4NO_2 + O_2$$

(3)电位序在铜以后的金属硝酸盐，热分解产生相应的金属单质，如：

$$2AgNO_3 \xrightarrow{\triangle} 2Ag + 2NO_2 + O_2$$

硝酸根离子可在酸性介质中，通过和铁(Ⅱ)反应产生棕色环加以定性检出．总反应为：

$$3Fe^{2+} + NO_3^- + 4H^+ \longrightarrow 3Fe^{3+} + NO + 2H_2O$$

$$\Delta G^{\ominus} = -54.8kJ$$

该反应在分析化学上的应用虽已超过一个世纪，但反应机理却是在不久前经分光光度法及电位滴定法的系统研究后才弄清楚的[13]．现已了解到，上述反应主要有 7 步：

$$Fe^{2+} + NO_3^- + 2H^+ \longrightarrow Fe^{3+} + NO_2 + H_2O \quad (1)$$

$$Fe^{2+} + NO_2 + H^+ \longrightarrow Fe^{3+} + HNO_2 \quad (2)$$

$$Fe^{2+} + HNO_2 + H^+ \longrightarrow Fe^{3+} + NO + H_2O \quad (3)$$

$$Fe^{2+} + NO \longrightarrow FeNO^{2+} \quad (4)$$

$$2NO_2 + H_2O \longrightarrow HNO_2 + NO_3^- + H^+ \quad (5)$$

$$2HNO_2 \longrightarrow NO + NO_2 + H_2O \quad (6)$$

$$NO + NO_3^- + H^+ \longrightarrow NO_2 + HNO_2 \quad (7)$$

棕色环是由 $FeNO^{2+}$ 所引起(4)，而决定反应速率的则是最后的一步(7)．

类似的氧化还原反应，反应机理也很复杂．以硝酸根离子和铬(Ⅱ)在酸性介质中的反应为例[14]，当 NO_3^- 离子的浓度大于 Cr(Ⅱ)时，按照化学计量，1molHNO_3 和 4molCr(Ⅱ)反应，产生的 $CrNO^{2+}$，Cr^{3+} 和 $Cr(OH)_2Cr^{4+}$ 离子的比为 1:1:1，总反应可表示为

$$4Cr^{2+} + NO_3^- + 2H^+ \longrightarrow CrNO^{2+} + Cr^{3+} + Cr(OH)_2Cr^{4+}$$

经研究发现，该反应的机理为

$$Cr^{2+} + NO_3^- + 2H^+ \longrightarrow Cr(Ⅳ) + NO_2^- + H_2O \quad (1)$$

$$Cr(Ⅳ) + Cr^{2+} \xrightarrow{H_2O} (H_2O)_4Cr(OH)_2Cr(H_2O)_4^{4+} \quad (2)$$

$$Cr^{2+} + NO_2^- + 2H + \xrightarrow{H_2O} Cr(H_2O)_6^{3+} + NO + H_2O \quad (3)$$

$$Cr^{2+} + NO \xrightarrow{H_2O} Cr(NO)(H_2O)_5^{2+} \qquad (4)$$

5.2.3 硝酸根的配位化合物

硝酸根离子是一个常见的配体,它不仅能在水溶液中和金属离子形成配合物,还能在某些非水溶液中形成[15]. 前已述及金属-硝酸根配离子的亚硝酰盐,如$(NO)_2[Cr(NO_3)_5]$和$(NO)_2[Sc\cdot(NO_3)_5]$等(见4.4.2节). 金属离子还能在液态N_2O_4,N_2O_5或N_2O_5-纯HNO_3体系中,和硝酸根离子形成配合物. 例如,在HNO_3溶液中,$Rb[AlCl_4]$和过量的N_2O_5反应,产生$Rb[Al(NO_3)_4]$;在N_2O_5-纯HNO_3溶液中,$AlBr_3$,$K[AlCl_4]$和KNO_3,N_2O_5按不同的比例反应,产生$K_2[Al(NO_3)_5]$或$K_3[Al(NO_3)_6]$;等摩尔$GaBr_3$及LiBr或NaBr的混合物和N_2O_5反应,产生$Li[Ga(NO_3)_4]$或$Na[Ga(NO_3)_4]$就是其中的几例[16].

现已了解,硝酸根和金属离子可按多种不同的方式配位,包括单齿、双齿、叁齿或端梢、桥式等(图12.35).

(1)对称的双齿硝酸根[图12.35(a)]

在这类配合物中,金属离子和两个配位氧原子间的距离基本上等同. 这种结合方式不仅存在于简单的挥发性硝酸盐,如$Ti(NO_3)_4$,$Sn(NO_3)_4$和$Co(NO_3)_3$等的结构中,也存在于硝酸根离子的配合物中. 表12.32举出了若干实例. 由表12.32

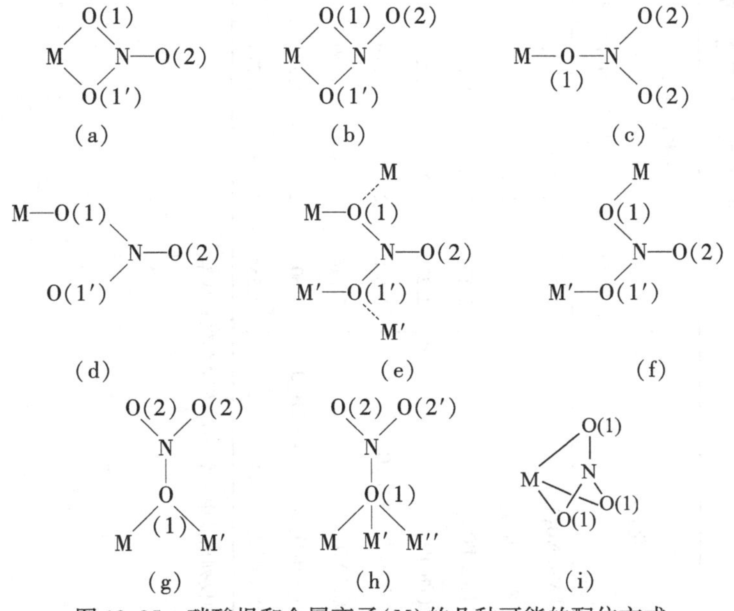

图12.35 硝酸根和金属离子(M)的几种可能的配位方式

(a)双齿,对称(C_{2v}) (b)双齿,不对称(C_s) (c)单齿(C_{2v})(d)单齿(C_s)(e)双齿,桥式(C_{2v}) (f)双齿,桥式(C_s)(g)单齿,桥式(C_{2v})(h)单齿,桥式(C_s)(i)叁齿(C_{2v})

表 12.32　若干含对称双齿硝酸根的配合物

化合物	键长(Å)[a]				键角(°)[a]		文献
	M—O(1)	M—O(1′)	N—O(1)	N—O(1′)	O(1)—N—O(2)	O(1′)—N—O(2)	
$(Ph_4As)_2[Mn(NO_3)_4]$	2.245	2.290	1.22	1.20	122.5	123.9	[17]
$(Ph_4As)[Fe(NO_3)_4]$	2.13	2.14	1.27	1.27	123	123	
$Co(No_3)_2(Me_3PO)_2$	2.17	2.15	1.23	1.22	121.4	122.7	[18]
$Cu(NO_3)(Ph_3P)_2$	2.22	2.22	1.25	1.25	121	121	
$Mg_3[Ce(NO_3)_6]_2 \cdot 24H_2O$	2.680	2.616	1.270	1.272	122	122	[19]
$(NH_4)_2[Ce(NO_3)_6]$	2.514	2.512	1.280	1.286	125.6	120.5	[20]
$[Th(NO_3)_3(H_2O)_3(OH)]_2 \cdot 2H_2O$	2.60	2.68	1.28	1.23			[21]
$[Th(NO_3)_4(H_2O)_3] \cdot 2H_2O$	2.554	2.573	1.275	1.264	122.5	123.0	[22]

a)表中仅列出其中一个 NO_3^- 配体的结构数据.

可见,这类配合物的 M—O(1)和 M—O(1′)键长差别甚小,一般不超过 0.1Å;N—O(1)和 N—O(1′)键长基本相等;O(1)—N—O(2)和 O(1′)—N—O(2)两个键角,一般只有 1 - 2°的上下,有些甚至相等.

含对称双齿硝酸根的配合物,大多数具有高配位数,例如,有些 Ce(Ⅲ),Ce(Ⅳ)或 Th(Ⅳ)离子的配位数高达 12. 在 $Mg_3[Ce(NO_3)_6]_2 \cdot 24H_2O$ 及 $Mg[Th(NO_3)_6] \cdot 8H_2O$ 等配合物中,中心离子周围的 12 个配位氧原子构成接近正二十面体的几何形状. 在它们的晶体中,Mg(Ⅱ)均以水合离子的形式存在,因此,用式 $[Mg(H_2O)_6]_3[Ce(NO_3)_6]_2 \cdot 6H_2O$ 及 $[Mg(H_2O)_6][Th(NO_3)_6] \cdot 2H_2O$ 表示更为确切. 图 12.36 表示了 $[Ce(NO_3)_6]^{3-}$ 离子的结构. 在配合物 $[Th(NO_3)_4(H_2O)_3] \cdot 2H_2O$ 中,Th(Ⅳ)的配位数为 11,其中 8 个配位氧原子来自 4 个双齿的 NO_3^- 配体,另外 3 个配位氧原子则来自 3 个 H_2O 分子.

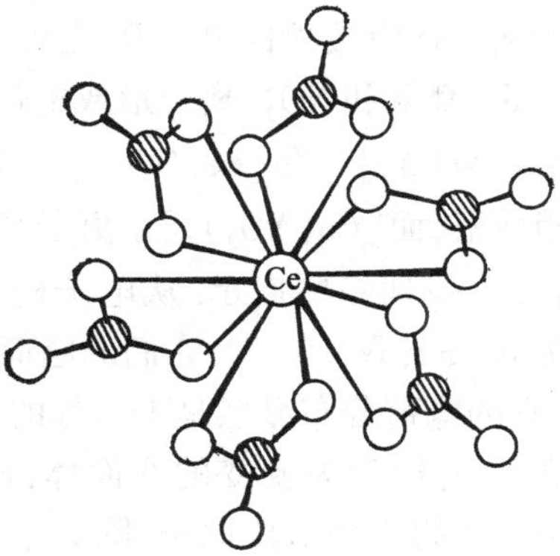

图 12.36　$Mg_3[Ce(NO_3)_6]_2 \cdot 24H_2O$ 中 $[Ce(NO_3)_6]^{3-}$ 离子的结构

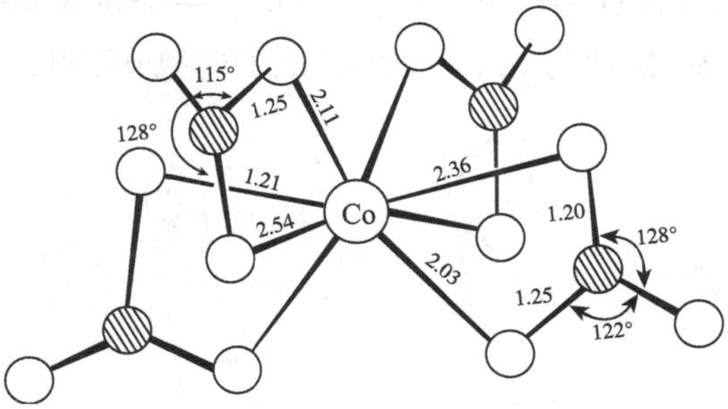

图 12.37　$(Ph_4As)_2[Co(NO_3)_4]$ 中 $[Co(NO_3)_4]^{2-}$ 离子的结构(C_2 接近 D_{2d})

(2)不对称的双齿硝酸根(图 12.35b)

和对称的双齿硝酸根不同,在这类配合物中,金属原子和两个配位氧原子间的距离相差较大,约为 0.2—0.7Å. O(1)—N—O(2)与 O(1′)—N—O(2)两个键角的差别也较前一类大. $(Ph_4As)^2[Co(NO_3)_4]$(图 12.37)就是其中的一例,其他的实例归纳在表 12.33 中.

表 12.33 若干含不对称双齿硝酸根的配合物

化合物	键长(Å)		键角(°)		文献
	M—O(1)	M—O(1′)	O(1)—N—O(2)	O(1′)—N—O(2)	
$(Ph_4As)_2[Co(NO_3)_4]$	2.11	2.54	115	128	[23]
$Cu(NO_3)_2(MeCN)_2$	1.89	2.50	122	130	
$Cu(NO_3)_2(C_4N_2H_4)$	2.010	2.490	119.3	124.0	[24]
$Cu(NO_3)_2(H_2O)_2 \cdot 0.5H_2O$	1.992	2.653	119.2	122.1	[25,26]
$Me_2Sn(NO_3)_2$	2.11	2.38	126	125	
	2.12	2.65	116	120	

造成硝酸根离子不对称的原因,至少有以下两个因素:

(a)金属离子的电荷分布,对硝酸根的两个配位氧原子来说是不对称的. 例如,Mn(Ⅱ),Fe(Ⅲ)和Co(Ⅱ)都能和NO_3^- 离子形成配位数为8的配合物,它们接近于D_{2d}点群的构型. 但$[Mn(NO_3)_4]^{2-}$和$[Fe(NO_3)_4]^-$离子以及$Ti(NO_3)_4$和$Sn(NO_3)_4$都含对称的双齿硝酸根,而$[Co(NO_3)_4]^{2-}$离子却含不对称的双齿硝酸根. 这能从中心离子的电子构型上得到一些启示. 从电子构型来看,Ti(Ⅳ)为d^0,Mn(Ⅱ)及高自旋的Fe(Ⅲ)为d^5,Sn(Ⅳ)为d^{10},它们的电荷分布都是球形对称的. 但高自旋的Co(Ⅱ)却为d^7,它的电荷分布显然是不对称的.

$Cu(NO_3)_2(C_4N_2H_4)$的几何构型为畸变的八面体,同时分子聚合成链状(图12.38). 在该配合物中,Cu(Ⅱ)的6个配位原子,除2个是氮原子外,其余是4个氧原子,它们分属两个不对称的双齿硝酸根离子. $Cu(NO_3)_2(MeCN)_2$及$[Cu(NO_3)_2(H_2O)_2]\cdot 0.5H_2O$的情况类似,它们均含一个桥式硝酸根及一个不对称的双齿硝酸根配体. 显然,此与Cu(Ⅱ)的d^9电子构型分不开.

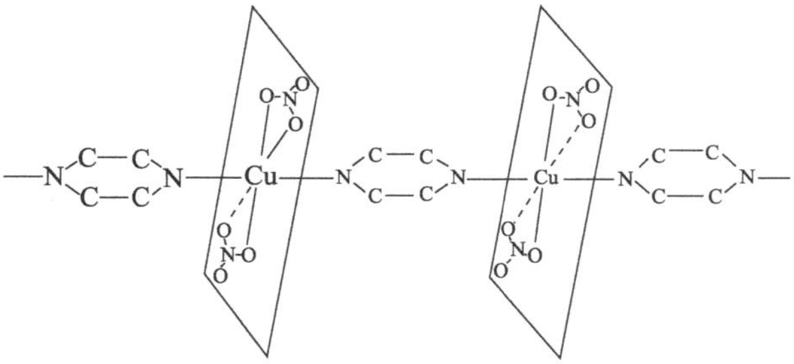

图 12.38 $Cu(NO_3)_2(C_4N_2H_4)$的结构

(b)在配合物中,存在着反位效应很强的其他配体,而且仅和硝酸根的两个配位氧原子中的一个处于反位. 例如,$Me_2Sn(NO_3)_2$的几何构型基本上为八面体,但两个反位效应强的甲基互相处于顺式的位置上，因此，它只和其中的一个配位氧原子处于反位，致使两个硝酸根配体均成为不对称的. 可以简单的示意图如下：

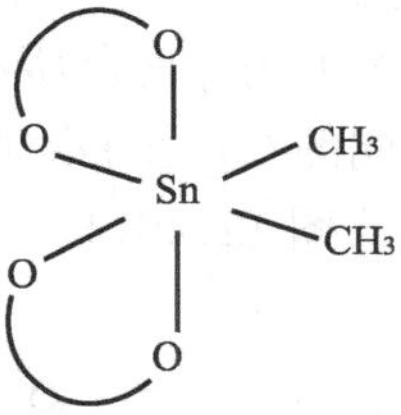

(3)单齿硝酸根[图 12.35(c)]

属于此类的硝酸根配合物有 $Re(NO_3)(CO)_5$，$Ni(NO_3)_2(H_2O)_4$，顺-$Pd(NO_3)_2(Me_2SO)_2$，$K[Au(NO_3)_4]$及 $Zn(NO_3)_2(H_2O)_4$ 等(表 12.34). 图 12.39 表示了$[Au(NO_3)_4]^-$离子的结构. 在$[Au(NO_3)_4]^-$离子中，Au(Ⅲ)的电子构型为 d^8，它处于平面正方形的配位环境中，每个配位位置为一个单齿硝酸根配体所占据. 顺-$Pd(NO_3)_2(Me_2SO)_2$ 的结构类似.

表 12.34 若干含单齿硝酸根的配合物

化合物	距离(Å)		键角(°)		文献
	M—O(1)	M···O(1′)	O(1)—N—O(2)	O(1′)—N—O(2)	
$Ni(NO_3)_2(H_2O)_4$	2.079	3.10	118.5	123.8	[27]
顺-$Pd(NO_3)_2(Me_2SO)_2$	2.066				[28]
$Cu(NO_3)_2(C_5N_2H_{12})\cdot 0.5H_2O$	2.36	3.09	119	122	
$K[Au(NO_3)_4]$	2.02	2.85	114	129	[29]
	1.99	2.87	112	131	

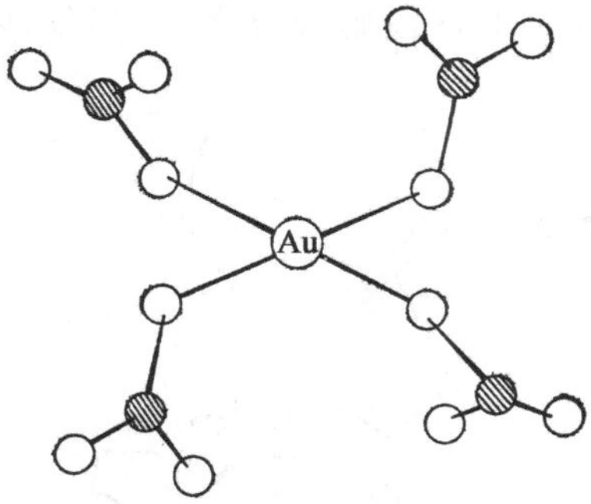

图 12.39 $[Au(NO_3)_4]^-$离子的结构

(4)双齿桥式硝酸根[图 12.35(e)]

某些 Ni(Ⅱ)，Cu(Ⅱ)和 Zn(Ⅱ)的配合物，如 $Cu(NO_3)_2(CH_3CN)_2$，

$Cu(NO_3)_2(CH_3NO_2)$和 $Zn(NO_3)_2(H_2O)_2$ 等含双齿的桥式硝酸根配体. 以 $Cu(NO_3)_2(CH_3NO_2)$为例[30],Cu(Ⅱ)离子处于略变形的四方锥配位环境中[图 12.40(a)],锥底强的 Cu—O 键长在 1.95Å 左右,轴向较弱的 Cu—O 键长为 2.31Å,此为 CH_3NO_2 的单齿配位氧原子,其余所有的硝酸根配体都是双齿的,其中两个配位氧原子分别和两个不同的 Cu(Ⅱ)离子结合. 它们联成波浪形的层状结构,层与层之间由范德华力相联系[图 12.40(b)].

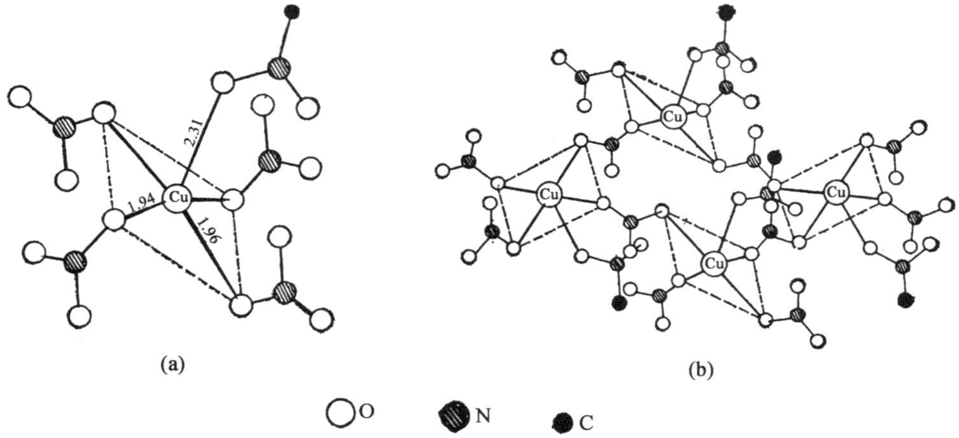

图12.40 $Cu(NO_3)_2(CH_3NO_2)$的结构

(5)单齿边桥式硝酸根[图 12.35(g)]

配合物$[Cu(NO_3)_2(Py)_2]_2 \cdot Py$ 是含单齿边桥式硝酸根配体的一个实例(图 12.41)[31]. 它是一个具有对称中心的二聚体,除含不对称的双齿硝酸根离子以外,还含图 12.35(g)所示的单齿($\mu_2-NO_3^-$)离子. 其中 Cu(Ⅱ)为 6 配位,它的两个配位氧原子来自一个不对称的双齿硝酸根离子;另外两个配位氧原子,即O(1)

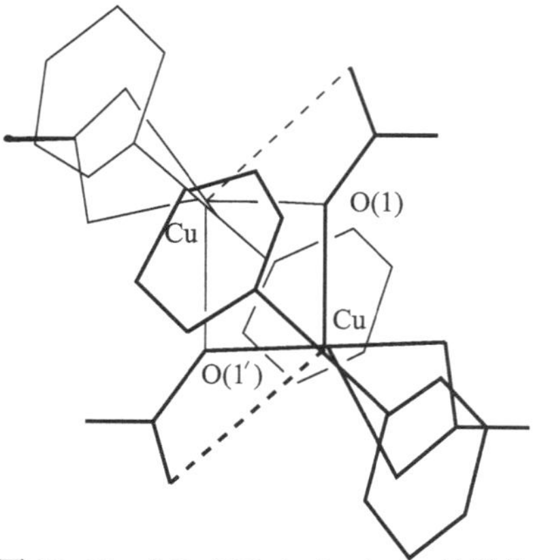

图 12.41 $[Cu(NO_3)_2(Py)_2]_2$ 的结构

及 O(1′)分别来自两个单齿的(μ_2-NO_3^-)离子,也正是通过 O(1)及 O(1′),才导致二聚体的形成;其余的两个配位原子,为两个吡啶配体中的氮原子. 在[$Cu(NO_3)_2(Py)_2]_2$ 的二聚体中,两个铜原子及四个硝酸根基本上共面.

(6)单齿面桥式硝酸根[图 12.35(h)]

含(μ_3-NO_3^-)配体的实例有 $Cu_4(NO_3)_2(OH)_6$. 图 12.42 表示了其中有关部分的结构.

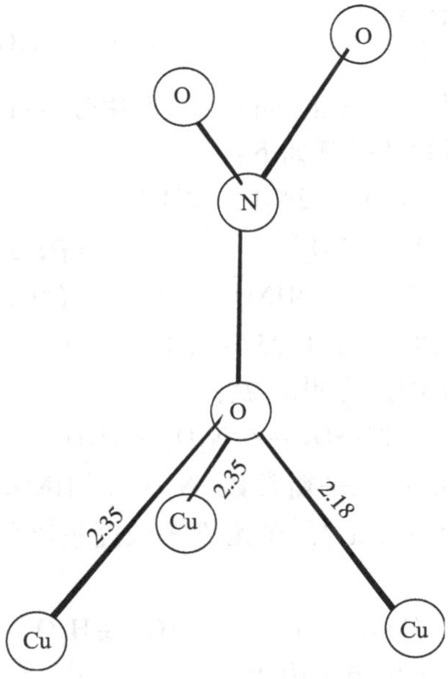

图 12.42　$Cu_4(NO_3)_2(OH)_6$ 分子中的(μ_3 − NO_3^-)

5.3　亚硝酸和亚硝酸根

5.3.1　亚硝酸和亚硝酸盐

气态的亚硝酸可通过下列反应得到:

$$NO(g) + NO_2(g) + H_2O(g) \rightleftharpoons 2HNO_2(g)$$

$$K = 1.56\ atm^{-1}(20\ ℃)$$

液态亚硝酸尚未得到过. 亚硝酸的水溶液为弱酸(pKa = 3.3, 25℃),它很容易通过酸化亚硝酸盐的溶液制得:

$$Ba(NO_2)_2 + H_2SO_4 \longrightarrow 2HNO_2 + BaSO_4$$

$$AgNO_2 + HCl \longrightarrow HNO_2 + AgCl$$

上述反应需在低于室温的条件下进行,因为亚硝酸的水溶液不稳定,它会按下式分解：

$$3HNO_2 \rightleftharpoons NO_3^- + 2NO + H_3O^+$$

正反应的速率方程为：

$$-\frac{d[HNO_2]}{dt} = \frac{k_1[HNO_2]^4}{p_{NO}^2}$$

逆反应的速率方程为：

$$\frac{d[HNO_2]}{dt} = k_2[HNO_2][NO_3^-][H_3O^+]$$

若浓度用摩尔(mol)，压力用大气压(atm)，时间用分(min)来表示，则在25℃时，$k_1 = 46$，$k_2 = 1.6$. 分解过程的机理如下：

$$4HNO_2 \rightleftharpoons N_2O_4 + 2NO + 2H_2O \qquad \text{(快，可逆)}$$

$$N_2O_4 \longrightarrow NO^+ + NO_3^- \qquad \text{(决定反应速率)}$$

$$NO^+ + H_2O \rightleftharpoons HNO_2 + H^+ \qquad \text{(快，可逆)}$$

当亚硝酸溶液的浓度约为 0.05 – 0.1mol · L^{-1}，在中等浓度的无机酸(4mol · L^{-1})中，会脱水形成三氧化二氮：

$$2HNO_2 \rightleftharpoons N_2O_3 + H_2O$$

20℃时，用不同方法测定的近似平衡常数$[N_2O_3]/[HNO_2]^2$，在数值上差别较大，一般在$7.5 \times 10^{-3} - 0.2$L · mol^{-1}. 在无机酸浓度较高的情况下，则产生亚硝酸离子：

$$HNO_2 + H^+ \rightleftharpoons NO^+ + H_2O$$

pK_a 的数值在—6.5 – —8.5 的范围内[32].

亚硝酸既有氧化性，又有还原性，而以前者为主. 例如，亚硝酸可定量地氧化碘离子，分析上用以测定亚硝酸根的含量，总反应为：

$$HNO_2 + I^- + H^+ \longrightarrow (1/2)I_2 + NO + H_2O$$

最初反应产生亚硝酰卤化物，然后再产生碘：

$$HNO_2 + I^- + H^+ \rightleftharpoons INO + H_2O$$

$$2INO \longrightarrow 2NO + I_2$$

HNO_2 还能氧化 Fe^{2+}，SO_2 和尿素等，本身被还原为 NO，N_2O 或 N_2：

$$NO_2^- + Fe^{2+} + 2H^+ \longrightarrow NO + Fe^{3+} + H_2O$$

$$HNO_2 + 2Cr^{2+} + H^+ \longrightarrow Cr(NO)^{2+} + Cr^{3+} + H_2O$$

$$2HNO_2 + SO_2 \longrightarrow 2NO + H_2SO_4$$

$$2HNO_2 + 2SO_2 + H_2O \longrightarrow N_2O + 2H_2SO_4$$

$$2HNO_2 + CO(NH_2)_2 \longrightarrow 2N_2 + CO_2 + 3H_2O$$

亚硝酸和羟胺在中性或酸性介质中的反应，可用下式表示：

$$NH_2OH + H\overset{*}{N}O_2 \xrightarrow{\text{中性}} HON{=}\overset{*}{N}{-}OH + H_2O$$

$$\swarrow \qquad\qquad \searrow$$

$$\overset{*}{N}NO + H_2O \qquad N\overset{*}{N}O + H_2O$$

$$NH_2OH + H\overset{*}{N}O_2 \xrightarrow{\text{酸性}} HONH\overset{*}{N}{=}O + H_2O$$

$$\downarrow$$

$$N\overset{*}{N}O + H_2O$$

HNO_2 遇强氧化剂,如 $KMnO_4$, $KClO_3$ 和 H_2O_2等,则显还原性,如:

$$5NO_2^- + 2MnO_4^- + 6H^+ \longrightarrow 5NO_3^- + 2Mn^{2+} + 3H_2O$$

$$3NO_2^- + ClO_3^- \longrightarrow 3NO_3^- + Cl^-$$

亚硝酸和过氧化氢反应,也产生硝酸根离子,但过程中形成过氧亚硝酸 HOONO 中间体,它是硝酸的同分异构体.

$$HNO_2 + H^+ \rightleftharpoons H_2NO_2^+ \rightleftharpoons NO^+ + H_2O$$

$$H_2O_2 + NO^+ \longrightarrow HOONO + H^+ \longrightarrow NO_3^- + 2H^+$$

亚硝酸被空气中的氧气氧化的过程,实际上是氧化亚硝酸分解产生的一氧化氮,形成四氧化二氮,后者再和水反应:

$$4HNO_2 \longrightarrow N_2O_4 + 2NO + 2H_2O$$

$$2NO + O_2 \longrightarrow N_2O_4$$

$$N_2O_4 + H_2O \longrightarrow HNO_2 + HNO_3$$

简单的金属亚硝酸盐中,实际上只有碱金属、碱土金属、锌、镉、汞(I) 和银(I) 的亚硝酸盐是稳定的.其中亚硝酸钠可由下列方法制备,并通过重结晶提纯.

$$2NaNO_3 \xrightarrow{\Delta} 2NaNO_2 + O_2$$

$$NaNO_3 + Na_2Fe_2O_4 + 2NO \longrightarrow 3NaNO_2 + Fe_2O_3$$

$$2NaOH + N_2O_3 \longrightarrow 2NaNO_2 + H_2O$$

制备亚硝酸盐的其他途径还有许多,如:

$$2KNO_3 + C \xrightarrow{\Delta} 2KNO_2 + CO_2$$

$$AgNO_3 + NaNO_2 \longrightarrow AgNO_2 + NaNO_3$$

$$KCl + AgNO_2 \longrightarrow KNO_2 + AgCl$$

$$Li_2O + N_2O_3 \longrightarrow 2LiNO_2$$

$$2NH_3 + N_2O_3 + H_2O \longrightarrow 2NH_4NO_2$$

$$Ba(OH)_2 + NO + NO_2 \longrightarrow Ba(NO_2)_2 + H_2O$$

碱金属(包括铵)和碱土金属的亚硝酸盐易溶于水,而重金属的亚硝酸盐则微溶. 碱金属亚硝酸盐直至熔化仍不分解,其他的则在较低的温度下便开始分解. 分解产物一般为金属氧化物、一氧化氮和二氧化氮,但银盐热分解产生银:

$$AgNO_2 \longrightarrow Ag + NO_2$$

$$AgNO_2 + NO_2 \longrightarrow AgNO_3 + NO$$

固体亚硝酸铵还可发生爆炸分解:

$$NH_4NO_2 \longrightarrow N_2 + 2H_2O$$

5.3.2　亚硝酸根的配位化合物

亚硝酸根 NO_2^- 的氮原子或氧原子都能和金属原子配位,形成配合物,因此,它能以不同的配位原子、不同的结合方式和金属原子形成多种结构类型的配合物. 它的键合异构现象早已为人们所知. 最初发现的一对键合异构体,也正是 NO_2^- 的配合物.

1894 年,与 Werner 同时代的 Jϕrgenson 用下述方法制得了两种不同的 NO_2^- 和 Co(Ⅲ) 的配合物[33]:

$$[Co(NH_3)_5Cl]Cl_2 \xrightarrow{NH_3} \xrightarrow{HCl} \xrightarrow{NaNO_2} \text{“溶液 A”}$$

$$\text{“溶液 A”} \xrightarrow{\text{放置冷处}} [(NH_3)_5Co(ONO)]Cl_2 \ \text{红色}$$

$$\text{“溶液 A”} \xrightarrow{\Delta} \xrightarrow[\text{浓 HCl}]{\text{冷却}} [(NH_3)_5Co(NO_2)]Cl_2,\text{黄色}$$

$$[(NH_3)_5Co(ONO)]Cl_2, \xrightarrow{\text{放置}} \text{或} \xrightarrow[HCl]{\Delta} [(NH_3)_5Co(NO_2)]Cl_2$$

Jϕrgensen 和 Werner 一致认为,这是一对同分异构体,是由于 NO_2^- 和 Co(Ⅲ) 的键合方式不同引起的. 他们根据类似化合物的颜色,判断红色的配位原子是氧,黄色的配位原子是氮. 此后虽曾在同行中引起过很大的争论,但一系列的实验,包括 ^{18}O 标记同位素对同分异构化反应的研究[34],X 射线衍射法对晶体结构的测定(图 12.43)[35,36],等,最终证明 Jϕrgensen 当初根据化合物颜色作出的判断是正确的,它们无疑是一对键合异构体.

为了区别上述键合异构体中的配体,其一称为亚硝酸根(nitrito),另一称为硝基(nitro),即:

$[(NH_3)_5Co(ONO)]Cl_2$　二氯化亚硝酸根 · 五氨合钴(Ⅲ)

$[(NH_3)_5Co(NO_2)]Cl_2$　二氯化硝基 · 五氨合钴(Ⅲ)

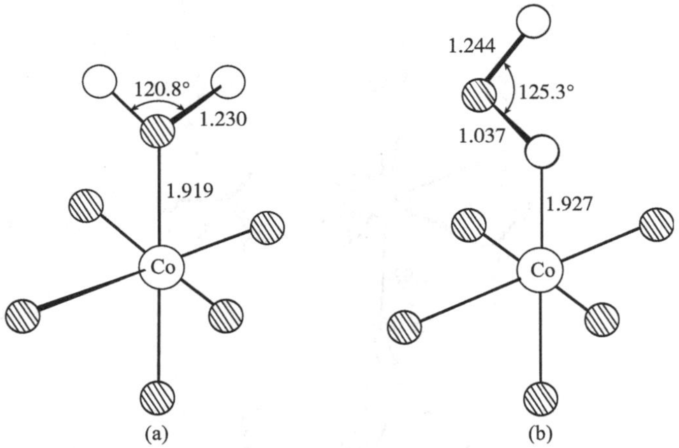

图 12.43 $[Co(NH_3)_5(NO_2)]^{2+}$(a) 和$[Co(NH_3)_5(ONO)]^{2+}$(b) 的结构

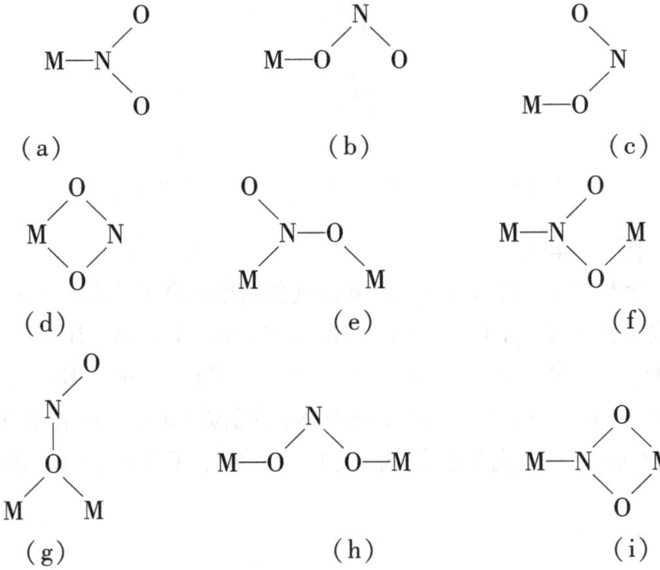

图 12.44 亚硝酸根和金属离子(M) 几种可能的结合方式

NO_2^- 离子不仅可以上述两种结合方式和金属离子形成配合物,现在了解,它们还有许多其他的配位方式(图 12.44). X 射线结构分析已经证实在过渡金属-亚硝酸根配合物中,存在着图 12.44 中(a) - (g) 的结构[37],虽然(i) 的结合方式尚未在过渡金属配合物中发现过,但它却存在于 $K_2Cd[Cd(NO_2)_6]$, $Cd(NO_2)_2(en)$ 及 $K_2Pb(NO_2)_3(NO_3) \cdot H_2O$ (图 12.45) 等非过渡金属配合物的结构中[38],只有(h) 的结合方式尚未最后确定. 本节拟就几种常见的配位方式作进一步的介绍.

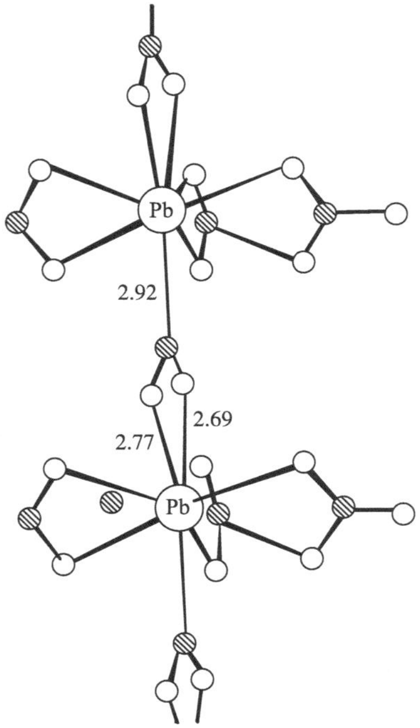

图 12.45　$[Pb(NO_2)_3(NO_3)]^{2-}$离子的结构

(1) 硝基[图 12.44(a)]

如前所述,金属-硝基表示 NO_2^- 为单齿配体,配位原子为氮.许多除 NO_2^- 离子外,还含氨或胺配体的 Co(III), Ni(II), Ru(III), Rh(III), Pd(II)和 Pt(II)的配合物,以及 $M(NO_2)_6^{n-}$ ($M = Fe^{2+}, Co^{2+}, Ni^{2+}, Cu^{2+}, Cd^{2+}, Co^{3+}, Rh^{3+}, La^{3+}, Pt^{4+}$), $M'(NO_2)_4^{n-}$ ($M' = Pd^{2+}, Pt^{2+}$) 等都以这种方式配位.图 12.46 表示了 $K_2Ba \cdot [Ni(NO_2)_6]$中$[Ni(NO_2)_6]^{4-}$离子的结构.表 12.35 列出了某些含硝基配合物的结构数据.

(2) 亚硝酸根[图 12.44(b)]

金属-亚硝酸根表示 NO_2^- 为单齿配体,配位原子为氧,另一氧原子处于金属原子的反位上.

在过去很长的一段时间里,只知道某些热力学不稳定的 Co(III), Rh(III), Pt(II) 的亚硝酸根配合物属于这一类型,但最近制得了一系列稳定的 M-ONO 配合物,其中 M = Cr(III), Ni(II) 和 Zn(II) 等.图 12.47 表示了 $Cr(ONO)_2(NO)(Py)_3$分子的结构.表 12.36 列出了某些亚硝酸根配合物的结构数据.

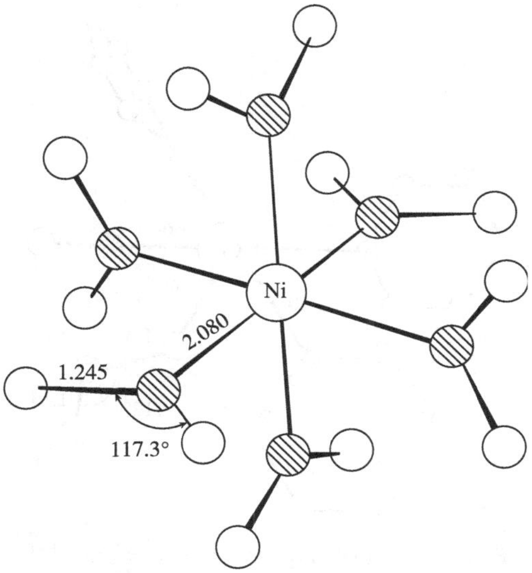

图 12.46 $[Ni(NO_2)_6]^{4-}$ 离子的结构

(3) 单齿亚硝酸根[图 12.44(c)]

(3) 和(2) 的区别在于:前者未和金属原子键合的氧原子和金属原子处于顺式,而后者处于反式的位置,即前者未键合氧原子和金属原子之间的距离较后者近.(3) 也可以看作是高度不对称的双齿硝酸根配体,其中两个 M—O 间的距离差别较大. 图 12.48 表示了上述结构特点. 在配合物$[Cu(O_2N)_2(bipy)]$中,两个 Cu—O 间的距离约相差 0.5Å[50]. 属于同类型的配合物还有 $Cs_2[Zn(O_2N)_4]$等,其中两个 Zn—O 距离分别为 2.085 及 2.536Å, 相差 0.45Å.

表 12.35 若干含硝基配合物的结构数据

化合物	键长(Å)		键角(°)	文献
	M—N	N—O	O—N—O′	
$K_2Ba[Ni(NO_2)_6]$	2.080	1.245	117.3	[39]
反-$[Co(NO_2)_2(NH_3)_4]Ac$	1.932	1.240	120.9	[40]
反-$[Co(NO_2)(en)_2(NCS)](SCN)$	1.914	1.210,1.189		[41]
反-$[Co(NO_2)(en)_2(NCS)](ClO_4)$	1.881	1.22	121.5	[42]
$[Co(NO_2)_2(en)_2]^+$	1.93	1.20,1.26	121	[43]
$Ni(NO_2)_2(NH_3)_4$	2.150	1.240,1.255	117.0	
$Na_2[Ru(NO_2)_4(NO)(OH)]\cdot 2H_2O$	2.078	1.212,1.213	120.1	[44]
$K_2Pb[Cu(NO_2)_6]$	2.111	1.260	117.9	[45]

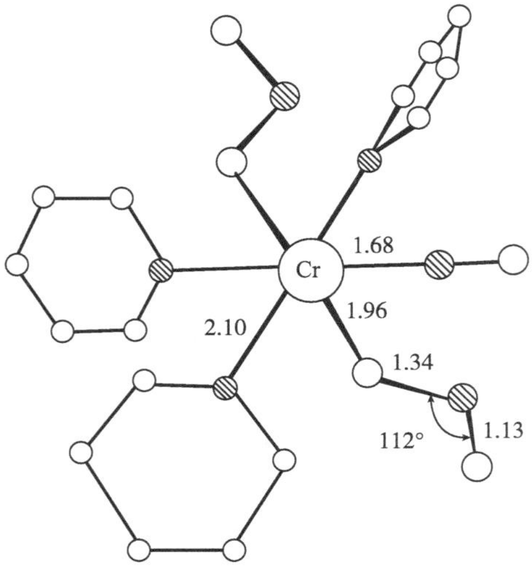

图 12.47　Cr(ONO)$_2$(NO)(Py)$_3$ 分子的结构

表 12.36　若干含亚硝酸根配合物的结构数据

化合物	键长(Å)		键角(°)		文献
	M—O	N—O	M—O—N	O—N—O′	
[Cr(ONO)$_2$(NO)(Py)$_3$]·Py	1.96	1.34,1.13	115.0	112	[46]
[Co(ONO)(en)$_2$(NCS)]I	1.915	1.30,1.24	115.1	112.8	[42]
[Co(ONO)(en)$_2$(NCS)](ClO$_4$)	1.875	1.30,1.25	115.0	112.8	[42]
[Ni(ONO)$_2$(Py)$_4$]·2Py	2.048	1.05,1.26	149	123	[47]
Ni(ONO)$_2$(N,N′-dimen)$_2$	2.113	1.288,1.215	119.3	115.1	[48]
Zn(ONO)$_2$(N,N-dimen)$_2$	2.221	1.302,1.191	118.0	114.6	[49]

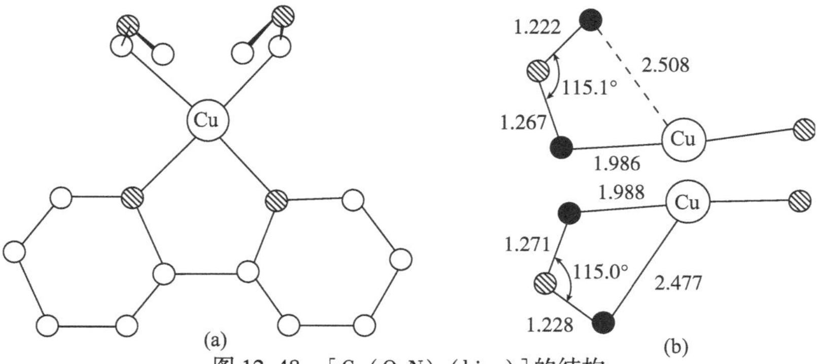

图 12.48　[Cu(O$_2$N)$_2$(bipy)]的结构

(a)全貌　(b)Cu—O$_2$N 部分

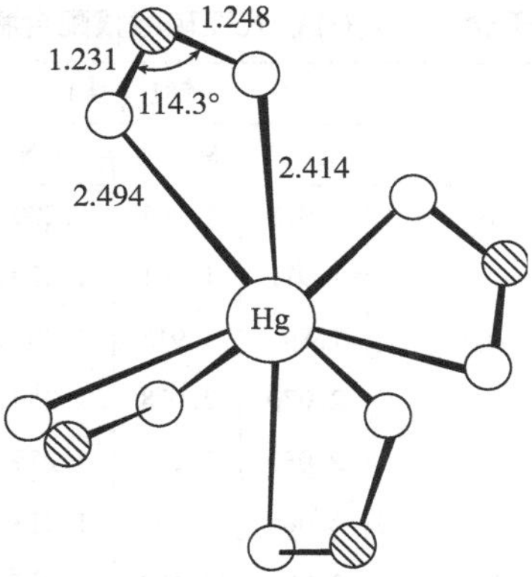

图 12.49　$[Hg(O_2N)_4]^{2-}$离子的结构

(4) 双齿亚硝酸根[图 12.44(d)]

双齿亚硝酸根又称螯合型.螯合型配体有对称和不对称之分,前者两个 M—O 键长相等或基本相等,后者稍有差别. 在这类配合物中,O—M—O′键角较小,约在 50－60°. 图 12.49 表示了 $K_3[Hg(O_2N)_4](NO_3)$中$[Hg(O_2N)_4]^{2-}$离子的结构. 表 12.37 汇集了某些双齿亚硝酸根配合物的结构数据.

表 12.37　若干双齿亚硝酸根配合物的结构数据

化合物	键长(Å)		键角(°)		文献
	M—O	N—O	O—M—O′	O—N—O′	
$[Ni(O_2N)(bipy)_2](NO_3)$	2.132,2.110	1.241,1.262	59.2	113.6	[51]
$[Ni(O_2N)_2(4-mepy)_2]_2\cdot 2C_6H_6$	2.106,2.106	1.25,1.25	59.4	113.2	[52]
$[Ni(O_2N)_2(3-mepy)_2]_3\cdot C_6H_6$	2.144,2.090	1.260,1.261	59.2	112.0	[52]
$[Cu(O_2N)(bipy)_2](NO_3)$	2.238,2.329	1.234,1.207	52.5	111.9	[53]
$[Zn(O_2N)(en)_2(NO_2)]$	2.240,2.240	1.234,1.234	55.2	114.4	[49]
$[Zn(O_2N)(en)_2](ClO_4)$	2.251,2.274	1.248,1.258	54.6	111.7	[54]
$Cd(O_2N)_2(en)$	2.31,2.37	1.25,1.28	51.3	106.5	
$K_2[Cd(O_2N)_4]$	2.406,2.406	1.26,1.26	50.4	109.1	[55]
	2.509,2.390	1.23,1.22	49.8	115.1	
$K_3[Hg(O_2N)_4](NO_3)$	2.494,2.414	1.231,1.248		114.3	[56]
	2.566,2.394	1.232,1.250		114.8	

表 12.38　若干含 μ-(N,O) 桥式亚硝酸根配合物的结构数据

化合物	键长(Å)			键角(°)	文献
	M—O	M—N	N—O	O—N—O′	
$[Co_2(NO_2)_2(OH)(NH_3)_6]Cl_3 \cdot H_2O$	1.923	1.905	1.290,1.212	114.7	[57]
	1.917	1.901	1.300,1.203	117.4	
$[Co_2(NO_2)(NH_2)(NH_3)_8]Cl_4 \cdot 4H_2O$	1.896	1.915	1.307,1.227	113.7	[58]
$Ni(NO_2)_2(3-mepy)_2)_3 \cdot C_6H_6$	2.070	2.078	1.259,1.230	115.6	[52]
$[Ni_5(NO_2)_8(OH)_2(en)_4] \cdot H_2O$	2.080	2.135	1.279,1.227	114.8	[60]
	2.088	2.138	1.258,1.224	115.2	
	2.082	2.102	1.285,1.220	116.3	
	2.138	2.158	1.343,1.175	113.3	

表 12.39　若干含 μ—O 桥式亚硝酸根配合物的结构数据

化合物	键长(Å)		键角(°)	文献
	M—O	N—O	O—N—O′	
$[Co_4(NO_2)_2(NO)_8(N_2O_2)]$	2.009,1.976	1.354,1.199	112.9	[63]
$[Ni(NO_2)_2(3-mepy)_2]_3 \cdot C_6H_6$	2.079,2.097	1.305,1.197	114.4	[52]
$[Ni(NO_2)_2(4-mepy)_2]_2 \cdot 2C_6H_6$	2.037,2.037	1.24,1.17	123.6	[52]

(5)μ-(N,O)桥式亚硝酸根[图 12.44(e)]

μ-(N,O) 桥式亚硝酸根通常存在于二聚、三聚或五聚配合物中. $[Co_2(NO_2)_2(OH)(NH_3)_6]^{3+}$(图 12.50)[57], $[Co_2(NO_2) \cdot (NH_2)(NH_3)_8]^{4+}$[58], $K_2[Pt_3(NO_2)_6O] \cdot 3H_2O$[59]及$[Ni_5(NO_2)_8(OH)_2(en)_4]$[60]等配合物就是几例. 表 12.38 列出了某些此类配合物的结构数据.

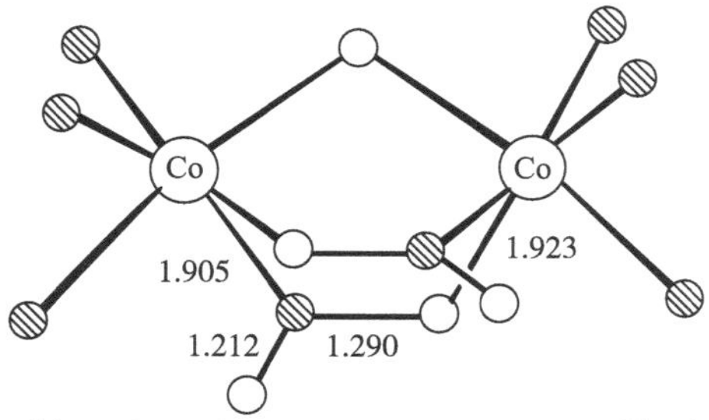

图 12.50　$[(NH_3)_3Co(\mu\text{-}NO_2)_2(OH)Co(NH_3)_3]^{3+}$离子的结构

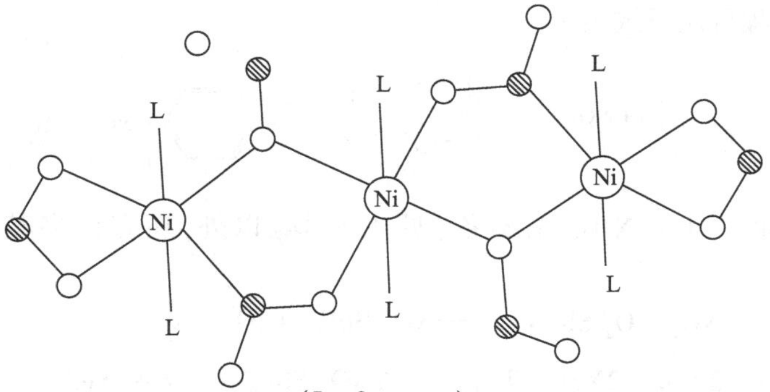

(L = 3 - mepy)

图 12.51 [Ni(NO_2)$_2$(3-mepy)$_2$]$_3$ 三聚体的结构

图 12.44(f)所示的另一种 μ-(N,O) 型桥式亚硝酸根很少见. 迄今为止,仅发现了 Co(NO_2)$_2$(NO)$_2$[61] 及[Ni(NO_2)(en)$_2$]X(X = ClO_4^- 或 BF_4^-)[54,62] 等少数几个配合物.

(6)μ-O 桥式亚硝酸根[图 12.44(g)]

某些含 μ-O 型桥式亚硝酸根的配合物列于表 12.39 中. 实际上在这些聚合体中,往往存在着一种以上的配位方式:

$$[Ni(NO_2)_2(3\text{-mepy})_2]_3$$

就是一例(图 12.51). 在它的结构中,除含 μ-O 及 μ-(N,O)型桥式亚硝酸根以外,在端梢的位置上还有螯合型的双齿亚硝酸根配体.

5.4 硝鎓离子和硝鎓盐

硝鎓离子 NO_2^+ 不仅存在于液态 HNO_3 的自电离中,也存在于 N_2O_4, N_2O_5 的 H_2SO_4, HNO_3 或 $HClO_4$溶液中:

$$N_2O_4 + 3H_2SO_4 \longrightarrow NO_2^+ + NO^+ + 3HSO_4^- + H_3O^+$$

$$N_2O_5 + 3H_2SO_4 \longrightarrow 2NO_2^+ + 3HSO_4^- + H_3O^+$$

$$N_2O_5 + 3HClO_4 \longrightarrow 2NO_4^+ + 3ClO_4^- + H_3O^+$$

波谱的研究证实了上述溶液中 NO_2^+ 离子的存在,例如,它在 Raman 光谱中的峰值在 1400cm^{-1}左右.

在深入研究芳香化合物硝化反应动力学的过程中,发现真正起作用的是由以下形式离解产生的硝鎓离子:

$$2HNO_3 \rightleftharpoons NO_2^+ + NO_3^- + H_2O$$

$$HNO_3 + H_2SO_4 \rightleftharpoons NO_4^+ + HSO_4^- + H_2O$$

因此，硝化过程可用下式表示：

硝鎓盐除了可用 N_2O_5 来制备（见 4.5 节）以外，还有许多其他的制备方法，如：

$$NO_2 + O_2^+ SbF6_6^- \longrightarrow NO_2^+ SbF_6^- + O_2$$

$$2NO_2 + 2XeF^+ SbF_6^- \longrightarrow 2NO_2^+ SbF_6^- + Xe + XeF_2$$

$$2NO_2 + KrF^+ Sb_2F_{11}^- \longrightarrow 2NO_2^+ SbF_6^- + Kr$$

$$N_2O_4 + ClOSO_2F \longrightarrow NO_2^+ OSO_2F^- + ClNO_2$$

$$HNO_3 + 2SO_3 \longrightarrow NO_2^+ HS_2O_7{}^-$$

$$HNO_3 + SeO_2F_2 \longrightarrow NO_2^+ SeO_3F^- + HF$$

硝鎓盐的化学性质很活泼，它们遇潮气迅速水解. $NO_2^+ ClO_4^-$ 和有机物猛烈反应，但它却能在硝基苯溶液中实现硝化反应.

5.5　连二亚硝酸

连二亚硝酸 $H_2N_2O_2$ 可通过它的银盐和无水氯化氢，在乙醚介质中反应得到. 过滤除去反应产生的氯化银，待滤液中的乙醚挥发后，便可得到 $H_2N_2O_2$ 的白色片状结晶.

$$Ag_2N_2O_2 + 2HCl \xrightarrow{\text{乙醚}} H_2N_2O_2 + 2AgCl$$

连二亚硝酸银则可通过钠-汞齐还原硝酸银来制备.

$$2AgNO_3 + 2NaNO_2 + 4Na/Hg + 2H_2O \longrightarrow Ag_2N_2O_2 + 2NaNO_3 + 4NaOH + 4Hg$$

干燥的 $H_2N_2O_2$ 晶体极易爆炸，水溶液则较稳定，但仍按下式逐渐分解：

$$H_2N_2O_2 \longrightarrow N_2O + H_2O$$

它的水溶液是二元弱酸.

$$H_2N_2O_2 \rightleftharpoons H^+ + HN_2O_2^- \qquad K_1 = 9 \times 10^{-8}$$

$$HN_2O_2^- \rightleftharpoons H^+ + N_2O_2^{2-} \qquad K_2 = 1 \times 10^{-11}$$

关于连二亚硝酸及其酸根阴离子的结构，由于缺乏必要的结构参数，还不完全清楚. 但从紫外吸收光谱、振动光谱及核磁共振谱等实验结果来看，连二亚硝酸根离子含有 N═N 双键，且为反式构型：

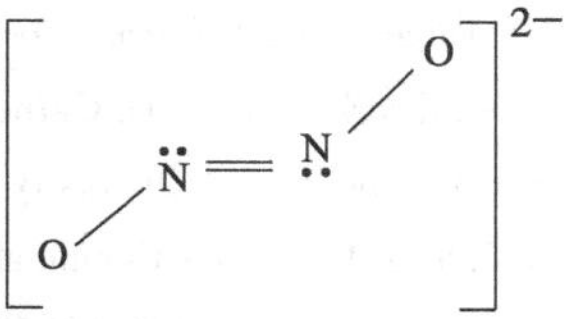

相应的连二亚硝酸也具有上述对称的结构. 它的同分异构体硝酰胺 NH_2NO_2 则具有完全不同的结构:

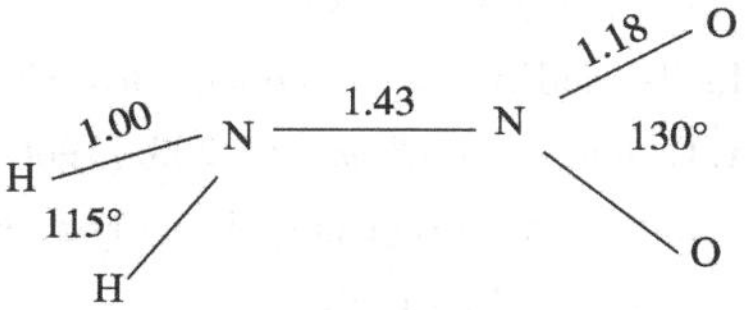

它也是一个弱酸,25℃时,$K=2.6\times10^{-7}$.

连二亚硝酸在不同的酸、碱介质中,表现出还原性或氧化性,但以前者为主. 例如,它能被碘氧化:

$$H_2N_2O_2+3I_2+3H_2O \rightleftharpoons HNO_3+HNO_2+6HI$$

此反应可用以分析连二亚硝酸. $H_2N_2O_2$ 的稀溶液能将 HNO_2 氧化为 HNO_3,本身则被还原为 N_2,浓度较高时还形成 N_2O .

$$H_2N_2O_2+HNO_2 \longrightarrow HNO_3+N_2+H_2O$$

参考文献

[1] A. P. Cox, A. H. Brittain and D. J. Finnigan, *Trans. Faraday Soc*, 67, 2179 (1971).
[2] A. P. Cox and J. M. Riveros. *J. Chem. Phys.*, 42 3106 (1965).
[3] A. J. Vosper, in *Internat. Rev. Sci.*, *Inorg. Chem.*, Series Two, Vol. 2, p. 124, Butterworths, London, 1975.
[4] M. W. Siegel, R J. Celotta, J. L. Hall, J. Levine and R. A. Bennett, *Phys. Rev*, A 6, 607 (1972).
[5] G. L. Paul and A. W. Pryor, *Acta Cryst*, B 28, 2700 (1972).
[6] R. G. Delaplane, I. Taesler and I. Olovsson, *Acta Cryst.*, B 31, 1486 (1975).
[7] I. Taesler, R, G. Delaplane and I. Olovsson, *Acta Cryst.*, B31, 1489 (1975).
[8] Kirk - Othmer, Encyclopedia of Chemical Technology, 3rd, Ed., Vol. 15, p. 853, Wiley, 1981.
[9] S. A. Stern, J. T. Mullhaupt and W. B. Kay, *Chem. Rev.*, 60, 185 (1960).
[10] C. C. Addison, *Chem. Rev.*, 80, 21 (1980).
[11] C. C. Addison and N. Logan, *Adv. Inorg. Chem. Radiochem.*, 6, 72 (1964).
[12] G. Gibson, C. D. Beintema and J. J. Katz, *J. Inorg. Nucl. Chem*, 15, 110 (1960).
[13] I. R. Epstein, K. Kustin and L. J. Warshaw, *J. Am. Chem. Soc.*, 102, 3751 (1980).

[14] H. Ogino, K. Tsukahara and N. Tanaka, *Bull. Chem. Soc. Japan*, 47,308 (1974).

[15] C. C. Addison, N. Logan, S. C. Wallwork and C. D. Garner, *Quart. Rev*,25, 289 (1971)

[16] C. C. Addison (Senior Reporter), Inorganic Chemistry of the Main Group Elements (A Specialist Periodical Report), Vol. 5, p. 173, The Chemical So – clety, London, 1978.

[17] J. Drummond and J. S. Wood, *J. Chem. Soc.* A, 226 (1970).

[18] F. A. Cotton and R. H. Soderberg, *J. Am. Chem. Soc.*, 85, 2402 (1963).

[19] A. Zalkin, J. D. Forrester and D. H. Templeton, *J. Chem. Phys.*, 38 2881 (1963).

[20] T. A. Beineke and J. Delgaudio, *Inorg. Chem.*, 7, 715 (1968).

[21] G. Johnssou, *Acta Chem. Scand.*, 22, 389 (1968).

[22] J. C. Taylor. M. H. Mueller and R. L. Hitterman, *Acta Cryst.*, 20, 842 (1966).

[23] J. G. Bergman, Jr. and F. A. Cotton, *Inorg. Chem*, 5, 1208 (1966).

[24] A. Santoro, A D. Mighell and C. W. Reimann, *Acta Cryst*, B 26, 979 (1970).

[25] J. Garaj, *Acta Chem. Scand*, 22, 1710 (1968).

[26] B. Morosin, *Acta Cryst*, B 26, 1203 (1970).

[27] F. P. Gallezct. D. Weigel and M. Prettre, *Acta Cryst.*, 22, 699 (1967).

[28] D. A. Langs, C. R. Hare and R. G. Little, *Chem. Commun.*, 1080 (1967).

[29] C. D. Garner and S. C. Wallwork, *J. Chem. Soc.*, A, 3092 (1970).

[30] B. Duffir and S. C. Wallwork, *Acta Cryst.*, 20, 210 (1966).

[31] A. F. Cameron, K. P. Forrest, R. H. Nuttall and D. W. Taylor, *J. Chem. Soc*, *Chem. Commun.*, 210 (1970).

[32] G. Stedman, *Adv. Inorg. Chem. Radiochem.*, 22, 114 (1979).

[33] S. M. *Jorgensen*, *Z. Anorg. Allg. Chem.*, 5. 168 (1894).

[34] R. K Murmann and H. Taube, *J. Am. Chem. Soc.*, 78, 4886 (1956)

[35] O. Börtin, *Acta Chem. Scand.*, 22, 2890 (1968).

[36] I. Grenthe and E. Nordin, *Inorg. Chem.*, 18, 1869 (1979).

[37] M A. Hitchman and G. L. Rowbottom, *Coord. Chem. Rev.*, 42. 55 (1982).

[38] M. Nardelli and G. Pelizzi, *Inorg. chim. Acta*, 38, 15 (1980).

[39] S. Takagi, M. D. Joesten and P. Galen – Lenhert, *Acta Cryst*, B 31 1970 (1975)

[40] P. C. Cagnon, J. R. Matalon and A. L. Beauchamp, *Acta Cryst.* B 34, 1128 (1978).

[41] O. Börtin. *Acta Chem. Scand.*, A 30, 503 (1976).

[42] I. Grenthe and E. Nordin, *Inorg. Chem*, 18, 1109 (1979).

[43] K. Matsumoto and H. Kuroya, *Bull. Chem.* Soc. *Japan*, 45, 1735 (1972).

[44] S. H Smonser. and M. H. Mueller, J. *Inorg*, *Nucl. Chem*, 27, 209 (1965)

[45] D. L. Cullen and E. C. Lingafelter, *Inorg. Chem.*, 10, 1264 (1971).

[46] C. M. Lukehart and J. M. Troup, *Inorg. Chim. Acta*, 22, 81 (1977).

[47] A. J. Finney. M. A. Hitchman, C. L. Raston, G. L. Rowbottom, B. W. Skelton and A. H. White, *Aust. J. Chem.*, 34, 2095 (1981).

[48] A. J. Finney, M. A. Hitchman, C. L. Raston, G. L. Rowbotton and A. H. White, *Aust. J.*

Chem., 34, 2047 (1981).

[49] A. J. Finney, M. A. Hitchman, C. L. Raston, G. L. Rowbottom and A. H. White, *Aust. J. Chem.*, 34, 2061 (1981).

[50] F. S. Stephens, *J. Chem. Soc.*, A, 2081 (1969).

[51] A. J. Finrey, M. A. Hitchman, D. L. Kepert, C. L. Raston, G. L. Rowbottom and A. H. White, *Aust. J. Chem*., 34, 2177 (1981).

[52] A. J. Finney, M. A. Hitchman, C. L. Raston, G. L. Rowbottom and A. H. *White*, *Aust. J. Chem.*, 34, 2125 (1981).

[53] I. M. Procter and F. S. Stephens, *J. Chem. Soc.*, A, 1248 (1969).

[54] A. J Finney, M. A. Hitchman, C. L. Raston, G. L. Rowbottom and A. H. White, *Aust. J. Chem.*, 34, 2159 (1981).

[55] P. Phavanantha, Ph. D. Thesis, University of London, 1970.

[56] L. F. Power, J. A. King and F. H. Moore, *J. Chem. Soc.*, *Dalton Trans.*, 93 (1976).

[57] V. U. Thewalt, *Acta Cryst.*, B 26, 81(1970).

[58] V. U. Thewalt and R. E Marsh, *Inorg. Chem.*, 9, 1604 (1970).

[59] A. E. Underhill and D. M. Watkins, *J. Chem. Soc.*, *Dalton Trans*, 5(1977).

[60] A. J. Finney, M. A. Hitchman, C. L. Raston, G. L. Rowbottom and A. H. White, *Aust. J. Chem.*, 34, 2139(1981).

[61] C. E. Strouse and B. I. Swanson, *J. Chem. Soc.*, *Chem. Commun.*, 55 (1971),

[62] M. G. B. Drew, D. M. L. Goodgame, M. A. Hitchman and D. Rogers. *Chem. Commun.*, 477 (1965).

[63] R. Bau, I. H. Sabherwal and A. B. Burg, *J. Am. Chem. Soc.*, 93, 4926 (1971).

12.6 含氮—氮键的化合物

6.1 联　　氨

6.1.1 联氨的生产和用途

联氨(N_2H_4)又名肼. 工业上生产联氨的主要方法仍是 1907 年的 Raschig 合成法. 此法基于在碱性溶液中,用次氯酸盐部分氧化氨. 总反应为:

$$2NH_3 + NaOCl \longrightarrow N_2H_4 + NaCl + H_2O$$

上述反应的机理很复杂,它依赖于一氯胺的开始形成:

$$NH_3 + OCl^- \longrightarrow NH_2Cl + OH^- \qquad (1)$$

这一步进行得很快,而且很完全. 从一氯胺到联氨,或者先通过氨的亲核进攻(2),继而中和(3);或者先通过形成一氯胺离子(4),然后再通过氨的亲核进攻(5)[1]:

$$NH_3 + NH_2Cl \longrightarrow N_2H_5^+ + Cl^- \qquad 慢(2)$$

$$N_2H_5^+ + OH^- \longrightarrow N_2H_4 + H_2O \qquad 快(3)$$

$$NH_2Cl + OH^- \rightleftharpoons NHCl^- + H_2O \qquad 快(4)$$

$$NHCl^- + NH_3 \longrightarrow N_2H_4 + Cl^- \qquad 慢(5)$$

一氯胺又能进一步和产生的联氨发生反应:

$$2NH_2Cl + N_2H_4 \longrightarrow 2NH_4Cl + N_2 \qquad 快(6)$$

显然,反应(6)并不是人们所期望的,特别是它的反应速率比反应(2),(3)或反应(4),(5)都快. 现已了解,反应(6)能为痕量的金属离子,特别是 Cu(II)离子所催化,即使它的含量仅为 ppm 数量级. Raschig 发现加入黏结剂或明胶可抑制反应(6),并有利于联氨的形成. 在最佳的反应条件下,水合肼 $N_2H_4 \cdot H_2O$ 的产率可达 60% –70%.

改进的 Raschig 法包括氨和氯在酮溶剂中反应,最后产生硫酸肼:

$$2NH_3 + Cl_2 \longrightarrow NH_4Cl + NH_2Cl$$

$$NH_3 + R_2CO \longrightarrow R_2C{=}NH + H_2O$$

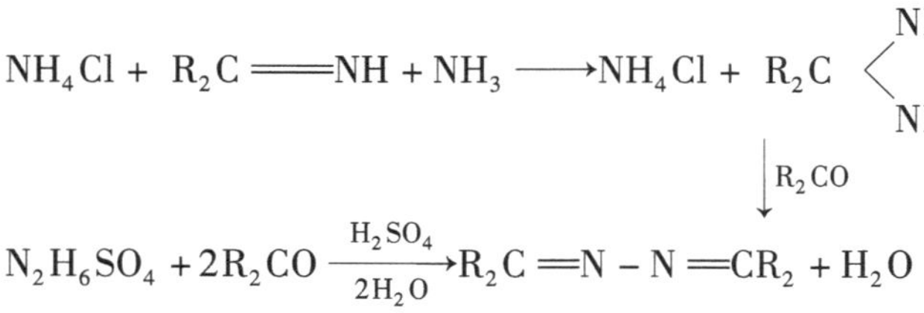

为得到无水肼,可在肼的浓溶液中,加入固体苛性钠(或钾)脱水,继而蒸馏;也可在它的稀溶液中,加入稀硫酸,首先得到硫酸肼沉淀;经过滤、干燥后和液氨反应,使硫酸铵沉淀析出,蒸发去除氨以后,便留下无水肼.

$$N_2H_4 + H_2SO_4 \xrightarrow{H_2O} N_2H_6SO_4$$

$$N_2H_6SO_4 + 2NH_3 \xrightarrow{\text{液氨}} N_2H_4 + (NH_4)_2SO_4$$

实验室制备少量硫酸肼也可采用 Raschig 法,并加石灰水或乙二胺四乙酸钠,以螯合痕量的重金属离子,避免后者催化分解产物.

$$2NH_3 + NaOCl + H_2SO_4 \longrightarrow N_2H_6SO_4 + NaCl + H_2O$$

硫酸肼仅微溶于冷的稀酸,必要时可通过过滤,并从热的水溶液中重结晶. 少量水合肼则可通过蒸馏硫酸肼的碱性溶液,收集 117 – 119℃ 的馏分得到:

$$N_2H_6SO_4 + 2KOH \longrightarrow N_2H_4 \cdot H_2O + K_2SO_4$$

联氨很稳定. 它在空气中燃烧,放出大量的热,并转变成氮气:

$$N_2H_4(l) + O_2(g) \longrightarrow N_2(g) + 2H_2O\ (l)$$

$$\Delta H = -621.7\text{kJ} \cdot \text{mol}^{-1}$$

因此,联氨及其衍生物主要用作导弹及火箭的燃料. 联氨若和适当的氧化剂,如液氧、过氧化氢、硝酸或氟结合使用,能产生很高的排气速率及推动力. 同时,由于它本身的稳定性,易于贮存,适合于瞬间的应用. 缺点是它的凝固点(2℃)偏高,在高空中会固化,因而常使用它的衍生物,如二甲基肼等,或和联氨混合使用.

联氨是一个颇为吸引人的还原剂,因为它本身的氧化产物在多数情况下是氮气. 联氨能将很多金属盐还原为金属,包括银在内,这是传统生产镜子的方法. 联氨及其盐还是有机合成及分析化学中常用的还原剂.

6.1.2 联氨的结构和性质

气相联氨的电子衍射结构数据为:N—N 距离 1.449Å,N—H 距离 1.022Å,N—N—H 键角 112.0°, 表明氮原子以 sp^3 杂化轨道成键[2]. 25℃时,N_2H_4 分子呈扭曲状:

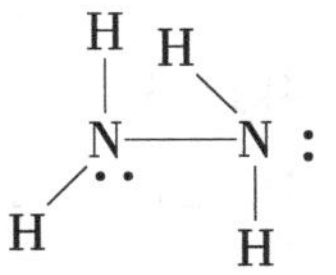

IR 和 Raman 光谱的研究表明,N_2H_4 分子具有 C_2 点群的对称性[3].

无水联氨在室温下为无色发烟液体,介电常数高. 联氨重要的物理常数列于表 12.40 中.

联氨为二元碱,碱性比氨弱:

$$N_2H_4(aq) + H_2O \rightleftharpoons N_2H_5^+ + OH^-$$

$$K_1 = 8.5 \times 10^{-7}(25℃)$$

$$N_2H_5^+(aq) + H_2O \rightleftharpoons N_2H_6^{2+} + OH^-$$

$$K_2 = 8.9 \times 10^{-16}(25℃)$$

表 12.40　联氨的物理性质

物理性质	温度(K)	数值
熔点	275.15	2.0℃
沸点	386.65	113.5℃
临界温度	653.15	380℃
临界压力		14.7MPa
密度(固体)	268	1.146g · cm^{-3}
密度(液体)	298	1.00g · cm^{-3}
蒸气压(固体)	273	347Pa
蒸气压(液体)	298	1.92kPa
介电常数	298	51.7
偶极矩	291 – 298	1.83 – 1.85D

因而它能形成两个系列的盐. $N_2H_5^+$ 的盐在水中稳定,$N_2H_6^{2+}$ 的盐则强烈地水解.

联氨主要的化学反应有:

(1) 分解反应

在联氨的分解产物中,稳定的只有氨、氮气和氢气. 分解反应的通式可表示为:

$$3N_2H_4 \longrightarrow 4(1-x)NH_3 + (1+2x)N_2 + 6xH_2$$

在不同的条件下,分解产物不同,可由式中不同的 x 值表示出来. 单个的分解反应则可表示为:

$$3N_2H_4(g) \longrightarrow 4NH_3(g) + N_2(g)$$

$$\Delta H = -156.5kJ \cdot mol^{-1}$$

$$N_2H_4(g) \longrightarrow N_2(g) + 2H_2(g)$$

$$\Delta H = -95.4kJ \cdot mol^{-1}$$

$$N_2H_4(g) + H_2(g) \longrightarrow 2NH_3(g)$$

$$\Delta H = -187.4kJ \cdot mol^{-1}$$

例如,气态 N_2H_4 在 250—310℃,在硅上进行热分解,产物相当于 $x=0$; 在铂上分解,则 $x=0.25$.

实验证明,在气态联氨的分解反应中,包括亚胺、酰胺、氢及联氨自由基等一系列中间产物. 历程可分为引发、传播及终止三个阶段:

$$\left.\begin{array}{l} N_2H_4 \longrightarrow 2NH_2\cdot \\ N_2H_4 \longrightarrow N_2H_3\cdot + H\cdot \end{array}\right]\text{引发}$$

$$\left.\begin{array}{l} N_2H_3 + N_2H_4 \longrightarrow 2NH_3 + N_2 + H\cdot \\ H\cdot + N_2H_4 \longrightarrow NH_3 + NH_2\cdot \\ NH_2 + N_2H_4 \longrightarrow NH_3 + N_2H_3\cdot \\ H\cdot + N_2H_4 \longrightarrow H_2 + N_2H_3\cdot \end{array}\right]\text{传播}$$

$$\left.\begin{array}{l} 2H\cdot \longrightarrow H_2 \\ 2NH_2 \longrightarrow N_2 + 2H_2 \\ 2NH_2\cdot \longrightarrow NH_3 + NH\cdot \\ NH\cdot + N_2H_4 \longrightarrow NH_3 + N_2 + H_2 \\ NH_2\cdot + N_2H_3\cdot \longrightarrow NH_3 + N_2 + H_2 \\ H\cdot + N_2H_3\cdot \longrightarrow N_2 + 2H_2 \\ 2N_2H_3\cdot \longrightarrow 2NH_3 + N_2 \end{array}\right]\text{终止}$$

(2) 氧化反应

联氨和空气的混合物能在高于130℃的情况下,在金属燃烧器中点燃. 若有铂催化剂存在,甚至在30℃就能点燃.

联氨既有还原性又有氧化性,但以还原性为主. 它在水溶液中的氧化还原反应极其复杂,过程中产生一系列的中间产物,如 N_2H_2, N_2H_3, N_4H_6 等. 50 年代通过对 N_2H_4 和 $[Fe(H_2O)_6]^{3+}$ 在酸性溶液中反应动力学的研究,推广提出了联氨氧化的一般历程[4]. 单电子氧化反应的历程可表示如下:

$$N_2H_4 \underset{k_{-1}}{\overset{k_1}{\rightleftharpoons}} N_2H_3 + H^+ + e \qquad (1)$$

$$2N_2H_3 \xrightarrow{k_2} N_4H_6 \qquad (2)$$

$$N_4H_6 \xrightarrow[\text{快}]{k_3} 2NH_3 + N_2 \qquad (3)$$

$$2N_2H_3 \xrightarrow{k_4} N_2H_4 + N_2H_2 \qquad (4)$$

$$N_2H_3 \xrightarrow{k_5} N_2H_2 + H^+ + e \qquad (5)$$

$$N_2H_2 \xrightarrow[\text{快}]{k_6} N_2 + 2H^+ + 2e \qquad (6)$$

最终产物为氮气. 两电子氧化反应的历程则假设如下:

$$N_2H_4 \xrightarrow{k_7} N_2H_2 + 2H^+ + 2e \qquad (7)$$

$$2N_2H_2 \xrightarrow{k_8} N_4H_4 \tag{8}$$

$$N_4H_4 \xrightarrow[\text{快}]{k_9} NH_3 + HN_3 \tag{9}$$

最终产物为 NH_3 及 HN_3. N_2H_2 也发生如下的反应,以代替(6)和(8):

$$2N_2H_2 \xrightarrow{k_{10}} N_2H_4 + N_2 \tag{10}$$

上述一系列中间产物,又为以后的实验进一步证实. 例如,二亚胺(N_2H_2)和氨的混合物可通过气态联氨的微波放电得到[5]. 纯的二亚胺可通过碱金属的甲苯磺酰肼(tosylhydrozide)热解得到[6]:

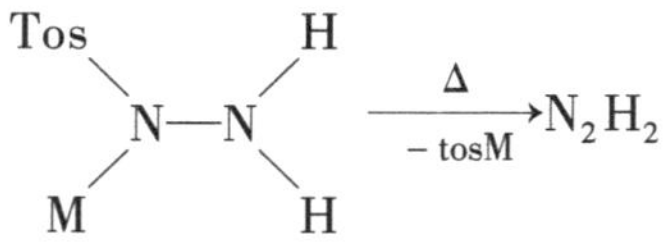

(M = Li,Na,K 或 Cs)

据报道,不同的金属以及碱金属甲苯磺酰肼经不同的预处理,可以得到三种不同结构的二亚胺,即顺 − N_2H_2,反 − N_2H_2 及异 − N_2H_2(图 12.52). Li,Na,K 以及经老化处理的 Cs 的甲苯磺酰肼热分解可得顺式及反式的 N_2H_2,高于 −180℃时,主要歧化分解为 N_2 和 N_2H_4. 新鲜制备得到的 Cs 的甲苯磺酰肼热分解,则得到异 − N_2H_2,它很容易进行同分异构化,并在高于 −240℃分解成 N_2,N_2H_4 和 NH_3.

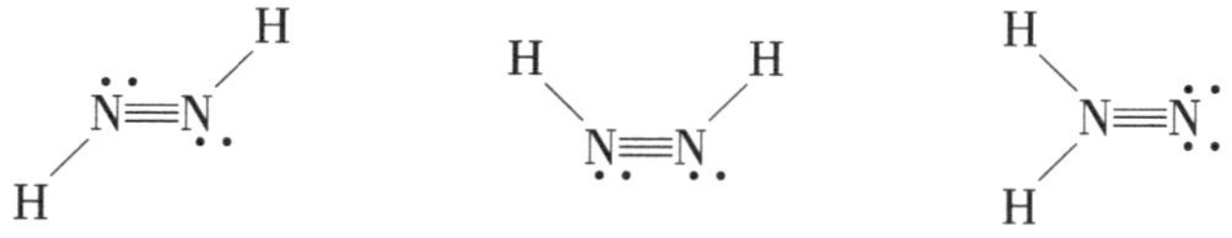

(a)　　(b)　　(c)

图 12.52　二亚胺三种可能的异构体

(a)反-N_2H_2　(b)顺-N_2H_2　(c)异-N_2H_2

N_2H_3 · 是在水溶液中,用脉冲辐射研究氢氧基(OH)氧化联氨的反应中观测到的[17]. N_2H_3 · 衰变形成四氮烷 N_4H_6,该短寿命的反磁性中间体,是一个"饱和"的分子($H_2N—NH—NH—NH_2$).

$$OH + N_2H_4 \longrightarrow N_2H_3\cdot + H_2O$$

$$2N_2H_3\cdot \longrightarrow N_4H_6$$

纯的四氮烯 N_4H_4 也已经得到[8]:

$$(Me_3Si)_2N—N=N—N(SiMe_3)_2 \xrightarrow[F_3C—COOSiMe_3]{+F_3C—COOH}$$

$$H_2N—N=N—NH_2$$

反应在 –78℃于二氯甲烷溶剂中进行. 由于 N_4H_4 仅微溶于二氯甲烷,因而以无色固体的形式析出,进一步可通过升华提纯. N_4H_4 具有反式的结构:

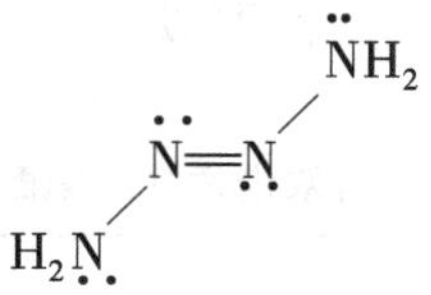

除 N_2H_4 和 Fe(Ⅲ) 的反应外,一系列动力学的研究表明,N_2H_4 和 Cr(VI),Mo(VI) 和 Ce(IV)等在水溶液中的氧化还原反应,也都具有复杂的历程[9].

6.1.3 联氨的配位化合物

联氨不仅可以作为一个还原剂,和过渡金属化合物发生氧化还原反应,而且它又是一个 Lewis 碱,可以作为配体,和过渡金属离子形成配合物. 联氨既可作为单齿又可作为双齿配体[4]. 表 12. 41 列出了若干含单齿联氨配体的配合物. 图 12.53 表示了$[Zn(N_2H_4)_2(N_2H_3CO_2)_2]$的结构,其中 N_2H_4 配体中的 N—N 键长(1.46Å) 和 N_2H_4 分子中的基本相同. Mn, Co, Ni 的类似配合物和 Zn 属同晶形.

表 12.41 若干含单齿联氨配体的配合物

化合物	制备
$[(\eta^5-C_5H_5)M(N_2H_4)(CO)_3]X$ $X = Bph_4$ 或 $[Cr(NH_3)_2(NCS)_4]$ M = Mo 或 W	$(\eta^5-C_5H_5)M(CO)_3Cl + N_2H_4$(96%),在 CH_2C_2 中
$[(\eta^5-C_5H_5)Fe(N_2H_4)(CO)_2]X$ X 同上	$(\eta^5-C_5H_5)Fe(CO)_2Cl + N_2H_4$(96%),在 C_6H_6 中
反-$[Rh(N_2H_4)(en)_2Cl]^{2+}$	反-$[Rh(en)_2Cl_2]^+ + N_2H_4$
$M(N_2H_4)_2(N_2H_3CO_2)_2$ M = Mn,Co,Ni 或 Zn	M(II) + N_2H_4(85% aq) + CO_2,在 $NH_3 \cdot H_2O$ 中
$Co(N_2H_4)_6Cl_2$	$CoCl_2$ + 无水 N_2H_4

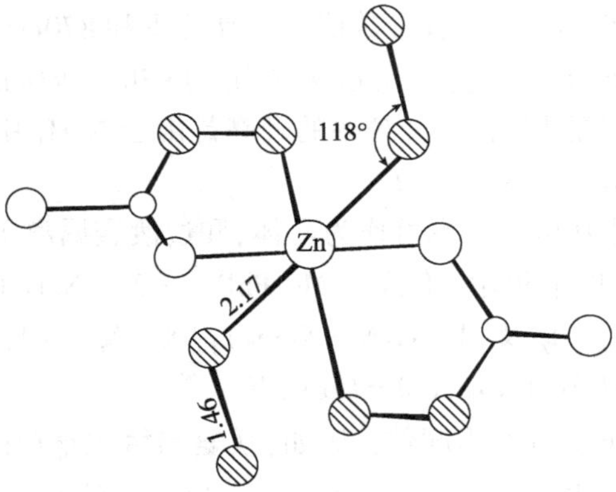

图 12.53 $[Zn(N_2H_4)_2(N_2H_3CO_2)_2]$的结构(H 原子未示出)

表 12.42 列出了若干含双齿桥式联氨配体的配合物. 图 12.54 表示了[$Zn(N_2H_4)_2Cl_2$]$_n$ 的结构. 它具有无限长链的结构,其中含顺式双齿桥联 N_2H_4 分子[10,11]. 其他[$M(N_2H_4)_2X_2$]$_n$ 的结构类似.

表 12.42　若干含双齿桥式联氨配体的配合物

化合物	制备
[$M(N_2H_4)_2X_2$]$_n$ M = Cr, Mn, Fe, Co, Ni, Cu, Zn 或 Cd X = Cl, Br, I, CH_3, CO_2, NCS 或 SCN	M(II) + N_2H_4(85% aq)
[$M(N_2H_4)_3$]$(NO_3)_2$ M = Mn, Fe, Co, Ni, Zn 或 Cd	[$M(H_2O)_6$]$(NO_3)_2$ + N_2H_4(85% aq),在 $NH_3 \cdot H_2O$ 中
$Fe(N_2H_4)_2X_2$ X = Cl, Br 或 I	$FeCl_2$ 的 C_2H_5OH 溶液 + 无水 N_2H_4
[{$(R_2,PhP)_2Ru^{11}X_2$}$_2$$(N_2H_4)$] 当 X = Cl, R = Me, Et, Bu^n 或 Ph 当 X = Br, R = Me 或 Et	经 - [$(R_2PhP)_3Ru^{III}X_3$] + N_2H_4(85% aq),在 CH_3OH 中回流
[{$(R_3,P)_2RhCl_3$}$_2$$(N_2H_4)$] R = Et 或 Bu^n	面 - [$(R_3P)_3RhCl_3$] + N_2H_5Cl 在 CH_2OH 中回流
[{$(Et_2PhP)_2Os^{II}Cl_2$}$_2$$(N_2H_4)_2$]	经 - [$(Et_2PhP)_3Os^{111}Cl_3$] + N_2H_4(85% aq),在 CH_3OH 中回流

联氨配合物的 IR 光谱研究表明,N_2H_4 分子在 $1098cm^{-1}$ 处的伸缩振动吸收带,对 M—N_2H_4 的键型及 M 的性质很敏感. 在配合物中,相应的 υ_{N-N} 的数值升高,双齿联氨配合物大致在 $1150 - 1170cm^{-1}$ 的范围内,如 $Fe(N_2H_4)_2Cl_2$ 的 υ_{N-N} 值为 $1156cm^{-1}$[12]. 由于 $1098cm^{-1}$ 吸收带数值的升高几乎和 $870cm^{-1}$ 吸收带数值的升高平行,因此,单齿联氨配合物仍沿用过去惯用的 $930 - 980cm^{-1}$ 吸收带来加以鉴别[13]. 一般认为,联氨配合后 υ_{N-N} 频率的升高是由于 N_2H_4 中孤对电子的斥力,在它们键合以后发生相应的变化所致.

联氨的烷基及芳基衍生物也可作为配体,和过渡金属离子形成配合物,而且也有单齿和双齿之分. 单齿的实例有经[$(Me_2PhP)_3 \cdot M(N_2H_3Ph)Cl_2$] (M = Ru 或 Os),[$Ni(N_2H_3Me)_6$]Cl_2 及[$Ti(H_2N—NMe_2)_4$]X_4(X = Cl, Br 或 I) 等; 双齿桥式的实例有[$M(N_2H_3Me)_2Cl_2$](M = Co 或 Ni) 等.

此外,$N_2H_5^+$ 离子也可作为配体. 例如,联氨和氯化铜(II)在酸性水溶液中反应,至少能形成四种不同的配合物[14]:(1)白色反磁性的 $Cu(N_2H_4)Cl$;(2)黑色顺磁性的 $Cu_3(N_2H_5)_2Cl_6$,其中铜为混合价态,即2Cu(I) 和 Cu(II);(3) 蓝色Cu(II)

的配合物 $Cu(N_2H_5)_2Cl_4 \cdot 2H_2O$ 和(4)绿色 Cu(Ⅱ)的配合物 $Cu(N_2H_5)Cl_3$. IR 的研究表明,在黑色、蓝色及绿色的三种配合物中,均存在 $N_2H_5^+$ 配离子. $N_2H_5^+$ 离子的其他配合物还有 $M(N_2H_5)_2(SO_4)_2$(M = Cr, Co, N i, Cu 或 Zn) 和 $Cd(N_2H_5)_3Cl_5$ 等.

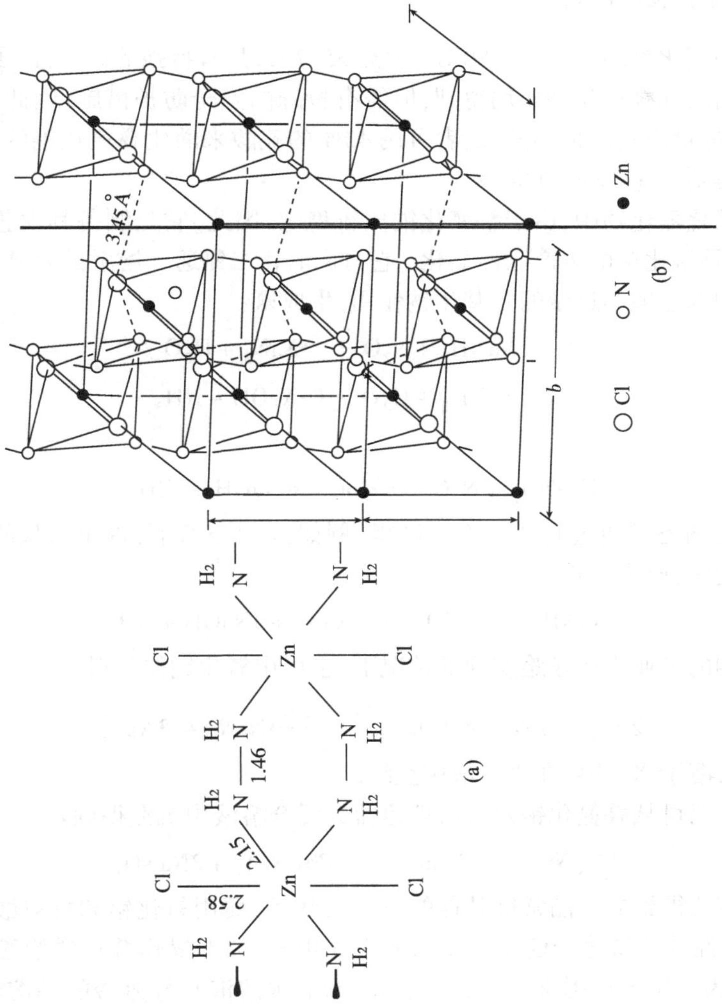

图 12.54 $[Zn(N_2H_4)_2Cl]_n$ 的结构

(a)结构示意图 (b)结构中的链

6.2 叠氮化物

6.2.1 叠氮化物的制备

纯的叠氮化氢凝固点 ~ —80℃，沸点 35.7℃，具有特强的爆炸性. 虽然它可由熔融的硬脂酸和叠氮化钠作用得到，但需有特殊的安全防护措施. 因此，在可能的情况下，应尽量用它的稀溶液. 后者可用 40% 的硫酸来酸化叠氮化钠的碱性溶液，然后蒸馏得到含 3% HN_3 的溶液.

在金属叠氮化物中，由于叠氮化钠比较稳定，因此，它是制备其他叠氮化物的主要原料. 叠氮化钠的生产已商品化. 它可由氧化二氮通入熔融的氨基化钠得到，反应产生的水立即和过量的氨基化钠作用，生成氨：

$$NaNH_2 + N_2O \longrightarrow NaN_3 + H_2O$$

$$NaNH_2 + H_2O \longrightarrow NaOH + NH_3$$

总反应为：

$$2NaNH_2 + N_2O \longrightarrow NaN_3 + NaOH + NH_3$$

叠氮化钠还可通过其他的方法制得. 例如，在 175℃ 下，将粉末状的硝酸钠加到氨基化钠中，产率达 65%.

$$3NaNH_2 + NaNO_3 \longrightarrow NaN_3 + 3NaOH + NH_3$$

在氨基化钠的工业生产较难实现的情况下，也可用氧化钠作原料：

$$2Na_2O + N_2O + NH_3 \xrightarrow{110 - 190℃} NaN_3 + 3NaOH$$

叠氮化钠易溶于水，并可在水溶液中重结晶.

叠氮化铅可从叠氮化钠及可溶性铅盐的混合溶液中沉淀得到：

$$Pb(NO_3)_2 + 2NaN_3 \longrightarrow Pb(N_3)_2 + 2NaNO_3$$

但由于沉淀法得到的产品常被其他的离子所沾污，而用氧化铅和叠氮酸反应的缺点是：不溶性的叠氮化铅仅在氧化铅的表面生成，加上操作叠氮酸溶液具有很大的危险性. 为克服上述困难，可用纯亚硝酸铅的水溶液和叠氮酸的醇溶液反应，产物除不溶性的叠氮化铅和水以外，均为气体：

$$Pb(NO_2)_2 + 4HN_3 \longrightarrow Pb(N_3)_2 + 2N_2 + 2N_2O + 2H_2O$$

叠氮化铅广泛地用作起爆剂. 这并非因为它具有超级起爆性能，而是因为在某些不利条件下，特别是在潮湿的条件下，它仍具有可靠性.

其他的金属叠氮化物，一般由叠氮化氢或它的钠盐，通过互换反应制得，如：

$$M_2CO_3 + 2HN_3 \longrightarrow 2MN_3 + CO_2 + H_2O$$
$$(M = K, Rb, Cs)$$
$$Ba(OH)_2 + 2HN_3 \longrightarrow Ba(N_3)_2 + 2H_2O$$
$$AlH_3 + 3HN_3 \longrightarrow Al(N_3)_3 + 3H_2$$
$$(C_2H_5)_2Mg + 2HN_3 \longrightarrow Mg(N_3)_2 + 2C_2H_6$$

共价型的叠氮化物,如 IN_3,可在 0℃,在叠氮化银的二氯甲烷溶液中,边搅拌边滴加碘的二氯甲烷浓溶液. 待二氯甲烷蒸发后,便得到金黄色的针状 IN_3 结晶[15].

$$AgN_3 + I_2 \xrightarrow{CH_2Cl_2} IN_3 + AgI$$

由于 IN_3 的爆炸性,只能制备少量的产物.

其他共价型的叠氮化物,如 FN_3, ClN_3, BrN_3 和 $SO_2(N_3)_2$ 等,可在一定条件下,通过下列反应制得:

$$2F_2 + 4HN_3 \longrightarrow FN_3 + N_2 + NH_4F$$
(黄绿色气体)
$$NaOCl + NaN_3 + 2HOAc \longrightarrow ClN_3 + 2NaOAc + H_2O$$
$$Br_2 + NaN_3 \longrightarrow BrN_3 + NaBr$$
(橙色液体)
$$SO_2Cl_2 + 2NaN_3 \longrightarrow SO_2(N_3)_2 + 2NaCl$$

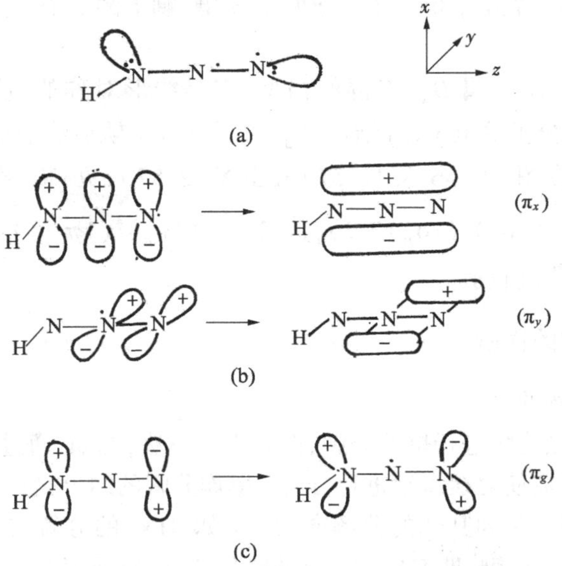

图 12.55 HN_3 分子化学键的分子轨道法描述

(a) 孤对电子和 σ 键 (b) 成键的 π 分子轨道 (c) 非键的 π 分子轨道

FN_3 和 $SO_2(N_3)_2$ 均不稳定,ClN_3 也能自发爆炸.

6.2.2 叠氮化物的结构和化学键

电子衍射法对叠氮化氢分子结构的测定结果表明,HN_3 中的三个氮原子处于线形,但两个 N—N 距离有明显的差别. $HN—N_2$ 距离为 1.24Å,而 $HN_2—N$ 距离仅为 1.134Å. 上述数值和有机叠氮化物的一致(见表 12.43). X 射线及中子衍射对金属叠氮化物结构的研究表明,分立的叠氮根离子虽然也为线形,但两个 N—N 距离相等,均为 1.15Å. 表 12.43 列出了相应叠氮化物的结构数据.

表 12.43 若干叠氮化物的结构数据

化合物	键长(Å)		键角(°)	
	$N—N_2$	$N_2—N$	H—N—N	C—N—N
HN_3	1.24	1.134	112.6	
MeN_3	1.24	1.10		120
$(NCN_3)_3$	1.26	1.11		113
MN_3	1.15	1.15		

按照分子轨道理论的描述,HN_3 分子的 16 个价电子中有两对孤对电子,6 个价电子形成 3 个 σ 键,4 个价电子形成两个 π 键,剩下的 2 个价电子分布在非键轨道中(图 12.55).

叠氮根离子(N_3^-)属 $D_{\infty h}$点群的构型. 它是线形对称的,价电子数为 16,和 NCN^{2-} 离子、CO_2 分子等电子、等结构. N_3^- 离子的分子轨道法描述及分子轨道近似能级图分别表示在图 12. 56 及 12.57 中. 由图 12.57 可见,N_3^- 离子的电子结构为

$$(1\sigma_g)^2(1\sigma_\mu)^2(2\sigma_\mu)^2(2\sigma_g)^2(1\pi_\mu)^4(1\pi_g)^4)$$

最高占领轨道为非键轨道.

6.2.3 叠氮化物的性质

(1) 叠氮化物的分解

绝大多数叠氮化物进行爆炸分解,但有很多方法,例如,通过热化学、光化学或放电法,可控制反应使之缓慢地进行分解. 爆炸分解的结果是产生相应的单质;缓慢分解,则可得到一系列其他的分解产物. 例如,HN_3 的分解,首先是分子中最长的,也是最弱的 N—N 键,即 $HN—N_2$ 键的断裂,产生单质氮和亚氨基. 亚氨基再进一步形成二亚氨或氨. 若有水或氧存在,则产生羟氨或亚硝酸. 二亚氨曾用质谱法在叠氮化氢的放电分解产物中观测到. 反应式为:

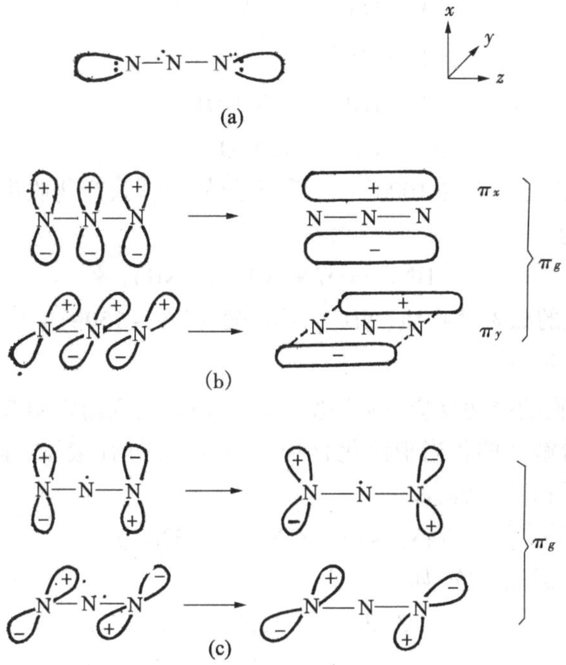

图 12.56　N_3^- 离子化学键的分子轨道法描述

(a) 孤对电子和 σ 键　(b) 成键的 π 分子轨道　(c) 非键的 π 分子轨道

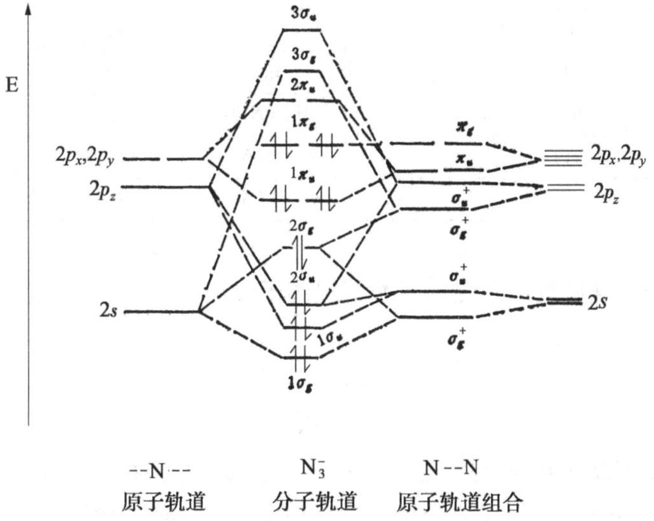

图 12.57　N_3^- 离子的分子轨道近似能级图

$$:NH + HN_3 \longrightarrow HN{=}NH + N_2$$

$$:NH + 2HN_3 \longrightarrow NH_3 + 3N_2$$

$$:NH + H_2O \longrightarrow NH_2OH$$

$$:NH + O_2 \longrightarrow HONO$$

叠氮化氢的热分解若在1000℃及低压条件下进行,产物收集在用液氮冷却的表面上,则反应为:

$$6HN_3 \longrightarrow 7N_2 + H_2 + (NH)_4$$

在 -196℃, 蓝色的顺磁性物质$(NH)_4$不活泼,但在 -150— -125℃之间,则转变成无色的叠氮化铵[16].

金属叠氮化物的分解反应,倘若总过程是放热的,则通常引起爆炸. 但由于产物是单质,因而分解热即相当于该化合物的标准生成焓(表 12.44). 碱金属叠氮并不爆炸,只是平稳的分解,如:

$$2NaN_3(s) \longrightarrow 2Na(s) + 3N_2(g)$$

在有些情况下,生成氮化物. 如:

$$3LiN_3 \longrightarrow Li_3N + 4N_2$$

表 12.44 若干金属叠氮化物的标准生成焓及起爆速率

叠氮化物	$\Delta H^\ominus_f$ ($kJ \cdot mol^{-1}$)	起爆速率 ($m \cdot s^{-1}$)	叠氮化物	$\Delta H^\ominus_f$ ($kJ \cdot mol^{-1}$)	起爆速率 ($m \cdot s^{-1}$)
LiN_3	10.9		NH_4N_3	112.1	
NaN_3	21.3		CuN_3	281.2	2720
KN_3	-1.3		AgN_3	310.5	2170
$Ca(N_3)_2$	46.0		$Hg_2(N_3)_2$	592.0	2350
$Sr(N_3)_2$	7.1		$\sigma-Pb(N_3)_2$	483.3	2300
$Ba(N_3)_2$	-22.2		$\beta-Pb(N_3)_2$	484.5	

重金属叠氮化物的分解是由于叠氮根离子的激发,结果一个电子跃迁到导带,产生叠氮基:

$$N_3^- + hv \longrightarrow N_3^{-*}$$

$$N_3^{-*} \longrightarrow N_3 + e^-$$

基态的叠氮基($^2\Pi_g$)解离成基态的 N 和 N_2,是选律禁阻的[式(1)]. 解离成激发态的 N 和 N_2,虽是选律允许的,但需要 259kJ · mol^{-1}的热[式(2)],因而在常温下并不重要. 两个叠氮基之间的相互作用也是选律允许的,这是一个放热的过程[式(3)]. 可以认为,式(3)在固体离子型叠氮化物的分解中是重要的一步.

$$N_3(^2\Pi_g) \longrightarrow N(^4S) + Na(^1\Sigma_g^+) \quad \Delta H = 31.4 kJ \cdot mol^{-1} \tag{1}$$

$$N_3(^2\Pi_g) \longrightarrow N(^2D) + N_2(^1\Sigma_g^+) \quad \Delta H = 259 kJ \cdot mol^{-1} \tag{2}$$

$$2N_3(^2\Pi_g) \longrightarrow 3N_2(^1\Sigma_g^+) \quad \Delta H = -879 kJ \cdot mol^{-1} \tag{3}$$

经验证明,叠氮化物迅速的放热分解能导致爆炸点火或起爆,但其中的原因尚不十分清楚.除均匀或局部加热以外,电流、撞击、摩擦、超声波、冲击波或强光照射等都会引起重金属叠氮化物的爆炸.

(2) 叠氮化物的反应

叠氮化氢溶于水,形成弱酸性的叠氮酸溶液. 它的强度和乙酸相当:

$$HN_3(aq) \rightleftharpoons H^+(aq) + N_3^-(aq) \quad K = 1.8 \times 10^{-5}$$

叠氮酸虽是一个弱酸,但却可溶解金属并放出氨及氮气:

$$Zn + 3HN_3 \longrightarrow Zn(N_3)_2 + NH_3 + N_2$$

叠氮酸的某些氧化反应已经过较深入的研究. 例如,溴酸盐氧化叠氮酸的反应,在后者过量的情况下,按下式进行:

$$2HN_3 + BrO_3^- + H^+ \longrightarrow 2N_2 + N_2O + HOBr + H_2O$$

此外,还产生少量溴. 上述反应的机理曾用^{15}N标记同位素进行过研究.

另一详细研究过的实例,是叠氮酸被亚硝酸氧化的反应.此反应定量地进行:

$$HN_3 + HNO_2 \longrightarrow N_2 + N_2O + H_2O$$

用^{15}N标记同位素试验的结果表明,亚硝酰叠氮化物是一个中间产物,它可在低温下分离出来:

$$H^*NN^*N + HNO_2 \longrightarrow [ON^*NN^*N] + H_2O \longrightarrow O^*NN + N^*N$$

某些典型的金属叠氮化物的反应,可用以下反应式表示:

$$NaN_3 + H_2 \xrightarrow{\text{胶体钯}} NaNH_2 + N_2$$

$$2N_3^- + 3H_2 \xrightarrow{Al-Hg} 2NH_3 + 2N_2$$

$$2NaN_3 + 21Cl \xrightarrow{0℃} 2NaCl + I_2 + 3N_2$$

$$NaN_3 + NOCl \longrightarrow NaCl + N_2O + N_2$$

6.2.4 叠氮根的配位化合物

(1) 叠氮根配合物的制备和结构

叠氮根离子能和金属离子形成一系列配合物[17]. 但这个领域的化学发展得比较晚,它直到20世纪60年代初期才被注意. 这无疑和金属叠氮化物的易爆性以及对震动的高度敏感性分不开.

目前,不仅合成出许多叠氮根配合物,而且对它们的结构和化学反应也进行了大量的研究. 例如,通过下列反应可制得一系列的叠氮根配合物:

$$3Ph_4AsCl + CrCl_3 + 6NaN_3 \longrightarrow (Ph_4As)_3[Cr(N_3)_6] + 6NaCl$$
$$2Ph_4AsCl + CoSO_4 + 4NaN_3 \longrightarrow (Ph_4As)_2[Co(N_3)_4] + 2NaCl + Na_2SO_4$$
$$2Ph_4AsCl + K_2[PtCl_4] + 4NaN_3 + H_2O \longrightarrow (Ph_4As)_2[Pt(N_3)_4] \cdot H_2O + NaCl + KCl$$
$$4Ph_4AsCl + CuSO_4 + 6NaN_3 \longrightarrow (Ph_4As)_4[Cu(N_3)_6] + 4NaCl + Na_2SO_4$$
$$Ph_4AsCl + K[AuCl_4] + 4NaN_3 \longrightarrow (Ph_4As)[Au(N_3)_4] + 4NaCl + KCl$$
$$Ph_4PCl + 2CdSO_4 + 5NaN_3 + H_2O \longrightarrow (Ph_4P)[Cd_2(N_3)_5] \cdot H_2O + 2Na_2SO_4 + NaCl$$
$$SnCl_4 + 6NaN_3 \longrightarrow Na_2[Sn(N_3)_6] + 4NaCl$$

根据 X 射线晶体结构的测定,在配合物中,叠氮根离子可以端基或桥基的方式和金属离子相结合(图 12.58). 在桥基中又可分为两种情况: 一种是叠氮根离子通过同一端梢的氮原子和两个金属原子结合,形成一个四员杂环,即 M_2N_2 环[图 12.58(b)];另一种是叠氮根离子通过两个端梢的氮原子,分别和两个金属原子结合,形成一个八员杂环,即 M_2N_6 环[图 12.58(c)].

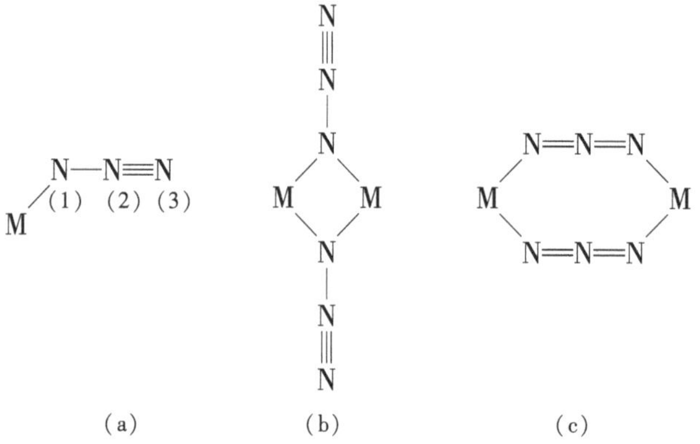

图 12.58　叠氮根离子和金属离子的结合方式

(a)端基　(b)和　(c)桥基

已知端梢的叠氮根配合物为数较多,而桥式的较少. 表 12.45 列出了若干含端梢 N_3^- 配体的实例. 图 12.59 表示了 $Zn(N_3)_2 \cdot (C_5H_5N)_2$ 分子的结构. 其中 Zn(II) 处于接近四面体的配位环境,Zn—N(1)—N(2) 为非线形,而 N(1)—N(2)—N(3) 则为线形.

含桥式叠氮根配合物的实例有: $(Et_4N)[Mn_2(N_3)_3(CO)_6]$[28], $(Ph_4As)_2[Pd_2(N_3)_6]$(图 12.60)[29] 及 $[Cu(N_3)(PPh_3)_2]_2$(图 12.61)[30] 等. 前二者含 M_2N_2 四员杂环,后者含 M_2N_6 八员杂环. 由图 12.61 可见,Cu_2N_6 环为非平面型,其中两个 N_3^- 配体间的倾斜角为 38.8°,每个 Cu—N_3—Cu 桥也不在同一平面上.

统观以上的化合物可见,配合物中的叠氮根基本上为线形. 它们在有些情况下是对称的,而在另外一些情况下是不对称的,即两个 N—N 距离有明显的差别,而且较长的 N—N 距离总发生在中间的氮原子以及和金属离子配位的氮原子之间.

表 12.45 若干含端梢叠氮根 配合物的结构数据

化合物	键长(Å)		键角(°)		文献
	M—N(1)	N(1)—N(2) N(2)—N(3)	M—N(1)—N(2)	N(1)—N(2)—N(3)	
$MoN(N_3)(dppe)_2$	2.20	1.23,1.16	167.1	179.0	[18]
$[Fe(N_3)_5]^{2-}$	2.041	1.16(平均)	124.8		[19]
$[Co(N_3)(NH_3)_5]^{2+}$	1.943	1.208,1.145	125.2	179.3	[20]
顺-$[Co(N_3)_2(en)_2](NO_3)$	1.99	1.11,1.14	120	179	[21]
$Ni(N_3)(NO)(PPh_3)_2$	2.018	0.977,1.282	128.1	175.1	[22]
$Cu(N_3)_2(NH_3)_2$	2.053	1.186,1.139	121.4	177.6	[23]
$Cu(N_3)_2(C_5H_5N)_2$	2.01	1.23,1.19	119.2	177.6	[24]
$Cu_2(N_3)_2\{(CH_2PPh_2)_2\}_3$	2.040	1.196,1.076	132	179	[25]
$Zn(N_3)_2(NH_3)_2$	2.006	1.176,1.149	132	178.7	[26]
$Zn(N_3)_2(C_5H_5N_2)$	1.945	1.153,1.133	129.0	176.3	[27]

过渡金属叠氮配合物可用略高于 2000cm^{-1}的强 IR 吸收峰加以鉴定. 此峰相应于叠氮根离子的不对称伸缩振动. 例如,$Cu(N_3)_2(NH_3)_2$ 和$[Pd_2(N_3)_6]^{2-}$峰的位置分别在 2080 和 2033cm^{-1}处. 叠氮根对称的伸缩振动吸收峰发生在约 1300cm^{-1}处,此峰虽弱,但在许多叠氮配合物中仍能观测到.

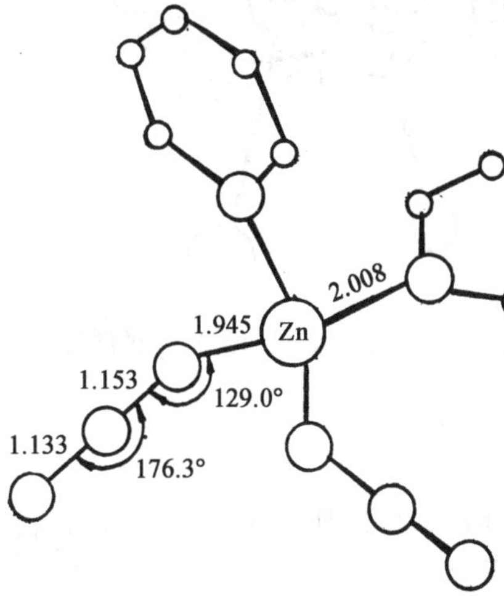

图 12.59 $Zn(N_3)_2(C_5H_5N)_2$ 分子的结构

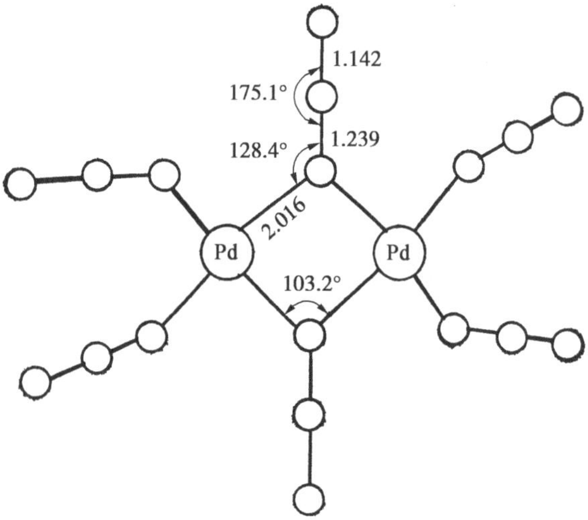

图 12.60　$[Pd_2(N_3)_4(\mu-N_3)_2]^{2-}$离子的结构

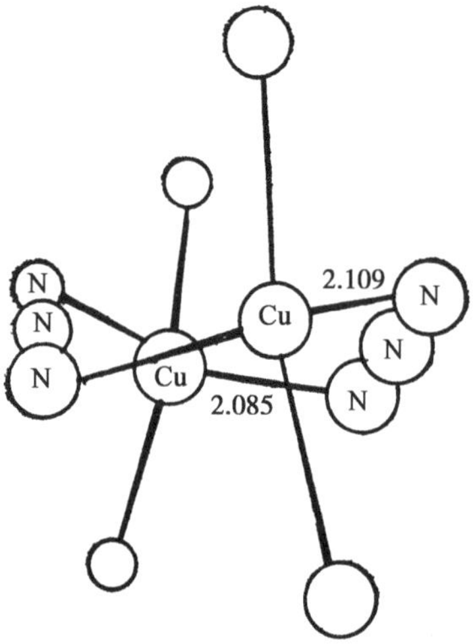

图 12.61　$[Cu(\mu-N_3)(PPh_3)_2]_2$ 的结构

(2) 叠氮根配合物的化学反应

(a) 氧化反应

叠氮根配合物可被亚硝酸氧化. 例如, $[Co(N_3)(NH_3)_5]^{2+}$和亚硝酸在高氯酸盐介质中的反应,可用下式表示:

$$[Co(N_3)(NH_3)_5]^{2+} + HNO_2 + H^+ \longrightarrow [Co(NH_3)_5(H_2O)]^{3+} + N_2 + N_2O$$

反应过程中,产生不稳定的亚硝酰叠氮化物中间产物. 它释放出 N_2和 N_2O 后,转变为$[Co(NH_3)_5(H_2O)]^{3+}$. 反应机理可表示如下[31]:

$HNO_2 + H^+ \rightleftharpoons H_2NO_2^+$

$H_2NO_2^+ \rightleftharpoons NO^+ + H_2O$

$[Co(N_3)(NH_3)_5]^{2+} + NO^+ \longrightarrow [Co(NH_3)_5N_3NO]^{3+}$

$[Co(NH_3)_5N_3NO]^{3+} + H_2O \longrightarrow [Co(NH_3)_5(H_2O)]^{3+} + N_2 + N_2O$

叠氮根配合物还可被 N_2O_3 及 NO 等氧化,如:

$(Ph_3P)_2Pd(N_3)_2 + 2N_2O_3 \longrightarrow (Ph_3P)_2Pd(NO_2)_2 + 2N_2 + 2N_2O$

$2[(Ph_3P)_2Pd(N_3)_2] + 4NO \longrightarrow (Ph_3P)_2Pd_2(N_3)_4 + 2N_2O + 2Ph_3PO$

通过氧化加成反应还可制备某些叠氮配合物. 例如,$[Au(N_3)_4]^-$ 和 $(Ph_3P)_nPt$ ($n=3,4$) 在 THE - C_6H_6 溶液中产生 $(Ph_3P)_2Pt(N_3)_2$ 的反应,可视为叠氮基和铂(0) 化合物的氧化加成反应. 现认为该反应具有内界机理,过程中产生一桥式的双核中间体:

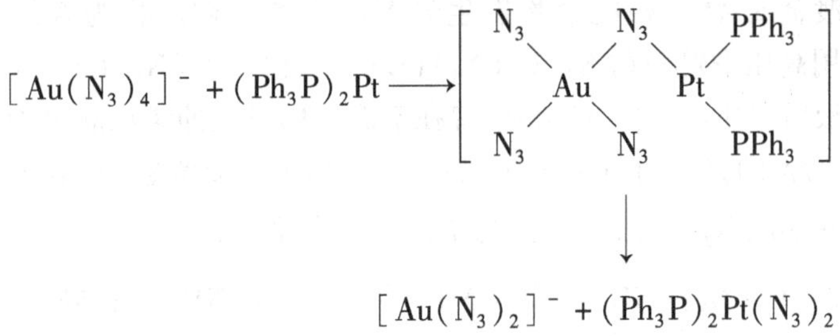

(b) $MN—N_2$ 键的劈裂反应

叠氮根离子和金属羰基化合物反应,可得含异氰酸根的配合物. 过程中叠氮根离子首先进攻亲电的碳原子,然后经过重排,失去氮分子,形成异氰酸根配合物. 如:

$W(CO)_6 + N_3^- \longrightarrow [W(CO)_6NCO]^- + N_2$

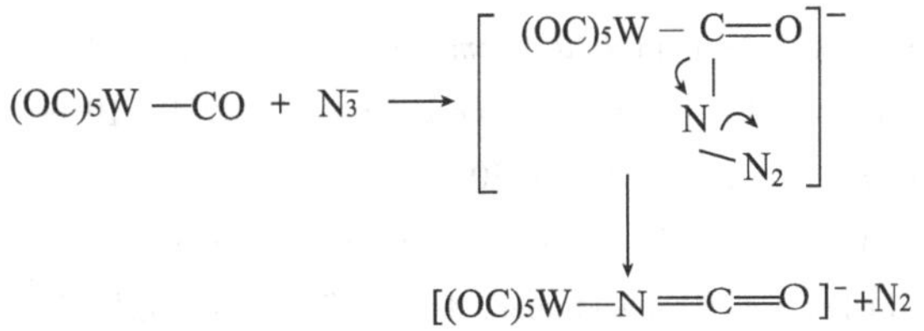

类似地,CO 和某些叠氮根配合物,如 $(Ph_3P)_2Pt(N_3)_2$,$(Ph_3P)_3 \cdot Rh(N_3)$,$(Ph_2P)_2Ir(N_3)(CO)$ 或 $[Au(N_3)_2]^-$ 等反应,也能得到相应的异氰酸根配合物. 动力学研究表明,反应的第一步是 CO 和金属原子结合,然后发生类似于上述反应的重排. 这类反应之所以引起人们的关注,是由于其中包含了 $MN—N_2$ 键的劈裂.

$MN—N_2$ 键劈裂的另一反应实例是:$[Ru(N_3)(NH_3)_5]^{2+}$ 经酸催化分解,产生桥式双氮配合物 $[(NH_3)_5Ru(\mu-N_2)Ru(NH_3)_5]^{4+}$ 的反应. 反应机理可描述为:

$$[(NH_3)_5Ru—N—N_2]^{2+} \xrightarrow{H^+} \left[(NH_3)_5Ru—\overset{\overset{\displaystyle H}{|}}{N}—N_2 \right]^{3+}$$

$$\downarrow$$

$$[(NH_3)_5Ru—NH]^{3+} + N_2$$

$$2[(NH_3)_5Ru—NH]^{3+} \longrightarrow \left[(NH_3)_5Ru—\overset{\overset{\displaystyle H}{|}}{N}=\overset{\overset{\displaystyle H}{|}}{N}—Ru(NH_3)_5 \right]^{6+}$$

$$\downarrow$$

$$[(NH_3)_5Ru—N_2—Ru(NH_3)_5]^{4+} + 2H^+$$

(c) 光解反应

许多过渡金属-叠氮根配合物发生光解反应的最初产物为叠氮活性自由基 N_3·. 例如,用高压汞灯辐射 $K_3[Co(N_3)(CN)_5]$,$[Co·(N_3)(NH_3)_5]Cl_2$ 的水溶液或甲醇溶液所产生的 N_3·自由基,曾在室温下用自旋捕集法观测到它的 ESR 信号[32]. 用 2537Å 的光照射 $[Co(N_3)(NH_3)_5]^{2+}$ 溶液的研究表明,最初产生的 N_3·自由基劈裂并形成 N_2 分子. 最终产物主要是 Co^{2+} 和 N_2:

$$[Co(N_3)(NH_3)_5]^{2+} + 5H^+ \xrightarrow{h\nu} Co^{2+} + 5NH_4^+ + 1.5N_2$$

用电荷转移范围内的光(2630 及 3130Å)照射 $[Cr(N_3)·(NH_3)_5]^{2+}$ 的水溶液,也观测到类似的光解反应. 若照射的范围局限在配位场跃迁的范围内,则只形成 $[Cr(N_3)(NH_3)_4(H_2O)]^{2+}$.

参 考 文 献

[1] G. Yagil and M. Anbar, *J. Am. Chem. Soc.*, 84, 1797 (1962).

[2] Y. Morino, T. lijima and Y. Murata, *Bull. Chem. Soc. Japan*, 33, 46 (1960).

[3] J. R. Durig, S. F. Bush and E. E. Mercer, *J. Chem. Phys.*, 44, 4238 (1966).

[4] F. Bottomley, *Quart. Rev.*, 24, 617 (1970).

[5] G. Willis and R. A. Back, *Can. J. Chem.*, 51, 3605 (1973).

[6] N. Wiberg. G. Fisher and H. Backhuber, *Angew. Chem., Int. Ed. Engl.*, 16, 780 (1977).

[7] E. Hayon and M. Simic, *J. Am. Chem. Soc.*, 94, 42 (1972)

[8] N. Wiberg, H. Bayer et al., *Angew. Chem., Int. Ed. Engl.*, 14, 177; 178 (1975).

[9] G. Stedman, *Adv. Inorg. Chem. Radiochem.*, 22, 113 (1979).

[10] A. Ferrari, A. Braibanti and G. Bigliardi, *Acta Cryst.*, 16, 498 (1963).

[11] A. N. Scoville and W. M. Reiff, *Inorg. Chim. Acta*, 68, 57 (1983)

[12] A. Anagnostopoulos, D. Nicholls and J. Reed, *Inorg. Chim. Acta*, 32, L17 (1979).

[13] D. N. Sathyanarayana and D. Nicholls, *Spectrochim. Acta*, 34 A, 263 (1978).

[14] D. B. Brown, J. A. Donner, J. W . Hall, S. R. Wilson, R. B. Wilson, D. J Hodgson and W. E. Hatfield, *Inorg. Chem.*, 18, 2635 (1979).
[15] K. Dehnicke, *Angew. Chem, Int. Ed. Engl.*, 15, 553 (1976).
[16] F. O. Rice and T. A. Luckenbach, *J. Am. Chem. Soc.*, 82, 2681 (1960).
[17] Z. Dori and R. F. Ziolo, *Chem. Rev.*, 73, 247 (1973).
[18] J. R. Dilworth, P. L. Dahlstrom, J. R. Hyde and J. Zubieta, *Inorg. Chim. Acta*, 71, 21 (1983).
[19] J. Drummond and J. S. Wood, *Chem. Commun.*, 1373 (1969).
[20] G. J. Palenik, *Acta Cryst.*, 17, 360 (1964).
[21] V. M. Padmanabhan, R. Balasubramanian and K. V. Muralidharan, *Acta Cryst.*, B 24, 1638 (1968).
[22] J. H . Enemark, *Inorg. Chem.*, 10, 1952 (1971).
[23] I Agrell, *Acta Chem. Scand.*, 20, 1281 (1966).
[24] I. Agrell, *Acta Chem. Scand.*, 23, 1667 (1969).
[25] A . P. Gaughan, R. F. Ziolo and Z. Dori, *Inorg. Chem.*, 10, 2776 (1971).
[26] I. Agrell and N. - G. Vannerberg, *Acta Chem. Scand.*, 25, 1630 (1971).
[27] I. Agrell, *Acta Chem. Scand.*, 24, 1247 (1970).
[28] R. Mason, G. A. Rusholme, W. Beck, H. Englemann, K. Joos, B. Linden - berg and H. S. Smedal, *Chem. J. Chem. Soc.*, *Chem. Commun.*, 496 (1971).
[29] W. P. Fehlhammer and L. D. Dahl. *J. Am. Chem. Soc.*, 94, 3377 (1972).
[30] R. F. Ziolo, A. P. Gaughan, Z. Dori, C. G. Pierpont and R. Eisenberg, *Inorg. Chem.*, 10, 1289 (1971).
[31] A. Haim and H. Taube, *Inorg. Chem.*, 2, 1199 (1963).
[32] D. Rehorek, P. Thomas and H. Hennig, *Inorg. Chim. Acta.*, 32, L1 (1979).

12.7 氮的卤化物

由于对高能氧化剂的需求,特别是为了寻找可能满足尖端技术需要的化学燃料或推进剂,使氮的卤化物化学得到了发展,其中最引人注意的是氮的氟化物.

氮和卤素除了能形成一系列的二元化合物,如 NX_3,XN_3($X=F,Cl,Br$ 或 I),N_2F_4,N_2F_2等以及它们的衍生物以外,还能形成其他类型的化合物,如卤胺 H_2NX,HNX_2,亚硝酰卤化物 XNO,硝酰卤化物 XNO_2 等.本节仅重点介绍其中的几类.

7.1 氮-卤素二元化合物

7.1.1 三卤化氮

三氟化氮 NF_3 在室温下是无色、无味的气体,沸点为 -129.01℃,凝固点为 -206.79℃.它可由电解熔融的 $NH_4F \cdot HF$ 制得,也可由氨和氟直接反应得到:

$$4NH_3 + 3F_2 \xrightarrow{Cu} NF_3 + 3NH_4F$$

电子衍射的实验结果表明,NF_3 分子具有三角锥的结构,类似于 NH_3 分子.F—N—F 的键角为 102.5°, N—F 键的键长为 1.37Å. 它的偶极矩很小,仅为 0.234D. 有趣的是在 NF_3 分子中,虽然 F—N—F 的键角比 NH_3 分子的小,N—F 键的极性比 N—H 键的强,但 NF_3 分子的偶极矩却比 NH_3分子的 1.47D 小得多. 造成这种情况的原因,可从图 12.62 中得到回答[1]. 由图 12.62(a) 可见,在 NH_3 分子中,孤对电子与氮原子的偶极矩和 N—H 键偶极矩的方向一致,这两部分偶极矩加合的结果,使 NH_3 分子具有强的极性,在 NF_3 分子中,情况却不然,其中孤对电子与氮原子的偶极矩和 N —F 键偶极矩的方向不一致[图 12.62(a)], 它们相互抵消了一部分,致使 NF_3 分子的偶极矩很小.

三氟化氮颇稳定,这和它的生成热 $\Delta H_f^{\ominus}$ 为 $-124.3kJ \cdot mol^{-1}$有关.常温下它不和水、稀酸或稀碱作用.NF_3 似乎不具有碱性,它的质子亲和势较氨分子的小 $234kJ \cdot mol^{-1}$,而质子亲和势的大小可用以衡量物质碱性的强弱[2,3]. 通常 NF_3 要到 250 -300℃ 时才表现出它的活泼性,但它在 70℃就能和 $AlCl_3$ 迅速地反应:

$$2NF_3 + 2AlCl_3 \longrightarrow N_2 + 3Cl_2 + 2AlF_3$$

NF_3 和 $H_2O(g)$,H_2,NH_3, CO 或 H_2S 等的混合气体,遇火花即发生猛烈的爆炸,如:

$$2NF_3 + 3H_2O \xrightarrow{\text{火花}} 6HF + NO + NO_2$$

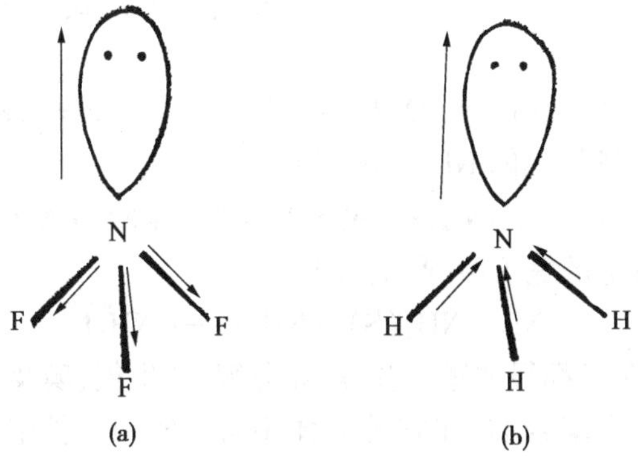

图 12.62　NF_3 分子(a)和 NH_3 分子(b) 偶极矩比较示意图
(箭头方向表示由"+"到"-")

三氯化氮 NCl_3 是淡黄色油状物,沸点 ~71℃. 易溶于 CCl_4,C_6H_6 等有机溶剂中. 它的水溶液可方便地由铵盐溶液中通入氯气得到:

$$NH_4Cl + 3Cl_2 \longrightarrow NCl_3 + 4HCl$$

NCl_3 具有光敏性和爆炸性,这和它的生成热 $\Delta H_f^{\ominus}$ 为 230kJ · mol^{-1}一致.

IR 及 Raman 光谱的研究表明,NF_3 在溶液中具有三角锥的几何形状,属 C_{3v}点群的构型. 电子衍射[4]及微波谱[5,6]证实气态 NCl_3 也具有三角锥的结构,其中 Cl—N—Cl 的键角为 107°,N—Cl 的键长为 1.76Å. X 射线结构分析表明,三氯化氮晶体中存在着分立的锥形 NCl_3 分子,它们在平行于 010 面的方向上构成层状结构[7]. 在 NCl_3 分子中,N—Cl 距离为 1.71 - 1. 78Å, 平均 1.75Å,接近于 OCNCl, OSNCl 等分子中 N—Cl 单键的数值(~1. 7Å). Cl—N—Cl 的键角在 105. 1 到 109. 6°之间,即它们略偏离理想的 C_{3v}对称性,这种畸变可认为是由于很弱的分子间作用力的不同所造成[8].

三溴化氮 NBr_3 最初由溴和按盐在酸性溶液中的反应观测到,其中氮和溴的比例可通过紫外吸收光谱法确定[9]. 用乙醚从水或水-甲醇的溶液中萃取 NBr_3,继而在 -110℃时,在氟利昂 -12 中沉淀,第一次分离出了含 NBr_3 的固体[10]. 纯的 NBr_3 固体则可通过下列反应得到:

$$(Me_3Si)_2NBr + 2BrCl \xrightarrow[-87℃]{\text{戊烷}} NBr_3\downarrow + 2Me_3SiCl$$

NBr_3 呈深红色,热稳定性很差,即使在 -100℃的低温下,在 Nujol-戊烷的悬浮液中,只要稍受机械干扰就会发生爆炸. 低温下(< -80℃), NBr_3 能溶于极性溶剂而不发生分解. 根据动力学的研究,它在水溶液中的分解反应具有很复杂的历程,总反应可用下式表示[11]:

$$2NBr_3 + 3OH^- \longrightarrow N_2 + 3Br^- + 3HOBr$$

三碘化氮能形成一系列的加合物，且以聚合体的形式存在. 例如，碘和氨水反应，产生碘代胺：

$$2NH_3 + I_2 \rightleftharpoons NH_2I + NH_4^+ + I^- \qquad K = 1.8$$

若碘的浓度足够大，则黑色的 $NI_3 \cdot NH_3$ 可沉淀析出：

$$NH_2I + 2I_2 + 3NH_3 \longrightarrow 2NH_4^+ + 2I^- + NI_3 \cdot NH_3(S)$$

$NI_3 \cdot NH_3$ 可溶于过量的氨水中，产生 NH_2I：

$$NI_3 \cdot NH_3(S) + NH_3 \longrightarrow 3NH_2I$$

$NI_3 \cdot NH_3$ 对震动、对光都很敏感，它能爆炸分解，产生氮、碘及氨.

$NI_3 \cdot NH_3$ 是一个聚合物. 在它的晶体中含—N—I—骨架，而不是分立的 NI_3 结构单元（图 12.63）[8,12]. 由图 12.63 可见，在 $(NI_3 \cdot NH_3)_n$ 的结构中，NI_4 四面体联成一条含—N—I—N—I—的无限锯齿形长链，其中的碘原子为图中的 I1，I1′等. 这些链又通过 NI_4 四面体中其余的两个碘原子，即图中的 I2，I3 等和相邻的链（相距 3.36Å）联成一片. 这种 NI_4 四面体的链状结构在许多方面类似于硅酸盐中的 SiO_4 四面体.

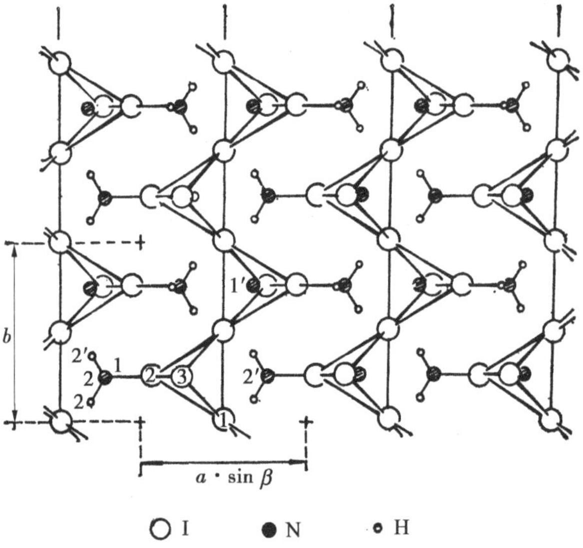

图 12.63　$(NI_3 \cdot NH_3)_n$ 在 001 面上的投影图

NI_4 四面体略有畸变，其中含两对等距离的 N—I 键. N1—I1 和 N1—I1′键为 2.30Å；N1—I2 和 N1—I3 键则 ~2.15Å. 每个四面体中有一个 I 原子和一个 NH_3 分子联系在一起，如图中的 I2 和 N2，它们的距离为 2.53Å.

在 $(NI_3 \cdot NH_3)_n$ 的晶体结构中，除含 NI_4 四面体外，还有另一特征，那就是

N1—I1′—N1′、N1—I2—N2 或 NI—I3—I2 基团为线形或接近线形. 现认为上述基团中的化学键最好用分子轨道理论的 3 中心 4 电子键来描述. 值得注意的是, N1—I1′—N1′ 基团是完全对称的,即无分子内或分子间化学键的区别.

NI_3 和 NH_3 除了可形成 $NI_3 \cdot NH_3$ 以外,还可形成 $NI_3 \cdot 3NH_3$,$NI_3 \cdot \sim 5NH_3$ 等加合物. 此外,还可和其他一系列的碱形成加合物,如 $NI_3 \cdot C_5H_5N$,$NI_3 \cdot CH_3C_5H_4N$,$NI_3 \cdot \sim 5.5\ C_5H_5NO$ 和 $NI_3 \cdot \sim 2.5C_4H_4S$ 等.

氮和卤素除能形成 NX_3 类型的化合物以外,在某些特殊的实验条件下,还可形成 NX_2 或 NX. 例如,Cl_2—N_2—Ar 或 Br_2—N_2—Ar 混合气体通过低压微波放电管,可在低温下观测到 NCl_2 或 NBr_2 的 IR 谱. 通过放电法也曾观测到活性氮和氯或溴作用产生 NCl 或 NBr[13,14]. 此外,氮和卤素还能形成混合卤化物,如 $NClF_2$ 和 NCl_2F 等.

7.1.2 四氟肼

四氟肼 N_2F_4 的沸点为 -73℃,凝固点为 -164.5℃. 它可由在还原剂存在的条件下,加热 NF_3 得到:

$$2NF_3 + 2M \longrightarrow N_2F_4 + 2MF$$
$$(M = Cu, As, Sb, Bi \text{ 等})$$

NF_3 和 NO 的混合物,在一定温度下通过镍管也可得到 N_2F_4:

$$2NF_3 + 2NO \xrightarrow[600℃]{\text{Ni 管}} N_2F_4 + 2FNO$$

上述制备方法之所以可行,其中的一个因素是和 NF_3 分子中 N—F 键的键能有关[15]. 表 12.46 比较了 NF_3 和 NH_3 分子的键能的数值. 由此可见,打断 NH_3 分子第一个 N—H 键所需要的能量,高于打断其余两个 N—H 键的平均值; 而 NF_3 分子的情况恰好相反,打断第一个 N—F 键所需要的能量,低于打断其余两个 N—F 键的平均值. 这种能量上的差别,意味着从 NF_3 分子中夺去第一个氟原子比较容易.

表 12.46 三氟化氮和氨分子键能的比较

化学键	键能($kJ \cdot mol^{-1}$)	化学键	键能($kJ \cdot mol^{-1}$)
H_2N—H	435	F_2N—F	238
HN—H	368(平均)	FN—F	297 (平均)
H_2N—NH_2	251	F_2N—NF_2	84

实验结果表明,N_2F_4 和二氟氨自由基处于平衡之中:

$$N_2F_4 \rightleftharpoons 2NF_2\cdot$$

即使在室温下，N_2F_4 也解离产生极少量的二氟氨自由基．升高温度，解离增加．150℃时，$k=0.03$．在较高的压力下，从冷的气体中凝固出来的固体无色，但在较低的压力下，从热的气体中凝固出来的固体则为深蓝色，此颜色即来自二氟氨自由基．

正由于上述平衡的存在，使 N_2F_4 具有一系列典型的自由基反应，如：

(1) 偶联反应

$$2NO + N_2F_4 \rightleftharpoons 2NONF_2 \rightleftharpoons 2NO + 2NF_2$$

(2) 取代反应

(a) 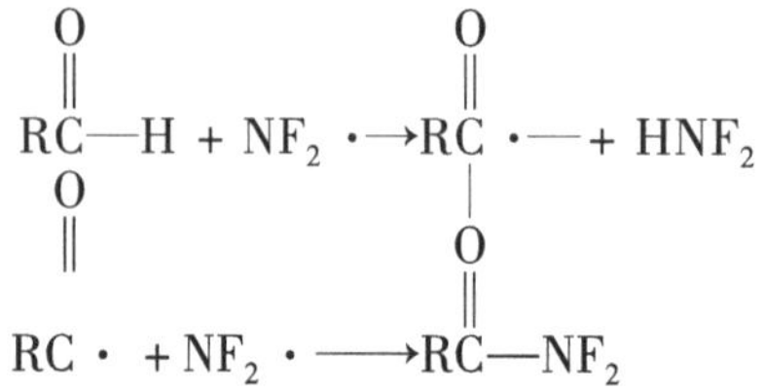

(b) $RH + NF_2\cdot \longrightarrow R\cdot + HNF_2$

$R\cdot + NF_2\cdot \longrightarrow RNF_2$

(c) $F_2 + NF_2\cdot \longrightarrow NF_3 + F\cdot$

$F\cdot + NF_2\cdot + M \longrightarrow NF_3 + M$

(3) 加成反应

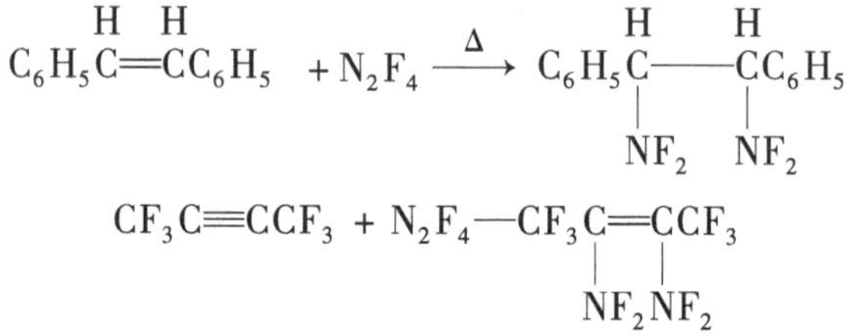

N_2F_4 能和某些 Lewis 酸作用，如 N_2F_4 和 SbF_5 作用能形成两种化合物．常压下 N_2F_4 和 $AsF_5\cdot SbF_5$ 作用，形成 $N_2F_4\cdot 2SbF_5$；若 N_2F_4 的压力低于 13.3kPa，则形成 $N_2F_4\cdot 3SbF_5$．后者在低温和 SO_2 反应，能转变成前者．

$$N_2F_4\cdot 3SbF_5 + SO_2 \xrightarrow{-64℃} N_2F_4\cdot 2SbF_5 + SO_2SbF_5$$

^{19}F NMR 的研究表明，$N_2F_4\cdot 2SbF_5$ 实际上是盐（$N_2F_3^+Sb_2F_{11}^-$）而不是分子加合物．用 KF 处理上述盐，或在真空条件下加热到 200℃，又可得到 N_2F_4．

根据电子衍射的测定，气相 N_2F_4 具有两种异构体，即反式和扭曲状（图 12.64）[16]．在 150－250K，反式与扭曲状二者之比为 53%∶47%，接近 1∶1，而联氨都为扭曲状，在 N_2F_4 的两种异构体中，反式构型较扭曲状构型的稳定．它们的 N—N，N—F 键长均为 1.489 及 1.375Å，只是两面角 θ 不同而已．在扭曲状的构型中,θ 为 67.1°.

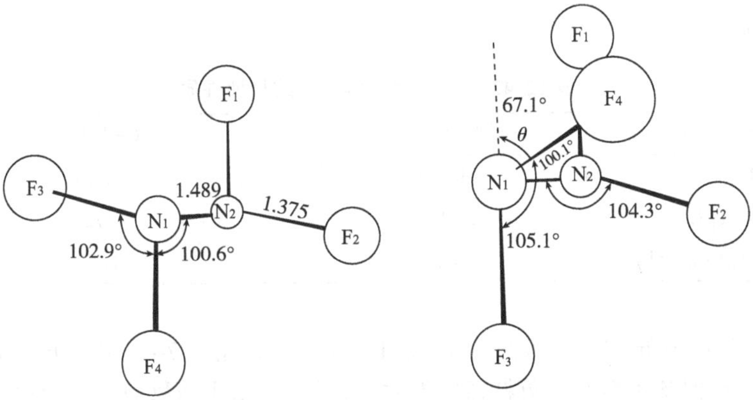

(a) (b)

图 12.64 N_2F_4 的两种几何构型

(a)反式 (b) 扭曲状

在 N_2H_4 和 N_2F_4 分子中,N—N 单键的键长有较明显的差别,它们分别为 1.45 及 1.49Å. 这和分子的稳定性相对应. 在 N_2H_4 中, N—N 键的解离能为 $251kJ \cdot mol^{-1}$,而在 N_2F_4 中仅为 $84kJ \cdot mol^{-1}$. $N_2(CF_3)_4$ 则特别稳定,其中的 N—N 键长(1.40Å) 在三者中最短.

7.1.3 二氟二胺

二氟二胺 N_2F_2 又称二氟化二氮. 它具有顺、反两种异构体. 在顺 - N_2F_2 的结构中,N ═N 距离为 1.209Å,N—F 距离为 1. 409Å;在反 - N_2F_2 的结构中,N ═N 距离为 1.224Å,较顺式的长,N—F 距离为 1.398Å,较顺式的略短. 在顺式异构体中,两个氟原子不在同一平面内,这可能是由于电子互斥及空间位阻所引起[15].

N_2F_2 可由叠氮化钠和氟反应得到,也可由 $KF \cdot HNF_2$ 的热分解得到:

$$KF + HNF_2 \xrightarrow{-80℃} KF \cdot HNF_2 \xrightarrow{20℃} N_2F_2 + KHF_2$$

由 $N_2F_3^+Sb_2F_{11}^-$ 和二茂铁反应,则只得到反式异构体:

$$N_2F_3Sb_2F_{11} + 2(C_5H_5)_2Fe \xrightarrow[\text{或液态 } SO_2]{AsF_3} \text{反} - N_2F_2 + 2(C_5H_5)_2FeSbF_6$$

N_2F_2 两种异构体的某些物理常数列于表 12.47 中. 由表中所列生成热的数值来看,在热力学上顺-N_2F_2 较稳定,但实际上它对玻璃、Hg、AsF_5 等的作用较反式的活泼得多. 例如,顺-N_2F_2 能在两周内和玻璃完全反应,形成 SiF_4 和 N_2O ,而反 - N_2F_2经过一个月仍无明显的变化. 顺-N_2F_2 还能在常温下和 AsF_5 反应,形成 $N_2F_2 \cdot AsF_5$,但反-N_2F_2 却不和 AsF_5 作用. SbF_5 和 N_2F_2 的两种异构体均能反应,

形成 $N_2FSb_2F_{11}$. ^{19}F NMR 的研究结果表明, $N_2F_2\cdot AsF_5$ 也是一个盐, 即为 $N_2F^+AsF_6^-$.

表 12.47 N_2F_2 两种异构体的物理性质

物理性质	顺 $-N_2F_2$	反 $-N_2F_2$
沸点(℃)	−105.7	−111.4
熔点(℃)	< −195	−172
生成热($kJ\cdot mol^{-1}$)	68.6	81.2

N_2F_2 的同分异构化反应热为 $12.6kJ\cdot mol^{-1}$. 它能于 70 −90℃ 下在不锈钢反应器中进行,但却不能在石英器皿中发生. 这可能是由于该反应需有金属氟化物来催化的缘故.

7.2 四氟铵盐

尽管四氟铵盐稳定的母体分子五氟化氮并不存在,但目前已合成出一系列的四氟铵盐[17−19]. 除含 BF_4^-, GeF_5^-, GeF_6^{2-}, SnF_5^-, PF_6^-, AsF_6^-, SbF_6^- 及 BiF_6^- 等阴离子的 NF_4^+ 盐以外,还有含过渡元素的四氟铵盐,如 $(NF_4)_2TiF_6$ 和 $(NF_4)_2NiF_6$ 等.

四氟铵盐的制备,大体上可通过以下三条途径:

(1) 直接反应

由三氟化氮(NF_3)、氟(F_2)及相应的氟化物在一定条件下,直接反应得到四氟铵盐,如:

$$NF_3 + F_2 + BF_3 \xrightarrow[UV]{\sim -196℃} NF_4BF_4$$

$$NF_3 + F_2 + 6TiF_4 \xrightarrow[16.2MPa]{190℃} NF_4Ti_6F_{25}$$

$$NF_3 + F_2 + AsF_5 \xrightarrow[\text{辉光放电}]{-78℃} NF_4AsF_6$$

$$NF_3 + F_2 + SbF_5 \xrightarrow[8.6MPa]{200℃} NF_4SbF_6$$

$$NF_3 + F_2 + (n+1)BiF_5 \xrightarrow{175℃} NF_4BiF_6\cdot nBiF_5$$

$$NF_4BiF_6\cdot nBiF_5 \xrightarrow[\text{真空}]{280℃} NF_4BiF_6 + nBiF_5$$

(2) 置换反应

$$NF_4BF_4 + SnF_4 \xrightarrow{HF} NF_4SnF_5 + BF_3$$

$$NF_4BF_4 + GeF_4 \longrightarrow NF_4GeF_5 + BF_3$$

$$NF_4BF_4 + PF_5 \longrightarrow NF_4PF_6 + BF_3$$

$$NF_4BF_4 + BiF_5 \xrightarrow[\text{或 } 180℃\text{, 无溶剂}]{25℃\text{, HF}} NF_4BiF_6 + BF_3$$

(3) 复分解反应

$$2NF_4SbF_6 + Cs_2SnF_6 \xrightarrow{HF} (NF_4)_2SnF_6 + 2CsSbF_6\downarrow$$

$$2NF_4SbF_6 + Cs_2TiF_6 \xrightarrow{HF} (NF_4)_2TiF_6 + 2CsSbF_6\downarrow$$

$$2NF_4SbF_6 + Cs_2NiF_6 \xrightarrow[-78℃]{HF} (NF_4)_2NiF_6 + 2CsSbF_6\downarrow$$

许多已知的四氟铵盐为白色、吸湿性的结晶，包括 NF_4GeF_5，$(NF_4)_2GeF_6$，NF_4SnF_5，$(NF_4)_2SnF_6$，NF_4PF_6 和 NF_4BiF_6 等，但 $(NF_4)_2NiF_6$ 却是一个深红色的固体. 四氟铵盐在室温下稳定. 它们的分解温度各有差异. $(NF_4)_2NiF_6$ 在 80 – 128℃ 间按下式分解：

$$(NF_4)_2NiF_6 \longrightarrow 2NF_3 + (3 - x/2)F_2 + NiF_{2x}$$

$(NF_4)_2SnF_6$ 和 NF_4SnF_5 直到 200℃ 以上仍是稳定的. 它们的热分解温度尚难以确定，因为分解产物之一是不挥发的 SnF_4 固体. NF_4SbF_6 ~318℃熔化，NF_4BiF_6 在封闭的毛细管中 ~341℃熔化.

四氟铵盐易按下式水解：

$$NF_4^+ + H_2O \longrightarrow NF_3 + H_2F^+ + 1/2O_2$$

水解产生的 NF_3 是定量的，但氧气却不然，因为过程中还形成过氧化氢：

$$NF_4^+ + OH^- \longrightarrow NF_3 + HOF$$

$$2HOF \longrightarrow 2HF + O_2$$

$$HOF + H_2O \longrightarrow HF + H_2O_2$$

反应产生的 H_2O_2 和 O_2 的比例随实验条件而异. $(NF_4)_2NiF_6$ 的水解和其他的四氟铵盐不同，它的水解产物中还包含二氟化氧：

$$2(NF_4)_2NiF_6 + 5H_2O \longrightarrow 4NF_3 + 10HF + 2O_2 + OF_2 + 2NiF_2$$

水解产生的 NF_3 和 NiF_2 是定量的，但 OF_2 和 O_2 的比例则在不同的实验中不同.

近年来四氟铵盐的合成及其化学之所以引人瞩目，主要是因为它们有可能作为固体火箭燃料 NF_3—F_2 气的发生剂. 设想一种主要由四氟铵盐及少量燃料，如 Teflon 粉末组成的固体推进剂，在它充分氧化燃烧时，按下列反应直接产生氟原子：

$$NF_4MF_6 + (CF_2)_n \longrightarrow CF_4 + NF_3 + MF_5 + Q$$

$$NF_4MF_6 \xrightarrow{+Q} NF_3 + F_2 + MF_5$$

$$2NF_3 + F_2 \xrightarrow{+Q} N_2 + 8F.$$

反应产生的热量 Q 足以使其余的 NF_4MF_6 达到高温，并使大部分 NF_3 和 F_2 解离成氟原子. 对于 $NF_3—F_2$ 气发生剂，所依据的原理类似，只不过燃烧所需的温度较低，因为不需使 NF_3 和 F_2 解离成氟原子.

设想用四氟铵盐作 $NF_3—F_2$ 气发生剂的优点是：$1cm^3(NF_4)_2NiF_6$ 固体分解产生的氟气，比液态氟在 -187℃下产生的氟气多 12% ，且 $(NF_4)_2MF_6$ 在常温下稳定，可安全地贮存. 此外，不需要专门的低温冷却设备.

7.3　卤　　胺

卤胺包括 HNX_2 和 H_2NX 两种类型的化合物，但目前仅分离出 HNF_2 和 H_2NCl 等少数几种化合物[20].

二氟胺（HNF_2）是很不稳定的爆炸性物质，沸点为 -23.6℃. 它可通过四氟肼和苯硫酚作用得到：

$$N_2F_4 + 2PhSH \xrightarrow[4h]{50℃} 2HNF_2 + PhSSPh$$

也可由尿素通过氟化继而水解来制得：

$$NH_2CONH_2(aq) \xrightarrow{F_2/N_2} NF_2CONH_2 \xrightarrow{H_2SO_4} HNF_2$$

HNF_2 被氢碘酸定量地还原；又能被铁(III) 氧化，产生 N_2F_4：

$$HNF_2 + 4HI \longrightarrow NH_4F + 2I_2 + HF$$

$$2HNF_2 + 2Fe^{3+} \longrightarrow N_2F_4 + 2Fe^{2+} + 2H^+$$

一氯胺 $H_2N\ Cl$ 可由氨水和次氯酸盐溶液在 $pH \geq 8.5$ 的情况下反应产生：

$$NH_3 + OCl^- \xrightarrow{pH \geq 8.5} H_2NCl + OH^-$$

若在真空的条件下，经蒸馏、干燥可分离出 H_2NCl.

纯的二氯胺 $HNCl_2$ 尚未被分离出来，但氨水和次氯酸在 $pH \sim 5$ 的条件下作用，能得到 $HNCl_2$ 的水溶液：

$$NH_3 + 2OCl^- + H^+ \longrightarrow HNCl_2 + OH^- + H_2O$$

H_2NCl 是 Raschig 法合成联氨的重要中间产物（见 6.1 节）. 在碱性溶液中，它经羟胺，最后分解产生氮气和氨：

$$H_2NCl + OH^- \longrightarrow NH_2OH + Cl^-$$

$$H_2NCl + 2NH_2OH + OH^- \longrightarrow N_2 + NH_3 + Cl^- + 3H_2O$$

总反应为：

$$3H_2NCl + 3OH^- \longrightarrow N_2 + NH_3 + 3Cl^- + 3H_2O$$

7.4 氮的含氧卤化物

氮的含氧卤化物主要有亚硝酰卤化物 XNO 和硝酰卤化物 XNO_2 两个系列[20]

7.4.1 亚硝酰卤化物

亚硝酰卤化物均可由卤素和一氧化氮直接作用制得：

$$X_2 + 2NO \longrightarrow XNO \quad (X = F, Cl 或 Br)$$

亚硝酰氟 FNO 还可通过下列方法得到：

$$NO + AgF_2 \longrightarrow FNO + AgF$$

$$N_2O_4 + CsF \longrightarrow FNO + CsNO_3$$

$$N_2O + 2F_2 \xrightarrow{700℃} FNO + NF_3$$

FNO 很容易和金属反应，产生金属氟化物；和氟化物反应，产生亚硝酸盐，如：

$$FNO + M \longrightarrow MF + NO$$

$$FNO + AsF_5 \longrightarrow NOAsF_6$$

在 -78℃及真空的条件下，FNO 和 ClF 能形成 1∶1 的化合物 $NO^+ClF_2^-$[21]：

$$FNO(l) + ClF(l) \longrightarrow NO^+ClF_2^-(s)$$

产物为白色固体，低于 -110℃下稳定. 它无稳定的液态，在 25℃完全分解为气体：

$$NO^+ClF_2^-(s) \longrightarrow FNO(g) + ClF(g)$$

类似的亚硝酰盐还有 $NO^+ClF_4^-$. 它比 $NO^+ClF_2^-$ 稍稳定.

亚硝酰氯 ClNO 能和其他的卤素反应，如：

$$2ClNO + I_2 \rightleftharpoons 2NO + 2ICl$$

氧化亚硝酰氯，则分解生成 NO_2 和 Cl_2 气：

$$ClNO + (1/2)O_2 \longrightarrow NO_2 + (1/2)Cl_2$$

液态 ClNO 能用以制备亚硝酰盐，在制备的过程中，它同时还是一个介质. 如：

$$ClNO \rightleftharpoons NO^+ + Cl^-$$

$$ClNO + FeCl_3 \xrightarrow{ClNO(l)} NO^+FeCl_4^-$$

亚硝酰卤化物和水反应产生亚硝酸，再进一步产生硝酸和一氧化氮.

$$XNO + H_2O \longrightarrow HNO_2 + HX$$

$$3HNO_2 \longrightarrow HNO_3 + 2NO + H_2O$$

总反应为：

$$4XNO + 3H_2O \longrightarrow HNO_3 + HNO_2 + 2NO + 4HX$$

和碱有类似的反应：

$$4XNO + 6NaOH \longrightarrow NaNO_3 + NaNO_2 + 4NaX + 2NO + 3H_2O$$

7.4.2 硝酰卤化物

硝酰氟可由单质氟或金属氟化物氟化二氧化氮或亚硝酸钠得到，如：

$$2NO_2 + F_2 \longrightarrow 2FNO_2$$

$$NaNO_2 + F_2 \longrightarrow FNO_2 + NaF$$

$$NO_2 + CoF_3 \xrightarrow{300℃} FNO_2 + CoF_2$$

硝酰氯可由氯磺酸和无水硝酸的反应来制备.

$$ClSO_3H + HNO_3 \longrightarrow ClNO_2 + H_2SO_4$$

类似地，任何能产生硝鎓离子 NO_2^+ 的反应，只要有氯存在，都能产生硝酰氯. 如：

$$HNO_3 + 2H_2SO_4 \longrightarrow NO_2^+ + H_3O^+ + 2HSO_4^-$$

$$\downarrow HCl$$

$$ClNO_2 + H_2O + 2H_2SO_4$$

$$N_2O_5 + PCl_5 \longrightarrow 2ClNO_2 + POCl_3$$

此外，还曾报道过硝酰溴存在于 Br_2 和 $NO_2-N_2O_4$ 混合物体系中.

硝酰氟 FNO_2 和大多数金属反应，形成金属氟化物及氧化物；和某些金属反应则形成氟氧化物. 硝酰氟几乎能和所有的非金属反应，产生硝酰盐，如：

$$\left.\begin{array}{l} 2FNO_2 + Zn \longrightarrow ZnF_2 + 2NO_2 \\ NO_2 + Zn \longrightarrow ZnO + NO \end{array}\right\}$$

$$2FNO_2 + Cr \longrightarrow CrO_2F_2 + 2NO$$

$$\left.\begin{array}{l} 3FNO_2 + B \longrightarrow BF_3 + 3NO_2 \\ FNO_2 + BF_3 \longrightarrow NO_2BF_4 \end{array}\right\}$$

硝酰氯约在 120℃ 按下式分解：

$$ClNO_2 \longrightarrow NO_2 + Cl$$

$$Cl + ClNO_2 \longrightarrow NO_2 + Cl_2$$

它和一氧化氮反应，产生亚硝酰氯和二氧化氮. 和金属卤化物反应，则产生硝酰盐：

$$ClNO_2 + NO \longrightarrow ClNO + NO_2$$

$$ClNO_2 + SbCl_5 \xrightarrow{Cl_2(1)} NO_2^+SbCl_6^-$$

硝酰氯和水反应，产生硝酸和盐酸：

$$ClNO_2 + H_2O \longrightarrow HNO_3 + HCl$$

遇氨发生下列反应：

$$ClNO_2 + NH_3 \longrightarrow NH_2Cl + NH_4NO_2$$

在上述两类氮的含氧卤化物中,亚硝酰卤化物为弯曲形分子;硝酰卤化物为平面形分子,属 C_{2v}点群的构型. 图 12.65 表示了 ClNO 和 $ClNO_2$分子的结构.

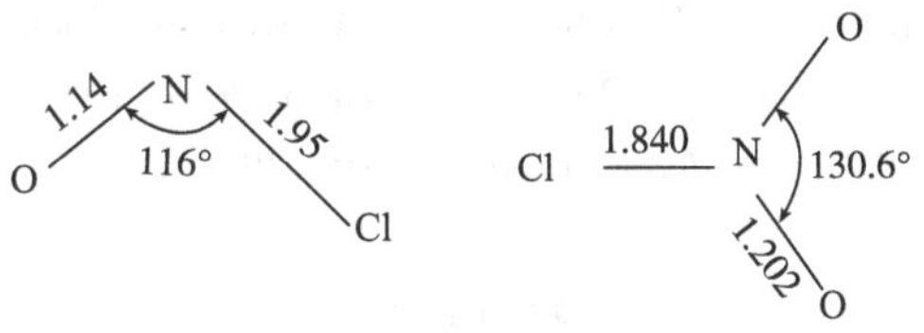

(a) (b)

图 12.65 亚硝酰氯(a)和硝酰氯(b)的结构

氮的含氧卤化物还有 $XONO_2$(X = F 或 Cl) 和 F_3NO 等. 前者是卤素的硝酸盐,其中 $FONO_2$ 易爆;后者是一个稳定的气体,常温下不和玻璃或汞作用,遇水也不发生水解. F_3NO 可通过以下反应制备:

$$2NF_3 + O_2 \xrightarrow{\text{放电}} 2F_3NO$$

$$3FNO + 2IrF_6 \longrightarrow F_3NO + 2NOIrF_6$$

在 -196℃ , F_3NO 光解产生 F_2NO · 自由基. 含 F_2N O · 自由基的化合物有 FSO_2ONF_2 , SF_5ONF_2 及 CF_3ONF_2等.

参 考 文 献

[1] W . L. Jolly, The Inorganic Chemistry of Nitrogen, Benjamin, 1964.

[2] D . Holtz, J. L. Beauchamp, W . G . Henderson and R. W. Taft, *lnorg*, *Chem*, 10, 201 (1971).

[3] M . A . Haney and J. L. Frankin, *J. Phys. Chcm.* ,73 ,4328 (1969).

[4] H, B. Burgi, D. Stedman and L. S. Bartell, *J. Mol. Struct.* , 10 ,3138 (1971).

[5] G. Cazzoli, *J. Mol. Spectrosc.* ,53 ,37(1974).

[6] G. Cazzoli, P. G. Favero and A. D. Borgo, *J. Mol. Spectrosc.* ,50 ,82(1974).

[7] H. Hartl, J. Schöner, J. Jander and H. Schulz, *Z. Anorg. Allg. Chem.* ,413 ,61(1975).

[8] J. Jander, *Adv. Inorg*, *Chem. Radiochem.* ,19 ,1(1976).

[9] H. G. Gorchev and J. C. Morris, *Inorg. Chem.* ,4 ,899 (1965).

[10] K. U. Thiedemann, Ph. D. Thesis, University of Heidelberg, 1971.

[11] G. W. Inman, Jr. , T. F. Lapointe and J. D. Johnson, *Inorg. Chem.* ,15 ,3037 (1976).

[12] H. Hartl, H. Bärnighausen and J. Jander, Z. *Anorg. Allg. Chem.* ,357 , 225 (1968).

[13] K . S. Raxworthy and L. F. Phillips, *Can. J. Chem.* ,42 ,2928 (1964).

[14] C. K. Kohlmiller and L. Andrews, *Inorg. Chem.* ,21 ,1519 (1982).

[15] J. K. Ruff, *Chem. Rev.* ,67 ,665 (1967).

[16] M . J Cardillo and S. H. Bauer, *Inorg.* , *Chem.* ,8 , 2086 (1969).

[17] K . O . Christe et al. , *Inorg. Chem.* ,15. 1275 ;3037(1976).

[18] K. O. Christe et al., *Inorg. Chem.*, 16, 353; 849; 937; 2238 (1977).
[19] K. O. Christe et al., *Inorg. Chem.*, 17, 759; 3189 (1978).
[20] J. C Bailar, Jr., H. J. Emeléus, R. Nyholm and A. F. Trotman – Dickenson (Editorial Board), Comprehensive Inorganic Chemistry, Vol. 3, Per – gamon Press, 1973.
[21] K. O. Christe and J. P. Guertin, *Inorg. Chem.*, 4, 905 (1965).

略 语 表

Ac	CH_3COO^-	乙酸根离子
aq	aqueous	水溶液或水合的
as	asymmetry	不对称
b	bridging	桥基
bipy	bipyridine	联吡啶
b. p.	boiling point	沸点
Bu^n	*n* – butyl	正丁基
CVD	chemical vapor deposition	化学气相沉积
Cy	cyclohexyl	环己基
d	decompose	分解
depe	$Et_2PCH_2CH_2PEt_2$	
diars	1,2-$(Me_2As)_2C_6H_4$	
N,*N*-dimen	*N*,*N*-dimethylethane – 1,2 – diamine *N*,*N*-二甲基乙烷-1,2-二胺	
N,*N*′-dimen	*N*,*N*′-dimethylethane-1,2-diamine *N*,*N*′-二甲基乙烷-1,2-二胺	
dppe	$Ph_2PCH_2CH_2PPh_2$	
dpte	$PhSCH_2CH_2SPh$	
en	$NH_2CH_2CH_2NH_2$	
ESR	electron spin resonance	电子自旋共振
Et	ethyl	乙基
fcc	face-centered cube	面心立方
f. P.	frozen point	凝固点
g	gaseoue state	气态
HOMO	the highest occupied melecular orbital	最高充填分子轨道
IR	infrared	红外
LUMO	the lowest unoccupied molecular orbital	最低空分子轨道
M	metal	金属
Me	methyl	甲基
mepy	methylpyridine	甲基吡啶
m. p.	melting point	熔点
NMR	nuclear magnetic resonance	核磁共振
Ph	phenyl	苯基

Py	pyridine	吡啶
s	symmetry	对称
t	terminal	端基
THE	tetrahydrofuran	四氢呋喃
XPS	X-ray photoelectron spectroscopy	X 射线光电子能谱

13. 磷

13.1 引　　言

磷是 VA 族的元素,它和氮的关系犹如 VIA 族中硫和氧的关系.如一般情况下,O_2,N_2 为双原子分子,而硫、磷为多原子分子且有多种同素异形体;虽然氮、磷都有氧化数为 V 的化合物,但磷在成键时可利用 d 轨道;氮、碳、氧原子之间能以 $p_\pi-p_\pi$ 重键互相结合,而磷、硫以 $d_\pi-p_\pi$ 和氮、氧形成重键……

自 1669 年 H. Brandt 从尿中分离出磷以来,磷及其化合物在实际生产、科研中已经占有很重要的位置.

13.2 磷 的 存 在

磷在地壳中分布很广,其丰度为 0.142%,介于氯(0.228%)和碳(0.134%)之间.1669 年从尿中得到磷,稍后从骨头、鸟粪中获取磷,19 世纪中叶以后,主要从磷矿中制取磷(表 13.1).

表 13.1　磷化学发展大事记

年代	人名和工作内容
1669 年	H. Brandt 从尿中分离出磷
1688 年	B. Albino 从植物中检出磷
1693 年	R. Boyle 用碳还原尿中磷酸盐得单质磷
1694 年	R. Boyle 制得 P_4O_{10} 和 H_3PO_4
1769 年	J. G. Gahn 和 C. W. Scheel 发现人、兽骨中含有磷
1779 年	J. G. Gahn 发现磷氯铅矿,此后 J. L. Proust 发现更大量的磷灰石矿
1783 年	P. Gengem bre 制得膦(PH_3)
1808 年	J. L. Gay - Lussac 和 L. J. Thenard 制得 PCl_3 和 PCl_5
1816 年	P. L. Dulong 首次指出有两种氧化磷
1833 年	T. Graham 指出有正、偏、焦三种磷酸盐,接着 J. J. Berzelius 制得焦磷酸
1834 年	F. Wöhler 和 J. Von Liebig 制得$(PNCl_2)_n$(当时认为是 $P_3N_3Cl_5$)
1840 年	Richmond 证实骨头肥料是磷在起作用
1843 年	J. Murray 获得制造过磷酸钙的专利
1844 年	A. Albright 为制火柴开始在英国生产单质磷
1845 年	T. Fleitmann 和 W. Henneberg 制得聚磷酸

续表

年代	人名和工作内容
1848 年	A . Schrötter 发现无定形红磷
1850 年	工业上开始以湿法制磷酸
1880 年	A . Glatzel 提出四偏磷酸根为环状结构(后于 1937 年由 L . Pauling 和 J. Sherman 证实偏磷酸根为环状结构)
1888 年	J . B . Readman 用电热法制单质磷
1898 年	H . Sévène 和 E. D . Cahen 制造摩擦火柴
1916 年	D. W . Bridgmann 在高温、高压条件下合成黑磷
1929 年	C. H . Fiske 和 Y. Subbarow 从肌肉纤维中发现三磷酸腺苷(ATP)(20 年后 A. Todd 因合成 ATP 获 1957 年诺贝尔化学奖)
1932 年	G . Embden 和 O. Meyerhof 阐明糖原酵解过程. 1937 年 H. A. Krebs 阐明葡萄糖的氧化过程
1935 年	由 $^{31}P(n,r)$ 制得 ^{32}P
1940 年	所有细胞中含有高聚磷酸酯(核酸),它是染色体的组分
1951 年	W. C. Dickinson 首次测量 ^{31}P NMR 化学位移(PCl_3, PBr_3, $POCl_3$ 相对于 H_3PO_4)
1953 年	F. H. C. Crick, J. B. Watson 和 M. H. F. Wilkins 确定核酸为双螺旋结构
1961 年	A. B. Burg 首次制得二配位磷的化合物 $Me_3P=PCF_3$; T. E. Gier 首次制得一配位磷化合物, $HC\equiv P$
1966 年	G. Märkl 首次合成杂环磷化合物(似吡啶) $Ph_3C_5H_2P$
1971 年	A. J. Ashe 制得 C_5H_5P

磷几乎全是以磷酸盐形式存在于自然界,已经发现的磷酸盐矿有 200 余种,具有工业价值的是磷灰石和磷矿岩.

磷灰石的组成接近于 $M_5(PO_4)_3X$, X^- 为 F^-, Cl^-, OH^-, M^{2+} 为 Ca^{2+}. 在有些情况下, Sr^{2+}, Ba^{2+}, Mg^{2+}, Pb^{2+}, RE (稀土) Na^+ 等能取代 Ca^{2+}. 其中最重要的是氟磷酸钙 $Ca_5(PO_4)_3F$. 地壳中约 95% 的磷以磷灰石矿物形式存在,它分布很分散,几乎存在于所有的火成岩中(平均含量为 0.13%). 世界上最大的磷灰石矿(火成岩)在前苏联科拉半岛上.

磷块岩当地下水富含二氧化碳和有机酸时,能溶解原生磷灰岩下淋. 一部分下淋液遇石灰岩,经反应生成磷块岩堆积,而大部分下淋液把磷带进海洋,被生物吸收,经一系列作用,析出磷酸盐沉于海底(在海深 50 – 150 m 处),同时沉出的还有海绿石、褐铁矿、方解石、白云石、高岭土、石英等,经过地质变迁成磷块岩.

磷块岩中所含磷矿物具有高分散度,所以它的组成尚未确定. 一般认为有三个相: 氟磷酸钙,碳磷灰石(少量)及羟基磷灰石(少量).

目前世界上磷矿的年产量已超过 1 亿 t,其中约 80% 是由美国、摩洛哥、前苏联、突尼斯等国开采的.

我国磷矿也很丰富,主要产地在云南昆阳、贵州开阳、及西沙群岛的鸟粪层.

有些磷灰石矿可以直接用于生产,有的则需经过选矿后再用. 如前苏联科拉半岛的磷矿经浮选后得 $Ca_3(PO_4)_2$ 含量为 88% 的磷灰石. 磷块岩的晶粒很细,所以不易选矿. 到目前为止,开采的磷矿主要被用来生产磷肥. 当用硫酸处理结晶状磷灰石制造过磷酸钙时,因反应在矿物颗粒表面进行,所以完全反应所需的时间是硫酸和多孔性磷块岩反应时间的三倍. 但在用电炉法生产单质磷时,两种磷矿的差别不明显.

磷矿不仅是提取磷的原料,而且也是氟、钙、稀土、铀的原料. 如美国佛罗里达州磷块岩中含低于0.018%的 U_3O_8,摩洛哥等地磷块岩中含0.001% –0. 016%的 U_3O_8,南非、挪威等地火成岩磷矿中含0.001% –0.03% U_3O_8. 磷矿是提取铀的一种重要原料. 渤海湾沉积物中铀的平均含量为1.6 –6.3ppm.

纯的氟磷酸钙应含42.22% P_2O_5[或92.2%的 $Ca_3(PO_4)_2$] 及3.77% F. 实际矿物由于有共晶取代物存在,平均含40% P_2O_5,相当于87% $Ca_3(PO_4)_2$ 及2.8% –3.4% F. 摩洛哥磷矿的品位很高,含34% P_2O_5,相当于74% $Ca_3(PO_4)_2$.

参 考 文 献

[1]《化学发展简史》编写组,化学发展简史,p. 86,科学出版社,1980.

[2] Mellor's Comprehensive Treatise on Inorganic and Theoretical Chemistry, Vol. VIII, p. 729, 1928; Vo1. VIII supp III, Longmans, 1971.

[3] N. N. Greenwood and A. Earnshow, Chemistry of the elements, p. 547, Pergamon, 1984.

[4] A . D . F. Toy (Ed. By Bailor), Inorganic chemistry, Vol. II, p. 389, Pergamon, 1973.

[5] J. R. Van Wazer, Phosphorus and its compound, Interscience, 1958.

13.3 磷的制备

还原磷酸或某些磷酸盐可制得单质磷.

1693 年 R . Boyle 用炭还原尿中磷酸盐制得单质磷. 1762 年 S. A. Marggraf 加热尿、炭末、氯化铅的混合物——实际上是用炭还原铅的磷酸盐得到单质磷. 稍后,有人用炭还原磷酸得磷.

$$2HPO_3 + 5C = 2P + H_2O + 5CO$$

早在 1829 年 F. Wöhler 就指出,二氧化硅能促进炭还原磷酸钙的作用,但直到 1867 年 Auberton 和 Boblique 才首次提出用这种方法制单质磷. 1888 年 J. B. Readman 用电炉法生产单质磷. 虽然目前生产设备已经有了很大的改进,但基本上仍沿用 Readman 所提出的原理.

在 1920 年前后,人们对还原法制单质磷作了大量的研究工作. W . H. Ross 等指出: $Ca_3(PO_4)_2$ 和 1/5 质量的炭末混和,放在石墨容器中于 1573K 加热,将有 45% 的磷挥发;若于 1673K 下加热,将有 96% 的磷逸出,1823K 时完全反应. 反应随着用碳量的增加,$Ca_3(PO_4)_2$ 还原率增大. 过剩的碳的用量对磷酸钙还原率的影响见图 13.1. 此外,还原剂对还原反应有明显的影响,各种还原剂还原能力增大顺序为: 石油焦、石墨、无烟煤、冶金焦、木炭.

当有 SiO_2 时,上述反应温度降低. 如在还原气氛下加热 $Ca_3 \cdot (PO_4)_2$,SiO_2 及 C 混合物,发现于 1323K 开始有磷挥发. 若反应条件恰当,于 1523K 加热 1h 或于 1623K 加热 10 min,就有 90% 的磷逸出. 用 Al_2O_3 也能促进上述反应,但所起的作用没有二氧化硅明显. 当用等质量的 H_3PO_4 和碳时,磷的挥发量随所加 SiO_2 量的增加而增多,还原过程生成二硅酸三钙($Ca_3Si_2O_7$). 当 SiO_2 量超过生成 $Ca_3Si_2O_7$ 所需的计量,尤其是当温度超过 1573K 时,SiO_2 对反应的影响不明显.

目前电炉法的炉料都是由磷矿(P_2O_5 含量一般在 26% 以上)、含碳物(无烟煤或焦炭) 和石英砂按一定的比例组成,其中 $P_2O_5/C = 2.3 - 2.6$. (还原反应的计量比为 2.37) 反应区的温度为 1673 - 1773K ,生成物是磷和 CO ,经电除尘、冷却后在水面下收集得白磷(CO 可作燃料).

反应过程中还有许多副反应. 原先磷矿里的 Fe_2O_3 被还原后生成磷铁沉于炉底

$$Fe_2O_3 + 3C = 2Fe + 3CO$$

$$4Fe + 2P = 2Fe_2P$$

生成磷铁的量及其组成和磷矿中原先的含铁量有关. 当用磷灰石精矿时,磷铁的大致组成是:约72%铁,24%-26%磷、0.5%-0.8%钒,0.8%-1.2%锰,0.4%-0.6%铬,0.8%-1.1%钛.

磷铁在冶金工业中被用来生产含磷量高的钢和铁,也可把它制成其他磷酸盐、肥料.

磷矿中有 CaF_2 和 SiO_2 时,将导致硅的挥发

$$2CaF_2 + SiO_2 = 2CaO + SiF_4$$

当磷蒸气在水面下收集时,SiF_4 被水吸收生成硅酸,从而污染磷.为抑制硅的挥发,应配成碱性炉料,$SiO_2/CaO = 0.8-1.2$.

还原法制备单质磷的反应式为:

$$Ca_3(PO_4)_2 + 3SiO_2 + 5C = 3CaSiO_3 + P_2 + 5CO$$

其反应机理至今尚有不同的见解:

酸性氧化物置换历程:

$$2Ca_3(PO_4)_2 + 6SiO_2 = 6CaSiO_3 + P_4O_{10}$$

$$P_4O_{10} + 10C = 2P_2 + 10CO$$

一氧化碳还原历程:

$$Ca_3(PO_4)_2 + 5CO = 3CaO + 5CO_2 + P_2$$

$$5CO_2 + 5C = 10CO$$

磷化物生成历程:

$$5Ca_3(PO_4)_2 + 40C = 5Ca_3P_2 + 40CO$$

$$3Ca_3(PO_4)_2 + 5Ca_3P_2 = 24CaO + 8P_2$$

因为(1)SiO_2 置换 $Ca_3(PO_4)_2$ 的反应需在很高的温度($>2573K$)下进行(表13.2中4-7反应),而碳于1073K就能还原氧化磷,即当有碳时,可促进酸性氧化物置换反应;(2)电炉法炉渣中含有大量的 $CaSiO_3$. 所以,接受酸性氧化物,置换历程观点的人较多.此外,和固相间反应相比,在熔融硅酸钙中反应要容易得多.

表13.2 常压下磷酸三钙和碳、二氧化硅的反应

序号	反应	反应热 ($kJ \cdot mol^{-1}$)	温度(K)	SiO_2/CaO 质量比	P_2O_5/C 质量比
1	$Ca_3(PO_4)_2 + 5C = 3CaO + P_2 + 5CO$	1753.7	1658	-	2.37
2	$Ca_3(PO_4)_2 + 8C = Ca_3P_2 + 8CO$	2783.7	1963	-	1.48
3	$Ca_3(PO_4)_2 + 8C = 3Ca + P_2 + 8CO$	3139.5	1953	-	1.48
4	$Ca_3(PO_4)_2 + 3SiO_2 = 3CaO \cdot SiO_2 + P_2O_5$	443.1	2583	1.07	-
5	$Ca_3(PO_4)_2 + 2SiO_2 = (CaO)_3 \cdot (SiO_2)_2 + P_2O_5$	458.0	2663	0.72	-
6	$2Ca_3(PO_4)_2 + 3SiO_2 = 3(CaO)_2 \cdot SiO_2 + 2P_2O_5$	979.2	2823	0.54	-

续表

序号	反应	反应热 (kJ · mol⁻¹)	温度(K)	SiO_2/CaO 质量比	P_2O_5/C 质量比
7	$Ca_3(PO_4)_2 + SiO_2 = (CaO)_3 \cdot SiO_2 + P_2O_5$	547.8	3133	0.36	-
8	$Ca_3(PO_4)_2 + 3SiO_2 + 5C = 3CaO \cdot SiO_2 + P_2 + 5CO$	1527.6	1463	1.07	2.37
9	$Ca_3(PO_4)_2 + 2SiO_2 + 5C = (CaO)_3 \cdot (SiO_2)_2 + P_2 + 5CO$	1544.4	1473	0.72	2.37
10	$2Ca_3(PO_4)_2 + 3SiO_2 + 10C = 3(CaO)_2 \cdot SiO_2 + 2P_2 + 10CO$	3152	1533	0.54	2.37
11	$Ca_3(PO_4)_2 + SiO_2 + 5C = (CaO)_3 \cdot SiO_2 + P_2 + 5CO$	1634.2	1553	0.36	2.37

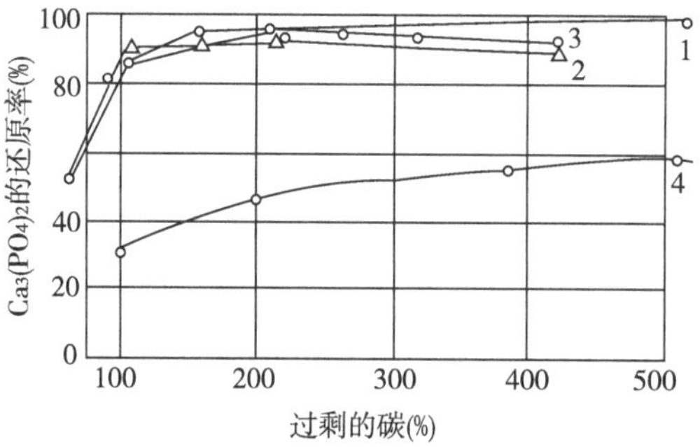

图 13.1　过剩的碳的用量对磷酸钙还原率的影响(加热时间:60min)

1. $Ca_3(PO_4)_2 + xC$,1400℃;　2. $Ca_3(PO_4)_2 + xC + 3SiO_2$,1300℃;

F. Dorn 从实验证明:当有 CO 时,是 CO 发生的还原反应,而后 CO_2 被还原成 CO,继续反应. CO 扩散入磷矿物颗粒(还有碳)之间,而生成的 P_2 和 CO_2 扩散出来. 有一个实验事实表明这种观点是有根据的:把 CO 通入碳和磷酸盐矿不直接接触的体系,还原反应仍能进行.

碳还原 $Ca_3(PO_4)_2$ 生成 Ca_3P_2 的反应(表 13.2 中的 2) 只有在较高温度下才能进行. 于 1773K 时,只有 $<0.2\%$ 的磷生成 Ca_3P_2, F. Dorn 计算表明,只有在 P_2 的压力为 10^4bar 时,碳才能直接还原 $Ca_3(PO_4)_2$ 为 Ca_3P_2. 由此可见,这种观点和热力学数据不符. D. I. Kriklivyi 等则认为,中间物亚磷酸钙歧化时有 Ca_3P_2 生成,

$$4Ca_3(PO_3)_2 \longrightarrow 3Ca_3(PO_4)_2 + Ca_3P_2$$

电炉法生产 1t 磷需磷矿 7 - 10t, 焦炭 1.4 - 1.6t,石英砂不足 3t. 副产物有磷铁(0.1 - 0.5t)、炉渣(6.5 - 11t)、含 CO 的气体约 4000m³(其中含 0.05% 碳). 电除尘捕集的灰尘中含约 22% 有效的 P_2O_5,(0.05 - 0.35t).

电炉法中磷的收率约 92%,其余 8% 主要在炉渣和磷铁中. 生产 1t 磷约需 13200kWh. 由于电热法耗能大,若采用综合生产方法可降低成本. 目前已经实现在

生产磷的同时得磷铁、水泥的工艺. 有人提出同时生产磷和碳化钙的方法.

用甲烷代替碳作还原剂时发现,过程中生成的炭附在磷矿石表面阻碍还原反应的进行.

$$Ca_3(PO_4)_2 + 5CH_4 + 3SiO_2 = 3CaSO_4 + P_2 + 5CO + 10H_2O$$

然而改用气态物为还原剂的反应温度较低,甲烷为 1373K ,氢为 1473K ,一氧化碳为 1523K .若用以上三种气体混合物作还原剂,磷矿石表面将不生成炭.

参 考 文 献

[1] A. D . F. Toy (Edit. by J. C. Bailor), Inorganic chemistry, Vol. II, p. 391 - 394, Pergamon, 1973.

[2] H . H. Franck and H. Hüldner, *Z. anorg. u. allgem. Chem.* ,204,97 - 139(1932).

[3] Д. И. КрикдиbbIи, 3. П. Весолоbский, А. И. КлиМоbИи, Ж Прик. Хим,50 (5) ,957 - 961 (1977).

[4] V. N. Belov, C. A. 9283054.

[5] I. D. Grigoreva, C. A. 8839493

[6] M. K. Hussein, G. A. Kolta, A. E. Soba, A. M. E1 - Roudi, C. A. 8692514.

13.4 磷的同素异构体

磷有三种主要的同素异构体：白磷、红磷及黑磷. 三种磷均有几种变体，白磷有二种变体，黑磷有四种变体，红磷则有多种变体.

4.1 白　　磷

在水面下收集磷蒸气得白磷，它是最活泼的磷.

白磷有比较纯的商品（主要杂质是砷，一般含量低于 0.02%，还有痕量有机物）. 因市售白磷常带有黄色，所以又称黄磷. 极纯的白磷，因晶体大小不同而呈现无色或白色.

提纯白磷有多种方法，如用酸处理法，水蒸气蒸馏法、区域熔融法及在高温下使膦（PH_3）在高纯氢气中分解可得高纯的磷（供制半导体用）.

白磷是蜡状物质，质地很软，其硬度（莫氏）为 0.5，稍硬于金属钠（0.4）. 白磷非常活泼，在空气中的燃点为 317.2K，所以要把白磷保存在水面之下.

白磷有两种变体，“高”温下稳定的 α 型及在 101325Pa 下，于 196.3K 转变为“低”温下稳定的 β 型，转变温度因压力增大而升高，转化热（196.3K）为 15.9kJ/molP_4.

在 101325kPa 和 607950kPa 时，白磷熔点分别为 346.96 及 467.2K

$$P(a) \rightleftharpoons P_{(1)} \qquad \Delta H^{\ominus} = 628 J/molP$$

液态磷和 α 型白磷的蒸气压和热容为：

$$固态：蒸气压\ \lg p = -\frac{3297.1}{T} + 11.776（p 为 Pa，T 为 K）$$

$$热容\ c_p = (89.84 + 1.202t) J/K \cdot molP_4 (0 < t < 44℃)$$

$$液态：蒸气压\ \lg p = -\frac{2757.5}{T} + 10.0764（p 为 Pa，T = 323 - 423K）$$

$$热容\ C_p = (100.24 - 0.3986t - 0.0001644t^2) J/K \cdot molP_4 (25℃ < t < 97℃)$$

白磷不溶于水（288K，饱和溶液中含 0.0003% 磷），易溶于 CS_2，PCl_3，$POCl_3$，$SO_{2(1)}$，$NH_{3(1)}$，能溶于 Et_2O，C_6H_6…有机溶剂，溶解度见表 13.3. 在 CS_2 中重结晶可得十二面体的白磷.

白磷的两种变体均由 P_4 构成. β 为斜方晶体，α 型为立方体心晶格，其某些物理性质见表 13.4. 关于白磷的晶体结构至今尚不完全清楚. 它的晶胞很大，含

56 个 P_4 分子，$a=1851$pm.

表 13.3 白磷在 CS_2，Et_2O，C_6H_6 中的溶解度(g/100g 溶剂)

溶剂 \ 温度(K)	263	268	273	278	283	288
CS_2	45.8	72.3	434	587	880	–
Et_2O	–	–	0.43	0.62	0.85	0.90
C_6H_6	–	–	1.51	1.99	2.40	2.70

溶剂 \ 温度(K)	293	298	303	308	313
CS_2	–	–	–	–	–
Et_2O	1.03	1.39	1.76	2.00	–
C_6H_6	3.20	3.70	4.59	5.16	5.75

P_4 是由四个磷原子组成的四面体分子，P–P 核间距为 221pm，在每个轴上的转动惯量为 2.51×10^{-40}g·cm^{-2}. Pauling 和 Simonetta 认为 P_4 中的 P 以 *spd* 间杂化轨道成键，其中 3*s*，3*d* 成分极少，主要是 3*p*(约含 98%). P—P—P 键角为 60°，计算结果表明，键的张力为 95.4kJ/molP_4，所以 P_4 很活泼.

表 13.4 α-白磷的某些物理性质

原子量 30.97376

晶体结构 立方体心，$a=1851$pm，晶胞中有 56 个 P_4

293K 介电常数 4.1cgs

电阻 1.0×10^{11}Ωcm (284K)

密度 1.828g·cm^{-3}

固态摩尔原子休积 16.9cm^3

熔点 317.26K

熔化热 $\Delta H^{\ominus}_{317.26}=2.51$kJ·mol^{-1}$P_4$

沸点 453.66K

三相点 968.16K，83.3atm

表面张力 43.09dyn[1)]·cm^{-1}(257.46k)，35.56dyn·cm^{-1}(405.26K)

升华压	温度(K)	293.16	298.16	303.16	308.16	313.16
	p(Pa)	3.33	5.73	9.60	11.87	16.27

P—P 键能 79.1kJ·mol^{-1}

离子半径 P^{3-} 185pm，共价半径(+3)110pm

1) 1dyn = 10^{-5}N.

未成键的电子对主要是 *s* 成分. Arnold 计算若 P_4 中的 P 以 pd^2 杂化轨道成键，则键角为 66°26′，若使之成 60°，则张力为 38.32kJ/molP_4. 但欲使 1mol3 *p* 电子跃迁到 3*d* 轨道吸收 811.7kJ 热量，所需能量大于上述以 *p* 轨道成键为主的弯键结构. Hart，Robin 及 Kuebler 以 SCF-Cl 近似计算 P_4 中的 P 以 3*p* 原子轨道为基础的

电子光谱,在 4 – 9eV 区间内和实验值半定量相符. 计算还表明：P_4 分子中有强 π 键. 由价层电子得到的电子密度图(图 13.2)可知,最高密度对称地处于四面体 P_4 分子中每个棱边的上部.

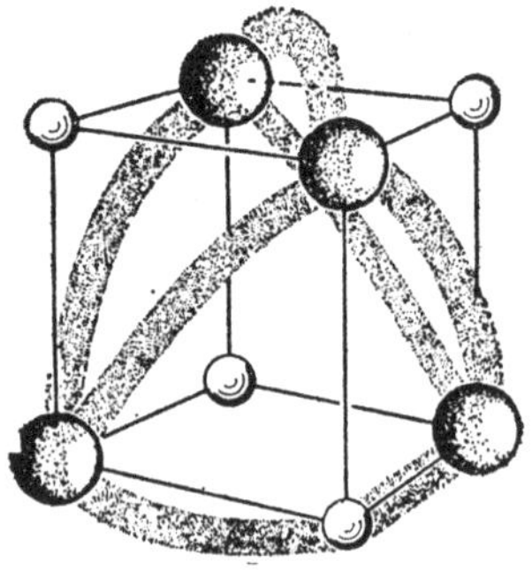

图 13.2　P_4 的价层电子密度

4.2　红　　磷

红磷有几种变体,它们的密度在 2.0 – 2.4g · cm^{-3}之间,熔点在 858 – 873 之间(如表 13.5 所示). 红磷颜色由深红色、褐色到紫色. 一般大晶体呈紫色,粉细状固体呈深红色. 市售的红磷几乎全是无定形的(低于 673K 时由白磷转化而成).

表 13.5　红磷的几种变体

变体	晶体构型	密度(g · cm^{-3})	升华热(kJ · mol^{-1})	备注
红磷-I	无定形	2.16	19.7	733K 转化为红磷-II
红磷-II（？）	六方(?)	2.31	24	793K 转化为红磷-Ⅲ
红磷-III（？）	六方(?)	2.31	–	813K 转化为红磷-IV
红磷-IV	四方	2.31	28	
红磷-V	三斜	2.31	28.8	
红磷-V I		?		于 573K, 106bar 下形成深红色
褐磷	?	?	分解	热磷蒸气经液氮冷却, 在约 123K 时转化为白磷(80%）和红磷(20%）

单质磷间的相互转化如图 13.3 所示. T. W. De Witt 和 S. Skolnik 认为白磷在 523 – 623K 下转化为红磷是一级反应,活化能为 161.9kJ · mol^{-1},频率因子为 4.17

$\times 10^{12}$,和单分子反应的理论值 $K'T/h = 1.2 \times 10^{13}$ 相近. 当有催化剂时,如加碘(0.01% -0.1%质量)或硫(0.5% -1.5%质量)入液态白磷,开始转化反应的速度大大增快(不是一级反应),但不久反应速度就和没有催化剂一样了,又为一级反应. Dewiff 和 Skolnik 认为加硫和碘引起和温度无关的链式反应. 从反应速度增快情况看,一个碘原子相当于 40 个硫原子的作用,而碘或硫原子存在于产物之中. 转化过程中,当有 6% -10% 白磷转化时,有许多颗粒直径为 20 -30μm 的红磷悬于液态白磷中;当白磷转化率增大到 50% 以前,红磷颗粒增多,同时颗粒长大,成半流体;随着白磷继续转化则得固态物. 在 673K,约 1.5h,几乎所有的白磷都转化为红磷.

紫外光也能促进白磷转化为红磷,所以纯的白磷应保存在暗处. 溶于某些溶剂的白磷也可能转化为红磷而析出. 如在 PBr_3 中,白磷转化为红磷是一级反应,活化能 18.8kJ·mol^{-1};光照也能催化白磷在 PCl_3 中转化为红磷的反应,可认为此过程是 P_4 解离为 P_2,后者重新聚合成红磷. 于 723 -823K 在超过磷蒸气压条件下连续转化成无定形红磷.

磷蒸气和热钨丝接触,在 473 -698K 器壁上得到的也是无定形红磷.

测定无定形红磷的径向密度分布曲线(和液态磷相似,见图 13.8),在距离为 229pm 处有一峰,表明每个磷原子周围有三个磷原子;距离为 350pm 处有第二个峰,表明次近处有 6.7 个磷原子. 因此,无定形红磷中 PPP 键角为 99°.

一般认为催化白磷转化为红磷的原子常接在生成的红磷结构的末端. M. Ya. Kraft 和 V. P. Parini 指出:因磷原子聚合度不同和末端集团(常常是杂质)不同得性质各异的红磷. 光照射溶于有机溶剂的白磷,所得红磷中含有少量来自有机溶剂的杂质,如溶剂为有机卤化物,则附在红磷上的有机基团很牢固,即使在沸水中也不能把它除掉;当用 HNO_3 氧化红磷时,则生成烷基或芳基次膦酸.

对无定形红磷进行差热分析实验得到三个放热峰,第一个峰在 733K,第二个峰在 793K,第三个峰于约 813K. 第一峰的热效应为 836.8J·molP,第二、第三个峰的热效应分别为前者的 1/3,1/4. 第一峰表示红磷-I(无定形红磷)于 733K 转变为红磷-II,第二峰表示红磷-II 转化为红磷-III,第三峰为红磷-III 转化为红磷-IV. 红磷-II、红磷-III 的 X 射线衍射图的线条都较弱,而红磷-IV 的 X 射线衍射线较强,表明结晶较好. 红磷-IV 可能是四方晶的变体,而红磷-Ⅱ与(或)红磷-III 可能是六方晶体. 这些转变都是不可逆的过程.

制备晶体红磷-IV 的方法很多. 在 698K,1bar 气压下,磷蒸气缓慢冷凝,或于 808K,2026kPa 气压下,磷蒸气在低于蒸气温度约 25K 的表面上冷凝,或将 873K 熔磷冷却并保持在约 828K 结晶均可得到. 好的红磷-IV 晶体具有双折射 $n_{\infty} = 2.72$,$n_{\epsilon} = 3.15, 3.20$(?).

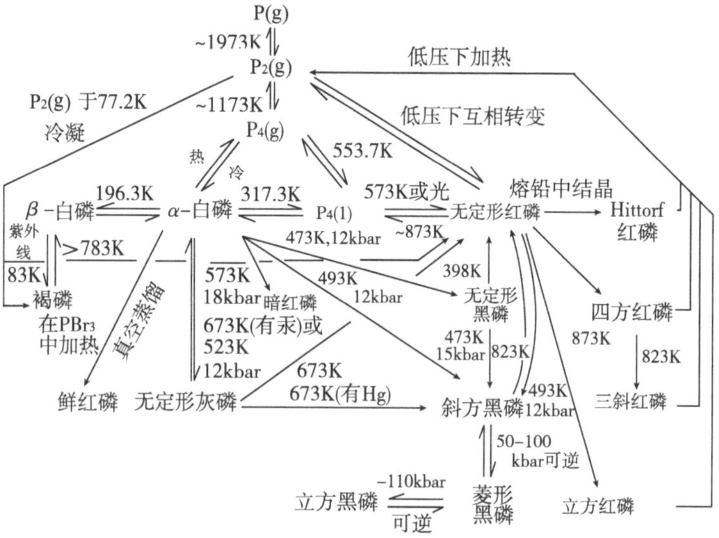

图 13.3　单质磷间的互相转化

红磷-V 为三斜晶体,使 823K 的磷蒸气缓慢冷凝(约需 30 天),在 818K 的表面上或将无定形红磷在 823K 加热数星期,均可制得红磷-V. 从差热分析结果看,红磷-IV 转化为红磷-V 无明显的热效应. 红磷-V 也许就是早期报道过的“紫磷”“金属磷”或“Hittorf 磷,(在 773－873K 间加热磷和铅,磷溶于后者,冷却后得到红紫色的小晶体,用稀 HNO_3 除去铅,就是 Hittorf 磷). Von H. Thurn 和 H. Kreb 报道 Hittorf 磷为单斜晶体,空间群为 $P2/c$, $a=921$pm , $b=915$pm , $c=2259$pm , $\beta=106.1°$,晶胞中有 84 个磷原子,结构很复杂,重复单元为 21 个原子,层间靠范氏力结合,层内 P—P 平均键长为 221.9pm ,平均键角为 100.9°. 其结构如图 13.4 所示.

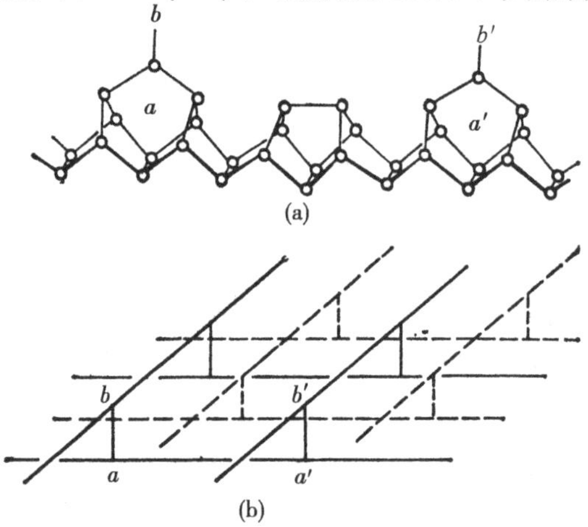

图 13.4　Hittorf 磷的结构

Rubenstein 和 Ryan 将红磷于 573－883K 间加热后测其 X 射线衍射数据、扩散反射光谱等只发现红磷有两种变体：低于 693K 加热得深红色产物和高于 709K 加热得深褐色到橘红色的产物．前者与红磷-IV、后者和红磷-V 类似．

红磷-Ⅵ呈深红色，于 573K、106kbar 下处理白磷得到红磷-VI．

1273K 的磷蒸气于液氮温度下冷凝得褐磷，其中可能含有 P_2，当温度高于 173K，褐磷发生不可逆反应转化成 α 白磷（80%）和红磷（20%）．而在 77K 于石英汞灯照射下，白磷能转化为褐磷．

白磷转化为红磷的热焓（298.16K）

P（α，白）＝P（无、红）　$\Delta H^{\ominus} = -16.3 \pm 1.7 \text{kJ} \cdot \text{mol}^{-1} \text{P}$

P（α，白）＝P（红磷-V）　$\Delta H^{\ominus} = -16.3 \pm 6.3 \text{kJ} \cdot \text{mol}^{-1} \text{P}$

P（红磷-IV）＝P（红磷-V）　$\Delta H^{\ominus} = -0.5 \pm 4.2 \text{kJ} \cdot \text{mol}^{-1} \text{P}$

4.3 黑　　磷

已经知道的黑磷变体有四种：斜方、菱形、立方及无定形．

P. W. Bridgman 于 473K，12159kbar 下处理白磷制得斜方黑磷（密度为 $2.69 \text{g} \cdot \text{cm}^{-3}$）和无定形黑磷（密度为 $2.25 \text{g} \cdot \text{cm}^{-3}$）．斜方黑磷在很大的压力下能和其他两种黑磷变体，立方和菱形发生可逆性变化（后两种变体在常压下不可能存在）．

无定形黑磷在高温、高压下转化为斜方黑磷（图 13.5）．

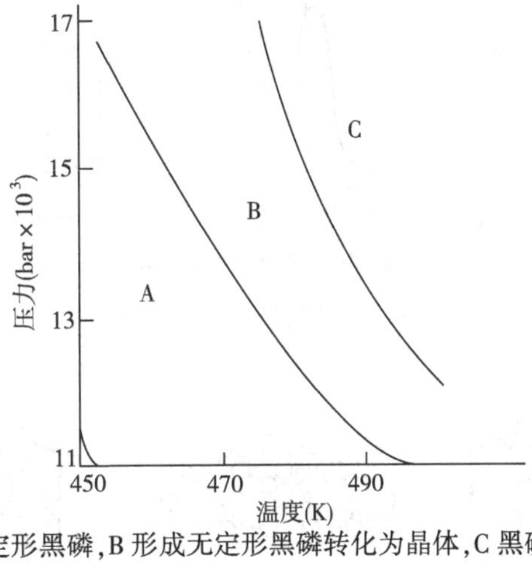

A 无定形黑磷，B 形成无定形黑磷转化为晶体，C 黑磷晶体

图 13.5　形成黑磷的条件

K. Pätz 根据白磷在不同压力、温度下开始转化为黑磷的数据提出如下关系式：

$$p = -mT + p_0$$

$p_0 = 193273 kg \cdot cm^{-2}$, $m = 379 kg \cdot cm^{-2} \cdot K^{-1}$, T 为某压力($kg \cdot cm^{-2}$)下白磷开始转化为黑磷的温度(K). 当有黑磷晶核时,白磷开始转化为黑磷的温度下降.

1955 年 Kreb 等用汞作催化剂开始了在常压下合成黑磷的工作. 混合等质量的白磷和汞,并加少量黑磷晶种,在 553K 保温三天,再在 633K 恒温一天,而后在 653K 保持三天得斜方黑磷. 产物中的汞可加铅使成汞剂而除去,(除到 1%,原子)而后用金代铅可使产物中汞量下降到 0.5%(原子).

X 射线测定黑磷的径向密度分布(图 13.6)发现,无定形磷和斜方黑磷很相似. 在每个磷原子的最近距离为 227pm 处有三个磷原子,次近距离在 334pm 处. 由此算得黑磷中的键角为 95.6°.

A. Brown 和 S. Rundqvist 测定在液铋中精制过的针状晶黑磷的结构知:空间群 *Cmca*, $Z = 8$, 斜方晶体, $a = 331.4$pm, $b = 1048$pm, $c = 437.6$pm.

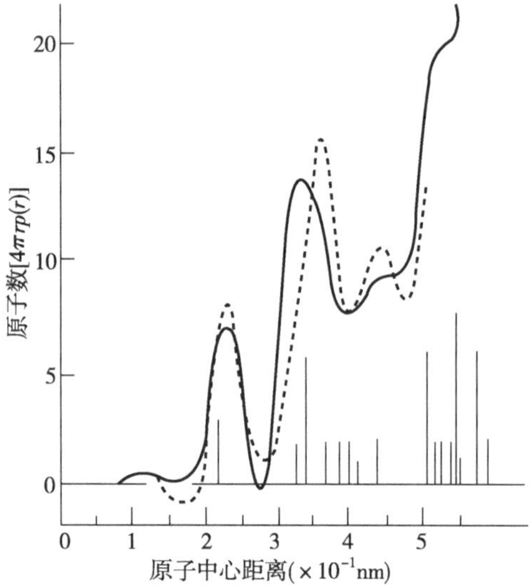

图 13.6　黑磷的径向密度分布曲线

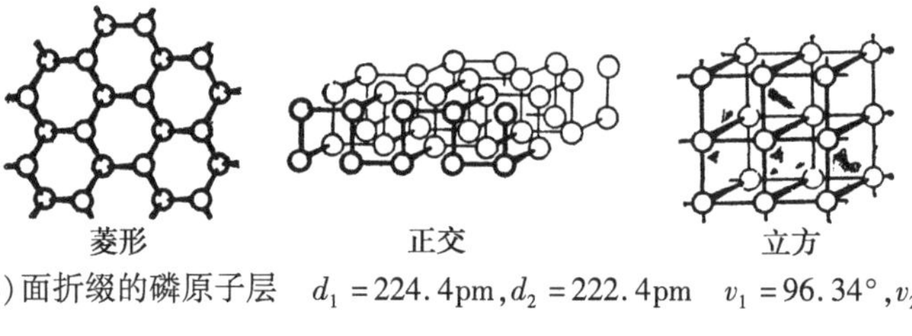

平行于(010)面折缀的磷原子层　$d_1 = 224.4$pm, $d_2 = 222.4$pm　$v_1 = 96.34°$, $v_2 = 102.09°$

图 13.7　黑磷的结构

由 X 射线衍射结果表明：斜方黑磷于 83 – 102kbar 下转化为 A7(As) 型黑磷，$a = 337.7$pm，$c = 880.6$pm $d = 3.56\text{g}\cdot\text{cm}^{-3}$($p = 100$kbar). 于 111 ±9kbar 下菱形和立方黑磷发生可逆转化. 当在约 124kbar 时，X 射线衍射数据表明是立方黑磷，$a = 237.7$pm，密度为 $3.83\text{g}\cdot\text{cm}^{-3}$. 常压下只有菱形晶体.

斜方黑磷晶格中 75% 的磷原子可被砷原子取代. 斜方黑磷是扁平结构，似石墨和云母，是一种半导体，273.16K 电阻率为 0.711Ω.cm，300 – 700K 的电阻率系数为：

$$4.6\times10^{-3}\exp(0.35/2kT)\,\Omega\cdot\text{cm}$$

高温下，斜方黑磷是真正的半导体.

单质磷中，斜方黑磷的化学活泼性最弱，在空气中相当稳定，甚至很难用火柴把它引燃.

4.4 玻璃态磷

Ellis 于高于 523K，12kbar 条件下处理白磷，得到玻璃态磷. 当把等质量白磷和汞的混合物于 653K 加热使之转化为黑磷的过程中也有玻璃态磷形成.

玻璃态磷质软，它是一个绝缘体，室温下表面电阻大于 1000Ω · cm，在液氮温度下增大为 $10^9\Omega\cdot\text{cm}$.

有汞存在时，玻璃态磷于 673K 转化为黑磷，而在密封管中加热渐渐变为红磷. 小量玻璃态磷于 673K 加热 4d，完全转化为红磷.

4.5 液态磷

由白磷、红磷、黑磷熔融或由磷蒸气冷凝而成的液态磷都是相同的.

液态磷的蒸气压(318 – 623K)及密度(283 – 553K，$\text{g}\cdot\text{cm}^{-3}$)、黏度(20 – 140℃，cP)为：

$$\lg p\text{mm} = 18.8192 + (1.074\times10^{3}T) - 3.906\lg T - (3.467\times10^{3})T$$

$$d = 1.7862 - (9.195\times10^{-4})t$$

$$\lg\eta = -1.3879 + \frac{514.4}{273.2 + t}$$

一般商品白磷熔融得到的液态磷呈稻草色，若其中含有少量胶体红磷则带红色色泽. 一般液态磷中的主要杂质是氧化物和含氧酸(浮于表面). 纯化液态磷的一种简便方法：在室温下，将液态磷和稀 H_2SO_4，$K_2Cr_2O_7$ 溶液混合放置一天，经蒸馏及用水洗涤可得较纯的液态磷.

298.16K，水在液磷中的溶解度为 3.9 ± 0.5mg/g(P_4) 或 6.7×10^{-3}ml(H_2O)/

ml(P_4),汞溶于液态磷的量达 0.29mg/g(P_4) 或 1.76×10^{-4} mol/molP_4 或 3.7×10^{-5}ml/ml(P_4). 含水液磷的密度和黏度明显低于纯液态磷. 如 323K 无水液磷密度由 1.740 下降为 1.737g · cm^{-3}(含水液磷).

$$d = 1.782 - (9.0\times10^{-4})t \quad (t = 45-95℃)$$

$$\eta = 3.314 - (9.65\times10^{-2})t + (1.279\times10^{-3})t^2 - (5.76\times10^{-6})t^3 \quad (t = 45-95℃)$$

常压下液态磷的沸点为 553.7K,临界温度为 968K,临界压力为 83.3bar. 由于在 623 – 783K 很快变成红磷,所以在此温度区间没有液态磷.

液态磷极易过冷,曾制得过 201.9K 液态磷(低于白磷熔点约 116K!),过冷液磷的结晶速度极快,如在 295.2K(低于白磷熔点约 22K),过冷液态磷结晶的线速度为 210cm · s^{-1}.

298.2K,液态磷的电导为 $4\cdot10^{-7}\Omega\cdot cm$(和水、醇相近),318.2K 的介电常数为 3.85(和 C_6H_6 相近).

用 X 射线衍射法测定液态磷所得径向分布密度曲线见图 13.8.

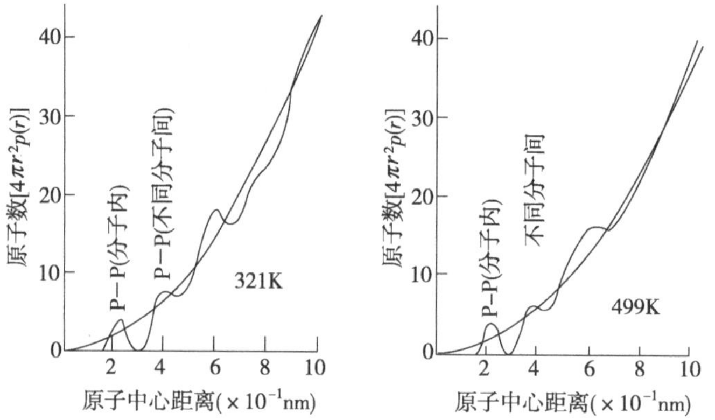

图 13.8 液态磷的径向分布曲线

图中有三个峰,其径向距离分别在 225,390 及 590pm 处. 第一峰下的面积相当于 2 – 9 个磷原子,表明在 225pm 处,每个磷原子周围有三个相邻的磷原子. 鉴于第一个峰峰形的对称性,表明液态磷中每个磷原子的情况或相同或近似,此结果强烈支持了液态磷中有对称的 P_4 四面体存在. 第二峰示每个磷原子周围有 6 – 8 个相邻磷原子. 第三峰于 321K 时于 590pm 处,499K 时为 610pm(两者的差值是受热膨胀之故),示每个磷原子于次近距离内有 32 – 33 个磷原子.

4.6 磷 蒸 气

磷蒸气中含有 P_4 四面体分子,P—P 键长为 221pm. 温度到达 1073K 时,有少

量 P_4 解离为 P_2,于 1173 - 1473 间 P_4,P_2 处于平衡态.

$$P_4(g) \rightleftharpoons 2P_2(g)$$

$$\lg K_{(bar)} = \lg(p_{P_2}^2/P_{P_4}) = 7.5844 - 11489/T \ (T, K)$$

P_2 为 P≡P,键长为 189.5pm ,在更高温度下(>2473K),P_2 解离为 P.

参 考 文 献

[1] R. R. Hart, M. B. Robin,N. A. Kuebler, *J. Chem. Phys.* ,42(10),3631 (1965).

[2] McGilvery James, D. S. Viroram, Can. 1091896.

[3] И. А. ФролоВ,Ж. Прик. хим. 51(4) 721 - 723,(1978).

[4] A. N . Nesmeyanov, Vapor Pressure of Chemical elements, pp 286 - 292. Elsevier, 1963.

[5] Von H . Thurn, H . Kreb, *Acta Cryst.* , B 25, 125, (1969)

[6] Jerry Donohue,The structures of elements,pp 289 - 301,John Wiley& sons 1974

[7] B. Wolfgang, B. Eberhard, J. Manfred, T . Frank, Ger (East) 135281.

[8] D. M . Yost, H. Russel,Systematic Inorganic chemistry, pp 157 - 168, Prentice, 1946.

[9] H. Kreb, Inorganic Synthesis,Vol. VII, p.60,McGraw-Hill, 1963.

[10] K . Pätz, *Z. anorg. u. allgem. Chem.* ,299, 297 - 300, (1959).

[11] J. D. Cox, I. Drowart,L. G. Hepler,etc. CODATA Bull 28171978; C . A . 89136652.

13.5 磷的化学性质

磷的核外 15 个电子排布为 $1s^2 2s^2 2p^6 3s^2 3p^3$. 在含磷的物质中,磷的配位数有 1,2,3,4,5,6 及少数 7, 8,9 等几种,其中以 3, 4,5 较为重要(表 13.6).

表 13.6　磷的立体化学

配位数	立体构型	实例
0	–	>2473K ,$P_2 \rightleftharpoons 2P$
1	–	>1073K ,$P_4 \rightleftharpoons 2P_2$,$HC\equiv P$,$FC\equiv P$,$CH_3C\equiv P$,$CF_3C\equiv P$…
2	角型	$CH_2=PH$,$CH_2=PCl$,$CH_2=PBr$,$CH_2=PF$ 环 C_5H_5—P,P_7^{3-}(和 P_4S_3 是等电子体)
3	平面三角	$PhP[Mn(\eta^5-C_5H_5)(CO)_2]_2$
	三角锥	P_4, PH_3,PX_3,P_4O_6
4	四面体	PH_4^+,Cl_3PO,P_4O_{10},PO_4^{3-}
5	三角双锥	PF_5,PPh_5,
	四方锥	$Co_4(CO)_8(\mu-CO)_2(\mu_4-PPh_3)_2$
6	八面体	PF_6^-,PCl_6^-
	三角棱柱	Hf_3P_2

三配位磷化合物中磷原子上有一对孤对电子,所以是电子对给予体,能和某些化合物结合,如成 H_3PBF_3,R_3PAlR_3,$(R_3P)_2PtCl_2$ 等. 在发生化学反应时,磷上的这对孤对电子易和其他物质形成活性配合物,如两种三卤化磷中卤素原子的交换反应; PX_3 易被氧化成 POX_3, PX_5 等,总地来说,三键合磷化合物较为活泼.

四配位磷化合物的种类、数目比其他配位(数)磷化合物多,也更为稳定. 其稳定性和相应化合物中形成 d—p π 键有关.

四配位磷能以 P—O—P,P—N—P 相联构成链状、环状、平面、笼形及立体网状结构.

五配位磷化合物不很多,其中 P 以 sp^3d 轨道形成 PX_5(X = F,Cl,Br,Ph,OPh …). 五卤化磷中除 PF_5 外,其他均易以四配位磷存在,如固体 PBr_5 由 $PBr_4^+Br^-$ 组成,在高介质常数的溶剂中,PBr_5 电离为 PBr^4, Br^-;固态 PCl_5 由 $PCl_4^+PCl_6^-$ 组成, PCl_5 和 MCl_3 的加合物中含有 $PCl_4^+MCl_4^-$(M = B,Al,Cr,Fe,Au,Tl).

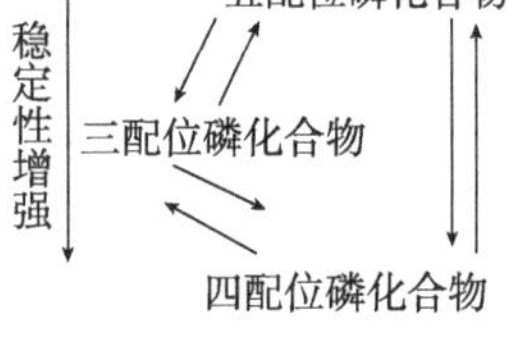

六配位磷化合物很少,如 PX_6^-(X = F,Cl,Ph,OR…).

三、四、五配位磷化合物的稳定性比较如右图所示.

和氮不同,在化合物中 P 能以 d 轨道成键,如 PF_5,PO_4^{3-} 等,所以四配位氮、磷相应化合物的性质不同:

$$[RCH_2CH_2NR'_3]^+OH^- \xrightarrow{\Delta} RCH=CH_2+NR'_3+H_2O$$

$$[RCH_2CH_2PR'_3]^+OH^- \rightleftharpoons [(RCH_2CH_2)P(OH)R'_3]\ (\text{活性配合物})$$

$$\xrightarrow{\Delta} RCH_2CH_3+R'_3PO$$

上述活性配合物就是 P 直接以 d 轨道成键的.

和周期表中处于对角线位置的碳相比,磷的卤化物、氢化物要活泼得多. P—O—P 键水解倾向和酯中 C—O—C 相近,而远强于醚中 C—O—C 的水解倾向.

磷蒸气和氧间有冷焰(发光) 和燃烧(磷焰) 两种反应(图 13. 9). 冷焰反应是恒温下化学磷光支链反应,其历程如下:

$$P_4+O_2=P_4O+O \quad (1)$$

$$P_4+O+M=P_4O+M \quad (2)$$

$$P_4O_n+O_2=P_4O_{n+1}+O(n=1-9) \quad (3)$$

$$O+O_2+M=O_3+M \quad (4)$$

$$O+X(\text{“毒物”})=\!=\!=\text{稳定产物} \quad (5)$$

$$O+\text{“壁”}=\!=\!=\text{吸附氧} \quad (6)$$

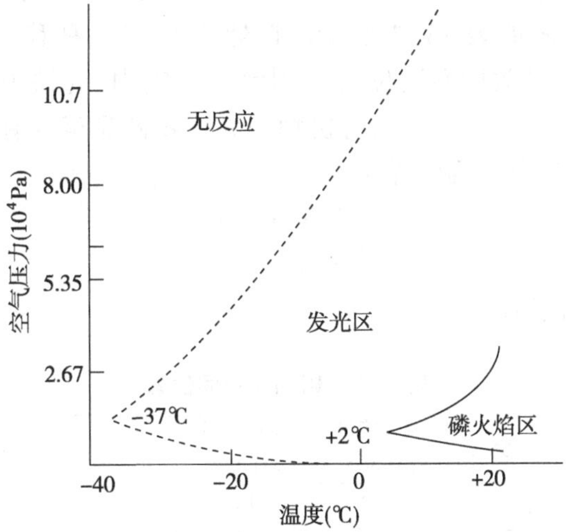

图 13.9 干空气中温度对磷氧化的影响

其中(1)是起始反应. 因反应速度和温度无关,表明活化能为零. P_4O 是不溶性红色固体,它在最终产物中的含量可高达 30%. (2) 中的 M 是其他原子,也可以是 P 和 O 原子. (3)是连续支链放热反应. (4),(5),(6)是终止反应,其中(4)是三分子反应,活化能为 $18.0kJ \cdot mol^{-1}$,产物 O_3 又能进入链反应.

磷发光支链链式反应的链中心是 O 和 P_4O_n(n 不大于9),最终产物以 P_4O_{10}为主,也含有低氧化数磷的氧化物.

质谱光度数据(mass spectrophotometric data) 表明,红磷和空气中氧的反应起始于红磷表面的气相中.

在实验室规模研究知道,有催化剂存在时,白磷、红磷和水经过几步反应生成 H_3PO_4,H_2 及很少量 H_3PO_3 和 PH_3:

$$P_{4(l)} + 16H_2O_{(l)} + aq = 4H_3PO_4(85\%) + 10H_{2(g)}$$

生成的 H_2 可供合成氨用.

磷的某些其他性质和用途

白磷剧毒,对人的致死量为 0.1g. 动物试验结果,在磷量为 $1mg \cdot m^{-3}$空气中最长生活时间为 $6-8h \cdot d^{-1}$,空气中磷的最大允许含量为 $0.1mg \cdot m^{-3}$. 进入人体的磷为血液和肝所吸收. 长期使用白磷的工作人员患慢性病—骨疽,对牙齿和颌造成“磷毒性颌疽”. 要尽可能勿使白磷接触皮肤和衣服.

磷中毒可立即服用含 0.25g 硫酸铜溶液以固定磷,并尽快洗胃,接着服用泻药($MgSO_4$),再服用维生素 B,C,葡萄糖酸钙、注射葡萄搪、胰岛素等. 中毒病人需进食高蛋白、低脂肪的食物.

红磷的毒性要弱得多,而膦(PH_3) 比白磷更容易使人中毒.

磷的几种同位素如表 13.7 所示. 自然界只有一种稳定的磷同位素,^{31}P(30.97376),另有多种放射性同位素,其中^{28}P ,^{29}P,^{30}P 为缺中子的核,半衰期极短. ^{32}P,^{33}P 是磷的标记原子. ^{33}P 的有机物和无机物商品至少有 16 种. 制备^{33}P 的反应是:$^{33}S(n,p)^{33}P$. ^{32}P 的制法有:

$$^{31}P(n,\gamma)^{32}P$$

$$^{32}S(n,p)^{32}P$$

后一种方法产物的比活度高.

表 13.7　磷的几种同位素

	半衰期	蜕变	蜕变能量(MeV)	质点能量(MeV)	质点强度
^{28}P	0.28s	β^+	13.8	10.6	50%
^{29}P	4.4s	β^+	4.95	3.96	
^{30}P	2.50min	β^+	4.24	3.27	
^{32}P	14.3d	β^-	1.710	1.710	100%
^{33}P	25d	β^-	0.248	0.249	100%
^{34}P	12.4s	β^-	5.1	5.1	75%
				3.2	25%

^{32}P 标记化合物已作为商品出售,如$^{32}PBr_5$,$^{32}P_4O_{10}$,$^{32}PBr_3$,$K_3^{32}PO_4$ 及^{32}P(红

磷)……

$^{37}Cl(n,2p)^{36}P$,^{32}P 的 $t_{\frac{1}{2}}=5.9\pm0.4s$.

^{26}P,^{27}P,^{41}P,^{42}P 均有报道.

由于白磷易自燃故用它起火,第二次世界大战中曾用白磷制燃烧弹和烟剂,也曾把白磷和芥子气混在一起作毒气弹,白磷燃烧以扩散芥子气.

红磷被用作火柴摩擦面常用的两种配料比— 50% 红磷,30% 玻璃粉,15% 胶黏剂,5% 的红磷稳定剂 ZnO 或 $CaCO_3$;红磷 49.5%,$Sb_2S_3$27.6%,Fe_2O_3 1.2%,胶黏剂 20.9% 及水.

绝大部分的磷被制成磷酸及其盐. 磷酸盐是金属处理剂,也被用来制软饮料.

还有一些磷被制成硫化物、卤化物、氧化物,用于生产火柴及某些有机合成.

参 考 文 献

[1] D. M. Yost, H . Russel, Systematic Inorg. Chem. ,p. 168 – 175, Pren – tice – Hall, 1946 .

[2] A. D. F. Toy, Edit. ByBailor, Inorg. Chem . , Vol. II, p. 389, Pergamon, 1973 .

[3] L. Pauling, M . Simonetta, *J. Chem. Phys.* ,20,29,1952.

[4] L. R. Maxwell, S. B. Herdricks and, V. M . Moseley, *J. Chem. Phys.* , 3, 699, 1935.

[5] V. I. Kosyakov, F. Ya. Ginvelshein, A. H . Mikheev, C. A. 93214707.

[6] T . Helena, Ger offen DE 3323135; C . A . 100123482.

[7] A. Loewensuhuss, Y. Marcus, *Chem . Rev.* , 89(2), 89 – 115, 1984.

[8] J. R. Van Wazer, Phosphorus. and its Compounds, Vol. I, p. 95, Intersci-ence, 1958 ,

[9] A. D. F. Tor, Edit. By Baior, *Inorg. Chem.* , Vol. II, Pergamon, 1973.

[10] D . J. Vieira, G . W . Bufler etc. , At Masses Fundam Constants, 6th, 69 – 75, 1980,

[11] T. J. M . Symoms, At Masses Fundam Constauts, 6th, 61 – 68, 1980,

13.6 磷　化　物

磷几乎能与所有的元素形成二元磷化物. 许多金属有多种磷化物,如钛、钽、钨、铼各有五、六种磷化物,镍的磷化物至少有八种: Ni_3P, Ni_5P_2, $Ni_{12}P_5$, NiP_2, Ni_5P_4 NiP, NiP_2, NiP_3. 而在普通条件下,铅、锑、铋却没有稳定的磷化物.

60 年代以来,制得了较纯的磷化物,所以才能研究它们的性质.

6.1　磷化物的制备

1. 在真空或保护气氛(以防止磷的损失)下,金属和红磷或磷蒸气(常用 H_2, CO 作载气)直接化合生成相应的磷化物.

$$3Li + P = Li_3P$$

$$Ge + P = GeP$$

若金属容易挥发、易被氧化,也可用石蜡或熔融氯化锂作覆盖层. 若某金属和磷只生成一种磷化物,则可将多余的磷蒸出.

若某金属能和磷形成多种磷化物,一般含磷多的对热不稳定,因此,可藉含磷多的磷化物的热分解来制备含磷少的相应磷化物.

$$4RhP_3 = 4RhP_2 + P_4$$

$$4VP_2 \xlongequal{1323K} 4VP + P_4$$

$$4IrP_2 \xlongequal{1423K} 2Ir_2P + \frac{3}{2}P_4$$

某些含磷多的磷化物和计量金属反应生成含磷少的磷化物. 另一方面,在不太高的温度下,含磷少的磷化物能和磷化合生成含磷多的相应磷化物:

$$Th_3P_4 + 3Th \xlongequal{1173K} 4ThP$$

$$4RuP + P_{4(g)} \xlongequal{923K} 4RuP_2$$

若用电弧熔化技术使单质间进行反应,则反应温度较高,所得产物(磷化物)较纯.

2. 膦和金属、金属氧化物、卤化物或硫化物反应

$$Ti + PH_3 \xrightarrow{1073K} Ti_2P + \frac{3}{2}H_2$$

$$Ca_2O_3 + 2PH_3 = 2GaP + 3H_2O$$

$$3ZnCl_2 + 2PH_3 = Zn_3P_2 + 6HCl$$

$$3Ni(CH_3COO)_2 + 2PH_3 \xlongequal{H_2O} Ni_3P_2 + 6CH_3COOH$$

1473 - 1673K 间硫化硼和膦反应生成磷化硼.

某些金属磷酸盐和碳或氢反应

$$Ca_3(PO_4)_2 + 8C = Ca_3P_2 + 8CO$$

$$Fe_2P_2O_7 + 7H_2 = 2FeP + 7H_2O$$

磷酸盐矿、铜矿和焦炭混合,在电炉中加热得相应磷化物.

3. 磷化钙和金属(钛、钒、锰、钴、铬、铌、钽、钼、钨)或金属氯化物反应

$$Ca_3P_2 + 2Ta = 2TaP + 3Ca$$

$$Ca_3P_2 + 2CrCl_3 = 2CrP + 3CaCl_2$$

4. 高温下电解重金属氧化物(或盐类)和碱金属磷酸盐熔体,得相应的金属磷化物,如

$$WO_3/(NaPO_3)_n/NaCl \xrightarrow{电解} W_3P$$

6.2 磷化物的性质

就组成而言,磷化物可分成三类:

$M/P > 1$,富金属磷化物,往往具有高硬度、高熔点、导电、金属光泽等特性.

表 13.8 金属磷化物

磷化物	颜色、晶型、结构	结构参数(pm)	制法	性质
Li_3P	红褐色、六方、Na_3As 结构	$a = 427.3, c = 759.5$ Li - Li = 253, Li - P = 264, P - P = 426	Li + $P_{(白色)}$,反应不完全	密度 1.43g · cm^{-3} (298K),和水反应生成 PH_3
LiP	具有金属光泽的黑色针状物	$a = 555, b = 498, c = 1019, \beta = 117.1°$	$Li_3p + P_{(红色)}$	
Na_3P	暗色、六方、Na_3As 结构	$a = 499, c = 881.5$, Na - p = 309, Na - Na = 293, P - P = 498	Na + P	密度 1.74g · cm^{-3} (298K),和水作用生成 PH_3
KP_{15}	透光、红色扁平针状、三斜	$a = 2274, b = 969, c = 721, \alpha = 116.7°, \beta = 97.5°, \gamma = 90.0°$	K + $P_{(红色)}$ 于 573 - 593K 加热	在空气中稳定,不和水反应,被氧化性酸浸蚀
Be_3P_2	褐色、立方、反-Mn_2O_3 结构	$\alpha = 1017$, P - P = 359 Be - P = 220	Be + P(红色)	密度 2.25g · cm^{-3} (298K)和水反应生成 PH_3

续表

磷化物	颜色、晶型、结构	结构参数(pm)	制法	性质
Mg_3P_2	黄灰色、立方、反-Mn_2O_3 结构	$\alpha = 1203$	$Mg + P_{(红色)}$	密度 2.06g · cm^{-3}
Ca_3P_2	红褐色、四方	$a = 544, c = 659$	$Ca + P_{(红色)}$ $Ca_3(PO_4)_2$ + 焦炭	密度 2.51g · cm^{-3} (288K) 惰性气氛下热到 1523K 稳定;在湿空气中释 PH_3;573K 在 O_2 中燃烧
CaP	四方	$a = 593$ $c = 794$		
Ti_3P	Ti_3P 型	$a = 995.9, c = 498.7$	$Ti + P_{(红色)}$ 于 1073K48h	
Ti_5P_3	Mn_5Si_3 型	富钛:$a = 721.8$ $c = 508.3$ 富磷:$a = 723.4$ $c = 509.0$		
TiP	钢灰色、TiP 型、六方	$a = 349.9, c = 1170.3$		密度 3.95g · cm^{-3}
α-ZrP	NaCl 型	$a = 524.4$		α · ZrP 中可能含氧
β-ZrP	TiP 型、六方	$a = 368.4$ $c = 1255.4$	$2Zr + P_4 = 2ZrP_2$ $4ZrP_2 \longrightarrow 4ZrP + P_4$	$\beta Zr_{0.99}P \underset{1173K}{\overset{>1673K}{\rightleftharpoons}} \alpha Zr_{0.92}P + P$
Zr_3P	Ti_3P 型	$a = 1080, c = 535.5$	$ZrP_{1.2} + Zr$	
ZrP_2	灰色、$PbCl_2$ 型	$a = 649.4$ $b = 874.3$ $c = 351.4$	$Zr + P_4$	密度 5.55g · cm^{-3}
HfP	Tip 型、六方、立方	$a = 365, c = 1237$	Hf + P 于石英管中加热	HfP(六方)在真空中热到 1873K 以上转化为 HfP(立方)
V_3P	Ti_3P 型	$a = 938.7, c = 475.6$	$V + P_{(红色)}$	
VP	灰色、六方、NiAs 型	$a = 318, c = 622$	电解含 V_2O_5 的偏磷酸盐熔体	密度 4.7g · cm^{-3}
$VP_{1.7}$		$a = 632.4, c = 726.7$	35 – 55kbar, V + P	
Nb_7P_4	单斜	$a = 1495, b = 344$ $c = 1385, \beta = 104.74°$		
NbP	NbAs 型	$a = 333, c = 1138$	Nb + P 热到 1273K,慢冷	
NbP_2	$NbAs_2$ 型	$a = 887.2, b = 326.6$ $c = 751.9, \beta = 119°.10'$		
TaP	黑色、NbAs	$a = 331.9, c = 1134.1$		密度 10.9g · cm^{-3}
TaP_2	黑色、$NbAs_2$	$a = 886.1, b = 326.8$ $c = 748.8, \beta = 119°31'$		密度 8.41g · cm^{-3}
Cr_3P	灰黑色、Fe_3P 型	$a = 918.6, c = 455.8$		

续表

磷化物	颜色、晶型、结构	结构参数(pm)	制法	性质
$Cr_{1.7}P$	六方	富铬:$a=1555$,$c=331.9$ 富磷:$a=1554$,$c=313.3$		密度6.1g·cm^{-3},熔点1788k
CrP	灰黑色、MnP	$a=536.2$,$b=311.3$ $c=601.8$		和稀酸慢反应,密度5.3g·cm^{-3}
Mo_3P	灰黑、α-V_3S型	$a=979.4$,$c=482.7$	从MoP熔合金中得到	密度9.07g·cm^{-3}(298K)化学惰性
Mo_4P_3	Mo_4P_3型	$a=12.43$,$b=316$,$c=2044$	$Mo+P_{(红色)}$	高于1623K Mo_4P_3稍有分解
MoP	灰色,WC型	$a=322.3$,$c=319.1$		密度6.58g·cm^{-3}
MoP_2	MoP_2型	$a=314.5$,$b=1118.4$,$c=498.4$		密度5.35g·cm^{-3}
W_3P	四方	$a=989$,$c=481$	电解$(NaPO_3)_n$/NaCl/WO_3	
WP	钢灰色、MnP型	$a=573.2$,$b=324.9$ $c=622.2$		密度12.3g·cm^{-3}
WP_2	黑色、MoP_2	$a=316.6$,$b=1116.1$, $c=497.3$		密度9.17g·cm^{-3}
MnP_4			30－55kbar下,Mn和P在四方容器中反应	
MnP	灰色、正交	$a=525.8$,$b=317.2$ $c=591.8$	电解NaCl,$Na_4P_2O_7$, $Na_2\cdot B_4O_7$, $NaPO_3$,MnO_2熔体	密度5.0g·cm^{-3},熔点1466K
Mn_3P	Fe_3P型	$a=918.1$,$c=456.8$		
Mn_2P	灰色、Fe_2P	富锰:$a=608.1$,$c=346.0$ 富磷:$a=605.9$,$c=344.0$		密度6.32g·cm^{-3},熔点2000K
Re_2P	反-$PbCl_2$型	$a=554.0$,$b=293.9$, $c=1004.0$		
Re_3P_4	单斜	$a=1218$,$b=604$, $c=301$,$\beta=114.073°$	$Re+P_{(红色)}$	
Fe_3P	钢灰色、Fe_3P	$a=910.7$,$c=446.0$	$3Fe+P_{(红色)}\rightarrow Fe_3P$. $\Delta H=-146.4kJ\cdot mol^{-1}$	密度7.11g·cm^{-3},熔点1439K
Fe_2P	钢灰色、六方、Fe_2P	$a=586.5$,$c=345.6$	$2Fe+P_{(红色)}\rightarrow Fe_2P$ $\Delta H^{\ominus}_{903k}=-144.4kJ\cdot mol^{-1}$	密度6.77g·cm^{-3},熔点1643K
FeP	灰色、正交、MnP型	$a=519.1$,$b=309.9$, $c=579.2$	$Fe+P_{(红色)}\rightarrow FeP$ $\Delta H^{\ominus}_{903k}=-104.6kJ\cdot mol^{-1}$	密度6.07g·cm^{-3}(298K) $4FeP\rightarrow 2Fe_2P+P_2$ $\Delta H^{\ominus}=335.6kJ\cdot mol^{-1}$
FeP_2	正交、FeS_2型(白铁矿)	$a=497.1$,$b=565.4$, $c=271.9$	$Fe+2P_{(红色)}\rightarrow FeP_2$ $\Delta H^{\ominus}_{903k}=-142.3kJ\cdot mol^{-1}$	密度4.95g·cm^{-3} $2FeP_2\rightarrow 2FeP+P_2$ $\Delta H^{\ominus}=280.3kJ\cdot mol^{-1}$

续表

磷化物	颜色、晶型、结构	结构参数(pm)	制法	性质
Ru_2P	反-$PbCl_2$ 型	$a=590.2, b=385.9, c=689.6$		
RuP	MnP 型	$a=552.0, b=316.8, c=612.0$		
RuP_2	FeS_2 型(白铁矿)	$a=511.5, b=588.8, c=287.0$		
OsP_2	灰黑色、FeS_2 型(白铁矿)	$a=509.8, b=589.8, c=291.8$	$Os+P_{(白色)}$	高于 1473K 分解为 Os 和 P
Co_2P	灰色、反 $PbCl_2$ 型	富钴:$a=564.6, b=351.3, c=660.8$ 富磷:$a=563.4, b=350.5, c=660.1$	$2Co+P_{(红色)}\rightarrow Co_2P$ $\Delta H^\ominus=-179.9kJ\cdot mol^{-1}$	密度 $6.4g\cdot cm^{-3}$,熔点 1659K,和稀酸发生慢反应
CoP	灰色、MnP 型	$a=507.7, b=328.1, c=558.7$	$Co+P_{(红色)}\rightarrow CoP$ $\Delta H^\ominus=-125.5kJ\cdot mol^{-1}$	密度 $6.24g\cdot cm^{-3}$
CoP_3	灰色、$CoAs_3$ 型	$a=770.6$	$Co+3P_{(红色)}\rightarrow CoP_3$ $\Delta H^\ominus=-217.6kJ\cdot mol^{-1}$	密度 $4.26g\cdot cm^{-3}$ $2CoP_3\rightarrow 2CoP+P_4$ $\Delta H^\ominus=299.6kJ\cdot mol^{-1}$
Rh_2P	钢灰色、反 CaF_2 型	$a=549.8$	Rh_4P_3 热分解	密度 $9.13g\cdot cm^{-3}$,化学惰性,极硬
Rh_4P_3	灰黑色、Rh_4P_3 型	$a=1166.2, b=331.7, c=999.4$	$Rh+P_{(红色)}$	极硬,化学惰性
RhP_2	FeAsS 型	$a=574.3, b=579.4, c=583.7, \beta=112.92°$		
RhP_3	钢灰色、$CoAs_3$ 型	$a=799.6$		密度 $5.16g\cdot cm^{-3}$
Ir_2P	淡紫色、立方、反 CaF_2 型	$a=554.3$	IrP_2 热分解	硬,化学惰性,被熔碱分解
IrP_2	灰黑色、FeAsS 型	$a=574.6, b=579.1, c=585.0, \beta=110.6°$	$Ir+P_{(计量)}$	1503K 时还稳定
IrP_3	$CoAs_3$ 型	$a=799.6$		
Ni_3p	银灰色、四方、Fe_3P 型	$a=895.4, c=438.6$	$3Ni+P_{(红色)}\rightarrow Ni_3P$ $\Delta H^\ominus=-202.5kJ\cdot mol^{-1}$	密度 $7.7g\cdot cm^{-3}$ (298K) 1173K 分解为 Ni_5P_2
Nip	NiP 型	$a=605.0, b=488.1, c=689.0$		
NiP_2	黑色光泽、条状晶体		Ni+P65kbar,1473k	密度 $4.70g\cdot cm^{-3}$
NiP_3	钢灰色,$CoAs_3$ 型	$a=781.9$	Ni 或 NiSn 合金+P,(用 HCl 溶去 Sn_3P_4) $Ni+3P_{(红色)}\rightarrow NiP_3$ $\Delta H^\ominus=-138kJ\cdot mol^{-1}$	密度 $4.19g\cdot cm^{-3}$ (291K) $4NiP_3\rightarrow 4NiP_2+P_4$ $\Delta H^\ominus=180kJ\cdot mol^{-1}$

续表

磷化物	颜色、晶型、结构	结构参数(pm)	制法	性质
Pd_3P	Fe_3C 型	富钯:$a=564.5$, $b=755.8$, $c=507.1$ 富磷:$a=598.0$, $b=744.0$ $c=516.4$		
Pd_7P_3	斜方	$a=728$, $\alpha=110.12°$		
PdP_2	NiP_2 型	$a=620.7$, $b=585.7$, $c=587.4$, $\beta=111.8°$		计算密度 $5.631g\cdot cm^{-3}$
PdP_3	$CoAs_3$ 型	$a=770.5$		
Pt_5P_2	单斜	$a=106.3$, $b=538.2$, $c=734$, $\beta=92.89°$		
PtP_2	FeS_2 型(硫铁矿)	$a=569.6$	Pt+P,石英管 923K 30 天,慢冷(30 天)达室温	密度 $9.25g\cdot cm^{-3}$ 熔点高于 1773K
Cu_3P	钢灰色、金属光泽、六方、Cu_3As 型	$a=695$, $c=715$	$3Cu+P_{(红色)}\rightarrow Cu_3P$ $\Delta H^{\ominus}=-138.9kJ\cdot mol^{-1}$ Cu_2P 于 888-903K 加热,电解 $CuO/NaPO_3$	密度 $7.15g\cdot cm^{-3}$,熔点 1295K,导电,易碎,可被空气氧化
CuP_2	灰黑色、CuP_2 型	$a=580.2$, $b=480.7$ $c=752.3$, $\beta=112°.68$	$Cu+2P_{(红色)}\rightarrow CuP_2$ $\Delta H^{\ominus}=-83.7kJ\cdot mol^{-1}$	密度 $4.20g\cdot cm^{-3}$,和强氧化性酸作用
AgP_2	CuP_2 型	$a=621.8$, $b=505.6$, $c=780.4$, $\beta=113.48°$	$Ag+P_{(红色)}$	
Zn_3P_2	钢灰色、Zn_3P_2 型	$a=811$, $c=1147$	Zn 盐 $+PH_3$, ZnP_2 热分解 $3Zn+2P_{(红色)}\rightarrow Zn_3P_2$ $\Delta H^{\ominus}=-165kJ\cdot mol^{-1}$	导电,>620K 分解为单质
ZnP_2	红色、四方;黑色、单斜	$a=508$, $c=1859$ $a=885$, $b=729$ $c=756$, $\beta=102°3'$	$Zn+P_{(红色)}$	密度 $3.0g\cdot cm^{-3}$
Cd_3P_2	钢灰色、四方	$a=876$, $c=1231$	Cd 盐 $+PH_3$	良导电体
CdP_2	桔红色、四方	$a=529$, $c=1974$	$Cd+P_{加热红色}$	不和水作用,和酸生成 PH_3(慢)
$B_{13}P_2$		$a=598.4$, $c=1185.0$	$B+P_{红色}$ 101bar,1873K	
Bp	红褐色、立方	$a=453.8$, $B-P=196.4$	ZnP_2+PBr_3,1173K, $B+P$;$P_2S_3+NH_3$ 于 1473-1673K;773K 在红磷上面 BCl_3 和 H_2 作用	在沸水中稳定,被沸浓碱分解 $\Delta H^{\ominus}=-121kJ\cdot mol^{-1}$

续表

磷化物	颜色、晶型、结构	结构参数(pm)	制法	性质
AlP	灰白色、立方、ZnS 型	$a=545.1$, Al－Al＝384 Al－P＝234	P 加入熔 Al 中	不溶于沸水,和稀 HCl 作用释 PH_3. 密度 2.42g · cm^{-3},熔点 > 1973K,纯 AlP 可作半导体用
GaP	立方、ZnS 型	$a=545.06$	Ga + $P_{红色}$ Ga + PCl_3 → GaP + $GaCl_2$	
InP	立方、ZnS 型	$a=586.88$	In + p, In + P_4O_{10}, In + ZnP_2	1288K 分解
SiP_2	$GeAs_2$ 型	$a=1397$, $b=1008$, $c=343.6$	Si + P1173K	
GeP	SiAs 型	$a=1514$, $b=363.8$ $c=919$	$Ge + P \xrightarrow{1173K} GeP$ $\Delta H^{\ominus}=-648kJ \cdot mol^{-1}$	
SnP	似硅,具金属光泽,六方	$a=878$, $c=598$		密度 4.98g · cm^{-3},573K 时不溶于 HNO_3
LaP	立方	$a=602$	La + P	和水作用生成 PH_3
CeP	立方、NaCl 型	$a=591$		
PrP	NaCl 型	$a=587$		
Th_3P_4	灰黑色、金属光泽、立方	$a=861.8$, Th－P＝298, P－P＝320	Th + P	密度 8.44g · cm^{-3} 和冷 HCl 作用释 PH_3
ThP	灰黑色、NaCl 型(缺 P)	$a=583$		密度 8.81g · cm^{-3}
UP	灰黑色、金属光泽、立方、NaCl 型	$a=558.9$	U + PH_3, UO_2 + C + PH_3	密度 10.16g · cm^{-3}(298K),熔化前分解为单质
U_3P_4	体心立方	$a=821$		密度 10.0g · cm^{-3}
PuP	立方、NaCl 型	$a=564.4$	$PuH_3 + PH_3 \xrightarrow{673-873K} PuP + 3H_2$	2273K 不熔,分解

$M/P=1$,一磷化物

$M/P<1$, 富磷的磷化物,往往具有较低的熔点,热稳定性差等特性.

三种磷化物在性质、结构上的差异相当明显,所以要分别讨论.

富金属的磷化物的熔点一般都较高(高于 1273K):

Fe_3P 1439K ,Fe_2P 1638K ,Rh_2P 1773K ,Cu_3P 1296K ,

Pd_3P 1320K，Ni_3P 1243K，Ni_2P 1383K，Mn_3P 1502K，

Mn_2P 1600K，Ti_2P 2193K.

富过渡金属磷化物（<60% P）一般为暗色，不溶于水，化学稳定性和热稳定性都较高，此外还有金属光泽，高硬度、高导电和高导热性能. 除个别外，不和稀酸、稀碱溶液反应. 其中研究得最仔细的是铁的磷化物，铁中含有少量磷，其耐腐蚀性有所提高. 工业上大量生产的磷铁中含有 Fe_3P 和 Fe_2P[顺便提及，在陨石和月亮岩石中有$(Fe,Ni)_3P$].

某些过渡金属磷化物具有非整比性，如 Pd_3P 的组成实为 $Pd_3P_{0.75}$ ~ Pd_3P，Co_2P 的组成实为 $Co_2P-Co_{1.75}P$，它们是缺陷化合物.

应该指出：磷化物的稳定性、硬度、熔度等一般均低于硅化物、硼化物.

一磷化物 MP，就其结构而言，大致可分成三类：

六方结构的 MP（钛、锆、钒、铌、钽、铬、锰、铁、钴、钌、钼、钨），常是灰黑色的高熔点的致密物质，含有部分金属键和共价键. 其中多数在高温度下仍很硬，化学稳定性仍很高及具抗氧化性. 所以 TaP，MoP，WP 是制作宇宙火箭前锥体的材料.

具有闪锌矿结构的 MP（硼、铝、镓、铟），具有高硬度、高熔点及半导性，它们的能隙（eV）分别为

$$BP\ 6.0,\ AlP\ 2.5,\ GaP\ 2.24,\ InP\ 1.27$$

相应的砷化物也具备半导性. 目前对 GaP－GaAs 体系研究得很仔细，$GaAs_xP_{1-x}$ 固熔体因组成（x）不同可控制其能隙，GaAsP 用于制发光二极管.

表 13.9 金属磷化物结构举例

磷原子连结方式	结构	实例
单独磷原子	MnP	TiP，FeP，CoP，WP…
	闪锌矿	AlP，GaP，InP
	NaCl	LaP，PrP，UP
	反-CaF_2	Ir_2P，Rh_2P
	Zn_3P_2	Cd_3P_2
P_2	黄铁矿	PtP_2，NiP_2
笼状 P_7^{3-}		Sr_3P_{14}，Ba_3p_{14}，M_3p_7（M，碱金属）
P_{11}^{3-}		Na_3P_{11}
P_{16}^{2-}		$(Ph_4P)_2P_{16}$
环状 P_6^{4-}		K_4P_6，Rb_4p_6
平面 P_4 环	$CoAs_3$	RhP_3，IrP_3，CoP_3，NiP_3
链状，单链		PdP_2，BaP_3，NiP_2，CdP_2
双链		$ZnPbP_{14}$，$CdPbP_{14}$，$HgPbP_{14}$
层状		CdP_4，CuP_2，AgP_2

一磷化硼可由红磷和硼于 1173K 在密封管中反应制得. BP 在加压条件下，热

到 2773K 仍稳定，但在真空中加热，即分解为 $B_{13}P_2$

$$B + P_{(红色)} \xrightarrow[密封管]{1173K} BP \xrightarrow{真空、灼热} B_{13}P_2 + P$$

一磷化硼很硬，低于 1073K 抗氧化，不溶于热酸和冷浓碱溶液，673K 时和碱反应生成膦.

一磷化铝在湿空气中逐渐水解，在水、酸溶液中剧烈水解. 一般认为，水解是离子型磷化物的一个特性. 但高纯 AlP 在水中却是稳定的.

具有食盐型结构的是 MP（铀、钚、镧、镨、锆）及 α-ZrP，

此外，还有一些一磷化物 MP（硅、锗、锡）的组成比较复杂. CaP，SrP 中含有 P_2^{4-} 离子，其水解产物中含有 P_2H_4.

$$2CaP + 4H_2O = 2Ca(OH)_2 + P_2H_4$$

富磷的磷化物有离子型和非离子型两类，其中的磷原子以聚集体存在，有笼状结构（P_7^{3-}，P_{11}^{3-}，P_{16}^{2-}）、环状结构（P_6^{4-}）、链状结构、层状结构.

碱金属、碱土金属的富磷磷化物，一般不易溶于水和发生水解反应. 含链状 P_n^{n-} 阴离子的不溶性磷化物有：LiP_5，LiP_7，KP_{15}，RbP_3，BaP_3，TlP_5，RbP_7，CsP_7，LaP_7 等.

过渡金属的富磷磷化物中含有聚合磷，但不是聚合磷的阴离子.

此外，还有一些多元的含磷化合物，如 LiMgP，$ZnPbP_{14}$，Cu_4SnP_{10}，Li_3AlP_2…

若快冷含有硼（或碳）、磷和一种或多种金属的熔体，则得无序合金，叫做玻璃态金属（vitreous metals）或无定形合金（Amor-phous alloys）或金属玻璃（metallic glasses），如 $Fe_{80}P_{13}C_7$，$Fe_{80}P_{14}B_6$，$Fe_{40}Ni_{40}P_{14}B_6$，$Ni_{79}P_{21}$，$Fe_{70}Cr_{10}P_{13}C_7$，$Pt_{60}Ni_{15}P_{25}$，$Mo_{60}Re_{16}P_{10}B_{10}$，$Fe_{32}Ni_{36}Cr_{14}P_{12}B_6$…… 它们具有高强度和高抗蚀性、抗磨性. 其中的 MPS（M = Rh，Co，Ni，Ir）具有半导性，M—P—S，M—P—Se 玻璃可作光导纤维.

6.3　金属磷化物的用途

磷铁（含 23% －29% 磷）被用来制备高强度的钢，含 0.1% －0.3%（合金化的）磷可大大提高钢的强度及抗腐蚀性能. 磷铁是电炉法制单质磷的副产物，一般商品磷铁中还含有少量硅、铬、钒及其他杂质. Ir_2P 极硬，化学稳定性也高，被用于作笔尖.

磷化镁在潮湿空气中释出相当于其一半质量的膦. 磷化铝也能在湿空气中释出剧毒的膦，因此被用作谷物烟熏剂.

磷化铜被用作脱氧剂.

一磷化镓等被用作半导体. 某些复合磷化物，如 $In_{1-x}Ga_x$，$As_{1-y}P_y$ 在半导体工

作方面很有前途.

参 考 文 献

[1] B. Aronsson, T . Lundström and S. Rundqvist, Borides, Silicides, Phos - phides, John Wiley and Sons, 1965.

[2] D. E. C. Corbridge, Phosphorus an Outline of its Chemistry, Bioche - mistry and Technology, 3rd. Ed. 56 - 68, Elsevier, 1985.

[3] C. B. Morrison, S. M. Bedair, *J. Appl. Phys.*, 53(12)9058 - 9062 1982.

[4] A. T. Gorelenok, V. M. Mdivani. P. P. Moskvin, U. S. Sorokin, and A . S. Vsykov, *J. Cryst. Growth*, 60(2), 355 - 362(1982).

[5] N. Logan, D. B. Sowerby, Inorg. Chem, of the main group elements, Vol. IV , p. 277, Burlington House, 1977,

[6] A. D. F. Toy, Ed. by Bailon, Inorg. Chem., Vol. II, Pergamon, 1973.

13.7　磷的氢化物

从 18 世纪后半叶开始研究磷的氢化物以来,了解得最多的是膦(phosphine),PH_3 及双膦(diphosphine),P_2H_4. 被分离得到的还有 P_3H_5,P_4H_6,P_5H_5,P_7H_3…最近合成了双磷烯(diphosphene)的衍生物 R—P ═ P—R,而 R_3P ═ PR′ 早已经被制得了. PH 只有光谱意义,其 P—H 键长为 143pm,相当于单健.

木星大气中有 PH_3. K. Werner 和 W. Jan 从理论上分析认为:磷烷(PH_5)分解为膦和氢时释热 159kJ · mol^{-1}.

磷化合物,PH_4X 均不稳定.

7.1　膦

7.1.1　制法

1. 金属磷化物和水作用是最简便的制膦方法,如

$$Ca_3P_2 + 6H_2O \xlongequal{} 3Ca(OH)_2 + 2PH_3$$

$$AlP + 3H_2O \xlongequal{稀酸} Al(OH)_3 + PH_3$$

这种制法的产率几乎是定量的,一次可得 10mol 的膦(制备金属磷化物的方法也很简单).

金属磷化物和水作用的产物中常含有氢和双膦及高级膦等杂质. 膦在常温下能自燃,这与其中含双膦有关. 由于双膦的沸点(329.2K)高于膦的沸点(185.4K),因此可用冷凝的方法分离双膦.

2. 碘化鏻和碱作用是制备极纯膦的方法

$$P_4 + 2I_2 + 8H_2O \xlongequal{} 2PH_4I + 2H_3PO_4 + 2HI$$

$$PH_4I + KOH = PH_3 + KI + H_2O$$

3. 白磷和碱溶液(~30%)作用

$$P_4 + 3KOH + 3H_2O = PH_3 + 3KH_2PO_2$$

工业上就是用这个方法制备膦,产物中含双膦. 专利报道:在 C_{5-10}醇存在时或加表面活性剂可连续生产膦.

4. 低氧化态磷含氧酸的热分解作用

$$4H_3PO_3 \xlongequal{478-483K} 3H_3PO_4 + PH_3$$

产率为97%.

5. 三卤化磷被还原

$$PCl_3 + LiAlH_4 \xrightarrow{Et_2O<273K} PH_3$$

$$PCl_3 + 3LiH \xrightarrow{\text{温热}} PH_3 + 3LiCl$$

此外,Akinfiev 等报道:在 CO_2 激光作用下磷蒸气和氢气作用得膦.

7.1.2 膦的结构和物理性质

常温下,膦是无色气体.

膦是由 P 原子上的 p 轨道和 H 原子上的 s 轨道结合而成,P—H 键长为 142pm,H—P—H 键角为 93.6°,分子的偶极矩为 0.55D,P—H 平均键能为 $320kJ \cdot mol^{-1}$,是 C_{3v} 构型. P 原子上孤对电子主要是 s 轨道特性.

固态膦有四种变体,相互间的转变温度和 $\Delta H^{\ominus}$ 见下表.

转变温度(K)	$\Delta H^{\ominus}(J \cdot mol^{-1})$
$\gamma \xrightarrow{30.29} \alpha$	82
$\alpha \xrightarrow{49.43} \beta$	777
$\beta \xrightarrow{88.10} \delta$	485

膦在水中的溶解度不大,当 p_{PH_3} 为 13.3—93.3kPa 时,溶解度符合 Henry 定律. 如在 297.5K 下,

$$\beta = \frac{\text{液相中 } PH_3 \text{ 的浓度}}{\text{气相中 } PH_3 \text{ 的浓度}} = 0.201$$

其水溶液呈中性.

溶于水的膦逐渐分解为氢、磷及近似组成为 P_2H 的固态磷的氢化物.

膦较易溶于有机溶剂.

PH_3 溶于液氨形成的溶液能导电. 电解 PH_3 的液氨溶液在阳极上析出单质磷,因此可认为液氨中有 $NH_4^+PH_2^-$ 存在.

溶剂(温度,K)	H_2O(290)	C_6H_{12}[a](293)	CH_3COOH(293)	C_6H_6(295)	CS_2(294)
$mlPH_3/100ml$ 溶剂	26	286	319	726	1025

a) 环己烷.

7.1.3 膦的化学性质和毒性

PH_3 是具有令人不愉快的鱼腥味的气体,受热分解为单质.

$$P_{4(g)} + 6H_{2(g)} = 4PH_{3(g)}$$

表 13.10　膦的物理性质

密度(g)$1.5293g \cdot L^{-1}$(273.2K,101.3kPa)
(1)$0.744 + 0.00005952(186.8 - T)$
液膦的蒸气压　$\lg p_{(cm)} = 9.73075 - 1.7853 \times 10^{-2}T + 2.9135 \times 10^{-5}T^2 - 1.0273 \times 10^3 T^{-1}$
液膦的表面张力　$22.783dyn \cdot cm^{-1}$(167.3K)
固态膦的升华压 $\lg p_{(cm)} = \frac{-895.700}{T} + 6.86434 (T > 128K)$
临界温 324K,临界压力 64.6bar,临界体积 4.6ml
熔点 139.50K,沸点 185.53K
蒸发热 $14.62kJ \cdot mol^{-1}$熔化热 $1.13kJ \cdot mol^{-1}$
生成热 $+9.6kJ \cdot mol^{-1}$,生成自由焓 $+13.1kJ \cdot mol^{-1}$熵 $210.7J \cdot K^{-1} \cdot mol^{-1}$
电离能 10.0eV,电子亲合能 0.5eV
质子亲合能 $PH_{3(g)} + H^+_{(g)} = PH^+_{4(g)}$　$\Delta H^\ominus = 786.2kJ \cdot mol^{-1}$
酸常数　$PH_3 + H_2O = PH_2^- + H_3O^+$　$K = 1.6 \times 10^{-29}$
碱常数　$PH_3 + H_2O = PH_4^+ + OH^-$　$K = 4 \times 10^{-28}$
核磁共振　(H_3PO_4 化学位移)22.8ppm
191nm　处有一强吸收带

温度(K)	627	677	731	771
$K(bar) \times 10^2$	10	5.6	2.5	1.9

其实在室温下,PH_3 也明显分解,不过分解速度很慢,所以室温下 PH_3 还是比较稳定的. PH_3 经光解生成双膦.

PH_3 的分解是一级反应,773K 时分解反应的速度常数为 $8 \times 10^{-3}s^{-1}$. 磷化氘,PD_3 光化学分解反应速度是 PH_3 的 1.1 倍.

PH_3($p_{PH_3} = 0.067 - 40kPa$)在钨丝(823K)上的热分解是单元反应,和压力关系不大;在钼丝(737K)上,低压热分解是单分子反应,压力增大时为零级反应. H. W. Melville 等认为,PH_3 在钼丝上热分解反应是分步进行的,产物 PH_2,PH 及 P 被钼强烈吸附,当

$$Mo - PH_3 \longrightarrow Mo - PH_2 \longrightarrow Mo - PH \longrightarrow Mo - P$$

形成 P_2,H_2 后脱附. PH 和周围的 O_2 结合成 HPO_2,如 O_2 少,则分解为 P_2 而挥发.

PH_3 很活泼,在空气中的自燃温度约 423.2K. 和空气混和,遇火爆炸,爆炸下限为 1.79%(体积). 爆炸是一个支链式的反应且受杂质的影响,有些"惰气",如 H_2,N_2,Ar,Ne,CO_2 及 SO_2 均能降低爆炸下限,另一些"惰气"则提高爆炸下限,如

C_2H_4,C_6H_6,CCl_4 及 $Pb(Et)_4$. 爆炸反应产物是磷的各种氧化物(含氧酸)及水.

PH_3 在氯中燃烧时呈浅绿色火焰,在 Br_2 中立即自燃:

$$PH_3 + 3Cl_2 = PCl_3 + 3HCl$$

和 I_2 反应生成 P 和 HI,还能发生下列反应:

$$8PH_3 + 5I_2 = P_2I_4 + 6PH_4I$$

PH_3 和 S 作用生成 H_2S 和硫化磷的混合物,P_4S_x;PH_3 和 H_2S 反应的速度比前者要慢得多,生成 H_2 和 P_4S_x.

和 PX_3 作用生成单质磷和相应的 HX;和 PX_5 作用生成 PX_3 和 HX

$$3PCl_5 + PH_3 = 4PCl_3 + 3HCl$$

PH_3 具有强还原性,能还原多种金属的化合物. 如 $KMnO_4$ 被还原成 MnO_2,Mn_2O_3;$CuSO_4$ 被还原成 Cu_2SO_4,Cu 或 Cu_3P;$AgNO_3$ 被还原成 Ag_3P 或 Ag;氯化金(Ⅲ),$AuCl_3$ 被还原成 AuP 或 Au;$HgCl_2$ 被还原成 Hg_2Cl_2…许多非金属化合物也能被 PH_3 还原. 如 H_2SO_4 被还原成 S 和 SO_2;Arzoumanidis 等利用 H_2O_2 在 PH_3 在酸性介质中生成 H_3PO_2,后者和非过渡金属氧化物等作用转化成相应次磷酸盐.

PH_3 上的氢可被碱金属取代. 如在乙醚中,PH_3 和三苯基甲基钠作用得 $NaPH_2$. 这类化合物受热分解,如

$$3KPH_2 \xlongequal{\triangle} 2PH_3 + K_3P$$

在 HCl 溶液中,PH_3 和甲醛反应生成氯化四(羟甲基)鏻;

$$PH_3 + 4HCHO + HCl = (HOCH_2)_4PCl$$

它被用作棉织物的防火剂.

PH_3 分子中有一对孤对电子,所以能生成许多加合物. PH_3 和液态 HCl 作用生成氯化鏻,PH_4Cl. 后者和 BCl_3 反应生成 PH_4BCl_4. PH_3 易和 Lewis 酸结合,如低温下和 BF_3 反应生成 H_3PBF_3,在此化合物中,P 原子和 B 原子都是四配位的;163KPH_3 和 B_2H_6 生成 H_3BPH_3,产物能溶于液氨,温度上升到 213K,有 PH_3 释出及生成其组成近似为 $B_2H_6 \cdot PH_3 \cdot NH_3$ 的白色固体. 后者可能是复合物或 H_3BPH_3 和 H_3BNH_3 的混合物. PH_3 和 B_2H_6 在常温下作用生成不挥发的白色固体,$(H_2PBH_2)_x$. 此固体不易水解、不溶于有机溶剂,受热慢慢释出 H_2.

PH_3 与无水 AlX_3 作用形成 $H_3P \cdot AlX_3$(X 为 Cl,Br,I),其中 P 原子和 Al 原子都是四配位. PH_3 和某些固态盐形成典型的配合物,如 $CuCl \cdot 2PH_3$(易分解为 $CuCl \cdot PH_3$),$AgI \cdot PH_3$(易分解为 $2AgI \cdot PH_3$),$AuI \cdot PH_3$ 及 $TiCl_4 \cdot xH_2O$($x=1,2$).

PH_3 还能取代羰基化合物中的 CO. 如在紫外线照射下,PH_3 和羰基铬反应生成 $Cr(CO)_2(PH_3)_4$,$Cr(CO)_3(PH_3)_3$. 膦配合物还有:$Ni(PH_3)_4$,$Fe(CO)_4(PH_3)$,$Ni(CO)_3(PH_3)$,$Ni(PF_3)_2(PH_3)_2$,$Co(NO)(CO)_2(PH_3)$…在这类配合物中只含一种配位体—PH_3 的不多.

这些配合物的生成和稳定性表明:在形成配合物时,一方面 PH_3 把电子对给予金属原子形成 σ 键;另一方面,P 原子上的空轨道和过渡金属 d 轨道上的电子发生 π 键合. 所以,d 电子多的过渡金属,如铂、金和 PH_3 的配合物更为稳定. 同理,PH_3 的有机取代物,如三乙基膦,Et_3P 也能和过渡元素形成稳定的配合物.

PH_3 剧毒. 当空气中有 2ppm PH_3 时,即能闻到其臭味,人在 50—100ppm 环境中只能生活 1h,浓度达 400ppm 时,人立即死亡. 8h 工作环境,PH_3 在空气中的最大浓度为 0.3ppm. 气体中的 PH_3 可被 $K_2Cr_2O_7$ 和 Ag_2CrO_4、活性炭、漂白粉的悬浊液除去. 空气中微量的 PH_3 可根据用 $AgNO_3$ 浸过的硅胶变黑情况测量到 ppb 数量级. PH_3 对昆虫的毒性有实际意义,研究较多.

7.2 鏻的化合物

PH_3 和 HX 作用生成相应的卤化鏻:

$$PH_{3(g)} + HX_{(g)} = PH_4X_{(s)}$$

研究得最多的是碘化鏻. 一般是在二硫化碳中使白鏻和碘作用生成 P_2I_4,蒸出溶剂后,加计量的水生成 H_3PO_4 和 PH_4I

$$P_4 + 4I_2 = 2P_2I_4$$

$$10P_2I_4 + 13P_4 + 128H_2O = 40PH_4I + 32H_3PO_4$$

PH_4I 是无色的四方晶体,(其中 PH_4^+ 和 NH_3^+ 相同,是正四面体构型) a = 637.7pm c = 463.6pm, P—H 键长为 141.4pm, P—H···I 间有氢键.

PH_4Br 也是无色四方晶体,a = 604.2pm, c = 437.8pm, 晶格能为 636.1kJ · mol^{-1} (PH_4I 为 590.8kJ · mol^{-1})

在同温度下,PH_4Cl,PH_4Br 的升华压均比 PH_4I 大.

PH_4Cl	温度(K)	243	280	286	291	297	301.5	318
	压力(kPa)	101.3	1175	1955	2766	3961	4781	8641
PH_4Br	温度(K)	193	237	259	273	287.4	296	311.8
	压力(kPa)	0.133	0.532	2.26	7.45	21.1	38.7	105.6
PH_4I	温度(K)	288	303	313	323	333	335.6	339
	压力(kPa)	4.79	14.3	26.5	49.0	87.8	101.3	122

合成 PH_4C1 必须在低温(238K)或常温加压(287.2K,2026kPa)条件下进行.

PH_3 和 H_2SO_4 于 248—253K 作用得白色易潮解的固体,一般认为这是 $(PH_4)_2SO_4$. 它在常温下强烈分解. 在 233—248K 以铂为阳极、汞为阴极,电解这个盐的溶液,阴极有鏻汞齐生成.

在 253K 下,PH_3 和 $HClO_4$ 作用形成高氯酸鏻,PH_4ClO_4 晶体.

由于—PH_3 的碱性极弱,所以鏻离子极易水解,如

$PH_4I + aq = PH_{3(g)} + HI_{(aq)} \quad \Delta H^{\ominus} = -20.0kJ \cdot mol^{-1}$

在液态 HCl,HBr 中已制得 PH_4BF_3Cl,PH_4BCl_4,PH_4BBr_4 及 PH_4SO_3Cl 等鏻的化合物.

季鏻的氢氧化物,R_4POH 是强碱. 和季铵型化合物不同, 它不是典型的离子型化合物,可溶于有机溶剂.

值得指出的是,Trinquier 等认为鏻离子(PH_4^+)的稳定性不如 钾和 AsH_4^+.

7.3 双膦及其他磷的氢化物

双膦(P_2H_4)是 Ca_3P_2 水解时生成的少量产物,沸点 329.2K,熔点 174.2K. 因此,在 174—273K 间可将 P_2H_4 从主要水解产物 PH_3 中分出,再进一步分馏提纯. Ferris 指出,对 PH_3 进行光解反应可得 P_2H_4.

表 13.11 P_2H_4 的蒸气压

温度(K)	203	217	224	233	
蒸气压(kPa)	0.133	0.372	0.559	0.865	
温度(K)	248.6	253	265	273	284
蒸气压(kPa)	2.39	3.10	6.42	10.4	19.3

低温下测定其蒸气密度,知双膦为 P_2H_4. 它的蒸发热为 28.8kJ · mol^{-1},285K 液态 P_2H_4 的密度为 1.02g · cm^{-3},计算 $H_2P—PH_2$ 键能为 310.0kJ · mol^{-1}.

高于室温,P_2H_4 分解为膦和氢或固态低氢化物.

$$3P_2H_4 = 2P + 4NH_3$$

$$(3x - y)P_2H_4 = (4x - 2y)PH_3 + 2P_xH_y(x > y)$$

PH_3 在粗糙表面上的分解反应更快. 于 273.2K 时,只要几分钟即可检出 P_2H_4 分解生成的产物. 新制得的液态 P_2H_4,在室温下放置一天即显黄色,几天之内液态物质固化,再放置一些日子,因释出了 PH_3,残留固态的组成近似 P_2H_4,是无定形黄色固体.

P_2H_4 于 300K 热分解得四膦 -6,P_4H_6. 高于 450K 热分解生成三膦 -5,P_3H_5.

质谱数据表明:P_2H_4 分解产物中还有 P_9H_4,$P_{12}H_6$.

P_2H_4 的有机衍生物早在 19 世纪就已经被确定了,如

$(C_6H_5)_2PC1 + (C_6H_5)_2PH = (C_6H_5)_2P - P(C_6H_5)_2 + HCl$ 四苯基双膦是一种晶体物质,熔点为 304K.

1965 年以来,在磷化钙水解产物、双膦热分解产物中发现许多磷和氢的化合物,其中 P_3H_5 ,P_4H_6 ,P_5H_5 及 P_7H_3 曾被分离得纯物,余皆为混合物.

	P_nH_{n+2}	P_nH_n	P_nH_{n-2}	P_nH_{n-4}	P_nH_{n-6}	P_nH_{n-8}	P_nH_{n-10}	P_nH_{n-12}	P_nH_{n-14}
P_3	P_3H_5	P_3H_3							
P_4	P_4H_6	P_4H_4	P_4H_2						
P_5	P_5H_7	P_5H_5	P_5H_3						
P_6	P_6H_8	P_6H_6	P_6H_4	P_6H_2					
P_7	P_7H_9	P_7H_7	P_7H_5	P_7H_3					
P_8	P_8H_{10}	P_8H_8	P_8H_6	P_8H_4	P_8H_2				
P_9	P_9H_{11}	P_9H_9	P_9H_7	P_9H_5	P_9H_3				
P_{10}		$P_{10}H_{10}$	$P_{10}H_8$	$P_{10}H_6$	$P_{10}H_4$	$P_{10}H_2$			
P_{11}					$P_{11}H_5$	$P_{11}H_3$			
P_{12}					$P_{12}H_6$	$P_{12}H_4$	$P_{12}H_2$		
P_{13}						$P_{13}H_5$			
P_{14}						$P_{14}H_6$	$P_{14}H_4$	$P_{14}H_2$	
P_{15}							$P_{15}H_5$		
P_{16}							$P_{16}H_6$	$P_{16}H_4$	$P_{16}H_2$
P_{17}								$P_{17}H_5$	
P_{18}								$P_{18}H_6$	$P_{18}H_4$

这些磷的氢化物都含有 P—P 骨架,但结构不详(某些烷基衍生物的结构已被测定).它们都很活泼,易被氧化或易发生歧化反应.

参 考 文 献

[1] Hestermann Klaus,Stenzel Juergen,Heymer Gero,May Christon,Ger Offen 2549084.

[2] Stenzel Juergen,Heymer Gero,May Christon,Ger Offen 2632316.

[3] N. N. Akinfiev,T. V. Kuznetsova,A. N. Spachkov,G. F. Sosnima C. A. 1008037.

[4] Nippon Chem. Industrial Co LTd JPn Kokai Tokkyo Koho,J. P. 5849608 C. A. 9960642.

[5] J. P. Ferris,R. Benson,*J. Amer. Chem. Soc.* ,103(8),1922 – 1927,(1981).

[6] G. Trinquier, Deudey Jean-Pirre, D. , G. Caruana, Y. Madaule, *J. Amer. Ckem. Soc.* , 106(17), 4794 – 4799(1984).

[7] H. J. Banks,C. A. 871010.

[8] M. Baudler,*Pure and Appl. Chem.* ,53,755(1980).

[9] K. Werner,W. Jan,*J. Amer. Chem. Soc.* ,104(4),953 – 960(1982).

13.8　卤化磷和拟卤化磷

磷和卤素形成三个系列的化合物：P_2X_4，PX_3，PX_5. 12 种卤化磷均已被合成，其中 P_2Br_4（1973 年），PI_5（1975 年）是近期才合成的. 此外，还有混合卤化磷 PX_2Y，PX_2Y_3，拟卤化磷［如 $P(CN)_3$…］及多卤化磷（如 PCl_3Br_4，PCl_3Br_8，PCl_2Br_9，PBr_7，PBr_{11}等）.

配位数为 6 的卤化磷，PF_6^-，PCl_6^- 能较稳定地存在. 但二配位的二卤化磷是不稳定的. 如高温、低压下，P_2F_4 分解成 PF 基，后者不稳定，极易互相结合成 P_2F_4. 锂原子和 PCl_3 或 PBr_3 反应过程中生成不稳定的 PCl_2 和 PBr_2 基. PCl_3 光解过程生成 PCl_2 和 PCl_4.

光谱数据证明有一卤化磷，PCl，PBr，PI 存在. 恒温下，PCl_3 经闪光光解得 PCl 自由基. $P_2I_4 \cdot AlI_3$ 热分解生成 $PI_3 \cdot AlI_3$ 的同时得$(PI)_n$，聚合物.

8.1　四卤化二磷

四卤化二磷是含 P—P 键的三配位的卤化磷. P_2I_4 于 19 世纪就已制得，后于 1910 年制得 P_2Cl_4，1966 年制得 P_2F_4，1973 年制得 P_2Br_4.

8.1.1　四氟化二磷

PF_2I 和 Hg 作用生成 P_2F_4（产率为 86%）.

$$2PF_2I + 2Hg = P_2F_4 + Hg_2I_2$$

产物经蒸气密度等方法测定，确证是 P_2F_4 而不是 PF_2. NMR 和 Raman 光谱测知 P_2F_4 是反式结构（图 13.10）.

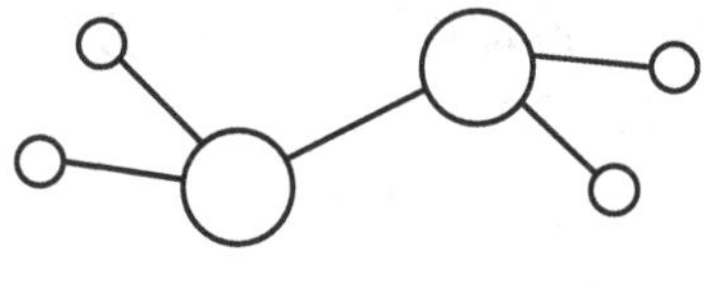

图 13.10　P_2F_4 的结构

P_2F_4 和痕量 H_2O 或和 O_2 生成μ-氧二（二氟代膦）：

$$2P_2F_4 + H_2O = F_2POPF_2 + 2F_2PH$$

$$4P_2F_4 + O_2 = 2F_2POPF_2$$

P_2F_2 和 Brönsted 酸，如 HX 作用生成过渡态配合物，而后分解为 PF_2H，PF_2X.

$$P_2F_4 + HX \longrightarrow [P_2F_4 \cdot HX] \longrightarrow F_2PH + F_2PX$$

P_2F_4 和 Lewis 酸,如 B_2H_6 作用得相对稳定的 $B_2F_4 \cdot BH_3$.

$$P_2F_{4(g)} + \frac{1}{2}B_2H_{6(g)} \xlongequal{298K} P_2F_4 \cdot BH_{3(g)}$$

它缓慢分解为 $F_3P \cdot BH_{3(g)}$ 及黄色固体$(PF)_n$. 由于最终产物中没有 P_2F_4,因此认为 $P_2F_4 \cdot BH_3$ 中的 B—P 键是较强的.

1173K P_2F_4 热分解为三(二氟代膦)膦,$P(PF_2)_3$.

总的来看,P_2F_4 参与的化学反应,多数情况下是在 P—P 键处断裂,或形成加合物.

8.1.2　四氯化二磷

低压下 PCl_3 和 H_2 的混合气经放电得 P_2Cl_4. 当混合气总压为 2.53kPa 时,生成 P_2Cl_4 为 $3.5g \cdot h^{-1}$;总压为 0.67kPa,生成 $0.7g \cdot h^{-1}$.

P_2Cl_4 于 273.2K 可保持 420d,在此期间它缓慢分解为 PCl_3 和黄色固体[是 P 和$(PCl)_n$]. P_2Cl_4 在碱性介质中水解,产物经阴离子交换色谱证明,一半生成 P_2H_4,另一半则成 $P_2(OH)_4$,后者在水中转化为 H_3PO_2 和 H_3PO_3.

P_2Cl_4 分子中每个 P 原子上有一对孤对电子,所以是 Lewis 碱. 273.2K 时,大过量 P_2Cl_4 和 $Ni(CO)_4$ 作用生成 $Ni(CO)_2(P_2Cl_4)_2$, $Ni(CO)(P_2Cl_4)_3$, $Ni(P_2Cl_4)_4$,其中 P_2Cl_4 是单基配体. P_2Cl_4 和大过量 $Ni(CO)_4$ 作用时,P_2Cl_4 是双基配体形成$(CO)_3NiP_2Cl_4Ni(CO)_3$;两者的摩尔比适中时,产物中含有 P_2Cl_4 以单基和双基配位的配合物.

273.2K 有 BBr_3 存在时,P_2Cl_4 分解为 PCl_3 和$(PCl)_n$,再和 BBr_3 进行卤离子交换. 若有足量 BBr_3,最终生成 $PBr_3 \cdot BBr_3$.

8.1.3　四碘化二磷

于 453—463K 加热碘和红磷的混合物;将 PI_3 和红磷置于碘化正丁烷中加热;在 CCl_4 或 CS_2 中白磷和碘作用,冷却得橘色晶体等方法均能制得 P_2I_4. Wyllie 等认为 P 和 I_2 在 CCl_4 中发生了链式反应

$$P_4 + I_2 = P_4I_2$$

$$P_4I_2 = P_2I_2 + P_2$$

$$P_2I_2 + P_4 = P_4I_2 + P_2$$

$$P_2 + I_2 = P_2I_2$$

$$P_2I_2 + I_2 = P_2I_4$$

$$2P_2I_2 = P_2I_4 + P_2$$

288K 在 CO_2 气氛下，于不透光反应容器中的速度表示式为：

$$\frac{-d[I_2]}{dt}=\frac{40[P_4][I_2]^2}{[I_2]-0.04[P_4]}\left\{1+\frac{6[P_4][I_2]}{[I_2]-0.04[P_4]}\right\}$$

反应速率为 $10^{-3}mol\cdot L^{-1}\cdot min^{-1}$. 光、氧对上述反应都有影响.

表 13.12　P_2X_4 的物理性质

化合物	熔点(K)	沸点(K)	$\Delta H_f^{\ominus}(kJ\cdot mol^{-1})$
P_2F_4	186.5	266.8	
P_2Cl_4	245	453	-443.5
P_2I_4	398.5	分解	-82.7

P_2I_4 为三斜晶体(图 13.11)，空间群为 $P\bar{1}$，晶胞中含一个 P_2I_4.

P_2I_4 溶于 CS_2 和 O_2 作用生成不稳定、组成可变的黄色聚合物，$(P_3I_2O_6)_n$；和 S 生成 $P_2I_4S_2$；和 Br_2 成 $PBrI_2$(产率 90%).

P_2I_4 在冰水中就能水解，产物有 PH_3，P_2H 及 H_3PO_2，H_3PO_3，H_3PO_4，$(HO)_2(O)PP(O)(OH)_2$ 等.

图 13.11　P_2I_4 的结构

总之，P_2I_4 参与的反应，多数情况下是断 P—P 键.

[附]目前对 P_2Br_4 了解不多，它可由 C_2H_4—PBr_3—Al_2Br_6 反应体系中得到.

8.2　三 卤 化 磷

四种三卤化磷都是易挥发、活泼的化合物. 其中最重要的是三氯化磷.

8.2.1　制法

1. 单质直接化合

$$2P+3X_2=2PX_3$$

工业上生产 PCl_3 的方法是：将 Cl_2 通入 P(过量)于 PCl_3 的溶液中，经分馏提纯得无色液体.

溴蒸气作用于白磷或红磷；Br_2 和 P(过量)于 PBr_3 溶液作用，都能得到无色液态 PBr_3.

表 13.13　三卤化磷、三拟卤化磷的性质

化合物	物理状态（298K）	熔点（K）	沸点（K）	密度（$g \cdot cm^{-3}$）	$\Delta H^{\ominus}$（$kJ \cdot mol^{-1}$）	NMR 化学位移（H_3PO_4）	P—X 键长（pm）	XPX 键角（°）
PF_3	无色气体	121.5	171.77	—	-945.71	-97	156[a]	96.3
PCl_3	无色液体	179.4	349.1	1.5751(293)	-289.2(g)	-219.4	204	100
PBr_3	无色液体	231.5	446.1	2.852(288)	-321.8(l)	-227	222	101
PI_3	红色六方晶体	334.2	>473（分解）	—	-188.3(l)	-178	243	102
$P(CN)_3$	白色针状晶	476	433—453(L)	—	-45.6	135.7	179	—
$P(NCO)_3$	—	271	442.3	1.439(298)	96.4	-96.4	—	—
$P(NCS)_3$	—	269	393/0.13Pa	—	85.6	-85.6	—	—
PF_2Cl	无色气体	108.2	225.7	—	—	—	—	—
$PFCl_2$	无色气体	129	286.9	—	—	—	P—F 155	102
PF_2Br	无色液体	139.2	256.9	2.181(273)	—	—	P—Cl 202	—
$PFBr_2$	无色液体	158	351.4	2.1810(273)	—	—	—	—
$PF_2(NCO)$	—	165	285.5	1.444	—	-130.6	—	—
$PCl_2(NCO)$	—	174	377.5	1.513(286)	—	-165.7	—	—
$PF(NCO)_2$	—	218	371.7	1.475	—	-127.9	—	—
$PCl(NCO)_2$	—	223	407.6	1.505	—	-128	—	—
$PBr(NCO)_2$	—	—	—	—	—	-126.7	—	—

a) P—F 单键键长为 174. pm.

碘和白磷(P 和 I 的原子比为 1:3)反应的主要产物是 PI_3.

氟和磷作用时有大量 PF_5 生成,所以不用此法制 PF_3.

2. 三氟化磷的制法

用氟化剂(AsF_3,ZnF_2,SbF_3,NaF,HF,CaF_2…)对三卤(氯,溴)化磷进行氟化

$$PCl_3 + AsF_3 = PF_3 + AsCl_3$$

$$2PBr_3 + 3ZnF_2 = 2PF_3 + 2ZnBr_2$$

$$PCl_3 + 3NaF \xlongequal{CH_3CN} PF_3 + 3NaCl$$

198K 时,H_3PO_3 和液态 HF 反应生成 PF_3(一次可制得 50g)

$$H_3PO_3 + HF_{(l)} \xlongequal{198K} PF_3 + HPF_4$$

其他的三卤化磷也能发生类似的卤离子交换反应,如

$$PCl_3 + 3HI = PI_3 + 3HCl$$

但一般不用这个方法制备其他三卤化磷.

8.2.2 结构和物理性质

PX_3 是由 P 原子上 p 轨道和 X 原子上 p 轨道重叠而成的三角锥形分子,P 上残留一对孤对电子. 它们的溶、沸点都较低.

固态 PF_3 有两个转变温度,83.91 和 110.72K,相应转变热为 251 和 2311J · mol^{-1}. 三相点为 122.01K,熔化热为 937J · mol^{-1},蒸发热为 14.58kJ · mol^{-1}. 液态 PF_3 的自电离极弱,其比电导只有 $4.2\times10^{-10}\Omega\cdot cm^{-1}$. 低温下 PCl_3(133K)和 PBr_3(193K)为斜方晶,空间群为 P_{nma}.

8.2.3 化学性质

PX_3 均易水解,生成 H_3PO_3,和 HX

$$PX_3 + 3H_2O = H_3PO_3 + 3HX$$

在湿空气中,PF_3 发生缓慢的水解作用,在水中稍快,而在碱性溶液中很快. 在 KOH 溶液中水解得 K_2HPO_3 和 KF,但在稀的 $KHCO_3$ 溶液中水解得一氟代亚磷酸 H_2PO_2F:(H_2PO_2F 能被 Br_2 氧化.)

$$PF_3 + 2H_2O \xlongequal{KHCO_3(2\%)} HO(H)PF(O) + 2HF$$

H_3PO_3 在 HF 中,也有 H_2PO_2F 生成:

$$H_3PO_3 + HF \rightleftharpoons H_2PO_2F + H_2O$$

PCl_3 的水解反应很剧烈. 低温、在微碱性介质中水解产物为 HPO_3^{2-},$H_2P_2O_5^{2-}$ 及少量 $HP_2O_5^{3-}$,$H_2P_2O_7^{2-}$,HPO_4^{2-},在碱性介质中,产物中 $H_2P_2O_5^{2-}$ 量减少,HPO_3^{2-} 量增多.

PBr_3, PI_3 更易水解. PBr_3 在酸性介质中水解为 H_3PO_3 和 HX 的释热 281.2kJ · mol^{-1}. 若控制条件,水解产物中有聚磷酸盐, PI_3 水解产物中除 HI 和 H_3PO_3 外,还有相当量的 PH_3 和含有 P—P 键的化合物.

因此,在制 PX_3 时必须保持干燥,否则将有含 P—O 键的化合物混杂在产物中(后者可经分级蒸馏提纯).

在浓的 PF_3, PCl_3 和水的混合液中,有很复杂的水解产物,可能是链状或环状的物质或其他产物,

$4PX_3 + 3H_2O \longrightarrow$

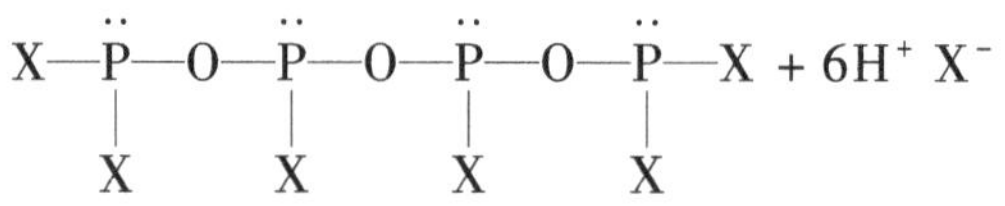

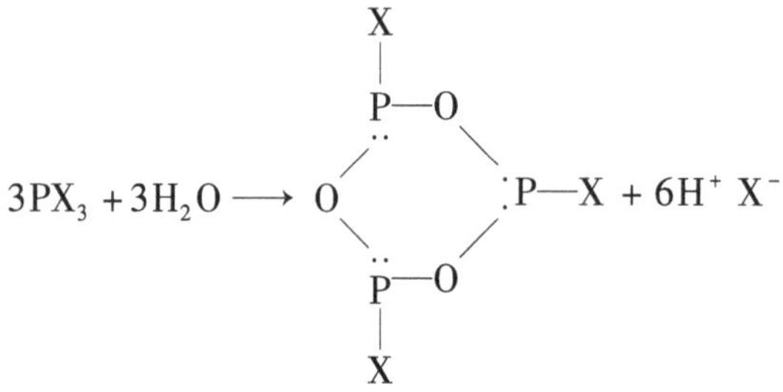

PCl_3 和醇、酚的反应:

$$PCl_3 + 3C_6H_5OH = P(OC_6H_5)_3 + 3HCl$$

$$PCl_3 + 3ROH = R_2P(O)H + PCl + 2HCl$$

第二个反应,当有叔胺时生成亚磷酸三酯, $P(OR)_3$:

$$PCl_3 + 3ROH + 3R'_3N = P(OR)_3 + 3R'_3NHCl$$

就 PCl_3 和醇、酚反应产物而言,和三氯化磷的水解反应相似,都是 PX_3 中的 X 被 OH, OR, OC_6H_5 所取代. 其区别是,水解(最终)产物中磷的含氧酸是四配位的,而醇解、酚解的产物可能是三配位磷的化合物或四配位的膦酸二烷基酯.

PX_3 极易被 O_2, S, X_2 氧化:

$$2PX_3 + O_2 = 2POX_3 \text{(X 为 Cl, Br, 反应很快)}$$

$$PX_3 + S = PSX_3 \text{(X 为 Cl, Br, 需加热)}$$

$$PX_3 + X_2 = PX_5 \text{(X 为 F, Cl, 反应快)}$$

PCl_3 和 O_2 的反应比较顺利; PBr_3 和 O_2 的反应不易控制,可能发生爆炸反应而生成 P_4O_{10} 和 Br_2.

198K PF_3 和 O_2 的混合物经放电得聚合态,最终产物为白色的固体 $P_7O_{10}F_{15}$,后者于 273K 分解为 POF_3, PF_3, $P_2O_3F_4$ 及易潮解,易水解的 $(PO_2F)_n$.

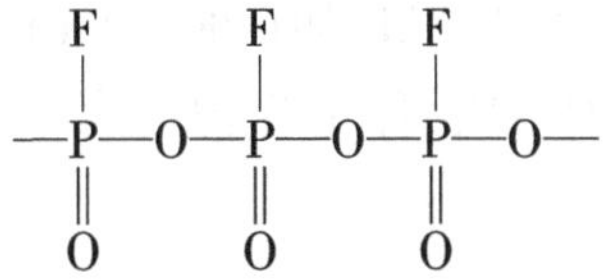

其他氧化剂，如 N_2O_4 也能和 PX_3 反应. 低温下两者反应生成 $P_2O_3Cl_4$ 和 $P_4O_4Cl_{10}$.

PX_3 是电子对给予体，能形成一系列的配合物.

过量 BF_3 和 B_2H_6 反应或 BF_3 取代 H_3BCO 中的 CO 均能生成 H_3BPF_3，其结构为

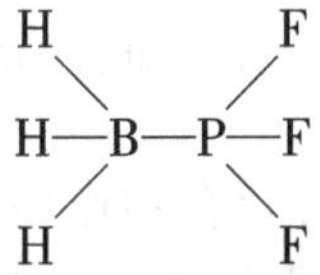

由于 P 原子上孤对电子和 B 原子上的电子成 σ 键，对 P—F 的斥力减弱，所以化合物中 P—F 的键长短于 PF_3 中的键长，为 153.8pm，FPF 键角略大于 PF_3 的键角为 99.8°；但 P—B 键长为 183.6pm，短于 BP（闪锌矿结构）的键长（196pm）的原因，目前尚不清楚.

PF_3 和 KF 放在一起历经三个月都未见反应，表明 KF 不易和 PF_3 配位. 473K 气态 PF_3 和 KF 反应得红色产物，是发生了下列反应之故：

$$5PF_3 = 2P + 3PF_5$$

$$PF_5 + KF = KPF_6$$

PX_3 是弱的 Lewis 碱①，碱性顺卤素原子量的增大而加强. PF_3，PCl_3，不易和 BF_3，$AlCl_3$ 形成加合物，而 PCl_3，PBr_3 易和强的 Lewis 酸，BBr_3 成加合物，如 Cl_3PBBr_3（熔点 315.2K）. 后者在放置过程中发生卤原子交换变成 BCl_3 和 PBr_3. 作为 Lewis 碱，PCl_3 比 P_2Cl_4 弱.

PF_3 能和许多过渡金属形成低氧化态的配合物. 在这类化合物中不仅其配位数和相应的羰基化合物相同，

$Cr(CO)_6$	$Fe(CO)_5$	$Co_2(CO)_8$	$Ni(CO)_4$
$Cr(PF_3)_6$	$Fe(PF_3)_5$	$Co_2(PF_3)_8$	$Ni(PF_3)_4$
$Mo(PF_3)_6$	$Ru(PF_3)_5$	$Rh_2(PF_3)_8$	$Pd(PF_3)_4$
$W(PF_3)_6$	$Os(PF_3)_5$		$Pt(PF_3)_4$

①只在个别情况下 PX_3，才作为 Lewis 酸，如

$$PBr_3 + Br^- \xrightarrow[ClCH_2CH_2Cl]{\text{于亚硝基苯中}} PBr_4^- \xrightarrow{(C_3H_7)_4N^+} [(C_3H_7)_4N]PBr_4$$

（黄绿色溶液）　　　　（黄色）

而且相应化合物的某些性质也很相似. 如$(PF_3)_2PtCl_2$和$(CO)_2PtCl_2$的偶极矩分别为4.4D和4.65D. PF_3, CO的混合化合物也有不少，如$Fe(CO)_2(PF_3)_3$, $Fe(CO)_3(PF_3)_2$, $Fe(CO)_4PF_3$,

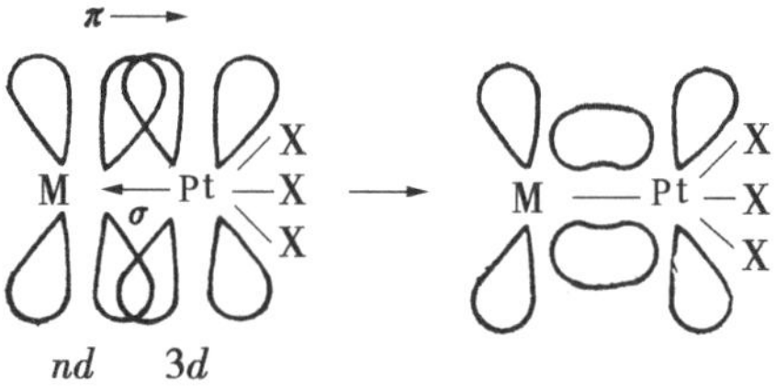

图13.12　PF_3和Pt间的π键

加压下，PF_3和Pd(Ⅱ), Pt(Ⅳ)化合物作用得无色、极易挥发的$Pd(PF_3)_4$, $Pt(PF_3)_4$. 反应中PF_3既是还原剂又是配位体. 若反应时有Cu，则Cu是还原剂

$$PdCl_2 + 5PF_3 = Pd(PF_3)_4 + PF_3Cl_2$$
$$PtCl_4 + 6PF_3 = Pt(PF_3)_4 + 2PF_3Cl_2$$
$$PdCl_2 + 2Cu + 4PF_3 = Pd(PF_3)_4 + 2CuCl$$
$$PtCl_4 + 4Cu + 4PF_3 = Pt(PF_3)_4 + 4CuCl$$

类似的反应还有：

$$FeI_2 + 5PF_3 + 2Cu \xlongequal{400bar} Fe(PF_3)_5 + 2CuI_2$$
$$PtCl_2 + 2PF_3 = Pt(PF_3)_2Cl_2$$

此外，Ni能直接和PF_3, $Ni(PCl_3)_4$和SbF_3, Ni化合物和PF_3反应均能生成. PF_3和Ni的配合物.

$$Ni + 4PF_3 \xlongequal[373K]{\geqslant 70bar} Ni(PF_3)_4$$
$$Ni(PCl_3)_4 \xrightarrow[PF_3]{SbF_3/SbCl_5} Ni(PF_3)_4$$

PF_3还能和羰基化物，如羰基镍中羰基发生取代反应生成$Ni(PF_3)_4$. $Ni(PF_3)_4$中Ni—P键长较短，为212pm，表明Ni和P间有π键合.

$$NiL_4 \xrightarrow[PF_3]{350bar} Ni(PF_3)_4 + 4L(L为CO或PCl_3)$$

若$Ni(PF_3)_4$和高压CO(350bar)反应，生成羰基镍.

总之，作为配位体，PF_3和羰基相似. 由于PF_3中的P原子和过渡金属配位，致使配合物中的PF_3更不容易水解. 所以，$Ni(PF_3)_4$在蒸馏时只发生部分的水解作用.

其他PX_3也能形成和上述类似的配合物. 如$(X_3P)M(CO)$ (X = Br, I, M = Cr,

Mo,W),$Ni(PX_3)_4$(X = Cl,Br).但在这些化合物中,P—M 间的 π 键合不明显,所以化合物中的 PX_3 仍能发生明显的水解反应.

作为 π 受体,PF_3 强于其他配位体(NO^+ 除外):

$$PF_3 > CO > PCl_3 > P(OR)_3 > PR_3$$

两种 PX_3 分子间能发生卤离子交换反应.如混合 PCl_3 和 PBr_3 则得 PCl_2Br,$PClBr_2$;混合 PBr_3 和 PI_3 生成 PBr_2I,$PBrI_2$,含氟的混合三卤化磷则需在加热的条件下或用氟化剂才能得到.如 PCl_3 和 CaF_2,加热 PF_3 和 PCl_3 的混合物,NH_4F 和 PCl_3 反应,均能生成 PF_2Cl,$PFCl_2$,CaF_2 和 PBr_3 作用得 PF_2Br,$PFBr_2$.

制备含氟 PF_2X 的一种有效方法是于低温下,用 HX 和 Me_2NPF_2 作用,后者断开 P—N 键:

$$Me_2NPF_2 + 2HX = PF_2X + Me_2NH_2X(X = Cl, Br, I)$$

这个反应是完全的,但产物较易发生歧化反应,如 PF_2I 于 4.92kPa 下,一天分解 1%;37.2kPa 时,每天分解 6%.

除含氟的混合三卤化物比较稳定,能被分离外,其他的混合三卤化物均不稳定,分解速度很快,除非在 77K.经 NMR,Raman 及 IR 光谱证实,它们的存在则是确定无疑的.Raman 光谱还证实 $PFCl_2$ 和 $PFBr_2$ 混合时生成 PFClBr:

$$PFCl_2 + PFBr_2 = 2PFClBr$$

总之,混合三卤化磷的化学性质,除具有和三卤化磷相似的水解,如 PF_2Cl 在空气中水解也很慢,$PFCl_2$ 水解稍快,但不如 PCl_3 那样在空气中冒烟,PF_2Br,$PFBr_2$ 能在空气中冒烟,加合和被氧化外,还容易发生歧化反应.

8.2.4 三拟卤化磷及混合三卤、拟卤化磷

在非水溶剂中用金属拟卤化物和 PCl_3 作用制备三拟卤化磷.如

$$PCl_3 + 3AgCN \xrightarrow{CHCl_3, CCl_4 \text{ 或 } C_6H_6} P(CN)_3 + 3AgCl$$

$$PCl_3 + 3AgNCO \xrightarrow{C_6H_6} P(NCO)_3 + 3AgCl$$

$$PCl_3 + 3KNCS \xrightarrow{CH_3CN \text{ 或 } SO_2(l)} P(NCS)_3 + 3KCl$$

含氟的混合拟卤化物,可用氟化剂 SbF_3 对 $P(NCO)_3$,$P(NCS)_3$ 进行部分氟化得到,如 $PF_2(NCO)$,$PF_2(NCS)$.其他混合拟卤化磷可使三卤化磷和三拟卤化磷进行卤-拟卤交换反应得到.如混合 PCl_3-$P(NCO)_3$,PCl_3-$P(NCS)_3$ 生成 $PCl(NCO)_2$,$PCl_2(NCO)$,$PCl_2(NCS)$.

三卤化磷都有毒.PF_3 毒性表现为它和血红素中的铁配位(和 CO 相似).空气中含 PCl_3 大于 0.4mg · m^{-3} 就能使人中毒.人在 PCl_3 含量为 600ppm 的环境中数分钟即可死亡. PCl_3 还损伤皮肤.

PCl_3 是制备 PCl_5，$POCl_3$，$PSCl_3$ 的中间物，也是制备有机磷（含 P—C 键）的原料：

$$C_6H_6 + PCl_3 \xlongequal{\triangle} C_6H_5PCl_2 + HCl$$

$$CH_4 + PCl_3 \xrightarrow[O_2,\text{催化剂}]{\triangle,} CH_3PCl_2 + HCl$$

PBr_3，PI_3 是制备 HX 和 H_3PO_3 的中间物.

PCl_3 用于半导体生产，在硅片上扩散得 pn 结.

PCl_3，PBr_3 是重要的卤化剂，能和许多有机物，尤其是和羰酸生成酰氯（溴）：

$$RCOOH + PX_3 = RCOX(X = Cl, Br)$$

PCl_3 和醇、酚作用生成亚磷酸三（或二）酯.

8.3　五 卤 化 磷

4 种五卤化磷均已被制得，其中最重要的是 PCl_5.

8.3.1　制法

1. 三卤化磷和相应卤素反应

$$PX_3 + X_2 \xlongequal{\text{非水溶剂}} PX_5$$

PF_3 和 F_2 生成 PF_5 的反应很完全，但没有实际意义.

PF_5 在较高温度下明显分解，因此只能在控制的条件（主要是温度）下使 PCl_3 和 Cl_2 反应制备 PCl_5——这是一个二级反应.

$$PCl_{3(g)} + Cl_{2(g)} = PCl_{5(g)}$$

T(K)	422.6	473.1	502.2	556.0	623.0
$K \times 10^5$ Pa	122.6	5.82	1.75	0.205	0.0234
$\Delta H^{\ominus}$ ($kJ \cdot mol^{-1}$)	−89.71	−89.70	−89.33	−89.16	−88.74

工业上制备 PCl_5 的方法是：把 Cl_2 通入 PCl_3 于 CCl_4 的溶液中生成 PCl_5.

PBr_5 极易分解，在液态 PBr_5 中或 PBr_5 于非极性溶剂中即有解离，所以用 PBr_3 和 Br_2 作用制备 PBr_5 时，必须避免升温和需过量的 Br_2.

2. 用氟化剂和五氯化磷作用

$PCl_5 + MF_n \longrightarrow PF_5 + MCl_n$.

氟化剂是 CaF_2，AsF_3…

P_4O_{10} 和 CaF_2 作用生成 PF_5，PF_3 和 Br_2 作用生成三氟二溴化磷，PF_3Br_2，后者

歧化为 PF_5 和 PBr_4F.

$$PF_3 + Br_2 = PF_3Br_2$$

$$2PF_3Br_2 = PF_5 + PFBr_4$$

美国专利报道,过量 HSO_3F 和磷酸盐(骨头、矿石)在水气催化下得 PF_5,POF_3.

1978 年用 HI,LiI,NAI 或 KI 和在 CH_3I 中的 $PFCl_5$ 反应制得 PI_5.

8.3.2 五卤化磷的结构

PF_5 是三角双锥形的分子,其中 P 原子以 sp^3d 轨道分别和 5 个 X 成键,属 D_{5h}. 其中 sp_xp_y,组成赤道面,$p_zd_{z^2}$成两轴向键. 这两轴向键 P—X 键长略长于赤道面 P—X 键长. PF_5 中分别为 158 和 153pm,PCl_5 为 214 和 202pm. 然而 PF_5 于 173K, 其^{19}FNMR 谱中只有一个简单的氟共振峰,表明在毫秒单位级时,PF_5 中的 5 个 F 是等价的,这是因为轴向 F 和赤道面上 F 的交换极快(1960 年 Berry 提出的假旋转作用,pseudo rotation).

固态 PCl_5 中的结构单元是 $PCl_4^+PCl_6^-$. 前者 P 以 sp^3 杂化轨道成键,P—Cl 键长为 197pm,后者 P 以 sp^3d^2 杂化轨道成键,键长为 204(平面)、208(端)pm. $PCl_4^+PCl_6^-$ 为 CsCl 构型. 固态 $PCl_4^+PCl_6^-$ 升华得 PCl_5. 溶于非极性溶剂,如 CCl_4,C_6H_6 中,以 PCl_5 存在,溶于极性溶剂,如硝基甲烷、硝基苯、甲腈中,有下列二个平衡:

$$2PCl_5 = PCl_4^+ + PCl_6^-$$

$$PCl_5 = PCl_4^+ + Cl^-$$

浓度大时,以前一种平衡为主,低浓度时则以后一种平衡为主.

PCl_5 的离子异构现象已有报道.

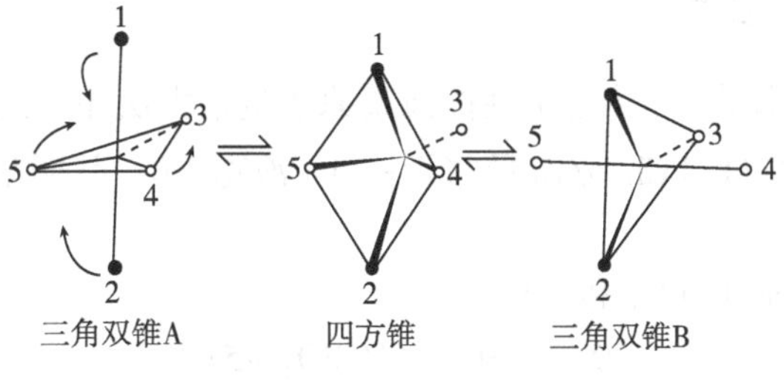

图 13.13 Berry 假旋转作用(轴向和赤道面位置互换)

固态 PBr_5 的结构单元是 $PBr_4^+Br^-$,阳离子为四面体构型,P—Br 键长为 215pm. 蒸气态 PBr_5 分解为 PBr_3 和 Br_2,将蒸气迅冷到 15K,成 PBr_3,PBr_7 的无序晶格,后者为 $PBr_4^+Br_3^-$. 热到 180.2K 成 $PBr_4^+Br^-$:

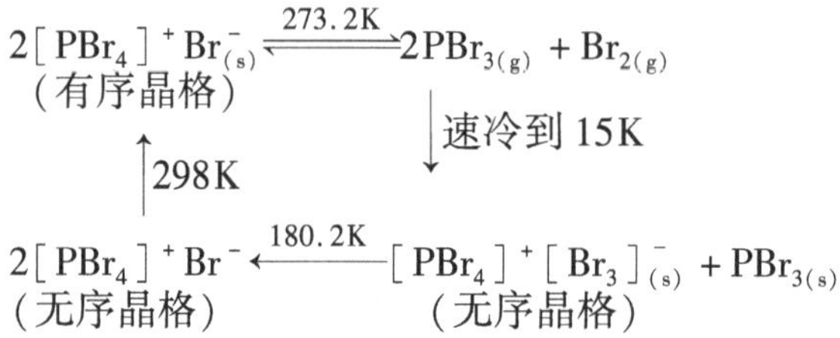

PI_5 在溶液中是 $PI_4^+ I^-$,固态中也可能是$[PI_4]^+I^-$.

测定 PCl_5 的蒸气密度,未发现缔合分子.但在 PCl_5 的质谱结果中示有 P_2Cl_5,P_2Cl_7,P_2Cl_9 存在.有人认为这些物质是因为在室温下存在着下列平衡:

$$[PCl_4]^+[PCl_6]^- = P_2Cl_{10}$$

P_2Cl_{10}是由氯桥键把 PCl_5 结合在一起.$PCl^+_{4(g)}$,$PCl^-_{6(g)}$ 的 $\Delta H_f^\ominus$ 为 -462.4 和 $-880.4kJ \cdot mol^{-1}$.

$$PCl_{5(g)} + Cl^-_{(g)} = PCl^-_{6(g)} \quad \Delta H^\ominus = -259.5kJ \cdot mol^{-1}$$

$$PCl_{5(s)} + Cl^-_{(g)} = PCl^-_{6(g)} \quad \Delta H^\ominus = -190.9kJ \cdot mol^{-1}$$

$$PCl^+_{4(g)} + Cl^-_{(g)} = PCl_{5(g)} \quad \Delta H^\ominus = -591.3kJ \cdot mol^{-1}$$

在 CCl_4 中测定 PCl_5 和 Cl_2 间的同位素(^{36}Cl)交换反应发现,赤道面上三个短键(P—Cl)中的 Cl 和 Cl_2 的交换速度远远快于轴向端 Cl 和 Cl_2 的交换速度,而分子内部赤道面上的 Cl 和轴键上 Cl 的交换速度很慢.因此认为氯和五氯化磷的交换过程中生成

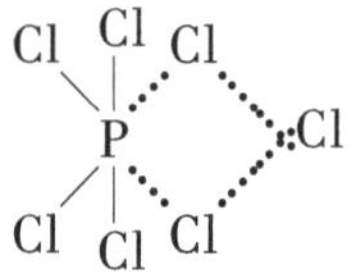

8.3.3　五卤化磷的性质

PX_5 不如 PX_3 稳定,其热稳定性按卤素原子量增大次序而急剧减弱.573K 时,五氟化磷尚稳定,473K PCl_5 分解量将近一半,液态 PBr_5 就明显分解了,PI_5 更不稳定.

PX_5 极易水解成 H_3PO_4 和 HX:

$$PX_5 + 4H_2O = H_3PO_4 + 5HX$$

PCl_5,PBr_5 的水解反应都很剧烈,所以在制备和使用 PCl_5 时必须保持干燥. PF_5 水解能力弱于 PCl_5.干的 PF_5 523K 也不侵蚀玻璃.

PCl_5 和限量水作用生成 $POCl_3$:

$$PCl_5 + H_2O = POCl_3 + 2HCl$$

含有 OH 的许多化合物也都能和 PCl_5 发生反应,如

$$SO_2(OH)_2 + PCl_5 = POCl_3 + HCl + SO_2(OH)Cl$$

$$2B(OH)_3 + 3PCl_5 = 3POCl_3 + 6HCl + B_2O_3$$

$$CH_3COOH + PCl_5 = POCl_3 + HCl + CH_3COCl$$

$$ROH + PCl_5 = POCl_3 + HCl + RCl(R,\text{烷基})$$

PF_5 和 NH_3 作用：

$$PF_5 + NH_3 = (H_2N)_2PF_3 + NH_4PF_6 + \text{固体}$$

产物中的$(H_2N)_2PF_3$，相当于水解产物$(HO)_2PX_3$，后者脱去一个 H_2O 成 POX_3. 表明 PF_5 和 NH_3 的作用和 PX_5 的限量水解作用相似. 但 PCl_5 和 NH_3 反应的最终产物是$(PN)_n$. 此外还生成稳定的 NH_4PF_6，这也是 PF_5 区别于 PCl_5 的一个性质.

MF 和 PCl_5 共热，直接化合成 MPF_6，MF 和 PF_5 一起加热也能生成 MPF_6

$$PCl_5 + 6MF = MPF_6 + 5MCl$$

若用 NH_4F，KF，产率达 70% －80%. 反应释热，表明 MPF_6 相当稳定，可重结晶提纯. PF_6^- 中 P—F 键长为 159pm.

HPF_6 是强酸，其碱金属盐呈中性. 和 PF_5 不同，即使于 373K 在碱性介质中数日也不水解. MPF_6 盐的溶解度和高氯酸盐相近，在 293.2K 的溶解度($mol \cdot L^{-1}$)见下表.

	K^+	Rb^+	Cs^+	Me_4N^+	Et_4N^+
PF_6^-	0.432	0.076	0.030	0.0077	0.0294
ClO_4^-	0.120	0.071	0.084	0.0632	0.1056

PF_6^- 是很稳定络离子. 由 Raman 光谱证明：$SF_4 \cdot PF_5$ 由$[SF_3]^+[PF_6]^-$组成. MPF_6 盐只有微弱的毒性. $KPF_{6(s)}$ 的 $\Delta H_f^{\ominus} = -2337kJ \cdot mol^{-1}$.

PF_6^- 作为配位体，其配位能力极弱，甚至弱于 ClO_4^-，

PCl_5 和许多金属氯化物形成加合物. 如 $PCl_5 \cdot AlCl_3$ 是无色粉末(熔点为 616K). 这个化合物能溶解于硝基苯、乙腈……溶于硝基苯形成的溶液导电性良好，迁移数实验证明，阴极区的磷量增多，而阳极区的铝量增多，即磷在阳离子中，而铝在阴离子，是$[PCl_4]^+[AlCl_4]^-$.

$PCl_5 \cdot FeCl_3$，$PCl_5 \cdot PCl_3$，$PCl_5 \cdot CrCl_3$，$PCl_5 \cdot AuCl_3$，$PCl_5 \cdot TiCl_3$ 的结构和 $PCl_5 \cdot AlCl_3$ 相似，均含有$[PCl_4]^+$及正四面体的$[MCl_4]^-$. 而在 $3PCl_5 \cdot BiCl_3$，$2PCl_5 \cdot MCl_4$(M = Sn，Zr，Te，Pt)，$PCl_5 \cdot MCl_5$(M = Sb，Mo，W)中是$[PCl_4]^+$和正八面体的$[MCl_6]^-$. 在固态 PCl_5 中，可被看成是一个 PCl_5 给予 Cl^-，而另一个 PCl_5 接受 Cl^-.

PBr_5 和金属溴化物的加合物中也含有$[PBr_4]^+$.

8.3.4　混合五卤化磷

常见的混合五卤化磷有 PF_3X_2，PF_2X_3，PFX_4（X = Cl，Br）及 PCl_3Br_2. 含碘的混合五卤化磷很少.

$PFCl_4$，PF_2Cl_3，PF_3Cl_2 及 PF_4Cl 的结构和偶极矩（p）如下：

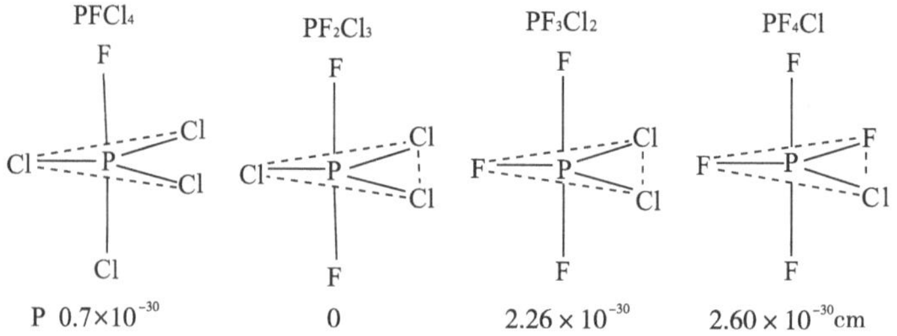

图 13.14　氟氯化磷（V）的构型和偶极矩（p）

化学式为 PF_3Cl_2 的，有二种化合物：PF_3Cl_2 及 PCl_4PF_6.

PF_3 和 Cl_2 作用得 PF_3Cl_2，（熔点 148.2K，沸点 290.2K）结构如上.

用 AsF_3 对 PCl_5 进行氟化得 $PCl_4^+PF_6^-$

$$2PCl_5 + 2AsF_3 = [PCl_4]^+[PF_6]^- + 2AsCl_3$$

PCl_4PF_6 是白色固体，303K 升华并分解，分解时只有部分转化为 PF_3Cl_2. PF_3Cl_2 在乙腈中的导电能力很弱，而 PCl_4PF_6 在乙腈中的导电能力很强. 表明虽然 PF_3Cl_2 和 PCl_4PF_6 的化学式相同，但性质是不同的. PF_3Cl_2 很容易转化为 PCl_4PF_6，转化的历程可能是：

$$2PF_3Cl_2 \longrightarrow PF_2Cl_3 + PF_4Cl \longrightarrow PFCl_4 + PF_5 \longrightarrow PCl_4PF_6$$

PCl_4PF_6 升华是上反应的可逆反应，有部分转化为 PF_3Cl_2.

化学式为 PF_3Br_2 的也有二种化合物.

PF_3 和 Br_2 作用制得熔点为 253.2K 的 PF_3Br_2.

$$PF_3 + Br_2 = PF_3Br_2$$

PF_3Br_2 于 293.2K 挥发并分解.

用 AsF_3 对固态 PBr_5 进行氟化得 PBr_4PF_6（408K 升华并分解）. 因 PBr_4^+ 和 AsF_3 交换卤原子的反应速度很慢，比 PF_3Cl_2 和 AsF_3 的反应速度慢得多，所以 AsF_3 和 PBr_5 作用时较易生成 PF_5.

$PFCl_4$ 可由下列反应制得：

$$PFCl_2 + Cl_2 = PFCl_4$$

$$PCl_4PF_6 \xlongequal[\text{升华}]{408K} PFCl_4 + PF_5$$

若有 AsF_3 存在,后一个反应在 343K 就能进行.

$PFCl_4$ 的溶点为 214.2K,沸点约 340.2K. 液体 $PFCl_4$ 转化为白色固体,后者于 448K 升华,在加压下于 450K 熔化.

固体 $PFCl_4$ 溶于甲腈中,0.0621mol · L^{-1},溶液的电导为 $1.03\times10^{-3}\Omega^{-1}\cdot cm^{-1}$,表明固体可能是离子结构,$PCl_4^+F^-$ 或 $PCl_4^+PCl_4F_2^-$. 实验证明在 CH_3CN 溶液中有 $PCl_4F_2^-$ 存在.

$PFBr_4$ 可由 $PFBr_2$ 和 Br_2 反应制得或 PBr_4PF_6 升华生成 $PFBr_4$:

$$PFBr_2 + Br_2 \xlongequal{198K} PFBr_4$$

$$PBr_4PF_6 \xlongequal{升华} PFBr_4 + PF_5$$

$PFBr_4$ 分子不稳定,于 243K 转化为固体. 固体于 360.2K 溶化并分解. 固体溶于甲腈能导电,表明固体是离子型化合物,是 $PBr_4^+F^-$ 或 $PBr_4^+PF_6^-$. 此外,$[PBr_4]F\cdot 2CCl_4$ 也已被制得.

PF_2X_3 可由 PF_2X 和 X_2 作用制得

$$PF_2X + X_2 = PF_2X_3 (X = Cl, Br)$$

PF_2Cl_3 的熔点为 210,2K.

PX_5 中的卤原子还可以被烷基取代,如甲基取代物 $PF_3(CH_3)_2$, $PF_2(CH_3)_3$, $PCl_3(CH_3)_2$.

此外,PHF_4, PH_2F_3 均已被制得:

$$H_2P(O)OH + 3HF = PH_2F_3 + 2H_2O$$

$$HP(O)(OH)_2 + 4HF = PHF_4 + 3H_2O$$

P_2Cl_9Br 是浅黄色晶体. 把 Br_2(0.120mol)滴入 PCl_3(0.240mol)在 $30cm^3$ PCl_3 的溶液中,过滤,用 PCl_3 和 C_6H_6 洗涤,经真空干燥得黄色产物. 它的晶体由 $6PCl_4^+$, $2PCl_3Br^+$, $4PCl_6^-$, $4Br^-$ 组成.

8.3.5 多卤化磷

卤化磷中 $X/P\geqslant7$(原子数比)的叫多卤化磷,如 PCl_6I, PCl_5BrI, PCl_3Br_4, $PClBr_5I$, PBr_7, PBr_6I, PCl_2Br_7, PCl_3Br_6, PCl_3Br_{10}, PBr_{17}, PCl_3Br_{18} 等.

结构测定和 P—X_2 二元体系是研究多卤化磷的重要方法.

X 射线衍射测定 PCl_6I 的晶体中含有 PCl_4^+ 和 ICl_2^-. PCl_4^+ 是四面体结构,P—Cl 键长为 197pm,ICl_2^- 为线型结构,I—Cl 键长为 236pm. 从结构来看,这个化合物应叫做二氯碘化四氯磷.

PX_6I 在甲腈中的电导表明存在下列平稳:

$$PX_6I = PX_4^+ + IX_2^- (X = Cl, Br)$$

P—X_2 二元体系中研究得最详尽的是 P—Br_2.

P—Br_2 体系中有四个固相. PBr_3（无色）、PBr_5（黄色）、PBr_7（红色）、PBr_{17}（红色）. PBr_3，PBr_5 已如前述. PBr_7 的结构和 PCl_6I 相似，即由 $[PBr_4]^+[Br_3]^-$ 组成. PBr_{17}中可能有 Br_2，就像水合晶体中的水那样.

PCl_3 和 Br_2 反应除生成 PCl_3Br_2 外还有 PCl_3Br_n（$n=4-10$），示有 $[PCl_3Br]^+[Br(Br_2)_m]^-$. 实验表明 PCl_mBr_n 是非整正化合物

$$PCl_3Br_{5.1-5.7}\xrightarrow{\text{真空}}PCl_{4.8}Br_{0.4}\xrightarrow[323K]{\text{真空}}PCl_{4.67}Br_{0.33}$$

在 $AsCl_3$ 中，PCl_3 和 Br_2 反应得亮黄色 $PCl_{4.5}Br_{0.5}$（其组成和 $PCl_{4.67}Br_{0.33}$ 相近）. 在硝基苯中 PCl_3 和 Br_2 作用生成 $PCl_3(Br_2)_n$，如 $PCl_3(Br_2)_2$ 或 PCl_3Br_4.

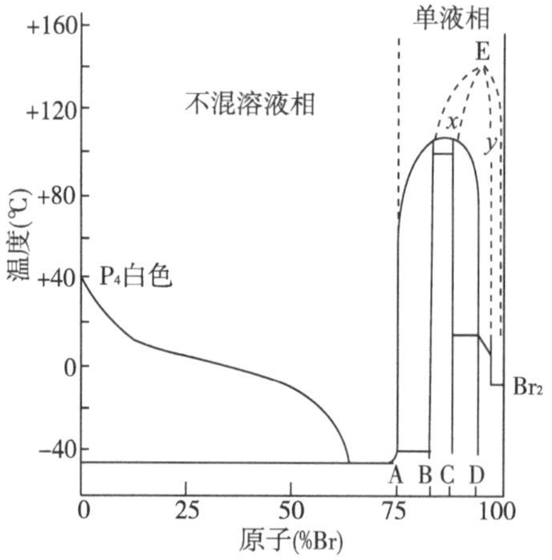

图 13.15　磷-溴体系

A 无色 PBr_3，B 黄色 PBr_5，C 红色 PBr_7，D 红色 PBr_{17}，x，y 为两种不混溶的液体，温度高于 140℃ 混溶（93.5 原子% Br）

含碘的多卤化物可以由 PX_3 或 PX_5 和 IX 反应生成. 反应物-卤化碘 IX 相当于卤素，因此制备多卤化磷的方法可用下式表示；

$$PX_3 + YX \longrightarrow PX_aY_b$$

$$PX_5 + YX \longrightarrow PX_aY_b$$

X = Cl，Br，Y = Br，I，$a+b\geqslant 7$.

多卤化磷和多卤化物相同，存在着解离平衡，如 PCl_6I，PBr_6I 在非极性溶剂（CCl_4）中的平衡关系：

$$PCl_6I = PCl_5 + ICl$$

$$PBr_6I = PBr_3 + Br_2 + BrI$$

在极性溶剂（CH_3CN）中的电离平衡已如前述.

除上述三、四、五、六配位的磷的卤化物外，还有许多含有其他取代基的磷的卤

化物. 其中含有无机取代基的如:

$$PF_3 + HF_2^- \xrightarrow{\text{室温}} [PF_5H]^-$$

$$Me_2NPF_2 + 3HF_2^- \xrightarrow[343K]{CH_3CN} [Me_2NH_2]^+[PF_5H]^- + 3F^-$$

含有有机取代基(指 P 直接和 C 相连)的如:

$$HCF_3 + PF_5 \rightleftharpoons H^+ + [F_3CPF_5]^-$$

$$Me_3SnCF_3 + PF_5 \rightleftharpoons Me_3SnCF_3 \cdot PF_5 \longrightarrow [Me_3Sn]^+[F_3CPF_5]^-$$

$$\xrightarrow{Me_3SnCF_3} [Me_3Sn]^+[(F_3C)_2PF_4]^-$$

$$R_xPF_{3-x} + Cl_2 = R_xPF_{3-x}Cl_2$$

$(R = CF_3$ 时 $x = 1,2$; $R = C_3F_7$ 时 $x = 1)$

$$(C_3H_7)_2PI \xrightarrow{HgCl_2} (C_3H_7)_2PCl \xrightarrow{Cl_2} (C_3H_7)_2PCl_3 \xrightarrow{SbF_3} (C_3H_7)_2PCl_3$$

近 20 余年来,对有机取代基卤化磷的合成、性质、结构及作为配位体形成配合物的研究非常多. 反式-$L_3Mo(CO)_3$ 络合物中 π 接受能力的顺序为:

$$F_3CPF_2 \sim (F_3C)_2PF > PF_3 > Cl_3CPF_2 > ClCH_2PF_2$$
$$> C_6H_5PF_2 > ROPF_2 > R_2NPF_2 > RP(F)(NR_2)$$
$$> (R_2N)_2PF (R = C_2H_5)$$

读者如有兴趣可参考有关文献(在 7.4 节后).

8.4 磷酰卤、硫代磷酰卤及有关化合物

POX_3 (X = F, Cl, Br, I) 叫磷酰卤 (phosphoryl halides) 或正磷酰卤 (orthophosphoryl halides),或三卤(—)氧化磷(phosphorus monoxytrihalides). PSX_3 是硫代磷酰卤(thiophosphoryl halides).

8.4.1 磷酰卤的制法

制备 POX_3 的方法很多,以所用的原料分,大致有五种.

1. 以三氯化磷为原料

于 293—323K 使纯 O_2 通入液态 PCl_3 生成 $POCl_3$. 若容器内液态 PCl_3 足够深(如 1m),则吸收 O_2 很完全. 当 $POCl_3$ 在 PCl_3 中的量超过 95% 时,PCl_3 吸氧能力下降.

2. 以五卤化磷为原料和含羟基(OH)的化合物作用

PF_5 或 PCl_5 和限量水反应:

$$PX_5 + H_2O = POX_3 + 2HX (X = F, Cl)$$

PCl_5 和 $H_2C_2O_4$ 作用(这是实验室制磷酰氯的方法).

$$PCl_5 + H_2C_2O_4 = POCl_3 + CO + CO_2 + 2HCl$$

PBr_5 和 CH_3COOH 反应:

$$PBr_5 + CH_3COOH = POBr_3 + CH_3COBr + HBr$$

PBr_5 和叔丁醇反应:

$$PBr_5 + 2t - C_4H_9OH = POBr_3 + 2C_4H_9^tBr + H_2O$$

3. 以五氧化二磷为原料

P_4O_{10}和 PCl_5, PBr_5 作用:

$$P_4O_{10} + 6PX_5 = 10POX_3 (X = Cl, Br)$$

这个反应的产率高达 80%.

P_4O_{10}和气态或液态 HF, IF_3 或 FSO_3H 的反应均能得到磷酰氟 POF_3.

4. 对磷酰卤(氯、溴)进行氟化制备磷酰氟,溴(碘)化制磷酰溴(磷酰碘)

$POCl_3$ 和氟化剂反应:

$$POCl_3 + 3MF = POF_3 + 3MCl$$

(MF 是 PbF_2, ZnF_2, AgF, NaF, MgF_2 等)

若用 $SbCl_3$ 和 $POCl_3$, $POBr_3$ 进行氟化,产物是 $POF_{3-x}X_x$.

353K 在无水 $AlCl_3$ 催化下, $POCl_3$ 和 HBr 作用生成 $POBr_3$

$$POCl_3 + 3HBr = POBr_3 + 3HCl$$

若 HBr 量不足,生成磷酰混合卤 $POCl_2Br$.

1973 年用 LiI 和 $POCl_3$ 作用,首次合成 POI_3.

5. 其他方法

其他方法很多,如把 $Mg_2P_2O_7$ 和 MgF_2 混合物热到 1023K 直接生成 POF_3. SO_3 和 $PSCl_3$ 作用生成 POF_3.

8.4.2　磷酰卤的结构

POX_3 分子中的 P 是四配位的. 键长见表 13.15. P—O 的键长短于 158pm,示有双键. P—F, P—Br 键长也明显短于单键键长,因此都被认为有 π 键成分,如 P—F相当$\frac{\pi}{3}$键/1σ 键. P—Cl 中 π 键成分极少.

$POCl_3$ 的空间群是 P_n2_{1a}, $a = 918.5$pm, $b = 932.6$pm, $c = 574.9$pm,计算密度为 $2.07g \cdot cm^{-3}$.

$POBr_3$ 是斜方晶体,空间群为 P_n2_{1a},晶胞中有四个分子, $a = 946.7$pm, $b = 993.8$pm, $c = 619.2$pm.

8.4.3　磷酰卤的化学性质

常温下, POF_3 是无色气体, $POCl_3$ 是无色易挥发的液体, $POBr_3$ 是无色固体,

POI_3 是暗紫色固体.

POX_3 在空气中因水解而冒烟. 和水作用生成 H_3PO_4 和 HX：

$$POX_3 + 3H_2O = H_3PO_4 + 3HX$$

若 POX_3 和少量水反应,产物中将含有 P—O—P—O—键的化合物.

相对而言,POF_3 的水解能力较弱,当它发生水解时,生成二种中间物：

$$POF_3 + H_2O = OP(OH)F_2 + HF$$

$$OP(OH)_2F_2 + H_2O = OP(OH)_2F + HF$$

$$OP(OH)_2F + H_2O = OP(OH)_3 + HF$$

若在微碱性介质中,生成的一氟代磷酸、二氟代磷酸可被分离. 室温下,这二个中间物尚称稳定. $POCl_3$,$POBr_3$ 水解的中间物尚未被分离过.

pH = 7 时,$POCl_3$ 的水解分两步进行：

$$POCl_3 + H_2O \xrightarrow{\text{快}} O\text{—}\overset{\overset{\displaystyle O}{\|}}{P}Cl_2 \xrightarrow[+2H_2O]{\text{慢}} H_3PO_4 + 2HCl$$

在后一步慢反应中,二个 Cl 几乎同时水解.

POX_3 中的 X 也可被氨基、烷氧基、硫醇基取代：

$POCl_3 + 3ROH = (RO)_3PO + 3HCl$(R,烷基)

$POCl_3 + 3ArOH \xrightarrow[\text{或 } AlCl_3]{MgCl_2} (ArO)_3PO + 3HCl$(Ar,芳基)产物$(RO)_3PO$ 是中性物质,为避免它和 HCl 进一步作用,反应时需加一些碱性物质以中和 HCl.

POX_3 能和许多物质形成加合物. POF_3 能和 BF_3,SbF_3…形成以氧键合的、1:1 加合物. 和四氯化锡生成 $SnCl_4 \cdot POCl_3$,$SnCl_4 \cdot 2POCl_3$.

$POCl_3$,$POBr_3$ 形成加合物的倾向强于 POF_3,形成的加合物也比较稳定. $POCl_3$ 和 BBr_3,BCl_3,$AlBr_3$,$AlCl_3$,$TiCl_4$,$SbCl_3$,$SnCl_4$,$TeCl_4$,$MoCl_5$ 等形成 1:1 的加合物,经 X 射线衍射实验证明,它们都是通过氧进行键合的,如 $Cl_3PO \longrightarrow SbCl_5$. 室温下 $POCl_3$ 和 $MgBr_2$ 形成的 $MgBr_2 \cdot 2POCl_3$,$MgBr_2 \cdot 3POCl_3$,及 $AlI_3 \cdot 2POCl_3$,$TiCl_4 \cdot 2POCl_3$,$ZrCl_4 \cdot 2POCl_3$…等也都是通过氧键合在一起的. 其中 $POCl_3$ 和 $ZrCl_4$,$HfCl_4$ 形成的加合物的分级蒸馏被用来分离锆和铪,$POCl_3$ 和 $NbCl_5$,$TaCl_5$ 的加合物,经分级蒸馏可分离铌和钽.

$AlCl_3 \cdot POCl_3$ 的 $\Delta H_f^{\ominus} = -77.82kJ \cdot mol^{-1}$,它不溶于有机溶剂,因此加适量 $POCl_3$ 可除去 Fridel-Craft 反应中的 $AlCl_3$.

$POCl_3$ 还能和金属氧化物或氢氧化物结合. 如 $CaO \cdot 2POCl_3$,$MgO \cdot 2POCl_3$,$MgO \cdot 3POCl_3$,$Ca(OH)_2 \cdot 2POCl_3$.

$POCl_3$ 是一种无质子溶剂,其某些性能和水相似(表 13.14).

在 $POCl_3$ 中,Al_2X_6(X = Cl,Br,I)不仅生成了 AlX_4^-,还有 $Al(OPCl_3)_6^{3+}$ 生成.

这就表明反应时还发生了卤原子的交换作用

$$Al_2X_6 + 6POCl_3 \rightleftharpoons 2AlCl_3 + 6POCl_2X$$

$$4AlCl_3 + 6POCl_3 \rightleftharpoons 3[AlCl_4]^- + [Al(OPCl_3)_6]^{3+}$$

表 13.14 磷酰氯和水某些物理性质的比较

物理性质 \ 化合物	$POCl_3$	H_2O
熔点,沸点(K) 蒸发热($kJ \cdot mol^{-1}$) 电导($\Omega^{-1} \cdot cm^{-1}$)	274.5,378.3 33.723 1.6×10^{-6}	273.2,373.2 40.627 4.3×10^{-8}
自电离	$POCl_3 \rightleftharpoons POCl_2^+ + Cl^-$ $2POCl_3 \rightleftharpoons POCl_2^+ + POCl_4^-$	$H_2O \rightleftharpoons H^+ + OH^-$ $2H_2O \rightleftharpoons H_3O^+ + OH^-$
酸,形成和溶剂相同的正离子	$POCl_2Br \rightleftharpoons POCl_2^+ + Br^-$ $POCl_3 + AlCl_3 \rightleftharpoons POCl_2^+ + AlCl_4^-$ (Lewis 酸)	$CH_3COOH \rightleftharpoons CH_3COO^- + H^+$ $CO_2 + H_2O \rightleftharpoons HCO_3^- + H^+$
碱,形成和溶剂相同的负离子	$PCl_5 \rightleftharpoons PCl_4^+ + Cl^-$ $C_5H_5N + POCl_3 \rightleftharpoons C_5H_5NPOCl_2^+ + Cl^-$ (Lewis 碱)	$NH_3 + H_2O \rightleftharpoons NH_4^+ + OH^-$

Gutmann 总结了化合物在 $POCl_3$ 中有以下 4 种行为:

(1)在 $POCl_3$ 中,$MgCl_2$,BCl_3,$AlCl_3$,$TiCl_4$,$ZrCl_4$,$SnCl_4$,$SbCl_5$ 及 $MoCl_5$ 生成溶剂合物或加合物;

(2)$POCl_3$ 和 MgO,$Mg(OH)_2$,CaO,$Ca(OH)_2$,ZnO,$Ni(OH)_2$ 形成可被分离的固体;

(3)$HgCl_2$,ICl,PCl_5,$AsCl_3$ 在 $POCl_3$ 中能导电,但并不形成固态的加合物;

(4)PBr_3,PCl_3,$SOCl_2$,$SiCl_4$ 溶于 $POCl_3$ 中,对溶液的导电无影响.

混合卤氧化磷有 $POFCl_2$,POF_2Cl,$POCl_2Br$,$POClBr_2$,POF_2Br,$POFBr_2$ 等.而 $POCl_2Br$,$POClBr_2$ 可用下法制得:

$$3PBr_3 + 3PCl_5 \xrightarrow[4h]{413K} [3PBr_2Cl_2 + 3PCl_3Br] \xrightarrow{3Br_2}$$

$$3PBr_3Cl_2 + 3PCl_3Br_2 \xrightarrow[15h]{P_4O_{10},\ 403K} 5POClBr_2 + 5POCl_2Br$$

$POCl_3$ 和 $POBr_3$ 混合得 $POCl_2Br$,$POClBr_2$.各种 POX_3 的含量因反应开始时 $POCl_3$ 和 $POBr_3$ 的相对用量而异(图 13.15).

$POCl_2Br$ 的熔点为 283.2—284.2K,沸点 325.2—326.2K(5.19kPa),408K(21.0kPa);$POClBr_2$ 的熔点为 304.2K,沸点 322.2K(1.60kPa),438K(100.7kPa).

[附]于 ~1100K,Ar 气氛下,$POCl_3$ 和 Ag 作用生成 POCl(M. BinneWies 等,1983).

8.4.4 焦磷酰卤，$P_2O_3X_4$

焦磷酰氟 HPO_2F_2 经 P_4O_{10}脱水缩合得 $P_2O_3F_4$

$$4HOP(O)F_2 + P_4O_{10} = 2F_2P(O)OP(O)F_2 + 4HPO_3$$

$P_2O_3F_4$ 经 NMR，Raman 光谱测定为对称构型、沸点为 344K.

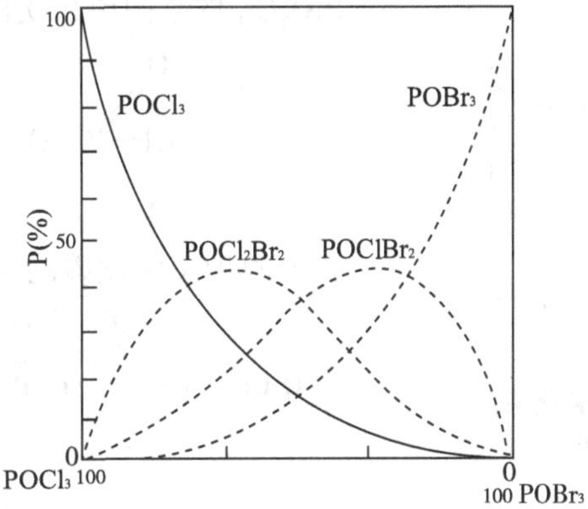

图 13.16 混合卤（氯、溴）氧化磷

$P_2O_3Cl_4$ 是无色、在空气中冒烟的液体. 熔点 108K，沸点 483—488K（分解），液态密度为 $1.58g \cdot cm^{-3}$.

制备 $P_2O_3Cl_4$ 的方法很多. PCl_3 在低温下和 N_2O_4 反应生成 $P_2O_3Cl_4$（产率 10%）及四磷酸氯，$P_4O_4Cl_{10}$. 生成 $P_2O_3Cl_3$ 的反应历程为：

$$N_2O_4 = 2NO_2$$

$$NO_2 + PCl_3 = Cl_3PONO$$

$$Cl_3PONO = Cl_2\dot{P}O + NOCl$$

$$Cl_2\dot{P}O + \dot{O}NO = Cl_2PO(ONO)$$

$$Cl_2PO(ONO) + Cl_2\dot{P}O = P_2O_3Cl_4 + NO$$

PCl_5 和 HPO_2Cl_2 反应得 $P_2O_3Cl_3$，产率 >90%.

$$PCl_5 + 2HOPOCl_2 = P_2O_3Cl_4 + POCl_3 + 2HCl$$

PCl_5 和 P_4O_{10}的摩尔数按 4∶1 混合，于 378K 作用得 $P_2O_3Cl_4$ 产率为 59%.

$P_2O_3Cl_4$ 最早是 $POCl_3$ 在湿空气中水解产物中被发现的.

$$2POCl_3 + H_2O = Cl_2(O)POP(O)Cl_2 + 2HCl$$

按 $POCl_3$ 计，产率为 15%.

将 $POCl_3$ 和 P_4O_{10}混合置于密封管中加热到 473K，经 48h，蒸出物中有 $P_2O_3Cl_4$ 和未反应的 $POCl_3$，残留物中含有缩合磷酰氯（玻璃状）$(PO_2Cl)_n$，可从后者中分离

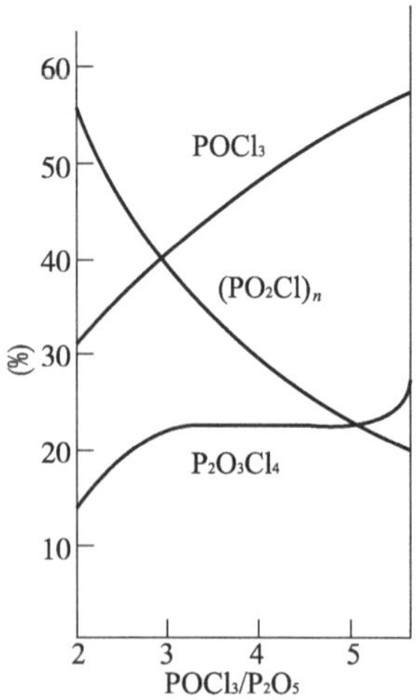

图 13.17　混合卤氧化磷合成的原料比

得到 $(PO_2Cl)_3$.

质谱法证明有下列平衡存在：

$$POCl_{(g)} + \frac{1}{2}O_{2(g)} = PO_2Cl_{(g)}$$

$PO_2Cl_{(g)}$ 的生成焓为 $-264.9kJ \cdot mol^{-1}$.

$P_2O_3Cl_3$ 的结构和 $P_2O_3F_4$ 相似,是对称结构.

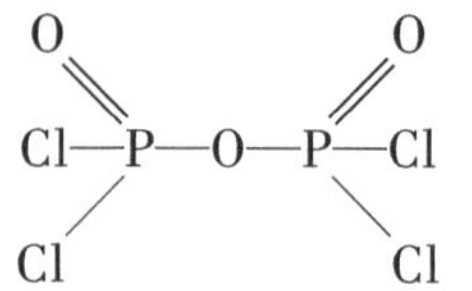

其他两种卤氧化磷的结构被认为是：

$(PO_2Cl)_n$ 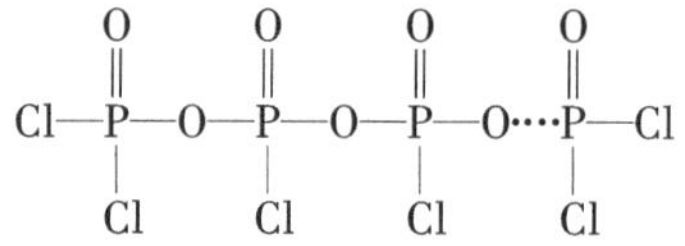

$(PO_2Cl)_3$ 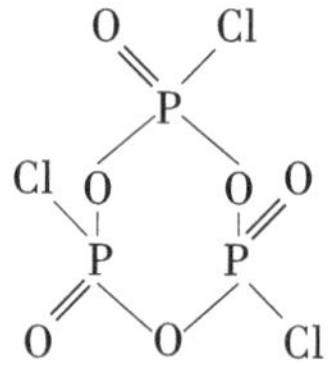

四磷酰氯的结构为：

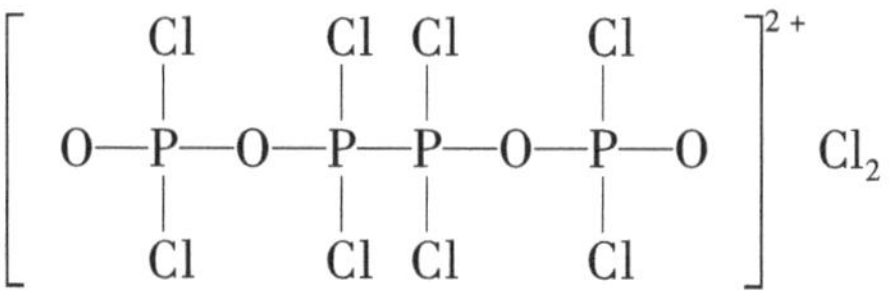

焦磷酰的混合卤化物也已被制得：

$$POFCl_2 + P_4O_{10} \xrightarrow[46h]{473K} O(POFCl)_2$$

NMR 结果表明它是对称结构.

8.4.5　磷酰拟卤及磷酰混合卤拟卤

磷酸拟卤有 $PO(NCO)_3$,$PO(NCS)_3$…,可用氧化剂氧化三拟卤化磷或拟卤化物和磷酰氯作用制得：

$$P(NCO)_3 + SO_3 \xlongequal{SO_2(1)} PO(NCO)_3 + SO_2$$

$$POCl_3 + 3MSCN = PO(NCS)_3 + 3MCl$$

在甲腈中,$POCl_3$ 和 NH_4SCN,在 C_6H_6 中 $POCl_3$ 和 AgSCN,KSCN,NaSCN 作用制得

相应磷酰化合物.

磷酰(混合)卤拟卤 $OPF_2(NCS)$, $OPF(NCS)_2$, $OPCl_2(NCS)$, $OPCl(NCS)_2$, $OPFCl(NCO)$, $OPF_2(NCO)$, $OPCl_2(NCO)$…均已被制得.

磷酰卤和磷酰拟卤之间进行卤—拟卤交换得相应的磷酰(混合)卤拟卤:

$$OPCl_3 + OP(NCS)_3 = OPCl(NCS)_2 + OPCl_2(NCS)$$

PCl_5 和氨基甲酸乙酯, $H_2NCOOEt$ 作用生成 $POCl_2(NCO)$:

$$H_2NCOOEt + PCl_5 = OPCl_2(NCO) + EtCl + 2HCl$$

$POCl_2(NCO)$可在常压下蒸馏提纯.

含氟的磷酰(混合)卤拟卤则是用氟化剂对磷酰化合物进行氟化,或以 $P_2O_3Cl_4$ 为原料制备:

$$OPCl_2(NCO) + SbF_3 \longrightarrow OPF_2(NCO) + OPFCl(NCO)$$

这是一个放热反应,速度也很快. 产物是无色、在空气中冒烟的液体,易挥发但不易分解,常压下较稳定,易和氯原子发生交换反应. [$OPF_2(NCO)$, $OPFCl(NCO)$的沸点分别为341.2—341.7K,374.5K]

$$F_2(O)POP(O)F_2 + KSCN \xrightarrow[\text{搅拌 12h}]{298K} F_2P(O)(NCS) + KPO_2F_2$$

摩尔比 1 1.2 沸点308.8K/11.6kPa

$$F_2(O)POP(O)F_2 + KOCN \longrightarrow F_2P(O)(NCO) + KPO_2F_2$$

沸点332.2K

此外磷酰(混合)卤拟卤的歧化反应是制备另一种磷酰卤拟卤的方法:

$$2POF_2(NCS) \xrightarrow[N_2]{338K} POF(NCS)_2 + POF_3$$

产率40%. $OPF(NCS)_2$ 于337.7K 466Pa下沸腾.

8.4.6 硫代磷酰卤

制备方法大体上和制 $POCl_3$ 相似.

以 $AlCl_3$ 为催化剂,S对 PCl_3 直接进行反应:

$$PCl_3 + AlCl_3 \longrightarrow PCl_3 \cdot AlCl_3 \xrightarrow{S} PSCl_3 + AlCl_3$$

P_2S_5 和 PCl_5, PBr_5 反应:

$$P_4S_{10} + 6PX_5 = 10PSX_3 (X = Cl、Br)$$

P_2S_5 在 CCl_4 中加热制得 $PSCl_3$:

$$P_4S_{10} + 3CCl_4 = 4PSCl_3 + 3CS_2$$

在避光条件下,于 CS_2 中 PI_3 和 S_8(摩尔比为8∶1)反应得 PSI_3:

$$PI_3 + S = PSI_3$$

在避光条件下,273.2K于 CS_2 中,P和S, I_2 作用,经数日得 PSI_3.

表 13.15 磷酰卤和硫代磷酰卤的某些性质

	298K 状态	熔点(K)	沸点(K)	$\Delta H^{\ominus}$(kJ · mol^{-1})	结构参数			NMR 化学位移(H_3PO_4)
					P—O,P—S	P—X	XPX	
POF_3	无色气体	233.9 104kPa	233.3		156pm	152pm	107°	35.5
$POCl_3$	无色液体	274.3	378.1	-579.1(g) -615.5(l) -628.9(s)	156	198	106°	2.2
$POBr_3$	固体	328	464.7	-447.3(s)	141	206		102.9
POI_3	固体	325	—	—	—	—	—	—
POF_2Cl	无色气体	176.6	276.1	—	—	151(F) 201(Cl)	106°	15
$POFCl_2$	无色液体	192.9	325.9	—	154	150(F) 194(Cl)	106°	0
POF_2Br	无色液体	188.2	304.0	—	—	—	—	—
$POFBr_2$	无色液体	155.8	383	—	—	—	—	—
$POCl_2Br$	—	283 ~ 284	325.3/5.2kPa	—	—	—	—	—
$POClBr_2$	—	304	322/11.6kPa	—	—	—	—	—
PSF_3	无色气体	124.4	220.8	—	185	151	99.5°	32.4
$PSCl_3$	无色液体	238	398	-331.4	194	201	107°	-28.8
$PSBr_3$	黄立方晶体	310.8	485(分解)	—	189	213	106°	111.8
PSI_3	红褐色固体	321	—	—	—	—	—	—
PSF_2Cl	无色气体	117.8	279.3	—	—	—	—	50.0
$PSFCl_2$	无色液体	177	337.8	—	—	—	—	—
PSF_2Br	—	136.1	308.5	—	187	145(F) 214(Br)	106°	28.6
$PSFBr_2$	—	197.8	398.3	—	187	150(F) 218(Br)	—	—
$PSF_2(NCS)$	—	—	363	—	—	—	—	—
$PS(NCO)_3$	无色液体	281.8	488	—	—	—	—	—

PSI_3 不稳定,293.2K 分解,光和热均能加速其分解:

$$7PSI_3 = P_4S_7 + 3PI_3 + 6I_2$$

含氟的硫代磷酰卤需用氟化剂制备,如用 SbF_3 对 $PSCl_3$,$PSBr_3$ 氟化得 $PSF_{3-x}Cl_x$,$PSF_{3-x}Br_x$.

$PSCl_3$ 在常温下呈液态,$\Delta H_f^{\ominus} = -331.4 kJ \cdot mol^{-1}$,在空气中冒烟,在水中水解为 H_3PO_4,HCl 和 H_2S,在碱性溶液中水解可得一硫代磷酸钠,Na_3PO_3S.

$PSBr_3$ 是黄色固体.熔点 311.0K,沸腾(485K)时有部分分解.

PSF_3,$POCl_3$,$POBr_3$,POI_3 都是四面体构型.

$PSCl_3$ 能和许多金属卤化物作用形成含 $PSCl_2^+$ 的固态物.如 $AlCl_3 \cdot PSCl_3$ 为 $PSCl_2^+AlCl_4^-$,$PSCl_3 \cdot 2AlCl_3$ 为 $PSCl_2^+Al_2Cl_7^-$.

POX_3 及其某些取代物和金属卤化物形成的加合物中也有含磷的正离子,如

$C_6H_5PSCl_2 \cdot AlCl_3$ 是 $C_6H_5PSCl^+AlCl_4^-$

$C_6H_5PSCl_2 \cdot 2AlCl_3$ 是 $C_6H_5PSCl^+Al_2Cl_7^-$

$(C_6H_5)_2PSCl \cdot AlCl_3$ 是 $(C_6H_5)_2PS^+AlCl_4^-$

$(C_6H_5)_2PSCl \cdot 2AlCl_3$ 是 $(C_6H_5)_2PS^+Al_2Cl_7^-$

和 POX_3 相同,PSX_3 通过 S 原子和其他化合物结合.由于硫是典型的软碱,所以易和软酸——过渡金属、(重)卤素,以 sp^3 杂化的碳原子结合.

硫代磷酰混合卤中的 $PSCl_2Br$,$PSClBr_2$ 可由下法制得

$$3PBr_3 + 3PCl_5 \xrightarrow[8h]{2P,8S,423K} 7PSCl_2Br + PSClBr_2$$

$PSCl_2Br$ 的沸点:316.2K(1729Pa),427K(9.75×10^4Pa)

$PSClBr_2$ 的沸点:443K(1.007×10^5Pa)

卤硫代磷除上述外还有 PS_2Cl_5,PS_5Cl_2,PS_2Br,$P_2S_3Br_4$,P_2SBr_6,$P_4S_3I_2$,PSI,P_2SI_2,P_2SI_4,$PS_{24}I_3$ 等.

硫代磷酰拟卤及硫代磷酰(混合)卤拟卤的制法和 POX_3 相似,如硫代磷酰卤和硫代磷酰拟卤间进行卤-拟卤交换反应,硫代磷酰拟卤进行氟化或硫代磷酰(混合)卤拟卤的歧化等反应:

交换:$SPBr_3 + SP(NCS)_3 = SPBr(NCS)_2 + SPBr_2(NCS)$

歧化:

$$2PSBr_2(NCS) = PSBr_3 + PSBr(NCS)_2 \quad K = 0.523(423K)$$

$$2PSBr(NCS) = PSBr_2(NCS) + PS(NCS)_3 \quad K = 1.17(423K)$$

氟化

$$2PS(NCS)_3 + SbF_3 = SPF_2(NCS) + SPF(NCS)_2 + Sb(NCS)_3$$

上述氟化体系于 339—340K/200Pa 蒸发得 $PSF(NCS)_2$,产率为 45%.

PSF_3 和拟卤化硅反应得硫代磷酰氟拟卤化物：

$$4PSF_3 + Si(NCO)_4 \xrightarrow{473K} 4SPF_2(NCO) + SiF_4$$

硒代磷酰氟，$SePF_3$ 可由下列反应制备

$$PF_3 + Se \xrightarrow{573K,3950bar} SePF_3$$

参 考 文 献

[1] J. F. Nxon, Chemistry of Phosphine, Adv. in Inorg. and Radiochem. Vol. 13, p. 363, Academic Press, 1970.

[2] R. Schmutzler and O. Stelzer, Ed. By. C. C. Addison and D. B. Sowerby, Halides of phosphorus, Inorg. series one, Vol 2, p. 61 Butter worth, 1972.

[3] R. G. Kalbardkeri, D. K. Padma, A. R. Murthy, *Indian J. Chem. Sect* A. 20A (1), 83 - 84 (1981).

[4] E. Renee, G. Jean, C. R. Hebd Seances, C. A. 9046846.

[5] V. P. Spiridonov, H. A. Ishchenko, L. S. Ivash kevich, *J. Mol. Strucl.*, 72, 153 - 162 (1981).

[6] A. Finch., P. N. Gates, H. D. Jenkins, K. P. Thakur, *J. Chem. Soc. Commun*, 12 579 - 580 (1980).

[7] G. Nathauson, B. Gitlin, A. M. Rosan, J. T. Yardly, *J. Chem. Phys.*, 47 (1) 361 - 369 (1981).

[8] K. Olie, *Acta. Cryst.*, B_{27}, 1459 (1971).

[9] Kirk-Othmer, Encycl, Chem. Tech, 2nd Ed., Vol. 15, p. 304, 1968; 3rd F. d., Vol. 10, p. 779 - 788, Wiley, 1980.

[10] C. G. Barlow, I. F. Nixon and M. Webster, *J. Chem. Soc.*, (A), 2216 (1968).

[11] V. Gutmann, Z. *anorg. u. allgem. Chem.*, 269, 279 (1952); 270. 179 (1952).

[12] H. W. Roesky, *Angew. Chem. Int. Edn. Engl.*, 6, 90 (1967).

[13] Von Hethert Grunze, Z. *amorg. u. allgem. Chem.*, 256, 63 - 72 (1958).

13.9 磷的氧化物

最重要的氧化磷是 P_4O_6 和 P_4O_{10}，此外还有 PO，PO_2，P_4O_7，PO_3….

9.1 六氧化四磷

9.1.1 六氧化四磷的制备

白磷被氧化成 P_4O_6 的作用因反应温度、气体流速、气体中除氧外其他气体的种类和量、白磷的分散程度及容器的几何形状而异.

白磷置于内径为 17mm 管内于 419—423K，通入气压为 12.0kPa 气体（含 75% O_2 和 25% N_2），流速为 30L/h，生成 P_4O_6，产率（按白磷量计）为 50%，产物中含少量白磷. 在汞弧灯照射下使（此）白磷转化为红磷，然后加热蒸出 P_4O_6 纯制或于 CS_2 中重结晶纯制.

于 823—873K，9.3kPa 下使白磷和 N_2O 反应生成 P_4O_6，产率为 50%. 把 O_2 通入白磷的 CCl_4 溶液，得浅黄色物，后者经真空干燥得白色 P_4O_6. 研究工作报道：低温等离子体作用于 P，P_4O_{10}，$Ca_3(PO_4)_2$ 混合物生成 P_4O_6.

东德专利报道：白磷和 CO_2（摩尔比为 1∶1.5—15）在 1000—1700K 瓷管中经 0.3s，后于 1×10^{-3}s 内使混合产物 P_4O_6 和 P_4O_7 迅速冷却到 600K，两种氧化物可藉真空蒸馏分离（另一产物——CO 可作燃料）.

9.1.2 六氧化四磷的结构和性质

蒸气密度法及溶于萘测定凝固点的测定，均表明，此物是以 P_4O_6 存在的，而不是 P_2O_3（三氧化二磷是老的名称）.

P_4O_6 为 Td 结构，P—O 键能为 $360kJ\cdot mol^{-1}$，$\Delta H^{\ominus}_{f(s)} = -1640.1kJ\cdot mol^{-1}$（按 $P_4O_{10(s)}$ 的 $\Delta H^{\ominus}_f = -2983.1kJ\cdot mol^{-1}$ 的计算值），升华热为 $66.94kJ\cdot mol^{-1}$ $P_4O_{6(l)} = P_4O_{6(g)}$ $\Delta H^{\ominus} = 39.33kJ\cdot mol^{-1}$，$\Delta S^{\ominus}_{(448.56K)} = 87.9J\cdot k^{-1}\cdot mol^{-1}$. 介电常数 3.2（295K），表面张力为 $36.58dyn\cdot cm$（307.5K）. P_4O_6 的蒸气压（kPa）.

温度(K)	323	333	343	353	373	393	413	433	443
p(kPa)	1.08	1.81	2.93	4.60	10.4	21.3	39.8	69.2	88.8

P_4O_6 和过量的冷水混合并振荡，最终生成亚磷酸，H_3PO_3. 若不振荡则分成两层，两层相互发生反应得 H_3PO_3 和少量 H_3PO_4，P，还可能有 P_2O 等. P_4O_6 和热水的反应较为剧烈，生成 H_3PO_4，PH_3 及红磷.

P_4O_6 在 473—673K 下置于密封管，减压时按下式发生热分解反应

$$2P_4O_6 = 3P_2O_4 + 2P_{(红色)}$$

P_4O_6 在空气中加热燃烧的现象因 P_4O_6 纯度、反应条件、P_4O_6 中所含磷的量而异. 燃烧时有绿色光焰(298K 白磷在 P_4O_6 中的溶解度为 1.7g/100gP_4O_6，体系的化学式是 $P_{2.00}O_{2.91}$ 或 $P_{2.06}O_{3.00}$)，绿色光焰因 p_{o_2} 增大而加强，p = 1bar 时最强. P_4O_6 中因含有的白磷及有少量湿气，在燃烧时才显现绿光，而纯 P_4O_6 被氧化时不显绿色.

P_4O_6 吸收 O_2 的速度和 O_2 分压的平方根成正比关系

$$-\frac{dp_{o_2}}{dt} = k_2 p_{o_2}^{\frac{1}{2}}$$

k_2 值取决于液态 P_4O_6 的表面积、蒸发速度及温度. 在 313.5K，将 5ml 液态 P_4O_6 置于容积为 25ml 的容器中，氧分压改变和反应时间的关系如下：

时间(min)	0	90	240	625
p_{o_2}(kPa)	279.6	269.5	253.0	220.4

当有湿气存在时，含白磷的 P_4O_6 和 O_2 反应的产物是 PO_2 和 P_4O_{10} 的混合物.

P_4O_6 和 Cl_2，Br_2 反应生成 $POCl_3$，$POBr_3$，P_4O_6 和 I_2 的反应很慢，生成红色物. 在加压条件下，P_4O_6 和 I_2 在 CCl_4 的溶液反应，析出橘红色的 P_2I_4：

$$P_4O_6 + X_2 \longrightarrow POX_3 (X = Cl, Br)$$

$$5P_4O_6 + 8I_2 = 4P_2I_4 + 3P_4O_{10}$$

高于 423K，S 也能氧化 P_4O_6.

$$P_4O_6 + 4S = P_4O_6S_4$$

P_4O_6 和 HCl 反应生成 PCl_3 和 H_3PO_3，和 B_2H_6 反应则生成 $H_3BP_4O_6BH_3$：

$$P_4O_6 + 6HCl = 2H_3PO_3 + 2PCl_3$$

$$P_4O_6 + B_2H_6 = H_3BP_4O_6BH_3$$

P_4O_6 能取代羰基镍中的羰基，生成 $P_4O_6[Ni(CO)_3]_4$，$(P_4O_6)_2Ni(CO)_2$，Ni(CO)$(P_4O_6)_3$，$Fe(CO)_4(P_4O_6)$. 在后一个化合物中是，P_4O_6 中的一个 P 原子和 Fe 原子配位.

P_4O_6 是具有令人不愉快气味的极毒物.

9.2　十氧化四磷

9.2.1　制法

磷和足量氧反应生成 P_4O_{10}

$$4P + 5O_2 = P_4O_{10} \quad \Delta H_f^{\ominus} = -2983.1 kJ \cdot mol^{-1}$$
$$\Delta G_f^{\ominus} = -2697.8 kJ \cdot mol^{-1}$$

产物中常含有少量 P_4O_6，后者于448—473K 间长时间通空气或 O_3 可使之转化为 P_4O_{10}. 商品的纯度为99.5%，主要杂质是 P_4O_6(约0.01%)和水. 于1073—1273K 下，白磷(0.4—0.8g · min^{-1})和过量干空气(过量系数为2.30—2.55)作用得可供电工工业用的纯 P_4O_{10}[金属杂质总量为 5×10^{-3}%，硫为($5\times10^{-5}-1\times10^{-4}$)%].

高温下(约1273K)，P_2O_4 被 CO_2 氧化成 P_4O_{10}

$$P_2O_4 + CO_2 = P_2O_5 + CO$$

1273K 时，平衡体系中 P_2O_4 和 P_2O_5 之摩尔比为1∶1，CO_2 和 CO 之摩尔比为2∶1.

$K_4P_2O_7$ 和 SO_3 作用生成 K_2SO_4 和 P_4O_{10}.

9.2.2　十氧化四磷的结构

P_4O_{10}分子为 T_d 构型

由键长可知 P—O′为双键.

	P—O(pm)	P—O′(pm)	P—O—P	键角 O—P—O(°)
P_4O_6	165	—	128	99
P_4O_{10}	160	140	124	102，OPO′117

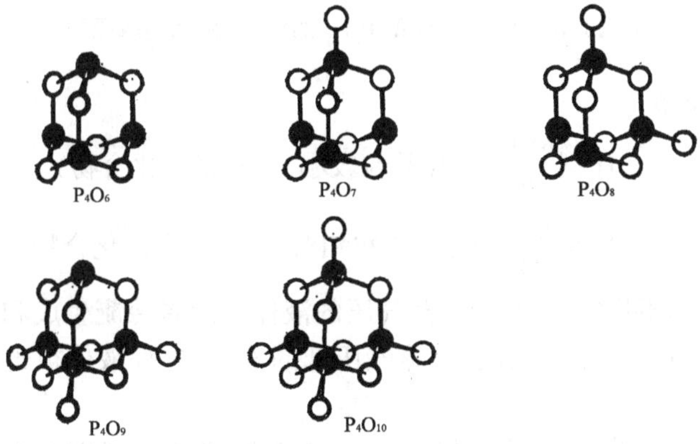

图13.18　磷的氧化物的结构

固态、液态 P_4O_{10} 的结构比较复杂．常温下 P_4O_{10} 至少有三种晶体和二种无定形变体．

由气态 P_4O_{10} 冷凝得到的是无定形．商品 P_4O_{10} 接近于无定形．无定形 P_4O_{10} 在真空中或 CO_2 中升华得六方晶体，称为 H 型．H 型在不同温度下加热（加热的时间长短不同）得斜方晶体，

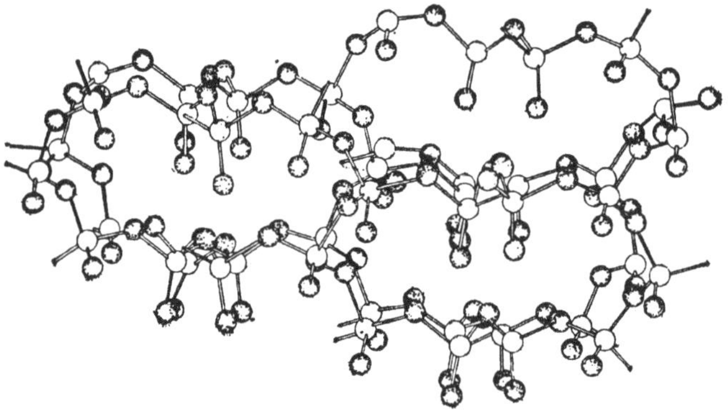

O型

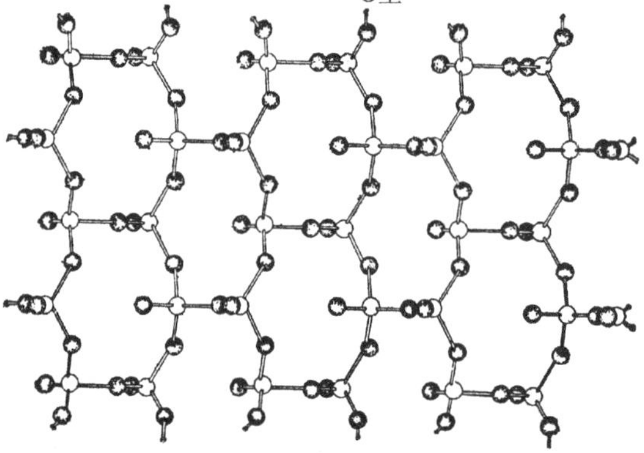

O型

图 13.19　O 型和 O′型 P_2O_5 的结构（白球是磷原子）

称为 O 型和 O′型．

$$\text{H 型}\xrightarrow[2h]{673K}\text{O 型（晶粒较小，是介稳态化合物）}$$

$$\text{H 型}\frac{723K}{24h}\text{O}'\text{型（晶粒相对大，是稳定的化合物）}$$

H 型熔化为不稳定、具有较高蒸气压的液体．后者冷凝生成和无定形体相似的物质．O 型、O′型熔融得黏度大、蒸气压低的液体，这种液体被迅速冷却得玻璃态物质．

H 型晶体中的键长、键角均和 P_4O_{10} 分子相近，所以 H 型刚熔化时都是 P_4O_{10}.

H－型中含有独立的 P_4O_{10}.

O 型是片状结构，有 10 个 P 和 10 个 O 组成环．O′型也是片状结构，含有 6 个 P 和 6 个 O 组成的环．O 型和 O′型都是由 PO_4 四面体排列形成的．其键长等均和 P_4O_{10}分子不同．P—O 156pm，P—O′为 149pm，P—O—P 角 145°．因为两者相互间的转化是 PO_4 的重排，所以必须在升温条件下，经较长时间加热才能完成．在高压釜中、低于熔点加热，H 型首先转化成 O 型，然后再转化为 O′型，可能就是 PO_4 重排需要时间的缘故．

此外，一般固态物熔融不会发生过热的现象，但 O′型可过热 10K，这可能和熔化时 PO_4 重新组合成极黏的聚合物有关．

玻璃态 P_2O_5 是由不同 P—O 数目环组成的三维结构．

以上物质都是由 PO_4 单元结合而成的．

无定形 P_4O_{10}的蒸气压于 631K 达 1 bar 973—1673K 测得其蒸气的分子量为 302 ±2（P_4O_{10}为 284），可能是蒸气中有少量聚合态或超磷酸之故．

表 13.16　H 型、O 型、O′型 P_4O_{10}的某些物理性质

P_4O_{10}	三相点		熔点(K)	沸点(K)	$\Delta H^\ominus_{(蒸)}$	$\Delta H^\ominus_{(熔)}$	$\Delta H^\ominus_{(升)}$	密度
	温度(K)	压力(kPa)			$(kJ \cdot mol^{-1})$	$(kJ \cdot mol^{-1})$	$(kJ \cdot mol^{-1})$	$(g \cdot cm^{-3})$
H 型	693	479.9	693	733(升)	67.78	27.20	95	2.3
O 型	835	58.1	835	878	78.24	32.22	152	2.72
O′型	853	73.8	853	878	78.24	21.76	142	2.89

9.2.3　十氧化四磷的性质

P_4O_{10}的脱湿能力极强，即使在 363K 脱湿能力仍然很强．室温下，P_4O_{10}可使体系内残余 $p_{H_2O} < 1.33 \times 10^{-3}$Pa.

三种晶体 P_4O_{10}开始的脱湿能力相近，O 型、O′型吸湿速度减慢，这可能和 PO_4 四面体连接成巨型结构有关．

P_4O_{10}吸湿后在固态表面形成磷酸，从而阻碍内层 P_4O_{10}和湿气的反应．若把 P_4O_{10}分散在玻璃棉上再使用，其吸湿的效率较高.

P_4O_{10}溶于水的最终产物是 H_3PO_4，溶解热为 $188.3kJ \cdot mol^{-1}$，工业上大量 P_4O_{10}就是被用来制备 H_3PO_4，$H_4P_2O_7$ 及磷酸酯．

$$P_4O_{10} + 6H_2O = 4H_3PO_4$$

$$P_4O_{10} + 6Et_2O \xlongequal{\triangle} 4PO(OEt)_3$$

H 型 P_4O_{10}极易溶于水，溶解时发生嘶嘶声，O′型 P_4O_{10}的溶解要慢得多，O 型溶解最慢，即使在 363K，溶解速度仍很慢．

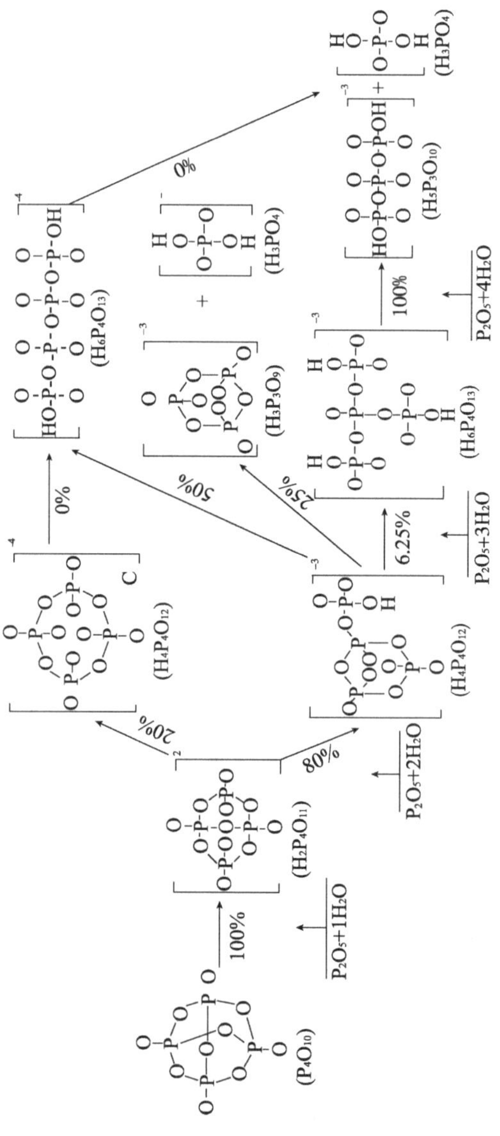

图13.20　P_4O_{10}的水解

H 型溶于冰冷水中有 80% 转化为四偏磷酸$(HPO_3)_4$. 纸上色层实验结果表明:77% 的 P_4O_{10} 转化为环状$(HPO_3)_4$,15% 转化为 $H_5P_3O_{10}$,8% 转化为 H_3PO_4,$(HPO_3)_3$,$H_6P_4O_{13}$等.

O 型、O′型的水解产物中有一定量的聚合酸.

事实上,P_4O_{10}水解反应是很复杂的,其间水分子促使 P—O—P 键断裂,由于断裂不同部位的 P—O—P,故生成不同的产物,然而水解的最终产物却都是 H_3PO_4. P_4O_{10}和 100% H_2O_2 反应只生成过一磷酸,H_3PO_5,而没有四偏磷酸,因后者在有一定量 H_2O_2 时便迅速被水解.

P_4O_{10}还能从某些含羟基、酰胺的化合物中脱水,如

$$4HNO_3 + P_4O_{10} = 2N_2O_5 + 4HPO_3$$

$$2H_2SO_4 + P_4O_{10} = 2SO_3 + 4HPO_3$$

$$4HClO_4 + P_4O_{10} = 2Cl_2O_7 + 4HPO_3$$

$$2RCONH_2 + P_4O_{10} = 2RCN + 4HPO_3$$

$$H_2NCOCONH_2 + P_4O_{10} = (CN)_2 + 4HPO_3$$

$$CH_2(COOH)_2 + P_4O_{10} = C_3O_2 + 4HPO_3$$

P_4O_{10}和 ROH(醇)作用,因反应物相对用量不同,生成酸性或中性的磷酸酯.

$$P_4O_{10} + 6ROH = 2(RO)P(O)(OH)_2 + 2(RO)_2P(O)(OH)$$

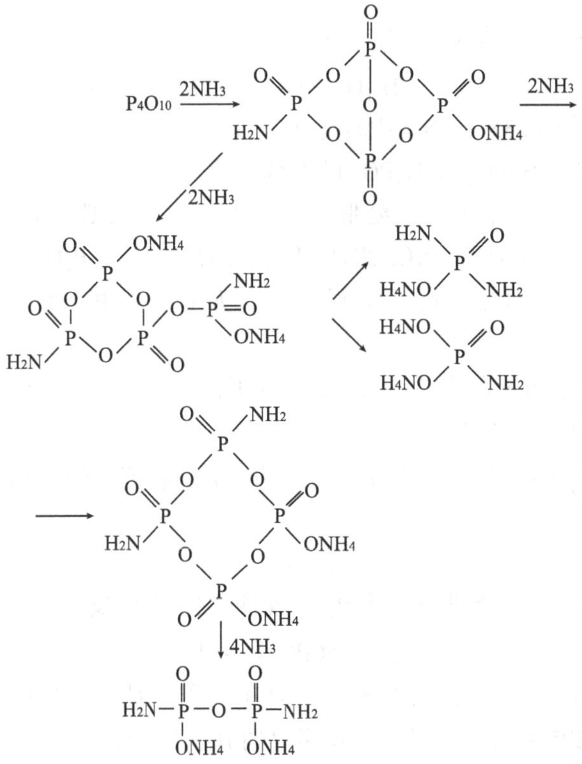

P_4O_{10}和足量的 NH_3 作用生成链状、环状酰氨基衍生物和铵盐：
有时生成结构不详的含有 P—N—P 及 $PONH_4$ 的白色粉末(被用来作防火剂).

P_4O_{10}和 N_2O_4 反应得玻璃状的化学式为 $P_2O_5 \cdot 2NO$ 的白色固体. P_4O_{10}和 NO 反应也能生成上述白色固体.

虽然 P_4O_{10}能和碱性化合物、许多含氧的有机化合物反应,但在室温下干燥的 P_4O_{10}和(干燥)碱性氧化物并不反应. 加适量水就能促进反应进行,或加热就发生激烈的自催化反应. 如在室温下,混合干的等摩尔 P_2O_5 和 CaO 并无反应,加少量水,反应立即发生. 若混合反应物的质量足够大,能起火(此时将有部分 P_2O_5 挥发).

P_4O_{10}和 Na_2CO_3,Na_2SO_4 反应释出 CO_2,SO_3.

P_4O_{10}和某些卤化物,如 HCl,CaF_2 反应生成 POF_3,$POCl_3$ 及磷酰混合卤化物等.

9.3　磷的其他氧化物

9.3.1　P_2O_4

P_4O_6 热分解得白色固体 P_2O_4:

$$2P_4O_6 = 3P_2O_4 + 2P$$

P_2O_4 于 453K 升华,623K 在空气中转化成 P_4O_{10}.

P_2O_4 溶于水得 H_3PO_4 和 H_3PO_3 的混合溶液.

P_2O_4 的晶体有两种:α 型(菱形)含 P_4O_8 和 P_4O_9,其平均组成为 $P_4O_{8.1}$ ~ P_4O_9;β 型(单斜)由 P_4O_7和 P_4O_8 组成,化学式为 $P_4O_{7.7}$ ~ P_4O_8 · P_4O_7 比 P_4O_6 多了一个(端基)氧(图 13.18),其中 $P^V—O_{(端)}$ 为 144pm,$P^V—O_{(\mu)}$ 为 159pm,$P^{III}—O_{(\mu)}$ 为 168pm.

α 型、β 型的结构参数相近,但晶体密度不同. 纯的 P_4O_7,P_4O_8,P_4O_9 很难得到,已经证明 P_4O_8 为无定形.

P_4O_6 和 P_4O_{10}(mol 比为 1:2)在苯中迴流 34h,得约等摩尔 P_4O_7 和 P_4O_8.

9.3.2　$(PO_2)_n$

在 473 ~ 523K 真空条件下加热 P_4O_6 数日,发生下列反应

$$P_4O_6 \longrightarrow (PO_2)_n + P_{(红色)}$$

用分级升华的方法可分离红磷和 $(PO_2)_n$. 产物是光亮透明的晶体,密度为 $2.537g \cdot cm^{-3}$(295.8K). 由蒸气密度测得的分子量(293—741)因温度而异. 如

1673K 为 459 ± 20. 若按 459 计算，相当于 P_7O_{14}，但很可能是 P_8O_{16}.

$(PO_2)_n$ 是笼形化合物，在空气中易潮解，易溶解于水，溶解时发出嘶嘶声，溶液中有 H_3PO_3 和 $(HPO_3)_n$ 并有少量 PH_3 释出.

热和光对 $(PO_2)_n$ 均无明显的作用.

9.3.3 P_2O_6(?)

低压(133Pa)下，P_4O_{10} 和 O_2 的混合气通过有静放电装置的热管，得蓝紫色固体. 若过氧化磷的化学式是 P_2O_6，则它在蓝紫色固体中它的含量为 2%.

干的蓝紫色固体在室温下能稳定存在几天. 在减压条件下，此物受热(403K)分解释出 O_2. P_2O_6 溶于水得到不稳定的、具有强氧化性的过磷酸溶液，它能使 KI 转化为 I_2.

过氧化磷可能是 P_4O_{11} 和 P_4O_{12} 的混合物，只是 P_4O_{10} 中部分 P—O—P 转变为 P—O—O—P.

9.3.4 PO

273.2K $POCl_3$ 在氯化三乙基铵，Et_3NHCl 中电解，或 $POCl_3$ 和 Mg 在 C_2H_5OH 中反应得褐色物 $(PO)_n$. 此物不溶于水，比较稳定.

参考文献

[1] D. M. Yost and H. Russel, Systematic Inorganic Chemistry, p. 175, Prentice-Hall, 1946.

[2] J. R. Van Wazer, Phosphorus and its Compounds, Vol. I, p. 270, Interscience, 1958.

[3] A. D. F. Toy, Ed. By Bailor, Inorganic Chemistry, Vol. II. , Pergamon, 1973.

[4] K. Hertzon, Ger(East) 139 426; C. A. 95206228.

[5] V. S. Shipovskov, S. I. Vol′ fkovich, R. G. Aziev, Tezisy Dokl Vsessimp Phazmokhin, 2nd, 2, P. 247—250, 1975. C. A. 88123283.

[6] G. V. Astakhova. E. B. Minorova, N. D. Talanov, C. A. 9225041.

13.10　磷的硫化物

硫化磷有：四硫化三磷（P_3S_4）、四硫化四磷（P_4S_4），五硫化四磷（P_4S_5）、七硫化四磷（P_4S_7）、九硫化四磷（P_4S_9）及十硫化四磷（P_4S_{10}），其中以 P_4S_3 和 P_4S_{10}较为重要．硫-磷相图如图 13.21 所示.

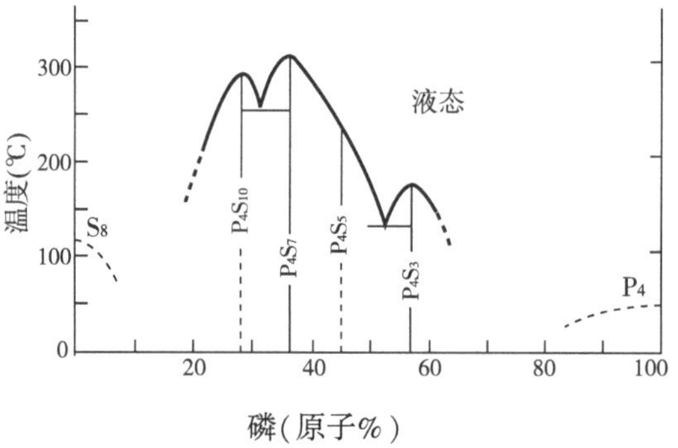

图 13.21　硫-磷相图

10.1　三硫化四磷

10.1.1　制法

S 和 P 在惰性气氛下，于 453K 发生放热反应得 P_4S_3. 因为反应放热所以制备时要采取连续加料的办法以控制反应速度．产物可在常压下蒸馏提纯或在甲苯中重结晶提纯．

过量红磷和硫（粉）在 CO_2 气氛下热到 373K 就发生反应．反应后加热是为了减少产物中含硫较多的硫化磷的量．冷却后用 CS_2 萃取，或在 CO_2 气氛下蒸馏，得易溶于 CS_2，C_6H_6，$C_6H_5CH_3$ 的黄色斜方晶体．

工业生产是于 603K 在 CO_2 气氛下使红磷和硫反应得含杂质的 P_4S_3. 在铸铁容器中于 593 – 653K 使熔硫和熔（白）磷反应．反应物加完后，再加热数小时，产物经真空蒸馏或（和）水或 HCO_3^- 溶液洗，于 313 – 323K 真空干燥而成．

其他生产 P_4S_3 的方法有：PH_3 和 S 反应生成 P_4S_3 和 H_2S. PH_3 和 $SOCl_2$ 或 SO_2Cl_2 反应生成 P_4S_3.

10.1.2 性质

P_4S_3 在苯中溶液的沸点升高数据表明，化合物的分子量为 228 – 264（P_4S_3 的化学式量是 220），故是 P_4S_3；蒸气密度法测定的分子量，973K 时为 219，1023K 时为 213，仍与化学式 P_4S_3 相符，同时表明 P_4S_3 在高温下不易分解．

P_4S_3 是最易溶解的硫化磷，能溶于 CS_2，C_6H_6，$C_6H_5CH_3$，PCl_3，$PSCl_3$ 等，溶解度也较大（表 13.17），如 290K 时 100g$C_6H_5CH_3$ 中能溶解 31.2gP_4S_3.

表 13.17　硫化磷的某些性质

	P_4S_3	α-P_4S_4	α-P_4S_5	β-P_4S_5	α-P_4S_7	β-P_4S_7	P_4S_{10}
颜色：固态	黄　色	浅黄色	黄色	金黄色	近白色	白色	黄色
液态	褐黄色	—	—		亮黄色		红褐色
晶型	斜方	单斜	单斜	单斜	单斜	斜方	三斜
晶胞参数（pm）	$a=966$ $b=1060$ $c=1367$	$a=977.9$ $b=905.5$ $c=875.9$ $\beta=102.65°$	$a=641.2$ $b=1090.3$ $c=669.4$ $\beta=111.66°$	$a=638.9$ $b=1096.6$ $c=661.3$ $\beta=115.65°$	$a=890$ $b=1744$ $c=678$ $\beta=92.73°$	$a=814$ $b=1143$ $c=1139$	$a=907$ $b=920$ $c=924$ $r=110.18°$
熔点（K）	434—435	503（分解）	433—493	—	578—583	375	559—563
沸点（K）	680—681	—		—	796	568	790—792
密度，290K（$g\cdot cm^{-3}$）	2.03	2.22	2.17（298）	—	2.19	—	2.09
熔解度，253K	11.1	—	—	—	—	—	0.0833
（g/100g CS_2），273K	27	—	—	—	0.005	—	0.182
290K	100	—	—	—	0.029	—	0.222
蒸发热（$kJ\cdot mol^{-1}$）	63.6	—	—	—	93.72	—	94.56
在水中[a)]	几乎不作用	—	—	—	快分解	分解	慢分解
在空气中[b)]	几乎不分解	—	—	—	分解	—	慢分解

a）水解首先断 P—S—P 键，然后断 P—P 键；b）硫化磷对热稳定性的顺序是 $P_4S_3>P_4S_7>P_4S_{10}$.

室温下，P_4S_3 和空气无作用，于 413 – 423K 在空气中被氧化，同时发生磷光（现象和白磷、P_4O_6 被氧化相似）. 343K 在空气或干氧（$p_{O_2}=51.55$kPa）中出现周期性的磷光，p_{O_2}逐渐增大，仍有磷光，当 $p_{O_2}=51.89$kPa 时无磷光．

常温下，P_4S_3 在水中是稳定的，但在沸水中发生缓慢的水解反应．和冷 HCl，H_2SO_4 的作用也很慢，与冷 HNO_3 作用得磷和磷的含氧酸，与王水（在适当的条件下）生成 H_3PO_4 和 H_2SO_4. 在碱性溶液中，P_4S_3 的水解反应速度较快，生成 S^{2-}，PH_3，H_2，$H_2PO_2^-$ 及 HPO_3^{2-}，这种溶液经过阴离子变换柱可得一硫代亚磷酸盐．

P_4S_3 水解产物中有 H_3PO_3 和 H_3PO_2 及其他物质，见表 13.18.

P_4S_4 溶于液 NH_3（240K），得 $(NH_4)_2[P_4S_3(NH_2)_2]$ 固态物，其中 NH_2 和三配位的磷相连，此固体热到 423 – 453K 又分解为 P_4S_3.

P_4S_3 溶于 CS_2 在无水、无氧条件下是稳定的．溶液吸收空气中氧，将析出黄色

$P_4O_4S_3$ 晶体．在 CS_2 中，P_4S_3 和 S 在漫射日光照射下生成 P_4S_5 和 P_8S_{11}，PS_2．其中 P_8S_{11} 可能是 P_4S_3 和 $(PS_2)_x$ 的混合晶体．

表 13.18　几种硫化磷的水解产物

水解产物	碱性溶液中的收率(%)			酸性溶液中的收率(%)		
	P_4S_3	P_4S_7	P_4S_{10}	P_4S_3	P_4S_7	P_4S_{10}
H_2S	94.2	90.0	90.0	—	90.0	78.0
PH_3	5.0	3	—	—	2.5	—
H_3PO_2	15.0	2	10.0	—	1.0	10.0
H_3PO_3	75.0	38	—	—	39	0.0
H_3PO_4	0.0	57	80.0	—	57	85.0
H_2	0.4	—	—	—	—	—

在 CS_2 中 P_4S_3 和 I_2 发生下列二个反应：

$$7P_4S_3 + 24I_2 = 16PI_3 + 3P_4S_7 \text{（只有 34\%）}$$

$$P_4S_3 + 4I_2 = P_4S_3I_8$$

此外还有 $P_4S_3I_2$ 生成（P_4S_7，P_4S_{10} 不被 I_2 氧化）．在 CS_2 中 P_4S_3 和 PI_3 作用生成 $\beta P_4S_3I_2$．

P_4S_3 和 Br_2 反应时，每个 P_4S_3 消耗大量的 Br_2：

$$10P_4S_3 + 42Br_2 = 28PBr_3 + 3P_4S_{10}$$

上述反应并不完全．由于 P_4S_3 易挥发，故可用真空升华的方法分离 P_4S_3 和 P_4S_{10}．

P_4S_3 和 Zn 反应生成 Zn_3P_2

$$P_4S_3 + 9Zn = 3ZnS + 2Zn_3P_2$$

773K 把 P_4S_3 和 As_2S_3 置于密封管中加热，得混合笼状化合物，$P_2As_2S_3$

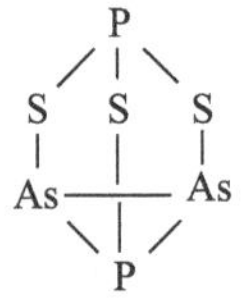

大量的 P_4S_3 被用来制造火柴．

10.2　四硫化四磷

P_4S_4 于 1976 年才被合成它有两种结构：

α-P_4S_4 具 D_{2d} 对称，β-P_4S_4 为笼状结构．两者熔融时均分解为 P_4S_3，P_4S_1 及 β-P_4S_6（图 13.22）．

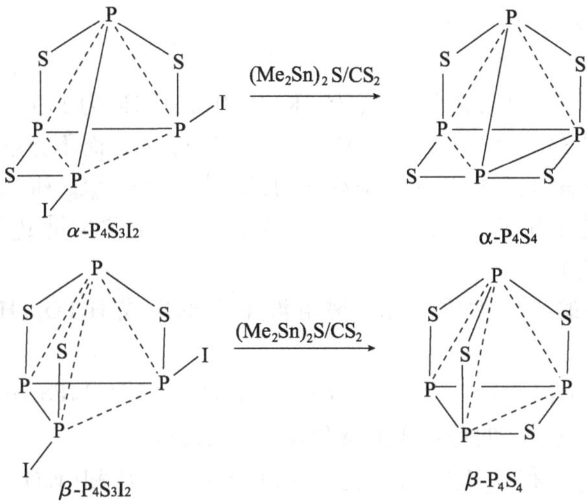

图 13.22 两种四硫化四磷的制备反应

10.3 五硫化四磷

P_4S_3(11g)和 S(3.5g),I_2(0.1g)催化剂于 $100cm^3 CS_2$ 中,经漫射日光照射三天得 α -P_4S_5. 产物在 CS_2 中重结晶,得亮黄色晶体. 在冷 CS_2 中分子重排得β -P_4S_5.

红磷和硫加热至熔、慢冷,用 CS_2 萃取得 P_4S_5. 熔化时,P_4S_5 分解,熔体慢冷时,则发生下列可逆反应

$$2P_4S_5 \rightleftharpoons P_4S_3 + P_4S_7$$

P_4S_5 于 443K 分解,所以在 P-S 相图上(图 13.21)没有 P_4S_5. P_4S_5 在 CS_2 的溶液中,测得其分子量为 294 – 342(P_4S_5 为 284). P_4S_5 的熔化温度区很宽,为 443 – 493K.

P_4S_5 和液 NH_3(240K)反应得 $P_4S_5 \cdot 6NH_3$,实际是$(NH_4)_3P_4S_5(NH_2)_3$.

10.4 七硫化四磷

取计量的 P_4S_3 和 P_4S_{10} 置于 CS_2 中,加热到 373K 得 P_4S_7,纯 P_4S_7 为无色或浅黄色晶体.

P 和 S(摩尔比为 4:7)和 5% P_4S_3 混合,置于硬质试管中加热,直到蒸发开始,冷却后用 CS_2 溶解 P_4S_3(P_4S_3 比 P_4S_7 更易溶于 CS_2)而得到 P_4S_7. 虽然 P_4S_7 是最难溶于 CS_2 中的硫化磷,但 P_4S_7 仍可在 CS_2 中重结晶.

在碘催化下,P 和 S 经漫射日光照射数天得 P_4S_7. 室温下在 CS_2 中的 P_2I_4 和

S,经漫射日光照射五天,得 P_4S_7 的大晶体.

在沸点时(796K)测定其分子量,表明以 P_4S_7 存在. 温度升高,P_4S_7 明显分解,其蒸气的分子量于973K为337,1073K为202,1173K为179,1273K为167(只有 P_4S_7 摩尔质量348的一半). 在 CO_2 气氛下,P_4S_7 蒸馏而不分解.

P_4S_7 有两种晶形,α 和 β. β 型是对称的,见图13.23. P_4S_5 和 $P_4S_{6.9}$ 混合熔融得 $P_4S_{6.5}$ 它是缺硫的 P_4S_7,叫 α-P_4S_7. 一般认为 α-P_4S_7 中含少量 P_4S_5,P_4S_6(P_4S_7 缺一、二个末端的硫).

P_4S_7 有明显的水解性质,在酸、碱溶液中水解生成 H_3PO_4,H_3PO_3,H_2S 及少量 PH_3

P_4S_7 和液 NH_3(240K)反应生成 $(NH_4)_3PS_4$,$(NH_4)_2PS_3NH_2$,$(NH_4)_3P_3S_3(NH)_3$ 及 $NH_4P_2(S)N$(四种物质的摩尔比为1:2:1:1).

在 CS_2 中,P_4S_7 和 C_2H_5OH 作用生成 $(EtO)_2P(S)SH$ 和 $(EtO)_2PP(OEt)SH$,后者易分解为 $(EtO)_2P(S)SEt$ 和 $(EtO)_2P(S)H$.

在 CS_2 中,P_4S_7 和 Br_2 反应生成 $P_2S_5Br_4$(熔点363K)及 $P_2S_6Br_2$(熔点为391K). 后者是环状结构.

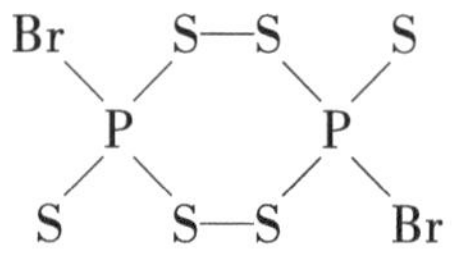

10.5　九硫化四磷

在 CS_2 中,P_4S_7 和 P_4S_{10} 作用生成 P_4S_9

$$2P_4S_{10} + P_4S_7 = 3P_4S_9$$

P_4S_{10} 和 PCl_3 或 $P(C_6H_5)_3$,作用也生成 P_4S_9

$$P_4S_{10} + PPh_3 = P_4S_9 + PSPh_3$$

和 α-P_4S_7 相似,P_4S_9 也是缺硫化合物,其组成常为 $P_4S_{8.5}$.

P_4S_9 有 α,β 两种晶体. α 的熔点为513—543K,β 的熔点为523－532K. P_4S_9 也能水解.

10.6　十硫化四磷

P_4S_{10} 是了解得最清楚、也是在工业上最重要的硫化磷.

10.6.1　制法

在惰性气氛下,按2P(白磷)和5S计量连续加料,温度升高达573K,产物经蒸

馏纯化得 P_4S_{10}.

2P(红磷) +5S(外加1%过量的S)在抽空的容器中热到973K. 此时管内压力升高达几个bar,反应完毕后慢冷,用 CS_2 萃取、重结晶得浅黄色的漂亮晶体 P_4S_{10}.

在 CS_2 中,加2P(红磷)和5S(另加10%的过量S),得十硫化四磷;或在 CS_2 中,加S,P,$C_{10}H_8$(萘)慢升温达423 -473K,冷却得 P_4S_{10}.

上述诸法都是以磷而不是用其他含硫较少的硫化磷为原料制备 P_4S_{10} 的原因是和反应的 $\Delta H^{\ominus}$ 值有关.

$$4P(红磷) + 3S_{(s)} = P_4S_{3(s)} \quad \Delta H^{\ominus} = -123kJ \cdot mol^{-1}$$

$$P_4S_{3(s)} + 4S_{(s)} = P_4S_{7(s)} \quad \Delta H^{\ominus} = -152kJ \cdot mol^{-1}$$

$$P_4S_{7(s)} + 3S_{(s)} = P_4S_{10(s)} \quad \Delta H^{\ominus} \approx 0$$

而 $4P(红磷) + 10S_{(s)} = P_4S_{10(s)} \quad \Delta H^{\ominus} = -275kJ \cdot mol^{-1}$

此外,磷铁和硫、硫化铁反应也能得到 P_4S_{10}:

$$4Fe_2P + 18S = P_4S_{10} + 8FeS$$

$$4Fe_2P + 18FeS_2 = P_4S_{10} + 26FeS$$

10.6.2 性质和结构

P_4S_{10} 的蒸气压

$$\lg p_{(pa)} = -\frac{4940}{T} + 11.30$$

测定它在 CS_2 溶液中的沸点升高,知其分子量为449 -491,和 P_4S_{10}(444)相符.

P_4S_{10} 的结构和H型 P_4O_{10} 相似. 晶胞中有二个 P_4S_{10}.

硫化磷都是笼状结构(图13.23),其中 P_4S_{10} 只有六元P—S—P环,而其他硫化磷有五元、四元、三元环,P_4S_3 中没有六元环. 这是因为除 P_4S_{10} 外,P_4S_3,P_4S_4,P_4S_5,P_4S_7 中都有P—P键. 从 $P—S_{(\mu)}$ 键长看,主要是 σ 键,末端P—S上是 π 键.

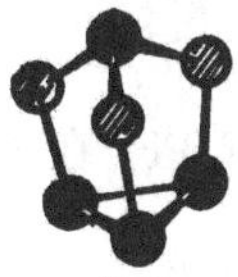
P_4S_3

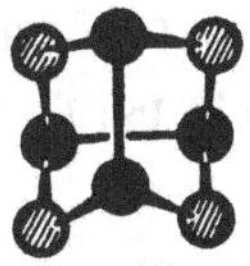
α-P_4S_4

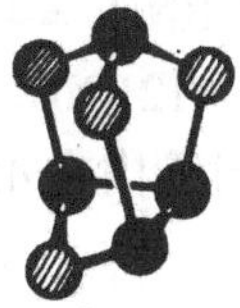
β-P_4S_4

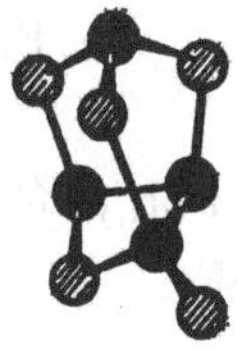
α-P_4S_5

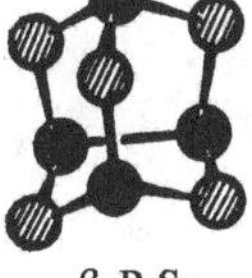
β-P_4S_5

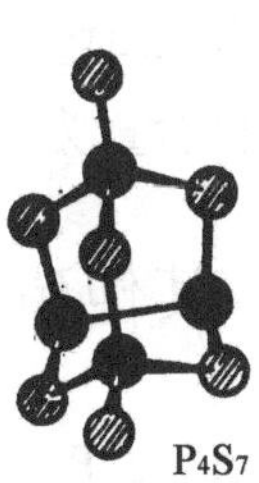
P_4S_7

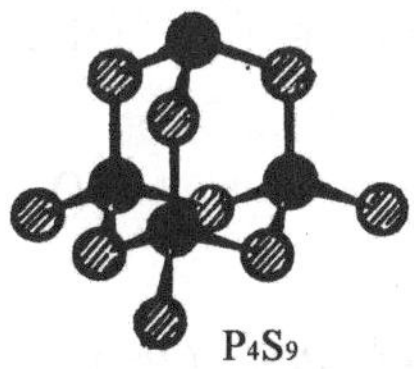
P_4S_9

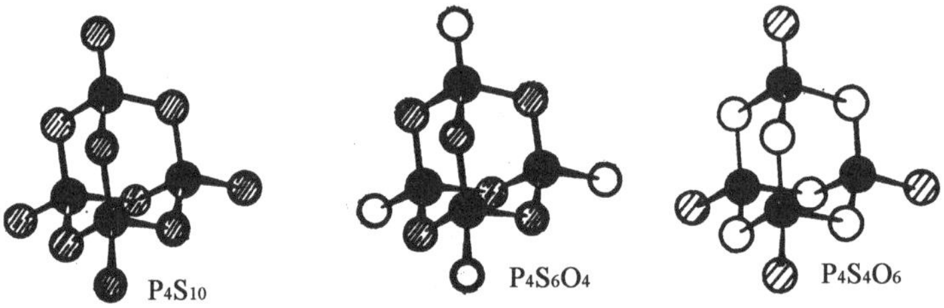

图 13.23　硫化磷及 $P_4S_6O_4$,$P_4O_6S_4$ 的结构

P_4S_{10}熔融时很快失去一个角硫成 P_4S_9,后者甚至在冷的熔体仍能存在.

P_4S_{10}沸腾时分解,开始分解的方程式为

$$P_4S_{10} = P_4S_7 + 3S$$

蒸气冷凝时发生逆向反应. 若蒸气于极冷(如液态空气温度)表面上冷凝得绿色晶体,此物在 173K 转化为黄色晶体.

美国专利报道真空蒸馏可得纯度高于 99.98% 的 P_4S_{10}.

P_4S_{10}的水解产物是 H_2S 和 H_3PO_4:

$$P_4S_{10} + 16H_2O = 10H_2S + 4H_3PO_4$$

也可能有硫代磷酸的中间物生成. 在 373K,P_4S_{10}于 1mol · L 盐酸中的水解速度很快,而于 $1mol \cdot L^{-1}$NaOH 中,1h 后,约有 75% 转化为 H_3PO_3S 和 $H_3PO_2S_2$.

P_4S_{10}和含有羟基的醇、酚作用生成二烷(芳)基硫代磷酸酯

$$P_4S_{10} + 8ROH = 4(RO)_2P(S)SH + 2H_2S$$

二烷(芳)基磷酸酯的锌、钡盐是润滑油的添加剂,也是抗氧剂、洗涤剂、抗蚀剂……某些短链烷基二硫代磷酸酯的钠、铵盐是从尾矿中分出如 ZnS,PbS 的浮选捕集剂.

P_4S_{10}和 K_2S 反应生成 K_3PS_4. P_4S_{10}也能和液 NH_3(240K),RNH_2 反应:

$$P_4S_{10} + K_2S = 4K_3PS_4$$

$$P_4S_{10} + 8RNH_2 = 4(RNH)_2P(S)SH + 2H_2S$$

$$P_4S_{10} + 12RNH_2 = 4(RNH)_3PS + 6H_2S$$

P_4S_{10}和 PCl_5 混合于密封管内在 423K 加热得 $PSCl_3$,与 HF,PF_3 在加压条件下反应生成 PSF_3:

$$P_4S_{10} + 6PCl_5 = 10PSCl_3$$

$$P_4S_{10} + 12HF = 4PSF_3 + 6H_2S$$

十硫化四磷有毒,在空气中的允许含量为 $1mg \cdot m^{-3}$.

10.7　其他硫化磷

其他硫化磷有 P_4S_2,$(PS)_n$,P_2S_3,P_4S_6,PS_2 等.

PCl_3 和 H_2S 作用得化学式为 P_2S_3 的产物．用 CS_2 萃取后，从 CS_2 溶液中得到 P_4S_3 和 P_4S_7 的混合物．因此被认为：即使开始生成了 P_2S_3，“也会”又在室温下歧化分解．

Foerthmann 和 Schneider 在研究 S—P 相图时指出，有熔点为 319K 的 P_4S_2 存在，它是针状晶体．

环硫代亚磷酸盐$(PS_2)_n^{n-}$ 是由磷和多硫化物作用制得的．若用红磷，产物为无水 M_5^1[环 P_5S_{10}]，M_6^1[环 P_6O_{12}]若用白磷则得$(NH_4)_4$[环 P_4S_8]·$2H_2O$. 其中 $P_4S_8^{4-}$ 是四配位 P 的同(元)素环，P 原子处于平面四方位置，P—P 键长为 228pm.

10.8 氧 硫 化 磷

氧硫化磷有 $P_4O_6S_4$，$P_4O_4S_6$，$P_4O_4S_3$，$P_6O_{10}S_5$ 等，其中了解最多的是 $P_4O_6S_4$.

于 N_2 或 CO_2 气氛下，慢加热 P_4O_6 和 S 的混合物到 327－441K，反应于 2－3s 内迅速完成．反应物的量较大时，发生爆炸．正常情况下得羽毛状晶体或黄色固体，于 413－423K 升华得无色易潮解产物 $P_4O_6S_4$. 混合 P_4O_{10} 和 P_4S_{10}(摩尔比为 3∶2)并加热也生成 $P_4O_6S_4$.

$P_4O_6S_4$ 易溶于 CS_2，约 383K 熔化成黏稠液体，568K 挥发．每次蒸馏，馏出液中只有 50%－60%的产物，其余的成了聚合物．蒸气密度法测得其分子量为 343 ($P_4O_6S_4$ 的分子量为 348)，表明在 673K 时，$P_4O_6S_4$ 分解不明显．

$P_4O_6S_4$ 为四方晶体．Raman 光谱、中子衍射等结果表明，它的结构和 P_4O_{10}，P_4S_{10}相似(图 13.23)，4 个硫原子分别位于顶端的位置，P—O 键长为 161pm，P—S 键长为 185pm. 由键长看，P—S 间为双键．

$P_4O_6S_4$ 易水解，其水解能力和H－型 P_4O_{10}相似，比 P_4S_{10}要快.

$$P_4O_6S_4 + 6H_2O = 4HPO_3 + 4H_2S$$

373K 时，$P_4O_6S_4$ 于 $HCl(1mol \cdot L^{-1})$中经 lh 生成 H_3PO_4. 而在 $NaOH(1mol \cdot L^{-1})$中的主要水解产物是 PO_3S^{3-}，

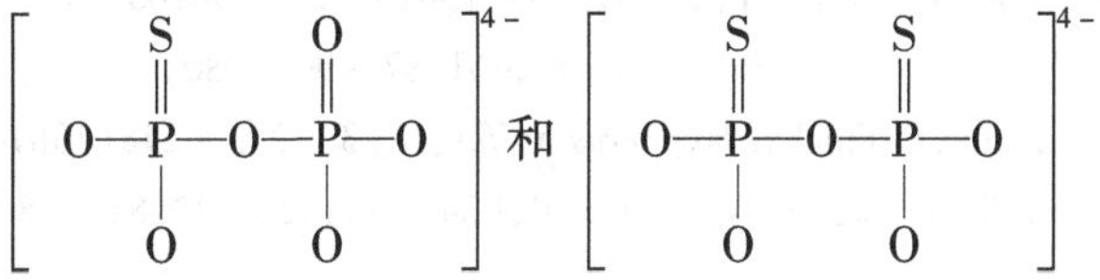

(一硫代焦磷酸盐和二硫代焦磷酸盐)

$P_4O_6S_4$ 与液 NH_3 置于封管中，在室温下反应生成$(NH_4)_2P \cdot O_2S(NH_2)$和 $PS(NH_2)_3$.

$P_4O_4S_6$ 是笼状化合物，其熔点为 563－568K，结构和 $P_4O_6S_4$(图 13.22)相似，不过硫原子和氧原子互换了位置．此物可由下列反应制得；

$$4POCl_3 + 6(Me_3Si)_2S = P_4O_4S_6 + 12Me_3SiCl$$

在 CS_2 中，P_4S_3 被 O_2 氧化成 $P_4O_4S_3$，是黄色无定形物质．

$P_6O_{10}S_5$，至今尚未测定其结构，它很可能是混合物.

10.9　硒化磷和碲化磷

硒化磷中了解得最清楚的五硒化二磷，P_2Se_5.

计量磷和硒于 723K 加热 12h，得黑紫色无定形固体．它在 CCl_4 中重结晶生成黑色针状晶体．此物在空气中稳定，在湿空气中生成 H_2Se. P_2Se_5，受热分解为相应的单质．

P_2Se_5 和液 NH_3 的反应，因温度不同生成 $(NH_4)_3PSe_3NH_2$，$(NH_4)_3PSe_4$，$(NH_4)_2[PSe_2(NH_2)(NH)]$．$P_2Se_5$ 和烷基胺，RNH_2 反应生成 $(RNH)_3PSe$ 和 $(RNH)_2PSeSe^- RNH_3^+$.

P_2Se_5 能和某些金属硒化物生成加合物．如 $2CuSe \cdot P_2Se_5$ 和 $2Ag_2Se \cdot P_2Se_5$.

三硒化四磷　在有焦炭时，计量白磷和硒于庚烷中加热迴流得红色固体 P_3Se_4（产率 55% －60%），其熔点为 518 －519K.

P_4Se_3 和液 NH_3（反应得 $(NH_4)_2[P_4Se_3(NH_2)_2]$，后者于 293K 失 NH_3 成 $(NH_4)_2[P_4Se_3(NH)]$，继续加热到 363K 成 $NH_4[P_4Se_3NH_2]$，473K 又成 P_4Se_3.

三蹄化二磷　把白磷和碲混合置于密封管中加热到 593K，生成黑色的 P_2Te_3. 后者对热不稳定，受热分解为单质．

P_2Te_3 不溶于水、有机溶剂，在干燥空气中较稳定，但在湿空气中水解．

参 考 文 献

[1] J. R. Van Wazer, Phosphorus and its Compounds, pp. 289 – 308, Intersience, 1958.

[2] A. D. F. Toy, Ed. By Bailor, Inorganic Chemistry, Vol. II, Pergamon, 1973.

[3] M. Pietro, U. S. 4374706.

[4] M. C. Demarcq, *Phosphorus Sulfur*, 11(1), 65 – 69(1981). C. A. 98163329.

[5] R. Blachnik, V. Rabe, *Z. anorg. u. allgem. Chem.*, 461, 87 – 90(1980).

[6] R. Thamm, G. Heckmann, E. Fluck, *Phosphorus Sulfur*, 11(3), 273 – 278(1981); C. A. 95214372.

[7] P. C. Minshall, G. M. Sheldrick, *Acta Cryst Sect* B, B34(4), 1326 – 1328(1978).

13.11 磷的含氧酸及含氧酸盐

磷的含氧酸(表13.19)及其盐是最重要的磷的化合物,其种类仅次于硅的含氧酸(盐). 然而磷酸及其盐的结构大致有以下五种基本类型;

(1)含氧酸根中的磷都是四配位,其中至少含一个 P ═O

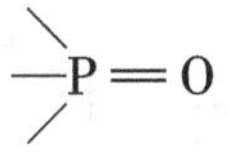

(2)含氧酸中至少含有一个可电离的 P—OH

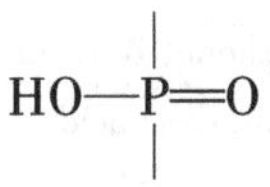

(3)某些含氧酸(及其盐)中含有不能电离的 P—H

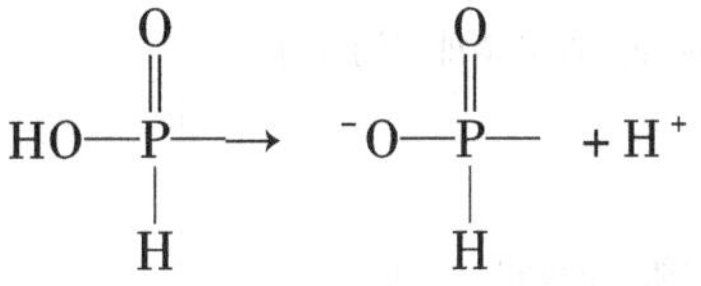

(4)能以 P—O—P 或 P—P 相连. 前者是共用 PO_4 四面体的角氧形成链状、环状结构

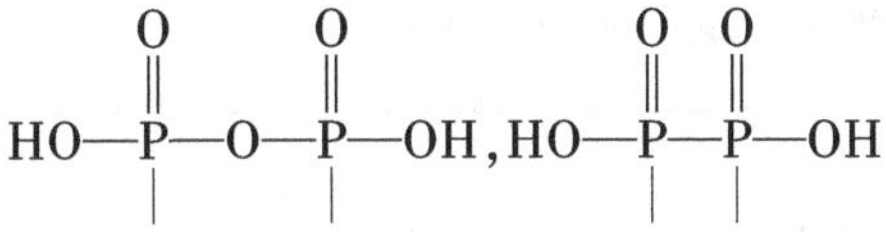

(5)形成过氧磷酸,其中含有过氧键,

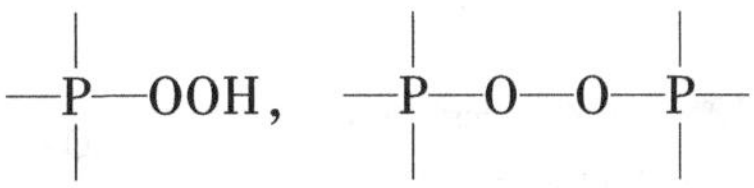

若 P 原子和四个 O 原子相连,其氧化数为 + V;若一个 P—OH 被 P—P 键取代,P 的氧化数降 1,如连二磷酸,$H_4P_2O_6$;若一个 P—OH 被 P—H 取代,则 P 的氧化数降 2,为 + Ⅲ,如亚磷酸 H_3PO_3;若有二个 P—H,则 P 的氧化数降 4,如次磷酸,H_3PO_2.

表 13.19　磷的含氧酸

分子式(磷的氧化数)	名　　称	结　构　式
H_3PO_2(+ Ⅰ)	次磷酸　hypophosphorous acid	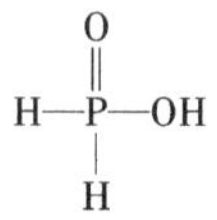
$H_4P_2O_5$(+ Ⅲ)	焦亚磷酸　pyrophosphorous acid 二亚磷酸　diphosphorous acid	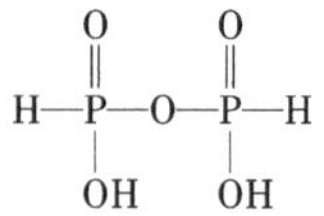
H_3PO_3(+ Ⅲ)	亚磷酸　phosphorous acid	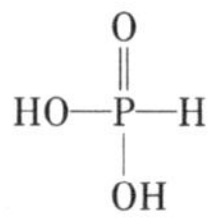
$H_4P_2O_6$(+ Ⅳ)	二磷(Ⅳ)酸　diphosphoric(Ⅳ) acid 连二磷酸　hypophosphoric acid	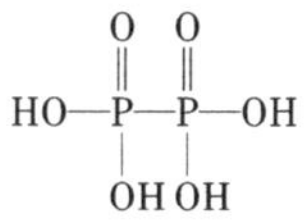
$H_4P_2O_6$(+ Ⅲ, + Ⅴ)	异连二磷酸 isohypophosphoric(Ⅲ、Ⅴ) acid	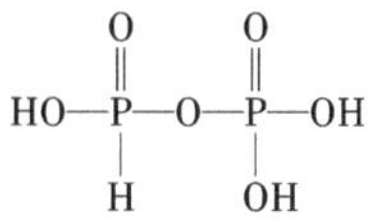
H_3PO_4(+ Ⅴ)	磷酸　phosphoric acid	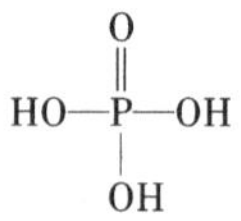
$H_4P_2O_7$(+ Ⅴ)	二磷(Ⅴ)酸　diphosphoric(Ⅴ) acid 焦磷酸　pyrophosphoric acid	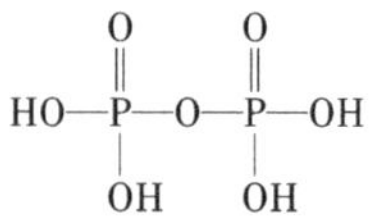
$H_5P_3O_{10}$(+ Ⅴ)	三磷酸　Triphosphoric acid	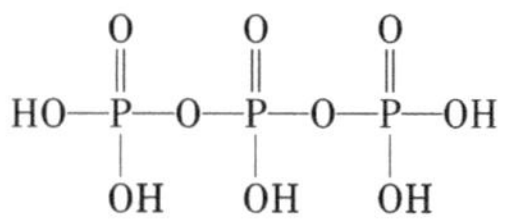
$H_{n+2}P_nO_{3n+1}$(+ Ⅴ)	聚磷酸　polyphosphoric acid (n = 17,已被分离过)	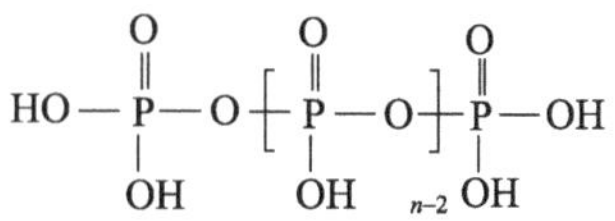

续表

分子式(磷的氧化数)	名　　称	结　构　式
$(HPO_3)_4(+V)$	四偏磷酸　cyclotetra meta phosphoric acid	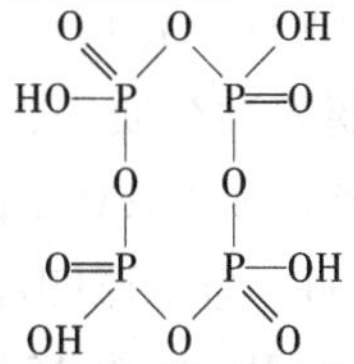
$(HPO_3)_n(+V)$	偏磷酸　polymetaphosphoric acid	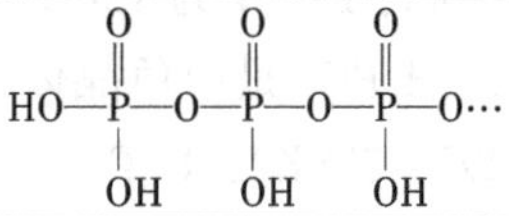
H_3PO_5	过一磷酸　peroxo monophosphoric acid	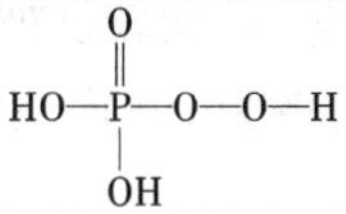
$H_4P_2O_8$	过二磷酸　peroxo diphosphoric acid	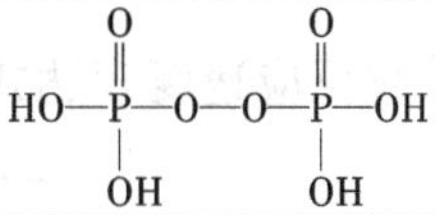

磷在酸性介质中的电势图:

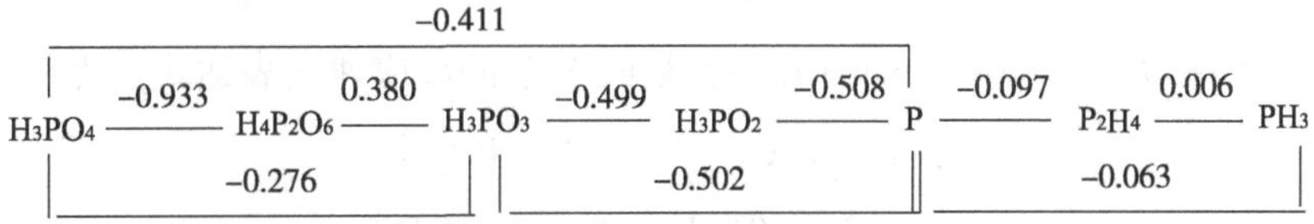

碱性介质中的电势图:

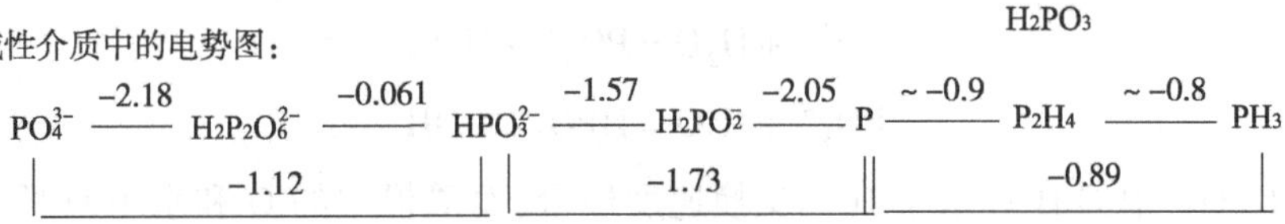

11.1　次磷酸及其盐

次磷酸盐可由白磷和碱溶液的反应制得:

$$P_4 + 4\ OH^- + 4H_2O \xlongequal{\text{温热}} 4H_2PO_2^- + 2H_2$$

$$P_4 + 4OH^- + 2H_2O = 2HPO_3^- + 2PH_3$$

若用 NaOH 和 $Ca(OH)_2$ 的混合物作碱,则于 353 - 363K 得 NaH_2PO_2(产率 53% - 59%). 工业生产用石灰浆作碱,实验室则用 $Ba(OH)_2$ 和白磷作用,通 CO_2 除去多余的氢氧化物,过滤后在低于 318K 蒸馏浓缩得钙,钡的次磷酸盐(专利报道: 电解氧化白磷-碱金属氢氧化物的溶液,得相应的次磷酸盐.).

次磷酸盐经酸化得次磷酸，H_3PO_2. 如 $Ca(H_2PO_2)_2$ 和等摩尔 H_2SO_4，$H_2C_2O_4$ 反应均得 H_3PO_2 溶液；次磷酸钡，$Ba(H_2PO_2)_2$ 和等摩尔 H_2SO_4 作用可制得较纯的 H_3PO_2. 纯 H_3PO_2 可用乙醚进行液液萃取的方法得到.

在弱酸性介质中，PH_3 和 I_2 作用生成 H_3PO_2（在强酸性介质中，过量 I_2 将把 H_3PO_2 氧化成 H_3PO_3）；NaOCl 和 PH_3 作用生成 NaH_2PO_2.

$H_2PO_2^-$ 为变形四面体构型. 如在 $NH_4H_2PO_2$ 中，磷原子为四配位，P—O 键长为 151pm，P—H 为 150pm，HPH，OPO 键角分别为 92°和 120°.

纯 H_3PO_2 是白色晶体，熔点为 299.7K，易过冷成黏稠液体. 它是一元酸，pK_a = 1.1(293 - 298K). H_3PO_2 是强还原剂，其水溶液不易被(空气中)氧氧化，相对而言，稀(≤20%)溶液较易被氧化成 H_3PO_3. 于 413K，H_3PO_2 分解为 H_3PO_4，PH_3 及 H_2；在碱液中分解为 HPO_3^{2-} 和 H_2，分解速度因 C_{OH^-} 增大而加快.

$$H_2PO_2^- + OH^- = HPO_3^{2-} + H_2(g)$$

分解反应速度表达式及反应历程为

$$-d[H_2PO_2^-]/dt = k[H_2PO_2^-][OH^-]^2$$

$$H_2PO_2^- + 2OH^- = H_2PO_3^- + O^{2-} + H_2 \qquad (\text{慢})$$

$$O^{2-} + H_2O = 2OH^- \qquad (\text{快})$$

于 323 - 363K，C_{OH^-} = 6 - 12mol · L^{-1} 碱液中，分解的反应速度表达式及历程为：

$$-d[H_2PO_2^-]/dt = k[H_2PO_2^-]$$

$$H_2PO_2^- + 2OH^- = PO_2^{3-} + H_2O$$

$$PO_2^{3-} + H_2O = PO_3^{3-} + H_2(g)$$

$$PO_3^{3-} + H_2O = HPO_3^{2-} + OH^-$$

$H_2PO_2^-$ 中的 H 和水中 H 的交换速度极慢，而酸根中的 O 和水中 O 原子交换较快，$t_{\frac{1}{2}}$ = 70h(313K)，$t_{\frac{1}{2}}$ < 0.2h(373K)

碱金属、碱土金属及多数重金属的次磷酸盐都易溶于水. 次磷酸盐具有强还原性，能把 Ag(Ⅰ)，Ag(Ⅱ)还原为 Ag，Cu(Ⅱ)还原为 Cu(Ⅰ)和 Cu，把 $K_2Cr_2O_7$ 还原为 Cr(Ⅲ)；能被 Cl_2，Br_2，I_2 氧化成 H_3PO_3，甚至 H_3PO_4：

$$H_3PO_2 + X_2 + H_2O = H_3PO_3 + 2HX$$

$$H_3PO_3 + X_2 + H_2O = H_3PO_4 + 2HX$$

近 20 余年来，大量的水合次磷酸钠，$NaH_2PO_2 \cdot H_2O$ 在工业上被用作还原剂，尤其是用于在金属、非金属或塑料表面化学镀镍(阀、泵表面镀镍后耐腐蚀). 表面镍层一般是无定形及含 6% - 15% 磷(含量因 $H_2PO_2^-$ 浓度而定). 镀层的硬度因在加热时生成 Ni_3P 而增强.

化学镀镍的镀液，除含有 NaH_2PO_2 10—50g · L^{-1}，10—30g$NiCl_2$ 或 $NiSO_4$ 外，还要加乳酸(是配位体以防止 $NiHPO_3$ 沉淀)苹果酸盐或琥珀酸盐(加速镍沉积)及铅盐(稳定剂).

一般认为化学镀镍的历程为：

$$H_2PO_2^- + H_2O = HPO_3^{2-} + 2H^+ + H^-$$

$$Ni^{2+} + 2H^- = Ni + H_2$$

$$H^+ + H^- = H_2$$

在金属(如钢或铝)表面上化学镀镍的一般条件是 pH = 4 - 6，温度为 363K.

在适宜的条件下，1h 能在 45 m^2 表面积上镀成 25μm 厚的镍层(相当于 10kg 镍).

在塑料表面进行化学镀镍前，需预镀一层钯. 在非导体、塑料表面上化学镀镍的一般条件是 pH = 7 - 0，温度为 298 - 323 K.

NaH_2PO_2 也被用于化学镀钴、锡.

因 NaH_2PO_2 具有强还原性，被用作聚酰胺对光、热的稳定剂.

遇更强的还原剂(如锌)，H_3PO_2被还原成 PH_3.

H_3PO_2 中的 H 被有机基团取代成(HO)(O)P(H)R，叫次膦酸(phosphinic acid)，其盐是次膦酸盐(phosphinite).

11.2 亚磷酸及其盐

H_3PO_3 可由 P_4O_6 和冰水反应制得：

$$P_4O_6 + 6H_2O = 4H_3PO_3$$

因制备 P_4O_6 很困难，所以这个方法没有多大的实用意义.

工业制法是，用 N_2 把 PCl_3 喷入 458K 含有过量水蒸气的反应器中，产物除 H_3PO_3 外，还含有 HCl、少量 H_3PO_4(< 1.4%)和 H_2O(< 1.5%).

其他制法：把 PCl_3 加入浓 HCl，加热到 453K 以赶掉 HCl 得含有少量 H_3PO_4 的 H_3PO_3；在冰浴中把水加到 PCl_3 在 CCl_4 的溶液中，使 PCl_3 水解，分出的水层于 333K 真空脱去 HCl 和水得纯的 H_3PO_3；在有 $Ba(OH)_2$ 存在的强碱性中把 $H_2PO_2^-$ 氧化成 $BaHPO_3$，后者和 H_2SO_4 反应得 H_3PO_3 溶液. 顺便提及，在有 HI 时，白磷和水反应生成 PH_3 和 H_3PO_3. 把 H_2S 通入 $PbHPO_3$ 的悬浊液，过滤掉 PbS 及除掉剩余的 H_2S 后，溶液经浓缩后得不含 H_3PO_4 的 H_3PO_3.

H_3PO_3 是无色、易潮解的固体，极易溶解于水，298.4K 100g 饱和溶液中含 82.6g H_3PO_3. H_3PO_3 溶解时释热，为 544J · mol^{-1}.

H_3PO_3 的熔点为 344.9 - 346.8K，熔融吸热量为 12.85kJ · mol^{-1}.

强热 H_3PO_3 或其溶液，发生自氧化还原反应，产物中有 PH_3 和 H_3PO_4：

$$4H_3PO_3 = 3H_3PO_4 + PH_3$$

H_3PO_3 是二元酸，$K_1 = 5.1 \times 10^{-2}$，$K_2 = 1.8 \times 10^{-7}$(291K)．它能形成二系列的盐，即正盐，如 Li_2HPO_3，$Na_2HPO_3 \cdot 5H_2O$，K_2HPO_3，$(NH_4)_2HPO_3 \cdot H_2O$ 及酸式盐，如 LiH_2PO_3，$NaH_2PO_3 . 2.5H_2O$，KH_2PO_3，$NH_4H_2PO_3$，$M(H_2PO_3)_2$(M 为 Ca，Sr，Ba)．其中碱金属的正盐（锂盐难溶）、酸式盐均易溶于水，如273.2K 时100g 饱和溶液中含35.9g $NaH_2PO_3 \cdot 2.5H_2O$，而其他金属的亚磷酸盐较难溶解．如 303K 时，100g 饱和溶液中含 0.627g$BaHPO_3 \cdot 0.5H_2O$.

HPO_3^{2-} 在碱性介质中比次磷酸根稳定，如于 393K，在 50% NaOH 溶液中加热 1h，HPO_3^{2-} 并不分解．但在很浓的碱性溶液中，如在 85% NaOH 溶液中沸热 6h，则定量按下式分解：

$$HPO_3^{-} + OH^{-} = PO_4^{3-} + H_2$$

HPO_3^{-} 可作配位体，如生成 $K[Cr(HPO_3)_2] \cdot 12H_2O$. 其中的 P 原子也可能在某些条件下作为中心体形成配合物，如 $Na_3[P(Mo_2O_7)_3] \cdot 10H_2O$.

HPO_3^{2-} 为变形四面体结构．如在 $MgHPO_3 \cdot 6H_2O$ 中 P—O 键键长为 151pm.

H_3PO_3 中与 P 原子直接相连的 H 和水溶液中的 H 交换较快，$t_{\frac{1}{2}} = 200$min (296K)．溶液的酸性增强（如外加 HCl）交换速度加快．但 HPO_3^{2-} 中的 H 和水溶液中 H 的交换速度很慢．

酸式亚磷酸盐小心加热脱水生成焦亚磷酸盐．

$$2NaH_2PO_3 \xrightarrow{-H_2O, 433K} Na_2H_2P_2O_5$$

焦亚磷酸盐的溶液在室温下比较稳定，在沸热条件下水解较快，在强酸、强碱性条件下水解速度更快，303K 时，pH = 5 - 7，$t_{\frac{1}{2}} = 1000$h，pH = 4，60h，pH = 3，8h，pH = 1.5，5min.

亚磷酸（盐）是强还原剂，能使 Ag(Ⅰ)成 Ag，热浓 H_2SO_4 成 SO_2．但在常温下，它和 X_2，$HgCl_2$，$K_2Cr_2O_7$ 的反应速度较慢．于 333 - 343K，能把 H_2SO_3 还原为 S 和少量 $H_2S_2O_4$.

H_3PO_3 中与 P 原子直接相连的 H 被有机基团(R)取代的产物，如$(HO)_2P(O)$R 叫膦酸(phosphonic acid).

PCl_3 和 ROH 反应生成亚磷酸三烷基酯，$P(OR)_3$ 或亚磷酸二烷基酯，$(RO)_2P(O)H$

$$PCl_3 + 3ROH = P(OR)_3 + 3HCl \qquad \text{(R 烷基)}$$

$$PCl_3 + 3ROH + 3R_3N = P(OR)_3 + 3R_3NHCl$$

$$PCl_3 + 3ArOH = P(OAr)_3 + 3HCl \qquad (Ar 芳基)$$

$$2P(OAr)_3 + P(OH)_3 = 3(ArO)_2P(O)H$$

亚磷酸三甲酯能直接转化为甲基膦酸二甲酯

$$P(OCH_3)_3 = (CH_3O)_2P(O)CH_3$$

而其他的亚磷酸三烷基酯则需和卤化烷反应,经中间物—鏻的化合物而转化为烷基膦酸二烷基酯

$$P(OR)_3 + R'X \rightarrow [(RO)_3PR']^+X^- \rightarrow (RO)_2P(O)R' + RX$$

亚磷酸酯也具有强还原性.$(C_6H_5O)_3P$ 被用作聚乙烯醇的稳定剂.

11.3 连二磷酸及其盐

分子式和 $H_4P_2O_6$ 相符的酸有二种异构体,即含有 P—P 键的连二磷酸 $(HO)_2P(O)P(O)(OH)_2$ 和含有 $p^{Ⅲ}O—P^{V}$ 的异连二磷酸 $HO(H)P(O)OP(O)(OH)_2$.

室温下用 $NaClO_2$ 氧化红磷,再用 NaOH 中和使溶液的 pH 为 5.2,得溶解度较低的 $Na_2H_2P_2O_6 \cdot 6H_2O$ 晶体;若溶液的 pH 为 10,则得 $Na_4P_2O_6 \cdot 10H_2O$:

$$2P + 2NaClO_2 + 8H_2O = Na_2H_2P_2O_6 + 2HCl$$

278K 下把红磷加入剧烈搅拌的 NaOH(0.2mol · L^{-1})和 NaOCl(1.5mol · L^{-1})的混合溶液中,反应得 $Na_2H_2P_2O_6$:

$$2P + 4NaOCl + 2NaOH = Na_2H_2P_2O_6 + 4NaCl$$

使 $Na_2H_2P_2O_6$ 溶液流过 H 型离子交换树脂,可得二水合连二磷酸,$H_4P_2O_6 \cdot 2H_2O$,即$[H_3O]_2[(OH)P(O)_2P(O)_2(OH)]$. 纯的二水合连二磷酸是无色、易潮解的固体,经 P_4O_{10}脱水二个月得无水 $H_4P_2O_6$. H_2S 和难溶的 $Pb_2P_2O_6$ 反应也能得无水 $H_4P_2O_6$.

$H_4P_2O_6$ 是四元酸,$K_1 = 6 \times 10^{-3}$,$K_2 = 1.5 \times 10^{-3}$,$K_3 = 5.4 \times 10^{-8}$,$K_4 = 9.3 \times 10^{-11}$(298.2K). 由 K_a 值得知,电离第一、第二个 H^+ 的倾向相近,而 K_2,K_3,K_4 间有明显的差别,所以易形成二氢盐,$Na_2H_2P_2O_6 \cdot 6H_2O$,一氢盐 $Na_3HP_2O_6 \cdot 9H_2O$ 及正盐 $Na_4P_2O_6 \cdot 10H_2O$,而不易形成三氢盐.

除锂外,碱金属的连二磷酸盐易溶于水,如 298K 时,100g 饱和溶液中只含 0.058g $Li_4P_2O_6 \cdot 7H_2O$,而 100g 饱和溶液中含 1.49g $Na_4P_2O_6 \cdot 10H_2O$(钾盐的溶解度更大). $Ag_4P_2O_6$ 难溶于水.

无水和二水合 $H_4P_2O_6$ 于 273.2K 时,在空气中是稳定的. 温度升高将发生重排或歧化反应生成异连二磷酸、焦磷酸和焦亚磷酸.

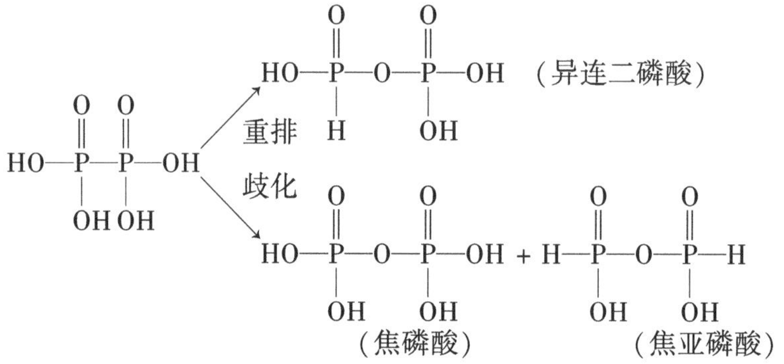

在酸性介质中,则按下式分解:

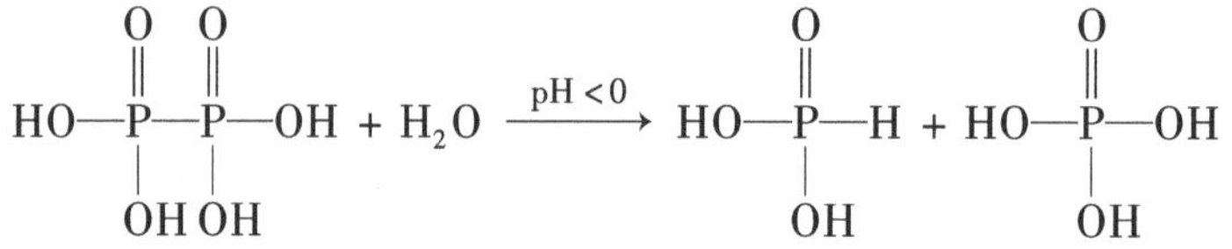

298K,在 $1mol \cdot L^{-1}HCl$ 中,反应的 $t_{\frac{1}{2}} = 180d$,在 $4mol \cdot L^{-1}HCl$ 中,$t_{\frac{1}{2}} < 1h$.

$H_4P_2O_6$ 在碱性介质中(即 $P_2O_6^{4-}$)却相当稳定,在 80% NaOH 中加热到 473K 也不分解.

异连二磷酸的核磁共振谱表明:酸中的二个 P 原子是不同的,有 P—H 键,但没有 P—P 键,所以其结构式为 $(HO)(H)P(O)OP(O)(OH)_2$.

异连二磷酸是由 PCl_3 和计量的 H_3PO_4, H_2O 于 323K 作用制得的:

$$PCl_3 + H_3PO_4 + 2H_2O \xlongequal{323K} H_3[HP_2O_6] + 3HCl$$

$H_3[HP_2O_6]$ 是三元酸,其钠的正盐可用等摩尔 $Na_2HPO_4 \cdot 12H_2O$ 和 $NaH_2PO_3 \cdot 2.5H_2O$ 加热到 453K 而制得

$$Na_2HPO_4 \cdot 12H_2O + NaH_2PO_3 \cdot 2.5H_2O = Na_3[HP_3O_6] + 15.5H_2O$$

$H_4P_2O_6$ 的还原性不强,X_2, $K_2Cr_2O_7$ 都不能氧化它. 室温下,虽能和 $KMnO_4$ 反应,但速度很慢,加热则速度较快.

11.4　其他低氧化数(<V)的磷的含氧酸

除熟悉的磷的含氧酸(盐)外,还合成了一系列含有二个或二个以上磷原子(磷的平均氧化数小于 V)的含氧酸. 二十世纪五六十年代 Blaser 和 Worms 在这方面作了大量的工作,下面沿用他们建议的写法——P 元素符号上部的数字表示其氧化数——分别介绍这类磷的含氧酸(盐)(表 13.20).

1. $\overset{2}{P}$—$\overset{2}{P}$酸，$H_2[H_2P_2O_4]$， 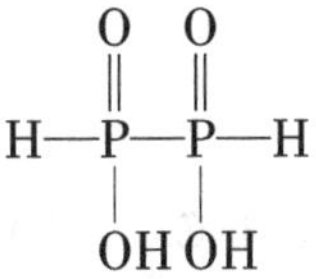 P_2I_4 的 CS_2 溶液于 273.2K 水解生成$\overset{2}{P}$—$\overset{2}{P}$酸：

$$P_2I_4+4H_2O=H_2[H_2P_2O_4]+4HI$$

$\overset{2}{P}$—$\overset{2}{P}$酸很不稳定，易发生歧化反应，产物为 PH_3，H_3PO_3 或 H_3PO_4. 它在 pH ~7 的溶液中比较稳定. 在中性、酸性、碱性介质中，(空气中的) O_2 或 I_2 能把它氧化成$\overset{2}{P}$—$\overset{4}{P}$酸或$\overset{4}{P}$—$\overset{4}{P}$酸.

2. $\overset{2}{P}$—$\overset{4}{P}$酸，$H_3[HP_2O_5]$， 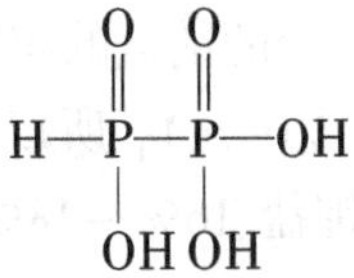 PBr_3，PI_3 在 $NaHCO_3$ 的悬浊液中，于 273 – 278K 水解生成$\overset{2}{P}$—$\overset{4}{P}$酸的钠盐和连二磷酸的钠盐. 产物在水中重结晶得 $Na_3[HP_2O_5]\cdot 12H_2O$.

$\overset{2}{P}$—$\overset{4}{P}$酸的盐在碱性介质中比较稳定，如在 $2mol\cdot L^{-1}$ NaOH 溶液中沸热 1h 也未见分解. 但在 30% NaOH 中沸热 6h，有 60% 分解了；在 40% – 60% NaOH 中沸热，分解较快. 分解反应有以下二种：

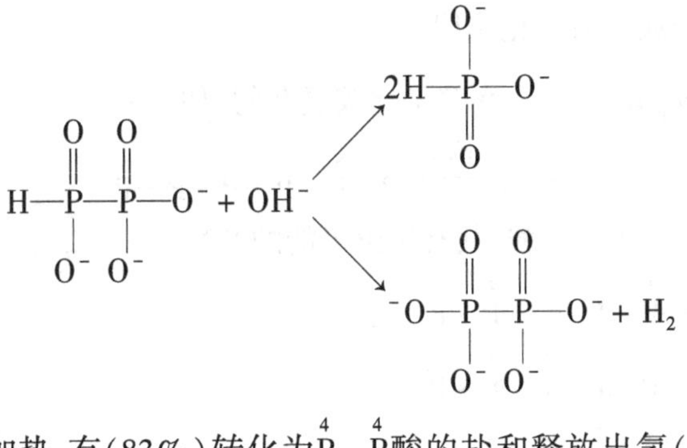

在 80% NaOH 中加热，有(83%)转化为$\overset{4}{P}$—$\overset{4}{P}$酸的盐和释放出氢(即上面第二个反应式).

在酸性介质中的水解速度较快，1mol $\overset{2}{P}$—$\overset{4}{P}$酸水解成 2molH_3PO_3：

$$(HO)(H)P(O)P(O)(OH)_2+H_2O=2(HO)_2P(O)H$$

298K 时，在 $1mol\cdot L^{-1}$ HCl，经 30min 就完全转化了；293K，在 $0.5mol\cdot L^{-1}$ HCl 中，$t_{\frac{1}{2}}=20min$.

$\overset{2}{P}$—$\overset{4}{P}$酸在酸性介质中，被 Br_2 氧化成 $H_4P_2O_6$，而在 $NaHCO_3$ 溶液中，溴能定量

地把它氧化成焦磷酸盐.

3. 环$(\overset{3}{P})_6$ 酸,$H_6P_6O_{12}$,

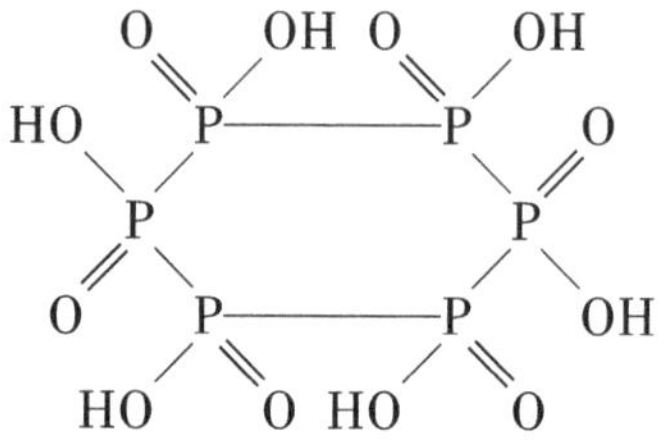

红磷在 KOH 溶液中的悬浊液和 KClO 或 Br_2 反应得少量$(\overset{3}{P})_6$ 酸的钾盐. 按所用氧化剂 KClO 计,产率为 3%. 因$(\overset{3}{P})_6$ 酸的钠盐的溶解度远小于相应钾盐的溶解度(100mL 水溶解铯盐 170g,钾盐 20g,钠盐 0.2g), 所以 KClO 中的杂质钠将混在钾盐晶体中析出. 产物中含 80% –85% 的钾盐、16% –18% 的钠盐及 1% 的碱土金属盐.

$(\overset{3}{P})_6$ 酸在酸性介质中水解生成 H_3PO_3(76%)及少量 H_3PO_2(12%)、H_3PO_2(12%). 而在碱性介质中较易水解,其产物为 HPO_3^{2-},$\overset{2}{P}—\overset{4}{P}$酸盐及少量$\overset{1}{P}$酸盐和$\overset{4}{P}—\overset{4}{P}$盐.

纯的钾盐在 $2mol \cdot L^{-1}$ NaOH 溶液中沸热 60 –120min 完全水解. 若原先的钾盐中含有 1% 的碱土金属盐,则在同样的条件下只需 15 –30min,分解反应就完全了. 这表明碱土金属盐有催化作用.

实际上,$(\overset{3}{P})_6$ 酸(盐)的水解是比较复杂的,如

$$(\overset{3}{P})_6 \xrightarrow{H_2O} \overset{2}{P}—\overset{3}{P}—\overset{3}{P}—\overset{3}{P}—\overset{3}{P}—\overset{4}{P}$$

快水解得 P—P—P—P—P 酸,共有三组可能的产物.

(1)生成　$\overset{4}{P}—\overset{3}{P}—\overset{3}{P}—\overset{3}{P}—\overset{4}{P}+\overset{1}{P}$

(2)生成　$\overset{2}{P}—\overset{3}{P}—\overset{3}{P}—\overset{3}{P}—\overset{4}{P}+\overset{3}{P}$

(3)生成　$\overset{2}{P}—\overset{3}{P}—\overset{3}{P}—\overset{3}{P}—\overset{2}{P}+\overset{5}{P}$

在 $NaHCO_3$ 溶液中,$(\overset{3}{P})_6$ 阴离子被 I_2 氧化成$\overset{5}{P}$,$\overset{4}{P}—\overset{4}{P}$,$\overset{4}{P}—\overset{3}{P}—\overset{4}{P}$,可能还有$\overset{4}{P}—\overset{3}{P}—\overset{3}{P}—\overset{4}{P}$盐;被 Br_2 氧化的产物为$\overset{5}{P}$,$\overset{5}{P}—O—\overset{5}{P}$,$\overset{5}{P}—O—\overset{4}{P}—\overset{4}{P}$,可能还有$\overset{4}{P}—\overset{3}{P}—\overset{3}{P}—\overset{4}{P}$.

X 射线衍射测定铯的$(\overset{3}{P})_6$ 酸盐的结果表明:6 个 P 原子组成折缀环,其中每个 P 原子和另外二个 P 原子、二个 O 原子配位.

4. $\overset{4}{P}—\overset{4}{P}—O—\overset{3}{P}$酸 $H_4[HP_3O_8]$，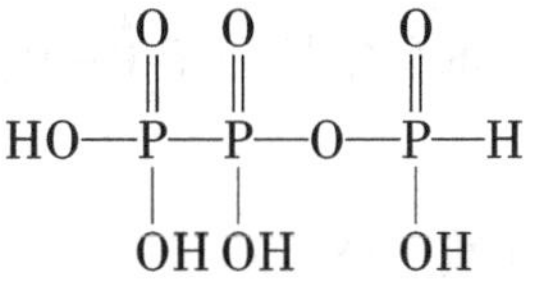

焦亚磷酸盐和连二磷酸盐溶液加热到沸腾,即得相应的盐:

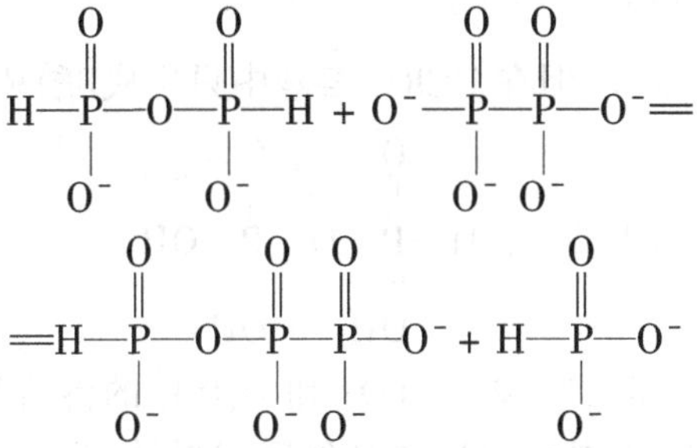

此盐在中性溶液中水解速度甚慢,在弱酸、碱性介质中水解成$\overset{3}{P}$和$\overset{4}{P}—\overset{4}{P}$酸:

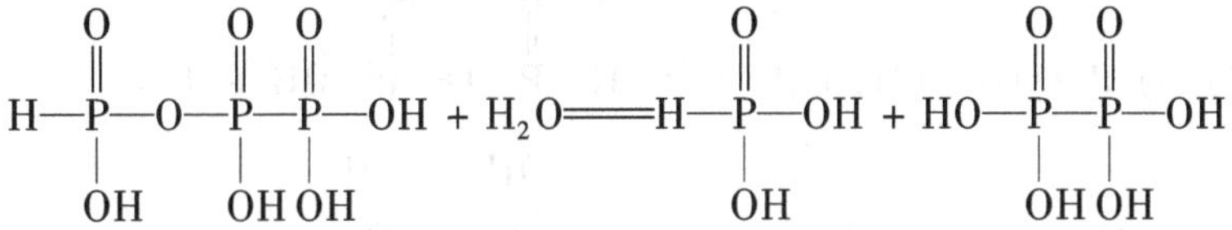

在 $0.5mol \cdot L^{-1}$ NaOH 溶液中很快水解为 HPO_3^{2-} 和 $P_2O_6^{2-}$,其半反应时间 $t_{\frac{1}{2}} \sim 100min$ (273.2K).

在强酸溶液中,1mol $\overset{3}{P}—O—\overset{4}{P}—\overset{4}{P}$酸水解得 2mol $\overset{3}{P}$酸和 1mol $\overset{5}{P}$酸(因为 1mol $\overset{4}{P}—\overset{4}{P}$酸水解成 1mol $\overset{3}{P}$酸和 1mol $\overset{5}{P}$酸).

在 $NaHCO_3$ 溶液中,Br_2,I_2能把它氧化成$\overset{5}{P}—O—\overset{4}{P}—\overset{4}{P}$,$\overset{5}{P}$,$\overset{5}{P}—O—\overset{5}{P}$.

室温下,在中性溶液中$\overset{3}{P}—O—\overset{4}{P}—\overset{4}{P}$的阴离子和$\overset{5}{P}$的阴离子化合成$\overset{4}{P}—\overset{4}{P}$和$\overset{3}{P}—O—\overset{5}{P}$.

5. $\overset{4}{P}—\overset{3}{P}—\overset{4}{P}$酸,$H_5[P_3O_8]$，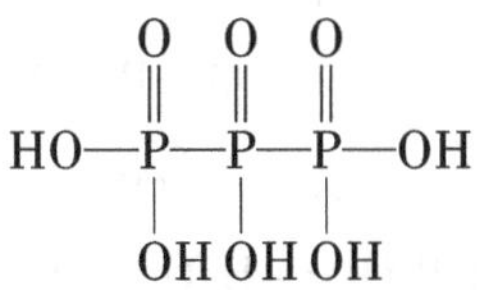 环$+\overset{3}{P}+_6$ 酸根在 $KHCO_3$ 溶液中被 I_2 氧化成钠的 $\overset{4}{P}—\overset{3}{P}—\overset{4}{P}$ 酸盐,$Na_5P_3O_8 \cdot 14H_2O$ (产率 19.2%).

NaClO 溶液氧化红磷或在碱性溶液中溴和红磷反应的产物中,含有少量 $\overset{4}{P}—\overset{3}{P}—\overset{4}{P}$ 酸盐(按氧化剂计,其产率为 2.5% -3.3%).

碱金属的 $\overset{4}{P}—\overset{3}{P}—\overset{3}{P}$ 盐均能溶于水,而碱土金属盐难溶.

$\overset{4}{P}—\overset{3}{P}—\overset{4}{P}$ 阴离子对碱稳定,在 60% NaOH 溶液中沸热几小时只有部分分解.

在酸性溶液中，$\overset{4}{P}—\overset{3}{P}—\overset{4}{P}$ 的稳定性介于 $\overset{2}{P}—\overset{4}{P}$和 $\overset{4}{P}—\overset{4}{P}$之间，它在 1.5mol · L^{-1} HNO_3 按下式水解：

(1)⟶$\overset{3}{P}$酸 + $\overset{4}{P}—\overset{4}{P}$酸　(82%)

(2)⟶$\overset{5}{P}$酸 + $\overset{2}{P}—\overset{4}{P}$酸　(18%)

298K 时的 $t_{\frac{1}{2}}$ = 220min. 但在 $HClO_4$ 溶液中只生成$\overset{3}{P}$酸和$\overset{4}{P}—\overset{4}{P}$酸.

6. $\overset{3}{P}—O—\overset{5}{P}$酸，$H_3[HP_2O_6]$，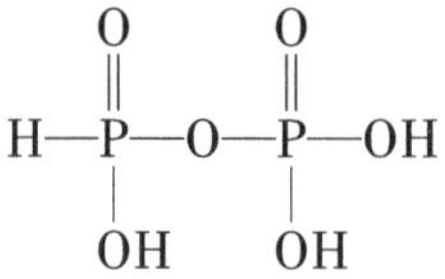

$H_3[HP_2O_6]$就是前述异连二磷酸. H_3PO_3 和 H_3PO_4 的混合物脱水得异连二磷酸盐. 也可由焦亚磷酸和磷酸盐的反应或其他反应制得

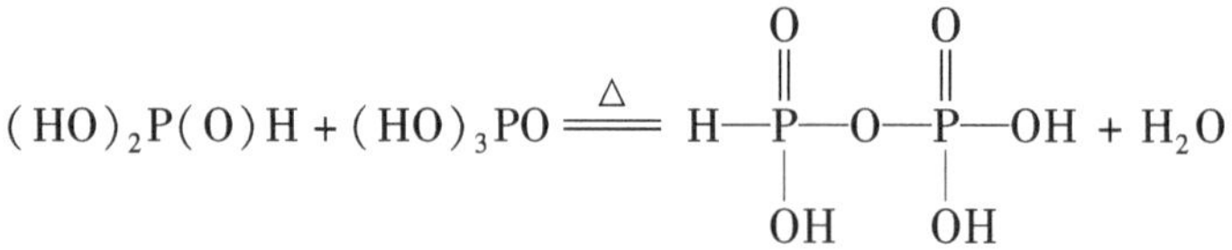

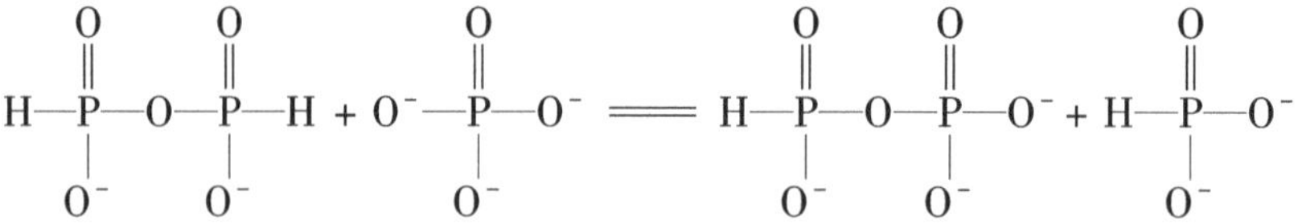

或　　　　　　　　　　　　（钠盐产率为58%）

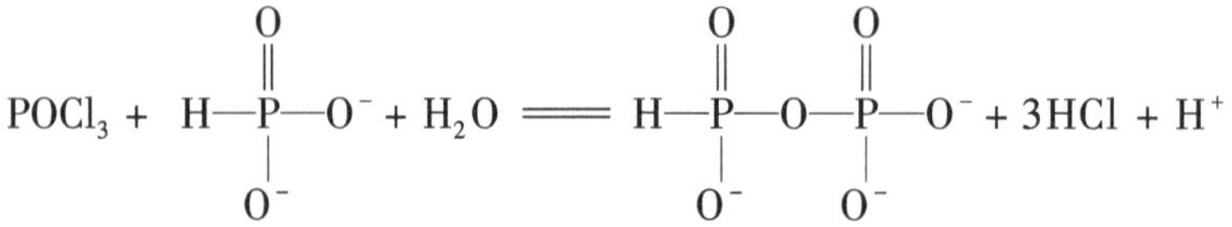

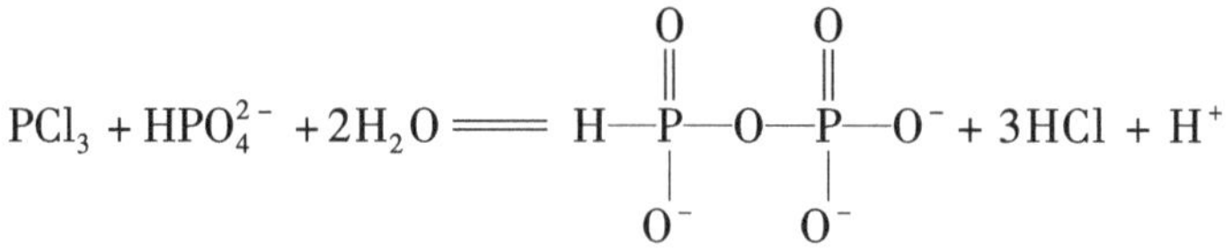

钠的异连二磷酸盐有 $Na_3HP_2O_6 \cdot 4H_2O$ 和 $Na_3HP_2O_6 \cdot 8H_2O$，其晶体或在中性溶液都比较稳定，但在酸性、碱性介质中水解为亚磷酸(盐)和磷酸(盐)，在 1mol · L^{-1}NaOH 中的 $t_{\frac{1}{2}}$ = 7.3h(293K)；0.2mol · L^{-1}HCl 中的 $t_{\frac{1}{2}}$ = 3min(298K). 在 1mol · L^{-1}HCl 中完全水解的时间为 120min(298K)，而在 1mol · L^{-1} NaOH 需 60min(373K). 其水解速度介于$\overset{3}{P}—O—\overset{3}{P}$和$\overset{5}{P}—O—\overset{5}{P}$之间；其盐的溶解度也介于两者之间，$\overset{3}{P}—O—\overset{5}{P}$钡盐为 1g · L^{-1}，而$\overset{3}{P}—O—\overset{3}{P}$钡盐可溶，$\overset{5}{P}—O—\overset{5}{P}$钡盐难溶.

表 13.20　低氧化数磷的含氧酸及其盐的水溶液和酸、碱、氧化剂的反应

含氧酸	中性溶液	碱金属氢氧化物			无机酸			氧化剂	
		$0.1mol \cdot L^{-1}$ NaOH298K, 30min	$1mol \cdot L^{-1}$ NaOH373K, 60min	其他条件	$1mol \cdot L^{-1}$ HCl 298K,100min	$4mol \cdot L^{-1}$ HCl 373K,60min	其他条件	$NaHCO_3$ 和 I_2	$NaHCO_3$ 和 Br_2
$\overset{1}{P}$酸	S	S	S	20% NaOH,沸热 1h $\longrightarrow \overset{3}{P}+H_2(Q)$	S	S		S	$\rightarrow \overset{5}{P}(Q)$
$\overset{2}{P}-\overset{2}{P}$酸	S							$\rightarrow \overset{2}{P}-\overset{4}{P}$ $+\overset{4}{P}-\overset{4}{P}$	
$\overset{3}{P}$酸	S	S	S	50% NaOH,393K,1h……S 85% NaOH 沸 6h $\longrightarrow \overset{5}{P}+H_2(Q)$	S	S		$\rightarrow \overset{5}{P}(Q)$	$\rightarrow \overset{5}{P}(Q)$
$\overset{3}{P}-O-\overset{3}{P}$酸	S	$\rightarrow 2\overset{3}{P}(Q)$	$\rightarrow 2\overset{3}{P}(Q)$	$0.1mol \cdot L^{-1}$NaOH,$t_{\frac{1}{2}}=2-3min$ (293K) $0.5mol \cdot L^{-1}$KOH,$t_{\frac{1}{2}}=1-1.5min$ (273K) $0.1mol \cdot L^{-1}NaHCO_3$,$t_{\frac{1}{2}}=24h$ (293K)	$\rightarrow 2\overset{3}{P}(Q)$	$\rightarrow 2\overset{3}{P}(Q)$	$0.2mol \cdot L^{-1}$HCl, $t_{\frac{1}{2}}=1min$ (298K)	S	$\rightarrow 2\overset{5}{P}(Q)$
$\overset{2}{P}-\overset{4}{P}$酸	S	S	S	$2mol \cdot L^{-1}$NaOH,沸 1h……S 40% NaOH 沸 $\rightarrow 2\overset{3}{P}$ $\rightarrow \overset{4}{P}-\overset{4}{P}+H_2$	$\rightarrow 2\overset{3}{P}(Q)$	$\rightarrow 2\overset{3}{P}(Q)$	$0.5mol \cdot L^{-1}$HCl, $t_{\frac{1}{2}}=20min$ (293K)	$\rightarrow \overset{4}{P}-$ $\overset{4}{P}(Q)$	$\rightarrow \overset{5}{P}-O$ $-\overset{5}{P}(Q)$
环$(\overset{3}{P})_6$酸	S			NaOH $\longrightarrow \overset{3}{P}+\overset{2}{P}-\overset{4}{P}$等			最终$\rightarrow \overset{1}{P}+\overset{3}{P}+\overset{5}{P}$	$\rightarrow \overset{4}{P}-\overset{4}{P}$ $+\overset{4}{P}-\overset{3}{P}$ $-\overset{4}{P}+\overset{5}{P}$ 等	$\rightarrow \overset{5}{P}+\overset{5}{P}$ $-O-\overset{5}{P}$ 等

续表

含氧酸	中性溶液	碱金属氢氧化物			无机酸			氧化剂	
		0.1mol · L^{-1} NaOH298K, 30min	1mol · L^{-1} NaOH373K, 60min	其他条件	1mol · L^{-1} HCl 298K,100min	4mol · L^{-1} HCl 373K,60min	其他条件	$NaHCO_3$ 和 I_2	$NaHCO_3$ 和 Br_2
$\overset{3}{P}—O—\overset{4}{P}—\overset{4}{P}$酸	S			0.5mol · L^{-1} NaOH$\rightarrow\overset{3}{P}+\overset{4}{P}—\overset{4}{P}$ $t_{\frac{1}{2}}=100-110$min(273K)	$\rightarrow\overset{3}{P}+\overset{4}{P}—\overset{4}{P}$	$\rightarrow 2\overset{3}{P}+\overset{5}{P}$		S	$\rightarrow\overset{5}{P}+\overset{5}{P}$ $—O—\overset{4}{P}$ 等
$\overset{4}{P}—\overset{3}{P}—\overset{4}{P}$酸	S	S	S	60% NaOH 沸热 12h…少量分解			1.5mol · L^{-1} HNO_3, $t_{\frac{1}{2}}=3.7$h　(298K) $\rightarrow\overset{3}{P}+\overset{4}{P}—\overset{4}{P}$ $\rightarrow\overset{2}{P}—\overset{4}{P}+\overset{5}{P}\rightarrow 2\overset{3}{P}+\overset{5}{P}$	S	$\rightarrow\overset{3}{P}—O$ $—\overset{4}{P}—\overset{4}{P}$
$\overset{3}{P}—O—\overset{5}{P}$酸	S	S	$\rightarrow\overset{3}{P}+\overset{5}{P}(Q)$	0.5mol · L^{-1} KOH, $t_{\frac{1}{2}}=57$h(298K) 1mol · L^{-1} KOH, $t_{\frac{1}{2}}=7.3$h(293K)	$\rightarrow\overset{3}{P}+\overset{5}{P}(Q)$	$\rightarrow\overset{3}{P}+\overset{5}{P}(Q)$	0.3mol · L^{-1} HCl, $t_{\frac{1}{2}}=3$min　(298K)	S	$\xrightarrow{慢}\overset{5}{P}—$ $O—\overset{5}{P}(Q)$
$\overset{4}{P}—\overset{4}{P}$酸	S	S	S	NaOH(初 80%,终 90%)473K,1h…S 熔 NaOH,593K,30min$\rightarrow\overset{4}{P}(Q)$	S	$\rightarrow\overset{3}{P}+\overset{5}{P}(Q)$	1.5mol · L^{-1} HCl,298K, 30h…分解几个百分	S	$\rightarrow\overset{5}{P}—O$ $—\overset{5}{P}(Q)$
环($\overset{4}{P}—\overset{4}{P}$ $—O)_2$ 酸	S			0.25mol · L^{-1}$\rightarrow\overset{4}{P}—\overset{4}{P}—O—\overset{4}{P}—\overset{4}{P}$, $t_{\frac{1}{2}}=138$min(293.4K) 1.5mol · L^{-1} NaOH$\rightarrow\overset{4}{P}—\overset{4}{P}—O$ $—\overset{4}{P}—\overset{4}{P}$,3.5h(298K) 60% NaOH,423K,2h$\rightarrow 2\overset{4}{P}—\overset{4}{P}$			无机酸,沸热$\rightarrow 2\overset{3}{P}+\overset{5}{P}$	S	S

续表

含氧酸	中性溶液	碱金属氢氧化物			无机酸			氧化剂	
		0.1mol·L^{-1} NaOH298K，30min	1mol·L^{-1} NaOH373K，60min	其他条件	1mol·L^{-1} HCl 298K，100min	4mol·L^{-1} HCl 373K，60min	其他条件	$NaHCO_3$和I_2	$NaHCO_3$和Br_2
$\overset{4}{P}—\overset{4}{P}—O—\overset{4}{P}—\overset{4}{P}$酸	S			2mol·L^{-1}NaOH，沸热 30min…少量分解 60% NaOH，423K→2 $\overset{4}{P}—\overset{4}{P}$(Q)			0.2mol·$L^{-1}HNO_3$→ 2 $\overset{4}{P}—\overset{4}{P}$， $t_{\frac{1}{2}}$=52min(293K) 热无机酸→2 $\overset{3}{P}$+2 $\overset{5}{P}$	S^b	S^b
$\overset{4}{P}—O—\overset{4}{P}—\overset{4}{P}$	S	S		2.5mol·L^{-1}KOH，沸热 1h…分解 5% -10%			0.8mol·$L^{-1}HNO_3$ →$\overset{3}{P}$+2 $\overset{5}{P}$， $t_{\frac{1}{2}}$=95min(298K) 浓无机酸沸热 →$\overset{3}{P}$+2$\overset{5}{P}$(Q)	S	S

注：S，稳定；Q，定量；$t_{\frac{1}{2}}$，半反应时间；S^b，稳定几小时.

在 $NaHCO_3$ 溶液中$\overset{3}{P}—O—\overset{5}{P}$被 Br_2 氧化成$\overset{5}{P}—O—\overset{5}{P}$.

7. 环$\text{-}(\overset{4}{P}—\overset{4}{P}—O)_2$ 酸,$H_4[P_4O_{10}]$,

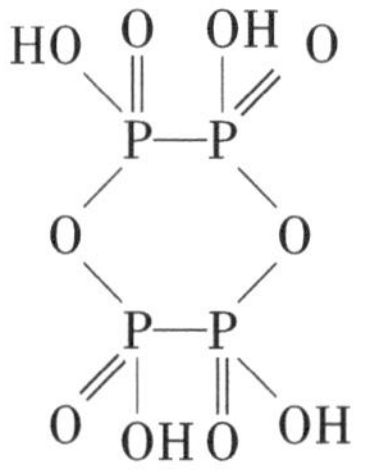

2mol 连二磷酸钾,$K_4P_2O_6$ 和乙酸酐,$(CH_3CO)_2O$ 发生脱水反应生成环$\text{-}(\overset{4}{P}—\overset{4}{P}—O)_2$ 酸.

273.2K 氯化铌和环$\text{-}(\overset{4}{P}—\overset{4}{P}—O)_2$ 酸盐反应得四铌盐.

环$\text{-}(\overset{4}{P}—\overset{4}{P}—O)_2$ 酸的阴离子于 433K 在 60% KOH 溶液中水解成连二磷酸盐. 在中等条件下水解生成焦亚磷酸盐.

8. $\overset{4}{P}—\overset{4}{P}—O—\overset{4}{P}—\overset{4}{P}$酸,$H_6[P_4O_{11}]$, 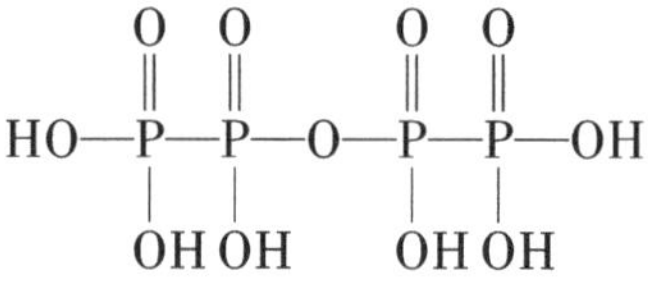 环$\text{-}(\overset{4}{P}—\overset{4}{P}—O)_2$ 的四钠盐在 298K 于 1.5mol · L^{-1} NaOH 溶液中水解成$\overset{4}{P}—\overset{4}{P}—O—\overset{4}{P}—\overset{4}{P}$酸的六钠盐(产率很高).

$\overset{4}{P}—\overset{4}{P}—O—\overset{4}{P}—\overset{4}{P}$酸根在碱性介质中比较稳定,但在 60% NaOH 溶液中加热到 423K,定量水解成连二磷酸盐. 在热的酸性溶液中水解成 H_3PO_3,H_3PO_4 及中间物,$H_4P_2O_6$.

9. $\overset{4}{P}—\overset{4}{P}—O—\overset{5}{P}$酸,$H_5[P_4O_9]$, 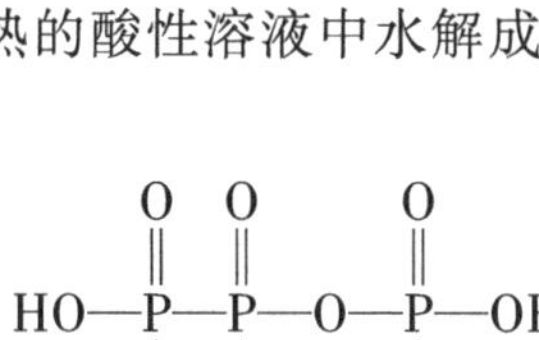 H_3PO_4 和 $H_4P_2O_6$ 缩水得$\overset{4}{P}—\overset{4}{P}—O—\overset{5}{P}$酸. 也可由下法制取:$POCl_3$ + 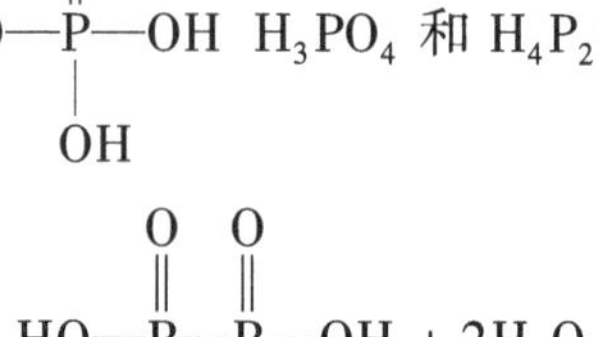 + $2H_2O$ ═══ 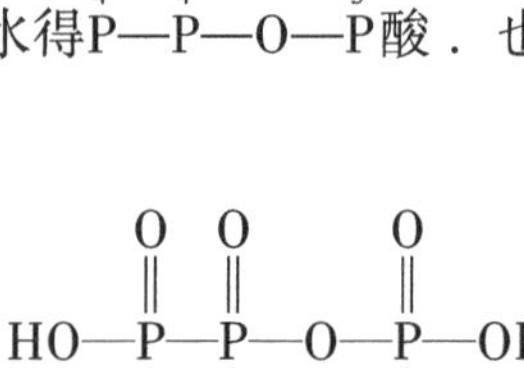 + 2HCl 还可用 Br_2 氧化$\overset{4}{P}—\overset{3}{P}—\overset{4}{P}$(在 $NaHCO_3$ 的溶液

中)生成$\overset{4}{P}—\overset{4}{P}—O—\overset{5}{P}$盐.

$\overset{4}{P}—\overset{4}{P}—O—\overset{5}{P}$阴离子在60% KOH 溶液中水解生成 $P_2O_6^{4-}$ 和 PO_4^{3-},在稀强酸溶液中的水解产物为 $H_4P_2O_6$ 和 H_3PO_4.

此外,还有$\overset{4}{P}—\overset{4}{P}$(即连二磷酸,如前所述),$\overset{3}{P}—O—\overset{4}{P}—\overset{4}{P}—O—\overset{3}{P}$酸及$\overset{4}{P}—\overset{4}{P}—O—\overset{4}{P}—\overset{4}{P}$酸等.

上述各种磷的含氧酸至今尚无实际用途.

11.5 磷　　酸

H_3PO_4 是化学工业上一种重要的酸,目前年产几百万吨.制备 H_3PO_4 的方法有湿法和热法二种.

湿法制 H_3PO_4 就是用强酸处理磷灰石,其反应式为:

$Ca_5(PO_4)_3F + 5H_2SO_4 + 10H_2O = 5CaSO_4 \cdot 2H_2O + HF + 3PO_4$

过滤除去 $CaSO_4$(消耗1t磷灰石约生成1.5t石膏)及其他不溶性杂质(如 SiO_2),并使氟转化为难溶的硅氟酸钠,Na_2SiF_6,得到不同浓度的 H_3PO_4 溶液(溶液浓度因反应器装置而异,为35% –70%),而后蒸浓.

湿法制得的 H_3PO_4,因含有 Na^+,Mg^{2+},Ca^{2+},Al^{3+},Fe^{3+},SO_4^{2-},F^-…呈暗绿色甚至褐色.此法适用于制磷肥.

若用HCl处理磷酸盐矿,得 H_3PO_4 和 $CaCl_2$.用有机溶剂,如丁醇或戊醇或酮(C_5)(或醚)萃取出 H_3PO_4 而和 $CaCl_2$ 分离,再用水反萃 H_3PO_4.水溶液经蒸发得较浓的 H_3PO_4.蒸发时逸出的HCl经回收后被用来处理磷酸盐矿.这种处理方法,H_3PO_4 的总收率高达94% –96%.(从1962年开始,此法已在日本、巴西和以色列等国建厂投产.)

用 HNO_3 处理磷酸盐矿制备磷酸方法的困难是,较难从 H_3PO_4 溶液中分出 $Ca(NO_3)_2$.一般用冷却的方法使 $Ca(NO_3)_2 \cdot 4H_2O$ 以晶体析出,得 Ca^{2+} 含量较少的 H_3PO_4.如果用这种方法得到的 H_3PO_4 制造肥料,(如再用氨中和 H_3PO_4 生成氮磷复合肥料),那么用 HNO_3 处理磷灰石矿的方法还是可取的.[于333 –363K,用 HNO_3 和P反应,其速度因 HNO_3 浓度(5.5和7.9mol·L^{-1})增大而加快,反应活化能分别为58.2 ±4.2,37.2 ±4.2kJ·mol^{-1}.]

热法制 H_3PO_4 是在不锈钢容器中,将熔磷喷入空气和水蒸发的混合气中时发生了以下的反应:

$$P_4 + 5O_2 = P_4O_{10}$$

$$P_4O_{10} + 6H_2O = 4H_3PO_4$$

热法可以制得各种高浓度的 H_3PO_4，最高浓度可达 116%．若通入 H_2S，使其中的砷成 As_2S_3 沉淀，过滤得很纯的 H_3PO_4．再用水稀释成 85% 的商品 H_3PO_4．

$POCl_3$ 溶于水，于≥393K 加热除 HCl 和 H_2O 得高纯、较浓（≥70%）H_3PO_4．

热法 H_3PO_4 的纯度比湿法 H_3PO_4 高．如下表所示：

	湿法 H_3PO_4	纯化过的湿法 H_3PO_4	热法 H_3PO_4
F	0.8（质量百分）	0.08	0.0001
SO_4	2.2	0.2	0.02
CaO	0.06	0.005	0.001
Fe_2O_3	1.2	0.005	0.0003
Al_2O_3	1.7	0.01	0.0003
SiO_2	0.07	0.1	0.0015

浓 H_3PO_4 溶液脱水得无色 H_3PO_4 晶体（熔点为 315.5K），它是含有氢键的层状结构物．每个 H_3PO_4 形成多个氢键，键长分别为 253 和 284pm.

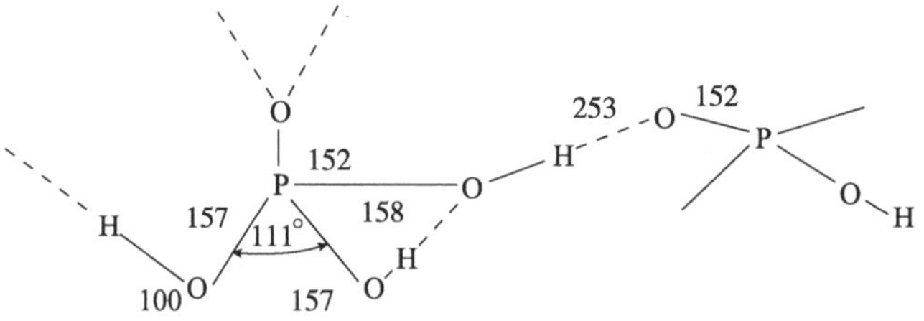

图 13.24　磷酸中的氢键

熔融 H_3PO_4 脱水生成 $H_4P_2O_7$，

$$2H_3PO_4 - H_2O = H_4P_2O_7$$

当温度稍高于熔点时，达到上述脱水平衡需几周的时间．若温度升高，脱水所需的时间将缩短．随着脱水反应的进行，反应体系的熔融温度逐渐降低，于 307.8K 时，平衡体系中含 6.5%（mol）的 $H_4P_2O_7$.

由于在熔融 H_3PO_4 中有氢键，所以容易过冷成黏稠状液体．318K 时的黏度为 76.5cP，298K 时为 177cP（作为对比列出：293.2K 时水的黏度为 1.00cP，298.2K 时纯 H_2SO_4 为 24.5cP）.

熔融 H_3PO_4 中存在着自电离，故能导电

$$2H_3PO_4 = P(OH)_4^+ + H_2PO_4^-$$

其中的 $H_4P_2O_7$ 也能发生给予质子的反应

$$2H_3PO_4 = H_2O + H_4P_2O_7 = H_3O^+ + H_3P_2O_7^-$$

$$H_3P_2O_7^- + H_3PO_4 = P(OH)_4^+ + H_2P_2O_7^{2-}$$

总反应为：$3H_3PO_4 = H_3O^+ + P(OH)_4^+ + H_2P_2O_7^{2-}$

达平衡时,H_3O^+和$H_2P_2O_7^{2-}$的浓度各(约)为0.28mol/1000g溶剂,$H_2PO_4^-$约0.26mol/1000g溶剂,$P(OH)_4^+$约0.54mol/1000g溶剂.

纯H_3PO_4中加少量水,或从浓H_3PO_4溶液中可得半水合物,$H_3PO_4 \cdot \frac{1}{2}H_2O$(熔点为302.5K).其晶体是由二个相似的$H_3PO_4$分子以氢键结合的骨架状结构.

$H_3PO_{4(s)}$的$\Delta H_f^\ominus = -1281.1 kJ \cdot mol^{-1}$,$H_3PO_4(l)$的$\Delta H_f^\ominus = -1270.1 kJ \cdot mol^{-1}$,$\Delta G_f^\ominus = -1124.4 kJ \cdot mol^{-1}$.

常温下(291K),H_3PO_4溶液浓度为45%-47%时比电导最大.

H_3PO_4是三元酸,它们的电离自由焓变(298K)等见下表.

	$\Delta H^\ominus(kJ \cdot mol^{-1})$	$\Delta G^\ominus(kJ \cdot mol^{-1})$	K_a
第一步电离	-7.87	12.13	7.11×10^{-3}
第二步电离	4.14	41.09	7.99×10^{-8}
第三步电离	14.64	66.9	4.8×10^{-13}

NaOH滴定H_3PO_4溶液,在pH~4.5,9.5处分别有二个突跃点.前者用甲基橙作指示剂,后者需用酚酞作指示剂.

H_3PO_4能形成三系列的盐,即MH_2PO_4,M_2HPO_4,M_3PO_4.除碱金属(锂除外)、铵的磷酸盐易溶于水外,其他金属的磷酸盐均难溶于水.其中某些磷酸盐的溶解度非常小,故可用H_3PO_4直接和相应盐溶液制备,如生成铅、镧系元素的磷酸盐.大多数金属的酸式磷酸盐的溶解度大于相应的正盐.用强酸处理磷酸盐矿制磷肥就是使难溶磷酸盐转化为溶解度稍大的酸式磷酸盐的一个实例.

钢、铁、铝、锌、镁、铅等金属都能和H_3PO_4作用,在稀H_3PO_4溶液中,钢、铁表面形成保护层;镍、铜和H_3PO_4的作用不明显,而银、铂、锆、钽等金属不和磷酸作用.

H_3PO_4-H_2CrO_4,$H_3PO_4-H_2SO_4$的混合液是电抛光铝、钢的电解液;H_3PO_4-HNO_3混合液是铝的化学抛光液,一种典型抛光液的组成为:$H_3PO_4$60%-64%,$H_2SO_4$23%-27%,$HNO_3$10%-14%,$CuSO_4$0.3%-0.7%及$KMnO_4$0.3%-0.7%.

H_3PO_4和其他酸、肼、有机溶剂等形成加合物,如:$H_3PO_4 \cdot CH_3COOH$,$N_2H_4H_3PO_4$,$Et_2OH_3PO_4$,$Me_2COH_3PO_4$,$CO(NH_2)_2 \cdot H_3PO_4$.H_3PO_4能形成一系列的复盐:

$LiMPO_4$　　(M为Mg,Fe,Co,Ni,Mn)

$MBePO_4$　　(M为K,Rb,Cs)

$MM'PO_4$　　(M为Na,K,NH_4;M'为Mg,Ca,Sr,Ba,Cu,Zn)

$MM'(PO_4)_2$　　（M 为 Ca,Sr,Ba;M′为 Ce,Ti,Zr,Hf,Th,U）

$Na_2M(PO_4)_2$　　（M 为 Ge,Zr,Hf）

$M_3M'(PO_4)_3$　　（M 为 Ca,Sr,Ba;M′为 Sc,Y,La,Nd,In,Bi）

氘磷酸可由(氘)重水和十氧化四磷反应制得：

$$P_4O_{10} + 6D_2O = 4D_3PO_4$$

D_3PO_4 的黏度为 231.8cp,熔点为 319.2K,密度为 $1.9083g \cdot cm^{-3}$,(H_3PO_4 为 1.8683),电导为 $2.818 \times 10^{-2}\Omega^{-1} \cdot cm^{-1}$($H_3PO_4$ 为 4.675×10^{-2}),折射率 n_D^{20} 为 1.4430(H_3PO_4 为 1.4503).

目前磷酸盐矿的用途和用量(%)如下图所示：

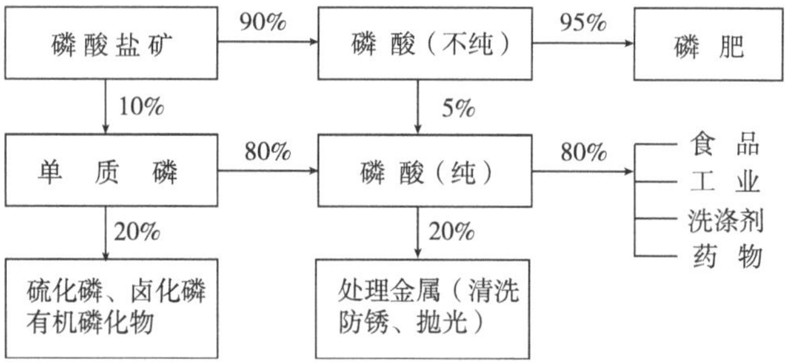

11.6　偏磷酸、焦磷酸及多磷酸

P_4O_{10}和少量水反应,P_4O_{10}溶于 H_3PO_4 溶液或 H_3PO_4 脱水均能生成由二个或二个以上 H_3PO_4 缩水形成的聚磷酸

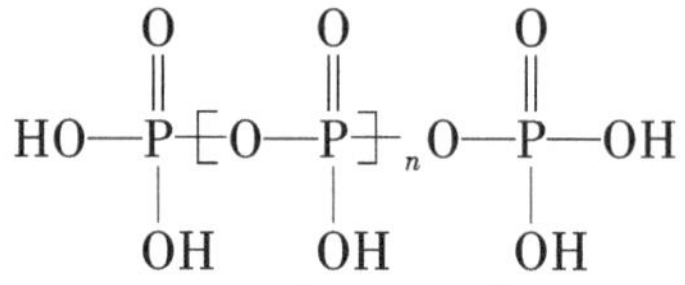

$n=0$ 为焦磷酸,$H_4P_2O_7$;$n=1$ 为三聚磷酸,$H_5P_3O_{10}$;$n=2$ 为四聚磷酸 $H_6P_4O_{13}$…

稀 H_3PO_4 加热到约 422K 得浆状浓 H_3PO_4,后者于 423－433K 只能失少量水.于 485－486K 逐渐失水生成主要是含 $H_4P_2O_7$ 溶液. 达 528－533K 得几乎是纯 $H_4P_2O_7$,563－573K 形成 HPO_3, 温度继续升高,HPO_3 增多.

缩合磷酸体系实际上是多种磷酸的混合物. 如 67.4%－89.4% P_2O_5 和 H_2O 体系(纯 H_3PO_4 含 72.4% P_2O_5)的组成如表 13.21.

表 13.21　缩合磷酸体系中各种酸的百分含量

总 P_2O_5%	P_2O_5/H_2O	1	2	3	4	5	6	7	8	9	10	11	12	13	14	高聚	三偏	四偏
67.4	0.263	100.0																
68.7	0.279	99.7	0.33															
70.4	0.302	96.2	3.85															
71.7	0.321	91.0	8.86	痕量														
73.5	0.352	77.1	22.1	0.79														
73.9	0.360	73.6	25.1	1.34														
75.7	0.394	53.9	40.7	4.86	0.46													
77.5	0.438	33.5	50.6	11.5	2.68	0.74	痕量											
79.1	0.481	22.1	46.3	20.3	7.82	2.26	1.02	0.34										
80.5	0.523	13.8	38.2	23.0	13.0	6.86	3.38	1.67	1.03	0.22								
81.0	0.542	12.2	34.0	22.7	14.6	8.42	4.36	2.27	1.41	0.56	痕量							
81.2	0.549	10.9	32.9	22.3	15.0	9.36	5.41	2.85	1.75	0.97	0.36	0.05						
82.4	0.594	7.32	23.0	19.3	15.9	12.3	8.21	5.73	3.89	2.52	1.36	0.91	1.14			痕量		
84.0	0.667	3.92	11.8	12.7	12.0	10.5	8.97	7.99	6.62	5.63	4.54	3.72	3.03	2.46	1.68	6.63		
85.0	0.717	2.28	6.36	7.32	8.01	8.17	7.67	7.22	6.93	6.42	5.89	5.27	4.69	3.99	3.83	16.9		
85.3	0.736	1.87	4.73	6.33	6.58	6.66	6.71	6.36	6.11	5.88	5.46	5.07	4.90	4.64	4.38	25.6		
86.1	0.787	1.46	2.81	3.74	4.43	4.52	4.77	4.79	4.93	4.67	4.54	4.67	4.63	4.38	4.17	43.5	0.17	
87.1	0.860	0.83	1.81	2.17	2.53	3.09	3.39	3.46	3.33	3.55	3.47	3.45	3.52	3.26	3.23	61.1	痕量	
87.9	0.920	0.50	0.82	1.56	1.76	1.72	2.03	2.13	2.26	2.07	2.26	2.06	2.20	1.99	2.30	76.4	0.42	0.11
89.4	1.066	1.88	1.52	0.77	0.61	0.62	0.68	0.54	0.71	0.86	1.03	0.98	1.16	1.23	1.37	86.8	1.17	0.41

11.6.1　焦磷酸

纯的 $H_4P_2O_7$ 中含 79.8% 的 P_2O_5. 然而这种组成磷酸中的 $H_4P_2O_7$ 中只有 42.5%，其余 H_3PO_4 为 17.2%，$H_5P_3O_{10}$ 为 25%，$H_6P_4O_{13}$ 为 10.5%，余为较长链的磷酸.

$Na_4P_2O_7$ 和 $CuSO_4$ 作用得 $Cu_2P_2O_7$ 沉淀，后者和 H_2S 作用生成 $H_4P_2O_7$：

$$Na_4P_2O_7 + 2CuSO_4 = Cu_2P_2O_7 + 2Na_2SO_4$$

$$Cu_2P_2O_7 + 2H_2S = H_4P_2O_7 + 2CuS$$

含 79.8% P_2O_5 的 H_3PO_4 溶液冷却结晶得熔点为 327.5K 的 Ⅰ 型 $H_4P_2O_7$. 把 Ⅰ 型 $H_4P_2O_7$ 置于密封器中在 323.2K 加热数小时转化为于室温下稳定的 Ⅱ 型 $H_4P_2O_7$（熔点为 347.7K）.

$H_4P_2O_7$(s) 的 $\Delta H_f^{\ominus} = -2251kJ \cdot mol^{-1}$，$H_4P_2O_7$(l) 的 $\Delta H_f^{\ominus} = -2284.0kJ \cdot mol^{-1}$，熔化热为 $9.2kJ \cdot mol^{-1}$.

$H_4P_2O_7$ 为四元酸，291K 时的 $K_1 = 1.4 \times 10^{-1}$，$K_2 = 1.1 \times 10^{-2}$，$K_3 = 2.1 \times 10^{-7}$，$K_4 = 4.1 \times 10^{-10}$. 能形成 $M_2H_2P_2O_7$，$M_3HP_2O_7$ 及 $M_4P_2O_7$，而较不易形成 $MH_3P_2O_7$.

$H_4P_2O_7$ 在水溶液中逐渐转化为 H_3PO_4：

$$H_4P_2O_7 + H_2O = 2H_3PO_4$$

303K，0.1mol$H_4P_2O_7$/1000g（溶剂）水解反应的 $t_{\frac{1}{2}} = 183h$，333K$t_{\frac{1}{2}} = 7.7h$.

11.6.2　二偏磷酸

冰磷酸在 573K 短时间加热得到在室温下能水解的二偏磷酸，$(HPO_3)_2$，叫偏磷酸-Ⅰ

$$H_2P_2O_6 + H_2O = H_4P_2O_7$$

若于 491K 加热 20h 或 628K 加热 30min，得到不溶于水、热稀 HNO_3，但能溶于 NaOH 并发生水解作用的偏磷酸-Ⅱ.

偏磷酸-Ⅰ在 673K 以上加热得透明的、水溶性的偏磷酸-Ⅲ，后者在红热条件下加热 12h 转化成偏磷酸-Ⅳ. 偏磷酸-Ⅳ在水中发出崩解的声音，所以叫“裂解酸”（crackly acid）. 然而偏磷酸-Ⅳ难溶解于水，所以开始得到的是浊液，放置，浊液逐渐变清，最后得真溶液.

气态 $(HPO_3)_2$ 比较稳定，而液态有发生聚合的倾向.

11.6.3　环偏磷酸

三偏磷酸，$H_3P_3O_9$ 和四偏磷酸，$H_4P_4O_{12}$ 都是由 P—O 相间而成的环状结构物.

按 IUPAC 命名规则应叫环三、环四磷酸.

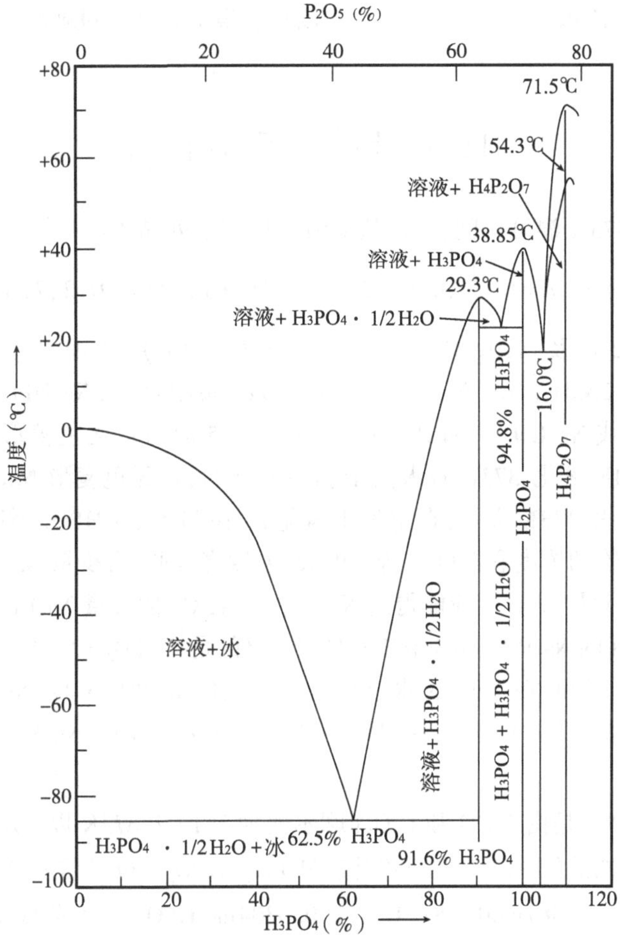

图 13.25　P_2O_5-H_2O 相图

环-$H_3P_3O_9$ 可由环-$Na_3P_3O_9$ 溶液通过 H 型交换树脂制得. 六方晶 P_4O_{10} 和冰水反应得环-$H_4P_4O_{12}$, 为防止环-$H_4P_4O_{12}$ 进一步水解, 可用碱把 $(HPO_3)_4$ 中和成 $Na_4(P_4O_{12})$.

11.6.4　过磷酸

过磷酸①(super phosphoric acid)是 H_3PO_4 和 $H_4P_2O_7$ 组成的混合物, 其共熔点为 289.2K, 含 105% – 107% 的磷酸(相当于含 75% – 77% 的 P_2O_5).

①此处把 super phosphate 译成过磷酸盐, 但其中没有过氧键.

由湿法制得的含 70% P_2O_5 的超磷酸中,40% 的 P_2O 以 H_3PO_4 存在,40% 为 $H_4P_2O_7$,5% 为 $H_5P_3O_{10}$,余 15% 的 P_2O_5 以长链磷酸存在. 过磷酸易于以液态运输和使用.

11.7　钠的(正)磷酸盐

在 298 – 373K 温度区间里,可从溶液中得到下列晶体:

$Na_3PO_4 \cdot nH_2O$ $n = 0, \frac{1}{2}, 6, 8, 12$, $Na_2HPO_4 \cdot nH_2O$ $n = 0, 2, 7, 8, 12$ $NaH_2PO_4 \cdot nH_2O$ $n = 0, 1, 2$ 以及 $NaH_2PO_4 \cdot H_3PO_4$ 即 $NaH_5(PO_4)_2$, $NaH_2PO_4 \cdot Na_2HPO_4$, 即 $Na_3H_3(PO_4)_2$, $2NaH_2PO_4 \cdot Na_2HPO_4 \cdot 2H_2O$ 及 $NaH_2PO_4 \cdot 2Na_2HPO_4$.

用 NaOH 或 Na_2CO_3 中和 H_3PO_4,于 pH≃4.5 时可得无色菱形晶体 $NaH_2PO_4 \cdot 2H_2O$(330.4K 熔化,373K 脱水);于 pH ~9.2 时,得无色菱形 $Na_2HPO_4 \cdot 12H_2O$ 晶体(311K 熔化,373K 失水,在空气中风化). 在制备 Na_2HPO_4 时除 pH 外,还要严格控制反应物的浓度和温度. 若浓度大、温度高,则将有少量 $Na_4P_2O_7$ 生成.

H_3PO_4 和过量 NaOH 反应能得到 $Na_3PO_4 \cdot 12H_2O$. 因过量 NaOH 的浓度不同,还能生成含 NaOH 的 Na_3PO_4 晶体,含 NaOH 量最高的是 $Na_3PO_4 \cdot 1/4NaOH \cdot 12H_2O$.

许多钠盐能和 Na_3PO_4 的水合物结合. 如 $Na_3PO_4 \cdot 1/4NaNO_2 \cdot 11H_2O$, $Na_3PO_4 \cdot 1/4NaOCl \cdot 11H_2O$, $Na_3PO_4 \cdot 1/5NaCl \cdot 11H_2O$, $Na_3PO_4 \cdot 1/7NaMnO_4 \cdot 11H_2O$.

无水 Na_3PO_4 是由 Na_2O 和 P_2O_5(摩尔比为 3:1)于 673K 以上反应制得的.

酸式磷酸钠被用来配制缓冲溶液,$H_2PO_4^-$-HPO_4^{2-} 也是维持血液 pH 的缓冲对——相当于 0.0087mol$H_2PO_4^-$ L^{-1} 和 0.0304molHPO_4^{2-} L^{-1} 组成的 pH = 7.413 (298K)的溶液. 固态 $Na_2HPO_4 \cdot 12H_2O$ 被用于"储热"系统——熔解吸热,再次固化释热,如 150g$Na_2HPO_4 \cdot 12H_2O$-$Na_3PO_4 \cdot 12H_2O$(8:2)混合物于 333K 熔化后,把 283K 空气吹过此熔体周围可得 293K 空气($10dm^3$/min)达 2h 以上.

11.8　钾、铵的(正)磷酸盐

已经制得的钾、铵的(正)磷酸盐有: KH_2PO_4, $K_2HPO_8 \cdot nH_2O$, $n = 0, 3, 6$, $K_3PO_4 \cdot nH_2O$, $n = 3, 7, 9$ 及 $KH_2PO_4 \cdot H_3PO_4$, $KH_2PO_4 2K_2HPO_4 \cdot H_2O$, $KH_2PO_4 \cdot 3K_2HPO_4 \cdot 2H_2O$.

$NH_4H_2PO_4$, $(NH_4)_2HPO_4$, $(NH_4)_3PO_4 \cdot 3H_2O$ 及 $NH_4H_2PO_4 \cdot H_3PO_4 \cdot nH_2O$, $n = 0, 1, 2$, $(NH_4)_2HPO_4 \cdot (NH_4)_3PO_4$.

用计量 KOH 和 H_3PO_4 作用生成 KH_2PO_4、K_2HPO_4、K_3PO_4.

把 NH_3 气导入 ~80% H_3PO_4 溶液,在 pH = 3.8 – 4.5 可得 $NH_4H_2PO_4$ 晶体,pH = 8.05 – 8.15 得 $(NH_4)_2HPO_4$ 晶体. 为防止生成物分解,反应温度应低于 323K. 室温下,$(NH_4)_3PO_4 \cdot 3H_2O$ 不稳定可释出氨,酸式磷酸铵的热稳定性比磷酸铵高,$(NH_4)_3PO_4$、$(NH_4)_2HPO_4$, $NH_4H_2PO_4$ 的热分解温度分别为 303, 413, 443 K. $NH_4H_2PO_4$ 于 403 – 723K 能形成链状磷酸铵,环 $(NH_4)_3P_3O_9$、环 $(NH_4)_4P_4O_{12}$;于 823 – 1223K 成超磷酸盐.

正磷酸盐中含有 PO_4^{3-} 离子,磷酸二氢盐,如 KH_2PO_4 晶体中有氢键,其中 P—O 键长为 151pm, P—OH 为 155 – 158pm,氢键键长为 250pm.

酸式磷酸盐受热成偏、焦磷酸盐,若酸式盐含结晶水,则首先失水. 如 $K_2HPO_4 \cdot 3H_2O$ 于 385, 405, 431K 分别丢失一个结晶水,674K 转化为 $K_4P_2O_7$. KH_2PO_4 于 523 ~ 563K 分解为 KPO_3 (523K 分解成 $K_2H_2P_2O_7$ 的速度常数为 3.7×10^{-3}, 563K 为 19.3×10^{-3}).

钾的磷酸盐被用于配制缓冲溶液、作肥料用等,铵的磷酸盐除被用作复合肥料, $NH_4H_2PO_4$, $(NH_4)_2HPO_4$ 还可作纤维织物的抗火剂,这是因为它们受热分解成 NH_3 和 H_3PO_4,而 H_3PO_4 是纤维素转变为炭的催化剂(炭燃烧比纤维燃烧缓和). 又,一方木材吸收 96kg 酸式磷酸铵即可阻燃.

稀 $(NH_4)_2HPO_4$ 溶液的 pH 为 7.85,加热至沸失 NH_3,若保持沸热 2.5h ,溶液的 pH 降为 5.78. 这个性质被用于使胶体羊毛染料沉积在羊毛织物上(因羊毛染料在碱性溶液中能保持其分散状态,而在酸性溶液中立即沉淀).

11.9 钙的磷酸盐

碱土金属氧化物或氢氧化物和 H_3PO_4 作用生成酸式盐、正盐. 碱土金属的可溶性盐溶液和碱金属的(正)磷酸盐溶液反应生成较难溶解的碱土金属的磷酸盐. 低温下反应得含水晶体,高温下得无水盐. 如低于 313K 得 $CaHPO_4 \cdot 2H_2O$, 373 – 383K 得 $CaHPO_4$.

$CaO\text{-}P_2O_5\text{-}H_2O$ 的相图见图 13.26.

11.9.1 磷酸二氢钙

石灰和计量 H_3PO_4 反应析出 $Ca(H_2PO_4)_2 \cdot H_2O$ 晶体. 若将这个反应体系蒸干,部分 $Ca(H_2PO_4)_2$ 将分解为 H_3PO_4 和 $CaHPO_4$ 蒸干的产品中含 8% –9% 的 $CaHPO_4$ (析出晶体中含 5.8% $CaHPO_4$). 产物中的 H_3PO_4 可用 CaO 使之进一步转化.

若产物中含 H_3PO_4,则易吸水并将促进 $Ca(H_2PO_4)_2$ 转化为 H_3PO_4 和 $CaHPO_4$.

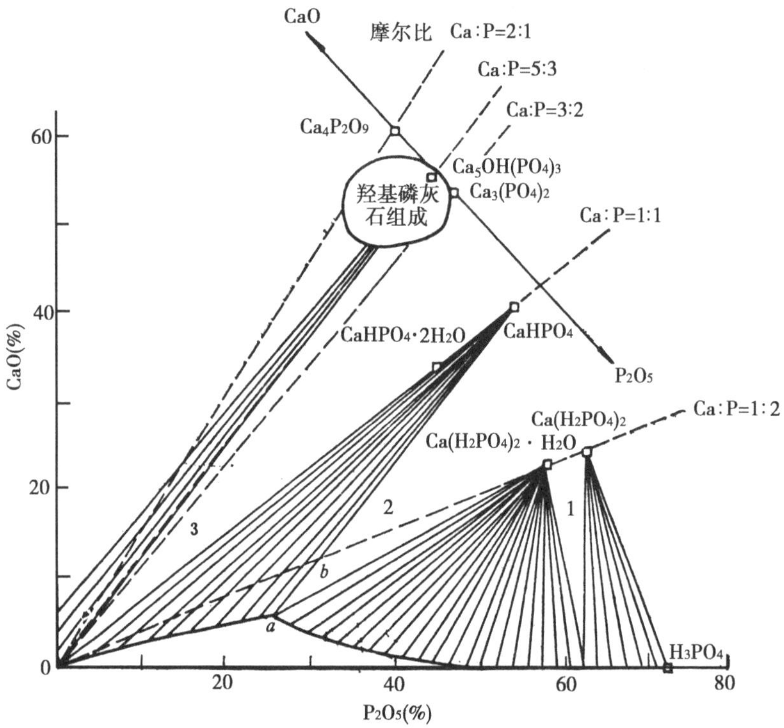

图 13.26 CaO-P_2O_5-H_2O 体系

$Ca(H_2PO)_2·H_2O$ 的溶度积为 7.19×10^{-2}(298K).

11.9.2 磷酸一氢钙

石灰浆和 H_3PO_4 于 411－413K 反应可制得 $CaHPO_4·2H_2O$. 然而产物不稳定,经 $Ca_8H_2(PO_4)_6·5H_2O$ 和 H_3PO_4 转变为羟基磷酸钙和 H_3PO_4. 过量的水、升高温度均有利于这个转化反应. 若溶液中有 F^-,也有利于上述转化反应,不过产物是 $Ca_5(PO_4)_3F$.

为使 $CaHPO_4$ 能较稳定地存在,可在制备时加少量 $Na_4P_2O_7$ 或加 2%－3% 的 $Mg_3(PO_4)_2$. 虽然两种物质使 $CaHPO_4$ 变得较为稳定,其机理目前尚不清楚,但已确证 0.0005molMg^{2+}/L 就可抑制 $Ca_8H_2(PO_4)_6·5H_2O$ 的进一步水解.

$CaHPO_4$ 和 $CaHPO_4·2H_2O$ 的溶度积为 2.18×10^{-7}(298K),$CaHPO_4$ 于 423K 开始、并于 673K 明显分解得焦磷酸钙.

$CaHPO_4·2H_2O$ 是制造牙膏的原料.

11.9.3 磷酸钙

343K,有1%Mg^{2+}或Mg^{2+}(稳定剂)时,$Ca(NO_3)_2$与Na_2HPO_4反应生成磷酸钙,$Ca_3(PO_4)_2$. 若把石灰浆加入H_3PO_4溶液,则产物中含有羟基磷酸钙.

通常以$Ca_5(PO_4)_3(OH)$或$Ca_{10}(PO_4)_6(OH)_2$表示羟基磷酸钙. 实际上其组成因合成方法不同而异,Ca/P摩尔比为1.41 - 1.75(理论摩尔比为1.67).

Ca/P摩尔比	制　法
1.41 1.50	298K,稀$CaCl_2$溶液加入过量Na_2HPO_4溶液把$Ca(OH)_2$加入H_3PO_4中,直到酚酞变色,或$CaHPO_4 \cdot 2H_2O$慢水解
1.67 1.75	$Ca(OH)_2$溶液和稀H_3PO_4溶液加热至沸并中和新沉淀的"磷酸钙"加石灰

$Ca_5(PO_4)_3(OH)$的溶度积为$10^{-67.5}$.

羟基磷灰石对热是稳定的,在1273K时也不失水(1273K真空下脱水),达1773K时失水.

$$Ca_{10}(PO_4)_6(OH)_2 \xrightarrow{1773K} Ca_6(PO_4)_6O + H_2O$$

1173K时,与CaF_2反应生成氟磷灰石

$$Ca_{10}(PO_4)_6(OH)_2 + CaF_2 \xrightarrow{1173K} Ca_{10}(PO_4)_6F_2 + CaO + H_2O$$

磷灰石(apatite)是一类矿物的总称. 由于它常和其他矿物混淆,所以磷灰石的希腊文原意是"骗子"(deceiver).

磷灰石的化学式为:$M_{10}(RO_4)_6X_2$. 其中M为Na,K,Ca,Sr,Mn,Pb,Zn,Cd,Mg,Fe(Ⅱ),Al及稀土(尤其是Ce),X为F,OH,Cl,Br,R为P,As,V,S,Si,Ge及Cr.

矿物学上把天然磷灰石分成两类:(1)阳离子以Ca^{2+}为主的磷灰石系列,其中X主要是F,OH;R以P为主,可被S,Si取代一定量,但这类磷灰石矿物中的大多数不含As,尤其是不含V;(2)阳离子以Pb^{2+}为主的磷氯铅矿(pyromorphite)系列. 其中X^-主要是Cl^-等较大的阴离子,PO_4易被VO_4,AsO_4取代. 在磷氯铅矿系列中,很少发现有SO_4,SiO_4取代PO_4的矿物.

从结构上看,磷灰石都是六方系,可以是缺Ca的非整比化合物. 如新沉淀生成的无定形磷酸钙被认为是磷灰石结构,其组成为$Ca_9\square(PO_4)_6\square_2$,(□表示缺位). 现将一些六方磷灰石的a,c(pm)值列出如下:

$Ca_{10}(PO_4)_6(OH)_2$　　$Ca_{10}(PO_4)_6F_2$　　$Ca_{10}(PO_4)_6Cl_2$　　$Ca_{10}(PO_4)_6Br_2$

a(pm)	942.3	936.7	964.2	976.1
c(pm)	687.5	688.4	676.4	673.9
	$Sr_{10}(PO_4)_6(OH)_2$	$Ba_{10}(PO_4)_6F_2$	$Ba_{10}(PO_4)_6Cl_2$	$Cd_{10}(PO_4)_6(OH)_2$
a(pm)	974.5	1015.3	1028.0	933 .5
c(pm)	726.5	773.3	765.1	666.4
	$Cd_{10}(PO_4)_6Cl_2$	$Cd_{10}(PO_4)_6Br_2$	$Pb_8K_2(PO_4)_6\square_2$	$Pb_9\square(PO_4)_6\square$
a(pm)	963.3	973.3	982.6	982.7
c(pm)	648.4	648.8	730.4	735.7

碳酸根也能取代磷灰石而形成非整比化合物：

$$Ca_{10}(PO_4)_6(OH)_2 \nearrow Ca_{10}(PO_4)_6CO_3\square \quad \text{A 型}$$

$$Ca_{10}(PO_4)_6(OH)_2 \searrow Ca_8\square_2(PO_4)_4(CO_3)_2 \quad \text{B 型}$$

A 型：CO_3^{2-} 取代 OH^-，出现一个空位；

B 型：CO_3^{2-} 取代 PO_4^{3-} 和 OH^-，产生阳离子缺位．

最近报道：$A^{I}B^{II}PO_4$(A^{I} = Na，K；B^{II} = Ca，Sr，Zn，Cd，Pb)单晶是铁电体．

上面介绍了磷酸盐和酸式磷酸盐，其中磷酸根和酸式磷酸根的结构为

磷酸根，PO_4^{3-} 为四面体，但由 IR，Raman，NMR 谱对固态、液态或溶液的数据表明：在晶体中，PO_4^{3-} 并不是正四面体结构，而略有变形，而在稀溶液中 PO_4^{3-} 变形不明显．

Ag_3PO_4

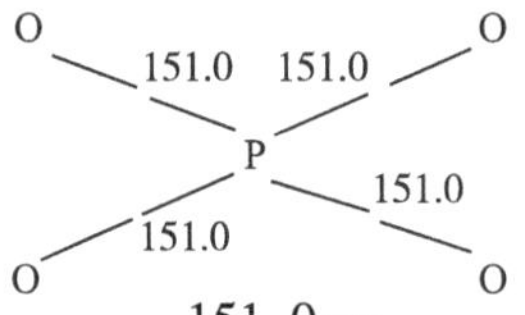

$(NH_4)_3PO_4 \cdot 3H_2O$

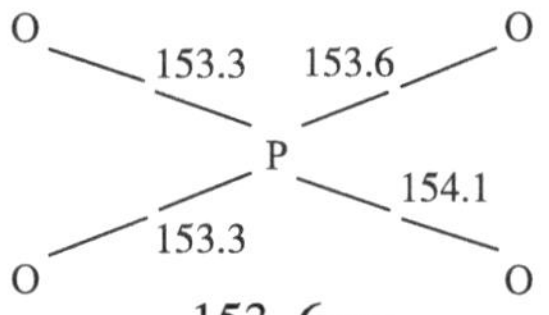

P—O(平均)	151.0pm	153.6pm
OPO	109.5°	109—110°

$Ca_{10}(PO_4)_6(OH)_2$

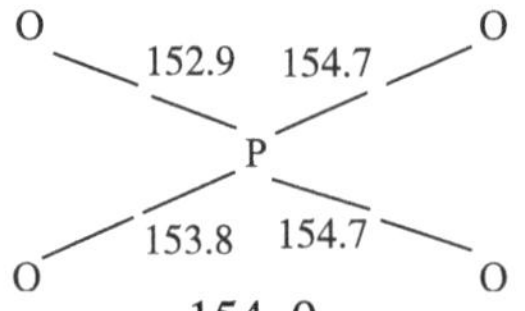

$NH_4MgPO_4 \cdot 6H_2O$

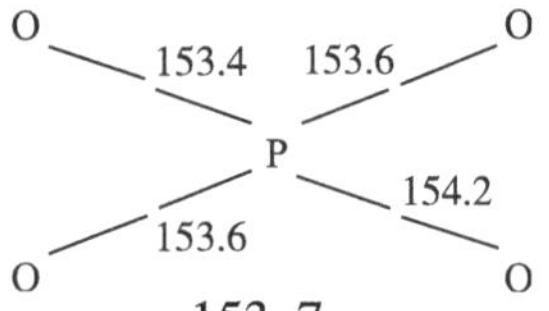

P—O(平均)	154.0pm	153.7pm
OPO	107 - 111°	108 - 110°

酸式根中有 OH 和 P 相连，所以其变形比上述 PO_4^{3-} 更为明显．

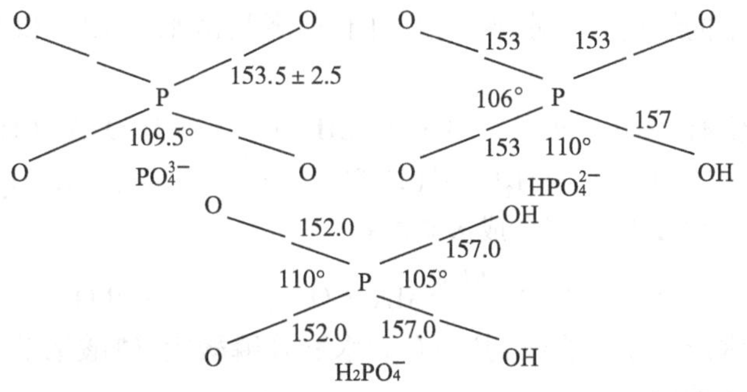

另外,某些聚磷酸钙呈纤维状,$[Ca(PO_3)_2]_n$ 的直径为 3μm,长度可达 3cm.

11.10 某些三价金属的磷酸盐

MPO_3,M 为 B,Al,Ga,Fe,Mn. 是一类共价型的化合物,其中的 M 和 P 都是四配位氧,相当于二氧化硅晶体中的硅原子被 M 原子和 P 原子有规则的取代了.

BPO_4,$AlPO_4$ 是 SiO_2 的等电子体. $AlPO_4$ 有 6 种型态,其结构均和二氧化硅相似(列出 SiO_2 以资比较):

$$AlPO_4\ 类石英^{①} \underset{978K}{\rightleftharpoons} 类鳞石英 \underset{1298K}{\rightleftharpoons} 类方英石 \underset{>1873K}{\rightleftharpoons} 熔体$$

$$\beta \underset{859K}{\rightleftharpoons} \alpha\beta \underset{366K}{\rightleftharpoons} \alpha_1 \underset{403K}{\rightleftharpoons} \alpha_2\beta \underset{483K}{\rightleftharpoons} \alpha$$

$$SiO_2:石英 \underset{1140K}{\rightleftharpoons} 鳞石英 \underset{1743K}{\rightleftharpoons} 方英石 \underset{1986K}{\rightleftharpoons} 熔体$$

$$\beta \underset{846K}{\rightleftharpoons} \alpha\beta \underset{390K}{\rightleftharpoons} \alpha_1 \underset{436K}{\rightleftharpoons} \alpha_2\beta \underset{493K}{\rightleftharpoons} \alpha$$

和石英相似,$AlPO_4$,BPO_4 都很硬、熔点高(BPO_4 的熔点高于 1923K)及难溶于水. 和石英不同的是,在低于熔点 200 - 300K 时,即失"P_2O_5",即使有此性质,这二种磷酸盐仍被用作耐火材料.

由于 SiO_2 和 $AlPO_4$ 结构的相似性,两者在一定的限量内形成固熔体. 和纯二氧化硅相同,纯 $AlPO_4$,BPO_4 也不能形成玻璃体.

BPO_4,$AlPO_4$ 分别可由下列反应制得:

$$H_3BO_3 + H_3PO_4 = BPO_4 + 3H_2O$$

$$Al(OH)_3 + H_3PO_4 = AlPO_4 + 3H_2O$$

$$BCl_3 + (EtO)_3PO = BPO_4 + 3EtCl$$

BPO_4,$AlPO_4$ 是催化剂,$AlPO_4$ 还被用作吸附剂. 作催化剂、吸附剂用的 $AlPO_4$,可由 $Al(OH)_3$ 和 $H_3PO_4$423 - 473K 加热制得.

---

①类石英,berlinite.

水合磷酸铝的结构和无水磷酸铝不同,前者是由水合 Al^{3+} 和 PO_4^{3-} 结合而成的固体.

酸式磷酸铝有:$AlH_3(PO_4)_2 \cdot 3H_2O$,$AlH_3(PO_4)_2 \cdot H_2O$,$Al_2(HPO_4)_3 \cdot 3H_2O$,$Al_2(HPO_4)_3$,$AlH(HPO_4)_2 \cdot H_2O$,$Al(H_2PO_4)_3 \cdot 1.5H_2O$ 及 $Al(H_2IO_4)_3$. 酸式磷酸铝(无水或含水)受热时缩合成多磷酸盐

$$Al_2(HPO_4)_3 \xrightarrow{673K} Al_4(P_2O_7)_3 \xrightarrow{>673K} AlPO_4$$

实际上脱水产物是混合物,其中有无水酸式磷酸铝、磷酸铝及无定形物质,具体组成因反应条件而异.

铁的磷酸盐有:$Fe_3(PO_4)_2$,$Fe_3(PO_4)_2 \cdot 4H_2O$,$Fe_3(PO_4)_2 \cdot 8H_2O$ 及 $FePO_4$,$FePO_4 \cdot 2H_2O$. $FePO_4$ 和 $AlPO_4$ 是等结构体. 酸式磷酸铁有:$FeHPO_4$,$FeHPO_4 \cdot H_2O$,$FeHPO_4 \cdot 2H_2O$,$Fe(H_2PO_4)_2$,$Fe(H_2PO_4)_2 \cdot 2H_2O$ 和 $Fe(H_2PO_4)_3$. 铁(Ⅱ)和铁(Ⅲ)的混合磷酸盐有:$Fe_7(PO_4)_6$(即 $Fe_3(PO_4)_2 \cdot 4FePO_4$),$Fe_2(PO_4)O$(即 $FePO_4 \cdot FeO$),$Fe_3PO_4 \cdot O_3$(即 $FePO_4 \cdot Fe_2O_3$)等(实验测定 $FePO_4$ 中还含有少量 $Fe_7(PO_4)_6$ 及 $Fe_3P_5O_{17}$).

无水磷酸铬可迅速把 H_2CrO_4 和 H_3PO_4 的混合溶液加热到 973K 而得到:

$$2H_3PO_4 + 2CrO_3 = 2CrPO_4 + 3H_2O + (3/2)O_2$$

它是无定形粉末,长时间加热成晶体.

水合 $CrPO_4$,$CrPO_4 \cdot 6H_2O$ 和许多其他铬盐相似,有紫色和绿色两种晶体. 紫色晶体由 $Cr(H_2O)_6^{3+}$ 和 PO_4^{3-} 组成,溶于水得紫色溶液. 在有 CH_3COONa 存在时,$KCr(SO_4)_2$ 和 Na_2HPO_4 于约 273K 反应得紫色晶体.

$$2KCr(SO_4)_2 + 2Na_2HPO_4 + 6H_2O = 2CrPO_4 \cdot 6H_2O + 2Na_2SO_4 + K_2SO_4 + H_2SO_4$$

高于 293K, 紫色溶液转化为含有 $CrHPO_4^+$,$Cr(PO_4)_2^{3-}$ 等的绿色溶液. 虽然在 343K 时仍为绿色溶液,但其中含有多核配离子.

绿色磷酸铬中可能含有铬(Ⅲ)和水及磷酸根的多核配离子.

表 13.22 几种正磷酸盐的晶型、密度及溶解度

正磷酸盐	晶　型	密度($g \cdot cm^{-3}$)	溶解度(g/100g)溶液(298.2K)
LiH_2PO_4		2.461	—
Li_3PO_4	正交	2.537	0.03
$Li_3PO_4 \cdot 12H_2O$	三角	1.645	不溶
KH_2PO_4	四方	2.338	20.0
$K_2HPO_4 \cdot 3H_2O$	—	—	33
K_3PO_4	正交	2.564	19.3
$NaNH_4HPO_4 \cdot H_2O$	单斜	1.574	16.7
$NH_4H_2PO_4$	四方	1.803	29.5
$(NH_4)_2HPO_4$	单斜	1.619	41.8
$MgHPO_4 \cdot 3H_2O$	正交	2.10	0.25

续表

正磷酸盐	晶　型	密度($g \cdot cm^{-3}$)	溶解度(g/100g)溶液(298.2K)
$MgHPO_4 \cdot 7H_2O$	单斜	—	0.31
$SrHPO_4$	正交	3.544	不溶
$Ba(H_2PO_4)_2$	三斜	2.9	—
$BaHPO_4$	正交	4.165	0.015
$AlPO_4$	六方	2.59	不溶
$AlPO_4 \cdot 2H_2O$	正交	2.53	不溶
$NH_4CaPO_4 7H_2O$	单斜	1.561	不溶
$NH_4MnPO_4 \cdot H_2O$		—	3×10^{-3}
$MnHPO_4 \cdot 3H_2O$	正交	—	不溶
$Cu_3(PO_4)_2 \cdot 3H_2O$	正交	—	不溶
Ag_2HPO_4	三角	—	不溶
Ag_3PO_4	立方	6.37	不溶
$Zn(H_2PO_4)_2 \cdot 2H_2O$	三斜	—	
$Zn_3(PO_4)_2$	正交	3.998	不溶
$Zn_3(PO_4)_2 \cdot 4H_2O$	正交或三斜	3.03	不溶
$Cd(H_2PO_4)_2 \cdot 2H_2O$	三斜	2.742	不溶
Tl_3PO_4	针状	6.89	0.5
$FePO_4 \cdot 2H_2O$	正交或单斜	2.87	不溶
$Fe_3(PO_4)_2 \cdot 8H_2O$	单斜	2.58	不溶
$Pb_3(PO_4)_2$	六方	7.1	1.4×10^{-5}
$BiPO_4$	单斜	6.323	不溶
$CePO_4$	正交或单斜	5.22	不溶
$UO_2HPO_4 \cdot 4H_2O$	四方	—	不溶

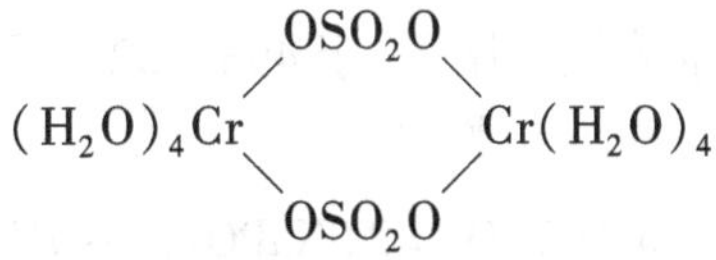

用HF,$CrPO_4$,水合氧化铝的混合物和铝反应,得组成为$xCrPO_4 \cdot yAl_2O_3 \cdot zH_2O$的绿色物质.这种物质附着在金属表面,具有较强耐腐蚀性.对涂料有较强的吸着力.

独居石[(La,Ce,Th)PO_4]也是一种磷酸盐矿物,此外还有磷钇磷,YPO_4.它们都是稀土元素的主要矿物(其中常含少量四价铀).

四价金属钛、锆、锡等的酸式磷酸盐也已经制得.室温下,Zr^{4+}盐溶液和H_3PO_4溶液混合得凝胶,其中Zr/P ~0.5 -2.1.层状结构的$Zr(HPO_4)_2 \cdot H_2O$很有趣,其层间的水量可变.此外,$Ti \cdot (HPO_4)_2 \cdot H_2O$和$Sn(HPO_4)_2 \cdot H_2O$也已被制得.

钙铀云母也是磷酸盐矿物$Ca(UO_2)_2(PO_4)_2 \cdot nH_2O$,$n = 6 - 10$.

11.11　焦磷酸盐

$H_4P_2O_7$ 生成四系列的钠盐，如 $NaH_3P_2O_7$、$Na_2H_2P_2O_7 \cdot nH_2O(n=0,6)$，$Na_3HP_2O_7 \cdot nH_2O(n=0,1,9)$ 及 $Na_4P_2O_{10} \cdot nH_2O(n=0,10)$.

Na_2HPO_4 受热脱水生成 $Na_4P_2O_7$. 脱水过程的热重分析结果表明：在 603－613K 就能脱水，实际生成 $Na_4P_2O_7$ 的温度是 773K.

$$2Na_2HPO_4 = Na_4P_2O_7 + H_2O$$

上述反应需在白金容器中进行，因为 $Na_4P_2O_7$ 能溶解 SiO_2.

$Na_4P_2O_7$ 能溶于水并可在水中重结晶提纯，于 272.8－352K 间得到水合晶体，$Na_4P_2O_7 \cdot 10H_2O$.

无水 $Na_4P_2O_7$ 有五种晶体，相互间的转变温度如下：

$$Na_4P_2O_7\text{-V} \xrightleftharpoons{673K} Na_4P_2O_7\text{-IV} \xrightleftharpoons{783K} Na_4P_2O_7\text{-III} \xrightleftharpoons{793K}$$

$$Na_4P_2O_7\text{-II} \xrightleftharpoons{818K} Na_4P_2O_7\text{-I} \xrightleftharpoons{1258K} \text{熔融}$$

用适量 HCl 酸化 $Na_4P_2O_7$，在不高于 308K(分出 NaCl)得 $Na_3HP_2O_7 \cdot 9H_2O$ 晶体，约 303K 得 $Na_3HP_2O_7 \cdot H_2O$. 后者于 423K 温度下脱水数日得无水盐 $Na_3HP_2O_7$.

NaH_2PO_4 受热脱水生成 $Na_2H_2P_2O_7$：

$$2NaH_2PO_4 = Na_2H_2P_2O_7 + H_2O \tag{1}$$

这个脱水反应是在一定的水蒸气分压下，于 498－523K 下完成的. 一定的水蒸气分压是为了避免 $Na_2H_2P_2O_7$ 进一步脱水.

$$nNa_2H_2P_2O_7 = 2(NaPO_3)_n + nH_2O \tag{2}$$

反应(1)、(2)的水蒸气分压和温度的关系如下表：

温度(K)	373	393	413	423	443	513	553
(1)P_{H_2O}(kPa)	0.89	4.80	25.8	99.8	—	—	—
(2)P_{H_2O}(kPa)	—	—	—	—	1.47	39.4	101.3

273K 混合等摩尔 $H_4P_2O_7$ 和 $Na_2H_2P_2O_7$，真空蒸发得 $NaH_3P_2O_7$ 晶体：

$$Na_2H_2P_2O_7 + H_4P_2O_7 = 2NaH_3P_2O_7$$

焦磷酸的四种钠盐都能溶于水，其溶解度如下表所示：

	$NaH_3P_2O_7$	$Na_2H_2P_2O_7 \cdot 6H_2O$	$Na_3Hp_2O_7 \cdot 6H_2O$	$Na_4P_2O_7 \cdot 10H_2O$
溶解度(g/100g 溶液)	62.7^{291}	14.95^{291}	28.17^{291}	8.14[a)]

a) 298K, g/100gH_2O; 1% $Na_4P_2O_7$ 溶液的 pH = 10.2.

室温下 $Na_4P_2O_7$ 的溶液是比较稳定的．在酸性介质中和加热的条件下，较易转化为 H_3PO_4 如在 1molH^+/1000g 溶剂中，$Na_4P_2O_7$ 于 293K 完全水解需 172h，在 313K，只需 16h. 而 1% $Na_4P_2O_7$ 溶液(不加酸)于 343K 加热 60h，未见明显水解．

钾、铵的焦磷酸盐有 $M_2H_2P_2O_7$，$M_3HP_2O_7$，及 $M_4P_2O_7$，也都是易溶于水的物质．

$Na_4P_2O_7$ 溶液和过量易溶金属盐，如 Ag^+，Cu^{2+}，Ce^{3+}，La^{3+}，Sm^{3+}，Eu^{3+}，Fe^{3+} 等作用生成相应的难溶焦磷酸盐，如

$$Na_4P_2O_7 + 4AgNO_3 = Ag_4P_2O_7 + 4NaNO_3$$

某些二价金属的焦磷酸盐可用热分解含铵的磷酸盐或相应的酸式磷酸盐制得：

$$2NH_4NiPO_4 \cdot 6H_2O = Ni_2P_2O_7 + 2NH_3 + 13H_2O$$

$$2CaHPO_4 = Ca_2P_2O_7 + H_2O$$

$$2Al_2(HPO_4)_3 \xlongequal{673K} Al_4(P_2O_7)_3 + 3H_2O$$

制备其他金属焦磷酸盐的方法还有许多种，如：

$$PbO_2 + 2H_3PO_4 = PbP_2O_7 + 3H_2O$$

$$2FePO_4 + H_2 = Fe_2P_2O_7 + H_2O$$

$$2Hg_3(PO_4)_2 = 2Hg_2P_2O_7 + 2Hg + O_2$$

焦磷酸盐中均含有焦磷酸根，$P_2O_7^{4-}$ 离子．各种焦磷酸盐中的 $P_2O_7^{4-}$ 的 P—O—P 键角不尽相同，为 120° - 180°. 此外，P—O—P 中 P—O 键的键长比末端 P—O 键的长(图 13.27).

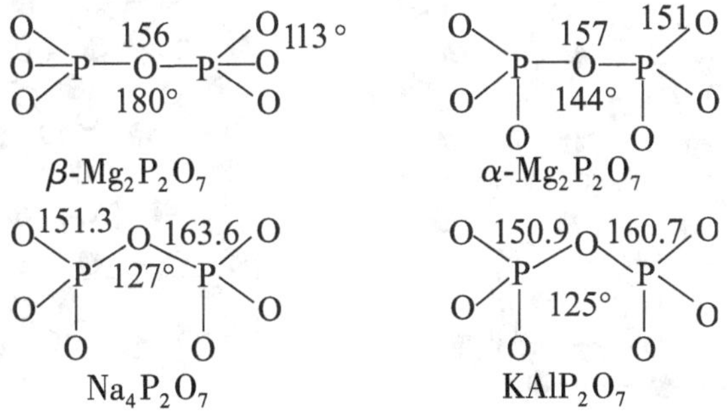

图 13.27　几种焦磷酸盐的结构

11.12　三聚磷酸钠或三磷酸钠

Na_2O 和 P_2O_5(摩尔比为5:3)的清亮熔体经冷却得 $Na_3P_3O_{10}$. 加热 NaH_2PO_4 和 Na_2HPO_4(摩尔比为2:1)固体混合物也生成 $Na_5P_3O_{10}$.

$$2Na_2HPO_4 + NaH_2PO_4 = Na_5P_3O_{10} + 2H_2O$$

环-$Na_3P_3O_9$ 在碱中水解生成 $Na_5P_3O_{10}$:

$$(NaPO_3)_3 + 2NaOH = Na_5P_3O_{10} + H_2O$$

$Na_5P_3O_{10}$有六水合物和无水盐两种．无水盐又有两个相,即低温稳定的Ⅱ相及于743K转变为高温下稳定的Ⅰ相．由于Ⅱ相很难转变成Ⅰ相,所以在常温和干燥的条件下,Ⅰ相、Ⅱ相都是比较稳定的．然而Ⅰ相水合快,生成 $Na_5P_3O_{10} \cdot 6H_2O$ 的速度也快;Ⅱ相溶解慢,生成 $Na_5P_3O_{10} \cdot 6H_2O$ 的速度也较慢,且易形成过饱和溶液.

室温下,$Na_5P_3O_{10} \cdot 6H_2O$ 于密封体系中的水解反应式为:

$$2Na_5P_3O_{10} \cdot 6H_2O = Na_4P_2O_7 + 2Na_3HP_2O_7 + 11H_2O$$

而在373K水解的主要反应式为:

$$Na_5P_3O_{10} \cdot 6H_2O = Na_3HP_2O_7 + Na_2HPO_4 + 5H_2O$$

$Na_5P_3O_{10}$ Ⅰ相、Ⅱ相的结构见图13.28. Ⅰ相中 Na^+ 是四配位氧,而Ⅱ相中的 Na^+ 是六配位氧.

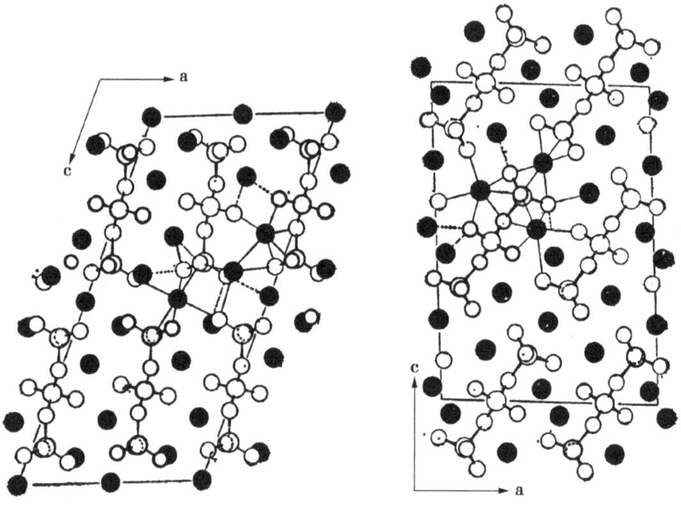

相Ⅰ　　　　相Ⅱ

图13.28　$Na_5P_3O_{10}$的结构

$Na_5P_3O_{10}$易溶于水,室温下100g水中能溶解15g. 1%溶液的pH=9.7. 它在溶液中逐渐水解生成$Na_4P_2O_7$和$Na_3PO_4$373.2K,在其自身pH的条件下,水解一半需6h.

$Na_3P_3O_{10}$溶液和适量$HClO_4$、CH_3COOH混合,再加乙醇得$Na_3H_2P_3O_{10}\cdot 1.5H_2O$或$Na_4HP_3O_{10}$.

目前已知的三聚磷酸盐有近百种,其中锂盐的制法和钠盐相同. 钠盐是制备其他三聚磷酸盐的原料,如

$$2Na_5P_3O_{10} + 5BaCl_2 = Ba_5(P_3O_{10})_2 + 10NaCl$$

$$2Na_5P_3O_{10} + Cr_2(SO_4)_3 + 12H_2O = 2Na_2CrP_3O_{10}\cdot 6H_2O + 3Na_2SO_4$$

因$P_3O_{10}^{5-}$和金属离子有较高的配位作用及能使尘粒胶溶或悬浮,所以大量$Na_5P_3O_{10}$被用来制洗涤剂.

表12.23 Ca^{2+}和$P_2O_7^{2-}$,$P_3O_{10}^{5-}$,$P_6O_{19}^{8-}$配位自由焓变($kJ\cdot mol^{-1}$)及解离常数

	温度(K)	pH	$Ca + L = CaL, \Delta G^{\ominus}$	pK_i
Ca^{2+}和$P_2O_7^{2-}$	298	10-12	-31.8	5.60
	310	10-12	-34.3	5.75
	323	10-12	-36.4	5.86
Ca^{2+}和$P_3O_{10}^{5-}$	298	10-12	-39.6	6.90
	310	10-12	-40.6	6.80
	323	10-12	-41.8	6.72
Ca^{2+}和$P_6O_{19}^{8-}$	298	10-12	-41.8	7.28
	310	10-12	-42.7	7.17

11.13 四聚磷酸盐和四磷酸盐

环-$Na_4P_4O_{12}$于313K在碱性介质中水解生成四聚磷酸钠($Na_6P_4O_{13}$):

$$(NaPO_3)_4 + 2NaOH = Na_6P_4O_{13} + H_2O$$

从溶液中得到的是油状或玻璃状的产物,而不易得到晶体.

$P_4O_{13}^{6-}$是链状结构,它在中性、碱性介质中比较稳定,在pH=10,于338.5K时$Na_6P_4O_{13}$还比较稳定. 溶液pH下降,$P_4O_{13}^{6-}$明显水解. 水解从链状结构的末端开始,断裂为PO_4^{3-}和$P_3O_{10}^{5-}$酸根,接着$P_3O_{10}^{5-}$再水解(图13.29).

已经制得的四聚磷酸盐并不多. 如$(NH_4)_6P_4O_{13}$,$Ba_3P_4O_{13}$,$Bi_2P_4O_{13}$,$Pb_3P_4O_{13}$等.

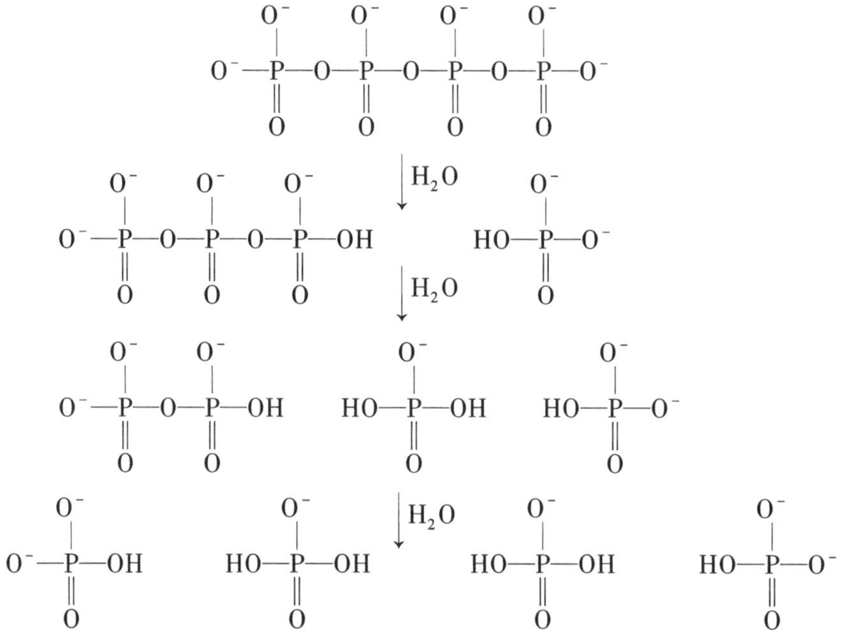

图 13.29　$P_4O_{12}^{4-}$ 的水解

11.14　长链聚磷酸盐

链状 $P_nO_{3n+1}^{(n+2)-}$ 中，$n>50$ 时，其称为长链聚磷酸盐．一般长链磷酸盐的 $n=500-10000$. n 很大时，$3n+1\simeq 3n$，可用化学式 $(PO_3)_n^{n-}$①表示，和环状结构的环磷酸盐的化学式相同．所以在早期文献中常把多聚磷酸盐和环磷酸盐混淆了．长链多聚磷酸盐的两端均有一个 OH，故真正的化学式是 $H_2P_nO_{3n+1}^{n-}$，即

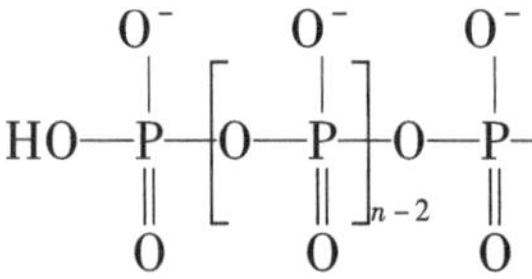
长链聚磷酸盐在一定的条件下能成环，成环机理如下式：

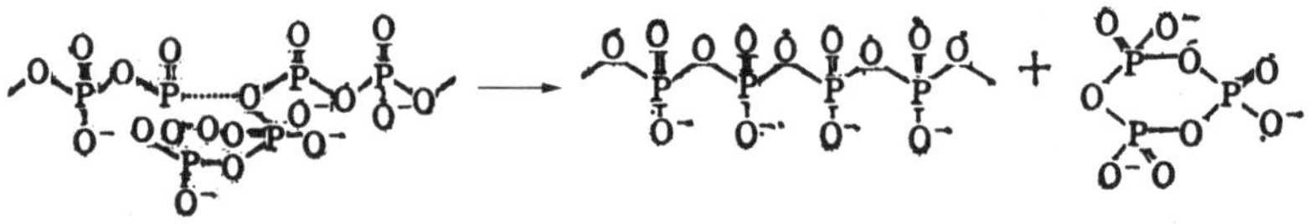

NaH_2PO_4 在高于 523K 脱水生成长链状多聚磷酸钠(Maddrell 盐)，它有两种

①单个 PO_3^- 已在高分辨质谱仪中观察到，请参考：J. H. Donald etc, *J. Amer. Chem, Soc.*, 101(24), 7409 (1979).

构型．若将 $Na_2O/P_2O_5=1$ 的熔体慢冷，则得另一种长链多聚磷酸盐(Kurrol 盐)．NaH_2PO_4 在低于熔点长时间加热也得到 Kurrol 盐．Kurrol 盐也有两种．

Maddrell 盐和 Kurrol 盐均能溶于水．Kurrol 盐还能溶于焦磷酸盐溶液成为高黏度的溶液．

$NaNH_4HPO_4$，NaH_2PO_4 或 $Na_2H_2P_2O_7$ 加热到熔融，迅速冷却得玻璃状多聚磷酸钠．工业上的一种制法是，把 NaOH 喷成雾和 P_4O_{10} 直接反应，于干冷的金属表面迅速冷却得玻璃状产物．其中 90% 为高分子量的多聚磷酸盐的混合物，余 10% 为环磷酸盐，它具有无毒，对染料、织物无影响，不燃等性质．

1833 年 Graham 制得首先玻璃状磷酸钠，故称 Graham 盐，$(NaPO_3)_n$．1848 年 Fleitman 和 Henneberg 用铵盐处理 Graham 盐，发现只有 5/6 的 Na^+ 能被 NH_4^+ 取代，提出 $n=6$，所以又把 Graham 盐叫做六偏磷酸钠．以后的实验事实表明六偏磷酸钠这个名称和事实不符．(但这个错误的名称至今仍在使用)

Graham 盐的聚合度因脱水温度的升高、反应体系中的低水蒸气压(为了控制链状磷酸盐两端的 OH)而增大．如三偏磷酸钠于 923K，$p_{H_2O}=7.33kPa$ 条件下加热后迅速冷却，产物的平均聚合度(n)为 60. 新鲜制得的 Graham 盐的平均聚合度为 100 - 125，还含环状的 $(PO_3)_n^{n-}$，如

环中 P 原子数	3	4	5	6	≥7
%	3 - 9	2.5	0.75	0.5	<0.5

玻璃状磷酸盐易溶于水，能和 Ag^+，Pb^{2+} 产生相应的沉淀，但和 Ca^{2+} 生成稳定的配离子，所以在工业上用它作为水处理“除钙”的试剂．被用来“除钙”的试剂中含 67.8% P_2O_5，相当于 $Na_2O:P_2O_5=1.1:1$(摩尔比)，其 mol 质量为 1500 - 2000，平均聚合度($n=$)15 - 20.

室温下，多聚磷酸盐在中性溶液中还比较稳定，在酸性介质和加热的条件下，水解加速．水解反应历程是逐个断开末端的 PO_4…

多聚磷酸的酸式盐 $[Na_2H(PO_3)_3]_n$ 和 $[Na_3H(PO_3)_4]$ 也已被制得．

多聚磷酸钾可由以下两个方法制得：

$$nKH_2PO_4=(KPO_3)_n+nH_2O$$

$$P_4+4KCl+6O_2=\frac{4}{n}(KPO_3)_n+2Cl_2$$

把 NH_3 通入含 P_2O_5 为 85% 的多磷酸溶液，将生成物加水，使 $(NH_4PO_3)_n$ 沉出．热 H_3PO_4 和 $CO(NH_2)_2$ 反应得尿素的磷酸盐，后者在低温下就能分解成多聚偏磷酸铵：

$$2H_3PO_4 + CO(NH_2)_2 = \frac{2}{n}(NH_4PO_3)_n + CO_2 + H_2O$$

能由磷酸二氢盐热分解生成多聚磷酸盐的,除钠、钾盐外,还有锂、铷、铯、铍、钙、锶、钡、铅、铝及铁盐．氧化物或碳酸盐和过量磷酸反应生成链状多聚磷酸盐的,有铝、铁、铋、镉等．

$$nCdCO_3 + 2nH_3PO_4 = [Cd(PO_3)_2]_n + nCO_2 + 3nH_2O$$

长链多聚磷酸盐具有多晶型的特点,如 $Ca(PO_3)_2$ 有四种晶型,NH_4PO_3 有五种晶型,KPO_3 有四种,$NaPO_3$ 有多种．多晶型是因为链构型间的微弱区别及聚合度不同之故．如一种$(NH_4 \cdot PO_3)_n$ 的平均 $n = 50 - 200$,而另一种的 $n = 10^5$;又如,α,β-$Ca(PO_3)_2$ 的 $n = 10^4$,而 r 和 δ 型的 $n = 200 - 600$.

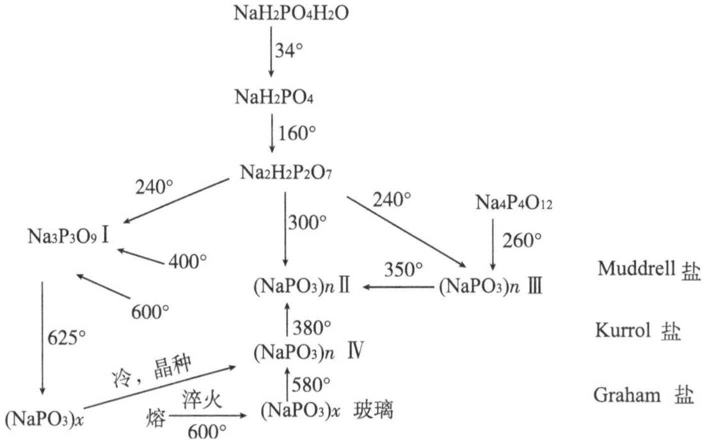

图 13.30　缩合磷酸钠之间的关系

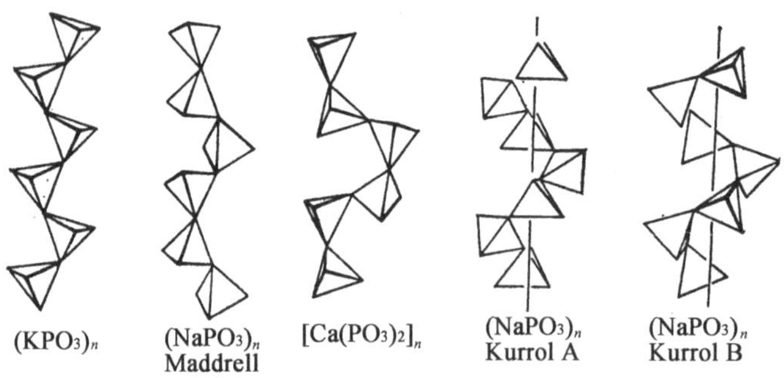

图 13.31　几种链状聚磷酸盐的结构

11.15　偏 磷 酸 盐

具有环状结构偏磷酸钠的化学式为$(NaPO_3)_n$,其中 $n = 3 - 8$ 均已被分离和鉴定,无疑更大的环状偏磷酸根存在于玻璃状的偏磷酸盐中. 长期以来,被误认为是六偏磷酸钠的物质中,实际上不含或仅含少量六偏磷酸钠. 直到 1968 年,六偏磷酸盐才被分离和测定其结构.

控制加热条件(573－873K,最佳温度为 773K)使 NaH_2PO_4 转化成$(NaPO_3)_3$:

$$3NaH_2PO_4 \xlongequal{773K} (NaPO_3)_3 + 3H_2O$$

$(NaPO_3)_3$ 中常见的稳定型是 $Na_3P_3O_9$-I,它是易溶盐,又叫 Knorre 盐. $Na_3P_3O_9$-I 于 690K 在密封管内(有少量水气)将转化为 $Na_3P_3O_9$-II.

于 603K 加热 Na_2HPO_4(3 份)和 NH_4Cl(1 份)混合物,6h 后,得 Knorre 盐.

$Na_4P_2O_7$ 和 NH_4C1 共热生成 $Na_3P_3O_9$:

$$3Na_4P_2O_7 + 6NH_4Cl = 2Na_3P_3O_9 + 6NaCl + 6NH_3 + 3H_2O$$

上述方法制得的产物中,除$(NaPO_3)_3$ 外. 还有其他的磷酸钠. 基于 Pb^{2+}, Ag^+等不和$(NaPO_3)_3$ 产生沉淀,所以加 Pb^{2+}或 Ag^+盐可使$(NaPO_3)_3$ 和其他磷酸盐分离.

$Na_3P_3O_9$ 在水溶液中重结晶得 $Na_3P_3O_9 \cdot 6H_2O$,后者在空气中易风化,受热脱水成 $Na_3P_3O_9 \cdot 1.5H_2O$、$Na_3P_3O_9 \cdot H_2O$ 和 $Na_3P_3O_9$. 当 $Na_3P_3O_9 \cdot H_2O$ 脱水时,发生部分的开环作用.

$Na_3P_3O_9$ 易溶于水,室温下饱和溶液的浓度为 18%,其碱土金属及镧系元素盐的溶解度较小,如 $Ba_3(P_3O_9)_2$ 为 1.03%,因此,$Na_3P_3O_9 \cdot 6H_2O$ 溶液和镧系元素的可溶性盐溶液作用生成 LnP_3O_9.

$K_3P_3O_9$ 可用加热$(CH_3CO)_2O$ 和 KH_2PO_4 的混合物制得.

三偏磷酸形成一系列复盐 $MM'P_3O_9$,M = K,NH_4,Rb,T1,Ag,M′ = Mg,Ca,Mn,Co,Zn,Cd,可由下列反应制得:

$$2(NH_4)_2HPO_4 + CdCO_3 + TlH_2PO_4 = CdTlP_3O_9 + 4NH_3 + CO_2 + 4H_2O$$

$Na_4P_4O_{12}$可由下列反应制得:六方 P_4O_{10}于 288K 水解,产物用 30% NaOH 中和到 pH = 7.0,加入 NaCl,于 298 得到 $Na_4P_4O_{12} \cdot 10H_2O$.

许多金属的磷酸二氢盐(如 $A1^{3+}$,Fe^{3+},Cr^{3+},Ti^{3+},Mg^{2+},Ni^{2+},CO^{2+},Mn^{2+},Fe^{2+},Zn^{2+},Cd^{2+})在一定的条件下加热得相应的 $Na_4P_4O_{12}$.

$M_2P_4O_{12}$(M 为 Cu,Zn)和 Na_2S 或 K_2S 反应得 $Na_4P_4O_{12}$和 $K_4P_4O_{12}$.

$Na_4P_4O_{12} \cdot 10H_2O$ 受热脱水

$$Na_4P_4O_{12} \cdot 10H_2O \xrightarrow{298.2K} \underset{\text{(低温稳定)}}{Na_4P_4O_{12} \cdot 4H_2O} \xrightarrow{327.2K}$$

$$\underset{\text{(高温稳定)}}{Na_4P_4O_{12} \cdot 4H_2O} \xrightarrow{348.2K} Na_4P_4O_{12}$$

$Na_4P_4O_{12}$于 523K 在空气中少量水作用下形成链状似 Maddrell 盐.

四水合四偏磷酸锂易脱去二个水分子；

$$Li_4P_4O_{12} \cdot 4H_2O \xrightarrow{333K} Li_4P_4O_{12} \cdot 2H_2O$$

最后二个水不易脱去．在高温下脱水时开环成为高分子量的聚磷酸盐．

$K_4P_4O_{12} \cdot 2H_2O$ 于373K 脱水成 $K_4P_4O_{12}$．高于373K，$K_4P_4O_{12}$和空气中水气作用成 Kurrol 盐．

$Na_4P_4O_{12}$于673K 加热转化为 $Na_3P_3O_9$，类似的钾盐于473K 由四偏酸磷盐转化为三偏磷酸盐．总之，从热力学角度看，四偏磷酸盐不如三偏磷酸盐稳定．

玻璃态磷酸钠（Na_2O/P_2O_5 摩尔比≤1.25）中含有少量（$(NaPO_3)_5$，$(NaPO_3)_6$，已被分离得到．

将 Li_2O/P_2O_5 摩尔比 =1.4 的混合物加热到548K，然而冷却得$(LiPO_3)_6$ 及少量 $Li_4P_2O_7$．若将此锂盐溶液通过 H 型交换树脂，流出液用 Na_2CO_3 中和到 pH =5 –6，再加入醇，则有 $Na_6P_6O_{18} \cdot 6H_2O$ 针状晶体析出．后者于393K 脱水生成无水盐．

四偏磷酸铅，$Pb_2P_4O_{12} \cdot 4H_2O$ 和 Na_2CO_3 共热时，前者发生热重排反应生成八偏磷酸铅，$Pb_4P_8O_{24}$，产率为70%，其余30%转变为摩尔质量更高的偏磷酸铅：

$$2Pb_2P_4O_{12} \cdot 4H_2O = Pb_4P_8O_{24} + 8H_2O$$

$Pb_4P_8O_{24}$和 Na_2S 作用生成 $Na_8P_8O_{24} \cdot 6H_2O$.

八偏磷酸钠的复盐 $M_2Cu_3P_8O_{24}$，M = NH_4，Rb，Cs，Tl，也已被制得．

偏磷酸盐的水解（为了比较，把焦磷酸盐、多聚磷酸盐并在一起讨论）：

$P_2O_7^{2-}$（相对而言）不容易水解．353K 溶液中有下列平衡：

$$2H_2PO_4^- = H_2P_2O_7^{2-} + H_2O$$

355K 时，6000 份 $H_2PO_4^-$ 和16 份 $H_2P_2O_7^{2-}$ 处于平衡态．$H_2P_2O_7^{2-}$ 水解反应的 $\Delta H^\ominus = -19.67kJ \cdot mol^{-1}$，$\Delta G^\ominus = -13.39kJ \cdot mol^{-1}$.

338.5K 时 $H_2P_2O_7^{2-}$ 的水解速度常数（k）随溶液的 pH 而变．pH 越小，水解速度越快．

pH	2.0	2.8	3.0	4.9	5.0	6.0	9.3	10.9
$k \times 10^4$ (min)	5.4	4.04	3.31	2.99	2.90	1.25	0.1	0.048

$Na_3P_3O_9$ 在≤293K 的中性溶液中是稳定的．在2mo1NaOH/L 中定量转化为 $Na_3P_3O_9$．另一方面 $Na_5P_3O_{10} \cdot 6H_2O$ 和乙酸酐作用（333K，5d）生成环状 $Na_3P_3O_9 \cdot H_2O$.

$Na_3P_3O_9$ 于酸性介质中容易发生水解．水解是一级反应．

$$P_3O_9^{3-} \rightarrow H_2P_3O_{10}^{3-} \rightarrow H_2P_2O_7^{2-} + H_2PO_4^- \rightarrow 3H_2PO_4^-$$

pH =8.0，353K 时，$P_3O_9^{3-}$ 水解速度比 $H_2P_3O_{10}^{3-}$，$H_2P_2O_7^{2-}$ 慢得多，所以在溶液中不

易测出后两者．pH = 10，T = 413K 则能定量转化成 $Na_5P_3O_{10}$. $Na_3P_3O_9$ 的转化反应因其他某些阳离子存在而加速．

$P_4O_{12}^{4-}$ 在碱中水解为 $P_4O_{13}^{6-}$ 是二级反应．

低于室温，$P_4O_{12}^{4-}$，在 pH = 5 - 10 的水溶液中比较稳定．但在低 pH 值的溶液中，低于 313K 明显水解，水解过程是先开环，接着断末端的 PO_4.

$$P_4O_{12}^{4-} - P_4O_{13}^{6-} - H_2P_3O_{10}^{3-} + H_2PO_4^- \rightarrow H_2P_2O_7^{2-} + 2H_2PO_4^- \rightarrow 4H_2PO_4^-$$

在强碱溶液中 $P_4O_{13}^{6-}$ 的水解速度比 $P_4O_{12}^{4-}$ 慢．

$P_3O_9^{3-}$ 水解速度比 $P_4O_{12}^{4-}$ 快，333K 这两种偏磷酸盐水解的 $t_{\frac{1}{2}}$ 见下表．$P_4O_{12}^{4-}$ 水解的活化能为 83.7kJ · mol^{-1}.

pH	$P_3O_9^{3-}$	$P_4O_{12}^{4-}$
1	17min	2.48h
2	1.7d	6.5d
7	69.3d	116.5d

小环(偏)磷酸盐在 NaOH 溶液中的水解开环反应比大环(偏)磷酸盐容易．如在 0.1mol · L^{-1}NaOH 溶液中，$(NaPO_3)_3$ 水解开环反应的 $t_{\frac{1}{2}}$ = 4.5h，$(NaPO_3)_4$ 的 $t_{\frac{1}{2}}$ = 150h，$(NaPO_3)_5$ 的 $t_{\frac{1}{2}}$ = 200h，$(NaPO_3)_6$ 的 $t_{\frac{1}{2}}$ = 1000h.

高分子量多磷酸盐的水解反应也和 pH 及温度有关．如 333K 时水解反应的 $t_{\frac{1}{2}}$ 和 pH 的关系为

pH	1	3	5	8
水解反应的 $t_{\frac{1}{2}}$	22.8min	6.7h	4.4d	45.4d

若有其他离子，则多磷酸盐水解速度增快．如 333K，pH = 8 时 k(有其他金属阳离子)和 k_0(无其他金属阳离子)的比值

阳离子	Li^+	Ba^{2+}	Sr^{2+}	Ca^{2+}	Mg^{2+}	Al^{3+}
k/k_0	1.08	1.56	1.69	2.78	3.52	7.50

溶液中若有 Ag^+，Cu^{2+}，Zn^{2+}，Pb^{2+}，Bi^{3+} 及 Ln^{3+}(稀土)还能加速水解反应．

偏磷酸盐的结构．$Na_3P_3O_9$ 中的 P_3O_9 六元环是椅形结构，$Na_6P_6O_{18} \cdot 6H_2O$ 中 P_6O_6 十二元环中的六个 P 原子共面．环四偏磷酸盐中 P_4O_8 八元环的构型各不相同(见图 13.32).

在溶液中，环偏磷酸盐和链状多聚磷酸盐有以下几个区别：

(1)双向纸上色层可分离环偏磷酸盐和链状多聚磷酸盐.

(2)环偏磷酸盐只有一种特征的^{31}P的核磁共振峰,而链状多聚磷酸盐有不止一个共振峰.

(3)环偏磷酸上的H^+都是强酸,而链状多聚磷酸中除了每个P上有一个表现为强酸的OH基外,末端两个P原子上都有一个弱酸OH.

(4)和链状多聚磷酸盐相比,环偏磷酸盐($n<6$)的溶解度较大,不易形成配合物及在碱溶液中较易水解.

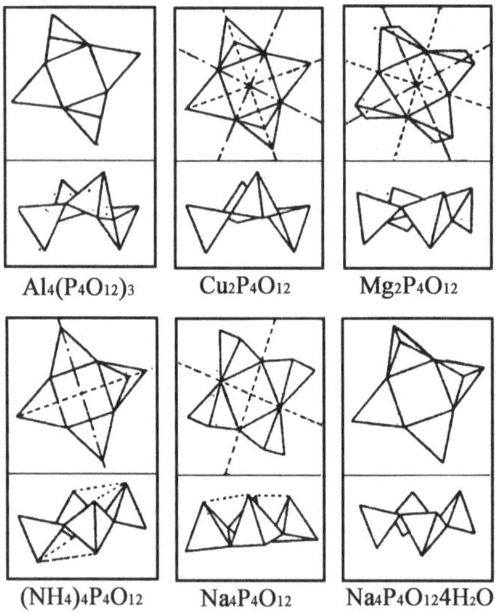

图 13.32　几种 $M_4P_4O_{12}$的结构

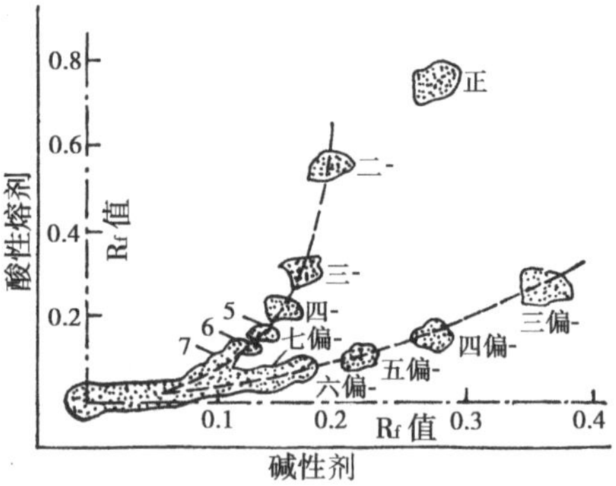

图 13.33　磷酸钠玻璃的二因次色层分析

11.16　超 磷 酸 盐

在缩合磷酸盐中,若有些PO_4四面体分别以角氧和另外三个PO_4四面体相连结的盐,叫超磷酸盐(ultraphosphate),化学式中$M_2O/P_2O_5<1$. 和前述PO_4四面体以两个角氧分别和另外二个PO_4四面体相联形成的环、链状磷酸盐不同,超磷酸盐中的某个PO_4分别和三个PO_4(以氧原子)相连,它即使和湿气接触也极易水解,这是因为在前两者的结构中因共振作用而趋于稳定,而超磷盐中的某些PO_4不可能有共振能:

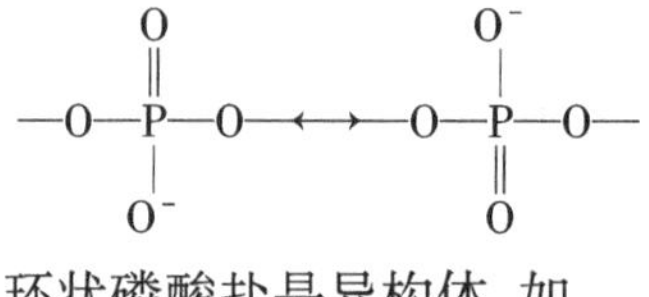

简单的超磷酸盐和链、环状磷酸盐是异构体,如

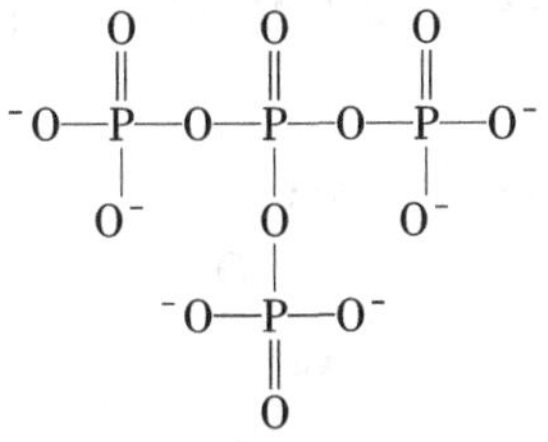

$P_4O_{13}^{6-}$（超磷酸盐）

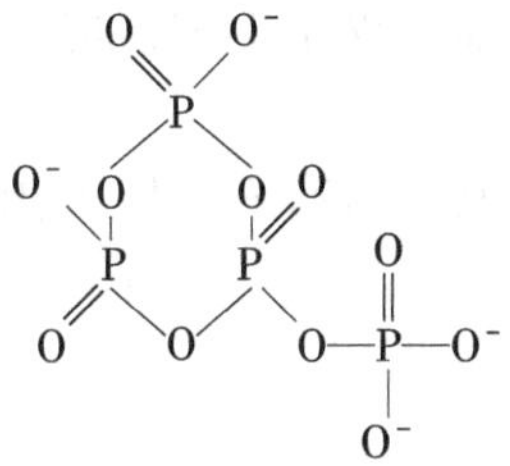

$P_4O_{12}^{4-}$（超磷酸盐）

虽然至今尚未分离得到这两种超磷酸盐，但一般认为，它们存在于高聚合磷酸盐的裂解产物中.

11.17 磷酸(盐)和某些其他含氧酸(盐)的缩合盐

四面体构型的其他元素的含氧酸根 SO_4，CrO_4，AsO_4，VO_4，SiO_4，AlO_4 都能和 PO_4 以角氧相连结成各种缩合盐. 其中 SO_4，CrO_4 和 PO_4 结合时. 只能共用二个氧原子，AsO_4，VO_4，SiO_4，AlO_4 和 PO_4 结合时，可以共用三个氧原子，而和 SiO_4，AlO_4 的结合可共用四个氧原子.

含 PO_4 的混合缩合盐中含有 P—O—X（X 为上述其他成酸元素）结构，它们存在于玻璃态的混合物中，只有个别得到了晶体，如 $A1PO_4$.

11.17.1 砷磷酸盐

含有 P—O—As 结构的盐，叫砷磷酸盐（arsenato phosphate）.

等摩尔 Na_2HPO_4 和 Na_2HAsO_4 混合加热脱水，得主要含 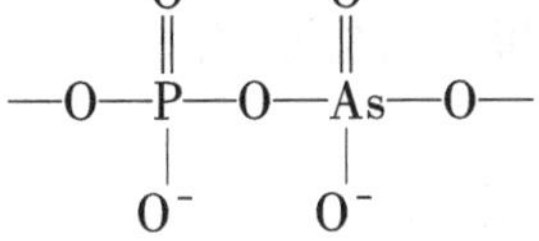 的化合物；若反应物中 As : P = 2 : 1（摩尔比），则加热脱水的产物是含 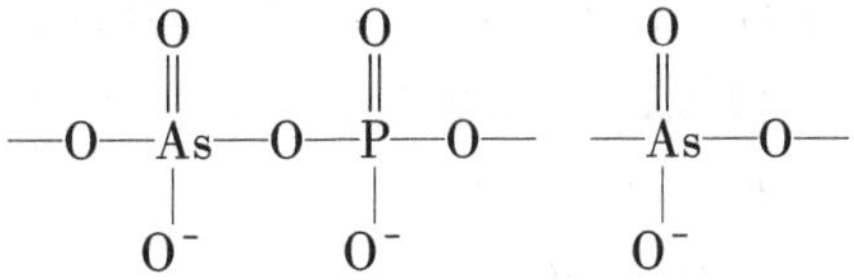 结构的化合物.

若把 NaH_2PO_4 和 NaH_2AsO_4 的混合物加热到熔融，得含 P—O—As 长链、类似于 Graham 盐的玻璃态物质. 这种玻璃态物质易溶于水，其密度和化合物中 As/P 比成线性关系.

砷磷酸盐易发生水解作用. 水解倾向 As—O—As > As—O—P > P—O—P，表明含砷量高的砷磷酸盐溶于水时，容易发生水解反应，生成短链的产物.

聚多砷磷酸盐玻璃于 743K 加热 24h，得到类似于 Maddre 盐，这种盐溶解于水的速度很慢．

钾的砷磷酸盐中含有六元环，其中含一或二个 As：

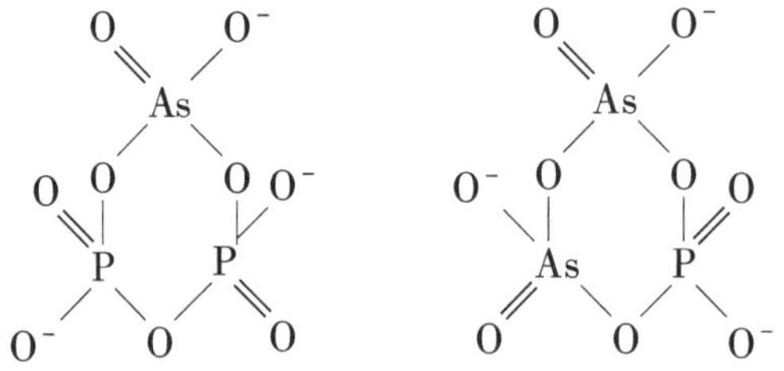

11.17.2　硫磷酸盐

含有 P—O—S 结构的盐，叫硫磷酸盐(sulfatophosphate)．

将 Na_2SO_4，P_4O_{10}，$Na_5P_3O_{10}$ 的混合物(其中 Na_2O 量小于 P_2O_5 和 SO_3 的量)于 673K 加热到熔融，迅速冷却得硫磷酸盐．

把 $Na_3P_3O_9$ 或 Graham 盐加入熔融的 $Na_4P_2O_7$(673K)中也能得硫磷酸盐．

硫磷酸盐的水解速度：S—O—S > S—O—P > P—O—P. 333K，于 pH = 3 - 14，$S_2O_7^{2-}$ 水解的 $t_{\frac{1}{2}}$ = 0.12min. 硫磷酸盐末端的 SO_3Na，于 pH = 4.5 时水解反应的 $t_{\frac{1}{2}}$ = 7.5h，pH = 13 的 $t_{\frac{1}{2}}$ = 11.7h. 而 P—O—P 于 pH = 4.5 时水解的 $t_{\frac{1}{2}}$ = 4.4d，pH = 8 时 $t_{\frac{1}{2}}$ = 18.5d.

11.17.3　硅磷酸盐

偏磷酸钙和硅胶于 1253K 加热，得玻璃状共聚物．若 SiO_2 含量≤12.5%，则共聚物能完全溶解于水，得清亮的溶液；若 SiO_2 > 12.5%，则不能完全溶解．色谱数据表明：可溶性硅磷酸盐玻璃中的链长因 Si 量增多而变短．就是说，有 Si—O—P 存在，但 Si—O—P 不如 P—O—P 稳定．

在 $NaPO_3$—SiO_2 体系中，当 P/Si = 0.5—4 时，不生成共聚物．

有人认为，磷酸盐中引入的 SiO_4 起着将 P—O—P 交链的作用．

在某些硅磷酸盐中，Si 为六配位氧．[如在 SiP_2O_7 和 $Si_3(PO_4)_3$ 中]

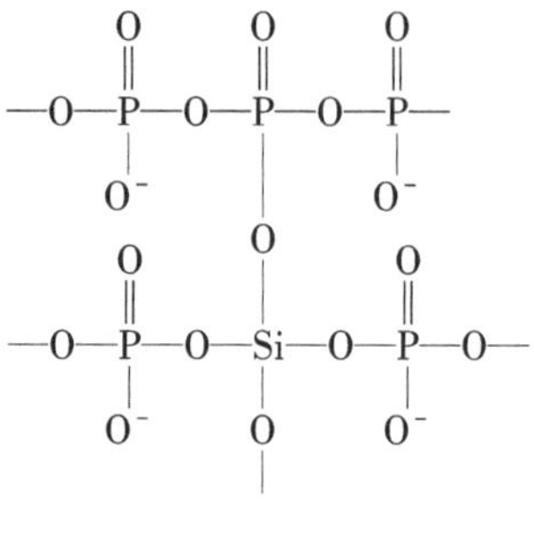

11.17.4 铬磷酸盐

$BaCO_3$ 和在 H_3PO_4 溶液中的 H_2CrO_4 作用生成铬磷酸盐

$BaCO_3 + 2CrO_3 + H_3PO_4 = BaHCr_2PO_{10} + H_2O + CO_2$ 其中含有

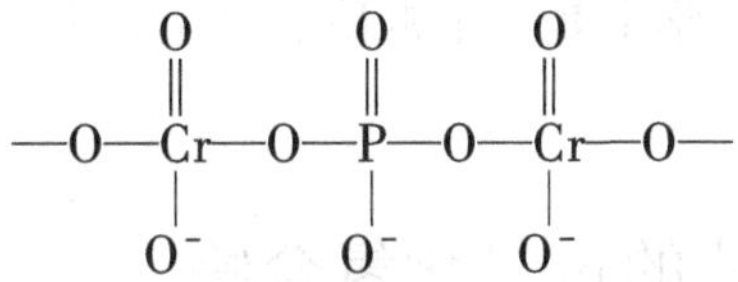

11.17.5 钒磷酸盐

偏磷酸氧钒(IV)和 SiO_2 在一定的蒸气压下反应生成钒(IV)磷酸盐.

$$VO(PO_3)_2 + SiO_2 = VO(P_2SiO_8)$$

多磷酸钠(Na/P = 1.1)和不同量 V_2O_5, Na_2CO_3 热到 1173K(熔化),迅速冷却生成暗棕色到黄色(P/V 比增大)的玻璃体. P/V = 3 时,约有 19% V(V)被还原成 V(IV);P/V > 50,则有 7% –8% 的 V(IV).

含 P—O—V 的盐极易水解. 因 P/V = 1 的水解产物中,就磷而言 89% 为 H_3PO_4,余 11% 为 $H_4P_2O_7$. 表明 P/V = 1 中,P 和 V(基本上是)交替出现在链上.

11.18 含磷的杂多酸盐

磷酸分别和钼酸、钨酸形成钼磷酸 $H_3PMo_{12}O_{40}$ 和钨磷酸 $H_3PW_{12}O_{40}$. 它们是典型的杂多酸.

含磷的杂多酸有两个主要系列:$PW_{12}O_{40}^{3-}$ 和 $P_2W_{18}O_{62}^{6-}$(Mo,V 也能形成类似的杂多酸),前者称十二钨磷酸,后者是九钨磷酸的二聚体. 前者是由四组三个 WO_6 八面体分别对 PO_4 中的四个氧配位;从结构上看,$PW_{12}O_{40}^{3-}$ 结构中去掉“底部”三个 WO_6 八面体成 $W_9O_{31}^{3-}$,二个 $W_9O_{31}^{3-}$ 结合成 $W_{18}O_{62}^{6-}$(图 13.34)

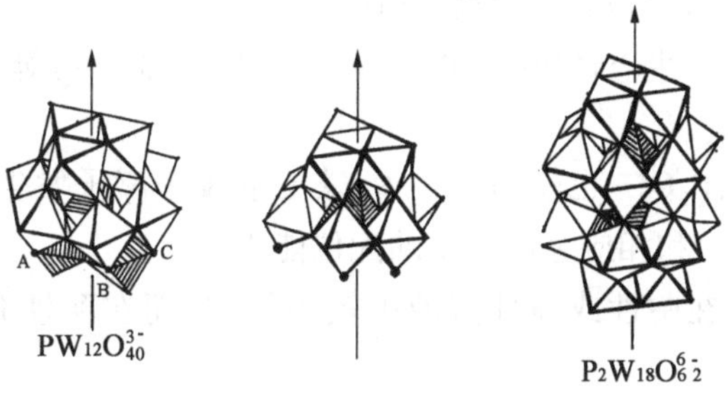

图 13.34 钨(钼)磷杂多酸根结构

正磷酸盐、钼酸铵、硝酸混合生成黄色十二钼磷酸铵$(NH_4)_3 \cdot H_4[PMo_{12}O_{42}] \cdot H_2O$,此反应在分析化学上被用来检定$H_3PO_4$及其盐(此时,偏磷酸(盐)、焦磷酸(盐)等不生成黄色物,除非它们在酸性介质中水解生成H_3PO_4,而水解需要一定的时间).

钼(钨)磷酸被还原为钼(钨)磷蓝,在分析化学上是一个常用的反应. 十二钨磷酸铵是甲醇转为碳氢化物的高效催化剂.

11.19　过氧磷酸盐和磷酸盐的过氧化氢合物

含有过氧键的磷酸(盐)叫过氧磷酸(盐),过氧磷酸(盐)共有三种:过氧磷酸(peroxomono phosphoric acid)$PO(OH)_2(OOH)$、过氧二磷酸(peroxodi phosphoric acid)$(HO)_2(O)P(OO)P(O) \cdot (OH)_2$及二过氧磷酸(diperoxo monophosphoric acid)$PO(OH) \cdot (OOH)_2$.

H_3PO_5只能在溶液中存在,可由95.3% H_2O_2和浓H_3PO_4作用,或过氧二磷酸水解制得:

$$H_3PO_4 + H_2O_2 = H_3PO_5 + H_2O$$

$$H_4P_2O_8 + H_2O = H_3PO_5 + H_3PO_4$$

过一磷酸,H_3PO_5是三元酸,$K_1 = 8 \times 10^{-2}$,$K_2 = 3 \times 10^{-6}$,$K_3 = 2 \times 10^{-13}$(298.2K). H_3PO_5不稳定,在酸性介质($HClO_4$)中分解为H_3PO_4和H_2O_2,酸越浓、分解速度越快.

$$H_3PO_5 = H_3PO_4 + \frac{1}{2}O_2$$

H_3PO_5是强氧化剂,能把I^-氧化成I_2.

过(氧)二磷酸,$H_4P_2O_8$是四元酸($K_1 \simeq 2$,$K_2 = 3 \times 10^{-1}$,$K_3 = 6.6 \times 10^{-6}$,$K_4 = 2.1 \times 10^{-8}$). 虽然纯$H_4P_2O_8$至今尚未制得,但其盐是存在的.

在有KF和K_2CrO_4存在时,阳极(Pb)氧化K_2HPO_4和K_3PO_4得$K_4P_2O_8$,同时生成少量K_3PO_5(后者经放置过夜就分解掉了).

$K_4P_2O_8$溶液和某些金属盐(如Ba^{2+},Zn^{2+},Pb^{2+},Li^+…)等反应生成相应的难溶产物.

和$P_2O_7^{4-}$相似,$P_2O_8^{4-}$也能和碱金属、碱土金属等离子发生配位作用,不过其配位能力弱于$P_2O_7^{4-}$和相应金属离子的配位能力.

室温下,$P_2O_8^{4-}$在中性或碱性溶液中较为稳定,而在酸性介质中较易水解为H_3PO_4和H_3PO_5.

$K_4P_2O_8$和$NaClO_4$或$NaClO_4$和$HClO_4$的混合溶液作用制得$Na_4P_2O_8$或$Na_2H_2P_2O_8$(酸式盐):

$$K_4P_2O_8 + 4NaClO_4 = Na_4P_2O_8 + 4KClO_4$$

$$K_4P_2O_8 + 2NaClO_4 + 2HClO_4 = Na_2H_2P_2O_8 + 4KClO_4$$

固态 $K_4P_2O_8$ 受热分解为 $K_4P_2O_7$ 和 O_2.

在酸性介质中 $K_4P_2O_8$ 有氧化性,但氧化反应速度远慢于 K_3PO_5,$K_4P_2O_8$ 氧化 I^- 成 I_2 的速度就很慢.

二过氧磷酸,H_3PO_6 是不稳定的化合物,可由 HO_2 和 P_4O_{10}或焦磷酰氯的反应制得

$$P_2O_3Cl_4 + 4H_2O_2 + H_2O = 2H_3PO_6 + 4HCl$$

低于 273.2K,在磷酸盐(偏磷酸盐、焦磷酸盐)和 H_2O_2,H_2O 的体系中,能生成一系列的过氧化氢合物. 化合物中的 H_2O_2 相当于结晶水,溶解时释出 H_2O_2. 绝大多数过氧化氢合物在低于 373K 时就分解了,因此可能被用作漂白剂.

钠、钾磷酸盐的过氧化氢合物有:

$Na_3PO_4 \cdot H_2O_2$　　$Na_3PO_4 \cdot 2H_2O_2$　　$Na_4P_2O_7 \cdot 2H_2O_2$

$Na_3PO_4 \cdot 4H_2O_2 \cdot 2H_2O$　　$Na_4P_2O_7 \cdot 2H_2O_2 \cdot 8H_2O$　　$K_4P_2O_7 \cdot 3H_2O_2$

$Na_5P_3O_{10} \cdot H_2O_2 \cdot 5H_2O$　　$Na_3P_3O_9 \cdot H_2O_2$

固态 $Na_4P_2O_7 \cdot 2H_2O_2$ 在室温下比较稳定,放置一个月才损失 1% 的氧,5% 水溶液放置一周就损失 5% 活性氧. 在 353K 的失氧,是一个完全的反应,痕量重金属阳离子加速其分解.

低温下用紫外线辐照过氧化氢合物,能释出 HO_2 自由基.

11.20　硫代磷酸(盐)

磷酸(盐)中的一个或几个氧原子被硫原子取代生成硫代磷酸(thiophosphoric acid 或 phosphorothioic acid)(盐).

一硫代磷酸钠是由 $PSCl_3$ 在 378K 的 NaOH 溶液中水解生成的

$$PSCl_3 + 6NaOH = Na_3PSO_3 + 3NaCl + 3H_2O$$

一硫代磷酸钠,Na_3PO_3S 在常温下比较稳定,释放 H_2S 的速度很慢,温度达 333K 速度就很快了.

在 1023K,N_2 气氛下,$NaPO_3$ 和 Na_2S 作用生成无水 $Na_3 \cdot PO_3S$.

$$NaPO_3 + Na_2S = Na_3PSO_3$$

无水 Na_3PO_3S 是最稳定的硫代磷酸盐,固态物在空气中热到 373K 还是相当稳定的.

在酸性介质中,Na_3PO_3S 和 I_2 作用生成 $HO_3PSSPO_3H^{2-}$(和 I_2 与 $S_2O_3^{2-}$ 作用生成 $O_3SSSSO_3^{2-}$ 相似).

二硫代磷酸盐可由 P_4S_{10}和被 H_2S 饱和的 NaOH 溶液于 293.2K 反应生成，经分离得 $Na_3PS_2O_2 \cdot 11H_2O$ 和 $Na_3PS_3O \cdot 10H_2O$. 323K，P_4S_{10}在 NaOH 溶液中发生部分水解反应的主要产物是 $Na_3PS_2O_2$

$$P_4S_{10} + 12NaOH = 4Na_3PS_2O_2 + 2H_2S + 4H_2O$$

低于 321K，从溶液中析出 $Na_3PS_2O_2 \cdot 11H_2O$，在较高的温度下，$Na_3PS_2O_2$ 发生明显的水解作用.

P_4S_{10}和 MgO 的悬浊液，于 273K 反应生成二硫代磷酸镁：

$$P_4S_{10} + 6MgO + 2H_2O = 2Mg_3(PS_2O_2)_2 + 2H_2S$$

P_4S_{10}和 Na_2S 溶液反应得 $Na_3PS_4 \cdot 8H_2O$ 晶体，而四硫代磷酸钾，K_3PS_4 则需由 P_4S_{10}和 $K_2S \cdot 5H_2O$ 熔融制得.

许多四硫代磷酸盐是在无水条件下，由金属氯化物（如 Cu，Ag，Zn，Pb，Cd，Ni，Sn）和 P_4S_{10}直接反应制得：

$$P_4S_{10} + 3ZnCl_2 = Zn_3(PS_4)_2 + 2PSCl_3$$

在无 O_2，无水条件下，计量的 P，B 和 S 在密封管中加热，得无色的 BPS_4. 它有较易水解和相对稳定的聚合态共两种构型.

AlP 和 S 于 923K 在密封管中加热，得 $AlPS_4$. 它是易潮解、在空气中能释出 H_2S 的物质. 它和 $2SiS_2$ 是等电子体，结构相似.

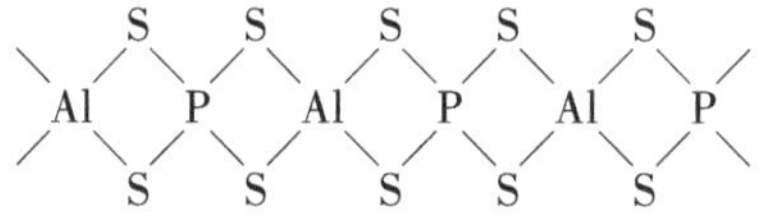

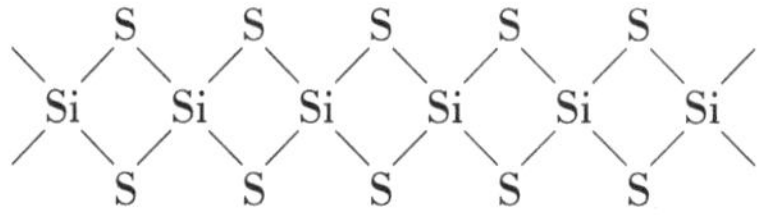

Na_3PS_4 溶液和某些重金属盐反应得相应的重金属硫代磷酸盐，后者和酸反应得相应的 H_3PS_4.

H_3PS_4 能水解释出 H_2S，其水解速度因酸中硫原子数增多而加快

$$H_3PS_4 \xrightarrow[-H_2S]{+H_2O} H_3PS_3O \xrightarrow[-H_2S]{+H_2O} H_3PS_2O_2 \xrightarrow[-H_2S]{+H_2O}$$

水解速度　　立即　　　　　快　　　　　　较慢

$$H_3PSO_3 \xrightarrow[-H_2S]{+H_2O} H_2PO_4$$

慢

硫代焦磷酸盐则是由 P_4S_{10}与 Na_2S 或（和）NaHS 作用制得的：

$$P_4S_{10} + 4NaHS = 2Na_2H_2P_2S_7$$

$$P_4S_{10} + 2NaHS + 2Na_2S = 2Na_3HP_2S_7$$

$$P_4S_{10} + 4Na_2S = 2Na_4P_2S_7$$

参考文献

[1] W. C. Fernelius, K. Loening, Roy M. Adams, *J. Chem. Educ.* ,53(11),726(1976);54(1),30(1977).

[2] G. G. Arzoumanidis, K. V. Darragh, US 4265866.

[3] G. N. Babkin, E. S. Bugenoo, S. M. Elizarova, A. Iskakoua, USSR Su 896077; C. A. 96 171108.

[4] A. K. Indrayan, S. K. Mishra, Y. K. Gupta, *Inorg. Chem.* , 20(2), 450(1981); 20(6), 1924(1981).

[5] B. Blaser and K. H. Worms, *Z. anorg. u. allgem. Chem.* ,300,225(1959).

[6] T. A. Williams, Ger offen 2365883; C. A. 87 8092.

[7] Maruyama Kensaku, Kobayakawa Tadohiro, Yamagami Masao, Japan Kokai, 7722596; C. A. 8787127.

[8] Ishibashi Hiroki, Tagami Shizuo, Jpn kokai Tokkyo koho 80 20203; C. A. 9397762.

[9] R. F. Jameson, *J. Chem. Soc.* ,752,(1959),

[10] Friderichs Peter, Friderichs Weinle Wiltrant, Ger Offen 2753598.

[11] W. E. Brown, L. W. Chow, *J. Cryst. Growth.* ,53(1),31(1981).

[12] Eguchi, Koichi, Toyozawa Yuji, Yamazoe Noboru, Seiyama Tetsuro, *J. Catal.* ,83(1),32(1983).

[13] H. Hayashi, J. B. Moffat, *J. Catal.* ,83(1),242(1983).

[14] C. C. Kirche, S. R. Crouch, *Anal. Chem.* ,55(2),242(1983).

[15] L. C. Washburn, R. L. Hayes, Inorg. Synth. , Vol. 17,193—194. MeGraw Hill, 1977.

13.12 氮和磷直接结合的化合物

12.1 磷的氨基化合物

12.1.1 三氨基磷

PCl_3 和 NH_3 在 $CHCl_3$ 中，于 195K 反应生成三氨基磷，$P(NH_2)_3$：

$$PCl_3 + 6NH_3 = P(NH_2)_3 + 3NH_4Cl$$

产物 $P(NH_2)_3$ 很难和 NH_4Cl 分离．室温下，$P(NH_2)_3$ 释 NH_3，在稍高的温度下，失 NH_3 反应按下式进行：

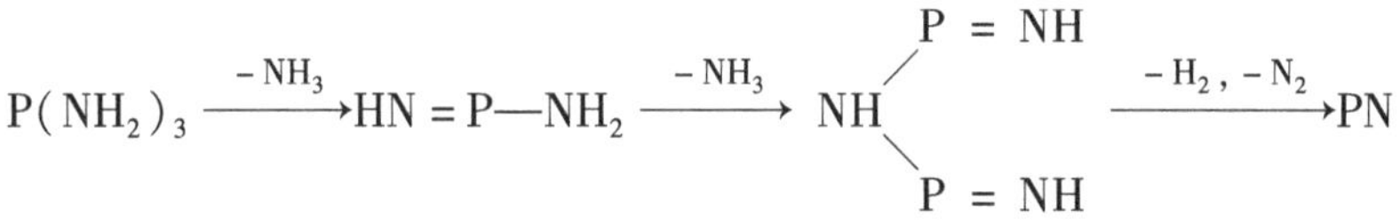

PN 是不溶于液 NH_3，$CHCl_3$ 的黄色无定形物质．

［附］PCl_5 和液 NH_3 于 203K 作用只能生成氯化四氨基磷，d$(NH_2)_4Cl$（$P(NH_2)_5$ 至今尚未制得）．

$$PCl_5 + 8NH_3 = P(NH_2)_4Cl + 4NH_4Cl$$

真空蒸出 $P(NH_2)_4Cl$，产物可在 CH_3OH 中重结晶．纯物质于 473K 分解．反应时，若 PCl_5 过量，则将和产物继续反应：

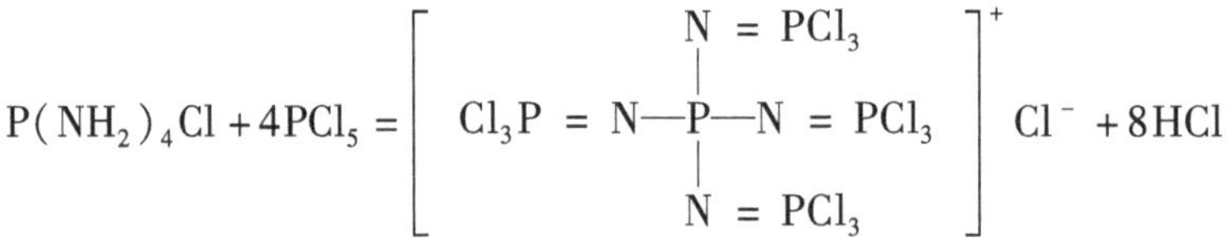

和 PCl_5 不同，PF_5 和 NH_3 反应生成 $PF_3(NH_2)_2$ 和 NH_4，PF_6．

12.1.2 磷的含氧酸的氨基化合物

H_3PO_4 中的 OH 被 NH_2 取代生成一氨基磷酸，$PO(NH_2)\cdot(OH)_2$；二氨基磷酸，$PO(NH_2)_2(OH)$ 及三氨基磷酰，$PO(NH_2)_3$．

H_3PO_3 的氨基化合物有氨基亚磷酸，$P(NH_2)(OH)_2$；二氨基亚磷酸，$P(NH_2)_2(OH)$ 及三氨基磷，$P(NH_2)_3$．前两种是三配位的磷化合物和四配位磷的化合物处于平衡状态：

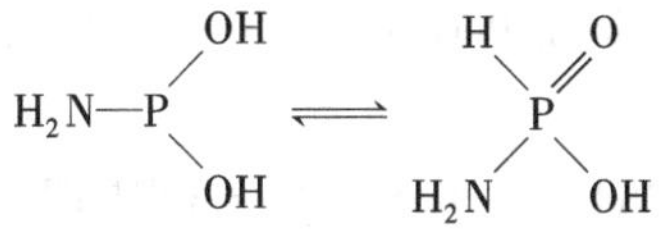

(氨基膦酸)

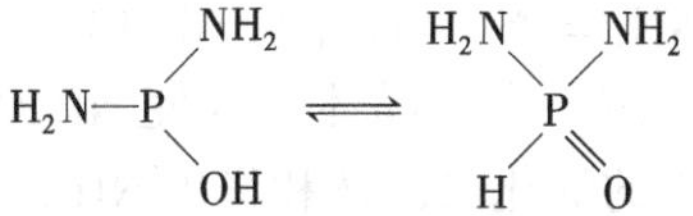

(二氨基膦酸)

这些化合物中的 H 被 X(卤素)或有机基团取代又是一大类化合物(包括有机磷化合物). 如 $R_2PNR'_2$ 氨基膦,$RP(NR'_2)_2$ 二氨基膦,$(RO)_2PNH_2$ 氨基亚磷酸酯,$(RO)P(NH_2)_2$ 二氨基亚磷酸酯,X_2PNR_2 二卤化氨基膦,$XP(NR_2)_2$ 卤化二氨基膦,$R_2P(O)NR'_2$ 氨基氧化膦,$RP(O)\cdot(NR'_2)_2$ 二氨基氧化膦,$(RO)_2P(O)NR_2$ 氨基磷酸酯,$ROP(O)\cdot(NR'_2)_2$ 二氨基磷酸酯,$X_2P(O)NR_2$ 二卤氨基氧化膦,$XP(O)\cdot(NR_2)_2$ 卤二氨基氧化膦……

[附]上列化合物中的氧可全部或部分被硫取代,则成相应的硫代化合物.

上述化合物一般是用相应卤素的磷化合物与氨、氨基化合物作用制得:

$$(MeO)PCl_2 + 4NH_3 = (MeO)P(NH_2)_2 + 2NH_4Cl$$

$$(PhO)_2PCl + 2NH_3 = (PhO)_2PNH_2 + NH_4Cl$$

$$(PhO)P(O)Cl_2 + 4NH_3 = (PhO)P(O)(NH_2)_2 + 2NH_4Cl$$

$$(PhO)_2P(O)Cl + 2NH_3 = (PhO)_2P(O)(NH_2) + NH_4Cl$$

其中的酯,在酸中经水解后,再通入 H_2S,可制得相应的酸:

$$(PhO)_2P(O)(NH_2) \xrightarrow[-PhOH]{NaOH\ 水解} (NaO)_2P(O)NH_2 \xrightarrow[-Na_2S]{+H_2S} (HO)_2P(O)NH_2$$

$$(PhO)P(O)(NH_2)_2 \xrightarrow[-PhOH]{NaOH\ 水解} (NaO)P(O)(NH_2)_2 \xrightarrow[-Na_2S]{+H_2S} (HO)P(O)(NH_2)_2$$

氨基磷酸$(HO)_2P(O)(NH_2)$的酸性($pKa_1 = 3.4$,$pKa_2 = 8.15$)强于二氨基磷酸的酸性($pKa = 4.8$).

室温下,$(HO)_2P(O)(NH_2)$水解速度很慢,373K 时较快,其水解产物是$(NH_4)_3PO_4$.

$PO(OH)_2(NH_2)$于 373K 加热数小时,转化为易溶的多聚磷酸盐:

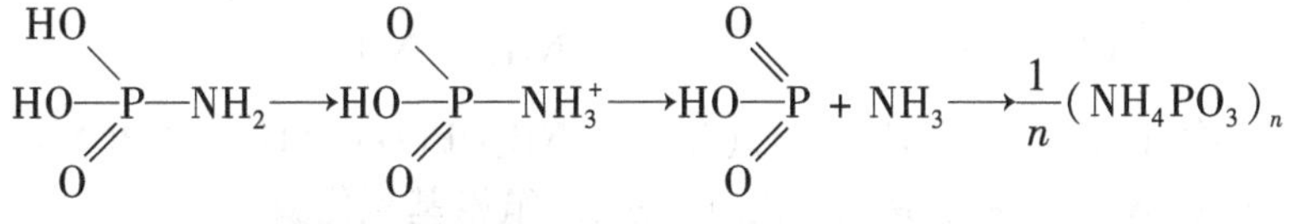

$PO(NH_2)_3$ 在碱性介质中水解成 $PO(OH)(NH_2)_2$.

二氨基亚磷酸可由 P_4O_6 和 NH_3 在 C_6H_6 中反应生成:

$$P_4O_6 + 8NH_3 = 4HPO(NH_2)_2 + 2H_2O$$

产物是白色易溶于水的粉末,溶解时释放大量的热.

$POCl_3$ 或 $PSCl_3$ 和 NH_3 反应生成 $PO(NH_2)_3$（三氨基磷酰）或三氨基硫代磷酰，$PS(NH_2)_2$：

$$POCl_3 + 6NH_3 = PO(NH_2)_3 + 3NH_4Cl$$

$$PSCl_3 + 6NH_3 = PS(NH_2)_3 + 3NH_4Cl$$

$PO(NH_2)_2$，$PS(NH_2)_3$ 都是无色易溶于水的晶体．为使 NH_4Cl 和产物分离，加入二乙胺，使 NH_4Cl 转化为可溶于水的氯化二乙铵和释出 NH_3.

$PO(NH_2)_3$ 在稀酸中或潮空气中转化为氨基磷酸一铵，$HOP \cdot (O)(NH_2)(ONH_4)$，若在 NaOH 中水解，则生成氨基磷酸一钠，$HOP(O)(NH_2)(ONa)$：

$$PO(NH_2)_3 + 2H_2O = HOP(O)(NH_2)(ONH_4) + NH_3$$

$$PO(NH_2)_3 + NaOH = HOP(O)(NH_2)(ONa) + NH_3$$

总的来看，P—NH_2 发生水解的倾向强于 P—OH.

和含氧酸相同，许多氨基化合物也能发生缩（氨）合反应，如往 $PO(NH_2)_3$ 在乙醚中的悬浊液（263K）通入 HCl 的反应：

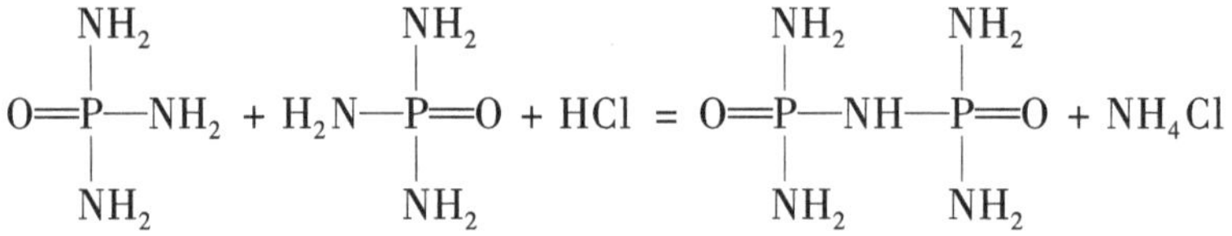

$Na_2PO_3(NH_2)$ 在真空中于 483K 经 7d，缩氨成亚氨基二磷酸四钠：

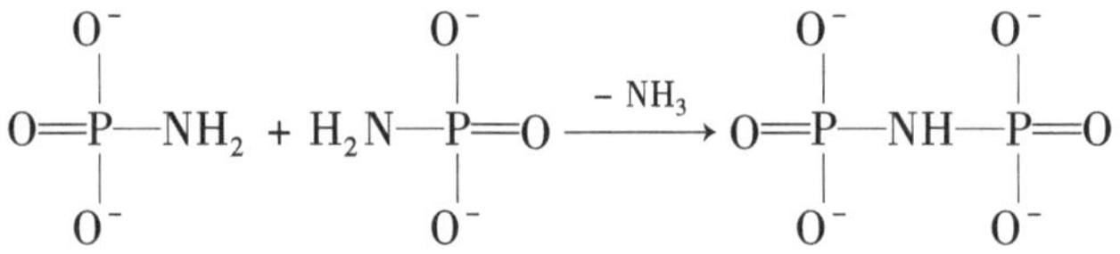

生成物可在水中重结晶得 $Na_4P_2O_6NH \cdot 10H_2O$. 它和 $Na_4P_2O_7 \cdot 10H_2O$ 互为等电子体，然而前者的溶解度（34.8g/1000g 水）大于后者（11.1g/1000g 水）.

$PO(NH_2)_3$，$PS(NH_2)_3$ 受热分别转化为 $(PON)_n$，$(PSN)_n$.

$P_2O_3Cl_4$ 和干燥的 NH_3 反应得无色、无嗅的四氨基焦磷酰

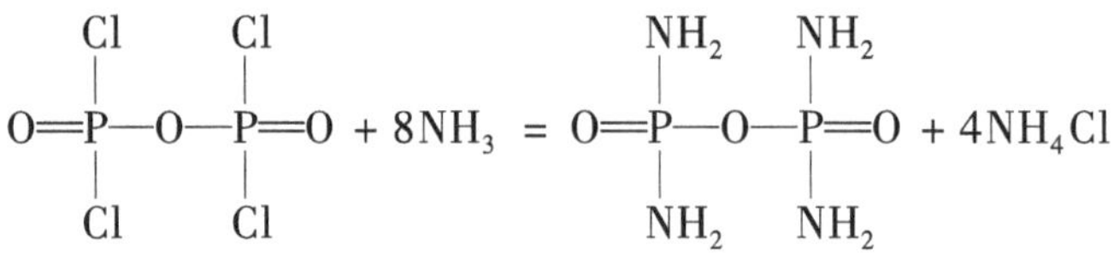

若有水存在时，则生成 $HOP(O)(NH_2)_2$，$NH_4OP(O)(NH_2)_2$，$OP(NH_2)_3$.

$P_2O_3F_4$ 和 NH_3 反应生成二氟代磷酸铵，二氟氨基氧化膦

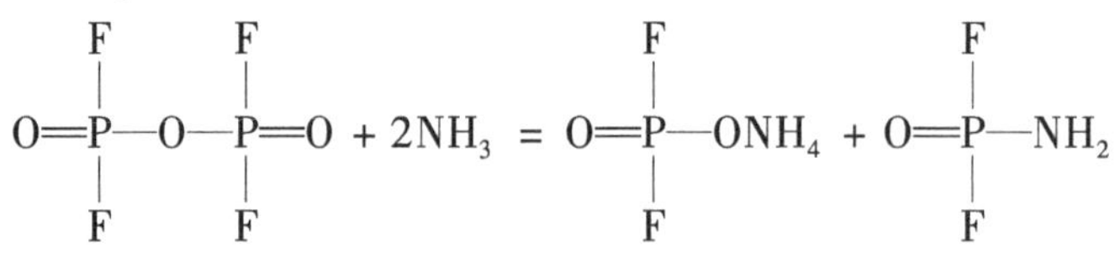

12.2 氨基衍生物的磷化合物

含有 P—NR_2 的化合物可由卤化磷和 R_2NH 直接反应制得：

$$PX_3 + 6R_2NH = P(NR_2)_3 + 3R_2NH_2X$$

$$PX_3 + 4R_2NH = XP(NR_2)_2 + 2R_2NH_2X$$

$$PX_3 + 2R_2NH = X_2P(NR_2) + R_2NH_2X$$

$P(NMe_2)_3$ 中的 $\begin{array}{l} C \\ \quad\diagdown \\ \quad\;\; N—P \\ \quad\diagup \\ C \end{array}$ 为平面三角构型，N—P 键长为 163pm（P—N 单键键长为 177pm），表明还有 $2p(N)\rightarrow 3d(N)$ 的 π 键.

$P(NMe_2)_3$ 的性质：

1. 和 O_2, S, X_2, H_2O_2 反应生成 $OP(NMe_2)_3$, $SP(NMe_2)_3$, $[XP(NMe_2)_3]X$.

$$2(Me_2N)_3P + O_2 \xlongequal{393K} 2(Me_2N)_3PO$$

$$(Me_2N)_3P + H_2O_2 \xlongequal{室温} (Me_2N)_3PO + H_2O$$

2. $P(NMe_2)_3$ 是 Lewis 碱，能和 MeI 成 $[MeP(NMe_2)_3]I$，与 B_2H_6 成 $(Me_2N)_3PBH_3$.

3. 和醇、其他氨基化合物反应，如与乙醇反应得 $P(OEt)_3$，与苯胺得 $(Me_2N)P(NHPh)_2$.

4. 和其他三配位磷的化合物进行交换．如和 PCl_3 发生交换反应得 $PCl(NMe_2)_2$, $PCl_2(NMe_2)$.

$P(NMe_2)_3$ 也能和 CdI_2 加合得 $CdI_2[P(NMe_2)_3]$，或取代羰基镍中的一氧化碳成 $Ni(CO)_{2,3}[P(NMe_2)_3]_{2,1}$.

5. $P(NMe_2)_3$ 中的 P—N 键在室温下可被 HBr, BCl_3 拆开：

$$(Me_2N)_3P + 2HBr = (Me_2N)_2PBr + Me_2NH_2Br$$

$$2(Me_2N)_3P + 6BCl_3 = 2PCl_3 + 3(Me_2NBCl_2)_2$$

$POCl_3$ 和 $(CH_3)_2NH$ 反应得 $OP(NMe_2)_3$：

$$POCl_3 + 6Me_2NH = OP(NMe_2)_3 + 3Me_2NH_2Cl$$

$OP(NMe_2)_3$ 磷酰六甲基胺（hexa methyl phosphoamide, HMPA）的偶极矩 μ = 5.54D，是易挥发的无色液体，是一种优良的非质子传递的极性溶剂，能溶解离子型化合物．碱金属溶于 HMPA 得蓝色溶液，它和 Na 的液 NH_3 溶液相似，具有顺磁性．能以其氧原子和过渡金属配位成为配合物．如 $Cr[OP(NMe_2)_3]_6\cdot(ClO_4)_2$, $Th[OP(NMe_2)_3]_2Cl_4$, $Co[OP(NMe_2)_3]_2(NO_3)_2$, $Zn\cdot[OP(NMe_2)_3]_4(ClO_4)_2$, Fe

$[OP(NMe_2)_3]Cl_3$.

POX_3, PSX_3 和 R_2NH 的反应为：

$$P(O,S)X_3 + 6R_2NH \text{===} (O,S)P(NR_2)_3 + 3R_2NH_2X$$

$$P(O,S)X_3 + 4R_2NH = (O,S)P(NR_2)_2X + 2R_2NH_2X$$

$$P(O,S)X_3 + 2R_2NH = (O,S)P(NR_2)X_2 + R_2NH_2X$$

$OPX(NMe_2)_2$, $OPX_2(NMe_2)$中的 X 能和醇或硫醇作用

$$OPCl_2(NR_2) + R(O,S)H \longrightarrow OP(OR,SR)_2(NR_2)$$

$$OPCl(NR_2)_2 + R(O,S)H \longrightarrow OP(OR,SR)(NR_2)_2$$

若和 Grignard 试剂反应，生成含 P—C 键的磷有机化合物

$$OPX_2(NR_2) + 2R'MgBr = OPR'_2(NR_2) + 2MgXBr$$

$PO(NR_2)_3$ 中的 P—N 键在碱性溶液中发生逐步水解反应

$$OP(NPh_2)_3 \xrightarrow{KOH} OP(OK)(NPh_2)_2 \xrightarrow{KOH}$$

$$OP(OK)_2(NPh_2) \xrightarrow{KOH} OP(OK)_3$$

12.3　单 磷 氮 烯[①]

单磷氮烯(monophosphazene)是含有 P ═N 双键的 $R_3P═NR'$，有以下二种合成的方法.

1. Staudinger 法：三配位磷化合物，PCl_3, $P(OR)_3$, $P(NR_2)_3$, PPh_3, PPh_2Cl, PR_2Cl 和有机叠氮化合物 PhN_3, RSO_2N_3, $PhCON_3$, Ph_3SiN_3, Me_3SiN_3 反应．如

$$PX_3 + RN_3 \xrightarrow{Et_2O} X_3P═N—N═N—R \longrightarrow X_3P═NR + N_2$$

$$PPh_3 + PhN_3 \longrightarrow Ph_3P═NPh$$

$$PR_3 + Me_3SiN_3 \longrightarrow R_3P═N—SiMe_3$$

2. Kirsanov 法：以 PCl_5, Ph_3PCl_2, PF_3Cl_2, $(PhO)_3PCl_2$ 为磷的原料和 NH_3, $PhNH_2$, $RCONH_2$, $ArSO_2NH_2$, $SO_2(NH_2)_2$ 作为氮的原料合成单磷氮烯

$Ph_3PCl_2 + PhNH_2 = Ph_3P = NPh$(熔点 405K) $+ 2HCl$

单磷氮烯 $Cl_3P = NR'$在水中完全水解生成 H_3PO_4, HCl 及胺的磷酸盐.

单磷氮烯的化学反应有两类：R′OH 发生(对磷的)亲核反应及 EtI 等和 N 的结合：

$$Cl_3P = NSO_2R + R'OH \xrightarrow{-HCl} Cl_2(R'O)P═NSO_2R$$

$$Cl_3P = NSO_2R + R'OH \xrightarrow{-R'Cl} Cl_2(HO)P = NSO_2R \longrightarrow Cl_2(O)P—NHSO_2R$$

①有人把 phosphazene 译为磷腈

$$Ph_3P{=}NH + EtI \longrightarrow Ph_3P = NEt + HI$$

$$Ph_3P = NH + ClSO_2NH_2 \longrightarrow Ph_3P{=}NSO_2NH_2 + HCl$$

$$Ph_3P = NH + X_2 \longrightarrow Ph_3P{=}NX + [Ph_3PNH_2]X(X = Cl, Br, I)$$

$[Ph_3PNH_2]X$ 和 Et_3N 作用又生成单磷氮烯：

$$[Ph_3PNH_2]^+Br^- + Et_3N = Ph_3P = NH + Et_3NHBr$$

单磷氮烯中 P—N 键键长短于 177pm（P—N 单键键长），表明 P—N 间除 σ 键外，还有 $2p_z(N) \longrightarrow 3d_{xz}(P)$ 的 π 键（图 13.35）

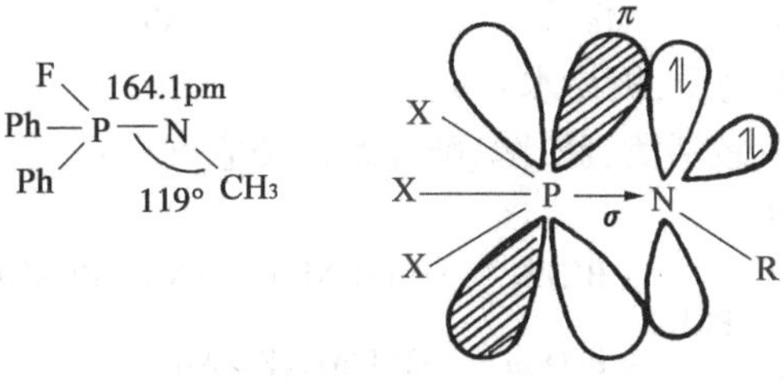

图 13.35　单磷氮烯中的 P—N 键

12.4　环二磷氮烯

这类化合物有二种，$(X_3PNR)_2$ 和 $[X(O,S)PNR]_2$，后者叫环二磷氮烯（cyclodiphosphazane），或环二磷氮。

PCl_5，POX_3 或 PSX_3 和 RNH_2（或其盐酸盐）反应得 $(X_3PNR)_2$ 或 $[X(O,S)PNR]_2$.

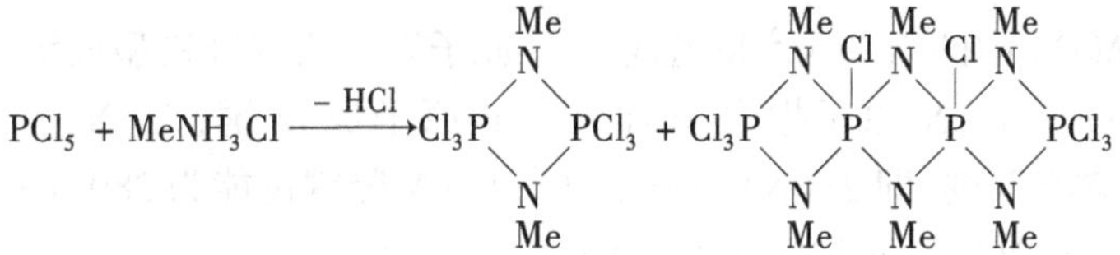

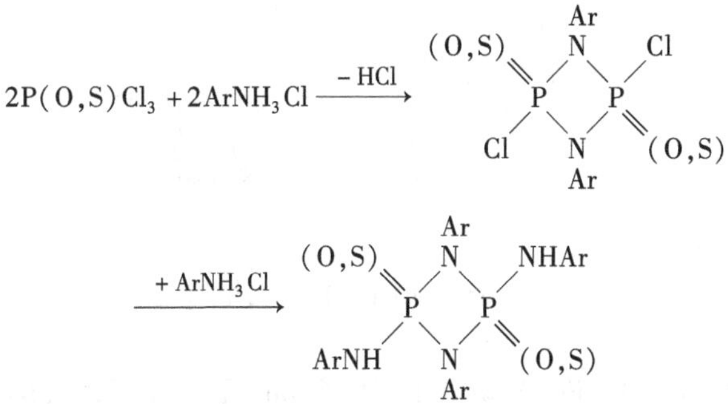

环二磷氮也可以用 $P_2Cl_6(NMe)_2$ 和 SO_2 或 H_2S 反应制得：

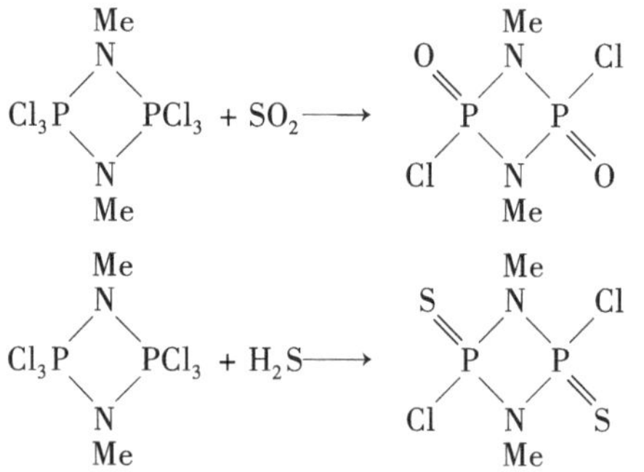

环二磷氮一般为晶态物质，极易水解．

（三氯）环二磷氮较活泼，胺、醇、醇盐都能使它开环：

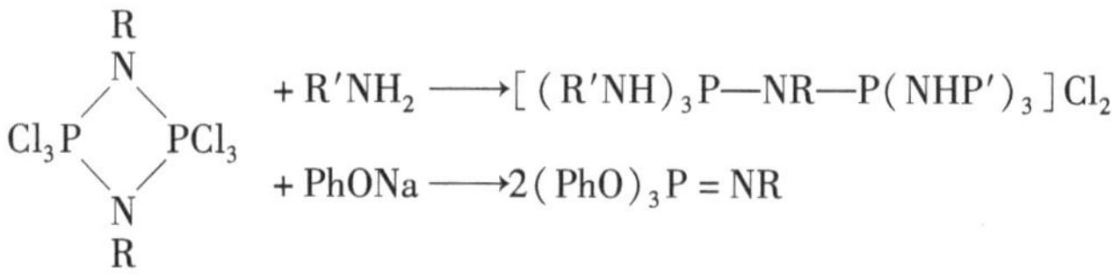

醇、酚能使环二磷氮开环：

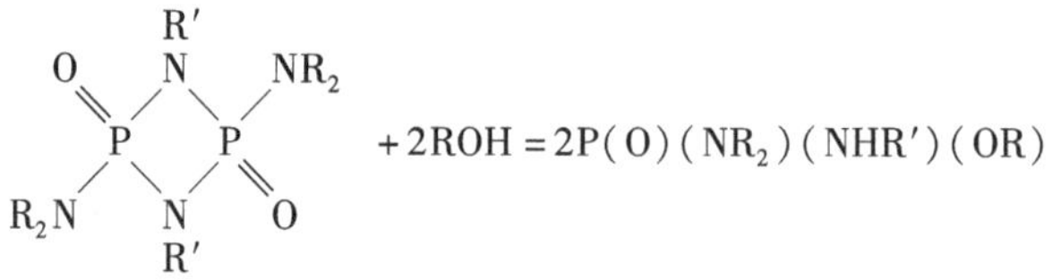

（Cl_3PNMe）$_2$ 可取代羰基铬，Cr（CO）$_6$ 中二个 CO 成（Cl_3PNR）$_2$Cr（CO）$_4$（可能是 N 对 Cr 配位）．

（Cl_3PNMe）$_2$ 中的 N 以 sp^2 轨道成链，P 原子以三角双锥钩型成键．P—N 竖键键长为 178pm，是由 N 原子把电子对给予 P 原子成 σ 键；P—N 赤道键键长为 168pm，表明它有双键，即 $2p$（N）⟶$3d$（P）．P—N 竖键键能为 289kJ · mol^{-1}，赤道 P—N 键键能为 326kJ · mol^{-1}（图 13.36）．

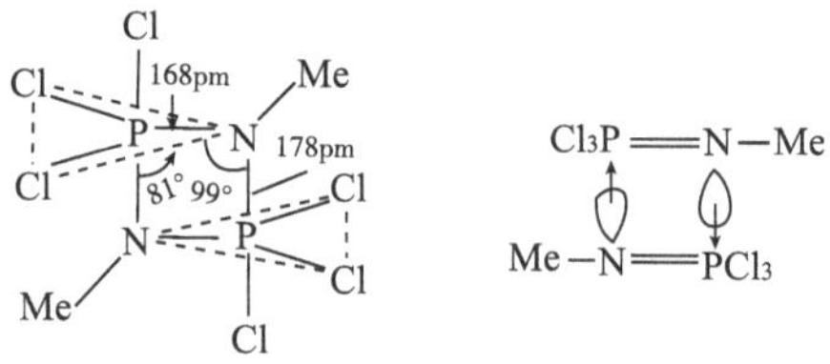

图 13.36　（Cl_3PNMe）$_2$ 的结构

［ClP（S）（NMe）］$_2$ 中 P—N 键键长为 167pm，表明有双键，即 $2p_y$（N）与 $3d_{yz}$（P）形成 π 键．其中 PNPN 在同一平面上．

［（NHPh）P（O）（NPh）］$_2$ 中 P—N 键键能为 330kJ · mol^{-1}．

12.5 环聚磷氮烯

12.5.1 环聚磷氮烯的制备

PCl_5 和 NH_4Cl 于密封管中加热，或在某些溶剂(如沸点为 419K 的 1,1,2,2-$C_2H_2Cl_4$)中廻流得$(PNCl_2)_n$. 如 0.50molPCl_5 和 0.50molNH_4Cl 于 1000$cm^3$1,1,2,2-$C_2H_2Cl_4$ 中廻流 3h，得(95%产率)环状结构的产物，其中$(NPCl_2)_3$ 占 60%，$(NPCl_2)_4$ 为 20%，$(NPCl_2)_{5,6,7}$，为 20%. 金属(Co^{2+}, Cu^{2+}, Mn^{2+}, Ti^{4+}, Zn^{2+}, Sn^{4+})氯化物是上述反应的催化剂，其中 $ZnCl_2$ 的催化效率最高.

上述反应经 NMR 分析、释出 HCl 速度、溶液的电导等数据，被认为是分两步进行的. 第一步于 1h 内完成近 80%：

$$3PCl_5 + NH_4Cl = [Cl_3P = N—PCl_3]PCl_6\downarrow + 4HCl$$

NMR 数据表明过程中有 PCl_4NH_2, PCl_3NH 中间物生成：

$$PCl_5 + NH_4Cl = PCl_4NH_2 + 2HCl$$

$$PCl_4NH_2 = Cl_3P{=}NH + HCl$$

$$PCl_3NH + PCl_5 = Cl_3PNPCl_4 + HCl$$

$$Cl_3PNPCl_4 + PCl_5 = [Cl_3P{=}N—PCl_3]PCl_6$$

第二步反应中 P_3NCl_{12}量减少，链状、环状产物产量增多.

链生长的反应：

$$Cl_3PNPCl_3PCl_6 + NH_4Cl = [Cl_3PNPCl_2NPCl_3]Cl + 4HCl$$

$$[Cl_3PNPCl_2NPCl_3]Cl + Cl_3PNH = [Cl_3P(NPCl_2)_2NPCl_3]Cl + HCl$$

环化反应：

$RPCl_4$, R_2PCl_3 或 PBr_3 和 Br_2 与 NH_4Cl 作用得相应的产物

$$RPCl_4 + NH_4Cl = \frac{1}{n}(NPClR)_n + 4HCl$$

$$R_2PCl_3 + NH_4Cl = \frac{1}{n}(NPR_2)_n + 4HCl$$

$$PBr_3 + Br_2 + NH_4Cl \xlongequal{308K} \frac{1}{n}(NPBr_2)n + HCl + 3HBr$$

制备$(NPBr_2)_n$需在1,2$C_2H_4Br_2$中进行,若用1,1,2,2-$C_2H_2Cl_4$,则产物中含有氯的化合物.

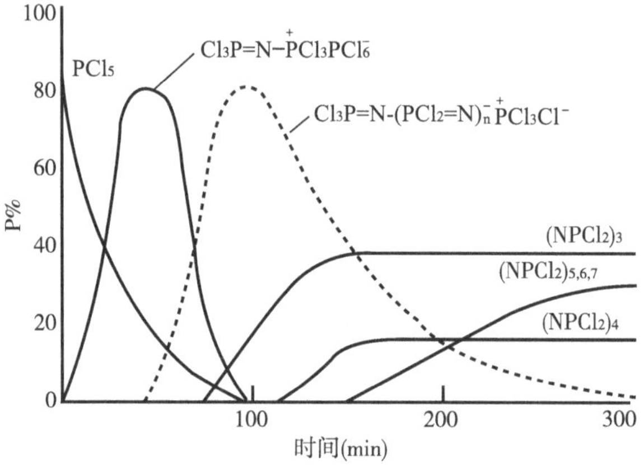

图13.37　氯化铵和五氯化磷反应过程体系的组成

若用PCl_5和NH_4Br或PCl_5,PBr_3,Br_2和NH_4Br反应得$P_3N_3Br_nCl_{6-n}$,其中$P_3N_3Br_2Cl_4$有三种异构体:

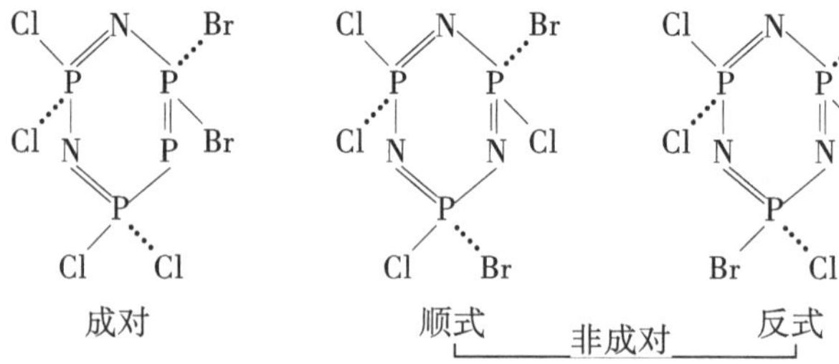

$(PNF_2)_{3,4}$可用$(PNCl_2)_{3,4}$和NaF反应制得

$$(PNCl_2)_{3,4} + NaF \xrightarrow[\text{或乙腈}]{\text{硝基苯}} (PNF_2)_{3,4}$$

$(PNF_2)_3$和$(PNF_2)_4$在室温下都是无色液体,它们的气化热分别为31.80kJ·mol^{-1}和37.24kJ·mol^{-1}.

12.5.2　环聚磷氮烯的化学性质

1.$(PNCl_2)_n$发生亲核取代反应,其中的Cl全部或部分被—OH,—OR,—OC_6H_5,胺,伯胺,仲胺,金属有机试剂或某些金属盐取代:

$$(NPCl_2)_3 + 6H_2O = [NP(OH)_2]_3 + 6HCl$$

$$(NPCl_2)_3 + 6NaOR = [NP(OR)_2]_3 + 6NaCl$$

$$(NPCl_2)_3 + NaSR \longrightarrow P_3N_3Cl_4(SR)_2 + P_3N_3(SR)_6 + NaCl$$

$$(NPCl_2)_3 + 4NH_3 = N_3P_3Cl_4(NH_2)_2 + 2NH_4Cl$$

$$(NPCl_2)_3 + 12RNH_2 = [NP(NHR)_2]_3 + 6RNH_3Cl$$

$$(NPF_2)_3 + LiPh \longrightarrow N_3P_3F_nPh_{6-n}(n=2-4) + NaF$$

$$(NPCl_2)_3 + 6NaNCS = [NP(NCS)_2]_3 + 6NaCl$$

$$(NPCl_2)_3 + NaF \longrightarrow N_3P_3F_nCl_{6-n}(n=1-3) + NaCl$$

亲核取代反应有成对(geminal)取代和非成对(non geminal)取代二种.

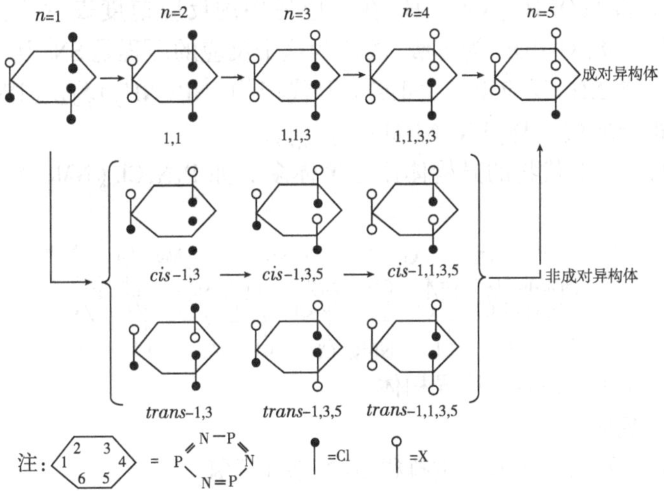

图 13.38 环三磷氮烯的取代异构体

一般强碱性取代基,如 $MeNH_2$,Me_2NH 等在低温下反应得非成对的取代产物,而在高温下得成对的取代产物. NH_3,$C_6H_5NH_2$ 取代得成对的产物. 若 RNH_2 中 R 的碳数较多(如 R 为 *t*-Bu),则产物中以成对的组成为主.

$P_3N_3Cl_5(NHBu^t)$ —
- $\xrightarrow{Bu^tNH_2}$ $P_3N_3Cl_4(NHBu^t)_2$(成对)
- $\xrightarrow{EtNH_2}$ $P_3N_3Cl_4(NHBu^t)(NHEt)$(非成对)

$P_3N_3Cl_5(NHE+)$ —
- $\xrightarrow{EtNH_2}$ $P_3N_3Cl_4(NHEt)_2$(非成对)
- $\xrightarrow{Bu^tNH_2}$ $P_3N_3Cl_4(NHBu^t)(NHEt)$(成对)

甲基胺和$(PNCl_2)_3$ 反应得一取代物和二取代物. 后者应该有三种异构体(但至今只分离得到二种)

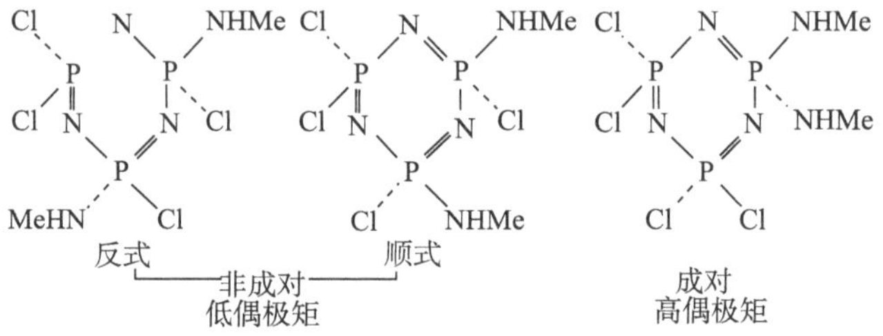

量最多,溶点377K　　　　　2量最少,溶点422.2K

$(NPCl_2)_3$ 和 $NaOCH_3$、$NaOC_4H_9$ 在相应醇中的反应速度表达式,对 $(PNCl_2)_3$ 和 NaOR 均为一级,对 ROH 为零级,故认为这个反应的历程是 S_N2 历程.

$(PNCl_2)_4$ 和 NH_3 反应得二、四或全取代产物 $[NP(NH_2)_2]_4$. $(PNCl_2)_{5,6,7,8}$ 和 $NHMe_2$ 反应得全取代产物 $[PN(NHMe)_2]_{5,6,7,8}$.

四聚体的非全取代物的异构体比三聚体多. 如 $P_4N_4Cl_6(NMe_2)_2$ 应该有五种异构体.

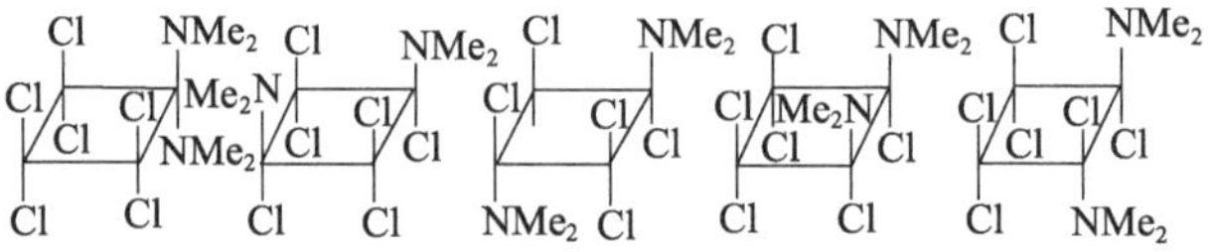

而三聚体的二取代物只有三种异构体.

2. 热重排反应

烷氧基环磷氮烯受热发生重排得 N-烷基环磷氮

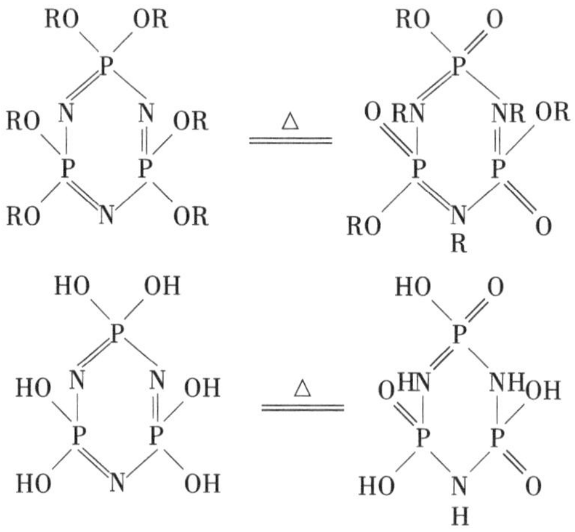

3. 形成加合物

$[NPMe_2]_3$ 能和 $TiCl_4$, $SnCl_4$ 成 1 :1 的配合物,和 Na_2PtCl 也能形成配合物. 据认为是以 N 和 M 配位的(红外光谱数据表明有 Ti—N 键).

$[NP(NMe_2)_2]_4$ 能生成 $[NP(NMe_2)_2]_4 \cdot W(CO)_4$,其中有一个环上的 N 和一

个外向环上的 N 和 W 配位,而在[$NP(NMe_2)_2]_6 \cdot CuCl^+$ 中,有环上的四个 N 和 Co 配位[图 13.39(f)].

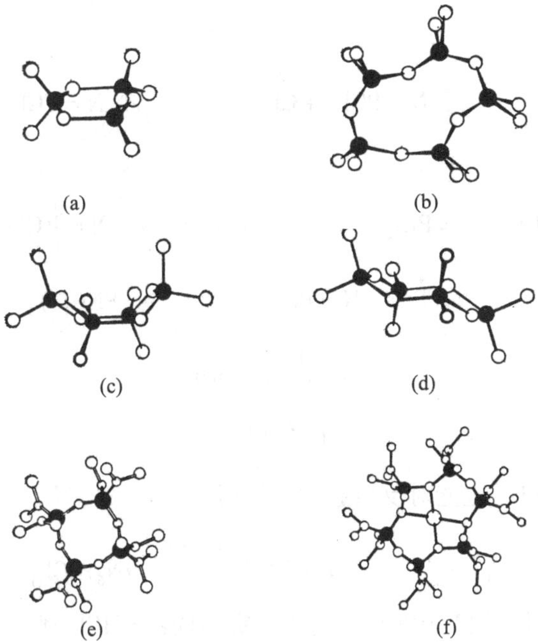

图 13.39　环磷氮烯的构型

此外 $(NPMe_2)_4Mo(CO)_4$,$(NPMe_2)_4$,$W(CO)_3$ 也已被制得.

4. 聚合能和聚合平衡

环聚磷氮烯于 523K 聚合成橡胶状的聚合物. 聚合是放热过程,释放的热量因环增大而减小,如 $(PNCl_2)_3$ 的聚合热为 $5.82kJ \cdot mol^{-1}$,而 $(PNCl_2)_7$ 为零. $(PNCl_2)_n$ 晶体在 X 射线照射下也能聚合.

高聚合物于 623K 解聚为低聚合物和环聚物,873K 以上解聚为低聚合物,解聚率达 76%—82%.

$$(NPCl_2)_3 \xrightarrow[2d]{523K} \underset{(链状)}{(NPCl_2)_n} \xrightarrow{543K} \underset{(交链)}{(NPCl_2)_n} \xrightarrow{623K} (NPCl_2)_{3,4,5\cdots}$$

n 高达 15000 以上,$(NPF_2)_3$ 开环聚合成链状聚合物(即上式中的第一步反应)的温度为 623K. 羧酸、酮、醇、硝基苯、某些金属(锌、锡)等都是上述反应的催化剂. 由于叔丁基过氧化物对上述聚合反应无效应及 523K 用 ESR 未测到自由基,所以认为上述聚合反应是离子的过程.

$(PNCl_2)_3$ 开始聚合是二级反应,活化能为 $239kJ \cdot mol^{-1}$,升温时,链状三聚物和环状三聚物处于平衡状态. 链生长的过程是:

$$(PNCl_2)_3 \longrightarrow N_3P_3Cl_5^+ + Cl^-$$

$$(PNCl_2)_3 + N_3P_3Cl_5^+ \longrightarrow N_6P_6Cl_{11}^+$$

遇 Cl^- 即中止.

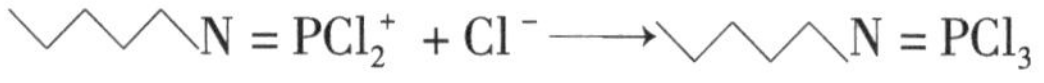

交链过程是:

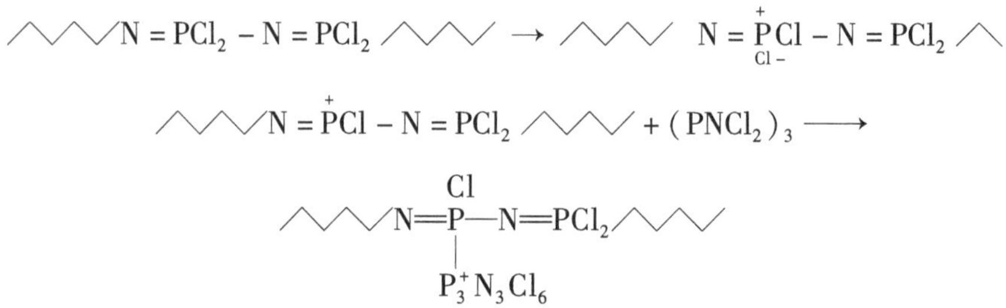

反应器壁上的 H^+ 也能对反应起催化作用:

$$(PNCl_2)_3 + H^+ \longrightarrow N_3P_3Cl_6H^+ \xrightarrow{(PNCl_2)_3} N_6P_6Cl_{11}^+ + HCl$$

某些金属氯化物可使链状$(PNCl_2)_n$ 趋于稳定,可能是 MCl_n 接在链末端之故.

链状高聚物解聚为低聚物的历程可能是:

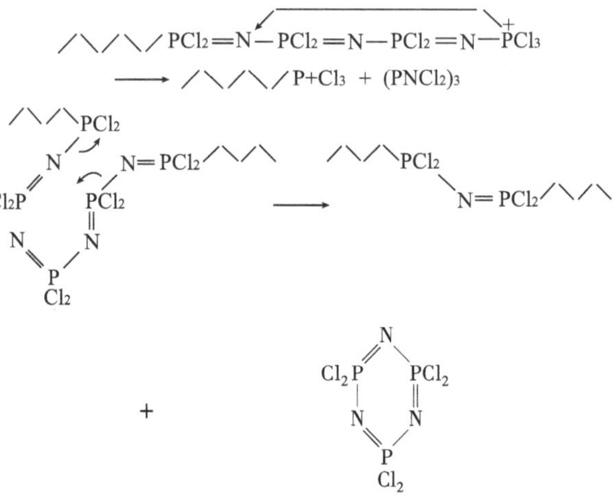

5. 水解作用

$(PNCl_2)_3$,$(PNF_2)_3$ 水解性质都不很强[$(PNCl_2)_3$ 能在水中进行水蒸气蒸馏]. 相对说来,四聚物水解能力稍强,此外四聚物的水解产物却比三聚物水解产物更为稳定. 两种产物上的 H^+ 都能迁移到环内的氮原子上:

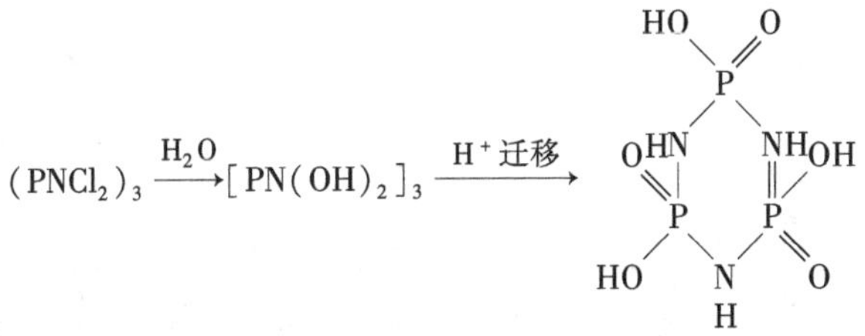

$N_3P_3Ph_5Cl$ 水解产物为 $N_3P_3Ph_5OH$,后者不发生质子迁移反应,因 Ph 是推电子的,使 O 的碱性强于 N.

$(PNCl_2)_n$ 中的 P—Cl 较易水解,即使在潮湿空气中也发生慢降解作用.

其他磷氮烯化合物,特别是"氧""氨基衍生物"的取代物不易水解. 如烷氧基衍生物在冷水中是稳定的,而在热 HCl 中能分解. 氟代烷氧基衍生物更为稳定,只有在 NaOH—CH_3OH 中,于 348K 保持 7d 后才会分解.

就水解反应而言,三聚芳氧基衍生物也比相应四聚物稳定.

总之,$(NPCl_2)_{3,4}$ 被有机基团取代后,在空气、溶液中变得更为稳定,如三氟代乙氧基的取代物在碱溶液中经数日也不分解.

12.5.3 环聚磷氮烯的结构

$(PNF_2)_3$ 中,P 和 N 相间成六元环,P—N 键长为 156pm;X 射线衍射结果表明:$(PNCl_2)_3$ 中也是 PN 相间成六元环,P—N 键长为 160pm;$(PNF_2)_4$ 中 PN 相间成八元环,P—N 键长为 151pm…在环 $(PNX_2)_n$ 中,PN 键长约在 150—160pm 之间,若 X 是电负性强的取代基(如氟)时,则 P—N 键长更短;若 X 为电子给予体(如 CH_3),则 P—N 稍长,可达 160pm. 但均短于 P—N 单键键长(178pm),表明 P—N 环中还有 π 键. 由于 P—N 键存在 dπ—pπ 共轭稳定作用,故化合物骨架比较稳定.

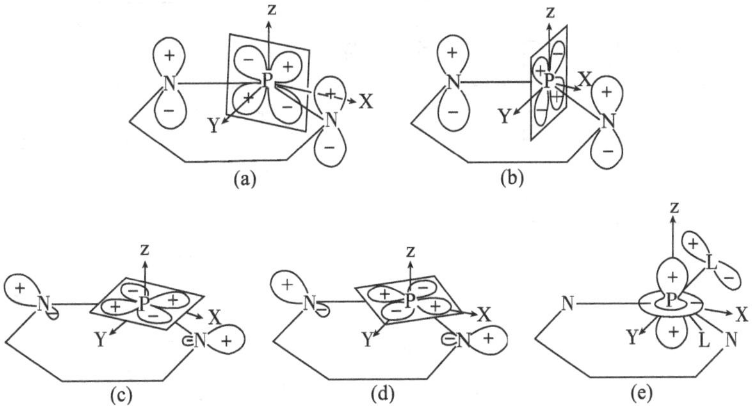

环 π 键:(a) d_{xx},(b) d_{yz} 环 π′键:(c) d_{xy},(d) $d_{x^2-y^2}$,环外 π 键(d) d_{z^2}

图 13.40 环三磷氮烯的 π 键

表 13.24　某些环磷氮烯化合物的性质

	键长(pm)		键角(°)			PN 环构型	伸张频率 P—N (cm^{-1})	熔点(K)	沸点(K)	NMR85% H_3PO_4	晶格参数				密度
	P—N	P—X	NPN	PNP	XPX						a(pm)	b(pm)	c(pm)	β	($g \cdot cm^{-3}$)
$(PNF_2)_3$	156	152	119.4	120.3	99.9	平面环	1297	299	323		694.8	1219.0	872.3		2.237
$(PNF_2)_4$	151	151	122.7	147.4	99.9	平面环	1419	301—302	362.7		740	1383	516	109.5°	2.239
$(PNCl_2)_3$	160	204	119.6	119.4	101.9	平面环或稍有折缀	1218	385.8	529	−20	1415	620	1307		1.99
$(PNCl_2)_4$	157		121.2	131.3	102.8	折缀环	1310	395.8	601.5	+7	1082		595		2.18
$(PNCl_2)_5$	152		118.4	148.6	102.0	平面环	1355	314.3	497/(1.7kPa)	+17	1937	1542	623		2.02
$(PNCl_2)_6$	156			147.5			1325	365.3	535/(1.7kPa)	+16	1060	1070	1140	α = 93.5° β = 90° γ = 117°	1.96
$P_3N_3Cl_5Br$								395.5—396.5			1424	628	1300		2.27
$P_3N_3Cl_4Br_2$								405.5—408			1427	634	1302		2.44
$P_3N_3Cl_2Br_4$								440.5—442			1429	648	1333		2.84
$(PNBr_2)_3$	158		117	126.8	102.5	折缀环	1175	465			1443	1336	663		3.182
$(PNBr_2)_4$								475			1118		629		3.439
$(PNMe_2)_4$	160		119.8	131.9	104	折缀环									
$[PN(NMe_2)_2]_4$	158		120	133	104	折缀环									
$[PNO_2C_6H_4]_3$	158		117.5	122.5	97	稍有折缀									

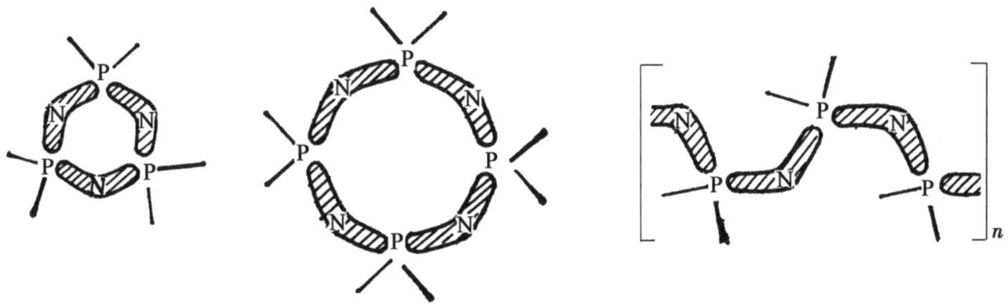

图 13.41 岛型结构

环磷氮烯中的 P 为四配位,以四个电子成四个 σ 键(二个和 N 原子、二个和 X 原子),NPN 键角约 120°,环外 XPX 键角约 100°;N 为二配位(和二个 P 结合),环内 PNP 键角从$(PNCl_2)_3$ 的 119.6°到$(PNCl_2)_5$ 的 148.6°,相差 ~30°;N 上孤对电子在 sp^2 的一个轨道上,(N 上)另一个电子在 $2p$ 轨道上,它们和 P 上的 $3d$ 电子成 π 键. 因结合不同,有二种 π 键.

N 上孤对电子(sp^2 轨道上的)和 P 上空的 $3d_{xy}$ 或 $3d_{x^2-y^2}$成在平面上的 π'键;

N 上未成对的一个 p 电子和 p 上未成对的一个 $3d_{xz}$ 或 $3d_{yz}$形成垂直于 PN 环的 π 键.

强电负性的取代基(如氟),将压缩 $3d_{xz}$ 或 $3d_{yz}$ 轨道,在 PN 环上易成离域 π 键. 如$(PNF_2)_3$ 中 PN 为"拟芳烃环",其他大多数聚磷氮烯(链状、环状)均为"岛型"π 键.

环磷氮烯$(PNX_2)_n$ 中 P—N 键的键能约 303kJ · mol^{-1},介于 P—N 单键键能(290kJ · mol^{-1})和双键键能(~400kJ · mol^{-1})之间,而 P—X 键键能比相应 PX_3 中 P—X 键键能略大.

	P—X 键能(kJ · mol^{-1})	PX_3 中 P—X 键能(kJ · mol)
$(NPCl_2)_3$	336	319
$(NPMe_2)_3$	286	256
$(NPPh_2)_4$	337	282
$[NP(OC_6H_{11})_2]_3$	556	385

参 考 文 献

[1] J. R. Van wazer, Phosphorus and its Compounds, Vol. I, 309—328, Interscince(1958).

[2] A. D. F. Toy, Ed. By Bailor, Inorganic chemistry, Vol. II, 453—468, Pergamon (1973).

[3] D . E. C. Corbridge, Phosphorus, an outline of its chemistry, Biochemistry and Technology, 3rd Ed. ,287—354, Elsevier (1985).

[4] L. Meznik, B. Thomas, W . Toepelmann, *Z. anorg.* ,22(6),211 (1982).

[5] H. R. Allcock, *Chem. Revs.* ,72,315 (1972).

14. 砷 分 族

14.1 砷分族元素概述

周期表 VA 族元素的同族关系体现了从非金属到金属的一个完整过渡：氮、磷是典型的非金属元素，砷、锑具有两性和准金属的性质，铋在物理和化学方面都明确地显示出金属性．

砷分族包括砷、锑、铋三元素．它们的原子和氮、磷的一样，具有 ns^2，np^3 的价层电子构型．而显著差别则在于次外层不是 8 电子构型，而是 $(n-1)s^2$，$(n-1)p^6$，$(n-1)d^{10}$的 18 电子构型．这种构型使 As，Sb，Bi 虽然经过了前面过渡元素收缩而其原子半径仍明显大于 N 和 P，同时 18 电子层离子的变形性和极化能力均较强，导致了 As，Sb，Bi 与 N，P 在相似的基础上又存在显著的差异．这种结构也是砷分族自身有较多相似性和同族递变规律性的基础．表 14.1 列出了砷、锑、铋原子的性质．

表 14.1　As，Sb，Bi 的原子性质

物理性质 \ 化合物	As	Sb	Bi
原子序数	33	51	83
原子量	74.92159	121.757	208.98037
电子构型	$[Ar]3d^{10}4s^24p^3$	$[Kr]4d^{10}5s^25p^3$	$[Xe]4f^{14}5d^{10}6s^26p^3$
共价半径(pm)	121	141	146
离子半径 M^{3+}(pm)	69	96	120
金属半径(pm)	139	159	170

As，Sb，Bi 的电离能较大，但又显著地小于 N 和 P，这和它们原子结构因素相吻合．表 14.2 列出了它们的电离能、电负性和水溶液中 M^{3+}/M 的电极电势．

由上表可以看出，无论是 $I(1)$，或 $I(1)$，$I(2)$，$I(3)$ 之和均随原子序数增大而减小．这可能是影响同族性质递变的重要因素之一．但由于离子半径的增大使水合能降低，明显地抵消了电离能的减小，所以 As，Sb，Bi M^{3+}/M 电对的电极电势彼此接近．其中 Bi^{3+}/Bi 的 φ°值为 +0.32V，说明本族金属性最强的铋仍然是一个很不活泼的金属．本分族元素的电负性值都接近于 2，同样说明它们既非典型的非金属亦非典型的金属．

表 14.2 As,Sb,Bi 的电离能、电负性和电极电势

	As	Sb	Bi
$I(1)$ $(kJ \cdot mol^{-1})$	947	834	703
$I(2)$ $(kJ \cdot mol^{-1})$	1798	1592	1609
$I(3)$ $(kJ \cdot mol^{-1})$	2734	2450	2466
$I(4)$ $(kJ \cdot mol^{-1})$	4834	4255	4370
$I(5)$ $(kJ \cdot mol^{-1})$	6040	5400	5403
$I(6)$ $(kJ \cdot mol^{-1})$	12300	10420	8520
电负性 Pauling	2.18	2.05	2.02
Allred-Rcochow	2.20	1.82	1.67
$\varphi_A^0(M^{3+}/M)$ (V)	0.25	0.21	0.32

1.1 砷、锑、铋的成键特性和立体化学

砷分族原子的价层电子构型为 ns^2np^3,与 N, P 一样,它们的氧化态通常是 +3 和 + 5. 由于惰性电子对效应明显加强,所以它们最典型的氧化态是 +3. 但是原子的电离能数值较大,简单的 M^{3+} 离子只有 Bi^{3+} 和 Sb^{3+} 存在于少数几种盐的晶体中,没有证据表明溶液中存在$[M(H_2O)_n]^{3+}$离子,甚至简单的金属氧基离子 MO^+ 的存在也是值得怀疑的. 本分族的 M (III) 基本上是以共价成键. M 原子通常以不等性 sp^3 杂化轨道组成三个 σ 键并保留 ns^2 孤电子对. 如在气态中存在的 MX_3 单分子合乎逻辑地呈三角锥形. As,Sb,Bi 组成共价键的能力不如 N 和 P ,并按 As > Sb > Bi 依次减弱. 应当指出,在配合物中 M (Ⅲ)既可作为电子对的给予体也可作为电子对接受体进一步形成配位键.

本分族元素的 +5 氧化态的全部存在于共价键的化合物中. M (V)一般采取 sp^3d 杂化,形成三角双锥形取向的 5 个 σ 键,例如,一些五卤化物 MX_5. 在它们的含氧酸根 MO_4^{3-} 中,M (V)可以认为采取 sp^3 杂化,形成三个 σ 单键、一个 σ 键和一个 π 键组成的双键. 从而使酸根呈现四面体形. 在一些卤素配离子$[MX_6]^-$ 中,M (V) 以 sp^3d^2 形式杂化,形成正八面体取向的 6 个 σ 键.

砷分族能与碱金属及碱土金属组成氧化态为 -3 的化合物,如 Li_3As, Mg_3As_2, Na_3Sb, Ca_3Sb_2, K_3Bi, Ba_3Bi_2等. 但是,结构分析表明,这些化合物中并不真正存在 M^{3-}离子,实际上它们有的类似合金,其中存在着某种程度的金属键;有的含有 M_n^{m-} 聚合阴离子.

近年发现,砷分族元素原子自身组成单键或双键的化合物. 如双胂 R_2As -

AsR_2，双睇 $R_2Sb-SbR_2$ 和双铋 $R_2Bi-BiR_2$，胂烯 $RAs=AsR$ 等．但至今尚未发现 $Sb=Sb$，$Bi=Bi$ 的化合物．

更进一步的研究工作表明，砷分族元素可以生成一系列簇状阳离子和阴离子．例如，在化合物 $Bi_{24}Cl_{28}$ 中含有三帽三棱柱形的 Bi_9^{5+} 阳离子，在熔盐中存有 Bi_5^{3+}，Bi_3^{+}，Bi_8^{2+} 等簇合离子．上面提到，砷分族元素与高电正性 IA 和 IIA 元素生成的化合物具有金属键和离子键的共同特征，称为 Zintl 相，有时把其中含有的聚合阴离子 M_n^{m-}，即称为 Zintl 阴离子，实际是簇合阴离子的一类．例如，As_4^{2-}，Sb_4^{2-}，Bi_4^{2-}，它们具有平面正方形的几何结构；As_7^{3-}，Sb_7^{3-}，Bi_7^{3-} 具有单帽三棱柱形，以及 As_5^{3-}，As_6^{4-}，As_{11}^{3-} 等．可以看出，在上面这些簇合离子中，砷分族元素的形式氧化态是从 +1 到 -1 之间的一些分数．关于簇合键的各个方面是化学键理论近年研究的重要课题．

1.2 砷、锑、铋不同氧化态化合物的氧化还原性和热力学稳定性

本分族不是典型的金属和非金属元素，它们的单质不具有强的氧化性或还原性．元素的最高氧化态（+5）的化合物却具有一定的氧化性，特别是 Bi(Ⅴ) 的化合物具有很强的氧化能力，例如，酸性溶液中的铋酸钠就是著名的氧化剂．Bi(Ⅴ) 的氧化性比 As(Ⅴ)，Sb(Ⅴ) 强得多，不仅因为 Bi 的 $I(4)$，$I(5)$ 比 Sb 大，而且由于 $6s^2$ 的惰性电子对效应更强，把它们激发至 $6d$ 空轨道需要很大的能量．另一方面，砷分族氧化态为 -3 的化合物却具有一定的还原性．

图 14.1 是砷分族元素不同氧化态的 Gibbs 自由能（$\Delta G^{\ominus}$）图．

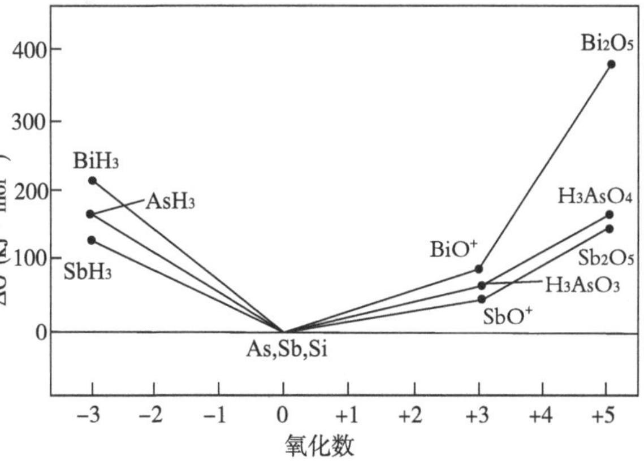

图 14.1 As，Sb，Bi 不同氧化态的 Gibbs 自由能（pH=0）

由图可以看出，Bi_2O_5，在转变为 BiO^+ 时，ΔG 值降低很多，所以它很不稳定，是强氧化剂．Sb(Ⅴ)，As(Ⅴ) 进行同样的转变，$\Delta G^{\ominus}$降低很少，故氧化性不强．由图还可以看出，M(Ⅲ)($H_2AsO_3^-$，SbO^+，BiO^+) 较稳定，不会歧化为氧化数等于 0 及 +5 的化合物．图上还表明，M(−3) 转变为 M 时，Gibbs 自由能也有较多的下降．这就是上面提到 M^{3-} 化合物具有一定还原性的热力学根据．不过，比较常见的化合物只有 AsH_3.

参 考 文 献

[1] N. N. Greenwood and A. Earnshaw, Chemistry of the Elements, 637 – 644, Pergamon Press, 1985.

[2] J. D. Smith, The Chemistry of Arsenic Antimony and Bismuth in J. D. Bailar ed, "Comprehensive Inorganic Chemistry", Vol. 2, Pergamon Press, 547 – 557, 1973.

[3] F. A. Cotton & G. Wilkinson, Advanced Inorganic Chemistry, 5th edition, A Wiley – Interscience Publication, 1988.

[4] G. P. Smith, Chemistry of the Lower Oxidation States of Bismuth in D. B. Sowerby. "Inorganic Chemistry Series Two" (International Review of Science), 270 – 271, Butterworths London University Press, 1975.

[5] 曹锡章等修订，无机化学，第二版，下册，145 – 147，高等教育出版社，1984.

[6] A. J. Ashe III, *et al.*, *Organometallics*, Vol. 2, 1573, 1859, 1983.

[7] F. Calderazzo *et al.*, *J. Chem. Soc. Chem. Commun.*, 507 (1983).

[8] Therald Moeller, Inorganic Chemistry – a Modern Introduction, 183—185, John Wiley & Sons, Inc. 1982.

[9] C. N. E. Belin, *J, Am. Chem. Soc.*, 102, 6063 (1980).

[10] R. B. Heslop, K. Jones, Inorganic Chemistry, A Guide to Advanced Study, 1976. 中译本，北京工业学院等译，高等无机化学中册，高等教育出版社，245—247，1982.

14.2 砷

砷发现于远古，自那时起人们就开发利用它的特性．当今它又在现代电子技术中起着重要的作用．

2.1 元 素 砷[1-3]

2.1.1 砷的发现和历史

人们在古代就知道，砷的化合物可作为颜料和药物，我国西周时代（约公元前11 世纪到公元前 771 年）已用雌黄（As_2S_3）画绘织物，战国时代（公元前 475—前 221 年）已用雄黄（As_4S_4）和舆石（FeAsS）治病．晋朝葛洪（283—363 年）的《抱朴子》（定稿约在 317 年）中进一步描述了对砷的化合物的实验，“取雌黄雄黄烧下，其中铜铸以为器覆之，……百日此器皆生赤乳，长数分”（赤乳是指升华的晶体）．公元 6 世纪北魏末期贾思勰在《齐民要术》中指出，雄黄和雌黄粉与胶水混合浸纸可防虫蠹．明朝李时珍（1522—1596 年）在《本草纲目》中对雄黄、雌黄和砒石（As_2O_3）作了更详细的记载：“生者名砒黄、炼者名砒霜．……砒黄治疟疾、肾气……解热毒、治痰壅……”．这些应用一直保持至今．

在欧洲，公元 1 世纪，希腊医生曾用焙烧砷的硫化物矿制得三氧化二砷，作为药物．罗马博物学家 Pliny 则记下了在金矿和银矿中发现砷的硫化物，并称它为 Auripigmentum（Auri，金黄色；Pigmentum，颜料；整个词的意思就是“金黄色的颜料”），orpiment（雌黄）一词就是由它演变来的．更早一些，希腊哲学家 Aristotle（公元前 384—前 222 年）的著作中也记载过 Arsenikon，当今称之为雌黄，Arsenic（砷）就是来源于它．

有些外国学者认为单质砷是德国的 Albertus Magnus（1193 – 1280 年）于 1250 年用雌黄与肥皂共同加热首先制得的．1649 年 J. Schroder 刊行的《药典》中列举了用木炭还原氧化砷和用石灰使雄黄分解，还原制取单质砷的两种方法后，单质砷得到进一步肯定．但应该注意到，单质砷在古代就可能分离出来了．我国葛洪在《抱朴子・仙药篇》中写道：“又雄黄……饵服之法，或以蒸煮之；或以酒饵；或先以硝石化为水乃凝之；或以玄洞肠裹蒸之于赤土；或以松脂和之；或以三物炼之，引之如布，白如冰……”．今天[4,5]用雄黄、松脂、硝石（1:1:0.5）合炼，可安全地得到如冰霜的单质砷．隋末唐初的医药大师孙思邈（581 – 682 年）在《太清丹经要诀》

中有“伏雄雌二黄用锡法”,即“雄黄十两,末之．锡三两．铛中合熔,出之,人皮袋中揉使碎．人坩埚中火之,其甘(坩)埚中安药了,以盖合之,密固入风炉吹之,令祸同火色．寒之开,其色似金．”这显然是发生下述反应后得到了单质砷的．

$$4Sn + As_4S_4 \longrightarrow 4SnS(黑) + 4As$$

$$4SnS + As_4S_4 \longrightarrow 4SnS_2(金黄) + 4As$$

首先制得单质砷的是中国炼丹家,而不是 A．Magnus.

2.1.2　砷的存在与分布

砷是一种广泛分布于自然界的元素．克拉克数为 5×10^{-4}．宇宙丰度为 4.0 ($Si = 10^6$).

除发现少量的天然砷外,已知有 150 多种含砷矿物．最普通的矿物是:

砷化物矿,如砷黄铁矿($FeAsS$),硫砷黄铁矿($FeAsS_2$), 辉砷镍矿($NiAsS$),砷镍矿($NiAs_2$), 砷铁矿($FeAs_2$),红砷镍矿($NiAs$).

硫化物矿,如雌黄(As_2S_3)、雄黄(As_4S_4).

氧化物矿,如白砷矿(As_2O_3).

砷酸盐矿,如毒石($CaHAsO_4 \cdot 2H_2O$).

此外,海水中平均含有 1.1μg·L^{-1}的砷,在矿泉水、土壤和人体中都有微量的砷.

2.1.3　砷的生产与应用

将砷黄铁矿或硫砷黄铁矿与废铁一起隔绝空气加热(650—700℃), 砷便升华出来.

$$FeAsS \longrightarrow FeS + As$$

$$Fe + FeAsS_2 \longrightarrow 2Fes + As$$

可在空气中直接加热贫矿或矿渣,使 As_4O_6 挥发出来,收集后再用焦炭在 700—800℃ 下还原得到砷．因砷矿常和镍、铜、锡矿共存,所以砷的氧化物也可从提取上述金属的烟道灰中得到.

制备杂质在 1 ppm 以下的超纯砷时,最难除去的杂质是锑和硫．因此,一般将砷先在 H_2 中提纯后,再采用下列方法进一步提纯:

(1) 从熔融的铅的溶液中升华(大部分硫作为硫化铅留下).

(2) 熔融的砷在高压下结晶.

(3) 将砷转化为胂,再经碱洗涤、干燥后,在 600℃分解成砷.

超纯砷是一种重要的半导体材料,可作为硅的掺杂物,它与 Al, Ga, In 组成 III—V 半导体合金,在电子、激光和光存贮技术中起着重要作用．砷的主要用途是与铅组成合金,加入少量砷可改进蓄电池用 Pb/Sb 的性能,铅字合金的硬度和可铸性. 制造枪弹时也常在铅中加入0.5% 的砷,以增加熔融金属表面的张力,使铅丸保持球状. 砷的化合物常具有毒性(但未见砷本身及其硫化物 As_2S_3 的中毒事件的报道),故较多地用于杀虫剂、除草剂. 此外也有一些砷的化合物作为颜料.

2.1.4 砷的同位素

砷只有一种稳定的同位素^{75}As(目前只知道22 种元素只有一个稳定同位素),其他都不稳定,半衰期很短(见表 14.3). 其中^{72}As 和^{74}As 可作正电子源. ^{76}As 和^{77}As 是β射线源,适用于痕量实验和活性分析.

表 14.3 砷的同位素

同位素	半衰期	衰变模式
^{69}As	15 min	β^{+a}
^{70}As	52 min	β^+
^{71}As	62 h	EC70%
		β^+30%
^{72}As	26 h	β^+78%,EC 22%
^{73}As	76 d	EC
^{74}As	18 d	β^+29%,β -32%,EC39%
^{75}As	稳定	自然丰度100%,质量74.9216
^{76}As	26.5 h	β^{-e}
^{77}As	39 h	β^-
^{78}As	91 min	β^-
^{79}As	9 min	β^-
^{80}As	15 s	β^-
^{81}As	33 s	β^-

注: β^+为正电子发射; EC为电子俘获; β^-为电子发射.

2.1.5 砷的物理性质

砷的物理性质可参见表 14.1 和 14.4.

砷有黄、灰、黑三种同素异形体. 在室温下最稳定的是灰色的、菱形的金属型的、α-砷. 它的结构如图 14.2 所示. 按照 8—N 规则,每个砷原子以三个单键相互联接,形成折叠式排列的片层,用实线表示. 用虚线表示的为相邻的另一片层,这一片层中的 As 原子正对着上一片层的空穴. 每个砷原子与片内相邻的砷原子间的最短距离 r_1 为 251.7 pm; 与相邻片上砷原子间的最短距离 r_2 为 312 pm. 每个砷原子与三个相距为 r_1 的砷原子,在一边呈棱锥形配位,与三个相距为 r_2 的砷原子在另一边呈棱锥形配位.

α－As，α－Sb，α－Bi 是等结构体，但随着原子序数的增加，金属性递增，两相邻片间的界限越来越模糊，即 r_2/r_1 值越来越小，如表 14.5 所示.

将砷蒸气（已知它是以四面体的 As_4 分子存在，As—As 距离为 243.5 pm）迅速冷至低温即得黄砷．它是立方晶形，可能是由呈四面体的 As_4 单元组成的．它不溶于水，溶于 CS_2（溶解度：46℃，100mL 溶 11g；0℃，4g；－80℃，0.8g）．它是亚稳态的，见光很快转变为灰砷．

有汞存在下，于 100－175℃加热无定形砷，可得到一种与黑磷等构的多晶，称为黑砷[6]．它是正交的，由结合双层的原子链组成．每个砷原子与二个最近的和一个稍远的砷原子相邻，层与层之间的键比灰砷中的弱．在 280℃ 以上单向地变为灰砷．

表 14.4　砷的热力学性质

特　性	砷
熔点（℃）	816（在 3.91 MPa 下）（α－As）
沸点（℃）	651（升华）（α－As）
密度 ρ（$g \cdot m^{-3}$）	5.7（α－As），2.0（黄砷）
标准生成焓 $\Delta H_f^{\ominus}$（$kJ \cdot mol^{-1}$）	0（α－As），15（黄砷）
标准生成自由焓 $\Delta G_f^{\ominus}$（$kJ \cdot mol^{-1}$）	0（α－As）
标准熵 $S^{\ominus}$（$Jk^{-1} \cdot mol^{-1}$）	35
标准摩尔热容 $C_p^{\ominus}$（$J \cdot K^{-1} \cdot mol^{-1}$）	25
摩尔熔化热 ΔH_m（$kJ \cdot mol^{-1}$）	28
摩尔升华热 ΔH_s（$kJ \cdot mol^{-1}$）	36
25℃时的电导率 κ（$MS \cdot m^{-1}$）	2.7

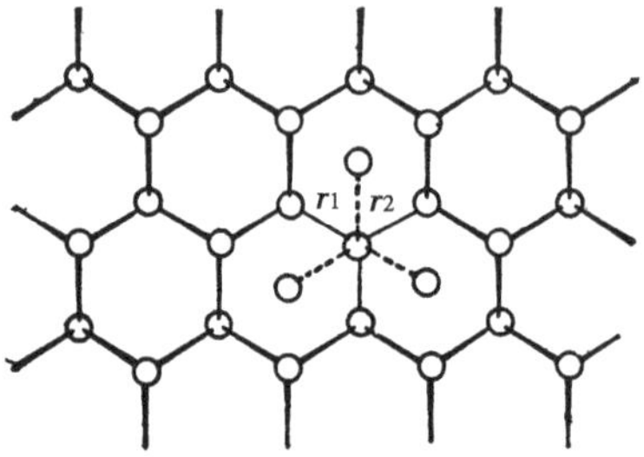

图 14.2　α－As 的结构

表 14.5　α－M（As，Sb，Bi）中原子间的最近距离

α－M	r_1（pm）	r_2（pm）	r_2/r_1	键角 M－M－M（°）
α-As	251.7	312.0	1.240	96.7
α－Sb	290.8	335.5	1.153	95.6
α－Bi	307.2	352.9	1.149	95.5

As,Sb,Bi 的熔点依次递降,As 最高;但它们的沸点依次升高,As 最低,因此,砷在标准压力下没有液态范围,而 Sb 和 Bi 则有一较宽的液态范围. 这可从单质结构加以解释. 在单质砷中每一个 As 原子有三个相距较近的、相互吸引较强的 As 原子,单质锑和铋中与每一个原子相邻的六个配位原子分布得比较均匀,即每一个原子的作用是较均匀地分布在较多的相邻原子上,因此,虽然液态砷原子化比锑、铋困难,但是它保持三个相邻原子,形成 As_4,就比锑和铋分别形成 Sb_4,Bi_4 更容易. 已经证明,在沸点下砷蒸气是 As_4 分子,而锑和铋的蒸气中 Sb_4, Bi_4 较少,有较多的被离解了.

灰砷有较好的传热和导电性能,因为在垂直于分子层方向上原子的相互作用是较弱的. 也正是这一原因导致其单晶的导电性和导热性是各向异性的.

2.1.6 砷的化学性质

1. 单质的反应

在常温度下,灰砷在空气中是稳定的,黄砷则被氧化,同时发出冷光. 但加热时灰砷和多晶砷都能与氧、硫和卤素等非金属化合,生成三价的化合物. 而砷与氟还能生成五氟化物.

$$As_4 + 3O_2 \longrightarrow As_4O_6$$

$$As_4 + 6S \longrightarrow 2As_2S_3$$

$$As_4 + 6X_2 \longrightarrow 4AsX_3, \qquad (X = Cl_2, Br_2, I_2)$$

$$As_4 + 10F_2 \longrightarrow 4AsF_5$$

水和非氧化性酸不与砷反应,但稀硝酸和浓硝酸能分别把砷氧化成 H_3AsO_3 和 H_3AsO_4. 热浓硫酸能将砷氧化成 As_4O_6.

熔碱能将砷氧化成亚砷酸盐并析出氢:

$$As_4 + 12NaOH \longrightarrow 4Na_3AsO_3 + 6H_2$$

但碱的水溶液就不与砷作用.

在高温下砷也能与大多数金属反应,生成合金或金属间化合物(参见 2.2 节).

2. 砷的化合物的类型及其立体化学

基态砷原子的电子层结构为 $1s^22s^22p^63s^23p^63d^{10}4s^24p^3$. 测得基态谱项为 ^4S,表明它有三个单电子占据的轨道,即价电子层结构为 $4s^24p_x^t4p_y^14p_z^1$.

砷的化学行为与氮有显著的不同. 形成 MM 重键有明显的阻碍,它宁可形成三个 σ 键,而不像 N_2 分子那样容易形成一个 σ 键和二个 π 键. 例如,早已知道含 As—As 单键的环状分子 $(AsR)_n$ $(n = 3-6)$,但含 As = As 键的化合物[如 $(Me_3Si)_3CAs = AsC(SiMe_3)_3$,图 14.3]是近年来才被合成和确定的[7]. 另一方面,As 的空 d 轨道参加成键,在能量上是可取,常以 sp^3d,sp^3d^2 轨道成键,并且在许多化合物(如 AsO_4^{3-}，R_3AsO)中，$d\pi-p\pi$，键尤为显著．砷原子作为电子给予体成键时，与 As 成键的电子接受体原子如果其充满电子的轨道与 As 的空 d 轨道对称性匹配，便产生反馈形成多重键，所以 As 与过渡金属形成的许多配合物[如 $(AsC1_3)_3Mo(CO)_3$]中 $d\pi-d\pi$ 键有重要的贡献．表 14.6 列出了砷的普通化合物类型和立体化学情况．

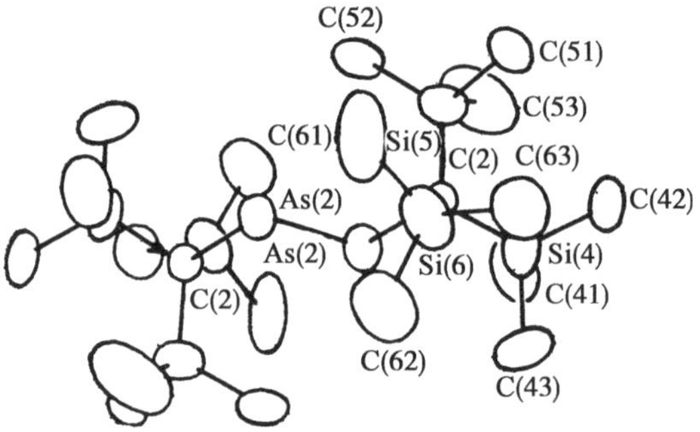

图 14.3　$(Me_3Si)_3CAs=AsC(SiMe_3)_3$

表 14.6　一般含砷化合物的成键轨道类型和几何类型

氧化态	轨　道	成键电子对	孤电子对	分子形状	实　例
Ⅲ	p^3	3σ	1	三角锥	$As(SiH_3)_3$
Ⅲ	sp^3	3σ	1	三角锥	AsF_3
Ⅴ	sp^3	4σ	0	四面体	$[AsPh_4]^+$
Ⅴ	sp^3	$4\sigma,1\pi$	0	四面体	AsO_4^{3-}，$(CH_3)_2AsO(OH)$
Ⅴ	sp^3d	5σ	0	三角双锥	AsF_5
Ⅲ	sp^3d	4σ	1	变形四面体	$AsCl_3\cdot NMe_3$，$AsCl_4^-$
Ⅲ	sp^3d^2	5σ	1	四方锥形	
Ⅴ	sp^3d^2	6σ	0	八面体	$[AsF_6]^-$

3. 生物作用

砷和它的所有化合物几乎都是剧毒的．内服 0.1 g As_2O_3(砒霜)就可使人致死，空气中砷的最高许可浓度为 0.0003 mg · L^{-1}．在砷的化合物中 AsH_3 是最毒的．

砷中毒后并不是立刻发作的，而是在几小时或更长时间后才表现出来，因此，危险性更大．

到目前为止，砷的中毒机理被认为是由于它封锁了蛋白质的氢硫基或者是从酶的活性中心置换了铜或锌．

砷中毒的解毒药可用由氧化镁和硫酸铁溶液新制得的氢氧化铁(111)悬浮

液,也可用二硫代丙三醇. 后者可把砷从体内排出.

2.1.7 砷的分析方法[8,9]

1. 分离方法

正如大家所知,在酸性溶液中用 H_2S 或硫代乙酰胺可将 As(III),Sb(III)和 Bi(III) 沉淀为硫化物. 利用 Bi_2S_3不溶于 Na_2S_x,而将其分出,再利用在6 mol · L^{-1},以上 HCl 中形成 $SbCl_4^-$,而又将 As_2S_3,与 Sb_2S_3分离开来.

但在砷的定量分析中,就常以 AsH_3 形式分离提纯. 例如,用锌与盐酸(3 -6 mol · L^{-1})或电解方法将砷还原成 AsH_3. 所得的 AsH_3可用碱性碘溶液吸收,也可先加热它,生成砷镜后再用次溴酸盐溶解,或先用固体 HgI_2吸收后再用 I_2 溶液吸收.

将砷(V)用肼还原,并在较浓 HCl (5 -7 mol · L^{-1}) 中蒸馏可得氯化砷,蒸馏物收集在水、硝酸、碱性碘溶液或过氧化氢溶液中.

8 -12 mol · L^{-1}HCl 的 $AsCl_3$溶液可被苯、氯仿或 CCl_4等溶剂萃取. 稀盐酸、水或稀氨水也可将砷从有机溶剂中反萃取出来.

此外,在 pH = 8 -9 条件下,用 $Fe(OH)_3$ 可把砷(V)以砷酸高铁方式定量地沉淀下来. 或用磷酸镁铁与砷(V) 共沉淀,或从氟化铵溶液中与水合二氧化锰共沉淀而将 As 分离出来.

2. 测定方法

As 很易用容量分析法测定. 常用 I_2, 溴酸钾、碘酸钾、高锰酸钾与 As(III)进行反应. As_2O_3 还可作为标定 $KMnO_4$ 的原始标准物质使用.

常用的重量分析方法中,砷的沉淀形式和称量形式(加热灼烧温度)如下:

As_2S_3(从 9 mol · L^{-1}HCl 中沉淀)	$\longrightarrow As_2S_3$(105℃)
As_2S_5,	$\longrightarrow As_2S_5$(130℃)
$MgNH_4AsO_4 \cdot 6H_2O$	$\longrightarrow Mg_2As_2O_7$(800 -900℃)
$PbHAsO_4$	$\longrightarrow Pb_2As_2O_7$(320 -950℃)
$NH_4UO_2AsO_4 \cdot xH_2O$	$\longrightarrow U_3O_8$(800℃)

在分光光度法中,常用砷钼蓝法和二乙基氨荒酸银(Ag - DDTC)法. 前者是将 As(V)与钼酸铵反应,生成几乎无色的钼砷杂多酸,然后用肼、$SnCl_2$或抗坏血酸将此钼砷酸还原成砷钼蓝. 在水相或用一种含氧的有机溶剂萃取后,用 800 nm 波长进行测定. 后者是将 AsH_3用二乙基氨荒酸银的吡淀溶液吸收,得到红紫色砷 - DDTC 配合物,用 λ_{max}(535 nm)测定.

在极谱法中,可测得 $As^{3+} \longrightarrow As \longrightarrow As^{3-}$ 的还原波(如在 1 mol · L^{-1}HCl 中 $As^{3+} \longrightarrow As$ 的还原波为 -0.43V),并用它进行测定.

微量的砷也可用发射光谱和原子吸收光谱进行测定. 用于发射光谱分析波长

是：228.81 nm，234.98nm，278.02nm. 原子吸收光谱分析可采用波长是193.7nm，可测出 2 ppm As.

3. 经典验 As 法

MarSh 法：AsH_3 加热分解成砷镜．SbH_3也有类似反应，但 As 可以被 NaOCl 氧化，而 Sb 则不能．

Gutzeit 法：用浸有 $HgBr_2$ 的纸条试验 AsH_3，也可用 $HgCl_2$ 或 $AgNO_3$，但它们不能鉴别 AsH_3 和 SbH_3，而 $HgBr_2$ 则与 AsH_3 和 SbH_3分别显出不同的颜色．

Fleitmann 法：在碱溶液（Al + NaOH）中制得 AsH_3，此时 SbH_3不能形成．

2.2　合金和金属间的化合物[1,6,10,11]

砷可与大多数金属相作用，所得物质的典型组成是：M_9As，M_5As，M_4As，M_3As，M_2As，M_3As_2，M_5As_3，M_4As_3，M_5As_4，MAs，M_3As_4，M_2As_3 等．由于这些物质化学计量的多样性、结构和复杂性和化学键的中间特性，将它们分类是困难的．但也正是它们的有趣结构或有价值的物理性质，而受到人们的注意．

金属键是各向同性的，因此，金属与金属形成广泛的固熔体．但是当原子的半径大小和电子键合状态差异相当大时，它们之间就不形成单纯的固熔体，而倾向于形成金属互化物．砷与金属的作用中也表现出这一倾向．

2.2.1　砷与 *s* 区元素的金属互化物

砷的电负性与碱金属和碱土金属的电负性相差很大，因此，它们之间的金属互化物有类盐的特征．砷与碱金属的最典型的化合物是 M_3As（其中 M = Li，Na，K，Rb），可视为 $M_3^+As^{3-}$．Na_3As 的结构如图 14.4. 它是反氟铈镧矿结构．由相等数目的 As 原子和 Na. 原子形成像氮化硼那样的六边形的网状结构，余下的钠原子以层状排列在网孔的两边．每一个砷原子（如图中有间两个砷）与 5 个较近的 Na 原子相邻，后者位于一个三角双锥体的顶点（As – Na 距离：3 个为 294 pm，2 个为 299 pm）．此外，每一个 As 原子还和 6 个较远的 Na 原子（以 330 pm）相邻，这 6 个 Na 原子形成一个三棱柱．所以 As 原子配位数为 11. 其中的 Na 原子也可分为 a，b 两类．a 类 Na 原子在 As – Na 的六边形网中，每个 Na 与 3 个 As 原子以 294 pm 和 6 个 Na 原子以 330pm 相邻；b 类 Na 原子不在 As – Na 的六边形网中，每个 Na 原子与 4 个在扭曲了的四面体角上的 As 原子（3 个为 330 pm，1 个为 299 pm）和 6 个 Na 原子（3 个为 328pm，3 个为 330pm）相邻．这种结构显示了金属的高配位数，Na – Na 间的距离都比金属钠中 Na – Na 的距离（371.6pm）小．所以这些化合物既表明其金属导电性也表明是半导体．

砷与碱土金属的典型化合物是 Mg_3As_2，具有 La_2O_3 结构．它可视为离子型晶

体 $Mg_3^{2+}As_2^{3-}$.

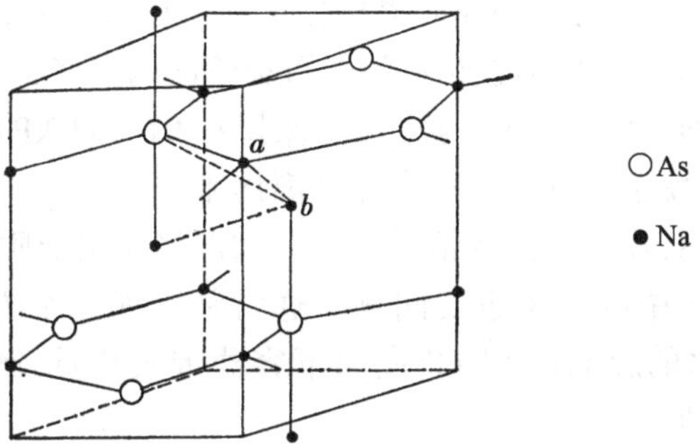

图 14.4 Na_3As 的结构

在化学上碱金属与碱土金属的砷化物易被氧化,并为水和酸分解. 水解时可得到产率很高的氢化物.

这些化合物通常按比例用元素直接反应来制备的. 用砷和碱金属在液氨中反应也很易得到碱金属的砷化物.

2.2.2 砷与 *p* 区元素的金属互化物

由于半导体工业发展, Ⅲ - V 族间金属互化物的研究引起了人们的极大兴趣. 特别从 1965 年 J. J. Scheer 等发表 GaAs - Cs 是一个新型光电发射体以后, IIIA - VA 族化合物成了光电发射材料的主攻方向. 已知 As 与 Al, Ga, In 都给出 MAs 类型的化合物. 在常压下它们都是立方闪锌矿结构(见表 14.7).

表 14.7 砷的金属间化合物

化合物	结构	化合物	结构	化合物	结 构
Li_3As	$Na_3As(DO_{18})$	CrAs	MnP(B31)	Cu_3As	$Cu_3P(DO_{21})$
LiAs	单斜的	Mn_3As	正交的	Cu_5As_2	四方形的
Na_3As	(DO_{18})	Mn_2As	$Cu_2Sb(C38)$	Cu_2As	六方形的
K_3As	$Na_3As(DO_{18})$	MnAs	NiAs, MnP[b]	Zn_3As_2	$Zn_3P_2(D5_9)$
Rb_3As	$Na_3As(DO_{18})$	Fe_2As	$Cu_2Sb(C38)$	$ZnAs_2$	正交的
Mg_3As_2	$Mn_2O_3(D5_3)$, La_2O_3		MnP(B31)	AlAs	ZnS(B3)[d]
		$FeAs_2$	$FeS_2(C18)$[c]	GaAs	ZnS(B3)[d]
MAs[a]	NaCl(BI)	CoAs	MnP(B31)[b]	InAs	ZnS(B3)[d]
TiAs	$TiP(B_1)$, NiAs	$CoAs_2$	$CoSb_2$	GeAs	ZnS
$TiAs_2$	正交的	$CoAs_3$	(DO_2)	$GeAs_2$	GaTe
V_3As	$Cr_3Si(A15)$	Ni_5As_2	六方形的	Sn_4As_3	正交的
VAs	MnP(B31)	NiAs	(B8)	SnAs	NaCl(B1)
VAs_2	$NbAs_2$	$NiAs_2$	$FeS_2(C18)$[c]		
Cr_2As	$Cu_2Sb(C38)$	$NiAs_3$	~$CoAs_3(DO_2)$		

a. M = Sc, Y, La 系, Ac 系.

b. 其中许多为多晶,可用 NiAs 和 MnP 结构.

c. FeS 的白铁矿结构采用 C18,黄铁矿用 C2.

d. 闪锌矿结构用 B3.

ⅢA－VA 族化合物,可用相应元素按化学计量在高温下直接反应获得．例如制备 GaAs,可将 As 和 Ga 分别放在封闭的石英管的两端,Ga 慢慢加热到 GaAs 的熔点,而 As 加热到 605℃，使 As 的蒸气压保持在 91.193 kPa. 反应生成的 GaAs 锭从一头开始固化,使杂质从锭中一点点分离出来．

这些化物的应用,在大多数的情况下都要求严格控制杂质的含量,所以这些化合物的纯制成为生产中的一个重要问题．通常从下面几个方面考虑：①原料要纯；②须排除氧和水的影响；③防止高温下容器带入杂质,例如硅可以从石英反应器中进入熔融的砷化镓中：

$$2Ga(GaAs) + SiO_2 \longrightarrow 2GaO + Si(GaAs)$$

④这些化合物在熔点下都有可察觉的解离压力(见表 14.8)，会影响用料的化学量比；⑤进行区域熔炼提纯．在半导体器件生产中,目前主要选用易提纯的金属有机化合物,通过气相化学沉积法来制造 GaAs,如

$$Ga(CH_3)_3 + AsH_3 \longrightarrow GaAs + 3CH_4$$

ⅢA －VA 族化合物半导体与 Si,Ge 是等电子半导体. ⅢA－VA 族半导体的重要价值就是它们延伸了 Si,Ge 性质的范围．如 GaAs 的禁带宽度虽比 Si 稍大,但电子迁移率比 Si 大五倍．熔点比 Si 低．表 14.8 列出了砷与ⅢA 族元素化合物的一些性质．

表 14.8　As 与$Ⅲ_A$ 族化合物的性质

性质	AlAs	GaAs	InAs
颜色	橙色	灰色	灰色
熔点(℃)	1740	1240	943
离解压(熔融下)(kPa)	1.013	0.912	0.304
$\Delta H^{\ominus}_{f,298}$(kJ · mol^{-1})	－146.5	－83.7	－54.4
$S^{\ominus}_{298}$(J · mol^{-1} · K^{-1})		63	75.8
$\Delta G^{\ominus}_{f,298}$(kJ · mol^{-1})		－77.5	－50.3
Eg(kJ · mol^{-1})[a]	208	138	34
电子迁移率(m^2 · V^{-1} · S^{-1})		0.85	3.3
空穴迁移率(m^2 · V^{-1} · S^{-1})		0.042	0.046
介电常数		12.5	14

a. Eg 是充满电子的满带上部和空的导带下部之间的能级宽度,简称带隙能,或禁带宽度．

从上表可以看出：As 与ⅢA 族金属间的化合物(MAs) 的熔点和带隙能 Eg 都随 M 的原子序数增加而递降．

这些化合物(AlAs,GaAs,InAs) 都是立方 ZnS 结构(见表 14.7)，没有对称中

心,所以[111]和$[\overline{111}]$晶面是不等价的．在[111]晶面,1 个金属原子 M 与 3 个 As 原子键合,而在$[\overline{111}]$晶面,1 个 As 原子与 3 个 M 原子键合,这种差异在化学上明显地表现出来,例如用 HF—HNO_3 腐蚀时,[111]晶面比$[\overline{111}]$晶面更快．

这些化合物也能被潮湿空气缓慢地分解,因此,用它们做成的半导体器件应完全封闭,以防止与大气反应．

As 与 Ge,Sn 也易形成化合物(见表 14.7)．如砷化锗有 GeAs(熔点 373℃),$GeAs_2$(熔点 732℃)．$GeAs_2$是正交的,层状结构,每一个 Ge 原子有 4 个相邻的 As 原子．与金属砷中的情况一样,每个砷原子与 3 个较近的和 3 个较远的砷原子相邻,As－As 间距离分别为 250pm 和 315pm. 砷与锡形成化合物 SnAs 和 Sn_4As_3,SnAs 有 NaCl 结构,可视为 $Sn^{2+}Sn^{4+}As_2^{3-}$,3.41－3.65K 为超导体．Sn_4As_3 是立方的结构,在 1.16－1.19K 为超导体．

砷与锑、铋也形成一些合金,砷的原子数在 9%－40% 的砷锑合金在 240－310K 具半导体性质．

2.2.3 砷与 *d* 区元素的金属互化物

砷与 *d* 区元素形成许多化合物,它们的结构也是多样化的(见表 14.7)．但 MAs,MAs_2,MAs_3类型较多．

在 MAs 型的化合物中,一部分具有 NaCl 结构,配位数为 6,如 ScAs,YAs 等．但 NiAs 结构就是其最普通的结构类型之一 TiAs,MnAs,CoAs,NiAs 都具此结构．NiAs 结构如图 14.5,属于六方晶系．它是由金属原子 Ni 排成三棱柱体,再将三棱柱体周期性地排列而成的结构．As 原子位于由 6 个 N i 原子形成的三棱柱体的中心,每个砷原子有 6 个相邻的镍原子．但是,不是每个三棱柱体的中心都填有 As 原子,而只填充了一半．在每一个镍原子周围有 6 个相邻的砷原子(它们位于八面体的顶角,Ni—As 距离为 243 pm)和 2 个相邻的镍原子(Ni—Ni 距离为 252 pm),即镍的配位数为 8. 每一单位晶胞中含有 2 个 Ni 原子和 2 个 As 原子．

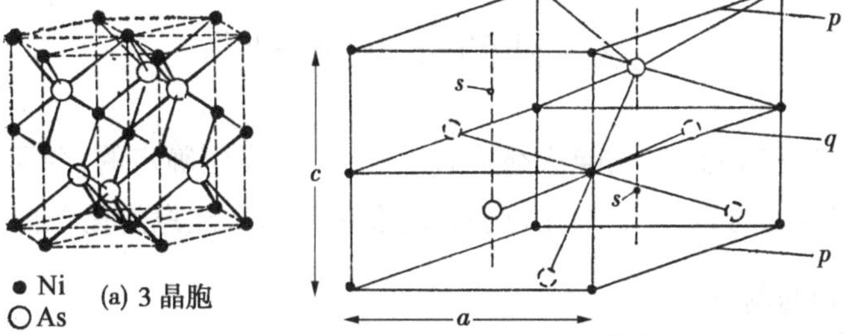

(a) 3 晶胞

(b)Ni_2As_2 的晶胞

图 14.5 NiAs 结构

如果在 NiAs 结构中的中间层所有的 Ni 原子都没有,就变成 MX_2 型,如 $NiTe_2$ 的结构. 但对于 As,Sb,Bi 是从未达到 MX_2,当部分填充中间层时,化合物组成则在 $M_{1+x}X_2(0<x<1)$内. 这就解释了此结构化合物的组分常常在较广的范围内变动的原因.

实际组成为 $M_{1+x}X_2$,接近 MAs_2 型的化合物中,既有白铁矿结构(如 $NiAs_2$),也有黄铁矿结构(如 $PdAs_2$,$PtAs_2$)或压缩的白铁矿结构(如 $RuAs_2$,$OsAs_2$). 它们都包括 As_2 基团. $NiAs_2$,$PdAs_2$,$PtAs_2$与 FeS_2(黄铁矿)有相同的价电子数(Ni,Pd,Pt 比 Fe 多2 个价电子,而 As_2 比 S_2 少 2 个电子). 在这些结构中,每个金属原子 M 与 6 个 As 原子在八面体方向上相邻,每个 As 原子也与 6 个 M 原子在八面体方向上相邻.

MAs_3 型化合物,如 $CoAs_3$,$RhAs_3$,$IrAs_3$有立方(折叠)结构. $CoAs_3$的单位晶胞是由 8 个 Co 原子和 24 个 As(即 6 个 As_4)组成,如图 14.6. 每一个砷有 4 个相邻原子,由 2 个 Co 和 2 个 As 组成,它们位于几乎是正四面体的顶角上[见图 14.6(a)]. 每一个 Co 有 6 个 As 相邻,它们处于稍微扭曲了的八面体顶角上[如图 14.6(b),中心 Co 原子与每个 As_4环上的一个 As 相连]. As_4是一平面环,但并非正方形,直角的两边分别为 246 pm 和 257 pm(正四面体 As_4 分子中 As - As 为 244pm).

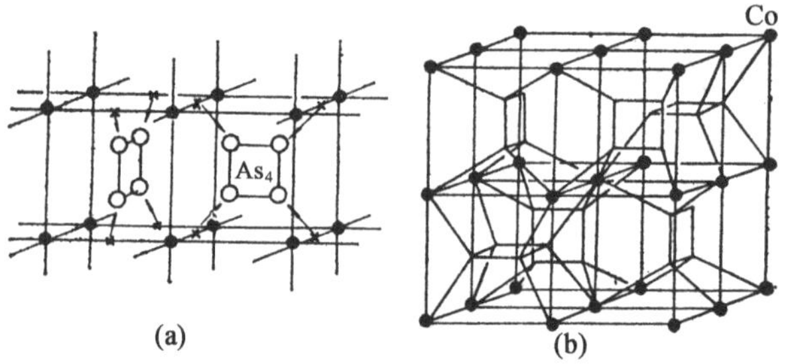

图 14.6　$CoAs_3$ 的立方结构

2.3　砷的氢化物[1,10,12]

昔日 Marsh 和 Gutzeit 试砷法都是通过 AsH_3 的反应确定的,今天 AsH_3也是半导体生产用气体. 可以说 AsH_3在过去和现在都是引人注意的化合物.

2.3.1　氢化物的制备

砷不能直接与 H_2 反应生成 AsH_3. 通常用初生态氢还原含砷的化合物制备 AsH_3:

$$As_4O_6 + 12Zn + 24H^+ \longrightarrow 4AsH_3 + 12Zn^{2+} + 6H_2O$$

$$H_3AsO_4 + 4Zn + 8H^+ \longrightarrow AsH_3 + 4Zn^{2+} + 4H_2O$$

但得到的是只含 25% AsH_3 的混合气体．用正电性元素(Na,Mg,Zn 等)的砷化物与水或稀酸反应也是常用的方法,如

$$Na_3As + 3H_2O \longrightarrow 3NaOH + AsH_3$$

$$Zn_3As + 3H_2SO_4 \longrightarrow 2AsH_3 + 3ZnSO_4$$

但产物中又往往夹杂砷的低价氢化物,须用真空法进行分离．不过用 NH_4Br 在液氨中分解 Na_3As 可得高纯度的 AsH_3,产率达 90%：

$$Na_3As + 3NH_4Br \xrightarrow{\text{液氨}} AsH_3 + 3NaBr + 3NH_3$$

也可用电化学还原砷盐的酸性或碱性溶液来制备．然而较好的方法是在低温下,在乙醚中用 L iAlH$_4$ 或 $LiBH_4$ 还原 $AsCl_3$,或者用 KBH_4 还原 Na[As(OH)$_4$]来制备:

$$4As(OH)_4^- + 3BH_4^- + 7H^+ \longrightarrow 4AsH_3 + 3H_3BO_3 + 7H_2O$$

在用酸与金属砷化物反应或用 BH_4^- 还原亚砷酸盐制备 AsH_3 时, As_2H_4 和 As_2H_5 作为副产物而分离过出来．在臭氧发生器中通入 AsH_3 进行无声放电也可得到它们,但产率非常低,试图用温和还原剂例如 $SnCl_2$ 还原 AsH_3 没有得到低价氢化物,得到的是单质砷．看来需在过量的 AsH_3 存在下才能形成 As_2H_4 和 As_2H_5.

2.3.2 氢化物的性质

表 14.9 列出了 AsH_3 的一些物理性质

表 14.9 AsH_3,SbH_3 的一些物理性质

性质	AsH_3	SbH_3
熔点(℃)	-116.3	-88
沸点(℃)	-62.4	-18.4
密度(g·cm^{-3})	1.640(209)	2.204(255)
ΔH_f(kJ·mol^{-1})	66.4	145.1
键能 E_{M-H}(kJ·mol^{-1})	247	255
键长(M-H)(Pm)	151.9	170.7
键角 HMH(°)	91.83	91.3
偶极矩 $10^{30}\mu$(C·m)	0.733	0.383
振动频率(cm^{-1})		
$v_1(a_1)$	2116	1891
$v_2(a_2)$	905	781.5
$v_3(e)$	2123	1894
$v_4(e)$	1003	831
核磁共振(ppm),(TMS=10.0)	8.50	8.62

AsH_3 是毒性非常大的无色气体 .

AsH_3的生成热为正值,这说明它在热力学上是不稳定的,一般在 250—300℃就分解为相应的元素 . 然而它在室温下分解缓慢,说明在动力学上还有一定的稳定性 .

AsH_3 的分解是一级反应 . 将 AsH_3 和 AsD_3 的混合物分解可得到 HD,但 AsH_3 和 D_2 的混合物的分解就得不到 HD,交换只发生在与 As 成键的 H 上,这也证明砷不能直接与 H_2 反应生成 AsH_3.

到目前为止还没有证明液态 AsH_3 有缔合现象,说明分子间不存在氢键,所以 AsH_3 只微溶于水(但能溶于有机溶剂). AsH_3 的给电子能力也很差,很难与质子形成砷盐,只与少数 Lewis 酸形成配位化合物 . 在 AsH_3 中,键角 H—As—H 为 91.8°, 接近于 90°,表明 As 原子几乎是用纯净的 *p* 轨道成键,孤电子对占有 *s* 轨道,这可以解释为什么 AsH_3的配体性质很弱 .

当 AsH_3 除去一个质子时,形成含有 AsH_2^- 阴离子的衍生物 . 例如把 AsH_3 加到蓝色的碱金属 - 液氨溶液中,溶液会迅速褪色:

$$AsH_3 + Na\ (\text{液氨}) \longrightarrow NaAsH_2 + \frac{1}{2}H_2$$

AsH_3 是一个较强的还原剂,

$$AsH_3(g) \rightleftharpoons As(s) + 3H^+ + 3e \quad \varphi^{\ominus} = -0.239V$$

能与大多数无机氧化剂作用,如

$$AsH_3 + 6Ag^+ + 3H_2O = H_3AsO_3 + 6Ag + 6H^+$$

这就是 Gutzeit 试砷法 . 因此可用 $AgNO_3$ 溶液来吸收气体中的 AsH_3.

在半导体研究中,利用高纯 AsH_3 与金属有机化合物加热,已经成功地制备了一系列Ⅲ - V 族的化合物,如

$$Ga(CH_3)_3 + AsH_3 \xrightarrow{630-675℃} GaAs + 3CH_4$$

砷的其他氢化物研究较少 . As_2H_4 是对热不稳定的液体,外推沸点 ~100℃,在室温下很容易分解为 AsH_3 和组成大致为$(As_2H)_x$ 的聚氢化物的混合物 .

2.4 砷的卤化物[1,6,10,12-15]

2.4.1 概述

已知砷的卤化物见表 14.10.4 种三卤化砷都属已知,但二卤化砷只知 As_2I_4,五卤化砷只知 AsF_5 和 $AsCl_5$,二种 . $AsCl_5$ 是 1976 年才证实的[5], 是在 -105℃下用紫外线照射液氯中的 $AsCl_3$ 合成的 . 五溴化砷和五碘化砷尚未制得,大概是因为 As(V) 对于还原性较强的 Br^-,I^-的氧化 .

表 14.10 砷的卤化物

	F	Cl	Br	I
As	–	–	–	As_2I_4
	AsF_3	$AsCl_3$	$AsBr_3$	AsI_3
	AsF_3	$AsCl_3$		

对 AsX_3 蒸气的电子衍射或微波研究和对 AsX_3 结晶的 X 射线研究都证明它们是三角锥形分子(C_{3v}),用电子衍射也证明了 AsF_5 是三角双锥分子(D_{3h}),见表 14.11. AsX_3的振动光谱也很好地表现了属于 C_{3v}对称分子的 4 条基本谱线:

	AsF_3	$AsCl_3$	$AsBr_3$	AsI_3
$v_1(a_1)(cm^{-1})$	700	411	272	216
$v_2(a_2)(cm^{-1})$	340	195	130	94
$v_3(e)(cm^{-1})$	643	380	287	221
$v_4(e)(cm^{-1})$	272	159	100	70

表 14.11 卤化砷的结构数据

化合物	As—X(bm)	键角 X—As—X(°)	方 法	参考文献
AsF_3	170.6	96.2	微波	[3]
$AsCl_3$	216.1	98.7	微波	
$AsBr_3$	233	99.7	电子衍射	
AsI_3	255	100.2	电子衍射	
$AsCl_3$	217	97.7	X 射线	
$AsBr_3$	236	97.7	X 射线	
AsI_3	259	99.7	X 射线	
AsF_5	171.1(纵向) 165.6(平伏位置)			

2.4.2 三卤化砷

AsX_3是液体或低熔点的固体,AsF_3,$AsCl_3$和 $AsBr_3$ 都有较大的挥发性. AsX_3 的熔点、沸点、密度基本上是随分子量递增而逐渐递增的(见表 14.12). 只有 AsF_3 的熔点和密度反常,比 $AsCl_3$ 的还高.

AsX_3 的化学性质,主要有:

(1) 水解反应;

(2) 卤化反应;

(3) 与卤素、氧等氧化剂的反应;

（4）与有机胺、醇的反应；

（5）与卤化物的反应.

表 14.12　A_sX_3的一些性质

AsX_3 / 物理性质	AsF_3	$AsCl_3$	$AsBr_3$	AsI_3
颜色	无色	无色	浅黄	红色
熔点(℃)	-6.0	-16.2	+31.2	140.4
沸点(℃)	62.8	130.2	221	~400
密度$\rho(g \cdot cm^{-3})$	2.666(273)	2.205(273)	3.66(288)	4.39(288)
$\Delta H^{\ominus}_f(kJ \cdot mol^{-1})$	-956.5	-305.0	-197.0	-58.2
$S^{\ominus}(J \cdot mol^{-1} \cdot K^{-1})$	181.2	207.5	—	277.4
$\Delta G^{\ominus}_f(kJ \cdot mol^{-1})$	-909.2	-256.9	—	-78.9
电导率$\kappa(S \cdot m^{-1})$	2.4×10^{-3}(298)	10^{-5}(292)	1.6×10^{-5}(298)	

1. 三氟化砷

原则上 AsX_3 都能直接用 X_2 与 As 或 As_4O_6 反应来制取，但 AsF_3 容易与过量 F_2 反应生成 AsF_5，故通常在铅甑中加热 As_4O_6，CaF_2 和浓 H_2SO_4 的混合物来制取 AsF_3：

$$As_4O_6 + 6CaF_2 + 6H_2SO_4 \longrightarrow 4AsF_3 + 6CaSO_4 + 6H_2O$$

因为 AsF_3 很易发生水解，所以上述制备反应中也不能用 HF 水溶液代替 CaF_2 与浓 H_2SO_4的混合物.

AsF_3 是有毒的液体. AsF_3(还有 SbF_3) 是将非金属卤化物转化为氟化物的重要试剂. 它极易使卤化磷氟化而制得氟化磷：

$$PCl_3 + AsF_3 \longrightarrow PF_3 + AsCl_3$$

$$3PCl_5 + 5AsF_3 \longrightarrow 3PF_5 + 5AsCl_3$$

氟化剂 MF_n 氟化 E—Cl 的能力，取决于形成 EF_n 和 MCl_n 时每一摩尔键的生成自由焓变的差，

$\Delta G'/n = [\Delta G_f(ECl_n)] - \Delta G_f(MF_n)/n$. 例如

$AsF_3 \longrightarrow AsCl_3 \quad \Delta G'/n = 217kJ \cdot mol^{-1}$

$SbF_3 \longrightarrow SbCl_3 \quad \Delta G'/n = 180kJ \cdot mol^{-1}$

即 AsF_3 的氟化能力比 SbF_3的弱. 但是若制备高沸点的氟化物就宁可使用 AsF_3，因为反应生成的 $AsCl_3$(沸点 130℃) 可用蒸馏方法从产物中去掉. 用 AsF_3进行选择氟化也是可行的. 例如

$$[PCl_4]^+[PCl_6]^- + 2AsF_3 \longrightarrow [PCl_4]^+[PF_6]^- + 2AsCl_3$$

AsF_3也可氟化一些金属卤化物，如

$$AsF_3 + VCl_4 \longrightarrow VClF_3 + AsCl_3$$

AsF_3 也广泛地作为饱和卤代烷的氟化剂.

将 Cl_2 通入用冰冷却的 AsF_3 中,生成混合卤化物 $AsCl_2F_3$,在过量的 AsF_3 中能导电,可能是以$[AsCl_4]^+[AsF_6]^-$形式存在.

AsF_3 与 P_4O_6 在室温下就发生爆炸式的反应,给出产物有较大变动.

2. 三氯化砷

$AsCl_3$是油状液体. 与 $PC1_3$ 相似,在水中发生水解:

$$AsCl_3 + H_2O = H_3AsO_3 + 3HCl$$

但 $AsCl_3$水解能力较 PCl_3弱,它介于非金属卤化物 PCl_3与金属卤化物 $CaCl_2$ 之间. 因此,在浓 HCl 中 As^{3+}是存在的,而 p^{3+}即使在最浓的 HC1 中也不存在.

$AsCl_3$水解的能力比 AsF_3弱,即随着卤素原子量的增加而逐渐减弱.

鉴于 $AsCl_3$容易发生水解这一性质,$AsCl_3$除了可直接用 As 与 Cl_2反应制得外,还常用下述二种方法制备:(1) 在 HCl 气流中加热 As_4O_6或蒸馏 As_4O_6, NaCl 和 H_2SO_4 混合物,(2) 在通氯下加热回流 As_4O_6与 S_2Cl_2 的混合物:

$$2As_4O_6 + 3S_2Cl_2 + 9Cl_2 \longrightarrow 8AsCl_3 + 6SO_2$$

也可由 As_2O_3和 HCl 或 NH_4Cl 在 250℃ 反应制得.

$AsCl_3$ 已用作不同反应中的非水溶剂. 它具有较大的液态范围(见表 14.12),较低的黏度 η(1.23cp),中等的介电常数 ε(1.28) 和较小的电导率 κ(1.4×10^{-5}S $\cdot$ m^{-1}).

液态 $AsCl_3$ 导电可视为是自离解作用,

$$2AsCl_3 \rightleftharpoons AsCl_2^+ + AsCl_4^-$$

如果在其中加授受卤离子的化合物 Me_4NCl, $FeCl_3$时,其导电性增加.

$$AsCl_3 + Me_4NCl \longrightarrow Me_4N^+AsCl_4^-$$

$$AsCl_3 + FeCl_3 \longrightarrow AsCl_2^+FeCl_4^-$$

$FeCl_3$ 的 $AsCl_3$ 溶液用 Me_4NCl 进行滴定,终点达到最小值,同时也分离出固体化合物 Me_4N^+ $AsCl_4^-$,说明了 $AsCl_3$ 的自离解反应存在.

$AsCl_3$ 与 KCl^*之间的交换是很容易的,这为制备标记的 $AsCl_3^*$ 提供了一个方便方法. $AsCl_3$ 与其他卤化砷之间的交换反应也是容易进行的. 但交换产物很难以纯物质形式离析出来. 如 $AsCl_3$ 与 AsF_3在室温下的交换反应,用核磁共振谱观察到三个信号:强吸收,40.4 ppm,是 AsF_3,弱信号 49 和 67.4 ppm, 分别是 AsF_2Cl 和 $AsFCl_2$. 并有下列平衡常数:

$$2AsF_3 + AsCl_3 \rightleftharpoons 3AsF_2Cl \quad K \sim 5\times10^{-3}$$

$$2AsCl_3 + AsF_3 \rightleftharpoons 3AsFCl_2 \quad K \sim 5\times10^{-3}$$

$AsCl_3$ 与一些高价金属卤化物的交换反应,往往伴随着氧化还原反应,如

$$2AsCl_3 + 2VF_5 \longrightarrow 2AsF_2Cl + 2VF_3Cl + Cl_2$$

$AsCl_3$ 与 MoF_6 和 UF_6 反应,则分别给出 $Mo_2Cl_3F_6$ 和 UF_4. 但 $AsCl_3$与 WF_6 不发生反应.

$AsCl_3$ 与醇反应(在碱存在下或与醇钠反应)生成亚砷酸酯:

$$AsCl_3 + 3MeOH + 3Me_2NPh \longrightarrow As(OMe)_3 + 3[Me_2NPhH]Cl$$

$$AsCl_3 + 3PhOH \longrightarrow As(OPh)_3 + 3HCl$$

部分取代也是可能的,如

$$AsCl_3 + 2NaOEt \longrightarrow AsCl(OEt)_2 + 2NaCl$$

$$AsCl_3 + EtOH \longrightarrow AsCl_2OEt + HCl$$

即生成 $AsCl_2(OR)$ 和 $AsCl(OR)_2$是优先的. 这与 $AsCl_3$ 与卤化物的交换反应一样.

$AsCl_3$与仲胺以及含 Si—N 键化合物反应生成胺基衍生物:

$$AsCl_3 + 6Me_2NH \longrightarrow As(NMe_2)_3 + 3[Me_2NH_2]Cl$$

$$AsCl_3 + Et_2NSiMe_3 \longrightarrow Et_2NAsCl_2 + Me_3SiCl$$

$AsCl_3$ 与伯胺则发生如下反应:

$$AsCl_3 + EtNH_2 \longrightarrow Cl_2AsNHEt + HCl$$

$$nCl_2AsNHEt \longrightarrow (ClAsNEt)_n + nHCl$$

$(ClAsNEt)_n$ 是挥发性小的液体或固体.

3. 三溴化砷和三碘化砷

$AsBr_3$ 和 AsI_3 都可在 CS_2 中回流相应的元素获得:

$$2As + 3X_2 \xrightarrow{CS_2} 2AsX_3 (X = Br_2, I_2)$$

用 $AsCl_3$与三溴化硼或三碘化硼反应也可方便地得到 $AsBr_3$ 或 AsI_3,如

$$AsCl_3 + BBr_3 \longrightarrow AsBr_3 + BCl_3$$

在热浓 HCl 中,将 $AsCl_3$,与 KI 相互作用也可得到 AsI_3,并常用此法回收砷.

三溴化砷可作溴化剂,如

$$6PbO + 4AsBr_3 \longrightarrow 6PbBr_3 + As_4O_6$$

即由较弱的 As—Br 键形成了较强的 As—O 键,而使反应发生.

Raman 光谱对 $AsBr_3$和 $AsCl_3$ 混合物研究,也证明了混合卤化物 $AsCl_2Br$ 和 $AsClBr_2$ 的存在,但直到目前,这些纯物质并没有分离出来.

2.4.3 砷的低价卤化物

As 的低价卤化物只有 As_2I_4 已确定. 将研细的砷与碘按化学比混合,放在充有 CO_2 或加有八氢化菲的密封管中,加热到 260℃ 则可制得. 用 Raman 光谱对 As—I 系统的研究表明,AsI_3 与 As 在 300℃ 下按下式相互作用:

$$4AsI_3(g) + 2As(s) \rightleftharpoons 3As_2I_4(g)$$

$$2AsI_3(g) + As(s) \rightleftharpoons 3AsI_2(g)$$

As_2I_4 具有 $I_2As—AsI_2$ 结构,是红色晶体,熔点 137℃. 可在 CS_2 中, -20℃下重结晶提纯. 它易水解和氧化,在温热的 CS_2 溶液中 As_2I_4 发生歧化,但在惰性气氛中可稳定到 150℃. 400℃下 As_2I_4 按下式发生歧化:

$$3As_2I_4 \longrightarrow 4AsI_3 + 2As$$

2.4.4 五卤化砷

1. 五氟化砷

AsF_5 可用 F_2 与 As 或 As_4O_6 直接反应来制备. 在低于 55℃时,用 SbF_5 和 Br_2 处理 AsF_3 也可得到 AsF_5:

$$2SbF_5 + AsF_3 + Br_2 \longrightarrow AsF_5 + 2SbF_4Br$$

AsF_5熔点 -79.8℃,沸点 -52.8℃ ,密度 $2.33 \times 10^3 kg \cdot m^{-3}$ (-55℃). 从热力学来考虑,它是稳定的,$\Delta H^{\ominus}_{f,298} = -1238kJ \cdot mol^{-1}$; $S^{\ominus}_{298} = 326.3J(mol \cdot K)^{-1}$, $\Delta G^{\ominus}_{f,298} = -1172kJ \cdot mol^{-1}$.

AsF_5 的化学性质,相当多地表现在作为氟离子的接受体反应中,即发生

$$MX_n + AsF_5 \longrightarrow MX^+_{n-1}AsF^-_6$$

例如,在 HF 溶液中,

$$AsF_5 + NO_nF \longrightarrow NO_nAsF_6 (n = 1, 2)$$

AsF_6 的形成稳定了阳离子,因此,Cl^{3+}, Cl_2F^+, ClO_2^+, Br_3^+, O_2^+, SeF_3^+, F_2NO^+, $N_2F_3^+$, NO_2^+, NO^+, XeF^+和 XeF_3^+ 等的六氟砷酸盐都已知. 在形成六氟砷酸盐的反应中,AsF_5 往往还是一个氧化剂. 例如,在 SO_2 中 AsF_5 与 Sb 反应形成$(Sb_n)^{n+}(AsF_6^-)_n$,自己还原成 AsF_3. 在 HF 溶液中,AsF_5 与 S_8 反应生成 $S_8^{2+}(AsF_6^-)^2$ 和 $S_8^+AsF_6^-$,与硒反应生成 $Se_8^{2+}(AsF_6^-)_2$. AsF_5与 ClO_2 作用得到了 $ClO_2^+AsF_6^-$,并推测是 ClO_2 被氧化成 ClO_2F ,随后完成氟化:

$$AsF_5 + 2ClO_2 \longrightarrow AsF_3 + 2ClO_2F$$

$$ClO_2F + AsF_5 \longrightarrow ClO_2^+AsF_6^-$$

在 SO_2 或 HF 溶剂中,在 -78℃下 AsF_5 借氟桥形成二聚体 $As_2F_{11}^-$:

$$2HF + 2AsF_5 \longrightarrow H_2F^+ + As_2F_{11}^-$$

$As_2F_{11}^-$能以 Et_4N^+盐离析出来.

在强碱溶液中 AsF_6^- 并不水解,但加酸转化为 $HAsF_6$ 后就将与水反应,形成 $HAsF_5OH$:

$$HAsF_6 + H_2O \rightleftharpoons HAsF_5OH + HF$$

此酸 $HAsF_5OH$ 产生 AsF_5OH^- 离子.

当用 Cl_2 卤化 AsF_3 和 $AsCl_3$ 的混合物或用 ClF_3 氟化 $AsCl_3$ 时得到了 $[AsCl_4]^+[AsF_6]^-$,熔点 130℃(分解). 这种混合的五卤化合物是比较容易离析出来,并且至少有离子型和四聚体型二种.

2. 五氯化砷

直至 70 年代初 $AsCl_5$ 是否存在的问题仍在继续讨论,实际上对于它的存在越来越持否定态度. 从 1834 年 Liebig 第一次试图合成到 1976 年真正合成出 $AsCl_5$ 经过了 140 多年.

$AsCl_5$ 是浅黄色的固体,不稳定,在 -50℃ 熔化时就有部分分解. Raman 资料表明,它具有三角双锥结构,As—Cl 键强度没有很大削弱,4*s*,4*p*,4*d* 轨道将能量提高是它的不稳定的重要因素.

2.4.5 卤氧化物

在砷的化合物中也得到了少数几个卤氧化物. 在封闭管子中,在 320℃ 下加热 As_4O_6 与 AsF_3 得到了 AsOF. 但它的特性还没有完全了解. 而对三氧化砷溶于三氟化砷的溶液进行 ^{19}F 核磁共振谱测定,则表明这个溶液是一个多物种的随机混合物,含有三种

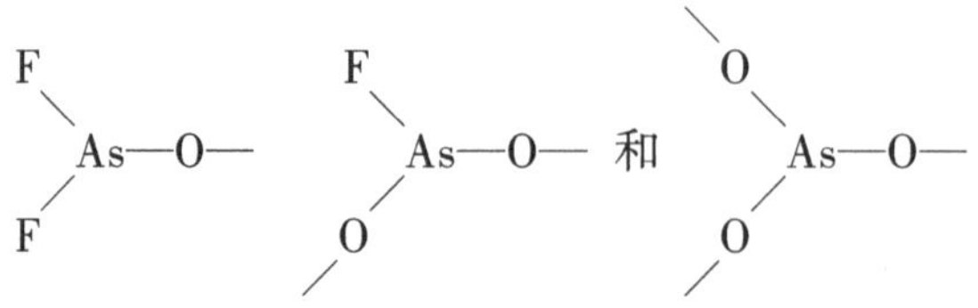

基团以及游离的 AsF_3. 单个的物质并未分离出来. 对 As_4O_6—$AsCl_3$ 和 As_4O_6—$AsBr_3$ 体系的冰点降低、沸点升高和核磁共振测定也表明其中存在着多种聚合物种.

浓三氯化砷水溶液($As:H_2O$ 在 0.1 ~ 0.05 之间)的 Raman 光谱表明有 H_2OAsCl_3 配合物的形成,可能处于这样的平衡中.

$$H_2OAsCl_3 + H_2O \rightleftharpoons H_3^+O + [HOA_5Cl_3]^-$$

$AsOF_3$ 可按下述反应得到:

$$[AsCl_4]^+[AsF_6]^- \xrightarrow{ClONO_2} [As(ONO_2)_4]^+[AsF_6]^- \xrightarrow{160-170℃} AsOF_3(\text{沸点} -25.6℃)$$

当等摩尔 As_4O_6 和 $AsCl_3$ 混合物与 F_2 作用也得到 $AsOF_3$.

$$2AsCl_3 + As_4O_6 + 9F_2 \longrightarrow 6AsOF_3 + 3Cl_2$$

和 $AsCl_5$ 的合成一样，$AsOCl_3$ 也直到 1976 年才真正合成出来．它是在 $CFCl_3$/CH_2Cl_2 溶济中，在 -78℃下，用臭氧与 $AsCl_3$ 作用合成出来的．$AsOCl_3$ 是真正含有 As=O 双键的少数化合物之一．在 -25℃ 缓慢分解（它比 $AsCl_5$ 更稳定），0℃时则立即分解：

$$3AsOCl_3 \longrightarrow AsCl_3 + Cl_2 + As_2O_3Cl_4$$

也得到了一些多核卤氧阴离子，例如在 $K_2[As_2F_{10}O] \cdot H_2O$ 和 $Rb_2[As_2F_{10}O] \cdot H_2O$ 盐中含有氧桥双核阴离子 $[F_5As—OAsF_5]^{2-}$，如图 14.7(a) 所示，也有 $[As_2F_8O_2]^{2-}$，在这个结构中 4 个 F 和 2 个 O 原子组成 6 配位八面体，如图14.7(b).

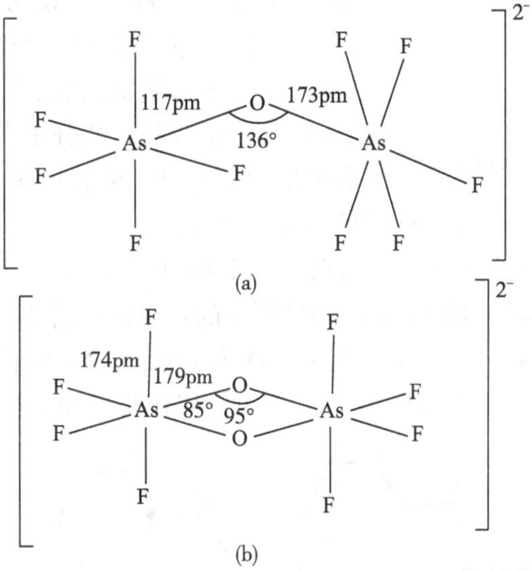

图 14.7 $[F_5As—O—AsF_5]^{2-}$ 和 $[As_2F_8O_2]^{2-}$ 结构

2.5 砷的氧化物和含氧化合物[1,6,10,12]

本节将砷的氧化物、含氧酸及其衍生物放在一起讨论．

2.5.1 砷(Ⅲ)的氧化物、含氧酸及其衍生物

砷有两种常见氧化物：As_4O_6(Ⅲ)，As_4O_{10}(V) 砷的氧化物比氮的氧化物要少，这可能是由于砷难以成双键之故．

As(Ⅲ)的氧化物至少有二种多晶变体：白砷石和砷华．

As_2O_3(熔点 312℃)单斜,白砷石

↑ 痕量水,180℃

$$\underset{\text{立方、砷华}}{As_4O_6} \xrightarrow[\text{加压}]{278℃} \text{熔融态} \xrightarrow{465℃} \underset{\text{蒸气}}{As_4O_6} \xrightarrow[\text{冷凝}]{>250℃} As_2O_3\text{(气体)}$$

↑ <250℃,冷凝（由 As_2O_3(气体) 回到立方 As_4O_6）

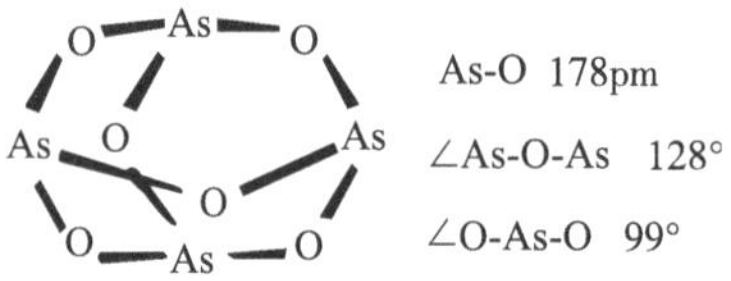

图 14.8　As_4O_6 结构

As_4O_6 分子的结构与 P_4O_6 类似,见图 14.8. 在 800℃以上,As_4O_6 蒸气部分离解成含有 As_4O_6 和 As_2O_3 分子的平衡混合物,而 1800℃的蒸气全是 As_2O_3 分子组成的. 从分子态 As_4O_6 单元转化成多聚的 As_2O_3,密度增加 8.7%,从 3.89 增至 4.23g · cm^{-3},并伴随着 As—O 键的断裂与重排.

有两种结构近似的单斜 As_2O_3:白砷石Ⅰ和白砷石Ⅱ. 二者都有 A_2X_3 型化合物的最简单的层状结构(图 14.9). 即砷原子的 6^3 网通过氧原子连接起来,是折叠式的,其中键角 O—As—O 为 95.5°,As—O 为 179 pm. As 原子在 O 原子平均平面的上面或下面,白砷石－Ⅰ和白砷石-Ⅱ的不同仅仅是砷原子排列不同:

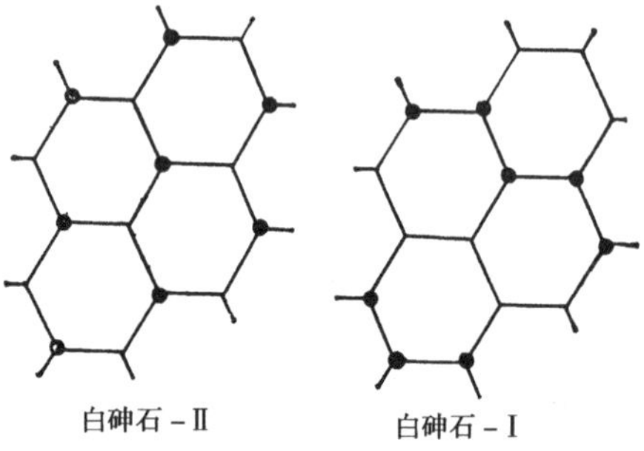

图 14.9　白砷石结构

As(Ⅲ)的氧化物是砷的最重要的化合物,是制备砷的其他化合物的原料. 一般可用下述方法获得:

(1)在空气中燃烧砷

(2)煅烧砷的化合物(如煅烧砷黄铁矿 FeAsS).

(3)$AsCl_3$ 的水解:

$$4AsCl_3 + 6H_2O \longrightarrow As_4O_6 + 12HCl$$

产物的进一步提纯主要采用升华方法:

As_2O_3 的主要反应如下:

$$As_2O_3 \xrightarrow{HX} AsX_3$$

$$\xrightarrow[(H^+)]{H_2O,OH^-} H_3AsO_3[As(OH)_3]$$

$$\xrightarrow{HNO_3} H_3AsO_4$$

$$\xrightarrow{NaOH/KBH_4} AsH_3$$

$$\xrightarrow{S} As_2S_3$$

$$\xrightarrow{ROH} As(OR)_3 \quad (\text{R 烷基,下同})$$

$$\xrightarrow{R_3Al} R_3As$$

$$\xrightarrow{NaOH/RX} RAsO_3Na_2$$

$$\xrightarrow{NaOH/ArN_2Na} ArAsO_3Na_2 \quad (\text{Ar 芳基})$$

As_4O_6 在水中的溶解度与溶液的 pH 值关系极大,在 25℃下,100 g 纯水能溶 2.16 gAs_4O_6,在稀 HCl 中,随着 HCl 浓度升高其溶解度降低,在约 3 mol·L^{-1}HCl 中降到最小值,为 1.56 g/100 g 纯水,以后其溶解度又继续增加,这与在高浓度 HCl 中形成 As—Cl 键的配合物有关.

As_4O_6 在水溶液中的物种也取决于溶液的 pH 值.在中性或酸性溶液中,主要物种是亚砷酸 $As(OH)_3$,但迄今还未离析出来.它只存在于水溶液中,在碱性溶液中,它作为一个酸离解,已证明$[AsO(OH)_2]^-$,$[AsO_2(OH)]^{2-}$和$[AsO_3]^{3-}$阴离子的存在. 25℃时,

$$H_3AsO_3 \rightleftharpoons H^+ + [AsO(OH)_2]^- \quad K_a = 6\times10^{-10}$$

即正亚砷酸 H_3AsO_3 是一个非常弱的酸.在酸性溶液中,亚砷酸可按碱式电离:

$$As(OH)_3 \rightleftharpoons As(OH)_2^+ + OH^-$$

$$K_b = [As(OH)_2^+][OH^-]/[As(OH)_3] = 10^{-14}$$

即亚砷酸的碱性比其酸性更弱.

H_3AsO_3 与 $H_3PO_3[HPO(OH)_2]$的结构不同,Raman 光谱表明亚砷酸中没有 As—H 键存在. $As(OH)_3$ 的质子核磁共振谱只出现一个峰,表明 $As(OH)_3$ 中所有质子是等价的.

蒸发 As(Ⅲ)的氧化物的碱溶液可以得到亚砷酸盐,例如将 As_4O_6 与 Na_2CO_3 溶液共煮,即得 Na_3AsO_3 溶液. Ag_3AsO_3 也是原亚砷酸盐的一个例子.将亚砷酸的中性溶液与硝酸银作用就得黄色 Ag_3AsO_3 沉淀:

$$H_2AsO_3^- + 3Ag^+ \longrightarrow Ag_3AsO_3 + 2H^+$$

它溶于稀硝酸、氨水和乙酸中．亚砷酸与硫酸铜作用可形成酸式亚砷酸铜 $CuHAsO_3$，它易溶于无机酸和氨水．

偏亚砷酸 $HAsO_2$ 在溶液中存在的证据不多，但却得到了许多偏亚砷酸盐，如 M^IAsO_2（M^I 表示一价金属离子）．其结构是一个由 AsO_3 基团组成的角锥体借共角连成的多聚阴离子链，并共用 Na^+ 离子，见图 14.10.

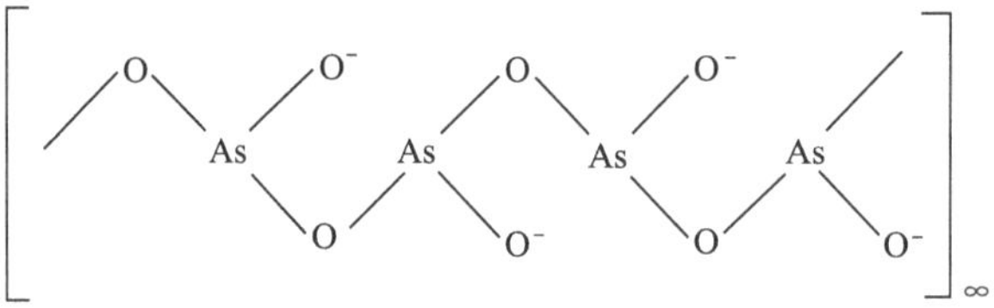

图 14.10　$(NaAsO_2)_\infty$ 结构

碱金属的亚砷酸盐是易溶于水的，碱土金属的亚砷酸盐的溶解度就较小，而重金属亚砷酸盐则几乎皆不溶．亚砷酸钠用作长效杀虫剂、杀菌剂和除草剂．$Cu_2(CH_3COO)AsO_3$（称为巴黎绿）和 $CuHAsO_3$（称为 Scheel 绿）（或其脱水化合物 $Cu_2As_2O_5$）可作为绿色颜料．

As(Ⅲ)既可作氧化剂，也可作还原剂．它们的电极电势见表 14.13. 可以看出：As(Ⅲ)的氧化性是弱的．在碱溶液中，Zn，Al 等正电性金属能将其还原成 AsH_3.

表 14.13　砷的标准电极电势

氧化态		电极反应	φ°(V)
酸性	As(0)/As(－Ⅲ)	$As + 3H^+ + 3e \rightleftharpoons AsH_3$	－0.60
	As(Ⅲ)/As(0)	$H_3AsO_3 + 3H^+ + 3e \rightleftharpoons As + 3H_2O$	0.25
	As(Ⅴ)/As(Ⅲ)	$H_3AsO_4 + 2H^+ + 2e \rightleftharpoons H_3AsO_3 + 2H_2O$	0.56
碱性	As(Ⅲ)/As(0)	$AsO_2^- + 2H_2O + 3e \rightleftharpoons As + 4OH^-$	－0.68
	As(Ⅴ)/As(Ⅲ)	$AsO_4^{3-} + 2H_2O + 2e \rightleftharpoons AsO_2^- + 4OH^-$	－0.71

但在酸性介质中比在碱性介质中要强些．例如在浓盐酸中与二氯化锡作用生成黑棕色的砷：

$$3SnCl_2 + 12Cl^- + 2H_3AsO_3 + 6H^+ \longrightarrow 2As + 3SnCl_6^{2-} + 6H_2O$$

亚砷酸的这一性质与 Hg(Ⅱ，Ⅰ)，Se(Ⅳ，Ⅵ)和 Te(Ⅳ，Ⅵ) 的类似．

As(Ⅲ)的还原性与其氧化性相反，在碱性介质中要强些．可与浓硝酸、Cl_2、I_2 等作用．例如在一个酸的缓冲溶液如碳酸氢根离子存在下（pH＝8），亚砷酸能使 I_2－KI溶液很快褪色，反应完全：

$$AsO_3^{3-} + I_2 + 2OH^- \rightleftharpoons AsO_4^{3-} + 2I^- + H_2O$$

但是 pH 值强烈地影响电对 As(V)/As(Ⅲ)的电极电势．随着溶液 pH 值的降低 $\varphi_{As(V)/As(III)}$将增加，As(Ⅲ)的还原性减弱，上述反应将向逆方向进行．

2.5.2 砷(V)的氧化物及其含氧酸

As_4O_{10}不能像 P_2O_5那样由单质直接氧化得到，因它在高温下会分解而失去氧．由 As_4O_6 直接氧化成 As_4O_{10}即使在一定压力下的纯氧中也不能定量地进行．因此，五氧化二砷最好用加热砷酸的水合物来制备．

$$As_2O_5 \cdot 7H_2O \xrightarrow{-30℃} As_2O_5 \cdot 4H_2O \xrightarrow{36℃} As_2O_5 \cdot \frac{5}{3}H_2O$$

$$(H_3AsO_4 \cdot 2H_2O) \quad (H_3AsO_4 \cdot \frac{1}{2}H_2O) \quad (H_5As_3O_{10})$$

$$\xrightarrow{170℃} As_2O_5$$

由于砷酸脱水分步进行，实验室用浓硝酸与砷或 As_4O_6 反应得到的溶液，在不同的温度下重结晶可以得到不同的固体，只有进一步加热才可能得到 As_2O_5.

As_2O_5 结晶具有由等数目的四面体 AsO_4 和八面体 AsO_6基团(As—O 分别为 168 和 182 pm)共角相连组成的复杂的 3 D 格架．

As_2O_5 在空气中吸潮，易溶于水(20℃时每 100 g 水溶解 230 g)．它与 P_2O_5不同，对热不稳定，在熔点附近(300℃)即失去 O_2，变成 As_2O_3．它是强氧化剂，能将 SO_2氧化成 SO_3：

$$As_2O_5 + 2SO_2 \longrightarrow As_2O_3 + 2SO_3$$

正是由于 As_2O_5的热稳定性差，易水解，加上单晶培养困难，以致不久以前对它的结构才有所了解，虽然它是最早知道的氧化物之一．

As_2O_5 溶于水可得砷酸 H_3AsO_4．或用浓硝酸处理砷(可得白色结晶 $H_3AsO_4 \cdot \frac{1}{2}H_2O$)，或在加压下催化处理 As_2O_5，空气和水来制备．H_3AsO_4是三元酸，在 25℃下，其 $pk_1 = 2.2$，$pk_2 = 6.9$，$pk_3 = 11.5$.

AsO_5 溶于水形成正砷酸的过程很慢，若用碱溶液则相当快地生成砷酸盐．除正盐外，两种酸式盐 $M^IH_2AsO_4$ 和 $M^I_2HAsO_4$ 也存在，如 KH_2AsO_4，CsH_2AsO_4，$NH_4H_2AsO_4$，$MgHAsO_4 \cdot 4H_2O$，$CaHAsO_4 \cdot 3H_2O$．这些砷酸盐中的砷是四面体配位的，含有 AsO_4^{3-}(Na_3AsO_4)，$AsO_2(OH)_2^-$(NaH_2AsO_4)和 $AsO_3(OH)_2^{2-}$($MgHAsO_4 \cdot 4H_2O$，$CaHAsO_4 \cdot 3H_2O$)离子，其中 As—O 为 167 pm，As—OH 为 173 pm．已知 $YAsO_4$ 和 YPO_4是等构体，KH_2AsO_4 和 KH_2PO_4 也是等构体．AsO_4^{3-} 离子振动频率指定为

v_1	v_2	v_3	v_4	
813	343	813	402	cm^{-1}

虽然未能从 H_3AsO_4 水合物脱水制得原砷酸、焦砷酸、和偏砷酸，但相应的盐都是已知的，其结构和相应的磷酸盐相似，如加热 NaH_2AsO_4 可得偏砷酸钠：

$$NaH_2AsO_4 \xrightarrow{\Delta} NaAsO_3 + H_2O$$

$NaAsO_3$ 是一个无限的长链多聚物，有一个三聚的重复单元；$LiAsO_3$ 也是类似的，但具二聚的重复单元（图 14.11）；然而 $\beta-KAsO_3$ 就形成环状的三聚阴离子 $As_3O_9^{3-}$. $As_4O_{12}^{4-}$ 也是环状的．这些盐的阴离子通式是 $[As_nO_{3n}]^{n-}$.

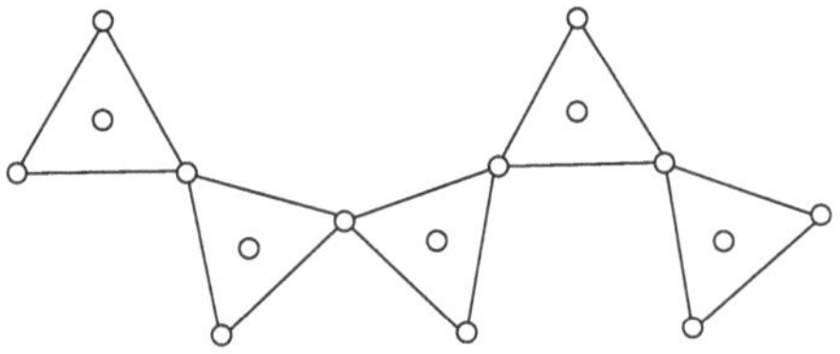

(a)

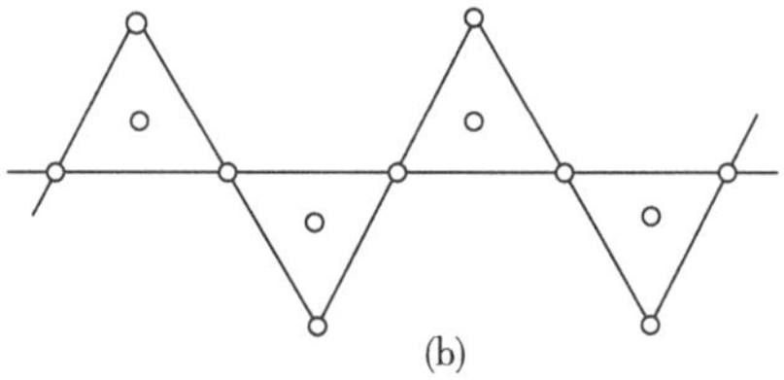

(b)

图 14.11　(a) $NaAsO_3$ 和 (b) $LiAsO_3$ 的重复单元

砷酸及其盐的氧化性不强，但仍是其重要性质．如通 H_2S 于略加酸化的砷酸盐中不会立即发生沉淀，而 As(Ⅴ)将被还原成 As(Ⅲ)，而后发生沉淀：

$$H_2AsO_4^- + HS^- + 2H^+ \longrightarrow H_3AsO_3 + H_2O + S$$

$$2H_3AsO_3 + 3HS^- + 3H^+ \longrightarrow As_2S_3 + 6H_2O$$

与 SO_2 作用则还原成亚砷酸：

$$HAsO_4^{2-} + SO_2 + H_2O \longrightarrow H_3AsO_3 + SO_4^{2-}$$

在用浓盐酸酸化后，$SnCl_2$ 将把它还原成黑色的 As：

$$5SnCl_4^{2-} + 2H_3AsO_4 + 10Cl^- + 10H^+ \longrightarrow 5SnCl_6^{2-} + 2As + 8H_2O$$

在稀盐酸中与电正性强的金属如 Zn，Al 反应，则给出 AsH_3 例如

$$4Zn + H_3AsO_4 + 8H^+ \longrightarrow AsH_3 + 4Zn^{2+} + 4H_2O$$

与 BH_4^- 反应也给出 AsH_3：

$$BH_4^- + H_2AsO_4^- + H^+ \longrightarrow AsH_3 + H_2BO_3^- + H_2O$$

砷酸盐用于制药和杀虫剂．如 Na_2HAsO_4，$Cas(AsO_4)_2$，$PbHAsO_4$ 等是农林中常用的杀虫剂．也已知 $M^IH_2AsO_4$（M = K，Rb，Cs，NH_4）是铁电体．

2.5.3 砷的混合价态氧化物

最典型的一种是 AsO_2,它实际含 $As^{Ⅲ}$ 和 $As^{Ⅴ}$ 二种价态,可视为 As_2O_3 和 As_2O_5 加合起来的氧化物 $As^{Ⅲ}As^{Ⅴ}O_4$. 在高压釜中在氧的存在下,加热立方 As_2O_3 则可得到 AsO_2. 它是层状结构,可视为在单斜 As_2O_3 的六角网结构(见图 14.9)中 As 原子交替地附加氧原子,因此,一半 As 原子各形成 3 个三角锥键(As—O181pm,O—As—O90°),余下的 As 原子各形成 4 个四面体键(桥链 As—O 172 pm,未端 As—O 161 pm). 即在 As(Ⅲ)As(Ⅴ)中 As(Ⅲ)的配位数为 3,呈三角锥形;As(Ⅴ)的配位数为 4,呈四面体.

2.5.4 亚砷酸酯和砷酸酯

亚砷酸酯 $As(OR)_3$ 可用下述方法制备:

(1)三卤化砷与醇(或酚)反应,如

$$AsCl_3 + 3CH_3OH + 3(CH_3)_2NPh \longrightarrow As(OCH_3)_3 + 3[(CH_3)_2NPhH]Cl$$

$$AsCl_3 + 3PhOH \longrightarrow As(OPh)_3 + 3HCl$$

(2)三氧化砷与醇反应,如

$$As_2O_3 + 6ROH \longrightarrow 2As(OR)_3 + 3H_2O \text{(R 为芳基、烷基)}$$

(3)酯转移反应,如

$$As(OC_2H_5)_3 + 3ROH \longrightarrow As(OR)_3 + 3CH_3CH_2OH$$

(4)烷基砷酸酯的异构化作用,如

$$CH_3AsO(OCH_3)_2 \longrightarrow As(OCH_3)_3 \quad (52\%)$$

砷酸酯有 $(RO)_3AsO$ 和 $(RO)_5As$ 二种,它们可用与制备亚砷酸酯类似的方法来制备.

这些酯都是挥发性物质,热稳定性也较差.

2.6 砷的硫属化合物[1,6,10,12,16]

2.6.1 砷的硫化物

已知砷的硫化物有 6 种:As_2S_3,As_2S_5,As_4S_3,As_4S_4,As_4S_5, As_4S_6. 天然的硫化物有 As_2S_3 和 As_4S_4. 黄色的 As_2S_3 俗称雌黄 As_4S_4 俗称雄黄,呈桔红色. 它们都有着古老的历史. 但是对砷的硫化物结构的了解仅是近几十年的事,而且至今对五硫化二砷的结构也不甚清楚.

这些砷的硫化物结构可通过 As_4 结构来了解．从 As_4 四面体出发，在每一个棱上插入1个S原子，形成6个S桥，就产生 As_4S_6．如果 As_4 四面体的6个棱中只有3，4，5个棱插入S原子．就分别产生 As_4S_3，As_4S_4 和 As_4S_5．如图14.12所示．

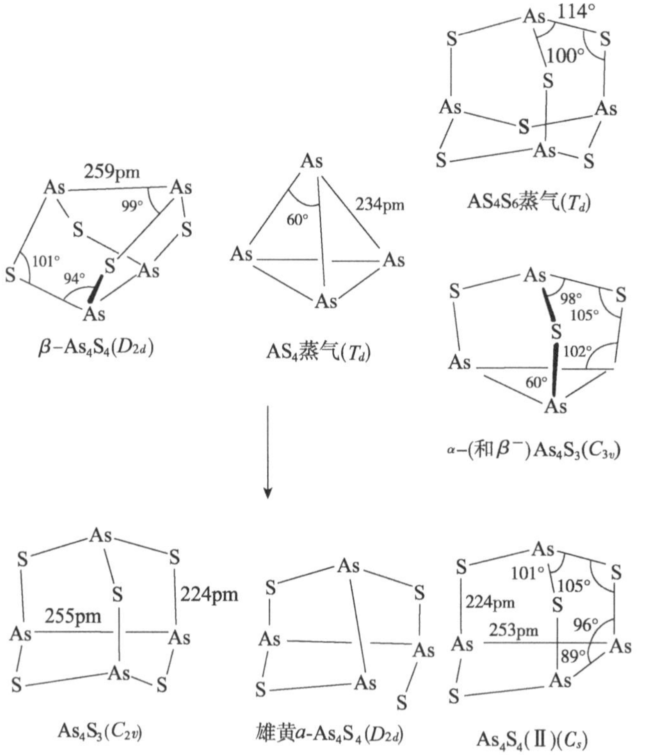

图14.12　一些硫化砷的结构

1. 三砷化二砷

As_4S_6 是 As_2S_3 的二聚体，雌黄蒸气就是 As_4S_6 分子，其结构与 As_4O_6 和 P_4O_6 的结构类似．单斜 As_2S_3 是层状结构，与 As_2O_3 类似．每一个砷原子锥体地同3个S原子成键．As—S 224 Pm，键角 S—As—S 为99°(图14.13)．

As_2S_3 是容易升华的固体(熔点230℃，沸点707℃)．它可由硫和砷或 As_4O_6 和S加热制得：

$$2As_2O_3 + 9S \longrightarrow 2As_2S_3 + 3SO_2$$

将 H_2S 通入酸化的亚砷酸溶液中则得到无定形的沉淀．并且当溶液pH值为1～2时，沉淀是定量的．

$$2H_3AsO_3 + 3H_2S \longrightarrow As_2S \downarrow + 6H_2O$$

As_2S_3 不溶于水，甚至在浓HCl中也不溶解(有别于 Sb_2S_3，见448页)．但是，As_2S_3 易容于碱金属的氢氧化物、碳酸盐和硫化物中，生成硫代亚砷酸盐：

$$As_2S_3 + 6OH^- \longrightarrow AsS_3^{3-} + AsO_3^{3-} + 3H_2O$$

$$As_2S_3 + 3CO_3^{2-} \longrightarrow AsS_3^{3-} + AsO_3^{3-} + 3CO_2$$

$$As_2S_3 + 3S^{2-} \longrightarrow 2AsS_3^{3-}$$

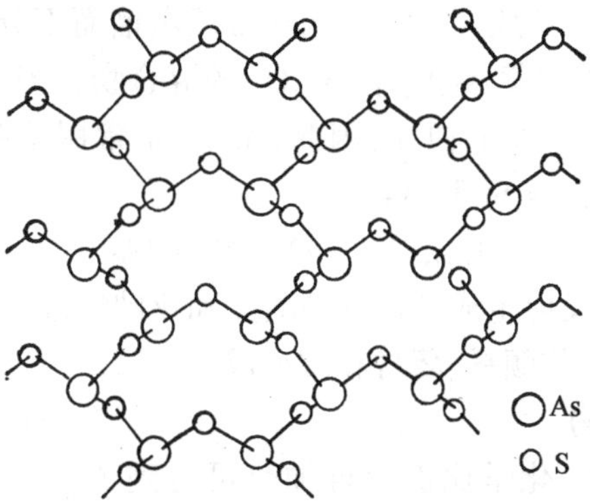

图 14.13 As_2S_3的结构

后一反应在分析化学中常用来溶解 As_2S_3. 当上述溶液酸化时,二硫化砷又重新沉淀出来.

As_2S_3 与碱金属或氨的多硫化物作用,被氧化成硫代砷酸盐而溶解.

$$As_2S_3 + 3S_x^{2-} \longrightarrow 2AsS_4^{3-} + (3x-5)S$$

这也是定性分析中的重要反应. 过氧化氢和浓硝酸也是可将 As_2S_3 氧化成砷酸而将其溶解.

$$As_2S_3 + 10H^+ + 10NO_3^- \longrightarrow 2H_3AsO_4 + 3S + 10NO_2 + 2H_2O$$

但 As_2S_3 在空气中燃烧只给出氧化亚砷和 SO_2, 和 Cl_2 反应则转化为 $AsCl_3$ 和 S_2Cl_2.

As_2S_3 也可被还原成 As_4S_4:

$$As_2S_3 + 2SnCl_2 + 4HCl \longrightarrow As_4S_4 + 2H_2S + 2SnCl_4$$

在砷和锡的混合溶液中检验砷时常得到红色沉淀,就是有此反应之故.

2. 四硫化四砷

雄黄是具有 As_4S_4 分子的晶体. 在 As_4S_4 分子中有 2 个 As—As 键和 4 个 S 桥. 由于 2 个 As—As 键连接方式不同,而有两种几何异构体(见图 14.12). 一种是 2 个 As—As 键交叉,它有较大的对称性,4 个 As 原子都一样,均与 1 个 As 和 2 个 S 原子相键合,雄黄就具有这种结构. 另一种是 2 个 As—As 键相毗连,它具有三种情况的砷:(1) As—2As,S(表示有 1 个 As 原子与 2 个 As 原子和 1 个 S 原子键合;(2) As—3S;(3) As—As,2S. 这种异构体 As_4S_4(Ⅱ)是与 P_4S_4 的几何异构体相似的. As_4S_4 已经用等原子数的相应单质加热到 500 – 600℃,然后迅速冷却到室温得到,用 CS_2 重结晶后得到桔黄色片状晶体.

工业上常用煅烧黄铁矿与砷黄铁矿(按 As:S = 15:27)来制备 As_4S_4:

$$4FeS_2 + 4FeAsS \longrightarrow As_4S_4 + 8FeS$$

As_4S_4 不溶于水. 它的热稳定性较好,能在常压蒸馏而不分解,但在空气中 As_4S_4 受阳光照射后会转变成雌黄 As_2S_3 和 As_2O_3 的混合物. 当 As_4S_4 与 KNO_3 一并加热,则会燃烧,并产生极美丽的白光,因此,As_4S_4 常常用于制造烟火. 与 KOH 共热,As_4S_4 则歧化发解为 As_4S_6 和 As:

$$3As_4S_4 \longrightarrow 2As_4S_6 + 4As$$

A_4S_6进而与 KOH 反应生成硫代亚砷酸盐和亚砷酸盐(见前).

在我国雄黄一向用作颜料、药材和烟火成分.

3. 砷的其他硫化物

将 As 和 S 按 As_4S_3 化学比例混合加热可得到 As_4S_3. 用升华法进一步提纯后,可得桔黄色结晶. 其结构如图 14.12,有 α-As_4S_3 和 β-As_4S_3,二者的不同仅在于分子单元的排列不同. β-As_4S_3 在室温下是稳定的变体. α-As_4S_3 在 130℃ 以上是稳定的. 前几年才合成的它的等电子阳离子原子簇 $As_3S_4^+$(黄色)和 $As_3Se_4^+$(橙色)也有同样的分子构型[6].

当加热 As_4S_3 与 S 的 CS_2 溶液合成 As_4S_4 时,As_4S_5 作为一种副产物偶然得到的,也可用 $As_4S_6^{2-}$ 阴离子的异裂方法制取 As_4S_5:

$$As_4S_4 \xrightarrow[\text{在 } CH_3NHCH_2CH_2OH \text{ 中}]{\text{哌啶}} [PiPH^+]_2[As_4S_6]^{2-} \longrightarrow 2PiPHX + As_4S_5 + H_2S$$

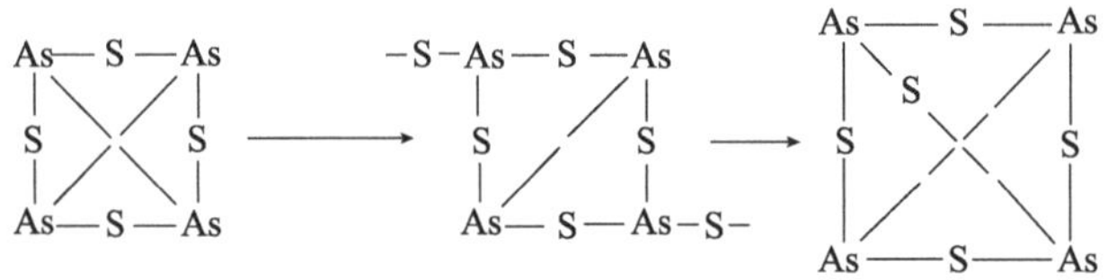

As_4S_5 是橙色的类针状结晶. 分子形式(图 14.12)与 As_4S_4(Ⅱ)类似,只是多了一个 S 原子桥. 它与 P_4S_5 不同,只有一个 As—As 键,没有 As ═S 结构.

As_2S_5 结构还不知道. 据说迅速地将 H_2S 通到用冰冷却的砷酸的浓 HCl 溶液中可得到 As_2S_5. 在室温下和慢慢通 H_2S 时,砷酸将被还原成亚砷酸而得到 As_2S_3. 或者将 As 与 S 熔融,用氨水萃取,然后在 0℃ 下用 HCl 酸化萃取液而得到. 在空气中超过 95℃ 它就分解为 As_2S_3 和 S.

2.6.2 砷的硒化物和碲化物

已知的砷的硒化物和碲化物有:As_2Se_3,As_4Se_3,As_4Se_4,As_2Te_3. 这些硒化砷和

碲化砷几乎总是这样制备的：首先直接混合适当比例的单质，在约500℃下加热，然后冷至220－280℃.

三价砷的硒化物和碲化物的一些性质见表14.14，同时也列入了硫化物的性质，以便比较.

表14.14 三价砷的硫化物、硒化物和碲化物(As_2X_3)的一些性质

性质	As_2S_3	As_2Se_3	As_2Te_3
颜色	黄色	棕色	
熔点(℃)	320	380	360
沸点(℃)	720		
密度($kg\cdot m^{-3}$)	3490	4800	6250
E_g(eV)	2.5	2.1	~1

As_2Se_3与α-As_2S_3是同晶的，鲜红色的α-As_4Se_3与α-As_4S_3等构．颜色较淡的β-As_4Se_3也含有相同的分子单元．而As_4Se_4与雄黄As_4S_4是等构物.

杂环阴离子$As_2Se_6^{2-}$不久前也作为橙色[Na(Crypt)]$^+$盐离析出来了．这个阴离子在键状结构中由六元杂环{As_2Se_4}组成，每一个As原子带有一个外向的Se原子，整个分子具C_{2h}对称：

$$Se{=}As(\mu\text{-}Se_2)_2As{=}Se$$

固体的As_2X_3都是半导体，其带隙能的变化，对一个给定的X(S,Se,Te)来说，按As,Sb,Bi次序降低，对给定的E(As,Sb,Bi)来说，则按S,Se,Te次序降低．随着掺杂不同，它们可作n型半导体，也可作p型半导体．这些化合物引起人们的注意是与它们的半导体性质分不开的．此外，它们易形成玻璃态，并且可让大部分红外光通过.

2.7 砷的配合物[1,10,12,,14,15]

氧化值为+3的As原子保留着孤电子对，故在形成配合物时，它可作为电子对的给予体，但As原子又有可利用的低能量的d轨道，不管其氧化值为+3，还是+5，都可接受孤电子对，因而又可作为电子对的接受体.

2.7.1 砷(Ⅲ)化合物作为给予体的配合物

三卤化砷都是较弱的Lewis碱，它们与较强的电子接受体才能形成稳定的配合物．当三卤化砷中的卤素离子X^-为推电子的烷基取代时，其Lewis碱性将强些,如 R_3As 已是一软碱,因此与软酸 BH_3 和交界酸 SO_2 形成的配合物 $Me_3As \cdot BH_3$,$Ph_3As \cdot BH_3$ 和 $Ph_3As \cdot SO_2$ 都是已知的(但 $Ph_3Sb \cdot BH_3$ 和 $Ph_3Bi \cdot BH_3$ 就尚未得到). 对它们的研究也较多,如 $Me_3As \cdot BH_3$ 可进行下列反应:

$$Me_3As \cdot BH_3 \xrightarrow{HCl} Me_3AsBCl_3$$

$$Me_3As \cdot BH_3 \xrightarrow{Me_3As,\, HI} [(Me_3As)_2BH_2]^+I^-$$

$[(Me_3As)_2BH_2]^+$盐很易在温水中重结晶. 与 NH_4PF_6 进行交换反应生成 $[(Me_3As)_2BH_2]^+PF_6^-$.

Me_4As^+型配合物也是已知的.

2.7.2　砷(Ⅲ)化合物作为接受体的配合物

三卤化砷作为电子对的接受体,常形成配合物 $AsX_3 \cdot L$ 和 $AsX_3 \cdot L_2$(L 是单齿配体). 例如对于卤素离子,AsX_3 是强的接受体,获得了 AsX_4^- 和 AsX_5^{2-} 型配合物. AsX_3(Cl,Br)与联吡啶、1,10-菲咯啉和邻苯二甲基胺形成 1:1 和 1:2 的配合物也是已知的.

AsX_4^- 为三角双锥构型,通常孤电子对在赤道位置. 例如,在 AsX_4^-($X = Cl$, Br,I)的四烷基铵盐中,它就是 C_{2v}对称. [图 14.14(a)]. 但 IR 和 Raman 资料表明 $AsCl_4^-$ 是 C_{3v}对称. AsX_5^{2-} 是四方锥结构,孤电子对在其第 6 个八面体顶点位置上[图 14.14(b)]. As(Ⅲ)的 $As_2Cl_8^{2-}$,$As_2Br_8^{2-}$ 和$(AsBr_4)_n$ 也已知. 前二者结构如图 14.14(c)所示, 是由二个 AsX_5 四方锥共棱组成,后者与 $PyHSbCl_4$ 结构(图 14.23)相同.

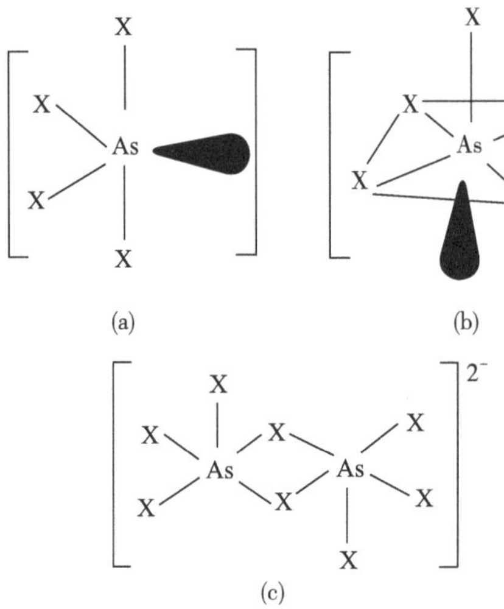

图 14.14　AsX_4^-, AsX_5^{2-} 和 $As_2X_8^{2-}$

这些配合物通常是用三卤化物与相应的卤素离子直接反应制备的．三氟化砷与碱金属氟化物（Na，Li 的氟化物除外）形成 $MAsF_4$ 的稳定性，随 M 原子量的增加而增加．例如，反应

$$MAsF_4 \longrightarrow MF + AsF_3$$

在 100℃时的分解压，$KAsF_4$ 为 18.24 kPa，$CsAsF_4$ 为 7.09kPa. AsF_4^- 盐是吸潮的，并且很快为水分解．$AsCl_3$ 在氯化氢的水溶液或乙醚溶液中都证实了有 $AsCl_4^-$ 形成．但在乙醚中 $AsCl_3$ 与 HBr 或 $AsBr_3$ 与 HCl 形成混合卤离子配合物 $AsCl_3Br^-$，$AsBr_3Cl^-$ 就还未证实．

也有 $[AsX_6]^{3-}$ 出现在若干化合物中，如在 $Cs_3As_2Cl_9$ 中，但其中的 $\{AsCl_6\}$ 基团是高度扭曲了的八面体，以致有分立的 $AsCl_2$ 分子，其 As—Cl 键长为 225 pm，嵌入 Cs^+ 和 Cl^- 离子之间（As—Cl^- 为 275 pm）．

2.7.3 砷(Ⅴ)化合物作为接受体的配合物

AsX_5 是比相应的 AsX_3 较强的电子对的授受体．最典型的是六氟砷酸盐的形成，有二种类型：$M^{n+}[AsF_6]_n$ 和 $[As_nF_{5n+1}]^-$. $M^{n+}[AsF_6]_n$ 可用氟化物与 AsF_5 加热制得，也可用强的氟化剂与 As_2O_3 作用制得，如

$$AgO + As_2O_3 + BrF_3 \longrightarrow AgAsF_6$$

这些盐的晶体结构，在阳离子较小的情况下，如 Li^+ 和 Na^+ 盐为 NaCl 型，在 NaCl 晶格的阴离子处为 AsF_6^- 八面体所取代，每一个阳离子有 6 个氟原子相邻．阳离子较大的盐，如 Rb^+ 和 Cs^+ 盐为 CsCl 型，阳离子有较大的配位数．AsX_6^- 离子的一些性质见表 14.15.

表 14.15 $A_sX_6^-$ 离子的一些性质

物理性质 \ AsX_6^-	AsF_6^-	$AsCl_6^-$
As—X 键长(pm)	169	
紫外吸收 λ_{max}(nm)		329
振动光谱(cm^{-1})		
$v_1(a_{1g})$	685	337
$v_2(e_g)$	576	289
$v_3(t_{1u})$	699	333
$v_4(t_{1u})$	392	202
$v_5(t_{2g})$	372	202

AsF_5 与非金属氟化物（A—F）形成许多低挥发性的加合物．通常发生氟转移，而给出离子结构：

$$A—F \xrightarrow{AsF_5} [A]^+[AsF_6]^-$$

这些反应也是制备新的阳离子的一般方法．NF_4^+，RCO^+，Bu^+，O_2^+，FCl_2^+，ClF_2^+，IF_6^+ 等阳离子化合物都已制得．如

$$NF_3 + F_2 + AsF_5 \longrightarrow [NF_4]^+[AsF_6]^-$$

但是 $AsCl_5$ 与强的氯化物给予体才能形成加合物，给出 $AsCl_6^-$，如 $AsCl_5 \cdot PCl_5$ 是 $[PCl_4]^+[AsCl_6]^-$．

六氟合砷酸(V)离子是很难水解的，所以它可以从水溶液中用硝酰阳离子(NO_2^+)或四苯基砷阳离子($AsPh_4$)定量地沉淀出来．将六氟合砷酸盐与酸式阳离子树脂交换，蒸发所得溶液即可得无色结晶 $HAsF_6 \cdot 6H_2O$.

$[As_2F_{11}]^-$ 则是属于 $[As_nF_{5n+1}]^-$ 型的，是在过量的 AsF_5 存在下形成的．

2.8　砷的有机衍生物[1,10,12,15,18]

自 1760 年 L. C. Cadet 用氧化砷(Ⅲ)与乙酸钾一起加热得到 $Me_2AsAsMe_2$ 和 $Me_2AsOAsMe_2$ 以后，发现了成千上万的砷有机衍生物．这些化合物与磷的化合物很类似．

2.8.1　配位数为 2 的有机砷化合物

这种类型的化合物比较少．下列化合物可作为几个例子．

砷杂苯

1-砷杂萘

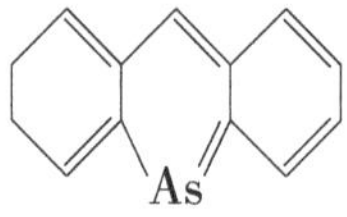

9-砷杂蒽

在它们之中，先合成出来的是 9-砷杂蒽，是从有机锡制得的，

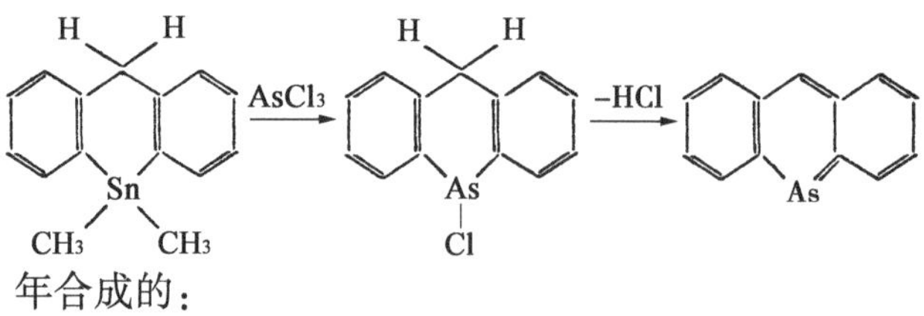

砷杂苯是 1971 年合成的：

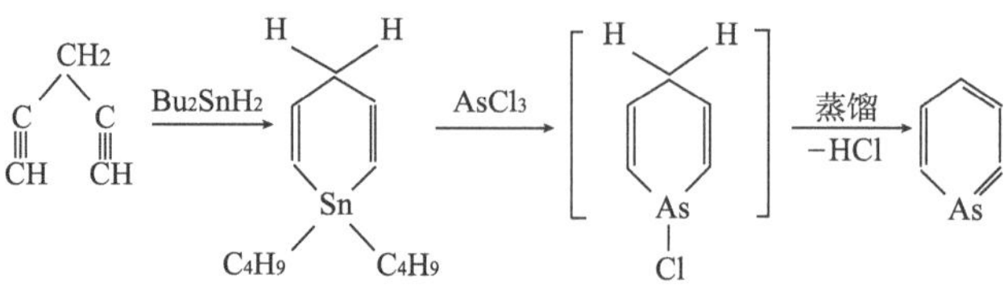

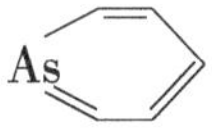

OH 也已制得，从化学键来看，它们属于含 M═C 键的金属有机化合

物. 如9-砷杂蒽能与亲双烯体——顺丁烯二酸酐进行双烯合成:

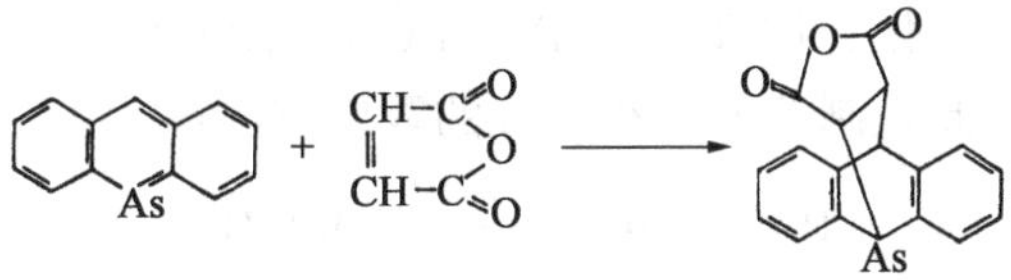

2.8.2 配位数为3的有机砷化合物

最典型的是 AsX_3(X = 卤素,OR,NR_2)分子中三个基团同时为有机官能团取代的有机衍生物. 这类化合物通常用 Grignard 试剂、有机锂或钠-卤代烷(Wurtz 试剂)与 AsX_3 反应合成的. 例如:

$$AsCl_3 + 3MeMgI \xrightarrow{Bu_2O} Me_3As$$

$$As(OEt)_3 + 3PhMgBr \xrightarrow{Et_2O} Ph_3As$$

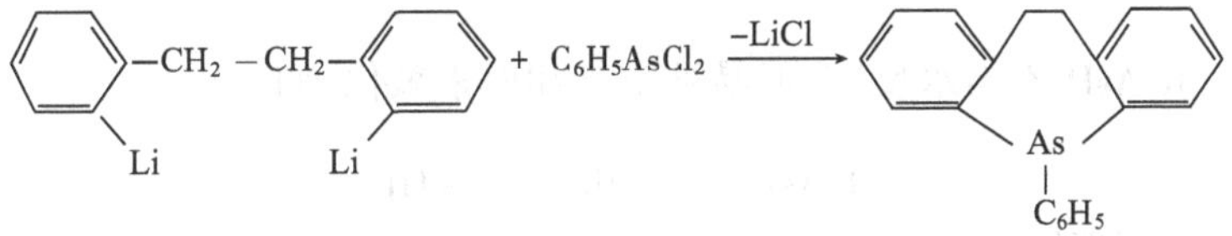

$$AsCl_3 + PhCl + Na \xrightarrow{C_6H_6} Ph_3As$$

近年来从有机锡制取有机砷的方法发展很快. 如

$$R_nAsCl_{3-n} + (3-n)(C_2H_5)_3Sn(CH_2COOR') \longrightarrow (3-n)(C_2H_5)_3SnCl + R_nAs(CH_2COOR')_{3-n}$$

这一反应操作简便,在100℃下,1h 即可完成,同时无需溶剂,反应混合物中也没有树脂状残余物.

烷基砷 R_3As 在空气中很易氧化,必须在惰性气氛中进行操作,但芳基砷是较稳定的. 在水或酸中它们不发生水解,不过电负性大的有机基团(如 CF_3,C_6H_5 –)的砷的化合物被浓碱水溶液所分解. R_3As 分子在气相和固相都是角锥形的,然而可靠的结构数据不全. 它们的一些物理性质见表 14.16

表 14.16 三甲基砷和三苯基砷的一些性质

物理性质 \ 化合物	Me_3As	Ph_3As
熔点(℃)	−87	61
沸点(℃)	50	
$\Delta H_f^{\ominus}$(kJ · mol^{-1})	−14.8 ± 5(l) 15.3 ± 5(g)	292 ± 8(s) 292 ± 10(g)
As—C 键长(pm)	195.9 ± 1	196 − 199
键角 C—As—C(°)	96 ± 3	102
偶极矩(C · m)	2.86×10^{-30}	4.10×10^{-30}

在配位数为 3 的砷有机化合物中，除上面讨论的 R_3As 型的化合物外，含有 As－H键和 As－X 键的化合物 R_2AsH，$RAsHR_2AsX$，$RAsX_2$ 也是常见的．

胂酸和卤化胂还原是制备伯胂和仲胂的重要方法：

$$RAsO(OH)_2 \xrightarrow{Zn/HCl} RAsH_2$$

$$RAsCl_2 \xrightarrow[Zn/HCl]{LiAlH_4} RAsH_2$$

$$R_2AsO_2H \xrightarrow{Zn/HCl} R_2AsH$$

$$R_2AsCl(\text{或 } R_2AsCl_3) \xrightarrow{Hg/HCl} R_2AsH$$

合成仲胂还常用四烷基二胂作原始物：

$$R_2AsAsR_2 \xrightarrow{Hg/HCl} R_2AsH$$

CF_3AsH_2，$(CF_3)_2AsH$ 的制备最好从 CF_3AsI_2 和 $(CF_3)_2AsI$ 出发，并用 HI/Hg 作还原剂.

$RAsH_2$，R_2AsH 不与水反应，但易被空气和卤素氧化，如

$$MeAsH_2 \xrightarrow{I_2} MeAsHI + HI$$

并进一步发生五聚甲基砷，

$$5MeAsHI \longrightarrow (MeAs)_5 + 5HI$$

$RAsH_2$，R_2AsH 中的氢原子可被碱金属和碱土金属取代，如

$$C_6H_5AsH_2 + K \xrightarrow{\text{液氨}} C_6H_5AsHK$$

上述产物与卤代烃作用，进一步烃基化：

$$C_6H_5AsHK + C_6H_5X \longrightarrow (C_6H_5)_2AsH$$

在相应的氢卤酸的存在下，用 SO_2，次磷酸、三卤化磷还原胂酸或次胂酸来制备胂的卤化物是合适的：

$$RAsO(OH)_2 + SO_2 + HCl \longrightarrow RAsCl_2$$

$$RR'AsO(OH) + SO_2 + HBr \longrightarrow RR'AsBr$$

用卤代烷或某些卤代芳烃与砷反应，在铜的催化下可得到卤化胂的混合物，如

$$MeBr + As \xrightarrow[Cu]{350-370℃} Me_2AsBr(34\%) + MeAsBr_2(62\%)$$

$$MeCl + As \xrightarrow{350-370℃} Me_2AsCl(20\%) + MeAsCl_2(80\%)$$

所得反应物可用蒸馏方法把它们分开．这些胂的卤素衍生物的分子都是角锥形的，其性质与 R_3As 和 AsX_3 性质相似．

含 As－As 键的双胂化合物又叫 cacody1. BuSen 曾用二甲基氯化砷与锌作用制得四甲基联胂 $(CH_3)_2As-As(CH_3)_2$. 下列方法对合成双胂化合物是特别有用的：

(1)用次磷酸 H_3PO_2 还原次胂酸、次胂酸酐或胂酸

$RR'AsOH[(RR'As)_2O$ 或 $RR'AsOOH] + H_3PO_2 \longrightarrow RR'AsAsRR'$ (R,R′可相同)

(2)用次磷酸或金属还原卤化仲胂

$$2R_2AsX + Hg(Zn) \longrightarrow R_2AsAsR_2$$

(3)用二溴乙烷或卤化仲胂与仲胂的碱金属化物作用,如

$$2Ar_2AsK + C_2H_4Br_2 \xrightarrow{-C_2H_4} Ar_2AsAr_2$$

$$RR'AsK + R''R'''AsX \longrightarrow RR'AsAsR''R'''$$

(4)用卤化仲胂或次胂酸酐与仲氢化胂反应

$$RR'AsX \text{ 或 } (RR'As)_2O + R''R'''AsH \longrightarrow RR'AsAsR''R'''$$

最后的二种方法原则上可合成非对称的双胂化物.[但常常获得的是$(RR'As)_2$和$(R''R'''As)_2$的混合物.]如从$(CH_3)C_6H_5AsCl$制得了一种具有特殊立体异构现象的双胂,即As-As单键相互对旋有一定能障(约113 $kJmol^{-1}$),因此在低温下,可以分离出4种异构体,称为旋转异构体(rotamer).As-As键旋转的障碍来自其中的$d\pi-p\pi$键.

双胂化合物是容易氧化的,有较大的挥发性,[$(CF_3)_2AsAs(CF_3)_2$沸点106℃,$Me_2AsAsMe_2$熔点-1℃,沸点78℃,$Ph_2AsAsPh_2$沸点127℃],在空气中自燃.

具有—As=As—重键的偶胂基化合物知道的较少,$[2,4,6\text{-}(t\text{-Bu})_3C_6H_2]As=AsCH(SiMe_3)_2$和$(Me_3Si)_3CAs=AsC(Me_3Si)_3$是二个最先确定含—As=As—结构的化合物.它们的合成方法分别是:

$$(Me_3Si)_3CAsCl_2 + 2t\text{-BuLi} \xrightarrow[-2LiCl]{-2t\text{-BuCl}} (Me_3Si)_3CAs=AsC(Me_3Si)_3$$

沸点158-162℃

$$[2,4,6\text{-}(t\text{-Bu})_3C_6H_2]AsH_2 + (Me_3Si)_2CHAsCl_2 \xrightarrow[THF]{0℃}$$

$$[2,4,6(t\text{-Bu})_3C_6H_2]As=AsCH(SiMe_3)_2$$

沸点110-113℃,桔黄色

图14.3列出了一个具—As=As—重键化合物的结构.—As=As—键长为222 pm.它可与S_8进行加成反应,

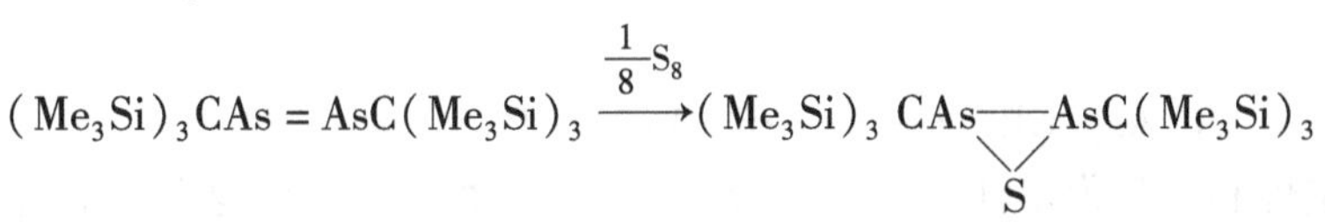

在药典中已有多种含砷化合物(如606胂凡钠明,914新胂凡钠明)写成偶胂化合物,但没有结构数据证实.它们具有抗原虫病的功效.

2.8.3 配位数为 4 的有机砷化合物

这类化合物有一大部分可视为砷酸和亚砷酸的衍生物，一般按下列方法合成.

经典的 H. Bart 反应 用相应的含砷化合物与重氮盐反应，如

$$[Ph-\overset{\oplus}{N}\equiv N]Cl^{\ominus} + PhAs(ONa)_2 \longrightarrow Ph_2As(OH)_2 + NaCl + N_2$$

$$[Ph-\overset{\oplus}{N}\equiv N]Cl^{\ominus} + Na_3AsO_3 \longrightarrow Ph-AsO(ONa)_2 + NaCl + N_2$$

M. A. Béchamp 反应 用砷酸与苯胺反应

$$C_6H_5NH_2 + H_3AsO_4 \xrightarrow{-H_2O} H_2NC_6H_4AsO(OH)_2$$

G. Meyer 反应 用芳卤与亚砷酸盐反应

$$PhX + Na_3AsO_3 \longrightarrow PhAsO(ONa)_2 + NaX$$

Grignard 反应

$$[(C_2H_5)_2N]_2AsCl + RMgX \xrightarrow{-MgXCl} [(C_2H_5)_2N]_2As-R$$

$$\xrightarrow[+H_2O]{-2(C_2H_5)_2NH} RAs(OH)_2$$

$$\xrightarrow[-H_2O]{+H_2O_2} RAsO(OH)_2$$

配位数为 4 的有机砷化合物中，应特别提出砷叶立德[三烃基亚甲砷，如 $(CH_3)_3As=CH_2$]，它是有机合成中一个很有用的试剂．三甲基亚甲砷可以这样合成：

$$(CH_3)_3As + (CH_3)_3SiCH_2Cl \longrightarrow [(CH_3)_3AsCH_2Si(CH_3)_3]Cl$$

$$\xrightarrow{BuLi} (CH_3)_3As=CHSi(CH_3)_3$$

$$(CH_3)_3As=CHSi(CH_3)_3 + (CH_3)_3SiOH \longrightarrow$$

$$(CH_3)_3As=CH_2 + [(CH_3)_3Si]_2O$$

也制得了三苯基砷叶立德，

$$[Ph_3AsMe]Br + NaNH_2 \xrightarrow{THF} Ph_3As=CH_2\text{(熔点 74℃)}$$

$$+ NaBr + NH_3$$

三甲基亚甲砷是固体，加热 60℃以上则分解．它是以共振形式存在的，

$$(CH_3)_3As=CH_2 \longleftrightarrow (CH_3)_3As^+ - \overline{C}H_2$$

写成一般式：

$$R'_3As=\overline{C}R''_2 \longleftrightarrow R'_3As^+ - \overline{C}R''_2$$

砷叶立德的热稳定性和化学稳定性取决于其分子和 R′和 R″在极化结构中调节电荷的能力．

砷叶立德的反应与磷叶立德非常相似，主要有

$$R'_3As^+—\bar{C}R''_2 + H^+ \longrightarrow [R'_3As^+ - CHR''_2]$$

$$R'_3As^+—\bar{C}R_2'' + R'''I \longrightarrow [R'_3As - CR'''R''_2]I$$

$$R'_3As^+—\bar{C}R''_2 + Br_2 \longrightarrow [R'_3As - CBrR''_2]Br$$

$$R'_3As^+—\bar{C}R''_2 + SO_3 \longrightarrow R'_3As^+CR''_2\bar{S}O_2$$

$$R'_3As^+—\bar{C}R''_2 + BF_3 \longrightarrow R'_3As^+CR_2''\bar{B}F_3$$

砷叶立德与羰基化合物反应,有二种产物,

$$R'_3As^+—\bar{C}R''_2 + O = CR'''_2 \longrightarrow R'_3As^+—CR''_2(—CR'''_2—O^-) \longrightarrow$$

$$\begin{cases} (a)\ R'_3AsO + R''_2C = CR'''_2 \\ (b)\ R'_3As + R''_2C\text{—}CR'''_2\ (\text{两个碳原子通过 O 桥连,环氧化物}) \end{cases}$$

究竟按哪种反应进行,取决于 R′和 R″. 例如由砷叶立德

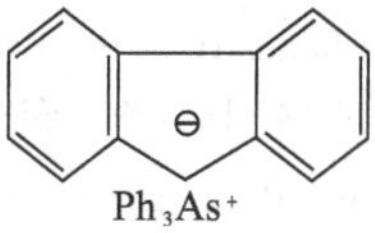

与乙醛反应主要按(a)进行. 亚乙基富烯得率 91%.

2.8.4 配位数为 5 的有机砷化合物

配位数为 5 的第一个芳香烃的砷化合物$(C_6H_5)_5As$(熔点 150℃)是 1950 年合成的.

$$[(C_6H_5)_4As^{\oplus}]Br^{\ominus} + H_5C_6—Li \longrightarrow (C_6H_5)_5As$$

现在采用下述反应合成,可达 72% 产率:

$$(C_6H_5)_3As = N - SO_2—C_6H_4—CH_3 + 2H_5C_6—Li \longrightarrow (C_6H_5)_5As$$

$(Me)_5As$ 是无色的、具挥发性、易流动的液体. 用下法合成:

$$Me_3AsCl_2 \xrightarrow[-\,LiCl]{LiMe} [AsMe_4]Cl \xrightarrow[-\,LiCl]{LiMe} (Me)_5As$$

但是最易获得的配位数为 5 的有机砷化合物是 R_3AsX_2. 通常是用 X_2 或 SO_2Cl_2 在惰性溶剂中氧化三烷基或三芳基砷来制备:

$$(CF_3)_3As + Cl_2 \longrightarrow (CF_3)_3AsCl_2$$

$$Ph_3As + SO_2Cl_2 \xrightarrow[\text{甲苯}]{0℃} Ph_3AsCl_2$$

它们的氟化物可用置换方法从相应的氯化物中得到:

$$(C_6H_5CH_2)_3AsCl_2 + 2AgF \longrightarrow (C_6H_5CH_2)_3AsF_2 + 2AgCl$$

固态 R_3AsCl_2 为三角双锥结构,电负性最大的 Cl 原子占据二个顶角. R_3AsCl_2 可在

含浓的 Cl^- 的水溶液中重结晶，但在稀的溶液中就会发生水解．

R_2AsCl_3，$RAsCl_4$ 的稳定性比 R_3AsCl_2 小得多，不再讨论．

参 考 文 献

[1] J. D. Smith, Arsemic Antimory and Bismuth, "Chapter 21 of Compre hensive Inorganic Chem - istry", Pergamon Press, 1975.

[2] 日本分析化学会编，邵俊杰译，周期系与分析化学，人民教育出版社，1981.

[3] [美] 韦克思著，黄素封译，化学元素的发现，商务印书馆，1965.

[4] 赵匡华、张惠珍，化学通报，10，57 (1985).

[5] 王奎克、朱晟，化学通报，1，56(1982).

[6] A. F. Wells, Structural Inorganic Chemistry, 5th ed., Oxford University Press, 1984.

[7] A. H. Cowley et al., *J. Chem Soc.*, Dalton Trans., 383(1985).

[8] [波] Z. 马钦科著，元素的分光光度测定，地质出版社，1983.

[9] 冯树屏著，砷的分析化学，中国环境科学出版社，1986.

[10] N. N. Greenwood and A. Earnshaw, Chemistry of the Elements, Pergamon Press, 1984.

[11] 周公度，无机结构化学（无机化学丛书，十一卷），科学出版社，1982.

[12] F. A. Cotton and G. Wilkinson, Advanced Inorganic Chemistry, 5th ed., A Wiley-Inters Cience Publication, John Wiley & Sons, 1988.

[13] K. Seppelt, *Angew. Chem. Int. Edn.* (*Engl*), **15**, 377(1976); *ibid.* 15, 766 (1976).

[14] C. C. Addison and D. B. Sowerby, Inorganic Chemistry Series One, Vol. 2, Main Group Elements of Groups v and VI, London, Butter Worths, 1972.

[15] Hans Zimmer and Kurt Niedenzu ed., Methodicum Chimicum, Vol. 7, Part . B, Main Group Elements and Their Compounds, York, Academic Press 1978 .

[16] B. H. Christian et al., *Inorg. Chem.*, 20, 3410 - 3420 (1981).

[17] G. O. Doak and L. D Freedman, Organome Compounds of Arsenic AntImony and Bismuth, Wiley, New York, 1970.

[18] G. Märkl, H. Baier et al., *Angew. Chem. Int. Edn.* (Engl), 14, 710(1975).

14.3 锑

3.1 元 素 锑[1-7]

3.1.1 锑的发现和历史

传说锑的化合物可治癫病，但用于僧侣无效，故元素锑被称为 Atin（反）-monachan（僧侣），即 antimonium（antimony）. 的确，在古代就已知道锑的硫化物，并用于医药和化妆. 如公元前 16 世纪在纸莎草中就提到 Sb_2S_3. Pliny（约公元 50 年）的书中记载了含硫化锑的 7 种医药处方. 从古墓中发现东方妇女用硫化锑描眉化妆甚多，旧约圣书中也有过同样的记载.

金属锑也使用得很早，法国化学家 M. Berthelet，曾分析过一只公元 4000 年前的加勒底①（Chaldean）壶的碎片，它几乎是纯金属锑制成的. 在埃及公元前 2500 - 2200 年前就有过镀锑铜（Antimony-Coated Copper）工艺. 我国汉代（公元前 206 - 公元 220 年）青铜制件中，铜镜含锑 1.48%，箭头含锑 8.00%. 但是，直到 1556 年法国冶金学家 G. Agricola 在《论金属》中，才正式提出锑是一种独立金属的见解. 后来，1615 年，Libavius 叙述过用铁还原辉锑矿（Sb_2S_3）得到金属锑. 以德国修道士 Basil Valentine 的名字出版的《锑的胜利车》，虽然详细论述了金属锑的制备、性质及其许多化合物，但众说纷纭，对作者和写作时间都有较大出入，可能是一个虚拟的人名.

3.1.2 锑的存在与分布

锑的克拉克数为 5×10^{-5}，比 As 的小. 但是因为形成了矿床，所以能很好地开发利用. 已鉴定的，有固定成分的含锑矿有 112 种之多，但具有工业价值的只有 10 多种. 最重要的是辉锑矿（Sb_2S_3）. 其他硫化矿还有锑硫镍矿（NiSbS），硫汞锑矿（$HgSb_4S_8$），黝铜矿（Cu_3SbS_3），硫铜锑矿（$CuSbS_2$），脆硫锑铅矿（$FePb_4Sb_6S_{14}$）等. 除硫化矿外，就算氧化矿了，如方锑矿 Sb_4O_6，锑赭石（Sb_2O_4），黄锑华（$Sb_2O_4\cdot H_2O$）. 这些矿大部分产于辉锑矿床的露头部分或近地表处，是硫化锑矿的风化产物. 也发现天然锑存在，但非常少. 水中也含有微量锑，海水中锑含量约为0.2 - 1ppb，温泉中约为 0.02 - 0.9ppm. 锑的宇宙丰度为 0.246（$Si = 10^6$）. 锑矿分布相当广泛. 我

① 古巴比伦南部地区.

国的贮藏量为世界第一,分布于湖南、广东、广西、云南、贵州、四川等省. 此外阿尔及利亚、玻利维亚、秘鲁、墨西哥、南斯拉夫等也是主要出产国.

3.1.3 锑的生产与应用

锑有三种主要工业品,即生锑、锑氧(或锑白)和纯锑(金属锑). 生锑为纯净的 Sb_2S_3. 辉锑矿的熔点仅为 550℃,加热至此温度以上,辉锑矿熔化而与脉石分开,趁热铸锭就是生锑.

金属锑的冶炼有火法和湿法.

火法冶炼锑是将废铁与辉锑矿共熔、硫变为硫化铁渣、锑还原为金属锑,

$$Sb_2S_3 + 3Fe \longrightarrow 2Sb + 3FeS$$

这一方法称为沉淀熔炼法. 对于贫矿,首先转化为挥发性的 Sb_2O_3,令其与脉石分开. 然后再用焦碳作还原剂,Na_2CO_3 作助熔剂,将 Sb_2O_3 还原为金属锑.

湿法冶炼又分碱性浸出法和酸性浸出法. 前者首先用 Na_2S 和 NaOH 处理锑精矿(如辉锑矿),使硫化锑转变为 Na_3SbS_3 溶液,然后再电解. 后者是用 $FeCl_3$ 处理矿石,然后再电解 $SbCl_3$ 溶液(或熔融态).

$$Sb_2S_3 + 6FeCl_3 \longrightarrow 2SbCl_3 + 6FeCl_2 + 3S$$

电子和半导体工业要求纯度在 99.999 % 以上的高纯锑,上述二种方法都不能达到,而是采用一种另外的化学方法. 例如将 Sb 转化为 $HSbCl_6 \cdot 9H_2O$,提纯后让其水解为氧化物,然后再用纯 H_2 还原. 小规模生产时可用区域熔炼和真空蒸馏方法进一步提纯. 最难除去的杂质是与锑形成共沸和固熔体的元素,如 As,Sn 和 Bi. 加少量 Al 回流可将 As 去掉.

单质锑除高纯单晶作半导体材料外,其他应用不多. 目前世界生产的锑,用于制造合金和以锑化合物形态用于化学制品的数量接近各半. 主要合金是硬铅,用于铅蓄电池铅板,耐酸铅管等;巴比脱合金,用于轴承;锑锡合金,用于印刷活字. 锑化合物,大量使用的是锑白. 目前世界锑及其化合物的产量估计在 8×10^8kg 以上,我国锑产量常居世界首位. 今后,我国锑的化学应该得到更大的发展.

3.1.4 锑的同位素

已知锑的同位素约有 30 个,但稳定的同位素只有 ^{121}Sb 和 ^{123}Sb. 它们的一些性质列入表 14.17. 不过,^{124}Sb (半衰期 60.4d,放出 β 射线,产物 ^{123}Sb) 和 ^{122}Sb (半衰期 2.8 d,放出 β97%,EC3%,产物 ^{121}Sb) 都是很有用的示踪物. 二者都可由相应的天然同位素进行(n, r) 反应制得.

表 14.17 ^{121}Sb 和 ^{123}Sb 的一些性质

性质	^{121}Sb	^{123}Sb
质量	120.9038	122.9041
丰度(%)	57.25	42.75
自旋	5/2	7/2
核磁共振强度		
(相当于恒场中 ^1H 的强度)	0.16	0.046
电四极矩 $\times 10^{28}$ ($C\cdot m^2$)	-0.8	-1.0

3.1.5 锑的物理性质

锑的一些物理性质列于表 14.18 中. 已知 Sb 有 6 种同素异构体. 最稳定的是 α-sb,它与 α-As 为等构体. 其余 5 种是:在 -90℃以下才稳定的黄色异构体、冷却气态 Sb 得到的黑色异构体、用电解法得到的具爆炸性的异构体、以及用高压技术合成出来的二种异构体(在 5×10^9 Pa 压力下,从 α-Sb 得到一种立方晶格,α_0 为 296.6 pm 的异构体. α-Sb 原来的菱面角从 57.1°增加到 60.0°, 原子位置也有少许变动,使得每个 Sb 原子有 6 个等距离的配位原子. 继续加压到 9×10^9 Pa 得到另一种异构体,它具六方紧密堆积结构,原子间距离为 328 pm, 配位数为 12).

表 14.18 Sb 的一些物理性质

物 理 性 质	α-Sb
熔点(℃)	630.7
沸点(℃)	1587
蒸气压达	
1.01×10^2 Pa 的温度(℃)	734
1.01×10^4 Pa 的温度(℃)	952
1.01×10^5 Pa 的温度(℃)	1247
密度(25℃)(kgm^{-3})	6697
硬度(Mohs)	33.5
电阻率(ρ)(Ωm)	4.17×10^{-7}

Sb 的熔点比 As 低,但沸点就比 As 高,挥发性显著的低,因而在正常大气压下 Sb 有较长的液态温区,而 As 则无液态区.

Sb 是易碎的金属、淡白色,电阻率较大(4.17×10^{-7} Ωm), 它比 Sn (1.15×10^{-7} Ωm), Pb(2.2×10^{-7} Ωm) 的还大. 一般金属熔化时导电性降低,但锑和铋熔化时的导电性就升高,即表明其熔态比固态有较大的金属性.

3.1.6　锑的化学性质

1. 单质的反应

在室温下 Sb 对空气和水蒸气是稳定的．在控制条件下加热锑可氧化成 Sb_2O_3，Sb_2O_4或 Sb_2O_5．与卤素反应时，Sb 与 F_2 生成 SbF_5，Sb 与 Cl_2 生成 $SbCl_3$ 和 $SbCl_5$，而 Sb 与 Br_2 和 I_2 则只能生成 $SbBr_3$ 和 SbI_3 在加热时 Sb 与 S 也发生反应，生 Sb_2S_3，但 Sb 不与 H_2 直接反应．

稀酸与 Sb 不反应，但王水可溶解 Sb 并形成 $SbCl_6^-$．在热浓 H_2SO_4 中生成 $Sb_2(SO_4)_3$．熔融碱能与 As 反应，但对锑就没有明显的作用．

2. 锑的化合物的类型及其立体化学

Sb 原子基态的电子分布是 $1s^22s^22p^63s^23p^63d^{10}4s^24p^64d^{10}5s^25p^3$ · Sb 与 As 类似，主要是形成氧化态为Ⅲ和 V 的化合物．这些化合物的立体化学列于表 14.19．sp^3杂化的典型构型是正四面体，但 Sb 与 As 不同，Sb 没有正四面体化合物．R_3Sb 通过 Sb 作配体与 Ph_3P 作为配体情况相当，只形成一种畸变的四面体构型．与 As 一样，Sb 的 d 轨道可参加成键，因此，共价数可超过 4，且常用 sp^3d 和 sp^3d^2轨道．sp^3d 杂化可以成三角双锥和四方锥两种构型．$SbCl_5$ 是三角双锥体，处于“赤道”上的键较短(229 pm)，轴上的键较长(234 pm)．若三角双锥分子中的配位原子有两种不同卤素时，“赤道”位由电负性最大的原子占据．然而 R_3SbX_2 中，烷基在“赤道”位．(p-甲苯基)$_5$Sb 也是三角双锥构型，但 Ph_5Sb 是四方锥形．SbF_4^-，$SbCl_3$ · NH_2Ph 也可按 5 个电子对，其中有一孤对的三角双锥来考虑．孤电子对占“赤道”位之一．实际上就是变形四面体(a)．sp^3d^2杂化有八面体和四方锥构型．除六卤离子$[SbCl_6]^-$为八面体外，五卤化物作为接受体接受一对电子也成为八面体，如 $SbCl_5$ · $OPCl_3$．$[SbBr_6]^{3-}$是变形八面体，因为有 1^4 个价电子，其中有一孤电子对影响离子的形状，但变形很小(正八面体中 Sb—Br 为 279.5 pm，$SbBr_6^{3-}$ 中 Sb—Br^-为 256.4 pm)SbF_5^{2-}，$SbCl_5^{2-}$ 按六个电子对，其中有一孤对的八面体，孤电子对占轴向位之一，故为正四面锥，但考虑孤对-成键对的排斥大于成键-成键对，Sb 原子处在四个卤原子的平面之下(b)．也发现表 14.19 中未包括的一些反常键，如形成一个平面的$(C_6H_5)Sb[Mn(CO)_2C_5H_5]_2$(见图 14.29)．

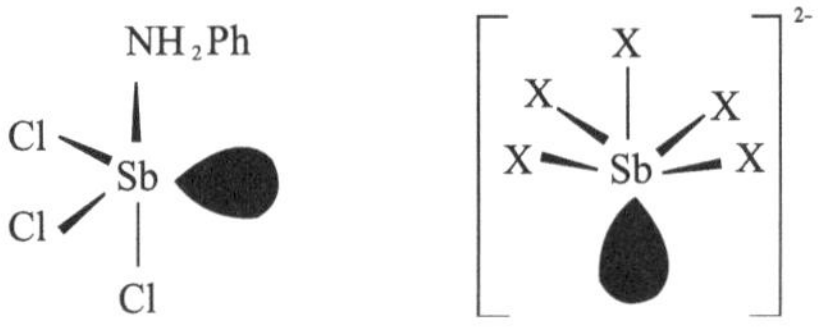

(a)　　　　(b)

表 14.19 一般 Sb 化合物的成键及其立体化学

氧化态	轨道	成键电子对	孤对电子	分子形状	实例
Ⅲ	sp^3	4σ	0	变形四面体	
Ⅲ	sp^3	3σ	1	三角锥	$SbCl_3$
Ⅴ	sp^3d	5σ	0	三角双锥	$SbCl_5$
				四方锥	Ph_5Sb
Ⅲ	sp^3d	4σ	1	变形四面体	SbF_4^-, $SbCl_3$, NH_2Ph
Ⅴ	sp^3d^2	6σ	0	八面体	$SbCl_6^-$
Ⅲ	sp^3d^2	5σ	1	四方锥	$SbCl_5^{2-}$, SbF_5^{2-}
Ⅲ	$sp_d^{3\,2}$	6σ	1	变形八面体	$SbCl_6^{3-}$

3.1.7 锑的分析方法

1. 分离方法

常用于锑的分离方法有沉淀法、离子交换法、萃取法和蒸馏法.

在没有大量的、有干扰的分析组 I(Ag^+, Pb^{2+}, Hg^{2+})和分析组Ⅱ[Cu^{2+}, Cd^{2+}, Pb^{2+}, As(Ⅲ), Bi(Ⅲ), Hg^{2+}]金属离子存在下,锑可以借硫化氢从 0.5 – 1mol · L^{-1}HCl 或$\frac{1}{2}H_2SO_4$ 中沉淀出来. 它也可从酸性介质(HNO_3, H_2SO_4)中以水合锑酸的形式分离出来,用含水的二氧化锰作为收集剂.

Sb(Ⅲ)通过与阳离子树脂交换,可用酒石酸盐作淋洗液,淋洗出来. 而与酒石酸配合较弱的 Cu, Ni, Co, Cd, Zn, Mn(Ⅱ), Fe(Ⅲ)和 Bi 仍保留在交换柱上. 用强碱性阴离子交换树脂可以把氯化锑(Ⅴ)配合物保留在树脂上.

Sb(Ⅲ)也可用 5 mol · $L^{-1}H_2SO_4$ 和 0.005 – 0.05 mol · L^{-1}KI 作用形成 SbI_3 而被苯萃取,再与 0.5 mol · $L^{-1}H_2SO_4$ 作用锑又被反萃取出来. 而氯化锑(Ⅴ)配合物能从 1 – 10 mol · L^{-1}盐酸中被异丙醚所萃取.

由于 SbH_3 是挥发性氢化物,故常用 HCl 与汞齐或含硫酸镉的硫酸溶液中用 Zn 还原含锑化合物,以 SbH_3 形式分离出来.

2. 测定方法

最普通的方法是借显色反应建立起来的分光光度法. 用苯或二异丙醚萃取 $SbCl_6^-$ 与若丹明 B 形成的离子缔合配合物[若丹明 B]$^+$[$SbCl_6$]$^-$,可得紫红色溶液. 在二异丙醚溶液中吸收光谱 λ_{max} = 552 nm(ε = 9.7 × 10^4, a = 0.80),在苯溶液中 λ_{max} = 565 nm. 本法需将 Sb(Ⅲ)氧化为 Sb(Ⅴ),最常用的氧化剂是硫酸铈(Ⅳ). Sb(Ⅲ)在硫酸介质中与 KI 形成绿黄色的[SbI_4]$^-$溶液,在 425 nm(ε = 4.0 × 10^3, a = 0.033)和 330nm 处呈现最大吸收. 用硫脲显色 λ_{max} = 337nm 或 470nm,用二乙基二硫代氨基甲酸显色 λ_{max} = 400nm, 用甲基荧光酮显色 λ_{max} = 530 nm(ε = 4.0 × 10^4).

在重量法中,Sb 的称量形式和加热温度如下:

Sb_2O_4(700 – 950℃)

Sb_2S_3(176 – 275℃)

巯萘剂盐在 200℃以下是 $Sb(C_{12}H_{10}ONS)_3$,在 600℃以上是 Sb_2O_4.

在极谱法中,可以利用 Sb^{3+}-Sb^0-Sb^{3-} 的还原波进行定量测定.

在原子吸收光谱中,Sb 采用波长为 217.6 nm,检测灵敏度为 0.5 ppm. 用于发射光谱分析波长是 231.2,259.9,252.9 和 288.0 nm.

3.2　合金和金属间化合物[1,7,8]

锑与金属形成的合金及金属间化合物(表 14.20)与砷的相似.

表 14.20　锑的金属间化合物的结构

化合物	结　构	化合物	结　构	化合物	结　构
Li_3Sb	Na_3As, Li_3Bi[a)]	Ti_3Sb	Cr_3Si(A15)[b)]	$CoSb_3$	$CoAs_3$(DO_2)
Na_3Sb	Na_3As(DO_{18})	TiSb	NiAs(B8)	Ni_3Sb[d)]	Cu_3Ti[a)]
NaSb	LiAs	$TiSb_2$	$CuAs_2$(C16)	NiSb	NiAs(B8)
K_3Sb	Na_3As(DO_{18})	V_3Sb[d)]	Cr_3Si(A15)	$NiSb_2$	FeS_2(C18)[e)]
KSb	LiAs	VSb	NiAs(B8)	Cu_3Sb	Li_3Bi, Cu_3Ti^1
Rb_3Sb	Na_3As, Li_3Bi[a)]	VSb_2	$CuAl_2$(C16)	Cu_5Sb_2[f)]	
Cs_3Sb	~NaT1(B32)	CrSb[d)]	NiAs(B8)	Cu_2Sb	(C38)
Mg_3Sb_2	La_2O_3($D5_2$)	$CrSb_2$	FeS_2(C18)[e)]	$ZnMg_2Sb_2$	La_2O_3
Ca_3Sb_2[b)]		Mn_2Sb	Cu_2Sb(C38)	ZnSb	CdSb(Be)
Sr_3Sb_2[b)]		MnSb	NiAs(B8)		
Ba_3Sb_2[b)]		Fe_3Sb_2	Ni_2In($B8_2$)	AlSb	ZnS(B3)[g)]
		FeSb	NiAs(B8)	GaSb	ZnS(B3)[g)]
M_4Sb_3[c)]	Th_3P_4($D7_3$)	$FeSb_2$	FeS(C18)[e)]	InSb	ZnS(B3)[g)]
MSb[c)]	NaCl(B1)	CoSb[d)]	NiAs(B8)	SnSb	NaCl(B1)
MSb_2[e)]	$LaSb_2$	$CoSb_2$	单斜		

a)已知多种变体,b)这些化合物由相图推得的,c)M 为 Sc,Y,La 系和 Ac 系元素,d)V,Cr,Co 的若干其他化合物和 Fe – Co – Ni 的化合物已知,e)FeS_2(C18)表示白铁矿结构,f)其他一些 Cu – Sb 化合物也已知,g)B3 表闪锌矿结构.

3.2.1　锑与 *s* 区元素的金属互化物

锑与碱金属主要形成组成为 M_3Sb 和 MSb 的化合物,与碱土金属主要形成 M_3Sb_2 组成的化合物(见表 14.20).

在研究对光电灵敏的铯合金时,P. Görlich 于 1936 年发现铯与锑的组合在可见光区具有比当时已知的任何材料都要高得多的量子效率. 这种当时称为“合金”的物质,原来就是一种化学计量组成为 Cs_3Sb 的半导体化合物. Li_3Sb, Na_3Sb, K_3Sb 和 Rb_3Sb 也是半导体,但这四种材料在可见光区的量子产率都比 Cs_3Sb 的低. 如表 14.21 所示. 这些化合物都可由相应的金属直接作用得到. 例如把蒸发的锑膜暴露于铯蒸气中就可得到 Cs_3Sb. 它们都易氧化,并为水所分解而放出氢化锑 SbH_3.

表 14.21 一些碱-锑化合物的性质

物 质	晶 体 结 构	最大量子产率	Eg(eV)	导电的极性
Li_3Sb	六角(Na_3As)	?	1.0?	n?
Na_3Sb	六角(Na_3As)	0.02	1.1	n
K_3Sb	立方	>0.07	1.4	p
	六角(Na_3As)	0.07	1.1	n
Rb_3Sb	立方(Li_3Bi)	0.10	1.0	p
	六角(Na_3As)	?	?	n
Cs_3Sb	立方(~NaTl)	0.15	1.6	p
Na_2KSb	立方($AlCu_2Mn$)	0.30	1.0	p
K_2CsSb	立方($AlCu_2Mn$)	0.30	1.0	p

对 Cs–Sb 体系已发现 Cs_3Sb, Cs_5Sb, Cs_2Sb, Cs_5Sb_4, CsSb, $CsSb_2$ 和 Cs_3Sb_7 等 7 种化合物. 其他碱金属体系也有类似的锑化物存在. K_2Sb, Rb_2Sb, Cs_2Sb 都具 $MgCu_2$ 结构. NaSb, KSb 则具有由 Sb 原子组成的平行的螺旋结构$(Sb_n)^{n-}$,其 Sb–Sb 键长 ~285 pm(单质锑中为 291pm). 这一结构在溶液中还部分保留,一般表示为 $M_n^+(Sb_n)^{n-}$ · $(Sb_n)^{n-}$ 与元素 Se, Te 的相应链是等电子体.

锑和多种碱金属形成的化合物可以用作灵敏度较高的光电阴极,从而引起了多碱锑的研究. 目前已实际应用的材料倾向于 Na_2KSb 和 K_2CsSb.

锑与碱土金属的互化物的生成热和熔点虽然都比相应的碱-锑化合物高. 但化学性质还是相似的.

3.2.2 锑与 *p* 区元素的金属互化物和合金

锑与ⅢA 族元素 Al, Ga, In, Tl 形成的化合物已有广泛研究. 与 As 的相应化合物相同, AlSb, GaSb, InSb 都是立方结构. 这些化合物都可由相应的金属直接在高温下反应制得. 它们的一些性质列于表 14.22. 这些半导体与 Si, Ge 是等电子结构. GaSb 晶体的禁带宽度和 Ge 差不多,电子迁移率比 Ge 大 1.5 倍. 从禁带宽度看，AlSb 较接近太阳光的频率，作为太阳能电池材料能有较高的转换率．ⅢA－VA 族化合物在潮湿空气中会缓慢分解，所以这些锑化物作为半导体器件时都应密封起来．

表 14.22　b 与ⅢA 族化合物的性质

性质　　化合物	AlSb	GaSb	InSb
熔点(℃)	1060	712	525
$\Delta H^{\ominus}_{f}$(kJ · mol^{-1})	−104.7	−44	−33.5
$S^{\ominus}$(J · mol^{-1} · K^{-1})	63	75	86.2
$\Delta G^{\ominus}_{f}$(kJ · mol^{-1})	−77.5	−37.6	−25.1
电子迁移率(m^2 · V^{-1} · S^{-1})	0.02	0.4	7.8
空穴迁移率(m^2 · V^{-1} · S^{-1})	0.042	0.14	0.075
Eg(kJ · mol^{-1})	144.75	64.66	17.37
反射指数	3.18	3.74	3.96
介电常数	11	15	17

锑与ⅢA 族元素也形成一些固熔体，如(GaIn)Sb.

锑与锡、铅易形成一系列合金．较重要的有：

巴比合金(I. Babbitt 于 1839 年提出的)，它有二种主要产品，一种组成是 80%－90% Sn，0%－5% Pb，5% Cu：另一种组成是 75% Pb，12% Sn，13% Sb，0—1% Cu，即含锑的合金，它们均可用作重轴承合金．

白镴亦称作皮尤特锡基合金(Pewter)，其组成是 90%－95% Sn，1%－8% Sb，0.5%－3% Cu，可用于装璜和维修．可浇铸、弯曲、拉伸、并捻．

活字金属(tpye metals)是含 Sb 和 Sn 的铅基合金．其中 Sb 和 Sn 的含量约为 2:1(重量)．当锑、锡含量增加时，合金硬度和耐磨性都增加．因为锑与锡也形成化合物 SnSb，它是立方结构，是坚硬的．在锡合金中，SnSb 分散在 Sn-Cu-Sb 基质中．在铅基合金中，以 Sb－SnPb 低共熔体存在．含 Sb75% 以上的合金，冷凝时体积膨胀，因此能铸造出精密花纹．

一些三元低共熔体 Sb-Sn-Bi 和四元低共熔体 Sb-Sn-Bi-Cd 成为易熔合金基础．

3.2.3　锑与 d 区元素的金属化合物

锑与 d 区元素间的化合物与相应的砷的化合物相似(比较表 14.20 与表 14.7)，主要结构为 $CoAs_3$(如 ScSb，YSb，LaSb，CoSb 等)，NiAs(如 TiSb，VSb，CrSb，MnSb，FeSb，CoSb，NiSb)和 FeS_2(如 $CrSb_2$，$FeSb_2$)．这些化合物的结构在前面已有论述．

3.3 锑的氢化物[1,7,10]

3.3.1 氢化物的制备

SbH_3(锑烷)与砷烷一样,不能由单质锑和分子氢直接制备,可用通常制备共价氢化物的方法制得 SbH_3. 最重要的方法有:

1. 用 $LiAlH_4$ 或 $NaBH_4$, KBH_4 还原卤化锑,如

$$SbCl_5 + LiAlH_4 \xrightarrow{\text{乙醚}} SbH_3$$

此反应产率高达 90% 以上. 若在水溶液中反应,产率很低,如 $SbCl_3$ 与 KBH_4 作用产率不超过 30%.

2. 金属锑化物与酸作用

首先将金属锑与 Na, Mg, Zn 等制成合金,然后与稀酸作用:

$$Zn_3Sb_2 + 6H_3O^+ \longrightarrow 2SbH_3 + 3Zn^{2+} + 6H_2O$$

$$Mg_3Sb_2 + 6H_3O^+ \longrightarrow 2SbH_3 + 3Mg^{2+} + 6H_2O$$

此法产率约为 15%.

3. 用新生氢还原如

$$SbO_3^{3-} + 3Zn + 9H_3O^+ \longrightarrow SbH_3 + 3Zn^{2+} + 12H_2O$$

也可用电解 Sb(Ⅲ)溶液来制备 SbH_3.

低价的氢化物 Sb_2H_4 已知制得. 一般用上述头两种方法制备 SbH_3 时以副产物形式得到.

3.3.2 氢化物的性质

SbH_3 是极毒的无色气体. 它的一些物理性质列于表 14.9.

SbH_3 分子是角锥体形,用微波方法测得键长 Sb – H 为 170.7 pm,键角 H – Sb – H为 91.3°. 这个键角说明在 SbH_3 中金属原子主要是用 p 轨道成键.

SbH_3 是吸热化合物,对热稳定性很差,在室温下就能分解为相应的元素. SbH_3 比 AsH_3 更不稳定,这与它们的标准生成焓变 $\Delta H_f^{\varnothing}$ 递增(AsH_3 为 $66.4kJ \cdot mol^{-1}$, SbH_3 为 $145kJ \cdot mol^{-1}$)是一致的.

SbH_3 分子间没有氢键存在. 它对质子的亲和力几乎是零,没有形成 SbH_4^+ 离子的倾向. $[SbH_4]^+$ 还没有被描述过.

SbH_3 具有相当好的还原性,

$$SbH_3(g) \rightleftharpoons Sb + 3H^+ + 3e \qquad \varphi^{\ominus} = -0.51V$$

能被空气中的氧及多数无机氧化剂水溶液氧化.

SbH_3 与金属一块加热时形成锑化物. 这个反应在半导体技术中得到了应用. SbH_3也用作硅的气相 n 型掺杂剂.

3.4　锑的卤化物[1,5,7-9,11,12]

已知锑的二元卤化物有 6 种;SbF_3, $SbCl_3$, $SbBr_3$, SbI_3, SbF_5,$SbCl_5$.

3.4.1　三卤化锑

三卤化锑的结构数据已经得到. 表 14.23 是用电子衍射方法对它们气态以及用 X 射线方法对它们的固态研究的结果.

表 14.23　SbX_3 的结构数据

化　合　物	M－X(pm)	键角 X－M－X(°)	方法[3]
SbF_3	192	87.3	X 射线
$SbCl_3$	223	97.2	电子衍射
	234(1 个)	91(1 个)	X 射线
	237(2 个)	96(2 个)	
$SbBr_3$	249	98	电子衍射
α 晶体	250	95	X 射线
β 晶体	249	95	X 射线
SbI_3	272	99.1	电子衍射

气态 SbX_3 分子都是三角锥形. 固态 $SbCl_3$,$SbBr_3$是分子晶体,SbI_3 是独立分子的层状晶体,而 SbF_3处于分子晶体和离子晶体的中间状态结构,其中 SbF_3 分子(Sb－F, 192pm)通过 F 桥(Sb…F, 216 pm)连接起来,每一个 Sb 被高度畸变的八面体所围绕.

SbX_3的振动光谱也呈现出属于 C_{3v},对称分子的 4 条基本谱线(见表 14.24).

表 14.24　SbX_3 的一些性质

性质 \ SbX_3	SbF_3	$SbCl_3$	$SbBr_3$	SbI_3
颜色与状态	无色、结晶	白色、易潮结晶	白色、易潮结晶	红色、结晶
熔点(℃)	290	73.4	96.0	170.5
沸点(℃)	~345	233	288	401
密度($kg \cdot m^3$)(t℃)	4380(25)	3140(20)	4150(25)	4920(22)
$\Delta H_f^\ominus$($kJ \cdot mol^{-1}$)	-915.5	-382.2	-259.4	-100.4
$S^\ominus$($J \cdot K^{-1} \cdot mol^{-1}$)		184	207	
$\Delta G_f^\ominus$($kJ \cdot mol^{-1}$)		-324	-239	

续表

性质 \ SbX_3	SbF_3	$SbCl_3$	$SbBr_3$	SbI_3
振动光谱(cm^{-1})				
$\nu_1(a_1)$		364	252	177
$\nu_2(a_1)$		164	103	89
$\nu_3(e)$		320	243	147
$\nu_4(e)$		134	83	71

从表 14.24 可以看出:三卤化锑的熔点、沸点和密度除 $SbF_3 > SbCl_3$ 外,都是按 $SbCl_3 < SbBr_3 < SbI_3$ 变化的. 这正反映出 SbF_3 的结构和化学键类型与 $SbCl_3$ 有显著差异.

1. 三氟化锑

Sb(Ⅲ) 的氧化物与氟化氢反应可制得 SbF_3:

$$Sb_2O_3 + 6HF \longrightarrow 2SbF_3 + 3H_2O$$

SbF_3 虽是中等活性的氟化剂(比 AsF_3 的活性强),但就是将非金属卤化物转化为氟化物的重要试剂,也是制备有机氟化物的 Swast 反应的重要试剂,如

$$3CCl_4 + 2SbF_3 \xrightarrow{SbCl_5} 3CCl_2F_2 + 2SbCl_3$$

CCl_2F_2 俗称氟里昂.

$$CCl_3CCl_3 + SbF_3 \longrightarrow CCl_2FCCl_2F$$

$$6SiCl_4 + 5SbF_3 \longrightarrow SiCl_3F + 2SiCl_2F_2 + 2SiClF_3 + SiF_4 + 5SbCl_3$$

$$CF_3PCl_2 + SbF_3 \longrightarrow CF_3PF_2$$

$$R_3PS + SbF_3 \longrightarrow R_3PF_2$$

有时还伴随着 Sb(Ⅲ) 的还原反应:

$$3PhPCl_2 + 4SbF_3 \longrightarrow 3PhPF_4 + 2Sb + 2SbCl_3$$

2. 三氯化锑、三溴化锑和三碘化锑

这三个卤化锑都可直接用相应卤素与金属锑或 Sb_2O_3 反应制得:

$$3Sb + 3X_2 \longrightarrow 2SbX_3 (X_2 = Cl_2, Br_2, I_2)$$

锑与溴化合时发生火花,故通常使饱和溴的氮气流通过锑粉来制备. SbI_3 可用碘加到锑粉与苯的混合物中回流而高产率地制备. $SbCl_3$ 的制备也常用热浓 HCl 分解 Sb_2S_3:

$$Sb_2S_3 + 6HCl \longrightarrow 2SbCl_3 + 3H_2S$$

或加热 Sb 和 $HgCl_2$ 混合物. 这三个卤化锑都可在 CO_2 气流中升华或在非极性溶剂 CS_2 或苯中重结晶,进一步提纯.

$SbCl_3$ 与 $AsCl_3$ 一样也是一个易得的非水溶剂,并且具有较低黏度和中等大小

的介电常数．它具有低电导率，这表明自离解作用不大．

$$2SbCl_3 \rightleftharpoons SbCl_2^+ + SbCl_4^-$$

但是 $SbCl_3$ 对 Cl^- 还是一个强接受体，许多氯化物溶于其熔体中而成导电溶液．

$$MCl + SbCl_3 \rightleftharpoons M^+ + SbCl_4^-$$

$SbCl_3$，$SbBr_3$ 和 SbI_3 都易水解．水解产物与水解反应条件（所加水量、溶液中游离酸含量、温度等）有关．例如 $SbCl_3$ 溶于极少量的水中，溶液为透明，若继续用水稀释，则生成不溶于水的 SbOCl 和 $Sb_4O_5Cl_2$：

$$SbCl_3 + H_2O \rightleftharpoons SbOCl + 2HCl$$

$$4SbCl_3 + 5H_2O \rightleftharpoons Sb_4O_5Cl_2 + 10HCl$$

SbI_3 水解也得到 $Sb_4O_5I_2$．在浓的氢卤酸中 SbX_3 的水解反应将被阻止，如

$$SbOCl + 2H^+ + 3Cl^- \rightleftharpoons SbCl_4^- + H_2O$$

多数氧锑盐都不溶于水，但就全能溶于酒石酸或酒石酸盐，这是由于形成了酒石酸氧锑配离子所致：

$$SbOCl + C_4H_4O_6^{2-} \longrightarrow [SbO(C_4H_4O_6)]^- + Cl^-$$

$$SbOCl + H_2C_4H_4O_6 \longrightarrow H[SbO(C_4H_4O_6)] + HCl$$

SbOCl 也溶于硫代硫酸钠：

$$SbOCl + 2HCl + 3Na_2S_2O_3 \longrightarrow 3NaCl + H_2O + Na_3Sb(S_2O_3)_3$$

$SbCl_3$ 与强还原剂如 Zn，Al，$NaBH_4$ 等作用得到脎 SbH_3，如

$$3H^+ + SbCl_4^- + 3Zn \longrightarrow SbH_3 + 3Zn^{2+} + 4Cl^-$$

与较弱还原剂如 Sn，Fe 和次磷酸等作用，则沉淀出黑色的锑，如

$$2SbCl_4^- + 3Fe \longrightarrow 2Sb + 3Fe^{2+} + 8Cl^-$$

SbX_3 与强氧化剂作用则被氧化成 Sb(Ⅴ)，如

$$3SbCl_3 + KBrO_3 + 6HCl \longrightarrow 3SbCl_5 + KBr + 3H_2O$$

常利用这个反应测定合金、矿石中的含锑量．

SbX_3 也形成一些加合物．如将 $SbCl_3$ 和维生素 A 分别溶于氯仿中，当将此二溶液混合后立刻形成蓝色加合物：

$$C_{20}H_{29}OH + SbCl_3 \longrightarrow C_{20}H_{29}OH \cdot SbCl_3$$

通过与含有标准维生素 A 之试样进行比色，可定量地测定试样中维生素 A 的含量. 又如 SbI_3 在 CS_2 中与 S_8 混合则形成 $SbI_3 \cdot 3S_8$.

$SbCl_3$ 与醇（特别有碱存在下）或醇钠反应生成亚锑酸酯，如

$$SbCl_3 + 3ButOH + 3NH_3 \longrightarrow Sb(OBut)_3 + 3NH_4Cl$$

$$SbCl_3 + 3NaOSiEt_3 \longrightarrow Sb(OSiEt_3)_3 + 3NaCl$$

$SbCl_3$ 与第二胺或其锂的化合物反应，则形成相应的氨的衍生物，如

$$SbCl_3 + 3LiN(CH_3)_2 \longrightarrow Sb(N(CH_3)_2)_3 + 3LiCl$$

这些化合物及其衍生物是相当大的一类化合物.

3.4.2 五卤化锑

五卤化锑中只得到了 SbF_5 和 $SbCl_5$. 五溴化锑和五碘化锑尚未得到,对较重的卤素离子来说,这可能是 Sb(V) 的氧化性太强. SbF_5 和 $SbCl_5$ 的一些物理性质列于表 14.25.

表 14.25 SbX_5 的一些物理性质

物理性质	SbF_5	$SbCl_5$
熔点(℃)	8.3	4
沸点(℃)	141	140(分解)
密度($kg \cdot m^{-3}$)(℃)	3110(25)	2350(21)
$\Delta H_f^\ominus$ ($kJ \cdot mol^{-1}$)		-440
$S^\ominus$ ($J \cdot mol^{-1} \cdot K^{-1}$)		301.2
$\Delta G_f^\ominus$ ($kJ \cdot mol^{-1}$)		-350
IR 光谱(cm^{-1})	742s,750s,669s,450w 310w,200w	371vs,154m(a_1) 395vs,68vw(e′)
Raman 光谱(cm^{-1})	718s,670s,349w,268mw, 231mw,189mw,140vw, 116vw	357vs,307m(a'_1),379w. 177m,68m(e′),165w(e″)

五氟化锑可直接由 F_2 与 SbF_3 或 Sb_2O_3 反应制得,也可将 $SbCl_5$ 与无水 HF 在 -30℃ 回流,然后分馏得到.

五氯化锑通常用氯气氧化熔融的 $SbCl_3$ 来制备. 但产物中含有二聚体 $Cl_4Sb(\mu\text{-}Cl)_2SbCl_4$.

从 $SbCl_5$ 的振动光谱可得出它是 D_{3h} 对称. 在液态和 -63℃ 下固态中 $SbCl_5$ 都是三角双锥分子. 液态 SbF_5 具顺桥式{SbF_6}.

八面体的聚链结构(图 14.15). 用低温下 ^{19}F 的核磁共振谱确定了八面体中有三种不同类型的 F 原子: 桥式(F_a), 对桥呈反式的(F_b) 和呈顺式的(F_c). 晶态 SbF_5 则为四聚分子的顺桥结构,交错着的氟桥 Sb-F-Sb 具有 141°和 170°的键角,并且端点 Sb-F 距离比桥式 $Sb-F_\mu$ 的短,如图 14.16 所示.

SbF_5 为很黏的糖浆似的液体,这是与其为链状结构紧密相关的. SbF_5 与电子对给予体有强烈的形成配合物的倾向,因此,在液体 HF 中,SbF_5 能形成导电溶液:

$$2HF + SbF_5 \longrightarrow H_2F^+ + SbF_6^-$$

利用这一反应,也可提高 HF 的酸性. SbF_5 作为 Friedel-Crafts 反应催化剂也是利用它是一个强 Lewis 酸. 利用 SbF_5 为强 Lewis 酸,可将较弱的 Lewis 酸 MnF_4 从稳定配离子$[MnF_6]^{2-}$的盐中置换出来,而实现了化学制 F_2 的方法[12]:

$$2KMnO_4 + 2KF + 10HF + 3H_2O_2 \longrightarrow 2K_2MnF_6 + 8H_2O + 3O_2$$

$$K_2MnF_6 + 2SbF_5 \longrightarrow 2KSbF_6 + MnF_4$$

$$MnF_4 \longrightarrow MnF_3 + \frac{1}{2}F_2$$

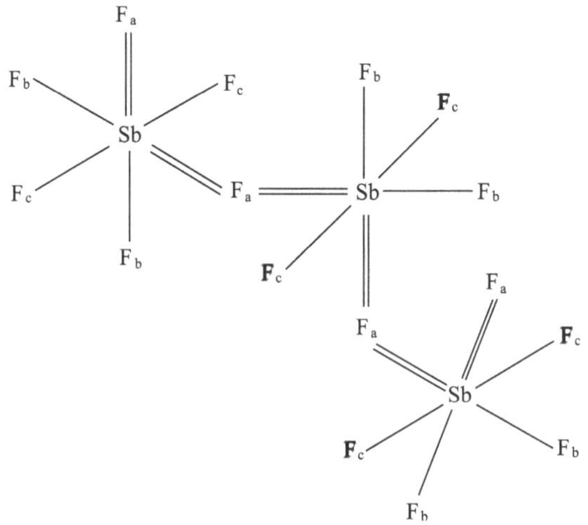

图 14.15　液态 SbF_5 结构

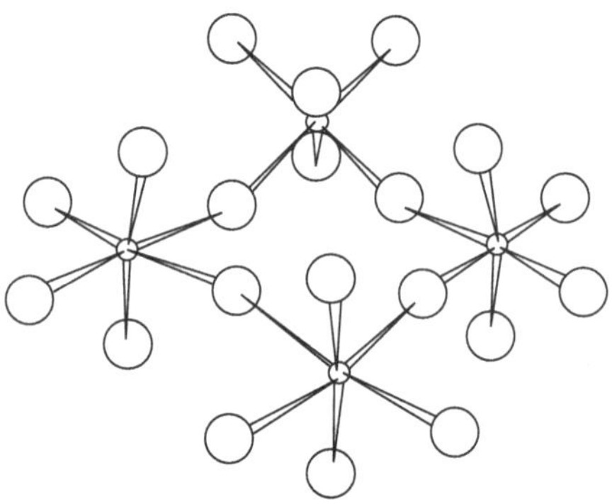

图 14.16　晶态 SbF_5 结构

SbF_5 也是很强的氟化剂和氧化剂,如

$$RCCl_3 \xrightarrow{SbF_5} RCCl_2F \longrightarrow RCClF_2 \longrightarrow RCF_3,$$

$$SbF_5 + ClCH_2PCl_2 \longrightarrow ClCH_2PF_4$$

与其他非金属卤化物一样,SbF_5 与水反应生成氧化物或卤氧化物.

纯的 $SbCl_5$ 是无色液体,但通常略带黄色. $SbCl_5$ 很易分解,200℃以上则分解为 $SbCl_3$ 和 Cl_2,因此,$SbCl_5$ 常作为氯化物质的氯源,如

$$CH_2=CH_2 + SbCl_5 \longrightarrow CH_2Cl-CH_2Cl + SbCl_3$$

$$Me_3As + SbCl_5 \longrightarrow Me_3AsCl_2 + SbCl_3$$

$$R_3P + SbCl_5 \longrightarrow [R_3PCl]^+[SbCl_6]^- \ (R = Ph, Et_2N, Cl)$$

$SbCl_5$ 也和烷氧基及相关的金属衍生物反应，如

$$SbCl_5 + 5NaOMe \longrightarrow Sb(OMe)_5$$

3.4.3 混合卤化物

在 As，Sb，Bi 三个元素中，Sb 较多地形成混合卤化物．在用 SbF_5，AsF_3 和 Br_2 制备 AsF_5 时，以副产物形式得到 $SbBrF_4$．用 Cl_2 与 SbF_3 的 $SbCl_3$ 或 $SbCl_5$ 溶液反应得到了 $SbCl_4F$，$SbCl_3F_2$，$SbCl_2F_3$．有人把它们视为复盐：$x SbCl_5 \cdot y SbF_5$．同样，在 $SbCl_3$ 或 $SbBr_3$ 溶液中的 SbF_5 与溴或碘反应也得到了类似的混合卤化物，如

$$SbF_3 + SbBr_3 + 2I_2 \longrightarrow SbI_2F_3 + SbI_2Br_3$$

当 I_2 溶于 SbF_5 时可以形成两种含碘混合卤化物：$SbIF_4$（熔点 80℃），Sb_2IF_9（熔点 110－115℃）．

据报道，从金属有机化合物 $EtSbI_2Br_2$ 去掉溴乙烷也可得到 SbI_2Br（熔点 88℃）．

混合卤化物 $SbCl_2F_3$（Swartz 试剂）是比 SbF_3 更有效的氟化剂．

$$SOCl_2 + SbCl_2F_3 \longrightarrow SOF_2$$

$$Cl_2C = CCl - CCl = CCl_2 + SbF_3Cl_2 \longrightarrow CF_3CCl = CClCF_3$$

3.4.4 卤氧化物

前面已经提到，$SbCl_3$ 水解有下列反应，

$$SbCl_3 \xrightarrow[H_2O]{极限} SbOCl \xrightarrow[H_2O]{较多} Sb_4O_5Cl_2 \xrightarrow[Ar]{460℃} Sb_8O_{11}Cl_2$$

通常将 100 g $SbCl_3$ 放入 70 ml 水中搅拌，放置数日即得 SbOCl．所得产物是 SbOCl 的多聚体．其结构可视为 $[Sb_6O_6Cl_4]^{2+}$ 的多聚片被二个氯离子层所夹着．

也用干法制得了适合于研究铁电性质的无色单晶：

$$5Sb_2O_3 + 2SbCl_3 \xrightarrow[真空]{75℃} 3Sb_4O_5Cl_2 \ (熔点\ 590℃)$$

化合物 $Sb_4O_3(OH)_3Cl_2$，Sb_8OCl_{22} 也有报道．

其他卤氧化锑也可由控制 SbX_3 水解得到，如红色的 SbI_3 在空气中放置变黄即是水解生成碘氧化锑之故．

3.5 锑的氧化物及含氧酸[1,5,7-9,11]

锑的主要氧化物是 Sb_4O_6 和 Sb_4O_{10}．在 800－900℃ 下较长期地加热它们，还可形成一种白色的化学计量式为 SbO_2 的不溶性粉末．现已发现它们是 Sb(Ⅲ) 与 Sb(Ⅴ) 为 1:1 的物种，即 $Sb^{Ⅲ}Sb^{Ⅴ}O_4$ 或 $Sb_2O_3 \cdot Sb_2O_5$．

3.5.1　锑(Ⅲ)的氧化物和含氧阴离子

水解 SbX_3 很易得到 Sb_4O_6，也可在空气中加热金属锑或 Sb_2S_3，或将水蒸气与红热金属锑反应制得.

Sb(III) 氧化物至少有二种不同变体：立方的方锑矿和正交的锑华，它们相互关系可图示如下：

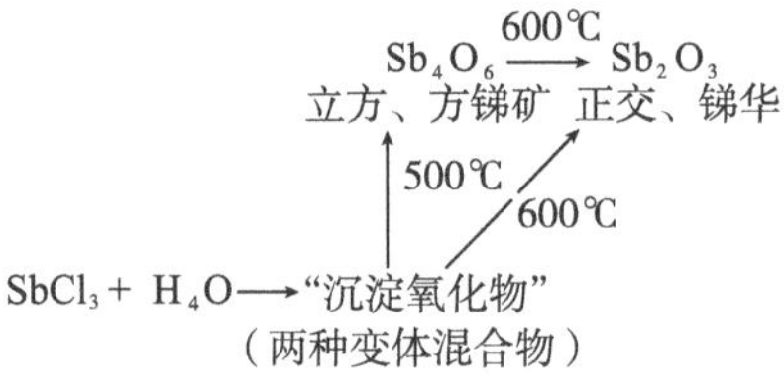

与砷的氧化物类似，在蒸气相中氧化亚锑分子是以二聚体形式 Sb_4O_6 存在的，只有在高温下才分解为简单的分子 Sb_2O_3.

X 射线研究表明，立方的 Sb_4O_6 是分子晶体 . Sb 与 3 个质点相邻，呈角锥形，Sb－O 键长 198Pm，键角(O－Sb－O)96°. 正交的锑华的结构较复杂，由锑、氧原子交错的长链构成无限的双链结构 . 键长 Sb－O 201Pm，键角(O－Sb－O) 为 80°，92°和 98°，键角(Sb－O －Sb) 为 116°和 131°. 如图 14. 17. 两种变体的物理性质也不同，见表 14. 26.

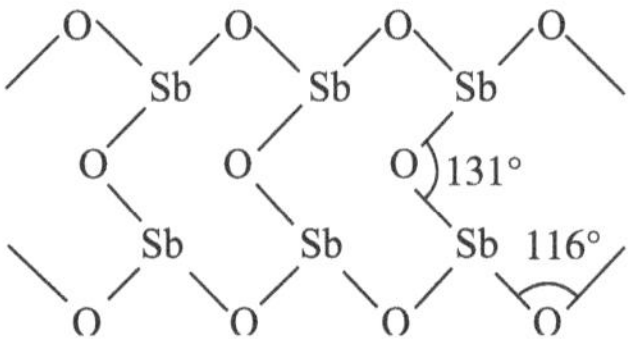

图 14. 17　Sb_2O_3(锑华)结构

表 14. 26　Sb(Ⅲ)氧化物的一些性质

性　质	Sb_2O_3(立方)	Sb_2O_3(正交)
熔点(℃)		655
沸点(℃)	1425	
$\Delta H_f^{\ominus}$(kJ · mol^{-1})	－720. 5	－708. 5
密度(kg · m^{-3})	5200	5790

三氧化二锑几乎不溶于水(3×10^{-5}mol Sb_2O_3/kgH_2O，25℃)和稀硫酸，但溶于浓 H_2SO_4，硝酸、盐酸、草酸、酒石酸中，形成相应酸的盐或配离子：$Sb_2(SO_4)_3$，$Sb(NO_3)_3$，$SbCl_3$或 $SbCl_4^-$，$Sb(C_2O_4)_2^-$，$Sb(C_4H_4O_6)_2^-$. Sb_2O_3 也溶于强碱中，形成亚锑酸盐 . 这些事实表明 Sb_2O_3 是两性的 . 但是到目前为止，对亚锑酸及其盐

的特性描述甚少．还没有得到 $Sb(OH)_3$，以任何方法制备，得到的只是含水的氧化物 $Sb_2O_3 \cdot xH_2O$，尽管亚锑酸盐十分稳定．少数偏亚锑酸盐和聚亚锑酸盐也是已知的，如 $NaSbO_2$，$NaSb_3O_5 \cdot H_2O$，$Na_2Sb_4O_7$.

Sb (III) 也形成许多这样的化合物 $M^{II}Sb_2O_4$ (M^{II} = Mg, Zn, Mn, Fe, Co, Ni 等)．它们和 Pb_3O_4 是等价的．这些化合物是由三角锥 $\{SbO_3\}$ 和八面体 $\{M^{II}O_6\}$ (或者稍微发生扭曲) 构成．如在 $ZnSb_2O_4$ 中，Sb—O 197 pm，Zn—O211pm，键角 O—Sb —O93.4°(2 个)，96. 4°(1 个).

与 As(III) 的氧化物相似，Sb(III) 的氧化物也是合成锑化合物的方便的起始物．并常用它与过渡金属卤化物反应，来制取过渡金属卤氧化物：

$$3MX_n + Sb_2O_3 \longrightarrow 3MX_{n-2}O + 2SbCl_3$$

$SbCl_3$ 具挥发性，很易除去．此外，Sb_2O_3 还有广泛的应用，如作为纤维、塑料与橡胶中的阻燃剂．美国每年消耗约 10 000tSb_2O_3.

3.5.2 锑 (V) 的氧化物、含氧酸及其盐

水解六氯合锑酸可得 Sb(V) 的氧化物，

$$2HSbCl_6 + 5H_2O \longrightarrow \frac{1}{2} Sb_4O_{10} + 12HCl$$

用氨水水解 $SbCl_5$ 并在 275℃ 下脱水或加硝酸于锑酸钾中也可制得．

关于 Sb_2O_5 的结构知道得很少．但一些热力学数据已经得到($\Delta H_f^{\ominus}$ −974kJ · mol^{-1}，$\Delta G_f^{\ominus}$ −830kJ · mol^{-1}，$S^{\ominus}$125J · mol^{-1}K^{-1}).

将五氧化二锑溶于碱金属氢氧化物或与其固体共熔即得锑酸盐 $M^{I}[Sb(OH)]_6$. 这些碱金属锑酸盐 $MSb(OH)_6$ 与酸型离子树脂交换得到的"锑酸"，得到类强酸的滴定曲线特性，pK 值为 2. 5.

但在长时期内，人们对 Sb(V) 的含氧化合物的认识不清楚．许多化合物被看成是与磷酸、砷酸盐有相同分子式的偏、焦锑酸盐．后来通过结构研究才发现它们与磷酸、砷酸不同．Sb(V) 的含氧化合物不是以四面体为基础，都是氧原子对 Sb(V) 形成八面体配位．这些含氧化合物可分为二类：

(1) 含 $Sb(OH)_6^-$ 离子的盐类．原以分子式 $LiSbO_3 \cdot 3H_2O$、$Na_2H_2Sb_2O_7 \cdot 5H_2O$ 表示的偏、焦锑酸盐中，事实上不存在偏、焦锑酸离子．焦锑酸盐 $Na_2H_2Sb_2O_7 \cdot 5H_2O$ 的结构是 $NaSb(OH)_6$. 例如将一个"焦锑酸钠"溶液加到镁盐的溶液中，得到实验组成为 $Mg(SbO_3)_2 \cdot 12H_2O$，被称为偏锑酸盐的化合物．但 X 射线研究结果表明它的分子式为 $Mg(H_2O)_6[Sb(OH)_6]_2$. 一些锑酸盐的正确结构式如下：

正确的结构式	旧的分子式
$Na[Sb(OH)_6]$	$Na_2H_2Sb_2O_7 \cdot 5H_2O$
$Mg[Sb(OH)_6]_2 \cdot 6H_2O$	$Mg(SbO_3)_2 \cdot 12H_2O$
或$[Mg(H_2O)_6][Sb(OH)_6]_2$	(Co, Ni 盐类似)
$[Cu(NH_3)_3(H_2O)_3][Sb(OH)_6]_2$	$Cu(NH_3)_3(SbO_3)_2 \cdot 9H_2O$
$Li[Sb(OH)_6]$	$LiSbO_3 \cdot 3H_2O$

$NaSbF_6$ 部分水解的产物,原来写成 $NaF \cdot SbOF_3 \cdot H_2O$,它的正确分子式是 $Na[SbF_4(OH)_2]$. 这也说明 $NaSbF_6$ 和 $Na[Sb(OH)_6]$是结构相似的.

$KSb(OH)_6$ 是检定 Na^+的试剂. $Pb[Sb(OH)_6]$可作瓷器的黄色色料.

(2) 以{SbO_6} 八面体为基础的,具有下列(或可能其他)类型的络氧化物: M^ISbO_3, $M^{II}Sb_2O_6$, $M_2^{II}Sb_2O_7$, $M^{III}SbO_4$.

在所有这些化合物中都含有{SbO_6} 八面体结构,而仅仅是在晶格中连接方式不同而已. 即{SbO_6} 八面体可能以共角、棱或面连接起来. 图 14.18 给出了 $LiSbO_3$的共棱八面体结构. 所以把这些化合物看作络氧化物比看作不同类型的锑酸盐更合适.

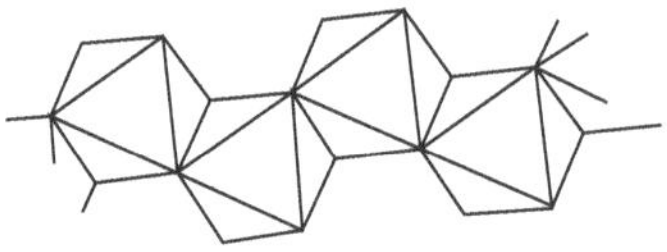

图 14.18　在 $LiSbO_3$ 中共棱的八面体{SbO_6}

在 M^ISbO_3中主要有 $NaSbO_3$ 和 $KSbO_3$,可在空气中分别加热 $NaSb(OH)_6$ 和 $KSb(OH)_6$ 制得. 将 Sb_2O_3 与碳酸钠共熔也可制得 $NaSbO_3$,也有类似的 Ag 盐和 Li 盐. 它们主要是钛铁矿结构.

$M^{III}SbO_4$ 类型的化合物包括 $FeSbO_4$, $AlSbO_4$, $CrSbO_4$, $RhSbO_4$和 $GaSbO_4$等为金红石结构.

$M^{II}Sb_2O_6$型化合物有三种类型结构. 离子半径较小的 Mg^{2+}和某些 3*d* 金属离子的化合物为三金红石结构. 离子半径稍大的 Mn^{2+}的化合物则取铌铁矿结构. M 离子半径为 100 pm 或稍大点则是六方结构.

$M_2^{II}Sb_2O_7$ 型化合物有二种结构. $Ca_2Sb_2O_7$, $Sr_2Sb_2O_7$, $Cd_2Sb_2O_7$ 为氟铝镁钠石结构, $Pb_2Sb_2O_7$ 为烧绿石(pyrochlore) 结构.

锑的不同氧化态的电势图如下:

强酸性溶液

$$Sb_2O_5 \xrightarrow{0.605v} SbO^+ \xrightarrow{0.204v} Sb$$

酸性和中性溶液

$$Sb_2O_5 \xrightarrow{1.055v} Sb_2O_4 \xrightarrow{0.342v} Sb_4O_6 \xrightarrow{0.150v} Sb \xrightarrow{-0.510v} SbH_3$$

$$\underbrace{Sb_2O_5 \longrightarrow Sb_4O_6}_{0.699v}$$

碱性溶液

$$Sb(OH)_6^- \xrightarrow{-0.465v} Sb(OH)_4^- \xrightarrow{-0.639v} Sb \xrightarrow{-1.338v} SbH_3$$

可以看出,Sb(Ⅲ)在水溶液中不发生歧化,锑元素本身也是一样.Sb(Ⅲ)是中等强的还原剂,可被 I_2,$KBrO_3$,$KMnO_4$ 等氧化. 正是利用它们建立了锑的容量分析方法.

3.5.3 混合价态氧化物

与 As_2O_4 一样,Sb_2O_4 也是混合价化合物 $Sb^{Ⅲ}Sb^{V}O_4$. 并有 α-和 β-Sb_2O_4 两种变体. 在每一种变体中 Sb(Ⅴ)有 6 个氧原子配位,呈稍有变形的八面体.Sb(Ⅲ)有 4 个氧原子配位,但与 As_2O_4 中的 As(Ⅲ)不同,不是呈三角锥形,而是呈一边倒的锥体,如图 14.19.

α-与 β-Sb_2O_4 两种变体的不同,仅仅是{SbO_6}与{SbO_4}多面体堆积的不同. 图 14.20 是 β-Sb_2O_4 结构.{SbO_o}八面体用它们的平展顶角相连形成一多摺层状,Sb(Ⅲ)在两层之间.

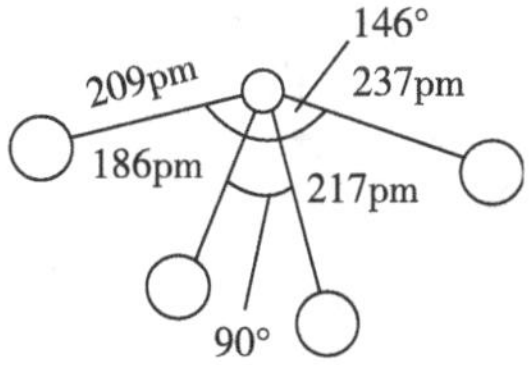

图 14.19 α-Sb_2O_4 中 Sb(Ⅲ)的配位情况

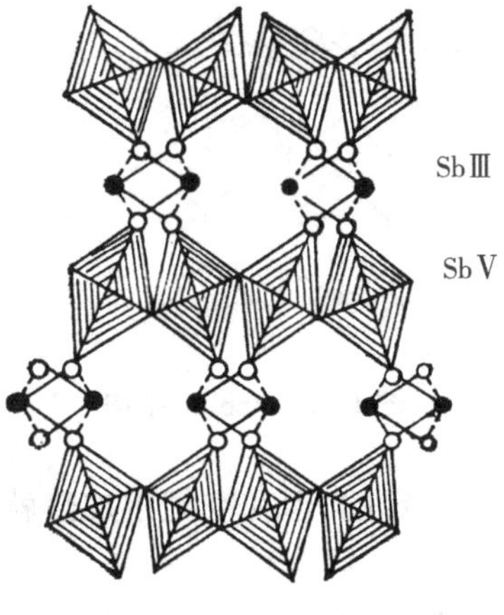

图 14.20 β-Sb_2O_4 结构

3.6　锑的硫属化合物[1,5,7,8]

锑主要有下列硫化物、硒化物和碲化物：Sb_2S_3，Sb_2Se_3，Sb_2Te_3，Sb_2S_5.

3.6.1　锑的硫化物

1. 锑(Ⅲ)的硫化物

Sb_2S_3 可用加热单质锑和硫的混合物，或升华氧化锑与硫的混合物制得．制备 Sb_2S_3 的较方便的方法是加热 $SbCl_3$ 和硫代硫酸钠溶液：

$$2SbCl_3 + 6Na_2S_2O_3 \longrightarrow Sb_2S_3 + 6NaCl + 3Na_2S_3O_6$$

或通 H_2S 于 $SbCl_3$ 的盐酸溶液中：

$$2SbCl_4^- + 3HS^- \longrightarrow Sb_2S_3 + 3H^+ + 8Cl^-$$

从上述溶液中沉淀出来的 Sb_2S_3 是橘黄色的，在 CO_2 中将它加热至200℃时，就可变成密度较大的深灰色斜方形变体．Sb_2S_3 在自然界就是以深灰色的辉锑矿存在．它的结构如图14.21所示．它可视为由单元(a)组成链状结构(b)，然后这些链又按(c)(d)那样进一步组合起来．

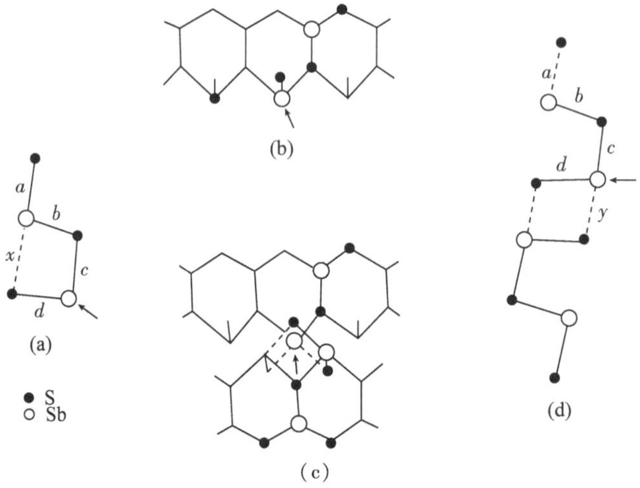

图14.21　Sb_2S_3 结构

硫化锑(Ⅲ)在室温下是稳定的，但在空气中加热就转变成相应的氧化物，也可被 H_2 或 Fe 还原为单质 Sb.

Sb_2S_3 不溶于水，但溶于热浓 HCl，

$$Sb_2S_3 + 6H^+ + 8Cl^- \longrightarrow 2SbCl_4^- + 3H_2S$$

As_2S_3 不溶于 HCl,(因为 As_2S_3 酸性比 Sb_2S_3 强)故可利用上述反应从 As_2S_3 中分离和鉴别锑. Sb_2S_3 也溶于碱金属氢氧化物溶液中,

$$2Sb_2S_3 + 4OH^- \longrightarrow SbO_2^- + 3SbS_2^- + 2H_2O$$

若 Sb_2S_3 与浓碱作用则有

$$Sb_2S_3 + 6OH^- \longrightarrow SbO_3^{3-} + SbS_3^{3-} + 3H_2O$$

然而 Sb_2S_3 在 NH_3 水和 $(NH_4)_2CO_3$ 溶液中则不溶,这又可与 As_2S_3 相区别. 但 Sb_2S_3 溶于硫化铵溶液,生成硫代亚锑酸盐:

$$Sb_2S_3 + 3S^{2-} \longrightarrow 2SbS_3^{3-}$$

酸化硫代亚锑酸盐或亚锑酸盐和硫代亚锑酸盐溶液,Sb_2S_3 重又沉淀出来:

$$2SbS_3^{3-} + 6H^+ \longrightarrow Sb_2S_3 + 3H_2S$$

$$SbS_3^{3-} + SbO_3^{3-} + 6H^+ \longrightarrow Sb_2S_3 + 3H_2O$$

应该指出,虽然 Sb_2S_3 能溶于碱金属或铵的多硫化物溶液中但从所得溶液就未曾得到硫代亚锑酸盐结晶.

Sb_2S_3 在工业上已实现相当大规模的生产,主要用于炸药、爆炸物和有色玻璃生产,也可作为塑料中的色料和焰火剂(Sb_2S_3,Sb_2S_4 和 Sb_2OS_3 的混合物是绯红色的).

2. 锑(V)的硫化物

曾报道用全硫代锑酸盐(Schlippe's salt)与稀硫酸或盐酸作用得到了 Sb(V)的硫化物:

$$2Na_3SbS_4 + 3H_2SO_4 \xrightarrow{N_2} Sb_2S_5 + 3Na_2SO_4 + 3H_2S$$

因此,工业上将 Sb_2S_3 与 S 在 NaOH 水溶液中煮沸,然后用 HCl 酸化的方法来制备 Sb(V)硫化物,并作为橡胶硫化剂. 但是未能从结构上证明其组成是 Sb_2S_5. 现在对 Sb_2S_5 是否存在表示怀疑[3,4],所谓 Sb_2S_5 不是一个化学计量的实物,根据 Mössbauer 谱证明仅含有 Sb(Ⅲ).

3.6.2 锑的硒化物与碲化物

锑的硒化物和碲化物都可用在封闭情况下在 500 - 900℃ 灼烧化学计量的相应单质的方法制取.

Sb_2Se_3 与 Sb_2S_3 一样,是辉锑矿结构. 它们的一些性质见表 14.27.

对这些化合物研究的兴趣,主要在于它们的半导体性质,n 型和 p 型半导体都可获得. 表 14.27 中列出了 Sb_2X_3 带隙能量 E_g. 它们是按 S > Se > Te 次序下降. 锑的硒化物和碲化物也有较大的热电子效应,它们可作为固态制冷剂.

表 14.27　锑的硫属化合物的一些性质

物理性质 \ 化合物	Sb_2S_3	Sb_2Se_3	Sb_2Te_3
颜色	黑色	灰色	灰色
熔点(℃)	546	612	620
密度($kg \cdot m^{-3}$)	4610	5810	6500
E_g($eV^{a)}$)	1.7	1.3	0.3

a) $1eV = 96.485kJ \cdot mol^{-1}$.

3.7　锑的配合物[1,5,7,8,11,15]

3.7.1　锑(Ⅲ)的卤素配合物

三卤化锑(SbX_3)是强的卤素离子的接受体．可形成 SbX_4^-,SbX_5^{2-},SbX_6^{3-} 三类配离子．

通常可用三卤化锑与相应的卤素离子直接反应制备 Sb(Ⅲ)的配合物,特别是氟离子的配合物．在氢氟酸中用适量的三氧化二锑与碱金属的碳酸盐作用也可得到一系列的 Sb(Ⅲ)的氟离子配合物．

配合物 $MSbF_4$ 可能发生低聚,它取决于金属阳离子的性质．如 $NaSbF_4$ 有双聚倾向,图14.22(a);$KSbF_4$则给出四聚环状阴离子,图14.22(b),在这两种配合

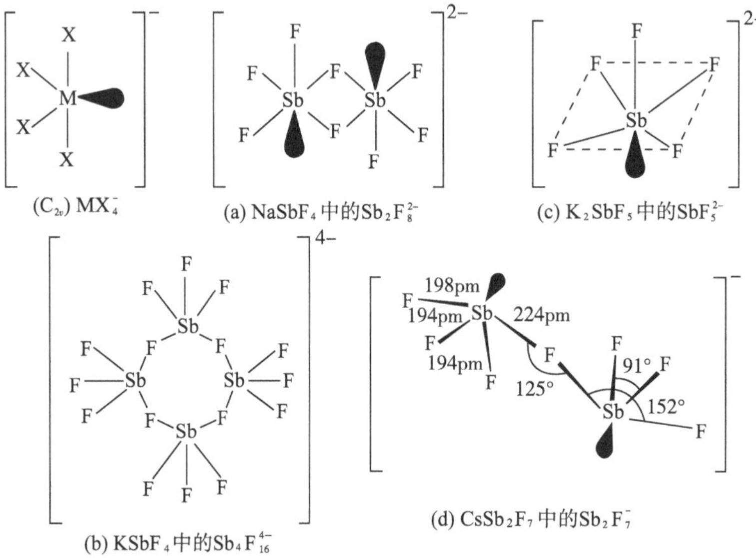

(C_{2v}) MX_4^-　(a) $NaSbF_4$ 中的$Sb_2F_8^{2-}$　(c) K_2SbF_5 中的SbF_5^{2-}

(b) $KSbF_4$ 中的$Sb_4F_{16}^{4-}$ (Sb–F200–230pm)　(d) $CsSb_2F_7$ 中的$Sb_2F_7^-$

图 14.22　一些卤素合锑离子的结构

物中,锑都是五配位的. 对较大的 K^+ 来说,还有 K_2SbF_5,其中锑也是五配位的,图 14.22(c). Rb^+,Cs^+,Tl^+,NH_4^+ 除了与 SbF_5^{2-} 生成与 K_2SbF_5 等结构的盐外,其中离子半径较大的 Cs^+ 离子,还生成了稳定的 $CsSb_2F_7$. 在 $CsSb_2F_7$ 中已经很好地确定了是 $Sb_2F_7^-$ 阴离子[图 14.22(d)],这个阴离子是由二个扭曲了的三角双锥 $\{SbF_4\}$ 共同一个 F 原子,形成长桥构成的. 其中每个 Sb 原子只与 4 个氟原子成键. 大致有这样的倾向:大的配阴离子与大的阳离子成盐有较好的稳定性. 所以 $Sb_4F_{13}^-$ 离子的 K^+,Rb^+,Cs^+,NH_4^+,Tl^+ 盐也是已知的. 它们是$[SbF_4^-(SbF_3)_n]$中 $n=3$ 的一种情况,在这些配合物中锑原子的配位数约为 3. 但这些物种中锑原子间的氟桥是复杂的,还需进一步研究才能肯定. 因为从水溶液中析出的固相,往往由于 Sb—O 键的加入而弄复杂化了.

到目前为止,单核配合物 $M_3^ISbF_6$ 还没有发现.

在 Sb(Ⅲ)的氯离子配合物中,$MSbCl_4$,M_2SbCl_5,M_3SbCl_6 型配合物是较多的.

刚刚指出,在 $NaSbF_4$ 和 $KSbF_4$ 中配位数为 5. 但在 $PyHSbCl_4$ 中阴离子是多聚的(图 14.23),Sb 原子的配位数上升到 6. 3 个不同的 Sb—Cl 键长(2 个长的 312pm,2 个中间的 264pm,2 个短的 238pm)部分地反映了孤电子对的影响.

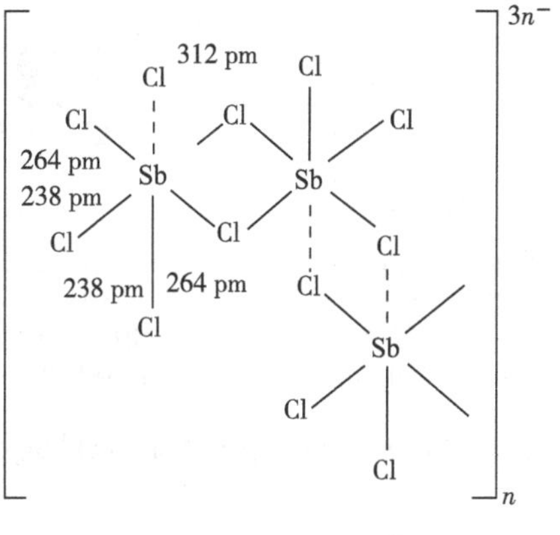

图 14.23 $PyHSbCl_4$ 结构

$(NH_4)_2SbCl_5$ 中的 $SbCl_5^{2-}$ 离子的结构也像 K_2SbF_5 中的 SbF_5^{2-} 一样[图 14.22(c)],描述为四方锥体,锑原子在四方锥底的下面一点(22pm),$Sb—Cl_{顶}$ 键长 236pm,$Sb—Cl_{底}$ 键长 2 个 258pm,2 个 269pm.

与 $SbCl_5^{2-}$ 离子结构不同,在水溶液中,$SbCl_6^{3-}$ 离子中锑的孤电子对没有占据配位位置,它与等电子体 $TeCl_6^{2-}$ 一样,是八面体对称的. 但在 $M_3^ISbCl_6$ 晶体中就发生了畸变.

在 β-$CsSb_2Cl_9$ 中,Cs^+ 和 Cl^- 都是紧密堆积的,Sb(Ⅲ)处在其中的八面体间隙中.

上述一些离子的振动光谱(cm^{-1})指定如下:

$[Et_4N]^+[SbCl_4]^-$	332,293,313,248
$[NH_4]_2^+[SbCl_5]^{2-}$	445,300,285,255,230,180
$[Co(NH_3)_6]^{3+}[SbCl_6]^{3-}$	267,214,178

Sb(Ⅲ)的溴离子配合物,已经作为有机碱的盐离析出来了. 在氢溴酸中,将吡啶和三溴化锑反应,得到了 $Sb_2Br_9^{3-}$ 的盐. 它是由二个{$SbBr_6$}八面体共用一个公共面构成的,如图 14-24a. 在这里,Sb(Ⅲ)的孤电子对没有占据配位位置. 已知在 $Sb^{Ⅲ}Br_6^{3-}$ 中也是这样. 而 $(NH_4)_2SbBr_6$,它实际上是[$(NH_4^+)_4(Sb^{Ⅲ}Br_6)^{3-}\cdot(Sb^{V}Br_6)^-$],是[$Sb^{Ⅲ}Br_6$]$^{3-}$和[$Bb^{V}Br_6$]$^-$离子的八面体相互交错着[图 14-24(b)所示]. [$Sb^{Ⅲ}Br_6$]$^{3-}$的这种结构支持 Sb(Ⅲ)的孤电子对主要是 $5s^2$ 电子. 从立体化学活性上也可感到,在[$Sb^{Ⅲ}Br_6$]$^{3-}$中 Sb→Br 键长为 279.5 pm,比在[$Sb^{V}Br_6$]$^-$中的 Sb—Br 键长 256.4 pm 要长. 但是在 As(Ⅲ)和 Sb(Ⅲ)的卤素配合物中,孤电子对对其配合物立体化学的作用随着中心原子的原子序和配位数增加,以及卤素原子量的增加,而越来越不明显.

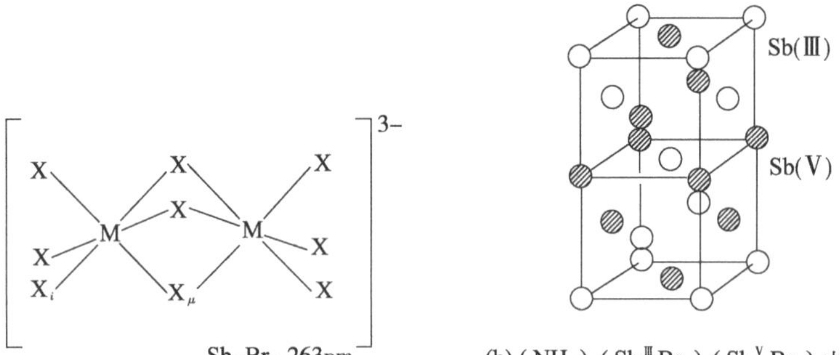

(a) $M_2X_9^{3-}$的结构　　Sb–Br_i 263pm　Sb–Br_μ 300pm

(b) $(NH_4)_4(Sb^{Ⅲ}Br_6)(Sb^{V}Br_6)$中 $Sb^{Ⅲ}$和 Sb^{V}原子排列

图 14.24　$Sb_2Br_9^{3-}$(a)与$(NH_4)_4(Sb^{Ⅲ}Br_6)(Sb^{V}Br_6)$(b)结构

3.7.2　锑(Ⅲ)的其他配合物

$Sb^{Ⅲ}X_3$ 作为电子对接受体也能与一些中性给予体形成配合物.

$SbCl_3$ 与苯胺($PhNH_2$)作用形成 $SbCl_3\cdot PhNH_2$ 和 $SbCl_3\cdot 2PhNH_2$. Sb—N 键相对地长些,但可看到 $PhNH_2$ 的孤电子对具有立体化学上的活性,使 Sb—Cl 键长发生了变化,如图 14.25 所示. $SbCl_3$ 与哌啶($\underline{CH_2(CH_2)_4N}H$)和哌嗪($\underline{NHC_2H_4NHC_2}H_4$)则形成 $SbCl_3\cdot L$ 和 $SbCl_3\cdot 3L$ 两种类型的配合物.

SbX_3 与含氧给予体形成的配合物有 SbX_3L,$SbX_3\cdot 2L$ 等. 如 $SbCl_3\cdot Me_3PO$,$SbCl_3\cdot 2MePO$,$SbCl_3\cdot MeSO_2$,$SbCl_3\cdot 2Me_2SO$,$SbCl_3\cdot 2MeCO$,$SbCl_3\cdot 2POCl_3$ 等. 也已知 $SbCl_3$ 与安息香形成配合物

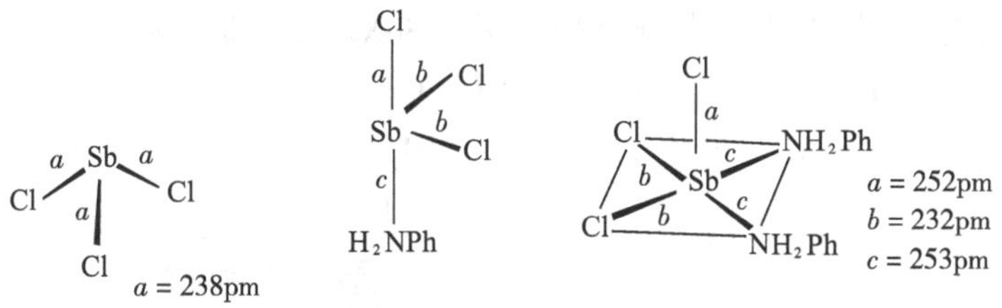

图 14.25 $SbCl_3$ 及其与 $PhNH_2$ 的配合物的结构

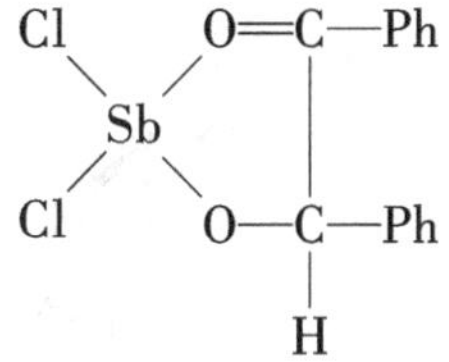

$SbCl_3$ 与苯形成配合物 $2SbCl_3 \cdot C_6H_6$ 与萘形成配合物 $2SbCl_3 \cdot C_{10}H_8$ 也早已知道. 后者结构如下:

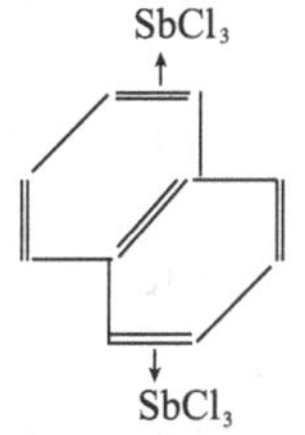

Sb—C 键长 ~337pm,说明它们之间的作用是很弱的.

在水溶液中,Sb(Ⅲ)与草酸根、酒石酸根分别形成 $Sb(C_2O_4)_3^{3-}$ 和 $[Sb_2(d-C_4H_2O_6)_2]^{2-}$. $Sb(C_2O_4)_3^{3-}$ 配离子是一个不完整的五角双锥结构[图 14-26(a)],形成可离析的盐. $[Sb_2(d\text{-}C_4H_2O_6)_2]^{2-}$ 如图 14.26(b)所示. 其钾盐 $K_2[Sb_2(d-C_4H_2O_6)_2] \cdot 3H_2O$ 在 300 多年前就称为"吐酒石"用于医药.

Sb(Ⅲ)可以作为 Lewis 碱,不管 Sb(Ⅲ)是与吸电子的卤素,还是与推电子的烷基形成的化合物都是 Lewis 碱,此时 Sb(Ⅲ)作为电子对给予体,可形成配位数为 4 的配离子或中性配合物. 例如,$(CH_3)_4Sb^+$,$SbCl_4^+$ 和 $SbCl_3 \cdot BH_3$(在 20℃分解)等. 虽然给电子能力按 AsX_3—SbX_3 次序递降,但是 $SbCl_3$ 与过渡元素形成配合物的能力是相当强的,甚至 $SbCl_3$ 与羰基铁和羰基镍反应,生成 $Fe(CO)_3(SbCl_3)_2$ 和 $Ni(CO)_3 \cdot SbCl_3$. 这些化合物都是以 Sb(Ⅲ)为中心的原子呈四面体分布.

3.7.3 锑(Ⅴ)的配合物

SbX_5 是一个很强的卤素离子的接受体,很易形成简单的六配位配离子 SbX_6^-. 通常用五卤化锑与相应的配体 X^- 直接反应即得. 在 SbX_6^- 配离子中,Sb(Ⅴ)采用

sp^3d^2 杂化轨道．从一些盐的晶体结构表明了 SbX_6^- 几乎是对称的八面体，如

M	Li	Na	Ag	K	Tl	Rb	Cs
$MSbF_6$	R_1	C_1	T	T	R_2	R_2	R_2

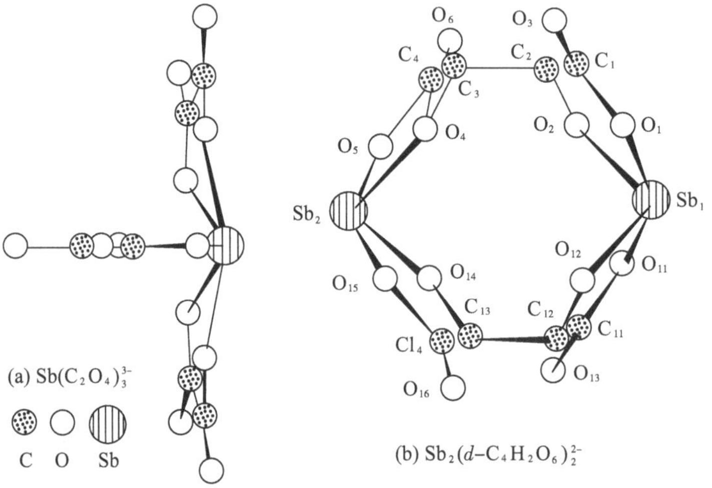

图 14.26 二个锑(Ⅲ)的配离子

其中，R_1 菱形的 $LiSbF_6$ 结构；R_2 菱形的 $KOsF_6$ 结构；C_1 面中心立方 $NaSbF_6$ 结构；四方的 $KNbF_6$ 结构．

辐射 SbF_5，F_2 和 O_2 的混合物得到一个白色 $O_2Sb_2F_{11}$ 结晶，可视为 $O_2^+[Sb_2F_{11}]^-$．当降低压力和热至 110℃时，则失去 SbF_5，得到 $O_2^+[SbF_6]^-$．

SbX_5 除了形成最简单的 SbX_6^- 离子外，还形成大量的加合物，例如 $SbF_5 \cdot BrF_3$，$SbCl_5 \cdot ICl_3$，$SbF_5 \cdot SO_2$、$SbCl_5 \cdot POCl_3$，$SbCl_5 \cdot PO(CH_3)_3$，$SbCl_5 \cdot N_4S_4$ 等．在这些化合物中，中心体 Sb 原子为八面体配位，但其第六个配位位置被给予体原子(卤素、氧、硫或氮)占据(如图 14.27)．并且这些八面体都受到了不同程度的扭曲．它们也是难以用简单价键理论解释的．例如 $SbCl_5 \cdot ICl_3$ 处于 $[ICl_2]^+[SbCl_6]^-$ 和 $[SbCl_4]^+[ICl_4]^-$（或氯桥…Cl—ICl_2—Cl—$SbCl_4$…）①之间，而 $SbCl_5 \cdot POCl_3$ 则是分子晶体．

在过量 SbF_5 存在下也形成 1∶2，1∶3 的加合物，如 $XeF_2 \cdot 2SbF_5$，$PF_5 \cdot 3SbF_5$．它们可分别视为 $[XeF]^+[Sb_2F_{11}]^-$ 和 $[PF_4]^+[Sb_3F_{16}]^-$．添加少量的 BrF_5 于 Br_2 和 SbF_5 的混合物中也可得 $[Br_2^+][Sb_3F_{16}]^-$（溶点 69℃，猩红色、顺磁物质）．$[Sb_2F_{11}]^-$ 和 $[Sb_3F_{16}]^-$ 阴离子都有 F 桥结构(图 14.28)．$[Sb_3F_{16}]^-$ 离子是反桥

①由 $SbCl_5$ 形成 $SbCl_4^+$ 时要给出 Cl^-，因此，反应中需很强的 Cl^- 接受体．

式八面体结构，其 Sb—F_μ 键平均值为 203 pm，与 $[Sb_2F_{11}]^-$ 中 Sb—F_μ 键平均值（201 pm）很接近.

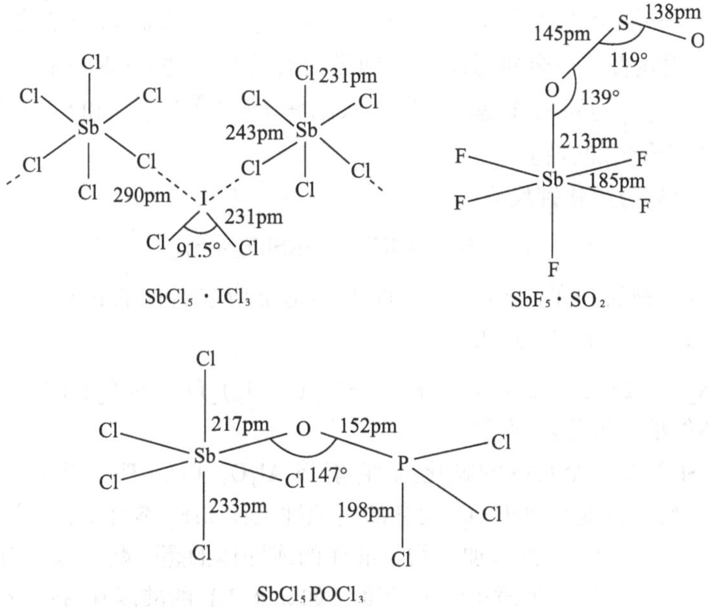

图 14.27 一些 $SbX_5 \cdot L$ 配合物的结构

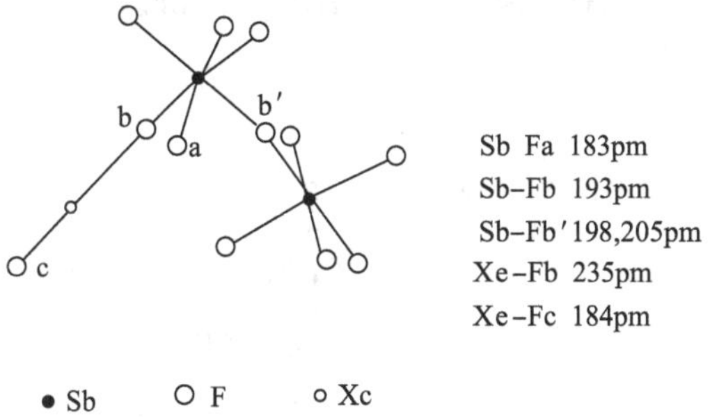

(a) $XeF_2 \cdot 2SbF_5$ 中的 $Sb_2F_{11}^-$ 结构

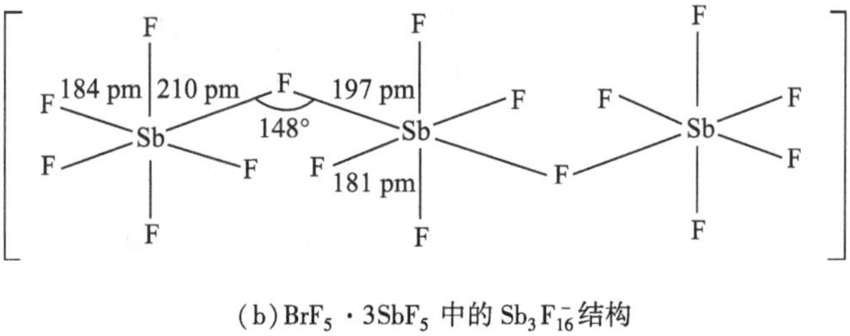

(b) $BrF_5 \cdot 3SbF_5$ 中的 $Sb_3F_{16}^-$ 结构

图 14.28 $Sb_2F_{11}^-$ 和 $Sb_3F_{16}^-$ 结构

SbX_5 与醇、醚、酮、硫醇、硫醚等有机分子形成许多加合物．如 R_2O　$SbCl_5$，$ROH \cdot SbCl_5$ 等．

也已知一些混合价加合物，如 $SbF_3 \cdot SbF_5$，它可视为假离子结构 $[Sb_2^{III}F_4]^{2+}[Sb^{V}F_6]_2^{-}$．用氟直接与金属锑反应得到了混合价加合物 $6SbF_3$ $5SbF_5$．白色的高熔点的晶体 $Sb_{11}F_{43}$ 也可看作是由多聚链状阳离子 $[Sb_6^{III}F_{13}]_n^{5+}$ 和 5 个阴离子 $[Sb^{V}F_6]^-$ 组成的混合价加合物．

许多加合物与氟化钾反应，如

$$SF_4 \cdot SbF_5 + KF \longrightarrow KSbF_6 + SF_4$$

在这个反应中，被置换的配体的挥发性大小是反应能否向右进行的一个重要因素．类似的反应也是已知的，如

$$N_2F_4 \cdot 2SbF_5 + 2(C_5H_5)_2Fe \longrightarrow 2[(C_5H_5)_2Fe][SbF_6] + N_2F_2$$

不过这里还伴随着氧化还原反应．

$BrF_3 \cdot SbF_5$ 是一个很好的氟化剂，它能将 Al_2O_3，CaO，ThO_2 等氧化物方便地转化为氟化物，定量地释放出 O_2，而它的腐蚀性又比 BrF_3 本身小，并且容易操作．

应特别指出，SbF_5 的许多加合物是液体的或固体的超强酸．这是因为 SbF_5 接受电子对能力较大，可增加质子酸的酸度．如无水 HF 的酸度在 SbF_5 存在下增加(见表 14.28)，

$$2HF + SbF_5 \rightleftharpoons [H_2F]^+[SbF_6]^-$$

又如，

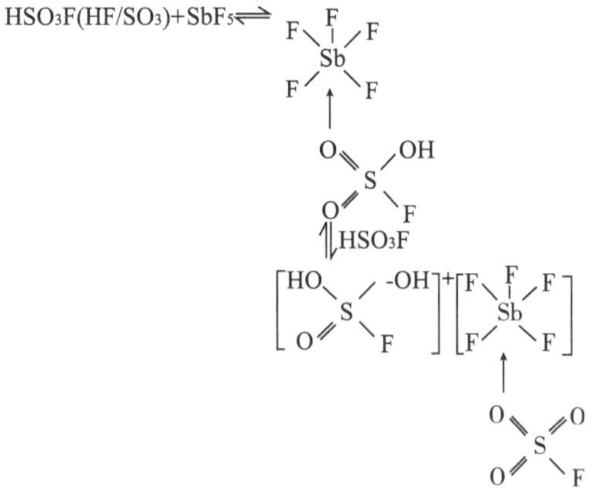

表 14.28 一些液体超强酸的酸强度

液体超强酸[a)]	酸强度(H_0)[b)]
HF	-10.2
H_2SO_4	-11.93
$HF—SbF_5$(1:0.06)	-14.3
$H_2SO_4—SO_3$(1:1)	-14.44
FSO_3H	-15.07
$HF—SbF_5$(1:0.14)	-15.3
$FSO_3H—SbF_5$(1:0.05)	-18.24
$FSO_3H—SbF_5$(1:0.1)	-18.94
$FSO_3H—SbF_5$(1:0.2)	-20
$HF—SbF_5$(1:0.03)	-20.3

a)括号内是物质的量比.

b) H_0 称为 Hammett 酸度函数. 因为100%硫酸的 H_0 为 -11.93,所以 $H_0 < -11.93$ 的酸就是超强酸.

$HF\text{-}SbF_5$ 和 $HSO_3F\text{-}SbF_5$ 是最强的质子给予体,能使所有的有机化合物质子化,也能溶解金属放出 H_2.

HF 和 SbF_5 能以任意比例互溶,但其导电性在 SbF_5 为 3.5 mol% 时就有极大值. 这是因为除了下一反应外,

$$2HF + SbF_5 \rightleftharpoons H_2F^+ + SbF_6^-$$

当 SbF_5 浓度增加时,又发生如下反应:

$$SbF_6^- + nSbF_5 \rightleftharpoons [Sb_{n+1}F_{5n+6}]^-$$

而 $[Sb_{n+1}F_{5n+6}]^-$ 的流动性较 $[SbF_6]^-$ 小,致使导电性减弱.

水合物 $HSbCl_6 \cdot nH_2O$(n=4.5,2,1)也是已知的. 但 $SbCl_6^-$ 离子只存在于浓 HCl 溶液中,HCl 浓度较小时发生部分水解,主要以 $[Sb(OH)_nCl_{6-n}]^-$ 形式存在.

HCl($mol \cdot L^{-1}$)	12	8	6	5
n(主要物种)	0	1	2	3

当溶液的 pH 值在 2-12 范围内,$SbCl_6^-$ 水解是完全的. 并且其水解反应是一个 SN_2 反应.

3.8 锑的有机衍生物[1,7,9,16]

合成的第一个锑的有机化合物是三乙基锑,它是 1850 年 Löwig 和 Schweizer 首次公布的. 到现在已有 100 多年,但近 20 多年来发表的文章就超过前 100 多年的总和.

3.8.1　配位数为 2 的锑有机化合物

1971 年 A. J. Ashe 合成了锑苯 SbC_5H_5 (),它极不稳定,在 −80℃ 就聚合成一个棕色的焦油状物质.

烷基氧锑如 CH_3SbO, C_2H_5SbO 构成配位数为 2 的锑有机化合物的一大类. 它们是白色非晶态粉末. 但芳香氧锑(如 C_6H_5SbO)一般都是通过氧桥的聚合物

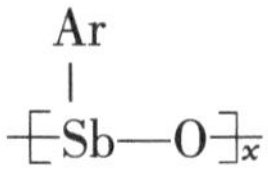

3.8.2　配位数为 3 的锑有机化合物

一个激发人们兴趣的 3 配位有机锑化合物是 $[PhSb\{Mn(CO)_2 \cdot (\eta^5-C_5H_5)\}_2]$,它是第一个平面三角形 Sb(Ⅰ)化合物的实例[16]. 这个金色的结晶是用冠醚(18 冠 −6)作催化剂 THf(四氢呋喃)作溶剂,按下式合成的:

$$[(\eta^5-C_5H_5)(CO)_2MnSbPhI_2] + [(\eta^5-C_5H_5)Mn(CO)_2] \cdot THf$$

$$\xrightarrow[18\text{冠}-6]{K/THf} [PhSb\{Mn(CO)_2(\eta^5-C_5H_5)\}_2] + 2KI + \cdots$$

其结构如图 14.29. 键角和键长数据表明桥连基团 $\{PhSb^{I}\}$ 被 Sb—Mn 间 π 相互作用所稳定.

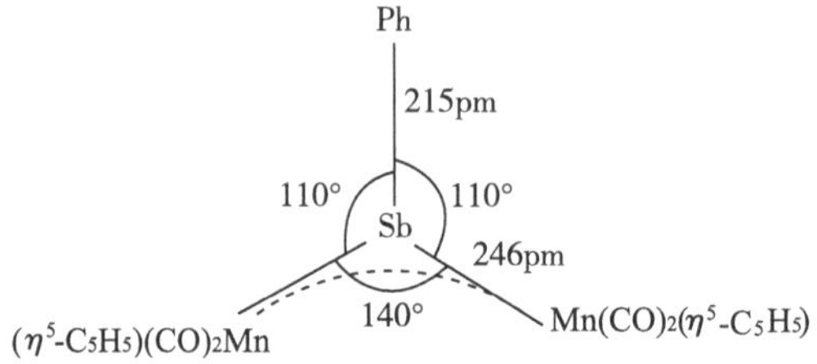

图 14.29　$[PhSb\{Mn(CO)_2(\eta^5\text{-}C_5H_5)\}_2]$结构

但是,最典型的是 SbR_3(其中 R 为脂肪基团和芳香基团)、R_2SbX 或 $RSbX_2$(其中 X 代表无机或除 C 原子以外的与 Sb 键合的有机基团)几种.

对称的化合物 SbR_3 的合成方法,最重要的是用 SbX_3(X = 卤素, OR, NR_2)与 Grignard 试剂反应. 如 C_2H_5MgBr 和 $SbCl_3$ 在乙醚中回流 30min,然后用 NH_4Cl 水溶液处理,蒸馏分出的乙醚层,可以 80% −85% 产率获得 $(C_2H_5)_3Sb$. 也可用有机锂和有机铝代替 Grignard 试剂. 同时卤化锑与钠 − 卤代烷的反应也是很有用的方法.

Sb_2O_3 也可作为合成烃基锑的起始物,如

$$Sb_2O_3 + (CH_3CH_2)_6Al_2 \longrightarrow 2(CH_3CH_2)_3Sb + Al_2O_3$$

非对称的烃基锑 $R^1R_2^2Sb$ 和 $R^1R^2R^3Sb$，可从 R_2^2SbX（X = 卤素，NR_2）和 R^2R^3SbX 或 R^1SbX_2 等中间物出发来制备．如

$$R_2SbX + R^1MgX \longrightarrow R_2SbR^1$$

$$RSbX_2 + 2R^1MgX \longrightarrow R_2^1SbR$$

$$R^2R^3SbX + R^1MgX \longrightarrow R^1R^2R^3Sb$$

三烃基锑分子是三角锥结构．锑原子上有未共同的电子对，是电子对的给予体，可与一些金属离子形成配合物．正由于此，它们广泛用作催化剂．如三乙基锑在 Ziegler-Natta 合成中与 $AlCl_3$，$TiCl_4$，$ZnCl_2/Al(C_2H_5)_3/TiCl_3$，$C_2H_5AlCl_2/Ti(OC_4H_9)_4$ 或 $AlCl_3/TiCl_3/Al(C_2H_5)_3$ 作为烯烃聚合的共催化剂．三苯基锑也与一些催化剂组成对许多反应的共催化剂．

Ph_3Sb 也是聚酯和环氧树脂的阻燃剂．也发现它阻止钢在 1－5mol　L^{-1} H_2SO_4 或 HCl 中的腐蚀，以及在有过量 I_2 的存在下可将 Pd^{2+}，以 $PdI_2[Sb(C_6H_5)_3]_2$ 形式从水相萃入有机物相（如苯）中．

三烃基锑是无色的具挥发性的液体或固体．二个典型的三烃基锑的物理性质列于表 14.29 中．

表 14.29　$SbMe_3$ 和 $SbPh_3$ 的一些物理性质

物理性质	$SbMe_3$	$SbPh_3$
熔点（℃）	－62	55
沸点（℃）	80	—
M－C 平均键能（$kJ\cdot mol^{-1}$）	215	244

R_2SbX 和 $RSbX_2$ 类型的化合物有烃基䏲、烃基锑卤化物、烃基锑含氧化物等．

烃基䏲一般可由相应的卤化物制得．如二甲基䏲 Me_2SbH（沸点 60℃）比较好的制备方法是将 Me_2SbBr 与 $LiHB(OMe)_3$（1:2mol）放在二甘醇二甲醚［$O(CH_2CH_2OCH_3)_2$］中，在 －40℃ 反应．二乙基䏲可用 $LiAlH_4$ 还原相应的溴化物得到．用 $NaBH_4$ 或 $LiAlH_4$ 在 －50℃ 乙醚中还原苯基碘化锑可得苯基䏲．

同烃基胂一样，烃基䏲也是很毒的挥发性物质，并且从 AsH_3 至 SbH_3 的稳定性明显降低也反映在它们的有机衍生物中，即烃基䏲比烃基胂更不稳定．在室温下储存在玻璃管中的烃基䏲会慢慢分解放出 H_2：

$$2Me_2SbH \longrightarrow Me_2Sb—SbMe_2 + H_2$$

$$nPhSbH_2 \longrightarrow (PhSb)_n + nH_2$$

它们也很容易氧化为相应的 $RSb(OH)_2$，$R_2Sb(OH)$．烃基䏲与酸作用则可转为相应卤化物：

$$Me_2SbH + HCl \longrightarrow Me_2SbCl + H_2$$

用 SO_2 或 $SnCl_2$ 在氢卤酸中还原胂酸,可得相应的烃基卤化锑:

$$RSbO_3H_2 + SnCl_2 \longrightarrow RSbCl_2 + SnO_2 + H_2O$$

$$R_2SbO(OH) + SnCl_2 \longrightarrow R_2SbCl + SnO_2 + HCl$$

而 HI 或 NaI 与烃基氯化锑进行交换则得到烃基碘化锑. 但 Ph_2SbF 就不能由氟化 Ph_2SbCl 或 SbF_3 苯基化得到. 这个白色晶体(m. p. 154℃)是按下列步骤合成的:

$$PhSiCl_3 \xrightarrow[\text{无水}]{SbF_3,80℃} PhSiF_3 \xrightarrow[\text{溶液}]{NH_4F} [NH_4]_2[PhSiF_5] \xrightarrow[\text{溶液}]{SbF_3} Ph_2SbF$$

它是由 F 桥连接的假三角双锥体构成的无限链状结构,图 14.30.

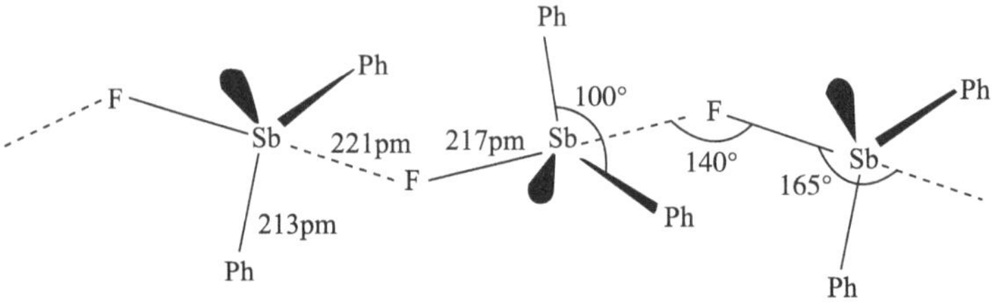

图 14.30　Ph_2SbF 结构

烃基锑含氧化合物,$(RSb)_2O$ 和$(RSbO)_x$,都可由相应烃基卤化锑在碱溶液中水解得来. 如

$$n\text{-}PhSbX_2 \xrightarrow{NaOH} (PhSbO)_n$$

$$Ph_2SbCl \xrightarrow{KOH} (Ph_2Sb)_2O$$

也可由烃基锑酸还原得到:

$$n\text{-}PhSbO(OH)_2 \xrightarrow{SO_2} (PhSbO)_n$$

当加热 PhSbO 时,将失去 Sb_2O_3,得到$(Ph_2Sb)_2O$:

$$4PhSbO \xrightarrow{100℃} (Ph_2Sb)_2O + Sb_2O_3$$

但当温度较高时,$(Ph_2Sb)_2O$ 会继续失去 Sb_2O_3:

$$6(Ph_2Sb)_2O \xrightarrow{200℃} 8Ph_3Sb + 2Sb_2O_3$$

$(Ph_2Sb)_2O$ 可被 H_3PO_2 还原为四苯基二锑:

$$(Ph_2Sb)_2O + H_3PO_2 \longrightarrow Ph_2Sb—SbPh_2$$

它在空气中吸收氧而得过氧化物.

$$Ph_2Sb—SbPh_2 + O_2 \longrightarrow Ph_2Sb—O—O—SbPh_2$$

3.8.3　配位数为 4 的锑有机化合物

下面主要讨论 R_3SbO,$R_2SbO(OH)$,$RSbO(OH)_2$ 等化合物.

R_3SbO 通常由 R_3SbX_2 水解或从 R_3Sb 氧化得来．后一反应在空气中很难控制，较好的氧化剂是 HgO 和 H_2O_2．如用无水乙醚中的 HgO 可将三甲基锑氧化，产率可达 70% –90%，

$$Me_3Sb + HgO \xrightarrow{\text{乙醚}} Me_3SbO + Hg$$

用 32% H_2O_2 的丙酮溶液，三苯基锑可被氧化为 Ph_3SbO，产率在 80% 以上．

由芳香重氮化物与相应的卤化锑反应可得到芳烃基锑酸．

$$[Ar\text{—}N^{\oplus}\equiv N]Cl^{\ominus} + SbCl_3 \xrightarrow[\text{溶液}]{Cu^{2+}} ArSbO(OH)_2$$

$$[ArN^{\oplus}\equiv N]Cl^{\ominus} + ArSbCl_2 \xrightarrow{\text{丙酮}} Ar_2SbO(OH)$$

这些化合物常作为制备金属锑有机化合物的起始原料．

锑叶立德也已制得，可用重氮四苯基环戊二烯与 Ph_3Sb 反应得到，

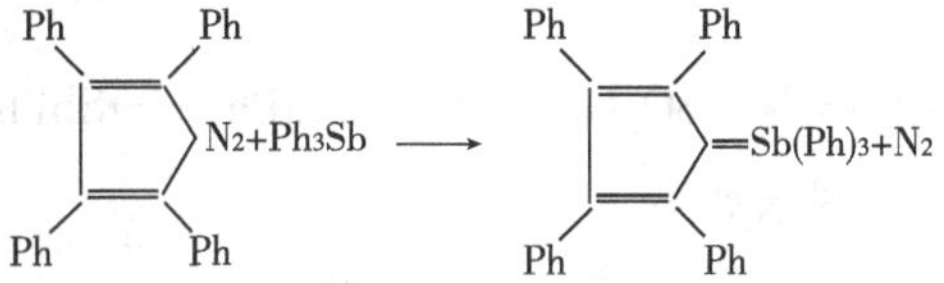

这是制备 As，Sb，Bi 叶立德的通用方法．反应过程可理解为重氮四苯基环戊二烯失去 N_2 而成为相应的卡宾，

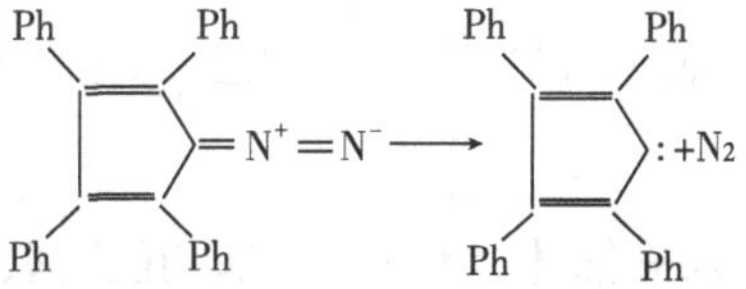

卡宾和 Ph_3Sb 结合成富烯，然后 Sb 给出电子而得到叶立德：

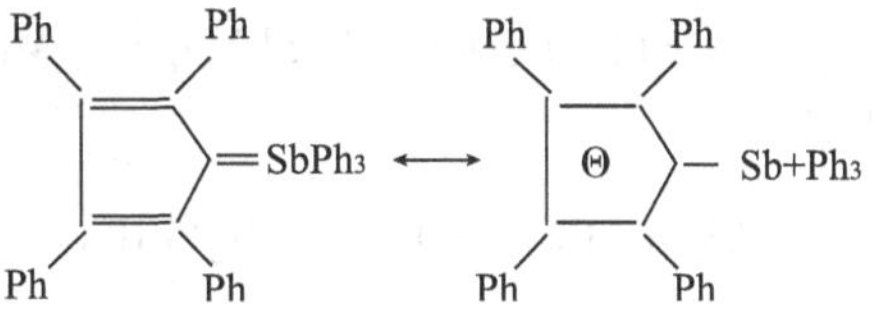

3.8.4 配位数为 5 的锑有机化合物

五苯锑 Ph_5Sb 引起了人们极大的注意，因为它是主族元素中具有 10 个价电子分子，但其结构与其说是三角双锥，还不如说是四方锥的第一个已知的例子．如图 14.31 所示．这个分子中 Sb 原子处在由 4 个 C(Ph 中的)原子构成的底的平均平面上 46 pm 处，这 4 个 C 原子本身交错于这个底的上下约 16 pm. 因此这个分子与真正四方锥稍有偏差，但还有二重轴．$AsPh_5$ 和 $Sb(4\text{-}MeC_6H_4)_5$ 有三角双锥结构，为什么 $SbPh_5$ 不采取三角双锥结构的理由还不清楚．可能部分地与晶体的密堆积力(crystal packing force)有关．另外，四方锥和三角双锥构型有非常类似的能量，

分子间的力有一很小的变化就可以相互转化.

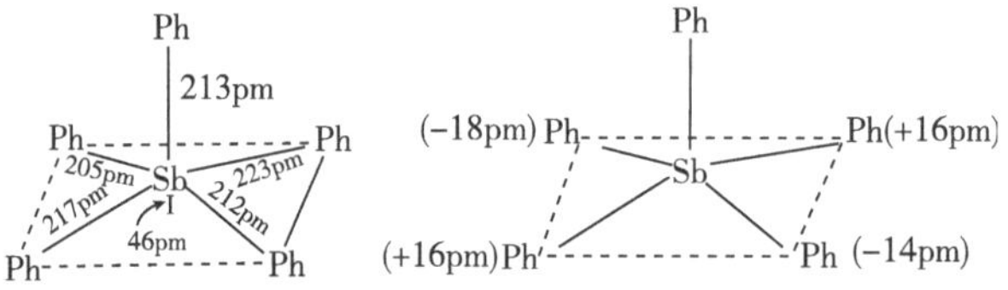

图 14.31　Ph_5Sb 结构

从 $SbPh_3$ 出发,经过氯化得到 Ph_3SbCl_2,然后再与 LiPh 反应即得 $SbPh_5$:

$$Ph_3SbCl_2 + 3LiPh \longrightarrow 2LiCl + Li[SbPh_6]$$

$$\xrightarrow{H_2O} LiOH + C_6H_6 + SbPh_5$$

或按下式来制备:

$$Ph_3Sb = N - SO_2C_6H_4CH_3 + 2LiPh \longrightarrow SbPh_5$$

五苯锑的主要反应,图示如下:

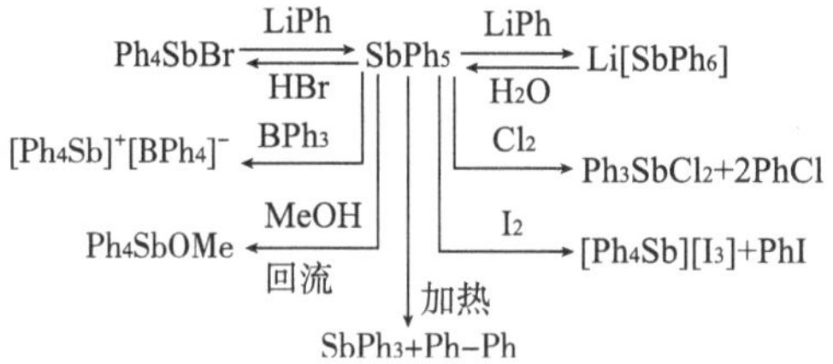

到目前为止五烷基砷未见描述,但是五甲基、五乙基、五乙烯基、五丙基锑都是已知的. $SbMe_5$(熔点 −19℃,沸点 127℃)易氧化,也易水解. 它类似于 $SbPh_5$,与 LiPh 反应给出 Li[$SbMe_6$],与 BPh_3 反应给出$[SbMe_4]^+[MeBPh_3]^-$. 这些五烃锑化合物的主要合成方法是:

$$R_3SbBr_2 + 2R' - Li \longrightarrow R_3SbR'_2$$

$$R_4SbBr + R'—Li \longrightarrow R_4SbR'$$

或

$$SbCl_5 + 5R - Li \longrightarrow R_5Sb$$

五配位的烃基卤化锑 R_nSbX_{5-n} 中,最容易获得的是 R_3SbX_2 一般用 X_2 或 SO_2Cl_2 氧化 R_3Sb,如

$$Ph_3Sb + SO_2Cl_2 \xrightarrow{℃,甲苯} Ph_3SbCl_2$$

但相应的氟化物则从氯化物得来.

$$(C_6H_5CH_2)_3SbCl_2 + 2AgF \longrightarrow (C_6H_5CH_2)_3SbF_2 + 2AgCl$$

以 Me_3SbX_2 作为代表,这类化合物的主要反应图示如下:

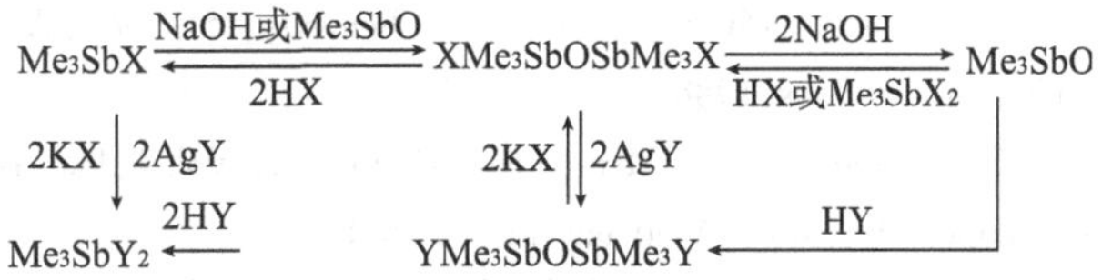

其中 X = Cl,Br,Y = NO_3.

R_4SbX 型的化合物可由相应的 4 配位数的化合物与 Grignard 试剂反应制得,如

$$Ph_3SbCl + PhMgBr \longrightarrow [Ph_4Sb]Br$$

或者用适当的有机锡与有机锑反应,如

$$(CH_3)_5Sb + (CH_3)_3SnX \longrightarrow (CH_3)_4SbX + (CH_3)_4Sn$$

R_2SbX_3 和 $RSbX_4$ 都比 R_3SbX_2 更不稳定. 它们常用适当烃基卤化锑与相应的卤素反应来制取,如

$$Me_2SbCl + Cl_2 \longrightarrow Me_2SbCl_3$$

$$MeSbCl_2 + Cl_2 \longrightarrow MeSbCl_4$$

已知在有机溶剂,如 CH_2Cl,$CHCl_3$ 或 C_6H_6 中,Me_2SbCl_3 是具有平伏甲基的 C_{2v} 群对称,但是在固体中是氯桥连接的二聚体,甲基处于反式,分子具 D_{2h} 群对称,如图 14.32 所示. 用 X 射线对 Ph_3SbCl_2 的分析也证明它有类似的 Cl 桥连接的二聚体结构

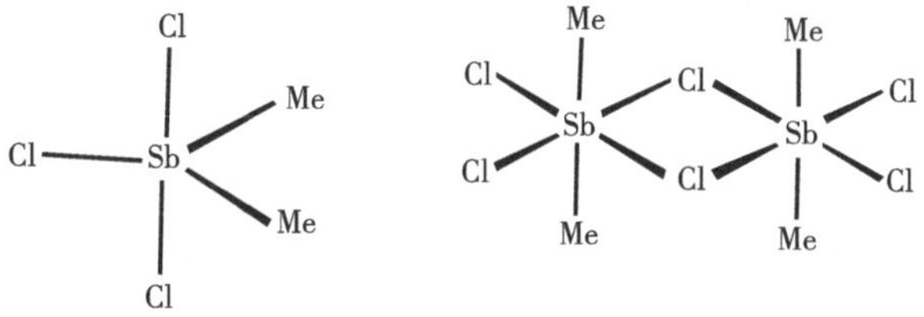

图 14.32 Me_2SbCl_3 的结构

参 考 文 献

[1] J. D. Smith, Arsenic Antimony and Bismuth, (Chapter 21 of Comprehesive Inorganic Chemistry), Pergamon Press, 1975.

[2] 日本分析化学会编,邵俊杰译,周期系与分析化学,人民教育出版社,1981.

[3] 韦克思著,黄素封译,化学元素的发现,商务印书馆,1965.

[4] J. DonoHue, The Structure of the Elements, 436, Wiley, 1947.

[5] A. F. Wells, Structural Inorganic Chemistry, 5th ed., Oxford Univer - sit y Press, 1984.

[6] [波] Z. 马钦科著,元素的分光光度测定,地质出版社,1983.

[7] N. N. Greenwood and A. Earnshaw, Chemistry of the Elements, Pergamon Press, 1984.
[8] F. A. Cotton and G. Wilkinson, Advanced Inorganic Chemistry, 5th ed., A Wiley Interscience Publication, John Wiley and Sons, 1988.
[9] Hans Zimmer and Kurt Niedenzu ed., Methodicum Chimicum, Vol. 7, Part B, Main Group Elements and Their Compounds, York, Academic Press, 1978.
[10] [苏] Г. Г. 杰维蒂赫, A. Д. 佐林著,解崇绅译,超纯挥发性无机氢化物,科学出版社,1985
[11] D. B. Sowcrby ed., Main Group Elements Groups IV and V, London, Butterworths. 1975.
[12] F. 巴索洛著,高忆慈等译,无机化学前沿,兰州大学出版社,1988.
[13] G. Glong *et al.*, *Inorg. Nuclear Chem. Letters*, 5, 21(1969).
[14] T. Birchall *et al.*, *Chem. comm.*, 675(1970).
[15] [日]田部浩三、野依良治著, 崔圣范译, 超强酸和超强碱, 化学工业出版社, 1986.
[16] J. Von Seyerl and G. Huttner, *Angew. Chem.*, *Int. Edn.* (*Engl*), 17, 843(1978).

14.4 铋

4.1 元 素 铋

4.1.1 铋的发现和历史

铋有天然金属，从它的氧化物矿提炼铋只需用碳作还原剂，因此，据说它的发现比氮(1772 年)、磷(1669 年)要早，可能在中世纪人类已经得到了金属铋．但长期以来，一直把它误认为是铅、锡或锑的变种，而不是一种独立的元素．例如，16 世纪的世界著名的医学家和炼金家 Paracelsus(1493—1541 年)曾说有两种不同的锑，一种是黑的，用于提纯黄金，与铅非常相似；另一种(即铋)是白的，和锡很相似．大致在相同时期，当时欧洲著名的萨克森矿区的工人亦曾从矿石炼得铋，但他们却以为它和锡一样是铅的变种．因此，铋是一种长期被误解的元素，它的确切发现日期被一些炼金家、矿工和金属工作者弄得难以确定了．

实际上，德国在 15 世纪已经用铋矿(氧化铋和硫化铋)与焦炭一起加热制得了金属铋，并把它作为器物表面装饰清漆的基质，由于涂料工业的发展，对铋的需求量越来越大，这时开始把铋用于印刷合金的组分中．但当时普遍地把铋视为铅的 3 个变种(铅、锡、铋)之一．

有个别学者在 16 世纪中叶已认为铋是一种独立的金属．例如，被称为采矿学之父的德国采矿和冶金学家 Agricola(1494—1555 年)在他的名著《金属学》(在他死后的次年出版)中深信铋是不同于锡、铅的一种特殊金属，这种观点超乎当时一切学者之上，因为直到 18 世纪还有一些学者认为铋不是一种元素．例如 1713 年出版的《法国科学院院报》，有著者说铋是粗硫、水银、砷和土 4 种物质合成的.

1753 年发表了 C. J. Geoffroy 的遗著《铋的化学分析》，书中认为铋是绝不同于铅的另一金属．现在通常认为，铋作为一种独立金属的明确概念是自此书出版之后才开始确立的．

4.1.2 铋的存在和分布

在地壳中铋的平均含量为 0.008 ppm，即每吨地壳物质平均仅含 0.008 克铋，它称得上是十分稀少的元素．铋的丰度大致是同分族元素锑(0.2 ppm)的 1/25、砷(1.8 ppm)的 1/225，它比银少 10 位，仅与其他贵金属钯(0.015 ppm)、铂(0.01 ppm)、锇(0.005 ppm)，金(0.004 ppm)的丰度相近．在地壳元素的丰度中铋排第

69 位．据估计，宇宙各种星球及星际介质中，铋的含量也是微不足道的．

铋在自然界有少数游离金属存在．但它主要以化合态存在于矿石中，一般是铋的氧化物 Bi_2O_3，硫化物 Bi_2S_3 及碱式碳酸盐 $(BiO)_2CO_3$．含铋的主要矿物是：

1. 辉铋矿

它是铋的原生矿物，含有硫化铋，是冶炼铋的主要矿物．一般它与锡、铅、硒、碲、铜、砷等元素的硫化物共生，形成复合硫化物矿，如硒辉铋矿（$BiSe_3S_3$），碲辉铋矿（$BiTe_2S$），铜铋矿[$3(Cu_2Ag_2Pb)S \cdot 4Bi_2S_3$]．

2. 铋华

这是铋的氧化物矿，常夹杂于辉铋矿内，一般认为它是由辉铋矿风化产生的．

3. 菱铋矿

它是含水不定的碳酸铋（$n Bi_2O_3 \cdot m CO_2 \cdot H_2O$），地质学家认为它也是由辉铋矿风化而成的．

上面提到游离态的天然金属铋，往往混存在砷、锑矿之内，它本身纯度有时可达 95% – 99.9%，然而数量很少．

已发现的铋矿均与其他金属矿物共生，很少形成有单独开采价值的铋矿床．

世界铋资源分布很不均匀．主要集中在南美洲、亚洲及澳洲一些地区．表 14.30是世界铋资源的分布情况（不包括中国）．

表 14.30　世界铋资源

产　区	资源量(t)	产　区	资源量(t)	产　区	资源量(t)
美国	13608	秘鲁	12702	日本	57607
加拿大	9072	法国	2268	澳大利亚	26309
墨西哥	14061	南斯拉夫	1361	南朝鲜	4536
玻利维亚	15876	非洲	907	其他	12701

我国的铋资源很丰富，主要分布在湖南、广东、江西等省．近年来在广西、云南、甘肃等地也有发现．我国铋矿大都与钨、钼矿共生．

4.1.3　铋的生产和应用

铋的主要矿物是辉铋矿（Bi_2S_3）及铋华（Bi_2O_3），但它们总是共生于某些金属如钨、钼、铅、锡为主的矿物中．对这些主金属进行选矿（如磁选、重选、浮选）过程中，可以得到生产铋的铋精矿，后者含铋一般在 15% 以上，有的多达 60%．某些金属在冶炼或精炼时，也可得到含铋较高的副产物，如电解法精炼铅或锡所得的阳极泥、熔炼铅所得铅钙镁渣、熔炼锡所得锡钙镁渣等均可作为生产铋的原料，它们一般含铋为 5% – 15%，所以铋常常作为 Pb，Sn 或 Cu 生产工艺的副产品．

铋的冶炼分粗炼及精炼两个阶段.

1. 铋的粗炼

粗炼通常使用“火法”,即高温熔炼法. 根据铋精矿中成分不同,分别采用还原熔炼、沉淀熔炼和混合熔炼三种方法.

(1)还原熔炼

这种方法适用于氧化铋精矿. 将铋精矿同还原剂煤粉或木炭粉、焦炭粉一同加入高温炉中,同时还需加入一定量的熔剂使铋精矿中的脉石成分二氧化硅、氧化铝及氧化钙等形成熔渣(造渣作用). 溶剂通常使用纯碱及萤石. 配料中有时还加入少量铁屑以除去氧化铋精矿中可能夹杂的硫. 冶炼炉中主要是氧化铋的还原反应:

$$Bi_2O_3 + 3C \longrightarrow 2Bi + 3CO$$

$$Bi_2O_3 + 3CO \longrightarrow 2Bi + 3CO_2$$

CO 还可能将杂质金属的氧化物还原,如

$$PbO + CO \longrightarrow Pb + CO_2$$

这些杂质金属溶于铋中组成还原熔炼产物粗铋.

冶炼炉中的造渣反应有:

$$SiO_2 + Na_2CO_3 \longrightarrow Na_2SiO_3 + CO_2$$

$$Al_2O_3 + Na_2CO_3 \longrightarrow 2NaAlO_2 + CO_2$$

$$As_2O_5 + 3Na_2CO_3 \longrightarrow 2Na_3AsO_4 + 3CO_2$$

$$Sb_2O_5 + 3Na_2CO_3 \longrightarrow 2Na_3SbO_4 + 3CO_2$$

上述反应产物中的易熔盐类组成冶炼炉中的稀渣. 如果原料精矿中含铜较多时,为了回收铜,通常还在炉料中加入少量黄铁矿,与铜反应如下:

$$2Cu + FeS_2 \longrightarrow Cu_2S + FeS$$

产物称为冰铜. 由于稀渣、冰铜和粗铋的比重不同,在冶炼炉内分离成为上、中、下三层,上层为稀渣,中层为冰铜,下层为粗铋.

但是,由于氧化铋精矿来源有限,还原熔炼在冶铋工业中实际采用的并不多.

(2) 沉淀熔炼

这种方法适用硫化铋精矿　与铋精矿一道在炉中同时加入还原剂铁屑,由于生成硫化亚铁的 Gibbs 自由能比生成硫化铋(以 1mo1S 计)的负值更大,所以硫化铋可被铁置换产生金属铋:

$$Bi_2S_3 + 3Fe \longrightarrow 2Bi + 3FeS$$

同时也有部分金属杂质从硫化物中被置换出来进入金属铋中组成粗铋,沉于冶炼炉的下层. 这是沉淀熔炼的主要反应. 同样,由于硫化铋精矿中含有脉石,须于炉中加入纯碱和萤石,使与脉石进行造渣反应. 此外,置换反应产生的 FeS 与铋精矿

中的 Cu_2S 组成冰铜. 粗铋、冰铜、炉渣在炉内分为下、中、上三层,自下层所得即为粗铋.

铋精矿中以辉铋矿居多,所以沉淀熔炼方法在冶铋中应用较为普遍.

(3) 混合熔炼

这种方法适用于硫化铋和氧化铋的混合精矿. 在同一冶炼炉内对硫化铋进行置换沉淀熔炼,对氧化铋进行还原熔炼. 应当指出,矿料中的硫化铋和氧化铋彼此还能进行氧化还原反应产生金属铋:

$$Bi_2S_3 + 2Bi_2O_3 \longrightarrow 6Bi + 3SO_2$$

上述变化称为反应熔炼. 这样就可减少炉料中添加剂的投入量. 因为冶炼炉中同时进行着上述三类变化:沉淀熔炼、还原熔炼以及反应熔炼,故称为混合熔炼.

许多铋精矿都由硫化矿和氧化矿组成,所以混合熔炼应用也很广泛. 有时为了减少添加剂的投入量,还在硫化铋精矿中加入一定比例的氧化铋渣,采用混合熔炼的方法.

有些硫化铋矿也可用湿法处理以生产粗铋. 其方法大体可分为三个主要步骤.

(1) 三氯化铁-盐酸浸出　在硫化铋矿中加入三氯化铁与盐酸的混合液,这时 Bi_2S_3 为 $FeCl_3$ 溶解生成可溶性的三氯化铋:

$$Bi_2S_3 + 6FeCl_3 \longrightarrow 2BiCl_3 + 6FeCl_2 + 3S$$

同时,$FeCl_3$ 还能溶解矿中夹杂的少量天然铋:

$$Bi + 3FeCl_3 \longrightarrow BiCl_3 + 3FeCl_2$$

矿中如果含有氧化铋则为盐酸所溶解:

$$Bi_2O_3 + 6HCl \longrightarrow 2BiCl_3 + 3H_2O$$

浸渍液中加入盐酸还在于防止 $BiCl_3$ 水解为不溶性的 BiOCl 沉出.

(2) 铁粉置换　原料矿中各种形式的铋经浸出后都生成 $BiCl_3$ 溶液. 可加铁粉将金属铋置换出来:

$$2BiCl_3 + 3Fe \longrightarrow 2Bi + 3FeCl_2$$

这时沉淀出来的铋成为海绵状.

(3) 海绵铋的熔炼　将沉淀生成的海绵铋加热熔化铸成铋锭. 但是,直接熔化海绵铋将发生严重的氧化,因此工业上实际熔化铋是在熔融的氢氧化钠(熔点318.4℃,密度 $2.13g \cdot cm^{-3}$) 中进行. 这样既可防止铋氧化,而且生成的液铋(熔点271℃,同温液体密度为 $10.064g \cdot cm^{-3}$)下沉易于聚集. 同时,铋的氧化物及其中某些杂质亦能为 NaOH 所吸收. 下层铋液经流铸成一定大小的铋锭. 由于其中仍含有某些杂质,产品属于粗铋,须进一步精炼.

2. 铋的精炼

上面所述无论是火法或湿法,得到的均是粗铋,须进一步精炼才能成为商品铋. 粗铋中所含杂质一般为 As,Sb,Te,以及 Pb,Cu,Zn,Sn,Ag 等. 精炼也分为火法精炼及电解精炼两种方法.

(1)火法精炼 通常由下列工序组成:

(ⅰ)熔析除铜及加硫除铜 由于铜与铋在固态时不互溶. 图 14.33 示出了铜-铋系统的状态变化关系,可见这两种金属的共晶点为 271℃,其中仅含铜 0.5%(原子)或 0.15%(质量). 在共晶点以上析出的几乎全是由铜组成的固体,所以将粗铋熔化以后进行冷却,即有 Cu 逐渐析出,分离除去,称为熔析除铜.

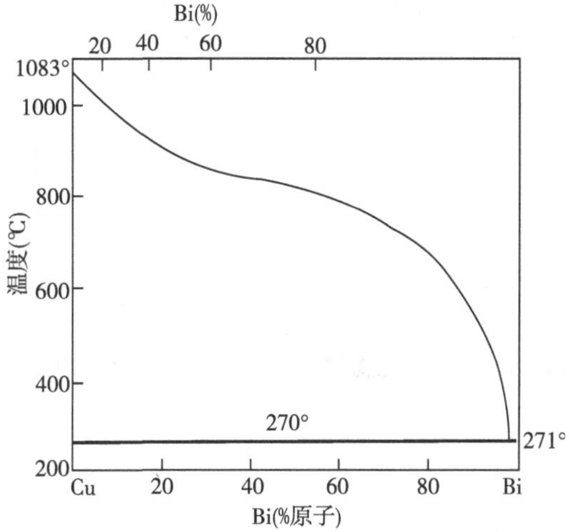

图 14.33 Cu-Bi 系统状态图

也可采用加硫于熔融粗铋中以除铜的方法,反应可能首先生成硫化铋:

$$2Bi + 3S \longrightarrow Bi_2S_3$$

但由于生成硫化亚铜的 Gibbs 自由能比硫化铋的负值更大(以 1molS_2 计)(参阅图 14.34),因此,Bi_2S_3 可与 Cu 进一步发生下述反应:

$$Bi_2S_3 + 6Cu \longrightarrow 3Cu_2S + 2Bi$$

生成的 Cu_2S 成渣浮于熔融铋的表面,可以捞出加以分离.

(ⅱ)除砷、锑 由图 14-35 可知,As,Sb 氧化物的生成 Gibbs 自由能比氧化铋更负(以 1molO_2 计). 于熔融粗铋中鼓入空气、砷、锑将优先氧化成为 As_2O_3 及 Sb_2O_3. 这两种氧化物在高温(700℃)有极大的挥发性. 因此可以在高温下鼓入空气除砷、锑;也可能有少部分的砷、锑生成不易挥发的 As_2O_5 及 Sb_2O_5,但它们随即进入渣中而分离.

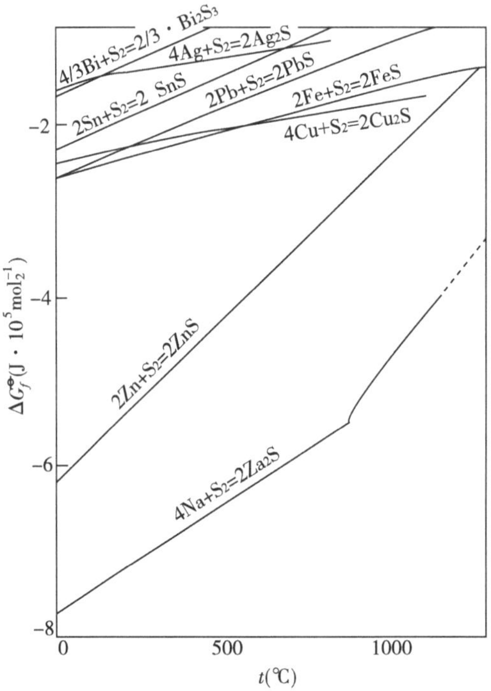

图 14.34　金属硫化物的生成 Gibbs 自由能与温度关系

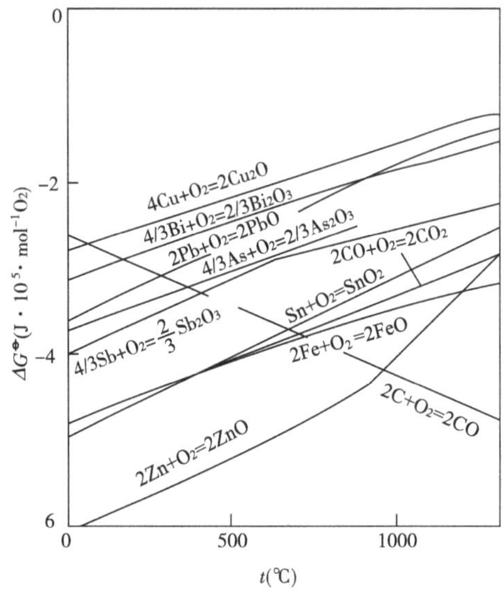

图 14.35　金属氧化物的生成 Gibbs 自由能与温度关系

(ⅲ)除碲和锡　在除砷、锑后的熔铋中继续鼓入空气并加入氢氧化钠，杂质碲经氧化后随即为 NaOH 所吸入成为亚碲酸钠：

$$Te + O_2 \longrightarrow TeO_2$$

$$2NaOH + TeO_2 \longrightarrow Na_2TeO_3 + H_2O$$

将熔融物控制在 500 - 520℃,可保持反应在液态下进行,反应产物成为浮渣得到分离.

在铋液中除加入 NaOH 外,再加入 NaCl 及 $NaNO_3$,可以除去杂质锡. 其主要反应过程如下:

$$5Sn + 6NaOH + 4NaNO_3 \longrightarrow 5Na_2SnO_3 + 2N_2 + 3H_2O$$

$$2Sn + 3NaOH + NaNO_3 \longrightarrow 2Na_2SnO_3 + NH_3$$

加入 NaCl 可以促进 NaOH 对生成 Na_2SnO_3 的吸收,生成为碱性浮渣使锡与铋得到分离.

(ⅳ)除银 下面是银-铋系统的状态图.

从图 14.36 可见银、铋在液态时完全互溶. 在固态时生成有限固溶体. 共晶点为 262℃,共晶中含银 2.5%(重量). 可见虽然铋的熔点比银低得很多,但不能利用熔析法来分离银.

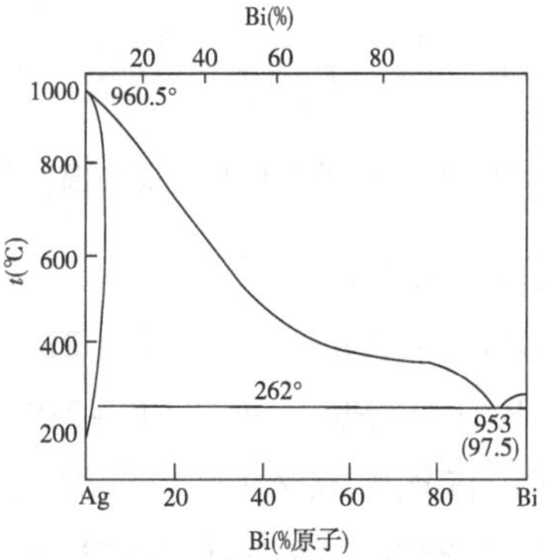

图 14.36 Ag-Bi 系统状态图

粗铋除银往往采用加锌的办法,后者能与银生成 $AgZn_3$(熔点 665℃), Ag_2Zn_5(熔点 656℃)等化合物. 由于这些银、锌互化物几乎不溶于液铋而成为熔渣浮于表面,从而使银得到分离.

(ⅴ)除锌、铅 铅是粗铋中的主要杂质,有时多达 20%,同时加锌除银后,铋中又溶解有约 2% 的锌. 除去它们的有效方法是进行氯化. 图 14.37 是一些金属氯化反应的 $\Delta G°$-温度图. 由图可以看出,生成氯化锌及氯化铅的 Gibbs 自由能的负值比生成 $BiCl_3$ 更大. 因此在熔融铋中通入氯气,锌、铅将发生氯化反应:

$$Pb + Cl_2 \longrightarrow PbCl_2$$

$$Zn + Cl_2 \longrightarrow ZnCl_2$$

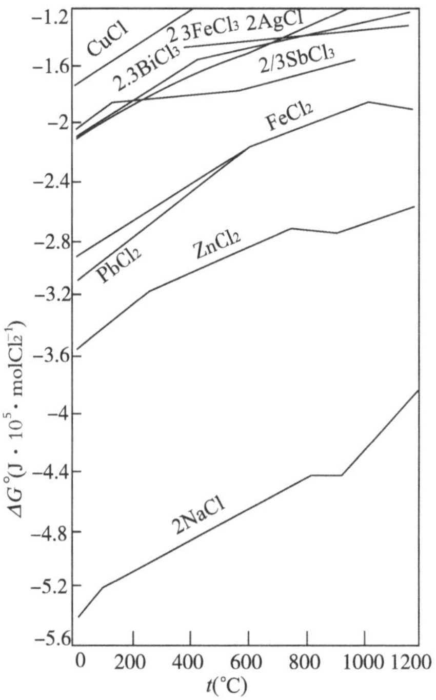

图 14.37　氯化物的生成自由能与温度关系

即使有少量 $BiCl_3$ 生成，也会被 Zn，Pb 所还原：

$$2BiCl_3 + 3Zn \longrightarrow 3ZnCl_2 + 2Bi$$

$$2BiCl_3 + 3Pb \longrightarrow 3PbCl_2 + 2Bi$$

当于熔铋中通入氯气时，首先生成 $ZnCl_2$ 后者熔点为 383℃，密度为 2.9g · cm^{-3} 比液铋小，因此，它上浮在液面．舀出以后，继续通入氯气，即有深灰色氯化铅生成，后者熔点为 498℃，密度为 5.99g · cm^{-3} 也比液铋轻．如果把操作温度控制在 350 – 400℃，生成的氯化铅成为固态上浮在液铋表面，可以捞出分离去．

除铅、锌之后的液铋中含有余氯及痕量的其他金属．此时在液铋中加入适量的 NaOH 及 KNO_3，并鼓入压缩空气，即可将残氯除去并可进一步降低 Fe，Zn，Pb 等杂质金属的含量．将生成残渣捞出以后，最后将所得精铋在模中浇铸成型．

我国对商品精铋的国家标准（GB915-14）规定如下：

品号	铋含量（%）	杂质最高含量（重量%）							
	Bi≥	Cu	Pb	Fe	Zn	Ag	Sb	As + Te	Cl
1 号铋	99.99	0.001	0.001	0.001	0.0005	0.004	0.0005	0.0005	0.0015
2 号铋	99.95	0.003	0.01	0.001	0.005	0.02	0.002	0.001	0.005

(2)电解精炼

将粗铋经火法初步精炼,除去其中大部分杂质特别是As,Sb及Cu等杂质后,铋含量大于90%时,浇铸成一定形状的铋锭作为电解时的阳极材料. 阴极用原先电解析出的精铋铸成. 电解液一般使用三氯化铁-盐酸系统,也可用硅氟酸铋-硅氟酸系统,通以直流电,阳极溶解,在阴极上析出精铋.

电解法精炼的铋一般含量仅达99%,其中杂质有铅、铜、砷、锑、碲、银等. 须再经火法提纯,才能达到国家1、2号精铋的标准.20世纪60年代以后,由于火法精炼技术的进步,所得精铋不但纯度较高,经济效益亦较电解法为佳. 所以近年来,火法精炼铋已逐渐取代电解精炼的工艺.

铋是一种稀有金属,目前世界年产量约4000 t左右. 主要产铋国家在北美有墨西哥、美国和加拿大,在南美有玻利维亚、秘鲁,在欧洲有比利时、西德和英国,在亚洲主要是中国和日本. 此外澳大利亚也生产铋. 其中日本的铋产量约占世界的21.5%,秘鲁占17.2%,玻利维亚占16.7%,墨西哥占15.4%. 近年来我国已成为世界主要产铋国家,产量约占世界的15%-20%.

铋的主要用途是制造易熔合金、作为冶金添加剂及用于制药工业等方面.

大量铋用于生产低熔合金. 表14.31是一些商品易熔合金的成分及熔点.

表14.31 一些商品易熔合金组成及熔点

商品名称	成分(%)	熔点(℃)
二元易熔合金	Bi 55.5,Pb44.5	124
易熔合金	Bi 48,Sb9,Sn14.5,Pb28.5	103
罗氏合金	Bi 50,Sn22,Pb28	96
伍德合金	Bi 50,Sn12.5,Pb25,Cd12.5	70
铋基易熔合金117	Bi 44.7,Sn8.3,Pb22.6,Cd5.3, In19.1	47

易熔合金普遍用作电器保险、自动信号器等.

由铋、锑、锡、铅组成的铅字活金为印刷术作出了不朽的贡献,但是激光照排发明以后,铋在这方面的应用无疑将会锐减. 铋与锡、铅能组成优良的焊锡合金,用于军工生产.

铋也是一些工业合金的添加剂. 例如,在钢中加入微量铋可以增强其加工性能. 锻铸铁中加入微量铋可以提高其抗蚀性. 青铜中添加少量铋可作耐磨轴承和齿轮. 铅中含有0.5% Bi及0.5% Pb可以改善其加工性能,等等.

纯度为99.9999%的超纯铋是用硝酸铋经重结晶提纯后,加热分解成氧化物而后还原制成金属铋,再用真空蒸馏或区域熔炼进行精炼而得. 超纯铋用于原子能工业及半导体工业.

铋的化合物在医药中有广泛的应用. 硝酸氧铋、碳酸氧铋、碱式柠檬酸铋用于治疗胃病,某些铋的化合物也用于外科处理创伤和止血．铋在医药方面的应用超过其他各种用途．表 14.32 是美国 1977 年铋的各类消耗量分配及 2000 年铋需求的预测．

表 14.32　美国 1977 年铋的消耗及 2000 年需求预测[a)]

用　途	1977 年消耗(t)	2000 年预测(t)
制药	529	816
易熔合金	253	454
冶金添加剂	191	318
其他	15	9
总计	988	1597

a) 至 2000 年世界铋的需求总量预计达 6000t 左右．

最近几年在超导研究中还发现铋是某些超导材料的成分．例如,1988 年合成的 Ca, Pb, Sr, Bi, Cu 的复合氧化物便是含铋的超导材料,并于 1989 年制成了它的薄膜,使之进入了实用阶段．

4.1.4　铋的同位素

铋的同位素共有 19 种(见表 14.33)．与砷相似,铋在自然界只有一种稳定同位素^{209}Bi 存在,所以它的丰度是 100%．其余 18 种同位素都具有放射性,分属于三个蜕变系列．^{209}Bi 的核自旋为 9/2,磁偶极矩为 4.039BM,核四极矩为 $-3.4\times10^{-23}m^2$,核磁共振强度 0.137(相对于恒场中质子的强度)．^{209}Bi 具有较大的热中子吸收截面($19\pm2mb, 1mb=10^{-27}cm^2$),为强的中子吸收体．所以铋在原子能工业中有一定的应用,还应该提到,$^{209}_{83}$Bi 算是自然界中最重的稳定同位素,原子序数大于 83 的同位素全都是放射性的.

表 14.33　铋的同位素

同位素	半衰期	衰变方式	同位素	半衰期	衰变方式
^{199}Bi	24m	EC[a)], α	^{208}Bi	3.7×10^5y	EC
^{200}Bi	35m	EC	^{209}Bi		
^{201m}Bi	52m	EC, α	^{210m}Bi	3×10^6y	α
^{201}Bi	1.8h	EC	^{210}Bi	5.01d	β^-, α
^{202}Bi	95m	EC	^{211}Bi	2.15m	α, β^-
^{203}Bi	11.8h	β^+, EC, α	^{212}Bi	60.6m	β^-, α
^{204}Bi	11.2h	EC	^{213}Bi	47m	β^-, α
^{205}Bi	15.3d	β^+, EC	^{214}Bi	19.7m	β^-, α
^{206}Bi	6.24d	β^+, EC	^{215}Bi	7m	β^-
^{207}Bi	30y	EC			

a) EC 指电子捕获．

4.1.5 铋原子的性质及单质的物理性质

铋元素原子的基态电子构型具有氮族元素的典型结构 ns^2np^3，它的原子量(208.9804)由于没有同位素对丰度的干扰，能具有最大的准确值．铋的原子和离子半径在同族中是最大的，但它的电离能和电负性和锑十分相近．铋原子的一些性质列于表 14.34.

表 14.34 铋原子的性质

原子序数	83	电离能(Ⅰ)	0.703MJ · mol^{-1}
原子量(1981)	208.98037	(Ⅱ)	1.610MJ · mol^{-1}
电子构型	[Xe]$4f^{14}5d^{10}6s^26p^3$	(Ⅲ)	2.466MJ · mol^{-1}
共价半径(Bi^{111}单键)	150pm	(Ⅰ+Ⅱ+Ⅲ)	4.779MJ · mol^{-1}
离子半径Bi^{-3}	215pm	(Ⅳ+Ⅴ)	9.776MJ · mol^{-1}
Bi^{+3}	96pm	电负性	1.9
Bi^{+3}	76pm		

金属型铋(α-铋)与α型砷、锑的结构一样，具有层状结构，每个铋原子在同层中与三个相邻较近(r_1)的原子组成三棱锥形(所以，同一层实际是皱纹形的面)，还与位于相邻层中三个较远(r_2)的铋原子组成三棱锥形．原子间的距离 r_1 及 r_2 按 As－Sb－Bi 依次增大，但 r_2/r_1 的比值却依次减小(参见表 14.5)．这表明同层与邻层间的差异在减小，反映了原子金属性的增加，但直至铋的晶格也不是典型金属的紧密堆集．

在较大压力下，铋晶体和锑一样，将转变为简单立方晶格(Bi－Bi 318pm)，在更高压力下，铋能形成体心立方晶格(Bi－Bi 329pm).

常温下，金属铋(α-铋)为银白色略带玫瑰红色，具有明显的金属光泽．铋的一般物理性质载于表 14.35 中．

表 14.35 铋的一些物理性质

熔点(℃)	271.4	电阻(μΩm)	
熔化热(kJ · mol^{-1})	10.8	固体(20℃)	1.16
沸点(℃)	1564	固体(250℃)	2.60
密度(g · cm^{-3})	9.808	液体(271.4℃)	1.28
硬度(Mohs)	2－2.5		
凝固时收缩率(%)	－3.32		

对比铋与同一分族元素砷、锑的物理性质，可以看出铋具有低得多的熔点，但是，它和锑一样，沸点却很高．表明铋、锑有较宽的液态温度范围．与此相反，砷在

常压下没有液态,615℃时直接升华为气体．从表 14.5 所给 a-As 的晶体参数,r_2/r_1 数值较大,表明砷原子与同层三个砷原子组成的四面体比它与邻层三个砷原子组成的四面体紧密得多,所以砷易于生成 As_4 分子而气化．铋晶体中 r_2/r_1 要小些,故不易形成 Bi_4 的气态分子,从而保持了很宽的液态温度区间．金属铋凝固对体积收缩率为负值,即液态铋凝固时体积反而膨胀．在所有元素中只有 Bi, Ge, Ga 具有这种反常的性质．铋的这一特性导致它在合金中的许多重要用途．同时,从上表可以看出,铋在熔化后的导电性反比熔化前增大了,这在金属中也属反常现象．这些特性表明,液态铋的金属特征更为明显．从前面对铋晶体结构的介绍已经看出,在固体铋中,铋原子并不处于最紧密的排列,当铋熔化后,原子的配位数增高,出现了紧密排列,所以体积反而有收缩现象．同时,液态铋中金属键性质必然相应增强,故导电性增大．还应当提到,在所有金属中铋具有最高的抗磁性(质量磁化率为 $17.0\times10^{-9}m^3\cdot kg^{-1}$) 和最高的 Hall 效应系数．

4.1.6　铋的化学性质

与砷、锑相似铋在常温下不与水及氧作用,所以铋在空气中是稳定的. 在加热至熔点时,铋表面氧化生成灰黑色氧化物．铋能与卤素直接作用生成 BiX_3. 在高温下,铋能与许多非金属及金属生成三价铋的化合物,铋的还原电势是正值,即在电动序中铋位于氢之后,所以铋不与非氧化性酸作用,铋能溶于热浓硫酸中,也能顺利地与硝酸作用．与砷、锑不同,铋有生成含氧酸盐的明显趋势,如 $Bi_2(SO_4)_3$, $Bi(NO_3)_3$, $BiAsO_4$, $Bi_2O_2CO_3$, $Bi(IO_3)_3$, $BiPO_4$ 等．铋不与碱作用．

应当指出,铋与氧化剂作用时通常只生成 +3 氧化态的化合物．+5 氧化态铋远不如砷(Ⅴ)及锑(Ⅴ)稳定．这不仅因为铋的第Ⅳ及第Ⅴ电离能之和(9.776mJ · mol^{-1})较大,而且还因为 $6s^2$ 的一个电子激发至 $6d$ 空轨道需要很大的能量,所以由低氧化态铋生成 Bi(Ⅴ)的化合物是很不容易的．

4.1.7　铋的金属间化合物及合金

铋能与许多金属生成铋化物．其中有些具有有趣的结构,有些存在有价值的物理性质而获得特殊的应用．

碱金属、碱土金属及钪、钇、镧系、锕系金属以及一些过渡后金属都能与铋组成金属间化合物．其中较为常见的二元互化物如表 14.36 所示．

由表 14.36 可以看出,铋与碱金属主要生成 M_3Bi 型铋化物,与碱土金属能生成 M_3Bi^2 型铋化物．这类铋化物虽然在形式上可以看成“盐型”化合物,写成 $M_3^+Bi^{3-}$ 和 $M_3^{2+}Bi_2^{3-}$,并在描述它们的化学反应时得到有效的利用,但是,实验表明,在它们的固相中,化合物的离子性实际较少而是具有较多的金属性．这主要因为在它们的晶体中配位数较高并且同类原子间的距离与其单质金属相近．然而很多这类化合物具有较高熔点，说明这些元素形成互化物后原子间增强了作用力．例如，铋的熔点为 271.4℃，钠的熔点为 98℃，而铋化钠 Na_3Bi 的熔点高达 840℃.

表 14.36 铋的二元金属互化物

化合物	结 构	化合物	结 构	化合物	结 构	化合物	结 构
Li_3Bi	(DO_3)	Mg_3Bi_2	La_2O_3(DS_2)	$ZrBi_2$	斜方晶系	NiBi	NiAs(B8)
LiBi	CuAu(LI_0)	Ca_3Bi_2[a)]		$HfBi_2$		$NiBi_3$	斜方晶系
Na_3Bi	Na_3As(DO_{18})	$CaBi_3$[a)]		V_3Bi	Cr_3Si(A15)	Pd_5Bi_3	Ni_2In($B8_2$)
NaBi	CuAu(LI_0)	Sr_3Bi_2		Nb_3Bi		PdBi	
K_3Bi	Na_3As(DO_{13})	$SrBi_3$	$AuCu_3$(LI_2)	$CrBi_2$		PtBi	NiAs(B8)
KBi_2	$MgCu_2$(C15)	Ba_3Bi_2		MnBi	NiAs(B8)	$PtBi_2$	FeS_2(C2)
Rb_3Bi	~NaTl(B32)	Ba_3Bi_3	$CuTi_3$(L_{60})	$RnBi_3$	$NiBi_3$	$AgBi_2$	
$RbBi_2$	$MgCu_2$(C15)	M_4Bi_3[b)]	Th_3P_4(DT_3)	CoBi		Au_2Bi	$MgCu_2$(C15)
Cs_3Bi	~NaTl(B32)	MBi[b)]	NaCl(B1)	RhBi	NiAs(B8)	InBi	LiOH(B10)
$CsBi_2$	$MgCu_2$(C15)	$ThBi_2$	Cu_3Sb(C38)	$RhBi_2$	$CoSb_2$	$InBi_2$	Ni_2In($B8_2$)
		UBi_2	Cu_2Sb(C38)	$RhBi_3$	$NiBi_3$		
		Ti_3Bi	四方晶系	$IrBi_2$	$CoSb_2$		
		Zr_3Bi		$IrBi_3$	$NiBi_3$		

a. 此化合物由相图导出．

b. M 代表 Sc，Y，镧系及锕系元素．

图 14.38 是 Li_3Bi 的晶格结构，它是立方晶格．可以看出每个铋原子有 8 个邻近的 Li 原子(a 或 b)位于立方体的各顶角，并有 6 个稍远的 Li 原子(c)位于八面体的顶角．值得注意的是其中锂原子分为两类：第一类 Li 原子(a 或 b)各有 6 个相邻的 Li 原子位于 335pm 远处(组成一个八面体)，还有 4 个与它相距 291pm 的 Li 原子(位于正四面体的四个顶角)以及 4 个相距 291pm 的 Bi 原子(也位于正四面体的顶角)；另一类 Li 原子(c)，它有 8 个相邻的 Li 原子位于 291pm 处组成立方体8个顶角，还有6个Bi原子位335pm处的八面体顶角．可见，这类铋化

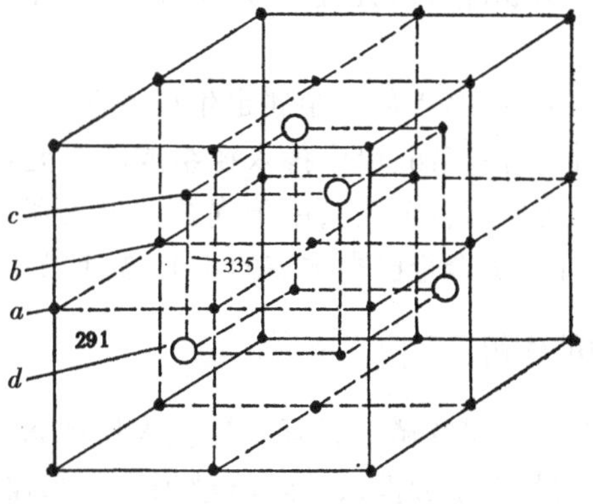

图 14.38 Li_3Bi 的晶格结构(距离单位为 pm)

物晶体中配位数高而且同类原子间距离与纯金属内部相近．例如，在金属锂中 Li-Li 间的距离为 304pm，而在 Li_3Bi 中，Li 原子间最短距离仅为 291pm. 这类化合物还有明显的导电性（同类型的锑化物 M_3Sb 却具有半导性）．所以，这一类铋的金属互化物 M_3Bi 从宏观及微观两方面都表现了明显的金属性特征．

上述铋化物 M_3Bi 部分地溶于融盐如 LiCl-LiF 或 NaCl-NaI 之中．应用冰点下降测定表明这类互化物也有极少电离，如 $Na_3Bi \longrightarrow 3N_a{}^+ + Bi^{3-}$．碱金属铋化物容易被氧化并且能为水及酸所分解．

应当提到，某些通常并不显 +1 价的金属却能生成 M_3Bi 型铋化物，如 Ti_3Bi，Zr_3Bi，V_3Bi，Nb_3Bi 等．而 + 1 价的碱金属有时却生成 MBi 型化合物，如 LiBi，NaBi. 可见在金属互化物中化合价规则并非经常能得到满足，然而在互化物中原子间确实具有较强的作用力，表明化学键的存在．

铋与碱土金属的典型化合物为 M_3Bi_2，如 Ca_3Bi_2，Sr_3Bi_2，Ba_3Bi_2，它们的生成焓及熔点均较高．在化学性质方面类似于碱金属相应的铋化物，能水解并产生较多的氢化物．铋还能与碱土金属组成 MBi_3 型互化物，它们在低温下具有超导性（临界温度 $BaBi_3$ 5. 69K，$SrBi_3$ 5. 62K，$CaBi_3$ 1. 7K ）．

钪、钇、镧系和锕系元素与铋可以生成三类互化物：MBi，MBi_3 和 MBi_2．MBi 具有六配位的 NaCl 型结构，M_4Bi_3 具有磷化钍（Th_3P_4）的体心结构．MBi_2 为 Cu_2Sb 型结构．这些铋化物都有明显的金属性．

铋与过渡金属组成许多具有复杂相图的互化物、相似电子构型的过渡金属常常生成相似化学组成的金属铋化物．由于许多过渡金属含有未配对电子，所以这类互化物一般都是顺磁性的．有的可作磁性材料，例如，MnBi 即是一种良好的永磁性材料．这类互化物低温下也有超导性，不过临界温度都很低，如 Re_2Bi 的临界温度为 2. 2K，$RuBi_3$ 4. 1K，RhBi 2. 0K，NiBi 4. 25K，PdBi 3. 74K. 它们这方面的特性，目前还不可能产生实用价值．

铋与过渡金属还可组成许多多元互化物，如 RhBiSe，InBiTe，MgNiBi，等等，本书不作赘述．

铋与过渡后金属如 IIIA，IVA 族的金属也生成许多互化物，不过 III-V 半导体中，铋化物不具有重要性．但在锡、铅中掺入铋组成的二元或多元合金，许多具有重要工业用途．它们作为低熔合金大量用于锅炉及灭火器上的安全栓，有的也作为焊料，含铋的几种商业易熔合金已在本节的 4. 1. 3 小节中作了介绍．

4.1.8 铋在生物体内的作用

铋是人和生物体内非必需的微量元素．现代人体内含铋平均为 0. 03ppm，比原始人高出约 30 倍．这是由于近世人类环境遭到污染和铋化合物广泛用来治病和制造化妆品的结果．据估算，成人每天从食物中摄入铋量为 5 – 30μg，从空气和饮水中摄入铋很少.

科学研究表明,人体摄入铋后,大部分随粪尿排泄而出,被吸收的量很少. 对整个人体而言,铋在体内的半衰期约为 5 天,但用铋化合物治疗过的病人,铋在肝脏细胞内可能贮留多年.

长期服用或接触高水平的铋,可能引起肾损伤,造成肾小管退化和坏死,也能造成肝的脂肪性变和坏死. 少数铋中毒病例导致神经系统机能性障碍和失调,出现震颤、笨拙、步态不稳甚至神经错乱. 但迄今尚未见到职业性铋中毒的报道.

4.1.9 铋的分析化学

砷分族元素的 M^{3+} 离子能在酸性溶液中与 H_2S 或硫代乙酸铵作用生成不溶于酸的硫化物沉淀,这是经典分析中分离它们的基础.

As_2S_3 和 Sb_2S_3 能与 Na_2S_x 作用生成配离子而溶解,而在同样情况下,Bi_2S_3 则不溶,从而使 Bi^{III} 与 As^{III} 和 Sb^{III} 得到进一步分离,或者利用 As_2S_3 及 Sb_2S_3 能溶于 0.5mol · L^{-1} 的强碱生成含氧阴离子或其硫代阴离子,而 Bi_2S_3 不溶于碱,也可使 Bi^{III} 与同分族元素分离.

利用氧化还原反应可以对 As^{III} 和 Sb^{III} 进行容量分析,但这种方法不适用于铋,因为通常的强氧化剂均不能将 Bi^{III} 氧化为 Bi^{V}.

应用 H_4-EDTA 可以对 Bi^{III} 进行配位滴定,因为配离子[Bi · (EDTA)]$^-$ 的生成常数很大(10^{28}),即使在强酸性溶液(pH = 1 – 3) 中 Bi^{III} 也能与之形成配离子. 配位能力稍差的其他金属离子(如碱土金属离子)不会产生干扰. 应用二甲苯橙作指示剂,可以显示很灵敏的变色.

铋的重量分析可以利用下述几种形式:

	沉淀物	称量形式	灼烧温度(℃)
Bi^{III}	$BiPO_4$	$BiPO_4$	380 – 900
Bi^{III}	*N* – 亚硝基 – β 苯胲铵配合物	Bi_2O_3	960
Bi^{III}	Bi(由 HCHO 还原或电沉积)	Bi	105

应用极谱法,可以获得 Bi(+3)⟶Bi(0)的原还波,由此对铋进行定量测定.

分析少量的铋可以利用显色反应和比色分析.

KI 显色(465nm)

硫脲显色(337 – 470nm)

二硫代氨基甲酸显色(400nm)

二甲苯酚橙显色(540nm)

微量的铋可用发射光谱测定，

阴极发射　波长 289. 8nm

阳极发射　波长 306. 8nm

有时也使用原子吸收光谱测定微量铋，采用波长 223. 1nm，检测灵敏度可达 0. 5ppm.

这种方法用以测定生物体内及环境样品中的铋特别方便．检测极限值为 $0.4\mu gL^{-1}$，也能检出 1g 生物组织中含 1. 5μg 的铋，相对误差不超过 5%．生物样品一般要先用硝酸、硫酸和高锰酸钾一起进行湿法氧化，制成溶液，而后进行检测．最近报道，火花质谱已开始用于检测人体组织中的铋．检测极限值为 0. 002mg/kg 湿重，但目前尚无资料对这种方法的精确度进行评价．

4.2　铋的氢化物

氢化铋 BiH_3 很不稳定，虽然很早就报道了它的存在①，但直到 1961 年才有了它的正式制取方法②：以 $MeBiH_2$ 为原料，在 −45℃以下进行歧化，

$$3MeBiH_2 \xrightarrow{-45℃} 2BiH_3 + BiMe_3$$

也可用 Me_2BiH 为原料制取 BiH_3．这一方法的反应通式为：

$$Me_{3-n}BiH_n \xrightarrow{-45℃} \frac{n}{3}BiH_3 + \frac{3-n}{3}BiMe_3$$

产物必须贮存在液氮中．

BiH_3 和 AsH_3，SbH_3 一样，是剧毒物质．室温下是无色的气体，但数分钟内几乎完全分解．所以有关 BiH_3 的许多物理性质和结构参数都很难测得．用外推法获得的沸点是 16. 8℃．下面是 VB 族元素氢化物的沸点和标准生成焓的数值对比：

	NH_3	PH_3	AsH_3	SbH_3	BiH_3
沸点(℃)	−34. 5	−87. 5	−62. 4	−18. 4	+16. 8
$\Delta H_f^\ominus$(kJ · mol^{-1})	−46. 1	−9. 6(?)	66. 4	145. 1	277. 8

可以看出，As，Sb，Bi 氢化物的标准生成焓均是较大的正值，所以它们都是很不稳定的化合物．BiH_3 的 $\Delta H_f^\ominus$ 的正值特别大，故尤不稳定．BiH_3 的其他性质研究甚少．

---

①1918 年 F. Paneth 首先用放射化学的示踪实验，鉴定出 BiH_3 的微量存在．

②早期以 KBH_4 作还原剂制取 BiH_3 未获成功，后来用 $BiCl_3$ 在 $LiAlH_4$ 的乙醚中，于 −100℃下反应制得了 BiH_3，但产率不足 1%．

4.3 铋的卤化物

4.3.1 铋(Ⅲ)的卤化物

铋(Ⅲ)的所有四种卤化物 BiF_3,$BiCl_3$,$BiBr_3$ 和 BiI_3 都已制得,并已实现为商品化. 与 As,Sb 的三卤化物不同,BiX_3 在强酸性溶液中不易水解,故可用过量的氢卤酸与 Bi_2O_3 作用来制取它们:

$$Bi_2O_3 + 6HX \longrightarrow 2BiX_3 + 3H_2O$$

$BiBr_3$ 和 BiI_3 也可用 $BiCl_3$ 为原料分别与 BBr_3 和 BI_3 作用来方便地制取它们. 此外,还可应用"干法"(即元素直接合成法)来合成 $BiX_3$①. 首先以氮稀释卤素的蒸气,并使其与加热的金属铋作用,所得卤化铋以蒸馏或升华的方法提纯.

卤化铋(Ⅲ)的几种重要物理性质列于表 14.37. 为了便于比较,表中列入了 As,Sb 三卤化物的相应数据.

表 14.37 AsX_3,SbX_3 及 BiX_3 的一些物理性质

化合物	颜色状态(25°)	熔点(℃)	沸点(℃)	密度 ($g \cdot cm^{-3}$)	$\Delta H_f^{\ominus}$($kJ \cdot mol^{-1}$)
AsF_3	无色液体	-6.0	62.8	2.666(℃)	-956.5
$AsCl_3$	无色液体	-16.2	130.2	2.205(℃)	-305.0
$AsBr_3$	浅黄晶体	+31.2	221	3.66(15℃)	-197.0
AsI_3	红色晶体	140.4	~400	4.39(15℃)	-58.2
SbF_3	无色晶体	290	~345	4.38(25℃)	-915.5
$SbCl_3$	白色易潮晶体	73.4	232	3.14(20℃)	-382.2
$SbBr_3$	白色易潮晶体	96.0	288	4.15(25℃)	-259.4
SbI_3	红色晶体	170.5	401	4.92(22℃)	-100.4
BiF_3	灰白粉末	649	900	~5.3	-900
$BiCl_3$	白色易潮晶体	233.5	441	4.75	-37.5
$BiBr_3$	金黄色易潮晶体	219	462	5.72	-276
BiI_3	绿黑晶体	408.6	~542	5.64	-150

BiX_3 在常温下都是固体,颜色比 As,Sb 相应的卤化物略深. 熔点、沸点比后者显著地高. 值得注意的是,BiF_3 的溶、沸点比 AsF_3 及 SbF_3 的高,比同系卤化物 $BiCl_3$,$BiBr_3$ 及 BiI_3 的也高出许多. 这表明 BiF_3 中键型具有明显的离子性. BiX_3 的标准生成焓具有规律性的变化,负值依次减小,这与它们的热稳定性依次降低是

①用 F_2 直接氟化金属铋生成 BiF_3.

相吻合的.

只有 $BiCl_3$ 及 $BiBr_3$ 确证了它们气态分子的结构参数:它们都是三角锥形分子,Bi－Cl 键长 250pm,Bi—Br263pm,键角 ClBiCl 及 BrBiBr 都约为 100°. 研究表明,$BiCl_3$,$BiBr_3$ 的晶体中,仍然存在着类似气态中的三角锥形分子,而且键长及键角基本未变. 例如,在 $BiCl_3$ 晶体中,Bi 有三个最近的 Cl 原子,距离为 248pm,键角约为 100°. 不过 Bi 原子周围还有距离稍远的 5 个 Cl 原子(其中两个与 Bi 相距 324pm,三个与 Bi 相距 336pm),上述 8 个 Cl 原子组成一个双帽三棱柱体. BiI_3 的晶体中,Bi 位于 6 个 I 原子组成的八面体中心,6 个 Bi－I 的键长均相等,为 307pm,键角为 90°. 而 AsI_3 及 SbI_3 晶体中的 As,Sb 原子虽然也位于由 6 个 I 原子组成的八面体内,但与其中 3 个 I 原子相距较近,与另 3 个 I 原子相距较远:

$$\text{As}\begin{cases}\text{3I} & \text{259pm(键角 100°)}\\ \text{3I} & \text{347pm}\end{cases}$$

$$\text{Sb}\begin{cases}\text{3I} & \text{287pm(键角 96°)}\\ \text{3I} & \text{332pm}\end{cases}$$

$$\text{Bi—6I}\quad \text{307pm(键角 90°)}$$

因此,在晶体中已经完全不存在 BiI_3 分子. 有人认为,上述变化表明由共价型的 AsI_3 经过 SbI_3 而转变为离子型的 BiI_3. 但是,As,Sb,Bi 的电负性非常接近,不会带来明显的键型差别. 上述变化很可能是 As,Sb,Bi 的原子体积逐渐增大,Bi 原子只能对称地充满由 6 个 I 原子组成的八面体空间内. BiF_3 的晶体结构完全不同,它是离子晶体. 在晶体中 Bi 为 9 个 F 原子所配位,组成三帽三棱柱形,其中 8 个 F 原子距 Bi 原子较近,一个较远. 在这个晶体中,不存在可以辨认的单个分子. BiF_3 的晶体结构特别紧密,所以它具有高熔点、高密度和极低的挥发性.

4.3.2　铋(Ⅴ)的卤化物

铋的五卤化物已经确知的只有 BiF_5,它是由 F_2 与金属铋直接作用制成的①. 常温下 BiF_5 是无色晶体,熔点为 151℃,沸点为 230℃,在 25℃ 下,密度为 5.4g · cm^{-3}. 在 BiF_5 的晶体中,Bi 为 6 个 F 以八面体形配位,八面体[BiF_6]单元以两个反位 F 原子依次相连组成链状结构. 链中 Bi-F-Bi 桥联角是 180°. 参见图 14.39.

BiF_5 能与水剧烈作用,生成 O_3,OF_2 等强氧化性气体以及棕色的沉淀物,后一

① 将金属铋和氟在 200kPa 压力下加热至 773—873K,产物进行升华即得白色针状结晶的 BiF_5 J. Fischer, E. Rudzitis, *J. Amer. Chem. Soc.*, **81**, 6375(1959).

产物可能是水合的氟氧化铋(V). BiF_5 也能迅速地与碘及硫等反应,50℃以上 BiF_5 能将石蜡油转化为氟碳化物,150℃以上它可把 UF_4 氟化成 UF_6,180℃以上能将溴转化成 BrF_3,把氯转化成 ClF 等. 所以 BiF_5 与 SbF_5 一样,既是强氧化剂也是有效的氟化剂.

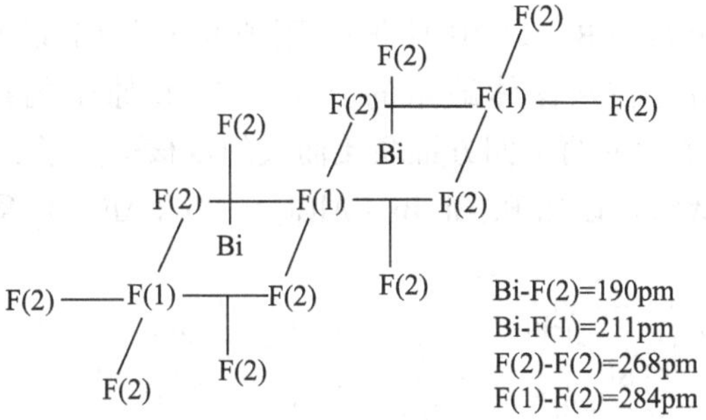

图 14.39 BiF_5 的晶体结构[①]

Bi 不与重卤素形成五卤化物,这可能是 Bi(V)对重卤素离子具有太强的氧化性,使它们不能稳定地存在.

4.3.3 铋的低卤化物

铋能形成氧化态为 +1 或小于 +1 的一些卤化物,总称它们为低卤化物.

铋的一卤化物 BiX(X = Cl,Br,I)可以在加热 Bi-BiX_3 混合物时于平衡蒸气中出现:

$$BiX_3(g) + Bi(l) \rightleftharpoons 3BiX(g)$$

它们连同铋的一氟化物的离解焓 $\Delta H^{\ominus}_{D,298}$ 数据如下:

	BiF	BiCl	BiBr	BiI
$\Delta H^{\ominus}_{D}$(kJ · mol^{-1})	310	297	267	215

除 BiF 是离子化合物以外,其余都是共价化合物.

Bi^+ 离子的存在早在 1971 年已有明确鉴定. 当时用 X 射线的衍射实验测定了氯配合物 $Bi_{10}Hf_3Cl_{18}$ 的结构,发现了 Bi^+ 离子,配合物的结构是(Bi^+)(Bi_9^{5+})($HfCl_6^{2-}$)$_3$.

二十世纪 70 年代初合成了 $BiAlCl_4$:

$$BiCl(g) + AlCl_3(g) \longrightarrow BiAlCl_4(g)$$

据信其中也含有 Bi^+ 离子,它与四面体构形的配离子 $AlCl_4^-$ 以强的离子键相结合.

---

①C. Hebeker, Z. Anorg, *Allg*, *Chem.*, 111, 384(1971).

将 Bi-$BiCl_3$ 的混合物加热至 325℃，然后缓慢降温至 270℃，过剩的 $BiCl_3$ 用升华或苯提取的方法分离除去. 余下一种黑色晶体，组成为 $Bi_{24}Cl_{28}$，相当于 Bi_6Cl_7 这种低卤化物. 其结构颇为特殊，包括了铋的原子簇和两种氯配阴离子：$[(Bi_9^{5+})_2(BiCl_5^{2-})_4 \cdot (Bi_2Cl_8^{2-})]$. 在 Bi_9^{5+} 中 Bi 的形式氧化数为 +0.555，9 个 Bi 原子按三帽三棱柱形排布. 阴离子 $BiCl_5^{2-}$ 中围绕 Bi 原子的 5 个 Cl 原子以四方锥形配位（八面体缺一角），估计在八面体缺角的方位上为 Bi 原子的孤电子对所占据. $Bi_2Cl_8^{2-}$ 为底部共一个边的两个四方锥联接而成的双核配离子. 参见图 14.40.

其他还有一些低卤化铋如 Bi_3Cl，$Bi_5(AlCl_4)_3$，$Bi_8(AlCl_4)_2$ 等存在于熔盐中.

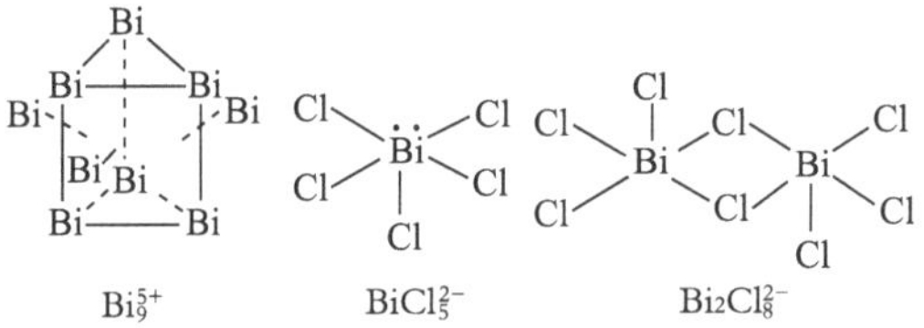

图 14.40　Bi_9^{5+}，$BiCl_5^{2-}$，$Bi_2Cl_8^{2-}$ 的结构

4.4　铋的卤氧化物

在 BiX_3 的浓盐酸液中逐渐加水稀释，使 BiX_3 部分水解，即可生成不溶性的卤氧化铋 BiOX 沉淀：

$$BiX_3 + H_2O \longrightarrow BiOX\downarrow + 2HX$$

BiOF 及 BiOCl 也可用相应的 BiX_3 在空气中加热而得.

BiOF 为白色晶体，不吸潮.

BiOCl 及 BiOBr 也均为白色晶体，加热至 600℃ 即分解为 $Bi_{24}O_{31}X_{18}$ 的复杂卤氧化物. 它们与冷碱不作用，与热的浓碱液即可反应生成 Bi_2O_3.

BiOI 是砖红色晶体，不与沸水作用，直接加热至 300℃ 以上即分解.

4.5　铋的氧化物及含氧化合物

经仔细确证的铋的氧化物只有一种，即三氧化二铋 Bi_2O_3. 此物有多种变形，在常温下稳定的是 α-Bi_2O_3 它是单斜晶体. 加热至 729℃，α-Bi_2O_3 即转变为立方晶系的 δ-Bi_2O_3，此种形态直至 824℃ 方才熔化. 将 δ-Bi_2O_3 冷却，可以得到两种介稳状态的晶形：一种是 650℃ 时，生成的正方晶形的 β-Bi_2O_3，另一种是 639℃ 时生成的体心立方晶格的 γ-Bi_2O_3.

α-Bi_2O_3 是黄色粉末，溶于酸而生成铋盐. 与砷、锑相应氧化物不同的是它不溶于碱,所以 α-Bi_2O_3 不具有两性而只显碱性,这是同族递变的明显现象.

铋盐溶液与碱液或氨水作用而生成白色沉淀的 $Bi(OH)_3$. 此物是无定形粉末,类拟于其氧化物,完全只是碱性. $Bi(OH)_3$ 易溶于酸而生成含 Bi(Ⅲ)离子的溶液. 但是,没有证据表明溶液中存在简单的$[Bi(H_2O)_n]^{3+}$离子. 在中性的高氯酸盐中主要是聚合铋氧阳离子$(Bi_6O_6)^{6+}$或者是其水合离子$[Bi_6(OH)_{12}]^{6+}$. 当溶液 pH 升高时,可以生成$[(Bi_6O_6)(OH)_3]^{3+}$直至产生铋氧基$(BiO)_n^{n+}$盐的沉淀. 在$[Bi(OH)_{12}]^{6+}$中含有由 Bi_6 组成的八面体,其结构如图 14.41 中白球所示.

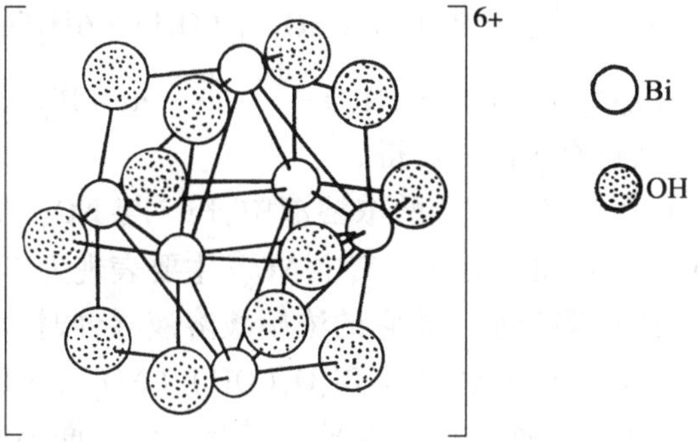

图 14.41 $[Bi_6(OH)_{12}]^{6+}$的结构

由上图可以看出,12 个 OH^- 基位于 Bi 组成的八面体的 12 个棱边上,作为桥联顶角上 Bi 原子的基团. 振动光谱实验表明,Bi 原子间存有某种较弱的化学键. 用极强的氧化剂(如次氯酸钠)氧化 Bi_2O_3,或在 Bi^{3+} 的碱性溶液中加入强氧化剂,可生成棕黑色物质,此物可能是 Bi_2O_5. 但它极不稳定,难于制得纯品. Bi_2O_5 在 100℃即迅速失去氧而变成 Bi_2O_3.

Bi_2O_5 与 Bi_2O_3 不同,它是酸性的,存在有多种与之相对应的铋酸盐,最常见的是铋酸钠 $NaBiO_3$. 在 $Bi(OH)_3$ 的强碱性溶液中加入强氧化剂(如 Cl_2)或加热 Na_2O_2 和 Bi_2O_3 的混合物均可制得 $NaBiO_3$. 铋酸钠是黄棕色固体,在酸性溶液中是极强的氧化剂[$\varphi^\circ(Bi^V/Bi^{III}) = 2.03V$]. 例如,钢铁试样中的锰可以直接为 $NaBiO_3$ 氧化成高锰酸根,然后用比色法确定其浓度. 但 $NaBiO_3$ 的溶液很不稳定,在 $0.5mol \cdot L^{-1}$的 $HClO_3$ 溶液中,避光可以保存数日.

与前面的砷、锑氧化物比较,可以看出它们存在下列两种变化趋热:(1)氧化物的稳定性随原子序数增加而降低,(2)同一氧化态的氧化物随原子序数增大而碱性增强.

4.6 铋 盐

铋(Ⅲ)的氧化物具有足够的碱性能形成一系列铋盐,包括一些弱酸的铋盐.

4.6.1　硝酸铋(Ⅲ)

将铋(Ⅲ)的氧化物或碳酸盐与浓硝酸作用,即生成硝酸铋,后者自溶液中析出五水合物 $Bi(NO_3)_3 \cdot 5H_2O$ 的白色晶体．研究表明,在晶体中 Bi^{III} 为三个二齿配体 NO_3^- 及三个水分子配位形成高配位离子．这种高配位离子在重元素的水合盐中经常出现．

将 $Bi(NO_3)_3 \cdot 5H_2O$ 直接加热,可得下面系列产物:

$$Bi(NO_3)_3 \cdot 5H_2O \xrightarrow{50-60℃} (Bi_6O_6)_2(NO_3)_{11}(OH) \cdot 6H_2O \rightarrow$$
$$\xrightarrow{77-130℃} [Bi_6O_6](NO_3)_6 \cdot 3H_2O \xrightarrow{400-500℃} \alpha-Bi_2O_3$$

不含结晶水的硝酸铋至今尚未获得．

有充分证据表明,在硝酸铋的硝酸浓溶液中,Bi^{3+} 与 NO_3^- 生成了各种缔合物种:$[Bi(NO_3)(H_2O)_n]^{2+} \cdots Bi(NO_3)_4^-$,其中 NO_3^- 主要表现为二齿配体．

将 $Bi(NO_3)_3 \cdot 5H_2O$ 溶于水或将它的浓硝酸溶液稀释时,均可产生不溶于水的碱式盐:$BiONO_3$,$Bi_2O_2(OH)(NO_3)$ 及 $Bi_6O_4(OH)_4(NO_3)_6 \cdot H_2O$ 的沉淀．后者含有 Bi_6 八面体,并在其一个面上以 μ_3-桥联氧基与其他八面体依次相连．已知在碱式盐沉淀后的溶液中仍然含有 $[Bi_6O_4(OH)_4]^{6+}$ 单元①.

4.6.2　硫酸铋(Ⅲ)

Bi_2O_3 或 $Bi(OH)_3$ 与浓 H_2SO_4 作用可生成硫酸铋(Ⅲ),或将金属铋与浓硫酸共同加热蒸发,也可生成硫酸铋(Ⅲ),其结晶为白色固体 $Bi_2(SO_4)_3 \cdot nH_2O$,已知 $n=2$ 或 7. 它与钇、镧、镨的硫酸盐是同晶形的．加热在400℃以下它并不分解,但400℃以上即分解为碱式盐和氧化铋(Ⅲ)．硫酸铋遇水发生水解作用而生成不溶性碱式盐 $Bi(OH)_3 \cdot Bi(OH)SO_4$.

在浓硫酸溶液中的硫酸铋(Ⅲ)也不存在有单独的 Bi^{3+},而是一系列配离子 $[Bi(SO_4)_n]^{3-2n}$,$n=1-5$,它们的稳定常数于 1970 年由 Fedorov 等测出②:$\lg\beta_1=1.98$,$\lg\beta_2=3.41$,$\lg\beta_3=4.08$,$\lg\beta_4=4.34$,$\lg\beta_5=4.60$.

4.6.3　磷酸铋(Ⅲ)

氧化铋或氢氧化铋与磷酸作用即可生成磷酸铋(Ⅲ)$BiPO_4$. 此物在原子能工业钚的分离中有重要用途．因为它的溶度积常数很小,$[Bi^{3+}][PO_4^{3-}]=10^{-23}$(在硝酸中),不溶于中等浓度的硝酸或硫酸．当铀与 NO_3^- 形成稳定配离子时,磷酸铋

---

① B. Sundvall, *Acta Chem. Scand.*, 93, 434(1980).

② Kinberger, *Acta Chem. Scand.*, 24, 320(1970).

可以作为载体带着钚沉淀出来．由于磷酸铋可以溶于浓硝酸中，故能再生出来循环使用．

高氯酸铋 $Bi(ClO_4)_3 5H_2O$ 早已制得．此外铋还能形成一些有机酸的盐，如甲酸铋、乙酸铋等．

4.7 铋的硫属化合物

4.7.1 硫化铋(Ⅲ)

用金属铋与硫共熔能生成灰色晶状硫化铋(Ⅲ)．如果把 H_2S 通入铋盐的酸性溶液中，则得到暗棕色的硫化铋(Ⅲ)沉淀．此物溶于硝酸及热的浓高氯酸，但不溶于碱及硫化铵中．硫化铋与 Na_2S 或 K_2S 共熔，可以生成 $NaBiS_2$ 及 $KBiS_2$ 等硫代亚铋酸盐．硫化铋与硫化锑是同晶型的，具有较复杂的网状结构①．

4.7.2 硒化铋(Ⅲ)和碲化铋(Ⅲ)

将按化学计量的铋和硒或碲熔封于石英管中，加热至500—900℃即分别生成硒化铋 Bi_2Se_3 和碲化铋 Bi_2Te_3．当石英管冷却以后即可得到深蓝色的晶体．其晶体结构也较复杂，Bi_2Se_3 和 Bi_2Te_3 都具有无限的片状结构，可以认为它们含有片状的多聚分子，各层彼此以微弱的力量联系在一起．层内 Bi—Se 键长为 286 和 310pm，Bi-Te 为 306 和 324pm.

Bi_2Se_3 和 Bi_2Te_3 都具有半导体性质．可以用严格的化学计量来控制使生产 *n*-型或 *p*-型化合物．例如，在生产 Bi_2Te_3 中过量的 Bi 可以产生 *p*-型化合物．这也许是由于 Bi 原子占据了晶体中某些 Te 的位置，而 Bi 比 Te 原子少一个价电子．反之，如碲过量则产生 *n*-型化合物．

铋(Ⅲ)的硫、硒、碲化物的某些物理性质汇列于表 14.38 中.

表 14.38 Bi_2S_3, Bi_2Se_3, Bi_2Te_3 的物理性质

物理性质 \ 化合物	Bi_2S_3	Bi_2Se_3	Bi_2Te_3
熔点(℃)	680(分解)	710	573
密度($g\cdot cm^{-3}$)	7.39	6.82	7.7
$\Delta H_f^\ominus(kJ\cdot mol^{-1})$	-143.1	-149.8	-77.4
$S^\ominus(J\cdot mol^{-1}\cdot K^{-1})$	200.4		260.9
$\Delta G_f^\ominus(kJ\cdot mol^{-1})$	-140.6		-77.0

①A. F. Wells, Structural Inorg. Chem., 908, Fifth Ed. 1984.

4.8　铋的簇状化合物

在铋的低卤化物一节中,已经提到 $Bi_{24}Cl_{28}$ 中含有 Bi_9^{5+},后者实际是铋原子簇. 当有适当配位阴离子存在下,Bi 还能形成许多阳离子原子簇 Bi_m^{n+}. 目前已经得到确证的铋原子簇,如表 14.39 所示.

表中 Bi_3^+,Bi_5^{3+} 及 Bi_8^{2+} 分别存在于熔盐中. 图 14.42 示出了 Bi_5^{3+},Bi_8^{2+} 及 Bi_9^{5+} 等簇离子的结构.

表 14.39　铋的阳离子原子簇

阳离子	形式氧化态	原子簇结构	点群对称性
Bi^+	1.00		
Bi_3^+	0.33	三角形	D_{3h}
Bi_5^{3+}	0.60	三角双锥形	D_{3h}
Bi_8^{2+}	0.25	四方反棱柱形[a]	D_{4h}
Bi_9^{5+}	0.56	三帽三棱柱形	D_{3h}($\sim D_{3h}$)

a. B. Kerb et al., *Angew Chem. Int. Ed. Engl*, 21, 445(1982).

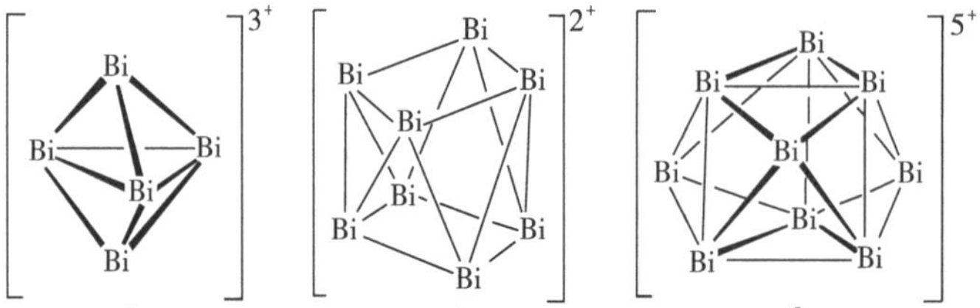

图 14.42　Bi 的阳离子簇的结构

Bi_9^{5+} 是 1963 年 A. Herschaft 等研究黑色次卤化铋“BiCl”(实际是 $Bi_{24}Cl_{28}$)的结构时发现的,后来在化合物 $Bi_{10}Hf_3Cl_{18}$ 中也发现了这种离子,其结构为(Bi_9^{5+})(Bi^+)($HfCl_6^{2-}$)$_3$.

Bi_5^{3+} 是在抗磁性化合物 $Bi_5(AlCl_4)_3$ 中发现的. 它是由 $BiCl_3$,$AlCl_3$ 与化学计量的铋在熔融 $NaAlCl_4$ 中反应生成的. 在同样情况下,如果铋过量,则得到 $Bi_8(AlCl_4)_2$. 1978 年 R. C. Burns 等发现,以 AsF_5 或其他五氟化物在液态 SO_2 中氧化铋,最后也能得到 Bi_5^{3+} 的化合物:

$$10Bi + 9AsF_5 \xrightarrow{SO_2} 2Bi_5(AsF_6)_3 \cdot 2SO_2 + 3AsF_3$$

在讨论 Bi_m^{n+} 原子簇的结构及键合时,Bi^+($6s^2$,$6p^2$)被认为只能向骨架键提供一对电子($6s^2$ 由于惰性不能参加到簇键中). 这样 Bi^+ 便与硼氢化合物中的{BH}完全一样,因为后者也只能提供一对电子给硼簇键. 因此,可以应用硼氢化物中已发展起来的理论来讨论铋的原子簇. 例如,存在有$[B_nH_n]^{2-}$的硼原子簇,那么,$[Bi]_n^{2-}$ 即$[Bi_n]^{n-2}$同样应该存在. 所以在铋的原子簇中存在 Bi_3^+,Bi_5^{3+} 似乎是顺其自然的. 照此类推,似乎可以预期存有 Bi_8^{6+},Bi_9^{7+} 这样的较大原子簇. 但由于 Bi_8^{6+} 的最低非键轨道(e_1 轨道能容纳四个电子)被电子所占有,所以实际存在的是 Bi_8^{2+} 原子簇. 而 Bi_9^{7+} 的最低非键轨道 a_2 能容纳 2 个电子,所以形成了降低两个正电荷的 Bi_9^{5+} 原子簇.

4.9 铋的配合物

铋(Ⅲ)与同族的砷、锑一样,能组成两个系列的配合物:$Bi^{Ⅲ}$作为 Lawis 碱,原子上的孤对电子视为给体组成配合物,另一方面 $Bi^{Ⅲ}$作为路易斯酸也能接受电子对组成配合物. 铋的后一类配合物是主要的.

BiX_3 与 As,Sb 的三卤化物一样,有接受给体孤对电子组成配合物的强烈倾向. 例如,与 X^-组成 BiX_4^- 配离子.

BiX_4^- 配离子常常有共聚的现象,组成多聚配位阴离子$[BiX_4]_n^{n-}$. 其中每个 Bi 都是六配位的八面体,依次共用一个边联接成链状阴离子. 例如,四溴合铋的吡啶盐($PYHBiBr_4$)及四碘合铋的2-甲基吡啶盐$[(2-MeC_5H_4NH)BiI_4]$中的 $BiBr_4^-$ 及 BiI_4^- 实际都是六配位的聚合链状阴离子. 在八面体中,常常有 3 种不同距离的 Bi-X 键:两个较短的键(顺式)、两个中等距离的键(反式)和两个较长的键(顺式). 一般是:

$[BiBr_4]_n^{n-}$　　短键为 264pm,中间键为 283pm 及 287pm,长键为 308 及 327pm,

$[BiI_4]_n^{n-}$　　短键为 289pm,中间键 310pm,长键 331 及 345pm.

也存在化学计量为 BiX_5^{2-} 的配合物,一般也是六配位的聚合阴离子,参见图 14.43. 由图可以看出,各个六配位的八面体彼此共用一个角而联接成链状聚合阴离子. 值得注意是,八面体中也有两个较短的键、两个中间距离的键及两个较长的键. 两个较长的和较短的键都是顺式的. 这里仍然可以看出中心原子上孤电子对的影响.

研究表明,也存在化学计量为 BiX_6^{3-} 的配合物,如$(Me_2NH_2)_3 \cdot BiBr_6$,其中 $BiBr_6^{3-}$ 是八面体结构,但略有变形.

铋的卤素配合物中还有化学计量为 $Bi_2X_9^{5-}$ 这样的配离子,如配合物 $Cs_3Bi_2I_9$,$Cs_3Bi_2Br_9$ 及 $Cs_3Bi_2Cl_9$ 等. 有意思的是它们的结构却彼此很不相同. $Cs_3Bi_2Br_9$ 的晶体含 $BiBr_6$ 八面体,它以同一个面上的 3 个顶点同其他 3 个八面体彼此相连,形成 C. C. P 层状结构. 如图 14.44 所示.

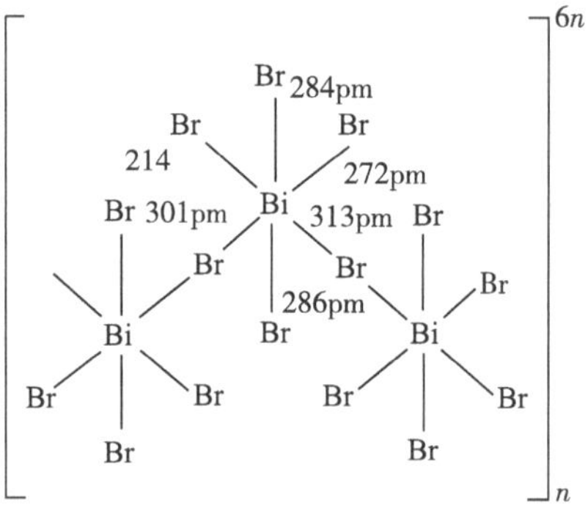

图 14.43　$(C_5H_{12}N)_{12}BiBr_5$ 中六配位的聚合阴离子

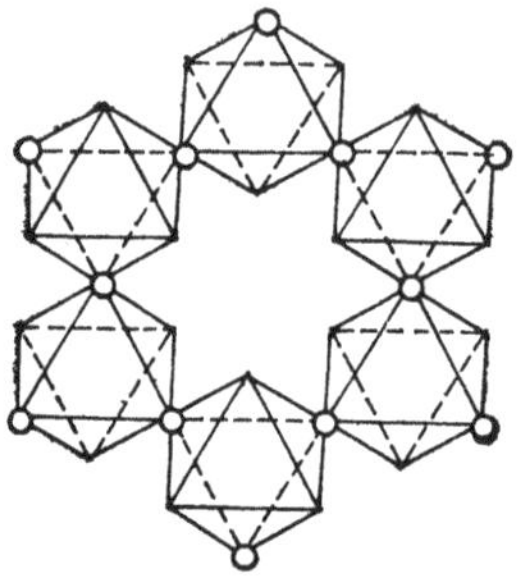

图 14.44　$Bi_2Br_9^{3-}$ 的结构

$Cs_3Bi_2I_9$ 的晶体中含有分离的 $Bi_2I_9^{3-}$ 离子,它由两个 BiI_6 八面体共一个面所组成,如图 14.45 所示,其键长 $Bi—Br_t = 294pm$, $Bi—Br_\mu = 324pm$.
在 $Cs_3Bi_2Cl_9$ 的晶体结构中含有四面体形的 $BiCl_3$ 分子,它们浸没于 Cs^+ 和 Cl^- 离子之中.

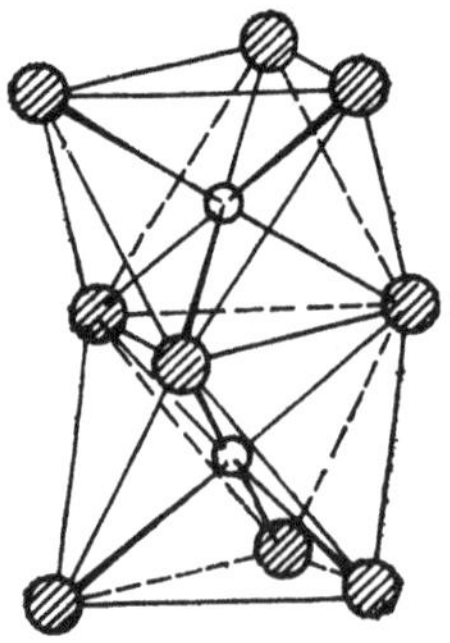

图 14.45　$Bi_2I_9^{3-}$ 的结构

前面提到,Bi^{III} 可作为给体组成配合物. 但这种类型配合物不多,主要是 BiR_3

有时作为配位体形成某些配合物．在砷分族中原子作为 σ 给予体的能力依次下降：As > Sb > Bi. 同时 Bi 的原子体积较大，当它配位时，产生不容忽视的空间效应，这是 Bi^{III} 作为给体组成配合物不多的原因．

已经报道了成百种由 As，Sb，Bi 的五卤化物组成的配合物，主要是组成六氟配离子，如 $AgBiF_6$．但 Bi^{V} 的配合物为数不多．

4.10 铋的金属有机化合物

铋能形成 +3 及 +5 价的金属有机化合物．

4.10.1 铋(Ⅲ)的金属有机化合物

铋(Ⅲ)的烷基及芳基衍生物 BiR_3，$BiPh_3$ 都已制得．但相应的一代及二代衍生物 $RBiH_2$，R_2BiH 未能制成．

三甲基铋 $(CH_3)_3Bi$ 是无色发烟的液体，沸点 110℃，一般用格利雅试剂 CH_3MgBr 与 $BiCl_3$ 作用来制取它：

$$3CH_3MgBr + BiCl_3 \longrightarrow (CH_3)_3Bi + 3MgBrCl$$

Al_4C_3 在盐酸溶液中与 $BiCl_3$ 作用也能生成它：

$$BiCl_3 + Al_4C_3 + 9HCl \longrightarrow (CH_3)_3Bi + 4AlCl_3$$

三甲基铋有较强的化学反应性．它能在空气中自然，与氯化氢作用能生成甲烷：

$$Bi(CH_3)_3 + 3HCl \longrightarrow BiCl_3 + 3CH_4$$

在沸腾的酒精溶液中，三甲基铋能与硫作用能产生乙烷：

$$2Bi(CH_3)_3 + 3S \longrightarrow Bi_2S_3 + 3CH_3 \cdot CH_3$$

三甲基铋与乙醚溶液中的硫化氢作用能生成硫化铋和甲烷：

$$2Bi(CH_3)_3 + 3H_2S \longrightarrow Bi_2S_3 + 6CH_4$$

三甲基铋分子中的甲基能为氯或溴所取代：

$$Bi(CH_3)_3 + Cl_2 \longrightarrow Bi(CH_3)_2Cl + CH_3Cl$$

在 200℃下三甲基铋与 CH_3I 作用，分子中的甲基也能为碘所取代：

$$Bi(CH_3)_3 + 2CH_3I \longrightarrow CH_3BiI_2 + 2CH_2 \cdot CH_3$$

三甲基铋不溶于水，能溶于一些有机溶剂．

三乙基铋可用上述类似的方法来制取．在常温下它是液体，沸点 107℃．同三甲基铋一样它不溶于水而溶于有机溶剂．加热到 150℃时，它会爆炸．

三苯基铋 $Bi(C_6H_5)_3$ 是无色结晶物质，沸点为 78℃．它可用格利雅试剂和三氯化铋作用来制取：

$$BiCl_3 + 3C_6H_5MgBr \longrightarrow (C_6H_5)_3Bi + 3MgBrCl$$

有时用铋钠合金与氯代苯作用也能生成三苯基铋：

$$Na_3Bi + 3C_6H_5Cl \longrightarrow (C_6H_5)_3Bi + 3NaCl$$

三苯基铋在空气中是稳定的，但能被浓盐酸和硫酸所分解：

$$(C_6H_5)_3Bi + 3HCl \longrightarrow BiCl_3 + 3C_6H_6$$

氯、溴对三苯基铋能产生加合生成二卤化物；碘在室温下不能发生类似反应，只能生成取代的二碘代物 $(C_6H_5)BiI_2$ 及一碘代物 $(C_6H_5)_2BiI$.

总的来看，As，Sb，Bi 3 元素的金属有机化合物 MR_3 及 MAr_3 通常都是无色挥发性的液体或固体，都具有三棱锥形的分子结构．现将 MMe_3 及 MPh_3 的某些物理性质列于表 14.40 中．

表 14.40　MMe_3 及 MPh_3 的物理性质

物理性质 \ 化合物	$AsMe_3$	$SbMe_3$	$BiMe_3$	$AsPh_3$	$SbPh_3$	$BiPh_3$
熔点(℃)	-87	-62	-86	61	50	78
沸点(℃)	70	80.6	110	7360	7220	—
密度($g \cdot cm^{-3}$)	1.124	1.52	2.3	1.22	1.43	1.59
M 处键角(°)	96	—	97	102	—	94
M—C 平均键能($kJ \cdot mol^{-1}$)	229	215	143	267	244	177

由上表可以看出，As，Sb，Bi 的有机化合物 MMe_3 及 MPh 中，有机砷最稳定，有机铋最不稳定．对于同一元素，MPh_3 比 MMe_3 稳定．

4.10.2　铋(V)的金属有机化合物

一般来说，有机铋(V)的化合物与砷、锑的相应化合物相似，但它们更不稳定，更难于制备．因此，已知的有机铋(V)的化合物不多．

五烷基铋尚未发现，已知有几种二卤代三烷基铋 R_3BiX_2，但却未制出 R_2BiX_3 及 $RBiX_4$. 然而砷、锑却有全部上述四卤代化合物．

五苯基铋可以用下法制得：用 LiPh 与 $[BiPh_4]Cl$ 或 $[BiPh_3]Cl_2$ 在 -75℃下反应：

$$[BiPh_4]Cl + LiPh \longrightarrow BiPh_5 + LiCl$$

产物 $BiPh_5$ 是紫色的晶体．五苯基铋不稳定，在室温下放置数日即全部分解．它也容易与 HX，X_2 等物作用，裂解放出苯分子或卤代苯，并形成季铋化合物：

$$BiPh_5 + HX \longrightarrow [BiPh_4]X + C_6H_6$$

它能与 BPh_3 作用生成一种很不稳定的铋鎓盐：

$$BiPh_5 + BPh_3 \longrightarrow [BiPh_4][BPh_4]$$

这个化合物在 228℃熔化而不分解．

已经制出 4 种卤素的二卤代三苯基铋 Ph_3BiX_2. 氯代物及溴代物可用三苯基铋与氯、溴直接加合而成．氟代物最用二氯代物与氟化钾在酒精溶液中反应而得：

$$Ph_3BiCl_2 + 2KF \xrightarrow{\text{酒精溶液}} Ph_3BiF_2 + 2KCl$$

碘代物 Ph_3BiI_2 只能在 -80℃ 的低温下,以碘与三苯基烷作用来制取它. 这四种卤代物的稳定性依次降低,氟代物最稳定,碘代物最不稳定. 它们受热均易分解,而碘代物在 0℃ 以下已开始分解. 分解产物一般是 Ph_2BiX 及 C_6H_5X.

硝酸与三苯基铋作用可生成配合物 $(C_6H_4NO_2)_3Bi(NO_3)_2$. 在这里苯基虽被硝化,但仍不脱离铋. 此物为淡黄色晶体,加热至 140℃ 以上即分解.

应当提到,近年发现了一些含 Bi—Bi 单键的有机铋①. 其中最简单的是 $R_2Bi—BiR_2$. 一般用 R_2BiX 以偶联方法来合成它们. 例如,

$$2Ph_2BiCl + 2Na \xrightarrow{NH_3(1)} Ph_2Bi—BiPh_2 + 2NaCl$$

当 R 是较小基团时,产物是橘红色、蓝色或紫色的固体. 据信,不同的颜色来自分子间的缔合. 但 $Ph_2Bi-BiPh_2$ 分子间不形成缔合键,故仍保持与单分子 $Me_2Bi-BiMe_2$ 相似的黄色.

大家知道含 N ═N 双键的化合物是很多的,最近在砷分族中又发现了含 P ═P,P ═As 及 As ═As 等双键的有机衍生物②,但含 Sb 和 Bi 双键的金属有机化合物迄今未能发现.

参 考 文 献

[1] N. N. Greenwood and Earnshaw, Chemistry of the Elements, Pergamon Press, 637 - 697 (1985).

[2] J. D. Smith, The Chemistry of Arsinic, Antimony and Bismuth in J. D. Bailar ed., Comprehensive Inorganic Chemistry, Vol. 2, 547 - 675, Pergamon Press, 1973.

[3] F. A. Cotton & G. Wilkinson, Advanced Inorganic Chemistry, 5th edition, A Wiley-Interscience Publication, John Wiley & Sons, 382 - 442. 1988.

[4] G. P. Smith, Chemistry of the Lower Oxidation State of Bismuth in B. D. Sowerby, "Inorganic Chemistry Series two" (International Review of Science) Butterworth Co. (Publishers) Ltd, 269 - 283, 1975.

[5] R. B. Heslop, K. Jones, Inorganic Chemistry (A Guide to Advanced Study) (1976), 中译本, 高等无机化学中册, 高等教育出版社, 245 - 255, 1982.

[6] A. F. Wells, Structural Inorganic Chemistry, 5th Edition, Oxzford University Press, 1984.

[7] 汪立果、铋冶金, 冶金工业出版社, 1986.

[8] 赵丹若, 稀有元素定性分析, 人民教育出版社, (1960)

[9] 有色金属光谱分析法编写组, 有色金属光谱分析方法, 冶金工业出版社, 1978.

---

① A. J. Ashe, Ⅲ. *et al.*, *Organometallics*, 2, 1573, 1859 (1983); F. Calderazzo, *et al.*, *J. Chem. Soc. Chem. Commun*, 79, 507 (1983).

② A. H. Cowley and N. C. Norman, *Progr. Inorg. Chem.*, 1, 34 (1986). M. Yoshifuji *et al.*, *Phosphorus Sulfur*, 11, 18 (1983).

[10] 稀有金属合金与有色金属合金分析编写组,稀有金属合金和有色金属合金的分析,冶金工业出版社,1972.
[11] J. S. Fritz and G. H. Schenk, Quantitative Analytical Chemistry, 4th edition, Boston, Allyn Bacon, 1979.
[12] D. A. Skoog and D. M. West, Fundamentals of Analytical Chemistry, Philadelphia Saunders College Publishing, 1982.
[13] 张德荣等,金属毒理学手册,四川科技出版社,1985.
[14] 日本分析化学会编,邵俊杰译,周期表与分析化学,人民教育出版社,1981.
[15] 宋广舜等,环境医学,天津科技出版社,1987.

无机化学丛书·典藏版

第五卷

氧 姚凤仪

硫 郭德威

硒分族 桂明德

科学出版社

北京

内 容 简 介

本书是《无机化学丛书》第五卷，第 15，16，17 专题，分别叙述氧、硫、硒分族的无机化学，介绍了氧、硫、硒、碲、钋这五种元素的存在形式、物理和化学性质、化学分析方法，分类讨论了这些元素的化合物的性质、用途及合成方法. 可供高等学校教师、高年级学生和研究生、科技人员参考.

图书在版编目（CIP）数据

无机化学丛书：典藏版/张青莲主编. —北京：科学出版社，2018.1

ISBN 978-7-03-056380-4

Ⅰ. 无…　Ⅱ. 张…　Ⅲ. 无机化学–丛书　Ⅳ. O61-51

中国版本图书馆 CIP 数据核字（2018）第 012426 号

责任编辑：胡华强　杨　震 / 责任校对：陈玉凤
责任印制：赵　博 / 封面设计：王　浩

科学出版社 出版
北京东黄城根北街 16 号
邮政编码：100717
http://www.sciencep.com
北京厚诚则铭印刷科技有限公司印刷
科学出版社发行　各地新华书店经销
*
2018 年 1 月第　一　版　开本：720 × 1000　B5
2018 年 1 月第一次印刷　印张：28 1/2
字数：542 000

定价：998.00 元（全 10 册）

（如有印装质量问题，我社负责调换）

《无机化学丛书·典藏版》书目

第一卷　1. 稀有气体　2. 氢　3. 碱金属
第二卷　4. 铍　5. 碱土金属　6. 硼　7. 铝　8. 镓分族
第三卷　9. 碳　10. 硅　11. 锗分族
第四卷　12. 氮　13. 磷　14. 砷分族
第五卷　15. 氧　16. 硫　17. 硒分族
第六卷　18. 卤素　19. 铜分族　20. 锌分族
第七卷　21. 钪　22. 稀土元素
第八卷　23. 钛分族　24. 钒分族　25. 铬分族
第九卷　26. 锰分族　27. 铁系　28. 铂系
第十卷　29. 锕系　30. 锕系后元素

《无机化学丛书》序

无机化学是化学科学的一个重要分支，也是最早发展起来的一门化学分支学科．无机化学研究的对象是周期系中各种元素及其化合物，不包括碳氢化合物及其衍生物．二十世纪中叶以来，无机化学又进入了新的发展阶段．这是和许多新的科学技术领域，如原子能工业、空间科学技术、使用半导体材料的通信和计算技术等的兴起密切相关的．这些科技部门要求人们利用无机化学的理论去探索和研制种种具有特殊性能的新材料，研究极端条件下物质的性质和反应机理，以及提出新的无机物生产的工艺流程．与此同时，现代物理学、生命科学、地质科学以及理论化学的新进展等因素也都在日益推动着无机化学的发展进程．

我国在解放前缺少与无机化学有关的工业基础，因此无机化学人才培养得较少，科学研究工作的基础也比较薄弱．解放后我国无机化学虽然有了很大发展，但仍比较落后．为了扭转这种局面，加速无机化学科学人员的培养和提高，促使教学和研究工作的迅速发展，以及为了解决我国丰富的矿产资源的综合利用、新型材料的合成、无机化学新观点和新理论的提出等问题，有必要编辑出版一套中型的无机化学参考书．为此，科学出版社和中国化学会共同组织了《无机化学丛书》编辑委员会主持本丛书的编写工作．经过多次讨论和协商、拟订了丛书的编辑计划和写作大纲，确定丛书分十八卷，共四十一个专题，从 1982 年起陆续出版．全丛书共约六百余万字，前十卷为各族元素分论，后八卷为无机化学若干重要领域的专论．

本丛书适合高等学校教师、高年级学生和研究生、科学研究人员和工程技术人员参阅．编委会竭诚欢迎广大读者对本书的内容提出宝贵的意见，以便再版时加以修改．

《无机化学丛书》编委会

1982 年 9 月

前　言

《无机化学丛书》第五卷包括三个专题：15.氧，16.硫，17.硒分族.

专题 15.氧，讨论了氧和氧化物、臭氧和臭氧化物、水和水合物、过氧化氢和过氧化物以及超氧化物. 本专题由南开大学姚凤仪同志编写.

专题 16.硫，讨论了硫及其化合物，并对具有重要生物功能的含硫有机化合物及其生理作用做了叙述.本专题由南开大学郭德威同志编写.

专题 17.硒分族，讨论了硒、碲、钋三个元素的单质及其无机化合物、配合物和有机化合物. 本专题由南开大学桂明德同志编写.

本卷的编写工作是在中国科学院学部委员、南开大学教授申泮文先生指导下进行的，本卷初稿经吉林大学曹锡章教授审阅、并请西北大学刘翊纶教授审阅了第 1—5 专题，在此一并致谢.

桂明德

1988 年 9 月于天津

目　　录

15. 氧

16. 硫

17. 硒　分　族

15. 氧

15.1 通　　论[1—5]

1.1 氧在自然界中的分布[6]

氧是自然界中分布最广和含量最多的元素. 它遍及岩石层、水层和大气层. 在地壳中的总含量以质量计约占 48.6%. 在岩石层中，氧的主要存在形式是二氧化硅、硅酸盐以及其他氧化物和含氧酸盐，其含量以质量计约占岩石层的 47%. 在覆盖地球表面四分之三的海水中，以质量计氧占 89%. 在大气层中，氧主要以单质状态存在，其含量以质量计约占 23%，以体积计约占 20.9%. 单质氧有两种同素异形体，即氧和臭氧. 在高空约 25km 高度处有一臭氧层，它是由氧吸收了太阳的紫外光生成的，这一臭氧层减弱了太阳的强辐射而使地球上的生命体免遭危害. 而在高空约 100km 高度，以原子状态存在的氧比分子状态的氧可能还要多.

在动植物体内，水占一半以上，例如在体重为 70kg 的人体内约含有 40kg 的水. 再加上其他含氧物质的存在，氧的总含量便占了动植物体的大部分.

1.2 氧的同位素[7—9]

据报道，已知的氧的同位素的质量数为 14 至 20. 其中，有稳定同位素，也有不稳定同位素.

1.2.1 不稳定同位素

氧的不稳定同位素已知有 ^{13}O，^{14}O，^{15}O，^{19}O 和 ^{20}O. 它们的半衰期都相当短，因而不存在于自然界中，而都由人工合成. 它们的半衰期以及有代表性的人工合成反应列于表 15.1 中.

表 15.1 氧的放射性同位素

同位素	生成反应	半衰期(s)	衰变类型
^{13}O	$^{16}O(^{3}He, ^{6}He)^{13}O$		
^{14}O	$^{12}O(^{3}He, n)^{14}O$	73	β^{+}
^{15}O	$^{16}O(^{3}He, \alpha)^{15}O$	122	β^{+}
^{19}O	$^{18}O(n, \gamma)^{19}O$	29.4	β^{-}
^{20}O	$^{18}O(t, p)^{20}O$	14	β^{-}

在氧的不稳定同位素中，虽然人们对半衰期较长的 ^{15}O 做了一些示踪研究工作，但由于它们的寿命都不长，以至于对它们的示踪研究工作都不能获得令人满意的结果.

1.2.2 稳定同位素

氧的稳定同位素有 ^{16}O，^{17}O 和 ^{18}O. 在天然氧(包括单质和化合物)中，^{16}O 的相对丰度最大，而 ^{17}O 和 ^{18}O 的含量甚微. 表 15.2 列出了氧的稳定同位素的质量和天然丰度.

表 15.2 氧的稳定同位素

同位素	质量	天然丰度(%)
^{16}O	15.994915	99.7587
^{17}O	16.999134	0.0374
^{18}O	17.999160	0.2039

显然，氧的稳定同位素的存在比例在很大程度上依赖于氧的来源. 鉴于物质的分子量影响其物理性质，像水的蒸发等天然过程必然导致由不同氧的同位素组成的各种水的一定程度的分馏，从而使得像 ^{18}O 的比例在水蒸气或其冷凝水中与在海水中有所不同，据测定，^{18}O 在新鲜水和海水中的丰度分别为 0.1981%和 0.1995%；即使在海水中，^{18}O 的比例也与不同的深度有关. 同样，在大气中，^{18}O 的比例也会与不同的高度有关，下述事实可以说明这一点：由大量潮湿空气而得的“初始雨水”比“最后雨水”要重. 在含有氧的天然物的化学循环中，同样存在着氧同位素的分馏.

由于包括氧在内的许多元素的原子量同所用的材料来源和处理方法有关，所以同许多元素的原子量并非固定不变一样，天然氧的表观原子量(15.9994)的变化量可以在 ± 0.0003 范围之内.

从天然氧中富集 ^{17}O 或 ^{18}O 的方法很多，但大多数皆依赖于单质氧(O_2)或氧的化合物(如 H_2O 或 N_2O)的某些物理性质. 实际上，最重要的方法是精馏水. 据理论计算，精馏塔中需要 2500 块塔板. 在商业上，富集到 98%(原子)^{18}O 和 20%(原子)^{17}O 的重水都是可用的. 为了进一步富集 ^{17}O 或 ^{18}O，可以首先电解通过上述方法而富集了 ^{17}O 或 ^{18}O 的水以得到氧气，然后让氧气进入热扩散分离柱，便可得到更高富集程度的 ^{17}O 或 ^{18}O. 通常，可用质谱仪分析测定挥发性的含氧标样中各种同位素的组成.

对氧同位素的研究已获得广泛的应用. 在地质学中，其重要用途之一是做地质温度计. 根据平衡条件下共生的矿物对之间同位素成分的差别，可以测定矿床和岩石的形成温度. 例如可相当精确地测定各种硅酸盐矿物发育过程中的温度，若用石英-白云母的 $^{18}O/^{16}O$ 地质温度计，则可由石英-绢云母组合的直接同位素分析得到绢云母的形成温度. 此外，^{18}O 还可应用于探矿以及岩石和水的成因研究. 在古气候学里，根据化石(如贝壳)内碳酸盐中氧同位素的定量测定，可以应用公式

$$t=16.5-4.3\delta+0.14\delta^2$$

很容易地确定碳酸盐被沉积的温度即当时的气温. 上式中，t 是以℃表示的温度，δ 是样品和标准工作气体中 ^{18}O 含量之间的差值. 碳酸盐中 ^{18}O 含量的这种应用有时被认作是碳酸盐温度计. 在化学上，^{18}O 已经广泛用于研究化学反应机理. 例如，借助 ^{18}O 示踪同位素对高锰酸钾滴定过氧化氢的反应机理进行研究发现，所有过氧化氢中的氧全部被氧化成氧分子，而且所释出的氧分子全部来自过氧化氢的分解，无一来自高锰酸钾，所以滴定反应中被氧化的过氧化氢分子数必须等于释出的氧分子数，这就是说高锰酸钾同过氧化氢反应的化学方程式应是

$$2KMnO_4 + 5H_2O_2 + 3H_2SO_4 \longrightarrow K_2SO_4 + 2MnSO_4 + 5O_2 + 8H_2O$$

而不是

$$2KMnO_4 + H_2O_2 + 3H_2SO_4 \longrightarrow K_2SO_4 + 2MnSO_4 + 3O_2 + 4H_2O$$

^{18}O 也已用于研究某些分子的结构，例如像含氧简单分子的结构已经借助于 ^{18}O 的标样通过微波光谱实验而确定. 在生物化学上，也常以 ^{18}O 作为示踪物而加以应用.

同位素 ^{17}O 尽管天然丰度小，但却是很重要的，因为它是具有核自旋的氧的唯一稳定同位素，因而它也是能用电子共振谱研究氧的核磁共振的唯一同位素. 通过对 ^{17}O 核磁共振谱的研究，可以确定含氧物种中的氧是以两个共价单键或者是以一个共价双键同其他元素的原子相结合. 例如，重铬酸根离子可以给出两种共振谱线，一种较强的谱线表明氧原子以一个共价双键同一个铬原子相键合，另一种较弱的谱线则表明氧原子以两个共价单键分别同两个铬原于相键合. 通过 ^{17}O 的核磁共振谱，已对离子的水合进行了广泛研究，对 Be^{2+}，Al^{3+}，Ga^{3+}，VO^{2+}，Tl^{3+}，Co^{2+}，Ni^{2+}和 Cu^{2+}等离子的配合物也进行了研究(例如区分$[Co(NH_3)_5H_2O]^{3+}$中的水和溶剂合水)，同时提供了关于氢键和水溶液结构的某些知识. 含有 ^{17}O 的有机化合物的电子自旋共振谱也很重要，因为它与这些化合物特别是杂环化合物的电子结构计算有关. 以 ^{17}O 标记的 $Mn(acac)_3$ 的精细相互作用常数已用作估量金属-氧键共价特性的基础.

1.3 氧原子和单质分子的结构[10]

1.3.1 氧原子的电子结构

氧原子的核电荷数为 8；其基态电子组态为 $1s^2 2s^2 2p^4$. 在 $2p$ 能级中，有两个电子是成对的，其他两个电子是成单的. 这样，氧原子的价电子层结构也可示为 $2s^2 2p_x^2 2p_y^1 2p_z^1$.

1.3.2 氧分子的电子结构

由氧原子结合成的氧单质包括氧(O_2)和臭氧(O_3). 它们的分子结构都可以应用价键理论和分子轨道理论来处理. 首先讨论氧分子.

根据价键理论，一个氧原子的 $2p_y$ 原子轨道和另一个氧原子的 $2p_y$ 原子轨道，当其上的成单电子自旋方向相反时，则在沿轴方向上进行最大程度的同相重叠，形成一个共价单键(σ键)；同时 $2p_x$ 和 $2p_z$ 原子轨道也进行最大程度的同相重叠，形成另一个共价单键(π键)，从而结合成氧分子：

:Ö:ˣˣOˣˣ 或 O═O

根据分子轨道理论，氧分子的分子轨道能级图如图 15.1 所示.

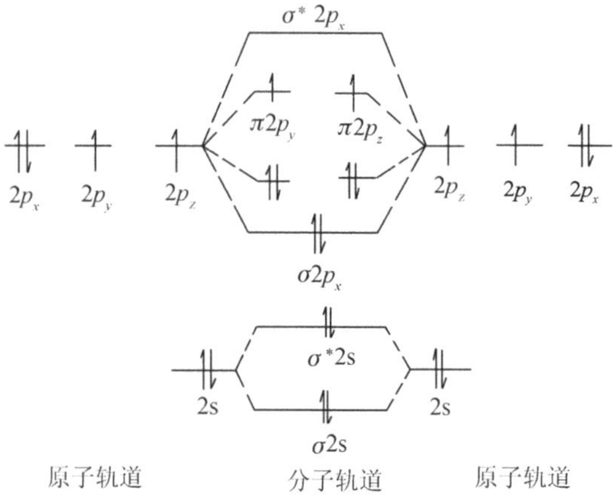

图 15.1 O_2 分子的分子轨道能级图(略去σ_{1s}和σ_{1s}^*)

而其分子轨道表示式则为：

$$(\sigma_{1s})^2(\sigma_{1s}^*)^2(\sigma_{2s})^2(\sigma_{2s}^*)^2(\sigma 2p_x)^2$$

$$(\pi 2p_y)^2(\pi 2p_z)^2(\pi^* 2p_y)^1(\pi^* 2p_z)^1$$

在 O_2 的分子轨道中，成键的$(\sigma_{1s})^2$和反键的$(\sigma_{1s}^*)^2$以及成键的$(\sigma_{2s})^2$和反键的$(\sigma_{2s}^*)^2$对键的贡献互相抵消，实际对成键有贡献的是$(\sigma 2p_x)^2$形成氧分子中的σ键以及$(\pi 2p_y)^2$，$(\pi^* 2p_y)^1$和$(\pi 2p_z)^2$、$(\pi^* 2p_z)^1$分别形成两个三电子π键，因此在氧分子中共有一个σ键和两个三电子π键. 其分子结构的电子式可书写成：

两种理论处理氧分子的结果并非完全一致. 按照价键理论的处理，氧分子中已无成单电子，但这不能解释氧分子具有顺磁性的性质. 而按照分子轨道理论的处理，由于氧分子中尚存两个成单电子却解释了其顺磁性. 分子轨道理论处理 O_2 分子结构所得的这一良好结果曾给该理论提供了最强有力的支持. 按照分子轨道理论的处理，虽然每个氧分子中有两个三电子π键，但每个三电子π键有两个电子在成键轨道、一个电子在反键轨道，乃相当于半个正常π键，这样，两个三电子π键合在一起则正好相当于一个正常π键. 因此，从键能和键长看仍相当于生成 O═O 双键；据实验测得，其键能约为 494kJ/mol，键长约为 120.7pm(参看表 15.3).

表 15.3 O_2 分子在基态时的结构参数

键离解能(eV)	5.114 ± 0.002
键长(pm)	
据紫外光谱	120.7398
据电子自旋共振谱	120.741 ± 0.00002
键力常数(N/m)	11.409×10^{-8}
电离能(绝热，eV)	12.075 ± 0.01
电子亲合能(eV)	
第一	0.43 ± 0.01
第二 $[O_2(g)\longrightarrow O_2^{2-}(g)]$	−6.7 ± 0.6
极化率：$\alpha_{xx}=\alpha_{YY}$	1.2×10^{-24}
α_{ZZ}	2.4×10^{-24}
α_0	1.6×10^{-24}
自旋-轨道成对常数(cm^{-1})	1.985

1.3.3 氧的分子结构和晶体结构

O_2 在基态时的一些分子性质，例如键长、键能、电离能、电子亲合能等，已由众多的实验方法测定. 表 15.3 列出了其中的若干结构参数.

显然，表 15.3 所列数据都是对气态 O_2 分子测定的. 液态氧的 O—O 键距尚未精确测定. 但是，对三种固态形式 O_2 的衍射测量表明，其 O—O 键距同游离 O_2 是一致的，而且其 O—O 伸张频率随相变而仅有微小的变化.

晶体状态的氧有三种形态. 它们的结构特征如表 15.4 所示.

表 15.4　固态 O_2 的结构

形态	类别	空间群	单元晶胞大小	单元晶胞中的分子数
α	单斜	$C2/m(C_{2h}^3)$	a=5.403 ± 0.005	2
			b=3.429 ± 0.003	
			c=5.086 ± 0.005	
β	三方	$R3m(D_{3h}^5)$	a=4.210 ± 0.07	3
			α=46°16′ ± 9	
γ	立方	$Pm3n(O_h^3)$	a=6.83 ± 0.05	8

晶态γ-O_2 比β-O_2 和α-O_2 在较高温度形成；因此，γ-O_2 的结构比β-O_2 和α-O_2 更类似于液态氧. 这与在熔化时有小的热量和体积变化相一致，也与γ-O_2 和液态氧有更类似的振动光谱相一致. γ-O_2 软而透明，密度较其他相为小. 各相的物理性质将在第 15.2 章第 2.3 节介绍. α-O_2 的结构示于图 15.2 中：O_2 分子彼此平行，其分子轴垂直于(O—O)平面；原子中心之间以及分子之间的距离(以 pm 为单位)皆已标出. 在α-O_2 中，其分子呈平行密堆积(图 15.3)；而在β-O_2 中，其分子虽也呈平行密堆积，但略有扭曲(图 15.4)；至于γ-O_2，则其分子的一部分呈球形，另一部分呈椭球形(图 15.5)，类似于β-F_2 的结构.

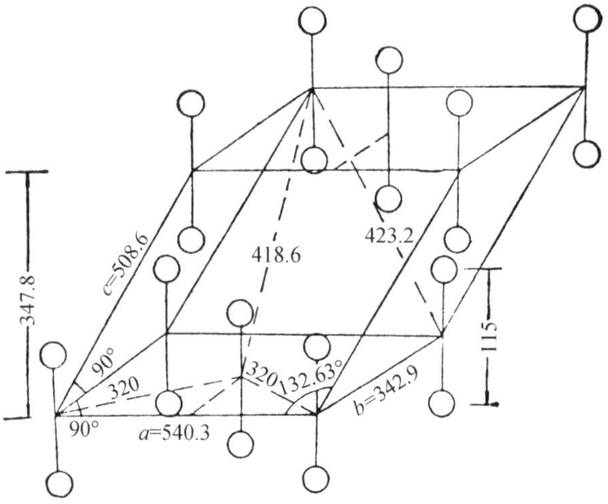

图 15.2　α-O_2 的结构

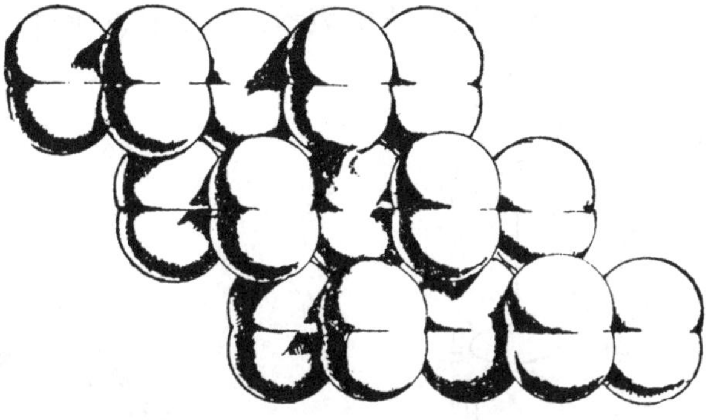

图 15.3 α-O_2 中分子的堆积

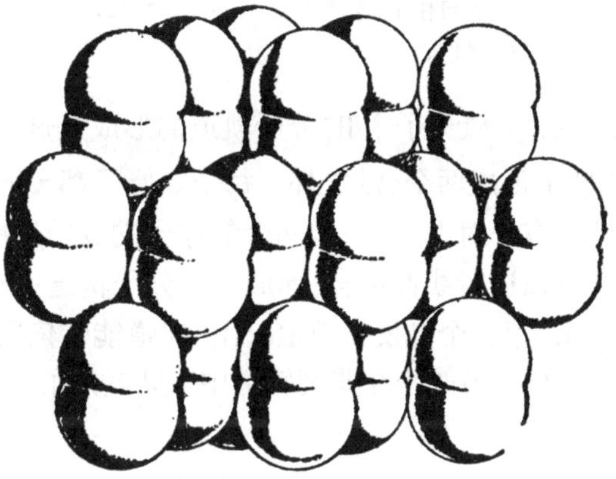

图 15.4 β-O_2 中分子的堆积

1.3.4 臭氧的分子结构

微波及电子衍射实验指出：臭氧分子(O_3)中的三个氧原子呈等腰三角形配置，键角为 116.8°，键长为 127.8pm，并具有 C_{2v} 对称.

应用价键理论处理 O_3 分子结构的结果是：角顶氧原子与下端两个氧原子之间分别存在着双键和单键. 但实际上这两种键是等同的，为了解释这种等同性，该理论假定臭氧分子处于以下两种结构间的共振：

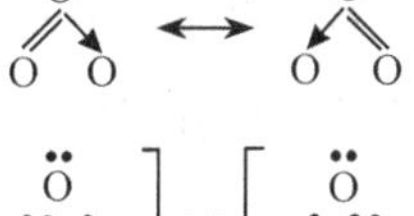

即

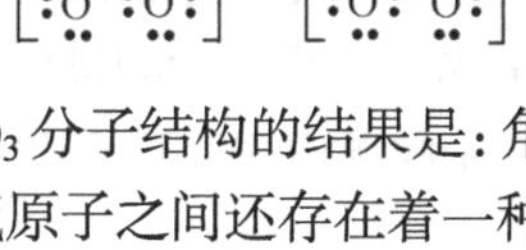

应用分子轨道理论处理 O_3 分子结构的结果是：角顶氧原子与下端两个氧原子之间分别存在着σ键，在三个氧原子之间还存在着一种含 4 个电子的不定域的π键，

即所谓的 3 中心 4 电子大π键，用符号 Π_3^4 表示，如图 15.6 所示.

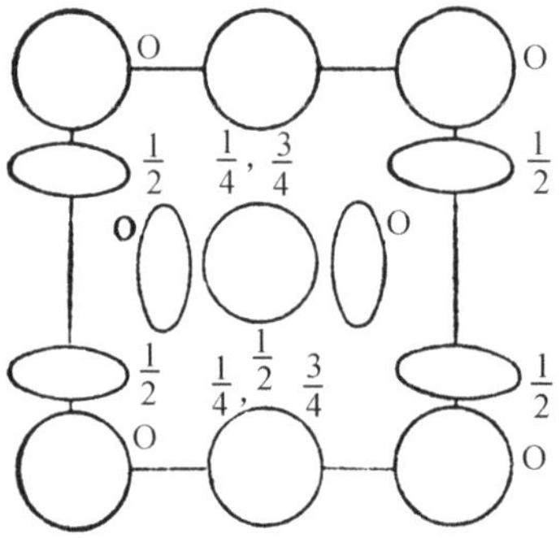

图 15.5　γ-O_2的结构（4 个 O_2 分子自由旋转呈球形，4 个 O_2 分子呈椭球形）

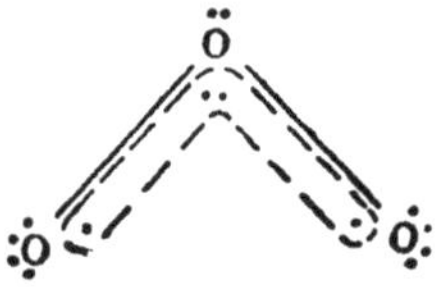

图 15.6　臭氧分子的结构

按照分子轨道理论，臭氧分子中 Π_3^4 分子轨道的形成是这么考虑的：在每个氧原子都采取 sp^2 杂化轨道形成两个σ键之外，每个氧原子都余下一个 p 轨道，其中顶端氧原子的 p 轨道中有一对电子，下端两个氧原子的 p 轨道中仅各有一个电子；而这组平行的 p 轨道可以进行线性组合，形成三个分子轨道：一个是成键轨道(ϕ_1)，另一个是非键轨道(ϕ_2)，第三个是反键轨道(ϕ_3)，轨道能量依次升高，四个电子中的两个充填于成键轨道中，另两个在非键轨道中. 臭氧分子中 π_3^4 分子轨道能级示意于图 15.7 中.

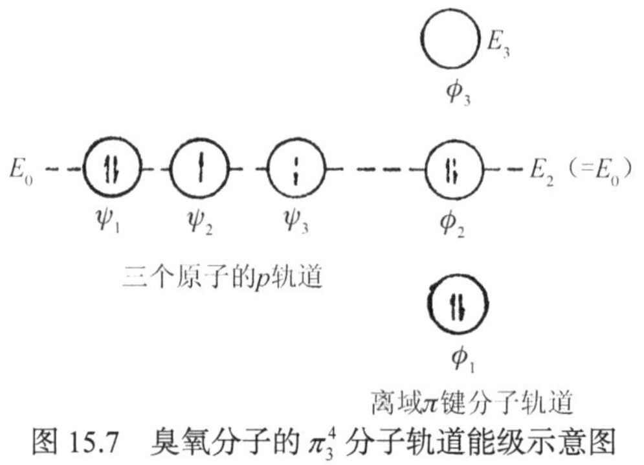

图 15.7　臭氧分子的 π_3^4 分子轨道能级示意图

由于 π_3^4 键的键级为 1，所以臭氧分子中顶端氧原子和下端氧原子之间的键级为$1\frac{1}{2}$，不足一个双键. 这就说明了臭氧分子中的 O—O 键长(127.8pm)要比氧分子中的 O—O 键长(120.8pm)长一些，但要比过氧化氢中 O—O 单键的键长(147.5pm)短一些. 同时，由于 π_3^4 键的生成，臭氧分子的键能也将低于氧分子而显得不够稳定. 再有，由于分子轨道中已无成单电子，因此臭氧应是反磁性的，这也与实验事实相符.

1.4 氧在形成化合物时的价键特征[11]

前已述及，氧原子和氧分子中都有成单电子，臭氧分子中有离域大π键. 所以，当元素氧同其他元素结合时，氧原子、氧分子和臭氧分子都可以作为形成化合物的基础.

1.4.1 以氧原子作为结构基础的成键情况

1.氧原子可以从电负性很小的原子处夺取电子，形成O^{2-}离子，构成离子型氧化物，例如碱金属和大部分碱土金属的氧化物.

2.氧原子可以同电负性与其相近的元素的原子共用电子，形成共价键，构成分子型化合物.

这里，就氧的氧化态而言，可有两种情况：(1)当同电负性比它大的氟结合时，氧可呈+2 氧化态，例如在 OF_2 中；(2)当同电负性比它小的其他元素结合时，氧常呈−2 氧化态.

就氧形成的共价键而言，可有六种情况：(1)氧原子提供两个成单电子形成两个共价单键 $-\ddot{\underset{..}{O}}-$ ，此时氧原子常采取 sp^3 杂化态，例如在 Cl_2O 和 OF_2 中；(2)氧原子提供两个成单电子形成一个共价双键 $:\ddot{O}=$ ，此时氧原子常采取 sp^2 杂化态，例如在 H_2CO(甲醛)和 $COCl_2$(光气)中；(3)氧原子提供两个成单电子形成两个共价单键，同时提供一对孤电子对形成一个配位键 $-\underset{..}{\overset{\uparrow}{O}}-$ ，即形成三个共价单键，此时氧原子常采取 sp^3 杂化态，例如在 H_3O^+离子中；(4)氧原子提供两个成单电子形成一个共价双键，同时提供一对孤电子对形成一个配位键 $:O\underset{=}{\rightarrow}$ ，即形成一个共价叁键，此时氧原子常采取 sp 杂化态，例如在 CO 和 NO 中；(5)氧原子可以提供一个空的 $2p$ 轨道，接受外来配位电子对而成键，例如在有机胺的氧化物 $R_3N\rightarrow\ddot{\underset{..}{O}}:$ 中；(6)氧原子既可以提供一个空的 $2p$ 轨道、接受外来配位电子对而成键，也可以同时提供两对孤电子对反馈给原配位原子的空轨道而形成所谓的反馈键，例如在 H_3PO_4 中：

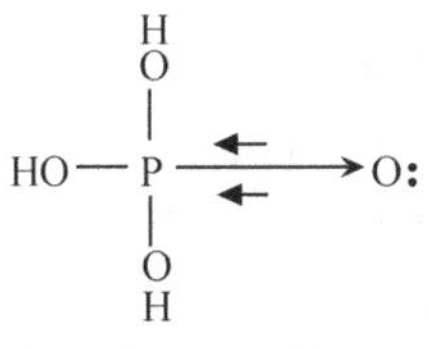

其中的反馈键叫做 d–$p\pi$配健，而 $P \overset{\leftarrow}{\underset{\leftarrow}{\longrightarrow}} O$ 键仍具有双键的性质.

1.4.2　以氧分子作为结构基础的成键情况

1. 氧分子可以结合一个电子，形成 O_2^- 离子，构成超氧化物，例如 KO_2 等.

2. 氧分子可以结合两个电子，形成 O_2^{2-} 离子或共价的过氧链—O—O—，构成离子型过氧化物(例如 Na_2O_2，BaO_2 等)或共价型过氧化物(例如 H_2O_2，$H_2S_2O_8$，$K_2S_2O_8$ 等).

3. 氧分子可以失去一个电子，生成二氧基阳离子 O_2^+ 的化合物，例如 $O_2^+[PtF_6]^-$ 等.

4. 氧分子因每个氧原子上有一对孤电子对而可以成为电子对给予体向具有空轨道的金属离子配位. 例如，血液中的血红素是由中心离子 Fe^{2+} 同卟啉衍生物形成的配合物，而 Fe^{2+} 离子上仍有一个空的配位位置，能够可逆地同氧分子配位结合：

$$[HmFe] + O_2 \rightleftharpoons [HmFe \longleftarrow O_2]$$

式中，Hm 代表卟啉衍生物. 这样，动物体内的血红素便起到了载输氧气的作用，从而成为载氧体.

1.4.3　以臭氧分子作为结构基础的成键情况

臭氧分子可以结合一个电子，形成 O_3^- 离子或共价的臭氧链—O—O—O—，构成离子型臭氧化物(例如 KO_3，NH_4O_3 等)或共价型臭氧化物(例如 O_3F_2 等).

表 15.5 归纳了氧的上述各种成键情况.

表 15.5　氧在化合物中的成键特征

电子授受体	成键情况	实例
氧原子 O	O^{2-} 离子	Na_2O，CaO
	$-\ddot{\underset{..}{O}}-$ 或 $-\overset{\uparrow}{\underset{..}{O}}-$，$sp^3$ 杂化	H_2O 或 H_3O^+
	$\ddot{\underset{..}{O}}=$，sp^2 杂化	$R_2C=O$
	$:O\overset{\rightarrow}{=}$，$sp$ 杂化	$:C\overset{\leftarrow}{=}O:$，NO
	$\longrightarrow\ddot{\underset{..}{O}}:$，电了对接受体	$R_3N\longrightarrow O$
	$\overset{\leftarrow}{\underset{\leftarrow}{\longrightarrow}}O:$，电子对授受体	H_3PO_4
氧分子 O_2	O_2^- 离子	KO_2
	O_2^{2-} 离子	Na_2O_2
	—O—O—(过氧链)	H_2O_2
	O_2^+ 离子	$O_2^+[PtF_6]^-$
	$O_2\longrightarrow$	$HmFe\longleftarrow O_2$
臭氧分子 O_3	O_3^- 离子	KO_3
	—O—O—O—(臭氧链)	O_3F_2

参考文献

[1] M. Ardon, “Oxygen”, W. A. Benjamin(1965).
[2] J. C. Bailar, H. J. Emeléus, R. Nyholm and A. F. Trotman-Dickenson, “Comprehensive Inorganic Chemistry”, Pergamon (1973).
[3] M. C. Sneed, J. L. Maynard and R. C. Brasted, “Comprehensive Inorganic Chemistry”, Van Nostrand(1961).
[4] 尹敬执、申泮文合编,《基础无机化学》, 上册, 人民教育出版社(1980).
[5] 武汉大学、吉林大学等校编,《无机化学》, 上册(第二版), 高等教育出版社(1983).
[6] B. 明特维多斯基著, 陶钧译,《氧》, 中国科学图书仪器公司(1954).
[7] F. A. Cotton and G. Wilkinson, “Basic Inorganic Chemistry”, Wiley (1976). 中译本：南开大学化学系译,《基础无机化学》, 上册, 科学出版社(1984).
[8] 地质科学院地质矿产所、北京大学地质地理系译,《稳定同位素地质译文集》, 地质出版社(1974).
[9] J. Waser, K. N. Trueblood and C. M. Knobler, “Chem One”, McGraw-Hill Book Company(1976).
[10] J. Donohue, “The Structure of the Elements”, Wiley(1974).
[11] 徐光宪编著,《物质结构》, 人民教育出版社(1959).

15.2 氧[1—3]

2.1 发现史[4—6]

在 1807 年俄国彼得堡科学院的一次学术讨论会上，德国学者 H. J. Klaprotch 宣读了一篇题为“第八世纪中国人的化学知识”的论文. 他在这篇论文中谈到，他曾见到过八世纪时由中国人马和(Maò hhóa)所著的《平龙认》一书. 这本书中曾指出：大气是由阴、阳两种不同物质所组成的；阴气可以和金属、硫黄及炭等物质作用，加热硝酸钾等可得到阴气；水中亦有阴气，它和阳气紧密地混合在一起，很难分解. 据此，有人认为马和所说的“阴气”就是我们今天所说的氧气. 由于对这个论点及该书的真伪至今仍有争论，所以尚难做出明确结论. 至于氧的真正发现，恐怕是十七八世纪的事了.

1615 年，荷兰化学家 C. J. Drebbel 曾通过加热硝酸钾制得氧气，并且把氧气用在水下潜艇中，不过他对这种气体的性质没有进行研究.

1678 年，英国化学和物理学家 R. Boyle 以及 O. Borch 曾分别加热硝石制得氧气，但都未把气体收集起来进行研究.

1731 年，Halec 也曾通过加热硝石制取氧气，并在水上收集之，然而他亦未对其性质进行研究.

1774 年，法国医药视察员 P. Bayen 在曲颈甑中加热氧化汞获得了氧气. 但是，他和以前制得过氧气的其他学者一样，没有对氧气的性质加以研究，更没认识到氧是一种新元素. 因此，上述学者都不能称得上是氧的发现者. 不过，他们的许多工作成果为 C. W. Scheele，J. Priestley 和 A. L. Lavoisier 等制取氧气并对其性质作彻底研究、进而确定氧是一种新元素奠定了基础.

首先制得较纯净之氧气并对其性质进行研究的人当推瑞典药剂师 C. W. Scheele. 在 1773 年以前，他使用了两种方法来制取氧气：一是加热硝酸钾、硝酸镁、碳酸银、碳酸汞和氧化汞，不过热解碳酸盐时还会同时生成二氧化碳气体，他是用苛性碱液把它除去而获得纯氧的；二是用二氧化锰同浓硫酸或浓砷酸混合蒸馏. 对于所制得的氧气，他发现把燃着的蜡烛放入其中会燃烧得更加明亮. 他又用实验证明，这种气体也存在于空气中；因此，他还发现当某些物质在这种气体或普通空气中燃烧后，这种气体便消失了，所以他把这种气体叫做“火空气”. 但遗憾的是，C. W. Scheele 虽然发现了氧气，并于 1775 年年底写成了《火与空气》

一书，送给出版商，可是被积压了下来，直到 1777 年才问世. 其实，他发现氧气的时间比下面将要谈到的英国化学家 J. Priestley 还要早一年.

1774 年 8 月 1 日，J. Priestley 把氧化汞放在玻璃器皿中用聚光镜加热，发现有气体放出. 他把这种气体用水上集气法收集起来，并进行了性质试验. 他发现蜡烛在这种气体中燃烧的火焰非常之大，并认为这种助燃能力特别大的气体是一点燃素都没有的空气，所以他把这种气体叫做“脱燃素空气”. 他又发现，当把老鼠放在“脱燃素空气”中时，它们过得非常舒服，而且比在等体积的寻常空气中活的时间约长了四倍. 不仅如此，他本人又亲自尝试吸入这种“空气”，觉得十分轻快舒畅. 他还进一步预示了这种“空气”在医学上的应用，说：“谁能想到，这种纯洁的空气在若干年后不会变成时髦的奢侈品呢?当然，到现在为止，只有两只老鼠和我本人享受过这种‘空气’哩. ”

非常遗憾，C. W. Scheele 和 J. Priestley 虽然都独立地制得了氧气，并研究了氧气在燃烧和呼吸方面的作用，但是由于他们终生笃信燃素说，使得他们自己也不知道其所发现的就是一种新元素，不理解他们的发现可以导致化学上的变革. 结果使得“这种本来可以推翻全部燃素说观点并使化学发生革命的元素，在他们手中没有能结出果实”(《资本论》第二卷序言).

在 J. Priestley 制得氧气后的当年十月，他在巴黎向法国著名化学家 A. L. Lavoisier 介绍了他对氧化汞进行加热的实验结果以及他所获得的“脱燃素空气”的性质. 当时，A. L. Lavoisier 正从事于燃烧问题的研究. J. Priestley 的实验对他颇有启发. 于是，A. L. Lavoisier 重复并扩展了 J. Priestley 的实验，并着重从量的方面加强研究. 他在把大量的精确试验结果进行综合和分析之后断定：可燃物质的燃烧或金属变成煅灰(氧化物)并不存在燃素说所坚持的

$$\text{金属}-\text{燃素}=\text{煅灰}$$

的分解反应，而真正发生的是金属或可燃物质同空气中的某物质的化合反应，该“某物质”就是为 Scheele 和 Priestley 所发现的那种气体(氧)：

$$\text{金属}+\text{氧}=\text{煅灰(氧化物)}$$

起初，Lavoisier 也把这种气体称之为“上等纯空气”，至 1777 年确认它为一种新元素时才正式把它命名为“Oxygen”(氧). Oxygen 来自希腊文 oxus(酸)和 geinomai(源)，即“酸之源”的意思. 由此可见，正是 Lavoisier 的实验和结论，才得以确认 Scheele 发现的“火空气”和 Priestley 发现的“脱燃素空气”是一种新的化学元素——氧，因而真正发现氧气的是 Lavoisier，而不是 Scheele 和 Priestley，“因为他们只是析出了氧气，但甚至不知道自己所析出的是什么”；也正是 Lavoisier 的实验和结论，才得以明确“在燃烧的时候，并不是神秘的燃素从

燃烧物体中分离出来，而是这种新元素与燃烧物体化合. 这样，他才使过去在燃素形式上倒立着的全部化学正立过来了”. (恩格斯：《资本论》第二卷序言)

2.2　制　　备[7—10]

鉴于元素氧在自然界中以单质的形式存在于空气中，还以化合物的形式存在于水、岩石和动植物体中，因而制备氧的主要方法是自空气中分离出氧和自含氧化合物中分解出氧，前者是物理法，后者是化学法. 对于化学分解法，由于含氧化合物中的氧多为负氧化态，因而需有氧化性的物质或者是电能把它氧化成单质氧. 因为空气和水是量丰价廉、利用过程简单的原料，所以几乎所有的工业用氧都是从这两种原料得到的，其中约有 97%的氧是由空气中分离出来的.

2.2.1　液态空气的分馏

空气主要是由氮气和氧气组成的混合物. 虽然由空气直接分离出氮气和氧气是个困难的课题，然而将液态空气分离就容易得多了，这是由于组成液态空气的液氮和液氧具有不同沸点的缘故. 为此，首先用压缩机将除去水和二氧化碳的空气压缩，继而通过冷凝器和热交换器使压缩空气冷却，最后使压缩空气迅速膨胀而获得相当低的温度以液化空气. 在一大气压下，液氮的沸点为 77.4K，而液氧则为 90.2K，两种液化气体的沸点之间有着约 13K 的温度差. 这样，当将液态空气逐渐蒸发时，则在开始阶段将有利于沸点较低的氮的蒸发；同时，氧在液体中渐渐增多. 但是，一次分馏决不能得到纯粹的分馏产品，这就要使用多级精馏塔，利用液态空气本身的低温，使蒸发出去的氮氧混合气体中的氧多次冷凝，同时又蒸发了液态空气中的氮. 最后，纯气态氮可从塔顶出口处外逸，而纯液态氧便从塔底出口处流出. 这种精馏液态空气制取氧的方法，由于生产量大、价格便宜、操作简便，而在工业上得到广泛采用.

2.2.2　水的电解

纯水是电的不良导体；但将少量的酸、碱或盐溶于水中时，则其溶液可以导电. 当将直流电通过稀的硫酸、氢氧化钠或硫酸钠水溶液时，则在阴极上有氢气逸出、阳极上有氧气逸出，其电解反应为：

$$2H_2O \xrightarrow{\text{电解}} 2H_2\uparrow + O_2\uparrow$$

通常，以铁或镍为电极，电解 20%的 NaOH 溶液，可得很纯的氧气. 此法既可用于工业生产，也可用于实验室制备. 但由于电能消耗大，所以水的电解法只能用于水力发电较为发达的地区，而且主要是为了制取纯氢，氧仅作为副产品而被获得. 在实验室里，也常用稀硫酸溶液作为电解质以电解制取氧.

值得注意的是，使用由活性炭做的无隔膜去极化阴极，每消耗单位能量所产生的氧比通常类型的电解池要多两倍，而且在此过程中没有消耗水. 因为这种电极输送空气，以氧化在此电极上由电解所得的氢气，从而产生过氧化氢或水；而过氧化氢便在阳极上分解成水和氧气.

2.2.3 金属氧化物的热分解

有些金属氧化物对热不够稳定或很不稳定，可在不同温度下部分或全部地分解出氧气.

MnO_2，PbO_2，CrO_3 等可在较高温度下分解出氧气，同时生成其相应的低价氧化物. 例如：

$$4PbO_2 \xrightarrow{563K} 2Pb_2O_3 + O_2\uparrow$$

$$6Pb_2O_3 \xrightarrow{643K} 4Pb_3O_4 + O_2\uparrow$$

$$2Pb_3O_4 \xrightarrow{773K} 6PbO + O_2\uparrow$$

Ag_2O，HgO，Hg_2O，Au_2O，Au_2O_3，PtO，PtO_2 等可在不太高的温度下分解出氧气，同时生成其相应的金属. 例如：

$$2Hg_2O \xrightarrow{373K} 4Hg + O_2\uparrow$$

$$2HgO \xrightarrow{773K} 2Hg + O_2\uparrow$$

这后一反应即是 Priestley 和 Lavoisier 发现氧气时所用的方法.

显然，利用氧化物的热分解来制取氧气，在工业上是太昂贵了，而在实验室里也仅具有一定的意义.

2.2.4 过氧化物的分解

过氧化氢具有热不稳定性. 某些重金属离子的存在或在 30%H_2O_2 中用铂丝吊着薄镍片，都会加速它的分解. 这是实验室中制取少量纯氧的较好方法.

碱金属和碱土金属的过氧化物以及某些碱金属的超氧化物也可热解而得氧. 这里，BaO_2 的分解具有特殊的意义，它是从前获取氧气的一种重要方法，谓之 Brin 法. 此法只需用一定量的氧化钡 BaO 即可自空气中获得无限的氧：将除去二氧化碳、水蒸气、有机物和尘埃的空气同氧化钡在 873K 时作用，即得过氧化钡；后者在近 1173K 时或立即降压即分解放出氧，同时得到氧化钡；氧化钡在冷却至约 873K 时又重新吸收空气中的氧，进而又可利用来制取氧. 这个反应是可逆的：

$$2BaO+O_2 \underset{1173K(或低压)}{\overset{873K(或高压)}{\rightleftharpoons}} 2BaO_2$$

用水或二氧化碳也可分解过氧化物或超氧化物以获取氧气. 例如：

$$2Na_2O_2+2H_2O=4NaOH+O_2\uparrow$$

$$4KO_2+2CO_2=2K_2CO_3+3O_2\uparrow$$

前一反应可用于野外作业中，后一反应则可用于潜水作业中.

2.2.5　含氧酸盐的分解

在实验室中制备少量氧气的最简便、最常用的方法是加热某些含氧酸盐.

最早获得应用的是热分解硝酸钾. 碱金属的硝酸盐热解后得到相应的亚硝酸盐和氧气. 重金属的硝酸盐热分解后虽然可以得到氧气，但还有二氧化氮生成，所以通常不用其作为制备氧气的原料.

氯的含氧酸盐是制取氧气的常用原料. 热分解亚氯酸钠可制得氧；然而，热解产物取决于加热的速度和作用的催化剂. 在缓慢加热下仅有 5%的 $NaClO_2$ 分解放氧($NaClO_2 \longrightarrow NaCl+O_2$). 迅速加热则有 25%的分解，另外的 75%发生歧化($3NaClO_2 \longrightarrow NaCl+2NaClO_3$). 铂黑和碳酸铊 Tl_2CO_3 催化该分解过程(相应地达 90%和 96.4%). 二氧化锰仅对分解反应发生作用. 在热分解氯酸钾的过程中，当温度超过其熔点(641.6K)约 323K 时，分解放氧($2KClO_3 \longrightarrow 2KCl+3O_2$)和歧化反应($4KClO_3 \longrightarrow KCl+3KClO_4$)将同时发生. 为了把氧全部释出，则需加热至 873K 以上的温度，因为此时 $KClO_4$ 分解成了 KCl 和 O_2. 但若用 MnO_2 作催化剂，则 $KClO_3$ 将在约 543K 时完全分解放氧. 因此，实验室中常用加热氯酸钾和二氧化锰混合物的方法来制取氧气. 显然，加热高氯酸钾也可获得氧气，只不过要在较高温度下进行罢了. 为了适应飞机、潜水艇等"封闭体系"对氧的需求，传送氧的高氯酸锂"蜡烛"已被制得. 按重量计，它是由 84.82%的 $LiClO_4$，10.94%的 Mn 和 4.24%的 Li_2O_2，组成的. 该固体被压缩至密度达 $2.32g/cm^3$. 它在加热时所得到的有效氧相当于由等体积液态氧所得到的有效氧.

极纯而干燥的氧可以最方便地自纯而干燥的高锰酸钾制得：

$$4KMnO_4 \xrightarrow{513K} 4MnO_2 + 2K_2O + 3O_2\uparrow$$

用水蒸气加热锰酸钠至近 773K 时，即分解出氧、二氧化锰和氢氧化钠；而二氧化锰在氢氧化钠存在的条件下，当加热到 823K 时，又被空气氧化成锰酸钠；后者又可用来制取氧：

$$2Na_2MnO_4 + 2H_2O \underset{823K}{\overset{\text{近}773K}{\rightleftharpoons}} 2MnO_2 + 4NaOH + O_2$$

这是从前普遍采用的一种制氧方法.

一般说来，欲纯化由上述诸法所得之氧气，可用 $KMnO_4$，KOH 和浓 H_2SO_4 处理之.

2.3 物理性质[9, 11—13]

在常温常压下，氧是无色、无嗅、无味的气体；略重于等体积的空气；具有顺磁性. 表 15.6 中汇列了氧气的主要物理性质.

表 15.6 氧气的主要物理性质

密度，ρ(101325Pa，273K) (g/cm^3)	1.42900×10^{-3}
压缩系数 $\dfrac{(PV)_{P=0}}{(PV)_{P=101325Pa}}$，273K	1.00092_4
临界温度，T_c(K)	154.78 ± 0.03
临界压力，P_c(Pa)	$(5.081\pm0.001)\times10^6$
临界密度，ρ_c(g/cm^3)	0.408
临界压缩系数，Z_c	$(RT/P_cV_c)\approx3.3$
比热，c_P(101325Pa，573K) (J/g·K)	0.9207
c_V(101325Pa,573K) (J/g·K)	0.6594
标准焓，$H^{O}_{298.15}-H^{O}_{0}$ (kJ/mol)	8.6859
标准熵，$S^{O}_{298.15}$ (J/mol·K)	205.166
黏度，101325Pa，273K(g/cm·s)	1.9192×10^{-4}
导热系数，101325Pa，273K(J/cm·s·K)	2.456×10^{-4}
折射率，101325Pa，273K；587 940pm	1.00027509
介电常数，101325Pa，273K；24000MHz	1.0005310
声速，101325Pa，273K(m/s)	315.12
磁化率，293K，$\chi_gT=(3115\pm7)\times10^{-5}$c.g.s 单位	

氧气仅微溶于水，在标准状况下测量，$1cm^3$ 的水在 293K 时可溶解 $0.0308cm^3$ 的氧，323K 时为 $0.0208cm^3$，353K 时为 $0.0177cm^3$. 光学实验表明：氧溶于水后有氧的水合物 $O_2 \cdot H_2O$ 和 $O_2 \cdot 2H_2O$ 生成，后者不稳定. 它们的结构式分别为：

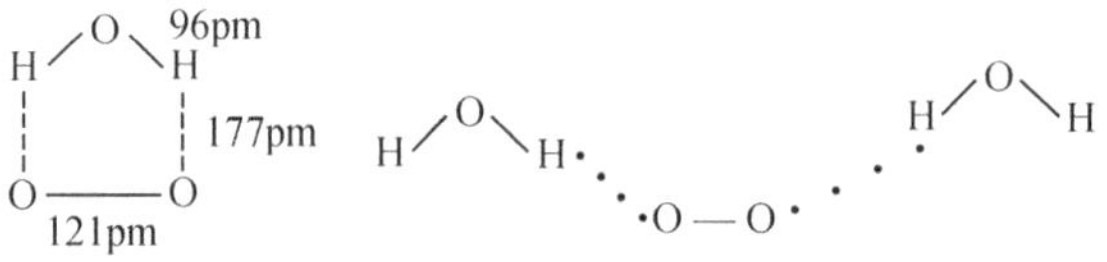

此类水合物中的氢键和水分子间的氢键有所不同：这些氢键的质子是共用三个电子而不是四个电子，即 1 个电子来自具有双自由基形式的氧分子中的氧原子，2 个电子来自 O—H 键. 氧在水中的溶解度约为氮的两倍，考虑到空气中的氧氮比为 1∶4，所以空气溶于水后的氧氮比为 1∶2. 氧在酸、碱及其他电解质溶液中的溶解度更低，但在硫酸中经历一个最小值后，在 96% H_2SO_4 中的溶解度近似地像在水中那样大. 氧气也可溶于有机溶剂中. 经测量，在 101325Pa 和 298K 时，$1cm^3$ 的四氯化碳、苯、丙酮和乙醚中可分别溶解 0.302，0.223，0.280 和 $0.455cm^3$ 的氧.

在 101325Pa 和 90K 时，氧气可以液化. 液态氧呈浅蓝色，其主要物理性质列示于表 15.7 中.

表 15.7　液态氧的物理性质

沸点，T_f(101325Pa) (K)	90.1777
密度，ρ(90K) (g/cm^3)	1.142
黏度，89.7K，11kgf/cm^2(g/cm · s)	0.00199
比热，c_P(56.95K) (J/mol · K)	53.42
c_P(90.33K) (J/mol · K)	54.39
表面张力，70K(N/m)	0.01835
90K(N/m)	0.01323
导热系数，73.16K，2026.5kPa(mw/cm · K)	1.721
介电常数，54.33K	1.594
90.14K	1.4837
绝热压缩系数，60.5K(cm^2/N)	0.608×10^{-9}
90.0K(cm^2/N)	1.050×10^{-5}
折射率，65.0K；546100pm	1.2483
90.3K；546100pm	1.2243
声速，60.5K；535kHz(m/s)	1128.9
90.5K；535kHz(m/s)	902.3
蒸气压：$\log P(\mathrm{Pa})=31.026647-10.534702\log T+0.01932948T-\frac{667.85576}{T}+\frac{1937.538}{T^2}$	
磁化率：$\chi_g(T-\theta')=c'$. $\theta'=-71K$，$c'=38600 \times 10^{-6}$	

液态氧在 54.4K 以下的低温可以转变成淡蓝色的固态氧. 后者又存在三相：α相，β相和γ相. 固态氧的相变性质及其他主要物理性质列示于下：

相　变

	温度(K)	ΔH(J/mol)	ΔV(cm^3/mol)
熔点(三相点)	54.3496	445.06 ± 1.26	0.918 ± 0.02
γ-β	43.800	743.58 ± 2.09	1.08 ± 0.05
β-α	23.886 ± 0.005	93.78 ± 0.42	

密　度(g/cm^3)

	γ–O_2	β–O_2	α–O_2
测量值	1.30	1.395	1.426
结晶学计算值	1.34	1.495	1.53

磁化率(c.g.s. 单位)

γ-O_2:	$\chi_g(T-\theta')=C'$；$\theta'=-60$K；$C'=38600\times10^{-6}$.
β-O_2:	43K 时为 160×10^{-6}；24K 时为 127×10^{-6}.
α-O_2:	$14<T<20$K，$\chi=49.3[1+0.00276+(T-14.50)^2]\times10^{-6}$.
	$1.5<T<4.2$K，$\chi=50.7[1-0.01719+(T-2.906)]\times10^{-6}$.

蒸气压方程

γ-O_2:	$\log P(\text{Pa})=\dfrac{-478.4}{T}+14.5248-2.055\log T$
β-O_2:	$\log P(\text{Pa})=\dfrac{-452.2}{T}+4.1858-4.78\log T$
α-O_2:	$\log P(\text{Pa})=\dfrac{-454.7}{T}+3.9188+5.085\log T$

比　热(J/mol·K)

T(K)	52.12	45.90	42.21	25.02	22.24	4
c	46.31	46.18	44.92	22.69	18.42	3.91×10^{-3}

分光光谱实验证明，在室温和常压下，氧中含有抗磁性的物质 O_4，即 O_2 的双聚体$(O_2)_2$；据计算，300K 和 101325Pa 下 O_2 中双聚体的浓度是 6.4×10^{-4} 双聚体/摩尔. 在固态氧中存在更多的 O_4. 显然，双聚体$(O_2)_2$的存在同 O_2 分子中存在着成单电子有关. 双聚体的两个 O_2 分子间的键能弱于一个电子对的键能，但比范

德华力强. O_4的可能结构是:

但难以肯定. 另据质谱法规定，氧分子的双聚体离子O_4^+和O_4^-也存在. 在气相中，两种离子的生成热为:

$$O_2^+(g) + O_2(g) = O_4^+(g) \quad \Delta H^\circ_{298} = -41.87\text{kJ/mol}$$
$$O_2^-(g) + O_2(g) = O_4^-(g) \quad \Delta H^\circ_{298} = -56.73 \pm 0.67\text{kJ/mol}$$

2.4　化 学 性 质[7,11,14—16]

氧的化学行为既同氧分子的电子结构及其化学键强度以及氧原子的电子结构及其电离能或电子亲合能有关，又同氧的状态及其所处的环境有关. 这可从以下的讨论中看得出来.

2.4.1　氧气的化学作用

氧气的化学性质是比较活泼的. 它能同大多数单质和许多化合物作用. 例如，在热力学上，大多数金属和生命有机体对氧都是不稳定的. 但是，在常温下这些反应却相当缓慢. 从结构上讲，这是因为由氧分子形成负二价的氧离子时需要消耗很大的能量——约 1000kJ/mol:

$$\frac{1}{2}O_2(g) \longrightarrow O(g) \quad \Delta H = 248\text{kJ/mol}$$
$$O(g) + 2e \longrightarrow O^{2-}(g) \quad \Delta H = 752\text{kJ/mol}$$

而且，在形成离子型氧化物时，金属原子的气化和电离也要消耗能量. 尽管在形成化合物时要放出能量，但也难以补偿所消耗的能量. 从动力学上讲，大多数反应过程都被抑制. 例如，金属表面可因氧化膜的生成而被保护起来，防止了进一步的氧化；对生命有机体的氧化来说，因其活化能相当高而难以进行. 然而，采取适当的方法使氧分子转变成化学活性极高的氧原子，采用适当的催化剂以降低反应的活化能，或采用其他活化反应的方法，均可使上述介稳体系变得不稳定. 实际上，常用加热的方法来促进氧气同大多数单质和许多化合物的反应.

(1) 同金属的作用. 所有金属都与氧作用，但其反应条件、速率和产物不尽相同. 氧同锂、钠反应可产生氧化物与过氧化物；同钾、铷、铯反应则产生过氧化物与超氧化物；同碱土金属以及锌反应也可产生氧化物与过氧化物；同其他金属反应皆产生氧化物. 值得指出的是，虽然多数金属同氧作用需在加热引发的条件下进行，但是反应结果往往放出大量的热. 例如，MgO(晶)、CaO(晶)和 Al_2O_3(刚玉)的生成热分别为−601.83，−635.6 和−1669.8kJ/mol. 不过，贵金属(例如金、银、铂)同氧的反应是相当缓慢的，而且其氧化物具有热不稳定性.

对于氧同金属的反应，一般认为，氧可被几乎所有金属化学吸附，并存在多相催化反应. 对于许多金属来说，已公认至少有两种方式的化学吸附. 一种是氧作为单原子物种出现在金属表面，例如，对钨片上化学吸附的氧进行急骤解吸并作质量光谱测定表明：仅有单原子氧物种或 $WO_n(n=1—3)$释出. 另一种方式是氧作为过氧物种吸附于金属表面，银的吸附就是这方面的例证：一方面，氧化了的银的表面不能催化正氢和仲氢之间的转化，说明无 O_2 存在；另一方面，银催化氧化异丙基苯为异丙基苯化过氧氢，说明有过氧物种 O_2^- 存在.

(2) 同非金属的作用. 多数非金属单质能同氧直接化合成氧化物，最典型的是氢、碳、硫、磷等同氧的反应. 不过，有多种氧化态的非金属元素同氧结合成的氧化物必然会有多种，例如碳能生成 CO 和 CO_2，硫能生成 SO_2 和 SO_3，磷能生成 P_4O_6 和 P_4O_{10} 等.

(3) 同化合物的作用. 氧气能够同一些具有还原性的无机物质发生化学反应. 在常温下，氧气能氧化气态的 NO；在加热时，能氧化气态的 H_2S，CO，液态的 CS_2，固态的 P_4O_6，Cu_2O；在有催化剂存在并加热时，能氧化气态的 NH_3，SO_2；在强热时，能氧化许多硫化物矿.

氧气还能够同许多有机物质相作用，后者包括烃、醇、醚、醛等. 电子光谱测定表明：醇、醚、苯和饱和碳氢化物分子同氧分子之间有电荷传递反应存在；但是，并没有真正的配合物形成. *N*，*N*–二甲基苯胺就是一例，它在空气或氧中变黄，但若氧被氮逐去，则又恢复到无色. 这种弱的传荷配合物使得分子内的某些电子跃迁较为急剧地进行，从而显示出光谱的变化 . 不过，在催化剂存在下，氧气可以把上述许多有机物质氧化成不同的产物.

据悉，SO_2 或烃类同氧的作用之所以能被 V_2O_5 所催化，是因为像 V_2O_5 一类的金属氧化物上存在着晶格缺陷，因而它能够对 O_2 进行化学吸附；吸附了氧气的 V_2O_5 晶体，一方面用其晶格中的高价阳离子去氧化 SO_2 或烃类，它本身被还原，另一方面，吸附在其上的 O_2 能迅即把还原了的金属氧化物又氧化上去.

分子氧被各种固体物质催化的一些反应示例列于表 15.8 中.

(4) 同配合物的作用，氧和某些过渡金属配合物可以形成加合物，有时候这种加合反应可以逆向进行(参看本节 2.5). 在加合过程中，O_2 虽然保持原状，但所形成的配合物可描述为其结构中具有配位的 O_2^- 或 O_2^{2-} 离子；O_2^- 或 O_2^{2-} 离子也许以三元环或桥基的形式同金属相连. 参与配位的氧分子显然比游离的氧分子更活泼. 在温和条件下，许多不能直接氧化的物质，在有此类金属配合物存在时，就能同氧发生化学反应.

表 15.8　O_2 的一些多相催化反应

其他反应物	重要产物	催化剂
H_2	H_2O	金属
CO	CO_2	Cu_2O，NiO 等
SO_2	SO_3	V_2O_5 或 Pt
NH_3	氮的氧化物	Pt 或 Rh
C_2H_4	环氧乙烷	Ag
丙烯	丙烯醛	Cu_2O
丙烯+NH_3	丙烯腈	Bi(II)/Mo(VI)的氧化物
烯烃	二烯，醛，酸，CO，CO_2	Bi(III)/Mo(VI)的氧化物
苯	顺式丁烯二酸酐	V_2O_5
C_2H_4+HCl	二氯乙烯	$CuCl_2$
CH+H_2O	甲醛	Cu 或 Ag

2.4.2　液态氧的化学行为

如上所述,氧气的许多化学作用,由于受到动力学上的阻碍,显得相当缓慢. 可是，液态氧的化学活性却相当高. 当液态氧同许多金属、非金属、特别是同有机物质接触时，极易发生爆炸性反应. 例如，当将棉花置入液态氧中时，会即刻发生强烈爆炸. 因此，储存、运输和使用液态氧时，均需特别小心.

2.4.3　溶液中氧的化学作用

在水溶液中，氧的氧化能力可用标准电极电势衡量:

$$O_2 + 4H^+ + 4e \rightleftharpoons 2H_2O \qquad E^\circ = +1.229V$$

$$O_2 + 2H_2O + 4e \rightleftharpoons 4OH^- \qquad E^\circ = +0.401V$$

$$O_2 + 4H^+(10^{-7}M) + 4e \rightleftharpoons 2H_2O \qquad E^\circ = +0.815V$$

由 E°值可见，不论在酸性、中性或碱性溶液中，氧都是较强的氧化剂. 但是，在酸性溶液中,氧的许多氧化作用很慢,例如 Fe^{2+}离子被缓慢地氧化成 Fe^{3+}离子. 不过，其氧化速率可以通过适量过渡金属离子的催化作用而大大加快，特别是 Cu^{2+}离子(其中包含着 Cu^{I}—Cu^{II} 的氧化还原循环). 在碱性溶液中，氧的氧化速率则要快得多，例如 $Fe(OH)_2$ 可以迅速地被空气氧化成 $Fe(OH)_3$.

金属离子在水溶液中的均相氧化作用，至少已经提出了两种机理. 其一认为，氧被还原成水则是经过了一系列的一电子步骤：

$$O_2+H^++e \longrightarrow HO_2\bullet \qquad 估计E^\circ=-0.32V$$

$$HO_2\bullet + H^+ + e \longrightarrow H_2O_2 \qquad 估计E^\circ=+1.68V$$

$$H_2O_2 + e \longrightarrow OH^- + HO\bullet \qquad 估计E^\circ=+0.80V$$

$$HO\bullet + H^+ + e \longrightarrow H_2O \qquad 估计E^\circ=+2.74V$$

从能量上看，第一步是不利的，而其余各步均放出能量. 另一观点认为，第一步包含了两电子的转移而直接得到 H_2O_2，并伴随着能量的释放：

$$O_2+2H^++2e \longrightarrow H_2O_2 \qquad E^\circ=+0.68V$$

在此机理中，由于没有 $HO_2\cdot$ 的形成，从而避免了能量消耗. 有证据表明，在一些情况下，第二种机理在起作用. 例如 V(II)氧化成多核的 V(III)物种，按照下述步骤可了解其形成：

$$V^{2+} + \frac{1}{2}O_2 \longrightarrow VO^{2+}$$

$$VO^{2+} + V^{2+} \longrightarrow \left[V^{III}OV^{III}\right]^{4+}$$

在水溶液中，O_2 在金属离子的催化下可以氧化一些有机化合物. 已被广泛研究的这种过程是烯烃的氧化；它被铁、钴、镍、铜或锌离子所催化. 该催化过程经历一个自由基步骤，它的引发导致了多数情况下的烯烃化过氧氢与金属离子的相互作用. 在一些体系中，金属离子氧化有机物而其本身被还原，分子氧的主要作用则是氧化金属离子呈原来价态. 在另一些体系中，有证据表明氧化物种是一种 O_2 与金属的配合物.

2.4.4 单一态氧的反应和光化氧化

按照分子轨道理论，在反键π*轨道含有两个电子的 O_2 分子中，其能量最低的电子构型有三种状态，详见表 15.9.

表 15.9 分子氧的三个最低能态

状态	π_a^*	π_b^*	能量
第二激发单一态 $^1\Sigma_g^+$	↑	↓	155kJ/mol
第一激发单一态 $^1\Delta_g$	↑↓	—	94.6kJ/mol
基态三重态 $^3\Sigma_g^-$	↑	↑	0

显然，处于受激发单一态的 O_2 由于能量较高而有较强的化学活性，而且 $O_2(^1\Sigma_g^+)$ 较 $O_2(^1\Delta_g)$更甚之. 但是，$O_2(^1\Sigma_g^+)$ 正因为能量高而寿命短，$O_2(^1\Delta_g)$因生存期较长而较易获得. 实验证实，处于 $^1\Delta_g$状态的氧分子可以同各种不饱和的有机物反应，发生有限而特殊的氧化过程. 最典型的反应是 Diels–Alder 型的 1，3–丁二烯的 1，4–加成反应：

单一态氧分子的生成方法有三种：

(1) 化学法. 在水溶液或乙醇溶液中，过氧化氢同次氯酸盐或氯气作用，可以产生相当量的单一态氧分子(以 $^1\Delta_g$ 为主)：

$$H_2O_2+ClO^- \longrightarrow Cl^- + H_2O + O_2(^1\Delta_g)$$

由臭氧同三芳基亚磷酸盐在低温下形成的固体加合物进行热分解，也可方便地得到单一态氧分子：

$$(PhO)_3P+O_3 \xrightarrow{195K} (PhO)_3PO_3 \xrightarrow{258K} (PhO)_3PO+O_2(^1\Delta_g)$$

(2) 无电极放电法. 对氧气进行无电极放电作用，即可得到单一态氧分子.

(3) 敏化剂存在下的辐射光化法. 处于基态单一态的敏化剂(用符号 $^1s_0$ 表示)通过辐射可以形成激发态的物种，后者通常呈现第一激发单一态(用 $^1s_1$ 表示)：

$$^1s_0 \xrightarrow{hv} {}^1s_1$$

该受激的敏化剂可把能量传递给 O_2，使得处于基态三重态的氧分子($^3O_2$)发生自旋转化而形成激发单一态的氧分子($^1O_2$)，它本身则转变成最低的三重态($^3s_1$)：

$$^1s_1 + {}^3O_2 \rightarrow {}^3s_1 + {}^1O_2$$

这里，单一态氧分子形成的能量条件是：$^1s_1 \rightarrow {}^3s_1$ 的能量差大于 $^1O_2 \rightarrow {}^1O_2$ 的能量差. 显然，如果传递能大于 94.6kJ/mol，则可形成 $O_2(^1\Delta_g)$；传递能大于 155kJ/mol，可得到一些 $O_2(^1\Sigma_g^+)$；若大于 205kJ/mol，则形成 $O_2(^1\Sigma_g^+)$的量将十倍于 $O_2(^1\Delta_g)$. 当受激发的敏化剂处于三重态时，也可产生单一态氧分子：

$$^3s_1+{}^3O_2 \longrightarrow {}^1s_0+{}^1O_2$$

这是因为具有自旋向量值为 1 的分子间的相互作用能够得到一种单一态的碰撞配合物，而该配合物可分解成单一态 O_2 和基态单一态的敏化剂.

据此，单一态氧分子同有机化合物(A)之间的化学作用机理可概述如下：

$$^1s_0 \xrightarrow{h\nu} {}^1s_1$$

$$^1s_1 \rightarrow {}^3s_1$$

$$^3s_1 + {}^3O_2 \rightarrow {}^1s_0 + {}^1O_2$$

$$^1O_2 + A \rightarrow AO_2$$

在这种情况下，单一态 O_2 的反应实质上就是光氧化反应，在有敏化剂存在的条件下，也称做光敏化的氧化反应．这样，对于上述的 1，3–丁二烯的 1，4–加成反应，则可写成：

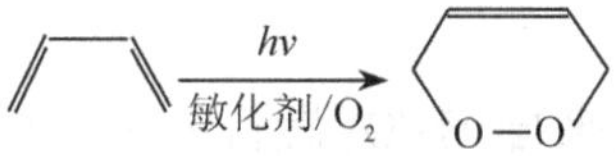

在光敏化氧化反应中，常用的敏化剂有：玫瑰本格(Rose Bengal)，氧杂蒽酮染料(xanthene dye)，四碘荧光素(erythrosin)，荧光黄(fluorescein)，卤化荧光黄，亚甲基蓝和叶绿素.

在有些光化氧化反应中，有机作用物本身就可起到敏化剂的作用，这就无需另加敏化剂．蒽的光化氧化就是典型例证：

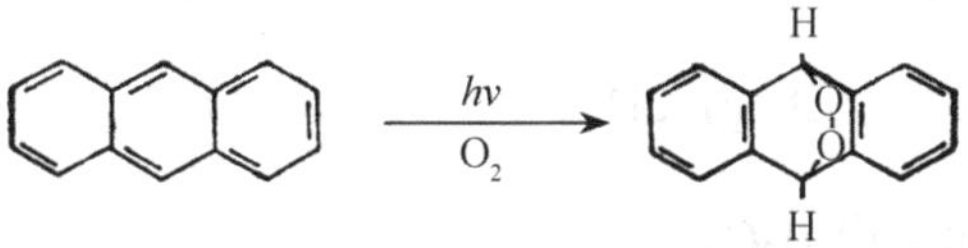

对该反应的动力学研究表明：一个分子的蒽表现为敏化剂，另一个分子便作为接受体．非常有趣的是，反应生成的(内)桥环过氧化物具有热不稳定性，其热解产物分子氧是在自旋允许过程形成的激发单一态($^1\Delta_g$).

对于光化氧化反应来说，上述仅含受激分子的反应是它的一种类型．另一种类型则是含有自由基的光化氧化反应．这个类型的一个典型反应是仲醇被高能敏化剂二苯酮和氧所氧化．开始时，二苯酮被辐射形成三重态二苯酮，后者从仲醇中提取氢形成游离基$\left(\begin{matrix}R^1\\R^2\end{matrix}>\dot{C}-OH\right)$；然后，所形成的游离基与氧作用，其产物再与仲醇作用，便得到氢过氧化物；最后，氢过氧化物在水中分解，生成过氧化氢和酮：

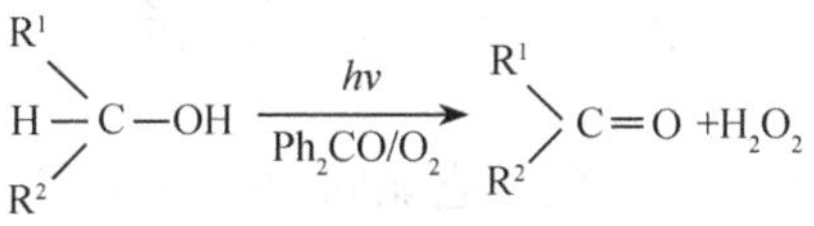

许多光化氧化反应的产物依赖于溶剂和条件，并且在敏化和非敏化的情况下常不一样. 例如，作为亲双烯物的 O_2 可以同 1，4–二烯发生 Diels–Alder 反应，产生过氧化物、氢过氧化物或取代的烷基醇. 不饱和硫的化合物或硫化物，在敏化剂存在下，可被 O_2 光化氧化；胺也被氧化，但其主要产物是什么尚不清楚.

2.4.5　氧电极

氧气所参与的一类特殊化学反应是在原电池中充作氧电极. 电极反应

$$O_2 + 4H^+ + 4e \rightleftharpoons 2H_2O$$

的可逆电势，在标准情况下为+1.229V. 但是，氧电极很易极化，因而其超电压很大.

研究氧电极的实际动力来自 H_2/O_2 燃料电池的发展，因为这种电池是包括空间技术在内的许多体系的能源，在燃料电池中，作为燃料的 H_2 和 O_2 反应的化学能将不经过热能而直接转化为电能. 显然，为了防止 H_2 和 O_2 直接发生化学反应而不产生电能，在装置中设法阻止电极气体经过电解质的扩散是至关重要的. 为此，通常用镍或碳素制成多孔隔膜电极，并掺入少量铂作为催化剂. 当 H_2 和 O_2 分别充入电极后，气体将通过隔膜而慢慢扩散到中心室内，并同其中的电解质(例如 75%的 KOH 溶液)进行反应. 在正极，O_2 被还原而产生 OH^-离子：

$$O_2(g)+2H_2O(l)+4e \rightleftharpoons 4OH^-$$

在负极，H_2 被氧化而生成 H_2O：

$$H_2(g) + 2OH^- \rightleftharpoons 2H_2O(l)+2e$$

电池的总反应是：

$$2H_2(g)+O_2(g) \rightleftharpoons 2H_2O(l)$$

该电池在 473K 操作，反应所产生的水蒸气经冷凝后可作饮料水.

燃料电池中的电解质若是熔盐，则可作为高温电池而加以应用. 目前，作为效率高(理论值为 100%，实际效率已达 50%—70%)而且清洁的发电方法，燃料电池发电已引起人们广泛重视.

2.5　生 理 性 质

氧对动物的生命过程是重要的. 它能同动物体内的有机物质相作用而获得维

持动物生命所必须的能量.

在肺里，动物所吸入的氧气并不易溶解在血液中；但是，在室温下，载氧体的存在却能使爬行动物的血液中含有与大气呈平衡时 O_2 自身体积的 5%—10%，使哺乳动物的血液中含有 15%—30%. 著名的天然载氧体是血红蛋白(Hb)，其中的血红素是金属-卟啉配合物，已经发现的金属有 Fe(II)和 Gu(I). 所有哺乳类动物的血红蛋白中都含有亚铁血红素(HmFe). 在人体中，肺泡内氧的分压较高($P_{o_2}=1.3333\times10^{-1}$Pa)；当静脉血($P_{o_2}\leqslant6.6665\times10^{-2}$Pa)流经肺部时，血红蛋白中的 Fe^{2+} 离子即与 O_2 配位形成氧合血红蛋白(HbO_2)；而当血液离开肺部、流经氧分压较低的组织如肌肉组织($P_{o_2}=4.6666\times10^{-2}$Pa)时，氧合血红蛋白便离解出氧，以供组织的需要：

$$\mathrm{Hb}+\mathrm{O_2}\rightleftharpoons\mathrm{HbO_2}$$

或

$$[\mathrm{HmFe}]+\mathrm{O_2}\rightleftharpoons[\mathrm{HmFe}\leftarrow\mathrm{O_2}]$$

需要指出的是，上述载氧体“吸收”氧的反应是在酶的催化作用下进行的. 在与分子氧的氧化作用相关的酶中，已经辨明有以下各类：

(1) 在适当氧化酶的作用下，O_2 分子的两个原子都被转移到被酶作用物上. 当它们是邻苯二酚氧化酶时，其催化邻苯二酚的氧化，生成己二烯[2，4]二酸：

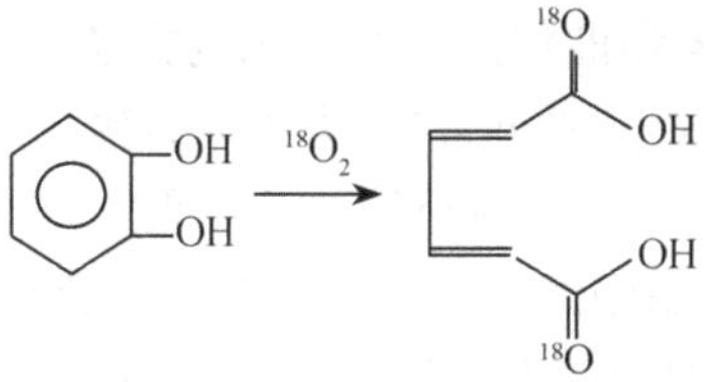

(2) 羟化酶，像一元酚氧化酶，它仅能从 O_2 上转移一个氧原子至被酶作用物上：

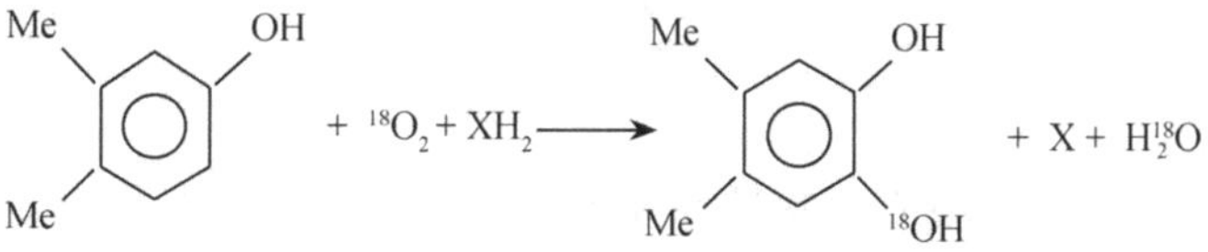

式中的 XH_2 是氢的供体. 若无氢的供体存在，则上述酶促反应的速率是很慢的.

(3) 电子转移酶，像虫漆酶，在其作用过程中，O_2 的两个原子都被还原成水：

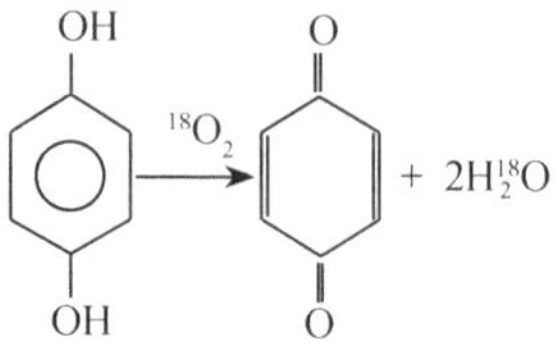

适量的氧对维持动物的生命是必不可少的. 在窒息、休克、肺炎和其他疾病的情况下，常采用氧疗法. 显然，缺氧能够危及生命；但是，过量的氧也可以致命. 在大气压下，连续 24 小时给予 100%的氧，人体的眼、鼻、喉、肺等器官就要发炎. 实践表明：当人体内氧的分压 $Po_2 > 7.6 \times 10^4$Pa 时，即可导致肺的损伤；当 $Po_2 \geqslant 1.013 \times 10^5$Pa 时，则将导致发烧、呕吐；当 $Po_2 = 3.04 \times 10^5 \sim 5.07 \times 10^5$Pa 时，即突发痉挛；在 $Po_2 = 8.106 \times 10^5$Pa 时，半小时内即可丧命. 过量氧对生命体的不利影响，其机理相当复杂. 它可能与氧化反应中所产生的过氧化物有关；也可能与减少了血液及其他流体中所溶解的 CO_2 的量、从而破坏了人体中的缓冲平衡及气体输送平衡有关. 近年来，随着高压氧气用途的增加和人类需要氧气的活动范围(如空间和深海)的扩展，氧中毒的问题较以前突出了.

2.6　除　　氧

有些研究体系对氧很灵敏，哪怕是痕量的氧也必须去除. 除去氧的方法很多，可用物理吸附法，也可用化学反应法. 当然，方法的选择要视研究体系而定.

在化学法中，可用加氢和催化剂以生成水的方法而除去 O_2；也可用碱金属(液态或蒸气)或铝、钙、镁的汞齐去处理(此法还原至残留之氧达 10^{-25} 体积%). 让气体通过加热的铜可使 N_2 中之 O_2 还原至约 10^{-5} 体积%. 低氧化态硫的含氧阴离子(如 SO_3^{2-} ，$S_2O_4^{2-}$)从水溶液体系中除氧是很有效的. 自 $(NC)_2C=C\ (CN)_2$ 和碱金属而得的阴离子 $C_6N_4^-$ 是一种很好的氧去除剂. 以钢作阴极、铝作阳极电解密闭的热水体系也可除氧. 联氨已被提出作为工厂沸水的脱氧剂.

2.7　分　　析[10]

游离的 O_2 可用下列诸法测定：

(1) 基于 O_2 是少数具有顺磁性的气体之一，可利用磁学法测定气体混合物中的氧含量.

(2) 利用气体色层分离法以测定气体混合物中的氧含量.

(3) 用联苯三酚的碱性溶液或含蒽醌β–磺酸钠的 20%的连二亚硫酸钠溶液吸收气体混合物中的 O_2；也可用黄磷吸收 O_2.

(4) 通过碱性溶液中 Mn(II)的氧化、并在溶液酸化后由定量生成的 Mn(III)再去定量地氧化碘化物为碘的方法(Winkler)测定水溶液中的氧含量.

(5) 极谱法测定水溶液中的氧含量.

(6) 与过量的 H_2 混合，通过电火花或用铂绒为催化剂使之化合，自体积之减少计算 O_2 含量.

含氧化合物中之氧含量可用下法测定：

(1) 活化分析.

(2) Unterzaucher 法：在氮气中热解有机化合物得 CO_2；在高温下用 C 处理 CO_2 得 CO；然后，CO 或者作为还原剂用 I_2O_5 处理，或者(氧化之后)作为 CO_2 而被估算出来.

2.8 应　　用

空气中的氧除供给动物和人呼吸外，在燃烧过程中是不可缺少的. 富氧空气多用于高炉炼铁、亚硫酸盐纸浆的生产、硫酸与硝酸的生产以及医疗实践；富氧空气也用于高空飞行，以对宇航员或乘客供氧.

纯氧主要用于炼钢. 大量的纯氧也用于氢氧焰和氧乙炔焰以切割或焊接金属. 纯氧还用于制造一些化学品.

液氧常用作火箭推进剂中的氧化剂. 在空间器中，液氧可供人呼吸. 液氧炸药常用于爆破作业.

2.9 氧原子和氧离子[17]

2.9.1 原子氧

氧原子在地球大气的许多反应中起着重要的作用，在实验室中也已广泛研究；但是，正如其他许多活性物种一样，其制备和测定还存在一系列问题，对其性质的研究远不够充分.

1. 制备

氧单质和某些氧化物在外界能量作用下分解，便可得到不同能量状态的氧原子. 表 15.10 列出了一些制取氧原子的方法. 表 15.11 和表 15.12 分别为氧原子的能量状态和若干物理性质.

在以 O_2 分子为作用物的反应中，氧原子并非唯一的活泼物种，也可形成受激氧分子；若有含氢物质存在，还可形成许多其他活性基团. 但若使含很小比例纯氧的氩气静放电，则有希望获得唯一的活泼物种氧原子. 经分子射线磁共振鉴定，

在 O_2 的微波放电产物中还有 $O(^5S)$存在.

表 15.10　氧原子的制备方法

状态	制 备 方 法
^3P	(1)O_2 的光解、静放电或微波放电 (2)O_2 在震动管内或火焰上的分解 (3)N_2O 或 NO_2 的光解(前者可有敏化剂 Hg 存在) (4)N 原子(由 N_2 静放电获得)作用于 NO
^2D	(1)O_3，CO_2，N_2O(无 Hg 存在)的光解 (2)O_2 的微波放电
^3S	O_2，CO_2，N_2O 的光解

表 15.11　氧原子的能量状态

电子排布	状态	内量子数	高于基态的能量(cm^{-1})
$2s^22p^4$	$2p^4$　^3P	2	0.0
		1	158.5
		0	226.5
	$2p^4$　^1D	2	15867.7
	$2p^4$　^1S	0	33792.4
$2s^22p^3(^4s^0)3s$	$3s$　$^3S^0$	2	73767.81
	$3s$　$^3S^0$	1	76794.69
$2s^22p^3(^4s^0)3p$	$3p$　^5P	1	86625.35
		2	86627.37
		3	86631.04
	$3p$　^3P	2	88630.84
		1	88630.30
		0	88631.00
$2s^22p^3(^4s^0)4s$	$4s$　$^3S^0$	2	95476.43
	$4s$　$^3S^0$	1	96225.5
$2s^22p^3(^4s^0)3d$	$3d$　$^3D^0$	4	97420.24
		3，2	97420.37
		2，1，0	97420.50
电离： $2s^22p^3$	$2p^3$　$^4S^0$	3/2	109836.7

表 15.12　氧原子的若干物理性质

原子量(C^{12} 基准)	15.9994 ± 0.0003
共价半径(pm)	(单)66；(双)55；(叁)51
离子半径(pm)	(O^{2-})140；(O^-)176；(O^+)22
van der Waals 半径(pm)	140
电离能(eV)	(第一)13.618；(第二)35.116；(第三)54.934；(第四)77.412；(第五)113.896；(第六)138.116；(第七)739.315
电子亲合能(eV)	(第一)1.478 ± 0.002 (第二，$O_g \longrightarrow O_g^{2-}$)−7.8 ± 0.3
电负性(Allred–Rochow)	3.50
氧(O^{2-})的配位数	
在离子型或近离子型化合物中	2(如 SiO_2)，3(如金红石)，4(如 ZnO)，6(如 MgO)，8(如 Na_2O)
在分子型化合物中	1(如 CO)，2(如 H_2O)，3(如 Me_2OBF_3)，4(如 Be_4OAc)

显然，在由氧化物为作用物的制备反应中，容易得到不含 O_2 分子的原子氧. 例如，当用 253700pm 的紫外光照射含有汞蒸气的 N_2O 时，在敏化剂汞的作用下，NO_2 发生光解而形成原子氧：

$$Hg(^3P_1)+N_2O \longrightarrow N_2(^1\Sigma)+O(^3P)+Hg(^1S_0)$$

2. 分析

测定氧原子可以应用化学和物理技术.

最好的化学方法是“NO_2 滴定”法. 此法是基于下列事实：氧原子确能很快地同 NO_2 反应生成 NO：

$$O+NO_2 \longrightarrow O_2 + NO$$

而所生成的 NO 仅能相当慢地同过量的氧原子反应重新得到 NO_2，并产生强的辉光：

$$NO+O \longrightarrow NO_2 + h\nu$$

因此，将 NO_2 逐渐加入体系中直至辉光突然熄灭；此时，所有的氧原子都在极快地第一步耗光，且[O]=[NO_2]. 这样，据 NO_2 之量即可确定氧原子的浓度.

目前，广泛用于氧原子浓度测量的物理技术是质谱议和电子自旋共振. 通常，这些方法仅用来研究基态 $O(^3P)$. 而激发态的 $O(^1D)$和 $O(^1S)$至今仅为它们的发射光谱所鉴定，对 $O(^1D)$和 $O(^sS)$也可以用分子射线磁共振鉴定.

3. 性质

氧原子的重要物理性质列于表 15.11 和表 15.12 中.

氧原子的化学活泼性非常之高，尤其是处于激发态的氧原子，已经研究过的一些化学反应包括：

$O(^3P)$同 O，O_2，NO，NO_2，H_2，Cl_2，Cl_2O，P_4，PH_8，S，H_2S，Se，CO，C_3O_2，COS，CS_2，CCl_4，CN，$(CN)_2$，ClCN，ICN，烃，乙炔(在杂矿石中)和 B_5H_9 的反应；

$O(^1D)$同 O_2，N_2，N_2O，CO_2 和 H_2O 的反应；

$O(^1S)$被 H_2，O_2，CO，CO_2，H_2O 和 N_2O 所猝熄，而不被稀有气体或 N_2 所猝熄.

原子氧的重新化合反应业已通过许多方法进行了研究. 在非均相催化的情况下，玻璃、硅石和碱金属卤化物的催化活性并不好，而过渡金属却是很有效的催化剂. 均相催化过程有两种不同的机理：

(1)臭氧机理，由下列两步反应组成：

$$O+O_2+M \longrightarrow O_3+M$$
$$O_3+O \longrightarrow 2O_2$$

(2) 直接化合，即

$$O+O+M \longrightarrow O_2+M$$

这种均相化合的总速率为

$$-\frac{d[O]}{dt}=k_8[O]^2[M]+2k_4[O][O_2][M]$$

据估算，在室温下，在[M]=[O_2]且无稀有气体加入的情况下，$k_8=10(\pm 3)\times 10^8 L^2/mol^2 \cdot s$ 和 $k_4=0.4(\pm 0.1)\times 10^8 L^2/mol^2 \cdot s$.

2.9.2 离子–分子反应

在火焰、质谱仪或分子射线中，氧原子和氧分子都可以产生其离子化的物种，例如 O^-，O^+，O_2^-，O_2^+等. 在这些物种中，有些能较稳定地存在于晶体状态，例如 KO_2 中的 O_2^-离子，O_2PtF_6 中的 O_2^+离子；有些则不能存在于晶体状态，例如氧化物中的 O^-离子很易歧化成 O^{2-}和 O_2. 但是，处于气态的这些离子都不够稳定. 近年来，已经广泛地研究了处于气态的这些离子化物种的反应；一些有代表性的反应是：

O^-离子的反应

$$O^- + N_2 + He \longrightarrow N_2O^- + He$$
$$O^- + NO_2 \longrightarrow O_2^- + NO$$
$$O^- + NO_2 \longrightarrow O + NO_2^-$$
$$O^- + 2CO_2 \longrightarrow CO_3^- + CO_2$$
$$O^- + O_3 \longrightarrow O + O_3^-$$

O^+离子的反应

$$O^+ + N_2 \longrightarrow NO^+ + N$$
$$O^+ + O_2 \longrightarrow O + O_2^+$$
$$O^+ + CO_2 \longrightarrow CO + O_2^+$$

O_2^-离子的反应

$$O_2^- + 2CO_2 \longrightarrow CO_4^- + CO_2$$
$$O_2^- + SO_2 \longrightarrow SO_2^- + O_2$$

O_2^+离子的反应

$$O_2^+ + NO \longrightarrow NO^+ + O_2$$
$$O_2^+ + Na \longrightarrow Na^+ + O_2$$
$$O_2^+ + Na \longrightarrow NaO^+ + O$$

参 考 文 献

[1] J. C. Bailar,H. J. Emeléus,R. Nyholm and A. F. Trotman-Dickenson,“Comprehensive Inorganic Chemistry”, Pergamon(1973).
[2] M. C. Sneed. J. L. Maynard and R. C. Brasted,“Comprehensive Inorganic Chemistry” , van Nostrand(1961).
[3] M. Ardon, “Oxygen” . W. A. Benjamin(1965).
[4] M. E. 韦克思著,黄素封译,《化学元素的发现》,商务印书馆(1965).
[5] 凌永乐,《化学元素的发现》,科学出版社(1981).
[6]《化学发展简史》编写组编著,《化学发展简史》,科学出版社(1980).
[7] W. H. Nebergall, F. C. Schmidt and H. F. Holtzclaw, “General Chemistry” . 5th ed., D. C. Heath(1976). 中译本：张靓华等译,申泮文校,《普通化学》,第一分册,人民教育出版社(1978).
[8] Д. Л. 格利兹曼耶科著,杨学圃等译,《氧的制造》,化学工业出版社(1957).

[9] 戴安邦等编著,《无机化学教程》,上册(第二版),人民教育出版社(1972).
[10] 傅鹰,《大学普通化学》,下册,人民教育出版社(1981).
[11] R. B. Heslop and K. Jones,"Inorganic Chemistry,A guide to advanced study" ,Elsevier(1976). 中译本：北京工业学院无机化学教研组等译,《高等无机化学》,中册,人民教育出版社(1981).
[12] J. Waser,K. N. Trueblood and C. M. Knobler, "Chem One" , McGraw–Hill Book Company(1976).
[13] 武汉大学、吉林大学等校编,《无机化学》,上册(第二版),高等教育出版社(1983).
[14] F. A. Cotton and G. Wilkinson,"Basic Inorganic Chemistry",Wiley (1976). 中译本：南开大学化学系译,《基础无机化学》,上册,科学出版社(1984).
[15] F. A. Cotton and G. Wilkinson,"Advanced Inorganic Chemistry", 3rd ed.,Wiley(Interscience)(1972). 中译本：北京师范大学等译,《高等无机化学》,上册,人民教育出版社(1980).
[16] 高振衡编译,《有机光化学》,人民教育出版社(1979).
[17] 顾庆超等编,《化学用表》,江苏科学技术出版社(1979).

15.3 氧　化　物[1—2]

这里所说的氧化物是指普通氧化物，即以单个氧原子或氧离子参与结合而形成的氧化物；它们同过氧化物、超氧化物、臭氧化物和二氧基盐等是有区别的.

在已知元素中，除氦、氖、氩以外，皆可形成氧化物；氧同氟虽能结合，但所形成的化合物应称做氟化物.

3.1 制　　备[3]

制备普通氧化物(以下简称为氧化物)的主要方法有下面几种.

(1) 单质在空气或纯氧中燃烧. 这些单质不仅包括硼、碳、磷和硫等非金属，而且包括挥发性金属锌、镉、铟和铊，粉细的过渡金属铁和钴，甚至贵金属锇、钌和铑，等. 有些元素，当供氧量不足时，则生成低价氧化物. 例如：

$$P_4 + 3O_{2\,(\text{限量})} \xrightarrow{\text{燃烧}} P_4O_6$$

$$P_4 + 5O_{2\,(\text{足量})} \xrightarrow{\text{燃烧}} P_4O_{10}$$

(2) 少数单质在赤热状态下被水蒸气氧化. 例如：

$$3Fe_{(\text{赤热})} + 4H_2O_{(\text{蒸气})} \longrightarrow Fe_3O_4 + 4H_2$$

$$Mg_{(\text{赤热})} + H_2O_{(\text{蒸气})} \longrightarrow MgO + H_2$$

$$C_{(\text{赤热})} + H_2O_{(\text{蒸气})} \longrightarrow CO + H_2$$

(3) 某些单质被硝酸氧化. 例如：

$$3Sn + 4HNO_3 \longrightarrow 4NO + 3SnO_2 + 2H_2O$$

$$3Ge + 4HNO_3 \longrightarrow 4NO + 3GeO_2 + 2H_2O$$

(4) 在空气或氧气中燃烧某些化合物. 例如：

$$2H_2S + 3O_2 \xrightarrow{\text{燃烧}} 2SO_2 + 2H_2O$$

$$CH_4 + 2O_2 \xrightarrow{\text{燃烧}} CO_2 + 2H_2O$$

(5) 还原高氧化态含氧化合物，可以得到低氧化态氧化物. 例如：

$$MnO_2 + H_2 \xrightarrow{\triangle} MnO + H_2O$$
$$2WO_3 + W \xrightarrow{\triangle} 3WO_2$$
$$2H_2SO_4 + Cu \longrightarrow SO_2 + CuSO_4 + 2H_2O$$

(6) 碱化某些盐溶液. 例如:

$$2AgNO_3 + 2NaOH \longrightarrow Ag_2O + 2NaNO_3 + H_2O$$
$$Hg(NO_3)_2 + 2NaOH \longrightarrow HgO + 2NaNO_3 + H_2O$$

(7) 热分解氢氧化合物、碳酸盐、草酸盐和硝酸盐. 例如:

$$2Al(OH)_3 \xrightarrow{\triangle} Al_2O_3 + 3H_2O$$
$$H_2SiO_3 \xrightarrow{\triangle} SiO_2 + H_2O$$
$$CaCO_3 \xrightarrow{\triangle} CaO + CO_2$$
$$FeC_2O_4 \xrightarrow[\text{隔绝空气}]{\triangle} FeO + CO + CO_2$$
$$2Pb(NO_3)_2 \xrightarrow{\triangle} 2PbO + 4NO_2 + O_2$$

值得指出的是, 要制备纯的、单相的、精确化学计量的氧化物往往是困难的, 有时是办不到的. 例如, 加热 $Cu(OH)_2$ 可转变为水合黑色氧化物, 但不能完全脱水, 否则就要生成非化学计量的氧化物(参看本章第 3.6 节).

3.2　结　　构[3—6]

3.2.1　价键特征

在氧化物中, 氧显−2 氧化态. 由于氧的电负性很大, 所以它能同电负性较小的大多数金属元素形成众多的离子型氧化物. 这里, 虽然由 O_2(g)变成 O^{2-}(g)和由金属单质 M(s)变成 M^{n+}(g)都需要吸收能量, 但是, 由于 O^{2-}的离子半径(140pm)较小且带双电荷的 O^{2-}离子形成氧化物时的晶格能很大, 足以补偿所需能量而有余, 因此, 很多离子型氧化物不仅存在, 而且相当稳定. 不过, 对于那些电负性较大的金属和非金属原子, 如果形成氧化物时的晶格能还不足以使同氧化合的原子完全电离, 那就要形成带有较多共价成分的氧化物了. 这类共价型氧化物, 包括所有非金属元素的氧化物和某些高价金属离子或极化能力强的低价金属离子的氧化物. 虽然在离子型和共价型氧化物之间并无严格界限, 但是大体上还是可以分成这样两类. 现将这两种类型的主要氧化物分别汇列于表 15.13 和表 15.14 中.

在离子型氧化物中, 其重要结构参数——O^{2-}离子的有效离子半径, 随着配位数的变化发生较小但却重要的变化. 这些经验数据列于表 15.15 中. 应用这些数据将能够计算离子型氧化物的晶格参数，而且在许多情况下具有相当的准确性.

表 15.13 离子型氧化物

化学式类型	氧化物举例
M_2O	碱金属的氧化物
MO	BeO，MgO，CaO，SrO，BaO，CdO，VO，MnO，CoO，NiO
M_2O_3	Al_2O_3，Sc_2O_3，Y_2O_3，Ln_2O_3(镧系氧化物)
MO_2	ThO_2，CeO_2，UO_2，SnO_2，PbO_2，TiO_2，VO_2，MnO_2，RuO_2，WO_2，MoO_2
MO_3	ReO_3，WO_3
M_3O_4	Fe_3O_4，Pb_3O_4，Mn_3O_4

表 15.14 共价型氧化物

结构类型		氧化物举例
非金属元素	简单分子氧化物	H，F，Cl，Br，I，S，Se，N，P，As，C 的氧化物
	巨分子氧化物	B，Si 的氧化物
金属元素	18 电子外壳离子的氧化物	Ag_2O，Cu_2O
	18+2 电子外壳离子的氧化物	SnO，PbO
	8 电子外壳、高电荷离子的氧化物	Mn_2O_7

表 15.15 O^{2-}离子的半径与其配位数的关系

配位数	有效离子半径(pm)	变化范围(pm)
2	135	134.9 ± 0.5
3	136	135.7 ± 1.0
4	138	137.8 ± 0.4
5	140	139.6 ± 0.9
6	142	

表 15.16 二元氧化物中的元素–氧距(pm)

III_A	IV_A	V_A	VI_A	VII_A
		N_2O 118.7		F_2O 141.8
BO 120.5	CO 112.8	NO 115.0	O_2 120.7	
	CO_2 116.2	NO_2 119.2	O_3 127.8	
			S_2O 146.5	Cl_2O 170.0
	SiO 150.9	PO 144.8	SO 149.3	ClO 157.1
			SO_2 143.2	ClO_2 147.3
			SO_3 143	ClO_3 140.5
				Cl_2O_7 170.3
		P_4O_6 163.8		
		P_4O_{10} 142.9		
	GeO 165.0	As_4O_6 178	SeO_2 161	BrO 165
	SnO 183.8			
	SnO_2 205			
	PbO 192.2			

根据对分子型氧化物结构的研究，其中的 M—O 键长有相当的变化. 在许多情况下，这些差异可能与 M—O 键级有关. 表 15.16 中列出了一些简单氧化物中的元素–氧键长.

3.2.2 晶体类型

1. 无限三维晶体

在许多氧化物晶体中，可以看做是离子半径较大的氧离子(O^{2-})作紧密堆积，而离子半径较小的阳离子则插入八面体或四面体间隙中；这种阴、阳离子在空间无限排列，即形成所谓无限三维晶格. 显然，离子型氧化物都具有这种晶格，甚至某些具有一定共价性的氧化物也呈此种晶格. 不过，阳离子和 O^{2-}离子半径的相对大小，决定了阳离子的配位数及配位多面体的形状，并进而决定了氧化物的许多不同结构(表 15.17). 一般说来，二元离子晶体的典型结构有六种. 其中，阳、阴离子组成比为 1∶1 的 MO 型的有四种，即 NaCl 型，CsCl 型、立方 ZnS 型和六方 ZnS 型；而阳、阴离子组成比为 1∶2 的 MO_2 型的有两种，即 CaF_2 型和金红石(TiO_2)型. 但是，由于多种因素的影响，一些简单氧化物、特别是复杂氧化物的晶格还会发生一定程度的型变.

表 15.17 离子半径比与配位数和结构的关系

$\gamma M^{n+}/\gamma_O{}^{2-}$	M^{n+}的配位数	配位多面体	结构	
			MO	MO_2
0.225—0.414	4	正四面体	ZnS 型	
0.414—0.732	6	正八面体	NaCl 型	金红石型
0.732—1	8	立方体	CsCl 型	萤石型

(1) 简单氧化物(M_xO_y)

已知大部分氧化物呈无限三维晶格. 但由于各种类型 M_xO_y 晶格内 M^{n+}和 O^{2-}的配位数不同，尚有不同结构之差别. 表 15.18 列出了这种情况，并举出了实例.

在过渡金属氧化物晶体中，由于金属–金属键的形成，或者金属离子配位场的影响，或者共价成分出现于金属-氧的相互作用中，使得某些氧化物的结构发生畸变. 例如，WO_3 与 ReO_3 结构相似，但略有畸变；VO_2，MoO_2，WO_2 和 ReO_2 的金红石型结构略有畸变；NiO 的立方 NaGl 型晶格畸变为菱形结构.

在上面所举的一些例子中，我们还看到这样一种情况：即使金属离子的配位数恒定，氧化物的结构也会随着金属氧化态的变化而改变；钒的氧化物即是一例(表 15.19).

(2) 复杂氧化物

相当多的氧化物具有多种阳离子，我们可以把它们看做是由多种简单氧化物组合而成的，如表 15.20 所示.

表 15.18　一些简单氧化物

化学式类型	配位数		晶型名称	实例
	M^{n+}	O^{2-}		
MO_3	6	2	三氧化铼	ReO_3
MO_2	8	4	萤石	UO_2，ThO_2，CeO_2
	6	3	金红石	TiO_2，SnO_2，PbO_2
	4	2	硅石	GeO_2
M_2O_3	6	4	刚玉	Al_2O_3，V_2O_3
	1)		镧系-A(三方晶系)	La_2O_3
	1)		镧系-B(单斜晶系)	Gd_2O_3
	6	4	镧系-C(立方晶系)	Sc_2O_3，In_2O_3
MO	6	6	氯化钠	SrO，CdO，VO
	4	4	闪锌矿	ZnO
	4	4	纤维锌矿	BeO
	4	4	硫化铂	CuO
M_2O	4	8	反-萤石	Na_2O
	2	4	赤铜矿	Cu_2O

1) 这些体系中的金属离子是 7 配位的. 如在 La_2O_3 中，每个 La^{3+}离子的最邻近处，有四个 O^{2-}距离 La^{3+} 242pm，三个 O^{2-}距离 La^{3+} 269pm.

表 15.19　钒的氧化物

氧化物	配位数		结构
	V	O	
VO	6	6	氯化钠
V_2O_3	6	4	刚玉
VO_2	6	2	变形金红石

表 15.20　简单氧化物和复杂氧化物

简单氧化物	M/O 比率	聚合度	阳离子电荷总数	复杂氧化物	实例
MO	1	$(MO)_2$	4	XYO_2	$MaFeO_2$
$[M_3O_4]$	0.75		8	XY_2O_4	$MgAl_2O_4$
			8	X_2YO_4	Mg_2SiO_4
M_2O_3	0.67		6	XYO_3	$FeTiO_3$
		$(M_2O_3)_2$	12	X_3YO_6	Ba_3WO_6
MO_2	0.5	$(MO_2)_2$	8	XYO_4	$MgWO_4$
		$(MO_2)_3$	12	XY_2O_6	$MgNb_2O_6$

在复杂氧化物中，有些具有复杂的含氧阴离子(例如 SiO_4^{2-} 和 WO_4^{2-})，另一些则没有. 在这里，我们仅讨论后一类复杂氧化物的结构. 总体来说，它们可以分

成两个主要类型：

第一，其晶体结构与简单化合物的结构相同，但是，其中存在着金属离子不规则的取代. 例如，$M^IM^{III}O_2$ 型复杂氧化物(其中 M^I 中的 M 为碱金属、Cu 等，M^{III} 中的 M 为 Fe，Cr，In 等)，多为变形的 NaCl 型结构，像 $NaInO_2$ 为菱形结构，$LiInO_2$ 为四方结构；其中，M^I 和 M^{III} 在密堆积的氧化物晶格中占据八面体空穴. X_2YO_3 型的 Li_2TiO_3 也为不规则的 NaCl 型结构，其中金属离子位置的三分之二被 Li 占据，三分之一被 Ti 占据. XYO_4 型的 $FeSbO_4$，则是变形的金红石结构.

第二，其晶体结构与简单化合物的结构不同. 最重要的构型有如下三种.

i)尖晶石构型. 自然界中尖晶石矿的化学组成是 $MgAl_2O_4$，其基本构型是氧离子具有 CCP 排列，四面体空隙中的八分之一被 Mg^{2+}离子占据，八面体空隙中的二分之一被 Al^{3+}离子占据. 尖晶石 $MgAl_2O_4$ 属 XY_2O_4 型的复杂氧化物. 在 XY_2O_4 的晶体结构中，若阳离子 Y 像尖晶石中的 Al^{3+}离子一样独占八面体空隙，则这种构型叫做正–尖晶石构型，常用 $X[Y_2]O_4$ 表示；若 Y 离子有一个在四面体空隙中，另一个和 X 离子在八面体空隙中，则形成反–尖晶石构型，常用 $Y[XY]O_4$ 表示，这是在 X 离子比 Y 离子更易占据八面体空隙所出现的情况；但是，当 X 和 Y 两种离子对八面体和四面体空隙的选择性没有较大差异时，它们都可以既占据八面体空隙、也占据四面体空隙，这就形成了无序的尖晶石构型.

在 XY_2O_4 型复杂氧化物中，基于 X 和 Y 氧化态的差异，可大致形成三种形式的化合物：$X^{II}Y_2^{III}O_4$，$X^{IV}Y_2^{II}O_4$ 和 $X^{VI}Y_2^{I}O_4$. 在 $X^{II}Y_2^{III}O_4$ 型氧化物中，呈正尖晶石构型的除 $MgAl_2O_4$ 外，还有 $CoAl_2O_4$，$MnAl_2O_4$，$ZnAl_2O_4$，$FeCr_2O_4$，$Co^{II}Co_2^{III}O_4$，$Mn^{II}Mn_2^{III}O_4$ 等；呈反尖晶石构型的有 $Fe[MgFe]O_4$，$Fe[CoFe]O_4$，$Fe[NiFe]O_4$，$Fe^{III}[Fe^{II}Fe^{III}]O_4$ 等. 就目前所知，所有 $X^{IV}Y_2^{II}O_4$ 都是反尖晶石型的，例如 $Zn[ZnTi]O_4$，$Fe[FeTi]O_4$ 和 $Co[CoSn]O_4$ 等. 在 $X^{VI}Y_2^{I}O_4$ 型氧化物中，具有尖晶石结构的例子是 $MoNa_2O_4$，$MoAg_2O_4$，WNa_2O_4 等.

ii)钛铁矿构型. 钛铁矿的化学式为 $FeTiO_3$. 在其结构中，O^{2-}离子呈 hcp 排列，而 Fe^{2+}和 Ti^{4+}离子则分别占据八面体空隙的三分之一. 这种构型和刚玉构型非常接近. 当两种阳离子 X 和 Y 大小差不多时，XYO_3 型氧化物常具有这种构型，但 X 和 Y 的电荷可以不相等，只要它们的电荷总数为+6 即可. 具有这种构型的 $X^{II}Y^{IV}O_3$ 型氧化物除 $FeTiO_3$ 外，还有 $MgTiO_3$，$MnTiO_3$、$CoTiO_3$ 和 $NiTiO_3$ 等；具有钛铁矿构型的 $X^IY^VO_3$ 型氧化物有 $LiSbO_3$，$NaSbO_3$ 等，不过它们的构型略有畸变.

iii)钙钛矿构型. 在钙钛矿 $CaTiO_3$ 里，O^{2-}和 Ca^{2+}离子形成 ccp 堆积，而较小的 Ti^{4+}离子占据由 O^{2-}离子单独形成的八面体空隙. 在 XYO_3 型氧化物中，只要一种阳离子的大小和 O^{2-}离子差不多，而另一种阳离子比较小，即可形成这种构型，如图 15.8 所示. 在这种结构中，若大的阳离子为 Y，则整个晶格中将有无限排列的[YO_3]单位，而且 Y 为 12 配位的. 业已发现，$X^{II}Y^{IV}O_3$ 型的 $CaTiO_3$，$SrTiO_3$，$BaTiO_3$，$CaZrO_3$，$BaZrO_3$，$X^{I}Y^{V}O_3$ 型的 $NaNbO_3$，$KNbO_3$ 和 $X^{III}Y^{III}O_3$ 型的 $LaAlO_3$，$LaGaO_3$ 等，都具有钙钛矿构型.

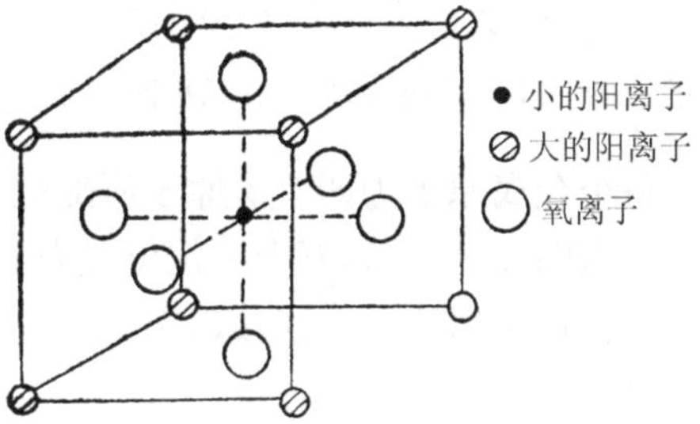

图 15.8　钙钛矿构型

理想的钙钛矿构型应是立方的，但常有轻微的畸变. 而这些变形的钙钛矿型物质，由于其介电性和磁性却具有相当的技术上的重要性. 例如，钙钛矿型的 $BaTiO_3$ 在不同温度范围内形成不同的变体：

变　体	温度范围(K)
菱形	193
斜方	193—278
四方	278—393
立方	393—1733
六方	1733—1885(熔点)

而前三种变体是铁电体.

2. *层状晶格*

上面已经提到，金属氧化物的离子晶格由于某些原因会发生轻微畸变，但毕竟还能形成无限三维晶格. 可以想象，如果金属离子的极化能力比较强，则在金属氧化物中随着离子极化的增强，必将产生从离子键向共价键过渡的键型变异，也必将产生从高度对称的结构型式向层状结构、链状结构、岛状结构过渡的结构型变. 对于非金属氧化物来说，由于多为共价结合，所以其晶体也必然呈现层状、链状特别是岛状结构.

具有层状结构的简单氧化物比较少，已知有 MoO_3，Re_2O_7，As_2O_3，SnO 和 PbO.

在 MoO 中，每个钼原子为六个氧原子八面体地配位；而每个 MoO_6 八面体又

同其邻近的 MoO_6 八面体彼此共用两条棱边和两个角.

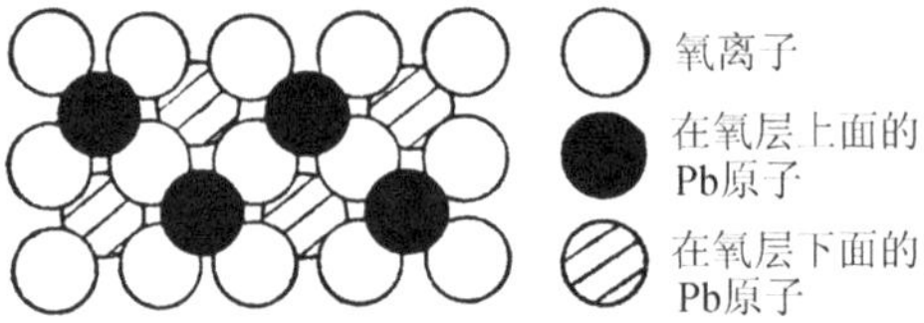

图 15.9　PbO 的层状晶格(表示平面和深度)

在 SnO 和 PbO 中，每个金属原子为四个氧原子所配位，这四个氧原子又位于金属的一边并排列成正方形(图 15.9)；第五个配位位置为一对电子所占据(惰性电子对效应)；层与层之间则通过金属原子而连接起来.

3. 链状晶格

仅有少数简单氧化物具有链状晶格. 它们是 CrO_3, Sb_2O_3, SO_3, SeO_2 和 HgO.

CrO_3 晶体是含有 CrO_4 四面体的无限长的链状结构，其中每个 CrO_4 中的两个氧原子同另外的两个铬原子共用. 固体 SO_3 有三种型态，其中的α-SO_3 和β-SO_3 具有类似于 CrO_3 的链状结构. 在这两种分子中，含链的 M—O 距离比无链(不共用)的 M—O 距离要长：

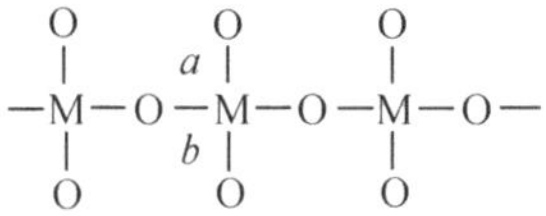

M	Cr	S
a(pm)	179.7(4)	161
b(pm)	159.7(8)	141

低温下斜方形的 Sb_2O_3 具有一种有趣的双层链状结构，其中没有不共用的氧原子：

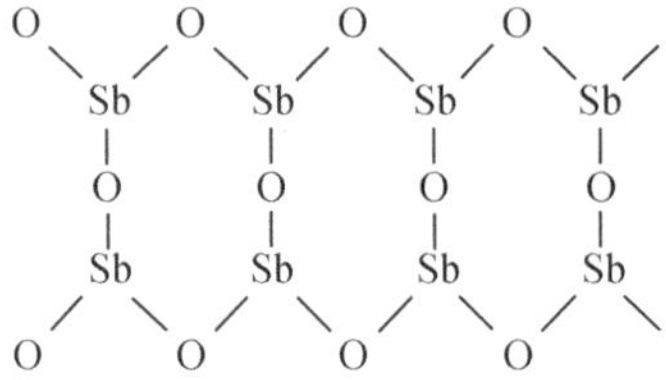

而锑原子则形成三角锥键，键角约为 90° .

SeO_2 呈无限长的链状结构：

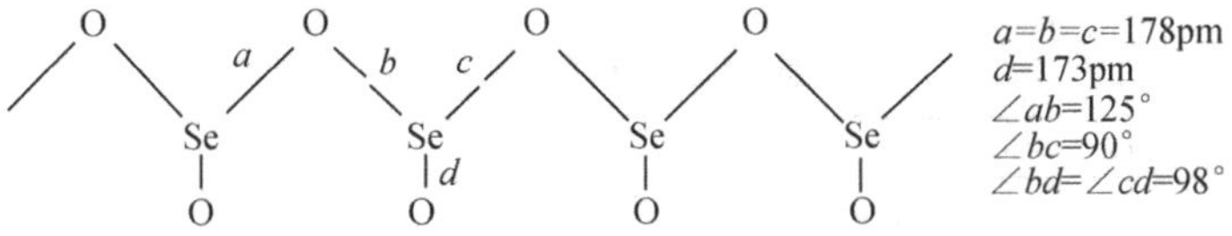

其中，硒原子为三个氧原子呈三角配位，内有一个氧原子是未共用的，另两个则含于链中；从角度的数值可见，这些链不共面.

斜方和六方形的 HgO 含有无限的$(Hg—O)_n$链；前者之链呈平面锯齿形，后者之链则是螺旋形的. 汞周围的配体呈强烈变形的八面体排布.

4. 岛状结构

所谓岛状结构是指在物质的晶体结构中存在着有限的分子；例如单个分子，或双聚体分子，或其他多聚体分子. 这种结构是强烈离子极化的结果(在金属氧化物中)，或者是强共价键的必然(在非金属氧化物中).

在氧化物中，具有岛状结构的为数不少. 若按照化学式的类型划分，则有如表 15.21 所示的各类氧化物，表中还列举了具有此种结构的一些实例.

表 15.21 岛状结构的氧化物

化学式	O/M	实例
M_2O	0.5	H_2O，N_2O，S_2O，Cl_2O
MO	1	CO，NO
M_2O_3	1.5	N_2O_3，P_4O_6，As_4O_6，Sb_4O_6
MO_2	2	CO_2，NO_2，SO_2，ClO_2
M_2O_5	2.5	N_2O_5，P_4O_{10}
M_2O_7	3.5	Cl_2O_7，Mn_2O_7(?)，Tc_2O_7
MO_4	4	RuO_4，OsO_4

在上述各类氧化物中，由于组成氧化物的原子个数的不同，以及其他一些因素，它们还会有多种多样的结构.

自然，双原子氧化物是直线形的.

三原子氧化物 M_2O 和 MO_2，或呈直线形，或是弯曲的(V 形). 例如，呈直线形的有 CO_2 和 N_2O，呈 V 形的有 H_2O，NO_2，S_2O，SO_2，Cl_2O 和 ClO_2. 这两种形状之间最简单的区分是基于化合物中价层电子的总数. 直线形氧化物总共有 16 个价电子(CO_2：4+6+6；N_2O：5+5+6). 当价电子总数增加时，中心原子的角度就减小(参看表 15.22).

表 15.22　V 形氧化物

化合物	价电子数	角(°)
CO_2	16	180
NO_2	17	134
O_3	18	117
SO_2	18	119
ClO_2	19	117
Cl_2O	20	111

当分子中的原子数目增加时，其结构型式也会增多. 四原子的 SO_3，在气相中具有平面三角形结构；但在固相中，三种型态之一的正交γ-SO_3 却是一种椅式环状三聚物的类冰结构：

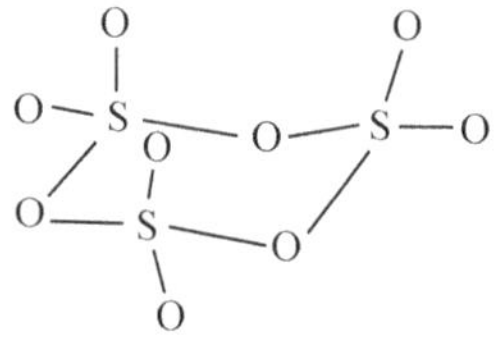

五原子分子 N_2O_3，在气态和液态具有 $ONNO_2$ 结构：

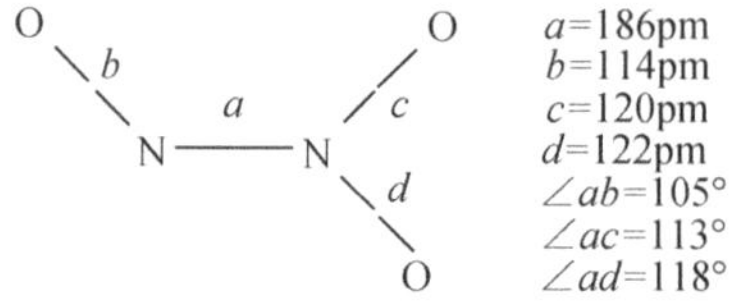

在固态，一种结构同上，另一种结构为 ONONO. 挥发性的金属氧化物 RuO_4 和 OsO_4，皆具四面体结构.

NO_2 的二聚体四氧化二氮具有平面形的 $O_2N—NO_2$ 结构：

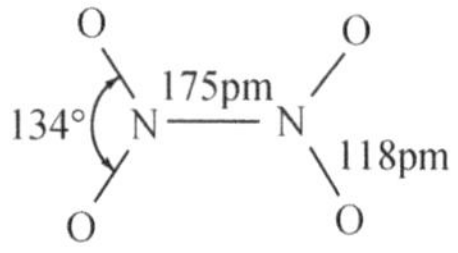

但也有不稳定的异构体 $ONONO_2$.

N_2O_5 在气相具有下列结构：

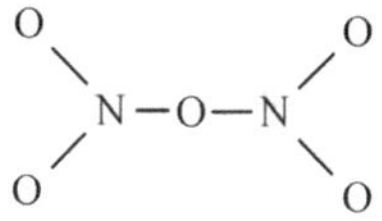

它有弯曲的 N—O—N 基，不过其键角几乎接近 180°．固态 N_2O_5 的稳定形式则是硝酸硝鎓（$NO_2^+NO_3^-$）.

气态的磷、砷、锑的低价氧化物$(M_2O_3)_2$即 M_4O_6，具有一种以 M 原子的四面体为基轴的结构. P_4O_{10} 也具有类似的结构. 在图 15.10 所描绘的 P_4O_6 和 P_4O_{10} 结构中，磷原子处在四面体的角顶，六个氧原子分布在四面体六个棱的中间，对于 P_4O_{10} 来说，还有四个氧原子位于四面体延长的三重轴的方向上.

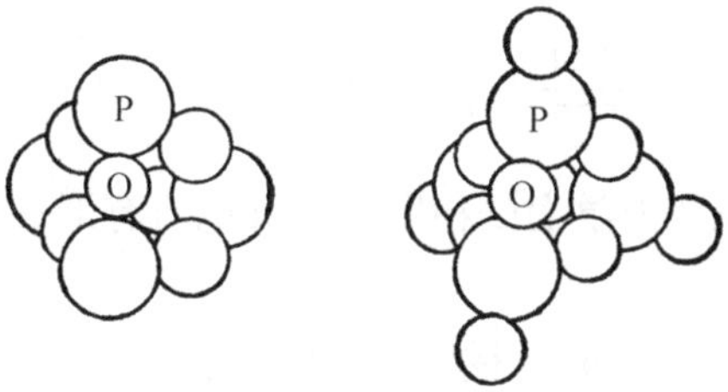

图 15.10　P_4O_6 和 P_4O_{10} 的结构

由上所述可知，氧化物有多种结构. 其中，所有复杂氧化物 $X_aY_b\cdots O_n$ 皆有无限三维晶格结构；简单氧化物 M_xO_y 可有或三维晶格结构，或层状结构，或链状结构，或岛状结构(分子单元结构).

现以第 VI 族氧化物为例，借以说明已经发现的简单氧化物的各种结构(表 15.23).

表 15.23　简单氧化物的结构

氧化物	气相结构	固相结构
O_3	分子单元：$O\widehat{O}O$ 116.8°	
SO_2	分子单元：$O\widehat{S}O$ 119.5°	分子单元
SeO_2	分子单元：$O\widehat{Se}O$ 125°	链状晶格：四方
TeO_2		三维金红石晶格：四方
PoO_2		三维：四方
		三维：立方
CrO_3		链状晶格
MoO_3		层状晶格
WO_3		三维变形的 ReO_3 晶格

3.3　同素异形现象

许多简单氧化物，特别是有些非金属氧化物和较重的非过渡金属氧化物，存在着同素异形现象. 这些氧化物包括：SiO_2，GeO_2，SeO_2，TeO_2，PoO_2；P_4O_6，As_4O_6，Sb_4O_6，Bi_2O_3；P_2O_5和SO_3，其中，比较典型的例子是SiO_2，它有三种同素异形体，而且每种同素异形体都有α–变体(低温)和β–变体(高温)存在：

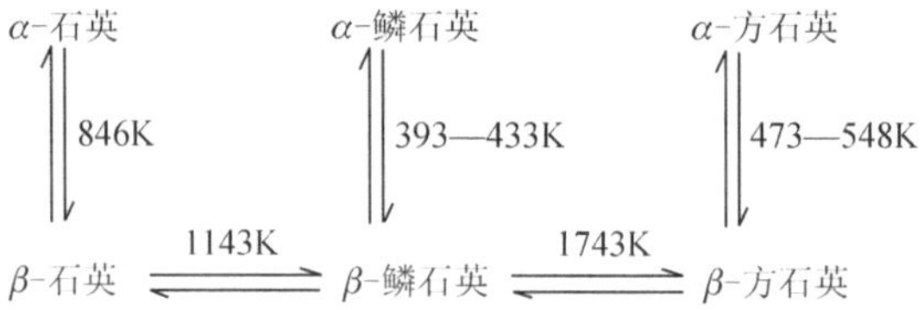

在常温下，仅α–石英在热力学上是稳定的，其他所有形态都是介稳的.

3.4　物 理 性 质[6—8]

在元素的特征氧化物中，所有短周期元素的氧化物都是无色的，而长周期中却有一些元素的氧化物是有颜色的，例如第四周期钾—锰特征氧化物的颜色呈如下变化：

K_2O	CaO	Sc_2O_3	TiO_2	V_2O_5	CrO_3	Mn_2O_7
白	白	白	白	橙	暗红	绿紫

这是由于各阳离子虽具有相同的8电子构型,但随着正电荷的增加和半径的减小,它们对 O^{2-}离子的极化作用逐渐增强了，使得激发态和基态之间的能量差越来越小，因而能够吸收部分可见光而使集中于氧端的电子向金属一端迁移(这种电子迁移谓之电荷跃迁)，它们的吸收谱带向长波方向移动，致使氧化物的颜色逐渐加深. 在特征氧化物中显色的，还有第五周期的Ag，Cd，In，Sb，Te，第六周期的W，Re，Os，Hg，Tl，Pb，Bi，以及许多镧系元素和锕系元素的氧化物. 这些过渡元素氧化物之所以显色，有些是由于电荷跃迁引起的，有些则是由于 *d-d* 跃迁引起的，镧系和锕系元素氧化物则是由于*f-f*跃迁引起的. 至于在元素的非特征价氧化物中，有颜色的现象则更为普遍. 例如，由 *d-d* 跃迁引起的Fe，Co，Ni氧化物的颜色变化为：

FeO	CoO	NiO	Fe_2O_3	Co_2O_3	Ni_2O_3
黑	灰绿	绿	红	褐	灰黑

由于大多数金属氧化物具有无限三维离子晶格，一部分非金属氧化物具有网

状共价结构，所以相当多的氧化物都是难熔物质，其中 BeO，MgO，CaO，Al_2O_3，ZrO_2，HfO_2 和 ThO_2 以及 SiO_2 等都是极难熔的，它们的熔点一般在 1800—3300K 之间，因而是优良的高温陶瓷材料. 当然，对于那些以分子单元结构存在的氧化物，它们多半呈分子晶型，共价分子之间以较弱的 van der Waals 力相结合，因而它们的熔、沸点都比较低. 其中，在常温下呈气态的占多数，例如 CO，CO_2，N_2O，NO，N_2O_3，NO_2，N_2O_5，SO_2，ClO_2 等；呈液态的有 Cl_2O_7 和 Mn_2O_7；呈固态的 RuO_4 和 OsO_4 却极易熔化(熔点分别为 298.6K 和 313.8K). 一些氧化物的熔点和沸点列示于表 15.24 中.

表 15.24　氧化物的熔点与沸点(K)

(表中第一行数字为熔点，第二行数字为沸点)

周期 \ 族	I_A	II_A	III_B	IV_B	V_B	VI_B	VII_B	VIII			I_B	II_B	III_A	IV_A	V_A	VI_A	VII_A	O
1	H_2O 273.15 373.15																	
2	Li_2O 1843 2836	BeO 2681 4060											B_2O_3 723 2338	CO_2 217.0 194.7	N_2O_5 303 320	OO_2 80.7 162.7	OF_2 49.4 128.4	
3	Na_2O 1405 2223[2)]	MgO 3098 3533											Al_2O_3 2327 (3253)	SiO_2 1996 2503	P_4O_6 297 448	SO_2 197.68 263.14	Cl_2O 152.6 294	
4	K_2O 1154 —	CaO 3200 3773	Sc_2O_3 >2673 —	TiO_2 2130 —	V_2O_5 943 1963	CrO_3 471 523	Mn_2O_7 (253) (298)	FeO 1650 3687[2)]	CoO 2078 —	NiO 2257 —	Cu_2O 1509 2073	ZnO 2243 —	Ga_2O_3 2173 —	GeO_2 1388 1473	As_4O_6 551 733	SeO_2 613 588[1)]	Br_2O 255.7[2)] —	
5	Rb_2O 750[2)] —	SrO 2938 —	Y_2O_3 2693 4573	ZrO_2 2950 4548	Nb_2O_5 1785 —	MoO_3 1074 1428	Tc_2O_7 392.7 583.8	RuO_4 298.6 313	Rh_2O_3 1373[2)] —	PdO 1143[2)] —	Ag_2O 473[2)] —	CdO 1770[1)] —	In_2O_3 — 1123	SnO_2 1903 2173[1)]	Sb_4O_6 846 929	TeO_2 1005.8 1063[1)]	I_2O_5 548[2)] —	XeO_3 313[2)] —
6	Cs_2O 763 —	BaO 2286 3361	La_2O_3 2593 4473	HfO_2 3183 —	Ta_2O_5 2058 —	WO_3 1745 2110	Re_2O_7 573.5[1)] 633.5	OsO_4 313.8 403.2	IrO_2 1373[2)] —	PtO_2 723 —	Au_2O_3 433[2)] —	HgO 749[2)] —	Tl_2O_3 990 1148	PbO 1159 1789	Bi_2O_3 1090 2163	PoO_2 1158[1)] —		

1)升华温度；2)分解温度.

3.5　化 学 性 质[4,8—13]

3.5.1　酸碱性

根据酸碱特性，氧化物可分成四类：酸性的，碱性的，两性的和中性的.

(1) 酸性氧化物. 溶于水呈酸性溶液或同碱发生中和反应的氧化物是酸性氧

化物．例如：

$$P_4O_{10}+6H_2O \longrightarrow 4H_3PO_4$$

$$SiO_2+2NaOH \xrightarrow{\text{熔融}} Na_2SiO_3+H_2O$$

$$Sb_2O_5+2NaOH+5H_2O \longrightarrow 2Na[Sb(OH)_6]$$

大多数非金属共价型氧化物和某些电正性较弱的高氧化态金属的氧化物是酸性的．

(2) 碱性氧化物．溶于水呈碱性溶液或同酸发生中和反应的氧化物是碱性氧化物．例如：

$$CaO+H_2O \longrightarrow Ca(OH)_2$$

$$Fe_2O_3+6HCl \longrightarrow 2FeCl_3+3H_2O$$

大多数电正性元素的氧化物是碱性的．

(3)两性氧化物．同强酸作用呈碱性又同强碱作用呈酸性的氧化物是两性氧化物．例如：

$$ZnO+2HCl \longrightarrow ZnCl_2+H_2O$$

$$ZnO+2NaOH+H_2O \longrightarrow Na_2[Zn(OH)_4]$$

靠近长周期表中非金属区的一些金属元素的氧化物易显两性．

(4) 中性氧化物．既不与酸反应也不与碱反应的氧化物叫做中性氧化物．例如 CO 和 N_2O.

按照以上分类，表 15.25 列出了多数元素氧化物的酸碱性类别．

表 15.25　氧化物的酸碱性

族次	I		II		III		IV		V		VI		VII		VIII		
	主	副	主	副	主	副	主	副	主	副	主	副	主	副			
碱	所有	Cu_2O	MgO	CdO	Tl_2O	RE_2O_3[1]		ZrO_2	Bi_2O_3	VO		CrO		MnO	FeO	Fe_2O_3[5]	CoO
	元素	Ag_2O	CaO	Hg_2O	Tl_2O_3	CeO_2		HfO_2		V_2O_3		MoO		Mn_2O_3	Co_2O_3	NiO	RuO
性		Au_2O	SrO	HgO		ThO_2						Mo_2O_3			RhO	PdO	OsO
	M_2^IO		Bao			UO_2						WO_2			IrO	PtO	
					B_2O_3		CO_2		N_2O_3	Nb_2O_5[3]	SO_2	CrO_3	Cl_2O	MnO_2[4]	CoO_2	NiO_2	RuO_3
酸							SiO_2		N_2O_3	Ta_2O_3	SO_3	MoO_3	Cl_2O_7	MnO_3	Ru_2O_7	OsO_3	OsO_4
							GeO_2		P_4O_6		SeO_2	WO_3	I_2O_5	Mn_2O_7			
							SnO_2[2]		P_4O_{10}		SeO_3			Re_2O_7			
性							PbO_2[2]		PO_2		TeO_2[3]						
									Sb_2O_5		TeO_3						

续表

族次	I		II		III		IV		V		VI		VII		VIII		
	主	副	主	副	主	副	主	副	主	副	主	副	主	副			
两性		CuO	BeO	ZnO	Al_2O_3	UO_3	GeO	TiO_2	As_4O_6	V_2O_4		Cr_2O_3			RuO_2	RhO_2	Rh_2O_3
		Au_2O_3			Ga_2O_3		SnO		As_2O_5	V_2O_3		MoO_2			PdO_2	OsO_2	Os_2O_3
					In_2O_3		PbO		Sb_2O_3						IrO_2	Ir_2O_3	PtO_3
中性	H_2O						CO		N_2O	Nb_2O_2	TeO						
									NO	Nb_2O_4							
										Ta_2O_4							

1) RE_2O_3 为稀土元素氧化物，包括 Sc，Y，La 及镧系元素氧化物；2) SnO_2，PbO_2 有弱的碱性；3) Nb_2O_5、TeO_2 有很弱的碱性；4) MnO_2 的酸性很弱；5) 在浓碱中 Fe_2O_3 有生成 FeO_2^- 的倾向.

在周期表中，各周期尤其是短周期元素特征氧化物的酸碱性从左至右有着明显的变化趋势，例如：

Na_2O	MgO	Al_2O_3	SiO_2	P_4O_{10}	SO_3	Cl_2O_7
强碱性	中强碱性	弱碱性 弱酸性	弱酸性	中强酸性	弱酸性	最强酸性

在任一族内，氧化物的酸性随着原子序数的增加而减弱，例如：

N_2O_3	P_4O_6	As_4O_6	Sb_4O_6	Bi_2O_3
中强酸性	弱酸性	弱酸性	极弱酸性 弱碱性	弱碱性

对任一元素来说，其氧化物的酸性将随着元素氧化态的降低而减弱，例如，氯的氧化物的酸性

$$Cl_2O_7 > ClO_3 > ClO_2 > ClO > Cl_2O$$

锰的氧化物的酸性

$$Mn_2O_7 > MnO_2 > Mn_2O_3 > MnO$$

至于氧化物 M_xO_y 何以显酸性、碱性或两性，显然同 M^{n+} 和 H^+ 对 O^{2-} 的结合力的相对大小有关. 若 M—O 的结合力大于 H—O，则易形成 MO_z^{n-} 离子而显酸性；反之，若 M—O 的结合力小于 H—O，则易形成 OH^- 离子而显碱性；若两种结合力旗鼓相当，则两种倾向皆有. 对于氧化物酸碱性的解释，我们还可以从化学热力学的角度加以阐述.

当氧化物 M_xO_y 溶于水中时，则有两种可能的解离方式. 其一是：

$$\frac{1}{x}M_xO_y + \frac{y}{x}H_2O \longrightarrow M^{(ny)+}(aq) + nyOH^-(aq) \tag{1}$$

这里，假设 $x=2$ 时，$n=1$，$x=1$ 时，$n=2$. 方程式(1)右侧的物种可以转变成其组分的标准态：

$$M^{(ny)+}(aq) + nyOH^-(aq) \longrightarrow M(s) + \frac{ny}{2}H_2(g) + \frac{ny}{2}O_2(g) \tag{2}$$

另一种解离方式是:

$$\frac{1}{x}\mathrm{M}_x\mathrm{O}_y+\frac{y}{x}\mathrm{H_2O}\longrightarrow n\mathrm{H}^+(\mathrm{aq})+\mathrm{MO}_z^{n-}(\mathrm{aq})+u\mathrm{H_2O(l)} \tag{3}$$

其中，$z=n(y+1)/2$，$u=n(y-1)/2$. 同样，方程式(3)右侧的物种也可以转变成其组分的标准态:

$$n\mathrm{H}^+(\mathrm{aq})+\mathrm{MO}_z^{n-}(\mathrm{aq})+u\mathrm{H_2O}\longrightarrow \mathrm{M(s)}+\frac{ny}{2}\mathrm{H_2(g)}+\frac{ny}{2}\mathrm{O_2(g)} \tag{4}$$

将上述两个过程[方程式(1)和(3)]通过共同的始态和共同的终态[方程式(2)和(4)]加合起来，则得如下图解(图 15.11):

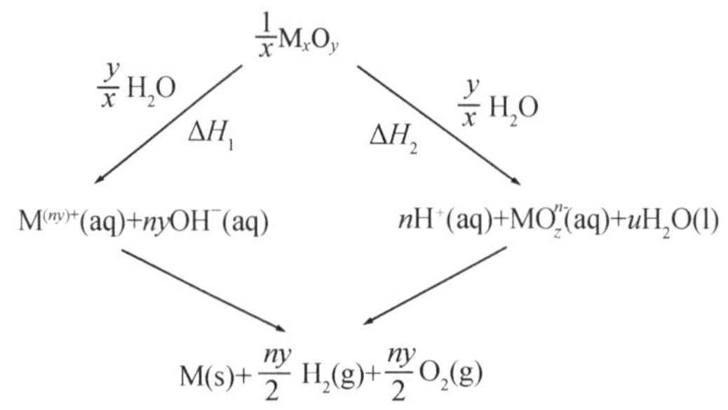

图 15.11

由图 15.11 可得:

$$\begin{aligned}&\Delta H_1+\left\{-\Delta H_f^\circ\left[\mathrm{M}^{(ny)+},\mathrm{aq}\right]\right\}+ny\left\{-\Delta H_f^\circ\left[\mathrm{OH}^-,\mathrm{aq}\right]\right\}\\&=\Delta H_2+n\left\{-\Delta H_f^\circ\left[\mathrm{H}^+,\mathrm{aq}\right]\right\}+\left\{-\Delta H_f^\circ\left[\mathrm{MO}_z^{n-},\mathrm{aq}\right]\right\}\\&\quad+u\left\{-\Delta H_f^\circ\left[\mathrm{H_2O},1\right]\right\}\end{aligned} \tag{5}$$

其中，下列过程的标准生成焓是已知的:

$$\frac{1}{2}\mathrm{H_2(g)}\longrightarrow \mathrm{H}^+(\mathrm{aq})+\mathrm{e}$$

$$\Delta H_f^\circ=0.0\mathrm{kJ/mol}$$

$$\frac{1}{2}\mathrm{H_2(g)}+\frac{1}{2}\mathrm{O_2(g)}+\mathrm{e}\longrightarrow \mathrm{OH}^-(\mathrm{aq})$$

$$\Delta H_f^\circ=-230.15\mathrm{kJ/mol}$$

$$H_2(g)+\frac{1}{2}O_2(g)\longrightarrow H_2O(l)$$
$$\Delta H_f^\circ=-286.04\text{kJ/mol}$$

为了便于讨论，我们将以上的焓值取其最接近的整数；并令

$$A=-\Delta H_f^\circ\left[M^{(ny)+},\ aq\right]$$
$$B=-\Delta H_f^\circ\left[MO_z^{n-},\ aq\right]$$

这样，由(5)式可得：

$$\Delta H_1+A+230ny=\Delta H_2+B+286u$$

即
$$\Delta H_1+A+230ny=\Delta H_2+B+143n(y-1)$$

整理后得：

$$\delta=\Delta H_2-\Delta H_1=A+87ny+143n-B \tag{6}$$

若令 $87ny+143n=Q$，则

$$\delta=A+Q-B \tag{7}$$

根据以上假设和所得的关系式(7)，则可得出不同类型氧化物 M_xO_y 的 Q 和δ值(见表 15.26).

表 15.26

M_xO_y	x	n	y	ny	Q(kJ/mol)	δ(kJ/mol)
M_2O	2	1	1	1	230	A+230–B
MO	1	2	1	2	460	A+460–B
M_2O_3	2	1	3	3	404	A+404–B
MO_2	1	2	2	4	634	A+634–B
M_2O_5	2	1	5	5	578	A+578–B
MO_3	1	2	3	6	808	A+808–B
M_2O_7	2	1	7	7	752	A+752–B

鉴于 Q 为正值，因此当 $A+Q>B$ 时，δ为正值，即$\Delta H_2>\Delta H_1$，表明 M_xO_y 溶解的结果将形成碱性溶液；反之，当 $B>A+Q$ 时，δ为负值，即$\Delta H_1>\Delta H_2$，表明 M_xO_y 溶解的结果将形成酸性溶液.

据此，只要已知 A 和 B 的值，就可判断特定氧化物 M_xO_y 的酸碱性. 因为

$$A = -\Delta H_f^{\circ}\left[M^{(ny)+}, \text{ aq}\right]$$

而
$$\Delta H_f^{\circ}\left[M^{(ny)+}, \text{ aq}\right] = \Delta H_f^{\circ}\left[M^{(ny)+}, \text{ g}\right] + \Delta H_h^{\circ}\left[M^{(ny)+}, \text{ g}\right]$$

所以 A 值必然同气态阳离子的生成焓及其水合焓密切相关. 现在的问题是如何求得这两项焓值. 显然, 气态阳离子的生成焓 $\Delta H_f^{\circ}\left[M^{(ny)+}, \text{ g}\right]$ 主要决定于过程 $M(g) \longrightarrow M^{(ny)+}(g)$ 的总电离能 ΣI_{ny}, 其次是稳定单质变成气态原子的能量变化. 第二周期等电子离子的有关数据就是明证(见表 15.27).

表 15.27

	Na^+	Mg^{2+}	Al^{3+}	Si^{4+}	P^{5+}	S^{6+}	Cl^{7+}
ΔH_f°(g)(kJ/mol)	611	2349	5485	10434	17451	27859	39657
$\Sigma_0^n I_n$(kJ)	494	2190	5141	9956	17061	26708	39486
r_+^{VI}(pm)[1)]	102	72	52	40	35	30	26

1)6 配位阳离子的有效离子半径值.

一般来说, 气态阳离子的生成焓容易求得, 而气态阳离子的水合焓却不易得到. 这里, 兹介绍一种计算气态阳离子水合焓的近似方法. 首先, 通过近似公式

$$\Delta G_h^{\circ} = -\frac{686z^2}{0.01r + 0.72} \tag{8}$$

和
$$S^{\circ} = 6.28R\ln M - \frac{1129z}{(0.01r + x)^2} + 154.8 \tag{9}$$

求得气态阳离子的 ΔG_h° 和 S°(式中 z 为阳离子电荷; r 为阳离子半径, pm 作单位; M 为阳离子的原子量; R 为气体常数; x 为常数, 对阳离子来说为 2; ΔG_h° 的单位为 kJ/mol, S° 的单位为(J/mol · K); 然后通过公式

$$\Delta G^{\circ} = \Delta H^{\circ} - T\Delta S^{\circ}$$

即可求得 ΔH_h°. 很明显, 对 ΔH_h° 起支配作用的是水合自由能 ΔG_h°. 表 15.28 提供了一些由方程(8)计算得到的 $-\Delta G_h^{\circ}$ 值.

由表 15.27 和表 15.28 所列数据可以看出, 随着阳离子电荷的增加和半径的减小, 气态阳离子的水合焓将变得越来越难以抵消掉其生成焓. 在这种情况下, 水合阳离子的生成焓 $\Delta H_f^{\circ}\left[M^{(ny)+}, \text{ aq}\right]$ 有可能由负值变成正值, 而且正值越来越大, 这样 A 值则将越来越负. 显然, 这就不利于 $M^{(ny)+}$(aq)的生成, 因而氧化物不易显碱性; 相反, 却越来越易显酸性. 由此, 我们可以综合得到以下三种情况:

表 15.28

$-\Delta G_h^{\circ}$(kJ/mol) \ z ; r（pm）	1	2	3	4	5	6
20	745	2981	6707	11932	18631	27666
30	674	2696	6067	11539	16852	24267
40	611	2445	5514	9780	15282	22006
50	561	2248	5049	9002	14026	20197
60	519	2077	4681	8307	13000	19527
70	482	1930	4333	7729	12037	17333

(1) ny 小，r_+大，δ为正值；$\Delta H_1 < \Delta H_2$时，M_xO_y显碱性.

(2) ny 大，r_+小，δ为负值，$\Delta H_1 > \Delta H_2$时，M_xO_y显酸性.

(3) ny 居中(一般为 2—4)，δ~0，$\Delta H_1 \simeq \Delta H_2$时，$M_nO_y$显两性.

以上解决了 A 值的求算问题，下面研究一下 B 值的问题. 因为

$$B = -\Delta H_f^{\circ}\left[MO_z^{n-}, \ aq\right]$$

而

$$\Delta H_f^{\circ}\left[MO_z^{n-}, \ aq\right] = \Delta H_f^{\circ}\left[MO_z^{n-}, \ g\right] + \Delta H_h^{\circ}\left[MO_z^{n-}, \ g\right]$$

所以只要已知气态阴离子 MO_z^{n-} 的生成焓及其水合焓，即可求得 B 值. 表 15.29 列出了一些含氧阴离子的生成焓数据.

由表 15.29 可见，除卤素含氧阴离子外，B 值都随着 z 值的增加而增加；而且一般来说，所有的含氧阴离子的 B 值皆随着 n 和 y 值的增加而增加，这就有利于 MO_z^{n-} 的生成，即氧化物的酸性增强. 显然，这完全符合上述关于判断氧化物酸碱性的结论.

根据以上讨论，我们来研究几个实例. 对于 SO_2溶于水的体系来说，有两种可能的解离过程：

$$SO_2 + 2H_2O \longrightarrow 2H^+(aq) + SO_3^{2-}(aq) + H_2O(l)$$

或

$$SO_2 + 2H_2O \longrightarrow S^{4+}(aq) + 4OH^-(aq)$$

由表 15.29 中查知：$\Delta H_f^{\circ}\left[SO_3^{2-}, \ aq\right]$=−636kJ/mol；但是，$\Delta H_f^{\circ}\left[S^{4+}, \ aq\right]$值是未知的. 对 S^{4+}来说，r=37pm，z=4，x=2，M=32；将这些数值代入方程(8)和(9)并加以换算则得：

$$\Delta G_h^{\circ} = -10078\text{kJ/mol}$$

$$S^{\circ} = -607\text{J/mol} \cdot \text{K}$$

表 15.29　若干非金属元素含氧阴离子的生成焓，$\Delta H_f^{\circ}\left[MO_Z^{n-}, aq\right]$ (kJ/mol)[1]

BO_2^-	–775			NO_2^-	–105	O_3^-	–46		
$BO_3^{\varepsilon-}$	–1051*	CO_3^{2-}	–678	NO_3^-	–209				
								ClO^-	–109
AlO_2^-	–921			PO_2^{3-}	–603*			ClO_2^-	–63
				PO_3^{3-}	–976	SO_3^{2-}	–636	ClO_3^-	–101
				PO_4^{3-}	–1277	SO_4^{2-}	–909	ClO_4^-	–130
								BrO^-	–92
		CeO_3^{2-}	–829*	AsO_3^{3-}	–733*	SeO_3^{2-}	–511	BrO_3^-	–84
				AsO_4^{3-}	–888	SeO_4^{2-}	–599		
								IO^-	–109
						TeO_3^{2-}	–595	IO^{3-}	–222
				SbO_4^{3-}	–900	TeO_4^{2-}	–691*	IO_4^-	–147

1)带星号*的数值是根据 $\Delta H_f^{\circ}\left[H_nMO_z^{n-}, aq\right]$ 而得的近似值.

根据

$$\Delta G^{\circ}=\Delta H^{\circ}-T\Delta S^{\circ}$$

则在 300K 时，可得

$$\Delta H_h^{\circ}\left[S^{4+}, g\right]=-10258\text{kJ/mol}$$

根据单质硫的升华能和总电离能而得的 $\Delta H_f^{\circ}\left[S^{4+}, g\right]$ 已知为 11514kJ/mol，因此

$$\begin{aligned}\Delta H_f^{\circ}\left[S^{4+}, aq\right] &= \Delta H_f^{\circ}\left[S^{4+}, g\right]+\Delta H_h^{\circ}\left[S^{4+}, g\right]\\ &=11514+(-10258)\\ &=1256\ (\text{kJ/mol})\end{aligned}$$

这样，将有关数据

$$A=-\Delta H_f^{\circ}\left[S^{4+}, aq\right]=-1256\text{kJ/mol}$$

$$Q=634\text{kJ/mol}$$

和

$$B=-\Delta H_f^{\circ}\left[SO_3^{2-}, aq\right]=636\text{kJ/mol}$$

代入公式(7)，即得

$$\delta=-1256+634-636=-1258(\text{kJ/mol})$$

由此判断，SO_2 是酸性氧化物.

对于 Al_2O_3 来说，从实验得知：

$$\Delta H_f^\circ\left[Al^{3+},\ aq\right]=-532kJ/mol，即 A=532kJ/mol$$

$$\Delta H_f^\circ\left[AlO_2^-,\ aq\right]=-921kJ/mol，即 B=921kJ/mol$$

又由表 15.26 查知：

$$Q=404kJ/mol$$

因此，$\delta=532+404-921=15(kJ/mol)$

由此判断，Al_2O_3 是两性氧化物.

表 15.30　元素氧化物的等当量标准生成焓(kJ/mol)

I_A	II_A	III_A	IV_A	V_A	VI_A	VII_A
H_2O −143.2						
Li_2O −298.1	BeO −305.6	B_2O_3 −210.6	CO_2 −98.4	N_2O_5 −4.2		OF_2 +11.7
Na_2O −208.1	MgO −301.0	Al_2O_3 −273.4	SiO_2 −214.8	P_4O_{10} −150.7	SO_2 −74.1	Cl_2O_7 +20.2
K_2O −180.9	CaO −317.8	Ga_2O_3 −180.0	GeO_2 −134.4	As_2O_5 −91.7	SeO_2 −57.8	
Rb_2O −165.4	SrO −295.6	In_2O_3 −155.3	SnO_2 −145.3	Sb_2O_5 −98.0	TeO_2 −81.2	I_2O_5 −17.7
Cs_2O −159.1	BaO −279.3	Tl_2O_3 −92.1	PbO_2 −69.1	Bi_2O_5 −96.3		
I_B	II_B	III_B	IV_B	V_B	VI_B	VII_B
Cu_2O −83.3	ZnO −174.2		TiO_2 −228.2	V_2O_5 −156.2	CrO_3 −96.7	Mn_3O_4 −173.3
Ag_2O −15.3	CdO −127.3		ZrO_2 −270.5	Nb_2O_5 −193.9	MoO_3 −126.0	Te_2O_7 −79.5
	HgO −45.2	La_2O_3 −319.5	HfO_2 −284.3	Ta_2O_5 −209.3	WO_3 −140.3	
					VIII_B	
				Fe_3O_4 −139.8	Co_3O_4 −110.1	NiO −122.3
				RuO_2 −54.9	RhO −45.6	PdO −427.1
				OsO_4 −48.2		

3.5.2　热化学性质

前已述及，虽然氧分子转变成氧离子的过程是强烈吸热的

$$\left\{\Delta H_f^\circ\left[O^{2-},\ g\right]=924.65kJ/mol\right\},$$

以及元素的氧化过程也是强烈吸热的{例如 $\Delta H_f^\circ\left[Fe^{3+},\ g\right]$ =5736.84kJ/mol}，但是，由于许多氧化物的晶格能很高{例如 $\Delta H_v[Fe_2O_3]=-14905kJ/mol$}，致使许多氧化物的生成过程都是强烈放热的，表现在其生成焓是很大的负值. 表 15.30 提供了许多氧化物的生成焓数据.

由表 15.30 所列数据可知：大部分氧化物具有很高的热稳定性，尤其是 II_A 和 IV_B 族元素的氧化物、Li_2O，Na_2O，B_2O_3，Al_2O_3，SiO_2 等；对热不稳定的氧化物较少，例如卤素的氧化物、N_2O_5，Ag_2O，HgO 等. 从表列数据还可看出：短周期元素氧化物的稳定性从左至右递减，唯碱金属元素氧化物的稳定性较碱土为差，当我们考虑到 M^+离子之间的斥力而使 M_2O 的晶格能较低时就不难理解这个“反常”现象了；在同一族里，尤其是副族元素，从上向下热稳定性增强，这是因为，虽然从上向下随着阳离子和阴离子半径之和的增加而减小了晶格能，但是随着原子半径的增大而减小电离能的效应更为显著，特别是当阳离子的半径比氧离子的半径小时更是这样.

3.6　非化学计量的氧化物[3]

以上所述之氧化物是具有确定组成的、符合计量化学式的化合物. 如果化合物的组成不成简单整数比，则这类化合物可归隶于非整比化合物或称非化学计量的化合物. 氧化物中也有此类化合物.

当金属具有多种氧化态时，便可形成非化学计量的氧化物. 过渡金属元素易显多种氧化态，所以它们容易形成这类氧化物. 例如，在常压和无氧的条件下热分解草酸亚铁，很难得到纯的 FeO，实际得到的是铁含量不足的 $Fe_{1-x}O$. 随着制备方法的不同，氧化亚铁的组成可以在 $Fe_{0.90}O$—$Fe_{0.97}O$ 范围内变化. 在这种化合物中，晶体内的 Fe 是不足数的，但是，为了满足电价均衡的需要，一部分 Fe^{2+} 被氧化成 Fe^{3+}，每当少一个 Fe^{2+}时，相应地就得有两个 Fe^{2+}被氧化成 Fe^{3+}. 因此，非化学计量氧化物中的金属离子实际上具有多种氧化态. 还有一些氧化物容易形成含氧不足的非化学计量的氧化物. 例如，在还原气氛中加热金红石单晶可得 TiO_{2-x}.

非化学计量氧化物的生成，必然导致晶体结构的微小畸变，有时会有较大变化. 例如，在 V—O 体系中，V_2O_3(刚玉型结构)和 VO_2(变形金红石型结构)之间有一系列通式为 V_nO_{2n-1}($n = 3$—7)的中间氧化物，它们都有与 TiO_2 相关的结构. 但是，在 Mo-O 体系中，MoO_2(变形金红石型结构)和 MoO_3(层状结构)之间也有一系列通式为 Mo_nO_{3n-1} 的氧化物，像 Mo_4O_{16}($MoO_{2.75}$)，Mo_8O_{23}($MoO_{2.875}$)和 Mo_9O_{26}($MoO_{2.88}$)，它们却有与 ReO_3 相关的结构.

显然，非化学计量的氧化物在性质上必然同具有确定组成的氧化物存在一定的差异. 非化学计量的氧化物可以当作半导体，例如 $Zn_{1+x}O$ 是 *n* 型半导体氧化物，$Gu_{2-x}O$ 是 p 型半导体氧化物；也可以当作催化剂，例如 *n* 型半导体氧化物 $Zn_{1+x}O$ 可催化氧化 SO_2，P 型半导体氧化物 $Cu_{2-x}O$ 可催化分解 N_2O，其相应的催化机理可能为：

$$SO_2(g) + 2O^{2-}\text{（在晶格里）} = SO_4^{2-}\text{（在表面上）} + 2e$$

$$Zn^{2+}\text{(在晶格里)} + 2e = Zn\text{ 原子}$$

$$Zn\text{原子} + \frac{1}{2}O_2(g) = Zn^{2+} + O^{2-}\text{（在固体中）}$$

$$SO_4^{2-} = O^{2-}\text{（在晶格里）} + SO_3(g)$$

相加：

$$SO_2(g) + \frac{1}{2}O_2(g) = SO_3(g)$$

$$N_2O\text{(被吸附的)} + 2Cu^{2+}\text{(在晶格里)} = N_2(g) + 2Cu^{2+} + O^{2-}\text{(在固体中)}$$

$$2Cu^{2+} + O^{2-} = 2Cu^{+} + \frac{1}{2}O_2$$

相加得：

$$N_2O = N_2 + \frac{1}{2}O_2$$

参 考 文 献

[1] J. C. Bailar,H. J. Emeléus,R. Nyholm and A. F. Trotman-Dickenson, “Compreheusive Inorganic Chemistry”, Pergamon(1973).

[2] M. C. Sneed, J. L. Maynard and R. C. Brasted,“Comprehensive Inorganic Chemistry” ,Van Nostrand(1961).

[3] R. B. Heslop and K. Jones,“Inorganic Chemistry,A guide to advanced study” ,Elsevier(1976). 中译本：北京工业学院无机化学教研组等译,《高等无机化学》，中册，人民教育出版社(1981).

[4] F. A. Cotton and G. Wilkinson,“Advanced Inorganic Chemistry”,3rd ed.,Wiley(Interscience)(1972). 中译本：北京师范大学等译,《高等无机化学》，上册，人民教育出版社(1980).

[5] 桐山良一，“無機化學構造”，岩波书店(1978). 中译本：周孝棣、胡秀仁译,《结构无机化学》,人民教育出版社(1981).

[6] 尹敬执、申泮文合编,《基础无机化学》,下册,人民教育出版社(1980).

[7] 武汉大学、吉林大学等校编,《无机化学》，下册(第二版)，高等教育出版社(1983).

[8] 薛恩钰编,《无机化学》,下册，河北大学教材科(1983).

[9] 傅鹰,《大学普通化学》,下册,人民教育出版社(1981).

[10] 戴安邦等编著,《无机化学教程》，上册(第二版)，人民教育出版社(1972).

[11] 姚凤仪、郑汝珏，化学教育, (4), 9, (1984).

[12] E. A. V. Ebsworth, “Pergamon Texts Inorganic Chemistry V. 16：The Chemistry of Oxygen”, Oxford Pergamon Press(1973).

[13] D. A. Johnson, “Some Thermodynamic Aspects of Inorganic Chemistry”, Cambridge University Press(1968).

15.4 水[1—2]

4.1 水 的 净 化[3—6]

在地球上，水是一种最常见的化学物质，也是一种最重要的自然资源．它在生命化学中起着非常重要的作用；它是影响地球化学的重要因素之一；在无机溶液体系中，它是最常用的溶剂．

正是由于水是一种优良的溶剂，所以天然水不可能是纯净的．例如，海水中含有 3.6% 的可溶性盐，其中氯化钠占 2.6%；地表水中除含有泥沙等固体悬浮物外，还含有可溶性的气体、无机盐和有机物；即使是较为纯净的雨水中，也含有尘埃和溶解的气体物质．表 15.31 列出了天然水中的杂质组分．

表 15.31　天然水的组分

来源	按颗粒大小分类				
			可溶物		
	悬浮物	胶体	分子	正离子	负离子
大气	←尘埃→		CO_2 SO_2 O_2 N_2	H^+	HCO_3^- SO_4^{2-}
矿物质和岩石	←沙→ ←泥土→ ←矿物质 颗粒→		CO_2	N^{a+} K^+ Ca^{2+} Mg^{2+} Fe^{2+} Mn^{2+}	Cl^- F^- SO_4^{2-} CO_3^{2-} HCO_3^- NO_3^- 各种磷酸根离子
生命有机体及其分解物	海藻 硅藻 细菌 ←有机质 (表土层)→ 鱼和其他有机体	病毒素 有机色素	CO_2 O_2 N_2 H_2S CH_4 各种有机废物	H^+ Na^+ NH_4^+	Cl^- HCO_3^- NO_3^-

非常不幸的是，天然水中也被人为地加进了许多污染物，特别是工业上排放的氰化物，汞、镉、铬等金属化合物，以及农业上由于水土流失而流入水体中的农药，都因有剧毒而使水源严重污染. 因此，人们在使用水时，常常需要对自然界中的水加以处理、进行净化. 显然，对于那些有特殊污染物的水源必须进行特殊的处理，这里不予介绍. 下面仅介绍几种通用的净化水的方法.

4.1.1 饮水的净化

当用江河水作为饮水时，必须对其净化；而净化的目的，一是除去悬浮物，二是灭菌.

除去悬浮物的方法有：

(1) 自然沉降.

(2) 加入沉降剂. 当水中大部分悬浮物自然沉降后，往往还要加入石灰和硫酸铝. 这两种化学物质发生反应而产生的胶状氢氧化铝沉淀，能够吸附水中既不易沉降也不易过滤、并呈细小胶状的悬浮物以及大部分细菌缓慢沉降. 在某些设施中，人们采用多种合成材料，例如阳离子多胺(含有多个—NH_2 基的物质)，来代替硫酸铝作为水的沉降剂，其优点是较氢氧化铝易从净化水中分离.

(3) 过滤. 当将水通过装有沙子、木炭和砾石的过滤器时，木炭可以除去有色物质，而沙子和砾石可以除去悬浮物.

灭菌的方法有：

(1) 充气. 水吸收之氧可以氧化有机物.

(2) 日光或紫外线辐照. 日光只能杀死水中部分细菌，而紫外线灭菌十分有效. 为了保持游泳池中水的洁净，常在水下安装一些汞蒸气灯，以便由其产生的紫外线灭菌.

(3) 煮沸. 将水煮沸 15—20 分钟，即可杀死全部细菌. 但此法不能用来净化大量的水.

(4) 氯化. 加少量液氯或漂白粉于水中是灭菌的十分有效且简便的方法，大量饮用水的消毒常用此法.

(5) 臭氧化. 臭氧的杀菌能力很强，并且不会在水中留下有害的物质.

(6) 加硫酸铜. 少量硫酸铜可以杀灭存在于水中并且能给水质带来臭味和颜色的诸如海藻一类的微生植物.

4.1.2 硬水的软化

含有可溶性的钙、镁和铁盐的水叫做硬水；其中的阴离子往往是氯离子、硫酸根离子和碳酸氢根离子. 在日常生活中，当用硬水洗涤衣物时会浪费肥皂. 这是因为硬水中的钙、镁和铁离子与肥皂中的硬脂酸钠形成了不溶性的肥皂，例如：

$$Ca^{2+} + 2C_{17}H_{35}COO^- \longrightarrow Ca(C_{17}H_{35}COO)_2 \downarrow$$

而这种不溶性肥皂是没有去污能力的，所以洗衣物时必然要多消耗一部分肥皂. 在工业上，当把硬水用作锅炉水时，则会形成“锅垢”，即钙、镁的碳酸氢盐经热解后而得的碳酸盐沉淀，例如：

$$Ca(HCO_3)_2 \longrightarrow CaCO_3 \downarrow + H_2O + CO_2 \uparrow$$

锅垢是热的不良导体，从而造成燃料的浪费；同时，要使水烧到所要求的温度，锅炉金属必须烧得很热且往往达到赤热的程度，这样，一旦锅垢破裂，水便渗入而与热的金属接触反应：

$$4H_2O + 3Fe(热) \longrightarrow Fe_3O_4 + 4H_2 \uparrow$$

生成的氢气又会把锅垢弄松，使更多的水渗入而产生更多的氢气，从而引起猛烈的爆炸. 因此，用于洗涤或进入锅炉的水应该先除去其中引起硬度的物质. 除去水中引起硬度的金属离子的过程叫做水的软化. 而软化水的方法很多，下面仅介绍两类目前最常用的方法.

(1)化学软化法

往水中加入一定数量的化学药品，使水中所含的钙、镁等离子形成难溶盐而析出，即可软化硬水. 最常用的化学药品是石灰乳和碳酸钠. 它们同水中的钙、镁等的可溶性盐发生如下沉淀反应：

$$Ca(HCO_3)_2 + Ca(OH)_2 \longrightarrow 2CaCO_3 \downarrow + 2H_2O$$
$$Mg(HCO_3)_2 + 2Ca(OH)_2 \longrightarrow Mg(OH)_2 \downarrow + 2CaCO_3 \downarrow + 2H_2O$$
$$MgSO_4 + Ca(OH)_2 \longrightarrow Mg(OH)_2 \downarrow + CaSO_4$$
$$MgCl_2 + Ca(OH)_2 \longrightarrow Mg(OH)_2 \downarrow + CaCl_2$$
$$CaSO_4 + Na_2CO_3 \longrightarrow CaCO_3 \downarrow + Na_2SO_4$$
$$CaCl_2 + Na_2CO_3 \longrightarrow CaCO_3 \downarrow + 2NaCl$$

加入纯碱的目的，不仅使水中原有的 $CaSO_4$ 和 $CaCl_2$ 转化成 $CaCO_3$ 沉淀，而且使软化过程中生成的 $CaSO_4$ 和 $CaCl_2$ 也转化成 $CaCO_3$ 沉淀，以加强软化效果. 该法所用药品便宜，处理简便，但所得之沉淀物必须滤除后方可进入锅炉，否则仍会形成锅垢. 为了克服这种缺点，可往水中加入一定数量的磷酸三钠或磷酸氢二钠或硼砂，以使钙、镁等离子转化成难溶的磷酸盐或硼酸盐，例如：

$$3Ca^{2+} + 2PO_4^{3-} \longrightarrow Ca_3(PO_4)_2 \downarrow$$
$$3Mg^{2+} + 2PO_4^{3-} \longrightarrow Mg_3(PO_4)_2 \downarrow$$

所得之沉淀物不仅颗粒大，而且松散成棉絮状，因此不会在锅炉内壁形成锅垢，这就无需预先滤除沉淀即可直接进入锅炉. 当然，如果加入多偏磷酸盐如 $(NaPO_3)_x$，则因生成钙、镁等离子的可溶性配合物而免除了过滤之步骤，如若用于洗涤亦能防止同肥皂反应.

(2) 离子交换软化法

该法所使用的离子交换剂有沸石(铝硅酸钠)、磺化煤等，它们本身并不溶于水，但能同水中的 Ca^{2+}，Mg^{2+}等离子进行交换反应. 例如：

$$Ca^{2+} + 2NaAlSi_2O_6 \rightleftharpoons Ca(AlSi_2O_6)_2 + 2Na^+$$

$$Ca^{2+} + R\begin{matrix} \diagup SO_3Na \\ \diagdown SO_3Na \end{matrix} \rightleftharpoons R\begin{matrix} \diagup SO_3 \\ \diagdown SO_3 \end{matrix}\!\!>\!Ca + 2Na^+$$

通过上述交换反应，即可将水中的 Ca^{2+}，Mg^{2+}等离子除去. 当沸石或磺化煤被 Ca^{2+}，Mg^{2+}等离子饱和而失去交换能力时，若通以浓食盐水，则上述交换反应即可逆向进行，使交换剂得以再生并反复使用.

经过以上方法处理的软化水在一般蒸气锅炉中已符合要求. 但高压蒸气锅炉需要更纯的水，而在医药工业上以及科学实验中甚至要求阴、阳杂质离子都需除去的纯度更高的水. 这就需要用其他方法来制备了.

4.1.3 纯水的制备

1. *蒸馏法*

通常，先将普通水蒸发成蒸气、再将水蒸气冷凝，即得纯净的蒸馏水. 这时，水中的可溶性盐由于不能挥发而留在剩余的水中；但一些气体和挥发性物质，则可能仍存于冷凝水中. 若使水蒸气一部分冷凝，一部分任其逸去，则溶解于水中的气体和挥发性物质即随逸出的部分而被除去.

欲得更纯净的水，可在普通蒸馏水中加入 $KMnO_4$ 和 $Ba(OH)_2$ 后再行蒸馏，即能除去其中微量的有机物和挥发性的酸性氧化物(如 CO_2)；然后于所得的蒸馏水内加入非挥发性的酸(如 H_2SO_4 或 H_3PO_4)再行蒸馏，又可除去 NH_3 等挥发性碱. 因蒸气在空气中冷凝还可能有气体溶入水内，故最后蒸馏需在真空中进行. 鉴于这种水的纯度已不能用一般化学方法检验，而常用比电导来衡量，所以叫做电导水；其比电导常为 10^{-6}S/cm. 因为玻璃中的钠盐及其他杂质会缓慢溶于水中而降低电导水的纯度，所以常用石英(或锡或银)制器皿或塑料容器来保存电导水.

2.离子交换法

电导水的纯度虽高，仅宜于小型制备，难于大量生产. 应用人工合成的离子交换树脂可以大量制取高纯度的水. 如果首先让水通过阳离子交换树脂(例如 RSO_3H)，那么水中的所有阳离子就会同离子交换树脂中的 H^+离子发生交换反应，例如：

$$RSO_3H+Na^+ \rightleftharpoons RSO_3Na+H^+$$
$$2RSO_3H+Ca^{2+} \rightleftharpoons (RSO_3)_2Ca+2H^+$$

然后，再将所得的除去阳离子的酸性水通过阴离子交换树脂(例如 RNH_3OH)，则水中的所有阴离子就会同离子交换树脂中的 OH^-离子发生交换反应，例如：

$$RNH_3OH+Cl^- \rightleftharpoons RNH_3Cl+OH^-$$
$$2RNH_3OH+SO_4^{2-} \rightleftharpoons (RNH_3)_2SO_4+2OH^-$$

同时，游离出的 OH^-离子立即同酸性水中的 H+离子中和，使所得的交换水呈显中性. 经过这样两次交换所得的纯水称为离子交换水或去离子水. 显然，饱和后的阳离子交换树脂或阴离子交换树脂分别用稀硫酸或中等浓度的氢氧化钠溶液处理，即可再生.

应用离子交换树脂制取高纯水，既可以比较彻底地除去水中的阴、阳离子杂质，又不需要消耗大量电能或热能，这是优于蒸馏法之处；但它不能除去微量有机物，却是一大缺陷.

4.2 水的结构[7]

直到 18 世纪 70 年代，人们还将水当作一种元素. 此后，经过 Cavendish 特别是 Lavoisier 的工作，才确认水是一种化合物，而且证实了水是由氢和氧两种元素组成的. 1805 年，经过 Gay–Lussac 和 Humbolt 的定量研究，进一步确定了氢和氧按二比一的比例相化合. 至此，水的组成——H_2O 已被初步确立.

游离水分子的结构已经精确测定：

核间距(O—H)	95.72 ± 0.03pm
键角(H—O—H)	$104.52 \pm 0.05°$
偶极矩(298—484K)	6.138×10^{-30}—6.172×10^{-30}C · m
平均四极矩	$(—5.6 \pm 1.0) \times 10^{-26}$ e.s.u.cm^2
平均极化率	1.444×10^{24}cm^3

离解能(H—OH)　　　493.2kJ/mol

(O—H)　　　463.1kJ/mol

在水分子中，氧原子有很大的电负性，氢原子显示了很大的电正性．当许多水分子充分接近时，一个分子带正电荷的氢原子吸引一个邻近分子带负电荷的氧原子而生成所谓的氢键，实验测得，在冰中，氢键的键能(O—H···O ⟶ O—H+O)为 18.8kJ/mol，键长(O—H···O 中 O 至 O 的距离)为 276pm．由于氢键的形成，简单水分子之间会发生缔合作用而形成多聚体分子$(H_2O)_n$．温度降低，水的缔合程度增高；当结成冰时，所有水分子缔合在一起形成一个巨大的分子．

水在常压下所结成的冰系六方晶系．平常我们所见到的六方形的雪花就是属于这种结构型式的．在大于一大气压和不同温度下，冰还能呈显一系列不同的晶型(图 15.12；表 15.32)．但是，不论在哪种晶型的冰中，都存在着$[OH_4]$四面体结构单元，其中两个氢原子和氧通过共价键相连结，另两个氢原子和氧则通过氢键相连结．在至少九种不同晶型的冰中，冰–VIII 和冰–IX 分别为冰–VII 和冰–III 的低温晶型；在同一相区的冰–I_h和冰–I_c分别具有六方和立方结构(参看 31 专题 8.2.2)，且前者较后者稳定；冰–IV 是介稳的，图 15.12 中用虚线表示的介稳态冰–IV 的范围仅适用于D_2O；大多数晶型的冰(包括冰–I)中，氢原子的排布呈无序状态．

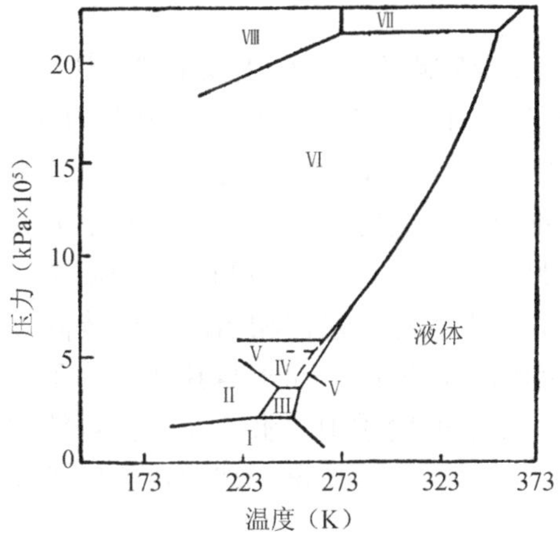

图 15.12　水和冰的相图

关于液态水的结构，目前有多种模型．X–射线衍射图像表明：每个水分子的最近邻的水分子平均数，与其说是四个倒不如说是更多个；这个平均数随着温度的增加而减小．根据测量介电松弛作用的结果，现在看来，液态水未必含有从单体经过二聚体，三聚体等直至高度聚合的物种．通称的混合物模型提出：液态水中，有限数目的、性质截然不同的物种彼此处于平衡中；这种平衡可以通过同时发生的大量氢键的生成与破坏来维持．最简单的混合物模型即“两状态模型”假

表 15.32　各晶型冰的晶格参数

晶型	晶系	空间群	每单元晶胞中的分子数
冰 I_h	六方	$P6_3/mmc$	4
I_c	立方	F43m	8
II	菱形	R3	12
III	四方	$P4_12_12$	12
V	单斜	A2/a	28
VI	四方	$P4_2/nmc$	10
VII	立方	Im3m	2
VIII	立方[1)]	Im3m	2
IX	菱形	$P4_12_12$	12

1) 结构不完全.

定单体物种与高聚体物种处于平衡中；而单体水分子作为填隙式物种存在于水的多聚体的晶格中．至于这种平衡体系的维持，也有这种假定：与其说是氢键的破坏和再生，不如说是由于水分子的运动而发生了扭变．虽然液态水的结构模型尚无完全令人满意的，但两状态模型至少可以定性地解释液态水的大部分性质.

4.3　物 理 性 质

水在各种状态时的主要物理性质汇列于表 15.33 中.

虽然水是许多物理常数的标准,但是它本身却具有一些特殊的物理性质. 和绝大多数物质凝固时体积缩小、密度增大的情况不同，水结冰时体积变大，密度减小；和绝大多数物质的密度随着温度的降低而增大的情况不同，水的密度在 277.14K 时有一个最大值；在所有固态和液态物质中，水的比热最大；水的分子量虽然不大，但其沸点和蒸发热却相当高；同族同类型化合物的沸点及凝固点一般皆随分子量的增加而增高，而水与其同族分子量比它大的同类物的沸点及凝固点还要高；在众多的物质中，水的介电常数特别大，因此也是特别优良的极性溶剂. 所有这些“反常”现象，都同水能形成氢键并发生缔合作用密切相关.

在没有空气存在和小于饱和蒸气压力的条件下于石英毛细管内冷凝水蒸气，可以得到比普通水更浓、更黏、较难挥发和热膨胀系数较高的所谓“反常水”或“多聚水”. 这种反常水的结构甚至是组成都是未确定的. 至于其反常性质，经研究几乎可以确信，它是由于杂质存在引起的，而纯的“反常”水并不存在.

表 15.33 水的物理性质

水分子的振动常数(cm^{-1})		
ω_1=3832.17	x_{11}=−42.576	x_{12}=−15.933
ω_2=1648.4	x_{22}=−16.813	x_{13}=−165.824
ω_3=3942.53	x_{33}=−47.566	x_{23}=−20.332

不同相中水的振动频率(cm^{-1})

模型	蒸气	液体	冰 I	冰 II[1)]	冰 V
ν_T	—	~60，~190	~60，~225	~150	169
ν_L	—	685(vbr)	~840	800	~730
δ(HOH),ν_2	1594.59	1650	1650	1690	1680
ν_A	—	2130	2270	2225	2210
$2\nu_2$	3151.4		~3130	3000，3225	
νO，H(ν_1，ν_3)	3656.65(ν_1) 3755.79(ν_3)	~3250，~3400， ~3600	3220， ~3350	3230，shs	3250 3440

vbr=非常宽；shs=肩型峰. 1)许多测量是在 400—800cm^{-1} 的红外区内获得的.

ν_T 是受阻转换晶格模型；ν_L 是振动晶格模型；ν_A 是“缔合”带；ν_1 是 a_1OH 弹性模型，ν_2 是弯曲弹性模型，ν_3 是 b_1 弹性模型. 一般说来，液体水和无序冰(表中的 I 和 V)的谱带非常宽，并且最大值常常不能很好地确定；除冰 I_h 和 I_c 外，冰的其他形式的谱在精细结构中没有什么差别.

力常数	
$\kappa_r^- = 8.54\times10^{-2}$N/m	κ_a=0.761
κ_r^- =−0.101	κ_{Fa}=0.228

水的紫外吸收

	蒸气	液体	冰
$\lambda_{最大}$(nm)	165.5	147.0	(157.0)
ε(L/mol · cm)	3200	1700	

冰的值是在连续吸收开始时的估计值. 上面的测量是在大于 130nm 范围内(即真空紫外区)进行的；在 115nm 和 143nm 之间，水蒸气有一个宽的连续谱，在这个区域内漫散带是彼此重叠的，只有在 50~100nm 范围内漫散带才能被观察到.

水的核磁共振谱

^{1}H 化学位移：相对于甲烷气体为

−0.60ppm(蒸气)，

−5.18ppm(液体)；

在液氨中，相对于$(CH_3)_4$Si 外标为

−4.32ppm.

^{17}O 化学位移($H_2{}^{17}O$ 蒸气–$H_2{}^{17}O$ 液体)：

+36ppm .

J(H—^{17}O)=79 ± 2Hz(水蒸气)

电离能和质子亲合能

电离能(eV)				质子亲合能 (kJ/mol)
第一	第二	第三	第四	
12.62	14.5 ± 0.3	16.3 ± 0.3	18.0 ± 0.5	687 ± 17

热力学性质

	ΔH_f° (298K) (kJ/mol)	ΔG_f° (298K) (kJ/mol)	S° (298K) (J/mol · K)	c_p° (298K) (J/mol)
H_2O(液)	−286.030	−237.350	69.987	75.346
H_2O(气)	−241.989	−228.750	188.850	33.599

续表

冰–冰转变的热力学						
		t(K)	$P(\times 10^5$kPa)	ΔV(cm^3/mol)	ΔS(J/mol · K)	ΔH(J/mol)
从冰 I	至冰 II	−263.15	2.13	−3.92	−3.18	−754
I	III	−276.15	2.08	−3.27	1.67	394
II	III	−274.15	3.44	0.26	5.10	1273
II	V	−274.15	3.44	−0.72	4.85	1206
III	V	−281.15	3.46	−0.98	−0.29	−71
V	VI	298.31	6.26	−0.70	−0.04	−17
VI	VII	379.75	22	−1.05	~ 0	~0
VI	VIII	~303.15	~21	~0.0	~ −4.23	−1181

液态水的其他物理性质	
沸点(K)	273.15
沸点升高常数(K)	273.663
气化热(J/g)	2257.1(373.15K)；2440.9(298.15K)
比热(J/g · K)	4.1868(288.15K)
临界温度(K)	647.30
临界压力(kPa)	22119
临界体积(cm^3/mol)	59.1 ± 0.5
密度(g/cm^3)	0.999841(273.15K)；0.999973(277.15K)； 0.999126(288.15K)；0.997071(298.15K)
黏度(g/cm · s)	0.010019 ± 0.000003(293.15K)
离子浓度$[H^+]=[OH^-]$(mol/L)	1.004×10^{-7}(293.15K)
电离常数(mol/L)	$[H^+][OH^-]/[H_2O]=1.821_4\times10^{-16}$(298.15K)
离子积(mol^2/L^2)	$[H^+][OH^-]=1.008\times10^{-14}$(298.15K)
介电常数	$87.740-0.40008t+9.398\times10^{-4}t^2-1.410\times10^{-6}t^3$($t$ =0~100℃)
比电导(S)	0.01×10^{-6}(273.15K)；0.17×10^{-6}(298.15K)
电导率(S/cm)	5.7×10^{-8}(293.15K)
热导率(W/m · K)	2.06×10^{-3}(273.15K)
表面张力(N/m)	0.07305(291.15K)
对 NaD 线的绝对折射率	1.33335(293.15K)
冰的其他物理性质	
熔点(K)	273.15
熔化热(J/g)	332.43(273.15K)
比热(J/g · K)	2.0390(273.15K)
密度(冰 I，g/cm^3)	0.91671(273.15K)
水蒸气的其他物理性质	
密度(以同压下空气密度等于 1 为标准)	0.624(273.15K)
1 升饱和水气质量(g)	0.5974(737.15K，101.325kPa)
恒压比热(J/g · K)	1.9343(373.15K)
van der Waals 常数(P 以大气压、V 以升表示时)：a	5.464
b	0.03049
Virial 系数：B(cm^3/mol)	−112.9(573.15K)
C(cm^6/mol^2)	−3470(573.15K)
三相点	
T=273.16K	P=611.775Pa

4.4 化 学 性 质[8]

4.4.1 热稳定性

由于水具有很大的生成热，因而它必然是一个很稳定的化合物. 实际上，它在 3000K 的高温下，也只有 11.1%的分解率，而且反应是可逆的. 表 15.34 列出了不同温度时水的热离解度.

表 15.34 水的热离解

温度(K)	1000	1200	1400	1600	1800	2000	2200	2400
离解度(%)	0.00003	0.00081	0.00681	0.051	0.199	0.588	1.42	2.94

显然，水在离解时要吸收大量的热. 在 1000K 和 202.65kPa 时，2 摩尔气态水分解成 H_2 和 O_2 需要吸收 495.80kJ 的热；在 3000K 时，则需要 572.04kJ.

4.4.2 自偶电离

虽然水是强极性的，但是由于氢键的存在，水却是难电离的. 作为弱电解质的水，其自偶电离作用是可逆的：

$$2H_2O \rightleftharpoons H_3O^+ + OH^-$$

热力学指出：自由的 H^+离子并不能以测得出的浓度存在于水中；而且从动力学的角度来看，水中的质子都是快速地从一个氧原子移动到另一个氧原子，例如质子迅速而强烈地同 H_2O 分子结合成水合氢离子 H_3O^+，而后者的寿命大约只有 10^{-13} 秒，它又极其迅速地同 OH^-离子反应. 光谱学表明：质子的水合是一个强烈的放热反应. 自热力学循环估算，气态质子的水合能高达 1093kJ/mol：

$$H^+(g) + xH_2O \longrightarrow H^+(aq) \quad \Delta H = -1093\text{kJ/mol}$$

显然，H_3O^+离子的结构是较扁平的角锥形，其中 HOH 角约为 115° . 有充分证据表明，除了 H_3O^+以外，其他水合氢离子 $H^+(H_2O)_n$ 也能在水溶液中存在. 像 $H_9O_4^+$ 离子的存在，曾用来解释酸的水溶液的许多性质. 在结晶学上，已知有 H_3O^+离子存在于 $HF \cdot H_2O$，$HNO_3 \cdot H_2O$，$H_2SO_4 \cdot H_2O$ 等晶态水合酸中，$H_5O_2^+$ 离子存在于 $HCl \cdot 2H_2O$ 等晶态水合酸中，$H_7O_3^+$ 和 $H_9O_4^+$ 离子存在于晶态水合酸 $HBr \cdot 4H_2O$ 中.

按照化学平衡原理，当体系

$$2H_2O \rightleftharpoons H_3O^+ + OH^- \quad 或 \quad H_2O \rightleftharpoons H^+ + OH^-$$

达成平衡时，服从质量作用定律，即

$$[H^+][OH^-]/[H_2O]=K_c$$

当温度为 298K 时，$K_c = 1.821_4 \times 10^{-16}$(mol/L). 在一定温度下，水的浓度为一常数，故有

$$[H^+][OH^-]=K_c \cdot [H_2O]=K_w$$

K_w 称做水的离子积常数，简称水的离子积. 当温度为 298K 时，$K_w = 1.008 \times 10^{-14}$(mol^2/L^2). 同一般弱电解质的电离常数随着温度的升高而减小的趋势相反，水的离子积则随着温度的升高而迅速增大，这可能与升高温度时氢键受到破坏、解缔作用加强有关.

由于 H^+和 OH^-离子浓度的乘积在水溶液中是一个常数，所以一般地常用 H^+离子浓度或 pH 值来表示溶液的酸度或碱度(当然，也可以用 OH^-离子浓度或 pOH 值表示). 在常温下，

$[H^+]=[OH^-]=10^{-7}$mol/L　　pH=7　　溶液显中性

$[H^+] > 10^{-7}$mol/L　　pH < 7　　溶液显酸性

$[H^+] < 10^{-7}$mol/L　　pH > 7　　溶液显碱性

4.4.3 同单质作用

在一定条件下，水能同许多比较活泼的金属反应，生成氢气和碱(或碱性氧化物). 像 K，Ba，sr，Ca，Na 等活泼金属可同冷水反应放出氢气. 例如：

$$2Na+2H_2O \longrightarrow 2NaOH+H_2\uparrow$$

但是，像 Mg，Al，Mn，Zn，Cr，Fe，Cd 等活泼性较差的金属，则只能在加热或高温的条件下才能同水反应. 例如：

$$Mg+2H_2O(热) \longrightarrow Mg(OH)_2\downarrow+H_2\uparrow$$

$$Mg+H_2O(蒸气) \longrightarrow MgO+H_2\uparrow$$

$$3Fe+4H_2O(蒸气) \longrightarrow Fe_3O_4+4H_2\uparrow$$

至于 Co，Ni，Sn，Pb，Cu，Ag 等金属，则难于同水反应了.

水只能同为数有限的非金属单质发生化学反应. F_2，Cl_2 和 Br_2 在常温下可同水反应. 例如：

$$Cl_2 + H_2O \longrightarrow HCl + HOCl$$

溴同水的反应与上相同；但氟同水的反应则大不一样，它与水发生几个并行反应，生成物有 O_2，OF_2，H_2O_2，O_3 和 HF. 此外，赤热的碳可以同水蒸气反应生成一氧化碳和氢：

$$C + H_2O \xrightarrow{\text{高温}} CO + H_2$$

反应所得的混合气体通称为水煤气，它是一种很重要的气体燃料.

4.4.4 同化合物反应

1. 水与氧化物的反应

碱金属和钙、锶、钡的氧化物容易同水发生反应生成碱并放出大量的热. 例如：

$$Na_2O + H_2O \longrightarrow 2NaOH$$
$$CaO + H_2O \longrightarrow Ca(OH)_2$$

那些在水中不易溶解的金属氧化物，同水反应很慢，而且不完全.

某些非金属氧化物也能同水反应，但生成物是酸. 例如：

$$SO_2 + H_2O \longrightarrow H_2SO_3$$
$$P_4O_{10} + 6H_2O \longrightarrow 4H_3PO_4$$

上述那些能同水反应分别生成碱或酸的氧化物，分别称做碱酐或酸酐.

2. 盐类的水解反应

所有盐类在水中都有溶解和水合效应；其中许多盐类还有水解反应. 所谓盐类的水解反应，实质上是盐所电离的阴离子或阳离子同水所电离的 H^+离子或 OH^-离子相化合生成弱酸或弱碱的反应.

(1) 阴离子的水解

若以 A^{n-}代表由盐电离出来的阴离子，在它能发生水解的情况下，其反应方程式是：

$$A^{n-} + H_2O \rightleftharpoons HA^{(n-1)-} + OH^-$$

结果，生成了弱酸 $HA^{(n-1)-}$和强碱 OH^-，溶液显碱性；反应进行的程度将取决于 A^{n-}的碱常数 K_b 或 $HA^{(n-1)-}$的酸常数 K_a，因为反应达成平衡后

$$\frac{\left[HA^{(n-1)-}\right]\left[OH^{-}\right]}{\left[A^{n-}\right]\left[H_2O\right]}=\frac{K_w}{K_a}=K_b$$

可见，阴离子 A^{n-}的碱性愈强(或弱酸 $HA^{(n-1)-}$的酸性愈弱)，其水解程度愈大.

显然，A^{n-}是由弱酸衍生而来的一种弱碱，因而称做碱性阴离子. 在常见的碱性阴离子中，CN^-，$C_2H_3O_2^-$，F^-，NO_2^-等一价阴离子都是一步水解生成相应的弱酸. 对于CO_3^{2-}，S^{2-}，PO_4^{3-}等多价阴离子来说，其水解则是分步进行的，例如：

$$S^{2-}+H_2O \rightleftharpoons HS^{-}+OH^{-}$$

$$HS^{-}+H_2O \rightleftharpoons H_2S+OH^{-}$$

而且因为 S^{2-}的碱性强于 HS^-(或 H_2S 的酸性强于 HS^-)，水解程度逐步减弱，溶液的碱度将主要取决于第一步. 对于HCO_3^-，HS^-，HPO_4^{2-}等含有可电离出质子的阴离子而言，既可以酸式电离，使溶液显酸性，又可以水解，使溶液显碱性，例如：

$$HCO_3^-(aq) \rightleftharpoons H^+(aq)+CO_3^{2-}(aq) \qquad K_a=48\times10^{-11}$$

$$HCO_3^-(aq)+H_2O \rightleftharpoons H_2CO_3(aq)+OH^-(aq) \qquad K_b=2.4\times10^{-8}$$

由于HCO_3^-的 $K_b>K_a$，所以HCO_3^-可使溶液略显碱性. HS^-，HPO_4^{2-}和$H_2BO_3^-$也都是这种碱性阴离子. 但是，由于$H_2PO_4^-$的 $K_b<K_a$，HSO_4^-只进行酸式电离(K_a=1.2 × 10^{-2})而不水解，所以它们不是碱性阴离子，而是酸性阴离子.

鉴于由强酸衍生的阴离子不水解而使溶液显中性，故名中性阴离子，例如 Cl^-，Br^-，I^-，NO_3^-，ClO_4^-等.

(2) 阳离子的水解

若以 M^{n+}代表由盐电离出来的阳离子，在其可发生水解的情况下，其反应方程式为：

$$M^{n+}+H_2O \rightleftharpoons MOH^{(n-1)+}+H^+$$

结果，生成了弱碱 $MOH^{(n-1)+}$和强酸 H^+，溶液显酸性；反应进行的程度将取决于M^{n+}的酸常数 K_a或 $MOH^{(n-1)+}$的碱常数 K_b，因为反应达成平衡后

$$\frac{\left[MOH^{(n-1)+}\right]\left[H^{+}\right]}{\left[M^{n+}\right]\left[H_2O\right]}=\frac{K_w}{K_b}=K_a$$

可见，阳离子 M^{n+}的酸性愈强(或弱碱的碱性愈弱)，其水解程度愈大.

显然，M^{n+}是由弱碱衍生而来的一种弱酸，因而称做酸性阳离子. 最常见的

酸性阳离子是 NH_4^+，其水解产物是弱碱氨水 $NH_3 \cdot H_2O$ 或氨 NH_3：

$$NH_4^+ + H_2O \rightleftharpoons NH_3 \cdot H_2O + H^+$$

或

$$NH_4^+ \rightleftharpoons NH_3 + H^+$$

此外，除 Na^+，K^+，Rb^+，Cs^+，Tl^+，Ca^{2+}，Sr^{2+}和 Ba^{2+}离子以外的所有金属离子都是这种类型的阳离子.

对于可以水解的金属离子来说，其水解产物除具有弱碱的特性以外，往往还都是难溶于水的. 至于那些多价金属阳离子，虽说是分步水解并且逐步减弱，但是其水解产物比较复杂，因为金属离子在水中皆以水合络离子而存在，它们的水解过程以铝离子为例是这样的：

$$\left[Al(H_2O)_6\right]^{3+} + H_2O \rightleftharpoons \left[Al(H_2O)_5OH\right]^{2+} + H_3O^+$$

$$\left[Al(H_2O)_5OH\right]^{2+} + H_2O \rightleftharpoons \left[Al(H_2O)_4(OH)_2\right]^+ + H_3O^+$$

$$\left[Al(H_2O)_4(OH)_2\right]^+ + H_2O \rightleftharpoons \left[Al(H_2O)_3(OH)_3\right] + H_3O^+$$

对于过渡金属离子而言，水解过程还往往伴随着配合物的形成. 例如铁离子 $Fe(H_2O)_6^{3+}$，首先发生如上的第一、二步水解：

$$\left[Fe(H_2O)_6\right]^{3+} + H_2O \rightleftharpoons \left[Fe(H_2O)_5OH\right]^{2+} + H_3O^+$$

$$\left[Fe(H_2O)_5OH\right]^{2+} + H_2O \rightleftharpoons \left[Fe(H_2O)_4(OH)_2\right]^+ + H_3O^+$$

然后，随着水解的进行，将同时发生各种形式的聚合反应，像

$$\left[Fe(H_2O)_5OH\right]^{2+} + \left[Fe(H_2O)_6\right]^{3+} \rightleftharpoons \left[(H_2O)_5Fe-\overset{H}{O}-Fe(OH_2)_5\right]^{5+} + H_2O$$

$$2\left[Fe(H_2O)OH\right]^{2+} \rightleftharpoons \left[(H_2O)_4Fe(OH)_2Fe(OH_2)_4\right]^{4+} + 2H_2O$$

最后一个平衡体系所产生的二聚离子已被证明是平面结构的：

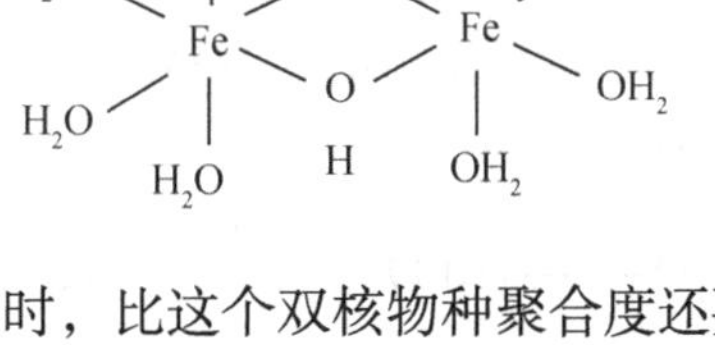

当溶液的 pH 提高到 2—3 时，比这个双核物种聚合度还要高的物种有可能形成；随着 pH 继续提高，终将析出 $Fe_2O_3 \cdot nH_2O$ 沉淀.

根据平衡移动原理，难溶物的析出(如 $Fe_2O_3 \cdot nH_2O$)或易挥发物的逸出(如 NH_3)，都将有利于水解反应的进行. 另外，加热也对水解反应有利.

鉴于简单阳离子不能同水中之 H^+离子结合，所以也就不存在碱性阳离子了. 但是，中性阳离子却是存在的，因为它们可以由强碱衍生而来，例如 Na^+，K^+，Ca^{2+}，Sr^{2+}，Ba^{2+}离子等皆是.

关于常见离子的酸碱性，表 15.35 作了简单的概括. 根据对离子酸碱性的认识，完全能够对它们组成的盐类进行酸碱性的判断. 某种盐溶液究竟是酸性的、碱性的还是中性的，将取决于溶液中存在的阳离子和阴离子酸碱性的净效应. 例如，NaCl 由中性阳离子和中性阴离子组成，其溶液必显中性；NH_4NO_3 由酸性阳离子和中性阴离子组成，其溶液必显酸性；Na_2HPO_4 由中性阳离子和碱性阴离子组成，其溶液必显碱性；NH_4Ac 由酸性阳离子和碱性阴离子组成，$K_{a(NH_4^+)} = K_{b(Ac^-)}$，故溶液显中性；$NH_4HCO_3$ 虽由酸性阳离子和碱性阴离子组成，但因 $K_{a(NH_4^+)} = 5.4 \times 10^{-10}$，$K_{a(HCO_3^-)} = 4.8 \times 10^{-11}$ 和 $K_{b(HCO_3^-)} = 2.4 \times 10^{-8}$，故溶液显碱性.

表 15.35　某些常见离子在水溶液中的酸碱性

	中性		碱性			酸性	
阴离子	Cl^-	NO_3^-	CN^-	NO_2^-	PO_4^{3-}	HSO_4^-	
	Br^-	ClO_4^-	Ac^-	CO_3^{2-}	HCO_3^-	$H_2PO_4^-$	
	I^-	SO_4^{2-}	F^-	S^{2-}	HPO_4^{2-}		
阳离子	Li^+	Ca^{2+}		无		NH_4^+	Al^{3+}
	Na^+	Sr^{2+}				Sn^{2+}	过渡金
	K^+	Ba^{2+}				Pb^{2+}	属离子

3. 共价化合物的水解作用

某些共价性的非金属二元互化物，尤其是卤化物和硫化物，非常容易被水所分解. 例如，SiF_4 和 $SiCl_4$ 在潮湿空气里发烟，这是因为它们同水反应生成了挥发性的 HF 和 HCl 的缘故：

$$SiX_4 + 4H_2O \longrightarrow H_4SiO_4 + 4HX \quad (X=F，Cl)$$

若使氨气同时蒸发，则所生成的烟雾更为浓厚. 利用这个性质，军舰上可应用 $SiCl_4$ 作烟雾. 另外，像卤化磷、卤素互化物也都容易水解，人们常利用 PBr_3 和 PI_3 的水解作用在实验室内制备 HBr 和 HI：

$$PX_3 + 3H_2O \longrightarrow H_3PO_3 + 3HX \quad (X=Cl，Br，I)$$

硫磷化合物也同样强烈地水解，如：

$$P_4S_{10} + 16H_2O \longrightarrow 4H_3PO_4 + 10H_2S$$

4.4.5 催化作用

水是很重要的催化剂. 极微量水的存在，对于很多反应的进行起着关键作用. 例如在非常干燥的情况下，氯与金属不能化合；氟化氢不能腐蚀玻璃；爆鸣气在加热到 1273K 时还不爆炸. 然而这些反应在平常都能迅速进行，正是由于有微量水蒸气存在的缘故.

4.4.6 水合作用

水具有很强的极性. 在它的作用下，许多物质都或多或少地溶解于其中；而且在溶解之后，还要进一步地发生水合作用. 如果物质以分子形式溶于水中，则有可能形成水合分子，例如：

$$CO_2(g) + nH_2O \longrightarrow CO_2(aq)$$
$$NH_3(g) + nH_2O \longrightarrow NH_3(aq)$$

但若以离子形式存在于水中，则将形成水合离子，例如：

$$HCl(g) + nH_2O \longrightarrow H^+(aq) + Cl^-(aq)$$
$$KNO_3(s) + nH_2O \longrightarrow K^+(aq) + NO_3^-(aq)$$

将许多物质的水溶液进行蒸发或作适当处理时，在所得到的晶体中可能含有水. 这种含有水分子的晶体叫做水合晶体；而含有水分子的晶态物质就叫做结晶水合物；其中的水叫做结晶水或水合水.

4.5 水 合 物[9—11]

常见的水合物有水合盐. 其中有简单盐类的水合物，例如 $CuSO_4 \cdot 5H_2O$，$MgSO_4 \cdot 7H_2O$，$Na_2SO_4 \cdot 10H_2O$，$CaCl_2 \cdot 6H_2O$，$FeCl_3 \cdot 6H_2O$，$MnCl_2$，$2H_2O$ 等；也有复盐的水合物，最著名的是Tutton盐和矾，前者的通式为 $M_2^+M^{2+}(XO_4)_2^{2-} \cdot 6H_2O$，其中

$M^+ = K^+$，NH_4^+，Rb^+，Cs^+，Tl^+

$M^{2+} = Mg^{2+}$，Mn^{2+}，Fe^{2+}，Co^{2+}，Ni^{2+}，Cu^{2+}，Zn^{2+}，Cd^{2+}

$X = S$，Se

后者的通式为 $M^+M^{3+}(XO_4)_2^{2-} \cdot 12H_2O$，其中

$M^+ = K^+$，NH_4^+，Rb^+

$M^{3+} = Al^{3+}$，Cr^{3+}，Fe^{3+}

$X = S$，Se

此外，许多酸、碱甚至单质也能生成水合物，例如 $H_2SO_4 \cdot H_2O$，$HCl \cdot 2H_2O$，$HBr \cdot 4H_2O$，$Ba(OH)_2 \cdot 8H_2O$，$NH_3 \cdot H_2O$，$2NH_3 \cdot H_2O$，$Cl_2 \cdot 8H_2O$ 等. 表 15.36 列出了一些酸的水合物及其晶态时的离子品种. 有证据表明，在强酸的结晶水合物中，不仅有 H_3O^+，而且有 $H_5O_2^+$ 和更重的水合离子. 在晶体中，H_3O^+所起的作用常与 NH_4^+ 相似，例如 $H_3O^+ClO_4^-$ 和 $NH_4^+ClO_4^-$ 是同晶的；主要区别在于含 H_3O^+ 化合物的熔点，常比 NH_4^+ 盐低得多.

表 15.36　晶态水合酸的结构

H_3O^+		$H_5O_2^+$		其他	
化学式	离子品种	化学式	离子品种	化学式	离子品种
$HF \cdot H_2O$	$H_3O^+F^-$	$HCl \cdot 2H_2O$	$H_5O_2^+$，Cl^-	$HBr \cdot 4H_2O$	$H_7O_3^+$，$H_9O_4^+$
$HCl \cdot H_2O$	$H_3O^+Cl^-$	$HCl \cdot 3H_2O$	$H_5O_2^+$，H_2OCl^-		$2Br^-$，H_2O
$HClO_4 \cdot H_2O$	$H_3O^+ClO_4^-$	$HClO_4 \cdot 2H_2O$	$H_5O_2^+$，ClO_4^-		
$HNO_3 \cdot H_2O$	$H_3O^+NO_3^-$	$HAuCl_4 \cdot 4H_2O$	$H_5O_2^+$，$AuCl_4^-$，$2H_2O$		
$H_2SO_4 \cdot H_2O$	$H_3O^+HSO_4^-$				
$H_2SO_4 \cdot 2H_2O$	$2H_3O^+SO_4^{2-}$				
$H_2PtCl_6 \cdot 2H_2O$	$2H_3O^+PtCl_6^{2-}$				

在结晶水合物中，水有多种不同的存在形式. 主要是：

(1) 羟基水. 这种水在化合物中是以氢氧基的形式存在的，其结构单元是 OH^- 离子. 许多金属氢氧化物，诸如 NaOH、$Mg(OH)_2$ 和 Al(OH)就是这种情况. 它们是氧化物的水合物，除去羟基水就会得到结构特征完全不同的氧化物晶体.

(2) 配位水. 这种类型的水是通过配位键而与金属阳离子相连结的. $BeSO_4 \cdot 4H_2O$ 是由大小大致相等的正四面体型离子$[Be(OH_2)_4]^{2+}$和$[SO_4]^{2-}$组成的，在$[Be(OH_2)_4]^{2+}$结构单元中，体积小的 Be^{2+}离子填入由四个水分子所组成的四面体的间隙中. 而体积比 Be^{2+}离子大的 Ni^{2+}离子，则填入由 $6(H_2O)$所组成的八面体间隙中形成$[Ni(OH_2)_6]^{2+}$，这样就可以由$[Ni(OH_2)_6]^{2+}$和$[SO_4]^{2-}$作为结构单元形成 $NiSO_4 \cdot 6H_2O$ 离子晶格. 在 Tutton 盐中，含有$[M(OH_2)_6]^{2+}$八面体型六配位的六水合络离子；在矾中，也含有八面体型六配位的$[M(OH_2)_6]^{3+}$络离子. 配位水对这些晶格的稳定性是不可缺少的，即使除去一部分水，晶格也就崩解了.

(3) 阴离子水. 这种类型的水是通过氢键而与阴离子相连结的. 在 $CuSO_4 \cdot 5H_2O$

晶体的五个水分子中，有四个以配位水与铜离子相连结；而第五个水分子却以氢键与硫酸根离子相结合，可称为阴离子水；在$[Cu(OH_2)_4]^{2+}$和$[SO_4(H_2O)]^{2-}$之间还有氢键相连结：

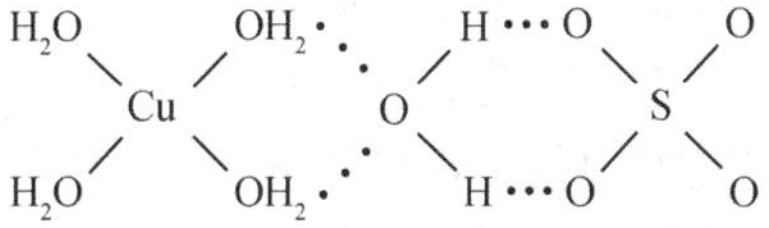

(4) 晶格水. 某些水合物中的水分子在晶格中占有确定位置，但它们既不同阳离子也不同阴离子直接相连结. 例如，七水合硫酸镁是由$[Mg(OH_2)_6]^{2+}$和$[SO_4]^{2+}$及 1 个(H_2O)所形成的晶体；这 1 个(H_2O)既不是配位水、也不是阴离子水，而是构成晶格所必需的水分子即晶格水. 硭硝中有两个晶格水，其组成可用$[Na(OH_2)_4]_2[SO_4]\cdot 2H_2O$ 来表示；若从水分子的堆积结构来看，则是 Na^+离子填入$(H_2O)_\infty$三维骨架的较小间隙，而SO_4^{2-}离子填入较大间隙的类冰晶格. 在明矾$KAl(SO_4)_2\cdot 12H_2O$中，六个水分子通过配位键同铝离子相连结而形成$[Al(OH_2)_6]^{3+}$，另外六个水分子是晶格水，它们以确定位置排布在钾离子周围，但因距离过远而不能直接相连结；其晶体可看成是 Al^{3+}离子填入$(H_2O)_\infty$三维骨架的较小间隙、而K^+离子填入较大间隙、SO_4^{2-}离子也填入较大间隙的类冰结构.

(5) 沸石水. 这种水分子在晶格中占有相对无规律的位置；当干燥或加热脱去这种水时，物质的晶格不会受到破坏. 具有这种水的典型物质是沸石，所以这种水叫做沸石水. 沸石的化学成分为铝硅酸盐. 其中有天然矿物，例如菱沸石$Ca(Al_2Si_4O_{12})\cdot 6H_2O$和丝光沸石$Na(AlS_{15}O_{12})\cdot 6H_2O$；也有合成产品，例如“合成沸石 A”$Na_{12}(Al_{12}Si_{12}O_{48})\cdot 29H_2O$. 在沸石晶体中，存在着由$(Al, Si)O_4$四面体组成的开敞三维网格结构，$Na^+$或 Ca^{2+}离子以及水分子填入由这种三维骨架所造成的大的间隙即空腔中；填入的这些水分子就是沸石水，其运动和液体水的运动程度相同，Na^+或 Ca^{2+}离子“溶解”于水分子簇中，并进行同样地运动. 将沸石 A 加热脱水，即得“脱水沸石”，其三维网格结构不变，唯 Na^+离子变为同空腔内壁的氧原子相结合；但脱水沸石吸收水分后即复原，并由于空腔内 Na^+离子的水合而发热，不过，沸石水的数目根据水蒸气压可在 20~30H_2O 的范围内变动. 像这种没有确定化合比的沸石水以及下面将要谈到的层间水，都可以看做是结晶水合物中的不定比结晶水.

(6) 层间水. 属于黏土矿物的蒙脱石

$$Na_{0.33}^{+}\left[Al_{1.67}^{3+}Mg_{0.33}^{2+}(Si_4O_{10})(OH)_2\right]^{0.33-}\cdot 4H_2O$$

是层状缩合铝硅酸盐，水合质子处于阴离子层和阴离子层之间以保持电中性. 这种层间水和大气的平衡值约为 4(H_2O)，当加热至 673K 时大部分水即可脱去；但吸收湿气或浸于水中则又复原，不过浸入水中时的含水量可达 8(H_2O)，从而层间距离增大、体积发生膨胀. 像这种因吸收液体而固体发生膨胀的现象叫做溶胀. 当大量汲取地下水包括溶胀的蒙脱石中所吸藏的水分时将导致地面下降，这正是由于蒙脱石的层间收缩、体积减小所造成的.

各种结晶水合物在空气中的稳定性各不相同，它将取决于：空气中的水蒸气分压；水合物及其饱和溶液的蒸气压. 空气中的水蒸气分压一般为 1.867kPa；在遇到干燥或潮湿的天气时，自然要比 1.867kPa 低一些或高一些. 在常温下，由于硫酸铜饱和溶液的蒸气压大于 1.867kPa，而五水合硫酸铜的蒸气压又小于 1.867kPa，所以 $CuSO_4 \cdot 5H_2O$ 在空气中十分稳定，也就是说它既不风化也不潮解. 但是，在 293K 时，六水合氯化钙的蒸气压(0.333kPa)远低于平常空气中的水蒸气分压，故与空气接触时，先自空气中吸收水分，在表面上形成氯化钙饱和溶液；而此饱和溶液的蒸气压(1.000kPa)也比空气中的水蒸气分压要低，所以氯化钙不断地吸收水分，直至溶液的蒸气压与空气中的水蒸气分压相等为止. 氯化钙之所以作为干燥剂，其道理就在于此. 相反，因为同样条件下的十水合硫酸钠的蒸气压(2.173kPa)及其饱和溶液的蒸气压(2.213kPa)比 1.867kPa 大，故可自发地脱水直至形成无水盐. 显然，在判断水合物的稳定性时，要考虑到当时空气的温度和湿度. 例如在干燥的寒冷天气，就是 $CaCl_2 \cdot 6H_2O$ 也可能风化.

参 考 文 献

[1] J. C. Bailar,H. J. Emeléus,R. Nyholm and A. F. Trotman-Dickenson, “Comprehensive Inorganic Chemistry”, Pergamon(1973).

[2] W. H. Nebergall,F. C. Schmidt and H. F. Holtzclaw. “General Chemistry”, 5th ed.,D. C. Heath(1976). 中译本：朱仲涛等译,申泮文校,《普通化学》,第二分册,人民教育出版社(1978).

[3] J. Waser,K. N. Trueblood and C. M. Knobler, “Chem One”, Mc-Graw-Hill Book Company(1976).

[4] P. L. Soni, “Fundamental Chemistry”, 4th ed., Sultan Chand & Sons(1981).

[5] 戴安邦等编著,《无机化学教程》, 上册(第二版), 人民教育出版社(1972).

[6] 尹敬执、申泮文合编,《基础无机化学》, 上册, 人民教育出版社(1980).

[7] 傅鹰,《大学普通化学》,下册, 人民教育出版社(1981).

[8] W. L. Masterton and E. J. Slowinski,“Chemical Principles”,4th ed., W. B. Saunders(1977). 中译本：华彤文、方锡义等译,《化学原理》,下册,北京大学出版社(1980).

[9] 桐山良一, “無機化學構造”, 岩波書店(1978). 中译本：周孝棣、胡秀仁译, 《结构无机化学》, 人民教育出版社(1981).

[10] F. A. Cotton and G. Wilkinson, “Advanced Inorganic Chemistry”, 3rd ed.,Wiley(Interscience)(1972). 中译本：北京师范大学等译,《高等无机化学》, 上册, 人民教育出版社(1980).

[11] 唐有祺,《结晶化学》, 高等教育出版社(1957).

15.5 过 氧 化 氢[1—5]

5.1 发 现 史

虽然 Davy 和 Gay-Lussac 在其电化学研究中可能观察到了过氧化氢，但发现该化合物之荣誉仍然应归功于 Thenard. 后者于 1818 年首先报道了他的研究成果. 他首先对重结晶的硝酸钡(除去了过渡金属离子)进行热处理得到氧化钡 BaO，进而高温氧化便转化成过氧化钡 BaO_2；然后用盐酸处理 BaO_2，待用沉淀法以 H_2SO_4 除去 Ba^{2+}离子、加入 Ag_2SO_4 除去 Cl^-离子，再加 BaO 除去 SO_4^{2-} 离子之后，即得过氧化氢(H_2O_2)水溶液；最后减压蒸馏即可制得几乎无水的纯 H_2O_2.

Thenard 在制得了 H_2O_2 之后，还对它的性质作了一些研究. 他发现：当用 MnO_2 处理 H_2O_2 时，MnO_2 会催化分解 H_2O_2 放出氧气. 根据放出氧气的体积，他断定：过氧化氢必定含有两倍于水中所含之氧.

5.2 分 子 结 构[6—8]

自凝固点降低法测得过氧化氢的分子量是 34，故其组成为 H_2O_2.

关于 H_2O_2 的分子结构，有两种观点：

(I) $\begin{matrix} H \\ H \end{matrix}\!\!>O \rightarrow O$；(II)H—O—O—H

Baeyer 和 Villiger 自下列事实认为过氧化氢应按(II)式存在. 他们自$(C_2H_5)_2SO_4$和 H_2O_2 制得$(C_2H_5)_2O_2$，然后以锌及醋酸处理之后得酒精：

$$\begin{matrix} C_2H_5-O \\ | \\ C_2H_5-O \end{matrix} + \begin{matrix} H \\ | \\ H \end{matrix} \longrightarrow \begin{matrix} C_2H_5OH \\ \\ C_2H_5OH \end{matrix}$$

若 H_2O_2 的结构是 $\begin{matrix} H \\ H \end{matrix}\!\!>O \rightarrow O$，则$(C_2H_5)_2O_2$的结构应是

$$\begin{matrix} C_2H_5 \\ C_2H_5 \end{matrix}\!\!>O \rightarrow O,$$

以 H_2 还原后应得醚：

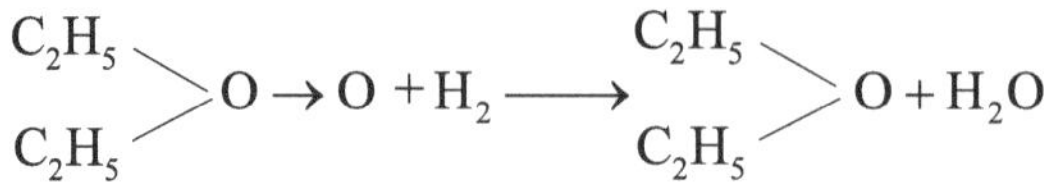

另外，根据光谱研究的结果，已经确认 H_2O_2 是由两个 OH 所组成的，即 H_2O_2 的结构是 H—O—O—H. 图 15.13 绘出了 H_2O_2 的分子结构，而其对应的结构参数则列示于表 15.37 中.

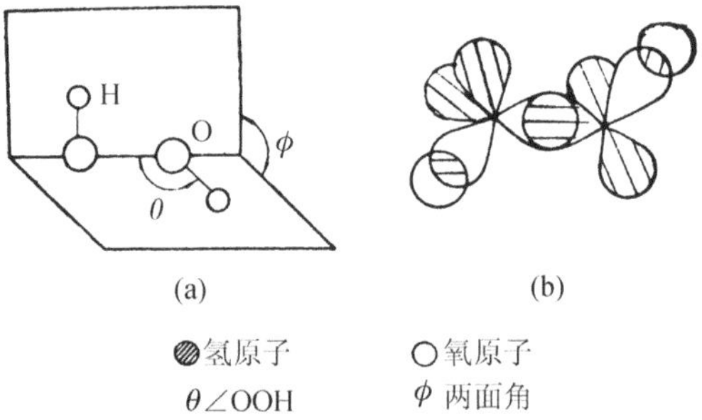

图 15.13　H_2O_2 的结构

(a) 分子结构；(b) 表明氧原子呈 sp^3 杂化的成键轨道图

表 15.37　H_2O_2 的分子结构参数

	蒸气(振动–转动光谱)	晶体(中子衍射)
d(O—O)，pm	147. 5	145.3 ± 0.7
d(O—H)，pm	95.0	98.8 ± 0.5 (热力学校正后为 100.8 ± 0.5)
θ(∠OOH)	94.8°	102.7 ± 3°
ϕ(两面角)	111.5 ± 0.5°	90.2 ± 0.6°

在图 15.13 中，H_2O_2 分子中的成键作用是按氧原子呈 sp^3 杂化进行的，其中两个轨道中是孤电子对，而含有成单电子的一个 sp^3 杂化轨道与另一个氧原子中的同样轨道头对头重叠形成 O—Oσ键，尚余一个含有成单电子的 sp^3 杂化轨道便与氢的 1s 轨道重叠而成 O—Hσ键. 每个氧原子上两个孤电子对之间的排斥使得 O—H 和 O—O 键靠拢，以至 HOO 键角远比四面体角为小. 从表 15.37 中所列数据可见，H_2O_2 分子中的∠HOO 甚至比 H_2O 分子中的∠HOH 还小. 有鉴于此，有人认为把 H_2O_2 分子中由氧组成的σ键描述为介于纯 p 轨道及 sp^3 杂化轨道之间的键或许更好些. 在 H_2O_2 分子中，一个氧原子的电子对与另一个氧原子的电子对之间，也可能存在着排斥作用，这就可以说明为什么 O—O 键长比计算值大.

在 H_2O_2 分子中，两面角的数值有一个很大的变化范围，从晶体 H_2O_2 中的

90°到 $Na_2C_2O_4 \cdot H_2O_2$ 中的 180°：

$H_2O_2 \cdot 2H_2O$	129°
$Li_2C_2O_4 \cdot H_2O_2$	180°
$Na_2C_2O_4 \cdot H_2O_2$	180°
$K_2C_2O_4 \cdot H_2O_2$	101.6°
$Rb_2C_2O_4 \cdot H_2O_2$	103.4°

5.3 物理性质

纯的液态过氧化氢是一种近乎无色、具有刺鼻嗅味和涩味的浆状物. 像水一样，它强烈缔合；Trouton 常数表明：这种缔合甚至在接近沸点时还存在. 过氧化氢与水在液相能以任何比例互溶，这种混合物的蒸气压曲线无最大值或最小值；在一定条件下，可生成化合物 $H_2O_2 \cdot 2H_2O$，这种化合物以同组成熔化，并且在液相中几乎完全离解. 过氧化氢还能溶于许多有机溶剂，例如醇、醚、酯和胺. 过氧化氢的其他许多物理性质列于表 15.38 中.

表 15.38　H_2O_2 的物理性质

光谱性质			
基本振动频率(cm^{-1})	蒸气(IR)	液体	晶体(83K)(IR)
v(OH)，v_1	3599	3400(IR，R)	3285
δ(OH)，v_2	(1380)	1400(R)	1407
v(O—O)，v_3	880	880(IR，R)	882
扭变，v_4	242.8，370.7	?	? ? 690
v(OH)，v_5	3608	3400(IR，R)	3192
v(OH)，v_6	1266	? 1350(IR)	1385
转动屏蔽 $V_{反式}$(cm^{-1})	386 ± 4		
$V_{顺式}$(cm^{-1})	2460		
紫外吸收(水熔液)$\lambda_{最大}$(pm)	216500 ± 500，$\varepsilon_{最大}$(L/(mol · cm))460		
热力学性质和键强度			
ΔG_f°，298K(kJ/mol)	−105.68		
ΔH_f°，298K(kJ/mol)	−136.41		
S°(J/mol · K)	232.79		
c_v(固)，273K > T > 220K(J/g)	0.3023+0.005187T		
c_p(液)，273—300K(J/g)	2.629		
D(HO—OH)，298K(kJ/mol)	204.32		
D(H—OOH)，298K(kJ/mol)	375.14		
电离能(eV)	10.92 ± 0.05		
其他性质			
熔点(K)	272.72		
沸点(K)	423.35		

续表

蒸气压(Pa)	$\log P = -\dfrac{3140.59430}{T} + 11.952489 - 0.0074360T + 0.0000041516T^2$
$\Delta H_{熔化}$，273.15K(J/g)	367.77
$\Delta H_{升华}$，273.15K(J/g)	1916.72
$\Delta H_{蒸发}$，l → v，273.15K(J/g)	1549.95
Trouton 常数(J/mol · K)	110.95
密度：固体 268.70K(g/cm^3)	1.6434
液体	$1.5970 + 0.0000784T - 0.000001970T^2$
液体的平均体积膨胀系数，	
273.15—298.15K(K^{-1})	7.9×10^{-4}
298.15—369.15K(K^{-1})	8.58×10^{-4}
黏度，293.15K(g/cm · s)	0.01249
表面张力，293.15K(N/m)	0.0804
介电常数	$84.2 - 0.62t + 0.0032t^2$(t 以℃计)
偶极矩(蒸气；Stark 效应)(C · m)	7.0056×10^{-30}–7.6728×10^{-30}
折射率，n_D^{20}	1.4077_4
比电导，99.9%(S/cm)	3.9×10^{-7}

5.4　化 学 性 质[9—11]

在过氧化氢分子中，氧的氧化态为−1，它可以转化成−2 氧化态而显氧化性，也可以转化成零氧化态而显还原性，因此，过氧化氢有着广泛的氧化还原性质. 同时，由于过氧化氢分子中有两个 OH 基，因此，过氧化氢还能表现出羟基性质. 下面就着重从这两方面加以讨论.

5.4.1　氧化还原性

1. 歧化分解作用

过氧化氢就其分解成组分单质而论是稳定的，因为其生成焓或生成自由能为负值：

$$H_2(g) + O_2(g) \longrightarrow H_2O_2(g) \qquad \Delta H_f^{\circ} = -141.10\text{kJ/mol}$$
$$\Delta G_f^{\circ} = -123.10\text{kJ/mol}$$

但就其分解成水和氧而言，不论在气态、液态、固态或者在水溶液中，都具有热力学不稳定性.

在气相，当过氧化氢受热时，反应的最初阶段可能包括 H_2O_2 分解成两个 OH 自由基：

$$H_2O_2 \longrightarrow 2OH^{\bullet}$$

紧接着则发生了以下的(快)反应：

$$OH^{\bullet} + H_2O_2 \longrightarrow H_2O + HO_3^{\bullet}$$

$$2HO_2^{\bullet} \longrightarrow H_2O_2 + O_2$$

当过氧化氢受到紫外线或 X–射线照射时，其光分解反应同其热分解反应非常类似，最初的反应步骤是：

$$H_2O_2 + h\nu \longrightarrow 2OH^{\bullet}$$

接下去的反应与热分解时相同. 电子自旋共振谱的测定表明：在过氧化氢热分解或光分解的最初产物中确实有 OH 或 OOH 自由基存在.

在纯液态，过氧化氢极易分解成水和分子氧：

$$H_2O_2(l) \longrightarrow H_2O(l) + \frac{1}{2}O_2(g) \qquad \Delta H_{298}^{\circ} = -98.4\text{kJ/mol}$$

$$\Delta G_{298}^{\circ} = -123.1\text{kJ/mol}$$

在水溶液中，过氧化氢的热力学不稳定性反映在其标准电极电势中：

$$O_2 + 2H^+ + 2e \rightleftharpoons H_2O_2 \qquad E^{\circ} = +0.682\text{V}$$

$$O_2 + H_2O + 2e \rightleftharpoons OH^- + HO_2^- \qquad E^{\circ} = -0.076\text{V}$$

$$H_2O_2 + 2H^+ + 2e \rightleftharpoons 2H_2O \qquad E^{\circ} = +1.776\text{V}$$

$$HO_2^- + H_2O + 2e \rightleftharpoons 3OH^- \qquad E^{\circ} = +0.87\text{V}$$

根据标准电极电势，过氧化氢不论在酸性溶液中还是在碱性溶液中，都能自发地进行歧化分解作用：

$$H_2O_2(aq) \longrightarrow H_2O(l) + \frac{1}{2}O_2(g) \qquad \varepsilon^{\circ} = +1.094\text{V}$$

$$HO_2^-(aq) \longrightarrow OH^-(aq) + \frac{1}{2}O_2(g) \qquad \varepsilon^{\circ} = +0.946\text{V}$$

由反应的电动势可知：过氧化氢在酸性溶液中的歧化程度较在碱性溶液中稍大. 不过，过氧化氢在碱性溶液中的歧化速度却要快得多.

实际上，过氧化氢的歧化分解作用受到很多动力学因素的影响. 一般说来，影响过氧化氢分解速度的主要因素是催化剂、溶液的酸碱性、温度和光.

(1) 催化剂的影响. 虽然纯过氧化氢是热力学不稳定的，但在无催化剂时于室温下却相当稳定，甚至在低压下可以分馏而不分解，这是因为反应具有很高的活化能. 据估计，甚至在 373K 时，分解反应的半衰期也仅约为 10^7 年. 不过，微量杂质如金属离子(Fe^{3+}，Cr^{3+}，Cu^{2+}，Ag^{+}等)、非金属(卤素等)、金属(铂、银，铅等)或氧化物(二氧化锰等)、甚至具有复杂结构的酶以至玻璃容器，都能对过氧化氢进行均相或非均相催化，加快其分解速度. 已知有数百种使过氧化氢分解的催化剂. 至于催化作用的机理，则是比较复杂的. 在均相和非均相催化作用中，一种见解认为：催化剂被一个 H_2O_2 分子氧化之后，又被另一个 H_2O_2 分子还原：

$$\text{还原催化剂} + H_2O_2 \longrightarrow \text{氧化催化剂} + H_2O$$

$$\text{氧化催化剂} + H_2O_2 \longrightarrow \text{还原催化剂} + O_2$$

这种见解已被 $I^- - I_2$ 的催化分解所证实：

$$H_2O_2 + 2I^- + 2H^+ \longrightarrow I_2 + 2H_2O$$
$$I_2 + H_2O_2 \longrightarrow 2I^- + 2H^+ + O_2$$

对于 Fe^{3+}离子的催化作用机理，已经进行了许多研究. 结果表明，在中等酸度的溶液中，Fe^{3+}催化分解 H_2O_2 是包括以下步骤的链反应：

引发　$Fe^{3+} + HO_2^- \longrightarrow Fe^{2+} + HO_2$

$$\text{传递}\begin{cases} Fe^{2+} + H_2O_2 \longrightarrow Fe^{3+} + OH^\bullet + OH^- \\ OH^\bullet + H_2O_2 \longrightarrow HO_2^\bullet + H_2O \\ Fe^{3+} + HO_2^\bullet \longrightarrow Fe^{2+} + H^+ + O_2 \end{cases}$$

$$\text{终止}\begin{cases} Fe^{2+} + OH^\bullet \longrightarrow Fe^{3+} + OH^- \\ Fe^{2+} + HO_2^\bullet \longrightarrow Fe^{3+} + HO_2^- \end{cases}$$

为了抑制过氧化氢的催化分解，首先需要将它在由纯铝(＞99.5%)、不锈钢、瓷料、塑料或其他特殊材料制作的容器中贮存或处理；然后，可根据过氧化氢中存在杂质的种类和数量，选择性地加入适量的锡酸钠、焦磷酸钠或 8–羟基喹啉等稳定剂.

(2) 酸碱性的影响. 一般说来，过氧化氢的歧化分解速度在弱酸性介质中较慢，而在强酸性特别是碱性介质中相当快.

实验测定：各种不同浓度的过氧化氢溶液，均在 pH 为 4.0 ± 0.5 时，分解最缓慢；而在 pH 为 2.5—5.5 的范围内，在任一特定 pH 值时，过氧化氢溶液越浓，其稳定性越高，所以过氧化氢宜在弱酸性介质中以浓溶液保存.

实验还证明：在碱性溶液中，OH^-离子为均相催化剂，过氧化氢分解的速率方程为：

$$-\frac{d[H_2O_2]}{dt}=k[H_2O_2][HO_2^-]$$

并据此提出了以下反应机理：

$$H_2O_2+OH^- \rightleftharpoons HO_2^-+H_2O$$
$$H_2O_2+HO_2^- \longrightarrow H_2O+O_2+OH^-$$

(3) 温度的影响. 固态过氧化氢具有惊人的惰性. 如在其中加入适量的冷的0.5N高锰酸盐溶液、铁锈的微粒或其他催化剂，当不使其熔化时，含量为90%的过氧化氢在218K时也不发生分解；当其熔化时，分解反应开始.

对于高纯度的过氧化氢溶液来说，温度升高，分解速度加快. 分解速度和温度的关系可用以下公式表示：

$$(T_2-T_1)\log a=10\log(k_2/k_1)$$

式中，k_1和k_2是在温度为T_1和T_2时的反应速度常数；a为温度系数，等于2.2. 显然，温度每升高10K，分解速度增加2.2倍. 根据实验测定，当$T_1=323$K，$T_2=369$K时，$k_2/k_1=40$；此值同应用上式计算所得的$k_2/k_1=38$的数值相差不大.

当过氧化氢溶液中含有痕量铁盐时，上述公式中的a值为1.6；而在有稳定剂锡酸钠存在时，a值不低于2.2，有时稍微上升至2.3或2.4.

(4) 光的影响. 在室温下，波长为320—380nm的光可使过氧化氢的分解速度加快. 因此，实验室里常把过氧化氢置于棕色瓶内保存.

(5) 容器表面的影响. 由于容器的粗糙表面具有催化作用，所以容器内壁的面积与其容积的比值对过氧化氢的分解速度也有影响. 显然，比值愈大，分解速度愈快.

2. 氧化-还原性

纯过氧化氢具有很强的氧化性，一遇到可燃物即着火.

在水溶液中，过氧化氢是常用的强氧化剂. 一般说来，氧化作用在酸性溶液中较慢，而在碱性溶液中较快. 在酸性溶液中，H_2O_2可以氧化$I^- \longrightarrow I_2$，$Fe^{2+} \longrightarrow Fe^{3+}$，$[Fe(CN)_6]^{4-} \longrightarrow [Fe(CN)_6]^{3-}$ $H_3AsO_3 \longrightarrow H_3AsO_4$，$H_2SO_3 \longrightarrow H_2SO_4$，$HNO_2 \longrightarrow HNO_3$，还可使黑色的PbS转变成白色的$PbSO_4$：

$$PbS+4H_2O_2 \longrightarrow PbSO_4+4H_2O$$

这一反应可用于油画的漂白，这是因为油画色料中的白铅

$$Pb(OH)_2 \cdot 2PbSO_4$$

遇到空气中的 H_2S 之后即转变成黑色的 PbS，而以 H_2O_2 溶液刷之则又转变成白色的 $PbSO_4$. 在碱性溶液中，H_2O_2 除了可以氧化 $Fe(OH)_2 \longrightarrow Fe(OH)_3$，$AsO_3^{3-} \longrightarrow AsO_4^{3-}$，$SO_3^{2-} \longrightarrow SO_4^{2-}$，$NO_2^- \longrightarrow NO_3^-$ 之外，还可氧化 Mn(II) ⟶ Mn(IV)，Cr(III) ⟶ Cr(VI)：

$$Mn(OH)_2 + HO_2^- \longrightarrow MnO_2 + OH^- + H_2O$$

$$2Cr(OH)_4^- + 3HO_2^- \longrightarrow 2CrO_4^{2-} + OH^- + 5H_2O$$

另外，过氧化氢还能氧化许多有机物，并用来制备环氧化合物、砜等. 例如，过氧化氢氧化二甲硫醚可得二甲亚砜：

$$CH_3SCH_3 + H_2O_2 \longrightarrow CH_3COCH_3 + H_2O$$

氧化甲醛得甲酸：

$$2HCHO + H_2O_2 \longrightarrow 2HCOOH + H_2O$$

在硫酸亚铁存在下，氧化苯为苯酚：

$$C_6H_6 + H_2O_2 \longrightarrow C_6H_5OH + H_2O$$

在用过氧化氢作氧化剂的水溶液反应体系中，由于过氧化氢的还原产物是水，而且过量的过氧化氢可以通过热分解而除去，所以它不会给反应体系引进不必要的物质，这在去除化合物中的一些还原性杂质时特别适用.

由标准电极电势可知，过氧化氢在酸性或碱性溶液中皆具有一定的还原性. 在酸性溶液中，过氧化氢只能被高锰酸钾、二氧化锰、臭氧、氯等强氧化剂所氧化：

$$2MnO_4^- + 6H^+ + 5H_2O_2 \longrightarrow 2Mn^{2+} + 5O_2 + 8H_2O$$

$$MnO_2 + 2H^+ + H_2O_2 \longrightarrow Mn^{2+} + O_2 + 2H_2O$$

$$O_3 + H_2O_2 \longrightarrow 2O_2 + H_2O$$

$$Cl_2 + H_2O_2 \longrightarrow 2Cl^- + 2H^+ + O_2$$

上列第一个反应可用来测定过氧化氢的含量，最后一个反应常在工业上用来除去少量氯气. 在碱性溶液中，过氧化氢能够显示出更强的还原性，它不仅能还原高锰酸钾、次氯酸钠、次溴酸钠、臭氧等强氧化剂：

$$2MnO_4^- + 3HO_2^- + H_2O \longrightarrow 2MnO_2 + 3O_2 + 5OH^-$$
$$OCl^- + HO_2^- \longrightarrow Cl^- + O_2 + OH^-$$
$$OBr^- + HO_2^- \longrightarrow Br^- + O_2 + OH^-$$
$$O_3 + HO_2^- \longrightarrow 2O_2 + OH^-$$

而且能还原像氧化银和六氰合铁(III)酸根离子一类的较弱氧化剂：

$$Ag_2O + HO_2^- \longrightarrow 2Ag + O_2 + OH^-$$
$$2[Fe(CN)_6]^{3-} + HO_2^- + OH^- \longrightarrow 2[Fe(CN)_6]^{4-} + O_2 + H_2O$$

显然，由于 H_2O_2 的氧化产物是 O_2，所以它也不会给由它作还原剂的反应体系引进杂质.

H_2O_3 同 $Fe(CN)_6^{3-}/Fe(CN)_6^{4-}$ 的反应是颇有意思的：在酸性介质中，H_2O_2 能将 $Fe(CN)_6^{4-}$ 氧化成 $Fe(CN)_6^{3-}$；而在碱性介质中，H_2O_2 又可将 $Fe(CN)_6^{3-}$ 还原成 $Fe(CN)_6^{4-}$. 那么，由于 H_2O_2 既有氧化性、又有还原性，在酸性介质中进行的 H_2O_2 氧化 $Fe(CN)_6^{4-}$ 的反应，会不会由于 $Fe(CN)_6^{3-}$ 的生成而发生 H_2O_2 还原 $Fe(CN)_6^{3-}$ 的反应呢?同样，在碱性介质中进行的 H_2O_2 还原 $Fe(CN)_6^{3-}$ 的反应，会不会由于 $Fe(CN)_6^{4-}$ 的生成而发生 H_2O_2 氧化 $Fe(CN)_6^{4-}$ 的反应呢?这里，我们不妨来研究一下有关电对的标准电极电势. 在酸性介质中，

$$H_2O_2 + 2H^+ + 2e \rightleftharpoons 2H_2O \qquad E^\circ = 1.776V$$
$$O_2 + 2H^+ + 2e \rightleftharpoons H_2O_2 \qquad E^\circ = 0.682V$$

显然，若电对 $Fe(CN)_6^{3-}/Fe(CN)_6^{4-}$ 的 $E_A^\circ < 0.682V$，则 H_2O_2 只能氧化 $Fe(CN)_6^{4-}$ 而不能还原 $Fe(CN)_6^{3-}$；反之，若电对 $Fe(CN)_6^{3-}/Fe(CN)_6^{4-}$ 的 $E_A^\circ > 1.776V$，则 H_2O_2 只能还原 $Fe(CN)_6^{3-}$ 而不能氧化 $Fe(CN)_6^{4-}$. 但是，

$$Fe(CN)_6^{3-} + e \rightleftharpoons Fe(CN)_6^{4-} (1mol/L\ H_2SO_4) \qquad E^\circ = 0.69V$$

正好介于 0.682V 和 1.776V 之间，所以 H_2O_2 既能氧化 $Fe(CN)_6^{4-}$、又能还原 $Fe(CN)_6^{3-}$. 这样，在 H_2O_2 同 $Fe(CN)_6^{4-}$，$Fe(CN)_6^{3-}$ 共存时，究竟如何反应呢?若 H_2O_2 作氧化剂、$Fe(CN)_6^{4-}$ 作还原剂，则电池反应的标准电动势 $\varepsilon^\circ = 1.776-0.69=1.086(V)$；若 H_2O_2 作还原剂、$Fe(CN)_6^{3-}$ 作氧化剂，则 $\varepsilon^\circ = 0.69-0.682=0.008(V)$. 可见，前一反应的倾向或程度远远大于后者. 因此，从热力学上说，在酸性介质中 H_2O_2 将氧化 $Fe(CN)_6^{4-}$ 为 $Fe(CN)_6^{3-}$；即使 H_2O_2 过量，反应生成的 $Fe(CN)_6^{3-}$ 也只当 $[Fe(CN)_6^{3-}]/[Fe(CN)_6^{4-}] > 10^9$ 时才有可能氧化 H_2O_2，但

此时 H_2O_2 氧化 $Fe(CN)_6^{4-}$ 的反应也在进行. 同理，根据碱性介质中有关电对的标准电极电势

$$HO_2^- + H_2O + 2e \rightleftharpoons 3OH^- \qquad E^\circ = 0.87V$$

$$O_2 + H_2O + 2e \rightleftharpoons OH^- + HO_2^- \qquad E^\circ = -0.076V$$

$$Fe(CN)_6^{3-} + e \rightleftharpoons Fe(CN)_6^{4-} (0.01mol/L\ \ NaOH) \qquad E^\circ = 0.46V$$

可知，H_2O_2 还原 $Fe(CN)_6^{5-}$ 的倾向($\varepsilon_1^\circ = 0.536V$)大于 H_2O_2 氧化 $Fe(CN)_6^{4-}$ 的倾向($\varepsilon_2^\circ = 0.41V$). 因此，在碱性介质中，在标准状况下，将主要发生 H_2O_2 还原 $Fe(CN)_6^{3-}$ 的反应. 当然，随着反应的进行，$Fe(CN)_6^{3-}$ 的浓度逐渐减小，$Fe(CN)_6^{4-}$ 的浓度逐渐增大，当 $\left[Fe(CN)_6^{3-}\right]/\left[Fe(CN)_6^{4-}\right] < 0.087$ 时，H_2O_2 氧化 $Fe(CN)_6^{4-}$ 的反应将和 H_2O_2 还原 $Fe(CN)_6^{3-}$ 的反应同时进行.

根据以上讨论，对于在酸性介质中过氧化氢同共轭电对中氧化型或还原型物种的作用，可以得出以下三种情况：

(1) 若某电对的标准电极电势 $E_A^\circ > 1.776V$，则将发生其氧化型作氧化剂、过氧化氢作还原剂的氧化还原反应；

(2) 若某电对的标准电极电势 $E_A^\circ < 0.682V$，则将发生其还原型作还原剂、过氧化氢作氧化剂的氧化还原反应；

(3) 若某电对的标准电极电势 E_A° 值介于 0.682V 和 1.776V 之间，则将首先发生标准电动势 ε° 较大一方的氧化还原反应.

在碱性介质中，也可得出类似的结论.

这里需强调指出：以上根据 E° 值的讨论，只适用于标准状况下溶液中的氧化还原反应，对于非标准态，则应根据具体条件加以分析或计算. 同时，以上讨论仅是从热力学的角度判断反应发生的可能性，至于反应速度的快慢，则是另一回事了.

正是由于过氧化氢既有氧化性又有还原性，也会产生另外一个问题，即：当过氧化氢同另一种既有氧化性又有还原性的物质作用时，哪个是氧化剂、哪个又是还原剂呢?问题可以这样解决. 例如在酸性介质中 H_2O_2 同 HNO_2 的反应，根据有关电对的标准电极电势，则当 H_2O_2 作氧化剂、HNO_2 作还原剂时，

$$\varepsilon^\circ = E^\circ_{H_2O_2/H_2O} - E^\circ_{NO_3^-/HNO_2} = 1.776 - 0.94 = 0.836(V)$$

而当 H_2O_2 作还原剂、HNO_2 作氧化剂时，则

$$\varepsilon^\circ = E^\circ_{HNO_2/NO} - E^\circ_{O_2/H_2O_2} = 0.996 - 0.682 = 0.341(V)$$

显然，前者的倾向大于后者，所以 H_2O_2 同 HNO_2 相遇将发生下列反应：

$$H_2O_2 + HNO_2 \longrightarrow HNO_3 + H_2O$$

同样，在酸性介质中，H_2O_2 不能把 MnO_2 氧化成 MnO_4^- 离子、却能把 MnO_2 还原成 Mn^{2+} 离子：

$$H_2O_2 + MnO_2 + 2H^+ \longrightarrow Mn^{2+} + O_2 + 2H_2O$$

这是因为前者的$\varepsilon°(=0.097V)$小于后者的$\varepsilon°(=0.526V)$的缘故.

显然，这种判断原则是根据标准电动势确立的. 若系非标准态，则可根据所给条件计算出的电动势去确定究竟进行什么反应. 同时，这种判断原则仅系热力学探讨，丝毫解决不了反应速度和反应机理问题.

实际上，许多反应在热力学上是有利的，但反应速度很慢，有的反应甚至不能发生，这是由高活化能所致. 过氧化氢同碘的反应就是例证：根据标准电极电势，过氧化氢能将碘氧化成碘酸(反应的$\varepsilon°=0.586V$)：

$$5H_2O_2 + I_2 \longrightarrow 2HIO_3 + 4H_2O$$

但是，当将过氧化氢溶液与碘–淀粉溶液混合时，蓝色并不消失，说明上述反应没有发生；如若加入少量的丙二酸，则溶液的蓝色消失，说明在丙二酸的催化作用下发生了上述氧化还原反应.

虽然有过氧化氢参与的许多慢反应在 19 世纪就是动力学测量的最早研究对象之一，但是至今对其反应机理还研究得不够充分. 关于机理的不确定性，包括其反应是简单的电子转移过程，还是有其他物种参与；是 1 电子转移步骤，还是 2 电子转移步骤；是 HO_2^- 还是 O_2^{2-} 参与反应；是 $OH^•$ 还是 $OOH^•$ 参与某特定步骤；等等. 对于 H_2O_2 被 Cl_2，$HClO$，Ce^{4+}，MnO_4^- 等氧化剂氧化的反应以及为 Fe^{3+}，I_2，MnO_2 等所催化的分解反应，曾进行过研究. 通过运用 $H_2^{18}O_2$ 的示踪实验表明，无论在哪一种情况下所产生的 O_2，皆全部来自过氧化氢而非来自水. 显然，它表明了 H_2O_2 中 O—O 键没有破裂，而仅是简单的电子转移，这可从 Cl_2 同 H_2O_2 的反应机理看得出来：

$$Cl_2 + H_2^{18}O_2 \longrightarrow H^+ + Cl^- + H^{18}O^{18}OCl$$

$$H^{18}O^{18}OCl \longrightarrow H^+ + Cl^- + {}^{18}O_2$$

同时，它也说明了在 $H_2^{18}O_2$ 和 $H_2^{16}O$ 之间基本上不存在氧的交换. 当然，也有证据表明：在高氯酸、硫酸或氢氧根离子存在下，水溶液中的 H_2O_2 和 H_2O 之间确实存在着氧的交换，但极其缓慢且无法计量，只是在硝酸存在下交换速度稍快些.

实验业已证实：许多有 H_2O_2 参与的反应都是自由基反应. 对四价铈的还原反

应曾提出以下机理：

$$Ce^{4+} + H_2O_2 \longrightarrow Ce^{3+} + HO_2^{\bullet} + H^+$$

$$Ce^{4+} + HO_2 \longrightarrow Ce^{3+} + H^+ + O_2$$

在溶液中所形成的 HO_2 基已被电子顺磁共振实验证实．三价钛氧化成四价钛的机理是这样的；

$$Ti^{3+} + H_2O_2 \longrightarrow Ti^{4+} + OH^{\bullet} + OH^-$$

$$Ti^{3+} + OH^{\bullet} \longrightarrow Ti^{4+} + OH^-$$

这里 $OH^{\bullet}$ 基的形成也已被证实．Fenton 试剂(H_2O_2 和 Fe^{2+}的混合物)的反应也是自由基的氧化过程：

$$Fe^{2+} + H_2O_2 \longrightarrow Fe^{3+} + OH^{\bullet} + OH^-$$

它能引发许多单体(例如苯乙烯)的聚合作用．显然，以上诸例可认为是 1 电子转移步骤．在 Fe^{2+}同 H_2O_2 反应的情况下，2 电子转移的机理也可能进行：

$$Fe^{2+} + H_2O_2 \longrightarrow Fe^{4+} + 2OH^-$$

$$Fe^{4+} + Fe^{2+} \longrightarrow 2Fe^{3+}$$

此外，Ru(IV) ⟶ Ru(II)，S(IV) ⟶ S(VI)都被认为是 2 电子转移步骤.

5.4.2　羟基性质

从原理上讲，作为羟基化合物的过氧化氢可以作为酸或碱而起作用．事实上，过氧化氢在水中主要呈酸式离解：

$$H_2O_2 + H_2O \rightleftharpoons H_3O^+ + HO_2^- \qquad K_1 = 1.55 \times 10^{-12}(293K)$$

$$HO_2^- + H_2O \rightleftharpoons H_3O^+ + O_2^{2-} \qquad K_2 = \sim 10^{-25}(293K)$$

这表明：H_2O_2 比 H_2O 更显酸性，但仍为一种弱酸．相反，H_2O_2 的碱性要比 H_2O 弱，据估计要小 10^6 倍.

鉴于过氧化氢显弱酸性，它能同强碱作用形成正盐(通称为过氧化物)，例如：

$$H_2O_2 + Ba(OH)_2 \longrightarrow BaO_2 + 2H_2O$$

但是在一定条件下，它也可形成酸式盐(通称为氢过氧化物)，如氢过氧化钠 NaOOH．碱金属和碱土金属易形成这两类盐．值得提出的是，其他一些金属和某些非金属元素的化合物，甚至在酸性条件下，也能同过氧化氢发生过氧链的转移反应，生成类似于正盐的共价型过氧化物(例如 CrO_5)或类似于氢过氧化物的过氧酸(例如 $HOOVO_2$)，虽然这并非过氧化氢的酸性所致. 对于这两类共价型过氧化合物，我们将在下面予以介绍.

把浓的 H_2O_2 溶液加到四氢噻吩-1，1-二氧化物(砜茂烷)的四氟硼酸中去，则可得到共轭阳离子 $H_3O_2^+$. 这是过氧化氢显示极弱碱性的实验佐证.

同水一样，过氧化氢也只有极微弱的自偶电离：

$$H_2O_2 + H_2O_2 \rightleftharpoons H_3O_2^+ + HO_2^-$$

因此，类似于酸酐同水的反应，酸酐同过氧化氢反应可得过氧酸：

$$RCOOCOR + H_2O_2 \longrightarrow RCOOOH + RCOOH$$

类似于醛同水的反应，醛同过氧化氢反应可得过氧醇醛：

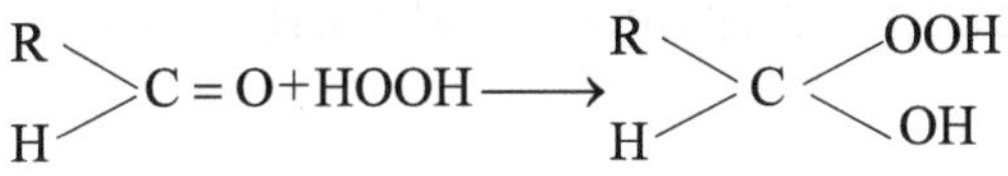

同水一样，过氧化氢可以加合在许多化合物上而形成过氧化氢合物，例如：

$$Na_2CO_3 + 2H_2O_2 + H_2O \longrightarrow Na_2CO_3 \cdot 2H_2O_2 \cdot H_2O$$

由于过氧化氢具有强极性，所以它是一种离子化溶剂. 显而易见，过氧化氢的酸性将使其他弱酸在液态过氧化氢中的离解较在水中减小.

5.5 制　　备[8,12]

5.5.1 酸解过氧化物法

早在 19 世纪中叶，工业规模生产的过氧化氢就是由一种酸作用于过氧化钡而制得的. 所用的过氧化钡，或者用金属钡还原大气中的氧而得到，或者像 Thenard 发现过氧化氢时那样，先从 $Ba(NO_3)_2$ 热解出 BaO、再在热的 BaO 上面通入没有 CO_2 和水分的空气而获得. 后来，人们通过热分解 $BaCO_3$ 而得到 BaO，并在所用的 H_2SO_4 中加入低浓度(2%—5%)的 HCl 和(或)H_3PO_4. 若以重晶石为原料来生产 H_2O_2，则其步骤大致是：

$$BaSO_4 + C \xrightarrow{\triangle} BaS + CO$$

$$BaS + H_2O \longrightarrow Ba(OH)_2 + H_2S$$

$$Ba(OH)_2 + CO_2 \longrightarrow BaCO_3 + H_2O$$

$$BaCO_3 \xrightarrow{\triangle} BaO + CO_2$$

$$BaO + O_2 \longrightarrow BaO_2$$

$$BaO_2 + H_2SO_4 \longrightarrow H_2O_2 + BaSO_4$$

因所生成的 $BaSO_4$ 易敷在 BaO_2 上，故反应进行缓慢．为避免这种现象，一般先将 BaO_2 变成 $BaO_2 \cdot 8H_2O$，然后将其加入含有低浓度 HCl 和(或)H_3PO_4 的冰冷 H_2SO_4 中．用此法可得 10%—20%的 H_2O_2 溶液．据报道，用水合二氧化碳转化 BaO_2 为 H_2O_2 获得了一定程度的成功．

目前，在工业上用 BaO_2 生产 H_2O_2 的量极少．这种方法适合于实验室中少量 H_2O_2 的制备．在实验室中，还可以将 Na_2O_2 加到冷的 NaH_2PO_4 饱和溶液或冷的稀 HCl 溶液甚至是冷水中来制取 H_2O_2：

$$Na_2O_2 + 2NaH_2PO_4 \longrightarrow 2Na_2HPO_4 + H_2O_2$$

5.5.2　电解–水解法

直接电解氧化水以制取过氧化氢是相当困难的．一个重要的原因是铂电极催化分解过氧化氢．但是，如果电解 SO_4^{2-} 或 HSO_4^- 离子以产生 $S_2O_8^{2-}$ 离子，虽然在电势上并不有利：

$$2HSO_4^- \rightleftharpoons S_2O_8^{2-} + 2H^+ + 2e \qquad E^\circ = 2.18V$$

$$2SO_4^{2-} \rightleftharpoons S_2O_8^{2-} + 2e \qquad E^\circ = 2.06V$$

$$2H_2O \rightleftharpoons H_2O_2 + 2H^+ + 2e \qquad E^\circ = 1.776V$$

然而由于 $H_2S_2O_8$ 或其盐的水解：

$$H_2S_2O_8 + 2H_2O \longrightarrow 2H_2SO_4 + H_2O_2$$

获取 H_2O_2 的效率还是比较高的．

通常，电解池的设计包括一个铂或铂–钽阳极和一个石墨或管式水冷的铅阴极；阳极电解液和阴极电解液用圆柱形瓷制隔膜分开．当电解液是 H_2SO_4(60%)时，其电解反应为：

$$2H_2SO_4 \longrightarrow H_2S_2O_3 + H_2$$

过二硫酸溶液在水解室内按两个步骤进行水解：

$$H_2S_2O_8 + H_2O \longrightarrow H_2SO_5 + H_2SO_4 \quad (快)$$
$$H_2SO_5 + H_2O \longrightarrow H_2O_2 + H_2SO_4 \quad (慢)$$

生成的 H_2SO_4 可循环使用. 当电解液是 NH_4HSO_4 时，其电解反应为：

$$2NH_4HSO_4 \longrightarrow (NH_4)_2S_2O_8 + H_2$$

为了提高水解效率，可用沉淀法把铵盐转变成钾盐：

$$(NH_4)_2S_2O_8 + 2KHSO_4 \longrightarrow 2K_2S_2O_8 + 2NH_4HSO_4$$

然后在酸性介质中水解 $K_2S_2O_8$ 即得 H_2O_2：

$$K_2S_2O_8 + 2H_2O \xrightarrow{H_2SO_4} 2KHSO_4 + H_2O_2$$

反应过程中所得到的 NH_4HSO_4 和 $KHSO_4$ 可循环使用. 由此可见，不论电解 H_2SO_4 或 NH_4HSO_4，电解质都未损耗，从形式上皆可看做是水的电解：

$$2H_2O \xrightarrow[H_2SO_4或NH_4HSO_4]{电解} H_2O_2 + H_2$$

电解法所得到的 H_2O_2 溶液，经低压分级蒸馏后可浓缩到 98%，而且产品极纯，可不加稳定剂即能长期贮存. 这种方法是目前工业生产过氧化氢的一种重要方法.

5.5.3 自动氧化法

以苯及 7—11 碳原子醇的混合物为溶剂，制成 10%的 2-乙基蒽醇溶液，通入空气氧化之，即得过氧化氢：

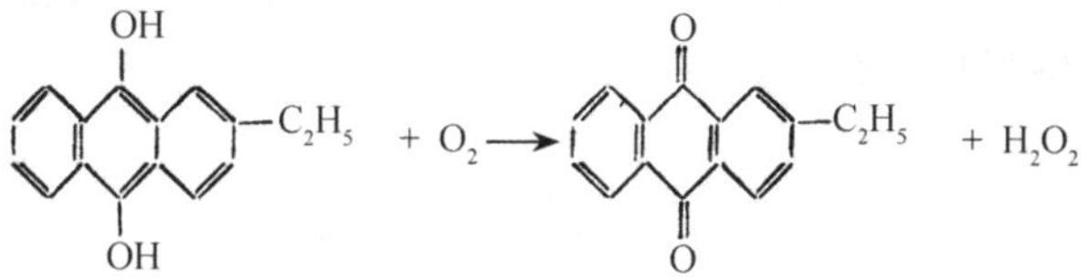

当 H_2O_2 浓度达到 5.5g/L 左右时，用水萃取有机相，可得 20%左右的 H_2O_2 溶液. 而残留于有机相中的 2-乙基蒽醌，可以用惰性载体上的悬浮状钯作催化剂，用氢气把它还原成原来的化合物 2-乙基蒽醇，从而循环使用：

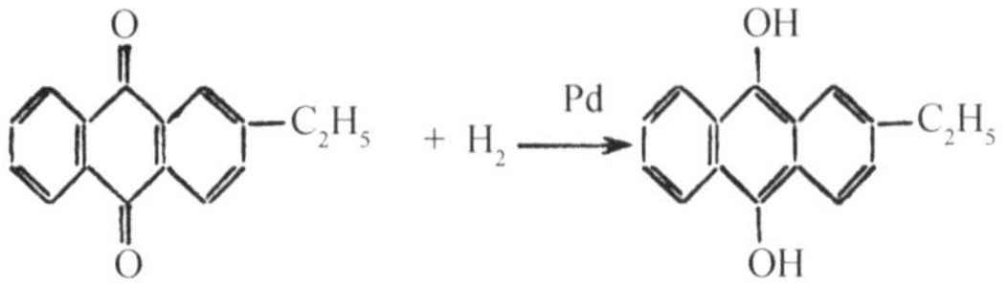

在整个生产过程中，主要的原料是 H_2 和 O_2，所以可以看做是氢和氧直接合成过氧化氢：

$$H_2 + O_2 \xrightarrow{\text{2-乙基蒽醌/钯}} H_2O_2$$

这种方法比电解法经济，是目前工业生产过氧化氢的主要方法.

所有上述方法所制得的过氧化氢都是浓度较低的水溶液. 在低压下分级蒸馏可以浓缩到约 98%的浓度. 很纯和无水 H_2O_2 可通过分级结晶或有机溶剂萃取得到. 当用有机溶剂萃取法提纯 H_2O_2 时，操作必须十分小心，若 H_2O_2 中混进有机物，则非常容易发生爆炸.

5.6 用　途[13]

过氧化氢的主要用途是以其氧化性为基础的. 稀的 H_2O_2 溶液在医药上可作为消毒剂、杀菌剂和脱臭剂. 30%的 H_2O_2 溶液在实验室中常用作氧化剂. 在工业上，H_2O_2 广泛用于漂白许多不同的物质，其中有棉织物、生丝、羊毛、皮毛、羽毛、毛发、兽骨、象牙，脂肪、纸浆以及墓石等；它也用来制造过硼酸钠、过碳酸钠、过氧乙酸、过氧化硫尿等无机和有机的过氧化物，并作为高分子聚合反应的催化剂；它还用来生产农药 401 抗药剂和福美双杀虫剂；在提纯无机盐时可用来除铁；能除去电镀液中的无机杂质以提高镀件质量. 高浓度(90%以上)的 H_2O_2 同某些可燃物混合可制造炸药；在近代高能技术中曾被用为火箭燃料的高能氧化剂和单组分燃料.

在使用高浓度的过氧化氢溶液时，要注意它的危害性：避免伤害眼睛和皮肤；避免同衣物或其他可燃物接触，以防着火或爆炸.

5.7 过氧化氢合物

基于过氧化氢和水有着相似的物理性质，如同水能形成盐的水合物一样，过氧化氢也能形成类似的盐的过氧化氢合物.

前已指出，碳酸钠可以形成过氧化氢合物. 当将含有适当比例的 H_2O_2 和 Na_2CO_3 混合溶液蒸发时，或把 H_2O_2 加到浓 Na_2CO_3 溶液中时，即可得到过氧化氢

合物 $2Na_2CO_3 \cdot 3H_2O_2$ 沉淀．据报道，含有结晶水的这类化合物也已得到，例如 $Na_2CO_3 \cdot H_2O_2 \cdot H_2O$，$Na_2CO_3 \cdot 2.5H_2O_2 \cdot H_2O$ 等．碳酸钠的过氧化氢合物可以用来生产各种洗涤粉．

用 H_2O_2 和 NaOH(或 Na_2O_2)同硼砂溶液反应，可以得到偏硼酸钠的过氧化氢合物：

$$Na_2B_4O_7 + 2NaOH \longrightarrow 4NaBO_2 + H_2O$$
$$NaBO_2 + H_2O_2 + 3H_2O \longrightarrow NaBO_2 \cdot H_2O_2 \cdot 3H_2O$$

或 $$Na_2B_4O_7 + 4Na_2O_2 + 19H_2O \longrightarrow 4(NaBO_2 \cdot H_2O_2 \cdot 3H_2O) + 6NaOH$$

用铂网作阳极电解硼砂和碳酸钠的溶液，也可以得到这种过氧化氢合物：

$$Na_2B_4O_7 + 2Na_2CO_3 + 21H_2O \longrightarrow 4(NaBO_2 \cdot H_2O_2 \cdot 3H_2O) + 2NaHCO_3 + 4H_2$$

该化合物可用作牙粉或使还原染料快速氧化．

区别含 H_2O_2 的过氧化氢合物和含—O—O—基的真正的过氧化合物是相当重要的．实际上，用乙醚可以从过氧化氢合物的水溶液中萃取出 H_2O_2，而从过氧化合物中是萃取不出 H_2O_2 的，借此即可加以鉴别．

参考文献

[1] W. C. Schumb,C. N. Satterfield and R. L. Wentworth,"Hydrogen Peroxide",Waverly(1955).
[2] M. Ardon, "Oxygen",W. A. Benjamin(1965).
[3] M. C. Sneed,J. L. Maynard and R. C. Brasted, "Comprehansive Inorganic Chemistry",Van Nostrand(1961).
[4] J. C. Bailar,H. J. Emeléus,R. Nyholm and A. F. Trotman-Dickenson, "Comprehensive Inorganic Chemistry",Pergamon(1973).
[5] R. B. Heslop and K. Jones, "Inorganic Chemistry,A guide to advanced study",Elsevier(1976). 中译本：北京工业学院无机化学教研组等译,《高等无机化学》,中册,人民教育出版社(1981).
[6] E. Cartmell and G. W. A. Fowles, "Valency and Molecular Structure",4th ed.,Butterworths(1977). 中译本：宁世光译,《原子价与分子结构》,人民教育出版社(1981).
[7] A. F. Wells, "Structural Inorganic Chemistry",4th ed.,Clarendon Press(1975).
[8] 傅鹰,《大学普通化学》,下册,人民教育出版社(1981).
[9] F. A. Cotton and G. Wilkinson, "Advanced Inorganic Chemistry",3rd ed.,Wiley(Interscience)(1972). 中译本：北京师范大学等译,《高等无机化学》,上册,人民教育出版社(1980).
[10] P. L. Soni, "Fundamental Chemistry",4th ed.,Sultan Chand & Sons(1981).
[11] 戴安邦等编著,《无机化学教程》,上册(第二版),人民教育出版社(1972).
[12] 尹敬执、申泮文合编,《基础无机化学》,下册,人民教育出版社(1980).
[13] W. H. Nebergall,F. C. Schmidt and H. F. Holtzclaw, "General Chemistry",5th ed.,D. C. Heath(1976). 中译本：朱仲涛等译,申泮文校,《普通化学》,第二分册,人民教育出版社 (1978);马维等译,申泮文校,《普通化学》,第三分册,人民教育出版社(1979).

15.6 过氧化物和含有$O_2^{n\pm}$物种的化合物[1—5]

本节所涉及的化合物，包括含有O_2^{2-}离子的离子型过氧化物、含有O_2H^-离子的氢过氧化物、含有过氧链—O—O—的共价型过氧化物、非化学计量的过氧化物和一类特殊的过氧化物——载氧体，以及超氧化物和二氧基盐.

6.1 离子型过氧化物和氢过氧化物

典型的离子型过氧化物是由碱金属和大部分碱土金属形成的. 最著名的过氧化钠Na_2O_2是在氧气中于570—670K下加热金属钠制成的；根据电子自旋共振谱的分析，所得产品中尚含有10%左右的超氧化钠NaO_2. 呈淡黄色的Na_2O_2粉末热至770K也不分解；但是吸湿性很强，当为水蒸气所饱和，或溶解于约四倍于其重量的冰冷水中时，可得八水合物$Na_2O_2 \cdot 8H_2O$. 在30%H_2O_2和浓NaOH的混合溶液中，于室温下加入乙醇或从冰水中迅速结晶，均可得到$Na_2O_2 \cdot 8H_2O$. 在浓LiOH溶液中加入H_2O_2的乙醇溶液，可以析出结晶$Li_2O_2 \cdot H_2O_2 \cdot H_2O$；细心在$P_4O_{10}$上干燥，可得无水化合物. 其他碱金属元素的过氧化物是在控制氧化作用的条件下制出的：在600K时将计量的空气同金属作用；或在220K时将所需的空气通入金属的液氨溶液中.

在碱土金属的过氧化物中，BaO_2最稳定，它是在700K时用空气或氧同氧化钡作用制得的：

$$2BaO + O_2 \longrightarrow 2BaO_2 + 143.2kJ$$

但温度超过870K时，所得的白色粉末状的BaO_2又会分解成BaO和O_2. 用氧同氧化锶作用以制取过氧化锶的反应是在高温高压下进行的，即使在700K和近1×10^4kPa时，平衡体系$2SrO + O_2 \rightleftharpoons 2SrO_2$中也只有约15%的锶以$SrO_2$存在，在873—973K和$1.5\times10^4$kPa时，$SrO_2$的含量可达90%—95%. 这些金属过氧化物也可用下述方法制得：在碱的存在下，将H_2O_2加到相应金属的盐溶液中去：

$$M^{2+} + H_2O_2 + 2OH^- \longrightarrow MO_2 + 2H_2O$$

在较高温度下，可得无水过氧化物MO_2；但在冷溶液中，可得八水合物$MO_2 \cdot 8H_2O$,后者在温热下也可转化成无水物. 钙的过氧化物CaO_2和$CaO_2 \cdot 8H_2O$

也可用类似的湿法获得．另据报道，将氨气通入含有 H_2O_4 的 $Ca(NO_3)_2$ 溶液中，可以制得细小的 $CaO_2\cdot 8H_2O$ 结晶．

镁、镧系元素或铀酰离子等电正性的金属也能生成过氧化物；但其特性是介于离子型过氧化物和基本上是共价型的锌、镉和汞等金属所形成的过氧化物之间．无水 MgO_2 的制法是将 $MgSO_4$ 溶解于 30%H_2O_2 溶液中，再加入~0.15mol/L NaOH 溶液，生成的 MgO_2 沉淀可用 P_4O_{10} 干燥．

晶体结构测定表明：离子型过氧化物中含有 O_2^{2-} 离子，其 O—O 间距为 148—149pm；磁化率为零(这同其无成单电子的结构是一致的)．

离子型过氧化物的一个重要特征，是能够形成很好的晶状水合物和过氧化氢合物，如上述的 $Na_2O_2\cdot 8H_2O$，$BaO_2\cdot 8H_2O$，$SrO_2\cdot 8H_2O$，$CaO_2\cdot 8H_2O$ 以及 $Li_2O_2\cdot H_2O_2\cdot H_2O$ 等．在八水合过氧化物的分子中，都含有用氢键和水分子相连的一个一个过氧离子的链状结构：

$$\cdots\cdots O_2^{2-}\cdots(H_2O)_8\cdots O_2^{2-}\cdots(H_2O)_8\cdots\cdots$$

所有这些八水合物都能脱水成为无水的过氧化物．

离子型过氧化物都能和水或稀酸反应得到 H_2O_2．利用 BaO_2 同稀 H_2SO_4 的反应，是最初制备 H_2O_2 的一种重要方法．鉴于这类化合物能同 CO_2 反应放出 O_2，例如：

$$2Na_2O_2+2CO_2\longrightarrow 2Na_2CO_3+O_2$$

所以，在潜水作业中常用 Na_2O_2 作为释氧剂．

离子型过氧化物具有很强的氧化性，甚至在常温下都能够把所有的有机物氧化成碳酸盐．Na_2O_2 是常用的强氧化剂，它能把 CrO_2^- 氧化成 CrO_4^{2-}，甚至能将 Fe 氧化成 FeO_4^{2-}．它特别适用于碱性熔融的氧化反应体系．

在与高锰酸盐等强氧化剂作用时，过氧化物也可作为还原剂．

碱金属和大多数碱土金属元素也能够形成含有 O_2H^- 离子的离子型氢过氧化物．其中，以不甚稳定的白色晶体氢过氧化钠较为重要．用浓的硫酸、盐酸或硝酸的酒精溶液在冷时处理过氧化钠，或把过氧化钠加入含有少量乙醇钠的乙醇溶液中，都可得到“酸式盐”NaOOH：

$$Na_2O_2+EtOH\longrightarrow NaOEt+NaOOH$$

若无 NaOEt 存在，则 NaOOH 即和 EtOH 作用：

$$NaOOH+EtOH\longrightarrow NaOEt+H_2O_2$$

随后将发生进一步反应而得到氢过氧化钠的过氧化氢合物：

$$2NaOOH + H_2O_2 \longrightarrow 2NaOOH \cdot H_2O_2$$

该物质的水合形式 $2NaOOH \cdot H_2O_2 \cdot 4H_2O$ 也已制得. 类似的氢过氧化钾的过氧化氢合物 $2KOOH \cdot 3H_2O_2$ 业已分离出来.

6.2 共价型过氧化合物

6.2.1 过渡金属的过氧化物

若干过渡金属元素可以形成共价型的过氧化物，但其稳定性远较离子型过氧化物为低.

铜的过氧化物已知有红色的水合物 $CuO_2 \cdot H_2O$ 和碱性的 $CuO_2 \cdot Cu(OH)_2$. 过氧化铜的存在可被用来解释铜(II)对过氧化氢的催化分解，例如：

$$CuO + H_2O_2 \longrightarrow CuO_2 + H_2O$$

$$CuO_2 + H_2O_2 \longrightarrow CuO + H_2O + O_2$$

无水 ZnO_2 的制法同上述制备 MgO_2 相似；用过氧化氢同氧化锌的稀浆混合，也可制得过氧化锌；若用过氧化氢同乙基锌或酰胺锌在乙醚溶液中反应，则可得到更纯的过氧化锌. 纯过氧化锌系白色粉末，在 473K 以上分解，在水中仅稍微水解. 过氧化镉的制法是以 30%H_2O_2 和 $CdSO_4$ 的氨溶液作用，然后将生成的沉淀在 393K 下干燥. 黄色 CdO_2 粉末在 453K 以上完全分解. ZnO_2 和 CdO_2 的结构同 MgO_2 相似. 以 30%H_2O_2 作用于 $HgCl_2$ 的乙醇溶液，再加以碱，或者以 30%H_2O_2 作用于红色的 HgO，皆可得到砖红色的 HgO_2. 该化合物极不稳定，是无机过氧化物中最易分解的：当迅速加热或受到撞击时它即爆炸；甚至在 273K 时，它也迅速地分解成 HgO 和 O_2. 在水中，它强烈地放出 O_2 并形成黄色的 HgO，同时产生一些 H_2O_2.

把过氧化氢加入重铬酸盐的稀硫酸溶液中可以得到蓝色的过氧化铬：

$$4H_2O_2 + Cr_2O_7^{2-} + 2H^+ \longrightarrow 2CrO_5 + 5H_2O$$

每个 CrO_5 中含有两个过氧链. 若不用乙醚萃取，蓝色很快消失：

$$4CrO_5 + 12H^+ \longrightarrow 4Cr^{3+} + 7O_2 + 6H_2O$$

若用乙醚萃取，则萃取液中含有 $Et_2O \cdot CrO_5$，呈蓝色，借此可用以检定过氧化氢和过氧化物．若用有机碱，则能生成更稳定的配位化合物，例如 $C_5H_5N \cdot CrO_5$.

据报道，铁、钴和镍的过氧化物，例如 FeO_2，FeO_3 甚至 FeO_4，$CoO_2 \cdot xH_2O$ 和 $NiO_2 \cdot xH_2O$，已经分别制备出来，虽然不全是纯净物.

6.2.2 过氧酸和过氧酸盐

过氧酸是含有过氧链—O—O—的酸．除过二硫酸外，大多数过氧酸皆可由过氧化氢和正酸(或酸酐或其盐)作用制得．所有过氧酸或过氧酸盐用稀硫酸溶液处理时都能放出过氧化氢．检验过氧酸及其盐的方法是利用 Riesenfeld 反应，即：用 $NaHCO_3$ 把 30%KI 溶液的 pH 值调整到 7.5—8，然后加入待测的过氧酸或过氧酸盐；若为真正的过氧酸，则在此条件下即把 KI 氧化成 I_2．当然，对于过氧链的确证必须来自结构的测定.

在周期表中，从第三至第七族的许多元素皆能形成过氧酸或过氧酸盐，它们包括：B，U；C，Ge，Sn，Ti，Zr，Hf；N，P，As，V，Nb，Ta；S，Se，Te，Cr，Mo，W；Mn 等.

最重要而又经过最充分鉴定的过氧酸是硫的过氧酸，即过二硫酸和过一硫酸．在制备过氧化氢的方法中已经谈到，在 273K 时电解 50%H_2SO_4 可以获得 $H_2S_2O_8$；用 100%H_2O_2 同氯磺酸反应，也可制成 $H_2S_2O_8$：

$$\begin{array}{l}\mathrm{O-H}\\ \vert\\ \mathrm{O-H}\end{array} + \begin{array}{l}\mathrm{Cl-SO_2-OH}\\ \\ \mathrm{Cl-SO_2-OH}\end{array} \longrightarrow \begin{array}{l}\mathrm{O-SO_2-OH}\\ \vert\\ \mathrm{O-SO_2-OH}\end{array} + 2HCl$$

在真空中除去 HCl 后即得无色结晶 $H_2S_2O_8$(熔点 328K)．干燥的 $H_2S_2O_8$ 稳定，但遇水分解：

$$H_2S_2O_8 + H_2O \longrightarrow H_2SO_4 + H_2SO_5$$
$$H_2SO_5 + H_2O \longrightarrow H_2SO_4 + H_2O_2$$

过一硫酸可用下法制成：

(1) 用 100%H_2O_2 处理 SO_3：

$$H_2O_2 + SO_3 \longrightarrow H_2SO_5$$

(2) 将计量的 100%H_2O_2 加入充分冷却的氯磺酸中：

$$\begin{array}{l}\mathrm{O-H}\\ \vert\\ \mathrm{O-H}\end{array} + Cl-SO_2-OH \longrightarrow \begin{array}{l}\mathrm{O-SO_2-OH}\\ \vert\\ \mathrm{O-H}\end{array} + HCl$$

(3) 研磨 $K_2S_2O_8$ 和浓 H_2SO_4 呈浆状，静置后将它倒在冰上：

$$H_2S_2O_8 + H_2O \longrightarrow H_2SO_4 + H_2SO_5$$

所得到的无色晶体 H_2SO_5 同 $H_2S_2O_8$ 一样，也易水解；所不同的是 H_2SO_5 为一元酸，$H_2S_2O_8$ 为二元酸. 这两种过氧酸都发生 Riesenfeld 反应；可是和 H_2O_2 不同，它们都不和 $KmnO_4$，CrO_3 或 TiO^{2+} 发生反应. 在低 pH 值时，这两种酸和苯胺及碘化钾的作用是不同的：

	碘化钾	苯胺
过二硫酸	I_2 析出慢	被氧化成苯胺黑
过一硫酸	I_2 析出快	被氧化成亚硝基苯

对应于这两种酸的盐皆已制得，但过二硫酸盐较为稳定，过一硫酸盐都不稳定. 通过电解 NH_4HSO_4 而得的 $(NH_4)_2S_2O_8$，以及由 $(NH_4)_2S_2O_8$ 和 $KHSO_4$ 复分解而得的 $K_2S_2O_8$，在酸性溶液中常用作强氧化剂，能把 Fe^{2+} 氧化成 Fe^{3+}、把 C 氧化成 CO_2，把 Mn^{2+} 氧化成 MnO_4^-，把 Ce^{3+} 氧化成 Ce^{4+}；但后两个反应必须在催化剂 Ag^+ 离子存在下进行，否则反应速度很慢，而且很不完全，在锰的反应中还会有副反应发生，生成 MnO_2.

过硝酸 HNO_4 可在 200K 时将无水 H_2O_2 和 N_2O_5 混合而制成. 高浓度的 HNO_4 在 273K 以下就爆炸分解；70%的 HNO_4 水溶液具有中等稳定性；稀溶液迅速水解. 和 HNO_3，H_2O_2 或 HNO_2 溶液不同，HNO_4 溶液能从 KBr 中释放出 Br_2，能把苯胺氧化成硝基苯. 据报道，将 $NaNO_2$ 溶于含 5%H_2O_2 的水溶液中，再加入盐酸，即产生浅棕色的过亚硝酸 H—O—O—N = O 稀溶液，它很不稳定，但转化成盐后尚可保持 12 小时以上.

将~14%H_2O_2 加到含有 P_2O_5 的乙腈中，可以得到过一磷酸 H_3PO_5. 其水溶液能把苯胺氧化成亚硝基苯和硝基苯的混合物，在冷的状态下可把锰(II)盐氧化成高锰酸盐. 过二磷酸盐可由电解正磷酸盐的浓溶液而制得：

$$2K_2HPO_4 \longrightarrow K_4P_2O_8 + H_2$$

据称，将碱金属的过氧化物悬浮于用冰冷却的水中并通入二氧化碳，即可得到碱金属的过碳酸盐. 若用 30%H_2O_2 处理饱和的碱金属碳酸盐溶液并加入乙醇，则可得到诸如 $MHCO_4$，$M_2CO_4 \cdot xH_2O$ 或 $M_2C_2O_6$ 等过碳酸盐沉淀. 在 260K 左右，以高电流密度电解 K_2CO_3 或 Rb_2CO_3 的浓溶液，在阳极可得浅蓝色的 $K_2C_2O_6$ 或 $Rb_2C_2O_6$. 这种过碳酸盐与稀 H_2SO_4 反应生成 H_2O_2，与 M_2O_2 作用放出 O_2，并能把 PbS 氧化成 $PbSO_4$.

过氧化钠作用于硼砂即得过硼酸钠：

$$Na_2B_4O_7 \cdot 10H_2O + 4Na_2O_2 + 9H_2O \longrightarrow 4(NaBO_2 \cdot H_2O_2 \cdot 3H_2O) + 6NaOH$$

电解硼砂和碳酸钠溶液，也可得到过硼酸钠．将溶液冷至约 283K 即可得其水合物．

一系列红色过铬酸盐 $M_3^ICrO_8$ 是在微碱性条件下将过氧化氢加到可溶性铬酸盐中制得的．在碱土金属的过铬酸盐中，红色的 $Mg_3(CrO_8)_2$ 是已知的；钙、锶、钡的过铬酸盐和碱金属过铬酸盐所组成的复盐也是已知的，例如 $K_2Ca_5(CrO_8)_4 \cdot 19H_2O$ 和 $K_2Ca_2(CrO_8)_2 \cdot 7H_2O$．在过铬酸根离子 CrO_8^{3-} 中，+5 氧化态的铬原子位于四面体的中心，而四个 O_2 基在四面体的四个角顶．与铬不同，当 MoO_3 同 H_2O_2 作用时，可得黄色过钼酸固体 $H_2MoO_5 \cdot 1.5H_2O$．用 30%H_2O_2 处理 Na_2MoO_4 溶液，在 273K 时可得很不稳定的红色过钼酸盐 Na_2MoO_8，但当温热至室温时它即转化成稳定的黄色化合物 Na_2MoO_6．钨的过氧酸及其盐较铬和钼的相应物稳定，而且在已知的过氧酸中以过钨酸最稳定．目前已知有包含 $(HWO_6)^-$ 离子的无色化合物和产生 $(WO_8)^{2-}$ 离子的黄色物质，还有 $\left[W_2O_3(O \cdot O)_4\right]_{aq}^{2}$ 离子存在．

在碱性条件下，钒酸盐、铌酸盐、钽酸盐同过氧化氢作用可以生成相应的过氧酸盐，其化学式为 $M_3^IVO_8$，$M_3^INbO_8$ 和 $M_3^ITaO_8$，类似于过铬酸盐 $M_3^ICrO_8$．

难溶的水合二氧化锡同浓过氧化氢作用，可得过二锡酸 $H_2Sn_2O_7$；类似地，偏锗酸盐同过氧化氢作用，可得过二锗酸盐，例如 $K_2Ge_2O_7 \cdot 4H_2O$．当钛盐(例如 $TiOSO_4$ 或 $TiOCl_2$)与过氧化氢的氨溶液反应时，可得水合三氧化钛 $TiO_3 \cdot 2H_2O$，它实际上是钛的过氧化物的水合物，也可看做是一种过钛酸 $Ti(OH)_3OOH$．显然，正过钛酸的形式是 $H_4Ti(O_2)_4$．已知其盐 $M_4^ITiO_8$ 是存在的．将 $Ti(OH)_3OOH$ 同 KOH 溶液作用，或在 KOH 存在下将钛盐同过氧化氢作用，即可得正过钛酸的钾盐 $K_4TiO_8 \cdot 6H_2O$．其他的过钛酸盐还有 $Na_2TiO_5 \cdot 3H_2O$ 和 $(NH_4)_2TiO_5 \cdot H_2O$．类似的过锆酸盐也存在，例如 $K_4ZrO_8 \cdot 6H_2O$ 以及 $Na_4Zr_2On \cdot 9H_2O$；但是，相应的过铪酸盐并不存在．不过，水合过氧化物 $HfO_3 \cdot 2H_2O$ 或 $Hf(OH)_3OOH$ 已经制备出来．

同铪类似，铈和钍已分别得到 $Ce(OH)_3OOH$ 和 $Th(OH)_3OOH$，但无相应的盐．

6.2.3 其他过氧化合物[6]

某些过渡金属的盐类和过氧化氢在酸性介质中作用时，并不能得到过氧化物或过氧酸，而是生成了含有过氧基的离子．例如，在强酸性溶液中，

$$VO^{3+} + H_2O_2 \longrightarrow \underset{(\text{红色})}{VO_2^{3+}} + H_2O$$

在弱酸性溶液中，

$$VO_2^{3+} + H_2O_2 + 2H_2O \rightleftharpoons \underset{(黄色)}{VO_6^{3-}} + 6H^+$$

又如，在酸性溶液中，

$$TiO^{2+} + H_2O_2 \longrightarrow \underset{(黄色)}{TiO_2^{2+}} + H_2O$$

借助于在稀硫酸溶液中钛盐同过氧化氢作用以产生黄色乃至橘红色 TiO_2^{2+} 的现象，可以用来鉴别过氧化氢的存在. 含有 TiO_2^{2+} 离子的固体化合物 $K_2(TiO_2)(SO_4)_2 \cdot 3H_2O$ 已经分离出来，它能发生 Riesenfeld 反应. 可是，在强碱性溶液中得到的 $K_4TiO_8 \cdot 6H_2O$ 并不发生 Riesenfeld 反应，虽然它是过钛酸盐. 根据上述讨论可知：TiO^{2+}和 H_2O_2 在酸性溶液中作用得 TiO_2^{2+}，在碱性溶液中得 TiO_8^{4-}，因而 TiO_2^{2+} 和 TiO_8^{4-} 之间的联系是：

$$TiO_2^{2+} + 3H_2O_2 \longrightarrow Ti(O_2)_4^{4-} + 6H^+$$

已知 Ti，Zf，Hf，V，Nb，Ta，Cf，Mo，W，Re，Fe，Co，Ru，Ir 等过渡元素还可形成过氧配合物，例如$[(NH_3)_5(Co(O_2)Co(NH_3)_5]^{4+}$(O—O 键长为 147pm). 在大多数过氧配合物中，(O—O)距在 140—150pm 范围内.

已知的有机过氧化合物极多. 像 Be，B，Al，Ga，C，Si，Ge，Sn，Pb，F 等元素能够形成“醚”类有机过氧化物，如 $RB(OOR)_2$，$Me_3SnOOSnMe_3$；也能形成“醇”类氢过氧化物，如 C_4H_9OOH，Me_3SnOOH. 过氧羧酸更为常见，如 $CH_3CO \cdot OOH$. 这些有机过氧化合物既可以通过醚、不饱和的碳氢化合物及其他有机物在空气或氧或臭氧中的氧化来制得，例如：

$$CH_3CH_4OC_2H_5 \xrightarrow{+O_2} CH_3—\underset{\displaystyle OH}{\underset{|}{CH}}—O—C_2H_5 \xrightarrow{+H_2O} CH_3\underset{\displaystyle OOH}{\underset{|}{CH}}OH + C_2H_5OH$$

$$R_3B + O_2 \longrightarrow RB(OOR)_2 + RB(OR)(OOR)$$

也可以用过氧化氢或离子型过氧化物处理适宜的化合物来制备，例如：

$$(CH_3CO)_2O + H_2O_2 \longrightarrow CH_3CO \cdot OOH + CH_3COOH$$

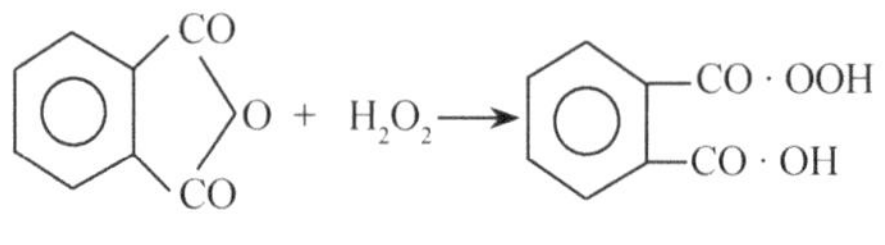

在许多“醚”类有机过氧化物中，(O—O)键的离解能已被测定，在 126—209kJ/mol 范围内. 有机过氧化物容易分解成游离基，因此已广泛用作聚合反应的引发剂以

及需要游离基进行引发的一些其他反应．在许多有机氧化过程中，包括环氧化合物的生产，它们有着重要的作用．

6.3 非化学计量的过氧化物

稀土、钍或镁盐溶液经过氧化氢处理后，可以得到难以定义的固态非整比化合物，其中含有金属离子、过氧化物、其他阴离子和水，而各种组分的比例依赖于有关样品的制备情况及其先前的来历．业已指出，在这些固态化合物中，至少含有金属离子层和过氧基层，而层与层之间是由其他物种连接的．

6.4 载 氧 体

某些配位化合物能够结合分子氧，并在一定条件下释出氧分子，起到输送或储存氧的作用．这些配合物被称做载氧体．

存在于动物体内的天然载氧体包括血红蛋白、肌红蛋白、蚯蚓血红蛋白和血蓝蛋白等．其中，血红蛋白和肌红蛋白属于血红素蛋白，皆含有亚铁血红素，即由 Fe^{2+}与原卟啉所形成的配合物[HmFe]．它们的主要生理功能，血红蛋白起着输送氧的作用，肌红蛋白则是起着储存氧的作用．而这些功能之所以能够实现，则是依赖于蛋白质分子中的 Fe^{2+}同 O_2 的可逆络合：

$$[\mathrm{HmFe}]+\mathrm{O_2}\rightleftharpoons[\mathrm{HmFe}\leftarrow\mathrm{O_2}]$$

当氧气的分压较高．二氧化碳的分压较低、pH 较大时，有利于氧的结合；反之，氧易释出．但是，无论血红蛋白结合氧否，铁的氧化态都是+2．对于蚯蚓血红蛋白和血蓝蛋白来说，它们属于非血红素蛋白或谓之金属蛋白，只不过前者的中心离子是 Fe^{2+}，后者是 Cu^{+}．虽然它们的主要生理功能同肌红蛋白一样，都是起着储存氧的作用，但是载氧能力的实现却有所不同．金属蛋白在氧合过程和释氧过程中都涉及中心离子的氧化还原，其基本反应分列如下：

$$[\mathrm{Fe(II)}]_2+\mathrm{O_2}\rightleftharpoons[\mathrm{Fe(III)}]_2\,\mathrm{O_2^{2-}}$$

$$[\mathrm{Cu(I)}]_2+\mathrm{O_2}\rightleftharpoons[\mathrm{Cu(II)}]_2\,\mathrm{O_2^{2-}}$$

因此可以认为，在蚯蚓血红蛋白或血蓝蛋白载氧时，由过氧链桥接着两个 Fe^{3+}离子或两个 Cu^{2+}离子：

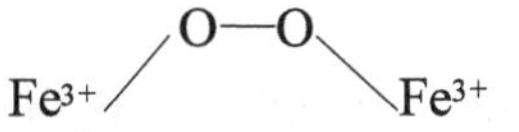

或

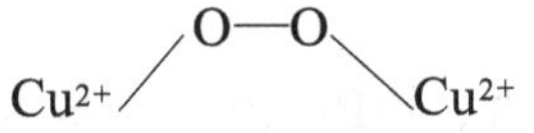

它们是一类十分独特的过氧配合物.

人工合成载氧体中能够形成过氧配合物的典型例子是

$$\left[\mathrm{LCo(III)} \leftarrow \mathrm{O_2^{2-}} \rightarrow \mathrm{Co(III)L}\right],$$

其中包括$[(NH_3)_5CoO_2Co(NH_3)_5]^{4+}$和$[(DMF)(Salen)CoO_2Co(Salen)(DMF)]$，式中DMF为*N*，*N'*–二甲基甲酰胺，Salen为*N*，*N'*–双(水杨醛)乙二胺. 已知$[Co(Salen)(DMF)]$以及$[Co(Salen)(Py)]$，$[Co(bzacen)(Py)]$等在一定条件下与分子氧作用，可以形成1∶1的二氧配合物，例如$[O_2Co(bzacen)(Py)]$，式中Py为吡啶，bzacen为*N*，*N'*–双(苯乙酰丙酮)乙二胺. 除钴之外，铁、铱、铂等元素皆可形成人工合成载氧体，例如，反式–$[IrCl(CO)(PPh_3)_2]$和$[Pt(PPh_3)_2]$都能以1∶1的比例可逆地载氧，式中PPh_3为三苯基膦：

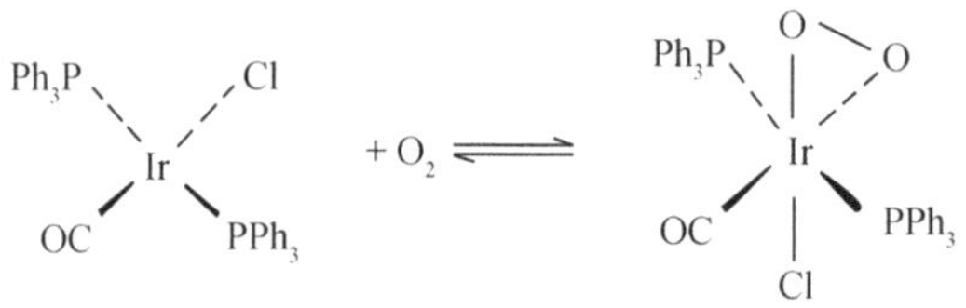

6.5 超 氧 化 物

6.5.1 制备

碱金属元素都能形成通式为MO_2的离子型超氧化物. 其制备方法有下面几种.

(1) 除锂外的碱金属单质直接同氧作用可以得到超氧化物. 其中，在氧气中加热金属钠将主要得到Na_2O_2，NaO_2的含量仅达10%；但在3×10^4kPa，770K时，用O_2进一步氧化Na_2O_2即得NaO_2. 而在常压下，金属钾、铷、铯同氧作用可直接获得相应的超氧化物.

(2) 低温氧化碱金属单质的液氨溶液，可得所有碱金属元素的超氧化物. LiO_2即可用此法获取.

(3) 通过碱金属氢过氧化物的过氧化氢合物的分解而获得. 例如，分解$2NaOOH\cdot H_2O_2$和$2KOOH\cdot 3H_2O_2$可分别得到NaO_2和KO_2.

碱土金属中的$Ba(O_2)_2$，$Ca(O_2)_2$也已制得. Mg，Zn，Cd的超氧化物，仅以较小的浓度、并以固溶体的形式存在于它们各自的过氧化物中. 四甲基胺的超氧化物亦曾得到过.

值得指出的是，钾、铷、铯还能生成组成为M_2O_3的、混合的过氧化物–超氧化物，其中超氧离子O_2^{2-}和过氧离子O_2^{2-}之比为2∶1. 当白色的K_2O_2在低压的氧中加热时，即生成红色的K_2O_3或$K_4(O_2)(O_2)_2$.

6.5.2 性质

晶体结构测定表明：在碱金属超氧化物的晶格中含有超氧离子O_2^-，其O—O间距为132—135pm. NaO_2的结构是一种O_z^-离子并非严格有序排布的立方体；按CaC_2结构结晶的KO_2、RbO_2和CsO_2实际上是一种畸变了的NaCl结构.

碱金属超氧化物都是有色的，按照钠、钾、铷、铯的顺序，其色由黄到橙. 与相应的过氧化物不同，它们都是顺磁性的，磁化率为2.04BM，这同O_2^-离子中含有一个未成对的反键π*电子是一致的.

当加热时，超氧化物很易分解成氧化物和分子氧. 超氧化物是非常强的氧化剂. 它们与水反应相当激烈，生成O_2和不稳定的HO_2^-离子：

$$2O_2^- + H_2O \longrightarrow O_2 + HO_2^- + OH^-$$
$$2HO_2^- \longrightarrow 2OH^- + O_2(慢)$$

与CO_2反应，经过过氧碳酸盐中间体而最终得到氧和碳酸盐：

$$4MO_2(s) + 2CO_2(g) \longrightarrow 2M_2CO_3(s) + 3O_2(g)$$

利用这种性质，在面具罩中放入KO_2，可以为潜水员、登山者提供氧气，当然，也可以应用于其他密闭体系中以便将CO_2转化成O_2.

6.6 二氧基盐

6.6.1 制备[7]

第一个含有O_2^+离子的化合物是在1962年获得的. 那时，在加拿大工作的英国化学家Neil Bartlett在研究铂(或铂盐)同氟的反应时，发现在玻璃或石英仪器中生成了一种深红色固体；用PtF_6蒸气同氧气在294K直接反应，也能得到这种物质. 经分析鉴定，该物质的组成为$O_2^+PtF_6^-$[六氟合铂(V)酸二氧基]. 自那时以来，阴离子MF_6^-(M = P，As，Sb)，SnF_6^{2-}和BF_4^-的二氧基盐已从相应元素的最高价氟化物通过下述一种或多种途径制备出来：

(1) 在高温或日光下用氟和氧的混合物处理，例如：

$$O_2 + \frac{1}{2}F_2 + AsF_5 \longrightarrow O_2^+AsF_6^-$$

(2) 在高于 423K 时用 OF_2 处理，例如：

$$2OF_2 + AsF_5 \longrightarrow O_2^+AsF_6^- + \frac{3}{2}F_2$$

(3) 在低温(约 83K)下用二氟化二氧处理，例如：

$$O_2F_2 + BF_3 \longrightarrow O_2^+BF_4^- + \frac{1}{2}F_2$$

6.6.2 性质

结构分析表明：O_2^+ 离子中 O—O 间距为 117 ± 17pm，比 O_2 分子中的 O—O 键长要短. 所有二氧基盐都是顺磁性的，磁化率为 1.57BM，这同 O_2^+ 离子中含有一个未成对反键π*电子是一致的. 表 15.39 列出了各种 $O_2^{n\pm}$ 离子和 O_2 分子的一些结构参数，它清楚地说明了从 O_2^+ 到 O_2^{2-} 的各种 $O_2^{n\pm}$ 离子中的反键电子数对键长和伸缩频率的影响.

表 15.39 O_2^+，O_2，O_2^- 和 O_2^{2-} 的若干结构参数

	O_2^+	O_2	O_2^-	O_2^{2-}
d(O—O)(pm)	117 ± 17	121	132—135	148—149
π*电子数	1	2	3	4
ν(O—O)(cm^{-1})	1860	1556	1145	~770

在二氧基盐中，氟硼酸盐和氟磷酸盐在 273K 时缓慢分解，但氟砷酸盐和氟锑酸盐在惰性气氛中直至 373K 时还很稳定. 所有的二氧基盐都能强烈地同水反应生成 O_2 和 O_3. 它们都是强氧化剂和强氟化剂.

参 考 文 献

[1] W. C. Schumb,C. N. Satterlield and R. L. Wentworth,"Hydrogen Peroxide" ,Waverly(1955).

[2] J. C. Bailar,H. J. Emeléus,R. Nyholm and A. F. Trotman-Dickenson, "Comprehensive Inorganic Chemistry" ,Pergamon(1973).

[3] F. A. Cotton and G. Wilkinson,"Basic Inorganic Chemistry",Wiley (1976). 中译本：南开大学化学系译,《基础无机化学》,上册,科学出版社(1984).

[4] F. A. Cotton and G. Wilkinson,"Advanced Inorganic Chemistry", 3rd ed.,Wiley(Interscience)(1972). 中译本：北京师范大学等译,《高等无机化学》,上册,人民教育出版社(1980).

[5] R. B. Heslop and K. Jones, "Inorganic Chemistry,A guide to advanced study" ,Elsevier(1976). 中译本：北京工业学院无机化学教研组等译,《高等无机化学》,中册,人民教育出版社(1981).

[6] 南京大学化学系有机化学教研组编,《有机化学》,上册,人民教育出版社(1961).

[7] 冯光熙、黄祥玉编,《稀有气体化学》,科学出版社(1981).

15.7 臭氧和臭氧化物[1—7]

7.1 臭　　氧

7.1.1 发现史

1785 年，荷兰化学家 van Marum 在实验中观察到，通过电火花的氧气具有一种特殊的、令人不快的气味，并有使汞失去光泽的性质. 但是，他本人并没有意识到它是一种新物质，而且在其后的半个多世纪里，人们也未对他的观测结果给予足够的注意. 直至 1840 年，Schonbein 才明确指出，van Marum 所观察到的“怪味”来自一种气体物质，它是由氧在通电时而产生的. Schonbein 还进一步指出：这种特殊臭味的物质能够从 KI 中释出 I_2，并能参与许多氧化作用. 他将该气体命名为“臭氧”，其希腊文原意是“臭味”.

7.1.2 制备[8, 9]

在第 15.1 章通论中已指出：臭氧的组成为 O_3，它同 O_2 是同素异形体；在高空中存在着 O_3，雷雨天气也有 O_3 产生，皆系 O_2 得到能量之后产生的：

$$3O_2 \longrightarrow 2O_3 \qquad \Delta H^\circ = 286.4\text{kJ}$$

通常，人们是按照下列方法获得臭氧的：

(1) 对于氧气进行静放电作用. 为了安全起见，所用之氧气应无含碳杂质，在浓的气相中这些物质应小于 5ppm，而在液体中应小于 15—20ppm，为此可在燃烧炉中把含碳杂质预先氧化成 CO_2. 另外，所用之氧气应是干燥而不含水蒸气的. 纯净而干燥的氧气是在臭氧发生器中转化成臭氧的. 这种仪器的一种如图 15.14 所示. 它是由两个玻璃套管构成的. 外管的外壁和内管的内壁都贴以锡箔，并各接一电极. 当在两极间加以 20—30kV 高频电压时，产生高频放电，由 A 管进入的纯净干燥的氧气，便在射出的电子的作用下，分解成原子或激发成活化的分子，而此种原子或分子即可与 O_2 化合生成 O_3，经 B 管导出 O_3–O_2 混合气体. 用这个方法制取臭氧，在 293K 时产率可达 19%. 在实验室或工业上制取臭氧主要是用这种方法.

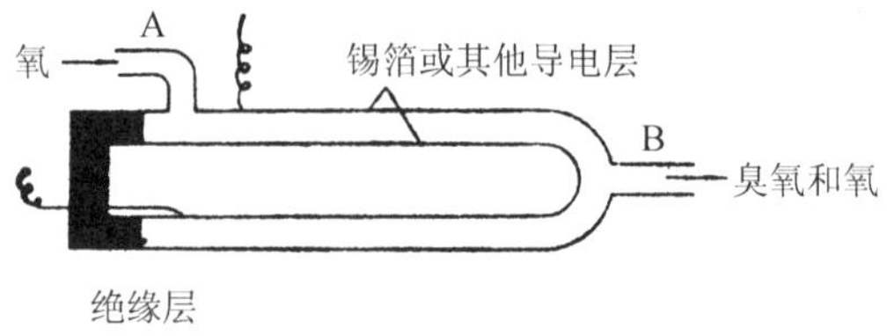

图 15.14　臭氧发生器示意图

(2) 在高电流密度(47—63A/cm^2)下，电解冰冷的稀硫酸溶液，而酸的最适宜浓度是 1.085g/ml(比重 1.5874)或约 68%；以铅为阴极、铂为阳极，电解浓高氯酸溶液，在阳极氧化水也可获得臭氧. 在一种良好冷却的电解池中，臭氧产率可达 18%—25%. 工业上制备臭氧也常采用这种方法.

(3) 以紫外光(波长小于 185nm)照射 O_2. 其机理为：

$$O_2 + h\nu \longrightarrow O^{\bullet} + O^{\bullet}$$

$$2O^{\bullet} + 2O_2 + M \longrightarrow 2O_3 + M$$

$$\overline{\quad 3O_2 + h\nu \longrightarrow 2O_3 \quad}$$

其中，中性物种 M 是必要的，它起着带走氧原子多余动能的作用，以便为得到 O_3 而成键.

(4) 把浸于液态氧中的铂丝加热.

(5) 在空气中燃烧喷射之氢气.

(6) 浓硫酸作用于过氧化钡.

(7) 黄磷在湿空气中氧化. 将新切的黄磷块置于玻璃瓶的底部，倒入少许水至刚刚将磷浸入，用表玻璃覆盖瓶口，在室温下静置，结果黄磷缓慢氧化，并使空气中的一部分氧转化成臭氧. 这也是实验室制备臭氧的一种常用方法.

上述诸法所得之臭氧，不仅是 O_3–O_2 混合物，而且还含有其他杂质，特别是氮的氧化物. 为了获取纯净之臭氧，首先可使混合气体经过碱石灰以除去氮的氧化物；然后分级液化 O_3–O_2 混合物，或将其冷至液态空气的温度后分馏 O_3–O_2 混合物(借两者沸点的差异：O_2 为 90K，O_3 为 160.7K)，即得纯的臭氧.

7.1.3　物理性质[10]

在通常情况下，臭氧是一种具有难闻臭味的、浅蓝色的气体. 液态时呈深蓝色，固态时呈紫黑色. 具有顺磁性和热力学不稳定性. 表 15.40 列出了臭氧的许多物理性质.

液态 O_3 和 O_2 并不能完全混溶，而是有限互溶. 在 90K 时，O_3–O_2 混合物的黏度服从下列关系式：

$$\log\eta = x_1\log\eta_1 + x_2\log\eta_2$$

表 15.40 臭氧的物理性质

分子量	48
熔点(K)	80.5
沸点(K)	161.3
临界常数：温度(K)	261.1
压力(kPa)	5532
体积(cm^3/mol)	147.1
密度	
气体，在 273K，101.325kPa 时(g/L)	2.144
液体，在 77.4K，101.325kPa 时(g/cm^3)	1.614
固体，在 77.4K，101.325kPa 时(g/cm^3)	1.728
液解度	
273K 时每一体积水溶解的体积数	0.494
288K 时每一体积四氯化碳溶解的体积数	~3
黏度，90K(g/cm · s)	0.0157
表面张力，90K(N/m)	0.0384
介电常数，90K	4.75 ± 0.02
偶极矩(C · m)	1.935×10^{-30}
电离能(eV)	
第一	12.3 ± 0.1
第二	12.52 ± 0.05
第三	13.52 ± 0.05
第四	16.4—17.4
第五	19.2 ± 0.1
电子亲合能(kJ/mol)	$+184 \pm 42$
生成焓，ΔH_f° (g)(kJ/mol)	+142.8
ΔH_f° (aq)(kJ/mol)	+134.8
生成自由能，ΔG_f° (g)(kJ/mol)	+163.3
熵，S°(J/mol · K)	239.1
相变热(液→气)(kJ/mol)	10.84
相变熵(液→气)(J/mol · K)	66.65
标准电极电势(V)	
$O_3 + 2H^+ + 2e \longrightarrow O_2 + H_2O$	+2.07
$O_3 + H_2O + 2e \longrightarrow O_2 + 2OH^-$	+1.24
振动频率(cm^{-1})	
v_1 IR，Raman(pol)	1110
v_2 IR，Raman(pol)	705
v_3 IR	1043

其中，η表示混合物的黏度，η_1和η_2分别是液态 O_2 和 O_3 的黏度，x_1 和 x_2 分别是 O_2 和 O_3 的摩尔分数. 在 70 至 90K 范围内，磁化率(χ)和 O_3–O_2 混合物中 O_2 的质量百分数之间有一直线关系. 当 O_2 含量在 10%以上时，氧在溶液中的比磁化率减

小. 在 90K 时,氧在臭氧溶液中的比磁化率(χ_s)对液态纯氧的比磁化率(χ_0)之比χ_s/χ_0从低浓度时的 1.30 降低到 27.6%时的 1.13.

7.1.4 化学性质[9,11,12]

1. 热稳定性

鉴于由 O_2 转化成 O_3 是吸热反应，所以由 O_3 分解成 O_2 的反应必然是个放热过程. 在热力学上，O_3 是不稳定的. 常温下即逐渐分解，473K 以上反应加快. 在无催化剂时，这种分解作用可以部分地发生在器壁上，部分地发生在气相中. 许多金属(例如铂黑)和金属氧化物可加快这个分解过程. A 族金属氧化物(例如 Na_2O，K_2O，MgO，BaO，γ-Al_2O_3，Tl_2O_3 等)可用作臭氧的表面分解催化剂，而且分解反应的活化能反比于氧化物的碱性. B 族金属氧化物的催化分解活性随过渡金属电荷的增加而增加. 据认为，臭氧中的一个氧原子可以同催化剂联系起来：

$$O_3+\text{催化剂}\longrightarrow O_2+O\cdot\text{催化剂}$$

这说明臭氧具有很高的氧化性能. 一些气态单质(例如 N_2，O_2，Cl_2，He 等)和气体氧化物(例如 CO_2，N_2O_5 等)也能催化分解臭氧，其机理为：

$$M+O_3\underset{k_2}{\overset{k_1}{\rightleftharpoons}}M+O_2+O$$

$$O+O_3\xrightarrow{k_3}2O_2$$

M 代表气态催化剂，它作用于 O_3 的 k 值是：

$$k_1=4.61\times10^{12}\cdot e^{-24000/RT}\text{L/mol}\cdot\text{s}$$

$$k_2=6.00\times10^{7}\cdot e^{600/RT}\text{L}^2/\text{mol}^2\cdot\text{s}$$

$$k_3=2.96\times10^{10}\cdot e^{-6000/RT}\text{L/mol}\cdot\text{s}$$

据研究，O_3 被 Cl_2 催化分解是按下式进行的：

$$Cl_2+O_3\xrightarrow{k_1}Cl+ClO+O_2$$

$$Cl+O_3\longrightarrow ClO+O_2$$

$$ClO+O_3\xrightarrow{k_3}Cl+2O_2$$

$$ClO+ClO\longrightarrow Cl_2+O_2$$

$$M+Cl+Cl\xrightarrow{k_4}Cl_2+M$$

这里，M 是一种附加气体，仅用以进行三方碰撞. 值得指出的是，臭氧在水溶液中尽管可以自行分解，但是水是阻化剂，可减慢分解速度；尤其是在强碱性溶液中，臭氧的分解速度更是急剧地下降. 例如，298K 时在 1mol/L NaOH 溶液中，臭氧的半衰期约为 2 分钟；在 5mol/L NaOH 溶液中，半衰期为 40 分钟；而在 20mol/LNaOH 溶液中，其半衰期可长达 83 小时.

纯的液态臭氧相当稳定. 但是，只要有一点有机物甚至是灰尘，它就会发生激烈的爆炸.

2. 强氧化性

臭氧的强氧化性首先表现在它对许多金属和非金属单质的作用上. 在常温下，金属 Ag 和 Hg 不易为 O_2 所氧化，但却易被 O_3 转化成氧化物：

$$Ag+O_3 \longrightarrow AgO+O_2$$
$$Hg+O_3 \longrightarrow HgO+O_2$$

有证据表明：臭氧同银反应的黑色产物中除 AgO 外，还有 Ag_2O_3.

在 195K 时，纯的臭氧可以与氢混合而不爆炸，甚至在较高之温度(达 293K)时也可在几小时之内不发生爆炸. 点燃 O_3–H_2 混合气体可以燃烧. 在 468K 和 101.325kPa 时，当 O_3 的摩尔百分数分别为 6.0，12.0，18.2，18.5，25.0 和 100 时，其燃烧速度依次为 207 ± 5，664 ± 57，1290 ± 20，1330 ± 30，1680 ± 80 和 270 ± 7cm/s. O_3–H_2 焰较 O_2–H_2 焰明亮. 在 77K 时，细流状的 O_3 与原子氢碰撞，可以形成玻璃状的 H_2O_4. 据认为，反应机理中包含自由基 $OH^{\cdot}$ 和 $O_2H^{\cdot}$，后者化合即形成 H_2O_4.

臭氧和氰可产生漫射火焰，它极其明亮，在 101.325kPa 时能产生 5200K 的高温.

据认为，当 O_3 与 N_2 的混合物通过一热管时，可以生成 NO_2.

臭氧与碘蒸气在 318—323K 反应生成碘酸碘(III)$I(IO_3)_3$. 溶解在 CCl_4 或 $CHCl_3$ 中的碘也与臭氧反应生成同一化合物.

臭氧的强氧化性还表现在能氧化许多气态或固态的无机化合物. 臭氧同 SO_2，CO_2，NO_2 等非金属氧化物化合时，所有的氧都参与了反应，并无 O_2 释出：

$$O_3 + SO_2 \longrightarrow SO_3$$
$$O_3 + CO_2 \longrightarrow CO_3$$
$$O_3 + NO_2 \longrightarrow NO_3 + N_2O_5 + NO$$

臭氧还能氧化 HX，NH_3 等共价型氢化物：

$$O_3 + HX \longrightarrow HOX + O_2$$
$$O_3 + HN_4 \longrightarrow NH_4NO_3 + NH_4O_3$$

臭氧甚至可以把 PbS 氧化成 $PbSO_4$:

$$O_3 + PbS \longrightarrow PbSO_4 + O_2$$

鉴于臭氧能氧化许多具有还原性的气态物质，所以在上层大气中的臭氧浓度可以被还原性物种(如 CO，NO，SO_2，卤原子等)同臭氧的反应而降低. 据认为，在波长为 220—320nm 的紫外光照射下，臭氧可以离解出氧自由基:

$$O_3 + h\nu(220—320\text{nm}) \longrightarrow O_2 + O^{\bullet}$$

而具有破坏性的高浓度的 NO_x 通过越来越多的超音速飞行器带入上层大气后，实际上起着催化分解臭氧的作用:

$$NO + O_3 \longrightarrow NO_2 + O_2$$
$$\underline{NO_2 + O^{\bullet} \longrightarrow NO + O_2}$$
$$O_3 + O^{\bullet} \xrightarrow{NO_x} 2O_2$$

同时，用于某些航天器中的含氯氟烃推进剂气体，也可以在上层大气中通过光化学作用而产生氯自由基:

$$F_3CCl + h\nu(190—220\text{nm}) \longrightarrow F_3C^{\bullet} + Cl^{\bullet}$$

氯原子的存在加速了臭氧的分解:

$$Cl^{\bullet} + O_3 \longrightarrow ClO + O_2$$
$$\underline{ClO + O \longrightarrow Cl + O_2}$$
$$O_3 + O \xrightarrow{ClO_x} 2O_2$$

而且 ClO_x 的催化作用可能三倍于 NO_x 的催化作用. 此外，由于燃料的燃烧，大气中的 CO, SO_2 含量也与日俱增，这也不能不对臭氧保护层的厚度产生不利的影响，也必然对地球上的生命体带来严重的后果. 由此可见，防止大气污染是至关重要的.

在水溶液中，臭氧同样具有极强的氧化能力，其标准电极电势仅在 F_2，O，OH 自由基等之后，属强氧化剂之列:

$$O_3 + 2H^+ \rightleftharpoons O_2 + H_2O \qquad E^{\circ} = 2.07\text{V}$$
$$O_3 + H_2O \rightleftharpoons O_2 + 2OH^- \qquad E^{\circ} = 1.24\text{V}$$

在酸性溶液中，它能实现下列转化：

$$Fe^{2+} \longrightarrow Fe^{3+}$$
$$Sn^{2+} \longrightarrow Sn^{4+}$$
$$I^{-} \longrightarrow I_2$$
$$Br^{-} \longrightarrow Br_2$$
$$H_3AsO_3 \longrightarrow H_3AsO_4$$
$$Ag^{+} \longrightarrow Ag^{2+}\text{和}Ag^{3+}$$
$$Tl^{+} \longrightarrow Tl^{3+}$$
$$Co^{2+} \longrightarrow Co^{3+}$$

在碱性溶液中，臭氧不仅能氧化上列各物种，而且可以氧化一些在酸性溶液中不能被它氧化的物种，例如能实现下列转化：

$$NH_3 \longrightarrow NO_3^-$$
$$XeO_3 \longrightarrow XeO_6^{4-}$$

实际上，在酸性溶液中高氙酸 H_4XeO_6 的氧化性比 O_3 强，而在碱性溶液中高氙酸根离子 XeO_6^{4-} 的氧化性却比 O_3 弱.

臭氧能与多种有机物反应. 例如：

$$O_3 + CH_4 \longrightarrow CO + CO_2 + HCOOH + H_2O$$
$$O_3 + R_3SiH \longrightarrow R_3SiOH + (R_3Si)_2O$$

特别有趣的是臭氧同烯烃的反应：起初形成不稳定的 1，3 环状加成物，该化合物很快自行分解成(i)和羰基化合物(ii)两部分，然后这两部分再进行环加成，生成 1，2，4 臭氧化合物. 以反应式示之为：

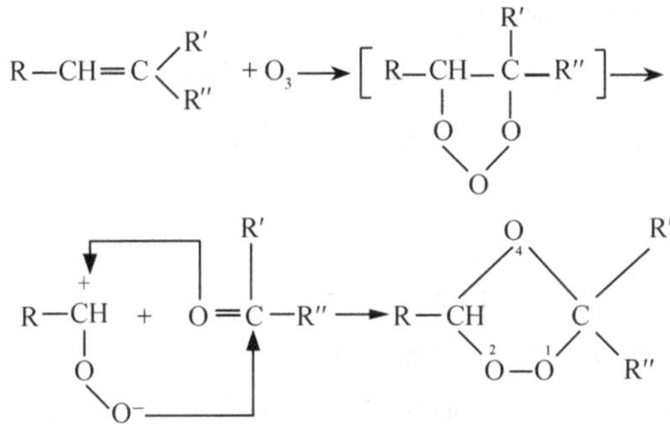

(i) (ii)

所生成的 1，2，4 臭氧化合物经进一步处理，即分解成醛或醛酮混合物：

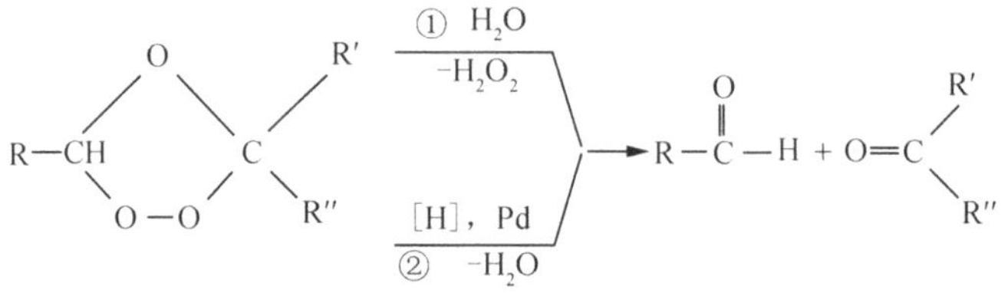

如果按上式的①反应，因为在反应过程中产生过氧化氢，则产物中的醛会有一部分被氧化成酸及过氧酸；利用反应②则可避免醛的氧化，其中也可改用锌和酸进行还原.

臭氧对许多有机物的作用，固然在有机合成和有机分析方面有其一定的应用价值，但是对有机产品也会带来严重的不良后果. 臭氧能使橡胶裂化，纺织纤维变质. 对此已进行广泛的研究，并用肼这样的化学试剂去处理那些有机物质，以抑制上述有害的影响.

3. 形成臭氧化物的能力

在一定条件下，臭氧能同碱金属氢氧化物、氨等物质作用，生成相应的臭氧化物. 对此，我们将在下面予以较详细地讨论.

7.1.5　分析

对于臭氧的定性或定量分析，可用许多不同的方法. 借助于 O_3 同 I^-，Tl^+或 H_3AsO_3 的反应，可以定量地分析 O_3 的含量；其中，最简单的化学法当推 O_3 同 KI 的反应. O_2 不能氧化 I^-离子为 I_2，但 O_3 却能定量地完成这种氧化：

$$O_3 + 2KI + H_2O \longrightarrow I_2 + O_2 + 2KOH$$

之后，再用硫代硫酸钠进行滴定.

臭氧也可用光谱法测定，它在紫外区内的最大吸收为：$\lambda_{最大} = 253.7nm$，$\varepsilon = 135L/(mol \cdot cm)$. 臭氧在紫外光谱内的这个谱带被称作 Hartley 带.

7.1.6　应用[8]

鉴于臭氧的强氧化性，它能杀死空气及水中的细菌，故可作消毒剂；它能使有色物褪色，故可作油脂、蜡、淀粉、纸浆及纺织品的漂白剂；它还能氧化 CN^- 而解毒，故常被用来治理电镀工业中的含氰废水：

$$O_3 + CN^- \longrightarrow OCN^- + O_2$$

$$2OCN^- + O_3 \longrightarrow CO_3^{2-} + N_2 + O_2$$

臭氧不仅在无机制备和有机合成上有所应用，而且能用来测定有机物的结构. 例如，烯烃 C_6H_{12} 的结构可以是 $CH_3CH_2CH{=}CHCH_2CH_3$，或 $CH_3CH{=}CHCH_2CH_2CH_3$，或 $CH_2{=}CHCH_2CH_2CH_2CH_3$. 若是前者，则可利用烯烃 C_6H_{12} 同 O_3 的反应、并经适当处置后，获得丙醛 CH_3CH_2CHO：

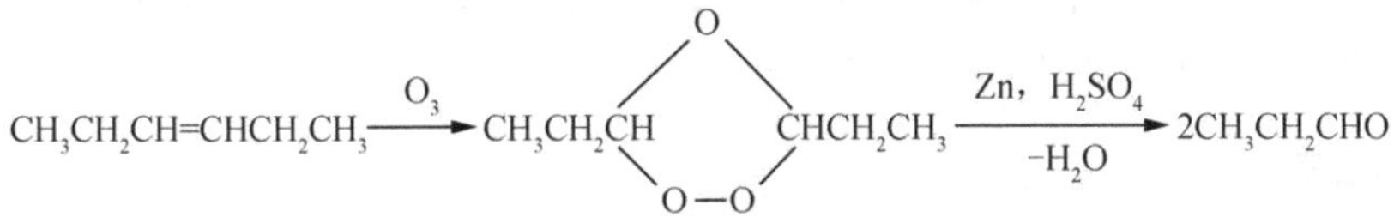

若是中间者，则得乙醛 CH_3CHO 和丁醛 $CH_3CH_2CH_2CHO$；若是后者，则得甲醛 HCHO 和戊醛 $CH_3CH_2CH_2CH_2CHO$.

7.2 臭 氧 化 物

7.2.1 制备

虽然母体酸 HO_3 是未知的，但是碱金属、碱土金属以及铵和四甲基铵阳离子的臭氧化物盐类均已制得.

臭氧和碱金属氢氧化物在溶液中的反应首先描述于 1866 年，那时仅注意到在溶液中产生了红色. 其后发现，在室温或低于室温下，碱金属氢氧化物和载氧体中的气态臭氧之间的反应，可以产生金属的臭氧化物，并确定有阴离子 O_3^- 存在. 眼下人们对臭氧化钾研究的比较详细. 在 258—263K 时，当干燥的 KOH 置入含 6%—8%O_3 的 O_2 中 2.5 小时后，即可形成 KO_3. 用 $K^{18}OH$ 详细研究生成 KO_3 的机理后可知，该反应的总化学方程式为：

$$5O_3 + 2KOH \longrightarrow 5O_2 + 2KO_2 + H_2O$$

这里，$\Delta H° = -661.5$kJ/mol. 一般说来，形成臭氧化物盐类的反应为氨所催化，而且碱金属臭氧化物易溶于液氨、甲胺和二甲替甲酰胺中. 所以，上述反应的产物常在 203—213K 时用液氨萃取；待将氨蒸发后即得红棕色针状 KO_3 结晶，其含量可达 88%—93%，尚有一些 KO_2 和未反应完的 KOH 掺杂其中. 倘若在氟碳化合物溶剂中于 173—213K 下，用含 O_3 的 O_2 同超氧化钾 KO_2 反应，也可得到臭氧化钾 KO_3. 这种方法的有利之处在于避免应用液氨.

虽然所有碱金属的臭氧化物都是已知的，但是仅知臭氧化锂是以其氨加合物 $LiO_3\cdot 4NH_3$ 的形式存在的.

当臭氧于 143K 通过氨时，即可得到臭氧化铵 NH_4O_3.

有证据表明，过氧化氢不论在碱溶液的分解反应中或在辐射分解反应中，臭氧离子O_3^-均以反应中间体的形式出现. 在对$S_2O_8^{2-}$离子、$AgNO_3$和$KClO_3$等物种进行脉冲射解、闪光分解或 *r*–照射之后发现，在溶液中有O_3^-离子产生. 在上述实验中，根据臭氧离子特征的可见光吸收的$\lambda_{最大}$为 430nm 即可确定其存在. 而在所有臭氧化物盐类中，其$\lambda_{最大}$约为 450nm.

有机臭氧化合物不太稳定. 如前所述，当用臭氧氧化烯烃时，有机臭氧化合物作为反应中间体而可以暂时存在.

7.2.2　结构

已知的臭氧化物都是离子型化合物. 晶体结构研究表明，NaO_3和KO_3皆有一体心四方单元晶胞(*I*4/*mcm*)，具有下列晶格参数：

	a(pm)	*c*(pm)
NaO_3	116100	76600
KO_3	85970	70800

KO_3的结构同KNO_3相关. 据报道，同KNO_2相关的KO_3具有单斜形式. 对应于臭氧离子电荷分布的两种可能模型：

$$\text{模型 } a \quad \text{电荷分布} \quad O^{-\frac{1}{2}}O^{-\frac{1}{2}}O^{-\frac{1}{2}}$$

$$\text{模型 } b \quad \text{电荷分布} \quad O^{-\frac{2}{3}}O^{+\frac{1}{2}}O^{-\frac{2}{3}}$$

已据有关资料计算出KO_3的晶格能和 Madelung 常数：

	模型 *a*	模型 *b*
晶格能(kJ/mol)	−697.94	−764.93
Madelung 常数	(2.1012 ± 0.03%)	(2.2554 ± 0.08%)

以上数据已用于计算臭氧的电子亲合能(184 ± 42kJ/mol)和其他碱金属臭氧化物的热力学函数($\Delta H°$，$\Delta G°$).

臭氧分子O_3是一个 24(18)电子的分子，它同NO_2^-和 NOCl 等电子. 当一个电子加到O_3分子上时，便产生了臭氧离子O_3^-，它同 33(19)电子的ClO_2分子等电子. 在ClO_2分子中，角($\widehat{OClO}$)是 117°；在O_3^-离子中，角($\widehat{OOO}$)是 100°. 根据红外光谱分析和 X 射线测量所得臭氧离子的结构参数，以及通过同O_3，NO_2^+，NO_2，NO_2^-和假想的NO_2^{2-}相比较而计算出来的相应数值列于表 15.41 中. 为了便于比较，臭氧的相应数值也一并列出.

表 15.41　O_3^- 离子的结构参数

方法	核间距 r(O—O)(pm)	角($\widehat{OOO}$)(°)	基态频率(cm^{-1})		
			ν_1	ν_2	ν_3
X 射线	119	100	1260	800	1140
红外光谱	122	~100			
计算	134	110 ± 5			
O_3，微波	127.8	116.8			

7.2.3　性质

在固态，碱金属和碱土金属的臭氧化物都是有色的，例如 KO_3 呈红棕色.

由于臭氧离子 O_3^- 中有一个未成对电子，所以它是顺磁性的，同具有逆磁性的臭氧分子 O_3 迥然不同. KO_3 的磁矩(μ)是 1.63BM. 为了确定不成对电子的 g 值，已经应用电子自旋共振谱对几种臭氧化物进行了研究，并得到下列结果：

臭氧化物	NaO_3	KO_3	NH_4O_3	Me_4NO_3
g 值	2.012	2.0124	2.0119	2.0144

根据这些数据可以断定，有相当多的自旋轨道成对地出现在臭氧离子中.

臭氧化物的热稳定性在很大程度上取决于所存在的阳离子. 对碱金属和碱土金属臭氧化物而言，其热稳定性按下列顺序递降：

$$Cs > Rb > K > Na > Li$$

$$Bs > Sr > Ca$$

这种变化与这些体系的热力学稳定性的计算是相符合的.

臭氧化物的热分解已用许多方法特别是差热分析法研究过. 该类反应复杂，但其最简单的形式可用方程

$$MO_3 \longrightarrow MO_2 + O$$
$$MO_3 + O \longrightarrow MO_2 + O_2$$

表示，式中 M 代表碱金属离子；全过程可表示为：

$$2MO_3 \longrightarrow 2MO_2 + O_2 + 48.6kJ$$

超氧化物 MO_2 也能按照下式进一步热分解：

$$2MO_2 \longrightarrow M_2O_2 + O_2$$

这样，臭氧化物的分解反应一般可写成：

$$2MO_3 \longrightarrow M_2O_2 + 2O_2$$

应用电子自旋共振谱研究 KO_3 的水解结果表明，虽然整个过程可用方程式

$$4KO_3 + 2H_2O \longrightarrow 4KOH + 5O_2$$

表示，然而在反应中确实产生了作为中间产物的 $OH^{\cdot}$ 自由基：

$$KO_3 + H_2O \longrightarrow KOH + O_2 + OH^{\bullet}$$

当臭氧化物同二氧化碳作用时，正像超氧化物或过氧化物同二氧化碳作用一样，生成碳酸盐并释出氧气. 例如：

$$12KO_3 + 6CO_2 \longrightarrow 6K_2CO_3 + 15O_2$$

基于臭氧化物在多种情况下都能释出氧气，所以作为氧的可能来源，人们已对它们进行了深入细致的研究，以期在航空和宇航工业上获得应用.

参考文献

[1] M. Ardon, "Oxygen" ,W. A. Benjamin(1965).

[2] M. C. Sneed,J. L. Maynard and R. C. Brasted, "Comprehensive Inorganic Chemistry" ,van Nostrand(1961).

[3] J. C. Bailar,H. J. Emeléus,R. Nyholm and A. F. Trotman-Dickenson, "Comprehensive Inorganic Chemistry" , Pergamon(1973).

[4] F. A. Cotton and G. Wilkinson,"Advanced Inorganic Chemistry",3rd ed., Wiley(Interscience)(1972). 中译本：北京师范大学等译,《高等无机化学》,上册,人民教育出版社(1980).

[5] R. B. Heslop and K. Jones, "Inorganic Chemistry,A guide to advanced study" ,Elsevier(1976). 中译本：北京工业学院无机化学教研组等译,《高等无机化学》,中册,人民教育出版社(1981).

[6] W. H. Nebregall,F. C. Schmidt and H. F. Holtzclaw, "General Chemistry" ,5th ed.,D. C. Heath(1976). 中译本：张靓华等译, 申泮文校,《普通化学》, 第一分册, 人民教育出版社(1978).

[7] 武汉大学、吉林大学等校编,《无机化学》, 上册(第二版), 高等教育出版社(1983).

[8] 付鹰,《大学普通化学》, 下册, 北京大学出版社(1981).

[9] James E. Huheey, "Inorganic Chemistry,Principles of Structure and Reactivity" ,2nd ed.,Harper & Row,Publishers(1978).

[10] 戴安邦等编著,《无机化学教程》,上册(第二版),人民教育出版社(1972).

[11] J. Waser, K. N. Trueblood and C. M. Knobler, "Chem One" , McGraw-Hill Book Company(1976).

[12] 邢其毅、徐瑞秋、周政编,《基础有机化学》, 上册, 人民教育出版社(1980).

16. 硫

16.1 概　述

1.1 简　史

在自然界中，存在着单质状态的硫，金属硫化物矿和硫酸盐矿也广泛地分布在地球的各个地方. 单质硫具有鲜明的黄色，在它燃烧时，或在金属硫化物矿石的煅烧过程中，都会散发出强烈的刺激性气味. 这一切都在直接刺激着人们的感官. 因此，硫在远古时代就被世界上各个民族所认识和使用了. 在国内和国外有关化学史的专著中，对此都有所论述.

大约在 4000 年前，埃及人已经会用硫燃烧所形成的二氧化硫来漂白布匹. 古希腊和古罗马人也能熟练地使用二氧化硫来熏蒸消毒和漂白. 公元前九世纪，古罗马著名诗人 Homer 在他的著作里讲述了硫燃烧时有消毒和漂白的作用.

我们的祖先很早就把硫列为重要的药材，并认识到硫的一些化学性质. 在我国古代第一部药物学专著《神农本草经》①中，载录有动物、植物和矿物药品达 365 种，在所载 46 种矿物药品中，就有石硫黄(即硫黄). 在这部著作里还指出："石硫黄能化金银铜铁，奇物". 这说明当时已经知晓硫能与铜、铁等金属元素直接作用而生成金属硫化物. 世界现存最古的炼丹著作——魏伯阳的《周易参同契》②，也记述了硫能和易挥发的汞化合成不易挥发的硫化汞. 到了公元四世纪(东晋)，炼丹家葛洪在他的《抱朴子内篇》中，详细地记录了硫和汞的反应，并注意到这一反应的可逆性. 他在书中写道："丹砂烧之成水银，积变又还成丹砂". 其意是，将红色的硫化汞(丹砂)加热，会分解出汞，而硫和汞作用又可生成黑色的硫化汞，进而再变为红色的硫化汞.

我国对火药的研究，大概始于公元七世纪. 当时的火药是黑火药，它是由硝酸钾、硫黄和木炭三者组成的. 黑火药是人类最早使用的一种火药，它是我国古代科学技术的四大发明之一，在化学史上占有重要的地位. 唐初医药兼炼丹家孙思邈在他的《伏硫磺法》中，最早记载了制造火药的这三种成分. 火药的制造促进了硫黄的提取和精制技术的发展. 《太清石壁记》③有用升华法精制硫黄的记

---

① 约成书于公元前后 100 年，汉代.

② 成书于公元二世纪，东汉.

③ 约成书于公元 760—763 年.

载. 到了明朝末年，宋应星为总结我国古代农业和手工业技术而编写《天工开物》① 时，对从黄铁矿石和含煤黄铁矿石制取硫黄的操作方法作了详细的叙述，并在文中附有烧取硫黄图一帧，以助当时读者的理解.

随着 1746 年英国 J. Roebuck 发明了铅室法制造硫酸和 1777 年硫被法国 A. L. Lavoisier 确认为一种元素后，硫便进入了近代化学的大门. 在此后的年代里，硫就迅速成为与近代化学工业和现代化学工业密切相关的最重要的元素之一.

硫的拉丁名称 Surphur 估计来自印度的梵文 Sulvere，原义是鲜黄色. 我们对它，则沿用我国古代流传下来的名称——硫.

1.2　硫的一般性质及立体化学

硫是一个非金属元素，它和氧、硒、碲、钋一起组成了周期系的 VI A 族元素——氧族元素. 表 16.1 列出了硫的某些性质.

表 16.1　硫的一些性质[1]

原子量	32.06	原子的电子亲合能，(eV)	2.077
电子结构	$[Ne]3s^2 3p^4$		
主要氧化数	−2，0，2，4，6	原子的电负性	
原子的电离能，(eV)		Pau ling	2.58
I_1	10.360	Allred-Rochow	2.44
I_2	23.33	原子的共价半径，(pm)	103
I_3	34.83		
I_4	47.30		
I_5	72.68	Pauling 的离子半径，(pm)	
I_6	88.049		
		S^{2-}	184
		S^{6+}	29

硫原子的电子层结构为$[Ne]3s^2 3p^4$. 但由于硫处于周期表的第三周期，3*d* 轨道与 3*s*、3*p* 轨道的能级相接近，使得 *d* 轨道在一定的条件下也可参与成键，因此硫原子在形成化合物时，有如下的价键特征.

(1) 能从电负性小的原子接受 2 个电子，形成如硫化钠 Na_2S、硫化钾 K_2S 等这些含有 S^{2-}离子的离子型硫化物.

(2) 由于硫原子本身的电负性较小，因而形成氢键的倾向并不大，仅有很弱的 S…HS 键存在.

(3) 能形成两个共价单键，构成共价型化合物.

---

① 初版于公元 1637 年.

(4) 可以形成一个共价双键，如在二硫化碳 S═C═S 中的双键就是其中的一例. 不过硫原子以这种简单共价双键成键的例子只在少数.

(5) 硫原子之间有强烈成链的倾向，而且这种长硫链也可以成为形成链状化合物的结构基础. 例如，能形成多硫离子 S_n^{2-} 和连多硫酸根离子 $^-O_3SS_nSO_3^-$ 等这些含有硫链的化合物.

(6) 由于硫原子有可以被利用的 3*d* 轨道，成对的电子能够拆开成单地进入 3*d* 轨道而参与成键，因而可以形成氧化数高于 2 的正氧化态，其中最高氧化数可达到+6. 另一方面，*d* 轨道直接参加杂化的结果，使硫原子的成键轨道数增加，从而能和较多的配位原于结合，可以形成配位数为 2，4，5，6 的化合物，配位数最高可为 6. 因此，3*d* 轨道参加成键，不仅大为丰富了硫的化学内容，同时也大为丰富了硫的结构化学，现将硫的立体化学归纳于表 16.2 中.

表 16.2 硫的立体化学[2]

杂化轨道	氧化态	σ 键数	π 键数	孤对电子数	几何形状	实例
sp^2	IV	2	2	1	弯曲形	SO_2
	VI	3	3	0	平面三角形	SO_3
sp^3	II	2	0	2	弯曲形	H_2S，SCl_2
	IV	3	0	1	三角锥形	$[SF_3]^+$
	IV	3	1	1	三角锥形	$SOCl_2$
	VI	4	1	0	四面体形	$[SOF_3]^+$
	VI	4	2	0	四面体形	SO_2Cl_2
sp^3d	IV	4	0	1	变形四面体形	SF_4，SCl_4
	VI	5	1	0	三角双锥形	SOF_4
sp^3d^2	IV	5	0	1	四方锥形	$[SF_5]^-$
	VI	6	0	0	八面体形	SF_6

硫虽然是氧族元素的成员，但硫的化学和氧的化学之间却存在着很大的差别. 这主要是由于下面几个原因引起的：

(1) 硫的原子半径比氧原子的半径大；

(2) 硫原子的电负性比氧原子的电负性小；

(3) 硫原子的 3*d* 轨道可以参加成键；

(4) 硫原子之间有强烈的成键倾向.

1.3 硫的同位素

在自然界中，硫有 4 个稳定的同位素，即 $^{32}_{16}S$，$^{33}_{16}S$，$^{34}_{16}S$ 和 $^{36}_{16}S$. 其中相对丰度最大的是 $^{32}_{16}S$，相对丰度最小的是 $^{36}_{16}S$.

存在于大洋中的硫酸盐，其所含的硫的同位素含量比较均一，$^{34}_{16}S$一般都在2%左右．总的来说，海洋水体的硫的同位素含量与深度无关．在河水和湖水中，硫酸盐所含的硫，其$^{34}_{16}S$含量都相对地比海水中的硫酸盐为少，一般在 0.2%—0.9%，但由于工业污染，许多数据可能已不能反映其本来的面目．大气降水的$^{34}_{16}S$一般约在 0.7%左右，变化幅度不大．火山硫的硫同位素含量与陨石硫的硫同位素含量非常接近，而且不同地方的火山硫，其硫的同位素含量也很接近，$^{34}_{16}S$一般约在 0.22%+0.033%(表 16.3).

表 16.3　硫的稳定同位素 1)

同 位 素	相对丰度(%)	同位素质量
$^{32}_{16}S$	95.0	31.97207
$^{33}_{16}S$	0.76	32.97146
$^{34}_{16}S$	4.22	33.96786
$^{36}_{16}S$	0.02	35.96709

1) R.C. Weast, "CRC Handbook of Chemistry and Physics",61,CRC Press(1980—1981).

在各类超铁镁质岩石中，硫化物的硫的同位素含量很接近陨石硫的硫同位素含量，$^{34}_{16}S$约为 0.1%左右．测定结果表明，在花岗岩所含少量的硫化矿物中，其硫的同位素含量与陨石硫相比，则差别较大，而且所测数据的起落幅度也比较大.

表 16.4 汇列了硫的放射性同位素．硫的放射性同位素可以利用原子能反应堆来制备．例如，在反应堆中，以氯化钾为原料，通过中子流的照射，可生产出硫的放射性同位素$^{35}_{16}S$：

$$^{35}_{17}Cl + ^{1}_{0}n \rightarrow ^{35}_{16}S + ^{1}_{1}H$$

表 16.4　硫的放射性同位素 1)

同位素	半寿命	蜕变类型	蜕变能(MeV)
$^{29}_{16}S$	0.19s	β^+	—
$^{30}_{16}S$	1.4s	β^+	6.11
$^{31}_{16}S$	2.7s	β^+	5.44
$^{35}_{16}S$	88d	β^-	0.1674
$^{37}_{16}S$	5.06min	β^-	4.8
$^{38}_{16}S$	2.87h	β^-	3.0

1) 同表 16.3 注.

在生物机体中都含有硫，因此硫的放射性同位素(如$^{35}_{16}S$)被广泛用作生物组织的示踪原子．此外，在生物学、生物化学、生物无机化学以及医学的研究中，在无机反应机理和有机反应机理的研究中，硫的放射性同位素也都具有重要的用途.

1.4 硫在自然界的存在形式

硫是一个分布较广的元素，它在地壳中的含量为 0.048%(质量分数). 在自然界中，硫以单质硫和化合态硫两种形式存在.

1.4.1 自然界中的单质硫

在火山周围的地域中，常蕴藏有单质硫的矿床. 这种矿床可能是由于地下的硫化物矿与高温水蒸气作用生成了硫化氢，并通过后者进而与氧或二氧化硫反应而形成的：

$$2H_2S+O_2 \longrightarrow 2S+2H_2O$$

$$2H_2S+SO_2 \longrightarrow 3S+2H_2O$$

在墨西哥、日本、意大利、智利、秘鲁和菲律宾等国的火山地区附近，都有这种单质硫矿床.

迄今已知最大的单质硫矿床是在美国的 Louisiana 州和 Texas 州. 这些沉积在地下的单质硫矿床，大概是通过硫酸盐的还原而形成的.

1.4.2 自然界中的化合态硫

在自然界中，以化合态存在的硫大多是矿物，可分为硫化物矿和硫酸盐矿两类. 重要的硫化物矿有黄铁矿(FeS_2)、黄铜矿($CuFeS_2$)、方铅矿(PbS)、闪锌矿(ZnS)等. 大多数黄铁矿的含硫量都在 45%左右，它是用来制造硫酸的一种重要化工原料矿，其他金属硫化物矿则为生产有色金属的主要矿物. 我国湖南水口山的铅锌矿[(Pb，Zn)S]、辽宁杨家杖子的辉钼矿(MoS_2)、西南和中南地区的辰砂(HgS)、云南东川的辉铜矿(Cu_2S)和斑铜矿(Cu_5FeS_4)、兰州附近的含铜黄铁矿等都是我国重要的硫化物矿. 常见的硫酸盐矿有石膏($CaSO_4 \cdot 2H_2O$)、芒硝($Na_2SO_4 \cdot 10H_2O$)、重晶石($BaSO_4$)、天青石($SrSO_4$)、矾石[$(AlO)_2SO_4 \cdot 9H_2O$]、明矾石[$K_2SO_4 \cdot Al_2(SO_4)_3 \cdot 24H_2O$]等. 我国浙江蕴藏着大量的矾石，它是制铝工业的原料. 山西的石膏和山东的重晶石等都是我国重要的硫酸盐矿. 此外，我国还丰产明矾石，可用它来提取钾.

可溶性的硫酸盐矿会因雨水与地下水的冲刷而以硫酸根离子 SO_4^{2-} 的形式进入河流、湖泊和海洋，所以除地球的岩石圈含有化合态硫外，水圈中也存在着化合态硫. 海洋中含硫量平均为 0.0884%. 硫酸盐一般占海洋所含盐类的 7.7%左右. 如表 16.5 所示，河流和湖泊的 SO_4^{2-} 离子的含量，会因所在地区地质环境的不同而有较大的差异.

表 16.5　世界河流和湖沼水中 SO_4^{2-} 离子所占其干涸残余物的平均百分数[3]

地　区	SO_4^{2-} 离子所占干涸残余物的百分数
北美洲	15.3
南美洲	8.0
欧洲	12.0
亚洲	13.0
非洲	8.7
世界平均	12.1

化合态的硫除主要以矿物的形式存在外，还可以气态化合物的形式存在. 在自然界中，硫的气态化合物主要是硫化氢和二氧化硫. 这两者常伴随着火山的爆发而进入大气. 在缺氧的条件下，通过厌氧细菌的作用，硫酸盐可被还原为硫化氢. 因此，在深层地下水、矿泉水和油田水中，常含有硫化氢. 有时，黄铁矿在遭受氧化后，在岩石中所形成的硫酸铁能分解出二氧化硫和三氧化硫：

$$2FeSO_4 \longrightarrow Fe_2O_3 + SO_2 + SO_3$$

1.4.3　自然界中的有机硫

硫是一切生物所必需的元素，因此在自然界中，硫也以有机化合物的形式存在于所有的生物机体中.

植物所需的硫是从含于土壤里的硫酸盐取得的，动物则从食物中摄取. 通过动植物的新陈代谢，都可把它们转化为动植物所需的功能物质，或用于构成动植物机体自身的一部分.

煤和石油也含有硫的有机化合物. 但含量会因产地的不同而有较大的差异.

有机硫是化合态硫在自然界中存在的一种形式. 这种形式在生物圈中是普遍存在的. 如图 16.1 所示，它对硫在自然界中的循环起着重要的作用.

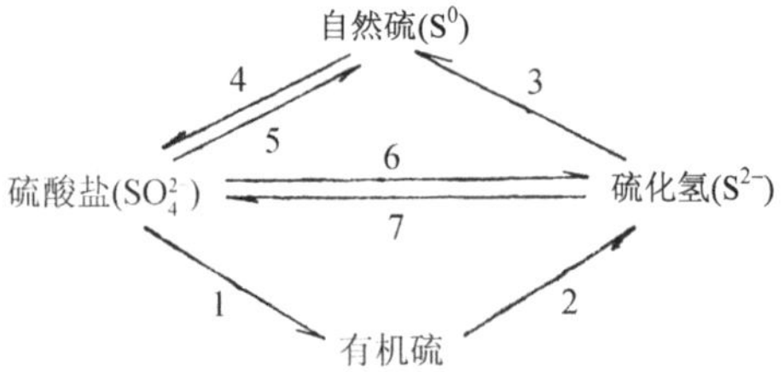

图 16.1　硫在自然界中的循环

1.植物的新陈代谢，2.分解，3.在需氧细菌参与下的部分氧化作用，4.在需氧细菌参与下的氧化作用，5.在厌氧细菌参与下的部分还原作用，6.在厌氧细菌参与下的还原作用，7.在需氧细菌参与下的氧化作用.

1.5 硫的用途

硫的主要用途是用来制造硫的化合物，如硫酸、亚硫酸盐、硫代硫酸盐、硫氰酸盐、二氧化硫、二硫化碳、二氯化二硫、三氯硫磷、磷的硫化物(如 P_4S_{10}，P_4S_3)和金属硫化物(如 HgS)等. 世界上每年用来制造硫酸所消耗的硫，占硫的年消耗总量的 80%以上.

硫也大量用于生产硫化橡胶. 生胶经硫化为硫化橡胶后，即具有较高的弹性、耐热性、抗张强度和在有机溶剂中的不溶解性等优点. 目前的橡胶制品绝大部分都是硫化橡胶. 它是由生橡胶经与硫黄和促进剂等在一定的温度和压力下作用后而制得的.

制造黑火药和火柴也需要硫. 硫也是生产烟火的主要原料之一. 硫还可用于硫化染料和颜料的生产. 例如，煅烧由高岭土、纯碳、硫黄、硅藻土或石英粉的混合物，可制得一种蓝色的颜料——群青. 漂白工业和医药工业也需消耗一部分的硫.

硫是许多治疗皮肤病的药膏的成分之一. 例如，将桐油与硫黄一起加热作用，以硫酸磺化并加氨水中和后，可得到硫桐脂. 用它配成 10%的软膏，具有消炎退肿的作用，可用于治疗各种皮肤炎症和肿痛等.

粉末状的硫在农业上可用作杀虫剂和杀菌剂. 也可用硫来制备一些无机农药，例如多硫化钡 BaS_n，在工业上它一般由重晶石用无烟煤加热还原成硫化钡，粉碎熔融后，加适量硫黄研磨均匀而成. 多硫化钡是一种较好的无机硫杀菌剂，能抑制和杀灭多种病菌和螨类，并可防治小麦锈病、赤霉病、水稻的纹苦病和害虫红蜘蛛等，在农业上应用范围很广. 又如石灰硫黄合剂，它是一种含多硫化钙 CaS_n 的杀菌剂和杀螨剂. 可用它来防治棉花和果树的各种叶斑病、葡萄的毛毡病、麦类的锈病和越冬害虫的虫卵等. 效力强大. 石灰硫黄合剂可由硫黄粉、石灰和水以 2.3∶1∶10 的比例混合而成，或三者以 1.8∶1∶10 的比例混合煮沸搅匀而得.

参考文献

[1] T. Moeller，“Inorganic Chemistry(A Modern Introduction)”，Wiley(1982).
[2] E. Cartmell,G. W. A. Fowles，“Valency and Molecular Structure”,4th ed.,Butterworths(1977). 中译本：宁世光译,《原子价与分子结构》，人民教育出版社(1982).
[3] 南京大学地质学系编，《地球化学》，科学出版社(1979).
[4] 袁翰青著，《中国化学史论文集》，三联书店(1982).
[5] 化学发展简史编写组编著，《化学发展简史》，科学出版社(1980).
[6] 凌永乐编著，《化学元素的发现》，科学出版社(1981).
[7] 宋应星，《天工开物》，广东人民出版社(1976).

[8] “McGraw-Hill Encyclopedia of Science and Technology”,4th ed. Vol. 15,McGraw-Hill(1977). 中译本：《科学技术百科全书》，第 7 卷，科学出版社(1980).
[9] 尹敬执、申泮文编，《基础无机化学》，下册，人民教育出版社(1980).

16.2 单 质 硫

2.1 硫 的 生 产

单质硫可从它的天然矿床、硫化物或硫的其他化合物制得. 世界上每年生产的硫有半数以上来自单质硫的天然矿床.

2.1.1 从自然硫的矿床提取

从硫的天然矿床提取硫，常用 Frasch 法. 这是在 1891 年发展起来的最重要的提取硫的方法. 该法是从地面到含硫的方解石沉积层打一口竖井，然后将三根不同口径的套管插于其中，直达矿床. 提取时，将过热的水和过热的蒸汽(433K，1.6MPa) 从最大口径(15cm)的管子压进矿床，使硫熔融为液态；从最小口径(2.5cm)的管子打进热的压缩空气(2—2.5MPa)，将液态硫、水和空气的混合物从中等口径(7.6cm)的管子压出地面；从井中出来的硫，经在容器中冷却后，即为成品. 现将以 Frasch 法提取硫的工艺示于图 16.2 中. 每口井的开采半径一般为 50—80m，每天可生产硫 3×10^5kg 左右. 每生产 1000kg 硫，约需过热水 13m^3. 用 Frasch 法提取硫的优点是不需开采矿石，所得的硫纯度也很高，可达 99.5%—99.9%，无需进一步提纯就可供一般使用. 但该法只适用于地质结构与图 16.2 相类似的矿区.

从含单质硫的矿石中提取硫，可用 Sicilian 法. 该法是把含硫矿石堆集成一个大丘状的炼硫窑，并将处于顶部的矿石引燃，以利用上层含于矿石中的硫燃烧时所释放的热，使下层的硫熔融为液态. 将液态硫导入模具中，经冷却凝固后，即为成品. 用 Sicilian 法从一堆矿石提取硫，常需费时数月. 由于一部分含于矿石中的硫当作燃料烧掉，因此得到的硫一般只占矿石原含硫量的 60%左右. 用这种方法得到的硫，纯度都较低，常需提纯.

用二硫化碳萃取法也能从含单质硫的矿石中分离出硫来. 生产时，先用二硫化碳处理矿石，以溶解其中的硫；然后用过热水蒸气(393—432K，709kPa)加热萃取液，以蒸出二硫化碳供循环使用. 蒸毕，将留于蒸馏容器底部熔融的液态硫放出，导入模具中冷却铸型，即得成品. 用过热水蒸气加热萃取液时，温度不应超过 432K. 若超过这一温度时，液态硫的黏度即急剧上升，会给后续化工操作带来许多不便.

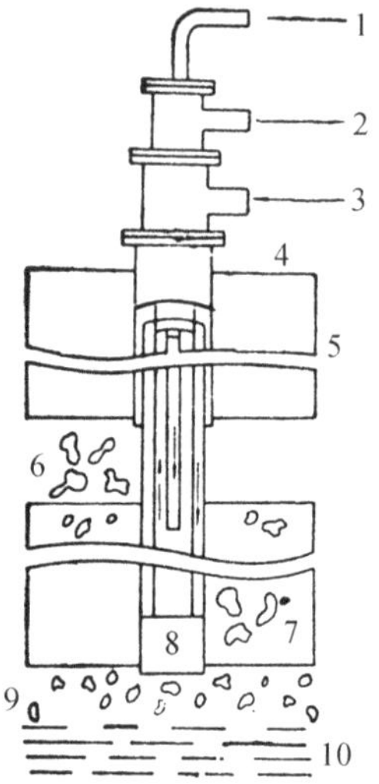

图 16.2　Frasch 法采硫

1. 压缩热空气；2. 熔融硫；3. 过热水；4. 地表面；5. 沉积物；6. 方解石冠岩；7. 含硫方解石；8. 熔融硫；9. 硬石膏；10. 岩盐.

2.1.2　从黄铁矿石制取

将黄铁矿石和焦炭混合，置于炼硫炉中，使混合物在有限的空气中燃烧，便可从中分离出硫来：

$$3FeS_2+12C+8O_2 \longrightarrow 6S+Fe_3O_4+12CO$$

将液态疏导入模具中冷却铸型，即为成品.

2.1.3　从天然气、煤气和工业废气中回收

与气体净化和保护环境相结合，除去含于天然气和煤气中的硫化氢或处理工业废气中的硫化氢，每年也可回收到数量可观的硫. 含有硫化氢的工业废气，主要来源于硫化染料的制造，二硫化碳的生产、含硫原油的精炼、化学工业和制药工业中硫化物与酸的反应以及冶金工业中提炼某些金属过程等. 在人造纤维工业中，也会有大量的硫化氢排出. 含于天然气、煤气或工业废气中的硫化氢，以单质硫的形式回收时，可用 Claus 法. 这是在 1882—1883 年间发展起来的一种方法，到如今已有很大的改进. 处理时，先将硫化氢导入一燃烧室中，以化学计算量的氧气与其反应，使大部分的硫化氢转变为单质硫：

$$2H_2S+O_2 \longrightarrow 2S+2H_2O$$

然后，将在燃烧室中生成的二氧化硫和剩余的硫化氢先后导入两个或三个放有催化剂的反应室中，使它们在催化剂的催化下，相互作用而成为单质硫：

$$2H_2S+SO_2 \xrightarrow{573K} 3S+2H_2O$$

常用的催化剂为铝矾土矿。

含于工业废气中的二氧化硫，也可以单质硫的形式加以回收. 目前，可供应用于此项回收的方法很多，而且还在不断地探索和改进[4-6]. 途径之一是，用氨水、氢氧化钠、碳酸钠或亚硫酸钠的水溶液作为二氧化硫的吸收剂，待吸收到一定程度后，将含有亚硫酸盐类的溶液加热，在催化剂存在下，用硫化氢作还原剂，把从溶液中逸出的二氧化硫还原为单质硫. 例如：

(1) $2NH_3 \cdot H_2O+SO_2 \longrightarrow (NH_4)_2SO_3+H_2O$

$(NH_4)_2SO_3+SO_2+H_2O \longrightarrow 2NH_4HSO_3$

$2NH_4HSO_3 \xrightarrow[\triangle]{} (NH_4)_2SO_3+SO_2+H_2O$

$(NH_4)_2SO_3+H_2O \xrightarrow[\triangle]{} 2NH_3 \cdot H_2O+SO_2$

$SO_2+2H_2S \longrightarrow 3S+2H_2O$

(2) $Na_2SO_3+SO_2+H_2O \longrightarrow 2NaHSO_3$

$2NaHSO_3 \xrightarrow[\triangle]{} Na_2SO_3+SO_2+H_2O$

$SO_2+2H_2S \longrightarrow 3S+2H_2O$

途径之二是，在催化剂存在下，用还原剂(如硫化氢、一氧化碳或碳等)直接将二氧化硫还原为单质硫. 以一氧化碳作还原剂时，所用的催化剂为氧化铝载铜催化剂(含 3%—10%的铜). 其反应如下：

$$SO_2+2CO \longrightarrow S+2CO_2$$

反应温度为 813K 左右，为减免有毒的碳酰硫(COS)气体的生成，也可将反应温度提高到 1073K. 将工业废气中的二氧化硫直接还原为单质硫的途径，无疑是一种较理想的途径. 它不需要吸收剂和一系列复杂的吸收装置以及吸收剂的解吸再生装置. 但突出的缺点是，由于大多数含二氧化硫的工业废气都混有数量不等的氧气，致使还原反应受到程度不同的干扰. 因此，目前这种途径只在较小规模或中间试验工厂规模上进行.

2.2 硫的提纯

工业上为了得到较纯净的硫，常用蒸馏法精炼之. 蒸馏时，将硫蒸气导入一砖石室中，硫蒸气即在室壁上凝结为微细结晶的粉状硫，叫做硫华. 如果把砖石室的温度保持在硫的熔点以上，则硫蒸气便冷凝为液态硫. 将液态硫导入模具中冷却、铸型，即得成品. 在习惯上，常把这种形式的硫叫做棒状硫.

在实验室中，如需纯度较高的硫，可用工业产品为原料，对其作进一步的提纯. 提纯硫的方法很多，应根据预定的要求加以选择.

硫的最一般的实验室提纯方法是二硫化碳重结晶法. 提纯时，在室温(298K)下，以硫：二硫化碳约为 3：7 的比例将硫溶于二硫化碳中，过滤. 滤液置于密闭的容器(如带塞的锥形瓶)内，放在冰水中冷却. 滤出析出的硫，再用相同的方法重结晶几次. 最后，把得到的结晶体在 363—373K 下干燥数小时，即可得到纯度较高的硫. 但在其中常含有少量的二硫化碳、硫化氢和二氧化硫.

硫的另一较普通的实验室提纯方法是常压蒸馏法. 经两次蒸馏后，所得的硫的有机碳含量为 0.002%. 应当指出，硫在高温下能与空气中的氧作用生成二氧化硫，它会沾污产品；含于其中的挥发性杂质也会在不同程度上随硫一起蒸出. 因此，对纯度要求较高时，常压蒸馏法并不是一个理想的提纯方法.

在实验室中，用下面的方法对硫进行提纯，可得到纯度更高的硫.

(1) 将硫与 2%的氧化镁混合，煮沸 48 小时，过滤. 如此反复几次，在所得物中含有机碳 0.001%. 由此可见，该法在除去有机物上，比两次常压蒸馏更为有效，而且也比升华法(含有机碳 0.003%)为好. 其后，对所得物再进行真空蒸馏，以除去包含于其中的少量硫化氢、二氧化硫和混于其中的少量镁盐以及氧化镁所带来的其他杂质.

(2) 将硫和硫酸混合，加热至 423K. 维持该温度 6 小时，并在不断搅拌下时而缓缓加入一些硝酸. 经冷却、固化并用水洗涤数次后，再加热熔融，冷却，以水洗涤之. 在惰性气氛中将其熔融并回流 4 小时后，蒸出. 将蒸馏物转移到一安瓿中，注入一些水，向安瓿通入氮气并熔封之. 然后将安瓿于 398K 下加热，不断地强烈振荡之，使残留的酸溶于水中. 截断安瓿，加入新水，熔封，加热. 如此重复操作几次. 最后将产品去水，置于一真空安瓿中保存. 这样得到的硫，其纯度可达 99.999%，含碳量一般在 0.00085%左右.

(3) 将一温度为 973K 的石英加热器插入液态硫中，有机碳即通过扩散到达石英加热器的表面，并在其表面上生成挥发性产物而逸出，或者是转化为碳的形式沉积在石英加热器的表面. 将这种加热操作维持数天或一周左右，而且每天都要对石英加热器进行清洗. 最后，将所得物进行真空蒸馏. 经这样提纯而得到的硫，其含碳量通常都低于 0.0009%.

(4) 区域熔炼法也可用于提纯硫. 如果目的在于除去硫中的无机杂质，熔炼速度以维持每小时 1cm 为好；若需除去的是有机杂质，则熔炼速度以每小时 0.1cm 为宜. 熔炼温度约 423K 左右. 为获得好的熔炼效果，事前应用其他方法将硫适当提纯.

2.3 硫的同素异形体

从结构的观点来看，硫的同素异形体有两种涵义：一种是指硫原子以不同的方式结合成为分子，例如在 S_n 分子中，n 可以是 1，2，3，4，5，6，7，8，9，10，11，12，18，20，……；而另一种是指同一种硫分子在晶体中排列方式的不同，例如环八硫 S_8 分子既可以形成正交硫，也可以组成单斜硫.

S_n 分子可以是由硫原子相互结合而成的环状分子，也可以是由硫原子相互结合而成的链状分子. 在硫的环状结构分子中，以环八硫分子最稳定. 硫的链状分子有长有短，长的硫链能达到 10^5 个硫原子以上.

有关硫分子如 S_6，S_8，S_{12} 等的结构以及由其所组成的晶体的结构，在本丛书的第十一卷的 31.6 章 1.5 节中将会有较详细的阐述. 在这里，我们特将讨论的重点放在它们的生成、转化和一些重要的物理化学性质之上.

2.3.1 固态硫

1. 环八硫 S_8. 如图 16.3 所示，环八硫分子具有近似于 D_{4d} 对称性的皇冠状结构.

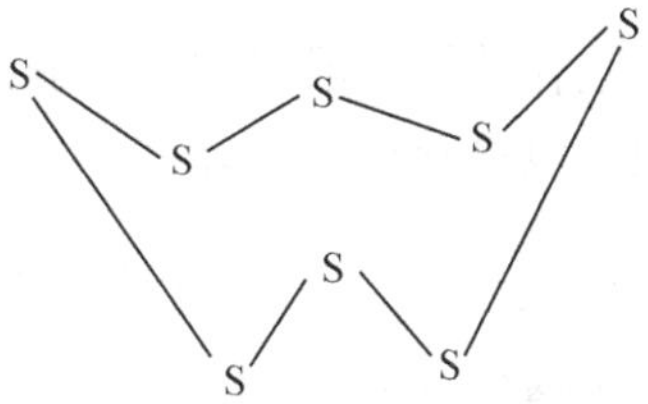

图 16.3 环八硫分子的结构

环八硫分子可以形成多种晶体，其中最重要的、已经得到确认的有三种，它们是：

正交硫(α 型，S_α)

单斜硫(β 型，S_β)

单斜硫(γ 型，S_γ)

正交硫是硫在常温常压下最稳定的一种晶型，因而也是最常见的、使用最广泛的一种晶态硫. 在其晶胞中，含有 16 个环八硫分子. 在火山周围地域的天然硫，都以正交硫的形式存在.

将正交硫加热到 368.7K，它不经熔化就可缓慢地转变为单斜硫(S_β)：

$$S_{\alpha} \underset{368.7\text{K}}{\rightleftharpoons} S_{\beta}$$

从正交硫转变为单斜硫(S_{β})是一个吸热过程，当温度低于 368.7K 时，单斜硫(S_{β})又会重新转变为正交硫. 因此，368.7K 这个温度就是正交硫和单斜硫(S_{β})两种不同晶型互相转变的转变点.

使熔融的硫缓慢地冷却，也能得到单斜硫(S_{β}). 用这种方法得到的单斜硫(S_{β})，其晶型可稳定数周之久，但最终将转变为正交硫. 在单斜硫(S_{β})的晶胞中，含有 6 个环八硫分子.

将硫的醇类、碳氢化合物或二硫化碳热溶液冷却，可获得另一种单斜硫(S_{γ}). 由多硫化物的乙醇胺溶液缓慢地结晶，或通过乙基黄原酸铜(I)

$$CH_3CH_2-\underset{\underset{O}{\|}}{C}-S-S-Cu$$

在吡啶中的分解，也都可以得到 γ 型的单斜硫. γ 型的单斜硫会慢慢地转变为 β 型的单斜硫和(或)正交硫. 在 γ 型的单斜硫的晶胞中，含有 8 个环八硫分子.

2. 环六硫 S_6. 环六硫分子可以形成三方硫(S_{ρ})晶体. 在 263K 下，向硫代硫酸钠的浓溶液加入浓盐酸，可得到一种含有环六硫和环八硫的沉淀物. 用苯或甲苯对所得沉淀物进行萃取，萃取液经结晶后，即可得到一种橙色的晶体，这就是三方硫.

三方硫又叫做菱形硫. 它在放置一段时间后，最终将转变为正交硫.

在乙醚中通过以下反应，也可获得环六硫：

$$S_2Cl_2+H_2S_4 \longrightarrow S_6+2HCl$$

由下列反应，同样能得到环六硫：

$$S_4Cl_2+H_2S_2 \longrightarrow S_6+2HCl$$

如果通过从动力学上控制下面的反应来制取，则可得到纯度相当高的产物：

$$SCl_2+(\eta^5\text{–}C_5H_5)_2TiS_5 \longrightarrow S_6+(\eta^5\text{–}C_5H_5)_2TiCl_2$$

环六硫分子不稳定，极易分解. 由于环的变形性较大，所以环六硫分子比环八硫分子更为活泼.

3. 其他环状硫. 通过从动力学上控制硫的氯化物、氯氧化物与多硫化氢或含有五硫链的化合物(η^5–C_5H_5)$_2$TiS_5 的反应，可以获得具有七、九、十、十一、十二、十八和二十元环的硫的同素异形体(表 16.6). 例如：

表 16.6 几种硫分子的结构数据[1, 2]

硫分子	分子的构型数据 1)			点 群
	d, (pm)	A	B	
环六硫 S_6	205.7 ± 1.8	102.2 ± 1.6°	74.5 ± 2.5°	D_{3d}
环八硫 $S_8^{2)}$	206.0 ± 0.3	108.0 ± 0.7°	98.3 ± 2.1°	D_{4d}
环十二硫 S_{12}	205.3 ± 0.7	106.5 ± 1.4°	86.1 ± 5.5°	D_{3d}
链状硫 S_n	206.6	106.0°	85.3°	—

1) 皆为分子中各相应键的键长和键角的平均值. 其中 d: S—S 键长; A: SSS 键角; B: SSSS 扭角.

2) 在正交硫中.

$$2S_2Cl_2+2H_2S_4 \longrightarrow S_{12}+4HCl$$

$$S_2Cl_2+(\eta^5\text{–}C_5H_5)_2TiS_5 \longrightarrow S_7+(\eta^5\text{–}C_5H_5)_2TiCl_2$$

$$2SO_2Cl_2+2(\eta^5\text{–}C_5H_5)_2TiS_5 \longrightarrow S_{10}+2(\eta^5\text{–}C_5H_5)_2TiCl_2+2SO_2$$

$$S_nCl_2+(\eta^5\text{–}C_5H_5)_2TiS_5 \xrightarrow{CS_2} S_{5+n}+(\eta^5\text{–}C_5H_5)_2TiCl_2$$

环十八硫 S_{18} 和环二十硫 S_{20} 在室温(298K)下是稳定的. 它们的分解温度分别为 399K 和 394K. 但环七硫 S_7，环九硫 S_9，环十硫 S_{10}，环十一硫 S_{11} 和环十二硫 S_{12} 在室温(298K)下是不稳定的，而且对光和空气都十分敏感，必须在低温下保存它们. 一般地说，在低温下大都可以保存数周，环十二硫则可保存数月.

环七硫从甲苯中结晶析出时,呈深黄色长针状. 于冷的环境中,可稳定数周. 在可见光照射下，它会迅速转变为环八硫. 在室温下，X 射线也能使它分解.

环十硫从二硫化碳中结晶析出时，是深黄色菱形片状晶体. 它无明显的熔点和分解点. 对可见光也极为敏感. 为使其在较长的时间内能稳定存在，必须把它存放于 233K 左右的环境中.

环七硫于 318K 左右会聚合成一种黏稠状的液体. 在高于 333K 时，环十硫也会聚合成黏稠状的液体. 亮黄色针状的环十二硫在熔点(418K)下分解. 环十二硫的反应活性较环六硫小，但较环八硫大，即三者反应活性的顺序为：$S_6>S_{12}>S_8$.

4. 链状硫. 将熔融的硫加热到高于 433K，然后在空气、冰水、干冰或液态氮中骤冷，可得到一具有弹性的物质，叫做弹性硫. 将所得物用二硫化碳洗涤后，它可被拉伸成纤维状.

如果需要制备长纤维状的弹性硫，可在氮气的保护下，将硫加热熔融，并加热到 573K，维持这一温度约 5 分钟左右，即把它以一股细流注入冰水中骤冷，经在水中拉伸后即成. 用这种方法制备长纤维状弹性硫，重现性较好.

表 16.7　几种硫晶体的结构数据[1,2]

晶胞内分子		晶系	晶胞参数	空间群	习用名称
形式	数目				
环七硫 S_7	16	正交	a=2177pm b=2097pm c=609pm	*Cmma*	
环八硫 S_8	16	正交	a=1046.5pm b=1286.6pm c=2448.6pm	*Fddd*	正交硫(S_α)
环十二硫 S_{12}	2	正交	a=473.0pm b=910.4pm c=1457.4pm	*Pnnm*	
环八硫 S_8	6	单斜	a=1077.8pm b=1084.4pm c=1092.4pm β=95.80°	$P\frac{2_1}{c}$	单斜硫(S_β)
环八硫 S_8	8	单斜	a=825pm b=1314pm c=851pm β=112.7°		单斜硫(S_γ)
链状硫 S_n		单斜	a=1760pm b=925pm c=1380pm β=113°		弹性硫
环六硫 S_6	3	三方	a=1081.8pm1) c=428.0pm1)	*R*3	三方硫(S_ν)

1) 六方晶胞参数.

弹性硫又叫纤维状硫或可塑性硫. 它是由螺旋状长链硫分子 S_x 组成的. 在螺旋状长链硫分子中, 每一螺旋周期含有 3.350 ± 0.003 个硫原子; 螺旋周期的长度是(460 ± 3)pm; 螺旋的半径则为(96 ± 2)pm.

2.3.2　液态硫

将固态硫(正交硫或单斜硫)加热到熔融, 可得到一透明的、浅黄色的、黏度小易于流动的液体, 叫做 λ–硫(S_λ). 它的主要成分是环八硫. 经对温度为 388K 的液态硫进行定量分析, 所得结果如下①:

$$S_6\quad 0.60\%\quad S_7\quad 2.8\%$$

$$S_8\quad 95.1\%\quad S_x(x>8)\quad 1.5\%$$

环八硫的结构可以一直保持到 432K 而不致被迅速破坏. 由于环八硫分子的形状

① M. G. Barker, *Coord. Chem. Rev.*,49,388(1983).

基本上是球形的，对分子彼此间交错运动的阻力较小．因此，温度低于 432K 的液态硫，其黏度都较小．

当液态硫的温度超过 432K 时，黏度便骤然增大，颜色也从浅黄色变为暗棕色．这时，生成了 μ–硫(S_μ)和 π–硫(S_π)．μ–硫为螺旋状长链，它是在环八硫逐渐断裂成两端呈游离基状态的链状分子后，通过链端与链端互相联接聚合而形成的；而 π–硫则可能是环六硫．在 473K 左右，螺旋状硫链的平均长度达到最大，链中所含硫原子的数目平均达到 5×10^5—8×10^5 个之多．这时，液态硫的黏度也随之达到最大，以致不能将它从容器中倒出来．显然，在 432—473K 左右的温度范围内，液态硫黏度的急剧增加，主要是由于环八硫的断裂和螺旋状长硫链的形成而引起的．目前普遍认为，432K 这一温度就是环八硫断裂并聚合为螺旋状长硫链的临界温度．λ–硫、π–硫和 μ–硫三者的多寡与液态硫温度的高低有关．例如，在 433K 下，λ–硫、π–硫和 μ–硫的含量分别为 89.2%，6.7%和 4.1%．π–硫的含量在 433—473K 时最高，而 μ–硫的含量则在 523—573K 时最高，可达 56%左右．

将液态硫继续加热，使其温度高于 473K，螺旋状长硫链即开始断裂，液态硫的黏度又随之逐渐减小，到达沸点(717.8K)时，又成为一种黏度小而易于流动的液体，但颜色却变成暗红色．

硫在熔融时发生颜色的改变，是由于对光吸收强度的增大和吸收带向红色位移而引起的．液态硫在温度高于 523K 时，会有少量红色的 S_3 和 S_4 生成．在沸点下，S_3 和 S_4 的含量约为 1%—3%左右．S_3 和 S_4 两者对沸点下液态硫颜色的影响起着重要的作用．

2.3.3 硫蒸气

硫蒸气的组成是相当复杂的．在过去相当长的一段时间内，人们认为硫蒸气中只含有 S_8，S_6，S_4，S_7 等这样的偶数分子．但现经用质谱法证明，硫蒸气除含有偶数分子外，还含有 S_7，S_5，S_3 这样的奇数分子．表 16.8 列出了不同温度下饱和硫蒸气所含各个组分的分压．

表 16.8 不同温度下饱和硫蒸气所含各个组分的分压(Pa)[1]

硫分子	温度(K)				
	473	523	573	623	673
S_2	1.42×10^{-1}	2.63	27.2	192.5	952.5
S_3	1.72×10^{-2}	3.42×10^{-1}	3.71	27.2	135.8
S_4	1.67×10^{-2}	3.08×10^{-1}	3.29	21.8	105.4
S_5	1.58	17.4	97.7	425.6	1448.9
S_6	55.7	364.8	1621.2	5319.6	13882
S_7	33.2	266.5	1286.8	4610.3	12767
S_8	191.5	1033.5	3688.2	9828.5	21684

硫蒸气中每种分子的相对多寡视温度的高低而定．随着温度的升高，硫蒸气中

$$105S_8 \rightleftharpoons 120S_7 \rightleftharpoons 140S_6 \rightleftharpoons 168S_5 \rightleftharpoons$$

$$210S_4 \rightleftharpoons 280S_3 \rightleftharpoons 420S_2$$

的平衡将向右移动．因此，温度不同时，硫蒸气的组成是不同的．

将硫蒸气加热到 773—973K 和压力为 133.3Pa 时，硫蒸气几乎全由顺磁性的 S_4 分子组成；在温度高于 2473K 和压力低于 1.33×10^{-3}Pa 时，则以 S 原子占优势．但温度较低时，硫蒸气主要由 S_8，S_7 和 S_6 分子组成，并以 S_8 分子居多．

2.4 硫的物理性质

表 16.9 汇列了晶态硫的密度和熔点．在迄今已知的所有晶态硫的同素异形体中，三方硫的密度是最大的，而环十二硫晶体则是熔点最高的．

表 16.9 晶态硫的熔点和密度 1)[2,3]

晶 态 硫	熔点(K)	密度(g/cm^3)
正交硫(S_α)	386.0	2.07
单斜硫(S_β)	392.2	1.94
单斜硫(S_γ)	380.0	—
三方硫(S_ρ)	—	2.21
S_7(正交晶系)	312.2	2.09
S_{12}(正交晶系)	418.2	2.04

1)同表 16.3 注；式中 T 的单位为 K.

硫在熔融时，体积会显著增大．液态硫的正常沸点为 717.8K．

于真空中，液态硫在熔点和 523K 时的表面张力分别为 6.09×10^{-4}N/cm 和 5.11×10^{-4}N/cm．

熔点下的液态硫的密度是 1.819g/cm^3．在温度为 393—433K 的范围内，液态硫的密度可用下式表示：

$$\rho=1.901-8.00\times10^{-4}(T-273.15)$$

在室温下，固态硫的蒸气压相当小．液态硫的蒸气压和温度的关系如表 16.10 所示．

表 16.10　液态硫蒸气压与温度的关系 1)

温度(K)	457.0	517.0	561.5	600.4	672.8	717.8
蒸气压(kPa)	0.1333	1.333	5.333	13.332	53.329	101.325

1) 同表 16.3 注.

液态硫的黏度随温度变化的情况已在 16.2 中的 3.2 节中提及. 表 16.11 列出了无气体的液态硫在不同温度下的黏度.

表 16.11　不同温度下液态硫的黏度 1)

温度(K)	396.2	408.7	422.7	429.5	431.4
黏度(Pa · s)	0.01094	0.00866	0.00709	0.00719	0.00759
温度(K)	432.4	432.7	433.2	433.5	438.2
黏度(Pa · s)	0.00948	0.01445	0.02283	0.07732	0.5000
温度(K)	444.2	457.2	463.7	470.7	473.2
黏度(Pa · s)	4.500	16.00	19.70	21.30	21.50
温度(K)	483.2	490.2	493.2		
黏度(Pa · s)	20.50	19.10	18.60		

1) 同表 16.3 注.

硫不溶于水. 除弹性硫外，由环状分子构成的各种晶态硫都能或多或少地溶于二硫化碳、苯及其他一些有机溶剂中. 所列参考文献[7]和[9]收录了硫最常见的同素异形体在各种溶剂中的溶解度的大量数据. 现将其重要者提供于表 16.12 和表 16.13 中.

表 16.12　298K 时硫在一些有机溶剂中的溶解度(g/100g 饱和溶液)

溶　剂	溶 解 度	溶　剂	溶 解 度
苯	2.074	四氯乙烷	1.23
甲苯	2.018	五氯乙烷	1.2
丙酮	2.653	一氯乙烯	0.84
无水乙醇 1)	0.053	二氯乙烯	1.28
无水甲醇 2)	0.028	三氯乙烯	1.63
三氯甲烷 3)	1.216	四氯乙烯	1.53
四氯化碳	0.831	无水乙醚 4)	0.283

1)291.7K；2)291.7K；3)297.2K；4)296.2K.

表 16.13　硫在二硫化碳中的溶解度

温度(K)	溶　解　度	
	g/100g 饱和溶液	g/100g 溶剂
273	18.0	22.0
293	29.5	41.8
313	50.0	100.0
333	66.0	194.1
353	79.0	376.1
373	92.0	1150.0

2.5　单质硫的反应

如前所述,硫有多种同素异形体,但参与一般化学反应的,大都是环八硫 S_8. 有时，为简便起见，我们仍按习惯把它写成 S.

硫是一个相当活泼的元素. 在室温下，硫能和氟直接作用. 加热时，则能同氯、碳、磷等许多非金属元素以及除金、铂、钯之外的所有金属元素直接化合. 例如：

$$2S+Cl_2 \longrightarrow S_2Cl_2$$

$$S+Fe \longrightarrow FeS$$

$$S+Hg \longrightarrow HgS$$

在常温下，于潮湿的空气中，硫可被氧缓慢地氧化成硫酸：

$$2S+3O_2+2H_2O \longrightarrow 2H_2SO_4$$

加热时，硫便在空气中以蓝色火焰燃烧而生成二氧化硫：

$$S(s)+O_2(g) \longrightarrow SO_2(g) \quad \Delta H_{298}=-296.8kJ$$

硫不与非氧化性酸作用，但能同浓硝酸反应生成硫酸：

$$S+6HNO_3 \longrightarrow H_2SO_4+6NO_2+2H_2O$$

和热的浓硫酸作用，生成二氧化硫：

$$S(s)+2H_2SO_4(1) \longrightarrow 3SO_2(g)+2H_2O(1) \quad \Delta H_{298}=165.8kJ$$

硫与发烟硫酸作用，伴随着二氧化硫逸出的同时，生成了硫的环状阳离子(如 S_8^{2+} 等)而使溶液变成蓝色. 但不稳定，放置一段时间或稍加温热，溶液的颜色就会改变. 要从中分离出硫的环状阳离子的盐类晶体来，是十分困难的. 如果在液态氟化氢中用 SbF_5 或在 FSO_3H 中用 $F_2S_2O_6$ 对硫进行选择性氧化的方法，就能从中分离出硫的环状阳离子的盐类晶体来. 其反应为：

$$S_8+3SbF_5 \longrightarrow S_8^{2+}+2SbF_6^-+SbF_3$$

$$2S_8+F_2S_2O_6 \longrightarrow S_{16}^{2+}+2FSO_3^-$$

硫与发烟硫酸作用所得的溶液，具有弱的顺磁性．这可能是由于形成了少量的S_n^+游离基所引起的．例如：

$$S_8^{2+} \rightleftharpoons 2S_4^+$$

$$S_{16}^{2+} \rightleftharpoons 2S_8^+$$

硫的环状阳离子的结构有些已经确定．蓝色的S_8^{2+}离子和黄色的S_4^{2+}离子具有如图 16.4 所示的结构．在S_8^{2+}离子的环中，包含着一个横跨于环中、原子间相距很近的、相当弱的键；在S_4^{2+}离子的环中，存在着一种 6 个 π 电子的类似于芳香族的体系．至于红色的S_{16}^{2+}离子，则可能是由 2 个 S_8 连在一起组成的.

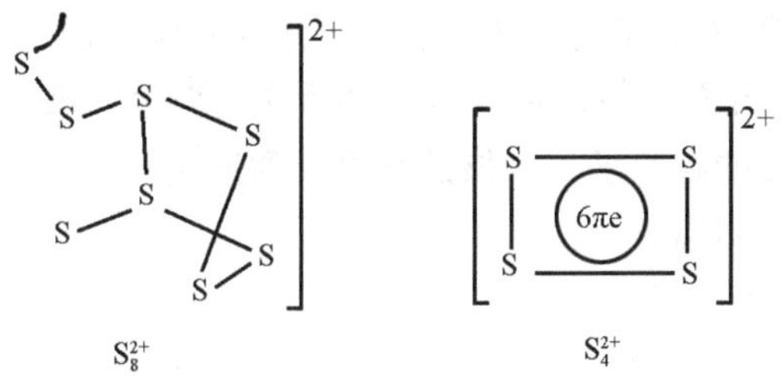

图 16.4　S_8^{2+} 离子和 S_4^{2+} 离子的结构

硫也能同强碱以及某些盐类发生反应，生成含硫的化合物．例如，硫与氢氧化钠溶液反应，生成亚硫酸钠和硫化钠：

$$3S+6NaOH \longrightarrow Na_2SO_3+2Na_2S+3H_2O$$

和亚硫酸钠溶液共沸，可转变为硫代硫酸钠：

$$S+Na_2SO_3 \longrightarrow Na_2S_2O_3$$

与碱金属氰化物共熔，生成硫氰酸盐：

$$S+KCN \longrightarrow KSCN$$

硫还能同许多有机化合物反应．将硫与石蜡(一种具有 23—29 个碳原子的烷烃)的混合物加热，石蜡即脱氢变成不饱和的烯烃，而硫则转化为硫化氢：

$$CH_3(CH_2)_nCH_3+\frac{n}{4}S \longrightarrow CH_3(CH_2CH{=\!=}CHCH_2)_{\frac{n}{4}}CH_3+\frac{n}{4}H_2S$$

这是实验室制备硫化氢的经典方法之一．如果在硫和石蜡中再掺入一些石棉，来增加混合物的孔隙度，这时只要控制加热的程度，就可使上述反应进行或停止.

硫能和哌啶之类的有机胺反应，生成 N，N′-多硫二胺的有色溶液. 它和哌啶的反应如下：

$$S_8+2C_5H_{10}NH \longrightarrow (C_5H_{10}N)_2S_7+H_2S$$

在这一反应体系中，每 10^4 个硫原子存在着 1 个游离基. 反应后，溶液呈红色.

环八硫以及硫的其他含环体系所参与的所有反应，都要先把硫环断开，形成硫链或含硫链的化合物，才能使反应进行或使反应继续下去. 在亲核试剂的进攻下，硫环可被打开成硫链；硫链或含硫链的化合物也会因亲核试剂的进攻，使 S—S 键发生断裂而导致硫链的降解. 在强的亲电子试剂的进攻下，也会发生类似的情况.

硫和亚硫酸钠溶液共煮生成硫代硫酸钠的过程可作为亲核试剂进攻的例子. 在这一反应中，S_8 在亲核试剂 SO_3H^-(或 SO_3^{2-})离子的进攻下，硫环中的 S—S 键发生断裂，被进攻的硫原子与亲核试剂之间便通过一个新的 S—S 键联接起来，成为一个含有硫链的阴离子：

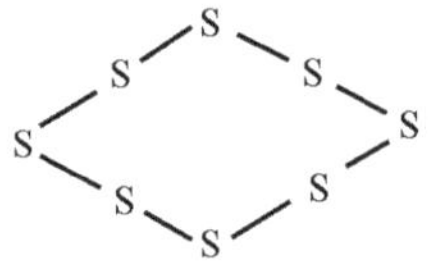

$+ \quad SO_3H^- \quad \longrightarrow$

$(S—S—S—S—S—S—S—S—SO_3H)^-$

这一环八硫和亲核试剂 SO_3H^-离子之间的双分子反应，是决定整个反应速度的一步. 其后，含硫链的阴离子再通过 SO_3^{2-} 离子的作用，被 7 个速度很快的反应所降解：

$$(S—S—S—S—S—S—S—S—SO_3H)^- + SO_3^{2-} \longrightarrow (S—S—S—S—S—S—S—SO_3H)^- + S_2O_3^{2-}$$

$$(S—S—S—S—S—S—S—SO_3H)^- + SO_3^{2-} \longrightarrow (S—S—S—S—S—S—SO_3H)^- + S_2O_3^{2-}$$

$$(S—S—S—S—S—S—SO_3H)^- + SO_3^{2-} \longrightarrow (S—S—S—S—S—SO_3H)^- + S_2O_3^{2-}$$

$$(S—S—S—S—S—SO_3H)^- + SO_3^{2-} \longrightarrow (S—S—S—S—SO_3H)^- + S_2O_3^{2-}$$

$$(S—S—S—S—SO_3H)^- + SO_3^{2-} \longrightarrow (S—S—S—SO_3H)^- + S_2O_3^{2-}$$

$(S—S—S—SO_3H)^-$

$+ SO_3^{2-} \longrightarrow (S—S—SO_3H)^- + S_2O_3^{2-}$

$(S—S—SO_3H)^-$

$+ SO_3^{2-} \longrightarrow (S—SO_3H)^- + S_2O_3^{2-}$

硫和其他许多亲核试剂反应的历程都与此类似. 例如，硫和氰化钾的反应历程是：

$S_8 + CN^- \longrightarrow (S—S—S—S—S—S—S—S—CN)^-$

$S_8CN^- + CN^- \longrightarrow S_7CN^- + SCN^-$

$S_7CN^- + CN \longrightarrow S_6CN^- + SCN^-$

$S_6CN^- + CN^- \longrightarrow S_5CN^- + SCN^-$

$S_5CN^- + CN^- \longrightarrow S_4CN^- + SCN^-$

$S_4CN^- + CN^- \longrightarrow S_3CN^- + SCN^-$

$S_3CN^- + CN^- \longrightarrow S_2CN^- + SCN^-$

$S_2CN^- + CN^- \longrightarrow SCN^- + SCN^-$

在上述这些反应中，硫是作为一个 Lewis 酸，而亲核试剂则作为一个 Lewis 碱参与反应的. 但在强的亲电子试剂进攻下，硫在反应中却作为一个 Lewis 碱. 例如，在强的亲电子试剂三碘化硼 BI_3 或其有机衍生物正-二丁基碘化硼 $CH_3(CH_2)_2CH_2BI$ 的进攻下，硫环即被打开成硫链，被进攻的硫原子也随即断离硫链而与进攻者结合，生成一环状或链状化合物：

$3S_8 + 16BI_3 \longrightarrow 8$ 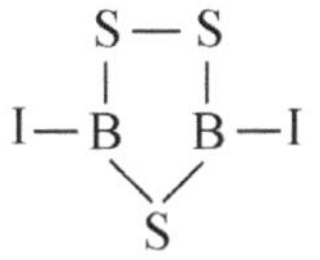 $+ 16I_2$ (2.1)

$$S_8 + 8CH_3(CH_2)_2CH_2BI \longrightarrow$$

$$4[CH_3(CH_2)_3]B—S—S—B[(CH_2)_3CH_3] + 4I_2 \quad (2.2)$$

在反应过程中所剩余的硫链，也会因式(2.1)或(2.2)的继续发生而逐步被降解.

参 考 文 献

[1] J. C. Bailar, H. J. Emeléus, R. Nyholm, A. F. Trotman-Dickenson, “Comprehensive Inorganic Chemistry”, Vol. 2, Pergamon(1973).

[2] J. Donohue, “The Structure of the Elements”, Wiley(1974).

[3] F. A. Cotton,G. Wilkinson, “Advanced Inorganic Chemistry”,3rd ed.,Wiley(1972). 中译本：北京师范大学、兰州大学、吉林大学、辽宁大学译,《高等无机化学》上册,人民教育出版社(1980).

[4] 刘天齐、林肇信、刘逸农主编,《环境保护概论》,人民教育出版社(1983).

[5] 张永照、牛长山编,《环境保护与综合利用》,机械工业出版社(1982).

[6] A. V. Slack, “Sulfur Dioxide Removal from Waste Gases”,Noyes Building(1971). 中译本：上海市轻工业设计院技术情报组、上海同济大学供热通风教研室译,《废气脱硫》,中国建筑工业出版社(1977).

[7] A. Seidell, “Solubilities of Inorganic and Metal Organic Compounds”,4th. ed.,Vol. 1,Nostrand(1953).

[8] L. Pauling, “The Nature of Chemical Bond”,3rd ed.,Cornell University Press(1960). 中译本：卢嘉锡、黄耀曾、曾广植、陈元柱译，《化学键的本质》,上海科学技术出版社(1966).

[9] W. F. Linke, “Solubilities Inorganic and Metal-Organic Compounds”,4th ed.,Vol. II,American Chemical Society(1965).

16.3 硫的化合物

3.1 硫的氢化物

3.1.1 硫化氢

硫化氢 H_2S 是硫的氢化物中最简单的一种．其分子的几何形状和水分子相类似，为弯曲形(如右图)，因此，它和水分子一样，也是一个极性分子．但它的极性比水弱得多，以致分子间几乎不存在氢键，所以硫化氢的熔点、沸点都很低．现将它的一些主要物理性质提供在表 16.14 中．硫化氢比水不稳定，加热高于 700K 时，即分解为元素．这是由于 S—H 较 O—H 键为弱之故．

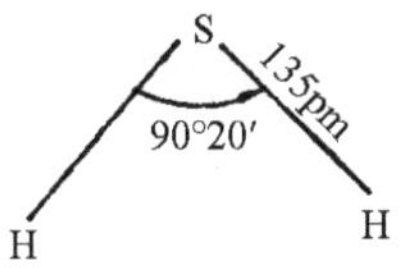

表 16.14　硫化氢的一些物理性质[3,4]

熔点(K)	187.6	临界温度(K)	373.6
沸点(K)	212.4	临界压力(MPa)	9.02
熔化热(kJ/mol)	2.37	介电常数	
气化热(kJ/mol)	18.7	213K	~10
密度(g/cm^3)		273K	~6
213K	0.993	偶极矩(C · m)	
273K	1.54×10^{-3}	气态	3.67×10^{-20}

在实验室里，常用人工合成的块状硫化亚铁于 Kipp 发生器中与非氧化性酸作用来制备硫化氢：

$$FeS+2HCl\longrightarrow H_2S+FeCl_2$$

也可用石蜡和硫黄反应以及碱金属、碱土金属、铝的硫化物的水解来制备．利用有机含硫化合物硫代乙酰胺的加热水解，亦可制得硫化氢：

$$CH_3-\underset{\underset{\displaystyle S}{\|}}{C}-NH_2+2H_2O\xrightarrow[\triangle]{}H_2S+CH_3COONH_4$$

控制加热的程度，即可加速或减缓这一水解反应的进程．

由硫化亚铁和盐酸反应而制得的硫化氢，常含有 H_2，N_2，O_2，CO_2，AsH_3 和酸蒸气等杂质．为除去 AsH_3，可把用 $CaCl_2$ 干燥过的 H_2S 导入一盛有干燥的 I_2

和玻璃棉的 U 形管中，使 AsH_3 和 I_2 反应生成 AsI_3 沉积在管内而与 H_2S 分离，反应生成的 HI 及原先所含的 CO_2 等，则可用适量的蒸馏水洗去. 如欲除去杂质气体 H_2，N_2 和 O_2，可用 P_4O_{10} 将 H_2S 干燥后，以干冰冷冻之，使其液化而与 H_2，N_2 和 O_2 分离.

把硫化镁或氢硫化镁的溶液加热至 333K，随后以 $CaCl_2$ 或 P_4O_{10} 将逸出的气体干燥，可得到纯度较高的硫化氢.

$$2MgS+2H_2O \rightleftharpoons Mg(HS)_2+Mg(OH)_2$$

$$Mg(HS)_2+2H_2O \rightleftharpoons Mg(OH)_2+2H_2S$$

用中等浓度的硫酸作用于三硫化二锑，也可获得较纯的硫化氢.

$$Sb_2S_3+3H_2SO_4 \longrightarrow Sb_2(SO_4)_3+3H_2S$$

由氢和硫直接化合，则可获得纯度很高的硫化氢：

$$\frac{1}{n}S_n(s)+H_2(g) \underset{\sim 573K}{\rightleftharpoons} H_2S(g) \quad \Delta H_{298}=-20.6kJ$$

但反应是可逆的，达到平衡时，氢和硫的化合量一般都不超过 2%.

在常温常压下，硫化氢是一种有恶臭和有毒性的无色气体. 在制备和使用这一气体时，都应在通风橱中进行操作.

完全干燥的气态硫化氢在室温下不同空气中的氧发生作用，但在高温时却能在空气中燃烧，产生蓝色火焰并生成二氧化硫和水：

$$2H_2S(g)+3O_2(g) \longrightarrow 2SO_2(g)+2H_2O(g) \quad \Delta H_{298}=-1036kJ$$

在空气供应不足的情况下，则生成单质硫和水：

$$2H_2S(g)+O_2(g) \longrightarrow 2S(s)+2H_2O(g) \quad \Delta H_{298}=-442.4kJ$$

这表明气态硫化氢在高温下具有一定的还原性.

硫化氢中的氢原子能被大多数较活泼的金属元素所取代. 例如：

$$H_2S(g)+Pb(s) \longrightarrow H_2(g)+PbS(s) \quad \Delta H_{298}=-79.9kJ$$

硫化氢的临界温度为 373.6K，极易液化为无色的液体. 由于硫化氢分子的极性比水弱得多，因此液态硫化氢对离子型和极性化合物来说，都不是一种良好的溶剂. 相反，它却能溶解许多非极性的物质.

硫化氢能溶于水，但溶解度并不大. 在常压下，1 体积水于不同温度时所能溶解硫化氢的体积数(换算到标准状况下)是：

273K	283K	293K
4.65	3.44	2.61

由此可知，在常温常压下，硫化氢的饱和水溶液的浓度约为 0.1mol/L 左右. 通常把硫化氢的水溶液叫做硫化氢水或氢硫酸. 溶液中存在着如下的平衡：

$$H_2S \rightleftharpoons H^+ + HS^- \quad pK_{a_1} = 6.88$$

$$HS^- \rightleftharpoons H^+ + S^{2-} \quad pK_{a_2} = 14.15$$

因此，硫化氢的水溶液显微酸性.

硫化氢溶液除显示微酸性外，还表现出较气态硫化氢为强的还原性. 其饱和溶液的氧化还原电位如下：

$$S + 2H^+ + 2e \rightleftharpoons H_2S(0.1mol/L) \quad E^\circ = 0.141V$$

如果将硫化氢溶液曝置于空气中，它便逐渐被氧氧化而析出单质硫：

$$2H_2S + O_2 \longrightarrow 2S + 2H_2O$$

当硫化氢溶液遇到其他氧化剂时，则依氧化剂强弱的不同而被氧化为单质硫或硫(VI)的含氧酸. 例如：

$$H_2S + I_2 \longrightarrow S + 2HI$$

$$5H_2S + 2H_3AsO_4 \longrightarrow 2S + As_2S_3 + 8H_2O$$

$$H_2S + 2FeCl_3 \longrightarrow S + 2FeCl_2 + 2HCl$$

$$H_2S + 4Br_2 + 4H_2O \longrightarrow H_2SO_4 + 8HBr$$

$$H_2S + 4Cl_2 + 4H_2O \longrightarrow H_2SO_4 + 8HCl$$

硫化氢在溶液中所能提供硫离子 S^{2-}的多寡，取决于溶液的 pH 值. 在某一 pH 范围内，它可把某一或某些金属离子沉淀为硫化物.

3.1.2 多硫化氢

多硫化氢 H_2S_n 又叫做硫烷. 例如，五硫化氢 H_2S_5 可叫做五硫烷，六硫化氢 H_2S_6 又可叫做六硫烷等.

分子中含硫原子数目最少的多硫化氢是二硫化氢 H_2S_2. 在分子结构(如左图)上，它和过氧化氢相类似，因而又可把它叫做过硫化氢. 目前，只有二硫化氢的分子结构是清楚的.

将九水合硫化钠 $Na_2S \cdot 9H_2O$ 加热，使它溶于自身所含的结晶水里，再把硫溶入其内，以制备多硫化钠溶液. 在 263K 下，于搅拌中将多硫化钠溶液注入稀盐酸内，可得到黄色油状的多硫化氢混合物. 分出此混合物，以无水氯化钙干燥后，对它进行真空蒸馏，即可获得相当纯的二硫化氢 H_2S_2 和三硫化氢 H_2S_3. 它们都是在蒸馏过程中，由较高级的多硫化氢裂解而生成的.

通过下面的反应，可以制备出较高级的多硫化氢：

$$S_2Cl_2(l)+2H_2S(l) \longrightarrow H_2S_4(l)+2HCl(g)$$

$$S_2Cl_2(l)+2H_2S_4(l) \longrightarrow H_2S_{10}(l)+2HCl(g)$$

$$S_2Cl_2(l)+H_2S_4(l)+H_2S(l) \longrightarrow H_2S_7(l)+2HCl(g)$$

$$2H_2S(l)+S_nCl_2(l) \longrightarrow H_2S_{n+2}(l)+2HCl(g)$$

$$2H_2S_2(l)+S_nCl_2(l) \longrightarrow H_2S_{n+4}(l)+2HCl(g)$$

多硫化氢能发生下列反应：

$$H_2S_n(l) \longrightarrow H_2S(g)+(n-1)S(s)$$

因而就此来说，多硫化氢在热力学上是不稳定的. 但由于这一分解反应的速度很慢，所以多硫化氢还是能够稳定存在相当长的时间.

在常况下，多硫化氢都是油状液体. 除二硫化氢外，其余的多硫化氢皆呈黄色. 多硫化氢的黏度随分子中硫链的增长而增大. 它们都不溶于水，但能溶于苯、乙醚、二硫化碳和三氯甲烷之类的有机溶剂中. 多硫化氢的其他物理性质可参见表 16.15.

表 16.15　多硫化氢的一些物理性质[1]

	H_2S_2	H_2S_3	H_2S_4	H_2S_5	H_2S_6	H_2S_7	H_2S_8
密度(g/cm^3；293K)	1.334	1.491	1.582	1.644	1.688	1.721	1.747
摩尔体积(cm^3/mol)	49.6	65.9	82.2	98.7	115.2	131.6	148.0
折射率 1)	1.631	1.729	1.791	1.836	1.867	1.893	1.912
蒸气压(Pa；293K)	11692	186.7	4.67	0.160			
沸点(K) 2)	343	443	513	558			
气化热(kJ/mol) 3)	31.4	39.0	47.1	55.8			
临界温度(K)	572	738	855	930			
临界压力(MPa)	5.91	5.13	4.37	3.89			
Trouton 常数(J/K · mol)	91.6	87.9	91.6	100.0			

1) 293K 时的折射率. 2) 常压下的沸点，由推算而得. 3) 为常压下沸点的气化热.

在温度较高或与碱性物质接触时，多硫化氢即迅速彻底分解为硫化氢和单质硫. 因此，在制备或提纯多硫化氢时，所用玻璃容器均应事先以氯化氢气处理. 歧化作用也很易发生. 例如：

$$2H_2S_3 \longrightarrow H_2S_4 + H_2S_2$$

或

$$2H_2S_3 \longrightarrow H_2S_5 + H_2S$$

多硫化氢与亲核试剂如碱金属亚硫酸盐或碱金属氰化物于水溶液中作用时，会发生如下反应：

$$H_2S_n + (n-1)SO_3^{2-} \longrightarrow H_2S + (n-1)S_2O_3^{2-}$$

$$H_2S_n + (n-1)CN^- \longrightarrow H_2S + (n-1)SCN^-$$

这都是多硫化氢分子中硫链的降解反应. 在亲核试剂 CN^-离子的进攻下，四硫化氢 H_2S_4 降解反应的历程可以表示如下：

$$H—S—S—S—S—H + CN^- \longrightarrow H—S—S—S—H + SCN^-$$

$$H—S—S—S—H + CN^- \longrightarrow H—S—S—H + SCN^-$$

$$H—S—S—H + CN^- \longrightarrow H—S—H + SCN^-$$

其总的反应为：

$$H_2S_4 + 3CN^- \longrightarrow H_2S + 3SCN^-$$

3.2 硫的卤化物

3.2.1 氟化硫

硫的氟化物主要有 SF_6，S_2F_{10}，SF_4，SF_2 和 S_2F_2 等几种. 它们和硫的其他卤化物一样，都是共价型化合物.

六氟化硫 SF_6 的熔点为 222.4K，于常压下温度为 209.4K 时即升华. 它在常况下为一无色、无味的气体. 介电常数很小，在 300.7K 和 94.4kPa 下为 1.00191.253K 时的密度是 1.722g/cm^3. 其分子为八面体形，具有 6 个 sp^3d^2 杂化轨道，S—F 键的键长为(156 ± 2)pm. 它是目前唯一已知的硫的六卤化物，可由硫和氟直接化合而制得：

$$S(s)+3F_2(g) \longrightarrow SF_6(g) \quad \Delta H_{298}=-1096kJ$$

六氟化硫不溶于水，无毒性，化学惰性大，有很高的热稳定性．它和熔融的氢氧化钾或 773K 的水蒸气都不发生作用，在干燥的条件和 383K 下与铜、铝等金属也不起反应．它和氧的反应，只在用电引爆铂丝时才能进行．由于六氟化硫的惰性和高的介电强度，因此可在高压发电系统或其他电器设备中充作优良的气体绝缘体．

六氟化硫的惰性可能是由于下列两个因素综合的结果．一方面由于分子中 S—F 键的键能较大(242.7kJ/mol)；另一方面则由于分子中硫的配位数已经饱和，空间位阻也较大．同时，从反应

$$SF_6(g)+3H_2O(g) \longrightarrow SO_3(g)+6HF(g)$$

$$\Delta G_{298} = -200.8kJ/mol$$

来看，在热力学上对反应肯定是有利的，但反应却难以发生，因此六氟化硫的惰性不是由热力学稳定性引起的，而是和动力学因素有关．

六氟化硫和沸腾的金属钠作用，能发生如下的反应：

$$SF_6+8Na \longrightarrow 6NaF+Na_2S$$

在 673K 下与硫化氢反应，生成氟化氢和硫：

$$SF_6+3H_2S \longrightarrow 6HF+4S$$

和三氧化硫于 523K 下缓缓作用，生成二氟二氧化硫：

$$SF_6+2SO_3 \longrightarrow 3SO_2F_2$$

由光化学反应：

$$2SClF_5+H_2 \xrightarrow{h\nu} S_2F_{10}+2HCl$$

最容易制得十氟化二硫 S_2F_{10}．从分馏硫和氟的反应产物，也可得到十氟化二硫．

十氟化二硫的熔点为 220.5K，沸点为 303K．在常温下，它是一种无色的液体．273K 时的密度为 2.08g/cm^3．极毒，它对生理的作用和光气相类似．不溶于水，也不被水、酸、碱所水解．如图 16.5 所示，在十氟化二硫分子中，每一个硫原子周围都以八面体的方式排列着 5 个氟原子，它的结构式可写作 $F_5S—SF_5$，其中 S—S 键的键长为(221 ± 3)pm，S—F 键的键长为(156 ± 2)pm．

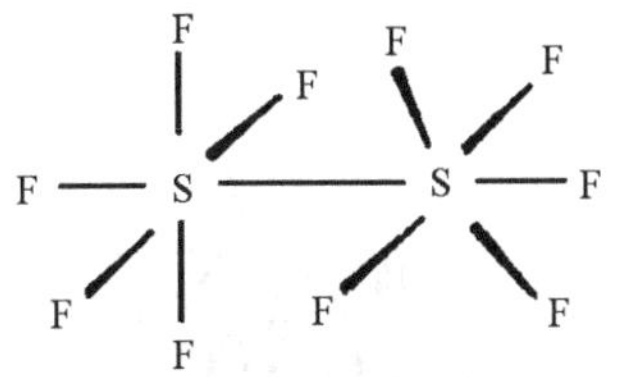

图 16.5 十氟化二硫分子的结构

十氟化二硫能氧化溶于丙酮中的碘化钾，使之析出碘. 在室温下，十氟化二硫不很活泼. 在高温下，则表现出较强的氧化性，这可能是由于分子内部断裂为游离基而引起的：

$$S_2F_{10} \longrightarrow 2SF_5 \cdot$$

$$SF_5 \cdot \longrightarrow SF_4 + F \cdot$$

在 570K 下，十氟化二硫和氯气能发生如下的反应：

$$S_2F_{10} + Cl_2 \longrightarrow 2SClF_5$$

产物是一无色气体，它和 SF_6 及 S_2F_{10} 都不同，极易被碱水解. 于 423K 下，十氟化二硫会歧化为六氟化硫和四氟化硫：

$$S_2F_{10} \longrightarrow SF_6 + SF_4$$

于 343—353K 下，使二氯化硫和悬浮在乙腈中的氟化钠作用，是制备四氟化硫 SF_4 的最好的方法：

$$3SCl_2 + 4NaF \xrightarrow{CH_3CN} SF_4 + S_2Cl_2 + 4NaCl$$

也可在 200K 下将硫直接氟化或加热硫和三氟化钴的混合物而制得：

$$S + 2F_2 \longrightarrow SF_4$$

$$S + 4CoF_3 \xrightarrow[\triangle]{} SF_4 + 4CoF_2$$

四氟化硫的熔点为 152K，沸点为 235K，在常况下是一无色的气体，有很强的毒性. 在 200K 时，其密度为 1.919g/cm^3. 四氟化硫分子的结构已从它的红外光谱、Raman 光谱和核磁共振谱推出. 如图 16.6 所示，它具有畸变四面体形的结构，分子中有 4 个 sp^3d 杂化轨道和一孤对电子.

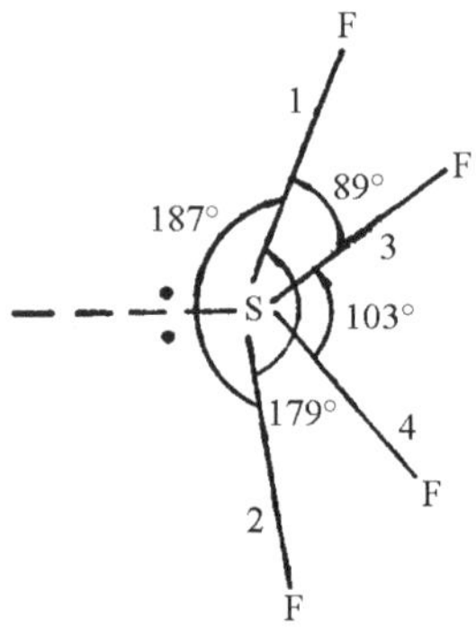

图 16.6　四氟化硫分子的结构

S—F 键的键长；1，2=164.3pm，3，4=154.2pm.

四氟化硫性质活泼，遇水或潮湿的空气，即被水解成二氧化硫和氟化氢：

$$SF_4+2H_2O \longrightarrow SO_2+4HF$$

和氧作用缓慢，但在二氧化氮的催化下，反应即可加速进行：

$$2SF_4+O_2 \longrightarrow 2$$

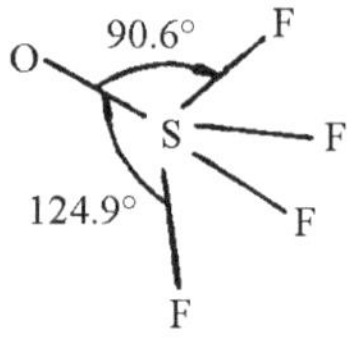

(SOF_4)

四氟化硫可以顺利地使有机化合物中的某些基团发生氟化. 例如：

$$SF_4+CH_3-\underset{\underset{O}{\|}}{C}-CH_3 \longrightarrow CH_3-CF_2-CH_3+SOF_2$$

$$3SF_4+C_6H_5-\underset{\underset{O}{\|}}{As}(OH)_2 \longrightarrow C_6H_5-AsF_4+3SOF_2+2HF$$

在遇到比它强的氟化剂时，则被氧化为六氟化硫或生成六氟化硫的衍生物：

$$SF_4+F_2 \longrightarrow SF_6$$

$$2SF_4+ClF_3 \xrightarrow[473K]{} SF_6+SClF_5$$

在低压和 423K 下，通过二氯化硫蒸气与氟化钾或氟化汞作用，可制得二氟化硫 SF_2：

$$SCl_2+2KF \longrightarrow SF_2+2KCl$$

$$SCl_2+HgF_2 \longrightarrow SF_2+HgCl_2$$

在二氟化硫分子中，S—F 键的键长为 159pm，键角 FSF 为 98°.

在严格干燥过的玻璃装置中，于 398K 下，使硫和二氟化银作用，可以得到结构式为 FS—SF 的二氟化二硫 S_2F_2：

$$2S+2AgF_2 \longrightarrow S_2F_2+2AgF$$

二氟化二硫在碱金属氟化物存在时，分子内部会发生重排而转变为 $S{=}SF_2$：

$$FS{-}SF \xrightarrow{KF} S{=}SF_2$$

$S{=}SF_2$ 也能由以下反应制备：

$$2KSO_2F+S_2Cl_2 \longrightarrow S{=}SF_2+2KCl+2SO_2$$

FS—SF 和 $S{=}SF_2$ 是同分异构体，它们的熔点和沸点如下：

	熔点，(K)	沸点，(K)
S_2F_2	140	288
$S{=}SF_2$	108	262.6

在温度低于 523K 时，两者都可稳定存在. 在 FS—SF 分子中，S—S 键和 S—F 键的键长分别为 189pm 和 164pm，键角 SSF 为 108°；而在 $S{=}SF_2$ 分子中，S—S 键和 S—F 键的键长则分别为 186pm 和 160pm，键角 SSF 和键角 FSF 分别为 107.5° 和 92.5°.

3.2.2 氯化硫

硫的氯化物主要有 S_2Cl_2，SCl_2 和 SCl_4 等几种.

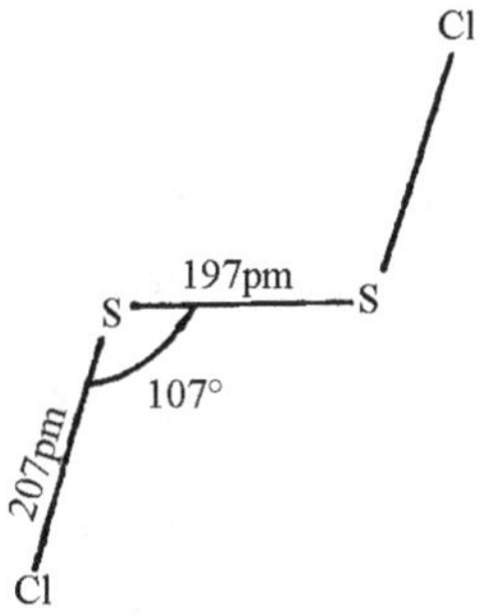

对熔融的硫用干燥的氯气进行氯化，可得到二氯化二硫 S_2Cl_2. 它的熔点、沸点分别为 191K，410.3K，在常温下是一种琥珀色的液体，有窒息性恶臭，在 298K 时的密度为 1.6733g/cm^3. 对二氯化二硫蒸气进行电子衍射，证实它具有如同过氧化氢分子的结构(如右图).

二氯化二硫蒸气在潮湿的空气中会发生缓慢的水解作用，生成 HCl，SO_2，S 和少量硫的含氧酸(主要是 $H_2S_5O_6$). 二氯化二硫可用于橡胶工业的硫化过程. 第二次世界大战期间使用的芥子气(2，2′-二氯乙硫醚)，就是用二氯化二硫通过下列反应而制取的.

$$S_2Cl_2+2CH_2=CH_2 \longrightarrow (ClCH_2CH_2)_2S+S$$

二氯化硫 SCl_2 在常温下是一种暗红色的液体，具有和氯气一样的刺激性臭味. 熔点 151K，沸点 332.8K. 在 288K 时的密度为 1.622g/cm^3. 分子为弯曲形，S—Cl 键的键长为 201.4pm，键角 ClSCl 为 102.8°. SCl_2 和 S_2Cl_2 都是硫的很好的溶剂. 在室温下，以痕量的 $FeCl_3$，$SnCl_4$ 或 I_2 作催化剂，使硫和过量的氯反应，可以得到约含 85%SCl_2 的平衡混合物. 但在几小时内，SCl_2 即离解为 S_2Cl_2 和 Cl_2:

$$2SCl_2 \rightleftharpoons S_2Cl_2+Cl_2$$

如果在少量 PCl_5 存在下，对所得混合物进行分馏，则不仅可以获得 SCl_2 纯品，而且由于少量 PCl_5 的存在，还可使 SCl_2 稳定数周.

在 193K 下，过量的 SCl_2 与 H_2S，H_2S_2，H_2S_3 或 H_2S_4 作用生成 S_nCl_2($n=3$—8). 例如:

$$2SCl_2+H_2S_4 \xrightarrow[193K]{} S_6Cl_2+2HCl$$

二氯化硫遇水即行分解，其水解历程和水解产物通常可以表示如下:

$$SCl_2+2H_2O \longrightarrow S(OH)_2+2HCl$$

$$2S(OH)_2 \rightleftharpoons H_2S_2O_3+H_2O \rightleftharpoons S_2O_3^{2-}+2H^++H_2O$$

$$S(OH)_2+2H_2S_2O_3 \longrightarrow H_2S_5O_6+2H_2O$$

用二氯化硫和乙烯反应，也可制得芥子气.

于 193K 下，用 Cl_2 处理硫的氯化物(如 S_2Cl_2)，便可得到浅黄色晶状的四氯化硫 SCl_4:

$$SCl_2+Cl_2 \longrightarrow SCl_4$$

四氯化硫的熔点为 242K. 它的结构可能是: $SCl_3^+Cl^-$. 四氯化硫只在低温下稳定，当温度超过 242K 时，它就分解为 SCl_2 和 Cl_2.

3.2.3　溴化硫和碘化硫

在通常的条件下，只有少数硫的溴化物是稳定的.

将溴和过量的硫封闭于管内加热，然后在减压下进行蒸馏，可得到二溴化二硫 S_2Br_2. 为获得纯度较高的二溴化二硫或其他硫的溴化物，可通过溴化氢与纯的硫的氯化物的反应来制取:

$$S_nCl_2+2HBr \longrightarrow S_nBr_2+2HCl(n=2—8)$$

二溴化二硫的熔点为 319K，在室温下是一种红色的液体．293K 时的密度为 2.635g/cm^3．在温度低于 363K 时，二溴化二硫能稳定存在．它的分子结构如右图所示．

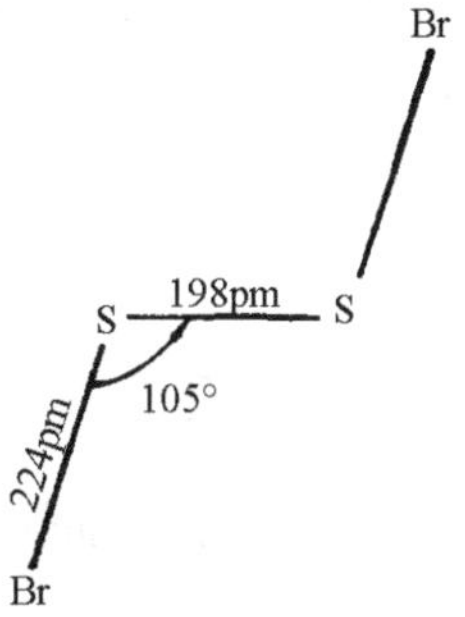

在常况下能稳定存在的硫的碘化物迄今仍未得到．已知的二碘化二硫 S_2I_2，在 243K 时即行分解．

3.3　硫的氧化物

3.3.1　一氧化二硫

一氧化二硫 S_2O 在常况下是一种无色的气体．当把它冷却到 77K 时，便变成橙红色的液体．

在真空中将某些重金属氧化物 MO(如 CuO 等)和硫一起加热，或使 $SOCl_2$ 通过温热的 Ag_2S，都可制得一氧化二硫：

$$3S+MO \xrightarrow[523-673K]{} S_2O+MS$$

$$SOCl_2+Ag_2S \longrightarrow S_2O+2AgCl$$

利用下列反应，也可得到一氧化二硫：

$$3SO \longrightarrow S_2O+SO_2$$

$$2SO+S_2 \longrightarrow 2S_2O$$

$$SOCl_2+H_2S \xrightarrow[473-633K]{} S_2O+2HCl$$

$$S_2Cl_2+MO \xrightarrow[373-673K]{} S_2O+MCl_2$$

将二氧化硫和硫蒸气在 420—470K 通过放电，也能制得一氧化二硫．

一氧化二硫分子具有类似于二氧化硫分子的弯曲形结构：

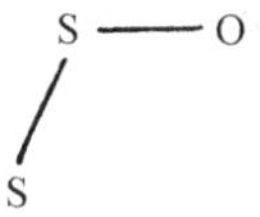

其中 S—S 键的键长为 188.4pm，S—O 键的键长为 146.5pm，键角 SSO 为 118°．它在低压下可以存在数天，在常温下易分解为二氧化硫和硫：

$$2S_2O \longrightarrow SO_2+3S$$

即使是在低温下，一氧化二硫也极易发生聚合. 一氧化二硫与水作用,能发生如下的反应：

$$S_2O+2H_2O \longrightarrow H_2S+H_2SO_3$$

3.3.2　一氧化硫

将环乙亚砜加热，可以得到一氧化硫 SO：

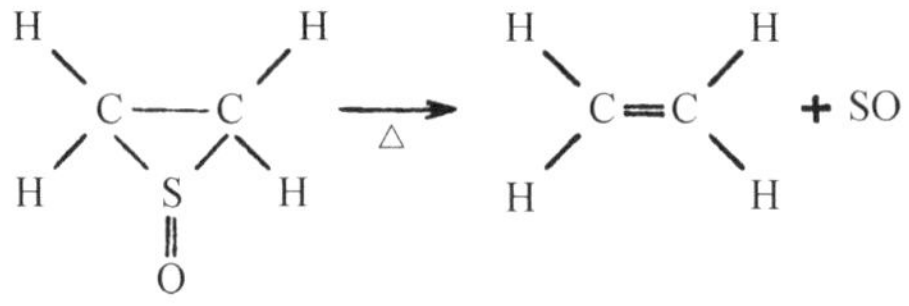

一氧化硫为无色气体,有特殊的、类似于硫化氢的臭味,很易发生聚合作用. 一氧化硫比一氧化二硫更不稳定. 它及其二聚体$(SO)_2$都只有以毫秒计的寿命. 如果用液态空气使一氧化硫凝结成橙红色的固态聚合物时，则可稳定数小时而不分解. 把一氧化硫以低压(133.3Pa)熔封于玻璃容器内，也可在数小时内不分解.

一氧化硫是一个双游离基，性质极为活泼. 它和水猛烈地作用，生成单质硫、硫化氢和亚硫酸，当有碱类物质存在时，则生成硫代酸盐. 一氧化硫能溶于三氯甲烷和四氯化碳中成黄色的溶液，但放置不久即行析出 $S_nO_{n-x}(0<x<n)$而使溶液变混浊.

在一氧化硫分子中，S—O 键的键长为 148pm. 其分子的偶极矩为 $5.17\times10^{-30}C\cdot m$.

3.3.3　三氧化二硫

粉状的单质硫和液态三氧化硫能发生剧烈反应而生成一蓝绿色的固体化合物. 这个化合物已被确认为三氧化二硫 S_2O_3.

三氧化二硫在 288K 时即缓慢分解. 如果加热则分解速度变快，生成硫、二氧化硫和三氧化硫.

三氧化二硫不溶于三氧化硫. 溶于水后，可在溶液中检出SO_3^{2-}离子和SO_4^{2-}离子.

3.3.4　二氧化硫

在工业上，常通过在空气中燃烧单质硫或焙烧某些金属硫化物矿(如黄铁矿)来制取二氧化硫 SO_2：

$$S(s)+O_2(g) \longrightarrow SO_2(g)\quad \Delta H_{298}=-296.8kJ$$

$$3FeS_2+8O_2 \longrightarrow 6SO_2+Fe_3O_4$$

此外，也可从加热无水硫酸钙、焦碳和硅或铝的氧化物的混合物来获取二氧化硫. 其反应可表示如下：

$$CaSO_4+4C \longrightarrow CaS+4CO$$

$$CaS+3CaSO_4 \rightleftharpoons 4SO_2+4CaO$$

$$CaO+SiO_2 \longrightarrow CaSiO_3$$

或

$$CaO+Al_2O_3 \longrightarrow Ca(AlO_2)_2$$

总反应是

$$CaSO_4+C+SiO_2 \longrightarrow SO_2+CaSiO_3+CO$$

$$CaSO_4+C+Al_2O_3 \longrightarrow SO_2+Ca(AlO_2)_2+CO$$

因无水硫酸钙的还原反应是可逆的，加入二氧化硅或三氧化二铝移出氧化钙，即可使反应顺利向右进行.

使硫化氢在充足的空气中燃烧，也能生产二氧化硫：

$$2H_2S(g)+3O_2(g) \longrightarrow 2SO_2(g)+2H_2O(g)$$

$$\Delta H_{298}=-1036\text{kJ}$$

在实验室里，则常用稀盐酸和亚硫酸钠作用或使铜与热的浓硫酸反应来制备少量的二氧化硫：

$$Na_2SO_3+2HCl \longrightarrow SO_2+2NaCl+H_2O$$

$$Cu(s)+2H_2SO_4(l) \longrightarrow SO_2(g)+CuSO_4(s)+2H_2O(l)$$

$$\Delta H_{298}=-11.9\text{kJ}$$

在室温下，二氧化硫是一种有刺鼻嗅味的无色气体. 在其分子里，硫原子采取了 sp^2 杂化态，在不成键的杂化轨道中，有一对孤对电子. 实验结果表明，两个 S—O 键并没有差别，都具有相同的长度和强度. 硫原子和氧原子间除了形成 σ 键外，还有三原子四电子离域 π 键 π_3^4，所以 S—O 键具有双键的性质. 二氧化硫分子的结构可以表示如右图.

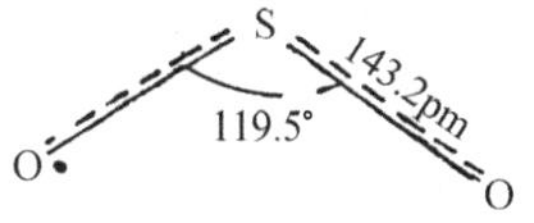

二氧化硫在常压下于 263K 或在常温下加压到 405kPa 就能液化为无色的液体. 经进一步冷冻，液态硫即固化为固体. 固态的二氧化硫为分子晶体，属正交晶系，每个晶胞含有 4 个二氧化硫分子，空间群为 *Aba*，晶胞参数：a=607pm；b=594pm；c=614pm. 表 16.16 汇列了二氧化硫的一些主要物理性质.

表 16.16　二氧化硫的一些物理性质[5,6]

熔点(K)	197.6
沸点(K)	263.1
熔化热(kJ/mol)	7.4
气化热(kJ/mol)	24.9
临界温度(K)	430.7
临界压力(MPa)	7.88
液体密度(g/cm^3；263K)	1.46
摩尔体积(cm^3/mol)	43.88
介电常数	
273K	15.6
254K	17.4
黏度(Pa · s；263K)	4.29×10^{-4}
偶极矩(C · m；298K)	5.37×10^{-30}

气态的二氧化硫易溶于水. 在不同的温度下，每一体积水所能溶解二氧化硫的体积数(换算成标准状况下)是：

273K	283K	288K	293K	303K	313K
79.79	56.65	47.28	39.37	27.16	18.80

二氧化硫的水溶液显酸性，加热可将溶解的二氧化硫完全驱出.

液态的二氧化硫只能与水有限地混溶，但它却能和苯完全混溶.

由于二氧化硫中的 S 的氧化数为+4，介于 S(0)和 S(VI)之间，故二氧化硫既具有还原性，也具有氧化性. 但总的说来，它的氧化性不如还原性突出.

显示二氧化硫氧化性的一个重要反应，是二氧化硫在 813K 左右于催化剂(如氧化铝载铜催化剂)的作用下，能迅速被一氧化碳还原为单质硫：

$$SO_2+2CO \longrightarrow S+2CO_2$$

如 16.2 中 1.3 节所述，这个反应可应用于从工业废气(如硫化物矿冶炼厂烟道气)中回收硫. 另一个在工业上有价值的反应，是二氧化硫将硫化氢氧化为单质硫的反应：

$$SO_2+2H_2S \longrightarrow 3S+2H_2O$$

这个反应在常况下虽能自发进行，但只在加热时或有微量水存在下，或在催化剂(如铝矾土矿)存在下加热，才有显著的速度. 二氧化硫和硫化氢都是火山气的组分，火山地带沉积的单质硫就是由于这个反应的结果.

二氧化硫能被空气中的氧缓慢地氧化为三氧化硫：

$$2SO_2(g)+O_2(g) \rightleftharpoons 2SO_3(g) \quad \Delta H_{298}=-197.8kJ$$

在有合适的催化剂存在时，上述反应便能向右加速进行.

二氧化硫和五氯化磷反应，生成亚硫酰氯(二氯氧化硫)：

$$SO_2(g)+PCl_5(s) \longrightarrow SOCl_2(1)+POCl_3(1) \quad \Delta H_{298}=-102.5kJ$$

如果将二氧化硫和氯的混合物曝置在阳光下，或者以樟脑作催化剂，则都能发生反应，生成硫酰氯(二氯二氧化硫)：

$$SO_2(g)+Cl_2(g) \longrightarrow SO_2Cl_2(1) \quad \Delta H_{298}=-97.6kJ$$

碘和溴都能将二氧化硫氧化为硫酸：

$$SO_2+I_2+2H_2O \longrightarrow H_2SO_4+2HI$$

$$SO_2+Br_2+2H_2O \longrightarrow H_2SO_4+2HBr$$

二氧化硫有孤对电子，因此它可作为一种 Lewis 碱而与过渡金属离子配位. 二氧化硫和过渡金属离子配位时，存在着两种方式：(1)硫原子和过渡金属离子形成单键(见图 16.7a)；(2)硫原子以它的孤对电子与过渡金属离子形成 σ 配键，然后过渡金属离子又与之形成一个 π 键. 使成 M═S 重键(见图 16.7b). 但二氧化硫也可作为一种 Lewis 酸. 例如，二氧化硫和三甲基胺作用，形成 1 : 1 的晶体电荷传递配位化合物$(CH_3)_3N \cdot SO_2$. 其结构见图 16.8. 可以认为，在此配位化合物中，电子是从 N 原子转移到定域于 S 原子的反键接受轨道上的.

SO_2 还能作用于 M—C 键而发生“插入”反应. 如：

$$(CH_3)_3Sn—CH_3+SO_2 \longrightarrow (CH_3)_3SnSO_2CH_3$$

$$RCH_2—HgOAc+SO_2 \longrightarrow RCH_2SO_2HgOAc$$

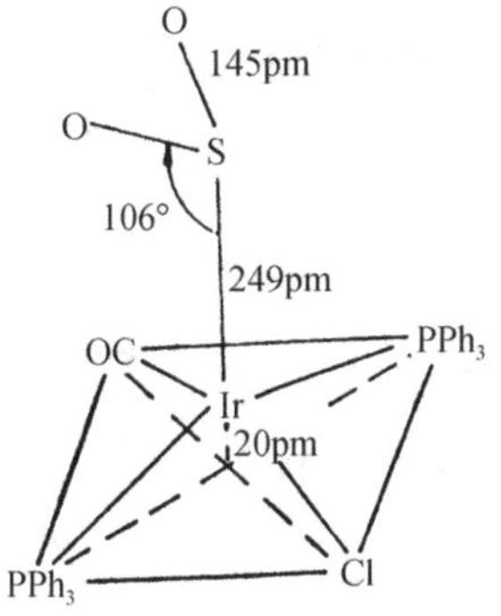

(a)

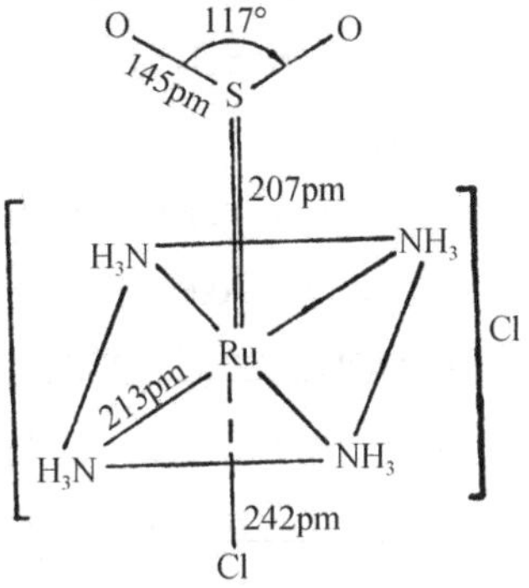

(b)

图 16.7 $[Ir(PPh_3)_2Cl(CO)SO_2]$和$[Ru(NH_3)_4ClSO_2]Cl$ 的结构(PPh_3=三苯基膦)

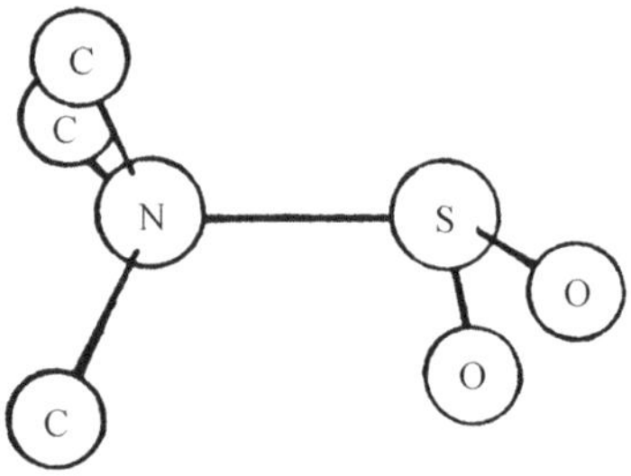

图 16.8 $(CH_3)_3N \cdot SO_2$ 的结构

液态二氧化硫通常装在钢筒中以备使用. 它的气化热较高，蒸发时可吸收大量的热，因而是一种有用的制冷剂. 液态二氧化硫还能溶解许多有机物和无机物，因此它又是一种有用的非水溶剂.

以液态二氧化硫作溶剂，能进行许多反应. 主要的类型有：

(1) 生成溶剂化物

$$KI + 4SO_2(1) \longrightarrow KI \cdot (SO_2)_4$$

$$KSCN + SO_2(1) \longrightarrow KSCN \cdot SO_2$$

(2) 溶剂分解反应

$$PCl_5 + SO_2(1) \longrightarrow POCl_3 + SOCl_2$$

$$CCl_4 + SO_2(1) \xrightarrow{Al_2Cl_6} COCl_2 + SOCl_2$$

$$COCl_2 + SO_2(1) \xrightarrow{Al_2Cl_6} CO_2 + SOCl_2$$

$$WCl_6 + SO_2(1) \longrightarrow WOCl_4 + SOCl_2$$

$$Zn(C_2H_5)_2 + SO_2(1) \longrightarrow ZnO + (C_2H_5)_2SO$$

(3) 中和反应

$$Cs_2SO_3 + SOCl_1 \xrightarrow{SO_2(1)} 2SO_2 + 2CsCl$$

$$K_2SO_3 + SOCl_2 \xrightarrow{SO_2(1)} 2SO_2 + 2KCl$$

(4) 复分解反应

$$2KBr + SOCl_2 \xrightarrow{SO_2(1)} 2KCl + SOBr_2$$

$$AsCl_3 + 3KF \xrightarrow{SO_2(1)} AsF_3 + 3KCl$$

$$2NH_4SCN + SOCl_2 \xrightarrow{SO_2(1)} 2NH_4Cl + SO(SCN)_2$$

$$2CH_3COOAg + SOCl_2 \xrightarrow{SO_2(1)} 2AgCl + SO(CH_3COO)_2$$

$$KI + (CH_3)_3NHCl \xrightarrow{SO_2(1)} KCl + (CH_3)_3NHI$$

$$KSCN + NOCl \xrightarrow{SO_2(1)} KCl + NOSCN$$

(5) 氧化还原反应

$$6KI + 3SbCl_5 \xrightarrow{SO_2(1)} 3I_2 + SbCl_3 + 2K_3[SbCl_6]$$

(6) 配位反应

$$Co(SCN)_2+2H_2O \xrightarrow{SO_2(l)} [Co(SCN)_2(H_2O)_2]$$

液态二氧化硫能溶解许多无机盐. 研究无机盐类在液态二氧化硫中的溶解度，既可在其沸点(263.1K)或低于沸点的温度下进行，也可于压力下在 273K 或常温下进行. 表 16.17 列出了在 273K 时各种无机盐类在液态二氧化硫中的溶解度.

表 16.17 在 273K 时无机盐类于液态二氧化硫中的溶解度($mmol/1kgSO_2$)[6]

	溶解度									
	SO_3^{2-}	SO_4^{2-}	F^-	Cl^-	Br^-	I^-	SCN^-	CN^-	ClO_4^-	CH_3COO^-
Li^+		1.55	23.0	2.82	6.0	1490.0				3.48
Na^+	1.37	不溶	6.9	不溶	1.36	1000.0	80.5	3.67		8.90
K^+	1.58	不溶	3.1	5.5	40.0	2490.0	502.0	2.62		0.61
Rb^+	1.27			27.2	溶	溶				
NH_4^+	2.67	5.07		1.67	6.0	580.0	6160.0		2.41	141.0
Tl^+	4.96	0.417	不溶	0.292	0.60	1.81	0.915	0.522	0.43	285.0
Ag^+	不溶	不溶	不溶	20.07	0.159	0.68	0.845	1.42		1.02
Be^{2+}				5.8						
Mg^{2+}				1.47	1.3	0.50				
Ba^{2+}				不溶	不溶	18.15	不溶			
Cu^{2+}	不溶			不溶		1.17				
Zn^{2+}				11.75		3.45	40.4			
Hg^{2+}		0.338		3.8	2.06	0.265	0.632	0.556		2.98
Pb^{2+}		不溶	2.16	0.69	0.328	0.195	0.371	0.386		2.46
Co^{2+}				1.00		12.2	不溶			
Ni^{2+}				不溶			不溶			0.08
Al^{3+}				易溶	0.60	5.64				
Sb^{3+}			0.56	575.0	21.8	0.26				
Bi^{2+}				0.60	3.44					

元素和无机化合物在液态二氧化硫中的溶解性，大致可分如下几类：

(1) 共价型化合物比离子型化合物有较大的溶解度. Br_2，BCl_3，CS_2，PCl_3，$AsCl_3$，ICl 等能以任意的比例与液态二氧化硫混合.

(2) 第 IV 族元素(除铅外)的卤化物不仅易溶，而且在某一温度以上时，能和液态二氧化硫完全混合.

(3) 碱金属和铵的碘化物及硫氰酸盐，在无机盐中溶解度是最大的.

(4) 在碱金属的卤化物中，按碘化物>溴化物>氯化物的顺序，溶解度减小.

(5) 金属氧化物、硫酸盐、硫化物、氢氧化物为难溶或不溶，硝酸盐则起反应.

相的研究结果表明，在二甲基亚砜–二氧化硫体系中，存在着 1∶1 的加合物. 其熔点为 235K. 这一体系能和许多金属反应，生成硫酸盐或焦硫酸盐. 其反应历程可能是：

$$(CH_3)_2SO \cdot SO_2 + M \longrightarrow MSO_3 \xrightarrow{(CH_3)_2SO} MSO_4$$

$$(CH_3)_2SO \cdot SO_2 + M \longrightarrow MSO_3 \xrightarrow{SO_2} MS_2O_5 \xrightarrow{2(CH_3)_2SO} MS_2O_7$$

3.3.5　三氧化硫

三氧化硫和二氧化硫都是硫的重要的氧化物. 从热力学的观点来看，对二氧化硫和氧作用生成三氧化硫是有利的：

$$2SO_2(g) + O_2(g) \rightleftharpoons 2SO_3(g) \quad \Delta H_{298} = -197.8kJ$$

但反应速度是缓慢的. 如果将体系的温度升高到 673K 左右，可使反应较快地达到平衡. 不过即使在这个温度下，达成平衡所需的时间仍然太长，以致在工业上还不能加以利用. 海绵状的铂，五氧化二钒，钨、钼、铬、镍或铁的氧化物，都可催化二氧化硫的氧化反应加速向右进行. 目前，工业上由二氧化硫和空气在常压制备三氧化硫时，常用的催化剂是五氧化二钒 V_2O_5，反应温度为 673K 左右. 在这种情况下，产率一般可达 98%左右.

$$2SO_2 + O_2 \xrightarrow[673K]{V_2O_5} 2SO_3$$

如果反应温度低于 673K，反应便变得缓慢，不适合工业生产的需要，但若将反应温度升高到 873K 时，则产率下降为 80%左右. 于常压下，二氧化硫转化为三氧化硫的百分数已相当高，故在工业生产中无需采取加压措施. 现将压力对二氧化硫转化率的影响列于表 16.18.

表 16.18　压力对二氧化硫转化率(%)的影响[7]

温度(K)	压力(kPa)					
	101.3	506.6	1013.3	2533.1	5066.3	10132.5
673	99.2	99.6	99.7	99.9	99.9	99.9
723	97.5	98.9	99.2	99.5	99.6	99.7
773	93.5	96.9	97.8	98.6	99.0	99.3
823	85.6	92.9	94.9	96.7	97.7	98.3

三氧化硫在气态时以单个分子存在. 分子中 S 原子为 sp^2 杂化态，具平面三角形结构. 硫原子居于一个等边三角形的中心，氧原子则占据在三个顶角上. S—O 键的键长为 141pm，键角 OSO 为 120°. 与 S—O 单键的键长(约 170pm)相比较，三氧化硫中的 S—O 键显然具有双键的特征.

三氧化硫在常况下是无色的固体. 已知固态的三氧化硫有三种同素异形体，即 α–SO_3，β–SO_3 和 γ–SO_3.

γ–SO_3 具有冰状结构，故又叫做冰状三氧化硫. 属正交晶系，晶胞参数：a=520pm；b=1080pm；c=1240pm，其结构单元为三氧化硫的环状三聚体$(SO_3)_3$，三聚体的键长及键角数据见图 16.9 所示. 三氧化硫环状三聚体的环是由 SO_4 四面体构成的，其中 S 原子皆为 sp^3 杂化态. 键长表明，氧原子和硫原子连接成环的键基本上是单键，其余的氧原子和硫原子所成的键则为双键. γ–SO_3 熔点为 290.0K. 其熔化热和升华热分别为 9.5，56.3kJ/mol.

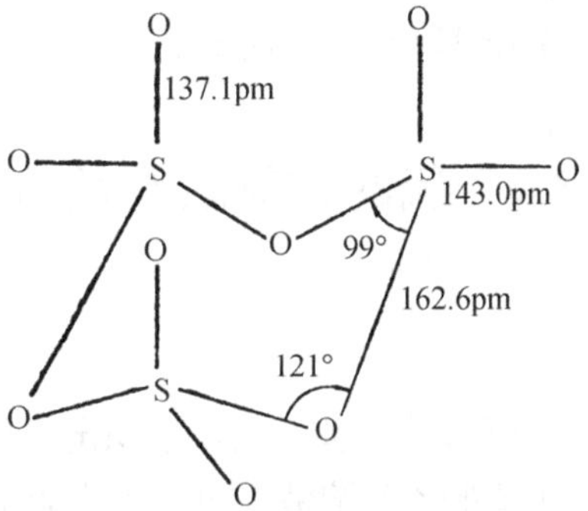

图 16.9　三氧化硫的环状三聚体结构

β–SO_3 具有石棉状结构，故又叫做石棉状或纤维状三氧化硫. 属单斜晶系，晶胞参数：a=620pm；b=406pm；c=931pm；β=109°50′. 其中，四面体 SO_4 单元彼此相连接成无限螺旋状链结构$(SO_3)_n$，但这种结构要在有痕量水存在下才能形成. 在这种结构形式中，S 原子也采取了 sp^3 杂化态，键的性质也和 γ–SO_3 中的相类似. β–SO_3 的熔点是 305.7K. 其熔化热和升华热分别为 13.4，58.2kJ/mol. 现将 β–SO_3 的螺旋状链结构示于图 16.10 中.

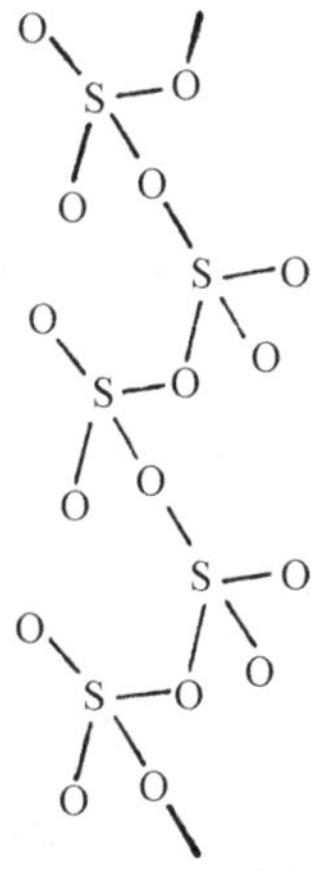
图 16.10　β–SO_3 的螺旋状链结构

α–SO_3 也具有类石棉状态. 它大概由相似于 β–SO_3 的链并接在一起而形成的层状结构. α–SO_3 的熔点为 335.4K. 其熔化热和升华热分别为 25.5，66.6kJ/mol.

三氧化硫是一个强氧化剂，它可使单质磷燃烧和将碘化物氧化为单质碘等：

$$10SO_3 + 4P \longrightarrow P_4O_{10} + 10SO_2$$

$$SO_3 + 2KI \longrightarrow I_2 + K_2SO_3$$

三氧化硫能溶于液态二氧化硫中，并存在如下的平衡：

$$SO_3+SO_2 \rightleftharpoons SO_4^{2-}+SO^{2+}$$

或

$$2SO_3+SO_2 \rightleftharpoons S_2O_7^{2-}+SO^{2+}$$

在 1173K 或更高的温度下，三氧化硫会分解为二氧化硫和氧：

$$2SO_3 \rightleftharpoons 2SO_2+O_2$$

三氧化硫是生产硫酸过程的一个中间产物，它溶于水便成为硫酸，并放出大量的热：

$$SO_3+H_2O \longrightarrow H_2SO_4+79.5kJ$$

3.4 硫的含氧酸及其盐

3.4.1 次硫酸及其盐

次硫酸 H_2SO_2 是硫的含氧酸的一种，它极不稳定，仅能以盐的形式存在.

用锌作用于二氯二氧化硫的乙醚溶液，可制得次硫酸锌：

$$2Zn+SO_2Cl_2 \longrightarrow ZnSO_2+ZnCl_2$$

使乙酸钴(II)与连二亚硫酸钠 $Na_2S_2O_4$ 溶液作用：

$$Co(CH_3COO)_2+Na_2S_2O_4 \longrightarrow CoS_2O_4+2CH_3COONa$$

然后加入过量的氨：

$$CoS_2O_4+2NH_3+H_2O \longrightarrow CoSO_2+(NH_4)_2SO_3$$

向所得溶液通入二氧化碳直至饱和，便可从溶液中析出晶状的棕色的次硫酸钴.

甲醛次硫酸氢钠 $NaHSO_2 \cdot CH_2O \cdot 2H_2O$ 就是俗称的雕白粉. 这个加成物具有强的还原性. 例如，它能将 I_2 还原为 I^-：

$$NaHSO_2 \cdot CH_2O+2I_2+2H_2O \longrightarrow 4HI+NaHSO_4+CH_2O$$

甲醛次硫酸氢钠在印染工业中常用作拔染剂，在制糖工业中则常作为漂白剂.

3.4.2 亚硫酸及其盐

人们一直称二氧化硫的水溶液为亚硫酸溶液. 但迄今为止，还未能从该水溶液中分离出游离的亚硫酸 H_2SO_3 来．事实上，在这样的溶液中，并不存在或只存在极少量的亚硫酸．因此，二氧化硫在水溶液中的平衡最好表示如下：

$$SO_2 + nH_2O \rightleftharpoons SO_2 \cdot nH_2O$$

$$SO_2 \cdot nH_2O \rightleftharpoons H^+ + HSO_3^- + (n-1)H_2O$$

$$HSO_3^- \rightleftharpoons H^+ + SO_3^{2-}$$

由此可见，它的第一步电离常数确切应定义为：

$$K_{a_1} = \frac{[HSO_3^-][H^+]}{[\text{溶解的总}SO_4] - [HSO_3^-] - [SO_3^{2-}]}$$

虽然亚硫酸本身并不存在，但目前在习惯上仍称二氧化硫的水溶液为亚硫酸．在常温下，其电离常数 $K_{a_1} = 1.3 \times 10^{-2}$；$K_{a_2} = 6.3 \times 10^{-8}$.

含 HSO_3^- 的酸式亚硫酸盐和含 SO_3^{2-} 的亚硫酸盐都是已知的，按下列反应即可方便地制得：

$$SO_2 + NaOH \longrightarrow NaHSO_3$$

$$2NaHSO_3 + Na_2CO_3 \xrightarrow[\text{煮沸}]{} 2Na_2SO_3 + CO_2 + H_2O$$

在亚硫酸盐类晶体中的 SO_3^{2-} 离子，具有角锥形的结构：

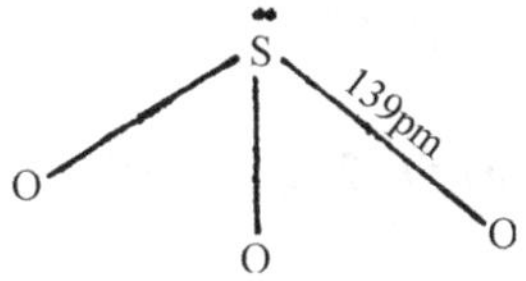

在酸式亚硫酸盐溶液中则存在四种结构．低浓度(3×10^{-3}mol/L)时，有两种互变异构体(a)和(b)：

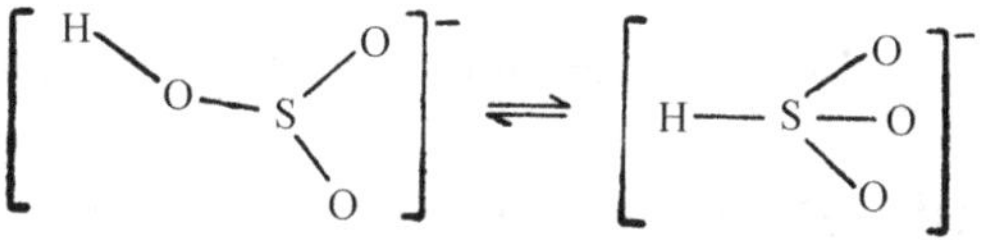

(a) (b)

在高浓度(1×10^{-2}mol/L)时，上述两种互变异构体由于氢键的作用而联结为(c)的结构，而后者又和焦亚硫酸根离子(d)处于同一平衡中：

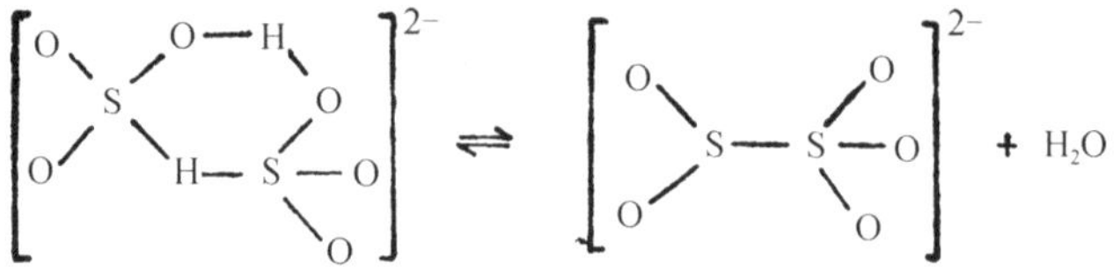

(c)　　　　　　(d)

所有酸式亚硫酸盐都易溶于水. 但除碱金属和铵的亚硫酸盐较易溶于水外，其他亚硫酸盐均难溶或只微溶于水. 酸式亚硫酸盐和亚硫酸盐遇强酸即分解而放出二氧化硫：

$$2MHSO_3+H_2SO_4 \longrightarrow M_2SO_4+2SO_2+2H_2O$$

$$M_2SO_3+H_2SO_4 \longrightarrow M_2SO_4+SO_2+H_2O$$

亚硫酸盐受热时，一般都易发生歧化反应. 例如，亚硫酸钠在加热时，会歧化为硫化钠和硫酸钠：

$$4Na_2SO_3 \xrightarrow[\triangle]{} Na_2S+3Na_2SO_4$$

亚硫酸氢盐在加热时，则生成焦亚硫酸盐. 例如：

$$2NaHSO_3 \xrightarrow[\triangle]{} Na_2S_2O_5+H_2O$$

亚硫酸及其盐既具有还原性，也具有氧化性. 但和二氧化硫一样，氧化性不如还原性突出，只在强还原剂的作用下，才显氧化性. 在酸性介质中，其氧化还原电位为

$$SO_4^{2-}+4H^++(n-2)H_2O+2e \rightleftharpoons SO_2 \cdot nH_2O \quad E^\circ=0.20V$$

$$SO_2 \cdot nH_2O+4H^++4e \rightleftharpoons S+(n+2)H_2O \quad E^\circ=0.45V$$

在碱性介质中则为

$$SO_4^{2-}+H_2O+2e \rightleftharpoons SO_3^{2-}+2OH^- \quad E^\circ=-0.93V$$

$$SO_3^{2-}+3H_2O+4e \rightleftharpoons S+6OH^- \quad E^\circ=-0.90V$$

亚硫酸及其盐在空气中易氧化成硫酸或硫酸盐：

$$2SO_2 \cdot nH_2O+O_2 \longrightarrow 2H_2SO_4+(2n-2)H_2O$$

$$2Na_2SO_3+O_2 \longrightarrow 2Na_2SO_4$$

上述反应以 pH = 7—7.2 时为最快. 保存它们时，应防止空气的进入，工业上常利用亚硫酸钠来除去水中溶解的氧，从而避免输水铁管的腐蚀. 此外，它们还能被许多其他强氧化剂迅速氧化. 例如：

$$3SO_3^{2-} + 2MnO_4^- + 3H_2O \longrightarrow 3SO_4^{2-} + 2MnO(OH)_2 + 2OH^-$$

$$HSO_3^- + Cl_2 + H_2O \longrightarrow SO_4^{2-} + 2Cl^- + 3H^+$$

亚硫酸及其盐遇到更强的还原剂时，可以表现出其氧化性. 例如：

$$SO_2 \cdot nH_2O + 2H_2S \longrightarrow 3S + (n+2)H_2O$$

亚硫酸和亚硫酸盐在工业上是常用的还原剂. 可用亚硫酸氢钠作为脱氯剂，以除去漂白布匹上残留的氯. 亚硫酸能和许多染料以及有色的有机化合物发生加成反应，生成无色的化合物，因而在漂染工业中也常用它作漂白剂，以漂白织物、羊毛、蚕丝和麦杆等.

晶态的 NH_4HSO_3，$(NH_4)_2SO_3$，$Na_2SO_3 \cdot 7H_2O$，Na_2SO_3，K_2SO_3，$CaSO_3 \cdot 2H_2O$ 和 $BaSO_3$ 的生成热 ΔH_{298} 分别为−769.0，−887.0，−3152.2，−1090.4，−1116.7，−1762.3 和−1182.4kJ/mol.

3.4.3 硫酸和硫酸盐

三氧化硫与水化合，即生成硫酸 H_2SO_4：

$$SO_3 + H_2O \longrightarrow H_2SO_4 + 79.5kJ$$

硫酸是硫的最重要的含氧酸，也是硫在工业上最重要的化合物. 工业上制造硫酸的方法有两种，即铅室法和接触法.

铅室法以硫或含硫矿石(如黄铁矿等)为原料，在焚矿炉中将其燃烧成二氧化硫. 其后，借助氮的氧化物的催化氧化，使二氧化硫与氧结合并转化为硫酸. 铅室法制硫酸，化学反应复杂，中间产物也较多，其中有些反应或中间产物尚未完全明了. 在铅室中的主要反应可简单表示如下：

$$2NO + O_2 \longrightarrow 2NO_2$$

$$SO_2 + nH_2O \longrightarrow SO_2 \cdot nH_2O$$

$$SO_2 \cdot nH_2O + NO_2 \longrightarrow H_2SO_4 \cdot NO + (n-1)H_2O$$

$$H_2SO_4 \cdot NO \longrightarrow H_2SO_4 + NO$$

此外，在铅室中常常会生成一种叫做铅室晶体的结晶亚硝基磺酸 HO—SO_2ONO：

$$4SO_2+4NO_2+O_2+2H_2O \longrightarrow 4HO\text{–}SO_2ONO$$

$$2H_2SO_4 \cdot NO+NO_2 \longrightarrow 2HO\text{–}SO_2ONO+NO+H_2O$$

亚硝基磺酸遇水或其他物质，即分解为硫酸和氮的氧化物. 例如：

(1) $2HO\text{–}SO_2ONO+H_2O \longrightarrow 2H_2SO_4+NO+NO_2$

(2) $2HO\text{–}SO_2ONO+SO_2+2H_2O \longrightarrow 2H_2SO_4 \cdot NO+H_2SO_4$

$H_2SO_4 \cdot NO \longrightarrow H_2SO_4+NO$

(3) $HO\text{–}SO_2ONO+HNO_3 \longrightarrow H_2SO_4+2NO_2$(或 N_2O_4)

(4) $2HO\text{–}SO_2ONO+SO_2+2H_2O \longrightarrow H_2SO_4+2SO_5NH_2$

$SO_5NH_2 \longrightarrow H_2SO_4+NO$

在生产过程中，一氧化氮可循环使用. 但实际上每次总有少量二氧化氮不还原为一氧化氮，而变为一氧化二氮，甚至变为氮等，故不时需加入硝酸予以补充，铅室法是早期生产硫酸的工业方法，产品的浓度仅为 65%左右. 如需浓度较高的硫酸，必须加以蒸浓. 在铅皿内蒸发，浓度可达 78%. 若需更浓的酸，则蒸发要在铂制或瓷制器皿中进行.

目前工业生产硫酸，大多采用接触法. 如 16.3 中 3.5 节所述，接触法生产硫酸是用五氧化二钒作催化剂，在常压和一定的温度下将二氧化硫催化氧化为三氧化硫. 其后，用浓硫酸(98.3%)来吸收三氧化硫，得到发烟硫酸(含过量 20%的三氧化硫)，再用 92.5%的硫酸来稀释发烟硫酸，即得浓度为 98.3%的商品浓硫酸. 用接触法可以直接制得浓度为 98%以上的硫酸和发烟硫酸，纯度也较铅室法硫酸为高.

我国的硫酸工业起始于十九世纪七十年代，多采用古老的铅室法和塔式法生产. 新中国建立后，大力发展接触法硫酸的生产. 目前，我国生产硫酸以硫铁矿为主要原料. 据 1983 年的统计，用硫铁矿为原料生产的占产量的 72.7%；用有色金属冶炼烟气生产的占产量的 11.3%；用硫黄生产的占产量的 16.0%. 随着国民经济的发展，我国硫酸工业也获得了很大的发展. 1950 年至 1980 年的三十年间，产量平均每年增长 17%左右. 1983 年的产量达到了 869 万吨，仅次于美国(3094 万吨)和苏联(2471 万吨)，居世界第三位.

1983 年，全国各地区硫酸产量占全国总产量的百分数为：东北 13.17%；华北 11.36%；华东 31.77%；中南 27.07%；西南 11.33%；西北 5.3%.

硫酸分子的结构如图 16.11 所示. 在硫酸分子中，S—O 键的键长并不全都一样，其中两个键较短，另两个键则较长. 如果把硫酸分子表示为 $SO_2(OH)_2$ 似乎更符合实际，它以两个较长的 S—O 键(单键)与氢原子相联接. 键角 OSO 在 98°—117°的范围之内，其中两个短键(S ═ O)之间的夹角最大.

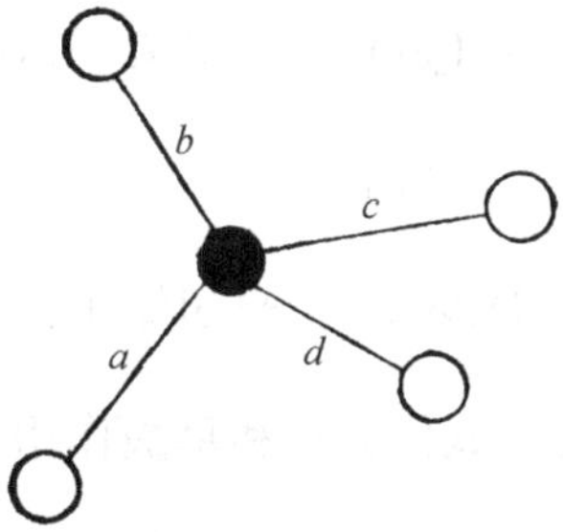

图 16.11　硫酸分子的结构

键长(pm)：a=155　b=142
c=152　d=143
键角：ab=116° ac=104°
ad=112° bc=98°
bd=117° cd=109°

在无水硫酸中，每个四面体形的硫酸分子通过氢键与相邻的 4 个硫酸分子联接而形成层状结构，在浓硫酸中也存在着类似的情况，故它们皆呈油状. 在 298K 时，其黏度为 0.02454Pa · s. 加热时，它会放出三氧化硫，直到酸的浓度降低到 98.3%为止. 这时，它成为恒沸酸，沸点为 611K，在 288K 下的密度为 1.8384g/cm^3，298K 时则为 1.8269g/cm^3，约相当于 18mol/L. 在 298K 时，其介电常数为 100.

在无水硫酸中，其自身存在着电离平衡：

$$2H_2SO_4 \rightleftharpoons H_3SO_4^+ + HSO_4^- \quad K_{283}=1.7\times10^{-4}mol^2/kg^2$$

此外，还存在如下平衡：

$$2H_2SO_4 \rightleftharpoons H_3O^+ + HS_2O_7^- \quad K_{283}=3.5\times10^{-5}mol^2/kg^2$$

$$H_2SO_4+H_2O \rightleftharpoons H_3O^+ + HSO_4^- \quad K_{283}=1mol/kg$$

$$H_2SO_4+H_2S_2O_7 \rightleftharpoons H_3SO_4^+ + HS_2O_7^- \quad K_{233}=7\times10^{-2}mol/kg$$

上述各平衡的 K 值，均引自本章所列参考文献[1].

浓硫酸溶于水时，会放出大量的热，因此，稀释浓硫酸时，必须在搅拌下小心地将浓硫酸缓缓注入水中. 若将水加到浓硫酸中，则会造成酸液迸溅而发生人身伤害的危险!

这种放热现象是同硫酸的水合作用有关的，已知硫酸的水合物有 $H_2SO_4 \cdot H_2O$，$H_2SO_4 \cdot 2H_2O$ 和 $H_2SO_4 \cdot 4H_2O$. 通常用浓硫酸作干燥剂和脱水剂，就是利用它和水强烈的结合作用. 例如，含氢和氧比例为 2 : 1 的有机化合物蔗糖 $C_{12}H_{22}O_{11}$ 或纤维素$(C_6H_{10}O_5)_n$ 遇到浓硫酸，就会脱去组成水而成为碳：

$$C_{12}H_{22}O_{11}+11H_2SO_4 \longrightarrow 12C+11H_2SO_4 \cdot H_2O$$

$$(C_6H_{10}O_5)_n+5nH_2SO_4 \longrightarrow 6nC+5nH_2SO_4 \cdot H_2O$$

乙醇与浓硫酸同热，则脱水生成乙烯：

$$C_2H_5OH+H_2SO_4 \longrightarrow C_2H_4+H_2SO_4 \cdot H_2O$$

浓硫酸和甲酸作用时，生成一氧化碳；和草酸作用时则生成一氧化碳和二氧化碳. 反应可表示为：

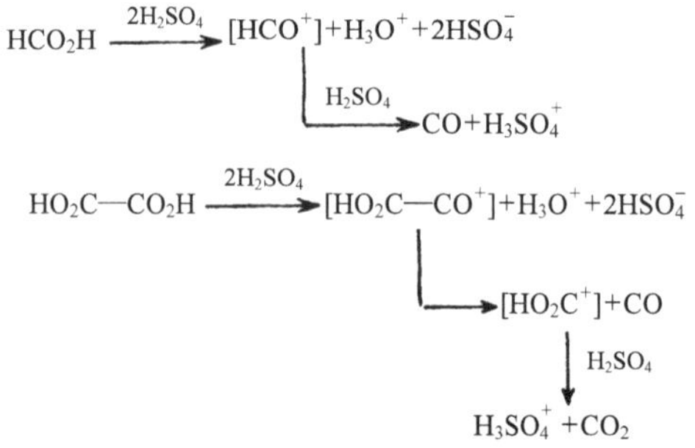

浓硫酸对人的皮肤也有很大的破坏性，这也是因它能与皮肤的有机物质进行脱水反应的缘故.

硫酸是一个强二元酸. 它在 0.05mol/L 溶液中的电离度为 59%；在 0.5mol/L 溶液中则为 51%. 硫酸在水溶液中的电离作用分两步进行：

$$H_2SO_4 \rightleftharpoons H^+ + HSO_4^-$$

$$HSO_4^- \rightleftharpoons H^+ + SO_4^{2-}$$

在它的稀溶液中，硫酸的第一步电离几乎是完全的，第二步电离则较不完全，其电离常数为：

$$\frac{[SO_4^{2-}][H^+]}{[HSO_4^-]}=1.29\times10^{-2}(291K)$$

不过即使这样，HSO_4^- 仍是一个中等强度的酸.

由氧化还原电位：

$$H_2SO_4+2H^++2e \rightleftharpoons SO_2+2H_2O \quad E^\circ=0.20V$$

$$H_2SO_4+6H^++6e \rightleftharpoons S+4H_2O \quad E^\circ=0.36V$$

$$H_2SO_4+8H^++8e \rightleftharpoons H_2S+4H_2O \quad E^\circ=0.30V$$

可知，硫酸在一般浓度时并不是一个强的氧化剂. 事实上，硫酸只在高浓度、于高浓度时加热和有较强的还原剂存在下，才是强氧化剂. 热的浓硫酸可以氧化某些非金属元素和金属元素：

$$2H_2SO_4(l)+S(s) \longrightarrow 3SO_2(g)+2H_2O(l) \quad \Delta H_{298}=165.8\text{kJ}$$

$$2H_2SO_4(l)+C(s) \longrightarrow 2SO_2(g)+CO_2(g)+2H_2O(l)$$

$$\Delta H_{298}=69.1\text{kJ}$$

$$2H_2SO_4(l)+Cu(s) \longrightarrow SO_2(g)+CuSO_4(s)+2H_2O(l)$$

$$\Delta H_{298}=-11.9\text{kJ}$$

也可氧化一些具有较强还原性的物质：

(1) $H_2SO_4(l)+NaBr(s) \longrightarrow NaHSO_4(s)+HBr(g)$

$$\Delta H_{298}=-3189.5\text{kJ}$$

$$H_2SO_4(l)+2HBr(g) \longrightarrow SO_2(g)+Br_2(g)+2H_2O(l)$$

$$\Delta H_{298}=49.2\text{kJ}$$

(2) $H_2SO_4(l)+NaI(s) \longrightarrow NaHSO_4(s)+HI(g)$

$$\Delta H_{298}=-3198.7\text{kJ}$$

$$H_2SO_4(l)+8HI(g) \longrightarrow H_2S(g)+4I_2(s)+4H_2O(l)$$

$$\Delta H_{298}=-561.9\text{kJ}$$

若为稀硫酸，则上述反应皆不能进行. 稀硫酸与一些活泼金属作用产生氢：

$$H_2SO_4+Fe \longrightarrow FeSO_4+H_2$$

$$H_2SO_4+Zn \longrightarrow ZnSO_4+H_2$$

浓硫酸是一良好的磺化剂. 例如，能和苯作用生成苯磺酸：

$$C_6H_6+H_2SO_4 \longrightarrow C_6H_5SO_3H+H_2O$$

硫酸也可形成有机硫酸盐，如硫酸二乙基$(C_2H_5)_2SO_4$就是其中的一种.

无水硫酸可作为非水介质使用. 但它对离子型化合物来说，并不是好的溶剂，这是因为：(1)小的离子溶剂化能；(2)高的反应性；(3)高的黏度使溶解和结晶都发生困难.

硫酸能形成两种盐类，即硫酸盐和酸式硫酸盐. 用 X–射线衍射法对各种离子性硫酸盐进行测定的结果证实，SO_4^{2-} 离子具有正四面体形的结构，其 S—O 键的键长均为 144pm(见图 16.12). 这一短的键长表明，在 S—O 键中还存在着 $d\pi$–$p\pi$ 的成分. 它是由填充在氧原子 $p\pi$ 轨道上的电子移到硫

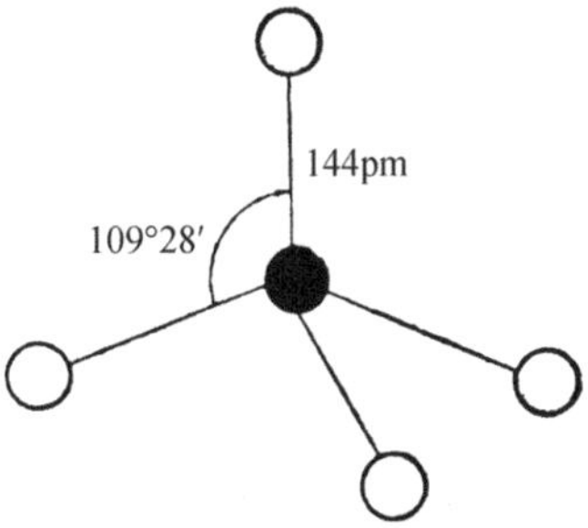

图 16.12　硫酸根离子的结构

原子的空 $d\pi$ 轨道而形成的.

大多数硫酸盐都较易溶于水，仅有少数几种如铅、钡、锶、钙和银的硫酸盐是难溶的. 除碱金属能生成稳定的固态酸式盐外，其他金属的酸式硫酸盐仅能存在于溶液中. 酸式硫酸盐都易溶于水.

在固态硫酸盐中，SO_4^{2-} 离子往往携带着“阴离子结晶水”. 例如，$CuSO_4 \cdot 5H_2O$ 和 $FeSO_4 \cdot 7H_2O$ 等. 它们的正确组成可以分别写为$[Cu(H_2O)_4][SO_4(H_2O)]$和$[Fe(H_2O)_6][SO_4(H_2O)]$. 一般认为，这个水合阴离子是由水分子和硫酸根离子通过氢键联结而构成的：

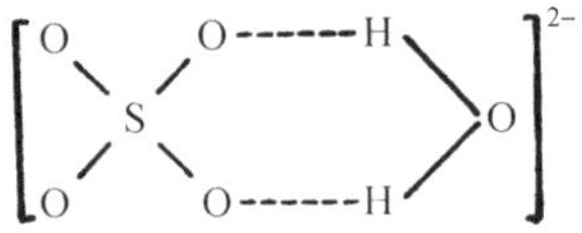

碱金属和碱土金属的硫酸盐在高温下是稳定的. 例如，Na_2SO_4，K_2SO_4 和 $BaSO_4$等即使在加热到 1273K 时也不会分解. 其他金属的硫酸盐在高温下一般都分解为金属氧化物和三氧化硫. 例如：

$$Al_2(SO_4)_3 \xrightarrow[\triangle]{} Al_2O_3+3SO_3$$

$$PbSO_4 \xrightarrow[\triangle]{} PbO+SO_3$$

$$Ag_2SO_4 \xrightarrow[\triangle]{} Ag_2O+SO_3$$

碱金属的酸式硫酸盐被加热到熔点以上，即转变为焦硫酸盐：

$$2NaHSO_4 \xrightarrow[\triangle]{} Na_2S_2O_7+H_2O$$

再增加温度，则进一步分解为硫酸盐和三氧化硫：

$$Na_2S_2O_7 \xrightarrow[\triangle]{} Na_2SO_4+SO_3$$

在一些场合下，SO_4^{2-} 离子可作为配位体，与金属离子配位形成

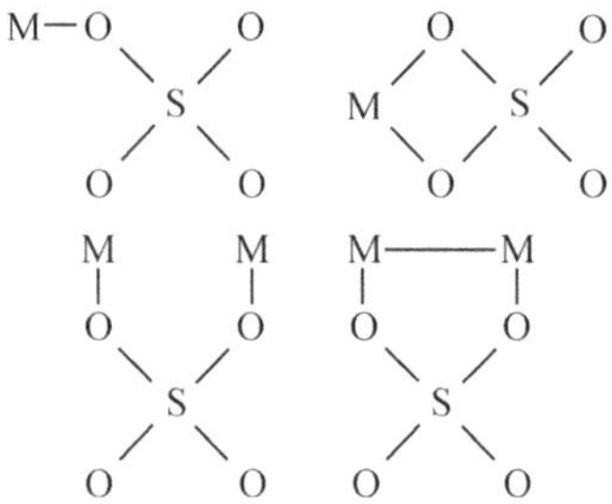

等几种类型的配位化合物. 如

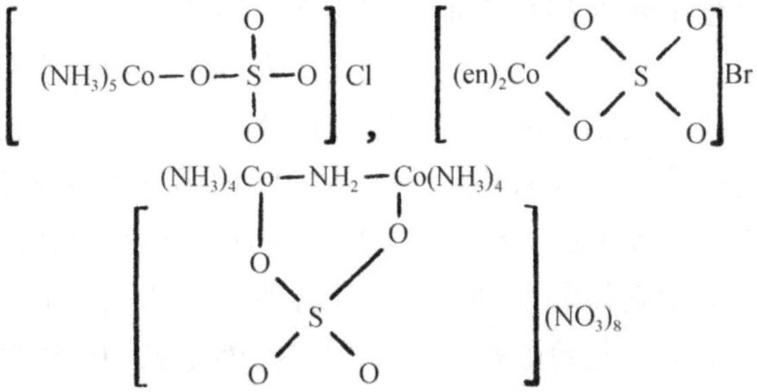

等，就是其中典型的例子.

一些晶态的硫酸盐和酸式硫酸盐的生成热ΔH_{298}(括号内的数值，kJ/mol)为：$(NH_4)_2SO_4$(−1179.3)，NH_4HSO_4(−1024.4)，Li_2SO_4(−1434.4)，Na_2SO_4(−1384.5)，$NaHSO_4$(−1126.3)，K_2SO_4(−1433.7)，$KHSO_4$(−1158.1)，Rb_2SO_4(−1424.7)，$RbHSO_4$(−1145.2)，Cs_2SO_4(−1420.0)，$CsHSO_4$(−1146.4)，$CuSO_4$(−769.9)，Ag_2SO_4(−713.4)，$BeSO_4$(−1196.6)，Mg_2SO_4(−1278.2)，$CaSO_4$(−1432.7)，$SrSO_4$(−1444.7)，$BaSO_4$(−1465.2)，$ZnSO_4$(−978.6)，$CdSO_4$(−926.2)，$HgSO_4$(−704.2)，Hg_2SO_4(−742.0)，$Al_2(SO_4)_3$(−3435.0)，$In_2(SO_4)_3$(−2907.9)，Tl_2SO_4(−927.6)，$Sn(SO_4)_2$(−1646.0)，$PbSO_4$(−918.4)，$Zr(SO_4)_2$(−2499.5)，$VoSO_4$(−1307.5)，$MnSO_4$(−1063.7)，$CoSO_4$(−868.2)，$NiSO_4$(−891.2).

表 16.19　硫酸盐的主要用途

硫酸盐	主要用途
$(NH_4)_2SO_4$	用作肥料、焊药和用于织物防火
Na_2SO_4	用于制硫化钠、纸浆、玻璃、水玻璃、瓷釉、群青，并用作缓泻剂和钡盐中毒的解毒剂.
K_2SO_4	用作肥料和缓泻剂，也用于制明矾、玻璃和碳酸钾.
$KHSO_4$	用作食物防腐剂和化学试剂，也用于制备焦硫酸钾.
$MgSO_4$	用于制革、炸药、肥料、造纸、瓷器、印染等工业，也用作泻药.
$CaSO_4$	用作纸张填充剂和磨光粉.
$BaSO_4$	用作白色颜料、纸张和橡胶等的填充剂，也用作 X 射线透视肠胃时的药剂.
$Al_2(SO_4)_3$	用于鞣革、纸张上胶、媒染和石油的脱臭除色，也用作净水剂和纸张充填剂，并用于制防火布和药物.
Tl_2SO_4	用作杀鼠剂和化学试剂.
$Cr_2(SO_4)_3$	用于印染、陶瓷和制革工业.
$MnSO_4$	用于电解制金属锰和油漆催干剂，也用来做锰肥.
$FeSO_4$	用作净水剂、煤气净化剂和媒染剂，也是制造除草剂、蓝黑墨水和颜料的原料，医药上则用它作为治疗缺铁性贫血的药剂.
$CoSO_4$	用来制陶瓷釉料和油漆催干剂.
$NiSO_4$	用来制备镍催化剂和油漆催干剂，并用于电镀.
$ZnSO_4$	用于制锌钡白(立德粉)，并用作媒染剂、收剑剂和木材防腐剂.
$CuSO_4$	用作纺织品媒染剂、农业杀虫剂、水的杀菌剂，并用于镀铜工业.

硫酸和硫酸盐在工业上都具有重大的用途. 硫酸的年产量和年消耗量往往可以成为一个国家化学工业和其他工业发展繁荣程度的一种相当精确的指标.

硫酸主要用于制造氮肥硫酸铵和磷肥过磷酸钙，也用于合成药物、合成染料、合成洗涤剂和金属的冶炼. 在有机化学工业中，常用它作脱水剂和磺化剂. 硫酸也用于制备其他酸类(如磷酸)、硫酸盐以及一些有机化合物(如乙醚). 在金属、搪瓷和电镀等工业中常用它作酸洗剂. 石油工业则用它来精炼石油制品. 硫酸盐也有着广泛的用途. 现将一些硫酸盐的主要用途汇列于表 16.19 中.

3.4.4　硫的焦酸和焦酸盐

硫的焦酸有焦亚硫酸和焦硫酸两种.

自由状态的焦亚硫酸 $H_2S_2O_5$ 并不存在. 但焦亚硫酸根离子 $S_2O_5^{2-}$ 却存在于较浓的酸式亚硫酸盐溶液中：

$$2HSO_3^- \rightleftharpoons S_2O_5^{2-} + H_2O$$

将固态的亚硫酸氢钠加热，或向亚硫酸钠的水溶液通入过量的二氧化硫，都可得到焦亚硫酸的钠盐：

$$2NaHSO_3 \xrightarrow[\triangle]{} Na_2S_2O_5 + H_2O$$

$$Na_2SO_3 + SO_2 \longrightarrow Na_2S_2O_5$$

焦亚硫酸盐是一较强的还原剂. 焦亚硫酸的钠盐和钾盐常用于印染和摄影业.

在浓硫酸中溶入过量的三氧化硫，即得到发烟硫酸 $H_2SO_4 \cdot nSO_3$. 当 $n=1$ 时，就是焦硫酸 $H_2S_2O_7$. 焦硫酸是一种无色晶状固体，熔点为 308K，在 293K 时的密度为 1.9g/cm^3.

Raman 光谱指出，当硫酸溶有高浓度的三氧化硫时，则有 $H_2S_3O_{10}$ 和 $H_2S_4O_{13}$ 生成.

发烟硫酸能把某些中性分子氧化为阳离子. 例如，将碘溶于发烟硫酸中，可得到一兰色的溶液，这是由于发生了如下反应的结果.

$$H_2SO_4 + 2SO_3 + I_2 \longrightarrow 2I_2^+ + 2HSO_4^- + SO_2$$

焦硫酸在加热时，即失去三氧化硫：

$$H_2S_2O_7 \xrightarrow[\triangle]{} H_2SO_4 + SO_3$$

溶于水，便成为硫酸：

$$H_2S_2O_7 + H_2O \longrightarrow 2H_2SO_4$$

焦硫酸具有比浓硫酸更强的氧化性. 常用它作脱水剂和磺化剂，并供精炼石油产品、制造炸药和某些染料之用.

焦硫酸的酸性也较硫酸强. 它有如下的电离平衡：

$$2H_2S_2O_7 \rightleftharpoons H_2S_3O_{10} + H_2SO_4 \rightleftharpoons H_3SO_4^+ + HS_3O_{10}^-$$

加热固态的碱金属酸式硫酸盐，即可得到焦硫酸盐：

$$2NaHSO_4 \xrightarrow[\triangle]{} Na_2S_2O_7 + H_2O$$

$$2KHSO_4 \xrightarrow[\triangle]{} K_2S_2O_7 + H_2O$$

将无水的碱金属硫酸盐和三氧化硫置于密封的管内，并使它们在 723K 下反应，也可得到焦硫酸盐[①]：

$$Na_2SO_4 + SO_3 \longrightarrow Na_2S_2O_7$$

$$K_2SO_4 + SO_3 \longrightarrow K_2S_2O_7$$

焦硫酸盐溶于水，即大部分转变为酸式硫酸盐. 固态的焦硫酸盐在高温下，便脱去三氧化硫，转变为硫酸盐，例如：

$$K_2S_2O_7 \xrightarrow[\triangle]{} K_2SO_4 + SO_3$$

X-射线衍射结果表明，焦亚硫酸根离子具有如下的直线形结构：

$$^-O_2S \overset{217pm}{\text{———}} SO_3^-$$

在该离子中，^-O_2S 中的 S—O 键的键长为 150pm；SO_3^- 中的 S—O 键的键长为 145pm. 焦硫酸根离子则具有弯曲形的结构：

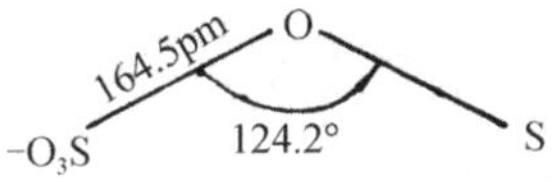

在 SO_3^- 中的 S—O 键的键长为 143.7pm. 由此可见，在 $S_2O_5^{2-}$ 中含有 S—S 键，而在 $S_2O_7^{2-}$ 中，两个硫原子则以氧原子桥接.

① M. G. Barker, *Coord. Chem. Rev.*, 49, 410(1983).

3.4.5　过氧硫酸及其盐

过一硫酸 $HOOSO_2OH$ 和过二硫酸 $H_2S_2O_8$ 是硫的两种重要的过氧酸.

过一硫酸是无色的结晶体，熔点 318K，很易溶解于乙醇和乙醚中. 过二硫酸也是无色的结晶体,在 273K 时的密度为 1.30g/cm^3,熔点 338K,并在熔点下分解. 虽然已能制得过一硫酸钾盐的苯甲酰衍生物

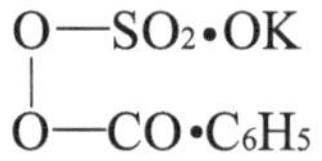

但过一硫酸却是一个一元酸. 过二硫酸则为二元酸. 两者都是强氧化剂，与某些有机物如苯、酚等混合,可发生爆炸性反应. 两种酸都能把 Fe(II)离子氧化为 Fe(III)离子. 在 pH 值较小时,过一硫酸能较快地将 I^- 离子氧化成 I_2,而过二硫酸则较慢. 过一硫酸根离子 HSO_5^- 和过二硫酸根离子 $S_2O_8^{2-}$ 的结构为：

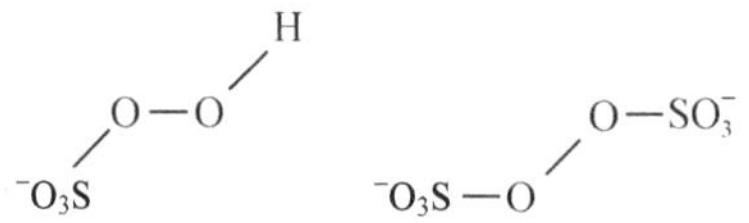

于 273K 下，以光亮的铂为阳极，在高电流密度下电解 50%左右的硫酸溶液，通过阳极氧化 HSO_4^-，可得到过二硫酸：

$$2HSO_4^- - 2e \longrightarrow H_2S_2O_8$$

用无水过氧化氢与冷的氯磺酸反应

$$H_2O_2 + 2ClSO_3H \longrightarrow H_2S_2O_8 + 2HCl$$

并在真空中除去生成的氯化氢气，也可得到过二硫酸.

干燥的过二硫酸是稳定的，但遇水即行分解. 水解时先生成过一硫酸

$$H_2S_2O_8 + H_2O \longrightarrow HOOSO_2OH + H_2SO_4$$

随后，过一硫酸便水解为过氧化氢和硫酸：

$$HOOSO_2OH + H_2O \longrightarrow H_2O_2 + H_2SO_4$$

过二硫酸钾 $K_2S_2O_8$ 和过二硫酸铵 $(NH_4)_2S_2O_8$ 是过二硫酸最重要的盐类. 过二硫酸铵的制备和过二硫酸相类似，是通过电解硫酸铵和硫酸的混合物在阳极得到的. 如需制备过二硫酸钾，可向过二硫酸铵溶液加入硫酸氢钾，通过复分解反应，

便可析出溶解度较小的过二硫酸钾：

$$(NH_4)_2S_2O_8+2KHSO_4 \longrightarrow K_2S_2O_8+2NH_4HSO_4$$

过二硫酸钾和过二硫酸铵同过二硫酸一样，都是强氧化剂. 有关的氧化还原电位为：

$$S_2O_8^{2-}+2e \rightleftharpoons 2SO_4^{2-} \quad E^\circ=2.01V$$

过二硫酸钾是白色的结晶体，在常温下的密度为2.477g/cm^3. 在低于373K时即分解：

$$2K_2S_2O_8 \longrightarrow 2K_2S_2O_7+O_2$$

常用它作氧化剂和漂白剂，也用它制造炸药. 过二硫酸铵是无色的结晶体，在常温下的密度为1.982g/cm^3. 在393K时分解：

$$2(NH_4)_2S_2O_8 \longrightarrow 2(NH_4)_2S_2O_7+O_2$$

完全干燥的过二硫酸铵可以长期保存，但含有水分时则逐渐分解，放出氧和臭氧. 常用它作氧化剂、脱臭剂和漂白剂.

$S_2O_8^{2-}$离子进行的氧化过程往往是很慢的. 但如果有催化剂存在，反应就会变得特别迅速. 常用Ag(I)离子作为这一反应的催化剂. 催化的机理尚不十分清楚，可能是由于$S_2O_8^{2-}$离子将Ag(I)离子氧化为Ag(II)离子，并以Ag(II)离子起着迅速氧化的作用. 例如，在酸性介质中有Ag(I)离子存在时，下面的反应均能迅速地进行.

$$5S_2O_8^{2-}+2Mn^{2+}+8H_2O \longrightarrow 2MnO_4^-+10SO_4^{2-}+16H^+$$

$$3S_2O_8^{2-}+2Cr^{3+}+7H_2O \longrightarrow Cr_2O_7^{2-}+6SO_4^{2-}+14H^+$$

$$S_2O_8^{2-}+2Ce^{3+} \longrightarrow 2Ce^{4+}+2SO_4^{2-}$$

利用下列的方法，都可制得过一硫酸.

(1) 将过二硫酸钾与浓硫酸混合，研磨，使其生成过二硫酸. 将所得稠状物静置，然后把它倾注在冰上，使过二硫酸水解为过一硫酸：

$$H_2S_2O_8+H_2O \longrightarrow HOOSO_2OH+H_2SO_4$$

(2) 用三氧化硫处理无水过氧化氢：

$$H_2O_2+SO_3 \longrightarrow HOOSO_2OH$$

(3) 用浓硫酸处理无水过氧化氢：

$$H_2O_2+H_2SO_4 \longrightarrow HOOSO_2OH+H_2O$$

(4) 将计量的无水过氧化氢加入经充分冷却的氯磺酸中：

$$H_2O_2+ClSO_3H \longrightarrow HOOSO_2OH+HCl$$

迄今为止，只能得到不纯的过一硫酸盐如 $KHSO_5$，其中主要的杂质为 K_2SO_4 和 $KHSO_4$. 所有过一硫酸的盐类都是不稳定的. 过一硫酸盐在水溶液中分解时，主要的产物是 O_2 和 SO_4^{2-}，并有少量的 H_2O_2 和 $S_2O_8^{2-}$.

如前所述，过一硫酸是一强氧化剂，其氧化还原电位为

$$HSO_5^- + H^+ + 2e \rightleftharpoons SO_4^{2-} + H_2O \quad E^\circ = 1.776V$$

3.4.6　硫代硫酸及其盐

在常温下，游离的硫代硫酸是一个极不稳定的酸. 用酸酸化硫代硫酸盐溶液时，所生成的硫代硫酸随即分解，其分解历程和分解产物至今仍不很清楚，但一般可粗略地表示如下：

$$S_2O_3^{2-} + 2H^+ \longrightarrow [H_2S_2O_3] \longrightarrow S+SO_2+H_2O$$

在低温(195K)和无水条件下，于乙醚中在微量水的催化下，使硫代硫酸钠与氯化氢作用，可以得到二乙醚合硫代硫酸 $H_2S_2O_3 \cdot 2(C_2H_5)_2O$：

$$Na_2S_2O_3+2HCl \longrightarrow H_2S_2O_3+2NaCl$$

但实验证明，在温度低于 273K 时，该无水的硫代硫酸即行定量地分解为硫化氢和三氧化硫：

$$H_2S_2O_3 \longrightarrow H_2S+SO_3$$

这一分解反应与硫酸的热分解反应完全类似：

$$H_2SO_4 \xrightarrow{>603K} H_2O+SO_3$$

而且在无水状态下，其分解产物 H_2S 和 SO_3 之间并不发生氧化还原反应. 这就启示人们可以在低温(195K)和无水的条件下，于乙醚中使化学计量的三氧化硫和硫化氢定量反应，方便地制得硫代硫酸：

$$SO_3+H_2S \xrightarrow[195K]{乙醚} H_2S_2O_3$$

使氯磺酸与硫化氢作用，有可能制得完全不含溶剂的无水的硫代硫酸：

$$HO_3S—Cl+H—SH \longrightarrow HO_3SSH+HCl$$

俗称海波或大苏打的硫代硫酸钠 $Na_2S_2O_3 \cdot 5H_2O$ 是硫代硫酸最重要的盐类. 它是一种无色透明的单斜晶体. 在 290K 时的密度为 $1.729g/cm^3$，在温度高于 306K 的干燥空气中会风化. 硫代硫酸钠难溶于乙醇，而易溶于水中. 将 $Na_2S_2O_3 \cdot 5H_2O$ 加热到 321K 时，它即溶于自身的结晶水中. 在加热到约 373K 时，即成为无水盐. 若温度高于 496K，即按下式分解：

$$4Na_2S_2O_3 \longrightarrow 3Na_2SO_4+Na_2S_5$$

$$Na_2S_5 \longrightarrow Na_2S+4S$$

$S_2O_3^{2-}$ 离子在碱性溶液，或在晶态的碱金属硫代硫酸盐中，都是稳定的. $S_2O_3^{2-}$ 离子具有四面体形的结构. 其中，S—S 键的键长为 201.3 ± 0.3pm，S—O 键的键长为 146.8 ± 0.4pm. 这种键长意味着有相当程度的 S—S π 键和 S—O π 键的性质.

在 $S_2O_3^{2-}$ 离子中，中心硫原子和 SO_4^{2-} 离子中的中心硫原于是等同的，氧化数为+6；而配位的硫原子的氧化数则为−2. 因此，在 $S_2O_3^{2-}$ 离子中，硫原子的平均氧化数是+2.

硫代硫酸钠的一个重要性质是还原性. 其氧化还原电位为：

$$S_4O_6^{2-}+2e \rightleftharpoons 2S_2O_3^{2-} \quad E^\circ=0.09V$$

所以它是一个中等强度的还原剂.

硫代硫酸钠和单质碘的反应是它最重要的一个还原反应：

$$2Na_2S_2O_3+I_2 \longrightarrow Na_2S_4O_6+2NaI$$

这个反应是容量分析碘量法得以实现的基础.

硫代硫酸钠和较强的氧化剂如单质氯反应时，则被氧化成硫酸盐：

$$Na_2S_2O_3+4Cl_2+5H_2O \longrightarrow Na_2SO_4+H_2SO_4+8HCl$$

基于这种性质，所以它常被纺织工业和造纸工业用作脱氯剂.

在溶液中，$S_2O_3^{2-}$ 离子能和一些金属离子如 Ag^+，Cu^{2+}，Cd^{2+}，Hg^{2+}，Pb^{2+} 等配位，形成稳定的配位化合物. 这是硫代硫酸钠的另一个重要的性质. 例如，不溶于水的卤化银可溶于硫代硫酸钠溶液中，形成可溶性的配位化合物：

$$2Na_2S_2O_3+AgX \longrightarrow Na_3[Ag(S_2O_3)_2]+NaX$$

利用上述反应，摄影业便可用硫代硫酸钠作定影剂，以溶去感光胶片上未起作用的溴化银.

将粉末状的硫与近饱和的亚硫酸钠溶液共沸，经过滤、蒸发、冷却结晶后，即可制得硫代硫酸钠：

$$S+Na_2SO_3 \longrightarrow Na_2S_2O_3$$

或

$$S_8+8Na_2SO_3 \longrightarrow 8Na_2S_2O_3$$

有关的反应机理，请参见 16.2 中 2.5 节.

此外，也可用下列反应制备硫代硫酸钠：

$$2Na_2S_5+3O_2 \longrightarrow 2Na_2S_2O_3+6S$$

$$2NaHS+2O_2 \longrightarrow Na_2S_2O_3+H_2O$$

$$2Na_2S+Na_2CO_3+4SO_2 \longrightarrow 3Na_2S_2O_3+CO_2$$

$$2Na_2S+3SO_2 \longrightarrow 2Na_2S_2O_3+S$$

硫代硫酸钙则可用下列方法制得：

$$2CaS_5+3O_2 \longrightarrow 2CaS_2O_3+6S$$

$$2CaS_2+3O_2 \longrightarrow 2CaS_2O_3$$

重金属的硫代硫酸盐都不溶于水，但能溶于过量的硫代硫酸钠溶液中.

在自然界里，硫代硫酸钠对光合细菌的光合作用起着重要的作用. 众所周知，绿色植物进行光合作用时，是用光解水来产生还原二氧化碳的还原剂的. 但光合细菌如紫硫菌则利用 $Na_2S_2O_3$ 或 H_2S 代替水作为光合反应的还原剂：

$$2CO_2+Na_2S_2O_3+5H_2O \xrightarrow{光} 2(CH_2O)+2NaHSO_4+2H_2O$$

$$CO_2+2H_2S \xrightarrow{光} (CH_2O)+2S+H_2O$$

3.4.7　连二硫酸及其盐

用细粉状的二氧化锰来氧化亚硫酸，可以在溶液中生成连二硫酸：

$$2H_2SO_3+MnO_2 \longrightarrow H_2S_2O_6+Mn(OH)_2$$

用氢氧化钡或氧化钡处理上述所得溶液，以沉淀副产的含硫阴离子，再以适量的稀硫酸将剩余的 Ba^{2+}离子沉淀为硫酸钡，经分离后，即可得到较纯的 $H_2S_2O_6$ 溶液.

在连二硫酸分子中，有一个 $O_3S—SO_3$ 结构. X-射线结构分析的结果表明，$S_2O_6^{2-}$ 离子是通过顶角相连的二个三角锥(见图 16.13). 在 $S_2O_6^{2-}$ 离子中，S—O 键的键长为 145pm，与 SO_4^{2-} 离子中的 S—O 键的键长(144pm)基本相同，这表明 $S_2O_6^{2-}$ 离子中的 S—O 键具有明显的双键性质.

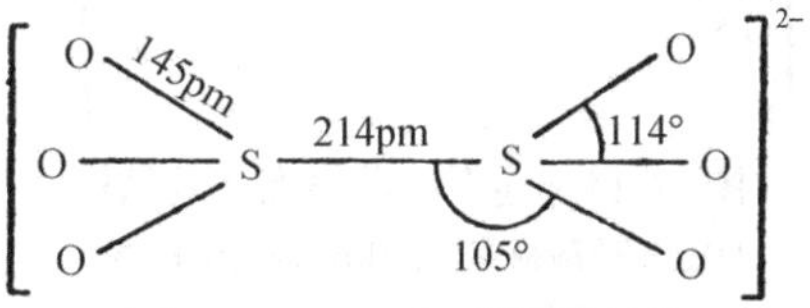

图 16.13 $S_2O_6^{2-}$ 离子的结构

连二硫酸是一种较稳定的强酸. 虽然电导测定表明它是一个二元酸，但其酸式盐尚属未知. 连二硫酸盐都能溶于水. 在室温下，连二硫酸的稀溶液是稳定的，温热或为浓溶液时，才会慢慢分解为硫酸和二氧化硫：

$$H_2S_2O_6 \longrightarrow H_2SO_4+SO_2$$

而碱金属或碱土金属的连二硫酸盐的水溶液，即使在煮沸时也不分解. 但将其他金属的连二硫酸盐加热时，则也和连二硫酸相类似，分解为硫酸盐和二氧化硫.

虽然在连二硫酸分子中含有中间氧化态的硫原子，但事实上大多数的强氧化剂(如 $KMnO_4$，NaOCl，Cl_2 等)和一般的还原剂对它和它的盐都不起作用. 估计这可能是由于动力学上的缘故.

钠汞齐可使连二硫酸及其盐还原为亚硫酸(盐)或连二亚硫酸(盐)：

$$S_2O_6^{2-}+2Hg—Na \longrightarrow 2SO_3^{2-}+2Na^++2Hg$$

$$S_2O_6^{2-}+4Hg—Na+4H^+ \longrightarrow S_2O_4^{2-}+4Na^++2H_2O+4Hg$$

3.4.8 连多硫酸和它们的盐

连多硫酸和前述的连二硫酸同属连硫酸 $H_2S_nO_6(n=2—6)$. 但因 $H_2S_2O_6$ 和其他连多硫酸相比，无论在性质上或者在制备方法上都有明显的差别，故常分别讨论之.

连多硫酸可根据它们分子中硫原子的总数来命名. 它们都是二元强酸. 如图

16.14 所示，在它们的酸根离子中，都含有曲折状的硫链结构.

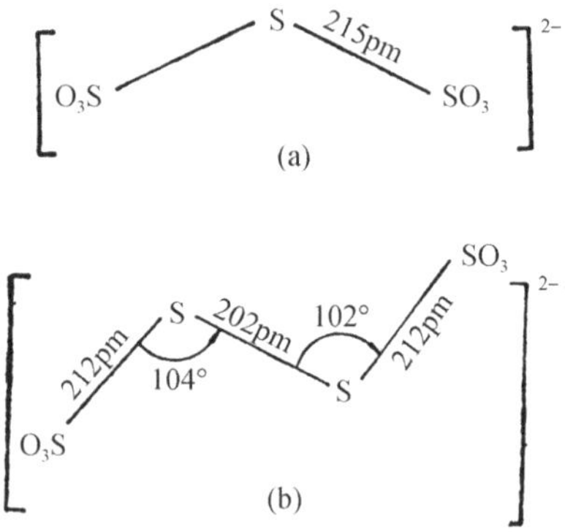

图 16.14　连多硫酸根离子的结构

(a)连三硫酸根离子；(b)连四硫酸根离子

游离的连多硫酸都是不稳定的，会迅速分解．产物一般为 S 和 SO_2，有的则还有 SO_4^{2-}．

各种金属的连多硫酸的正盐都已被制备出来，它们都能溶于水．但酸式盐则尚属未知．选择合适的方法都能方便地制得连多硫酸盐．例如，连三硫酸钾 $K_2S_3O_6$ 可由二氧化硫与硫代硫酸钾溶液作用而制得．将所得溶液静置，即有 $K_2S_3O_6$ 结晶析出，而副产物连四硫酸钾 $K_2S_4O_6$ 和连五硫酸钾 $K_2S_5O_6$ 则留在溶液中．如果用过氧化氢作用于冷的、饱和的硫代硫酸钠溶液，也可得到连三硫酸钠．反应如下：

$$2Na_2S_2O_3+4H_2O_2 \longrightarrow Na_2S_3O_6+Na_2SO_4+4H_2O$$

又如，在有 As_4O_6 催化时，于低温(263K)下用很稀的盐酸处理硫代硫酸钠的浓溶液，经放置后，连五硫酸钠 $Na_2S_5O_6$ 即可从溶液中结晶析出．其反应为：

$$5Na_2S_2O_3+6HCl \longrightarrow 2Na_2S_5O_6+6NaCl+3H_2O$$

连多硫酸和连二硫酸不同，它容易被氧化．例如：

$$H_2S_3O_6+4Cl_2+6H_2O \longrightarrow 3H_2SO_4+8HCl$$

连二硫酸不与硫结合产生较高级的连多硫酸，而连多硫酸则可．例如：

$$H_2S_4O_6+S \longrightarrow H_2S_5O_6$$

在碱性溶液中，连多硫酸盐会分解为亚硫酸盐、硫代硫酸盐．如：

$$2K_2S_3O_6+6KOH \longrightarrow 4K_2SO_3+K_2S_2O_3+3H_2O$$

$$2K_2S_5O_6+6KOH \longrightarrow 5K_2S_2O_3+3H_2O$$

在酸性溶液内，分解反应则较为复杂，下列式子可以代表分解时的主要反应：

$$S_nO_6^{2-} \longrightarrow (n-2)S+SO_2+SO_4^{2-}\ (n=3,\ 4)$$

$$2S_nO_6^{2-}+4H^+ \longrightarrow (2n-5)S+5SO_2+2H_2O(n=5,\ 6)$$

一些晶态连硫酸盐的生成热 ΔH_{298}(括号内的数值，kJ/mol) 为：$Na_2S_2O_6 \cdot 2H_2O$(−2269.8)，$K_2S_2O_6$(−1730.5)，$BaS_2O_6 \cdot 2H_2O$(−2311.7)，$Na_2S_3O_6 \cdot 3H_2O$(−2606.6)，$Na_2S_4O_6 \cdot 2H_2O$(−2301.2)，$K_2S_4O_6$(−1765.6)，$BaS_4O_6 \cdot 2H_2O$(−2320.0).

3.4.9 连二亚硫酸及其盐

连二亚硫酸 $H_2S_2O_4$ 可用锌汞齐还原亚硫酸而制得：

$$3H_2SO_3+Zn—Hg \longrightarrow H_2S_2O_4+ZnSO_3+2H_2O+Hg$$

它是一个中强的二元酸. 在 298K 时存在如下的平衡：

$$H_2S_2O_4 \rightleftharpoons HS_2O_4^- +H^+ \quad K_{a_1}=4.5\times10^{-1}$$

$$HS_2O_4^- \rightleftharpoons S_2O_4^{2-}+H^+ \quad K_{a_2}=3.5\times10^{-3}$$

连二亚硫酸不稳定，放置即迅速分解为硫代硫酸和亚硫酸(HSO_3^-).

俗称保险粉的连二亚硫酸钠 $Na_2S_2O_4 \cdot 2H_2O$ 是连二亚硫酸最重要的盐类. 它是一种白色粉末状的固体，能溶于水，但不溶于乙醇. 将连二亚硫酸钠加热至 463K 时，会因按下式激烈分解而发生爆炸.

$$2Na_2S_2O_4 \longrightarrow Na_2S_2O_3+Na_2SO_3+SO_2$$

将固体的连二亚硫酸盐露置于空气中，则易被氧化. 连二亚硫酸盐的水溶液虽较其游离酸稳定，但放置时也会逐渐分解为硫代硫酸盐和亚硫酸盐.

用锌粉作用于亚硫酸氢钠和亚硫酸的混合溶液，可生成连二亚硫酸钠：

$$2NaHSO_3+H_2SO_3+Zn \longrightarrow Na_2S_2O_4+ZnSO_3+2H_2O$$

用石灰水处理上述反应混合物，以中和溶液的酸性并降低亚硫酸锌的溶解度. 过滤后，向溶液加入氯化钠进行盐析，即可得到 $Na_2S_2O_4 \cdot 2H_2O$. 上述各个步骤都必须在无氧的条件下进行. 将所得的 $Na_2S_2O_4 \cdot 2H_2O$ 用乙醇洗涤脱水，或在真空中于 343K 下进行干燥，都可获得无水的、稳定的连二亚硫酸钠 $Na_2S_2O_4$.

用电解法还原亚硫酸氢钠溶液，或在无氧的条件下以钠汞齐和干燥的二氧化硫一起振荡，也可制得连二亚硫酸钠. 后者的反应如下：

$$2SO_2+2Na—Hg \longrightarrow Na_2S_2O_4+2Hg$$

X-射线分析结果表明，在连二亚硫酸钠中的 $S_2O_4^{2-}$ 离子是由两个 SO_2^- 基团构成的. 其结构数据如图 16.15 所示.

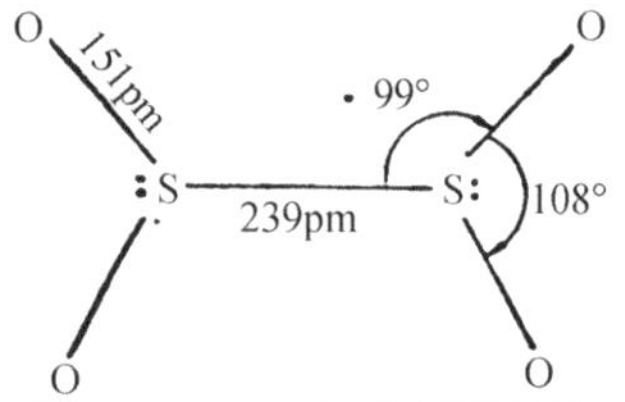

图 16.15　$S_2O_4^{2-}$ 离子的结构

连二亚硫酸钠在碱性溶液中为强还原剂，其氧化还原电位如下：

$$2SO_3^{2-}+2H_2O+2e \rightleftharpoons S_2O_4^{2}+4OH^- \qquad E^\circ=-1.12V$$

过氧化氢、高锰酸盐、碘、碘酸盐、亚硝酸盐和分子氧等都能被连二亚硫酸钠还原. 因此，利用连二亚硫酸钠具有强还原性的性质，在有 2–蒽醌磺酸盐(Fieser 溶液)作催化剂时，以连二亚硫酸钠的水溶液洗涤惰性气体，就能有效地除去含于其中的氧.

许多金属离子如 Cu(I)，Ag(I)，Pb(II)，Sb(III)，Bi(III)，Au(III)和 Pt(IV)等，都能被连二亚硫酸钠还原为金属，而 TiO^{2+}离子则能被它还原为 Ti(III).

连二亚硫酸钠还能使 Tollen 试剂析出 Ag，将 Fehling 溶液还原析出红色的 Cu_2O. 也可把有机的硝基化合物还原为胺.

在工业上，连二亚硫酸钠主要用作印染业的还原剂. 例如，于碱性溶液中，可用它将不溶于水的瓮染料如靛蓝还原为隐色体的可溶性盐，使后者被棉纤维等吸收后，再用氧化剂将其氧化成原来的不溶性染料而达到染色的目的. 连二亚硫酸钠还可用于纸浆、麻、油等的漂白，并可供制药和作分析试剂之用.

3.5　卤　磺　酸

卤磺酸现已制得的有氟磺酸 FSO_3H，氯磺酸 $ClSO_3H$ 和溴磺酸 $BrSO_3H$ 三种. 可把它们看做是硫酸分子中的一个 OH 基被氟、氯或溴取代后而构成的衍生物.

3.5.1 氟磺酸

氟碘酸最早是在 1892 年由 Thorpe 和 Kirmann 用无水氟化氢和三氧化硫反应制得的：

$$SO_3+HF \longrightarrow FSO_3H$$

在约 523K 下，使氟化钙或氟化氢钾与发烟硫酸反应，经蒸馏后，也可制得氟碘酸. 这是一种较为方便的制法. 其反应可以表示如下：

$$CaF_2+3H_2SO_4 \longrightarrow 2FSO_3H+CaSO_4+2H_2O$$

$$2KHF_2+5H_2SO_4 \longrightarrow 4FSO_3H+K_2SO_4+4H_2O$$

氟磺酸是一种无色的较黏稠的发烟性液体，是最强的液态酸之一. 其主要的物理性质如表 16.20 所示.

表 16.20 氟磺酸和氯碘酸的物理性质[3, 5]

	氟碘酸	氯磺酸
熔点，(K)	184.2	193
沸点，(K)	435.9	428
液体密度，(g/cm^3)	1.726(298K)	1.77(291K)
黏度，(Pa · s)	0.00156(298K)	—

氟磺酸的自电离平衡如下：

$$2FSO_3H \rightleftharpoons FSO_3H_2^+ + FSO_3^-$$

氟磺酸是一稳定的酸，虽加热至 1173K 也不会分解. 过量的氟磺酸与水作用时，则存在如下的水解平衡：

$$FSO_3H+H_2O \rightleftharpoons H_2SO_4+HF$$

氟磺酸除可用作溶剂外，还可在无机化学和有机化学的反应中用作氟化剂. 例如：

$$As_4O_6+12FSO_3H \longrightarrow 4AsF_3+6H_2SO_4+6SO_3$$

$$B(OH)_3+3FSO_3H \longrightarrow BF_3+3H_2SO_4$$

氟磺酸与某些强酸的盐作用时，则生成氟磺酸盐和相应的强酸. 例如：

$$KCl+FSO_3H \longrightarrow FSO_3K+HCl$$

$$KClO_4+FSO_3H \longrightarrow FSO_3K+HClO_4$$

3.5.2 氯磺酸和溴磺酸

使干燥的氯化氢气和三氧化硫直接化合，即可制得氯磺酸：

$$HCl+SO_3 \longrightarrow ClSO_3H$$

用五氯化磷和发烟硫酸反应，或将干燥的氯化氢气通入发烟硫酸中，也都可得到氯磺酸. 其反应可分别表示如下：

$$PCl_5+H_2SO_4 \longrightarrow ClSO_3H+POCl_3+HCl$$

$$HCl+H_2SO_4 \longrightarrow ClSO_3H+H_2O$$

氯磺酸是一种无色油状腐蚀性液体，在潮湿的空气中发烟. 它的主要物理性质如表 16.20 所示.

氯磺酸与氟磺酸不同，它不形成盐，遇水则发生剧烈的，甚至是爆炸性的水解反应：

$$ClSO_3H+H_2O \longrightarrow H_2SO_4+HCl$$

氯磺酸主要用于有机化合物的磺化. 例如，在低温下使氯磺酸与甲苯作用，可得到用作有机合成和制造染料的原料对甲苯磺酸：

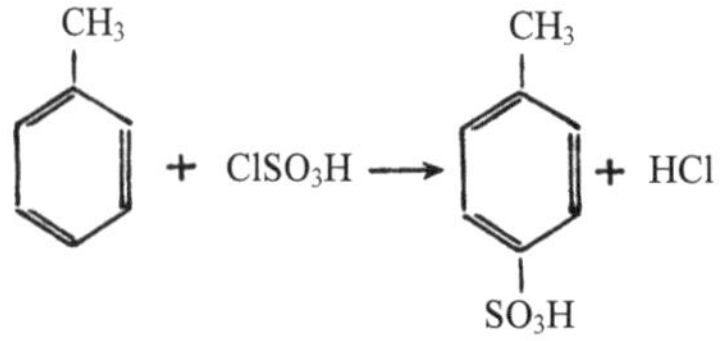

在 238K 下，在液态二氧化硫中使三氧化硫和溴化氢作用，可制得溴磺酸：

$$SO_3+HBr \longrightarrow BrSO_3H$$

溴磺酸在其熔点(281K)下，即分解为溴、二氧化硫和硫酸.

3.6 亚 硫 酰 卤

亚硫酸分子中的两个 OH 基被卤素取代后的衍生物叫做亚硫酰卤或卤化亚硫

酰. 如图 16.16 所示，亚硫酰卤分子的构型为三角锥形，这种形状是由硫原子周围的 sp^3 杂化轨道所决定的，其中的一个轨道则为孤对电子所占有. 在亚硫酰卤分子中，S—O 键的键长皆为 145pm 左右，较预期的 S—O 单键键长(约 170pm)短得多，故具有明显的双键性质，这是由于氧原子的充满 $p\pi$ 轨道和硫原子的空 $d\pi$ 轨道重叠的结果. 但 S—X 键的键长和各键间键角的大小，则因卤素的不同而有明显的差异.

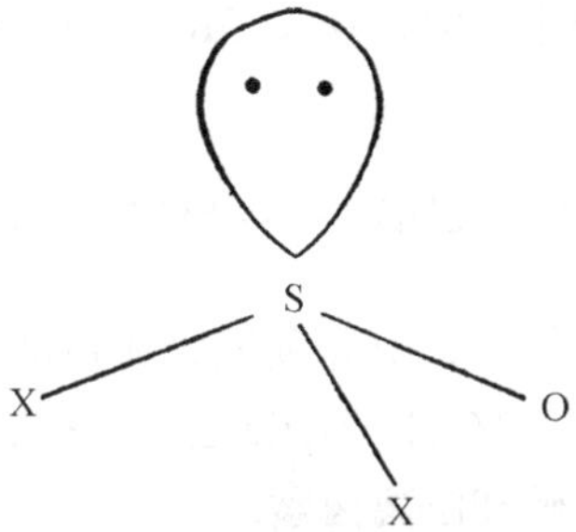

图 16.16 亚硫酰卤分子的结构

使五氯化磷和二氧化硫或亚硫酸盐通过下列反应可以得到亚硫酰氯：

$$SO_2+PCl_5 \longrightarrow SOCl_2+POCl_3$$

$$CaSO_3+2PCl_5 \longrightarrow SOCl_2+2POCl_3+CaCl_2$$

经分馏，即可从上述混合产物中将亚硫酰氯分离出来. 通过下面的反应并经分馏，也可获得亚硫酰氯：

$$SO_2Cl_2+PCl_3 \longrightarrow SOCl_2+POCl_3$$

在工业上，常用三氧化硫和二氯化硫作用来制备亚硫酰氯：

$$SO_3+SCl_2 \longrightarrow SOCl_2+SO_2$$

在反应中，常同时有二氯五氧化二硫生成：

$$3SO_3+SCl_2 \longrightarrow S_2O_5Cl_2+2SO_2$$

故需用分馏法将产物分离.

在五氯化锑存在下，使亚硫酰氯和三氟化锑作用，可制得亚硫酰氟：

$$3SOCl_2+2SbF_3 \xrightarrow{SbCl_5} 3SOF_2+2SbCl_3$$

用无水氟化氢和亚硫酰氯反应，可大规模地生产亚硫酰氟：

$$SOCl_2+2HF \longrightarrow SOF_2+2HCl$$

亚硫酰氟也可利用下列反应而制得：

$$SOCl_2+NaF \xrightarrow{CH_3CN} SOFCl+NaCl$$

$$SOFCl+NaF \xrightarrow{CH_3CN} SOF_2+NaCl$$

和制备亚硫酰氟的方法相类似，在 273K 下以溴化氢处理亚硫酰氯，可制得亚硫酰溴：

$$SOCl_2+2HBr \longrightarrow SOBr_2+2HCl$$

亚硫酰氟是一种无色的气体，亚硫酰氯为无色液体，而亚硫酰溴则为红色液体. 它们的某些物理性质见表 16.21. 亚硫酰卤在常温下是稳定的，加热即分解为二氧化硫，低氧化态的卤化硫和游离卤素.

表 16.21　亚硫酰卤的某些性质[3,8]

	SOF_2	$SOCl_2$	$SOBr_2$
熔点(K)	163	172	223
沸点(K)	229	349	413
密度(g/cm^3)	3.0	1.675(273K)	2.685(293K)
键长(pm)			
S—X	158.5 ± 0.1	207 ± 3	227 ± 2
S═O	141.2 ± 0.1	145 ± 2	145
键角			
XSO	106.8°	106°	108°
XSX	92.8°	114°	96°
偶极矩(C · m)	5.40×10^{-30}	5.27×10^{-30}	—
气化热(kJ/mol)	21.7	32.8	—

亚硫酰氯和亚硫酰溴和水作用均强烈地完全水解：

$$SOCl_2+H_2O \longrightarrow SO_2+2HCl$$

$$SOBr_2+H_2O \longrightarrow SO_2+2HBr$$

但亚硫酰氟仅与水缓慢作用.

因亚硫酰氯和亚硫酰溴能与水激烈作用，故可用它们从水合的氯化物或水合的溴化物制取无水的金属氯化物或溴化物. 例如：

$$CrCl_3 \cdot 6H_2O+6SOCl_2 \longrightarrow CrCl_3+6SO_2+12HCl$$

亚硫酰氯也是有机合成的重要试剂. 例如，可用它来制备酰基氯：

$$R—COOH+SOCl_2 \longrightarrow R—COCl+SO_2+HCl$$

又可用它来制备氯代烷烃：

$$ROH+SOCl_2 \longrightarrow RCl+SO_2+HCl$$

将亚硫酰氯或亚硫酰溴和过渡金属氧化物加热回流，可制得该金属的氯氧化物或溴氧化物. 例如：

$$WO_3+2SOCl_2 \longrightarrow WOCl_4+2SO_2$$

亚硫酰氯可溶于苯和三氯甲烷；亚硫酰溴则可溶于二硫化碳、苯、四氯化碳和三氯甲烷.

3.7 硫 酰 卤

硫酸分子的两个 OH 基被卤素取代后的衍生物叫做硫酰卤或卤化硫酰. 硫酰氟和硫酰氯的分子构型都是畸变的四面体. 图 16.17 示出了硫酰氟和硫酰氯的分子结构. 在硫酰卤分子中，S—O 键的键长也较预期的 S—O 单键键长短得多.

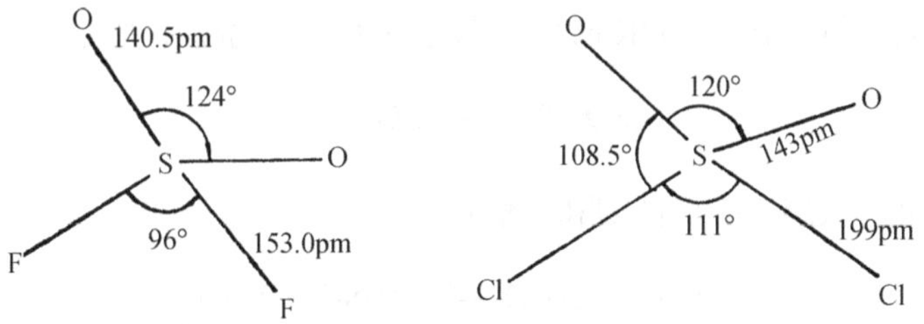

图 16.17 硫酰氟和硫酰氯的分子结构

将氟磺酸钡于 773K 下加热，即可得到硫酰氟 SO_2F_2：

$$Ba(O_3SF)_2 \longrightarrow SO_2F_2+BaSO_4$$

用氟氧化二氧化硫，也可制得硫酰氟：

$$SO_2+F_2 \longrightarrow SO_2F_2$$

硫酰氟是一种无色的气体，熔点和沸点分别为 153K 和 218K. 它能溶于水，虽在加热的情况下，水解也极其缓慢．但在强碱性溶液中，即迅速水解：

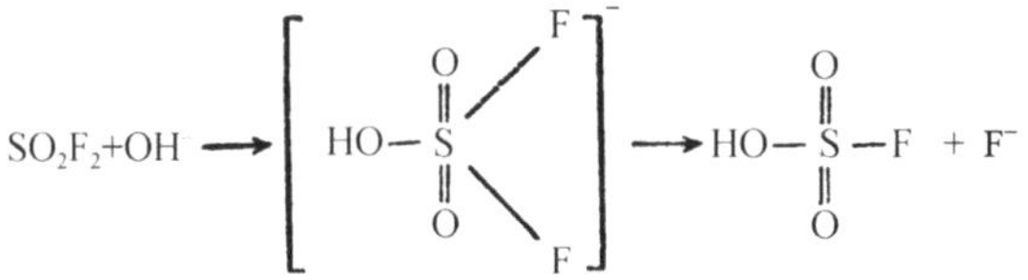

反应所生成的氟磺酸可进一步水解，因此最终的水解产物将是SO_4^{2-}离子和F^-离子：

$$SO_2F_2+4OH^- \longrightarrow SO_4^{2-}+2F^-+2H_2O$$

在有催化剂如活性炭、樟脑或少量三氯化铁存在时，使干燥的二氧化硫和干燥的氯气作用，它们即直接化合为硫酰氯SO_2Cl_2：

$$SO_2+Cl_2 \xrightarrow{FeCl_3} SO_2Cl_2$$

将反应产物蒸馏，即可得到该化合物．硫酰氯也可通过加热氯磺酸的方法来制备：

$$2ClSO_3H \longrightarrow SO_2Cl_2+H_2SO_4$$

硫酰氯是一种无色的液体，在潮湿的空气中强烈发烟，有刺激性气味．它的熔点和沸点分别为 219.1K 和 342.4K．在 293K 时的密度为 $1.6674g/cm^3$，在 273K 时则为 $1.7045g/cm^3$.

将硫酰氯加热到高于 553K 时，它即分解为二氧化硫和氯气：

$$SO_2Cl_2 \longrightarrow SO_2+Cl_2$$

硫酰氯极易水解，生成硫酸和盐酸：

$$SO_2Cl_2+2H_2O \longrightarrow H_2SO_4+2HCl$$

硫酰氯是一具有强溶解力的溶剂．它可溶解 SO_2，I_2，As，$FeCl_3$，Rbl，MgI_2，CdI_2，AsI_3 和 SnI_4 等．硫酰氯和金属氧化物作用，生成氯化物和硫化物；与金属硫化物反应，则生成氯化物．它同气态氨作用，生成晶态的硫酰二胺 $SO_2(NH_2)_2$. 硫酰氯可溶于无水的苯和甲苯中．

在无水三氯化铝存在下，硫酰氯可作为有机反应的氯化剂，也可供制造药物和制造染料之用．

在硫酰卤中，最重要的是硫酰氟和硫酰氯．迄今，硫酰溴和硫酰碘尚未制得．

3.8 氮 化 硫

3.8.1 四氮化四硫

用干燥的氨作用于二氯化二硫的四氯化碳溶液，可以制得四氮化四硫 S_4N_4：

$$6S_2Cl_2+16NH_3 \longrightarrow S_4N_4+S_8+12NH_4Cl$$

这一反应是相当复杂的，但已从中分离出两种中间产物，一种是不稳定的气体 NSCl，另一种是黄色晶状的盐类$[S_4N_3]^+Cl^-$. 据此，估计该反应的机理可能为：

$$S_2Cl_2+NH_3 \longrightarrow NSCl$$

$$NSCl+S_2Cl_2 \longrightarrow [S_3N_2Cl]^+Cl^-+SCl_2$$

$$[S_3N_2Cl]^+Cl^- \xrightarrow{NH_3,S_2Cl_2} [S_4N_3]^+Cl^-$$

$$[S_4N_3]^+Cl^- \xrightarrow{NH_3} S_4N_4$$

在加热的颗粒状的氯化铵上通二氯化二硫，也能制得四氮化四硫：

$$6S_2Cl_2+4NH_4Cl \longrightarrow S_4N_4+S_8+16HCl$$

如图 16.18 所示，四氮化四硫分子为一双楔形笼状结构，具有 D_{2d} 对称. 4 个氮原子组成双楔形中的平面正方形，而 4 个硫原子则两两分别构成两个楔形的两个边.

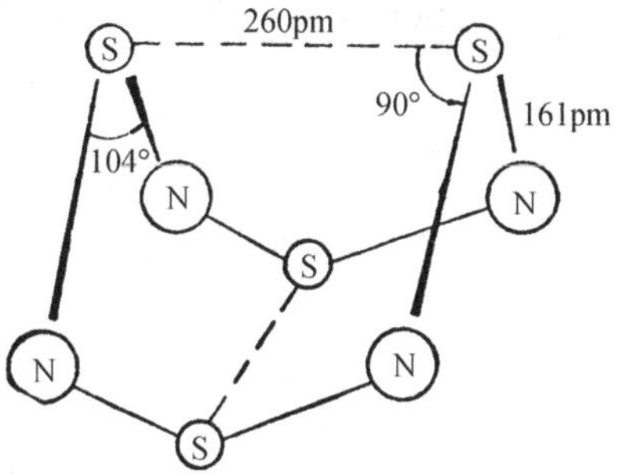

图 16.18 四氮化四硫分子的结构

四氮化四硫是一种具有热色性的晶体. 熔点 458K. 在 83K 时几近无色，在 298K 时呈橙黄色，而高于 373K 时则为红色. 虽然它在常温下是稳定的，但当受研磨、摩擦、撞击、震动和迅速加热时，均会引起爆炸. 它不溶于水，但能溶于某些有机溶剂中. 现将四氮化四硫在二硫化碳、苯和乙醇中的溶解度提供于表 16.22 中.

表 16.22　四氮化四硫在一些溶剂中的溶解度(g/L)[9]

温度，(K)	苯	乙　醇	二硫化碳
273	2.266	0.645	3.705
283	4.260	0.830	6.845
293	6.301	1.050	9.391
303	8.692	1.271	13.188
313	11.107	1.478	—
323	13.721	1.640	—
333	17.100		—

四氮化四硫在沸腾的碱性溶液中会发生水解．水解产物将取决于溶液碱性的强弱．在弱碱性溶液中，水解按下式进行：

$$2S_4N_4+6OH^-+9H_2O \longrightarrow 2S_3O_6^{2-}+S_2O_3^{2-}+8NH_3$$

在强碱性溶液中，则按下式水解：

$$S_4N_4+6OH^-+3H_2O \longrightarrow 2SO_3^{2-}+S_2O_3^{2-}+4NH_3$$

总的来说，四氮化四硫可进行两类主要的反应．也就是(1)保持 S—N 环的反应；(2)开环反应或伴随着开环的发生而重新组成其他环系．

S_4N_4 和 BF_3，$SbCl_5$，$FeCl_3$ 等的加成(或配位)反应以及 S_4N_4 被还原为 $S_4(NH)_4$ 的反应，都属于保持 S—N 环的反应．

$$S_4N_4+BF_3 \longrightarrow S_4N_4 \cdot BF_3$$

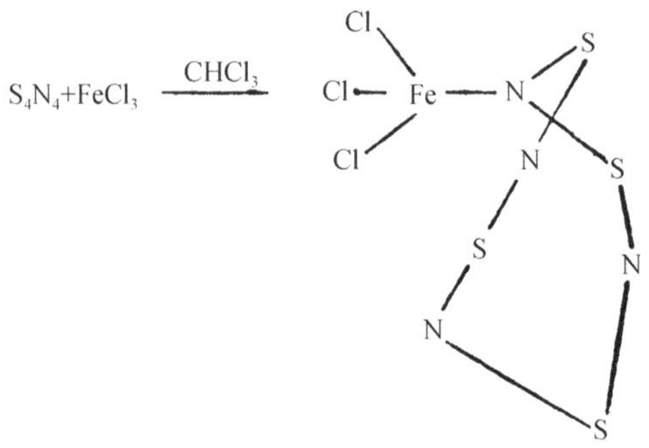

后一反应的产物是由 S_4N_4 分子通过其 1 个 N 原子与 $FeCl_3$ 的 Fe(III)离子配位而生成的．产物中的铁离子处于一个四面体的配位场中．

下面列举的反应，都可作为四氮化四硫后一类反应的例子：

$$S_4N_4+12HI \longrightarrow 4S+4NH_3+6I_2$$

$$S_4N_4+4HCl \longrightarrow S_4N_3Cl+NH_4Cl+Cl_2$$

四氮化四硫可作为制备某些含 S—N 键的化合物的原料.

3.8.2　二氮化二硫

在一抽真空的装置中，将金属银棉加热到 493—573K，通入四氮化四硫的蒸气，即可得到二氮化二硫 S_2N_2. 其反应如下：

$$S_4N_4 \xrightarrow{Ag} 2S_2N_2$$

红外光谱研究表明，二氮化二硫分子具有近似于平面四方形的四元环的结构，而且在这一平面结构中，氮原子和硫原子是交错排列的.

在二氮化二硫分子中，S—N 键的键长介于 S—N 单键键长(174pm)和 S—N 双键键长(154pm)之间，为 165.4pm. 二氮化二硫的晶胞参数：a=448.5pm；b=376.7pm；c=845.2pm；β=106.43°. 空间群为 $P\frac{2_1}{c}$.

二氮化二硫与 BF_3、BCl_3 和 $SbCl_5$ 等反应，能分别生成 $S_2N_2 \cdot BF_3$，$S_2N_2 \cdot BCl_3$，$S_2N_2 \cdot SbCl_5$ 和 $S_2N_2 \cdot 2SbCl_5$. 从这些产物的物理性质和化学性质来看，S_2N_2 仍基本上保持着原有的环状结构.

在痕量的氰化钾存在下，二氮化二硫将被催化聚合为四氮化四硫：

$$2S_2N_2 \xrightarrow{KCN} S_4N_4$$

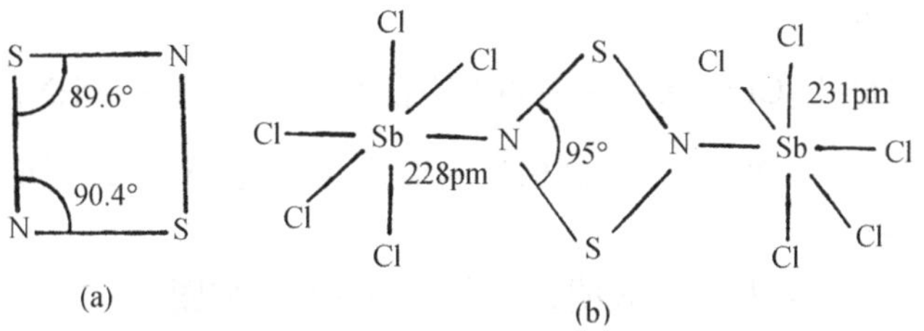

图 16.19　S_2N_2(a)和 $S_2N_2 \cdot 2SbCl_5$(b)的分子结构

将二氮化二硫置于真空干燥器中，在室温下放置 30 天左右，它即聚合为$(SN)_n$. 如果在 343K 下将 S_4N_4 加热，并使所产生的蒸气在 283—303K 的玻璃上冷凝，则可直接制得高纯度的$(SN)_n$.

$(SN)_n$ 虽然全由非金属原子构成，但实验结果表明，高纯度的$(SN)_n$ 却具有金属的性质，有很高的电子离域作用. 在室温下，它就有相当高的导电性；若在低温(0.26K)下，则成为超导体.

X 射线研究表明，$(SN)_n$ 具有如图 16.20 的层状结构. 层间的长链是由相邻的、具有平面结构的 S_2N_2 分子联接而成的.

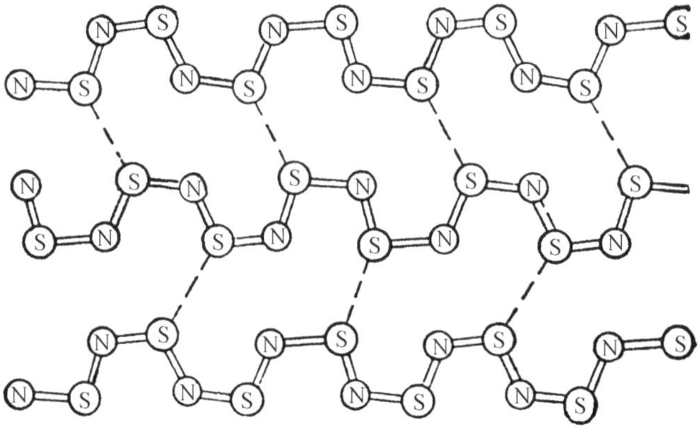

图 16.20　$(SN)_n$ 的层状结构

3.8.3　二氮化四硫

将溶于二硫化碳中的四氮化四硫和硫加热到 393K，或在 403K 下将 S_4N_3Cl 蒸气热解，并使热解产物通过 453K 的硒化银，或通过下面的反应，都可制得二氮化四硫 S_4N_2.

$$Hg(NS_7)_2 \xrightarrow[\triangle]{} S_4N_2 + HgS + 9/8S_8$$

$$Hg_5(NS)_8 + 4S_2Cl_2 \xrightarrow{CS_2} 4S_4N_2 + 3HgCl_2 + Hg_2Cl_2$$

在 Zn 的诱发下，使 S_4N_3Cl 和 ZnS 反应，则是小规模制备二氮化四硫的方便方法. 这一反应可表示如下：

$$16S_4N_3Cl + 4ZnS \longrightarrow 4[S_4N_3]_2[ZnCl_4] + 6S_4N_2 + 3S_4N_4$$

二氮化四硫(熔点 296K)是一红棕色的液体. 在室温下，会缓慢地分解. 在 263K 时，则聚合为$(SN)_n$.

低温(173K)晶体结构测定表明，二氮化四硫具有如图 16.21 所示的非平面的六元环结构.

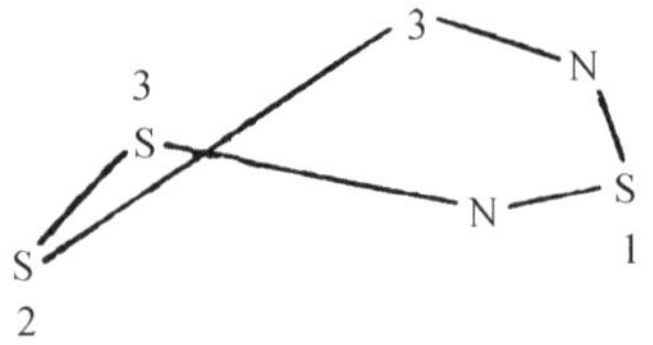

图 16.21　二氮化四硫分子的结构

键长：S(1)—N=156.1pm；
N—S(3)=167.6pm；
S(3)—S(2)=206.1pm

键角：S(1)=122.9°；N=126.7°
S(2)=102.9°；S(3)=103.4°.

3.8.4 $S_4N_3^+$ 离子

阳离子 $S_4N_3^+$ 非常稳定，具有平面的七元环结构(见图 16.22). 吸收光谱和核磁共振光谱数据表明，在这个离子中存在着一种明确的、离域的芳香族——π 体系.

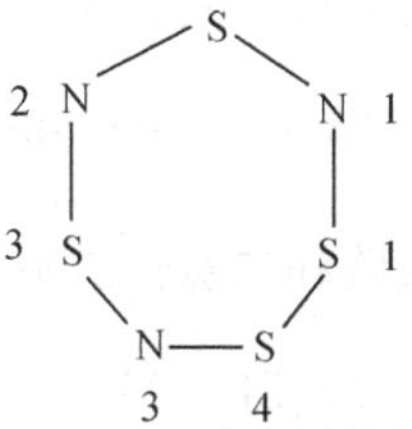

图 16.22 $S_4N_3^+$ 离子的结构

键长：S(1)—S(4)=206pm；
S(1)—N(1)=152pm；
S(2)—N(2)=154pm；
S(3)—N(3)=157pm；
S(2)—N(1)=154pm；
S(3)—N(2)=160pm；
S(4)—N(3)=156pm

键角：S(4)=113.1°；N(3)=149.1°；
S(3)=119.2°；N(2)=135.0°；
S(2)=116.7°；N(1)=155.4°；
S(1)=110.1°.

$S_4N_3^+$ 离子最常见的化合物是黄色针状的 S_4N_3Cl. 当用干燥的氯化氢气作用于四氮化四硫时，即可按下列反应生成 S_4N_3Cl：

$$S_4N_4 + HCl \longrightarrow \underset{\text{红色}}{S_4N_4 \cdot HCl}$$

$$S_4N_4 \cdot HCl + 3HCl \longrightarrow \underset{\text{黄色}}{S_4N_3Cl} + NH_4Cl + Cl_2$$

与此同时发生的副反应有：

$$S_4N_4 + 2Cl_2 \longrightarrow S_4N_4Cl_4$$

$$S_4N_4Cl_4 + 2S_4N_4 \longrightarrow (S_4N_4)_3Cl_4$$

若用乙酰氯代替氯化氢，则生成 S_4N_3Cl 的反应为：

$$CH_3COCl + H_2O \longrightarrow CH_3COOH + HCl$$

$$S_4N_4 + 4HCl \longrightarrow S_4N_3Cl + NH_4Cl + Cl_2$$

副反应为：

$$NH_4Cl+2CH_3COCl \longrightarrow (CH_3CO)_2NH+3HCl$$

S_4N_3Br 及 S_4N_3I 也可通过和上述相类似的方法制得. 但当碘化氢过量时，则因四氮化四硫环系的彻底被破坏而得不到 S_4N_3I.

$$S_4N_4+12HI \longrightarrow 4S+4NH_3+6I_2$$

加热二硫化碳中的四氮化四硫和二氯化二硫，能够容易地得到 S_4N_3Cl：

$$3S_4N_4+2S_2Cl_2 \xrightarrow{CS_2} 4S_4N_3Cl$$

由于 S_4N_3Cl 是离子型化合物，故不溶于介电常数小的介质中. 用浓硝酸或浓硫酸处理 S_4N_3Cl 时，则因 Cl^-离子被 NO_3^- 离子或 SO_4^{2-} 离子所取代而生成了相应的 $S_4N_3NO_3$ 或 $S_4N_3SO_4$. 对 S_4N_3Cl 小心地进行水解时，可得到 S_4N_3OH，但若用碱金属氢氧化物使其激烈水解，则导致环系的破坏而生成氨、亚硫酸盐、硫代硫酸盐和硫化物. 当用叠氮化铝作用于 S_4N_3Cl 时，则生成四氮化四硫：

$$3S_4N_3Cl+Al(N_3)_3 \longrightarrow 3S_4N_4+AlCl_3+3N_2$$

3.8.5　S—N 环系的其他离子

除阳离子 $S_4N_3^+$ 外，S—N 环系还存在着一些其他的阳离子，如 $S_3N_2^+$，$S_4N_4^{2+}$，$S_5N_5^+$，$S_6N_4^{2+}$ 等. 这些阳离子的化合物都可用四氮化四硫来制备.

使 $Te_6[AsF_6]_4$ 作用于 S_4N_4，可获得$[S_3N_2]^+[AsF_6]^-$. $S_3N_2^+$ 离子具有平面形的五元环的结构，环中 S—S 键和 S—N 键的键长分别为 215pm 和 158pm.

FSO_3H 和 S_4N_4 反应，可生成$[S_4N_4]^{2+}[O_3SF]_2^-$. 将 $S_4N_4 \cdot AlCl_3$ 和化学计量的 $AlCl_3$ 混合并通入 Cl_2，能获得$[S_4N_4]^{2+}[AlCl_4]_2^-$.

在 $SOCl_2$ 中，通过 S_4N_4 与 $AlCl_3$ 反应，或通过 S_4N_4 与$(NSCl)_3$ 反应，可分别得到$[S_5N_5]^+[AlCl_4]^-$，$[S_5N_5]^+Cl^-$.

在室温下于 CH_2Cl_2 中，使 S_4N_4 和 $FeCl_3$ 作用，可生成$[S_6N_4]^{2+}[FeCl_4]_2^-$.

除阳离子外，S—N 环系也存在着一些阴离子. 例如，在搅拌下使叠氮化钠和四氮化四硫于乙醇中反应，可得到含 $Na^+[S_4N_5]^-$的橙色溶液：

$$6NaN_3+8S_4N_4 \longrightarrow 6Na^+[S_4N_5]^-+S_8+10N_2$$

$S_4N_5^-$ 离子的结构如图 16.23 所示.

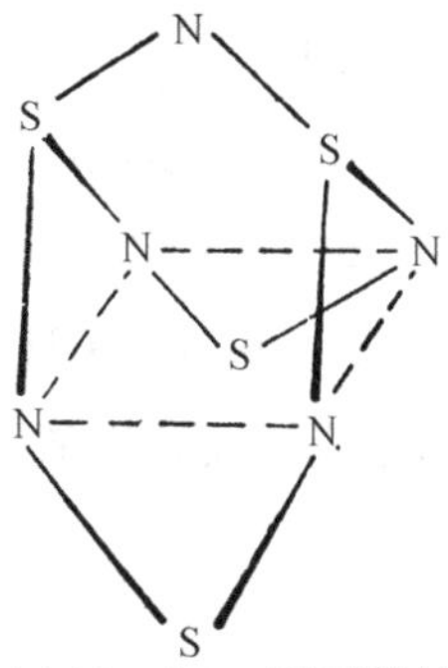

图 16.23 $S_4N_5^-$ 离子的结构

使 $S_4(NH)_4$ 和 KH 反应，或于 1，2–二甲氧基乙烷中，使 K 和 S_4N_4 反应，都可得到含阴离子 $S_3N_3^-$ 的化合物 $K^+[S_3N_3]^-$.

3.9 亚氨基硫

3.9.1 亚氨基七硫

亚氨基七硫 S_7NH 分子具有类似于环八硫 S_8 分子的八元环结构. 亚氨基七硫的晶体是无色的，属正交晶系，熔点 386.7K. 其晶胞参数：a=755pm；b=786pm；c=1308pm.

用下面列举的方法，都能制得亚氨基七硫.

(1) 在 258K 下，于三氯甲烷中以氨处理二氯化二硫，滤去氯化铵并用甲醇稀释滤液，分离出硫后，蒸发滤液，即可沉积出亚氨基七硫. 在亚氨基七硫沉积的同时，会有少量的硫和四氮化四硫共沉积.

(2) 在 303—323K 下，于四氯化碳中，使二氯化二硫和干燥的氨作用，然后在减压下蒸出四氯化碳，再用丙酮对残留物进行萃取，从萃取液中可得到亚氨基七硫.

(3) 在 *N*，*N*–二甲基甲酰胺中，使叠氮化钠 NaN_3 和环八硫 S_8 作用，随后通过对所得的蓝色溶液进行水解，即可获得亚氨基七硫. 这是制备亚氨基七硫的较好的方法.

亚氨基七硫可溶于能溶解硫的溶剂中，也能溶于 50%的乙醇中.

亚氨基七硫是一种弱酸，$pK_a \sim 5$. 在碱性介质中，生成多硫化物和氨. 亚氨基七硫的亚氨基上的氢原子，可被各种有机的和无机的基团或金属离子所取代. 例如：

$$S_7NH + SO_3 \longrightarrow S_7N{-}SO_3H$$

$$S_7NH + CH_2O \longrightarrow S_7N{-}CH_2OH$$

$S_7NH + BCl_3 \longrightarrow S_7N\text{-}BCl_2 + HCl$

$2S_7NH + [(CH_3)_3Si]_2NH \longrightarrow 2S_7N\text{-}Si(CH_3)_3 + NH_3$

$2S_7NH + Hg(CH_3COO)_2 \longrightarrow Hg(NS_7)_2 + 2CH_3COOH$

$S_7NH + (C_6H_5)_3CNa \longrightarrow Na(NS_7) + (C_6H_5)_3CH$

在液态二氧化硫中，亚氨基七硫与五氯化锑作用，生成$[S_2N]^+[SbCl_6]^-$.

3.9.2　二亚氨基六硫

二亚氨基六硫分子存在着 1，3–$S_6(NH)_2$，1，4–$S_6(NH)_2$ 和 1，5–$S_6(NH)_2$ 三种异构体. 这些异构体的晶体都是无色的，化学性质也都相当稳定. 它们的熔点分别为 403，406，428K.

1,5–$S_6(NH)_2$ 分子的键长和键角如表 16.23 所示. 由 1,5–$S_6(NH)_2$ 分子构成的晶体属正交晶系，其晶胞参数：a=738.6pm；b=869pm；c=1282.8pm.

表 16.23　1，5–$S_6(NH)_2$ 分子的键长和键角[3]

	键长(pm)	键角
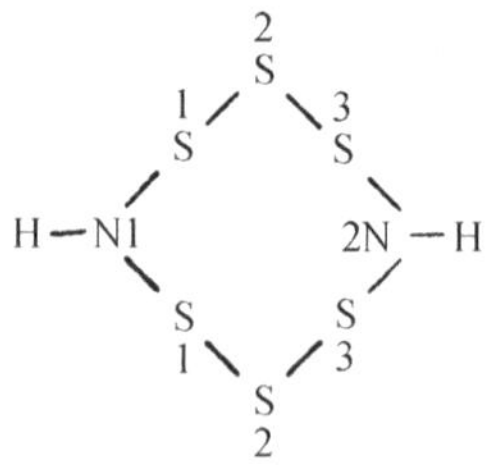	S(1)—S(2) 204 S(2)—S(3) 205 N(1)—S(1) 162 N(2)—S(3) 168	S(1)　112.3° S(2)　109.5° S(3)　107.2° N(1)　120.3° N(2)　117.3°

通过二氯化二硫和氨的作用，可生成上述三种异构体. 利用柱色层分离法，即可从反应产物中将 1,3–$S_6(NH)_2$，1,4–$S_6(NH)_2$，1,5–$S_6(NH)_2$ 逐一分离出来.

二亚氨基六硫分子的三种异构体均具有类似于环八硫分子 S_8 的八元环结构.

3.9.3　三亚氨基五硫

三亚氨基五硫分子和前述的亚氨基硫一样，也具有类似于环八硫分子 S_8 的八元环结构. 它存在着两种异构体，即 1，3，5–$S_5(NH)_3$ 和 1，3，6–$S_5(NH)_3$. 由这两种异构体各自所构成的晶体的熔点分别为 397K，404K.

用联氨 $H_2N—NH_2$ 和四氮化四硫 S_4N_4 反应，可制得 1，3，5–$S_5(NH)_3$.

3.9.4　四亚氨基四硫

在温和的条件下，以溶于乙醇中的氯化亚锡还原溶于苯中的四氮化四硫，可

制得四亚氨基四硫 $S_4(NH)_4$.

四亚氨基四硫分子同样具有类似于环八硫分子 S_8 的八元环结构. 在分子中，S 原子和 N 原子是交错排列的. S—N 键的键长为 166.5pm，键角 NSN 和 SNS 分别为 109°和 124°. 由四亚氨基四硫分子构成的晶体是无色的，熔点 418K. 每个晶胞含有 4 个四亚氨基四硫分子，属正交晶系，其晶胞参数：a=801.0pm；b=1220pm；c=672.7pm.

四亚氨基四硫不溶于水，但易溶于吡啶. 用 Cl_2 作用于 $S_4(NH)_4$ 时，它会被氧化为 S_4N_4. 在甲醇中，$S_4(NH)_4$ 和 $Hg(CH_3COO)_2$ 作用，生成黄绿色粉末状的 $Hg_5(NS)_8$. 后者是由 3 摩尔的 $Hg(NS)_2$ 和 1 摩尔的 $Hg_2(NS)_2$ 构成的. 如果以吡啶为溶剂，$S_4(NH)_4$ 和过量的 $Hg(CH_3COO)_2$ 作用时，则生成 $Hg(NS)_2$.

3.10 硫的卤氮化物

3.10.1 硫的氟氮化物

通过下面的反应，可制得氟氮化硫 SNF 和三氟氮化硫 SNF_3：

$$NF_3+3S \xrightarrow{673K} F—S{\equiv}N+S_2F_2$$

$$Hg(N{\equiv}SF_2)_2 \xrightarrow{373K,真空} 2F—S{\equiv}N+HgF_2$$

$$F—S{\equiv}N+2AgF_2 \longrightarrow F—\overset{F}{\underset{F}{S}}{\equiv}N+2AgF$$

氟氮化硫是一种无色的气体，熔点 184K，沸点 273.6K. 氟氮化硫分子是弯曲形的，键角 NSF 为 116.9°，S—F 和 S—N 键的键长分别为 164.6pm 和 144.6pm. 三氟氮化硫的熔点为 201K，沸点为 300.3K，在较常温略高的情况下，也是一种无色的气体. 分子中的硫原于是 sp^3 杂化的，分子具有 C_{3v} 的对称性结构. 其中 S—N 和 S—F 键的键长分别为 142pm 和 155pm，键角 NSF 和 FSF 分别为 122°和 94°.

三氟氮化硫和氟氮化硫在水中或在氢氧化钠溶液中都易水解. 在高于 673K 时，三氟氮化硫和金属钠会发生作用，生成硫化钠、氟化钠和氮. 三氟氮化硫与氟化氢作用，生成 $F_5S—NH_2$：

$$SNF_3+2HF \longrightarrow F_5S—NH_2$$

和三氯化硼作用，生成$[NS_2Cl_2]^+[BCl_4]^-$：

$$4SNF_3+6BCl_3 \longrightarrow 2[NS_2Cl_2]^+[BCl_4]^-+4BF_3+3Cl_2+N_2$$

使四氮化四硫和二氟化银反应，可获得四氟四氮化四硫 $S_4N_4F_4$：

$$S_4N_4+4AgF_2 \longrightarrow S_4N_4F_4+4AgF$$

和氟氮化硫、三氟氮化硫不同，四氟四氮化四硫分子呈环状结构(见图 16.24). 分子中，N 原子以双楔形排列在由 S 原子所组成的平面正方形的周围，而 F 原子则连在 S 原子之上. S—N 键有长有短地在环中交替地排列，这就意味着在这 4 个 S—N 键中具有 $d\pi$–$p\pi$ 特性，但是并没有离域化.

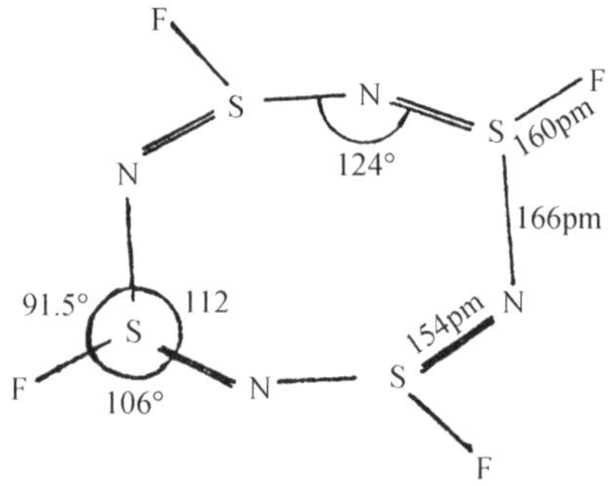

图 16.24　四氟四氮化四硫分子的结构

四氟四氮化四硫的晶体是白色的，属四方晶系，晶胞参数：a=920pm；c=430pm；其空间群为 $P\bar{4}2_1c$，它在熔点(426K)下即行分解. 能溶于四氯化碳中，在 293K 时的溶解度为 3.44g/L.

3.10.2　硫的氯氮化物

将四氮化四硫的二氯化二硫溶液加热，然后使之冷却，或在极性溶剂中，使亚硫酰氯或亚硝酰氯作用于四氮化四硫，都可得到二氯二氮化三硫 $S_3N_2Cl_2$. 二氯二氮化三硫是一种含有阳离子$[S_3N_2Cl]^+$的盐$[S_3N_2Cl]^+Cl^-$.

$[S_3N_2Cl]^+$离子具有五元环的结构，有关的结构数据如表 16.24 所示. 阴离子 Cl^-到 S(1)，S(2)和 S(3)原子的距离分别为 290pm，304pm 和 293pm. 如果通过 3 个 S 原子作一平面，则 Cl(1)原子位于该平面之上的 209pm 处，N(1)原子在平面之下 18.8pm 处，N(2)原子在平面之上 14.0pm 处.

表 16.24　$[S_3N_2Cl]^+Cl^-$的键长和键角[3]

	键　长(pm)	键　角
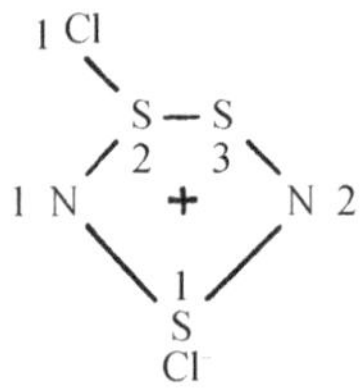	S(1)—N(1)　161.7	S(1)　106.3°
	S(1)—N(2)　154.3	N(1)　118.0°
	N(1)—S(2)　158.1	S(2)　97.8°
	N(2)—S(3)　161.5	S(3)　95.6°
	S(2)—S(3)　213.6	N(2)　120.7°
	S(2)—Cl(1)　216.8	N(1)S(2)Cl(1) 106.5°
		S(3)S(2)Cl(1)　100.1°

二氯二氮化三硫是一种棕色的晶体，属单斜晶系，空间群为 $P2_1$，晶胞参数：a=654.6pm；b=860.0pm；c=550.8pm；β=102.6°.

将四氮化四硫溶于四氯化碳中，并用氯气处理之，可制得黄色针状的三氯三氮化三硫 $S_3N_3Cl_3$：

$$3S_4N_4+6Cl_2 \xrightarrow{CCl_4} 4S_3N_3Cl_3$$

三氯三氮化三硫分子具有六元环结构. 环中所有 S—N 键的键长均等于 160.5pm. 这表明它是一个离域的 π 电子体系. 在三个 S—Cl 键中，两个的键长为 215pm，一个为 208pm，键角 SNS，NSN 和 NSCl 分别为 129°，114°和 113.8°.

三氯三氮化三硫在干燥的空气中是稳定的，易溶于有机溶剂中，在高真空中将 $S_3N_3Cl_3$ 加热到 383K 时，可获得一种黄绿色的气体——氯氮化硫 SNCl. 三氯三氮化三硫和四亚氨基四硫作用，生成四氮化四硫：

$$4S_3N_3Cl_3+3S_4(NH)_4 \longrightarrow 6S_4N_4+12HCl$$

和二氟化银反应，则生成三氟三氮化三硫 $S_3N_3F_3$. 三氟三氮化三硫的熔点为 347.4K，沸点为 365.7K. 其分子和三氯三氮化三硫一样，也具有六元环的结构.

一般地说，硫的卤氮化物的稳定性随着分子中卤素分子量的增加而降低. 硫的溴氮化物和硫的碘氮化物在文献中叙述得仍不多. 在此，我们也仅对硫的氟氮化物和氯氮化物作一些简要的介绍.

3.11 硫的氧氮化物

在二氧化硫存在下，使四氮化四硫和亚硫酰氯作用，可制得二氧二氮化三硫 $S_3N_2O_2$：

$$S_4N_4+2SOCl_2 \xrightarrow{SO_2} S_3N_2O_2+2Cl_2+S_2N_2+S$$

通过亚硫酰氯和氨的反应，也可获得二氧二氮化三硫.

二氧二氮化三硫为浅黄色的晶体，属单斜晶系，其晶胞参数：a=684pm；b=456pm；c=1652pm；β=97°. 二氧二氮化三硫分子中的 2 个氮原子是等价的，其分子的结构数据如表 16.25 所示.

二氧二氮化三硫可溶于有机溶剂而不溶于水. 在潮湿的空气中被慢慢地水解为二氧化硫和四氮化四硫. 和三氧化硫作用，易被氧化为五氧二氮化三硫 $S_3N_2O_5$：

$$S_3N_2O_2+3SO_3 \longrightarrow S_3N_2O_5+3SO_2$$

表 16.25　$S_2N_2O_2$ 分子的键长和键角 1)

	键长(pm)	键　角
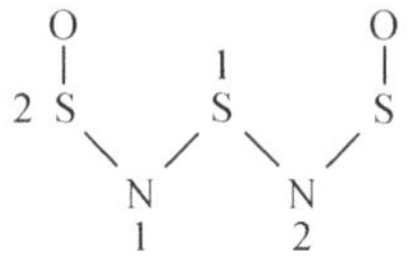	S(1)—N(1)　164.7 S(2)—N(1)　153.5 S(2)—O　144.6	S(1)　97.3° N(1)　124.3° S(2)　118.0°

1) M. G. Barker, *Coord. Chem. Rev.*, 49, 396(1983).

五氧二氮化三硫分子具有六元环的结构．它除可利用上面的反应制备外，通过四氮化四硫和三氧化硫的作用，也可制得五氧二氮化三硫．经用 ${}^{35}_{16}SO_3$ 示踪证实，参加反应的三氧化硫有 2 个硫原子参与了分子的形成：

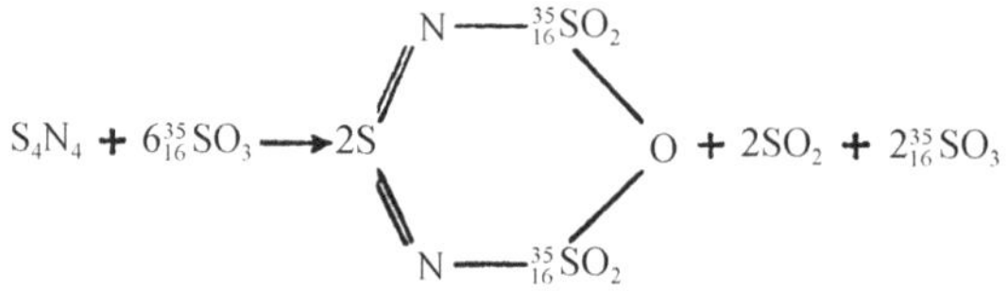

3.12　硫　化　物[10]

3.12.1　一般介绍

由电正性较高的金属元素或非金属元素和硫组成的化合物统称为硫化物．大多数的硫化物，尤其是金属硫化物都可以看做是氢硫酸的盐．因为氢硫酸是一种二元酸，所以它可以生成两种形式的盐，即氢硫化物(酸式硫化物)和正硫化物．

金属的酸式硫化物都能溶于水，而在正硫化物中，只有碱金属硫化物和硫化铵是能够溶于水的．由于氢硫酸是弱酸，因此所有的硫化物，无论是易溶的还是难溶的，在水溶液中都有程度不同的水解作用(表 16.26)．

表 16.26　在水溶液中形成的难溶硫化物

VIB	VIIB	VIII			IB	IIB	IIIA	IVA	VA
	MnS	FeS	CoS	NiS	CuS	ZnS		GeS_2	As_2S_5
		Fe_2S_3			Cu_2S				As_2S_3
MoS_3	Tc_2S_7	RuS_2	RhS_2	PdS	Ag_2S	CdS	In_2S_3	SnS_2	Sb_2S_5
								SnS	Sb_2S_3
WS_3	Re_2S_7	OsS_2	IrS_2	PtS	Au_2S	HgS	Tl_2S	PbS	Bi_2S_3
						Hg_2S			

$$Al_2S_3+6H_2O \longrightarrow 2Al(OH)_3+3H_2S$$

$$Na_2S+H_2O \rightleftharpoons 2Na^++HS^-+OH^-$$

$$PbS+H_2O \rightleftharpoons Pb^{2+}+HS^-+OH^-$$

$$(NH_4)_2S+2H_2O \rightleftharpoons 2NH_4OH+H_2S$$

碱金属和碱土金属所形成的硫化物看来主要是离子型的化合物，而其他金属尤其是过渡金属的硫化物则为共价型或过渡型的化合物. 对大多数非金属和半金属元素的硫化物来说，既可能是简单分子的化合物，也可能是含有硫桥的、具有聚合物结构的化合物. 现将若干金属硫化物的晶体结构型式列于表 16.27 中.

表 16.27　某些金属硫化物的晶体结构型式

NaCl 型	反 CaF_2 型	立方 ZnS 型	六方 ZnS 型	NiAs 型	PtS 型
MgS	Li_2S	BeS	ZnS	TiS	PtS
CaS	Na_2S	ZnS	CdS	VS	PdS
SrS	K_2S	CdS	MnS(粉红)	NbS	**FeS_2(黄铁矿)型**
BaS	Rb_2S	MnS(红色)		TaS	MnS_2
MnS		HgS		CrS	FeS_2
PbS	**CdI_2 型**	**$CdCl_2$ 型**	**MoS_2 型**	FeS	RuS_2
LaS	Tl_2S	γ-TaS_2	MoS_2	CoS	OsS_2
CeS	HfS_2	NbS_2	WS_2	NiS	CoS_2
PrS	PtS_2				RhS_2
NdS	SnS_2				NiS_2
SmS	α-TaS_2				
EuS	ZrS_2				
TbS					
HoS					
ThS					
US					
PuS					

有些金属硫化物常常具有特殊的化学计量，而且往往是多晶型的，其中有不少具有类似于合金或半金属的性质. 硫与许多元素能形成几种化合物，有时甚至能形成一系列的化合物. 很多硫化物都可通过单质间的直接化合而制得.

3.12.2　碱金属硫化物

碱金属元素都能形成氢硫化物 MHS 和硫化物 M_2S.

在相应的氢氧化物水溶液或水–乙醇溶液中，通入硫化氢直至饱和，都可得到碱金属的氢硫化物：

$$MOH+H_2S \rightleftharpoons MHS+H_2O$$

这些氢硫化物都能以水合物的形式(如 $NaHS \cdot 3H_2O$，$KHS \cdot 0.5H_2O$)从溶液中结晶出来. 除氢硫化锂对热不稳定外，其他碱金属的氢硫化物即使加热到脱水甚至到熔融，也都不会有明显的分解，在温度高于 373—473K 时，NaHS，KHS 和 RbHS 的晶体结构均为 NaCl 型结构.

在实验室中，如需制备无水的氢硫化钠 NaHS，可在冷凝器上端装有干燥管的回流装置中，用无水乙醇作用于金属钠，使之生成乙醇钠，然后添加无水乙醇，令生成的乙醇钠刚好溶解. 将干燥过的硫化氢急速通入溶液中，当开始析出微细的结晶时，过滤. 向滤液加入无水乙醚，让其在密闭的容器内结晶. 再添加一些无水乙醚，直至溶液上部不再析出结晶时为止. 滤出晶体，用无水乙醚洗涤后，随即置于真空干燥器中干燥之. 产物接近分析纯. 若将所得物再溶于无水乙醇，并用无水乙醚令其重结晶，则可得到更纯的产物.

在碱金属的氢硫化物溶液中，加入等摩尔的、相应的氢氧化物，即可生成碱金属的硫化物：

$$MHS + MOH \rightleftharpoons M_2S + H_2O$$

通过碱金属在硫蒸气中的燃烧，或使硫和溶于液态氨中的碱金属作用，也都可得到碱金属的硫化物. 用后两种方法制得的，都是无水物.

所有碱金属的硫化物在纯的状态下都是白色的. 表 16.28 列出了碱金属硫化物的某些性质.

表 16.28　碱金属硫化物的某些性质

	Li_2S	Na_2S	K_2S	Rb_2S	Cs_2S
颜色	白	白	白	白	白
密度，(g/cm^3)	1.66	1.856	1.805	2.912	—
熔点，(K)	—	1453	1113	803(分解)	783(分解)
生成热，(298K；kJ/mol)	−446.0	−373.2	−418.4	−348.1	−339.7

在碱金属的硫化物中，硫化钠是工业上有较多用途的一种硫化物. 常见商品是它的水合晶体 $Na_2S \cdot 9H_2O$. 硫化钠在工业上大量用于硫化染料的制造、有机药物和纸浆的生产，也用于制革工业、人造丝工业、漂染工业、橡胶工业、涂料工业、食品工业和荧光材料工业.

工业上大规模生产硫化钠，是通过天然产物芒硝的还原来实现的. 其主要的工艺原理可用下式表示：

(1) 用碳还原

$$Na_2SO_4 + 4C \xrightarrow{1373K, 高温转炉} Na_2S + 4CO$$

(2) 用氢还原

$$Na_2SO_4+4H_2 \xrightarrow[1273K,沸腾炉]{} Na_2S+4H_2O$$

硫化钠易溶于水，并在水中发生水解而使溶液呈强碱性：

$$Na_2S+H_2O \rightleftharpoons NaHS+NaOH$$

$$NaHS+H_2O \rightleftharpoons H_2S+NaOH$$

将硫化钠露置于空气中时，它会吸湿，并同时慢慢地被氧化为硫代硫酸钠：

$$2Na_2S+2O_2+H_2O \longrightarrow Na_2S_2O_3+2NaOH$$

如用纯的 $Na_2S \cdot 9H_2O$ 制备无水硫化钠 Na_2S，可将九水合晶体置于盛有浓硫酸的真空干燥器中，放置 14 天左右，令其脱水. 开始时，温度为 288K；以后为 303—308K. 取出初产物，其含水量约为 4%. 把它置于一瓷管内，加热到 973K. 在加热的同时，通入纯净的、干燥的氢气. 最后，即可得到白色粉末状的无水硫化钠，纯度为 99.5%—99.8%.

3.12.3 碱土金属硫化物

令铍在硫蒸气中燃烧，或在高温下使氯化铍和硫化氢作用，都可制得硫化铍：

$$Be+S \longrightarrow BeS$$

$$BeCl_2+H_2S \longrightarrow BeS+2HCl$$

在高于 873K 下，通过金属镁与硫蒸气或干燥的硫化氢作用，也可得到硫化镁. 钙、锶、钡的硫化物则在高温下用碳还原相应的硫酸盐而制得. 例如，在工业上于 1173—1273K 下，在转炉中对硫酸钡用煤粉进行焙烧还原，即可获得硫化钡：

$$BaSO_4+4C \longrightarrow BaS+4CO$$

$$BaSO_4+4CO \longrightarrow BaS+4CO_2$$

碱土金属的硫化物皆呈白色. 表 16.29 列出了它们的一些性质. 硫化铍不溶于水，其他碱土金属的硫化物则微溶于水. 硫化铍在水中较稳定，其余的碱土金属硫化物在水中则几乎完全水解：

$$2MS+2H_2O \rightleftharpoons M(HS)_2+M(OH)_2$$

表 16.29　碱土金属硫化物的一些性质

	BeS	MgS	CaS	SrS	BaS
颜色	白	白	白	白	白
密度(g/cm^3)	—	2.80	2.8	3.70	4.25
熔点(K)	—	>2273	2673	>2273	1473
生成热(298K；kJ/mol)	−234.3	−347.3	−482.8	−452.7	−443.5

若将所得的氢硫化物溶液加以煮沸，则水解作用继续进行：

$$M(HS)_2+2H_2O \rightleftharpoons M(OH)_2+2H_2S$$

将经光照射过的钙、锶或钡的硫化物移于暗室中，它们会持续发光几小时. 因此，在工业上常用硫化钙和硫化钡来制造发光漆.

3.12.4　硼族元素硫化物

由于三硫化二硼和三硫化二铝极易水解，三硫化二镓遇水也容易转变为氢氧化镓，因而常通过单质在高温下的直接化合来制备它们：

$$2B+3S \longrightarrow B_2S_3$$

$$2Al+3S \longrightarrow Al_2S_3$$

$$2Ga+3S \longrightarrow Ga_2S_3$$

与这三者相反，三硫化二铟却不易为水所分解. 将硫化氢通入铟(III)盐溶液内，即可得到黄色的三硫化二铟沉淀. 使此沉淀与稀酸溶液共热，就能得到红色的三硫化二铟结晶变体. 三硫化二铟能溶于碱金属硫化物溶液或硫化铵溶液中，生成硫代铟酸盐：$Na[InS_2]$或 $NH_4[InS_2]$. 由于硫化氢和铊(III)盐在溶液中会发生氧化还原反应，故常使用类似于上述制备三硫化二硼等的方法来制取三硫化二铊. 制备时硫应过量，反应产物中的硫可通过蒸馏法除去.

此外，镓、铟、铊还存在着一些较低氧化态的硫化物. 在 673K 下用氢气还原三硫化二镓，可制得硫化镓：

$$Ga_2S_3+H_2 \longrightarrow 2GaS+H_2S$$

如在高真空中将硫化镓加热，则发生如下的反应：

$$4GaS \longrightarrow Ga_2S+Ga_2S_3$$

在加热下，用化学计量的硫与金属铟或铊反应，可分别制得硫化铟、一硫化二铟和一硫化二铊；

$$In+S \longrightarrow InS$$

$$2In+S \longrightarrow In_2S$$

$$2Tl+S \longrightarrow Tl_2S$$

在氢气流中加热三硫化二铟，也可得到一硫化二铟：

$$In_2S_3+2H_2 \rightleftharpoons In_2S+2H_2S$$

向铊(I)盐溶液通入硫化氢或加入可溶性硫化物(如硫化铵)的溶液，都可得到黑色的一硫化二铊沉淀. 把所得沉淀与硫化铵溶液共热，便可使其转变为晶状的一硫化二铊.

现将硼族元素硫化物的一些性质提供在表 16.30 中.

表 16.30　硼族元素硫化物的某些性质

	B_2S_3	Al_2S_3	Ga_2S_3	In_2S_3	InS	In_2S	Tl_2S_3	Tl_2S
颜色	白	黄	黄	黄或红	酒红	黑或黄	蓝黑	黑
密度(g/cm^3)	1.55	2.37	3.5	4.9	5.18	—	—	8.0
熔点(K)	583	1373	1523	1323	965	926	533	721
沸点(K)	473(升华)	1823(升华)	—	—	1123(分解)	升华	—	分解
生成热(298K；kJ/mol)	−238.5	−509.6	—	—	—	—	—	−87.0

3.12.5　碳族元素的硫化物

已知存在着多种碳的硫化物，如一硫化碳、二硫化碳和二硫化三碳等. 其中，最重要的是二硫化碳. 二硫化碳分子是直线形的，C—S 键的键长为 155pm，这表明该键实际上属于双键. 因为同样一对原子的单键键长为 179pm. 在工业上，可通过硫蒸气与红热的木炭作用来制备二硫化碳：

$$C+2S \xrightarrow{1123—1223K} CS_2$$

二硫化碳在常况下是一种无色的液体，有毒，易挥发. 熔点 161.4K，沸点 319.5K. 在 293K 时的蒸气压为 39.7kPa，在空气中高度易燃，燃点 509K. 它微溶于水，但却能与乙醇、乙醚、三氯甲烷等完全混溶. 二硫化碳是有机物质(如油脂、腊、树脂、橡胶等)以及许多无机物质(如硫、磷、碘等)的良好溶剂. 二硫化碳在高压下能聚合成具有如下结构的黑色固体.

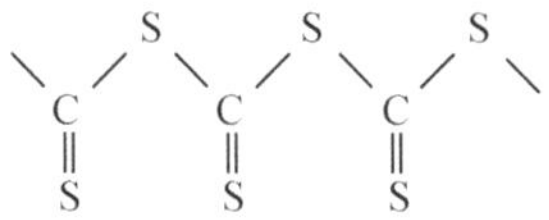

二硫化碳具有广泛的化学行为. 例如，能被水分解成二氧化碳和硫化氢、与碱金属硫化物溶液作用生成硫代碳酸盐、和三氧化硫反应生成碳酰硫、与氧化二氯作用生成光气、能被强氧化剂氧化而析出硫、和氯气作用产生四氯化碳：

$$CS_2+2H_2O \xrightarrow[>423K]{} CO_2+2H_2S$$

$$CS_2+K_2S \longrightarrow K_2[CS_3]$$

$$CS_2+3SO_3 \longrightarrow COS+4SO_2$$

$$CS_2+3Cl_2O \longrightarrow COCl_2+2SOCl_2$$

$$5CS_2+4MnO_4^-+12H^+ \longrightarrow 10S+5CO_2+4Mn^{2+}+6H_2O$$

$$CS_2+3Cl_2 \longrightarrow CCl_4+S_2Cl_2$$

上列最后一个反应常被工业利用来生产四氯化碳. 此外，二硫化碳容易进行“插入反应”，在反应中能将$-S-\underset{\underset{S}{\|}}{C}-$基插入到 Sn—N 键、Ti—N 键、Co—Co 键或其他键之间. 例如，与二烃基酰胺钛作用，生成二硫代氨基甲酸盐：

$$Ti(NR_2)_4+4CS_2 \longrightarrow Ti(S_2CNR_2)_4$$

二硫化碳分子也可充作配位体. 配位时，是通过硫原子作为给予体而键合，或者是加成氧化而得到如下的三元环.

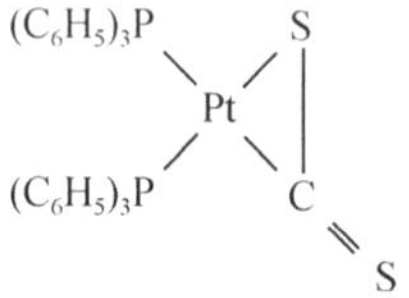

市售的二硫化碳，往往含有：硫、硫化氢、亚硫酸、硫酸、有机硫化物和水等杂质. 提纯时，可将 5 份二硫化碳、1 份金属汞及少量十氧化四磷一同摇荡 1 小时，过滤. 尽可能于黑暗的环境中，用分馏柱对滤液进行分馏. 分馏时，把低沸点和高沸点的馏份弃去. 再按同样的方法处理和分馏，直至不再出现硫化汞时为止. 如需纯度更高者，应进行真空分馏. 若被提纯的二硫化碳仅含硫化氢，则只需对其分馏，即可达到提纯的目的.

与二硫化碳不同，硅的二硫化物是由无限个具有共用边的 SiS_4 四面体的链构成的纤维状结晶大分子化合物：

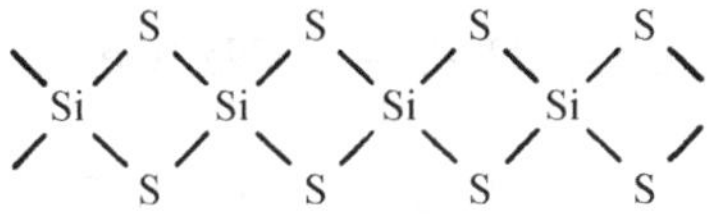

在高温下，使硫化氢作用于单质硅或使三硫化二铝和二氧化硅反应，都可制得二硫化硅：

$$Si+2H_2S \xrightarrow[2073K]{} SiS_2+2H_2$$

$$3SiO_2+2Al_2S_3 \xrightarrow[1373K]{} 3SiS_2+2Al_2O_3$$

在常温下，于干燥的空气中二硫化硅是稳定的，但遇水即迅速水解：

$$SiS_2+2H_2O \longrightarrow SiO_2+2H_2S$$

二硫化硅和碱金属硫化物作用，生成硫代硅酸盐 $M_2[SiS_3]$.

除铅外，锗和锡均可生成二硫化物. 在二氧化锗的盐酸溶液中通入硫化氢，或在高温下使硫和二氧化锗作用，都可生成二硫化锗：

$$GeCl_4+2H_2S \longrightarrow GeS_2+4HCl$$

$$GeO_2+3S \xrightarrow[1123K]{} GeS_2+SO_2$$

在少量碘存在下，于封管中使金属锡和硫直接结合，或向锡(IV)盐溶液通入硫化氢，都可得到二硫化锡：

$$Sn+2S \xrightarrow[\triangle]{I_2} SnS_2$$

$$SnCl_4+2H_2S \longrightarrow SnS_2+4HCl$$

锗的二硫化物具有和二硫化硅相类似的链状结构：

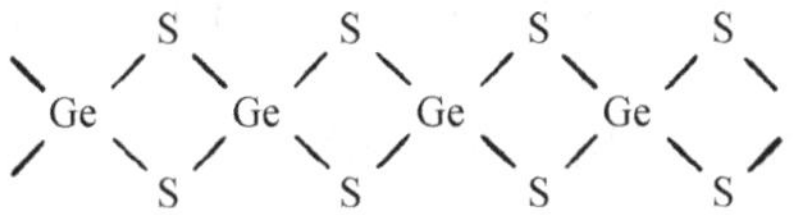

而二硫化锡则具有 CdI_2 型的晶体结构. 二硫化锗稍溶于水，二硫化锡则难溶于水. 二硫化锗在水溶液中缓缓被水解而放出硫化氢：

$$GeS_2+2H_2O \longrightarrow GeO_2+2H_2S$$

二硫化锗和二硫化锡都易溶于碱金属硫化物溶液中而生成硫代酸盐：

$$GeS_2+Na_2S \longrightarrow Na_2[GeS_3]$$

$$SnS_2+Na_2S \longrightarrow Na_2[SnS_3]$$

$$SnS_2+2Na_2S \longrightarrow Na_4[SnS_4]$$

其中，$Na_2[SnS_3]\cdot 8H_2O$ 和 $Na_4[SnS_4]\cdot 18H_2O$ 已能从溶液中分离出来.

锗、锡、铅都存在着一硫化物. 它们既可由相应的盐溶液和硫化氢作用制得：

$$GeCl_2+H_2S \longrightarrow GeS+2HCl$$

$$SnCl_2+H_2S \longrightarrow SnS+2HCl$$

$$Pb(CH_3COO)_2+H_2S \longrightarrow PbS+2CH_3COOH$$

也可通过下列反应而制得：

$$GeS_2+H_2 \xrightarrow[\triangle]{} GeS+H_2S$$

$$Sn+S \xrightarrow[\triangle]{} SnS$$

$$Pb+S \xrightarrow[\triangle]{} PbS$$

GeS，SnS 和 PbS 皆难溶于水. GeS 和 SnS 在多硫化铵溶液中，因发生如下反应而溶解：

$$(n-1)GeS+(NH_4)_2S_n \longrightarrow (n-1)GeS_2+(NH_4)_2S$$

$$GeS_2+(NH_4)_2S \longrightarrow (NH_4)_2[GeS_3]$$

$$(n-1)SnS+(NH_4)_2S_n \longrightarrow (n-1)SnS_2+(NH_4)_2S$$

$$SnS_2+(NH_4)_2S \longrightarrow (NH_4)_2[SnS_3]$$

现将碳族元素硫化物的一些性质列于表 16.31 中.

表 16.31　碳族元素硫化物的某些性质

	CS_2	SiS_2	GeS_2	GeS	SnS_2	SnS	PbS
颜色	无色	白	白	灰黑	黄	棕黑	黑
密度(g/cm^3)	1.26	2.23[1)]	2.7	3.78	4.5	5.27	7.5
熔点(K)	161.4	1363	2173	898	分解	1153	1387
生成热(298K；kJ/mol)	87.0	−145.6	—	—	—	−77.8	−94.3

1) 立方晶系晶体.

3.12.6 磷、砷、锑、铋的硫化物

磷和硫在 373K 以上可直接化合而生成多种硫化物，其中最重要的是：三硫化四磷、五硫化四磷、七硫化四磷和十硫化四磷．这几种磷的硫化物都是分子化合物，图 16.25 示出了它们的结构．从图可以看出，这些磷的硫化物都具有以 P_4 分子四面体为基础的结构．成键时，硫原子沿着该四面体的棱与磷原子形成桥键，或者是和四面体顶点单个的磷原子键合．除十硫化四磷外，其余的都保留了一个或一个以上的 P—P 键．

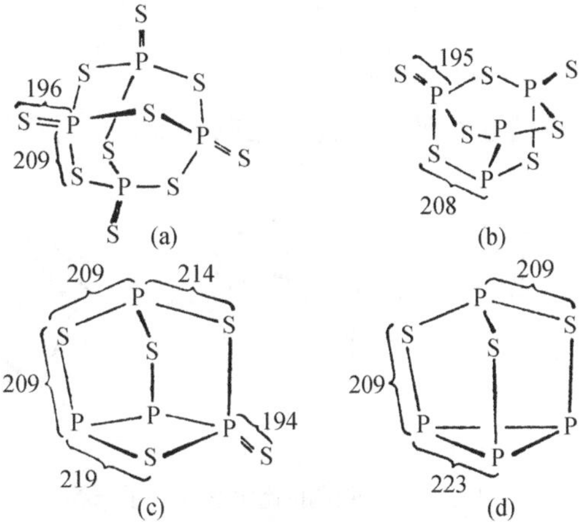

图 16.25 一些磷的硫化物的分子结构

(a)P_4S_{10}；(b)P_4S_7；(c)P_4S_5；(d)P_4S_3；键长单位：pm

将红磷和硫以化学计量混合，在适宜的温度下加热一段时间，或在加热下使化学计量的白磷和硫于溶剂(如二硫化碳等)中进行反应，都可分别制得预期的磷的硫化物：

$$4P_4+5S_8 \longrightarrow 4P_4S_{10}$$

$$8P_4+7S_8 \longrightarrow 8P_4S_7$$

$$8P_4+5S_8 \longrightarrow 8P_4S_5$$

$$8P_4+3S_8 \longrightarrow 8P_4S_3$$

冷水对三硫化四磷作用很缓慢，但十硫化四磷、七磷化四磷和五硫化四磷遇水或露置于潮湿的空气中时，皆逐渐水解．在工业上，十硫化四磷主要用于制杀虫剂、润滑油添加剂和浮选剂，三硫化四磷则主要用于制火柴和烟火．

三硫化四砷、四硫化四砷、六硫化四砷和十硫化四砷皆可用共熔化学计量的砷和硫的方法来制取．其中，六硫化四砷和十硫化四砷也能用硫化氢从相应的氧化物的盐酸溶液中沉淀出来．用沉淀法制取十硫化四砷时，常因砷(V)和硫化氢发生氧化还原反应而使产物混有部分的六硫化四砷．

用单质直接化合，或将硫化氢通入相应的 M(III)盐溶液中，都可得到三硫化二锑和三硫化二铋．铋只存在低氧化态(III)的硫化物，而通常所说的五硫化二锑实际上并不是一个化学计量的实物.

三硫化四砷有着类似于三硫化四磷的分子结构．四硫化四砷是雄黄矿的主要成分．四硫化四砷、六硫化四砷和十硫化四砷都具有笼状的分子结构(见图16.26). 三硫化二锑和三硫化二铋是同晶型的. 它们先形成无数个如下的带状结构：

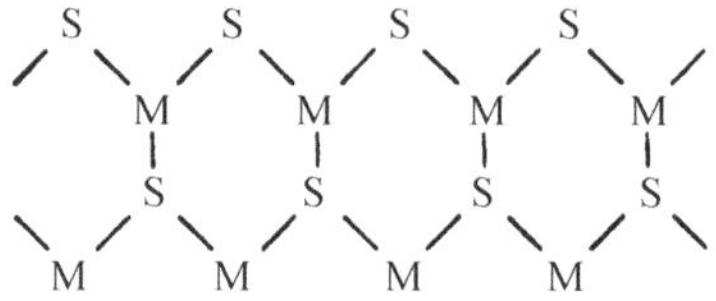

然后再借微弱的次级键使这些带状结构固定在晶体的平行窄条中.

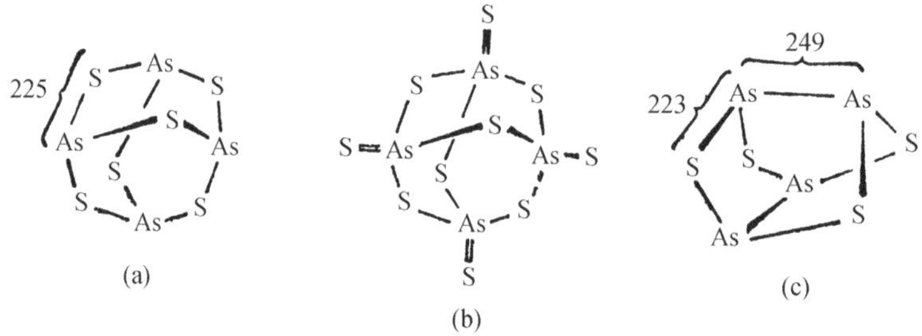

图 16.26　一些砷的硫化物的分子结构

(a)As_4S_6；(b)As_4S_{10}；(c)As_4S_4；键长单位：pm

六硫化四砷、十硫化四砷和三硫化二锑都能溶于碱金属硫化物溶液中而形成硫代亚砷酸盐、硫代砷酸盐和硫代亚锑酸盐：

$$As_4S_6+6Na_2S \longrightarrow 4Na_3[AsS_3]$$

$$As_4S_{10}+6Na_2S \longrightarrow 4Na_3[AsS_4]$$

$$Sb_2S_3+3Na_2S \longrightarrow 2Na_3[SbS_3]$$

表 16.32 列出了磷，砷、锑、铋的硫化物的某些性质.

表 16.32　磷、砷、锑、铋的硫化物的一些性质

	颜色	密度(g/cm^3)	熔点(K)	沸点(K)	生成热(298K；kJ/mol)
P_4S_3	黄	2.03	444.2—445.7	680—681	—
P_4S_5	亮黄	2.51	443—493	分解	—
P_4S_7	浅黄	2.20	578—583	796	—
P_4S_{10}	黄	2.09	559—563	786—788	—
As_4S_4	红	3.5	580	838	−35.5
As_4S_6	黄	3.43	573	980	−291.2
As_4S_{10}	淡黄	—	升华，分解	773(分解)	–
Sb_2S_3	橙红	4.64	820	—	−183.3
Bi_2S_3	棕黑	7.00	958(分解)	—	−183.3

3.12.7 锌、镉、汞的硫化物

锌、镉、汞的硫化物皆难溶于水. 表 16.33 列出了它们的某些性质.

表 16.33 锌、镉、汞硫化物的某些性质

	ZnS	CdS	HgS	HgS
颜色	白	黄	红	黑
密度(g/cm^3)	4.10	4.58	8.10	7.67
熔点(K)	2073—2173(压力)	2023(10.1MPa)	853(升华)	719
沸点(K)	1455(升华)	1253(升华)	—	—
生成热(298K; kJ/mol)	−203.3	−144.8	−57.7	−54.4

用锌、镉、汞的盐溶液，通过下列反应，可获得相应的硫化物：

$$ZnSO_4+(NH_4)_2S \longrightarrow ZnS+(NH_4)_2SO_4$$

$$CdCl_2+H_2S \longrightarrow CdS+2HCl$$

$$HgCl_2+H_2S \longrightarrow HgS+2HCl$$

若用碱金属硫化物作用于汞(II)盐溶液，则因生成硫代酸盐而得不到硫化汞：

$$HgCl_2+2Na_2S \longrightarrow Na_2[HgS_2]+2NaCl$$

在硫化氢气流中，将所得硫化锌沉淀灼烧，可使其转变为晶状硫化锌. 把从水溶液沉淀出来的黑色硫化汞加热(659K)或与氯化亚汞溶液共沸，都可得到较为稳定的红色硫化汞变体.

纯净的晶体硫化锌和硫化镉在含有微量的 Ag(I)，Cu(II)或 Mn(II)离子作为激活剂时，可在紫外光或可见光的照射下发出不同颜色的荧光. 在工业上，常用硫化锌和硫化镉制造荧光粉. 高纯度的硫化镉是良好的半导体.

3.12.8 过渡金属的硫化物

过渡金属硫化物都是难溶于水的硫化物. 除金、铂和钯外，所有过渡金属在加热时都能和硫作用生成相应的硫化物.

对能被水逐渐或激烈分解的过渡金属硫化物，一般都可在适宜的温度下，通过单质的直接化合或通过过渡金属的无水氯化物与干燥的硫化氢的作用来制取. 例如：

$$2Sc+3s \longrightarrow Sc_2S_3$$

$$2Y+3S \longrightarrow Y_2S_3$$

$$Zr+2S \longrightarrow ZrS_2$$

$$Hf+2S \longrightarrow HfS_2$$

$$2Cr+3S \longrightarrow Cr_2S_3$$

$$TiCl_4+2H_2S \longrightarrow TiS_2+4HCl$$

$$2CrCl_3+3H_2S \longrightarrow Cr_2S_3+6HCl$$

对不为对水所分解的过渡金属硫化物，还可视具体情况通过相应的盐、含氧酸、含氧酸盐或配位化合物的水溶液与硫化铵或硫化氢的作用来制备．例如：

$$MnSO_4+(NH_4)_2S \longrightarrow MnS+(NH_4)_2SO_4$$

$$FeSO_4+(NH_4)_2S \longrightarrow FeS+(NH_4)_2SO_4$$

$$CoSO_4+(NH_4)_2S \longrightarrow CoS+(NH_4)_2SO_4$$

$$NiSO_4+(NH_4)_2S \longrightarrow NiS+(NH_4)_2SO_4$$

$$2RuCl_3+3H_2S \xrightarrow[\text{酸性溶液}]{} Ru_2S_3+6HCl$$

$$2RhCl_3+3H_2S \xrightarrow[\text{热的酸性溶液}]{} Rh_2S_3+6HCl$$

$$PdCl_2+H_2S \longrightarrow PdS+2HCl$$

$$OsCl_4+2H_2S \xrightarrow[\text{强酸性溶液}]{} OsS_2+4HCl$$

$$CuSO_4+H_2S \longrightarrow CuS+H_2SO_4$$

$$2AgNO_3+H_2S \longrightarrow Ag_2S+2HNO_3$$

$$2AuCl+H_2S \longrightarrow Au_2S+2HCl$$

$$2HTcO_4+7H_2S \xrightarrow[\text{2—6mol/L的盐酸溶液}]{} Tc_2S_7+8H_2O$$

$$2HReO_4+7H_2S \xrightarrow[\text{酸性溶液}]{} Re_2S_7+8H_2O$$

$$(NH_4)_2MoO_4+3H_2S+2HCl \xrightarrow[\text{冷的弱酸性溶液}]{} MoS_3+2NH_4Cl+4H_2O$$

$$H_2[PtCl_6]+2H_2S \longrightarrow PtS_2+6HCl$$

$$H_2[PtCl_4]+H_2S \longrightarrow PtS+4HCl$$

有些过渡金属的硫化物也可通过相应的硫代酸盐来制取．例如：

(1) $NaVO_3+3(NH_4)_2S+3H_2O \longrightarrow Na[VS_3]+6NH_4OH$

$$2Na[VS_3]+2HCl \xrightarrow[\triangle]{} V_2S_5+H_2S+2NaCl$$

(2) $(NH_4)_2MoO_4+4(NH_4)_2S+4H_2O \longrightarrow (NH_4)_2[MoS_4]+8NH_4OH$

$$(NH_4)_2[MoS_4]+2HCl \xrightarrow[\triangle]{} MoS_3+H_2S+2NH_4Cl$$

(3) $Na_2WO_4+4(NH_4)_2S+4H_2O \longrightarrow Na_2[WS_4]+8NH_4OH$

$$Na_2[WS_4]+2HCl \xrightarrow{\triangle} WS_3+H_2S+2NaCl$$

一些较低氧化态的过渡金属硫化物既可通过加热化学计量的单质，也可在隔绝空气下将相应高氧化态的硫化物进行高温分解来制取：

$$V_2S_5 \xrightarrow{773K} V_2S_3+2S$$

$$V_2S_3 \xrightarrow{1273K} 2VS+S$$

$$Mo+2S \longrightarrow MoS_2$$

$$MoS_3 \longrightarrow MoS_2+S$$

$$WS_3 \longrightarrow WS_2+S$$

在过渡金属硫化物中，还有一类较重要的二硫化物，如二硫化锰 MnS_2，二硫化铁 FeS_2，二硫化钴 CoS_2，二硫化镍 NiS_2 等. 在这些二硫化物的晶体构造中，都含有独立的 S_2 原子团，晶体结构皆属黄铁矿型的结构.

此外，生成非化学计量的硫化物，也是过渡金属与硫结合时的基本特点之一.

现将某些过渡金属硫化物的一些性质提供在表 16.34 中.

表 16.34　某些过渡金属硫化物的一些性质

	颜　色	密度(g/cm³)	熔点(K)	生成热(298K；kJ/mol)
Y_2S_3	—	3.87	1873	—
Cr_2S_3	绿或棕黑	3.77	1623(分解)	—
CrS	黑	3.97	1823	—
MoS_2	黑	4.80	1458	−232.6
MoS_3	红棕	—	分解	−256.1
WS_2	暗灰	7.5	1523(分解)	−194.1
MnS	绿或肉色	4.0	1888	−204.2
MnS_2	黑	3.46	<573(分解)	—
Re_2S_7	黑	—	分解	—
FeS	黑	4.84	1466	−95.4
FeS_2	黄	5	1444	−178.2
RuS_2	灰蓝	—	1273(分解)	−100.4
OsS_2	黑	—	1273(分解)	−73.6
CoS_2	黑	4.27	分解	—
NiS	黑	4.60	1070	−73.6
PdS	黑	—	1243	—
PtS	灰	8.90	分解	−87.0
PtS_2	黑	5.27	>873(分解)	−117.2
Cu_2S	黑	5.80	1400	−79.5
CuS	蓝黑	4.6	—	−48.5
Ag_2S	黑	7.32	1115	−31.8

3.12.9　镧系和锕系元素的硫化物

氧化数为+3 的镧系元素的硫化物可通过在加热下单质的直接化合或在高温(1373K)下利用无水氯化物和硫化氢的作用而制得.

$$2Ln+3S \longrightarrow Ln_2S_3$$

$$2LnCl_3+3H_2S \longrightarrow Ln_2S_3+6HCl$$

除 Ln_2S_3 外，镧系元素也存在着一些较低氧化态的硫化物 LnS，如 LaS，CeS，SmS 和 EuS 等. Ln_2S_3 具有半导体的性质，而 LnS 则为金属性导体.

一些较低和较高氧化态的锕系元素的硫化物如 ThS，US，NpS，PuS，Ac_2S_3，Th_2S_3，U_2S_3，Np_2S_3，Pu_2S_3，US_2，NpS_2，ThS_2，Np_2S_5，NpS_3 等，都已为人们制得并对它们的性质或晶体结构作了一定的研究. 已知 NpS_2 不稳定，ThS_2 和 U_2S_3 都具有半导体的性质.

锕系元素的硫化物除可由单质直接合成外，也可用其他方法来制备它们. 例如，在 1273K 下使硫化氢和二硫化碳的混合气体作用于二氧化镎可制得三硫化二镎 Np_2S_3，使八氧化三铀和硫化氢于 1573K 下反应，或在 723K 下使硫化氢和三氢化铀作用，都可制得二硫化铀 US_2，将盛有二硫化铀和硫的密闭管子在 973K 下长时间加热则可得到三硫化铀 US_3.

3.12.10　硫化物溶解度大小的一般规律

在自然界中，碱金属硫化物不能成矿，而铜，银、金、锌、镉、汞等元素的硫化物却是常见的矿物. 虽然它们同属金属离子与硫离子所形成的化合物，但却有着如此大的差别. 离子极化学说，为解决这一问题提供了初步的基础.

阳离子极化力的大小，可用离子所带的电荷数(非核电荷数)的平方 Z^2 与离子半径 r 之比 Z^2/r 来量度. Z^2/r 之值称为离子的离子势. 离子势愈大，则极化力也愈大. 在硫化物中，阳离子极化力的增强，将导致其与硫离子所形成的化学键共价成分的增加，极性减小，从而在水中的溶解度也随之降低.

现按 Z^2/r 的大小，把硫化物依其溶解度的大小概括如下.

(1) $Z^2/r<2$ 的阳离子. 这类离子有锂(I) (Z^2/r：1.282)、钠(I) (1.020)、钾(I) (0.752)、铷(I) (0.671)、铯(I) (0.606)和铵离子等. 它们的硫化物皆溶于水.

(2) $7>Z^2/r>2$ 的阳离子. 镁(II) (5.128)、钙(II) (3.774)、锶(II) (3.150)，钡(II) (2.797)等均属此类离子. 它们的硫化物微溶于水.

(3) $Z^2/r>7$ 的阳离子. 这类离子有铍(II) (11.76)、铝(III) (20.00)、钪(III) (13.24)、钛(IV) (26.67)、锆(IV)(20.78)以及镧系和锕系氧化数为+3 的金属离子等. 它们的

硫化物难溶于水.

(4) 外壳电子数为 8—18 之间、18、18+2 的阳离子. 这类离子所形成的硫化物一般都难溶于水. 外壳电子数为 18 或 18+2 的阳离子，极化力强，随着离子半径的增大，变形性增加，附加的极化效应便愈大，因而相应硫化物在水中的溶解度一般也随之降低. 例如：

	离子半径(pm)	硫化物溶解度(mol/L)
Cu(I)	95	1.7×10^{-16}
Ag(I)	113	3.4×10^{-17}
Zn(II)	83	1.1×10^{-14}
Cd(II)	103	6.0×10^{-15}
Hg(II)	112	6.3×10^{-27}
As(III)	69	8.1×10^{-7}
Sb(III)	90	7.7×10^{-13}
Bi(III)	120	1.7×10^{-15}

外壳电子数为 8—18 之间的过渡金属离子，也有较强的极化力. 所含 d 电子愈多者，则其硫化物在水中的溶解度一般就愈小. 例如：

	Mn(II)	Fe(II)	Co(II)	Ni(II)	Cu(II)
d 电子数	5	6	7	8	9
硫化物溶解度 (mol/L)	3.7×10^{-8}	6.1×10^{-10}	1.7×10^{-13}	1.2×10^{-12}	9.2×10^{-23}

决定化合物在水中溶解度大小的因素是十分复杂的，有关溶解度的理论也不成熟，因此以上仅为一般性的概括，其中尚有例外，如所列举的硫化镍就是一例.

3.13 多硫化物

多硫化物是含有复杂的多硫离子 S_n^{2-} 的化合物. n 可为 2，3，4，5，6；个别情况可达到 9，例如$(NH_4)_2S_9\cdot0.5H_2O$. 图 16.27 示出了典型的多硫离子的结构.

将氢硫化物或正硫化物的溶液和硫一起煮沸，都可得到含多硫离子的水溶液. 从这些水溶液中，可以制得晶状的多硫化物的水合物. 使硫和溶于液态氨中的碱金属作用，可制得无水的碱金属多硫化物.

碱金属多硫化物和多硫化铵仅有 M_2S_4 和 M_2S_5 可以形成稳定的水溶液. 多硫化物溶液一般都呈黄色，但溶液的颜色随多硫离子 n 值的增加而加深. 当 n 达到某一值时，溶液即呈红色.

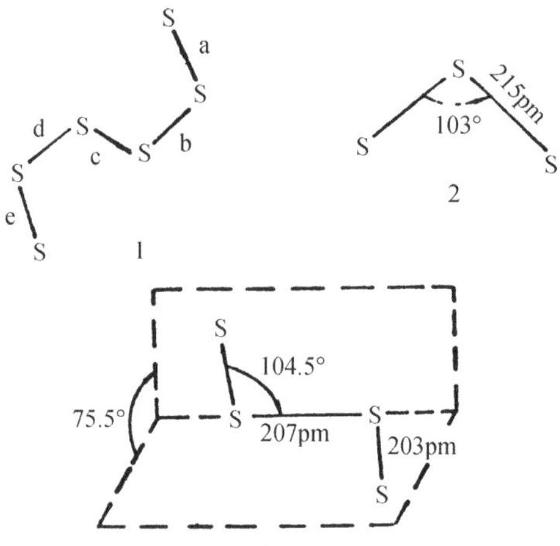

图 16.27　典型的多硫离子的结构

1.在 Cs_2S_6 中(a=199pm，b=210pm，c=203pm，d=212pm，e=203pm，∠ab=110.0°，∠bc=106.4°∠cd=109.7°，∠de=109.2°，∠ab–bc=101.2°，∠bc–cd=98.1°，∠cd–de =118.6°)；2.在 BaS_3 中；3.在 BaS_4 中

多硫离子是一种氧化剂．例如在下面的反应中，多硫离子将 Sn(II)氧化为 Sn(IV)，从而使 SnS 转变为可溶性的硫代酸盐：

$$(n-1)SnS+(NH_4)_2S_n \longrightarrow (n-1)SnS_2+(NH_4)_2S$$

$$SnS_2+(NH_4)_2S \longrightarrow (NH_4)_2[SnS_3]$$

将含有多硫离子的溶液酸化时，即放出硫化氢，并析出一种乳白色的，极微细分散的单质硫：

$$S_n^{2-}+2H^+ \longrightarrow H_2S+(n-1)S$$

多硫离子可作为配位体．例如，使 Na_2S_n 作用于$(\eta^5\text{-}C_5H_5)_2TiCl_2$时，可以得到含有 TiS_5 环的配位化合物．如图 16.28 所示，TiS_5 环具有椅式构型．已知存在着多硫离子的有机化合物，例如三硫化二甲基$(CH_3)_2S_3$就是其中的一种．

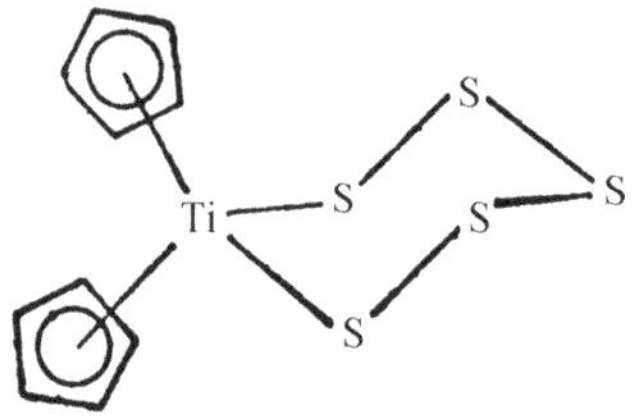

图 16.28　$(\eta^5\text{-}C_5H_5)_2TiS_5$ 的分子结构

多硫化物除可用作分析试剂外，在工业和农业上也有重要的用途. 如多硫化钠可用于制聚硫橡胶和硫化染料，多硫化钡和多硫化铵可用作杀菌剂和杀虫剂.

3.14 硫氰、硫氰酸及其盐

将硫氰酸的重金属盐类悬浮于乙醚中，然后用碘或溴处理之，即发生如下的反应：

$$2AgSCN+I_2 \longrightarrow (SCN)_2+2AgI$$

$$2AgSCN+Br_2 \longrightarrow (SCN)_2+2AgBr$$

将溶液与沉淀分离后加以浓缩，冷却到 203K，硫氰$(SCN)_2$便结晶析出.

硫氰为浅黄色晶体，熔点 270—271K. 在高于熔点的温度下，它会不可逆地聚合成一种不溶性的砖红色的固体$(SCN)_n$. 硫氰易溶于水，但会被水迅速分解：

$$(SCN)_2+H_2O \longrightarrow H^+ +SCN^- +HOSCN$$

$$3HOSCN+H_2O \longrightarrow HCN+ SO_4^{2-} +2SCN^- +4H^+$$

如果将硫氰溶于四氯化碳或乙酸中，则能形成很稳定的溶液. 硫氰具有氧化性，其氧化还原电位为：

$$(SCN)_2+2e \rightleftharpoons 2SCN^- \quad E^\circ=0.77V$$

硫氰在水溶液中有类似于碘的氧化作用：

$$(SCN)_2+2Na_2S_2O_3 \longrightarrow 2NaSCN+Na_2S_4O_6$$

$$(SCN)_2+H_2S \longrightarrow 2HSCN+S$$

硫氰的氢酸为硫氰酸 HSCN. 它可由硫酸氢钾作用于硫氰酸钾而制得：

$$KSCN+KHSO_4 \longrightarrow HSCN+K_2SO_4$$

硫氰酸是无色的，极易挥发的液体，在常温下迅速分解. 它易溶于水，水溶液为强酸.

硫氰酸盐很易制备. 一般都可通过氰化物和硫共熔或氰化物溶液和硫共热来制备. 例如，氰化钾和硫一起熔融，可制得硫氰酸钾，氰化钠溶液和硫共沸，可得到硫氰酸钠. 反应可表示为：

$$8KCN+S_8 \longrightarrow 8KSCN$$

$$8NaCN+S_8 \longrightarrow 8NaSCN$$

大多数硫氰酸盐易溶于水，但铜、银、金、汞、铅、铋的硫氰酸盐难溶于水. 干燥的硫氰化钾及其他硫氰酸盐都能被 1∶1 的硫酸所分解，放出有毒的碳酰硫气体：

$$KSCN+2H_2SO_4+H_2O \longrightarrow NH_4HSO_4+KHSO_4+COS$$

硫氰酸钾在盐酸溶液中放置时间过长，或在酸性介质中有某些金属(如锌)存在时，也会发生分解反应：

$$KSCN+HCl \longrightarrow HSCN+KCl$$

$$HSCN \longrightarrow HCN+S$$

$$KSCN+Zn+3HCl \longrightarrow HCN+H_2S+ZnCl_2+KCl$$

在酸性、碱性或中性介质中，硫氰酸钾均能被强氧化剂氧化. 它在酸性介质中与高锰酸钾或二氧化锰的反应是：

$$5SCN^-+6MnO_4^-+13H^+ \longrightarrow 5HCN+5SO_4^{2-}+6Mn^{2+}+4H_2O$$

$$2SCN^-+MnO_2+4H^+ \longrightarrow (SCN)_2+Mn^{2+}+2H_2O$$

硫氰酸根离子是良好的配位体，能和许多金属离子配位形成配位化合物. 其中，有的配位化合物还具有鲜明的颜色，因而在分析化学上有着广泛的应用. 它和过渡金属离子配位时，存在着三种配位方式：(1)和第一列过渡金属配位时，一般以氮原子与金属离子形成 M—N 键；(2)与第二、第三列过渡金属配位时，一般以硫原子和金属离子形成 M—S 键；(3)硫原子和氮原子都参与配位，生成含桥键的配位化合物. 硫氰酸根离子与过渡金属离子配位时，是以氮原子还是以硫原子成键，除取决于金属离子外，也会受同时参与配位的其他配位体的影响. 例如，在$[Co(NCS)_4]^{2-}$中，硫氰酸根离子是以氮原子配位的，而在$[Co(SCN)_2(Ph_3P)_2]$中，则以硫原子配位；于$[Pd(SCN)_4]^{2-}$中，是用硫原子配位的，而在$(Pd(NCS)_2(Ph_3P)_2]$中，却以氮原子配位(Ph_3P=三苯基膦).

3.15 硫酸的氨基和亚氨基化合物

3.15.1 氨基磺酸及其盐

氨基磺酸 NH_2SO_3H 是一种无色无臭的晶体,熔点 478K. 不挥发,也不吸湿. 在室温下是稳定的. 但于干燥的空气中受热到 533K 时，即分解为三氧化硫、二氧化硫和氮气. 能溶于水. 在水中能电离，水溶液呈中等酸性. 不同浓度的氨基磺酸溶液，其 pH 值为：

mol/L	pH
0.01	2.086
0.05	1.487
0.1	1.237

氨基磺酸在冷水中水解极其缓慢，但在加热时水解作用即加速进行. 它在沸水中的水解反应可表示如下：

$$NH_2SO_3H + H_2O \longrightarrow NH_4^+ + HSO_4^-$$

自由氨基磺酸的结构最好表示为 $H_3N^+—SO_3^-$. 其中，3 个氧原子和 1 个氮原子分别占据着以硫原子为核心的四面体的 4 个顶点. 分子的有关结构数据请参见图 16.29. X 射线结构分析表明，氨基磺酸的晶体属正交晶系，每个晶胞含有 8 个氨基磺酸分子，晶胞参数：a=806.6 ± 0.1pm；b=811.5 ± 0.1pm；c=925.5 ± 0.3pm，空间群为 *Pbca*.

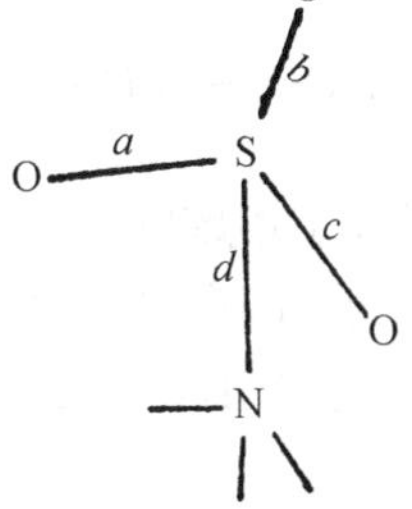

图 16.29 氨基磺酸的分子结构

a=142.1 ± 2.1pm；b=145.2 ± 2.2pm；c=144.5 ± 2.2pm；
d=176.4 ± 2.0pm；∠ad=103.2°；∠bd=102.9°；
∠cd=103.5°；∠ab=113.4°；∠bc=114.7°；∠ac=117.3°

在实验室中，氨基磺酸可通过下列的反应制得：

$$SO_2+NH_2OH \longrightarrow NH_2SO_3H$$

$$SO_3+NH_3 \longrightarrow NH_2SO_3H$$

$$FSO_3H+NH_3 \longrightarrow NH_2SO_3H+HF$$

在工业上，则常用尿素和发烟硫酸的反应来制备它：

$$(NH_2)_2CO+H_2SO_4 \cdot nSO_3+H_2O \longrightarrow NH_2SO_3H+NH_4HSO_4+CO_2+(n-1)SO_3$$

用金属碳酸盐或金属氢氧化物处理氨基磺酸时，可生成相应的氨基磺酸盐. 例如：

$$2NH_2SO_3H+Na_2CO_3 \longrightarrow 2NaO_3SNH_2+CO_2+H_2O$$

$$2NH_2SO_3H+BaCO_3 \longrightarrow Ba(O_3SNH_2)_2+CO_2+H_2O$$

大部分氨基磺酸盐都能溶于水. 在室温下，氨基磺酸的铝盐、钠盐、镁盐、钙盐、钡盐、锌盐、铅盐、铜盐等，都有较大的溶解度.

较强的氧化剂如氯、溴和氯酸盐等都能把氨基磺酸转化为氮和硫酸. 例如，和氯酸盐的反应可表示如下：

$$2NH_2SO_3H+KClO_3 \longrightarrow N_2+2H_2SO_4+KCl+H_2O$$

亚硝酸或亚硝酸盐和氨基磺酸作用，也可发生类似的反应：

$$NH_2SO_3H+HNO_2 \longrightarrow N_2+H_2SO_4+H_2O$$

$$NH_2SO_3H+NaNO_2 \longrightarrow N_2+NaHSO_4+H_2O$$

氨基磺酸和浓硝酸作用，则产生下列反应：

$$NH_2SO_3H+HNO_3 \longrightarrow N_2O+H_2SO_4+H_2O$$

氨基磺酸能和许多过渡金属离子形成配位化合物. 例如，以 $K[Pt(NH_3)Cl_3]$处理氨基磺酸并放置一段较长的时间，即有 $K(Pt(NH_3)(NH_2SO_3)Cl_2]$生成，然后将其蒸发，便可得到配位化合物$[Pt(NH_3)_2(NH_2SO_3)Cl]$，这时配位化合物中的铂，已从原来的 Pt(IV)还原为 Pt(II).

氨基磺酸可用作除草剂、防火剂、纸张和纺织品的软化剂、金属的清洁剂等. 氨基磺酸钙则可用来防治小麦锈病.

3.15.2 亚氨基二磺酸及其盐

从理论上说，如果—SO_3H 取代了 NH_3 分子中的两个氢原子，就可生成亚氨

基二磺酸 $HN(SO_3H)_2$. 自由的亚氨基二磺酸是一种不稳定的化合物. 然而，亚氨基二磺酸的许多盐类都能被制备出来. 例如，用三氧化硫作用于氨，可制得亚氨基二磺酸的三铵盐：

$$2SO_3 + 4NH_3 \longrightarrow NH_4[N(SO_3NH_4)_2]$$

亚氨基二磺酸的三铵盐在含氨的水溶液中是稳定的. 它在其中的溶解度于 273K 时约为 2%；于 303K 时则为 4%左右. 使三氧化硫和氨以及干燥的碱金属氢氧化物反应，则可得到碱金属的亚氨基二磺酸盐.

在亚氨基二磺酸的二钾盐 $K_2[(O_3S)_2NH]$中，亚氨基二磺酸根离子$[HN(SO_3)_2]^{2-}$的结构数据如图 16.30 所示.

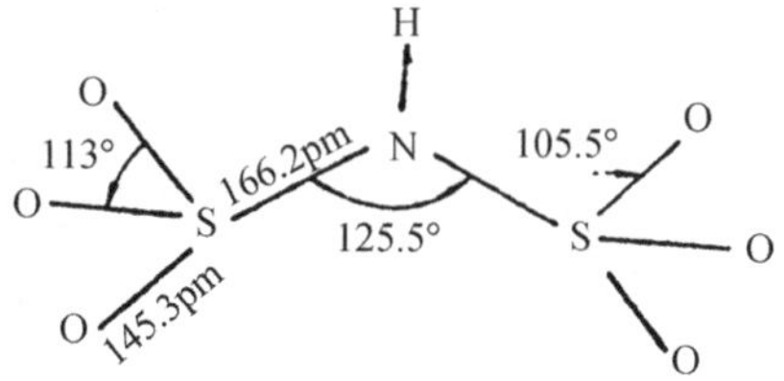

图 16.30 在 $K_2[(O_3S)_2NH]$中$[HN(SO_3)_2]^{2-}$离子的结构数据

参 考 文 献

[1] F. A. Cotton,G. Wilkinson, “Advanced Inorganic Chemistry(A Comprehensive Text)” . 4th ed.. Wiley(1980).

[2] W. W. Porterfield.“Inorganic Chemistry”. Addison-Wesley Publishing (1984).

[3] J. C. Bailar. H. J. Emeléus,R. Nyholm,A. F. Trotman-Dickenson. “Comprehensive Inorganic Chemistry” . Vol. 2. Pergamon (1973).

[4] R. E. Davis,K. D. Gailey. K.W. Whitten. “Principles of Chemistry”. Saunders College Publishing(1984).

[5] T. Moeller,“Inorganic Chemistry(A Modern Introduction)”,Wiley(1982).

[6] K. F. Purcell,J. C. Kotz.“Inorganic Chemistry”, Saunders(1977).

[7] 无机化学编写组编,《无机化学》上、下册,人民教育出版社(1978).

[8] A. F. Wells,“Structural Inorganic Chemistry”. 5th ed.,Clarendon Press(1984).

[9] W. F. Linke,“Solubilities lnorganic and Metal-Organic Compounds”,4th ed.,Vol II. American Chemical Society(1965).

[10] R. T. Sanderson,“Chemical Periodicity”,Chapman and Hall(1960).

[11] R. C. Brasted,“Comprehensive Inorganic Chemistry”, Vol. VIII,D. Van Nostrand(1961).

[12] J. E. Huheey,“Inorganic Chemistry(Principles of Structure and Reactivity)”,2nd ed.,Harper and Row(1978).

[13] F. A. Cotton,G. Wilkinson, “Basic Inorganic Chemistry” ,Wiley(1976). 中译本：南开大学化学系译,《基础无机化学》上册，科学出版社(1984).

[14] S. P. Parker,“McGraw-Hill Encyclopedia of Chemistry”,McGraw-Hill(1983).

[15] 日本化学会编,《无机化合物の合成》I,丸善株式会社(1976). 中译本：曹惠民、包文滁、安家驹译,《无机化合物合成手册》第一卷,化学工业出版社(1983).

[16] K. W. Whitten,K. D. Gailey,"General Chemistry with Qualitative Analysis",2nd ed.,CBS College Publishing(1984).
[17] R. L. Dekock,H.B.Gray,"Chemical Structure and Bonding",Benjamin/Cummings Publishing(1980).
[18] A. L. Companion,"Chemical Bonding",2nd ed.,McGraw-Hill(1979).
[19] W. H. Nebergall,F. C. Schmidt,H. F. Holtzclaw, "General Chemistry" ,5th ed.,D. C. Heath(1976). 中译本：马维等译,《普通化学》第三分册, 人民教育出版社(1979).
[20] R. B. Heslop,K. Jones, "Inorganic Chemistry(A Guide to Advanced Study)" ,Elsevier Scientific Publishing(1976). 中译本：北京工业学院无机化学教研组等译,《高等无机化学》中册,人民教育出版社(1981).
[21] 尹敬执、申泮文编, 《基础无机化学》下册, 人民教育出版社(1980).
[22] 戴安邦、尹敬执、严志弦、张青莲编著,《无机化学教程》上册,高等教育出版社(1958).
[23] C. C. Addiśon, "Inorganic Chemistry of the Main-Group Elements" , Vol 5,The Chemical Society(1978).
[24] G. S. Manku,"Inorganic Chemistry",McGraw-Hill(1984).
[25] 杨光启、陶涛主编,《当代中国的化学工业》, 中国社会科学出版社(1986).

16.4　含硫化合物在生物体中的作用

4.1　重要的含硫有机化合物

硫醇　硫醇是氢硫基(巯基)—SH 与脂肪族烃基相连接的化合物.

硫醚　这是一个硫原子同时和两个一价烃基相连接的化合物.

硫代酸　硫代酸是羧基中部分或全部的氧原子被硫原子所取代而成的化合物. 如果被取代者为羟基中的氧原子，则为硫羟酸；如被取代者是羰基中的氧原子，便成硫羰酸；若羧基中全部氧原子均被硫原子所取代时，则成二硫代羧酸.

硫酚　硫酚是氢硫基与芳烃核(苯环或稠苯环)直接相连的化合物.

磺酸　这是烃基取代了硫酸中的一个羟基而形成的化合物.

砜　砜是硫酰基$-\overset{\overset{\displaystyle O}{\|}}{\underset{\underset{\displaystyle O}{\|}}{S}}-$和烃基结合而成的化合物.

亚砜　亚砜是亚硫酰基$-\underset{\underset{\displaystyle O}{\|}}{S}-$与烃基结合而形成的化合物.

硫酸酯　硫酸酯是硫酸的一个或两个氢原子被烃基取代而成的化合物.

噻吩　噻吩是一种含硫的五元杂环化合物.

噻唑　这是一种含有一个硫原子和一个氮原子的五元杂环化合物.

噻嗪　噻嗪是含有一个硫原子和一个氮原子的六元杂环化合物.

含硫氨基酸　如 L-α-半胱氨酸、L-α-胱氨酸、L-α-蛋氨酸等都是重要的含硫氨基酸. 它们是许多天然蛋白质，酶蛋白和肽的重要组分之一.

磺胺　磺胺是一类含有磺胺基团的合成抗菌药物.

4.2　具有重要生物功能的含硫化合物

硫是生物体所必需的非金属元素之一. 它在人体中的平均含量为 0.23%左右. 就目前所知，人对硫元素的日需量约为 850mg. 人体所需的硫元素，大多数都是从食物中的蛋白质里摄取的.

在生物体中，许多含硫化合物都是一些具有重要生物功能的物质. 现举其中的几个例子如下.

4.2.1　铁硫蛋白

铁硫蛋白是一类以 Fe_nS_n 为辅基的非血红素铁蛋白. 铁硫蛋白有多种类型：如以 FeS_0 为辅基的红氧还蛋白，以 Fe_2S_2 为辅基的植物类型铁氧还蛋白和哺乳动物的皮质铁氧还蛋白，以 Fe_4S_4 为辅基的高电势铁硫蛋白，等等. 铁硫蛋白的分子量因类型的不同而异，可从 6000 到 100000 不等.

除辅基 FeS_0 外，其余的均含有对酸不稳定的无机的 S^{2-}. 如图 16.31 和图 16.32 所示，氧化型的铁氧还蛋白辅基中的 Fe(III)均被无机的 S^{2-}所桥接，并通过 Fe(III)分别与半胱氨酸残基的 S 原子配位而与蛋白质多肽链相联接. 还原型的铁氧还蛋白辅基的结构及其与蛋白质多肽链的联接方式均与氧化型者相同.

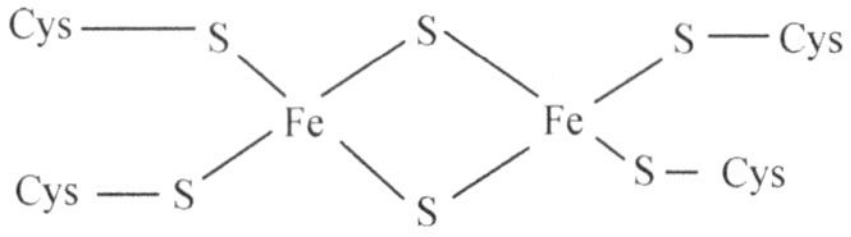

图 16.31　辅基 Fe_2S_2 的结构

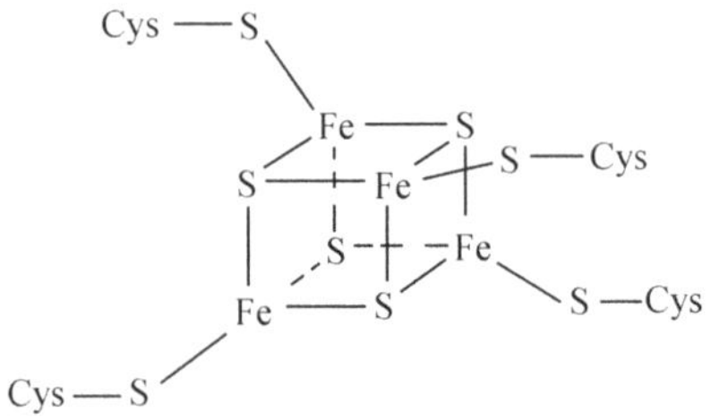

图 16.32　辅基 Fe_4S_4 的结构

就目前所知，植物和动物体内的铁硫蛋白，每摩尔都含有 2 摩尔的 Fe 和 2 摩尔无机的 S，而细菌的铁硫蛋白每摩尔则含 1—8 摩尔的 Fe 和 0—8 摩尔无机的 S.

铁硫蛋白的主要生物功能是参与电子的传递. 例如：(1)在生物氧化中，参与呼吸链的电子传递过程；(2)在绿色植物的叶绿体中参与光合作用的电子传递；(3)在生物固氮过程中参与电子的传递；(4)在某些植物和某些低等需氧生物体内参与脂肪酸去饱和过程的电子传递；(5)在某些细菌体内的直链烃末端碳原子的羟基化中起传递电子的作用.

铁硫蛋白赖以实现它传递电子的功能单位，正是其本身所含的辅基 Fe_nS_n.

4.2.2　硫氧还蛋白

在硫氧还蛋白的分子中，含有 2 个连位的—SH 基，分子量约为 12000. 它是生物体内某些反应的氢的供体.

硫氧还蛋白在脱氧核糖核苷酸的生物合成中起着重要的作用. 例如，在核糖核苷酸还原酶和辅酶 B_{12} 的存在下，可将某核糖核苷三磷酸(XTP)还原为某脱氧核糖核苷三磷酸(*d*XTP)：

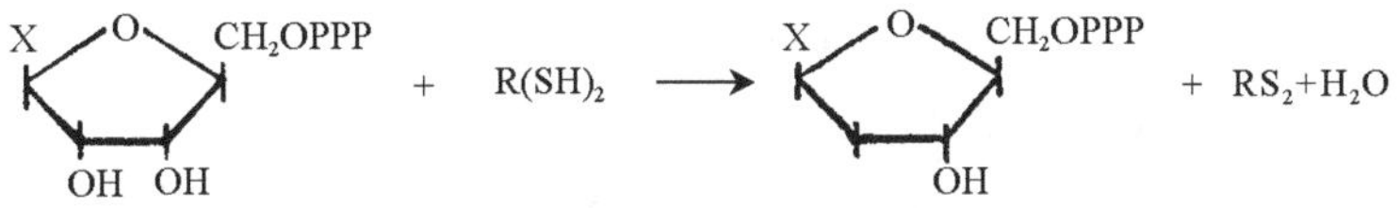

XTP　　*d*XTP

式中 X 为腺嘌呤(4-I)、次黄嘌呤(4-II)、鸟嘌呤(4-III)、胞嘧啶(4-IV)或尿嘧啶(4-V)；PPP 是三磷酸；$R(SH)_2$ 代表硫氧还蛋白. 上述 XTP 转化为 *d*XTP 的反应存在于微生物(如赖氏乳杆菌、大肠杆菌)体中. 在哺乳动物体内也有类似的反应，但酶系不尽相同，所还原的是某核糖核苷二磷酸(XDP)，而且不需要辅酶 B_{12} 的辅助.

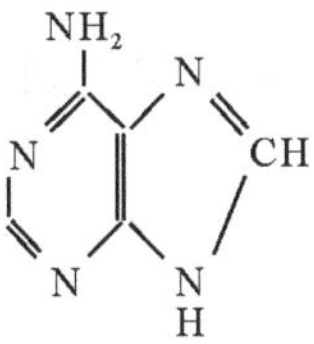

(4-I)

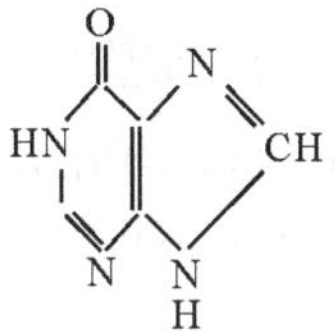

(4-II)

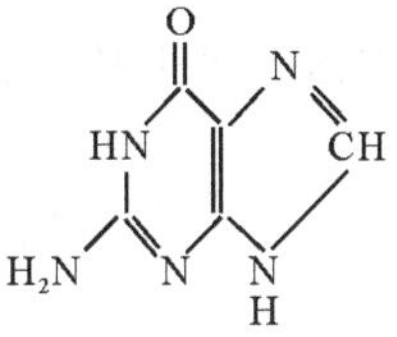

(4-III)

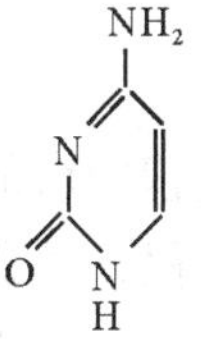

(4-IV)

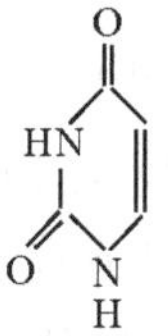

(4-V)

4.2.3 胰岛素

胰岛素是一种蛋白质激素，分子量为 5700 左右. 如图 16.33 所示，胰岛素分子是由两条多肽链通过两个链间的两个半胱氨酸残基所形成的二硫键交联而成的. 在其中的一条多肽链(A 链)上，还有一个链内的二硫键. 这些二硫键(或称硫桥)对胰岛素分子的空间活性构象的形成起着极大的作用. 如果这些二硫键一旦遭到破坏，胰岛素将失去其全部的生物功能.

从哺乳动物分离出来的胰岛素，其多肽链的氨基酸种类和排列顺序都大体相同，故具有几乎相同的分子量. 胰岛素最显著的生物功能是：一方面提高组织摄取葡萄糖的能力；另一方面则抑制肝糖原分解，并促进肝糖原及肌糖的合成. 因此，胰岛素具有降低血糖的作用.

1965 年，我国科学工作者用化学方法，首先成功地完成了人工合成具有生物活性的结晶牛胰岛素. 尔后，使用 X 射线衍射法，又成功地测定了猪胰岛素分子的空间结构，分辨率达 180pm. 这是我国科学工作者在探索生命的奥秘、研究生物大分子结构与生物功能之间的关系中所获得的重大成就.

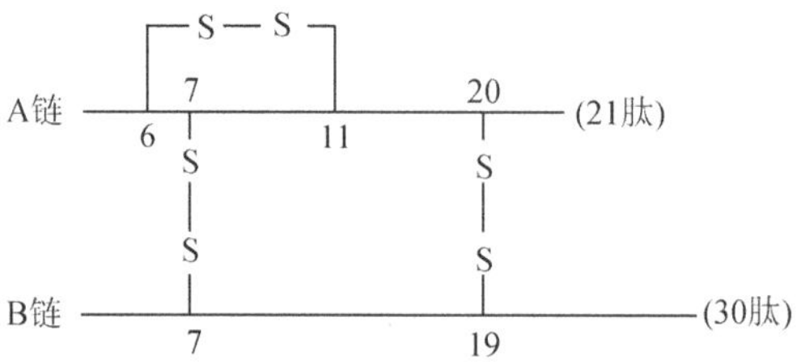

图 16.33　牛胰岛素分子中的二硫键

4.2.4　谷胱甘三肽

谷胱甘三肽(GSH)含于动物和植物的细胞中，它的结构式如下：

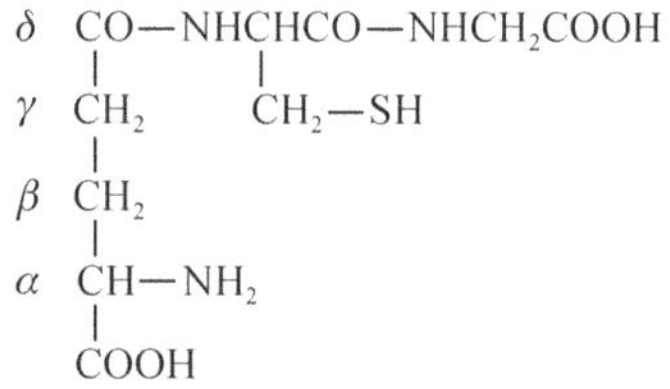

谷胱甘三肽在生物体内的氧化还原过程中可能起着重要的作用. 人体内缺乏谷胱甘三肽时，会严重地损害基础代谢过程，并会产生溶血现象.

谷胱甘三肽在体内还能与 Pb(II)，Hg(II)，Cd(II)等有毒金属离子形成配位化合物而将它们排出体外，从而参与体内的解毒过程，保护动物机体免于中毒.

4.2.5　固氮酶

从巴氏固氮梭状芽孢杆菌得到的固氮酶提取液，经分离提纯后，可得到两种蛋白质组分. 一种含铁，分子量为 55000；另一种含钼和铁，分子量 168000. 目前，前者通称为铁蛋白，后者通称为钼铁蛋白. 在铁蛋白中，含有 4 个 Fe，4 个 S 和 11 个—SH(半胱氨酸)；而在钼铁蛋白中，则含有 1 个 Mo，14 个 Fe，11~16 个 S. 和 21~23 个—SH(半胱氨酸).

固氮酶的主要生物功能是在常温常压下催化下列反应的进行：

$$N_2+6H^++6e \longrightarrow 2NH_3$$

目前，对固氮酶中的两种蛋白质的作用还不十分清楚. 一般认为，钼铁蛋白的功能是结合底物分子、活化底物分子，将底物分子还原为氨，而铁蛋白则起传递电子的作用.

电子的供体可以是氢、烟酰胺腺嘌呤二核苷酸(NADH)、烟酰胺腺嘌呤二核苷酸磷酸(NADPH)、丙酮酸、铁氧还蛋白或黄素氧还蛋白.

4.2.6 辅酶 A

辅酶 A 可简写为 CoA—SH，它的结构式如图 16.34 所示. 辅酶 A 是酰基转移酶的辅酶. 其分子中的巯基能与酰基形成硫酯，从而在代谢过程中起传递酰基的作用. 这一反应历程可表示如下：

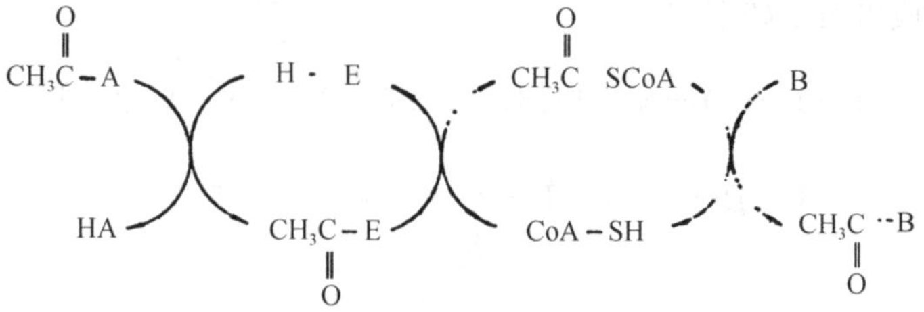

式中 A 为酰基的供体，B 为酰基的受体，E 为酰基转移酶. 乙酰辅酶 A($CH_3\underset{\underset{O}{\|}}{C}\sim SCoA$)的硫酯键是一种高能键，故以“~”表示之. 当其中的酰基脱下时，该键能放出大量的自由能，供合成反应的需要.

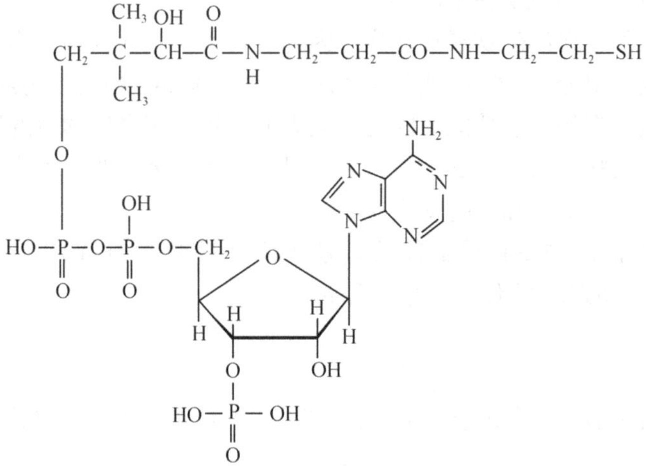

图 16.34 辅酶 A

4.2.7 生物素

生物素的结构式如下：

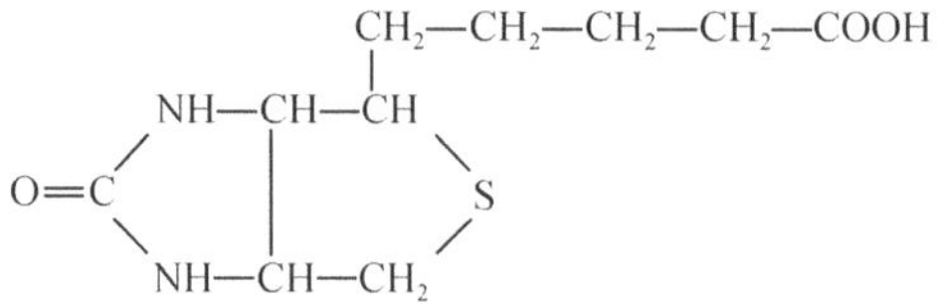

在生物体内，生物素是多种羧化酶的辅酶，在把二氧化碳固定在一些有机分子上形成—COOH 基中，起着重要的作用. 例如，在生物体内，当丙酮酸羧化酶催化二氧化碳固定在丙酮酸上生成草酰乙酸时，便需要生物素以及乙酰辅酶 A 的参与. 这一反应可表示如下：

$$\text{E—B} + CO_2 + \text{ATP} + H_2O \rightleftharpoons \text{E—B—}CO_2 + \text{ADP} + \text{Pi}$$

$$\text{E—B—}CO_2 + CH_3\text{—C(=O)—}COO^- \longrightarrow \text{E—B} + HOOC\text{—}CH_2\text{—C(=O)—}COO^-$$

式中的 B，E—B 和 E—B—CO_2 分别代表生物素、酶-生物素复合物、酶-生物素-二氧化碳复合物，ATP 和 ADP 分别为腺嘌呤核糖核苷三磷酸和腺嘌呤核糖核苷二磷酸，Pi 则为磷酸或磷酸根离子.

人体一般不会出现生物素缺乏症. 因为生物素广泛存在于食物中，而且肠道细菌还可合成一部分. 禽卵的卵清中含有一种抗生物素，能与生物素牢固地结合，使生物素失去应有的生物功能. 因此，当人们大量食用禽卵的生的卵清时，便会出现生物素缺乏症. 人体缺乏生物素时，可能导致皮炎、肌肉疼痛、感觉过敏、怠倦、厌食、轻度贫血和心电图改变等.

人类对生物素的每日最低需要量还不十分清楚，但每天若从食物中摄取 0.15—0.3mg 生物素，当不会发生缺乏症.

4.2.8　硫胺素

硫胺素就是通常所称的维生素 B_1. 它属水溶性维生素，其结构式如下：

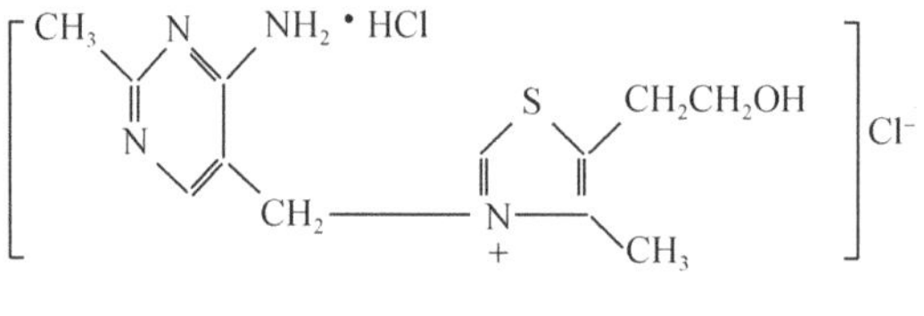

酵母、某些细菌和高等植物能合成硫胺素，人类则需从食物(如五谷、瘦猪肉、坚

果和蛋类等)中摄取. 成人每日对硫胺素的最低需要量为 0.8mg，但在每天的膳食中以有 1.1—2.1mg 为宜.

硫胺素的主要生物功能是以辅酶的方式参加糖的分解代谢. 因硫胺素能促进糖代谢，供给神经系统活动所需的能量，故有保护神经系统的作用. 同时，它又能抑制胆碱酯酶的活性，使神经传导所需的乙酰胆碱不被破坏，从而保持神经的正常传导功能.

人体缺乏硫胺素则可引起脚气病，导致神经和血液循环系统受损害，并会使肌肉瘦弱和发生水肿.

4.3 硫及其无机化合物在生物体中的转化

含硫的无机化合物在生物体内是逐步转化的. 总的来说，硫酸根离子 SO_4^{2-} 首先被还原为亚硫酸根离子 SO_3^{2-}，其后亚硫酸根离子再进一步被还原为硫化氢 H_2S. 所生成的硫化氢则在酶的催化下，掺入到有机化合物的分子中，形成含硫的有机化合物. 其中，最重要的反应就是生成半胱氨酸的反应.

硫酸根离子被还原为亚硫酸根离子时，必需先被活化. 为此，它在 ATP-硫酸化酶(EC2.7.7.4)①的催化下，与腺嘌呤核糖核苷三磷酸(ATP)反应，生成腺嘌呤核糖核苷-5′-磷酸硫酸(APS)：

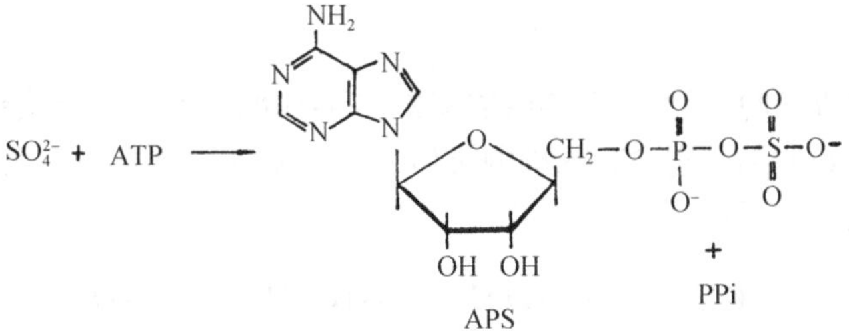

反应前，ATP-硫酸化酶需事先经 Mg(II)离子激活. 式中的 PPi 代表焦磷酸或焦磷酸根离子. ATP-硫酸化酶存在于动物组织(如肝和结肠)、植物的叶绿体、面包酵母以及某些细菌中. 其后，所形成的腺嘌呤核糖核苷-5′-磷酸硫酸才被还原为亚硫酸根离子. 这一还原过程的方式，随异化作用(分解代谢)和同化作用(合成代谢)而不同.

在异化作用中，腺嘌呤核糖核苷-5′-磷酸硫酸是通过腺嘌呤核糖核苷-5′-磷酸硫酸还原酶(APS-还原酶，EC1.8.99.2)的催化，直接还原为亚硫酸根离子的. 其反

① 括号内的数字是该酶在国际系统分类法中的编号，其含义可参阅所列文献[6]. EC 则为 Enzyme Commission（酶学委员会）的缩写.

应历程可表示如下：

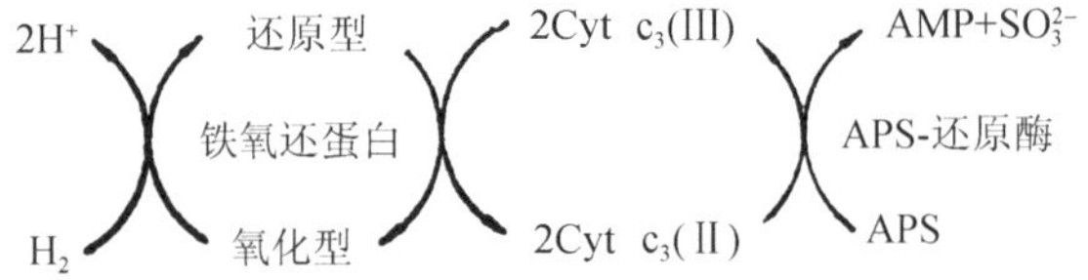

式中 Cyt c_3(III)和 Cyt c_3(II)分别是氧化型细胞色素 c_3 和还原型细胞色素 c_3，AMP 则为腺嘌呤核糖核苷一磷酸. 氢是该反应主要的电子供体. 这一还原作用主要存在于一些细菌中.

在同化作用中，腺嘌呤核糖核苷-5′-磷酸硫酸在还原为亚硫酸根离子之前，需作进一步的活化. 为此，它在 Mg(II)离子的存在下，通过腺嘌呤核糖核苷-5′-磷酸硫酸激酶(EC2.7.1.25)的催化而磷酸化，生成 3′-磷酸腺嘌呤核糖核苷-5′-磷酸硫酸(PAPS)：

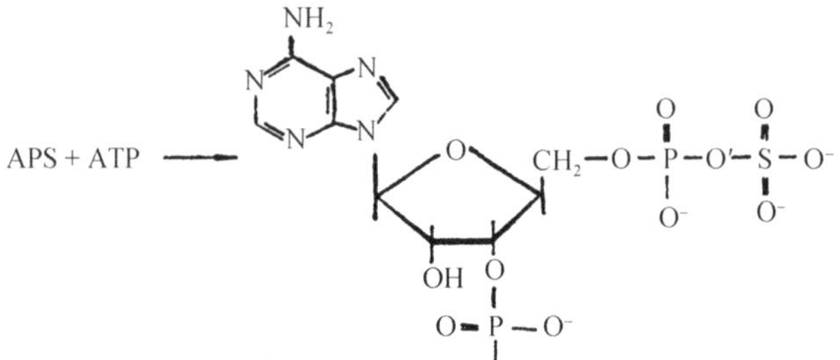

PAPS

其后，3′-磷酸腺嘌呤核糖核苷-5′-磷酸硫酸在 3′-磷酸腺嘌呤核糖核苷-5′-磷酸硫酸还原酶(PAPS-还原酶，它含有两种酶蛋白——A 和 B)的催化下，生成亚硫酸根离子. 反应可表示如下：

$$\text{A–FAD}+\text{NADPH}+\text{H}^+ \longrightarrow \text{NADP}^+ + \text{A–FADH}_2$$

$$\text{A–FADH}_2+\mathrm{P}\left\langle\begin{matrix}\mathrm{S}\\ |\\ \mathrm{S}\end{matrix}\right. \longrightarrow \text{A–FAD}+\mathrm{P}\left\langle\begin{matrix}\mathrm{SH}\\ \\ \mathrm{SH}\end{matrix}\right.$$

$$\mathrm{P}\left\langle\begin{matrix}\mathrm{SH}\\ \\ \mathrm{SH}\end{matrix}\right. +\text{PAPS} \xrightarrow{\text{B}} \text{SO}_3^{2-} +\text{PAP}+\mathrm{P}\left\langle\begin{matrix}\mathrm{S}\\ |\\ \mathrm{S}\end{matrix}\right. +2\text{H}^+$$

在上述这些反应中：FAD 和 $FADH_2$ 分别为氧化型和还原型的黄素腺嘌呤二核苷酸，$NADP^+$和 NADPH 分别是氧化型和还原型的烟酰胺腺嘌呤二核苷酸磷酸，$\mathrm{P}\left\langle\begin{matrix}\mathrm{S}\\ |\\ \mathrm{S}\end{matrix}\right.$是一种含硫的低分子蛋白质，PAP 则为 3′-磷酸腺嘌呤核糖核苷-5′-磷酸. 这

一还原反应存在于植物、酵母及某些微生物(如大肠杆菌)中. 所生成的亚硫酸根离子往往成为这些生物体细胞内的化合物之一.

亚硫酸根离子可直接被还原为硫化氢. 还原的方式也因异化作用和同化作用而不同. 在脱硫螺菌属的异化作用中，亚硫酸根离子是在亚硫酸还原酶(EC1.8.7.1)的催化下还原为硫化氢的：

$$SO_3^{2-} + 6e \longrightarrow H_2S$$

反应时，需细胞色素 c_3 和铁氧还蛋白参与电子的传递过程，反应所需的电子则由氢供给. 在植物，酵母及大肠杆菌等的同化作用中，亚硫酸根离子还原为硫化氢时，则是在含有黄素腺嘌呤二核苷酸、黄素单核苷酸(FMN)和铁硫蛋白的亚硫酸还原酶(EC1.8.1.2)的催化下进行的：

$$SO_3^{2-} + 6e \longrightarrow H_2S$$

还原时的电子供体是还原型的烟酰胺腺嘌呤二核苷酸磷酸或还原型的烟酰胺腺嘌呤二核苷酸. 从野生酵母中获得的亚硫酸还原酶(EC1.8.1.2)，已确认每摩尔该酶含有 1 摩尔的黄素腺嘌呤二核苷酸、1 摩尔的黄素单核苷酸、5 摩尔的非血红素铁和 2—3 摩尔的对酸不稳定的无机的硫 S^{2-}，分子量至少为 350000. 若来自不同菌属时，则所含上述组分的摩尔数及分子量的大小皆不尽相同.

生成的硫化氢在酶的催化下，可掺入到有机化合物的分子中，生成含硫的有机化合物. 例如，以磷酸吡哆醛为辅酶，在丝氨酸硫化氢酶(EC4.2.1.22)的催化下，硫化氢可掺入到丝氨酸中而形成半胱氨酸：

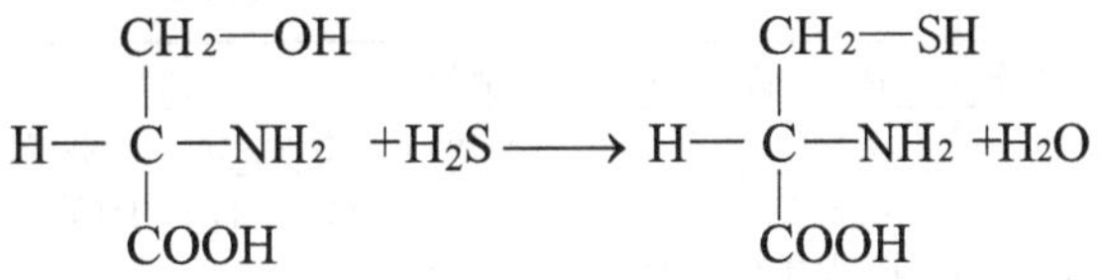

丝氨酸硫化氢酶广泛分布于细菌、植物、动物的肝、肾和脑中.

在一些细菌体内，可将硫或硫化氢转化为亚硫酸根离子：

(1) $S + 2GSH \longrightarrow H_2S + GSSG$

$$H_2S \xrightarrow{O_2,酶} SO_3^{2-}$$

或

(2) $S \xrightarrow{O_2,酶} SO_3^{2-}$

上述式中的 GSH 为还原型谷胱甘三肽，GSSG 则为氧化型谷胱甘三肽. 所生成的亚硫酸根离子除可在酶的催化下被氧化为硫酸根离子外，也可在不需酶催化的情况下生成硫代硫酸根离子：

$$SO_3^{2-} + S \longrightarrow S_2O_3^{2-}$$

在一些细菌体内，能利用硫代硫酸根离子来合成半胱氨酸. 其反应如下：

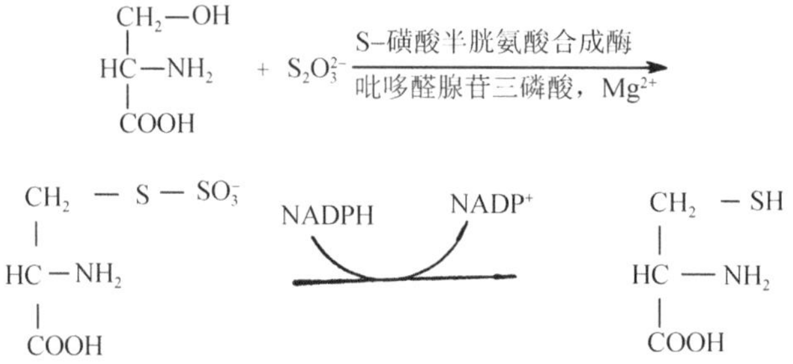

4.4　硫及其某些化合物对人体的危害

硫虽然是人体必需的非金属元素之一，但当人体过量吸收或长期接触硫及其某些化合物时，却是有害的. 现摘其中较常见者简述如下.

4.4.1　硫化氢的毒性

硫化氢 H_2S 具有类似于氰化氢的毒性. 人与其接触时，几乎全部经呼吸道吸入. 现将空气中不同浓度的硫化氢对人的影响提供于表 16.35 中.

表 16.35　空气中不同浓度硫化氢对人体的影响

浓度 (mg/m^3)	接触时间	主要毒性反应
1400	即时至 30 分	昏迷并因呼吸中枢麻痹而死亡
1000	数秒	引起急性中毒，出现明显的全身中毒症状，会因呼吸麻痹而死亡
760	15—60 分	引起头痛、头昏、恶心、呕吐、咳嗽、排尿困难等全身症状. 会因发生肺水肿、支气管炎和肺炎而危及生命
300	60 分	引起眼及呼吸道黏膜强烈刺激症状，并使神经系统受到抑制
70—150	60—120 分	出现呼吸道刺激症状
30—40		臭味强烈，但仍能忍受
0.4		能明显嗅出

硫化氢从肺部吸入后，即被血液吸收. 在其于血液中被代谢为无毒的硫代硫酸盐和硫酸盐从尿中排出之前，硫化氢即与机体起反应，从而引起中毒症状. 引起中毒的机制可能是：(1)硫化氢与机体内呼吸链中的细胞色素 c 氧化酶结合，抑制其在呼吸链中传递电子的作用，从而引起全身中毒症状；(2)硫化氢和谷胱甘三肽结合而使机体内有关酶系失去其应有的活性；(3)使脑和肝中的腺嘌呤核糖核苷三磷酸酶的活性降低；(4)硫化氢强烈刺激呼吸中枢而抑制呼吸，造成呼吸停止而

窒息；(5)刺激颈动脉窦而产生反射性窒息.

出现窒息症状时，应迅速将中毒者移到空气新鲜的地方，进行人工呼吸，并使中毒者吸入含有 5%的二氧化碳的氧气. 对昏迷的中毒者可静脉注射高渗葡萄糖及半胱氨酸、谷胱甘三肽、细胞色素 c 和维生素 C. 对严重病例要积极防治肺炎、肺水肿和脑水肿.

4.4.2 二氧化硫的毒性

人接触二氧化硫 SO_2 时，主要经呼吸道吸入，并被鼻黏膜和上呼吸道吸收. 在空气中，当二氧化硫浓度达到 50mg/m^3 时，即使人产生窒息感，并引起眼刺激症状；当浓度为 1050—1310mg/m^3 时，虽短时间接触，也有中毒的危险；如果浓度为 5240mg/m^3 时，便会立刻引起喉头痉挛、喉水肿而导致窒息.

目前认为，二氧化硫的中毒症状主要是由于它在黏膜上生成亚硫酸和硫酸，强烈地发生刺激作用所致. 有人指出，二氧化硫的全身作用之一，是因它能与血液中的硫胺素结合而抑制了硫胺素的生物活性，并从而破坏了体内维生素 C 的平衡.

对急性中毒者可给予 2%—3%的碳酸氢钠溶液喷雾吸入，每日 2—3 次，每次 10 分钟. 应积极防治肺水肿，并及早给予抗菌素治疗，以防止继发感染.

用放射性同位素研究时发现，狗吸入 $^{35}_{16}SO_2$ 后，$^{35}_{16}S$ 即迅速进入血流而分布全身，在气管、肺、肺门淋巴结和食道中含量最高，其次则为肝、肾和脾等.

二氧化硫在体内可生成亚硫酸盐，最后可被肝、心、肾等组织中的亚硫酸氧化酶催化氧化为硫酸盐而从尿中排出体外.

4.4.3 三氧化硫的毒性

成年豚鼠经呼吸道吸入三氧化硫 SO_3 的半数致死量(LC_{50})为 50mg/m^3.

三氧化硫对人的毒性和硫酸大致相同. 当空气中三氧化硫的浓度达到 1ppm 时，就会对咽喉、眼和呼吸道产生强烈的刺激作用，对上呼吸道黏膜和所有其他黏膜均有腐蚀作用，对下呼吸道和肺组织可引起炎症.

4.4.4 二氯化二硫和二氯化硫的毒性

大鼠经呼吸道吸入二氯化二硫 S_2Cl_2 蒸气的致死量(LC)为 1000ppm.

二氯化二硫蒸气对鼻、咽喉、眼和上呼吸道黏膜具有强烈的刺激作用. 高浓度时，能引起上呼吸道、下呼吸道及肺泡的刺激性炎症，可因化学性肺炎引起的肺水肿而导致死亡. 当皮肤接触液态的二氯化二硫时，会使皮肤受到严重灼伤.

对吸入二氯化二硫蒸气的重度中毒患者，应采取急救措施，并注意防治肺水肿.

二氯化硫 SCl_2 具有和二氯化二硫相同的毒性.

4.4.5　硫酰氟的毒性

豚鼠经口服入硫酰氟 SO_2F_2 的半数致死量(LD_{50})为 100mg/kg.

硫酰氟在体内的代谢尚不清楚. 但次日从中毒者的血清中能检出氟，因而估计进入机体的硫酰氟有一部分可能分解为氟.

若使大鼠、豚鼠、小鼠每日暴露于硫酰氟浓度为 20ppm 的环境中 7 小时，经 6—12 个月后，可造成肾和肺的损害，但这种损害可随脱离接触而得到康复. 动物实验表明，如果接触高浓度时，则会发生震颤，继而引起强烈的痉挛，并伴有肺水肿发生.

根据人的事故病例来看，患者以恶心、呕吐、腹痛、皮肤瘙痒为其主要症状.

4.4.6　硫酰氯的毒性

硫酰氯 SO_2Cl_2 蒸气经吸入后，即在上呼吸道水解成盐酸和硫酸，对呼吸道有刺激作用，引起以眼、鼻和上呼吸道为主的刺激症状和炎症，能导致结膜炎、鼻炎、气管炎和支气管炎. 临床表现有气短、咳嗽、胸痛、咽干痛、流泪、流涕、痰中带血、恶心和无力等. 吸入硫酰氯的高浓度蒸气时，可导致化学性肺炎和肺水肿. 皮肤接触液态的硫酰氯时，则可致重度灼伤.

对硫酰氯明显中毒者，应令其卧床休息，并注意防治肺水肿. 皮肤或眼睛被硫酰氯沾染时，应及时用大量清水冲洗之.

4.4.7　亚硫酰氯的毒性

由呼吸道吸入亚硫酰氯 $SOCl_2$ 的蒸气时，即可在上呼吸道水解而产生盐酸和亚硫酸，故对上呼吸道有强的刺激性及致炎性. 对眼也有刺激作用. 可引起结膜炎、鼻炎、咽喉炎、气管和支气管炎. 重度中毒时，会由于发生化学性肺炎和肺水肿而有致死的危险. 皮肤接触液态的亚硫酰氯时，则会引起灼伤.

使猫处于亚硫酰氯蒸气浓度为 850mg/m^3 的环境中 20 分钟,在 10 天后即行死亡.

对亚硫酰氯中毒者的治疗基本和硫酰氯相同.

4.4.8　二硫化碳的毒性

二硫化碳 CS_2 是一种亲神经和血管的毒物，能引起多种病变.

用小鼠一次灌胃，观察 14 天的半数致死量(LD_{50})为 2.48g/kg；最小致死量(MLD)为 1.00g/kg：绝对致死量(LD_{100})为 5.38g/kg. 让小鼠吸入二硫化碳蒸气 2 小时，观察 14 天的半数致死量(LC_{50})为 28.4g/m^3：最小致死量(MLC)是 23.3g/m^3；

绝对致死量(LC_{100})为 37.0g/m^3. 成人经口服的最小致死量是 0.01L.

人吸入高浓度的二硫化碳蒸气时，轻者表现有酒醉样症状，重者先呈强烈的兴奋状态，随后则出现意识丧失、痉挛性震颤、瞳孔反应消失、体温下降，最后昏迷而死亡. 急性中毒时，会导致脑水肿. 慢性中毒时，轻者表现为神经衰弱、心悸、手足多汗、血压波动等植物神经功能紊乱症状. 重者则出现精神方面的毒性表现，主要症状是极度激动、记忆力明显减退、严重失眠和恶梦.

液态二硫化碳对皮肤有刺激作用. 当其沾到皮肤上时，即有灼烧和麻木的感觉，严重时发生类似二度烧伤的水疱，并可能出现局部神经末稍病变.

现将有关急性接触二硫化碳所致的毒性作用提供于表 16.36 中.

表 16.36 人接触二硫化碳的急性反应

浓度(g/m^3)	毒性反应
15.0	30 分钟后致死
10.0—12.0	30 分钟后出现危险症状
3.6	30 分钟后出现严重症状
1.5—1.6	30 分钟后出现症状
1.0—1.2	几小时后产生轻度症状
0.5—0.7	无作用或出现轻微症状

二硫化碳蒸气被吸入体内后，主要由呼气排出，部分则经皮肤和尿排出. 有报告说，人在二硫化碳浓度为 28—58ppm 的环境中接触 30—120 分钟后，进入体内的二硫化碳有 23.2%从呼气中排出，有 0.28%经皮肤和 0.075%从尿中也以二硫化碳的形式排出. 剩余的二硫化碳则被吸收进入血循环，继而分散到全身的各个脏器中. 用小鼠以$^{35}_{16}S$标记研究的结果表明，被吸收的二硫化碳在肝、肾、脑、肺、脾、心、肾上腺、脂肪和肌肉中均有分布，其中以肝、肾组织含量最高.

二硫化碳在体内能与氨基酸、肽、蛋白质以及酶蛋白等结合，而且结合能力很强. 其结合点估计为自由氨基，巯基和碱性的氮原子. 研究结果表明，二硫化碳在体内的这些代谢物可部分从尿中排出，剩余部分在机体内还至少按三种形式进一步转化：(1)分解为二硫化碳和氨基酸；(2)分解后释出异硫氰酸盐；(3)释出硫化氢，并进而被氧化为硫酸根离子.

近年研究指出，二硫化碳使机体中毒的机制是：(1)被吸收的二硫化碳溶于血清中，并缓慢地和氨基酸的氨基、与蛋白质及酶蛋白的自由氨基起反应. 反应所生成的氨基酸的二硫代甲酸衍生物及噻唑烷酮

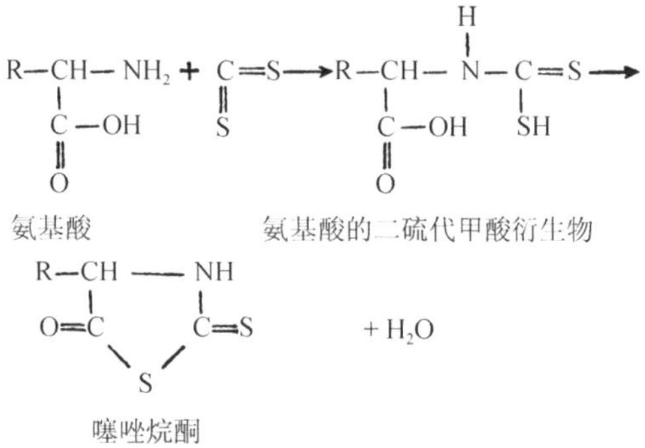

能和人体必需痕量金属元素铜、锌等配位形成配位化合物，从而干扰细胞的正常代谢和机体对必需痕量金属元素的利用；(2)因二硫化碳在体内和氨基酸反应，生成了氨基酸的衍生物，从而抑制了机体对氨基酸的利用；(3)二硫化碳能抑制体内多种酶类(如琥珀酸脱氢酶、细胞色素 c 氧化酶、碱性磷酸酯酶等)的活性，同时也能抑制以磷酸吡哆醛为辅酶的酶类(如转氨酶、氨基酸脱羧酶等)的活性，从而引起机体的代谢障碍；(4)使最易受代谢紊乱损害的细胞因丧失正常功能而死亡.

对急性中毒者必须立即移至空气新鲜处，以利二硫化碳加速从呼吸道中排出. 其他急救措施和对症治疗法可参阅所列参考文献[8].

4.4.9　碳酰硫的毒性

小鼠吸入碳酰硫 COS 的致死量(LC)为 2.9g/m^3. 碳酰硫对肺有轻度的刺激作用，但主要作用于中枢神经系统，严重时会引起抽搐，甚至发生呼吸麻痹而导致死亡.

从碳酰硫中毒病例的临床症状来看，与硫化氢中毒者相类似. 因此，碳酰硫使人中毒的机制可能是：由于碳酰硫在肺部和血液中部分地分解为硫化氢而使机体中毒.

可用治疗硫化氢和二硫化碳中毒的方法，对碳酰硫中毒者进行治疗.

4.4.10　单质硫的毒性

单质硫本身的毒性很低，和它接触一般都不会引起急性中毒.

经口进入体内的硫，能和蛋白质强烈反应而生成硫化氢，在肠内会部分地转化为硫化氢而被吸收，故大量(10—20g)服用会出现硫化氢中毒的临床症状.

硫粉尘有时会引起眼结膜炎，对过敏的皮肤有刺激作用，从而可能引起湿疹. 在国外，已有硫粉尘引起的硫黄尘肺、支气管炎合并支气管扩张症和肺气肿的报道. 因此在生产中，以避免长期吸入硫粉尘为宜.

参 考 文 献

[1] EI-Ichiro Ochiai, "Bioinorganic Chemistry(An Introduction)", Allyn and Bacon(1977).
[2] D. R. Williams, "An Introduction to Bioinorganic Chemistry", Charles C Thomas(1976).
[3] R. Montgomery,R. L. Dryer,T. W. Conway,A. A. Spector. "Biochemistry",4th ed.,The C. V. Mosby(1983).
[4] 郑集编著,《普通生物化学》, 人民教育出版社(1982).
[5] 沈同、王镜岩、赵邦悌主编,《生物化学》上、下册,人民教育出版社(1980).
[6] R. L. Foster, "The Nature of Enzymology", Billing and Sons(1980).
[7] 後藤稠、池田正之、原一郎编,《産業中毒便覧》, 医歯薬出版株式会社(1981). 中译本：中国医科大学卫生系、中国医学科学院卫生研究所、北京医学院卫生系译,《工业中毒便览》上册, 人民卫生出版社(1983).
[8] 工业毒理学编写组编,《工业毒理学》, 上册, 上海人民出版社(1977).
[9] J. E. Huheey, "Inorganic Chemistry (Priniciples of Structure and Reactivity)",2nd ed.,Harper and Row(1978).
[10] G. L. Eichhorn, "Inorganic Biochemistry". Vol. 1—2,Elsevier(1973).
[11] D. E. Metzler, "Biochemistry", Academic(1977).
[12] R. W. McGilvery, "Biochemistry", 3rd ed.,Saunders(1983).

16.5 硫及其无机化合物的分析

5.1 单质硫的分析

5.1.1 单质硫的定性分析

硫的任何一种同素异形体均能溶于哌啶(氮杂环己烷)中，并与哌啶反应形成红色的溶液. 这一性质可用于单质硫的定性分析.

5.1.2 单质硫的定量分析

单质硫的定量分析可用碘量法、EDTA 间接滴定法、极谱法和中和法等进行.

用碘量法对单质硫进行测定时，较重要的方法有三种.

(1) 在盐酸溶液中，用金属锌、铝或铁将悬浮状态的单质硫还原为硫化氢，并将硫化氢导于氯化镉的氨性溶液中. 向所得的硫化镉悬浮液移入过量的含有盐酸的碘的标准溶液，用硫代硫酸钠标准溶液反滴定至溶液呈微黄色时，加入碘化钾-淀粉溶液作指示剂，继续滴至溶液从蓝色变为无色时为止. 主要的反应如下：

$$CdS+2H^+ \longrightarrow H_2S+Cd^{2+}$$

$$H_2S+I_2 \longrightarrow S+2I^-+2H^+$$

$$I_2+2S_2O_3^{2-} \longrightarrow 2I^-+S_4O_6^{2-}$$

(2) 将单质硫溶于丙酮中，放入事先用盐酸处理过的、用水清洗干净的、光亮的铜丝网，硫即在丙酮的催化下，迅速形成硫化亚铜而附于铜丝网上. 反应毕，取出，经用水洗涤后，将其置于气体发生瓶中，以浓盐酸处理之，用氯化镉的氨性溶液吸收释出的硫化氢. 向所得的硫化镉悬浮液移入过量的碘化钾-碘酸钾标准溶液，用盐酸酸化后，即可按上述(1)的方法滴定之. 主要的反应如下：

$$CdS+2H^+ \longrightarrow H_2S+Cd^{2+}$$

$$IO_3^-+5I^-+6H^+ \longrightarrow 3I_2+3H_2O$$

$$H_2S+I_2 \longrightarrow S+2I^-+2H^+$$

$$I_2+2S_2O_3^{2-} \longrightarrow 2I^-+S_4O_6^{2-}$$

(3) 向湿润的单质硫加入亚硫酸钠溶液，煮沸一段时间，它们便相互作用而定量地生成硫代硫酸钠. 继而加入甲醛，使其与剩余的SO_3^{2-}离子结合为不活泼的甲醛-亚硫酸根加成物，即可用碘化钾-淀粉溶液作指示剂，以碘的标准溶液滴定之. 当溶液呈现稳定的浅蓝色时，即为终点. 本法的反应是：

$$S+SO_3^{2-} \longrightarrow S_2O_3^{2-}$$

$$2S_2O_3^{2-}+I_2 \longrightarrow S_4O_6^{2-}+2I^-$$

用EDTA间接滴定法对单质硫进行测定时，可在盐酸溶液中以金属锌或铝将悬浮状的单质硫还原为硫化氢，并将硫化氢收集于过量的硫酸铜的标准溶液中. 滤去生成的硫化铜沉淀后，滤液以1-(2-吡啶偶氮)-2-萘酚(PAN)作指示剂，用EDTA标准溶液滴定其中剩余的铜(II)离子，即可测得单质硫的含量. 若被滴定体系的pH=2.5(乙酸盐缓冲溶液)，溶液的颜色由红变黄，即为终点；如果体系的pH=10(铵盐缓冲溶液)，则到达终点时溶液的颜色由紫变黄.

因单质硫在含有吡啶、乙酸钠和乙酸，并在以纤维乙酸钠为极大抑制剂的支持电解质中，于−0.7V(对饱和甘汞电极而言)产生阴极波，故能用极谱法测定之. 为此，可用二硫化碳对含单质硫的样品进行反复萃取，合并萃取液，在水浴上蒸去二硫化碳. 将所得的单质硫在低于408 K的温度下进行干燥后，溶入上述的电解质溶液中，即可进行极谱测定. 在用吡啶—盐酸吡啶缓冲溶液调节至pH=6的甲醇溶剂中，也可用极谱法对单质硫进行测定.

如果将单质硫于氧气流中燃烧，将生成的二氧化硫用过氧化氢溶液吸收并氧化之：

$$SO_2+H_2O_2 \longrightarrow H_2SO_4$$

然后加热驱除剩余的过氧化氢，即可用酚酞作指示剂，以氢氧化钠标准溶液进行中和滴定而测定之.

5.2 氢硫酸及可溶性硫化物的分析

5.2.1 硫离子和氢硫离子的定性分析

点滴法是检出硫离子S^{2-}或氢硫离子HS^-的较方便和较灵敏的方法.

在点滴板上将含有可溶性硫化物的碱性溶液与1%的硝普酸钠$Na_2[Fe(CN)_5NO]$(亚硝基铁氰化钠)溶液混合，即按试液中S^{2-}离子的存在量而呈现出不同程度的红紫色. 本法的界限稀度为1∶50000. 红紫色的出现，可能是由于生成了$[Fe(CN)_5(NO)S]^{4-}$离子的缘故.

硝普酸钠不与氢硫酸或氢硫离子作用，故不显色. 但若向含有它们的试液加入强碱(如氢氧化钠)溶液，则因在溶液中产生了浓度较大的S^{2-}离子

$$H_2S+2OH^- \longrightarrow S^{2-}+2H_2O$$

$$HS^-+OH^- \longrightarrow S^{2-}+H_2O$$

而使溶液显色.

向点滴板加入试液、浓盐酸、几颗对-氨基二甲基苯胺晶体和 0.1mol/L 的氯化铁溶液，经 2—3 分钟后，如果试液呈现清亮的蓝色，即表明试液中存在着 S^{2-}或 HS^{-}离子. 本法的界限稀度为 1 : 50000. 蓝色的出现是由于对-氨基二甲基苯胺在强酸介质中被氯化铁和氢硫酸转化为水溶性的染料——亚甲蓝之故. 反应可表示如下：

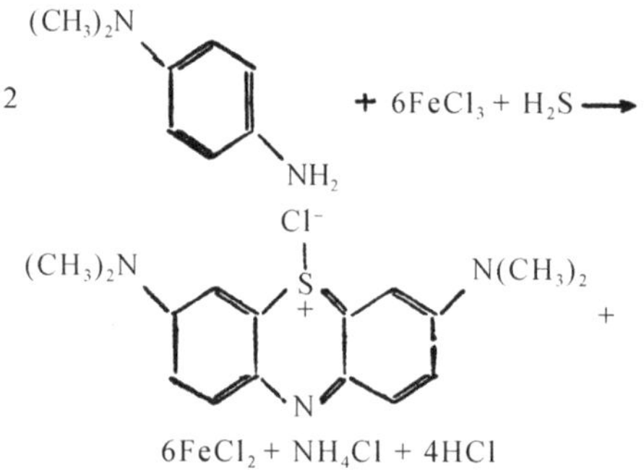

生成亚甲蓝的试法，对含氢硫酸的试液也是一个灵敏的检测方法.

5.2.2　可溶性硫化物的定量分析

可用中和法、氧化还原容量法、EDTA 间接滴定法和重量法对可溶性硫化物中的 S^{2-}或对 HS^{-}离子进行定量分析.

使用中和法时，可将熔融过的硫化物或结晶物溶于水中，并用 10%的氯化钡溶液处理后，转入容量瓶中，以水稀释至刻度，静置. 移取上清液，以百里酚酞为指示剂，用酸(如盐酸)的标准溶液滴定至浅蓝色时，加入 37%的甲醛溶液，继续滴定至溶液呈浅红色，略待数分钟，再滴定至无色为止.

用于测定 S^{2-}或 HS^{-}离子的氧化还原容量法重要的有如下几种.

(1)向含有 S^{2-}或 HS^{-}离子的溶液，移入过量的含有盐酸的碘的标准溶液，用硫代硫酸钠标准溶液滴定至接近终点时，以碘化钾-淀粉溶液为指示剂，继续滴定至溶液从蓝色变为无色时为止. 反应如下：

$$S^{2-}+2H^{+} \longrightarrow H_2S(\text{或 } HS^{-}+H^{+} \longrightarrow H_2S)$$

$$H_2S+I_2 \longrightarrow S+2I^{-}+2H^{+}$$

$$I_2+2S_2O_3^{2-} \longrightarrow 2I^{-}+S_4O_6^{2-}$$

(2)向盛有 S^{2-}或 HS^{-}离子溶液的封闭烧瓶移入过量的溴化钾-溴酸钾标准溶液，加入盐酸，使体系盐酸的浓度达到 3mol/L 左右. 待溶液澄清时，加入过量的碘化钾，溶解后，即可按上述(1)的方法滴定之. 本法的主要反应如下：

$$S^{2-}+2H^{+} \longrightarrow H_2S(\text{或 } HS^{-}+H^{+} \longrightarrow H_2S)$$

$$BrO_3^- + 5Br^- + 6H^+ \longrightarrow 3Br_2 + 3H_2O$$

$$H_2S + 4Br_2 + 4H_2O \longrightarrow SO_4^{2-} + 8Br^- + 10H^+$$

$$Br_2 + 2I^- \longrightarrow I_2 + 2Br^-$$

$$I_2 + 2S_2O_3^{2-} \longrightarrow 2I^- + S_4O_6^{2-}$$

(3)向含有指示剂丁二肟亚铁的 pH=9.4 的铵盐缓冲溶液通入氢气数分钟，以驱除其中的空气. 移入已知体积的可溶性硫化物溶液，立即用铁氰化钾标准溶液滴定至溶液由红色变为无色时为止. 反应如下：

$$S^{2-} + 2[Fe(CN)_6]^{3-} \longrightarrow S + 2[Fe(CN)_6]^{4-}$$

在用 EDTA 间接测定法对 S^{2-}或 HS^-离子进行测定时，可向待测溶液移入过量的硫酸铜标准溶液，使溶液中的 S^{2-}或 HS^-离子和 Cu(II)离子反应而生成硫化铜沉淀. 滤去沉淀后，余下的步骤皆与 16.5 中的 1.2 节所述的 EDTA 间接测定法相同.

可溶性硫化物中的 S^{2-}或 HS^-离子也可用重量法进行测定. 测定时，是以硫化银 Ag_2S，硫化砷 As_4S_6，硫化铅 PbS 或硫化汞 HgS 的形式称重的. 如果沉淀为硫化铜 CuS 时，则应将其灼烧成氧化铜 CuO 的形式称重. 这些硫化物对热的稳定性各不相同，在对沉淀进行干燥恒重时应加注意. 硫化汞对热的稳定性低于 382K；六硫化四砷在 473—548K 之间；硫化银则在沸点时才分解；硫化铅在 1133K 下即开始部分地挥发.

5.3 硫酸及其可溶性盐类的分析

5.3.1 硫酸根离子的定性分析

用下列方法之一，都可方便地检出硫酸根离子.

(1)向滤纸滴加氯化钡溶液和新配制的 1%的玫棕酸钠溶液各 1 滴. 待出现红色斑点后，向其滴加 1 滴弱酸性或碱性的试液. 若玫棕酸钡的红色斑点消失，即表明试液含有硫酸根离子. 本法的界限稀度为 1：10000.

(2)在酸性溶液中，紫色染料嘶呱偶氮 III 能与钡(II)离子形成 1：1 的蓝绿色的配位化合物. 这一配位化合物对硫酸和硫酸盐都是不稳定的. 因此，若向此溶液加入含有硫酸根离子的试液，则该溶液的蓝绿色即行消褪. 本法的界限稀度为 1：500000.

(3)向中性的试液加入碳酸钡后，搅拌片刻. 将此混合物加热，滴入 1—2 滴 0.1%的酚酞乙醇溶液，若溶液呈现红色，即表明硫酸根离子的存在. 反应如下：

$$SO_4^{2-} + BaCO_3 \longrightarrow BaSO_4 + CO_3^{2-}$$

$$CO_3^{2-} + H_2O \xrightarrow[\triangle]{} HCO_3^- + OH^-$$

本法的界限稀度为 1∶5000. 如试液呈碱性，则应事先用盐酸酸化，在水浴上蒸干，以水溶解后，再行检测之. 经此项处理后，其界限稀度为 1∶10000.

5.3.2 硫酸根离子的定量分析

对硫酸或可溶性硫酸盐的硫酸根离子的经典定量方法是重量法. 称量形式为硫酸钡 $BaSO_4$. 测定时，可将待测溶液用盐酸酸化，在水浴上加热至近沸后，再加入热的氯化钡溶液，并使之约过量 10%左右. 取下静置 12—18 小时，或继续在水浴上加热 20—30 分钟，以使沉淀充分熟化. 滤出沉淀，并用稀硫酸洗涤之，直至滤液对硝酸银溶液不呈反应时为止. 纯的硫酸钡虽加热至 1673K 也不致分解，但在硫酸根离子的重量分析中，灼烧温度以 1073—1273K 为宜.

此外，对硫酸和可溶性硫酸盐的硫酸根离子的测定，也可用中和法、氧化还原容量法、沉淀滴定法、EDTA 间接滴定法和浊度法进行.

用中和法测定硫酸根离子时，可向待测溶液加入联苯胺，搅拌均匀，静置，过滤. 沉淀用热水浴解后，以酚酞作指示剂，用氢氧化钠标准溶液滴定至接近终点时，加入少量中性的乙醇(用来防止终点的反复)，继续滴定至溶液呈微红色时为止.

在用氧化还原容量法测定硫酸根离子时，可向酸性的待测溶液加入过量的氯化钡标准溶液，以沉淀硫酸根离子. 用氨水中和后，加入过量的铬酸钾标准溶液来沉淀钡(II)离子. 滤去生成的硫酸钡及铬酸钡沉淀，并用水洗涤之. 将滤液和洗涤液合并，以硫酸酸化后，加入适量的磷酸，用硫酸亚铁标准溶液滴定至溶液呈亮绿色时为止. 所加磷酸是用来掩蔽铁(III)离子的颜色的. 滤液经用硫酸酸化后，也可用碘量法进行测定：

$$Cr_2O_7^{2-} + 6I^- + 14H^+ \longrightarrow 2Cr^{3+} + 3I_2 + 7H_2O$$

$$I_2 + 2S_2O_3^{2-} \longrightarrow 2I^- + S_4O_6^{2-}$$

用氯化钡沉淀滴定法测定溶液中硫酸根离子的含量时，是用玫瑰红酸或四氢化苯醌作指示剂的. 测定时，先加入过量的氯化钡标准溶液，这时由于指示剂与过量的钡盐结合而使溶液呈红色. 继而用硫酸钠标准溶液反滴定过量的氯化钡，直至溶液的红色消失时为止.

用 EDTA 间接滴定法测定溶液中硫酸根离子的含量时，其操作步骤包括：(1)用硝酸铅标准溶液从 25%—30%的乙醇溶液中将硫酸根离子沉淀为硫酸铅；(2)滤去生成的沉淀，并以水洗涤之；(3)向含有剩余铅(II)离子的滤液加入乙酸盐缓冲溶液(pH=5)，以二甲酚橙为指示剂，用 EDTA 标准溶液滴定至溶液从红紫色变为黄色时为止.

如果硫酸根离子在溶液中含量较微时，可用浊度法进行测定. 为此，先向酸性的待测溶液加入稍过量的氯化钡溶液，再加入盐酸—氯化钠—甘油混合液，用电磁搅拌器搅拌 1—3 分钟，以帮助形成物理性质均匀的硫酸钡微粒并阻止其沉降而呈悬浮状态. 用试剂为参比溶液，或以水为参比溶液并另作试剂空白，于波长为 440nm 处测定溶液的消光值. 硫酸钡悬浮液能稳定 10—40 分钟，若放置时间过长，则溶液的消光值即逐渐降低.

5.4 可溶性亚硫酸盐的分析

5.4.1 亚硫酸根离子的定性分析

将 1 滴 0.25mol/L 的亚铁氰化钾溶液与 1 滴饱和的硫酸锌溶液混合，然后再滴加 1 滴 1%的硝普酸钠溶液. 向所生成的白色的亚铁氰化锌沉淀加入 1 滴待试溶液，如果沉淀变为红色，即表明有亚硫酸根离子存在. 此法的界限稀度为 1∶16000. 硫酸根离子和硫代硫酸根离子均不干扰本反应. 可溶性硫化物在碱性溶液中能与硝普酸钠产生紫色反应，故妨碍鉴定.

中性的亚硫酸盐溶液能使某些有机染料溶液褪色，故可用此来检出亚硫酸根离子. 褪色的发生，是由于有机染料的醌式结构被破坏的结果. 亚硫酸根离子与孔雀绿的反应如下：

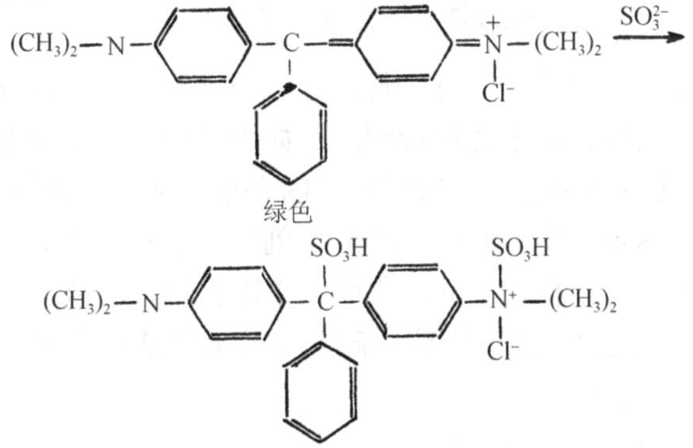

和品红的反应为：

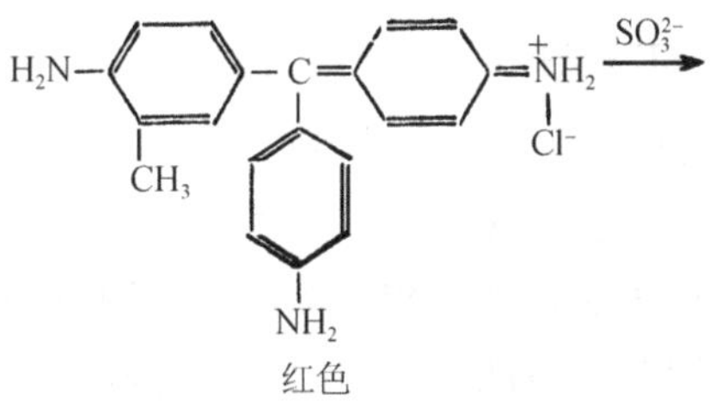

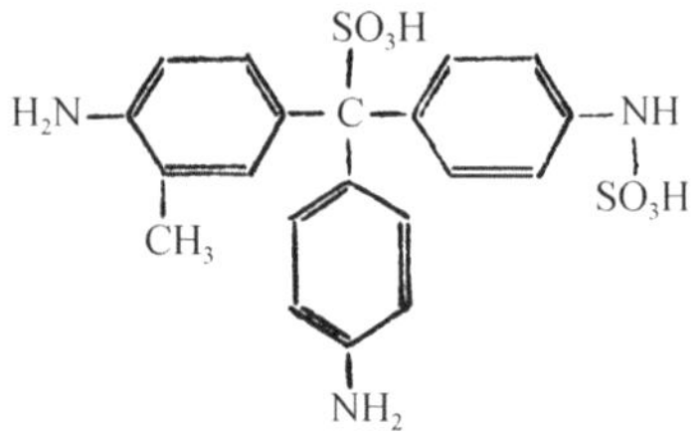

无色

鉴定时，若试液呈酸性，则应事先用碳酸氢钠中和；如为碱性，可向试液加入 1 滴酚酞，通入二氧化碳直至试液不呈红色时为止. 硫代硫酸根离子、连多硫酸根离子、氢硫离子与上述有机染料均无反应，硫离子和多硫离子则能给出类似于亚硫酸根离子的反应. 本法的界限稀度为 1∶50000.

5.4.2　二氧化硫水溶液及可溶性亚硫酸盐的定量分析

二氧化硫的水溶液、气态的二氧化硫和可溶性的亚硫酸盐均可用氧化还原容量法进行测定.

移取过量的碘的标准溶液于锥形瓶中，加入盐酸酸化后，在搅拌下把含二氧化硫的水溶液缓缓注入其中，用硫代硫酸钠标准溶液滴定至接近终点时，加入淀粉溶液作指示剂，继续滴定至溶液由蓝色变为无色时为止. 反应如下：

$$SO_2+I_2+2H_2O \longrightarrow SO_4^{2-}+2I^-+4H^+$$

$$I_2+2S_2O_3^{2-} \longrightarrow 2I^-+S_4O_6^{2-}$$

如果样品为气态的二氧化硫，则可先将其导入密闭的、盛有过量酸性的碘的标准溶液的吸收瓶中，然后再按上法进行测定. 如为可溶性亚硫酸盐溶液，则可将其置于分液漏斗中，加入碳酸氢钾溶液和 0.13%碘的三氯甲烷溶液，摇动 15 分钟左右，将水相分离于容量瓶中，并以水稀释至刻度. 从瓶中移取一定体积的溶液，加入乙酸和饱和的溴水，摇匀. 滴加甲酸，以除去过量的溴. 加入乙酸盐缓冲溶液(pH = 2.5—3)和碘化钾，即可用硫代硫酸钠标准溶液滴定之. 指示剂亦为淀粉溶液. 主要的反应如下：

$$SO_3^{2-}+I_2+2HCO_3^- \longrightarrow SO_4^{2-}+2I^-+2CO_2+H_2O$$

$$I^-+3Br_2+3H_2O \longrightarrow IO_3^-+6Br^-+6H^+$$

$$IO_3^-+5I^-+6H^+ \longrightarrow 3I_2+3H_2O$$

$$I_2+2S_2O_3^{2-} \longrightarrow 2I^-+S_4O_6^{2-}$$

亚硫酸盐溶液中的亚硫酸根离子也可用 EDTA 间接滴定法进行测定. 为此，可先用溴水将亚硫酸根离子氧化为硫酸根离子，再用甲酸除去过剩的溴. 其后，向溶液移入过量的氯化钡标准溶液，滤去沉淀并经洗涤后，向所得滤液加入铵盐缓冲溶液(pH=11.5)，以酸性茜素黑 SN 为指示剂，用 EDTA 标准溶液滴定至溶液从红色变为蓝色时为止.

5.5 可溶性硫代硫酸盐的分析

5.5.1 硫代硫酸根离子的定性分析

将含有硫代硫酸根离子的中性或弱碱性溶液和乙二胺硝酸镍$[Ni(en)_3](NO_3)_2$溶液混合时，由于发生下列反应而生成晶状的紫色沉淀：

$$S_2O_3^{2-}+[Ni(en)_3]^{2+}\longrightarrow[Ni(en)_3]S_2O_3$$

故可利用此反应检出硫代硫酸根离子. 亚硫酸根离子、硫酸根离子、连四硫酸根离子和硫氰酸根离子皆不干扰本反应，但氢硫酸和硫化铵都能分解$[Ni(en)_3](NO_3)_2$，并同时产生黑色的硫化镍沉淀，故妨碍鉴定. 本法的界限稀度为1∶25000.

在表玻璃上将1滴试液和1滴碘-叠氮化钠溶液混合，如果随即产生气泡，则表明试液中含有硫代硫酸根离子. 本法的界限稀度为1∶330000.

5.5.2 可溶性硫代硫酸盐的定量分析

对可溶性硫代硫酸盐的硫代硫酸根离子的测定，可用氧化还原容量法或EDTA间接滴定法进行.

以氧化还原容量法测定时，可向被测溶液加入碘化钾-淀粉溶液作指示剂，用碘的标准溶液滴定至溶液从无色变为浅蓝色时即可.

用EDTA间接滴定法测定时，只要用溴水将硫代硫酸根离子氧化为硫酸根离子，并以甲酸除去过剩的溴后，即可参照16.5中的4.2节所述的EDTA间接滴定法进行.

5.6 过二硫酸根离子的分析

5.6.1 过二硫酸根离子的定性分析

在点滴板上使1滴中性或乙酸酸性的试液和1滴2%的联苯胺-乙酸溶液混合，如出现蓝至深蓝色，则表明试液中含有过二硫酸根离子. 若试液为中性，本法的界限稀度为1∶200000；如为乙酸酸性，则为1∶50000.

浅绿色的氢氧化镍(II)和含有过二硫酸根离子的碱性或中性溶液混合时，会生成黑色的氧化镍(IV)的水合物：

$$Ni(OH)_2+S_2O_8^{2-}+2OH^-\longrightarrow NiO(OH)_2+2SO_4^{2-}+H_2O$$

$$2Ni(OH)_2+S_2O_8^{2} \longrightarrow NiO(OH)_2+2SO_4^{2-}+Ni^{2+}+H_2O$$

故可用此反应检出溶液中的过二硫酸根离子．本法的界限稀度为 1∶20000．应当指出，若试液同时含有过氧化氢时，则由于在中性或碱性介质中发生如下反应：

$$NiO(OH)_2+H_2O_2 \longrightarrow Ni(OH)_2+H_2O+O_2$$

而使本法不能检出过二硫酸根离子．

5.6.2 过二硫酸根离子的定量分析

过二硫酸根离子的测定，可用氧化还原容量法或 EDTA 间接滴定法进行．

用氧化还原容量法测定溶液中过二硫酸根离子的含量时，常用的方法有二：

(1) 将待测溶液用硫酸酸化，移入过量的亚砷酸钠标准溶液，煮沸．加入溴化钾溶液，放置片刻，用溴酸钾标准溶液滴定至溶液呈黄色时，再用亚砷酸钠标准溶液滴定至溶液呈无色时为止．反应如下：

$$S_2O_8^{2-}+AsO_2^-+2H_2O \longrightarrow 2SO_4^{2-}+AsO_4^{3-}+4H^+$$

$$3AsO_2^-+BrO_3^-+3H_2O \longrightarrow 3AsO_4^{3-}+Br^-+6H^+$$

$$BrO_3^-+5Br^-+6H^+ \longrightarrow 3Br_2+3H_2O$$

$$Br_2+AsO_2^-+2H_2O \longrightarrow 2Br^-+AsO_4^{3-}+4H^+$$

(2) 向过二硫酸盐溶液不断通入二氧化碳气，移入过量的硫酸-硫酸亚铁溶液及适量磷酸，加热片刻．冷却溶液，停止通入二氧化碳气，立即用高锰酸钾标准溶液滴定至溶液呈浅紫红色时为止．另取一份与上述体积相同的硫酸-硫酸亚铁溶液，用相同的方法和以同一浓度的高锰酸钾标准溶液滴定至溶液呈浅紫红色．两次滴定所用高锰酸钾标准溶液体积之差，即为过二硫酸根离子所消耗的高锰酸钾标准溶液的体积数，据此即可计算出溶液中过二硫酸根离子的含量．

过二硫酸根离子在用铵盐-金属锌-盐酸还原为硫酸根离子后，向溶液移入过量的氯化钡标准溶液，即可按 16.5 中的 4.2 节所述的 EDTA 间接滴定法对其进行测定．

5.7 可溶性硫氰酸盐的分析

5.7.1 硫氰酸根离子的定性分析

在酸性介质中，硫氰酸根离子与铁(III)离子形成血红色的配位化合物的反应：

$$SCN^-+Fe^{3+} \rightleftharpoons [Fe(SCN)]^{2+}$$

$$SCN^-+[Fe(SCN)]^{2+} \rightleftharpoons [Fe(SCN)_2]^+$$

$$SCN^- + [Fe(SCN)_2]^+ \rightleftharpoons [Fe(SCN)_3]$$

是硫氰酸根离子在定性分析中最重要的反应. 如果试液中硫氰酸根离子的浓度很小时，可用有机溶剂(如戊醇、乙醚等)进行萃取，以使硫氰酸合铁(III)的颜色在有机相中变得更为明显. 在试液中，若同时存在着草酸根离子、氟离子、碘酸根离子、磷酸根离子、柠檬酸盐或酒石酸盐时，应加入过量的铁(III)离子，以免因它们与铁(III)离子配位而妨碍硫氰酸根离子的检出.

硫氰酸根离子能和钴(II)盐的酸性溶液作用，形成蓝色的配位化合物：

$$4SCN^- + Co^{2+} \rightleftharpoons [Co(SCN)_4]^{2-}$$

在利用此反应进行硫氰酸根离子的定性分析时，若先向试液加入戊醇，再加入酸性的钴(II)盐溶液，摇荡，则因所生成的蓝色的配位化合物被萃入有机相而使检出的灵敏度大为增加.

5.7.2 可溶性硫氰酸盐的定量分析

可溶性硫氰酸盐的硫氰酸根离子的定量分析，可用重量法、沉淀滴定法和 EDTA 间接滴定法进行.

用重量法测定硫氰酸根离子的方法是：先用稀硝酸将被测溶液酸化，然后加入沉淀剂硝酸银溶液，用恒重好的玻璃砂坩埚减压过滤，以很稀的硝酸溶液洗涤后，在 388K 下干燥至恒重，并以硫氰酸银 AgSCN 的形式称重.

使用沉淀滴定法测定溶液中硫氰酸根离子的含量时，可在中性或氨性介质中进行. 前者以氯酚红作指示剂，用硝酸银标准溶液滴定至溶液从红色变为蓝色；后者则以硝氮黄为指示剂，用硝酸银标准溶液滴定至溶液从紫色变成绿色.

利用 EDTA 间接法对硫氰酸根离子进行测定时，可向被测溶液移入过量的硫酸铜标准溶液，待沉淀完全后，滤去沉淀并以水洗涤之. 向含有剩余铜(II)离子的滤液加入铵盐缓冲溶液(pH=11.5)，以甲基百里酚蓝为指示剂，用 EDTA 标准溶液滴定至溶液由蓝色变成无色(或灰绿色)为止.

参 考 文 献

[1] D. A. Skoog,D. M. West. “Analytical Chemistry”,3rd ed.,Saunders College(1980).
[2] R. A. Day,A. L. Underwood, “Quantitative Anaylsis”,4th ed.,Prentice-Hall(1980).
[3] D. J. Pietrzyk,C. W. Frank, “Analytical Chemistry”,2nd ed.,Academic(1979).
[4] 董维宪编,《各种离子的化学分别检出法》,北京师范大学出版社(1984).
[5] G. Charlot, “Qualitative Inorganic Analysis”,Wiley(1954).
[6] I. M. Kolthoff,R. Belcher,V. A. Stenger,G. Matsuyama, “Volumetric Analysis”,Vol. III,Interscience Publishers(1957). 中译本：梁树权译,《容量分析》第三卷,科学出版社(1963).

[7] W. Wagner,C. J. Hull,G. E. Markle, “Advanced Analytical Chemistry” ,Reinhold Publishing(1956). 中译本：刘少陵、田笠卿译,《高等分析化学》, 科学出版社(1962).
[8] 杭州大学化学系分析化学教研室编,《分析化学手册》第二分册,化学工业出版社(1982).
[9] C. T. Kenner,K. W. Busch, “Quantitative Analysis” , Macmillan Publishing(1979).
[10] J. S. Fritz,G. H. Schenk, “Quantitative Analytical Chemistry” , 4th ed., Allyn and Bacon(1979).
[11] G. D. Christian, “Analytical Chemistry” , 3rd ed.,Wiley(1980).

17. 硒 分 族

17.1 概　　述

1.1 发　现　史[1]

硒分族元素——硒、碲和钋，是周期系 VIA 族(氧族)中，依次位于第四、五、六周期的第 34，52 和 84 号元素．与硫一起，又常称为硫属元素．

在这三个元素中，碲是最早被发现的．1782 年，奥地利矿物和化学家 F. J. Müller 从一种含金的矿石中，提取出一种外貌似锑的物质．经过仔细研究并请人协助鉴定，证实它不是锑，而是一种新元素．但因样品过少，未能确定是何种新元素．Müller 的这一重要发现被忽视了十六年之久．直至 1798 年，德国著名矿物学家 M. H. Klaproth 在柏林科学院宣读一篇有关金矿的论文时，才重新把这一被人遗忘的物质提出．他一再声明，发现者应为 Müller，并把这一新元素命名为碲(Tellurium)，其拉丁语的原意是“地球”．

硒的发现者是瑞典的化学大师 J. J. Berzelius 和 J. G. Gahn．1817 年，他们在研究铅室泥的组成时，从用法伦(Fahlum——斯德哥尔摩西北约 160km 的矿镇)的黄铜矿为原料，制取硫酸所产生的铅室泥中分离出这个元素．起初他们认为是碲，翌年 2 月作出更正．因这一新元素在化学上与碲相似，遂定名为硒(selenium)，其希腊文的原意是“月亮”．

钋的发现是 Curie 夫人的卓越功绩之一．她在 1898 年观察到，某些铀矿的放射性比其中所含纯铀和纯钍的放射性还强得多．由此她正确估计到铀矿中必尚含有一个或几个微量但放射性很强的新元素．Curie 夫妇用常规的硫化物分组分离法处理了大量的沥青铀矿渣，并在每一步化学处理过程中，以测量放射性的方法来追寻所求元素的行踪，终于分离出一种放射性比铀大 400 倍的新元素．其化学性质与铋相似．Curie 夫人为了纪念她的祖国波兰，把这个新元素命名为钋(polonium)．

1.2 存在和分布[2]

硒、碲和钋均是稀有元素，它们在地壳中的丰度按重量计分别为 $9\times10^{-6}\%$，$2\times10^{-7}\%$和 $3\times10^{-14}\%$.

游离状态的天然硒、碲是稀少的，通常和天然硫共生，在火山成因的某些天然硫中，有的含硒量高达 5%以上. 中欧、玻利维亚和美国的科罗拉多州有少量单质状态的矿，日本和芬兰有硒碲混合的硫矿床.

由于金属硒化物和碲化物与相应的硫化物几乎都是同晶的，因而这两个元素主要以微量形式分散于各种硫化矿物、尤其是重金属硫化矿物如黄铁矿、黄铜矿、铜锌矿、铅锌矿、铋矿及某些金矿中. 我国甘肃的黄铁矿型铜矿；四川的钒钛磁铁矿；辽宁的铜镍硫化物矿；华北的邯邢式铁矿、黄铁矿和斑岩铜矿石中也含有硒和碲.

与其他稀散元素不同，硒、碲还有种类颇多的独立矿物. 它们多半是铅、铜、铋、银、汞的硒化物及铅、铜、银、金、汞、铋、镍和锑的碲化物. 某些例子汇于表 17.1 中. 然而，由于藏量稀少，硒、碲的独立矿物一般都没有单独开采的价值.

表 17.1　硒和碲的某些矿物

矿　物	组　成	主要产地
红硒铜矿(Umangite)	Cu_3Se_2	阿根廷拉里奥哈省尤曼哥山
硒铅矿(Clausthalite)	PbSe	联邦德国克劳斯塔尔；西班牙里奥廷托矿山
硒铋矿(Guanajuatite)	Bi_2Se_3	墨西哥瓜拉华托
硒银矿(Naumannite)	$(Ag_2，Pb)Se$	美国爱达荷州
硒汞矿(Tiemannite)	HgSe	美国犹他州
硫硒铋铅矿(Platynite)	$PbS \cdot Bi_2Se_2$	瑞典法伦
硒铊铜银矿(Crookesite)	$(Cu，Tl，Ag)_2Se$	瑞典斯克里克内
氧化硒矿(Selenolite)	SeO_2	阿根廷卡谢乌塔
碲金矿(Calaverite)	$AuTe_2$	澳大利亚卡尔古利；日本静岗县须崎矿山
针碲金矿(Krennerite)	$(Au，Ag)Te_2$	罗马尼亚外西瓦尼亚；美国科罗拉多州
碲铜矿(Rickaridite)	Cu_4Te_3	美国科罗拉多州，亚利桑那州
碲汞矿(Coloradolite)	HgTe	美国科罗拉多州，澳大利亚卡尔古利
叶碲矿(Nagyagite)	$Au_2Sb_2Pb_{10}Te_6S_{15}$	罗马尼亚外西瓦尼亚
辉碲铋矿(Tetradymite)	$Bi_2Te_3S_3$	挪威德拉门；匈牙利塞米茨
黄碲矿(Tellurite)	TeO_2	—
碲铁矿(Durdenite)	$Fe_2(TeO_3)_3 \cdot 4H_2O$	洪都拉斯特古西加巴尔
碲镍矿(Melonite)	$NiTe_2$	美国加利福尼亚州，科罗拉多州

钋(^{210}Po)是镭放射蜕变系列的倒数第二个产物：

$$\underset{\text{RaD}}{^{210}_{82}\text{Pb}} \xrightarrow[22\text{a}]{\beta} \underset{\text{RaE}}{^{210}_{83}\text{Bi}} \xrightarrow[5\text{d}]{\beta} \underset{\text{RaF}}{^{210}_{84}\text{Po}} \xrightarrow[138.4\text{d}]{\alpha} \underset{\text{RaG}}{^{206}_{82}\text{Pb}}$$

在每吨沥青铀矿中，仅约含 0.1mg 的钋.

1.3 用 途

1.3.1 硒和碲的用途

金属硒及硒、碲的某些化合物是熟知的半导体材料. 灰硒薄层的单向导电性和杰出的光电特性，早已应用于大量制造整流器和光电池. 其光电特性也用于静电复印技术中(制作某些复印机的硒鼓). 碲化镉用于制造发光二极管、辐射探测器和太阳能电池. 碲汞镉合金是红外发射体和探测器的最佳材料. 铋锑硒碲合金是重要的温差电材料，被用来发电或制冷，广泛使用在宇宙动力系统、航标、高空天气记录仪表、军用雷达冷却器及潜艇空调装置中.

玻璃、陶瓷、搪瓷和染料工业是硒碲的第二大消费领域. 被用来生产玫瑰、红宝石、棕、蓝和黑色玻璃及瓷釉. 掺硒和硫化镉的玻璃，透红光性极好，可用于制造铁路和航标信号灯. 硫代硒化镉和硒酸锌—铬染料，有良好的化学稳定性和抗蚀性能.

硒、碲是橡胶强化剂，能提高橡胶的耐热、抗氧化和耐蚀性.

硒和碲作为金属的添加剂，能改善金属的机加工性能而又不减低其抗蚀性. 钢、铜和铜合金均可掺入硒、碲. 掺碲于铅或锡中，可改善其加工硬化性，增加抗张强度和抗蠕变性能. 加碲于铝中，可增加可锻性.

医药、农业及动物营养也用到硒和碲. 含二硫化硒的药皂和类似的碲制剂，可控制头皮的皮炎和医治秃顶. 碲化铜和碲化钴是纺织品的户外杀菌剂. 硒酸钠溶液可作园艺杀虫剂. 服用硒酸钠还可防治雏鸡的分泌病因、羊的白肌病和母羊不妊等. 饲料中加硒和维生素 E 对防止动物肌肉萎缩也很有效.

1.3.2 钋的用途

钋-210 主要用于制造中子源. 为此目的，可将钋与某些含高(α, n)反应截面同位素的金属(例如铍)制成合金. 钋也可用作静电消除剂. 据说将其掺入火花塞电极合金中，可改善内燃机的冷起动特性. 此外，钋还在人造卫星中作为热源，借助类似热电偶的原理来产生电能(140w/g). 这种类型的发电机的吸引力在于，没有可能失常的运动部件，美中不足之处是钋-210 的半衰期甚短(138.4 天).

1.4 生 理 活 性[3,4]

三个元素都能被人体的肾、肝、脾吸收，钋由于其强的 α 辐射，使这些器官的组织遭到不可弥补的损害，故最危险. 对 ^{210}Po 而言，人体所能承受的最大剂量仅 1.11kBq，相当于 2×10^{10} 个原子或 6.8pg 元素．为此规定，空气中钋的最高允许浓度不得超过 40fg/m^3.

单质硒和碲可认为是无毒的．但硒、碲的化合物，特别是有机化合物是有毒的．食物中含 5ppm 或饮料中含 0.5ppm 的硒，对人就有潜在的危险，挥发性化合物的危险性更大．吸入痕量的 H_2Se，通常是引起头昏、嗯心和极度疲乏．浓度较高时，则使眼、鼻黏膜急性发炎．其他硒化合物，尤其是有机化合物能导致湿疹和皮炎．更为讨厌的是，当有机硒化合物通过呼吸和排汗从体内排出时，还散发出一种令人厌恶的臭味!碲的化合物与硒化合物的毒性基本相同，H_2Te 和 TeO_3^{2-} 甚至比相应的硒化物更毒．为此限定空气中硒、碲的最高允许浓度为 0.1mg/m^3．涉及硒、碲的任何化学操作，都应在良好的通风橱中进行．不慎中毒时，可服用高蛋白和高酪蛋白食物加以缓解．服用抗坏血酸(维生素 C)或叶绿酸，可减低排泄物的臭味.

另一方面，硒又是生命必需的基本微量元素之一．它主要以硒代氨基酸和多肽等形式，存在于人和动物的内脏组织和血液中，并通过正常代谢维持一定水平．过多或过少都将致病．我国某些地区的多发病——克山病，病因之一就是食物中缺硒．而在美国的达荷达、怀俄明和堪萨斯州某些干旱平原的土壤和植物中积聚的硒，有时引起放牧的牲畜中毒，它们的肉自然是禁食的.

人们发现，摄入适量的硒化物，可防止或减轻某些重金属如 Cd，Hg，Tl 等引起的中毒．例如给白鼠服用 6—9mg/kg 剂量的 Na_2SeO_4 数天，再喂以 30mg/kg 剂量的乙酸铊时，未见异常反应，而未服过 Na_2SeO_4 的白鼠在服过铊盐后就全部死亡．这种解毒现象非常有意义，其化学本质和生理机制已引起生物化学和无机生物化学家的关注.

1.5　分 析 化 学[5—8]

三个元素中，钋的分析化学内容比较贫乏．钋的测定通常可用 α 计数法或量热法，后者，系测定样品或容器阻滞 α 粒子所放出的热量．其他分析方法尚未见到报道．本节主要叙述硒、碲的分析方法.

1.5.1　分析试样的分解

对于含硒、碲的矿物和工业富集物，一般用氧化性强酸(如硝酸或王水)来分解．在有机化合物的场合，可用 HNO_3–$HClO_4$ 混合物加热或用 Na_2O_2 熔融．然后用水浸取，使硒、碲呈+4 氧化态含氧酸(或盐)而转入溶液．在试样量较大时(>10g)，可利用四氯化物的挥发性，在燃烧管中于高温下用 Cl_2 或 HCl 气处理试样，并将生成的四氯化物收集于盐酸溶液中.

试样中有大量干扰元素时，可用 SO_2，$NH_2OH \cdot HCl$ 或 N_2H_4 等还原剂，在酸性溶液中将硒、碲还原为单质，以进行分离和富集. 用甲苯从 pH=5 的溶液中，萃取硒与3,3′-二氨基联苯胺形成的联苯硒二唑(以EDTA作其他离子的掩蔽剂)，或用 TBP 与煤油的混合溶剂，在>6mol/L 的盐酸溶液中萃取硒或 4—5mol/L 盐酸溶液中萃取碲，可达到个别分离的目的.

1.5.2 定性检定

最常用的方法是将硒和碲的化合物还原成单质以鉴别它们的存在.

试样的盐酸溶液在通入 SO_2 后，如有红色沉淀析出，则表明含硒. 有碲同时存在时，应当用 $NH_2OH \cdot HCl$ 对硒做选择性还原：

$$2NH_2OH + SeO_3^{2-} + 2H^+ \longrightarrow N_2O + Se + 4H_2O$$

此法很灵敏，最小检出量为 1.7μg/ml 硒.

碲的检定与硒相似. 碲(IV)在热的盐酸溶液中被 SO_2 还原成黑色的碲，此沉淀溶于少量浓硫酸，产生鲜红色溶液(Te_4^{2+})，稀释后又析出黑色沉淀. 用 $SnCl_2$ 还原，可检出 0.85μg/ml 碲：

$$TeO_3^{2-} + 2Sn^{2+} + 6H^+ \longrightarrow Te + 2Sn^{4+} + 3H_2O$$

试样中有重金属和贵金属元素存在时，可先用 NaOH 和 $NH_2OH \cdot HCl$ 将它们除去，再于酸化后的滤液中分别检出硒和碲.

1.5.3 定量分析

1. 重量法

一般方法是在盐酸溶液中将硒、碲还原成单质而加以称量，最好的还原剂是 SO_2 和 N_2H_4.

在温热的>8.8mol/L 盐酸溶液中(不含碲时，酸度>3.4mol/L 即可)，加 SO_2 水溶液使硒沉淀、过滤、洗涤后，沉淀在 393K 干燥并称量至恒重. 滤液中加入 $N_2H_4 \cdot HCl$ 使碲沉淀，滤出的沉淀在 378K 烘干至恒重，可分别测定硒和碲. 适用的还原剂还有 $NH_2OH \cdot HCl$ 和硫酸肼.

从冷溶液中析出的沉淀不易过滤；用气态 SO_2 还原可能使氯化物挥发，导致结果偏低；用 $SnCl_2$ 或 H_3PO_2 还原，因吸附作用通常使结果偏高，故均不宜采用. 干燥的沉淀易被空气氧化，用乙醇脱水并在真空中干燥，可避免氧化作用. 将恒重后的沉淀灼烧，以其灼失重计量，可消除 Au 和沉淀包藏作用所引起的误差.

可作为称量形式的其他化合物有：用硝酸汞从 pH4—10 的硒(IV)溶液中沉淀出的 $HgSeO_3$ 和用氨水或吡啶中和碲(IV)溶液而得的 TeO_2. 但后者的溶液须不含能生成难溶氢氧化物的元素.

2. 容量法

以硒(IV)和碲(IV)在酸性溶液中的氧化还原性为基础，可用 $KMnO_4$，$K_2Cr_2O_7$ 或碘量法对硒、碲进行测定.

在硫酸和磷酸的混合溶液中，$KMnO_4$ 可将硒(IV)氧化为硒(VI)：

$$5H_2SeO_3 + 2MnO_4^- + 6H^+ \longrightarrow 5H_2SeO_4 + 2Mn^{2+} + 3H_2O$$

用 Fe(II)标准溶液返滴定过量的 $KMnO_4$，即可测定硒(IV). 加入磷酸是防止生成 MnO_2. 本法也适用于测定碲(IV).

$K_2Cr_2O_7$ 在酸性溶液中可将碲(IV)氧化为碲(VI)，但不能氧化硒(IV)：

$$3H_2TeO_3 + Cr_2O_7^{2-} + 8H^+ \longrightarrow 3H_2TeO_4 + 2Cr^{3+} + 4H_2O$$

用二苯胺作指示剂，以 Fe(II)标准溶液返滴定过量的 $K_2Cr_2O_7$ 就能测定碲(IV). 由于 K_2CrO_7 不氧化硒(IV)，在硒、碲同时存在时，可先用 $K_2Cr_2O_7$ 返滴定法测定出碲，再继续用 $KMnO_4$ 返滴定法测定硒.

在酸性溶液中，硒(IV)和碲(IV)又可被 KI 还原成单质并游离出 I_2：

$$H_2XO_3 + 4HI \longrightarrow X + 2I_2 + 3H_2O (X=Se，Te)$$

后者在淀粉存在下被 $Na_2S_2O_4$ 标准溶液滴定，可测定硒或碲. 使用经碘的滴定步骤不大合适，因红硒沉淀的颜色及对 I_2 的包藏，均使滴定终点不太锐敏. 由于 $Na_2S_2O_3$ 也与硒(IV)和碲(IV)反应(生成硒代或碲代五硫代酸盐)，且比与 I_2 的反应速度更快：

$$H_2XO_3 + 4S_2O_3^{2-} + 4H^+ \longrightarrow XS_4O_6^{2-} + S_4O_6^{2-} + 3H_2O$$

故 KI 可不必过量. 据此，适用的办法是加入淀粉溶液和少量的 KI(避免生成大量红硒)，用 $Na_2S_2O_4$ 标准溶液滴定至淀粉-碘蓝色消失.

在上述氧化还原滴定中，任何变价元素的存在(包括 NO_3^- 和 Cl^-)都是不受欢迎的，必须事先除去.

3. 极谱法和其他电化学方法

在氨性底液中，pH 为 8.4—9.5 时可获得硒、碲(由+4 还原到–2 氧化态)的良好极谱波. 例如，在 1mol/L NH_4Cl 和 0.1—1mol/L$NH_3 \cdot H_2O$ 底液中，动物胶量为 0.001%—0.003%时，硒和碲的半波电位分别为−1.44—−1.54 和−0.63—−0.68V. 由于二者相差约 0.8V，且在 10^{-3}—10^{-4}mol/L 的浓度范围内波高与浓度呈线性关系，故可用于同时测定硒和碲. 若溶液中存在某些金属离子(例如 Cu(II))，能生成难溶的硒化物和碲化物，将使波高降低. 在酸性底液(如 3mol/L H_2SO_4)中，汞被溶解，汞离子与 H_2Se 反应生成 HgSe，也能产生类似的衰减效应. 在这些溶液中进行测定时，要做必要的校正.

电流滴定法也用于测定硒和碲. 例如，在酸性溶液中，用二乙基或已基和环戊基二硫代氨基甲酸盐作试剂，试剂在铂阳极氧化并与硒(IV)或碲(IV)生成微溶化合物. 在硒、碲同时存在时，可分别在 pH 5.5—4.0 滴定碲，pH<3.7 滴定硒、碲总和，由差减法求出硒.

硒和碲还可用库伦法进行测定. 借助于电解产生的次溴酸根离子 BrO^-，在 1mol/L KBr，0.1mol/L $NaHCO_3$，343K 和电流密度 0.5—5mA/cm^2 的最佳条件下，可测定>2μg/mL 的硒和碲.

4. 光度法

分光光度法和原子吸收光谱法，已用于微量硒、碲的测定.

在适当酸度下，将硒(IV)和碲(IV)还原成为硒溶胶和碲溶胶进行比色，是一种最老并仍非常有用的光度法. 可用的还原剂有 SO_2，苯肼，$SnCl_2$，$NH_2OH \cdot HCl$，H_3PO_2 和抗坏血酸等. 加入阿拉伯树胶或聚乙烯醇，可增加溶胶的稳定性，但吸光度有所降低. 测定波长为 400nm，并在 1—10μg/ml 范围内服从 Beer 定律. 方法的选择性与所用的还原剂及还原条件有关. 例如，在 3.4mol/L 盐酸中，$SnCl_2$ 可迅速还原硒和碲；$NH_2OH \cdot HCl$ 在 pH8—12 可选择还原硒；H_3PO_2 则在 0.1—0.5mol/L 酸度下选择还原碲. 本法的缺点是灵敏度不够高，且易受重金属和贵金属元素的干扰.

用 3，3-二氨基联苯胺与硒(IV)在 0.1mol/L 盐酸或 pH 为 1—3 的甲酸中反应生成的联苯硒二唑进行分光光度测定，对硒是最灵敏和特征的方法.

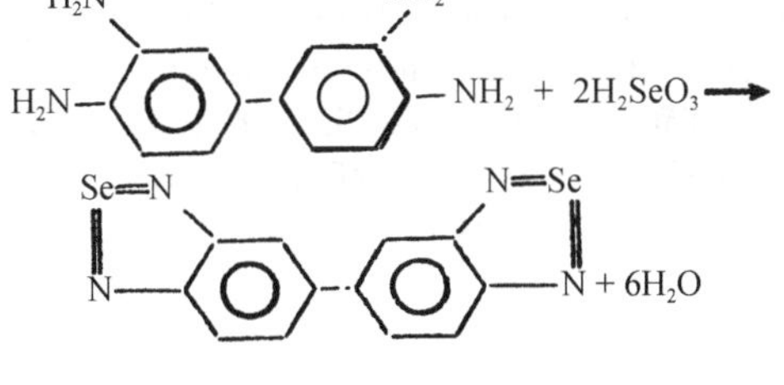

这个黄色的化合物在 pH 5 以上可被定量地萃入甲苯中，并在 340nm 和 420nm，

0.5—2.5μg/ml 的浓度范围内服从 Beer 定律. 灵敏度 50ng/ml(1cm 吸收池). 用 EDTA 作掩蔽剂可消除大多数重金属离子的干扰，但强氧化和还原剂必须除去.

在酸性溶液中，5-巯基-3-苯基-1，3，4-硫杂重氮-2-硫酮的钾盐(铋试剂 II)

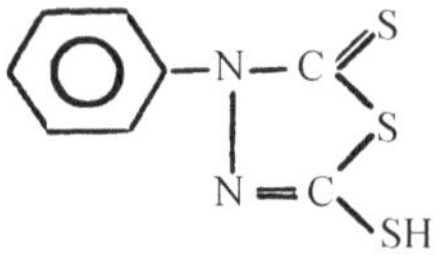

与碲(IV)反应，生成一种可被 $CHCl_3$ 萃取的 1∶4 中性配合物，在 330nm 有最大吸收，可用于碲的分光光度测定. 但硒(IV)和氧化性物质有干扰.

测定硒、碲的类似试剂还有邻苯二胺、2，3-二氨基萘、4，5-二氨基-6-硫代嘧啶等许多芳香邻二胺及某些有机硫化物如，2-巯基苯并咪唑，1，4-二苯基氨基硫脲、巯基乙酸、硫脲和二苯基硫卡巴肼等.

原子吸收光谱法对微量和痕量硒、碲的测定是特征和很有效的. 例如，用 $NaBH_4$ 将微量的硒(IV)和碲(IV)还原成 H_2Se 和 H_2Te，并用 N_2 气将其引入空气-乙炔(空气-氢或氩-氢)火焰中原子化，可在 196.1 和 214.3nm 分别测定硒和碲，灵敏度达 50ng/ml.

5. 中子活化分析

中子活化分析是用热中子轰击硒或碲，将它们转变为放射性同位素，并借助 γ 谱仪测定含量. 灵敏度为 10—100ng/ml. 这种方法已应用于测定各种合金尤其是生物物质(血细胞和淋巴液等)中的痕量硒和碲.

参考文献

[1] 凌永乐编著,《化学元素的发现》,科学出版社(1981).
[2] 郭承基,《稀有元素矿物化学》,科学出版社(1965).
[3] I. Sax, "Dangerous Properties of Industrial Materials",Reinhold Publishing Corporation,New York,N. Y.(1957).
[4] R. A. Zingaro and W. C. Cooper, "Selenium", Van Nostrand Reinhold(1974).
[5] I. M. Kolthoff and P. J. Elving, "Treatise on Analytical Chemistry",Part II,Vol. 7,John Wiley and Sons (1980).
[6] Z. Marczeko, "Spectrophotometric Determination of Elements",Translation Editor(English),C. G. Ramsay(1976). 中译本：郑用熙、任奇钰、刘长松译,《元素的分光光度测定》,地质出版社(1983).
[7] 原子吸收光谱分析编写组,《原子吸收光谱分析》,地质出版社(1979).
[8] 柴之芳,《活化分析基础》,原子能出版社(1982).

17.2 单　　质[1—10]

2.1 制备和生产

目前，硒和碲主要是从电解铜阳极泥中提取的．硫酸厂的残泥和烟尘、铜矿和铅锌矿的焙烧烟尘、铋矿的碱性渣、黄铁矿焙烧残渣、铅电解阳极泥及某些金矿石也是提取硒、碲的原料．钋则主要是通过核反应来小量制备．

硒、碲的提取和相互分离，主要以二氧化物的挥发性和可溶性的差异为基础．在提取过程中，硒、碲本身的化学行为虽并不复杂，但由于回收它们的同时，几乎总是还要考虑其他有用金属的综合回收．因而，原料成分的多样性就决定了具体工艺的多样性．全面地叙述是不可能的．本节将以几种主要原料为依据来列举典型的生产方法，并着重表现其中的化学关系．

2.1.1 硒、碲的工业生产

1．从电解铜阳极泥和其他工业富集物中提取硒和碲

电解铜阳极泥是由阳极粗铜中所含金、银、硒、碲和 CuS，Cu_2Se，Cu_2Te，Ag_2Se，Ag_2Te，SiO_2 等不溶性杂质及剥落的铜末，在电解过程中漂落在槽底而形成的银黑色粉末．其成分随粗铜的成分各异，大致组成(%)为：

铜 10—12	碲 0.3—3	铅 3—11
金 0.8—4.2	铋 0.1—1.5	铁 0.3—0.5
银 30—50	锑 0.2—3.6	镍 0.2—0.9
硒 3—14	砷 0.1—0.6	硅 2—4

除提取硒、碲外，更主要是提取金、银和铜．提取的方法有硫酸化焙烧法、苏打烧结法和氧化焙烧法等，但后者应用不多．

(1) 硫酸化焙烧法

将阳极泥混浓硫酸，在 443—573K 焙烧数小时，使其中的硒、碲变为二氧化物，铜、银等则转化为硫酸盐，

$$Se+2H_2SO_4 \longrightarrow SeO_2+2SO_2+2H_2O$$

$$Cu+2H_2SO_4 \longrightarrow CuSO_4+SO_2+2H_2O$$

$$Cu_2Se+6H_2SO_4 \longrightarrow 2CuSO_4+SeO_2+4SO_2+6H_2O$$

$$Ag_2Se+4H_2SO_4 \longrightarrow Ag_2SO_4+SeO_2+3SO_2+4H_2O$$

碲和碲化物也有类似反应. 然后升温至 773—873K 使 SeO_2 挥发，并在吸收塔中被水溶解成为亚硒酸. 由于烟气中含有大量的 SO_2，亚硒酸便被 SO_2 还原成无定形红硒析出：

$$H_2SeO_3+2SO_2+H_2O \longrightarrow Se+2H_2SO_4$$

在 363K 加热溶液 1h，可使红硒转变成三方灰硒，过滤、洗涤、干燥后即得工业粗硒，收率>95%，纯度>99%.

阳极泥经焙烧挥发出硒后，用水浸出其中的 $CuSO_4$(回收铜)，滤出的脱铜阳极泥再用 NaOH 溶液浸取，大部分碲即以亚碲酸钠的形式转入浸取液中. 残留的小部分 TeO_2，在熔炼金银合金时进入苏打熔渣，可用水浸出与碱浸液合并. 用 H_2SO_4 中和浸取液，亚碲酸钠便水解成二氧化碲沉淀析出：

$$Na_2TeO_3+H_2SO_4 \longrightarrow TeO_2+Na_2SO_4+H_2O$$

滤出的 TeO_2 用 NaOH 溶液溶解，使其与铁、铜等氢氧化物分离，然后向溶液中添加适量的 Na_2S 以进一步除去铅等重金属杂质，再用 H_2SO_4 中和使 TeO_2 析出.

用 NaOH 溶解净化后的 TeO_2，配成含碲>100g/L、NaOH 150—170g/L 的亚碲酸钠溶液，在电解槽中以含 5%Ti 的不锈钢作电极进行电解(槽电压 2.0—2.4 V；电流密度 70—100A/m^2；温度 298—303K；电流效率~90%). 最后，将电解出的碲粉装入坩埚于 755K 熔铸为碲锭，纯度>99%. 除电解还原外，也可以用炭粉高温(838—873K)还原或在酸性溶液中用 SO_2 还原出碲.

硫酸化焙烧法应用最普遍，铅电解阳极泥、硫酸厂的烟尘和残泥等其他原料都可用类似的方法处理.

(2) 苏打烧结法

将阳极泥与占其重量 25%—50%的 Na_2CO_3 混合，在氧化气氛中进行烧结. 硒被氧化为水溶性的亚硒酸钠和少量硒酸钠，碲则大部分转化为不溶于水的碲酸钠

$$Se+Na_2CO_3+O_2 \longrightarrow Na_2SeO_3+CO_2$$

$$CuSe+Na_2CO_3+O_2 \longrightarrow Cu+Na_2SeO_3+CO_2$$

$$Ag_2Se+Na_2CO_3+O_2 \longrightarrow 2Ag+Na_2SeO_3+CO_2$$

$$2Na_2SeO_3+O_2 \longrightarrow 2Na_2SeO_4$$

焙烧温度应低于阳极泥的熔结温度，否则，就没有足够的空气进入炉料中，在 723K 烧结，可使 90%以上的硒转为水可溶状态.

用 80℃热水浸取烧结物，得到 Na_2SeO_3，Na_2SeO_4 和少量 Na_2TeO_3 的溶液. 溶液用盐酸中和，分离析出的 TeO_2 后，继续酸化并通入 SO_2 使单质硒析出. 因 Na_2SeO_4 不能被 SO_2 还原，析出红硒之前，应加入 $FeSO_4$ 并煮沸溶液，将硒(VI)还原为硒(IV)

$$3SeO_4^{2-}+6Fe^{2+}+6H^+ \longrightarrow 3SeO_3^{2-}+6Fe^{3+}+3H_2O$$

上述还原方法消耗较多的盐酸和 $FeSO_4$. 为此，也可采用另一种方法，即将中和后的含硒溶液蒸干，用焦炭在高温下将硒的化合物还原为硒化钠. 产物被水浸出并在 353—363K 通入空气氧化，溶液中 90%的硒即沉淀析出，

$$Na_2Se+H_2O+\frac{1}{2}O_2 \longrightarrow Se+NaOH$$

滤液用 CO_2 饱和并再通入空气，可析出其余的硒(总收率 90%，纯度 99.8%—99.9%).

烧结法不能有效地回收碲，实际上适用于含碲量低的阳极泥.

(3) 氧化焙烧法

氧化焙烧是使阳极泥中的硒在充足的空气中高温氧化为 SeO_2，升华后再加以回收的方法. 最主要的反应是铜、银的硒化物与氧的反应：

$$Cu_2Se+2O_2 \longrightarrow 2CuO \cdot SeO_2$$

$$CuSe+1.5O_2 \longrightarrow CuO \cdot SeO_2$$

$$Ag_2Se+O_2 \longrightarrow 2Ag+SeO_2$$

硒化银与氧的作用分两个阶段，在 573—873K 生成亚硒酸银，高于 873K，后者部分地分解为 SeO_2 和银：

$$Ag_2Se+\frac{3}{2}O_2 \longrightarrow Ag_2SeO_3 \rightleftharpoons 2Ag+SeO_2+\frac{1}{2}O_2$$

碲也有类似反应，但氧化较慢.

温度对硒的收率有很大影响，在 723—773K 时，只能使硒部分氧化，且硒的升华率不超过 37%. 为了最大限度地使硒呈氧化物升华，焙烧温度必须在 923—973K 之间，且在焙烧结束前最好使温度达到 1023—1073K. 但高温将使物料熔融，故料层必须很薄. 上述条件可使阳极泥中~90%的硒升华到收集器中. 由于氧化焙烧法实际上难以达到满意的结果，目前较多的国家已不再使用.

(4) 氯化法

硫酸厂烟尘和残泥的含硒量一般可达 5%以上. 除常用硫酸化焙烧法或低温(573—623K)苏打烧结法等火冶法处理外，还可用氯化法来回收硒和碲.

将烟尘和残泥与稀盐酸混合成固液比约为 1∶10 的浆状物，在强烈搅拌下，

于室温以 8—10L/h 的速度通入氯气，氯化 1.5—2 小时. 硒、碲即成亚硒酸和亚碲酸进入溶液：

$$X+2Cl_2+3H_2O \longrightarrow H_2XO_3+4HCl(X=Se，Te)$$

通空气吹去溶液中的游离 Cl_2，过滤，滤液用 10%Na_2CO_3 溶液中和至 pH 6.0—6.2，TeO_2 和其他难溶氢氧化物即沉淀析出. 滤出沉淀后，由滤液和沉淀中分别回收硒和碲. 用这种方法，硒的回收率为~95%，碲可达~92%.

2. 从汞炱(tái)中提取硒

汞焙烧装置产出的烟灰(汞炱)中含硒达 5%—8%. 为了回收硒，可将汞炱用过量 H_2SO_4(300g/L)和过量 40%的氧化剂(软锰矿)混合，制成固液比约为 1∶7 的浆状物，在 369K 搅拌浸煮 1 小时，硒即被氧化而进入溶液：

$$Se+2MnO_2+H_2SO_4 \longrightarrow H_2SeO_3+2MnSO_4+H_2O$$

浸出液用 H_2SO_4 酸化后，在 333—343K 通 SO_2 析出红硒. 粗硒纯度>88%，回收率>99%.

3. 从含硒的金矿石中提取硒

在氰化物浸取金的过程中，硒呈相应的硒氰酸盐进入溶液，滤出的溶液用 H_2SO_4 酸化即沉淀出硒，收率和纯度均在 99%以上：

$$Se+NaCN \longrightarrow NaSeCN$$

$$2NaSeCN+H_2SO_4 \longrightarrow 2Se+Na_2SO_4+2HCN$$

挥发的 HCN 用碱液或 $Ca(OH)_2$ 悬浮液吸收后，可再用于浸取.

因 HCN 有剧毒，且由于硒沉淀物阻碍锌对贵金属的还原而往往干扰金和银的生产. 故宁愿在氰化法提取金之前，先用漂白粉对金矿粉进行浸取，使硒氧化成亚硒酸进入溶液：

$$3Ca(ClO)Cl+MSe+2H_2O \longrightarrow H_2SeO_3+3CaCl_2+M(OH)_2$$

固液分离后，在酸化的滤液中用 SO_2 还原出硒，所得粗硒的纯度>88%，回收率>99%.

4. 从炼铅鼓风炉的烟尘中回收碲

鼓风熔炼铅产生的烟尘中，富集了一部分铟和碲. 由于含量较低，在回收过程中，需经几次富集. 为此，先将烟尘在 443—473K 进行硫酸化焙烧后用水浸取，浸取液经 ZnO 中和至 pH 4，便沉淀出含 TeO_2、$In(OH)_3$ 的“铟精矿”. 用 NaOH 溶液处理“铟精矿”，并用锌粉从溶液中置换出碲，便获得含碲 6%—20%的“碲精矿”.

用 130g/L 过量的 Na_2S_n 溶液浸取“碲精矿”，使碲转化为 Na_2TeS_n 而溶解. 向溶液中加过量的 Na_2SO_3，碲即被还原析出：

$$Na_2TeS_3 + 2SO_3^{2-} \longrightarrow Te + 2S_2O_3^{2-} + Na_2S$$

分别用稀盐酸、稀碱和水反复洗涤沉淀，以除去铁、铅、锑、铜和硫等杂质，真空干燥即得工业碲.

5. *从某些碲矿中提取碲*

叶碲矿($Au_2Sb_2Pb_{10}Te_6S_{15}$)约含 30%碲和 50%铅，曾一度作为提取碲的资源. 由于含碲量高，处理过程大为简化. 例如，先用浓盐酸与矿粉一起煮沸并用沸水洗去可溶性氯化物，然后用 HNO_3 溶解残渣，使碲氧化为 H_2TeO_3. 蒸发硝酸溶液至干并将所得的 TeO_2 溶于盐酸中，通入 SO_2 使碲析出.

另一个大规模从碲金矿($AuTe_2$)中提取碲的方法是将矿粉缓慢地投入沸腾的硫酸中. 这时，铅、铜、锌、碲和一部分银被溶解，金和硅酸不溶. 用 10%—15%的稀盐酸溶液浸煮反应混合物使溶解的银沉淀. 滤去含有金、银的残渣(待回收金银). 向滤液中通 SO_2 使碲沉淀. 所得沉淀含碲 72%—85%，重复此过程，碲的含量可增至~98%. 最后将碲粉熔铸成锭.

2.1.2 钋的制备

直接从铀矿中提取钋是很困难的，因为每吨铀矿石中，在放射性平衡时只约含 0.1 mg 的钋. 由陈老的镭盐中获得钋比较方便，每克镭约含 0.1 mg 的钋. 目前，^{210}Po 可从反应堆中用中子轰击铋来少量(mg 级)制备：

$$^{209}_{83}Bi(n, r)^{210}_{83}Bi \xrightarrow[5d]{\beta} {}^{210}_{84}Po$$

对于钋与铋的分离，曾用过电解法、置换法、电化学置换法、萃取法和离子交换法等. 其中电化学方法(电解和电化学置换)用得最多，但置换法最为简便.

置换法的过程是将极薄的银片放入体积不大的、0.1 mol/L 盐酸的钋盐溶液中转动，即可置换出钋，而铋仍留在溶液中. 置换完全后，将带钋的银片溶于 HNO_3，再用盐酸沉淀出 AgCl，便得到纯净的钋盐溶液. 向溶液中通 H_2S 使钋(IV)成为 PoS 沉淀，并在 548K 和 1.3Pa 下将后者分解为单质，或用碱使钋(IV)转化为 $Po(OH)_4$，

然后用 NH_2OH，N_2H_4 或 NH_3(液态或浓 $NH_3 \cdot H_2O$)将 Po (OH) $_4$ 还原为金属.

由于希望金属片不溶于酸中，也可用铂片来置换钋. 为此，先在硫酸溶液中用电解法使铂片被氢饱和，制成铂-氢电极. 然后将铂片放在含有放射性铋(RaE)和钋(RaF)盐的 0.01mol/L 盐酸溶液中，钋被氢置换并沉积在铂片上，经真空升华即得纯金属钋.

钋的提取还可用电解法. 在醋酸介质中，电流密度为 10^{-6}A/cm^2 数量级时，可在铂阴极上得到钋. 当电流密度为 10^{-5}A/cm^2 时，铋也被同时还原. 为了制备纯钋(从辐射观点衡量)，除严格控制电解条件外，还需要在溶液中加过量的非放射性铋盐，以避免放射性铋对钋的沾染.

2.2 提　　纯

硒、碲的提纯基本上是彼此的相互分离及二者与痕量硫和若干其他元素的分离. 因而，提纯硒的方法往往也适用于碲. 钋的提纯则主要是钋与铋、铅的分离.

2.2.1 硒的提纯

硒的提纯方法主要有化学法、蒸馏升华和硒化氢热分解法，也使用过溶剂萃取和离子交换等方法. 为了制取超纯硒，往往需要联合使用几种提纯技术.

1. 化学法

最简便的化学法是将粗硒溶于 HNO_3 中，再彻底蒸除硝酸，制成酸度>8.8mol/L 的盐酸溶液，用 SO_2 将 H_2SeO_3 还原成单质硒. 在这样高的酸度下，碲(IV)形成了稳定的配阴离子 $TeCl_6^{2-}$ 而不被还原(但酸度降至~2mol/L 时，碲(IV)即被还原为单质). NH_2OH(在柠檬酸或酒石酸溶液中)及氢碘酸也可以选择还原硒，在后一种场合下，碲(IV)形成的配阴离子 TeI_6^{2-} 对还原作用的稳定性比 SeI_6^{2-} 大得多. 此法可使硒、碲良好分离，但对重金属和贵金属杂质不很有效.

另一个提纯方法是借助共沉淀原理，在 pH6.5 的 H_2SeO_3 溶液中，加入 $Al_2(SO_4)_3$ 和 $(NH_4)_2S$ 溶液，在充分搅拌下硒中的杂质便与 $Al(OH)_3$ 共沉淀析出. 滤出的清液用 SO_2 还原，就得到不含碲、汞、银、铅、铁、锰、钛、砷、铊等杂质的纯硒.

其他的化学提纯法还有：用强碱溶液将硒溶解，在 323K 用铝粉将硒还原成硒化钠：

$$3Se + 8NaOH + 2Al \longrightarrow 3Na_2Se + 2NaAlO_2 + 4H_2O$$

1 小时后，加 Na_2S 溶液沉淀重金属杂质. 向滤液中通空气重新沉淀出硒. 纯硒中的含碲量由提纯前的~0.2%降低至 0.01%；将粗硒溶于 363K 的 Na_2SO_3 浓溶液中，形成硒代硫酸钠(Na_2SeSO_3)，碲和其他杂质不溶解，滤去不溶物，将滤液冷却或酸化即析出纯硒,其纯度可达 99.98%;将粗硒溶于 10%NaCN 溶液,滤去不溶物. 将滤出的 NaSeCN 溶液酸化即析出纯硒. 由于硒的析出速度太慢，一个改进的办法是用 NaClO，$Ca(ClO)_2$，Na_2O_2，H_2O_2 或 $KMnO_4$ 等氧化剂，在 pH3 的盐酸溶液中来沉淀硒.

2. 蒸馏、升华法

借助硒和二氧化硒的挥发性，工业上多采用蒸馏法和升华法来大规模地提纯硒.

硒中的杂质除硫、砷和汞外，沸点都比硒(985K)高. 将粗硒在 923K 下常压蒸馏并在 593K 冷凝，重复操作，可得到纯度为 99.99%的硒. 其中含 Cu 和 Fe 各 0.0015%及痕量的 Te 和 Mg. 在保护气氛中蒸馏，纯度可提高至 99.995%.

常压蒸馏的效率和收率(85%—90%)都不够理想，故更好是进行真空蒸馏. 工业上多采用不锈钢蒸馏甑，为了防止飞散，将硒粉团成小块装入. 在 1.3Pa 的真空度下，若甑体温度为 573—673K，甑口温度为 543—573K 时(避免铅被蒸出)，可在温度约为 513K 的接收器内获得 99.99%的纯硒，回收率~97%.

利用 SeO_2 的挥发性，将粗硒在氧气流中燃烧成 SeO_2 并于 593—623K 进行升华，可有效地使硒与碲分离. 纯化过的 SeO_2 通常被导入氨气炉中还原：

$$3SeO_2+4NH_3 \longrightarrow 3Se+2N_2+6H_2O$$

纯硒被收集在 493—513K 的接受器内然后铸锭. 其纯度符合 99.992%的精硒质量标准.

若将升华过的 SeO_2 溶解于水，以四(异硫氰酸根). 二氨合铬酸(1-)铵沉淀法进一步除去汞(生成 $Hg[Cr(NCS)_4(NH_3)_2]_2$ 沉淀)，再用 SO_2 法析出硒，精硒锭的纯度可达 99.996%以上.

3. 硒化氢热分解法

用硒化氢热分解法可制备极纯的硒(99.9997%)，其中发现有 1ppm 的砷、0.6ppm 的铁和铅、0.4ppm 的钠和 0.2ppm 的铜，其他元素均未发现.

其方法是在石英反应瓶中，于 823—923K 通氢气使硒反应为 H_2Se. 令气体通过一个 573K 的净化瓶，使可能生成的砷、碲和锑的氢化物分解. 再通过一个 253K 的捕集器，以捕集可能有的水气和汞蒸气. 最后将气体导入 1273K 的石英管，75%的 H_2Se 即分解为组成元素. 产物随之被迅速冷却至反应温度以下(<500K)加以收

集. 未分解的 H_2Se 可再导入反应瓶进行循环或用 $CuSO_4$ 溶液吸收，使其转化为 CuSe.

提纯的根据是 As、Te、Sb 及大多数金属杂质在 923K 实际上不能生成氢化物，而比 H_2Se 更稳定的 H_2S 和卤化氢在 1273K 并无明显的分解.

因 H_2Se 有剧毒，操作时应特别注意设备接口的密封并保证有良好的通风条件.

4. 离子交换法

用离子交换法提纯 H_2SeO_3 溶液，再用 SO_2 还原，可制备符合半导体工业要求的高纯硒.

例如，在含硒 100g/L 的 H_2SeO_3 溶液中，加少量 NaCl 稀溶液以沉淀银，滤液放置 10 天以上使胶态的硅酸和氧化铝聚沉. 将上层清液通过 H-式 Dowex 50 阳离子交换树脂，使碲和其他杂质的阳离子被吸附，流出液用 SO_2 还原后，所得硒的纯度为 99.996%. 其中含<2.9×10^{-3}%的 Al_2O_3 和 SiO_2，<2×10^{-4}%的 Fe 和 Ca，<1×10^{-4}%的 Cu，Pb 和 As 及痕量的其他金属.

若用 0.1mol/L 硝酸的 H_2SeO_3 溶液，先通过 H–式 Dowex 50 阳离子交换柱，再通过 OH–式 Dowex 2 阴离子交换柱，并用 2mol/L NaOH 溶液淋洗，洗出液酸化后用 SO_2 还原，可得到纯度>99.999%的高纯硒. 其中仅含 1×10^{-4}%的 Fe 和 Sb，6×10^{-5}%的 As，2×10^{-5}%的 Cu 和 Ag 及 1×10^{-5}%的 Hg.

5. 溶剂萃取法

在 3.6mol/L HNO_3 或 5mol/L H_2SO_4 介质中，H_2SeO_3 可被异丁醇萃取(相比 1∶1)，所有的碲都留在水相中. 蒸出异丁醇，残余物用水溶解后通 SO_2 沉淀出硒. 硒的纯度由原来的~90%可提高至 99.9%—99.99%，回收率 82%—86%.

硒还可以 $SeBr_4$ 的形式，在 8.2mol/L 氢溴酸中于 273K 被二正丁基醚或在室温下被乙酸戊酯所萃取，回收率分别为 69.5%和 94.8%.

试验过的其他萃取剂还有三正丁胺、三丁基磷酸酯、二异戊基甲基磷酸酯和三辛基膦氧等. 除异丁醇外，其他萃取方法都未在工业上获得实际应用.

2.2.2　碲的提纯

高纯碲的制取方法主要有电解精炼、真空蒸馏和区域熔炼法. 溶剂萃取也可以提纯碲，但并未在工业上广泛采用.

1. 电解精炼法

在玻璃制的电解槽中，以粗碲为可溶性阳极、不锈钢作阴极电解 Na_2TeO_3 溶液. 在极间距 75mm，电压 2.3—10V，电流密度 $200A/m^2$，电解液温度 318K 的电解条件下，于阴极获得纯度为 99.999%的碲，其中仅含 $5\times10^{-4}\%$Pb，$3\times10^{-4}\%$Sn 和痕量的 Ca 和 Mg.

也可以用含碲 35—40 g/L 的 $TeCl_4$ 的盐酸溶液作为电解质，以钛板作阴极、粗碲作阳极，在 308K 进行电解. 最佳电解条件为：槽电压≤2V，电流密度 100—$120A/m^2$，电解液酸度 4—4.5mol/L，电解液循环量 2L/h. 由阴极所得纯碲在氩气保护下于釉瓷容器中融熔后，其纯度可达 99.999%—99.9999%.

2. 真空蒸馏法

真空蒸馏能除去碲中的金属杂质，但不能有效地除去硒.

一个具体的方法是，在一台具有两个冷凝段(573K 和 593K)和一个蒸馏段(773—793K)的真空蒸馏炉中，于 0.65Pa 的真空度下将粗碲蒸馏至处于冷凝段的承受器中(承受器由石英管制成，共约 15 节，每节长 80mm，其最末一节紧靠盛粗碲的石英舟，第 1—7 节处于冷凝段内). 当粗碲被全部蒸净后，取出承受器，将 1—4 节的冷凝物取出进行第二次蒸馏，第 5 节冷凝物与粗碲合并，第 6—7 节冷凝物因杂质比较集中，应重新进行电解. 这样，纯度>99%的电解粗碲经二次蒸馏后，纯度可达 99.999%，但其中仍含有 7—10ppm 的硒.

如果事先用化学法除去硒，则可使蒸馏过程简化. 例如，用王水将粗碲溶解，用 $NH_3\cdot H_2O$ 中和至 pH4—5，煮沸溶液使 $TeCl_4$ 水解为 TeO_2，硒则留在溶液中. 将所得 TeO_2 在 873K 用氢还原为碲，与此同时，痕量的硒成为 H_2Se 挥发. 经这样的处理之后，在 873K，0.13Pa 下一次真空蒸馏，即可得到纯度 99.999%以上的高纯碲，硒的含量<2ppm.

3. 区域熔炼法

在氢气氛中对精碲进行区域熔炼，有助于进一步除去硒和其他杂质，但不适用于粗碲. 在熔区宽度为 30—35mm，移动速度 60—80mm/h 的情况下，一根重 1kg，长 400—500mm 的碲锭，经 20 次区域熔炼后，切去头部 30mm，尾部 60mm 所得中段的纯度>99.999%.

4. 溶剂萃取法

在 4—6mol/L 盐酸溶液中，碲可被萃入三苯基胺的氯仿溶液而硒则留在水相，用水洗涤氯仿层即可回收碲. 碲也可从碘化物、氯化亚锡和盐酸的混合溶液中被乙酸乙酯所萃取. 还可从 1mol/L 盐酸和 0.6mol/L 碘化钠的溶液中被正戊醇和乙醚的混合溶剂萃取以及在 pH1 的条件下被萃入双硫腙的 CCl_4 溶液中. 但这些方法都没有在工业上作为主要提纯手段而加以运用.

2.2.3　钋的提纯

除了广泛采用在 2.1.2 中叙述过的电化学方法外，溶剂萃取、离子交换和真空升华法也可用于钋的提纯.

1. 溶剂萃取法

TBP 的正丁醚或煤油溶液和 1，5-二苯基硫代缩二氨基脲(dz)的 $CHCl_3$ 溶液已用于从盐酸溶液中萃取钋，且后者(dz)对 HNO_3 溶液中的钋也是有效的. 萃取酸度分别为 6mol/L 和 5—0mol/L. 萃合物组成为 $PoCl_4 \cdot 2TBP$ 和 $PoO(dz)_2$. 可用于从 RaD 和 RaE 源中分离钋. 一个可能最好的方法是，先使熔融的 RaE 在氩或氮气氛中与 673—773K 的熔融 NaOH 接触，约 97%的钋以 Na_2Po 和 Na_2PoO_3 混合物的形式进入碱相，分出碱相并用酸溶解，再用 TBP-煤油溶液进行萃取.

长链的四烷基铵盐、二异丙基和二异丁基甲醇，可由氢氟酸或盐酸溶液中萃取钋的卤配阴离子(可能是 PoY_6^{2-}). 噻吩甲酰三氟丙酮(TTA)的苯溶液可从 pH2—0 的盐酸溶液中萃取钋. 二异丙基酮也可从盐酸、氢碘酸、硝酸或硫酸溶液中萃取钋的配阴离子，其酮合物在 383K 以上可以挥发.

乙醚不能从硝酸溶液中萃取钋，但如果先用 H_2O_2，N_2H_4 或 NH_2OH 对溶液进行处理，则痕量钋可被乙醚萃取. 当溶液中含有强氧化剂时，萃取作用即被抑止.

其他萃取剂还有 8-羟基喹啉、*N*-亚硝基(*β*-)苯胲胺、二异丁基酮、乙酰丙酮、异丙叉丙酮等.

由于钋的 α 辐射对萃取剂的破坏(在含氟萃取剂的场合还产生强烈的中子辐射)，上述各种萃取方法多限于提纯痕量的钋.

2. 离子交换法

在 0.05—12mol/L 的盐酸溶液和 0.08—5mol/L 的 HNO_3 溶液中，钋(IV)均可以配阴离子的形式($PoCl_6^-$、$PoO(NO_3)_3^-$ 和 $Po(NO_3)_5^-$)被强碱阴离子交换树脂吸附. 在各种酸度的盐酸溶液中，钋的分配系数均高于 10^4，平衡时间 24—48 小时(NH_2OH 的存在也不影响吸附)，而在 HNO_3 溶液中的吸附能力较差，分配系数为 90—123 且平衡时间长至几天到几周，可能是由于 $PoCl_6^{2-}$ 配阴离子更为稳定的缘故.

强酸型阳离子交换树脂也可在较低的酸度下吸附钋，不过，分配系数随酸度增加而剧烈减小. 当盐酸浓度>0.2mol/L 时，吸附作用便可以忽略，而 HNO_3 浓度>5mol/L 时才不被吸附. 这清楚地表明，虽然在两种溶液中均存在阳离子，但形成卤配阴离子的倾向要强得多.

由于 α 粒子对树脂的破坏及产生气隙，使离子交换过程复杂化，离子交换法也仅限于提纯痕量的钋.

3. 蒸馏、升华法

单质的挥发性可用于从 RaE 中分离钋，方法的可行性研究表明，在 923—1023K 蒸馏，可从含 25—27ppm 钋的 RaE 中使钋富集至 95%的纯度.

毫克量级钋的提纯，可借 PoS 的生成和在 548K 的真空热分解及随后对单质的真空升华等步骤来完成. 此法可以很好地分离 RaD，但不能进一步除去 RaE.

2.3 同素异形体

虽然硒、碲成环和成链的倾向远不如硫显著，但硒也形成 Se_8 环且硒、碲均存在长链分子，而钋则既不形成环又不形成链.

在熔融态，硒的黏度随温度升高而减小的事实，表明硒链受热断裂而渐次变短. 在蒸气态，硒在 823K 以下存在环状分子(沸点时蒸气是黄色的)，约 1173K 时，Se_8 离解为 Se_6 和 Se_2(也发现有 Se_4 和 Se_7 分子)，更高温度则出现原子硒.

2.3.1 硒的同素异形体

硒的五种同素异形体已为人们所熟知，它们是三方型灰硒、两种(α 和 β)单斜硒、无定形红硒和玻璃状黑硒. 据报道由真空蒸发所得的薄膜，还形成三种立方晶系晶体，简单立方结构的晶胞参数 a=297pm.

1. 三方硒

三方晶系的灰硒(金属硒)是单质的热力学最稳定的一种晶型. 加热硒的任何其他变体、缓慢冷却无定形硒在热苯胺中的饱和溶液或熔融的硒及在接近熔点的温度下凝结硒蒸气都可形成灰硒. 晶体由螺旋状长链分子组成，链状分子与 c 轴平行，每一螺旋周期为三个原子，每个原子均和相邻链间的四个原子接触，接触距离为 343.6pm，相邻链间的作用力属于弱的金属键性质. 分子中 Se—Se 键长为 237.4pm，Se—Se—Se 角 103.1°，Se—Se—Se—Se 扭角 100.7°. 其结构示意于图 17.1，其六方晶胞参数见表 17.2.

三方硒不溶于 CS_2. 它是唯一的导电的变体且在爆光时电导成百倍地增加(具有光导性). 其密度为 4.82g/cm^3，居所有同素异形体之冠. 其热膨胀系数是各向异性的，加热时垂直于三重轴的方向膨胀($\alpha_{\perp}$>0)，而平行于三重轴的方向收缩($\alpha_{/\!/}$<0)，在 293—486K 间，其数值分别为 $75\times10^{-6}K^{-1}$ 和 $-17\times10^{-6}K^{-1}$.

表 17.2　硒、碲、钋的同素异形体的晶体结构数据

	晶系	空间群	晶胞参数(pm)				
			a	b	c	β	α
α–硒	单斜	C_{2h}^5 -$P2_1/n$	905.4	908.3	1160.1	90°49′	
β–硒	单斜	C_{2h}^5 -$P2_1/a$	1285	807	931	93°8′	
灰硒	三方	D_3^4 –$P3_121$ 或	436.62[1)]		495.36[1)]		
碲	三方	D_3^4 –$P3_221$	445.72[1)]		592.70[1)]		
γ–碲	三方	D_{3d}^5 –$R3_m$	300.2				103.3°
α–钋	立方	O_h^1	336.6				
β–钋	三方	D_{3d}^5 –$R3_m$	337.3				98.5°

1)六方晶胞参数.

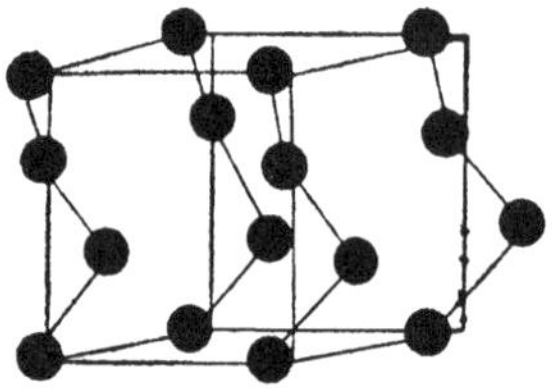

图 17.1　三方晶系的硒和碲的晶体结构

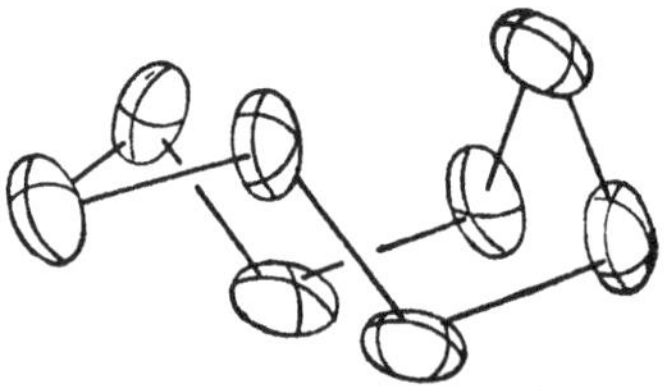

图 17.2　Se_8分子的构型

2. α和β单斜硒

在室温缓慢或迅速蒸发玻璃状硒的 CS_2 或苯溶液，可分别获得 α 和 β 型单斜硒. 两种单斜硒的每个晶胞，都由四个分子间距非常类似的 Se_8 环状分子构成(结构参数见表 17.2). 每个环状分子都是非平面的并折皱成王冠形状. Se—Se 键长 233.6pm，Se—Se—Se 键角 105.7°，Se—Se—Se—Se 扭角 101.3°，近似的具有点群 $D_{4d}-\bar{8}2_m$ 的对称性(图 17.2).

两种单斜硒的密度皆为 4.46g/cm^3. 都易溶于 CS_2 而成深红色溶液并迅速转变成三方硒，转型能很小，在 403K 时约为 753.1J/mol.

3. 无定形硒

用 SO_2 或其他还原剂作用于 H_2SeO_3 的水溶液或硒氰酸盐的水溶液被酸化时，即析出无定形红硒. 在冷表面上由蒸气凝结的硒也是无定形的. 这一变体具有和三方硒颇为相似的螺旋形结构，但沿链轴方向稍许畸变为不规则形状，相邻链间原子的接触距离增大至 380pm. 无定形硒的密度居所有同素异形体之末，仅 4.26g/cm^3. 是非导体，微溶于 CS_2，加热即变为三方硒. 转型能约 6.63kJ/mol.

4. 玻璃状硒

玻璃状硒(黑硒)是颇脆、不透明、深红色到蓝黑色的闪光固体，可由熔融硒

骤冷而制得. 其密度为 4.28g/cm^3，可溶于 CS_2，无确定熔点，但约在 323K 软化，333K 以上开始并在 453—463K 迅速转变成三方硒，转型能在 398K 时为 4.38kJ/mol. 它的分子结构比其他变体都复杂得多，聚合环所含原子多至 1000 个. 某些元素和化合物如碱金属、卤素、碲、硫、磷、砷和胺可使大环破裂，催化其转变为三方硒.

2.3.2 碲的同素异形体

已知碲有三种晶型：三方型碲及两种高压下出现的晶型：4—7 GPa 稳定的 β 型以及 7 GPa 以上稳定的 γ 型. 用化学法从 H_2TeO_3 还原而得的所谓无定形碲，实际上是粉细的微晶.

灰白色的三方型碲，有金属光泽，但仅具有半导体的电性质并且是热的不良导体. 相当脆，易于粉碎，不溶于不与它发生化学反应的任何液体中. 其结构和三方硒相似也由平行螺链构成(见表 17.2)，Te—Te 键长 283.4pm，Te—Te—Te 键角 103.2°，每个原子与相邻链间四个原子的接触距为 349.4pm. 亦具有各向异性的热膨胀系数，在 298—701 K 间，$\alpha_{\perp}=32\times10^{-6}K^{-1}$，289—658K 间，$\alpha_{/\!/}=-10\times10^{-6}K^{-1}$. 三方碲和三方硒可形成连续固溶体，这种固熔体好像是由硒、碲原子任意交替排列成的许多长链组成的.

2.3.3 钋的同素异形体

钋的两种同素异形体都是金属，低温的 α 型是简单立方结构，高温的 β 型属三方晶系. 由于简单立方结构的配位数低，堆积密度也低，故不太稳定，约在 305K 出现 $\alpha\rightarrow\beta$ 的相变，291—337K 两相共存. 但由于放射作用产生内热室温下常以 β 型存在，α 型只是在将 β 型于 263K 的空气流中冷却几小时后才产生. 二者的晶体结构数据见表 17.2.

两种晶型都有银白色金属外观，是金属导体，比电阻分别为 42 和 44μΩ · cm，电阻温度系数为正值，而硫、硒、碲三种单质的电阻温度系数均是负值，这是非金属的特性.

2.4 同 位 素

已知硒有 17 个、碲有 21 个、钋有 27 个同位素，它们的某些核性质列于表 17.3.

其中有六个硒和八个碲是稳定同位素，其质量数分别为，硒：74，76，77，78，80 和 82；碲：120，122，123，124，125，126，128 和 130. 由于碲的稳定重同位素含量占优势，其平均原子量大于碘. 钋的同位素都是放射性的，其中只

表 17.3　硒、碲、钋的同位素

质量数	硒[1] 锐变型式；半衰期；辐射粒子的能量(MeV)	质量数	碲[1] 锐变型式；半衰期；辐射离子的能量(MeV)	质量数	钋[1] 锐变型式；半衰期；辐射离子的能量(MeV)
70	$\beta+$；~4.4min；—	114	$\beta+$或K；16	192	α；0.5s；6.58
71	$\beta+$；4.5min；3.4	115	$\beta+$或K；6	193	α；4s；6.47
72	K；9.7d	116	$\beta+$或K；2.5h	194	α；13s；6.38
73	$\beta+$；44min；1.72	117	$\beta+$；1.7h；2.7	195	α；30s；6.26
	$\beta+$；7.1h；1.32	118	K，$\beta+$；6d；2.7	196	α；1.9min；6.14
74	稳定的(0.87%)	119	K；4.7d	197	α；4min；6.03
75	K；120d		K，$\beta+$；16h；0.63	198	α；7min；5.93
76	稳定的(9.02%)	120	稳定的(0.089%)	199	α；12min；5.86
77	稳定的(7.58%)	121	K；17d	200	α；10min；5.86，5.77
78	稳定的(23.52%)	122	稳定的(2.46%)	201	α；K；18min；5.68
79[2]	$\beta-$；6.5×10^4a；0.16	123	稳定的(0.87%)	202	K，α；43min；5.58
80	稳定的(49.82%)	124	稳定的(4.61%)	203	K，α；42min；5.48
81[2]	$\beta-$；18.6min；1.60	125	稳定的(6.99%)	204	K，α；3.5h；5.37
82	稳定的(9.19%)	126	稳定的(18.71%)	205	K，α；1.8h；5.22
83[2]	$\beta-$；69s；3，4，1.5	127[2]	$\beta-$；9.4h；0.70	206	K，α；8.8d；5.22
	$\beta-$；25min；0.45，1.0	128	稳定的(31.79%)	207	K，$\beta+$，α；5.7h；——，5.10
84[2]	$\beta-$；3.3min；——	129[2]	$\beta-$；7.4min；1.45，0.99	208	α，K；2.9a；5.11
85[2]	$\beta-$；39s；——	130	稳定的(34.48%)	209	α，K；103a；4.88
86[2]	$\beta-$；17s；——	131[2]	$\beta-$；25min；2.14，1.69，1.35	210	α；138.4d；5.30
		132[2]	$\beta-$；78h；0.22	211	α；25s；7.14
		133[2]	$\beta-$；2min；~2.4		α；52s；7.44
		134[2]	$\beta-$；42min；——	212	α；0.3μs；8.785
				213	α；4μs；8.34
				214	α；164μs；7.69
				215	α；β；1.8ms；7.38，——
				216	α；0.16s；6.78
				217	α，<10s；6.54
				218	α，β；3.05min；6.00，——

1)$\beta+$：正电子发射，$\beta-$：电子发射，K：电子捕获，圆括号中为丰度．2)^{235}U 的裂变产物.

有三个同位素对研究工作而言有足够的半衰期，它们是 ^{208}Po(2.9a)，^{209}Po(103a)和 ^{210}Po(138.4d)，^{208}Po 可借质子或 20—24MeV 的氘核迴旋加速轰铋[^{209}Bi(p，2n)^{208}Po；^{209}Bi(d，3n)^{208}Po]或用 α 粒子轰击铅[^{207}Pb(α，3n)^{208}Po]来获得．^{209}Po 可借 10—15MeV 的氘核轰击铋来获得[^{200}Bi(d，2n)^{209}Po]．尽管 ^{210}Po 存在于自然界，但现在也常用中子轰击铋来人工合成，由于钋是很强的 α 辐射体，在含钋的溶液中 H_2O_2 和 O_3 不断地产生并分解出 O_2，这不单对化学反应过程有重大影响，且由于气压升高，装钋盐溶液的安瓿甚至会发生爆炸.

2.5 物 理 性 质

硒分族元素的物理性质列在表 17.4 中. 由所列数据可以看出:

表 17.4 硒、碲、钋的物理性质

性 质	Se	Te	Po
原子序数	34	52	84
原子量	78.96	127.60	210[1]
电子组态	$[Ar]3d^{10}4s^24p^4$	$[Kr]4d^{10}5s^25p^4$	$[Xe]4f^{14}5d^{10}6s^26p^4$
氧化数	−2, 0, +2, +4, +6	−2, 0, +2, +4, +6	−2, 0, +2, +4, +6
原子半径(pm)	117	137	164
有效离子半径(pm)			
M^{2-}	198	221	—
M^{4+}	50	97	94
M^{6+}	42	56	67
八面体共价半径(pm)	140	152	152
四方体共价半径(pm)	116	135	146
电负性	2.48	2.01	1.76
第一电离能(kJ/mol)	940.56	869.02	817.97
电子亲合能(kJ/mol)	196.02	190.08	173.68
键能, M—M(kJ/mol)	193	138	—
密度(g/cm^3)	4.82[3]	6.25	9.196(α), 9.398(β)
熔点(K)	490[3]	725	527
熔化热, ΔH(kJ/mol)	5.23	17.86	—
沸点(K)	957.9	1663	1235
气化热, ΔH(kJ/mol)	95.48	114.10	102.93
蒸气压(<1023K)	A=10.2139	9.7247	9.3594
$\log P$(pa)=A−B/T	B=4989.5	5960.2	5377.8
熵, S_m(J/K · mol)	41.44	49.71	—
比热容, c_P(J/g · K)	0.3209	0.2012	0.1255
线膨胀系数(K^{-1})	$\alpha_{\perp}=75\times10^{-6}$	32×10^{-6}	
	$\alpha_{/\!/}=-17\times10^{\circ}$	-10×10^{-6}	2.35×10^{-5}
电阻率, ρ(μΩ · cm)	2×10^{11}	2×10^{5}	42(α), 44(β)

1) ^{210}Po. 2) 八面体场的. 3) 三方硒.

随硒、碲、钋原子半径的依次增大, 三者的电负性、第一电离能和电阻率相应地减小, 清楚地表明单质的金属性依次增强. 硒和硫相似, 基本上是非金属(在常见的五种同素异形体中, 只有三方硒具有银灰色的金属外观), 碲略显金属性, 钋则是典型的金属.

三者都有一定的挥发性. 硒在 573K、碲和钋在 723K 的蒸气压约为 13Pa，易进行真空蒸馏或升华.

硒和碲具有半导体的电性质. 三方硒和碲的禁带宽度分别为~1.2eV 和 0.35eV，电子迁移率 1700 $cm^2/(V \cdot s)$(碲)，空穴迁移率分别为~5$cm^2/(V \cdot s)$和 1200$cm^2/(V \cdot s)$. 硒的电阻率因杂质影响变化较大. 真空蒸馏所得的高纯硒的电阻率约为 $10^{10}\Omega \cdot cm$，化学纯的硒为 $10^8\Omega \cdot cm$，掺入 0.2%的溴，电阻率减低至 $10\Omega \cdot cm$. 硒的光电性也是卓越的.

钋的物理性质，特别是它的低熔点和低沸点，与周期元素铊、铅和铋更为类似，而与碲区别较大，第六周期的主族元素通常都是这样. 这种横向类似性，自然不能引伸到化学性质方面.

2.6　化 学 性 质

三个元素的单质的化学性质均非常活泼. 它们在室温于空气中即缓慢氧化生成二氧化物，在高温与氧迅速反应，硒和碲燃烧发出蓝色火焰. 在 433K 硒可一定程度地被水氧化，碲的氧化则不明显. 发烟硝酸或王水可使硒、碲氧化成+4 氧化态的含氧酸 H_2SeO_3 和 H_2TeO_3，碱性强一些的碲溶于 8mol/L HNO_3 还形成碱式盐 $2TeO_2 \cdot HNO_3$，而碱性更强的钋溶于 HNO_3 可生成正盐 $Po(NO_3)_4$ 和各种碱式盐.

单质与硫的反应比氧缓慢得多. 虽然硒和硫在 723K 作用生成红色晶状的 Se_4S_4，且通式为 Se_nS_{8-n} 的所有硫化物均已被质谱确认(n=1—7，分子结构是由硒和硫组成的混合八元环)，但半径大得多的碲却不易并入 S_8 环中，只发现有 TeS_7. 不过，碲和硫在高压下共结晶好像是形成了组成为 Te_7S_{10} 的相，大概是硫嵌入了碲分子的链中. 钋不与硫直接作用.

单质与卤素在低于室温或中温作用可生成各种卤化物，这些卤化物不单涉及元素常见的氧化态(1，2，4 和 6)，而且还包括表观氧化数小于 1 的低卤化物. 唯一的例外是硒与碘不直接反应，虽然硒吸附碘，但并未化合成简单的碘化物.

在中温(673—1273K)单质还能和大多数金属和非金属反应，生成各种二元化合物. 在这类化合物中，硒分族元素通常在形式上可看成是负二价. 若干非整比的多元化合物也是已知的. 与氢反应时，由于氢化物的热力学稳定性由硒到钋顺次显著降低，故碲的反应几乎不出现，钋则完全不发生反应，硒也能从许多硫化物中取代硫，并在无水液氨中从碲化钾中取代碲. 硒还能溶于熔融的 KCN 或其水溶液生成硒氰酸钾 KSeCN，碲与熔融的 KCN 反应只能生成碲化钾 K_2Te.

硒和碲溶于浓碱溶液，生成硒化物和亚硒酸盐或碲化物与亚碲酸盐的混合物，当溶液被酸化时，又重新析出单质. 硒不与盐酸作用，但碲在空气存在时有一定的溶解，钋则易溶于盐酸、起初生成 $PoCl_2$，由于 α 辐射分解溶剂而产生臭氧，钋(II)又迅速氧化为钋(IV).

硒和碲能溶于发烟硫酸、HSO_3F 和液态 SO_3 中，产生绿色、黄色或红色溶液. 经过长期探索和争论之后，现已了解发色体的本质是由于溶液中存在硒、碲的环状聚合阳离子如 Se_4^{2+}、Se_8^{2+} 和 Te_4^{2+}. 硒、碲与 SbF_5 或 AsF_5 熔融也生成含聚合阳离子的化合物如 $Se_4(Sb_2F_{11})_2$，$Te_4(AsF_6)_2$ 等，其中硒、碲的表观氧化态小于 1，这是硒、碲(包括硫)在化学上的一个特征. 钋可溶于硫酸，但只生成简单阳离子的硫酸盐.

参 考 文 献

[1] R. C. Brasted, “Comprehensive Inorganic Chemistry” ,Vol. 8,D. Van Nostrand Company(1961).

[2] J. C. Bailar, “Comprehensive Inorganic Chemistry” ,Vol. 2,Pergamon Press(1973).

[3] E. Best,I. Hinz,H. Wendt, “Gmelin Handbuch der Anorganischer Chemie” ,8 Ed.,Selen,Erg-Bd. Al,Springer-Verlag(1979).

[4] 稀有金属知识编写组,《稀散金属》,冶金工业出版社(1978).

[5] 沈华生编,《稀散金属冶金学》,上海人民出版社(1976).

[6] 群力编,《放射化学》,下册,165—169 页,人民教育出版社(1961).

[7] 周公度,《无机结构化学》(无机化学丛书,第十一卷),科学出版社(1982).

[8] 核素图表编制组,《核素常用数据表》,原子能出版社(1977).

[9] F. A. Cotton,G. Wilkinson, “Advanced Inorganic Chemistry” ,4th. ed.,John Wiley and Sons(1980).

[10] J. W. Mellor, “A Comprehensive Treatise on Inorganic and Theoretical Chemistry” ,Vol. 10(1930),Vol. 11(1931).

17.3 无机化合物

3.1 引　　言

硒、碲的化合物类型和立体化学内容是相当丰富的，和硒、碲相比，钋的化学则颇为逊色，一个重要的原因是钋的化学多仅限于痕量水平的研究.

三个元素的价电子层结构为 $ns^2p^4(n=4—6)$，故和硫相似，不但可自电正性较强的元素获取两个电子或共用两个电子对形成负二价的化合物，而且，利用 ns，np 电子及能量相近的 nd 轨道参加成键，与电负性较强的元素可形成大量+2，+4 和+6 氧化态的化合物. 硒、碲成环和成链的倾向虽不如硫，但也可形成表观氧化态为+1 的二聚卤化物和拟卤化物 X_2Y_2. 此外，硒和碲还能形成若干聚合阳离子化合物，硒、碲在其中的氧化态<1. 绝大多数化合物都以共价为其特征且+4 氧化态最为稳定.

随硒、碲、钋原子半径依次增大、电负性和第一电离势相应减小和单质金属性依次增强，这些化合物的性质也逐渐改变，主要表现在以下几个方面：

(1) 共价型氢化物的热稳定性依次减低，由硒到钋生成时将吸收更多的热，而在水溶液中的酸性则逐渐增强. 这显然是因为半径增大、电负性减小，导致 H—X 键长增大、键能降低的结果.

(2) 形成共价二聚卤化物和拟卤化物的能力依次减弱. 硒和硫相似. 形成+1 氧化态的二聚卤化物和拟卤化物，由于 Te—Te 键和 Po—Po 键比 Se—Se 键弱且电负性与卤素相差较大，故除碘化碲外，碲和钋不形成类似的二聚物.

(3) 高氧化态化合物的稳定性依次降低. 硒、碲的二卤化物是不稳定的，容易歧化为四卤化物和单质，而钋的二卤化物则相对比较稳定. 除了都形成+4 氧化态的化合物外，硒、碲与电负性较强的元素也形成+6 氧化态的化合物(如三氧化物和六氟化物)，而钋的类似物则非常少. 因为二价仅涉及 p 电子的成对，四价将涉及 p 电子到 d 层的激发，六价还涉及 s 电子到 d 层的激发，随着原子半径的增大，这种激发将需要更多的能量.

(4) 氧化物和含氧酸的酸性依次减弱. 亚硒酸是一个中强酸(可与磷酸比拟)，而氢氧化钋则是弱碱. 与酸作用时，硒能形成一二个碱式盐，例如 $SeOSO_4$，其中硒可看成是具有一定的阳离子性质，碲的全部简单盐都是碱式盐，钋则显阳离子的性质，可形成正盐如 $Po(SO_4)_2$.

(5) 由于原子半径依次增大，其周围可容纳较多的配位原子而不致过于拥挤，且 d 轨道参加成键使轨道数增多，故形成配阴离子(XY_6^{2-} 等)的倾向也依次增大.

孤电子对的存在和 d 轨道的成键作用使硒分族化合物的立体化学内容较为丰富(见表 17.5). XY_2 型分子如 H_2Se，有两对孤电子对和两个 σ 键(sp^3)，分子为弯曲形. 三角锥形分子如 $SeOCl_2$，有三个 σ 键和一个 π 键及一对孤电子对(sp^3)，键角相应于由三角锥和孤电子对所形成的四面体的键角. 四面体离子如 SeO_4^{2-}，有四个 σ 键和两个 π 键(sp^3). 四卤化物利用四个 σ 键和一对孤电子对(sp^3d)构成变形三方双锥. 由它们衍生的 TeY_5^- 型离子，则由五个 σ 键和一对孤电子对(sp^3d^2)构成四方锥. 八面体形的化合物如 SeF_6 有六个 σ 键(sp^3d^2)，而+4 氧化态的 $TeBr_6^{2-}$ 还有一对孤电子对，奇怪的是这对孤电子对竟没有立体化学活性. 此外，碲(VI)还形成个别的七配位(TeF_7^-)和八配位(TeF_8^{2-})的化合物，构型分别为五角双锥和四方反棱柱体.

表 17.5 硒、碲、钋的立体化学

杂化轨道	σ 键数	孤电子对数	π 键数	几何形状	氧化态	实例
sp^2	2	1	2	弯曲形	IV	SeO_2
sp^3	2	2	0	弯曲形	II	H_2Se
sp^3	3	1	1	三角锥	IV	$SeOCl_2$
sp^3	4	0	2	四面体	VI	SeO_4^{2-}
sp^3d	4	1	0	三方双锥 (变形四面体)	IV	SeF_4
sp^3d^2	5	1	0	四方锥	IV	TeF_5^-
sp^3d^2	6	0	0	八面体	VI	SeF_6
	6	1	0	八面体	IV	$TeBr_6^{2-}$

3.2 氢 化 物[7]

3.2.1 硒化氢和碲化氢

1. 制备

523—923K 时硒与氢直接化合可制取 H_2Se，反应是可逆的，在~773K 可获得最佳的产率(~60%). 但此法不能用来制取 H_2Te，因碲化氢太不稳定，在反应温度下已激烈分解.

实验室制取硒化氢和碲化氢的最好方法是金属硒化物或碲化物(如 Al_2Se_3 和

Al_2Te_3)在水中或非氧化性的稀酸中水解，产率 80%—85%；

$$Al_2Se_3+6H_2O \longrightarrow 2Al(OH)_3+3H_2O$$

适用的化合物还有硒化铁、碲化铁和硒化锌、碲化锌等，它们可方便地由金属与硒、碲在高温下直接化合来制备.

其他制备方法还有：硒粉与氢氧化镁在 493—523K 反应：

$$2Mg(OH)_2+4Se \longrightarrow MgSeO_4+MgSe+2H_2Se$$

硒粉与烃油在 573—673K 共热；用 $SnCl_2·2H_2O$ 和 H_3PO_4 的混合物在 443—588K 还原 $^{75}SeO_2$(制备示踪硒化氢的新方法)和以碲作阴极，在浓磷酸或浓硫酸的冷溶液或 15%—50%的硫酸溶液中进行电解. 不过，这些方法的产率都不理想.

2. 性质

氢化物的某些物理性质列在表 17.6 中.

表 17.6　氢化物的某些物理性质

性　质	H_2Se	H_2Te	H_2Po[1)]
熔点(K)	207.4	222	237(?)
熔化热，ΔH(kJ/mol)	2.5150	3.7949	—
沸点(K)	213.8	269.1	310(?)
气化热，ΔH(kJ/mol)	19.33	23.43	25.89(?)
蒸气压，			
$\log P(Pa)=A-B/T$			
(液)	A=9.39	8.65	
	B=1030	1005	
(固)	A=11.08	9.51	
	B=1380	1220	
临界温度(K)	401.1	473.1	
液态密度(g/cm^3)	2.2(213K)	2.65(255K)	
生成热，ΔH_{298}(kJ/mol)	85.78	99.58	
H—X 键能(kJ/mol)	276.6	242.0	
H—X 键长(pm)	146	169	
H—X—H 键角(°)	91	89.5	
电离常数，HX^-，K_1	1.88×10^{-4}	2.27×10^{-3}	
X^{2-}，K_2	1×10^{-14}	1.59×10^{-11}	
标准电极电势，$E°$(V)			
$X+2H^++2e \rightleftharpoons H_2X$	−0.36	−0.69	−1.0(?)

1)带？号的数据为外推值，非实测值.

硒化氢和碲化氢都是无色、有恶臭和极毒的气体. 分子构型与 H_2S 相似均为弯曲形，H—X—H 键角~90°，由硫到碲键角逐渐减小. 可能是由于元素的电负性减小，导致键合轨道的极化而使它们相互靠近. 液态 H_2Se 和 H_2S 一样也有小量离解. 58K 时，固态 H_2Se 的晶格基本上是刚性的，氢原子间距为 201.4 ± 1.1 pm.

硒化氢和碲化氢均是热不稳定的. 硒化氢大约在 433K 即开始可逆地分解，793K 左右生成率达到最大，此后，生成率随温度升高而降低，在 923—1173K 之间，

$$H_2 + 1/2Se_2 \rightleftharpoons H_2Se$$

反应的平衡常数 K 与温度有如下关系：

$$\log K = 2910/T - 4.416$$

碲化氢更不稳定，甚至在 273K 也能分解沉积出碲镜. 液态或固态的碲化氢还能被光分解，而在气态，如果没有水分存在，它对光的作用是稳定的.

两个氢化物均易溶于水并离解出氢离子，其酸性随原子序数增大而增强. 和 H_2S 一样，也能从溶液中以硒化物和碲化物的形式将重金属沉淀出来.

氢化物的还原性也是依次增强的. 在空气中点燃便发出蓝色火焰并生成二氧化物和水. 由于水能催化其氧化，故气态硒化氢或其水溶液均不太稳定，易被空气氧化而析出红硒. 而碲化氢即使在干燥的空气中当压强低于 1.3kPa 时也能氧化成碲镜和水.

卤素和其他氧化剂均迅速使它们氧化，一些化合物如 S，SeO_2，$TeCl_4$，$FeCl_3$，$HgCl_2$ 等也可将它们氧化成单质，硒化氢与 SO_2 的反应比较复杂，把硒化氢通入 SO_2 水溶液中，生成硫和硒的 2∶1 混合物：

$$H_2Se + 6SO_2 + 2H_2O \longrightarrow 2S + Se + H_2S_2O_6 + 2H_2SO_4$$

$$H_2Se + 5SO_2 + 2H_2O \longrightarrow 2S + Se + 3H_2SO_4$$

若把 SO_2 通入硒化氢水溶液中，则主要沉淀出硒，这可能是由于生成连四硫酸的结果：

$$H_2Se + 6SO_2 + 2H_2O \longrightarrow Se + H_2S_4O_6 + 2H_2SO_4$$

3.2.2 钋化氢

钋化氢存在的证据还比较勉强. 用电解法将毫克量的钋沉积在镁片上，随后将镁片溶于 0.2mol/L 盐酸中仅制得痕量($\sim10^{-10}$g)的钋化氢.

它的性质也了解不多，仅知道 H_2Po 的热稳定很差，还原性较碲化氢强(见表17.6). 被研究的气体样品，室温时于四分钟内即分解~50%. 干燥的 P_2O_5 或 $CaCl_2$ 均使它部分分解，在 0.1mol/L 的 $AgNO_3$ 或 NaOH 溶液中则几乎完全分解. 在潮湿空气中即氧化为单质和水.

3.3　金属的硫属化物

硒、碲和钋与绝大多数金属(包括硅)都能形成形式上由氢化物衍生的二元化合物，除了符合正常化合价的组成外，有许多是非化学计量的. 钋的情况有个别例外，例如：金和铋与硒、碲形成定组成化合物，而与钋仅形成固溶体. 同样铝、铁、钼、钽及钨都形成硒化物和碲化物，但它们不与钋作用.

大多数化合物都能在 673—1273K 及隔绝空气下(用惰气保护或抽真空)由单质直接化合来制备. 在制备 HgPo 时(473K)需特别小心，因为它极易挥发损失.

其他制备方法有：碱金属与硒、碲在无水液氨中反应，硒、碲过量还得到多硒化物和多碲化物 M_2X_n(n=2—6)；用碳或氢在高温下还原碱土金属的亚硒酸盐和亚碲酸盐；硒化氢与无水金属氯化物在高温反应或与重金属可溶盐的水溶液反应；碲化氢与无水金属氯化物在非水溶液中反应(后两者类似于 H_2S 沉淀法)及镧系元素的氢化物与钋在高温和隔绝空气下反应等.

硒分族元素与金属的二元化合物无论在结构和化学性质上都与相应的硫化物类似，通常出现的结构是 NaCl 型(碱土、铜分族)、ZnS 型(锌分族、铍、锰)NiAs 型(钛分族，钒分族、铬分族、第八族)、FeS_2 型(第八族)、CdI_2 型(第八族、钛分族、硅、锡)和反 CaF_2 型(碱金属). 几乎所有的钋化物都与相应的硒化物和碲化物同晶，但也有少数具有不同的结构. 某些例子见表 17.7.

表 17.7　某些金属的硫属化物的晶体结构

化合物	结构型式	Se		Te		Po	
		晶格参数(pm)					
		a	c	a	c	a	c
CaX	立方 NaCl	591.0		634.5		651.4	
PtX_2	六方 CoI_2	372.4	506.2	401.0	520.1	410.4	506.6
CdX	六方 ZnS	430.0	702.0				
	立方 ZnS			646.4		666.5	
HgX	立方 ZnS	607.0		643.4			
	立方 NaCl					625.0	
MgX	立方 NaCl	545.1		453.0	738.0		
	六方 ZnS						
	六方 NiAs					434.5	707.7

碱金属的硫属化物可溶于水，并能从碱性溶液中结晶出水合物如 $Na_2Se \cdot nH_2O(n=10，16)$，$K_2Se \cdot nH_2O(n=2，9，14$ 和 $19)$. 但其水溶液颇不稳定，易被空气或卤素氧化而析出硒分族元素的单质[8]. 其他金属的硫属化物都不溶于水，其中，碱土金属和铝的硫属化物能被水和非氧性稀酸分解、铁、锌、镉、锰的硫属化物能被稀盐酸分解，并释放出硫属氢化物. 所有的金属硫属化物都能被硝酸或王水氧化，生成硫属单质或其含氧酸盐. 与卤素作用能使硫属元素被取代. 在空气或氧中灼烧则氧化为氧化物. 碱金属和碱土金属的硒化物与 H_2Se 作用还生成硒氢酸盐 MHSe 和 $M'(HSe)_2$.

它们还有一些有用的物理性质，例如，ZnSe，ZnTe，HgTe，HgPo，$InSe_2$ 和 InSe 具有半导体性能；PbSe 和 PbTe 是光电和热电材料；镧系的钋化物 M_2Po_3 有颇高的热稳定性(~523K 分解)，其中的某一些在人造卫星中用作热电发电装置的热源.

3.4 卤 化 物[9,10]

硒分族的卤化物除已知的+1，+2，+4 和+6 氧化态外，近来还制备了表观氧化态小于 1 的碲的低卤化物，并发现了 Se_2F_2 和 SeF_2 的存在. 所有的卤化物都是共价性占优势并具有明显的挥发性且易水解，Lewis 酸碱性也是一个特征. 这些卤化物中，+4 氧化态是热力学最稳定的，较低氧化态的氟化物似乎难于形成，而最高氧化态的氯化物、溴化物和碘化物均未发现.

3.4.1 低卤化物

表观氧化态小于 1 的低卤化碲 Te_3Cl_2 和 Te_2Y(Y=Cl，Br 和 I)已被合成并对其结构做了精确测定，但化学性质了解很少.

Te_3Cl_2，Te_2Cl 和 Te_2Br 可由单质直接合成：将碲与液态的卤素分别以 1Te：2Cl，1Te：1Cl 和 1Te：1Br 的比例分置于密封石英管的两臂，然后将碲加热至 493—533K，并缓慢使卤素升至室温与碲反应. 反应完成后于 573K 摇荡反应物使其均匀，然后用水骤冷并在 438—453K 退火 2—3 周. 产物分别用邻苯二甲酸二乙酯(对于溴化物)或甲苯-石油醚(对于氯化物)进行萃取，使四卤化物及卤素与产物分离.

Te_2I 可借水热法在浓氢碘酸存在下由单质直接合成：反应条件为：Te：I=2.5：1，HI 浓度 10mol/L，充填度 65%，反应温度 553→538K，反应时间 10 天.

Te_3Cl_2 为银灰色单斜晶系晶体 m.p. 511K，分子构型为三方双锥并沿晶体 b 轴连成 Te—Te 螺链. Te_2Cl，Te_2Br(m.p. 498K)和 Te_2I 均为深灰色针状的正交晶系晶体，Te_2Y 分子沿晶体的 c 轴形成由折皱 Te_6 环连成的带．它们的晶体和分子结构数据分别见表 17.8 和图 17.3 和图 17.4.

表 17.8　低卤化碲的晶体结构数据

化合物	晶系	空间群	晶格参数(pm)			z	$\rho(g/cm^3)$
			a	b	c		
Te_3Cl_2	单斜	$C_{2h}^5-P2_1/n$	1013.7	865.1 (β=100.86°)	707.5	4	4.98
Te_2Cl	正交	$D_{2h}^{16}-P_{nam}$	1482	1281	400	8	5.08
Te_2Br	正交	$D_{2h}^{16}-P_{nam}$	1492.2	1284.2	400.2	8	5.80
Te_2I_2	正交	$D_{2h}^{16}-P_{nam}$	1529.4	1369.4	412.3	8	5.88

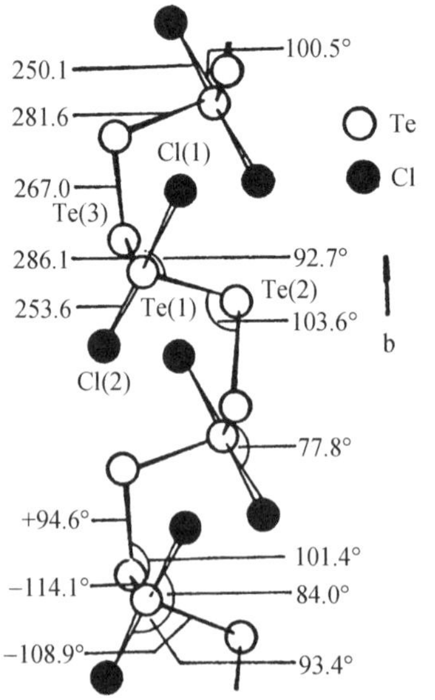

图 17.3　Te_3Cl_2 的结构和键长(pm)及键角

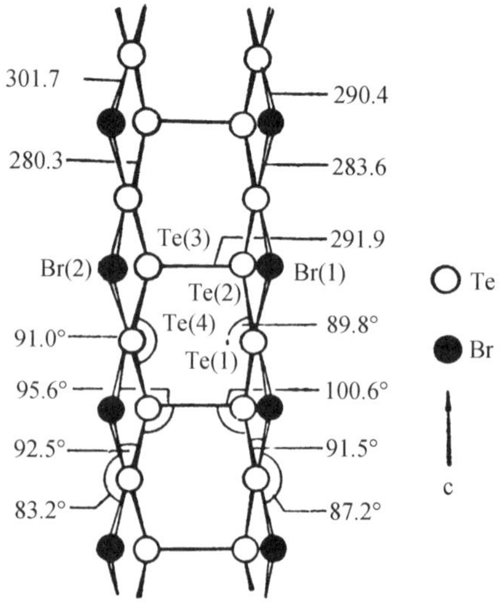

图 17.4　Te_2Br 的结构和键长(pm)及键角

3.4.2　一卤化物

Se_2F_2 近来已被合成和鉴定，但尚未制得纯态[11]．Se_2Cl_2 和 Se_2Br_2 研究得比较充分，两者的化学性质与 S_2Cl_2 和 S_2Br_2 极为类似．两种 TeI(α 和 β 型)的晶体结构也已被精确测定，但对其化学性质仍缺乏了解.

1. 一氟化硒 Se_2F_2

硒与经氩气充分稀释过的氟在 483K 反应，低温捕集产物，获得极少量的 Se_2F_2 和 SeF_2 的混合物.

低温 IR 光谱表明，Se_2F_2 的结构为 FSe—SeF(类似于 H_2O_2)，并在紫外光作用下部分地转变为 C_{2v} 对称性的 Se=SeF_2. Se—Se 和 Se—F 键长分别为 225 和 117pm，FSeSe 键角 100°，FSeF 二面角 90°. 由 Se—F 键的力常数 325N/m 判断，它应当是稳定的物种，但由于过于活泼，以致尚不能分离成纯态并制得可供性质研究的量.

2. 一氯化硒 Se_2Cl_2 和一溴化硒 Se_2Br_2

Se_2Cl_2 和 Se_2Br_2 的制备可借化学计量的单质直接反应、或更好是将卤素逐渐加入硒在 CS_2 的悬浮液中，直到硒完全溶解并刚开始沉淀出四卤化硒时为止. 在封管中于 393K 用硒还原相应的四卤化硒，并在硒存在下减压蒸馏或用浓硫酸沉淀出产物，也可以制得这两个一卤化物.

Se_2Cl_2 是棕红色的油状液体，分子对称性属 C_2 点群，分子中两个 Se—Cl 键互成直角，类似 H_2O_2 的结构. 血红色的 Se_2Br_2 也是油状液体，Laser-Raman 光谱的研究表明，其分子对称性属 C_{2v} 点群，为顺式平面结构 Se═SeBr_2，早先认为它也是 C_2 对称性的报道是错误的. 它们的某些物理性质列在表 17.9 中.

表 17.9 Se_2Cl_2 和 Se_2Br_2 的某些物理性质

性 质	Se_2Cl_2	Se_2Br_2
颜色	棕红	血红
熔点(K)	188	
沸点(K)[1)]	400(97.7 kPa)	498—503
气化热(kJ/mol)	75.312	
电导率(S/cm)	2×10^{-7}(291K)	
密度(g/cm^3)	2.7741(298K)	3.604(288K)
生成热，ΔH(kJ/mol)	−92.88	
生成自由能，ΔG(kJ/mol)	−76.15	

1)沸点时分解.

两种一卤化硒均不太稳定，有氧化为+4 氧化态或还原为单质的倾向. 因而在沸点时均歧化为硒和四卤化硒，在水中亦按类似的方式水解：

$$2Se_2Y_2 \rightleftharpoons 3Se+SeY_1$$

$$2Se_2Y_2+2H_2O \longrightarrow SeO_2+3Se+4HY$$

与相应的卤素作用，可氧化加成为四卤化硒. 与臭氧反应则按下式氧化：

$$2Se_2Y_2+6O_3 \longrightarrow SeY_4+3SeO_2+6O_2$$

而与许多金属或非金属作用，则还原成硒并生成相应的卤化物，故它们是一种相当好的卤化剂.

一卤化硒与氮和硫能形成一系列有趣的环状化合物. 例如，无水液氨可将 Se_2Cl_2 还原成硒，但在 CCl_4 溶液的氨溶液中则生成环状的 Se_4N_4，而在乙醚的氨溶液中于 193K 反应，可得到实验式为 Se_2NCl 的化合物，其二聚体可设想为含有 $(Se_4N_2)^{2+}$环状阳离子. 在亚硫酰氯 $SOCl_2$ 存在下，Se_2Cl_2 与 S_4N_4 间也发生一个有趣的反应，产物为 S_4N_3Cl 及组成为 $SeS_2N_2Cl_2$ 的化合物. 后者可借在甲酸中重结晶与反应混合物分离. IR 光谱研究表明，它的结构为$(SeS_3N_3)_2SeCl_6$，其中的$(SeS_3N_3)^+$阳离子，可设想成是具有两种可能的异构体(I)和(II)的七元环，环中一个硒(IV)和一个硫(IV)原子的位置互换(参见 3.10.3，图 17.25).

Se_2Cl_2 是较弱的 Lewis 碱，可与强 Lewis 酸形成离子型配合物. 在硝基苯中进行电导滴定，已观察到 Se_2Cl_2 与 BCl_3 或 $SbCl_5$ 及 $SnCl_4$ 或 $TiCl_4$ 分别形成 1∶1 和 2∶1 的配合物. Se_2Cl_2 与 BCl_3 或 $SbCl_5$ 在 233K 的 SO_2 中反应，也可得到 $Se_2Cl_2 \cdot BCl_3$ 或 $Se_2Cl_2 \cdot SbCl_5$. 它们具有离子型的结构$[Se_2Cl]^+[BCl_4]^-$和$[Se_2Cl]^+ \cdot [SbCl_6]^-$. 这两个固体在 298K 以下才是稳定的，温度升高即歧化为单质和 $SeCl_4 \cdot BCl_3$ 或 $SeCl_4 \cdot SbCl_5$.

Se_2Cl_2 也是 Lewis 酸，它与叔碱的晶状加合物 $Se_2Cl_2 \cdot 2B$(B=有机叔碱)比与 BCl_3 或 $SbCl_3$ 形成的加合物对热更稳定. 它们在质子惰性溶剂中可以$[Se_2Cl \cdot 2B]^+$和 Cl^-离子形式存在.

3. 一碘化碲 TeI

用水热合成法在石英管中将 2.5∶1(mol)的碲和碘与浓氢碘酸混合，于 471→465K 反应七天或 468K 反应八天，可分别制得 β−TeI 和 α−TeI 单晶.

α−TeI 是环状四聚体，并结晶成三斜晶系晶体，空间群为 C_1^1-P1 或 $C_1^1-P\bar{1}$，晶胞参数为 a=995.8pm, b=799.2pm, c=821.2pm, α=104.37°, β=90.13°, γ=102.89°，晶胞分子数 z=8，密度 ρ=5.49g/cm^3. β−TeI 是二聚体并形成单斜晶系晶体，空间群为 C_{2h}^3-C2/m，a=1538.3pm，b=418.2pm，c=1199.9pm，β=128.09°，z=16，ρ=5.56g/cm^3. 它们的结构示意于图 17.5(A)和(B)中.

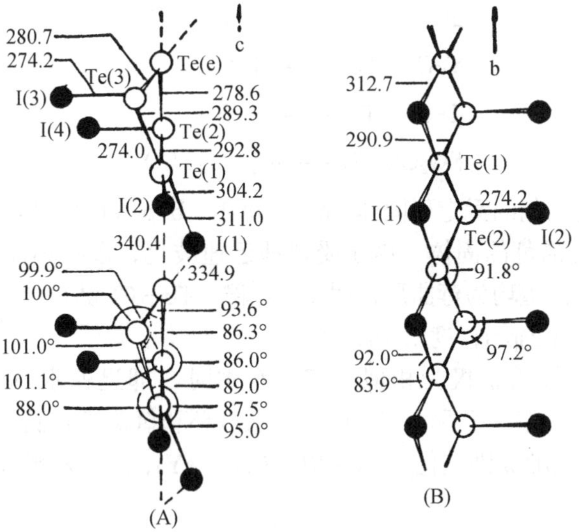

图 17.5 α-TeI(A)和 β-TeI(B)的结构和重要的键长(pm)和键角

3.4.3 二卤化物

二卤化物中，只有碲和钋的二氯化物和二溴化物已被制成纯态并研究过了. 硒的类似物可与一卤化硒和四卤化硒呈平衡地存在于蒸气相中或 CCl_4、硝基苯等溶液中，它们还可作为晶态的四甲基硫脲(tmtu)加合物 $Se(tmtu)Y_2$ 而被稳定，但均未能分离为纯的二卤化物.

最近二氟化硒已作为与 Se_2F_2 的混合物一起被鉴定了(参见 3.4.2)，分子对称性为 C_{2v}，Se-F 键长 169pm，键角 94°，键力常数 429N/m. TeF_2 仅存在于硫脲加合物中，Te-F 键长 189pm，键角 100°. 在用 SO_2 还原钋(IV)的水合氟化物时，生成一种蓝灰色沉淀，可能是二氟化钋，但未进行鉴定.

二碘化物也未被分离出来过，但二碘化硒可存在于碘和硒的 CS_2 溶液中，二碘化碲可存在于与 TeI_4 和 I_2 呈平衡的蒸气相中，几种 TeI_2 的硫脲加合物也已为人所知.

1. 二氯化碲和二溴化碲

将用 P_2O_5 干燥过的二氯二氟甲烷 CF_2Cl_2 或一溴三氟甲烷 CF_3Br 通入熔融的碲，或使四氯化碲或四溴化碲与细微分散在无水乙醚中的碲反应，然后真空升华收集产物，可制得二氯或二溴化碲. 碲与硫酰氯在 303—313 K 反应也是制备 $TeCl_2$ 的好方法，这些反应式如下：

$$2CF_2Cl_2+Te \longrightarrow C_2F_4Cl_2+TeCl_2$$

$$2CF_3Br+Te \longrightarrow C_2F_6+TeBr_2$$

$$TeCl_4+Te \longrightarrow 2TeCl_2$$

$$TeBr_4+Te \longrightarrow 2TeBr_2$$

$$SO_2Cl_2+Te \longrightarrow TeCl_2+SO_2$$

二氯化碲是黑色的无定形固体，m. p. 481K，b. p. 601K，其蒸气呈鲜红色. 二溴化碲是巧克力褐色的固体，由于受热即迅速歧化，以致不能测得其熔点和沸点. 两者的分子构型均为弯曲形，属 C_{2v} 点群，Te—Cl 键长 233pm，键角 72°，Te—Br 键长(251 ± 2)pm，键角 98 ± 3°.

两者的化学性质也极为相似. 溶于水中时，即迅速水解并歧化为单质和 H_2TeO_3 及卤化氢. 溶于乙醚、二丁醚、二氧六环和氯仿等有机溶剂中也歧化为碲和四卤化碲，溶于吡啶则歧化为 Te 和$(C_5H_5N)_2TeY_4$，尚未发现有可溶而不发生歧化的溶剂存在.

两者也易被氧化剂氧化为碲(IV)的化合物. 被卤素氧化时，还产生卤素的置换作用. 置换的能力为 F>Cl>Br>I. 因而，$TeCl_2$ 与被 N_2 稀释的氟作用，即生成 TeF_4 并游离出 Cl_2，与氯作用则氧化为 $TeCl_4$，与过量液态溴作用，可得到黄色的混合卤化物 $TeCl_2Br_2$ 结晶. $TeBr_2$ 的反应规律相似，不过，碘似乎不能氧化 $TeCl_2$，但能将 $TeBr_2$ 氧化为 $TeBr_2I_2$(参见 3.4.9). 液态 N_2O_4 及液态 SO_2 或 SO_2 水溶液可将 $TeCl_2$ 氧化成二氧化碲，但 $TeBr_2$ 在 SO_2 中仅发生歧化作用.

两者在 253K 能吸收干燥的气态 NH_3，生成 $TeY_2 \cdot 2NH_3$，而与液氨或氨水作用，则被还原成单质.

它们也是 Lewis 酸，能与硫脲及其衍生物形成大量的稳定加合物(参见 4.5.2). $TeCl_2$ 与碱金属氯化物共熔，还形成组成为 $MTeCl_3$ 的离子型配合物(M=K，Rb′和 Cs)，其中的 $TeCl_3^-$ 为配阴离子(参见 4.1.1).

2. 二氯化钋和二溴化钋

两个二卤化钋都可用 SO_2(298K)、H_2S(298K)、CO(423K)或 H_2(473K)还原相应的四卤化钋或在 473K 真空热分解四卤化钋来制备. 不过，用 CO 或 H_2 还原 $PoCl_4$ 时，加热时间过长将导致还原成单质，用 SO_2 还原 $PoBr_4$ 时，反应不够彻底.

$PoCl_2$ 是深红宝石色、吸湿的固体，在 N_2 气氛中于 463K 升华并略有分解. 它在水或其他溶剂中不歧化，但容易氧化为钋(IV). 在无水氨气中于 473K 加热，得到一个棕色的产物，可能是 $PoCl_2 \cdot NH_3$. 在盐酸溶液中，可形成 $PoCl_3^-$ 和 $PoCl_4^{2-}$ 配阴离子.

$PoBr_2$ 是紫褐色固体，在 383K(4Pa)升华并也有些分解. 在 N_2 气氛中于 543

—553K 熔融并歧化为 Po 和 $PoBr_4$. 在无水氨中加热可还原成单质. 它可溶解于水和大多数酮中形成紫色的溶液. 在氢溴酸中亦有 $PoBr_3^-$ (或$[PoBr_3(H_2O)]^-$)和 $PoBr_4^{2-}$ 配阴离子存在.

3.4.4 四氟化物

硒和碲形成四氟化物，但四氟化钋是否存在尚不能肯定.

1. 制备

四氟化硒和四氟化碲的制备通常可借被 N_2 气稀释的氟与硒、碲直接化合或用金属及非金属氟化物对硒、碲或其氧化物进行氟化，然后借真空蒸馏或升华法将产物提纯. 有关的反应式、反应条件和产率列举如下：

(1) $2F_2+X \xrightarrow{273K} XF_4(100\%)$

(2) $5F_2+Se_2Cl_2 \xrightarrow{273K} 2SeF_4+2ClF(>70\%)$

(3) $2SF_4+XO_2 \xrightarrow[8h，高压]{393\text{–}513K} XF_4+2SOF_2(80\%)$

(4) $4ClF+X \xrightarrow{\sim 293K} XF_4+2Cl_2$

(5) $2CuF_2+TeO_2 \xrightarrow{773\text{–}1173K} TeF_4+2CuO(100\%)$

(6) $2CuF_2+Te \xrightleftharpoons{1073K} TeF_4+2Cu(68\%)$

(7) $4FeF_3+TeO_2 \xrightleftharpoons[90\ min]{973K} 3TeF_4+2Fe_2O_3(77\%)$

(8) $4FeF_3+Te \xrightleftharpoons{1073K} TeF_4+4FeF_2(74\%)$

(9) $2SeF_4+TeO_2 \xrightleftharpoons[12h]{353K} TeF_4+2SeOF_2(100\%)$

(10) $2TeF_6+Te \xrightleftharpoons[100h,过量10\%Te]{453K} 3TeF_4$

六氟化钋的 α 辐射分解或用氢氟酸处理 $Po(OH)_4$ 或 $PoCl_4$ 时，得到一个不挥发的白色固体，可能是 PoF_4，但未被肯定.

2. 物理性质和结构

SeF_4 是无色发烟的液体，在 379.1K 沸腾，264.5K 时凝固成吸湿的白色固体. 与乙醚、乙醇、IF_5 及 H_2SO_4 完全互溶，适度地溶于 CCl_4，$CHCl_3$，和 CH_3F. 液态 SeF_4 有一定的离解，给出 SeF_3^+ 和 F^-(或 SeF_5^-)离子. 在氢氟酸中有如下平衡：

$$SeF_4 \xrightleftharpoons{HF} SeF_3^+ + HF_2^-$$

离解常数 $K \approx 4 \times 10^{-4}$，表明它在氢氟酸中是比 $SF_4(K=4 \pm 2 \times 10^{-2})$更弱的碱.

它的分子构型为变形四面体或包括赤道孤电子对的变形三方双锥，对称性属 C_{2v} 点群. 在液态有双聚分子存在，双聚分子的对称性为 C_{2v} 或 C_{2h}，分子构型见图 17.6.

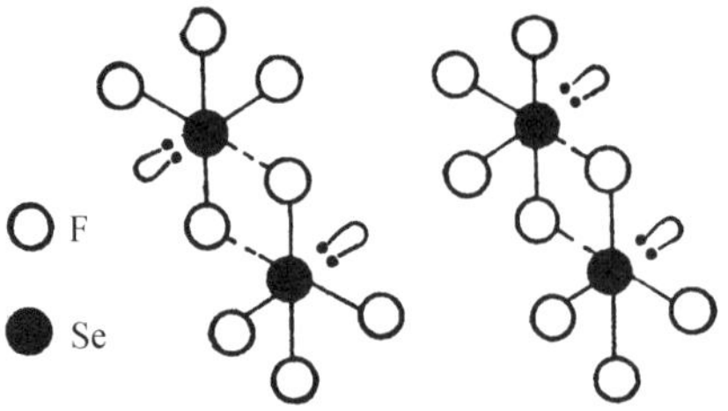

C_{2h}　　　　C_2 或 C_{2v}

Se－F轴	177.1 pm
Se－F赤	168.2 pm
F赤－Se－F赤	100.55°
F轴－Se－F轴	169.20°

图 17.6　二聚 SeF_4 的两种可能结构

TeF_4 是白色吸湿的固体，m.p. 402.7K，其蒸气在 466.9K 分解成 TeF_6 和 Te. 结晶的 TeF_4 属正交晶系，空间群为 $P2_1D2_12_1$，晶胞参数 a=536pm，b=622pm，c=964pm，z=4. 虽然气态 TeF_4 的分子构型和 SeF_4 相同，但在晶体中却是变形四方锥. 每个碲原子为分布于四方锥顶点的三个端基氟原子和两个桥连氟原子围绕，每个四方锥通过顺式 Te—F—Te 桥连接成桥角为 159°的链，其结构见图 17.7. 它的溶解性能和 SeF_4 类似，两者的某些物理性质列在表 17.10 中.

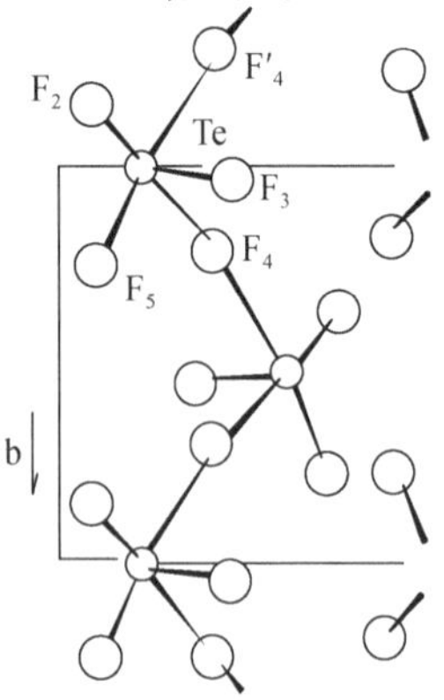

键长（pm）	键角（°）
Te — F_1 187	F_1—Te—F_3 88.5
Te — F_2 192	F_2—Te—F_4 161.1
Te — F_3 180	F_1—Te—F_2 85.3
Te — F_4 208	F_2—Te—F_3 85.8
Te — F'_4 228	F_4—Te—F_3 77.1
	F_1—Te—F_4 86.2

图 17.7　晶态 TeF_4 的结构(100 投影)

表 17.10　四氟化物的某些物理性质

性　质	SeF_4	TeF_4
熔点(K)	263.6，234.28[1)]	402.7
熔化热，ΔH(kJ/mol)	2330	26.572
沸点(K)	379.1	466.9
气化热，ΔH(kJ/mol)	47.03	34.20
蒸气压(液)	A=11.5648	A=7.7645
log P(Pa)=A–B/T	B=2457	B=1786.4
(固)		A=11.1588
		B=3174.3
生成热，ΔH_{298}(kJ/mol)	−849.3 ± 24.2	−1032.2
生成自由能，ΔG_{298}(kJ/mol)		−774.04
密度，ρ(g/cm^3)	2.72(液，291K)	4.21(固)
偶极矩(C・m)	5.94×10^{-20} [1)]	

1) 引自 H. J. Emeléus and A. G. Sharpe, “Advances in Inorg. Chem. and Radiochem.” 24,191(1981).

3. 化学性质

SeF_4和TeF_4的化学性质相当活泼，遇水迅速水解为H_2XO_3和HF. 与AsH_3，H_2S，H_2Se或KI等作用可被还原成单质.

它们是有用的氟化剂. 例如：能腐蚀玻璃和SiO_2，产生SiF_4，但SeF_4在绝对干燥时的作用很慢，而TeF_4需在473K才发生作用；SeF_4在353K与TeO_2平稳地反应，定量地生成TeF_4和$SeOF_2$；能将一些金属和非金属、如碱金属、Cu，Ag，Au，Hg，Ni及P等氟化为相应的氟化物，但不与Pt作用. 例如：

$$TeF_4+4Cu \rightleftharpoons 2CuF_2+Cu_2Te$$

两个四氟化物都具有Lewis两性，可与某些Lewis酸如BF_3，SbF_5，AsF_5，NbF_5和TaF_5等形成1∶1和几个1∶2加合物(参见4.1.4). 这些固态加合物在液态HF中可以离解，并且在熔融态及固态也多是离子型的. 例如：$SeF_4 \cdot BF_3$在液态HF中有如下平衡：

$$(SeF_4 \cdot BF_3)_2 \rightleftharpoons (SeF_3)_2 \cdot BF_4^+ + BF_4^-$$

阳离子的结构式可写作$[F_3Se—F—\overset{F}{\underset{F}{B}}—F—SeF_3]^+$；而$SeF_4 \cdot NbF_5$和$TeF_4 \cdot 2SbF_5$可分别表示为$(SeF_3)^+(SbF_6)^-$和$(TeF_3)^+ \cdot (Sb_2F_{11})^-$.

它们与Lewis碱也形成加合物. 与碱金属、铵和烷基铵的氟化物形成的加合物是离子型的配盐，通式为MXF_5，均含有XF_5^-阴离子(M=Li，Na，K，Rb，Cs，NH_4，$(CH_3)_4N$，$(C_2H_5)_4N$和$(C_4H_9)_4N$等)，但制备$LiTeF_5$的尝试没有成功(参见4.1.2). TeF_4与吡啶、二氧六环、$(CH_3)_3N$及联吡啶和四甲基乙撑二胺等单齿和双齿配体形成的1∶1和1∶2加合物$L \cdot TeF_4$和$L'' \cdot (TeF_4)_2$也是离子型的，可表示为$(L_2 \cdot TeF_3)^+(TeF_5)^-$和$(L'' \cdot TeF_3)^+ \cdot (TeF_5)^-$.

3.4.5 四氯化物

1. 制备

制备硒分族四氯化物的两个通用方法是由单质直接化合和用非金属或金属的氯化物对硒、碲、钋的单质或其氧化物进行氯化(与XF_4的制备类似). 用氯气对硒、碲的较低氧化态卤化物进行氧化加成或将$PoCl_2$溶于盐酸也可分别制得这三个四氯化物. 具体方法举例如下：

(1) 在无水条件下通氯气与硒、碲(室温)或钋(473K)直接反应. 若将硒、碲以大约 1∶5 的固液比细微分散于甲醇、乙醇、丙醇、丙酮、乙酸或四氯化碳等有机溶剂中进行氯化，可提高反应速度.

(2) 三个元素的单质或二氧化物与 SCl_2，ICl，CCl_4，C_2Cl_4，$CHCl_3$，PCl_5，$SOCl_2$，NH_4Cl，$FeCl_3$ 或 Hg_2Cl_2 等氯化剂在 373—873K 反应，例如：

$$X+4SCl_2 \longrightarrow XCl_4+2S_2Cl_2$$

$$XO_2+CCl_4 \xrightarrow{723K} XCl_4+CO_2$$

$$Te+2Hg_2Cl_2 \xrightarrow{823K} TeCl_4+4Hg$$

(3) 将氯气通入 Se_2Cl_2 在 CS_2 或 C_2H_5Br 中的溶液，不溶的 $SeCl_4$ 即随反应进程析出，用 CS_2 洗涤滤出的产物，可除去残余的 Se_2Cl_2：

$$Se_2Cl_2+3Cl_2 \longrightarrow 2SeCl_4$$

用 Cl_2 氧化 $TeCl_2$ 或 $TeBr_2$，可生成 $TeCl_4$(参见 3.4.3).

(4) 将 PoO_2 溶于盐酸(最好加入 Cl_2 或 H_2O_2)，蒸发溶液即析出 $PoCl_4$.

在氯气流中升华，可将四氯化物提纯.

2. 物理性质和结构

硒、碲和钋的四氯化物分别是淡黄色、白色和亮黄色、挥发性、吸湿和易水解的固体. 在高温下均不够稳定：在气态，$SeCl_4$ 几乎完全分解为 $SeCl_2$ 和 Cl_2；$TeCl_4$ 在 773K 以下只有少量分解；熔融的 $PoCl_4$ 在 623K 时变为鲜红色，可能也是由于分解为 $PoCl_2$，在 773K 以上，其蒸气由紫褐色变为蓝绿色，可能是进一步分解的结果.

$SeCl_4$ 和 $TeCl_4$ 适度地溶于非极性有机溶剂. 后者和 $TeBr_4$ 及 TeI_4 一样，在苯或甲苯中看来是三聚的. 而在丙酮、乙腈、乙醇和二甲亚砜等极性有机溶剂中的行为像 1∶1 的电解质，可能是以$(L_2 \cdot TeCl_3)^+Cl^-$的形式存在(L=溶剂). 但 $SeCl_4$ 在极性有机溶剂中的电导比 1∶1 电解质应有的值要小. $PoCl_4$ 易溶于乙醇和亚硫酰氯，微溶于液态 SO_2. 它们的一些物理性质列在表 17.11 中.

在蒸气态，$SeCl_4$ 和 $TeCl_4$ 分子均具有变形三角双锥构型，赤道的一个位置为孤电子对占有，对称性为 C_{2v}(与氟化物类似). 在液态和固态，两者都是离子型的，含有 XCl_3^+ 和 Cl^- 离子，XCl_3^+ 为锥形，有 C_{3v} 对称性，与熔融 $TeCl_4$ 的电导一致.

表 17.11 四氯化物的物理性质

性 质	$SeCl_4$	$TeCl_4$	$PoCl_4$
熔点(K)	578	497	573
熔化热，ΔH(kJ/mol)	—	18.87	
沸点(K)	469(升华)	663	663
气化热，ΔH(kJ/mol)		70.42	
蒸气压(固)	A=13.3288		
$\log P(\text{Pa})=A-B/T$	B=3864		
生成热，ΔH_{298}(kJ/mol)	−192.9	−322.8	
生成自由能，ΔG_{298}(kJ/mol)		−241	
密度(g/cm^3)	2.63	2.95	

两者均形成单斜晶系晶体，空间群为 $c_{2h}^{\circ}-c2/c$，晶胞参数分别为 $SeCl_4$：a=1646pm，b=973pm，c=1493 pm，β=117°，z=16；$TeCl_4$：a=1707.6pm，b=1040.4pm，c=1525.2pm，β=116.82°，z=16. $TeCl_4$实际上是以四聚体$(TeCl_3^+Cl^-)_4$存在于晶体中，每个碲原子与平均键长为 231.1 pm 的三个端基氯原子$(TeCl_3^+)$及平均键长为 292.9pm 的三个成桥氯原子$(Cl_3Te^+\cdots 3Cl^-)$相连，完成八面体配置，并通过成桥氯原子组成 Te_4Cl_6类立方烷结构，其结构示意于图 17.8 中.

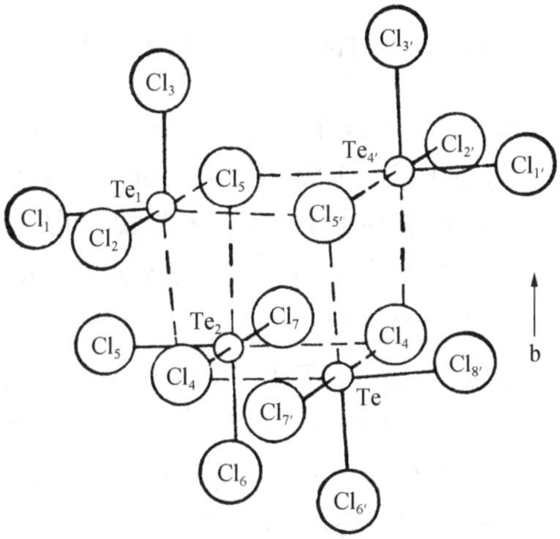

图 17.8 $TeCl_4$晶体中的 Te_4Cl_6单元

3. 化学性质

三种四氯化物均易吸湿并水解为氯氧化物. 与大量水作用，最终水解为二氧化物或含氧酸：

$$XCl_4+2H_2O \longrightarrow XO_2+4HCl$$

与无水液氨作用，$SeCl_4$ 和 $TeCl_4$ 可转变成爆炸性很强的氮化物 Se_4N_4 和 Te_3N_4(或 Te_4N_4)：

$$12SeCl_4+64NH_3 \longrightarrow 3Se_4N_4+48NH_4Cl+2N_2$$

$PoCl_4$ 则被还原成单质. 与气态氨作用，三者均还原成单质：

$$3XCl_4+16NH_3 \longrightarrow 12NH_4Cl+3X+2N_2$$

硫化氢也使 $SeCl_4$ 和 $TeCl_4$ 还原成单质，但 $PoCl_4$ 在 423K 时仅被还原为 $PoCl_2$.

键长(pm)			键角(°)
$Te_1—Cl_1$　231.5	$Te_1—Cl_5$　294.7	$Te_2—Cl_{7'}$　231.4	$Cl_{1'}—Te_{1'}—Cl_{3'}$　94.8
$Te_1—Cl_2$　231.2	$Te_1—Cl_{5'}$　289.8	$Te_2—Cl_{8'}$　229.6	$Cl_1—Te_{1'}—Cl_{4'}$　89.9
$Te_1—Cl_3$　231.7	$Te_2—Cl_{5'}$　294.4	$Te_2—Cl_4$　295.9	$Cl_{5'}—Te_{1'}—Cl_{4'}$　85.0
$Te_1—Cl_4$　290.8	$Te_2—Cl_{6'}$　231.3	$Te_2—Cl_{4'}$　294.4	$Te_1—Cl_{5'}—Te_{2'}$　94.8

$SeCl_4$ 和 $TeCl_4$ 是强的氯化剂，可将许多元素的单质和氧化物转变成相应的氯化物或氯氧化物. 例如：$SeCl_4$ 可将 SeO_2 转化成 $SeOCl_2$、使 TeO_2 转化成 $TeCl_4$；$TeCl_4$ 在 553K 与 TeO_2 反应，生成一个复杂的卤氧化物 $Te_6O_{11}Cl_2$：

$$TeCl_4+11TeO_2 \longrightarrow 2Te_6O_{11}Cl_2$$

此化合物是正交晶系晶体，易水解成 TeO_2；对单质的氯化伴随着氧化还原过程(参见 3.4.4). 例如：$TeCl_4$ 与碲作用，生成 Te_3Cl_2；$SeCl_4$ 与硒作用，生成 Se_2Cl_2.

与四氟化物只形成 XF_5^- 配阴离子不同，三种四氯化物在盐酸溶液中通常是形成八面体构型的 XCl_6^{2-} 配阴离子(参见 4.1.2). 向溶液中加入碱金属、铵、烷基铵的氯化物，可结晶出离子型的配盐 M_2XCl_6.

硒、碲的四氯化物也具有 Lewis 两性，可与 Lewis 酸或碱形成加合物，形成三角锥形阳离子 XCl_3^+ 的倾向也很大. 这些加合物在溶液中是导电的，且在固态是离子型. 例如：与 $AlCl_3$，$TiCl_4$ 和 $SbCl_5$ 等形成的固体加合物 $XCl_4 \cdot AlCl_3$，$2XCl_4 \cdot TiCl_4$ 和 $XCl_4 \cdot SbCl_5$，化学式可更精确地表示为

$$(XCl_3)^+(AlCl_4)^-，[(XCl_3)_2]^{2+}[TiCl_6]^{2-}$$

和$(XCl_3)^+(SbCl_6)^-$；与 SO_3 形成的固体加合物 $XCl_4 \cdot SO_3$ 可表示为 $(XCl_3)^+(SO_3Cl)^-$；与单齿配体的加合物是 $XCl_4 \cdot 2L$ 型，在极性溶剂中可表示成$(2L \cdot XCl_3)^+Cl^-$(L＝吡啶(py)、三甲胺、二氧六环、乙腈、二甲亚砜、二甲基甲酰胺等). 但认为 $XCl_4 \cdot 2py$ 有导电性可能是错误的，它在固态或许只是一种八面体配位的带反式吡啶的分子. XCl_4 在焦硫酸中也离解成 XCl_3^+ 和 Cl^-，且按下式反应生成$(XCl_3)^+(HS_3O_{10})^-$

和 HSO_3Cl:

$$XCl_4+3H_2S_2O_7 \longrightarrow XCl_3^+ + HS_3O_{10}^- + HSO_3Cl+2H_2SO_4$$

$SeCl_4$ 及 $TeCl_4$ 与醇钠反应,可导致一系列烷氧化物 $X(OR)_4$ 的合成(参见 3.16),与 β-二酮反应,可生成若干金属有机化合物(参见 5.13).

3.4.6 四溴化物

1. 制备

(1) 硒、碲或钋的单质在被溴饱和过的 N_2 气或 CO_2 气流中与溴直接化合,钋需加热至 473—523K 才能反应.

(2) 用氢溴酸溶解硒、碲或钋的二氧化物,然后对所得的三种溶液分别作如下的处理:用乙醚、酯、烷烃或 CCl_4 萃取含硒的溶液,蒸发萃取液可得 $SeBr_4$;用中等浓度(77%)的 H_2SO_4 从含碲的溶液中沉淀出 $TeBr_4$;直接蒸发含钋的氢溴酸溶液析出 $PoBr_4$.

(3) 加溴于 Se_2Br_2 在 CS_2、$CHCl_3$ 或 C_2H_5Br 中的溶液、蒸发溶液析出 $SeBr_4$.

(4) 溴化碘与碲反应,用 CCl_4 萃取反应混合物,蒸发溶剂即得 $TeBr_4$,产率几乎是定量的. 用 BBr_3 与 TeO_2 进行类似的反应,也可制得 $TeBr_4$:

$$Te+4IBr \longrightarrow TeBr_4+2I_2$$

$$TeO_2+4BBr_3 \xrightarrow{383\text{–}393K} 3TeBr_4+2B_2O_3$$

2. 物理性质和结构

硒、碲和钋的四溴化物分别是橘红色、黄色和鲜红色的固体. 热稳定性比相应的四氯化物低,$SeBr_4$ 在室温即明显分解,在 343—353K 几乎完全分解成 Se_2Br_2 和 Br_2. $TeBr_4$ 在 553K 以上分解,它在溴蒸气中于 736K 熔化,687—700K 沸腾,其蒸气几乎完全分解成 Br_2 和 $TeBr_2$. $PoBr_4$ 似乎更稳定一些,在溴蒸气中,其熔点为 603K,沸点 633K(26.66kPa),其蒸气不发生变化.

$SeBr_4$ 易溶于 CS_2,CCl_4,$CHCl_3$ 和 C_2H_5Br,$TeBr_4$ 溶于 $CHCl_3$ 和乙醚但不溶于 CCl_4,而 $PoBr_4$ 仅溶于乙醇和丙酮,微溶于液态溴.

$TeBr_4$ 的分子和晶体结构与 $TeCl_4$ 相同,单分子和四聚体均以离子形式 $(TeBr_3)^+Br^-$ 和 $[(TeBr_3)^+Br^-]_4$ 存在,后者也具有类立方烷结构,其单斜晶胞参数为 a=1775pm,b=1089pm,c=1588pm,β=116.50°,z=16,ρ=4.30g/cm^3(参见 3.4.5). $SeBr_4$ 的分子结构也是包括赤道孤电子对在内的变形三角双锥,但是否是

离子型还有争论. $PoBr_4$的结构尚不了解.

3. 化学性质

四溴化物和四氯化物的化学性质非常相似. 它们都吸湿并可完全水解. $SeBr_4$在 CS_2 溶液中与气态氨反应或 $TeBr_4$ 与无水液氨反应均生成氮化物 Se_4N_4 或 Te_3N_4. 在 $CHCl_3$ 溶液中, $SeBr_4$和 $TeBr_4$可被 H_2S 还原成单质, 但固态的 $PoBr_4$在室温仅被还原成 $PoBr_2$.

它们也都具有 Lewis 两性, 在氢溴酸中与碱金属、铵及烷基铵溴化物形成离子型配合物 M_2XBr_6. 在某些极性非水溶剂中能形成$(XBr_3 \cdot 2L)^+Br^-$和$(XBr_3 \cdot L'')^+Br^-$型的溶剂合物(L=乙腈, 丙酮、硝基甲烷、二甲亚砜、吡啶、二甲基甲酰胺; L″ =联吡啶). 与 $AlBr_3$ 能形成$(XBr_3)^+(AlBr_4)^-$.

3.4.7 四碘化物

1. 制备

只知道碲和钋形成四碘化物.

TeI_4 可由单质在室温直接化合或用浓氢碘酸从浓原碲酸 H_6TeO_6 溶液中沉淀而得, 由于 TeI_4 可再溶于 HI 酸而形成 TeI_6^{2-}, 故应避免使用过量的酸. 碲与 CH_3I、ICN 或 P_2I_4 在 373K 反应, 也可以制备 IeI_4. 例如:

$$Te+P_2I_4 \longrightarrow TeI_4+P_2$$

用 CCl_4 洗涤可将产物提纯.

PoI_4也可由单质在 313K 和 133.3Pa 下直接化合或用适量氢碘酸从 $PoCl_4$溶液中沉淀而制得. 在 473—573K 使 PoO_2 与干燥 HI 气体反应也可以得到 PoI_4.

2. 物理性质和结构

灰黑色的 TeI_4和黑色的 PoI_4都是易挥发的固体, 对热亦颇不稳定. TeI_4在封管中的熔点为 533K, 常压下>391K 便开始升华并部分分解. 升华热 ΔH= 137.38kJ/mol, 在 468—523K 间, 其蒸气压与温度的关系为 log P(Pa)=14.6048—5380/T. 两种分解方式的分解热ΔH_{298}(kJ/mol)如下:

$$TeI_4(g) \longrightarrow Te(s)+2I_2(g) \quad \Delta H_{298}=62.34\pm6.2$$

$$TeI_4(g) \longrightarrow TeI_2(g)+I_2(g) \quad \Delta H_{298}=82\pm3.3$$

PoI_4在 N_2气中于 473K 升华并部分分解成单质, 估计是首先分解成 PoI_2, 后者再

歧化为 PoI_4 和 Po.

两种四碘化物均微溶于乙醇和丙酮，PoI_4 还微溶于乙酸丙酯，但两者都不溶于稀的无机酸、脂肪酸和各种非极性有机溶剂中.

TeI_4 可结晶成两种晶体：正交晶系晶体的空间群为 $D_{2h}^{16}-P_{nma}$ 或 $C_{2v}^{9}-P_{n}2_{1a}$，晶胞参数为 a=1334pm，b=1673pm，c=1448pm，z=16，ρ=5.145g/cm^3；另一种属四方晶系，空间群为 $D_{4h}^{19}-I4_1/amd$，晶胞参数为 a=1612 pm，c=1120 pm，z=16，ρ=5.7g/cm^3. 但正交晶系晶体更为常见.

与 $TeCl_4$ 和 $TeBr_4$ 类似，TeI_4 在晶体中也以四聚体

$$[(TeI_3)^+I^-]_4$$

存在，但不是类立方烷结构. 在 Te_4I_{16} 结构单元中，每个碲原子与六个碘原子配位，构成畸变的四方双锥. 与一个、两个或三个碲原子相连的三种 I—Te 键的平均键长依次为 276.8 pm，310.8pm 和 322.7pm，I……I 距在 398.1—454.0pm 之间[12]，其结构示意于图 17.9 中.

图 17.9 Te_4I_{16} 结构单元

3. 化学性质

这两个化合物的化学稳定性似乎比硒分族的其他四卤化物高一些. 例如：它们在冷水中仅微微水解；TeI_4 不与 H_2(<373K)和 H_2S(<473K)作用，但 PoI_4 可在中等温度被 H_2S 还原成单质；TeI_4 在 193K 与液氨也生成 Te_3N_4(或 Te_4N_4)，但 PoI_4 不与 NH_3 作用，它在 0.1mol/L 稀盐酸中的悬浮物甚至在 373K 也不被 SO_2 或 N_2H_4 等还原.

它们也具有 Lewis 两性，在浓氢碘酸中，通常也生成 XI_6^{2-} 配阴离子. TeI_4 与碱金属、铵和烷基铵的碘化物也生成离子型 M_2TeI_6 配合物. PoI_4 的类似配合物研究得少一些，只报道了 Cs_2PoI_6，它是黑色的立方晶系晶体，a=1169.8pm. TeI_4 在丙酮、乙腈、二甲亚砜和二甲基甲酰胺等极性非水溶剂中也形成$(TeI_3 \cdot 2L)^+I^-$型的离子型加合物.

3.4.8　六氟化物

硒分族的六卤化物只有六氟化硒和六氟化碲是已知的，用长寿命同位素 ^{208}Po 氟化，所得的挥发性产物可能是 PoF_6，但未确切鉴定.

1. 制备

将被 N_2 气稀释过的氟通入一端连有两个冷阱的铜制或镍制的反应管中，使其与硒(523—623K)、碲(423K)或钋(666K)直接化合，用冰-盐冷阱捕集生成的少量四氟化物和其他副产物，未冷凝的六氟化物收集在其后的干冰或液态空气冷阱中，在干冰温度下多次升华可将产物提纯.

在类似的玻璃反应器中，用 BrF_3 对二氧化硒或二氧化碲进行氟化，也可制得相应的六氟化物：

$$2BrF_3+XO_2 \xrightarrow{373-723K} XF_6+O_2+Br_2$$

2. 物理性质

六氟化硒和六氟化碲在室温是无色气体，有类似氢化物的臭味，分子构型为属 O_h 点群的正八面体. 它们在低温和常压下直接冷凝为白色挥发性的固体，并可形成立方晶系晶体，TeF_6 的立方晶胞参数为 a=633 ± 2pm，z=2. 由于不可极化的氟原子包围着硒或碲原子，减弱了分子间的作用力，故它们具有引人注目的低沸点和高挥发性. 六氟化钋在常温可能也是气体，但进一步的资料没有报道. SeF_6 和 TeF_6 的一些物理性质列在表 17.12 中.

表 17.12　六氟化物的物理性质

性　质	SeF_6	TeF_6
熔点(K)	238.7(199.9kPa)	235.4[1)]
沸点(K)	238.4(125.9kPa)	234.3(升华)
气化热 ΔH(kJ/mol)	18.3(在 m. p. 时)	18.8
蒸气压(固)	A=11.3668	A=11.2858
log P(Pa)=A–B/T	B=1440.8	B=1471.4
临界温度(K)	345.6	356.4
生成热，ΔH_{298}(kJ/mol)	−1104.5	−1369 ± 2
生成自由能，ΔG_{298}(kJ/mol)	−928	−1273 ± 2
密度(g/cm^3)，(固，m. p. 时)	3.27	3.76
键长，X—F(pm)	167—170	184
键能，X—F(kJ/mol)		340

1) 在 226.6K(101.3kPa)时升华而不熔化.

3. 化学性质

SeF_6微溶于水，但几乎不发生水解，不腐蚀玻璃且不与空气和 SO_2作用. 其化学活性是各种卤化硒中最小的，但又比惰性的 SF_6 略为活泼. 在某些化学反应中，既起氧化剂又起氟化剂的作用. 例如：

与固体 KCl(773K)，KBr(573K)或 KI(室温)作用，可发生卤素取代，生成氟化钾，且本身被还原成较低价的卤化硒或硒：

$$SeF_6+6KCl \longrightarrow 6KF+SeCl_4+Cl_2$$

$$2SeF_6+12KBr \longrightarrow 12KF+Se_2Br_2+5Br_2$$

$$SeF_6+6KI \longrightarrow 6KF+Se+3I_2$$

后一反应也可在溶液中缓慢发生，可用于 SeF_6的分析.

与钾(333K)、钠或锂(~773K)作用，生成碱金属的硒化物和氟化物：

$$8M+SeF_6 \longrightarrow M_2Se+6MF$$

SeF_6还能被室温下的汞、中温下的砷、锑、硅及 NH_3等还原成硒，并将这些单质或化合物转变成氟化物. 与 AsH_3或硒作用，则生成 SeF_4. 某些反应式如下：

$$SeF_6+6Hg \longrightarrow 3Hg_2F_2+Se$$

$$SeF_6+2NH_3 \xrightarrow{473K} 6HF+Se+N_2$$

$$2SeF_6+Se \xrightarrow{室温} 3SeF_4$$

TeF_6亦不腐蚀玻璃，与 Te 在 473K 反应也生成 TeF，与 Hg 在室温反应也生成 Hg_2F_2和 Te. 尽管与 SeF_6类似的其他反应还缺乏资料，但在相同情况下，它应当比 SeF_6活泼一些. 例如，已知在室温下 TeF_6可于 24 小时内被水完全水解成原碲酸 H_6TeO_6或 $Te(OH)_6$包括各级水解产物在内的反应式如下：

$$TeF_6+nH_2O \longrightarrow TeF_{6-n}(OH)_n+nHF(n=1—6)$$

TeF_6还是弱的 Lewis 酸. 在氢氟酸中，可与 AgF，BaF_2或 CaF_2形成组成为 $M^+TeF_7^-$的配合物(M=Ag，BaF 和 CaF)；在 C_6F_6中还与 CsF 和 RbF 分别生成 $Cs^+TeF_7^-$和$(Rb^+)_2TeF_8^{2-}$. TeF_7^-和 TeF_8^{2-}离子的构型分别为五角双锥(D_{5h})和四方反棱柱体(D_{4d})；与叔胺、吡啶或烷基二胺反应，可形成加合物 $TeF_6 \cdot 2R_3N(R=CH_3,C_2H_5)$，$TeF_6 \cdot Py$ 和 $TeF_6 \cdot [(CH_3)_2NCH_2]_2$.

TeF_6与甲醇或在 195K 与 $R_2NSi(CH_3)_3(R=CH_3, C_2H_5)$反应，分别生成甲氧基或烷基胺取代的氟化物——$TeF_5(OCH_3)$，$TeF_4(OCH_3)_2$或 TeF_5NR_2与 $TeF_4(NR_2)_2$的混合物. 后者的 NMR 谱表明它是顺式异构体.

3.4.9 混合卤化物

1. 混合四卤化物

硒分族元素的一卤化物和二卤化物与不同的卤素反应，可氧化加成为混合四卤化物. 反应式及化合物的一些物理特征如下：

$Se_2Br_2+3Cl_2+SeBr_4 \longrightarrow 3SeCl_2Br_2$ 褐黄色固体

$TeCl_2+Br_2(l) \longrightarrow TeCl_2Br_2$ 黄色固体，m. p. 665.1K，b. p. 688.1K.

$TeBr_2+I_2 \xrightarrow{乙醚} TeBr_2I_2$ 石榴红色固体，m. p. 596.1K，b. p 693.1K(分解).

$Se_2Br_2+3Cl_2 \xrightarrow{CS_2} 2SeCl_3Br$ 黄褐色固体，481.1K 分解.

$Se_2Cl_2+3Br_2(l) \xrightarrow{CS_2} 2SeBr_3Cl$ 黄橙色固体，473.1K 分解.

$PoCl_2$ 与溴反应及 $PoCl_2$ 或 $PoBr_2$ 与碘在 CCl_4 中摇荡，看来也形成了赭粉色的 $PoCl_2Br_2$ 和黑色的 $PoCl_2I_2$ 及 $PoBr_2I_2$.

它们的分子构型可描述为在赤道面上有两个卤原子和一对孤电子对的三角双锥(对称性为 C_1 或 C_{2v})，或在轴向有一对孤电子对的变形四方锥(对称性为 C_{2v})，并具有类似于 $TeCl_4$ 的离子型结构，例如 $SeCl_3^+ Cl^-$ 和 $TeCl_2Br^+Br^-$ 等.

它们都易吸湿，并被水迅速水解成亚硒酸或亚碲酸(钋的混合四卤化物缺乏进一步的资料). 反应式举例如下：

$$TeCl_2Br_2+3H_2O \longrightarrow H_2TeO+2HCl+2HBr$$

它们也都具有 Lewis 酸性. $TeCl_2Br_2$ 和 $TeBr_2I_2$ 与吡啶可形成奶油色的 2∶1 固体加合物 $(C_5H_5N)_2TeCl_2Br_2$ 和 $(C_5H_5N)_2TeBr_2I_2$. 这两个加合物也易吸湿和水解. $(C_5H_5N)_2TeCl_2Br_2$ 溶于浓的盐酸、氢溴酸和氢碘酸可进一步加合为橙色针状晶体 $(C_5H_5NH)_2 \cdot TeCl_4Br_2$、红色针状晶体 $(C_5H_5NH)_2TeBr_6$ 和黑色针状晶体 $(C_5H_5NH)_2TeI_6$. $(C_5H_5N)_2TeBr_2I_2$ 也有类似的反应，产物依次为 $(C_5H_5NH)_2TeCl_2Br_2I_2$，$(C_5H_5NH)_2TeBr_4I_2$ 和 $(C_5H_5NH)_2TeI_6$，在进一步加合的同时，发生了卤离子的置换，置换顺序看来是

$$I^->Br^->Cl^-$$

2. 混合六卤化物

已知的混合六卤化物有五氟一氯化硒、五氟一氯化碲和五氟一溴化碲.

SeF_5Cl 是被分离出的含稳定 Se(VI)—Cl 键的头一个化合物. 其最好的合成方法是利用 $CsSeF_5$ 与 $ClSO_3F$ 进行反应，SeF_5Cl 的产率可达 92%：

$$CsSeF_5+ClSO_3F \longrightarrow CsSO_3F+SeF_5Cl$$

其他的制备方法还有：

$$2Se+11ClF \xrightarrow[\text{高压釜}]{623K} SeF_6+SeF_5Cl+5Cl_2$$

$$SeF_4+ClF \xrightarrow[8d]{293K} SeF_5Cl$$

$$2SeF_4+ClF_3 \longrightarrow SeF_6+SeF_5Cl$$

但产率都很低.

它是无色气体，m.p.254K，b.p. 277.6K，分子构型为 C_{4v} 对称性的假八面体，比 SF_5Cl 活泼，与玻璃接触即分解.

TeF_5Cl(m.p. 245K，b.p. 286.6K)和 TeF_5Br 可借氮气稀释的氟在室温分别与 $TeCl_4$ 和 $TeBr_4$ 反应而得. 用 ClF 对 TeF_4，$TeCl_4$ 或 TeO_2 进行氟化，也可以制备 TeF_5Cl. 这两个 Te(VI)的混合卤化物都是颇不稳定的低沸点液体. TeF_5Cl 的 Te—F 键长为 183.0pm，Te—Cl 键长为 225.0pm，$F_{轴}$—Te—$F_{赤}$键角为 88.25°.

3.5 卤 氧 化 物

硒、碲的卤氧化物主要有三种类型，最普通的是二卤氧化物 XOY_2(Y=F，Cl，Br)和二氟二氧化硒(VI)SeO_2F_2，它们可分别被看做亚硒酸 H_2SeO_3、亚碲酸 H_2TeO_3 和硒酸 H_2SeO_4 的羟基被卤素取代的衍生物. 还有一类可看成是由五氟基硒酸 F_5SeOH 和五氟基碲酸 F_5TeOH 衍生的复杂卤氧化物，如十氟氧化二硒 $F_5SeOSeF_5$、十氟氧化二碲 $F_5TeOTeF_5$ 及十氟二氧化二硒 $F_5SeO_2SeF_5$、十氟二氧化二碲 $F_5TeO_2TeF_5$ 等. 其中的 $F_5TeOTeF_5$ 曾长期被误认作"十氟化二碲 Te_2F_{10}". 钋的卤氧化物还未见报道.

3.5.1 硒(IV)和碲(IV)的二卤氧化物

1. 二卤氧化硒

(1) 制备

制备二卤氧化硒的通用方法是用二氧化硒与相应的四卤化物反应：

$$SeO_2+SeY_4 \longrightarrow 2SeOY_2(Y = F,Cl 和 Br)$$

然后通过减压蒸馏或真空升华来收集产物. 反应中的任一个反应物都可由相应的

单质在反应中就地制备. 具体方法如下：

将 SeF_4 减压蒸馏至过量的 SeO_2 中，回流反应混合物至 SeO_2 不再溶解，然后蒸馏出 $SeOF_2$. 用氮气稀释的氟与 SeO_2 直接反应或用氟和氧的混合物与硒在 473K 直接反应也可以制得 $SeOF_2$.

将 $SeCl_4$ 与 SeO_2 一起在封管中于 473K 反应几小时或将计算量的 SeO_2 加至 $SeCl_4$ 在 CCl_4 或 $CHCl_3$ 中的悬浮液中回流，或者将等摩尔的硒与 SeO_2 混悬在 CCl_4 中，通氯气氯化，使就地生成的 $SeCl_4$ 与 SeO_2 反应，然后分馏出 $SeOCl_2$.

小心地加溴至 273.1K 的硒与 SeO_2 的混合物中，硒即与溴反应生成 $SeBr_4$，然后将反应混合物温热至 SeO_2 溶解，在室温下真空升华出 $SeOBr_2$.

另一类方法是用相应的金属卤化物与 $SeOCl_2$ 进行卤素交换，然后蒸馏出产物，反应如下：

$$2AgF+SeOCl_2 \longrightarrow SeOF_2+2AgCl$$

$$NaBr+SeOCl_2 \longrightarrow SeOBr_2+2NaCl$$

(2) 物理性质

$SeOF_2$ 和 $SeOCl_2$ 是无色发烟的挥发性液体，$SeOBr_2$ 是颇不稳定的橙色固体，m. p. 314.7K，在空气中加热至 323.1K 即可分解为 SeO_2，Se_2Br_2 和 Br_2. 由此不难理解至今尚不能合成出 $SeOI_2$.

$SeOF_2$ 可溶于醇，但不溶于 CCl_4. $SeOCl_2$ 可与 CCl_4，$CHCl_3$，CS_2 完全互溶，溶解芳烃和烯烃并与烯烃加成为二卤化烷基硒. $SeOCl_2$ 在烷烃与芳烃或不饱和脂肪烃中的互溶性的差别，有可能用于芳烃和不饱和脂肪烃与烷烃的分离. $SeOBr_2$ 易溶于苯、甲苯、二甲苯和 CS_2，稍溶于 CCl_4.

它们的分子结构与二卤化亚硫酰相似，呈三角锥形(sp^3)，硒原子处于三角锥的一个顶点，属 C_s 点群. $SeOCl_2$ 在液态或在苯溶液中都有一定程度的离解：

$$2SeOCl_2 \rightleftharpoons SeOCl^+ + SeOCl_3^-$$

它们的一些物理性质列在表 17.13 中.

(3) 化学性质

三个二卤氧化硒均易水解，生成亚硒酸和卤化氢：

$$SeOY_2+2H_2O \longrightarrow H_2SeO_3+2HY(Y = F、Cl、和\ Br)$$

卤化作用、氧化性和 Lewis 两性是这三个二卤氧化物、特别是 $SeOCl_2$ 的化学特征，加上它有较高的介电常数和偶极矩，因而又是许多金属卤化物的优良溶剂.

表 17.13 二卤氧化硒的某些物理性质

性 质	$SeOF_2$	$SeOCl_2$	$SeOBr_2$
熔点(K)	288.17	284.6	314.7
熔化热，ΔH(kJ/mol)	8.08 ± 0.21		
沸点(K)	399	450.3	490.1(98.6kPa)，分解
气化热 ΔH(kJ/mol)	46.9 ± 0.8		
蒸气压(液)	A=10.8248		
$\log P(\mathrm{Pa})=A-B/T$	B=2316		
密度(g/cm^3)	2.80(294.6K)	2.445(289.1K)	3.38(323K)
电导率(S/cm)，298K		2×10^{-5}	
偶极矩(C · m)		8.74×10^{-30}(苯中)	
相对介电常数，ε		46.2(293K)	
键长(pm)			
Se—X	172.95		
Se—O	157.6		
键角(°)			
O—Se—X	104.82		
X—Se—X	92.22		

作为氧化剂和卤化剂，$SeOCl_2$ 能与许多金属如碱金属、碱土金属、Cu，Ag，Au，Sn，Pb，Ti，Ta，Cr，W 和 Ni 等及非金属如 S 和 P 等反应，将它们转变成氯化物，一部分 $SeOCl_2$ 被还原为 Se_2Cl_2 或硒，例如：

$$4SeOCl_2+6K \longrightarrow 6KCl+Se_2Cl_2+2SeO_2$$

$$4SeOCl_2+3Cu \longrightarrow 3CuCl_2+Se_2Cl_2+2SeO_2$$

$$2SeOCl_2+3S \longrightarrow S_2Cl_2+Se_2Cl_2+SO_2$$

与白磷及钾的反应是爆炸性的，但奇怪的是 $SeOCl_2$ 甚至在接近沸点时也不与钠作用，而可从钠中蒸馏出来. 它也不与 B，Si 及 C 作用.

气态和液态的 H_2S 及气态 NH_3 可将它还原或部分地还原成硒：

$$SeOCl_2+2H_2S \longrightarrow 2HCl+H_2O+Se+S$$

$$6SeOCl_2+16NH_3 \longrightarrow 3Se+3SeO_2+12NH_4Cl+2N_2$$

作为氯化剂，$SeOCl_2$ 能与许多金属氧化物反应，将它们转化成氯化物，例如：

$$CuO+SeOCl_2 \longrightarrow CuCl_2+SeO_2$$

Ag_2O，FeO，CoO，NiO，V_2O_5 等也有类似的反应，与 PbO_2 作用则生成 $PbCl_2$，

SeO_2 和 Cl_2. 与 Al_2O_3，ThO_2 及稀土、Ti，Zr 和 Ta 的氧化物反应时需要加热.

作为弱的 Lewis 碱，$SeOCl_2$ 能与某些 Lewis 酸形成加合物，如 $SbCl_5 \cdot SeOCl_2$ 和 $SnCl_4 \cdot 2SeOCl_2$ 等. 其中，氧原子起给予体的作用. 作为弱的 Lewis 酸，它又能与某些Lewis碱形成加合物，例如形成 $2C_5H_5N \cdot SeOCl_2$ 和二聚的 $[SeOCl_2 \cdot (C_6H_5)_3PO]_2$ 等，这时，硒原子起接受体的作用.

因而液态 $SeOCl_2$ 是许多金属氯化物的优良溶剂. 例如，可溶解某些氯化物并形成晶态加合物 $MCl_x \cdot YSeOCl_2$，这些氯化物有：KCl，RbCl，CsCl 和 $SbCl_5$(1∶1 加合物)；$TiCl_4$，$SnCl_4$，$FeCl_3$(1∶2 加合物)；$CaCl_2$ 和 $MgCl_2$(1∶3 加合物)等. 它还溶解 Li，Na，Sr，Ba，Zn，Cd，Hg，Co 和 Ni 的氯化物，但未发现有确定组成的加合物生成.

它还可与 SO_3 形成加合物 $SO_3 \cdot SeOCl_2$，所得的溶液是许多金属氧化物的溶剂.

$SeOF_2$ 和 $SeOBr_2$ 的化学性质与 $SeOCl_2$ 类似，且 $SeOBr_2$ 似乎更活泼一些. $SeOF_2$ 能腐蚀玻璃并与粉状的 SiO_2 激烈作用，但与硅的反应较慢. $SeOBr_2$ 还能与钠猛烈作用，并也是一个有用的溴化剂.

2. 二卤氧化碲和混合二卤氧化硒

二溴氧化碲 $TeOBr_2$ 可借热的浓硫酸与 $TeBr_4$ 作用或者用 NO 或 Ag_2O 处理 $TeBr_4$ 的 $CHCl_3$ 溶液来制备，反应式为：

$$TeBr_4 + H_2SO_4 \longrightarrow TeOBr_2 + Br_2 + SO_2 + H_2O$$

$$TeBr_4 + NO \longrightarrow TeOBr_2 + Br_2 + \frac{1}{2}N_2$$

$$TeBr_4 + Ag_2O \longrightarrow TeOBr_2 + Br_2 + 2Ag$$

HBr 与 TeO_2 作用生成 $TeO_2 \cdot 2HBr$，后者在 343K 热分解脱水，也可制得 $TeOBr_2$.

它是淡黄色固体，高于 573K 即熔化并分解为 TeO_2 和 $TeBr_4$，与 SO_3 的加合物 $SO_3 \cdot TeOBr_2$ 也是知道的.

二氯氧化碲 $TeOCl_2$ 不以固态存在，但在与 $TeCl_4$ 和 TeO_2 熔体呈平衡的蒸气中及 H_2TeO_3 在 1—5mol/L 的盐酸溶液中均有 $TeOCl_2$ 生成，增加 Cl^- 离子浓度，$TeOCl_2$ 就转化成 $TeCl_6^{2-}$.

氯溴氧化硒 SeOClBr 可借 Se_2Br_2 和 SeO_2 的混合物在 213K 氯化来制备：

$$Se_2Br_2 + SeO_2 + 3Cl_2 \longrightarrow 2SeOClBr + 2SeOCl_2$$

它是浓稠的深红色液体，b. p. 388K(5.07kPa)，比重为 3.0026.

3.5.2 二卤十一氧化六碲

和硒(IV)不同，碲(IV)的稳定卤氧化物不是二卤氧化碲而是 $Te_6O_{11}Cl_2$ 和 $Te_6O_{11}Br_2$.

这两个化合物都可方便地由 TeO_2 与相应的四卤化碲反应而制得：

$$TeY_4+11TeO_2 \xrightarrow{553-673K} 2Te_6O_{11}Y_2(Y=Cl，Br)$$

由 CO_2 携载的 CCl_4 蒸气与 TeO_2 在 773K 反应或用溴与 Te 及 TeO_2 混合物在 573—673K 反应也是可行的.

两者都可结晶为正交晶系晶体，空间群为 $D_{2h}^{17}-C_{mcm}$，晶胞参数分别为 $Te_6O_{11}Cl_2$: a=683pm, b=1174pm, c=1517pm, z=4, ρ=5.52; $Te_6O_{11}Br_2$: a=687pm, b=1182pm，c=1549pm，z=4，ρ=5.80. 其分子结构可能是由 Te—O 桥连成的长链.

$Te_6O_{11}Cl_2$ 在 855K 熔化，真空中于 673K 升华，873K 分解为 TeO_2 和 $TeCl_4$. $Te_6O_{11}Br_2$ 在 798K 熔化，但在 673K 即开始分解.

二者均易水解，并可分别在 793K 和 673K 被 H_2 还原为碲：

$$Te_6O_{11}Y_2+H_2O \longrightarrow 6TeO_2+2HY$$

$$Te_6O_{11}Y_2+2H_2 \longrightarrow 6Te+H_2O+2HY$$

3.5.3 二氟二氧化硒

1. 制备

在 1mol 无水硒酸(或 1mol 硒酸钡)中，加入 300ml(使用 $BaSeO_4$ 则加入 500ml)氟磺酸，猛烈搅拌并回流，生成的气体产物被捕集在 195K 的冷阱中，然再将其蒸馏至 77K 的冷阱中提纯两次，SeO_2F_2 的产率达 80%. 反应式为：

$$H_2SeO_4+2HSO_3F \longrightarrow 2H_2SO_4+SeO_2F_2$$

三氧化硒与 SeF_4 相互作用，或在 338—343K 加热三氧化硒与四氟硼酸钾的混合物，产物借低温分馏提纯，也可制得 SeO_2F_2，反应式如下：

$$SeO_3+SeF_4 \longrightarrow SeO_2F_2+SeOF_2$$

$$SeO_3+KBF_4 \longrightarrow SeO_2F_2+KBOF_2$$

2. 性质

SeO_2F_2是无色气体，m. p. 173.6K，b. p. 264.7K，气化热ΔH为28.334kJ/mol，液态时的蒸气压与温度的关系为：

$$\log P(\mathrm{Pa})=10.5988-1480.6/T$$

分子构型为四面体形，硒原子处于四面体中心，对称为C_{2v}.

它不腐蚀玻璃，易水解成硒酸，是强氧化剂. 与NH_3激烈反应被还原成硒，并在室温下被汞缓慢还原为$SeOF_2$. 有机物质如润滑脂也可将它分解.

这一非常活泼的物质已被用作制备许多硒-氟化合物的原料. 例如：与二烷基硒酸酯作用，生成氟基硒酸烷基酯：

$$R_2SeO_4+SeO_2F_2 \longrightarrow 2RSeO_3F(R=CH_3 \text{ 和 } C_2H_5)$$

与100%的浓HNO_3，N_2O_4或N_2O_3作用，生成氟基硒酸硝鎓或氟基硒酸亚硝鎓：

$$HNO_3+SeO_2F_2 \xrightarrow{CH_3NO_2} NO_2SeO_3F+HF$$

$$N_2O_3+SeO_2F_2 \longrightarrow NOSeO_3F+NOF$$

与酸式硒酸盐(例如硒酸氢钾)作用，生成氟基硒酸盐：

$$KHSeO_4+SeO_2F_2 \longrightarrow KSeO_3F+HSeO_3F$$

但与K_2SeO_4甚至在373K也不生成$KSeO_3F$.

SeO_2F_2可使SeO_3和SeO_2中的Se—O—Se键发生溶剂合式的断裂，最终产物分别为$Se_2O_5F_2$和$FSe(O_2)OSe(O)F$；SeO_2未发生价态的变化：

$$SeO_3+Se_2O_2F_2 \longrightarrow Se_2O_5F_2$$

$$SeO_2+SeO_2F_2 \longrightarrow FSe(O_2)OSe(O)F$$

SeO_2F_2作为Lewis酸，可与吡啶、三烷基胺和二氧六环等形成1∶1加合物，例如py · SeO_2，$(CH_3)_2N \cdot SeO_2F_2$，$(C_2H_5)_2N \cdot SeO_2F_2$和$C_4H_8O_2 \cdot SeO_2F_2$.

其他二卤二氧化硒及碲的类似物均未见报道.

3.5.4 含五氟氧硒基的卤氧化物

已知的化合物有十氟氧化二硒 $F_5SeOSeF_5$，十氟二氧化二硒 $F_5SeOOSeF_5$ 和十四氟二氧化三硒 $Se_3O_2F_{14}$，这类化合物都含有 F_5SeO^-基，可视作五氟基原硒酸 F_5SeOH 的衍生物.

1. 十氟氧化二硒和十氟二氧化二硒

十氟氧化二硒是五氟基硒酸氙 $Xe(OSeF_5)_2$ 热分解的主要产物：

$$Xe(OSeF_5)_2 \xrightarrow{403K} Xe + \frac{1}{2}O_2 + F_5SeOSeF_5$$

它是无色液体，m. p. 191.1K，b. p. 328.3K，几乎不水解，仅轻微腐蚀玻璃并可被 KI 还原. 其分子骨架由共用一个氧桥原子的两个八面体构成，Se—O—Se 桥角 142°，有一定成分的(pd)π 键合. 其键参数列在表 17.14 中.

表 17.14 $F_5SeOSeF_5$ 和 $F_5TeOTeF_5$ 的键参数

键 参 数	$F_5SeOSeF_5$	$F_5TeOTeF_5$
X—O(pm)	170	183
X—F 赤(pm)	168	182
X—F 轴(pm)	166	180
∠XOX(°)	142	145
∠F 轴 XF 赤(°)	88.9	89.9

十氟二氧化二硒，可借五氟基硒酸汞(II)与欠量氟的作用来制备：

$$Hg(OSeF_5)_2 + F_2 \longrightarrow HgF_2 + F_5SeOOSeF_5$$

这一反应可用最初生成的 F_5SeOF(一个 F 原子是+1 价的)与 $Hg(OSeF_5)_2$ 进一步的反应来解释：

$$Hg(OSeF_5)_2 + 2F_2 \longrightarrow HgF_2 + 2F_5SeOF$$

$$2F_5SeOF + Hg(OSeF_5)_2 \longrightarrow HgF_2 + 2F_5SeOOSeF_5$$

二氧化硒的氟化，也可得到少量 $F_5SeOOSeF_5$ 和 $F_5SeOSeF_5$ 的混合物，低温分馏可将二者分离.

$F_5SeOOSeF_5$ 也是无色液体，m.p. 210.3K，b.p. 349.4K. 其性质与 $F_5SeOSeF_5$ 相似，但热稳性稍差，加热至 473K 以上即分解，主要产物是 SeF_6 和 $F_5SeOSeF_5$.

2. 十四氟二氧化三硒

$Se_3O_2F_{14}$(m.p. 253 K)是 SeO_2 被氟化的副产物之一. 它在 523K 分解为 SeF_6 和某些未鉴定的产物. 它和 $F_5SeOSeF_5$ 一起，可能都属于通式为 $F_5Se(OSeF_4)_nOSeF_5$ 的一类复杂卤氧化物，两者的 n 值分别等于 1 和 0(参见 3.5.5).

3.5.5 含五氟氧碲基的卤氧化物

已知的含 F_5TeO 基的卤氧化物有 $F_5TeOTeF_5$，$F_5TeOOTeF_5$ 和通式为 $F_5Te(OTeF_4)_nOTeF_5$ 的复杂卤氧化物. 它们可视作五氟基原碲酸 F_5TeOH 的衍生物.

1. 十氟氧化二碲和十氟二氧化二碲

十氟氧化二碲 $F_5TeOTeF_5$ 是无色液体，m.p. 236.5K，b.p. 332.9K，293K 时的密度为 2.8407g/cm^3. 其分子结构与 $F_5SeOSeF_5$ 类似，也是由共用一个氧桥原子的两个八面体构成，键参数见表 17.14.

这个卤氧化物最初(1953 年)是用氟、氧混合气体在 323—333K 氟化 Te 和 TeO_2 的等摩尔混合物制得的，但其化学式一直被误为“十氟化二碲 Te_2F_{10}”[13]. 更好的制备方法是用$(F_5TeO)_2SO_2$ 与 SO_3 的接受体如 CsCl 反应或氙盐 $Xe(OTeF_5)_2$ 热分解：

$$(F_5TeO)_2SO_2+CsCl \longrightarrow F_5TeOTeF_5+CsOSO_2Cl$$

$$Xe(OTeF_5)_2 \xrightarrow{423K} Xe+\frac{1}{2}O_2+F_5TeOTeF_5$$

用气体色谱法可将其提纯.

它颇不活泼，几乎不与水、稀酸或稀碱作用，但能在回流下被 H_2SO_4 分解成 F_5TeOH. 它缓慢腐蚀玻璃，加热至 473K 时分解成 F_5TeOH 和 α-TeO_3.

这一化合的光谱和其他物理数据与早先报道的“Te_2F_{10}”的数据非常类似. 由于 $F_5TeOTeF_5$ 已为化学分析、^{19}FNMR，IR 和 Raman 光谱及质谱分析充分鉴定了，这就必定意味着 Te_2F_{10} 还尚待合成.

十氟二氧化二碲 $F_5TeOOTeF_5$ 可由 $Xe(F_5TeO)_2$ 在 403K 热分解制得：

$$Xe(F_5TeO)_2 \xrightarrow{403K} Xe+F_5TeOOTeF_5$$

它是无色液体，m.p. 234K，b.p. 354.6K，常压分馏时，可缓慢分解成 TeF_6 和 $F_5TeOTeF_5$.

2. $F_5Te(OTeF_4)_nOTeF_5$[10]

Te 和 TeO_2 混合物用氟和氧的混合气体氟化或由氙盐 $Xe(F_5TeO)_2$ 的热分解而得的一类复杂卤氧化物，包括 $F_5TeOTeF_5$ 在内，其通式可表示为 $F_5Te(OTeF_4)_nOTeF_5$(n=0—5). 这些化合物有：

(1) $Te_3O_2F_{14}$(n=1)，顺式：m.p. 246.6K，b.p. 390 K，ρ=2.25g/cm^3(293K)；反式：m.p. 292K，b.p. 423K.

(2) $Te_4O_3F_{18}$(n=2).

(3) $Te_5O_4F_{22}$(n=3)，顺式：m.p. 261K，b.p. 336 K；反式：m.p. 349K，b.p. 383K.

(4) $Te_6O_5F_{26}$(n=4)，m.p. 321K，b.p. 368K.

(5) $Te_7O_6F_{30}$(n=5)，m.p. 315.5K，b.p. 379K.

其中，$Te_5O_4F_{22}$ 已为 ^{19}F NMR，质谱和晶体结构分析充分鉴定. 它形成四方晶系晶体，空间群为 $C_{4h}^6-I4_{1/a}$，晶胞参数为 a=881.6 pm，c=2034.1 pm，z=4. 其分子结构可表示为 $TeF_2(OTeF_5)_4$ 式的八面体，它实际上是由共用四个氧桥原子的五个八面体构成，轴向 Te—F 键长为 184.9pm，赤道 Te—F 键长分别为 179.8 和 181.9 pm，Te—O—Te 桥角为 139.4°(见图 17.10).

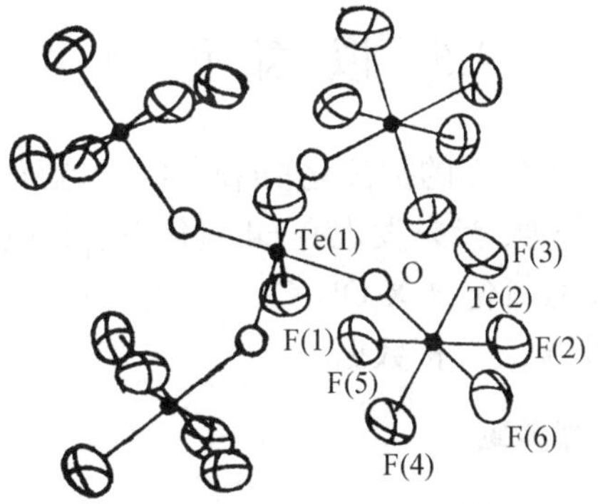

图 17.10 $Te_5O_4F_{22}$ 的分子结构

这类氟氧化物对水均相当稳定. 尽管分子量较高，但颇易挥发. 加热可分解，主要产物是 TeF_6 和 α-TeO_3.

3.5.6 八氟二氧化二硒和八氟二氧化二碲[14]

由纯的五氟基原硒酸钠 $NaOSeF_5$ 在 473K，1.3Pa 真空热分解，可于 77K 的冷阱中捕集到白色固体产物 $SeOF_4$，此化合物在 173K 以上即变为液态的二聚物 $Se_2O_2F_8$，m.p. 261K，b.p. 338K，反应式为：

$$NaOSeF_5 \xrightarrow{473K} NaF + SeOF_4 \xrightarrow{>173K} Se_2O_2F_8$$

由 $LiOTeF_5$ 在相同条件下热分解，可直接得到固态的 $Te_2O_2F_8$，m.p. 301K，b.p. 350.6K.

这两个化合物的分子结构都是由共用赤道面上的两个氧桥原子的两个八面体构成，分子中都各有一个由两个硫属原子和两个氧桥原子形成的四元环. 可看成是仅瞬息存在的化合物“$OSeF_4$”和“$OTeF_4$”的二聚体，这说明了五配位 Se(VI) 和 Te(VI)的不稳定性. 它们的分子结构和重要的键长及键角示意于图 17.11 中.

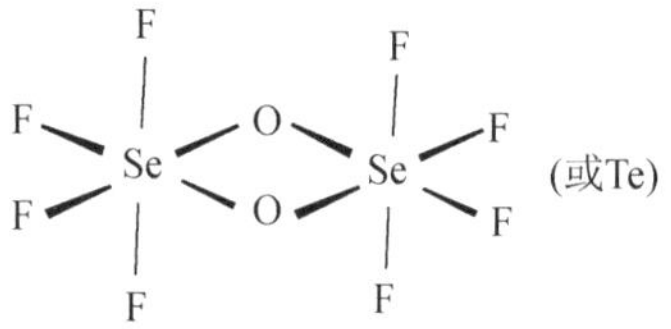

	$Se_2O_2F_8$	$Te_2O_2F_8$
X—O	178	192
$X—F_{赤}$	167	180
$X—F_{轴}$	170	185
∠XOX	97.5	99.5
∠OXO	82.5	80.5

图 17.11　$Se_2O_2F_8$ 和 $Te_2O_2F_8$ 的分子结构和键长(pm)及键角(°)

它们的化学性质了解不多，只知道 $Se_2O_2F_8$ 对水稳定，而 $Te_2O_2F_8$ 则易水解且特别容易形成多聚物 $(TeOF_4)_n$ 和 $F_5Te\cdot(TeOF_4)_nOTeF_5$.

3.6　拟 卤 化 物

硒、碲的+1 和+2 氧化态的拟卤化物(氰化物、硫氰化物和硒氰化物)在类型上和相应的卤化物颇为类似. 尚未发现有+4 氧化态的相应拟卤化物，不过，硒(IV)和碲(IV)的双(三氟甲基)氮氧化物 $X(ON(CF_3)_2)_4$ 或许可归属于拟卤化物，四氰化钋 $Po(CN)_4$ 也可能存在，但缺乏分析数据.

3.6.1　一氰化硒和一硫氰酸硒

1. 一氰化硒 $Se_2(CN)_2$

用碘氧化悬浮在 CCl_4，$CHCl_3$ 或乙醚中的硒氰酸银、将滤液冷却到 203K，即可结晶出 $Se_2(CN)_2$：

$$2AgSeCN+I_2 \longrightarrow Se_2(CN)_2+2AgI$$

在丙酮中用四乙酸铅氧化硒氰酸钾，也可制得一氰化硒：

$$4KSeCN+Pb(CH_3COO)_4 \longrightarrow 4CH_3COOK$$

$$+Pb(SeCN)_2+Se_2(CN)_2$$

它是黄色固体，易水解成亚硒酸：

$$2Se_2(CN)_2+3H_2O \longrightarrow H_2SeO_3+HCN+3HSeCN$$

在 CS_2 中受热即歧化成二氰化硒和二硒氰酸硒：

$$2Se_2(CN)_2 \longrightarrow Se(CN)_2+Se(SeCN)_2$$

它的某些性质与碘颇为类似，但氧化性稍弱于碘，与 CsSeCN 作用时，能生成多拟卤化物 $Cs(SeCN)_3$，相当于 KI_3.

2. 一硫氰酸硒 $Se_2(SCN)_2$

$Se_2(SCN)_2$ 可借一氯化硒与硫氰酸汞的反应来制备：

$$Se_2Cl_2+Hg(SCN)_2 \longrightarrow Se_2(SCN)_2+HgCl_2$$

它的性质还不甚了解.

3.6.2 二氰化硒和二氰化碲

1. 二氰化硒 $Se(CN)_2$

借助一氰化硒的歧化，可获得二氰化硒. 例如，在抽空的系统中，用 IF_5 氧化氧化 KSeCN，反应先生成 $Se_2(CN)_2$，然后加热歧化为二氰化硒和二硒氰酸硒：

$$10KSeCN+2IF_5 \longrightarrow 10KF+I_2+5Se_2(CN)_2$$

$$2Se_2(CN)_2 \longrightarrow Se(SeCN)_2+Se(CN)_2$$

用苯萃取反应混合物，减压蒸去苯和碘，于 323K 真空升华，可使 $Se(CN)_2$ 与不挥发的 $Se(SeCN)_2$ 分离，产率~16%.

一溴化硒与悬浮在乙醚中的 AgCN 反应，滤出溶液，通过相似的步骤，也可以制得二氰化硒，总反应可表示为：

$$2Se_2Br_2+4AgCN \longrightarrow Se(CN)_2+Se(SeCN)_2+4AgBr$$

它是无色固体，m. p. 407K，可结晶成正交晶系晶体，晶胞参数 a=871pm，b=698pm，c=1341pm. 在苯中是单聚的，还可溶于醚. 分子构型为三角形，属 C_{2v} 点群，Se—C 键长 186pm，C—N 键长 142pm，Se—C—N 和 C—Se—C 角分别

177°和 119°. 与水作用可按下式水解并歧化成亚硒酸和二硒氰酸硒：

$$4Se(CN)_2+3H_2O \longrightarrow H_2SeO_3+6HCN+Se(SeCN)_2$$

2. 二氰化碲 $Te(CN)_2$

$TeBr_4$与过量二倍的 AgCN 在干燥的苯中于 363K 回流并搅拌三天，然后倾滗出苯，用乙醚提取剩余的固体，通氢气流使醚挥发，所得结晶在高真空中于 393K 升华提纯，可制得 $Te(CN)_2$. 其反应如下：

$$TeBr_4+3AgCN \longrightarrow Te(CN)_2+3AgBr+BrCN$$

它是淡玫瑰色固体，其颜色可能来自于痕量的碲. 它在 353K 缓慢分解成 Te 和 CN. 可溶于醚，微溶于 CCl_4、$CHCl_3$ 和苯与水作用即按下式歧化和水解：

$$2Te(CN)_2+3H_2O \longrightarrow Te+TeO(OH)_2+4HCN$$

3.6.3 二硫氰酸硒，二硫氰酸碲和二硒氰酸硒

1. 二硫氰酸硒和二硫氰酸碲

将 50ml 含 3.8g NH_4SCN 的水溶液与 1.1g SeO_2 溶于 12.9ml 浓盐酸并稀释至 50ml 的水溶液混合搅拌，静置半小时，即可结晶出 $Se(SCN)_2$：

$$3H_2SeO_3+7HSCN \longrightarrow 3Se(SCN)_2+5H_2O+HCN+H_2SO_4$$

产物分别用冰乙酸和乙醚洗涤，在 NaOH 上真空干燥后，于 278K 下保存. 它也可溶在无水二氧六环中，用加入乙醚直到混浊的方法而被重结晶.

它是黄色的正交晶系晶体，空间群为 $D_{2h}^{16}-P_{nma}$，晶胞参数为 a=987pm，b=1303pm，c=444pm，z=4. 非平面的链形分子具有 C_s 对称性. 分子内部

Se—S	键长，221 pm
S—C	键长，169 pm
C—N	键长，117 pm
S—Se—S	键角 101°
Se—S—C	键角 104°
S—Se—S—C	扭角 79°

可溶于无水二氧六环、丙酮和苯乙酮，微溶于乙醚、苯、CS_2 和液态 SO_2，不溶于 CCl_4 和庚烷.

在无水的情况下，它可在 278K 以下及黑暗中稳定几周，加热至 356—358K 即分解，在室温下与 H_2O、稀盐酸、稀 NaOH 溶液、低级醇和吡啶作用亦被分解，水解产物主要是 Se，H_2SeO_3 和 SCN^-. $Se(SCN)_2$ 既具有氧化性又具有还原性，可用于在有机化合物中引入 SCN 基.

$TeBr_4$ 与 AgSCN 在沸腾的苯中反应，据说可生成二硫氰酸碲 $Te(SCN)_2$，但缺乏进一步的说明.

2. *二硒氰酸硒*

用 Cl_2，Br_2 或 N_2O_4 氧化硒氰酸钾，可得二硒氰酸硒和二氰化硒的混合物，例如：

$$2Cl_2+4KSeCN \longrightarrow Se(SeCN)_2+Se(CN)_2+4KCl$$

在 323K 真空升华分出二氰化硒或用发烟 HNO_3 分解二氰化硒，即可制得 $Se(SeCN)_2$，在苯或 $CHCl_3$ 中重结晶可将其提纯.

粉状的 $Se(SeCN)_2$ 是黄色的，而大晶体呈红橙色. 其晶体和分子结构都与 $Se(SCN)_2$ 类似. 正交晶胞参数为 a=1007pm，b=1335pm，c=448pm. 在分子内部

Se—Se	键长，223pm
Se—C	键长，183pm
C—N	键长，105pm
Se—Se—Se	键角，101°
Se—Se—C	键角，95°
Se—C—N	键角，164°
Se—Se—Se—C	扭角，94°

它在暗处是稳定的，但可被光或 X 射线分解，加热至 406—407K 即熔化并有些分解.

3.6.4 硒、碲的双(三氟甲基)氮氧化物和四氰化钋

硒或碲与 $(CF_3)_2NO$ 在连接至真空系统的安瓿中于室温反应两天，减压抽除挥发物并使安瓿冷至 208K，即可得到 $[(CF_3)_2\cdot NO]_4X$ (X = Se，Te)白色晶体.

两者的熔点均为 298K，加稀盐酸即水解成单质和双(三氟甲基)二羟胺：

$$[(CF_3)_2NO]_4X+4H_2O \longrightarrow X+4(CF_3)_2N(OH)_2$$

用 HCN 酸水溶液处理 $Po(OH)_4$ 或 $PoCl_4$，得到一种白色粉末可能是 $Po(CN)_4$，

但缺乏分析数据.

3.7 氧　化　物

硒分族元素的氧化物主要有二氧化物和三氧化物，但存在三氧化钋的证据还不够充分. 硒、碲的五氧化物 Se_2O_5 和 Te_2O_5 也已被合成出来，二者实际上是二氧化物和三氧化物的聚合体. 硒、碲的一氧化物不以固态存在，但可存在于高温蒸气相中，一氧化钋 PoO，据说是一种极易氧化的黑色固体，但存在的证据也不充分.

三个二氧化物均具有一定的碱性，虽然 SeO_2 基本上是酸性氧化物，但由硒到钋，碱性渐次增强. 和相应周期的卤素氧化物的稳定性规律相似，SeO_2 的热力学稳定性也低于 SO_2 和 TeO_2. 硒、碲的三氧化物的酸性和氧化性均强于相应的二氧化物. 它们的某些物理性质列在表 17.15 中.

表 17.15　氧化物的一些物理性质

	SeO_2	TeO_2	SeO_3	TeO_3
颜色	白	α，白 β，黄	白	α，橙 β，灰
熔点(K)	613(封管)	1005.7	391	
熔化热，ΔH(kJ/mol)		29.288		
沸点(K)[1]	588		373(5.3kPa)	
升华热，ΔH(kJ/mol)	102.5	246.8	37.66	
气化热，ΔH(kJ/mol)		216.3		
蒸气压(固) $\log P(\text{Pa})=A-B/T$	A=14.1515 B=3542.5	A=14.4532 B=13222	A=20.2838 B=6968	
(液)		A=12.3728 B=11300		
生成热，ΔH_{298}(kJ/mol)	−230.1	−325.3	−184.1	−348.1
生成自由能，ΔG_{298}(kJ/mol)	−174.1	−269.8		
密度(g/cm^3)		5.75	2.75(391K)	α，5.07 β，6.02
三相点(K)			394.0(733Pa)	

1)升华温度.

3.7.1　二氧化物

1. 二氧化硒

硒在空气中燃烧，或将硒溶于热的 6mol/L 硝酸，并在 423K 将所得 H_2SeO_3

溶液脱水数小时，均可制得 SeO_2. 真空升华可将其提纯.

$$Se+2HNO_3 \longrightarrow H_2SeO_3+NO+NO_2$$

$$H_2SeO_3 \xrightarrow{423K} SeO_2+H_2O$$

SeO_2 是白色的挥发性固体，有腐败味. 在封管中于 613K 熔化成黄色液体，常压下于 588K 升华，蒸气是绿色的. 其物理性质见表 17.15. 蒸气压 P(kPa)与温度 T(K)的关系如下：

T	293	343	367	454	505	572	584	588	593
P	0.0	1.67	2.69	5.20	9.04	60.06	81.43	101.32	113.04

气态的 SeO_2 是弯曲形的对称分子，由微波谱测得的 Se—O 键长为 160.7 ± 0.06 pm，O—Se—O 键角为 113+0.08°. 气相中有少量(~1%)二聚的$(SeO_2)_2$，可能具有中心对称(C_{2h})的椅式构型(见图 17.12a). 固态 SeO_2 形成四方晶系晶体，晶胞参数为 a=835.3pm，c=505.1 pm. 分子间借一个氧桥构成无限长的链，由桥角可知 Se—O 链不共一个平面(见图 17.12b).

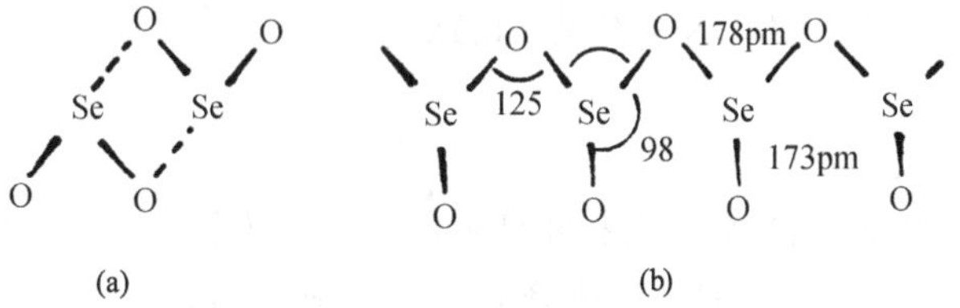

图 17.12 (a)$(SeO_2)_2$，(b)SeO_2 的无限长链

SeO_2 基本上是一个酸性氧化物，它易溶于水生成 H_2SeO_3，溶于 HNO_3 或 50%H_2O_2，则生成硒酸 H_2SeO_4，而在 100%浓硫酸中的行为像一个弱碱，所得溶液呈亮绿色，含有 Se_8^{2+} 多核阳离子(参见 3.17.1).

SeO_2 溶解于焦硫酸 $H_2S_2O_7$ 中形成无色溶液，其溶解度随温度增加，最终可达 0.5mol/L. 低浓度时，SeO_2 在此溶液中可质子化：

$$SeO_2+2H_2S_2O_7 \rightleftharpoons SeOOH^++HS_3O_{10}^-+H_2SO_4$$

而浓溶液中，可能存在加合物 $H_2S_2O_7 \cdot Se_2O_4$. 它也溶于 $SeOCl_2$，在其中表现为三聚体，并还溶于甲醇、乙醇、丙酮、乙酸等有机溶剂，但不溶于纯苯.

作为一个酸性氧化物，SeO_2 可与若干金属氧化物或硫化物在高温反应，生成亚硒酸盐或硒酸盐. 例如：与 UO_2 在 623K 反应生成$(UO)_2SeO_3$(此化合物可稳定至 823K，高于此温度分解为 U_3O_8)；与 PbO_2 在 373K 反应生成 $PbSeO_4$；与 ZnS 的反应十分复杂，所得的产物含 $ZnSeO_3$，$ZnSO_4$，ZnSe，ZnO 和 Se，具体组成与退火温度及时间有关. SeO_2 与 ZnSe 或 ZnO 的反应也有类似情况.

SeO_2 是中强的氧化剂. NH_3，NH_2OH 和 N_2H_4 很容易将它还原成硒，H_2S，SO_2 水溶液或液态 SO_2 的吡啶溶液也有类似的作用. 例如：

$$3SeO_2+4NH_3 \longrightarrow 3Se+2N_2+6H_2O$$

$$SeO_2+N_2H_4 \longrightarrow Se+N_2+2H_2O$$

$$SeO_2+2SO_2+2H_2O \longrightarrow Se+2H_2SO_4$$

$$SeO_2+2SO_2+2py \longrightarrow Se+2py \cdot SO_3$$

SeO_2 的氧化性，常被应用于有机反应中. SeO_2 的还原性较弱，不过，与某些强氧化剂作用时也可被氧化，例如用 50%H_2O_2 浸泡 24 小时，可将其氧化成 H_2SeO_4.

SeO_2 与某些卤化物如 SF_4，PCl_5，BBr_3 等的反应及与四卤化硒的反应，被用于制取四卤化硒和卤氧化硒(参见 3.4 和 3.5)，与 SeO_2F_2 的反应比较复杂，最终产物是 Se_2O_5 和分子式为 $F(O)_2 \cdot SeOSe(O)F$ 的氟氧化物. SeO_2 还与 NH_4SCN(在盐酸溶液中)反应，生成 $Se(SCN)_2$(参见 3.6.3).

2. 二氧化碲

在空气中燃烧碲或将碲溶于热的 HNO_3 并将溶液蒸发至干，再于 433—673K 将所得碱式硝酸碲 $2TeO_2 \cdot HNO_3$ 热分解，均可制得 TeO_2.

TeO_2 是白色固体，加热即变黄，并在 100.5K 熔化成深红色液体，挥发性比 SeO_2 低得多. 其物理性质见表 17.15.

TeO_2 有两种晶型：四方晶系的 α 型和正交晶系的 β 型. 两种型式中，基本的配位多面体都是在赤道面上有一对孤电子对的变形三角双锥. 赤道键是由碲原子的 5s，$5p_x$ 和 $5p_y$ 轨道杂化而成，轴向键仅涉及 $5p_z$ 轨道.

α-TeO_2 的结构，可用 TeO_4 结构单元组成的三维网络来描述，其中的每个氧原子均为两个结构单元所共享. 赤道键长为 190.3pm，O(1)—Te—O(2)键角为 102°，轴向键长略长，为 208.2pm，O(3)—Te—O(4)键角为 168.5°，结构单元间的 O—Te—O 桥角为 139.5°(见图 17.13). β-TeO_2 的结构是由 Te_2O_6 结构单元形成的二维薄片构成(见图 17.14). 两赤道键及两轴向键均互不相等，赤道平均键长为 190.5pm，O(1′)—Te—O(2′)键角为 101°，轴向平均键长为 213pm，O(1′)—Te—O(2)键角为 168.9°，Te—O(1)—Te′键角为 102°，Te 和 Te′ 原子相对地较为靠近(317pm)，而 α-TeO_2 中的 Te—Te′ 距为 376pm. 这一事实及 β-TeO_2 的黄色，表明了 β-TeO_2 中的碲原子间有某种键合作用存在. 两种结构单元中，轴向 Te—O 键长都接近两原子的共价半径之和(204pm).

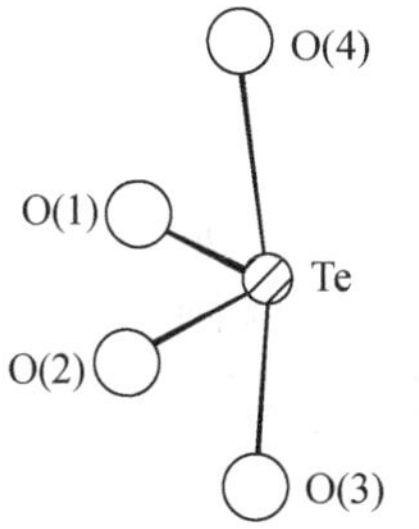

Te—O(1)，Te—O(2)	190.3pm
Te—O(3)，Te—O(4)	208.2pm
∠O(1)—Te—O(2)	102°
∠O(3)—Te—O(4)	168.5°
∠O(1)—Te—O(3)，∠O(2)—Te—O(4)	84.6°
∠O(1)—Te—O(4)，∠O(2)—Te—O(3)	88.1°
∠Te—O—Te(桥角)	139.5°

图 17.13 α–TeO_2 中的 TeO_4 结构单元

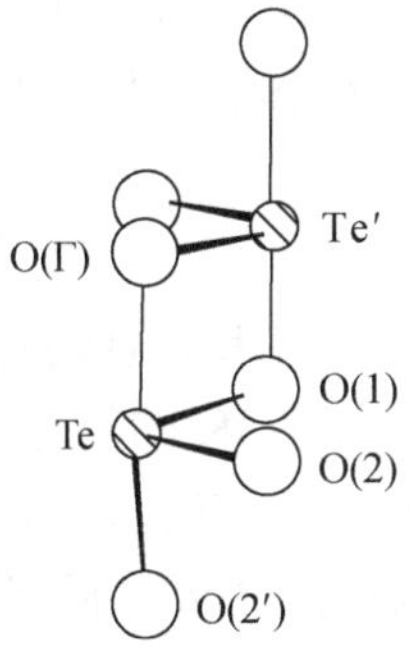

Te—O(1)	188 pm
Te—O(2)	193 pm
Te—O(1′)	219 pm
Te—O(2′)	207 pm
Te…Te′	317 pm
∠O(1)—Te—O(2)	101.0°
∠O(2′)—Te—O(1′)	168.9°
∠O(1′)—Te—O(2)	90.0°
∠O(1′)—Te—O(1)	78.3°
∠O(2′)—Te—O(2)	89.6°
∠O(2′)—Te—O(1)	99.2°
∠Te′—O(1)—Te	102.0°

图 17.14 β–TeO_2 中的 Te_2O_6 结构单元

二氧化碲是两性氧化物，其碱性比 SeO_2 强. 它仅微溶于水，但易溶于强碱溶液生成亚碲酸盐、焦亚碲酸氢盐和各种焦亚碲酸盐(参见 3.8.1). 它也可溶于某些热的强酸，生成碲(IV)的碱式盐，如 $2TeO_2 \cdot SO_3$ 和 $2TeO_2 \cdot HNO_3$，大量稀释或中和溶液，便析出 TeO_2 或亚碲酸 H_2TeO_3. 它还与某些金属的氧化物或盐在高温反应，生成相应金属的亚碲酸盐、碲酸盐或更复杂的相，如 $NiTeO_3$，$PbTeO_4$ 和 $CuTeO_3 \cdot 2CuSO_4$ 等.

TeO_2 也是中强氧化剂(氧化性比 SeO_2 稍弱). 在高温下能被 Al，Zn，Cd，Bi，Ag 等金属及 C，P 等非金属还原为碲. 它还可在酸性溶液中被 SO_2，$SnCl_2$，N_2H_4，KI 等及在碱性溶液中被草酸还原成碲. 与 SO_2 的作用在盐酸浓度高于 20%时不能进行完全，据此可分离 Se(IV)和 Te(IV)(见图 17.15). TeO_2 也有较弱的还原性，能被 H_2O_2，Cl_2，Br_2，MnO_4^{2-} 和 $Cr_2O_7^{2-}$ 等强氧化剂氧化为原碲酸，例如：

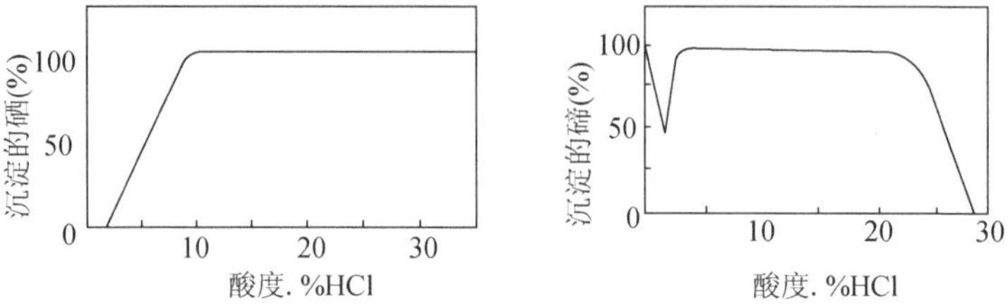

图 17.15　用 SO_2 从溶液中沉淀硒、碲与酸度的关系

$$TeO_2+2H_2O_2+2H_2O \longrightarrow H_6TeO_6$$

$$3TeO_2+Cr_2O_7^{2-}+8H+5H_2O \longrightarrow 3H_6TeO_6+2Cr^{3+}$$

与 SeO_2 相似，TeO_2 与某些卤化物如 CuF_2，FeF_3，SeF_4，BrF_3，SCl_2，CCl_4，$TeCl_4$，ICl，BBr_3 和 HBr 等反应，生成相应的四卤化碲或卤氧化碲(参见 3.4 和 3.5).

3. 二氧化钋

PoO_2 可借金属与 O_2(或空气)在 523—573K 直接化合，或借 Po(IV)的碱式硫酸盐 $2PoO_2 \cdot SO_3$ 或碱式硒酸盐 $2PoO \cdot SeO_3$ 分别在 823K 和 673K 的热分解来制备.

PoO_2 有两种晶型：黄色的低温型是面心立方晶体，晶胞参数 a=559pm，ρ=9.18g/cm^3；红色的高温型属四方晶系，制备后只能稳定几天. 后者在氧中于 1158K 变为深褐色并在此温度以上升华. 真空中加热至 723K 就分解成组成元素.

PoO_2 基本上是碱性氧化物，在浓酸中可生成正盐，如 $Po(NO_3)_4$ 和 $Po(SO_4)_2$(而 TeO_2 仅形成碱式盐). 它几乎不溶于水及稀碱，在与 KOH 熔融形成的熔体中，可能含有 K_2PoO_3.

PoO_2 不与液态 SO_2 作用，但可在 523K 被 NH_3 或 H_2S 及在 473K 被 H_2 缓慢地还原成单质.

3.7.2　三氧化物

1. 三氧化硒

SeO_3 可借无水 K_2SeO_4 与 SO_4 一起回流来制备. 反应混合物分为两层，下层是通式为 $K_2(S_nO_{3n+1})$ 的混合物，上层为溶于 SO_3 中的 SeO_3. 分出上层，蒸发逐去 SO_3 即得 SeO_3：

$$K_2SeO_4+nSO_3 \longrightarrow K_2(S_nO_{3n+1})+SeO_3$$

将 1∶1 的 P_2O_5 和 H_2SeO_4 的混合物在 393K 真空升华脱水，也可制得 SeO_3.

它是吸湿的白色固体，m. p. 391K，无确定的沸点. 和 SeO_2 相比，是热力学不稳定的，可在 N_2 中于 453—458K 或在 O_2 中于 489K 分解为五氧化二硒 Se_2O_5：

$$2SeO_3 \longrightarrow Se_2O_5 + 1/2O_2$$

固态的 SeO_3 有两种构型. 稳定构型由具有 S_4 对称性的环状四聚体$(SeO_3)_4$构成. 由蒸气冷凝或熔体缓慢固化所形成的 SeO_3，是介稳定构型，在室温可稳定若干天，这个相也形成四聚环状分子，但具有 D_{2d} 对称性. 在熔融态，SeO_3 可能是像聚偏磷酸根离子那样的多聚体. 电子衍射和质谱都表明，SeO_3 在蒸气态部分(~30%)地解聚成单分子，但 IR 光谱不支持这个结论.

SeO_3 是强酸性氧化物，它迅速溶解于水，生成酸性和氧化性都很强的硒酸 H_2SeO_3，溶于碱性溶液就生成硒酸盐. 虽然 SeO_3 也有氧化性，例如：在乙醚中可被 S 和 H_2S 还原成单质；未经真空升华过的 SeO_3，与有机物会发生爆炸性的反应，但是在化学反应中，氧化性并不是 SeO_3 的化学特征.

SeO_3 还可溶于乙醚、二氧六环、乙酸酐、CH_3NO_2 和液态 SO_2.

室温下，SeO_3 实际上不溶于氟基磺酸 HSO_3F，但稍加温热即被"溶解". 不过，"溶解"作用是由于相互发生反应，产物为 $Se_2O_2F_2$ 和 $H_2S_2O_7$：

$$SeO_3 + 2HSO_3F \longrightarrow SeO_2P_2 + H_2S_2O_7$$

SeO_3 与焦硫酸 $H_2S_2O_7$ 作用，可发生 Se 和 S 的交换，产生 H_2SeSO_7 和 SO_3. 与 SeO_2F_2 在加下作用，$(SeO_3)_4$ 环状分子开环，最终生成 $S_2O_5F_2$.

SeO_3 是典型的 Lewis 酸，可与有机叔碱诸如吡啶、γ-甲基吡啶、二烷基胺、氮杂萘 C_9H_7N 和 1，4-氮氧杂环己烷等形成 1∶1 和 1∶2 的加合物. 这些加合物溶于强酸性介质(HSO_3Cl，HSO_3F 和 $H_2S_2O_7$)中可形成导电性溶液. 在生成这些加合物时，总是涉及$(SeO_3)_4$分子的解聚，py · SeO_3 和$(CH_3)_3N$ · SeO_3 分子由角锥形的 $NSeO_3$ 基团(C_{3v})构成，而由 SO_2 溶液中结晶出的 py · $2SeO_3$，有如下结构式：

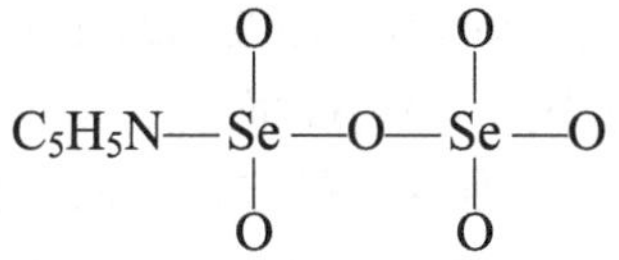

在 CH_3NO_2 中，$(SeO_3)_4$ 可与 N_2O_4 发生亲核反应，产生 NO^+，NO_2^+ 和 $Se_4O_{13}^{2-}$ 离子，后者接着分解出 SeO_3，生成 $Se_3O_{10}^{2-}$ 和 $Se_2O_7^{2-}$，从而可获得$(NO)_2Se_2O_7$、$(NO)_2Se_3O_{10}$ 和$(NO_2)_2Se_2O_7$ 和$(NO_2)_2Se_3O_{10}$ 这样的亚硝酰和硝酰多硒酸盐：

$$2N_2O_4 + 2(SeO_3)_4 \longrightarrow (NO)_2Se_4O_{13} + (NO_2)_2Se_4O_{13}$$

$$(NO)_2Se_4O_{13} \xrightarrow{-SeO_3} (NO)_2Se_3O_{10} \xrightarrow{-SeO_3} (NO)_2Se_2O_7$$

$$(NO_2)_2Se_4O_{13} \xrightarrow{-SeO_3} (NO_2)_2Se_3O_{10} \xrightarrow{-SeO_3} (NO_2)_2Se_2O_7$$

SeO_3 与液态 HF(或在液态 SO_2 中与 HF)反应，生成氟基硒酸 $FSeO_3H$. 与碱金属氟化物共热，可生成氟基硒酸盐：

$$SeO_3 + MF \longrightarrow MSeO_3F$$

SeO_3 也是 Lewis 碱，在液态 SO_2 中，与砷、锑的氯化物作用，可形成加合物 $SeO_3 \cdot AsCl_3$，$SeO_3 \cdot SbCl_3$，$SeO_3 \cdot SbCl_5$，$2SeO_3 \cdot AsCl_5$ 和 $2SeO_3 \cdot SbCl_3$. 除后者仅存在于溶液中外，其他加合物都可从溶液中结晶出来，但仅在 253K 以下才是稳定的，在这些加合物中 SeO_3 的氧原子是给予体.

SeO_3 在液态 SO_2 中的溶液，可作为有机化合物的硒化剂. 例如：此溶液与醇作用，生成烷基硒酸：

$$(SeO_3)_4 + 4ROH \longrightarrow 4ROSeO_2OH(R=CH_3,\ C_2H_5)$$

与二甲醚作用，以高产率生成二甲基硒酸酯：

$$(SeO_3)_4 + 4(CH_3)_2O \longrightarrow 4(CH_3O)_2SeO_2$$

与苯及其衍生物反应，生成芳基硒酸：

$$Ar—H + SeO_3 \longrightarrow ArSeO_3H(Ar=C_6H_5,\ CH_3C_6H,$$

$$p\text{–}ClC_6H_4 \text{ 和 } p\text{–}BrC_6H_4)$$

但这一反应也生成少量的 H_2SeO_4 和二芳基硒砜$(Ar)_2SeO_2$.

2. 三氧化碲和三氧化钋

TeO_3 有 α 和 β 两种构型. α–TeO_3 是橙色的无定形固体，可在干燥的氧中于 573—633K 由原碲酸 H_6TeO_6 脱水 24 小时而得，但最后微量的水很难除尽. 它不溶于冷水、稀酸和稀碱，经长期加热始转变成碲酸和碲酸盐. 但与浓 KOH 煮沸则迅速形成 K_2TeO_4. α–TeO_3 是强氧化剂，在加热时可与许多金属和非金属激烈反应，与浓盐酸共沸，可将 HCl 氧化成 Cl_2：

$$2TeO_3 + 8HCl \rightleftharpoons TeO_2 + TeCl_4 + Cl_2 + 4H_2O$$

加热至 679K，α–TeO_3 就分解成 Te_2O_5 和氧.

β–TeO_3 是灰色的三方晶系晶体，晶胞参数为 a=158pm，β=56.41°，ρ=6.22g/cm^3. 可由 H_6TeO_6(或 α–TeO_3)与少量浓 H_2SO_4 一起在充氧的封管中于

593K 加热 18 小时而得. 它的化学活性比 α–TeO_3低，甚至在 673K 也不被 H_2还原，仅与熔融的 KOH 作用，并可溶于浓 Na_2S 水溶液中，产物可能是四硫代碲酸钠 Na_2TeS_4:

$$TeO_3+4Na_2S+3H_2O \longrightarrow Na_2TeS_4+6NaOH$$

β-TeO_3亦不与水、稀酸和稀碱反应，在 N_2 中加热至 703K 分解成 Te_2O_5.

PoO_3 的存在还不那么肯定，在电解痕量钋的阳极沉积物中，据说有 PoO_3 生成.

3.7.3 五氧化物

硒、碲的五氧化物 X_2O_5，是由二氧化物和三氧化物形成的一种氧化物，也可视为硒(IV)的碱式硒酸盐 $SeO_2 \cdot SeO_3$ 或 $SeOSeO_4$ 和碲(IV)的碱式碲酸盐 $TeO_2 \cdot TeO_3$或 $TeOTeO_4$. Po_2O_5还未发现.

1. 五氧化二硒

在封管中加热SeO_2和SeO_3的混合物或在458K使SeO_3分解,可制得Se_2O_5. 在 SeO_2与 SeO_2F_2十分复杂的反应中，Se_2O_5也和 $FO_2SeOSeOF$ 一起作为最终产物生成.

Se_2O_5 是白色吸湿的固体，易水解成亚硒酸和硒酸. 它在 479K 熔化，480K 分解成 SeO_2和 O_2，但在 1.33×10^{-3}Pa 的高真空中，可于 418K 升华.

熔融的 Se_2O_5有颇高的导电性，表明存在 SeO^{2+}和 SeO_4^{2-} 离子. 固态 Se_2O_5的结构是 Se^{IV} 和 Se^{VI} 原子交替排列的线状聚合体：

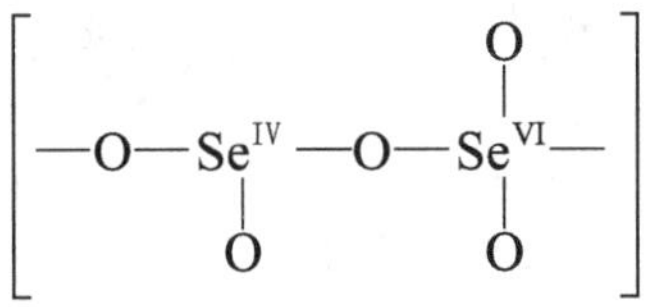

2. 五氧化二碲

在 663—703K 使 TeO_3或 H_6TeO_6热分解可制得 Te_2O_5，用水热合成法(平均温度 643K)可由 H_2TeO_6生长 Te_2O_5单晶.

Te_2O_5是淡黄色固体，不溶于水，溶于 30%KOH 溶液转化成亚碲酸钾和碲酸钾. 加热至 758K 分解为 TeO_2.

Te_2O_5单晶属单斜晶系，晶胞参数为 a=536.8pm，b=469.8pm，c=795.5pm，β=104.82°，z=2，计算密度 ρ=5.735g/cm^3. 晶体中，含有八面体配位的 Te(VI)和

四配位(类似于 TeO_2)的 Te(IV)，每个 $Te^{VI}O_6$ 八面体，通过与其他八面体共用赤道面上的顶点相互连接，形成组成为$(Te^{VI}O_4)_n^{2n-}$ 的层，层间由$(Te^{IV}O)_n^{2n+}$ 链相连，从而构成 Te_2O_5 晶体的三维结构.

3.8 氢氧化物、含氧酸及含氧酸盐

由硒分族元素的氧化物可知，相应的氢氧化物、含氧酸和含氧酸盐有：亚硒酸、亚碲酸、氢氧化钋(IV)和它们的含氧酸盐及硒酸、碲酸和它们的盐. 钋不形成 $Po(OH)_6$，但从 Po(II)的溶液中，用碱可沉淀出深褐色的 $Po(OH)_2$，此化合物极不稳定，在空气中迅速氧化成 $Po(OH)_4$.

3.8.1 亚硒酸、亚碲酸、氢氧化钋(IV)和相应的含氧酸盐

1. 亚硒酸

将 SeO_2 溶于少量水，在水浴上缓慢蒸发至析出结晶，产物在 KOH 上干燥，即得 H_2SeO_3.

结晶 H_2SeO_3 是白色正交晶系晶体，晶胞参数 a=913.2pm，b=598.8pm，c=509.1pm，z=4，ρ=3.07g/cm^3，晶体中稍许畸变的角锥形 SeO_3 基团，借颇强的氢键相互连接. 分子结构示意于图 17.16.

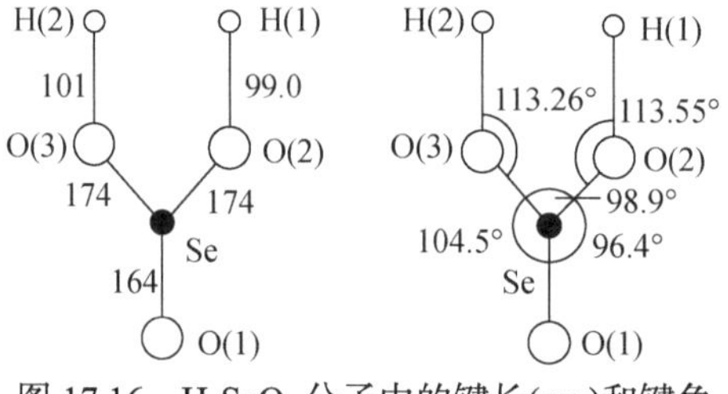

图 17.16 H_2SeO_3 分子中的键长(pm)和键角

H_2SeO_3 极易溶解于水，295K 时，100g 水溶液可溶解 72.52g，浓度超过 4mol/L 时有二聚作用：

$$2H_2SeO_3 \rightleftharpoons H_2Se_2O_5 + H_2O$$

但和 H_2SO_3 不同，不游离出 SeO_2. 固态 H_2SeO_3 加热至 423K 即脱水成 SeO_2.

H_2SeO_3 是一个中强酸($K_1=3.5\times10^{-3}$，$K_2=5\times10^{-8}$)，其酸性弱于 H_2SO_3，但强于乙酸，部分中和或完全中和即生成含 $HSeO_3^{2-}$ 和 SeO_3^{2-} 离子的亚硒酸盐.

H_2SeO_3 也是中强的氧化剂，在酸性溶液中的标准电极电势为：

$$H_2SeO_3+4H^++4e \rightleftharpoons Se+3H_2O \quad E^\circ=0.74V$$

故它在酸性溶液中能氧化 SO_2, H_2S, $CS(NH_2)_2$, KI, $Na_2S_2O_3$, NH_3, N_2H_4 和 NH_2OH 等物质. 除在 1.5.2 和 1.5.3 中所介绍过的反应外,与 H_2S 和 $CS(NH_2)_2$ 的反应如下:

$$H_2SeO_3+2H_2S \longrightarrow 2S+Se+3H_2O$$

$$2H_2SeO_3+H_2S \xrightarrow{温热} H_2SO_4+2Se+2H_2O$$

$$5H_2SeO_3+3CS(NH_2)_2 \longrightarrow 5Se+2NH=C(NH_2)—SO_3H$$
$$+CO(NH_2)_2+H_2SO_4+4H_2O$$

亚硒酸与上述化合物的氧化还原反应，大部分已用于硒的分析中.

在硫酸和盐酸溶液中,H_2SeO_3 能被标准电极电势在 Zn 和 Cu 之间的金属还原,生成硒或金属硒化物. 还能被庚醇、甲醛、甲酸、乙酸、草酸、酒石酸及葡萄糖等有机化合物还原成硒.

在与更强的氧化剂作用时，H_2SeO_3 也能被氧化成 H_2SeO_4，例如:

$$H_2SeO_3+O_3 \longrightarrow H_2SeO_4+O_2$$

$$H_2SeO_3+Cl_2+H_2O \rightleftharpoons H_2SeO_4+2HCl$$

$$5H_2SeO_3+2MnO_4^{2-}+6H^+ \longrightarrow 5H_2SeO_4+2Mn^{2+}+3H_2O$$

后一反应也已应用于硒的定量测定.

H_2SeO_3 与芳基邻二胺和有机硫化物反应，生成有色的有机硒化物，这些化合物多用于硒的分光光度测定(参见 1.5.3).

2. 亚硒酸盐

H_2SeO_4 形成正盐如 $M_2^I SeO_3$、酸式盐如 M^IHSeO_3 和酸性更强的超酸盐如 $M^IH_3(SeO_3)_2$ 或 $M^IHSeO_3 \cdot H_2SeO_3$，还形成焦亚硒酸盐如 $M_2^I Se_2O_5$ 及一些杂多酸盐.

碱金属(包括 NH_4^+)的亚硒酸盐和亚硒酸氢盐，可用化学计量的碱金属碳酸盐或氢氧化物中和或部分中和亚硒酸溶液并蒸发结晶而得:

$$M_2CO_3+H_2SeO_3 \longrightarrow M_2SeO_3+CO_2+H_2O$$

$$MOH+H_2SeO_3 \longrightarrow MHSeO_3+H_2O$$

它们都是白色潮解的棱晶，易溶于水，并可从水溶液中经自然蒸发而结晶出水合亚硒酸盐(除 $Na_2SeO_3 \cdot 5H_2O$，$Rb_2SeO_3 \cdot H_2O$ 和 $Rb_2SeO_3 \cdot 3H_2O$ 外，其余皆为一水合物)，这些水合物在干燥空气中风化，可失去结晶水，最终形成无水盐. $(NH_4)_2SeO_3$ 的热稳定较低，在空气中可脱去 NH_3，生成 NH_4HSeO_3，加热则完全分解:

$$3(NH_4)_2SeO_3 \longrightarrow 9H_2O+2NH_3+3Se+2N_2$$

其他金属的亚硒酸盐和酸式盐，可借金属氧化物或盐从 H_2SeO_3 或 Na_2SeO_3 的水溶液中沉淀而得. 它们均难溶于水，重金属亚硒酸盐还不溶于酸. 某些亚硒酸盐的溶度积见表 17.16.

表 17.16　某些亚硒酸盐的溶度积

化合物	溶度积 1)(293K)
$Fe_2(SeO_3)_3$	$2.0 \pm 1.7 \times 10^{-31}$
$Ce_2(SeO_3)_3$	$3.7 \pm 0.3 \times 10^{-29}$
$HgSeO_3$	$3.8 \pm 0.4 \times 10^{-7}$
$CoSeO_3$	$1.6 \pm 0.8 \times 10^{-7}$
$NiSeO_3$	$1.0 \pm 0.1 \times 10^{-5}$

1)在稀 H_2SO_4 或稀 HNO_3 中.

和 H_2SeO_3 一样，不少亚硒酸盐在酸性溶液中都是中强氧化剂.

碱金属的超亚硒酸盐 $MH_3(SeO_3)_2$ 可借蒸发 1 : 4 mol 的 M_2CO_3 和 H_2SeO_3 的溶液来制备:

$$M_2CO_3+4H_2SeO_3 \longrightarrow 2MH_3(SeO_3)_2+CO_2+H_2O$$

它们都是易溶于水的白色晶体，结构与 H_2SeO_3 类似. 这些三氢盐近来引起人们的兴趣，主要是它们有奇特的电性质，它们在室温是顺电性的，而在低温则变为铁电性. 这可用氢原子在低温的有序化来解释，X 射线和中子衍射表明，三氢盐分子中的三个氢原子，只有两个在结构中有固定的位置，另一个氢原子则统计分布于两个对称的相关位置之间. 而在低温时，这些统计分布的氢原子有序化，但具体的排列方式还未解决.

亚硒酸氢盐加热脱水，可得到碱金属和某些二价金属(碱土金属、Cd，Co 和 Ni 等)的焦亚硒酸盐 $M_2Se_2O_5$ 和 $M^{II}Se_2O_5$:

$$2MHSeO_3 \xrightarrow{\triangle} M_2Se_2O_5+H_2O$$

它们都是易水解的固体，$Se_2O_5^{2-}$ 离子含有非直线形的 Se—O—Se 桥键，对称性为 C_{2v}.

蒸发碱金属(包括 NH_4^+)的钒酸盐、钼酸盐或铀酸盐在 H_2SeO 中的浓溶液，可得到大量的杂多酸盐. 如 $Na_2O \cdot 3V_2O_5 \cdot 5SeO_2 \cdot 18H_2O$，$2(NH_4)_2O \cdot 2MoO_3 \cdot 2SeO_2 \cdot 3H_2O$ 和 $(NH_4)_2UO_2(SeO_2)_2$ 等.

3. 亚碲酸

因 TeO_2 不溶于水，故不能由 TeO_2 制取亚碲酸. 早期曾报道，用稀 HNO_3 小心中和 273K 的 K_2TeO_3 溶液(避免因温度升高使产物脱水)，便析出白色沉淀，用冷水洗去 K^+ 和 NO_3^- 离子后，将沉淀在 286K 以下晾干，据说制得了组成为 H_2TeO_3 的亚碲酸.

它在水中的溶解度很低($<10^{-5}$mol/L)，且在室温就易脱水成 TeO_2，它的结构也不清楚.

H_2TeO_3 的化学实际上就是 TeO_2 的化学(参见 3.7.1). 它无疑是一个比 H_2SeO_3 更弱的酸，可溶于强碱溶液或与金属氧化物熔融生成亚碲酸盐，焦亚碲酸盐及焦亚碲酸氢盐. 它也是一个颇弱的碱，溶于强酸仅生成碲的碱式盐. H_2TeO_3 也是中强氧化剂，由它的标准电极电势

$$TeOOH^+ + 4H^+ + 4e \rightleftharpoons Te + 2H_2O \quad E^\circ = 0.56V$$

可看出，氧化性比 H_2SeO_3 弱. 和 TeO_7 一样，在酸性溶液中可被 SO_2，N_2H_4，$SnCl_2$ 和 I_2 等还原为碲. 在和更强的氧化剂如 50%H_2O_2，$KMnO_4$ 和 $K_2Cr_2O_7$ 等作用时，也能被氧化成原碲酸 H_6TeO_6，但 O_3 不能使它氧化.

4. 亚碲酸盐

亚碲酸盐有正盐、焦亚碲酸盐、焦亚碲酸氢盐和杂多酸盐.

碱金属亚碲酸盐可用等摩尔的碱金属碳酸盐和 TeO_2 熔融来制备：

$$M_2CO_3 + TeO_2 \longrightarrow M_2TeO_3 + CO_2$$

它们都是白色晶体，易溶于水，在其水溶液中加入醇，可缓慢结晶出水合物如 $Na_2TeO_3 \cdot 5H_2O$，这些水合物在空气中风化脱水，受热可水解出 TeO_2.

严格控制碱金属碳酸盐与 TeO_2 的比例进行熔融，可得到各种焦亚碲酸盐，如 $Li_2Te_2O_5$，$Na_2Te_3O_7$，$K_2Te_4O_9$ 和 $K_2Te_6O_{13}$ 等. 它们在热水中水解，可转化为焦亚碲酸氢盐：

$$Na_2Te_2O_5 + 3H_2O \longrightarrow NaHTe_2O_5 \cdot 2H_2O + NaOH$$

其他金属的亚碲酸盐可借相应金属的可溶盐在 Na_2TeO_3 水溶液中通过复分解反应来制备，例如：

$$2AgNO_3 + Na_2TeO_3 \longrightarrow Ag_2TeO_3 + Na_2NO_3$$

这些盐多不溶于水，但可被酸分解.

由金属氧化物或盐与 TeO_2 一起熔融，还可形成许多更复杂的相，如 $CuTeO_3 \cdot CuSO_4$, $CuTe_2O_5$, $Zn_2Te_3O_8$, $Fe_2(TeO_3)_2SO_4 \cdot 3H_2O$ 等. $Na_2O \cdot 2V_2O_5 \cdot 10TeO_2 \cdot 3H_2O$, $Na_2TeO_3 \cdot 6Na_3VO_4 \cdot 20H_2O$ 等以及含 WO_3 和 MoO_3 的类似杂多酸盐也是知道的.

所有的亚碲酸盐均可在高温下被空气氧化成碲酸盐.

5. 氢氧化钋(IV)和亚钋酸盐

氢氧化钋 $Po(OH)_4$ 可用碱溶液或 $NH_3 \cdot H_2O$ 自 Po(IV)的溶液中沉淀而得. 它是淡黄色的固体，只有很弱的酸性，它在水中的溶解度为 7.5μg(^{210}Po)/L，可认为几乎不溶于水，但在 KOH 溶液中溶解度增加，估计是生成了亚钋酸钾 K_2PoO_3.

由 PoO_2 与 KOH 共熔，得到一种可溶于水的无色固体，可能也是 K_2PoO_3.

3.8.2　硒酸、硒酸盐、原碲酸和碲酸盐

硒酸 H_2SeO_4 在酸的强度，水合物结构及盐的性质等方面都和 H_2SO_4 非常相似，尤其是两者的盐几乎都是同晶的，并都形成矾类. 而原碲酸 H_6TeO_6 和聚偏碲酸$(H_2TeO_4)_n$ 在各方面都和硫酸及硒酸不同，它们的盐与硫酸盐或硒酸盐也都是不同晶的.

1. 硒酸

(1) 制备

制取晶状硒酸最常用的方法，是将 150 g SeO_2 溶于 100ml 水，加入 500g 含量 >30%的 H_2O_2，回流 12 小时，然后在 133.3—266.6 Pa 的压强下减压蒸馏至 433K 脱水，所得浓溶液冷至 283—288K 加入固体 H_2SeO_4 晶种使 H_2SeO_4 结晶，产物在 666.6 Pa 以下的干燥气流中干燥.

用卤素氧化亚硒酸银在水中的悬浮液，滤除卤化银，浓缩所得的硒酸稀溶液，也可制得晶状硒酸：

$$Ag_2SeO_3 + Cl_2 + H_2O \longrightarrow H_2SeO_4 + 2AgCl$$

(2) 物理性质和结构

无水 H_2SeO_4 是白色潮解的固体，m.p. 330K，在 475K，0.13Pa 时可被蒸馏，但常压下于 533K 就开始分解出 O_2. 由于过冷现象(通常是杂质引起的)，它在室温常维持液态. 硒酸溶于水中，可形成一水合物和四水合物.

固体硒酸是正交晶系晶体，晶胞参数为 a=852pm，b=817pm，c=461pm，z=4，ρ=2.95g/cm^3. 晶体结构由接近正四面体形的 SeO_4 基团组成，每个 SeO_4 基团通过四个 O—H···O(一端为氢键)键与相邻基团相互连接，形成平行于(100)面的折皱层

状结构. H_2SeO_4的分子结构绘于图 17.17 中.

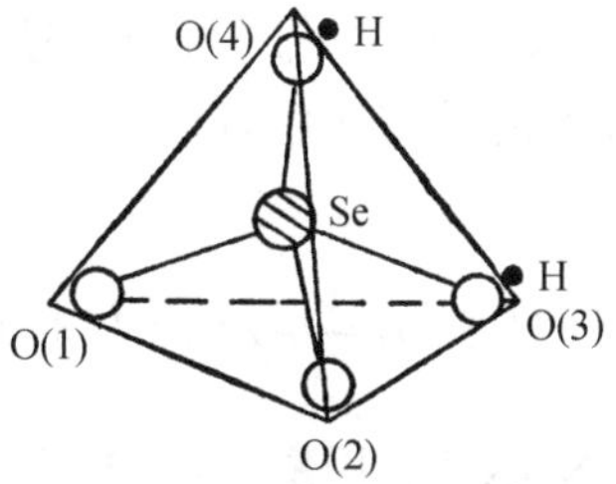

键长 (pm)	键角 (°)
Se—$O_{(1)}$ 157 Se—$O_{(2)}$ 157 Se—$O_{(3)}$ 164 Se—$O_{(4)}$ 166	$\angle O_{(1)}SeO_{(2)}$ 116 $\angle O_{(1)}SeO_{(3)}$ 109 $\angle O_{(1)}SeO_{(4)}$ 112 $\angle O_{(2)}SeO_{(3)}$ 112 $\angle O_{(2)}SeO_{(4)}$ 106 $\angle O_{(3)}SeO_{(4)}$ 106

图 17.17 H_2SeO_4的分子结构和键长及键角

(3) 化学性质

硒酸是个强酸，0.01mol/L 的 H_2SeO_4溶液约有 67%电离，其第二步电离常数为 $K=1.2\times10^{-2}$. Zn, Mg 和 Fe 可取代 H_2SeO_4中的氢，生成相应的硒酸盐. H_2SeO_4被碱部分或完全中和就得到酸式硒酸盐和硒酸盐.

无水硒酸与 N_2O_3或 NO_2F 作用，分别生成无色晶状、易水解的亚硝酰基硒氢酸盐 $NOHSeO_4$和硝酰基硒氢酸盐 NO_2HSeO_4:

$$N_2O_3+2H_2SeO_4 \longrightarrow 2NOHSeO_4+H_2O$$

$$NO_2F+H_2SeO_4 \longrightarrow NO_2HSeO_4+HF$$

而在 185K 与 N_2O_4反应，则得到亚硝酰基硒酸盐$(NO)_2SeO_4$，此化合物是蓝色固体，仅能在 260K 以下稳定存在.

硒酸与 SO_3结合，生成与发烟 H_2SO_4类似的加合物 $H_2SeO_4\cdot nSO_3$(n=1 和 2)，这两个加合物都易水解并在加热时放出 SO_3. 硒酸与 SeO_3 结合，可生成焦硒酸 $H_2Se_2O_7$和多硒酸 $H_4Se_3O_{11}$及 $H_2Se_3O_{10}$.

硒酸能溶解 S，Se 和 Te，生成含有多核阳离子(S_8^{2+}，Se_4^{2+}，Te_4^{2+}等)的有色溶液.

硒酸是很强的氧化剂，虽然从动力学上看，它的氧化速度不快.

$$SeO_4^{2-}+4H^++2e \rightleftharpoons H_2SeO_3+H_2O \quad E^\circ=1.15V$$

许多还原剂都能使它还原. 例如，在温热时可被 S 还原成 H_2SeO_3，如有水存在，则进一步还原成 Se，但与 SO_2 的反应速度较慢. 它也可在 263K 以上的任何温度被 H_2S 还原成单质：

$$3H_2S+H_2SeO_4 \longrightarrow Se+3S+4H_2O$$

和 $NH_2OH \cdot HCl$，苯肼 $C_6H_5NHNH_2$，甲酸，草酸，丙二酸等也有类似的作用. 有机物也可被浓硒酸碳化.

浓氢卤酸(除 HF 酸外)，可将硒酸还原成亚硒酸并游离出卤素：

$$2HY+H_2SeO_4 \rightleftharpoons H_2SeO_3+Y_2(Y = Cl，Br 和 I)$$

因而，浓硒酸和盐酸的混合溶液，与王水一样，可溶解铂和金.

2. *原碲酸*

(1) 制备

用强氧化剂($HClO_3$，$KMnO_4$，H_2O_2 或 CrO_3)氧化 Te 或 TeO_2 可制得原碲酸 H_6TeO_6，具体方法如下：

将 150mL 10%的 $HClO_3$ 溶液分次加入用少量 50%HNO_3 湿透的 13g 碲粉中，回流 30 分钟使 Te 完全溶解，蒸发至有结晶出现时在水浴上冷却结晶，产物在热水中重结晶一次，用 273K 的水及乙醇、乙醚依次洗涤，在 P_2O_5 上干燥，产率 90%—95%. 反应式如下：

$$5Te+6HClO_3+12H_2O \longrightarrow 5H_6TeO_6+3Cl_2$$

将 100mL 5%的 $KMnO_4$ 溶液分次加入 10 g TeO_2 在 40mL 浓 HNO_3 和 100mL H_2O 的沸热悬浮液中，搅拌并回流 50 分钟然后缓慢加入 3%H_2O_2 使生成的 MnO_2 完全溶解，蒸发所得清液，加 10 mL 浓 HNO_3 并静置结晶，反应式为：

$$2TeO_2+2MnO^-+6H^++12H_2O \longrightarrow 5H_6TeO_6+2Mn^{2+}$$

在浓 H_2SO_4 酸中用 30%H_2O_2 与 TeO_2，或在浓 HNO_3 中用 CrO_3 与 Te 一起回流至固体全部溶解，加浓 HNO_3 并静置使 H_6TeO_6 结晶. 用 CrO_3 氧化时，需将产物多次重结晶以除去 $Cr(NO_3)_3$. 反应式如下：

$$TeO_2+H_2O_2+2H_2O \xrightarrow{H_2SO_4} H_6TeO_6$$

$$Te+2CrO_3+6HNO_3 \longrightarrow H_6TeO_6+2Cr(NO_3)_3$$

(2) 物理性质和结构

原碲酸是白色晶体，可溶于冷水，更易溶于热水，283K 以下可结晶出四水合物，但难溶于浓 HNO_3 和乙醇. H_6TeO_6 在封管中于 409K 熔化成聚偏碲酸$(H_2TeO_4)_n$ 和 H_6TeO_6 的水溶液，在空气中加热至 373—473K 也可脱水成$(H_2TeO_4)_n$，$n\approx10$. 加热至 493K 以上即分解出 TeO_3.

原碲酸有三种晶型. 由水或稀硝酸中结晶的是稳定的单斜晶型(β 型)；从浓硝酸中结晶的是不稳定的立方晶型(α 型)；后者可在 363—383K 于干燥气氛中转变成四方晶型，若在潮湿空气中加热则转变成单斜晶型. 原碲酸的三种晶体结构数据如下：

立方晶胞参数 a=1569.5pm，晶胞分子数 z=32，空间群 $Fd\bar{3}c$.

四方晶胞参数 a=1565pm，c=1576.2pm.

单斜晶胞参数 a=649.5pm，b=932.0pm，c=1139.3pm，β=133.88°，z=4，ρ=3.07g/cm^3，空间群 $P2_1/n$.

原碲酸的分子构型是以 TeO_6 为基础的稍许扭曲的正八面体(O_h)，Te—O 平均键长 190.9pm，O—H 平均键长为 77.5pm. 在三种晶型的晶体中，每个原碲酸分子都以 12 个氢键与相邻分子互相连接，O…H 平均键距为 267.2pm，原碲酸的分子构型绘于图 17.18 中.

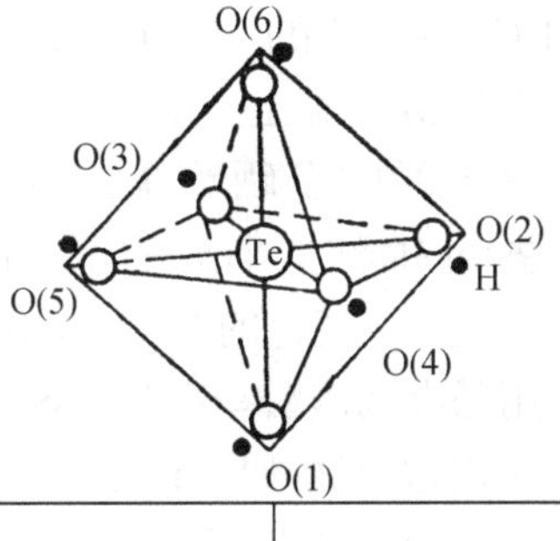

键长(pm)	键角(°)
Te—$O_{(1)}$ 190.7	∠$O_{(1)}$—Te—$O_{(2)}$ 88.69
Te—$O_{(2)}$ 190.8	∠$O_{(1)}$—Te—$O_{(3)}$ 91.07
Te—$O_{(3)}$ 191.0	∠$O_{(2)}$—Te—$O_{(3)}$ 92.08
Te—$O_{(4)}$ 190.8	∠$O_{(4)}$—Te—$O_{(5)}$ 87.60
Te—$O_{(5)}$ 190.8	∠$O_{(4)}$—Te—$O_{(6)}$ 88.38
Te—$O_{(6)}$ 191.4	∠$O_{(5)}$—Te—$O_{(6)}$ 90.71

图 17.18 原碲酸 H_6TeO_6 的分子结构

(3) 化学性质

原碲酸的酸性和硒酸有很大的不同，H_6TeO_6 是很弱的二元酸，其电离常数

$K_1=2.09\times10^{-8}$，$K_2=6.46\times10^{-12}$. 中和时，通常形成 MH_5TeO_6 和 $M_2H_4TeO_6$ 型的碲酸盐，其余四个氢不易取代，但个别 M_6TeO_6 型的全取代盐也是有的.

原碲酸的氧化性和硒酸相同，也是强氧化剂，其标准电极电势为：

$$H_6TeO_6+2H^++2e \rightleftharpoons TeO_2+4H_2O \quad E^\circ=1.02\ V$$

加热时能侵蚀氧化还原电势序中 Ag 以上的许多金属. 在稀 H_2SO_4 介质中，可使 HBr 和 HI 氧化成 Br_2 和 I_2，而自身被还原成 TeO_2 和 Te 的混合物，例如：

$$8HI+2H_6TeO_6 \xrightarrow{H^+} TeO_2+Te+4I_2+10H_2O$$

原碲酸与热浓 HCl 反应也可游离出 Cl_2，本身被还原为 TeO_2，故原碲酸与浓盐酸的混合溶液也能溶解铂和金.

H_2S 可将 H_6TeO_6 缓慢地还原为 Te，TeS 和 TeS_2 的混合物，SO_2 或 N_2H_4 则将它还原成 Te.

3. 硒酸盐和碲酸盐

硒酸盐与相应的硫酸盐十分相似，而与碲酸盐却有些不同.

主要的硒酸盐有：含 SeO_4^{2-} 根的正盐、含 $HSeO_4^{2-}$ 根的酸式盐及由碱金属(包括 NH_4^+)硒酸盐与其他金属的硒酸盐组成的复盐，例如：白色的 $MAl(SeO_4)_2 \cdot 12H_2O$，绿色的 $MCr(SeO_4)_2 \cdot 12H_2O$ 和紫色的 $MFe(SeO_4)_2 \cdot 12H_2O$ 等矾类及 $M_2M'(SeO_4)_2 \cdot 6H_2O$ 型的复盐，其中 M′是碱土金属、Cu，Zn，Cd，Fe，Co 和 Ni 等二价金属离子. 此外，还有少量的多硒酸盐，如 $K_2Se_2O_7$(m.p.473K)和由碱金属硒酸盐与相应的砷酸盐或铀酸盐形成的杂多酸盐，如白色的 $2(NH_4)_2O \cdot 2SeO_3 \cdot As_2O_5 \cdot 3H_2O$ 及黄色的 $K_2O \cdot UO_3 \cdot 2SeO_3 \cdot 2H_2O$ 等.

碱金属硒酸盐，通常可用碱金属碳酸盐中和 H_2SeO_4，并蒸发溶液使产物结晶的方法来制备. 低温结晶可析出水合物(如 $Na_2SeO_4 \cdot 10H_2O$)，硒酸过量就形成碱金属硒氢酸盐，硒氢酸盐受热脱水可得焦硒酸盐. 其他金属的硒酸盐也可用相应的碳酸盐、氧化物、可溶性氯化物或硝酸盐与 H_2SeO_4 作用来制得. 矾类、复盐和杂多酸盐也可通过类似的途径来制备，例如：矾类可从碱金属碳酸盐、三价金属氢氧化物和 H_2SeO_4 的混合溶液中结晶；复盐可由碱金属硒酸盐和二价金属硒酸盐的混合溶液中结晶；杂多酸盐则可由碱金属砷酸盐或铀酸盐与 H_2SeO_4 的混合溶液中结晶.

上述所有硒酸盐和相应的硫酸盐都是同晶的，在水合物的组成，复盐的结构、溶解度和水解行为等方面也与相应的硫酸盐非常相似. 不过，硒酸盐比相应的硫酸盐更易溶解于水，例如，$BaSeO_4$ 比最难溶的 $BaSO_4$ 的溶解度(298K 时为

1.09×10^{-5}mol/L)大 18 倍，Ag_2SeO_4 比 Ag_2SO_4 的溶解度(293K 时为 2.7×10^{-5}mol/L)大 140 倍. 硒酸盐的热稳定性也不如硫酸盐，它们易分解出氧，和碳在一起加热即爆燃成硒化物.

碲酸盐与硒酸盐有些不同，在水溶液中用碱中和原碲酸时，通常形成 MH_5TeO_6 和 $M_2H_4TeO_6$ 型的原碲酸盐，其余的四个氢不易被取代，但也有人报道过存在 $Li_3H_3TeO_6\cdot2H_2O$ 及全取代盐 Ag_6TeO_6，Cu_3TeO_6，Zn_3TeO_6 和 Hg_3TeO_6.

除碱金属原碲酸盐可溶于冷水、碱土金属原碲酸盐可溶于热水外，其他金属的原碲酸盐在水中充其量也不过是微溶的. 故后者可借它们的可溶盐与碱金属原碲酸盐的复分解反应来制备.

少数 M_2TeO_4 型的盐，可在碱性溶液中用氯气氧化碱金属亚碲酸盐来制备，例如：

$$K_2TeO_3+Cl_2+2KOH \longrightarrow K_2TeO_4+2KCl+H_2O$$

K_2TeO_4 的结构类似于 K_2SeO_4(正交晶系晶体)，但它的水合物 $K_2TeO_4\cdot5H_2O$，仍可能就是 $K_2H_4TeO_6\cdot3H_2O$.

4mol 的原碲酸与 1mol K_2CO_3 水溶液作用可结晶出焦碲酸氢钾 $KHTe_2O_7$，后者在加热时，可脱水缩合成 $K_2Te_4O_{13}$，钠盐也有类似反应：

$$K_2CO_3+4H_6TeO_6 \longrightarrow 2KHTe_2O_7+11H_2O+CO_2$$

$$2KHTe_2O_7 \xrightarrow{\triangle} K_2Te_4O_{13}+H_2O$$

这些多碲酸盐难溶于冷水.

在乙醇溶液中用碱中和原碲酸，可得到 $MH_3(TeO_4)_2\cdot1.5H_2O$ 型的盐，可能是酸式碲酸盐.

与杂多硒酸盐类似的可溶性杂多碲酸盐，如 $2(NH_4)_2O\cdot TeO_3\cdot As_2O_5\cdot4H_2O$，$3(NH_4)_2O\cdot2TeO_3\cdot6MoO_3\cdot10H_2O$ 等也有过报道.

SeO_4^{2-} 离子是几乎规则的正四面体构型，TeO_6^{6-} 离子是正八面体. 碲酸盐和硒酸盐在结构形式上的不同，看来主要是由于碲原子的半径较大，六配位的 TeO_6 基团较易稳定的缘故.

3.8.3 卤基含氧酸和卤基含氧酸盐

1. 卤基亚硒酸盐

还未制得过 $HSeO_2Y$ 型的卤基亚硒酸和 $HSeOY_3$ 型的三卤基原亚硒酸，但二者的钾盐已经被制得.

氟基亚硒酸钾 $KSeO_2F$，是白色、吸湿、易水解的固体，m.p. 523K，可由等摩尔的 SeO_2 与 KF 一起熔融或由 K_2SeO_3 与 $SeOF_2$ 反应来制备：

$$SeO_2 + KF \xrightarrow{\triangle} KSeO_2F$$

$$K_2SeO_3 + SeOF_2 \longrightarrow 2KSeO_2F$$

用二氟或二氯氧化硒与相应的卤化钾作用，可制得固态的三氟和三氯原亚硒酸钾 $KSeOY_3$：

$$SeOY_2 + KY \longrightarrow KSeOY_3 (Y = F 和 Cl)$$

$SeOY_3^-$ 阴离子的构型为在轴向有两个卤原子的变形三角双锥．也易水解成 H_2SeO_3.

虽然上述化合物的母体酸均未制得，但 SeO_2 与干燥卤化氢反应形成的加合物 $SeO_2 \cdot 2HY$(Y ═ F, Cl 和 Br)表现出二卤基原亚硒酸 $H_2SeO_2Y_2$ 的性质. $SeO_2 \cdot 2HCl$ 是淡黄色液体，在 173K 凝固，447K 沸腾并分解，在 343—348K(2kPa)分馏可将其提纯．它的化学和溶剂性质与 $SeOCl_2$ 非常类似(参见 3.5.1)，但它可与钠猛烈作用，而 $SeOCl_2$ 则不能．SeO · 2HBr 是红棕色液体，仅在 388K 以下稳定．这两个加合物在非水溶剂中与 NH_3 作用，可生成二氯基和二溴基原亚硒酸铵 $(NH_4)_2SeO_2Cl_2$ 和 $(NH_4)_2SeO_2Br_2$，$SeO_2 \cdot 2HF$ 的锌盐 $ZnSeO_2F_2 \cdot 6H_2O$ 也有报道.

2. 氟基硒酸和氯基硒酸

SeO_3 与无水 HF 反应，可制得氟基硒酸 $HSeO_3F$，但也生成许多 SeO_2F_2，在液态 SO_2 中反应可提高产率：

$$HF + SeO_3 \longrightarrow HSeO_3F$$

$$2HF + SeO_3 \longrightarrow SeO_2F_2 + H_2O$$

$HSeO_3F$ 是无色、黏稠的液体，在空气中发烟，可溶于液态 SO_2 和 CH_3NO_2，并易水解成 H_2SeO_4 和 HF．它是强氧化剂，能与有机物质猛烈反应.

SeO_3 与碱金属氟化物在温热时或在液态 SO_2 中反应，或 SeO_2F_2 与碱金属硒酸氢盐反应，均可制得碱金属氟基硒酸盐 $MSeO_3F$．后一个反应式为：

$$MHSeO_4 + SeO_2F_2 \longrightarrow MSeO_3F + HSeO_3F$$

用 CH_3NO_2 或液态 SO_2 洗涤产物，可除去 $HSeO_3F$.

碱金属氟基硒酸盐与相应的氟基磺酸盐 MSO_3F 同晶并易水解．$KSeO_3F$ 是正交晶系晶体，在真空中加热至 513K 分解成焦硒酸钾 $K_2Se_2O_7$. SeO_3F^-根的构型为四面体形，对称性为 C_{3v}.

SeO_2F_2 与 100%HNO_3 在 CH_3NO_2 中反应可制得氟基硒酸硝酰 NO_2SeO_3F：

$$HNO_3+SeO_2F_2 \xrightarrow{CH_3NO_2} NO_2SeO_3F+HF$$

氯基硒酸 $HSeO_3Cl$,也可借 SeO_3 与 HCl 在 88K 或在 223K 的液态 SO_2 中反应来制备. 它是无色易水解的固体. 稳定性比 $HSeO_3F$ 低得多，263K 以上即分解出 Cl_2. 它与三甲基氯硅烷$(CH_3)_3SiCl$ 反应，生成不太稳定的氯基硒酸三甲基硅酯$(CH_3)_3SiSeO_3Cl$，但它的碱金属盐尚未制得.

3. *五氟基原硒酸*

1972 年 K. Seppelt[16,17]在制备未知化合物"$SeOF_4$"的实验中，意外地发现了五氟基原硒酸 $HSeOF_5$. 反应是在高压釜中用 $SeOF_2$，F_2 和 HF 进行的：

$$SeOF_2+F_2+HF \longrightarrow HSeOF_5$$

反应中还生成大量的副产物 SeF_6. 由于容易爆炸、颇难控制，故用这种制备方法有点冒险. 二氟二氧化硒与氟基磺酸的反应，提供了一个安全的制备方法，$HSeOF_5$的产率达 20%：

$$SeO_2F_2+HSO_3F+KHF_2 \longrightarrow HSeOF_5+H_2SO_4+KSO_3F$$

如用液态 HF 代替 KHF_2，可将产率提高到 50%. 还有一些反应也生成 $HSeOF_5$，但产率均不超过 10%，不适用于制备的目的，这些反应如下：

$$BaSeO_4+5HSO_3F+2HF \longrightarrow HSeOF_5+3H_2SO_4+Ba(SO_3F)_2$$

$$H_2SeO_4+3HSO_3F+2HF \longrightarrow HSeOF_5+3H_2SO_4$$

$$SeO_2F_2+SeF_6+2HF \longrightarrow 2HSeOF_5$$

$$SeO_2F_2+SOF_4+HF \longrightarrow HSeOF_5+SO_2F_2$$

五氟基原硒酸与较早发现的五氟基原碲酸 $HTeOF_5$ 惊人地相似，这一现象是硒分族化合物中，硒与硫比硒与碲的化合物通常都更相似的一个重要的例外. $HSeOF_5$ 是无色晶状固体，m.p. 310K，b.p. 317K，分子构型是畸变八面体. 它是很强的酸，可形成五氟基原硒酸盐或酯及酐，这时 $SeOF_5^-$ 根可看成是拟氟根. 它也是强氧化剂和强氟化剂，可从碱金属氯化物中游离出 Cl_2，并使 H_2SO_4 或在 H_2SO_4 中使 SO_3 氟化成氟基磺酸 HSO_3F：

$$HSeOF_5+H_2SO_4 \longrightarrow SeO_2F_2+HSO_3F+2HF$$

$$HSeOF_5+2SO_3+H_2SO_4 \longrightarrow SeO_2F_2+3HSO_3F$$

$HSeOF_5$与H_2O作用，水解成H_2SeO_4和HF.

4. 五氟基原硒酸的衍生物

五氟基原硒酸的重要衍生物有：碱金属、NH_4^+，Hg(II)和Xe(II)的五氟基原硒酸盐、五氟基原硒酸卤“盐”$YSeOF_5$(Y为正氧化态的卤素)和五氟基原硒酸的混合酸酐.

(1)五氟基原硒酸盐

铵、碱金属、Hg(II)和Xe(II)的五氟基原硒酸盐，可由NH_3及相应的氟化物与五氟基原硒酸反应来制备：

$$NH_3+HSeOF_5 \xrightarrow{CFCl_3} NH_4SeOF_5$$

$$MF+HSeOF_5 \longrightarrow MSeOF_5+HF(M=\text{碱金属})$$

$$M'F_2+HSeOF_5 \longrightarrow M'(SeOF_5)_2+2HF(M'=Hg\text{ 和 }Xe)$$

碱金属和铵盐是无色的离子型结晶，可溶于乙腈. $SeOF_5^-$根的IR特征吸收带为920和650 cm^{-1}，920 cm^{-1}的Se—O振动频率表明有一定程度的π键合. K，Rb和Cs的盐是立方晶系晶体，在真空中可于673K分解为SeO_2F_2和SeF_6. 分解的历程可能是先生成极不稳定的$SeOF_4$，后者再歧化为SeO_2F_2和SeF_6：

$$2KSeOF_5 \xrightarrow[1.3Pa]{673K} 2KF+2SeOF_4 \longrightarrow 2KF+Se_2OF_2+SeF_6$$

五氟基原硒酸盐与Lewis酸反应，给出F原子后，也生成SeO_2F_2和SeF_6的混合物，例如：

$$2KSeOF_5+2SbF_5 \longrightarrow 2KSbF_6+SeO_2F_2+SeF_6$$

$RbSeOF_5$与五氟基原硒酸溴(III)$Br(SeOF_5)_3$反应，可生成配盐四(五氟基原硒酸根)合溴(III)酸铷$Rb^+[Br(SeOF_5)_4]^-$：

$$Rb^+[SeOF_5]^-+Br(SeOF_5)_3 \longrightarrow Rb^+[Br(SeOF_5)_4]^-$$

这时，$SeOF_5^-$根明显地具有拟氟根的行为.

汞盐$Hg(SeOF_5)_2$在有些方面和碱金属盐不同，它是高挥发性的，在真空中升华并溶于CH_2Cl_2. 许多含$SeOF_5$基团的化合物都可由它制备，例如，它与硝酰氯NO_2Cl于室温下在不锈钢反应釜中作用，生成五氟基原硒酸硝酰NO_2SeOF_5：

$$Hg(SeOF_5)_2+2NO_2Cl \longrightarrow HgCl_2+2NO_2SeOF_5$$

此化合物是白色晶状固体，在固态和在乙腈中都是离子型的，在气态则更可能是共价型的.

五氟基原硒酸氙 $Xe(SeOF_5)_2$ 是黄色晶状固体，m.p. 342K，298K 时的蒸气压为 46.7 Pa，可用升华法提纯. 它是共价型的化合物，有颇高的热稳定性，加热至 403K 发生热分解，先生成自由基 $SeOF_5$：

$$Xe(SeOF_5)_2 \longrightarrow 2SeOF_5 + Xe$$

两个自由基再结合成 $F_5SeOOSeF_5$，然后进一步分解成 $F_5SeOSeF_5$，SeF_4，SeF_6 和氧.

另一个氙的化合物 $FXeSeOF_5$，可从 XeF_2 与 Xe 盐的进一步反应来制备：

$$XeF_2 + Xe(SeOF_5)_2 \rightleftharpoons 2FXeSeOF_5$$

此化合物是淡黄色液体，m.p. 260K，但尚未制得过纯度高于 90%的产物.

(2)五氟基原硒酸卤 “盐”

五氟基原硒酸与正氧化态的卤素形成的化合物 $YSeOF_5$ 和 $Y(SeOF_5)_3$，都是共价型的分子化合物，有较低的熔点和沸点并易水解，如果把 $SeOF_5$ 基看成拟 F 基，则这类化合物在一定程度上可和卤素互化物相比拟.

五氟基原硒酸氟(I)$FSeOF_5$ 可借三氟基原亚硒酸钾 $KSeOF_3$ 与氟作用来制备，$KSeOF_5$ 可能作为中间产物：

$$KSeOF_3 \xrightarrow{F_2} KSeOF_5 \xrightarrow{F_2} FSeOF_5 + KF$$

$CsSeOF_5$ 的氟化结果，证明了上述假设：

$$CsSeOF_5 + F_2 \longrightarrow FSeOF_5 + CsF$$

但这一化合物更好是用 $Hg(SeOF_5)_2$ 与过量氟作用来制备：

$$Hg(SeOF_5)_2 + 2F_2 \longrightarrow 2FSeOF_5 + HgF_2$$

它是无色气体，m.p. 219K，b.p. 244K. 与水或碱溶液作用，完全水解并放出氧：

$$2FSeOF_5 + 16KOH \longrightarrow 2K_2SeO_4 + 12KF + 8H_2O + O_2$$

与 KI 作用，立即游离出 I_2.

五氟基原硒酸氯(I)$ClSeOF_5$ 也可借 $Hg(SeOF_5)_2$ 与 ClF 的反应来制备：

$$Hg(SeOF_5)_2 + 2ClF \xrightarrow{298K} ClSeOF_5 + HgF_2$$

它是黄色的挥发性液体，与潮湿空气作用，水解成 $HSeOF_5$ 并游离出 Cl_2O：

$$2ClSeOF_5 + H_2O \longrightarrow 2HSeOF_5 + Cl_2O$$

五氟基原硒酸溴(III)$Br(SeOF_5)_3$ 可由 $HSeOF_5$ 与 BrF_3 反应而制得：

$$3HSeOF_5 + BrF_3 \longrightarrow Br(SeOF_5)_3 + 3HF$$

这个化合物是淡黄色黏稠的液体，m.p. 292K. 它与 Br_2 反应，可得到另一个化合物 $BrSeOF_5$：

$$Br(SeOF_5)_3 + Br_2 \longrightarrow 3BrSeOF_5$$

五氟基原硒酸碘(I)和碘(III)可在 $CFCl_3$ 溶液中借 $ClSeOF_5$ 与 ICl 和 ICl_3 的卤素交换反应而得：

$$ClSeOF_5 + ICl \xrightarrow{CFCl_3} ISeOF_5 + Cl_2$$

$$3ClSeOF_5 + ICl_3 \xrightarrow{CFCl_3} I(SeOF_5)_3 + 3Cl_2$$

前者是褐色固体，后者是亮红色固体，在室温均发生分解.

五氟基原硒酸卤“盐”的熔点和沸点按中心卤原子由氟到碘的顺序依次增高的现象，与卤原子和 $SeOF_5$ 基的电负性差异逐渐增大，导致键的极性增加的规律一致. 同时，随中心卤原子半径增大，形成高价化合物的倾向也增加. 这两个特征与卤素互化物的性质变化规律相当类似.

(3)五氟基原硒酸的混合酸酐

在氟磺酸介质中，$HSeOF_5$ 与 SO_3 反应，生成五氟基原硒酸和氟基焦硫酸的混合酐 $F_5SeO—SO_2—O—SO_2F$：

$$2HOSeF_5 + 4SO_3 \longrightarrow SeO_2F_2 + 2HSO_3F + F_5SeO—SO_2—O—SO_2F$$

它是极易水解的无色液体，b.p. 387.9K.

五氟基原硒酸与氟磺酸的混合酐 F_5SeOSO_2F 不是由两个母体酸脱水缩合，而是由十氟二氧化二硒与过氧化二硫酰二氟 $FSO_2—O—O—SO_2F$ 脱氧缩合而得：

$$F_5SeOOSeF_5 + FSO_2—O—O—SO_2F \longrightarrow 2F_5SeOSO_2F + O_4$$

它是无色液体，m.p. 162K，b.p. 325.7K. 和 $F_5SeOSO_2OSO_2F$ 相反，水解非常缓慢.

$Hg(SeOF_5)$分别与三氟乙酰氯 CF_3COCl 和 $SeOCl_2$ 反应，可得到另两个混合酐：

$$Hg(SeOF_5)_2 + 2CF_3COCl \longrightarrow HgCl_2 + 2F_5SeOCOCF_3$$

$$Hg(SeOF_5)_2+SeOCl_2 \xrightarrow{CH_2Cl_2} HgCl_2+F_5SeOSeOOSeF_5$$

$F_5SeOCOCF_3$ 可看成是五氟基原硒酸与三氟乙酸的混合酐，此化合物也是无色液体，m.p. 229K，b.p. 308.9K，水解也较缓慢. $F_5SeO—SeO—OSeF_5$ 可看成是两个五氟基原硒酸与亚硒酸的混合酐. 与 F_2 作用时，Se(IV)—O—Se(VI)桥断裂，生成五氟基原硒酸氟(I)和二氟氧化硒：

$$F_5SeO—SeO—OSeF_5+2F_2 \longrightarrow 2FSeOF_5+SeOF_2$$

5. 五氟基原碲酸

五氟基原碲酸 $HTeOF_5$[18]可借 BaH_4TeO_6 和过量氟磺酸在 433K 反应来定量地制备：

$$BaH_4TeO_6+7HSO_3F \longrightarrow 5HTeOF_5+5H_2SO_4+Ba(SO_3F)_2$$

它是白色挥发性固体，m.p. 312.2K，b.p. 332.8K，在 298K 时的蒸气压为 17.3kPa. 分子构型是畸变的八面体. $HTeOF_5$ 是个强酸，在冰乙酸介质中测得的 pK_a 值为 8.8，介于同介质中的 HCl(pK_a8.4)和 HNO_3(pK_a10.1)的强度之间. $TeOF_5^-$ 根和 $SeOF_5^-$ 根一样，也可视为拟 F 根，其电负性估计值为 3.84，接近于氟(3.94)而明显地高于氯的电负性(3.25). 这一基团在形成主族元素及过渡元素的化合物上是特别万能的，化合物的性质与卤化物类似. $HTeOF_5$ 的水解是逐级进行的. 四个中间产物已被纸上色层所确证：

$$HTeOF_5+(5-n)H_2O \rightleftharpoons F_nTe(OH)_{6-n}+(5-n)HF(n=1-4)$$

当 n=0 时，彻底水解成原碲酸 H_6TeO_6. 五氟基原碲酸的物理和化学性质与五氟基原硒酸都十分相似.

6. 五氟基原碲酸的衍生物

自 1964 年 $HTeOF_5$ 被合成以来，已制备了含 $TeOF_5$ 基的大量化合物. 这些化合物的类型和性质与相应的五氟基原硒酸衍生物也都十分相似.

(1)五氟基原碲酸盐和酯

碱金属、Ag，Hg(II)，NH_4 和 C_5H_5NH 的五氟基原碲酸盐已通过下列反应制得：

$$LiOCH_3+HTeOF_5 \xrightarrow{CCl_3F} CH_3OH+LiTeOF_5$$

$$NaOSi(CH_3)_3+(CH_3)_3SiTeOF_5 \xrightarrow{CCl_3F} [(CH_3)_3Si]_2O+NaTeOF_5$$

$(K, Rb, Cs)Cl + HTeOF_5 \longrightarrow HCl + (K, Rb, Cs)TeOF_5$

$AgCN + HTeOF_5 \longrightarrow HCN + AgTeOF_5$

$HgF_2 + 2HTeOF_5 \longrightarrow 2HF + Hg(TeOF_5)_2$

$NH_3 + HTeOF_5 \xrightarrow{CCl_4} NH_4TeOF_5$

$C_5H_5N + HTeOF_5 \xrightarrow{CCl_4} (C_5H_5NH)TeOF_5$

这些化合物都是离子型的盐，铵盐和吡啶盐分别在 413K 和 443K 升华，K，Rb 和 Cs 盐在 623K 以上分解，Li，Na，Ag 和 Hg 盐的稳定性稍低，Hg 盐也是挥发性的. 除 Ag 和 Hg 盐外，其余的盐都易溶于水和乙醇，但所有的盐都能被水分解成各级氟基原碲酸.

除上述离子型盐类外，已制得大量的共价五氟基原碲酸盐和酯，这些化合物的制备方法分类例举如下：

1) $E—F + HTeOF_5 \longrightarrow HF + ETeF_5(E = Xe)$

例：$XeF_2 + 2HTeOF_5 \longrightarrow 2HF + Xe(TeOF_5)_2$(m.p. 309K)

2) $E—Cl + HTeOF_5 \longrightarrow HCl + ETeOF_5(E = B, R_3Si)$

例：$BCl_3 + HTeOF_5 \longrightarrow 3HCl + B(TeOF_5)_3$(m.p. 310K)

3) $E—CH_3 + HTeOF_5 \longrightarrow CH_4 + ETeOF_5(E = R_4Sn, R_2Hg)$

例：$(CH_3)_4Sn + HTeOF_5 \longrightarrow CH_4 + (CH_3)_3SnOTeF_5$(b.p.321K/13.3Pa)

4) $RCHN_2 + HTeOF_5 \longrightarrow N_2 + RCH_2TeOF_5$

例：$CH_3CHN_2 + HTeOF_5 \longrightarrow N_2 + CH_3CH_2TeOF_5$(b.p.341K/95.9kPa)

5) $E—Cl + AgTeOF_5 \longrightarrow AgCl + ETeOF_5$

例：$MCl_4 + 4AgTeOF_5 \longrightarrow 4AgCl + M(TeOF_5)_4$(M = Si、Se，Te)

6) $E—F + (CH_3)_3SiTeOF_5 \longrightarrow (CH_3)_3SiF + ETeOF_5$

例：$AsF_3 + (CH_3)_3SiTeOF_5 \longrightarrow (CH_3)_3SiF + F_2AsTeOF_5$

配体的再分配反应，提供了制备五氟基原碲酸盐的另一种途径，例如：

$$3F_2AsTeOF_5 \longrightarrow 2AsF_3 + As(TeOF_5)_3 \text{(bp309K/13.3Pa)}$$

$$4TiCl_3TeOF_5 \longrightarrow 3TiCl_4 + Ti(TeOF_5)_4 \text{(mp 358K)}$$

五氟基原碲酸烷基酯，也可在 NaF 或 C_5H_5N(作为 HF 接受体)的存在下，直接由 TeF_6 与相应的醇反应来制备：

$$TeF_6 + CH_3OH \longrightarrow HF + CH_3OTeF_5 \text{(b.p. 337K/100kPa)}$$

所有共价五氟基原碲酸盐和酯都是低熔点和低沸点的．其性质与相应的卤化物类似．

由于 $TeOF_5$ 基的电负性与 F 接近，故 $B(TeOF_5)_3$ 和卤化硼一样是很强的 Lewis 酸，强度顺序为

$$BF_3 < B(TeOF_5)_3 \approx BCl_3 < BBr_3.$$

尽管存在着体积庞大的 $TeOF_5$ 基，但 $B(TeOF_5)_3$ 仍能和吡啶、四氢呋喃、乙腈和苯腈等形成 1∶1 加合物．$B(TeOF_5)_3$ 的高 Lewis 酸性是独特的，因为一般的烷氧基硼 $B(OR)_3$ 由于氧对硼原子的反给予作用，Lewis 酸性比卤化硼弱得多．而在 $B(TeOF_5)_3$ 中，氧原子的 p 轨道必定与碲原子的空 d 轨道间有强的作用，于是氧对硼的反给予作用有重要的减弱．

$Xe(TeOF_5)_2$ 和 $Xe(SeOF_5)_2$ 一样，是继 XeF_2 之后最稳定的化合物，而 Xe(II) 的其他化合物在室温多不稳定．已经知道，在稀有气体化合物的近似 3c—4e 键合中，多余的电荷由中心原子转移到配体是氟化氙稳定性的重要先决条件．所以五氟基原碲酸氙(II)的高热稳定性，表明 $TeOF_5$ 基在电荷转移上和氟原子几乎有同等效力．这个化合物是正交晶系晶体，空间群为 $D_{2h}^{18}\text{-}C_{mca}$，晶胞参数 a=983pm，b=873pm，c=1297pm，晶胞分子数 z=4.

五氟基原碲酸盐有两种热分解方式：第一种方式生成中心原子的氧化物和+氟氧化二碲或+氟二氧化二碲，例如：

$$Ti(TeOF_5)_4 \xrightarrow{423K} TiO_2 + 2F_5TeOTeF_5$$

$$Xe(TeOF_5)_2 \xrightarrow{403K} Xe + \frac{1}{2}O_2 + F_5TeOTeF_5$$

或 $Xe(TeOF_5)_2 \xrightarrow{403K} Xe + F_5TeOOTeF_5$

第二种方式生成中心原子的氟化物和含 $(TeOF_4)_n$ 的氟氧化物，例如：

$$nXe(TeOF_5)_2 \longrightarrow nXe + F_5Te(TeOF_4)_nTeOF_5 + (n\text{-}1)TeF_6 + \frac{n}{2}O_2 (n=1，2)$$

$$B(TeOF_5)_3 \xrightarrow{423K} BF_3 + 3(TeOF_4)$$

$$3n(TeOF_4)_4 \longrightarrow TeF_6 + TeO_3 + 3F_5Te(TeOF_4)_{n-3}TeOF_5$$

$F_5Te(TeOF_4)_{n-3}TeOF_5$ 是一种 b.p.≈573K 的高黏稠液体，由于 n 的平均值约为 25，故可看成是迄今尚未合成出来的 $TeOF_4$ 的变体．

(2) 五氟基原碲酸卤“盐”

五氟基原碲酸氯 $ClTeOF_5$(m.p. 152K，b.p. 411.2K)、五氟基原碲酸溴 $BrTeOF_5$(m.p. 198K，b.p. 309.6K)、五氟基原碲酸碘(III)$I(TeOF_5)_3$(m.p. 316—318K， b.p. 328K/6.6Pa)和碘(I)$ITeOF_5$等四个化合物已通过$Hg(TeOF_5)_2$的氯化及$ClTeOF_5$与溴和碘的卤素交换反应而制得：

$$Hg(TeOF_5)_2+2ClF \xrightarrow[\text{高压釜}]{\text{室温}} 2ClTeOF_5+HgF_2$$

$$2ClTeOF_5+Br_2 \xrightarrow{\text{室温}} 2BrTeOF_5+Cl_2$$

$$3ClTeOF_5+ICl_3 \xrightarrow{CFCl_3} I(TeOF_5)_3+3Cl_2$$

$$I(TeOF_5)_3+I_2 \longrightarrow 3ITeOF_5$$

这些共价化合物都是低沸点和低熔点的液体或固体，易水解成 $HTeOF_5$，例如：

$$2ClTeOF_5+H_2O \longrightarrow 2HTeOF_5+Cl_2O$$

和五氟基原硒酸卤一样，五氟基原碲酸卤的熔点和沸点及形成高价卤化物的倾向，也随中心卤原子的半径增大而增加，这一变化规律也和相应的卤素互化物的性质变化一致.

奇怪的是至今也未合成出与$FSeOF_5$类似的$FTeOF_5$.

(3) 五氟基原碲酸的混合酐

在由BaH_4TeO_6和氟磺酸制备$HTeOF_5$的反应中：

$$BaH_4TeO_6+7HSO_3F \longrightarrow HTeOF_5+5H_2SO_4+Ba(SO_3F)_2$$

如原碲酸钡的水含量比化学式 $BaTeO_4\cdot 2H_2O$ 少，则除生成 $HTeOF_5$外，还生成若干含 $TeOF_5$基的其他化合物. 例如：游离的 SO_3与 $HTeOF_5$化合生成五氟碲氧基磺酸 F_5TeOSO_3H(m.p. 263.9K，b.p. 369.8K). 此化合物进一步与 HSO_3F 作用，生成 F_5TeOSO_2F(m.p. 173.7K，b.p. 333.3K)：

$$F_5TeOSO_3H+HSO_3F \longrightarrow F_5TeOSO_2F+H_2SO_4$$

F_5TeOSO_2F 可视作 $HTeOF_5$与 HSO_3F 的混合酐，高于 393K 便分解为 $SO_2(TeOF_5)_2$ (m.p. 232.2K，b.p. 394K)：

$$2F_5TeOSOH \longrightarrow SO_2(TeOF_5)_2+H_2SO_4$$

此化合物可看成是 $HTeOF_5$与 H_2SO_4的混合酐. 五氟碲氧基磺酸如与 HSO_3Cl 作用，可生成五氟碲氧基氯磺酸 F_5TeOSO_2Cl(m.p. 204K，b.p. 372.5K).

上述化合物都有点大蒜臭味，吸入时能引起短暂的哮喘，除 F_5TeOSO_3H 外，对水是稳定的，但在过量 H_2SO_4 回流下定量地水解成 $HTeOF_5$. 这些化合物之间的反应关系绘于图 17.19 中.

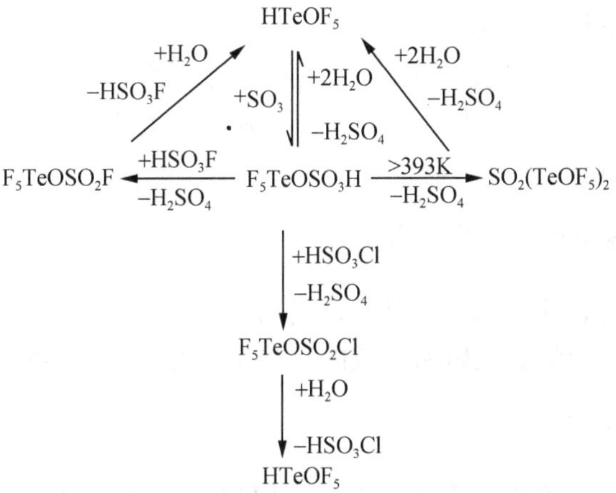

图 17.19　五氟基原碲酸混合酐之间的反应关系

3.8.4　过氧酸和过氧酸盐

1. 过氧亚硒酸

硒酸的异构体过氧亚硒酸 HOSeO(OOH)，可用 100%H_2O_2 在 273K 氧化 SeO_2 或 H_2SeO_3 而得，但不能获得纯态：

$$H_2SeO_3+H_2O_2 \longrightarrow HOSeO(OOH)+H_2O$$

此化合物可能是 H_2SeO_3 被 H_2O_2 氧化成 H_2SeO_4 的中间产物. 易失去氧，似乎是比 H_2O_2 更强的氧化剂.

2. 过氧硒酸

过氧硒酸 H_2SeO_5，最好是借氯基硒酸与 100%H_2O_2 在 233K 的水解作用来制备：

$$HSeO_3Cl+H_2O_2 \longrightarrow HOSeO_2(OOH)+HCl$$

吡啶 · 三氧化硒加合物 py · SeO_3 与 H_2O_2 在 195K 作用，也以 35%的产率生成 H_2SeO_5.

它在室温分解出氧，但在 263K 以下是稳定的，也是比 H_2SeO_4 和 H_2O_2 都强的氧化剂.

3. 过氧原碲酸和过氧原碲酸钾

在 283K 用 H_2O_2 氧化 $K_2H_4TeO_6$，生成过氧原碲酸钾 $K_2H_4TeO_7$. 它在水溶液

中于室温便分解出氧.

将 $K_2H_4TeO_6$ 的水溶液通过阳离子交换树脂，便得到过氧原碲酸 H_6TeO_7 的水溶液，此溶液加热浓缩便分解出氧，故不能制得纯的 H_6TeO_7. 它也是比 H_6TeO_6 和 H_2O_2 更强的氧化剂.

3.8.5 硫代含氧酸和硫代含氧酸盐

硒分族元素的硫代含氧酸及其盐，包括硫取代硒、碲含氧酸中的氧及硒、碲取代硫酸或连硫酸中的氧或硫所形成的一类化合物. 钋的类似物还未制得.

1. 三硫代亚碲酸盐

不存在自由的三硫代亚碲酸 H_2TeS_3，但它的钠盐、钾盐和铵盐已经制得. Na_2TeS_3 可用下列反应制备：

$$Te+Na_2S+2S \xrightarrow[\text{熔融}]{973K} Na_2TeS_3$$

$$Te+Na_2S_3(aq) \longrightarrow Na_2TeS_3(aq)$$

$$Te+2Na_2S_2(aq) \longrightarrow Na_2TeS_3(aq)+Na_2S(aq)$$

$$Na_2Te_2(aq)+3S \longrightarrow Na_2TeS_3(aq)+Te$$

$$TeO_2+3Na_2S+2H_2O \longrightarrow Na_2TeS_3(aq)+4NaOH(aq)$$

向反应混合物的溶液中加醇或将溶液减压浓缩，即析出褐绿色的 $Na_2TeS_3 \cdot 6H_2O$.

向含有粉状碱式硝酸碲 $Te_2O_4 \cdot HNO_3$ 的 50%KOH 水溶液或浓 $NH_3 \cdot H_2O$ 溶液中通入 H_2S，直到形成金黄色溶液，减压浓缩，可自两种溶液中分别析出金黄色的无水 K_2TeS_3 和 $(NH_4)_2TeS_3 \cdot 2H_2O$.

这三个化合物都是正交晶系晶体(晶胞参数见表 17.17)，易溶于水，并被水和酸分解，但在碱性溶液中是稳定的.

表 17.17 硫代碲酸盐的晶体结构

化合物	晶系	晶胞参数(pm)			Z	$\rho(g/cm^3)$
		a	*b*	*c*		
$(NH_4)_2TeS_3 \cdot 2H_2O$	正交	821	1350	648	4	2.82
$Na_2TeS_3 \cdot 6H_2O$	正交	687	578	1045	4	
K_2TeS_3	正交	906	1313	604	4	2.58
Na_2TeS_4	正交	692	574	1045		
K_2TeS_4	立方	1270			8	2.39
Rb_2TeS_4	单斜	840	1013	662	2	3.21
		(β=106.5°)				

$Na_2TeS_3 \cdot 6H_2O$ 在 978K 熔化，1023K 沸腾而不分解. 其水溶液在 pH<9 时便

分解出 TeS_2 和 H_2S，但其 pH>12 的水溶液在 453K 时，仅部分分解出 Te 和 S_3^{2-} 离子. TeS_3^{2-} 离子的 Te(IV)部分有氧化还原性，而 S_3^{2-} 部分有还原性，在水溶液中可被 I_2 氧化出 S 并被 Na_2SO_3 还原出 Te：

$$Na_2TeS_3+3I_2+2H_2O \longrightarrow TeO_2+NaI+4HI+3S$$

$$Na_2TeS_3+Na_2SO_3 \longrightarrow Te+Na_2S+2Na_2S_2O_3$$

与 S 或多硫化钠 Na_2S_n 作用，便生成四硫代碲酸钠 Na_2TeS_4：

$$Na_2TeS_3+S \longrightarrow Na_2TeS_4$$

$$(n-1)Na_2TeS_3+Na_2S_n \longrightarrow (n-1)Na_2TeS_4+Na_2S$$

K_2TeS_3 的稳定较低，在光照下易分解出 Te.

2. 四硫代碲酸盐

和 H_2TeS_3 一样，H_2TeS_4 也不存在，但四硫代碲酸钠、钾和铷盐已经制得.

浅绿黄色的 Na_2TeS_4 可借 Na_2TeS_3 水溶液与 S 或 Na_2S_n 反应或借 Te，Na_2S 和过量 S 熔融而得，后者的反应式为：

$$Te+Na_2S+3S \longrightarrow Na_2TeS_4$$

浅绿色的 K_2TeS_4 和金黄色的 Rb_2TeS_4 可从含 $Te_2O_4 \cdot HNO_3$ 的 KOH 或 RbOH 浓溶液中，长时间地(~50 小时)通入 H_2S 来制备.

和三硫代亚碲酸盐相反，这些四硫代碲酸盐都不同晶(见表 17.17).

Na_2TeS_4 比较稳定，它在 963K 熔化，1023K 沸腾而不分解. 微溶于水，在水溶液中可被 I_2 氧化出 S 并被 SO_3^{2-}，AsO_3^{2-}，As_2O_3 和 Sb_2O_3 等还原成 Te，例如：

$$TeS_4^{2-}+3SO_3^{2-} \longrightarrow Te+S^{2-}+3S_2O_3^{2-}$$

$$TeS_4^{2-}+3AsO_3^{2-} \longrightarrow Te+S^{2-}+3AsO_3S^{3-}$$

$$2TeS_4^{2-}+3M_2O_3 \longrightarrow 2Te+3M_2O_3S_2+2S^{2-}$$

(M=As，Sb)

K_2TeS_4 在干燥 N_2 气中避光可长期保存，在真空中于 P_2O_5 上加热至 393K 亦未见分解，但在空气中经光照会缓慢分解出 Te.

$RbTeS_4$ 在真空中于 P_2O_5 上加热至 393—413K 还不产生变化，但也在空气中缓慢分解出 Te.

三个四硫代碲酸盐都易溶于水，并缓慢被水和迅速被酸分解，但在碱性溶液中比较稳定.

3. 硫代硒酸盐和硒代及碲代硫酸盐

硫在亚硒酸盐的水溶液中或硒在亚硫酸盐的水溶液中长期回流，然后蒸发结晶，可分别制得硫代硒酸盐和硒代硫酸盐：

$$S+M_2SeO_3 \longrightarrow M_2SSeO_3(M=K, Rb, Cs)$$

$$Se+M_2SO_3 \longrightarrow M_2SeSO_3$$

在回流过程中，硫代硒酸盐可逐渐异构化为硒代硫酸盐，回流 30 分钟即有痕量 $SeSO_3^{2-}$ 出现，因而，制取硫代硒酸盐的反应时间应限制在 20—30 分钟内. 在制备硒代硫酸盐时，会生成一些硒代三硫酸盐 $M_2SeS_2O_6$，此化合物比前者的溶解度小，可在冷却时先行结晶除去.

碲与 Na_2SO_3 水溶液在高压釜中于 553—593K 反应 30—40 分钟，可定量地生成碲代硫酸钠 Na_2TeSO_3：

$$Te+Na_2SO_3 \longrightarrow Na_2TeSO_3$$

异构的 $SSeO_3^{2-}$ 和 $SeSO_3^{2-}$ 离子可能有如下的畸变四面体构型(图 17.20)

图 17.20　$(SSeO_3)^{2-}$和$(SeSO_3)^{2-}$离子的构型

和硫代硫酸盐一样，硫代硒酸盐和硒代硫酸盐在酸溶液中分解，分别析出硫和硒：

$$SSeO_3^{2-}+2H^+ \longrightarrow S+SeO_2+H_2O$$

$$SeSO_3^{2-}+2H^+ \longrightarrow Se+SO_2+H_2O$$

故两者的母体酸 H_2SSeO_3 和 H_2SeSO_3 也是极不稳定的. 固态的硒代硫酸盐受热也分解成硒化物、多硫化物和硫酸盐的混合物.

将银盐加入硫代硒酸盐或硒代硫酸盐的水溶液中，便沉淀出 Ag_2S 或 Ag_2Se，Hg(II)盐也有类似的作用，例如：

$$K_2SeSO_3+Ag_2O \longrightarrow Ag_2Se+K_2SO_4$$

$$K_2SeSO_3+Hg(CN)_2+H_2O \longrightarrow Hg_2Se+K_2SO_4+2HCN$$

这一性质与 $Na_2S_2O_3$ 和 Ag 盐作用时生成稳定的$[AgS_2O_3]^-$，$[Ag(S_2O_3)_2]^{3-}$和$[Ag(S_2O_3)_3]^{5-}$不同.

在水溶液中，两种取代含氧酸盐都被 I_2 氧化，生成二硒代连四硫酸盐：

$$2SeSO_3^{2-}+I_2 \longrightarrow Se_2S_2O_6^{2-}+2I^-$$

4. 硒代连三硫酸和硒代连三硫酸盐

硒代连三硫酸盐 $M_2SeS_2O_6$(M=碱金属、铵、Ba/2)最好是借二聚的乙酰丙酮合硒与相应的亚硫酸氢盐水溶液的反应来制备，用乙醚萃出未反应的乙酰丙酮，向萃余液中加乙醇即沉淀出产物：

$$(C_5H_6O_2Se)_2+4HSO_3^- \longrightarrow 2C_5H_8O_2+2SeS_2O_6^{2-}$$

制备 $M_2SeS_2O_6$ 的其他反应还有：

$$3HSO_3^-+H_2SeO_3 \longrightarrow SeS_2O_6^{2-}+HSO_4^-+2H_2O$$

$$SeSO_3^{2-}+3H_2SeO_3+3SO_3^{2-} \longrightarrow 2SeS_2O_6^{2-}+2SeO_3^{2-}+3H_2O$$

$$SeSO_3^{2-}+SO_3^{2-}+I_2 \longrightarrow SeS_2O_6^{2-}+2I^-$$

后一反应中，I_2不得过量，因反应的过程是 I_2 将 $SeSO_3^{2-}$ 氧化成二硒代连四硫酸根 $Se_2S_2O_6^{2-}$，后者再被 SO_3^{2-} 还原成 $SeS_2O_6^{2-}$.

$$2SeSO_3^{2-}+I_2 \longrightarrow Se_2S_2O_6^{2-}+2I^-$$

$$Se_2S_2O_6^{2-}+SO_3^{2-} \longrightarrow SeS_2O_6^{2-}+SeSO_3^{2-}$$

硒代连三硫酸 $H_2SeS_2O_6$ 可用二聚乙酰丙酮合硒与 H_2SO_3 反应来制备. 它仅能存在于水溶液中，减压蒸发至浓度约 50%时，便分解出 Se 和 SO_2.

所有的硒代连三硫酸盐都是五色晶状固体，与相应的连三硫酸盐不同晶，一些盐的晶体结构数据列在表 17.18 中.

表 17.18 硒代连三硫酸盐的晶体结构

化合物	对称性	晶胞参数(pm)				Z	ρ(g/cm^3)
		a	b	c	β		
$(NH_4)_2SeS_2O_6$	单斜 $C_{2h}^5—P2_1/C$	674	898	1400	102°	4	2.19
$K_2SeS_2O_6$	单斜 $C_{2h}^5—P2_1/C$	954	597	1534	110.4°	4	2.56
$Rb_2SeS_2O_6$	正交	916	1393	1342			
$CsSeS_2O_6$	正交 $D_{2h}^{15}—Pbca$	921	1445	1411		8	3.55
$BaSeS_2O_6 \cdot 2H_2O$	正交	900	1784	1074		8	3.05

固态的硒代连三硫酸盐都不太稳定，其中尤以铵盐、锂盐和钡盐最不稳定，可被光线和 X 射线分解：

$$M_2SeS_2O_6 \longrightarrow Se + SO_2 + M_2SO_4$$

它们都易溶于水(钾盐的溶解度最小)，不溶于乙醇. 在冷的稀酸中比较稳定，但被热的盐酸分解为 Se，SO_2 和硫酸盐.

在碱性溶液中，I_2 可将它们氧化成 SeO_3^{2-} 和 SO_4^{2-}，在中性或酸性溶液中，则生成 Se 和 SO_4^{2-}：

$$SeS_2O_6^{2-} + 3I_2 + 10OH^- \longrightarrow SeO_3^{2-} + 2SO_4^{2-} + 6I^- + 5H_2O$$

$$SeS_2O_6^{2-} + I_2 + 2H_2O \longrightarrow 2SO_4^{2-} + Se + 2I^- + 4H^+$$

硫化氢可将它们还原为 $S_2O_3^{2-}$：

$$SeS_2O_6^{2-} + 3H_2S \longrightarrow S_2O_3^{2-} + Se + 3S + 3H_2O$$

与硫代硫酸盐的水溶液作用，生成硒代连五硫酸盐，反应是可逆的：

$$SeS_2O_6^{2-} + S_2O_3^{2-} \rightleftharpoons Se(S_2O_3)_2^{2-} + 2SO_3^{2-}$$

它们还在非氧化性的酸溶液中与亚硒酸反应，生成多硒代连硫酸盐的复杂混合物 $Se_nS_2O_6^{2-}$ (n=2—6).

5. 二硒代连四硫酸钾

从制备硒代连三硫酸钾的母液中分级结晶，可获得黄色的一水合二硒代连四硫酸钾 $K_2Se_2S_2O_6 \cdot H_2O$.

这个化合物在 323—333K 脱水，并可在 0.5mol/L 的稀盐酸中重结晶. 它易被光线分解出 Se，与亚硫酸盐作用，分解成硒代连三硫酸盐和硒代硫酸盐：

$$Se_2S_2O_6^{2-} + SO_3^{2-} \longrightarrow SeS_2O_6^{2-} + SeSO_3^{2}$$

6. 硒代连五硫酸盐和碲代连五硫酸盐

钠盐和铵盐的制备，是将过量的亚硒酸或亚碲酸的冰乙酸溶液，在 273K 和搅拌下与 $Na_2S_2O_3$ 或 $(NH_4)_2S_2O_3$ 的水溶液反应，然后加入乙醇和乙醚使产物结晶，粗产物中含有~4%(mol)的连四硫酸盐 $M_2S_4O_6$，其溶解度较大，故将粗产物溶于 313K 的 0.2mol/L 稀盐酸中，再加入甲醇进行重结晶可将产物提纯，反应式如下：

$$H_2SeO_3+4S_2O_3^{2-}+4H^+ \longrightarrow Se(S_2O_3)_2^{2-}+S_4O_6^{2-}+3H_2O$$

$$TeOOH^++4S_3O_3^{2-}+3H^+ \longrightarrow Te(S_2O_3)_2^{2-}+S_4O_6^{2-}+2H_2O$$

钾、铷、铯和钡盐因溶解度较钠盐小，可由 268K 的钠盐的 0.2mol/L 盐酸溶液中，分别用乙酸钾的冰乙酸溶液或铷、铯和钡的氯化物水溶液复分解制得.

这些盐都是黄绿到橙红色的结晶固体，除$(NH_4)_2Te(S_2O_3)_2$和$K_2Te(S_2O_3)_2$外，都结晶成水合物，晶体结构数据见表 17.19.

表 17.19　硒代和碲代连五硫酸盐的晶体结构

化合物	对称性	晶胞参数(pm)			Z	ρ(g/cm³)
		a	b	c		
$(NH_4)_2Se(S_2O_3)_2\cdot1.5H_2O$	正交 $D_{2h}^{14}-Pbcn$	2058	924	1250	6	2.03
$K_2Se(S_2O_3)_2\cdot1.5H_2O$	正交 $D_{2h}^{5}-Pbmm$	2018	921	1224	6	2.38
$Rb_2Se(S_2O_3)_2\cdot1.5H_2O$	正交 $D_{2h}^{14}-Pbcn$	2084	923	1248	6	2.76
$Cs_2Se(S_2O_3)_2\cdot1.5H_2O$	正交	640	1816	974	4	2.32
$BaSe(S_2O_3)_2\cdot2H_2O$	正交 $D_2^{16}-Pnma$	498	1036	2320	4	
$(NH_4)_2Te(S_2O_3)_2$	单斜 $C_{2h}^5-P2_1/C$	503	1890 $\beta=91°$	1148	4	2.35
$K_2Te(S_2O_3)_2$	单斜 $C_{2h}^5-P2_1/n$	1120	554 $\beta=91.2°$	1660	4	2.75
$Rb_2Te(S_2O_3)_2\cdot1.5H_2O$	正交 $D_{2h}^{14}-Pbcn$	2114	935	1246	6	2.96
$Cs_2Te(S_2O_3)_2\cdot1.5H_2O$	正交 $D_{2h}^{16}-Pnma$	2176	955	1291	6	3.11

$[X(S_2O_3)_2]^{2-}$阴离子是无分叉和非平面的链状离子，在$[Se(S_2O_3)_2]^{2-}$中 SO_3 基是顺式的，而在$[Te(S_2O_3)_2]^{2-}$中取反式构像，离子构型绘于图 17.21 中.

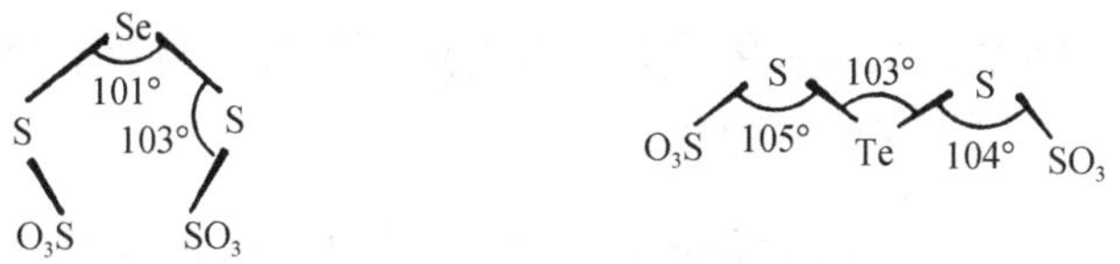

图 17.21　硒代和碲代连五硫酸根的构型

所有的盐都易溶于水，碱金属盐的溶解度随碱金属原子序数增大而减小，且碲的化合物比相应的硒的化合物的溶解度低.

它们在空气中和酸性或中性溶液中基本上是稳定的，但都被碱分解：

$$2[X(S_2O_3)_2]^{2-}+6OH^- \longrightarrow 4S_2O_3^{2-}+X+XO_3^{2-}+3H_2O$$

$$(X=Se，Te)$$

在水溶液中，两种盐中的 $S_2O_3^{2-}$ 基团可被烷基黄原酸根 $ROCS_2^-$，二烷基二硫代氨基甲酸根 $R_2NCS_2^-$，哌啶–1–二硫代甲酸根 $C_5H_{10}NCS_2^-$ 和吗啉–4–二硫代甲酸根 $C_4H_8ONCS_2^-$ 取代，生成硒(II)和碲(II)的螯合物，例如：

$$Te(S_2O_3)_2^{2-}+2ROCS_2^- \longrightarrow Te(ROCS_2)_2+2S_2O_3^{2-}$$

$$Te(S_2O_3)_2^{2-}+2R_2NCS_2^- \longrightarrow Te(R_2NCS_2)_2+2S_2O_3^{2-}$$

硒代连五硫酸盐在水溶液中可被 Br_2 氧化：

$$Se(S_2O_3)_2^{2-}+9Br_2+13H_2O \longrightarrow H_2SeO_3+4HSO_4^-$$

$$+18Br^-+20H^+$$

并在碱性溶液中定量地被过量氰化物分解：

$$Se(S_2O_3)_2^{2-}+2CN^-+2OH^- \longrightarrow S_2O_3^{2-}+SeCN^-$$

$$+SCN^-+SO_4^{2-}+H_2O$$

碲代五硫代酸盐不与 CN^- 作用，但可被 I_2 直接氧化：

$$Te(S_2O_3)_2^{2-}+2I_2+2H_2O \longrightarrow TeOOH^++S_4O_6^{2-}+4I^-+3H^+$$

3.8.6　含氧酸的氨基衍生物

1. 亚硒酸的氨基衍生物

二氨基亚硒酸(或二氨基氧化硒)$SeO(NH_2)_2$，可借 NH_3 与亚硒酸二甲酯或双(二甲胺基)亚硒酸在乙醚中反应来制备：

$$SeO(OCH_3)_2+2NH_3 \rightleftharpoons SeO(NH_2)_2+CH_3OH$$

$$SeO[N(CH_3)_2]_2+2NH_3 \rightleftharpoons SeO(NH_2)_2+2(CH_3)_2NH$$

用甲胺和乙二胺代替 NH_3 进行反应，可得到伯胺取代的亚硒酸 $SeO(NHCH_3)_2$

和 $SeO(NHCH_2)_2$. 二氯氧化硒分别与二甲胺和二乙胺在低温下反应，生成仲胺取代的亚硒酸 $SeO[N(CH_3)_2]_2$ 和 $SeO[N(C_2H_5)_4]_2$：

$$SeOCl_2+HNR_2 \longrightarrow SeO(NR_2)_2+2HCl(R=CH_3，C_2H_5)$$

这五个氨基亚硒酸都是热不稳定的白色固体. 可溶于水，但水解成亚硒酸和氨或烷基胺. 与醇作用，则醇解为相应的亚硒酸酯. 水解和醇解的反应表示如下：

$$SeO(NR_2)_2+2H_2O \longrightarrow H_2SeO_3+2R_2NH$$

$$SeO(NR_2)_2+2R'OH \longrightarrow R'_2SeO_3+2R_2NH$$

R 为 H，H 和烷基或烷基，R′ 为烷基.

双(二甲胺基)亚硒酸 $SeO[N(CH_3)_2]_2$，m.p. 315—316K，可在低温下减压蒸馏，但加热至 323—333K 即爆炸分解. 室温下分解速度较慢，产物为二甲胺基硒 $Se(N(CH_3)_2]_2$ 和氧. 双(二乙胺基)亚硒酸和二氨基亚硒酸的热稳定性更低，二者分别在 253K 和 233K 分解.

二氯氧化硒与 $SeO[N(CH_3)_2]_2$ 或 $Hg(NSOF_2)_2$ 反应，可分别生成氯基二甲胺基亚硒酸 $SeON(CH_3)_2Cl$ 和双(二氟氧硫氮基)亚硒酸 $SeO(NSOF_2)_2$：

$$SeOCl_2+SeO[N(CH_3)_2]_2 \longrightarrow 2SeON(CH_3)_2Cl$$

$$SeOCl_2+Hg(NSOF_2)_2 \xrightarrow[CH_2Cl_2]{313K} SeO(NSOF_2)_2+HgCl_2$$

前者的熔点为 326—327K. 后者是黏稠液体，在潮湿空气中分解出单质硒.

2. 硒酸的氨基衍生物

(1) 氨基硒酸

二氨基硒酸 $SeO_2(NH_2)_2$ 可借硒酸二甲酯与液氨在低温下反应来制备：

$$(CH_3O)SeO_2+2NH_3 \longrightarrow SeO_2(NH_2)_2+2CH_3OH$$

此化合物易水解为氨基硒酸铵 $NH_4SeO_3NH_2$ 并且是热不稳定的. 在 223K 以上缩合成环状的三聚氮基硒酸铵 $(NH_4)_3(NSeO_2)_3$ 和分子式为 $H_2N[SeO_2N(NH_4)]_n SeO_2NH_2$ 的链状多聚氮基硒酸铵.

硒酸二甲酯与甲胺或二甲胺反应，可制得晶状的二甲胺基硒酸 $SeO_2(NHCH_3)_2$，m.p. 335K 和双(二甲胺基)硒酸 $SeO_2[N·(CH_3)_2]_2$，m.p. 364K. 这两个衍生物比 $SeO_2(NH_2)_2$ 稳定，在室温才缓分解出氧.

(2) 氨基硒酸盐

氨基硒酸铵 $NH_4SeO_3NH_2$ 是白色固体，可借吡啶合三氧化硒与无水液氨在 203K 反应或借焦硒酸钾的氨解来制备：

$$py \cdot SeO_3 + 2NH_3 \longrightarrow NH_4SeO_3NH_2 + py$$

$$K_2Se_2O_7 + 2NH_3 \longrightarrow NH_4SeO_3NH_2 + K_2SeO_4$$

固态的 $NH_4SeO_3NH_2$ 在干燥空气中稳定，但加热至 373K 便分解成 Se_4N_4、硒酸铵和亚硒酸铵的混合物，如快速加热至 393K 便发生爆炸. 此化合物易溶于液氨和水，仅稍溶于甲醇，用甲醇可将其从浓的水溶液中沉淀出来. 与氨基磺酸铵 $NH_4SO_3NH_2$ 一样，在稀酸中与亚硝酸盐作用即分解出 N_2.

黄色的氨基硒酸银 $AgSeO_3NH_2$，可用 $AgClO_4$ 自氨基硒酸铵的甲醇溶液中沉淀而得. 此化合物的一个非常有趣的性质是与液氨发生复杂的放热反应，主要产物是不溶于液氨的氮基二硒酸六氨合三银 $Ag_3(O_3Se—N—SeO_3) \cdot 6NH_3$：

$$3AgSeO_3NH_2 + 6NH_3 \longrightarrow Ag_3(O_3Se—N—SeO_3) \cdot 6NH_3 + NH_4SeO_3NH_2$$

副产物还有可溶于液氨的 $AgSeO_3NH_2 \cdot 2NH_3$ 和含$(O_3Se—N—SeO_2NH_2)^{2-}$阴离子的银盐.

$NH_4SeO_3NH_2$ 在稀氨水溶液中与过量的 Ag^+离子作用，生成红褐色的氮基硒酸三银 Ag_3SeO_3N. 此化合物是高爆炸性的. 有两种晶型，α-Ag_3SeO_3N 的晶体是由借 O···Ag—N 桥连接的 Ag_3NSeO_3 分子的无限双螺链组成，分子具有三重轴，分子两端的原子都有近乎规则的四面体构型. 三个 Se—O 键和三个 N—Ag 链的链长各自相等，222 pm 的 O···Ag 距，意味着有一定程度的共价键合，分子结构绘于图 17.22 中.

(3) 聚氮基硒酸盐

二氟二氧化硒或硒酸二甲酯与液氨或与深冷过的 CCl_4 中的氨反应，可制得环三聚氮基硒酸铵 $(NH_4)_3(NSeO_2)_3$ 和链状的多聚氮基硒酸铵 $H_2N[SeO_2N(NH_4)]_nSeO_2NH_2$，反应式如下：

$$(4+n)SeO_2F_2 + (8+2n)NH_3 \longrightarrow (NH_4)_3(NSeO_2)_3 + H_2N[SeO_2N(NH_4)]_nSeO_2NH_2 + (8+2n)HF$$

$$(4+n)SeO_2(OCH_3)_2 + (8+2n)NH_3 \longrightarrow (NH_4)_3(NSeO_2)_3 + H_2N[SeO_2N(NH_4)]_nSeO_2NH_2 + (8+2n)CH_3OH$$

水不溶的环三聚氮基硒酸的钾、银和铊盐，可由铵盐的水溶液中，用 K^+，Ag^+和 Tl^+离子沉淀而得. $K_3(NSeO_2)_3$ 的晶体结构测定表明，环状的 $(NSeO_2)_3^{3-}$ 阴离子具有椅式构型(见图 17.23). Se—N 键和 Se—O 键平均键长分别为 177 pm 和 162 pm. 每个硒原子被两个氧原子和两个氮原子配位，构成几乎规则的四面体形.

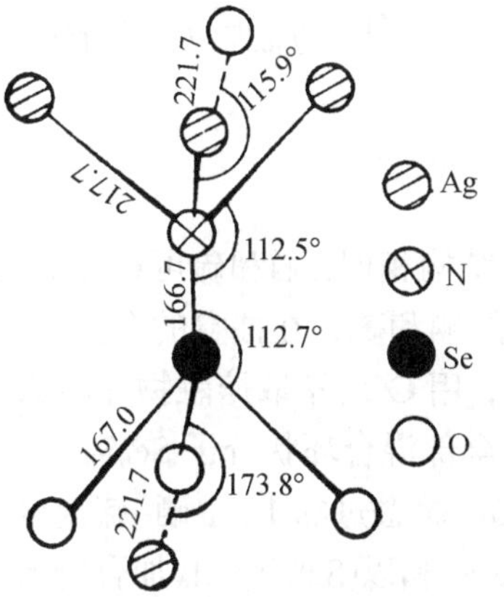

图 17.22 α-Ag_3NSeO_3 分子的构型和重要的键长(pm)及键角

$(NSeO_2)_3^{3-}$ 离子的碱性水解，随后进行阳离子间的置换，可制得链状的二氮基三硒酸盐 $M_4(O_3Se—N—SeO_2—N—SeO_3)$($M=NH_4$，K 和 Ag)和氮基二硒酸盐 $M_3(O_3Se—N—SeO_3)$(M=K 和 Ag)：

$$(NSeO_2)_3^{3-}+OH^-+H_2O \longrightarrow (O_3Se—N—SeO_2—N—SeO_3)^{4-}+NH_3$$
$$(NSeO_2)_3^{3-}+H_2O \longrightarrow (O_3Se—N—SeO_3)^{3-}+(NH_4)_2SeO_4$$

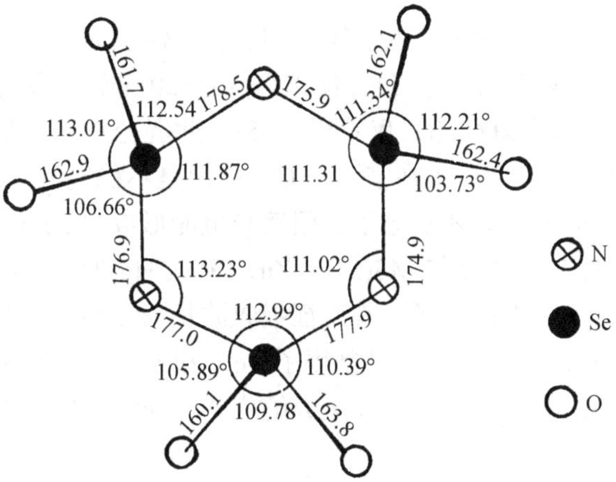

图 17.23 $(NSeO_2)_3^{3-}$ 阴离子的构型和部分键长(pm)及键角

所有的聚氮基硒酸盐在受热或振动时均易发生爆炸，但在水溶液中比较稳定.

3.9 硫属互化物

3.9.1 硒和硫的互化物

环状 Se_8 和 S_8 分子的结构相似，硒和硫可相互取代，形成混合八元环状分子.

1：1 和 1：3 原子比的硒和硫，在抽空的石英管中于 1273K 熔融 5—10 分钟后，迅速投入冷水中冷却，用 CCl_4 萃取熔融物并冷冻萃取液，析出的结晶经质谱分析，证明含 $n = 1—7$ 的全部混合环状分子 Se_nS_{8-n}.

用苯萃取在 523—573K 熔融过的 1：1 硒–硫混合物并分级结晶，可获得红色晶状的 Se_4S_4 及 Se_2S_6，Se_3S_5 和以$(SeS_7)_2SnI_4$加合物形式析出的 SeS_7.

用化学方法制备 Se_nS_{8-n} 系列的某些物种也有报道，例如：H_2Se 的 CS_2 溶液与 S_7Cl_2 的乙醚溶液混合后，析出黄色晶体，此晶体在苯–CS_2 溶液中重结晶后，被质谱分析证明是 SeS_7. H_2Se 与 S_2Cl_2 以 1：2(mol)的比例反应，也生成 Se_2S_6 和 Se_3S_5.

此外，在 673—1273K 的硒、硫混合物的蒸气相中，有 SeS 分子存在，其特征吸收波长为 310 nm.

3.9.2 碲和硫及碲和硒的互化物

由于碲原子和硫原子的半径差别较大，碲原子不易嵌入 S_8 环中，1：1 原子比的碲和硫，在抽空的石英管中于 1173K 熔融 15—20 分钟后骤冷至室温，熔融物用 CS_2 萃取并于甲苯中重结晶，仅获得 TeS_7. 此混合八元环状化合物能稳定至 363K. 含碲更多的 Te_nS_{8-n} 分子在室温和 CS_2 中都是不稳定的.

碲虽不易与硫形成八元环状分子，但碲与硫能形成 Te(II)，Te(IV)和 Te(VI)的硫化物. 例如：碲与硫或碲与 MS(M ═ Zn，Cd 或 Hg)的混合物在 1073—1273K 熔融的蒸气中，也存在 TeS 分子，其特征吸收波长为 219nm，254nm 和 360 nm；由 Na_2TeS_3 和 Na_2TeS_4 的酸解，分别制得了 TeS_2 和 TeS_3，热重分析表明，这两个化合物在 453K 开始分解，653K 时完全分解成碲. TeS_2 在碱性溶液中可生成二硫代亚碲酸根 TeS_2O^{2-}：

$$TeS_2 + 2OH^- \rightleftharpoons TeS_2O^{2-} + H_2O$$

此离子在溶液中与 H_2S 或 HS^-根作用，又转变成三硫代亚碲酸根 TeS_3^{2-}：

$$TeS_2O^{2-} + H_2S \rightleftharpoons TeS_3^{2-} + H_2O$$
$$TeS_2O^{2-} + HS^- \rightleftharpoons TeS_3^{2-} + OH^-$$

此外，在碲和硫于 673—689K，4 GPa 高压共结晶形成的固熔体中，还发现有组成为 Te_7S_{10} 的相，可能是硫嵌入了碲链中.

碲和硒仅形成连续固熔体，但在碲、硒混合物的高温蒸气相中存在 TeSe(特征吸收波长为 370 nm)，它在 1173K 以上即有一定的解离.

3.9.3 硫化钋

PoS 是黑色固体，可借 H_2S 从 Po(II)或 Po(IV)的任何化合物的稀酸溶液中沉淀或借$(NH_4)_2S$ 水溶液与 $Po(OH)_4$ 作用而得. 用 1∶1 的甲苯和无水乙醇混合液洗涤沉淀，可除去其中的硫. Po^{4+}与 H_2S 的反应如下：

$$Po^{4+} + 2H_2S \longrightarrow PoS + S + 4H^+$$

PoS 不溶于乙醇、丙酮、甲苯和$(NH_4)_2S$. 在稀盐酸中的溶度积约为 5.5×10^{-29}，但可溶于浓盐酸. 它迅速被溴水、次氯酸钠和王水氧化. 在真空中加热至 548K 便分解为组成元素的单质.

3.10 氮 化 物

3.10.1 四氮化四硒

四氮化四硒 Se_4N_4 的制备方法是，在不断搅拌下，向四卤化硒在苯、CS_2 或 $CHCl_3$ 的悬浮液中通入干燥的氨，将析出的橙黄色晶状混合物过滤，用 CS_2 或稀的 KCN 水溶液洗去硒，用大量水洗去卤化铵，所得的纯 Se_4N_4 在空气中晾干. 用 $SeBr_4$ 可得最佳产率(＞80%). 反应式如下：

$$6SeBr_4 + 32NH_3 \longrightarrow Se_4N_4 + 2Se + 2N_2 + 24NH_4Br$$

用二烷基亚硒酸酯代替四卤化硒或用 SeO_2 与液氨在 343—353K 于压力釜中反应，也可制得 Se_4N_4.

四氮化四硒是橙色吸湿的固体，分子中有两个硒的氧化态为+2. 其分子结构是 Se—N 交替排列的船式折叠八元环(图 17.24)，环中的四个 N 原子几乎呈正四方形，N—N 距为 282 pm，四个 Se 原子构成稍许畸变的四面体，被 N 原子分隔的两个 Se 原子间的平均距离为 297 pm，Se—N 键长约为 180 pm，N—Sc—N 和 Se—N—Se 角分别约为 102°和 111°.

干燥的 Se_4N_4 极易因振动或受热(433K)而爆炸，通常将其贮存于 $CHCl_3$ 中. 和 S_4N_4 一样，其颜色随温度而变，在液态空气温度时是黄橙色的，373K 变成红色. 它不溶于水，无水乙醇和乙醚，但溶于苯、CS_2 和冰醋酸.

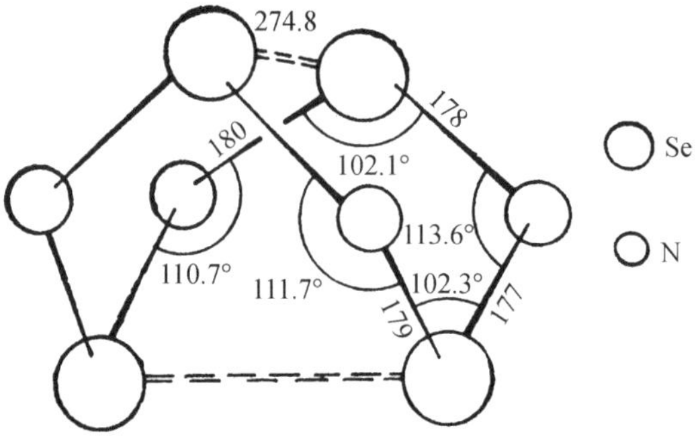

图 17.24　Se_4N_4的分子结构和键长(pm)及键角

Se_4N_4 在冷水中是化学稳定的，但缓慢被热水和碱溶液水解，生成 NH_3，Se 和 SeO_4^{2-}. 氯化氢可使其分解成 NH_4Cl, $(NH_4)_2 \cdot SeO_3$, H_2Se 和 $SeCl_4$ 的混合物. 与卤素、次氯酸盐或浓盐酸作用则发生爆炸. 与 $SOCl_2$ 作用，据说是生成有两种晶型的淡黄色化合物，其组成为$(NH_4)_2Se(SO)_2Cl_2$.

3.10.2　氮化碲

氮化碲是淡黄色固体，其组成好像是更接近于 Te_3N_4，而不是 Te_4N_4. 但其与卤素、卤酸和 $SOCl_2$ 的作用非常类似于 Se_4N_4，并也是爆炸性的(493K). 它不与水或稀酸作用，也不溶于液氨，但可被碱溶液分解而放出 NH_3.

氮化碲可借 $TeBr_4$ 与液氨在 258—193K 的温度下反应来制备，用水和稀乙酸溶液洗去产物中的 NH_4Br，然后在真空中使产物干燥. 反应式如下：

$$3TeBr_4 + 16NH_3 \longrightarrow Te_3N_4 + 12NH_4Br$$

除 Te_3N_4 外，反应中还生成若干副产物如 $Te_3N_2Br_6$，Te_3NBr 和 TeNBr 等.

3.10.3　其他氮化物

四氮化四硫 S_4N_4 和 Se_2Cl_2 在 $SOCl_2$ 中于 313K 反应，立即析出黄色沉淀，此沉淀用 CCl_4 洗涤后，在甲酸中重结晶，得到一种黄色的化合物，其组成为$(SeS_3N_3)_2SeCl_6$, m.p. 358.6K. $(SeS_3N_3)^+$阳离子是七元环，可能有两种异构体(图 17.25).

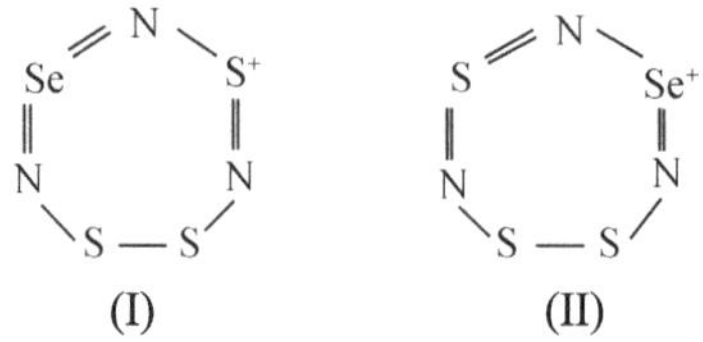

图 17.25　$(SeS_3N_3)^+$离子的两种可能的结构

$TeCl_4$与叠氮化三甲基硅$(CH_3)_3SiN_3$反应，可得到三氯叠氮化碲 TeN_3Cl_3：

$$(CH_3)_3SiN_3 + TeCl_4 \longrightarrow TeN_3Cl_3 + (CH_3)_3SiCl$$

此化合物的结构式可写为 $Cl_2—Te═N—N═N—Cl$.

3.11 碳 化 物

3.11.1 一硒化碳和二硒化碳

二硒化碳 CSe_2 的制备方法如下：将 N_2 饱和的 CH_2Cl_2 气流通入加热至 773—873K 的盛有硒的反应瓶中，或将两股经 N_2 饱和的 CCl_4 和 H_2Se 气流等量地通入 773K 的反应管中. 冷凝收集液态粗产物，并将其水蒸气蒸馏，分去水层后，在 $CaCl_2$ 上干燥，最后在 319K(6.67kPa)或 341K(16.67kPa)下减压分馏提纯. 反应式为：

$$CH_2Cl_2 + 2Se \longrightarrow CSe_2 + 2CHl$$
$$CCl_4 + 2H_2Se \longrightarrow CSe_2 + 4HCl$$

CSe_2是亮黄色、有刺激臭、催泪和不易燃的液体. m.p. 233—228K，b.p. 398—399K，相对密度 2.6824，折射率 1.845，气化热

$$\Delta H=38.041 \text{ kJ/mol},$$

蒸气压遵循下述方程：

$$\log P(\text{Pa})=10.0401—1987.4/T$$

它不溶于水、乙醇和冰乙酸，但能与 CS_2，甲苯、轻石油醚和 CCl_4 等非极性有机溶剂完全互溶，并与 40%的 CCl_4 构成恒沸液. 它在室缓慢分解变黑，沉积出一种深色的聚合物(每个月约分解 1%). 氯化氢和盐酸不与它作用，浓硝酸和硫酸仅有轻微作用，但均能在沸腾时蒸馏出未反应的 CSe_2. 冷的碱溶液亦不与它作用，但热碱可溶解它形成橙色溶液.

CSe_2 激烈地与 $SeOCl_2$ 或 Se_2Cl_2 反应，沉积出 Se 和一些未查明的挥发性产物. 它还迅速吸收 Cl_2，生成许多有趣的产物，其中已鉴定的有 $SeCl_4$、$CCl_3·SeCl$(深红色液体，b.p. 335K(3.07kPa)，有刺激臭，发烟并易水解)、$(CCl_3)_2Se$(白色固体，m.p. 310K)及$(CCl_3)_2Se_2$(黄色油状液体，b.p. 399K(66.65Pa)).

CSe_2 与氢氧化钾的醇溶液或有机胺溶液反应，分别生成二硒代黄原酸钾

$ROCSe_2K$ 和 N 取代二硒代氨基甲酸钾 R_2NCSe_2K：

$$CSe_2 + KOH + ROH \longrightarrow ROCSe_2K + H_2O$$
$$CSe_2 + KOH + R_2NH \longrightarrow R_2NCSe_2K + H_2O$$

CSe_2 在真空(13.3Pa)高频电弧中，解离成 Se 和一硒化碳 CSe，后者虽不像 CS 那样能被分离出来，但可与涂在放电管壁上的硫或碲反应，生成硒硫化碳 CSSe 或碲硒化碳 CSeTe 而被固定.

3.11.2　硒硫化碳和碲硫化碳

在高频真空放电管中，CSe_2 解离后与涂在管壁上的 S(加热使其升华)反应，或 CS_2 与 Se 或 Te 按类似的方法反应，分别生成较高浓度的硒硫化碳 CSSe 或碲硫化碳 CSTe. 不过，制备 CSSe 的更方便的方法是在 923K 使 CS_2 与 FeSe 反应：

$$CS_2 + FeSe \longrightarrow CSSe + FeS$$

硒硫化碳 CSSe 在 83K 时是白色固体，193K 变成亮黄色. 在室温是深黄色液体，bP 357K(99.89kPa). 其蒸气有洋葱味并有催泪作用，可燃性远不如 CS_2.

CSSe 不溶于水，可溶于大多数有机溶剂，稳定性比 CSe_2 低，光照、受热或与 NH_3，Cl_2，Br_2 接触便发生分解. 与碱金属氢氧化物的醇溶液或有机胺溶液作用，也生成硒代黄原酸盐和 N-取代硒代，硫代氨基甲酸盐：

$$CSSe_2 + MOH + ROH \longrightarrow ROCSSeM + H_2O \ (M{=}K,Na)$$
$$CSSe_2 + MOH + R_2NH \longrightarrow R_2NCSSeM + H_2O$$

碲硫化碳 CSTe 在低温下是淡黄红色的固体，219K 熔化成亮黄色液体，有大蒜臭味. 它比 CSSe 的稳定性低，在光照下于 223K 便发生分解.

3.11.3　羰基硒、羰基碲和羰基钋

将 CO 通入加热至 1053K 的盛有 Se 或 Te 的反应管中，在低温下捕集产物，即得 COSe 和 COTe，产率约 10%. CO 与 Po 作用也生成 COPo，但未能分离. 羰基硒也可更容易地借 Al_2Se_3 与 $COCl_2$ 在 492K 反应来制备：

$$Al_2Se_3 + 3COCl_2 \longrightarrow 2AlCl_3 + 3COSe$$

羰基硒是这三个化合物中最稳定的. 它在低温下是无色有腐臭味的液体，在 250.2K(96.66kPa)沸腾，151K 凝成白色固体. 汽化热 ΔH=22kJ/mol，蒸气压方程为：

$$\log P(\text{Pa})=9.5775+1149.8/T$$

3.11.4 硒代碳酸盐

紫色的三硒代碳酸盐. 可用 CSe_2 从金属硒氢酸盐的水溶液或乙醇溶液中沉淀出来. 用 CS_2 代替 CSe_2，则得到橙色的二硫代硒代碳酸盐. 制备三硒代碳酸钡 $BaCSe_3$ 和二硫代硒代碳酸钾 KCS_2Se 的反应如下：

$$Ba(HSe)_2 + CSe_2 \longrightarrow BaCSe_3 + H_2Se$$

$$2KHSe+CS_2 \longrightarrow K_2CS_2Se + H_2Se$$

这些盐在潮湿时均易氧化沉积出硒. $BaCSe_3$ 与盐酸作用，生成三硒代碳酸 H_2CSe_3. 它在水溶液中呈深红色，极不稳定，迅速分解成 CSe_2 和 H_2Se.

3.12 卤酸盐和高卤酸盐

3.12.1 卤酸盐

已知的卤酸盐是硒、碲和钋的碘酸盐.

碘酸硒(VI)$I_2O_5 \cdot SeO_3$ 和 $I_2O_5 \cdot SeO_3 \cdot H_2O$，可由 SeO_3 分别与 I_2O_5 和 HIO_3 作用来制备. 这两个化合物都是白色固体，实际上是聚碘酰基的硒酸盐 $[(IO_2)_2SeO_4]_n$ 和 $[(IO_2)HSeO_4]_n$.

亚碘酸硒(VI)$I_2O_3 \cdot SeO_3$(或$(IO)_2SeO_4$)，可由 H_2SeO_4 与 I_2 和 I_2O_5 反应来制备：

$$5H_2SeO_4 + 2I_2 + 3I_2O_5 \longrightarrow 5(IO)_2SeO_4 + 5H_2O$$

它是正交晶系晶体，与 $I_2O_3 \cdot SO_3$ 同晶，晶胞参数为 a=1545pm，b=478pm，c = 812pm，每个晶胞含 4 个分子.

碘酸碲(II)，$Te(IO_3)_2$，据报导是由 $TeBr_4$ 与 $AgIO_3$ 在常温于苯中反应而得：

$$2AgIO_3 + TeBr_4 \longrightarrow Br_2 + 2AgBr+Te(IO_3)_2$$

但这个化合物的存在不可信.

白色的碘酸钋(IV)，可能是 $Po(IO_3)_4$，可借添加碘酸至 Po^{IV} 的硝酸溶液中沉淀而得. 此化合物的溶解度随碘酸浓度增加而降低. 室温时，由于 Po 的α辐射，$Po(IO_3)_4$ 缓慢分解，加热至 623K 则迅速分解.

3.12.2 高卤酸盐

高氯酸三羟基硒(IV)，$Se(OH)_3ClO_4$，可由 70%的高氯酸与亚硒酸直接反应来制备：

$$H_2SeO_3 + HClO_4 \longrightarrow Se(OH)_3ClO_4$$

它是特别吸湿的白色固体，m.p. 306K. 可溶于硝基甲烷且在溶液中是 1∶1 电解质. Se（OH）$_3^+$离子是锥形的(C_{3v})，有比SeO_3^{2-}根中更强的 Se—O 键，可能是由于σ键和一些 p–$d\pi$键合的缘故.

高氯酸碲(IV)$2TeO_2 \cdot HClO_4$ 和高碘酸碲(IV)$2TeO_2 \cdot HIO_4$，可由浓的高氯酸或高碘酸溶解 TeO_2 而得. $2TeO_2 \cdot HClO_4$可稳定至 573K，故可用加热的方法来驱除过量的 $HClO_4$. $2TeO_2 \cdot HIO_4$ 的稳定性不如高氯酸碲，最好在减压下浓缩使其结晶. 这两个碱式盐均易水解，其结构尚不清楚.

3.13 硫酸盐和铬酸盐

3.13.1 硫酸盐

碱式硫酸硒$(SeO)SO_4$的制备方法是在 323K 将 SeO_2 溶于 SO_3 饱和过的 H_2SO_4 中并缓慢冷却结晶或在封管中将 SeO_2 和 SO_3 直接熔合. 它是白色潮解的固体，易水解为 H_2SeO_3 和 H_2SO_4，加热便失去 SO_3.

碱式硫酸碲$(Te_2O_3)SO_4$可借 H_6TeO_6 与 96%H_2SO_4 在 638K 加热 3 小时来制备，产物用无水乙醇洗涤后，在 378K 干燥：

$$2H_6TeO_6 + H_2SO_4 \longrightarrow (Te_2O_3)SO_4 + O_2 + H_2O$$

它是白色的正交晶系晶体，空间群为 C_{2V}^7 - $P2_{1mn}$，晶胞参数为 a=465.4pm，b=693.6pm，c=887.9pm，z=2，ρ=4.63g/cm. 它在真空中于 703K 以上或在空气中于 773K 便分解成 TeO_2 和 SO_3. 也易水解成 H_2TeO_3 和 H_2SO_4.

$Po(OH)_4$ 或 $PoCl_4$ 与 > 0.25 mol/L 的 H_2SO_4 作用，可结晶出白色固体，组成为 $Po(SO_4)_2 \cdot nH_2O$. 水合硫酸钋(IV)难溶于稀 H_2SO_4，但 H_2SO_4 浓度增大时溶解度迅速增加. 用无水乙醚洗涤或加热至 373K 便脱水成深紫色的无水硫酸钋(IV)$Po(SO_4)_2$. 加热至 823K 即分解成 PoO_2.

$Po(SO_4)_2$ 在 0.5—1mol/LH_2SO_4 溶液中，于 373K 被 NH_2OH 还原，生成硫酸钋(II)$PoSO_4$.

碱式硫酸钋(IV)$(Po_2O_3)SO_4$ 是白色固体，可用 $Po(OH)_4$ 或 $PoCl_4$ 与 0.05—

0.25mol/L 的稀 H_2SO_4 反应而得. 它可溶于稀盐酸并略溶于稀 H_2SO_4. 固态时加热至 523K 变成黄色(冷却又变为白色)，823K 时分解成 PoO_2.

3.13.2 铬酸盐

唯一的铬酸盐是橙黄色的铬酸钋(IV)，组成可能是 $Po(CrO_4)_2$. 它可由 $Po(OH)_4$ 或 $PoCl_4$ 与 1mol/L 的 CrO_3 水溶液反应而得. 此化合物易水解成深褐色的碱式盐，其组成接近 $2PoO_2 \cdot CrO_3$.

3.14 硝酸盐和磷酸盐

3.14.1 硝酸碲(II)和碱式硝酸碲(IV)

硝酸碲(II)$Te(NO_3)_2$，据报道说是由 $TeBr_4$ 与 $AgNO_3$ 在沸腾的苯中反应而得，由于 Te(II)的简单化合物都不稳定，它的存在甚不可信.

白色的碱式硝酸碲(IV)$2TeO_2 \cdot HNO_3$，可简便地将碲溶于 333—343K 的 8mol/L HNO_3，并蒸发所得的溶液来制备. $2TeO_2 \cdot HNO_3$ 是吸湿的固体，易水解并在 463K 以上分解成 TeO_2. 它结晶成正交晶系晶体，空间群为 *Pnma*，晶胞参数为 $a =$ 1455pm，b=877pm，c=445pm，$z = 4$.

$2TeO_2 \cdot HNO_3$ 的晶体结构由折皱的 Te，O 原子层组成，分子中的两个碲原子，借两个氧桥相互连接，每个碲原子又借两个氧桥与相邻的两个分子中的碲原子连接. 这四个 Te—O 键，分别指向三角双锥的两个轴向和两个赤道方向的顶点，Te—O 键长为 188—216pm. NO_3^- 根借氢键与一个桥连氧原子键合，N—O 键长为 119—127pm. 晶体结构绘于图 17.26 中.

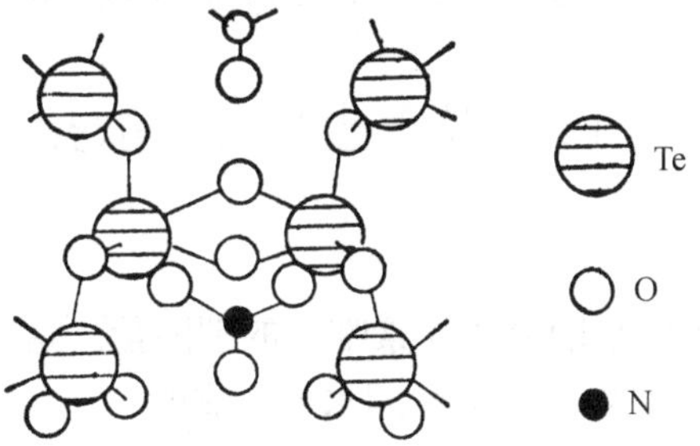

图 17.26 $2TeO_2 \cdot HNO_3$ 的晶体结构

3.14.2 硝酸钋和碱式硝酸钋

$Po(OH)_4$ 或 $PoCl_4$ 与液态 N_2O_4 作用，得到一种白色固体，可能是溶剂合的

$Po(NO_3)_4 \cdot N_2O_4$. 此化合物不溶于液态 N_2O_4 并易水解. 室温时缓慢脱除 N_2O_4，生成白色的 $Po(NO_3)_4$.

硝酸钋 $Po(NO_3)_4$ 在真空下分解，生成一种白色的碱式盐，分析结果表明 NO_3 : Po=3 : 2，由此推断出其结构可能如图 17.27(a). 此碱式盐(a)也可由 $Po(OH)_4$ 或 $PoCl_4$ 与 0.5mol/L HNO_3 反应 12 小时或用 N_2O_4 与金属钋反应若干天而得. 它在 373K 进一步分解成淡黄色的另一种碱式盐，NO_3 与 Po 的比值为 1 : 2，其结构可能如图 17.27(b). 碱式盐(b)在 403K 分解成 PoO_2，这两个碱式盐均难溶于稀 HNO_3，但当 HNO_3 浓度增大时，溶解度大增，可能有 $PoO(NO_3)_3^-$ 和 $Po(NO_3)_5^-$ 配阴离子生成.

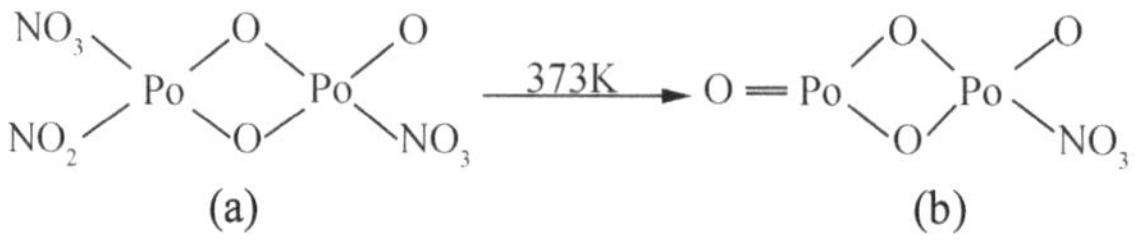

图 17.27　碱式硝酸钋的两种可能结构

3.14.3　磷酸盐

白色凝胶状的碱式磷酸钋(IV)$2PoO_2 \cdot H_3PO_4$，是硒分族元素唯一的磷酸盐. 这个化合物可由 2 mol/L H_3PO_4 溶液与 $Po(OH)_4$ 反应，或 $(NH_4)_2HPO_4$ 溶液与 $PoCl_4$ 反应而得：

$$2Po(OH)_4 + H_3PO_4 \longrightarrow 2PoO_2 \cdot H_3PO_4 + 4H_2O$$

$$2PoCl_4 + (NH_4)_2HPO_4 + 4H_2O \longrightarrow 2PoO_2 \cdot H_3PO_4 + 2NH_4Cl + 6HCl$$

这个胶状物在水或稀氨水中好像不水解，但可被稀碱溶液或无机酸水解.

3.15　碳酸盐和有机酸盐

3.15.1　碳酸盐

碳酸钋(IV)$Po(CO_3)_2$ 是硒分族元素唯一的碳酸盐. 这个化合物很不稳定，据说是将 $Po(OH)_4$ 长期泡在被 CO_2 饱和的水中生成的.

3.15.2　硒(II)和碲(II)的烷基和芳基硫代磺酸盐

双(甲基硫代磺酸)硒(II)$(CH_3SO_2S)_2Se$，是淡绿色固体，高于 348K 分解. 可在乙醚溶液中借一氯化硒与甲基硫代磺酸钠反应沉淀而得. 用水洗去粗产物中的 NaCl 后，在乙酸乙酯中重结晶提纯. 或将沉淀溶于 $CHCl_3$，再用 CS_2 沉淀出纯的

$(CH_3SO_2S)_2Se$. 反应式为：

$$Se_2Cl_2 + 2CH_3SO_2SNa \longrightarrow (CH_3SO_2S)_2Se + Se + 2NaCl$$

双(甲基硫代磺酸)碲(II)$(CH_3SO_2S)_2Te$ 是黄色固体，高于 393K 分解. 可借 TeO_2 在盐酸中的溶液与甲基硫代磺酸钠的水溶液反应而得，在 $CHCl_3$ 中重结晶可将产物提纯：

$$TeO(OH)^+ + 4CH_3SO_2S^- + 3H^+ \longrightarrow (CH_3SO_2S)_2Te + (CH_3SO_2S)_2 + 2H_2O$$

用类似的反应，还可制备苯基或甲苯基硫代磺酸硒(II)和碲(II).

这类化合物都不溶于水，可溶于 $CHCl_3$ 和乙酸乙酯等极性有机溶剂. 它们的结构与硒代和碲代连五硫酸根类似，都含有

$$S—S—X—S—S$$

链(参见图 17.21).

它们与硫代硫酸盐作用，即生成硒代或碲代连五硫酸盐：

$$(RSO_2S)_2X + 2S_2O_3^{2-} \longrightarrow 2RSO_2S^- + [X(S_2O_3)_2]^{2-}$$

与碱溶液作用，便分解出单质硒或碲：

$$2(RSO_2S)_2X + 6OH^- \longrightarrow 4RSO_2S^- + X + XO_3^{2-} + 3H_2O$$

3.15.3 有机羧酸盐

碱式乙酸硒(IV)$SeO(CH_3COO)_2$ 和碱式草酸硒(IV)$SeO \cdot (C_2O_4)$，可借 $SeOCl_2$ 分别与乙酸钠(在乙醇中)和草酸银(在四氢呋喃中)反应来制备：

$$SeOCl_2 + 2CH_3COONa \longrightarrow SeO(CH_3COO)_2 + 2NaCl$$
$$SeOCl_2 + Ag_2C_2O_4 \longrightarrow SeO(C_2O_4) + 2AgCl$$

碱式草酸硒的结构由锥形的 SeO_3 基和平面形的 C_2O_4 基构成. 这两个碱式盐都易水解成亚硒酸或醇解成亚硒酸酯，例如：

$$SeO(CH_3COO)_2 + 2H_2O \longrightarrow H_2SeO_3 + 2CH_3COOH$$
$$SeO(CH_3COO)_2 + 2ROH \longrightarrow R_2SeO_3 + 2CH_3COOH$$

碲(IV)的脂肪酸盐、芳基羧酸盐和羟基酸盐，最好用如下方法制备：在无水条件下，将 $TeCl_4$ 的苯溶液与稍微过量的有机酸混合均匀，在 333—343K 反应 4

小时(与高级脂肪酸的反应需加热几天)，然后将温度升至比酸的熔点高 10—15K，并继续加热到不再挥发出 HCl 为止. 冷却反应混合物，用适量有机溶剂洗去过量酸后，将产物干燥.

碲(IV)的有机酸盐(见表 17.20)都是稍微吸湿的晶状固体，在一般条件下颇稳定，可溶于乙醇、丙酮和乙酸乙酯，但不溶于乙醚、$CHCl_3$ 和 CCl_4. 长链烷基羧酸盐及苯甲酸盐还可溶于热的苯.

表 17.20　碲(IV)的羧酸盐

化合物	化学式	颜色
四(十二烷酸)碲	$[CH_3(CH_2)_{10}CO_2]_4Te$	黄褐
四(十四烷酸)碲	$[CH_3(CH_2)_{12}CO_2]_4Te$	灰
四(十六烷酸)碲	$[CH_3(CH_2)_{14}CO_2]_4Te$	脏黄
四(十八烷酸)碲	$[CH_3(CH_2)_{16}CO_2]_4Te$	浅褐
四(苯甲酸)碲	$[C_6H_5CO_2]_4Te$	浅褐
二(丁二酸)碲	$[O_2C(CH_2)_2CO_2]_2Te$	白
二(己二酸)碲	$[(CH_2)_4(CO_2)_2]_2Te$	白
二(癸二酸)碲	$[(CH_2)_8(CO_2)_2]_2Te$	脏黄
二(邻苯二甲酸)碲	$[C_6H_4(CO_2)_2]_2Te$	灰
四(邻羟基苯酸)碲	$[HOC_6H_4CO_2]_4Te$	白
四(三羟基苯酸)碲	$[(OH)_3C_6H_2CO_2]_4Te$	浅黄
四(丹宁酸)碲	$[(OH)_3C_6H_2COC_6H_2(OH)_2CO_2]_4Te$	褐黑
四(2，3–二羟基丁二酸氢)碲	$[C_4H_4O_6H]_4Te$	白
二(羟基丁二酸)碲	$[CH_2CH(OH)(CO_2)_2]_2Te$	深褐
二(羟基三乙酸氢)碲	$[C_6H_5O_7H]_2Te$	白

$PoCl_4$ 或 $Po(OH)_4$ 与少数羧酸如甲酸、乙酸、酒石酸和氢氰酸等作用，生成一些不稳定化合物或溶液中存在的配合物，但组成都不清楚. 例如，用 2mol/L 甲酸处理 $Po(OH)_4$，生成黑色沉淀；$PoCl_4$ 溶于乙酸，且溶解度随乙酸浓度升高而显著增加，说明有配合物生成，此配合物看来比 $PoCl_6^{2-}$ 离子稳定，因往乙酸配合物的溶液中加盐酸时，并不产生 $PoCl_6^{2-}$ 离子的黄色.

3.16　醇　　盐

继四烷氧基碲 $Te(OR)_4$ 及其氯代衍生物$(RO)_{4-n}TeCl_n(n=1—3)$合成之后，硒的若干类似物也被制得，但钋的类似物还未见报道.

3.16.1　四烷氧基硒[4]及其衍生物

四甲氧基硒 $Se(OCH_3)_4$，可借 $SeCl_4$ 与 $NaOCH_3$ 在四氢呋喃中反应来制备：

$$SeCl_4 + 4NaOCH_3 \xrightarrow{THF} Se(OCH_3)_4 + 4NaCl$$

其他较高级的 $Se(OR)_4$($R = C_2H_5$，C_3H_7，C_4H_9 和 C_5H_{11})，可由 $SeCl_4$ 与相应的醇和吡啶或叔碱，在 THF 中反应而得：

$$SeCl_4 + 4ROH + 4(C_2H_5)_3N \longrightarrow Se(OR)_4 + 4[(C_2H_5)_3NH]Cl$$

所有化合物都是极易水解和热不稳定的液体. $Se(OCH_3)_4$ 的分子结构为具有赤道孤电子对的变形三角双锥(C_{2v})，与 $SeCl_4$ 的结构类似. 这个醇盐最使人吃惊的性质是不能与吡啶或叔碱形成配合物.

由 $SeCl_4$ 与 $Sc(OCH_3)_4$(1：3mol)反应，首次制得氯化三甲氧基硒 $(CH_3O)_3SeCl$：

$$SeCl_4 + 3Se(OCH_3)_4 \longrightarrow 4(CH_3O)_3SeCl$$

$(CH_3O)_3SeY$ 型的其他衍生物($Y = Br$，F，NO_3，$AlCl_4$)也通过下列反应得到合成：

$$SeBr_4 + 3Se(OCH_3)_4 \longrightarrow 4(CH_3O)_3SeBr$$
$$(CH_3O)_3SeCl + AgNO_3 \longrightarrow (CH_3O)_3SeNO_3 + AgCl$$
$$(CH_3O)_3SeCl + AgF \longrightarrow (CH_3O)_3SeF + AgCl$$
$$(CH_3O)_3SeCl + AlCl_3 \longrightarrow (CH_3O)_3SeAlCl_4$$

除 $(CH_3O)_3SeAlCl_4$ 外，上述晶状化合物都在室温分解. Sc—F 键有颇强的共价性，其他 Se—Y 键($Y = Br$，Cl，NO_3 和 $AlCl_4$)则渐次更富离子性.

$SeCl_4$ 与 $NaOCH_3$(1：5mol)反应，得到一个五配位的盐，五甲氧基亚硒酸钠 $Na[Se(OCH_3)_5]$. 这一晶状吸湿的固体，仅存在于固态. 它在甲醇溶液中按下式定量离解：

$$[Se(OCH_3)_5]^- \longrightarrow Se(OCH_3)_4 + OCH_3^-$$

$[Se(OCH_3)_5]^-$ 阴离子的结构为四方锥.

3.16.2 四烷氧基碲及其衍生物

C_1—C_5 的正构和异构四烷氧基碲 $Te(OR)_4$，可用下列三种方法制得：

(1) $TeCl_4$ 与冰冷过的 NaOR 的醇溶液直接反应，加入适量苯，分去 NaCl，蒸出过量溶剂后，将粗产物在室温下真空干燥，最后减压蒸馏出产物：

$$TeCl_4 + NaOR \xrightarrow{ROH} Te(OR)_4 + NaCl$$

($R = CH_3$，C_2H_5 和 i–C_3H_7)

(2) 悬浮在相应醇中的 $TeCl_4 \cdot 2NH_4Cl$ 加合物与冷的 NaOR 的醇溶液反应，然后回流至不再挥发出 NH_3 为止：

$$TeCl_4 \cdot 2NH_4Cl + 6NaOR \longrightarrow Te(OR)_4 + 6NaCl + 2NH_3 + 2ROH$$

$$(R = CH_3，C_2H_5，C_4H_9 和 C_5H_{11})$$

(3) 四(异丙氧基)碲与其他醇在苯溶液中进行烷氧基间的交换反应：

$$Te(i-C_3H_7O)_4 + 4ROH \longrightarrow Te(OR)_4 + 4(i-C_3H_7OH)$$

(R 为除 i–C_3H_7 外的 C_1—C_5 的正构和异构烷基)

除 $T_e(OCH_3)_4$ 是固体外，其他烷氧基碲都是液体. 所有化合物都特别吸湿、发烟和易水解，并且是热不稳定的. 这些化合物的沸点列在表 17.21 中.

表 17.21　某些 $Te(OR)_4$ 的沸点

R	bp	R	bp	R	bp
CH_3	388K(1.2kPa)	n–C_4H_9	423K(106Pa)	sec–C_4H_9	359K(330Pa)
C_2H_3	380.6K(666Pa)	i–C_4H_9	400K(200Pa)	i–C_5H_{11}	453K(93Pa)
i–C_3H_7	349K(66Pa)	t–C_4H_9	423K(330Pa)	t–C_5H_{11}	381K(53Pa)

通式为 $(RO)_{4-n}TeCl_n$ 的烷氧基氯化碲，也已由乙酰氯 CH_3COCl 与适当比例的 $Te(OR)_4$ 在苯中反应而得. 所有的烷氧基氯化碲都是易水解和热不稳定的固体. 合成反应如下：

$$nCH_3COCl + Te(OR)_4 \longrightarrow nCH_3COOR + (RO)_{4-n}TeCl_n$$

$$(n=1—3)$$

3.17　硒、碲的聚合阳离子化合物[4]

早在 1798 和 1827 年，已先后观察到 Te 和 Se 溶于浓硫酸中，分别产生红色和绿色的溶液. 这些颜色被误认为是来自于化合物“$TeSO_3$”和“$SeSO_3$”. 20 世纪 60 年代末才查明，它们应归因于溶液中的红色 Te_4^{2+} 离子和绿色 Se_8^{2+} 离子，这些离子是环状的聚合阳离子. 此后，各种含聚合阳离子的化合物相继地从发烟 H_2SO_4，SO_3，HSO_3F 溶液中及 $NaAlCl_4$ 等熔体中分离出来. 虽然，这些聚合阳离子的结构和化学键的本质尚未完全了解，它们的化学反应也几乎没有研究，但揭示了硒、硒化学的一个新领域.

3.17.1 硒的聚合阳离子化合物

1. Se_4^{2+} 阳离子的化合物

各种含 Se_4^{2+} 阳离子的化合物，已通过如下反应制备出来：

$$4Se + 2(H_2SO_4 + SO_3) \xrightarrow{323—333K} Se_4(HS_2O_7)_2 + H_2$$
$$4Se + 5SO_3 \xrightarrow{室温} Se_4S_4O_{13} + SO_2$$
$$4Se + 4SO_3 \xrightarrow{室温} Se_4S_3O_{10} + SO_2$$
$$4Se + S_2O_6F_2 \xrightarrow{HSO_3F} Se_4(SO_3F)_2$$
$$4Se + 6H_2S_2O_7 \longrightarrow Se_4(HS_3O_{10})_2 + 5H_2SO_4 + SO_2$$
$$4Se + 5SbF_5 \xrightarrow[6h]{373—413K} Se_4(Sb_2F_{11})_2 + SbF_3$$
$$4Se + 5AsF_5 \xrightarrow[353K,8d]{SO_2} Se_4(AsF_6)_2 + AsF_3$$
$$7Se + SeCl_4 + 4AlCl_3 \xrightarrow{熔融} 2Se_4(AlCl_4)_2$$

Se_4^{2+} 阳离子也可由 SeO_2 在 100%H_2SO_4 中氧化 Se_8^{2+} 阳离子来获得：

$$7Se_8^{2+} + 4SeO_2 + 24H_2SO_4 \longrightarrow 15Se_4^{2+} + 8H_3O^+ + 24HSO_4^-$$

黄色的 Se_4^{2+} 离子的氧化态为 $+\dfrac{1}{2}$，式量为 Se_4^{2+}，其电子光谱在 410 和 320 nm 处有强的和弱的吸收峰. IR 和 Raman 光谱的振动频率(cm^{-1})为：$\nu_1(A_{1y})327$，$\nu_2(B_{1g})319$，$\nu_3(Eu)306$，$\nu_4(B_{2g})192$. $Se_4(HS_2O_7)_2$ 的晶体结构测定表明，Se_4^{2+} 离子的结构是四方平面形(图 17.28a 或 b)，Se—Se 键长为 228.3pm，明显地短于 Se_8 分子中 234.2pm 的 Se—Se 键长，说明 Se_4^{2+} 中有一定程度的多重键. Se_4^{2+} 的构型也可从分子轨道理论的角度来理解，图 17.28b 中的环表示闭壳电子体系，四个 π 分子轨道中的两个几乎非键的轨道(e_g)和较低能量的(a_{1g})成键轨道被六个 π 电子占有，较高能量的反键(B_{2u})轨道是空的. Se_4^{2+} 离子的黄色，被认为是电子由 e_g 轨道向空 π 轨道(B_{2u})的激发而产生的.

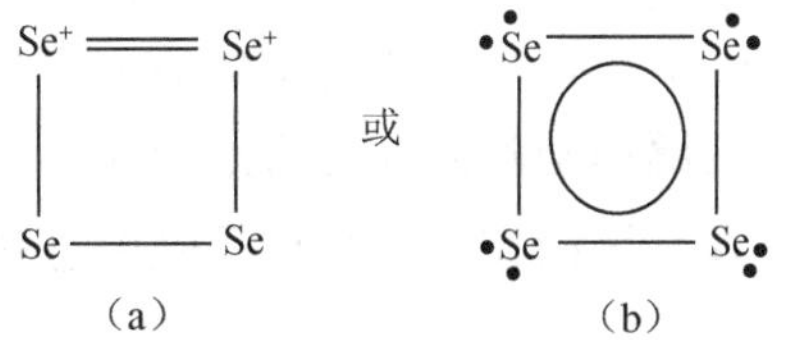

图 17.28　Se_4^{2+} 阳离子的构型

2. Se_8^{2+}阳离子

含Se_8^{2+}离子的化合物可从下列反应制得：

$$8Se+5H_2SO_4 \xrightarrow[100\%H_2SO_4]{323—333K} Se_8(HSO_4)_2+2H_2SO_4+SO_2+2H_2O$$

$$8Se+6H_2S_2O_7 \longrightarrow Se_8(HS_3O_{10})_2+5H_2SO_4+SO_2$$

$$8Se+S_2O_6F_2 \xrightarrow{HSO_3F} Se_8(SO_3F)_2$$

$$8Se+5SbF_5 \xrightarrow[3d]{SO_2中,250K} Se_8(Sb_2F_{11})_2+SbF_3$$

$$8Se+3AsF_5 \xrightarrow[\substack{3d内由195K\\缓慢升至273K}]{HF} Se_8(AsF_6)_2+AsF_3$$

$$15Se+SeCl_4+4AlCl_3 \xrightarrow[熔融3h]{323K} 2Se_8(AlCl_4)_2$$

绿色的Se_8^{2+}离子是反磁性的. 在$Se_8(AlCl_4)_2$分子中，Se_8^{2+}离子的结构和Se_8^{2+}离子类似(图 17.29)，八元环具有C_s对称性，绕环的 Se—Se 键长为 229—236pm，与α和β单斜硒的 Se—Se 键长无明显区别，但键角比Se_8环中的略小，跨环的两个硒原子间距为 284pm.

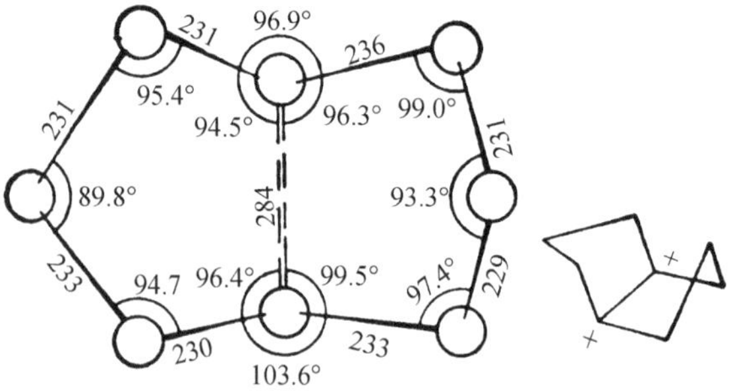

图 17.29　Se_8^{2+}离子的构型

3. Se_{10}^{2+}阳离子

$Se_8(AlCl_4)_2$在过量的SO_2中是不稳定的，它发生复杂的歧化反应，生成组成为Se_5AlCl_4的褐色不溶化合物. 此化合物是顺磁性的，但在室温的磁矩比假定分子式为Se_5AlCl_4的一个单电子和假定分子式为$Se_{10}(AlCl_4)_2$的两个单电子所预期的磁矩都小. 一种比较合理的解释是此化合物的分子式为$Se_{10}(AlCl_4)_2$，含有Se_{10}^{2+}环状离子，其跨环的键合较弱，因而在室温存在反磁单态和顺磁三重态间的平衡.

4. Se_{16}^{2+} 阳离子

Se，Se_2Cl_2 和 $AlCl_3$ 在液态 SO_2 中反应，生成深褐色的化合物 $Se_{16}(AlCl_4)_2$：

$$14Se+Se_2Cl_2+2AlCl_3 \xrightarrow{SO_2(l)} Se_{16}(AlCl_4)_2$$

其磁学性质与 $Se_{10}(AlCl_4)_2$ 相似. 此化合物可能含有十六元环状的 Se_{16}^{2+} 离子. 它的稳定性不如 Se_{16}^{2+} 离子，在 HSO_3F 中迅速氧化成 Se_8^{2+}.

5. 硒和硫的混合聚合阳离子

$Se_8(AsF_6)_2$ 或 $Se_8(AlCl_4)_2$ 在液态 SO_2 中与过量的 S 反应，生成组成为 Se_4SAsF_6 和 Se_4SAlCl_4 的化合物，这两个化合物可能含有 $Se_8S_2^{2+}$ 阳离子.

3.17.2 碲的聚合阳离子化合物

1. Te_4^{2+} 阳离子

碲溶于浓 H_2SO_4，HSO_3F 或发烟硫酸中，形成红色溶液并放出 SO_2，表明碲发生了氧化；碲在液态 SO_2 中与 $S_2O_6F_2$，SbF_5 和 AsF_5 反应，生成红色化合物 $Te_4(SO_3F)_2$，$Te_4(Sb_2F_{11})_2$ 和 $Fe_4\cdot(AsF_6)_2$；从 $Te/TeCl_4/AlCl_3$ 熔融体系中，也制得了化合物 $Te_4(AlCl_4)_2$ 和 $Te_4(Al_2Cl_7)_2$ 这些反应和反应条件如下：

$$4Te+5SbF_5 \xrightarrow[\text{三天,过滤,蒸除}SO_2]{\text{在}SO_2\text{中,于250K搅拌}} Te_4(Sb_2F_{11})_2+SbF_3$$

$$4Te+S_2O_6F_2 \xrightarrow[\text{250K分别搅拌一天}]{\text{在}SO_2\text{中,于210K和}} Te_4(SO_3F)_2$$

$$4Te+3AsF_5 \xrightarrow[\text{室温搅拌一天}]{\text{溶于77K的}SO_2\text{中,}} Te_4(AsF_6)_2+AsF_3$$

$$4Te+4SO_3 \xrightarrow[\text{273K反应一天}]{\text{过量}SO_3} Te_4S_3O_{10}+SO_2$$

$$7Te+TeCl_4+4AlCl_3 \xrightarrow{\text{熔融}} 2Te_4(AlCl_4)_2$$

$$7Te+TeCl_4+8AlCl_3 \xrightarrow{\text{熔融}} 2Te_4(Al_2Cl_7)_2$$

这些化合物在固态和溶液中的吸收光谱相同，都在 520nm 和 420nm 处有强的和弱的吸收峰. 电导和冰点降低测定表明含有 Te_4^{2+} 阳离子. 和 Se_4^{2+} 阳离子一样，Te_4^{2+} 离子也是平面四方形结构. Te—Te 键长为 266pm，明显地短于单质碲中 Te—Te 螺链的原子间距(286pm)，表明也存在一定程度的多重键.

2. Te_n^{n+} 阳离子

Te_4^{2+} 离子在 100%H_2SO_4 或 HSO_3F 中的溶液，于 333K 由红色变成黄色. Te_4^{2+} 离子在 45%的发烟硫酸中于室温或加入 $S_2O_6F_2$，$S_2O_8^{2-}$ 等氧化剂时，也有这一现象，表明 Te_4^{2+} 离子被氧化到较高的氧化态，此黄色的物种是 Te_2^{2+}(特征吸收波长为 280、380 和 480nm)和 Te_4^{4+}，Te_6^{6+} 和 Te_8^{8-} 离子(吸收波长为 250，360 和 480nm).

实验式为 $TeSO_3F$，$TeSbF_6$ 和 $Te_2S_3O_{10}$ 等黄色固体化合物，也通过 Te 与 $S_2O_6F_2$，SbF_5 和 SO_3 分别反应而得：

$$2Te+3SbF_5 \xrightarrow[\text{反应三天, 即沉淀}]{\text{液态}SO_2\text{中, 于250K}} 2TeSbF_6+SbF_3$$

$$2Te+S_2O_6F_2 \xrightarrow[\text{反应48小时}]{\text{液态}SO_2\text{中, 于250K}} 2TeSO_3F$$

$$2Te+4SO_3 \xrightarrow[\text{室温反应几天}]{\text{过量}SO_3} Te_2S_3O_{10}+SO_2$$

这些化合物中，都可能含有 Te_n^{n+} 离子(n＝2，4，6 或 8)，这些离子的可能结构绘于图 17.30 中.

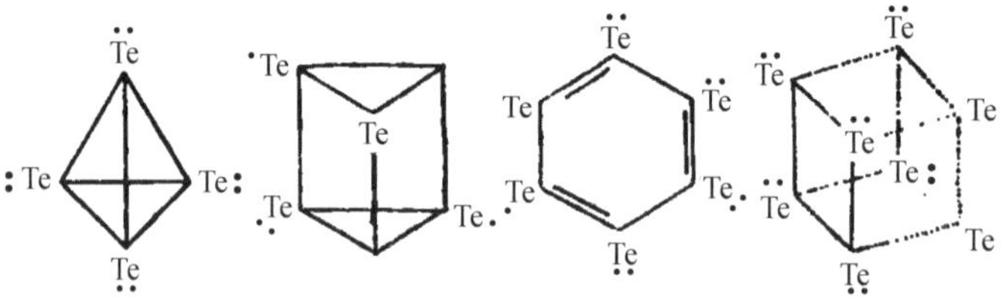

图 17.30　Te_4^{4+}，Te_6^{6+} 和 Te_8^{8+} 离子的可能结构

3. Te_6^{2+} 阳离子

碲与 AsF_5 在液态 SO_2 中于室温反应一天，沉淀出灰色的固体化合物 $Te_6(AsF_6)_2$.

$$6Te+3AsF_5 \longrightarrow Te_6(AsF_6)_2+AsF_3$$

此化合是反磁性的，在 100%H_2SO_4 或 HSO_3F 中可氧化成 Te_4^{2+}.

碲与 $TeCl_4$ 在 $AlCl_3$ 中共熔，也得到一个分子式为 $Te_6\cdot(AlCl_4)_2$ 的灰黑色固体，也是反磁性的：

$$11Te+TeCl_4+4AlCl_3 \longrightarrow 2Te_6(AlCl_4)_2$$

这两个化合物都含有 Te_6^{2+} 离子，可能的结构如图 17.31 所示.

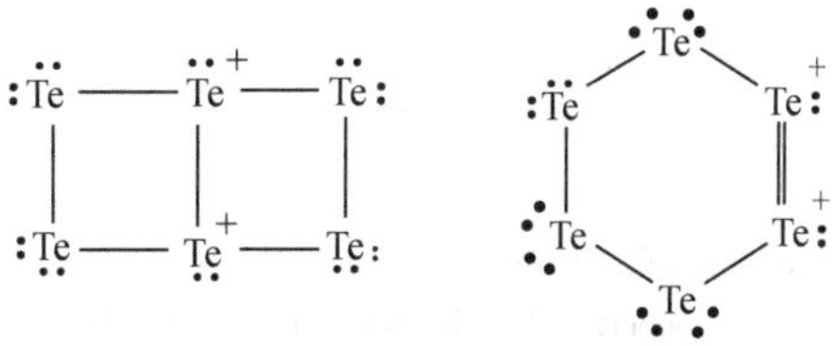

图 17.31 Te_6^{2+}阳离子的可能结构

3.17.3 聚合阳离子的化学反应

硒、碲聚合阳离子的反应研究甚少，但已报道Se_8^{2+}和Te_4^{2+}与C_2F_4可发生复杂的化学反应，生成二(全氟代乙基)硒或碲、反应条件和产物列在表 17.22 中.

表 17.22 Se_8^{2+}和Te_4^{2+}与C_2F_4的反应

化合物	反应条件	产物
$Se_8(AsF_6)_2$	(a)室温，过量C_2F_4，高压釜.	$(C_2F_5)_2Se_x$, x=2, 3
	(b)室温，在SO_2的溶液中，约 405.3kPa 的C_2F_4，高压釜.	$(C_2F_5)_2Se_x$, x=2, 3 $C_2F_5Se_2CF_3$ $C_2F_5Se_2CF_2COF$
$Te_4(AsF_6)_2$	(a)373K，过量C_2F_4，高压釜.	$(C_2F_5)_2Te_x$, x=1, 2 $C_2F_5Te_xC_4F_9$
	(b)373K，在SO_2溶液中，过量C_2F_4，高压釜.	$(C_2F_5)_2Te_x$, x=1, 2 $C_2F_5Te_xC_4F_9$ $C_4F_9TeCF_2COF$

反应中C_2F_4可能首先作为二价自由基与聚合阳离子生成如图 17.32 的中间产物$Se_8C_2F_4$，此中间产物可从AsF_6^-根中夺取F^-离子. 副产物如$C_2F_5Se_2CF_2COF$的生成，表明溶剂本身也参加了反应.

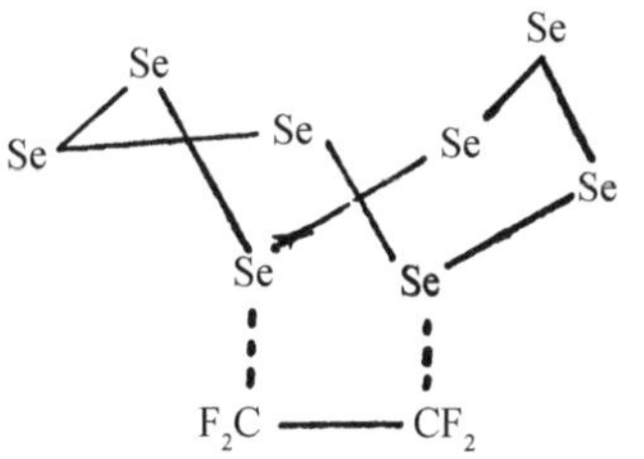

图 17.32 $Se_8C_2F_4$(中间产物)

参 考 文 献

[1] R. C. Brasted, “Comprehensive Inorganic Chemistry”, Vol. 8, D. Van Nostrand Company(1961).

[2] K. W. Bagnall, M. Schmidt and W. Siebert, “The Chemistry of Sulphur, Selenium, Tellurium and Polonium”, Pergamon Press(1975).

[3] H. J. Emeléus, “Inorganic Chemistry Series One”, Vol. 2, Butterworths(1972).

[4] H. J. Emeléus, “Inorganic Chemistry Series Two”, Vol. 3, Butterworths(1975).

[5] R. A. Zingaro and W. C. Cooper, “Selenium”, Van Nostrand Reinhold(1974).

[6] F. A. Cotton, G. Wilkinson, “Advanced Inorganic Chemistry”, 4th. Ed., John Wiley and Sons(1980).

[7] D. T. Hurd, “An Introduction to The Chemistry of The Hydrides”, John Wiley and Sons(1952). 中译本：燕正曜译, 《氢化物化学导论》, 科学出版社(1959).

[8] 冯光熙、黄祥玉、申泮文、张靓华、刘翊伦、白德厚, 《无机化学丛书》, 第一卷, 433—475 页, 科学出版社(1984).

[9] G. Hantke, “Gmelin Handbuch der Anorganischen Chemie”, Tellur, Erg-Bd, Teil B2(1977), B3(1978).

[10] H. J. Emeléus, A. G. Sharpe, “Advances in Inorganic Chemistry and Radiochemistry”, **24**, 189—218(1981).

[11] A. Haas and H. Willner, Z. *Anorg. Allg. Chem.*, **454**, 17(1979).

[I2] V. Paulat and B. Krebs, *Angew. Chem.*, Int. Ed. Engl., **5**, 39(1976).

[13] P. M. Watkins, *J. Chem. Educ.*, **51**, 520(1974).

[14] H. Oberhammer and K. Seppelt, *Inorg. Chem.*, **18**, 2226(1979).

[15] W. H. H. Günther and D. L. Klayman(ed), “Organic Selenium Compounds:Their Chemistry and Biology”, John Wiley and Sons(1973).

[16] K. Seppelt, *Angew. Chem.*, Int. Ed. Engl., **11**, 273(1972).

[17] K. Seppelt and D. Nothe, *Inorg. Chem.*, **12**, 2727(1973).

[18] A. Engelbrecht and F. Sladky, *Angew. Chem.*, Int. Ed. Engl., **3**, 383(1964).

[19] F. Slaky and H. Kropshofer, *Chem. Commun.*, 600(1973).

17.4 配 合 物[1—8]

硒分族元素作为接受体形成的配合物，通常分为五类. 即阴离子的含卤配合物、与含氧酸形成的阴离子配合物及氧、氮和硫给予体配合物. 其中，碲(II)的硫给予体配合物是特别重要的，因为这些配合物是碲(II)最稳定的物种. 硒、碲作为给予体形成的配合物[6]，不包括在本专题中.

4.1 含卤配合物

4.1.1 碲(II)的含卤配合物

$TeCl_2$ 与碱金属氯化物的二元熔盐体系相图的研究表明，$TeCl_2$ 与 KCl, RbCl 和 CsCl 分别形成 $MTeCl_3$ 型的三氯合碲(II)酸盐：$KTeCl_3$, m.p. 781K，$RbTeCl_3$, m.p. 827K 和 $CsTeCl_3$, m.p. 867K. $RbTeCl_3$ 有α和β两种晶型，相变温度为 703K. 这三个配合物都与 $TeCl_2$ 和 MCl 分别形成低共熔物. 在相图中，相应的低共熔点和组成为：KCl–$KTeCl_3$, m.p. 695K, 34.5 mol%$TeCl_2$; $KTeCl_3$–$TeCl_2$, 459K, 82mol%$TeCl_2$; RbCl–$RbTeCl_3$, 799K, 35 mol% $TeCl_2$; $RbTeCl_3$–$TeCl_2$, 464K, 90 mol%$TeCl_2$; CsCl–$CsTeCl_3$, 759K, 32 mol%$TeCl_2$; $CsTeCl_3$–$TeCl_2$, 471 K, 95 mol% $TeCl_2$. KCl–$TeCl_2$ 和 RbCl–$TeCl_2$ 体系相图绘于图 17.33 中.

4.1.2 硒(IV)、碲(IV)和钋(IV)的含卤配合物

1. 制备

硒(IV)和碲(IV)与氟形成 MXY_5 型的配合物，$Po(OH)_4$ 在 HF 酸中的溶解度，随 HF 浓度增大而显著增加，表明可能形成 PoF_5^- 阴离子，但未离析出盐类. 和含氟配合物不同，+4 氧化态的硒分族元素与氯、溴和碘，主要形成 M_2XY_6 型的配合物. M 为碱金属、铵、某些有机胺和 NO_2. 这些配合物汇集在表 17.23 中. 主要的制备方法如下：

(1) 碱金属、铵和 NO_2 的氟化物 MF，溶于过量的 SeF_4，减压抽除过量溶剂，便析出五氟合硒(IV)酸盐 $MSeF_5$.

(2) 碱金属或烷基胺的氟化物与 TeO_2，在 40%HF 水溶液中反应或在 SeF_4 中反应，沉淀出 $MTeF_5$：

$$MF + TeO_2 + 4HF \longrightarrow MTeF_5 + 2H_2O$$

$$MF + TeO_2 + 2SeF_4 \longrightarrow MTeF_5 + 2SeOF_2$$

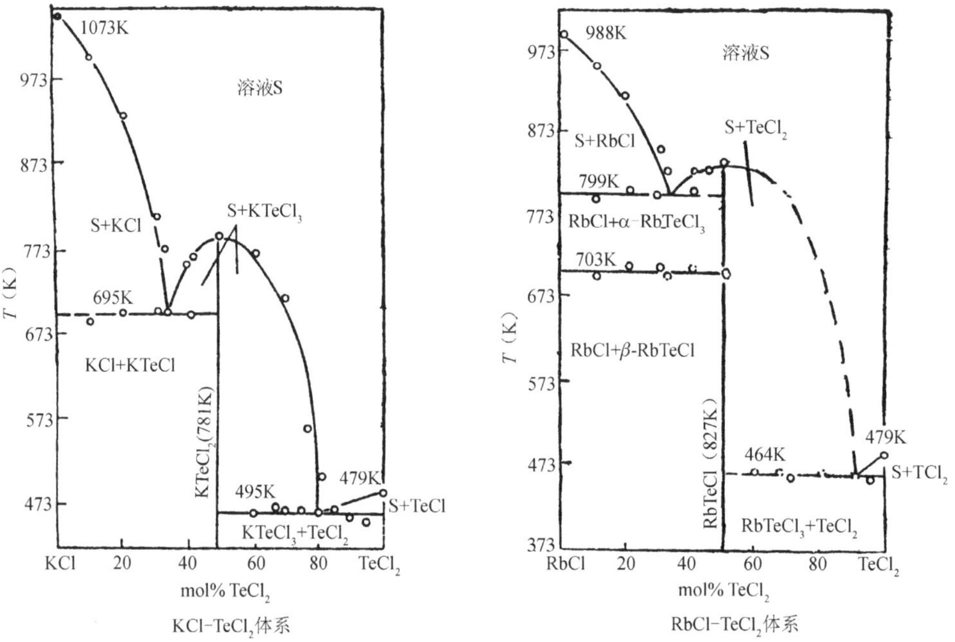

图 17.33　$TeCl_2$–KCl 和 $TeCl_2$–RbCl 体系相图

表 17.23　硒分族的五卤和六卤配合物

Y / M	MXY_5		M_2XY_6		
	Se	Te	Se	Te	Po
Li	F			Cl[5]，Br[3]	
Na	F	F		Br[5]	
K	F	F	Cl，Br，I	Cl，Br，I	Cl
Rb	F	F，Cl	Cl，Br，I	Cl，Br，I	Cl
Cs	F	F，Cl	Cl，Br，I	Cl，Br，I	Cl，Br，I
NO_2	F	F			
NH_4	F	F	Cl，Br，I	Cl，Br，I	Cl，Br
RNH_3[1]				Cl，Br	
R_2NH_2[1]				Cl，Br	
R_3NH[1]				Cl，Br	
R_4N[1]		F[2]，Cl[3]，Br[3]，I[3]	Cl[4]	Cl，Br，I	Cl[4]
CON_2H_5		Cl，Br，I			
$C_4H_4N_2H$		Br，I			
C_5H_5NH		F	I	Cl，Br，I	

1) R=CH_3，C_2H_5，C_3H_7，C_4H_9，C_6H_5，2)R=CH_3，C_2H_5，C_4H_9，3)R=C_3H_5，4)R=CH_3，5)六水合物

(3) 碱金属卤化物 MY 与四卤化碲 TeY_4(Y ═ Cl，Br 和 I)，以 2∶1 摩尔比混合，在封管中熔融，生成六卤合碲(IV)酸盐 M_2TeY_6. 等摩尔的氯化物熔融，可生成 $MTeCl_5$(M ═ Rb 和 Cs).

(4) 有机胺卤化物与四卤化碲，在 CH_2Cl_2 或 CH_3CN 等非水溶液中反应，或胺与四卤化碲在氢卤酸中反应.

(5) 碱金属、铵或有机胺卤化物 MY 与硒分族四卤化物 XY_4 或二氧化物 XO_2，在浓氢卤酸 HY 中反应(X ═ Se，Te 和 Po；Y ═ Cl，Br 和 I). 控制反应物的摩尔比，可分别析出 M_2XY_6 和 MXY_5. 在 CH_3OH，C_2H_5OH 或 CH_3CN 中重结晶，可将产物提纯.

2. 性质和结构

所有的 MXY_5 和 M_2XY_6 型配合物都是离子型晶体. 其颜色因卤素不同而异，分别为白色(氟)、黄色(氯)、红色(溴)和黑色(碘). 不溶于浓氢卤酸. 可溶于稀氢卤酸(< 6mol/L)及醇、乙腈、硝基甲烷、二甲亚砜，二甲基甲酰胺和四氢呋喃等极性非水溶剂. 易溶于水，但被水最终水解为亚硒酸、亚碲酸或二氧化钋及 MY 和 HY，主要的中间产物为 $TeF_4(OH)^-$ 和 $TeCl_5(OH)^-$.
例如：

$$MXF_5 + 3H_2O \rightleftharpoons H_2XO_3 + MF + 4HF$$
$$M_2XY_6 + 3H_2O \rightleftharpoons H_2XO_3 + 2MY + 4HY$$
$$KTeF_5 + H_2O \rightleftharpoons KTeF_4OH + HF$$
$$M_2TeCl_6 + H_2O \rightleftharpoons M_2TeCl_5OH + HCl$$

所有配合物都不够稳定，受热便分解为组成卤化物 MY 和四卤化物 XY_4. 五氟合硒(IV)酸盐的热稳定性最低，在室温便有些分解. 其他配合物约在 400—750K 分解. 碱金属六卤合碲(IV)酸盐的热稳定最高，封管中的熔点在 683—1015K 之间，并随碱金属原子半径增大的顺序增高.

XY_5^- 根的结构为畸变四方锥或包括孤电子对的畸变八面体，赤道四个 Te—F 键长相等，轴向键长略短. 四方锥的对称性为 C_{4v}. XY_6^{2-} 根的构型为正八面体，对称性为 O_h，孤电子对没有立体化学活性. $KTeF_5$ 的结构绘于图 17.34 中.

4.1.3 碲(VI)的含卤配合物[7]

碱金属氟化物与 SeF_6 不形成氟合硒(VI)酸盐. 而 RbF 和 CsF 与过量 TeF_6，在 C_6F_6 溶剂中于 363K 反应. 反应完成后，将反应混合物冷至 208K，减压抽出过量 TeF_6，最后在室温蒸馏出 C_6F_6，可分别制得七氟合碲(VI)酸铯 $CsTeF_7$ 和八氟合碲

(VI)酸铷 Rb_2TeF_8.

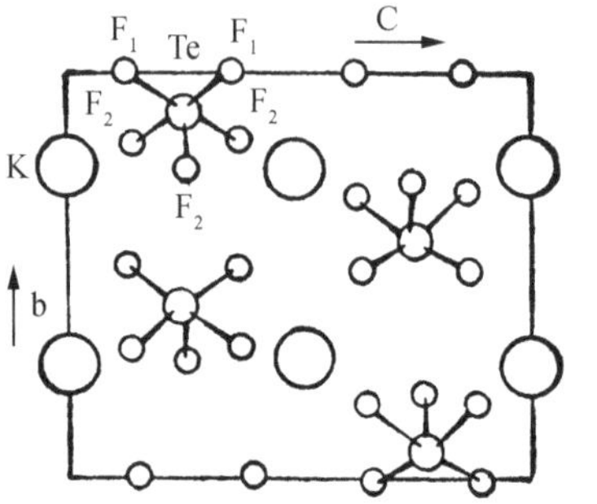

键长：(pm)	Te—F_1 195.3	Te—F_1' 195.3	Te—F_2 195.2	Te—F_2' 195.2	Te—F_3 186.2
键角：(°)	F_1—Te—F 85.4	F_1—Te—F_3 79.4	F_2—Te—F_3 78.3	F_1—Te—F_1' 90.0	F_2—Te—F_2' 90.6
晶体数据：正交，P_{2h}^{11}-Pbcm，a=473.5 pm，b=920，9 pm，c=1128.7 pm，z=4，ρ=3.547g/cm^3					

图 17.34　$KTeF_5$的结构(100 面投影)

这两个配合物仅在低温下是稳定的，室温便以极慢的速率脱去 TeF_6，在接近 CsF 和 RbF 的熔点前完全分解，热分解过程中，有四个整比的中间物出现：$2CsF \cdot TeF_6$(308K)，$4CsF \cdot TeF_6$(673K)，$4RbF \cdot TeF_6$(473K)，$6RbF \cdot TeF_6$(698K).

TeF_7^- 根的结构为五角双锥，对称性为 D_{5h}，TeF_8^{2-} 离子为四方反棱柱体，有 D_{4d} 对称性. 两者的结构示意于图 17.35 中.

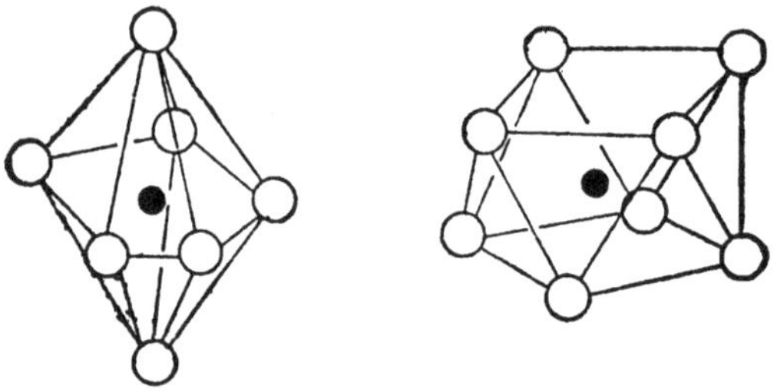
（A）　　（B）

图 17.35　TeF_7^- (A)和 TeF_8^{2-} (B)的结构

4.1.4　硒、碲的四卤化物与某些卤化物(Lewis 酸)的加合物

硒、碲的四卤化物 XY_4 与 B，Al，Ga，As，Sb，Nb，Ta 等的卤化物 MY_3 和

MY_5,形成 1：1 加合物 $XY_4 \cdot MY_3$ 和 $XY_4 . MY_5$ 及少数 1：2 加合物 $XY_4 \cdot 2MY_5$. 其中，XY_4 的一个卤原子是给予体，其他卤化物的 M 原子为接受体. 这些加合物见表 17.24.

表 17.24 硒、碲四卤化物与某些卤化物的加合物

$XY_4 \cdot MY_3$	$XY_4 \cdot MY_5$		$XY_4 \cdot 2MF_5$
$SeF_4 \cdot BF_3$	$SeF_4 \cdot AsF_5$	$SeCl_4 \cdot TaCl_5$	$SeF_4 \cdot 2NbF_5$
$SeCl_4 \cdot AlCl_3$	$SeF_4 \cdot SbF_5$	$SeCl_4 \cdot MoCl_5$	$TeF_4 \cdot 2SbF_5$
$SeCl_4 \cdot GaCl_3$	$SeF_4 \cdot NbF_5$	$TeF_4 \cdot AsF_5$	
$TeF_4 \cdot BF_3$	$SeF_4 \cdot TaF_5$	$TeF_4 \cdot SbF_5$	
$TeCl_4 \cdot AlCl_3$	$SeCl_4 \cdot SbCl_5$	$TeCl_4 \cdot AsF_5$	
$TeCl_4 \cdot GaCl_3$	$SeCl_4 \cdot NbCl_5$		

它们都是易水解的固体，可溶于极性有机溶剂. IR，Raman，NMR 谱及电导测定和 X 射线结构分析证明，它们在固态、熔融态和溶液中都是离子型的(尽管离子间通过氟桥或氯桥原子，有颇强的相互作用). 因而，这些加合物最好被写成离子式 $(XY_3)^+(MY_4)^-$，$(XY_3)^+(MY_6)^-$ 和 $(XY_3)^+(M_2Y_{11})^-$. 阳离子 $(XY_3)^+$ 的构型为三方锥，C_{3v} 对称性，阴离子 $(MY_4)^-$ 和 $(MY_6)^-$ 分别为四面体和八面体.

1. $(SeCl_3)^+(AlCl_4)^-$ 和 $(TeCl_3)^+(AlCl_4)^-$

由 $SeCl_4$ 或 $TeCl_4$ 与 $AlCl_3$ 熔合而成的 1：1 加合物 $SeCl_4 \cdot AlCl_3$ 和 $TeCl_4 \cdot AlCl_3$，是离子型固体. 含有三方锥形的 $SeCl_3^+$，$TeCl_3^+$ 和四面体形的 $AlCl_4^-$ 离子.

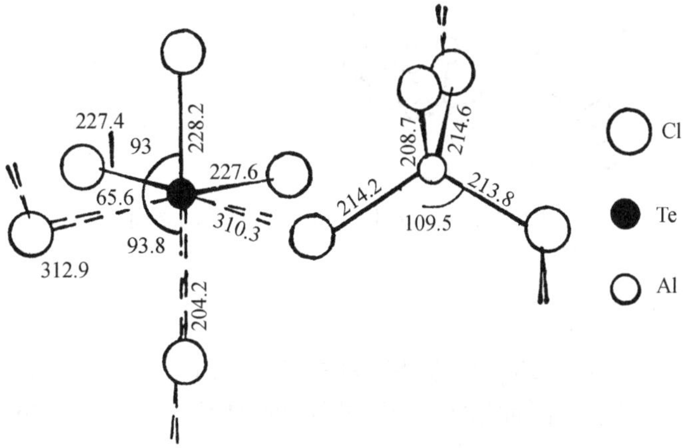

图 17.36 $TeCl_4 \cdot AlCl_3$ 加合物的结构和某些键长(pm)及键角

固态 $TeCl_4 \cdot AlCl_3$ 的结构，由强烈扭曲的 $TeCl_6$ 八面体和 $AlCl_4^-$ 四面体构成. 每个 $TeCl_6$ 八面体与三个 $AlCl_4^-$ 四面体共用三个相邻的角，Te—Cl(端基)键的平均键长为 227.6pm，Te···Cl(桥连)键的平均键距较长，为 309.1pm. 每个 $AlCl_4^-$ 四面体也与三个 $TeCl_6$ 八面体共用三个相邻的角，Al—Cl(端基)键长为 208.7pm，Al—Cl 桥键长分别为 213.8，214.2 和 214.8pm. 其结构示意于图 17.36 中. $SeCl_4 \cdot AlCl_3$ 也有相似的结构.

2. $(SeF_3)^+(NbF_6)^-$和$(SeF_3)^+(Nb_2F_{11})^-$

SeF_4 与 NbF_5 在室温和 379K 反应，分别生成加合物$(SeF_3)^+(NbF_6)^-$和$(SeF_3)^+(Nb_2F_{11})^-$. 这两个加合物均结晶为单斜晶体. 离子间借氟桥原子相互连接，使每个离子的中心原子周围都呈八面体配置，并使$(SeF_3)^+(NbF_6)^-$构成四聚体. 二者的结构绘于图 17.37 和图 17.38 中.

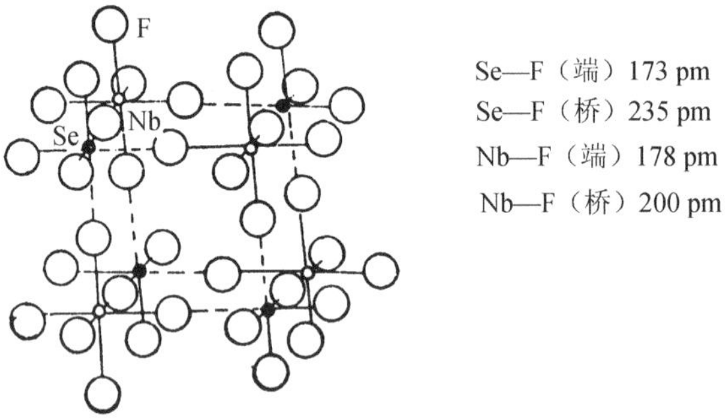

图 17.37　晶体中$(SeF_3)^+(NbF_6)^-$的四聚结构

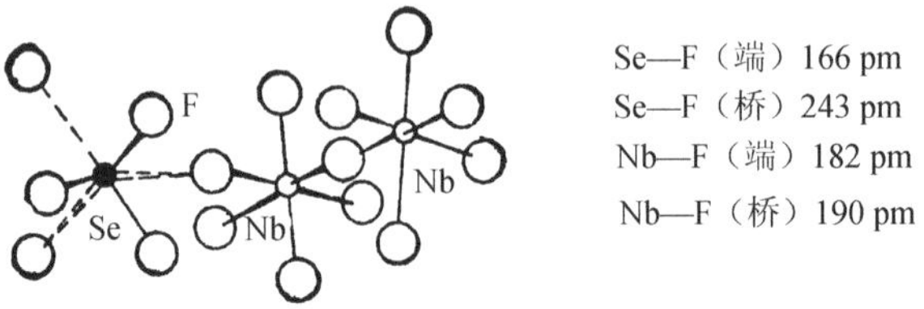

图 17.38　晶体中$(SeF_3)^4(Nb_2F_{11})^-$的结构

3. $TeF_4 \cdot SbF_5$ 和$(TeF_3)^+(Sb_2F_{11})^-$

TeF_4溶于温热至 373K 的过量 SbF_5 中，在室温下减压抽除过量 SbF_5，得白色固体. 由此固体可生长两种晶体. 极薄的片状晶体可能是 $TeF_4 \cdot SbF_5$(不适于作 X 射线分析). 熔融态的 Raman 光谱，也不能断定离子型$(TeF_3)^+(SbF_6)^-$和氟桥 $F_3Te—F—SbF_5$ 这两种可能结构，哪一种更为合理；大块单晶为$(TeF_3)^+(Sb_2F_{11})^-$，属单斜晶系，离子间由氟桥联系，其结构与$(SeF_3)^+(Nb_2F_{11})^-$相似. TeF_3^+离子的构型为三方锤，Te—F 平均键长为 184pm，Te···F 桥平均键距 259pm，F—Te—F 平均键角 90.3°. $Nb_2F_{11}^-$离子的构型为共一顶点的两个八面体.

4.2 含氧酸配合物

未发现硒的含氧酸配合物.

将$(NH_4)_2SO_4$水溶液加至$2TeO_2 \cdot SO_3$在稀H_2SO_4的热溶液中，冷却后沉淀出针状晶体，其组成为$(NH_4)HSO_4 \cdot 2TeO_2 \cdot SO_3 \cdot 2H_2O$. 用类似的方法还制得$KHSO_4 \cdot 2TeO_2 \cdot SO_3 \cdot 2H_2O$. 但二者的结构均不清楚.

由 Te(IV)，$AgNO_3$和酒石酸(H_2trat)或柠檬酸(H_3cit)的浓溶液，可沉淀出酒石酸或柠檬酸合碲(IV)酸银. 可能的组成为$Ag_2[TeO(trat)_2] \cdot 2H_2O$和$Ag_3[TeOH(cit)_2] \cdot 2H_2O$. 这两个配盐均不溶于水，但溶于硝酸.

$Po(OH)_4$在硝酸溶液中的溶解度，随HNO_3浓度提高而显著增大，表明可能存在$[PoO(NO_3)_3]^-$和$[Po(NO_3)_5]^-$配阴离子.

Po(IV)与乙酸、草酸、酒石酸、柠檬酸、氮基三乙酸及乙二胺四乙酸等，也生成配阴离子配合物. 后者可用于分离痕量的^{210}Po, ^{210}Pb和^{210}Bi的混合物. 某些Po(IV)含氧酸配阴离子的稳定常数列在表 17.25 中.

表 17.25 某些 Po(IV)螯合物的稳定常数

羧酸	配阴离子	K
草酸，H_2Ox	$[Po(OH)_2(Ox)_2]^{2-}$	6×10^7
酒石酸，H_2tart	$[Po(OH)_2(tart)_2]^{2-}$	2×10^7
柠檬酸，H_3Cit	$[Po(OH)_2(Hcit)_2]^{2-}$	1.1×10^9
氮基三乙酸，H_3NTA	$[Po(OH)_2(HNTA)_2]^{2-}$	1.5×10^8
乙二胺四乙酸，H_4edta	$[Po(OH)_2(Hedta)]^-$	1.0×10^8

4.3 氧给予体配合物

4.3.1 碲(IV)的氧给予体加合物

四卤化碲与某些醇、酮、醚和酸酐等，形成 1∶1 和 2∶1 加合物$L \cdot TeY_4$和$2L \cdot TeY_4$. 例如：

TeF_4溶于 1，4–二氧杂环己烷$C_4H_8O_2$，减压抽除过量溶剂并真空干燥，可得固体加合物$C_4H_8O_2 \cdot TeF_4$. 它在干燥空气中稳定，但被潮气水解成H_2TeO_3. 这个配合物是离子型的，即$[(C_4H_8O_2)_2 \cdot TeF_3]^+[TeF_5]^-$. 阳离子为顺式八面体构型，碲原子被三个氟原子和两个给予体分子围绕，第六个位置被孤电子对占据. 可能的构型如图 17.39.

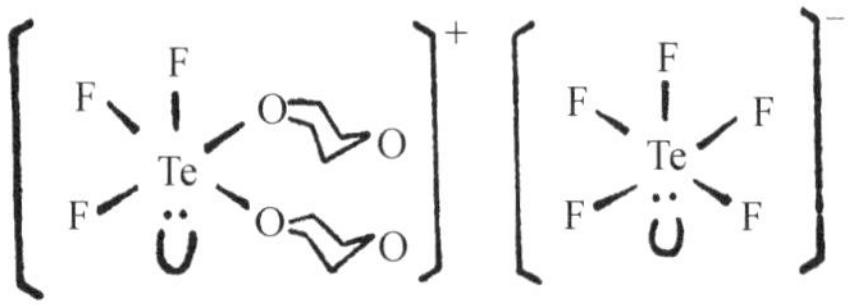

图 17.39　$C_4H_8O_2 \cdot TeF_4$的可能结构

$TeBr_4$溶于 1,3−，1,4−二氧杂环己烷或四氢呋喃 C_4H_8O，也生成 1∶1 固体加合物 1,3−$C_4H_8O_2 \cdot TeBr_4$，1,4−$C_4H_8O_2 \cdot TeBr_4$和 $C_4H_8O \cdot TeBr_4$. 这三个加合物均不溶于非极性有机溶剂、易水解成 H_2TeO_3 并且是热不稳定的，分别在 354，351 和 330K 脱出溶剂.

$TeCl_4$与乙醚或丁醚，在苯溶液中也形成 1∶1 加合物 R_2O. $TeCl_4$，它们仅存在于溶液中.

四卤化碲 TeY_4(Y＝Cl，Br 和 I)溶于乙醇或丙酮，形成 2∶1 加合物 $2C_2H_5OH \cdot TeY_4$ 和 $2C_3H_6O \cdot TeY_4$. 两者都是离子型的，可表示为 $[(C_2H_5OH)_2TeY_3]^+Y^-$和$[(C_3H_6O_2)TeY_3]^+Y^-$.

$TeCl_4$溶于乙酸酐发生放热反应，饱和后可析出 2∶1 加合物 $2(C_2H_5O)_2O \cdot TeCl_4$，其熔点为 352K.

4.3.2　硒(IV)、硒(VI)和钋(IV)的氧给予体加合物

硒(IV)、硒(VI)和钋(IV)与氧给予体形成的加合物很少，且未详细研究.

$SeCl_4$ 与三苯基磷酸酯 Ph_3PO 在甲苯中反应，析出 2∶1 加合物 $2Ph_3PO \cdot SeCl_4$. 298K 时，在硝基苯中的摩尔电导为 15.6S·cm^2/mol，可能系 1∶1 电解质.

SeO_3 在乙醚和二氧杂环己烷的溶液中，也分别生成 1∶1 加合物，但未进一步研究.

用磷酸三丁酯(TBP)的二丁醚溶液，在 6mol/L 盐酸介质中萃取 $PoCl_4$，可得到 2∶1 加合物 2TBP · $PoCl_4$，室温时的平衡常数为 0.04.

4.4　氮给予体配合物

硒、碲的卤化物和氧化物与氨，烷基和芳基胺、芳系和非芳系氮杂环、Schiff 碱等含氮配体，形成氮给予体加合物. 钋的类似物还未见报道.

4.4.1 硒(I)、硒(IV)和硒(VI)的氮给予体加合物

1. 一卤化硒的加合物

Se_2Br_2 与有机胺或氮杂环在 CS_2 溶液中反应，沉淀出通式为 $2L \cdot Se_2Br_2$(L=单齿配体)和 $L'' \cdot Se_2Br_2$(L''=双齿配体)的加合物．这些加合物(见表 17.26)都是无定形的固体，不溶于有机溶剂，可被水和稀碱分解。它们的结构还不清楚．

Se_2Cl_2 也与有机叔碱生成 2∶1 的固体加合物 $2L \cdot Se_2Cl_2$．在质子惰性溶剂中的电导和冰点降低值表明，这些加合物可能是 1∶1 电解质，即$[L_2Se_2Cl]^+Cl^-$．IR 光谱建议，加合作用仅发生在一个硒原子上．

表 17.26 Se_2Br 的氮给予体加合物

配体	化学式	颜色	熔点(*K*)
苯胺	$2C_6H_5NH_2 \cdot Se_2Br_2$	黑	417
邻甲苯胺	$2CH_3C_6H_4NH_2 \cdot Se_2Br_2$	褐黑	422
间甲苯胺		褐	434
对甲苯胺		淡红褐	482
邻甲氧基苯胺	$2CH_3OC_6H_4NH_2 \cdot Se_2Br_2$	黑	441
对甲氧基苯胺		褐黑	419
邻乙氧基苯胺	$2C_2H_5OC_6H_4NH_2 \cdot Se_2Br_2$	淡红黑	426
对乙氧基苯胺		淡红灰	434
苄胺	$2C_6H_5CH_2NH_3 \cdot Se_2Br_2$	灰白	370
α-萘胺	$2C_{10}H_7NH_2 \cdot Se_2Br_2$	灰	479
β-苯胺		褐红	471
甲替苯胺	$2C_6H_5NHCH_3 \cdot Se_2Br_2$	绿	413
乙替苯胺	$2C_6H_5NHC_2H_5 \cdot Se_2Br_2$	白	461
苄替苯胺	$2C_6H_5NHCH_2C_6H_5 \cdot Se_2Br_2$	灰黑	409
二苯胺	$2(C_6H_5)_2NH \cdot Se_2Br_2$	蓝黑	402
二甲替苯胺	$2C_6H_5N(CH_3)_2 \cdot Se_2Br_2$	黑	376
二乙替苯胺	$2C_6H_5N(C_2H_5)_2 \cdot Se_2Br_2$	深红	430
二苄替苯胺	$2C_6H_5N(C_6H_5CH_2)_2 \cdot Se_2Br_2$	蓝黑	396
对氨基二乙替苯胺	$2NH_2C_6H_4N(C_2H_5)_2 \cdot Se_2Br_2$	黑	482
氮杂萘	$2C_9H_7N \cdot Se_2Br_2$	黑	380
氮杂环己烷	$2C_5H_{11}N \cdot Se_2Br_2$	红	394
吡啶	$2C_5H_5N \cdot Se_2Br_2$	红黑	408
α-甲基吡啶	$2C_6H_7N \cdot Se_2Br_2$	淡红灰	371
联苯胺	$(NH_2C_6H_4—)_2 \cdot Se_2Br_2$	灰黑	484
联邻甲苯胺	$(CH_3NH_2C_6H_3—)_2 \cdot Se_2Br_2$	黑	486
联邻甲氧基苯胺	$(CH_3ONH_2C_6H_3—)_2 \cdot Se_2Br_2$	褐黑	483
邻苯二胺	$(NH_2)_2C_6H_4 \cdot Se_2Br_2$	黑	480

2. 四卤化硒的氮给予体加合物

$SeCl_4$与吡啶(py)、四甲替乙二胺(tmen)形成 2：1 加合物 2tmen · $SeCl_4$，与 2，2′，6′，2″–联三吡啶(terpy)形成 1：1 加合物 terpy · $SeCl_4$. $SeCl_4$和 $SeBr_4$分别与联吡啶(bpy)均形成 1：1 和 2：1 加合物. 这些加合物都是热不稳定、不溶于大多数有机溶剂和易水解的固体. 通常可借四卤化硒与配体在乙醚溶液中沉淀来制备. 在乙腈,硝基苯和二甲基甲酰胺中的电导值表明,所有加合物都是离子型的(见表 17.27).

表 17.27　nL · $SeCl_4$在溶液中的摩尔电导

nL · SeX_4	Λ_m(S · cm^2/mol)，298K		
	乙腈	硝基苯	二甲基甲酰胺
2py · $SeCl_4$	109	19.4	99
2tmen · $ScCl_4$			98
terpy · $SeCl_4$			75
2bpy · $SeCl_4$	163		100
bpy · $SeCl_4$	130	23	
2bpy · $SeBr_4$	230		
bpy · $SeBr_4$	143		

其中，2bpy · $SeCl_4$ 和 bpy · $SeCl_4$ 在乙腈和硝基苯中表现为 1：1 电解质：$[(bpy)_2SeCl_3]^+Cl^-$和$[(bpy)SeCl_3]^+Cl^-$. 2bpy · $SeCl_4$ 和 2tmen · $SeCl_4$ 在二甲基甲酰胺中是 2：1 电解质：$[L''_2SeCl_2]^+2Cl^-$. 在乙腈中用吡啶对 bpy · $SeBr_4$ 进行电导滴定，还发现生成配合物$[(bpy)(py)_2SeBr_2]^+2Br^-$. 但认为 2py · $SeCl_4$是 1：1 电解质似乎是错误的，Raman 光谱和 X 射线研究证明，固态的 2py · $SeCl_4$与 2py · $SnCl_4$同晶，只不过是一种反式八面体分子. 因而怀疑 2py · $SeCl_4$在质子惰性溶剂中的电导值是由其他因素引起的.

3. SeO_3的氮给予体加合物

SeO_3与吡啶、三甲胺、三乙胺、氮杂萘、1，4–氮氧杂环己烷和γ–甲基吡啶等，在液态 SO_2 中反应，生成 1：1 和 1：2(L · 2SeO_3)加合物(参见 3.7.2).

4.4.2　碲(IV)的氮给予体加合物

1. TeF_4的氮给予体加合物

TeF_4与有机叔碱如吡啶、三甲胺(单齿 L)2，2′–联吡啶和四甲替乙二胺(双齿 L″)在乙醚中反应，立即沉淀出 1：1 加合物 L · TeF_4和 1：2 加合物 L″ · 2TeF_4.

这些加合物都是白色微晶. 在干燥空气中稳定,但易被潮气水解成 H_2TeO_3. 加热至 373K 以上即分解脱胺. 它们也不溶于非极性有机溶剂，但可溶于 10%HF 水溶液中，形成五氟合碲(IV)酸盐，例如：

$$C_5H_5N \cdot TeF_4 + HF \longrightarrow [C_5H_5NH]^+[TeF_5]^-$$

L · TeF_4 和 L″ · 2TeF_4 都是离子型的，可表示为$[L_2TeF_3]^+[TeF_5]^-$和$[L''TeF_3]+[TeF_5]^-$. 阳离子的构型是包括孤电子对的顺式八面体,阴离子为四方锥.

2. TeY_4(Y=Cl，Br，I)的氮给予体加合物

和 TeF_4 不同，其他四卤化碲与单齿含氮有机配体 L，通常生成 2 : 1 加合物 2L · TeY_4，与双齿配体 L″，则多数为 1 : 1 加合物 L″ · TeY_4. 这与除氟外的其他四卤化碲易形成六配位的 TeY_6^{2-} 离子有关系. 少数的例外是，$TeCl_4$ 与吡啶、Schiff 碱可形成 1 : 1 和 2 : 1 两种加合物，$TeCl_4$ 与 600—800kPa 的氨作用，所生成的 $4NH_3$ · $TeCl_4$ 和 $6NH_3$ · $TeCl_4$ 加合物也是知道的.

(1) 与伯胺、仲胺和叔胺的加合物

TeY_4(Y=Cl 和 Br)与伯胺、仲胺和叔胺，在苯或乙醚中反应，沉淀出 2 : 1 加合物 $2RNH_2$ · TeY_4，2RR′NH. TeY_4 和 $2RR_2'N$ · TeY_4. 它们都是无定形固体.

$TeBr_4$ 与二甲替苯胺 $C_6H_5N(CH_3)_2$ 在冰乙酸中反应，析出橙色针状晶体 $2C_6H_5N(CH_3)_2$ · $TeBr_4$. 若在熔融的 $AsBr_3$ 中反应，并随后用 CS_2 萃取熔体，还得到红褐色晶体 $C_6H_5N(CH_3)_2$ · $TeBr_4$ 和两种灰黄色晶体 $C_6H_5N(CH_3)_2$ · $2TeBr_4$ 和 $C_6H_5N(CH_3)_2$ · $3TeBr_4$.

这些加合物(见表 17.28)都不溶于 CCl_4、苯、乙醚、乙醇、丙酮等有机溶剂，易水解成 H_2TeO_3、并溶于稀氢卤酸而成通式为$[RNH_3]_2TeY_6$，$[RR'NH_2]_2TeY_6$ 和 $[RR'_2NH]_2TeY_6$ 型的六卤合碲(IV)酸盐.

(2) 与二胺的加合物

四氯化碲和四溴化碲与二胺双齿配体，主要形成 1 : 1 加合物. 这些加合物可由组成化合物在甲苯、苯或冰乙酸中反应沉淀而得. 已制得的加合物有 L″ · $TeCl_4$(L=$(CH_3)_2NCH_2CH_2N(CH_3)_2$，*o*–，*m*–$(CH_3)_2NC_6H_4N(CH_3)_2$，*p*–$(CH_3)_2NC_6H_4NH_2$，*p*– $(C_2H_5)_2$–$NC_6H_4NH_2$，$NH_2C_6H_4C_6H_4NH_2$，*o*–$CH_3(NH_2)C_6H_3C_6H_3(NH_2)CH_3$ 和 *o*–$CH_3O(NH_2)C_6H_3C_6H_3(NH_2)OCH_3$)和 L″ · $TeBr_4$(L″ = *p*–$C_6H_4(NH_2)_2$，*m*–$CH_3C_6H_3(NH_2)_2$，$NH_2C_6H_4C_6H_4NH_2$ 和$(CH_3)_2NC_6H_4C_6H_4N(CH_3)_2$).

它们都是黄色的无定形固体，不溶于多数有机溶剂. L″ · $TeCl_4$ 在 399—485K 熔化并分解. 其中，tmen · $TeCl_4$ 在二甲基甲酰胺中是 1 : 1 电解质(298K 时，Λ_m=51S · cm^2/mol)，可表示成$[(tmen)TeCl_3]^+Cl^-$.

表 17.28　$2RNH_7 \cdot TeY_4$，$2RR'NH \cdot TeY_4$ 和 $2RR_2 \cdot TeY_4$ 的一些物理性质

Y	R	R′	颜色	熔点(K)
Cl	n-C_4H_9		黄	425
Cl	C_6H_5			521
Cl	$C_6H_5CH_2$		黄	378
Cl	o-$CH_4C_6H_4$		浅黄	398
Cl	m-$CH_3C_6H_4$		绿紫	417
Cl	p-$CH_3C_6H_4$		黄	415
Cl	o-$CH_3OC_6H_4$		灰	401
Cl	m-$CH_3OC_6H_4$		黄	388
Cl	p-$CH_3OC_6H_4$		红	410
Cl	o-$C_2H_5OC_6H_4$		黄	375
Cl	p-$C_2H_5OC_6H_4$		淡红	405
Cl	β-$C_{10}H_7$		褐黑	411
Br	C_6H_5		黄	>373[1)]
Cl	CH_3	C_6H_5	绿黄	387
Cl	C_2H_5	C_6H_5	灰	391
Cl	C_2H_5	$C_6H_5CH_2$	亮黄	410
Cl	C_6H_5	C_6H_5	亮黄	401
Cl	$3C_2H_5$		黄	399
Cl	C_6H_5	$2CH_3$	黄	388
Cl	C_6H_5	$2C_2H_5$	黄	414
Br	C_6H_5	$2CH_3$	橙	

1) 分解

除 1∶1 加合物外，$TeCl_4$ 与乙二胺(en)反应及 $TeBr_4$ 与邻苯二胺在丙酮中反应，可得到 2∶1 加合物 $2en \cdot TeCl_4$ 和 $2C_6H_4(NH_2)_2 \cdot TeBr_4$，前者在 493K 分解.

(3) 与吡啶及吡啶衍生物的加合物

四卤化碲和混合四卤化碲与吡啶和甲基吡啶等单齿配体的加合物，除 1∶1 的 $py \cdot TeCl_4$ 和 $py \cdot TeBr_4$ 外，都是 2∶1 型的. 例如 $2py \cdot TeY_4$(Y=Cl，Br 和 I)，$2py \cdot TeCl_2Br_2$，$2py \cdot TeBr_2I_2$，$2(2-CH_3C_5H_4N) \cdot TeCl_4$ 和 $2(4-CH_3C_5H_4N) \cdot TeCl_4$. 四卤化碲与双齿配体如 2,2′-联吡啶，则形成 1∶1 加合物 $bpy \cdot TeCl_4$(Y=Cl 和 Br). 而与三齿配体如 2，2′，6′，2″-联三吡啶的加合物，有 1∶1 和 1∶2 两种组成，例如，$terpy \cdot TeCl_4$ 和 $terpy \cdot 2TeCl_4$.

所有加合物都可由组成化合物在苯、甲苯或乙醚中反应沉淀而得. 除 $2(2-CH_3C_5H_4N) \cdot TeCl_4$(m.p. 391K)和 $2(4-CH_3C_5H_4N) \cdot TeCl_4$(m.p.389K)是黄色无定形固体外，其余都是微晶. 不溶于大多数有机溶剂并易水解成 H_2TeO_3. $2py \cdot TeCl_2Br_2$ 和 $2py \cdot TeBr_2I_2$ 可溶于氢卤酸 HY(Y=Cl，Br 和 I)，并发生卤素取代，生成如下的六卤合碲(IV)酸盐：$(C_5H_5NH)_2Cl_4Br_2$，$(C_5H_5NH)_2TeBr_6$，$(C_5H_5NH)_2TeI_6$，$(C_5H_5NH)_2TeBr_4I_2$ 和 $(C_5H_5NH)_2TeBr_2I_2Cl_2$. 取代顺序为 I > Br > Cl.

表 17.29 $nL \cdot TeY_4$在溶液中的摩尔电导

$nL \cdot TeCl_4$	$\Lambda_m(S \cdot cm^2/mol)$，298K		
	乙腈	硝基苯	二甲基甲酰胺
$py \cdot TeCl_4$			60
$2py \cdot TeCl_4$	123	23	59
$2py \cdot TeBr_4$		25.5	
$bpy \cdot TeCl_4$	118	25	54
$bpy \cdot TeBr_4$	106	21	106
$terpy \cdot TeCl_4$	140	21	53
$terpy \cdot 2TeCl_4$	300	42	122

电导测量的结果表明(见表 17.29)，$py \cdot TeCl_4$，$2py \cdot TeY_4$，$bpy \cdot TeY_4$(Y=Cl，Br)及 $terpy \cdot TeCl_4$，在乙腈、硝基苯或二甲基甲酰胺中是 1∶1 电解质. 阳离子是四配位($[(py)TeCl_3]^+$)，五配位($[(py)_2TeY_3]^+$)，($[(bpy)TeY_3]^+$)和六配位的($[(terpy)TeCl_3]^+$)，阴离子是简单卤离子 Y^-. $terpy \cdot 2TeCl_4$ 也是 1∶1 电解质，但阳离子是五配位的并含有配阴离子，可表示成$[(terpy)TeCl_2]^{2+}[TeCl_6]^{2-}$. 不过，和 $2py \cdot SeCl_4$ 一样，$2py \cdot TeY_4$ 的 Raman 光谱也得出相反的结论，认为它们在固态是反式八面体分子.

(4)与 Schiff 碱的加合物

$TeCl_4$ 与苄叉氨基苯和 2–羟基萘甲叉氨基苯及它们的衍生物 $RC_6H_4CH=NC_6H_4R'$和 $HOC_{10}H_6CH=NC_6H_4R'$(Schiff 碱)，在苯溶液中反应，沉淀出 1∶1 和 2∶ 1 加合物 $nL \cdot TeCl_4$(n=1 和 2).

这些加合物在空气中稳定，不溶于非极性有机溶剂，略溶于甲醇和丙酮. 与苄叉氨基苯及其衍生物的加合物易水解，而含萘酚的加合物对水是稳定的.

这些加合物的组成、颜色、分解温度和基团的 IR 振动频率($\nu_{C=N}$)，列在表 17.30(A)和(B)中.

4.5 硫给予体配合物

硒与硫给予体形成的配合物很少. 但已知道，仅能与相应的一卤化物和四卤化物呈平衡而存在于气相或溶液中的 $SeCl_2$ 和 $SeBr_2$(见 3.4.3)，可作为晶态的四甲基硫脲(tmtu)加合物 $Se(tmtu)Y_2$(Y=Cl，Br)而被稳定. $SeCl_4$ 与硫脲(tu)的加合物 $2tu \cdot SeCl_4$ 也是知道的.

与硒相反，碲的硫给予体配合物很多. 其中，碲(II)的配合物有重要意义，因为它们是碲(II)最稳定的物种.

表 17.30　(A)和(B)nL · $TeCl_4$ 的某些物理性质(A)L=RC_6H_4CH=NC_6H_4R

R	R′	n	分子式	颜色	分解温度(K)	$\nu_{C=N}$(cm^{-1})
H	H	1	$C_{13}H_{11}Cl_4NTe$	黄绿	462	1644
H	H	2	$C_{26}H_{22}Cl_4N_2Te$	黄绿	443	1652
p–Cl	H	1	$C_{13}H_{10}Cl_5NTe$	黄绿	452—454	1645
p–Cl	H	2	$C_{26}H_{20}Cl_6N_2Te$	黄绿	421—423	1660
p–Br	H	1	$C_{13}H_{10}BrCl_4NTe$	黄绿	421—423	1647
p–Br	H	2	$C_{26}H_{20}Br_2Cl_4N_2Te$	黄绿	452—453	1660
m–NO_2	H	1	$C_{13}H_{10}Cl_4N_4O_2Te$	黄	401—402	1660
m–NO_2	H	2	$C_{26}H_{20}Cl_4N_4O_4Te$	黄	381—383	—
p–NO_2	H	1	$C_{13}H_{10}Cl_4N_4O_2Te$	黄	388—389	1660
p–NO_2	H	2	$C_{26}H_{20}Cl_4N_4O_4Te$	黄	385—387	1661
p–$N(CH_3)_2$	H	1	$C_{15}H_{16}Cl_4N_2Te$	橙	459—463	1620
p–$N(CH_3)_2$	H	2	$C_{30}H_{32}Cl_4N_4Te$	褐	441—443	1608
H	p–Cl	1	$C_{13}H_{10}Cl_5NTe$	黄绿	456—458	1650
H	p–Cl	2	$C_{26}H_{20}Cl_6N_2Te$	黄绿	450—452	1650
H	p–Br	1	$C_{13}H_{10}BrCl_4NTe$	黄绿	463—465	1660
H	p–Br	2	$C_{26}H_{20}Br_2Cl_4NTe$	黄绿	448—451	1660
H	p–NO_2	1	$C_{13}H_{10}Cl_4N_2O_2Te$	黄	403—405	1592
H	p–NO_2	2	$C_{26}H_{20}Cl_4N_4O_4Te$	黄	372—373	1595
H	p–OCH_3	1	$C_{14}H_{13}Cl_4NOTe$	黄	433—436	1646
H	p–OCH_3	2	$C_{28}H_{26}Cl_4N_2O_2Te$	黄	421—426	1650
H	p–NO_2	1	$C_{15}H_{15}Cl_4N_3O_2Te$	红	409—412	1640
H	p–NO_2	2	$C_{30}H_{30}Cl_4N_6O_4Te$	深红	385—388	1645

(B)L=
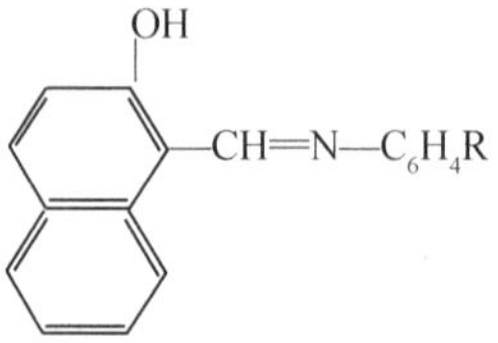

R	n	分子式	颜色	熔点(K)	$\nu_{C=N}$(cm^{-1})
H	1	$C_{17}H_{13}Cl_4NOTe$	黄	483	1640
p–NO_2	2	$C_{34}H_{24}Cl_4N_2O_6Te$	浅橙	478	1634
p–OCH_3，o–NO_2	1	$C_{18}H_{14}Cl_4N_2O_4Te$	深橙	488—490	1640
p–OCH_3，o–NO_2	2	$C_{36}H_{28}Cl_4N_4O_8Te$	—	—	—
p–OCH_3	1	$C_{18}H_{15}Cl_4NO_2Te$	深黄	448	1640
o–OCH_3	2	$C_{36}H_{30}Cl_4N_2O_4Te$	橙	471	1640
o–Br	1	$C_{17}H_{12}BrCl_4NOTe$	黄绿	458	—

4.5.1 硒的硫给予体配合物

1. $Se(tmtu)Cl_2$ 和 $Se(tmtu)Br_2$

$RSeY_3$ 或 SeY_4($R=CH_3$，C_2H_5；Y=Cl，Br)与 tmtu 在 CH_2Cl_2 中反应，蒸发溶液至原体积的四分之一，并冷却至 253K，可分别析出 $Se(tmtu)Cl_2$ 和 $Se(tmtu)Br_2$. 在 $CHCl_3$ 或 CH_2Cl_2 中重结晶，可将产物提纯. 反应式为：

$$RSeY_3 + tmtu \longrightarrow Se(tmtu)Y_2 + RY$$
$$SeY_4 + 3tmtu \longrightarrow Se(tmtu)Y_2 + (tmtu)_2Y_2$$

$Se(tmtu)Cl_2$ 是黄橙色晶体，m.p. 410—412K，在固态、特别是在溶液中，对潮气非常敏感. $Se(tmtu)Br_2$ 是红橙色晶体，m.p.458—460K，对潮气稳定. 二者均溶于 $CHCl_3$，CH_2Cl_2 和硝基苯等极性有机溶剂.

Se(tmtu)Br，形成三斜晶系晶体，晶胞参数为 a=784pm，b=866.3 pm，c=950.3 pm，α=108.14°，β=109.27°，γ=93.69°. 晶胞分子数 z=2，ρ=2.22g/cm^3. 空间群为 $C_i^1-P\bar{1}$. 其分子结构见图 17.40. $Se(tmtu)Br_2$，借分子间的 Se…Br 键(334pm)形成二聚体. 此键短于 van der Waals 半径之和(395pm). 如果仅考虑最邻近的键合原子，Se 原子可看成是三配位的. 如果把 S 原子对面的 Br 原子也考虑在配位多边形中，则围绕 Se 原子是畸变的四方平面配位.

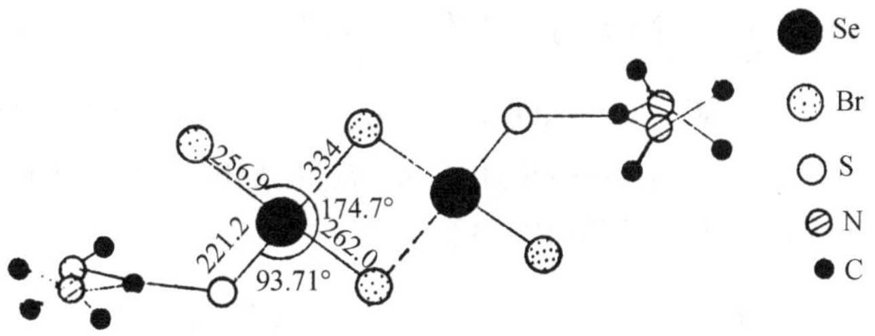

图 17.40 $Se(tmtu)Br_2$ 的分子结构及重要的键长(pm)和键角

2. 2tu · $SeCl_4$

$SeCl_4$ 与 $CS(NH_2)_2$ 在压力釜中反应，生成 2∶1 加合物 2tu · $SeCl_4$. 差热分析表明，此加合物在 465 和 648K 有两个吸热效应，但其本质还不清楚.

4.5.2　碲(II)的硫给予体配合物

已制备了若干类型的 Te(11)配合物，并对其性质和结构进行了研究. 这些配合物的通式为 TeL_nY_2(n=1—4，2 和 4 是主要的)，$TeL_2L'_2Y_2$ 和 TeL''_2、其中，L 和 L′代表各种单齿配体. 例如：硫脲 $CS(NH_2)_2$(=tu)，*N*，*N*，*N*′，*N*′–四甲基硫脲 $(CH_3)_2NCSN(CH_3)_2$(=tmtu)，*N*，*N*′–乙撑硫脲

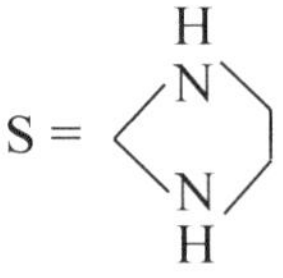（= etu），

N，*N*′–丙撑硫脲

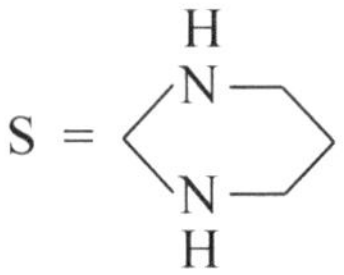（= prtu），

N–苯基硫脲 $C_6H_5NHCSNH_2$(=phtu)和 *N*，*N*′–二苯基硫脲 $C_6H_5NHCSNHC_6H_5$ (=dphtu)；L″代表双齿配体. 例如：烷基黄原酸根 $ROCS_2^-$，*N*，*N*–二烷基二硫代氨基甲酸根 $R_2NCS_2^-$，氮杂环己烷–1–硫代甲酸根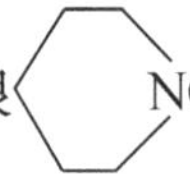NCS_2^-,和 1，4–氧氮杂环己烷–4–二硫代甲酸根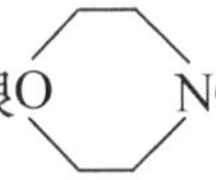NCS_2^-等；Y 为各种阴离子. 例如：F^-，Cl^-，Br^-，I^-，SCN^-，$SeCN^-$，NO_3^-，SO_4^{2-}，$HC_2O_4^-$，ClO_4^-，HF_2^-，$S_2O_2CH_3^-$ 和 $S_2O_2C_6H_5^-$ 等.

这些配合物，通常可借 Te(IV)的化合物与过量配体，在水或甲醇溶液中反应而得. Te(IV)在反应中还原成 Te(II). 例如：

$$Te^{4+} + 4(tu) + 2Cl^- \longrightarrow Te(tu)_2Cl_2 + (tu)_2^{2+}$$

配体的交换反应，也是一种制备途径. 例如：

$$Te(tu)_2Br_2 + 2Y^- \longrightarrow Te(tu)_2Y_2 + 2Br^-$$
$$TeS_4O_6^{2-} + 2ROCSS^- \longrightarrow Te(S_2COR)_2 + 2S_2O_3^{2-}$$

与 Te(II)的二元化合物相反，Te(II)的这些配合物在固态和在酸性溶液及无水的有机溶剂中都是稳定的. 但与水接触则歧化为 Te 和 Te(IV).

这些配合物，通常都结晶为黄色到红色的单斜或三斜晶系晶体. 分子构型多

数为含有四个配位原子的四方平面. 碲原子的两个 5p 轨道，都与配位原子共同参与直线的三中心键，从而形成两个近乎直角的 3c4e 键合体系. 碲原子和配位原子间的键长，一般都比正规的共价键约长 27pm 表明键合较弱. 分子的顺、反两种构象都被观察到了，但反式似乎更占优势，空间位阻是分子取反式构象的重要原因. 配体的软性增加，反式倾向也随之增大.

1.与硫脲及其衍生物的配合物

Te(II)与硫脲及其衍生物的配合物有五种类型，即 $TeLY_2$，TeL_2Y_2，TeL_3Y_2，TeL_4Y_2 和 $TeL_2L'_2Y_2$. TeL_2Y_2 和 TeL_4Y_2 型占多数. 式中的 L 为硫脲及其衍生物，Y 为卤素等阴离子.

这些配合物可用四种方法来制备：

(1) TeO_2 或 Na_2TeO_3 的热的酸溶液与过量含硫配体的水或甲醇溶液反应，过量配体将 Te(IV)还原为 Te(II)，冷却溶液便结晶出配合物. 反应的通式为：

$$Te^{4+}+(2+n)L+2Y^{-}\longrightarrow Te(L)_nY_2+(L_2)^{2+}$$

(n=1—4；L=含硫配体；Y=酸根)

(2) 碲(II)的含氯或含溴的硫给予体配合物 TeL_nCl_2 和 TeL_nBr_2，在含硫配体的水溶液或甲醇溶液中，与其他阴离子进行交换. 例如：

$$Te(tu)_2Br_2+2Y^{-}\longrightarrow Te(tu)_2Y_2+2Br^{-}$$

(3) TeL_2Y_2 型配合物在水或甲醇溶液中与配体进一步配合. 例如：

$$Te(tu)_2Br_2+2tu\longrightarrow Te(tu)_4Br_2$$
$$Te(tu)_2Cl_2+2tmtu\longrightarrow Te(tu)_2(tmtu)_2Cl_2$$

(4) 碲(II)的化合物如烷基或芳基硫代硫酸碲(II)$Te(S_2O_2R)_2$，在水或甲醇溶液中与配体直接配合：

$$Te(S_2O_2CH_3)_2+2tmtu\longrightarrow Te(tmtu)_2(S_2O_2CH_3)_2$$

大多数配合物在固态或酸性的、含配体的水或甲醇溶液中是稳定的，但在水溶液和碱溶液中则歧化为 Te 和 TeO_3^{2-}. 含 F 配合物如 $Te(tu)_3(HF_2)_2$、$Te(tu)_4(HF_2)_2$ 和 $Te(tu)_4F_2 \cdot 2H_2O$ 的稳定性较低，在固态便因分解出 Te 而变黑.

除 $Te(phtu)_2Cl_2$ 和 $Te(dphtu)_2Cl_2$ 是无定形和 $Te(tu)_2(SCN)_2$、$Te(etu)_2Br_2$ 可形成正交晶体外，其余配合物都结晶为单斜或三斜晶体. 分子结构都是由含有四方平面形的 $TeSY_3$，TeS_2Y_2(Y 为其他配位原子)和 TeS_4 基团所构成. $TeLY_2$ 和 TeL_3Y_2 是二聚体，TeL_2Y_2 也可有二聚形式，如 $[Te(tmtu)Cl_2]_2$，$[Te(tu)_3]_2^{4+}4HF_2^-$ 和

$[Te_2(etu)_4Br_2]^{2+}2Br^-$. 顺、反两种构象都存在，但反式更占优势. 一些典型的结构见图 17.41—图 17.44. 配合物的一些物理性质汇集在表 17.31 中.

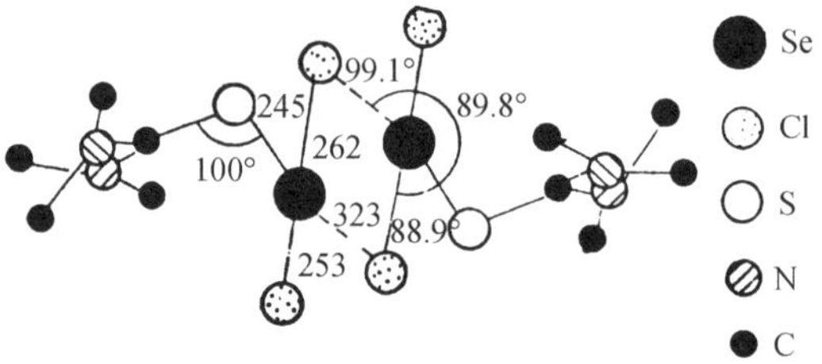

图 17.41　二聚 $Te(tmtu)Cl_2$ 的分子结构和重要的键长(pm)和键角

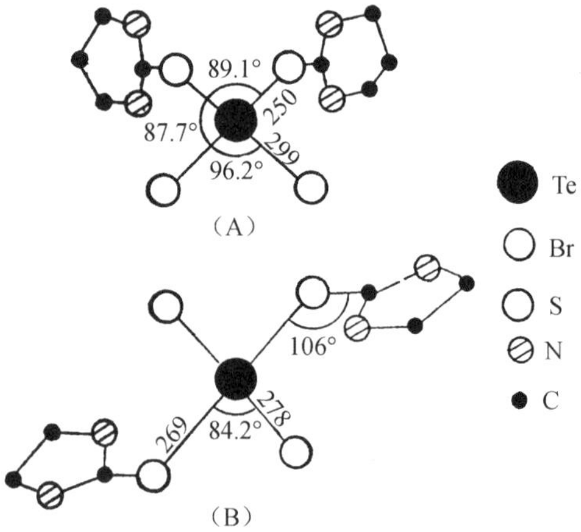

图 17.42　顺式 $Te(prtu)_2Br_2$(A)和反式 $Te(etu)_2Br_2$(B)

的分子结构和重要的键长(pm)及键角

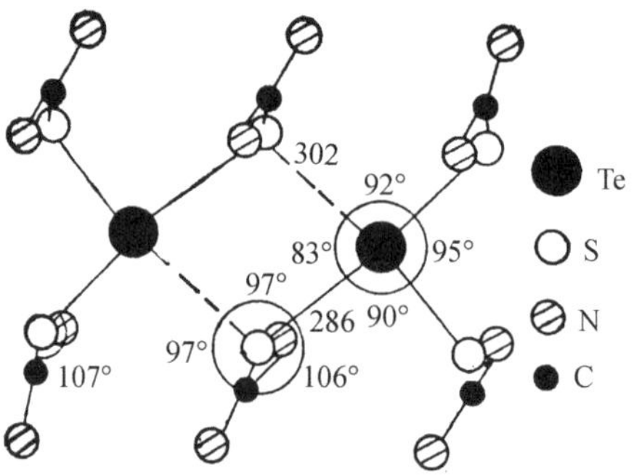

图 17.43　$Te(tu)_3(HF_2)_2$ 中 $[Te(tu)_3]_2^{4+}$ 阳离子的结构

和重要的键长(pm)及键角

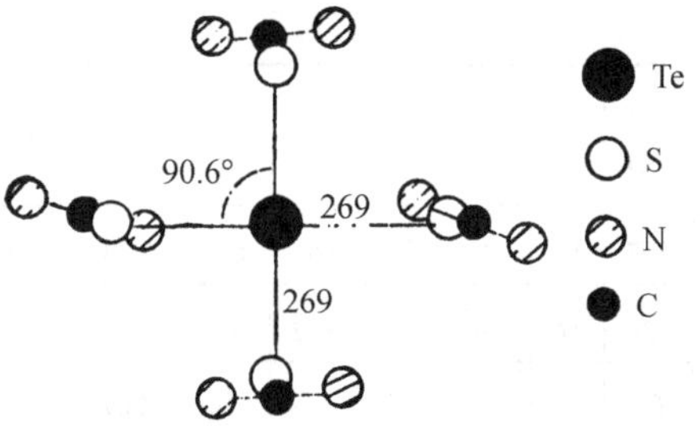

图 17.44 $Te(tu)_4Cl_2$ 中 $[Te(tu)_4]^{2+}$ 阳离子的结构和重要的键长(pm)及键角

表 17.31 碲(II)与硫脲及其衍生物的配合物的某些物理性质

配合物	制法	颜色	熔点(K)	构象	空间群	晶胞参数(pm) a	b	c	α	β	γ	z	密度(g/cm³)
$Te(tu)_2Cl_2$	(1)	黄	457[1)]	顺、反	C_{2h}^5-C2/c	984	758	1411		100.83°		4	2.33
$Te(tu)_2Br_2$	(1)	黄	493	反	C_{2h}^5-C2/c	1004	774	1420		100.38°		4	2.56
$Te(tu)_2I_2$	(2)	红		反	C_{2h}^5-C2/c	1024	973	1559		100°		4	
$Te(tu)_2(SCN)_2$	(2)	黄		反	$C_{2v}^{19}-Fdd2$	1848	1864	790				8	1.94
$Te(tu)_2(S_2O_2CH_3)_2$	(2)	黄	403–404	反	$C_{2h}^5-P2_1/n$	1250	560	1280		98°		2	1.89
$Te(tu)_3(HF_2)_2$	(1)	黄			$C_{2h}^5-P2_1/c$	591	2068	1147		95°		4	2.05
$Te(tu)_4(NO_3)_2$	(1)	黄			$C_{2h}^5-P2_1/c$	614	24/0	774		120°		2	1.88
$Te(tu)_4F_2\cdot 2H_2O$	(2)	黄			$C_1^1-P\bar{1}$	542	803	1130	103.5°	97°	72°	1	1.88
$Te(tu)_4(HF_2)_2$	(1)	黄			$C_{2h}^6-C2_1/c$	2232	792	1016		91°		4	1.90
					$C_1^1-P\bar{1}$	759	584	1241	84.5°	116°	116°	1	1.94
$Te(tu)_4Cl_2$	(1)	黄			$C_1^1-P\bar{1}$	583	777	1086	95.5°	90°	119.5°	1	1.97
$Te(tu)_4Cl_2\cdot 2H_2O$	(1)	黄	448[1)]		$C_{2h}^5-P2_1/c$	601	1649	995		98.5°		2	1.86
$Te(tu)_4Br_2$	(3)	黄			$C_1^1-P\bar{1}$	595	786	1110	95.5°	89.5°	119.5°	1	2.21
$Te(tu)_4SO_4\cdot 2H_2O$	(1)	黄											1.74
$Te(tu)_4(SCN)_2$	(3)	黄			$C_{2h}^5-P2_1/c$	768	1408	972		105°		2	1.78
$Te(tu)_4(HC_2O_3)_2\cdot 2H_2O$	(1)	浅黄	443[1)]										1.95
$Te(tu)_4(ClO_4)_2$	(2)	黄	417[1)]			1535	1197	601	90°	91°	108°	2	201

续表

配合物	制法	颜色	熔点(K)	构象	空间群	晶胞参数(pm)						z	密度(g/cm³)
						a	b	c	α	β	γ		
Te(tmtu)Cl_2	(1)	深红	207	反	$C_1^1-P\bar{1}$	801	857	943	108°	110.5°	93.5°	2	1.94
Te(tmtu)Br_2	(1)	深红	226	反	$C_1^1-P\bar{1}$	812	874	965	108.5°	110°	94.5°	2	2.34
$Te(tmtu)_2Cl_2$	(3)	橙红	167[1)]			1064	1146	907	102°	120°	84.5°	2	1.64
$Te(tmtu)_2Br_2$	(1)、(3)	橙红	192[1)]			1089	1166	907	101.5°	120°	84°	2	1.89
$Te(tmtu)_2I_2$	(2)	深红	172		$C_{2h}^5-P2_1/n$	800	1081	1196		97.5°		2	2.10
$Te(tmtu)_2(SeCN)_2$	(2)	浅褐		反	$C_{2h}^5-P2_1/c$	880.4	636.3	1974.9		98.8°		2	1.86
$Te(tmtu)_2(S_2O_2CH_3)_2$	(4)	黄	85	反	$C_{2h}^5-P2_1/m$	952	1262	1046		98°		2	1.64
$Te(tmtu)_2(S_2O_2C_6H_5)_2$	(4)	红	121	反	$C_{2h}^5-P2_1/c$	1026	1007	1598		110°		2	1.58
$Te(tu)_2(tmtu)_2Cl_2$	(3)	黄橙	157[1)]	反	$C_{2h}^5-P2_1/c$	883	1440	990		94°		2	1.63
$Te(tu)_2(tmtu)_2Br_2$	(3)	黄	150[1)]	反	$C_{2h}^5-P2_1/c$	878	1502	1004		94°		2	1.79
$Te(phtu)_2Cl_2$	(1)	黄			无定形								
$Te(dphtu)_2Cl_2$	(1)	黄			无定形								
$Te(etu)_2Br_2$	(1)	褐黄	186[1)]	顺	$C_{2h}^{24}-Fddd$	1446	3140	1210				16	2.38
		红黄	192[1)]	反	$C_{2h}^6-C2_1/c$	1730	589	1557		120°		4	2.38
		褐黄		顺	$C_{2h}^6-C2_1/c$	2676	1148	938		102°		8	2.30
$Te(etu)_2I_2$	(2)	红	198[1)]	顺	$C_{2h}^{24}-C2_1/c$	1717	624	1598		119.5°		4	2.60
$Te(etu)_2(SCN)_2$	(2)	黄	142[1)]	反	$C_{2h}^5-P2_1/c$	1071	1284	1201		102°		4	1.85
		黄		反	$C_{2h}^5-P2_1/c$	600	1247	1092		99.6°		2	
$Te(etu)_2(SeCN)_2$	(2)	褐红		反	$C_{2h}^5-P2_1/c$	624	1262	1083		101.7°		2	
$Te(etu)_2(S_2O_2CH_3)_2$	(2)	绿黄	168[1)]	反	$C_1^1-P\bar{1}$	951.9	1021	538.5	98.88°	105.54°	98.89°	1	1.89
	(2)			反	$C_{2h}^5-P2_1/c$	961.6	1085	1067.2		119.21°		2	1.89
$Te(etu)_2(S_2O_2C_6H_3)_2$	(2)	黄	147[1)]	反	$C_1^1-P\bar{1}$	706.9	1058	893.8	101.98°	91.00°	94.54°	1	1.71
$Te(etu)_3(ClO_4)_2$	(1)				$C_{h7}^5-P2_1/c$	1196	1148	1708		112.5°		4	1.93
$Te(etu)_4Cl_2 \cdot 2H_2O$	(1)	绿黄			$C_{2h}^5-P2_1/c$	1822	784	2130		124°		4	1.70
$Te(etu)_4Cl_2$	(1)	黄			$C_1^1-P\bar{1}$	968	799	833	103°	99°	109.5°	1	1.76
$Te(etu)_4(ClO_4)_2$	(2)	绿黄			$C_{2h}^5-P2_1/c$	961	978	1464		92°		2	1.78
$Te(etu)_4Br_2 \cdot 2H_2O$	(1)	黄			$C_{2h}^5-P2_1/c$	1912	785	2142		125°		4	1.87
$Te(etu)_4Br_2$		黄			C_{2h}^6-C2/c	811	819	1652		105.5°		4	1.95

续表

配合物	制法	颜色	熔点(K)	构象	空间群	晶胞参数(pm)						z	密度(g/cm³)
						a	b	c	α	β	γ		
$Te(prtu)_2Cl_2$	(1)	黄	199[1)]	顺	C_{2h}^6-C2/c	1649	764	1452		120°		4	1.81
$Te(prtu)_2Br_2$	(1)	黄	190[1)]	顺	C_{2h}^6-C2/c	1611	791	1431		117.5°		4	2.13
$Te(prtu)_2(SCN)_2$	(2)	黄	214[1)]		C_{2h}^6-C2/c	1327	1443	976		108.5°		4	1.78
$Te(prtu)_2(SeCN)_2$	(2)	浅褐		反	$C_{2h}^5-P2_1/c$	478.2	1536.2	1320.3		106.54°		2	2.05
$Te(prtu)_2(S_2O_2CH_3)_2$	(2)	黄	172[1)]	反	$D_{2h}^{10}-Pccn$	1295	1892	880				4	1.78
$Te(prtu)_2(S_2O_2C_6H_5)_2$	(2)	黄	146[1)]	反	$C_1^1-P\bar{1}$	879	1017.8	800.4	97.40°	96.16°	99.96°	1	1.69
$Te(prtu)_3(ClO_4)_2$	(2)	绿黄			$C_{2h}^5-P2_1/c$	1222	1474	1427		106.5°		4	1.82
		绿黄			$C_1^1-P\bar{1}$	1262	1003	1003	96.5°	93°	78.5°	2	1.82
$Te(prtu)_4Cl_2\cdot 2H_2O$	(1)	黄橙			$C_{2h}^5-P2_1/c$	931	1878	973		118°		2	1.55
$Te(prtu)_4(ClO_4)_2$	(2)	褐黄			$C_1^1-P\bar{1}$	1003	941	982	118.5°	90.5°	107°	1	1.71

1) 熔化时分解.

2. 与烷基黄原酸 ROCSSH 及 *N*–取代二硫代氨基甲酸 R_2NCSSH 的配合物

碲代连五硫酸钠 $Na_2TeS_4O_6$(参见 3.9.3)与 ROCSSNa 或 $R_2NCSSNa$ 在水溶液中反应，可分别沉淀出二(烷基黄原酸根)合碲(II)$Te(ROCSS)_2$ 和二(*N*–取代二硫代氨基甲酸根)合碲(II)$Te(R_2NCSS)_2$，反应式为：

$$TeS_4O_3^{2-}+2ROCSS^- \longrightarrow Te(ROCSS)_2+2S_2O_3^{2-}$$
$$TeS_4O_6^{2-}+2R_2NCSS^- \longrightarrow Te(R_2NCSS)_2+2S_2O_3^{2-}$$

TeO_2 的盐酸溶液与 ROCSSNa 的水溶液反应，或 $Te(ROCSS)_2$ 的乙酸乙酯(或 $CHCl_3$)溶液与 $R_2NCSSNa$ 的甲醇(或乙醇)溶液混合，发生配体交换，也分别生成上述两类配合物：

$$TeOOH^++4ROCSS^-+3H^+ \longrightarrow Te(ROCSS)_2+(ROCSS)_2+2H_2O$$

$$Te(ROCSS)_2+2R_2'NCSSNa \longrightarrow Te(R_2'NCSS)_2+2ROCSSNa$$

所有配合物都是红色针状的单斜晶系晶体，不溶于水，几乎不水解，但可被碱溶液分解成 Te 和 TeO_3^{2-}．例如：

$$2Te(ROCSS)_2+6OH^- \longrightarrow 4ROCSS^-+Te+TeO_3^{2-}+3H_2O$$

除 $Te[(CH_3)_2NCSS]_2$ 和 $Te(C_5H_{10}NCSS)_2$ 难溶于有机溶剂外，其余配合物都适度地溶解. 分子中 Te—S_4 基团呈梯形平面，螯合的两个 Te—S 键长不等. 这些配合物的物理性质见表 17.32，典型的分子结构绘于图 17.45 中.

表 17.32　$Te(ROCSS)_2$ 和 $Te(R_2NCSS)_2$ 的物理性质

配合物	熔点(K)	空间群	晶胞参数(pm)				z	密度
			a	b	c	β		(g/cm³)
$Te(CH_3OCSS)_2$	362	$C_{2h}^5-P2_1/c$	424	1118	1728	93°	4	2.18
$Te(C_2H_5OCSS)_2$	367	$C_{2h}^5-P2_1/c$	935	617	2121	91°	4	2.03
$Te(C_3H_7OCSS)_2$	360							
$Te(C_6H_5CH_2OCSS)_2$		$C_{2h}^5-P2_1/c$	835	570	3819	91.8°	4	
$Te[(CH_3)_2NCSS]_2$	523							
$Te[(C_2H_5)_2NCSS]_2$	437	$C_{2h}^5-P2_1/c$	1519.1	842.5	1484.1	117.66°	4	1.68
$Te[C_5H_{10}NCSS]_2$	523							
$Te[OC_4H_8NCSS]_2$	~473[1)]	$C_{2h}^5-P2_1/c$	1124.2	1590.6	915	92.75°	4	1.82

1) 分解.

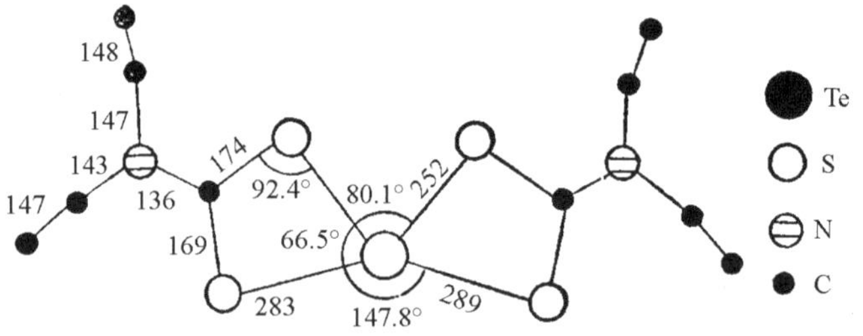

图 17.45　$Te[(C_2H_5)_2NCSS]_2$ 的分子结构和重要的键长(pm)及键角

4.5.3　碲(IV)的硫给予体配合物

1. 与二烷基硫醚 R_2S 和 $RS(CH_2)_nSR$ 的加合物

冰点降低、量热和介电滴定等研究表明，在苯溶液中，$TeCl_4$ 与某些二烷基硫醚生成 1∶1 加合物，与某些二烷基双硫醚则形成 1∶1 和 1∶2 加合物. 其中，只有黄色晶状的 $(C_3H_7)_2S \cdot TeCl_4$(m.p.330K)，已通过减压挥发溶剂后，由溶液中分离出来.

这些配合物的标准摩尔生成焓 $\Delta H_m^{\ominus}$ (kJ / mol)、标准摩尔生成自由能 $\Delta G_m^{\ominus}$ (kJ / mol)、标准摩尔生成熵 $\Delta S_m^{\ominus}$ (J / mol · K)及偶极矩 μ (C · m)列在表 17.33 中.

表 17.33 $TeCl_4$与 R_2S 及 $RS(CH_7)_nSR$ 的加合物的热力学性质和偶极矩

$R_2S\cdot TeCl_4$						
R	C_3H_7	C_4H_9	C_5H_{11}	*i*-C_5H_{11}	C_7H_{15}	C_9H_{19}
$-\Delta H_m^\ominus$	55.64	46.86	48.53	48.53	47.69	42.26
$-\Delta G_m^\ominus$	10.75	12.80	12.47	12.47	13.56	12.01
$-\Delta S_m^\ominus$	147.69	114.22	120.92	120.92	114.64	101.67
μ	1.948×10^{-29}	1.885×10^{-29}			2.022×10^{-29}	
$C_4H_9S(CH_2)_n SC_4H_9\cdot TeCl_4$						
n	2	3	4	5	6	10
$-\Delta H_m^\ominus$	53.56	56.90	50.21	50.21	51.46	52.72
$-\Delta G_m^\ominus$		19.66	19.08	17.03	17.11	17.95
$-\Delta S_m^\ominus$		121.3	104.6	112.9	115.0	116.7
$C_4H_9S(CH_2)_nSC_4H_9\cdot 2TeCl_4$						
n	2		4	5	6	10
$-\Delta H_m^\ominus$	66.9		68.6	71.1	82.0	82.8

2. 与硫脲 $SC(NH_2)_2$(＝tu)和四甲基硫脲 $SC[N(CH_3)_2]_2$(=tmtu)的配合物

黄色的 $Te(tu)_2Cl_4$ 和橙黄色的 $Te(tu)_2Br_4$，可借 $SC(NH_2)_2$ 分别与 $TeCl_4$(在苯、冰乙酸或乙醚中)和 $TeBr_4$(在丙酮或乙醚中)反应而得. 它们分别在 448 和 501 K 熔化并分解. 与水接触则分解出 Te. $Te(tu)_2Cl_4$ 可溶于盐酸形成亮黄色溶液，但产物不清楚.

$Te(tmtu)_2Cl_4$ 和 $Te(tmtu)_2Br_4$，可分别借如下两种方法制备：将四甲基硫脲的甲醇溶液与 TeO_2 的盐酸溶液于室温下混合搅拌，便沉淀出 $Te(tmtu)_2Cl_4$. 将四甲基硫脲加入 $TeBr_4$ 的二甲基甲酰胺溶液中，所得的深红色溶液温热至 323—333K，浓缩后即分离出 $Te(tmtu)_2Br_4$.

这两个配合物都是深红色晶体. $Te(tmtu)_2Cl_4$ 有两种晶型. 正交晶系晶体在 426—427K 熔化，晶胞参数为 a=1474pm，b = 1387pm，c=1006pm，对称性属 D_{2h}^{15}-$Pbca$ 空间群，晶胞分子数 z=4，密度为 1.70g / cm^3. 它在冰箱中长期贮存后转变为单斜晶系晶体，其空间群为 $C_{2h}^5-P2_1/n$，晶胞参数为 a=1400.9pm，b=1470.8pm，c=1005.3pm，β=90.37°. $z=4$，ρ=1.71g / cm^3. $Te(tmtu)_2Br_4$ 仅形成正交晶系晶体，空间群为 D_{2h}^{15}-$Pbca$. 晶胞参数为 a = 1498pm，b=1388pm，c = 1048pm，z = 4. 密度 ρ = 2.21g / cm^3，熔点为 449—450K.

它们的分子结构相似(图 17.46)，六配位的 Te 原子处于 S_2Y_4(Y=Cl 和 Br)八面体的中心，S 原子对置于轴向的两个顶点. Te—S 键长为 266.9pm，显著长于两原子的共价半径之和. Te—Cl 键长为 252—253.6pm，与两原子的共价半径之和接近. Te—S 键的 IR 振动频率为 202—200cm^{-1}，Te—Cl 和 Te—Br 键振动分别在 226 和 177cm^{-1}.

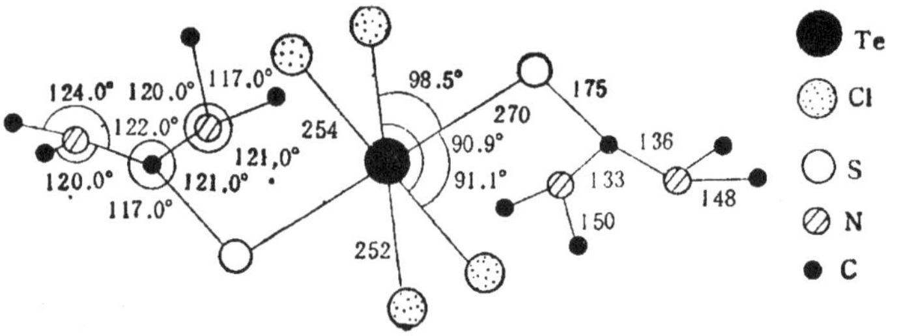

图 17.46　正交 $Te(tmtu)_2Cl_4$ 的分子结构和重要的键长(pm)及键角

这两个配合物可溶于环丁砜、硝基苯和 CH_2Cl_2，并以单分子存在于这些溶剂中. 与潮湿空气或水接触，则水解成 H_2TeO_3.

3. 与 *N*-取代二硫代氨基甲酸 R_2NCSSH 的配合物

橙黄色的四[(*N*, *N*-二乙基)二硫代氨基甲酸根)]合碲(IV)$Te[(C_2H_5)_2NCSS]_4$(m.p. 393K)和四(1，4-氧氮杂环己烷-4-二硫代甲酸根)合碲(IV)$Te(OC_4H_8NCSS)_4$，可由相应配体的钠盐水溶液，分别与 K_2TeO_3 的 pH 为 8.4 的缓冲溶液或 TeO_2 的盐酸溶液反应而得. 反应式为：

$$K_2TeO_3+4(C_2H_5)_2NCSSNa+3H_2O \longrightarrow Te[(C_2H_5)_2NCSS]_4+4NaOH$$

$$TeO_2+4C_4H_8ONCSSNa+4HCl \longrightarrow Te(C_4H_8ONCSS)_4+4NaCl+2H_2O$$

产物可在苯或苯／乙醇溶液中重结晶提纯. 在反应和提纯时均不能加热，否则，Te(IV)易被配体还原成 Te(II). 例如在苯溶液中加热：

$$Te[(C_2H_5)_2NCSS]_4 \xrightarrow{\triangle} Te[(C_2H_5)_2NCSS]_2+[(C_2H_5)_2NCSS]_2$$

$Te[(C_2H_5)_2NCSS]_4$ 结晶成正交晶系晶体，属 $C_{2v}^9-P_n2_{1a}$ 空间群，晶胞参数为 a=1980.5pm，3517.8pm，c=937.1pm，晶胞分子数 z=8. 密度为 1.46g／cm^3. $Te(C_4H_8ONCSS]_4$形成单斜晶系晶体，空间群为 $C_{2h}^5-P2_1/c$，a=1544.5pm，b=1356.5pm，c = 2659.1pm，β=122.23°，z=4. 密度为 1.45g／cm^3.

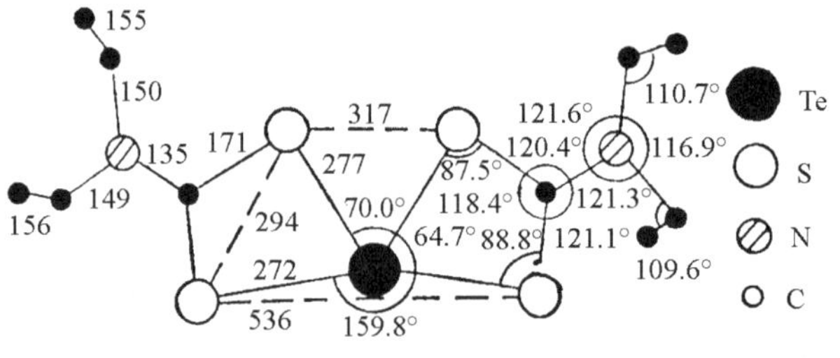

图 17.47　$Te[(C_2H_5)_2NCSS]_4$ 分子中的一个梯形结构和重要的键距(pm)及键角

它们的分子结构相似. 分子中，八配位的 Te 原子，处于由两个垂直交叠的 TeS_4 梯形平面所构成的十二面体的中心. 分子结构示意于图 17.47 和图 17.48 中.

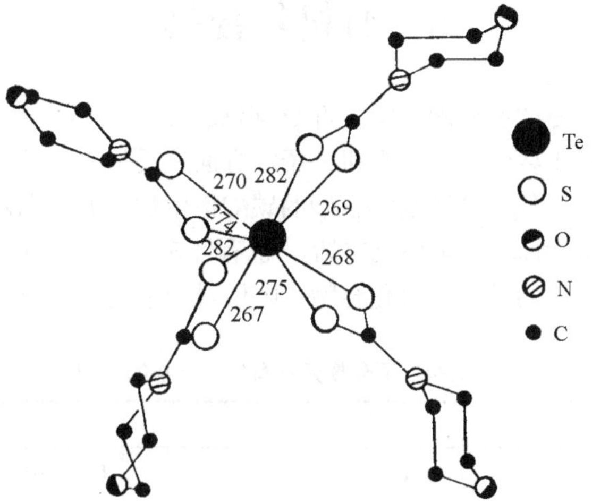

图 17.48 $Te(C_4H_8ONCSS)_4$ 的分子结构和 Te–S 键长(pm)

参 考 文 献

[1] M. Schmidt, W. Siebert and K. W. Bagnall, “The Chemistry of Sulphur, Selenium, Tellurium and Polonium”, Pergamon Press (1975).

[2] G. Hantke, “Gemelin Handbuch der Anorganischen Chemie”, Tellur, Erganzugsbend Teil B 2(1977).

[3] G. Hantke, “Gemelin Handbuch der Anorganischen Chemie” , Tellur, Erganzugsbend Teil B 3(1978).

[4] H. J. Emeleús,“Inorganic Chemistry”, Serise Two,Vol. 3, Butterworths (1975).

[5] H. J. Emeleús, “Inorganic Chemistry”, Seris One, Vol. 2, Butterworths (1972).

[6] R. A. Zingaro and W. C. Cooper, “Selenium”, Van Nostrand Rein bold (1974).

[7] H. J. Emeleús, A. G. Sharpe Advances Inorganic Chemistry and Radiochemistry”, Vol. 24, Academic Press (1981).

[8] H. Selig, S. Sarig and Aoramowitz, *Inorg. Chem*, **13**, 1508 (1974).

17.5 有机化合物[1—5]

已有 140 年历史的有机硒化学，近 20 年来，在含硒的碳水化合物、氨基酸、多肽和其他有生物重要性的含硒有机分子等方面发展很快. 较大的注意力集中于硒脲、氨基硒脲和硒代氨基羧酸等含硒的碳酸衍生物. 五元和六元的含硒杂环化合物，尤其是硒吩(硒杂-2，4-环戊二烯)，也有较多的报道. 相比之下，碲的有机化合物还了解不多. 而钋的有机化合物，则仅限于个别痕量级的研究.

表 17.34 硒分族元素有机化合物的类型

类型和通式	X	命名
RXH	Se,Te	硒醇，碲醇
RXR	Se,Te,Po	硒醚，碲醚，钋醚
RXXR	Se,Te	二硒醚，二碲醚
R_2XO	Se,Te	亚硒砜，亚碲砜
R_2XO_2	Se,Te	硒砜、碲砜
RXY(Y=卤素)	Se	有机基卤化硒
RXY_3	Se,Te	有机基三卤化硒(碲)
R_2XY_2	Se,Te,Po	二有机基二卤化硒(碲、钋)
R_3XY	Se,Te	三有机基硒(碲)鎓盐
R_4X	Se,Te	四有机基硒(碲)
RXOH	Se	有机基次硒酸
RXOOH	Se,Te	有机基亚硒(碲)酸
RXO_3H	Se	有机基硒酸
RXCN，RNCX	Se	硒氰酸酯，异硒氰酸酯
RR′CX	Se,Te	硒(碲)醛，硒(碲)酮
β-二酮衍生物	Se,Te,Po	
硒、碲杂环	Se,Te	硒(碲)杂环烷，硒吩，硒氮杂茂，硒杂芘等
生物重要性的有机硒化合物	Se	含硒氨基酸，硒肽

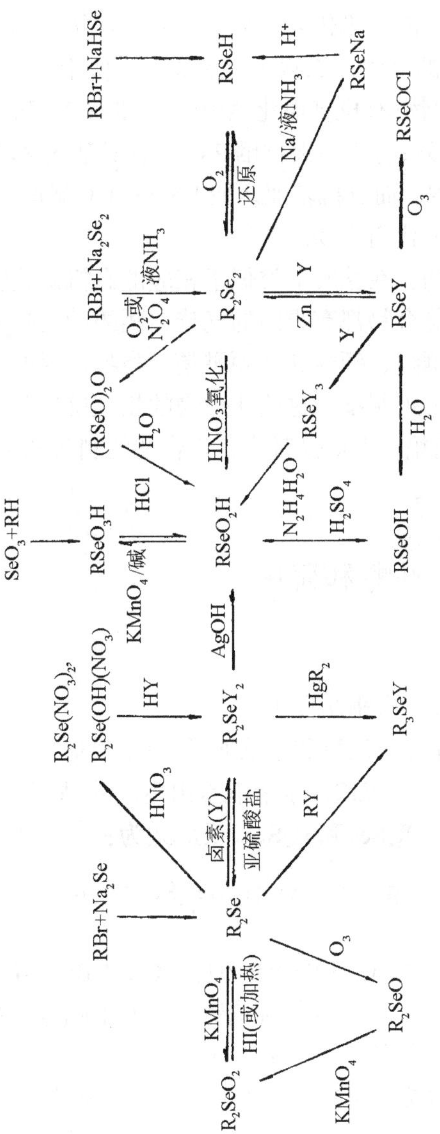

图 17.49 生成有机硒化合物的图解

表 17.34 列出了硒分族元素有机化合物的基本类型．与硒分族的无机化合物类比，这些有机化合物可看成是相应的无机化合物的有机基取代衍生物．例如：H_2Se 明显地是硒醚、硒醇及硒杂环的母体；二硒醚在形式上类似于 Se_2Cl_2；亚硒砜和硒砜是 $SeOY_2$ 和 SeO_2Y_2 的衍生物；有机基卤化硒($RSeY_3$, R_2SeY_2 和 $R_3Se^+Y^-$)及四有机基硒 R_4Se 与四卤化硒有联系；有机基卤化硒 RseY，有机基次硒酸 RSeOH 和硒氰酸酯，来源于 SeY_2 和 HSeCN；而有机基亚硒酸 $RSeO_2H$ 和硒酸 $RSeO_3H$，显然是 H_2SeO_3 和 H_2SeO_4 的有机基取代衍生物．

大多数硒分族元素的有机化合物，在性质上类似于相应的有机硫化物．除卤化物、亚砜和砜及含氧酸外，其他化合物都有难闻的气味，硒醇的气味更令人厌恶并且是极毒的．这些化合物中，硒醇、硒醚和二硒醚是三类最重要的化合物，大多数有机硒化合物都可由它们出发来制备．这些化合物的相互反应关系示意于图 17.49 中．限于本专题的范围和篇幅，本章仅对这些化合物的制备和化学反应，做概括的叙述．

5.1　硒醇和碲醇

5.1.1　制备

烷基和芳基硒醇 RSeH，可借如下几种方法制备：

(1) 硒与适当的 Grignard 试剂在无水乙醚和干燥 N_2 气氛下反应后，用稀酸在 273K 将反应混合物水解，水汽蒸馏或用 NaOH 水溶液萃出生成的硒醇，产率 30%—60%．副产物为硒醚 R_2Se，二硒醚 R_2Se_2 和 H_2Se．反应式为：

$$\text{R—MgBr}+\text{Se}\xrightarrow[(C_2H_5)_2O]{N_2}\text{R—Se—MgBr}\xrightarrow[H^+]{273K}\text{RSeH}$$

此法一般用于制备芳基硒醇，如 R—C_6H_4SeH(R=H，4-Cl，4-Br，4-F，4-NO_2，2-，3-或 4-CH_3，2-C_2H_5，2-或 4-CH_3O 等)．少数烷基硒醇，如丁硒醇、2-甲基-2-丁硒醇和苯甲基硒醇等，也可用此法制备，但产率较低．

(2) 硒氢酸钠的烷基化．常用的烷基化试剂有烷基溴、烷基碘及烷基硫酸钾等．例如：

$$\text{NaHSe}+\text{RY}\longrightarrow\text{RseH}+\text{NaY}$$

Y：Br 和 I；R：C_8H_{17}，*sec*-C_4H_9、*i*-C_3H_7、$(C_6H_5)_2CH$ 和 $C_6H_5(CH_3)CH$ 等

(3) 硒氰酸酯 RSeCN 在盐酸或硫酸的水溶液或甲醇溶液中，被 Zn 还原为相应的硒醇(R=C_6H_5，4-$CH_3C_6H_4$ 和 4-$NO_2C_6H_4$ 等)，产率 50%—90%．

$$\text{RSeCN}\xrightarrow{\text{Zn/酸}}\text{RSeH}+\text{HCN}$$

(4) 由二硒醚还原为硒醇. 可用的还原剂有甲醛·次硫酸钠·水 $CH_2O \cdot NaHSO_2 \cdot H_2O$、金属钠、Zn，$H_3PO_2$，$NaBH_4$ 和 *DL*-苏-1，4-二巯基-2，3-丁二醇 $CH_3SH—CHOH—CHOH—CH_2SH$ 等.

$$R_2Se_2 \xrightarrow{\text{还原}} 2RSeH$$

例如：$[HOOC(CH_2)_nSe]_2$(n=1—7，10)在氨水中被 $CH_2O \cdot NaHSO_2 \cdot H_2O$ 还原；R_2Se_2(R=CH_3，C_2H_5、i-C_4H_9)在液氨中及$(RC_6H_4)_2Se_2$(R=2-，3-CH_3，3-Cl，2-，4-CH_3O)在甲醇中被金属钠还原；$[(CH_3)_2N(CH_2)_n]_2Se_2$($n$=2—3)在 6mol／L 盐酸中被 H_3PO_2 还原；$(C_6H_5)_2Se_2$ 在盐酸中被 Zn 还原；$(C_6H_5CH_2)_2Se$ 被 $NaBH_4$ 还原及某些氨基酸的二硒醚在 pH7.6 的水溶液中被 $CH_2SHCHOHCHOHCH_2SH$ 还原等.

碲醇 RTeH，据说可借碲化铝与醇在氢气中高温反应或借碲与苯基溴化镁反应来制备. 可能是因为碲醇比硒醇更易氧化为二碲醚，故碲醇的存在，至今还颇难肯定.

5.1.2 性质和反应

烷基硒醇是挥发性的无色液体，芳基硒醇是无色固体，也有可观的蒸气压，均有恶臭并且是极毒的. 它们溶于有机溶剂，溶于碱溶液中生成硒醇盐，但不溶于水，在空气中易氧化成二硒醚并因此使硒醇染上黄色.

Se—H 键的伸缩振动频率在 2280—2330 cm^{-1} 之间，与硒醇在苯、二氧六环或四氢呋喃中的浓度无关，说明硒醇在这些溶剂中并未产生通过氢键的缔合. 与亚甲基相连的 Se—H 基团的 ^{1}HNMR 在−0.09— −0.7δ之间有三重峰，$J_{H\text{-}C\text{-}Se\text{-}H}$ 约为 7Hz，而芳基硒醇在 1.46—1.33δ之间为单峰.

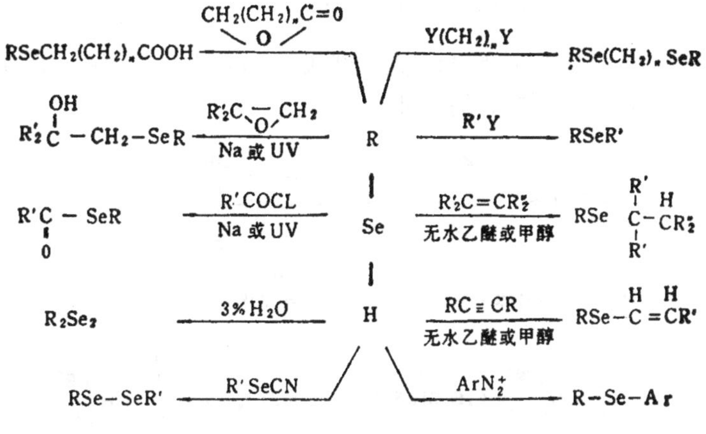

图 17.50　硒醇的某些化学反应

RSeH 和 RSe^-阴离子与有机卤、酰氯、内酯、环氧化物和重氮盐等的反应及与碳—碳重键的加成反应，已广泛用于将有机硒基团引入有机分子中. 主要的产物是各种有机基硒醚、二硒醚和硒代羧酸酯. 这些反应示意于图 17.50，具体实例在后面的有关部分中叙述.

5.2　硒醚、碲醚和钋醚 R_2X

5.2.1　制备

对称二烷基硒醚和碲醚，最好是借硒化钠或碲化钾在碱性溶液或液氨中与烷基卤或硫酸二烷基酯的烷基化反应来制备，产率可达 80%—90%，但随烷基链长增加而减少. 例如：

$$Se \xrightarrow[CH_3O \cdot NaHSO_2 \cdot H_2O]{NaOH/H_2O} Na_2Se \xrightarrow{RY} R_2Se$$

($R=CH_3$，C_2H_5，C_3H_7，C_4H_7，C_5H_{11}，$C_6H_5CH_2$，CH_2COOH)二烷基二氯化硒 R_2SeCl_2 被焦亚硫酸钾 $K_2S_2O_5$ 水溶液还原或通过硒醚的有机基的改造等途径，也用于制备各种对称二烷基硒醚. 例如：

$$R_2SeCl_2 \xrightarrow{K_2S_2O_5/H_2O} R_2Se$$

$$(HOOC—CH_2CH_2)_2Se \xrightarrow{CH_3OH/HCl} (CH_3OOC—CH_2CH_2)_2Se$$

不对称二烷基硒醚 RSeR′，通常是借烷基卤与烷基硒醇钠的反应来制备，产率~90%：

$$RseNa + R'Y \longrightarrow RSeR' + NaY$$

硒醇与环氧化物的反应及硒醇对碳-碳双键或三键(在无水乙醚或甲醇中)的加成反应，也常用于制备不对称二烷基硒醚：

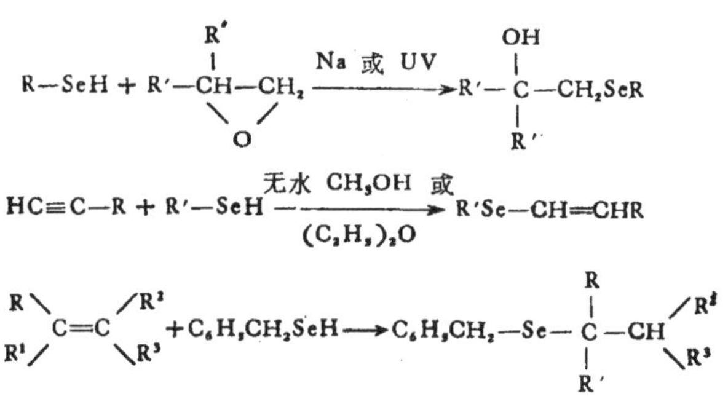

芳基硒醚和碲醚 Ar—X—Ar，可借硒、碲与二芳基汞、芳基氯化汞或芳基碘在封管中加热几天来制备，用乙醚提取产物，然后借真空升华提纯．例如：

$$(C_6F_5)_2Hg+2Se \xrightarrow[7d]{413K} (C_6F_5)_2Se+HgSe$$

芳基重氮盐与 K_2Se 或 ArSeK 的反应，也用于制备对称和不对称的二芳基硒醚：

$$2ArN_2^+ + Se^{2-} \xrightarrow[H_2O]{273K} (ArN_2)_2Se \longrightarrow Ar_2Se+2N_2$$

$$ArN_2^+ + Ar'Se^- \longrightarrow ArN_2SeAr' \longrightarrow Ar—Se—Ar'+N_2$$

某些烷基·芳基硒醚 R—Se—Ar 和双硒醚 R—Se—R′ —Se—R 可用芳基硒醇钠与烷基卤反应和用硒醇钠与二卤代有机化合物反应来制备；例如：

$ArSe^-+RY \longrightarrow Ar—Se—R+Y^-$

$2Rse^-+Y—R'—Y \longrightarrow R—Se—R'—Se—R+2Y^-$

(Y=Cl，Br；$R'=(CH_2)_n$,$CH_2CH(COOH)CH_2$，1，4-$(CH_2)_2C_6H_4$)

在放射性的四甲基铅(210)和三芳基铋(210)的锐变物中，有痕量的二甲基和二芳基钋醚．硫酸二甲酯与碲化钠和钋化钠混合物反应，也生成二甲基钋醚：

$$Na_2Po+(CH_3)_2SO_4 \longrightarrow (CH_3)_2Po+Na_2SO_4$$

5.2.2 物理性质和反应

二烷基硒醚和碲醚是无色的挥发性液体，二芳基硒醚和碲醚多数是白色、无臭的低熔点固体．它们都溶于有机溶剂，但不溶于水．硒醚可被沸水分解沉淀出硒，在湿空气中易氧化成二硒醚．碲醚(由于氧化)可缓慢溶入冷水，生成含有 $R_2Te(OH)_2$ 的碱性溶液．二芳基碲醚有一些碱性，可与卤化氢形成加合物如 $(C_6H_5)_2Te \cdot HCl$．硒醚的一些反应示意于图 17.51 中．

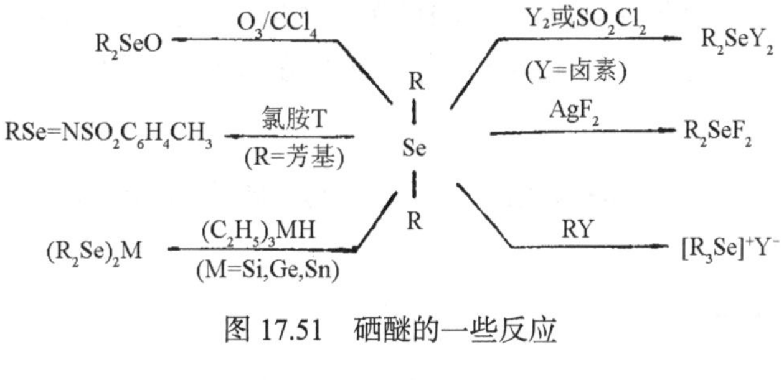

图 17.51 硒醚的一些反应

5.3　二硒醚和二碲醚

5.3.1　制备

对称的二硒醚 R_2Se_2，通常可借碱金属二硒化物与烷基卤或硫酸烷基酯在水、乙醇或液氨中反应，或借二硒化钠与芳基重氮盐的反应来制备，产率＞90%. 例如：

$$Na_2Se_2+2RY \longrightarrow R—Se—Se—R+2NaY$$

($R=C_nH_{n+1}$(n=1，2，6，8，10—18，21)，$HO(CH_2))_n$
(n=3、4)，$HOOC(CH_2)_n$(n=3—9)，$CH_3COO(CH_2)_5$ 和$(C_6H_5)_2CH$ 等]

$$2ArN_2^+Cl^- + Na_2Se_2 \longrightarrow Ar_2Se_2 + 2N_2 + 2NaCl$$

[Ar=2-或 4-羧基苯基、2-羧基-4-溴苯基、2-羧基-n-甲基苯基(n=3，4 或 5)等]
硒氰酸酯在酸性或碱性的醇-水溶液中水解及硒醇的氧化，也用于制备许多二硒醚

$$2RSeCN \xrightarrow{\text{水解}} R_2Se_2$$
$$2RSeH \xrightarrow{3\%H_2O_2} R_2Se_2 + H_2O$$

不对称二硒醚 R—Se—Se—R′, 则主要是借硒氰酸酯与硒醇的缩合来合成. 例如：

$$RSeCN+R'SeH \longrightarrow R—Se—Se—R' + HCN$$

$$(R=C_6H_5;\ R'=2\text{-}C_{10}H_7,\ 2\text{-}NO_2C_6H_4)$$

极少数二碲醚，例如由乙酸和丙酸衍生的 $HOOC(CH_2)_nTe\text{-}Te(CH_2)_nCOOH$($n$=1 和 2)，可借亚硫酸氢钾 $KHSO_3$ 对 $Cl_3Te(CH_2)_nC(O)O(O)C(CH_2)_nTeCl_3$ 的还原来制备，后者是用相应的酸酐与 $TeCl_4$ 在苯中回流而得. 二羧甲基二碲醚的合成如下式：

$$2(CH_3CO)_2O \xrightarrow[-HCl]{TeCl_4} (Cl_3TeCH_2CO)_2O \xrightarrow{KHSO_3} (HOOCCH_2)_2Te_2$$

5.3.2　性质和反应

二硒醚是黄色的液体或固体，二碲醚是红色固体. 绝大多数化合物都是对称的，两个 R 不同的不对称化合物很少.

二硒醚可被氧化成各种氧化态的有机硒酸和硒酸酐，也可被还原成硒醚和硒醇，与卤素作用则生成有机硒卤化物，涉及 Se—Se 键断裂的这些反应总结在图 17.52 中.

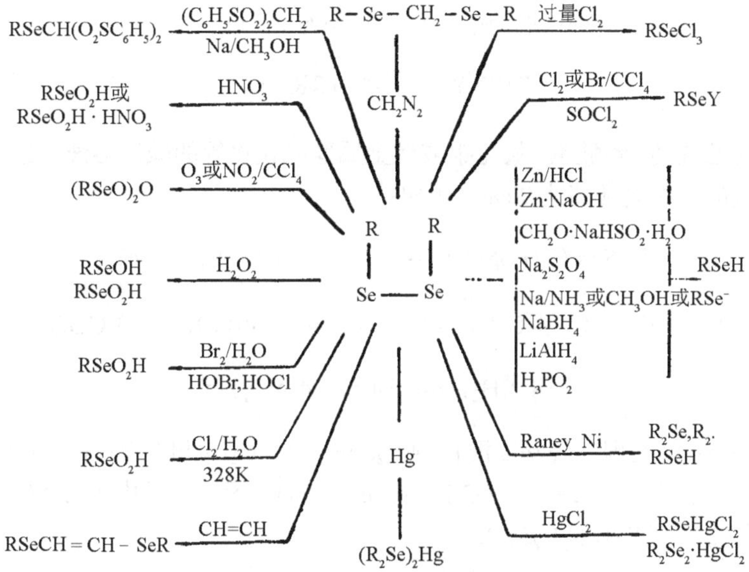

图 17.52 二硒醚的一些反应

5.4 亚硒砜和亚碲砜

5.4.1 制备

合成亚硒砜和亚碲砜的两个主要方法，是硒(碲)醚的氧化和二有机基硒(碲)二卤化物的水解.

硒(碲)醚的氧化，可用 H_2O_2，过氧乙酸、O_3，$KMnO_4$，$K_2Cr_2O_7$，$NaIO_4$，NO_2 和 Cl_2 等作为氧化剂：

$$RXR \xrightarrow{\text{氧化}} RR'XO$$

但不是所有的硒醚和碲醚都能很好地被上述氧化剂氧化为亚硒砜. 例如：O_3 在 263K 以下与二甲基、二丁基或二(十二烷基)硒醚及二苯基或苄基 · 苯基硒醚等在 CCl_4 中反应，亚硒砜的产率很高；$NaIO_4$ 在甲醇—水溶液中或 $C_6H_5I \cdot Cl_2$ 在吡啶—水溶液中将硒醚氧化成亚硒砜，产率达 90%；用浓 HNO_3(d=1.41)氧化三氟甲基 · 苯基硒醚，亚硒砜的产率仅 40%；用 NO_2 和 O_2 的混合物氧化二甲基硒醚和二乙基硒醚时，能生成 $R_2SeO \cdot N_2O_4$ 加合物(乙硒醚与 N_2O_4 的加合物在室温便失去 N_2O_4，甲硒醚加合物较稳定，但在 343K(1.7kPa)时，开始分解为 NO_2，CH_2O 和甲基亚硒酸 CH_3SeO_2H)，但在水溶液中氧化，则生成碱式硝酸盐 $R_2Se(OH)NO_3$；而硒醚被 H_2O_2 或 $KMnO_4$ 氧化时，常产生硒砜 R_2XO_2.

二有机基硒(碲)二卤化物水解为相应亚硒砜和亚碲砜的反应，

$$RR'XY_2 \xrightarrow{H_2O/碱} RR'XO$$

通常是在含乙酸钠、碳酸钠、氧化银或碱金属氢氧化物等的碱性溶液中进行的. 这些水解反应的产率通常高达 90%. 例如：

$$CF_3(R—C_6H_4)SeCl_2 \xrightarrow{H_2O/碱} CF_3(R—C_6H_4)SeO$$

(R=H，3-F，4-F，4-CH_3，4-Br，4-CH_3O，4-COOH，3-COOH，

4-NH_2，4-CF_3CO，4-NO_2)

但在水中用 Ag_2O 处理二烷基二溴化硒 R_2SeBr_2($R = C_2H_5$ 和 C_3H_7)常生成烷基亚硒酸 $RSeO_2H$. 不过，R_2SeBr_2($R = C_nH_{n+1}$，n=1—4)在无水甲醇中于 258K 与 Ag_2O 的反应，能得到高产率的 R_2SeO.

$[R—CH(Cl)CH_2]_2SeCl_2$($R=C_3H_7$，C_4H_9，C_6H_5)仅用水水解，也以高产率得到相应的亚硒砜.

直接将 SeO 基引入有机分子中的可能性还未详细研究，但已报道，SeO_2 与某些烯烃加成可获得亚硒砜. 例如，1，3-二苯基丙烯在冰乙酸中与 SeO_2 反应，生成二(1，3-二苯基-1-乙酰氧基异丙基)亚硒砜：

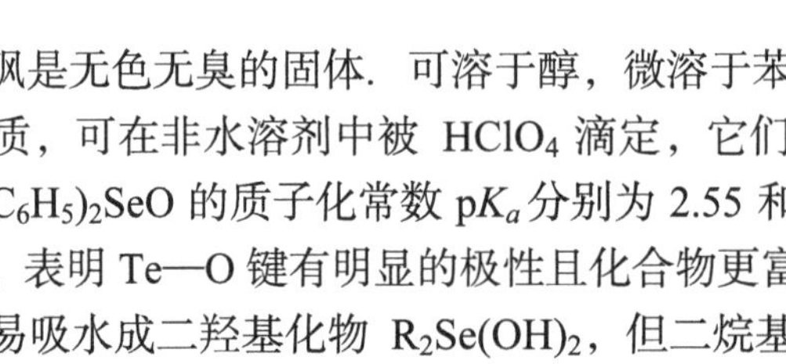

5.4.2　性质和反应

亚硒砜和亚碲砜是无色无臭的固体. 可溶于醇，微溶于苯、甲苯和水.

它们是碱性物质，可在非水溶剂中被 $HClO_4$ 滴定，它们的水溶液也是碱性的. $(CH_3)_2SeO$ 和$(C_6H_5)_2SeO$ 的质子化常数 pK_a 分别为 2.55 和 0.35. 二芳基亚碲砜有较大的偶极矩，表明 Te—O 键有明显的极性且化合物更富碱性. 在潮湿空气中，二芳基亚硒砜易吸水成二羟基化物 $R_2Se(OH)_2$，但二烷基亚硒砜在水中却形成水合物 $R_2SeO \cdot H_2O$，水分子借氢键与亚硒砜的氧原子相连. 与酸作用则形成

通式为 $R_2Se(OH)Y(Y=Cl, ClO_4, NO_3)$的加合物，这些加合物在水溶液中部分离解成$(R_2SeOH)^+$和 Y^-. 二甲基亚硒砜与二倍量(mol)的盐酸作用，蒸发溶剂后，可得到晶状的二甲基二氯化硒$(CH_3)_2SeCl_2$.

它们也与吡啶、N_2O_4，I_2，4-硝基苯酚、二苯基甲醇及三(4-R-苯基)甲醇(R=H，CH_3，CH_3O 和 NO_2)等形成加合物. 例如 $2py\cdot(CH_3)_2SeO$，$N_2O_4\cdot R_2SeO(R=CH_3, C_2H_5)$，$(C_6H_5)_2SeO\cdot I_2$ 和$(C_6H_5)_2SeO\cdot R'OH$ 等. 与醇和酚的加合物是靠氢键形成的.

亚硒砜有氧化性，可从 KI 溶液中游离出 I_2，并能被 Zn，SO_3^{2-}，$N_2H_4\cdot H_2SO_4$ 和 $N_2H_4\cdot H_2O$ 还原成硒醚. 与强氧化剂如 $KMnO_4$，H_2O_2 等作用，则被氧化为硒砜 R_2SeO_2.

亚硒砜的热稳定性不如亚碲砜. 二烷基亚硒砜受热歧化为硒醇和硒醛 RCHO：

$$R'(RCH_2)SeO \xrightarrow{\triangle} R'SeH + RCHO$$

芳基亚硒砜在加热至其熔点时，脱氧成硒醚，而烷基·芳基亚硒砜 RArSeO，则分解成脂肪醛、烷基·芳基硒醚和二芳基二硒醚.

亚硒砜的分子结构可能是锥形的. 不对称的 RR′SeO 是手性分子，但将简单不对称亚硒砜拆分为光学活性组分的尝试至今没有成功.

5.5 硒砜和碲砜

5.5.1 制备

硒砜和碲砜，一般可借 H_2O_2，$KMnO_4$，过氧乙酸或 O_3 对硒醚、碲醚或亚硒砜的氧化来制备. 虽然一些二烷基、烷基·芳基和二芳基硒砜已为人所知，但有机硒化学的这一领域还未被详细研究.

例如：二甲基、二乙基、二丙基和二丁基硒砜可借臭氧在 CCl_4 溶液中于 268K 对相应硒醚或亚硒砜的氧化，以较好的产率分离出来；三氟甲基·芳基硒醚(或亚硒砜)或三氟甲基·芳基二卤化硒与三氟乙酸酐及 85%的 H_2O_2 的混合物在低温反应，硒砜的产率高达 90%：

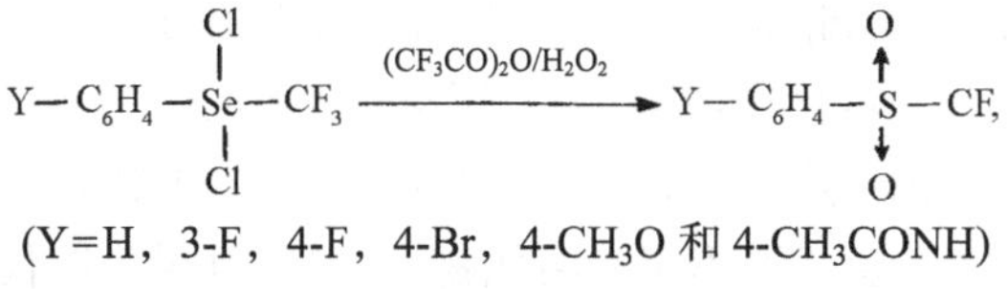

(Y=H，3-F，4-F，4-Br，4-CH_3O 和 4-CH_3CONH)

二芳基硒砜也很容易借 $KMnO_4$ 对芳基硒醚和亚硒砜的氧化而得.

某些不稳定的环硒砜，可由卤代烷基亚硒酸酯的热解或借 SeO_2 在 $CHCl_3$ 中对二烷基丁二烯直接加成来制备，但后一反应的产物可能是环亚硒酸酯. 类似的环碲砜，可由 H_2O_2 氧化环碲醚而得．这类环状化合物受热便爆炸分解．

5.5.2　性质和反应

硒砜的性质和反应也未经详细研究．二芳基硒砜是白色的高熔点固体，仅微溶于有机溶剂．二烷基硒砜是不吸湿的固体．

它们是强氧化剂，可被浓盐酸或 KI 溶液还原成硒醚，但用盐酸处理二甲基硒砜时，生成 CH_3Cl 和甲基亚硒酸 CH_3SeO_2H：

$$(CH_3)_2SeO_2+HCl \longrightarrow CH_3Cl+CH_3SeO_2H$$

二芳基硒砜被加热至 573—673K 时，脱氧成硒醚．

5.6　有机基一卤化硒

5.6.1　制备

这类化合物仅氯化物和溴化物已为人所知，主要的制备方法是，二硒醚或硒氰酸酯的卤化和有机基二卤化硒的热解．

二硒醚的卤化，可采用 Cl_2，Br_2，SO_2Cl_2 和 $SOCl_2$．前三种卤化剂均不能过量，以免产生三卤化物，而 $SOCl_2$ 过量则无妨，看来是制备一卤化物最适宜的试剂．卤化反应如下：

$$R_2Se_2 \xrightarrow[SOCl_2]{Cl_2,Br_2,SO_2Cl_2\text{或}} 2RSeY$$

(R，Y：CF_3，Cl；CF_3，Br；CFH_2，Br；CH_3，Cl；C_2F_5，Cl；C_2H_5，Cl；C_2H_5，Br；C_6H_5，Br；2-$HOOCC_6H_4$，Cl)

硒氰酸酯的卤化反应，可在 $CHCl_3$ 溶液中进行：

$$RSeCN+Y_2 \longrightarrow RSeY+YCN$$

(Y=Cl, R=2-$CH_3COC_6H_4$; Y=Br, R=CH_2COOH,2-$CH_3COC_6H_4$, 2-$C_6H_5COC_6H_4$, 2, 4-$(NO_2)_2C_6H_3$, 1-蒽醌基 $C_{14}H_7O_2$)
在某些场合，需将硒氰酸酯加入卤素中，顺序相反则生成硒醚．2-$ClCOC_6H_4SeCN$ 在 333K 被盐酸氯化，也可生成相应的一氯化物 2-$ClCOC_6H_4SeCl$．

由 $RSeCl_3$ 和 $RSeBr_3$ 热解制备一卤化物时，应在真空中将反应物迅速加热至其熔点以上，缓慢加热会产生相应的卤代物(脱出的卤素，取代烃中的氢)．

5.6.2　性质和反应

有机硒的一氯化物和一溴化物分别是无色到淡黄和橙红到深红色的固体．可溶于大多数有机溶剂. 在室温显著分解放出卤素，并可被水分解成有机亚硒酸和二硒醚：

$$3RSeBr+2H_2O \longrightarrow RSeO_2H+R_2Se_2+3HBr$$

作为一种将有机硒基团引入其他分子中的试剂，由 RSeY 可合成硒醚、有机基异氰酸硒、硫氰酸硒、硒氰酸硒及含 Se—N 键的有机化合物. 这些反应汇集在图 17.53 中.

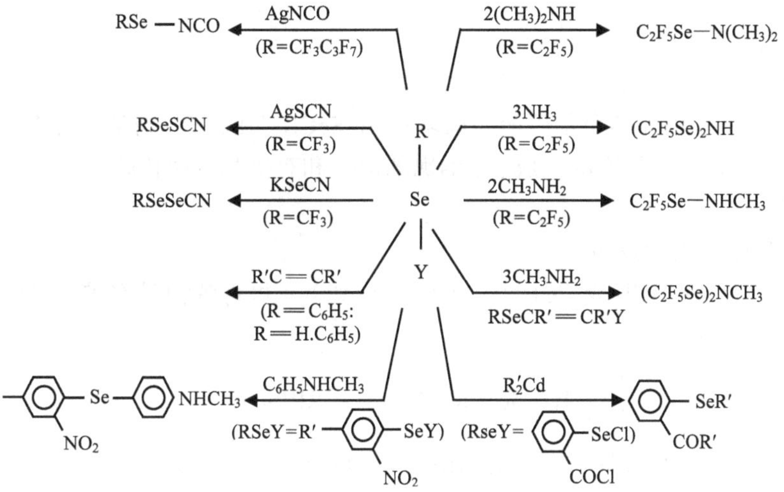

图 17.53 有机基—卤化硒的反应

5.7 有机基三卤化硒和碲

RXY_3(R 多为芳基)可看成是有机基原亚硒酸或亚碲酸 $RX(OH)_3$ 的卤基衍生物. 它们常借二硒醚、二碲醚或硒氰酸酯在 $CHCl_3$ 或 CCl_4 中与卤素或 SO_2Cl_2 反应，或借 RXO_2H 与氢卤酸反应来制备. 例如：

$$R_2Se_2+3Cl_2 \longrightarrow 2RSeCl_3$$

$$RSeCN+2Cl_2 \longrightarrow RSeCl_3+ClCN$$

$$RXO_2H+3HY \longrightarrow RXY_3+2H_2O$$

但有机基硒的三氟化物和三碘化物从未被制得. 有机基碲的三碘化物是已知的，而唯一的氟化物——甲基三氟化碲 CH_3TeF_3，是由 CH_3TeI_3 与 AgF 在丙酮中回流而得.

所有的三卤化物均不够稳定，熔化时便分解脱卤．它们也易水解成有机基亚硒酸和二硒醚．CH_3TeF_3 还易歧化为 TeF_4 和$(CH_3)_2TeF_2$．在惰性溶剂中，三卤化物都可被 KI 的酸性溶液及 Zn 还原成二硒醚和二碲醚．其他化学反应与有机基一卤化硒类似．

5.8　二有机基二卤化硒、碲和钋

5.8.1　二有机基二卤化硒

1. 制备

二有机基二卤化硒可借硒醚与卤素作用、$SeCl_4$ 或 $SeOCl_2$ 与某些烃缩合、$SeCl_4$ 或 $SeOCl_2$ 对碳—碳重键的加成、亚硒砜的卤化和有机基二卤化硒的卤素交换等反应来制备．

(1) 硒醚与卤素反应

溶于乙醚、$CHCl_3$ 或 CCl_4 中的 Cl_2，Br_2 和 I_2，可将各种对称或不对称硒醚定量地转化成 R_2SeY_2：

$$R—Se—R'+Y_2 \longrightarrow RR'SeY_2$$

这一反应可用于提纯硒醚，因二卤化物很容易被还原成硒醚．

用 AgF_2 与硒醚反应，可制得烷基和芳基的二氟化硒．在 $FCl_2C—CF_2Cl$ 溶剂中制得的头一个氟化物是二甲基二氟化硒$(CH_3)_2SeF_2$：

$$(CH_3)_2Se+AgF_2 \longrightarrow (CH_3)_2SeF_2+Ag$$

此化合物是无色液体，bp298K(1.33Pa)，高于 393K 分解．上述反应也适于制备二有机基二氟化碲．

(2) $SeCl_4$ 或 $SeOCl_2$ 与烃缩合

$SeCl_4$，$SeOCl_2$ 或在浓盐酸中的 SeO_2 与带有适当取代基的烷烃或芳烃缩合，可将 $SeCl_2$ 基直接引入有机分子中．适用的脂肪化合物都是酮类，而芳香化合物必须含有烷氧基、芳氧基、羟基或乙酰胺基，例如：

$$R—\overset{\overset{\displaystyle O}{\|}}{C}—CH_2R' \xrightarrow{SeOCl_2\text{或}SeO_2/HCl} (R—\overset{\overset{\displaystyle O}{\|}}{C}—CHR'—)_2SeCl_2$$

(R，R′：CH_3，H；C_6H_5，H；CH_3，CH_3；tert—C_4H_9，H)

在芳香化合物的场合，$SeCl_2$ 基被引入上述活化基团的邻位．

(3) $SeCl_4$或$SeOCl_2$对碳-碳重键的加成

$SeCl_4$，$SeOCl_2$或溶于浓盐酸或氢溴酸中的SeO_2对烯烃和炔烃的加成，可在195K(无溶剂)或室温(乙醇)下进行．反应温度取决于所用的烃，产率通常为70%—80%．例如：

$$R—CR'═CH_2 \xrightarrow{SeCl_4或SeO_2/HY/H_2O} [R—CR'(Y)—CH_2]_2SeY_2$$

(Y=Cl和Br；R，R'：H，H，CH_3，H，C_6H_5，H)

(4) 有机基二卤化硒的卤素交换和亚硒砜的卤化

卤素交换反应，可在水或乙醇介质中按下式定量地完成：

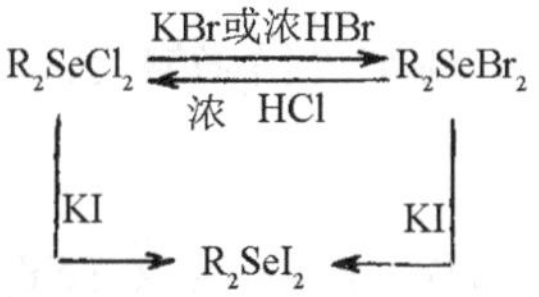

R_2SeO及其水合物$R_2Se(OH)_2$在水中或有机溶剂中与盐酸反应，即得R_2SeCl_2．所用的亚硒砜也可由硒醚的氧化现制，不必经过分离．例如，将浓盐酸加至二苯基硒醚与硝酸的反应混合物中，即得二苯基二氯化硒$(C_6H_5)_2SeCl_2$.

2. 性质和反应

二有机基二卤化硒(除少数氟化物外)都是结晶固体，分子结构为具有轴向卤原子和赤道孤电子对及有机基的变形三方双锥(但有机硒二碘化物可能是只有一个Se—I键的分子加合物$R_2Se—I—I$).

二有机基二卤化硒的热稳性由氯化物到碘化物顺序递减．碘化物在室温便缓慢放出I_2．加热时，Ar_2SeCl_2和Ar_2SeBr_2转变为相应的卤代芳基硒醚$(ArY)_2Se$，而烷基·芳基二氯(或二溴)化硒则脱去卤代烷，生成芳基一卤化硒：

$$(RCH_2)(Ar)SeY_2 \xrightarrow{\triangle} ArSeY + RCH_2Y \quad (Y = Cl, Br)$$

碘化物不溶于水，氯化物和溴化物溶于热水，并产生强酸性溶液：

$$R_2SeCl_2+H_2O \longrightarrow R_2SeO+2HCl$$

此溶液冷却后又结晶出二卤化物，但若用Ag_2O，Na_2CO_3，NaOH和乙酸钠将酸中和，即得到亚硒砜.

所有的有机硒二卤化物均可被$KHSO_3$，$Na_2S_2O_3$，$LiAlH_4$，Na_2S和Zn还原

成硒醚，并且可被 H_2O_2 和 O_3 氧化成硒砜.

芳基二氯化硒与芳基氯化汞或 $AlCl_3$ 和苯作用，可转变成三芳基氯化硒. 例如：

$$(C_6H_5)_2SeCl_2 \xrightarrow[\text{或}AlCl_3/C_6H_6]{C_6H_5HgCl} (C_6H_5)_3Se^+Cl^-$$

5.8.2　二有机基二卤化碲和二有机基二卤化钋

R_2TeY_2 有两种结构，α型的结构与二有机基二卤化硒相同，也是变形三方双锥形，而β型是$(R_3Te)^+(RTeY_4)^-$型的配合物. 例如$(CH_3)_2TeCl_2$ 的结构是由三方锥形的$(CH_3)_3Te^+$阳离子与四方锥形的 $TeCl_4^-$ 阴离子，借弱的 Te···Cl 键连接而成.

α-R_2TeY_2(Y=Cl，Br 或 I)，通常可借碲醚与卤素反应，或借 $R_2Te(OH)NO_3$ 与氢卤酸反应来制备：

$$R_2Te+Y_2 \longrightarrow R_2TeY_2$$

$$R_2Te(OH)NO_3+2HY \longrightarrow R_2TeY_2+HNO_3+H_2O$$

α-R_2TeF_2 可由 R_2TeI_2 与 AgF_2 在沸腾的丙酮中交换卤素而得.

β-R_2TeCl_2 和β-R_2TeBr_2 可由相应的α型化合物来合成，合成方法是用 Ag_2O 的悬浮液将α型化合物转变成二有机基原亚碲酸 $R_2Te(OH)_2$，再于真空中加热使后者脱水成酐 $R_3TeOTeRO$，随后用氢卤酸使酐转化为β有机碲二卤化物：

$$R_2TeY_2 \xrightarrow{Ag_2O/H_2O} R_2Te(OH)_2 \xrightarrow{\triangle} R_3TeOTeRO \xrightarrow{HY} (R_3Te)^+(RTeY_4)^-$$

尽管从未进行过毫克量级的 R_2PoY_2 的制备，但在痕量级的实验中发现，三芳基二氯化铋(210) $Ar_3^{210}BiCl_2$ 在蜕变中，有 $Ar_2^{210}PoCl_2$ 生成.

5.9　三和四有机基硒和碲的化合物

5.9.1　三有机基硒、碲鎓盐

$R_3X^+Y^-$型的鎓盐是无色的离子型固体. 其中，X ═ Se 或 Te；Y^-=F^-，Cl^-，Br^-，I^-，Br_3^-，I_3^-，$ClBr_2^-$，ClI_2^-，ClO_4^-，BF_4^-，RSO_4^-，$\frac{1}{2}Cr_2O_4^{2-}$ 和苦味酸根 2，4，6-$(NO_2)_3C_6H_2O^-$；三个 R 可以是完全相同、有一个不同或完全不同的烷基和芳基.

硒、碲的三烷基或二烷基 · 芳基卤盐和硫酸盐，可由相应的硒醚和碲醚与烷基卤或硫酸二烷基酯反应来制备：

$$RR'X + R''Y \longrightarrow (RR'R''X)^{+}Y^{-}$$

(R，R′，R″，Y：CH_3，CH_3，CH_3，I 或 Cl；CH_3，CH_3，$C_6H_5COCH_2$，Br；C_6H_5，CH_3，CH_3，CH_3SO_4)

二烷基硒醚与烷基碘的反应是放热反应，小分子的反应在室温即可发生，链长增加则需要提高反应温度和延长反应时间，且使产率降低.

多数二芳基硒醚不与烷基卤发生反应，不过，二苯基硒醚与苯酰甲基溴的反应是成功的：

$$(C_6H_5)_2Se + C_6H_5COCH_2Br \longrightarrow [C_6H_5COCH_2Se(C_6H_5)_2]^{+}Br^{-}$$

三芳基硒的卤盐也不能由二芳基硒醚和芳基卤合成. 它们的制备通常是通过二芳基二氯化硒与芳基氯化汞的反应：

$$Ar_2SeCl_2 + ArHgCl \longrightarrow Ar_3Se^{+}Cl^{-} + HgCl_2$$

三烷基和三芳基碲的卤盐，也可借下列反应合成：

$$TeCl_4 + 3RHgCl \longrightarrow (R_3Te) + Cl^{-} + 3HgCl_2$$
$$2TeCl_4 + 3R_2Zn \longrightarrow 2(R_3Te) + Cl^{-} + 3ZnCl_2$$
$$R_2TeI_2 + RI \longrightarrow (R_3Te)^{+}I_3^{-}$$
$$Ar_2TeCl_2 + ArHgCl \longrightarrow (Ar_3Te)^{+}Cl^{-} + HgCl_2$$

上述制备方法都不能制备氟盐和其他阴离子盐. 这些盐可通过鎓盐和银盐或钾盐，以溶解度差别为基础复分解或通过卤素加合而制得. 某些反应表示于图 17.54 中.

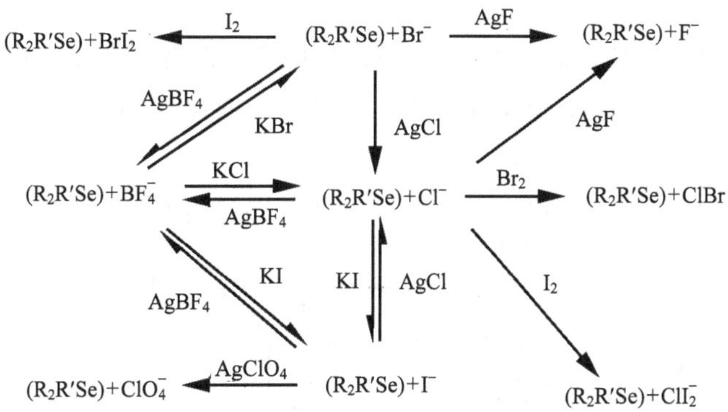

图 17.54 $[R_3X]^{+}Y^{-}$的阴离子交换和卤素加合反应

$(CH_3)_3Se^{+}I^{-}$的构型是变形三方双锥形，在赤道上有两个甲基和一对孤电子对，轴向是一个甲基和 I^{-}离子. 所有鎓盐都可溶于水，但碘盐和苦味酸盐溶解度较小. 硒鎓盐易热分解成硒醚，尽管没有系统地研究，但较小的有机基似乎优先断离：

$$(R_2R'Se)^+Y^- \xrightarrow{\triangle} R_2Se + R'Y$$

5.9.2　四有机基硒和碲

双(2,2′–亚联苯基)硒和双(4,4′–二甲基–2,2′–亚联苯基)硒，是目前仅知的两个四有机基硒. 它们可借相应的亚联苯基硒，经氯胺 T(一水合氯胺赶对甲苯磺酸钠 $CH_3C_6H_4SO_2NClNa \cdot H_2O$)转化后，与相应的亚联苯基二锂反应来合成(见图 17.55).

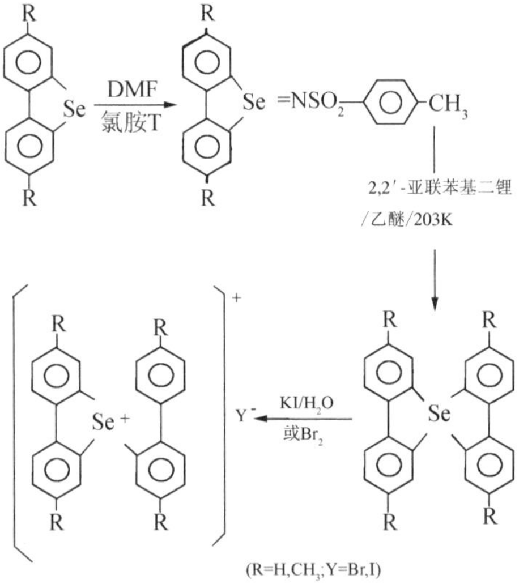

图 17.55　双(2，2′–亚联苯基)硒的合成和成盐反应

碲的类似物，双(2，2′–亚联苯基)碲. 可由 2，2′–亚联苯基二锂与 2，2′–亚联苯基二氯化碲或 $TeCl_4$，$(CH_3O)_4Te$ 等，分别反应而得. 例如：

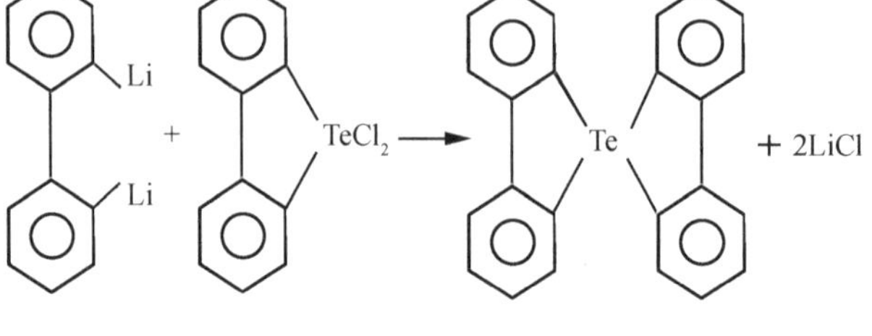

双(2，2′–亚联苯基)碲与丁基锂反应，可合成四丁基碲$(C_4H_9)_4Te$. 二氯二苯基碲与苯基锂在乙醚中反应，可合成四苯基碲$(C_6H_5)_4Te$.

上述四有机基化合物都是晶状固体. 双(2，2′–亚联苯基)碲的构型在三方双锥和四方锥间迅速变换．硒化合物的热稳定性较相应的碲化合物低．它们都与亲电基团反应，生成三有机基硒或碲的鎓盐．双(2，2′–亚联苯基)硒的合成和成盐反应绘于图 17.55 中．

5.10 有机基硒、碲含氧酸

5.10.1 次硒酸

次硒酸是橙色到紫红色的固体，具有两性．

芳基次硒酸，特别是硝基取代的衍生物，可借计算量的硫酸肼对芳基亚硒酸 $ArSeO_2H$ 的还原来制备．产率几乎是定量的：

$$2ArSeO_2H + N_2H_4 \longrightarrow 2ArSeOH + N_2 + 2H_2O$$

但这一反应并不具有普遍性，因为许多亚硒酸将被还原成二硒醚．

在 pH0.62 盐酸溶液中的次磷酸钠 NaH_2PO_2 和在苯溶液中的乙硫醇或苯硫醇，也可用作还原剂．

某些电负性较低的芳基硒卤化物，如邻硝基苯基溴化硒 o–$NO_2C_6H_4SeBr$ 的水解，也可以合成次硒酸：

$$o-NO_2C_6H_4SeBr + H_2O \longrightarrow o-NO_2C_6H_4SeOH + HBr$$

但间硝基苯基溴化硒却水解成二硒醚：

$$2m-NO_2C_6H_4SeBr + H_2O \longrightarrow (m-NO_2C_6H_4)_2Se_2 + HBrO + HBr$$

唯一的脂肪基次硒酸，2–氨基乙基次硒酸 $NH_2CH_2CH_2SeOH$，可用 H_2O_2 氧化相应的二硒醚而制得：

$$(NH_2CH_2CH_2)_2Se_2 + H_2O_2 \longrightarrow 2NH_2CH_2CH_2SeOH$$

5.10.2 亚硒酸和亚碲酸

烷基和芳基亚硒酸，通常可借浓硝酸，$30\%H_2O_2$，$KMnO_4$(在乙酸中)，Cl_2(在水中)及$(NH_4)_2S_2O_8$氧化二硒醚或硒氰酸酯来制备，用 HNO_3 氧化时，产率通常高于 96%．例如：

$$\left.\begin{array}{l} R_2Se_2 \\ R_2SeCN \end{array}\right\rangle \xrightarrow{\text{氧化}} RSeO_2H$$

[R=C_nH_{n+1}(n=1，2，6，8，10—18 和 21)，$HOOC(CH_2)_{10}$，

$C_2H_5OOC(CH_2)_{12}$，C_6H_5 及 2–YC_6H_4(Y=Cl，NO_2，SO_2CH_3，

CH_3O，COOH，CH_3OOC，C_6H_5CO)等]

有机基三卤化硒水解，并用碱中和生成的氢卤酸，也可以制备相应的亚硒酸：

$$3RSeY_3+6H_2O \xrightarrow{OH^-} 3RSeO_2H+9HY$$

有机基亚碲酸 $RTeO_2H$，则多用 HNO_3 氧化二碲醚来制备.

纯的有机基亚硒酸和亚碲酸是无色无臭的固体，可溶于水，和次硒酸一样也是两性的. 它们的酸性较相应的羧酸弱，但仍可被碱滴定. 例如，已测得 C_6H_5，4–$CH_3C_6H_4$，4–ClC_6H_4 和 4–BrC_6H_4 基亚硒酸的 pK_a 值分别为 4.70，4.55，4.30 和 4.26. 5–NO_2 和 8–NO_2 萘基亚硒酸与许多金属及 NH_4^+ 的盐已被制得. 苯基亚硒酸被推荐作为重量法测定钪及将钯和其他元素萃入戊醇的试剂. 它们的碱性，则表现在接受质子，与强酸如盐酸和硝盐形成加合物：

$$RSeO_2H+HY \longrightarrow [RSe(OH)_2]^+Y^-$$

芳基亚硒酸，可被硫醇还原为二硒醚和次硒酸，并被 Zn 和 HCl 还原为硒醇. 2–$NO_2C_6H_4SeO_2H$ 仅被 NaH_2PO_2 还原成次硒酸，而非硝基的衍生物则被还原成二硒醚.

有机基亚硒酸酐$(RSeO)_2O$ 是吸湿并易水解成酸的固体. 除苯基亚硒酸酐可由相应的酸真空加热脱水而得外，大多数酸酐多是在 CCl_4 中用干燥的 N_2O_4 或 O_3 氧化二硒醚制得的：

$$R_2Se_2+O_3 \longrightarrow (RSeO)_2O$$

$$R_2Se_2+N_2O_4 \longrightarrow (RSeO)_2O+N_2O$$

1，2–亚乙基亚硒酸酐是一种不水解的分子内酸酐，可借 HNO_3 氧化 1，2，5，6–四硒杂环辛烷而得：

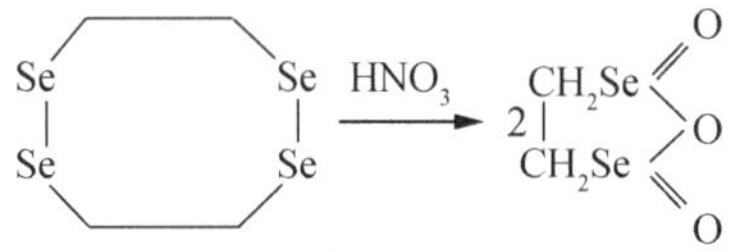

另一种亚硒酸衍生物，亚硒酰氯 RSeOCl(R=CH_3，C_2H_5，C_6H_5 和 2，4–$(NO_2)_2C_6H_3$). 是氯取代有机基亚硒酸中的 OH 基的产物. 可在 CCl_4 中于 253K

用 O_3 或 N_2O_4 氧化 RSeCl 或用 Cl_2 处理二硒醚，再用 O_3 氧化来合成. 反应式表示如下：

$$RSeCl+O_3 \longrightarrow RSeOCl+O_2$$

$$RSeCl+N_2O_4 \longrightarrow RSeOCl+N_2O_3$$

$$R_2Se_2+Cl_2+2O_3 \longrightarrow 2RSeOCl+2O_2$$

RSeOCl 在四氢呋喃中被水分解，除 CF_3SeOCl 生成亚硒酸外，其他烷基亚硒酰氯均转变成烷基二羟基氯化硒 $RSe(OH)_2Cl$：

$$RSeOCl+H_2O \longrightarrow RSeO_2H+HCl \quad (R=CF_3)$$

$$RSeOCl+H_2O \longrightarrow RSe(OH)_2Cl$$

5.10.3 硒酸

烷基硒酸可在 KOH 水溶液中，用 $KMnO_4$ 氧化烷基亚硒酸，并用酸中和碱而得，产率 > 90%：

$$RSeO_2H \xrightarrow{KMnO_4/H_2O/KOH} RSeO_3K$$

芳基硒酸也可借 $KMnO_4$ 氧化芳基亚硒酸或用 $KMnO_4$ 与 Cl_2 的混合物在水溶液中氧化二硒醚来合成：

$$Ar_2Se_2+2KMnO_4+2Cl_2+2H_2O \longrightarrow 2ArSeO_3H+2MnO_2+2KCl+2HCl$$

用 H_2SeO_4(无溶剂或在乙酸—乙酸酐介质中)或用 SeO_3(在液态 SO_2 中)直接与芳烃反应，也生成芳基硒酸. 用后一种方法制备 4–氯和 4–溴苯基硒酸，有 70%—80%的产率.

有机硒酸，与磺酸类似，是一种强酸和强氧化剂. 可被浓盐酸还原成有机基亚硒酸，并被 SO_2，H_2S 和 Zn/酸还原成硒醇. 加热至熔点以上便发生分解. 它们的盐在强热时爆炸. 因而，分离硒酸后所余的母液，是不能再浓缩的.

5.11 硒氰酸酯和异硒氰酸酯

5.11.1 硒氰酸酯

1. 制备

硒氰酸烷基酯，可借 KSeCN 与烷基卤、α，ω–多亚甲基二卤代烷、卤代酸和卤代酮等反应来制备. 例如，烷基卤与 KSeCN 在丙酮、甲醇或乙醇中加热：

$$R—Y+KSeCN \longrightarrow RSeCN+KY$$

(Y=Cl，Br，1；R=烷基、羧烷基、芳烷基)

α，ω–多亚甲基二溴代烷与 KSeCN 反应，生成二硒氰酸酯，产率 > 80%：

$$Br–(CH_2)_n–Br+2KSeCN \longrightarrow NCSe—(CH_2)_n—SeCN+2KBr$$

(n═2，4，8，10，12 和 14)

虽然芳基卤与 KSeCN 反应，也可以制备硒氰酸芳基酯. 但大多数化合物是将芳香族重氮盐加入 273K 的 KSeCN 水溶液中合成的：

$$ArN_2^+Cl^- + KSeCN \longrightarrow ArSeCN+KCl+N_2$$

此外，Sc(SeCN)$_2$ 与四有机基铅或二有机基汞在 $CHCl_3$ 或苯中反应：

$$R_4Pb+Se(SeCN)_2 \xrightarrow{CHCl_3} R_3PbSeCN+RSeCN+Se$$

(R=CH_3，C_2H_5 和 C_6H_5 等)

及(SeCN)$_2$ 与芳胺在甲醇中于 223K 反应，也可合成硒氰酸烷基和芳基的酯. 后一反应中，$SeCN^-$根被直接引入芳胺中的对位：

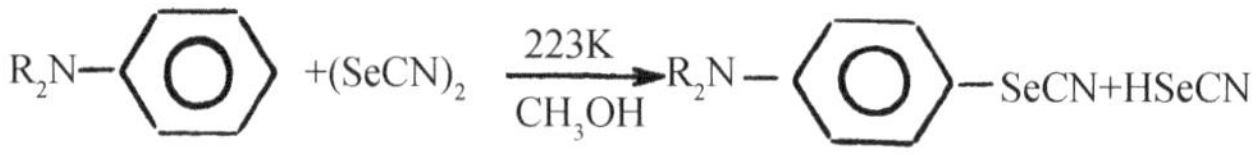

2. 性质和反应

硒氰酸烷基酯是低熔点固体或油状物，硒氰酸芳基酯是固体，纯净时均无色. 不溶于水，但溶于有机溶剂. IR 特征吸收($_{\nu≡N}$)在 2150cm^{-1}. 加热时，Se—CN 键断裂，分解成硒醚和氰，硒氰酸酯的反应，已在有关的各节中述及，现汇集在图 17.56 中.

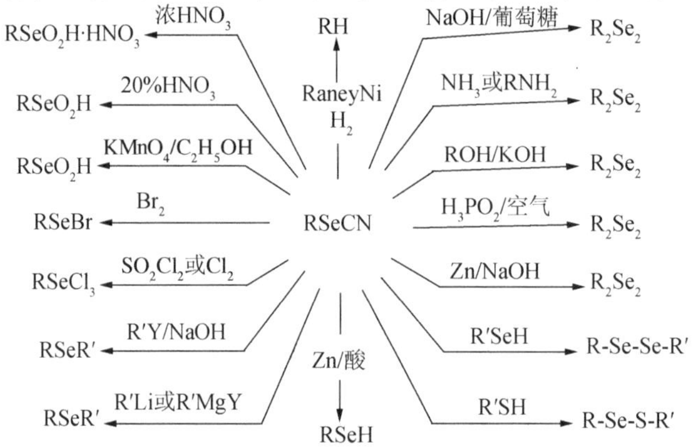

图 17.56　RSeCN 的某些反应

5.11.2 异硒氰酸酯

大多数异硒氰酸酯 R—N═C═Se，可借异腈与黑硒在 $CHCl_3$、丙酮或石油醚中回流来制备：

$$R—N\overset{\rightarrow}{\equiv}C + Se \longrightarrow R—NCSe$$

[R=C_nH_{n+1}(n=1—12)、环己基、$C_6H_5CH_2$，$C_6H_5CH_2$—CH_2，C_6H_5，2–和 4–$CH_3C_6H_4$，2–和 4–$CH_3OC_6H_4$ 和 4–ClC_6H_4 等]
产率在 20%—80%之间，因有机基不同而异.

异硒氰酸酯是低熔点的白色固体，加热即分解，其蒸气有催泪作用. IR 吸收在 2000—2200cm^{-1} 间有一宽峰(N═C═Se 不对称伸缩振动)，中心位置为 2100cm^{-1} 并带有 2050cm^{-1} 的肩峰 · UV 吸收在 250—280nm，$\log\varepsilon \simeq 3.3$. 据此，可鉴别硒氰酸酯和异硒氢酸酯(参见 5.11.1).

异硒氰酸酯与氨、胺、肼或取代肼反应，按下式生成硒脲或氨基硒脲：

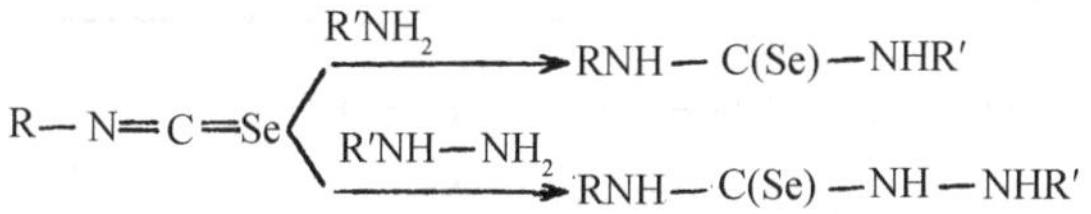

用酸处理异硒氰酸烷基酯，便沉淀出硒，而用 Zn 和盐酸处理，则生成胺.

5.12 含碳–硒和碳–碲双键的化合物

这类化合物有硒醛和碲醛 RCHX、硒酮和碲酮 R_2CX，硒羰酰胺 $RC(Se)NH_2$ 和硒脲 RNHC(Se)NHR.

5.12.1 硒醛和碲醛

硒醛是白色到黄橙色的固体，化学性质与硫醛类似.

甲硒醛 HCHSe，可借甲醛与 H_2Se 在浓盐酸的水或乙醇溶液中反应，或借二氯或二溴甲烷与 Na_2Se 在甲醇或乙醇中反应来制备

$$HCHO + H_2Se \longrightarrow HCHSe + H_2O$$

$$CH_2Cl_2 + Na_2Se \longrightarrow HCHSe + 2NaCl$$

这样制得的甲硒醛，是三聚、四聚、五聚和链状多聚物，用萃取法可将它们分离.

由重氮甲烷产生的亚甲基—CH_2—与硒膜和碲膜反应，生成三聚甲硒醛和三聚甲碲醛. 三聚甲硒醛$(CH_2Se)_3$(或 1，3，5–三硒杂环己烷)，有椅式构型，可溶

于乙醇.

链状多聚物，也可由甲醛与 Na_2Se 在乙酸乙酯中反应来合成. 它约在 408K 熔化. 在 398K 经退火处理后，有小量失重，其熔点升至 450K. 退过火的多聚物，是由螺链构成的六方晶系晶体. 三聚体在 508K 进一步聚合($BF_3 \cdot (C_2H_5)_2O$ 引发)，也形成六方晶系的多聚物. 而四聚体在 373K 聚合，则产生正交多聚体. 此多聚体在 458—463K 转变成六方构型，并在 473K 以上解聚成三聚和四聚体. 多聚体不溶于乙醇.

氯甲醚与 Na_2Se 在甲醇中反应，生成 1，3，5–氧二硒杂环己烷：

$$2(CH_2Cl)_2O + 2Na_2Se \longrightarrow \overline{CH_2-Se-CH_2-Se-CH_2-O} + 4NaCl + HCHO$$

它在 $BF_3 \cdot (C_2H_5)_2O$ 引发下，聚合为甲醛和甲硒醛的共聚多聚体.

乙醛在被氯化氢饱和过的乙醇溶液中与 H_2Se 作用，生成三聚乙硒醛 $(CH_3CHSe)_3$，若在 2mol/L 盐酸溶液中反应，则生成 1，3，5–二氧硒杂环己烷：

$$3CH_3CHO + 2H_2Se \longrightarrow \overline{CH_2-O-CH_2-O-CH_2-Se} + 2H_2O$$

5.12.2　硒酮和碲酮

在较早的文献中报道，酮与 H_2Se 在盐酸的水或乙醇溶液中反应，生成红色的二聚硒酮. 但反应产物并不具有酮的性质，并且其 UV 光谱及和已知酮的混合熔点与相应有机基的二硒醚类似，故反应产物实际上是二硒醚：

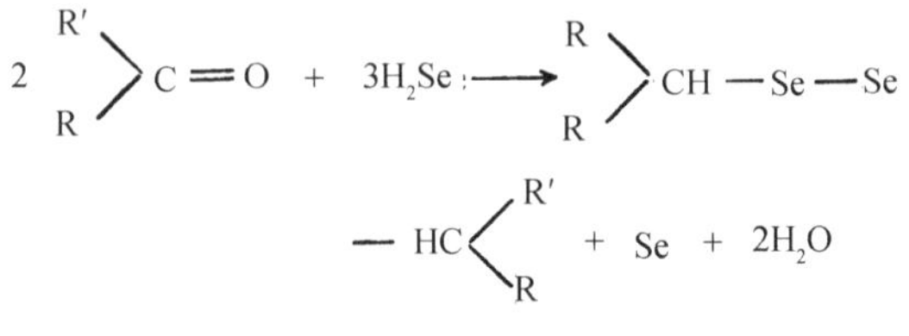

($R，R'=CH_3，CH_3；CH_3，C_2H_5；CH_3，C_6H_5；C_6H_5，C_6H_5$)

酮与 H_2Te 的类似反应，则生成深黄色的碲酮 $RR'C=Te$：

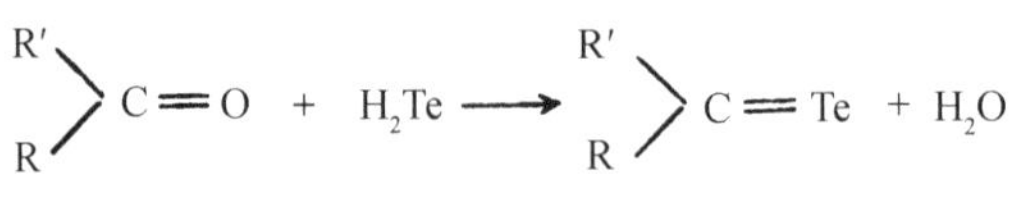

两者都是挥发性的油状液体，不溶于水，可溶于有机溶剂.

硒酮和碲酮是否存在，实际上还需要提供更多的实验证据.

5.12.3 硒羰酰胺

硒羰酰胺是颇不稳定的化合物，光照下迅速褪色并缓慢转变成聚合物. 它们有如下三种互变异构形式：

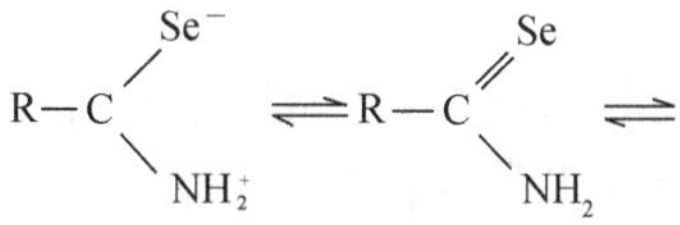

氮原子上的氢，可被有机基取代，并且稳定性随取代基数目增加而增高.

在乙醇中用腈 RCN 与 H_2Se 作用，可制得硒羰酰胺. 例如，用这种方法制备的 1,3–丙二硒羰酰胺，产率 36%：

$$N\equiv C—CH_2—C\equiv N+2H_2Se \longrightarrow H_2N(Se)C—CH_2—C(Se)NH_2$$

但不是所有的腈都能与 H_2Se 发生这类反应.

酰胺与 P_2Se_5 在苯中回流，也生成硒羰酰胺. 下列例子的产率不高于 22%：

$$R—C(O)NR'(CH_3) \xrightarrow{P_2Se_5} R—C(Se)NR'(CH_3)$$

($R,R'=H,CH_3$; CH_3,H; CH_3,CH_3; C_2H_5,CH_3; C_2H_5,H; C_3H_7,H; C_6H_5，CH_3)

内酰胺 $\underline{(CH_2)_n—C(O)N}H(CH_2)_n—C(O)NH$($n$=3，4，5，7 和 11)与红磷和灰硒在二甲苯中回流 24 小时，可得相应的硒羰内酰胺，但产率很低.

氯仿和 Na_2Se 及二异丙胺反应，生成产率约 3%的 N，N–二异丙基硒羰甲酰胺 $HC(Se)N(i—C_3H_7)_2$. 硒化氢与 $C_6H_5CCl_2N(CH_3)_2$ 作用，生成类似的 N，N–二甲基硒羰苯甲酰胺 $C_6H_5C(Se)N(CH_3)_2$. 两反应式如下：

$$CHCl_3+Na_2Se+(i—C_3H_7)_2NH \longrightarrow HC(Se)N(i—C_3H_7)_2+2NaCl+HCl$$

$$C_6H_5CCl_2N(CH_3)_2+H_2Se \longrightarrow C_6H_5C(Se)N(CH_3)_2+2HCl$$

此外，大量的在 2 位和 4 位有取代基的环状硒羰酰胺衍生物——5–硒代间二氮杂环茂烷，也已按下述反应合成：

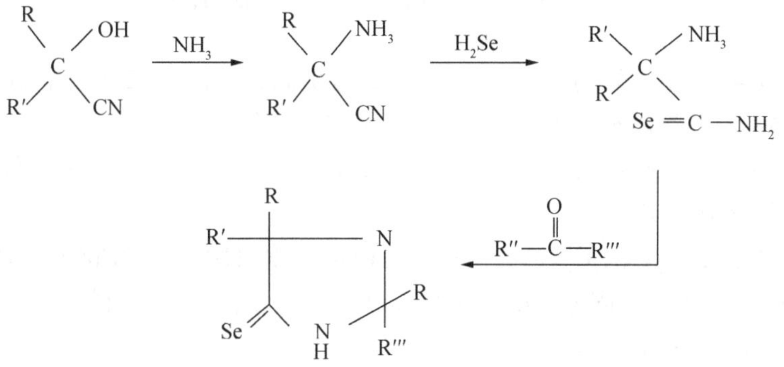

这类化合物用 H_2SO_4 及 $LiAlH_4$ 处理，便发生开环.

硒羰酰胺被烷基卤烷基化，生成胺盐：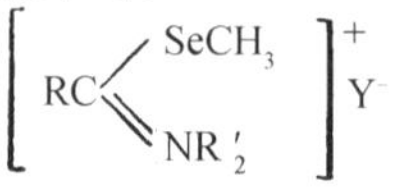.

5.12.4　硒脲

硒脲是白色或浅色固体，可借异氰酸芳基酯与芳香伯胺合成(参见 5.11.2)，或借芳香酰氯与 KSeCN 和脂肪族或芳香族伯胺反应来制备. 反应的第一步是生成异硒氰酸的芳酰酯：

$$C_6H_5COCl \xrightarrow{KSeCN} C_6H_5CO—NCSe \xrightarrow{RNH_2} C_6H_5C(O)NHC(Se)NHR$$

异硫脲盐$[(R_2N)_2CSCH_3]I$ 与 Na_2Se 在含水乙醇中反应及氨腈 RNHCN 与 H_2Se 在浓盐酸中反应，也可制备硒脲：

$$[(R_2N)_2CSCH_3]I + Na_2Se \longrightarrow (R_2N)_2C{=}Se + Na_2S + CH_3I$$

$$RNHC{\equiv}N + H_2Se \longrightarrow RNHC(Se)NH_2$$

硒脲的化学性质类似于硫脲，通过它与有机基卤的反应，可将硒引入有机化合物中，例如，合成含硒的葡萄糖：

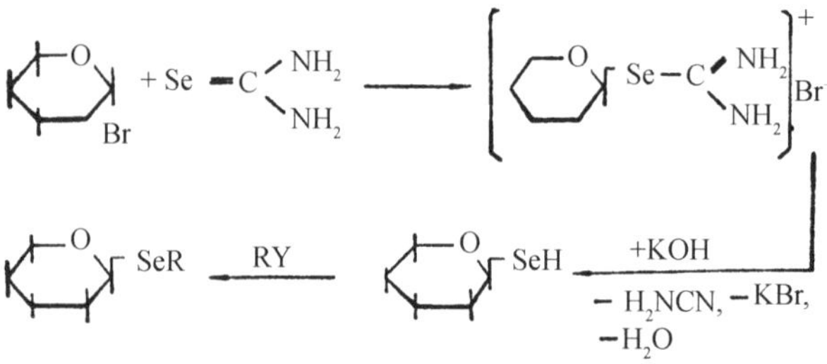

5.13　硒、碲和钋的β–二酮衍生物

硫属元素的卤化物与β–二酮反应，生成含硫属原子的β–二酮衍生物(其中有许多是环状物)，乙酰丙酮 $C_5H_8O_2$ 衍生物是最典型的例子.

二聚的乙酰丙酮硒 $Se_2(C_5H_6O_2)_2$，可由 $SeCl_4$ 与乙酰丙酮或乙酰丙酮铜盐，在 $CHCl_3$ 或乙醚中反应来制备：

$$2SeCl_4 + 2Cu(C_5H_7O_2)_2 \longrightarrow Se_2(C_5H_6O_2)_2 + 2C_5H_7O_2Cl + 2CuCl_2 + 2HCl$$

$Se_2(C_5H_6O_2)_2$ 是淡黄色固体，m.p. 458K，具有环状结构(I). α–碳原子上的两个氢均被取代，故不能烯醇化.

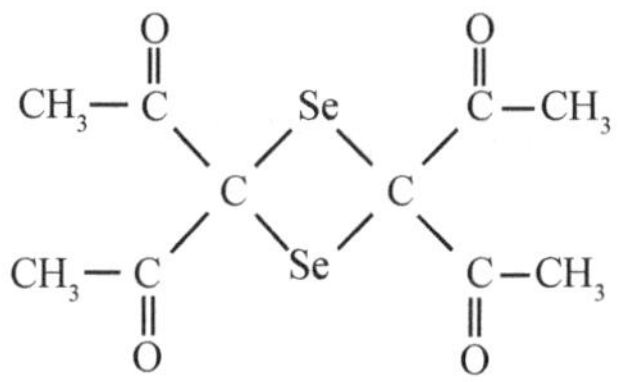

(Ⅰ)

化合物(I)被氢碘酸还原，或借 Se_2Cl_2 与乙酰丙酮铜盐反应，可制得双(乙酰丙酮)二硒 $Se_2(C_5H_7O_2)_2$(II)，它有烯醇式结构. m.p. 351K.

化合物(I)与二倍量(mol)乙酰丙酮，在 $CHCl_3$ 中回流，得到第三个化合物，双(乙酰丙酮)硒(III)，它是白色固体，m.p. 318K，为单烯醇式.

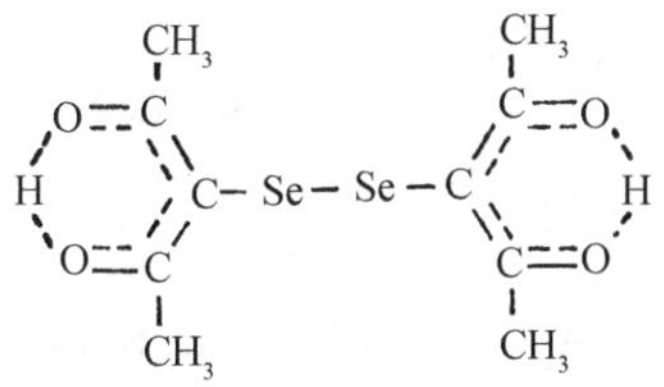

(Ⅱ)

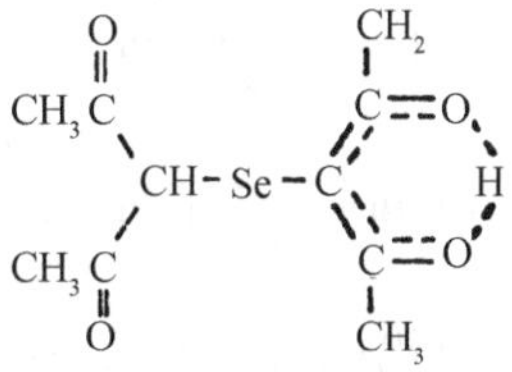

(Ⅲ)

四卤化碲与β–二酮反应，从后者的一个或两个端甲基中置换氢. 例如：$TeCl_4$ 与过量的乙酰丙酮作用，消去两个氯化氢，生成 1，1′–二氯碲代双(2，4–戊二酮)$(C_5H_7O_2)_2TeCl_2$(IV)；若乙酰丙酮欠量，则生成 1，1′–二氯代碲杂环己–3，5–二酮 $C_5H_6O_2TeCl_2$(V). 化合物(V)是白色固体，在 435K 熔化并发生分解.

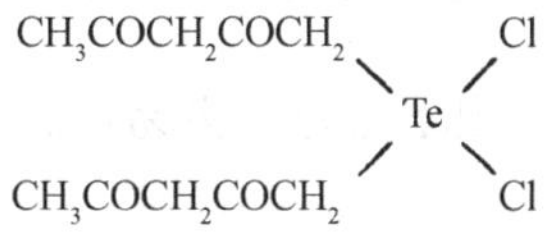

(Ⅳ)

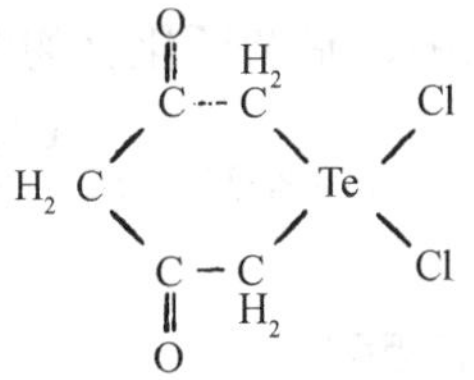

(Ⅴ)

用碱或碱金属亚硫酸盐的水溶液，从化合物(V)中消去氯，可得金黄色的碲杂环己–3，5–二酮 $C_5H_6O_2Te$，m.p. 455K. 此化合物可在减压下升华. 用卤素处理，又重新生成二卤化物.

黄橙色的 1，1–二氯代钋杂环己–3，5–二酮$(C_5H_6O_2)PoCl_2$ 和紫色的钋杂环己–3，5–二酮$(C_5H_6O_2)Po$，在制备方法和化学性质上都与碲的类似物相似.

5.14　硒、碲的杂环化合物

5.14.1　环硒醚和环碲醚

非芳系的环硒醚和环碲醚，通常可借α，ω–二卤代烷(最好是溴代烷)与碱金属硒化物和碲化物，在乙醇中反应来制备. 例如，由α，ω–二溴丁烷和二溴戊烷可制得硒杂和碲杂环戊烷及环己烷$CH_2(CH_2)_nX$(n=3 和 4).

某些螺环化合物也可用类似的方法合成. 例如，四(溴甲基)甲烷 $C(CH_2Br)_4$ 与 K_2Se 反应，生成 2，6–二硒杂螺[3，3]庚烷(VI)：

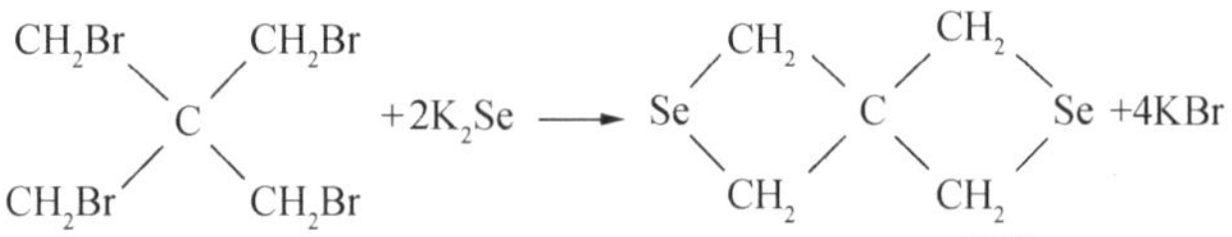

(VI)

α，ω–二卤代烷与硒或碲一起回流，生成的环烷撑基二卤化物，再就地被亚硫酸钠或甲醛. 次硫酸钠溶液还原，也可以制得环硒醚和环碲醚. 例如，碲杂环己烷 TeC_5H_{10}(VII)，b.p. 355K(1.6kPa)，可按下式合成：

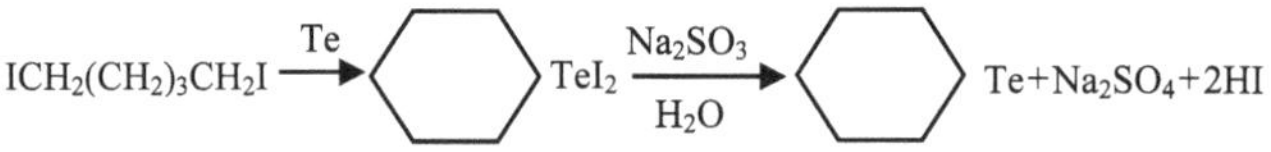

(VII)

这类饱和的硒、碲杂环化合物的性质和化学反应，与二烷基硒醚及碲醚类似(参见 5.2.2). 硒杂和碲杂环丙烷 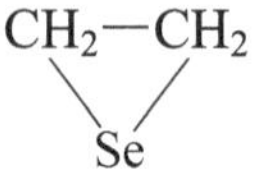

很不稳定，极易形成多聚物.

5.14.2　不饱和环硒醚

最熟知的不饱和环硒醚是硒杂茂(或硒吩)C_4H_4Se(VIII). 纯的硒杂茂是无色液体，m.p. 195K，b.p. 383K，有苯和 CS_2 混合物的气味. 其分子呈平面形，属 C_{2v} 点群. 此化合物可由硒与乙炔，在 623—673K 聚合而得. 蒸馏收集产物，使其与硒杂茚(IX)及二硒杂环等副产物分离.

(VIII)

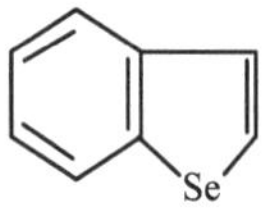

(IX)

取代硒杂茂，一般是在 Ag^+或 Cu^+离子的催化下，由 H_2Se 对 1，4–二取代丁二炔的加成来制备．例如，在室温下，向含 5–苯基–2，4–二炔–1–戊醇和少量乙醇钠及乙酸银的乙醇溶液中，通入 H_2Se，直到反应混合物的 IR 光谱中不再有炔的吸收为止．生成的 2–羟甲基–5–苯基硒杂茂(m.p. 390—391 K)(X)的产率为 97%：

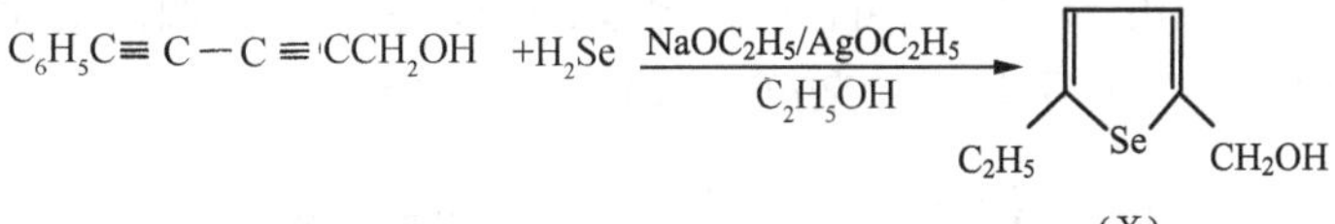

(X)

更复杂的硒杂茂，例如 2,2′–联硒杂茂(XI)，m.p. 322K，可由 2–碘代硒杂茂与活性铜，在二甲苯中回流来合成．有取代基的 2,2–联硒杂茂和 3,3–联硒杂茂，也可用同样的方法，由相应的取代硒杂茂制得．反应式如下：

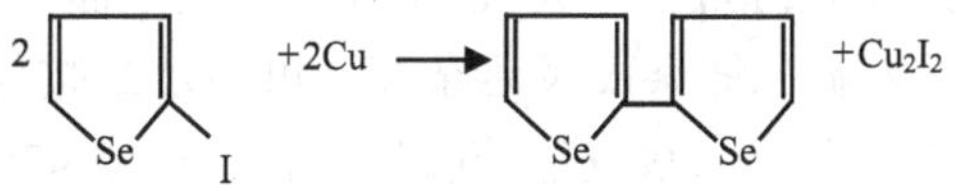

(XI)

5.14.3 1,4–二氧杂环己烷的类似物

1,4–硒氧杂环己烷(XII)，是无色液体，m.p. 251.6K，b.p.391K(101.7kPa)．可借β，β'–二氯乙醚或β，β–二碘乙醚与 Na_2Se 水溶液，在 H_2 气流中回流，或与硒和甲醛，次硫酸钠的碱溶液一起回流来制备：

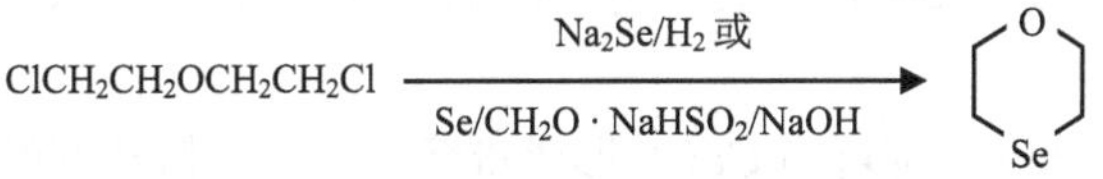

(XII)

用 Na_2Te 代替 Na_2Se，可制得 1,4–碲氧杂环己烷．若用β，β–二氯乙硫醚代替β，β–二氯乙醚，则得到 1,4–硒硫杂环己烷(m.p.380K)和 1,4–碲硫杂环己烷(m.p. 342.6K)．这两个化合物都是挥发性和有臭味的白色固体．

1,4–二硒杂环己烷，也是白色固体，m.p. 386K．分子构象是椅式的．它可由β，β'–二氯乙硒醚与 Li_2Se，在丙酮中回流而得，但产率甚低．

不饱和的二硒杂环，例如，2,6–二苯基–1,4–二硒杂环己–2,5–二烯(XIII)，m.p.408.6K，是船式构象．这个化合物可在含乙醇钠的二氧六环中，于回流温度下，由红硒对苯乙炔直接加成而得：

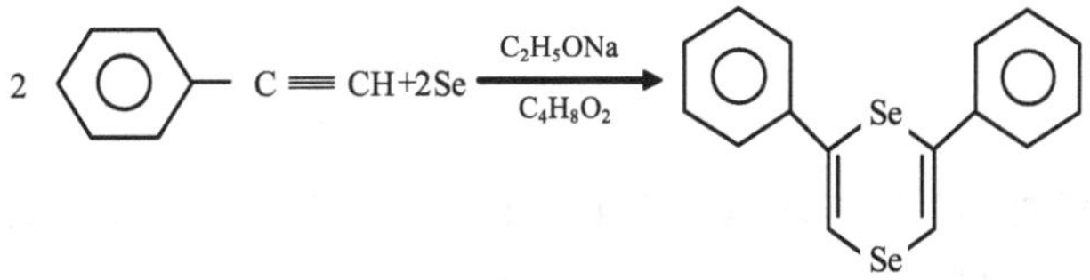

(XIII)

饱和硒、碲杂环的化学性质，与二烷基硒醚及碲醚相似(参见 5.2.2).

5.14.4　硒氮杂环

2–氨基硒氮杂茂，可借α–卤代酮与硒脲缩合来制备．例如，氯代丙酮与硒脲缩合，生成 2–氨基–4–甲基硒氮杂茂(XIV)：

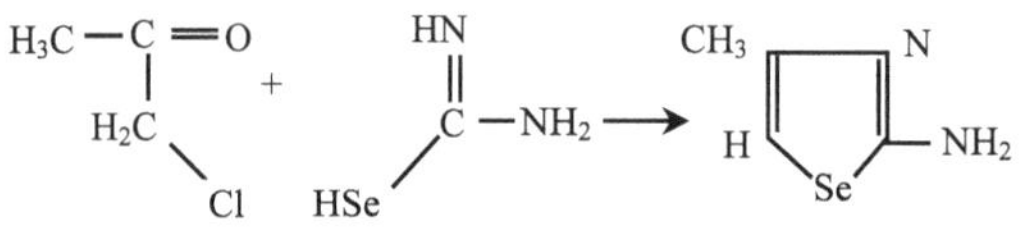

(XIV)

1,2,5–硒二氮杂茂(XX), m.p. 294K, b.p. 411 K. 是平面形分子, 对称性 C_{2v}. 其性质类似于 1,2,5–氧(或硫)二氮杂茂及硒杂茂．可借乙二胺与 SeO_2，在二甲基甲酰胺中，于 393K 反应来合成．水汽蒸馏收集产物．产率 43%：

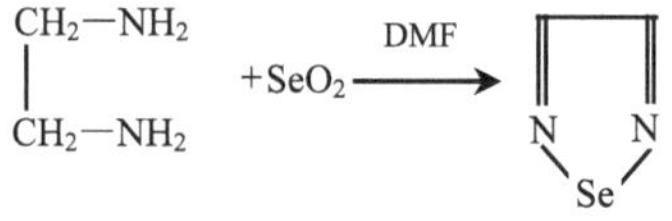

(XX)

其取代衍生物，3–甲基–1,2,5–硒二氮杂茂(b.p. 435 K, 103.6kPa)和 3，4–二甲基–1,2,5-硒二氮杂茂 b.p. 360K．也可用类似的方法，分别从 1，2–丙二胺和 2，3–丁二胺制得.

这三个硒二氮杂茂，都可与 $CdCl_2$ 形成难溶于水和有机溶剂的加合物．水汽蒸馏可使配体再生，故能用于杂环的提纯．与 H_2S 作用，则还原出硒和相应的二胺.

5.14.5　其他硒杂环

全面讨论众多的其他硒杂环，不属于本专题的范围，本节仅就几种代表性的化合物叙述如下：

四元环，例如 3，4–双(三氟甲基)1，2–硒杂环–3–烯(XXI)，可由硒蒸气对六氟丁二炔加成而得：

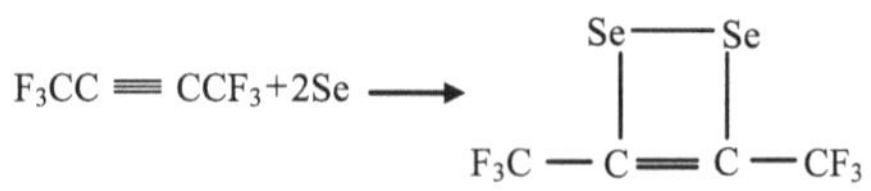

(XXI)

五元环，例如，2,5–二苯基–1,3,4–三硒–2,5–二硼杂环(XXII)，是红色挥发性固体，m.p. 395—397K．可借硒蒸气与苯基二碘化硼，在 383—393K 反应来合成，产率 64%：

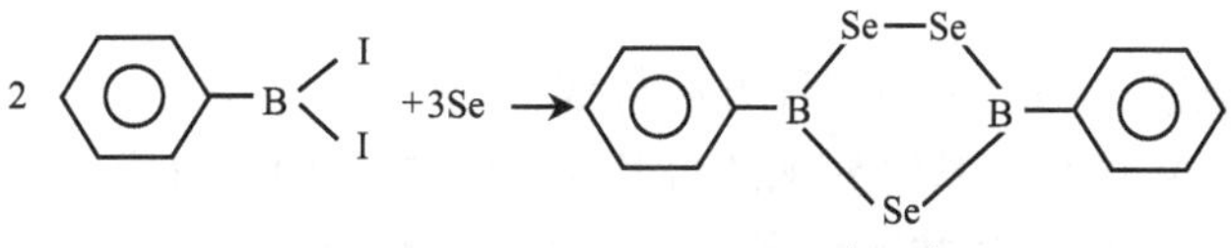

(XXII)

稠环化合物 5,10–二硒杂蒽(XXIII)，m.p. 454—455K，可由二苯基硒醚与 KNH_2，在液氨中于 273K 反应来制备. 副产物为 K_2Se_n(n≥2)和 C_6H_5SeK：

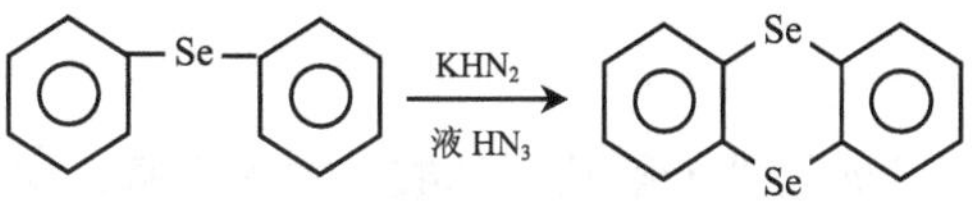

(XXIII)

另一个化合物，2–甲基–2,3–二氢化硒杂茚(XXIV)，b.p.376—377K(8kPa). 可借烯丙基苯基硒醚，在喹啉中加热重排来合成，产率 30%.

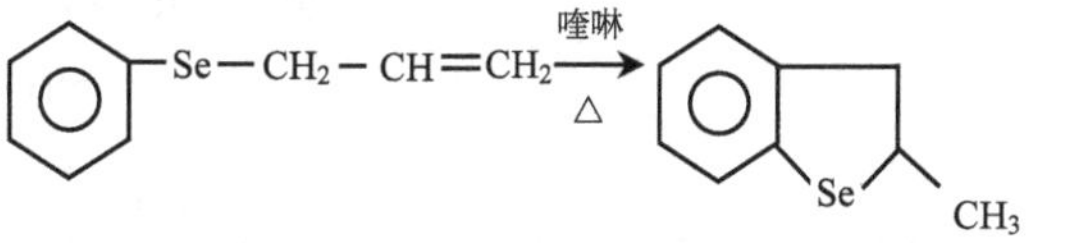

(XXIV)

5.15 生物重要性的有机硒化合物

硒是生命所必需的痕量元素. 这一发现，推动了有生物活性的有机硒化学的发展。含硒的氨基酸、肽、嘧啶、嘌呤、胆碱和辅酶等衍生物，已被合成和研究. 本节仅就几种含硒的氨基酸和肽，做简单介绍.

5.15.1 含硒氨基酸

迄今被合成的含硒氨基酸(以 2–氨基丙酸为例)有如下三类：烷硒基氨基酸 (XXV)，氨基酸芳硒基酯(XXVI)和双(氨基羧烷基)二硒醚及硒醚(XXVII)：

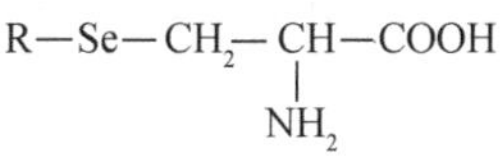

(XXV)

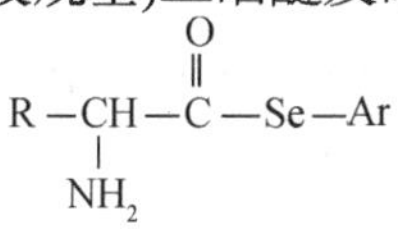

(XXVI)

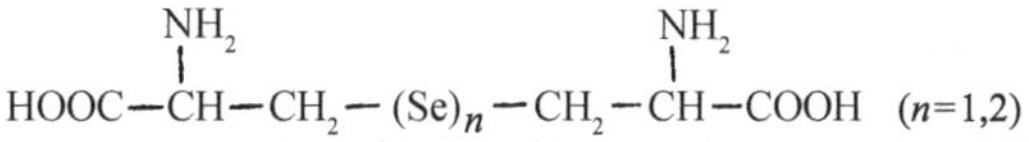

(XXVII)

1. 含硒氨基酸

含硒氨基酸(XXV)，可用四种方法合成：

(1) 卤代氨基酸对烷基硒醇钠的烷基化. 例如，氯代丙(或丁)氨酸与苄基硒醇钠在乙醇中反应，生成苄基硒代半胱氨酸或高半胱氨酸：

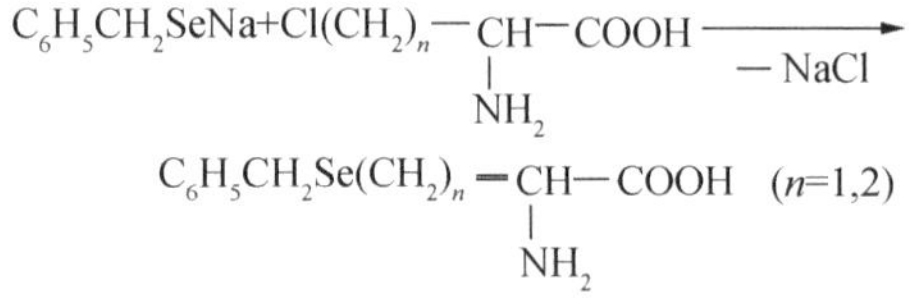

(2) 在液氨中，用 Na 处理苄硒基氨基酸，割去苄基，生成的 1–羧–2–氨基烷硒醇钠，再用烷基卤烷基化：

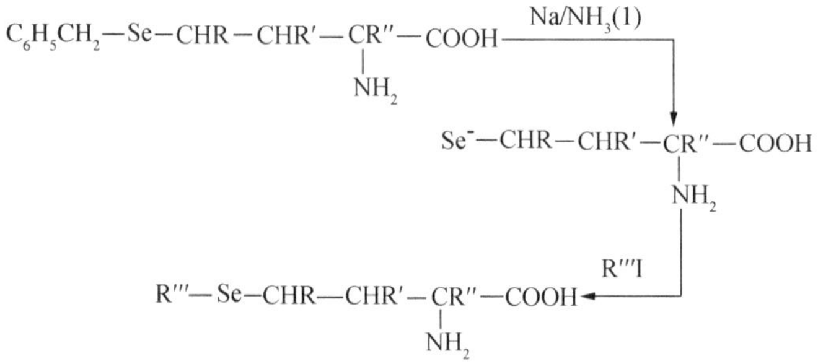

(3) 乙丙酰脲在 463K 被 NaOH 水溶液水解成含硒氨基酸：

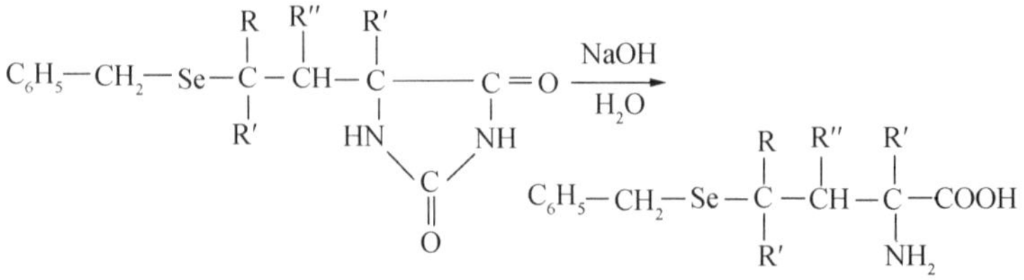

(4) 苄基硒醇对碳–碳双键的加成. 例如，2–乙酰氨基丙烯酸甲酯，在甲醇钠存在下，与苄基硒醇反应. 生成 3–苄硒基–2–乙酰氨基丙酸甲酯，产率 95%. 水解掉酰基，即得氨基酸：

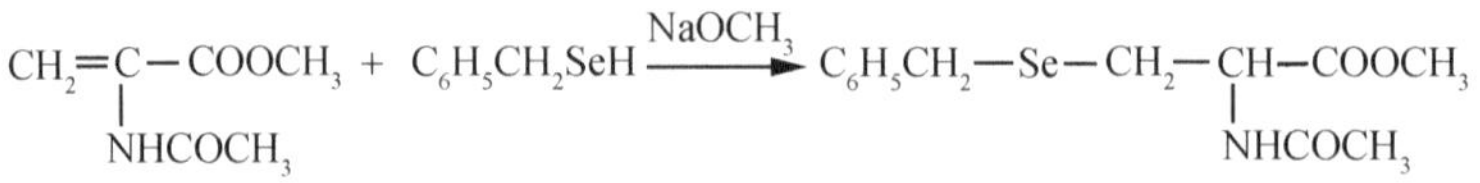

2. 氨基酸芳硒基酯

氨基酸芳硒基酯(XXVI)，可由相应的羧酸和硒醇缩合而成. 例如：

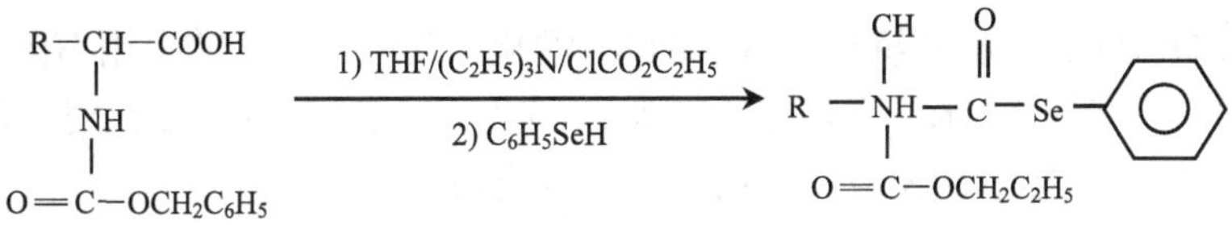

($R=H$，CH_3，C_3H_7，i–C_3H_7，$C_6H_5CH_2$，$CH_3SCH_2CH_2$等)

和

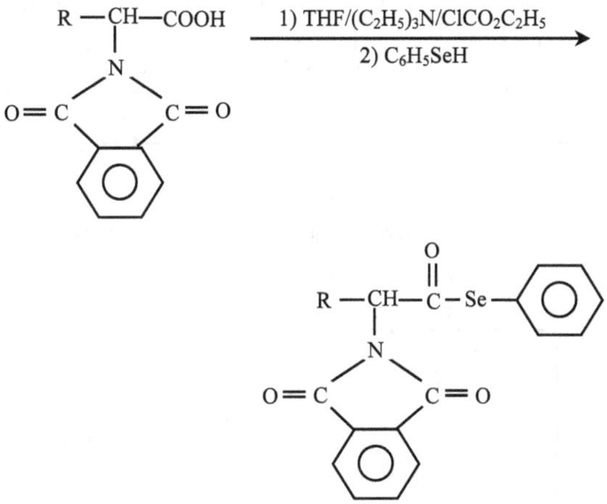

($R=H$，CH_3，i–C_3H_7，i–C_4H_9等)

3. 双(氨基羧烷基)二硒醚和硒醚

XXVII 型的二硒醚，可用金属钠在液氨中，从苄硒基化合物(XXV，$R=C_6H_5CH_2$)中割去苄基，并氧化而得：

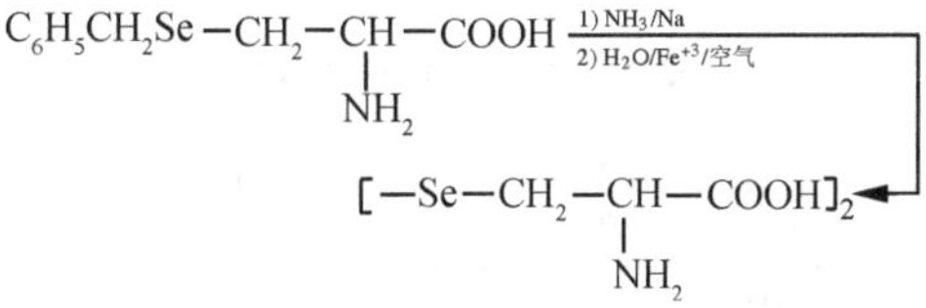

割去苄基后，余下的硒醇阴离子与 2–乙酰氨基丙烯酸乙酯反应，再水解掉乙酰基，即得双(2–氨基–2–羧基乙基)硒醚(XXVII)，产率 78%(参见本节中，含硒氨基酸的制备方法(4)).

所有的含硒氨基酸都兼有氨基酸和硒醚的化学性质，并有光学活性或可拆分为光学活性组分.

5.15.2 含硒的肽

含硒氨基酸可缩合成多肽. 因为，在氨基被保护试剂(碳酰氯苄酯

$C_6H_5CH_2OC(O)Cl$，乙酰氯 $CH_3C(O)Cl$ 等)酰化，其后在冰乙酸中用 HBr 脱酰及羧基被乙醇、甲醇、二苯基甲醇、4–硝基苯酚及 4–硝基苄醇等酯化时，硒-碳键不受影响．例如，按下列反应，可由三肽合成九肽.

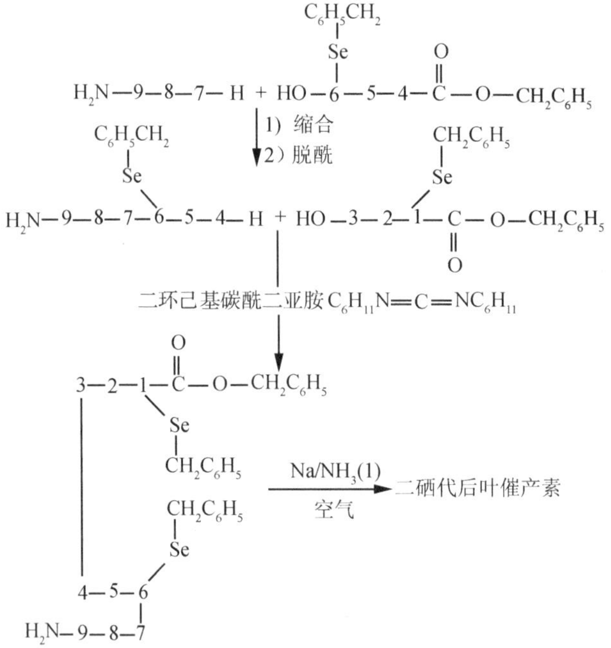

九肽在液氨中用金属钠割去苄基，经氧化即得二硒代后叶催产素．其结构式为：

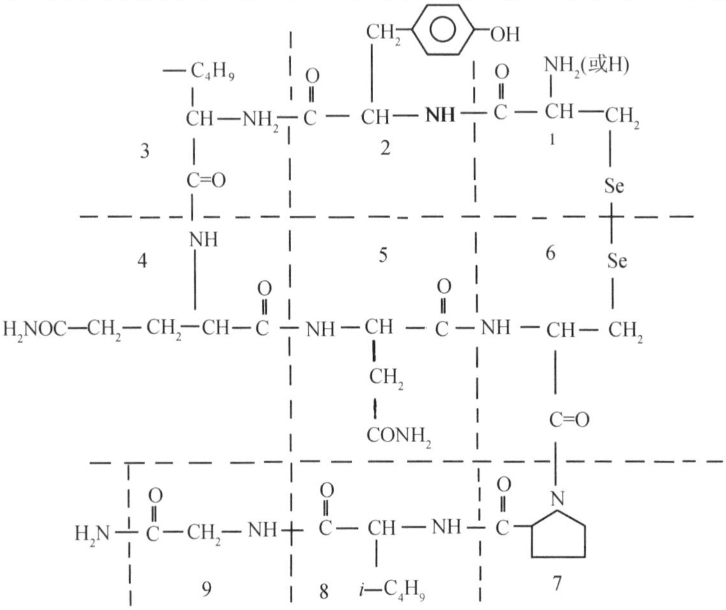

参考文献

[1] K. W. Bagnall,M. Schmidt and W. Siebert,"The Chemistry of Sulpur,Selenium,Tellurium and Polonium", Pergamon Press(1975).

[2] R. A. Zingaro and W. C. Cooper,"Selenium",Van Nostrand Reinhold(1974).

[3] W. H. H. Günther and D. L. Klayman, "Organic Selenium Compounds：Theis Chemistry and Biology",John Wiley and Sons(1973).

[4] K. W. Bagnall,"The Chemistry of Selenium,Tellurium and Polonium",Elsevier(1966).

[5] T. W. Campbell,H. G. Walker and G. M. Coppinger,*Chem. Rev.*,50,279(1952).

无机化学丛书·典藏版

第六卷

卤　素	钟兴厚　萧文锦 袁启华　娄润和	
铜分族	徐绍龄　徐其亨 田应朝　刘松愈	
锌分族	吕云阳　王文绍 刘颂禹　季振平	

科学出版社

北　京

内 容 简 介

本书是《无机化学丛书》第六卷，丛书第 18，19，20 专题，分别叙述卤素、铜分族、锌分族的无机化学．系统介绍了这些元素的存在形式、制备、物理和化学性质、分析方法，并分类讨论了它们的化合物的性质、用途及合成方法．可供高等学校师生、科技人员参考．

图书在版编目（CIP）数据

无机化学丛书：典藏版/张青莲主编．—北京：科学出版社，2018.1

ISBN 978-7-03-056380-4

Ⅰ．无…　Ⅱ．张…　Ⅲ．无机化学–丛书　Ⅳ．O61-51

中国版本图书馆 CIP 数据核字（2018）第 012426 号

责任编辑：杨淑兰　杨　震／责任校对：李　影
责任印制：赵　博／封面设计：王　浩

科 学 出 版 社 出版
北京东黄城根北街 16 号
邮政编码：100717
http://www.sciencep.com
北京厚诚则铭印刷科技有限公司印刷
科学出版社发行　各地新华书店经销
*
2018 年 1 月第　一　版　开本：720 × 1000　B5
2018 年 1 月第一次印刷　印张：41 1/2
字数：742 000

定价：998.00 元（全 10 册）

《无机化学丛书·典藏版》书目

第一卷 1. 稀有气体 2. 氢 3. 碱金属

第二卷 4. 铍 5. 碱土金属 6. 硼 7. 铝 8. 镓分族

第三卷 9. 碳 10. 硅 11. 锗分族

第四卷 12. 氮 13. 磷 14. 砷分族

第五卷 15. 氧 16. 硫 17. 硒分族

第六卷 18. 卤素 19. 铜分族 20. 锌分族

第七卷 21. 钪 22. 稀土元素

第八卷 23. 钛分族 24. 钒分族 25. 铬分族

第九卷 26. 锰分族 27. 铁系 28. 铂系

第十卷 29. 锕系 30. 锕系后元素

《无机化学丛书》序

无机化学是化学科学的一个重要分支，也是最早发展起来的一门化学分支学科．无机化学研究的对象是周期系中各种元素及其化合物，不包括碳氢化合物及其衍生物．二十世纪中叶以来，无机化学又进入了新的发展阶段．这是和许多新的科学技术领域，如原子能工业、空间科学技术、使用半导体材料的通信和计算技术等的兴起密切相关的．这些科技部门要求人们利用无机化学的理论去探索和研制种种具有特殊性能的新材料，研究极端条件下物质的性质和反应机理，以及提出新的无机物生产的工艺流程．与此同时，现代物理学、生命科学、地质科学以及理论化学的新进展等因素也都在日益推动着无机化学的发展进程．

我国在解放前缺少与无机化学有关的工业基础，因此无机化学人才培养得较少，科学研究工作的基础也比较薄弱．解放后我国无机化学虽然有了很大发展，但仍比较落后．为了扭转这种局面，加速无机化学科学人员的培养和提高，促使教学和研究工作的迅速发展，以及为了解决我国丰富的矿产资源的综合利用、新型材料的合成、无机化学新观点和新理论的提出等问题，有必要编辑出版一套中型的无机化学参考书．为此，科学出版社和中国化学会共同组织了《无机化学丛书》编辑委员会主持本丛书的编写工作．经过多次讨论和协商、拟订了丛书的编辑计划和写作大纲，确定丛书分十八卷，共四十一个专题，从 1982 年起陆续出版．全丛书共约六百余万字，前十卷为各族元素分论，后八卷为无机化学若干重要领域的专论．

本丛书适合高等学校教师、高年级学生和研究生、科学研究人员和工程技术人员参阅．编委会竭诚欢迎广大读者对本书的内容提出宝贵的意见，以便在再版时加以修改．

《无机化学丛书》编委会

1982 年 9 月

前　言

《无机化学丛书》第六卷包括三个专题：18.卤素，19.铜分族和20.锌分族.

卤素专题中，氟及氯、溴、碘分作两章，卤素间化合物为一章，砹单列一章，分别讨论了单质和化合物，着重对化合物的合成、性质和结构的新知识以及它们的应用作了较详细的介绍．本专题由武汉大学钟兴厚、萧文锦、袁启华教授、娄润和副教授编写．编写初期，张诚善教授曾参与大纲编写并提供部分资料，秦子斌教授在初稿完成过程中提出过许多宝贵意见．本专题由兰州大学张淑民教授审阅.

铜分族专题按铜、银、金次序分三章着重介绍单质、化合物，并就它们的性质、结构及其应用进行讨论．本专题由云南大学徐绍龄、徐其亨教授和刘松愈、田应朝副教授编写，并经萧文锦和季振平审阅.

锌分族专题综述了该分族的通性，并按元素顺序分三章着重介绍单质、化合物的性质、结构与制备．本专题锌、汞两章由辽宁大学吕云阳教授和沈阳冶炼厂王文绍、刘颂禹高级工程师编写，镉由武汉大学季振平副教授编写．锌、镉、汞三章依次由北京大学严宣申、黄竹坡教授及中国科学院北京化学研究所梁树权教授审阅.

全卷由萧文锦、季振平修改统校．本卷的完成得到了张青莲教授的指教、关怀和帮助，谨表示由衷的感谢，并向所有协助本卷编写及出版的同志们致谢.

本卷在编写中较多地引用了 J. C. Bailar Jr. 等编著的“Comprehensive Inorganic Chemistry”一书中的有关内容，兹向他们以及所引用文献的其他作者们致谢.

由于我们学识水平所限，会有不妥乃至错误之处，恳请读者赐教指正.

作　者

1991年11月于武昌、昆明、杭州

目　　录

18. 卤　　素

19. 铜 分 族

20. 锌　分　族

18. 卤　　素

无机化学作为化学的一个重要学科领域，半个世纪以来，随着科学技术的进步，也正在日益蓬勃发展，特别是原子能、宇宙航行、半导体和信息技术的出现，使无机化学在基础理论、实验技术和应用诸方面显示了新的面目，形成了无机化学发展的新趋势. 这些新发展有①硼氢化合物，②氟化学，③稀有气体化学，④固体化学，⑤化学反应机理，⑥能源化学，⑦非定比化合物，⑧配位化学，⑨生物无机化学等，且大多都与卤素化学有关联.

卤素在地壳中含量甚少. 氟只有 0.065%，氯也只有 0.031%，溴更少，只有 $1.6\times10^{-4}\%$，碘仅含 $3\times10^{-5}\%$，但在工业上却占有重要的地位. 氯化钠是人类生活乃至生存所必需的. 砹不存在于自然界，它是人工合成的元素.

氟化学在化学发展史上占有重要地位，稀有气体化学就是建立在氟化学发展基础上的. 自发现 PtF_6 是一个很强的氧化剂，能使氙失去一个电子，生成稳定的 $Xe^+PtF_6^-$ 化合物后，相继得到了 XeF_2，XeF_4，XeF_6，$XeOF_2$，$XeOF_4$ 及氪的同类物. 这样就在无机化学领域里形成了一个新的分支——稀有气体化学.

由于单质氟的制备方法日益完善，新的氟化剂(氟化卤、高价金属卤化物等)不断出现，以及氟化方法(电解氟化法等)研究取得新进展，因而能制得一系列作为高能氧化剂和高效火箭推进剂的氮、氧和卤素的氟化物，且其类型与日俱增.

由于氟原子可取代有机化合物中的氢原子，得到许多具有有趣的特点和新的应用的有机氟化合物及氟碳高聚物，构成了氟碳化学并形成了一类重要的工业原材料，诸如灭火剂、制冷剂、聚四氟乙烯塑料等.

卤素氟化物、高价金属氟化物及它们的配位氟化衍生物构成了一系列新的 Lewis 酸碱体系，这对于探索新材料的合成有重要的价值，同时在结构化学方面为进一步的理论探讨积累了重要的实验结果和数据.

所有这些都说明氟化学越来越重要，为及时反映氟化学的研究成果和进展，自 1971 年起开始发行了一种国际性的专门报道氟化学进展的杂志(*Journal of Fluorine Chemistry*). 还不断有些评论、专著出版.

除氟和砹之外的其他卤素的研究也取得了相当多的成就，其中：①卤化物的研究，无论在制备方法或理论上(主要是在结构方面)都取得新进展，如锕系金属卤化物的研究，得到了它们的六价化合物如 UCl_6；其次是含金属–金属键的卤化物，如$[Re_2Cl_8]^{2-}$，$[Re_3Cl_{12}]^{3-}$，$[Mo_6Cl_8]^{4-}$等簇离子. ②卤化氢及某些卤素间化合物、卤氧化合物作为一类非水溶剂，无论在理论上还是应用上均具有重要意义，如 HX，HX_2^-，$XF_3(X = Cl, Br, I)$，$POCl_3$，SO_2Cl_2，$PhPOCl_2$，$SeOCl_2$ 等非水溶剂，对卤化物有不同程度的溶解，有些还可生成溶剂合物. 对于某些体系中的电离、物种结构、配位行为等的研究，为探索制备许多新化合物提供了有利条件. ③新的卤素化合物不断出现，为卤素化学增添了新内容，如制备出过卤酸化合物

$ClOClO_3$之后，又制得了 $BrOClO_3$，最近又制得了 $FOClO_3$，它是利用 NF_4ClO_3 经热分解得到的；它与烯烃加成可得到一种新化合物，如 $CF_2=CF_2+FOClO_3 \longrightarrow CF_3CF_3OClO_3$.

总之，卤素化学在不断发展，新的化合物不断合成，性质与结构的研究亦日益深入，我们拭目以待它的光辉前景并丰富它.

本专题考虑到氟在周期表中的特殊地位和在卤素中的特有性质，将氟与氯、溴、碘分开，单列一章；氯、溴、碘归并为一章，卤素间化合物及多聚卤离子另列一章. 最后一章为砹.

18.1 氟[1–6]

1.1 单　质

1.1.1 元素的发现及其应用

氟是已知元素中电负性最大、反应活性最强的元素，能和大多数物质发生作用，使得它在自然界中不能以游离单质存在．因此，尽管在很久以前人们已经知道氟的一些化合物，但是直到 1886 年 H. Moissan 才首次把元素氟分离出来．它的发现比氯迟了 112 年，比溴和碘晚了 60—70 年．

氟在地壳中的丰度约为 0.065%，占丰富元素的第 13 位，比氯、碳、硫都多，是锌和铜的 5—10 倍．在天然矿物中，氟约存在于 115 种矿石的组成中，其中最重要的是氟石(CaF_2，或称萤石)，冰晶石($3NaF \cdot AlF_3$)和氟磷灰石[$Ca_{10}F_2(PO_4)_6$]．此外，还有氟铝石($AlF_3 \cdot H_2O$)、锥冰晶石($Na_5Al_3F_{14}$)、霜晶石($NaCaAlF_6 \cdot H_2O$)、锂冰晶石($Li_3Na_3Al_2F_{12}$)和氟磷酸铍钙石[CaBe(F，OH)PO_4]．而稀土元素的氟化物有钇铈石[(Ca_3，Ce，Y_2)F_6]，钇萤石[(Ca_3，Y_2)F_6]等．也有些常见的硅酸盐如黄玉[Al_2(F，OH)$_2SiO_4$]以及锂云母、鳞云母等都含有氟．世界上萤石的储量不多，约为 8000 万吨，而氟磷灰石储量较大，可以开采的氟磷灰石(含氟量 3%—4.5%)估计有 400 亿吨，约相当于 14 亿吨氟．萤石的主要产地在美国、原苏联、墨西哥、加拿大及西欧的意大利、德国、西班牙、法国和英国．我国的浙江、河南、山东、辽宁、湖南和福建等地也有出产．氟磷灰石主要产于美国、摩洛哥、突尼斯和原苏联等地．在磷矿处理过程中，氟被分散地带入产品、废水和大气中．某些地方的饮水，如矿泉水中也含有相当高的氟．在火山喷出的气体中，约含有 0.03%的氟化氢，如美国的 Alaska 火山，估计每年向大气喷出的氟化氢约 20 万吨．此外，由于许多无机物中含有氟，在处理这类物质时大都散失在废水和大气中．因此，从含氟废水和废气中回收氟已成为氟的重要来源之一，也是防止大气和水源污染的重要措施．现在含氟物质中回收氟已成为合理地利用资源、保护环境不受污染而必需要认真解决的生产问题．

在工业上，冰晶石既是制铝的重要原料，又是搪瓷和玻璃的添加组分．萤石大量地应用于工业上，按氟化钙的含量可以分为三级应用．纯度为 85%的作为炼钢工业的助熔剂，纯度为 85%—95%的作熔剂，或玻璃和陶瓷工业的添加剂，纯度高于97%的用作生产氟化氢的原料. 氟化氢是一种重要的工业产品，无水氟化氢是石油工业和有机合成的催化剂，同时又是制备含氟有机化合物、聚合物和无机氟化物的原料. 卤氧氟化物、聚氟塑料、氟里昂都是重要的含氟产品，这些氟的化合物广泛地用于化学、电子、冶金、玻璃搪瓷、医药、防腐以及核能工业中. 氟及其化合物的研究和应用已经发展成为无机化学的一个重要分支. 介绍氟及其化合物的刊物有氟化学杂志(*Journal of Fluorine Chemistry*)、氟化学进展(*Advances in Fluorine Chemistry*)、氟化学评论(*Fluorine Chemistry Reviews*)、氟化学(*Fluorine Chemistry*)等都已定期出版，国际氟化学会议也定期举行. 由于生产需要和科学技术的进步，致使氟及其化合物的研究逐步取得了深入的发展.

氟在自然界中没有不稳定的同位素，氟的放射性同位素已发现的有三种. 见表18.1[1, 5].

表18.1 氟的同位素

同位素	蜕变方式	半衰期	蜕变能(MeV)	产生方法
^{17}F	β^+	64.7s	2.761	N−α−*n*，O−*d*−*n*，O−*p*−γ，F−γ−2*n*
^{18}F	β^+，E.C.	109.8min	1.655	O−α−*pn*，^{18}O−*p*−*n*，O−*d*−*n*，O−^{3}He−*p*，O−*t*−*n*，F−*n*−2*n*，F−*d*−*t*，F−γ−*n*，F−*p*−*pn*，Ne−*d*−α，Na−γ−α*n*，Al，Cu，Cl，Ag，Au裂片
^{19}F				自然界，丰度100%
^{20}F	β^-	11.0s	7.029	F−*d*−*p*，F−*n*−γ，Na−*n*−α
^{21}F	β^-	4.33s	5.686	
^{22}F	β^-	4.23s	10.85	

氟的放射性同位素中，寿命最长的是 ^{18}F，它是β^+的发射体，半衰期为109.7min. 产生 ^{18}F 的方法是用回旋加速器产生48—84MeV的X射线促发 $^{19}F(\gamma, n)^{18}F$ 反应的发生，或用碳酸锂由热核反应堆中用 $^6Li(n, \alpha)^3H$ 所产生的氚核促发 $^{16}O(t, n)^{18}F$ 反应，也可用回旋加速器和反应 $^7Li(d, n)^8Be$ 作为快中子源促发 $^{19}F(n, 2n)^{18}F$ 反应而获得.

采用 ^{18}F 同位素已经研究过很多氟与其他氟化物的交换反应[6]. 用直线加速器的射线研究氟与六氟化物，如 XeF_6，SF_6 及一些过渡金属氟化物的交换作用. SF_6 直到350℃也不发生交换，而 XeF_6 在100℃时就很容易发生交换，其活化能约为84kJ · mol^{-1}. 氟同钼、钨、锇、铼、铀的六氟化物在35℃以下也迅速地进行交换反应.

元素氟同氟化卤的同位素交换反应约在190℃时有可测的速度，而氟化氢和氟化卤间的交换反应在 27℃时 3min 内即基本完全. 光能促进交换作用的进行，这被认为是在光照下迅速形成了如 ClF_4^-，BrF_6^- 等中间体的缘故.

氟的同位素交换反应已被应用到处理氟和氟化物的工艺上，如六氟化铀与氟、氟化氢和氟化卤之间的氟的交换反应. 通常用间接标记法，研究了氟、氟化氢和氟化卤与镍、铜和锌的氟化物之间的同位素交换反应，以确立它们的反应机理. 这些金属常被用来制备耐氟的合金.

在水溶液中氟的同位素交换反应研究不多，氟化氢和六氟硅酸盐能进行交换反应，碱金属氟化物和氟硼酸盐之间氟的交换反应也能发生，后者被应用来研究氟硼酸盐的水解反应.

1.1.2　单质氟的制备[7]

1886 年 Moissan 首次用电解法在氟化钾的无水氟化氢溶液中制得了单质氟. 他是在一个铂制的小型 U 形管里放入 KF–HF 电解液，KF∶HF 为 1∶13，管的两臂各插入一个铂电极，其装置如图 18.1 所示.

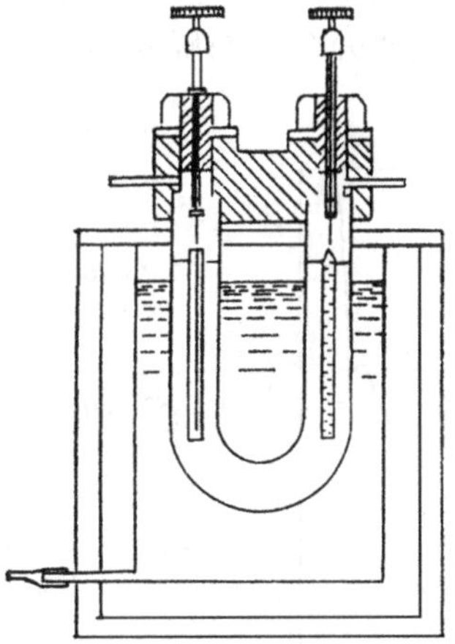

图 18.1　Moissan 氟电解池

由于在这种体系中的 HF 蒸气压很高，因此，在电解过程中 Moissan 采用沸腾的氯甲烷冷却电解池，使电解过程保持在−24℃温度下进行.

目前，尽管氟的制备已从实验室扩展到大规模的工业生产，但使用的基本方法仍与 Moissan 最初使用的电解方法大体相同，只是在电解槽、电极、电解液的配制等方面作了较大的改进.

工业上电解制氟主要是用氟化钾的无水氟化氢溶液进行电解. 在此体系中含有 F^- 和 HF_2^- 离子，电解时的电极反应如下

$$2F^- \longrightarrow F_2 + 2e^- \quad \text{阳极反应}$$

$$2HF_2^- + 2e^- \longrightarrow H_2 + 4F^- \quad \text{阴极反应}$$

在 0℃时，由电解池测出的表观电极电势为 2.763V，而在水溶液中，按 $F^- \longrightarrow \frac{1}{2}F_2 + e^-$ 反应计算得知，其标准电极电势为 2.85V. 而实际上该电解过程却需要用 8V 的电势才能进行，可见该反应是不易变为可逆的，因为产生相当高的超电压. 在电解时，为了使反应能顺利进行，电解液中不能含有水和其他比氟离子更易被氧化的物质.

虽然所有的氟电解池均采用氟化钾的无水氟化氢溶液为电解液，但使用的浓度及温度却相差很大. 据此，将电解生产氟的方法分为三种，即低温法、中温法和高温法. 高温法用氟化钾与氟化氢的摩尔比为 1∶1，温度约为 250℃；中温法采用氟化钾与氟化氢的摩尔比约 1∶2，温度范围保持 80—90℃；低温法使用氟化钾与氟化氢的摩尔比由 1∶3 直至 1∶13，温度也可低至−80℃. 但目前工业生产上只采用中温法和高温法. 以上条件的选择是根据 Cady 关于氟化钾与氟化氢体系中的凝固点及蒸气压测定的研究结果而确立的. 见图 18.2 和图 18.3[8].

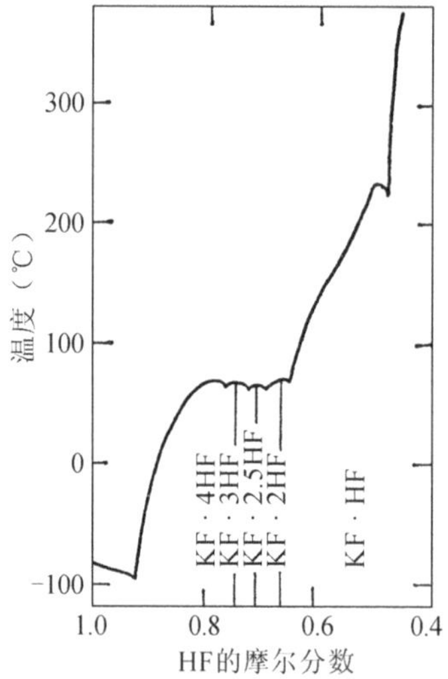

图 18.2　KF–HF 体系的熔点

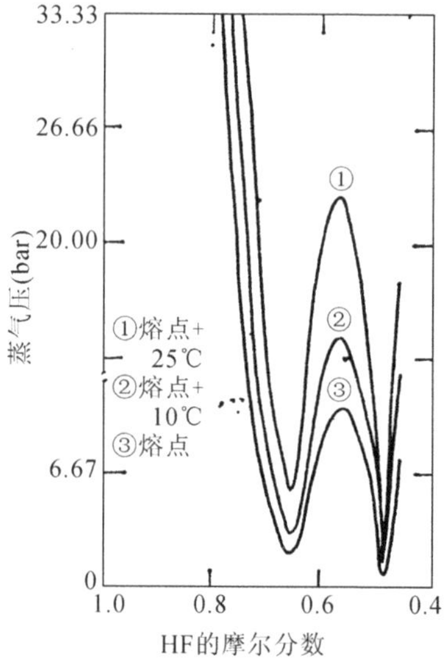

图 18.3　KF–HF 体系的蒸气压

由图可知，在 KF∶HF 分别为 1∶1，1∶2 和 1∶3 体系和相应的温度时，氟化钾与氟化氢混合物可以液态存在，而且氟化氢的蒸气压较低，约 2.7×10^5—3.3×10^5Pa.

高温法的电解液可由工业用的氟氢化钾(KHF_2)熔融制成. 由于温度高，HF

消耗快，所以电解液熔化点迅速上升，使电解操作难于控制是其缺点．中温法的电解液是由等摩尔的 HF 和 KHF_2 混合制得的．目前中温法被认为是效率最高的．它是先将 KHF_2 放置于软钢制的电解槽内，再将气态或液态的 HF 从盐层的下部加入，此两物质发生放热反应，当温度在 72—110℃之间时，所有的固体消失，形成均匀的溶液．开始电解时，电解液需要进行电解净化，以除去电解液中夹杂的微量水和其他比氟容易氧化的杂质．通常是先以镍作阳极电解脱水，直至氟能大量生成时为止，经过这样处理后的电解液即可正式使用．高温法的电解液亦需以碳阳极预先进行电解脱水处理．电解液中氟化氢含量越高，对阳极、阴极和电解槽材料的腐蚀作用越强，并使电流效率降低．中温电解液的组成一般控制为 KF：HF 在 1：1.8—2.0 间．加入氟化锂可降低电解液的凝固点，减少阳极极化作用，使电解能在较低的温度和较低的氟化氢含量下进行．电解液较好的重量组成为 $KHF_2$82.7%，LiF3%，HF14.3%．但关于其中氟化锂的确切作用尚未弄清[9]．

在正常电解时是用石墨化的碳作阳极，而用软钢电解槽本身作阴极的．由于氟化氢的挥发和电解过程中的消耗，电解液中氟化钾的浓度会逐渐增加．因此，必须连续地或间断地补充新的无水氟化氢，使电解液的组成保持在所需要的范围内．

除了以 KHF_2 作电解质外，人们还进行过用 SbF_3，ZnF_2，PbF_2，CdF_2 和

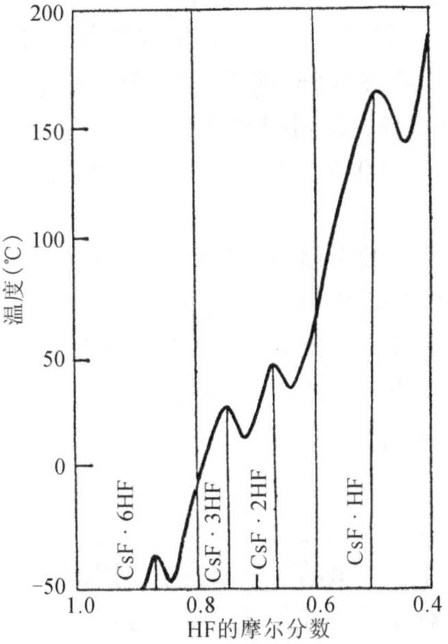

图 18.4　CsF–HF 体系的熔点

CsF 作电解质的尝试，但成效甚少. 其中值得一提的是 Mathers 和 Stroup 描述的一种可以在室温操作的电解池[10]，以低凝固点的 $CsHF_2$ 为电解液，以镁制电解槽，石墨作阳极，电解池操作温度为 19℃. Cady 等对其进行过较详细的研究[11]，电解液 CsF–HF 的相图如图 18.4 所示. 这种电解液凝固点低，对材料腐蚀性小，在电解过程中氟化氢的损失也较少. 但是铯的资源缺乏，成本高，实用尚不可能.

氟的电解槽有两种，一种是 U 形，或 V 形，如图 18.1 所示，现已很少使用；另一种是隔膜式(或裙式)，工业上广泛使用这一形式，具有维修方便、阴极和阳极彼此接近、面积大等优点. 隔膜式电解槽的结构如图 18.5 所示[12].

电解槽的主要组成部分有：①电解槽体，外面有用热水或电炉丝来控制温度的夹套，②阴极(常用电解槽体作阴极)，③阳极，④气体拦隔膜，⑤电解槽盖，⑥将阴阳极彼此隔开并与隔膜隔开的电绝缘部分，⑦气体排出管，⑧无水氟化氢入口，⑨减压口.

电解是在 90—120℃和使氟化氢不断补充入电解槽的情况下进行的. 两极间的电压为 8—12V，阳极电流密度为 0.08—0.14A · cm^{-2}，阴极电流密度约为 0.1—0.5A · cm^{-2}，在阳极析出氟，阴极析出氢. 由电解所产生的氟一般常含有 5%—15%的氟化氢，它的含量与温度和溶液的成分有关. 此外还含有 1%的氧，约 1%的稀有气体以及微量的二氧化碳、氟化氧等. 为了从氟中除去氟化氢，可使气体通过低温冷凝和用固体氟化钠吸收而生成 $NaHF_2$ 除去. 如使气体通过用固体二氧化碳或液氮冷却的冷阱，可方便地回收纯净的氟化氢，使其返回电解槽中重新使用. 经过冷阱冷却到−80℃，然后在 100℃以颗粒状氟化钠吸收后，氟化氢的含量可少于 0.02%，得到的氟纯度达 98%，含氧量约 0.5%，稀有气体含量为 1%，腐蚀残渣为 0.01%. 要得到更高纯度的氟则需采用低温分馏法精制[13].

在室温下，氟能与大多数金属发生作用，高温时金属在氟中还会燃烧. 某些金属如铜、镍、镁和铝等由于表面能形成相应的氟化物保护膜，这种膜致密坚固，可以阻止氟进一步的腐蚀作用，因此，高温下使用氟时常采用这些材料. 但是，如果氟中含有微量水则会大大降低这些金属的稳定性. 软钢和非合金钢在 400℃以下对干燥氟也是稳定的.

电解生产氟和使用氟时必须遵循特定的操作规程. 氟的浓度越高，氟的反应活性也越大，使用时的危险性也越大. 因此，在进行电解制氟或大量使用氟的情况下，应该预先阅读一些有关氟的防护和安全使用知识. Landau，Rosen 等人以及一些氟化学的专著中对此都有过介绍，读者可自行参阅[1, 13].

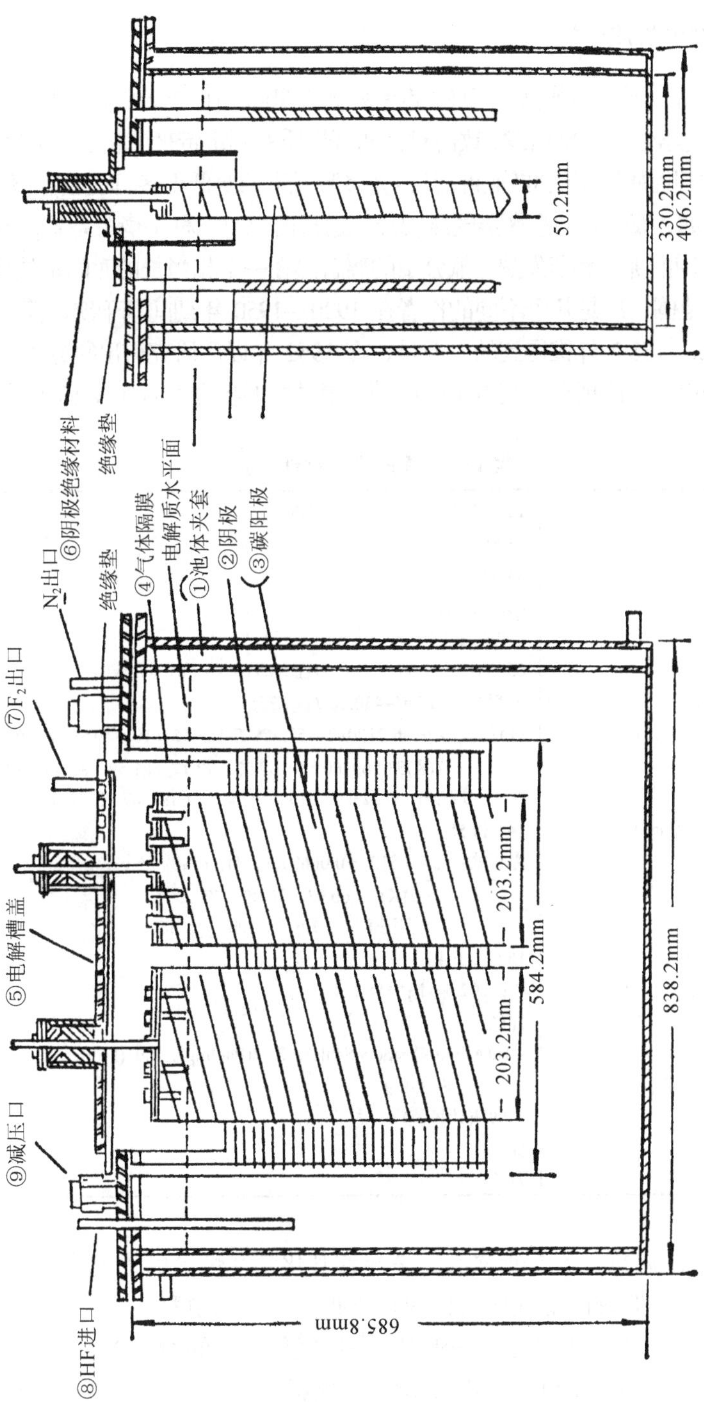

图 18.5　标准的隔膜式氟电解槽

1.1.3　氟的物理性质[1–6]

氟在标准状态下是淡黄色的气体，带有刺激性臭味，在–252℃左右黄色液体变成无色. 由于氟的化学性质特别活泼，致使对其物理性质的测定带来了相当大的困难. 因此，引用的氟的物理性质数据的准确性比其他大多数元素的要低得多，而且有些数据尚待进一步修正. 例如，液体氟的平衡蒸气压曾经报道过的就有三种平衡关系式，因而可以分别得到三种不同的沸点和蒸发热. 氟分子的离解热在一个相当长的时间里估计在 250—290kJ · mol^{-1} 范围，这是几个不同的作者在 1920—1950 年期间基于碘、溴、氯分子的值是 36.1，46.1，58.2 外推得到的. 但是，在 1952 年以后研究得出氟分子的离解热约为 159kJ · mol^{-1}，此值现在已获得了公认[14]. 氟的主要物理性质如表 18.2 所示[1].

表 18.2　氟的主要物理性质

原子量	18.993(以 ^{12}C=12.000 为标准)
转变温度(固体)(K)	45.55
熔点(K)	53.54
沸点(K)	85.02 ± 0.02
熔化热(J · mol^{-1})	510.36 ± 2.1
蒸发热(J · mol^{-1})	6543.69 ± 12.55　　(在 84.71K 和 9.81×10^3kPa)
蒸气压(固体)(kPa)	方程式：$\lg P=(-430.06/T)+7.358$
蒸气压(液体)(kPa)	方程式：$\lg P=6.212082-357.258/T-1.3155\times10^{13}/T^8$(53.54–90K) T(K)53.56　60.50　69.57　77.17　81.59　85.05　89.40 实测值　0.223　1.719　11.24　37.38　67.21　101.7　162.64
临界温度(K)和压力(atm)	144 和 55
密度(液体)(g · cm^{-3})	方程式：$\rho=1.5127+0.00635(T_B-T)$，($T_B$ 为 85.02K) T(K)　66.03　70.00　77.22 实测值 ρ　1.633　1.608　1.562
离解热(kJ · mol^{-1})	157.7 ± 0.4
标准熵(J · mol^{-1} · K^{-1})	F_2：202.5　F：158.6
电离能(kJ · mol^{-1})	1682
电负性	4.10(Allred–Rochow Scale)，3.98(Pauling)，3.91(Mulliken)
电子亲合势(kJ · mol^{-1})	338.9
标准还原电势(V)	+2.9V(计算值)
水合热(F^-)(kJ · mol^{-1})	506
原子和离子半径(pm)	71 和 133

由表看出，氟的离解能非常低，是导致其化学活性高的重要因素之一，但是对于氟分子中 F—F 键的低强度的原因仍未得到很好的解释.

Mulliken[15]注意在肼中的 N—N 键、在过氧化物中的 O—O 键和 F—F 键比与它们相应的 P—P，S—S 和 Cl—Cl 的键的强度都较弱，而且键长较长(与相应的原子半径相比较). 他假定后一类型的分子中有部分是 *pd* 杂化轨道参予了成键的，致使 P—P，S—S 和 Cl—Cl 形成有重键的特征. 氟分子的离解能低，说明了它与相邻的形式上有重键性质的氮分子、氧分子和具有部分重键性质的氯分子不同，不具有重键的性质. Caldow 和 Coulson[16]采用简单的价键原理和假定纯 $p\sigma$ 成键来说明卤素电离能的大小，就氟与其他卤素相比较，氟的特征是由于其具有较大的电子–电子间的排斥作用以及较少的电子云重叠有关. 故可认为这个 Coulomb 能项(电子–核吸引)的作用直接与形成氟分子的低离解能有关.

氟的离解能可以使用隙透法(effusion method)直接测定. Wise[17]报道氟的离解平衡常数 K_p 的值在 550K 时为 3.88×10^{-5} 和 790K 时为 2.1×10^{-3}. 表 18.2 中所引的 F_2 及 F 的标准熵为 202.5 和 158.6，与相应的 Cl_2 的值 225.5 和 Cl 的值 165.8 是十分相似的，而且在气态时溴和碘也有对应的数值. 卤素彼此间熵值相类似这一点意味着除了高温情况外，研究卤素之间的反应完全可以用焓值为基础进行相应的研究.

从氟到碘四种卤素的电离能是 1682，1255，1142 和 1008kJ · mol^{-1}，据此得到的电负性是 4.10，2.83，2.74 和 2.21. 根据 BornHaber 循环计算和后来测得的电子亲合能有不同的顺序 338.9，354.8，330.5 和 301.7，这点在最初是令人奇怪的. 为此，要重新指出 Pauling 关于电负性的解释：所谓电负性是指在分子中原子吸引电子的能力，而电子亲合势是指电子被加合到孤立的原子、离子或分子上时所释放的能量. 卤素的电子亲合能可以通过气态卤素对碱金属的卤化作用的热力学循环来进行计算，即

$$\mathrm{M(s)}+\frac{1}{2}\mathrm{X_2(g)}\longrightarrow \mathrm{MX(s)}+\Delta H_f$$

生成热 ΔH_f 同金属的升华热 ΔH_s 和电离能 $I_{(\mathrm{M})}$ 以及卤素的离解能 $D_{(\mathrm{X_2})}$ 和电子亲合能 $E_{(\mathrm{X})}$ 有关，也与离子型固体的晶格能 $U_{(\mathrm{MX})}$ 有关，可用下面关系式表示

$$\Delta H_f=\Delta H_s+I_{(\mathrm{M})}+\frac{1}{2}D_{(\mathrm{X_2})}-E_{(\mathrm{X})}-U_{(\mathrm{MX})}$$

式中的电子亲合能可以从晶格能的计算值和实验测得的 ΔH_f，ΔH_s，$I_{(\mathrm{M})}$，$D_{(\mathrm{X_2})}$ 值按如下关系式求得

$$E_{(\mathrm{X})}=\Delta H_s+I_{(\mathrm{M})}-U_{(\mathrm{MX})}-\Delta H_f+\frac{1}{2}D_{(\mathrm{X_2})}$$

对于任一指定的金属卤化物，其第一、第二项是恒定的，离子氟化物比起相应的其他卤化物具有较高的生成热和晶格能，尤其是氟的离解能十分低，这就使氟的电子亲合能的计算值低于所预期的数值，或根据电负性推断的数值.

由于氟同水反应，所以不能直接测定氟与水合氟离子体系的标准电极电势，但是它可以由其他卤素与卤化物体系的计算和比较而求得. 如根据以下循环

$$\frac{1}{2}\mathrm{X_2(g)}\rightarrow \mathrm{X(g)}\rightarrow \mathrm{X^-(g)}\rightarrow \mathrm{X^-(aq)}$$

可以计算出氟的 E°为+2.9V，它比氯、溴、碘的实验测定的 E°值+1.356，+1.065，+0.535V 要大得多. 与其他卤素相比，有两个因素使氟由气体分子转变为水合阴离子时有较大的能量变化，其中的一种因素是前面已提到的氟的低离解能，另一因素为离子的水合热. 从氟到碘四种卤离子的水合热分别为 506，368，335 和 293kJ · mol^{-1}. 比较一下氟同氯的循环过程就很清楚，两者的电子亲合能相近，离解能也相差不多，但是 F^-(aq)的生成能比 Cl^-(aq)的生成能则大得多.

在表 18.2 中，氟原子半径是 71pm，该值取自氟分子的氟–氟距离. 但是，如果采用普通公认的碳原子半径时，碳—氟键长预计应为 148pm，而实测值为 132pm. 据此，氟原子的半径应为 64pm. 已测得其他卤素的原子半径分别为氯 99pm、溴 114pm、碘 133pm. 若从卤化物中离子的半径来看，氟化物与氯化物的离子半径之间的差别比起其他相邻卤素间离子半径的差别要大得多. 卤化锂的 X 射线结构分析表明，从氟化物、氯化物、溴化物到碘化物中的阴离子半径值分别为 133，181，196 和 216pm，氟与氯间的差值远大于其他相邻卤素间的差值. 这种不连续变化的差值反映出氟的反应活性与其他卤素有显著的差别，当离子型固体形成时，氟离子的大小导致了晶格能数值的增高.

在化学上，将氟化物中的氟离子半径同氧化物和氢氧化物中的 O^{2-}和 OH^-离子相比较是很有趣味的，它们的离子半径大约都是 140pm，与硫化物的硫离子半径 184pm 相比要小得多. 因此，这不仅可解释在无机盐中氢氧化物很容易被氟化物置换，而且也能很好地解释为什么许多氟化物同氧化物之间具有相同的晶体结构(例如氟化钠同氧化镁结构相同)，而即使是同一种金属离子的不同卤化物其结构也有明显的不同. 正因为如此，氟化钙和氟化汞具有萤石结构，但氯化钙是层型晶格结构，而氯化汞却是分子型结构.

氟的光谱性质报道很少，在波长 410nm 以下有连续的吸收，而在 280nm 附近处有吸收极大值，如图 18.6 所示[18].

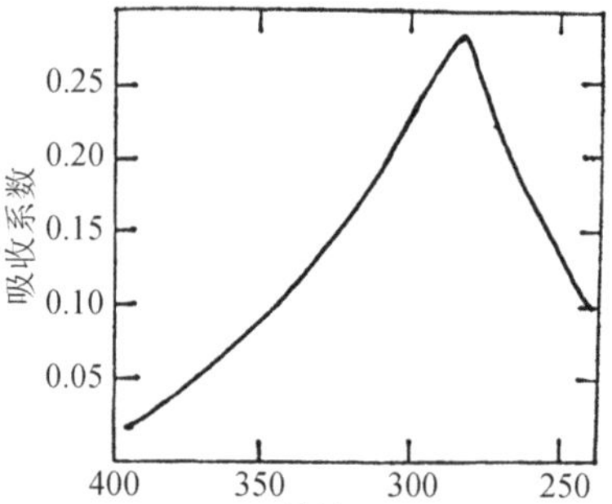

图 18.6 氟的吸收光谱

1.1.4 氟的化学反应性

氟的化学反应活性很大，几乎能与所有的元素化合. 在化合物中，氟的氧化态只能以–1 形式存在. 它同电正性大的元素形成离子型的氟化物. 虽然氟没有出现过比 1 大的共价形式，但是已经发现相当多含氟桥键的化合物，如$Sb_3F_{15}^-$，$As_2F_{11}^-$以及过渡金属如钼、钨、铌、钽等高氟化物的四聚物. 氟最典型的化学性质就是它具有强的氧化性和反应活性. 它同某些元素反应时能形成该元素特有的高氧化态氟化物，如$Bi^{V}F_5$，$I^{VII}F_7$，$Pt^{VI}F_6$，$Ag^{II}F_2$，$KAg^{III}F_4$，$Tb^{IV}F_4$，$Na_2Pr^{IV}F_6$，$Pu^{VI}F_6$和$Cm^{VI}F_6$等.

(1) 氟化物的键能

氟分子比其他卤素分子的离解能低，这表明它比其他卤素有更大的反应活性. 具有较弱键能的氟分子在与其他物质反应生成化合物时，氟原子与其他元素原子间却形成较强的键. 表 18.3 列出了四种卤素与氢、硼、铝和碳分别形成相应卤化物的键能.

表 18.3　卤素化合物的平均键能($kJ \cdot mol^{-1}$)

	HX	BX_3	AlF_3	CX_4
F	569	644	582	456
Cl	431	444	427	326
Br	368	368	360	272
I	297	272	285	238

由表中所列的卤化物的键能可以看出，氟化反应的焓都大于其他卤化反应的焓，表明形成氟原子时只需很少的能量，而在形成氟化物时又能放出很多的能量，致使氟化反应很容易发生，甚至在其他卤化作用不能发生的情况下，它也能够发生反应. 这类反应性的差异用焓变或根据键能大小来加以比较是很能说明问题的. 如上所述，对不同卤素来说，它们的熵值是十分相近的，而焓变则有明显的差别. 因此，根据焓或自由能变化来判断有关氟和氟化物能否参与反应常常是可靠的. 不过也应考虑反应中动力学竞争因素所产生的影响. 例如，CF_4和SF_6是两个惰性大的化合物，通常不能与水反应，它们水解时自由能变化如下：

$$CF_4+2H_2O \longrightarrow CO_2+4HF, \quad \Delta G=-151kJ,$$

$$SF_6+3H_2O \longrightarrow SO_3+6HF, \quad \Delta G=-301kJ.$$

显然，上述两个反应需要很高的活化能才可以发生.

(2) 共价氟化物的形成

与其他卤素化合物相比较，氟化物更易形成共价化合物，特别在高氧化态化合物中更是如此. 例如：SF_6很易由硫直接氟化制得，而最高价态的氯化物是二氯化硫，这种差别可以通过各种因素如硫的蒸发和雾化的能量、各个卤素离解为气态原子的难易以及 S—F，S—Cl 键的强度等来找出定量的关系.

Bartlett 应用热力学循环方法推断了稀有气体氟化物的稳定性[19]. 他认为氙的氟化物可以很容易地由元素生成，而氯化物和氧化物不能自发生成. 氪的氟化物

可以形成并具有一定的稳定性. Bartlett 是以下面的热力学循环来讨论氙的氟化物、氯化物和氧化物的形成情况的

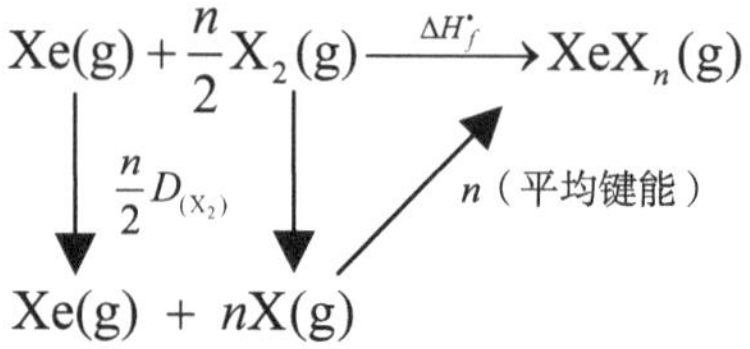

他认为如果某个化合物的平均键能大于卤素或氧的离解能的一半，那么该化合物的形成将是放热的，氙氟化物的键能实验值约在 126—146kJ · mol^{-1} 之间，该值超过了氟分子离解成氟原子所需要的 79.1kJ · mol^{-1}，所以氙氟化物可以直接地由元素合成. 将氙氟化合物平均键能测定的结果与有关的氟和锑、碲、碘、氙以及氟和砷、硒、溴、氪化合物的平均键能进行比较，发现它们之间有一定的联系. 应用外推法估计了氪氟化物的平均键能，如图 18.7 所示[20].

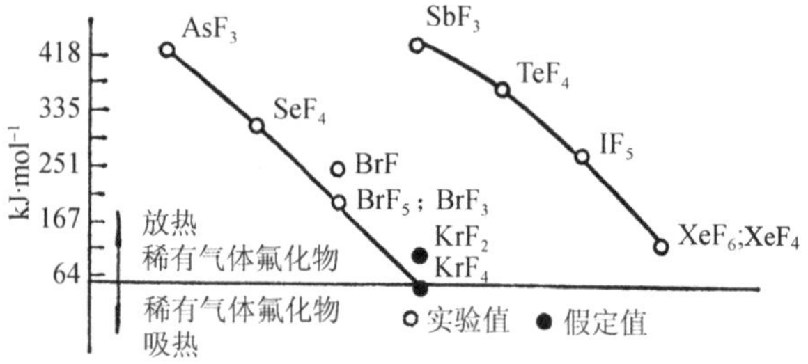

图 18.7　某些氟化物的平均键能(kJ · mol^{-1})

Bartlett 假定某个具有热力学稳定性的稀有气体氟化物，其平均键能必需大于氟的离解能(79.1kJ · mol^{-1})的一半才能稳定存在. 而用外推法算得的 KrF_4 的平均键能如图 18.7 所示，它刚好处在化合物稳定区的边沿. 然而，若注意到 BrF 的键能(245.9kJ · mol^{-1})比起 BrF_3 和 BrF_5 的键能(202.1 和 199.6kJ · mol^{-1})大得多，且由推导出的 KrF_2 的键能也比 KrF_4 的键能大，因此，预测它们都应能稳定存在. 这一推断是重要的，它能预示出某些稀有气体氟化物存在的可能性. 虽然当时还没有制得 KrF_2 和 KrF_4，但时过不久 KrF_2 和 KrF_4 都被相继合成出来，而且 KrF_2 是稳定的，而 KrF_4 则是极不稳定的.

同样，Bartlett 还认为稀有气体的氯化物和氧化物要作为一个热稳定的化合物存在时，其平均单键键能也必须是大于 126kJ · mol^{-1}，因为从氯分子生成氯原子需要 121.8kJ · mol^{-1}，而从双键氧分子生成氧原子时需要 247.7kJ · mol^{-1}. 并由已知的化合物的平均键能外推得到图 18.8 的结果.

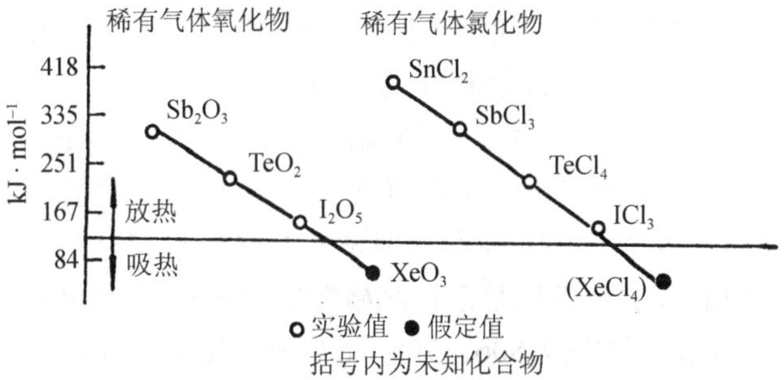

图 18.8　某些氧化物和氯化物的平均键能和外推结果

图 18.8 表明，稀有气体氯化物和氧化物的键能要比热力学上稳定的要求值 126kJ · mol^{-1}低，因此，现在还未得到 $XeCl_4$，而仅能得到 $XeCl_2$，它是采用间接方法以二氟化物为起始物而制得的. XeO_3是采用 Xe 的高氟化物经水解而间接制得的. 很显然，这两种化合物的获得是依赖于动力学的因素而非完全是化合物本身的热力学稳定性. 事实上，氙的三氧化物的生成热约为+397kJ · mol^{-1}，而该化合物生成后会自发地产生爆炸.

(3) 离子氟化物的形成

当讨论氟同其他卤素在生成共价卤化物的反应活性时，一个重要的因素是对各个卤素的键强和生成相应卤化物的键强加以比较. 虽然卤素的离解难易程度在讨论离子卤化物形成时是很重要的. 但是晶格能的影响也决不可忽视，特别是对于包含有高正价态阳离子的晶体化合物. 由于氟离子比其他卤离子小，所以其固体化合物的晶格能较其他卤化物来得高. 表 18.4 列出碱金属卤化物的晶格能数值[21].

表 18.4　碱金属卤化物的晶格能(kJ · mol^{-1})

	F	Cl	Br	I
Li	1021	837	795	736
Na	900	770	736	686
K	808	703	674	636
Rb	766	678	653	619
Cs	736	640	628	598

由表中可以看出，对于某一种卤离子而言，随着碱金属阳离子半径的增大，它们之间静电吸引力减弱. 例如氟化物的晶格能依 Li—Cs 顺序减小，熔点和沸点一般也随之降低.

最简单的情况是按以下过程来讨论碱金属氟化物的生成.

$$\left.\begin{array}{l} M(s) \xrightarrow{\Delta H_1} M(g) \xrightarrow{\Delta H_2} M^+(g) \\ \qquad\qquad\qquad\qquad\qquad + \\ 1/2\, X_2(g) \xrightarrow{\Delta H_3} X(g) \xrightarrow{\Delta H_4} X^-(g) \end{array}\right. \xrightarrow{\Delta H_5} MX(s)$$

就一个指定的金属来说，无论它同哪一个卤素起作用，它由固态金属变成气态阳离子所需的能量($\Delta H_1+\Delta H_2$)是相同的，但另一方面当形成气态卤离子时，其中卤素分子离解所吸收的能量(ΔH_3)和该卤原子在接受电子时放出的能量(ΔH_4)却不尽相同. 对于氯、溴和碘来说，各原子的电子亲合能和原子的生成能之间的差值几乎都维持在约 230kJ · mol^{-1} 左右，但是氟的这个差值为 259kJ · mol^{-1}. 因而对于这些反应之间的最大差别应是来自晶格能项(ΔH_5). 以卤化钾为例，从氟化钾到碘化钾的晶格能(ΔH_5)分别是 806，703，674 和 636kJ · mol^{-1}.

Sharpe 讨论了阳离子的电荷比 1 大的离子型卤化物的生成热，指出随阳离子电荷的增加对晶格能的影响变得更重要. 如碱土金属氟化物的生成热比碱金属氟化物大，熔点和沸点更高.

将上述离子型卤化物的生成原理加以扩展，以讨论卤素和固态离子卤化物间的气、固相反应时则有

$$MX_n(s)+\frac{n}{2}X'_2(g) \longrightarrow MX'_n(s)+\frac{n}{2}X_2(g)$$

由于作为反应物的卤素分子有低的离解能，而生成物是具有高晶格能的离子型化合物，故把氟作为氧化剂就很容易地使上述反应进行，而且氟跟碘化物比氯化物更易反应. 不过，有关活性的推断会由于氟和卤素间产生反应而使实际情况变得复杂起来. 但从热力学数据的推断还是能看出某些离子型氟化物不能与氯、溴、碘反应的原因.

如果上面提到的氧化作用是在水溶液中进行的，则情况大不一样，其相应方程式为

$$X^-(aq)+\frac{1}{2}X'_2(g) \longrightarrow X'^-(aq)+\frac{1}{2}X_2(g)$$

就氟而言，其标准还原电势和阴离子的水合热比其他卤素的要大得多，因此，元素氟很容易从其他卤化物溶液中取代出氯、溴、碘，但是却由于发生了水被氟氧化的副反应而使情况变得复杂.

与上述讨论的情况不同的是把离子型氟化物作为有机化合物的氟化剂时，其氟化反应是通过离子型氟化物与有机卤化物之间进行卤素交换而将氟原子引入有机化合物中去的，例如

$$RCl+MF(s) \longrightarrow RF+MCl(s)$$

该反应的热焓显然与此金属的两种卤化物的晶格能差别有关，其差值越小越有利于反应的进行. 如 CsF 同其他碱金属卤化物相比，其差值较小(见表 18.4)，所以 CsF 是碱金属氟化物中较强的氟化剂. 还要指出的是，除碱金属以外，其他金属氟化物用作卤素交换反应氟化剂的情况，如果某一金属的氯化物比其氟化物的离子性低时，则该金属的氟化物将是较好的氟化剂. 如与 AgF 及 HgF_2 相应的氯化物具有明显的共价性质，它们比起有相应晶型结构的 NaF 和 BaF_2 是更强的氟化剂.

1.1.5 氟及其化合物的分析[22–26]

氟的分析方法是以氟化物与其他卤素化合物在溶解度、形成配位化合物性质上的显著差别为基础的. 如重量法、容量法和光度法就是利用氟化物与其他卤化物有不同的溶解度及其与钍、锆、铈、镧、铝等生成更稳定的化合物. 在分离对氟的测定有干扰的离子时，是利用某些元素的离子与氟离子生成易挥发的氟化物，如 SiF_4，H_2SiF_6，BF_3 和 HBF_4 等而除去的. 氢氟酸对二氧化硅和硅酸盐有特殊的腐蚀作用，在脱水性酸的存在下能生成具有挥发性的四氟化硅和氟硅酸，这是鉴定和分离氟的重要反应.

随着氟化物工业的发展和氟化学的进步以及饮水卫生、环境保护的需要，促使氟的分析化学获得迅速发展，P. J. Elving，C. A. Horton 和 F. D. Snell 对氟的分析已作过综合的评述. 1966 年以来离子选择电极的出现对氟离子的测定带来了很大的方便. 但是，对于复杂体系的氟化合物的测定，仍然存在有分离的问题，要求精密且准确地测定氟的含量，也还要借助容量法. 对于一些不能转变为氟离子的气体化合物，则要采用色谱法分离与鉴定. 所以有关氟及其化合物的分析，需要根据实际情况而采用不同的方法互相配合，才能得到较好的效果.

(1) 元素氟的测定

测定气态样品中的氟常用溴化物(或氯、碘化物)取代法. 此法是将含氟气体通过一种含溴化物的溶液，使溴游离出来并吸收在氢氧化钠溶液中，最后使 Br_2 转变成次溴酸盐

$$2Br^- + F_2 \longrightarrow Br_2 + 2F^-$$

$$Br_2 + 2NaOH \longrightarrow NaBrO + NaBr + H_2O$$

生成的 NaBrO 用乙酸–碘化钾处理，游离出碘，最后以硫代硫酸钠溶液滴定之.

应当注意，含氟的气体样品中常因来源不同而含有不同的杂质，如由电解法产生的气体样品中除氟外，尚含有氟化氢、氧、一氧化碳、二氧化碳、氮和氩等. 在进行分析时首先将气体混合物通过氟化钠固体以吸收氟化氢，(生成 $NaHF_2$). 随

后通过无水氯化钠，氟能使氯游离出来；然后将含有氯、氧及一些非活性气体(如氮、氩、二氧化碳等)通过取样器，取样器中以 2mol · L^{-1} 的氢氧化钠溶液吸收氯生成次氯酸盐，进一步以乙酸–碘化钾溶液处理使碘析出来，最后用硫代硫酸钠滴定析出的碘，以算出氟的含量. 混合气体中氧通过焦性没食子酸的碱性溶液吸收而测定，剩余的为非活性气体. 利用此法测定气体氟其总的误差约为 0.4%. 此法也适用于测定有机化合物电解氟化时所发生的副反应中的氟.

(2) 氟化物的重量测定法

重量法测定氟需要使氟生成具有确定化学组成的沉淀. 较理想的物质为氟化钙、氟化镧和氟氯化铅. 氟的重量分析法在氟化学研究初期普遍使用，缺点是过程太长，费时间. 氟化钙的溶解度小(18℃时为 1.83mg/100ml)，该沉淀可在弱酸性溶液中生成，因此，可以除去碳酸盐的干扰，但是在乙酸中氟化钙的溶解度较大. 沉淀氟化钙时常有凝胶产生，使沉淀难过滤. 为此，常采用加入磷酸钙的方法，使氟化钙与磷酸钙共沉淀下来而使沉淀的情况得以改善. 硫酸盐、磷酸盐及大量碳酸盐的存在均影响分析的结果.

将氟离子沉淀为氟氯化铅形式是测定氟常用的方法之一. 在水溶液中，氟氯化铅在 25℃时溶解度为 33.8—37.0mg/100mlH_2O，但是，如果溶液中含有过量的氯离子和铅离子时，氟离子浓度则随之降低. 如在溶液中氯化铅浓度为 0.01 和 0.02mol · L^{-1} 时，在 25℃下氟氯化铅的溶解度分别为 0.8 和 0.5mg/100mlH_2O. 而且，温度的降低其溶解度更小. 从中性溶液中沉淀的氟氯化铅可先用氯化铅溶液洗涤，然后再用水洗，最后于 140—150℃烘干. 氟的分析误差在–0.3%—+0.46%之间.

(3) 氟化物的容量测定法

容量法测定氟，通常是使用硝酸钍作滴定剂和茜素红 S 作指示剂. 这种指示剂在钍离子过量时，生成配位化合物而使黄色的茜素红 S 转变为玫瑰红或洋红色. 此法在滴定终点时颜色变化的显著与否，取决于介质的 pH 值及指示剂性质等. 其中 pH 值的影响最大，因此需要使用缓冲溶液，使其 pH 值维持在一个较窄的范围内. 如在 pH 为 3.0—3.5 的范围内可以得到最佳的效果. 缓冲溶液常使用一氯乙酸及其盐，并在 50%的乙醇溶液中滴定. 在水溶液中滴定时要使 pH 保持为 3.0. 指示剂除茜素红外，还有选用铬蓝 S(Chrome Azurol S)或使用双色指示剂的. 滴定剂也可用硝酸锆、铝盐及稀土盐类等.

使用硝酸钍作滴定剂时，因为没有确定化学含量的基准钍化合物，所以必须采用已知的标准氟化物溶液来标定钍试液. 某些杂质对测定有干扰，特别是磷酸盐、砷酸盐、砷化物和硫化物，故在分析滴定氟化物溶液时要预先从溶液中除去.

利用生成氟氯化铅沉淀为基础的间接测定氟的容量法也被广泛地应用. 将生成的氟氯化铅沉淀过滤后，用硝酸溶解，按通常的方法测定氯的含量或用 EDTA

法滴定铅，最后换算为氟的量.

(4) 氟化物的比色测定法

比色法测定氟的原理是基于某些金属离子和氟离子作用，在生成配位化合物或沉淀时要比该金属离子与其他任何离子或有机化合物作用形成生色团的过程更容易. 在此，颜色的消褪是所存在的氟离子与金属相结合的浓度的函数. 常用金属离子有锆、钍、铝、铈、钛、铁等，它们可分别生成 ZrF_6^{2-} 或 ZrF_4，ThF_4，AlF_6^{3-} 或 AlF_3，TiF_6^{2-}，FeF_6^{3-}. 但问题并非如此简单，因为在溶液中还可能产生其他平衡，如水解、配位化合物的生成、沉淀和离解等，从而使比色法所测定氟的结果偏离 Beer 定律. 这也是用硝酸钍滴定氟化物时经常出现偏差的原因. 某些金属及氢离子的氟代酸盐的平衡，按稳定性降低的顺序为：Th^{4+}，Al^{3+}，Be^{2+}，Zr^{4+}，Fe^{3+} 和 H^+，所以钍、铝和锆盐常使用来比色测定氟. 用锆和茜素红 S 方法测定水中的氟化物应用很广泛. 锆离子除了能和茜素红 S 生成有色化合物外，还和该类型的许多衍生物生成有色基团，因而常用作比色测氟的生色剂. 用类似的指示剂沉淀 Ce(III)形成一种红色化合物，它被氟转变为配合物时，得到一种蓝色含氟化合物和 Ce–茜素配合物，其摩尔比为 1∶1. 根据这一反应原理为基础的分光光度分析法已有详细研究，并已应用在饮水中含氟量的测定上.

(5) 氟化物的电学测定方法

早在 1960 年以前就有过许多关于电位、电流和极谱法测定氟的论述，大都基于氟化物能生成配位化合物的作用而引起溶液电位变化的原理，但是很少是可靠和成功的，因此没有得到实用. 1966 年出现离子选择电极测定氟的方法[25, 26]，它是采用氟化镧单晶片封固在坚固的塑料管的一端作传感器，内部溶液通常用 $0.1mol \cdot L^{-1}$NaF 和 $0.1mol \cdot L^{-1}$NaCl，并以 Ag/AgCl 作内部参比电极，测量时再用一支饱和甘汞电极作外部参比电极组成电池. 氟离子选择电极的电势与试液中氟离子活度的定量关系符合 Nernst 方程，即

$$E_{F^-} = 常数 + 0.059\lg a_F (在 25℃时)$$

在实际工作中是以 F^-离子标准溶液校正电极常数的. 在 $1—10^{-6}mol \cdot L^{-1}F^-$ 离子浓度范围内完全符合上式的线性关系. 氟离子选择电极测定氟有较高的选择性，如 PO_4^{3-}，CH_3COO^-，NO_3^-，SO_4^{2-}，HCO_3^- 和其他卤离子都不干扰测定，但 OH^-离子有干扰. 因此，在测定氟时要加入一定离子强度的缓冲溶液，以使溶液维持稳定的离子强度，并保持介质 pH 的恒定，再则是为了离解含氟的金属配位化合物，使氟能成为 F^-状态进入溶液，使之能顺利进行测定.

由于使用一般的化学分析方法测定氟离子较为麻烦，而应用氟离子选择电极法很方便，且与硝酸钍滴定法所得结果相符，因此，氟离子选择电极法已被广泛

采用. 该法可测定硅酸盐、岩石中的 F^-，也可测定水中的 F^-，应用时用缓冲溶液控制和维持 pH 值在 5.0—5.5 范围内进行. 以氟离子选择电极作指示电极，还可以用电位法来测定氟. 此外，氟离子选择电极还可作气相色谱的检测器，其对氟化物的响应效果比其他有机化合物约大一万倍，能检出 5×10^{-11}mol 的氟苯. 氟离子选择电极在微量分析中已得到广泛的应用，氟的检出下限达到 10^{-8}mol.

(6) 氟化物分析中干扰杂质的除去

许多阴离子如 PO_4^{3-}，AsO_4^{3-}，S^{2-}，CO_3^{2-} 以及一些阳离子 Fe^{3+}，Al^{3+}等对氟的分析测定有严重的干扰，因此使氟和这些离子分离是获得准确分析结果的重要措施. 常用的方法是使氟转变为易挥发的 H_2SiF_6 或 HBF_4，通过蒸馏法将其馏出.

用硫酸或高氯酸在有石英砂、玻璃或多孔玻璃等二氧化硅的存在下处理试样，氟便以气态的氟硅酸形式被释出. 通过不断地加入水或蒸气并使溶液温度保持在 135—145℃下沸腾蒸馏时，氟硅酸将与水蒸气一道蒸出，冷凝收集时，氟几乎可全部收集在最初馏出的 50—75ml 的馏出液中，为了确保氟完全收回，可适当增加馏出液的收集量. 硼酸、铝盐、硅酸盐等有阻缓氟离子馏出的作用，应预先除去. 在氟含量较高的情况下，有时要进行二次甚至三次蒸馏处理. 直接采用水蒸气蒸馏的方式有时更利于氟硅酸从溶液中分离馏出. 微量的氟分离蒸馏法有时效果是不佳的，可用高温水解法来弥补蒸馏的不足. 在约 1000℃的铂或镍管中用过热蒸气通入氟化物中，使氟化物水解，产生的氟化氢经浓集后用标准氢氧化钠滴定，或用比色法测出. 也有用离子交换技术分离干扰杂质的，如在四氟化铀的分析测定中，已用此法来除去干扰离子.

1.1.6 氟化合物的毒性和生理性质[1, 27–29]

氟化合物对人体是有害的，少量的氟(如 150mg 以内)就能引起一系列的病痛，大量的氟化物进入人体会发生急性中毒. 由吸入量的不同可产生各种病症，如厌食、嗯心、腹痛、胃溃疡、抽筋出血乃至死亡. 如果是非致死量的中毒，那么恢复是十分迅速的，特别是使用静脉或肌肉注射葡萄糖酸钙治疗时，约有 90%的氟可以迅速被消除，但残留部分则要相当长时间才能除去. 经常接触氟化物的人，如铝厂、磷酸盐厂和含氟化合物的化学厂矿人员，会发现有骨骼变硬、脆化和牙齿脆裂、断落等症状. 有些地方饮水含氟过高，也导致氟中毒病症，严重的会引起瘫痪而丧失劳动力.

氟对昆虫的毒性近似氰化氢. 对植物的毒性类似于二氧化硫，使叶端和叶脉出现白斑或褐斑，受害严重时，1—2 年即枯死. 在氟的浓度低于 1000ppm 时，植物可以正常生长. 对人类生活环境的允许量还没有确定的标准，但极限浓度约为 1—3ppm.

痕量氟是人体所需要的，饮用水中含有 1ppm 以下的氟时，可预防龋齿的发生，但含量高于 1ppm 时则牙齿会逐渐出现斑点并变脆. 饮用水含氟量与龋齿发生的关系见图 18.9.

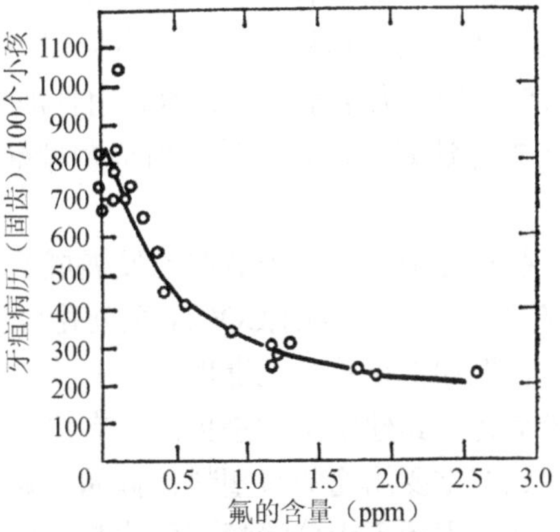

图 18.9　饮用水中氟含量和牙疽病之间的关系

氟化物在空气、饮水和食品中存在量对生物体组织的危害情况阐述在表 18.5 中[30].

表 18.5　氟化物对生物体组织的危害情况

含氟量	氟的存在处所	作用
1ppm	水	预防龋齿
2ppm	空气	对植物有危害
2ppm	水	出现斑状齿
5ppm	尿	未看到骨硬化症状
8ppm	水	出现 10%骨硬化症状
50ppm	食物或水	甲状腺异常病变
100ppm	食物或水	生长迟缓
>125ppm	食物或水	肾异常病变
20—80mg	水或空气	伴随出现有明显的氟中毒症
2.5—5g	急性中毒量	死亡

含氟化合物可分为不溶性、可溶性、酸性、气体和有机氟化物几种毒性类型. 不溶性氟化物毒性低，对皮肤无刺激性，但当吸入相当量的粉尘后，由于机体的吸收也会导致慢性中毒. 可溶性氟化物易被机体吸收，但可迅速被排出. 若一次吞服 5—10g 时会引起胃肠出血以致死亡. 酸性氟化物如氢氟酸、氟硼酸、氟硅酸及通常水解时形成酸的氟化物盐类，这些化合物都剧烈地腐蚀皮肤，使接触处发生红肿并蔓延而酿成难愈的溃疡. 单质氟、氟化氢等气体对人的眼、鼻有刺激，吸入多量会引起严重的气管炎和肺水肿以致死亡.

任何接触氟化物工作的人最严重和最危险的是脸部和皮肤接触氟和氟化物. 因此，使用氟和氟化物时必须遵守操作规程并有可靠的安全措施，包括操作用具、橡皮手套，有遮盖的防护面罩和有防酸性气体的防毒面具. 工作场所应有良好的通风设施，对反应活性大的物品还应有防爆装置. 若被氟化氢和氟化物灼伤时要及时处理，灼伤部位先用大量水冲洗，然后用甘油氧化镁(操作氟化物时的常备用药)涂敷，最妥善的办法是立即在患处注射葡萄糖酸钙，以使氟被固定为不溶性的氟化物.

有机氟化物中有一些毒性很大，其中有些已发展成为军事目的. 含氟羧基的代谢作用曾被深入研究过. 对于 $F(CH_2)_nCOOH$ 系列化合物中，当 n 为奇数时是极毒的，而 n 为偶数时毒性却很小甚至无毒性. 如 n 为 1 时的一氟乙酸，其钠盐有毒，被用作药杀啮齿动物和其他害虫的杀虫剂. 有机氟化物中另一类毒性很小的氟碳化合物，已被制成有重要用途的氟塑料，食品冷藏用的致冷剂和一些医药产品. 有机氟化物的毒性作用还不十分清楚，可能与不稳定的氟离子被溶出并随之发生水解产生氟化氢有关，因此，稳定的氟化物其毒性则很小.

1.2　氟化氢及其溶剂体系[1, 31–38]

氟化氢是氟的重要化合物之一，它有许多特殊的物理和化学性质，所以在理论上和应用上很早就引起人们的注意. 在无水氟化氢溶剂中，关于物质溶解过程的物理化学研究早已开始，初期主要研究其电导、沸点、物质在氟化氢中的溶解度、蒸气压、凝固点下降和沸点升高等性质，并对化合物在氟化氢中的溶解情况作了科学的分类[39].

1950 年，Simons 系统地评述了氟化氢在固态、液态和气态时的性质和在无水氟化氢溶剂中物质的溶解过程，对主族元素和低价态的过渡元素氟化物在其中的溶解度进行了测定. 近年来由于采用了新的技术对氟化氢体系进行了大量的研究，得到了更精确的电导、吸收光谱、NMR 谱等数据，因此，对氟化氢体系的溶解过程、溶剂化作用、分解作用、酸碱反应和氧化还原反应等都有了更深入的了解.

1.2.1　氟化氢的制备和化学性质

在工业上制备氟化氢的方法是将萤石与浓硫酸作用，加热到约 700℃，或用氟氢化钾加热至 500℃进行热分解

$$CaF_2 + H_2SO_4 \xrightarrow{700°C} CaSO_4 + 2HF$$

$$KHF_2 \xrightarrow{500°C} KF + HF$$

产生的氟化氢气体在低温下冷凝为液体. 这样收集得到的氟化氢常含有水，硅及硫的化合物. 要制造纯的无水氟化氢，可通过蒸馏、电解和生成配位化合物等方法进行提纯. 例如，从萤石和硫酸制得的氟化氢含有 SiF_4 和 SO_2，若将氟化氢吸收到氟磺酸 SO_3HF 中，则 SiF_4 就遗留在残余的气体中. 把氟磺酸加热到 160℃，氟化氢即由氟磺酸中脱出，得到纯的产品. 氟化氢与水结合很牢，并能生成恒沸混合物，因此要脱除氟化氢中的水分是困难的，所以最好的方法是在原料中先将水分除去. 如 KHF_2 含有水时，可利用电解的方法进行脱水，因为任何其他元素的阴离子电解时，在氟释出前都会在石墨阳极上被电解除去.

制取无水氟化氢还可用有机溶剂从氟化氢水溶液中萃取，分离水相后，把萃取液蒸馏使有机溶剂与氟化氢分离得到无水氟化氢. 有机溶剂可用烷基胺、丁烷、环己醇、异己酮和异戊酮等.

采用单质氟和氢直接化合或氟与水作用制备氟化氢不仅是危险的而且也是没有意义的.

在实验室中常使用氟化氢的水溶液即氢氟酸，其制备方法是将产生的氟化氢气体用水吸收. 温度低于 20℃时氟化氢可与水按任意比例混合，在 112℃时形成恒沸混合物，此时氟化氢的含量约为 37%. 氟化氢溶液的组成–沸点关系、水溶液的密度分别见表 18.6[40]和表 18.7[41].

表 18.6　氟化氢–水体系的沸点

HF 的成分(重量%)		沸点(℃)	HF 的成分(重量%)		沸点(℃)
液体	蒸气		液体	蒸气	
5.47	0.87	101.6	47.0	65.7	108.7
10.1	2.03	102.8	49.2		106.8
20.6	7.06	106.8	52.9	82.6	101.7
24.7	11.6	108.4	54.8	87.4	98.9
30.1	19.4	110.3	58.6	92.9	90.9
36.2	32.8	111.7	60.7	97.3	86.6
36.8	34.4	112.0	64.1	98.0	79.0
37.2	36.4	112.1	66.2	98.7	74.6
38.22	38.15	112.3	72.0	99.8	61.6
38.27	38.26	112.4	81.4	99.3	45.1
39.2	41.1	112.1	89.0	99.5	33.5
42.2	50.1	111.4			

表 18.7　氟化氢水溶液在 15℃时的密度

HF(%，按重量计)	密度(g · cm^{-3})	HF(%，按重量计)	密度(g · cm^{-3})
5.06	1.017	36.4	1.134
10.1	1.035	39.9	1.149
15.3	1.054	42.4	1.1595
20.25	1.072	47.3	1.179
26.4	1.097	48.4	1.183
29.8	1.1085	53.8	1.205

氟化氢的重要特性之一是氟和氢键合很牢，1mol 氟化氢离解成相应原子时约需要 627.6kJ. 氟化氢的化学反应性强，与许多化合物发生反应，由于它具有较高的酸性，能与氧化物和氢氧化物作用生成水，与氯、溴、碘的金属化合物能发生取代反应. 它与大多数金属发生作用，但有些金属如铁、镍等在氟化氢中能形成不溶性的氟化物保护膜，阻碍其进一步作用. 铜在没有氧化剂(如氧等)存在时，也不会与氟化氢反应，但当有氧存在时会很快被腐蚀. 某些合金如 Monel 合金对氟化氢有很好的抗腐蚀性，但不锈钢的抗腐蚀性很差. 氟化氢能侵蚀玻璃，因它与二氧化硅作用能生成挥发性的四氟化硅，这一性质早已被用来刻蚀玻璃.

氟化氢是有机化合物的优良脱水剂和氟化反应的溶剂和氟化剂，在某些反应中有良好的催化性质，因此它是制备有机氟化物的重要试剂[42].

无水氟化氢在 19.5℃凝聚为液体，可以在耐压钢制容器中贮存和进行处理. 高浓度的氢氟酸在钢桶中会逐渐分解，但浓度高于 63%时分解速率会逐渐降低，加硫酸或氟硅酸可以抑制其分解作用.

进行氟化氢反应的容器常使用铜、铁、铅、镍、银、铂和 Monel 合金制造，近来广泛使用塑料制品，尤其是氟塑料已成为制造氟化合物反应容器的优良材料.

1.2.2　氟化氢的物理性质

有关氟化氢的物理性质数据十分混乱，原因是由于许多物理量的测定，尤其是溶解度测量往往是在不同的温度下进行的. 表 18.8[34, 43]是氟化氢的部分物理性质的数据，主要来源于 Hyman 和 Katz 的工作.

氟化氢与水在物理性质上很相似，它们都有较强的氢键并且产生分子间的相互缔合作用. 从而使氟化氢的沸点高于氯化氢，正如水的沸点高于硫化氢的一样. 两者都有较高的介电常数，水的介电常数在 18℃时为 81.1，而氟化氢在 0℃为 83.6，在 18℃时约为 165. 氟化氢的熔化热也很大，为 19.635kJ · mol^{-1}. 它的氢键生成热为−27.82kJ · mol^{-1}，比水的氢键约大 50%.

表 18.8　氟化氢的物理性质

凝固点(℃)	–83.55
凝固点下降常数(℃·mol^{-1}·kg)	1.55 ± 0.05
沸点(℃)	19.51
沸点升高常数(℃·mol^{-1}·kg)	1.9
蒸气压(kPa)	方程(a)$\lg P=7.50526-1952.55/(335.52+t)$($t$：℃) (b)$\lg P=-2.78683-918.24/T+3.21542\lg T$($T$：K) 数值：$t$(℃) –50　0　25　100 P　4.642　48.50　122.8　1052
密度(g·mL^{-1})	方程：$\rho=1.0020-(2.2625\times10^{-3}t)+(3.125\times10^{-6}t^2)$ 数值：t(℃) –50　0　25　100 ρ　1.1231　1.002　0.9546　0.796
介电常数	方程：$\varepsilon=69,000/T-167.5$ 数值：–73℃　–27℃　0℃ 175　111　83.6
比电导($\Omega^{-1}\cdot cm^{-1}$)	1×10^{-6}(0℃)
离子迁移度($\Omega^{-1}\cdot cm^2$)	$\lambda_{H^+}=350$，$\lambda_{F^-}=273$
折光率	n_D^{25}，1.1574
黏度(Pa·s)	数值：t(℃)　–50　–25　0 5.70　3.50　2.56
表面张力(10^{-5}N·cm^{-1})	方程：$40.7(1-T/503.2)^{1.78}$， 数值：t(℃)　0　18.2 10.1　8.62

Hyman 和 Katz 引用的氟化氢的凝固点为–83.36℃，这个数值是假定使用的氟化氢不纯而加以修正得出的．表中引用的凝固点为–83.55℃，是由 Gillespie 和 Humphreys 根据三相点实验测得的温度为–83.57℃，然后按照 Clausins–Clapeyron 方程计算得来的[44]，这一结果较为准确．

对凝固点下降的研究来说，氟化氢是一个非常好的溶剂，所测凝固点的重现性可在 ± 0.005℃，而且过冷现象极小约为 0.06℃．使用不电离的溶质二氧化硫、氟磺酸、二氟化氙等测得其摩尔凝固点下降常数为 1.55 ± 0.05℃mol^{-1}·kg．如果假定 1mol 溶质经溶解得到的溶解质点(分子或离子)摩尔数为 v，那么碱金属氟化物的 v 值为上述测定值的两倍．这个实验值与根据熔化热的计算结果 1.52℃mol^{-1}·kg 是相符的．使用水及碱金属氟化物作溶质，测得其沸点升高常数为 1.9℃·mol^{-1}·kg．若用乙醇作溶质时，则得到其 v 值为 2.

经实验测得氟化氢的摩尔蒸气压降低的近似值为 3.2 ± 0.1kPa，而根据 Raoult 定律的计算仅为 0.95kPa．据此结果，提出溶剂在 0℃时的缔合系数为 3.3．此缔合系数比起由 Jarry 和 Davis 得到的纯液体的缔合系数 4.7 来说是偏低的，但这是由于溶质的存在使氟化氢的缔合度减小所引起的．

氟化氢蒸气密度的测定表明，其在蒸气状态时有聚合体存在，而聚合作用显著地依赖于体系的温度和压力. 在温度接近沸点和压力为 4.0×10^3kPa 以上时，主要存在六聚体和单体两者之间的平衡，虽然四聚体也会出现，但数量很少[45]. 而在较高温度和较低压力下，四聚体、二聚体和单体变得更多. 在不同温度下氟化氢的缔合系数的平均值是不同的. 如在 0℃时为 4.72，25℃时为 3.58，100℃时为 2.45.

除蒸气密度测定外，用红外光谱、NMR 谱和 X 射线分析对氟化氢的物理性质测定结果都证明，其缔合是通过氢键形成的. 偶极矩的测定还证明氟化氢六聚体是环状而非直线形的. 氟化氢的固体结构如图 18.10 所示为锯齿形状.

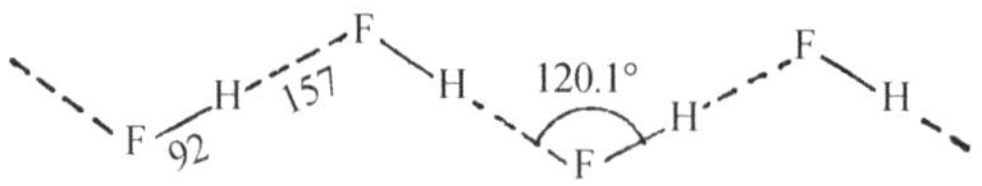

图 18.10　氟化氢的固态结构

固体氟化氢中 HFH 角测定为 120.1°，F—F 距离为 249 ± 1pm. 在气相中测量氢同氟的距离为 92pm，这与实验观察是一致的[46].

由于市售的氟化氢有许多杂质，因而作为商品的液体氟化氢电导率可高达 $10^{-3}\,\Omega^{-1}\cdot cm^{-1}$，通过分馏也很难使其电导率降低到 $10^{-5}\,\Omega^{-1}\cdot cm^{-1}$. 但是，若对蒸馏操作加以改进后可以得到电导率为 $10^{-6}\,\Omega^{-1}\cdot cm^{-1}$ 的液体. 在氟化氢介质中，比较溶质 $HSbF_6$，Et_4NF 和 Et_4NAsF_6 的电导可以看出，质子和氟离子在介质中的迁移不是沿着 HF 链进行转移，而是由于各溶剂化离子本身的移动. 溶剂化质子和溶剂化氟离子的离子迁移极限值分别为 350 与 $273\Omega^{-1}\cdot cm^2$，是很大的数值[47]. 在氟化氢中发生的两类离子的转移过程与在水中或无水硫酸中是相似的，它们同样都可以作为优良的溶剂.

1.2.3　氟化氢的酸度

在水溶液中氟化氢是一种很弱的酸，而其他氢卤酸却是很强的酸. 与在氧族元素同氢的化合物中水是极弱的酸，而硫化氢、硒化氢和碲化氢的酸性较强的情况很相似. HF 在水中离解生成相当稳定的 HF_2^-，其平衡常数 K_1 和 K_2 分别用下式表示：

$$K_1=\frac{[H^+][F^-]}{[HF]}\text{和}K_2=\frac{[HF_2^-]}{[HF][F^-]}$$

K_1 为 $2.4—7.2\times10^{-4}$，K_2 为 5—25 的范围[48]. 有人利用氟离子选择电极测量了氟离子的活度，由此算得的酸度常数为 $6.46\times10^{-4}mol^{-1}$[49].

氟化氢作为溶质是很弱的酸，而作为溶剂是很强的酸. 在 HF–H_2O 混合体系中，随着氟化氢浓度的增加，体系酸度增大，而当氟化氢作为溶剂时，水的行为相当于很强的碱. 故在研究将氟化氢作为溶质或溶剂时，它们的酸性是不完全相同的. 值得注意的是在稀的水溶液中，一个游离的 HF 分子提供一个质子给 H_2O 分子的聚集体并同时形成一个水合氟离子. 当体系中仅有少量水存在时，则情况是很不相同的，这时有一个质子转移到从聚合的 HF 溶剂中游离出来的一个水分子上，而氟离子则形成为一个稳定的多聚配位阴离子. 在 H_2O–HF 体系中氟离子处于两种极端组分的不同溶剂化作用上，可能这正是决定质子转移难易程度的主要因素.

氟化氢是酸性很强的溶剂，其酸度与无水硫酸相当，但比氟磺酸弱. 能够给予氟化氢以质子的化合物是极少的，在水溶液中许多呈酸性的化合物在氟化氢溶剂中却呈碱性或两性. 例如，硝酸呈碱性

$$HONO_2+HF \longrightarrow (OH)_2NO^++F^-$$

高锰酸呈碱性

$$HMnO_4+2HF \longrightarrow MnO_3F+H_3O^++F^-$$

硫酸呈碱性

$$H_2SO_4+2HF \longrightarrow HOSO_2F+H_3O^++F^-$$

高氯酸呈两性

$$HClO_4+HF \longrightarrow H_2ClO_4^+ +F^-(HClO_4\text{为碱的情况})$$

$$HClO_4+HF \longrightarrow H_2F^+ + ClO_4^- (HClO_4\text{为酸的情况})$$

醇类作为碱而离解

$$ROH+HF \longrightarrow ROH_2^+ +F^-$$

在氟化氢溶剂中，能与质子争夺氟离子的化合物都是电子对接受体，如三氟化硼、五氟化砷和五氟化锑等.

$$BF_3 + 2HF \longrightarrow BF_4^- + H_2F^+$$
$$AsF_5 + 2HF \longrightarrow AsF_6^- + H_2F^+$$
$$SbF_5 + 2HF \longrightarrow SbF_6^- + H_2F^+$$

虽然许多高氧化态的元素可形成类似于 BF_3 和 SbF_5 一类氟化物，但因它们与 F^- 离子形成配位化合物时消耗了 H_2F^+ 离子，故不能有效地作为酸. 但某些没有足

够多的成键轨道可用以生成盐类的原子，在氟化氢溶剂体系中则具有酸性，如第二周期元素. 比较理想形成酸的元素，其形成的离子应能键合较多的氟离子以生成低电荷的阴离子. 如 Sb 和 Se 均具有上述的性质. 如果一种化合物具有多聚体形式，并且沸点较高时则其酸的强度就较大，例如 AsF_5 的沸点为−53℃，而 SbF_5 的沸点为 151℃，故在氟化氢体系中 SbF_5 是比 AsF_5 更强的酸.

为了研究强酸性质子溶剂的酸性，采用 Hammett 标度是很有用的[48]. Hammett 将酸性函数 H_0 定义为以下关系式，即

$$H_0 = pK_{\ln} - \frac{\lg C_{\ln H^+}}{\lg C_{\ln}}$$

这里 $K_{\ln}$ 表示指示剂的酸离解常数，$C_{\ln H^+}$ 和 $C_{\ln}$ 表示指示剂在质子化和非质子化时的浓度. 例如硝基苯胺和硝基烃可作为指示剂，由于它们对质子化和非质子化物种显示出明显不同的吸收光谱，故可用分光光度法来研究有关体系的酸性. 通常 pH 表示稀酸水溶液的酸性，而 H_0 表示各种浓度水溶液的酸性，以至纯酸(溶剂)的酸性，故当酸的水溶液很稀时，则 H_0=pH. 因而 H_0 标度是用对数标度来表示酸度的一种扩展.

经过分馏的氟化氢其电导率约为 $10^{-5}\Omega^{-1}\cdot cm^{-1}$，测得的酸性函数 H_0 为 −10.2. 水的存在显著地降低了氟化氢的 H_0 绝对值，如 1mol · L^{-1} 水的 HF 溶液其 H_0 是−8.9. 因此，可以设想如对更干燥的 HF 进行研究时，其 H_0 值将会增至−11. 在 HF−H_2O 体系中，随着氟化氢浓度的增加而引起酸度增加的结果有如图 18.11 所示[49].

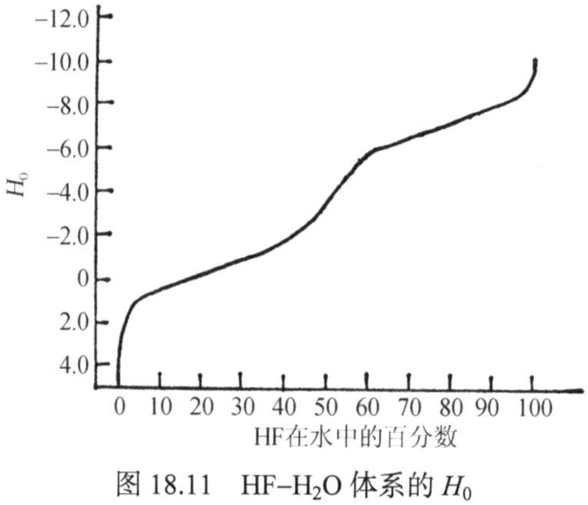

图 18.11　HF−H_2O 体系的 H_0

由图可看出，在开始时酸度显著地增加，其后较平稳，这是由于大量的水合质子的生成之故，再后在 1 : 1 处出现迅速增大，这是因为在此溶液中有大量的

HF_2^-，$H_2F_3^-$ 等生成. 当酸度增加到一定值时，这时主要是阳离子物种 H_3O^+ 的存在，当氟化氢的量接近 100%时，H_0 值又迅速地增加，这可认为是由于 H_2F^+ 和多聚阴离子链生成所引起.

用除水以外的其他碱如醇和氟离子一起时，它们与水相比也显著地降低氟化氢的 H_0 值，如 1mol · L^{-1}NaF 溶液的 H_0 为–8.4. 相反，酸在氟化氢中明显地使 H_0 值增加，如 3mol · L^{-1} SbF_5 的 H_0 为–15.3，非质子化的 SO_2 对氟化氢的 H_0 值则无明显的影响.

1.2.4　氟化氢溶剂体系[1–6]

氟化氢与水相似，具有介电常数大的特点，因而它是一种较理想的溶剂. 根据溶质在氟化氢中的不同作用，可以把它们分成为以下几种类型：①溶解时发生电离或不发生电离的情况，②是否发生溶剂分解反应，③在溶剂中发生酸–碱反应，④在溶剂中发生氧化–还原反应等. 所谓溶剂分解反应，在这里主要是指溶质与溶剂之间的化学反应是不可逆的，有些简单的可逆反应如溶剂化作用和酸–碱反应也可看成溶剂分解反应的例子.

(1) 氟化氢的自电离作用

以氟化氢作溶剂的体系中，氟化氢本身可以看作是能够发生电离的，即

$$HF \rightleftharpoons H^+ + F^-$$

然而无论从水溶液或其他溶剂体系中，裸质子都是不可能独立存在的，故在氟化氢溶剂中，质子和 F^- 离子都应是溶剂化的. 因此，用以下电离平衡更能表达其电离过程

$$3HF \rightleftharpoons H_2F^+ + HF_2^-$$

二氟氢离子 HF_2^- 是一个具有对称性的阴离子，其生成热约为–167kJ·mol^{-1}. 晶体结构的研究表明还存在着 $H_2F_3^-$ 阴离子，即它们能以固态的 KHF_2 和 KH_2F_3 形式析出，说明 HF_2^- 可以有更大程度的溶剂化. 而 H_2F^+ 离子可能存在于一些盐如 $H_2F^+SbF_6^-$ 和 $H_2F^+AsF_6^-$ 中.

近乎纯净的氟化氢在 0℃时，其最低的电导率约为 $1\times10^{-6}\Omega^{-1}\cdot cm^{-1}$，摩尔电导为 $623\Omega^{-1}\cdot cm^2$，由此计算出在氟化氢中的离子物种浓度为

$$[H^+]=[F^-]=1.6\times10^{-6}mol\cdot L^{-1}$$

氟化氢溶剂的相应离子积为 $2.6\times10^{-12}mol^2\cdot L^{-2}$，其 pK_a 值是 13.3. 即使这样高纯度的氟化氢仍难免存在有微量的水和其他杂质，因此，理论上氟化氢的自电离

比上述的值还要低.

(2) 溶质在氟化氢中溶解和电离的情况

由电导和 Raman 光谱研究了氟化物溶质在氟化氢溶剂中的情况指出，在室温时，过渡金属如钼、钨、铀、铼、锇等的氟化物浓度在 0.5—3mol · L^{-1} 范围，电离程度很小，可忽略不计，如表 18.9 所示[38].

表 18.9 六氟化物在氟化氢溶剂中的情况

化合物	溶解度 (mol/100gHF)	摩尔电导率 ($\Omega^{-1} \cdot cm^{-1} \cdot mol^{-1}$)	电离度 (%)
MoF_6	1.50	0.1	0.03
WF_6	3.14	0.35	0.1
UF_6	0.49	4.8	1
ReF_6	1.75	0.7	0.2
OsF_6	0.97	9	2.3

VF_5 的溶解度(3.3mol · L^{-1})虽然较大，但其溶液是不导电的，和有高度电导性的 SbF_5 和 AsF_5 完全不同，这是因为 VF_5 在 HF 溶液里是一个聚合物，从而不容易接受氟离子. SF_6，HSO_3F，SO_2 在氟化氢中都是不电离的非电解质，XeF_2 在氟化氢中也是不电离的，但 XeF_6 在氟化氢中溶解度很大，并有很高的导电性.

HCl 在氟化氢中的溶解度很低，在 0℃时为 0.17mol · L^{-1}. 利用 HCl 溶解度低和挥发性高这一特点，能够得到一个制备无水氟化物的很好方法. 即将无水氟化氢蒸馏到无水氯化物中，使发生置换反应，生成挥发性的 HCl，使 HCl 从溶液中挥发并除去过量的氟化氢时，即可得到无水氟化物固体.

(3) 溶质在氟化氢中离解并生成溶剂化离子

无水氟化氢不但有大的介电常数，而且还有较高的沸点、较宽的液体温度范围和低的黏度，因此，它对于离子型氟化物是一种很好的溶剂. 某些氟化物在其中的溶解情况如表 18.10 所示[33].

化合物在氟化氢中的溶解情况是复杂的，既有简单的溶解作用，又有溶剂化作用和电离作用. IA 族氟化物是最简单类型的溶质，溶解作用可按通常的电离作用进行. 其溶解度随 IA 族元素的原子序数增大而增加. 就同周期元素来说，IA 族氟化物的溶解度比 IIA，IIIA 的大得多. 凝固点下降法测定表明，IA 族元素的氟化物是完全电离的.

表 18.10　某些氟化物在氟化氢中的溶解度

溶　质	LiF	NaF	KF	RbF	CsF	NH_4F	AgF	TlF
温度(℃)	12	11	8	20	10	17	12	12
溶解度(g/100gHF)	60.3	30.1	36.5	110	199	32.6	83.2	580
溶　质	BeF_2	MgF_2	CaF_2	SrF_2	BaF_2			
温度(℃)	11	11	12	12	12			
溶解度(g/100gHF)	0.015	0.025	0.817	14.83	5.6			
溶　质	ZnF_2	CdF_2	HgF_2	PbF_2	CoF_2	NiF_2		
温度(℃)	14	14	12	12	14	12		
溶解度(g/100gHF)	0.024	0.201	0.54	2.62	0.036	0.037		
溶　质	AlF_3	TlF_3	SbF_3	BiF_3				
温度(℃)	11	11.5	12	12				
溶解度(g/100gHF)	≤0.002	0.081	0.536	0.010				
溶　质	ZrF_4	ThF_4						
温度(℃)	12	12						
溶解度(g/100gHF)	0.009	≤0.006						

(4) 溶质在氟化氢溶剂中的溶剂化作用

在无水氟化氢中，溶质的溶剂分解作用已进行过广泛的研究. 如用沸点升高法研究了硫酸钾的氟化氢溶液时得到 v 值为 6，据此能够假定其反应式为

$$K_2SO_4+4HF \longrightarrow 2K^++HSO_3F+H_3O^++3F^-$$

该反应表明方程式右边的质粒数为 7，即 v 值应为 7. 但用凝固点下降法测得的 v 值为 5，而在 0℃时对该溶液蒸气压降低的测定其 v 值接近于 6. 为解释上述结果，必须假定在凝固点时有不电离的硫酸形成，并在较高温度时由于溶剂分解反应而导致生成不电离的氟磺酸. 即有反应

$$K_2SO_4+4HF \longrightarrow 2K^++2HF_2^-+H_2SO_4$$

和反应

$$H_2SO_4+3HF \longrightarrow H_3O^++HSO_3F+HF_2^-$$

产生. 用 NMR 谱证实，在温热溶液中有氟磺酸存在. 凝固点下降法也证明，在氟化氢凝固点附近硫酸作为唯一的溶质时，其 v 值接近为 1.

磷酸盐在氟化氢溶剂中的分解反应与 K_2SO_4 相似，但溶剂化作用更强. 在体系 $HF–P_2O_5–H_2O$ 中，由 ^{19}F 和 ^{31}P 的 NMR 谱的波峰面积计算得到的平衡常数值表明，生成了 H_2PO_3F，HPO_2F_2 和 $H_3O+PF_6^-$[50].

早期对硝酸钾在氟化氢溶剂中的电导行为研究中曾有人认为，开始时发生了置换反应，生成了 HNO_3，而 HNO_3 经质子化后生成 $H_2NO_3^+$. 用红外光谱和 Raman

光谱研究证明，没有发现质子化物种的存在，而是按下式进行了溶剂分解反应[51]

$$KNO_3 + 6HF \longrightarrow K^+ + NO_2^+ + H_3O^+ + 3HF_2^-$$

在较稀的溶液里观察到了 NO_2^+ 的 Raman 和红外光谱的特征频率，在较浓的溶液中则观察到属于 HNO_3 分子的特征频率. 将水加入到溶液中，会降低硝鎓离子(NO_2^+)频率的强度而增加硝酸分子频率的强度，但没有观察到质子化硝酸的特征频率.

高锰酸盐、铬酸盐、碘酸盐、溴酸盐和氯酸盐在氟化氢中都发生溶剂分解反应. 应用氟化氢溶剂分解反应，可以制备无水氟化物.

(5) 在氟化氢溶剂中的酸–碱反应

(a) Brönsted 酸与 Brönsted 碱效应

在氟化氢溶剂中，氟磺酸、高碘酸和高氯酸能够把质子转移给氟化氢，其行为如同 Brönsted 酸一样. 氟磺酸溶于氟化氢时，对氟化氢的电导没有影响，用凝固点下降法测得的 v 值为 1[44]. 碱金属高氯酸盐如 $KClO_4$ 在氟化氢中的溶解度约为 $0.77mol \cdot L^{-1}$，用电导法和沸点升高法证明它生成了高氯酸根离子，游离出高氯酸根离子意味着在氟化氢中高氯酸是一个相当强的酸. 如前所述，高氯酸在氟化氢中还可表现出碱的性质，即高氯酸根离子与氟化氢作用后，能生成等当量的氟离子.

另一方面，在氟化氢溶剂中，更多的化学物种可以接受来自强酸性的氟化氢中的质子而呈碱性. 水在其中是被认为充分质子化的碱. 由沸点升高和电导研究指出下式的 K 值约等于 0.2

$$2HF + H_2O \rightleftharpoons H_3O^+ + HF_2^-$$

上式中作为溶质的水和质子间由于有氢键的作用而产生聚集体，故其电离过程可解释为

$$nH_2O + 2HF \longrightarrow H(H_2O)_n^+ + HF_2^-$$

在温度接近–83℃时，观察到其凝固点下降法测出的 v 值接近于 2. 表明温度下降时，水的质子化作用增加，氟化氢的酸性增强，其本身的聚合程度增大. 醇类、醛、酮、醚、胺和有机酸类在氟化氢中都具有碱的性质，这是由于它们的氧或氮原子都具有一个或多个电子对，可以接受来自氟化氢的质子. 例如，当氟化氢加入醇中时，发现属于 HF_2^- 的光谱伸缩振动的吸收明显地增强，是由于醇发生了质子化的结果. 质子核磁共振研究也表明有 $CH_3CH_2OH_2^+$ 的存在，说明它们具有碱的性质[35, 52].

(b) Lewis 酸效应(氟离子接受体)

对于 Lewis 酸在氟化氢溶剂中的研究，多采用五氟化物为对象. 氟离子配位于 XF_5 的 X 原子上，形成稳定的六配位化合物 XF_6^-. 由于 XF_5 与氟化氢溶剂发生下述反应

$$XF_5+2HF \longrightarrow H_2F^+ + XF_6^-$$

导致了溶剂的电导值增加，显示出较强的 Lewis 酸的性质. 三氟化硼、三氟化铝和某些四氟化物则属较弱的 Lewis 酸，某些金属六氟化物如 ReF_6，五氟化物如 VF_5 的酸度则被认为接近于零.

Clifford 等[44, 53]研究了在氟化氢中作为 Lewis 酸的某些五氟化物、四氟化物和三氟化物的定性分类，测定了它们加合氟离子的能力及一些难溶性氟化物的离解、电导情况.

在 HF-SbF_5 体系中，SbF_5 与 HF 加合得到一种导电性高的溶液，其最大电导率发生在 SbF_5 的加入量为 10mol%附近. 在稀的五氟化物溶液中，其 Raman 光谱测定证明有 SbF_6^- 阴离子生成，其频率强度随五氟化物浓度增加而减弱. 这是因为在稀溶液中生成了 H_2F^+和 SbF_6^- 离子，但在五氟化物浓度增大时，离子的缔合作用也越来越大，并逐步生成了 $Sb_2F_{11}^-$，$Sb_3F_{16}^-$ 等离子. 在 SbF_5 浓度很小时，SbF_6^- 几乎是唯一存在形式，凝固点下降测定表明，该体系的电离作用是完全的. SbF_5 的浓度在 11—22mol%范围时，单体的 SbF_6^- 逐步被二聚体 $Sb_2F_{11}^-$ 所取代，在 22—33mol%时，$Sb_2F_{11}^-$ 又逐步被三聚体 $Sb_3F_{16}^-$ 所取代. ^{19}F NMR 谱证实了 $Sb_2F_{11}^-$ 的存在. 在室温和稀溶液(2mol%)时的 ^{19}F 谱表明，仅有一个宽的波峰，这是由氟化氢的线性加合而生成 SbF_6^- 的结果. 而且，浓度直到 20mol%，光谱仍为一个宽的波峰. 但在低温和浓度较大时，分裂为有精细结构的三个峰，三个波峰相对应的面积比为 1∶8∶2. 这种光谱结果证明，其中有预期的二聚阴离子 $Sb_2F_{11}^-$ 存在，由此得出其结构如图 18.12 所示的模型.

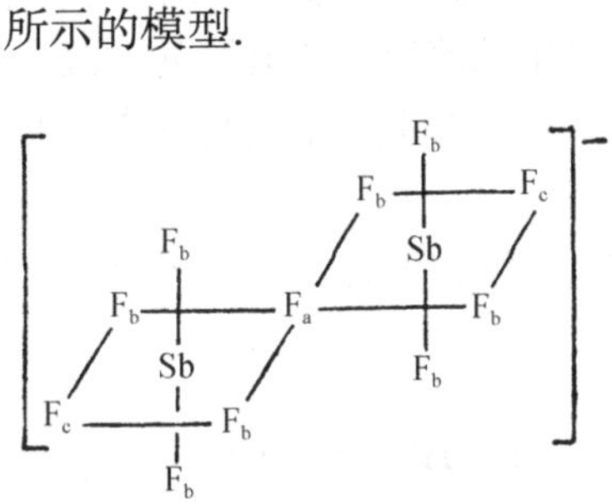

图 18.12 $Sb_2F_{11}^-$ 阴离子的结构

从图 18.12 看出，氟原子所处的位置是不完全相同的，其中有一个单独的氟

桥键原子(F_a)，有八个等价的氟原子(F_b)，它们对 F_a 来说是顺式的，另外还有两个等价的氟原子(F_c)，它们对 F_a 是反式的.

在 $CsF–SbF_5$，$Et_4NSbF_6–SbF_5$，$XeF_2 \cdot 2SbF_5$ 和 $Br_2Sb_3F_{16}$ 中，应用 ^{19}F NMR 谱测定都证明了阴离子 $Sb_2F_{11}^-$ 和 $Sb_nF_{5n+1}^-$ 的存在.

除 SbF_5 外，其他五氟化物和其 Lewis 酸的研究已越来越多[54]. 如对 AsF_5 溶解在氟化氢的溶液中，有氟砷酸盐存在，且其稀溶液的电导约相当于等摩尔浓度的 SbF_5 溶液的一半. 凝固点下降法测定表明，AsF_5 甚至在稀溶液中也是以 $As_2F_{11}^-$ 离子而不是以 AsF_6^- 离子形式存在. 在 0℃时，PF_5 在氟化氢中溶解度很小，电离度也不大，是一种较弱的酸. 在 25℃时 MoF_5 的溶解度仅有 $0.016mol \cdot L^{-1}$，溶液的摩尔电导仅为相应浓度的 SbF_5 的 3%. MoF_6^- 离子很易与单价阳离子作用而析出固态物质，如 $KMoF_6$ 和 MoF_5 一样，TaF_5，NbF_5 和 TiF_4 的溶解度都很小，SiF_4 的低溶解度也与其本身为弱的 Lewis 酸有关[55].

在氟化物体系中，关于氟化物的 Lewis 酸性强度还缺乏系统和定量的研究，只有一些定性的描述[55, 57]. 如在氟化氢溶剂中，氟化物的酸性强度依下列顺序降低：$SbF_5 > AsF_5 > BF_3 > SnF_4 > TiF_4$. 硫、硒的四氟化物能与砷、锑、铱的五氟化物生成 1∶1 的加合物，但不与三氟化硼和磷、铌、钽的五氟化物发生加合，也不与锡、铂的四氟化物形成加合物. 上述诸例说明砷、锑、铱的五氟化物是很强的 Lewis 酸，而硼、磷、铌、钽、锡、铂的氟化物则是较弱的 Lewis 酸.

(c) Lewis 碱效应(氟离子给予体)

二元氟化物如碱金属氟化物在氟化氢溶剂中是常见的 Lewis 碱，电离后可生成溶剂化的氟离子

$$MF + HF \longrightarrow M^+ + HF_2^-$$

离子型氟化物在氟化氢溶剂中，随着金属氧化态的增加其溶解度降低. 因此，三氟化物的溶解度比二氟化物的低，二氟化物的溶解度依次又比一氟化物的低.

室温下，XeF_6 在氟化氢中的溶解度比易溶的过渡金属之氟化物还要大，如在 1000g 氟化氢中可溶解 8.6mol 的 XeF_6，溶液可导电，但其电导值仅相当于对应的 NaF 溶液的 1/3，表明其碱性很弱.

三氟化卤(ClF_3 和 BrF_3)溶解在氟化氢中，溶液仅有弱的导电性，三氟化卤作为弱碱其电离平衡为

$$XF_3 + HF \rightleftharpoons XF_2^+ + HF_2^-$$

XF_2^+ 离子的存在已由于此溶液能被 SbF_5 溶液中和而得以证实[58]. 即

$$BrF_2^+HF_2^- + H_2F^+SbF_6^- \longrightarrow BrF_2^+SbF_6^- + 3HF$$

四氟化硫在氟化氢中是一个中等强度的碱，其电离平衡为

$$SF_4 + HF \rightleftharpoons SF_3^+ + HF_2^-$$

其平衡常数在 0℃时为 $4\times10^{-2}\pm2\times10^{-2}$.

(6) 氟化氢溶剂中的氧化还原反应[59]

在氟化氢溶剂体系中，通过化学作用将溶剂的氟离子氧化成单质氟是不可能的，因此，只能看到有关元素的低氧化态氟化物还原溶剂的情况. 如 CrF_2 和 UF_3 还原 HF 为 H_2，而 CrF_2 和 UF_3 本身被氧化为 CrF_3 和 UF_4. VCl_2 也使 HF 还原为 H_2，并生成 VF_3，HCl 等. 与此相反，制备 VF_2 时是在 1100℃下，采用 H_2 和 HF 还原 VF_3 而获得的.

高氧化态过渡金属氟化物可用主族元素(常用非金属)的低氧化态氟化物作还原剂使其还原为低价态形式. 在大多数情况下，反应是直接在氟化氢中进行的. 但对有的反应并不完全适宜. 例如用 PF_3 对 WF_6 的还原作用在氟化氢中反而不易进行. 一些氟化物作为还原剂其还原能力减弱的顺序为：

$$PF_3 > AsF_3 > SbF_3 \simeq SeF_4 > SF_4.$$

作为氧化剂，主要是过渡金属的高氧化态氟化物，其氧化能力减弱的顺序为：

$$VF_5 \simeq CrF_5 > UF_6 > MoF_6 > ReF_6 > WF_6 > TaF_5 \simeq NbF_5.$$

部分电对在氟化氢溶剂中的还原电势已被测定[60, 61]，并列在表 18.11 中. 表中还列出它们在水中的还原电势以作比较. 显然，这两个系列的数值是不相同的，但在两种溶剂中的还原电势的顺序是一致的. 不过应当指出，这只能作为一个简单的规则而不能作为普遍的推论，因为已研究的体系还相当简单而且数目也很有限.

表 18.11　在氟化氢和水中的还原电势(0℃)

电　对	在 HF 溶剂中(V)	在 H_2O 溶液中(V)
F_2–F^-	+2.71	+2.87
Ag(II)–Ag(I)	+2.27	+1.96
Tl(III)–Tl(I)	+1.45	+1.25
Ag^+–Ag	+0.88	+0.80
Hg_2^{2+}–Hg	+0.80	+0.79
Fe^{3+}–Fe^{2+}	+0.58	+0.77
Cu^{2+}–Cu	+0.52	+0.34
H^+–H_2	0.0	0.0
Pb^{2+}–Pb	−0.26	−0.12
Cd^{2+}–Cd	−0.29	−0.41

1.3　氧和氮的氟化合物[1–6, 62, 63]

氟、氧和氮都具有很高的电负性，所以氟—氧、氟—氮键都具有共价性，它们所形成的化合物有很低的沸点. 共价结合的氟化物像氟分子一样有强烈地接受电子的倾向，所以这些化合物是十分强的氧化剂和氟化剂. 由于成键的原因，他们的活性不如单质氟那样高. 与相应的其他卤素的氧、氮化合物相比，氟化物的稳定性要高得多，研究也较深入. 在火箭技术上，它们作为高能燃料和高效氧化剂而被应用.

1.3.1　氟氧化合物的结构

已知的氟氧化合物有二氟化氧(OF_2)、二氟化二氧(O_2F_2)、二氟化三氧(O_3F_2)、二氟化四氧(O_4F_2). 二氟化五氧(O_5F_2)和二氟化六氧也已有报道. 称为次氟酸酐的化合物 OF_2，和其氟被 CF_3 等一些稳定基团取代而生成的次氟酸衍生物如 CF_3OF，SF_5OF，NO_2OF 等都是已知的.

氧的氟化物和次氟酸衍生物的一些性质概括在表 18.12 和表 18.13 中[62–64].

表 18.12　氧的氟化物的性质

化合物	熔点(℃)	沸点(℃)	分解温度(℃)	颜色和物态	ΔH_f(298K) (kJ · mol^{-1})	偶极矩 (×10^{-30}C · m)
OF_2	−224	−145	～200	无色气体或微黄色液体	−18.41 ± 3.43	0.7–1.0
O_2F_2	−163	−57	−78	橙红色液体或固体	19.66 ± 38.9	4.80
O_3F_2	−190	−70	<−158	暗红色液体或红棕色固体	25.94	–
O_4F_2	−191	−80	−183	暗红色液体或固体	–	–
O_5F_2	<−196	–	<−183	红棕色黏滞性液体	–	–
O_6F_2	>−213	–	>−213 (爆炸性)	有暗棕色金属光泽	–	–

表 18.13　次氟酸衍生物的性质

化合物	熔点(℃)	沸点(℃)	颜色	别名
$CF_3 \cdot OF$	<−215	−95	无色	氟氧化三氟甲基，次氟酸三氟甲基
$NO_2 \cdot OF$	−175	−45.9	气、液体黄色	氟氧化硝基，次氟酸硝基
$SF_5 \cdot OF$	−86	−35	气、液体黄色	氟氧化五氟化硫，次氟酸五氟化硫
$FSO_2 \cdot OF$	−158	−31.3	无色	氟氧化氟硫酰，次氟酸氟硫酰
$FSO_2 \cdot OOF$	–	–	淡黄绿色	过氧氟化氟硫酰
$ClO_3 \cdot OF$	−167.3	−15.9	无色	氟氧化高氯酰，次氟酸高氯酰

二氟化氧和二氟化二氧的结构已经确定[65]，键距和夹角表示在图 18.13 中.

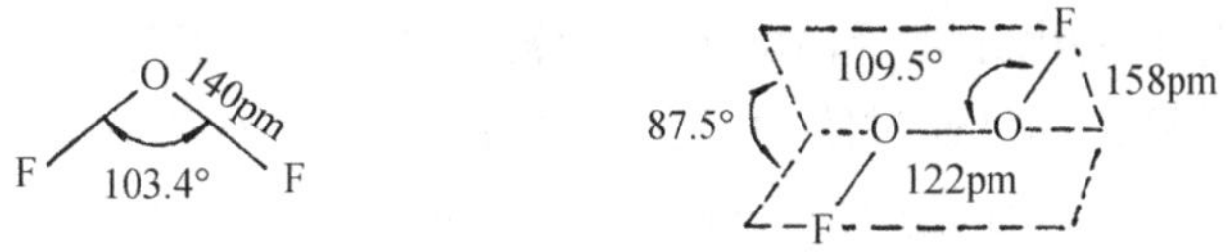

图 18.13　OF_2 和 O_2F_2 的结构

在 OF_2 中的 O—F 键能由 ΔH_f 计算为 212.5kJ · mol^{-1}. O_2F_2 的 O—F 键距虽然很长，但是 O—O 键距与在 H_2O_2 中的 O—O 键距(149pm)相比缩短了许多，而与 O_2 中的 O—O 键距(121pm)几乎相同. 根据这些数据能够确定 O_2F_2 的结构，其中包括单电子的 O—F 键和四电子的 O—O 键. 在 O_2F_2 中，O—O 键能是 259.8kJ · mol^{-1}，比 H_2O_2 中的 O—O 键能(为 205kJ · mol^{-1})大，而比 O_2 中的(为 497.9kJ · mol^{-1})为小. 259.8 这个值可能偏低，因为它是在假定 O_2F_2 中的 O—F 键能和 OF_2 中的相等的基础上计算出来的[65, 67].

含氟过氧化物是指它的分子中含有一个以上的氧原子互相连结的化合物，它们的结构还没有完全确定. 根据 O_3F_2，O_4F_2 等的稳定性比 O_2F_2 小和化学反应活性高，以及在低温下都能起着简单氧化剂的作用，并且 OF，O_2F 基团的存在都已得到证明，故可以认为 O_4F_2 与 O_3F_2 都有 O—F 单电子键或有 O_2F 基团存在. 因此，O_4F_2 可以图 18.14 的结构表示[68, 69].

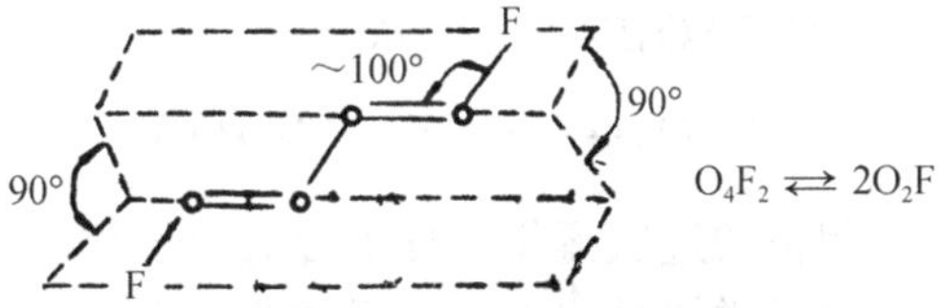

图 18.14　O_4F_2 的结构

(图中画圈位置为氧原子)

O—F 基可与碳、氮、硫或其他原子连结成所谓的次氟酸盐化合物，形式与次氯酸盐相似，但它只能存在于几个非常不稳定的烷基酯中. 对于某些化合物，使用俗名如硝酸氟(NO_2OF)、高氯酸氟(ClO_3OF)、氟磺酸氟(FSO_2OF)、氟过氧化氟磺酰(FSO_2OOF)等使人更易于了解它们. OF 与 OCl 虽然形式相似，但不符合电负性规则，因为 F>O>Cl，所以对无机化合物更合适的名称是“氧氟化物”或“氟氧化物”. 这些化合物中，O—F 键的强度在 155—197kJ·mol^{-1} 范围[70].

1.3.2　氟氧化合物的制备和性质

二氟化氧是这些化合物中被发现得最早的，它可用下面的反应来制备：

$$2F_2+2NaOH(aq) \longrightarrow OF_2+2NaF+H_2O$$

也可通过电解含 1—20%H_2O 和 10%NaF 的氟化氢溶液来制备.

制备含氟过氧化物是通过使 O_2 与 F_2 的混合物，在石英或 Pyrex 玻璃制的放电管中进行放电合成，而把产物直接冷凝在反应器壁上. 所用的氧和氟的比按化学计算量混合，随着产物含氧量的增加，反应的温度等条件越需加强控制. 过氧氟化物的制备条件综合如表 18.14[71].

表 18.14　过氧氟化物的合成条件

合成的产物	O_2 : F_2	浴温(K)	气体压力(kPa)	所用电能
O_2F_2	1 : 1	90	160±60	25mA，2.1—2.4kV.
O_3F_2	3 : 2	77	160±60	20—25mA，2.0—2.2kV.
O_4F_4	2 : 1	60—77	60—200	4.5—4.8mA，0.8—1.3kV.
O_5F_5	2.5 : 1	60—77	60—110	4—6W
O_6F_2	3 : 1	60—77	60—110	4—5W

过氧氟化物的合成反应过程可认为首先由原子氟和氧生成 O_2F，而不是生成 OF 基团，生成的 O_2F 基团再进一步发生各种加合反应[72]. 因此，其反应过程为

$$F+O_2 \longrightarrow O_2F$$

$$O_2F+F \longrightarrow O_2F_2$$

$$O_2F+O_2F \longrightarrow O_4F_2$$

$$O_2F+O_2 \longrightarrow O_4F \xrightarrow{O_2F} O_6F_2$$

由表中可看出，要制备的过氧氟化物分子含氧原子越多，反应的条件越需控制温和，因为当氧原子数目增加时，O_xF_2 分子的热稳定性变小.

氟氧化合物中，由于 O—F 键较弱，在光、电和热的作用下即能激发为 $\cdot O_2F$ 自由基，而使氟氧化合物具有很高的反应性. 氟氧化合物在 15—45℃被光照射(λ365nm)时，即可发生如下反应

$$OF_2 \xrightarrow{h\nu} F\cdot + OF\cdot\text{，}F\cdot + F\cdot \longrightarrow F_2,$$

$$OF\cdot \longrightarrow F + \frac{1}{2}O_2,\ F\cdot + OF_2 \longrightarrow F_2 + OF\cdot$$

$$O_2 + F\cdot \longrightarrow O_2F\cdot$$

氟氧化物都是很强的氧化剂和氟化剂，反应的活化能都很小，约为 $63kJ\cdot mol^{-1}$，反应性有如氟一样强. 随着含氧键的增多，氟氧化物的稳定性减小，反应活性增大. OF_2 对热比较稳定，在 200℃分解，而 O_5F_2 在−196℃时就发生分解，在−183℃时分解很快，产生 O_2 和 F_2. O_6F_2 在−183—−213℃即发生分解并析

出 O_3.

OF_2是有效的氟化剂，能像单质氟那样参与反应. OF_2和 NF_3在放电作用下，可以得到三氟氨的氧化物. 在离子辐射作用下，在温度为−196℃时生成 O_2F_2 和 N_2O_4. OF_2与 N_2F_4反应生成 NOF 和 NF_3

$$2N_2F_4+OF_2 \longrightarrow NOF+3NF_3$$

一些氟氧化物参加反应时，可看作原子氟和 OF 起作用. 如在室温和紫外光激发下，OF_2与 SO_3作用生成 FSO_2OOF，在光充分激发时生成 FSO_2F，与 $S_2O_6F_2$作用时生成 FSO_2OOF 和 FSO_3F.

$$S_2O_6F_2 \rightleftharpoons FSO_3+FSO_3$$

$$OF_2 \longrightarrow F+OF$$

$$FSO_3+F \longrightarrow FSO_3F$$

$$FSO_3+OF \longrightarrow FSO_2OOF$$

OF_2 与 SO_2 的光化作用得到焦磺酰氟化物和磺酰氟化物，加热至 300—500℃时 OF_2与 SO_2作用生成磺酰氟和亚硫酰氟化物.

OF_2与 Xe，Kr 的光化反应可制得 XeF_2和 KrF_2，在 300℃时，反应很迅速.

O_2F_2在−160—−70℃可与 NO 作用,NO 被氧化生成 NO_2和 FNO_3. 在−148℃与 PF_3反应生成 POF_3，在−140℃与 SF_4作用生成 SF_6，在−183—−160℃与 SO_2生成 SO_2F_2，例如

$$SF_4+O_2F_2 \longrightarrow SF_6+O_2$$

$$SO_2+O_2F_2 \longrightarrow SO_2F_2+O_2$$

氟氧化物与金属、非金属固体及其他化合物接触时即发生氟化反应. 特别是这些氟氧化物与 Lewis 酸反应能生成稳定的二氧基盐

$$OF_2+OF\cdot \longrightarrow 2F+O_2F$$

$$O_2F+AsF_5 \longrightarrow O_2^+AsF_6^-$$

$$O_2F+BF_3 \longrightarrow O_2^+BF_4^-$$

$O_2^+AsF_6^-$ 在 25℃稳定，约 100℃分解，$O_2^+BF_4$ 在 0℃稳定，25℃分解.

氟氧化物的衍生物(次氟酸盐)的一些性质如表 18.13 所示. 这些化合物都是不稳定的. 氟氧化硝基(硝酸氟)和氟氧化高氯酰(高氯酸氟)易爆炸，是强的氧化剂. 在室温下，有少量的高氯酰氟存在即会发生分解，生成 F_2，O_2 和 Cl_2. ClO_3OF 与 ClF_3在玻璃仪器中在 25℃ 3h 和 100℃ 1h 不发生作用，在钢制仪器中，25℃时只

缓慢分解，在 100℃时 2h 即作用完全．与 HNF_2 反应时，在−20℃发生爆炸，但与 N_2F_4 作用平稳，生成 ONF 化合物．

NO_2OF 和 NF_3 在−78℃不发生反应．和 N_2F_4 在−160℃以上开始缓慢作用，超过−78℃即发生爆炸．FSO_2OOF 在紫外光激发下可分解为自由基 FSO_2 和 O_2F，然后生成$(FSO_2)_2O$ 和 SO_2F_2[73]．

1.3.3　氟氮化合物

在氟氮化合物及其衍生物中，N—F 键的键能小，容易离解．因而和氟一样也是一类强的氧化剂和氟化剂．在高能氧化剂和火箭推进剂的研究中，引起了人们极大的重视，而且在金属焊接、高分子催化聚合上也有重要的用途．

二元氟氮化合物有 NF_3，N_2F_2，N_2F_4 和 N_3F 以及由它们所形成的各种离子形式的衍生物．

(1) 三氟化氮(NF_3)

(a) 制法[62, 74−78]．三氟化氮可用熔盐电解法制得．熔盐电解是用 NH_4HF_2 作电解质，在一个铜电解槽中以镍为阳极，铜或钢作阴极，电解液组成为 NH_3∶HF＝1∶2.5，温度 125—135℃，电解池电压为 1.5V，电流密度 $10A \cdot m^{-2}$．熔盐中如有水分时会生成氧、臭氧、一氧化氮和氟化氢等杂质．可用固体氟化钾吸收水分和氟化氢，再用二氧化锰作催化剂，使臭氧转变为氧，然后将混合气体液化，用蒸馏法分离，再使 NF_3 通过稀碱液吸收除去 NO 杂质，因 NF_3 不与碱作用而最后得到纯的 NF_3．

欲需少量的 NF_3，可直接氟化 $NaNH_2$ 或 NH_3 而获得．当用氨直接氟化时，氟的比例要适当加大，如果氨过量，则除生成 NF_3 外还有 N_2F_4，HNF_2，N_2F_2 等生成

$$4NH_3+3F_2 \longrightarrow NF_3+3NH_4F$$

如果氟化太激烈就得不到 NF_3 而只能得到 N_2．

$$2NH_3+3F_2 \longrightarrow 6HF+N_2$$

用 N_2 和 F_2 直接作用也能制备 NF_3，此方法到 1960 年才获得成功．是采用辉光放电法使 N_2 和 F_2 直接合成的

$$N_2+3F_2 \xrightarrow[\substack{-150—-196^\circ C \\ 1.3—2.3(\times 10^{-2}kPa)}]{5kV,10-15mA} 2NF_3$$

(b) 三氟化氮的结构和性质．NF_3 的结构和 NH_3 相似，氮原子居于四面体中心，有一对孤对电子占据一个顶点．为了比较，将 NF_3 和 NH_3 的结构和性质列于表 18.15 中．

NF_3 的偶极矩比 NH_3 的小，是由于 N—F 键距受孤对电子的影响而引起的．有关 N—F 键的强度在理论上很有意义，从生成热$(-124.2 \pm 7.5kJ \cdot mol^{-1})$计算其平均

表 18.15　NF_3和NH_3的结构和性质

结构	NF_3	NH_3
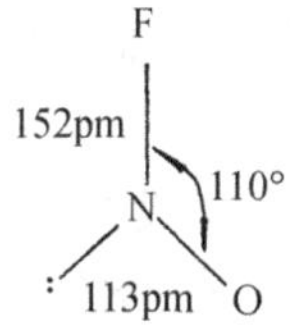	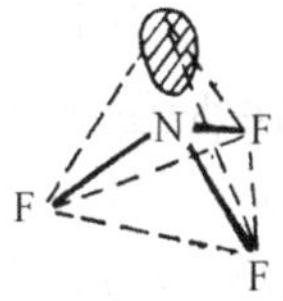	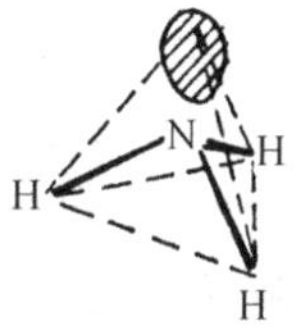
键长(pm)	N—F=137	N—H=101.5
键角	∠FNF=103°	∠HNH=106.6°
偶极矩($\times 10^{-30}$c·m)	0.781	4.903
熔点(℃)	−206.8	−77.7
沸点(℃)	−129.0	−33.4
密度(液，g·cm^{-3})	1.53(在 b.p 时)	0.82(在−79℃)
临界温度(℃)	−39.3	132
临界压力(atm)	44.7	111.5
ΔH_f^{298}(kJ·mol^{-1})	−124.3	−46.19
ΔH_v^{298}(kJ·mol^{-1})	11.59	23.35
ΔH_m(kJ·mol^{-1})	0.398	5.65
S°(气，J·K^{-1}·mol^{-1})	228.0(在 b.p 时)	
S°(液，J·K^{-1}·mol^{-1})	147.3(在 b.p 时)	
$E_{(N-X)}$，(kJ·mol^{-1})	269.5 ± 3.4(平均)	391.2(平均)
$D_{(NX_2-X)}$(kJ·mol^{-1})	238.9±10.5	435
$D_{(NX-X)}$(kJ·mol^{-1})	297	368
$D_{(N-X)}$(kJ·mol^{-1})	297	368

键能为 277.8 ± 3.4kJ·mol^{-1}.

(c) 化学性质和反应活性. NF_3 是一种有毒的无色气体. 在空气中有微量(500ppm)存在时就稍有臭味，高浓度时带有强烈的刺激臭味. 在低温时是一个不透明的固体，温度上升到−216.54℃时转变为透明，熔点为−206.79℃，沸点为−129.01℃. 其蒸气压(kPa)可用下式计算[79, 80]：

$$\lg P=\frac{-673.5828}{T}+1.8696\lg T-100784T+3.7711$$

或用 $\lg P=5.90456-\dfrac{501.913}{T-15.37}$ 计算，液态 NF_3 的密度与温度有关，可用下式计算得到

$$d=[2.103-3.294\times10^{-3}T-4.675\times10^{-6}T^2](\text{g}\cdot\text{cm}^{-3})$$

NF_3 在中性或强酸性溶液中不发生水解，在 NaOH 溶液中加热到 100℃时就缓慢水解. NF_3 的反应活性比 OF_2 的小得多，但在高温下是一个强的氟化剂，能

与金属、氧化物、卤化物作用生成相应的氟化物. 如在 300℃时能将碘氟化为 IF_5，在 250℃时将锑氟化为 SbF_3，在 430℃时使 MoO_3 氟化生成 $NO(MoO_2F_3)$和少量 MoO_2F_2，MoF_6，在 480℃时与 $CrCl_3$ 作用生成 CrF_3. NF_3 和金属或非金属作用还可生成 N_2F_4，在水溶液中与碘化物反应生成 NH_3 和 N_2.

NF_3 和非金属作用时有两种情况，一是在无氧存在时，NF_3 变成 N_2F_4 或 N_2，非金属被氟化为氟化物；二是在有氧存在时生成含氧氟化物，非金属氟化物和 NOF，后者进一步反应为 NO 和 NO_2. 如将 NF_3 和 H_2O 蒸气混合点火燃烧，可生成 HF，NO 或 NO_2；和强还原性的气体 H_2，CO，CH_4，H_2S 等混合点火，则会发生强烈的爆炸[81].

(2) 二氟肼(N_2F_2)

(a) 制法. 二氟肼(N_2F_2)可通过 NF_3 与金属和化合物反应来制备

$$NF_3+(Hg，g)\xrightarrow{\text{放电作用}}N_2F_2(15\%)$$

$$NF_3+(Hg，l)\xrightarrow{320\text{–}330^\circ C}N_2F_2(\text{少量})$$

$$NF_3+(NH_3)\xrightarrow{\text{T形铜管反应器}}N_2F_2(5\%)$$

利用 KF 与 HNF_2 混合物热分解，几乎可得到定量的 N_2F_2 产品. 该反应是先在 −80℃时生成 KF · HNF_2 加合物，后在 20℃时分解为 N_2F_2，即

$$KF+HNF_2\xrightarrow{-80^\circ C}KF\cdot HNF_2\xrightarrow{20^\circ C}KF\cdot HF+N_2F_2$$

CsF · HNF_2 在稍高温度时即发生爆炸.

利用无水 $AlCl_3$ 或 $SnCl_2$，$CoCl_2$，$FeSO_4$，$MnCl_2$，$NiCl_2$，$FeCl_2$，CaI_2 和 NaI 等使 N_2F_4 气体还原，也能得到 N_2F_2，其中以 $AlCl_3$ 效果最佳. 利用 SbF_5 与 N_2F_4 的加合物在 SO_2 或 AsF_3 液体中与 I_2 作用可以得到产率为 90%的 N_2F_2.

欲制少量的 N_2F_2，通常是将 NaN_3 进行氟化. 如在 35—45℃时，将稀释过的 F_2 通过 1∶4 的 NaN_3 和 CaF_2 的混合物而得到，其产率为 30%[82].

(b) 结构和物理性质. N_2F_2 存在有顺式和反式两种异构体，两者的结构测定值如表 18.16[62].

表 18.16　N_2F_2 两种异构体的结构测定值

	Bauer Mixed Is 混合异构体	Kuczkowski 和 Wilson 顺-N_2F_2	Bohn	
			顺-N_2F_2	反-N_2F_2
N—N(pm)	125	121.4	120.9±1.1	122.4±1.0
N—F(pm)	144	138.4	140.9±1.3	139.7±1.1
∠NNF	115 ± 5°	114°28′	114.4±1.2°	106.3±1.0°

N_2F_2 的化学键是不饱和的，其结构式可写为 F—N═N—F，其中有一个 N═N 键，和两个 N—F 键. 尚无确切的证据表明 N_2F_2 有不对称的异构体 F_2N═N 存在，因为在分子中还未测出有未共享电子对的强烈排斥效应. 但 N_2F_2 有顺反两种异构体存在是已知的，顺、反二氟肼的物理性质的比较见表 18.17[62].

表 18.17　顺、反 N_2F_2 的物理性质

	反–N_2F_2	顺–N_2F_2
分子量	66.02	66.02
凝固点(℃)	–172	–195
沸点(℃)	–111.4	–105.7
临界温度(℃)	–13	–1
临界压力(atm)	55	70
蒸气压(kPa)	$\lg P=6.595-740.3T^{-1}$	$\lg P=6.800-803.0T^{-1}$
蒸发热($kJ\cdot mol^{-1}$)	14225.6	15355
生成热($kJ\cdot mol^{-1}$)	81.2	68.62±5.02
键能 E(N—F)($kJ\cdot mol^{-1}$)	285.4	
E(N═N)($kJ\cdot mol^{-1}$)	451.5	
偶极矩(c · m)		$(0.53\pm0.03)\times10^{-30}$

两种异构体可互相转变，其转变在玻璃容器中比在铜器皿中的倾向大，这在 225℃时即可观察到，但在 300℃时大部分分解为 N_2 和 F_2. 在 285℃时通过一个铜管后流出的混合物大约含反–$N_2F_2$13%，表明在高温时顺–N_2F_2 是稳定的. 当反应在高温和低压下进行时对生成顺–N_2F_2 有利. 在 74℃温度下，在不锈钢器皿中反–N_2F_2 转变为顺–N_2F_2 的产率为 90%，如果添加少量的 F_2，其转化率可提高到 94%. 异构化的转变热为 $12.6\pm1.3kJ\cdot mol^{-1}$[83].

(c) 化学性质与反应活性. 顺–N_2F_2 及反–N_2S_2 都是无色气体或液体，完全不水解. 由于氟的诱导效应使 N═N 键具有不常见的惰性，因而 N═N 键不发生加成反应和聚合作用. N_2F_2 与 H_2，Cl_2 在 250℃的热管中发生反应，但不发生加成作用. 当其与 HI 和 HBr 作用时生成 I_2 和 Br_2. 在 265℃时氨明显地与 N_2F_2 作用生成 NH_4F 和 N_2，在高压下 N_2F_2 发生分解和爆炸.

N_2F_2 的二种异构体的化学性质是不相同的，顺–N_2F_2 比反–N_2F_2 显示出较大的活性. 如顺–N_2F_2 同玻璃缓慢地反应生成 SiF_4 和 N_2O，而反–N_2F_2 可保存在玻璃器皿中，并在一个相当长时间内不发生变化. 当与汞作用时顺–N_2F_2 比反–N_2F_2 的反应快. N_2F_2 的一个重要性质是对乙烯单体和氟代烯的聚合有催化作用，尤其顺–N_2F_2 是很有效的催化剂.

N_2F_2 同强 Lewis 酸发生氟化取代反应，可生成 N_2F^+ 离子型化合物.

(3) 四氟肼(N_2F_4)[62, 65, 84, 85]

(a) 制法. 四氟肼是重要的氟氮化合物之一，是火箭燃料的高能氧化剂. 1957 年由 Colburn 和 Kennedy 首次用 NF_3 在带有螺旋形铜的不锈钢弹体中加热到 450℃进行热还原而制得 N_2F_4，其产率为 72%. 由于 CuF_2 的生成而明显地促进反应的进行，但短时间后，表面即失去活性. 以砷、锑、铋、汞代替铜，则生成挥发性的氟化物，能使反应连续进行下去.

$$2NF_3+Cu \longrightarrow N_2F_4+CuF_2$$

用铜管作反应器，并以疏松状的砷填充其中，将 He 和 NF_3 的混合气体通过此反应器，使温度维持在 300—350℃之间进行反应，让气体产物通过一个−84℃的冷阱以除去 AsF_3，然后用一个液体氮阱收集 NF_3 和 N_2F_2，可得到 43%的 N_2F_4

$$6NF_3+2As \longrightarrow 3N_2F_4+2AsF_3$$

用以还原 NF_3 的还原剂也可使用碳，它比用金属容易控制条件，而且产物的产率也高. 通常用直径为 2.5cm 的铁管，其内填充约 23cm 高的碳层作成反应器，控制 NF_3 的流速为 $500cm^3 \cdot min^{-1}$，反应器壁的温度为 440℃时，N_2F_4 的产率为 77.3%. 产物中含有 N_2，NO，N_2O 和氟化碳

$$4NF_3+C \longrightarrow 2N_2F_4+CF_4$$

由于还没有妥善的分离 N_2F_4 和 CF_4 的方法，致使此法在实际应用上尚存在困难.

N_2F_4 还可用 NF_3 和 NO 混合气体通过加热至 607℃的镍管中反应而制得

$$2NF_3+2NO \longrightarrow N_2F_4+2NOF$$

用氟直接氟化过量的 NH_3 时，产物中含有 NF_3，N_2F_4，N_2F_2 和 NHF_2. 从反应的机理分析，可能有一个中间产物 NH_2F，它很快分解成 H_2 和 NF 基，然后联结成 N_2F_2，而不对称的 NHF_2 则按下式生成 N_2F_4

$$5NHF_2 \longrightarrow 2N_2F_4+NH_4F\cdot HF$$

钢、铜、玻璃表面对反应有明显的催化作用.

在溶液中，尿素和氟可分步合成 N_2F_4

$$(NH_2)_2CO \xrightarrow[H_2O]{F_2} NF_2CONH_2 \xrightarrow[H_2SO_4]{90^\circ C} NHF_2 \xrightarrow[(\text{或}Fe^{3+},H^+\text{中})]{NaClO,pH=12} N_2F_4$$

在最后一步中，当 pH = 12 时，NHF_2 可定量地转变成 N_2F_4，在 pH = 6 时，则定量地转变为 $ClNF_2$. 若与 $FeCl_3$ 的酸性溶液接触最后也可以生成 N_2F_4.

(b) 结构和物理性质[60, 82, 86, 87]. 四氟肼是无色气体，沸点为−73℃，熔点为

–164.5℃. 凝聚态的 N_2F_4 呈淡紫红色. N_2F_4 的结构已用不同的方法测定，这里列出了两种电子衍射的研究结果，见表 18.18.

表 18.18　N_2F_4 的结构和两种电子衍射结果

结 构		Hersh	Bohn
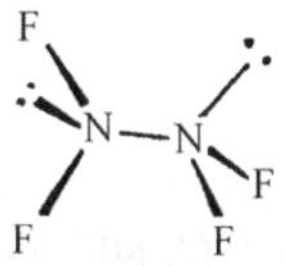	N—N(pm)	140.1±2.0	148.0±2.0
	N—F(pm)	135.5±0.5	139.2±0.8
	∠FNF	106.9±1.6°	103.0±10°
	∠NNF	102.8±2.8°	102.5±1.5°
	二面夹角		66±2°

核磁共振谱、红外光谱和质谱等的研究表明，N_2F_4 中由于四个氟原子所处的状态不同而有三种异构体. N_2F_4 最特征的性质是可解离而生成稳定的 NF_2 基团.

$$N_2F_4 \rightleftharpoons 2NF_2$$

此平衡与 $N_2O_4 \rightleftharpoons 2NO_2$ 体系相似. NF_2 的存在由电子顺磁谱和质谱均已证实. NF_2 基团的结构已由 Bohn 用电子衍射法测定，其 N—F 键距及∠FNF 键角如下：

N—F　136.5 ± 1pm

∠FNF　103.0 ± 1.0°

(c) 化学性质和反应活性. 四氟肼是无色气体，凝聚时呈淡紫红色，是由于杂质 NF_2NO 存在引起的. 四氟肼有毒性，人体吸入会导致呼吸痛苦. N_2F_4 与有机物混合会发生爆炸，因此使用时必须非常小心. Pyrex 玻璃、不锈钢、Kel–F 等可作为 N_2F_4 的贮存和使用容器的材料，高温时使用 Monel 合金和镍做容器最佳.

与 N_2F_4 作用所发生的反应往往很复杂，这是由于生成物之间又可相互作用，因此得到的副产物很多，要详细了解反应的变化过程是困难的. N_2F_4 的主要反应大致可分为五类.

(i) N_2F_4 解离为 NF_2 基引起的反应. 由 N_2F_4 解离产生的 $\cdot NF_2$ 基可以加合到不饱和分子上. 如 $\cdot NF_2$ 加成到烯类化合物分子时，反应一般在 25—160℃温度范围内发生

$$\cdot NF_2 + R_1CF{=}CF_2 \xrightarrow{140^\circ C} R_1CF(NF_2)CF_2NF_2$$

$$\cdot NF_2 + R_2C{=}CR_2 \longrightarrow [R_2C(NF_2){-}]_2$$

$\cdot NF_2$ 也可与另一自由基在光、热作用下互相化合

$$\cdot NF_2 + (Cl) \xrightarrow{h\nu, 80^\circ C} ClNF_2$$

$$\cdot NF_2 + (CH_3I) \xrightarrow{h\nu} CH_3NF_2$$

$$\cdot NF_2 + (S_2F_{10}) \xrightarrow{140^\circ C} SF_5NF_2(60\%)$$

$$\cdot NF_2 + (SF_5OF) \xrightarrow{h\nu} SF_5ONF_2$$

(60%，少量 SF_4O，NF_3，NOF 等).

(ii) 在石英器皿中 N_2F_4 受紫外光(253.7nm)激发，除产生激发态的 NF_2^* 外，同时还产生 ·NF 基和 F 原子，导致有几个不同化合物的生成，使氟化和二氟肼化反应以及 NF 的聚合反应也同时发生

$$N_2F_4 \rightleftharpoons 2NF_2 \xrightarrow{253.7nm} \underbrace{NF_2^*,\ \cdot NF + F}$$

$$\xrightarrow{+N_2F_4} NF_3 + N_2F_2$$

$$\xrightarrow{+SO_2} FSO_2NF_2(89\%)$$

$$\xrightarrow[(SiO_2)]{+CF_3I} CF_3N(O){=}NF$$

$$\xrightarrow{+SF_4} SF_5NF_2(35\%)$$

$$\xrightarrow{(CN)_2} (NF_2CF_2-)_2,\ N_2,\ CF_2CN.$$

(iii) N_2F_4 作为强氧化剂的反应. 这类反应是激烈的，并且产物可因条件不同而不同. 当温度很低时反应平稳，·NF_2 和其他的基团(如 NF，N_2F，N_2F_3)可能被引进到 N_2F_4 的各种反应中.

在溶液中 N_2F_4 作为氧化剂时，常伴随有 N_2F_4 的水解反应发生. 当有 HF 存在下，于 60℃时，N_2F_4 的产物为 NO，在 133℃时为 N_2 和 NO_3^-，在碱性溶液中则生成 N_2O 和 NO_2^-[88]

$$N_2F_4 \xrightarrow[pH=7]{KI(aq)} KF, N_2, I_2$$

$$N_2F_4 \xrightarrow[135^\circ C]{SO_2} SO_2F_2, N_2, NF_3(\text{少量}NO, NO_2)$$

$$N_2F_4 \xrightarrow[25^\circ C]{Fe^{2+}(aq)} NH_4^+, F^-(\text{少量}N_2O, N_2)$$

(iv) N_2F_4 的还原反应. 在反应中 N_2F_4 作为还原剂仅是指氧化数的变化而言，实际上这种说法是不确切的. N_2F_4 可分别与 O_2，O_3，NO_2，H_2O_2 和 OF_2 作用，生成 NF_3，NOF，NO_2F，NO 等一系列化合物. 如

$$2N_2F_4 + OF_2 \xrightarrow{120\text{–}170^\circ C} 3NF_3 + NOF$$

(v) N_2F_4中的氟原子可被取代的反应[89]. N_2F_4可与许多 Lewis 酸作用，生成$N_2F_3^+$形式的稳定化合物，如

$$N_2F_4+2SbF_5 \xrightarrow{5.3\times10^3kPa} N_2F_3^+Sb_2F_{11}^-$$
$$N_2F_4+AsF_2^+SbF_6^- \longrightarrow AsF_3 + N_2F_3^+SbF_6^-$$

$N_2F_3^+$是很活泼的离子，它与阴离子形成的固体化合物与盐类相似，有腐蚀性. $N_2F_3^+SbF_6^-$不与ClF_3作用，但在 120℃时可与氟产生缓慢的反应.

(4) 叠氮氟化物(N_3F)[62, 80, 90, 91]

(a) 制法. 叠氮氟化物是 1942 年由氟与经氮气稀释的叠氮化氢反应制得的

$$2HN_3+2F_2 \longrightarrow 2N_3F+2HF$$

(b) 物理性质. 叠氮氟化物是一种浅绿黄色的气体，沸点−82℃，熔点−154℃. 其结构尚不清楚.

(c) 化学性质及反应活性. 叠氮氟化物易分解，在液态时激烈振动或光照射下就发生爆炸. 气体在室温下慢慢分解为N_2和N_2F_2，在分解过程中有·NF 自由基生成. 在 75℃时N_3F在镍丝上分解成 *trans*–N_2F_2.

N_3F在不同条件下可分别与O_2，Cl_2，OF_2，NO 和 CO 等反应，得到不同的反应产物，例如

$$N_3F \xrightarrow[h\nu]{OF_2} NF_3, N_2, O_2.$$
$$N_3F \xrightarrow[40\text{–}80℃]{O_2} NF_3, N_2F_2.$$
$$N_3F \xrightarrow[50\text{-}80℃,\ \text{Ni管}]{Cl_2} ClNF_2(\text{与 } Br_2 \text{ 无反应}).$$
$$N_3F \xrightarrow[-40\text{—}-25℃]{NO} NF_3.$$
$$N_3F \xrightarrow{CO} NF_3, N_2F_2, COF_2, CF_3OF.$$

由于N_3F容易分解，故该类反应都需在低温、加压下进行，而且需要安全防护措施.

1.3.4 氟胺和氟卤胺化合物[62, 80, 81]

氨中的氢被氟逐步取代，可以生成H_2NF，HNF_2和NF_3. 其中氢还可被另一卤素取代得到$ClNF_2$，Gl_2NF，$BrNF_2$，Br_2NF，INF_2和I_2NF. 但是，所生成的卤氮化合物随着卤素原子量的增大其稳定性迅速降低. 因此，碘的衍生物INF_2，I_2NF和溴的衍生物Br_2NF尚未制得.

(1) 二氟胺(HNF_2)[92, 93]

(a) 制法. 常用以制备二氟胺的方法是将 N_2 与 F_2(2 : 1)的混合物通过 1.1mol · L^{-1} 尿素水溶液氟化，得到 *N*，*N*–二氟尿素，然后加入浓硫酸并加热至 90℃，*N*，*N*–二氟尿素发生水解生成二氟胺，其反应为

$$NH_2CONH_2(aq) \xrightarrow{N_2,F_2} NH_2CONF_2 \xrightarrow[90^\circ C]{H_2SO_4} HNF_2$$

此外,用水蒸气饱和 NF_3 和单质砷在 250—300℃下反应可得到少量 HNF_2. 将 N_2F_2 与二丁基硫醇或 AsH_3 反应亦可得到 HNF_2. 前者的产率为 30%—40%，后者的产率约 52%. 用硫酚与 N_2F_4 反应制得的 HNF_2 产率高达 74%，反应如下：

$$2C_6H_5SH+N_2F_4 \xrightarrow{50^\circ C,\ 4h} 2HNF_2+C_6H_5SSC_6H_5$$

此反应的特点是硫酚可以再生而重复使用.

(b) 结构和物理性质. 二氟胺在常温下是无色气体，熔点–116℃，沸点–23.6℃. 较高的沸点表明它在液态时有一定程度的氢键形成. 二氟胺的结构特征和物理性质见表 18.19 及表 18.20.

表 18.19　HNF_2 的结构特征

	微波法测定	电子衍射法测定
$d_{H\text{-}N}$(pm)	102.6±0.2	108±0.1
$d_{N\text{-}F}$(pm)	140±0.2	136.7±0.4
∠FNF	102.9±0.02°	104.3±0.7°
∠HNF	99.8±0.02°	103.5±2.7°
偶极矩(C · m)	$(6.44 \pm 0.07) \times 10^{-30}$	

表 18.20　HNF_2 的物理性质

分子量	53.02
熔点(℃)	–116±3
沸点(℃)	–23.6
临界温度(℃)	130
临界压力(atm)	75
密度(g · cm^{-3})	d=1.414–0.000202t
蒸气压(Pa)	$1gP=1.298T^{-1}+10.20$(145–250K)
蒸发热(kJ · mol^{-1})	2.49×10^5
生成热(kJ · mol^{-1})	–67.4

(c) 化学性质与反应活性. 二氟胺在常温下是无色气体，低温下凝聚为固态. 在固体将其熔化时可能产生爆炸,但在液态时处理它是没有危险的. 在 71℃温度下可保存于 Pyrex 璃玻容器中 25h 而不与容器作用. 二氟胺对金属极不稳定，但在金和 Teflon 中可稳定存在 4h 以上[94].

二氟胺的反应类型有下面几种：

(i) 离子反应. 在水或其他极性溶剂中 HNF_2 按下式离解

$$HNF_2 \longrightarrow H^+ + NF_2^-$$

在反应中，HNF_2 既可被还原，也可被氧化，如在汞阴极上被还原为 NH_3，而与 Fe^{3+} 离子作用时，HNF_2 被氧化为 N_2F_4，即

$$2HNF_2 + 2Fe^{3+} \xrightarrow{\text{水中}} N_2F_4 + 2Fe^{2+} + 2H^+$$

Fe^{3+} 氧化 HNF_2 的速度随 pH 值的降低而减小，表明 NF_2^- 离子被氧化，而不是 HNF_2 被氧化.

(ii) 氧化还原反应. 在 0.75mol · L^{-1}HI 溶液中，二氟胺可定量地发生如下反应

$$HNF_2 + 4HI \longrightarrow 2I_2 + NH_4F + HF$$

与碱作用得到 N_2F_2，N_2F_4 和 N_2

$$2NHF_2 + 2NaOH \longrightarrow N_2F_2 + 2NaF + H_2O$$

$$4HNF_2 + 4NaOH \longrightarrow N_2F_4 + N_2 + 4NaF + 4H_2O$$

(iii) 与 Lewis 酸碱反应. 二氟胺具有两性，与 Lewis 酸或 Lewis 碱都能发生反应，生成复杂的化合物. 且大都不稳定. 二氟胺衍生物碱性的相对强度有如下顺序：

$$C_2H_5NF_2 > CH_3NF_2 > HNF_2 > ClNF_2 > N_2F_4 \backsim CF_3NF_2 \backsim NF_3.$$

红外光谱测定指出，在二氟胺分子中氮原子上的孤对电子和 Lewis 酸之间发生加合作用，生成 Lewis 酸的加合物，当加热时，有些加合物就分解成简单化合物. 如 $BCl_3 \cdot HNF_2$ 分解时，生成下列产物

$$BCl_3 + HNF_2 \xrightarrow{-80^\circ C} BCl_3 \cdot HNF_2 \xrightarrow{\text{微热至室温}}$$

$$ClNF_2,\ BCl_3,\ BF_3,\ HCl,\ Cl_2\text{等}$$

二氟胺与碱金属氟化物反应也生成加合物 $MF \cdot HNF_2$，钾、铷氟化物的为 $KF \cdot HNF_2$，$RbF \cdot HNF_2$，铯氟化物的有爆炸性. 二氟胺与醚也生成近似于 1 : 1 的加合物，这些化合物在室温下都是完全离解的. [95]

(2) 一氟胺(H_2NF)[62, 85]

在电解 NH_4HF_2 时，除得到主要产物 NF_3 外，还有少量的 H_2NF 副产品.

H_2NF 是无色气体，极不稳定，有还原性，能将 Fehling 溶液中的铜离子还原为铜析出.

(3) 二氟氯胺($ClNF_2$)

(a) 制法. HNF_2 和 BCl_3 在低温时生成配位化合物 $BCl_3 \cdot HNF_2$，加热至−80—25℃时即分解生成 $ClNF_2$，如

$$HNF_2 + BCl_3 \xrightarrow{-130℃} HNF_2 \cdot BCl_3 \xrightarrow{-80—25℃}$$

$$ClNF_2(50\%),\ HCl,\ Cl_2,\ BF_3,\ BCl_3$$

欲制备毫克量的 $ClNF_2$ 可通过直接氯化得到[96]

$$HNF_2 + Cl_2 \xrightarrow[18h]{25℃} ClNF_2 + HCl$$

若按比例增大反应物的量，则生成 N_2F_4，这是因为 $ClNF_2$ 的浓度增加时，它与 HNF_2 又发生反应生成了 N_2F_4 的缘故.

$$ClNF_2 + HNF_2 \xrightarrow{25℃} N_2F_4 + HCl$$

在 pH 为 6.0—6.5 时，次氯酸钠溶液(用氯饱和 5—10%NaOH 溶液制得)能与 HNF_2 反应得到 $ClNF_2$

$$NaOCl + HNF_2 \xrightarrow{0℃} ClNF_2 + NaOH$$

若溶液 pH 大于 12 时，生成的产物为 N_2F_4，若 pH 在 8—12 之间，则得到 N_2F_4 和 $ClNF_2$ 的混合物. 当用 HgO 代替 NaOH，可得到 99%的 $ClNF_2$ 而不生成 N_2F_4，如

$$HOCl + HNF_2 \xrightarrow[0℃]{(Cl_2+HgO)} ClNF_2 + H_2O$$

用$(NH_4)_2SO_2$ 的水溶液经氟化可得到 $NH_2SO_2NF_2$，将它与 HOCl 作用时能方便地制得 $ClNF_2$

$$NH_2SO_2NF_2 + HOCl(aq) \xrightarrow{<5℃} ClNF_2(70\%)$$

另一种简便安全的制法是用 N_2F_4 作原料，加入少量 $SOCl_2$ 或 Br_2 作催化剂，在紫外光照射下氯化，产率为 70%[97]

$$N_2F_4 \xrightarrow{h\nu} 2NF_2\cdot\ ,\quad Cl_2 \xrightarrow{h\nu} 2Cl\cdot$$

$$NF_2\cdot + Cl\cdot \xrightarrow{SOCl_2} ClNF_2$$

(b) 结构和物理性质. 二氟氯胺是无色气体，沸点为−67℃. 它的结构和 NF_3 的很相似，NF_2 基团的电负性估计为 3.3 或 3.7，比氯的计算值 3.0—3.3 略高. 因此，Cl—N 键只有很弱的极性，在反应中易发生断裂.

(c) 化学性质和反应活性. 二氟氯胺的反应活性介于 HNF_2 与 NF_3 之间，但与 HNF_2 和 NCl_3 的化学性质不同，将纯粹的 $ClNF_2$ 压缩或固化时不发生爆炸.

二氟氯胺的光化学分解作用是可逆的，即

$$2ClNF_2 \xrightleftharpoons{h\nu(300.0nm)以下} Cl_2 + N_2F_4,\ K = 1\times10^{-3}(27℃)$$

由计算得 $ClNF_2$ 生成热 ΔH_f 为 $21kJ\cdot mol^{-1}$，在室温下，纯粹的 $ClNF_2$ 与 Pyrex 玻

璃器皿、Kel-F、Teflon 接触是稳定的，与汞接触不稳定. 有氯存在时，$ClNF_2$ 可贮存在加有 3.52kg · cm^{-2} 压力的 Monel 合金容器中. 无氯存在时，在不锈钢、镍、Monel 合金容器中都会使其发生分解而生成 NF_3.

$ClNF_2$ 可溶于许多溶剂中形成溶液，溶液有电导性，并随时间的增加而增大，表明 $ClNF_2$ 与溶剂发生了作用，而且反应是不可逆的.

$ClNF_2$ 与亲核试剂发生反应时，能生成 N_2F_4 和其他相应的产物

$$2ClNF_2 + 2Hg \longrightarrow Hg_2Cl_2 + N_2F_4,$$

$$2ClNF_2 + CH_2 = CH_2 \xrightarrow{h\nu} N_2F_4 + ClCH_2 - CH_2Cl,$$

$$3ClNF_2 + 2R_2Hg \longrightarrow RNF_2 + RCl + N_2F_4 + 2RHgCl$$

二氟氯胺不与稀碱和盐酸作用. 但在 pH = 7 或有杂质如 N_2F_4，Cl_2，NOCl，SiF_4 等存在下，能与水作用. 在冷的乙醇溶液中 $ClNF_2$ 与 $NaOC_2H_5$ 反应很快，生成 N_2F_4.

$ClNF_2$ 的分析测定是用 HI 水溶液借 N_2F_4 的形成而进行测定的. 在此情况下，N_2F_4 进一步的反应要比由 $ClNF_2$ 生成 N_2F_4 慢得多. 氯的分析即可按下述方法进行分解后测定

$$2ClNF_2 + 2Na \xrightarrow[\text{液氨}]{-50^\circ C} 2NaCl + N_2F_4$$

$$2ClNF_2 + 2Hg \longrightarrow Hg_2Cl_2 + N_2F_4$$

$$ClNF_2 + NH_3 \xrightarrow{150^\circ C} NH_4Cl + N_2F_4,\ NH_4F,\ N_2.$$

(4) 二氟溴胺($BrNF_2$)

(a) 制法. 用类似于制备 $ClNF_2$ 的次溴酸盐法可以制备 $BrNF_2$，即

$$HNF_2 + Br_2(aq) \xrightarrow{HgO} BrNF_2 + HBr$$

(b) 性质. $BrNF_2$ 的稳定性比 $ClNF_2$ 的差，液态时为无色，沸点−36℃. 加热分解为 Br_2 和 N_2F_4. 在玻璃器皿中比在金属容器中稳定. 在 0℃时与 CO，SO_2 不作用. 在 CCl_4 中 $AlBr_3$ 与 $BrNF_2$ 作用生成 AlF_3.

(5) 一氟二氯胺(Cl_2NF)[62, 98]

(a) 制法. 一氟二氯胺是由下述反应合成的，即

$$2ClF + NaN_3 \xrightarrow{-10—0^\circ C} Cl_2NF + NaF + N_2$$

该反应首先是由 NaN_3 生成 ClN_3，而后再由 ClN_3 与 ClF 作用生成 Cl_2NF. 如用以下的分步反应也可制得 Cl_2NF

$$NaN_3 + NaClO(aq) \xrightarrow{H_3PO_4} ClN_3 \xrightarrow[25^\circ C]{+ClF} Cl_2NF.$$

与此相反，ClF—N_3F 反应生成的是 $ClNF_2$. 用 $LiNH_2$，$NaNH_2$，尿素等与 ClF 作用也可得到少量的 Cl_2NF.

(b) 性质. Cl_2NF 不稳定，在液态时易爆炸. 沸点在−10—0℃间. 它与 $ClNF_2$ 不同，它在室温时较稳定. 与碱和水反应比氯更活泼. 与 SbF_3，BF_3 等作用生成

NF_3，与 N_2F_4 反应则放出 Cl_2

$$Cl_2NF + SbCl_3 \longrightarrow NF_3$$

$$Cl_2NF + N_2F_4 \xrightarrow{0^\circ C} \underset{(\text{不稳定})}{N_2F_3Cl} \longrightarrow N_2F_4 + Cl_2$$

1.3.5　含氟氮键的离子化合物[62, 80]

含 N—F 键的离子化合物大都是不稳定的，仅有少数几种稳定的盐是经研究过的，如 N_2F^+，$N_2F_3^+$ 和 NF_4^+.

N_2F_2 与 Lewis 酸 AsF_5，BF_3 作用，可生成氟氮离子形式的盐

$$N_2F_2 + AsF_5 \xrightarrow{-196—25^\circ C} N_2F^+AsF_6^-$$

$$N_2F_2 + BF_3 \xrightarrow{30^\circ C,100—300atm} N_2F^+BF_4^-(\sim 75\%)$$

在 150℃时 $N_2F^+AsF_6^-$ 开始分解而不熔化. $N_2F^+BF_4^-$ 在密闭条件下，1h 即分解 75%. 在无水氟化氢中 $N_2F^+AsF_6^-$ 溶解而不与溶剂起反应. 与水、$AgClO_4$ 作用时生成 N_2O；与 O_2，NO，HCl 作用时分解出 N_2.

N_2F_4 与 AsF_5，SbF_5 反应可生成稳定的加合物$(NF_2)SbF_5$，$(NF_2)_2(SbF_5)_3$，它们的熔点分别为 118—120℃和 72—74℃. $(NF_2)_2(SbF_5)_3$ 易转变为$(NF_2)SbF_5$，而与还原剂作用时可得到 90%的 *trans*-N_2F_2. $(NF_2)SbF_5$ 可以写成 $N_2F_4 \cdot 2SbF_5$ 或 $N_2F_3^+Sb_2F_{11}^-$ 形式. N_2F_4 与 AsF_5 形成的化合物 $N_2F_3^+AsF_6^-$ 和 $N_2F_3^+As_2F_{11}^-$ 也是已知的，据测定 $N_2F_3^+$ 的结构为平面形：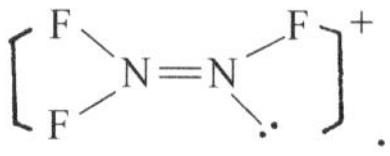.

$N_2F_3^+$ 离子是十分活泼的，其固态化合物类似于盐，具有较强的腐蚀性.

NF_4^+ 离子的化合物 $NF_4^+AsF_6^-$ 是用 NF_3，F_2 和 AsF_5 的混合物在−78℃压力为 10^3kPa 条件下，经放电合成得到的，它是一种白色固体，在 200℃时尚可稳定存在. 用类似的方法也可合成 $NF_4^+SbF_6^-$[99]. 但是，合成 $NF_4^+BF_4^-$ 的条件却是十分苛刻的，因为 O_2，N_2，H_2O 和 HF 的存在都有碍它的生成. 因此，合成它所用的原料 NF_3，F_2，BF_3 都需预先经过纯化. $NF_4^+BF_4^-$ 在−196℃时为红棕色固体，在−100℃转变为白色粉末.

含 N—F 键的其他离子 NF_2^+，NF_2^-，$NH_2F_2^+$，$NCl_2F_2^+$ 和 NH_3F^+ 等都是十分不稳定的，除 NF_2^+ 外，还没有确实的证据说明它们的存在.

1.3.6　含氮氧键的氟化合物[62, 80, 100–107]

在含氮氧键的氟化合物中，较重要的有 NOF，NO_2F，$NONF_2$，NF_3O 以及由它们所形成的离子型化合物.

(1) 氟化亚硝酰(NOF)

(a) 制法. 氟化亚硝酰是在Monel反应器中由元素氟与NO反应制得的, 其反应为

$$2NO+F_2 \longrightarrow 2NOF$$

用NOCl和AgF反应，也可制得NOF，即

$$NOCl+AgF \longrightarrow NOF+AgCl$$

用配合物 $NOBF_4$，$NOAsF_6$ 等与氟化物作用或将配合物直接进行热分解，也可制得NOF.

$$NOBF_4+NaF \longrightarrow NOF+NaBF_4$$

$$NOAsF_6 \xrightarrow{\text{热分解}} NOF+AsF_5.$$

(b) 结构和物理性质. NOF的结构是不对称的(图18.15).

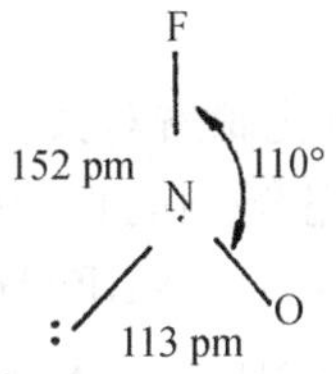

图18.15　NOF的结构

氟化亚硝酰是无色化合物，熔点−132.5 ℃，沸点−59.9 ℃，偶极矩为 6.04×10^{-3}C · m，生成热 ΔH° 为−66.1kJ · mol^{-1}. 它的N—F键比正常的情况下长得多，键能为230kJ · mol^{-1}.

(c) 化学性质和反应活性. 氟化亚硝酰是活性很大的氧化剂，在加热时能与许多物质起作用. 在常温下也会缓慢地腐蚀金属. 与水作用呈现蓝色，并很快生成NO，HNO_2 和HF. 与NaOH作用生成NO，$NaNO_2$，$NaNO_3$ 和NaF等.

NOF能与一些氟化物接受体发生加合反应，生成配位化合物，如 $NOBF_4$，$NOAsF_6$，$NOSbF_6$，$NOVF_6$ 和 $NOMF_7$ 等(M可为Mo，W，U). 它们大都具有较高的稳定性.

(2) 氟化硝酰(NO_2F)

(a) 制法. 用无水 $NaNO_2$ 在稍微加热的情况下与氟作用可以制得 NO_2F，即

$$NaNO_2+F_2 \longrightarrow NO_2F+NaF$$

反应时温度不能太高，以免产生其他反应. NO_2 在氟中燃烧时也生成 NO_2F，并产生很高的温度

$$2NO_2+F_2 \longrightarrow 2NO_2F$$

在铂管中将AgF加热到240℃，使 NO_2Cl 气体通过其中时，可生成 NO_2F

$$NO_2Cl+AgF \longrightarrow NO_2F+AgCl$$

如将 N_2O_5 冷凝在干燥的 NaF 上，然后缓缓加热时，也可生成 NO_2F.

$$N_2O_5 + NaF \longrightarrow NaNO_3 + NO_2F.$$

(b) 结构和物理性质. 氟化硝酰的结构如图 18.16 所示.

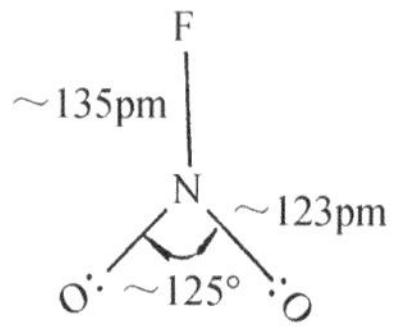

图 18.16　NO_2F 的结构

氟化硝酰是无色化合物，有刺激性臭味. 熔点−166℃，沸点−72.5℃，偶极矩为 1.6×10^{-30}C · m. N—F 具有正常的键长，键能为 28.9kJ · mol^{-1}，ΔH_f为−107.9 ± 2.1kJ · mol^{-1}.

(c) 化学性质和反应活性. 氟化硝酰对大多数物质来说是活泼的氟化剂和氧化剂. 它与水和 NaOH 的作用很完全，因此，可应用此反应分析测定 NO_2F.

$$NO_2F + H_2O \longrightarrow HF + HNO_3$$

$$NO_2F + 2NaOH \longrightarrow NaNO_3 + NaF + H_2O$$

与金属作用时，可生成 N_2O_3 和氟氧化合物.

$$2NO_2F + 2Zn \longrightarrow N_2O_3 + ZnF_2 + ZnO$$

$$2NO_2F + Mo \longrightarrow 2NO + MoO_2F_2$$

氟化硝酰和氟化亚硝酰相似，也能生成一系列的配位化合物如 NO_2BF_4，NO_2AsF_6，NO_2SbF_6，NO_2PF_6 和 NO_2MF_7(M 为 Mo，W，U). 所生成的含 NO_2^+ 的配合物的稳定性比含 NO^+的配合物稳定性要低些.

(3) 亚硝酰二氟胺($NONF_2$)

(a) 制法. 亚硝酰二氟胺是用 10 : 1 的 NO 和 N_2F_4 混合物通过一个加热到 300℃的毛细盘管而制得的气体产物. 在液氮温度下凝集在冷阱中，变成深蓝色的固体，在室温下转变成蓝色液体.

(b) 性质. 亚硝酰二氟胺是一个对热不稳定的化合物，温度较高即分解为 NO 和 N_2F_4，并含有少量 N_2O. $NONF_2$ 的生成热为 85.4±5.9kJ·mol^{-1}(在 298℃). N—N 键的离解能计算值为 42.3±5.9kJ·mol^{-1}[104].

(4) 三氟胺氧(NF_3O)[108−111]

(a) 制法. 将 NF_3 和 O_2 或 OF_2 的混合物在−196℃下进行放电合成，或在 25℃时使 NOF 进行光化学氟化时都可得到 NF_3O. 用 MF_6(M = Os，Ir，Pt)与 NOF 反应也可制得，如

$$3NOF + 2IrF_6 \xrightarrow{20^{\circ}C} 2NO^+ IrF_6^- + NF_3O$$

将 NO 在 F_2 中燃烧氟化，并让其骤冷时也能制得 NF_3O

$$2NO+3F_2 \longrightarrow 2NF_3O$$

(b) 性质. 三氟胺氧分子近似于四面体构型. NF_3O 的沸点为−85℃，熔点为−160℃. 对许多无机和有机物来说，它是一个强氧化剂和氟化剂. 纯的 NF_3O 能保存在玻璃和金属容器中. 在 20℃时，它不与汞反应，在镍及 Monel 容器中，300℃下仍稳定，400℃时才缓慢与石英器皿作用. 在水和碱中缓慢水解. 与 AsF_5 和 SbF_5 等强的 Lewis 酸作用时生成类似盐的化合物

$$NF_3O+AsF_5 \longrightarrow NF_2O^+AsF_6^-.$$

(5) 含氮氧键的氟离子的化合物

含氮氧键的氟离子中最稳定的为 $NO_2F_2^-$. 用 CsF 同 NO_2F 在 25℃时反应 4—7 天，或在 100℃下反应得到一个含氮氧键的氟化物. 由它的元素分析结果得知，其组成为 CsF，$CsNO_3$ 和大约含 30%摩尔数的 $CsNO_2F_2$ 的混合物.

$NO_2F_2^-$ 与 BF_4^-，CF_4 都同是等电子体，NO_2F^{2-}，NOF_2^- 与 NF_3 也是等电子体，但后一类等电子体比 $NO_2F_2^-$ 的稳定性差. 含有少量的 NO_2F^{2-} 和 NO_2F^- 的混合物可由 NO_2 和 NaF 在 $C_3Cl_3F_5$ 溶液中反应制得，或者用 NH_4F 与 H_2O 的饱和溶液在 $C_3Cl_3F_5$ 溶液中反应得到.

1.4　硼、碳、硅、磷、硫的氟化合物[22, 31, 32, 112–114]

主族非金属氟化物中，稀有气体氟化合物、卤素氟化合物、氧和氮的氟化合物以及氟化氢等在氟化学领域里都会有专门介绍，这节主要对硼、碳、硅、磷、硫的氟化合物作一概述. 这类氟化物在有机合成化学中都已进行过深入广泛的研究，致使它们各自发展成为重要的氟化学分支，如硼氟化学、碳氟化学和硫氟化学等，并都有了专著论述. 因此，这里只对其在无机化学方面的通性及特点作一概述，而对它们在有机反应、聚合物生成等部分则从略.

1.4.1　硼的氟化合物[31, 115–121]

硼的氟化合物重要的是三氟化硼及其衍生物，它们的分子结构特点以及在催化反应中的作用，是这类化合物引起人们注意的原因.

三氟化硼的制法很多，重要的有如下几种.

(1) 硼砂与氢氟酸作用，后加浓硫酸热分解

$$Na_2B_4O_7 \cdot 10H_2O+12HF \longrightarrow Na_2O(BF_3)_4+16H_2O$$

$$Na_2O(BF_3)_4+H_2SO_4 \longrightarrow Na_2SO_4+4BF_3+H_2O$$

(2) 氧化硼与萤石、浓硫酸作用，此法中氧化硼需要过量 50%，产率为 65%.

$$3CaF_2+B_2O_3+6H_2SO_4 \longrightarrow 2BF_3+3Ca(HSO_4)_2+3H_2O$$

(3) 氟硼酸盐、氧化硼与浓硫酸作用

$$6KBF_4+B_2O_3+6H_2SO_4 \longrightarrow 8BF_3+6KHSO_4+3H_2O$$

此法产率高达 80%—82%，是实验室的简便制法.

(4) 氟硼酸盐的热分解

$$KBF_4 \xrightarrow{600—700^\circ C} KF+BF_3$$

$$Ca(BF_4)_2 \xrightarrow{300—500^\circ C} CaF_2+2BF_3$$

在常温下三氟化硼为无色气体，有强的刺激性臭味，在潮湿空气中由于水解而发烟. 熔点为−127.1℃，沸点为−101℃，临界温度为−12.25℃，临界压力为 49.2atm. 三氟化硼分子和其他卤化硼分子一样为一平面结构，硼原子位于等边三角形的中心,氟占据三角形的顶点. FBF 的键角为 120 ± 3°,B—F 的键距为 130pm，F—F 的键距为 225pm[121].

三氟化硼是强的电子接受体. 因为硼原子的价轨道中仅有 6 个电子，它有一种强烈地接受一对电子的倾向，所以可与氟、氧、氮、磷、硫和碳等电子给予体形成配位化合物. BF_3 接受 F^-后生成BF_4^-离子，而该离子具有正四面体结构，B—F 键距由 130pm 增加到 143pm. 该离子具有强的极性，由此可衍生出一系列的氟硼酸盐.

三氟化硼可溶于水、硫酸、氯仿、四氯化碳及许多有机溶剂中. 在 0℃及 1×10^4kPa 时，1g 水溶解 3.220gBF_3. 溶解时与水发生下列反应[31, 122]

$$BF_3+3H_2O \longrightarrow BF_3\cdot 3H_2O \xrightleftharpoons{-H_2O} BF_3OH^- +H_3O^+$$

三氟化硼在高温时被碱金属和碱土金属还原. 在室温下不与汞、铬作用，红热时也不与镁、铁反应. 与氧化物作用时生成能够升华的结晶粉末状的氟氧化硼

$$B_2O_3+BF_3 \longrightarrow (BOF)_3$$

$$3MO+3BF_3 \longrightarrow (BOF)_3$$

在 450—500℃时，三氟化硼侵蚀玻璃，生成四氟化硅和氟氧化硼.

三氟化硼是有机烷基化、聚合、缩合、异构化反应的活泼催化剂之一. 催化作用与三氟化硼具有强的亲电子性质和强的 Lewis 酸性有关，致使它易于同有机化合物形成不稳定的中间分子化合物，而使化合物在电离和溶剂化时，增加了介质的酸性，并催化该反应. 在反应中有水、氟化氢、硫酸、磷酸与氟化硼一起时，溶剂化质子更易生成，使体系的酸度增加，催化活性更大而有利于反应进行.

$$\underset{(碱)}{2H_2O}+\underset{(酸)}{BF_3} \rightleftharpoons 2H_2O:BF_3 \rightleftharpoons \underset{(酸)}{H_3O^+}+\underset{(碱)}{HO:BF_3^-}$$

$$\underset{(碱)}{2HF}+\underset{(酸)}{BF_3} \rightleftharpoons 2HF:BF_3 \rightleftharpoons \underset{(酸)}{H_2F^+}+\underset{(碱)}{BF_4^-}$$

氟硼酸可在氢氟酸溶液中加入硼酸而制得. 在水溶液中氟硼酸易发生水解，

生成羟基氟硼酸. 不合羟基的氟硼酸是用 2∶1 摩尔比的硫酸处理氟硼酸钡制得的. 无水氟硼酸是不存在的，只能得到大约 45%的氟硼酸溶液. 氟硼酸是一种强酸，其强度与盐酸相当. 氟硼酸能生成一系列的盐类，盐的性质与高氯酸盐类相似. 其重金属盐在水中溶解度大，锂、钠、铵盐易溶于水，而钾、铷、铯盐溶解度很小，这一性质可用于钾、铷、铯盐的分析与分离上.

金属氟硼酸盐在加热时都易发生分解，生成三氟化硼和相应的氟化物，据此，在实验室常利用此反应来发生小量的 BF_3 气体. 氟硼酸盐的溶解度和分解温度见表 18.21. [31, 115]

表 18.21　氟硼酸盐的溶解度和分解温度

盐	分解温度(℃)	溶解度(g/100gH_2O)(20℃)
$NH_4(BF_4)$	230 升华，487±3 分解	20.3(23℃)
$Li(BF_4)$	210—320	易溶
$Na(BF_4)$	384	易溶
$K(BF_4)$	530	0.448
$Rb(BF_4)$	590	0.55
$Cs(BF_4)$	550	0.92
$Mg(BF_4)_2$	50	溶
$Ca(BF_4)_2$	175	易溶
$Ba(BF_4)_2$	300	溶
$Ag(BF_4)$	200	易溶
$Zn(BF_4)_2\cdot 6H_2O$	60 脱水，	溶
$Cd(BF_4)_2\cdot 6H_2O$	真空，室温脱水，70 分解，	易溶
$Cu(BF_4)_2\cdot 6H_2O$	真空、室温脱水，40 分解，	易溶
$Fe(BF_4)_2\cdot 6H_2O$	加热　分解，	溶
$Co(BF_4)_2\cdot 6H_2O$	70—80　脱水，	易溶
$Ni(BF_4)_2\cdot 6H_2O$	加热　分解，	易溶

1.4.2　碳的氟化合物[31, 32, 114, 123]

碳和氟作用时能生成氟碳化合物，除简单的氟碳化合物外，还有一系列类似于碳氢化合物结构的衍生物. 氟碳化合物与碳氢化合物相比较，有不易氧化、不燃烧、耐化学试剂的作用等特性. 这种特殊的稳定性，是由于氟碳化合物中氟原子紧密地围绕着碳原子使其形成保护层. 从热力学观点上看这是十分稳定的，如表 18.22 所示，氟碳键比碳氢键的键能大，也较其他卤碳键的键能大.

氟碳化合物比相应结构的有机碳氢化合物稳定. 可以预料，不仅大部分相应结构的有机碳氢化合物能在氟碳化合物系列中出现，而且许多有机碳氢化合物中不易得到的化合物在氟碳系列中可呈现出稳定的形式. 应用元素氟、氟化卤、高氧化态氟化合物和电解氟化等方法对有机物进行氟化，可制得一系列具有相同骨架的全氟碳化合物，它们形成了一门新的有机化学——有机氟碳化学.

表 18.22　卤素和碳氢结合的键能$(kJ \cdot mol^{-1})$

	F	Cl	Br	I	H	C	X—C 键距 (pm)
F	265.7	361.5			617.1	447.7	64
Cl	361.5	241.8	220.5	213.4	429.7	278.2	99
Br		220.5	192.9	179.5	365.3	225.9	144
I		213.4	179.5	151.5	298.7	190.4	133
H	617.1	429.7	365.2	298.7	433.9	365.3	30
C	447.7	278.2	225.9	190.4	365.3	245.2	77

氟碳化合物按其稳定性来说可以分成两类，即惰性化合物和活性化合物. 氟利昂以及高聚氟化物、全氟烷基、全氟烷基叔胺类属于惰性的，它们的 C—F 键有较大的稳定性，因此它们对酸、碱、强氧化剂都有很高的抗蚀性能，在有机溶剂中的溶解度小，并具有高的介电常数，是化工和电气上的优良材料. 脂肪族氯氟烃类化合物是重要的冷冻剂，它们的热力学性质已经详细地研究过. 氟里昂是此类氯氟烃类的总称，它们可作为溶剂、冷冻剂、灭火剂及塑料的中间体. 二氯二氟甲烷(氟里昂–12)是将 CCl_4 在催化剂 $SbCl_5$ 存在下用无水氟化氢进行液相氟化反应制得的. 在无催化剂和 450℃时，则按照下式用气相合成法制备

$$CCl_4+2HF \longrightarrow CCl_2F_2+2HCl$$

氟里昂常使用一种数字命名方法命名[31, 32]，一般含有三位数字，从右至左，第一位数代表化合物中氟原子的数目，第二位代表氢原子数加一，第三位代表碳原子数减一. 这里应指出的是在甲烷系统中，第三位若是 0，在化合物中可以不表示出来. 例如，氟里昂–12 实际上应写为 F–012(CCl_2F_2)，为方便起见写成 F–12. 同样氟里昂–11，应写成 F–011(CCl_3F)，因为此方法是按照氟氯的饱和碳氢化合物制定的，因此要加上氯来满足碳原子的氧化数为 4 的原则. 例如分子式为 CHF_2Cl 的化合物表为 F–022，即

F – 0 2 2
- 2（末位）= F的原子数，即分子有2个F，
- 2（中位）= H的原子数+1，即分子有1个H，
- 0 = C的原子数–1，即分子有1个C，Cl补足到C的氧化数至饱和，即需1个Cl

常用氟里昂的分子式和物理性质见表 18.23.

表 18.23　常用氟里昂的分子式和物理性质[31, 32]

氟里昂	化学式	凝固点(℃)	沸点(℃)	临界温度(℃)	临界压力(atm)	临界密度(g/cm^3)
F-11	CCl_3F	−111	23.8	198	43.2	0.554
F-12	CCl_2F_2	−158	−29.8	112	40.1	0.558
F-13	$CClF_3$	−181	−81.5	28.8	38.1	0.581
F-21	$CHCl_2F$	−135	8.9	178.5	51	0.522
F-22	$CHClF_2$	−160	−40.8	96	48.7	0.525
F-112	$CCl_2F—CCl_2F$	26	92.8	278	34	0.55
F-113	$CClF_2—CCl_2F$	−35	47.6	214	33.7	0.576
F-114	$CClF_2—CClF_2$	−94	3.6	145.7	32.1	0.582
F-115	$CF_3—CClF_2$	−106	−38.0			
F-124	$CClF_2—CHF_2$	−117	−10.2	126.7	36.7	
F-C316	$CF_2—CFCl$ (环，$CF_2—CFCl$)	−24	59.9	220	27	0.57
F-C317	$CF_2—CFCl$ (环，$CF_2—CF_2$)	−40.8	25			

全氟乙烯是氟碳烯类化合物中研究最广泛的一种. 将 $CHClF_2$ 或 $CBrF_3$ 通过一个加热到红热以上温度的反应器时，反应将按以下方程式进行[124]

$$2CHClF_2 \longrightarrow CF_2{=}CF_2+2HCl$$

用金属将 CF_2X–CF_2X 脱卤的反应来制备烯类化合物是在实验室中常用的方法. 温度在 100℃以上时，这个反应很易进行并且产率也很高.

在加压下全氟乙烯容易产生聚合. 经纯化而没有氧的气体是相当稳定的，微量的氧、碱、过氧化物和胺的氧化物是聚合的催化剂，而胺类、硫醇类化合物是有效的阻化剂. 聚合物称为特氟隆(Teflon)，具有很高的分子量，保持有氟碳化合物特有的惰性，不能溶解在通常的溶剂中. 特氟隆不能熔融，加热到较高的温度时就分解. 除特氟隆外，三氟氯乙烯也可聚合，称为聚三氟氯乙烯(Kel–F). Teflon 和 Kel–F 通称氟塑料. 氟塑料对化学试剂具有很高的抗腐蚀性，能经受−80—200℃的温度，特别是 Teflon，经受的温度上限达 300℃，有高的绝缘性和低的介电损耗，不吸水，表面张力小，对物质黏附性小. 这些特点使氟塑料在电气、电子、化学工业上具有广泛的用途.

氟与细粉状的碳作用，可以形成 CF_4，C_2F_6，C_3F_8 等氟碳化合物[125–128]. 在氟化氢存在时，氟与石墨作用可形成$(CF)_x$，$(C_2F)_x$ 等形式的聚合物. 在电解产生氟时，阳极上生成的$(CF)_x$，$(C_2F)_x$ 聚合物是引起电解槽电流效率降低的原因之一. 由石墨与氟作用得到的氟碳化合物具有高的结晶性，为了区别它和用聚合方法合成的高分子氟碳化合物，把它称为氟化石墨.

氟化石墨表面能很小，对酸碱稳定，对热稳定性高. 是优良的固体润滑剂和高能氟锂电池的活性原料. 极稳定的化合物 C_4F 也是石墨与氟和氟化氢混合物反应的产物，其固体物不为酸碱分解，耐温. 但强热能使 C_4F 突然燃烧. 由 X 射线结构分析可知，氟位于碳原子平面之间.

碳氧的氟化物主要有 COF_2(碳酰氟)和 CF_3OF(次氟酸三氟甲基). 碳酰氟可由 CO 和 AgF_2 反应制得，是制备 CF_3OF 的中间产物[129]. CF_3OF 是气体，其臭味似 F_2 或 OF_2，液态时呈淡黄色. 沸点−95℃，在 450℃以下稳定，是一个强的氧化剂.

三氟甲基(CF_3−)具有卤素原子的性质，电负性很高，许多金属或类金属的化合物已制得，如$(CF_3)_2Hg$，CF_3HgCl，$(CF_3)_4Ge$ 等. 它与强的 Lewis 酸作用时又可生成CF_3^+形式的盐，如 CF_3SF_5，CF_3NO，CF_3NO_2，$(CF_3)_2S_2$ 和 CF_3I 等. 气态的 CF_3I 是制备其他三氟甲基化合物的重要中间体，在高温或紫外光激发时会产生碘原子和三氟甲基 CF_3，通过它可以发生许多反应. 如对不饱和分子的加成反应

$$CF_3I + CF_2{=}CF_2 \xrightarrow{h\nu} CF_3CF_2{-}CF_2I$$

生成的 $CF_3CF_2{-}CF_2I$ 又可产生新的碳氟基团和碘原子，而碳氟基团和碘原子在反应中总是加成在一个双键的两端. 应用此方法可以制取具有一定分子量的含氟化合物[130, 131].

1.4.3　硅、磷、硫的氟化合物[31, 32, 123]

第三周期的硅、磷、硫都可生成二元氟化物、三元氟氧化物和它们的含氟酸及其盐类(表 18.24).

表 18.24　硅、磷、硫的二元氟化物、氟氧化物及含氟酸

	二元氟化物	氟氧化合物	含氟酸
Si	SiF_4，SiF_2	Si_2OF_6	H_2SiF_6
P	PF_5，PF_3	POF_3	H_2PO_3F，$HPO_2F_2HPF_6$
S	SF_6，S_2F_{10} SF_4，S_2F_2	SO_2F_2，$S_2O_5F_2$ SOF_2	HSO_3F

(1) 硅的氟化物[31, 32, 123]

硅与氟的二元氟化物主要以 SiF_4 形式存在. 在高温下用硅还原 SiF_4 时可生成 SiF_2，为淡黄色固体，在空气中即发烟水解

$$SiF_4 + Si \xrightarrow{1000—1600^{\circ}C} 2SiF_2$$

四氟化硅可由二氧化硅与氟化氢作用产生. 通常氟化氢侵蚀玻璃所产生的气

体即是 SiF_4. 这是检验氟或二氧化硅的重要方法.

$$SiO_2+4HF \longrightarrow SiF_4+2H_2O$$

四氟化硅熔点−90℃，在−95.1℃发生升华. SiF_4 分子具有正四面体结构，Si—F 键距为 154pm[132]. SiF_4 的氧化还原性稳定，与 $SiCl_4$ 能生成 $SiClF_3$，$SiCl_2F_2$ 和 $SiCl_3F$. 与水作用生成氟硅酸和二氧化硅. 与无水氟化氢不起作用，因为在氟化氢中质子与氟结合很牢固，不发生加合作用. SiF_4 可被碱吸收，与氟化物可发生加合，生成氟硅酸盐.

硅的氟氧化物有 Si_2OF_5，它是由六氯二氧硅烷与三氟化锑之间产生的氟和氯的交换反应生成的. Si_2OF_6 的熔点为−48.7℃，沸点为−23.3℃. 和 SiF_4 一样，易水解生成氟硅酸和二氧化硅，但对金属无反应[133].

(2) 磷的氟化物[31, 32, 112, 113, 123]

磷与氟的二元化合物有 PF_3 和 PF_5 两种. PF_5 是无色、强烈发烟的气体. 可以由 PCl_5 与 AsF_3 的氟化作用产生

$$3PCl_5+5AsF_3 \longrightarrow 5AsCl_3+3PF_5$$

PF_5 的熔点为−93.8℃，沸点−84.6℃. 具有三角双锥形结构，P—F 键距为 156 ± 2pm.

PF_5 在 250℃也不侵蚀玻璃，但有微量水时即形成 POF_3 和 HF，后者对玻璃发生侵蚀再产生水，促使 PF_5 不断地与水反应，而导致对玻璃的腐蚀作用循环地进行. PF_5 与水作用时能发生水解直至最后生成磷酸. PF_5 作为一个 Lewis 酸，能与含有氮、氧原子的碱发生加成作用生成多种化合物.

PF_3 是无色不发烟的气体，反应活性比 PF_5 低，它可由 PCl_3 与 AsF_3，SbF_3，PbF_2 等氟化剂氟化制得. 常温时与水不起作用，可以用氢氧化钾、硫酸来进行干燥脱水.

PF_3 熔点为−151℃，沸点为−101℃. 为三角锥形结构，P—F 键距为 152 ± 4pm，F—F 距离为 259 ± 3pm，∠FPF 为 104 ± 4°.

PF_3 被碱溶液吸收可生成氟化亚磷酸，与干燥的氨可形成固体加成物. 含水氧化剂如铬酸、溴、高锰酸钾等能迅速使 PF_3 氧化. PF_3 在红热时会侵蚀玻璃，生成 SiF_4 与 P. 这是由于高温时 PF_3 发生歧化反应的结果. 有微量水存在时，反应进行得更快

$$10PF_3 \longrightarrow 6PF_5+P_4$$

卤素易加成到 PF_3 中形成多卤化物.

$$PF_3 + Cl_2 \longrightarrow PCl_2F_3$$

磷的氟氧化物有 POF_3. 由磷酸酐与固体氟化物共热或使氧加成到 PF_3 中生成

$$2PF_3 + O_2 \longrightarrow 2POF_3$$

POF_3 是一种稳定的无色气体，在空气中稍微发烟. 熔点−39.8℃，沸点−39.4℃. 它具有四面体结构，P—O 键距为 156—157pm，P—F 键距为 150—152pm. 在水中发生水解，它被碱溶液吸收而形成氟磷酸盐 $PO_3F_2^-$ 和 PO_3F^{2-}.

(3) 硫的氟化物

硫与氟可形成一系列二元化合物，如 S_2F_2，SF_2，SF_4，SF_6 和 S_2F_{10}. 其中 SF_2 是最近才被确定下来的，其余几种化合物都已有过较多的研究[134, 135]. 它们的性质见表 18.25[123, 134].

表 18.25　二元氟硫化合物的性质

	S_2F_2	SF_4	S_2F_{10}	SF_6
分子量	102.12	108.06	254.12	146.06
熔点(℃)	−165(混合)	−121.0 ± 0.5	−52.7	−50.8 ± 0.2
沸点(℃)	−10.6(混合)	−40.4	26.7	−63.7(升华)
键距(pm)	S═SF₂			
	S—F：159.8	S—F：154.5	S—F：156	S—F：156.4
	S—S：186.0		S—S：221	
	FS═SF			
	S—F：155–165			
	S—S：185–205			

将氟通过盛有单质硫的铜管反应时，可生成无色的气体 SF_6，该反应是自发进行的，且放出大量的热. SF_6 是十分稳定的物质. 在红热温度以下时它不侵蚀玻璃，也不分解，不与氧、氢、氨和其他物质作用. 产生这种高惰性的原因是由于硫的 sp^3d^2 杂化轨道与六个氟原子键合形成对称性高的正八面体，周围的氟原子保护着中央的硫，使它不能与四周的电子给予体作用. SF_6 的介电常数为 1.00267. 因为它有高的化学惰性、高的分子量和偶极矩为零等特性，所以 SF_6 成为高压电气装置的优良气体绝缘介质.

S_2F_{10} 可认为是 SF_6 的同系物. 它由两个 SF_5 基通过硫原子连结在一起. 围绕每个硫原子所形成的扭转八面体间由于空间的排斥作用，S—S 键距会产生伸长，导致 S_2F_{10} 分子不稳定性增加，故 S_2F_{10} 比 SF_6 反应性要大，在高温下能与许多金属作用，可以侵蚀玻璃.

SF_4 可由氟直接氟化硫和二硫化碳制备，但反应得到的混合物难于分离. 用

NaF 和 SCl_2 在乙腈中反应可以得到较高的产率

$$3SCl_2+4NaF\xrightarrow[\text{乙腈}]{70—80^\circ C}SF_4+S_2Cl_2+4NaCl$$

SF_4 分子由硫原子的 sp^3d 轨道产生杂化，与四个氟原子键合，剩余的轨道保持非共有电子对，这个结构使 SF_4 的性质与 SF_6 不同而具有很大的活性和毒性. 它能与许多无机和有机化合物作用，有 SO_2 的刺激性气味，遇水发烟并分解生成 SOF_2 和 HF

$$SF_4+H_2O\longrightarrow SOF_2+2HF.$$

用硫与无水氟化银作用时，可产生个一种气体，分子量测定结果证明生成了 S_2F_2. 放置于玻璃器皿内很快生成硫. S_2F_2 的存在现在已被确定下来，并测出有两种异构体 S—SF_2 和 FS—SF. 其熔点为−165℃，沸点为−10.5℃. 它可与强氧化剂如过氧化氢等作用. 在 100℃以下不与铝、硅、锌、钾等还原剂反应.

硫的氟氧化物有 SOF_2，SO_2F_2 和 $S_2O_5F_2$. 氟化亚硫酰 SOF_2 是用 $SbCl_5$ 作催化剂，用氟化物如 SbF_3 等氟化 $SOCl_2$ 制得

$$3SOCl_2+2SbF_3\xrightarrow{SbCl_5}3SOF_2+2SbCl_3$$

SOF_2 性质较稳定，熔点−129.5℃，沸点−43.8℃，它在水中慢慢水解，在 400℃以下不腐蚀玻璃. 稀碱溶液很快地和它发生作用，即

$$SOF_2+4NaOH\longrightarrow Na_2SO_3+2NaF+2H_2O$$

在用 $SOCl_2$ 经氟化制备 SOF_2 时，还会有部分其他氟化物如氟氯亚硫酰等生成

$$SOCl_2+SbF_3\xrightarrow{SbCl_5}SOClF+SbClF_2$$

氟氯亚硫酰熔点−139.5℃，沸点 12.2℃. 性质不稳定，有人认为是 1∶1 的 SOF_2 和 $SOCl_2$ 的混合体.

氟化硫酰 SO_2F_2 是由碱土金属的氟磺酸盐热分解时得到的[136]

$$Ba(SO_3F)_2\longrightarrow BaSO_4+SO_2F_2$$

用氟或氟化物分别与硫酸盐、亚硫酸盐或硫代硫酸盐作用也可制取 SO_2F_2

$$Na_2SO_4+2F_2\xrightarrow{300^\circ C}2NaF+SO_2F_2+O_2$$

SO_2F_2 的稳定性高，熔点−135.82℃，沸点−55.38℃. 且与水不作用，但可以缓慢地被 NaOH 和石灰水溶液吸收，生成氟化物、氟磺酸盐，最后转变为硫酸盐. 在 600℃ SO_2F_2 才侵蚀玻璃，与非金属作用困难，SO_2F_2 表现极不活泼.

SO_2Cl_2 在 300℃，6atm 压力下与 SbF_3 作用可得到氟氯硫酰 SO_2ClF.

$$3SO_2Cl_2+SbF_3 \xrightarrow{SbCl_5} 3SO_2ClF+SbCl_3$$

SO_2ClF 的熔点为−124.7℃，沸点为 7.1℃[123].

焦硫酰氟 $S_2O_5F_2$ 是用金属氟化物的非水溶液在高温加压下与 SO_3 作用，首先生成氟磺酸盐，然后加热分解为 $S_2O_5F_2$. 用 Cl，SbF_5 氟化 SO_3 能够产生 SO_2ClF，产物经回流后，可蒸馏分出 $S_2O_5F_2$. 焦硫酰氟是有用的溶剂，熔点−48℃，沸点为 50.8℃[110, 131].

1.4.4 硅、磷、硫的含氟酸及其盐[31, 32]

硅、磷、硫都能形成有特殊化学性质的含氟酸. 氟硅酸是一种配合物，不能以无水状态存在，只能存在于水溶液或形成盐. 氟磷酸有三种形式，其中两种可形成无水状态，另一种仅能以配合物形式存在于水中，它们彼此可相互转变. 氟磺酸可以无水状态存在，具有强的酸性，能形成盐，是重要的合成反应原料.

(1) 氟硅酸及其盐

生成六氟硅酸的重要反应有

$$SiF_4+2HF+nH_2O \longrightarrow H_2SiF_6 \cdot nH_2O,$$
$$SiO_2+6HF+nH_2O \longrightarrow H_2SiF_6 \cdot (n+2)H_2O,$$
$$BaSiF_6+H_2SO_4+nH_2O \xrightarrow{\text{低温}} BaSO_4+H_2SiF_6 \cdot nH_2O$$

在无水条件下，HF 与 SiF_4 即使在−30℃的低温也不能化合. 若浓缩氟硅酸溶液到一定程度时即发生分解. 氟硅酸盐与浓硫酸作用，也使氟硅酸发生分解.

氟硅酸常以水溶液形式存在，减压蒸馏可得到浓度为 40%—45%的氟硅酸，浓度超过 60.92%时，六氟硅酸即与水一同挥发. 三元体系 $HF–H_2SiF_6–H_2O$ 的恒沸液组成为 10%HF, 36%H_2SiF_6, 54%H_2O. 它在 1×10^4kPa 时的沸点为 116.1℃[137, 138].

氟硅酸是中强酸，它可与氧化物、氢氧化物、碳酸盐作用生成氟硅酸盐. 过量的碱可促使氟硅酸完全水解. 一般来说，氟硅酸盐与高氯酸盐的溶解度相似，但碱金属(锂除外)的氟硅酸盐与其高氯酸盐不同，其溶解度较小. 当氟硅酸盐在无水状态加热时，即失去四氟化硅生成相应的氟化物. 氟硅酸盐用于杀虫剂、玻璃、搪瓷、钢铁、炼铝和硅酸盐工业上. 氟硅酸钠是重要的工业原料.

(2) 氟磷酸及其盐

一氟磷酸是 POF_3 与水接触时的水解产物. 将五氧化二磷溶于 40%的氢氟酸中也得到一氟磷酸. 纯的一氟磷酸由银盐 Ag_2PO_3F 溶液与化学计量的盐酸作用制得

$$Ag_2PO_3F+2HCl \longrightarrow H_2PO_3F+2AgCl$$

一氟磷酸在水中可慢慢地水解转变成磷酸

$$H_2PO_3F+H_2O \rightleftharpoons H_3PO_4+HF$$

当浓的正磷酸与40%氢氟酸作用时，仅形成一氟磷酸. 如果用无水氟化氢时，则得到不同的结果. 在摩尔比为1：1的无水反应体系中，大部分的磷酸转变为一氟磷酸，然后一氟磷酸与未反应的氟化氢进行新的平衡反应而部分地形成二氟磷酸. 因此，POF_3的水解反应可用下式表示[139]

$$POF_3 \xrightarrow{H_2O} H[PO_2F_2] \underset{HF}{\overset{H_2O}{\rightleftharpoons}} H_2[PO_3F] \underset{HF}{\overset{H_2O}{\rightleftharpoons}} H_3[PO_4]$$

要制得无水的一氟磷酸可用过量的无水偏磷酸与无水氟化氢作用得到，过量的偏磷酸不溶于一氟磷酸中，而且可以阻止二氟磷酸的生成. 用五氧化二磷与69%的氢氟酸作用也可制得无水一氟磷酸，但是，如果氟化氢浓度更高，则二氟磷酸量增加.

一氟磷酸是一种油状液体，具有较大的热稳定性. 无臭，在无水时不腐蚀玻璃. 碱金属偏磷酸盐与氟化物混熔时，可生成一氟磷酸盐. 其盐的性质在很大程度上与相应的硫酸盐相似. 碱金属二氟磷酸盐在水中有较大的溶解度，并有较大的水解倾向，因而在制备上较困难[140].

正磷酸与无水氟化氢作用时，有下列平衡

$$H_3PO_4 \underset{H_2O}{\overset{HF}{\rightleftharpoons}} H_2[PO_3F] \underset{H_2O}{\overset{HF}{\rightleftharpoons}} H[PO_2F_2] \underset{2H_2O}{\overset{4HF}{\rightleftharpoons}} H[PF_6]$$

因此，在足够量的HF存在时，磷酸可完全被氟化得到六氟磷酸HPF_6. 用POF_3和PF_5与HF作用也可生成六氟磷酸. 但这些方法都不能得到纯的六氟磷酸，因为它能与其他的酸建立平衡. 六氟磷酸的六水合物$HPF_6 \cdot 6H_2O$已被分离出来，可形成坚硬粗糙的结晶. 六氟磷酸熔点约31.5℃，很易潮解[141].

用铵或碱金属氟化物与五氯化磷反应，可生成六氟磷酸盐

$$6MF+PCl_5 \longrightarrow MPF_6+5MCl$$

将此反应产物溶于水，再与硝酸灵试剂反应一同沉淀下来，能使六氟磷酸盐分离，然后将沉淀转变为六氟磷酸铵[142]. 六氟磷酸盐与相应的高氯酸盐的溶解度有着相似的规律性，碱金属盐类的水溶液呈中性，在中性和碱性介质中稳定，在无机酸介质中加热时即发生水解. 干燥的碱金属盐在高温加热时即按下式分解

$$KPF_6 \rightleftharpoons KF+PF_5$$

(3) 氟磺酸及其盐[31, 136, 143]

当硫酸分子中只有一个羟基被氟取代时即生成一氟磺酸 HSO_3F，第二个羟基被取代后就生成中性的 SO_2F_2 分子.

用三氧化硫与无水氟化氢作用时，就可生成氟磺酸

$$SO_3+HF \longrightarrow HSO_3F$$

氟化铵溶于冰水冷却的发烟硫酸中，然后将混合物加热蒸馏时，能够得到氟磺酸

$$H_2SO_4+2SO_3+2NH_4F \longrightarrow (NH_4)_2SO_4+2HSO_3F$$

碱金属氟磺酸盐与浓硫酸共热，收集其馏出液也可得到氟磺酸.

氟磺酸为刺激性液体，在潮湿空气中发烟. 沸点 163.0℃(1×10^4kPa)，密度 1.740(18.1℃). 是一种很强的无机酸.

氟磺酸盐可由三氧化硫与氟化铵或碱金属氟化物等作用生成. 在水溶液中非常稳定. 以氯磺酸和碱金属或铵的氟化物在冷却到−15℃时作用，也可得到相应的氟磺酸盐. 该盐可用重结晶方法精制. 在水溶液中不能分离出碱土金属的氟磺酸盐，它们都易溶于水. 可通过无水氟化物与按化学计量的氟磺酸加热来制备. 碱土金属氟磺酸盐在干燥状态下加热到 450℃以上时分解生成 SO_2F_2[144]

$$M(SO_3F)_2 \longrightarrow MSO_4+SO_2F_2$$

氟磺酸盐可形成一系列配位化合物，它是一种较强的 Lewis 酸，该酸及其盐是许多有机合成反应的溶剂、反应剂或催化剂，其活性较氯磺酸的活性更强.

1.5　主族元素氟化物通论[1, 31, 32, 123, 145]

1.5.1　主族元素氟化物概述

主族元素原子的价电子组态是 ns^2np^{1-6}，当其与另外的元素原子化合时，可以失去其价电子而形成对应于该族的特征氧化态. 但是，随着原子的价电子数增多，失去电子的趋势就逐渐困难. 因此，只有与电负性很大的元素相化合时，才有可能形成对应于各族元素原子的最高特征氧化态. 氟的电负性高，电子亲合势大、阴离子体积小，所以氟是生成这些元素最高氧化态化合物的理想元素. 它甚至与电负性很大的氧、氮、氯、溴等也能化合，生成 OF_2，NF_3，ClF_5 和 BrF_7. 与惰性特别大的稀有气体也能生成稀有气体氟化物，如 XeF_2，XeF_4 和 KrF_2 等.

氟化物的性质具有一般卤化物的规律性，但氟化物和氯化物性质之间常出现

更大的突跃性，这是因为氟化物和氯化物之间的差别大于氯化物和溴化物以及溴化物和碘化物之间的差别，致使氟化物显示出许多特殊的性质. 低氧化态卤化物都有较强的离子性，从氯到碘离子半径增大，化合物中离子间距增大，晶格能减小，使性质呈现有规律的变化. 如碱金属和碱土金属的氯化物、溴化物和碘化物的溶解度都很大，并且有规律地增加，但氟化物的生成热和晶格能却很大，使相应的氟化物熔点、沸点都很高(见表 18.26)，在水中的溶解度很小，如表 18.27 所示. 氟化物的高熔点和沸点，反映出它们在固态时的键型具有较高的离子特性[1, 31, 32].

表 18.26　主族元素氟化物及其熔、沸点(℃)[1, 123]

LiF 848 1681	BeF_2 542 1096	BF3 −127.1 −101.0	CF_4 −183.5 −128	NF_3 −206.8 −129.1	OF_2 −223.8 −145.3	F_2 −219.6 −187.99	—
NaF 992 1704	MgF_2 1255 2227	AlF_3 1257 (升华)	SiF_4 −90 −95.1(升华)	PF_3 −151.5 −101.2	SF_4 −121.0 −40.4	ClF_3 −76.34 11.75	—
				PF_5 −93.8 −84.6	SF_6 −50.8 −63.7(升华)	ClF_5 <100 (熔点)	
KF 858 1502	CaF_2 1418 2513	GaF_3 —	GeF_2 110 160(分解)	AsF_3 −5.97 57.13 (9.9×10^3kPa)	SeF_4 −9.5 106	BrF_3 8.77 125.75	KrF_2 —
			GeF_4 −15 (4.04×10^4kPa) −35	AsF_5 −79.8 −53.2	SeF_6 −34.6 −46.6	BrF_5 −60.5 40.76	
RbF 775 1408	SrF_2 1400 2477	InF_3 1170 (熔点)	SnF_2 213 850	SbF_3 292 319	FeF_4 129.6 (熔点)	IF_5 9.45 100.5	XeF_2 ～140 (熔点)
			SnF_4 705 (沸点)	SbF_5 8.3 141	TeF_6 −37.8 −38.9(升华)	IF_7 5—6 4.5(升华)	XeF_4 ～114 (熔点)
							XeF_6 46 (熔点)
CsF 703 1253	BaF_2 1320 2277	TlF 327 665	PbF_2 822 1290	BiF_3 727 (熔点)	—	—	—
		TlF_3 550 (熔点)	PbF_4 ～600 (熔点)	BiF_5 151.4 230			

a. 数值来自 Kemmitt 和 Sharpe 所引.

b. 列出的两种数值如没有注明时为确定的熔点和沸点，如仅一种数值时则给出说明.

c. 如数值不是确定的熔点或沸点，则标明条件，如平衡的压力、是否发生分解或升华等.

表 18.27　钠的卤化物性质比较

	NaF	NaCl	NaBr	NaI
离子间距(pm)	231	281	298	323
晶格能($kJ\cdot mol^{-1}$)	894.5	749.8	713.4	667.8
熔点(℃)	992	800	775	650
沸点(℃)	1704	1490	1390	1300
溶解度($g/100gH_2O$)	4.22(18℃)	35.7(0℃)	79.5(0℃)	158.7(0℃)

卤素化合物的键型和它们的物理性质是密切相关联的. 如锡的四卤化物的沸点从氟到碘分别为 704，114，203 和 346℃，表现出它们的键型有如下的转变：即 SnF_4 有明显的离子键性质，沸点很高；而另外三种卤化锡具有共价键性质，沸点较低，而且从氯到碘随卤原子序数的增大其沸点增加. IV 到 VI 族元素的许多氟化物显然是分子型的，沸点都很低. 具有强的共价键特征的分子间化合物出现在氟与具有低电正性元素之间，如 PF_5，它在所有条件下都以分子形式存在，而另两种卤化磷 PCl_5 和 PBr_5 在固态时为具有如下形式的离子性盐：$PCl_4^+PCl_6^-$ 和 $PBr_4^+PBr_6^-$. 但是，仅仅用键型的变化来解释硅、铝卤化物之间的差异是不够的，还应考虑化合物的晶格构造的特点. 如 $AlCl_3$ 是层型晶体结构，它很容易热解生成二聚体的 Al_2Cl_6，而 AlF_3 是一个三维骨架状的，氟原子同铝原子近似密堆积状态，铝原子在八面体中央，因而使其热解时需要很高的能量. 在这些晶体结构中，若中心原子配位数越多则原子密堆积程度越大，化合物的熔点、沸点也相应增高. 如三配位的 BF_3 比六配位的 AlF_3 晶体的挥发性大，四配位的 GeF_4 较之六配位的 SnF_4 晶体的熔点和沸点都低. III—V 族元素的氟化物与其他卤化物相比都有较高的熔沸点，这大都是由于中心原子的配位数增加所引起的.

把氟化物简单地分为离子型化合物和非离子型化合物是不妥当的，因为影响形成离子型或共价分子型氟化物的因素很多，而从离子型氟化物过渡到共价结合的气态非金属氟化物之间是逐渐的，并无明显的界限，要讨论它们的共同规律是有困难的. 但是，如果根据元素的周期律及元素原子价层电子结构的特点，将氟化物划分为主族元素氟化物和过渡元素氟化物两大类来论述时就较为合适了. 就主族元素而言，根据它们含有的价电子组态不同，又可分为 I，II 族元素氟化物、III—V 族元素氟化物和 VI，VII 族元素氟化物；对于过渡元素氟化物来说，又可以分为 d 过渡元素和 f 过渡元素氟化物两种.

1.5.2　I，II 主族元素氟化物[1, 31, 123, 145]

I，II 主族元素原子的价电子组态是 s^{1-2}，当与氟化合时，易失去价电子而形成 MF 或 MF_2 型氟化物. 这两族元素氟化物的熔点和沸点如表 18.26 所示. 它们较高的熔点和沸点表明这类化合物具有较高的离子特性.

(a) 一般制备方法．碱金属和碱土金属氟化物可利用氧化物、氢氧化物、碳酸盐与氢氟酸反应制得．如

$$M^{I}OH+HF \longrightarrow MF+H_2O$$
$$M^{II}CO_3+2HF \longrightarrow M^{II}F_2+H_2O+CO_2$$

碱金属氟化物与过量的 HF 反应常生成酸式氟化物，用强热熔融分解时，HF 可挥发除去．对难熔的碱土和锂的氟化物，可从相应的盐溶液中用 NH_4F 或 KF 使其沉淀而制得．如

$$LiCl+KF \longrightarrow LiF\downarrow+KCl$$
$$CaCl_2+2NH_4F \longrightarrow CaF_2\downarrow+2NH_4Cl$$

氟化铍还可用氟铍酸铵$[(NH_4)_2BeF_4]$在红热温度下，在 CO_2 气氛中经热分解而得．

(b) 物理性质与结构．这两族元素氟化物的熔点和沸点见表 18.26．碱金属氟化物具有氯化钠的晶格结构，每个离子被六个成八面体形的相反电荷的离子所包围．除铍外，其他碱土金属氟化物为氟石型晶格结构．具有半径比约 0.25 的氟化铍为 β-方石英结构，能形成玻璃态物质[146]．

比较氟化物和其他卤化物的晶格能可知(见表 18.28)，当卤离子半径增大时，晶格能减小，一般说来，与晶格能大小有密切关系的熔点及沸点也随之降低．对氟化物来说，从 Li 到 Cs 阳离子半径增大而晶格能减小，其熔点和沸点也降低．

表 18.28　碱金属卤化物的晶格能$(kJ\cdot mol^{-1})$

	F	Cl	Br	I
Li	1021	837	795	736
Na	900	770	736	687
K	808	703	674	636
Rb	766	678	653	619
Cs	736	640	628	598

II 族氟化物由于其阳离子带有两个正电荷，使其晶格能都很大，如 MgF_2，CaF_2，SrF_2，BaF_2 的晶格能分别为 2862，2602，2477 和 $2347kJ\cdot mol^{-1}$．

(c) 化学性质．碱金属氟化物从锂到铯的溶解度都是增加的．它们与氟化氢都能形成各种形式的酸式氟化物，如锂、钠可形成 MF · HF，铯能形成 CsF · HF 和 CsF ·2HF，钾和铷更可形成多种酸式氟化物：MF ·4HF，MF ·3HF，MF ·2.5HF，MF · 2HF，MF · HF 等．这些酸式氟化物都有确定的熔点和较低的氟化氢蒸气压，在工业上制氟时就是利用这一特性，将它们作为电解法生产氟的电解质．碱金属

氟化物的另一特点是可与其他氟化物或卤化物形成配位化合物，如 Na_3AlF_6，Na_2SiF_6，K_2SiF_6，KPF_6，$KBrF_4$ 等，它们都是有用的化学试剂.

由于碱土金属氟化物(除 BeF_2 外)都有较大的晶格能，故它们都难溶于水. 如在 18℃时,它们在 1L 水中的溶解度分别为:MgF_2 0.076g,CaF_2 0.0163g,SrF_2 0.117g 和 BaF_2 1.63g. 氟化铍易溶于水中，常温有吸湿性，与水作用生成氟氧化铍(Be_2OF_2)，与碱金属氟化物反应能生成氟铍酸盐. 氟化铍具有与二氧化硅相似的结晶化学性质和形成玻璃的特性，是氟化物玻璃的形成体，是制备特种光学性能及用途玻璃的原料[146].

碱土金属氟化物和碱金属氟化物相似，其阳离子都不发生变价，可与其他氟化物或卤化物生成具有确定组成的复盐，如 $MF_2 \cdot MX_2$，$M^{II}F_2 \cdot M^{I}F$ 等. 碱土金属氟化物如 CaF_2，BaF_2 等是冶金、玻璃、陶瓷等工业的重要原料.

1.5.3　III—V 主族元素氟化物[1, 123, 147]

III—V 主族元素原子的价电子组态分别为 s^2p^1，s^2p^2 和 s^2p^3. III 族元素可形成 MF，MF_3 型氟化物，IV 族元素形成 MF_2，MF_4 型氟化物，V 族元素形成 MF_3，MF_5 型氟化物.

(a) 制备方法. 对 III—V 族元素原子的低氧化态和离子性强的氟化物，可采用溶液反应来制备. 即把金属、氢氧化物、氧化物或碳酸盐溶于氢氟酸中，然后使其结晶或沉淀. 如

$$Tl_2CO_3 + 2HF \longrightarrow 2TlF + CO_2 + H_2O$$

$$SnO + 2HF \longrightarrow SnF_2 + H_2O$$

$$Sb_2O_3 + 6HF \longrightarrow 2SbF_3 + 3H_2O$$

III—V 族元素原子的高氧化态氟化物往往使用强氟化剂(如 F_2，BrF_3，BrF_5 和 ClF_3 等)与相应的元素或化合物氟化而制得，如

$$N_2 + 3F_2 \xrightarrow{\text{放电}} 2NF_3$$

$$2PCl_3 + 5F_2 \longrightarrow 2PF_5 + 3Cl_2$$

$$AsCl_3 + 7F_2 \longrightarrow AsF_5 + 3ClF_3$$

$$SnCl_2 + 3BrF_5 \longrightarrow SnF_4 + 3BrF_3 + 2ClF$$

$$2Tl + 2BrF_3 \longrightarrow 2TlF_3 + Br_2$$

(b) 结构与物理性质. III—V 主族元素原子的特征是它们的价电子组态是 s^2p^{1-3}，当它们与卤素化合时容易失去不定数目的 p 电子，但 s 电子则以孤对电子的形式存在而不参与成键. 因此，它们可以形成稳定的 n—2 型低价化合物. 在 III—V 族中较重的元素(如铊、铅、锑、铋等)原子的电正性较大，难形成足够强的

共价键以促使 s 电子进入成键状态，这时孤对电子特性更明显，形成它们的低氧化态化合物倾向增加，其高氧化态的化合物则变得不稳定，而离子的氧化性就充分地显示出来．在这种情况下，只有电负性高和氧化性更强的氟，才能与之反应并生成较稳定的高氧化态化合物，而其他的卤素是不能得到稳定的高氧化态化合物的．如氟和铅、铋可生成稳定的 PbF_4 和 BiF_5，而 $PbCl_4$ 是不稳定的，生成后立即转变为 $PbCl_2$ 和 Cl_2，$BiCl_5$ 则不能存在.

硼、碳、硅、氮、磷、砷等电正性较小的元素原子与电负性大的氟生成的化合物的键极性小，由于 F^- 体积小，中心原子周围就可以容纳较多的 F^- 离子，从而有效地包围了中心原子，以致生成挥发性很高的分子型化合物．III—V 主族元素的氟化物的熔点、沸点见表 18.26.

(c) 化学性质．III 主族元素的卤化物稳定性按以下顺序减小：$F > Cl > Br > I$，它们的三价态氟化物中稳定性是由 B 到 Tl 逐渐降低的．BF_3 是稳定的气体，TlF_3 不稳定，要由元素氟和铊激烈反应才能制得．它们的三价氟化物(除硼外)与碱金属和铵盐能形成 $M_3'[M^{III}F_6]$ 形式的配位化合物，溶解度小，可以从溶液中沉淀出来

$$3NaF + AlF_3 \longrightarrow Na_3AlF_6$$

$$3NH_4F + GaF_3 \longrightarrow (NH_4)_3GaF_6$$

从 B 到 Tl 的低价氟化物稳定性增大，AlF 极不稳定，在低温时即发生歧化，生成 Al 和 AlF_3．TlF 却稳定，具有氯化钠型晶格结构，与碱金属氟化物相似，易溶于水(15℃时为 80g/100g 水)，能与其他氟化物生成复合氟化合物 $TlM^{III}F_4$，$TlM^{IV}F_5$ 和 $TlM^{V}F_6$.

IV 主族中的碳、硅、锗卤化物的特征氧化态是 4．对锡来说，所有四种二卤化锡和四种四卤化锡都是稳定的，并都容易制得．铅的四溴化物和四碘化物尚未制得，四氯化铅极不稳定，甚至在相当低的温度下也分解成 Cl_2 和 $PbCl_2$，在约 100℃时还会发生爆炸．但四氟化铅很容易在 300℃时，通过 $PbCl_2$ 的氟化作用制得．它具有较高的热稳定性，熔点约 600℃.

IV 主族元素的二氟化物从碳到铅随着 s 孤对电子相对稳定性的增大其热稳定性亦增加．铅、锡的二氟化物很易从水溶液中制得．二氟化锗则需要用单质锗在 150—300℃条件下还原四氟化锗来制备．GeF_2 有强的还原性，熔点约 110℃．对热有一定的稳定性．二氟化硅的生成是把四氟化硅在 1150℃时通过硅层反应，得到为 1：1 的 SiF_2 和 SiF_4 的混合气体，在 1400℃以上，可以得到约 90%的 SiF_2. SiF_2 不稳定，在室温时的半衰期大约为 150s．CF_2 是非常不稳定的，很难直接制得，通常是用 $(CF_3)_3PF_2$ 或 $(CH_3)_3SnCF_3$ 进行热分解而得到的.

PbF_2 与 $PbCl_2$ 混合熔融时，熔化曲线表明有 $PbCl_2 \cdot PbF_2$ 和 $PbCl_2 \cdot 4PbF_2$ 两种化合物存在. $PbBr_2$，PbI_2 与 PbF_2 也有相似的性质. 氟氯化铅 $PbCl_2 \cdot PbF_2$ 还可由溶液反应中制得，它微溶于水，在含有氟和氯离子的溶液中加入铅盐时，即可使其沉淀下来，该反应已被应用于分析测定中.

V 主族元素的氟化物中，氮仅有 NF_3 一种化合物，高氧化态的氮在三元化合物中才能观察到，如 NOF_3.

具有挥发性的五氟化物 PF_5，AsF_5，SbF_5 是很强的 Lewis 酸，对一些碱性极弱或根据电子给予体原则具有最小成键能力的含氧或氮的化合物则有高的反应能力. 构成其具有强的接受电子能力的原因是与 PF_6^-，AsF_6^-，SbF_6^- 的六配位结构的稳定性有关，虽然五氟化物具有三角双锥体的对称结构，但当其转变为八面体构型时，稳定性增强了. 三氟化物 PF_3，AsF_3，SbF_3 接受给予电子的能力，受酸中心原子的孤对电子所阻碍而稍有减弱. 然而给它们加合一个卤素分子后可以形成 MX_2F_3 型化合物，其性质与 MF_5 相似. 磷、砷、锑这种强的接受给予电子的性质，使其具有强的 Lewis 酸的特性，从而可形成一系列有用的氟化合物. 对于这类氟化合物的研究，为现代酸碱理论提供了大量的实验数据[112, 113, 148–152].

铋的氟、氯、溴、碘四种卤素的三卤化物都存在，而五卤化物仅制得 BiF_5. 它是由金属铋用 2 atm 的氟在温度 550℃时氟化而得到的. 该化合物的熔点为 151.4℃，BiF_6^- 离子与碱金属所成的盐也已制得. BiF_3 的离子性比 BiF_5 的强些，且溶解度小，水解性低，形成加合物的数量也较少.

在有机合成中，AsF_3 和 SbF_3 是 Swarts 反应的氟化剂. SbF_3 由三氧化二锑与过量的氢氟酸反应而制得的，它是潮解性的白色针状结晶. 使用三氯化锑与氟化氢反应也可制得，它们在 0—15℃时进行反应并放出氯化氢，过量的氟化氢在 40—50℃蒸出. 未反应的三氯化锑可用 CCl_4 萃取分离. 更纯的 SbF_3 可用升华法精制. SbF_3 的蒸气压在 17℃时为 40kPa，62℃时为 1427kPa.

1.5.4　VI，VII 主族元素氟化物[31, 32, 123, 153]

VI，VII 主族元素原子的价电子组态分别为 s^2p^4 和 s^2p^5. 氧与氟可形成 OF_2，O_2F_2，O_3F_2，O_4F_2，O_5F_2 和 O_6F_2 等化合物. 硫、硒、碲形成 MF_2，MF_4 和 MF_6 形式的氟化物. VII 主族氟化物有 XF，XF_3，XF_5 及 XF_7 等形式.

(a) 一般制备方法. 将氟通过 2%氢氧化钠溶液时可以制得 OF_2

$$2F_2 + 2OH^- \longrightarrow OF_2 + H_2O + 2F^-$$

制备时碱的浓度要低，否则会使 OF_2 分解

$$OF_2 + 2OH^- \longrightarrow O_2 + 2F^- + H_2O$$

硫、硒、碲氟化物的制备是将氟分别通过装有相应元素的铜管进行的，反应可自发进行并放出大量的热，生成 SF_6，SeF_6 和 TeF_6，这些化合物都是无色气体[154].

硫、硒、碲低氧化态的氟化物制备方法各不相同. 四氟化硫是用硫与混有氟化钙的三氟化钴缓慢反应制取的，硒可借氟化银与四氯化硒在温度 50℃时进行复分解得到，四氟化碲是用碲在 200℃时还原六氟化碲制得的.

卤素的氟化物唯一实用的制备方法是将各元素按所要求的比例直接化合. 元素氟可在很大的温度范围内与卤素发生放热反应. 卤原子的低价态氟化物也可用相应元素与其高价态的氟化物混合反应制备.

(b) 结构与物理性质. VI，VII 主族元素氟化物的熔点、沸点见表 18.26. 这两族元素的氟化物都具有较低的熔点、沸点和高的挥发性. 在 MF_x 型化合物中，一般地说，若氟原子的数目越多，M 原子被 F^-离子包围得越紧时，化合物的挥发性就越大.

氧与氟形成的键主要是共价的，二氟化氧分子的结构可简单地用共价结合的方式来表示为

$$\begin{array}{ccc} :\ddot{\underset{\cdot\cdot}{F}} & : & \ddot{O}\ : \\ & & :\ddot{\underset{\cdot\cdot}{F}}: \end{array}$$

，共价的氟保留有氟本身强的吸引电子的性质. 硫、硒、碲的六氟化物由于氟的电负性大、体积小，使得这些原子的 d 轨道参与了杂化，构成了 sp^3d^2 杂化轨道，从而形成了稳定的八面体结构. 这一性质与 III—V 族元素的氧化态比相应族序的最高氧化态低 2 时所形成的卤化物更稳定的情况不相同，即 VI 主族元素趋向于生成更稳定的六氟化物. 如 SF_6，SeF_6，TeF_6 的生成热分别为−1208.7，−1029 和−1318kJ · mol^{-1}(25℃)，其中 SF_6 是十分稳定的气体，它具有正八面体的对称性，中央硫原子为占据八面体顶点的六个氟原子配位，使其内配层达到饱和状态，因此，SF_6 在热力学上是稳定的，在动力学上是惰性的. 在上述三类氟化物中 S—F，Se—F，Te—F 的键距分别为 157，169 和 183pm，即 Se—F 和 Te—F 的键距比 S—F 长，SeF_6 和 TeF_6 的键极性比 SF_6 的大，在受到较小的热作用时就能使它们与电子给予体反应，表明它们的热稳定性比 SF_6 低.

在 VI 主族元素中，借相同或相似原子间互相键合而生成链状化合物的趋势远较 IV 主族元素小. 如 VI 族中的氧原子只能生成三原子的臭氧(O_3)，硫可形成八原子的 S_8 环. 氧链和硫链化合物的种类很多，如$[S—S(O)_2—O]^{2-}$(硫代硫酸根离子)，HO—$S(O)_2$—O—$S(O)_2$—OH(焦硫酸)，HO—$S(O)_2$—O—O—$S(O)_2$—OH(过硫酸)，HO—$S(O)_2$—S_x—$S(O)_2$—OH(多聚硫酸)等. 当它们与氟作用形成氟化合物时，这些链状化合物更为稳定. 如在 O_2，O_2F，O_2F_2 中的 O—O 键是非常类似的，它比在 H_2O_2 中的 O—O 键要强. 此外，还有 O_3F_2，O_4F_2，O_5F_2 和 O_6F_2 等含氧链的

氟化物. 硫和氟也能生成一系列链状化合物，其中最重要的类型是具有 S—O—F 型链的化合物[155, 156]. 如 $S_2O_5F_2$，$S_3O_6F_2$，$S_4O_{11}F_2$ 直至 $S_7O_{20}F_2$ 等，都是以 $F(O)_2$—S—O—S—$(O)_2F$ 结构形式为基础的. 过氧基的引入使化合物以链状结合的可能性增大，如 F_5S—O—O—SF_5，$FS(O)_2$—O—O—$S(O)_2F$，F_5S—O—O—$S(O)_2F$ 和 F_5S—O—SF_4O—OSF_4—O—SF_5 等. 氟是卤素中唯一参与形成 S—O 链状化合物的.

VII 主族元素的氟化物也与 III—V 主族元素氟化物不同，随原子序数增加其高氧化态氟化物稳定性增加. 氯、溴可形成稳定的五氟化物，碘可形成稳定的七氟化碘. 一氟化物和三氟化物的稳定性则从氯到碘依次降低. 一氟化碘仅在激发气体混合物的光谱中才观察到，三氟化碘也极不稳定. 但一氟化氯则是稳定的，三氟化氯和三氟化溴都十分稳定，是合成反应的重要溶剂和氟化剂. 氟卤化物的一些物理常数见表 18.29[61, 123].

表 18.29　卤素氟化物的性质

	ClF	ClF_3	ClF_5	BrF
熔点(℃)	−155.6	−76.34	<100	−33
沸点(℃)	−100.1	11.75	—	23
生成热(kJ · mol^{-1})	−56.1±2.1	−158.6±4.2	—	−74.1
	BrF_3	BrF_5	IF_5	IF_7
熔点(℃)	8.77	−61.3	9.45	5—6
沸点(℃)	125.75	40.76	100.5	4.5(升华)
生成热(kJ · mol^{-1})	−271.1	−351.9	−856.5±6.7	−969.4±7.5

(c) 化学性质. 二氟化氧微溶于水，0 ℃和 1atm 时其溶解度为 4.3ml/100mlH_2O. 其氧化能力很强，可将 Pb^{2+}，Mn^{2+}转变为二氧化物，还能自碘化物中置换出碘. 如

$$OF_2+4I^-+2H^+ \longrightarrow 2I_2+2F^-+H_2O$$

OF_2 的反应性和氟化能力也很强，能与许多元素及化合物自发地发生反应. 与水蒸气混合时会引起爆炸，

$$OF_2+H_2O(g) \longrightarrow O_2+2HF(313kJ)$$

硫、硒、碲的六氟化物稳定，稳定性依 $SF_6 > SeF_6 > TeF_6$ 顺序而降低. 它们的低价氟化物的化学活性较大，易发生水解，在室温下 SeF_6 和 TeF_6 会很快地侵蚀玻璃. 硫和硒可形成 SOF_2 和 $SeOF_2$，可应用 Swarts 法，以氟化锑作氟化剂而

制得

$$3SOCl_2+2SbF_3 \xrightarrow{Sb^{5+}} 2SbCl_3+3SOF_2$$

SOF_2 和 SO_2F_2 的反应活性有显著的不同. 具有四面体结构的 SO_2F_2 由于氧和氟对硫原子有较大的屏蔽作用而表现出较大的惰性. SOF_2 则在室温下即缓慢水解，反应活性较大.

卤素的氟化物大都具有很强的反应活性，可代替单质氟作氟化剂，与大多数金属、非金属能发生作用，可使氧化物转变为氟化物，使其他的卤化物转变为氟化物并放出相应的卤素. 当金属能形成不同氧化态的化合物时，生成的氟化物组分随所用的氟化卤的氧化能力不同而不同. 如 $CoCl_2$ 在氟化时，生成的产物即由使用的氟化剂不同而有所差别(见表 18.30).

表 18.30　卤素氟化物与 $CoCl_2$ 的反应产物

卤素氟化物	反应产物
ClF_3	CoF_3 100%
BrF_5	CoF_3 55%，CoF_2 45%
BrF_3	CoF_3 45%，CoF_2 55%
IF_5	CoF_2 72%

卤素氟化物的反应活性通常有如下顺序：

$$ClF_3>BrF_5>IF_7>ClF>BrF_3>IF_5>BrF$$

但是在实际反应中，由于条件变化还会产生不同的结果.

1.5.5　稀有气体氟化物[1,4,43,63]

稀有气体原子的价电子组态为 s^2p^6(除 He 为 s^2 外)，外电子层结构稳定，通常不与其他元素反应. 由于氟的电负性很高、反应性强，故能与稀有气体在一定条件下发生化学反应，生成稀有气体氟化物. 1962 年 Bartlett[157]用 PtF_6 将 O_2 氧化为 O_2^+ 离子的盐 $O_2^+PtF_6^-$. 他们认为 O_2 和 Xe 的电离势相差不大，分别为 12.2 和 12.13eV，因此，可以设想使用 PtF_6 也会使 Xe 氧化并生成类似形式的化合物. 根据这一设想，Bartlett 用 PtF_6 和 Xe 混合在室温下反应得到了橙黄色的固体 $XePtF_6$，第一次制得了稀有气体氟化物. 随后，直接用氟和氙反应又制得了 XeF_2，XeF_4 和 XeF_6，稍后，KrF_2，KrF_4 和 RnF_2 也相继制得或确认其存在. 与此同时，稀有气体的氧化物、氟氧化物和一系列相应的配合物亦已制得，使稀有气体化学得到迅速的发展，这些研究不仅在理论上有重要的意义，而且在化学合成和激光器制造中获得了应用.

(a) 一般制法. 稀有气体氟化物可直接利用氟和稀有气体合成. 在镍制反应管中，使氟和氙混合物进行反应时，在不同的温度下有各种平衡[158−161]

$$Xe \underset{k_1}{\overset{+F_2}{\rightleftharpoons}} XeF_2 \underset{k_2}{\overset{+F_2}{\rightleftharpoons}} XeF_4 \underset{k_3}{\overset{+F_2}{\rightleftharpoons}} XeF_6$$

反应的平衡常数如表 18.31 所示.

表 18.31　氟和氙反应的平衡常数

	25℃	250℃	300℃	400℃	501℃
k_1	1.23×10^{13}	8.79×10^{4}	1.02×10^{4}	3.95×10^{2}	29.8
k_2	1.34×10^{11}	1.43×10^{3}	1.55×10^{2}	4.86	0.5
k_3	8.6×10^{5}	0.944	0.211	0.0182	3.3×10^{-3}

将摩尔比不同的混合气体在不同温度下进行反应，可得到不同的氟化氙产物. 当 Xe : F_2 按 3—7 : 1 混合，在温度 300—380℃下反应，后在−78℃时迅速冷却可得到固体的 XeF_2. 若 Xe : F_2 为 1 : 5，温度为 400℃反应 1h，在室温下骤冷时得到 XeF_4. Xe : F_2 为 1 : 20，温度为 300℃加热反应 16h，可得到 XeF_6[160, 161]. XeF_4，XeF_6 还可用放电合成法制得. 将 Xe 和 F_2 混合气体在 200kPa 压力下，通过冷却到−78℃的放电管进行放电合成，若 Xe 与 F_2 的摩尔比为 1 : 2 时，主要生成为 XeF_4，摩尔比为 1 : 3 时，主要产物是 XeF_6[162].

KrF_2 也可用放电合成法制备. 把 Kr 和 F_2 的混合气体在 20—270kPa 压力和−183℃时进行放电合成得到. 它在低温下是可升华的白色固体.

由于氡很不稳定，它的稳定性同位素 ^{222}Rn 的半衰期只有 2.8d，故研究其合成和性质都很困难. RnF_2 已被确定，它是由氟化剂(ClF_3，BrF_3，BrF_5 或 $[BrF_2]^+[SbF_6]^-$等)氟化氡气制得的[163].

(b) 结构和物理性质[164−167]. 稀有气体氟化物的结构和物理性质如表 18.32 所示.

(c) 化学性质. 稀有气体氟化物的稳定性都很小，故有强的氧化性和氟化反应性能. 其氧化能力依 $XeF_2<XeF_4<XeF_6$ 顺序增加. 这类氟化物与石英和玻璃能发生反应

$$2XeF_6 + SiO_2 \longrightarrow 2XeOF_4 + SiF_4$$

因此不能将它们贮存在玻璃器皿中，XeF_2 与水作用较缓慢，在 0℃和 25℃时，反应的半衰期分别为 7h 和 27min，在−70℃时可长期保存[168, 169].

表 18.32　稀有气体氟化物的结构和性质

	XeF_2	XeF_4	XeF_6	$XeOF_4$	XeO_2F_2	KrF_2
升华温度(℃)	114.30	115.74				−60
熔点(℃)	(三相点，129.03)	(三相点,117.10)	49.47	−46.2	29.5—30.5	
沸点(℃)			75.57	101.5		
键能(R—F) ($kJ\cdot mol^{-1}$)	129.7	131.8	133	101.5		49.0
间距(R—F)(pm)	200	195	189	190.1 ± 0.5		188.9 ± 1.0
生成热($kJ\cdot mol^{-1}$)	−108.4(25℃)	−215.5(25℃)	−294.6(25℃)	−25.1(25℃)	+234.5(25℃)	固体 18.8 ± 4.2(25℃) 气体 60.3 ± 3.3
晶体结构	正方晶系 a=431.5 ± 0.3pm c=699.0 ± 0.1pm	单斜晶系 a=505.0 ± 0.3pm b=592.2 ± 0.3pm c=577.1 ± 0.3pm β=99.6° ± 1	单斜晶系 (18.6—49.47℃) a=933pm b=109.6pm c=895pm β=91.9° 等轴 (−19.36—18.6℃) a=2534 ± 5pm			立方晶系 a=653.3pm c=583.1pm
常温时的物态	无色结晶固体	无色透明有光泽结晶	无色固体，气体黄色	无色固体和液体	无色固体和液体	无色固体和气体

$$XeF_2+H_2O \longrightarrow Xe+\frac{1}{2}O_2+2HF$$

XeF_4与水反应迅速，生成黄色的$XeOF_4$，最后水解为XeO_3，Xe，HF 和O_2. XeF_6的水解反应是逐级进行的，最后生成具有爆炸性的XeO_3.

$$3XeF_4+6H_2O \longrightarrow XeO_3+2Xe+\frac{3}{2}O_2+12HF$$

$$XeF_6+H_2O \longrightarrow XeOF_4+2HF$$

$$XeOF_4+2H_2O \longrightarrow XeO_3+4HF$$

KrF_2与元素氟、氟化卤、氟化氧相比是更强的氟化剂，具有与原子氟相似的氟化能力，因此，它在室温下就能使许多元素单质氧化为高氧化态氟化合物. KrF_2易溶于氟化氢中，与水反应生成 HF，O_2和 Kr.

稀有气体氟化物能与强的 Lewis 酸生成配位化合物. 形成配合物的能力依$XeF_4 \ll KrF_2 < XeF_2 < XeF_6$顺序增加[170]. XeF_4只与SbF_5生成黄色结晶的$XeF_4\cdot 2SbF_5$，具有$[XeF_3]^+[Sb_2F_{11}]^-$的组成. KrF_2能与SbF_5，TaF_5，NbF_5，TiF_4和SnF_4等生成相应的配位化合物，如$KrF_2\cdot 2SbF_5$，$KrF_2\cdot SbF_5$等. $KrF_2\cdot 2SbF_5$为白色结晶，较KrF_2稳定. XeF_2能与多种五氟化物生成配位化合物，在常温下多为固体，其组成有如下三种形式：$2XeF_2\cdot MF_5$或$Xe_2F_3^+[MF_6]^-$，$XeF_2\cdot MF_5$或$XeF^+[MF_6]^-$和

$XeF_2 \cdot 2MF_5$或$XeF^+[M_2F_{11}]^-$. 它们的稳定性与五氟化物的 Lewis 酸的强度有关，五氟化物的 Lewis 酸越强则配合物的稳定性越大. XeF_6能形成的配位化合物最多，五氟化物、四氟化物、三氟化物和碱金属氟化物都可与它形成配位化合物，如$XeF_6 \cdot AsF_5$，$2XeF_6 \cdot PF_5$，$XeF_6 \cdot PtF_5$等. 与碱金属氟化物生成配位化合物时，可生成 $MF \cdot XeF_6$和 $2MF \cdot XeF_6$两种形式[171]，它们对热稳定，如 $2NaF \cdot XeF_6$的分解温度为 100℃，$2RbF \cdot XeF_6$和$2CsF \cdot XeF_6$的分解温度在 400℃以上.

1.6　过渡元素氟化物通论[1, 31, 32, 123]

过渡元素原子的价电子组态为 $d^ns^{1-2}(n = 1—9)$或 d^nf^{1-14}，它们的价轨道是$(n—1)d$，ns 和 np 或$(n—2)f(n—1)d$ 和 ns. 从电子组态来看，这些元素原子常出现多变的价态. 就可利用来成键的价轨道而论，成键的情况比较复杂. 当这些元素的原子生成相应的离子时，这些离子的电子组态与稀有气体的组态是不相同的，它们更易发生变形而影响所生成的键的性质. 当过渡元素原子能生成多种价态时，低价态的氟化物由于氟的高电负性和相当小的离子半径，使化合物的晶格能特别高，显示出离子性的特征. 因此，过渡元素的二氟化物如ZnF_2，MnF_2都具有较大的离子性质. 但当过渡元素离子的氧化态增高时，它本身电离就需要很大的能量，只有能形成较大晶格能的氟才能满足其需要. 因此，某些金属的最高氧化态，通常只有氟化物才能显示出来. 根据软硬酸碱原理，金属离子的氧化数越高，硬度越大，则越易与硬碱相结合. 据此，只有硬度很大的氟离子或氧离子才易于形成对应的高价态化合物. 高价态过渡金属氟化物大都呈现较高的共价性，具有沸点低、挥发性高的特点. 但离子性氟化物和共价性氟化物之间并无清晰的界限.

形成配合物是过渡元素原子或离子的另一个重要特点，其中心原子的配位数可达到 7 和 8. 但氟的配位化合物还是具有明显的离子键特征的，一些氧化态特别高的元素原子，只能存在于以氟离子为配体的化合物中. 它们的简单氟化物也是不稳定的，常常通过配位化合物的形成才能使其稳定. 表 18.33 列出了过渡元素原子在它们的氟化物中所出现的氧化态. 应当说明的是，表中用二元氟化物来说明其特征氧化态，配位氟化物和氟氧化物仅用来说明在简单二元氟化物中不稳定的化合物，括号中的化合物是还未被确定的.

表 18.33　过渡元素氟化物的氧化态[1]

ScF_3	TiF_4	VF_5	CrF_6	MnO_3F	FeF_3	Cs_2CoF_6	K_2NiF_6	Cs_2KCuF_6	ZnF_2
	TiF_3	VF_4	CrF_5	MnF_4	FeF_2	CoF_3	K_3NiF_6	CuF_2	
		VF_3	CrF_4	MnF_3		CoF_2	NiF_2		
		VF_2	CrF_3	MnF_2					
			Cr_2F_5						

续表

			CrF_2						
YF_3	ZrF_4	NbF_5	MoF_6	TcO_3F	RuF_6	RhF_6	PdF_4	Cs_2KAgF_6	CdF_2
	ZrF_3	NbF_4	MoF_5	TcF_6	RuF_5	RhF_5	$Pd_2+[PdF_6]^{2-}$	AgF_2	
	ZrF_2	$NbF_{2.5}$	Mo_2F_9	TcF_5	RuF_4	RhF_4	PdF_2	AgF	
			MoF_4	K_2TcF_6	RuF_3	RhF_3		Ag_2F	
			MoF_3						
LaF_3	HfF_4	TaF_5	WF_6	ReF_7	OsO_3F_2	IrF_6	PtF_6	AuF_3	HgF_2
			WF_5	ReF_6	OsF_7	IrF_5	PtF_5		Hg_2F_2
			WF_4	ReF_5	OsF_6	K_2IrF_6	PtF_4		
				ReF_4	OsF_5	IrF_3			
					OsF_4				
AcF_3	ThF_4	PaF_5	UF_6	NpF_6	PuF_6	AmO_2F_2	CmF_4	BkF_4	
		PaF_4	UF_5	Rb_2NpF_7	Rb_2PuF_7	AmF_4	CmF_3	BkF_3	
			U_2F_9	NpF_4	Pu_4F_{17}	AmF_3			
			U_4F_{17}	NpF_3	PuF_4				
			UF_4		PuF_3				
			UF_3						
	CeF_4	PrF_4	(Cs_3NdF_7)	(PmF_3)	SmF_3	EuF_3	GdF_3	TbF_4	(Cs_3DyF_7)
	CeF_3	PrF_3	NdF_3		(SmF_2)	(EuF_2)		TbF_3	DyF_3

1.6.1　过渡元素氟化物的制法[1, 123, 172]

常用来制备过渡元素氟化物的方法有下面几种.

(1) 水溶液中的制备方法. 用氢氟酸或可溶性氟化物作试剂与相应过渡金属盐类作用，通过沉淀或复分解可制备不溶于水和不被水所分解的氟化物. 这种湿法反应常含有水合物和氟氧化物，要得到无水氟化物时，需要将所得到的氟化物在氟化氢气氛或过量氟化铵中加热脱水.

(2) 非水溶液中的制备方法. 在非水溶剂中以氟化氢或可溶性氟化物与过渡金属卤化物、氧化物作用时可以得到相应的过渡金属氟化物. 此法易得到无水氟化物. 氟化氢本身就是氟化物的一种极好的溶剂和氟化剂，因此，它是制得无水氟化物的优良方法.

(3) 高温气相合成方法. 用气态氟化氢、氟化卤在高温下作用于卤化物、氧化物或相应盐可以得到相应的无水氟化物

$$MCl_5+5HF \longrightarrow MF_5+5HCl$$

$$MCl_4+4NH_4F \longrightarrow MF_4+4NH_3+4HCl$$

$$MO_2+4HF \longrightarrow MF_4+2H_2O$$

(4) 高温熔融氟化方法. 此法是用易熔氟化物在高温下与卤化物、氧化物、盐类等共熔，使发生复分解的氟化反应

$$MO+SbF_3 \longrightarrow MF_2+SbOF$$

$$MO+2NH_4F \longrightarrow MF_2+2NH_3+H_2O$$

(5) 高价态氟化物的制备方法. 使用元素氟能容易地制得这类氟化合物. 通常元素氟不易获得，故常用氟化卤如 ClF_3，BrF_3，BrF_5 和 IF_7 等代替. 这些化合物比氟稳定，室温下为液体，易于贮存和处理. 但反应中往往容易生成许多相当稳定的加合物，这些加合物有时因分离困难而妨碍了反应.

氟在 200—400℃温度范围内与氧化物、氯化物和金属都可作用，生成挥发性氟化物. 这个方法也可用来制备非挥发的 AgF_2，CoF_3，CeF_4 和 TbF_4. 还可直接用来制备某些不常见的高氧化态化合物如 K_2NiF_6，K_2CrF_6，K_3CoF_6 等

$$2KCl+NiCl_2+3F_2 \longrightarrow K_2NiF_6+2Cl_2$$

$$3KCl+CoCl_2+3F_2 \longrightarrow K_3CoF_6+\frac{5}{2}Cl_2$$

不稳定氟化物的制备，常用高压氟化的方法进行，如制备 CrF_6 和 OsF_6 就需用高压法.

(6) 低价氟化物的制备方法[1, 123, 173]. 制备低价态氟化物的方法，是将金属氟化物与氢、或同种金属一起进行加热还原，或在金属上通过氢和氟化氢加热反应，以及用氢和氟化氢通过高价态氟化物进行还原等方法而制得

$$2TiF_4+H_2 \longrightarrow 2TiF_3+2HF$$

$$2Ti+6HF \xrightarrow{H_2} 2TiF_3+3H_2$$

$$4NbF_5+Nb \xrightarrow{400^\circ C} 5NbF_4$$

$$NbF_5+Nb \xrightarrow{700^\circ C} 2NbF_{2.5}$$

碘溶于五氟化碘中可以作为中等程度的还原剂，在制取某些低价态氟化物时是一个很好的方法. 某些低价态氟化物不稳定，常用制成复盐形式的氟化物而使其稳定存在.

1.6.2　*d* 过渡元素氟化物

在同一周期中，过渡元素随 d 电子逐渐填充后，其最高价态氟化物的稳定性是降低的. 这是与原子核电荷依次增加、原子半径减小有关. 在第四周期中，具有 s^2d^1 和 s^2d^2 的价电子组态的 Sc，Ti 可生成稳定的 ScF_3，TiF_4，有 s^2d^3 电子组态的 V，生成反应活性较大的 VF_5，而有 s^2d^4 电子组态的 Cr，生成热稳定性很差的 CrF_6，可看到 d 电子的增加，最高氧化态氟化物稳定性迅速降低，故到有 s^2d^5 电子组态的 Mn 时，MnF_7 已不能存在，只能生成氟氧化物 MnO_3F. Fe，Co，Ni 最

高价态的氟化物为+3，只有形成配位化合物时才出现+4 价态，如 Cs_2CoF_6，K_2NiF_6. *ds* 区的 IB 和 IIB 元素 Cu 和 Zn 的氟化物最高价态为+2，而当生成配位化合物时，铜也可以出现+3 的氧化态，如 Cs_2KCuF_6.

五、六周期的重过渡元素原子在氟化物中最高价态的稳定性也有随原子序数的增加而减小的相似规律性. 在同一族中，最高价态氟化物的稳定性是随原子序数增加而增加的. 如 CrF_6，MoF_6，WF_6 的稳定性是逐渐增大的，TcO_3F 的稳定性比 MnO_3F 的大，而 Re 可得到 ReF_7 化合物. VIII 族情况更明显，五周期的 Ru，Rh 生成不稳定的 RuF_6 和 RhF_6，六周期的 Pt，Os，Ir 能生成稳定的 PtF_6，OsF_6，IrF_6. Os 还可得到最高为+8 氧化态的化合物：OsO_3F_2，*ds* 区 IB 的 Au 可以得到稳定的 AuF_3，而 Ag，Cu 的+3 氧化态只存在于氟的配位化合物 Cs_2KAgF_6 和 Cs_2KCuF_6 中. 表 18.34 是 IVB—VIB 族氟化物的热化学键能的平均值.

表 18.34　氟化物的热化学键能平均值[1]($kJ \cdot mol^{-1}$)

TiF_4	586	VF_5	477	CrF_6	326
ZrF_4	649	NbF_5	569	MoF_6	448
HfF_4	649	TaF_5	603	WF_6	506

六氟化物是过渡元素氟化物中最重要的一类. *d* 过渡元素六氟化物全部是以六个氟原子围绕中心原子按八面体配位的，其中除少数出现有某些变形外，其余都是很规则的[174]. 在同一周期中，过渡元素六氟化物的红外特征吸收不但有规则地减小，而且第五周期的六氟化物的特征吸收比性质极为相似的第六周期元素的六氟化物的特征吸收要小，这是由于在六氟化物中除有σ键合外，还有π键合. 在任一周期中的元素的原子或离子，当其处在八面体的六氟化物中时，随着它的 t_{2g} 轨道的电子数目增加，其π键合将降低，使六氟化物稳定性也降低. π键的影响对第六周期比第五周期要大，因此，六氟化物的稳定性在周期表中从上到下增大[175].

五氟化物有类似于六氟化物的结构，在固态时是一个聚合物(四聚体). 熔化时液体黏滞性大，被假定为发生了缔合作用. 聚合是由氟桥形成的. 氟桥可能来自重要的π键合，这种键合的范围在链状结构中比之在规则的平面四聚物中要低. 当π键合很小时，如贵金属的五氟化物中，出现有非线形氟桥，并且这个氟桥采用具有两对孤对电子的四面体结构而没有π键合. 除了 IIIB，IVB 族氟化物外，其他 *d* 过渡元素的三氟化物和四氟化物的结构和性质还很少测定过.

化学性质与反应活性[175—181]. 过渡元素的低氧化态氟化物与一般氟化物相似，在水中溶解度很小，高氧化态氟化物则易被水逐渐分解，产生氟化氢，故对玻璃器皿有强的腐蚀作用. 过渡元素原子的 *d* 电子能级在化学环境的影响下容易产生能级分裂，使其在化学反应中能生成不同的氧化态，因此，它们既可形成高氧化态氟化物而且还可以生成一系列低氧化态的氟化物(见表 18.33).

中间氧化态的氟化物的稳定性大都较小，如 VF_4 在 125℃时歧化为 VF_5 与 VF_3；NbF_4 在 400℃时歧化为 NbF_5 和 $NbF_{2.5}$；MoF_5 和 PtF_5 在 165℃时分别歧化为相应的六氟化物和四氟化物，而 ReF_5 在 140℃时分解生成四氟化物. 不常见的氧化态也出现在某些 *d* 过渡元素氟化物中，如 $NbF_{2.5}$，被认为有 Nb_6F_{15} 的原子簇结构，呈内聚桥式，氟原子同各个铌原子键合形成一个无限的三维骨架[175]. $CrF_{2.5}$ 是由 CrF_3 与 CrF_2 之间等摩尔反应生成的化合物，氟原子围绕二个不同氧化态的铬原子成八面体排列. Mo_2F_9 具有 $MoF_3^+MoF_6^-$ 的离子化合物形式. 早期报道的 PtF_3 化合物，实际上是 $pt^{II}Pt^{IV}F_6$，具有不同价态的 Pt. 当饱和的 AgF 溶液在银电极上还原时，生成有光泽的晶体 Ag_2F，这个反常氧化态的氟化物在 200℃时发生歧化反应，生成 AgF 和 Ag.

d 过渡元素的高氧化态氟化物具有较大的挥发性和反应活性. 反应活性与稳定性有很大关系，如在同一周期中，随着原子序数增加，高价态氟化物稳定性降低，从 IVB 到 VIII 族的反应活性增大，氧化性也增强. 在同一族中，从上到下化学反应活性降低，氧化性也减弱. 所以在同族中轻过渡元素(第四周期)的氟化物比重过渡元素(第五、六周期)的氟化物化学活性要大得多，如 VB，VIB 的高氧化态氟化物的氧化还原反应情况见表 18.35[1, 123].

表 18.35　VB，VIB 高氧化态氟化物的氧化还原反应

反应物	PF_3	AsF_3	SbF_3	CS_2
VF_5	PF_5，VF_4，VF_3	AsF_5，VF_4	SbF_5，VF_4	$(CF_3)_2S_2$，$(CF_3)_2S_3$，SF_4，VF_3
$NbF_5(TaF_5)$	—	—	—	—
CrF_5	PF_5，CrF_3	AsF_5，CrF_3	SbF_5，CrF_3	CF_4，SF_6，CrF_3，S，$(CF_3)_2S_2$，MoF_5
MoF_6	PF_5，MoF_5	—	—	—
WF_6	PF_5，WF_4	—	—	—

从表中看出，在同一族中反应活性的大小依原子序数的增加是降低的：$CrF_5 \gg MoF_6 \geqslant WF_6$，$VF_5 > NbF_5$. CrF_5 的强氧化活性能使 CS_2 的 C—S 键发生断裂，CrF_6 比 CrF_5 更不稳定，氧化活性也更高.

在同一周期元素的六氟化物的反应情况见表 18.36.

表 18.36　六氟化物同 NO 和 NOF 的反应情况

	WF_6	ReF_6	OsF_6	IrF_6	PtF_6
NO	不反应	$NOReF_6$	$NOOsF_6$	$NOIrF_6$ (−20℃)	$NOPtF_6$ (−20℃)
NOF	$(NO)_2WF_8$	$(NO)_2ReF_8$	$NOOsF_7$ $NOOsF_6$	$(NO)_2IrF_6$ $NOIrF_6$	$(NO)_2PtF_6$ $NOPtF_6$

注：除注明外，其余均为在 25℃时的反应.

表中说明同一周期中六氟化物的反应活性是随着原子序数的增加而增大

的. NO 不同 WF_6 反应，但可使 ReF_6，OsF_6 还原为+5 氧化态的化合物. IrF_6 或 PtF_6 还原后，其氧化态是+4 还是+5 则依赖于反应发生时的温度. NOF 不能使 WF_6 和 ReF_6 还原，而是生成了加合物，但可使 OsF_6 部分还原为低价的化合物. 它与两个强的氧化剂 IrF_6 和 PtF_6 发生氧化还原反应，生成了六氟配位阴离子 $(NO)_2MF_6$ 和 $NOMF_6$(M = Ir 或 Pt)并释放出 F_2.

不同过渡金属氟化物与水作用的情况不同，如 VIII 族元素的氟化物能发生水解反应，OsF_6 生成 $OsOF_4$，IrF_6，PtF_6 和 RuF_6 生成 $H_3O^+ MF_6^-$ 并放出 O_2. VI 族元素氟化物 MoF_6 和 WF_6 生成 $MoOF_4$ 和 $H_3O^+ WF_5^-$，V 族元素生成 $H_3O^+ MF_6^-$[182].

VB 和 VIB 族元素的高价态氟化物与共价氯化物作用时，能发生置换反应，常常伴随有氧化还原反应发生. 氟化物的反应活性也随原子序数的增大而变化，同一族的元素从上至下活性降低，而同一周期的则增加，如表 18.37 所示，WF_6 仅同 BCl_3，$TiCl_4$ 反应，但不与 PCl_3 和 $AsCl_3$ 作用，甚至温度提高到 150℃，也无反应发生.

表 18.37　VB 和 VIB 族高价态氟化物与氯化物的反应 a[1]

反应剂 b	PCl_3	$AsCl_3$	BCl_3	$TiCl_4$
VF_5	PF_3，PF_5，$VClF_3$，Cl_2	$VClF_3$，Cl_2	BF_3，VCl_4，Cl_2	TiF_4，VCl_3F，Cl_2
NbF_5	PF_3，$NbCl_5$	不反应	BF_3，$NbCl_5$	TiF_4，$NbCl_5$
TaF_5	PF_3，$TaCl_5$	不反应	BF_3，$TaCl_5$	TiF_4，$TaCl_5$
CrF_5	PF_3，PCl_5，$CrCl_3$	AsF_3，$CrCl_3$，Cl_2	BF_3，$CrCl_3$，Cl_2	TiF_4，$CrCl_3$，Cl_2
MoF_6	PF_3，PCl_5，$MoCl_5$	AsF_3，$MoCl_5$，Cl_2	BF_3，$MoCl_5$，Cl_2	TiF_4，$MoCl_5$，Cl_2
WF_6	不反应(到 150℃)	不反应(到 150℃)	BF_3，WCl_6	$TiClF_3$，WCl_6

a. 为了列表，某些反应产物已经简化，详细情况可参阅原文.

b. 上表各反应中，反应剂同时会存在于产物中，且当反应剂过量时，也会得到不同的产物.

氟化物与离子性氯化物的反应较慢，而与溴化物、硼化物的反应较容易，它们之间，主要产生氟和卤素的交换反应.

ds 区元素原子的高价态氟化物 AgF_2，AuF_3 和 CoF_3 的化学活性相似，是强的氧化剂和氟化反应剂. ZnF_2，CdF_2 和 HgF_2 的氟化能力较弱. 与难溶的重卤化银不同，AgF 易溶于水. 碱金属氟化物与 *d* 过渡金属氟化物可形成稳定的配合物，如 $M_2^IM^{IV}F_6$，$M^IM^VF_6$ 和 $M_2^IM^VF_7$ 等.

1.6.3　*f* 过渡元素氟化物[1, 183–185]

f 过渡元素原子价电子组态是 $(n—2)f^x(n—1)d^yns^x$ $(x = 0—14，y=0—2)$，该系列元素原子半径随原子序数增大而减小，金属性相对减弱. 镧系元素和锕系元素均可形成它们特征的+3 氧化态氟化物. 然而，由于镧系元素与锕系元素原子的

4*f* 轨道与 5*f* 轨道的空间分布及其相应能量是有差别的，其中 4*f* 轨道的能量较低，致使 4*f* 电子不易离开，故镧系元素原子呈现高氧化态较难，而 5*f* 电子却易于参与成键，即锕系元素(特别是从钍至镎)倾向于提供较多的价电子而出现高氧化态. 这一性质显示出锕系元素的 5*f* 电子与过渡元素的 *d* 电子很相似，易形成它们的高氧化态的氟化物，如 ThF_4，PaF_5，UF_6，NpF_6(见表 18.33). 但另一方面锕系元素与 *d* 过渡元素的氟化物在稳定性及成键能力上还是有明显差别的. 例如在 *d* 过渡元素氟化物中，IVB 族的 Ti，Zr，Hf，VB 族的 V，Nb，Ta，VIB 族的 Cr，Mo，W，VIIB 族的 Mn，Tc，Re 的高氧化态氟化物的稳定性是随它们原子序数的增加而增加的，而锕系元素中 Th，Pa，U，Np 的高价态氟化物的稳定性均比 Hf，Ta，W，Re 等的要低些. 例如，WF_6 是很稳定的，而 UF_6 易被还原为稳定的 UF_4，甚至被还原为 UF_3，U_2F_9，U_4F_{17} 等一系列低价态的铀氟化合物. 以 Re 与 Np 相比，其最高氧化态的氟化物不是七氟化物，而是 NpF_6，而且不稳定，不易制得. 同样，PuF_6 的稳定性也比 OsF_6 的要低. 总之，锕系元素(特别是重的)化合物的性质与镧系元素的性质更接近些.

化学性质和反应活性. 镧系元素和钪、钇的三氟化物都很稳定，难溶于水，在空气中不潮解，加热时可部分转变为 MOF. 略溶于无机酸，它们形成配位化合物的倾向小. ScF_3 例外，在氢氟酸中溶解度小，但溶于碱金属、铵及银的氟化物溶液中形成配位化合物，如 $M^{I}_3ScF_6$. 利用这一性质可使其与镧系元素分离.

Ce，Tb 形成的+4 价态氟化物，有氧化性，反应活性较大，是有机合成的氟化剂. 低价态氟化物有 SmF_2，EuF_2，但并不特征，而且比其他卤化物更难生成.

锕系元素形成高价态氟化物比镧系容易. AcF_3 是白色的，不溶于水. ThF_4 和 UF_4 相似，可从水溶液中沉淀出来. Pa 可生成四氟化物和五氟化物，但三氟化物的存在尚未证实. U，Np，Pu 都可生成+6 价态的氟化物. UF_6 通常是由 UF_4 直接氟化而制得的，也可在常温下从铀的氧化物与氟化卤作用制得. 在 800℃将 UF_4 氧化时也可得到 UF_6

$$2UF_4+O_2 \longrightarrow UF_6+UO_2F_2$$

UF_6 的沸点较低(56.5℃)，由于天然的氟仅有一种稳定的同位素，因此可利用低沸点的 UF_6 通过热扩散作用来使具有不同质量的 ^{238}U 和 ^{235}U 进行分离，这是核能生产中浓缩 ^{235}U 的重要方法. UF_6 在化学上具有较高的反应活性，可侵蚀玻璃，在水中很快分解. 与碱金属氟化物可生成加合物. 镎、钚六氟化物与铀的相似，但稳定性较低，在加热时转变为其低氧化态氟化物，并有以下平衡

$$MF_6 \rightleftharpoons MF_4+F_2\text{，}\quad K_P=[MF_6]/[F_2]$$

铀、镎、钚六氟化物的转变温度分别为 220，500，750℃，在室温时，铀和钚的平衡常数分别为 10^{44} 和 4×10^{-5}.

锕系高价态氟化物的稳定性随原子序数增加而降低，氧化性增大．UF_6 能被 PF_3 或 AsF_3 还原为四氟化物和一系列中间价态的化合物．在 25℃时同 CS_2 作用，生成 UF_4 和 SF_4，高温时部分生成 CP_4 和 SF_6．PuF_6 在低温下即能与 CS_2 作用并使 C—S 键断裂，生成 CF_4 和 SF_6，说明 PuF_6 的氧化反应活性比 UF_6 更强.

与 *d* 过渡元素氟化物相比，锕系元素高价态氟化物稳定性小，氧化反应活性强．UF_6 在室温时，就能够迅速地同共价氯化物发生卤素交换反应，生成 UCl_6 和相应的氟化物[186–188].

$$UF_6 + 2XCl_3 \longrightarrow UCl_6 + 2XF_3 \quad (X 为 B 或 Al)$$

在此反应中，若 UF_6 过量时则发生氧化还原反应

$$3UF_6 + 2XCl_3 \longrightarrow 3UF_4 + 2XF_3 + 3Cl_2$$

UF_6 与 $AsCl_3$ 和 $SbCl_3$ 作用时，主要生成 UF_4．与碱金属和碱土金属氯化物作用时，主要生成相应的氟化物、氯及氟的配位化合物，如 $LiUF_5$ 和 $NaUF_5$ 等．但 UF_6 与离子性强的碱金属和碱土金属氯化物之间的卤素交换反应比与共价氯化物的交换反应要慢得多.

由于锕系元素高价态氟化物随原子序数增加稳定性降低的结果，使镅以后的氟化物又回复到+3 价态稳定的特征．Am 得不到六氟化物，Cm 和 Am 相似，可从氢氟酸溶液中沉淀出来，在 500—650℃下氟化时，可以转变为四氟化物[189].

参 考 文 献

[1] J. C. Bailar,Jr. (ed.),Comprehensive Inorganic Chemistry,Vol. 2,Pergamon,1009(1973).

[2] J. H. Simons,Fluorine Chemistry,Vol. V,Academic,297(1964).

[3] M. Stacey(ed.),Advances in Fluorine Chemistry,Vol. 11,Butterworths,35(1962).

[4] J. H. Simons,Fluorine Chemistry,Vol. 1,Academic(1950).

[5] R. C. Weast(ed.),CRC Handbook of Chemistry and Physics,66th. ed.,CRC Press(1985).

[6] V. Gutmann,Halogen Chemistry, Vol. I,Academic,44(1967).

[7] 渡辺信淳、石井正人、吉沢四郎，電気化学，492(1961).

[8] G. H. Cady,*J. Amer. Chem. Soc.*,56,1431(1934).

[9] J. T. Pinkston,*Ind. Eng. Chem*,39,225(1947).

[10] F. C. Mathers,P. T. Stroup,*Trans. Electrochem. Soc.*,66,245(1934).

[11] R. V. Winson,G. H. Cady,*J. Amer. Chem. Soc.*,70,1500(1948).

[12] A. Kuhn,Industrial Electrochemical Processes,Elsevier,46(1971);J. Dykstra,*Ind. Eng. Chem*,47,883(1955);J. F. Gall,H. G.Miller,*Ind. Eng. Chem.*,39,281(1947).

[13] R. C. Downing,A. F. Benning,F. B. Downing,R. C. McHarness,M. K. Richards,T. W. Tomkowit,*ibid.*,39, 259(1947);R. Landau,R. Rosen,*ibid.*,39,281(1947).

[14] V. Guttmann,Halogen Chemistry,Vol. I,Academic(1967).
[15] R. S. Mullikem,*J. Amer. Chem. Soc.*,77,884(1955).
[16] G. L. Caldow,C. A. Coulson,*Trans. Faraday soc.*,58. 633(1962).
[17] H. Wise,*J. Phys. Chem*,58,389(1954).
[18] M. Bodenstein,H. Jocksch,S. H. Chong,*Z.Anorg. Chem.* 231,24(1937).
[19] N. Bartlett,*Endcavour*,23,3(1964).
[20] N. Bartlett,*Chcmistry in Canada*,15,33(1963).
[21] H. J. Emeleus,A. G. Sharpe,Advances in Inorganic Chemistry and Radicchemistry Vol. 1,Academic, 157(1959).
[22] J. H. Simons, "Fluorine Chemistry" ,Vol. II,Academic,51(1954).
[23] I. M. Kolthoff,P. J. Elving,Treatise on Analytical Chemistry,Vol. 7 Interscience,207(1961).
[24] B. C. Первов,H. C. Николаев,*успех Химия*,113,640(1976).
[25] 曹希寿,原子能科学技术,3,351(1979).
[26] F. D. Snell,Encyclopaedia of Industrial Chemistry and Analysis,Vol. 13,Wiley,1(1971).
[27] H. V. Smith,M. C. Smith,M. Vavich,*Arizona Agr. Expt. Sta. Minegraphed Rept.*,77(1945)6.
[28] J. H. Simons,Fluorine Chemistry,Vol. IV,Academic(1965).
[29] J. H. Simons,Fluorine Chemistry,Vol. III,Academic(1963).
[30] F. A. Smith,H. C. Hodge,Indiana Univ.,Press,1(1959).
[31] J. H. Simons,Fluorine Chemistry,Vol. I,Academic,225(1950).
[32] J. H. Simons,Fluorine Chemistry,Vol. V,Academic,2(1964).
[33] A. W. Jache,G. H. Cady,*J. Phys. Chem.*,56,1106(1952).
[34] T. C. Waddington,Nonaqueous Solvent Systems,Academic,47(1965).
[35] J. J. Lagowski,The Chemistry of Nonaqueous Solvenis,Vol. 2,Academic,43(1967).
[36] T. A. O'Donnell,*Inorg. Chem.*,16,673(1977).
[37] T. A. O'Donnell,*J. Fluorine Chem*,11,467(1978).
[38]渡辺信淳，フッ素化学と工業——I. 進歩と応用，日本化学工業出版社，97(1973).
[39] H. Fiedenhagen,*Z. Anorg. und Allgen. Chem*,242,23(1939).
[40] P. A. Munter,O. T. Aepli,R. A. Kossatz,*Ind. Eng. Chem*,39,427(1947).
[41] L. Domange,*Compt. Rend.*,198,469(1934).
[42] A. E. Feiring,*J. Fluorine Chemistry*,14,7(1979).
[43]渡辺信淳，フッ素化学と工業——I. 進歩と応用，日本化学工業出版社，69(1973).
[44] R. J. Gillespie,D. A. Humphreys,*J. Chem. Soc.*,(London)A,2311(1970).
[45] D. F. Smith,*J. Chem. Phys.*,28,1040(1958).
[46] M. Atoji,W. N. Lipscomb,*Acta Cryst.*,7,173(1954).
[47] M. Kilpatrick,T. J. Lewis,*J. Amer. Chem. Soc.*,78,5186(1956);J. Shamir,A. Netzer,*J. Sci. Instr. Series* 2,1,770(1968).
[48] H. R. Leech,in Supplement to Mellor's Comprehensive Treatise on Inorganic and Theoretical Chemistry Supp. II. Part I,Longman,111(1956).
[49] N. E. Vanderborgh,*Talanta,*15,1009(1968);H. H. Hyman,M. Killpatrick,J. J. Katz,*J. Amer. Chem. Soc.*, 79,3668(1957).
[50] D. P. Ames,S. Ohashi,C. F. Callis,J. R. Van Wazer,*J.Amer. Chem. Soc.*,81,6350(1959).
[51] F. P. DelGreco,J. W. Gryder,*J. Phys,Chem*,65,922(1961).
[52] L. A. Quarterman,H. H. Hyman,J. J. Katz,*ibid*,65,90(1961).
[53] A. F. Clifford,H. C. Beachell,W. M. Jack,*J. Inorg. Nucl. Chem.*,5,57(1957).

[54] H. Imoto,F. Aubke,*J. Fluorine Chem*,15(1),59(1980);J. Carre,J. Bousquet,*J. Fluorine Chem.*,14(2),139(1979); A. A. Woolf,*J. Fluorine Chem*,15(C),533(1980);H. Selig,W. A. Sunder,F. A. Disalvo,W. E. Falconer,*J. Fluorine Chem.*,11(1),39(1978);11(6),629(1978).

[55] E. L. Muttertles,W. D. Phillips,*J. Amer Chem. Soc.*,81,1084(1959).

[56] A. A. Woolf,*J. Chem. Soc*,(London),1053(1950).

[57] F. Seel,O. Deemer,*Z. Anorg,and Allgem. Chem.*,301,113(1959).

[58] M. T. Rogers,J. L. Spiers,M. P. Panich,*J. Phys. Chem.*,61,366(1957).

[59] S. D. Brcun,T. M. Loehr,G. L. Gard,*J. Fluorine Chem.*,5,203(1975);7,19(1976).

[60] A. F. Clifford,W. D. Pardieck,M. W. Wadley,*J. Phys. Chem.*,70,3241(1966).

[61] G. G. Koerber,T. Vriess,*J. Amer. Chem. Soc.*,74,5008(1952).

[62] E. W. Lawless,I. C. Smith,Inorganic High-Energy Oxidizers,Marcel Dekker,(1968).

[63]石川延男、北爪智哉，化学総説 No.27,119(1980).

[64] J. Hoffman,*Chem. Rev.*,64. 91(1964).

[65] A. R. Hilton,A. W. Jache,J. B. Beal,W. D. Hendevson,R. J. Robinson,*J. Chem. Phys.*,34. 1137(1961);R. H. Jackson,*J. Chem. Soc.*,4585(1962);L. Pierce,R. Jackson,N. Dicianni,*J. Chem. Phys.*,35,2240(1961).

[66] A. G. Streng,*Chem. Rev.*,63,607(1963).

[67] A. F. Wells,Structural Inorganic Chemistry,3rd ed.,Clarendon(1962).

[68] R. D. Brown,R. D. Harcourt,*Australian J. Chem.*,16,737(1963).

[69] A. Arkell,*J. Amer. Chem. Soc.*,87,4057(1965);A. Arkell,R. R. Reinhard,L. P. Larson,*ibid.*,87. 1016(1965).

[70] U nited Technology Center,Final Technical Summary Report No. 2002-FR. Contrast No Nonr-3433(00), March,29(1963).

[71] Temple University Research Institute,Sixth Annual Progress Report,Contrast No. Nonr-3085(01), January, 4(1966).

[72]И. В. Никимин. В. Я. Росоловский,*успех Химия*, 1920(1971).

[73] J. K. Ruff,*Inorg. Chem.*,4,567(1965);5,1791(1966).

[74] Air Products,Inc.,Sates Literature(1963).

[75] C. B. Colburn,A. Keunedy,*J. Amer. Chem. Soc.*,80. 5004(1958).

[76] C. B. Colburn,C. O. Parker,K. Stevanson,Abs. 138th ACS Meeting New York,September(1960),30N.

[77] S. I. Morrow,D. D. Perry,M. S. Cohen,*J. Amer. Chem. Soc.*,81,6338(1959).

[78] S. I. Morrow,D. D. Perry,M. S. Cohen,C. Schoenfelder,*J. Amer. Chem. Soc.*,82,5301(1960).

[79] R ogns. *Ind. Eng. Chem*,51. 309(1959).

[80] M. Stacey(ed.),Advances in Fluorine Chemistry,Vol. III,Butterworths(1962).

[81] C. J. Hoffman,R. G. Neville,*Chem. Revs.*,62,1(1962).

[82] O. Glemser,Abs. of Paper K-1,Presented at 148th ACS Meeting,Chicago,September(1964).

[83] G. T. Armstrong,S. Marantz,*J. Chem. Phys.*,38,169(1963).

[84] R. Dresdner,F. N. Tlumac,J. A. Young,*J. Inong. Nucl. Chem.*,14,299(1960).

[85] J. W. Prazer,*J. Inorg. Nucl. Chem.*,11,166(1959);U. S. Patent No. 3,033,771,May 8,1962.

[86] C. B. Colburn,F. A. Johnson,C. Haney,*J. Chem. Phys.*,43,4526(1965).

[87] J. R. Durig,R. C. Lord,*Spectrochem. Acta*,9,1877(1963).

[88] M. Lestig,C. L. Bumgardner,F. A. Johnson,J. K. Ruff,*Inorg. Chem.*,3,1165(1964).

[89] E. W. Lawless,I. C. Smith,*Chem. Eng. News.*,45,80(1967);J. K. Ruff,*J. Amer. Chem. Soc.*,87,1140(1965).

[90] J. F. Haller,Study of the Preparation,Structure,Properties,and Decomposition of Fluorine Azide and Difluorodiazine, Thesis,Cornell University(1942).

[91] H. W. Roesky,O. Glemser,D. Bormaum,*Angew. Chem.*,76. 713(1964).

[92] E. A. Lawton,J. Q. Weber,*J. Amer. Chem. Soc.*,85,3595(1963).

[93] K. N. Campbcle,J. P. Freeman,*J. Amer. Chem. Soc.*,82,5304(1960).

[94] C. L. Knapp,*Ind. Eng. Chem.*,55(2),875(1963).
[95] H. E. Dubb,R. C. Greenough,E. C. Curtis,*Inorg. Chem.*,4,648(1965).
[96] E. W,Lawless,I. C. Smith,Inorganic High-Energy Oxidizer,Marcel Dekker,INC(1968).
[97] M. Stacey(ed.),Advances in Fluorine Chemistry,Vol. IV,Butterworths,(1965).
[98] B. Sukornick,R. F. Stahl,J. Gordon,*Inorg. Chem.*,2,875(1963).
[99] F. A. Johnson,C B. Colburn,*Inorg. Chem.*,2,24(1963).
[100] J. R. Geichmon,E. A. Smith,P. R. Ogle,*Inorg. Chem.*,2,1012(1963).
[101] O. Ruff,W. Menzel,W. Neumann,*Z. Anorg. Allg. Chem.*,203,293(1932).
[102] G. Balz. E. Mailänder,*Z. Anorg. Allg. Chem.*,217,166(1934).
[103] A. V. Falloom,W. B. Kenna,*J. Amer. Chem. Soc.*,73,2937(1951).
[104] R. A. Davis,D. A. Rausch,*Inorg. Chem.*,2,1300(1963).
[105] C. Woolf,Advance Fluorine Chemistry,Vol. V,Butterworths,1—30(1965).
[196] E. Tschiukow-Roux,*J. Phys. Chem.*,66,1636(1962).
[107] J. R. Geichman,E. A. Smith,P. R. Ogle,*Inorg. Chem.*,2,1012(1963).
[108] W. B. Fox,J. S. Mackenzie,N. Vanderkooi,B. Sukornick,C. A. Wamser,J. R. Holmes,R. E. Eibeck,B. B. Steward,*J. Amer. Chem. Soc.*,88,2604(1966).
[109] N. Bartlett,S. P. Beaten,*Chem. Commun.*,6,167(1966).
[110] N. Bartlett,S. P. Beaton,N. K. Jha,*Chem. Commun.*,6,168(1966).
[111] N. Bartlett,J. Passmore,E. J. Wells,*Chem. Commun.*,7,213(1966).
[112] B. A. Goodman,J. B. Raynor,*Adv. Inorg. Chem. and Radiochem.*,13(1971).
[113] 田坂明政,渡辺信淳,新しいフッ素化学,化学総語 No. 27,77(1980).
[114] 曾敏,化学通报,102(1960).
[115] M. Stacey,J. C. Tatlow,A. G. Sharpe,Advances in Fluorine Chemistry,Vol. I,Butterworths(1960).
[116]渡辺信淳,新しいフッ素化学,化学総語 No. 27,37(1980).
[117] H. S. Booth,D. R. Martin,Boron Trifluoride and its Derivatives,Wiley(1949);J.H. Simons,Fluorine Chemistry, Vol. I,Academic,201(1950).
[118] J. H. Simons,Fluorine Chemistry Vol. II,Academic,1(1954).
[119] R. N. Haszeldine,A. G. Sharpe,Fluorine and its Compounds,Methuen,(1951).
[120] K. L. Nelson,*Ind. Eng. Chem.*,48,1670(1956).
[121] A. V. Topchiev,BF_3 and its Compounds as Catalysts in Organic Chemistry,Izdatel,Akad. Nauk. S.S.S.R. (1956).
[122] G. N. Cade,R. E. Dunn,H. J. Hepp,*J. Amer. Chem. Soc.*,68,2454(1949).
[123] M. Stacey(ed.),Advances in Fluorine Chemistry,Vol. IV,Butterworths,142(1965).
[124] J. D. Park,A. F. Benning,F. B. Downing,J. F. Lancins,R. C. McHarness,*Ind. Eng. Chem.*,39,354(1947).
[125] H. F. Hunger,G. J. Heymach,*J. Electrochem. Soc.*,120,1161(1973).
[126] H. F. Hunger,J. E. Ellison,*ibid.*,122,1288(1975).
[127] W. Tiedmann,*ibid.*,121,1308(1914).
[128]渡辺信淳，别册化学工業，Vol. 25,8,69(1981).
[129] K. Wicchert,*Z. Anorg. Chem.*,261,310(1950);D. F. Smith,*Phys. Rcv.*,
[130] M. C. Sneed,J. L. Maynard,R. C. Brasted,Comprehensive Inorganic Chemistry,Vol. III;D. Van Nostrand (1954);V. Gutmann,inorganic Chemistry,Series One,Vol. 3,Butterworths,141(1972).
[131] K. Enjen,*J. Fluorine Chem.*,19,3—6,475(1982).
[132] M. Dixon,D. M. Needham,*Nature*,158,432(1946).
[133] H. S. Booth,R. A. Osten,*J. Amer. Chem. Soc.*,67,1092(1945).
[134] H. J. Emeléus,A. G. Sharpe,Advances in Inorgante Chemistry and Radiochemistry,Vol. 16,Academic, 297(1974);Vol. 2,105(1960).

[135]石川延男，北爪智哉，新しいフッ素化学，化学総語, No. 27,119(1980).
[136] H. J. Emeléus,A. G. Sharpe,Advances in Inorganic Chemistry and Radiochemistry,Vol. 16,Academic, 177(1974).
[137] M. M. Janot,M. Chaigneau,*Compt. Rend.*,228,1152(1949).
[138] P. A. Munter,O. T. Aepli,R. A. Kossatz,*Ind. Eng. Chem.*,39,427(1947).
[139] W. Lange,R. Livingston,*J. Amer. Chem. Soc.*,69,1073(1947).
[140] W. Lange,*Bet.*,60,962(1927);61,799(1928);62,786(1929).
[141] W. Lange,R. Livingston,*J. Amer. Chem. Soc.*,72,1280(1950).
[142] W. Lange,G. V. Krueger,*Ber.*,65,1253(1932).
[143] W. Traube,*Ber.*,46,2525(1913).
[144] W. Traube,J. Hoerenz,F. Wunderlich,*Ber*,52,1272(1919);W. Traube,E. Reubke,*Ber.*,56.1656(1923).
[145] H. J. Emeléus,A. G. Sharpe,Advances in Inorganic Chemistry and Radiochemistry,Vol. 1,Academic, 159(1959).
[146] K. H. Sun,*Glass Technology*,20(1),36(1979).
[147] H. J. Emeléus,A. G. Sharpe,Advances in Inorganic Chemistry and Radiochemistry,Vol. 7,Academic, 1(1965);V. Gutmann,Halogen Chemistry,Vol. 2,Academic,115(1967).
[148] B. Frlec,D. Gantar,J. H. Holloway,*J. Fluorine Chemistry*.19(3/6),485(1982);20(2),217(1982);20(3), 385(1982).
[149] K. O. Christe,A. E. Pavlath,J. p. Guertin,*Inorg. Chem.*,5,1921(1966).
[150] K. O. Christe,J. P. Guertin,A. E. Pavlath,W. Sawodny,*lnorg. Chem.*, 6,533(1967);K. O. Christe,C. J. Schack,*ibid.*,9,2296(1970).
[151] M. Azeem,M. Brownstein,R. J. Gillespie,*Can. J. Chem.*,47. 4159(1969).
[152] K. O. Ghriste,W. W. Wilson,C. J. Schack,R,Bougon,*J. Fluorine Chem.*,12(4),336(1978).
[153]石川延男，北爪智哉，新しいフッ素化学，化学総語, No. 27,119(1980).
[154] H. Moissan,P. Lebeau,*Compt. Rend.*,130,815(1900);130,1436(1900).
[155] H. J. Emeleus,A. G. Sharpe,Advances in Inorganic Chemistry and Radiochemistry Vol. 2,Academic, 105(1960).
[156] S. M. Williamson,Progress in Inorganic Chemistry,Vol. 7,Interseience,39(1966).
[157] N. Bartlett,*Proc. Chem. Soc.*,218(1962).
[158] G. K. Johnson,J. G. Maim,W. N. H. Hubbard,*J. Chem. Thermodyn*,4,879(1972).
[159] B. Frlec,J. H. Holloway,*J. Chem. Soc.,Dalton*,535(1975).
[160] H. F. Holtzelaw, Jr.(ed.),Inorganic Syntheses,Vol. VIII,McGrawHill,254(1966).
[161] B. Weinslock,E. E. Weaver,C. P. Knop,*Inorg. Chem.*,5,2189(1966).
[162] H. H. Human,Noble Gas Compounds,Univ. of Chicago Press,73(1963).
[163] K. S. Pitzer,*J. Chem. Soc.,Chem. Comm.*,760(1975);F. A. Hohorst,L.Stein,E. Gebert,*Inorg. Chem.*,14,2233 (1975).
[164] J. H. Holloway,Noble Gases Chemistry,Methuen & Co.(1968).
[165] H. Eyring,Physical Chemistry An Advanced Treatise,Vol. 5,Academic(1970).
[166] R. D. Burbank,G. R. Jones,*J. Amer. Chem. Soc.*,96,43(1974).
[167] D. O. Shah,R. M. Hamlin,*Science*,171,486(1971).
[168] E. H. Appelman,J. G. Malm,*J. Amer. Chem. Soc.*,86,2294(1964).
[169] E. H. Appelman,*Inorg. Chem.*,6,1268(1967);10,1881(1971).
[170] N. Bartlett,F. O. Sladky,*J. Amer. Chem. Soc.*,30,5316(1968).
[171] J. Aubert,G. H. Cady,*Inorg. Chem.* 8,369(1976).
[172] R. C. Burns,T. A. O'Donnell,*J. Fluorine Chemistry*,12,505(1978).
[173] B. G. Müller,*J. Fluorine Chem.*,20,291(1982).

[174] B. Weinstock,*Chem. Eng. News*,42,(Sept. 21,1964) 86.

[175] J. H. Canterford,R. Colton,Halides of the First Row Transition Metals,Wiley,(1969);Halides of the Second and Third Row Transition Metals,Wiley(1968).

[176] N. B'artlett,S. P. Beaton,N. K. Jha,*Chem. Commum.*,168(1966);N. Bartlett,*Angew. Chem.*,International Ed.,7,433(1968).

[177] H. B. Jonassen(ed.),Technique Inorganic Chemistry,Vol. 7,Interscience,273(1968).

[178] T. A. O'Donnell,D. F. Stewart,*Inorg. Chem.*,5,1434(1966).

[179] J. H. Canterford,T. A. O'Donnell,*Inorg. Chem.*,5,1442(1966).

[180] J. H. Canterford,T.A. O'Donnell,A. B. Waugh,*Australian J. Chem.*,24,243(1971).

[181] S. D. Broun,T. M. Loehr,G. L. Gard,*J. Fluorine Chem.*,7,19(1976);5,203(1975).

[182] H. Selig,W. A. Sunder,F. A. Disalvo,W. E. Falconer,*ibid.*,11,39(1978);11,629(1978).

[183] J. J. Katz,G. T. Seaborg,The Chemistry of the Actinide Elements,Methùen, 161(1957).

[184] D. Brown,Halides of the Lanthanide and Actinides,Wiley(1968).

[185] H. J. Emeléus,A. G. Maddock,G. L. Miles,A. G. Sharpe,*J. Chem.Soc.*,1191(1968).

[186] T. A. O'Donnell,D. F. Stewart,P.W. Wilson,*Inorg. Chem.*,5.1438(1966).

[187] T. A. O'Donnel,D. F. Stewart,P. W. Wilson,*Australian J. Chem.*,1877(1969).

[188] T. A. O'Donnell,P. W. Wilson,*Australian J. Chem.*,21,1415(1968).

[189] L. B. Asprey,F. H. Ellinger,S. Fried,W. H. Lachatiasen,*J. Amcr. Chem.Soc.*,79,5825(1959).

18.2 氯、溴、碘[1]

2.1 氯、溴、碘元素

2.1.1 发现史[2]

在卤族元素中氯是首先被发现的. 1774 年瑞典化学家 C. W. Scheele 发现在将盐酸加到软锰矿(MnO_2)粉末的过程中,经加热便析出一种黄绿色的气体. 然而早在 13 世纪人们在制造和使用王水时就已发现有一种刺鼻的气体. 15 世纪意大利文献中就有制备盐酸的报道. 因其来源于盐, 故称之为盐酸. 当时按照 Lavoisier 的观点一切酸都含有氧, 故将氯称之为氧盐酸. 甚至于 1785 年还得到法国化学家 C.L. Berthollet 的实验支持. 他误认为二氧化锰经过灼烧先失去其氧, 而后才得到少量的气体, 该气体与水接触又放出氧. 由于当时还不了解氯遇水能够产生氧,于是一度助长了把氯看成为一种含氧酸的错误观点. 直到 1810 年经过 J.L. Gay-Lussac, L. J. Thénard 和 H. Davy 等人的实验才弄清楚氯是一种元素而不是化合物, H. Davy 正式将其命名为氯; 其希腊文$\chi\lambda\omega\rho\acute{o}\varsigma$是黄绿色的意思.

第二个被发现的卤族元素为碘. 碘是在 1811 年为从事制硝业的法国人 B. Courtois 所发现. 他将海藻灰的浸取液与硫酸作用得到黑色沉淀, 将这个沉淀加热可见到紫色的蒸气, 有一种和氯气类似的、使人窒息的气味. 后来 N. Clément, H. Davy 和 J.L. Gay-Lussac 等人对此又都独立地进行了仔细的研究, 确认这是一个新元素, 1813 年命名为碘; 其希腊文 $\acute{\iota}\acute{\omega}\delta\eta\varsigma$, 原意为紫色.

溴发现得比较晚, 1826 年法国人 A. J. Balard 在从盐湖水提取盐之后的母液中, 加进氯水, 得到红棕色的物质, 它可以被乙醚萃取; 遇到氢氧化钾, 红棕色消失; 烧干的残渣加入 MnO_2 及硫酸, 再加热时有红色蒸气, 冷凝成棕色液体, 具刺鼻的气味. 事实上在 A. J. Balard 发现溴以前, J. R. Joss 及 J. F. Von Liebig 二人亦曾得到过溴, 只是他们都误认为这不是一个新元素, Joss 以为是硒, Liebig 则以为是氯化碘. 而 Balard 则认为这是一个与氯和碘有相似之处的新元素, 并命名为溴, 其希腊文 $\beta\rho\,\widehat{\omega}\,\mu o\varsigma$ 即 “恶臭” 之意.

2.1.2 存在

在自然界被发现的卤素, 大多数是以卤阴离子的形式存在, 而碘却例外.

大量的氯和溴主要存在于火成岩和沉积岩中，从以氢氧化物为主体矿物如角闪石(hornblende，$(OH)_2 \cdot Ca(MgFe)_4 \cdot (Si_6Al_2)O_{22}$)中取代 OH^-根. 火成岩是构成地壳的主要成分，经测定发现，其中呈化合态的卤素的比例如下：Cl，0.031%；Br，1.6×10^{-4}%；I，3×10^{-5}%. 由于氯与溴具有相近的离子半径，它们的矿物化学是很密切的，在许多矿物中溴可以取代氯. 此外，还有一些重金属的难溶盐如AgCl，AgBr 等.

然而氯、溴最大的资源是海水，其平均含盐量约超过 3.4%，而含氯接近 1.9%，主要是氯化钠，亦有少量其他氯化物；含溴 0.0065%(氯：溴约 300：1)；含碘 5×10^{-8}%.

通常有实用价值的主要资源如下：

海洋中沉积下来的矿物例如岩盐(NaCl)、钾岩盐(KCl)、光卤石($MgCl_2 \cdot KCl \cdot 6H_2O$)、钾盐镁矾($MgSO_4 \cdot KCl \cdot 3H_2O$)等. 这些沉积物在地球上的分布甚为广泛. 天然的岩盐是制备氯及氯化钠的主要来源. 光卤石中溴含量不超过 0.1%—0.35%；而岩盐中仅有 0.005%—0.04%. 含溴品位较高的矿物是水镁石($MgCl_2 \cdot 6H_2O$)及溢晶石(tachhydrite，$CaCl_2 \cdot 2MgCl_2 \cdot 12H_2O$)，但其矿藏并不丰富、故作为溴的资源尚不及光卤石重要. 溴不能直接从光卤石中提取，而是从矿石经提取了 KCl 之后所得的母液中获得.

海水及盐湖水是氯的有价值的资源，也是溴的主要资源，可借阳光蒸发浓缩盐水，进而提取以获得它们. 尽管在海水中溴的平均含量仅 0.0065%，然而经过浓缩处理可以使其富集，故当今采用从海水提取溴仍是一条途径.

从石油井和天然气井中可以得到大量的盐水. 其中氯主要是以阴离子形式存在，溴的含量视油气井的情况而异，可以从 0 到 0.4%.

碘的分布与氯和溴有很大区别，它是三种卤素中最稀少的. 碘在自然界的存在形式也有别于氯和溴，它不仅有碘化物还有碘酸盐的形式，例如天然存在的$Ca(IO_3)_2$和 7 $Ca(IO_3)_2 \cdot$ 8$CaCrO_4$. 智利的硝石矿中也有碘，其含量为 0.02%—1%，因此是碘的重要工业资源. 还有许多国家用油、气井水作为提取碘的资源.

海水中碘的浓度虽然很低，但海水中的有机体能把海水中的许多元素富集在它们机体中，其中以昆布科植物最为突出，其干物质中含碘量可高达 0.45%. 因此海藻灰曾是提取碘的第一个工业原料. 尽管碘的生产在许多国家是大量使用便宜的原料如智利沉积物和天然盐水来生产碘，但也有些国家仍采用海藻来生产碘.

有趣的是许多海洋生物如牡蛎、海绵和某些鱼类，在它们体内亦储集了碘；海带能从海水中富集碘，比海水中碘浓度提高千倍以上.

在人体的甲状腺里含碘量很高，且以含碘有机化合物形式存在，如甲状腺素(L–3，5，3′,5′–四碘甲腺原氨酸)的含碘量占人体甲状腺中总碘量的 35%—40%. 早在 1805 年已发现碘是人体所需要的痕量元素，其功能在于合成甲状腺素和三碘甲腺原氨酸，缺碘则会引起甲状腺肿大. 也发现溴离子存在于生命体中，但迄今还未见到明确的生理作用的报道. 在动、植物体中氯是以氯离子溶解在细胞液里. 而有机氯化合物，多数是霉菌的起源，广泛存在于自然界.

2.1.3 制备及应用

(1) 一般制备方法[1.f]

氯、溴、碘的制备可借助以下两类化学方法：①氧化卤化物如 Cl^-，Br^-，I^-；②还原正氧化态的卤素化合物如 ClO^-或 IO_3^-. 上述方法①较②优越是因为原料便宜、氧化选择性比还原选择性容易控制；还因为氧化反应速度一般比正价态卤素化合物还原速度要快些. 关于两种方法的差异，也可从热力学角度来分析，如图 18.17，图中显示出氯、溴、碘的氧化态与相关氧化还原反应(如 $XO_3^-/\frac{1}{2}X_2$ 和 $\frac{1}{2}X_2/X^-$，$XO_3^-/\frac{1}{2}X_2$ 和 XO_3^-/X^-)所需电压的关系，清楚地说明在酸性溶液中大多数试剂，凡是能将 XO_3^- 离子还原为自由卤素的也能将它还原为 X^-离子.

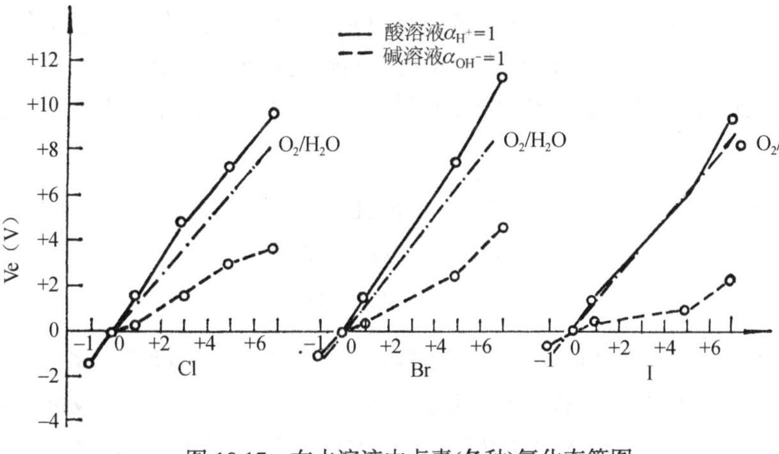

图 18.17　在水溶液中卤素(各种)氧化态简图

(a) 卤化物的氧化

由于卤化物的生成自由能遵循以下规律：氯化物>溴化物>碘化物，所以在将卤化物氧化生成对应的自由卤素时，热力学势垒也是按以上顺序依次降低的. 故制备氯时需要强氧化剂，而生成碘则不然，若用强氧化剂则有生成正氧化态碘化合物的可能.

下面简要介绍由卤化物氧化制备氯、溴、碘的一些方法.

氯的实验室制法通常是以二氧化锰作为氧化剂和盐酸反应

$$MnO_2+4HCl \longrightarrow MnCl_2+Cl_2+2H_2O$$

此外，还有其他的氧化剂如重铬酸盐、高锰酸盐、二氧化铅、铋酸钠等，它们都能与盐酸或氯化物作用生成氯. 在较高温度和催化剂存在下，也可利用空气氧化氯化氢以制得氯. 例如 Deacon 流程[3]即是采用氯化铜作为催化剂. 还有采用硝酸、三氧化硫氧化氯化物制备氯的方法. 但目前作为商品使用的工业氯气几乎全是借电解食盐水而制得[1. a-e),4].

同样的方法可用来制备溴，如用二氧化锰、硝酸或溴酸盐都能氧化溴化氢、金属溴化物使之生成溴. 空气氧化溴化氢或电解氧化溴离子，同样能得到溴. 但工业上唯一有效的方法则是用氯氧化溴化物生产溴.

随着光电化学的发展，出现了一些新的苗头，例如 C. P. Kubiak 等人[5]发现在水溶液中，用 n–型半导体 M_0Y_2($Y = S$ 或 Se)作光阳极可以产生氯和溴.

碘的制备方法是在碘化物中加氧化剂，如氯气、溴、二氧化锰、浓硫酸、硝酸及碘酸盐，即使是不很强的氧化剂如 Fe^{3+}，Cu^{2+}及五价锑酸盐在一定 pH 值的水溶液中，均可将碘化物中的碘离子定量地氧化成碘. 因此可利用某些典型反应作为碘的定量测定方法.

大量地制备碘可用二氧化锰、氯、亚硝酸盐、重铬酸盐作为氧化剂氧化碘化物来完成. 工业生产上是采用氯作氧化剂，使碘化物转变为碘[1, a-e)].

此外，金属卤化物的热分解法亦能制得卤素，但不是一个有普遍应用价值的方法. 如

$$PtCl_4 \longrightarrow PtCl_2+Cl_2$$

$$UO_2Br_2 \longrightarrow UO_2+Br_2$$

$$2EuI_3 \longrightarrow 2EuI_2+I_2$$

值得注意的是：适合此法的卤化物有的是分子型化合物，有的是离子型化合物，前者的特征是有弱的金属–卤素键，而后者要求其阳离子较小、价态又较高或金属的电离能特别大而不易转变为高价态，它们都很容易分解而产生卤素单质.

(b) 正氧化态卤素化合物的还原

借助正氧化态卤素化合物还原以制备卤素的一个最重要的方法是用卤酸盐与相应的卤化物在酸性溶液中反应，如

$$5X^- + XO_3^- +6H^+ \rightleftharpoons 3X_2+3H_2O$$

这类反应对 pH 值很敏感，如果溶液呈碱性，则卤素不稳定，由于歧化作用而又形成 XO_3^- 及 X^-. 例如从海水中提取溴是将溴蒸气吸收在苏打溶液中，然后再酸化这个含溴酸盐和溴化物的溶液，即可得到溴. 同样也可从智利硝石中把所含的碘

酸盐转变为碘，如

$$IO_3^- + 3HSO_3^- \longrightarrow I^- + 3HSO_4^-$$
$$5I^- + IO_3^- + 6H^+ \longrightarrow 3I_2 + 3H_2O$$

从图 18.17 可以看出，尽管在碱性条件下自由卤素具有歧化作用，但是卤化物在酸性溶液中仍能与相应的卤酸盐、次卤酸盐、及高氯酸盐作用生成自由卤素[1. f, j]. 如

$$HOCl + Cl^- + H^+ \longrightarrow Cl_2 + H_2O$$

$$IO_4^- + 7I^- + 8H^+ \longrightarrow 4I_2 + 4H_2O$$

不过，这类反应的有些体系也会因为缔合作用(如 ClO_4^- 离子的缔合)、歧化作用而影响实际效果.

含氧卤化物及卤素间化合物用较弱还原剂也能生成卤素单质. 如

$$I_2O_5 + 5CO \longrightarrow I_2 + 5CO_2$$
$$2NH_3 + 2ClF_3 \longrightarrow N_2 + 6HF + Cl_2$$
$$6Nb + 10BrF_3 \longrightarrow 6NbF_5 + 5Br_2$$

此外，热分解也能从许多含氧卤化物及多卤化物产生卤素. 例如

$$4HOBr \xrightarrow{\text{室温}} 2Br_2 + 2H_2O + O_2$$
$$2Cl_2O_7 \longrightarrow 2Cl_2 + 7O_2$$
$$2Mg(XO_3)_2 \longrightarrow 2MgO + 5O_2 + 2X_2(X=Cl，Br 或 I)$$
$$CsX_3 \longrightarrow CsX + X_2(X=Br 或 I)$$
$$I_2Cl_6 \longrightarrow 2ICl + 2Cl_2$$

(2) 氯、溴、碘的实验室制法及纯化

氯、溴、碘的实验室制法是获取纯度很高的卤素单质的重要途径. 例如小量极纯的氯的制备可在真空中将氯化金加热至 250℃分解而制得；制备高纯碘的方法[6]可借下述反应制得，

$$2KI + CuSO_4 \cdot 5H_2O \longrightarrow CuI + K_2SO_4 + \frac{1}{2}I_2 + 5H_2O$$

将过量的 KI(分析纯)溶液和经多次重结晶、与完全不含卤素化合物的 $CuSO_4 \cdot 5H_2O$ 溶液混合，CuI 沉淀后倾出 I_2–KI 溶液，水蒸气蒸馏出碘. 经干燥和于石英管里在氮气流下升华即得. 虽然以上方法并不适于较大量的制取氯和碘，但在某些特殊需要的场合里，这些方法仍不失其优越性.

这里还需提到，氯、溴、碘的某些实验室制法也可制取纯度较高的卤素单质.

氯的制备，采用含水二氧化锰(如 E. Merck 公司出产的 86%制剂)与不含空气的纯浓盐酸反应所得的氯，几乎完全不含氧和氧化氯等杂质.

溴的制备，可采用 O. Hönigschmid 和 G. P. Baxter[6]的方法先制备纯度很高的反应试剂(如 $CaBr_2$，KBr，H_2SO_4，$K_2Cr_2O_7$ 等)，后经反应和处理以制取完全不含氯和碘的纯溴.

碘的制备，在不需要极高的纯度时，可将市售的碘或废液回收的碘先与 KI 混合升华，然后再与 BaO 混合升华即得.

由于很容易从市场上得到作为工业产品的氯、溴、碘，因此在实验室为获取这些单质常采用一系列纯化手段(如高真空蒸馏、气相色谱[7]等)来实现.

市售用电解法制得的氯是不纯的，如钢瓶装的氯气含氯仅为 99.9%，杂质为少量的氧、氮、一氧化碳、二氧化碳、氯化氢、水汽等. 为了纯化氯，可将氯气先通过高锰酸钾溶液，以除掉氯化氢，然后通过硫酸、氧化钙和五氧化二磷以除掉水分，最后在低温下(如丙酮干冰及液氮−196℃)减压分馏. 由于氯气能与水银及有些活塞油脂起作用，故在纯化操作过程中应避免接触此类物质.

市售的溴，最纯的也还会有约 0.05%的氯和痕量的碘，因此可在常压或真空下使用玻璃分馏装置予以提纯. 由于它与氯一样能与水银、橡皮及油脂作用，故纯化过程也应注意避免与它们接触. 其个别杂质的清除可按下列方法[8].

杂质	处理方法
氯	蒸馏法或使其与金属溴化物作用；分级冷凝法，低温低压升华法，或色谱法
碘	用水萃取，或将它转变成卤化物再用高锰酸钾或溴处理
水	用浓硫酸或五氧化二磷处理
有机物	①用粗溴饱和 5%—30%的溴化物水溶液，而后经过蒸馏、冷凝、干燥 ②将溴与氯的混合物通过一个装有石英碎片或高硅的玻璃碎片的加热炉，加热至 1000℃，再经过除氯和干燥

测定原子量所用的高纯溴是按下法制备和纯化的[9]：先将溴还原为溴化物，用高锰酸盐氧化除去碘化物，再用不含卤素的重铬酸和硫酸与它作用，使溴化物转变成溴，经过蒸馏，用融熔过的氧化钙和溴化钙进行干燥，最后减压蒸馏得纯溴.

市售的碘可用升华法提纯，步骤是首先用少量碘化钾与碘研磨，使杂质氯、溴、ICl，IBr 和 ICN 还原，而后经过升华获得纯碘. 在操作过程中同样应避免与油脂和水银接触.

(3) 氯、溴、碘的工业生产

(a) 氯[1.a-c), 4]

氯是烧碱工业的重要产品. 当今所谓的“氯碱工业”正是利用电解食盐的方法同时获得烧碱和氯的基础化学工业. 电解制氯已成为主要的电解工业之一.

采用电解法生产烧碱并实现工业化，这还是在十九世纪末期. 随着电力工业的发展，尤其是直流发电机的制造成功直接地为电解食盐工业提供了有利的条件. 电解食盐溶液的一个主要技术问题是由电解所产生的氯气和氢氧化钠不易分开. 于是提出使用隔膜将两种物质分开. 由于这两种物质都有很强的腐蚀性，故为选择和改进隔膜花费了较长的时间. 于是随着隔膜电解技术的改进和各种类型隔膜式电解槽的出现，才使电解食盐制烧碱的工业日益发展.

同样为了将两种产品分开的目的，在研究隔膜法工艺流程的同时还有利用生成钠汞齐的性质，即以水银为阴极的电解食盐水工艺流程.

因此电解食盐溶液的电解槽可分为隔膜槽和水银槽两大类，隔膜槽又有立式隔膜与水平式隔膜之分. 常用的 Hooker “S” 型电解槽就是立式隔膜槽的一种. 隔膜槽与水银槽都是以石墨为阳极，隔膜槽的阴极是铁，水银槽的阴极是水银.

隔膜槽是用石棉做成半渗透的隔膜，贴在多孔的铁电极上，使槽中的阴阳两极得以分开. 隔膜可使电流通过，但能阻止两极的液体机械地混合. 含盐料液进入阳极室，不断地穿过隔膜到阴极室. 氯气从阳极放出，阴极放出氢气，槽下放出含 NaOH 约 11.12%的烧碱液. 其余大部分是尚未作用的食盐液. 隔膜法电解槽示于图 18.18. 在隔膜法电解食盐溶液中，电极材料的选择很重要. 首先要求耐腐蚀性以免经常更换电极，其次要求电极对氧有较高的超电压，而对氯和氢的超电压应当最小，以利减少电耗. 一般阴极用铁或软钢，而阳极用石墨，其价值便宜，对氧有很高的超电压，这样氯中的含氧量可以很少，液化时不致发生爆炸. 但是石墨对氯仍有较高的超电压、易受腐蚀和破碎，影响寿命，所以这还是个需要研究的问题. 已有报道[10]采用金属阳极，如镀铂的钛电极、钌钛金属阳极.

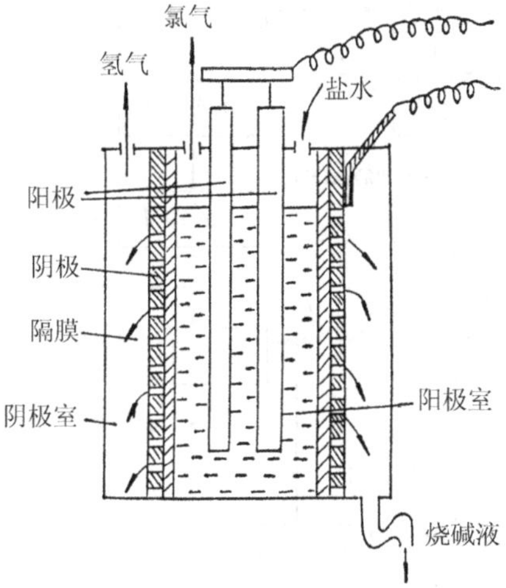

图 18.18　隔膜法电解槽示意图

水银电解槽狭长且浅，中间悬挂石墨阳极，底部是以循环流动的水银并作为阴极、通电后氯气由阳极逸出，用导管引出，而在阴极上析出的金属钠立即与水银形成钠汞齐. 将生成的钠汞齐再引入解汞设备使之与水作用，生成烧碱和氢气. 水银电解槽示于图 18.19.

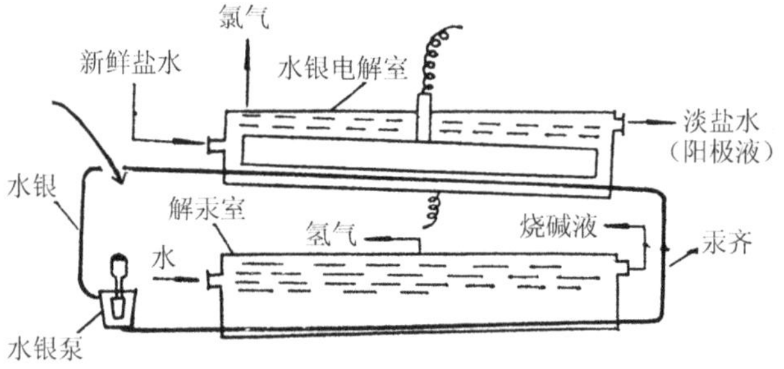

图 18.19　水银电解槽示意图

采用隔膜法和汞齐法生产氯和烧碱的工艺流程见图 18.20 及图 18.21.

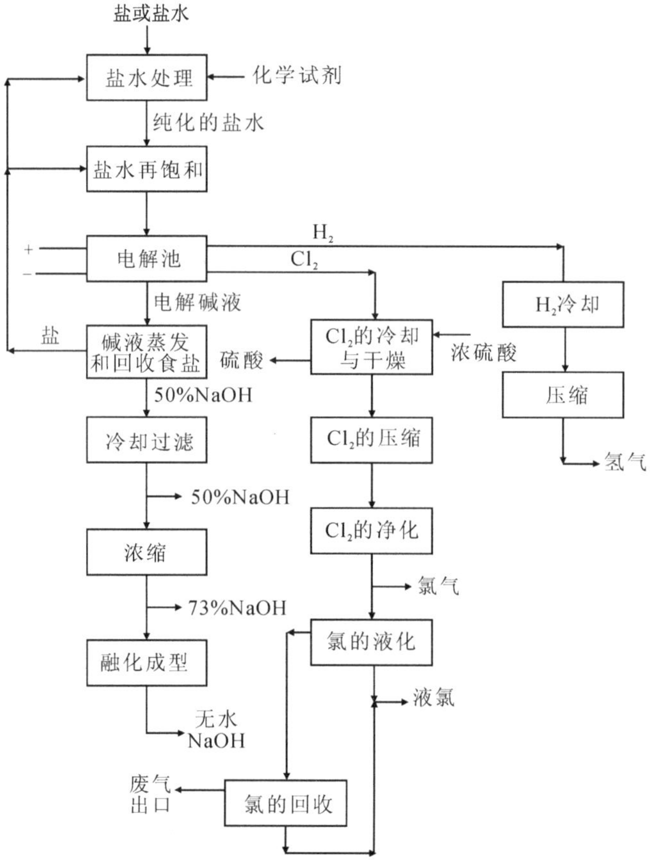

图 18.20　隔膜法生产氯及烧碱的流程图

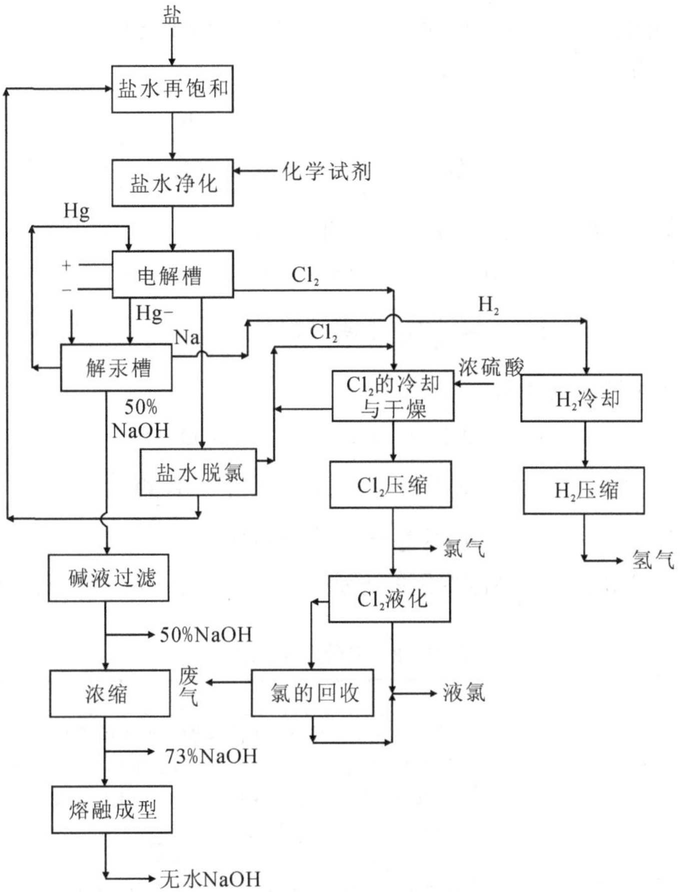

图 18.21　汞齐法生产氯和烧碱的流程图

食盐溶液在电解过程中的化学反应是人们熟知的，例如

隔膜法电解：$Cl^- + H_2O \longrightarrow OH^- + 1/2Cl_2 + 1/2H_2$　(1)

汞齐法电解：$Na^+ + Cl^- \xrightarrow{H_2O/Hg} Na/Hg + 1/2Cl_2$　(2)

反应(1)的标准自由能 $\Delta G^\circ_{298} = 211.1kJ \cdot mol^{-1}$

槽电压(可逆)为 2.19V(25℃)

反应(2)的标准自由能 $\Delta G^\circ_{298} = 317.9kJ \cdot mol^{-1}$

槽电压(可逆)为 3.3V(25℃)

但在工业生产上隔膜法和汞齐法实际所需的电压分别为 3.75—3.85V 及 4.25—4.5V，其增高的主要原因是两种电解槽的阳极对生成氯有超电压，隔膜槽和水银槽还由于阴极产生氢时也有较高的超电压，另外在电解液之间、隔膜之间有电压降，以及阴、阳极接头和各种接触处均有电阻，因而需要较高些的电压才能进行电解. 这样，实际上不论哪种电解槽其电流效率均不可能达到 100%，其中

除设备本身的问题之外，还因为电解过程伴有下列的副反应：

在阳极上有 $4OH^- \longrightarrow 2H_2O+O_2+4e^-$

$$4OH^-+C(\text{石墨}) \longrightarrow 2H_2O+CO_2+4e^-$$

$$6ClO^-+3H_2O \longrightarrow 2ClO_3^-+4Cl^-+6H^++\frac{3}{2}O_2+6e^-$$

在阴极上有 $ClO^-+2H^++2e^- \longrightarrow Cl^-+H_2O$

$$ClO_3^-+6H^++6e^- \longrightarrow Cl^-+3H_2O$$

$$H^++e^- \longrightarrow \frac{1}{2}H_2(\text{汞阴极})$$

在阳极或阴极槽液中有

$$Cl_2+2OH^- \rightleftharpoons Cl^-+ClO^-+H_2O$$

$$3Cl_2+6OH^- \rightleftharpoons ClO_3^-+5Cl^-+3H_2O$$

$$2Na(Hg)+Cl_2 \longrightarrow 2NaCl+Hg$$

除了上述电解食盐溶液制取氯的方法外，还有其他方法列入表 18.38.

表 18.38　其他制氯的方法

方　法	说　明
电解氧化氯离子	①电解氯化钾水溶液，方法与电解食盐溶液类似 ②电解融熔的氯化镁，主要生产镁，也有少量氯作为产品 ③电解融熔的氯化钠，主要生产钠，也有氯生成 ④电解盐酸，主要利用工业副产品
化学法氧化氯离子	①借硝酸与食盐作用，小批量生产氯 ②采用催化空气氧化氯化氢，主要利用廉价副产品氯化氢

表中所列的一些制氯方法，是由于近代化学工业中含氯的溶剂和合成树脂的大量生产中用到的氯化或脱氯化氢反应，导致副产品氯化氢的产量大增，因而提出从中回收氯的问题．主要的方法：如电解盐酸、用空气或氧催化氧化氯化氢或金属氯化物，催化分解氯磺酸等以制取氯，这些都是随后发展起来的途径.

(b) 溴[1.a-e),11]

几乎所有生产溴的方法都是借氧化溴化物中的溴离子而制得的．通常从盐卤或海水中提取溴的步骤有：①将溴化物氧化成溴；②将溴从溶液中蒸出，③将溴蒸气冷凝或转化为溴化物，④纯化．在①中，工业上常用氯作氧化剂，第②步用蒸气或空气吹赶溴，当溴含量等于或大于 0.1%时，用蒸气为宜；若从海水这类含溴量较低的原料中提取溴，则用空气比较经济．在用蒸气时，溴与蒸气同时凝聚；如用空气驱赶溴时，则需把溴吸收在碱性溶液(如 Na_2CO_3 溶液)或带还原性的溶液(如二氧化硫溶液)中.

在工业上，用蒸气蒸馏法提制溴，是将海水蒸发制取食盐后的母液，或井盐卤水提取食盐后的母液，调节酸度，使具微酸性以避免溴水解. 而后加热到90℃进入氯化塔，然后流入蒸气蒸馏塔，含卤素的蒸气经过一个冷凝器，再进入分离器. 未被凝聚的气体仍含有少量氯和溴，再送回氯化塔. 从分离塔分出来的含有氯及溴的水溶液又送回蒸气蒸馏塔，聚集在分离器底部的粗溴，再经过两个蒸馏柱，使之进一步纯化. 此法从盐卤中可回收95%的溴.

另一种用空气驱赶溴的方法，与前法不同之点是用空气代替蒸气. 海水料液用硫酸酸化使pH达到3.5，通入比理论量高15%的氯气. 空气从塔底进入，出来时则为带有卤素的蒸气，随即用二氧化硫溶液吸收，生成混合酸

$$X_2+SO_2+2H_2O \longrightarrow 2HX+H_2SO_4 (X=Cl \text{ 或 } Br)$$

将此混合酸的酸雾引入蒸气蒸馏塔，继用氯气将溴置换出来，以后可按前法得到纯溴. 而混合酸则用来酸化海水.

也有不用二氧化硫而用碳酸钠溶液吸收的.

$$3CO_3^{2-}+3Br_2 \longrightarrow 5Br^-+BrO_3^-+3CO_2$$

$$3CO_3^{2-}+\frac{5}{2}Cl_2+\frac{1}{2}Br_2 \longrightarrow 5Cl^-+BrO_3^-+3CO_2$$

用硫酸与溴化物和溴酸盐作用生成溴，再按上述方法用蒸气把溴带出而得到溴.

以上简要介绍了溴的工业制法，这些方法虽很成熟，但也还存在一些问题，因此国内外除在改进现行工艺之外，还在探索新的工业方法，例如溶剂萃取、离子交换等方法.

(c) 碘

从天然盐卤水中提取碘是工业生产碘的主要途径，也还有其他原料. 所采用的方法往往因资源情况而异.

在美国大部分碘的生产以天然盐卤为原料. 其中含碘约30—40ppm，先用硫酸酸化，再加入稍为过量的氯，然后由逆流而上的空气将碘带入到含硫酸和氢碘酸的塔中，用通入二氧化硫的办法使碘还原为碘化物. 待碘化物溶液达到一定浓度后，通入氯气，使碘沉淀，过滤，经浓硫酸干燥后融熔铸锭.

另外将盐卤水与硫酸和亚硝酸钠混合生成碘

$$2I^-+2NO_2^-+4H^+ \longrightarrow I_2+2NO+2H_2O$$

用经活化的木炭吸附碘，再用亚硫酸盐或碱将其转变成碘化物，最后用硫酸及重铬酸钠将碘化物氧化成碘. 其他氧化剂也有人研究，如漂白粉. 随后发展的离子

交换法是获得高纯碘较好的方法[1.e)].

在智利，由于硝酸盐中含碘，且以碘酸盐的形式存在，因此可在硝酸钠结晶后的母液里，待碘酸钠浓度增至 6g · L^{-1} 时，加入计算量的亚硫酸氢钠，使碘酸盐转变为碘化物

$$2IO_3^- + 6HSO_3^- \longrightarrow 2I^- + 6SO_4^{2-} + 6H^+$$

将以上得到的酸性溶液与足够量的新鲜母液作用，则生成碘

$$5I^- + IO_3^- + 6H^+ \longrightarrow 3I_2 + 3H_2O$$

过滤，滤液用碳酸钠中和过多的酸再重新用以浸取矿石．碘用升华法提纯.

法国、前苏联及日本则从海藻灰中提取碘，从 1 t 海藻中大约可得 5.4kg 碘. 后来日本以天然气田水为原料生产碘，已有年产 6000 t 碘的规模.

(4) 氯、溴、碘的用途

氯最早主要应用于纺织品漂白，由于其腐蚀性较大，对羊毛、丝及其他皮革产品很不适宜，故现在氯在漂白工业上的耗量很少，已为过氧化氢所代替．而后来氯的用量大幅度的增加，主要是随着有机化工产品的发展，特别是石油化工产品的增长．有一半以上的氯用于制造有机化工产品，如含氯溶剂、冷冻剂、塑料及增塑剂、杀虫剂、染料以及许多中间体等．用于无机化工产品的生产大约只占 1/10，如生产盐酸、溴、次氯酸钠及各种金属氯化物，此外还用于生产纸浆及人造纤维，自来水消毒和污水处理等.

溴是基本化工原料之一，它主要应用在生产无机溴化物和溴酸盐，溴化钾可作为医药，溴化银用于照相，溴化氢还可用作催化剂．有机溴化物用作灭火剂(如 CF_2Br_2 等)和汽车燃料抗震剂.

碘在近代工业和尖端技术方面得到广泛的应用，它可用作催化剂、消毒剂、照像制板等．少量用于合成有机染料及其中间体、塑料稳定剂、火箭燃料添加剂和人工降雨催化剂(如 AgI)等. 尤其突出的是在与人类生命活动有关的医药卫生方面，碘及其化合物的应用发展较快，除碘药物可治疗甲状腺肥大外，还在 X 射线诊断中，利用有机碘化合物进行血管、脊椎等的造影．还可作饮水及游泳池的杀菌剂.

2.1.4　氯、溴、碘原子

(1) 制备和鉴定

一般地说卤素原子与其相应的分子比较，既不稳定、寿命也短．欲获取卤素原子可借下述方法.

(a) 热离解. 根据有关的热力学数据[12]，在 1atm 和温度为 600—900K 的条件下，卤素有明显的离解 $X_2 \rightleftharpoons 2X$，随着温度升高，离解的百分数逐渐增大，见表 18.39. 利用冲击波(shock waves)可以很快、很均匀地加热气体. 如用这种方法加热氯氩混合气(含氩 95%)并用光吸收法研究离解反应，结果指出，在 1600—2600K，其分解速度 $\lg K_D(\text{mol}^{-1}\cdot\text{L}\cdot\text{s}^{-1})=(10.66-9930)T^{-1}$，相应的活化能为 $E_A=188\text{kJ}\cdot\text{mol}^{-1}$. 在 1500 到 1900K 时，若用溴氩混合物，其分解速度 $\lg K_D=(10.709-8240)T^{-1}$；$E_A=159\text{kJ}\cdot\text{mol}^{-1}$[13].

表 18.39　卤素分子的热离解

温度(K)	氯		溴		碘	
	$\lg K_p$	离解百分数 a (%)	$\lg K_p$	离解百分数 a (%)	$\lg K_p$	离解百分数 a (%)
298	−36.800	4.0×10^{-17}	−28.880	3.6×10^{-13}	−24.628	4.9×10^{-11}
500	−19.626	1.5×10^{-8}	−14.660	4.7×10^{-6}	−10.510	5.6×10^{-4}
1000	−6.796	4.0×10^{-2}	−4.490	0.57	−2.524	4.0
1500	−2.452	5.8	−1.054	25.6	0.172	68.5
2000	−0.256	51.8	0.692	85	1.536	98
3000	1.964	99	2.480	100	2.928	100

a.在 1atm 下.

(b) 放电离解. 用放电法在气相使卤素分子裂解为原子. 放电管中装有卤素蒸气，当管内压力小于 130Pa，温度为室温，经放电可得到 10%—40%的原子氯或溴. 欲得更高浓度的氯或溴原子可利用微波或射频(radiofrequency)放电，使流动的气体经放电区连续离解而制得. 有趣的是用同样的方法未得到碘原子. 但曾在放电区外找到有碘原子，这可能是由于放电区附近的一个热区域对它有影响[14].

氯、溴原子的平均寿命是比较短的，如在大约 13Pa 压力下，在玻璃管中氯原子和溴原子的平均寿命分别为 3×10^{-3} 和 1.8×10^{-3} 秒. 因为在由分子转变为原子的过程中还发生有原子复合为分子的过程. 从实验结果来看，复合作用是发生在反应器壁上. G.–M. Schwab 的研究表明，如果反应器为干燥的石英材料，经测定得出氯原子复合为氯分子的活化能约 $4.18\text{kJ}\cdot\text{mol}^{-1}$，平均大约是经十二次碰撞才有一次复合作用. 由于玻璃器皿表面容易受到一些物质如 H_2SO_4，H_3PO_4 和 H_3BO_3 等的污染，使卤原子复合为分子的作用受到抑制. 从而有利于在适当的流动体系中产生高浓度的卤素原子[14].

(c) 光离解. 气态氯、溴、碘的吸收光谱表明在可见光范围内其光谱带明显地向长波衰减，其极限分别为 479.5，510.8 及 499.1nm，这与卤素分子的最低离解能是相对应的，

$$X_2(^1\Sigma_g^+)\longrightarrow X(^2P_{3/2})+X(^2P_{1/2})$$

对于溴与碘，当在一定强度的光照下离解与复合达到平衡时，则可以计算其离解的程度

$$\text{(a) } X_2+h\nu \longrightarrow X\cdot + X\cdot$$
$$\text{(b) } X\cdot + X\cdot + M \longrightarrow X_2 + M^*$$

(b)式是原子复合反应的一般形式，M 为第三体．在复合反应中，能量传递给 M，有一部分变成热能，于是引起受光分解的气体质点的动能增加，因而压力也增大，这就是 Buddle 效应．

卤素在光的照射下能产生卤原子的实例，诸如氯或溴与氢作用，并研究了卤原子与氢的反应[15]；还有碘与烯烃作用等．此外还有含卤原子的异核键也可经光离解得到自由的卤原子．如

$$R\cdot I \xrightarrow{h\nu} R\cdot + I\cdot$$

$$R\cdot O\cdot Cl \xrightarrow{h\nu} RO\cdot + Cl\cdot \text{ (R 为有机基团)}$$

60 年代前后，由于实验技术的改进，尤其是采用闪光光解方法，使研究的温度范围和精度有了较大的提高．近代发展的激光闪光光解已成为研究原子复合成分子的好方法．如用激光闪光光解研究气相中的碘，提供了关于碘原子化合作用的第二级速度常数[16]．用紫外多光子激发 CD_3I 获得高激发态碘原子 $I(5p^4 6s^2 P_{3/2})$[17]．

(d) 中子照射．借中子照射含卤素的化合物，一般产生化学键的均裂，并产生放射性的卤素原子．

(e) 化学反应中所产生的卤素原子．在有些化学反应(如卤化反应、分解反应等)中，卤素原子常以中间体形式出现，且是整个反应中的一个重要步骤，例如

$$H\cdot + X_2 \longrightarrow HX + X\cdot$$
$$R\cdot + Cl_2 \longrightarrow RCl + Cl\cdot \text{ (R=有机基团)}$$
$$Cl\cdot + XY \longrightarrow XCl + Y\cdot \text{ (XY=}Br_2\text{，ClBr 或 ClI)}$$
$$Br\cdot + XY \longrightarrow XBr + Y\cdot \text{ (XY=}Cl_2\text{ 或 BrCl)}$$
$$ArN_2Cl \longrightarrow Ar\cdot + N_2 + Cl\cdot \text{ (Ar=芳基)}$$
$$NO + Cl_2 \longrightarrow NOCl + Cl\cdot$$
$$NOCl \xrightarrow{\triangle} NO + Cl\cdot$$
$$H\cdot + HI \longrightarrow H_2 + I^*(^2P_{1/2})$$
$$CuCl_n^{-(n-2)} \rightleftharpoons CuCl_{n-1}^{-(n-2)} + Cl\cdot$$
$$HO\cdot + H_3O^+ + Cl^- \xrightarrow{\text{水溶液}} 2H_2O + Cl\cdot$$

这里还要提到溶剂化的卤原子，用紫外光或者是中子、α粒子、X 射线、γ射线

照射包含有卤离子的水溶液，可以生成水合卤原子，如

$$X^-(aq) \xrightleftharpoons{h\nu} X^{-}*(aq) \longrightarrow [X(aq)+e^-(aq)]$$

在卤素原子复合成分子时，大多数金属表面可作为有效的第三体. 银镜就是一例，它是鉴定卤素原子的灵敏物质，在遇到卤原子时立即变色. 也可以利用某一特定反应来检查卤原子的存在，还可利用分光光度计(在可见光范围内)、质谱仪，利用热电偶测热传导以及化学滴定的方法来测出卤原子的浓度、反应速度及原子复合为分子的速度.

由于每种卤原子都有其特征的光谱性质，故还可以借各卤原子的 ESR 谱[18]检测在气相中在它们基态($^2P_{3/2}$)的氯、溴、碘原子和在激发态的($^2P_{1/2}$)氯原子的能量.

(2) 氯、溴、碘原子的物理性质

氯、溴、碘原子的物理性质一般分为：①自由卤素原子的物理性质[见表 18.40(a)]，考虑到通常把自由卤原子的核性质作为重要的物理性质加以研究，因此将比较详细予以介绍；②键合原子的物理性质[见表 18.40(b)].

(a) 自由卤素原子的物理性质. 主要的电学和热力学性质已列入表 18.40 中. 就电离能比较，氟到氯之间有一个较大的下降，而后 Cl>Br>I 依次缓慢下降. 虽然它们的电离能都比较高，但它们的第一电离能都比氢原子的电离能($1312kJ \cdot mol^{-1}$)要低一些. 在氯、溴、碘原子中碘的第一电离能与个别金属原子例如锌($905 \cdot 8kJ \cdot mol^{-1}$)及汞($1006.3kJ \cdot mol^{-1}$)相比，并高不了多少，且其第一、第二电离能之和($2849\ kJ \cdot mol^{-1}$)稍大于汞的电离能($2815kJ \cdot mol^{-1}$). 由于卤素原子价电子层中失去一个电子后 p 轨道剩下四个电子所形成的 X^+ 卤素阳离子，其体积不小于对应的原子，因此在通常化学条件下单核卤素阳离子不易出现，可能就是这种体积因素的影响，而不是由第一电离能的大小来决定的.

氯、溴、碘的电子亲合能[1h)]可根据三种不同的方法经过分析得出. ①利用 Born-Haber 循环可以从晶格能等计算得到；②在赤热钨丝上研究下列平衡 $X(g)+e \rightleftharpoons X^-(g)$；③通过爆炸法使碱金属卤化物的蒸气加热，而后利用光化学作用使卤离子失去电子并进行测量，表 18.40(a)指出它们的电子亲合能的顺序为：F<Cl>Br>I. 我们知道，晶格能、溶剂化能量都是与离子大小密切相关连的性质，通常比电子亲合能中的微小差别更重要，因其有助于用以区别卤素间的化学性质.

表 18.40 中还包括有在 298K 卤素原子的标准生成热、自由能和熵以及 $1/2X_2(g) \longrightarrow X(g)$反应的焓变. 气态原子的熵在 Sackur-Tetrode 方程式中，由于 $3/2\ln M+R\ln Q$ 中的 M 与 Q 值不同而有差别，M 代表原子量，Q 代表基态的电子多重性如($2J+1$). 气相中卤素分子和相应的卤化物分子的熵差异很小. 热力学函

数中焓变的差异是主要的，反映出 X—X 键的强弱，顺序是 F—F<Cl—Cl>Br—Br>I—I，关于这种现象的解释：一种认为 F_2 中电子斥力比在其他卤素分子中要来得大，或者是由于较重的卤素原子可以利用价电子层中的 *d* 电子轨道形成多重键；另一种则认为电子相斥固然是一个很重要的因素，也要综合考虑电子与核的吸引和核与核的排斥这样两个因素．总之，影响核间距离大小的因素不外乎是上述各作用力的总结果，也可能正好是构成键能出现反常的原因．

表 18.40　氯、溴、碘原子的性质

(a)自由原子			
性质	氯	溴	碘
原子序数	17	35	53
原子量	35.453	79.904	126.9045
天然存在的同位素的质量数	35(75.77%) 37(24.23%)	81(49.31%) 79(50.69%)	127(100%)
电子构型	[Ne]$3s^23p^5$	[Ar]$3d^{10}4s^24p^5$	[Kr]$4d^{10}5s^25p^5$
基态光谱项	$2P_{3/2}$	$^2P_{3/2}$	$^2P_{3/2}$
$^2P_{3/2}\rightarrow{}^2P_{1/2}$ 跃迁能量，cm^{-1}(kJ · mol^{-1})	882.36(10.56)	3685(44.10)	7602.7(91.04)
电离能(kJ · mol^{-1})			
I_1	1251	1142	1008
I_2	2297	2084	1841
I_3	3849	3464	
I_4	5163	5280	
I_5	6544	5761	
电子亲合能 298K，(kJ · mol^{-1})	354.8	330.5	301.7
ESR 性质：*g* 因子 (理论值假定 Russell-Saunders 偶合=1.334106)	1.333923	1.333921	1.333995
ΔH°值 $1/2X_2(g)\rightarrow X(g)$ 298K，(kJ · mol^{-1})	121.29	96.38	87.40
原子的热力学性质 298K			
ΔH_f°(kJ · mol^{-1})	121.29	111.84	106.76
ΔG_f°(kJ · mol^{-1})	105.31	82.38	70.21
S°(J · K^{-1} · mol^{-1})	165.07	174.90	180.67
(b)键合原子			
单键中共价半径(pm)	99	114	133
范德华半径(pm)	180	195	212
电负性	3.0	2.8	2.5
极化率($10^{-24}cm^3$)	2.3	3.2	5.6
抗磁性磁化率 (10^6cgs 单位 g · atm^{-1})	–20.1	–30.6	–44.6

表 18.41　氯、溴、碘同位素的核性质

氯，原子序数 17

同位素	产生方法	蜕变方式	半衰期	蜕变能量 (meV)	核自旋 $I(h/2\pi)$	磁矩 μ(n. m.)	电四极矩 $Q(e\times 10^{-24})$
^{32}Cl	^{32}S-p-n	β^+	0.297s	12.69	1+		
^{33}Cl	^{32}S-d-n ^{33}S-p-n	β^+	2.51s	5.583	3/2+		
^{34m}Cl	^{31}P-α-n	β^+, IT	32.2min		3+		
^{34}Cl	^{34m}Cl 蜕变	β^+	1.53s	5.492	0+		
^{35}Cl	稳定同位素				3/2+	+0.82187	−0.079
^{36}Cl	^{35}Cl-n-γ	β^- β^+，EC	3×10^5a	0.7093 1.142	2+	+1.28547	−0.017
^{37}Cl	稳定同位素				3/2+	+0.68412	−0.062
^{38m}Cl	^{37}Cl-n-γ	IT	0.70s		5−		
^{38}Cl		β^-	37.2min	4.917	2−		
^{39}Cl	^{40}Ar-α-α，p ^{40}Ar-γ-p	β^-	55.7min	3.44			
^{40}Cl	^{40}Ar-n-p	β^-	1.3min	7.5			

溴，原子序数 35

同位素	产生方法	蜕变方式	半衰期	蜕变能量 (meV)	核自旋 $I(h/2\pi)$	磁矩 μ(n. m.)	电四极矩 $Q(e\times 10^{-24})$
^{74}Br	^{65}Cu-^{12}C-3n	β^+	25.3min	6.92			
^{75}Br	^{65}Cu-^{12}C-2n ^{74}Se-d-n ^{74}Se-p-γ	β^+，EC	98min	3.0			
^{76}Br	^{75}As-α-3n	β^+，EC	16.1h	4.956	1−	0.5482	
^{77}Br	^{75}As-α-2n	β^+，EC	57h	1.365	1+		
^{77m}Br	^{76}Se-p-γ	IT	4.3min	0.1059	9/2+		
^{78}Br	^{75}AS-α-n ^{77}Se-d-n ^{78}Se-p-n ^{77}Se-p-γ	β^+，EC	6.46min	3.3574	1+		
^{79}Br	稳定同位素				3/2	+2.1064	+0.31
^{79m}Br	^{78}Se-p-γ ^{79}Br-n-n'	IT	4.86s	2.07	9/2+		
^{80m}Br	^{79}Br-n-γ	IT	4.42h	0.04885	5−	+1.3177	+0.71
^{80}Br	^{79}Br-n-γ ^{80m}Br 蜕变	β^+，EC β^-	1.76min 17.6min	1.870 2.00	1+	0.5140	± 0.18
^{81}Br	稳定同位素				3/2−	+2.2706	+0.26
^{82m}Br	^{81}Br-n-γ	IT β^-	76.1min	0.046 3.139	2−		

续表

同位素	产生方法	蜕变方式	半衰期	蜕变能量 (meV)	核自旋 $I(h/2\pi)$	磁矩 μ(n. m.)	电四极矩 $Q(e\times10^{-24})$
^{82}Br		β^-	35.30h	3.093	5−	+1.6270	±0.70
^{83}Br	^{82}Se-n-γ	β^-	2.39h	0.98	3/2−		
^{84}Br	^{87}Rb-n-α Th，U，Pu 裂变	β^-	31.8min	4.65	2−		
^{85}Br	U 裂变	β^-	2.87min	2.5	3/2−		
^{86}Br	^{86}Kr-n-p	β^-	54s	7.6	(2−)		
^{87}Br	Th，U，Pu 裂变	β^-	56.1s	6.8	3/2−		
^{88}Br	Th，U，Pu 裂变	β^-，n	16.4s	9.0	1−		
^{89}Br	Th，U，Pu 裂变	β^-，n	4.4s	8.5	3/2−		
^{90}Br	Th，U，Pu 裂变	β^-，n	1.9s	10.7	2−		

碘，原子序数 53

同位素	产生方法	蜕变方式	半衰期	蜕变能量 (meV)	核自旋 $I(h/2\pi)$	磁矩 μ(n. m.)	电四极矩 $Q(e\times10^{-24})$
^{117}I	La+质子	β^+，EC	2.3min	4.3	(5/2+)		
^{118}I	I+质子	β^+，EC	14.3min	≈6.4			
^{119}I	Pd+^{14}N I+质子	β^+，EC	19.2min	3.4	(5/2+)		
^{120}I	I+质子 ^{121}Sb-α-5n ^{120}Xe 蜕变	β^+，EC	1.35h	5.4	2−		
^{121}I	^{121}Sb-α-4n	β^+，EC	2.12h	2.38	5/2+		
^{122}I	^{121}Sb-α-3n ^{122}Te-p-n	β^+，EC	3.6min	4.23	1+		
^{123}I	^{121}Sb-α-2n	EC	13.1h	1.23	5/2+		
^{124}I	^{121}Sb-α-n	β^+，EC	4.17d	3.16	2−		
^{125}I	^{123}Sb-α-2n ^{124}Te-d-n ^{125}Xe 蜕变	EC	59.9d	0.178	5/2+	+3.0	−0.89
^{126}I	^{123}Sb-α-n ^{125}Te-d-n ^{126}Te-p-n	β^+，EC β^-	13d	2.16 1.25	2		
^{127}I	稳定同位素				5/2+	+2.808	−0.79
^{128}I	^{127}I-n-γ	EC β^-	25.00min	1.257 2.128			
^{129}I	U 裂变	β^-	1.6×10^7y	0.193	7/2+	+2.617	−0.55
^{130m}I	^{130}Te-d-2n ^{130}Te-p-n ^{129}I-n-γ ^{133}Cs-n-α	IT	9.0 min	0.048	2+		
^{130}I		β^-	12.36h	2.98	5+		

续表

同位素	产生方法	蜕变方式	半衰期	蜕变能量 (meV)	核自旋 $I(h/2\pi)$	磁矩 μ(n. m.)	电四极矩 $Q(e\times10^{-24})$
^{131}I	^{130}Te-n-γ； Th，U 散裂； Th，U，Pu 裂变	β^-	8.040d	0.971	7/2+	+2.74	−0.40
^{132}I	^{132}Te 蜕变 之后裂变	β^-	2.3h	3.56	4+	3.08	± 0.08
^{133}I	Pb，U 散裂； U，Pu 裂变； ^{133}Te 蜕变	β^-	20.8h	1.76	7/2+	+2.84	−0.26
^{134}I	U 散裂； Th，U，Pu 裂变	β^-	52.5min	4.2	4+		
^{135}I	U 散裂； Th，U，Pu 裂变	β^-	6.585h	2.71	7/2+		
^{136}I	U，Pu 裂变	β^-	83.6s	6.9	2−		
^{137}I	U，Pu 裂变	β^-	24.5s	5.9	(7/2+)		
^{138}I	U 裂变	β^-	6.4s	7.8			
^{139}I	U 裂变	β^-，n	2.3s				

产生方法：指借以获得放射性同位素的核性质，以靶子元素，轰击粒子及逸出粒子为序. p=质子；n=中子；α = α粒子；d=氘核；γ = γ-或 X 射线.

蜕变方式：IT=同质异能跃迁，EC=轨道电子俘获.

(b) 卤素原子的核性质[1.o]. 氯有九个同位素，它们的质量数从 32—40. 其中只有 ^{35}Cl 及 ^{37}Cl 是稳定的，它们在自然界的含量分别为 75.77%及 24.23%；其余的都不稳定，具有放射性. 其中有的是发射正电子随即俘获电子的有 ^{32}Cl，^{33}Cl，^{34}Cl，^{36}Cl；另外是发射β粒子的有 ^{36}Cl，^{38}Cl，^{39}Cl，^{40}Cl. 溴的同位素，了解得不像氯那样确切，质量数可从 74—90，自然界中有 ^{79}Br(50.54%)及 ^{81}Br(49.46%)，还有小部分不稳定同位素，它们是由于宇宙线引起的核变化及裂变产生的. 溴的同位素中质量数为 74—78 及 80 的不稳定同位素，能发射正电子并同时俘获电子；质量数为 80 及 82—90 的则发射β粒子. 碘在自然界中只有一种稳定同位素 ^{127}I 存在. 碘的放射性同位素其质量数从 117—139 共 23 个，其中较轻的同位素质量数为 117—126 及 128 的，由于核电荷与质量之比超过了稳定需要的比例，于是借发射正电子和俘获电子过程，使核电荷减少一个单位；较重的同位素其质量数为 128 及 130—139 的，则由于核电荷与质量之比远小于稳定所需要的比例，于是靠发射β粒子以取得平衡. 而最重的、半衰期最短的三个同位素 ^{137}I，^{138}I，^{139}I 则发射中子.

用中子、质子、氘核、α粒子或高能光子与卤素的稳定同位素碰撞便可以得到放射性的卤素同位素. 重元素(如铀与钍)的裂变可以得到重的溴和碘的同位素.

在放射化学中所用的 ^{36}Cl，^{38}Cl，^{80}Br，^{80m}Br 及 ^{82}Br 都是由中子照射而产生的. 每一个稳定的核俘获了一个中子后，成为一个高能的复合核，再发射 γ 射线就得到放射性同位素. ^{128}I 同位素就是由这种$(n,\ \gamma)$反应而生成的.

在$(n,\ \gamma)$反应中，如作为生成物核的反冲能(>100eV)大大超过了通常的化学键能(1—5eV)时，则当核反冲出来就变成另外一种完全不同的化学形式，这种现象是在 1934 年首先由 Szilard-Chalmers[19]发现的,他们用中子照射碘乙烷产生 ^{128}I，用水进行提取，就可以将它以元素状态或碘离子的形式($^{128}I^-$)同原始化合物分开. 从这个例子中可以看到，在这种情况下，分离同一元素的同位素这样一个非常困难的问题被简化为分离不同化学状态的同一元素.

现在可利用中子照射方法从有机卤化物如 CCl_4，CH_2X_2，CH_3X，C_2H_5X，C_4H_9X，$C_2H_4Cl_2$ 或 C_6H_5X(X = Cl，Br 或 I)制出放射性 ^{38}Cl，^{80}Br，^{82}Br，^{128}I 并用水提取出对应的卤离子. 这种分离出活性物质的效率主要取决于有机物破裂后生成的有机基团和从反冲生成的高能卤素原子二者的分离效果而定，至于最初的反冲能对于活性原子的寿命则无多大影响. Szilard 及 Chalmers 二人还用中子照射高氯酸盐、氯酸盐、溴酸盐、碘酸盐及高碘酸盐的固体或它们的溶液，而制得活性卤素原子，而后把它们转变成卤化银分离出来. Szilard-Chalmers 方法不仅用来富集卤素同位素，而且也能用来研究从核反冲得到的高能原子的化学作用，这类原子就是所谓“热”原子，现已发展成为一门新的分支学科“热原子化学”.

关于卤素放射性同位素的生成、分离、富集、管理、检测及测定的原理和实践已有许多综论和专著[1.a–c), 11, 20].

通常分离和富集稳定同位素的方法中，以下几种可分离氯同位素 ^{35}Cl 与 ^{37}Cl 的方法是最有效的：气体 HCl 的热扩散；分子氯化物的超离心分离；在电磁型同位素分离器中，$CuCl^+$离子的电磁分离；在电场中利用氯离子在溶液中的不同迁移速度分离；离子交换法分离氯离子；分馏法分离如 Cl_2 或 HCl. 同位素交换法. 实际上完全分离 $H^{35}Cl$ 及 $H^{37}Cl$ 是采用热扩散法得到的. 用类似的方法也能分离富集溴的同位素.

表 18.41 中列有各种同位素衰变和中子俘获特性以及电磁性质等. 很显然，氯、溴、碘同位素与 ^{19}F 不同，其原子核的核自旋>1/2，所以除具有核磁矩外，还有电四极矩. 核自旋、磁矩和电四极矩的大小是决定每个核的主要特性的，它们可以通过 NMR 谱、ESR 谱和 NQR 谱表现出来. 在自然界中存在的五种同位素：^{35}Cl，^{37}Cl，^{79}Br，^{81}Br 及 ^{127}I，均有特征的 NMR 谱、ESR 谱和 NQR 谱.

穆斯堡尔效应要求放射性同位素具有较长的半衰期，因此在卤素中只有 ^{127}I 及 ^{129}I 具有这样的条件，其性质如下.

Mössbauer同位素	γ射线能量(keV)	Mössbauer变化半衰期(10^{-9}s)	母体同位素	母体半衰期(d)
^{127}I	57.60	2.68	^{127}Te	105
^{129}I	{27.72	16.8	^{127}Xe	36
	{27.78		^{129}Te	33

Mössbauer 谱[1.r), 21]的特征决定于核的变化及由 γ射线所产生的激发态的寿命、激发态与基态的核自旋和核场梯度等性质. 经用固体碘化物(如 I_2，ICl，IBr，I_2Cl_6，碱金属碘化物，碘酸盐和高碘酸盐)，测定了其中碘同位素的 Mössbauer 谱，借以研究同核异构体位移和四极分裂，以及与这些参量有关的碘原子的电子密度、价键和对称性的关系.

放射性卤素同位素的应用，主要有以下五个方面.

①卤素交换反应以及同位素交换作用的有关基础理论的研究. 卤素交换反应的研究包括交换的发生、交换过程动力学和机理等. 同位素交换的研究内容包括例如对用 BuOCl 氯化碳氢化合物的研究、对 1–溴环己烷溴化和脱溴反应的立体化学特性以及用标记碘原子研究自由基的生成和作用等.

②用于研究扩散现象及组分在两相中的分配. 例如在溶液中 X^-，BrO_3^- 与 I_3^- 的自扩散以及 X^-在 AgX(X = Cl 或 Br)晶体中的扩散. 利用卤素同位素的方法对解释溶液理论等方面很有用处.

③放射化学分析. 可利用放射性同位素作标记原子的方法，广泛地运用于解决各种分析化学的理论和实际问题. 这种方法适用于测定在各种体系中痕量的卤素.

④作为标记原子用于考查生物化学和生理过程. 例如放射性卤素同位素可用于研究卤化物在哺乳类动物肌肉中的迁移和分布，像 I^-进入甲状腺后所发生的氧化作用以及甲状腺素生成过程的研究，能很好地阐明其代谢作用. 在医疗方面 ^{131}I 用于诊断和治疗甲状腺疾病.

⑤借放射性卤素的溶解过程和吸附性质用于工程技术，例如可用放射性同位素氯、溴、碘制成适当的化合物，用于检查输油管的泄漏、电话线的表皮裂口. 还可用于研究地下水的分布、水质污染等.

(c) 键合原子的物理性质. 当一个卤素原子形成化学键时，其价电子不再在定域的原子轨道上，因为配位场对价电子有显著的微扰. 但是这些影响对核外内层电子不起多大作用，仍分别存在各自的原子轨道上.

气态卤素双原子分子内原子间距离一般等于单键共价半径的两倍，见表 18.40(b)，当两个没有结合的卤素原子接近时，Pauling[1.m)]计算的范德华半径的数值远比卤素原子的共价半径大，而接近卤素离子的半径，因为 van der Waals 半径不仅与晶体中分子间吸引力有关，而且与原子的共价键或键型有关. 所以不能认为从一般的概念出发引出的范德华半径比共价半径及离子半径更加重要.

对电负性或分子中原子吸引电子的能力的研究考虑到①在化合物中的元素的

电负性没有一定的数值，②电负性不能完全脱离其他键的影响. 因此表 18.40 中的电负性只是根据热化学数据(Mulliken 和 Pauling 的标度)或者是根据有效核电荷及共价半径按 Allred-Rochow 公式[1j]计算所得. 也可按 Pauling 所提出的计算公式[22]：

$$B(\mathrm{A-X})=\sqrt{[B(\mathrm{A-A})\cdot B(\mathrm{X-X})]}+23(X_{\mathrm{A}}-X_{\mathrm{X}})^2$$

即从元素 A 及卤素的电负性 X_A，X_X 以及同核 A—A，X—X 的能量推算出元素 A 与卤素 X 之间的键能 B(A—X).

偶极极化率 α 的大小可以标志在外界电场作用下，一个原子的电子云变形的程度. 因为对于一个孤立卤原子来说这个数值既不能直接从实验测得也不能从波函数的概念准确地计算出来. 在原子化合后体系的分子折射率可用来估算原子极化率. 极化率随电子总数增加而增加，即 F<Cl<Br<I；它也随单键共价半径 r 而增加，其间有一经验法则为 $\alpha\sim2.3r^3$. 在卤素原子性质中极化率的重要性在于它是与分子间的键合有关的性质紧密相连的，特别是其键合明显受色散力和德拜(Debye)作用影响的性质，例如卤化物的熔点和沸点的变化，有以下顺序：$AF_n<ACl_n<ABr_n<AI_n$.

(3) 氯、溴、碘原子的化学性质

本节着重说明卤素原子的加成反应、原子转移反应和热原子反应.

(a) 卤素原子的加成反应. 前面曾提到在许多有卤素参加的反应中，卤素原子常起着中间体的作用，这点很重要. 因为有许多化学反应从热力学上考虑卤素分子参加是可能的，但是其速度较卤素原子参加的反应的速度慢. 例如卤素原子的加成反应有：

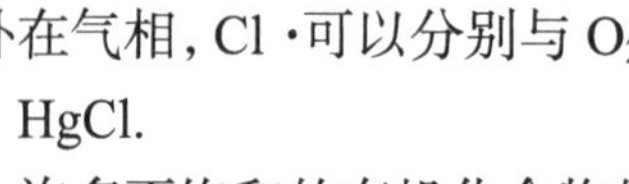

$X\cdot+Y^-\xrightarrow[\text{溶液}]{\text{晶体或}}\cdot XY^-$(X，Y 可为相同或不同的卤素)

$X\cdot+YZ^-\xrightarrow{\text{气相}}\cdot XYZ$(X，Y，Z 可为相同或不同的卤素)

$I\cdot+D\xrightarrow{\text{溶液}}\cdot ID$(D 为芳香族碳氢化合物、胺、乙醇或烷基卤化物)

此外在气相，Cl ·可以分别与 O_2，NO，CO，Hg 作用，得到 ·ClOO，·NOCl，·ClCO 及 · HgCl.

许多不饱和的有机化合物的卤化一般是经过自由基的链式反应机理：

$$\mathrm{A{-}A}\xrightarrow{k_i}2\mathrm{A}\cdot \text{引发过程}$$

$$\text{多次重复}\left\{\begin{array}{l} A\cdot + B—C \xrightarrow{k_{p1}} A—B + C\cdot \\ C\cdot + A—A \xrightarrow{k_{p2}} A—C + A\cdot \\ A\cdot + B—C \xrightarrow{k} A—B + C\cdot \\ C\cdot + A—A \xrightarrow{k} A—C + A\cdot \end{array}\right\}\text{增长过程}$$

$$\left.\begin{array}{r} 2A\cdot \xrightarrow{k_{i_1}} A-A \\ 2C\cdot \xrightarrow{k_{i_2}} C-C \\ A\cdot + C\cdot \xrightarrow{k_{i_3}} A-C \end{array}\right\}\text{终止过程}$$

$$\text{总反应：}A—A + B—C \longrightarrow A—B + A—C$$

例如光照下氯和乙烯的加成：

$$Cl\cdot + C_2H_4 \longrightarrow C_2H_4Cl\cdot$$

$$C_2H_4Cl\cdot + Cl_2 \longrightarrow C_2H_4Cl_2 + Cl\cdot$$

同样，溴和丙烯的加成：

$$R—CO—O\cdot + H—Br \longrightarrow R—CO—OH + Br\cdot$$

$$Br\cdot + Me—CH{=}CH_2 \longrightarrow Me—\dot{C}H—CH_2Br$$

$$Me—\dot{C}H—CH_2Br + HBr \longrightarrow Me—CH_2—CH_2Br + Br\cdot$$

水溶液中卤离子经 γ 射线激发、脉冲辐解或闪光光解作用下可生成 XY^-(X 为卤原子，Y^-为卤阴离子)，具顺磁性，可从 ESR 谱或 Raman 谱检测出来. 用 γ 射线照射含卤离子的水溶液还可得到 XOH^-离子(X 为 Cl，Br 或 I)，也可用 ESR 谱检出[18, 23].

双原子卤素分子或卤素间化合物分子经加成反应形成三原子 XYZ 基(X，Y，Z 可为相同或不相同的卤原子)，可通过量子力学间接计算和采用物理方法直接证明三原子基的存在. 如用分子束研究原子再结合过程以及从矩阵解析(matrix isolation)；也可从 IR 谱观察到 Cl_3 基；还有用微波作用于氯气和氩气混合物，在 20K 的凝聚物中有 Cl_3，即 $Cl\cdot + Cl_2 \longrightarrow Cl_3\cdot$ 反应的 ΔH°_{298} 估计为 $17kJ\cdot mol^{-1}$[124].

(b) 原子转移反应. 包含卤素原子的原子转移反应有：

$$X\cdot + H_2 \longrightarrow HX + H\cdot$$

$$X\cdot + RH \longrightarrow HX + R\cdot \text{ (R 为有机基团)}$$

这类反应的能量比较，如图 18.22 所示.

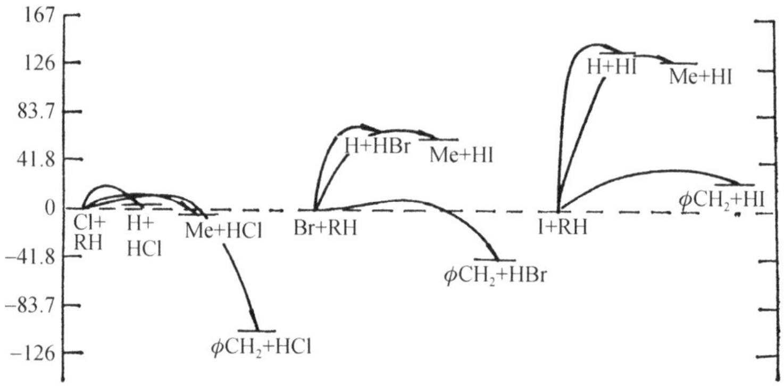

图 18.22　包含有卤素原子的氢原子转移反应的能量

在氯、溴、碘顺序中，原子转移吸收热能呈增加的趋势，其大小还反映出 HCl，HBr，HI 键的强弱. 气相氯化反应中链式反应链可高达 10^3—10^6 步，而溴化及碘化反应的特征是比较短的动力学链或者是简单的基元反应，并且溴与碘比起氯来在反应中更有选择性，而且大多数有逆反应，如

$$R\cdot + HX \longrightarrow RH + X\cdot \text{(R 为 H 或有机基团)}$$

其他原子转移反应还有：

$$\cdot I^* + RI \longrightarrow I\cdot + RI^* \text{(R 为有机基团)}$$

$$X\cdot + YZ \longrightarrow XY + Z\cdot \text{(X 为 Cl，YZ=}Br_2\text{，ClBr，ClI；}$$
$$\text{X 为 Br，YZ=}Cl_2\text{，BrCl}$$
$$\text{X 为 I(}^2P_{1/2}\text{)，YZ=}Cl_2\text{，}Br_2\text{，ICl，IBr)}$$

对于卤原子和氢原子转移反应的研究，除研究卤素原子在基态时的变化外，还可借闪光光谱研究激发态($^2P_{1/2}$)原子的性质. 实验证明当有 Cl_2，Br_2，ICl 及 IBr 存在时，激发态 I 原子的衰减是受与这些分子的反应所支配的，而当有 CH_3I 存在时，对激发态($^2P_{1/2}$)的猝灭是有利的. 同时还有研究表明从烷烃夺取氢原子，($^2P_{1/2}$)比 I($^2P_{3/2}$)要快些. 在反应中由于碘的 I($^2P_{3/2}$)态是吸热的，反映出 $^2P_{1/2} \longrightarrow {}^2P_{3/2}$ 的跃迁被禁阻，所以 $^2P_{1/2}$ 卤原子具有长的放射寿命：F830s，Cl83s，Brl. 1s，I0.13s. 假若在最初的光照步骤中能使 $^2P_{1/2}$ 及 $^2P_{3/2}$ 的逆转得以实现，则 $^2P_{1/2}$ 卤原子的寿命足以达到激光作用所需的[25]. 于是当有些烷基碘化物及多氟烷基碘化物进行闪光光解作用时能观察到受激发光.

$$RI \xrightarrow[UV]{h\nu} R + I(^2P_{1/2})$$

$$I(^2P_{1/2}) + h\nu(7603\text{cm}^{-1}) \longrightarrow I(^2P_{3/2}) + 2h\nu(7603\text{cm}^{-1})$$

(c) 热原子反应[1a), 11, 26–29]

由$(n,\ \gamma)$反应所产生的激发态卤原子与通常由光解作用产生的具有热能的原子不同，前者即“热原子”. 由热原子所参予的“热反应”和一般热化学反应性质不同，其差别为：①产物是一般热化学反应所不能得到的，②这些反应与温度无关，③如激发态物质在发生化学反应之前，有化学惰性物质存在时，将消除激发态物种的动能、振动能、电子能，从而抑制它们起化学反应，④当反应物种中作为自由基清除剂的浓度不高时，则反应不致受影响. 上述性质集中表现为：一般卤原子与碳氢化合物或有机卤化物作用时是夺取一个氢形成卤化氢，而“热”卤原子则因为它们具高的动能、电子激发作用，故不仅能取代氢原子，还可以取代有机基团，或其他卤素，例如

$$RCH_2Br + Br^* \begin{cases} \rightarrow RCHBr\cdot + HBr^* \text{或} RCH_2\cdot + BrBr^* \\ \rightarrow RCH_2Br^* + Br. \\ \rightarrow RCHBrBr^* + H \\ \rightarrow RBr^* + BrCH_2\cdot \text{或} CH_2BrBr^* + R. \end{cases}$$

在这类体系中，也可以从一个分子中取代两个原子形成自由基.

研究“热”原子技术就是研究核反冲效应，有些蜕变例如

$$^{35}Cl \xrightarrow{n,\gamma} {}^{36}Cl，\quad {}^{80m}Br \longrightarrow {}^{80}Br$$

或

$$^{127}I \xrightarrow{n,\gamma} {}^{128}I$$

都能产生具高能量的物种，控制好条件，就能获得“热”原子. 虽然在核反应中核弹回现象不多见并且所产生的“热”原子数量亦很少，但是这些原子所发生的化学反应可由其放射性被检测出来.

最初从核蜕变中产生出来的是具有很高能量的粒子，经过多次与介质的相互作用便失去能量而变成中性原子. 最后能量只有化学能那么多(<100eV)，所以经过进一步碰撞只能产生热化学反应. 例如从$(n,\ \gamma)$反应于 ^{127}I 得到 ^{128}I 却是部分以“热”原子与甲烷作用，部分以基态或激发态离子与甲烷作用[30].

用热中子辐射一种化合物的稀溶液或气体所得到的产物与捕获分子的化学形式不相同. 然而纯液体或固体被照射后，整个活性的部分存在于原来化合物中. Libby[31, 32]解释这种现象时说：高能热原子与邻近分子中个别原子或较低能量热原子与整个分子作用能够产生一个自由基和过剩的热原子，由于该热原子所具能量不足以逸出周围环境所构成的“笼”，于是在里面经多次碰撞失去活性，最

后只得与前面形成的自由基结合.

2.1.5　氯、溴、碘分子

(1) 氯、溴、碘分子的物理性质

有关氯、溴、碘分子的某些重要的物理性质见表 18.42.

表 18.42　氯、溴、碘分子的物理性质

性　质	Cl_2		Br_2		I_2	
分子量	70.906		159.808		253.8090	
气体分子						
电子的基态构型 $\sigma_g^2\pi_u^4\pi_g^4$	$^1\Sigma_g^+$		$^1\Sigma_g^+$		$^1\Sigma_g^+$	
达到最低激发态的激发能量						
$T_e(cm^{-1})$						
$^3\Pi_{1u} \longleftarrow {}^1\Sigma_g^+$	~23,500		13,814		11,888	
$^3\Pi_{0u}^+ \longleftarrow {}^1\Sigma_g^+$	17,672.6		15,902.51		15,769.48	
基态的性质						
核间距，r_e(pm)	198.81		228.09		266.6	
振动频率，$\omega_e(cm^{-1})$	$^{35}Cl_2$559.72		$^{79}Br^{81}Br$	324.24	$^{127}I_2$	214.52
非谐性振动频率 $\omega_e\chi_e(cm^{-1})$	^{35}Cl 2.675		$^{79}Br^{81}Br$	1.172	$^{127}I_2$	0.60738
力常数 $f_r(10^{-1}\mu N\cdot nm^{-1})$	3.225		2.475		1.720	
离解能:	cm^{-1}	kJ	cm^{-1}	kJ	cm^{-1}	kJ
a) 光谱测定值 D_0^0	19,997.25 ± 0.3	239.22	15,894.5 ± 0.4	190.14 $^{79}Br_2$	12,440.9	148.82 $^{127}I_2$
			15,896.6 ± 0.5	190.17 $^{81}Br_2$		
b) 热力学推荐值 D_{298}^0	–	242.58	–	192.77	–	151.11
热力学性质						
ΔH_f° 在 298K($kJ\cdot mol^{-1}$)	0		30.91		62.42	
ΔG°在 298K($kJ\cdot mol^{-1}$)	0		3.142		19.36	
S°在 298K($J\cdot k^{-1}\cdot mol^{-1}$)	222.97		245.35		260.57	
凝聚相的性质	K	℃	K	℃	K	℃
沸点	239.10	–34.05	332.62	+59.47	458.39	+185.24
			331.93	+58.78		
熔点	172.16	–101.00	265.90	–7.25	386.75	+113.60
在沸点下的气化热 $\Delta H_{气}(kJ\cdot mol^{-1})$	20.409		29.555		41.944	
在沸点下的气化熵 (特鲁顿常数)($J\cdot K^{-1}\cdot mol^{-1}$)	85.35		88.88		91.50	
熔化热($kJ\cdot mol^{-1}$)	6.41		10.57		15.52	
在熔点下的升华热 ($kJ\cdot mol^{-1}$)	29.14		42.76		60.57	
在 298K 标准熵 $S^\circ(J\cdot K^{-1}\cdot mol^{-1})$	222.97		152.21		116.14	

续表

性　质	Cl_2	Br_2	I_2
临界温度	K　　℃	K　　℃	K　　℃
	417.16　144.0	588　315	819　546
临界压力(atm)	76.1	102	～116
蒸气压 P(kPa)			
固体	$\lg P=-(2890.8/T)$	$\lg P=-(11310.00/T)$	$\lg P=-(3594.03/T)$
	$+0.09914T$	$+0.17483T$	$+0.0004434T$
	$-58.8361gT$	$-184.1751gT$	$-2.97591gT$
	$+131.39083$	$+443.39428$	$+17.93062$
液体	$\lg P=-(1414.8/T)$	$\lg P=-(2047.75/T)$	$\lg P=-(2970/T)$
	$-0.01206T$	$-0.006100T$	$-3.521gT$
	$+1.34\times10^{-5}T^2$	$+0.95891gT$	$+17.876$
	$+10.04125$	$+7.77537$	
晶体结构	正交，空间群 Cmca	正交，空间群 Cmca	正交，空间群 Cmca
每个晶胞中的分子数	4	4	4
	a　b　c	a　b　c	a　b　c
单位晶胞大小(pm)	624　448　826(113K)	667　448　872(123K)	713.6 468.6 978.4(110K)
分子间原子间距 d(X···X)(pm)	332—397	331—414	349.6—441.2
分子内原子间距 d(X—X)(pm)	198 ± 1.4	227 ± 10	271.5 ± 0.6
两倍的卤原子的 van der Waals 半径 (pm)	360	390	430
$\frac{d(X\cdots X)}{d(X-X)}$	168	146	129
NQR 数据处理			
耦合常数 e^2Qq(MHz)	108.95(20K)	765.86(4K)	2156(253K)
反对称常数 η	≥0.08	0.20	0.175
热学性质			
热容 $C_p(J\cdot K^{-1}\cdot mol^{-1})$			
固体	3.389—55.52	7.217—61.638	$C_p=(-50.709+0.247T$
	(14.05—172K)	(15—265.9K)	$+2.793\times10^6T^{-2})$
			(10—330K)
液体	67.07—65.69	77.735—75.634	80.671
	(172—239K)	(265.9—300K)	(387—458K)
气体	31.697—40.626	36.049—40.007	36.877—40.777
	(200—6 000K)	(298—6 000K)	(298—6 000K)
机械性质			
密度 $d(g\cdot cm^{-3})$			
固体	$d=2.098-3.5\times10^{-4}T$	4.17—4.05	5.15—4.886
	(77.4—158.2K)	(0—123K)	(78—333K)
		$d=3.924—1.062\times10^{-3}t$	
		(t=−23.5 到−106℃)	

续表

性 质	Cl_2	Br_2	I_2
液体	1.6552—0.5672 (203—417K)	3.187—3.009 (273—325K)	3.960—3.736 (393—453K)
气体	$d=\frac{0.86427P}{T}[1+\left(\frac{2515-2.991(T+199)}{T^2}\right)P+2\left(\frac{2515\text{-}2.991(T+199)}{T_2}\right)^2\cdot P^2+\cdots]$ (288—348K, P 达到 2atm)	0.005480—0.005038 (361—386K，P=1atm)	0.011320—0.007434 在 N. T. P. (723—1274K， P=0.04—1.05atm)
黏度 η(Pa · s)			
液体	η=0.000385/(1+0.005878t −0.00000392t^2) (t=−76.5—−33.8℃)	η=0.001241/(1+0.012257t +0.000002721t^2) (t=−4.3～+32℃)	2.268×10^{-3}—1.414×10^{-3} (389—458K)
气体	1.294×10^{-3}—3.209×10^{-3} (289—772K)	1.526×10^{-3}—4.292×10^{-3} (293—873K)	1.785×10^{-3}—3.604×10^{-3} (379—796K)
液体的表面张力 γ(N · cm^{-1})	3.12×10^{-4}—1.84×10^{-4} (213—293K)	4.55×10^{-4}—$1.82\times10^{-6}t$ (超过液态范围，t 为℃)	3.69×10^{-4}—3.4×10^{-4} 398—428K
电学、光学及磁学性质			
介电常数 8			
固体	—	—	10.3(296K) 单晶在～300K ε_a=6，ε_b=3，ε_c=40
液体	2.142—1.947 (203—283K)	3.255—3.080 (273—303K)	11.08—12.98 (391—441K)
气体(在 N. T. P.)	1.00152	1.0047	<1
折光率 n			
固体	—	—	n_D=3.34(293K)
液体	n_D=1.3788(298K)	n_D=1.6083(293K)	n_D =1.98
气体(在 N. T. P.)	λ =670.8—480.0nm n=1.00077563 −1.00079166	λ =670.8—546.1nm n=1.0011525 −1.0011849	λ =670.8—500.0nm n=1.00197−1.00212
摩尔折光度(cm^3 · mol^{-1})			
D 线(λ_D=589.0nm)	11.74	17.61	28—32
各种温度下			
抗磁性磁化率			
χ (10^{6}cgs 单位 · mol^{-1})			
固体	—	～−60	单晶 χ_a=−84.4，χ_b=−89.3 χ_c=−75.9
液体	−40.2	−53.6	−99 至−84 (391—432K)
气体	～−35	～−70	—

续表

性　质	Cl_2	Br_2	I_2
体系的标准电势 $\frac{1}{2}X_2 + e \rightleftharpoons X^-(aq)$ E° (v)	+1.356	+1.065	+0.535

(a) 一般特性. 在通常温度下，从黄绿色的气态氯，到暗红色的液态溴、黑色具有金属光泽的碘，随着原子序数增加，极化作用亦增加，双原子分子间的范德华力亦增大. 卤素在气态、液态和固态均以双原子分子形式存在，但在固相中卤素分子之间的结合依 $Cl_2<Br_2<I_2$ 顺序增大，最显著的变化是在高压下碘晶体具有如金属一样的导电能力[33]. 重卤素的分子性质是较特殊的. 它们与第 V 族、第 VI 族元素不一样，在 V, VI 族元素中只是较轻的元素在通常情况下才有双原子分子形式，这种差异表现为氯、溴、碘的熔点和沸点都比硫、硒、碲要低一些.

(b) 气态分子的性质. 关于双原子分子的分子轨道的形象描述见图 18.23. 它是由六个在成键轨道 $\sigma_g{}^2\pi_u^4$ 上的电子和四个在反键轨道(π_g^4)上的电子相平衡. 由此表示基态是抗磁性的并且键级为 1. 也有人将 *nd* 轨道的作用归于 X—X 键具有极少的(*p*–*d*) π 键的性质，外层 π_g 及 π_u 轨道主要是卤原子轨道.

对氯、溴、碘分子的电子光谱的研究表明，吸收谱带是对应于以下电子跃迁：

$$\sigma_g^2\pi_u^4\pi_g^3\sigma_u^1({}^3\Pi_u及{}^1\Pi_u)\longleftarrow\sigma_g^2\pi_u^4\pi_g^4({}^1\Sigma_g^+)$$

其中一个电子从反键轨道 π_g 被激发到反键轨道 σ_u. 随着原子序数增大这两个轨道能量的差变小，致使单重态–三重态跃迁到低能态 ${}^3\Pi_u$ 的机会增大，所以气态分子 Cl_2，Br_2，I_2 的可见吸收谱带的频率及强度均有所不同[1.a), 34–36].

氯气从蓝色到约 250.0nm 有一个很强的连续吸收谱带，λ_{max} 在近 330.0nm 处. 还有实验表明氯分子从大约 580.0nm 至 478.5nm 处有一个较弱的吸收带. 气态溴及碘的吸收光谱虽然在位置、强度及复杂性与氯有些不同，但它们的特征如在蓝–紫外区有连续吸收带，在 500.0nm 附近也出现吸收带，这种情况与氯分子是相同的. 由于氯、溴、碘分子有以下跃迁：${}^3\Pi_{0+u}(0^+u)\longleftarrow 1\Sigma_g^+$. 因此 Cl_2，Br_2 及 I_2 的吸收谱带分别在 20, 880, 19, 580 及 20, 040cm^{-1} 处有明显的收敛.

溴及碘蒸气在 200.0—300.0nm 的吸收光谱表现出它与温度和浓度有关，原因是有以下平衡

$$2X_2 \rightleftharpoons X_4$$

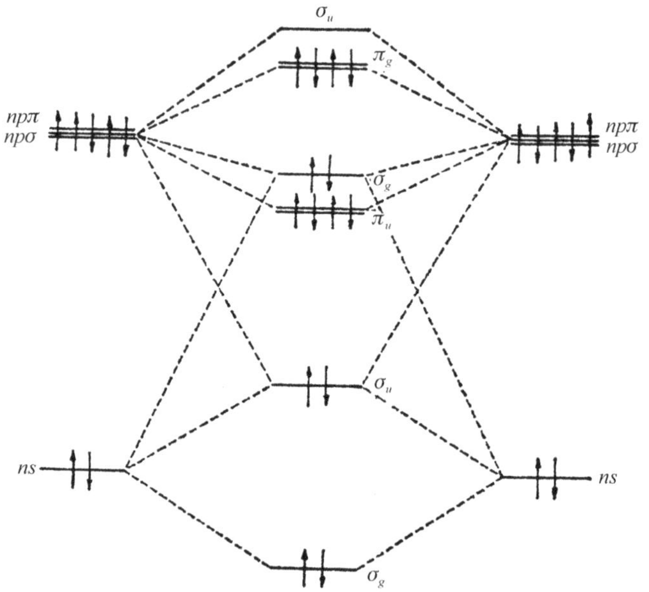

图 18.23　双原子卤素分子的分子轨道能级示意图

这个依赖于温度的平衡在 150—420℃范围内对碘来说 ΔH°_{605K} 为 -12.1 ± 1.7 kJ · mol^{-1}，而 ΔS°_{605K} 为 $-60.3+8.4$J · k^{-1} · mol^{-1}. 在 240℃及 2.5atm 时，碘蒸气中有 1.4%摩尔是 I_4. 根据 PVT 数据得出溴的 ΔH°_{400K} 为 -10.9 kJ · mol^{-1}，而 ΔS°_{400K} 为 -62.8J · k^{-1}mol^{-1}，这些热力学数据说明卤素分子 X_2 依靠 van derWaals 力的作用而形成 X_4. 至于碘的四氯化碳或乙醚或二氯乙烷的溶液的紫外−可见光谱不服从 Beer 定律，就是因为有 I_4 产生的缘故. 在 CCl_4 和 Et_2O 中的生成常数分别为 2.5 和 0.5L · mol^{-1}.

氯、溴、碘分子均能发出不同强度的荧光. 碘在绿光下及 180nm 和 260nm 间的紫外光下有荧光发生；当用单色光如 Hg546.1nm 照射碘蒸气时也可发出荧光，根据激发条件不同得出一系列线谱. 溴也有绿色荧光，只是强度较小，只有碘所发出的荧光强度的 1/300. 后又发现氯在 500.0nm 附近也有荧光，只是强度更弱. 由于分子保留在激发态的时间在 10^{-9}–10^{-6}s 之间，因此荧光的产生就有必要使激发态失去活性时间不短于 10^{-9} 至 10^{-6}s，现已发现寿命为$(1.0 \pm 0.1) \times 10^{-8}$s 的激发态碘在可见光区能产生荧光.

确定双原子分子电离能的最可靠的方法是测量光电子能谱，它和紫外吸收光谱不同，它不仅可以得到分子的第一电离能，而且可以得到从价电子层到 K 壳层的各级电离能. 分子离子的离解能 $D_0(X_2^+)$也可借此方法测定，且 $D_0(X_2^+)$与分子的离解能 $D_0(X_2)$及电离能 $I(X)$及 $I(X_2)$的关系是

$$D_0(X_2^+)=D_0(X_2)+I(X)-I(X_2)$$

式中 $D_0(X_2^+)$值大于 $D_0(X_2)$，这个事实可以证明Π_g轨道的反键性质，离解是在Π_g轨道上发生的. 另外F_2^+的离解能(3.42eV)比Cl_2^+的(3.99eV)要小，这与F_2分子的离解能比 Cl_2 的离解能要小些是一样的. 在凝聚相由于离子与离子之间和离子与溶剂之间的相互作用使得分子离子的基态也有很大的变化，这将在下节通过凝聚相中Br_2^+及I_2^+离子的光谱和磁性显示出来.

(c) 氯、溴、碘分子的凝聚相的性质：它们的凝聚相可分为固相和液相，由于状态的变化而出现许多重要的物理性质.

(i) 固相. 从氯、溴、碘分子的晶体结构可看出其晶体是具有空间群 Cmca 的正交晶系，每个晶胞包含有四个分子，其分子内的 X—X 核间距为：氯、溴在固态中的与在气相中的基本相同；而碘的晶体在 110KI—I 距离为 271.5pm，比在气态分子中的核间距(266pm)要长. 图 18.24 示出固态碘的二维链型网状平面结构(见图 18.24). 从图中可以看出：每个 I···I—I······I 链相交所成的角约为 90°，这说明它们几乎是由碘原子的 5p 轨道正交而形成的. 每个链还可以用四中心六电子键模型描述. 也可利用晶胞的空间群来确定矩阵积分作为一个有二维 p 电子离域的模型，这样就可以半定量地解释固态碘的 NQR 性质、晶格能和导电性质.

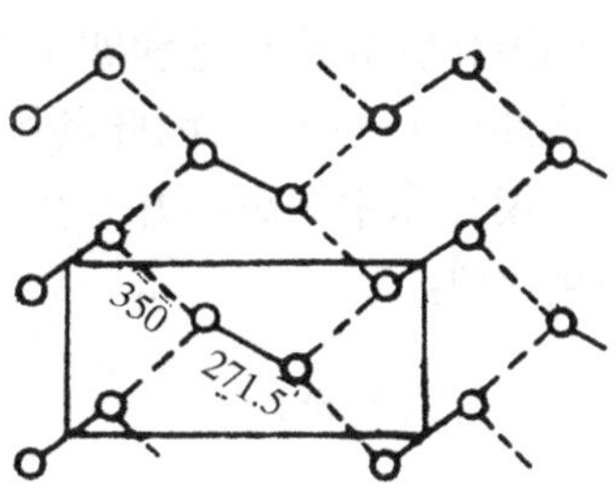

图 18.24　固态碘在(100)面上碘分子的二维结构

从表 18.42 和图 18.24 看出 Cl_2，Br_2，I_2最邻近的 X···X 与 X—X 距离的比值变化，显示出分子里这类距离的变化与重要物理性质的联系. 具体关联的趋势如下：①随着原子序数的增加，固体卤素的挥发性减小，同时熔点，熔化热、升华热则增大. 同样，即使是液态卤素，其挥发性也减小；而沸点和蒸发热是增大. 这些变化是由极化所引起的范德华引力所致：②由气相转变成固相时，氯与溴 X—X 分子的振动频率及力常数都显著地减小. 而且从观察到的氯、溴固体晶格的振动频率及分子内伸缩振动的晶体场分裂，表明固体溴中的分子间引力比在固体氯中要强些. 结晶态的氯、溴、碘的远红外光谱以及已计算出的分子间力常数也有类似的特征. ③固体卤素中 ^{35}Cl，^{37}Cl，^{79}Br 和 ^{127}I 的核的四极共振谱的数据说明，对固态溴和碘，其核四极偶合的反对称参数 η 与一个分子在 Σ 态时应为零的特征相违背. 这表明卤素核的电场因受分子间键合的影响在键轴方向不对称. 实际上晶体卤素的四极偶合常数比自由原子的要小一些，这说明 X_2 分子中的键是由 p 轨道且掺合部分 s 轨道而形成的. 进一步的研究表明这种轨道的相互作用正是产生分子间力的根源. ④固体碘的层状结构使得它的介电常数、电导、磁化率均呈现出明显的各向异性. 单晶碘是一个二维的半导体，其频带宽度估计约为 1.3eV. 且有单一的光电导性质，因此，单晶碘是借空穴导电而不是电子导电.

在高压下固态碘的导电能力加强了. 如单晶碘在高压下，当压力增至 1.6×10^7kPa 时，垂直于分子平面方向的导电能力相当于金属；而在超过 2.2×10^7kPa 压力下平行于分子平面的导电能力也像金属一样. 在压力为 1.6×10^7–2.2×10^7kPa，碘晶体与在大气压力下的石墨一样，其一个方向是半导体，另一个方向是金属导体. 碘的高电导及半导体性质是由于碘中给予体部分的影响如 I_3^-，N, N–二苯基对苯二胺、苝、芘. 这种给予体–接受体间的作用促使阳离子基的形成(即空穴的来源)和阴离子基的形成(即电子的来源). 因此高浓度的接受体如碘能促使一个聚集体(aggregate)的电导增加.

(ii) 液相. 液态的氯和溴的电导率及介电常数均较小，而液态碘却是较好的导体并具有较大的介电常数. 所以液碘是很好的溶剂. 例如大多数碱金属卤化物仅略溶于液氯、液溴，而碱金属的碘化物易溶于液碘，碱土金属的碘化物的溶解度则较小. 对包含大阳离子的溴化物如溴化铯和四丁基溴化铵溶解在液溴中得到高黏度的溶液，随着浓度的增加电导亦增加. 因此利用溴化铯的这种溶解度性质，可提供一种使其从其他碱金属溴化物中分离的好方法. 在测量碘化物在液碘中的电导时发现碘还有自电离作用[37.a)]：

$$nI_2 \rightleftharpoons I^+ + I_{2n-1}^-$$

故电导的原理可能是由于碘离子与 I_2 分子之间的上述平衡所致. 据此碱金属碘化物很容易形成多碘的阴离子，这种阴离子可看作为碱，而一卤化碘可看作为酸. 以下反应可认为是酸碱反应

$$I_3^- + IBr \longrightarrow Br^- + 2I_2$$

这反应可用电导法和电位法研究，在摩尔比为 1∶1 处出现突变.

还需要提到，许多分子卤化物与氯、溴、碘不起反应，但能够溶解于液体氯、溴、碘中，这是由于溶质与溶剂间的相互作用，溶质作为给予体，溶剂作为接受体. 例如溴与有机胺如吡啶、喹啉、乙酰胺及苯酰胺形成加合物，且溶于溴中能导电，这可能是由于产生了(碱)$_n$$Br^+$及 Br_3^- 离子的原因. 有人测定了液态或固态 Br_2 和 I_2 的电导，发现其中含有高达 0.03mol · L^{-1} 的卤离子[37.b)].

(2) 氯、溴、碘分子的化学性质

(a) 氧化还原性质：主要是指氯、溴、碘水溶液的化学行为．表 18.42 列有 $\frac{1}{2}Cl_2/Cl^-$，$\frac{1}{2}Br_2/Br^-$及$\frac{1}{2}I_2/I^-$的标准电势，如能完整地和恰当地利用这些数据，就可以判断在水溶液中氯、溴、碘的反应规律．例如其氧化能力顺序：$F_2>Cl_2>Br_2>I_2$．至于卤素的其他氧化态的化学行为，W. M. Latimer[38]提供了比较完整的电势数据，见图 18.25.

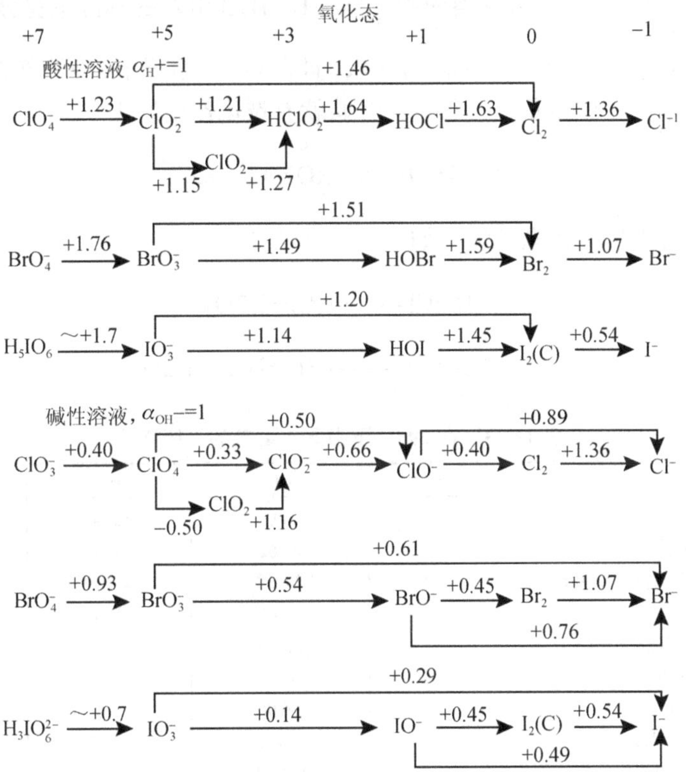

图 18.25 氯、溴、碘及其离子在水溶液中的标准电势 E°(V)

由图可知，大多数卤氧阴离子参加的反应，其中所包含的氢离子或氢氧根离子以及它们的平衡移动，均与介质的 pH 有关.

在 $1/2X_2$(标准状况)→X(g) ⟶ X^-(g) ⟶ X^-aq 的转变过程中，即使卤素不同，但其 ΔH_f° [X^-(g)]值及随之引出的 ΔG_f° [X^-(g)]值变化都很小．最主要的差别表现在$\frac{1}{2}X_2/X^-$电对的氧化还原性质上的变化的不同，这是由于阴离子水合热不同而引起的．它们随着离子半径的增大而减小，其顺序为 $Cl^->Br^->I^-$.

对氯、溴、碘来说，$\frac{1}{2}X_2/X^-$电对都是可逆的，它们的氧化作用比氧分子还快得多，因而将 X^-阴离子氧化为 X_2 分子需要较大的活化能，所以产生超电压，实验证明在铂电极上的超电压是 $I_2>Cl_2>Br_2$. 这里必须提到，在电解食盐水生产氯气中，如果不是氧有较高的超电压，那么在低电流密度条件下是无法得到氯气的. 因此除考虑氯的超电压还必需选择对氧有极化作用的电极. 这对于工业生产氯非常重要.

由于在酸性、中性或碱性溶液中$\frac{1}{2}O_2, 2H^+/H_2O$ 电对的标准电势分别为+1.23，0.81 或 0.40V. 这样三种卤素都能溶于水，且在某 pH 情况下，应该能够氧化水. 不过它们与氟不同，作用很慢，并且一开始就有歧化作用发生

$$X_2+H_2O \rightleftharpoons HOX+H^++X^-$$

所得的次卤酸随后又逐渐分解，如

$$HOCl \longrightarrow HCl+1/2O_2$$

或

$$2HOBr \longrightarrow Br_2+H_2O+1/2O_2$$

表 18.43　在 298K 下卤素水溶液的平衡浓度

性　质	Cl_2	Br_2	I_2
总溶解度($mol \cdot L^{-1}$)	0.0921	0.2141	0.0013
$K_1=[X_2(aq)]/[X_2(标准)]$	0.062	0.21	0.0013
$K_2=[H^+][X^-][HOX]/[X_2(aq)](mol^2 \cdot L^{-2})$	4.2×10^{-4}	7.2×10^{-9}	2.0×10^{-13}
$[X_2(aq)](mol \cdot L^{-1})$	0.062	0.21	0.0013
$[H^+]=[X^-]=[HOX](mol \cdot L^{-1})$	0.030	1.15×10^{-3}	6.4×10^{-6}
$X_2(aq)$热力学性质			
ΔG_f° ($kJ \cdot mol^{-1}$)	+6.90	+3.93	+16.40
ΔH_f° ($kJ \cdot mol^{-1}$)	−23.43	−2.59	+22.59
S° ($J \cdot K^{-1} \cdot mol^{-1}$)	121.33	130.54	137.24

表 18.43 表明在 298K 卤素在水溶液中的平衡浓度. 在饱和氯水中次氯酸的浓度不高；在饱和溴水中次溴酸也较少，在饱和碘水中次碘酸则最少. 由此可知，试图用卤素与水作用生成次卤酸是不理想的. 若增大 pH 和适当地选择条件，例如加入氧化汞悬浮液，就能提高次卤酸的生成量

$$2X_2+2HgO+H_2O \longrightarrow 2HOX+HgO，HgX_2$$

所有的次卤酸都是强氧化剂，但不稳定，特别是在酸性溶液中不易保存. 类似的

次卤酸化合物如 HSX 则更不稳定，但如在低温下，溴在氯仿或二氯甲烷中与硫化氢作用可生成 HSBr，且可分离出相应的盐 NH_4SBr.

在碱性溶液中，氯、溴、碘分子能溶解并生成次卤酸离子

$$X_2+2OH^- \rightleftharpoons X^-+OX^-+H_2O$$

上式中氯、溴、碘的平衡常数分别为 7.5×10^{15}，2×10^8 及 30，反应速度很快，因而对于形成次卤酸是很有利的. 在碱性溶液中氯的水解也很完全.

次卤酸根阴离子在碱性溶液中会发生歧化作用生成卤酸根阴离子

$$3XO^- \rightleftharpoons 2X^-+XO_3^-$$

平衡常数分别为 $10^{27}(ClO^-)$，$10^{15}(BrO^-)$及 $10^{20}(IO^-)$. 次氯酸根的歧化作用在室温下进行得很慢，但当温度升到约 75℃时则作用很快，工业上就利用此原理生产氯酸盐，次溴酸根的歧化作用即使在室温也进行得很快，在 50—80℃时次溴酸可定量地变为溴酸：

$$3Br_2+6OH^- \longrightarrow 5Br^-+BrO_3^-+3H_2O$$

由于溴在酸性溶液中是较稳定的，而在 pH 为 10 时，溴能变为溴化物及溴酸盐，因此从海水中提取溴就是利用酸化盐水而制得的. 次碘酸根的歧化作用更快些. 碘与强碱作用亦能定量地生成碘化物和碘酸盐.

氯酸根阴离子也有歧化作用：$4ClO_3^- \rightleftharpoons Cl^-+3ClO_4^-$ 该反应的平衡常数 K 虽高达 10^{20}，但是即使在 100℃时作用仍然很慢.

关于卤素分子的其他氧化还原作用，列举几种典型的反应如下：

①由于卤素随着原子序数增加，氧化能力减弱，故原子序数较小的卤素可以取代原子序数较大的卤素，如 $Cl_2+2Br^- \longrightarrow Br_2+2Cl^-$. ②同样，$E^\circ$值如果小于 $\frac{1}{2}X_2/X^-$电对的电极电势，则 X_2 能够氧化它们，但有时由于动力学因素的缘故而有例外. 例如，在水溶液中，氯、溴、碘能氧化亚硝酸盐成为硝酸盐、亚砷酸盐为砷酸盐、硫化氢析出硫、$Sn^{2+}(aq)$成为 $Sn^{4+}(aq)$、$[Fe(CN)_6]^{4-}$转变成$[Fe(CN)_6]^{3-}$，还有 $2Fe^{2+}(aq)+X_2 \rightleftharpoons 2Fe^{3+}(aq)+2X^-$(X=Cl 或 Br)，但在中性或酸性溶液中，$Fe^{3+}$又可将碘化物氧化成碘，即上述反应的逆反应. 又如氯和溴能将硫代硫酸盐氧化成硫酸盐. 而碘与硫代硫酸盐的反应则不同，如 $2S_2O_3^{2-}+I_2 \longrightarrow S_4O_6^{2-}+2I^-$，这就是常用来测定碘的重要反应. 据 $SO_4^{2-}/\frac{1}{2}S_2O_3^{2-}$ 的 $E^\circ\sim+0.3V$，碘应该能把硫代硫酸根氧化成硫酸根，而实际是生成连四硫酸盐. 这是由于动力学因素的影响使该反应速度比生成硫酸盐的反应速度要快得多的缘故. ③氧化还原反应的介质

对反应产生的影响，例如碘与二氧化硫，在无水甲醇和吡啶的混合溶剂中不发生反应，然而当稍有水分存在，则氧化作用立即发生，这便是借 Karl-Fischer 试剂测定微量水的原理. ④熟知的碘量法测定水溶液中的肼，这是一个典型的反应. 为详细了解其氧化作用的机理，进行动力学方面的研究是很有必要的[39].

最后简要说明卤素水溶液的光解作用，这是个很重要的反应，经过仔细的研究得知，光解作用使卤素能氧化永生成 O_2，X^-及 XO_3^- 离子

$$2Cl_2+2H_2O \longrightarrow 4H^++4Cl^-+O_2$$

$$5Cl_2+5H_2O \longrightarrow 1OH^+ + ClO_3^- +9Cl^-+O_2$$

这些反应开始是：$X_2 \xrightarrow{h\nu} 2X\cdot$，随后通过与反应中所产生的 $\cdot OH$，$\cdot O_2H$ 及 $ClO\cdot$ 这类自由基作用而生成以上产物. 光还对次卤酸的分解有影响，存在着两种分解方式

$$2XO^- \longrightarrow 2X^-+O_2$$

$$3XO^- \longrightarrow 2X^-+ XO_3^-$$

这些反应均受温度，pH 值、浓度、所加盐的种类及接触空气与否等因素的影响，这种催化作用在卤素水溶液化学上具有重要性.

(b) 电荷转移作用[1a, b), 40–43]. 很早以前便知道碘溶液的颜色随溶剂不同而变化，例如碘在四氯化碳和脂肪族碳氢化合物溶剂中呈紫色；而在其他溶剂如乙醇、乙醚和苯中则呈棕色. 且在这后一类溶剂中的溶解度、溶解热及化学活性均比在前一类溶剂中要大一些.

对这种现象本质的认识，直到 1930 年 M. Chatelet[44]才首先提出了分子配位化合物的概念，随后 J. H. Hildebrand[45]通过对碘在苯及其他芳香族溶剂的溶液的可见和紫外光谱的研究，发现在近 300nm 处有一个灵敏的紫外吸收峰，它既不归属于溶剂也不属于碘，而是碘与苯生成的 1∶1 配合物. 后来还研究了氯和溴以及卤素间化合物(如 ICl)与某些芳香族化合物作用，也有相似的性质. 在此类配合物中，卤素分子 X_2 及卤素间化合物分子 XY 表现为电子接受体，苯等溶剂分子作为电子给予体，这类配合物称为电荷转移配合物，这种给予体–接受体的相互作用称为电荷转移作用. 这种作用的结合能来自电荷的部分转移. 关于这种体系的描述，R. S Mulliken 提出了“电荷转移共振”概念，并以下式表示电荷转移共振式：

$$D : A \longrightarrow D^{\oplus}—A^{\ominus}(D 为给予体，A 为接受体)$$

$$X_2 \cdots S \longleftrightarrow X_2^- S^+$$

(I)　(II)

在共振杂化中，在基态下以(I)为主，在激发态以(II)为主. 由基态转化到激发态是由于部分电荷转移跃迁，通常这种跃迁存在于可见区或可见区附近. 对一个给定的给予体，强的电荷转移吸收谱带在紫外区的频率与给予体溶剂分子的电离能有关，电荷的转移既能来自 π 电子体系(如苯及其他芳香族化合物)，也能来自孤对电子(如醚或胺).

在这种电荷转移配合物的形成中，由于卤素分子具有 σ 反键空轨道，故作为 σ 接受体. 而通常与卤素形成的配合物包含两种给予体类型：

① σ 给予体：其中包含有非键的电子对(定域在给电子原子的原子轨道上). 包括有含氮基团(如脂肪胺、吡啶及其衍生物、腈类)、含氧基团(如乙醇、乙醚、羰基化合物)、有机硫化物和硒化物及某些卤化物的衍生物(例如碱金属卤化物和卤离子)，这类给予体与 σ 接受体(X_2 或 XY)所形成的配合物称为 σ–σ 型配合物.

② π 给予体：给予体作用是由成键的 π 轨道提供的，包括芳香族化合物，如苯、甲苯、二甲苯、萘等. 这类给予体与 σ 接受体(X_2 或 XY)所形成的配合物称为 σ–π 型配合物.

上述两类配合物的物理性质和结构特征见表 18.44 和表 18.45.

表 18.44　某些碘分子配合物的物理性质

给予体	生成常数 K ($L \cdot mol^{-1}$) (20℃)	生成热 ($-\Delta H$ $kJ \cdot mol^{-1}$)	电荷转移吸收光谱		
			λ_{max}(nm)	ε_{max}	$\Delta\nu_{1/2}$(cm^{-1})
σ给予体					
甲胺	530	29.71	245	21，200	6400
二甲胺	6,800	41.0	256	26，800	6450
三甲胺	12,100	50.6	266	31，300	8100
吡啶	269	32.6	235	50，000	5200
甲醇	0.23	14.6	232	13，700	5700
乙醇	0.26	18.8	230	12，700	6800
乙醚	0.97	18.0	249	5，700	6900
12–冠–4	5.36	17.3			
15–冠–5	4.78	12.4			
18–冠–6	4.93	13.7			
二乙基硫醚	210	32.7	302	29，800	5400
二乙基二硫醚	5.62	19.3	304	15，000	7200
π给予体					
苯	0.15	5.9	292	16，000	5000
萘	0.26	7.5	360	7，250	4700

表 18.45　某些固体卤素配合物的结构特征

给予体原子	配合物	分子间距(pm)	范德华半径和(pm)	共价半径和(pm)	XY 分子内键长(pm)	自由的 XY 分子内键长(pm)	键角 D···X—Y(°)	结构构型	构型
	(a) σ-σ 配合物								
N	Me_3N，I_2	N—I 227	365	203	I—I 283	267	179	孤立分子	N···I—I 线型
	Me_3N，ICl	N—I 230	365	203	I—Cl 252	232	180	孤立分子	N···I—Cl 近线型(差 3°)
	$2CH_3CN$，Br_2	N—Br 284	345	184	Br—Br 232.8	228	179.4	孤立分子	N···Br—Br···N 线型
O	1，4-二噁烷，Br_2	O—Br 271	335	180	Br—Br 231	228	—	无限链	见下图(a)
	丙酮，Br_2	O—Br 282	335	180	Br—Br 228	228	180	无限链	O···Br—Br···O 线型见下图(b)
S	1，4 二噻烷，$2I_2$	S—I 287	400	237	I—I 279	267	177.9	孤立分子	
	(b)σ-π 配合物								
	苯，Br_2	C_6H_6—Br 326	365		Br—Br 228	228		无限链	见下图(c)
	苯，Cl_2	C_6H_6—Cl 328	350		Cl—Cl 199	199		无限链	

注：

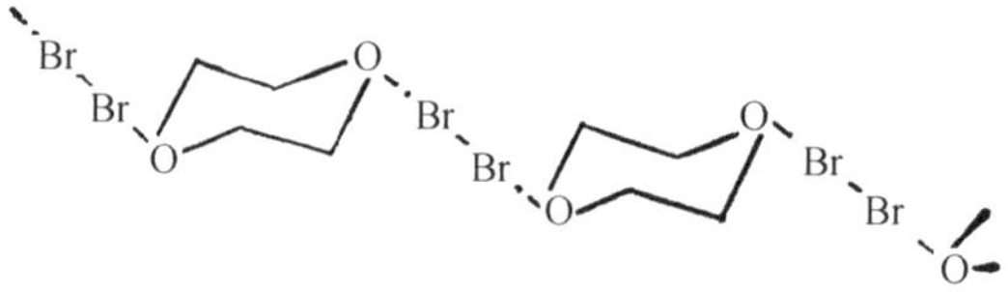

(a)

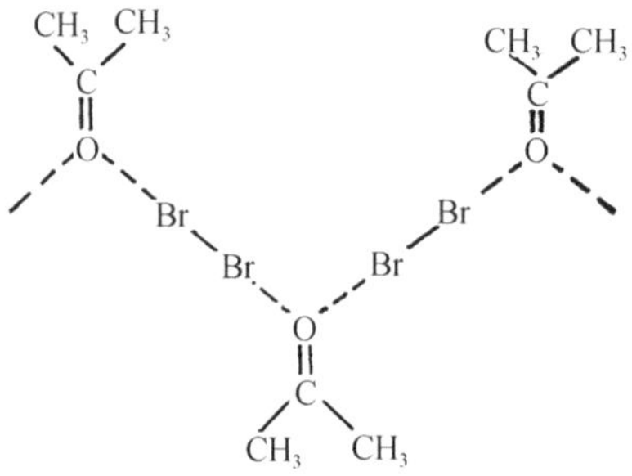

(b)

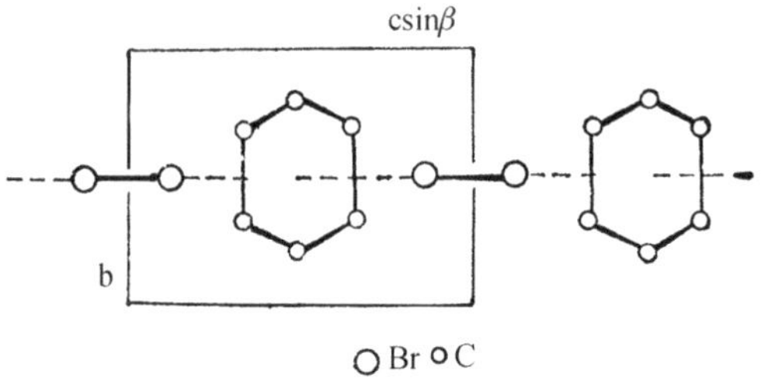

(c)

2.2　卤　化　氢

2.2.1　卤化氢的制备和纯化

(1) 卤化氢的制备[1.a, b), 11, 47]

无论实验室制备或工业上生产卤化氢，基本方法是借卤素直接化合和利用无机卤化物来制取，具体可分为以下三大类(见表 18.46).

表 18.46　制备卤化氢的方法

方法	HCl	HBr	HI
第一类，直接化合	大规模生产的重要方法	大量生产的主要方法	小量生产方法
a.不用催化剂			
作用慢	100℃	250℃	500℃△
作用快	200℃	500℃	—
b.用催化剂			
作用慢	—	150℃	300℃△
作用快	20℃	250℃	600℃△
c.在可见光照射下			
作用快	20℃	200℃	在紫外光照射下
第二类，卤素与氢以外的其他还原剂的作用			
a.用水蒸气，作用快	500℃，木炭为触媒	500℃，木炭	700—800℃，活性炭
b.用 SO_2	15–90℃，在水溶液中	工业生产溴中可得水溶液	可产生少量 HI，不实用
c.用 H_2S	在气相或溶液中反应	同左	通入碘水悬浮液中
d.用红磷及水	作用激烈不适用	典型的实验室制法	很方便的实验室制法
e.与碳氢化合物作用	工业上 HCl 主要来源．氯化碳氢化合物如 CH_4、C_6H_6 等的副产品	Br_2 与四氢萘作用(20℃)是个很好的实验室制备方法	I_2 不易与碳氢化合物作用，可与四氢萘在沸腾下作用生成 HI，可作为实验室制备方法
第三类，从无机或有机卤化物制取卤化氢			
a.用金属卤化物与浓硫酸或磷酸作用	NaCl 与 H_2SO_4 作用是工业上制造盐酸的重要方法	H_2SO_4 能氧化 HBr 故采用 H_3PO_4 为宜	同左
b.用浓硫酸或其他脱水剂与浓卤化氢的水溶液作用	实验室制备气体 HCl 的一个有用的方法	用 H_2SO_4，$CaBr_2$ 或 P_2O_5 作为脱水剂	用 P_2O_5 作为脱水剂
c.用水解的方法	$MgCl_2$，$CaCl_2$，NaCl 与水蒸气作用是工业上制造 HCl 的方法；也可以利用 PCl_3TiCl_4 水解制备 HCl	$AlBr_3$ 水解可制备高纯度的 HBr；PBr_3 亦可用来制备 HBr	利用 PI_3 或 SiI_4 制得 HI
d.与 H_2,H_2S 或碳氢化合物作用	通常只用在废气的处理上，将含氯废气通过金属使形成氯化物，用 H_2 或碳氢化合物还原得无水氯化氢	重金属溴化物可用 H_2 或碳氢化合物在高温下生成 HBr	用 H_2S 可制得 HI．无实用价值

△300℃以上 HI 会发生热分解.

第一类，由卤素直接化合.

由于卤化氢分子的生成焓各不相同，所以制备方法难易也不一样. 通常氯化氢可用氢气在氯气中燃烧制得高浓度、高纯度的氯化氢. 其作用与光化学反应一样，发生链式反应

$$Cl\cdot + H_2 \longrightarrow HCl + H\cdot$$

$$H\cdot + Cl_2 \longrightarrow HCl + Cl\cdot$$

这是一个不需要催化剂就能完成的反应. 对于氢与溴作用则需含铂石棉或含铂硅胶，也可用活性炭作为催化剂，加热至 200—400℃制取. 氢与碘的作用以铂为催化剂，在 300℃以上得到碘化氢.

第二类，卤素与氢以外的其他还原剂作用.

氯与水作用生成盐酸和次氯酸，在光照下次氯酸分解放出氧，并得到纯盐酸. 红磷和水与溴或碘作用可生成溴化氢或碘化氢：

$$2P + 6H_2O + 3Br_2 \longrightarrow 6HBr + 2H_3PO_3$$

这是实验室制备 HBr 和 HI 的方法之一. 用二氧化硫与水也能使卤素转变为 HX：

$$X_2 + SO_2 + 2H_2O \longrightarrow 2HX + H_2SO_4 (X = Cl \text{ 或 } Br)$$

利用硫化氢与碘水悬浮液作用能得到 HI 溶液.

第三类，利用无机卤化物制取卤化氢.

制碱工业中的 Leblanc 法(副产物 HCl)已渐被淘汰. 现常采用某些卤化物和硫酸作用，或者卤化物水解，如溴化铝水解得到纯的溴化氢.

最后还要提到含同位素的卤化氢的制备. 常用的方法有：①用重水水解卤化物，如 PX_3(X 为 Cl，Br，I)，$SiCl_4$，$SOCl_2$，$MgCl_2$，$AlCl_3$ 及酰卤 C_6H_5COCl 等；②用氘与卤素直接化合；③用干燥的氯化钠与含氘硫酸作用；④用氘或氚还原金属卤化物(如 $CoCl_2$ 等)；⑤交换作用，如用 HCl 与含氚的水或硫酸进行交换或用 HCl 与氚在高温进行交换.

还有用具放射性的卤素同位素进行交换[46]，制备含卤素同位素的卤化氢：

$$D_2SO_4 + Na^{36}Cl \longrightarrow NaDSO_4 + D^{36}Cl$$

欲分离 $H^{35}Cl$ 与 $H^{37}Cl$，或 $H^{79}Br$ 与 $H^{81}Br$ 需采用有效的热扩散法.

(2) 卤化氢的纯化

氯化氢要经硫酸脱水并除去杂质. 溴化氢气体中常含有溴，可用潮湿的红磷或四氢萘除去，溴化物及其他杂质经少量水洗可除净，最后用无水氯化钙或活性

氧化铝干燥. 碘化氢中的碘可用冷凝法或用金属碘化物使之除去，用无水碘化钙或五氧化二磷干燥. 这三种卤化氢中，最难纯化处理的是碘化氢，因为其见光分解，还容易被有机物如活塞上的油脂，甚至玻璃器皿上痕量的水所分解.

欲研究液态卤化氢(作为一种溶剂)的性质，所需要的卤化氢必须在真空中将液态卤化氢经多次蒸馏，所得到的高纯卤化氢可借测定蒸气压的方法，最好是用测量电导率的方法鉴定其纯度.

2.2.2　氢卤酸的制备和纯化

将卤化氢溶于水而获得氢卤酸.

(1) 盐酸. 现在工业生产有四种方法[1. d]：

(a) 食盐和硫酸作用

$$NaCl+H_2SO_4 \longrightarrow NaHSO_4+HCl$$

$$NaCl+NaHSO_4 \longrightarrow Na_2SO_4+HCl$$

温度控制在 650℃以下，避免 Na_2SO_4 熔化. 生产的关键在于温度、作用物的配比以及反应炉的形式. 也有采用 KCl 或 $CaCl_2$ 代替 NaCl.

(b) Hargreaves 法. 原料为食盐、二氧化硫、空气和水蒸气. 反应是放热的，温度保持在 430—540℃. 实际生产过程是在一个竖立的反应器中，食盐块放在其中的有孔盘上，而后通入二氧化硫、水蒸气和空气.

(c) 直接合成法. 在电解食盐制烧碱时，有氯气和氢气生成，将它们按比例混合，经过燃烧可制得高浓度、高纯度的氯化氢. 主要设备为一个点火喷头和一个燃烧室以及其他控制和安全装置，喷头里有一喷射孔将作用物送进燃烧室，还有一个供 H_2 及空气点火装备，点火后通入氯气进行燃烧，为了使生成的氯化氢中不含有氯气，则氢气需过量 2%—5%. 这是制造盐酸的重要途径.

(d) 以副产品氯化氢制盐酸. 在许多有机物进行氯化反应时生成氯化氢，它是作为副产品而得到的，例如美国氯化氢有 75%来自副产品，当甲烷或苯氯化时，就有氯化氢生成；又如有机氯化物热解时也有这一副产品生成

$$ClCH_2\cdot CH_2Cl \longrightarrow CH_2=CHCl+HCl$$

$$Cl_2CH\cdot CHCl_2 \xrightarrow{\text{催化剂}} Cl_2C=CHCl+HCl$$

由于这些反应比较复杂，因此生成的氯化氢中常含有许多杂质(如氯、有机氯化物等)，故需采用下列措施处理制得盐酸：①利用气体分离器如沉降室、旋风分离器等以除去固体杂质. ②利用热交换器进行冷却. ③利用气–液逆流，用水将氯化氢吸收.

工业获得的盐酸，一般需要经过纯化方可获得高纯产品，如在干燥器中，经过等温蒸发就可得到纯的氯化氢溶液；或从浓盐酸中加热解吸得到纯的氯化氢溶液；还可以在氯化氢水溶液中用少量高锰酸钾除去其中微量的溴和碘，再在石英蒸馏器中蒸馏可得到很纯的盐酸.

(2) 氢溴酸与氢碘酸

由氢气与溴蒸气经过燃烧生成溴化氢，该气体经过热的活性碳除去杂质后，用水予以吸收或加压冷凝成液体. 氢碘酸用途不大. 通常只用于有关的实验室.

氢溴酸的恒沸物，在恒沸温度为 126℃时，蒸馏出的氢溴酸中溴化氢的含量为 48%. 制法比较容易，由溴化钾、水和浓硫酸作用而制得. 氢碘酸的恒沸物则可由碘悬浮液与次磷酸或硫化氢作用制成. 为保存浓氢溴酸常加一点红磷或汞，否则久置后有溴和多溴离子生成，使溶液颜色变为深棕色. 氢碘酸在光照和杂质存在下很容易被氧化，因此须用棕色瓶保存，瓶塞要密合. 如在氢碘酸溶液中稍加点次磷酸或少量红磷也可能阻止其氧化.

2.2.3　卤化氢的物理性质[1.a, b, h), 11]

(1) 卤化氢的一般特性

无水卤化氢的性质列在表 18.47 中，在许多情况下，HCl，HBr，HI 与 HF 很不相同. 例如，HF 的沸点为 19.5℃，而 HCl，HBr，HI 的沸点都在 0℃以下，它们的沸点的顺序为 HF>HCl<HBr<HI. 氟化氢是由于形成氢键使分子缔合，故沸点较高，而其他三种卤化氢则由于外层电子数增加，使得范德华引力加强，极化率亦按氯溴碘次序增加，致使挥发性减小. 由于分子偶极矩从 HF 到 HI 不断减小，所以在较重卤化氢分子中偶极-偶极的作用就不如色散力或偶极-诱导偶极的作用显得重要，因此在气相或液相中，HCl，HBr，HI 分子均无缔合作用，这已从它们的沸点、光谱及其他性质得以证明. 但在晶体中可能有氢键存在. 卤化氢与第六族的 H_2O，H_2S，H_2Se，H_2Te 相类似，而与第五族的氢化物比较，差别却较大，且每族的第一个元素的氢化物的缔合性都表现出其特异性，呈现不规则现象.

所有卤化氢都是无色的，在湿空气中产生烟雾，有刺鼻的气味.

在非极性溶剂存在的条件下，所有卤化氢都以分子形式存在，若在水这种极性溶剂中，则 HCl，HBr，HI 与 HF 不同，能离解成水合氢离子和水合卤离子，它们的水溶液都是强酸. 表 18.47 中还包括光谱性质、蒸气压、热容及热力学函数等数据. 不同卤化物的标准熵值很相近，其键能大小顺序为 HCl>HBr>HI，这和$-\Delta H_f$变化的顺序也是一致的. 这些焓变值可用以判断气体卤化氢的热稳定性，如 HCl 有较大的生成热，所以其热稳定性亦较高，这可用相关的热分解实验来说明，在 3000K 下 HCl 仅离解了 9.6%，而 HI 在 500K 时其离解就已达 23%.

表 18.47　卤化氢的物理性质

性　质	HCl	HBr	HI
分子量	36.461	80.912	127.915
气体分子			
电子的基态构型 $\sigma^2\pi^4$	$^1\Sigma^+$	$^1\Sigma^+$	$^1\Sigma^+$
在紫外线下观察到的跃迁，$\nu_{0,0}$(cm^{-1})	$\sigma^2\pi^3\sigma^* \longleftarrow \sigma^2\pi^4$	$\sigma^2\pi^3\sigma^* \longleftarrow \sigma^2\pi^4$	$\sigma^2\pi^3\sigma^* \longleftarrow \sigma^2\pi^4$
$^1\Pi \leftarrow ^1\Sigma^+$(X)			
C ⟵ X	77,540	70,542	62,320
B ⟵ X	75,134	67,084	56,750
A ⟵ X	在 44,000cm^{-1} 处开始连续吸收，最大值在～65,000cm^{-1}(ε_{max}890)	在～35,000cm^{-1} 处开始连续吸收，最大值在～55,000cm^{-1} 处(ε_{max}525)	在 27,500cm^{-1} 处开始连续吸收，最大值在～48,000cm^{-1} 处(ε_{max}174)
基态性质			
核间距，r_e(pm)	127.46	141.45	160.90
偶极矩(10^{-30}C · m)	3.57	2.76	1.49
分子四极矩(10^{26}esu cm^2)	5.8	5.5	—
振动频率，ω_e(cm^{-1})	H^{35}Cl，2990.7027； H^{37}Cl，2988.4799 D^{35}Cl，2144.77； D^{37}Cl，2140.20	H^{79}Br，2649.3876； H^{81}Br，2648.9752 D^{79}Br，1885.33 D^{81}Br，1884.75	H^{127}I，2308.901 D^{127}I，1639.655
非谐性振动常数，$\omega_e\chi_e$(cm^{-1})	H^{35}Cl，52.5707； H^{37}Cl，52.5166 D^{35}Cl，26.92； D^{37}Cl，26.99	H^{79}Br，45.2316； H^{81}Br，45.2175 D^{79}Br，22.73； D^{81}Br，22.72	H^{127}I，38.9810 D^{127}I，19.873
力常数，f_r(10^{-1}MN · nm^{-1})	5.161	4.114	3.138
离解能			
D_0° (kJ · mol^{-1})	427.77	362.50	294.68
D_{298K}° (kJ · mol^{-1})	431.62	366.27	298.40
热力学性质			
ΔH_f°298K(kJ · mol^{-1})	−92.311	−36.40	+26.36
ΔG_f°298K(kJ · mol^{-1})	−95.303	−50.208	+1.59
S°298K(J · K^{-1}mol^{-1})	186.786	198.585	206.48
电离能(kS)			
HX$^+$($^2\Pi_{3/2}$)←HX($^1\Sigma^+$)	1229.3	1125.9	1001.7
HX$^+$($^2\Pi_{1/2}$)←HX($^1\Sigma^+$)	1237.2	1157.7	1066.1
HX$^+$($^2\Sigma^+$)←HX($^1\Sigma^+$)	1566.1	1475.3	1336.4
凝聚态的性质			
沸点(℃)	−85.05	−66.73	−35.36
熔点(℃)	−114.22	−86.88	−50.80
常压下液体范围(℃)	29.17	20.15	15.44
在沸点的蒸发热			

续表

性 质	HCl	HBr	HI
		17.615	
$\Delta H_{蒸发}$(kJ · mol^{-1})	16.150	85.31	19.765
在沸点的蒸发熵(特鲁顿常数)	85.77		83.09
(J · K^{-1} · mol^{-1})		89.9	
临界温度(℃)	51.54		150.9
临界压力(atm)	82.07	84	82
蒸气压，P(kPa)			
固体	$\lg P=-(1114/T)$ $-1.285\lg T$ $-0.0009467T$ -11.130(130–160K)	$\lg P=-(1250/T)$ $-0.2766\lg T$ $-0.004084T$ $+9.613$	$\lg P=-(1406/T)$ $-0.377\lg T$ $-0.003167T$ $+9.618$
液体	$\lg P=-(905.53/T)$ $+1.75\lg T$ $-0.005077T$ $+3.78229$	$\lg P=-(1338/T)$ $-4.672\lg T$ $+19.304$	$\lg P=-(1636/T)$ $-7.111\lg T$ $+0.002293T$ $+25.244$
晶体结构 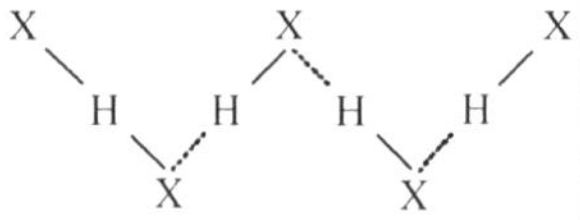	α相(在 98.38K 以下稳定) 面心斜方晶系，空间群 $Bb2_1m$. 每个单胞四个分子.DCl 在 92.4K 单胞的大小(pm) a b c 508.2 541.0 582.6 d(D—Cl)=125 ± 2pm d(Cl···Cl)=368.8 ± 0.1pm ∠(Cl…Cl…Cl)=93°3′ β相(98.38K 以上稳定)面心立方晶系空间群 $Fm3m-O_h^5$. 每个单胞四个分子. DCl 在 118.5K 晶胞参数 α_0=548.2pm d(D—Cl)=117 ± 4pm	低温晶型(在～110K 以下稳定) 面心斜方晶系，每个单胞四个分子. DBr 单胞大小(pm) 温度 a b c 84K 544 561.4 612.0* 107K 555.9 564.9 612.0 d(D—Br)～138 ± 3pm ∠(Br ··· Br ··· Br)=90°41′*或 90°56′† *与 DCl 的α相类质同晶，空间群 $Bb2_1m$. †无序相稳定在 86K 和 118°K 之间，空间群 $Bbcm$ 高温晶型(～110K 以上稳定)面心立方晶系每个单胞四个分子. 晶胞参数 α_0=576–578pm	低温晶型(在～120K 以下稳定) 面心四方晶系，每个单胞四个分子，在 4.2K 单胞的大小(pm) a c/a 598.7 1.082 高温晶型(120K 以上稳定) 面心立方晶系每个单胞四个分子. 在 130K 晶胞参数 α_0=624.6pm
热学性质			
热容，C_p(J · K^{-1} · mol^{-1})			
固体	1.42–48.9(10.76–1417.4K)	7.66–51.55(15.72–182.09K)	11.48–50.38(17.11–218K)
液体	60.29–60.41(163.0–173.4K)	59.41–59.87(189.9–205.1K)	60.00–59.20(227–236K)
气体	29.12–39.28(100–6 000K)	29.12–39.42(100–6 000K)	29.12–39.79(100–6 000K)
机械性质			
密度，d(g · cm^{-3})			
固体	1.54–1.47(0–107K)	2.96–2.55(0～150K)	3.67–3.65(42–222K)

续表

性　质	HCl	HBr	HI
液体	1.267–0.630(160.01–319.35K)	d=2.757–1.238×10^{-3}T –7.01×10^{-6}T^2 (T=193–333K)	2.860–2.7862 (223.4–240.4K)
气体 N. T. P.	1.6392×10^{-3}	3.6445×10^{-3}	5.7888×10^{-3}
黏度，η(Pa · S)			
液体	5.66×10^{-4}–5.8×10^{-5} (160.8–318.2K)	8.74×10^{-4}–8.16×10^{-4} (186.8–199.4K)	1.418×10^{-3}–1.298×10^{-3} (223.2–236.4K)
气体	1.313×10^{-5}–2.53×10^{-5} (273.2–523.2K)	1.835×10^{-5}–2.365×10^{-5} (291.9–373.4K)	1.731×10^{-5}–3.228×10^{-5} (273.2–524.2K)
液体的表面张力，γ(N · cm^{-1})	2.691×10^{-4}–2.241×10^{-4} (168.5–192.6K)	3.019×10^{-4}–2.540×10^{-4} (182–204K)	2.906×10^{-4}–2.696×10^{-4} (225.3–236.5K)
电，光，磁的性质			
介电常数，ε			
固体	α相：2.6—4.3 稍有介电吸收 β相：静介电常数 ε_0=24.7–15.2 (98.4–158.9K) 介电吸收给出复杂的介电常数.	静介电常数 ε_0=200–8.23 (70–187K ； 20–1.3 × 10^8Hz). 介电吸收给出复杂的介电常数；该性质对相转变敏感.	静介电常数 ε_0=28–3 (63–222K ； 20–8.6 × 10^7Hz). 介电吸收给出复杂的介电常数；该性质对相转变很敏感.
液体	14.30–4.6(158–301K) 有些介电吸收	7.33–3.82(188–298K)	3.55–2.90(222.6–295K)
折光率，n			
液体	n_D=1.254–1.252 (283–290K)	n_D=1.325(283K)	n_D=1.466(289.7K)
气体 N. T. P.	λ =656.29–230.283nm n=1.0004434 –1.000523525	λ =670.785–479.99nm n=1.00060752 –1.00062160	λ =670.75–479.99nm n=1.00091087 –1.00093900
抗磁性磁化率 χ(×10^6c. g. s · mol^{-1})			
固体	–	–	–47.2(195K)
液体	–23.6 到–22.6 (195–273K)	–33.9 到–32.9 (195–273K)	–48.3 到–47.7 (233–281K)
气体	–25	–	–
气体的 ^{1}HNMR 化学转移 (ppm，与 CH_4 相比)	+0.45	+4.35	+13.25

(2) 气态卤化氢分子的物理性质

卤化氢分子的$^1\Sigma^+$电子基态所包括的价电子结构为：$(ns\sigma)^2(np\sigma)^2(np\pi)^4$ (见图 18.26). 在形成 H—X 键时，主要由$(np\sigma)^2$电子起作用，也可能有一部分空的氢轨道(如 $2p_\pi$)参与作用[48].

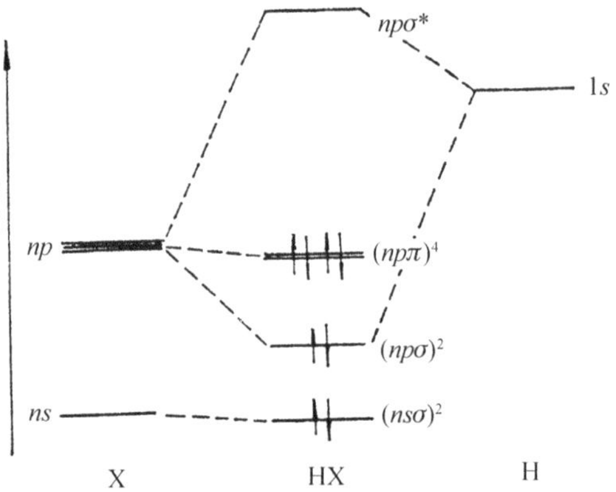

图 18.26　卤化氢分子的分子轨道能级图

经紫外吸收光谱和发射光谱的研究,发现卤化氢分子的电子光谱有如下特征:①由于存在 $^3\Pi$, $^1\Pi(np\sigma)^2(np\pi)^3(nps^*)\longleftrightarrow {}^1\Sigma^+(np\sigma)^2(np\pi)^4$, 故产生一个低频的连续吸收谱带; ②存在 $^3\Pi$, $^1\Pi(np\sigma)^2(np\pi)^3(n+1)s\sigma\longleftrightarrow {}^1\Sigma^+(np\sigma)^2(np\pi)^4$ 的谱带系,其中激发态是由于外层的 σ 电子和 HX^+ 核之间的 J–J 耦合所致; ③呈现 $^1\Sigma^+(np\sigma)^2(np\pi)^4(n+1)s\sigma\longleftrightarrow {}^1\Sigma^+(np\sigma)^2(np\pi)^4$ 类型跃迁的谱带; ④有分子离子 HX^+ 的低能态跃迁的谱带. 由此, 可以得到 HCl 和 HCl^+ 的势能曲线[49], 见图 18.27. 势能曲线的排布和形状说明 HX 分子不能像 Cl_2, Br_2, I_2 那样在低频出现谱带. HBr 和 HBr^+, HI 和 HI^+ 的势能曲线也是如此. 现将分子离子 HX^+ 的性质列入表 18.48.

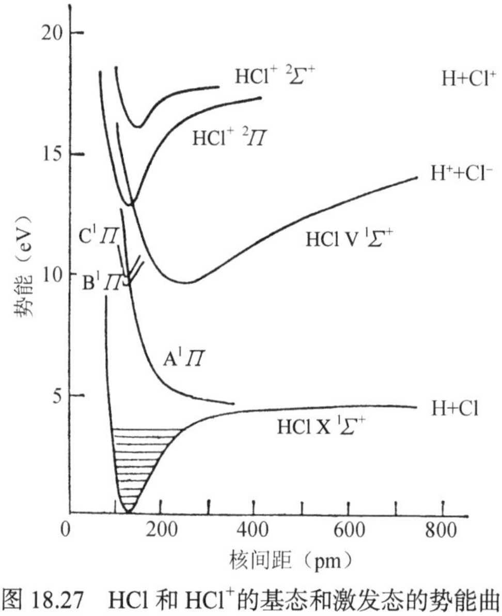

图 18.27　HCl 和 HCl^+ 的基态和激发态的势能曲线

这里应该注意到分子离子在基态与原来分子不一样，其核间距离要长一些而振动频率要低一些；尽管分子离子的键弱一些而其离解能确比原来分子稍大一些. 不过一般都认为 HX 分子的 $p\pi$ 电子是首先电离而实际上是不成键的.

表 18.48　分子离子 HX^+的性质

分子离子	电子状态	HX 基态 $^1\Sigma^+$的绝热电离能 ($kJ \cdot mol^{-1}$)	离解能 D_0° ($kJ \cdot mol^{-1}$)	核间矩 r_e(pm)	振动频率 $\Delta G_{1/2}$(cm^{-1})
HCl^+	$^2\Pi_{3/2}$	1228.8	453.1	131.53	2568
	$^2\Pi_{1/2}$	1236.8	445.6		
	$^2\Sigma^+$	1565.7	174.6	151.40	1527
HBr^+	$^2\Pi_{3/2}$	1125.9	379.1	144.8	2348
	$^2\Pi_{1/2}$	1157.7	346.9		
	$^2\Sigma^+$	1474.9	198.7	168.4	1329
HI^+	$^2\Pi_{3/2}$	1001.2	301.7	162	2170
	$^2\Pi_{1/2}$	1066.1	237.2		
	$^2\Sigma^+$	1335.9	271.1	190	1040

表 18.48 中所列的核间距 r_e 是从气体卤化氢的振动–转动和微波谱结果经分析而得到的相当可靠的数据. 微波谱的斯塔克效应(Stark effect)得出 HBr 及 HI 分子的偶极矩数据与早已测得 HF, HCl 的数据，说明卤化氢分子的偶极矩是按以下顺序减小：HF>HCl>HBr>HI. 这种质子屏蔽的增加是由于卤素电负性减小所引起电子密度变化的必然结果.

(3) 固态卤化氢的物理性质

对固态卤化氢，值得注意的是它们的特殊晶型，例如固体 HCl 在 98.4K 有个由 α 相转变到 β 相的变化[50]，HBr 有三个 λ 型转变点，89.75，113.62 及 116.8K，HI 的转变点约为 25, 70, 125K. 一些在低温下稳定的各种晶型大多已研究清楚. 据振动光谱分析，认为在固相中 HX 分子形成锯齿状链结构，而后来由中子衍射的研究结果表明它们是平面链结构形式. 对气体和固体 HF 分子的研究，说明是由弱的氢键把邻近 HX 分子连在一起. HCl，HBr 和 HI 的晶体结构，随温度改变而有所变化，如在低温下，HI 与 HCl，HBr 的晶型不同，前者为有规则的面心四方晶系；后者为面心正交晶系，但在高温时，它们的固体均为不规则的面心立方晶系，每个晶胞包含四个分子.

2.2.4　液体卤化氢的性质[51]

无水 HCl, HBr, HI 与无水 HF 一样可作为非水溶剂使用. 早在 1865 年 G. Gore 就研究过液体氯化氢溶解固体物质的性质，后来 B. D. Steele 等人又研究了这些液体的热力学性质，而只是近代才把液体卤化氢特别是氯化氢作为反应介质进行了广泛的研究.

卤化氢的物理性质见表 18.47，它们的液体温度范围较窄(15—30℃)、介电常数较小(ε=3—14). 虽然实验上使用起来有一定的困难，然而作为一种非水溶剂却是很有意义的. 由于 HCl，HBr，HI 介电常数较小，所以只有晶格能较小的盐类如四烷基卤化铵稍能溶解. 在极稀的溶液中以离子对的形式存在. 液体的 HCl，HBr 和 HI 的电导虽然比 HF 和水都小，但仍有自离解作用，

如

$$3HX \rightleftharpoons H_2X^+ + HX_2^-$$

这是由于开始离解产生出的 H^+及 X^-，发生溶剂化作用而形成：$H^+ + HX \longrightarrow H_2X^+$；$X^- + HX \longrightarrow HX_2^-$. 曾有研究表明在 HF−$SbF_5$ 中已检查出 HF_2^+ 离子，用放电方法在气体 HCl 中发现有 H_2Cl^+离子. 负离子 HX_2^- 的存在已有证明，例如溶剂化的卤离子 $Cl(HCl)_n^-$ (n>1)[52]. 按以上自离解方式则可用下列两种酸碱表示法来分析，一种是酸作为质子给予体，碱作为质子接受体；另一种是酸作为卤离子接受体，碱作为卤离子给予体. 于是 HCl 很像 $AsCl_3$ 所具有的自离解作用，如

$$2AsCl_3 \rightleftharpoons AsCl_2^+ + AsCl_4^-$$

作为酸，$AsCl_3$ 分子接受一个 Cl^-形成 $AsCl_4^-$，作为碱，则 $AsCl_3$ 失去一个 Cl^-，给出 $AsCl_2^+$.

另外，它们除有酸–碱行为外，还可看到在液体卤化氢溶液中有溶剂作用和氧化还原作用. 溶剂化作用相当于借一个卤原子 X 取代一个配位基 Y. 在 HCl 溶液中 Y 表示苯基、羟基或氟，例如

$$Ph_3SnCl + HCl \longrightarrow Ph_2SnCl_2 + PhH$$

$$Ph_3COH + 3HCl \longrightarrow Ph_3C^+HCl_2^- + H_3O^+Cl^-$$

$$SbF_3 + 3HCl \longrightarrow SbCl_3 + 3HF$$

用电导滴定法可证明 Cl_2，Br_2，ICl 在液体 HCl 中的氧化作用：

$$I^- + 2Cl_2 \longrightarrow ICl_4^-$$

$$Br^- + Cl_2 \longrightarrow BrCl_2^-$$

$$I^- + ICl + HCl \longrightarrow I_2\downarrow + HCl_2^-$$

$$\Big\downarrow \text{ICl 酸-碱}$$

$$HCl + ICl_2^-$$

$$PCl_3 + X_2 + HCl \longrightarrow PCl_3X^+ + HClX^-$$

(X=Cl 或 Br)

对于卤化氢的溶剂性质的研究，其实验通常要求在低温和真空装置系统中进行，目前所用的研究方法有：

①电导法. 这方面的研究较多[51]. 对酸–碱电导的机理虽不甚清楚, 但至少在碱性溶液中可能包含有卤离子的电荷转移, 如

$$\begin{array}{c} \mathrm{Cl{-}H{-}Cl^{-}\cdots H{-}Cl} \\ \downarrow \\ \mathrm{Cl{-}H\cdots Cl{-}H{-}Cl^{-}} \end{array}$$

由于摩尔电导(Λ_m)随碱的浓度(c)而变化, 因此以 $\lg\Lambda_m$ 对 lgc 作图或 Λ_m 对 $\sqrt{c}$ 作图则将出现一个最低点, 借以可研究低介电常数溶剂的特性. 为了解释上述现象, 可以离子对 A^+B^-电离的两种形式来说明, 一种是在非常稀的溶液中则与普通电离一样, 分离出阴、阳离子: $A^+B^- \rightleftharpoons A^+ + B^-$. 另一种是在很浓的溶液中所发生的作用 $A^+B^- + A^+ \rightleftharpoons A_2B^+$; $A^+B^- + B^- \rightleftharpoons AB_2^-$.

至于在溶液中离子类型的变化如生成盐、加合物、电离或几种变化合在一起都可以由电导曲线的特征表示出来. 例如, 下述酸碱作用和氧化还原作用也可以借电导法予以鉴别出来.

酸–碱反应 $Me_4N^+\ HCl_2^- + BCl_3 \longrightarrow Me_4N^+\ BCl_4^- + HCl$

氧化–还原反应 $PCl_3 + Cl_2 + HCl \longrightarrow PCl_4^+\ HCl_2^-$

②光谱法. 关于卤化氢溶液的光谱性质的研究报道很少. 主要困难是如何保持样品在低温或高压下测定. NMR 谱研究证实, 室温下在液体 HCl 中溶解 $Ph_2C{=}CH_2$ 时有 $Ph_2C \cdot CH_3^+$ 离子存在; 溶解 $PhC{\equiv}CH$ 时有 $PhC \cdot CH_3^{2+}$ 离子存在. 虽然纯液体 HCl 的喇曼光谱信号比较弱, 但方法比较简单, 仍可用来在室温下鉴别某种溶质的存在形式.

③相图法. 用液体卤化氢作溶剂而研究其溶液性质时, 可采用相图法, 借以用来检验溶液中是否有化合物形成等, 且能提供关于溶剂化酸和溶剂化碱作用的有用资料.

最后, 要提到由于卤化氢沸点低, 容易除去, 所以液体卤化氢常作为很有用的介质, 在无机制备中得到广泛的应用.

2.2.5　卤化氢水溶液

氯化氢、溴化氢、碘化氢与氟化氢一样, 易溶于水并可得到很浓的溶液, 不服从 Henry 定律, 它们的溶解度和密度均列在表 18.49 中. 每种溶液都有一个恒沸点. HCl 恒沸溶液作为标准溶液广泛应用在分析化学中. 这种溶液可保存三年以上而浓度只有 0.1%的变化.

表 18.49 卤化氢水溶液的性质

性 质	HF	HCl	HBr	HI
在水中溶解度	完全混合	45.15 0℃	68.85 0℃	～71 0℃
(g/100g 溶液，1atm)		42.02 20℃	65.88 25℃	
		37.34 50℃	63.16 50℃	
溶液密度(g · cm^{-3}20℃)				
浓度 10g/100g 溶液	1.035	1.047	1.073	1.072
20g/100g 溶液	1.072	1.091	1.158	1.167
饱和		1.205	1.79	1.99
恒沸溶液(1atm)				
沸点(℃)	112	108.58	124.3	126.7
浓度 g/100g 溶液	38	20.22	47.63	56.7
密度(g · cm^{-3}/25℃)	1.138	1.096	1.482	1.708
所列反应过程的热力学函数				
$HX(g)+\infty H_2O \xrightarrow{25°C}$				
$H^+X^-(\infty H_2O)$	未离解 离解			
$\Delta H^\circ(kJ \cdot mol^{-1})$	−48.95 −61.51	−74.85	−85.14	−81.67
$\Delta G^\circ(kJ \cdot mol^{-1})$	−23.64 −5.65	−35.96	−50.54	−53.30
$\Delta S^\circ(J \cdot K^{-1} \cdot mol^{-1})$	−84.94 −187.44	−132.12	−116.31	−94.98
HX 分子在(25℃)水中的离解自由				
能 $\Delta G^\circ(kJ \cdot mol^{-1})$				
①$HX(aq) \longrightarrow HX(g)$	+23.6	−5.0	−2.93	−2.1
②$HX(g) \longrightarrow H(g)+X(g)$	+538.1	+404.2	+338.9	+272.0
③$HX(g)+X(g) \longrightarrow H^+(g)+X^-(g)$	+974.5	+958.6	+982.8	+1011.7
④$H^+(g)+X^-(g) \longrightarrow H^+(aq)+X^-(aq)$	−1515.9	−1397.5	−1368.6	−1331.4
$HX(aq) \longrightarrow H^+(aq)+X^-(aq)$				
$\Delta G^\circ_{计算}(kJ \cdot mol^{-1})$	+20.29	−39.75	−49.79	−49.79
$HX(aq) \longrightarrow H^+(aq)+X^-(aq)$				
$\Delta H^\circ_{计算}(kJ \cdot mol^{-1})$	−2.1	−57.3	−63.6	−59.0
$HX(aq) \longrightarrow H^+(aq)+X^-(aq)$				
$\Delta S^\circ_{计算}(J \cdot K^{-1} \cdot mol^{-1})$	−75.3	−58.6	−46.0	−31.0
酸的 $pK_{a计算}=\Delta G^\circ/1.36$	3.6	−7.0	−8.8	−8.8
酸的 $pK_{a实验}$	3.2	～−7	<−7	<−7

与 HF 溶液不同，其他卤化氢的溶液几乎完全电离，只是在最高浓度时除外. 利用表 18.49 中所列的热力学函数，可以阐明卤化氢在水中的溶解作用和离解作用. 如

① $HX(aq) \longrightarrow HX(g)$

② $HX(g) \longrightarrow H^+(g)+X^-(g)$

③ $H(g)+X(g) \longrightarrow H^+(g)+X^-(g)$

④ $H^+(g)+X^-(g) \longrightarrow H^+(aq)+X^-(aq)$

反应①，②，④的自由能和焓变均有报道，反应③的自由能的测定是根据氢和卤原子的电离热以及由电子多重性变化引出的熵值$-R\ln4-R\ln2=-17.28\text{J}\cdot\text{K}^{-1}\cdot\text{mol}^{-1}$而得到的. 尽管这些自由能变化很小，但仍足以区别强酸(如 HCl)和弱酸(如 HF). 对其他氢卤酸酸性强度进行比较，结果表明 HCl，HBr，HI 几乎是差不多的. 氢氟酸与其他三种氢卤酸的区别表现在离解作用中的焓变，它显示出要更多的吸热. 这主要是由于 HF 分子键能较大，及未离解的 HF 分子(通过氢键与水分子结合)的水合能增强和氟的电子亲合能减小所致. 综合上述各因素足以抵销氟离子的高水合能的影响.

将卤化氢水溶液冷却可得到各种固体水合物，性质列在表 18.50 中，已从振动光谱及 X 射线分析都证明有水合物存在，其组成形式为$[(H_2O)_nH]^+X^-$. 这种化合物可用来研究水合 H^+离子的结构. 在低温用 X 射线分析这种单晶，证明有H_3O^+，$[(H_2O)_2H]^+$，$[(H_2O)_3H]^+$及$[(H_2O)_4H]^+$存在.

表 18.50　固体卤化氢水合物的性质

化学式	X=Cl	X=Br	X=I
HX，H_2O	m.p.–15.35℃，经 IR 光谱及 X 射线分析确定其组成形式为 $H_3O^+Cl^-$ 其中 O—H···Cl=295pm O—H=96 ± 8pm	在加压条件下，温度为–3.3 至–15.5℃时稳定. 经 IR 光谱确定其组成形式为 $H_3O^+Br^-$	经 IR 光谱分析确定其组成形式为 $H_3O^+I^-$
HX，$2H_2O$	m.p.–17.7℃，经 X 射线分析确定其组成为$(H_2O)_2H^+Cl^-$，而$(H_2O)_2H^+$离子的键的分布，在其一端几乎为一个平面，另一端呈锥形 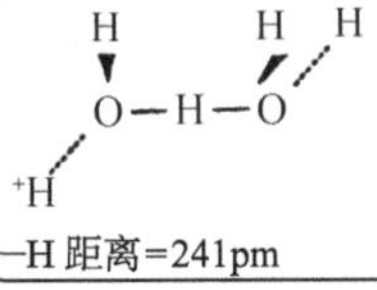 中心 O—H 距离=241pm	m.p.–11.3℃	m.p.约为–43℃
HX，$3H_2O$	m.p.–24.9℃，经 X 射线分析确定其组成为 $H_5O_2^+Cl^-$，H_2O 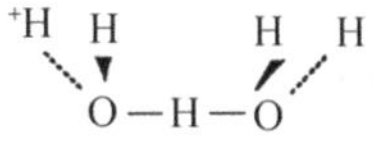 中心 O—H 距离=243pm	–47.9℃分解	m.p.约为–48℃
HX，$4H_2O$	–	m.p.–55.8℃，X 射线分析证明组成为$[(H_2O)_3H]^+[(H_2O)_4H]^+2Br^-$，$H_2O$ 的 H—O 键长为 246.5–275pm$[(H_2O)_3H]^+$及$[(H_2O)_4H]^+$也可认为分别是 H_3O^+，$2H_2O$ 及 H_3O^+，$3H_2O$	m.p.–36.5℃
HX，$6H_2O$	很不稳定，m.p.–70℃	–88.2℃分解	

2.2.6 卤化氢的化学性质[1.a–b), 53]

卤化氢分子和双原子卤素或卤素间化合物分子均能起着电子接受体的作用. 然而 HX 分子与给予体 D(如水、氨或有机碱)相作用，当其形成 H^+X^-时，与基态相比其激发态具有明显的稳定作用，这是由于最初形成的“外层配位化合物”很容易转变成“内层配位化合物”：

$$\mathrm{HX+D} \rightleftharpoons \underset{\text{外层配位化合物}}{\mathrm{D, HX}} \rightleftharpoons \underset{\text{内层配位化合物}}{[\mathrm{DH}]^+\mathrm{X}^-}$$

其最后的结果是发生 H—X 键的异裂. 这种作用相当于 Lowry 和 Br∅nsted 所定义的狭义的酸，例如卤化氢，作为质子给予体，当其与金属和金属氧化物、氢氧化物、碳酸盐和硫化物作用时，由于异裂释放出来的卤离子，可能因溶剂化作用或掺合到固体晶格中而趋于稳定；可能生成配位离子，例如 I_3^-，$GaBr_4^-$ 或 $PtCl_6^{2-}$；或被氧化为卤素.

HX 分子的均裂反应为 $HX \longrightarrow H+X$，反应的发生是按以下顺序：HCl<HBr<HI. 这类反应仅适于在高温气相或在非极性溶剂中发生，反应过程可借光解或辐照或适当的催化剂而得以促进.

上述不同的作用机理系依赖于不同的反应介质. 因此卤化氢的化学行为对介质的性质反映出特殊的灵敏性.

卤化氢的化学反应可根据其作用结果分类，如加成反应或取代反应. 加成反应又可进一步分为：保留 H—X 键的加成反应，如生成 HX_2^-(二卤化氢阴离子)；断裂 H—X 键的加成反应，如卤化氢加到含 $>C=C<$ 或—C≡C—的有机分子上. 取代反应有几种情况：

①质子化作用

$$M+nH_3O^++nX^- \longrightarrow M^{n+}+nX^-+nH_2O+n/2H_2$$

和

$$O^{2-}+2H_3O^++2X^- \longrightarrow 3H_2O+2X^-$$

②氧化作用

$$XO_3^- +6H_3O^++5X^- \longrightarrow 3X_2+9H_2O$$

③交换作用

$$HX+D_2 \rightleftharpoons DX+HD$$

加成和取代的反应过程也可以由图 18.28 表示.

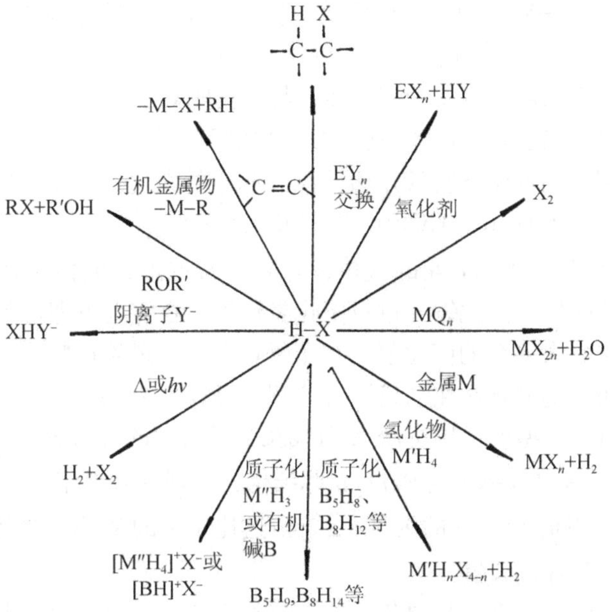

图 18.28　卤化氢的某些代表性的反应

图中：B=有机碱，如吡啶或三甲胺；E=各种无机或有机基团；M=金属原子；M′=Si 或 Ge；M″=N，P 或 As；Q=O，S，Se 或 Te；R=有机基团；R′=H 或有机基团；X 或 Y=卤素原子；

$$Z= ClO_3^-,\ BrO_3^-,\ IO_3^-,\ MnO_4^-,\ S_2O_8^{2-},\ 钒酸盐或SeO_4^{2-}.$$

(1) 保留 H—X 键的加成反应

由卤化氢衍生出来的许多化合物总是保留着 H—X 键，形成了类似于分子卤素的荷移配合物. 对 HX-溶剂体系的详细研究，证明形成了保留 H—X 键的各种加成物，它们一般熔点低，仅在低温下才稳定. 对 HCl-$(CH_3)_2O$ 体系的光谱研究发现存在着一种氢键键合的分子形式，它不同于离子. 但也有些加成物表现为离子形式，例如$[Et_2OH]^+[Cl(HCl)_n]^-$和$[MeCONH_3]^+Cl^-$等，这是 HCl 与各种醚类和某些易于质子化的有机碱性物质相作用而形成的. 还有中性的加合物，例如 $2H_2S$，3HBr；Me_2O，HCl；烯烃，nHCl(n=1 或 2)；乙炔，nHCl(n=1，2 或 4)等，这些加成物可能属于分子类型.

在正常条件下一个氢原子和一个卤化氢分子发生加成可以得到一个寿命较短的自由基. 而当一个卤化氢分子与相应的气体卤素分子在放电作用下则发生下列反应得到 HX_2 基：

$$HX+X \longrightarrow X—H—X(X=Cl，Br 或 I)$$

根据红外光谱研究认为是 HX_2 基，然而亦有研究认为可能是 HX_2^- 而不是 HX_2.

以上是保留 H—X 键的加成反应的一种．下面将比较详细的概述另一种保留 H—X 键生成 YHX^-型二卤化氢阴离子的加成反应.

所有的卤化氢 HX 都可作为接受体，与一价阴离子给予体 Y^-(可以是卤离子、拟卤离子或含氧阴离子)作用，形成 YHX^-型的阴离子，它的存在与氢键的形成是密切关联的．例如在低温下直接用卤化氢和相应的卤化铯作用，经研究证实得到含二卤化氢的阴离子 HCl_2^-，$HClBr^-$和 $HClI^-$的铯盐[54, 55].

二卤化氢阴离子可借干燥的气体卤化氢与胺或取代的卤化铵作用而制得其盐．例如固体的四烷基卤化铵与过量卤化氢作用，在室温下即得到 $R_4NH_nX_{n+1}$ 型的产物，经减压除去多余的卤化氢，在干燥情况下，最终产物为 R_4NHX_2．又如气态碘化氢与四丁基碘化铵在二氯甲烷溶剂中可得到 Bu_4HI_2.

HX_2^-或 XHY^-类型的结构可用 X 射线及中子衍射的方法研究．经 X 射线研究 CsX，$1/3[H_3O^+ HX_2^-]$(X=Cl 或 Br)的晶体结构，发现在 HCl_2^-离子中 X…X 的距离为 314 ± 2pm；在 HBr_2^-离子中的为 335 ± 2pm 这比正常的 X^-离子半径之和小 47pm，这意味着形成了很强的氢键.

HX_2^-和 HXY^-的盐多数是白色晶体，这类阴离子在溶液中具有离解作用[56]，如

$$HX_2^- + S \rightleftharpoons S \cdot H^+ + 2X^-$$

$$HX_2^- + S \rightleftharpoons S \cdot HX + X^- \text{(S 为溶剂分子)}$$

在这里 HX_2^-或 HXY^-离子与 HF_2^-离子不同，它们在水溶液中出现完全的离解．对 HCl_2^-或 HBr_2^-阴离子溶液的 ^{1}HNMR 谱研究表明在碱性溶剂(如乙腈等)中明显地出现由酸性质子贡献的单一的共振线，这说明在 HX_2^-和 $S \cdot H^+$或 $S \cdot HX$ 之间有氢的快速交换.

通常多卤化物的热稳定性差，而具有 HX_2^-或 HXY^-阴离子的固体化合物，其稳定性随阳离子半径的增大而增加.

由于二卤化氢阴离子一般是不稳定的，特别是在潮湿的情况下，很容易分解产生 HX 气体，因此它们可以和碱 B 发生下列特殊反应：

$$HX_2^- + B \rightleftharpoons BH^+ + 2X^-$$

在这里碱 B 和 X^-都争夺质子，所以上述平衡就明显地受到 HX_2^-键的强度、碱 B 的强度等因素的支配，已有实验说明即使是用像丙酮这样温和的碱去处理 n-Bu_4NHI_2 都能引起其分解失去 HI．于是在合成化学中是有可能应用 HX_2^-及 HXY^-盐作为制备无水卤化氢的原料.

(2) 断裂 H—X 键的加成反应

这类反应包括有：①卤化氢和第五族元素的氢化物 MH_3(M=N，P 或 As)或与各种有机碱的质子化作用，例如

$$MH_3+HX \longrightarrow [MH_4]^+X^-$$

②卤化氢对烯烃、炔烃、环氧化物等有机化合物的加成作用，例如

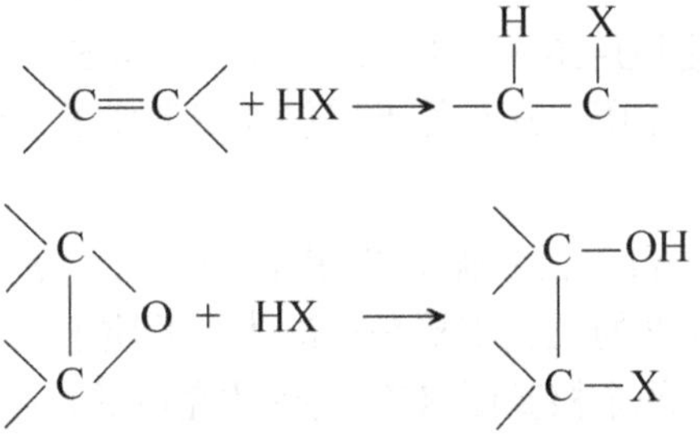

③卤化氢对含有重键或低价无机化合物的加成反应，例如

$$SO_3+HCl \longrightarrow ClSO_2OH$$
$$(HBNH)_3+3HX \longrightarrow (HXB\text{–}NH_2)_3$$
$$MX_2+HX \longrightarrow HMX_3(M = Si\ 或\ Ge)$$

现分述断裂 H—X 键的加成反应的几个问题：

(i) 一个气态的碱 B 和气态卤化氢作用生成一个固体盐 BH^+X^-，可按下列循环分析[1.h), 57]：

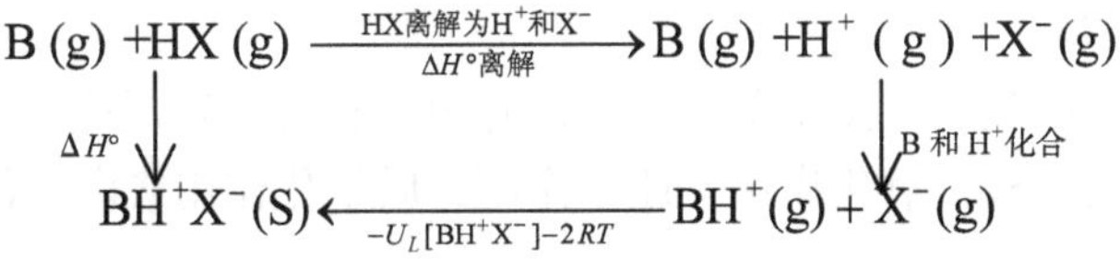

对于不同的卤化氢其焓变的差别很小；BH^+X^-盐的稳定性是标准焓变 ΔH°的函数，对于同一种阳离子的卤化物来说，

$$\Delta H^\circ=-U_L[BH^+X^-]+\Delta H^\circ_{离解}+常数$$

在 298K 时，当 X 分别为 F，Cl，Br 及 I，它们的 $\Delta H^\circ_{离解}$分别为 1547.2，1395.4，1353.9 和 1315.0kJ · mol^{-1}. 因此，就离解作用而言，如果固体氟化物 BH^+F^-比固体碘化物 BH^+I^-更稳定的话，则 BH^+F^-的晶格能比 BH^+I^-的至少需大 232.2kJ · mol^{-1}. 由于晶格能的差别是依赖于阳离子 BH^+的有效半径 $r(BH^+)$，按照 Kapustinskii 近似处理，上述的结果必须满足下列的条件，即

$$512\left[\frac{1}{r(\mathrm{BH}^+)+1.33}-\frac{1}{r(\mathrm{BH}^+)+2.19}\right]>55.5$$

或者是 $r(\mathrm{BH}^+)<\sim 110\mathrm{pm}$. 将此处理方法扩展到其他卤化物，如果假定碘化物是最稳定的盐，当其离解为气态 B 和 HX 时，则其任一阳离子 BH^+的半径均应大于 160pm. 因而像 $\mathrm{NH_4^+}$的热化学半径为 145pm，则当 X = F，Cl，Br，I 时，ΔH°分别为−146.9，−176.2，−188.3 和−182.0kJ · mol^{-1}. 对较大的 $\mathrm{PH_4^+}$ 离子，其 $\mathrm{PH_4Cl}$，$\mathrm{PH_4Br}$，$\mathrm{PH_4I}$ 的 ΔH°分别为−58.6，−96.7，−101.7kJ · mol^{-1}. 没有获得其氟化物. 由此不难理解砷与卤化氢作用，其红外光谱仅证明形成了 $\mathrm{AsH_4^+}$ 的溴化物和碘化物，且后者较稳定.

(ii) 许多烯烃和炔烃(包括共轭双烯)化合物和卤化氢的加成作用是亲电子加成反应机理，决定其速度的关键步骤是重键体系的质子化，最初形成 π 配合物，加成作用是由随之发生的亲核基团 $\mathrm{X^-}$的进攻才完成的，整个过程可用下式表示：

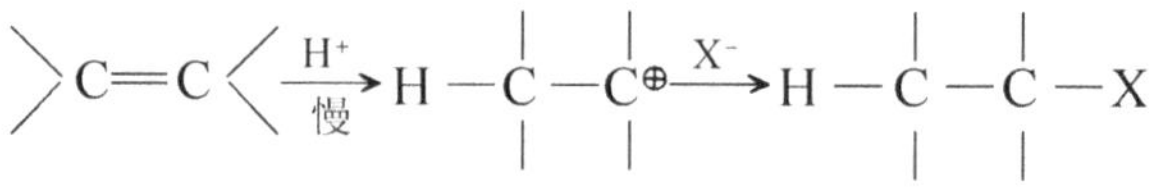

就氯化氢、溴化氢对烯烃的加成反应而言，其反应速度为

$$v=K[\text{烯烃}][\mathrm{HX}]^2$$

对于同一重键体系，卤化氢的加成作用的难易程度的顺序为：HF<HCl<HBr<HI，这正好反映出卤化氢酸性强度增加的顺序.

(3) 取代反应

这类反应是断裂 H—X 键的反应；卤化氢在任意给定反应中至少有下列可能的四种作用中的两种：氧化作用，还原作用，质子化作用或卤化作用：

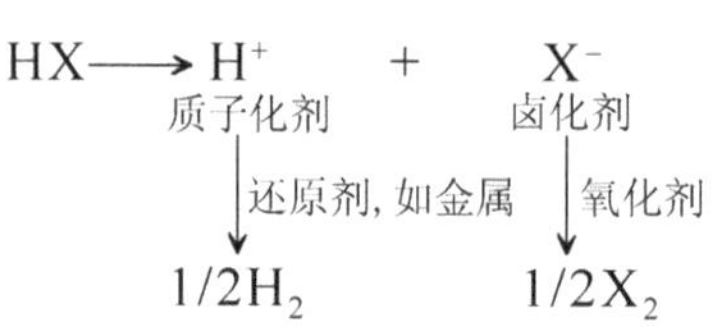

(a) 氧化作用. 气态卤化氢跟一种金属元素 M 反应，

$$n\mathrm{HX}+\mathrm{M}\longrightarrow \mathrm{MX}_n+n/2\mathrm{H_2}$$

条件是 $\Delta G_f^\circ[\mathrm{MF}_n]<-273.2n$，$\Delta G_f^\circ[\mathrm{MCl}_n]<-95.3n$，$\Delta G_f^\circ[\mathrm{MBr}_n]<-53.4n$ 或 $\Delta G_f^\circ[\mathrm{MI}_n]<+1.59n$kJ · mol^{-1}[53]，由此说明大多数金属能和卤化氢反应. 在实际应用中，还可经过下列反应制备无水金属卤化物：

$$Co+2HBr \xrightarrow{赤热} CoBr_2+H_2$$

$$Pu+3HI \xrightarrow{250\text{–}300°C} PuI_3+3/2H_2$$

$$Si+2HX \xrightarrow{\sim 350°C} SiX_2+H_2$$

反应的开始主要生成的是 $HSiX_3$ 和 SiX_4. 此外还可以将温度控制在纯金属汽化温度之下，与气态卤化氢作用生成挥发性的金属卤化物，从此便开拓了借此性质进行金属气相迁移的应用研究.

氢卤酸水溶液也能与大多数金属按下列方程作用:

$$M+nH_3O^+ \longrightarrow M^{n+}+nH_2O+n/2H_2$$

反应热力学的可能性依赖于 M 的标准电极电势、酸的浓度、卤化物 MX_n 的溶解度和潜在的配位化位物种的稳定性，这后一性质可从下例说明，铜本不与盐酸作用，而在硫脲存在的条件下，因其可以与 Cu^+离子配位，引起金属在酸($1mol \cdot L^{-1}$)中溶解，并释放活泼的氢. 反应的热力学和动力学难易程度还依赖于氧化剂.

(b) 卤化氢的还原作用. 从 $\frac{1}{2}X_2/X^-$的标准电极电势可以看出，卤化氢可作为强还原剂，其顺序为 $HCl<HBr<HI$. 这三种化合物均具有以下氧化还原反应:

$$R\cdot+HX \longrightarrow R\cdot H+X\cdot \text{ (R=H 或有机基团)}$$

$$O_2+4HX \longrightarrow 2X_2+2H_2O$$

$$2P+8HX \longrightarrow 2PH_4X+3X_2$$

$$MO_2+4HX \longrightarrow MX_2+X_2+2H_2O \text{(M=Mn 或 Pb)}$$

$$H_2O_2+2H_3O^++2X^- \longrightarrow X_2+4H_2O$$

$$XO_3^-+6H_3O^++5X^- \longrightarrow 3X_2+9H_2O$$

$$UF_6+2HX \longrightarrow UF_4+2HF+X_2$$

除此之外，能使卤化氢氧化为相应的卤素分子的氧化剂还有原子氮和氧，臭氧、氟、次氯酸盐等，对于溴化氢和碘化氢还能用热的浓硫酸或铬酸盐或氯将其氧化，碘化氢还可以与硫、硫的氯化物等作用以生成碘:

$$2HI+S \underset{水溶液}{\overset{无水}{\rightleftharpoons}} I_2+H_2S$$

$$SOCl_2+4H_3O^++6I^- \longrightarrow H_2S+2Cl^-+5H_2O+3I_2$$

最后还要提到很浓的盐酸可以还原硝酸，生成氯化亚硝酰，它便是王水中最主要的活化剂.

$$NO_3^-+3Cl^-+4H_3O^+ \longrightarrow NOCl+Cl_2+6H_2O$$

(c) 质子化作用. 卤化氢水溶液的质子化作用就是人们熟知的一类反应，如

$$O^{2-}+2H_3O^+ \longrightarrow 3H_2O$$
$$S^{2-}+3H_3O^+ \longrightarrow H_2S+2H_2O$$
$$CO_3^{2-}+3H_3O^+ \longrightarrow CO_2+3H_2O$$

这便是定性分析中使金属离子进入溶液、湿法生产金属卤化物或卤素配合物和实验室制备 H_2S 或 CO_2 的好方法.

卤化氢不论在溶液或气相中还宜于氮化物、硼化物、硅化物、锗或某些碳化物的质子化. 通常是生成相应的氢化物，如

$$Mg_3N_2+6HX \longrightarrow 3MgX_2+2NH_3$$

亦可利用此类副反应制备这些氢化物. 在硼化学中，无水氯化氢常常作为一种质子化阴离子衍生物，用以制备中性分子，例如

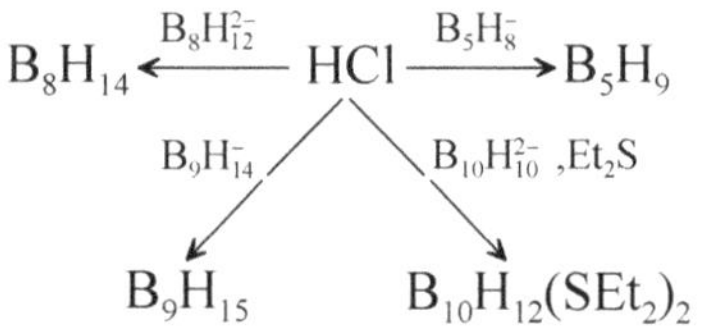

(d) 卤化作用. 气态卤化氢的卤化作用是制备金属卤化物和金属有机卤化物的重要方法，例如

$$MH_4+HX \longrightarrow MH_3X+H_2$$
$$MH_3X+HX \longrightarrow MH_2X_2+H_2(M=Si \text{ 或 } Ge)$$

无水的卤化物或卤氧化物的制备是用气态卤化氢(多是氯化物)与金属氧化物在高温反应，例如 HCl 和 Sb_2O_3 生成 $SbCl_3$ 的反应是在 300℃，45min 的条件下完成的. 也有关于迁移反应的研究，用 HCl 蒸气将一个金属的非挥发性氧化物如 BeO，Al_2O_3 或 TiO_2 在高温下转变为挥发性的氯化物或氯氧化物.

也可能是由于继续质子化作用的结果，许多有机金属化合物中的金属—碳键，醇和醚的 C—O 键，和叔芳胺中的 C—N 键，可在不同条件下用卤化氢使其断裂生成有机金属卤化物或卤代烷烃，例如

$$SnPh_4+HX \xrightarrow{\text{水溶液}} Ph_3SnX+PhH$$
$$(R_3P)_2PtMe_2+HCl \xrightarrow{\text{无水}} (R_3P)_2PtMeCl+MeH$$
$$ROH+HX \xrightarrow{\text{无水}} RX+H_2O$$
$$ROR^1+HX \xrightarrow{\text{浓酸}} ROH+R'X(X=Br\text{或}I;R'=\text{烷基})$$
$$ArNR_2+2HX \xrightarrow{\text{浓酸}} RX+[ArNH_2R]^+X^-(X=Br\text{或}I)$$

2.3 氯、溴、碘离子(氧化态为–1)和卤化物

2.3.1 氯、溴、碘离子的性质

将卤素原子还原成氧化态为–1 的离子，其电子结构为 ns^2np^6 及基态为 ^1S. 对所有的卤素原子来说，在热力学上这是个自发过程，它们的物理性质见表 18.51，从中可以清楚地看出来.

表 18.51　卤离子的物理性质

性　质	Cl^-		Br^-		I^-	
电子结构及基态	$[Ne]3s^23p^6$　^1S		$[Ar]3d^{10}4s^24p^6$　^1S		$[Kr]4d^{10}5s^25p^6$　^1S	
离子半径(pm)	181		196		219	
电离势(卤原子对电子亲和力)(298K)($kJ\cdot mol^{-1}$)	354.8		330.5		301.7	
热力学性质(298K)						
i)气体阴离子						
$-\Delta H_f^\circ(kJ\cdot mol^{-1})$	233.0		218.8		195.0	
$S^\circ(J\cdot K^{-1}\cdot mol^{-1})$	153.6		163.6		169.0	
ii)水合阴离子	$\alpha_{H^+}=1$	气体离子	$\alpha_{H^+}=1$	气体离子	$\alpha_{H^+}=1$	气体离子
$-\Delta H_f^\circ(kJ\cdot mol^{-1})$	167.079	368	121.499	335	56.90	293
$-\Delta G_f^\circ(kJ\cdot mol^{-1})$	131.306	343	104.181	314	52.05	280
$S^\circ(J\cdot K^{-1}\cdot mol^{-1})$	56.770	84	83.303	67	107.11	46
光谱性质						
水溶液中紫外光谱						
波长(nm)[频率(cm^{-1})]; 振动强度(f)	182.0[55,000]; 0.09		190.5[52,500] 202.0[49,500] ;0.28		194.0[51,500] 220.0[44,300] ;0.47	
电磁性质						
极化率($\times10^{-24}cm^3$)	3.475		4.821		7.216	
反磁磁化率[10^6c.g.s 单位(g 离子)$^{-1}$]	–23.4		–34.6		–50.6	
水溶液体系标准电极电位						
$\frac{1}{2}X_2/X^-$，E°(V)	+1.356		+1.065		+0.535	
水中离子淌度(极限当量电导)(298K)[$\Lambda cm^2\cdot\Omega^{-1}$(g 离子)$^{-1}$]	76.35		78.14		76.84	

(1) 氯、溴、碘离子热力学性质

(a) 气体卤阴离子的生成热$-\Delta H_f[X^-(g)]$的大小顺序为：$Cl^->Br^->I^-$. 气体阴离子的标准熵比原子的稍小，这是由于电子多重性的不一样，按照 Sackur-Tetrode 方程，单原子气体的电子多重性 Q_e 对气态卤离子或卤原子的标准熵的贡献 $R\ln Q_e$ 分别为 0 或 $11.51J\cdot K^{-1}$. 由于在卤素中熵值变化不大，故卤离子的$-\Delta G[X^-(g)]$仍为 $Cl^->Br^->I^-$.

(b) 有些金属卤化物的核间距离几乎是加和的. 但值得注意：①在有的晶体中，确定其核与核的连线上的电子密度时，发现电子密度最低值并不是在公认的离子半径的位置，例如 NaCl 中电子密度最低点离氯核为 164pm(比 180pm 小). ②离子半径随卤离子的配位数变化而变化. 这与晶格能有关，离子型卤化物的晶格能可按 Born-Mayer 公式计算

$$U_{\mathrm{L}} = \frac{Z + e^2 NA}{r}\left[1 - \frac{\rho}{r}\right] \tag{2.1}$$

Z_+为阳离子电荷，e 为电子电荷，N 为 Avogadro 常数，r 为离子间平衡距离，ρ 为压缩系数的函数(接近常数)，即离子电子云之间的排斥能的特征常数，A 为 Madelung 常数，随晶格类型的不同而不同，当阴阳离子接触数目增加时，A 及 r 都会变大，作用互相抵消，导致构型不同，而能量几乎没有差别，如 CsCl 及 NaCl 型. 于是 Kapustinskii 和 Yatsimirskii[58]提出下列经验公式

$$U_{\mathrm{L}} = \frac{1071.1vz+}{r_+ + r_-} \text{或} \frac{1200.8vz+}{r_+ + r_-}\left[1 - \frac{0.345}{r_+ + r_-}\right] \mathrm{kJ \cdot mol^{-1}}$$

式中 v 为每摩尔卤化物的离子数目；r_+和 r_-分别表示阳离子和卤阴离子的半径. 此法虽是近似的，但用作比较的目的还是适合的，甚至还可扩展到非离子型化合物的研究.

(c) 由离子的极化率及电离势表明卤离子的核电荷和大小的增加，促使电荷离域作用的增强. 于是离子的给予能力相应减小的次序为：$I^- > Br^- > Cl^-$. 对于 $M^{n+} \cdots X^-$类型的相互作用首先是具有一定的电子离域作用，这里 I>Cl；其次是色散力，也是较大的卤离子要强些. 因此氟离子化合物比碘离子化合物更接近于离子模型，至于较大的体积和较高的极化率的卤离子则趋向于生成低配位数层状或链状结构.

(2) 卤离子的给予体性质

(a) 溶剂化作用. 卤离子的给予体能力不仅是对阳离子而且还能对某些中性分子显示出来，它与卤素或卤素间化合物分子作用后生成多卤离子，另外与极性分子(如水、乙醇、胺或乙腈)起作用，是借离子–偶极、电荷转移和色散力的作用，并且控制着溶剂对溶剂化卤离子作用力的平衡.

现仅分析在水溶液中离子溶剂化作用，根据热力学特性，讨论以下反应

$$M^+(g) + X^-(g) \longrightarrow M^+(aq) + X^-(aq)$$

(M 代表碱金属)

从其改变了的自由能、焓及熵证明，每种离子在稀溶液中各自存在，相互之间没有关联，这说明水合的热力学性质是由各个离子提供的，其数值与质子相比：质子在 298K 下 $\Delta G^{\circ}_{水合}=-1054.4\text{kJ}\cdot(\text{g 离子})^{-1}$，$\Delta H^{\circ}_{水合}=-1090.8\text{kJ}\cdot(\text{g 离子})^{-1}$，$S^{\circ}=-121.3\text{J}\cdot(\text{g 离子})^{-1}$. K^{-1}，而 Cl^-，Br^-，I^-的 $\Delta G^{\circ}_{水合}$，$\Delta H^{\circ}_{水合}$，S°值看来与离子大小有关，它们的数值随离子增大而减小，这是由于离子–偶极间的力减弱，以及围绕离子的水分子的活动所受的限制亦减弱了. 由此，Born[57]从理论上提出下列公式

$$\Delta G^{\circ}_{\text{solv}}=\frac{-2.092NZ^2e^2}{r}\left[1-\frac{1}{\varepsilon}\right]+5.52\text{kJ}\cdot\text{mol}^{-1}(298\text{K})$$

r 为离子半径，ε 为溶剂介电常数，Z 为离子的电荷，$\Delta G^{\circ}_{\text{solv}}$ 为离子的(静电)溶剂化自由能. 上式也有缺点，因在气相、在溶液中的 r 均与在晶体中的 r 不同，而且围绕着离子的部分溶剂受到离子电场的影响，ε 会有变化. Johnson 进一步修正了溶解离子卤化物 MX_n 的自由能 ΔG_s°，可近似地表示如下：

$$\Delta G_s^{\circ}(\text{kJ})=\frac{1071(n+1)n}{r_++r_-}-\frac{686.2n^2}{r_++0.72}$$
$$+4.1840n\,\Delta G^{\circ}_{\text{hyd}}[X^-]-30.96n-25.5$$

当 $r_-=r_+[1.25\sqrt{(1+1/n)-1}]+0.90\sqrt{(1+1/n)}$ 时，用 ΔG_s°对 r_+作图，结果表明，对于一系列含相同卤阴离子的化合物，其 ΔG_s°的最大值并不表示阳离子的半径值. 但从实验数据(图 18.29)可证实：①当卤化物含有相同的阴离子时，r_+增大 ΔG_s°亦增大，达到最大值后降至极限值 $4.1840n\,\Delta G^{\circ}_{\text{hyd}}[X^-]-30.96n-25.5$. ②在含有一个固定阴离子的不同系列中，$\Delta G_s^{\circ}$只有在阳离子和阴离子大小相当时才有最大值. ③当两种不同类型的化合物 MX_n，含有相同的阴离子时，如 n 值较大，则 ΔG_s°的最大值发生在该类型阳离子半径较大的部位.

(b) 电荷转移作用. 离子型卤化物与等电子稀有气体的吸收光谱很类似，其第一吸收带属于 $np^6\rightarrow np^5(n+1)s^1$ 的跃迁，而强吸收带可能是由于 $np^6\rightarrow np^5nd^1$ 跃迁. 对于碱金属卤化物晶体用定域原子态的跃迁来描述比用能带(energy-band)来描述要恰当些. 因为许多简单的和复杂的金属卤化物的有关的定域电子结构是能用以识别从卤阴离子到金属离子的电荷转移的电子跃迁的.

由于离子偶极作用对卤离子的溶剂化有明显的影响，这种溶液的紫外吸收光谱有较强的宽带，说明是有电荷转移过程

$$(X^-)_{溶剂}\longrightarrow(X\cdot+e^-)_{溶剂}$$

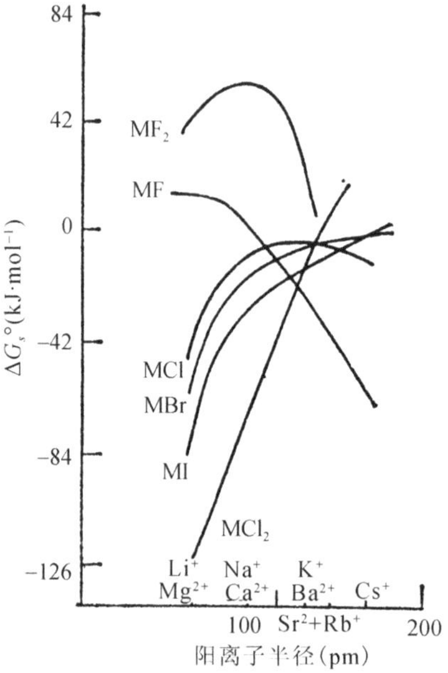

图 18.29 某些碱金属和碱土金属卤化物溶液的标准自由能 ΔG_s°随阳离子半径的变化

这是电荷转移给溶剂的跃迁[59, 60].

在水溶液中卤素离子的紫外光谱见表 18.51，根据 Mulliken 给予体-接受体配合物理论，其跃迁能为

$$E_{最大值} = I_{X^-} - E_{溶剂} + \frac{\sigma^2}{I_{X^-} - E_{溶剂}}(1/2r_i) \tag{2.2}$$

式中 I_{X^-} 为阴离子的电离能，$E_{溶剂}$为一组溶剂分子的电子亲合能，σ 为重叠项包括重叠积分及极化项，r_i 为离子在晶体中的半径.

由紫外吸收光谱所显示的激发态的性质是由溶剂及卤阴离子所决定的；X^-电离所需要的能量大约为 209kJ · mol^{-1} 或波数为 1800cm^{-1} 的能量；即使在惰性溶剂(如 CCl_4 等)中，也存在有电荷转移作用[61].

电荷转移的光谱性质也能用来研究晶体或气体的离子卤化物，例如晶体的或气体的碱金属卤化物，其紫外吸收光谱中也存在着这类跃迁的谱带

$$M^+X^- \longrightarrow MX$$

其跃迁能可根据 Mulliken 理论计算

$$\left.\begin{aligned} E_{最大} &= I_{X^-} - E_{M^+} + \Delta E \\ &= E_X - I_M + \Delta E \end{aligned}\right\}$$

I 为电离能，E 为电子亲合能，ΔE 是由于电荷转移相互作用能量的变化. 对于一个指定金属的卤化物，其最大吸收的频率随着电子亲合势增加的顺序是：碘<溴<氯. 碱金属的氯化物晶体只有一个单一的最大吸收峰在紫外区，溴化物有一对谱带分隔在 3900—4800cm^{-1} 处的谱带，而碘化物的一对谱带分隔在 7700—9600cm^{-1} 处. 许多晶体卤化物都是这样，能用电荷转移机理来解释这些金属卤化物的颜色，例如铜、银、铅和汞的卤化物，它们的特征就是有较高的电离能.

在晶体卤化物中也可以由电荷转移吸收引起化学作用，它是通过次级变化与激发态失活的物理过程相竞争. 因此，用紫外光照射金属卤化物晶体会形成金属原子，产生颜色，卤化银的感光性就是如此.

(3) 卤离子在溶液中的性质[62, 63]

众所周知，在水中引进某种离子必然引起液体水分子点阵特性的变化. 从结构和动力学两方面来看：前者说明围绕在这个离子周围的最大可能的水分子数. 从动力学方面看，就涉及紧挨着中心离子的水分子(相当第一配位层)和作为溶剂的大量水分子之间所存在的快速交换作用. 因此，在指明中心离子具有特定的水合数后，还要考查水分子在配位层中的“寿命”以表明离子与溶剂间的作用.

在水溶液中 Cl^-，Br^-，I^-离子的行为很特殊，它们在水溶液中属于一种“结构破裂”形式(structure-breaking)，即破坏离子附近的水的构造，致使离子周围的溶剂分子的流动性增加.

这种性质显然是与溶液的熵、黏度以及离子流动性与湿度有关. 设 η_0 为纯溶剂的黏度，η 为稀电解质溶液的黏度，c 为浓度，A，B 为常数，则

$$\eta/\eta_0=1+Ac^{1/2}+Bc$$

式中 A 与离子之间相互作用力有关，可从理论上计算；常数 B 是离子和溶剂相互作用有关的一个经验值.

Samoilov[64]认为离子水合作用可作为离子对周围水分子平移运动的总效应；τ 为水分子于平衡时在水晶格中的寿命；τ_h 为在离子附近的水分子的寿命，其关系表示为

$$\tau_h/\tau=\exp(E/RT)$$

在 21.5℃，τ 约为 1.7×10^{-9}s，对于 Cl^-，Br^-，I^-，τ_h/τ 计算值分别为 0.63，0.61，0.58. 这说明在离子附近的水分子交换是极其频繁的. 若 E 为负值，则说明水在离子附近流动性大为加强，这种现象被称为“负水合作用”(negative hydration).

为研究卤离子在水溶液中的行为采用核磁共振谱是很适合的[65]，因为不论是卤离子或在溶剂分子中的一个原子的共振核，在溶液所处的环境中都能进行快速交换，因此，通过对所有在允许位置上的每个核的磁屏蔽(magnetic shielding)和寿

命的测量只能观察到唯一的一种平均频率的信号. 当离子–离子和离子–溶剂的快速和无规则的运动在一个平均很小的局部磁场和电场范围内就能给出较狭窄的共振谱线.

关于溶剂分子中的 ^{1}H 及 ^{17}O 的共振[65]，实验结果表明：卤化物离子溶于水，便产生很小的 ^{1}H 共振变化以及较大的 ^{17}O 共振变化. 当溶液中卤化物的浓度增至 2 或 3mol · L^{-1} 浓度时，化学位移与浓度变化几乎成直线关系；在低浓度下，离子的贡献呈加和性，故化学位移可认为是由各个单离子的贡献. 由卤化物的卤离子影响而产生的质子的化学位移是它们破裂了氢键的结果，这种破裂能力的大小是依照 $Cl<Br<I$ 的顺序. 从 ^{17}O 的共振来看，其摩尔位移是由于存在离子–溶剂相互作用而不是破裂溶剂的结构，因此碱金属阳离子对在水中 ^{17}O 共振的影响是相同的，而卤离子彼此之间却呈现出一定的差别.

而对卤化物卤离子在水溶液中的共振情况来看[62, 65]，因为 ^{35}Cl，^{79}Br，^{81}Br 及 ^{127}I 核比质子的共振信号弱，因此要求溶液浓度高于 0.05mol · L^{-1}，另外由顺磁性对磁屏蔽的变化，可出现一个宽约 100ppm 的化学位移. 弛豫时间和由此引起的重卤素核的共振线宽度是从核的四极矩来确定的，所以研究共振线宽度就可能了解到核附近电场梯度大小和时间的关系；这样就可用以测定溶液中离子–溶剂和离子–离子间的作用，并从电场梯度来说明离子和溶剂分子平移和转动的时间.

在水溶液中卤素核的化学位移是随卤化物浓度和相应的中心离子的变化而变化的. 在给定的卤离子情况下，碱金属阳离子产生低场位移的顺序是 $Na^{+}<K^{+}<Li^{+}<Rb^{+}<Cs^{+}$. Kondo 和 Yamashita[66]在研究碱金属卤化物晶体时发现较大离子产生的化学位移比较小离子的要大些，这种影响并不是因为静电(极化)作用，而是由于离子的闭壳层(closed-shell)轨道重叠的斥力所引起.

2.3.2　卤化物的分类、制备和性质

本节主要包括卤化物的分类、制备方法、卤化物的物理性质(主要是热力学和光谱性质)和键的性质. 这些性质都是与卤阴离子的特性有关，反映了卤化物的一般规律.

(1) 卤化物的分类[67]

在周期表中几乎所有的元素都能生成卤化物. 先考查氟化物，由于氟离子很小，键合又很牢，故其结构和化学计量与其他卤化物很不一样，例如许多金属的氟化物为三维骨架型结构，而相应的氯化物，溴化物、碘化物多为层型或链型结构.

氯、溴、碘的三种卤化物的分类大致有：离子型卤化物；半离子型卤化物；分子卤化物和卤素配合物. 现分述如下：

(a) 离子型卤化物

离子型卤化物包括 MX 型，其中 M 为碱金属离子或其他一价阳离子，如 Cu^+，Ag^+，NH_4^+和 NR_4^+等，还有 MX_2 型和 MX_3 型化合物如 $PbCl_2$ 和 UCl_3 等. 卤化物的代表性晶体结构见图 18.30. 在理论上称为离子型卤化物的是指在常温下不挥发的固体，具三维骨架的晶格，原子规则地排列在晶格中；且固体的导电性很弱，只在熔融时才显著增强. 经用 X 射线研究这类化合物，发现它们的电子云密度的分布在两个邻近的异核之间下降到最低值，好像电子云在此处正好被“切割”，似乎每个原子完全相当于一个单位电荷. 因此离子型卤化物的晶格能就可以用 Born-Mayer 方程来表达.

与氢化物一样，凡是与周期表中极左方的元素所形成的卤化物，几乎都属离子型化合物. 所不同的是由于卤离子有较大的体积和易极化的性质，有利于生成气态卤阴离子，即其生成热较大. 因此，氯、溴、碘与周期表中较广泛的元素相结合生成的离子型卤化物比相应元素的氢化物具有较大的生成热和热力学上较高的稳定性.

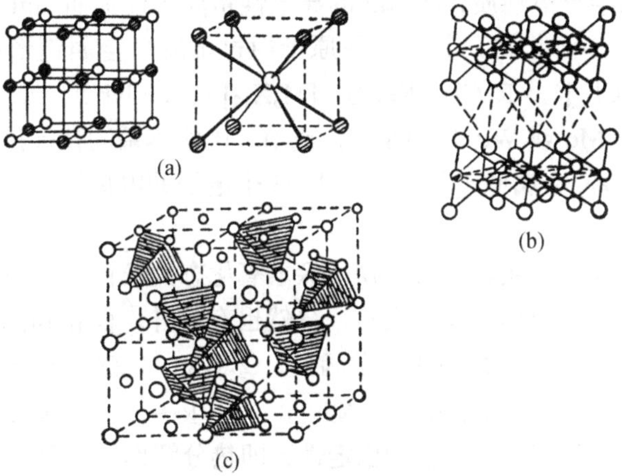

图 18.30　晶体卤化物的代表性结构

(a) NaCl 及 CsCl；(b) CdI_2(层型)；(c) SnI_4(单胞)

(b) 半离子型卤化物

阳离子 M^{2+}由于有极化能力，故能够改变离子电荷的分布，极化能与 Z^*/r^2 有关(Z^*为有效核电荷，r 为离子半径)或与离子的电子亲合势有关，这些性质反映出变化不仅与 Z/r 有关，而且与价电子或内层电子的屏蔽能力有关，例如，K^+的 Z^*/r^2 和电子亲合势分别为 0.26a. u. 及 4.34eV；Cs^+分别为 0.20a. u. 及 3.89eV；Cu^+分别为 0.84a. u. 及 7.72eV；Au^+分别为 0.86a. u. 及 9.22eV. 随着阳离子的极化能力的增加，非 Coulomb 相互作用使金属卤化物的键合增强. 因此，KCl，$CaCl_2$，$ScCl_3$，$TiCl_4$ 这些化合物依次逐步由离子型化合物过渡到分子化合物. 卤离子的大小和极化能力对于卤化物性质的影响是很大的. 例如大多数的金属二氟化物，其晶体属于金红石型或萤石型，一般为离子型化合物，而其他的金属二卤化物如 $CdCl_2$ 或 CdI_2 则为层型结构. 考虑到非库仑引力的 Born-Haber 循环公式[68]与式(2.1) 计算的晶格能结果相差 20%，同时核间距离与加和规则也相违背，这些都是与结构有关，因为在层型结构中一个阴离子只与三个最近的阳离子邻近，并且均偏向一边，显然这种不对称的排列是与简单离子型不相符合. 其层与层之间由相邻卤原子通过 van der Waals 力而结合在一起. 关于三卤化物的晶格能数据较少见，三氟化物属于规则的八面体构型，而其他的金属的三卤化物如 $CrCl_3$ 及 BiI_3 则为层型结构. 例外情况也有，有些金属离子如 Cu^{2+}在它们的电子基态没有立方对称，而主族金属离子如 Tl^+，具稍有立方对称的低激发态.

虽然氢在很大程度上能形成类金属和隙间氢化物，但卤原子的大小和轨道能量仍大大地妨碍了它们进入类合金结构. 不过也发现像 TiI_3 及 NbI_4 这类低价态金属碘化物，具明显的缺陷结构，很接近于半导体和金属，也发现重金属卤化物具有规则的结构和半导体性质，如 AgI 的导电性是离子迁移而 HgI_2 是电子传递. 另外已知的还有许多卤化物，其中金属原子通过金属—金属键形成原子簇，例如 $[Re_2Cl_8]^{2-}$，$[Re_3Cl_{12}]^{3-}$，$ReCl_3$，$ReCl_4$，$[M_6X_{12}]^{2+}$(M = Nb 或 Ta；X = Cl，Br 或 I) 和$[M_6'X_8]^{4+}$(M′ = Mo 或 W；X = Cl，Br 或 I). 这些体系的特征是保持着在原来金属中的原子间距离，金属原子不易失去 1—3 个电子的电离能以及较高的原子气化热.

事实上大多数的二元金属卤化物，除了氧化态大于正 3 的过渡元素的卤化物外，多数都可以用简单离子模型表示，自然也有例外. 卤化物的特性可由以下几方面来说明：①生成化合物的热力学函数；②$MX_n+1/2X_2 \rightleftharpoons MX_{n+1}$ 类型的氧化还原反应的难易程度；③在 R—Y+MX(s) ⟶ R—X+MY(s)反应中卤素交换的能力；④含有配位阳离子卤化物的稳定性，即热分解作用. 例如 $PH_4^+X^-$其热分解减小的顺序是 I>Br>Cl>F；⑤在各种介质中的溶解度. 在各种情况下卤化物的性质主要取决于其晶格能，其主要的差异是由于离子的电荷及大小不同所引起的.

随着卤阴离子的大小改变，并由一组卤化物换成另一组卤化物，晶格能也是有相当大的改变的，例如铜、银、金的一卤化物，便是随着阴离子体积的增加而晶格能减小，但比在碱金属卤化物中要减小得慢些；又如镉、汞、铅的二卤化物也是随着阴离子体积增加而晶格能减小，也比在碱土金属卤化物中要减小得慢些. 这是因为碱金属或碱土金属卤化物中阳离子与阴离子键合的强度是随卤(素)原子序数增加而增强的. 这种作用可由图 18.31 表示.

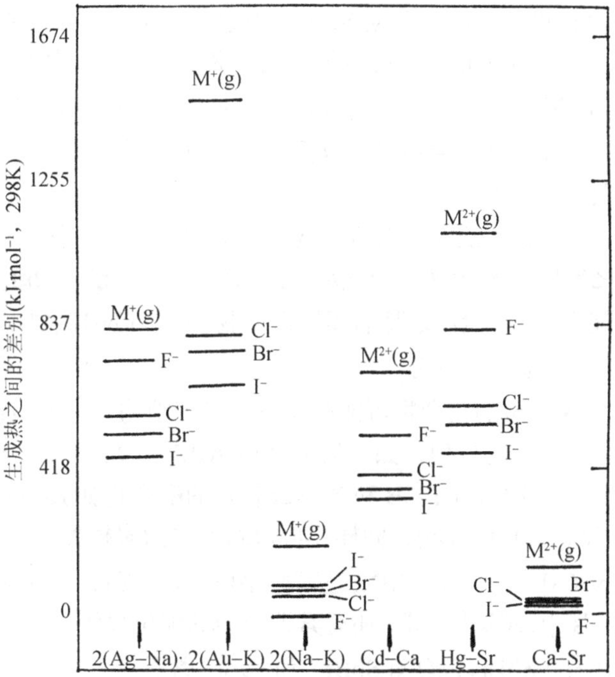

图 18.31　A-金属和 B-金属卤化物生成热的差别

从图 18.31 看到 A 金属与 B 金属卤化物分别表示为 M_AX_n 及 M_BX_n，这些阳离子具有相似的大小和相同的电荷，但它们的生成热有差异. 按照简单离子模型，A，B 两金属变成气态阳离子的生成热的差异[$\Delta H_f(M_B^{n+})-\Delta H_f(M_A^{n+})$]，实际是相应卤化物的生成热差异[$\Delta H_f(M_BX_n)-\Delta H_f(M_AX_n)$]的再现. 只是后者放热要多一些，其差别增加的顺序为 $F^-<Cl^-<Br^-<I^-$，这表明了 B 金属与卤离子之间的极化或部分共价键的作用，当 B–金属离子(如 Ag^+，Au^+，Cd^{2+}，Hg^{2+})作为接受体形成配合物时，其稳定常数的顺序为 $I^->Br^->Cl^->F^-$，这说明这类金属卤化物的性质并不是很接近离子型模型.

(c) 分子卤化物

由非金属或高氧化态金属形成的卤化物，不论气相、液相或固相，一般以分子形式存在. 例如 SnI_4，$SbCl_5$，WCl_6 及 Al_2Br_6. 这些分子是通过范德华力相结合的，主要是不同分子中的卤原子之间借偶极–偶极和偶极–诱导偶极的作用力而联系在一起的. 这些卤化物的特征是晶格能较低，沸点和熔点也低，溶于非极性溶剂. 无论在固态或液态导电能力都很弱，离子型卤化物的沸点和熔点均随着卤素原子序数的增加而降低. 而分子卤化物与此相反，它们的沸点和熔点是随着原子序数的增加而升高，在这里主要是卤素的极化作用的影响. 大多数离子卤化物溶于水生成水合金属离子及卤离子；而分子型卤化物一般也溶于水但易于水解.

在 MX_n 型卤化物分子中，在 M 和 X 两核之间的电子密度分布，主要是 M 和 X 之间形成的 σ 键，其次是些不确定的 π 键，例如在 $SiCl_4$ 中 $M \rightleftharpoons X$ 是 $p_\pi \rightarrow d_\pi$ 作用，在 PCl_6^{2-} 中 $M \rightleftharpoons X$ 为 $d_\pi \rightarrow d_\pi$ 作用. 这种聚集体的立体化学可以用定域分子轨道法[69]或中心原子的价层电子对互斥原理[70]予以说明.

(d) 卤素配合物

以氟化物、氯化物、溴化物及碘化物中的卤离子作为配体，可和大多数金属离子或分子卤化物形成配合物，如 $AgCl_2^-$，$FeCl_4^-$，$SbBr_4^-$，HgI_4^{2-}，WCl_6^{2-} 等；也可与其他配体一起形成混合型配合物如 $[Co(NH_3)_4Cl_2]^+$，$NbOCl_4^-$，$[Cl_5RuORuCl_5]^{4-}$，$Mn(CO)_5I$ 等.

在固态中 A_mBX_n 型的化合物可能存在下列三种结构：①A，B 及 X 形成一种无限的三维骨架的离子的排列，如氟的配合物 ABF_3；②B 和 X 形成无限的二维或一维的配合物如 NH_4CdCl_3；③B 和 X 形成有限的配合物如 K_2SeBr_6，$(NH_4)_2PdCl_4$ 或 R_4NHX_2(R=Me，Et 或 Bu)，同样还可得到有限的多核配位离子如 $Tl_2Cl_9^{3-}$，$[Mo_6X_8]^{4+}$和$[Nb_6X_{12}]^{2+}$. 有时 A_mBX_n 还可能是以 BX_{n-p} 和 p 个 X^-离子结合，例如 Cs_3CoCl_5，实为 $Cs_3^+[CoCl_4]^{2-}\cdot Cl^-$. 还有其他类型的配位离子，如 PCl_5 包含有 PCl_4^+ 及 PCl_6^- 离子，$(NH_4)_2SbBr_6$ 包含有 $SbBr_6^{3-}$ 和 $SbBr_6^-$ 离子.

以一个一价金属卤化物 AX 和一个分子卤化物 BX_{n-m} 化合形成一个有限配位离子 BX_n^{m-} 的过程，可以下列热力学循环表示：

$$
\begin{array}{ccc}
m\mathrm{AX(S)} + \mathrm{BX}_{n-m}(\mathrm{g}) & \xrightarrow{\text{(i)}} & \mathrm{A}_m\mathrm{BX}_n(\mathrm{s}) \\
m[U_{\mathrm{L}}(\mathrm{AX})+2RT]\big\downarrow & & \big\uparrow -U_{\mathrm{L}}(\mathrm{A}_m\mathrm{BX}_n)-(m+1)RT \\
m\mathrm{A}^+(\mathrm{g}) + m\mathrm{X}^-(\mathrm{g}) + \mathrm{BX}_{n-m}(\mathrm{g}) & \xrightarrow{\text{(ii)}} & m\mathrm{A}^+(\mathrm{g}) + \mathrm{BX}_n^{m-}(\mathrm{g})
\end{array}
$$

在上式中 A_mBX_n 的稳定性的关键在于气态 X^-离子和气态 BX_{n-m} 相互作用(ii)得到气态 BX_n^{m-} 时的热焓是否能补偿从简单卤化物转变为卤素配合物的过程中所伴随的晶格能的降低. 由于晶格能是随阳离子 A^+增大而减小，因此在下列阴离子如 HCl_2^-，BCl_4^-，$TiCl_6^{2+}$ 及 I_3^- 的碱金属盐的热分解中，其结果证实它们的铯盐是最稳定的[71]. 于是可应用此原理制备稳定的季铵、季鏻，季钟盐等的多卤化物、二卤化氢和 MX_4^{2-} 阴离子(M 为第一 d 过渡周期的金属). 也还可以利用配位卤阴离子大的体积和生成能，借以制备和稳定某些较少见的阳离子，例如$[Cd_2][AlCl_4]_2$ 中的 Cd_2^{2+}，$[NO]_2[SnCl_6]$和$[NO_2][SbCl_6]$中的 NO^+和 NO_2^+，$[ICl_2][AlCl_4]$和$[ICl_2][SbCl_6]$中的 ICl_2^+ 等. 值得注意的是，上述这些阳离子与简单卤离子是不可能生成盐的，这个事实意味着在形成配位卤阴离子过程中所释放的能量在形成以上配合物中起着决定性的作用.

在研究水溶液中配位卤离子的有关稳定性时发现如 H^+，Be^{2+}，Ce^{3+}，Fe^{3+}和 Ti^{4+}与 F^-形成了最稳定的配合物，它们不易离解成单个组分的离子；而如 Pt^{2+}，Pt^{4+}，Ag^+，Tl^{3+}及 Hg^{2+}与 F^-形成的配合物很不稳定，但与 I^-却可生成最稳定的配合物[72, 73]. 这种现象尚缺乏理论解释. 不过这两组金属离子作为卤离子的接受体，似可认为极化作用 Z^*/r^2 以及 M→X 的 d_π–d_π 键合能力都是很重要的影响因素. 当然一个配位离子在溶液中的稳定性，不仅是依赖于 M—X 键的强度，还与所有物种的溶剂化能有密切关系. 例如

$$MF_6^{2-} + 6Cl^- \rightleftharpoons MCl_6^{2-} + 6F^-$$

这个平衡需要注意 M—F 和 M—Cl 键能的差别，还要考虑 MF_6^{2-} 和 MCl_6^{2-} 的水合热的差别以及六倍的 F^-和 Cl^-的水合热的差别(因为 F^-与 Cl^-水合热的差别不少于 138kJ · mol^{-1}).

还要提到，如欲从溶液中分离出配合物，其溶解度便是应考虑的主要因素.

若存在着比中心离子大得多的配位离子的话，则化合物的晶格能比较低，且不因中心离子大小的不同而有明显变化，而主要是中心离子的溶剂化能起作用，且其大小与离子半径成反比. 因此，随着中心离子半径的增大，导致离子溶剂化能的总和比固体配合物的晶格能的减少要迅速得多. 此原理可作为分离特殊卤化物的依据. 例如已知在所有碱金属中，铯离子易与配位卤阴离子形成难溶的盐，如 $RbCl_6^{2-}$ 离子的铯盐[57].

(2) 氯、溴、碘卤化物的一般制备方法[11, 74–77]

一般制备氯，溴、碘二元卤化物的方法可分为两大类(见表 18.52)：一类为湿法，用来制备不易水解的卤化物；另一类是干法，多用于制备容易发生水解的卤化物. 还可以按氧化法或还原法分为两种：①氧化法是卤素与元素直接作用或对元素的氧化物进行卤化，直接卤化可以得到具有较高氧化态的氯化物，而对溴化物和碘化物则不然. 如制备无水的低价金属卤化物可先从水溶液中分离出含水卤化物，再经脱水而制得. ②还原法，将高价卤化物经过热分解或用金属进行还原. 为了制备某些特殊的卤化物，可用热梯度技术等.

表 18.52　二元卤化物的制法

	方　法	举　例	说　明
1	干　法 元素直接化合	$2Al+3Br_2 \longrightarrow Al_2Br_6$ $Sn+2Cl_2 \longrightarrow SnCl_4$ $2Ta+5I_2 \longrightarrow 2TaI_5$ $Th+2Cl_2 \longrightarrow ThCl_4$	一般认为这是个重要的方法，通常要求高温. 产物可具有不同氧化态. 氯在高温下比溴、碘易得到高价化合物. 采

续表

	方 法	举 例	说 明
1		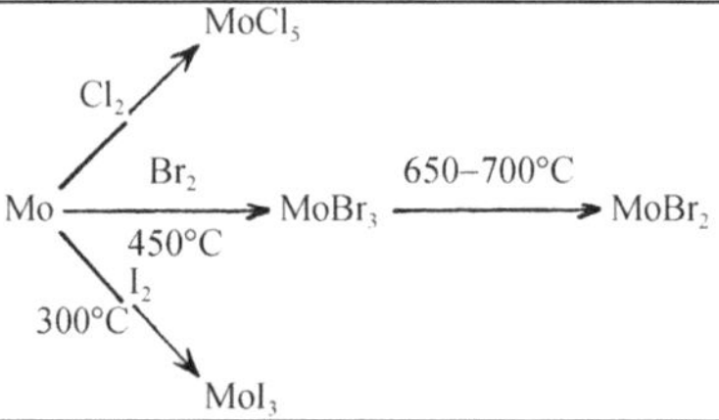	用不同条件如温度、原料比例，有可能生成多种卤化物如 PCl_3 和 PCl_5.
2	金属加卤化氢	$Cr+2HCl \xrightarrow{900^\circ C} CrCl_2+H_2$ $Co+2HBr \xrightarrow{赤热} CoBr_2+H_2$ $Pu+3HI \xrightarrow{250\text{–}300^\circ C} PuI_3+3/2H_2$	有利于制备低价氯化物和溴化物，如 $MoCl_2$.
3	金属氧化物的卤化		
	①使用卤素单质	$ZrO_2+2Cl_2 \longrightarrow ZrCl_4$ $WO_2+Br_2 \xrightarrow{460^\circ C} WO_2Br_2$	要求高温，有时形成卤氧化物，适用于制备氯化物及溴化物.
	②使用卤素单质和炭	$TiO_2+C+2Cl_2 \xrightarrow{400\text{–}600^\circ C} TiCl_4$ $Ta_2O_5+C+5Br_2 \xrightarrow{>460^\circ C} 2TaBr_5$	适用于制备氯化物及溴化物.
	③用 CCl_4 或者其他有机卤化物	$Sc_2O_3+CCl_4 \xrightarrow{600^\circ C} ScCl_3$ $Nb_2O_5+CBr_4 \xrightarrow{370^\circ C} NbBr_5$ $UO_3+Cl_2C{=}CClCCl_3 \xrightarrow{回流} UCl_4$	制备金属氯化物特别有效.
	④用 AlX_3	$MoO_2+AlI_3 \xrightarrow{230^\circ C} MoI_2$	AlI_3 常用来制备二元过渡金属碘化物(也可用金属硫化物代替氧化物).
	⑤用氯化亚硫酰及其他卤化剂如 HX，NH_4X，$Cl_2+S_2Cl_2$，$COCl_2$ 及 PCl_5	$WO_3+SOCl_2 \xrightarrow{回流} WOCl_4$ $4Ln_2O_3+9Cl_2+3S_2Cl_2 \longrightarrow LnCl_3+6SO_2$	最后产物为卤氧化物. 用来制备镧系三氯化物.
4	水合卤化物脱水		
	①真空脱水	$[M(H_2O)_6]Br_3 \xrightarrow{70\text{–}170^\circ C} MBr_3+6H_2O$ M 为镧系或锕系元素	有生成卤氧化物的可能.
	②与 $SOCl_2$ 作用	$[Cr(H_2O)_6]Cl_3+6SOCl_2 \xrightarrow{回流} CrCl_3+12HCl+6SO_2$	制备无水氯化物的有效方法.
	③用无水卤化氢或同时混有 NH_4X	$CuCl_2，2H_2O \xrightarrow[150^\circ C]{HCl} CuCl_2+H_2O$	此法应用广泛.
	④用 2，2–二甲氧丙烷	$MX_n{,}mH_2O+mMeC(OMe)_2Me \longrightarrow MX_n+mMe_2CO+2mMeOH$	反应中得到的丙酮和甲醇可与卤离子配位，用微热或减压除去.
5	卤素交换作用	$FeCl_3+BBr_3 \longrightarrow FeBr_3+BCl_3$ $MCl_3+3HBr \xrightarrow{400\text{–}600^\circ C} MBr_3+3HCl$ M=镧系或钚 $3TaCl_5+5AlI_3 \xrightarrow{410^\circ C} 3TaI_5+5AlCl_3$	提供卤素交换的试剂要过量.
6	卤化物的热分解或歧化反应	$ReCl_5 \xrightarrow{在沸点} ReCl_3+Cl_2$ $MoI_3 \xrightarrow{100^\circ C} MoI_2+\frac{1}{2}I_2$ $AuCl_3 \xrightarrow{160^\circ C} AuCl+Cl_2$ $2TaBr_4 \xrightarrow{500^\circ C} TaBr_3+TaBr_5$	制备低价二元卤化物的重要方法.

续表

	方　法	举　例	说　明
7	高价卤化物的还原		
	①用母体金属	$AlCl_3+2Al \longrightarrow 3AlCl$ $TaI_5+Ta \xrightarrow{630\text{–}575°C} Ta_6I_{14}$	制备低价二元卤化物的重要方法. 热梯度技术特别有效.
	②用 H_2	$MX_3+\frac{1}{2}H_2 \longrightarrow MX_2+HX$ M 为 Sm，Eu 或 Yb；X 为 Cl，Br 或 I	
	③用 Al	$3WBr_5+Al \xrightarrow[\text{热梯度}]{475\text{–}240°C} 3WBr_4+AlBr_3$	
1	湿法 溶解在氢卤酸水溶液中		只有当卤化物不水解时才有效.
	①金属	$Fe+2HCl \longrightarrow [Fe(H_2O)_6]Cl_2$	蒸发溶液得到的是固态水合物，部分水解得含氧卤化物.
	②氧化物、氢氧化物或碳酸盐	$CoCO_3+2HI \longrightarrow [Co(H_2O)_6]I_2$	
2	沉淀反应	$Cu^{2+}+2I^- \longrightarrow CuI+\frac{1}{2}I_2$	
3	卤素分子的水解	$3X_2+6OH^- \longrightarrow 5X^-+XO_3^-+3H_2O$	用于碱金属卤化物的生产.

关于混合型卤化物，如卤氧化物 WO_2Br_2 或羰基卤化物 $Mn(CO)_5X$ 的制备，应用最广的方法是：①二元卤化物的取代作用，例如用 CO，$C_5H_5^-$，CN^-，OH^- 或 O_2 进行取代；②卤化作用，例如卤化氧化物、硫化物或羰基化合物.

分离含配位卤离子的固体，一般采用母体卤化物 MX_n 与一个合适的一价阳离子卤化物作用，例如一个碱金属或可取代的铵盐等. 在非水溶剂中制备，有时所用的非水溶剂同时又是卤化剂如 SO_2Cl_2. 还可以利用熔融法制备. 以上这些方法中 M 的氧化态没有改变，但有些配合物的制备需经氧化或还原作用或借助于电解等方法完成. 如

$$Ga_{(\text{阳极})} \xrightarrow[\text{结晶析出}Me_4N^+\text{盐}]{\text{阳极溶于6mol/L HX中}} Ga_2X_6^{2-}$$

$$TcCl_6^{2-} \xrightarrow{\text{Zn在HCl溶液中}} Tc_2Cl_8^{3-}$$

$$ReOCl_5^{2-} \xrightarrow[\text{HCl溶液}]{\text{空气氧化}} ReOCl_6^{2-}$$

(3) 卤化物的性质

表 18.53 只对 MX_n 的一般物理性质作了定性的描述. 着重于这些特性是如何随不同卤化物而变化的. 这些变化与在各种不同的配位作用条件下的化学行为的变化是一致的，都可归属于卤离子 X^-的作用，可作为分子卤化物的 M—X 键的许多特殊性质判断的依据. 故有必要进一步讨论一些重要的物理性质.

表 18.53　卤化物 MX_n 的物理性质

性质	离子型卤化物	大分子或半离子型卤化物	分子型卤化物
形成	大部分的过渡金属、镧系及锕系的低氧化态(+2，+3).	低氧化态(+1 到+3)的 d 区过渡金属及 B 族金属	非金属和高氧化态的金属(≥+3).
M和X之间的电负性的差别	← 增大（由右向左）		
结构膜型和说明	可用离子模型说明. i)具有规则的，高配位数的三维空间晶格； ii)核间距离是加和的； iii) 晶格能可以 Born-Lande 或 Born-Mayer 方程得到.	以典型的离子模型描述偏差很大，较多体系采用带模型，卤化物一般为不对称的晶格，例如层状或链状结构；核间距离很少是加和的；非库仑作用有利于晶格能.	可以价键或分子轨道理论的键模型说明. ①分子的立体化学能用价电子层电子对的相斥予以解释. ②弱的分子间的作用力是包括伦敦力，偶极-偶极，偶极-诱导偶极及四极矩力.
升华热	相当于原子单位的键能，一般气化可得到聚集体.	← 可以气化成聚集体 增　加	极少相当于原子单位的键能,在固相和气相通常为分子单位.
沸点	高 ← $MF_n>MCl_n>MBr_n>MI_n$ 库仑引力的顺序	居　中	低 $MI_n>MBr_n>MCl_n>MF_n$ 极化率的顺序
熔点	高 ← $MF_n>MCl_n>MBr_n>MI_n$ 晶格能的顺序	居　中	低 $MI_n>MBr_n>MCl_n>MF_n$ 极化率的顺序
颜色	颜色为内过渡族阳离子的特征	颜色是由于 $M^+X^- \xrightarrow{h\nu} M\cdot + X\cdot$ 过程的电荷转移或同时还有内过渡族阳离子的缘故.	颜色通常是由于电荷转移跃迁所致.
电荷转移的性质	跃迁表现为不连续，具有高能量和可能高定域的相当狭窄的吸收带.	跃迁表现为低能量的宽谱带，有些情况下，吸收边缘的远处的吸收是连续的，跃迁可能在整个晶体中是离域的，有光导性质如 HgI_2.	跃迁表现为不连续，具有低能量的相当狭窄的吸收谱带.
电导　熔融	高电导性	低电导性	很低的电导
固体	低电导，因为离子扩散需要高的活化能.	电导高低取决于 ①无序晶格的离子扩散如 α - AgI ②电子的迁移，如 HgI_2	很低的电导
每克原子卤素的生成热，$-\Delta H_f$, 298K	← 变化增大的方向 ΔH_f 与按简单离子模型计算值很一致，ΔH_f 的变化是通过晶格能的变化来确定的.	ΔH_f 很少能与简单离子模型计算重合，偏差增大的顺序是： $MF_n<MCl_n<MBr_n<MI_n$ 生成热 ΔH_f 的变化按此种偏差减小.	用离子模型极不合适. ΔH_f 的变化主要通过键能变化测定，其键能大小为： M — F>M — Cl>M — Br>M—I
溶解度	易溶于极性、高介电常数的溶剂，受离子的晶格能和溶剂化能之间的平衡所支配. 指定阳离子，例如 K^+ 离子，它们在水中溶解增加的顺序为： $MF_n<MCl_n<MBr_n<MI_n$	非库仑作用力倾向于稳定固体晶体，表现在一般溶剂中的溶解作用，例如阳离子像 Ag^+ 在水中的溶解度增加的顺序为： $MI_n<MBr_n<MCl_n<MF_n$	溶解度根据分子间的弱的范德华力及偶极力确定，一般易溶解在极性小的介质中例如苯或四氯化碳.
水解	增加的方向 →（由左向右）		

(a) 平均键能．在下列反应中

$$MX_n(g) \longrightarrow M(g)+nX(g)$$

平均键能 B(M—X) = $1/n\,\Delta H_{at}$．这对于许多卤化物分子的平均键能结果是相当可靠的．对于金属卤化物和配位离子，则包括有“配位键能”，即指在下列反应 $MX_n(g) \longrightarrow M^{n+}(g)+nX^-(g)$中每个键的能量．值得注意的是，断裂每个键所需要的能量与平均键能是有很大区别的．

表 18.54 所列出的中性卤化物分子的键能均是可靠的实验数据，大多数是采用热化学的方法，利用气态 MX_n 的生成热及 M 与 X 的原子化热，有些是用光谱法直接测出双原子卤化物的离解能而得到的．

从表 18.54 中的结果可看出：第一，对于某一指定元素 M(M≠F)，某 B(M—X)按下列顺序减小：F>Cl>Br>I．第二，在 IV—VII 族中的典型非金属，按族从上至下非金属元素为 $M_1, M_2, M_3, \cdots$，则键能大小序列为 $B(M_1—X)<B(M_2—X)>B(M_3—X)>B(M_4—X)$，X 为某一指定的卤素；而 I—III 族的典型元素的 B(M—X)则是随着 M 原子序数的增加有规律地减小．在周期表的同一序列，从左到右 B(M—X)首先是上升，到达某一最大值，然后又减至很小．当某一个元素能生成几种卤化物 MX_n时，则 n 增加而键能减小．关于接受体为 Rb^I或 Sr^{II}的卤化物和接受体为 Au^I或 Hg^{II}的卤化物相比，它们的特征不仅是键能小，而且变换 X 时，它们的键能变化也很小，例如当 M 分别为 Au^I，Hg^{II}，Rb^I及 Sr^{II}时，B(M—F)—B(M—I)为 117，121，163 及 218kJ · mol^{-1}．在实际应用中，键能的大小可通过卤化物在热分解和取代反应中的相对稳定性得到反映，例如 OF_2 在温度高于 250℃才分解；OCl_2 在 25℃时不稳定，而遇热或点火就会爆炸；OBr_2 在−50℃分解；而 OI_2 至今尚未获得．还有 HI 稍遇热即分解，而 HF 及 HCl 在室温可由它们的单质进行爆炸性的合成，而 H_2 与 Br_2 生成 HBr 则需用催化剂在 200℃才能进行．由于碘化物热稳定性很差，故可用于制备超纯物质．例如 Si，B，Ti 及 Th 就是利用它们碘化物在热丝上进行分解而制得．

(b) 键长，r(M—X)[78–80]

在理论上键长的大小可以从气体卤化物分子 MX_n 的微波光谱、电子光谱或振动光谱、或电子衍射图像的研究而得出．不过在凝聚相中分子间的相互作用会引起键长的改变，甚至由于某些分子形成聚集体，致使难于辨认分子与分子间的界限．

通常一个指定元素 M 的卤化物 MX_n，其 r(M—X)是按以下顺序增加：F<Cl<Br<I．X 一定时，典型主族元素 M 的 r(M—X)是随 M 的原子序数增加而增加．而在所有横列周期中，其变化规律正好与原子序数相反．现已证实键长与键能之间没有必然的关系．一般是键能大则键长短，但也有例外．例如 F_2 就具有最短的核间距离和最低的键能．另外，由于极化作用，形成 π 键或分子间的相互作

用都会引起键距的偏差.

表 18.54　卤化物分子的平均键能(kJ · mol^{-1}, 298K)

	H							He			
F	568.2^{I}										
Cl	432.2^{I}										
Br	366.1^{I}										
I	298.3^{I}										
	Li	Be	B	C	N	O	F	Ne			
F	569^{I}	569^{I} 636^{II}	548^{I} 645.6^{III}	489.5^{IV}	278.2^{III}	214.6^{II}	158.2^{I}				
Cl	473^{I}	385^{I} 460^{II}	494^{I} 443.9^{III}	326.8^{IV}	188.3^{III}	206.3^{II}	256.3^{I}				
Br	423^{I}	— 402^{II}	— 370.7^{III}	271.1^{IV}	—	—	249.4^{I}				
I	364^{I}	— 318^{II}	— 270.7^{III}	213^{IV}	—	—	280.3^{I}				
	Na	Mg	Al	Si	P	S	Cl	Ar			
F	481^{I}	460^{I} 519^{II}	665^{I} 590^{III}	590^{III} 596.6^{IV}	496.6^{III} 464.8^{V}	342.3^{IV} 328.9^{VI}	256.9^{I} 174.5^{III} 154.4^{VI}				
Cl	414^{I}	314^{II} 402^{II}	494^{I} 425^{III}	423^{III} 400^{IV}	328.4^{III} 263.6^{V}	270.7^{II}	242.6^{I}				
Br	368^{I}	— 347^{II}	431^{I} 364^{III}	360^{III} 329.7^{IV}	269.4^{III} —	—	218.8^{I}				
I	293^{I}	— 268^{II}	368^{I} 285^{III}	293^{III} 248.9^{IV}	184^{III} —	—	210.8^{I}				
	K	Ca	Ga	Ge	As	Se	Br	Kr			
F	498^{I}	527^{I} 569^{II}	582^{I} 477^{III}	490^{II} 470.7^{IV}	486.6^{III} 387^{V}	299.6^{VI}	249.4^{I} 201.7^{III} 187.0^{V}	48.95^{II}			
Cl	431^{I}	402^{I} 456^{II}	477^{I} 363^{III}	393^{II} 339.7^{IV}	308.7^{III} —	240.6^{II}	218.8^{I}	—			
Br	385^{I}	— 406^{II}	418^{I} 302^{III}	343^{II} 281.2^{IV}	256.1^{III} —	225.1^{II}	192.9^{I}	—			
I	326^{I}	— 331^{II}	335^{I} 246^{III}	272^{II} 215.1^{IV}	205^{III} —	—	177.8^{I}	—			
	Rb	Sr	In	Sn	Sb	Te	I	Xe			
F	502^{I}	540^{I} 561^{II}	527^{I} 448^{III}	485^{II} 423^{IV}	444^{III} —	331.4^{VI}	280^{I} 268.6^{V} 231.8^{VII}	133.1^{II} 133.1^{IV} 128^{VI}			
Cl	431^{I}	402^{I} 464^{II}	431^{I} 328^{III}	389^{II} 315.1^{IV}	313^{III} 252.7^{V}	—	210.9^{I}	—			
Br	385^{I}	— 410^{II}	412^{I} 287^{III}	336.8^{II} 266.1^{IV}	264^{III} —	—	177.8^{I}	—			
I	326^{I}	— 343^{II}	335^{I} 228^{III}	268^{II} 209^{IV}	201^{III} —	—	151.0^{I}	—			
	Cs	Ba	Tl	Pb	Bi	Po	At	Rn			
F	510^{I}	586^{I} 582^{II}	444^{I}	402^{II} 339^{IV}	402^{III}						
Cl	427^{I}	444^{I} 485^{II}	368^{I}	310^{II} 251^{IV}	279^{III}						
Br	385^{I}	— 439^{II}	331^{I}	268^{II} 205^{IV}	234^{III}						
I	318^{I}	— 364^{II}	268^{I}	213^{II} 155^{IV}	180^{III}						
	Sc	Ti	V	Cr	Mn	Fe	Co	Ni	Cu	Zn	
F	602^{II} 598^{III}	602^{III} 594^{IV}	590^{II} 561^{III} 456^{V}	477^{II} 464^{III}	464^{II} 427^{III}	490^{II} 460^{III}	473^{II} 427^{III}	469^{II} 377^{III}	427^{I} 380^{II}	414^{II}	
Cl	494^{II} 469^{III}	464^{III} 435^{IV}	494^{II} 423^{III} 381^{IV}	406^{II} 360^{III}	402^{II} 322^{III}	410^{II} 335^{III}	385^{II} 322^{III}	377^{II} 272^{III}	368^{I} 301^{II}	326^{II}	
Br	435^{II} 397^{III}	397^{III} 372^{IV}	440^{II} 364^{III}	335^{II} 301^{III}	339^{II} 259^{III}	347^{II} 297^{III}	331^{II} 264^{III}	318^{II} 155^{III}	335^{I} 264^{II}	276^{II}	
I	364^{II} 326^{III}	335^{III} 305^{IV}	377^{II} 301^{III}	259^{II} 226^{III}	276^{II} 197^{III}	285^{II} 239^{III}	264^{II} 201^{III}	259^{II} 142^{III}	297^{I} 201^{II}	213^{II}	
	Y	Zr	Nb	Mo	Tc	Ru	Rh	Pd	Ag	Cd	
F	636^{III}	653^{IV}	569^{V}	447.3^{VI}		—	—		356^{I}	335^{II}	
Cl	502^{III}	490^{IV}	410^{V}	380.3^{IV} 339.3^{V}		336.4^{III} 295.4^{IV}	336.8^{II} 284.9^{III}		326^{I}	289^{II}	
Br	439^{III}	431^{IV}	343^{V}	—		—	—		305^{I}	247^{II}	
I	368^{III}	351^{IV}	285^{V}	368^{II}		—	—		255^{I}	197^{II}	
	La	稀土	Hf	Ta	W	Re	Os	Ir	Pt	Au	Hg
F	661^{III}		—	—	507.5^{VI}	—	—			310^{I}	276^{II}
Cl	519^{III}		519^{IV}	428.4^{V}	410.5^{IV} 371.9^{V} 348.9^{VI}	339.3^{V}	339.3^{IV}			276^{I}	230^{II}
Br	448^{III}		—	316.9^{V}	328^{V}	—	—			255^{I}	192^{II}
I	368^{III}		—	—	—	—	—			234^{I}	142^{II}

(c) 振动性质：力常数[11, 78, 80–83]

在 M—X 卤化物中，键的振动性质用伸缩力常数表示，它可反映卤化物的结构和键合性质，这是一种很重要的物理性质. 表 18.55 列出了某些双原子卤化物分子的伸缩力常数 $f_r(10^{-1}/\mu N \cdot nm^{-1})$.

表 18.55　某些双原子卤化物分子的伸缩力常数 f_r

HF　9.66					
HCl　5.16					
HBr　4.11					
HI　3.14					
NaF　1.76	MgF　3.25	AlF　4.22	SiF　4.91	PF　4.98	ClF　4.48
NaCl　1.10	MgCl　1.82	AlCl　2.09	SiCl　2.64	PCl　3.24	Cl_2　3.23
NaBr　0.96	MgBr　1.51	AlBr　1.70	SiBr　2.22	—	ClBr　2.80
NaI　0.76	MgI　~1.16	AlI　1.31	SiI　1.76	—	ClI　2.39
KF　1.37	CaF　2.62	GaF　3.40	GeF　3.92	—	BrF　4.09
KCl　0.86	CaCl　1.51	GaCl　1.83	GeCl　2.32	AsCl　2.78	BrCl　2.80
KBr　0.70	CaBr　1.27	GaBr　1.52	GeBr　1.97	—	Br_2　2.48
KI　0.53	CaI　1.02	GaI　1.24	GeI　1.65	—	BrI　2.07

在一个双原子分子 MX 中，M—X 伸缩振动频率取决于键的伸缩力常数和两个原子的质量. 在多原子分子中，由于非键原子间的相互作用以及在简正振动中既有伸缩振动，也有变角振动、扭曲振动，因此情况比较复杂. 从现有的数据分析，力常数仅适合于某些高对称性的卤化物分子或配位离子. 如果将多原子分子视为一个简单模型，且其最大能量又是被定域在某一个指定键或分子单元的形变中，那么模型的振动频率便是该键或分子单元的特征，在这种情况下，模型就成为一个“群振动”. 由此表现的“群频率”对于高对称型的卤化物(如四面体的 MX_4 或八面体的 MX_6)来说，仅有定域在 M—X 键坐标中的一个总的对称模型，则其频率就与 M—X 伸缩力常数有关.

下面简要说明卤素原子成键的伸缩频率 ν(MX)或力常数 f_r(MX)的一些关系：

①从表 18.55 可看出，随 M—X 键的极性增加，ν(MX)及 f_r(MX)减小.

②一般是对一个指定元素 M 而言，ν(MX)和 f_r(MX)减小的顺序为 F>Cl>Br>I；对主族元素，在每一族中随着 M 的原子序数增加，ν和 f_r 也是减小，而 4*d* 和 5*d* 过渡系列的类似的元素的卤化物，例如 MoF_6 和 WF_6，$PdCl_6^{2-}$ 和 $PtCl_6^{2-}$，$CdCl_2$ 和 $HgCl_2$ 中则与上述倾向相反. 过渡金属-卤素键的振动性质也反映配位场稳定能和 *d* 电子层成键或反键性质的变化.

③一个卤化物聚集体的几何构型能影响其振动性质，一般是随着 M 或 X 配位数的增加而 ν(MX)减小，因此桥联的卤素单元例如在 Al_2Cl_6 中的 ν(MX)和 f_r(MX)都比端基 M—X 键的要小些.

④随着 M 的氧化态的增高，ν(MX)和 f_r(MX)亦增大. 如果在一个等电子序列中仅 M 改变，例如 $AsCl_4^+$，$GeCl_4$，$GaCl_4^-$，$ZnCl_4^{2-}$ 等，当聚集体的负电荷增加则 ν(MX)和 f_r(MX)减小，说明这与 M 的电荷分布半径有关.

⑤M—X 键的振动性质受其他配体的影响，如在一个混合聚集体如 SnX_4L_{4-n} 或 PtX_2L_2 中. 配位体 L 的电负性及 M—L 间可能形成的 π 键都会影响其 ν 和 f_r.

(d) NMR 研究

当配体核与过渡金属离子的磁电子互相作用,可通过ESR谱得到其精细结构；也可以使配体核磁共振发生较大的位移，于是也可借助 NMR 谱进行研究.

在分子卤化物中重卤素核的 NMR 研究只限于 ^{35}Cl[62]，另外有少数其他核的弛豫时间是用化学交换实验间接得到的. 表 18.56 列出一些有代表性的氯化物类型的 ^{35}Cl 化学位移及弛豫时间(T_2).

表 18.56 某些含氯化合物的化学位移、弛豫时间及四极偶合常数

类型	温度(K)	化学位移(ppm)	弛豫时间 T_2(ms)	四极偶合常数 e^2Qq/h(MHz)
$TiCl_4$	299	−840	0.40	12.2
$VOCl_3$	299	−791	0.161	23.1
SO_2Cl_2	299	−760	0.030	75.4
S_2Cl_2	299	−480	0.022	71.6
Cl_2	298	−370	0.031	109
PCl_3	299	−370	0.060	52.2
$SiCl_4$	299	−174	0.079	40.8
$AsCl_3$	299	−150	0.023	50.3
$SnCl_4$	299	−120	0.022	48.2
CCl_4	299	−500	0.025	81.2
$CHCl_3$	室温	−410	0.025	76.7
CH_2Cl_2	室温	−220	0.042	72.0
CH_3Cl	室温	−40	0.099	68.1

(e) NQR 的研究[21, 69, 84–86]

在一个非均匀的电场中，一个非球形的原子核的能量是随着核沿着固定轴的取向而变化的. 在核与电场间产生的相互作用是核四极矩偶合，在这里不均匀的电场是由卤原子中未填满的 p 层所提供的. 在 NQR 实验中，采用辐射来影响跃迁，这是指一个四极矩核在一个不对称的分子内电场中的各种取向的跃迁. 因此跃迁的频率依赖于价电子产生的电场梯度 q 和核的四极矩 eQ.

自然界存在的四极核如 ^{35}Cl，^{37}Cl，^{79}Br，^{81}Br 及 ^{127}I 主要用于 NQR 测定，可直接探测含卤素键的性质. 在一个含卤原子分子中电场梯度的形成主要是由于价电子占有 p 轨道层引起的，相反，电子密度呈球形对称的 s 轨道则不至于产生电场梯度. 自由卤原子作为一种极端，其 p 电子空位产生一个大的电场梯度，例如 ^{35}Cl 的 e^2Qq = −109.746MHz，而自由卤离子由于填满了的电子层的球形对称，使其电场梯度消失了，且 $e^2Qq = 0$，所以测量 NQR 频率可以直接表示出一个卤化物的离子性的大小(表 18.57).

Townes 和 Dailey 将从卤化物 MX_n 中测量到卤原子的四极偶合常数 e^2Qq_{exp} 与其相应的自由原子的常数 e^2Qq_{at} 联系起来，得出下列关系式：

$$e^2Qq_{exp}=[1-s-d-i(1-s-d)]e^2Qq_{at} \tag{2.3}$$

s 和 d 分别表示卤原子在 σ 键合轨道中的 s 性质和 d 性质的成分，i 表示在 M—X 键中离子性质的程度，考虑到在 M—X 键中还存在有 π 的作用，故将上式改为：

$$e^2Qq_{\text{exp}}=[1-s+d-i-\pi]e^2Qq_{\text{at}}$$

Townes 和 Dailey 假设 d 及 π 的影响不重要以及 s 杂化占 15%，从而计算出某些二元卤化物的 i 值(见表 18.57)，根据实验的四极偶合常数，可计算卤素键的 s 性质，说明其离子性质与价态能量有关.

表 18.57　一些二元卤化物和卤素间化合物的核四极偶合常数和离子性(i 值)

卤化物	四极偶合常数 e^2Qq/h(MHz)	离子性	卤化物	四极偶合常数 e^2Qq/h(MHz)	离子性
$K^{35}Cl$	0.04	1.000	$D^{127}I$	1823.38	0.065
$Cs^{35}Cl$	3	0.968	$F^{79}Br$	1089.0	0.329
$Na^{79}Br$	58	0.911	$F^{35}Cl$	146.0	0.259
$Na^{127}I$	259.87	0.867	$Cl^{127}I$	2944	0.229
$D^{79}Br$	533	0.186	$Cl^{79}Br$	876.8	0.110

过渡金属卤化物和重卤原子的六氯配合物的离子性质也可以直接从 NQR 谱测出来.

(f) Mössbauer 谱[87]

Mössbauer 谱是得到核四极偶合的另一途径. 它是根据低能量 γ 射线的共振吸收和无反冲辐射现象导出的. 该效应在化学上的应用是依靠核能级与核外电子间的超精细相互作用，表征为：①核同质异能位移；②四极分裂；③磁超精细 Zeeman 分裂. 穆斯鲍尔谱的研究与 NQR 谱一样，实验局限在对固体的研究上.

在卤素核中，仅只有 ^{127}I 和 ^{129}I 可用于 Mössbauer 谱测定，主要使用的化合物是碱金属碘化物，CH_nI_{4-n}(n=0–3)，MI_4(M = C，Si，Ge 或 Sn)，IX(X = Cl，Br，I 或 CN)，IF_5，IF_7 和 I_2Cl_6，多卤化物，碘酸盐及高碘酸盐. 图 18.32 为 ^{129}I 的同质异能位移，由于它们都与核的 5s 电子密度有关，所以在不同的碘化物中，同质异能位移还可作为碘原子的 5s 和 5p 电子参与成键程度的一种标志. 在碱金属碘化物中，同质异能位移与在电子层结构为 $5s^25p^6$ 中的 p 空穴数(由 NQR 和 NMR 数据计算所得)是呈直线关系. 这个结果可以用来校正从 5s 密度改变而得出的同质异能位移值.

(g) 电子性质和磁性质[69, 88, 89]

借卤化物的电子光谱可研究电子处于基态和激发态之间的能量差别，研究得最多的是过渡金属化合物的 d^n 电子的内部重排的光谱跃迁. 同样，对磁性的研究也能说明过渡金属卤化物的基态和最低层激发态行为. 对于 d 态的能量大小，通常受到下列因素的制约：①d 电子与没有完全屏蔽的核的相互作用；②电子-电子的斥力；③电子的磁自旋偶合和轨道动量；④配位场的作用. 若假定在 d^n 电子的重新排列时，第一个因素忽略，那么 d–d 光谱跃迁就主要由电子-电子斥力，自旋轨道偶合和配位场来确定.

在比较由某指定过渡金属离子形成的化合物和气态金属离子的光谱时，发现化合物中 Racah 参数比自由离子要小些，这就表明配位作用能降低过渡金属离子中 d 电子间的排斥力，通过与配体形成共价 σ 键，能减弱核电荷对金属 d 电子的作用，从而扩大 d 轨道也增强了金属与配体的 π 键结合，因此 Racah 参数的降低可用 $B_{\text{化合物}}/B_{\text{自由离子}}=\beta$ 来表示，β 是指金属-配体的共价性质的标志．根据散射效应的增加即 β 值的减小，可以对某一指定的金属离子将配体排列为以下顺序：

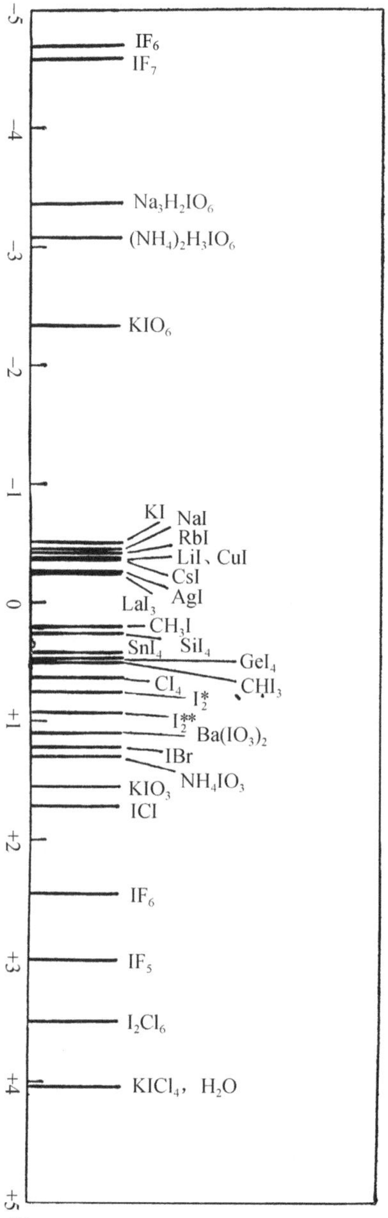

图 18.32　碘化物的 ^{129}I 同质异能位移 I_2^*：溶于苯中；I_2^{**}：溶于惰性溶剂中

$$F^- < H_2O < NH_3 < H_2NCH_2CH_2NH_2 < SCN^-$$

$$< Cl^- \sim CN^- < Br^- < S^{2-} \sim I^-$$

这个顺序也是配位原子极化率增加的次序.

关于配位场作用，因为配位场参数 Dq 是金属离子、配体和体系立体化学的函数，所以在一指定的金属和立体化学情况下，配体的性质可使 Dq 按人们熟悉的光谱化学序列增加，如

$$I^- < Br^- < Cl^- < S^{2-} < F^- < H_2O < NCS^-$$

$$< NH_3 < NO_2^- < CH_3^- < CN^-$$

这样的顺序对晶体场理论的简单点电荷模型是不适用的. 事实上下列的因素都不同程度地影响着 Dq 的大小：由于静电相互作用的微扰，金属—配体 σ 键，金属→配体 π 键，配体→金属 π 键和金属电子-配体电子的排斥力. 下列离子与一指定金属离子相互作用形成 σ 键的顺序为：$NH_3 > H_2O > F^- > Cl^- > Br^- > I^-$，而 π 给予体的能力为下列顺序：$I^- > Br^- > Cl^- > F^- > NH_3$.

(h) 偶极矩[90]

在中性卤化物分子中，如果与卤素原子形成的键是不对称的，那就应该有偶极矩. 在多原子卤化物中，可根据分子的几何构型确定每个键的键矩. 虽然偶极矩是个矢量，但不能通过加和而得到. 因为 M—X 的偶极矩除了与离子性质有关外还与下列因素有关：①两个大小不同的原子的轨道重叠程度偏向较小的原子；②杂化矩是由于在键中原子轨道的不对称性所引起的，如在 PX_3 中；③由价电子极化作用产生的诱导矩. 只有考虑到上述因素后偶极矩方能与 NQR 及电负性一样能衡量双原子卤化物的离子性.

2.4　氯、溴、碘的分析测定[1.a), 91–92]

2.4.1　氯、溴、碘的分析

(1) 氯的分析. 游离氯的检测首先是依赖于其自身的氧化作用. 例如从碘化物中释放出碘的反应，已成为定性和定量的分析方法. 常用的淀粉-碘试剂可用以检出水溶液中 0.1ppm 的氯. 大气中的氯是借助于与 KI 作用沉积在银箔上而被检测；常用的测定方法是在水介质中，释放出的碘可用硫代硫酸钠或砷酸盐滴定. 另一种常用来检测游离氯的有效试剂是 3，3′–二甲基联苯胺，其在盐酸稀溶液中显黄色. 以上两法测定氯都很灵敏，且后者更好，因它较少受其他物质的干扰. 不过 3，3′–二甲基苯联胺试验也有不足之处，因为其不仅对反应中的其他卤素有作

用，而且对 Mn^{3+}，NO_2^- 及 Fe^{3+} 也有作用. 为改进上述方法现采用比色分析，例如 3，3′–二甲基联萘胺与氯作用得到一紫红色半醌型产物，其分析效果比联甲苯胺优越；还有用对氨基二甲苯胺与氯作用显红色，但甲基橙与氯作用，则显无色. 一种对氯(或溴)很有效的特效试验是康尼(König)反应：借氯与水溶液中的 CN^- 形成 ClCN(或 BrCN)，它与吡啶和芳胺如联苯胺作用可灵敏地得到有色的二缩苯胺衍生物，该方法对氯的检测量可低至 2ppm.

其他测定气体氯的方法是将氯吸收在含有还原剂的碱性溶液中，然后可借硝酸银或硝酸汞的容量法或硝酸银的重量法测定生成的离子量. 此外氯气亦可在被吸收在用醋酸盐溶液缓冲的砷酸盐水溶液后加以分析测定. 现在日趋采用气相色谱法测定气体氯及其他杂质.

(2) 溴的分析. 通常用来测定氯的碘量法对于测定溴也是适用的；例如溴蒸气可以定量地被 KI 溶液吸收，然后用硫代硫酸盐溶液滴定游离的 I_2. 气态的溴亦能用碱液吸收，然后或是用 H_2O_2 还原为 Br^-，以 AgBr 形式用重量法或容量法测定；或是用次氯酸氧化为溴酸离子，再利用碘量法滴定. 然而溴的测定通常多是采用最方便的显色试验，因为自由的溴是有色的，特别是在 CCl_4 或 CS_2 溶液中其本身的颜色可作为鉴定和测定溴的方法. 有些有机试剂与溴(Br_2)还能生成有色的化合物(其中只有少数是特征的，多数的试剂对溴、氯有相似的颜色)，能用来鉴定和测定自由溴的试剂有：萤光素、双硫腙、品红和酚红等. 除了考虑其他氧化剂的影响之外，这几种显色试验能很成功地用来测定痕量的溴. 至于测定溴最灵敏的方法之一是用高锰酸钾酸性溶液借溴自身的催化作用将碘氧化为碘酸盐；然后用 CCl_4 萃取水溶液，以分光光度法分析测定变化了的碘的数量以确定溴的含量.

还有许多方法可以用来测定液溴中的杂质. 例如测量液体的密度或凝固点下降的方法可测出杂质氯的含量，当卤素的含量在 5%—10%范围内可用 SO_2 将它们还原成相应的卤化物，然后用硝酸银滴定法测定.

(3) 碘的分析. 在稀溶液中自由的碘可以很容易地用硫代硫酸钠或砷酸钠直接滴定，常规用淀粉作指示剂；等当点也可以借电位计测得，即死停技术. 其他容量分析的方法包括碘酸钾的氧化作用，它不论是在浓盐酸或 CN^- 离子存在的条件下，均使碘转变为 ICl_2^- 或 ICN；碘也可以用溴或高锰酸钾氧化为碘酸盐，然后用碘量法测定.

自由的碘可利用其本身蒸气和在 CCl_4，$CHCl_3$ 或 CS_2 溶液中的紫颜色加以测定. 研究得较早和使用得极广泛的试验还是淀粉-碘反应. 现在 α–萘黄酮测定自由的碘被认为是比淀粉还要灵敏的试验，已用于检出 0.1ppm 的碘. 孔雀绿也是被认为比淀粉优越的试剂，其适用于很稀的溶液或有大量电解质或乙醇存在的条件下. 比色法适用以测定小量的自由碘，包括淀粉-碘配合物，与 α–萘黄酮的颜色反应以及在水溶液中形成的 I_3^- 离子或含碘的有机溶液.

2.4.2　卤化氢和卤离子的鉴别和测定[1.a), 11, 92]

(1) 卤化氢的测定. 在工业上盐酸的浓度是用测比重来测定的，在实验室一般采用容量法即用标准碱溶液滴定，或采用重量法，即将它转变成卤化银沉淀而后称重. 至于气体卤化氢则多将它吸收在合适的介质中，如水、标准氢氧化钠或碳酸钠溶液中，然后采用酸碱法或硝酸银溶液予以测定.

(2) 卤离子的鉴定和分离. 在水溶液中卤离子的鉴定通常是采用沉淀法，利用卤化银在酸性溶液中的难溶性质，以及生成沉淀的颜色加以区别或者根据它们在氨溶液中的溶解加以鉴定. 卤化银在氨溶液中溶解度减小的顺序为 AgCl>AgBr>AgI，在卤化银中，氯化银溶解于亚砷酸钠溶液，借此性质可使其溶解，酸化后加 $AgNO_3$ 可重新得到 AgCl 沉淀. 当然，区别多种卤离子最好的方法还是利用它们氧化还原性质上的差异，在稀的水溶液中氯离子只是在特别强的氧化剂存在下，才能被氧化成氯. 即使用重铬酸盐和浓硫酸与氯离子作用也得不到氯；而溴离子和碘离子可以氧化成溴和碘，故可用以鉴别氯离子. 即使在含有大量氯离子存在的溴离子溶液中，如加入次氯酸或高锰酸钾酸性溶液或 H_2O_2 经酸化都能将溴离子氧化成溴，它能溶解在四氯化碳中呈棕黄色，或用荧光素、品红等使之显色，亦可在热碱溶液中用次氯酸盐将溴离子转换成溴酸盐加以鉴定. 碘化物可用铁(III)或亚硝酸盐氧化成碘，碘可用淀粉或借在有机溶剂中的颜色加以检验. 值得注意的是检验溴时必需先除碘以免干扰. 关于采用选择氧化法对三种卤离子混合的鉴定，例如在醋酸溶液中加过硫酸盐，只有碘离子能氧化成碘，随后用硫酸酸化再加过硫酸盐则溴离子可以被氧化而氯离子不变.

利用强碱型阴离子交换树脂对溶液中的混合卤离子可进行有效地分离，用硝酸钠作淋洗剂，分离后淋洗液中卤离子按常规方法测定. 同样阴离子亦可用纸上层析和薄层层析的方法予以分离. 挥发性卤化物的混合物通常采用精馏或气-液或气-固色谱的方法分离. 还可以利用选择氧化原理和蒸馏技术将它们分离，例如先用 H_2O_2 将碘离子氧化成碘，经过蒸馏将它分出，然后再加入 50%硝酸将溴离子氧化，剩下的就是氯化物.

(3) 卤离子的测定. 氯、溴、碘离子的定量分析的主要方法见表 18.58，虽然最精确的方法仍旧是重量法，但在实际应用中常常还是采用容量法. 卤离子用标准硝酸银溶液滴定，其等当点通常用一个指示剂显示，例如用铬酸钾作指示剂的银量法(莫尔法)，是因为铬酸银的溶度积比那些卤化银的要大些，或者用二氯荧光黄作指示剂，可以被卤化银吸附，其颜色变化可指示终点. 也有用间接滴定的方法，用过量的银离子沉淀卤化物，然后用标准硫氰酸盐溶液反滴过量的部分(佛尔哈德法). 卤化汞(II)很难电离，可用易电离的汞(II)的硝酸盐或高氯酸盐滴定卤离子，并用二苯卡巴肼或二苯卡巴腙作为指示剂以检测过量的汞(II)离子.

表 18.58　氯、溴、碘离子定量测定的主要方法

卤离子	方法	反应类型	试剂	说　明
Cl^-, Br^-, I^-	重量法	沉淀	硝酸银	现在仍然是卤素离子最精确的定量分析方法.
Cl^-, Br^-, I^-	容量法	沉淀	硝酸银	①用 K_2CrO_4 指示终点，pH 为 5—7，对碘化物不够准确； ②用吸附指示剂如萤光黄、二氯萤光黄、曙红、二苯卡巴腙或对乙氧基-2′, 4′-二氨基偶氮苯指示终点； ③加入过量 $AgNO_3$，用标准硫氰酸盐反滴定(用Fe(III)作指示剂)； ④电位滴定，可用来测定毫微克量的卤离子； ⑤电导滴定.
Cl^-, Br^-, I^-	容量法	形成配合物	二价硝酸汞或二价高氯酸汞	用二苯卡巴腙为指示剂测定 Hg^{2+} 离子.也可用电导法.
Br^-	容量法	氧化-还原	次氯酸盐	将 Br^- 氧化成 BrO_3^-，再用碘量法，广泛应用于氯化物存在下 Br^- 测定.
			在 CN^- 存在下用高锰酸钾、铬酸及其他试剂	将 Br^- 氧化成 BrCN，用电位法或碘量法. 如微量的 Br^- 存在于大量的 Cl^- 中，可将 BrCN 先蒸馏，再用一个灵敏的零点法进行电位滴定.
I^-	容量法	氧化-还原	碘酸钾、亚硝酸盐或在酸性溶液中的其他试剂	I^- 氧化成 I_2，用标准硫代硫酸盐或亚砷酸盐测定.
			在酸性介质中用碘酸钾	I^- 氧化成 ICl_2^-，用有机溶剂与溶液振荡，直至有机相中游离碘的颜色消失即为终点.
			用氯水或溴水次氯酸盐或高锰酸钾	I^- 氧化成 IO_3^-，然后用碘量法滴定.
Cl^-, Br^-, I^-	分光光度法	氧化-还原	用次氯酸盐或亚硝酸盐	将生成的 Br_2 或 I_2 溶于有机溶剂中，或者和下列适当的试剂如品红、酚红、淀粉或碘化钯进行反应.
		形成配合物	各种显色的试剂	在适当波长下测卤素配合物的光密度.
Cl^-, Br^-, I^-	比浊法	沉淀	硝酸根	适于测定微量 Cl^-.
Cl^-, Br^-, I^-	电位法	氧化-还原		用 Ag/AgX 电极及一个参比电极测量电动势，可用于工业废水中 Cl^-, Br^-, I^- 的测定.
Cl^-, Br^-, I^-	库仑法	电解		采用一定的电流和电压，电解得到的 Ag^+ 或 Hg_2^{2+} 作为滴定剂借以测定卤离子的含量，方法适用于低浓度卤离子溶液.
Cl^-, Br^-, I^-	极谱法	电氧化或还原		应用得最广泛. 先将 X^- 定量地氧化成 XO_3^- ($X=Br^-$ 或 I^-)，然后用滴汞电极将其还原成 X^-，可用来测定微

续表

卤离子	方法	反应类型	试剂	说　　明
				克量的卤离子，阳极波也可用来测定卤离子，例如测定血液中的Br^-.
Cl^-，Br^-，I^-	X 射线荧光光谱或吸收光谱			适于测定有机物质中的卤离子.
Cl^-，Br^-，I^-	光谱法			利用紫外光谱中某些谱线予以测定，方法简便、快速，适于卤素混合物的检测，但准确性较差.
Cl^-–Br^-，I^-	放射化学法			
	a.利用同位素稀释			配合物沉淀法，溶剂萃取或离子交换法，可用来检测痕量的卤离子.
	b.中子活化分析			用以测量微克或微克量以下的卤离子，例如水中或生物体内的溴离子. 如为混合物则先分离，然后再用此法测定.
Cl^-，Br^-，I^-	瞬时分析法	氧化-还原反应中催化作用	特种试剂	可研究在 Ce(IV)和 As(III)之间的反应速度中的碘化物、在酸性溶液中 MnO_4^- 和 I_2 之间的反应速度中溴化物的催化作用. 这是测定卤离子的很灵敏的方法，例如在普通盐或水中的 0.005–0.45 μg 的 I^-，可用此法测出来.
Cl^-，Br^-，I^-	色谱法	两相中的分配	固定相为：	
		(a)液-固相	Amberlite 阴离子交换树脂、纸或硅胶	卤素离子先用离子交换、薄层或纸层析分离，然后用 $AgNO_3$ 定量分析.
		(b)气–液或气–固相	硅胶或硅藻土	分离，然后测定挥发性卤化物，特别是有机卤素衍生物.

溴离子的容量分析方法很多. 通常是将溴离子氧化成溴、次溴酸盐、溴的氰化物或溴酸盐，其中应用得最广泛的是范德姆兰方法，即用次氯酸钠将溴氧化成溴酸盐，用甲酸盐除去过量的次氯酸，然后用碘量法测定溴酸盐，此法特别适于包含有氯化物的溴化物的定量分析. 例如自然界的盐水和类似的盐溶液在酸性溶液中用次氯酸或其他试剂将溴化物迅速氧化，而后用分光光度法分析溴，对大量的氯化物中含有痕量的溴化物的检测，是在氰根离子存在的情况下用铬酸氧化，然后将反应混合物蒸馏，生成的溴的氰化物用灵敏的零点电位滴定法测定. 碘离子很容易被氯、溴、次氯酸或漂白粉氧化为碘酸盐；除去过量的氧化剂，用碘量法滴定碘酸盐. 适用于低浓度碘化物的检测. 例如自然界的盐水和有氯化物及溴化物同时存在的样品中的碘化物. 关于含少量碘化物的分析可用 Fe(III)、亚硝酸或过氧化氢与其作用，使碘析出，然后用分光光度法分析.

氯、溴、碘离子的分析方法还可借离子选择电极测定[93]. 离子选择电极是近代发展起来的一类新型化学传感器. 离子选择电极分析法已成为分析化学中的一个重要的方面，而得到广泛的应用，并成为常规和工业自动分析中一个不可缺少的手段.

所有的离子选择电极都不是其特定离子的专属电极. 它们在不同程度上受到干扰离子的影响. 电极选择性主要是由电极膜的活性材料的性质所决定的.

氯离子选择电极有液膜电极和固态膜电极,活性材料有氯化银和氯化亚汞. 一般分析多用 $AgCl-Ag_2S$ 多晶膜和 Hg_2Cl_2-HgS 膜电极. 氯离子选择电极可直接用于水、土壤、大气、食品、生物体液等中 Cl^-的测定. 溴、碘离子选择电极主要是 $AgX-Ag_2S$ 混晶膜电极，类似于 Ag–AgCl 电极. 还有以三庚基十二烷基碘化铵为活性材料，做成邻苯二甲酸二辛酯为增塑剂的 PVC 膜碘离子选择电极. 溴离子选择电极用于水、土壤、植物组织、生物体内液和有机化合物等中 Br^-的测定. 碘离子选择电极的应用与上基本相同，且还能在卤素混合物中单独测得碘离子.

2.5　氯、溴、碘的生物活性[94–96]

从生物地球化学的范畴来看，氯、溴、碘及其卤化物的存在可见表 18.59 所述. 由于它们的广泛存在与生命体的活动有着极其重要的关系，故作一概述.

表 18.59　氯、溴、碘的生物地球化学

存在	Cl	Br	I
火成岩(ppm)	130	2.5	0.5
页岩(ppm)	180	4	2.2
砂岩(ppm)	10	1	1.7
石灰岩(ppm)	150	6.2	1.2
淡水(ppm)	7.8	0.2	0.002
海水(ppm)	19.000	65	0.06
空气($\mu g \cdot m^{-3}$)	1.2	—	—
土壤(ppm)	100	5	5
	在近海的碱性土壤和盐沙漠中含量更高	富集在土壤的有机物质中	被腐殖土所吸收
海生植物(ppm)	4700	740	30—1500
		棕褐色藻类中最多	聚积在棕褐色藻类中
陆地植物(ppm)	2000	15	0.42
	在近海和沙漠的植物中含量更高	在一些葫芦科和藜科植物中含量更高	聚积于 Feijoa Sellowiana
海生动物(ppm)	5 000—90 000	60—1000	1—150
	腔肠动物中最高；石灰质组织中最低	聚积在许多海绵的硬蛋白及一些珊瑚和软体动物中	聚积在一些海绵和珊瑚及海鞘的膜中
陆地动物(ppm)	2800	6	0.43
	哺乳动物的毛发和皮肤中最多		哺乳动物的毛发及甲状腺中
哺乳动物的血液(ppm)	2900	4.6	0.063
血浆(ppm)	3950	3.9	0.077
红细胞(ppm)	1890	(5.6)	(0.044)
原子/红细胞	2.5×10^9	3.3×10^6	16.000
机体	主要存在被子植物和哺乳动物中	从海生有机体中已发现一些溴代氨基酸；在哺乳动物尚未得到证实.	主要是红藻、棕褐藻及哺乳动物

从整个地球及宇宙中的元素组成来看，氯远比溴和碘大得多；就人体的元素组成，氯占 0.15%，碘仅占 0.00004%，溴则更少.

氯、溴、碘的生物化学和地球化学的主要特性是与卤阴离子和有机卤化物相关联. 氯和碘是众所周知的生化作用的主要组分，而溴尚没有明确被证实具有这样的作用，尽管在所有动物的组织(除甲状腺)中溴的含量比碘高 50—100 倍.

卤素以卤阴离子形式存在于粮食、食盐和水等之中，经过吸收而进入体内. 通常卤阴离子扩散在软组织和血液中，经肾功能作用进入尿中而排出(氯化物是尿的主要成分)，阴离子还通过哺乳动物的头发和指甲而排泄，它们是由血液供给的，其中阴离子的浓度很高.

氯离子在体内的独特作用，是其浓度受活性迁移而调节，在血浆中有大量的阴离子，已知在脊椎动物中，在胃的内壁的泌酸细胞可以隐蔽几近 $0.17\text{mol}\cdot\text{L}^{-1}$ 的盐酸，它可以帮助消化食物. 泌酸细胞还能将碳酸氢根离子和氯离子分别运载入血液和胃中；氯离子经血液进入胃中以保持其酸度. 同时也发现在血浆和红细胞里氯阴离子的分布是相似的. 在血浆和红细胞之间的 Cl^-离子和 HCO_3^- 离子的迁移对于稳定血液的 pH 具有很重要的作用. 同样地在细胞外液体中 Cl^-和 HCO_3^- 离子浓度的改变通常伴随着 Na^+和 K^+离子浓度的改变，这种扩散行为是通过细胞膜进行的；是氯化物在新陈代谢过程的一个重要作用. 当然这也与 HCO_3^- 及 Na^+离子的新陈代谢紧密相关.

在细胞中几乎所有的基本元素均认为具有一种或多种催化作用，最显著的是氯离子可活化 α-淀粉酶，此外关于氯离子作为生化催化剂的了解甚少.

自然界也发现有机氯化合物，它们大多数是霉菌的起源，例如从灰黄霉衍生的灰黄霉素就是一种有用的抗菌素.

对于 ^{82}Br 的研究表明，溴在哺乳动物体的组织中仅能短时期的保留，多数集中在尿中. 氯离子和溴离子在体内组织中有一定程度的相互交换作用，所以供给溴化物会取代体内的氯化物，反之亦然. 溴化物对脑脊髓起着一种有效的镇静作用，自 1835 年起就作为一种缓和的镇静药剂用于治疗上，特别是用在神经性紊乱的病症. 但过量的溴化物却能产生毒性，即溴中毒，症状为一般皮炎，反而使精神和情绪发生紊乱.

哺乳类动物从食物中摄取碘是很重要的，因为缺乏碘便可引起甲状腺肿大. 为了消除缺乏碘的影响，通常是在食盐和天然食品中添加适量的碘化钾，然而过量的碘却会引起碘中毒，其症状为头疼、黏膜炎和皮炎.

碘在体内以碘离子和有机碘化物形式存在. 在甲状腺中有碘代酪氨酸、甲状腺素和碘代甲状腺素及其他碘化合物存在.

下面是关于氯、溴、碘及其卤化物的毒性.

所有的卤素的蒸气由于它们的氧化作用都产生相似的生理作用，例如它们的蒸气能刺激整个呼吸道、黏膜和眼睛，现将它们引起呼吸道刺激和生命安全的最低浓度列表 18.60 中.

表 18.60 卤素蒸气的暴露极限

	体积浓度(ppm)		
	氯	溴	碘
最大的允许浓度			
持久暴露(几个小时)	0.35—1.0	0.1—1	0.1
短时暴露$\left(\frac{1}{2}-1\text{h}\right)$	4	4	0.3
能嗅出的最低量	3.5	～3.5	
立即引起咽喉刺激的最低量	10—15	15	
危及生命$\left(\frac{1}{2}-1\text{h}\right)$	40—60	40—60	
迅速致死$\left(<\frac{1}{2}\text{h}\right)$	1000	1000	

暴露的高浓度蒸气可导致呼吸系统炎症和充血及肺水肿，有时甚至死亡. 由于它们具有较大的挥发性，其中氯、溴比碘更危险. 对于碘中毒很少有记载，但也不可忽视，其蒸气仍具有催泪的作用，也能够引起肺水肿、鼻炎、慢性咽炎和慢性口腔炎.

液氯具强烈的刺激性，长时间接触可使皮肤灼伤、眼睛受刺激. 同样液溴亦能使皮肤及其他器官组织产生刺激或坏死，灼伤不仅疼痛且难愈合. 固体碘与皮肤短时间接触产生“碘迹”，接触时间长亦将引起灼伤或过敏性的皮炎.

因此，氯、溴、碘在操作过程要采取严格的安全措施：避免卤素与皮肤、眼睛及衣物接触，在氯、溴的操作中应使用防护眼镜、手套和防护面罩；保持良好通风防止吸入蒸气.

虽然自由卤素有一定的毒性，但也有特殊的功能，即为灭菌提供了一个很重要的方法. 例如在处理饮水时，用少量的氯是很有效的方法，应用较高浓度的卤素可以控制生产车间排放液中的细菌. 同样稀的溴水溶液也具有可观的杀菌作用. 相对比较，一般认为它对于细菌孢子的活性居于氯、碘之间，但有报道说对于酵母及某些藻类其毒性高于氯. 由于碘对于各种生命体的特殊作用，碘溶液显示出抑菌的和杀菌的作用，因此很久以来就被应用到许多方面，例如在处理伤口时作为防腐剂(尽管现已有许多高活性的防腐剂，而人们还是采用碘消毒)以及外科手术的局部消毒剂.

氢卤酸的浓溶液的主要危害是引起化学灼伤或接触皮肤引起皮炎. 气态的氯

化氢是一种腐蚀剂，它在空气中产生“雾气”，它是包含着极细小的浓盐酸的微滴，具有刺激黏膜和皮肤的危害，据报道对于人类，在 0.005%—0.01%的浓度范围内最多停留 60 分钟；在浓度为 0.13%～0.2%，只要持续停留几分钟，便可致死. 对于正常工作条件下空气中最大允许量为 5ppm，有少数资料提到溴化氢和碘化氢处于气态和液体酸的状况下，生理作用均类似于氯化氢.

2.6　氯、溴、碘的氧化物和含氧酸及其盐

2.6.1　卤–氧键

早期由于卤原子的电子八隅体学说，故在 ClO_4^- 这类物种中卤—氧键合的原理被局限于(a)“配价”或(b)“半离子”电子对键. 后来才舍弃卤素八隅体，提出了卤素和氧原子间的(c)双键概念.

$$X \longrightarrow O \quad X^+—O^- \quad X{=}O$$

(a)　　(b)　　(c)

从上述三种键型可考虑有关卤-氧分子的模式. 虽有较为完善的价键理论的应用，仍然就卤-氧分子中的键合提出了两个主要的、互相关联的问题.

(1) 在键合时包括了卤素原子的哪些轨道?特别是为了恰当地解释已观察到的分子特性，是否必须要求有卤原子的 *nd* 轨道(对于碘，甚至是 4*f* 轨道)参与成键?

(2) 在这些化合物中 π 成键占有多大成分?其性质属 p_π–p_π 还是 d_π–p_π?

由于该问题对后续讨论的重要性，所以一开始就考虑到成键中可能包括有 *nd* 轨道. 有关实验和计算结果留在后面讨论.

有一点应该意识到，所有这类的讨论，实际上只要论及多电子体系中的 *s*，*p* 和 *d* 电子间的区别，也就是可考虑用单电子处理原子和分子轨道. 从这个意义上讲，由于目前所用理论模型均有不同程度的近似处理，因而，使成键的许多问题本身就带有局限性.

(a) *nd* 轨道

对于典型元素分子基态中的 *d* 轨道，价电子层规则早已被采用和引起广泛注意. 尽管 *nd* 波函数无疑是具有适于成键的对称性，而关于其与配体轨道重叠能力上是有争议的，自由原子的 *nd* 轨道明显是其大小和能量的外函数. 关于对第三周期元素(Si，P，S，Cl)，经过计算得出：那些处于高价态的、或是与高电负性配体相结合的原子，其 *nd* 轨道可以被稳定和收缩，表明它们有效地参与成键. 在理论上，这种作用应该可以说明 *nd* 轨道参与了 σ 和 π 相互作用. 本节主要讨论卤氧分子.

nd 轨道对 σ 键的贡献可能并不重要. 由八隅体扩展的价键概念，即借助于在 σ 键骨架中一个或多个 *nd* 轨道的充分杂化作用(配位数>4 的已有解释，如五配位是 sp^3d 杂化，六配位是 sp^3d^2 杂化)，这种概念在认识到配体数与成键轨道数之间并无因果关系[97]之前大都放弃了. 分子轨道处理高价态问题是以 Rundle 的三中心四电子键为例[98]，开始就忽略 *nd* 轨道，认为在能量上它对于价电子层的 *s* 和 *p* 波函数是次要的；在较复杂的计算中，把 *nd* 轨道和 π 相互作用的贡献包括进去意义也不大[99–101].

一种较好的推测是关于氧的 d_π–p_π 键附加到分子骨架的 σ 键上. 氧和电负性较小的卤原子(Cl，Br，I)之间的这种 σ 键总是包含着一些电荷分离 $X^{\delta+}$–$O^{\delta-}$，具有卤-氧键(b)的形式. 从一个已充满的氧 $2p_\pi$ 轨道到一个空的具有合适对称性的卤素 *nd* 轨道的电子的给予作用(见图 18.33)显示出中和电荷分离和增加键的强度的效果. 这种相互作用的强度可认为与连接在卤素和氧原子上的其他基团，以及卤素的氧化态和配位数有关. 自然 *nd* 轨道能有效参与 d_π–p_π 相互作用的数目还会受到分子几何构型的限制[102]. 在四面体 XO_4^- (X=Cl，Br，I)阴离子中，所有 *nd* 波函数的对称性要求它与垂直于 X—O 键轴取向的二个填充的 $2p_\pi$ 轨道成键. 经 Cruickshank[103]研究证明，这恰好是 *E* 对称的(d_{x^2} 和 $d_{x^2-y^2}$)两个 *d* 轨道与氧的轨道有较好的重叠形成两个强键合的、相对于 X—O 键具有局部 π 对称性的分子轨道，而 T_2 分子轨道则被认为属于弱的 π 键合. 一个与此密切相关的概念，用价键的术语表示为 duodecet 规则：即第三周期元素的价电子层倾向于由 12 个电子所占有.

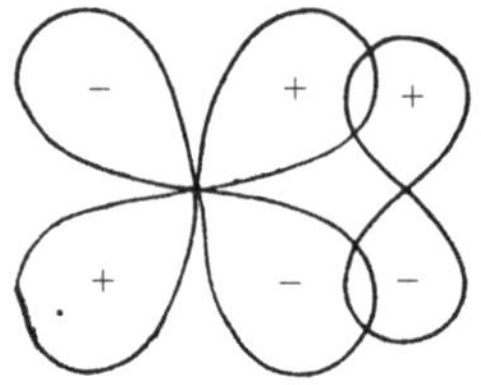

图 18.33　d_π-p_π 重叠

(b) 有关的实验结果

由实验可测量的参量中，最直接影响分子键强度的是键长、价力常数和键能(包括离解能和键能两项). 许多卤—氧分子的原子间的距离和力常数均已测定，在表 18.61 中已列了某些仅包括卤原子和氧原子这类分子及其他分子的两种参量. 关于键的离解能的研究较少，已列入表 18.62 内；而氯氧化物的键能项列于表 18.65 中. 键的性质明显与卤素氧化态和配位数有关.

表 18.61　卤-氧分子的键长和键力常数

分子或基团	备注	Cl		Br		I	
		r (Cl—O) (pm)	f_r (0.1μN · nm^{-1})	r (Br—O) (pm)	f_r (0.1μN · nm^{-1})	r (I—O) (pm)	f_r (0.1μN · nm^{-1})
计算的单键	“正常”	169		182		199	
X_2O		170	2.9		2.4		
XO^-		330		300			
XO		157	6.4	172	4.0	187	3.9
XO_2^-		157	4.3		4.2		
XO_2		147	7.2				
O_2XOXO_2	端式					179	
	桥式					193	
XO_2^+			9.0				
XO_3^-		146—148	5.9	164—168	5.3	182	5.5
O_3XOXO_3	端式	141	9.3				
	桥式	171	3.2				
XO_4^-		142—147	8.2	161	6.05	178	5.9
$O_3XO_3\ XO_3^{4-}$	端式					177	5.3
	桥式					201	3.0
HOX		170	3.9		3.6		
$HOXO_2$	端式					180	
	桥式					190	
$HOXO_3$	端式	141	9.20				
	桥式	164	3.85				
$(HO)_5XO$	端式					178	5.4
	桥式					189	3.0
FXO_3		140	9.4				
NXO_3^{2-}		150					

在卤素(I)氧化物中的键，可以用卤原子和氧原子之间常规的电子对键予以有效的描述. 不像氧氟化物，其中氧-氟键是被极化为 $O^{\delta+}$–$F^{\delta-}$，而氧与较重卤素之间的单键被极化为 $X^{\delta+}$–$O^{\delta-}$，这种差别表现在次氟酸盐和次氯酸盐的不同化学性质. 已计算出三种 O—Cl(I)键长(Cl_2O，170pm；HOCl，169pm；CH_3OCl，167pm)均与 Schomaker 和 Stevenson 计算得到的“正常”单键键长(169pm)相近，然而 Cl—O 单键的价力常数不尽相同，该值从 3.9(×0.1μN · nm^{-1})(HOCl)到 2.6(×0.1μN · nm^{-1})($ClOSO_2F$). 用光电子能谱研究 Cl_2O 和 LCAO–SCF 从头计算说明有少量(≤1%)d 轨道参与形成 Cl_2O 的分子轨道.

与“正常”单键键长相比较，许多卤-氧键的缩短以及伴随着的价力常数的增大，一般是由于形成多重键. 键长的缩短与卤素的配位数无关. 而几乎完全受与端氧原子相连的键的约束；故在 Cl_2O_7 中尽管其终端 Cl—O 键长很短，但桥式 Cl—O 的键长比在 Cl_2O 中的要长些(此规则对在无水高氯酸中 Cl—OH 键距(164pm)例外). 键长和力常数的变化可以表征 Cl—O 键的强度，如自 ClO^-到 ClO_4^- 可从相关的键的离解热焓(表 18.62)或氯氧化物的键能项(表 18.65)反映出来. 虽然大多数据是来自氯氧分子的，但也有研究指出，当卤素氧化态升高时，溴-氧和碘-氧的距离有类似的缩短. 只是相应的伸缩力常数增大趋势较之氯-氧键的要小些.

表 18.62　卤氧化合物的键离解热焓

分子	过程	ΔH° 298K (kJ · mol^{-1})	方法
Cl_2O	$Cl_2O \longrightarrow ClO+Cl$	146.4	计算
HOCl	$HOCl \longrightarrow HO+Cl$	135.1 ± 8.4	质谱
OCl^-	$OCl^- \longrightarrow Cl^-+O$	251.0 ± 41.8	计算
ClO	$ClO \longrightarrow Cl+O$	268.98	计算
ClO^+	$ClO^+ \longrightarrow Cl^++O$	464.0 ± 20.9	计算
ClOO	$ClOO \longrightarrow Cl+O_2$	34 ± 8	估计
OClO	$OClO \longrightarrow ClO+O$	245.6	计算
ClO_3	$ClO_3 \longrightarrow OClO+O$	199.2	计算
Cl_2O_7	$O_3ClOClO_3 \longrightarrow ClO_3+ClO_4$	126 ± 17	质谱
$HOClO_3$	$HOClO_3 \longrightarrow HO+ClO_3$	199.2	计算
$FClO_3$	$FClO_3 \longrightarrow FClO_2+O$	238.5	质谱
HOBr	$HOBr \longrightarrow HO+Br$	234 ± 42	计算
BrO	$BrO \longrightarrow Br+O$	235.3	计算
OBrO	$OBrO \longrightarrow BrO+O$	≥293	估计
HOI	$HOI \longrightarrow HO+I$	234 ± 42	计算
IO	$IO \longrightarrow I+O$	180.96	计算

除了原子间距离和伸缩力常数之外，还可用光谱法证明 *nd* 轨道参与成键和形成多重键，从而澄清了一些含糊的观点：

①由第三周期元素(P，S 和 Cl)的含氧阴离子的 X 射线荧光光谱显示的特性，直接证明了 $3d_\pi$–$2p_\pi$ 键，关于氯氧阴离子中 $3d$ 轨道的占据能力，可认为是按 $ClO^- < ClO_2^- < ClO_3^- < ClO_4^-$ 的顺序增大. X 射线光谱也证明 ClO_3^- 和 ClO_4^- 中的 Cl 原子即使是由于 π 给予或 σ 极化(作用)有电荷中和作用，仍有高正电荷.

②根据卤氧阴离子的全对称振动基频的 Raman 强度，推导得出键的极化度，表明在 ClO_3^- 和 ClO_4^- 中有 nd_π–$2p_\pi$ 键，而在溴和碘体系中则没有.

③由于卤素核四极质谱数据分析中要用明显的近似处理，*nd* 轨道是否参与是不肯定的. ^{129}I Mössbauer 谱关于 *nd* 轨道参与成键亦有类似的情况.

(c) 有关计算的结果

对于氯氧化合物而言，卤素中间和较高氧化态的含氧衍生物中形成 π 键是肯定的，至少关于氯氧化合物的已由各种复杂的分子轨道计算的结果所证实. Wagner 用 LCAO—MO 方法得到许多物种的 π 键级和原子电荷(列入表 18.63). 表明 π 键级增加的顺序为 ClO^-<Cl_2O<ClO_2^-<ClO<ClO_3^-<ClO_2<ClO_4^-. 预测阴离子 ClO_2^-，ClO_3^- 和 ClO_4^- 无 p_π 特性，氯的 $3p$ 在 σ 键轨道中设想是预先空着的，而在惰性电子对轨道中，倾向于在中心原子周围呈四面体排列. ClO_2 有强的 d_π-p_π 和 p_π-p_π 相互作用，这与短的原子间距离和较大的力常数是一致的. Wagner 指出 ClO 中仅有 p_π-p_π 的相互作用，但详细的从头计算认为该分子中存在有 d_π-p_π 键不是无意义的.

表 18.63　氧氯分子 LCAO-MO 计算结果

分子	原子的电荷		π 键级	$\%3d_\pi$ 特性
	Q_{Cl}	Q_O		
ClO^-	0	−1.00	0	—
Cl_2O	0	0	0	—
ClO_2^-	+0.429	−0.715	0.132	100
ClO	+0.509	−0.509	0.500	0
ClO_3^-	+0.293	−0.431	0.608	100
ClO_2	+0.769	−0.385	0.737	52
ClO_4^-	+0.437	−0.359	0.908	100

(d) 键级

Pauling[1. m)]给出下列离子的键级：Cl_2^-，1.37；ClO_3^-，1.64；ClO_4^-，2.10. 有些研究尝试将卤-氧键的键长 r 和力常数 f_r 与它们的键级 n 联系起来，如 Robinson[104] 提出一个经验关系式：

$$\lg f_r(\text{Cl—O})=-a\lg r(\text{Cl–O})+b \tag{2.4}$$

并导出以下方程式

$$n(\text{Cl—O})=cf_r(\text{Cl–O})+\text{d} \tag{2.5}$$

根据假定的 ClO_4^- 和 ClO_3F 的键级分别为 1.5 和 1.67，以及计算得的“正常”单键力常数 $f_r = 3.3(\times 0.1\,\mu\text{N}\cdot\text{nm}^{-1})$，Robinson 估算得出的常数为 a，6.45；b，2.0；c，0.102 和 d，0.66. Wagner 用 LCAO-MO 方法计算键级也得到(2.5)式，但其所用的力常数与 Robinson 的不同.

总之，在卤-氧化合物中，单纯以键长和力常数推断生成了 π 键是无说服力的，因这只是建立在“正常”单键的概念上的；而经光谱(X 射线，Raman 等)测定证实，在 Cl—O 体系有 d_π-p_π 键，只是在溴-氧或碘-氧分子中 π 相互作用还没有直接得到物理学上的证据. 观测到 I—O，Br—O 和(至少部分)Cl—O 键的键长和力常数的变化是随卤素的氧化态和配位数、总的离子电荷以及氧的配位作用而变化. 特别是卤原子的半径对于原子所带的电荷和配位数是非常敏感的.

根据实验得到的键级用以比较卤-氧键是很有用的. 尽管采用简单的物理参量表示键级也可较好地达到上述目的. 一般说来，分子中电荷分布的一些计算往往与实验值很不一致(见表 18.64)，但由 MO 计算得到的键级都比较可靠.

表 18.64　在卤氧阴离子中原子电荷计算和实验结果

ClO_2^-		ClO_3^-		ClO_4^-		方法
Q_{Cl}	Q_O	Q_{Cl}	Q_O	Q_{Cl}	Q_O	
+0.35		+0.34		+0.34	−0.33	估算
+0.43	−0.72	+0.29	−0.43	+0.44	−0.36	LCAO-MO 计算
				+0.64[a]	−0.41[a]	Hückel 法
				+0.57[b]	−0.39[b]	MO 计算
				+2.02[c]	−0.76[c]	
+0.36		+1.02		+2.10	−0.78	LCAO-MO 计算
			−0.26	+0.65	−0.41	红外强度
		+1.00		+1.00	−0.50	Raman 强度
		+1.72		+2.27	−0.82	X 射线光谱

a. 包括氯的 3*d* 轨道.
b. 包括氯的 4*s* 轨道.
c. 忽略氯的 3*d* 轨道.

本节所讨论的卤-氧分子用到表达式(a)，(b)和(c)，因为它们可以简化对氧化还原及其他反应的描述，但并不意味着每种表达式或其中任何一种都是正确的.

2.6.2　氯、溴、碘的氧化物

已经制得且进行过充分研究的卤素的氧化物有：

Cl_2O	Br_2O	
Cl_2O_3		
ClO_2	BrO_2	
$ClOClO_3$		"I_2O_4"
		I_4O_9
	Br_2O_5	I_2O_5
	Br_3O_8	
Cl_2O_6	BrO_3	
Cl_2O_7		

此外还有未经证实的 I_2O_7 和 ClO_4，至于 $BrOClO_3$ 和 $I(ClO_4)_3$，在形式上是混合氧化物.

在室温下，氯的氧化物是气体或挥发性液体，虽然它们易爆炸，但还是有人在这方面作了许多研究. 二氧化氯在工业上用作氧化剂，与之相比，溴的氧化物很不稳定，在−40℃以上就分解. 碘的氧化物是固体，加热时分解为碘和氧.

(1) 氯的氧化物

在通常情况下，氯与氧不能直接化合. 二氧化氯早在 19 世纪就已由硫酸与氯酸钾作用而制得. 1834 年曾报道用氧化汞直接氧化氯气生成一氧化二氯(Cl_2O). 1843 年曾用二氧化氯(ClO_2)经光解得到红色油状物，推测是三氧化氯，但经分析鉴定其组成为 Cl_6O_{17}. 1900 年将高氯酸脱水离析出七氧化二氯(Cl_2O_7). 另外两个氧化物 Cl_2O_3(1967 年)和 $ClOClO_3$(1970 年)是后来才开始研究的. 所有这些氯的氧化物，尤其是 Cl_2O 易爆炸，它们都是强氧化剂，不稳定，因此制备时要特别注意，在制备前必须预先参考有关文献资料及实验室安全手册，有关氯的氧化物物理性质和热力学数据列于表 18.65.

表 18.65　氯的氧化物的物理性质及热化学数据

	Cl_2O	ClO_2	$ClOClO_3$	Cl_2O_6	Cl_2O_7
物理性质					
颜色(固体)	棕色	红色	浅黄色	黄色 (−180℃)	无色
(液体)	红棕色	红色	浅黄色	暗红色	无色
(气体)	黄绿色	黄绿色	浅黄色	红棕色	无色
熔点(℃)	−120.6	−59	−177 ± 2	3.5	−91.5
沸点(℃)	2.0	9.7	44.5	203	81
$\Delta H_{蒸气,在沸点}$ $(kJ \cdot mol^{-1})$	25.94	26.23	30.0	39.8	34.69
气态热力学性质					
ΔH_f°，0K$(kJ \cdot mol^{-1})$	82.47	104.97			
ΔH_f°,298K$(kJ \cdot mol^{-1})$	80.3	102.5	约 180	155	272
ΔG_f°，298K$(kJ \cdot mol^{-1})$	97.9	120.5			
S°，298K$(J \cdot K^{-1} \cdot mol^{-1})$	266.10	256.73	327.25		
C_p°，298K$(J \cdot K^{-1} \cdot mol^{-1})$	45.40	41.97	86.02		
热化学性质					
键能项$(kJ \cdot mol^{-1})$	205	259		239.3	
离解能$(kJ \cdot mol^{-1})$	1063	1071		1130	>1255
电子亲合势$(kJ \cdot mol^{-1})$		331		382.4	

(a) 一氧化二氯(Cl_2O)

(i) 制备

①氧化汞法

在新沉淀经干燥后的黄色氧化汞中，通入氯气可制得 Cl_2O.

$$2Cl_2+2HgO \longrightarrow HgCl_2 \cdot HgO+Cl_2O$$

此法产率高，主要副反应为

$$2Cl_2+2HgO \longrightarrow 2HgCl_2+O_2$$

②碳酸钠法

在工业上常采用此法制备 Cl_2O，根据氯气水解生成盐酸的可逆平衡反应，在溶液中加入碳酸钠，即可得到 Cl_2O.

$$Cl_2+H_2O \rightleftharpoons HOCl+HCl$$

$$2Cl_2+2Na_2CO_3+H_2O \longrightarrow Cl_2O+2NaHCO_3+2NaCl$$

$$2Cl_2+2NaHCO_3 \longrightarrow Cl_2O+2CO_2+2NaCl+H_2O$$

③由次氯酸为原料

Cl_2O 本身是酸酐，易溶于水，且部分转变为次氯酸

$$Cl_2O+H_2O \longrightarrow 2HOCl$$

浓的次氯酸溶液中含有大量的 Cl_2O，蒸发该溶液便可制得一氧化二氯. 又因为 Cl_2O 在四氯化碳中的溶解度比在水中大，故可用液-液萃取法，从次氯酸溶液中用 CCl_4 将 Cl_2O 萃取出来.

一氧化二氯在工业上常用作生产次氯酸或次氯酸盐的原料.

(ii) 结构

一氧化二氯在室温下为微绿色的气体，当加热时极易爆炸分解为 Cl_2 和 O_2. 而 Cl_2 溶于水生成 HOCl 溶液，在形式上 Cl_2O 是 HOCl 的酸酐. 它是非线性分子，其几何结构为 $O\langle^{Cl}_{Cl}$，偶极矩为$(0.78 \pm 0.08) \times 10^{-8}$e. s. u. Cl_2O 在 CCl_4 稀溶液中的介电常数(D)和摩尔极化率(P)列入表 18.66 中.

表 18.66 一氧化二氯在四氯化碳溶液中的介电常数(D)和摩尔极化率(P)

D \ t(℃)	摩尔分数					P (cm^{-3})
	0.00597	0.01197	0.01952	0.02838	0.0390	
−18	2.3160	2.3196	2.3239	2.3294	2.3367	25.42
−8	2.2952	2.2988	2.3025	2.3078	2.3146	24.56
3	2.2728	2.2761	2.2796	2.2843	2.2904	24.16
14	2.2505	2.2535	2.2568	2.2609	2.2662	23.72
24	2.2305	2.2330	2.2360	2.2399	2.2441	23.14

根据电子衍射和微波谱研究，测得 Cl—O 的键长为 170pm，与正常单键是相一致的，键角为 110.9°，d(Cl—Cl)=279pm. 从键长、力常数(f_r)均证明在 Cl_2O 中的 Cl—O 键是属于共价单键.

(iii) 与无机物的反应

①氢原子

当 Cl_2O 与 H_2 混合时不发生反应，但接近火焰即引起强烈爆炸产生氢氯酸，这里氢的作用主要是加速 Cl_2O 的光解，其反应机理概述如下：

$$Cl_2O \xrightarrow{h\nu} Cl+ClO$$
$$Cl+Cl_2O \longrightarrow Cl_2+ClO$$
$$ClO+Cl_2O \longrightarrow Cl_2+O_2+Cl$$
$$ClO+H_2 \longrightarrow HCl+OH$$

由此可见，上述反应是较复杂的，若 H 过量，HCl 是主要产物，而 Cl_2 和 O_2 是副产物，若 Cl_2O 过量、或等摩尔混合则形成 HOCl，因此这一反应过程实际上可认为存在如下两个反应

$$H+Cl_2O \longrightarrow HCl+ClO \quad \Delta H= -285kJ \cdot mol^{-1}$$

和
$$H+Cl_2O \longrightarrow HOCl+Cl \quad \Delta H= -264 \pm 13kJ \cdot mol^{-1}$$

之间的竞争.

②其他原子

Cl_2O 与氧原子、氮原子和碱金属的反应，最重要的是会产生 ClO 基.

在室温下，Cl_2O 与 O 原子反应可表示如下：

$$O+Cl_2O \longrightarrow 2ClO$$
$$O+ClO \longrightarrow O_2+Cl$$
$$Cl+Cl_2O \longrightarrow Cl_2+ClO$$
$$2ClO \longrightarrow Cl_2+O_2$$

在同样情况下，当 Cl_2O 与 N 原子反应时，每摩尔氮原子可使 0.93 ± 0.1mol 的 Cl_2O 分解，经观测有 ClO 基存在：

$$N+Cl_2O \longrightarrow NCl+ClO$$
$$N+NCl \longrightarrow N_2+Cl$$
$$N+ClO \longrightarrow NCl+O$$

Cl_2O 与碱金属原子反应生成金属氯化物.

$$M+Cl_2O \longrightarrow MCl+ClO(M=Li，Na，K)$$

③碱金属和碱金属氢氧化物

Cl_2O 与碱金属和碱土金属氢氧化物反应生成次氯酸盐. 锂、钙、钡和锶的次氯酸盐较稳定，而钾盐不稳定，可为过量的 Cl_2O 氧化成过氧化物

$$2KOCl+Cl_2O \longrightarrow K_2O_3+2Cl_2$$

在一般情况下，次氯酸盐与 Cl_2O 反应生成氯酸盐的速率按以下顺序降低：Na>Ba>Sr>Li>Ca.

$$M(ClO)_n+2nCl_2O \longrightarrow M(ClO_3)_n+2nCl_2$$

Cl_2O 与其他无机物的反应可参看图 18.34.

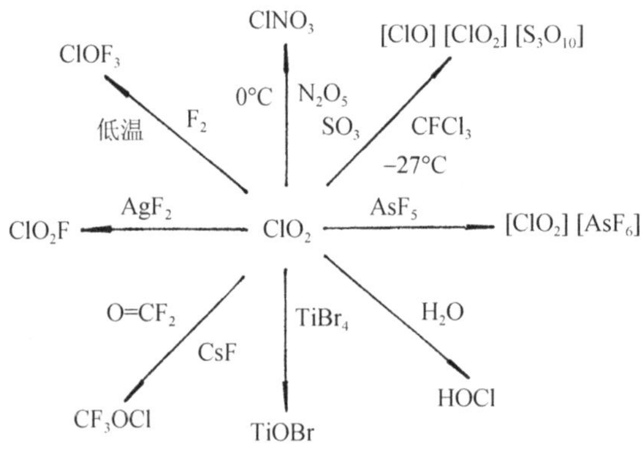

图 18.34　一氧化二氯的反应

Cl_2O 还可以使有机物氯化

$$Cl_2O+2RH \longrightarrow 2RCl+H_2O$$

关于 Cl_2O 与其他不饱和化合物的反应，列于表 18.67.

表 18.67　Cl_2O 与不饱和化合物的反应

反应物	试　剂	产　物
$Cl_2C{=}CHCl$	$Cl_2O(CCl_4)$	$Cl_3CCHCl_2+Cl_3CCHO+[Cl_3CCHCl]_2O$
$Cl_2C{=}CCl_2$	$Cl_2O(CCl_4)$	$Cl_3CCCl_3+Cl_3CCHO$
$CFCl{=}CFCl$	$Cl_2O(H_2O)$	$(CFClH)_2CHF_2COOH$
$CF_2{=}CFCl$	$Cl_2O+Cl_2(CCl_4)$	CFCOF

(iv) 光化学性质

Cl_2O 经光分解为 Cl_2 和 O_2，ClO_2 为副产物. 并发现 Cl_2O 的光分解速率与氯的分压无关，而是与所吸收的总光能成正比.

(v) 其他

Cl_2O 在合成化学方面的应用，主要是替代较危险的 ClO_2. 它与 N_2O_5 的反应是制备 $ClNO_3$ 最简便的方法[105]. $ClNO_3$ 也可以由其他的氮氧化物制得.

Cl_2O 与 NH_3 在液态空气中作用 12h，则有 NH_4Cl，N_2 和 H_2O 生成.

Cl_2O 低温氟化可生成 $ClOF_3$，而用 AgF_2 在 70℃氟化时容易转变为 ClO_2F，可能是通过 ClO_2 的作用. 金属卤化物转变为卤氧化物时很可能借助于金属次氯酸盐中间体；同样的卤化硼可得到无水的硼氧化物. SO_3 和 AsF_5 均可氧化 Cl_2O 生成离子型配合物[106].

对比在 Cl_2O 和 F_2O 中卤—氧键的极化作用，可从它们与 $O=CF_3$ 反应(CsF 为催化剂)看出，CF_3O^-进攻带正电荷的氯原子生成 CF_3OCl，而与 F_2O 作用，最初产物是 CF_3OOF[107].

(b) 三氧化二氯(Cl_2O_3)

在−78℃时，ClO_2 经光分解，除得到氯和氧外，还有两种产物[108]：橙色的三氧化氯，和暗褐色固体 Cl_2O_3，后者虽在−78℃稳定，但升温蒸发时发生爆炸. 其结构为 $O{-}Cl{-}Cl\begin{smallmatrix}O\\O\end{smallmatrix}$，包含有很弱的 Cl—Cl 键，其生成热为 $188kJ \cdot mol^{-1}$.

(c) 二氧化氯(ClO_2)

ClO_2 极易爆炸，使用时要特别当心：①制得后立即使用，②尽量避免光照、震动或加热. 在空气中为黄绿色蒸气，浓度>10%时遇热、光照都会引起爆炸，当有机物或其他易氧化的物质与其接触时发生自燃. 少量的液体在低于−50℃时或在 CCl_4 中避光可以储存. 但禁止大量储存.

(i) 制备

比较安全的制备方法有：

①亚氯酸钠的氯化

$$2NaClO_2+Cl_2 \longrightarrow 2ClO_2+2NaCl$$

将经干燥空气稀释的氯气，通入填有固体亚氯酸盐的柱内即可制得，此法在工业上已广泛采用.

②草酸还原氯酸盐

$$2ClO_3^-+C_2O_4^{2-}+4H^+ \longrightarrow 2ClO_2+2CO_2+2H_2O$$

此法的优点是析出的 ClO_2 可为 CO_2 稀释.

③氯酸银与氯作用

$$2AgClO_3+Cl_2 \xrightarrow{90℃} 2ClO_2+O_2+2AgCl$$

将 $AgClO_3$ 放在 U 形管内，通入干燥的氯气即可得到 ClO_2，产物中含有氯，在低温下将 ClO_2 冷却成固体(m. p. 为−59℃)，少量氯气虽被凝聚，但可用减压方法除去.

④在工业上常用 SO_2 还原氯酸钠以制备 ClO_2. 虽然 ClO_2 也会被亚硫酸还原生成氯化氢或氯，但浓硫酸的存在可使之抑制.

(ii) 结构

ClO_2 分子的价壳层有 19 个电子，其 $^2B_1$ 基态具有 C_{2v} 对称，Cl—O 键长为 147pm，比计算的单键键长短 22pm，O—Cl—O 键角比 SO_2 的键角(119.3°)略小些(约 2°). 由分子轨道法计算说明氯的 3*d* 轨道参与成键；短的键长和较大的力常数同样地证明了氯-氧键的强度.

ClO_2 是一个含奇数电子的分子，具稳定的二聚作用；然而该化合物的物理和光谱性质没有证实其在气态、液态或固态存在有聚集作用，这可能是由于未配对电子的离域作用所致.

(iii) 物理和化学性质

ClO_2 是淡黄色气体，在 11℃时凝聚成液体，−59℃时变为固体，在液态和溶液中不聚集成大分子. 其密度为 $1.642 g \cdot cm^{-3}$，表面张力为 $3.31 \times 10^{-7} N \cdot cm^{-1}$，介电常数为 7.0(固体 ClO_2)，易溶于水生成 $ClO_2 \cdot 8H_2O$ 水合物，亦溶于 CCl_4 中，在水与 CCl_4 混合体系中分配系数列于表 18.68.

表 18.68　ClO_2 在水和四氯化碳中的分配系数

	0℃				25℃		
ClO_2，浓度(在水中)，$(mol \cdot L^{-1})$	0.0016	0.010	0.060	0.003	0.029	0.057	0.121
分配系数(C_{CCl_4}/C_{H_2O})	1.17	1.18	1.224	1.27	1.6	1.65	1.69

ClO_2 的化学性质非常活泼，能与许多单质或化合物作用，例如与臭氧作用生成 Cl_2O_6，与氧作用生成 ClO_3，与氟作用生成 ClO_2F. 在水溶液中与氯作用，可以下式表示：

$$ClO_2 + \frac{1}{2}Cl_2 + H_2O \rightleftharpoons ClO_3^- + Cl^- + 2H^+$$

反应平衡常数 $K = 1.5 \times 10^{-4}$(25℃). ClO_2 与 Br_2 作用，首先是溴将 ClO_2 氧化为 ClO_3^-，而后 ClO_3^- 又将 Br^- 氧化为 Br_2.

干燥的硫与 ClO_2 作用发生爆炸(即使用空气稀释 ClO_2 也不可避免)，将硫磺润湿，当含水量小于 28.5%时会发生爆炸，只有当含水量为 37.3%—48.1%时，反应才逐渐缓慢地生成 HCl 和 H_2SO_4.

(iv) 与金属作用

ClO_2水溶液与钠汞齐作用生成 $NaClO_2$，与锌粉作用生成 $Zn(ClO_2)_2$，但必须除去过量的锌粉，否则生成 $ZnCl_2$，与镍粉在 16℃或 25℃时作用生成 $Ni(ClO_2)_2$. 但液态 ClO_2 与锑粉或镁粉则不发生反应.

(v) 与卤化物作用

ClO_2的四氯化碳溶液能将三氯化磷氧化生成 $POCl_3$，在 25℃时，氟或氟化镁与 ClO_2 作用生成 ClO_2F.

$$ClO_2+F_2 \longrightarrow ClO_2F+F$$

在 C_5F_{12} 液体中(−78℃)，五氟化锑与 ClO_2 作用生成 ClO_2SbF_5，在温度为−10℃时，与五氟化砷作用生成 ClO_2AsF_5.

(vi) 与其他盐类的作用

在温度为 15—35℃时，与 $NaBO_3$ 作用生成 $NaClO_2$，与 KCN 作用生成$(CN)_2$和 $KClO_2$.

ClO_2的主要化学反应可用图 18.35 表示. 由图 18.35 可以看出，ClO_2是一种强氧化剂，易与许多无机物(如硫、磷的卤化物以及硼氢化钾)反应，甚至在冷的水溶液中也能使金属氧化，该反应可能包含有电子的直接转移，这一过程的氧化还原电势已由实验测得，其值为+0.936V(25℃).

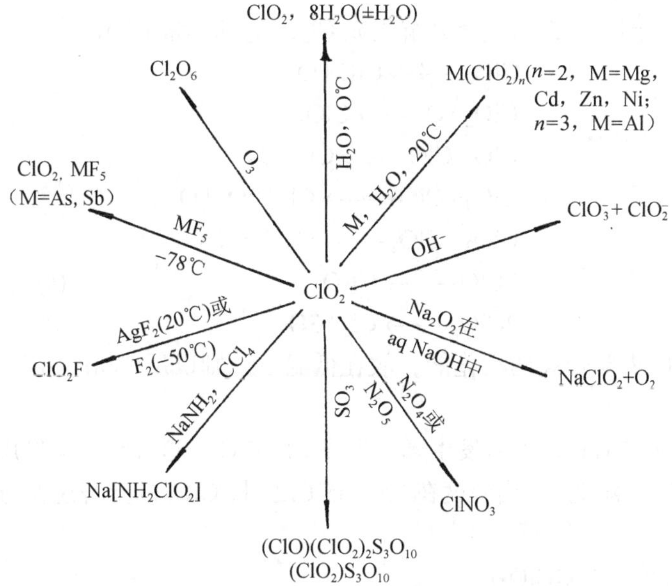

图 18.35　二氧化氯的反应

$$ClO_2(aq)+e^-(aq) \rightleftharpoons ClO_2^-(aq)$$

ClO_2与碘离子作用，首先生成ClO_2I^-中间体[109]，然后随溶液中 pH 值的大小发生如下反应：

酸性溶液(pH<7)

$$2ClO_2+10I^-+8H^+ \longrightarrow 2Cl^-+4H_2O+5I_2$$

中性溶液(pH=7)

$$2ClO_2+2I^- \longrightarrow 2ClO_2^-+I_2$$

在碱性溶液中，当有适当还原剂存在下，由ClO_2水解歧化作用，可制备亚氯酸盐，最常用的还原剂是碱金属过氧化物.

$$2ClO_2+O_2^{2-} \longrightarrow 2ClO_2^-+O_2$$

(vii) 光化学与热分解作用

ClO_2水溶液经光照射，存在如下反应

$$ClO_2 \xrightarrow{h\nu} ClO+O \quad \Delta H^\circ_{295}=278.2kJ \cdot mol^{-1}$$

若在室温下，用紫外光照射，ClO_2光解的主要产物有 ClOO 基. 在室温下，经短时间激发后，干燥的ClO_2气体光解生成Cl_2，O_2和少量ClO_3，如

$$ClO_2 \xrightarrow{h\nu} ClO+O$$
$$ClO_2+O \longrightarrow ClO_3$$
$$ClO+ClO \longrightarrow Cl_2+O_2$$
$$ClO_3+ClO_2 \longrightarrow Cl_2+2O_2+O$$
$$ClO_3+ClO_2 \longrightarrow Cl_2O+2O_2$$
$$2ClO_3 \longrightarrow Cl_2O_6 \qquad (a)$$
$$2ClO_3 \longrightarrow Cl_2+3O_2 \qquad (b)$$

因(b)反应需要较高的活化能，故在低温下，则以反应(a)为主，生成较多的Cl_2O_6.

在温度约 45℃时，ClO_2发生爆炸生成Cl_2和O_2，这种热分解作用，可借助一氧化碳降低其分解速度. 当温度在 35—45℃之间，ClO_2的分解速度与其分压的平方根成正比.

(d) 高氯酸氯($ClOClO_3$)

高氯酸氯是一种不常见的氯氧化物，可根据以下反应制备[110]

$$MClO_4+ClOSO_2F \xrightarrow{-45°C} MSO_3F+ClOClO_3 \quad (M=CS)$$

其热力学和动力学性质表明，它比 ClO_2 还不稳定，在室温下分解为 Cl_2，O_2 和 Cl_2O_6. 在该化合物中带正电性的氯原子，可以定量地为溴取代生成 $BrOClO_3$

$$Br_2+2ClOClO_3 \xrightarrow{-45°C} Cl_2+2BrOClO_3$$

(e) 六氧化二氯(Cl_2O_6)

(i) 制备

ClO_2 与臭氧作用是制备 Cl_2O_6 的最好方法.

$$2ClO_2+2O_3 \longrightarrow Cl_2O_6+2O_2$$

也可以由氯和臭氧经光照作用而制得，或由光解 ClO_2 而生成，还可以用高氯酸氯直接分解制取.

$$2ClO_2 \xrightarrow{h\nu} ClO+ClO_3;\quad 2ClO_3 \rightleftharpoons Cl_2O_6$$

$$2ClOClO_3 \xrightarrow{\Delta} Cl_2O_6+Cl_2+O_2$$

纯的六氧化二氯可用高氯酸氙热分解制得[111].

$$Xe(ClO_4)_2 \xrightarrow{20°C} Xe+Cl_2O_6+O_2$$

(ii) 结构

Cl_2O_6 在气相很可能是以角锥形的 ClO_3 分子形式存在. 电子自旋共振谱参数表明：氧原子上单电子的离域作用是按等电子体 PO_3^{2-}，SO_3^-，ClO_3 的顺序增大的；还伴随着键角的增大：PO_3^{2-}(110°)；SO_3^-(111°)；ClO_3(112°)[112]. 离析的 ClO_3 分子经光解容易生成 ClO 和氧：

$$ClO_3 \xrightarrow{h\nu} ClO+O_2$$

在 CCl_4 溶剂中，用凝固点下降测得该化合物的分子量是与二聚体的形式 Cl_2O_6 相符合的. Cl_2O_6 溶液经 γ 辐射分解冷却至−196℃则产生 ClO_3.

在液相和固相中，此氧化物仅以二聚体 Cl_2O_6 形式存在，虽然高熔点和高沸点表明可能有多聚物的成分. 早期对液相顺磁磁化率的测量，认为有以下平衡存在：

$$Cl_2O_6 \rightleftharpoons 2ClO_3$$

而后来从电子自旋共振谱的研究，又认为在凝聚相没有 ClO_3 的存在. 虽然对于二聚体尚无确切的结构数据，但有两种可能的结构模式是值得注意的.

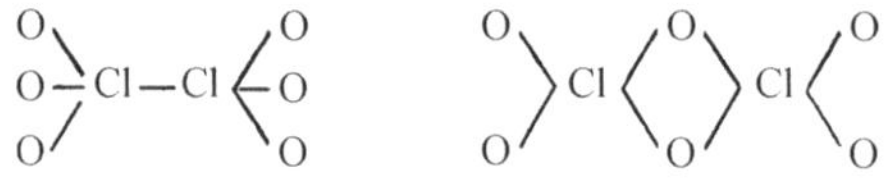

(a)　　　　　　　　　(b)

结构(a)引人注目的是由于 ClO_3 的角锥形为满足单电子配对而稍有重排；尽管桥式二聚体(b)接近于离子式 $ClO_2^+\ ClO_4^-$，但振动光谱(87K)判断其仍为 Cl_2O_6[114].

(iii) 化学性质

在低温下，Cl_2O_6 溶于浓硫酸或无水磷酸呈凝聚态. 用紫外光照射即生成 ClO^-，若用 γ 射线照射则生成 ClO_3^-.

在 20—40℃时，Cl_2O_6 与氟作用生成 ClO_2F，Cl_2O_7，O_2 和少量 Cl_2. 与无水 HF 作用生成 ClO_2F 和 $HClO_4$. 在 CCl_4 溶剂中与 NOCl 作用生成 $NOClO_4$，ClO_4 和 Cl_2，当温度下降至−20℃时，则生成 NO_2ClO_4，ClO_3 和 Cl_2，在 6℃时与 CrO_3 作用生成 $CrO_2(ClO_4)_2$，ClO_2 和 O_2，但反应速度较慢，至少需 12h 才能完成，若与 CrO_2Cl_2 作用则生成 $(CrO_2)(ClO_4)_2$，ClO_2 和 O_2，与 $VOCl_3$ 作用发生爆炸，但在 CCl_4 溶液中，反应比较安全，产物为 $VO(ClO_4)_2$；此化合物亦可由 Cl_2O_6 与 V_2O_5 在液态空气中制得. Cl_2O_6 水解生成氯酸与高氯酸：

$$Cl_2O_6+H_2O \longrightarrow HClO_3+HClO_4$$

Cl_2O_6 亦可用来制备金属高氯酸盐.

有关 Cl_2O_6 与无机物反应见图 18.36.

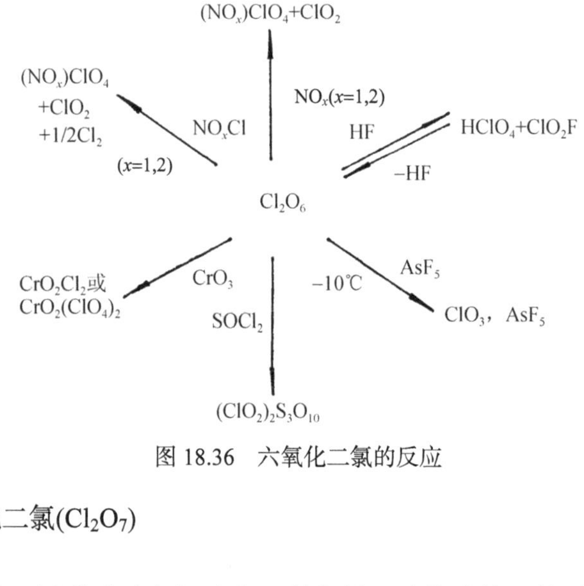

图 18.36　六氧化二氯的反应

(f) 七氧化二氯(Cl_2O_7)

(i) 制备

在−10℃时，用磷酸对高氯酸小心脱水得一油状液体，然后在−35℃和低压

(133.322Pa)下蒸馏制得，亦可由氯与臭氧用蓝色光照射制取.

(ii) 结构和反应

Cl_2O_7分子具有 C_2 对称性(见表 18.69)的 $O_3Cl—O—ClO_3$ 结构. 但在 400℃左右，曾检测有大量 ClO_2 和少量 ClO. 当温度更高时，则生成等量的 ClO_2 和 ClO，据此可认为 Cl_2O_7 的热分解第一步为[115]：

表 18.69　Cl_2O_7 结构和有关数据

结构	分子具有 C_2 对称性，$O_3ClOClO_3$
	$r_g(1)[Cl—O_{端式}]=140.5 \pm 0.2pm$
	$r_g(1)[Cl—O_{桥式}]=170.9 \pm 0.4pm$
偶极矩(在 CCl_4 中)	$(2.4 \pm 0.07) \times 10^{-30}C \cdot m$
力常数	$f_r(Cl—O_{端式})=9.32(0.1\mu N \cdot nm^{-1})$
	$f_r(Cl—O_{桥式})=3.2(0.1\mu N \cdot nm^{-1})$
离解热焓	$Cl_2O_7 \longrightarrow ClO_3+ClO_4$
	$\Delta H=125.5 \pm 16.7kJ \cdot mol^{-1}$

$$Cl_2O_7 \xrightarrow{\Delta} ClO_3+ClO_4 \quad \Delta H=125.5 \pm 16.7kJ \cdot mol^{-1}$$

紧接着 ClO_3 和 ClO_4 分解为 ClO 和 ClO_2.

$$ClO_3 \xrightarrow{\Delta} ClO+O_2$$

$$ClO_4 \xrightarrow{\Delta} ClO_2+O_2$$

在氯的氧化物中，相对地说 Cl_2O_7 是较稳定的，但当遇热或震动时仍发生爆炸，在室温下不会使有机物发生燃烧，从其制备表明：Cl_2O_7 真正是高氯酸酐，将其溶解于水或碱中又重新生成 ClO_4^-.

(g) 四氧化氯(ClO_4)

1923 年 Gomberg 提出，在无水乙醚中将碘与高氯酸银作用可制得 ClO_4.

$$I_2+2AgClO_4 \longrightarrow 2AgI+(ClO_4)_2$$

但随后对该反应的进一步研究，认为产物是高氯酸碘[116].

1968 年 Eachus 用 γ 射线在 77K 照射氯酸钾制得 ClO_4，其结构可能是 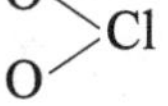 —O—O. 它是 Cl_2O_7 热分解的中间产物.

由高氯酸盐的晶格能计算得出 ClO_4 的电子亲合势为 $561kJ \cdot mol^{-1}$.

(2) 溴的氧化物

(a) 一氧化二溴(Br_2O)

(i) 制备

Br_2O 制备方法与 Cl_2O 的相类似，它可由溴蒸气与氧化汞作用，或由冷的溴

的 CCl_4 溶液与氧化汞作用制得.

$$2Br_2+2HgO \longrightarrow HgBr_2 \cdot HgO+Br_2O$$

由于气相反应产率低，现较好的制备方法是在真空下分解 BrO_2 而制得[117]；在 −60℃抽去杂质，得到纯的 Br_2O.

(ii) 物理和化学性质

Br_2O 为一棕黑色固体，经红外光谱研究 BrOBr 分子属于弯曲的 C_{2v} 结构，键角∠Br—O—Br 为 111°. 该化合物不稳定，在−40℃以上分解为溴和氧，它与其他化合物的反应参看图 18.37.

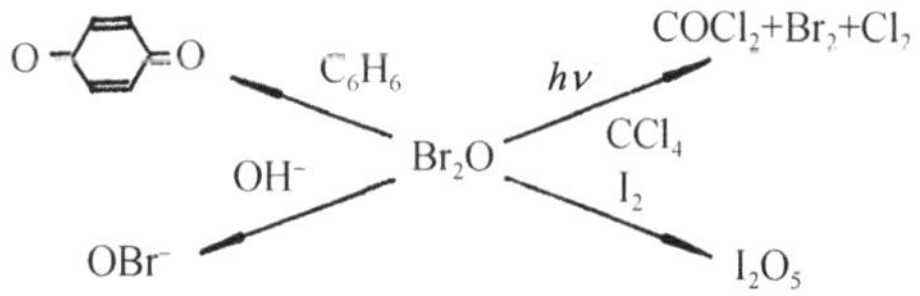

图 18.37　一氧化二溴的反应

(b) 二氧化溴(BrO_2)

(i) 制备

在低温下，以 CF_3Cl 为溶剂，将溴与臭氧作用可制得亮黄色 BrO_2 晶体.

$$Br_2+4O_3 \xrightarrow[-78°C]{CF_3Cl} 2BrO_2+4O_2$$

它还可用溴与臭氧混合，以辉光放电的方法制取.

(ii) 化学性质

固体 BrO_2 具有多聚结构，温度高于−40℃时很不稳定，当温度升至 0℃时立即强烈地分解为 Br_2 和 O_2.

$$2BrO_2 \longrightarrow Br_2+2O_2$$

该反应 $\Delta H_f^\circ(BrO_2)_{(固)}$ 为 $+52.3 \pm 2.9kJ \cdot mol^{-1}$；与 ClO_2($\Delta H_f^\circ = 105.0kJ \cdot mol^{-1}$)相比吸热较少. 在真空中将 BrO_2 缓慢升温则析出 Br_2O 和一种白色固体，估计可能是溴的高价氧化物.

BrO_2 在碱性溶液(碱的浓度为 $5mol \cdot L^{-1}$)中水解生成 BrO_3^- 和 Br^-，说明在水溶液中 Br(III)不稳定.

$$6BrO_2+6OH^- \longrightarrow 5BrO_3^- +Br^-+3H_2O$$

BrO_2 与 N_2O_4 作用生成 $[NO_2]^+[Br(NO_3)_2]^-$，与 F_2 作用生成 BrO_2F.

$$[NO_2]^+[Br(NO_3)_2]^- \xleftarrow{N_2O_4} BrO_2 \xrightarrow{F_2} BrO_2F$$

(c) 溴的高价氧化物

在惰性溶剂中，温度为−78℃时，溴的臭氧分解作用能平稳地生成 BrO_2，若在高温气相中反应，至少有三种产物，且取决于反应器皿的材料和反应物的压力. 所有这些白色固体产物亦可以通过控制 BrO_2 的分解作用而得到. 曾试用高溴酸脱水制备 Br_2O_7 未获成功. 有关信息总结于表 18.70.

表 18.70　溴的高价氧化物

组成	Br_2O_5	Br_3O_8	BrO_3
颜色	白	白	白
制备	Br_2 臭氧分解作用 在 0℃、硬质玻璃 $5<\frac{[O_3]}{[Br_2]}<15$	Br_2 臭氧分解作用 在 0℃、石英 $5<\frac{[O_3]}{[Br_2]}<15$	①Br_2 臭氧分解作用 在 0℃ $\frac{[O_3]}{[Br_2]}>25$ ②辉光放电
水解产物	$HBrO_3$	“$H_4Br_3O_{10}$”	$HBrO_3+O_2$

(3) 碘的氧化物[1.a), 118]

有关碘的氧化物与无机物的反应，可简单地概括于图 18.38.

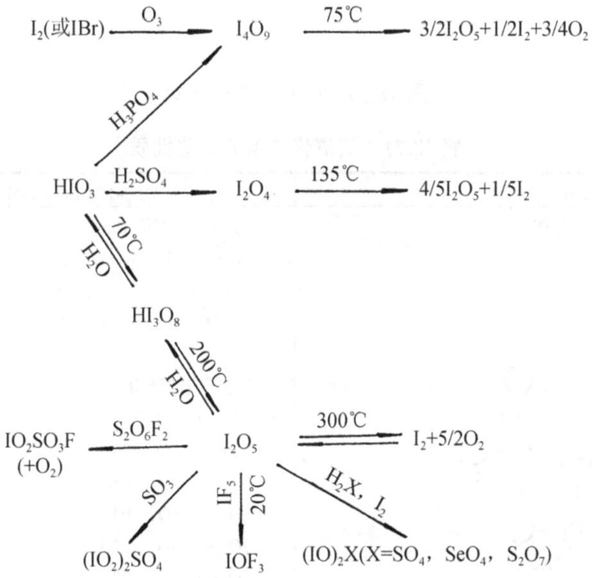

图 18.38　碘氧化物的反应

(a) 五氧化二碘(I_2O_5)[1.d)]

I_2O_5 是最重要和热稳定性最好的碘氧化物. 最简便的制备方法是在 200℃用干燥的空气气流使碘酸(HIO_3)脱水而制得. I_2O_5 是容易吸潮的白色固体，吸水后生成 HI_3O_8(I_2O_5 · HIO_3). I_2O_5 溶于水后又重新生成碘酸.

含有 I_2O_5 的五氧化物的晶体结构[119]是由两个 IO_3 角锥通过共一棱边连接而成: 桥键 I—O 距离相当于单键，而端键 I—O 距离则较短. 分子间碘-氧的连接(≥223pm 由图 18.39 虚线表示)有利于成键，这已由固体的振动光谱得到证实. HI_3O_8 是由 I_2O_5 和 HIO_3 分子相互连成的网状物，I_2O_5 的键长和在纯的五氧化物中的相当，而 I—O—I 桥键角在 I_2O_5(139.2°)中较其在无水碘酸中要大些，且 IO_2 基团的相应的取向也不相同. 有关五氧化二碘的某些性质见表 18.71.

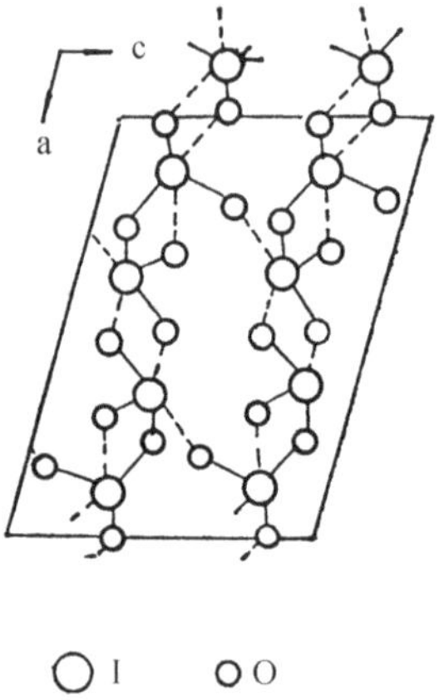

图 18.39　I_2O_5 的晶体结构

表 18.71　五氧化二碘的某些性质

ΔH_f°(s), 298K	$-158.1\text{kJ} \cdot \text{mol}^{-1}$
晶体结构 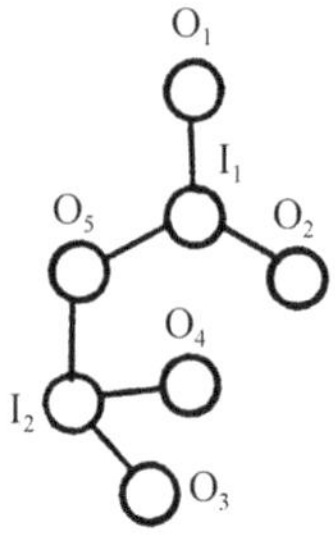 	分子内的距离(pm) I_1—O_1 178　I_2—O_3 183 I_1—O_2 177　I_2—O_4 179 I_1—O_5 192　I_2—O_5 195 分子内的键角 O_1—I_1—O_2　99.5° O_1—I_1—O_5　96.5° O_2—I_1—O_5　101.9° O_3—I_2—O_4　94.8° O_3—I_2—O_5　93.1° O_4—I_2—O_5　97.5° I_1—O_5—I_2　139.2° (分子间的相互作用见图 18.39)

I_2O_5 在 300℃左右熔化分解为碘和氧，它是碘酸的酸酐. 可与水作用，并能使许多物质(如 NO，C_2H_4，H_2S 和 CO)氧化. 根据 CO 与 I_2O_5 作用析出 I_2，可用来测定空气中或其他气体中 CO 的含量.

$$I_2O_5+5CO \longrightarrow I_2+5CO_2$$

用 F_2，BrF_3，ClF_3，SF_4 或 ClO_2F 作氟化剂可使 I_2O_5 氟化为 IF_5，再与 I_2O_5 进一步作用生成 IOF_3. I_2O_5 与 SO_3 或 $S_2O_6F_2$ 作用生成 IO_2^+ 阳离子的盐，在浓酸中(H_2SO_4，$H_2S_2O_7$，H_2SeO_4)被 I_2 还原为$(IO)_2X$($X=SO_4$，S_2O_7，SeO_4).

(b) 碘的其他氧化物

碘酸溶液经闪光光解可检测出短寿命的 IO_2 基(半衰期为 50 μs)

$$IO_3^- \xrightarrow{h\nu} IO_2+O^-$$

$$IO_3^- +O^- \xrightarrow{H_2O} IO_3+2OH^-$$

红外光谱和 Mössbauer 谱研究表明，抗磁性的黄色固体“I_2O_4”可看成是$[IO]^+[IO_3]^-$[120]；据推测在其他的衍生物中，$[IO]^+$阳离子可能形成聚合链$[(I—O—)^+]_n$，与 IO_3^- 阴离子交错相连. 在碱性溶液中，I_2O_4 水解生成碘酸盐和碘化物：

$$3I_2O_4+6OH^- \longrightarrow 5IO_3^- +I^-+3H_2O$$

氢氯酸使 I_2O_4 分解为一氯化碘.

$$I_2O_4+8HCl \longrightarrow 2ICl+3Cl_2+4H_2O$$

黄色吸湿物质 I_4O_9 实际上是三碘酸碘$[I(IO_3)_3]$. 该组成是根据它与水和与氯化氢按化学计量反应得出的.

I_2O_7 亦可由高碘酸脱水而制得[121].

(4) 卤氧基

正如卤氧化物一样，也可以制得纯卤氧基(见表 18.72)，它可存在于气相或溶液中，只是不稳定、寿命短，也可以固态存在.

表 18.72　卤氧基

ClClO		
ClO	BrO	IO
OClO	OBrO	OIO
ClO_3	BrO_3	IO3
ClOO	BrOO	IOO
ClO_4		

(a) ClO，BrO 和 IO

ClO，BrO 和 IO 均存在于气相中，它们的主要制备方法有：

①将卤素或其化合物引进氢氧焰中.

②卤素臭氧解作用.

③将卤素与氧混合，用闪光光解或微波放电，最重要的反应是：

$$O+X_2 \longrightarrow XO+X$$

$$X+O_2 \longrightarrow XO+O$$

在链式反应中，ClO 是有效的载体，它的作用是作为其他氯氧分子的合成和分解的中间体.

卤氧基气相光谱研究得到的基态参量列入表 18.73. ClO 基具有高离解能，且键长短，说明 Cl—O 是强键，基频为 $995cm^{-1}$，力常数为 6.4(0.1 μN · nm^{-1}).

表 18.73　气态 ClO，BrO 和 IO 的性质

热力学性质	ClO	BrO	IO
ΔH_f° ($kJ \cdot mol^{-1}$)	101.83	125.77	175.06
ΔG_f° ($kJ \cdot mol^{-1}$)	98.11	108.24	149.78
S° ($J \cdot K^{-1} \cdot mol^{-1}$)	226.52	237.44	245.39
C_p° ($J \cdot K^{-1} \cdot mol^{-1}$)	31.46	32.09	32.88
离解能($kJ \cdot mol^{-1}$)	264.88 ± 0.13	231.0 ± 2.5	176 ± 21
电离能($kJ \cdot mol^{-1}$)	1003.3		
电子亲合势($kJ \cdot mol^{-1}$)	280.7	25.5	
偶极矩($10C^{-30} \cdot m$)	4.133	5.17	
力常数(0.1 μN · nm^{-1})	6.41	3.99	3.87

气态 XO 基按照如下方式分解：

$$XO+XO \longrightarrow X+XOO$$

$$XOO \longrightarrow X+O_2(X = Cl，Br 或 I)$$

BrOO 和 IOO 不稳定，迅速分解；比较稳定的 ClOO 也可以通过与氯原子反应分解. 在高压下，ClO 可以二聚物$(ClO)_2$ 的形式存在，在惰性气体气氛和温度为 14K 时，ClO 光解也发现这种二聚物；与以强的 O—O 键为特征的 O_2F_2 相比较，$(ClO)_2$是一种弱的缔合类型，与$(NO)_2$相类似[122]. 组成为 Cl_2O_2 的分子(可能的结构为 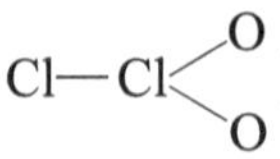)被认为是 ClO_2^- 与氯或次氯酸盐之间反应的中间体.

BrO 基由溴原子与臭氧作用而直接制得，但不稳定，容易分解为溴原子和氧：

$$BrO+BrO \longrightarrow Br+BrOO$$

$$BrOO+M \longrightarrow Br+M+O_2$$

$$Br+Br \longrightarrow Br_2$$

亚溴酸盐或次溴酸盐溶液，经闪光光解[123]也可制得 BrO 基，用紫外-可见吸收光谱可检测 BrO，在 360nm 处有一吸收峰，说明有 BrO 基生成，但寿命很短，在碱性溶液中生成 BrO^-和 BrO_2^-.

$$3BrO+2OH^- \longrightarrow 2BrO^- + BrO_2^- + H_2O$$

BrO 是氧化剂，可使亚溴酸盐氧化为 BrO_2.

$$BrO + BrO_2^- \longrightarrow BrO^- + BrO_2$$

在水溶液中，BrO 水解生成 BrO^-和 BrO_2^-.

$$2BrO+H_2O \longrightarrow BrO^- + BrO_2^- + 2H^+$$

对 IO 基研究得还不多，但已确认它的存在，例如在中性不含氧的碘酸盐溶液中，经闪光光解时[124]，开始生成 IO_2，然后又变成 IO 和 IO_3.

$$IO_3^- \xrightarrow{h\nu} IO_2 + O^-$$

$$IO_3^- + O^- \xrightarrow{H_2O} IO_3 + 2OH^-$$

$$IO_2 + IO_3^- \longrightarrow IO + IO_4^-$$

它们的吸收峰为：IO_3(380nm)，IO(490nm)，IO_2(715nm).

IO 基是不稳定的，它与 BrO 基一样容易分解为碘原子和氧：

$$IO+IO \longrightarrow I+IOO \longrightarrow 2I+O_2$$

(b) ClOO

在氯的氧化合物的链式反应中，过氧氯基 ClOO 是一个重要的物种，例如

$$ClO+ClO \longrightarrow ClOO+Cl$$

上述情况已由紫外光谱所证实，ClOO 寿命较长，是一个非常有用的中间体，可促使氯原子的复合.

$$Cl+O_2+M \longrightarrow ClOO+M$$

$$ClOO+Cl \longrightarrow Cl_2+O_2$$

在低温下，ClO_2 光解可生成 ClOO[125].

$$ClO_2 \xrightarrow{h\nu} [ClO+O] \longrightarrow ClOO$$

用 X 射线照射 $KClO_4$ 溶液生成 ClO_2 时，也检测有 ClOO(作为中间体)[126]存在.

电子自旋共振谱和红外光谱研究表明(见表 18.74)，ClOO 游离分子类似于 OOF；未配对电子占据在一个 π^*轨道上；O—O 键为强键，而 O—Cl 键为弱键.

(c) BrO_2 和 IO_2

①在水溶液中用闪光光解 XO_3^- 产生 XO_2 基[127](X = Cl，Br 或 I).

$$XO_3^-,\ H_2O \xrightarrow{h\nu} [XO_3^- \cdot H_2O]^* \longrightarrow XO_2 + OH + OH^-$$

表 18.74　某些卤氧基光谱的研究

分子	介质	温度(K)	制备方法	测试方法
ClClO	固态氮	14	Cl_2O 的光解	红外
ClO	固态氩	4	$Cl_2O+Li \longrightarrow ClO+LiCl$	红外
	固体 H_2SO_4 和固体 H_3PO_4	77	ClO_2 的紫外光解	电子自旋共振谱
ClOO	固体 H_2SO_4	77	ClO_2 的紫外光解	紫外
	蒸气	约 300	在 O_2 存在下，Cl_2 的光解	红外、紫外、动力学
	固态氩	4	ClO_2 的光解	红外
	$KClO_4$	77	ClO_4^- 的 γ 辐射分解	电子自旋共振谱
ClO_4	$KClO_4$	77	ClO_4 的 γ 辐射	电子自旋共振谱
BrO	NaOH 水溶液	约 295	OBr^-，BrO_2^- 的脉冲辐射分解	紫外，动力学
	NaOH 水溶液	约 295	BrO_2^- 的闪光光解	紫外，动力学
OBrO	NaOH 水溶液	约 295	BrO_2^-，BrO_3^- 的脉冲辐射分解	紫外，动力学
	NaOH 水溶液	约 295	BrO_2^-，BrO_3^- 的闪光光解	紫外，动力学
BrO_3	$KBrO_3$	约 130	BrO_3^- 的辐射分解	电子自旋共振谱
IO	NaOH 水溶液	约 295	碘氧阴离子的闪光光解和辐射分解后二次反应生成	紫外，动力学
IO_2	NaOH 水溶液	约 295	IO_3^- 的脉冲辐射分解和闪光光解	紫外，动力学
IO_3	NaOH 水溶液	约 295	IO_3^- 的脉冲辐射分解和闪光光解	紫外，动力学

②用 γ 射线照射 XO_3^- (X = Br 或 I)也得到 XO_2[124, 128].

$$BrO_3^- + e^-(aq) \longrightarrow [BrO_3^{2-}] \longrightarrow BrO_2 + O^{2-}$$

BrO_2 和 IO_2 还可以由其他含卤阴离子光解或辐射分解制得.

用紫外-可见吸收光谱可检测 BrO_2 和 IO_2，但其寿命非常短，BrO_2 能聚合成 Br_2O_4.

$$2BrO_2 \rightleftharpoons Br_2O_4$$

Br_2O_4 遇碱性溶液生成亚溴酸根和溴酸根，IO_2 还可氧化碘酸盐为高碘酸盐，本身被还原为 IO.

(d) BrO_3[129]

77K 时，$KBrO_3$ 经 γ 辐射分解或碱性溴酸盐溶液经深冷而产生 BrO_3，由它的电子自旋共振谱所鉴别，并导出∠O—Br—O 键角为 114°，表明三角锥体变平是与母体阴离子有关，且与相关等电子体有如下顺序：PO_3^{2-}(110°)，SO_3^-(110°)，ClO_3(112°)和AsO_3^{2-}(110°)，SeO_3^-(112°)，BrO_3(114°). 这些等电子体的自旋密度与电负性成直线关系.

2.6.3　氯、溴、碘的氧氟化物

卤素的氧氟化物包括五价或七价的氯溴碘化合物(表 18.75)，但卤素为三价的衍生物尚未制得. 这些化合物一般是由氟化适当的卤素氧化物，含氧卤酸或含氧卤酸盐制得. 它们是重要的氧化剂和氟化剂；其中以氯氧氟化物研究得最多，这是因为它可用来作为火箭燃料的氧化剂，F^-还可作为给体或受体生成各自的配合物. Emeleus 等已有专论[118.a)]，氯氧氟化物也有全面的综述[1.b)].

表 18.75　卤素的氧氟化物

ClO_2F	BrO_2F	IO_2F
$ClOF_3$		IOF_3
ClO_3F	BrO_3F	IO_3F
ClO_2F_3		IO_2F_3
ClO_3OF		IOF_3

在该类化合物中具有明确的结构的仅限于气体 ClO_3F 和固体 IOF_3 以及 KIO_2F_2. 许多氯氢氟化物的振动光谱和力常数都已测得，氯-氧和氯-氟伸缩力常数列于表 18.76. 中性和带电的氯氧氟化物含有强的 Cl—O 键，而 Cl—F 键是相当弱的.

表 18.76　某些氯氧氟化物价力常数

分子	f_r(Cl—O) (0.1 μN · nm^{-1})	f_r(Cl—F) (0.1 μN · nm^{-1})
$ClOF_2^+$	11.21	3.44
$ClOF_3$	9.37	3.16(eq) 2.34(ax)
$ClOF_4^-$	9.13	1.79
ClO_2^+	8.96	
ClO_2F	9.07	2.53
$ClO_2F_2^-$	8.3	1.6
ClO_3F	9.41	3.91
ClF_2^+		4.74
ClF_3		4.2(eq) 2.7(ax)
ClF_4^-		2.11
ClF_5		2.67(bas) 3.47(ap)

(1) 卤二氧氟化物(XO_2F)

ClO_2F，BrO_2F 和 IO_2F 三种化合物，均可由四价或五价卤氧化物或卤氧盐氟化制得，最简便的方法有：

$$ClO_2+AgF_2 \xrightarrow{20°C} ClO_2F+AgF$$

$$KBrO_3+BrF_5 \xrightarrow{-50°C} BrO_2F+KBrF_4+\frac{1}{2}O_2$$

$$I_2O_5+F_2 \xrightarrow[\text{HF液}]{20°C} 2IO_2F+\frac{1}{2}O_2$$

当温度为 65—70℃时，用 AgF_2 氟化 Cl_2O 可制得 ClO_2F，由 IOF_3 的歧化作用也可制取 IO_2F.

$$2IOF_3 \xrightarrow{110°C} IO_2F+IF_5$$

在石英器皿中，将 BrF_3 冷却至液态空气温度，加入 $KClO_3$ 后，再升高温度让其混合，并沸腾几分钟得到 ClO_2F 和 $KBrF_4$，还可在−40℃时，用 F_2 与 $KClO_3$ 作用制得 ClO_2F，同时有 Cl_2，ClF，ClO_3F 生成.

卤氧氟化物的物理和化学性质列于表 18.77 中.

表 18.77　卤氧氟化物的性质

性质	ClO_2F	BrO_2F	IO_2F
颜色	无色	黄色	无色
熔点(℃)	−115	−9	>200(分解)
沸点(℃)	−6		
分解温度(℃)	>250	56	约 200
$\Delta H_{蒸发}$(kJ · mol^{-1})	25.9		
力常数(0.1 μN · nm^{-1})			
f_r(Cl—O)	9.07		
f_r(Cl—F)	2.53		

ClO_2F 的振动光谱证实，在气相和液相中有 C_s 对称性分子 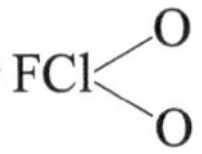 存在；IO_2F 则为一种固体聚合物. 当温度高于 250℃时，ClO_2F 经热分解生成 ClF 和氧[130]，而 BrO_2F 在温度高于它的熔点时则不稳定，在 56℃时，就可强烈地分解为 BrF_3，Br_2 和 O_2.

$$3BrO_2F \longrightarrow BrF_3+Br_2+3O_2$$

在室温下，ClO_2F 和 BrO_2F 均对玻璃有腐蚀作用，前者较慢，后者较快.

ClO_2F，BrO_2F 和 IO_2F 水解产生卤酸根.

$$XO_2F+2OH^- \longrightarrow XO_3^-+F^-+H_2O$$

其中以 BrO_2F 的水解最激烈，并能引起爆炸，而 ClO_2F 水解时，还检测有 ClO_2 中间体生成.

ClO_2F 与其他无机化合物的反应见图 18.40.

ClO_2F 能与 Lewis 酸(例如 BF_3，SbF_5，AsF_5，PF_5 和 VF_5 等)作用生成配合物.

$$ClO_2F+BF_3 \rightleftharpoons [ClO_2]^+[BF_4]^-$$

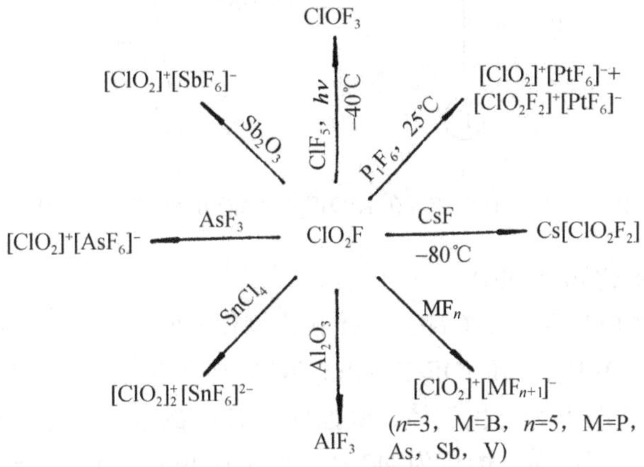

图 18.40　氯氧氟化物的反应

$[ClO_2]^+[BrF_4]^-$在加热时分解为 ClO_2F 和 BF_3，ΔH=100.4kJ · mol^{-1}. 由 ΔH 值大小可知，ClO_2F 与 Lewis 酸形成配合物的稳定性是与配体的碱性强度有关，即 $SbF_5>AsF_5>PF_5>BF_3>VF_5$.

BrO_2F 不与 BF_3，AsF_5 或 SbF_5 作用生成相应的配合物，而 IO_2F 只能在适当溶剂中生成配合物.

$$[IO_2]^+[SO_2F]^- \xleftarrow[\text{回流}]{SO_3} IO_2F \xrightarrow[\text{HF(液)}]{AsF_5} [IO_2]^+[AsF_6]^-$$

在 25℃时，ClO_2F 能与 PtF_6 作用，并存在如下两个竞争反应[131]：

$$2ClO_2F+2PtF_6 \longrightarrow [ClO_2]^+[PtF_6]^-+[ClO_2F_2]^+[PtF_6]^-$$

和

$$2ClO_2F+2PtF_6 \longrightarrow 2[ClO_2]^+[PtF_6]^-+F_2$$

其中氯(VII)盐约占固体产物 10%.

ClO_2F 与 CsF 作用生成 $Cs[ClO_2F_2]$[132]. 在无水 HF 中，IO_2F 与 KF 作用生成 $K[IO_2F_2]$[133]. 根据光谱的研究表明 $ClO_2F_2^-$ 阴离子具有 C_{2v} 对称性，几何构型为三角双锥，其轴向有两个弱的 Cl—F 键[力常数为 1.6(0.1 μN · nm^{-1})]，“赤道”面上有两个强的 Cl—O 键[力常数为 8.3(0.1 μN · nm^{-1})]，“赤道”面上还剩留下的位置由孤电子对占据. 类似的 $IO_2F_2^-$ 阴离子(在 KIO_2F_2 中)通过 X 射线，红外光谱和 Raman 光谱研究得出如下的结构，见图 18.41.

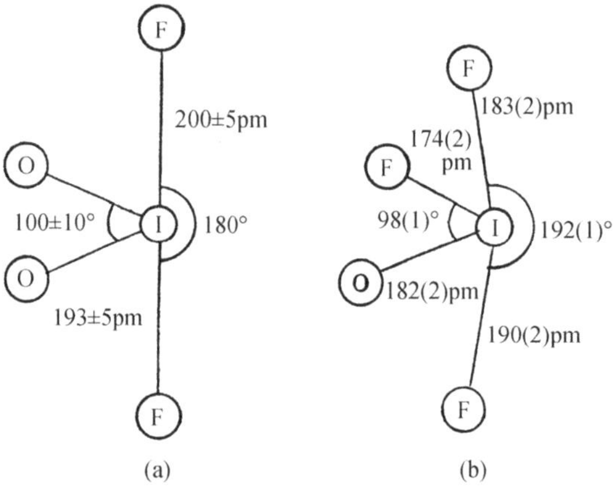

图 18.41　(a)$IO_2F_2^-$(在 KIO_2F_2 中)和(b)IOF_3 的分子结构

(2) 卤氧三氟化物(XOF_3)

在低温下，由 Cl_2O 或 $ClONO_2$ 直接氟化制得 $ClOF_3$[134, 135]，也可由气体混合物 ClO_3F/F_2，$Cl_2/O_2/F_2$，ClF/IOF_5 或 ClO_2F/ClF_5 经光化学作用生成.

纯 $ClOF_3$ 在室温下为五色气体，腐蚀性比 ClF_3 的强，它是一种非常好的氧化剂和氟化剂. 其物理性质：熔点为−42℃，沸点为 29℃，$\Delta H_{蒸发}$=32.38kJ · mol^{-1}，力常数为 9.37(0.1 μN · nm^{-1})，$ClOF_3$ 分子具有 C_s 结构，类似于 IOF_3，Cl—O 键相当强，在凝聚相时，可通过轴上的氟原子形成缔合分子.

$ClOF_3$ 很容易与 Lewis 酸(例如 BF_3, AsF_5 和 SbF_5)作用生成含有 $ClOF_2^+$ 阳离子的配合物，$ClOF_2^+$ 阳离子结构类似于 SO_2F. 与碱金属氟化物作用生成 $M^+[ClOF_4]^-$ 盐(M=K 或 Cs)，$ClOF_4^-$ 阴离子具有 C_{4v} 对称性.

I_2O_5 溶于煮沸的 IF_5 中，冷却可制得白色晶体 IOF_3，该晶体易吸潮.

$$I_2O_5 + 3IF_5 \longrightarrow 5IOF_3$$

固体 IOF_3 的晶体结构如图 18.41(b)所示，由弱的 I—F—I 桥连接着[136]. 当加热至 110℃时，IOF_3 经歧化作用生成 IF_5 和 IO_2F.

$$2IOF_3 \longrightarrow IF_5 + IO_2F$$

(3) 卤三氧氟化物(XO_3F)

最简便的合成方法是由高卤酸或高卤酸盐直接氟化制得：

$$KClO_4 \xrightarrow{SbF_5或HSO_3F} ClO_3F$$

$$KBrO_4 \xrightarrow{SbF_5} BrO_3F$$

$$HIO_4 \xrightarrow[HF(液态)]{F_2} IO_3F$$

在上述反应中，可能包含有XO_3^+阳离子中间体生成(X=Cl，Br 或 I).

(a) 氯三氧氟化物(ClO_3F)

ClO_3F 是一种非常有用的化合物，关于这方面的研究已有综论[1.d), 137]. 它的物理性质见表 18.78.

表 18.78　ClO_3F 的物理性质和热力学参量

熔点(℃)–147.74	ΔH_f°(25℃)(kJ · mol^{-1})+23.9
沸点(℃)–46.67	ΔG_f°(25℃)(kJ · mol^{-1})48.1
临界温度(℃)95.17	S°(25℃)(J · k^{-1} · mol^{-1})278.86
$\Delta H_{熔化}$(kJ · mol^{-1})3.83	C_p°(25℃)(J · k^{-1} · mol^{-1})64.94
分子参量	
键离解能(kJ · mol^{-1})：	D(Cl—O)238.5，D(Cl—F)251
键长(pm)：r_g(Cl—O)	140.4 ± 0.2
r_g(Cl—F)	161.9 ± 0.4
电离能(kJ · mol^{-1})	1313.8 ± 16.7
偶极矩(10^{-30}C · m)	0.077 ± 0.010
力常数(0.1 μN · nm^{-1})	f_r(Cl—O)9.41
	f_r(Cl—F)3.91

根据电子衍射试验表明，ClO_3F 在气相中具有 C_{3v} 对称性(图 18.42).

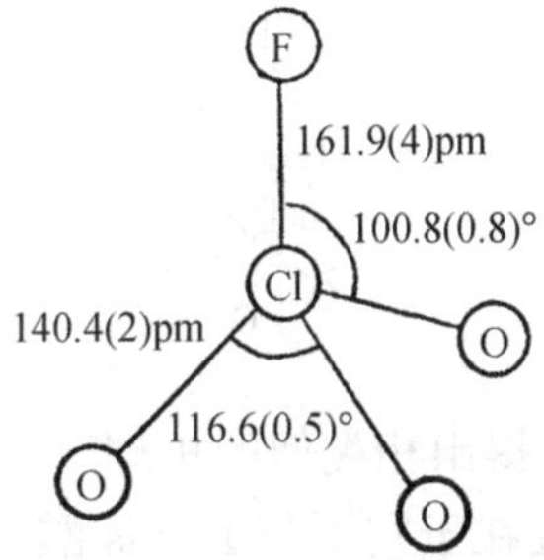

图 18.42　ClO_3F 分子结构

以 CCl_3F 为内标时，ClO_3F 的 ^{19}F 化学位移为–287ppm，而分子氟的为–428.7ppm. 在所有气体中 ClO_3F 有最高的击穿电压，故可在高电压体系中作为绝缘体.

ClO_3F 是一种不活泼的物质，其ΔG_f°为正值，ΔH_f°为负值，因此在室温下，不可能自动分解，也不易引起爆炸，当温度高于 400℃以上时，则有明显的热分解. ClO_3F 的氧化能力与温度和介质有关，在 0.1mol · L^{-1} 的酸性溶液中能定量地使 I^-氧化为 I_2.

$$ClO_3F+8I^-+6H^+ \longrightarrow Cl^-+F^-+4I_2+3H_2O$$

在 20℃时，许多物质不与 ClO_3F 作用，但当温度升高至 150—200℃时，则很快被 ClO_3F 所氧化. 它主要用于火箭的发射，常与卤氟化物混合作火箭燃料的氧化剂. ClO_3F 与 ClF_5 在紫外光照射下生成 $ClOF_3$. 在水溶液中，须在 200℃时与浓碱发生水解作用，而在酒精溶液中，即使在室温下也能很快发生水解，它与液氨或氨溶液作用生成 NH_4F 和 $NH_4[NHClO_3]$.

$$ClO_3F+3NH_3 \longrightarrow NH_4[NHClO_3]+NH_4F$$

从 $NH_4[NHClO_3]$水溶液中，可制得许多其他盐类如 $M^I_2NClO_3$，M^INHClO_3，$M^{II}NClO_3$(M^I=Na，K，Cs 或 Ag；M^{II}=Sr，Ba 或 Pb)，其中多数固体盐是爆炸物. 根据这类氨基高氯酸盐结构的研究表明，它们与 K_2SO_4 类质同晶型，且 $NClO_3^{2-}$ 阴离子具有近似于 C_{3v} 对称性(图 18.42).

在有机化学中，ClO_3F 广泛用作温和氟化剂，苯基锂从 ClO_3F 中置换 F^-与碳负离子反应，包含有 C—F 键的形成，这类阴离子被一个或多个邻近的电负性中心共振所稳定.

$$R_3C^-+ClO_3F \longrightarrow R_3CF+ \ ClO_3^-$$

这种可能的机理是阴离子亲核进攻 ClO_3F，接着迅速地形成强的 C—F 键[138].

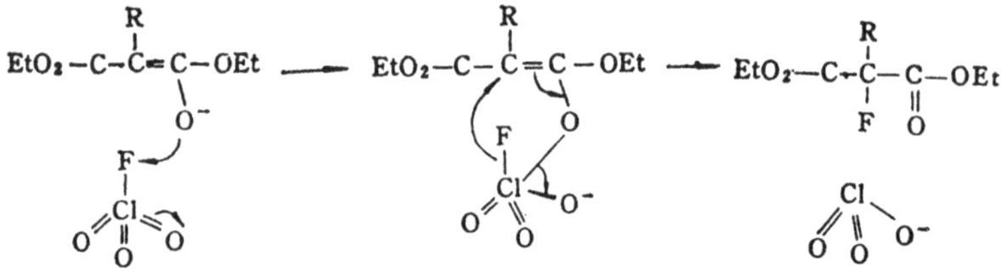

对于 C—C 键的氧氟化作用也提出相类似的机理.

ClO_3F 与 ClO_2F 不同之处在于它不与 Lewis 酸(如 SbF_5 或 SO_3)作用生成配合物；两者都不溶解在液体 HF 中. 在有 Friedel-Crafts 催化剂存在下，此反应可能包含 ClO_3^+ 中间体的作用.

ClO_3F 与其他化合物反应参看图 18.43.

(b) 溴三氧氟化物(BrO_3F)[139]

BrO_3F 是一种五色活泼的气体，在−110℃凝固成白色固体，在室温下，在金属容器中逐步分解. 根据 BrO_3F(气态)红外光谱和 Raman 光谱表明，它是属于 C_{3v} 对称性的分子.

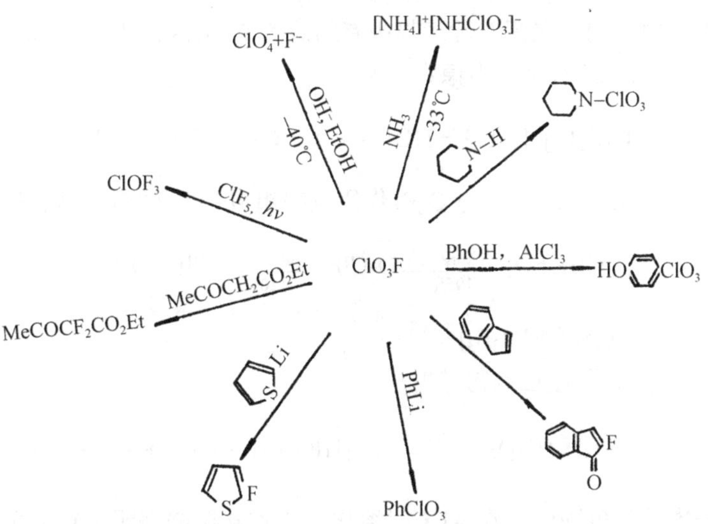

图 18.43　ClO_3F 的反应

$$IO_3F+SO_3 \longrightarrow IO_2SO_2F+O_2$$

(c) 碘三氧氟化物(IO_3F)

IO_3F 是白色晶体,能储存在玻璃瓶中,在温度为 100℃时分解为 IO_2F 和氧. 它溶于液体 HF 中，与 BF_3 和 AsF_5 作用得到的产物分别为$[IO_3][BF_4]$和$[IO_3][AsF_6]\cdot 10HAsF_6$，$SO_3$ 使 IO_3F 还原为 IO_2SO_2F.

与 ClO_3F 一样，IO_3F 与氨作用，但其产物 $NH_3\cdot IO_3NH_2$ 的性质尚不清楚.

(d) 碘氧五氟化物(IOF_5)

IOF_5 可由 IF_7 与水、硅、玻璃或 I_2O_5 作用制得[140]. 不易水解，是无色的固体，熔点为 4.5℃，但不易纯化. 据光谱研究，它具有 C_{2v} 对称性结构.

通过 ^{19}F NMR 化学位移测定,轴上和赤道面上的氟原子无疑地是有区别的(相对于 SiF_4，其值分别为–272 和–236ppm)，但根据振动频率分析，轴上和赤道上 I—F 键之间差别甚小[力常数分别为 4.6 和 4.42(0.1 μ N · nm^{-1})].

(4) 卤二氧三氟化物(XO_2F_3)

(a) 氯二氧三氟化物(ClO_2F_3)

据文献报道，有两种组成为 ClO_2F_3 的物质，可分别按如下方法制得：

①用$[ClO_2]^+[PtCl_6]^-$(含有 10%$[ClO_2F_2]^+[PtCl_6]^-$)，在–78℃时，与 NOF 在蓝色

宝石反应器皿中作用，在挥发性产物中有组成为 ClO_2F_3 物质，在固相、液相或气相时为无色，且在 25℃时相当稳定[141].

$$[ClO_2F_2]^+[PtF_6]^- + NOF \longrightarrow ClO_2F_3 + [NO]^+[PtF_6]^-$$

②由 ClF_3 与 O_2 或由 ClF 与 O_2F_2 作用制得组成为 O_2ClF_3 的紫色固体[142].

$$ClF_3 + O_2 \xrightarrow[195K]{h\nu} O_2ClF_3 \xleftarrow[120K]{} ClF + O_2F_2$$

(b) 碘二氧三氟化物(IO_2F_3)

IO_2F_3 可通过如下途径制得[143]：

$$Ba_3H_4(IO_6)_2 \xrightarrow{HSO_3F} [HIO_2F_4] \xrightarrow{SO_3} IO_2F_3$$

它是可以升华的黄色固体，在 41℃时熔化，核磁共振谱表明 IO_2F_3 可有 C_s 和 C_{2v} 两种对称性的异构体存在.

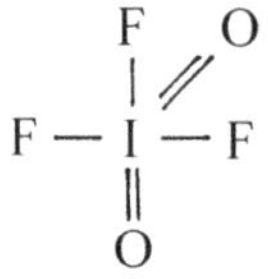

C_s

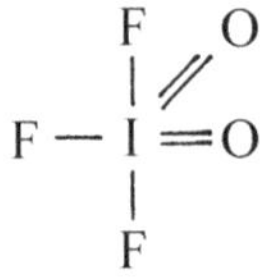

C_{2v}

与 IOF_5 一样，不易水解. 在日光照射时释放出氧(和一些臭氧).

$$IO_2F_3 \xrightarrow{h\nu} IOF_3 + \frac{1}{2}O_2$$

2.6.4　卤素含氧酸及其盐

已知的卤素含氧酸列于表 18.79，这些酸和它们的盐，有许多还是第一次发现的. 多数酸只存在溶液中，而少数盐是以固态存在的，如碘酸盐和高碘酸盐. HOX(X = F，Cl 或 Br)，HIO_3 和 HXO_4(X = Cl，Br 或 I)分子在气相中十分稳定，可用质谱和其他方法研究.

表 18.79　卤素的含氧酸

HOF	HOCl	HOBr	HOI
	$HClO_2$	$HBrO_2$	HIO_2
	$HClO_3$	$HBrO_3$	HIO_3
	$HClO_4$	$HBrO_4$	HIO_4
			$H_7I_3O_{14}$
			H_5IO_6

在卤素含氧酸 H_mXO_n(X=F, Cl, Br 和 I)中都含有 O—H 键，而不是 X—H 键，在溶液中，酸分子都具有类似的结构．高碘酸 H_5IO_6(形式上为 $HIO_4 \cdot 2H_2O$)无论在固态和溶液中主要以正酸$(HO)_5IO$ 形式存在，它是一个弱三元酸(pK_1, 3.29; pK_2, 8.3；pK_3，11.6)，一元酸的强度是随卤素氧化态升高而增强；尤其是氯氧酸遵循 Pauling 规则，正如由近似的 pK_a 值所表明：HOCl，7.52；$HClO_2$，1.94；$HClO_3$，−3；$HClO_4$，−10.同类酸的 pK_a 值按如下顺序 Cl<Br<I 增大．碘酸和高碘酸以及它们的衍生物在溶液中发生聚合作用，并得到含有聚合阴离子的盐．

在 H_mXO_n 酸或 XO_n^- 阴离子中，当卤素的氧化态升高时，卤氧键(X—O)的键长缩短，价力常数增大，这可以说明在 X—O 键中不是 $d\pi$–$p\pi$ 键合，就是在键中的电荷分离增大 $X^{\delta+}$–$O^{\delta-}$.

在含氧卤酸和它们的衍生物的结构化学性质中，一个值得注意的方面是碘的配位数比相应的氯或溴的要大；这当然或至少部分是由于碘原子比较大的原因. 在含氧卤酸及其盐中，氯和溴的配位数被限制为≤4，许多高碘酸盐含有 6 个 I—O 键，以及碘酸盐晶体结构(包括 HIO_3)表明，碘-氧距离小于 van der Waal 半径的总和(355pm)，因此邻近的配位数可增大至 6，7 或 8．碘配位层的扩充，已用来合理地说明包括碘酸盐和高碘酸盐的氧化还原和交换反应比其相应的氯酸盐、高氯酸盐以及溴酸盐、高溴酸盐的要快．碘酸根和高碘酸根容易与金属离子形成配合物，反映 I—O 键电荷高度分离产生可极化的氧原子，而氯酸根、高氯酸根和溴酸根、高溴酸根与碘的阴离子相比较是较弱的配体(ClO_4^- 配位能力非常弱，在研究配位平衡时，通常只用于维持溶液中介质的离子强度)．从光谱学和结晶学数据很清楚地看出，在较强的给予体不存在时，这些阴离子(甚至于 ClO_4^-)本身才与阳离子相连．

一般说，在 XO_3^- 中，卤素的氧化能力按如下顺序增强 Br<Cl<I，因为水溶液中各卤酸根的 ΔG_f° 不同：ΔG_f° = +19.0(BrO_3^-)，−7.95(ClO_3^-)和 −126.4(IO_3^-)kJ · mol^{-1}．根据周期律可看出碘容易氧化．溴的化合物比其类似的氯和碘的化合物热力学的稳定性小是“更迭效应”的一个例证．

然而含氧卤酸及其盐热力学的稳定性，通常是与形成它们的元素有关(值得注意的是水合的 BrO_3^- 和 BrO_4^- 离子 $\Delta G_f^\circ>0$ 则例外)，但其他的分解过程也是有可能发生的．

$$XO_n^- \longrightarrow X^- + \frac{n}{2}O_2$$

对氯和溴阴离子，大体上是放热的，然而由于动力学原因(断裂 X—O 键所必需的)，在室温下，只观察到次卤酸盐是这种情况．这类化合物在许多溶液反应中的氧化能力也已引起注意，其反应机理通常包含有氧原子的转移. 在酸性溶液中，只有HIO_3是稳定的，这与从水中释放出氧有关. 这些化合物主要用于漂白和杀菌等方面以及制造火箭燃料和炸药，在有易燃的有机物存在下易着火和爆炸，故在操作时一定要特别小心.

对氯、溴、碘来说，+1 和+3 氧化态是不稳定的. 每类物种都有各不相同的歧化反应，反应的选择性受制于动力学因素而非热力学因素.

在热碱溶液中，卤素的歧化作用：

$$3X_2+6OH^- \longrightarrow 5X^- + XO_3^- +3H_2O$$

可用于制备卤酸盐；平衡常数值(Cl，4×10^{74}；Br，2×10^{37}；I，1×10^{23})高对此反应非常有利. 然而在酸性溶液中则有利于逆向反应：

$$XO_3^- +5X^- +6H^+ \longrightarrow 3X_2+3H_2O$$

其平衡常数为 Cl，2×10^9；Br，1×10^{38}；I，6×10^{44}，就溴酸盐和碘酸盐来说，此反应能瞬间完成，因此可用来分析这些阴离子；在酸性溶液中，氯酸盐被 Cl^- 还原为 ClO_2.

对氯和溴，分解、交换和氧化还原反应的速率[144]，一般是随卤素的氧化态升高而减小；即 $XO^- > XO_2^- > XO_3^- > XO_4^-$. 高氯酸盐和高溴酸盐在室温下是不活泼的氧化剂，它与水交换氧非常慢，在 $6mol \cdot L^{-1}HClO_4$ 溶液中，ClO_4^-对氧交换半衰期在 100 年以上(在 25℃)，而高碘酸盐是强氧化剂，与水交换氧非常快.

在酸性溶液中，反应速率通常比在中性或碱性溶液中快，但很难区分是酸的催化作用，还是由于其他的变化引起 pH 减小(尤其是在热力学参量改变的情况下). 溶液中含有酸和它的阴离子，且这种酸通常是相当活泼的. 在溶液中含氧酸和含氧阴离子的许多分解反应可被过渡金属阳离子催化，这很可能是通过配合物中间体使卤—氧键活化.

在碱性溶液中，次卤酸盐歧化作用的平衡常数值都比较大(Cl，3×10^{26}；Br，8×10^{14}；I，5×10^{23})，若

$$3OX^- \rightleftharpoons XO_3^- +2X^-$$

不考虑热力学的影响，OCl^-在溶液中可持续存在数天，OBr^-数小时分解，而 IO^-几乎是瞬间消失. XO_3^-与水之间交换氧的反应也有类似情况，ClO_3^-在 100℃酸性溶液中可测其交换速率(BrO_3^-在 30℃酸性溶液中，IO_3^-在 20℃中性溶液中).

(1) 次卤酸及其盐

卤素(I)含氧酸的历史始于 1774 年，当时发现氯水能够漂白各种植物的颜色，

1785 年有人提出氯溶液在碳酸钾碱性溶液中比在水溶液中具有更强的漂白能力，而且不因过量的氯对人体和设备发生有害的影响. 1789 年制得漂白溶液，并用干燥的氢氧化钙吸收氯气制成漂白粉.

A. J. Balard 首先鉴定漂白液的化学组成，制得次氯酸溶液，并分离出无水的 Cl_2O,将黄色氧化汞逐渐加入溴水中制得次溴酸,而次碘酸直至 1897 年才被制得.

在次卤酸中，只有 HOF 可得到纯的化合物，HOCl，HOBr，HOI 溶液都不稳定，HOF 在室温下也不稳定. 在有机化学中，这些酸及其盐是一类重要的卤化剂，有关卤素(I)含氧酸和它们的衍生物的化学性质已有文献报道和评论[1.a), d), 118.b), 145].

(a) 制备

次卤酸溶液(HOCl，HOBr，HOI)的最简便制备方法是根据卤素的歧化水解反应：

$$X_2+H_2O \rightleftharpoons H^++X^-+HOX$$

利用 Ag_2O 或 HgO 与 X^-作用生成难溶物除去 X^-，使反应向右进行. 次卤酸溶液的稳定性取决于溶液中其他离子的性质，对于 HOCl 和 HOBr 可采用减压蒸馏法进行纯化.

浓度大于 $5mol \cdot L^{-1}$ 的 HOCl 次氯酸溶液，可在 0℃下用一氧化二氯(纯液体或四氯化碳溶液)与水作用制得，大批量制备可直接将 Cl_2O 气体通入水中.

按上式若 X 为 Cl，则平衡常数 K 表示如下：

$$K=\frac{[HOCl][H^+][Cl^-]}{[Cl_2][H_2O]}$$

在不同温度下，K 值为：

温度(℃)	0	1.2	1.5	17.6	25	70
$K(\times 10^{-4})$	1.5	1.64	3.16	3.63	4.48	10.0

据水解作用的动力学研究表明，上述水解反应不完全正确，实际上氯的水解反应式应为

$$Cl_2+OH^- \rightleftharpoons Cl^-+HOCl$$

水解速率为

$$\frac{d[Cl_2]}{dt}=K_1[Cl_2][OH^-]-K_2[Cl^-][HOCl]$$

水解平衡常数 $K=\dfrac{K_2}{K_1\cdot K_w}$

卤化物稀溶液用电化学氧化法制备卤酸盐已有报道，但也可采用化学氧化法，例如用次氯酸盐碱性溶液使溴化物氧化为次溴酸盐，碘化物与次氯酸盐或次溴酸盐作用制得次碘酸盐.

中和次氯酸或一氧化二氯制得次氯酸盐溶液，从氯化物中分离次氯酸盐可用醇将 HOCl 变成次氯酸酯与氯化物分离，再用碱水解复原为次氯酸盐. 若用有机胺处理得氯胺和"氯胺 T"($Na^+[CH_3C_6H_4SO_2NCl]^-$)，经水解再生成次氯酸盐.

次氯酸盐溶液在避光情况下是相当稳定的，在室温下让其蒸发结晶可得到固体次氯酸盐.

将液溴加入浓度为≥40%的 NaOH 或 KOH 溶液中(100℃)能制得纯的黄色固体次溴酸钠或钾(组成为 $NaOBr\cdot nH_2O$，n=5 或 7 和 $KOBr\cdot 3H_2O$)，在温度高于 0℃时则不稳定，关于固体金属次碘酸盐尚未见详细报道.

(b) 结构和性质

微波谱研究已证实气态次氟酸和次氯酸分子结构为 HOX(不同于 HXO)，HOF 的键角既小于 H_2O(104.7°)的，也小于 F_2O(103.2°)的，O—F 键键长在 HOF 中比 F_2O 中(141.2pm)长，且其强度较弱，相比之下 HOCl 的键角略小于水分子的；O—H 和 Cl—O 的键长分别与 H_2O(96pm)和 Cl_2O(170pm)中的键长相同. O—Cl 键的键长在 CH_3OCl 中稍短些(167pm)，有关次卤酸的性质列于表 18.80.

表 18.80　次卤酸的性质

HOX 分子	HOF	HOCl	HOBr	HOI
$\Delta H^\circ_{f(g)}$(kJ · mol^{-1})		−89.8	−83.7 ± 41.8	−87.86 ± 41.8
∠H—O—X	97.2 ± 0.6°	103 ± 3°		
力常数: f_r(O—H)(0.1 μN · nm^{-1})		7.35	7.14	
力常数: f_r(O—X)(0.1 μN · nm^{-1})		3.86	3.59	
HOX 在水溶液中的颜色		无色	淡黄色	
ΔH°_f(未离解)(kJ · mol^{-1})		−120.9	−112.9	−138
ΔG°_f(未离解)(kJ · mol^{-1})		−79.9	−82.4	−99.2
S°(未离解)(J · K^{-1} · mol^{-1})		142	142	95.4
离解常数 K_a，298K		约 3×10^{-8}	约 5×10^{-9}	约 1×10^{-11} 或 4.5×10^{-13}
还原电势(在酸性溶液中)				
$E^\circ(XO_3^-/HOX)$(V)		+1.43	+1.49	+1.14
$E^\circ\left(HOX\Big/\frac{1}{2}X_2\right)$(V)		+1.63	+1.59	+1.45
$E^\circ(HOX/X^-)$(V)		+1.50	+1.33	+1.00

在 HOX(X ═ Cl 或 Br)中，O—X 键的伸缩力常数大于 X_2O 型氧化物的. 次

卤酸根离子与相应的双原子的卤氟化物是等电子体，但伸缩力常数较小，水合离子的紫外可见光谱呈现与 $^3\Pi_0 \leftarrow {}^1\Sigma^+$ 跃迁有关的弱峰，且在短波长区有较强的吸收，可看作是电荷转移至溶剂的跃迁.

次卤酸是一种弱酸，由于它极不稳定，因此难以精确地测定其离解常数，浓次氯酸溶液含有大量酸酐(即一氧化二氯)，后者会出现分层；溶液在低共熔点(–39.6℃)时含有 47%HOCl，固相组成为 $HOCl \cdot 2H_2O$. 次溴酸只在稀溶液中(<7%HOBr)稳定，而次碘酸在任何浓度下都不稳定.

(c) 分解作用

次卤酸及其盐的分解速率取决于溶液的浓度，pH 和温度，在溶液中若加入其他盐类或用光照射都对分解速率有影响，分解按照以下两种基本方式进行：

$$2HOX \longrightarrow 2H^+ + 2X^- + O_2$$

$$(\text{或 } 2OX^- \longrightarrow 2X^- + O_2)$$

和

$$3HOX \longrightarrow 3H^+ + 2X^- + XO_3^-$$

$$(\text{或 } 3OX^- \longrightarrow 2X^- + XO_3^-)$$

HOX 比其 OX^- 更易分解，故在碱性溶液中，次卤酸盐是最稳定的. 由于次卤酸盐分解反应在工业上的重要性(漂白和消毒过程)，因此曾广泛地研究了各种添加剂、催化剂和活化剂对其分解反应的影响；催化作用可增大释放氧的速率，但不能使歧化反应加速.

OX^- 在碱性溶液中的歧化反应是分解作用的重要途径，且反应速率按如下顺序增大：$ClO^- < BrO^- < IO^-$. OCl^- 歧化反应是双分子反应，包含有 ClO_2^- 中间体的生成，其反应机理是：

$$OCl^- + OCl^- \xrightarrow{\text{慢}} ClO_2^- + Cl^-$$

$$OCl^- + ClO_2^- \xrightarrow{\text{快}} ClO_3^- + Cl^-$$

OBr^- 和 OI^- 的歧化作用被生成的 X^- 离子所自动催化. 而 XO_2^- 这类离子只作为中间体. 固体亚溴酸盐的制备是通过控制次溴酸盐溶液分解而制得的.

碱性次氯酸盐光解作用产生氯化物、氯酸盐、氧和少量的二氧化氯. 由次氯酸盐溶液释放氧也可被钴、镍、铜离子所催化[146].

HOX 比其 OX^- 分解较快，尤其是在有光或有催化作用的金属离子存在下更易释放出氧，次溴酸和次碘酸溶液在歧化或分解产物的连续反应后，由于生成游离卤素和三卤阴离子而迅速褪色.

$$BrO_3^- + 5Br^- + 6H^+ \longrightarrow 3Br_2 + 3H_2O$$

$$HOI + I^- + H^+ \longrightarrow I_2 + H_2O$$

$$X_2 + X^- \longrightarrow X_3^- (X = Br\text{或}I)$$

次氯酸歧化反应速率与 HOCl 的浓度平方成正比，因此其反应的机理是亚氯酸作为中间体参与反应过程.

$$2HOCl \xrightarrow{慢} 2H^+ + Cl^- + ClO_2^-$$
$$HOCl + ClO_2^- \xrightarrow{快} H^+ + Cl^- + ClO_3^-$$

从热力学考虑，次溴酸盐和次碘酸盐都是比较弱的氧化剂；次氯酸盐使碘酸盐转变为高碘酸盐，但不能使氯酸盐氧化，而次碘酸盐可使碘酸盐和氯酸盐氧化，任何次卤酸盐都不能使溴酸盐氧化.

OX^-与碱性氮原子反应形成 N—X 键，因此次氯酸盐使氨和相关的氨化合物转变为氯胺.

$$NH_3 + OCl^- \longrightarrow NH_2Cl + OH^-$$

当次氯酸过量时，则生成三氯化氮. 通常有“氯”气味的水可以消毒，就是由于次氯酸盐与细菌作用产生氯胺. 次溴酸盐可使胺定量地氧化为氮气，该反应可作为尿素分析的依据：

$$3OBr^- + 2OH^- + CO(NH_2)_2 \longrightarrow 3Br^- + CO_3^{2-} + N_2 + 3H_2O$$

与酰胺化合物作用，生成中间体溴酰胺化合物，但不稳定，随之失去 CO_2，经分子重排得到伯胺. 次卤酸盐与氰化物反应包含有卤素氰化物中间体生成.

$$OCl^- + CN^- + H_2O \longrightarrow ClCN + 2OH^-$$
$$ClCN + 2OH^- \longrightarrow NCO^- + Cl^- + H_2O$$

次氯酸和次氯酸盐与无机物的反应参看图 18.44.

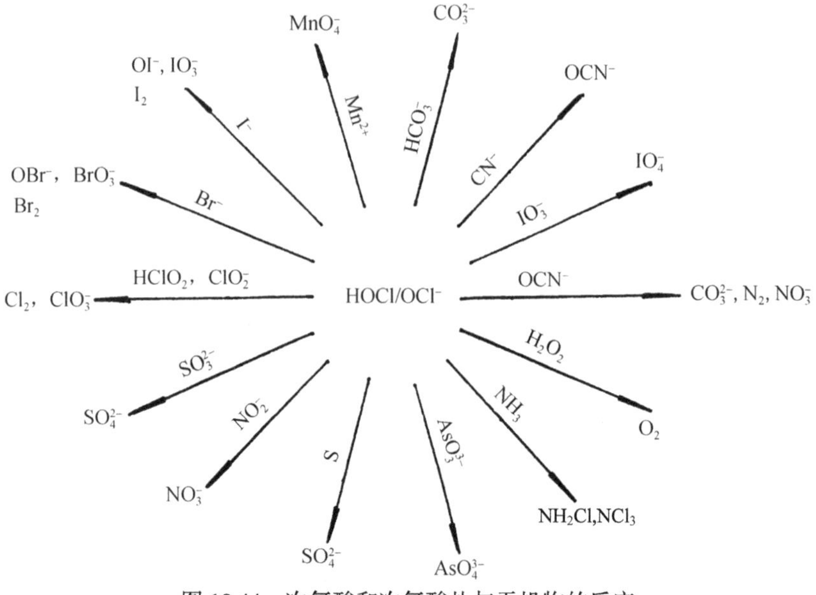

图 18.44　次氯酸和次氯酸盐与无机物的反应

在有机化学中，次卤酸被用来作为芳香族和脂肪族化合物的卤化剂，就芳香族化合物而论，卤化作用按如下顺序增强：次氯酸盐<次溴酸盐<次碘酸盐. 当有铅或银盐存在下，可促使卤化作用进行，在酸性溶液中形成质子酸 H_2OX^+；在碱性溶液中，次卤(溴或碘)酸盐使酚迅速地转变为 2,4,6-三溴酚或 2,4,6-三碘酚. 脂肪族化合物与 HOCl 作用，则按照自由基机理进行：

$$HOCl \longrightarrow HO\cdot + Cl\cdot$$

$$RH + Cl\cdot \longrightarrow R\cdot + HCl$$

$$HCl + HOCl \rightleftharpoons H_2O + Cl_2$$

$$R\cdot + Cl_2 \longrightarrow RCl + Cl\cdot$$

次卤酸盐使甲基酮断裂生成 RCO_2^- 和卤仿.

$$RCOCH_3 + 3OX^- \longrightarrow RCO_2^- + CH_3X + 2OH^-$$

在有机化合物中，多年来总是用碘仿检测 CH_3CO—基团，后采用 Bordeaux 指示剂，对次溴酸直接滴定，此法已用于测定甲基酮[147].

次卤酸一般是加成到乙烯基双键的两端，看上去它们好像是离子对 X^+OH^-，然而 HOCl 与受阻的烯烃反应，可按照自由基的途径进行. 氯醇(由烯烃和 HOCl 反应)水解生成 α-二元醇. HOBr 和 HOI(即 Br_2 或 I_2 与 HgO 作用)对醇类的氧化是通过次卤酸酯的分解作用而实现的.

次溴酸和次溴酸盐与有机物反应见图 18.45.

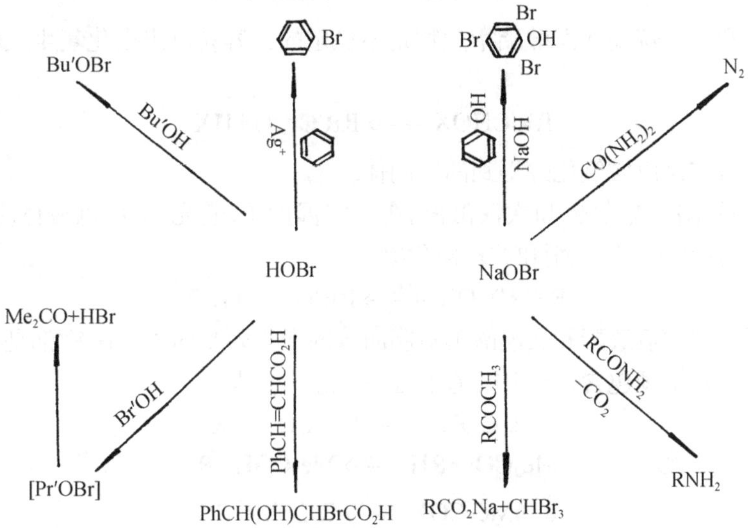

图 18.45 次溴酸和次溴酸盐与有机物的反应

在工业上次氯酸盐是作为重要的漂白剂，它的漂白作用主要取决于三个反应：

①通过氧化作用破坏有色分子；②HOX 加成到烯烃的两端；③饱和化合物的卤化作用．为提高次卤酸的漂白效率，曾进行了各种不同类型的催化剂、活化剂和加速剂的研究．由于次溴酸盐的漂白作用比次氯酸盐的强，故有时在次氯酸盐溶液中加入少量溴化钠以增强漂白能力．

含氧氯漂白剂氧化能力是以“有效氯”的含量为标志的．这一概念可由碘氢酸释出碘加以说明：

$$Cl_2+2HI \longrightarrow 2HCl+I_2$$

和

$$LiOCl+2HI \longrightarrow LiCl+I_2+H_2O$$

从以上反应表明，用 70.92g 氯或用 58.4g 无水次氯酸锂与碘氢酸反应释放出 1mol 碘．因此“有效氯”的含量定义为：析出相同量的 I_2 所需氯的重量，除以所需该化合物的重量．若以百分比表示，则 LiOCl 含“有效氯”为(70.92/58.4) × 100% = 121%．例如常用的漂白剂有：pH≥11 的次氯酸钠溶液内含“有效氯”5—10%；主要用于漂白纸浆．含 $Ca(OH)_2+CaCl_2$ 的漂白液内含“有效氯”为 85g · L^{-1}，干燥的次氯酸钙 $Ca(OCl)_2 \cdot 2H_2O$ 含“有效氯”为 70%，用于游泳池消毒．

(d) 次卤酸酯

第一、第二和第三烷基次卤酸酯由乙醇与次卤酸(由卤素水解生成)作用而制得．

$$ROH+HOX \longrightarrow ROX+H_2O$$

第一和第二烷基次卤酸酯衍生物是不稳定的，容易放出卤化氢生成相应的醛或酮．

$$RR'CHOX \longrightarrow RR'C{=}O+HX$$

并且也可看作是卤酸氧化醇得到的中间体．

第三烷基次氯酸酯(和次溴酸酯)在一定温度下(避光)是黄色液体(固体为橙色)；光照引起分解生成酮和烷基卤化物．

$$RR'R''COX \xrightarrow{h\nu} RR'C{=}O+R''X$$

第三丁基次氯酸酯和次溴酸酯对脂肪族的和烯丙基的 C—H 键都是有效的卤化剂，自由基机理包含，*t*–丁氧基作为一种链的载体．

$$Me_3COX \xrightarrow{h\nu} Me_3CO\cdot + X\cdot$$

$$Me_3CO\cdot + RH \longrightarrow Me_3COH + R\cdot$$

$$R\cdot + Me_3COX \longrightarrow RX + Me_3CO\cdot$$

氟代烷基次氯酸酯一般比脂肪族酯要稳定，制备方法有：

①醇和 ClF 之间消除 HF[148]

$$ROH + ClF \xrightarrow{25°C} ROCl + HF$$

$$[R=(CF_3)_3C，CH_3(CF_3)_2C，(CF_3)_2CH 或 CF_3CH_2]$$

②在−20℃，ClF 加成到羰基化合物的双键上，此反应为 CsF，BF_3 或 AsF_5 催化[149, 150]

$$RR'C=O + ClF \longrightarrow RR'FCOCl$$

$$[R=F，R'=F 或 CF_3；R=CF_3，R'=CF_3 或 CF_2Cl]$$

在 CsF 存在下，$F_4S=O$ 作用于 ClF 生成 F_5SOCl. CF_3OCl 作为 OCF_2 与 ClF_3 氟化作用的一种副产物被吸附在 γ−氧化铝上，它也可以由 OCF_2 和 Cl_2O 作用而制得.

这一类化合物的稳定性按如下顺序减小：

$$CF_3OCl > C_2F_5OCl > (CF_3)_2CFOCl > SF_5OCl.$$

CF_3OCl 在 150℃时分解比较慢，并按照如下反应途径分解，其中包含有 $CF_3O\cdot$：

$$CF_3OCl \longrightarrow CF_3O\cdot + Cl\cdot$$

$$2CF_3O\cdot \longrightarrow CF_3OOCF_3(91\%)$$

$$CF_3O\cdot \longrightarrow OCF_2 + F\cdot(9\%)$$

CF_3OCl 易与 N_2F_4 化合得到 CF_3ONF_2 和氯，与一氧化碳和二氧化硫作用分别生成氯代甲酸酯和氯代硫酸酯：

$$CF_3OCl + \frac{1}{2}N_2F_4 \xrightarrow{h\nu} CF_3ONF_2 + \frac{1}{2}Cl_2$$

$$CF_3OCl + CO \longrightarrow CF_3OC(=O)-Cl$$

$$CF_3OCl + SO_2 \longrightarrow CF_3OSO_2Cl$$

(e) 硫代次卤酸

在氯仿或二氯甲烷中，溴与 H_2S 作用制得硫代次溴酸.

$$Br_2 + H_2S \longrightarrow HBr + HSBr$$

HSBr 能“固定”NH_3 形成铵盐，在低温下稳定，但在溶液中迅速地分解：

$$NH_4SBr \longrightarrow S + NH_4^+ + Br^-$$

而 SBr^- 被认为是 NaHS 在醚溶液中被溴氧化的中间体.

按同样方法制得 HSI.

(2) 亚卤酸及其盐

HXO_2 酸和 XO_2^- 阴离子(X = Cl，Br 或 I)分别是 HOX 和 OX^- 歧化反应的中间体，可由卤酸盐氧化卤化物制得. 亚氯酸是含氧氯酸中最不稳定的，只存在水溶液中，在无其他杂质存在下，ClO_2^- 和 BrO_2^- 可在中性或碱性溶液中存在，而 IO_2^- 在任何情况下都迅速地分解.

工业上大量制造的亚氯酸钠主要用作漂白剂(在酸性溶液中)和制备二氧化氯的原料，用以纯化水和油脂的漂白.

亚氯酸盐无论是固态或溶液都分解生成二氧化氯. 在正常情况下，亚氯酸盐溶液不会释放出构成危险量的 ClO_2，但当溶液中滴入酸或将固体盐加热时，则因为产生大量的 ClO_2 而引起爆炸. 有关卤素(III)含氧酸及其盐的化学性质可参考专门文献[1,a][1,d][118b][145].

(a) 制备

亚氯酸(与 $HClO_3$ 一起)由二氧化氯水溶液分解制得，也可用酒石酸还原氯酸制取，但最好的制备方法是用亚氯酸钡悬浮液与硫酸作用.

$$Ba(ClO_2)_2+H_2SO_4 \longrightarrow BaSO_4+2HClO_2$$

碱金属或碱土金属亚氯酸盐可以从溶液中结晶析出；在工业上和实验室中的制备方法是还原 ClO_2 制取亚氯酸盐(通常用的还原剂是过氧化物例如 H_2O_2).

$$2ClO_2+O_2^{2-} \longrightarrow 2ClO_2^-+O_2$$

除过氧化物外，其他还原剂包括有机物，胺，亚硝酸盐，硫化物，碘化物以及钠汞齐等.

含有 BrO_2^- 的水溶液可通过控制冷浓的碱金属次溴酸盐溶液的歧化作用而得到；残剩的 OBr^-加入氨或丙酮破坏，再将此溶液浓缩得固体盐. 无水 $LiBrO_2$ 和 $Ba(BrO_2)_2$ 采用以下反应制得：

$$2LiBrO_3+LiBr \xrightarrow{190°C} 3LiBrO_2$$

$$Ba(BrO_3)_2 \xrightarrow{250°C} Ba(BrO_2)_2+O_2$$

(b) 分解作用

在避光情况下，亚氯酸钠碱性溶液至少可保持一年不变；即使加热至沸也不发生分解，亚氯酸钠溶液的稳定性随 pH 值下降而降低，冷的中性溶液在暗处稳定，但加热时慢慢地分解. 在酸性溶液中，尤其是在 pH<4 时，则以一定的速率分解.

亚氯酸的分解作用，由下面三个反应方程式表示.

①$3HClO_2 \longrightarrow 3H^++2ClO_3^-+Cl^-$

$\Delta G^\circ=-138.9kJ\cdot mol^{-1}$

②$5HClO_2 \longrightarrow 4ClO_2^-+Cl^-+H^++2H_2O$

$\Delta G^\circ=-144.3kJ\cdot mol^{-1}$

③$HClO_2 \longrightarrow Cl^-+H^++O_2$

$\Delta G^\circ=-123.4kJ\cdot mol^{-1}$

其中释放氧的反应③是次要反应步骤，估计亚氯酸消耗小于 3%. 简单的歧化反应①生成氯酸盐和氯化物并未观察到，但在 $2mol\cdot L^{-1}$ 高氯酸中，$HClO_2$ 歧化反应

开始按④进行[151]

$$④4HClO_2 \longrightarrow 2ClO_2+ClO_3^-+Cl^-+2H^++H_2O$$

反应②被 Cl^-催化，因此 ClO_3^- 生成速率随着反应进行与 ClO_2 量减少有关；若有适量的氯化物存在，反应②占优势，非常少量的 ClO_2 也引起亚氯酸与氯酸盐相互作用，即

$$HClO_2+H^++ClO_3^- \longrightarrow 2ClO_2+H_2O$$

$HClO_2$ 总的分解速率可表示为

$$-\frac{d[HClO_2]}{dt}=K_1[HClO_2]^2+\frac{K_2[HClO_2][Cl^-]^2}{K+[Cl^-]}$$

据此，提出如下机理：

(i) 非催化的反应

$$HClO_2+HClO_2 \longrightarrow HOCl+H^++ClO_3^-$$

(决定反应速率步骤)

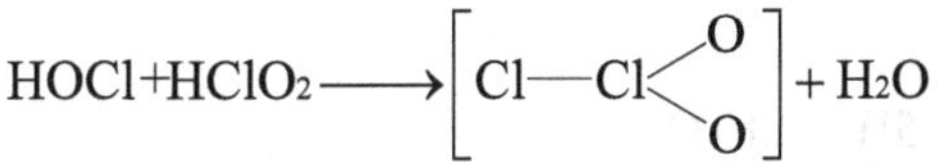

$$HOCl+H^++Cl^- \rightleftharpoons Cl_2+H_2O$$

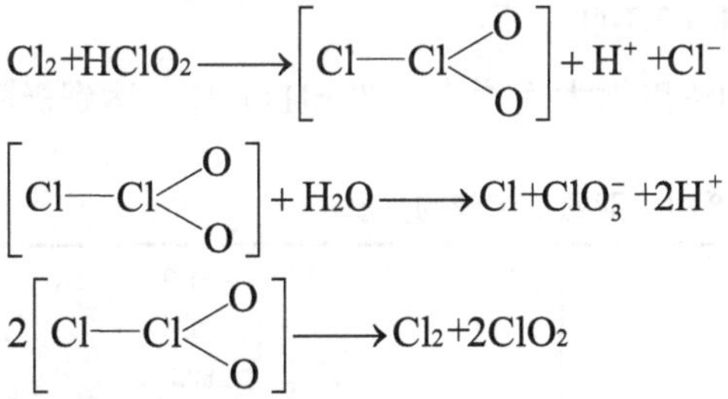

(ii) 氯离子(Cl^-)催化的反应

$$HClO_2+Cl^- \rightleftharpoons [HCl_2O_2^-]$$

$$[HCl_2O_2^-]+Cl^- \longrightarrow \text{产物(决定反应速率步骤)}$$

在低$[H^+]$浓度下也可假定按如下途径分解：

$$HClO_2+ClO_2^- \longrightarrow [HClO_2—ClO_2^-] \longrightarrow \text{产物}$$

加入 H_2O_2 能使亚氯酸溶液稳定，由二氧化氯再生成 ClO_2^-.

亚氯酸钠进行热分解歧化为氯酸盐和氯化物：

$$3NaClO_2 \xrightarrow{260°C} 2NaClO_3+NaCl$$

重金属亚氯酸盐加热也发生歧化反应．许多这种盐在高温或快速加热发生爆炸分解，很可能是由于释放出 ClO_2 的原因.

BrO_2^- 和 IO_2^- 的水溶液分解机理研究尚不完善，但其主要分解过程可根据歧化

反应作类似的推测，并证明在碱性介质中发生如下简单反应：

$$XO_2^- + XO_2^- \longrightarrow XO_3^- + XO^-(X=Br 或 I)$$

固体亚溴酸盐加热引起歧化反应尚未见详细报道，$LiBrO_2$(在 225℃)和 $Ba(BrO_2)_2$(在 220℃)失氧生成金属溴化物，而 $Mg(BrO_2)_2 \cdot 6H_2O$ 脱水后分解为镁的氧化物. 晶体亚溴酸盐在室温下，即使光照射也不分解.

亚氯酸是一种中强酸(表 18.81)，每升溶液中只含有几克 $HClO_2$，在室温下立即分解生成二氧化氯. 它与 Cl_2 作用，则被 Cl_2 氧化为 $HClO_3$，若溶液浓度很大时，主要生成 ClO_2.

$$2HClO_2+Cl_2 \longrightarrow 2ClO_2+2H^++2Cl^-$$

在酸性或中性溶液中与碘化物作用，I^-被定量地氧化为碘.

$$ClO_2^- +4H^++4I^- \longrightarrow 2I_2+Cl^-+2H_2O$$

在 pH = 3～4，$HClO_2$ 与 Na_2S 作用生成 H_2SO_4.

在 ClO_2^-—ClO_2—Cl^-体系中，用铂电极进行电解还原，则 ClO_2^- 变为 Cl^-，其反应机理表示如下：

①$5HClO_2 \longrightarrow 4ClO_2+Cl^-+5H^++2H_2O$

②$ClO_2+H^++e^- \rightleftharpoons HClO_2$

③$HClO_2+3H^++4e^- \longrightarrow Cl^-+2H_2O$

在①式反应中，反应速率随$[H^+]$浓度增大而增大，当 pH<1 时，达到极限值.

表 18.81　亚氯酸溶液的性质

ΔH_f° $HClO_2$(未离解)(kJ · mol^{-1})	−51.9
ΔG_f° $HClO_2$(未离解)(kJ · mol^{-1})	+5.9
S° $HClO_2$(未离解)(J · K^{-1} · mol^{-1})	188.2
离解常数 K_a	1.1×10^{-2}
在酸性溶液中还原电势(V)	
E° ($ClO_3^-/HClO_2$)	+1.21
E° ($ClO_2/HClO_2$)	+1.27
E° ($HClO_2/HOCl$)	+1.64
E° ($HClO_2/Cl^-$)	+1.57

若在中性或酸性溶液中，用电解还原法也生成 Cl^-，反应机理为：

$$ClO_2^- +H^++e^- \longrightarrow ClO+OH^-$$

或

$$ClO_2^- +H^++e^- \longrightarrow ClO^-+OH$$

最后还原为 Cl^-.

$$ClO+2H^++3e^- \longrightarrow H_2O+Cl^-$$

或　$ClO^- + 2H^+ + 2e^- \longrightarrow H_2O + Cl^-$

亚氯酸钠氟化生成 $ClOF_3$ 但产率低，氯和次氯酸氧化亚氯酸盐为 ClO_2 或 ClO_3^- 或两者的混合物. 氯与亚氯酸钠反应是合成 ClO_2 重要方法之一.

$$2NaClO_2 + Cl_2 \longrightarrow 2NaCl + 2ClO_2$$

在酸性溶液中，此反应较快，产物不是氯酸盐，而是次氯酸. 在中性溶液中亚氯酸被高锰酸盐定量氧化为氯酸.

$$3ClO_2^- + 2MnO_4^- + H_2O \longrightarrow 3ClO_3^- + 2MnO_2 + 2OH^-$$

在酸性溶液中，亚氯酸盐和亚溴酸盐使 I^- 氧化为 I_2，并进一步氧化为 IO_3^-. 亚溴酸盐能使碱金属亚砷酸盐迅速地氧化，但亚氯酸盐与其作用却比较慢.

(c) 用途

在酸性溶液中(pH 为 3—5)，亚氯酸钠被广泛地用作纺织品的漂白剂，漂白反应的性质不能确定，Cl_2O_3 是一种可能的活化中间体，当然有色杂质被氧和二氧化氯($HClO_2$ 分解产物)氧化也是重要的. 为改善亚氯酸盐的漂白效果，一方面提高溶液的 pH(阻止 ClO_2 逸散)，另一方面加入各种类型的活化剂.

(3) 卤酸及其盐

早期曾报道用 ClO_2 或氯使悬浮在水中的 I_2 氧化为碘酸，并进一步研究在碱性介质中碘的歧化反应生成碘化物和碘酸盐. 用硫酸处理氯酸钡得到氯酸溶液. 对溴酸钡和溴酸也有详尽的描述.

根据氧化还原电势判断，在酸性溶液中，卤酸盐是强氧化剂，通常被还原为相应的卤化物，它们的氧化能力按如下顺序减小：溴酸盐≥氯酸盐>碘酸盐，其中以溴酸盐的氧化能力最强，但其反应速率则以碘酸盐的最快，其顺序为：碘酸盐>溴酸盐>氯酸盐. 在酸性溶液中，BrO_3^-/Br^- 和 $BrO_3^-/\frac{1}{2}Br_2$ 的电对与 MnO_4^-/Mn^{2+} 的电对(+1.51V)有相同的电势值，这些固体化合物与可氧化物质混合时，容易发生自动燃烧或爆炸. 酸化氯酸盐释放出 ClO_2，氯酸盐是制备二氧化氯和高氯酸盐的重要原料，也是制造火柴和焰火的原料. 溴酸盐和碘酸盐在工业上应用较少，但它们是有用的分析试剂.

有关氯酸和氯酸盐，溴酸和溴酸盐以及碘酸和碘酸盐制备和性质可参考专门文献[1,a][1,d][118.b].

(a) 制备

用硫酸处理氯酸钡和溴酸钡制得氯酸和溴酸.

$$Ba(XO_3)_2 + H_2SO_4 \longrightarrow BaSO_4 + 2HXO_3$$

悬浮在水溶液中的碘，用电解或化学方法氧化即可制得碘酸，在适度的酸性溶液中有沉积物为 α-HIO_3 结晶，而酸的浓度大于 $5mol \cdot L^{-1}$ 则形成 HI_3O_8.

氯酸盐和溴酸盐制备方法有两种：①卤素在碱性溶液中歧化

$$3X_2+6OH^- \longrightarrow XO_3^- +5X^- +3H_2O$$

②卤素或相应的 X^-离子的电解氧化[152]；例如，氯酸盐的制备是以氯化物为电解质，电极不用隔膜分开(通常是钢作阴极，石墨为阳极)，最适情况下，电流效率达 80%—90%.

总的反应：

$$Cl^- +3H_2O \longrightarrow ClO_3^- +3H_2$$

在阴极上有 OH^-生成

$$H_2O+e^- \longrightarrow \frac{1}{2}H_2+OH^-$$

在阳极上的主要反应是 Cl^-被氧化为 Cl_2.

$$Cl^- \longrightarrow \frac{1}{2}Cl_2+e^-$$

在电池中由于溶液的扩散作用，使 Cl_2 歧化生成 Cl^-和 OCl^-. 即

$$Cl_2+2OH^- \longrightarrow Cl^- +OCl^- +H_2O$$

由次氯酸盐歧化反应或由 OCl^-在阳极上直接氧化生成氯酸盐均为在电极上发生的氧化还原过程，次氯酸盐分解(氯化物和氧)以及在阳极上的损耗使生成的氯酸盐量减少.

溴酸盐制备也可采用电氧化法. 所用的电解质为溴的碱性溶液，因此少量 OBr^-开始就存在溶液中，阳极涂有一层 PbO_2，加入少量铬酸盐主要防止 OBr^-在阴极上还原.

用氧化剂氧化溴或溴化物也能制得溴酸盐，例如用次氯酸盐溶液(氯通入碱性溴化物溶液中)或熔融的氯酸盐使溴化物转变为溴酸盐.

碘酸盐可直接将金属碘化物在高压 O_2 下加热至约 600℃制得. 还可用氯酸盐(或溴酸盐)使碘氧化变为相应的碘酸盐，即

$$I_2+2NaClO_3 \longrightarrow 2NaIO_3+Cl_2$$

但不能用次氯酸盐，因为它使碘(V)进一步氧化为碘(VII). 高碘酸热分解也制得碘酸盐.

(b) 性质和化学结构

$HClO_3$ 和 $HBrO_3$ 只能在水溶液中得到，将此溶液加热至沸则分解，但在室温和真空条件下可浓缩为浆状液体，其稳定的极限浓度为：$HClO_3$ 约 40%；$HBrO_3$ 约 50%，碘酸溶液加热蒸发可析出结晶.

氯酸和溴酸都是强酸($pK_a \leqslant 0$)，而碘酸只是中强酸($pK_a = 0.8$)，用光谱法可检测出在溶液中有未离解的分子(表 18.82).

表 18.82　碘酸和无水碘酸 HI_3O_8 的性质

性　质	HIO_3	HI_3O_8
熔点(℃)	约 100	
脱水温度(℃)	约 100(→HI_3O_8)	约 200(→I_2O_5)
热力学函数(298K)		
ΔH_f° (c)(kJ · mol^{-1})	−231.8	−385.8
ΔH_f° (未离解，水溶液)(kJ · mol^{-1})	−211.3	
ΔG_f° (未离解，水溶液)(kJ · mol^{-1})	−132.6	
S° (未离解，水溶液)(J · K^{-1} · mol^{-1})	166.9	
酸性		
离解常数 K_a	0.157	
晶体结构		
X 射线衍射	α-HIO_3	
中子衍射	α-HIO_3 含有 $HOIO_2$ 分子	含有 $HOIO_2$ 和 I_2O_5 分子
r(I=O)(pm)	180，182	179，181
r(I–OH)(pm)	189	190
θ O—I—OH	95.7°，98.2°	94.2°，95.4°
θ O=I=O	101.4°	99°

某些碘酸盐的反应如图 18.46 所示．在固态时，HIO_3 有两种异构体 α-HIO_3 和 β-HIO_3，它们之间差别只是晶轴系数不同．由于氢键的作用，HIO_3 缔合为 HI_3O_8，它是由 HIO_3 和 I_2O_5 相连而成.

$$6HIO_3 \xrightarrow{100\text{–}130°C} 2HI_3O_8+2H_2O \xrightarrow{190\text{–}250°C} 3I_2O_5+3H_2O$$

HI_3O_8 的结构可表示如下：

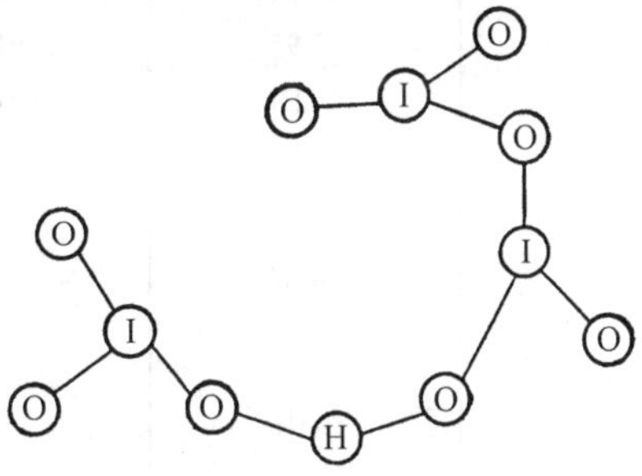

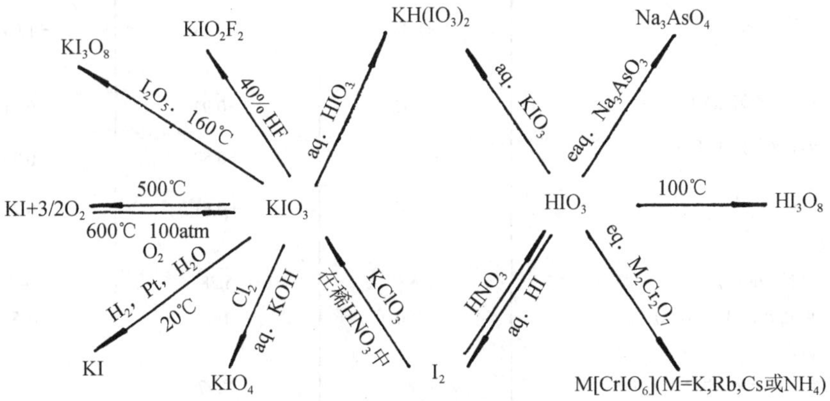

图 18.46　某些碘酸盐的反应

单晶的衍射研究(表 18.82)表明在 α-HIO_3 中有 $HOIO_2$ 分子以及在 HI_3O_8 中(可表示为 $HIO_3 \cdot I_2O_5$)有 $HOIO_2$ 和 I_2O_5 分子存在，这两种化合物(α-HIO_3 和 HI_3O_8)中都证明存在有氢键，且分子间 I…O 的距离约为 250—300pm，导致在 α-HIO_3 中唯一的碘原子和 HI_3O_4 中二个碘原子为畸变的八面体配位. HI_3O_8 中第三个碘原子有四个分子间的 I…O 接触，形成不规则的七配位.

用电导法和电位法研究了碘酸水溶液的性质，表明在适当浓度的溶液中形成了$[H(IO_3)_2]^-$.

$$HIO_3 + IO_3^- \rightleftharpoons [H(IO_3)_2]^-$$

由上式得到的稳定常数为 41.

二碘酸氢盐和三碘酸二氢盐即 $M^IH(IO_3)_2$ 和 $M^IH_2(IO_3)_3$ 可从含有 M^IIO_3 和过量 HIO_3 的溶液中结晶析出. 这些碘酸氢盐加热得到含有 I—O—I 键的 $M_2H_2I_6O_{17}$.

碱金属氯酸盐和溴酸盐结晶具有稍变形的氯化钠型晶格，而相应的碘酸盐则

表 18.83　卤酸根在水溶液中的性质

性　质	ClO_3^-	BrO_3^-	IO_3^-
热力学函数(在 298K)			
ΔH_f° (kJ · mol^{-1})	−104.06	−66.73	−219.7
ΔG_f° (kJ · mol^{-1})	−7.95	+19.03	−126.4
S° (J · K^{-1} · mol^{-1})	162.3	161.5	118.4
还原电势			
酸性溶液			
E° (XO_4^- / XO_3^-)(V)	+1.23	+1.76	
E° (H_5XO_6/ XO_3^-)(V)			约+1.7
E° (XO_3^- /XO_2)(V)	+1.15		
$E^\circ\left(XO_3^-/\frac{1}{2}X_2\right)$ (V)	+1.46	+1.51	+1.20
E° (XO_3^- /X^-)(V)	+1.44	+1.44	+1.09
碱性溶液			
E° (XO_4^- / XO_3^-)(V)	+0.40	+0.93	+0.81
$E^\circ\left(XO_3^-/\frac{1}{2}X_2\right)$ (V)	+0.47	+0.52	+0.20
E° (XO_3^- /X^-)(V)	+0.62	+0.61	+0.29
力常数			
f_r(0.1 μN · nm^{-1})	5.87	5.28	5.48
紫外可见光谱，$\lambda_{(最大)}$(nm)	<200	195	195
核磁共振谱			
^{17}O 化学位移(ppm 相对于 H_2O)	−287	−297	
^{35}Cl 化学位移(ppm 相对于 Cl^-)	−1050		

为钙钛矿结构，并显示压电性质. 这类盐在水中的溶解度按如下顺序减小：氯酸盐>溴酸盐>碘酸盐. 某些四价的金属离子(例如 Ce[IV]，Zr[IV]，Hf[IV]，Th[IV])的碘酸盐非常难溶，从而提供了一个有效的分离方法. 碘酸盐与另一些金属和非金属元素的含氧阴离子(例如硫酸盐、碲酸盐、硒酸盐、钼酸盐、铬酸盐和钒酸盐)生成聚阴离子配合物，也能与某些金属离子形成$[M(IO_3)_6]^{2-}$型配合物(M ═ Mn，Ti 和 Pb).

在XO_3^-中的卤原子上有一个非键电子对，因该阴离子为三角锥形(见表 18.84)，具有C_{3v}对称性，ClO_3^-和BrO_3^-离子是有点扁平的四面体结构，∠O—X—O 键角约 106°，而IO_3^-离子的∠O—I—O 键角较小，约 97°，表明 I—O 键有较少的 *s* 特征. 可以预料 X—O 键键长是按如下顺序增大：氯酸盐<溴酸盐<碘酸盐. 在 α-HIO_3 和 HI_3O_8 中的 $HOIO_2$ 分子有两个 I—O 键的键长接近碘酸根离子的(约 180pm)，而 I—OH 键的键长较长(190pm)，键角全都接近 100°.

表 18.84　卤酸盐晶体中原子间距离和键角平均值

化合物	X 射线或中子衍射	卤素配位数	离子内的大小		分子间	I···O 距离
			r(X—O)(pm)	∠O—X—O(°)	$r(I\cdots OIO_2)$(pm)	$r(I\cdots OH_2)$(pm)
NH_4ClO_3	X 射线	3	145 ± 3	106		
$Ba(ClO_3)_2 \cdot H_2O$	中子	3	148.5 ± 0.4	106.3 ± 0.2		
NH_4BrO_3	X 射线	3	164 ± 2			
$Sm(BrO_3)_3 \cdot 9H_2O$	中子	3	167 ± 2(二倍)	105.7 ± 0.7		
			154 ± 2	107.3 ± 1.3(二倍)		
$LiIO_3$	X 射线	6	181.7 ± 1.7	98.65 ± 0.6	287.3 ± 1.7	
NH_4IO_3	X 射线	6	176.5 ± 0.8	102.3–105.6	277.8,	
			180.6 ± 0.8		281.9,	
			183.6 ± 1.2		283.0	
$Ce(IO_3)_4 \cdot H_2O$	X 射线	6	183 }		293,299,300	
		6	182 }	97.1 ± 0.3	256,278,299	
		6	184 }		251,273	310
		6	180 }		255,266	300
$Ca(IO_3)_2 \cdot 6H_2O$	X 射线	6	178 ± 3 }		285 ± 2	286 ± 7
			185 ± 3 }	97.8 ± 1.5		289 ± 3
			190 ± 3 }			
$Sr(IO_3)_2 \cdot H_2O$	X 射线	7	179 ± 1	99.2 ± 1	317 ± 1	
					285 ± 1(两倍)	
					322 ± 1	
$Zr(IO_3)_4$	X 射线	8	183 ± 2	99 ± 1	255 ± 2	
				93 ± 1(两倍)	283 ± 2	
					294 ± 2(两倍)	
					311 ± 2	

卤酸根的分解有三种可能的途径：

① $4XO_3^- \longrightarrow X^- + 3XO_4^-$

② $2XO_3^- \longrightarrow 2X^- + 3O_2$

③ $4XO_3^- \longrightarrow 2X_2 + 5O_2 + 2O^{2-}$

反应①是歧化反应，从热力学考虑，此反应只对碱金属氯酸盐是可行的. 已由氯酸钾热力学数据和在水溶液中的平衡常数(ClO_3^-，10^{22}；BrO_3^-，10^{-30}；IO_3^-，10^{-53})所证实. 氯酸盐溶液即使加热至沸其歧化反应也非常慢，这是因为金属氯酸盐热分解是放热过程. 溴酸盐和碘酸盐的热分解不生成 BrO_4^- 和 IO_4^-，但无水碱土金属碘酸盐在高温下则按如下反应分解：

$$5M(IO_3)_2 \longrightarrow M_5(IO_6)_2 + 4I_2 + 9O_2$$

除歧化反应①外，金属卤酸盐的分解是否按反应②(生成金属卤化物)或反应③(生成氧化物)方式进行，主要取决于卤化物和氧化物的相对稳定性，若从动力学考虑，则取决于两个过程相对的活化能大小. 当有强极性阳离子存在时，卤酸根按反应③分解生成氧化物，当然颗粒的大小和加热的速度对分解反应的影响也是重要的(动力学因素). 一般碱金属、碱土金属和银的卤酸盐按反应②方式分解生成卤化物，而镁、过渡金属和稀土卤酸盐则按反应③分解生成氧化物.

卤酸盐的热稳定性按如下顺序减小：碘酸盐>氯酸盐>溴酸盐. 随着卤酸盐的阳离子极化能力加强而热稳定性减弱. 碱金属卤酸盐热分解，第一步是 X—O 键的断裂，需在高温下进行(>300℃)，而卤酸铵的热分解温度比较低(NH_4ClO_3，50℃；NH_4BrO_3，−5℃；NH_4IO_3，约 100℃)，进一步加热会引起爆炸，如 NH_4ClO_3 加热时，首先是质子的转移.

$$\begin{array}{ccccc} NH_4^+ClO_3^-(S) & \longrightarrow & NH_3S & + & HClO_3(S) \\ & & \upharpoonleft\downharpoonright & & \upharpoonleft\downharpoonright \\ & & NH_3(g) & & HClO_3(g) \end{array}$$

接着 $HClO_3$ 迅速地分解和 NH_3 的氧化，得到的产物包括有 NH_4NO_3.

XO_3^- 阴离子的水溶液经闪光光解产生 XO_2 基.

$$XO_3^- \cdot H_2O \longrightarrow (XO_3^- \cdot H_2O)^* \longrightarrow XO_2 + OH + OH^-$$

此反应依赖于辐射温度和热处理过程，X 射线或 γ 射线照射能使晶体氯酸盐和溴酸盐分解产生许多物种，其中包括有高卤酸根，卤氧基等

$$XO_3^- \xrightarrow[\text{或}\gamma\text{射线}]{\text{X射线}} XO_4^-,\ XO_2^-,\ XO^-,\ XO_3,\ XO_2,\ X{-}XO_3^-,\ XO_3^{2-},\ O_2 \text{和} O_3$$

(X = Cl 或 Br)

氯酸盐分解常采用各种不同的氧化物作催化剂，其活性强度顺序为：Cr_2O_3>MnO_2>Fe_2O_3>Ni_2O_3>CuO>TiO_2，其中以 Cr_2O_3 活性最强，若用金属硫酸盐

作催化剂时，则其强度顺序为：Cr>Co>Mn>Ti>Fe>Ni>Cu>V.

从热力学和动力学两个方面考虑，卤酸盐在水溶液中的氧化能力显然与氢离子浓度有关，在酸性溶液中，卤酸盐易转变为卤化物，通常是还原过程(电极电势为 1.1—1.5V)，反应速率比较快. 在碱性溶液中，氯酸盐不具有氧化能力；即使在弱酸性溶液中，它的还原作用也非常慢，需用过渡金属[例如 Os(VIII)，V(V)或 Mn(VII)]的衍生物作催化剂加速反应速率，浓氯酸盐溶液通常被还原为二氧化氯而不是氯化物.

若不考虑动力学差别的情况下，这三种卤酸盐的氧化性质都十分相似. 溴酸盐和碘酸盐在碱性溶液中均发生氧化还原反应，与氢氧化铵或硫酸肼作用产生氮(碱性氯酸盐不反应)，碘酸盐还可以使钒氧基盐氧化为五价钒酸盐.

$$6VO^{2+} + IO_3^- + 18OH^- \longrightarrow 6VO_3^- + I^- + 9H_2O$$

卤酸盐与 As(III)反应，即使在酸性溶液中，也只能缓慢地使其氧化为 As(V).

在酸性溶液中，卤酸盐和卤化物的反应有多种可能的化合方式：碘化物被定量地氧化为碘，溴化物被氧化为溴，而氯化物被氯酸盐氧化为氯和二氧化氯，被溴酸盐氧化为溴和氯，被碘酸盐氧化为氯和氧化碘.

$XO_3^- + 5X^- + 6H^+ \longrightarrow 3X_2 + 3H_2O$　(X=Cl，Br 或 I)

$XO_3^- + 6Y^- + 6H^+ \longrightarrow X^- + 3Y_2 + 3H_2O$　(X=Cl；Y=Br 或 I；X=Br，Y=I)

$XO_3^- + 5Y^- + 6H^+ \longrightarrow 2Y_2 + XY + 3H_2O$　(X = I，Y=Br)

$2ClO_3^- + 2Cl^- + 4H^+ \longrightarrow Cl_2 + 2ClO_2 + 2H_2O$

所提出的反应机理涉及 YXO_2 型的中间体的形成：

$XO_3^- + 2H^+ \xrightleftharpoons{快} [H_2XO_3^+]$

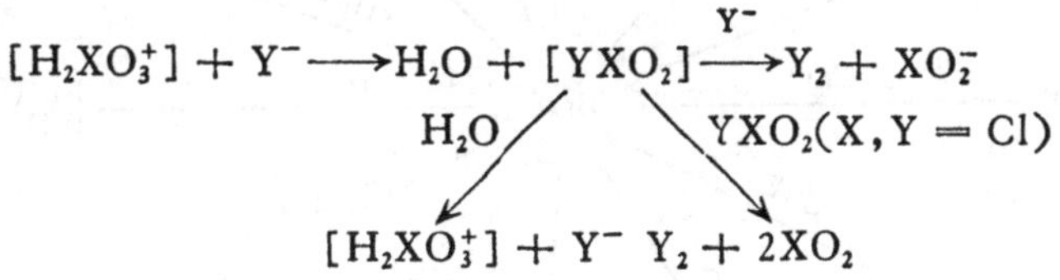

反应速率与$[H^+]$和$[X^-]$浓度有关，通常用下式表示[153, 154]

$$反应速率 = k[XO_3^-][H^+]^2[Y^-]$$

假定 XO_2^- 与 Y^-很快反应，YXO_2 中间体结构是 Y—X(=O)(=O) 还是 O—X—O—Y 尚不能肯定，如与 XO_2F 相比较，则认为前者结构合理，但后者也能解释某些与动力学有关的 NO_2^- 和 SO_3^{2-} 的氧化作用，其中包括氧定量地从卤酸根离子转移至作用物. 对于卤酸根其他的氧化作用，也发现 X^-离子的催化作用.

在 ClO_3^- 和 BrO_3^- 溶液中，碘可置换氯和溴：

$$I_2 + 2XO_3^- \longrightarrow X_2 + 2IO_3^-$$

在 pH = 1.5—2.5 时，溴酸盐与碘反应分如下几步[155]：

①有一个诱导期——产生催化剂(可能是 HOBr)

②$I_2 + BrO_3^- \longrightarrow IBr + IO_3^-$

③$3IBr + 2BrO_3^- + 3H_2O \longrightarrow 5Br^- + 3IO_3^- + 6H^+$

④$5Br^- + BrO_3^- + 6H^+ \longrightarrow 3Br_2 + 3H_2O$

在酸性溶液中，碘酸盐与亚硫酸盐之间的反应包括三个不同阶段，其中碘在溶液中周期性地出现和消失，反应机理表示如下：

① $IO_3^- + 3SO_3^{2-} \longrightarrow I^- + 3SO_4^{2-}$

②$5I^- + IO_3^- + 6H^+ \longrightarrow 3I_2 + 3H_2O$

③$5I_2 + 3SO_3^{2-} + 3H_2O \longrightarrow 6I^- + 6H^+ + 3SO_4^{2-}$

固体氯酸盐与有机物或非金属如 S，Se，Te，P 和 As 混合在一起，在完全干燥时不一定反应. 但有少量水气时就能引起燃烧和爆炸分解(生成 $HClO_3$). 溴酸盐和碘酸盐与易燃和氧化性物质作用则生成不稳定的混合物.

溴酸盐在水溶液中化学反应用图 18.47 表示.

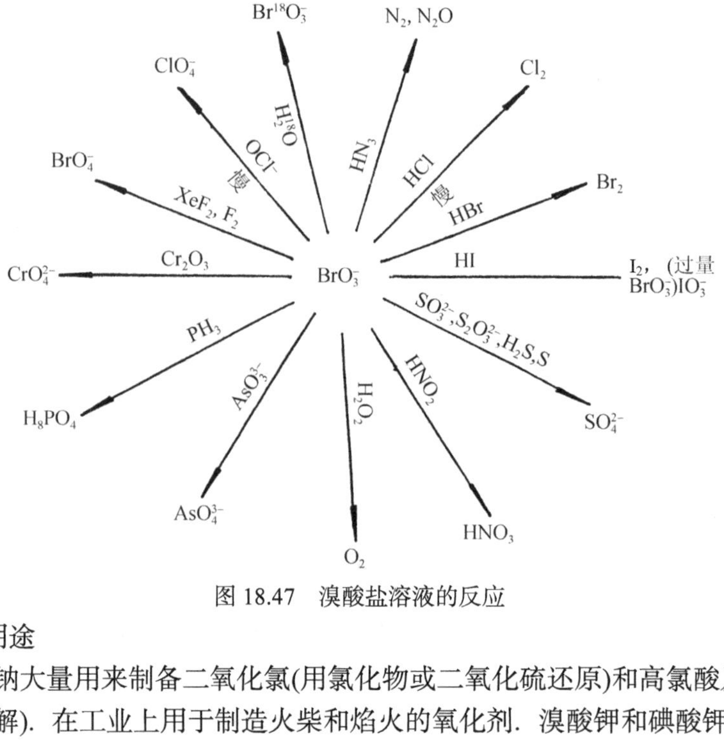

图 18.47　溴酸盐溶液的反应

(c) 用途

氯酸钠大量用来制备二氧化氯(用氯化物或二氧化硫还原)和高氯酸及其盐(酸性溶液电解). 在工业上用于制造火柴和焰火的氧化剂. 溴酸钾和碘酸钾是重要的

分析基准物质，溴酸盐主要用于测定三价砷和锑(由三价氧化为五价)，而碘酸盐用于分析测定各种不同的金属.

(4) 高卤酸及其盐

高氯酸钾是最早被发现的，用硫酸处理氯酸钾有二氧化氯生成，高氯酸钾则从溶液中结晶析出；用氟硅酸与高氯酸钾作用得到高氯酸：

$$2KClO_4+H_2SiF_6 \longrightarrow K_2SiF_6\downarrow+2HClO_4$$

由于高氯酸盐用途甚广，尤其是应用于火箭燃料的氧化剂，因此对高氯酸及其衍生物的物理和化学性质曾进行过详尽的研究，并有综合性评论报道[1.a), d), 118.b), 156–158].

高碘酸及其盐也发现较早，曾报道用氯氧化碘酸盐制备高碘酸盐．而高溴酸盐由于活化能的原因，Br(V)难以转变为 Br(VII)，故一直未能制得，直到 1968 年在研究 SeO_4^{2-} 的 β 蜕变时受到启发才获得成功；其方法是在碱性溴酸盐溶液中用 F_2 氧化得到高溴酸盐．高溴酸钾的化学性质可用下式表示：

$$KBrO_3+\frac{1}{2}O_2 \xleftarrow[275—280℃]{热分解} KBrO_4 \xrightarrow[HF(液)]{SbF_5} BrO_3F$$

$$KBrO_3+\frac{1}{2}O_2 \xrightarrow{390—395℃} KBr+\frac{1}{2}O_2$$

$$KBrO_4 \xrightarrow{HSO_3F} Br_2, O_2$$

$$BrO_3F \xrightarrow{OH^-室温} BrO_4^- + H_2O + F^-$$

还须强调指出，高氯酸及其盐在室温下，尽管从动力学方面考虑，认为它们是惰性的，但却是一种非常强的氧化剂．无水高氯酸(酸酐)在储存或有杂质存在下都会自动爆炸分解．因此在制备无水高氯酸时一定要按规程严格控制，而且在任何情况下只能少量进行.

有研究表明，高溴酸盐与高氯酸盐有许多共同之处，但高碘酸盐的化学性质却稍有所不同，它与碲酸盐(VI)相类似．高碘酸盐与其相应的氯和溴的衍生物之间许多性质上的差别，至少部分是由于碘原子比较大的原因.

表 18.85　卤素(VII)含氧酸性质对比

性质	氯	溴	碘
酸的结构	$HOClO_3$	$HOBrO_3$	$(HO)_5IO$
在 20℃的物理状态	液	—	固
酸性	非常强 一元酸	非常强 一元酸	弱 多元酸
在溶液中的阴离子	ClO_4^-	BrO_4^-	$H_4IO_6^-$，$H_3IO_6^{2-}$， $H_2IO_6^{3-}$，$H_2I_2O_{10}^{4-}$， IO_4^-
水溶液中氧化特性	无氧化性 (在 20℃) 强 (在 100℃)	缓慢 (在 25℃) 强 (在 100℃)	强烈且快 (在 20℃)
XO_4^- 与 H_2O 间的氧交换	未观察到	未观察到	非常快

虽然高氯酸盐和高溴酸盐中卤原子的配位数为 4，而碘原子的配位数为 6，甚至在高碘酸盐中也不例外，以 H_5XO_6(X=Cl 或 I)为例，在室温下，对于氯其结构为$[H_5O_2]^+ ClO_4^-$，对于碘则结构为$(HO)_5IO$. 在碱性高碘酸溶液中，IO_4^-是主要的组分，并参与快速的水合-脱水平衡.

$$IO_4^- + 2H_2O \rightleftharpoons (HO)_4IO_2^-$$

其他高卤酸盐无此情况. 高碘酸盐可形成具有 I—O—I 桥的聚合阴离子，也能形成非常稳定的配合物以及含 I—O—M 桥的杂多阴离子，高氯酸盐或高溴酸盐无类似的聚合作用.

高氯酸盐，尤其是高溴酸盐都是强氧化剂，但在室温下由于不存在合适的低能量中间体使其某些反应受到抑制.

简单高氯酸盐和高溴酸盐(M^IXO_4)像许多其他含有四面体构型的阴离子的盐一样，在室温下的结晶具有斜方晶系硫酸钡结构，在较高温度下(>200℃)高氯酸盐转变为立方晶系.

(a) 高氯酸及其盐

(i) 制备

①在水溶液中，电解氧化氯化物或氯酸盐制得高氯酸盐.

②氯酸盐与强无机酸(例如 H_2SO_4)作用得到高氯酸盐，氯化物和二氧化氯.

③碱金属氯酸盐热歧化反应制得高氯酸盐.

④用臭氧，过氧二硫酸盐或二氧化铅作氧化剂使氯酸盐氧化为高氯酸盐.

在实验室中制备高氯酸盐多采用化学方法，氯酸盐电解氧化仅在工业上是重要的，电解池中以钢为阴极，铂为阳极，电解质溶液的 pH 保持在 6—7 左右；电解时加入铬酸盐(据推测在阴极上它可形成一种难溶的薄膜)可使产物损耗减小至最低程度. 图 18.48 示意了高氯酸盐的相互转化.

由于金属盐在无水 $HClO_4$ 中的溶解度小，致使许多制备无水高氯酸盐的方法受到了限制，但由 $NO^+ ClO_4^-$ 与金属盐作用制备无水高氯酸盐已获得成功.

$$MX_n + nNO^+ ClO_4^- \longrightarrow M(ClO_4)_n + nNOX$$

$$(X=F,\ Cl,\ Br \text{ 或 } NO_3)$$

$AgClO_4$ 在有机溶剂中溶解度比较大，被用来制备非金属阳离子高氯酸盐，也用于制备高氯酸酯.

用浓盐酸处理无水 $NaClO_4$ 或 $Ba(ClO_4)_2$ 得到高氯酸溶液. 恒沸酸(72.4%$HClO_4$)脱水的主要产物是 Cl_2O_7 或无水 $HClO_4$，这取决于反应条件；$HClO_4$ 易被 Cl_2O_7 沾污，但可用合适比例(约 3∶1)的脱水剂(例如发烟硫酸或 $Mg(ClO_4)_2$)

加入酸中，并立即在室温下低压蒸馏使其减少至最小程度．在气相中存在有 $HOClO_3$ 分子已被电子衍射所检测(表 18.86)；红外和 Raman 光谱研究表明无水高氯酸在固相或液相中亦以 $HOClO_3$ 分子形式存在．随后通过液体 $HClO_4$ 某些物理性质的研究(蒸气压，黏度，电导和电解)[159]，认为 $HClO_4$ 在溶液中存在如下平衡：

$$3HClO_4 \rightleftharpoons Cl_2O_7 + H_3O^+ + ClO_4^-$$

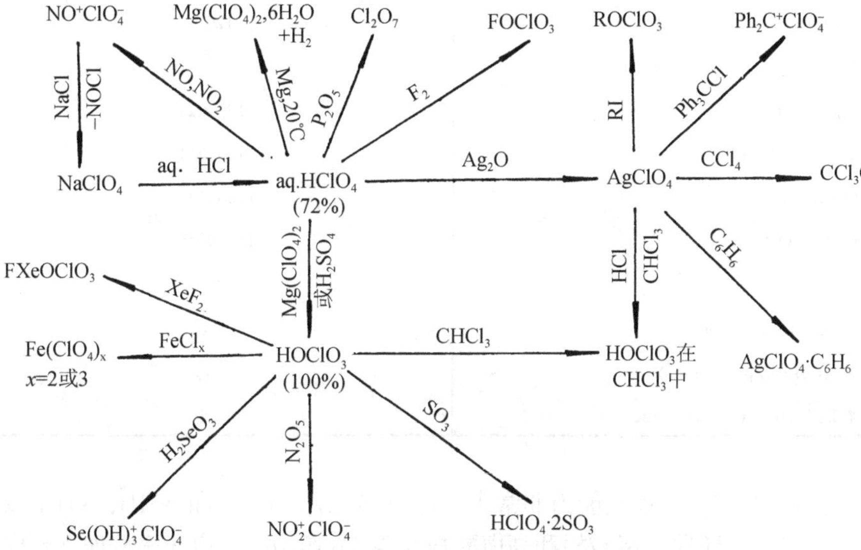

图 18.48　高氯酸盐的相互转换

在 25℃时该反应的平衡常数为 0.68×10^{-6}．

无水高氯酸是非常强的氧化剂，与多数有机物作用发生爆炸，使碘化氢和亚硫酰氯燃烧，并能迅速地氧化金和银．某些金属盐在无水高氯酸中溶解生成无水金属高氯酸盐．

$$Al_2Cl_6 + 6HClO_4 \longrightarrow 2Al(ClO_4)_3 + 6HCl$$

$$Mn(NO_3)_2 + 6HClO_4 \longrightarrow Mn(ClO_4)_2 + 2NO_2^+\ ClO_4^- + 2H_3O^+ \cdot ClO_4^-$$

在室温下 $HClO_4$ 水溶液是非常强的酸，能溶解活泼金属释放出氢．79%高氯酸的活性相当于 98%的硫酸．光谱研究表明 $HClO_4$ 在浓度<6mol $\cdot L^{-1}$ 时完全离解，而浓度为 12mol $\cdot L^{-1}$ 时，含有不少于 90% $HClO_4$，高氯酸还以 $[(H_2O)_4H]^+[ClO_4]^-$ 形式从水相萃取到乙醚中．

表 18.86　无水高氯酸的性质

热力学和其他物理性质	
ΔH_r° ($HClO_4$液)($kJ \cdot mol^{-1}$)	–40.75/25℃
S° ($HClO_4$气)($J \cdot K^{-1} \cdot mol^{-1}$)	285.3/25℃
C_p° ($HClO_4$液)($J \cdot K^{-1} \cdot mol^{-1}$)	120.5/25℃
颜色	无色(新蒸馏液)
熔点(℃)	–101
沸点(℃)	120.5
分子结构	
$r_g(1)$[Cl=O](pm)	140.8(2)
$r_g(1)$[Cl—OH](pm)	163.5(7)
∠O=Cl=O	112.8(5)°
∠O=Cl—OH	105.8(7)°
力常数	
f_r(Cl=O)(0.1 μN · nm^{-1})	9.2
f_r(Cl—OH)(0.1 μN · nm^{-1})	3.85
键离解能 D(HO—ClO_3)($kJ \cdot mol^{-1}$)	193

冷的高氯酸溶液的氧化能力非常小；可被 $SnCl_2$，V_2O_3 和 V(II)，V(III)以及 Ti(III)离子缓慢地还原．卤酸根和高卤酸根与 V_2O_3 作用的反应速率按如下顺序减小：$IO_4^- > BrO_3^- > IO_3^- > ClO_4^-$．热浓的高氯酸溶液是一种强氧化剂，与金属作用放出氯化氢，而且还可使有机物分解．

表 18.87　高氯酸水溶液的性质

热力学性质(298K)	
ΔH_f° ($kJ \cdot mol^{-1}$)	–129.3
ΔG_f° ($kJ \cdot mol^{-1}$)	–8.62
S° ($J \cdot K^{-1} \cdot mol^{-1}$)	182.0
$\Delta H_{稀释}$($kJ \cdot mol^{-1}$)	–88.74

对高氯酸气相热分解反应：

$$4HClO_4 \longrightarrow 2H_2O + 2Cl_2 + 7O_2$$

在 150—439℃温度范围内曾作过研究[160–161]．温度高于 310℃时，$HClO_4$ 分解为均相一级反应，决定反应的主要步骤是 Cl — OH 键的断裂，

$$HOClO_3 \longrightarrow OH + ClO_3$$

接着 OH 与另一个高氯酸分子迅速反应，

$$OH + HOClO_3 \longrightarrow H_2O + ClO_4$$

ClO_3 和 ClO_4 经生成 ClO_2 和 ClO 后分解为氯和氧. 由实验测得的活化能($188.7kJ \cdot mol^{-1}$)与用电子轰击方法测得 Cl—OH 键的离解能($193kJ \cdot mol^{-1}$)或通过热力学数据计算得出的数值($199.2kJ \cdot mol^{-1}$)都很吻合. 温度低于 310℃时，$HClO_4$ 的分解为多相二级反应. 温度高于 450℃时，氯与水反应产生氯化氢.

$$Cl_2 + H_2O \longrightarrow 2HCl + \frac{1}{2}O_2$$

高氯酸是强一元酸，它能使许多在水溶液中本身就是酸的分子质子化，如亚硒酸与高氯酸作用生成$[Se(OH)_3]^+ ClO_4^-$，无水硝酸与高氯酸混合物在−40℃时证明存在如下平衡：

$$HNO_3 + 2HClO_4 \rightleftharpoons NO_2^+ \cdot ClO_4^- + H_3O^+ \cdot ClO_4^-$$

高氯酸在乙腈溶剂中是完全离解的. 在有机酸中，它只是中强酸；例如在甲酸中 $HClO_4$ 的 pKa 值约为 0.5，在乙酸中约为 2.7，在三氟乙酸中约为 1.3.

金属高氯酸盐分解为相应的氧化物或氯化物取决于阳离子的特性；在多数情况下，在低于 600℃时，反应以可测量的速率完成.

$$M(ClO_4)_n \longrightarrow MCl_n + 2nO_2$$

$$M(ClO_4)_n \longrightarrow MO_{n/2} + \frac{n}{2}Cl_2 + \frac{7n}{4}O_2$$

究竟按何种方式分解，可根据所生成的产物相关的自由能得以说明. 碱金属、银、钙、钡、镉和铅的高氯酸盐分解得到相应的氯化物，因为这些元素 ΔG_f°(氯化物)$-\frac{1}{2}\Delta G_f^\circ$(氧化物)$<-84kJ \cdot mol^{-1}$；铝和铁的高氯酸盐分解产生相应的氧化物，其 ΔG_f°(氯化物)$-\frac{1}{2}\Delta G_f^\circ$(氧化物)$>0kJ \cdot mol^{-1}$；而镁和锌的高氯酸盐则两种分解反应都存在. 高氯酸盐水合物脱水一般比较困难，通常伴随着分解，甚至水解反应也有可能发生.

关于高氯酸铵的热分解，曾进行过广泛的研究[162, 163]，这不仅是因为它的化学性质的重要性，而且也由于在火箭燃料方面的应用. 1869 年有人首先提出高氯酸铵的分解反应为：

$$NH_4(ClO_4) \longrightarrow NH_4Cl + 2O_2$$

但实际上高氯酸铵的分解包括三个完全不相同的阶段.

① “低温” 分解：温度范围约为 200—300℃，分解分为几个区间，其中包括

有诱导期，加速区，速率最大区和减速区，分解反应为：

$$4NH_4ClO_4 \longrightarrow 2Cl_2+8H_2O+2N_2O+3O_2$$

②“高温”分解：温度在 350—400℃之间迅速地分解

$$2NH_4ClO_4 \longrightarrow Cl_2+4H_2O+2NO+O_2$$

③在温度为 450℃时迅速燃烧，并产生有两个特征反应：

a. 在低压下　$2NH_4ClO_4 \longrightarrow Cl_2+4H_2O+2NO+O_2$

b. 在高压下　$4NH_4ClO_4 \longrightarrow 4HCl+6H_2O+2N_2+5O_2$

据研究表明，高氯酸铵分解为一级反应，且上述三个阶段的活化能是相同的(约 126kJ · mol^{-1})；决定反应速率的步骤被认为是晶体中的质子由 NH_4^+ 转移至 ClO_4^-，紧接着经蒸发转为气相.

(ii) 高氯酸酯

自 1841 年发现以来，烷基高氯酸酯被认为是有潜在危险的爆炸性化合物，随着分子量增大对撞击的灵敏性减小. 烷基高氯酸酯是一种油状液体，它可在低温下由无水高氯酸与醇类作用制得，最好的制备方法则是高氯酸银与烷基卤化物在有机溶剂中进行复分解，液体红外光谱证实其结构为 $ROClO_3$.

(iii) 用途

$KClO_4$ 和 NH_4ClO_4 是固体炸药和火箭燃料重要的氧载体；多数高效的炸药都含有高氯酸铵，因为它与适量的易燃物质作用能全部生成气态产物.

$$NH_4ClO_4+2C \xrightarrow{\text{引起爆炸}} NH_3+HCl+2CO_2$$

常用的火箭推进剂，它的燃烧可看成是一种低速爆炸，由 75%的 NH_4ClO_4，20%的燃料和 5%的添加剂组成的火箭推进剂，能使其物理性质达到理想效果(储备或燃烧性能). 重金属高氯酸盐用于染色. 高氯酸锂是作为一种氧化剂.

高氯酸在分析化学方面的应用：在非水滴定中作酸，在有机物湿法灰化时作氧化剂. 还可用来溶解铬，包括与其他金属的定量分离，在铝的电抛光中作为一种电解质(与醋酸一起)，以及在酯化反应中作为催化剂.

高氯酸盐用作干燥剂：无水 $Mg(ClO_4)_2$ 能吸收相当于其自身重量 60%的水量，且在使用时不变黏，在真空加热至约 200℃时可活化再生. ClO_4^- 在水溶液中配位能力极小，因此在许多水溶液反应中的平衡常数的测定和动力学方面的研究通常用高氯酸盐维持介质的离子强度.

(b) 高溴酸及其盐

长期以来人们企图从溴酸盐的氧化来制备高溴酸盐，但一直未获得成功，直到 1968 年 E. H. Appelman 首先用 F_2，XeF_2 或用电解法，氧化 BrO_3^- 水溶液制得高溴酸盐.

高溴酸是一种强酸，在水溶液中完全离解为水合质子和具有四面体结构的

BrO_4^-阴离子，它与$H_2^{18}O$不发生氧交换. 大于 6mol · L^{-1}的 $HBrO_4$(55%$HBrO_4$)溶液在空气中不稳定，并发生明显的自动催化分解，某些金属离子(例如 Ag^+和 Ce^{4+})加速 $HBrO_4$的催化分解. 尽管如此，它仍可用蒸馏方法提纯. 快速蒸发时，在开始分解之前，$HBrO_4$在溶液中结晶(可能析出 $HBrO_4 \cdot 2H_2O$). $KBrO_4$晶体具有正交重晶石结构，在室温下，与碱金属高氯酸盐是同晶型的，BrO_4^-中 Br—O 键的键长为 161pm. SbF_5可使 $KBrO_4$转变为 BrO_3F.

$KBrO_4$分解为放热反应

$$KBrO_4(c) \longrightarrow KBr(c) + 2O_2(g)$$

$$\Delta H^\circ_{298} = -106.19 \pm 0.4 \text{kJ} \cdot \text{mol}^{-1}$$

此反应分为两阶段进行：①在约 275℃产生 $KBrO_3$，②在约 390℃接着分解. 用量热法研究上述反应以及 $KBrO_4$在水中的离解，推出了 $KBrO_4$的热力学性质(见表 18.88). 热稳定顺序为 $KBrO_3$>$KBrO_4$，相似于碘的，而不同于氯的化合物($KClO_4$>$KClO_3$). NH_4BrO_4对撞击和摩擦都不敏感，热分解产生 N_2，Br_2，O_2和 H_2O，在这一点上与 NH_4BrO_3相类似，而与 NH_4ClO_4不相同.

表 18.88　卤酸钾和高卤酸钾的热力学性质

	氯	溴	碘
ΔH_f°(c)KXO_3(kJ · mol^{-1})	−397.9	−359.8	−500.0
ΔG_f°(c)KXO_3(kJ · mol^{-1})	−296.2	−270.7	−416.7
ΔH_f°(c)KXO_4(kJ · mol^{-1})	−431.8	−287.4	−460.7
ΔG_f°(c)KXO_4(kJ · mol^{-1})	−302.0	−170.3	−349.4
$KXO_3(c) \longrightarrow KX(c)+\frac{3}{2}O_2(g)$			
ΔH°(kJ · mol^{-1})	−38.0	−32.6	+172.4
ΔG°(kJ · mol^{-1})	−112.1	−108.4	+94.6
$KXO_4(c) \longrightarrow KX(c)+2O_2(g)$			
ΔH°(kJ · mol^{-1})	−4.2	−105.0	+133.1
ΔG°(kJ · mol^{-1})	−106.3	−208.8	+27.2
$KXO_3(c) \longrightarrow \frac{3}{4}KXO_4(c)+\frac{1}{4}KX(c)$			
ΔH°(kJ · mol^{-1})	−35.1	+41.8	+72.4
ΔG°(kJ · mol^{-1})	−32.2	+48.1	+74.1
$KXO_n(s) \longrightarrow \frac{1}{2}K_2O(s)+\frac{1}{2}X_2(g)+\frac{2n-1}{4}O_2(g)$			
n=3；ΔH°(kJ · mol^{-1})	+217.2	+194.6	+350.6
n=4；ΔH°(kJ · mol^{-1})	+251.0	+107.1	+289.5
分解温度(℃)			
KXO_3	472	390	525
	$\rightarrow\frac{3}{4}KClO_4+\frac{1}{4}KCl$	$\rightarrow KBr+\frac{3}{2}O_2$	$\rightarrow KI+\frac{3}{2}O_2$
KXO_4	534	275	363
	$\rightarrow KCl+2O_2$	$\rightarrow KBrO_3+\frac{1}{2}O_2$	$\rightarrow KIO_3+\frac{1}{2}O_2$

尽管在酸性溶液中 BrO_4^-/BrO_3^- 电对的电势值(+1.76V)大，在室温下，高溴酸被看作是不活泼的氧化剂，但仍比高氯酸强，稀溶液可使 Br^- 和 I^- 缓慢地氧化，在100℃，6mol · $L^{-1}HBrO_4$ 使 Mn^{2+} 转变为 MnO_4^-，12mol · $L^{-1}HBrO_4$ 使氯化物迅速地氧化. 与 $SnCl_2$ 作用被还原为溴化物.

(c) 高碘酸及其盐

正高碘酸是七价碘的含氧酸，分子式为 H_5IO_6，X 射线和电子衍射研究得出其结构是以碘为中心的八面体，其中六个 I—O 键有五个键距为 188 ± 3pm 而另一个短些，表明晶体结构稍有点变形. 所有∠O—I—O 键角均为 87—95°. H_5IO_6 是一种弱酸，在水溶液中有如下平衡：

$$H_5IO_6 \rightleftharpoons H_4IO_6^- + H^+ \qquad pK_1 = 3.36(25℃)$$

$$H_4IO_6^- \rightleftharpoons H_3IO_6^{2-} + H^+ \qquad pK_2=6.7$$

$$H_3IO_6^{2-} \rightleftharpoons H_2IO_6^{3-} + H^+ \qquad pK_3 = 12.2$$

$$H_4IO_6^- \overset{K_d}{\rightleftharpoons} IO_4^- + 2H_2O \qquad Kd=40$$

高碘酸盐的合成途径主要是将碘化物，碘或碘酸盐的水溶液进行氧化. 在工业上是采用电化学氧化法，用 PbO_2 作阳极. 在实验室许多高碘酸盐制备都是以钠盐($Na_3H_2IO_6$)作原料(见图 18.49)，比较简便的方法是将氯通入碘酸钠的碱性溶液中而制得. 碱土金属正高碘酸盐由碘酸盐歧化反应得到，例如

$$5Ba(IO_3)_2 \longrightarrow Ba_5(IO_6)_2+4I_2+9O_2$$

由于正高碘酸盐的热稳定性，也可考虑由碘化物与氧化物的固体混合物用氧氧化而制得.

高碘酸水溶液最好是用浓硝酸处理正高碘酸钡得到，其中析出的固体正高碘酸 H_5IO_6 是比较稳定的. 晶体结构研究表明，它是一种纯的原碘酸$(HO)_5IO$，而不是水合物 $HIO_4 \cdot 2H_2O$，也不是一种类似于高氯酸盐二水合物的鉾盐$[H_5O_2]^+$ IO_4^-. H_5IO_6 加热至约 120℃即脱水生成 $H_7I_3O_{14}$，在真空加热至 100℃时生成 HIO_4，高碘酸的质谱也表明有这种特性；在较高温度下开始放出氧，最初生成固体 $I_2O_5 \cdot I_2O_7$，而在 150℃时是 I_2O_5. H_5IO_6 与 60%发烟硫酸反应生成组成为 I_2O_7 的橙色固体.

高碘酸是一种相当弱的酸，在酸性溶液中，以未离解形式$(HO)_5IO$ 存在. H_5IO_6 的表观一级离解常数($pK = 1.6$)和真实一级离解常数($pK = 3.29$)之间的差别是由于 CO_2 和未离解酸间的水合平衡所引起的. 在强酸性介质中(例如 10mol · $L^{-1}HClO_4$)

证明有质子化阳离子$[I(OH)_6]^+$存在. 在较高的 pH 水溶液中主要阴离子是呈四面体的IO_4^-，水合的物种有$[(HO)_4IO_2]^-$，$[(HO)_3IO_3]^{2-}$和$[(HO)_2IO_4]^{3-}$以及二聚的$[(HO)_2I_2O_8]^{4-}$.

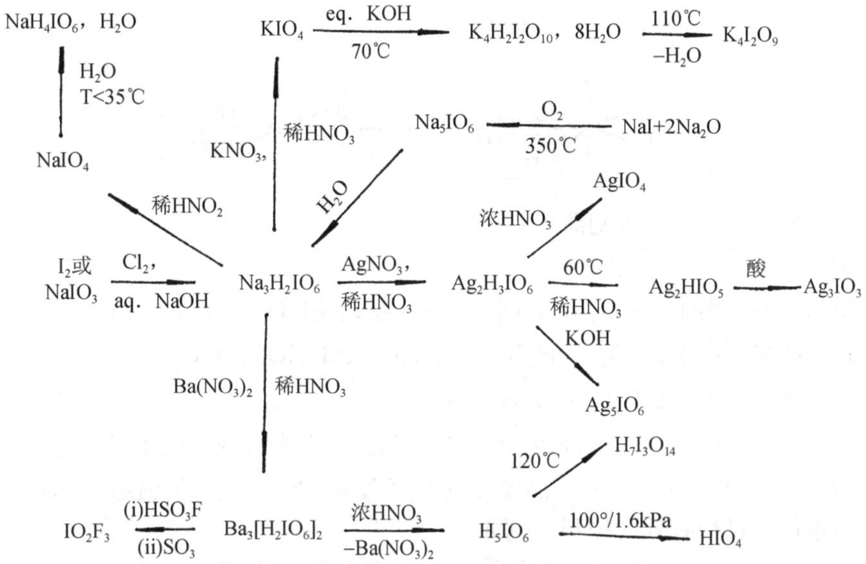

图 18.49　高碘酸盐的相互转换

偏高碘酸根离子的水合作用:

$$IO_4^- + 2H_2O \rightleftharpoons H_4IO_6^-$$

它不被氢离子催化，是属于同类最快的反应之一；在 20℃(离子强度为 0.1mol·L^{-1}，pH 值范围 3.4—5.0)假一级速率常数为$(1.9 \pm 0.2) \times 10^2$/s，其机理仍不十分清楚，无论是一步或两步途径都与动力学的数据是相符的，尽管有各种不同的原因，其水合的两步机理(包括一个五配位中间体)被认为更为合理[164].

①一步机理

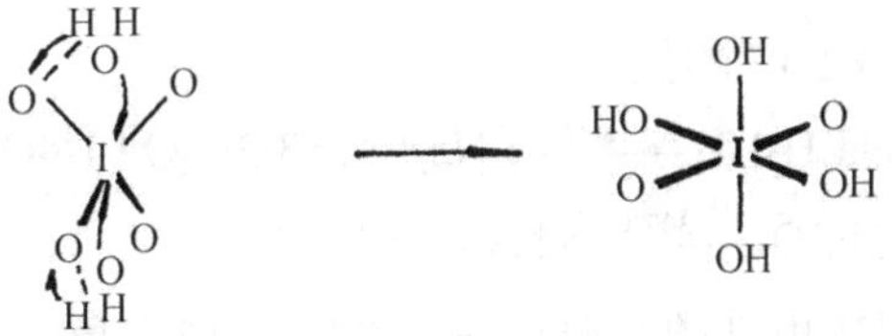

②两步机理

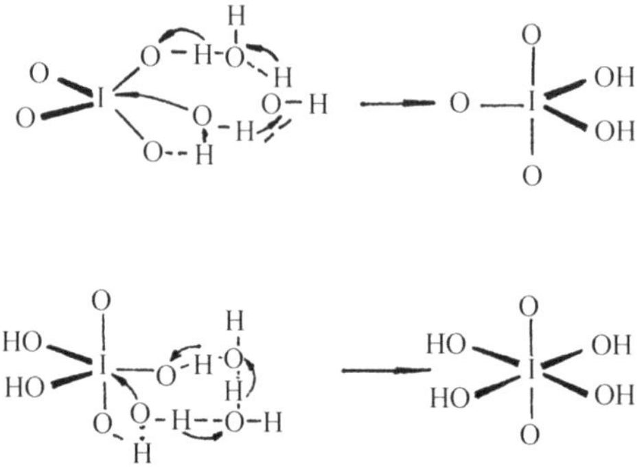

高碘酸盐有如下多种阴离子：

偏高碘酸阴离子：　IO_4^-；

中高碘酸阴离子：$I_2O_9^{4-}$，$I_2O_{10}^{6-}$，$HI_2O_{10}^{5-}$，$H_2I_2O_{10}^{4-}$，$H_3I_2O_{10}^{3-}$；

正高碘酸阴离子：IO_6^{5-}，$H_2IO_6^{3-}$，$H_3IO_6^{2-}$，$H_4IO_6^-$，$I_2O_{11}^{8-}$；

三高碘酸阴离子：$H_2I_3O_{14}^{5-}$，$H_4I_3O_{14}^{3-}$.

它们与不同数量的结晶水结合在一起，多数阳离子在水溶液中能生成几种化合物，通常随溶液的浓度，pH 值或结晶温度的改变而相互转换；有的转换还可以借助于加热脱水作用进行有效的控制，例如

$$3LiIO_4 \cdot 3H_2O \longrightarrow Li_3H_4I_3O_{14} + 7H_2O$$

少数盐已由 X 射线研究，而大部分是采用红外光谱和 Raman 光谱表征这类盐，除偏高碘酸盐外，它们都包含着八面体配位的碘. 中高碘酸（"H_3IO_5"）的衍生物总是具有二聚的阴离子，如 $I_2O_9^{4-}$ (a)和 $H_2I_2O_{10}^{4-}$ (b)是由两个 IO_6 的八面体分别共享一个公共的面和一个公共的棱边连结而成.

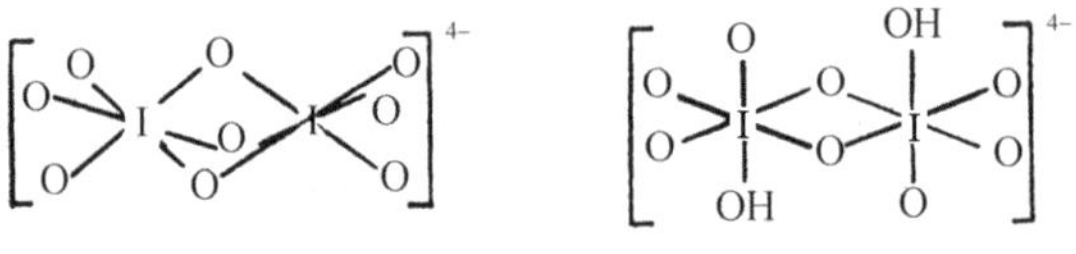

(a)　　　　　　(b)

高碘酸盐的热分解伴随着失水、氧和碘(有的情况下只有这些组分中的一个或两个). 反应无论是部分或全部脱水均可转变为某种不同组分的较为稳定的高碘酸盐.

$$5Ba(IO_4)_2 \longrightarrow Ba_5(IO_6)_2 + 4I_2 + 14O_2$$

或还原成阴离子 IO_3^- 或 IO_4^{2-} 的盐.

$$Na_2H_3IO_6 \xrightarrow{180°C} Na_2IO_4 + 3/2H_2O + 1/4O_2$$

$$NaIO_4 \xrightarrow{300°C} NaIO_3 + 1/2O_2$$

或生成金属碘化物(对正电性的金属)、氧化物或金属本身.

高碘酸作为一种氧化剂，其活性一般是随 pH 值而改变，在酸性溶液中，它

是一种强氧化剂，可定量地使 Mn^{2+} 迅速转变为高锰酸盐，但在碱性溶液中，其氧化能力比次氯酸盐小，高碘酸盐很少用于无机制备和分析操作. 但 $NaIO_4$ 滴定被作为一种分析 S^{2-}，SO_3^{2-}，HSO_3^-，$S_2O_4^{2-}$ 和 $S_2O_3^{2-}$ 的混合物的方法.

用高碘酸或高碘酸盐氧化有机物已有许多报道[165]. 它作为试剂也能够完成一些众所周知的反应，例如 1，2–二醇特殊的断裂(包括类似的化合物 α–氨基醇，α–二酮，α–酮醇和 α–二胺)已广泛应用在碳水化合物和核酸方面并确立其反应机理(图 18.50). 在刚性体系中，只有顺式官能团被氧化，这种特性是由于环状中间体所引起的.

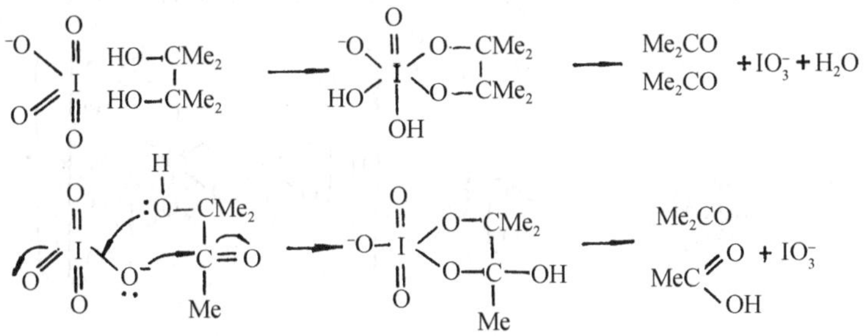

图 18.50　乙二醇和 α-酮醇的高碘酸分裂

高碘酸盐还用于酚(氧化成醌)、硫化物(氧化成硫醚)以及肼衍生物的氧化.

$$R_3CNH\cdot NH_2 \xrightarrow{IO_4^-} R_3CH + N_2$$

下面简述高碘酸盐配合物和杂多阴离子. 碱金属高碘酸溶液与合适的过渡金属盐溶液混合(如有必要，可同时采用化学或电化学氧化)，则有可能离析出含有高碘酸盐配合物和杂多阴离子的盐(表 18.89)；在某些情况下，与一种质子阳离子交换树脂接触时，在溶液中产生游离酸，如 $H_2[FeIO_6]$ 和 $H_5[I(MoO_4)_6]$. 在这些化合物中，碘和金属原子是通过 I—O—M 桥连接的；碘总是由氧包围呈八面体配位，而金属原子的配位作用取决于晶体场以及其他如该氧化态的特殊要求.

表 18.89　高碘酸盐配合物和杂多阴离子的组成

阴离子	n	金　属
高碘酸盐配合物		
$[M_4(IO_6)_3]^{n-}$	3	Fe(III)，Co(III)
$[MIO_6]^{n-}$	1	Ni(IV)，Mn(IV)
	2	Fe(III)，Co(III)
$[M(IO_6)_2]^{n-}$	6	Pd(IV)，Pt(IV)，Ce(IV)
	7	Co(III)，Fe(III)，Cu(III)，Au(III)
$[M(IO_6)_3]^{n-}$	11	Mn(IV)
杂多阴离子		
$[I(MO_4)_6]^{n-}$	5	Mo(VI)，W(VI)
$[IO_2(MO_4)_4]^{n-}$	5	Mo(VI)
$[IO_5(MO_4)]^{n-}$	5	Mo(VI)，W(VI)

高碘酸盐配合物通常显示出有较高的生成常数，例如$[Cu(IO_6)_2]^{7-}$约为 10^{10}，$[Co(IO_6)_2]^{7-}$约为 10^{18}，且包含的金属原子具有不寻常的高氧化态，如 Cu(III)和 Ag(III)；在强酸溶液中，它们能被破坏．如同简单的高碘酸盐，配位阴离子通常含有质子(连接着 I—O 键)，要使其全部解离是困难的：绿酸 $H_7[Co(IO_6)_2]$中只有五个质子能被滴定(pK_1 小，$pK_2=1.95$，$pK_3=7.1$，$pK_4=8.0$，$pK_5=12.1$)，而 $H_{11}[Mn(IO_6)_3]$为七元酸(pK_1 和 $pK_2 \lesssim 0$，$pK_3=2.75$，$pK_4=4.35$，$pK_5=5.45$，$pK_6=9.55$，$pK_7=10.45$)．晶体结构表明 $Na_3KH_3[(Cu(IO_6)_2]\cdot 14H_2O$ 和 $Na_7H_4[Mn(IO_6)_3]\cdot 17H_2O$ 两种盐含有阴离子(a)和(b)，其中高碘酸根是作为一个双齿配体．在抗磁性铜盐中金属呈平面四方形配位，而在顺磁性锰(IV)化合物中的锰则呈八面体几何结构．

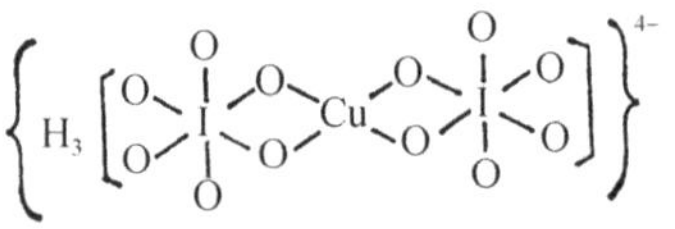

(a)

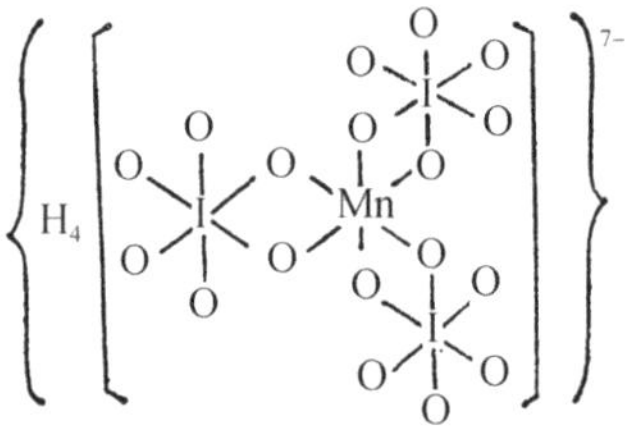

(b)

(5) 含氧酸的卤素衍生物

早在 30 年代就已知在极性非水溶剂中，氯、溴、碘与银盐发生反应，例如

$$AgNO_3 + Cl_2 \longrightarrow AgCl + ClNO_3$$

所得溶液具有导电性，电解时在阴极上有卤素析出，故该类反应可看作是复分解反应，产物为卤阳离子的盐．实验证明，从这些溶液中不可能离析出纯的卤素衍生物，而获得与有机碱的加合物，例如 $C_5H_5N\cdot IOCOCH_3$ 和$[Cl(C_8H_{11}N)_2]NO_3$．随后合成工作表明纯的卤素“盐”是共价化合物，含有卤—氧键．

卤素(I)硝酸盐、氟磺酸盐、高氯酸盐和羧酸盐具有与原酸(母体酸)相关的结构，原酸中的羟基上的氢可被氟、氯、溴和碘置换，这些化合物的热稳定性随卤素原子序数增大而减小．

在含氧酸的卤素衍生物中，卤素“正电性”的特征表现在与溴、碘反应时，氯可被置换出来，例如

$$2ClOClO_3 + Br_2 \longrightarrow 2BrOClO_3 + Cl_2$$

氯(III)含氧酸衍生物是不存在的，但溴与碘容易变为正三价态，例如在非水溶剂中，溴与银盐反应

$$2Br_2 + 3AgNO_3 \longrightarrow Br(NO_3)_3 + 3AgBr$$

三价溴和碘的化合物通常比其相应一价的(与易歧化的 BrF 和 IF 相比较)要稳定些．少数含五价卤原子这类衍生物有报道．

(a) 卤氟磺酸盐

关于卤氟磺酸盐衍生物已有论述[166]．较重要的化合物列举如下：

$ClOSO_2F$	$BrOSO_2F$	$IOSO_2F$
	$Br(OSO_2F)_3$	$I(OSO_2F)_3$
	$M^I[Br(OSO_2F)_4]$	$M^I[1(OSO_2F)_4]$
		ICl_2OSO_2F
	Br_3OSO_2F(?)	I_3OSO_2F
ClO_2OSO_2F		IO_2OSO_2F
		$IF_3(OSO_2F)_2$

卤素间化合物的许多化学性质——交换、加成、置换和配位反应，显然可以从碘氟磺酸盐的反应中类推得出(见图 18.51).

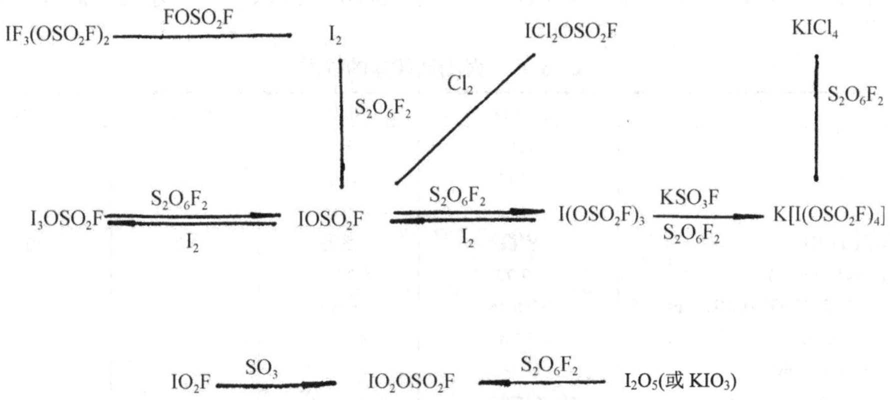

图 18.51　碘氟磺酸盐的反应

多数卤氟磺酸盐对湿度是很敏感的，在室温下放置会慢慢地分解.

表 18.90　卤(I)氟磺酸盐的性质

	$FOSO_2F$	$ClOSO_2F$	$BrOSO_2F$	$IOSO_2F$
$X_2+S_2O_6F_2 \longrightarrow 2XOSO_2F$				
反应条件	由 SO_3，过量 F_2	125℃，加压	0—50℃	20—60℃
物理性质				
颜色	无色	黄色	红褐色	黑色
熔点(℃)	−158.5	−84.3	−31.5	51.5
沸点(℃)	−31.3	45.1	117.3	
ΔH_{vap}(kJ · mol^{-1})	22.38	32.05	41.59	
分子光谱和参数				
力常数				
f_r(O—X)(10^{-1} μN · nm^{-1})		2.6		
^{19}F 化学位移，δ(S—F)				
(ppm，与 CCl_3F 相比较)	−36.3	−33.9	−41.3	

(i) 卤(I)氟磺酸盐

等摩尔卤素和过氧二磺酰二氟化物直接化合生成 $ClOSO_2F$，$BrOSO_2F$ 和 $IOSO_2F$(见表 18.91)，$ClOSO_2F$ 还可由三氧化硫和一氟化氯作用制得[167]. $BrOSO_2F$ 和 $IOSO_2F$ 则由各自的三氟磺酸盐热分解制取. 在固态、液态和气态时，$ClOSO_2F$ 的振动光谱与 Cs 对称性分子的结构是相一致的. $BrOSO_2F$ 是一种黏性液体，与 BrF_3 有某些相似，比电导为 $7.2\times10^{-4}\Omega^{-1}\cdot cm^{-1}$(25℃)，这意味着它可能按下式进行自身电离.

$$3BrOSO_2F \rightleftharpoons [Br_2OSO_2F]^+ + [Br(OSO_2F)_2]^-$$

在氟磺酸溶液中，$IOSO_2F$ 的歧化反应[168]为

$$5IOSO_2F \rightleftharpoons I(OSO_2F)_3 + 2I_2^+ + 2SO_3F^-$$

而 $BrOSO_2F$ 在较强的酸性介质中(例如超酸 $HSO_3F—SbF_5—SO_3$)才发生歧化反应.

表 18.91　卤(I)硝酸盐的性质

	$FONO_2$	$ClONO_2$	$BrONO_2$	$IONO_2$
颜色	无色	无色	黄色	黄色
熔点(℃)	−175	−107	−42	
沸点(℃)	−45.9	18		
分解温度(℃)	室温	室温	<0	<0
$\Delta H_{vap}(kJ\cdot mol^{-1})$	19.77	30.5		
ΔH_f°，298[$XONO_2$(g)]($kJ\cdot mol^{-1}$)	+10.46	+29.6		
ΔG_f°，298[$XONO_2$(g)]($kJ\cdot mol^{-1}$)	+73.47	+92.38		
键离解能($kJ\cdot mol^{-1}$)				
D(O—X)	137.86	161.29		
D(O_2N—OX)	194.93	105.90		
力常数				
f_r(O—X)($10^{-1}\mu N\cdot nm^{-1}$)	3.25	2.83		

卤(I)氟磺酸盐是活性很强的化合物. $ClOSO_2F$ 的水解作用激烈并释放出氧. 在低温下光解产生 Cl_2 和 $FSO_2O\cdot OSO_2F$. 而 $XOSO_2F$(X = Cl，Br 或 I)易加成到烯烃双键上，也包含有卤-氧键的断裂.

$$CF_2{=}CF_2 + BrOSO_2F \longrightarrow CF_2Br\cdot CF_2OSO_2F$$

$BrOSO_2F$ 与氯化物分子作用按下式进行.

$$MCl_x + yBrOSO_2F \longrightarrow MCl_{x-y}(OSO_2F)_y + yBrCl$$

$ClOSO_2F$ 同样地与碱金属盐作用生成阴离子氯(I)衍生物和碱金属氟磺酸盐：

$$ClOClO_3 + M^ISO_3F \xrightarrow{M^IClO_4} ClOSO_2F \xrightarrow{M^IF} ClF + M^ISO_3F$$

(ii) 卤(III)氟磺酸盐

卤(III)氟磺酸盐 $Br(OSO_2F)_3$ 和 $I(OSO_2F)_3$(由卤素与过量 $FSO_2O\cdot OSO_2F$ 作用

制得)在室温下十分稳定. 在 80℃真空下, $I(OSO_2F)_3$ 缓慢地分解得到 $IOSO_2F \cdot SO_3$, $IF(OSO_2F)_2$, 也可能有 $I(OSO_2F)_5$[169]. 淡黄色固体 $Br(OSO_2F)_3$ 和 $I(OSO_2F)_3$ 熔点分别为 59℃和 32℃. 凝固点下降和电导法的测定均证明 $I(OSO_2F)_3$ 有以下平衡存在:

$$I(OSO_2F)_3 \rightleftharpoons [I(OSO_2F)_2]^+ + SO_3F^-$$

$$I(OSO_2F)_3 + SO_3F^- \rightleftharpoons [I(OSO_2F)_4]^-$$

在碱金属盐中 $[Br(OSO_2F)_4]^-$ 和 $[I(OSO_2F)_4]^-$ 阴离子的 Ramam 谱表明具有平面正方形 MO_4 结构, 并认为 Br—O 键中的共价成分大于 I—O 键.

$IOSO_2F$ 与氯的氧化作用得到产物组成近似为 $ICl_2(OSO_2F)$, I_2 与 $IOSO_2F$ 按化学计量比反应生成暗褐色吸水性固体 I_3OSO_2F(见图 18.51), 在 92℃熔化, 释放出 I_2 溶解在氟磺酸中生成 I_3^+ 阳离子. 按照上述方法没有离析出 Br_3OSO_2F, 但由 $FSO_2O \cdot OSO_2F$ 与稍过量的溴制备 $BrOSO_2F$ 时, 它可能作为一种杂质而存在. 在 HSO_3F—SbF_5—$3SO_3$ 溶剂体系中, Br_2 和 $FSO_2O \cdot OSO_2F$ 混合(按 3 : 1)得到 Br_3^+ 和 SO_3F^-[170].

(iii) 卤(V)氟磺酸盐

碘与过量的 $FSO_2O \cdot OSO_2F$ 直接化合未生成 $I(OSO_2F)_5$, 但它有可能是 $I(OSO_2F)_3$ 的热分解产物之一.

卤(V)氟磺酸盐如 ClO_2SO_3F[170]和 IO_2SO_3F[171]已有报道. 这类化合物一般归并为卤氧阳离子的范围, 在此不予讨论.

(b) 卤硝酸盐

氯、溴、碘硝酸盐衍生物列出以下几种:

$ClONO_2$	$BrONO_2$ $M^I[Br(ONO_2)_2]$ $Br(ONO_2)_3$ BrO_2NO_3	$IONO_2$ $M^I[I(ONO_2)_2]$ $I(ONO_2)_3$ $M^I[I(ONO_2)_4]$

这类化合物的化学性质已有评述[172].

硝酸银作用于氯、溴、碘的乙醇溶液得到卤(I)硝酸盐, 当硝酸银过量时, 则溴和碘分别生成 $Br(NO_3)_3$ 和 $I(NO_3)_3$. 卤(I)硝酸盐易与有机碱加成形成加合物, 例如 $[(C_5H_5N)_2Br]NO_3$. 电解 INO_3 乙醇溶液, 在阴极上释放出碘.

氯(I)硝酸盐最好的合成方法是:

$$Cl_2O + N_2O_5 \xrightarrow{0°C} 2ClONO_2$$

ClF 作用于硝酸生成 $ClONO_2$, 产率达 90%. $ClONO_2$ 还用来制备其他卤素硝酸盐. 此外，它与金属氯化物反应(在−78℃，液态 $ClONO_2$ 中完成)是一种制备无水金属硝酸盐的方法[173]. 其他的反应可参看图 18.52. 与 $ClONO_2$ 一样，$IONO_2$ 能加成到烯烃双键上，还可使醇类氧化.

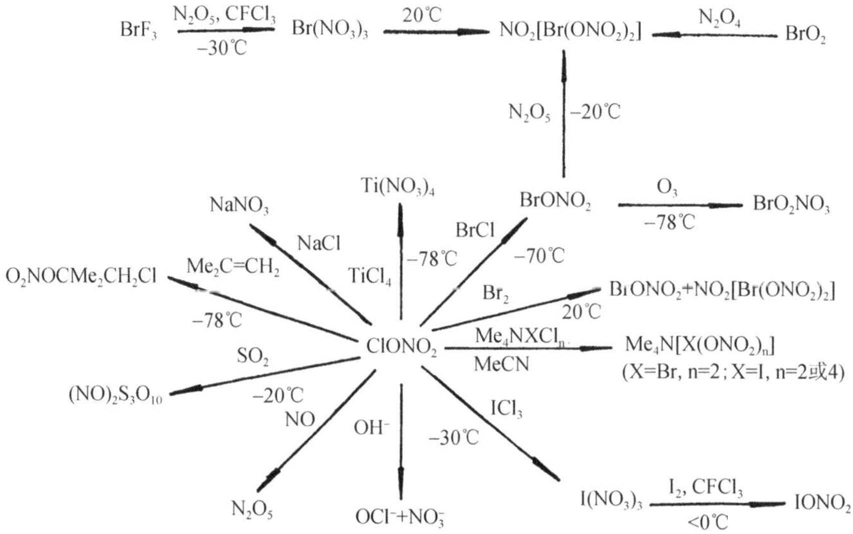

图 18.52　卤素硝酸盐

$ClONO_2$ 的红外光谱研究表明其结构类似于 $FONO_2$，只不过是卤-氧和氮-氧的键能有所不同. 氟硝酸盐的分解为：

$$FONO_2 \longrightarrow F + ONO_2$$

而氯硝酸盐则按下列反应分解：

$$ClONO_2 \longrightarrow ClO + NO_2$$

由实验测得其活化能为 125.5kJ · mol^{-1}.

在 0℃时 $I(NO_3)_3$ 失去 NO_2，黄色化合物 $Br(NO_3)_3$ 比较稳定，在 48℃熔化并分解；橙色的 BrO_2NO_3 在高于−78℃时则不能继续存在. 硝酸合卤阴离子 $[X(NO_3)_n]^-$(X=Br，n=2；X=I，n=2 或 4)的红外光谱未能确定硝酸根是作为单齿还是双齿配体[174].

(c) 卤素高氯酸盐

在有机溶剂中，碘与高氯酸盐的相互作用是比较复杂的. 关于对该类反应的研究已有总结(见表 18.92)，其反应历程取决于溶剂和反应条件，但在各种情况下都未能离析出纯产物.

表 18.92　在非水溶剂中，碘与高氯酸银的反应

溶液	条件	反应
EtOH	−85℃	$I_2+AgClO_4 \longrightarrow AgI+IClO_4$
Bt_2O	−85℃，I_2 加入 $AgClO_4$ 中	$I_2+2AgClO_4 \longrightarrow AgI+Ag[I(ClO_4)_2]$
	−85℃,$AgClO_4$ 加入 I_2 中	$I_2+AgClO_4 \longrightarrow AgI+IClO_4$
		$I_2+2AgClO_4 \longrightarrow AgI+Ag[I(ClO_4)_2]$
		$Ag[I(ClO_4)_2]+IClO_4 \longrightarrow AgI+I(ClO_4)_3$
EtOH 或 Et_2O	室温	与溶剂快速反应

表 18.93　卤(I)高氯酸盐的性质

	$FOClO_3$	$ClOClO_3$	$BrOClO_3$
颜　色	无色	淡黄色	红色
熔点(℃)	−167.3	−117±2	<−78
沸点(℃)	−15.9/100kPa	44.5	
分解温度(℃)	～100	室温	−20
力常数(10^{-1} μN · nm^{-1})			
f_r(Cl═O)	9.58	8.8	8.8
f_r(Cl—O)		2.65	2.65
f_r(O—X)		2.65	2.65

氟作用于浓高氯酸生成的不稳定化合物，在凝固时趋于爆炸．按下列途径进行热分解：

$$ClF+2O_2 \longleftarrow FOClO_3 \longrightarrow ClO_2F+O_2$$

且易使碘离子氧化.

$$FOClO_3+2I^- \longrightarrow I_2+ClO_4^-+F^-$$

氯(I)高氯酸盐常用来合成溴和碘高氯酸盐(见图 18.53)，所有卤素高氯酸盐都是非常危险的化合物，受热或震动易发生爆炸.

振动光谱研究表明卤(I)高氯酸盐的结构与高氯酸有着直接关系，高氯酸中的羟基上的氢被氟、氯或溴取代．在该序列中表面上看来 $FOClO_3$ 是最易爆炸的分子，而实际上热稳定性是随端基卤素极化度增大而减小，$FOClO_3$>$ClOClO_3$>$BrOClO_3$．曾用等摩尔量的 I_2 和 $ClOClO_3$ 制备 $IOClO_3$ 未获成功，I_2 被氧化为三价态[175].

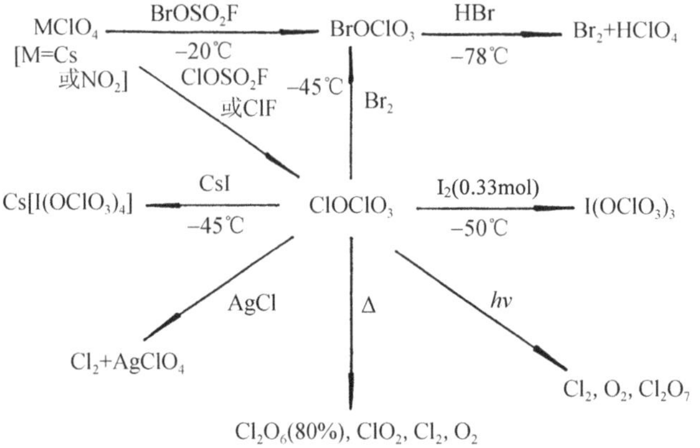

图 18.53　卤素高氯酸盐

I_2、臭氧和无水高氯酸反应得到一种组成为 $I(ClO_4)_3 \cdot 2H_2O$ 的物质. 根据 Ramam 光谱结果，它是多聚物，在温度高于−45℃时不稳定；分解方式取决于加热的速度，产物包括有氯的氧化物(主要是 Cl_2O_7)，碘(V)高氯酸盐(可能是 IO_2ClO_4)和 I_2O_5. 浅黄色的盐 $Cs[I(OClO_3)_4]$在室温下比较稳定，该阴离子显然是包含有一个平面正方形的 IO_4 单元.

(d) 卤羧酸酯

卤(I)羧酸酯是不稳定的，且不能分离得到纯物. 在 Huns-diecker 反应中，它们是中间体. 据此，将等摩尔量的卤素和羧酸银在惰性溶剂中混合，通过初期形成的卤羧酸酯的脱羧作用生成烷基卤化物[176].

$$RCO_2Ag + X_2 \longrightarrow AgX + [RCO_2X] \xrightarrow{-CO_2} RX$$

$$(X = Cl \text{ 或 } Br)$$

在含有 CH_3CO_2Ag 和氯的 CCl_4 溶液中，经光谱检测存在有 O—Cl 键，从而证实这个中间体的存在. 脂肪族卤(I)羧酸酯在室温下失去 CO_2. 碘三氟羧酸酯吡啶配合物 $C_5H_5N \cdot IOCOCF_3$ 是稳定的，而其他类似于碘(I)羧酸酯的衍生物也有报道；这些化合物在丙酮中是非常弱的导电溶液. 醋酸酐分别与氯和溴混合得到卤醋酸酯 $ClOCOCH_3$ 和 $BrOCOCH_3$，因而被认为是很有效的卤化剂[177].

在有羧酸或酸酐存在下，碘与发烟硝酸作用生成碘(III)化合物 $I(OCOR)_3$ [$R=CH_nCl_{3-n}$，(n=0，1，2 或 3)；CF_3，C_3F_7 和 C_6F_5]. 电解碘三醋酸酯，在镀有银的铂网阴极上析出 AgI 的量与根据法拉第定律按照以下反应方程式计算的结果很吻合.

$$I^{3+} + Ag + 3e^- \longrightarrow AgI$$

在此假定溶液中存在有 I^{3+}. 碘(III)羧酸酯对湿度十分灵敏，其热稳定性受到某些条件的限制，例如无色的碘(III)醋酸酯，在低温时是相当稳定的，但在100℃时开始分解，在140℃时即爆炸，它与甲基磺酸作用生成$(CH_3SO_3)_3I$.

(e) 其他的卤素含氧酸盐

在醋酸酐和磷酸存在下，碘被浓硝酸氧化得到化合物IPO_4，由于水解作用引起碘(III)歧化.

$$5IPO_4+9H_2O \longrightarrow I_2+3HIO_3+5H_3PO_4$$

H_2SO_4，$H_2S_2O_7$，$H_2S_3O_{10}$和H_2SeO_4的含氧卤素衍生物通过如下反应制得.

$$2ClO_2+3SO_3 \longrightarrow [ClO][ClO_2][S_3O_{10}]$$

和

$$HIO_3+H_2SO_4 \longrightarrow IO_2HSO_4+H_2O$$

2.7　卤素的氮化合物[1.a), g), 178–179]

卤素的氮化合物是无机卤素化合物新发展的领域，有关一氯胺的研究工作，在文献中已有许多报道，它是目前无机卤胺中最重要的一类化合物，因为该类化合物在工业上用作合成肼的一种中间体. 应用近代物理—化学方法研究了一氯胺在经典的无机合成方法中所起的作用，其中包括提高无机肼合成的产率和大量有机肼取代物的合成，并取得了非常明显的效果.

卤叠氮化合物是一类氮和卤素的二元化合物，已用于制备氮—卤化合物和氧—卤化合物，而且还广泛用于合成含氮—卤键的过渡金属化合物.

氨基高卤酸盐的发现，开辟了氮—卤化学的一个新的领域，在同一氮原子上连接不同的卤原子的化合物，首先被发现的是氟氯胺，在这方面也将有着广阔的前景，本节主要介绍氮—氯化合物、氮—溴化合物和氮—碘化合物.

2.7.1　氮–氯化合物

(1) 一氯胺

(i) 制备

在0℃时，液氨与次氯酸盐碱性溶液反应可制得一氯胺稀溶液. 当氨过量时，可提高一氯胺的产率，但最重要的是在反应时溶液的pH应保持在一定范围内，pH低于8.5时，主要生成二氯胺和三氯化氮，而pH高于11时，上述逆向反应即一氯胺水解反应变得更明显.

根据动力学研究指出，在稀溶液中，一氯胺的生成，可看作是氨与次氯酸之

间的 S_N2 反应.

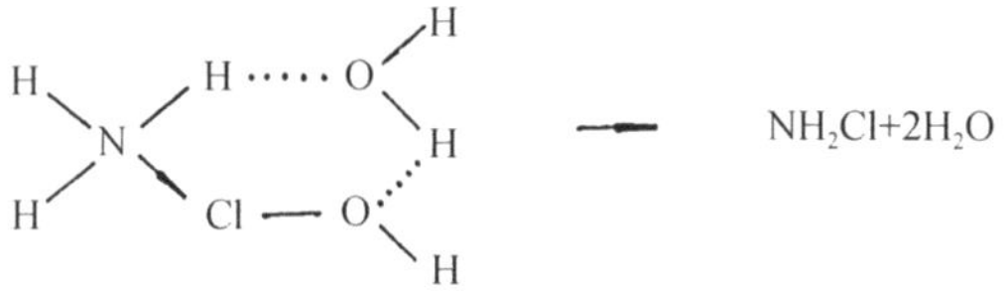

一氯胺生成速率与氨和次氯酸浓度成正比，表明该反应为二级反应，其反应速率为：

$$\frac{d[NH_2Cl]}{dt}=2.5\times10^{10}\exp\left(-\frac{2500}{RT}\right)[NH_3][HOCl]$$

由于氨和次氯酸在水溶液中，存在如下平衡反应：

$$NH_3+HOH \rightleftharpoons NH_4^+ + OH^-$$

$$HOCl+HOH \rightleftharpoons H_3O^+ + OCl^-$$

因此一氯胺生成速率取决于溶液的 pH 值.

在液氨中由氯的歧化作用可制得一氯胺，产率达 50%—60%.

$$Cl_2+2NH_3 \xrightarrow{\text{液氨}} NH_2Cl+NH_4Cl$$

液氨与叔丁基次氯酸盐反应也制得一氯胺.

$$(CH_3)_3C\text{–}OCl+NH_3 \xrightarrow{\text{水溶液}} NH_2Cl+(CH_3)_3C\text{–}OH$$

(ii) 性质

纯一氯胺尚未制得，据文献报道，它的熔点，蒸气压和其他物理性质与一氯胺的浓度有关，它易溶于水，在 0℃时，一氯胺在水和其他有机溶剂中的分配系数为：

乙醚/水	1.02
二氯甲烷/水	0.3
氯仿/水	0.2
四氯化碳/水	0.04
四甲基乙二胺/水	0.1

一氯胺的稀水溶液，可用有机溶剂萃取，其分配系数按如下顺序减小：二乙基醚>二异丙基醚>二苯基醚>二丁基醚>氯仿>苯>氯代苯>四氯化碳>低沸点石油醚>环己烷. 溶液中存在有过量氨或盐(例如氯化铵，硫酸钠或硝酸钠)，其分配系数实际上是保持不变的. 一氯胺较之二氯胺或三氯化氮难溶于低极性的有机溶剂中，但易溶于液氨中.

一氯胺水溶液酸碱离解常数为：

$$NH_2Cl+H_2O \xrightleftharpoons{pK_a=14\pm2} NHCl^- + H_3O^+$$

$$NH_2Cl+H_2O \xrightleftharpoons{pK_b=15} NH_3Cl^+ + OH^-$$

用氚示踪的水试验能证明上述反应的有效性. 在 3mol · L^{-1} 氢氧化钾溶液中，几分钟内即可达到交换平衡. 一氯胺可认为是次氯酸络氨类似物，p*K* 值为 8，因此它是一种很强的酸.

一氯胺在水溶液中的生成自由能计算得出 $\Delta G=77.8kJ \cdot mol^{-1}$，它在酸性和碱性溶液中的氧化电势值也已测得.

酸性溶液

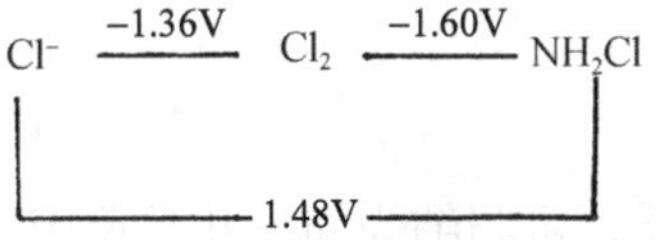

碱性溶液

$$Cl^- \xrightarrow{-0.81V} NH_2Cl$$

$$NH_2Cl+2H^+ +2e^- \rightleftharpoons NH_4^+ +Cl^-$$

$$NH_2Cl+H_2O+2e^- \rightleftharpoons Cl^-+OH^-+NH_3$$

在酸性溶液中，一氯胺与溴(Br^-/Br_2；−1.09V)相比较是一个较强的氧化剂. 在碱性溶液中，它与次氯酸盐(Cl^-/OCl^-；−0.89V)相比较又是一个较弱的氧化剂. 实验测得一氯胺水溶液(与甘汞电极相比较)极谱半波电势 $E_{1/2}=-0.4V$. 扩散电流和浓度之间有线性关系.

一氯胺在液氨中的电势，可简单表示如下：

酸性溶液

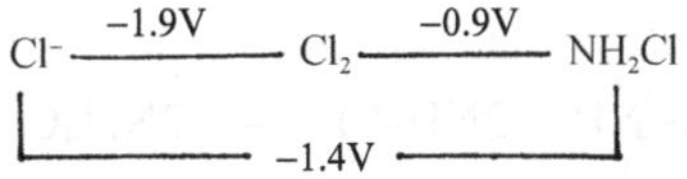

碱性溶液

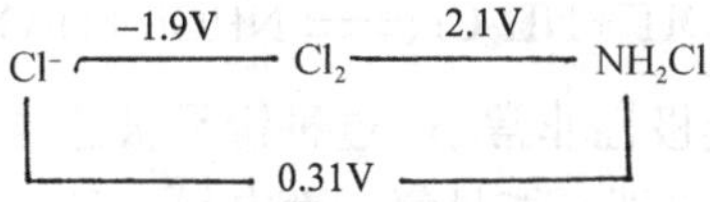

(iii)结构和键

用电子衍射法，只测得二甲基氯胺和甲基二氯胺的键角和键长为

$(CH_3)_2NCl$：r_{NCl}，177 ± 2pm，∠C—N—Cl=107 ± 2°

CH_3NCl_2：r_{NCl}=174 ± 2pm，∠C—N—Cl=109 ± 2°，

∠Cl—N—Cl=108 ± 2°

以 r_{NCl}=177pm(在甲基氯胺中)，而 r_{NCl}=101.4pm，∠H—N—H = 104°47′(在气体氨中)为依据，计算出一氯胺键角∠H—N—Cl=102±1°. 由一氯胺的 NCl 伸缩振动吸收得出 Cl—N 键键级为 1.26，这个数值表明一个双键结构参与作用，可以下面共振式表示.

$$\gt\bar{N}-Cl \longleftrightarrow \gt\overset{\oplus}{N}=\overset{\ominus}{Cl}$$

根据以上图示，氯原子的 d 轨道对氮原子上的电子对起着接受体作用，故有一个 $p_\pi\text{-}d\pi$ 键的形成，由于一氯胺中，氯和氮的电负性不同，因此该键稍有点极化使氯带负电，约有 0.6%离子特性，正如上式所表明含有一个 π 键组分将进一步增加离子的特性.

N—Cl 键极化朝着带负电氯的方向是非常小的，在某些反应中，氯形式上是带正电，NH_2 基带负电.

(iv) 化学反应

关于一氯胺的化学性质，可归纳为如下几类反应.

①氯化反应，例如

$$R-\underset{\displaystyle NH_2}{\underset{|}{CH}}-COOH+NH_2Cl \longrightarrow R-\underset{\displaystyle NHCl}{\underset{|}{CH}}-COOH+NH_3$$

②氨合反应，例如

$$NH_3+NH_2Cl \longrightarrow H_2N\text{-}NH_2+HCl$$

③加成反应，例如

$$(C_6H_5)_2C{=}CO+NH_2Cl \longrightarrow (C_6H_5)_2\underset{\displaystyle Cl}{\underset{|}{C}}-\underset{\displaystyle NH_2}{\underset{|}{CO}}$$

④缩合反应，例如

$$R-CH{=}O+NH_2Cl \longrightarrow RCH{=}NCl+H_2O$$

⑤氧化还原反应，例如

$$H_2N\text{-}NH_2+2NH_2Cl \longrightarrow 2NH_4Cl+N_2$$

⑥酸-碱反应，例如

$$OH^-+NH_2Cl \rightleftharpoons NHCl^-+H_2O$$

在一氯胺中，氮–氯键极性非常小，这种键易被适合的反应试剂在不同方向极化，因此一种情况是带负电端可能是氯，而在另一种情况下也可能是氮. 在氯化反应类型①中被认为氯是正极化，但总括大多数反应，尤其是在氨合反应②和加成反应③中，一氯胺的作用似乎氯是负极化.

⑦分解作用，除以上反应外，在少数情况下，一氯胺分解生成一氢化氮基，例如

$$NH_2Cl \xrightarrow{\text{光或热}} NH+HCl$$

一氯胺是不稳定的，它随外界条件(温度，浓度，溶剂)在不同程度上迅速地分解. 只在二乙基醚中(浓度小于 $0.1mol\cdot L^{-1}$)最稳定. 在一般情况下，其溶液的稳定性是按如下顺序减小：苯>四氯化碳>乙醇>甲醇. 它的分解速率是随一氯胺的浓度增大而迅速增大.

在水溶液中，一氯胺按下式进行分解：

$$3NH_2Cl \longrightarrow NH_4Cl+N_2+2HCl$$

由于有氢氯酸生成，原为中性或弱碱性溶液很快变成酸性. 一氯胺与不稳定的二氯胺在水溶液中存在的平衡反应与 pH 值有关，因此可以认为至少在酸性溶液中，一氯胺的分解作用主要是通过二氯胺进行的.

$$2NH_2Cl+H^+ \underset{pH=8-12}{\overset{pH=3-5}{\rightleftharpoons}} NHCl_2+NH_4^+$$

$$3NHCl_2+H^+ \underset{pH=3-5}{\overset{pH<3}{\rightleftharpoons}} 2NCl_3+NH_4^+$$

少量氨对高浓度的一氯胺起稳定作用，可按同样方法予以解释. 显然在酸性溶液中三氯化氮生成是作为分解的副产物，而在强酸性溶液中也生成氯.

$$NHCl_2+3H^++2Cl^- \rightleftharpoons NH_4^++2Cl_2$$

在强碱性溶液中，尤其是在有少量或无过量氨存在下，一氯胺按如下两种方式水解：

$$\overset{\delta-}{NH_2}\overset{\delta+}{Cl}+OH^- \rightleftharpoons NH_3+OCl^-$$

$$\overset{\delta+}{NH_2}\overset{\delta-}{Cl}+OH^- \rightleftharpoons NH_2OH+Cl^-$$

动力学研究表明以上两个反应均是 S_N2 反应.

综上所述，一氯胺在水溶液中分解反应如图 18.54 所示.

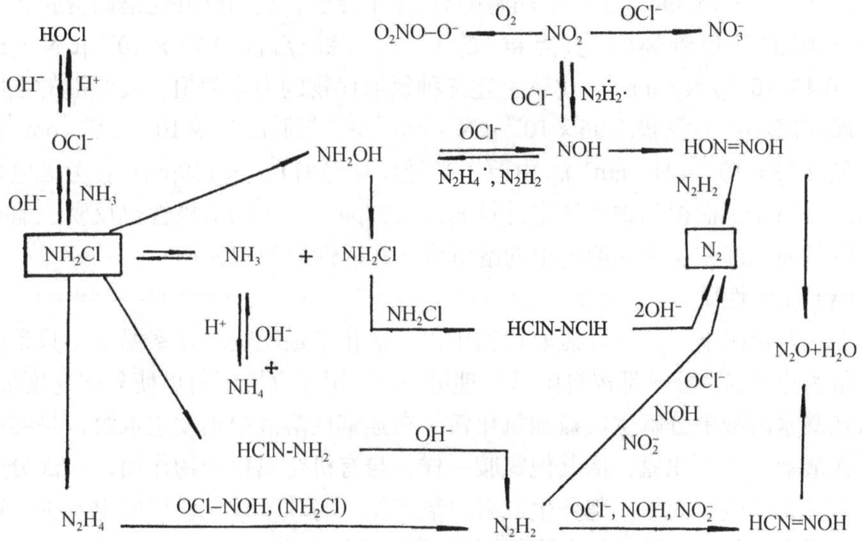

图 18.54　一氯胺在水溶液中的分解反应

(2) 三氯化氮

(i) 制备

通常制备氮-氯化合物的方法是在酸性溶液中由氨和次氯酸(在酸性溶液中有 NH_4^+ 和 HOCl 存在)作用，当溶液中 pH 值低于 3 时，可得到三氯化氮，因为在水溶液中氨分子中的氢可被氯取代生成三种氯取代物(在 pH>8.5 时生成一氯胺，pH=4.5—5 时生成二氯胺，若 pH<4.5 时则生成三氯化氮)，它们之间存在的平衡反应与 pH 值有关. 由于三氯化氮易爆炸，故在制备时要特别注意安全.

制备三氯化氮比较安全的方法是选用与水不相互溶的有机溶剂(例如四氯化碳)存在下，由铵盐与氯作用制得，由于它在水中的溶解度较小，因此 NCl_3 几乎全部转入有机相中.

$$NH_4Cl + 3Cl_2 \longrightarrow NCl_3 + 4HCl$$

三氯化氮还可以由亚硝酰基氯与五氧化二磷，或三苯基膦在低温下反应制得.

(ii) 物理性质

三氯化氮在室温下是液体，这个微黄色的油状物具有特征的刺激臭味，在−85—−86℃熔化，沸点为 70℃，在此温度下减压蒸馏并不分解，而温度高于 93℃时发生爆炸，它不溶于水，但易溶于有机溶剂中，在四氯化碳和水中的分配比为 32：1(26℃). 偶极矩为 $2.0 \pm 0.7(\times 10^{-30}C \cdot m)$，生成热 $\Delta H_f = 228.9kJ \cdot mol^{-1}$，生成自由焓 $\Delta G^{\circ}_{298} = 331kJ \cdot mol^{-1}$，N—Cl 键能 E(N—Cl)为 $188kJ \cdot mol^{-1}$.

(iii) 结构和键

由实验得出的数据表明，三氯化氮晶体为斜方晶系，晶胞参数：a=973pm，b=1638pm；c = 753pm. 在一个晶胞中有 12 个分子，利用红外光谱研究指出，它具有规则的三角锥体结构(点群 C_{3v})，力常数 $f_{N-Cl}=2.72 \times 10^{-1} \mu N \cdot nm^{-1}$ 和 $f_{\alpha}=0.43\times10^{-1} \mu N \cdot nm^{-1}$，比较上述三种氯取代物的力常数值，表明键的强度按如下顺序减小：一氯胺($3.06 \times 10^{-1} \mu N \cdot nm^{-1}$)>二氯胺($2.75 \times 10^{-1} \mu N \cdot nm^{-1}$)>三氯化氮($2.72 \times 10^{-1} \mu N \cdot nm^{-1}$). 由原子半径计算得出 r_{NCl} = 169pm；若考虑电负性则 r_{NCl}=173pm，而根据键能测定计算 r_{NCl}=177pm. 分子的低极性也反映三氯化氮的溶解行为，即在非极性溶剂中的溶解度比在极性溶剂中大.

(iv) 化学性质

在正常情况下，这三种氯取代物中以三氯化氮最稳定. 在室温下也只是缓慢地分解为氮和氯，分解是按自由基机理进行的，用光直接照射可使分解速度加快，在氢氯酸水溶液中分解生成氯和氯化铵，在强碱性溶液中则发生水解，最终产物为次氯酸盐. 三氯化氮，像其他氯胺一样，与有机金属化合物作用，一部分生成第一胺和第二胺，而另一部分生成有机氯和氨. 与苯基氯化镁反应也有少量第三胺游离析出. 与二苯基硫化合物作用生成硫-氮化合物.

$$2(C_6H_5)_2S+NCl_3 \longrightarrow [(C_6H_5)_2S—N—S(C_6H_5)_2]^+ Cl_3^-$$

从水中重结晶，反应产物变为简单的氯化物$[R_2S—N—SR_2]^+Cl^-$. $2H_2O$，熔点为80℃，与二甲基硫作用可得到同样的产物，其中甲基被部分氯化. 与三价磷化合物如三氯化磷，苯基二氯化膦和三苯基膦作用生成相类似的产物.

$$2R_3P+NCl_3 \longrightarrow [R_3P\underline{\cdots}N\underline{\cdots}PR_3]^+ + Cl_3^-$$

就三氯化磷而论，有阴离子 PCl_6^- 的盐生成. 许多其他有机物也能被三氯化氮氯化. 三氯化氮与三氟化砷反应，氯化和氟化同时发生，并生成一种具有结构为$[AsCl_4]^+[AsF_6]^-$类似盐的化合物. 与氮氧化物反应，也显现氯化性质，其中有$Cl_2N—NO$ 生成，可能是作为一种不稳定的中间体.

$$NCl_3+\cdot NO \longrightarrow NOCl+\cdot NCl_2$$

$$\cdot NCl_2+\cdot NO \longrightarrow Cl_2N—NO$$

$$Cl_2N—NO \xrightarrow{+\cdot NO(-150℃)} NOCl+N_2O+\frac{1}{2}Cl_2$$

$$Cl_2N—NO \xrightarrow{+\cdot NO(-150℃)} Cl_2+N_2O$$

在低温下的乙二醇二甲基醚中，钠叠氮化合物与三氯化氮反应，并未得到所预计的氮叠氮化合物而是它的分解产物 N_2. 但在−45℃与硫氰酸铵反应则产物为氮三硫氰酸盐$[N(SCN)_3]$，它在室温下不稳定. 三氯化氮与潮湿的亚氯酸钠是制备二氧化氯的原料.

$$2NCl_3+6NaClO_2 \longrightarrow 6ClO_2+6NaCl+N_2$$

2.7.2　氮–溴化合物

(1) 制备和性质

当氨通入冷的溴醚溶液中得到溴胺醚溶液，溴化铵沉淀析出；黄色醚溶液主要含有一溴胺(当氨过量时)，用水萃取醚相或用无水氯化钙或硫酸铜处理以除去过量氨，分析所得到的醚溶液，含有溴和氮约 1∶1. 由紫外光谱研究表明，它不是纯的一溴胺溶液，因为在这种情况下，一溴胺与二溴胺和游离氨存在如下平衡反应：

$$Br_2+2NH_3 \xrightarrow{\text{醚在0°C以下}} NH_2Br+NH_4Br$$

$$2NH_2Br \rightleftharpoons NH_3+NHBr_2$$

纯的亮黄色二溴胺醚溶液，可由化学计量的溴和氨在醚溶液中反应，或者从一溴胺和二溴胺混合平衡的醚溶液中除去游离氨制得，例如用浓氯化钙水溶液处理. 但这类溶液只能储存短时期. 在醚溶液中尚未检测有三溴化氮存在. 在一定条件下，它可在水溶液中生成. 在黄色稀醚溶液中，一溴胺形成溶剂化物，浓溶液在凝固时转变为微红紫色，颜色的加深是由于一溴胺分子的缔合作用. 当过量戊烷倾入黄色醚溶液中，不形成一溴胺溶剂合物，而是一种暗紫色物质，经分析鉴定它是纯一溴胺，在−120℃沉淀析出.

由紫外光谱研究表明，上述平衡反应也发生在水溶液中，因为游离氨浓度主要是由 pH 值控制，各不相同的氨溴化物之间平衡强烈地依赖于溶液中 pH 值，在 pH 值大于 9 时，平衡反应几乎完全朝一溴胺方向移动，pH 值在 5.5—6.3 之间和氨/溴比约为 20，主要产物是非常不稳定的二溴胺；在 pH 值<6，和氨/溴比在 0.33—0.5 之间发现有三溴化氮生成.

一溴胺在水中呈弱碱性，在 pH 值稍小于 8.2 和在有过量氨存在下(防止二溴胺生成)，一溴胺和一溴胺离子之间平衡变得更明显，热力学平衡常数值 $K_a = [H^+][NH_2Br]/[NH_3Br^+] = 0.408 \times 10^{-6}$，一溴胺碱常数值 $K_b = K_{H_2O}/K_a = 2 \times 10^{-8}$

$$H^+ + NH_2Br \rightleftharpoons NH_3Br^+$$

显然一溴胺的碱性介于氨($K_b = 1.8 \times 10^{-5}$)和一氯胺($K_b = 1 \times 10^{-15}$)之间，这是可以预料到的，由于在氮原子上的取代基电负性是按如下顺序增大：H<Br<Cl，因此诱导效应的影响，使其负电荷越来越从氮原子移开.

实验表明，氮–溴键朝向正电性溴的方向极化，在一定条件下，由电渗析法检测出在水溶液中有含溴的正离子存在，活性溴移向阴极，另一方面用氨和溴化铵饱和的一溴胺醚溶液进行高压电解试验，一种含溴的负离子移向阳极，因此在上述情况下，一溴胺显然是作为酸离解(尽管这种程度非常小).

$$NH_2Br \rightleftharpoons H^+(solv) + NHBr^-$$

电导率测量也得出同样的结论(摩尔电导率为 5×10^{-4}—$3 \times 10^{-3} cm^2 \cdot \Omega^{-1} \cdot mol^{-1}$).

三溴化氮的生成热从理论上计算为 $335 kJ \cdot mol^{-1}$，按此情况，曾尝试由氯化氮与溴或由金属氮化物(例如 Mg_3N_2，Zn_3N_2，SbN 和 BiN)与溴作用制备三溴化氮都未获得成功.

(2) 化学反应和分析方法

在有过量氨存在下的稀水溶液中和稀液氨溶液中，一溴胺分解作用均是动力学一级反应，分解速率与一溴胺浓度成正比，且与温度有关，分解反应按下式进行：

$$3NH_2Br + 2NH_3 \longrightarrow N_2 + 3NH_4Br$$

红色的浓液氨溶液含有部分一溴胺缔合物，最初分解速率比按动力学一级反应的要快，但稀度增大红色消失，分解再一次复回为原先情况. 尽管认为在液氨存在下，一溴胺分解作用如同一氯胺一样是通过肼进行的，但在水溶液中或在液氨中，并无肼游离析出. 反之，在含有氨基钾和一溴胺的液氨溶液中，有约 29% 的肼游离析出(在−75℃). 溶解在液氨中的其他氨基化合物也有相类似的情况. 从以上对比实验表明，在中性或酸性(即含有溴化铵)液氨溶液中，肼很快被过量一溴胺氧化，因此有可能肼含量减小或根本不存在. 在强碱性溶液中，氨被过量次溴酸盐氧化，除主要产物氮外还得到一氧化二氮. 由此提出一种类似于一氯胺水解的机理，在强碱性溶液中，一溴胺水解生成羟胺，然后又被一溴胺或过量次溴酸盐进一步氧化生成一氧化二氮. 在不含有过量氨的醚溶液中，溴胺(包括一溴胺和二溴胺)分解为单质溴.

$$NH_2Br+OH^- \longrightarrow NH_2OH+Br^-$$

$$NH_2OH+3NH_2Br+NH_3 \longrightarrow N_2O+3NH_4Br$$

$$4NH_2Br \longrightarrow 2NH_4Br+N_2+Br_2$$

$$8NHBr_2 \longrightarrow 2NH_4Br+3N_2+7Br_2$$

如同氯胺一样，一溴胺和二溴胺与格氏试剂作用，同样可得到有机胺，就溴胺而论，因存在有其他副反应，故产率较低.

$$RMgX+NH_2Br \longrightarrow RNH_2+MgXBr$$

$$RMgX+ NH_2^-Br^+ \longrightarrow RBr+MgXNH_2 \xrightarrow{H_2O} MgXOH+NH_3$$

$$RMgX+NH_2Br \longrightarrow RH+MgXNHBr \longrightarrow MgXBr+\frac{1}{3}NH_3+\frac{1}{3}N_2$$

一溴胺与三苯基膦反应生成氨基三苯基膦盐.

$$(C_6H_5)_3P+NH_2Br \longrightarrow [H_2N\text{–}P(C_6H_5)_3]^+ \cdot Br^-$$

在有溴化氢存在下，溴胺在酸性介质中的生成反应是可逆的. 碘化氢可使一溴胺还原为溴化物并定量释放出碘：

$$NH_2Br+HBr+H^+ \rightleftharpoons NH_4^+ +Br_2$$

$$NH_2Br+2HI \longrightarrow NH_4Br+I_2$$

根据上述反应测定释放出碘可用来分析测定溴胺，在中性溶液中，邻甲苯胺被一溴胺直接氧化，而一氯胺在此情况下则不反应，因此这两种物质(一溴胺和一氯胺)同时存在下都能定量分析. 用亚硫酸盐或甲醇 SO_2 溶液使溴胺还原为氨和溴化物，再按一般方法分析，就可定量测定溴胺中的氮和溴.

2.7.3　氮–碘化合物

(1) 氨和碘之间反应

正如其他卤素一样，氨和碘的反应可得到碘取代物. 在其他条件都相同时(温度、压力、溶剂)，反应强烈地依赖于反应物的比例和浓度. 当少量氨和碘混合时，开始生成加合物.

$$I_2+NH_3 \rightleftharpoons [H_3N\cdots I\text{—}I]$$

在合适的条件下，有组成为 $I_2 \cdot NH_3$ 和 $I_2 \cdot 2NH_3$ 的固体配合物析出. 这种类型的配合物，也能用光谱法检测. 正如许多有机氮碱加合物一样，碘是作为受体，而氨分子提供电子对，起着给体作用.

如溶剂的介电常数非常大，在过量氨(或其他碱)存在下，所得到的氨-碘配合物会发生离解.

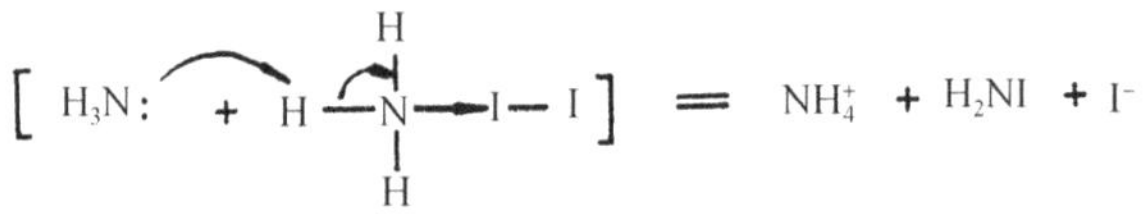

一碘胺是作为氨的取代物，而碘化铵的形成是作为碘歧化反应的产物. 一碘胺容易失去氨生成二碘胺. 三碘化氮一氨合物是借助于不稳定的二碘胺生成的，它与过量氨在低温下反应生成三碘化氮三氨合物. 以上反应有如下平衡：

$$2H_2NI \rightleftharpoons HNI_2+NH_3$$

$$H_2NI+HNI_2 \rightleftharpoons NI_3 \cdot NH_3$$

$$NI_3 \cdot NH_3+2NH_3 \rightleftharpoons NI_3 \cdot 3NH_3$$

不稳定的氮–碘化物(一碘胺和二碘胺)与氨通过某种中间体的作用，分解得到氮和碘化铵.

$$3H_2NI+2NH_3 \longrightarrow 3NH_4I+N_2$$

在上述分解反应中，碘化铵的生成尤为重要，因为一碘胺平衡反应的形成和三碘化氮的生成都与碘化铵的浓度有关.

(a) 在液氨中

首先考虑在无其他的溶剂存在下的氨-碘体系，在此情况下，氨起着反应物和溶剂的双重作用. 在 70℃液氨中，用不同浓度的碘和碘化铵进行试验，增大碘化铵的浓度，实际上分解反应停止，也就是说该体系本身稳定. 如碘化铵与游离氨的摩尔比(不是与碘形成加合物)下降至 1∶4 以下，分解反应总是定量的进行. 碘与氨之间反应总的表达式为：

$$3I_2+8NH_3 \longrightarrow 6NH_4I+N_2$$

若在低温(约–30℃以下)下，纯碘与氨进行反应，分解强烈地被阻止，且三碘化氮氨合物在液氨中溶解度降低. 三碘化氮三氨合物 $NI_3 \cdot 3NH_3$ 和在低温下(–75℃以下)一碘胺一氨合物 $NH_2I \cdot NH_3$ 都能以沉淀物得到，在有过量液氨存在下，后者慢慢地转变为三碘化氮三氨合物. 它是闪光的绿色晶体，可从溶液中分离出来.

(b) 在水溶液中

在水溶液中，氨的碘化作用生成一碘胺，它是作为一种中间体存在的，已由动力学研究所证实，由于氮–碘化合物的水解作用，在溶液中有次碘酸生成.

$$I_2+HOH \rightleftharpoons HOI+HI$$

$$INH_2+HOH \rightleftharpoons HOI+NH_3$$

因碘本身微溶于水，三碘化氮一氨合物水溶液最好由多碘化物溶液制备；另一方面，也可以将碘溶于乙醇，再加入到浓液氨溶液中. 若选用氯化碘则效果更好，因为它易溶于水. 三碘化氮-氨合物的分解反应是可逆的，因此很可能是通过中间体进行的，在强碱性溶液中生成 OI^-离子和在强酸性溶液中生成 NH_4^+离子.

$$NI_3 \cdot NH_3 + 3OH^- \rightleftharpoons 2NH_3 + 3OI^-$$

$$NI_3 \cdot NH_3 + 5H^+ + 3Cl^- \rightleftharpoons 2NH_4^+ + 3ICl$$

在氢碘酸存在下，或在有过量碘化铵的中性溶液中，则生成单质碘. 当碘化铵浓度足够大时，甚至从水溶液中可完全阻止三碘化氮—氨合物沉淀生成.

(c) 在有机溶剂中

与水和液氨相比较，一般有机溶剂的介电常数小，碘通常易溶，而氨难溶. 由于上述原因，在室温无水的情况下，在有机溶剂中的平衡反应几乎完全朝着有利于碘和碘-氨加合物方向移动，因为它们易溶于有机溶剂中. 三碘化氮-氨合物和其他氮-碘化合物不沉淀析出.

关于平衡反应与溶剂的依赖关系可有如下证明：①用氨和碘饱和的乙醚溶液与水摇动，一种具有特征的黑色的三碘化氮—氨合物沉淀物在水相中立即生成，如加入乙醇与之混合，沉淀物溶解，深褐色是由于氨-碘加合物引起的. ②在温度低于−35℃，碘溶液在有机溶剂中与过量液氨反应得到绿色的三碘化氮三氨合物沉淀. 当溶液加热至室温和过量氨待其蒸发直到溶液达到饱和浓度时，沉淀物消失.

用碘溶液代替固体碘，一般有利于氮-碘化物的制备，因为碘是以分子形式分散存在的，在温度低于−75℃时，有机碘溶液与液氨在合适条件下反应，则有红色的一碘胺一氨合物 $NH_2I \cdot NH_3$ 沉淀析出.

(2) 三碘化氮

(a) 氮碱配合物

(i) 氨加成化合物，三碘化氮—氨合物的结构

三碘化氮只有两个固定的氨加合物，即红褐色或黑色的三碘化氮—氨合物和绿色的三碘化氮三氨合物，它们可从液氨中制得. 在室温下，后者转变为红褐色的三碘化氮—氨合物. 由 X 射线粉末图和红外光谱表明，三碘化氮—氨合物两种形式之间并无结构的差别. 颜色不同可能是由于物质的不同的分散度引起的.

对于三碘化氮—氨合物 X 射线结构研究指出，此化合物不是由独立的 NI_3 单元组成，而是一种复杂的聚合结构，其中每个氮化物的氮原子被四个碘原子以四面体围绕，这种稍有畸变的四面体是通过共用的碘棱边连接成巨大的链. 在链上的氮和碘原子间 N···I 距离为 230pm 而氮和四面体其他两个碘原子间距离分别为 214pm 和 215pm. 因此这种结构非常类似于硅酸盐链. 各个链被相当强的碘–碘(I···I 距离为 336pm)相互作用连接成层. 一个氨分子与每个四面体中的一个碘原子配位.

比较三碘化氮一氨合物和三碘化氮与有机氮碱加合物的光谱以及氨和吡啶与碘加合物(荷移配位化合物)的光谱，能得出在三碘化氮一氨合物中和在氨与碘荷移配位化合物中的氨键至少是非常相似的结论. 氨分子作为给予体，自由电子对被正电性碘约束，因此碘起着受体作用.

(ii) 有机氮碱化合物

已有报道氨加合物能定量地被有机氮碱取代，例如纯三碘化氮一氨合物在室温下与过量吡啶、喹啉反应都能释放出氨，同时生成一种褐色至微绿色组成为 NI_3 · 碱或 NI_3 · 3 碱的产物. 由红外光谱研究表明，在所有的这类化合物中，四面体链的基本骨架都含有$(NI_3)_n$结构单元是共同的.

(iii) 金属氨基化合物

三碘化氮一氨合物的液氨悬浮液与悬浮在相同溶剂中的氨基锂、银或锌作用，生成黑色难溶的沉淀物，组成为 NI_3 · 金属氨基合物.

$$AgNH_2+NI_3\cdot 3NH_3 \xrightarrow{\text{液氨}} NI_3\cdot NH_2Ag+3NH_3$$

三碘化氮三氨合物也可与氨基钾、钠反应(它们易溶于液氨中).

(b) 三碘化氮一氨合物爆炸和分解行为

三碘化氮一氨合物在暗处能储存数日，在高氨含量的空气中或在常压下氨气氛中实际上不发生分解. 相反，干燥的三碘化氮一氨合物是易爆炸的物质；用机械方法，加热，甚至用化学方法除去加合氨时都能使爆炸引发. 在常压下，三碘化氮一氨合物分解为氮、碘化铵和碘.

$$8NI_3\cdot NH_3 \longrightarrow 5N_2+6NH_4I+9I_2$$

在真空下，加合氨首先被除去，并自动分解为游离氨、氮和碘. 在

$$2NI_3\cdot NH_3 \longrightarrow 2NH_3+N_2+3I_2$$

光照下，三碘化氮一氨合物分解作用增大是强烈地依赖于周围的温度，这主要是由于热效应引起的，而不是光化学反应. 放射性辐射(α，β，和 γ 射线)使爆炸引发也归于热效应. 在有过量的氨存在下，例如在液氨或浓氨水溶液中，三碘化氮一氨合物定量分解为碘化铵和氮. 元素碘不是最终产物，因为它能与过量氨作用. 固体三碘化氮一氨合物在有过量氨存在下是稳定的，分解作用可设想是通过存在平衡反应中的其他氮–碘化合物进行，是否如同一氯胺或一溴胺通过肼和亚酰进行还不大清楚. 但在–40℃时，肼与悬浮在液氨中的三碘化氮一氨合物作用是非常强烈的，并瞬时生成氮和碘化铵.

(c) 三碘化氮一氨合物与有机化合物反应

三碘化氮一氨合物与有机物反应多在悬浮水溶液中进行. 但不能肯定反应物是否是三碘化氮一氨合物本身或者是与它同时存在平衡反应中其他的化合物，例如次碘酸铵或碘氨合物. 某些酮与三碘化氮一氨合物作用生成对二氮杂苯取代物.

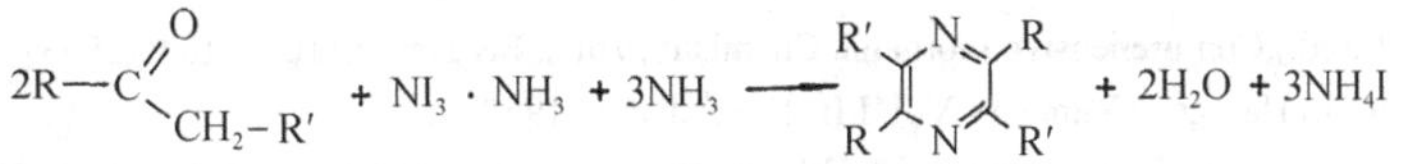

与环己酮作用生成八氢苯吖嗪. 与丙酮作用只得到少量二甲基对二氮杂苯. 据此, 三碘化氮一氨合物与甲基酮的反应, 如同在没有氨的情况下甲基酮与碱性次碘酸盐的反应一样, 主要产物是碘仿和有机酸氨基化合物. 上述反应显然是由于三碘化氮一氨合物与次碘酸铵平衡反应引起的. 在无水乙醇或低级脂肪酸中有类似的平衡反应, 得到烷基或酰基次碘酸盐, 可通过它们加成到烯烃双键上进行检测.

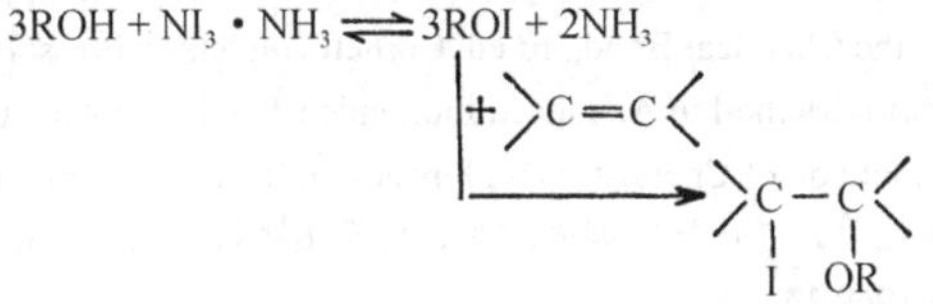

苯酚和萘酚可被三碘化氮悬浮水溶液碘化, 3–对羟基丙氨酸(酪氨酸)碘化得到 3–碘–3–对羟基丙氨酸(3–碘酪氨酸)和 3, 5–二碘酪氨酸. 在同样情况下, 芳香族碳氢化合物自身(例如苯和萘)和其他含有不活泼的氢原子的有机化合物与三碘化氮一氨合物不发生反应.

当三碘化氮一氨合物或三碘化氮三氨合物悬浮在第一胺或第二胺中, 碘和氮上的氢之间发生交换,这样就有可能在低于室温下除去氨和在–25℃真空下除去存在于平衡反应中的过量胺制得纯二甲基碘胺.

$$3R_2NH+NI_3\cdot NH_3 \rightleftharpoons 3R_2NI+2NH_3$$

在低于–20℃时, 通过如下反应也能制得纯甲基–碘胺(在氮上仍含有一个氢原子)

$$3RNH_2+NI_3\cdot 3NH_3 \rightleftharpoons 3RNHI+4NH_3$$

三碘化氮一氨合物和其他氮-碘化合物不同于氯胺和溴胺, 由于碘在氮-碘化合物中的正极化作用, 与二乙基锌或格氏化合物反应产生定量的氨.

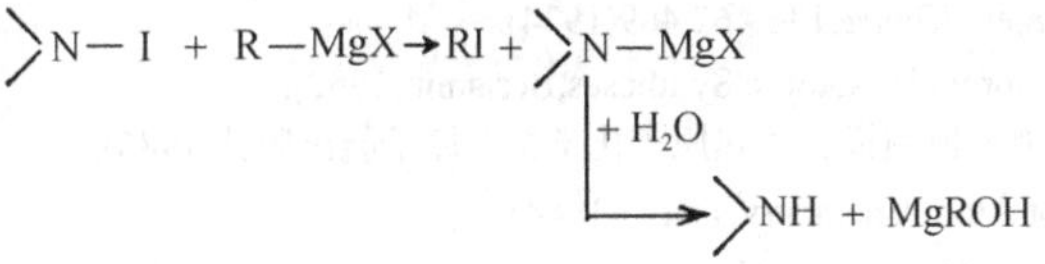

参　考　文　献

[1] a)J. M. Mellor,A Comprehensive Treatise on Inorganic and Theoretical Chemistry,Vol. II,Longmans (1922);Supplement to Mellot’s Comprehensive Treatise on Inorganic and Theoretical Chemistry,Supplement II. Part I,Longmans(1956).

b)Gmelins Handbuch der Anorganischen Chemie,8 Auflage:Chlor,System-number 6,Teil A,Verlag Chemie(1968);Brom,Systemnumber 7,Verlag Chemie(1931);Iod,Syatem-number 8,Verlag Chemie(1933).

c)M. C. Sneed,J. L. Maynard,R. C. Brasted,Comprenensive Inorganic Chemistry,Vol. III,D. Van Nostrand (1954); R. C. 勃拉斯蒂特著,何开雄、何开苗译,《无机化学大纲》第三卷,上海科学技术出版社(1963).

d)Kirk-Othmer Encyclopedia of Chemical Technology,2nd ed.,Vol.1,3 and 11,Interscience(1963—1966).

e)C. A. Hampel(ed.),The Encyclopedia of the Chemical Elements,Reinhold(1968).

f)J. C. Bailar Jr.(ed.),Comprehensive Inorganic Chemistry,Vol. 2,Pergamon,1107—1340(1973).

g)V. Gutmann(ed.),Halogen Chemistry,Vol. I,II,III,Academic (1967).

h)A. J. Downs,C. J Adams,The Chemistry of Chlorine,Bromine,Iodine and Astatine,Pergamon(1975).

i)F. A. Cotton,G. Wilkinson,Advanced Inorganic Chemistry,3rd ed.,Wiley(Interscience)(1972). F. A. 科顿,G. 威尔金森著，北京师范大学、兰州大学、吉林大学、辽宁大学译，《高等无机化学》(上、下册)，人民教育出版社(1980).

j)M. C. Day,J. Selbin,Theoretical Inorganic Chemistry,2nd ed.,Van Nostrand-Reinhold(1969).

k)R. Thompson(ed.),Modern Inorganic Chemistry Industry,Chemical Society Specialist Publication,31(1977).

l)周公度，无机化学丛书第十一卷《无机结构化学》，科学出版社(1982).

m)L. Pauling,The Nature of the Chemical Bond,3rd ed.,Cornell University Press(1960).

n)H. A. O. Hill,P. Day,Physical Method in Advanced Inorganic Chemistry,Interscience(1968).

o)R. C. Weast(ed.),CRC Handbook of Chemistry and Physics,66th. ed.,CRC Press(1985).

[2]《化学发展简史》编写组编著，《化学发展简史》，科学出版社，118(1980).

[3] *C hem. Eng. News*,May. 5,1969,14.

[4] J .S. Sconce(ed.),Chlorine:its Manufacture,Properties and Uses (A. C. S. Monograph No. 154),Reinhold(1962).

[5] C. P. Kubiak,Lynn F. Schneemeyer,Mark S. Wrighton,*J. Amer. Chem. Soc.*,102,6898(1980).

[6]何泽人编译，《无机制备化学手册》(增订第二版)上册 PP.169—170，燃料化学工业出版社(1972).

[7] D .H. Desty,Gas Chromatography,Butterworths,300(1958);J. E. Ellis,C. W. Forrest,P. L.,Allen,*Anal. Chim. Acta*,22,27(1960).

[8] V. A. Stenger,*Angew. Chem. Internat. Edn.*,5,280(1966).

[9] O. Hönigschmid,E. Zintl,*Annalen*,433,201(1923).

[10]《氯碱工业》，第四期，47(1974).

[11] Z. E. Jolles(ed.),Bromine and its Cempounds,Benn(1966).

[12] J ANAF Thermochemical Tables,The Dow Chemical Company(1960—68).

[13] M. van Thiel,D. J. Seary,D. Britton,*J. Phys. Chem.*,69,834(1965).

[14] E. A. Ogryzlo, *Canad. J. Chem.*,39,2556(1961).

[15] N. Agmon,R. D. Levine,*Isr. J. Chem.*,19,330(1980).

[16] J. M. Zellweger,Van den Bergh H.,*J Chem. Phys.*,72,5405(1980).

[17] C. Fotaxis,M. Martin,R. J. Donovan,*J. Chem. Soc.,Chem Comm.*,1979,813.

[18] C. N. R. Rao and J. R. Ferraro,Spectroscopy in Inorganic Chemisry,Vol. II,Academic,115(1971).

[19] L. Szilard,T. A. Chalmers,*Nature*,134,462,469(1934).

[20] a)R. H. Herher(ed.),Inorganic Isotopic Syntheses,Berjamin(1962).

b)徐长林、孙树正、柳蕴刚编译，《热原子化学》，原子能出版社(1985).

c)T. Matsuura(ed.),Hot Atom Chemistry,Tokyo(1984).

[21] E. A. C. Lucken,Nuclear Quadrupole Coupling Constants,Academic (1969).

[22] D. A. Johnson,Some Thermodynamic Aspects of Inorganic Chemist ry,Cambridge,158—160,167—169 (1968).

[23] R. C. Catton,M. C. R. Symons,*J. Chem. Soc.* (*A*),1969,446;

I. Marov,M. C. R. Symons,*ibid.*,1971. 201.

[24] V. I. Veddndyev,L. V. Gurvich,V. N. Kondrat'yev,V. A. Medvedev,Ye. L. Frankvich,Bond Energies, Ionization Potentials and Electron Affinities,Edward Arnald 77,129(1966).

[25] J. N. Pitts,Jr.(ed.),Advances in Photochemistry,Vol. 8,WileyInterscience 1(1971).

[26] H. J. Emeleus,A. G. Sharpe,Advances in Inorganic Chemistry and Radiochemistry,Vol. 1,Academic 267(1959).

[27] G. Porter,Progress in Reaction Kinetics,Vol. 3,Pergamon,97(1965).

[28] C hemical Effects of Nuclear Transformations,Proceedings of a Symposium,Prague,I. A. E. A.(1961).

[29] H. J. Emeleus,A. G. Sharpe,Advances in Inorganic Chemistry and Radiochemistry,Vol. 5,Academic, 135(1963).
[30] E. P. Rack,A. A. Gordus,*J. Phys. Chem*.,65. 944(1961);*J. Chem. Phys*.,34,1855(1961).
[31] W. F. Libby,*J.Amer. Chem. Soc*.,62,1930(1940);69,2523(1947).
[32] M. S. Fox,W. F. Libby,*J. Chem. Phys*.,20,487(1952).
[33] A. S. Balchan,H. G. Drickamer,*J. Chem. Phys*.,34,1948(1961).
[34] A. G. Gaydon,Dissociation Energies,3rd ed.,Chapman and Hall (1968).
[35] G. Herzberg,Molecular Spectra and Molecular Structure. I. Spectra,of Diatomic Molecules,2nd ed.,D. Van Nostrand(1950).
[36] R. W. B. Pearse,A.G. Gaydon, The Identilication of Molecular Spectra,3rd ed.,Chapman and Hall(1963).
[37] a)D. I. Bearcroft,N. H. Nachtrieb,*J. Phys. Chem*.,71,316(1967).
b)I. Rubenstein,E. Gilead,*J. Electroanal. Chem*.,108,191(1980).
[38] W. M. Latimer,The Oxidation States of the Elements and their Potenials in Aqueous Solutions,2nd ed.,Prentice-Hall(1952).
[39] S. E. King,J. N. Cooper,R. D. Crawford,*Inorg. Chem*.,17,3306(1978).
[40] H. J. Emeleus,A. G. Sharpe,Advances in Inorganic Chemistry and Radiochemistry,Vol.3,Academic,91(1961).
[41] J. Rose,Molecular Complexes,Pergamon(1967).
[42] H. A. Bent,*Chem. Rev*.,68,587(1968).
[43] R. S. Mulliken,W. B. Person,Molecular Complexes,Wiley(1969).
[44] M. Chatelet,*Comps. Rend*.,190,927(1930).
[45] H. A. Benesi,J. H. Hildebrand,*J. Amer. Chem. Soc*.,70, 2832(1948);71,2703(1949).
[46] Inorganic Synthese,Vol. 1,3 and 7,McGraw-Hill(1939—1963).
[47] G. Brauer,Handbook of Preparative Inorganic Chemistry,2nd ed.,Vol. 1,Academic(1963).
[48] R .S. Mulliken,*Rev. Mod. Phys*.,4,1(1932);*Phys. Rev*.,50,1017(1936);51,310(1937).
[49] H. J. Lempka,T. R. Passmore,W. C. Price,*Proc. Roy. Soc*.,A 304,53(1968).
[50] G. L. Hiebert,D. F. Horning,*J. Chem. Phys*.,26,1762(1957).
[51] T. C. Waddington,Non-aqueous Solvent Systems,Academic 83(1965).
[52] O. Popovych Reginald P. T. Tomkins,Nonaqueous Solution Chemistry,Wiley & Sons(1981).
[53] V. Gutmann,MTP International Review of Science;Inorganic Chemistry Series One,Vol. 3,Butterworths, 85(1972).
[54] J. W. Nibler,G. C. Pimentel,*J. Chen. Phys*.,47,710(1967).
[55] G. C. Stirling,C. J. Ludman,T. C. Waddington,*J. Chem. Phys*.,52,2730(1970).
[56] D. G. Tuck,Progress in Inorganic Chemistry,9,161(1968).
[57] D. A. Johnson,Some Thermodynamic Aspects of Inorganic Chemistry, Cambridge, 158—160, 167—169 (1968).
[58] H. J. Emeleus,A. G. Sharpe,Advances in Inorganic Chemistry and Radiochemistry,Vol. 1,Academic 157(1959).
[59] M. J. Blandamer,M. F. Fox,*Chem. Rev*.,70,59(1970).
[60] M. F. Fox,*Quart. Rev. Chem. Soc*.,24,565(1970)
[61] M. J. Blandamer,T. E. Gough,M. C. R. Symons,*Trans.Faraday Soc*.,62,301(1966).
[62] C. Hall,*Quart. Rev. Chem. Soc*., 25, 87(1971).
[63] R. K. Hariss and B. E. Mann,NMR and the Periodic Table,Academic(1978).
[64] O. Ya. Samoilov,Structure of Aqueous Electrolyte Solution and the Hydration of Ions(Transl. by D. J. G. Ives),Consultants Bureau Enterprises Inc.(1965).
[65] J. W. Emsley,J. Feeney,L. H. Sutcliffe,Progress in NMR Spectroscopy,Vol. 4,Pergamon 235(1969).
[66] J. Kondo,J. Yamashita,*Phys. Chem. Solids*,10,245(1959).

[67] N. V. Sidgwick,The Chemical Elements and their Compounds,vol. II,Clarendon Press(1950).
[68] D. F. C. Morris,*J. Inorg. Nucl. Chem.*,4,8(1957).
[69] 同[1.g] Vol.3,55.
[70] R. J. Gillespie,*Angew. Chem. Internat. Edn.*,6,819(1967).
[71] F. Basolo,*Coord. Chem. Rev.*,3,213(1968)
[72] L. G. Sillen,A. E. Martell(ed.),Stability Constants of Metal-Ion Complexes,Chemical Society Special Publication No. 17(1964);Supplement No. 1,Chemical Society Special Publication,No. 25(1971).
[73] 同[1.g)] Vol. 2, 351.
[74] R. Cotton,J. H. Canterford,Halides of the First Row Transition Metals,Wiley-Interscience(1969).
[75] D. Brown,Halides of the Lanthanides and Actinides,Wiley-Inters-cience(1968).
[76] K. W. Bagnall,同[1.g)] Vol. 3,303.
[77] W. L. Jolly,Preparative Inorganic Reaction,Vol. 3,Imerscience 1(1966).
[78] T. L. Cotreell,The Strengths of Chemical Bonds,2nd ed.,Butterworths(1958);A. G. Gaydon,Dissociation Energies,3rd ed.,Chapman and Hall(1968).
[79] L. E. SuHon(ed.),Table of Interatomic Distances and Configuration in Molecules and Ions,The Chemical Socioty(London)(1958);Supplement(1965).
[80] T able of Constants and Numerical Data,No. 17,Spectroscopic Data Relative to Diatomic Molecules(General ed. B. Rosen),Pergamon(1970).
[81] K. Nakamoto,Infrared Spectra of Inorganic and Coordination Cempounds,2nd ed.,Wiley-Interscience(1970).
[82] D. M. Adams,Metal-Ligand and Related Vibrations,Edward Arnold(1967).
[83]同[1.g)] Vol.3,85.
[84] A. Carrington,A. D. McLachlan,Introduction to Magnetic Resonance,Harper and Row(1967).
[85] T. P. Das,E. L. Hahn,Nuclear Quadrupole Resonance Spectroscopy,
[86] E. A. C. Lucken,Structure and Bonding,Vol. 6,Springer,1(1969).
[87] V. I. Goldanskii,R. H. Herber,Chemical Application of Mössbauer Spectroscopy,Academic 377(1968).
[88] C hr. K. J ϕrgensen,Orbitals in Atoms and Molecules,Academic(1962);Absorption Spectra and Chemical Bonding in Complexes,Pergamon(1962).
[89] A. B. P. Iever,Inorganic Electronic Spectroscopy,Elsevier(1968).
[90] A. L. McClellan,Tables of Experimental Dipole Moments,Freeman(1963).
[91] a)I. M. Kolthoff,R. Belcher with the Cooperation of V. A. Stenger,G. Matsuyama,Volumetric Analysis,Vol. III. Interscience(1957);L. M. 柯尔蜀夫,R. 贝尔学等著,梁树权译,《容量分析》(卷三),科学出版社(1963).
b)I. M. Kolthoff,P. J. Elving,E. B. Sandell,Treatise on Analytical Chemistry,Part II,Vol. 7,Interscience 335(1961)
[92] P. D. Snell,L,S. Ettre,Encyclopedia of Industrial Chemical Analysis,Vol. 8,Interscience 1(1969);G. Oplinger, ibid., Vol. 9 Interscience 333 (1970).
[93]黄德培,沈子琛、吴国梁等编著,《离子选择电极的原理及应用》,PP. 291—304,新时代出版社(1982).
[94] M. B. Jacobs,The Analytical Toxicology of Industrial Inorganic Poisons,Interscience,635—640(1967).
[95] H. L. M. Bowen,Trace Elements in Eiochemistry,Academic(1966).
[96] E. J. Underwood,Trace Elements in Human and Animal Nutrition,4th ed.,Academic(1977);W. A. Harland and J. S. Orr,Thyroid Hormone Metabolism,Academic(1975).
[97] A. J. Downs,E. A. V. Ebsworth,A. G. Maddock,A. G. Sharpe,Unusual Coordination Number in New Pathways in Inorganic Chemistry,Cambridge,15(1968).
[98] R. E. Rundle,*Survey Progr. Chem.*,1,81(1963)
[99] L. S. Bartell,*Inorg. Chem*,5,1635(1966)
[100] B. M. Deb,C. A. Coulson,*J. Chem. Soc.*(A),958(1971).
[101] R. S. Berry,M. Tamres,C. J. Ballhausen,H. Jchansen,*Acta Chem. Scand.*,22,231(1968).

[102] H. H. Jaffě,*J. Phys. Chem.*,58,185(1954).
[103] D. W. J. Cruickshank,*J. Chem. Soc.*,5486(1961).
[104] E. A. Robinson,*Canad. J. Chem.*,41,3021(1963).
[105] S. Y. Tyree,Inorganic Syntheses,Vol. 9,McGraw-Hill,127(1967).
[106] C. J. Schack,D. Pilipovich,*Inorg. Chem.*,9,387(1970).
[107] D. E. Gould,L. R. Anderson,D. E. Young,W. B. Fox. *J.Amer. Chem. Soc.*,91,1310(1969).
[108] E. T. McHale,G. Von Elbe,*ibid.*,89,2795(1967).
[109] H. Fukutomi,G. Grodon,*ibid.*,89,1362(1967).
[110] C. J. Schack,D. Pilipovich,*Inorg. Chem.*,9,1387(1970).
[111] N. Bartlett,M. Wechsberg. F.O. Sladky. P. A. Bulliner,G. R.Jones,R. D. Burbank,*Chem. Comm.* 703(1969).
[113] V. N. Belevskii,L. T. Bugaenko. *Russ,J. Inorg. Chem.*,12,1203(1967).
[114] A. Pavia,J. L. Pascal A. Potier,*Compt. Rend.*,272C,1495(1971).
[115] I. P. Fisher,*Trans. Faraday Soc.*,64,1852(1968).
[116] N. W. Alcock,T. C. Waddington,*J. Chem. Soc.*,2510(1962).
[117] C. Campbell,J. P. M. Jones,J. J. Turner,*Chem. Comm.*,888(1968).
[118] a)H. J. Emeleus,A. G. Sharpe,Advances in Inorganic Chemistry and Radiochemistry,Vol. 5,Academic, 41(1963).
b)V. Gutmann,MTP International Review of Science Inorganic Chemistry,Series One,vol. 3,Butterworths, 215(1972).
[119] K. Selte,A. Kjekshus,*Acta Chem. Scand.*,24,1912(1970).
[120] J. H. Wise,H. H. Hannan,*J. Inorg. Nucl. Chem.*,23,31(1961).
[121] M. Drätovskÿ,L. Päcesovä, *Rus. Chem. Rev.*,37,243(1968).
[122] M. M. Rochkind,G. C. Pimentel,*J. Chem Phys.*,46,4481(1967);W. G. Alcock,G. C. Pimentel,*ibid.*, 48, 2373 (1968).
[123] O. Amichai,G. Czapski,A. Treinin,*israel J. Chem.*,7,351(1969).
[124] O. Amichai,A. Treinin,*J. Phys. Chem.*,74,830(1970).
[125] A. Arkell,I. Schwager,*J. Amer. Chem. Soc.*,89,5999(1967).
[126] R. S. Eachus,P. R.,Edwards,S. Subramanian,M. C. R. Symons.*J. Chem. Soc.*,(A),1704(1968).
[127] F. Barat,L. Gilles,B. Hickel,J. Sutton,*Chem. Comm.*,1485(1969).
[128] G. V. Buxton,F. S. Dainton,*Proc. Ray. Soc.*,A304,427(1968).
[129] A. Begum,S. Subramanian,M. C. R. Symoas,*J. Chem. Soc.*,(A),918(1970).
[130] Y. Macheteau,J. Gillardeau,*Bull. Soc. Chim. France*,1819(1969).
[131] K. O. Christe,*Inorg. Nucl. Chem. Letters*,8,453(1972).
[132] D. K. Huggins,W. B. Fox,*Inorg. Nucl. Chem. Letters*,6,537(1970).
[133] J. J. Pitts,S. Kangpricha,A. W. Jache,*Inorg. Chem.*,4,257(1965).
[134] R. Bougon,J. Isabey,P. Plurien,*Compt. Rend.,*271C,1366(1970).
[135] D. Pillipovich,C. B. Lindahl,C. J. Schack,R. D. Wilson,K. O. Christe,*Inorg. Chem.*,11,2189(1972).
[136] J. W. Viers,H. W. Baird,*Chem. Comm.*,1093(1967).
[137] V. M. Khutoretskii,L. V. Okhlobvstina,A. A. Fainzil'berg, *Russ Chem.Rev.*,36,145(1967)
[138] W. A. Sheppard,*Tetrahedron Letters*,83(1969).
[139] E. H. Appelman,M. H. Sludier,*J. Amer. Chem. Soc.*,91,4561(1969).
[140] R. J. Gillespie,J. W. *Quail,Proc. Chem. Soc.*,278(1963);N. Bartlett,L. E. Levchuk,*ibid.*,342(1963).
J. H. Holloway,H. Selig,H. H. Claassen,*J. Chem. Phys.*,54,4305(1971).
[141] K. O. Christe,*Inorg. Nucl. Chem. Letters*,8,457(1972).
[142] A. V. Crosse,A. G. Streng,*Chem. Abs.*66(1967),39492z;*ibid.*,67(1967),75007z.
[143] A. Engelbrecht,P. Peteriy,*Angew. Chem. Internat. Edn.*,8,768(1969).

[144] A. G. Sykes,Kinetics of Inorganic Reactions,Pergamon,199,269(1966).
[145] Z. E. Jolles,Bromine and its Compounds,Berm,154—158(1966).
[146] M. W. Lister,*Canad. J. Chem.* 34,479(1956).
[147] M. H. Hashmi,A. A. Ayaz,*Anal. Chem.*,36,384(1964).
[148] D. E. Young,L. R. Anderson,D. E. Gould,W. B. Fox,*J.Amer. Chem.Soc.*,92,2313(1970).
[149] C. J. Schack,W. Maya,*ibid.*,91,2902(1969).
[150] D. E. Young,L. R. Anderson,W. B. Fox,*Inorg. Chem.*, 9. 2602(1970).
[151] R. G. Kieffer,G. Gordon,*ibid.*,7,235,239(1968).
[152] J. C. Schumacher,*J. Eiectrochem. Soc.*,116,68c(1969).
[153] A. F. M. Barton,G. A. Wright,*J. Chem. Soc.*,(A),1747(1968).
[153] A. F. M. Barton,G. A. Wright,*J. Chem. Soc.* (A),1747(1968).
[154] M. Anbar,S. Guttmann,*J. Amer. Chem. Soc.*,83,4741(1961).
[155] D. E. C. King,M. W. Lister,*Canad. J. Chem.*, 46,279(1968).
[156] J. C. Schumacher(ed.),Perchlorates,ACS Monograph No. 146,Reinhold,(1960).
[157] H. J. Emeleus,A. G. Sharpe,Advances in Inorganic Chemistry and Radiochemistry,Vol. 8,Academic, 177(1966).
[158] A. A. Zinovév, *Russ. Chem. Rev.*,32,268(1963).
[159] N. Boutt,J. Potier,*Rev. Chim. Minērale*,4,621(1967).
[160] J. B. Levy, *J. Phys Chem.*,66,1092(1962).
[161] H. J. Emeleus,A. G. Sharpe,Advances in Inorganic Chemistry and Radiochemistry,Vol. 8,Academic, 171(1966).
[162] A. G. Keenan,R. F. Siegmund,*Quart. Rev. Chem. Soc.*,23,430(1969).
[163] P. W. M. Jacobs,H. M. Whitehead,*Chem. Rev.*,69,551(1969).
[164] K. Kustin,E. C. I.ieberman,*J. Phys. Chem.*,68,3869(1964).
[165] B. Skiarz,*Quart. Rev. Chem. Soc.*,21,3(1967).
[166] E. A. V. Ebsworth,A. G. Maddock,A. G. Sharpe,New Pathways in Inorganic Chemistry,Cambridge(1968).
[167] W. P. Gilbreath,G. H. Cady,*Inorg. Chem.*,2,496(1963).
[168] R. J. Gillespie,J,B. Milne,*ibid*,5,1577(1966).
[169] F. Aubke,G. H. Cady,*ibid.*,4,269(1965).
[170] R. J. Gillespie,M. J. Morton,*Chem. Comm.*,1565(1968).
[171] D. D. Des Marteau,*Inorg. Chem.*,7,434(1968).
[172] M. Schmeisser,K. Brändle,*Angew. Chem.*,73,388(1961).
[173] W. L. Jolly,Preparative Inorganic Reactions,Vol. 1,Interscience,141(1964).
[174] M. Lustig,J. K. Ruff,*Inorg.Chem.*,5,2124(1966).
[175] K. O. Christe,C. J. Schack,*ibid*,11,1682(1972).
[176] R. G. Jahnson,R. K. Ingham,*Chem. Rev.*,56,219(1956).
[177] P. B. D. de la Mare,I. C. Hilton,O. A. Vernon,*J. Chem. Soc.*,4039(1960);P. B. D. De la Mare,J. L. Maxwell, *Chem. & Ihd.*,553(1961).
[178] J. W. George. F. A. Cotton,on Progress in Inorganic Chemistry,Vol. 2,Interscience(1960).
[179] C. W. Colfurn,(ed.),In Developments Inorganic Nitrogen Chemistry,Vol. 2,Elsevier(1973).

18.3　卤素间化合物

3.1　卤素阳离子

3.1.1　卤素阳离子的概念[1-4]

卤族元素的原子半径随原子序数增大而增大，电正性增加，因此，重卤素原子较易生成简单形式的阳离子. 长期以来，为了获得 L^+离子而进行了大量研究，虽然还没有充分地证实诸如 I^+, Br^+, Cl^+作为一种稳定物种存在于溶液或固体中，但是这类物种的研究却导致了许多卤素多原子阳离子的发现. 如游离卤素或次卤酸盐对有机化合物的卤化反应过程中，碘在强酸介质呈蓝色，在乙醇中 I_2 和 ICl 能离解等都被认为是产生了卤素阳离子的依据，而用纯化学方式推测为生成了正价态卤素的化合物，但是这些化合物概念往往是含糊不清的，没有弄清每一个阳离子的本质. 从 1962 年以来，由于非水溶剂化学，特别是高酸度介质体系的研究以及各种光谱测量技术对卤素阳离子的光谱和结构进行了大量的测定以后，许多卤素阳离子的存在才被确切地鉴定出来.

卤素能够形成多种同一元素的或不同卤素间的复合阳离子，如 X^+，X_2^+，X_3^+，XY_2^+，X_5^+，XY_4^+，X_7^+，XY_6^+以及卤氧阳离子等. 就卤素本身来说，卤素阳离子是缺电子的，它有一个亲电子的中心，因而它是一种强亲电子体. 故它只能在强的 Lewis 酸介质或足够弱的 Lewis 碱介质中稳定存在. 卤素阳离子极性越大其阳离子稳定性越高，与元素电正性增加的顺序相同，卤素阳离子生成的趋势是从氟到碘增加的. 碘有许多阳离子衍生物，而溴和氯的卤素间化合物和阳离子只能存在于足够高的亲质子溶剂中，被作为离解作用的中间产物而发现的. 对氟来说，要分离出正价态的氟离子是不可能的，ClF^+的存在也还有争论. 在所有的情况下，三原子卤素阳离子比对应的双原子或单原子卤素阳离子都更为稳定. 这可简单地归结于双原子阳离子存在有奇数个价电子，而单原子阳离子有更大的不对称性结构.

3.1.2　卤素阳离子的形成与介质的关系

(1) 在氧化性强酸介质中

碘溶解在氧化性的强酸介质中，生成深色的多原子阳离子，这种阳离子的存在，依赖于该介质的氧化性和酸性的强弱. 如在浓硫酸中，碘仅微溶($< 10^{-4}$mol $\cdot L^{-1}$)

生成一种粉红色的溶液，其吸收光谱与碘蒸气相同. 在 30%的发烟硫酸中，碘的溶解度增大到约 0.5 mol · L^{-1}，呈红棕色，含有 I_3^+，可能还含有 I_5^+. 在 65%的发烟硫酸中，碘的浓度超过 10 mol · L^{-1}，呈深蓝色，为顺磁性溶液，含有 I_2^+ 和 SO_2. 在 30%发烟硫酸中 I_3^+ 很易被碘酸盐、过硫酸盐或过氧化物氧化为 I_2^+，I_2^+ 被这些试剂进一步氧化为正三价态的碘，形成了通常的溶剂化离子 IO^+. 浓硫酸本身对维持 I_2^+ 离子来说其酸性太弱，因此，碘同碘酸盐的氧化作用只能生成 I_3^+ 和 IO^+[5].

碘在具有氧化性的酸性溶剂如氟磺酸、发烟硫酸、五氟化碘、五氟化锑等当中的磁性、电导和溶液的光谱性质已被研究过，这些结果由表 18.94 给出. 含有碘阳离子的固体化合物，从一些溶液中已能分离出来[6].

表 18.94 强酸介质中含碘阳离子的情况[1]

溶剂	作用物	氧化剂	溶液中发现的物质	已制备成的固体物质	测定方法
H_2SO_4	I_2 ICl IBr	HIO_3 HIO_3 HIO_3	I_5^+，I_3^+，IO^+ I_2Cl^+，ICl_2^+ I_2Br^+		凝固点下降、电导
30%发烟硫酸	I_2	溶剂 HIO_3	I_5^+，I_3^+ I_2^+，IO^+		紫外、电导
$H_2S_2O_7$ (45%发烟硫酸)	I_2	溶剂	I_3^+，I_2^+		凝固点下降、电导、紫外
65%发烟硫酸	I_2 KI ICl	溶剂 溶剂 溶剂	I_2^+，IO^+ I_2^+ I_2^+	$[IO]^+[HS_2O_7]^-$	凝固点下降、电导、紫外、Raman
HSO_3F	I_2	$S_2O_6F_2$	I_3^+，I_2^+，I_4^{2+}，$I(SO_3F)_3$		凝固点下降、分子量测定、磁化率、紫外、Raman
IF_5	I_2 I_2 I_2	溶剂 MF_5(M=P，As，Sb，Nb，Ta) 空气	I_3^+ I_2^+ I_2^+	$[I_2]^+[M_2F_{11}]^-$ (M=Sb，Ta)	磁化率、紫外、电导、红外(固体)
SbF_5	I_2	溶剂	I_2^+ (与 SbF_5)	$I(SbF_5)_2$ $[I_2]^+[Sb_2F_{11}]^-$ $IsbF_5$	磁化率、紫外、电导、红外(固体)、Raman

与碘的阳离子衍生物不同的是，在多数情况下，氯和溴的阳离子衍生物要在更强的酸性介质中才能稳定存在. 如在比 65%浓度更大的发烟硫酸中，Br_2 变成 Br_3^+. Br_2^+ 和 Br_3^+ 在 $HSO_3F-SbF_5-3SO_3$ 体系和氟磺酸–溴(或 $Br_2-S_2O_6F_2$ 混合物)中，

用光谱法可鉴定出来，并且已知其红色固体$[Br_2]^+[Sb_3F_{16}]^-$，和$[Br_3]^+[AsF_6]^-$是由Br_2，BrF_5和相应的SbF_5或AsF_5作用生成的[7-9]. 氯和氟化氯在SbF_5和有关的溶剂中可产生两种顺磁性的阳离子，在−80 ℃时主要是Cl_2^+，而在−60 ℃时为ClF^+[10]. 卤素阳离子在强酸介质中的不稳定性与其本身电子亲合能有关，电子亲合能力越强，其不稳定性就越大，其顺序如下：$Cl_2^+ > Br_2^+ > Br_3^+ > I_2^+ > I_3^+$.

(2) 在强 Lewis 酸介质中

卤素间化合物同BF_3，SbF_5，$SbCl_5$等强的 Lewis 酸相作用时，Lewis 酸作为接受体与卤素间化合物形成离子型晶体配合物，反应如下

$$ClF_3 + BF_3 \longrightarrow [ClF_2]^+[BF_4]^-$$

$$BrF_5 + 2SbF_5 \longrightarrow [BrF_4]^+[Sb_2F_{11}]^-$$

$$ICl_3 + SbCl_5 \longrightarrow [ICl_2]^+[SbCl_6]^-$$

$$IF_7 + AsF_5 \longrightarrow [IF_6]^+[AsF_6]^-$$

ClF 与SbF_5作用，不是按 1∶1 生成加合物，而是按 2∶1 生成$[Cl_2F]^+[SbF_6]^-$化合物，AsF_5同等摩尔的Cl_2和 ClF 混合物作用生成$[Cl_3]^+[AsF_6]^-$化合物，同Br_2和BrF_3或Br_2和BrF_5混合物作用生成$[Br_3]^+[AsF_6]^-$. 某些未确定的卤素简化合物如Cl_2F_2，Cl_3F，Br_3F及其衍生物已能制备成配位化合物形式. 配合物的热稳定性随阳离子的不同和 Lewis 酸接受体强度的不同而不同. Lewis 酸的强度越大，阳离子稳定性越高，形成的配合物一般来说稳定性也越大[11].

(3) 在水介质中[12]

在水溶液中，X_2可能发生下面的多种平衡反应

$$X_2 \rightleftharpoons X^+ + X^- \quad (1)$$

$$X_2 + H_2O \rightleftharpoons H_2OX + X^- \quad (2)$$

$$H_2OX^+ + H_2O \rightleftharpoons HOX + H_3O^+ \quad (3)$$

$$3HOX + 3H_2O \rightleftharpoons XO_3^- + 2X^- + 3H_3O^+ \quad (4)$$

$$X_2 + X^- \rightleftharpoons X_3^- \quad (5)$$

在平衡(1)中，氯、溴、碘的平衡常数K已测定为10^{-60}，10^{-50}和10^{-40}. 反应(2)的平衡常数K分别为10^{-30}，10^{-20}和10^{-11}. 由此可知，X^+离子在水中的浓度是十分小的. 对碘来说，平衡(2)、(3)的平衡常数分别为1×10^{-11}和3×10^{-2}，说明碘通常极少以I^+存在，而是以氢合次碘酸离子形式H^+HIO存在，并成为参与许多有

机化合物反应的活性形态. H^+HClO 与 H^+HBrO 在酸化的次卤酸盐的卤化作用中也已观察到. 在非催化反应中，自由卤素作为试剂其活性来自未离解的 Cl_2 和 Br_2；在芳香族化合物发生卤化作用时，X^+水合离子成为反应的中间产物已为动力学数据所证实[13].

(4) 在非水溶剂中

卤素间化合物溶解在非水溶剂中的化学和电化学行为，可看成电离为卤素阳离子形式. 虽然 I^+在溶液中是否存在仍有不同看法，但是 INO_3 的乙醇溶液通过被质子化的阳离子交换树脂时，其中 70%的碘被交换出来，其活性基团可能是 $EtOHI^+$，共轭酸为乙基次碘酸. 这些正价态卤素在树脂上是稳定的，固定 I^+的典型方法是将 0.5 克碘的 100 毫升无水乙醇溶液通过 Amberlite IR 100H 树脂，使 I^+被固定在树脂上[14]

$$H^+ + 树脂^- + I_2 \longrightarrow I^+树脂^- + HI .$$

在醋酸酐中，电解饱和的 $I(OCOCH_3)_3$ 溶液时，在电量计镀银的铂阴极上生成了 AgI，其量是按照 I^{3+}形式且与 Faraday 定律计算的量是相符的

$$I^{3+} + Ag + 3e^- \rightarrow AgI$$

溶解有碘的芳香族化合物中，发现有 I_2^+，I_3^+和 I_5^+，即使在无活性的芳香族化合物中，这些物质也是有效的碘化剂，这说明卤素阳离子即使在温和的溶剂条件下也会产生卤化作用[13]. 亲质子溶剂对稳定卤素阳离子的重要作用已在吡啶中得到证实. 如 I_2，ICl 和 IBr 溶解于该溶剂中形成$[py_2I]^+$阳离子，这种离子或与其类似的阳离子的一系列有机衍生物如$[I(py)_2]NO_3$，$[I(py)_2]ClO_4$ 等已能分离出来. 所有这些盐都可以从碘化钾溶液中释出碘，$[I(py)_2]NO_3$ 可发生缓慢水解，而贵金属可溶解在碘和吡啶配位化合物的氯仿溶液中[12]

$$3\left[I(py)_2\right]NO_3 + Au \xrightarrow{(CHCl_3)} Au^{3+} + 3NO_3^- + \frac{3}{2}I_2 + 6py$$

电解$[I(py)_2]NO_3$ 的氯仿或甲醇溶液时，在阴极产生碘. ICl 在乙腈溶液中具有中等强的电导，可认为是部分发生了电离，产生了溶剂合卤素阳离子，即

$$ICl + 2MeCN \rightleftharpoons \left[(MeCN)_2I\right]^+ + Cl^-$$

3.1.3　单原子卤素阳离子

单原子卤素阳离子 X^+的电子组态为：ns^2np^4，这种离子的生成要吸收大量的

热，并且离子是亲电子的，见表 18.95. 因此，它们作为单个的化学实体存在时，将强烈地依赖于提供的酸性环境和本身的极性. 在氟磺酸、发烟硫酸等介质中，碘(+1)化合物并不是简单地离解成为相应的离子，而是歧化为 I_2^+ 和 I(+3)的衍生物

$$10IOSO_2F \rightleftharpoons 4I_2^+ + 2I(OSO_2F)_3 + 4SO_3F^-$$

表 18.95　单原子卤素阳离子的热力学数据[1]

性质		F	Cl	Br	I
ΔH_f，0℃[X^+(g)](kJ · mol^{-1})		1766.23	1383.82	1261.1	1121.98
X^+的电子亲合势(kJ · mol^{-1})		1682	1251	1142	1008
$X_2(aq) \rightleftharpoons X^+(aq) + X^-(aq)$	ΔG°(kJ · mol^{-1})		+234	+163	+113
	K		10^{-40}	10^{-30}	10^{-21}

Br_2 和 $S_2O_6F_2$ 的等摩尔混合物溶解在 $HSO_3F—SbF_5—3SO_3$ 中生成的是 Br_2^+ 和 $Br(OSO_2F)_3$，而不是 Br^+离子，这与碘的情况相同.

在水溶液中，下面的平衡

$$X_2(aq) \rightleftharpoons X^+(aq) + X^-(aq)$$

是不符合热力学规律的. 水合离子 X^+具有 ns^2np^4 的电子构型，其配位场稳定能应小于 117 kJ · mol^{-1}，由表中平衡常数的计算值可知，在水溶液反应中仅有 I^+(aq)可能作为一个中间体形式存在，这已为动力学的研究所证明[13].

X^+(aq)与 H_2OX^+之间在结构上有细微的差别，前者是由于周围的水分子与 X^+离子所形成的离子——偶极相互作用，有一个未配对的电子脱离卤原子，而后者是 H_2O 分子和 X^+之间的定域化共价键产生一个反磁的旋转配体.

虽然独立存在的 Cl^+，Br^+，I^+还缺乏证据，但这些阳离子与芳香胺给予体形成的稳定配合物是已知的. I_2，IBr 和 ICl 分别溶解于吡啶中生成$[I(py)_2]^+$阳离子，其固体配合物可由银盐和卤素等在惰性溶剂中反应制得[1]

$$AgNO_3 + I_2 + 2py \xrightarrow{CHCl_3} AgI + [I(py)_2]^+ NO_3^-$$

$$[Ag(py)_2]SbF_6 + Br_2 \xrightarrow{MeCN} AgBr + [Br(py)_2]^+ SbF_6^-$$

$$AgOCOCH_3 + I_2 + 2py \longrightarrow AgI + [I(py)OCOCH_3]$$

$$ClNO_3 + 2py \xrightarrow{EtOH} [Cl(py)_2]^+ NO_3^-$$

$[I(py)_2]^+$的晶体化合物已获得的有$[I(py)_2]NO_3$，$[I(py)_2]ClO_4$，$[I(py)OCOCH_3]$，$[I(py)_2]SbF_6$，[I(py)OCOR]等. 所有这些化合物都可从酸化过的碘化钾溶液中释出

碘，说明此类型化合物中的碘是正价态的

$$\left[\mathrm{I(py)_2}\right]\mathrm{A}+\mathrm{I^-}\longrightarrow \mathrm{I_2}+\mathrm{A^-}+2\mathrm{PY}$$

直接由吡啶和碘制备得到的$(py)_2I_2$的 X–射线结构分析表明，它除含有I_3^-，I_2外，还具有中心对称的平面$[I(py)_2]^+$阳离子，有线状的 N—I—N 结构单元，$r_{(N-I)}$=216pm. 由溶液和晶体中测定$[Br(py)_2]^+$和$[I(py)_2]^+$的 IR 光谱和 Raman 光谱都证明它们有基本相同的结构.

3.1.4　双原子卤素阳离子

三种卤素的双原子阳离子X_2^+(X=Cl，Br，I)中I_2^+，是最早知道的. 它在发烟硫酸中的溶液是顺磁性的深蓝色液体，在 SbF_5 等介质中亦有类似情况. (见表18.96)Gillespie 和 Milne 研究了碘在氟磺酸中的行为[15]，发现 I_2 被 $S_2O_6F_2$ 氧化时，在 I_2：$S_2O_6F_2$ 的比值为 2：1 时消光值 ε 为最大，反应如下

$$2\,\mathrm{I_2}+\mathrm{S_2O_6F_2}\xrightarrow{\mathrm{HSO_3F}}2\,\mathrm{I_2^+}+2\mathrm{SO_3F^-}\tag{6}$$

而不是按 1：1 的比例进行反应的

$$\mathrm{I_2}+\mathrm{S_2O_6F_2}\xrightarrow{\mathrm{HSO_3F}}2\mathrm{I^+}+2\mathrm{SO_3F^-}\tag{7}$$

因此，在上述情况下，生成的是I_2^+而不是I^+. 电导研究的结果表明，如果反应按(7)式进行，那么 1mol I_2 相当于 2mol 的 SO_3F^-，其电导值应比 KSO_3F 的电导值大得多. 如按(6)式进行，则 1mol I_2 相当于 1mol 的 SO_3F^-，其电导应与 KSO_3F 相近. 实验证明二者电导值接近，尤其在稀溶液中是相同的. 磁矩测定表明，此蓝色溶液在氯磺酸中是顺磁性的，磁矩为 2.0 ± 0.1 BM，正好是I_2^+在基态 $^2\Pi_{3/2}$ 时的磁矩.

在 65%发烟硫酸中，碘按以下反应氧化成I_2^+

$$2\mathrm{I_2}+5\mathrm{SO_3}+\mathrm{H_2S_4O_{13}}\longrightarrow 2\mathrm{I_2^+}+2\mathrm{HS_4O_{13}^-}+\mathrm{SO_2}\tag{8}$$

蓝色晶体$I_2^+Sb_2F_{11}^-$是用 I_2 和 SbF_5 在液体 SO_2 中反应制得的. 在不溶性的 SbF_3 除去后，从溶液中得到蓝色的$I_2^+Sb_2F_{11}^-$. 相似的晶体$I_2^+Ta_2F_{11}^-$也已制得. X 射线结构测定表明有I_2^+存在[16, 17].

I_2^+易发生歧化，在 100%硫酸中歧化为I_3^+和 I(+3)的化合物. 在氟磺酸溶液中放置后也发生歧化反应，生成更稳定的I_3^+

$$8\,I_2^+ + 3SO_3F^- \rightleftharpoons I(SO_3F)_3 + 5I_3^+$$

其平衡常数为[17]

$$K = \frac{\left[I(SO_3F)_3\right]^{\frac{1}{8}}\left[I_3^+\right]^{5/8}}{\left[I_2^+\right]\left[SO_3F^-\right]^{3/8}} = 2.0$$

在 1∶1 的 $I_2–S_2O_6F_2$ 溶液中，I_2^+ 会发生歧化作用

$$5I_2 + 5S_2O_6F_2 \longrightarrow 4I_2^+ + 4SO_3F^- + 2I(SO_3F)_3$$

如果用 SbF_5 使 SO_3F^- 加合或用强酸性溶剂如 65%发烟硫酸时，歧化作用就会被抑制[18]

$$SbF_5 + SO_3F^- \longrightarrow (SbF_5 \cdot SO_3F)^-$$

$$2I_2 + 5SO_3 + H_2S_4O_{13} \longrightarrow 2I_2^+ + 2HS_4O_{13}^- + SO_2$$

在低温的 HSO_3F 溶液中，I_2^+ 会发生聚合作用

$$2I_2^+ \rightleftharpoons I_4^{2+}$$

其离解热为$-41.8kJ \cdot mol^{-1}$[19].

Br_2^+ 阳离子能在 $HSO_3F–SbF_5–3SO_3$ 体系中用 $S_2O_6F_2$ 氧化溴化合物而制得. Br_2^+ 阳离子在超酸中具有特征的樱桃红色，$Br_2^+Sb_3F_{16}^-$ 是红色的顺磁性晶体化合物，可通过下面反应制得

$$9Br_2 + 2BrF_5 + 30SbF_5 \longrightarrow 10Br_2^+Sb_3F_{16}^-$$

用 X 射线结构分析确定此盐为离子型，较稳定，易潮解，在 200℃升华. 即使在非常弱的碱性介质中，Br_2^+ 仍然会发生不同程度的歧化作用

$$2Br_2^+ + 2HSO_3F \rightleftharpoons Br_3^+ + BrOSO_2F + H_2SO_3F^+$$

$$5BrOSO_2F + 2H_2SO_3F^+ \rightleftharpoons 2Br_2^+ + Br(OSO_2F)_3 + 4HSO_3F$$

$$4BrOSO_2F + H_2SO_3F^+ \rightleftharpoons Br_3^+ + Br(OSO_2F)_3 + 2HSO_3F$$

Cl_2^+ 阳离子已有报道，在非常低的压力和气相中由电子吸收光谱检出. 由 Cl_2

或 ClF 在 SbF_5，HSO_3F–SbF_5 或 HF–SbF_5 的溶液中，也发现有 Cl_2^+ 和 ClF^+ 离子. 固体配位化合物 Cl_2IrF_6 已有报道，但在液相中其存在尚未完全证实[1, 20].

$Br_2^+Sb_3F_{16}^-$ 与 $I_2^+Sb_2F_{11}^-$ 的结构已由 X 射线晶体衍射法测定，两者都含有独立的双原子阳离子和一个氟锑阴离子. Br_2^+ 和 I_2^+ 离子的键长分别为 213 和 256pm. 它们比之相应的双原子中性分子的伸缩频率增大，这是由于键距减小和消除了反键电子而引起键强的增加相一致的. 表 18.96 列出了相应的数据[1].

表 18.96　卤素分子和双原子卤素阳离子的伸缩频率、特征吸收和键长比较

	伸缩频率(cm^{-1})	特征吸收(nm)	键长(pm)
Cl_2	564.9	330	198
Cl_2^+	645.3	—	189
Br_2	320	410	228
Br_2^+	360	510	213
I_2	215	510	266
I_2^+	238	646	256

3.1.5　三原子卤素阳离子

已知的三原子卤素阳离子有

I_3^+　　$(I_2Cl^+)(I_2Br^+)$　　IF_2^+　　ICl_2^+　　(IBr_2^+)

Br_3^+　　(Br_2Cl^+)　　$BrF_2^+(BrCl_2^+)$

Cl_3^+　　Cl_2F^+　　ClF_2^+

其中有()的离子仅存在于溶液中. 其他的离子已知道有固体衍生物形式，通常与配位阴离子如 BF_4^-，AsF_6^-，SbF_6^- 和 $SbCl_6^-$ 等相结合成盐. I_3^+，I_2X^+，IX_2^+，IXY^+ 型(X，Y 为 Cl 或 Br)已能合成或鉴定出来.

I_3^+ 可在固体 $I(SbF_5)_2$ 溶解在 AsF_3 时产生. 由以下的反应用化学计量的 I_2 和 $S_2O_6F_2$ 相作用时，可以制得黑色的盐 $I_3^+OSO_2F^-$[6]

$$3I_2 + S_2O_6F_2 \longrightarrow 2I_3^+ + 2SO_3F^-$$

在 100%浓硫酸中用碘和碘酸反应生成 I_3^+，也已用电导法获得证实

$$7I_2 + HIO_3 + 8H_2SO_4 \longrightarrow 5I_3^+ + 8HSO_4^- + 3H_3O^+$$

I_3^+ 在 H_2SO_4 或 HSO_3F 中呈红棕色，在 305 和 470 nm 处有特征的极大吸收. IX_2^+ 和 I_2X^+ 型的离子化合物也已制得. 利用卤素间化合物与合适的 Lewis 酸反应，如 IF_2^+ 与 BF_4^-，AsF_6^- 和 SbF_6^- 所组成的配位化合物和由 ICl_2^+，I_2Cl^+ 与 $SbCl_6^-$，$AlCl_4^-$ 所组成的配位化合物都已制得. 过量的 Cl_2，Br_2 或 I_2，ICl，IBr 加入到 ISO_3F 中去

时，得到多种含碘的三原子卤素阳离子化合物[21, 22]，其反应为

$$ISO_3F+X_2 \longrightarrow IX_2SO_3F\ (X_2=Cl_2,\ Br_2,\ I_2,\ ICl\ 或\ IBr)$$

Br_3^+ 化合物的制备是在超酸介质中进行的，如在 $HSO_3F-SbF_5-SO_3$ 介质体系中进行反应制得[7, 9, 23]

$$3Br_2 + S_2O_6F_2 \longrightarrow 2Br_3^+ + 2SO_3F^-$$

用 Br_2 和 $O_2^+AsF_6^-$ 作用或将 BrF_5，Br_2，AsF_5 相互反应也可制得 Br_3^+ 化合物，其反应为

$$2O_2^+AsF_6^- + 3Br_2 \longrightarrow 2Br_3^+AsF_6^- + 2O_2$$

$$7Br_2 + BrF_5 + 5AsF_5 \longrightarrow 5Br_3^+ + 5AsF_6^-$$

Br_3^+ 在溶液中为褐棕色，其吸收带为 300 nm 和 375 nm，有较好的热稳定性. $Br_3^+AsF_6^-$ 在氮气氛下于 30—50℃升华. Br_3^+ 在高碱介质中不稳定，发生歧化反应

$$Br_3^+ + SO_3F^- \rightleftharpoons Br_2 + BrOSO_2F$$

BrF_2^+ 可用卤素间化合物和适当的 Lewis 酸作用制得

$$BrF_3 + SbF_5 \longrightarrow BrF_2^+SbF_6^-$$

在制备 Br_2^+ 的配位化合物 $Br_2^+Sb_3F_{16}^-$ 时，如果在其中加入 Cl_2，则可得到 $[BrCl_2]^+[Sb_3F_{16}]^-$和$[Br_2Cl]^+[Sb_3F_{16}]^-$化合物. 其反应如下

$$BrSO_3F+\frac{1}{2}Br_2 + 4SbF_5 \xrightarrow{25℃} Br_2^+Sb_3F_{16}^- + SbF_4SO_3F$$

$$Br_2^+Sb_3F_{16}^- + \frac{1}{2}Cl_2 \xrightarrow{25℃} [Br_2Cl]^+[Sb_3F_{16}]^-$$

在后一反应中，如果 Cl_2 稍过量即生成$[BrCl_2]^+[Sb_3F_{16}]^-$[24].

Cl_3^+ 阳离子化合物是由 Cl_2，ClF 与 AsF_5 在−70℃反应制得的[25]，如

$$Cl_2 + ClF+AsF_5 \longrightarrow Cl_3^+AsF_6^-$$

此化合物已用 Raman 光谱鉴定，它在室温时完全歧化为 Cl_2 和 ClF_2^+ 及 Cl_2F^+. 用相应的卤素间化合物与 Lewis 酸作用也可制得 ClF_2^+ 和 Cl_2F^+的化合物

$$ClF_3 + BF_3 \longrightarrow [ClF_2]^+[BF_4]^-$$

$$Cl_2F_2 + SbF_5 \longrightarrow [Cl_2F]^+[SbF_6]^-$$

在这些阳离子中，中心卤原子形式上为正三价态，但由于它还与另外两个形式上为−1 的卤原子结合而使其表观氧化态为+1，因此，每个卤原子平均氧化态为 $+\frac{1}{3}$. 此类情况对 ClF_2^+，Cl_2F^+，Cl_3^+，BrF_2^+ 和 ICl_2^+ 都是适用的，在这些离子中其较重卤素原子都位于晶格结构的顶点，两端略呈弯曲，键角在 90—100°左右，其他的三原子卤素阳离子可按同样的假定处理. X 射线的测定表明，固体 $[ClF_2]^+[SbF_6]^-$，$[BrF_2]^+[SbF_6]^-$ 和 $[ICl_2]^+[SbCl_6]^-$ 有相似的结构，正八面体结构的阴离子和角状结构的阳离子用桥式卤键连接起来，成为一个变形的正方形平面排列，在较重卤素原子周围形成一个无限的螺旋形链状结构[1]，如图 18.55.

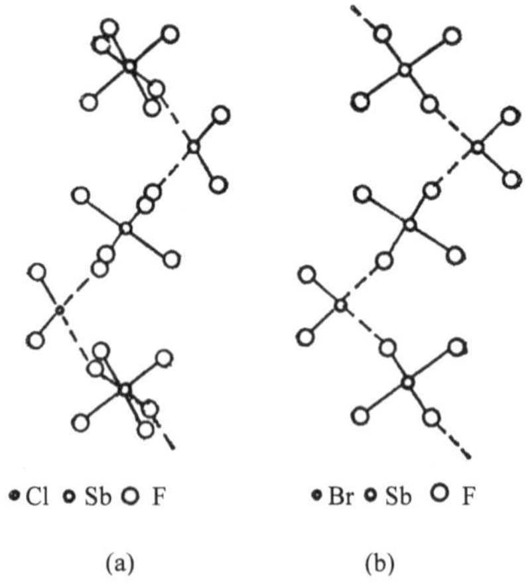

图 18.55　$[ClF_2]^+[SbF_6]^-$ 和 $[BrF_2]^+[SbF_6]^-$ 的晶体结构

(a) $[ClF_2]^+[SbF_6]^-$ 沿[100]的投影；(b) $[BrF_2]^+[SbF_6]^-$ 沿[010]的投影

离子间的氯桥也发现存在于 $[ICl_2]^+[AlCl_4]^-$ 中，这种离子模型能很好地表示出这些化合物的结构[26].

3.1.6　五原子和七原子卤素阳离子

重要的五原子和七原子卤素阳离子类型有 X_5^+，XF_4^+；X_7^+，XF_6^+(X 为 Cl, Br，I).

在 100%硫酸或氟磺酸体系中，使每摩尔 I_3^+ 再溶解 1 摩尔 I_2 时，溶液的电导和凝固点并不发生变化，光谱测定在270，340和470 nm处产生了新的吸收谱线，这表明在溶液中I_3^+和I_2有如下反应，生成了新的物质[5, 23]

$$I_3^+ + I_2 \longrightarrow I_5^+$$

当I_2继续溶解时，还可生成I_7^+. Chung和Cady测定了I_2–$S_2O_6F_2$体系的凝固点，证明有七原子碘阳离子化合物生成[27]. 如图18.56所示.

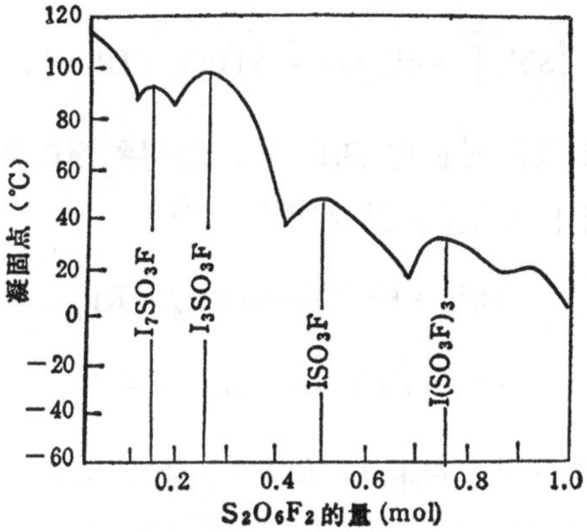

图18.56　I_2–$S_2O_6F_2$体系

由碘酸和过量的I_2在硫酸中溶解时，也能形成I_5^+. I_5^+的化合物$I_5^+AlCl_4^-$已获得. 相应的五原子和七原子的溴和氯阳离子未被发现[28].

IF_5能与接受体SbF_5和PtF_5生成1∶1加合物$[IF_4]^+[SbF_6]^-$和$[IF_4]^+[PtF_6]^-$，同SO_3作用生成$[IF_4]^+[SO_3F]^-$. BrF_5同SbF_5生成白色的固体产物$BrF_5 \cdot 2SbF_5$，在暴露于空气中时，即转变为红色的组成为$[BrF_4]^+[Sb_2F_{11}]^-$的化合物. BrF_5和SO_3同样能生成$[BrF_4]^+[SO_3F]^-$化合物. ClF_5和SbF_5，AsF_5反应可生成1∶1加合物，$[ClF_4]^+[SbF_6]^-$和$[ClF_4]^+[AsF_6]^-$[29, 30]. $[XF_4]^+$离子显示出有C_{2v}的对称性(图18.57)，其中心原子的价电子层由四个成键电子对和一个孤对电子组成，它与等电子的SF_4有相似的结构[31].

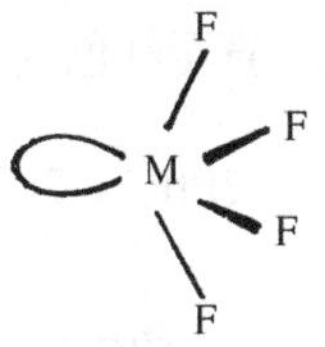

图18.57　XF_4^+ (X=Cl，Br，I)的C_{2v}结构单元

七原子卤素阳离子IF_6^+发现较早，用IF_7与SbF_5反应即可得到纯的$[IF_6]^+[SbF_6]^-$白色结晶[1,32]

$$IF_7 + 2SbF_5 \xrightarrow{90—100℃} [IF_6]^+[Sb_2F_{11}]^-$$

$$IF_7 + [IF_6]^+[Sb_2F_{11}]^- \xrightarrow{170—190℃} 2[IF_6]^+[SbF_6]^-$$

用 KrF^+的盐氧化 IF_5时也能形成 IF_6^+ 阳离子的盐[33]

$$[KrF]^+[Sb_2F_{11}]^- + IF_5 \longrightarrow Kr + [IF_6]^+[Sb_2F_{11}]^-$$

红外光谱、Raman 光谱和 X 射线衍射分析证实了$[IF_6]^+[SbF_6]^-$为离子型晶体结构，在室温下有高的氧化性和低的离解压．在水中发生强烈的水解反应

$$[IF_6]^+[SbF_6]^- + 4H_2O \longrightarrow HIO_4 + HSbF_6 + 6HF$$

用 KrF^+或 KrF_3^+作氧化剂氧化 BrF_5 时，也得到溴的阳离子固体配位化合物$[BrF_6]^+[AsF_6]^-$和$[BrF_6]^+[Sb_2F_{11}]^-$，其反应为[33, 34]

$$BrF_5 + KrF^+ \longrightarrow BrF_6^+ + Kr$$

$$BrF_5 + KrF_3^+ \longrightarrow BrF_6^+ + KrF_2$$

BrF_6^+也具有强的氧化性，能将 O_2 和 Xe 氧化成 O_2^+ 和 XeF^+

$$[BrF_6]^+[AsF_6]^- + O_2 \longrightarrow O_2^+AsF_6^- + \frac{1}{2}F_2 + BrF_5$$

$$[BrF_6]^+[AsF_6]^- + Xe \longrightarrow [XeF]^+[AsF_6]^- + BrF_5$$

$[ClF_6]^+$的化合物是用强的氧化剂 PtF_6^- 和 AuF_4^- 氧化 ClF_5 制得的．$[PtF_6]^-$和 ClF_5 在温度−196℃的蓝宝石反应器中反应，当温度慢慢升至室温后，在 22—23℃时经紫外光照射 8 天，直至红色气体消失，得到亮黄色固体$[ClF_6]^+[PtF_6]^-$[30, 35, 36]

$$2PtF_6^- + \underset{(过量)}{2ClF_5} \xrightarrow[蓝宝石反应器]{23℃,8天} [ClF_6]^+[PtF_6]^- + [ClF_4]^+[PtF_6]^-$$

用 PtF_6 与 ClO_2F 反应也可以制得 ClF_6^+ 的化合物

$$6ClO_2F + PtF_6 \xrightarrow{-78℃,2天} 5ClO_2 + O_2 + [ClF_6]^+[PtF_6]^-$$

$[ClF_6]^+$的阳离子化合物有非常强的氧化性，可溶于液态 HF 中，遇有机化合物和水时会发生爆炸．除已发现的 ClF_3O_2 化合物及其相应的阳离子$[ClO_2F_2]^+$外，$[ClF_6]^+$是氯元素唯一得到的+7 氧化态卤素间化合物，其相应的 ClF_7 化合物至今还不能制得，它对研究高氧化态氯的氟化物有重要的意义[30, 36, 37]．

3.2　卤素间化合物

3.2.1　概述

卤素间化合物的发现很早，早在 1813 年即发现了 ICl 和 ICl_3，1826 年制得了 IBr，1862 年获得了 IF_5，1905 年得到了 BrF_3. 由于氟具有很强的反应活性，并且氟有易形成高配位数化合物的倾向而使氟的卤素化合物越来越多. 卤素氟化物的研究由 Ruff 及其同事们在 1925—1934 年间作了大量的工作，他们以单质氟为原料合成了 ClF，ClF_3，BrF，BrF_5 和 IF_5 等多种类型的卤素氟化物及其衍生物. IF 不稳定，在室温下即歧化为 I_2 和 IF_5，因而不能作为纯物质分离出来. 直到 1951 年 Durie 用发射光谱才鉴定了 IF 分子的存在. 1960 年又制得了 IF_3，它在−28℃以下才是稳定的. 稍后，ClF_5 也由 Smith 制得[1].

由于卤离子有强的给予体的作用，使卤素间化合物能生成一系列多聚阴离子. Cremer 和 Duncan 对多聚卤化物在固态和溶液中的反应性、物理性质、制备方法等进行过许多工作和论述，还对多聚卤化物的结构、配位化合物的形成、在非水溶剂介质中的行为、稳定性等进行了大量研究[1, 12].

卤素间化合物通常可分为如下几种类型：XY，XY_3，XY_5，XY_7，现将经过鉴定确认其存在的化合物列于表 18.97 中[1].

表 18.97　卤素间化合物

XY	XY_3	XY_5	XY_7
IF	IF_3	IF_5	IF_7
BrF	BrF_3	BrF_5	
ClF	ClF_3	ClF_5	
ICl	I_2Cl_6		
BrCl			
IBr			

稳定的卤素间化合物一般按化学式量 XY_n 组成，n 通常为奇数，因为只有 n 为奇数时，分子中价电子层含有的电子数方为偶数，具有反磁性质. 它们的稳定性随 X 原子的原子序数增大而增加. 在一般情况下，$n>1$ 时 Y 为氟或氯才比较稳定，$n>3$ 时则只有氟才稳定. 后来又发现 Br_2Cl_2 和 Br_3Cl 分子的中心原子 X 的原子数比 Y 的多或相等[38]，较多的原子数是因为 X 的体积大小与 Y 相当，易取代分子中的 Y，而较小的 Y 原子又被束缚在一定的 X 原子周围. 同样 Br_4 和 I_4 分子可看成为 XY_3 形式的特例，但其本身与 ClF_3 或 I_2Cl_6，并没有共同之处，以至仅能把其看成为 X_2 分子缔合成二聚物的形式.

拟卤素和卤素相似，也可以形成卤素与拟卤素间的化合物，即XY'_n，如XCN，XSCN，XN_3和$I(NCS)_3$等(X = Cl，Br，I). 它们的许多性质如作为Lewis酸的行为，形成多聚阴离子等与卤素都有相似的地方.

3.2.2　卤素间化合物的制备

所有的卤素间化合物均可由相应的单质直接化合而制得. 表18.98列出了各个化合物制备的主要条件[1]，着重说明了卤素之间反应的生成物与反应条件的依赖关系.

表 18.98　卤素间化合物的制法

化合物	方法	条件	说明
ClF	1. $Cl_2 + F_2 \longrightarrow 2ClF$ 2. $ClF_3 + Cl_2 \longrightarrow 3ClF$	气相，220—250℃ 气相，250—350℃	使用铜反应器皿，有促进反应作用. ClF精制用蒸馏、微量升华或气相色谱法
BrF	1. $Br_2 + F_2 \longrightarrow 2BrF$ 2. $BrF_3 + Br_2 \longrightarrow 3BrF$ 或 $BrF_5 + 2Br_2 \longrightarrow 5BrF$	气相，在适当环境条件中生成火焰 在提高温度时对生成BrF有利	BrF由电子光谱测定，BrF被进一步氟化或发生歧化时生成BrF_3和BrF_5. BrF测定用光谱进行，但不能分离为纯化合物，因为在常温下发生歧化
IF	1. $I_2 + F_2 \longrightarrow 2IF$ 或 $RI + F_2 \longrightarrow IF + RF$ (R=Me，Et) 2. $IF_3 + F_2 \longrightarrow 3IF$ 3. $I_2 + AgF \longrightarrow AgI + IF$	I_2或RI在氟中燃烧，或I_2同F_2 在−45℃的CCl_3F中反应 在−78℃的CCl_3F中反应在−10—+30℃	IF由电子光谱测定. 在室温它不能分离出纯的化合物，因为发生歧化 $5IF \longrightarrow 2I_2 + IF_5$
BrCl	$Br_2 + Cl_2 \rightleftharpoons 2BrCl$	在气相或溶液中进行. 溶剂如水，CCl_4等. 常温	BrCl用分光光度测定，纯化合物不能分离，在一般条件下它即离解为Br_2和Cl_2
ICl	1. $I_2 + Cl_2 \longrightarrow 2ICl$ 2. $I^- + Cl^- \longrightarrow ICl + 2e^-$	反应在溶剂中或不用溶剂均可进行，可使用气态或液态氯 在室温酸性水溶液中氧化，氧化剂有$KMnO_4$，氯水，KIO_3等	ICl通常用元素单质直接化合制备，可用熔体分步结晶或用低温蒸馏法提纯分析操作比制备更需严格注意
IBr	$I_2 + Br_2 \longrightarrow 2IBr$	在室温附近直接用单质进行反应	用熔体分步结晶纯化，在蒸气时离解为Br_2和I_2，在室温时即发生离解

续表

化合物	方法	条件	说明
ClF_3	$Cl_2+3F_2 \longrightarrow 2ClF_3$ 或 $ClF+F_2 \longrightarrow ClF_3$	气相，200—300℃	用铜、镍，Monel，Inconel 或 Kel-F 仪器，纯化包括用 NaF 去 HF，后用分步蒸馏法
BrF_3	1. $Br_2+3F_2 \longrightarrow 2BrF_3$ 2. $Br_2+2ClF_3 \longrightarrow 2BrF_3+Cl_2$	用气态 F_2 和 Br_2 蒸气反应．在室温下进行．F_2 以气泡通入或在液溴上通过 ClF_3 在 0℃通入液 Br_2 中	用铜、镍，Monel 或 Kel-F 仪器进行反应，BrF_3 纯化使用分级蒸馏法
IF_3	1. $I_2+3F_2 \longrightarrow 2IF_3$ 2. $I_2+3XeF_2 \longrightarrow 2IF_3+3Xe$	在-45℃使 F_2 与悬浮在 CCl_3F 中的 I_2 作用	IF_3 为黄色固体，在-28℃下稳定，在此温度以上迅速分解为 I_2，IF 和 IF_5．IF_3 的衍生物是已知的，如 $IF_3 \cdot MF_5$(M=As、Sb)，MIF_4(M=碱金属或 NO)，$IF_3 \cdot L$(L=芳香族氮碱)
$BrCl_3$ Br_2Cl_2 Br_3Cl	$Br_2+3Cl_2 \longrightarrow 2BrCl_3$等	Cl_2 和 Br_2 混合物进行放电合成	在 20K 固态惰性介质中捕获产生的分子
I_2Cl_6	1. $I_2+3Cl_2 \longrightarrow I_2Cl_6$ 2. $I_2+5Cl^-+ClO_3^-+6H^+ \longrightarrow I_2Cl_6+3H_2O$	反应在 I_2 和定量的液 Cl_2 之间进行，温度-80℃ 反应在＜40℃的强酸性溶液中进行	蒸发去过剩 Cl_2 后获得固态 I_2Cl_6，不能用结晶法或蒸馏法纯化，因它迅速分解为 ICl 和 Cl_2. 此法是制备 I_2Cl_6 的方便方法
ClF_5	1. $Cl_2+5F_2 \xrightarrow{\Delta} 2ClF_5$ 2. $ClF_3+F_2 \xrightarrow{hv} ClF_5$ 3. $MClF_4(S)+F_2 \longrightarrow MF_{(s)}+ClF_5$ 或 $MCl_{(s)}+3F_2 \longrightarrow MF_{(s)}+ClF_5$ (M=碱金属)	过量 F_2，气相，250 atm，～350℃ 光化学反应，室温，1 atm. 80—150℃ 100—330℃	首次用此法制得 ClF_5 一个方便制 ClF_5 的方法 转变率为 90%　是制 ClF_5 的最方便方法 转变率为 50%—70%
BrF_5	1. $Br_2+5F_2 \longrightarrow 2BrF_5$ 2. $BrF_3+F_2 \longrightarrow BrF_5$ 3. $KBr_{(s)}+3F_2 \longrightarrow KF_{(s)}+BrF_5$	气相，温度＞150℃，过量 F_2 气相，温度为 200℃ 25℃，产率约 50%	用铜、镍，Monel，Inconel 或 Kel-F 器皿制备，BrF_5 纯化通常用分级蒸馏法

续表

化合物	方法	条件	说明
IF_5	1. $I_2 + 5F_2 \longrightarrow 2IF_5$ 2.用 I_2 与 AgF，ClF_3，BrF_3 或 RuF_5 氟化 3.HI 或金属碘化物与 F_2 4.I_2O_5 或金属碘化物与 F_2，ClF_3，BrF_3 或 SF_4	气体 F_2 和固体 I_2 室温下反应 适当条件 适当条件 适当条件	方法 1 是常用方法. 方法 4 是小量制备的方便方法. 反应容器用铜、镍，其他操作可用 Kel-F，石英，在室温时可用玻璃仪器进行. IF_5 的纯化包括(i)用 F_2 氧化 I_2，(ii)用 NaF 除去 HF，(iii)分馏
IF_7	1. $I_2 + 7F_2 \longrightarrow 2IF_7$ 或 $IF_5 + F_2 \longrightarrow IF_7$ 2. $KI_{(s)} + 4F_2 \longrightarrow KF_{(s)} + IF_7$ 或 $MI_{2(s)} + 8F_2 \longrightarrow MF_{2(s)} + 2IF_7$ (M=Pd 等)	气相，250—300℃ 气相，150℃ 250℃	IF_5 同石英、玻璃、I_2O_5、痕量水等生成 IOF_5，从 IF_7 中分离它是困难的. 方法 2 被推荐为纯化 IF_7 的较好方法. 因为用 I_2 反应时，I_2 很难干燥. 反应一般在镍或 Monel 仪器中进行，IF_7 提纯用分步升华法

制备氟化卤可用单质氟直接氟化，也可采用氟化剂氟化. 对某些金属卤化物采用单质氟进行氟化可以得到氯、溴的五氟化物和七氟化碘[39]

$$KI + 4F_2 \longrightarrow KF + IF_7$$

$$ClF_3 + F_2 \xrightarrow{h\nu} ClF_5$$

不稳定的 BrF_7 也可用 BrF_5 与 F_2 在 110—340℃下，以碱金属六氟溴酸盐作催化剂制得[40]

$$BrF_5 + F_2 \longrightarrow BrF_7$$

制备 IF_7 时，最初的反应产物由于难干燥的碘带有微量水而生成 IOF_5，因此，使用碘化物更为方便而避免 IOF_5 的污染. 为了得到确定的氟化卤，采用某些氟化剂如 ClF_3，BrF_3，KrF_2，XeF_2 和 Pt，Pd 的六氟化物比使用单质氟更为有效[41, 42]，例如

$$Br_2 + 2ClF_3 \longrightarrow 2BrF_3 + Cl_2$$

$$I_2 + 3XeF_2 \longrightarrow 2IF_3 + 3Xe$$

一氟化卤通过下述反应制备最适宜

$$X_2 + XF_3 \longrightarrow 3XF$$

如氯和 ClF_3 在 250℃时反应得

$$Cl_2 + ClF_3 \longrightarrow 3ClF$$

卤素间化合物的特性是化学活性高、稳定性差. XY 型化合物在常温下即发生离解或歧化. 高氟化卤的稳定性较大，但对于潮气、玻璃、橡胶、有机物和大多数金属都易发生作用. 强的氧化性使它们在制备、提纯和储存上都十分困难. 甚至在室温下，也腐蚀 Pyrex 玻璃、石英器皿，这是与氟化物中的杂质如 HF，H_2O 等有关，后者促进了这类物质的分解和随之引起的腐蚀作用. 因此，在处理这些化合物时，最好在真空系统或惰性气氛条件下，在除去了湿气和油脂的仪器中进行. 纯的 ClF_3 在一般温度下不与 Pyrex 玻璃和石英容器作用. 能耐氟化卤的优良材料是 Monel，Inconel，镍、铜、不锈钢和蓝宝石，此外还有 Kel–F 和 Teflon 等. 这些材料尽管在高温下对氟化卤不稳定，但通常仍然用它们制作反应容器和储存容器[43, 44].

新制得的氟化卤常含有杂质，如单质卤素、氟化氢、卤氧衍生物等，为了使其纯化，常用下面的方法：①用无水碱金属氟化物除去 HF，②精馏或升华，它是通过一组多级冷阱或经过一个合适的低温色层柱来进行的. 例如纯化 IF_5 样品是通过下面操作处理的：①在一个 Kel–F 容器中进行低温处理，用少量氟去氧化碘使生成 IF_5，②在干燥的细粒 NaF 存在下，将其加热到 150℃，以除去其中的 HF，③精馏这些挥发性产物，使更易挥发的 IF_7 除去后，再分馏出 IF_5. IF_7 的提纯也可通过①用无水 KF 除去 HF 和 IF_5，使之生成 KHF_2 和 KIF_6，②真空分步升华提纯. 使用气相色层法分离氟化卤中的卤素单质、HF 及其他挥发性氟化物(如 UF_6)的混合物已获得成功. 色层柱用镍制，内填充含有 Kel–F 油的 Kel–F 粉[45, 46].

易分解的 BrCl，ICl，IBr 和 I_2Cl_6 很难得到纯的产品. 在提纯这类化合物时，通常是采用熔盐的分步结晶法. 然而这些化合物在熔化时即发生离解，使提纯困难. 如由 I_2Cl_6 与 Cl_2 作用生成 ICl 后，当除去 Cl_2 和 I_2Cl_6 时，ICl 就已开始发生离解了.

拟卤素与卤素间的化合物，一般是由卤素单质或拟卤素阴离子衍生出来的相应的化合物反应而制得的[1, 12, 47]，如

$$MCN + X_2 \longrightarrow XCN + MX$$

$$\left(M = \text{碱金属或} \frac{1}{2}\text{Hg}；X = \text{Cl, Br, I; 在水或非水介质中}\right)$$

$$MN_3 + X_2 \longrightarrow XN_3 + MX$$

$$\left(M = \text{碱金属或Ag}, \frac{1}{2}\text{Hg}；X = \text{Cl, Br, I；不同条件下}\right)$$

$$3ICl+3MECN \longrightarrow 3MCl+I(NCE)_3+I_2$$

$$\left(M=K, NH_4, Ag或\frac{1}{2}Pb; E=O或S\right)$$

XCN 比 XN_3 稳定，XN_3 容易发生爆炸．它们的共同特点是有聚合作用

$$3XCN \longrightarrow (XCN)_3$$

$$2XNCO \longrightarrow X_2N \cdot CO \cdot NCO$$

$$(X=Cl或Br)$$

所有卤素间化合物对有机物都有很大的破坏作用，其蒸气极毒，对眼、鼻、咽喉有强烈刺激性，对皮肤会引起烧伤和坏死．因此，这些化合物对人体都有很大的危害性，使用时要注意．有关它们的生物效应测定的数据还不多，但是氟化卤对生命的危害作用是与氟的化合物相似的，使用时也需注意安全和防护．

3.2.3　物理性质[1, 42, 43, 44]

卤素间化合物的主要物理性质综合于表 18.99 中[1]，表中列出了它们的分子结构、热力学数据和光谱参数．和凝聚相的特性一样，着重在凝固点、沸点、蒸气压、密度、黏度和电导性质上．应当指出，这些数据并不是完全合理的．在有些情况下会产生偏差，如 BrCl 的热离解妨碍了准确测定它的性质，故其熔点、沸点的可靠性是较差的，因为所引用的数字仅仅是在液相存在范围内的近似估计值．同样 BrF，IF 和 IF_3 很易发生歧化或离解，对它们的凝聚相的物理性质测定也是不够准确的．

从表 18.99 所列的数据看出，ICl，IBr 和 ICl_3 在室温时为固体，BrF_3，BrF_5，IF_5 为液体，氯的氟化物和 IF_7 是气体．值得注意的是 ClF_3 和 BrF_3 比相应的五氟化物挥发性低，在碘的卤素衍生物中，IF_7 的挥发性最大．

表 18.99　卤素间化合物的物理性质[1]

(a) XY 型

性　质	ClF	BrF	IF	BrCl	ICl	IBr
分子量	54.451	98.902	145.9029	115.357	162.3575	206.8085
基态性质						
核间距 r_e(pm)	162.81	175.6	190.89	213.8	232.07	248.5

(a) XY 型　　续表

性　质	ClF	BrF	IF	BrCl	ICl	IBr
偶极矩($\times 10^{-30}$C·m)	2.94	4.30	—	1.9	2.2	4.04
振动频率(波数，cm^{-1})	786.34 (^{35}ClF)	672.6	608.19	440	384.293 ($I^{35}Cl$)	268.71 ($I^{79}Br$)
非谐振动常数(cm^{-1})	6.23 (^{35}ClF)	4.5	2.48	1.6	1.501 ($I^{35}Cl$)	0.83 ($I^{79}Br$)
力常数($\mu N \cdot nm^{-1}$)	0.4484	0.4089	0.3600	0.280	0.2386	0.2071
离解能($kJ \cdot mol^{-1}$)	252.5	248.6	277(?)	215	195.1	175.4
热力学性质						
$\Delta H_f^\circ[XY(g)]$ (298K，$kJ \cdot mol^{-1}$)	−56.5	−58.6	−94.6	14.6	17.5	40.8
$\Delta G_f^\circ[XY(g)]$ (298K，$kJ \cdot mol^{-1}$)	−57.7	−73.6	−118	−0.96	−5.73	3.7
$S^\circ[XY(g)]$ (298K，$J \cdot mol^{-1} \cdot K^{-1}$)	217.8	228.9	236.2	240.0	247.44	258.66
$\Delta H_f^\circ[XY(s)]$ (298K，$kJ \cdot mol^{-1}$)	—	—	—	—	−35.3(α)	−10.5
$\Delta G_f^\circ[XY(s)]$ (298K，$kJ \cdot mol^{-1}$)	—	—	—	—	−13.95(α)	—
$S^\circ[XY(s)]$ (298K，$J \cdot mol^{-1} \cdot K^{-1}$)	—	—	—	—	−97.927(α)	—
$\Delta H_f^\circ[XY(l)]$ (298K，$kJ \cdot mol^{-1}$)	—	—	—	—	−23.8	—
$\Delta G_f^\circ[XY(l)]$ (298K，$kJ \cdot mol^{-1}$)	—	—	—	—	−13.87	—
$S^\circ[XY(l)]$ (298K，$J \cdot mol^{-1} \cdot K^{-1}$)	—	—	—	—	135	—
热容，C_p^0($J \cdot mol^{-1} \cdot K^{-1}$) 气体(100—6000K)	27.81—40.68	29.16—40.60	29.22—42.451	29.71—39.92	30.18—40.08	31.90—40.25
凝聚相性质						
沸点(K)	173.0	～293(歧化)	歧化	～278(离解)	370—373 (部分离解)	～389(离解)
熔点(K)	117.5	～240	—	～207	300.53(α) 287.0(β)	314(离解)

(a) XY 型　　续表

性　质	ClF	BrF	IF	BrCl	ICl	IBr
蒸发热($kJ \cdot mol^{-1}$)	20.1(173.0K)	—	—	—	41.32 (1，298.15K)52.81 (s，298.15K)	—
熔化热($kJ \cdot mol^{-1}$)	—	—	—	—	11.60(α) 9.50(β)	—
蒸气压(kPa)	$\lg P = 14.863 - 3109/T + 1.538 \times 10^5/T^2$(液，123—168K)	—	—	—	分压 ICl(1)：5.136—18.07(303.60—330K) ICl(s)：0.059—4.349(250—330.53K)	—
晶体结构	—	—	—	—	单斜，空间群 $P2_1/c$(α，β)	斜方，空间群 $Ccm2_1$
核四极矩电偶常数 e^2Q_q(MHz)(g)	^{35}Cl，−146.0	^{79}Br，1089.0	—	^{35}Cl，−103.6 ^{79}Br，876.8	^{35}Cl，−82.5 ^{127}I，−2944	^{79}Br，722 ^{127}I，−2731
(s)	—	—	—	—	^{127}I，−3046 (77K)	^{127}I，−2892
固体非对称参数 η	—	—	—	—	0.0298	～0.06
力学性质						
密度($g \cdot cm^{-3}$)(s)	—	—	—	—	3.85(α) 3.66(β)	4.4157–4.4135 (273—283K)
(l)	1.62 173K	—	—	—	$3.18223/[1 + 9.1590 \times 10^{-4}t + 8.3296 \times 10^{-7}t^2 + 2.7501 \times 10^{-9}t^3]$，(t，℃)	3.7616—3.7343 (315—323K)
黏度(mPa · s)	—	—	—	—	4.19(28℃)	—
电磁性质						
液体电导率($\Omega^{-1}cm^{-1}$)	1.9×10^{-7}(145K)	—	—	—	4.403—1.817×10^{-3} (26.75—122.0℃)	3.02—4.0×10^{-4} (40—55℃)
磁化率($\times 10^6$cgs 单位)	—	—	—	—	−54.5 (5.17℃)	—

(b) XY_3 型　　　　续表

性 质	ClF_3	BrF_3	IF_3	I_2Cl_6
分子量	92.448	136.899	183.8995	466.527
基态性质				
气体结构，T 状分子，C_{2v}				
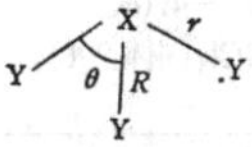 r(pm)	169.8	181.0	—	—
R(pm)	159.8	172.1	—	—
θ	87°29′	86°12.6′	—	—
偶极矩($\times 10^{-30}$C · m)	1.86	3.97	—	—
价伸缩力常数(μN · nm^{-1})				
f_r	0.2704	0.3009	—	—
f_R	0.4193	0.4084	—	—
热力学性质	ClF_3(g)　$(ClF_3)_2$(g)	BrF_3(g)	IF_3(g)	
ΔH_f° (298K，kJ · mol^{-1})	−164.6　−339	−255.6	～−484*	—
ΔG_f° (298K，kJ · mol^{-1})	−124.5　−237	−229.5	～−460*	—
S°(298K，J · mol^{-1} · K^{-1})	281.5　490	−292.4	～301	—
X—Y 平均键能(298K，kJ · mol^{-1})	174	202	～276	—
气体热容 C_p° (J · mol^{-1} · K^{-1})	39.30—83.082 (100—6000K)	39.11—83.090 (100—6000K)	—	—
凝聚相性质				
沸点(K)	284.90	398.90	245(分解)	(分解)
熔点(K)	196.83	281.92	245(分解)	384(1620kPa)
在沸点时的蒸发熵				
(Trouton 常数)(J · mol^{-1} · K^{-1})	96.65	108	—	—
熔化热(kJ · mol^{-1})	7.612	12.03	—	—
液体蒸气压 P(kPa)	$1gP$=6.49201−1096.917/(t+232.75)t=−46.97—+29.55℃	$1gP$=6.87343−1685.8/(t−220.57) t=38.72−154.82℃	—	—
ΔH_f° (298K，kJ · mol^{-1})	GlF_3(1): −191.0	BrF_3(1): −301	—	ICl_3(s): −89.29
ΔG_f° (298K，kJ · mol^{-1})	—	—241	—	−22.65
S°(298K，J · mol^{-1} · K^{-1})	—	178	—	169.0
晶体结构	斜方，空间群 $Pnma$(153K)	斜方，空间群 $Cmc2_1$(148K)	—	三斜，空间群 $P\bar{1}$
固体卤素 NQR 谱 e^2Q_q(MHz)	^{35}Cl，150.26	—	—	$^{35}Cl_{端}$，−68.34 $^{35}Cl_{桥}$，+27.48 ^{127}I，3035(77K)
非对称参数 η	—	—	—	^{127}I，0.0772
^{19}F NMR 谱：液体化学位移 (ppm，以 CF_3COOH 作内标)	−192.2，−81.0(210K)	−54.3 (～300K)	—	—
J(F−F)(Hz)	422.2(210K)	—	—	—
气体化学位移 (ppm，以 SiF_4 作内标)	−313.24，−187.32(300K)	—	—	—
J(F−F)(Hz)	441(300K)	—	—	—
力学性质				
密度(g · cm^{-3})(s)	2.53(153K)	3.23(292K)	—	d_4^{-40} =3.203；d_4^{15} =3.1107
(1)	d_4^t =1.8853−2.942 $\times 10^{-3}t$−3.79 $\times 10^{-6}t^2$(t=−5—46℃)	2.8030(298K)2.7351(323K)	—	—

(b) XY_3 型 续表

性 质	ClF_3	BrF_3	IF_3	I_2Cl_6
电磁光学性质				
电导率($\Omega^{-1}\cdot cm^{-1}$)	4.9×10^{-9} (298K)	8.34×10^{-3}—7.31×10^{-3} (283.7—323.2K)	—	8.60×10^{-3}—0.36×10^{-3} (375—420K)
磁化率(10^6cgs 单位)	−26.5(1,300K)	−33.9(1,300K)	—	—90.2(ICl_3 固体,290K)
摩尔折射($cm^3\cdot mol^{-1}$)	10.34(g,299K)	12.92(g,326K)13.22(1,298K)	—	—

(c) XY_5 和 XY_7

性 质	ClF_5	BrF_5	IF_5	IF_7
分子量	130.445	174.896	221.8964	259.8933
气体分子基态性质				
结构	四方锥，C_{4v}	四方锥，C_{4v}	四方锥，C_{4y}	五角双锥，D_{5h}
偶极矩(10^{-30}C · m)	—	5.04	7.27	0
价伸缩力常数(μN · nm^{-1})				
轴向 X—Y 键	0.347	0.403	0.482	0.409
底面或赤道面 X—Y 键	0.267	0.324	0.382	0.301
气体分子热力学性质				
ΔH_f° (298K，kJ · mol^{-1})	−255 ± 19	−428.9	−840.1	−961.9
ΔG_f° (298K，kJ · mol^{-1})	−163 ± 19	−351	−772.4	−842.2
S°(298K，J · mol^{-1} · K^{-1})	311	320.1	336.6	340.6
X—Y 的平均键能(298K，kJ · mol^{-1})	154	187	269	232
气体热容 C_p° (J · mol^{-1} · K^{-1})	87.53—129.1 (250—1000K)	45.350—132.93(100—6000K)	49.500—132.91(100—6000K)	55.283—182.77(100—6000K)
凝聚相性质				
沸点(K)	260.05	314.45	377.63	277.92(升华)
熔点(K)	170 ± 4	212.65	282.571	—
在沸点时的蒸发熵(Trouton 常数)(J · mol^{-1} · K^{-1})	85.4	97.5	95.23	88.3
在沸点时的蒸发热(kJ · mol^{-1})	22.23	30.6	35.96	24.7($\Delta H_{升华}$=25)
熔化热(kJ · mol^{-1})	—	—	11.22	—
蒸气压 P(kPa)(1)	1gP=6.5636−1197/T(192.95—391.05K)	1gP=5.5794+0.001101t—895/(t+206)(t为℃)	1gP=28.1516−3090.14/T−6.968341gT	1gP=6.6216−1291.58/T
(s)	—	0.01—1.7 (185—208K)	1gP=10.889−3035/T	1gP=10.3568−3046.93/T+197，769/T^2 (195—273K)

(c) XY_5 和 XY_7 续表

性 质	ClF5	BrF5	IF5	IF7
热力学性质				
ΔH_f° (298K，kJ · mol^{-1})	—	BrF_5(1)：−458.6	IF_5(1)：−882.0	—
ΔG_f° (298K，kJ · mol^{-1})	—	−352	−780.7	—
S°(298K，J · mol^{-1} · K^{-1})	—	225	224.8	—
晶体结构	—	斜方，空间群 *Cmc*2_1	单斜，空间群 *Cc* 或 *C*2/*c*	固体 I (<153K)，斜方. 空间群 *Aba*2 固体 II(153—273K)立方，空间群 *I*432，*I*43*m* 或 *Im*3*m*
核四极矩偶合常数 e^2Q_q(MHz)				
气体(微波光谱)	—	^{79}Br，−280.9	^{127}I，+1056.6	—
固体(Mössbauer 谱)	—	^{81}Br，−233.3	^{127}I，+1073	^{127}I，−148
力学性质				
密度(g · cm^{-3})(s)	—	3.09(212K)	3.961—3.678 (77.15—273.15K)	3.62(128K)
(1)	d=3.553—1.396×10^{-2}T+4.565×10$^{-3}T^2$−6.311×10$^{-8}T^3$(193—372K)	d=2.5509−3.484×10^{-3}t−3.45×10$^{-6}t^2$ (t=−15—+76℃)	3.263—3.031 (283.40—343.96K)	d=2.7918−0.0049t (t=7.13～24.32℃)
液体黏度(mPa · s)	—	0.824—0.590 (275.5—302.1K)	2.490—1.686 (292.1—313.2K)	—
电磁光学性质				
液体电导率(Ω^{-1} · cm^{-1})	0.37—1.25×10^{-9} (193—256K)	7.8—9.91×10^{-8} (213—298K)	5.4×10^{-6} (298K)	<10^{-9} (～298K)
液体磁化率(×10^{6}cgs 单位)	—	−4.51(298K)	−58.1(～298K)	—
摩尔折射(cm^3 · mol^{-1})	—	15.41(1，298K) 15.48(g，298K)	19.17(g，298K)	17.46(1，298K)
介电常数 ε (1)	ε =3.08−0.015t (t=−80—−17℃)	ε =8.20−0.0117t (t=−11.7—+24.5℃)	ε =41.09−0.198t (t=0—42℃)	1.75(298K)
(g)	1.00279 (297.05K)	1.006320—1.004378 (345.6—430.8K)	1.009108—1.007135 (392.7—446.0K)	—

卤素间化合物通常以分子型化合物存在，在化合物中以 XY_n 为单元存在于晶格中. 因此，这类化合物的物理性质如熔点、沸点、挥发性等与它们的分子极化作用、由偶极矩引起的分子变形性以及晶格变化等有密切关系. 一个明显的例外是 ICl_3，它的晶体是一个平面分子结构，其简单晶格不是以 ICl_3 存在而是 I_2Cl_6. 而 IX 晶格之间相当大的相互作用导致 ICl，IBr 具有网状的聚合结构. 依据表中给出的 Trouton 常数，ClF，ICl 应在液态时呈现出缔合的作用，但实际上却有明显的

偏差. ClF_3，BrF_3 蒸气压测定结果也产生偏差，其原因归结于发生了下列平衡

$$2XF_3 \rightleftharpoons X_2F_6$$

对于 ClF_3，在 24.2℃时其平衡常数 $K_p=\frac{p^2_{ClF_3}}{p_{Cl_2F_6}}$ 为 35.4atm. 红外光谱测定证明 ClF_3 和 BrF_3 的聚合是通过氟桥键有弱的缔合作用而产生的. 比较气体和液体的 IF_5 的 Raman 光谱表明，在液态时也有一定程度的缔合存在[1, 42, 48].

表 18.99 列出了一些主要的卤素间化合物的热力学数据[1, 41, 49, 50]. 表中所列出的气态双原子卤素间化合物的标准熵是很有规律的，它们的值是在相应的两个卤素之间. 值得注意的是氟化卤的离解能，是通过对键能的比较后，才选用了较高的数值，这些数值对 ClF，BrF，ICl，IBr 的热力学数据是适用的，并由光谱测定所证实. 如 ClF 生成的化合热可用量热法测定，由 ClF 离解能 $D^{\circ}_{0(ClF)}$ 的值得出 $D^{\circ}_{0(F_2)}$ 的值约为 153 kJ · mol^{-1}. 这一结果给出了氟的离解能为 153kJ · mol^{-1}，而不是以往沿用的值 251—293 kJ · mol^{-1}[51—53]. BrCl 没有观察到相似的情况，其热力学参数已由美国国家标准局(National Bureau of Standards)推荐[49]，这些值是在经验地测定平衡常数和这个过程的热焓变化的基础上确定的，即

$$Br_2(g)+Cl_2(g) \rightleftharpoons 2BrCl(g)$$

反应的热焓还由量热法直接测定，最后得到表中的结果.

ClF_3 的数据是应用反应

$$ClF_3(g)+2H_2(g)+100H_2O(l) \longrightarrow [HCl, 3HF, 100H_2O](l)$$

和

$$\frac{1}{2}Cl_2(g)+\frac{1}{2}H_2(g)+[3HF, 100H_2O](l) \longrightarrow [HCl, 3HF, 100H_2O](l)$$

得到 $\Delta H^{\circ}_{f,298}[ClF_3(g)]=-164.64 \pm 5.15$KJ · mol^{-1}. 通过应用量热法测量出 ClF_5 与 H_2 和 NH_3 的反应热得出

$$\Delta H^{\circ}_{f,298}[ClF_5(g)]=-254.8 \pm 18.8\text{kJ} \cdot \text{mol}^{-1}$$ [54, 55].

对于 BrF_3，BrF_5 和 IF_5，由元素直接生成的量热法测得其相应的热焓；IF_7 则是从离解平衡

$$IF_7(g) \rightleftharpoons IF_5(g)+F_2(g)$$

的平衡压力测定计算出 $\Delta H^{\circ}=119.2 \pm 8.4$kJ · mol^{-1} 和 $\Delta S^{\circ}=43.5 \pm 3.0$ eu，通过 IF_5 生成焓的测定而计算出 IF_7 的生成焓

$$\Delta H^{\circ}_{f,298}[IF_7(g)] = -961.9 kJ \cdot mol^{-1}$$[1].

卤素间化合物键能的平均值在表 18.99 中列出. 对于氟化卤 XF_n 有如图 18.58 所示的情况，其键能变化是 X 和 n 的函数[1].

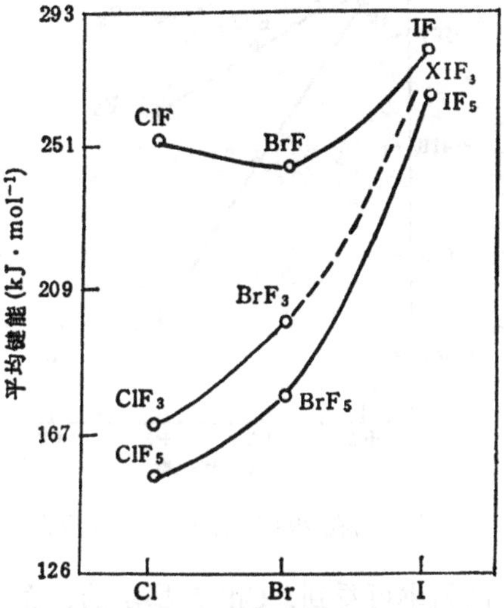

图 18.58　氟化卤的平均键能

对于指定的 XF_n，其键能变化的顺序一般是 $ClF_n < BrF_n < IF_n$，该顺序表明 XF_n 的键能增加是随 X 原子序数增加而增加的，只有 ClF 是例外. 双原子卤素间化合物的键能可由 Pauling 所论述的键能 B 和电负性 X 之间的关系式得到满意的解释[1, 56]

$$(X_X - X_Y)^2 = \frac{1}{23}\left[B(X-Y) - \sqrt{B(X-X)B(Y-Y)}\right]$$

对于给定的卤素 X 来说，XF_n 的 X—F 键能随 n 的增加而减小，如 $ClF > ClF_3 > ClF_5$，但键能降低的趋势是 X 为 I 时比 X 为 Cl 时要显著地小. 为了解释多原子卤素间化合物 XF_n 的键能，考虑 X 的有效电负性是随 n 的增加而增大是必要的. 此关系可大致地估算出 IF_3 分子的平均键能约为 $276 kJ \cdot mol^{-1}$. 在标准状态下，由元素单质生成气体化合物的生成热焓在 25℃时约为 $-485 kJ \cdot mol^{-1}$.

气态双原子分子 XY 的稳定性与 X—Y 的键能有关，而其大小取决于 X 和 Y 原子之间电负性的差异，X 和 Y 的电负性相差越大，其化合物的稳定性越大，故有 IF > BrF > ClF > ICl > BrCl 的稳定顺序. 离解为气态元素原子时，对所有双原子卤素分子来说，在 25℃时其热力学都是稳定的，只有 BrCl 是处于稳定的边沿值. 但双原子卤素间化合物分子的稳定性还依赖于构成 X—Y 键的稳定性以及它自身歧化过程的反应速度. 此点可以用 XF_n 为例说明，即若以氟化卤的 $\Delta G^{\circ}_{f,298}$ 作

为 n 的函数作图时，可得到图 18.59 所示的结果.

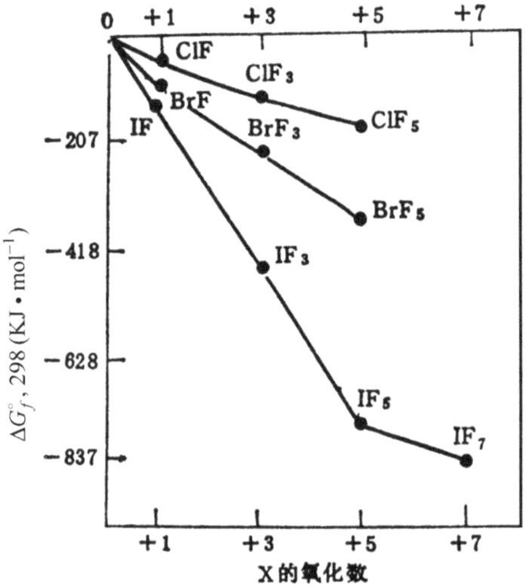

图 18.59　氟化卤 XF_n 在 298K 时的生成自由能随 n 的变化[1]

由图中的 $\Delta G^\circ/\Delta n$ 的斜率可看到，ClF 是稳定的，而 BrF，IF 在热力学上是不稳定的，它们的歧化作用发生很快

$$3XF \longrightarrow X_2 + XF_3$$

和

$$5XF \longrightarrow 2X_2 + XF_5$$

BrCl，ICl 和 IBr 不显示出与此类似的发展趋势.

在凝聚相时，IF_3 在低温下按下面反应发生歧化

$$2IF_3 \longrightarrow IF + IF_5$$

但在室温下则按

$$5IF_3 \longrightarrow I_2 + 3IF_5$$

反应进行. 一般来说，氧化态居中的卤素间化合物的歧化作用，最易发生在键能降低而 n 增加很少的情况下. 如图 18.58 的 IF，IF 和 IF_5 相比，IF_5 有显著的稳定性质，它不易发生歧化作用，只有在温度高于 1000℃时才会发生离解[41, 42]

$$IF_5(g) \xrightarrow{\sim 1400℃} IF_3(g) + F_2(g)$$

但是，ClF_5，BrF_5 和 IF_7 的离解作用在较低的温度下即已产生. 在升高温度时，它们的熵值是增加的[41, 42, 55, 56]

$$ClF_5(g) \xrightleftharpoons{350℃} ClF_3(g) + F_2(g)$$

$$BrF_5(g) \xrightleftharpoons{>550℃} BrF_3(g) + F_2(g)$$

$$IF_7(g) \xrightleftharpoons{>450℃} IF_5(g) + F_2(g)$$

甚至在相当低的温度下，某些多原子卤素间化合物的离解作用就已很大，如 ICl_3 趋于完全离解

$$ICl_3(g) \longrightarrow ICl(g) + Cl_2(g)$$

在卤素间化合物的光谱性质[1]方面，双原子卤素间化合物与同核卤素分子不同，前者缺乏一个对称中心. 这样，虽然外层电子的价壳结构与对称的卤素分子相似，但价电子轨道填充是不完全相同的，相应的原子轨道将相互混合产生 σ 或 π 分子轨道. 但是不同卤素原子对成键的贡献是各不相同的，即在 $\psi_X \pm b\psi_Y$ 中的 a 和 b 是不相等的，因此，对于一个 XY 分子的价壳层可以写成

$$(1\sigma Y)^2(2\sigma X)^2(3\sigma Y)^2(1\pi Y)^4(2\pi X)^4,\ 1\ \Sigma^+$$

X 是高原子序数的卤素. 这一相互之间的混合作用，增加了 2π 轨道同 Y 原子结合的程度，1σ 和 2σ 分子轨道主要来自 X 和 Y 原子的 s 轨道，而剩余的高能分子轨道是相应的 p 轨道的函数. $(1\pi Y)$或$(2\pi X)$电子对反键轨道$(4\sigma X)$的作用而发生 Π激发态

$B(1\sigma Y)^2(2\sigma X)^2(3\sigma Y)^2(1\pi Y)^3(2\pi X)^4(4\sigma X)^1,\ ^{1,3}\Pi$

$A(1\sigma Y)^2(2\sigma X)^2(3\sigma Y)^2(1\pi Y)^4(2\pi X)^3(4\sigma X)^1,\ ^{1,3}\Pi$

跃迁的发生意味着这个激发态可被观察到. 如双原子卤素间化合物的发射或吸收光谱和物理常数如跃迁能量、振动频率和核间距离等已测定出来.

XY 的紫外和可见光谱、气体 BrCl，ICl，IBr 的 Raman 和荧光光谱都已研究过，它们在不同溶剂中的电子吸收光谱也进行了测定，它同对应卤素分子一样，在卤素间化合物同给予体分子之间有电荷转移相互作用. 这种接受体的作用表明双原子卤素分子行为的一致性，以致在异核 XY 分子中可以人为地分离出同核的 X_2 来.

关于卤素间化合物振动光谱性质的研究，对阐明分子的几何构型有很大的意义. 第一次指出 ClF_5，BrF_5 和 IF_5 有 C_{4v} 称性的是由红外光谱和 Raman 光谱研究的结果[1, 57]. 微波、电子衍射和 X 射线研究给出了更精确的结果. 它们对给出个别分子振动光谱频率和给出分子所包含的各原子的力场本质都提供了可靠的数据.

伸缩力常数是按 ClF > BrF > IF > BrCl > ICl > IBr 的顺序降低的，这一结果表明它们的核间距离是增加的．测定卤素间化合物的相变、溶剂和分子加合物的形成而引起的振动吸收频率或其他光谱性质的变化，可用来指示在凝固相里分子间的相互作用．如 ClF_3，BrF_3 和 IF_5 分子的振动光谱对弄清在不同条件下，在低温时凝聚相的聚合作用程度是很有意义的．如 XF_3 的二聚体 X_2F_6 在 5—25K 固态时显示有 C_{2h} 的对称性和有非对称性的X……F—X 桥，固体 ICl_3 的红外光谱和 Raman 光谱证实在平面 I_2Cl_6 分子里实际上存在有 I—C1—I 桥.

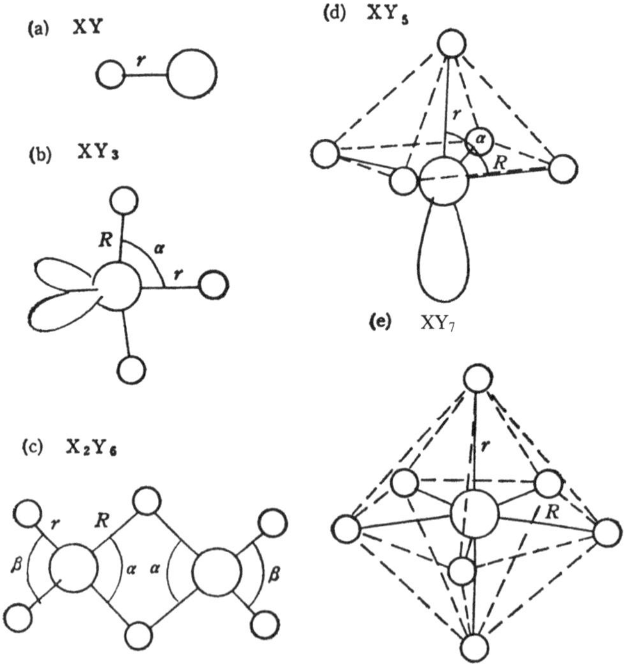

图 18.60(1)　XY，XY_3，X_2Y_6，XY_5 和 XY_7 型的结构

(a)		r_e(pm)	r_{cale}(pm)	r_e—r_{cale}(pm)	
	ClF	162.811	170.3	−7.5	
	BrF	175.6	185.1	−9.5	
	IF	190.8	204.2	−13.3	
	BrCl	213.8	213.6	+0.2	
	ICl	232.07	232.7	−0.6	
	IBr	248.5	247.5	+1.0	
(b)		R(pm)	r(pm)	α	
	ClF_3	169.8	159.8	87°29′	
	BrF_3	181.0	172.1	86°12.6′	
(c)		r(pm)	R(pm)	α	β
	I_2Cl_6	238	268	84°	94°
		239	272		
(d)		r(pm)	R(pm)	α	
	BrF_5	168.9	177.4	84.8°	
	IF_5	184.4	186.9	81.9°	
(e)		r(pm)	R(pm)		
	IF_7	178.6	185.8		

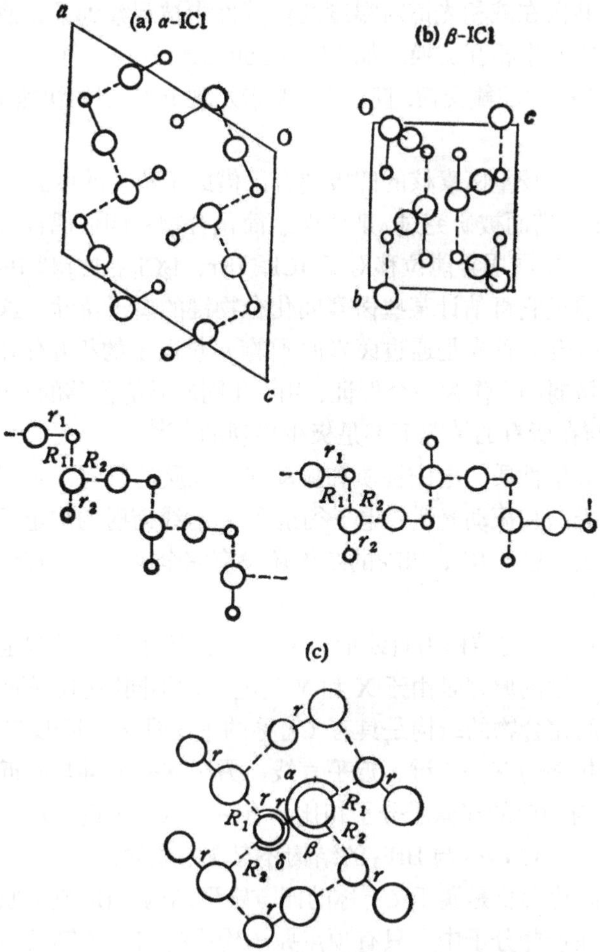

图 18.60(2)　α–和 β–ICl 晶体，IBr 晶体的结构

图中(a)r_1=244pm，r_2=237pm，R_1=300pm，R_2=308pm.

(b)r_1=240.0pm，r_2=235.1pm，R_1=293.9pm，R_2=306.0pm.

(c)IBr 晶体反映平面的排列. r=252.4pm，R_1=318.1pm，R_2=376.4pm，α=175.2°，β=94.6°，$\gamma\delta$=104.4°，δ=165.5°

^{19}F NMR 谱研究表明，XF_n 氟化卤中氟的化学位移是随 n 的增加或 X 原子序数降低而下降的，虽然影响化学位移的因素很多，但是在氟原子中离子特性和电荷密度的影响是显著的. 用它可发现在 ClF_5，BrF_5 和 IF_5 的结构中，不同位置的氟对中心原子的屏蔽作用不同，顶点的氟原子 F_{apical} 比底面氟原子 F_{basal} 有较低的屏蔽作用；同样地，在 ClF_3 分子中，接近成线状的两个氟原子 F—Cl—F 比之第三个氟原子有较低的屏蔽作用. 因此，在适当的条件下，通过测定 ^{19}F NMR 谱可以对 ClF_3，ClF_5，BrF_5 和 IF_5 分子的几何构型给出明确的结论. 不同位置的不等

价的氟，其多重共振在液相光谱对温度的依赖性中被观察到了，使它显示出分子中不同位置的氟能发生相互交换．如 ClF_3 在 60℃，IF_5 在 200℃的交换作用很快，HF 的存在加速 ClF_3 中的氟交换. 直至 180℃未发现 BrF_5 中的快速氟交换，而 BrF_3 的在室温时即发生.

卤素间化合物中较重卤素核的四极偶合已借助于蒸气的微波光谱、固体 NQR 或 ^{129}I Mössbauer 光谱而被研究过. 某些卤素简化合物的四极偶合常数和不对称参数可见表 18.99，^{129}I 同质异能位移对于 ICl，IBr，I_2Cl_6，IF_5 和 IF_7 的 Mössbauer 光谱是特征的．通过它可估计某些卤素间化合物键的离子特性，这些数据指出了卤素间化合物的键合，首先是通过卤素原子的 p 价电子的相互作用，而原子的 d 函数的贡献是很微弱的．作为一个例证，用 ^{129}I 同质异能位移的判断，除 IF_7 分子外，s 轨道的参与在所有的情况下都是极少出现的[1, 58].

应用上述热力学性质、电磁性质和振动光谱性质的研究，对卤素间化合物进行了大量的吸收光谱和振动光谱、电子衍射和 X 射线衍射的测定后，卤素间化合物的结构已被确定．除了 IF_3，ClF_5 的结构还没有完全确定外，其余的化合物的结构可见图 18.60[1].

XY 型双原子分子的结构为直线形，X 与 Y 间原子距离的测定一般比共价半径略短．其差别产生的原因是由于 X 和 Y 间电负性不同所引起的[59].

XY_3 型卤素间化合物的结构是具有 C_{2v} 称的平面骨架，近似 T 型结构．每一个分子含有两个相邻的 X—Y 键，近乎直线，另一 X—Y 键与此近似垂直，呈现为变形的 T 状．与相应的双原子分子相比，有一个 X—Y 键略短一些，而其余两个 X—Y 键稍长．但对 ClF_3 与 BrF_3 的结构还存在一些异议.

XY_5 型卤素间化合物是属于 C_{4v} 称的四方锥形结构．Br 或 I 原子稍为位于棱锥的基底面下．在这些分子中，只有顶点原子构成的 X—Y 键长不同，短于基底面原子的 X—Y 键键长，但顶点和基底键长之间的差异是很小的. 在 IF_5 中的键长比在 IF 中的要短得多，并产生较大的畸变.

XY_7 型只有 IF_7，具有 D_{5h} 对称的五角双锥构型．I—F 平均键距比 IF_5 分子中观察到的更短.

3.2.4　化学性质[1, 40–42, 60, 61]

卤素间化合物 XY_n 的化学性质与构成它的相应卤素密切相关．一方面这类化合物易发生歧化或分解为相应的卤素，另一方面它们在溶剂中能与溶剂分子产生相互作用，当作用很强时，会使 X—Y 键发生离解，并形成“外层”荷移配位化合物

$$XY_n + D \rightleftharpoons \underset{(\text{“外层”荷移配合物})}{XY_n \cdot D} \qquad (D=\text{胺或醚})$$

在不同的溶剂中，它们的授-受作用是不相同的．如在某些溶剂中，可表现出受体的能力而形成多卤阴离子；相反，在另外一些溶剂中又可显示出授体的能力，给出电子形成一个阳离子．卤素间键的断裂能够由于强的 Lewis 酸接受体而增强．这种情况下，卤素间化合物分子转移一个卤素原子到接受体上，本身则形成具有较高电子亲合势的多卤阳离子，这种阳离子只能存在于较低碱度的介质中．相反，在强的 Lewis 碱中，卤素间化合物则接受一个卤离子而形成多卤阴离子．因此，在不同条件下，卤素间化合物能够产生不同的反应

$$XY_nZ^- \xleftarrow{Z^-} XY_n \xrightarrow{A} XY_{n-1}^+ + AY^-$$

Z=卤素，可与 X 或 Y 相同　　A=卤离子接受体，如 SbF，等

$$XY_n \underset{}{\overset{\text{纯溶剂}}{\rightleftharpoons}} \frac{1}{2}XY_{n-1}^+ + \frac{1}{2}XY_{n+1}^-$$

由于卤素间化合物的反应活性较大，并易离解为卤素，因此它们都是很强的卤化剂和不饱和键的卤素加成反应剂．在发生卤化时，常常伴随有氧化还原作用产生

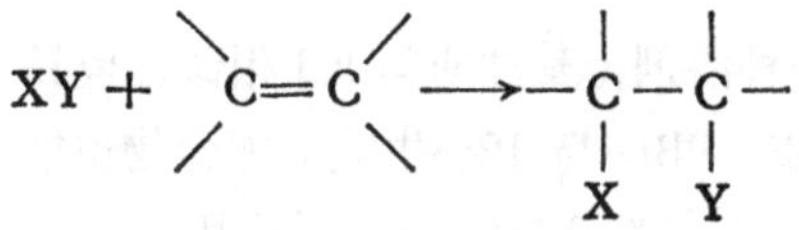

$$ClF + SF_4 \longrightarrow SF_5Cl$$

下面按类型分别进行讨论．

(1) 授–受体的相互作用(酸碱反应)

溶剂的性质对卤素间化合物的离解作用和酸碱的强度都有强烈的影响．在卤化物溶剂中，卤离子可以直接地或间接地相当于一个碱，而强的 Lewis 酸则可以接受卤素间化合物中的卤离子．但是，除了溶剂的作用外，卤素间化合物的类型、键的强度和在溶剂中分子的离解特性等对它们的酸碱强弱和反应特性都有十分重要的影响．下面按其分子的类型加以讨论．

(a) XY 型

纯粹的一卤化碘具有微弱的导电性，说明它发生了自电离

$$3IX \rightleftharpoons I_2X^+ + IX_2^-$$

或

$$4IX \rightleftharpoons I_2X^+ + I_2X_3^-$$

这个过程离解出来的是 I_2X^+ 而不是 I^+．但是 I_2X^+ 会强烈地歧化为 I_3^+ 与 IX_2^+．IX

的自电离，说明了一个卤素离子接受体促进了卤素间阳离子的生成，如在一卤化碘溶液中，它作为一个 Lewis 酸，卤离子作为 Lewis 碱，同样地，在 $AlCl_3$–2ICl 和 $SbCl_5^-$2ICl 体系中，都产生了 I_2Cl^+离子，而在 $AlCl_3$–ICl_3 和 $SbCl_5$–ICl_3 体系中有 ICl_2^+ 离子产生. 据此，卤素间阳离子和多卤阴离子之间能够分别组成 $[I_2Cl^+][AlCl_4]^-$，$[I_2Cl]^+[SbCl_6]^-$和$[ICl_2]^+\cdot[AlCl_4]^-$，$[ICl_2]^+[SbCl_6]^-$等型式的盐. 在 PCl_5–ICl 或碱金属卤化物 MX 和 2IX 体系中，X 射线分析表明有 ICl_2^- 和 $I_2X_3^-$ 阴离子存在,其生成的盐型衍生物也可表示为$[PCl_4]^+[ICl_2]^-$, $M^+ICl_2^-$ 和 $M^+I_2X_3^-$ 的形式.

ICl 可作为离子性化合物的溶剂. KCl，NH_4Cl 等溶于其中时，能使溶液的电导增大，溶液的摩尔电导随溶液的稀释而增加. RbCl，CsCl，KBr，KI，$AlCl_3$，$AlBr_3$，PCl_5，$SbCl_5$，吡啶、乙酰胺等都能使溶液的电导增加，而 LiCl，NaCl 和 $BaCl_2$ 对溶剂的电导影响很小，分子型卤化物如 $SiCl_4$，$TiCl_4$，$NbCl_5$，$SOCl_2$ 对溶剂的电导几乎不发生影响. 这种类型的酸碱反应已经应用于电导滴定上. 如 RbCl 与 $SbCl_5$，KCl 与 $NbCl_5$ 相互滴定时，在摩尔比为 1∶1 时发生转折，而 NH_4Cl 同 $SnCl_4$ 在摩尔比为 2∶1 时发生转折，表明上述体系分别有 $SbCl_6^-$，$NbCl_6^-$ 和 $SnCl_6^{2-}$ 配位化合物的生成. PCl_5–ICl 在固态时生成$[PCl_4]^+[ICl_2]^-$，对于 $KICl_2$ 相当于酸，对于 $SbCl_5$ 相当于碱.

熔融的 IBr 可作为一种溶剂，其性质与 ICl 相似，也具有与碱金属溴化物形成多聚卤化物如 $MIBr_2$ 的性质. PBr_5 与 IBr 生成的配合物也能表示为$[PBr_4]^+[IBr_2]^-$的形式. $SnBr_4$ 作为一个酸在电导滴定中已获得了应用

$$2\,IBr_2^- + SnBr_4 \longrightarrow SnBr_6^{2-} + 2\,IBr$$

ICl 和 IBr 作为溶剂在熔融时会发生离解，生成卤素单质. 如在 25℃时，ICl 的离解度为 0.4%，在 100℃时为 1.1%；而 IBr 在上述相应的温度下，其离解度分别为 8.8%和 13.4%. ClF 能否作为溶剂尚未见报道，但它也可以形成两种类型的固体配位化合物[61, 62]，即

$$\underset{(A=BF_3或AsF_5)}{Cl_2F^+AF^-} \xleftarrow{\ A\ } 2ClF \xrightarrow{\ 2MF\ } \underset{(M=碱金属或NO)}{2M^+ClF_2^-}$$

但是 Cl_2F^+离子在溶液中是极不稳定的，即使在低温下也发生歧化

$$2Cl_2F^+ \longrightarrow ClF_2^+ + Cl_3^+$$

(b) XY_3 型

BrF_3 是应用最广的一个卤素间化合物，它还是一种很好的溶剂，常用于化合物的氟化和含氟配位化合物的制备上[63].

纯粹的 BrF_3 液体即有较高的电导率($> 8.01\times10^{-3}\Omega^{-1}\cdot cm^{-1}$，25℃)，这是由于它本身的自电离所致.

$$2BrF_3 \rightleftharpoons BrF_2^+ + BrF_4^-$$

许多无机氟化合物能够很好地溶解在 BrF_3 溶剂之中，并产生电离，使溶液的电导增加. 氟化物在 BrF_3 中的溶解情况见表 18.100[12, 64].

表 18.100　氟化物在 BrF_3 中的溶解情况 [a]

MF 型		MF_2 型		MF_3 型		MF_4 型		MF_5 型	
离子	溶解情况	离子	溶解情况	离子	溶解情况	离子	溶解情况	离子	溶解情况
Li^+	稍溶	Be^{2+}	×	B^{3+}	○	Si^{4+}	○	V^{5+}	○
Na^+	○	Mg^{2+}	×	Al^{3+}	×	Ge^{4+}	○	Nb^{5+}	○
K^+	○	Ca^{2+}	×	Ga^{3+}	×	Sn^{4+}	○	Ta^{5+}	○
Rb^+	○	Sr^{2+}	—	In^{3+}	×	Pb^{4+}	×	P^{5+}	○
Cs^+	○	Ba^{2+}	—	Tl^{3+}	×	Ti^{4+}	○	As^{5+}	○
NH_4^+	○	Pb^{2+}	×	As^{3+}	—	Zr^{4+}	×	Sb^{5+}	○
Ag^+	○	Ag^{2+}	×	Sb^{3+}	—	Ce^{4+}	○	Bi^{5+}	○
Tl^+	—	Zn^{2+}	×	Bi^{3+}	×	Th^{4+}	×		
		Cd^{2+}	×	V^{3+}	—				
		Hg^{2+}	×	Ce^{3+}	×				
		Fe^{2+}	—	Fe^{3+}	×				
		Co^{2+}	×	Co^{3+}	×				
		Ni^{2+}	×	Cr^{3+}	×				
		Mn^{2+}	×	Mn^{3+}	×				

a. ○可溶；×不溶；—未知.

氟化物在 BrF_3 中溶解时可分为两种类型：(1)作为 Lewis 碱，如碱金属氟化物、AgF 和 BaF_2 等. (2)作为 Lewis 酸，如 Au(III)，B(III)，Ti(IV)，Si(IV)，Ge(IV)，V(V)，Nb(V)，Ta(V)，P(V)，As(V)，Sb(V)，Pt(IV)，Ru(V)和其他一些金属氟化物. Lewis 碱氟化物和 Lewis 酸氟化物在 BrF_3 溶液中分别生成复合氟化物，并可相应地离解为 BrF_2^+ 和 BrF_4^- 离子

$$KF + BrF_3 \longrightarrow KBrF_4 \rightleftharpoons K^+ + BrF_4^-$$

$$AgF + BrF_3 \longrightarrow AgBrF_4 \rightleftharpoons Ag^+ + BrF_4^-$$

和

$$SbF_5 + BrF_3 \longrightarrow BrF_2^+SbF_6^- \rightleftharpoons BrF_2^+ + SbF_6^-$$

$$SnF_4 + 2BrF_3 \longrightarrow [BrF_2^+]_2[SnF_6]^{2-} \rightleftharpoons 2BrF_2^+ + SnF_6^{2-}$$

BrF_2^+ 和 BrF_4^- 两种离子所形成的相应配合物相互作用时，产生类似于酸碱中和的反应

$$Ag^+BrF_4^- + BrF_2^+SbF_6^- \longrightarrow AgSbF_6 + 2\ BrF_3$$

$$2\ K^+BrF_4^- + [BrF_2^+]_2[SnF_6]^{2-} \longrightarrow K_2SnF_6 + 4\ BrF_3$$

这类反应已成为制备含氟配合物的一个极其有用的基本方法．当把过量的 BrF_3 蒸发后，就可以得到相应的含氟配合物[41, 65]．如

$$Ag + Au \xrightarrow{(BrF_3)} AgBrF_4 + BrF_2AuF_4 \xrightarrow{(-BrF_3)} AgAuF_4$$

$$NOCl + SnF_4 \xrightarrow{(BrF_3)} [NO]_2SnF_6$$

$$N_2O_4 + Sb_2O_3 \xrightarrow{(BrF_3)} [NO]_2SbF_6$$

$$VF_5 + LiF \xrightarrow{(BrF_3)} LiVF_6$$

$$Ru + KCl \xrightarrow{(BrF_3)} KRuF_6$$

应用此方法合成含氟配合物时必须注意，使用的化合物或元素单质应当为等化学计量的，在这里，BrF_3 既是一个氟化剂又是一种反应介质．过剩的溶剂，一般用真空蒸发除去，以便得到它们的固体配合物．

在 BrF_3 中，高价态的离子通常是稳定的．如 PdF_4 虽然不能离析出来，但能应用 K_2PdCl_6 配合物与 BrF_3 反应制得．XeF_4 也能和 AsF_5，SbF_5 和 PF_5 等 Lewis 酸分别作用，生成相应的含氟配合物．这类化合物已为电导滴定法所证实，并析出了 $XeF_4 \cdot 4SbF$，形式的固体化合物．

ClF_3 有很低的介电常数和弱的电导性，通常不能用作溶剂．最近制得了一些衍生物并检验出有 ClF_2^+ 和 ClF_4^- 离子，因此，它也被认为发生了很弱的自电离[66]

$$2ClF_3 \rightleftharpoons ClF_2^+ + ClF_4^-$$

以碱金属氟化物和 ClF_3 作用时，可以制得 $MClF_4$ 形式的化合物．在这些化合物中，ClF_4^- 阴离子已为振动光谱所检出．ClF 与强的 Lewis 酸如 AsF_5，SbF_5，PF_5 和 BF_3 等作用，能生成 1∶1 的配合物如 $ClF_2^+AsF_6^-$，$ClF_2^+BF_4^-$，$ClF_2^+SbF_6^-$ 和 $ClF_2^+PF_6^-$

等[67, 68].

IF_3在很低的温度下与MF(M = 碱金属或NO)反应，生成MF · IF_3型配合物. IF_5同 MI 的氟化作用也得到相似的化合物. 它们是具有 $M^+IF_4^-$ 形式的白色固体. 该物质对热稳定，但遇湿气时立即分解.

熔融状的 ICl_3 会明显地发生离解，生成氯和一氯化碘

$$ICl_3 \longrightarrow ICl + Cl_2$$

因此，使用 ICl_3 作溶剂是不适宜的. 但是 ICl_3 的电导测定表明有下述反应发生

$$I_2Cl_6 \rightleftharpoons ICl_2^+ + ICl_4^-$$

ICl_3 与 Lewis 酸作用，能生成一些配合物，如 $ICl_3 \cdot AlCl_3$，$ICl_3 \cdot SbCl_5$ 等. 晶体结构分析结果表明其中存在有 ICl_2^+ 离子，$KICl_4 \cdot H_2O$ 的测定结果也证明有 ICl_4^- 离子存在. 因此，可以说明 ICl_3 的酸碱特性是与 XF_3 相似的，但其稳定性较差，而且它在通常情况下表现为二聚体[69, 70].

(c) XY_5 型

XF_5 型卤素间化合物的电导是依 $ClF_5 < BrF_5 < IF_5$ 顺序增大的，并且由它们的介电常数、缔合度等性质的比较可知 IF_5 是一个很好的溶剂，具有如下的自电离平衡

$$2IF_5 \rightleftharpoons IF_4^+ + IF_6^-$$

IF_5 作为溶剂时，$KF \cdot IF_5$ 是一种 Lewis 碱，SbF_5，BF_3，HF，SO_3 为 Lewis 酸. 此两类物质之间的中和反应同发生在 BrF_3 溶剂中的情况相似

$$[IF_4]^+[SbF_6]^- + K^+IF_6^- \longrightarrow K^+SbF_6^- + 2IF_5$$

$$[IF_4]^+[BF_4]^- + K^+IF_6^- \longrightarrow K^+BF_4^- + 2IF_5$$

晶体结构分析和振动光谱表明 IF_5 同 SbF_5 作用，生成了$[IF_4]^+[SbF_6]^-$类型的化合物. 碱金属氟化物和 IF_5 能发生加成作用，生成了 $M^+IF_6^-$ 形式的固体衍生物，其中 M 为碱金属、Ag，NO 等[71, 72].

IF_5 和 HF 组成的体系是一种比 IF_5 更优良的溶剂，在该体系中可制备出多种含氟的配合物. IF_5 还可溶解 XeF_2，生成含有松散结构的 $XeF_2 \cdot IF_5$ 分子间化合物. 它们以较弱的分子间缔合作用力互相连结，分子没有产生明显的变形，仅是以静电引力而互相吸引[73, 74].

ClF_5可以同 Lewis 酸如 AsF_5，SbF_5等作用，发生加成反应，生成 1 : 1 的配合物，其通式为$[ClF_4]^+[MF_6]^-$，但它不与 BF_3生成相应的化合物[29, 71].

BrF_5同 Lewis 酸也以可发生反应，与 SbF_5生成化合物为 $BrF_5 \cdot 2SbF_5$，晶体结构测定表明有$[BrF_4]^+[Sb_2F_{11}]^-$的形式. 与碱金属氟化物作用，生成 1 : 1 的配合物，其通式为 $M^+BrF_6^-$. 这两种型式的化合物也可发生相似的酸碱中和反应[75, 76]

$$[BrF_4]^+[Sb_2F_{11}]^- + 2Cs^+BrF_6^- \longrightarrow 2Cs^+SbF_6^- + 2BrF_5$$

(d) XY_7型[77, 79]

IF_7的沸点低，介电常数和电导较小，因此，作为溶剂不是它的特征.

IF_7与一些 Lewis 酸能发生反应，生成配合物，如 $IF_7 \cdot AsF_5$，$IF_7 \cdot BF_3$，$IF_7 \cdot 3SbF_5$等. 其中 $IF_7 \cdot AsF_5$用光度法和 X 射线衍射测定有$[IF_6]^+[AsF_6]^-$形式的结构. 碱金属氟化物不溶于 IF_7中. 但是值得注意的是，$IF_7 \cdot AsF_5$和 $IF_7 \cdot 3SbF_5$与 KF 一起加热到 200—250℃时，能产生出 F_2.

(2) 卤素间化合物的卤化作用[1, 41, 80]

卤素间化合物的卤化作用，包括高电负性的 Y 原子的加合或置换反应，以及低电负性的 X 原子的还原作用. 如 ICl 和 IBr 同元素 E 的反应

$$E + nIY \longrightarrow EY_n + \frac{n}{2} I_2 \ (Y=Cl,\ Br).$$

在上面反应中，电负性大的氯或溴能使 E 产生氯化和溴化，而碘则不与 E 发生作用，它本身却被还原成为单质. 卤素氟化合物的反应情况与此相似，只有电负性较大的氟和元素 E 发生氟化作用. 卤素氟化物的反应活性有如下顺序：$ClF_3 > BrF_5 > IF_7 > ClF > BrF_3 > IF_5 > BrF > IF_3 > IF$. 应指出的是，$ClF_5$ 的反应活性比 ClF_3的低.

氟化卤的氟化能力因反应条件不同而变化，它们的大小可通过化学势的变化而显示出来，在 25℃时，它们的自由能变化列于表 18.101 中[1].

表 18.101 中的热力学数据表明在 25℃时氟化卤的氟化能力将按照下述顺序减小：$ClF_5(g) > IF_7(g) > ClF_3(g) > ClF(g) \sim BrF_5(l) > BrF(g) > BrF_3(l) > IF(g) > IF_5(l) \sim IF_3(g)$. 在不同的温度下，氟化和相应的氧化还原作用由于相的变化以及反应条件的不同，这个顺序可能会发生变化，而其作用能力也与所使用的溶剂介质及其 Lewis 酸碱性质和强度不同而不同. 但是，它们与稀有气体氟化物一样，一些氟化卤如 ClF_3，IF_7的活性并不比单质氟的氟化能力低. 因此，它们都是很强的氟化剂.

表 18.101　卤素和某些氟化物反应的自由能

反　　应	ΔG°298K(kJ · mol^{-1})
$ClF_5(g) \longrightarrow ClF_3(g) + F_2(g)$	+38.70
$IF_7(g) \longrightarrow IF_5(l) + F_2(g)$	+61.50
$ClF_3(g) \longrightarrow ClF(g) + F_2(g)$	+66.73
$2ClF(g) \longrightarrow Cl_2(g) + F_2(g)$	+115.5
$BrF_5(l) \longrightarrow BrF_3(l) + F_2(g)$	+115.5
$2BrF(g) \longrightarrow Br_2(l) + F_2(g)$	+147.3
$BrF_3(l) \longrightarrow BrF(g) + F_2(g)$	+166.9
$2IF(g) \longrightarrow I_2(s) + F_2(g)$	+235.1
$IF_5(l) \longrightarrow IF_3(g) + F_2(g)$	～+330
$IF_3(g) \longrightarrow IF(g) + F_2(g)$	～+335
$XeF_6(g) \longrightarrow XeF_4(g) + F_2(g)$	+33.9
$XeF_4(g) \longrightarrow XeF_2(g) + F_2(g)$	+63.6
$XeF_2(g) \longrightarrow Xe(g) + F_2(g)$	+74.9
$2CoF_3(s) \longrightarrow 2CoF_2(s) + F_2(g)$	～+184
$AsF_5(g) \longrightarrow AsF_3(l) + F_2(g)$	+263.1
$2AgF_2(s) \longrightarrow 2AgF(s) + F_2(g)$	～+289[a]
$SbF_5(l) \longrightarrow SbF_3(s) + F_2(g)$	～+377[a]
$PF_5(g) \longrightarrow PF_3(g) + F_2(g)$	+677.0

a.估计值.

一般说来，卤素间化合物的卤化过程与溶剂介质有关. 如在具有高介电常数的极性溶剂中，ICl 和有机化合物反应时，由于 I—Cl 键容易断裂而导致氯的离解析出，使氯化作用极易进行，而活性较低的碘的碘化作用并不发生. 在低介电常数的溶剂(例如在 CCl_4)中，一氯化碘的碘化作用可以较易发生. 这是因为同有机化合物反应时，单质碘的作用是缓慢的，而 ICl 中有较易离解的 I—Cl 键，它在低介电性溶剂中以原子状态析出，而使 ICl 比碘有更大的反应活性.

使用单质氟作氟化剂时，反应常常十分激烈，氟化程度的控制也很困难，而使用 ClF_3，BrF_3 或 IF_5 作为氟化剂时，反应相当平稳，并且便于控制氟化过程的进行. 因此，氟化卤是制备氟化合物的优良氟化剂和溶剂. BrF_3，ClF_3 和 ClF 广泛地被应用在过渡金属氟化物和配位化合物的合成制备中. 在原子能工业上，氟化卤应用来制取六氟化铀，以便进行铀的同位素分离、浓缩 ^{235}U，也应用它们来分离和处理各种核裂变的产物. 氟化卤可使金属铀或铀的氧化物转变为易挥发的六氟化铀，无水氟化氢可以促进铀同 ClF_3 的反应. 而钚、碲、碘、钼等裂变产物生成低价氟化物，因此，借助蒸馏法可使 UF_6 蒸出，其他难挥发的氟化物即残留在反应器中. 由三氟化卤还原产生的低氟化卤和卤素，可以通过单质氟进行氟化再生为三氟化物[81, 84].

氟化卤及其衍生物还是火箭用高能燃料的氧化剂，肼–ClF_3体系的燃料已进行过深入的研究. 在低温下，这种燃料体系能以液态方式操作和贮存，这在应用上是十分方便的.

卤素间化合物的卤化作用因反应对象不同可以分为下面几种类型.

(a) 与单质的反应

卤素间化合物的反应活性很高，氧化性很强，即使在低温下，它也能与许多元素单质进行反应. 当其与某一元素单质发生反应时，首先是卤素间化合物的低原子序数的卤素同单质反应，而高原子序数的卤素或者被还原成单质，或者生成低价态的卤素间化合物.

ClF_3是极强的氧化剂，几乎能与任一元素单质相作用，甚至与某些元素单质发生激烈的燃烧或爆炸，Pt，Pd，Au 等在高温时也被它侵蚀. ClF_3和 IF_7能与稀有气体 Xe，Kr 反应，生成 XeF_2和 KrF_2. 在氟化氢溶剂中，Rn 在–195—25℃时，能被除 IF_5以外的许多氟化卤氧化，生成稀有气体氟化物. IF_5的反应活性比其他卤素间化合物弱得多，与 H_2，Si，Mg，Cu，Fe，Cr 在常温下也不发生作用，加热时才发生反应，它与 Mo，W，P，As，Sb，B 等也只在强热时才发生作用[1, 41, 85].

ICl 和 IBr 反应活性较大，但氧化能力较小，反应时生成较低价态的氯化物和溴化物. 对 B，C，Cd，Pb，Zr，Nb，Mo，W 等不发生作用.

镍、铜和它们的合金对氟化卤有较好的耐腐蚀作用，在低温下，能生成不挥发和不溶解性的氟化物保护层，使固体表面不受溶剂的进一步的侵蚀作用. 因此，常使用它们作为装盛和处理氟化卤的容器.

(b) 与氧化物和含氧酸盐的反应

有强氧化作用的氟化卤 ClF_3，BrF_3，BrF_5和 IF_7与氧化物或含氧酸盐的典型反应，是生成氧和含氧卤键的氟化物和氟氧衍生物，如 ClO_2F，IOF_5等. BrF_3，BrF_5，$KBrF_4$和$[BrF_2]^+[SbF_6]^-$等能从很多氧化物和含氧酸盐中定量地释放出氧，其反应为

$$6Sb_2O_3 + 32BrF_3 \xrightarrow{\text{液体中}} 12[BrF_2]^+[SbF_6]^- + 10Br_2 + 9O_2$$

$$3MReO_4 + 4BrF_3 \xrightarrow{\text{液体中}} 3MReO_2F_4 + 2Br_2 + 3O_2$$

$$\left(M = K, Rb, Cs, Ag, \frac{1}{2}Ca, \frac{1}{2}Sr\text{和}\frac{1}{2}Ba\right)$$

$$KAlSi_3O_8 + 8BrF_5 \xrightarrow{450℃} KF + AlF_3 + 3SiF_4 + 8BrF_3 + 4O_2$$

较弱活性的 IF_5 也能分别与 V_2O_5，Sb_2O_5，MoO_3，WO_3，CrO 和 $KMnO_4$ 在加热或煮沸情况下反应，相应地生成下列化合物：$2VOF_3\cdot 3IOF_3$，$SbF_5\cdot 3IO_2F$，$2MoO_3\cdot 3IF_5$，$WO_3\cdot 3IF_5$，CrO_2F_2 和 MnO_3F，如

$$KMnO_4+IF_5\longrightarrow MnO_3F+IOF_3+KF$$

纯粹的氟化卤同石英、玻璃等作用很缓慢，含有微量氟化氢和水时，则同石英、玻璃、氧化硼等迅速发生反应

$$2B_2O_3+4BrF_3\longrightarrow 4BF_3+2Br_2+3O_2$$

$$3SiO_2+4BrF_3\longrightarrow 3SiF_4+2Br_2+3O_2$$

$$SiO_2+2IF_7\longrightarrow SiF_4+2IOF_5$$

这些反应首先是由于微量的 HF 的腐蚀作用生成了水，水的生成使腐蚀作用不断循环而加速了反应的进行

$$4HF+SiO_2\longrightarrow SiF_4+2H_2O$$

$$IF_7+H_2O\longrightarrow IOF_5+2HF$$

氟化卤与水作用时，依其氧化力强弱不同而发生不同程度的氧化反应. 强氧化性的 ClF_5，ClF_3，BrF_3 可从水中析出 O_2，ClO_2，OF_2 甚至 ClO_2F，较弱的 IF，则只发生水解，而且也没有还原析出碘

$$3H_2O+IF_5\longrightarrow HIO_3+5HF$$

双原子卤素间化合物 BrCl，ICl，IBr 的水解作用较缓慢，一般只发生第一步水解

$$IX+H_2O\longrightarrow H^++X^-+HOI\ \left(X=Cl或Br\right)$$

$$BrCl+H_2O\longrightarrow H^++Cl^-+HOBr$$

ICl_3 的水解反应较复杂，其总的反应为

$$2ICl_3+3H_2O\longrightarrow IO_3^-+ICl_2^-+4Cl^-+6H^+$$

存在有过量卤离子的酸性溶液中，除氟化卤外，其余的卤素间化合物的水解反应，都生成一些相当稳定的多聚阴离子，如 ICl_2^-，IBr_2^-，ICl_4^- 等.

双原子卤素间化合物与碳、硫的氧化物能进行加成反应

$$CO + ClF \longrightarrow FClC{=}O$$

$SO_2 + XF \longrightarrow$  （X = Cl 或 Br）

$$F_4SO + ClF \longrightarrow SF_5OCl$$

$$SO_3 + ClF \longrightarrow FSO_2OCl$$

这些反应提供了一个在碱性催化剂(如 CaF_2)或酸性催化剂(如 HF)作用下，迅速得到加合氯化合物分子的途径.

(c) 与卤化物的反应

氟化卤同许多金属或非金属的重卤素化合物反应，除发生氟化作用外，常伴随有氧化作用产生. 在 250℃时，ClF_3 能使 $NiCl_2$，AgCl，$CoCl_2$ 转变成 NiF_2，AgF_2，CoF_3，使 $AsCl_3$ 氧化生成$[AsCl_4]^+[AsF_6]^-$. ClF 同 SbCl，反应生成 $SbGl_4F$，在 350℃下 SF_4 与 ClF 反应是制备 $SClF_5$ 的最有效的方法.

液体 BrF_3 同许多金属氯化物、溴化物和碘化物作用，生成高价态的氟化物或含氟配合物. 当产物具有挥发性或可溶解于溶剂介质中时(如生成挥发性的 UF_6 和可溶性的碱金属氟化物)，其转化可以定量地进行.

(d) 与含氢化合物和有机化合物的反应

卤素间化合物同含氢或有机化合物反应时，由于放出大量的热往往会引起燃烧或爆炸，它们之间的混合物已成为一系列重要的火箭高能推进剂而被广泛地研究着. 如

$$2NH_3 + 2ClF_3 \longrightarrow N_2 + 6HF + Cl_2$$

$$3N_2H_4 + 4ClF_3 \longrightarrow 3N_2 + 12HF + 2Cl_2$$

ClF_3 甚至同较大惰性的 Kel–F 油相接触也会发生激烈的爆炸. 因此，使用时必须十分注意. 为了使某些反应能够在较温和的条件下进行，可将卤素间化合物用惰性介质稀释，或使它们在惰性溶剂如 CCl_4 中进行反应. 例如，在下列反应中

$$ClF_3 + 3HNF_2 \longrightarrow ClNF_2 + N_2F_4 + 3HF$$

如果使用稀有气体稀释 ClF_3 时，那么反应将变得较为温和而且安全.

IF_5 在室温时，也会在富集的氢气中燃烧. 但大多数的有机卤化物同 IF_5 发生较缓和的取代反应，CCl_4 能缓慢地转化为 CCl_3F 和 CCl_2F_2；同 Cl_4，CBr_4，CS_2，三氯乙酸和脂肪胺、酮、苯、氯苯、芳香化合物等作用时，一般都是发生取代反应，但在某些情况下既生成取代产物也可形成加成化合物[86].

二元重卤素间化合物的卤化作用与使用的溶剂介质及化合物的种类有关. 对某些有机金属衍生物来说，它们在金属–碳键上的取代反应过程稍有不同. 如 ICl 与有机汞化合物在不同溶剂中的反应，主要是生成有机碘而不是有机氯化合物. 而 ICl_3 可将芳基锡或汞化合物转变成相应的二芳基衍生物

$$ICl_3 + 2PhSnCl_3 \longrightarrow Ph_2ICl + 2SnCl_4$$

双原子卤素间化合物 ClF，BrF，BrCl，ICl 等的特征反应之一是与含有不饱和键如 $>C=C<$ 或—C≡C—的有机化合物发生加成作用. 利用 ICl 的加成作用，已成功地用来测定合成橡胶的不饱和程度. 拟卤素和卤素之间的化合物与卤素间化合物相似，如 BrN_3，IN_3，INCO 等也能和烯烃发生加成反应[47].

3.3　多聚卤素阴离子[1, 12, 41, 42]

3.3.1　多聚卤素阴离子及其分类

多聚卤素阴离子是指一个卤素离子同一个或多个卤素分子，或卤素间化合物分子加合而成的一类多卤阴离子聚合体. 它们的一般形式为 $X_mY_nZ_p^-$. X，Y，Z 表示相同或不相同的卤素原子，其中 $m+n+p$ 之和一般为小于 9 的奇数，而且分子中含有的价电子总和为偶数. 但也有少数例外，如 CsI_4 分子，它含有 I_8^{2-} 离子，总的卤原子数为偶数，并具有反磁性质.

表 18.102　多聚卤素阴离子的类型

$m+n+p=Q$				其他
3	5	7	9	
I_3^-	I_5^-	I_7^-	I_9^-	I_8^{2-}
I_2Br^-	I_4Cl^-	I_6Br^-		
I_2Cl^-	I_4Br^-	IF_6^-		
IBr_2^-	$I_2Br_3^-$	Br_6Cl^-		
ICl_2^-	$I_2Br_2Cl^-$	BrF_6^-		
$IBrCl^-$	$I_2BrCl_2^-$			
$IBrF^-$	$I_2Cl_3^-$			
IF_2^-	$IBrCl_3^-$			
Br_3^-	ICl_4^-			
Br_2Cl^-	ICl_3F^-			
$BrCl_2^-$	IF_4^-			
Cl_3^-	BrF_4^-			
ClF_2^-	ClF_4^-			

多聚卤素阴离子大都能与阳离子生成结晶性物质，尤其与体积较大的阳离子如 Cs^+，NR_4^+(R=烷基)或 $AsPh_4^+$(Ph = 苯基)等生成稳定的化合物，这些化合物具有一定的晶形. 多聚卤化物晶体可以从溶剂中析出，并且常带有确定数量的溶剂分子，这些溶剂分子化合物是稳定的.

多聚卤素阴离子按照 $m+n+p$ 的数值多少，可以分成表 18.102[1]所示的几种类型.

3.3.2　多聚卤素化合物的制备[1, 41, 42, 87]

制备多聚卤素化合物的一般方法，是将离子型卤化物同适当的卤素或卤素间化合物相互作用，其条件决定于反应物或产物的反应活性. 常用的方法有下面几种：①用卤素直接作用于固体卤化物或液体卤化物，②在适当的溶剂中，使卤化物和卤素间化合物相互作用，③用一种卤素从另一种卤素间化合物中进行置换等.

用气态单质与固态的卤化物反应制备时，不但反应较慢，进行不充分，而且也得不到纯的产物. 因此，常常采用在有机溶剂中进行反应，如在甲醇或乙醇、二硫化碳等溶剂中反应. 活泼的多聚卤化物，如含氟多聚卤素阴离子的衍生物的制备，选用这些溶剂是不适宜的，可以选择液溴、无水氟化氢、三氟化溴、五氟化碘等作溶剂，使相应的卤化物溶解在其中以进行反应，反应完后将溶剂蒸发，多聚卤化物则以结晶形式析出[61].

碘化钾与过量的碘长时间加热搅拌时，可得到近似组成为 KI_4 的多碘化合物. 多碘化合物中碘原子的性质都是一样的，都能与 KI 中的碘发生同位素交换反应[88].

将过量的碘加入 $N(CH_3)_4I$ 的饱和乙醇溶液中，加热溶解后，使其缓慢冷却，可以析出三碘四甲胺 $N(CH_3)_4I_3$，当碘过量数倍时，得到五碘四甲胺 $N(CH_3)_4I_5$. 五碘四甲胺可用冰醋酸作溶剂进行提纯，结晶出属单斜晶系的针状晶体.

含氟多卤化合物的制备常采用三氟化溴作溶剂. 如在三氟化溴中对氯、溴、碘衍生物进行氟化时，有如下反应

$$MBr + 2F_2 \longrightarrow MBrF_4\ (M=K，Rb 或 Cs)$$

$$MI+3F_2 \longrightarrow MIF_6\ (M=K，Rb 或 Cs)$$

$$MCl+2F_2 \longrightarrow MClF_4\ (M=K，Rb 或 Cs)$$

$$6MCl+8BrF_3 \longrightarrow 6MBrF_4 + 3Cl_2 + Br_2$$

$$\left(M=K, Ag 或 \frac{1}{2}\ Ba\right)$$

用卤素间化合物相互作用，可以方便地制得各种混合型多聚卤化物盐类，例如

$$ICl_2^- + Cl_2 \longrightarrow ICl_4^-$$

$$KCl + ICl \longrightarrow KICl_2$$

但是，在制备混合型多聚卤化物时，值得注意的是，有些反应是不能发生的. 如 ICl_2^- 与 IBr 不能反应产生 $IIBrCl_2^-$，这是因为此反应需要使 IBr 分子中电正性较大的碘的 I^+转变为 I^-，即要形成 $Cl^- \overset{Cl^-}{\underset{Br^-}{I^+}} I^-$，这是不可能的. 因为多聚卤离子发生置换反应时，要遵循下面原则，即终端配位原子一般要被电负性比其高的卤素所置换[80]. 如

$$2I_2Br^- + Br_2 \longrightarrow 2IBr_2^- + I_2$$

$$I_3^- + Br_2 \longrightarrow IBr_2^- + I_2$$

$$Et_4NICl_2 + 2AgF \longrightarrow Et_4NIF_2 + 2AgCl$$

三聚卤素阴离子 I_3^-，ICl_2^-，IBr_2^- 一类的盐的热稳定性较大，因此，制备比较简单，可直接将单质溶解于碘化物中，但反应过程各自有所不同，就 CsI 和 Br_2 的反应来说，由于 $CsIBr_2$ 生成的速度快，可发生直接加成

$$CsI + Br_2 \longrightarrow CsIBr_2$$

而其他碱金属盐的情况不同，先发生溴的置换反应，然后才产生加成

$$2MI + Br_2 \longrightarrow 2MBr + I_2$$

$$I_2 + Br_2 \longrightarrow 2IBr$$

$$MBr + IBr \longrightarrow MIBr_2\ (M=K，Na)$$

Br_3^-，Cl_3^- 离子不稳定，易发生离解. 而含 F_3^- 的盐仅在极低温下才能生成，并且由于它的反应活性极强和对水解作用敏感而使其制备十分困难.

用氯处理悬浮于浓盐酸中的碘，可以得到 $HICl_4 \cdot 4H_2O$ 形式的化合物，若在其中加入相应的碱金属氯化物时，能够析出 $KICl_4$，$CsICl_4$ 的结晶. 但是，大多数多聚卤化物与水或其他受体溶剂相互作用时，能生成溶剂化物，其生成倾向随阳离子体积的增大而减小. 与此相反，生成带溶剂(相当于结晶水)的聚卤化合物的稳定性是随阳离子体积的增大而增大的. ICl_4^- 能同除锂以外的所有碱金属离子生

成带溶剂的聚卤化合物. NR_4^+，$[C_5H_5NH]^+$，SR_3^+，$AsPh_4^+$等正一价的有机阳离子以及碱土金属、二价过渡金属的多聚卤素衍生物都已制得，如 $Ni[ClF_2]_2$，$Ni[ClF_4]_2$，$Ba[BrF_4]_2$，$[Ni(NH_3)_6][I_7]_2$，$[Co(NH_3)_6][I_3]_3$，等. IF_8^- 的衍生物如 $CsIF_8$，$NOIF_8$ 也已制得[89, 90].

一个卤素或卤素间化合物同一分子卤化物反应时，由于卤化物的 Lewis 酸碱性不同,产物可按二种方式生成相应的多卤阳离子或多卤阴离子,如 MX_n 为 Lewis 酸时，其反应为

$$MX_n+2YX \longrightarrow [Y_2X]^+[MX_{n+1}]^-$$

相反，如 MX_n 为 Lewis 碱时，其反应为

$$MX_n+YX \longrightarrow [MX_{n-1}]^+[YX_2]^-$$

例如, ICl 与 PCl_3 或 PCl_5 作用时, 生成多卤阴离子, 在此情况下, PCl_3 和 PCl_5 作为 Lewis 碱

$$PCl_3+2ICl \longrightarrow PCl_5+I_2$$
$$PCl_5+ICl \longrightarrow PICl_6$$

电导测定证明，$PICl_6$ 是以离子化合物$[PCl_4]^+[ICl_2]^-$形式存在的. 同样，类似的化合物 $PIBr_6$ 也是以$[PBr_4]^+[IBr_2]^-$形式存在的，它们在极性溶剂乙腈中按下式离解[91]

$$PICl_6 \rightleftharpoons [PCl_4]^+ + ICl_2^-$$
$$PIBr_6 \rightleftharpoons [PBr_4]^+ + IBr_2^-$$

电解测定表明有 IX_2^- 向阳极迁移，$[PX_4]^+$向阴极迁移.

ICl 与具有较强的 Lewis 酸性的 $SbCl_5$ 作用，则生成多卤阳离子衍生物[92]

$$2ICl+SbCl_5 \longrightarrow SbCl_5 \cdot 2ICl$$
$$3ICl+SbCl_5 \longrightarrow SbCl_5 \cdot 3ICl$$

将生成的化合物在硝基苯溶液中进行电解时，则发现碘向阴极迁移，而锑向阳极迁移,这是与生成$[I_2Cl]^+[SbCl_6]^-$和$[I_3Cl_2]^+[SbCl_6]^-$形式的多卤阳离子化合物有关.

与多聚卤素阴离子相对应的游离状态的质子酸还未制得，因为它们都是不稳定的. 在通常条件下，这些质子酸是可溶于某些溶剂中的. 虽然纯粹的质子酸是

不能制得的，但是含 94%的 $HIBr_2$，80%的 HIBrCl 和 $HICl_2$ 已能制备出来，浓度再高时它们即分解. 橙黄色的晶体 $HICl_4 \cdot 4H_2O$ 是将 Cl_2 通入含有悬浮碘的浓盐酸溶液中，然后将溶液冷却得到的. 它在−25℃时的性质已被测定，将其脱水时即行分解. 其他的质子酸溶剂加合物如 $HI_2Cl_3 \cdot C_5H_5N$，$HI_3 \cdot 2PhCONH_2$ 等有固体盐的配位结构，可能存在有一种松散的阳离子如$[C_5H_5NH]^+$和某种类型的网状氢键. 卤素或卤素间化合物在相应溶剂中生成了多聚卤素质子酸时，它们作为酸其强度都比相应的氢卤酸强.

用相似的方法也可制备某些拟卤素多聚离子的化合物，如含 I_2 和硫氰酸盐离子的溶液反应时，生成$[I(SCN)_2]^-$阴离子[93, 94].

$$2KSCN + I_2 \longrightarrow K^+\left[I(SCN)_2\right]^- + KI$$

3.3.3 多聚卤素阴离子化合物的稳定性[1, 95]

$M^+[X_mY_nZ_p]^-$型多聚卤素化合物能自发地离解为卤素或卤素间化合物和 M^+ 的卤化物. 在许多情况下，其离解在室温下已很明显. 多卤化物离解的途径可概括如下：

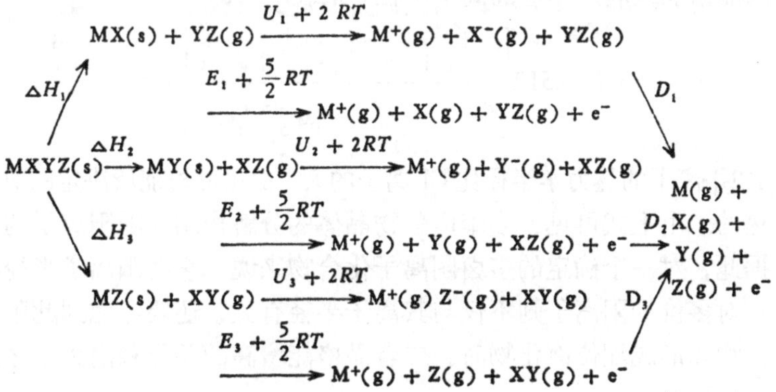

在不同的途径中，由于各个熵的总变化很小，因此，各过程自由能的变化大致地由 ΔH_1，ΔH_2，ΔH_3 的变化所决定. 这个循环发生的主要变化如下：(a)单卤化物晶格能的变化(U_1，U_2，U_3)，(b)卤原子的电子亲合势(E_1，E_2，E_3)，(c)双原子卤素分子的离解能(D_1，D_2，D_3). 根据上述过程的热函变化即可决定反应的途径. 实际上(b)和(c)的作用是相互补偿的. 因此，总的来说离解作用的决定因素主要决定于固体单卤化物的晶格能，它随阴离子的体积增大而变小. 例如，在 CsIBrCl 分解时，可能按如下三种方式分解

(a) CsI(s)+BrCl(g)，$D_1+E_1 = 519$kJ 和 $U_1 = 602$kJ

(b) $CsBr(s)+ICl(g)$，$D_2+E_2 = 540kJ$ 和 $U_2 = 631kJ$

(c) $CsCl(s)+IBr(g)$，$D_3+E_3 = 531kJ$ 和 $U_3 = 653kJ$

因为 $\Delta H = D+E+U$，因此，上述过程中 $\Delta H_1 > \Delta H_2 > \Delta H_3$，据此，该化合物的分解产物应是 $CsCl(s)+IBr(g)$，即生成电负性高的金属卤化物.

多聚卤化物的稳定性，与阳离子的大小有关，如 $MICl_2$ 化合物的离解可有如下的热力学循环

$$\begin{array}{ccc} M^+[ICl_2]^-(s) & \xrightarrow{\Delta H^\circ} & M^+Cl^-(s) + ICl(g) \\ U_{[MICl_2]} + 2RT \downarrow & & \uparrow -U_{[MCl]} - 2RT \\ M^+(g) + [ICl_2]^-(g) & \xrightarrow{x} & M^+(g) + Cl^-(g) + ICl(g) \end{array}$$

如果阳离子的变化不影响分解反应的熵项，那么多卤化物晶体的热力学稳定性仅由热焓 ΔH° 的变化所决定，即

$$\Delta H^\circ = U_{[MICl_2]} - U_{[MCl]} + x$$

对给定的多卤阴离子来说，x 是一个定值. 按照 Kapustinkii 的近似估计，ΔH° 可用简单的晶格能或利用相应的离子半径 r 来表示，即

$$\Delta H^\circ = 512\left[\frac{1}{r_{[M^+]} + r_{[ICl_2^-]}} - \frac{1}{r_{[M^+]} + r_{[Cl^-]}}\right] + x$$

由于 $[ICl_2]^-$ 离子的热力学半径比 Cl^- 离子的大，故由晶格能所决定的对 ΔH° 的贡献将是放热的. 由上式可见，多聚卤化物晶体的分解作用还随阳离子的半径增大而降低. 据此，对一个确定的多卤阴离子化合物来说，它随阳离子半径的增大而变得稳定. 对多价的阳离子则不仅与其离子半径有关，还要考虑到此阳离子在形成简单卤化物和形成配位卤化物时，二者晶格能增高的差异和阴离子之间的相互作用等因素的影响.

根据多聚卤化物在有机溶剂 CCl_4 中悬浮体的组成测定，可以确定卤素或卤素间化合物在液相中的平衡浓度. 由于多卤化物在非极性溶剂中是难溶的，因此，测出的卤离子浓度就直接指出了多卤化物的离解度. 另外，这类反应

$$MI_{(x+2y)}(s) \longrightarrow MI_x(s) + yI_2$$

的自由能变化可通过相应的原电池进行测定

$$Ag/AgI/C，MI_x + MI_{(x+2y)}$$

$$Ag/AgI/C，I_2(s)$$

在温度为 25—113.5℃的范围内，测定的结果列于表 18.103 中[1].

表 18.103　反应 $MI_x(s)+yI_2(s) \longrightarrow MI_{(x+2y)}(s)$的$\Delta G^\circ$，$\Delta H^\circ$和$\Delta S^\circ$

反应(25℃)	阳离子	$-\Delta G^\circ$ (kJ · mol^{-1})	$-\Delta H^\circ$ (kJ · mol^{-1})	ΔS° (J · k^{-1} · mol^{-1})
$MI(s)+I_2(s) \longrightarrow MI_3(s)$	NH_4^+	7.5	8.8	–4.6
	Rb^+	10.0	13.0	–9.6
	Cs^+	14.6	15.5	–3.8
	NMe_4^+	14.6	7.1	+28
	NEt_4^+	23.0	—	—
$MI_3(s)+\frac{1}{2}I_2(s) \longrightarrow MI_4(s)$	Cs^+	2.64	3.35	–2.5
$MI_3(s)+I_2(s) \longrightarrow MI_5(s)$	NMe_4^+	13.4	9.2	+13.4
$MI_3(s)+2I_2(s) \longrightarrow MI_7(s)$	NEt_4^+	22.1	23.0	–3.8
$MI_5(s)+2I_2(s) \longrightarrow MI_9(s)$	NMe_4^+	8.95	1.3	+25.9

根据不同的测定方法所得结果以及表 18.103 中所示的数值表明，多聚卤化物晶体的热稳定性有如下规律：

(1)含有相同阴离子的多卤化物的热稳定性，随阳离子体积的增大而增加.

(2) 当多聚卤化物发生离解时，趋向于生成氧化态最低的卤离子化合物，如 $CsICl_2$ 离解时，生成 CsCl 和 ICl，而不是 CsI 和 Cl_2.

(3) 对于含有相同阳离子的三聚卤化物，其稳定性虽因测定时所使用的方法不同而稍有差别，但在阴离子中，其中心原子的电正性越大，形成的离子其对称性越高则其稳定性也越高. 如 $I_3^- > Br_3^-$，$ICl_2^- > BrCl_2^-$，$IBr_2^- > I_2Br^-$ 等. 由离解压测定的结果表明，三卤阴离子的稳定性有如下顺序：$I_3^- > IBr_2^- > ICl_2^- > I_2Br^- > Br_3^- > BrCl_2^- > Br_2Cl^-$.

多卤化物在溶剂中的行为是复杂的，这是由于多卤化物强烈地受溶剂的作用而可能发生分解或产生卤化作用的结果. 如在水溶液中，多卤阴离子对由水而产生的水解作用是十分敏感的. 虽然，它的水解作用能被加入高浓度的酸所抑制，但这样一来，不仅增加了溶液的离子强度，而且在体系中引进了另一个活性物质. 因此，在水溶液中进行多卤化物测定时，由于物理化学分析的局限性而影响了某些数据的可靠程度. 但是，应用分光光度、电位滴定、电导和依数性测定等方法可以证明已有的三卤阴离子在水溶液中存在的可能性，而且，很不稳定的 Cl_3^- 离子也被发现在用氯饱和的浓的氯化物溶液中. 表 18.104 中是多卤阴离子在水溶液中生成时的热力学常数[1].

表 18.104　在水溶液中多卤阴离子生成的热力学常数

离子	形成	生成常数 K_f(298K)	$-\Delta G^\circ_{298}$ (kJmol^{-1})	$-\Delta H^\circ_{298}$ (kJmol^{-1})	ΔS°_{298} (J · K^{-1} · mol^{-1})
I_3^-(aq)	I_2(aq)+I^-(aq)	710	16.3	18.8	−9.2
IBr_2^-(aq)	IBr(aq)+Br^-(aq)	480	15.5	—	—
ICl_2^-(aq)	ICl(aq)+Cl^-(aq)	166	12.6	—	—
$IBrCl^-$(aq)	IBr(aq)+Cl^-(aq)	34	8.8	—	—
Br_3^-(aq)	Br_2(aq)+Br^-(aq)	16.3	4.94	6.28	+2.5
I_2Br^-(aq)	I_2(aq)+Br^-(aq)	10.5	5.9	5.9	−1.3
I_2Cl^-(aq)	I_2(aq)+Cl^-(aq)	1.66	12.6	—	—
Br_2Cl^-(aq)	Br_2(aq)+Cl^-(aq)	1.14	0.33	0	+1.7
Cl_3^-(aq)	Cl_2(aq)+Cl^-(aq)	0.19	−4.2	—	—
$BrCl_2^-$(aq)	Br_2(aq)+Cl^-(aq)	7.2×10^{-3}	—	—	—
I_2Cl^-(aq)	ICl(aq)+I^-(aq)	3×10^{8}	48.5	—	—
I_2Br^-(aq)	IBr(aq)+I^-(aq)	2.6×10^{6}	36.8	—	—
I_5^-(aq)	I_2(aq)+I_3^-(aq)	～9	5.4	—	—
Br_5^-(aq)	Br_2(aq)+Br_3^-(aq)	1.45	0.8	9.2	−28.7

实际上，多卤化物的离解是逐级进行的，因而有逐级离解平衡的存在，这和原来测定时的假定平衡方式是不完全相同的，这是数据产生偏差的原因之一. 有些离子如I_6^{3-}，$BrCl_6^{5-}$，ICl_6^{5-}，IBr_4^{3-}，它们在水溶液中存在歧化作用，故使平衡体系更加复杂化. 但在多卤阴离子发生离解时，都倾向于生成对称性高的物质[96]，如

$$2BrICl^- \longrightarrow IBr_2^- + ICl_2^-$$
$$2Br_2Cl^- \longrightarrow Br_3^- + BrCl_2^-$$

在非水溶剂中，多卤阴离子的稳定性要比在水溶剂中的高. 例如，在水溶液中，25℃时I_3^-的生成常数K_f值为 710，而在 1，2−二氯乙烷中为 10^7，在硝基乙烷中为 $10^{6.7}$，在丙酮中为 $10^{8.3}$，在乙酰氰中为 $10^{6.6}$. Br_3^-的生成常数K_f在水中为 16，在甲醇中为 177，在一溴三氯乙烷中为 1.66×10^4. Cl_5^-在水中不能测定，在乙酰氰溶液中测出了[Cl_2/Cl^-]的比值超过 1[97]. 可见，多卤离子的稳定性因溶剂不同而不相同. 在硝基甲烷、丙酮、乙腈作溶剂时，三卤阴离子的稳定性增加顺序是I_3^- < Br_3^- < Cl_3^-，而在水溶液中的顺序刚好相反. 同样地，ICl_4^-在溶液中的稳定性也依赖于溶剂的本性，在乙酰氰和 1，2−二氯乙烷中，它离解成为ICl_2^-和 Cl_2(K_f分别为 7000 和 5400)，而在三氯乙酸中它完全离解为 ICl，Cl_2和 Cl^-.

3.3.4　多卤化合物的结构[1, 41, 42, 98]

多卤化合物的结构是通过 X 射线衍射、中子衍射、振动光谱、NQR 和 Mössbauer 谱等近代分析技术综合测定后确定的. 各种离子的测定方法和数据列于表 18.105 中[1]，其阴离子的几何构型如图 18.61 所示[1].

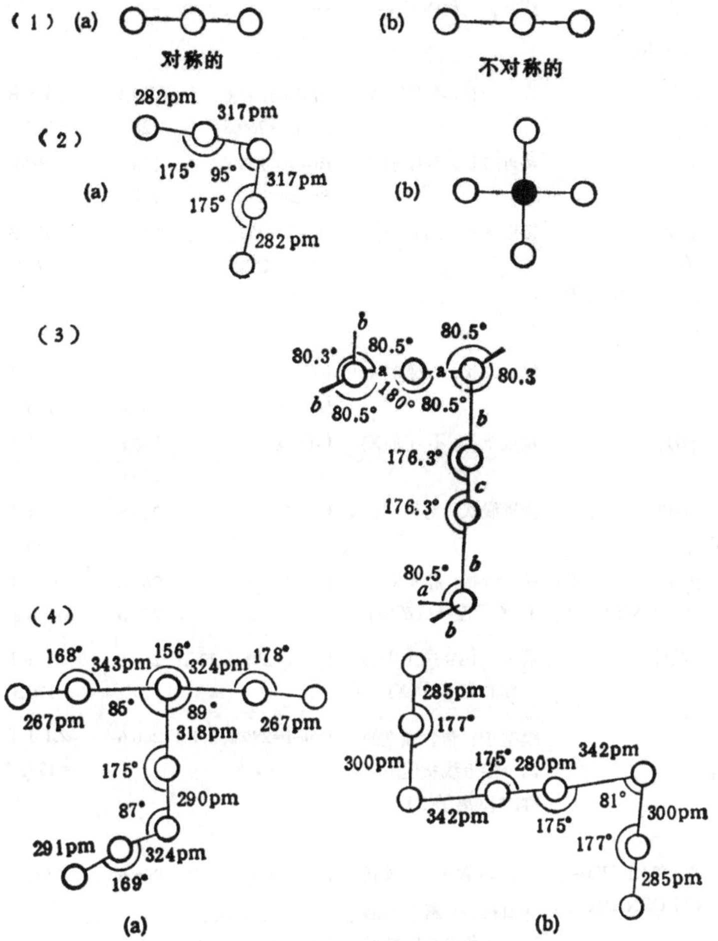

图 18.61　多卤阴离子的结构

(1)三卤阴离子.

(2)五卤阴离子. (a)在 Me_4NI_5 中的 I_5^-，(b)在 $KBrF_4$ 中的 BrF_4^- 和在 $KICl_4 \cdot H_2O$ 中的 ICl_4^-.

(3)七卤阴离子. 在 Et_4NI_7 中阴离子的结构网络，I_3^- 离子和 I_2 分子连结成一种三维列阵形式的结构.

(4)九卤阴离子. (a)在 Me_4NI_5 中阴离子的结构，(b)在 Cs_2I_8 中 I_8^{2-} 的结构.

表 18.105　多卤阴离子化合物的结构数据

多卤阴离子	固体状态					光谱研究[a)]
	阳离子	阴离子形状	键长(pm)	在对应双原子分子中的键长(pm)	键角	
三原子阴离子						
Cl_3^-	NEt_4^+，NPr_4^{n+} 或 NBu_4^{n+}	线状，对称(V)	—	—	—	V
Br_3^-	Cs^+	接近线状，不对称(X)	Br–Br=244.0 Br–Br=269.8	228.1 228.1	∠Br–Br–Br =177.5°	V，NQR
	PBr_4^+	接近线状，不对称(X)	Br–Br=239 Br–Br=291	228.1 228.1	∠Br–Br–Br =177.3°	
	Me_3NH^+ (在 $[Me_3NH^+]_2\,Br^-Br_3^-$ 中)	接近线状，对称(X)	Br–Br=253，254	228.1	∠Br–Br–Br =171°	
I_3^-	Cs^+	接近线状，不对称(X)	I–I=283 I–I=303	266.6 266.6	∠I–I–I =176°	V，NQR，M
	NH_4^+	接近线状，不对称(X)	I–I=282 I–I=310	266.6 266.6	∠I–I–I =177°	
	$AsPh_4^+$	接近线状，对称(X)	I–I=290	266.6	∠I–I–I =176°	
	$[PhCONH_2]_2H^+$(在 $2PhCONH_2HI_3$ 中)	接近线状，稍不对称 I_3^- 离子连结成链(X)	I–I=291.0 I–I=295.1	266.6 266.6	∠I–I–I =176.8°	
	NEt_4^+	模型 I：包含两个中心对称的 I_3^- 离子(X)	(a)I–I=291.2, 296.1	266.6	∠I–I–I =179.5°	
		模型 II：包含独立的两个接近线状但不对称的 I_3^- 离子(X)	(b)I–I=289.2, 298.1	266.6	∠I–I–I =177.7°	
	K^+(在 KI，KI_3–6MeCONHMe 中)	结构包含 I_3^- 为线状并对称，I^-离子沿晶胞的三角轴交错排列	I–I=294.5	266.6	∠I–I–I =180°	
ClF_2^-	NO^+	线状，对称$[F–Cl–F]^-$离子(V)	—	—	—	V
	Pb^+或 Cs^+	不对称，$[F–Cl–F]^-$离子(V)	—	—	—	
$BrCl_2^-$	Cs^+，NMe_4^+，NEt_4^+ NPr_4^{n+} 和 NBu_4^{n+}	线状，对称$[Cl–Br–Cl]^-$离子(V)	—	—	—	V

续表

多卤阴离子	固体状态					光谱研究[a)]
	阳离子	阴离子形状	键长(pm)	在对应双原子分子中的键长(pm)	键角	
ICl_2^-	NMe_4^+	线状，对称[Cl–I–Cl]⁻离子(X)	I–Cl=255	232.1	∠Cl–I–Cl =180°	V，NQR
	PCl_4^+	线状，对称[Cl–I–Cl]⁻离子(X)	I–Cl=236 (可能有误)	232.1	∠Cl–I–Cl =180°	
	在$[C_4H_{12}N_2][ICl_2]_2$中	线状，不对称[Cl–I–Cl]⁻离子(X)	I–Cl=247 I–Cl=269	232.1 232.1	∠Cl–I–Cl =180°	
	在$[NH(C_2H_4)_3NH]\cdot[ICl_2]_2$中	结构包含有两不等价的[Cl–I–Cl]⁻离子，两者呈线状，不对称(X)	(a)I–Cl=254，267 (b)I–Cl=253，263	232.1 232.1	∠Cl–I–Cl =180° ∠Cl–I–Cl =180°	
IBr_2^-	Cs^+	接近线状，不对称的[Br–I–Br]⁻离子(X)	I–Br=262 I–Br=278	248.5 248.5	∠Br–I–Br =178.0°	V，NQR
I_2Br^-	Cs^+	接近线状，[I–I–Br]⁻离子(X)	I–I=277.7 I–Br=290.6	266.6 248.5	∠I–I–Br =178.0°	V
$IBrCl^-$	NH_4^+	接近线状，[Cl–I–Br]⁻离子在晶体中的统计分布(研究在 140K，X)	I–Cl=～291 I–Br=～251	232.1 248.5	∠Br–I–Cl =179°	V
五原子阴离子						
Cl_5^-	—	—	—	—	—	V
Br_5^-	—	—	—	—	—	V
I_5^-	NMe_4^+	接近平面 V–形 I_5^- 阴离子，(X)(图 18.61)	I$_{顶}$–I=317 I$_{端}$–I=282	266.6 266.6	∠I–I$_{顶}$–I =95° ∠I–I$_{端}$–I =175°	V
ClF_4^-	Rb^+和Cs^+	正方平面 ClF_4^- 离子，有 D_{4h} 对称(V)	—	—	—	V
BrF_4^-	K^+	正方平面 BrF_4^- 离子，有 D_{4h} 对称(N)	Br–F=189	175.6	∠F–Br–F$_{(adj)}$ =90.9°；89.1 ± 2.0°	V
IF_4^-	Cs^+	阴离子有 C_{2v} 对称(V)	—	—	—	V
ICl_4^-	K^+(在$KICl_4\cdot H_2O$中)	近似正方平面 ICl_4^- 阴离子(X)	I–Cl=242，247 253 和 260	232.1	∠Cl–I–Cl$_{(adj)}$ =90.6、90.7、89.2 和 89.5°	V、NQR、M
七原子阴离子						
I_7^-	NEt_4^+	结构包含中心对称 I_3^- 离子连结 I_2 分子成为一个三维骨架(X)(图 18.61)	I–I=290.4(I_3^-)，273.5(I_2)343.5(最短的 $I_2\cdots I_3$ 距离.)	266.6	∠I–I–I =180°(I_3^-)，80.3，80.5 和 176.3°	V

续表

多卤阴离子	固体状态					光谱研究 a)
	阳离子	阴离子形状	键长(pm)	在对应双原子分子中的键长(pm)	键角	
BrF_6^-	K^+、Rb^+或 Cs^+	阴离子 BrF_6^- 有 D_{3d} 对称(V)；菱形晶系(X)	—	—	—	V
IF_6^-	K^+、Cs^+、NMe_4^+ 和 NEt_4^+	IF_6^- 阴离子为变形八面体对称(V 和 M)	—	—	—	V，M
九原子阴离子						
I_9^-	NMe_4^+	结构可认为是 I_7^- 和 I_2 分子的缔合(X)(图 18.61)	I–I=267 290 318 324 743	266.6	∠I–I–I =85.87 和 89°；156、168、169、175 和 178°	V
其他类型						
I_8^{2-}	Cs^+	存在平面 Z–形 I_8^{2-} 阴离子，两翼包含有对称的 I_3^- 阴离子与 I_2 分子相连接(X)	I–I=285 和 300(I_3^-) I–I=280(I_2)和 342(最短的 $I_2\cdots I_3^-$ 距离)	266.6 266.6	∠I–I–I =177°(I_3^-) ∠I–I–I⁻–I =81° ∠I–I–I =175°	NQR

a) M=Mössbauer 谱；N=中子衍射；V=振动光谱：X=X 射线衍射.

多卤化合物中，多卤阴离子的结构一般地遵循下列规则：

(1) 不同卤素组成的多卤阴离子如 ICl_2^-，$IBrCl^-$和 ICl_4^- 等，一般是以原子序数最高的卤素为中心离子而形成多卤阴离子的.

(2) 原子间的距离一般比对应双原子分子的大数十 pm. 早期 X 射线的研究对此规则是不全对的，如 ICl_2^-，ICl_4^- 和 $IBrCl^-$中卤素间的距离比起碘的 van der Waals 半径的两倍来得小，这是由于测定结果不精确而引起的. 以后，在多卤阴离子所成的盐如 NEt_4I_7，NMe_4I_9 和 Cs_2I_8 中，I—I 间的距离测定结果，比在碘分子中 I—I 间的距离都明显地大[99, 100].

(3) 多卤化物中，多卤阴离子的卤原子键间所成的键角一般接近 90°或 180°. 但也存在有较小的键角如 80°和 156°的.

(4) 三卤阴离子有时依据成盐环境的不同要求，其对称性在空间会发生变形，如个别的键距与通常离子对应的键距长度稍有不同，这是由于卤素原子本身的性质不同，或由于受到阳离子的影响而使其空间位置产生程度不同的偏离.

三卤阴离子的结构是直线状的或接近直线状的. 其中心原子与两侧卤原子所成键的夹角为 171—180°. 三卤阴离子既可生成对称结构的盐，也可生成不对称结构的盐. 如 I_2Br^-和 $BrICl^-$阴离子可分别生成 CsI_2Br 和 NH_4BrlCl 的盐，其中心原子碘到两个端点的卤原子的距离是不相等的，产生结构不对称性质. 对于 Br_3^-，I_3^- 和 ICl_2^-，它们生成对称性的或不对称性的结构倾向，依赖于盐本身的性质. 对 Br_3^- 来说，在混合盐 $\left[Me_3NH\right]_2^+\left[Br^-Br_3^-\right]$ 中，近似是对称的，但在 $Cs^+Br_3^-$ 和 $[PBr_4]^+[Br_3]^-$中却是不对称的. 对 I_3^- 来说，在晶体$[AsPh_4]^+[I_3]^-$和$[NEt_4]I_7$中是对称的，而在 CsI_3，NH_4I_3 和 Cs_2I_8 中是不对称的. ICl_2^- 离子在$[NMe_4]^+[ICl_2]^-$中是对称的，而在$[C_4H_{12}N_2][ICl_2]_2$ 和$[HN(C_2H_4)_3NH][ICl_2]_2$ 中是不对称的等等[98, 101, 102].

在一般情况下，中心对称的三卤阴离子与体积大的阳离子如 NR_4^+，$Asph_4^+$ 组成的盐稳定性较大. 但阳离子的大小并不是决定所成盐稳定性的唯一因素，还与阴离子周围所形成的力场有关. 如在 XIY^-离子中，由中心原子形成键的强度是互相影响的，I—Y 之间键的增强是来自 I—X 间键的减弱，直到在形成 I_3^- 时，这两个键之间的差别才消失，成为对称的较稳定的离子.

五卤阴离子化合物或更复杂的多卤化物的结构与三卤阴离子化合物不同，常选择下述两种结构之一：(1)平面正方形排列，(2)接近平面 V 形排列(图 18.61). 在 $KBrF_4$ 盐中，BrF_4^- 阴离子的平面正方形结构已为中子衍射所证实. BrF_4^- 和 ICl_4^- 离子在溶液中也保持有平面正方形构型. ClF_4^- 的 Cs^+，Rb^+盐有相同的结构. I_5^- 离子在$[NMe_4]I_5$ 盐中是具有平面 V 形结构的例子. V 形中，每一翼相应于一个不对称的 I_3^- 离子. 顶角为 95°，故该离子可表示为两个碘分子配位于一个单碘离子，即$[I(I_2)_2]^-$. 由振动光谱测定，Cl_5^-，Br_5^-，$I_2Cl_3^-$ 和 $I_2Cl_2B^-$也具有与 I_5^- 的 V 形相似的结构[103–105].

$[NEt_4]I_7$配位化合物是七卤阴离子类化合物中，作过详细结构分析的一个. 该化合物的结晶具有由中心对称的 I_3^- 离子和 I_2 分子组成的三维骨架结构. 每一个 I_3^- 离子紧连着 4 个 I_2 分子，而每一个 I_2 分子邻接 2 个 I_3^- 离子(图 18.61). 据此，$[NEt_4]I_7$ 可写成$[NEt_4]^+[I_3(I_2)_2]^-$形式. I_3^- 和各个 I_2 分子单元之间的距离接近 343.5pm，它小于碘分子晶体中分子间的最短距离(350 pm)，但是低于碘的 van der Waals 半径的两倍(430 pm)表明在此离子中有单独存在的 I_3^- 和 I_2 单元，并且它们相互间有强烈的作用. BrF_6^- 和 IF_6^- 离子和 XeF_6 有类似的结构，XeF_6 的中心原子的价层填充有 14 个电子，振动光谱和 Mössbauer 谱证明，不管在溶液或在晶体中，它们都具有非正八面体的结构. 如配位化合物 $MBrF_6$(M = K，Rb 或 Cs)虽然振动光谱表示其氟原子似乎有八面体排列，但由于围绕溴原子的三重轴包含有 D_{3d} 对称而发生了变形，使八面体构型被破坏.

$[NMe_4]I_9$ 盐的晶体结构也已测定．碘原子聚集成为 I_9^- 离子，它像 I_7^- 的非平面 Z 形的结构，另一个 I_2 分子同任一个 I_7^- 集合体彼此间强烈地相互作用而连结在一起．

Cs_2I_8 晶体具有强的反磁性，这是由于两个不对称的 I_3^- 离子共同连接一个 I_2 分子而组成平面 Z 形的结果，故可写成 $\left[I_3^- - I_2 - I_3^-\right]$ 形式．在此阴离子中，I_3^- 离子和 I_2 分子中 I…I 的距离为 342pm，比两个 I_8^{2-} 离子本身之间的最短距离(388 pm)还要小，表明 I_3^- 离子与 I_2 分子之间的相互作用比两个 I_8^{2-} 之间的相互作用更强．

欲要充分解释卤素间分子或多卤阴离子的键型和电子结构间的关系，必须考虑到它们的几何构型、热力学性质和光谱性质等，它们的成键方式有过几种不同的论述，在一定范围内能较好地解释了多卤离子的结构．

最早认为，多卤阴离子的生成是由离子和极性分子之间的静电互相吸引而结合的．如三卤阴离子的生成是由于卤离子和所联接的卤素分子产生的诱导偶极之间相互吸引的结果．因此，三卤化物的稳定性与构成此三卤离子的卤素体积的大小和极性有关．但是一个 I^- 离子和一个 I_2 分子之间的静电作用，必然得到一个不对称的 I_3^- 的结论．因为 I_3^- 离子中两个键是不会等价的．而在 $[AsPh_4]^+[I_3]^-$ 和 $[NEt_4]^+[I_7]^-$ 中发现的 I_3^- 离子是中心对称的，这与静电作用的观点显然是矛盾的．可见，应用静电模型解释多卤离子的结构是有局限的．

为了进一步解释多卤离子的成键作用，引入了定域共价键概念．按此概念，多卤离子的中心原子的价电子可由 *s* 或 *p* 轨道激发到较高能级的空 *d* 轨道，将这些原有的原子轨道杂化成新的原子轨道，然后与其他卤原子的价轨道重叠而形成卤素原子间的化学键．当中心卤原子的价电子有一个激发到空 *d* 轨道时，则一个 *s* 轨道和三个 *p* 轨道以及一个 *d* 轨道杂化成为 sp^3d 杂化轨道．在这五个杂化轨道中，有两对孤对电子和三个单电子，三个单电子和其他卤原子形成三个键．倘若有两个电子激发到两个 *d* 轨道时，则形成 sp^3d^2 杂化轨道，其中有一对孤对电子和五个单电子，这五个单电子和其他卤原子形成五个键．由 *s*–*p*–*d* 杂化得到的杂化轨道，在不同的多卤离子中所形成的键可能是等价的，也可能是不等价的．应用这一概念，能定性地解释在某一阴离子中原子间距离的差异．如在 ClF_3 和 BrF_3 分子中，键长的差异(见表 18.99)可认为是重卤素原子的原子轨道产生了 sp^3d 的杂化，有两个为单电子占据的杂化轨道与两个卤原子的价轨道重叠，生成两个接近直线的键，构成分子的主轴，另一个单电子占据的杂化轨道与第三个卤原子的价轨道重叠生成第三个键，它和两对孤对电子构成三角双锥体的三角平面，成等价位置[见图 18.60(b)]．这个模型的缺点是不能作定量的处理．因为在简单的模型中，*d* 轨道的作用被夸大了，而且也没有说明电子对排斥作用的大小和位置．因此，难以说明 ICl，IBr，I_2Cl_6，三卤阴离子和 Cs_2I_8 等化合物的结构．为此，要应用非定域化作用的概念，即在原子间充分靠拢时，由 p 电子产生的非定域化作用，使卤素间分子、多卤离子增加了更大范围的 Van der Waals 力和静电引力，使 s 与 p 轨道发生的重叠变得更为有效而使体系稳定.

一种十分不同的解释是使用微扰理论来说明多卤化合物的能量变化. 多卤离子的结构受到体系中各种力场的影响而自发地产生变形，变形的结果得到了附加的稳定性，最后促使生成一个持久的不对称的多卤阴离子.

3.3.5　多卤阴离子及其化合物的化学性质[1, 40, 42]

多卤化合物在溶剂中发生离解时，生成多卤阴离子. 在通常情况下，多卤阴离子易离解成卤素、卤素间化合物和卤离子. 多卤阴离子的化学反应大多是由这些离解的产物引起的. 因此，它们的化学作用在很大程度上与相应的阴离子化合物的稳定性及其所在溶剂的性质有关.

多卤化合物在溶剂中反应时，离解产生的卤素和卤间化合物对中性分子有亲电子的性质，容易从其他反应物中获得电子. 因此，它作为卤化反应的卤化剂具有很高的活性. 如某些金属氧化物的氟化过程，用 $KBrF_4$ 比使用 BrF_3 进行得更完全,反应速度更快. 多卤溴化物广泛使用来溴化 β-萘酚、苯胺和酚等有机化合物. 使用$[N(C_4H_9)_4]^+[ICl_4]^-$作为 1，2-二氯乙烷的氯化剂，在光照射后，溶液产生 1–氯丁基三丁胺离子.

在水溶液中，多卤阴离子均易发生水解。其中以三碘化物水解性最弱，但碘若被电负性更大的卤素置换后，水解倾向即增强. 水解作用能够用加入高浓度的酸所抑制. 加合了氢卤酸的多卤化合物所产生的酸，其酸性比相应的氢卤酸更强.

对具有不对称性的多卤阴离子化合物，有离解为对称性化合物的倾向. 如不对称的三卤离子 $BrICl^-$，Br_2Cl^-的离解作用为

$$2BrICl^- \longrightarrow IBr_2^- + ICl_2^-$$

$$2Br_2Cl^- \longrightarrow Br_3^- + BrCl_2^-$$

多卤化物在溶液中离解时，常倾向于生成具有最低一级的一卤化物. 相反，多卤阴离子被卤素或卤素间化合物氧化时，它生成一个含更多卤原子的阴离子或相应的卤素间化合物[1, 42]

$$ICl_2^- + ICl \longrightarrow I_2Cl_3^-$$

$$MICl_2 + Cl_2 \longrightarrow MICl_4$$

$$MClF_4 + F_2 \longrightarrow MF + ClF_5$$

在发生相互取代反应时，电负性较大的卤素可取代出多卤化物中较小电负性的配位卤原子，而电正性较大的卤素则可取代电正性较小的中心卤原子. 如

$$KI_3 + Br_2 \longrightarrow KIBr_2 + I_2$$

$$KIBr_2 + Cl_2 \longrightarrow KICl_2 + Br_2$$

$$MBr_3 + I_2 \longrightarrow KIBr_2 + IBr$$

实际上，后一反应中是经由几步进行的

$$MBr_3 \longrightarrow MBr + Br_2$$

$$Br_2 + I_2 \longrightarrow 2IBr$$

$$MBr + IBr \longrightarrow MIBr_2$$

上面过程的不同，是因为电正性较大的碘直接取代 MBr_3 很困难，$MIBr_2$ 生成的速度小，经过生成 IBr 步骤后，电负性较大的溴离子加合到 IBr 中变得容易，反应速度增大，从而使反应更易进行.

参 考 文 献

[1] J. C. Bailar Jr.(ed.),Comprehensive Inorganic Chemistry,Vol. II. Pergamon.(1973).

[2] J. Arotsky,M. C. R. Symons,*Quart. Rev. Chem. Soc.*,16,282(1962);R. J. Gillespie,M. J. Morton,*ibid.*,25,553 (1971).

[3] H. J. Emeléus, A. G. Sharpe, Advances in Inorganic Chemistry and Radiochemistry,Vol. 17, Academic, 49 (1975).

[4] N. Bartlett,*J. Fluorine Chem.*,21,3(1982).

[5] R. A. Garrett,R. J. Gillespie,J. B. Senior,*Inorg. Chem.*,4,563(1965).

[6] F. Aubke,G. H. Cady,*Inorg. Chem.*,4,269(1965);R. J. Gillespie,J. B. Milne,*ibid.*,5,1236(1966).

[7] R. J. Gillespie,M. J. Morton,*Chem. Comm.*,1565(1968).

[8] A. J. Edwards,G. R. Jones,R. J. C. Sills,*Chem. Comm.*,1527(1968);A. J. Edwards,G. R. Jones,*J. Chem. Soc.*,(A),2318(1971).

[9] O. Glemser,A. Smale,*Angew. Chem.*,Internal. Ed. Engl.,8,517(1969).

[10] G. A. Olah,M. B. Comisarow,*J. Amer. Chem. Soc.*,91,2172(1969).

[11] R. J. Gillespic,M. J. Morton,*Inorg. Chem.*,9,811(1970).

[12] M. C. Sneed,J. L. Maynard,R. C. Brasred,Comprehensive Inorganic Chemistry,Vol. 3,D. Van Nostrand(1954).

[13] E. Berliner,*J. Chem. Educ.*,43,124(1966).

[14] H. Brusset,T. Kikindai,*Compt. Rend.*,232,1840(1951).

[15] R. J. Gillespie,J. B. Milne,*Inorg. Chem.*,5,1577(1966).

[16] C. Davies,R. J. Gillespie,J. M. Sown,*Can. J. Chem.*,52,791(1974).

[17] R. D. W. Kemmitt,M. Murray,V. M. McRae,*et al.*,*J. Chem. Soc.*,862(1969).

[18] H. J. Emeléus, A. G. Sharpe, Advances in Inorganic Chemistry and Radiochemistry, Vol. 17, Academic, 49 (1975).
[19] R. J. Gillespie,J. B. Milne,M. J. Morton,*Inorg. Chem.*,7,2221(1968).
[20] G. A. Olah,M. B. Comisarow,*J. Amer. Chem. Soc.*,90,5033(1968);91,2172(1969).
[21] F. Aubke,W. W. Wilson,*Inorg. Chem.*13,326(1974).
[22] D. T. Merryman,T. D. Corbett,*Inorg. Chem.*,13,1258(1974);J. Shamir,M. L. ustig, *Inorg. Chem.*,12, 1109(1973).
[23] R. J. Gillespie,M. J. Morton,*Inorg. Chem.*,11,586(1972).
[24] W. W. Wilson,B. Landn,F. Aubke,*Inorg. Nucl. Chem. Lett.*,11,529(1975).
[25] R. J. Gillespie,M. J. Morton,*Inorg. Chem.*,9,811(1970).
[26] C. G. Vonk,E. H. Wiebenga,*Rec. Trav. Chim.*,78,913(1959);*Acta Cryst.*,12,859(1959).
[27] C. Chung,G. H. Cady,*Inorg. Chem.*,11,2528(1972).
[28] D. J. Merryman,J. D. Corbett,P.A. Edwards *et al.*,*Chem. Comm.*, 779(1972).
[29] K. O. Christe,*Inorg. Chem.*,12,2879(1973);11,608(1972).
[30] W. W. Wilson,K. O. Christe, *J. Fluorinc Chem.*,21,7(1982).
[31] K. O. Christe,W. Sawoday,*Inorg. Chem.*,8,212(1969); H. Meinert, U. Crossand, A. R. Grimmer, *Z. Chem.*, 10, 226 (1970).
[32] F. A. Hohorst,L. Stein,E. Gebert,*Inorg. Chem.*,14,2233(1975).
[33] R. J. Gillespie,G. J. Schrobilgen,*Inorg. Chem.*,13,1230(1974).
[34] K. O. Christe,R. D. Wilson,*Inorg. Chem.*,14,694(1975).
[35] K. O. Christe,*Inorg. Nucl. Chem. Lett.*,8,741(1972); F. Q. Roberto, *Inorg. Nucl. Chem. Lett.*,8,737(1972).
[36] K. O. Christe,R. D. Wilson,*Inorg. Chem.*,12,1580(1973);6,1783(1967).
[37] K. O. Christe,R. D. Wilson,*Inorg. Chem.*,12,1355(1973);12,2245(1973).
[38] L. Y. Nelson,G. C. Pimentel,*Inorg. Chem.*,7,1695(1968).
[39] A. Smale,B. ẑemva,K. Lutar,*J. Fluorine Chem.*,17,381(1981).
[40] C. E. Fogle, R. T. Rewick, *Chem. Avstr.*,76,5447(1972); V. Gutmann, Inorganic Chemistry, Series two, Vol. 3, Butterworths, 177(1975).
[41] V. Gutmann,Halogen Chemistry,Vol. I,Academic,133(1967).
[42] V. Gutmann,Halogen Chemistry,Vol. I, Academic, 225(1967);V. Gutmann, Inorganic Chemistry, Series One, Vol. 3, Butterworths, 53(1972).
[43] F. P. Gortsema,R. H. Toeniskoetter,*Inorg. Chem.*,5,1925(1966).
[44] H. B. Jonassen,(ed.),Technique of Inorganic Chemistry,Vol. 7,Interscience,273(1968).
[45] D. W. Osborne,F. Schreiner,H. Selig,*J. Chem Phys.*,54,3790(1971).
[46] C. J. Schack,D. Pilipovich S. N. Cohz,*et al.*,*J. Phys. Chem.*,72,4697(1968).
[47] A. Hassner,M. E. Lorber,C. Heathcock,*J. Org. Chem.*,32,540(1967);F. W. Fowler,A. Hassner,I.,A. Levy,*J. Amer. Chem. Soc.*,89,2077(1967);A. Hassner,F. Boerwinkle,*ibid.*,90,216(1968).
[48] R. A. Frey,R. L. Redington,A. L. K. Aljibury,*J. Chem. Phys.*,54,344(1971).
[49] F D. Rossini,D. D. Wagman,W. H. Evans,S,Levine,I. Jaffe,Selected Values of Chemical Thermodynamic Properties,Circular 500,National Bureau of Standards,Washington(1952);National Bateau of Standards Technical Note 270-3,U. S. Government Printing Office,Washington(1968).
[50] W. H. Evans,T. R. Munson,D. D. Wagman,*J. Res. Nat. Bur. Stand.*,55,147(1955).
[51] L. Slutsky,S. H. Bauer,*J. Amer. Chem. Soc.*,76,270(1954).
[52] A. G. Sharpe,*Quart. Rev. Chem. Soc.*,4,115(1950).
[53] N. N. Greenwood,*Rev. Pure Appl. Chem.*,1,84(1951).
[54] W. R. Bisbee,J. V. Hamilton,J. M. Gcrhauser *et al.,J. Chem. Eng. Data*,13,382(1968).
[55] R. Bongon,J. Chatelet,P. Plurien,*Compt. Rend.* 264C,1747(1967).

[56] D. A. Johnson,Some Thermodynamic Aspects of Inorganic Chemistry,Cambridge,153(1968).
[57] G. M. Begun,W. H. Fletchex,D. F. Smith,*J. Chem. Phys*.,42,2236(1965).
[58] M. Pasternak,T. Sonnino,*J. Chem. Phys*.,48,1997(1968);S. Bukshpan,C. Goldstein,J. Soriano,*et al*.,*ibid*.,51, 3976(1969).
[59] A. F. Wells,Structure Inorganic Chemistry,3rd ed.,Clarendon Press(1962).
[60] J. W. Mellor,A Comprehensive Treatise on Inorganic and Theoretical Chemistry,Vol. II,Longmans,1976 (1922).
[61] A. A. Опаловский *успехи Химии*,36,1673(1967).
[62] C. Lau,J. Passmore,*J. Fluorine Chem*.,6,77(1975).
[63] J.H. Simons,Fluorine Chemistry,Vol. IV,Academic(1965);J. Sheft,H. H. Hyman,J. Katz,*J. Amer Chem. Soc*.,75,5221(1953).
[64] T. Surles,L. A. Quarterman,L. Herbert, *et al*., *J. Fluorine Chem*.,3,453(1973/1974).
[65] A. G. Sharpe,Non-aqueous Solvent Systems,Ed by T. C. Waddington,Academic,285(1965).
[66] R. J. Gillespie,M. J. Morton,*Quart. Rev. Chem. Soc*.,25,553(1971).
[67] K. O. Christe,W. Sawodny,*Z. Anorg. Chem*.,374,306(1970).
[68] A. J. Edward,R. J. C. Sills,*J. Chem. Soc*.,(A),2697(1970).
[69] R. J. Elema,J. L. de Boer,A. Vos,*Acra Cryst*.,16. 243(1963).
[70] C. G. Vonk,E. H. Wiebenga,*Acta Cryst*.,12,859(1963).
[71] K. O. Christe,D. Pilipovich,*Inorg. Chem*.,8,391(1969).
[72] K. O. Christe,*Inorg. Chem*,11,1215(1972).
[73] F. O. Sladky,N. Bartlett,*J. Chem Soc*.,(A),2188(1969).
[74] G. R. Jones,R. D. Burbank,N. Bartlett,*Inorg. Chem*.,9,2264(1970).
[75] T. Surles,A. Perkins,A. I. Popov,*J. Inorg. Nucl. Chem*.,1,3561(1972).
[76] M. D. Lind,K. O. Christe,*Inorg. Chem*.,11,608(1972);H. Meinert,U. Gross,A. R. Grimmer, *Z. Chem*.,10,226 (1970).
[77] S. Bukshpan,J. Soriano,J. Shamir,*Chem. Phys. Lctt*.,4,241(1969).
[78] K. O. Christe,W. Sawodny,*Inorg. Chem*.,6,1783(1967);K. O. Christe,*ibid*.,9,2801(1970).
[79] J. F. Hon,K. O. Christe,*J. Chem. Phys*.,52,1960(1970);M,R. Barr,B. A. Dunell, *Can. J. Chem*.,48,895(1970).
[80] H. Meinert,*Z. Chem*.,7,41(1967).
[81] F. Nyman,H. L. Roberts,*J. Chem. Soc*.,3180(1962).
[82] J. J. Pitts,A. W. Jache,*Inorg. Chem*.,7,1661(1968).
[83] C. J. Schack,R. D. Wilson,*Inorg. Chem*.,9,311(1970).
[84] R. Veyre,M. Quenault,C. Eyraud,*Compt. Rend*.,278C,1480(1969);C. J. Schack,W. Maya,*J.Amer. Chem. Soc*.,91,2902(1969);D. E. Gould,L. R. Anderson,D. E. Young,W. B. Fox,*ibid*.,91,1310(1969);C. J. Schack,R. D. Wilson,J. S. Muirhead,S. N. Cohz,*ibid*.,91,2907(1969);D. E. Young,L. R. Anderson,W. B. Fox,*Inorg. Chem*.,2602(1970).
[85] L. Stein,*J. Amer. Chem. Soc*.,91,5396(1969).
[86] W. K. R. Musgrave,Advance in Fluorine Chemistry,Vol. 1 Butterworths,1(1960).
[87] T. Moeller,Inorganic Syntheses,Vol. 5,McGraw-Hill,167(1957).
[88] D. Peschanski,*Compt. Rend*.,230,85(1950).
[89] L. Stein,J. M. Nell,G. R. Alms,*Inorg. Chem*.,8,1779(1969).
[90] C. J. Adams,*Inorg. Nucl. Chem. Lett*.,10. 831(1974).
[91] A. I. Popov,E. H. Schmorr,*J. Amer. Chem. Soc*.,74,4672(1952).
[92] M. C. Sneed,J. L. Maynard,R. C. Brasted,Comprehensive Inorganic Chemistry,Vol. III,D. Van Nostrand, (1954).
[93] V. Gutmann,Inorganic Chemistry Series two,Vol. 3,Butterworths,177(1975).

[94] C. Long,D. A. Skoog,*Inorg. Chem.*,5,206(1966).

[95] V. Gutmann,Halogen Chemistry,Vol. I,Academic,29(1967);D. A. Johnson,Some Thermodynamic Aspects of Inorganic Chemistry,CombrIdge,59(1968).

[96] R. P. Bell,M. Pring,*J. Chem. Soc.*,(A),1607(1966).

[97] J. C. Evans,G. Y. S. Lo,*J. Chem. Phys*.,44,3638(1966).

[98] R. E. Rundle,*Acta Cryst*.,14,585(1961).

[99] G. J. Visser,A. Vos,*Acta Cryst*.,17,1336(1964).

[100] T. Migchelsen,A. Vos,*Acta Cryst*.,22,812(1967).

[101] G. L. Breneman,R. D. Willett,*Acta Cryst*.,23,467(1967); G. B. Carpenter,*Acra Cryst.*,20,330(1966).

[102] G. L. Breneman,R. D. Willett,*Acta Cryst*.,B25,1073(1969).

[103] T. Surles,H. H. Hyman,L. A. Quarterman,A. I. Popov,*Inorg. Chem*., 9, 2726 (1970); 10,611 (1971); *ibid*., 10, 913 (1971).

[104] K. O. Christe,C. J. Schack,*Inorg. Chem*.,9,1852(1970);9,2296(1970).

[105] W. B. Person,G. R. Auderson,J. N. Fordemwalt *et al*.,R. Forneris,*J. Chem. Phys*.,35,908(1961).

[106] R. M. Gavin,L. S. Bartell,*J. Chem Phys*.,48,2460(1968);48,2466(1968).

18.4 砹

4.1 砹的存在与制备[1—3]

砹的原子序数是 85，1940 年由 Corrson，Mackenzie 和 Segre 证实了它的存在. 砹的希腊文字意义是“不稳定”的意思，这是因为在自然界中没有稳定的存在形式. 虽然有微量存在的 ^{215}At，^{218}At 和 ^{219}At，但它们是由 ^{235}U 蜕变产生的. 因此，只在铀矿产地中才发现有微量砹，并且它们存在的时间很短. 砹的同位素中寿命最长的是 ^{210}At，其半衰期也只有 8.3 小时. 由于它们的数量少、寿命短，所以对它们的物理性质和化学性质的研究带来了很多困难.

已知的砹的同位素如表 18.106 所示[1, 2, 5, 6].

制取砹最方便的方法，是利用加速器使 α 粒子轰击铋，获得两个中子后变成 ^{211}At，即 ^{209}Bi(α，2n)^{211}At.

这里的 α 粒子需要有 21—26 MeV 的能量，如果能量高达 29MeV 时，则生成 ^{210}At，能量若增加到 60MeV，则生成 ^{209}At. 为了使生成砹时靶子的温度不致过高，需要采取冷却措施. 砹具有挥发性，故产生的砹可用蒸馏法把砹和铋分离. 在 300—600℃时，把靶子加热，然后将砹凝聚在冷的铂圆片上. 如蒸馏的温度过高，则得到的砹可能含有杂质铋和钋，故需要再次蒸馏提纯，最后用稀硝酸把砹洗至水溶液中.

α 粒子轰击铋时的变化过程为[7]

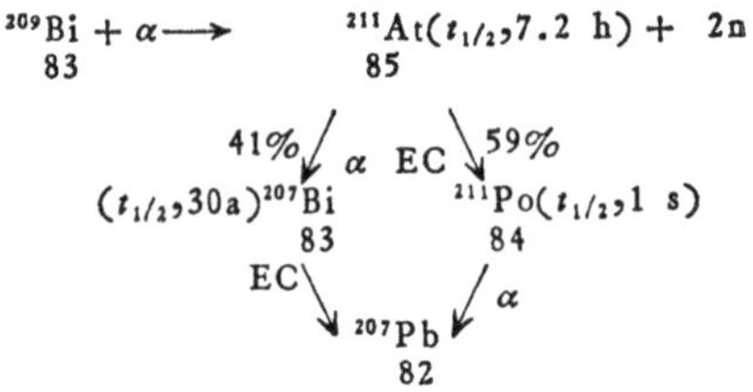

表 18.106　砹的同位素及其产生方法[5, 6]

同位素	半衰期	蜕变方式	产生方法
^{200}At	43 ± 5s	EC　α	Au+^{12}C
^{201}At	1.48 ± 0.05s	EC　α	Au+^{12}C
^{202}At	3.0 min	α (12%)，EC(88%)	Au+^{12}C
^{203}At	7.4 min	α (31%)，EC(69%)	Au+^{12}C
^{204}At	9.2 min	α (4.5%)，EC(95.5%)	Au+^{12}C
^{205}At	26.2 min	α (10%)，EC(90%)	Au+^{12}C Bi(α，8n)
^{206}At	29.4 min	α (0.9%)，EC(99.1%)	Au+^{12}C Bi(α，7n)
^{207}At	1.81 h	α (10%)，EC(90%)	Au+14N Bi(α，6n)
^{208}At	1.63 h	α (1%)，EC(99%)	Bi(α，5n)
^{209}At	5.41 h	α (4%)，EC(96%)	Bi(α，4n)
^{210}At	8.3 h	α (0.2%)，EC(99.8%)	Bi(α，3n)
^{211}At	7.21 h	α (42%)，EC(58%)	Bi(α，2n)
^{212}At	0.30 s	α	Bi(α, n)
^{212m}At	0.12 s	α	Bi(α, n)
^{213}At	0.11 μs	α	^{225}Pa 的次级产物. [^{222}Th(p，8n)^{225}Pa]
^{214}At	0.56 μs	α	^{226}Pa 的次级产物. [^{232}Th(p，7n)^{226}Pa]
^{215}At	100 μs	α	^{232}U 的次级产物.
^{216}At	300 μs	α	^{228}Pa 的次级产物. [^{232}Th(p，5n) ^{228}Pa]
^{217}At	32.3 μs	α	^{237}Np 的次级产物.
^{218}At	1.6 ε	α，β^-	^{238}U 的次级产物.
^{219}At	0.9 min	α(97%)，β^-(3%)	^{235}U 的次级产物.

EC 表示轨道电子俘获.

产生的砹也可用湿法提取. 即首先将铋靶溶解在硝酸中，然后把过量的硝酸蒸发，剩下来的液体加入盐酸使浓度为 8 mol · L^{-1}，最后用异丙醚萃取砹. 所得的醚萃取液用 8 mol · L^{-1} 盐酸和 1 mol · L^{-1} 硝酸清洗，再用 0.5 mol · L^{-1} 氢氧化钠溶液将砹反萃出来. 如果靶子为三氧化二铋，则用含有少量碘的高氯酸溶解靶子，溶解后加入磷酸盐使铋以磷酸铋的形式沉淀下来. 或用四氯化碳从高氯酸溶液中将碘和砹萃取出来，最后，用碱溶液将砹从四氯化碳溶液中反萃出来.

砹的生物化学性质与碘有相似的地方，在人体中积累在甲状腺内，与甲状腺中的蛋白质结合在一起. 还有一部分分布在人体的其他器官里. 如当人体把胶体砹摄取进去时，砹将积累在肝脏中.

4.2 单 质 砹[1—3]

砹最外层的电子组态与其他卤素相同为 s^2p^5. 因此，它可以获得一个电子成为负 1 价态. 在卤素中，砹的电负性最小，所以在性质上和碘更相似，可以失去电子而形成正氧化态化合物. 但是砹与碘不同，在 0 到+5 氧化态之间的中间价态是不稳定的. 下面是砹在 25℃和 0.1 mol · L^{-1} 酸中的电极电势，并列出了其他卤素的对应值作比较(单位：V).

$$At^- \xrightarrow{0.3} At^0 \xrightarrow{1.0} At^+ \xrightarrow{1.5} AtO_3^- \xrightarrow{>1.6} H_5AtO_6$$

$$I^- \xrightarrow{0.62} I_2(aq) \xrightarrow{1.31} HOI \xrightarrow{1.07} IO_3^- \xrightarrow{1.58} H_5IO_6$$

$$Br^- \xrightarrow{1.09} Br_2(aq) \xrightarrow{1.51} HOBr \xrightarrow{1.43} BrO_3^- \xrightarrow{1.68} BrO_4^-$$

$$Cl^- \xrightarrow{1.40} Cl_2(aq) \xrightarrow{1.54} HOCl \xrightarrow{1.35} ClO_3^- \xrightarrow{1.17} ClO_4^-$$

$$F^- \xrightarrow{2.87} F_2(g)$$

实际上砹与碘不同，碘可由 I^-变为 I_2，而 At^-只能变为 At^0. 由于使用和测定砹时其浓度都很小($c=1\times10^{-14}$ mol · L^{-1})，在这样的低浓度下，双原子形式的砹分子 At_2 是难以形成的.

砹有较大的挥发性，把铋靶蒸发时，即得到元素砹单体. 单体砹(At^0)也可以从正氧化态化合物中用还原的方法制得. 所用还原剂有 Fe^{2+}，I^-，VO^{2+}等. 也可以用氧化剂将 At^-氧化成 At^0. 常用氧化剂有 VO_2^+，Fe^{3+}，I_2 等.

砹难溶于水，故可使其从溶液中挥发出来. 它可溶于硝酸和硫酸中，溶解得到的酸性溶液能够用有机溶剂进行萃取. 但当溶液呈碱性时，则不易为有机溶剂萃取，利用此性质可把它从有机相中反萃出来. 砹能强烈地被金属表面吸附，在金和铂表面经 24h 仍不因挥发而受损失. 玻璃表面对砹的吸附性很弱，以致在室温下，砹的活性因挥发所产生的损耗比由蜕变所产生的还大. 一些金属对它有较大的选择性吸附，而铝、镍、铜和铋则吸附性很小. 砹对银有强的亲合势，因此，有砹存在时，如以锌还原银离子而产生金属银时，则所有的砹将与金属银化合.

单质砹是一个相当活泼的物质，在水溶液中有和其他卤素相似的作用

$$X_2 \rightleftharpoons 2X$$

或

$$X_2 \rightleftharpoons X^+ + X^-$$

$$X_2+H_2O \rightleftharpoons HOX+X^-+X^+$$

在低的浓度下，若砹的浓度逐渐减少时，平衡向右移动，它的活性也逐渐增加. 在水中极微量的有机杂质也能与砹产生作用，以致使砹生成有机砹化合物而损耗，这正是在研究砹的性质时，发现它的分配系数、共沉淀程度和吸附性质发生变化的原因. 与此相似，碘在很小浓度时，也有此不正常的性质，同样可能是生成有机碘化合物的结果.

4.3　砹的化合物[1–3]

砹和其他卤素一样，可以生成负一价态的化合物. 用锌在酸介质中还原砹时，即得到负一价态的砹. 此外 SO_2，$SnCl_2$，亚砷酸、亚铁氰化钾等都可以把砹还原为负一价离子. 但是 Fe^{2+}不能把砹还原为负一价态，At^-能与 AgI，TlI，PbI_2 或 PdI_2 生成共沉淀，这些沉淀用丙酮冲洗也不会损失其放射强度，而且用其他有机溶剂萃取也不能使 At^-萃出.

At^-与I^-相比较，它们通过半透膜的速度不同，I^-的扩散系数比 At^-大 1.42 倍. 用纸上电泳法作试验，I^-向阳极移动的速度要比 At^-大 1.21 倍.

较弱的氧化剂 I_2，Fe^{3+}和 VO_2^+在 $pH<5$ 时，或铁氰化钾在 $pH<3$ 时即可使 At^-氧化为 At^0.

在水溶液中，砹与碘作用能生成 AtI. AtI 与I^-能发生加成作用，产生 AtI_2^- 形式的化合物

$$AtI+I^- \rightleftharpoons AtI_2^-$$

其平衡常数为 2000. 由于 AtI 有极性，不易为非极性的苯或四氯化碳所萃取. 在四氯化碳和水相中，AtI 和 AtBr 的分配系数分别为

$$\frac{[AtI]_{CCl_4}}{[AtI]_{H_2O}}=5.5$$

$$\frac{[AtBr]_{CCl_4}}{[AtI]_{H_2O}}=0.040$$

即 AtBr 在四氯化碳和水相中的分配系数比 AtI 小. 因此，加入溴化物时，对砹的萃取有妨碍. 同样，若在 At–I_2–I 水溶液体系中，加入 Cl^-或 Br^-离子时，也会降低四氯化碳对砹的萃取作用. 这是由于产生了下列平衡

$$AtI + Cl^- \rightleftharpoons AtICl^- \ (K = 9)$$

$$AtI + Br^- \rightleftharpoons AtIBr^- \ (K = 120)$$

如果溶液中 I^-的浓度很小，则以上平衡变为

$$AtICl^- + Cl^- \rightleftharpoons AtCl_2^- + I^- \ (K=2\times10^{-4})$$

$$AtIBr^- + Br^- \rightleftharpoons AtBr_2^- + I^- \ (K=1.1\times10^{-3})$$

在 AtI 的稀酸溶液中，加入 IBr，Br^-，I_2 等物质时也会降低四氯化碳对砹的萃取作用，这是因为它们形成了极性更大的化合物之故

$$AtI + IBr \rightleftharpoons AtBr + I_2 \ (K=190)$$

$$AtBr + Br^- \rightleftharpoons AtBr_2^- \ (K=320)$$

AtI 与 I^-也可发生加成作用而生成 AtI_2^-. 如 AtI 与 CsI 和过量的 I_2 作用时，可生成 $CsAtI_2$. 因此，AtI 在溶液中能够由 CsI_3 共沉淀下来. 如把此共沉淀物滤出，并在空气中加热时，砹首先被挥发出来，然后 I_2 也被蒸出，CsI 最后残留下来.

含砹的多卤化物已能分离出来. 因砹的电负性较小，故砹都以中心离子形式析出. 表 108.107 列出各种卤素的三卤离子在形成时的生成常数 K 的值.

表 18.107　三卤离子的生成常数(21—25℃)

反　　应	$K(L\cdot mol^{-1})$
$Cl_2 + Cl^- \longrightarrow Cl_3^-$	0.12
$Br_2 + Cl^- \longrightarrow Br_2Cl^-$	1.4
$I_2 + Cl^- \longrightarrow I_2Cl^-$	3
$AtI + Cl^- \longrightarrow AtICl^-$	9
$Br_2 + Br^- \longrightarrow Br_3^-$	17
$IBr + Cl^- \longrightarrow IBrCl^-$	43
$AtI + Br^- \longrightarrow AtIBr^-$	120
$ICl + Cl^- \longrightarrow ICl_2^-$	170
$AtBr + Br^- \longrightarrow AtBr_2^-$	320
$IBr + Br^- \longrightarrow IBr_2^-$	440
$I_2 + I^- \longrightarrow I_3^-$	800
$AtI + I^- \longrightarrow AtI_2^-$	2000

在砹的 I_2–I^-溶液中加入 $AgNO_3$ 时，未发现 AtI 和 AgI 共沉淀出来，若加入

$Pb(IO_3)_2$，则所有的砹都能沉淀出，这说明 AtI 在有 Ag^+存在下被 I_2 氧化成 AtO_3^-，它与 $Pb(IO_3)_2$ 发生共晶沉淀的结果

$$5Ag^+ + AtI + 2I_2 + 3H_2O \longrightarrow AtO_3^- + 5AgI + 6H^+$$

用强的氧化剂氧化砹，也生成 AtO_3^-. 它能与 $AgIO_3$，$Ba(IO_3)_2$，$Pb(IO_3)_2$ 等产生共沉淀，而且与镧系氢氧化物也能产生共沉淀. 用更强的氧化剂如 Ce^{4+}或 $HClO_4$ 氧化砹时，生成的化合物不能与碘酸盐发生共沉淀，而是被氧化为 AtO_4^- 的形式. 这个现象与采用 XeF_2，$K_2S_2O_8$，KOCl 去氧化砹时得到的结果是一样的. 生成的产物在 pH 为 6 时，与 KIO_4 或 $CsIO_4$ 可发生共沉淀反应.

在砹的化合物中，+1 和+3 氧化态的砹尚未能确定. AtI 化合物中砹和碘是共价状态结合的，并未能分出 At^+离子. 在 Cl^-大量存在时，用氯氧化砹得到的产物，既不能为有机溶剂萃取，也不能与卤化物或卤酸盐发生共沉淀. 这种砹的中间氧化态虽然可用 VO_2^{2+} 和 VO_2^+ 混合物在光照下将 At^0 氧化而产生，或用 Fe^{2+}和 Fe^{3+} 混合物氧化产生，但在光源移去后，反应即又回复向反方向进行. 这些中间氧化态化合物，可能不是一种单一的氧化态. 若在氧化过的砹溶液中，用电极电解沉积砹时，在负极上即有含+1 价态的离子生成. 使溶液通过树脂时，它们被阳离子交换树脂所置换. 显示它们是相当于 At^+或 AtO^+形式的化合物. 而且在氧化过的砹溶液中，砹能在含氧化膜的铂极上沉积. 这种吸附在含有少量 Tl^+，Hg_2^{2+} 或 BiO^+ 离子时就被破坏. Cl^-离子也能阻止砹被吸附，这是由于砹与 Cl^-生成配位化合物或生成+3 价态的 AtO^+的缘故[8]. 即

$$At^+ + Cl^- \longrightarrow AtCl$$

$$AtCl + Cl^- \longrightarrow AtCl_2^-$$

或

$$AtO^+ + Cl^- \longrightarrow AtOCl$$

$$AtOCl + Cl^- \longrightarrow AtOCl_2^-$$

在 At^+被铂吸附后，不容易被浓硝酸或王水洗去，只有将铂阳极进行阳极极化处理时才可以除去.

4.4　砹的有机化合物[1, 2, 3]

进行砹的有机化合物的研究是十分困难的. Schats 和 Aten 制备了一些含吡啶

的砹盐，如 $At(py)_2ClO_4$，$At(py)_2NO_3$. 而 Nefedov 等合成了含苯的砹化合物 $C_6H_5AtCl_2$，$(C_6H_5)_2AtCl$ 和 $C_6H_5AtO_2$ 等. 此外砹苯的合成和烷基砹化合物的制备方法都已取得成功.

合成砹苯的方法有下面几种：

(1)用 At^-与$(C_6H_5)_2I \cdot I$ 混合在一起，在 50%乙醇中加热，然后在 175℃下分解

$$(C_6H_5)_2I \cdot I + At^- \longrightarrow (C_6H_5)_2IAt + I^-$$

$$(C_6H_5)_2IAt \xrightarrow{175℃} C_6H_5I + C_6H_5At$$

(2)使 AtI 溶解于碘苯中，经 γ 射线辐射使其发生反应

$$C_6H_5I + AtI \longrightarrow C_6H_5At + I_2$$

(3)将 AtI 与苯肼在含 I_2 及 I^-的水溶液中作用时，AtI 转变为 AtI_2^-，并发生如下反应

$$C_6H_5NHNH_2 + AtI_2^- + I_3^- \longrightarrow C_6H_5At + N_2 + 5I^- + 3H^+$$

(4)在水溶液中，将 $C_6H_5N_2Cl$ 与 At^-作用

$$C_6H_5N_2Cl + At^- \longrightarrow C_6H_5At + N_2 + Cl^-$$

(5)在 130—200℃时，用碘苯蒸气与吸附在硅藻土上的砹及 KI 作用

$$C_6H_5I + At^- \longrightarrow C_6H_5At + I^-$$

上述方法生成的砹苯，可用气相色谱法检出，由色谱性质可以估计出它的沸点约为 212 ± 2℃.

Samson 和 Aten 用相应的烷基碘化合物与 At^-作用，合成了一系列烷基砹化合物，并用气相色谱法测定了它们的沸点，除 CH_3At 外，它们的沸点值列于表 18.108 中.

表 18.108　烷基砹化合物的沸点

化合物	沸点(℃)
CH_3At	—
C_2H_5At	98 ± 2
n–C_3H_7At	123 ± 2
n–C_4H_9At	152 ± 3
n–$C_5H_{11}At$	176 ± 3
n–$C_6H_{13}At$	201 ± 2

砹和乙酸的化合物也已制得．用 ICH_2COOH 的水溶液与 At^-作用，生成 $AtCH_2COOH$．它的 pK_a值在温度为 0，22 和 27℃时分别为 3.78，3.70 和 3.73．而相应的碘醋酸的 pK_a值在 0 和 22℃时为 3.14 和 3.12．在水和乙醚中，$AtCH_2COOH$ 的分配比$[AtCH_2COOH]_{乙醚}/[AtCH_2COOH]_{水}$在 0，22 和 27℃时分别等于 1.72，1.41 和 1.23．总的来说，因为砹的性质极不稳定，所以对其化合物的研究还不多，今后还需进行更多的研究.

参 考 文 献

[1] J. C. Bailar,Jr. (ed.),Comprehensive Inorganic Chemistry,Vol. II,No. 26,Pergamon,1573 (1973).

[2] V. Gutmann,Inorganic Chemistry Series One,Vol. 3,Butterworths,181(1972).

[3] R. C. Brasted,Comprehensive Inorganic Chemistry,Vol. III,D. Van Nostrand(1954).

[4] R. Corson,K. R,Mackenzie,E. Segre. *Phys. Rev*.,58,672(1940).

[5] R. C. Weast,Handbook of Chemistry and Physics,66th. ed.,CRC Press(1985).

[6] E. K. Hyde,I. Perlman,G.T. Seaborg,The Nuclear Properties of Heavy Elements,Vol. II,1081(1964).

[7] E. Kelly,E. Segre,*Phys. Rev*.,75,999(1949);W. John,*Phys. Rev*.,103,704(1956).

[8] Ю. В. Норсеев, Чао Тао-Нань,В. А. Халкин,*Радио Химия*,8,497(1966).

19. 铜　分　族

19.1 铜

1.1 历　史

铜是人类知道得最早的金属之一，也是人类广泛使用的第一种金属．铜是如何被发现的以及什么时候被发现的，这在史前时代已经失传．估计在公元前三千年或更早些，人类已经开始使用铜，随后出现铜锡合金——青铜，由于青铜强度大，容易加工，成为铁器出现以前制造生产工具和武器的重要材料．广泛使用青铜工具推动了农业生产的发展，因而历史上把青铜占有重要地位的这一时期称为“青铜时代”，这大约包括了公元前 3000 年到公元前 1000 年左右的时期．

铜和它的合金青铜、黄铜等由于有光泽、抗腐蚀能力强和容易加工等性质，多少年来一直用于制造武器、货币、器皿以及用于雕刻和建筑．近代，特别是在发现了电以后，因为铜的优良导电与延展性能，使它广泛应用于电力、电器及机械工业．加入某些元素到铜中后，能显著改善铜的性能，目前已经制成了上千种的铜合金．

我国古代劳动人民很早就有了炼铜和铸造铜的知识．文献与考古实物研究表明，至少在四千多年前，中华民族的祖先就开始了炼铜，到三千多年前的殷代，炼铜技术达到了相当高的水平，铜器成为人们的重要生活资料．在铜合金方面，我们的祖先早就会制造铜镍合金(白铜)和铜锌合金(黄铜)，并且至迟公元二世纪前就已发现铁与铜的置换作用．在医药方面，很早就用某些铜的天然化合物来治病．

1.2 存在、矿物与矿石

在自然界铜的分布十分广泛．组成地壳的全部元素中，就目前而言，铜的蕴藏量居第二十二位．而其丰度虽不能与氧、硅和铁等元素相比，仍不失为一个丰产元素．

铜是许多矿物的成分之一．海水与不少河水中都含有铜，据分析，海水中含铜约为 $0.003\text{mg}\cdot\text{L}^{-1}$，而总量约为 $5\times10^{9}\text{t}$[1]．光谱分析也说明铜是太阳和其他星球气体层的组成元素之一．

在动植物的生命过程中，铜起着重要的作用．痕量铜是许多动植物正常生长必不可少的．铜在生物体中通常是作为氧化酶的辅基的组成部分(如抗坏血酸氧化酶，一元胺氧化酶，细胞色素氧化酶等)，含量约为 0.05%—0.35%．在生物体的氧化还原过程中，这些酶发挥着重要作用．在这一过程中，铜在 Cu(I)和 Cu(II)之间循环变化，它与蛋白质分子中的配位原子(如 O，S 或 N 原子)结合得很牢固. 硫化铜是植物生长过程中所需铜的主要来源之一. 铜在生物固氮、光合作用以及叶绿素的制造过程中均起着重要作用.

铜在血红蛋白(hemoglobin)的合成中有两方面的作用：作为酶的一部分参与卟啉(porphyrin)的合成以及使人体各含铁的部分中释放出所需要的铁，因此含铜不足会导致哺乳动物贫血. 人每天的食物中一般含铜 2—5mg，约高于正常需要量 2mg. 成人体内含铜约 100 至 500mg，其中肌肉约含 64mg，骨骼约含 23mg，肝脏约含 18mg，血液及脑中含量较少. 植物生长所需要的铜较少，例如，用含铜 0.02ppm 的营养液浇灌番茄已属足够，若增至 2ppm 则产生明显毒害. 硫酸铜是最先被用作杀菌剂的铜盐，由于对植物的叶子有害而使其用途受到限制. 波尔多液克服了这一缺点，但长期使用仍会使细菌产生抗铜力.

到目前为止已经发现 160 多种铜矿石. 铜的矿物有三类：一类是单质，另一类是含氧化合物，如氧化物，碳酸盐，硅酸盐等，第三类是含硫化合物. 有冶炼价值的铜矿石的分布列于表 19.1 中. 一些哺乳动物中的含铜蛋白质见表 19.2.

表 19.1　主要的含铜矿物

矿物	分子式和密度 $(g \cdot cm^{-3})$	注
黄铜矿(Chalcopyrite) (黄铜色)	$CuFeS_2$ 4.2—4.3	约占地球铜沉积的 50%
辉铜矿(Chalcocite) (铅灰色)	Cu_2S 5.5—5.8	
铜蓝(Covellite) (暗蓝色)	CuS 4.9—5.0	
斑铜矿(Bornite) (红至棕)	Cu_5FeS_4 4.9—5.4	
硫砷铜矿(Enargite) (暗灰至黑)	Cu_3AsS_4 4.43—4.45	
砷黝铜矿(Tennantite) (灰至黑)	$Cu_{12}As_4S_{13}$ 4.7—5.0	玻利维亚矿石中的铜有时被银置换达 50%
赤铜矿(Cuprite) (暗红)	Cu_2O 6.0	
黑铜矿(Tenorite) (黑或灰黑)	CuO 5.8—6.3	
孔雀石(Malachite) (亮绿)	$Cu_2CO_3(OH)_2$ 3.9—4.0	
蓝铜矿(Azurite) (深蓝)	$Cu_3(CO_3)_2(OH)_2$ 3.77	
水硫铜矿(Antlerite) (绿)	$Cu_3SO_4(OH)_4$ 3.39	
水胆矾(Brochantite) (绿至深绿)	$Cu_4SO_4(OH)_6$ 3.9	
氯铜矿(Atacamite) (绿)	$Cu_4Cl_2(OH)_2$ 3.75—3.77	
自然铜(Native Copper) (红)	Cu 8.8—8.9	有时可重达数百吨

我国是一个铜矿资源比较丰富的国家. 根据地质勘探的资料，我国的铜矿资源主要分布在云南、江西、甘肃等省区，除硫化矿和氧化矿外，还有其他一些矿种，这些资源在解放前大都未经探明，储量不清. 解放后，随着社会主义建设事业的发展，发现了不少新矿点，原有资源也逐步探明，它们必将在我国的四化建设中发挥越来越大的作用.

表 19.2 某些哺乳动物中的含铜蛋白质

蛋白质	来源	颜色	分子量	铜含量	
				%Cu	每分子中铜原子数
血浆铜蓝蛋白 (ceruloplasmin)	人血浆	深蓝	151 000	0.34	8
脑铜蛋白 I (cerebrocuprein I)	人脑	蓝绿	30 000—40 000	0.29	2
红血球铜蛋白 (erythrocuprein)	人的血红细胞	浅蓝绿	33 600	0.38	2
细胞血素 C 氧化酶 (cytochrome C oxidase)	牛心	—	93 000	0.07	—
肝铜蛋白 (hepatocuprein)	公牛肝	接近无色	—	0.34	—
血铜蛋白 (hemocuprein)	人的血红细胞及血浆	蓝	35 000	0.34	2
酪氨酸酶 (tyrosinase)	小鼠黑瘤	—	—	0.22—0.25	—

1.3 冶 炼

从矿石中提取金属铜，需要根据矿石种类的不同选择适当的冶炼方法.

氧化物矿石可以直接用碳还原，硫化物矿石的冶炼则需采用较为复杂的方法. 溶于稀硫酸的矿石可采用湿法冶炼，即先用稀硫酸浸取矿石，再电解浸取液使铜沉积.

碳还原法是将铜的氧化物、碳酸盐和硅酸盐等矿石与足量焦碳混合后装入高炉，同时装入一定量造渣物质如 CaO 和 FeO 等碱性物质，用足够大的速度把空气吹入高炉让焦碳燃烧，至温度升至使铜和炉渣熔化，此时碳酸铜分解为氧化铜和 CO_2 硅酸铜矿石则与碱性物质反应生成氧化铜和硅酸盐炉渣

$$xCuSiO_3 + yFeO + zCaO \longrightarrow xCuO + \underbrace{yFeO \cdot zCO \cdot xSiO_2}_{炉渣}$$

而焦碳或其部分燃烧产生的一氧化碳将氧化铜还原为金属铜

$$CuO + C \longrightarrow Cu + CO$$

$$CuO + CO \longrightarrow Cu + CO_2$$

熔化的铜与炉渣聚集于高炉底部，并可由此分离出铜．此法生产的铜杂质含量比较高．

硫化铜矿石的冶炼过程是比较复杂的．铜比铁对硫有更强的亲和力，矿石中的硫化铁在硫化铜(I)分解前转化为 FeO 以炉渣形式除去；Cu_2S 则与 Cu_2O 反应产生金属铜与二氧化硫．冶炼过程需要较长时间．低品位矿石冶炼前应予先富集，即先粉碎矿石，在球磨机中磨成粉状后加到含浮选剂的水中进行搅拌，借助浮选剂的起泡作用与憎水作用把含铜微粒聚集在浮选池上部的泡沫中．将浮选得到的硫化铜与二氧化硅混合加热至 325—800℃，除去水分、锑、砷和硫后，装入反射炉，用煤、煤气、石油或电力加热至约 1400—1450℃熔融(品位很高的矿石可不必预先浮选富集)，熔融物分为两层，上层为硅酸铁炉渣，下层为冰铜(混有硫化铁和氧化物的硫化铜(I))

$$2CuO + 2FeS_2 \longrightarrow Cu_2S + 2FeS + SO_2$$

$$Cu_2O + FeS \rightleftharpoons Cu_2S + FeO \quad K \sim 10^3—10^4$$

粗炼过程中，有大量铁进入渣内，虽然得到的产物含铜较高，但铜的损失率仍可达到矿石含铜量的 5%—15%．普通的反射炉每天可处理千吨左右的矿石．目前，经过改进的“闪速熔炼”(flash smelting)法是把细粉状矿石与空气或氧混合吹入炉内，矿石中的硫化物氧化时产生的热量足以使最后的产物冰铜和炉渣熔化．

液态冰铜与二氧化硅或硅铜矿石一起装入转炉并吹入加压空气时，温度升高至约 1220—1350℃，氧化铁形成了炉渣

$$2FeS + 3O_2 \longrightarrow 2FeO + 2SO_2 \quad (放热)$$

$$FeO + SiO_2 \longrightarrow 硅酸铁渣 \quad (放热)$$

造渣后，硫化铜(I)中的硫燃烧为二氧化硫

$$2Cu_2S + 3O_2 \longrightarrow 2Cu_2O + 2SO_2 \quad (放热)$$

$$2Cu_2O + Cu_2S \longrightarrow 6Cu + SO_2 \quad (放热)$$

转炉内熔融的铜一般铸成块状(称为“粗铜”)或电解精炼用的阳极，其纯度可达 98%—99%．

粗铜经纯制后得到精铜，常用的精炼方法有火法精炼和电解精炼．火法精炼时，用氧气饱和熔融的金属铜，使杂质成渣除去，用若干绿树棒搅拌熔融物(当树汁蒸发时能剧烈搅动熔融物并产生还原木炭)可把循环氧化中产生的氧化铜还原为铜，其纯度可达 99.95%—99.97%.

电解精炼(约占全部精铜产量的 85%)是把转炉熔炼产生的粗铜铸成阳极，悬挂在盛有稀硫酸和硫酸铜的电解槽中，并在阳极之间插入纯铜制成的阴极板——“起始板” (starting sheets)，电解时含杂质的阳极慢慢溶解，同时纯铜便沉积在阴极上．电解进行两周后，起始板可由原重 5 千克增至 100 多千克．电解精炼过程中，阳极中的许多杂质沉积在电解槽底部，称为阳极泥，含有金、银和铂系金属，是提取贵金属的重要原料.

大部分氧化铜矿石可用湿法进行冶炼，即用稀硫酸处理矿石，使含铜矿物溶解而与脉石分离，然后电解浸出液得到金属铜，也可以用金属铁置换溶液中的铜使之沉积．因上述反应是在水溶液中进行的，故称为湿法冶炼，也称为电解冶金法(electrowinning)，以区别于先经高温冶炼使铜还原为金属后再电解的电解精炼法(electrorefining).

采用区域精炼法处理电解铜可得到高纯铜.

1.4 元 素

表 19.3 列出了铜的十一种同位素，其中 ^{63}Cu 和 ^{65}Cu 无放射性，天然丰度分别为 69.09%和 30.91%．放射性同位素是在加速器或原子反应堆中用高能粒子进行轰击产生的.

表 19.3 铜的同位素

同位素	天然丰度(%)	质量	核自旋 $h/2\pi$	磁矩(在核磁子中)	半衰期	蜕变方式	热中子俘获截面(b)	可能合成的核反应
^{58}Cu					3.12s	β^+		
^{59}Cu			$\frac{3}{2}-$		82.0s	β^+		
^{60}Cu			2+	+1.219	23.2 min	β^+ EC		$^{60}Ni(p, n)$
^{61}Cu			$\frac{3}{2}-$	+2.14	3.41h	β^+ EC		$^{61}Ni(p, n)$
^{62}Cu			1+	−0.380	9.74min	β^+ EC		$^{63}Cu(n, 2n)$ $^{64}Zn(n, p)$
^{63}Cu	69.17	62.93959	$\frac{3}{2}-$	+2.223	稳定		4.47	

续表

同位素	天然丰度(%)	质量	核自旋 $h/2\pi$	磁矩(在核磁子中)	半衰期	蜕变方式	热中子俘获截面(b)	可能合成的核反应
^{64}Cu			1+	−0.217	12.701h	β^+ β^- EC		$^{65}Cu(n，2n)$ $^{64}Zn(n，p)$
^{65}Cu	30.83	64.92779	$\frac{3}{2}-$	+2.3817	稳定		2.17	
^{66}Cu			1+	+0.282	5.10min	β^-		$^{65}Cu(n，p)$ $^{66}Zn(n，p)$
^{67}Cu			$\frac{3}{2}-$		61.9h	β^-		Bi 裂变
^{68}Cu			1+		31s	β^-		

在铜的全部同位素中，仅有 ^{64}Cu 可用于示踪研究，其他的同位素半衰期不适合. ^{64}Cu 的半衰期为 12.9h，这一较短的半衰期也限制了它的医学代谢作用的研究. ^{64}Cu 有较高的放射性活度(activity)(1μg^{64}Cu 的活度与 1g Ra 的活度相等)，大剂量服用时对病人产生危害，但在研究固态铜的蒸气压时，这将有利于测定气相中的低浓度铜；^{64}Cu 还用于测量铜轴承合金的损耗和铜的自行扩散等. 非放射性的同位素 ^{63}Cu 和 ^{65}Cu 可用电磁法分离.

表 19.4 列出了铜的主要物理性质.

表 19.4 铜的物理性质

原子量	63.54
熔点(℃)(在真空中)	1083 ± 0.1
熔融时体积变化	+4.2%
熔化热(kJ · mol^{-1})	$\begin{cases}13.01\\12.88\end{cases}$
沸点(℃)	2595
蒸发热(kJ · mol^{-1})	304.63
液态铜的蒸气压(Pa)	
1.3×10^{-1}	1141—1142℃
1.3	1272—1273℃
1.3×10	1427—1432℃
1.3×10^{2}	1622—1628℃
1.3×10^{3}	1879℃
1.3×10^{4}	2207℃
5.3×10^{4}	2465℃
特鲁顿常数(Trouton Constant)	25.39
固态铜的蒸气压(987—1356K)	$\lg P(\mathrm{Pa})=\frac{-1.732\times10^{4}}{T}+11.25$

续表

升华热($J\cdot mol^{-1}$)	331.4 ± 6.7
比热($J\cdot g^{-1}\cdot K^{-1}$)	$C_p=0.3895+9.100\times10^{-5}T$($T$=100—600℃)
熵(退火纯铜)($J\cdot mol^{-1}\cdot K^{-1}$)	33.13 ± 0.17(298.15K)
密度(单晶)($g\cdot co^{-3}$)	8.95(20℃)
(液态)	$9.351—0.996\times10^{-3}T$($T$=1523—1923K)
电离热(eV)，第一	7.68
第二	20.34
第三	29.5
自扩散	D=0.468exp(—47，140/RT)cm^2/S(T=958—1335K)
Cu_2分子的离解能($kJ\cdot mol^{-1}$) (在Cu_2中键长，基态 221.9pm)	190.4 ± 9.2
晶体结构	面心立方 立方体边 360.78pm 最近距离接近 225.1pm
黏度($Pa\cdot s$)	1100℃ 4.5×10^{-3}
	1150℃ 4.2×10^{-3}
	1200℃ 3.9×10^{-3}
表面张力，在 1150℃($N\cdot cm^{-1}$)	1.104×10^{-2}
膨胀系数(25—300℃)	17.7×10^{-6}
电阻率($\mu\Omega\cdot cm$)	1.673/20℃
温度系数 $\alpha=4.3\times10^{-3}$	
$R_t=R[1+\alpha(t_1-t)]$	0—100℃范围
热导性(cgs 单位)	0.948/20℃
磁化率(cgs/g)	20°—0.086×10^{-6}
	300°—0.085×10^{-6}
	600°—0.082×10^{-6}
	900°—0.079×10^{-6}
	1080°—0.077×10^{-6}
	1090°—0.054×10^{-6}

磨光的铜呈红色，其互补色为光线透过很薄的铜片或熔融状态铜时所产生的绿色. 在常压和室温下，用电子衍射法研究清洁的金属铜表面，经过 45 分钟就得到氧化铜的衍射图案. 温度较高时，最初的氧化作用是形成氧化铜(I)核，从边缘部分开始直至覆盖整个表面，当氧化铜(I)膜厚度超过 400nm 时，开始生成氧化铜(II). 超过 324℃时，长出氧化物晶须. 氧化铜(I)在铜中的溶解度较大，以致在空气中测定的铜的熔点约下降了 20℃.

即使形成了氧化膜，含有硫化氢、二氧化硫或氯化氢的潮湿空气也能腐蚀铜，但铜不与 800℃以下的纯净水蒸气发生显著作用.

液态铜可进行高真空蒸馏，蒸气主要由气态原子所组成，光谱和质谱仪检测出少量 Cu_2 分子(含量约为 0.1%).

液态铜银合金或铜金合金的蒸气除含 Cu_2 和 M_2(M=Ag 或 Au)外，还含少量“混合”双原子分子 CuM. 这些分子的离解能 D_0° 分别为：Cu_2，190.4；Ag_2，153.6；

Au_2，214.2；CuAg，170.3；CuAu，228.1；AgAu，199.2 ± 9.2 kJ · mol^{-1}. 其中 Ag_2 的离解能最低，这与 d 轨道的有效键合有关. Cu_2 具有单一的 σ 基态而且键长较短(221.9pm)，根据研究 CuH 的数据估计，Cu—Gu 距离为 233pm. 与碱金属双原子分子相比，Cu_2 分子的键长明显缩短而键能增加，说明成键时发生了杂化作用，可能为 $d_{Z^2}s$ 杂化. 对固态铜，Cu_2 分子的稳定性较差，Cu_2(气态) ⟶ 2Cu(晶体) ΔH=−483.3kJ · mol^{-1}.

氨性醋酸铜(II)与肼混合后在水浴上加热至 90℃，可制得光亮的铜镜. 如果将表面十分清洁的玻璃制品放入此混合液中，玻璃表面将沉积一薄层铜，继之以电解则铜层加厚. 在高真空中用强电流使细铜丝迅速蒸发，或者从难熔金属如钨、钽制的细丝或网篮上电热蒸发铜，均可得到纯铜薄层. 还原很稀的铜盐溶液可以制备铜溶胶，它们的颜色可由红色到蓝色乃至绿色. 如果加连二硫酸钠到温热的稀硫酸铜溶液中，则生成很不稳定的红色铜溶胶，在室温下放置时立即凝聚. 如果在浸于水中的两根铜丝之间产生电弧，则生成胶体铜，X 射线研究证实是氧化铜.

可以用各种铜化合物的颜色制造蓝釉和彩色玻璃. 由各种含铜的酞菁衍生物制得了一系列亮度显著的颜料，它们对光、热和各种化学试剂均显出较高的稳定性，广泛使用于印刷、油墨、塑料等工业.

铜(II)盐与酞菁或邻苯二甲酸酐与脲的混合物一起加热至 250—300℃，可制得酞菁铜(II)，该化合物至少有 α 和 β 两种晶型，它们的基本物理性质差异较大. 在放置时 α–型易转变为 β–型. 把它与通常为一氯衍生物的单–4–取代酞菁铜(II)混合可使 α–型稳定. 如果酞菁铜(II)的卤化反应已超过一卤阶段，则产物的颜色由蓝到绿变化，直到 16 个氢中的 14 个被取代为止. 若最后再结合两个卤素原子(氯或溴)，颜色的深浅则不再变化. 酞菁铜(II)很稳定，超过 500℃才开始分解.

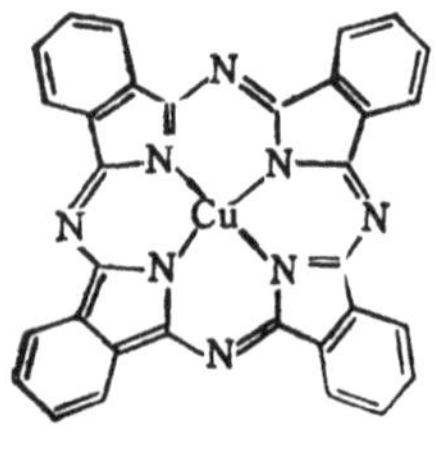

酞菁铜（II）

1.5　铜的化学性质

铜在周期系中是第 29 号元素，电子构型：$1s^22s^22p^63s^23p^63d^{10}4s^1$，根据这一构型似乎可以认为铜的化学性质应与碱金属特别是钾的性质相似，但事实却不然，因为与充满了的 p 电子层相比，充满了的 3d 电子层并不能屏蔽较外层的 s 电子使其不受核电荷的影响. 因此，铜的 s 电子远比碱金属的 s 电子结合得牢固，因而有较高的电离势(约为钾的两倍). 并且，Cu^+的离子半径较小，γ_{Cu^+} = 93pm，γ_{K^+} =133pm，γ_{Na^+} = 95pm，但是，钾的第二和第三电离势则远比铜高，

这说明 K^+的稀有气体电子构型的稳定性. 铜与碱金属的唯一相似之处是它们的一价化合物是反磁性的和无色的，当然，当共存阴离子本身为顺磁性或有色者除外.

铜的三种氧化态 0，+1 和+2 的相对稳定性受介质的影响很大，据计算，气相中的下列平衡有利于生成 Cu(I)

$$2Cu^+(\text{气态}) \rightleftharpoons Cu^{2+}(\text{气态}) + Cu^0(\text{晶体})$$

这是由于 $\Delta H = +872.3\text{kJ}\cdot\text{mol}^{-1}$. 但在晶体与溶液中，铜离子与介质的相互作用主要是静电作用，Cu(II)离子之间的相互作用能常常大于两个铜(I)离子之间的作用能，以致其稳定性与在气相时相反，如在水溶液中，Cu(II)和 Cu(I)的水化热分别为—2121.3kJ 和—581.6kJ，Cu(II)的这一水化热数值补偿了铜的较高的第二电离势，所以 Cu(II)离子在水溶液中是比较稳定的

$$2Cu^+_{aq} \rightleftharpoons Cu^{2+}_{aq} + Cu \quad K \sim 10^6$$

相反，在非络合性的溶剂如正丙醇、异丙醇、丙酮或硝基甲烷等非水溶剂中，Cu(II)离子的溶剂化能远比水溶液中低，故亚铜态是比较稳定的. 在对 Cu(I)和 Cu(II)亲和力不同的配位体存在时，*K* 值变化很大. 三乙胺与 Cu(I)的卤化物形成 1∶1 配合物，在–45℃时，三乙胺与氯化铜(II)形成黄绿色配合物 $CuCl_2\cdot 2Et_3N$，加热至 0℃时，分子内部因电子转移而变为 $CuCl\cdot NEt_3$. 包括吡啶在内的其他胺类，同样能使亚铜稳定. 金属铜可溶于铜氨配位离子的溶液中

$$[Cu(NH_3)_4]^{2+} + Cu \longrightarrow 2[Cu(NH_3)_2]^+_{\text{水溶液}}$$

用双齿配体如乙二胺与 Cu(II)和 Cu(I)反应，产物的稳定性恰与上述相反，Cu(II)形成 $Cu(H_2NCH_2CH_2NH_2)_2^{2+}$，它的特殊稳定性是由“螯合效应”产生的

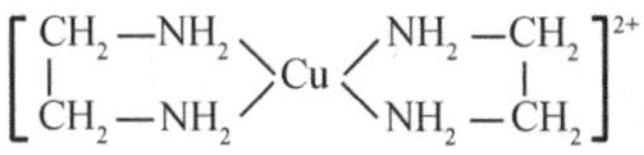

分子中的五元环增加了配合物的稳定性，使之比单齿配体的配合物要稳定. Cu(I)与乙二胺不生成稳定整合物. 可能是因为 Cu^+的离子半径较大，且为形成四面体型配位，需要 109.5°的键角代替 90°，因此，Cu(I)的乙二胺配合物的稳定性比 Cu(II)的要小. 由于长链二胺类与铜(II)不发生螯合，所以它们与一般的胺相似，使铜(I)趋于稳定，例如

$$2Cu^+ \rightleftharpoons Cu^{2+} + Cu^0$$

$$K(\text{乙二胺}) \cong 10^5$$
$$K(1,3-\text{丙二胺}) \cong 10^4$$
（以上两项：与Cu^{2+}螯合）
$$K(1,5-\text{戊二胺}) \cong 3\times10^{-2}$$
$$K(\text{氨}) \cong 2\times10^{-2}$$

Cu—X(X = 卤素离子)键的共价特征增加时，Cu(I)态变得较为稳定，当配体是可极化的或能接受铜的 d 轨道电子时，如在卤化铜(I)水溶液中，铜(I)的稳定性由氟至碘依次增加. 如果碘化铜(I)是一种完全离子性的物质，则由 Cu^{2+}/Cu^+和 $\frac{1}{2}I_2/I^-$ 的氧化电位，下述反应不应发生

$$Cu^{2+} + 2I^- \longrightarrow CuI + \frac{1}{2}I_2$$

然而，此反应实际上进行很完全，这是因为 CuI 的溶解度很小(0.42mg · L^{-1})，有利于平衡向右移动. 不可极化的高氯酸根离子不生成简单的铜(I)盐，但利用胺或腈与铜(I)形成配合物，即可得到高氯酸铜(I)的吡啶或腈配合物，组成为 $Cu(py)_2ClO_4$ 和 $Cu(CH_3CN)_4ClO_4$.

在生物化学过程中，蛋白质分子把 Cu(I)结合在适当位置而使之稳定.

表 19.5　与铜有关的一些氧化电位(V，水溶液)

$Cu \longrightarrow Cu^{2+} + 2e^-$	−0.337
$Cu \longrightarrow Cu^+ + e^-$	−0.521
$Cu^+ \longrightarrow Cu^{2+} + e^-$	−0.153
$Cu^{2+} \longrightarrow Cu^{3+} + e^-$	> −1.8
$Cu^{II}(OH)_2 \longrightarrow Cu^{III}O_2^- + H_2O + e^-$	> −0.8
$Cu + OH^- \longrightarrow Cu_2O + e^-$	+0.358
$Cu_2O \longrightarrow Cu(OH)_2 + e^-$	+0.08
$Cu + Cl^- \longrightarrow CuCl + e^-$	−0.137
$CuCl + Cl^- \longrightarrow CuCl_2 + e^-$	−0.538
$Cu + Br^- \longrightarrow CuBr + e^-$	−0.033
$CuBr + Br^- \longrightarrow CuBr_2 + e^-$	−0.640
$Cu + I^- \longrightarrow CuI + e^-$	+0.185
$CuI + I^- \longrightarrow CuI_2 + e^-$	−0.86
$Cu + 2NH_3 \longrightarrow Cu(HN_3)_2^+ + e^-$	+0.12
$Cu(NH_3)_2^+ + 2NH_3 \longrightarrow Cu(NH_3)_4^{2+} + e^-$	+0.01

续表

$Cu+\frac{1}{2}S^{2-} \longrightarrow Cu_2S+e^-$	+0.93
$Cu_2S \longrightarrow CuS+e^-$	+0.54
$Cu+2CN^- \longrightarrow Cu(CN)_2^-+e^-$	约+0.43
$Cu(CN)_2^- \longrightarrow Cu(CN)_2+e^-$	约-1.12

金属铜易溶于硝酸等氧化性酸，若无氧化剂或适宜配位试剂存在，则不溶于非氧化性酸. 如

$$3Cu+6H^+ + ClO_3^- \longrightarrow 3Cu^{2+} + Cl^- + 3H_2O$$

$$Cu+3S{=}C(NH_2)_2 + HCl \longrightarrow Cu^{(I)}(S=C(NH_2)_2)_3Cl+\frac{1}{2}H_2$$

如果生成的配合物稳定常数很大，铜甚至可溶于该络合剂的水溶液并产生氢气，如

$$Cu+4CN^- +2H_2O \longrightarrow [Cu^{(I)}(CN)_4]^{3-} + 2OH^- + H_2$$

有时，氧可促进金属铜的溶解

$$Cu+4NH_3 + \frac{1}{2}O_2 + H_2O \longrightarrow [Cu(NH_3)_4]^{2+} + 2OH^-$$

铜与浓硫酸的反应比较复杂，在高于 270℃时，生成硫酸铜与二氧化硫，温度较低时则有 Cu_2S 生成

$$5Cu+4H_2SO_4 \longrightarrow Cu_2S+3CuSO_4 + 4H_2O$$

卤素、卤素互化物、硒和硫均易侵蚀铜；硫化橡胶可使铜变黑. 室温下铜与四氧化二氮不发生反应，但在硝基甲烷、乙腈、乙醚或乙酸乙酯存在时，则生成硝酸铜(II)

$$Cu+2N_2O_4 \longrightarrow Cu(NO_3)_2 + 2NO$$

溶剂的作用可能是增加四氧化二氮的电离，促进了铜的溶解. 单独存在的四氧化二氮或冰醋酸并不与铜反应，但其混合物则可溶解铜并生成硝酸铜，如果其中的乙酸量大于 40mol%，则生成乙酸铜.

表 19.5 列出了铜的一些电极反应及其氧化势.

1.6 合　金

铜能与多种元素混合生成一千多种合金. 这些元素可以改善铜的性质，使之易于进行冷、热加工，并增加其抗疲劳和抗磨损强度. 主要的铜合金有：

黄铜——铜锌合金，含锌 5%—40%，容易加工，抗张强度、硬度和抗磨损能力均为中等，而抗侵蚀能力和导电性低于纯铜.

铅黄铜——黄铜中加入 0.5%—3%的铅后，改善了机械加工性能. 由于铅不溶于合金而倾向于聚集为小颗粒，使切削时产生的金属屑呈小片状而不是螺旋状，因而易于脱离切削工具.

锡黄铜——含锡可达 1%，含锌 30%—40%. 锡可使黄铜具有较强的抗侵蚀能力，常用于制造船舶的冷却管、推进器和舵等.

镍银——一种银白色的黄铜，含铜、锌和镍(55%—65%Gu，10%—18%Ni，17%—27%Zn)，用作镀银基体制造服饰和餐具. 此合金可以压延、锻造、抽线、铸造和熔接，具有较强的抗磨损与抗侵蚀能力.

磷青铜——于铜锡合金中(含 Sn1.25，5，8，或 10%)加入磷至含量达 0.35%，此合金弹性大，耐疲劳，抗腐蚀能力强，用于制造弹簧和膜片.

硅青铜——含硅 1.5%—3%，铜 95%—96%，以及少量 Pb，Sn，Zn，Mn，Fe，Ni 等金属，强度与软钢相似，抗侵蚀能力较强，用于制造螺栓和螺母、化工厂装腐蚀性溶液的设备以及锅、石油储槽和海底电缆等.

铝青铜与黄铜类——这类合金含铝达 5%—12%，有时还含锌与硅，是一种抗侵蚀性合金，强度、耐磨性和硬度均较优. 多用于制造食品精制工艺中输送热盐水等腐蚀性液体的设备.

铍铜合金——含铍约 2%，有较优的抗侵蚀能力和抗张强度，并有一定的抗疲劳与抗磨蚀能力，广泛用于需要高强度金属的部门，也用于制造不产生火花的工具.

磁性合金——铜是反磁性物质，室温时质量磁化率为-0.080×10^{-6}c.g.s · g^{-1}. 少数铜合金虽不合磁性金属，但仍具有强铁磁性. 典型含铜磁性合金如 Cu–Mn–A1 系，或者以 Sn，As，Sb，Bi，B 之一代替其中的铝.

1.7　铜(0)化合物与含铜–金属键化合物

铜(0)化合物迄今知道得很少，它们的简单单体一般是顺磁性的，铜原子的 4*s* 轨道上有一不成对电子. 仅有的一种化合物 $K_2CuC_{32}H_{16}N_8$ 是由钾在液氨中还原酞菁铜(II)制备的，它形成氨合物 $K_2CuC_{32}H_{16}N_8\cdot4NH_3$，并容易被氧化而复原为酞菁铜(II)，其磁矩为 1.7B.M.

由还原其他的铜化合物所生成的铜(0)配合物，在其经验式中的铜形式上是零价并经 Cu—Cu 键发生聚合

$$Cu(C\equiv CPh)_3^{2-}+Li\xrightarrow{\text{液氨}}\left[(PhC\equiv C)_3Cu_2(C\equiv CPh)_3\right]^{6-}$$
$$(Ph=-C_6H_5)$$

$$\left[(Ph)_3P\right]_3CuCl+N_2H_4\xrightarrow{\text{乙醇}}\left[(PPh_3)_2Cu\right]_2$$
$$\text{m.p.}160^\circ C$$

在真空中加热后一反磁性配合物时，失去一分子三苯基膦，得到四聚三苯膦铜，它可能是含一个铜原子的四面体簇

$$\left[(Ph_3P)_2Cu\right]_2\xrightarrow{200^\circ C}Ph_3P+\left[Ph_3PCu\right]_4$$
$$\text{m.p.}225^\circ C$$
$$\downarrow I_2\text{的 }CHCl_3\text{溶液}$$
$$\left[Ph_3PCuI\right]_4$$

用三卤配位体双(邻二甲胂苯基)甲基胂(triars)能从$(Ph_3P_4)_4Cu_2$ 中置换出三苯基膦而形成四配位化合物

$$\left[(Ph_3P)_2Cu\right]_2+\text{triars}\longrightarrow(\text{triars})Cu—Cu(\text{Triars})$$

各种金属卤化物与上述膦配合物反应，则得到含 Cu—Hg，Cu—Ag，Cu—Au 和 Cu—Sn 键化合物.

合成含铜—金属键配合物的方法是用碱金属盐或过渡金属氢化物处理卤化铜(I)或其配合物

$$Ph_3PCuCl+LiGePh_3\xrightarrow{PPh_3}Ph_3GeCu(PPh_3)_3$$

$$R_3MLi+CuX\xrightarrow[M=Si;Ge]{R=CH_3;Ph}R_3MCu\xrightarrow[M=Si]{\text{加热},R=Ph}Ph_3SiSiPh_3$$

$$(\text{triars})CuBr+NaMn(CO)_5\xrightarrow{THF}(\text{triars})CuMn(CO)_5$$

(THF：四氢呋喃；PPh_3：三苯膦；Ph：苯基)

(triars)：$[o\text{-}(CH_3)_2AsC_6H_4]_2AsCH_3$

$$(\text{triars})CuX+HMo(CO)_3\eta—C_5H_5\longrightarrow$$

$$(triars)Cu—Mo(CO)_3\eta—C_5H_5$$

其中铜锰配合物是反磁性的，含四面体配位铜，在空气中较稳定，铜—锰距离为 256 ± 1pm.

氯化(三苯膦)合铜(I)中的铜—氯键嵌入氯化亚锡后，形成含铜—锡键的不稳定配合物沉淀

$$[Ph_3P]_3CuCl+SnCl_2 \xrightarrow{Ph_3P} [Ph_3P]_3Cu—SnCl_3$$

1.8　铜(I)化合物

在 Cu(I)氧化态，3*d* 电子层已全充满，除了阴离子有色或由于电荷转移产生颜色外，Cu(I)化合物一般都呈白色而且呈现反磁性.

1.8.1　氢化铜(I)

氢化铜(I)可用次磷酸还原硫酸铜(II)制备，还原时沉淀出红棕色固体，主要成分是氢化铜(I)，但氢的含量可能不同，铜与氢之比约在 1∶0.65—0.97 之间，其他杂质主要是金属铜、氧化铜与水. 氢化铜(I)与用类似方法制备的氘化铜(I)都具有闪锌矿(Zns)结构，Cu—H 距离 173pm，最短的 Cu—Cu 距离为 289pm，而在金属铜中则为 256pm. 加热氢化铜(I)时失去氢，温度高于 105℃则发生爆炸. 在盐的水溶液、甲苯和甘油中，氢化铜(I)分解析出氢是一级反应，并被氢氧离子强烈催化，甚至在 NaOD-D_2O 中，也仍然产生 H_2.

在乙醚-吡啶中用氢化铝锂处理碘化铜(I)的吡啶溶液，制得无水氢化铜(I)，若再加乙醚于此血红色溶液中则沉淀出红棕色粉状氢化铜(I)，其中含不同量的 C_5H_5N，LiI 和 CuI. CuH 可用作还原剂，如

$$C_6H_5COCl+CuH \longrightarrow C_6H_5COH + CuCl$$

在高于 450℃时，氢能通过无氧铜扩散，扩散速度正比于氢气压力的平方根；如果温度较低，原子态氢与固态铜不会形成化合物，若高于 1400℃，氢与铜蒸气能形成 CuH 分子.

1.8.2　卤化铜(I)

至今未制得纯粹的氟化铜(I). 除氟化铜(I)呈红色外，其余三种卤化铜(I)均为无色反磁性化合物. 它们几乎不溶于水. 在常温下，氯化铜(I)、溴化铜(I)和碘化铜(I)的晶体均为闪锌矿结构，与铜原子配位的四个卤素原子构成四面体. 上述三

种卤化铜(I)分别加热至 407，385 和 369℃，则转变为纤锌矿结构，若分别加热 CuBr 和 CuI 至 470℃和 407℃，则两者进一步转变为立方型结构. 即使在高温下，三种卤化铜的蒸气中都含有相当数量的环状三聚体 Cu_3X_3，也发现有四聚氯化铜(I)存在. 早期的研究认为不存在二聚体. 如果将两种不同的卤化铜放在一起蒸发，则有混合多聚体离子产生，如 $Cu_4Br_3Cl^+$ 以及 $Cu_3Br_2Cl^+$.

(1) 氟化铜(I)

三氟化溴与氯化铜(I)反应时可能生成氟化铜(I)与氟化铜(II)的混合物. 熔融状氟化铜(II)在 900—1200℃时能慢慢放出氟，熔体及其蒸气中均含有氟化铜(I)分子

$$2CuF_2 \longrightarrow 2CuF + F_2$$

根据晶格能估计，氟化铜(I)为氯化钠型结构，Cu^+ 的半径为 96pm. 下列歧化反应热为 418.4J

$$2CuF \longrightarrow Cu + CuF_2$$

氟化铜(I)的生成热为 46.0kJ · mol^{-1}.

(2) 氯化铜(I)

在实验室中制备氯化铜(I)的简单方法是用铜粉还原氯化铜(II)的稀盐酸溶液

$$Cu^{2+} + 2Cl^- + Cu \longrightarrow 2CuCl\downarrow$$

其他还原剂如二氧化硫、氯化锡(II)、硫酸肼、次磷酸钠溶液、铝粉、锌粉、银粉以及许多有机化合物如丙酮和糖等均可还原氯化铜(II)水溶液为氯化铜(I). 高纯氯化铜(I)可用区域熔炼法制备. 乙酰氯与醋酸铜(II)反应得到氯合铜(I)酸盐，亦可用以制备高纯氯化铜(I)[2]. 此外，Topoi 还报道了制备高纯氯化铜(I)的其他方法[3].

在空气中用水洗涤氯化铜(I)至不含酸时，可部分氧化为氧化铜(I)和氯化铜(II)，部分水解为氯氧化物

$$4CuCl+4H_2O+O_2 \longrightarrow 3CuO \cdot CuCl_2 \cdot 3H_2O+2H^+ + 2Cl^-$$

氯化铜(I)在水中煮沸时也会分解为氧化铜(I)、铜和氯化铜(II)

$$4CuCl+H_2O \longrightarrow Cu_2O+Cu^{2+}+4Cl^-+Cu+2H^+$$

氯化铜(I)很难溶于水，但易溶于盐酸，由于形成配离子，溶解度随盐酸浓度增加而增大. 用水稀释氯化铜(I)的浓盐酸溶液则又析出氯化铜(I)沉淀. 已经制备

出 $NH_4(CuCl_2)$和 $K(CuCl_2)$等盐. 氯化铜(I)亦溶于氯化钾与氯化钠等氯化物的浓溶液，也溶于硫代硫酸钠和硫代硫酸铵溶液，并可由此溶液中析出组成相当于 $4(NH_4)_2S_2O_3 \cdot NH_4Cl \cdot CuCl$ 的复盐.

氯化铜(I)溶于氨水成无色溶液，由于 Cu(I)易氧化为铜(II)，溶液在空气中迅速变蓝，它也能溶于液氨并形成一系列氨合铜(I)氯化物，如 $2CuCl \cdot NH_3$，$2CuCl \cdot 3NH_3$ 和 $CuCl \cdot NH_3$.

氯化铜(I)的盐酸溶液能吸收 CO，PH_3，C_2H_2 和 O_2，氯化铜(I)过量时，吸收是定量的. 吸收 PH_3 得到 $CuCl \cdot PH_3$ 沉淀，与 C_2H_2 反应则生成爆炸性的棕色沉淀乙炔铜(I)Cu_2C_2. 吸收氧则生成 Cu_2OCl_2.

干燥的氯化铜(I)与硫化氢之间的局部反应是 S 置换了晶体中的 Cl，产物组成为 $Cu_{9.5}S_5$，氯化铜(I)与硒化氢的局部反应产物组成为 Cu_8Se_5.

2, 2′–联吡啶，$CuCl_2 \cdot 2H_2O$ 和 KCl 在含 CuCl 和 KCl 的酸性水–乙醇溶液中反应得到混合价化合物$[Cu^{II}(bipy)_2][Cu^{I}Cl_2]_2$，此黑色晶体由可离析的直线型离子 $CuCl_2^-$，三角双锥型的 $Cu^{II}(bipy)_2Cl$ 以及由 $Cu^{I}Cl_2$ 和 $Cu^{I}Cl_4^-$ 相互交错排列的无限链构成. 在可离析的 $Cu^{I}Cl_2^-$ 中，Cu—Cu = 209.1pm，由直线型 $Cu^{I}Cl_2$ 组成的链 Cu—Cu = 214.0pm，而 $Cu^{I}Cl_4^-$ 四面体中 Cu—Cu = 239.3，233.9，238.4pm[18]. [2–(二苯膦)乙基]二乙胺与氯化铜(II)在 THF 或 EtOH 中反应得到$[Ph_2P(O)(CH_2)_2NEt_2H]Cu^{I}Cl_2$ 或$[Ph_2P(CH_2)_2NEt_2H]Cu^{II}Cl_2$，两者均为抗磁性的，与 Cu^{I} 一致，其红外光谱中 ν_{Cu-Cl} 出现在 $408cm^{-1}$ 处. 前者含不连续的阳离子与 $Cu^{I}Cl_2^-$ 阴离子(P = O 基未参与配位)，直线型$[ClCuCl]^-$离子中 Cu—Cl = 209.0pm[4].

(3) 溴化铜(I)

金属铜与溴蒸气反应，生成溴化铜(I)和溴化铜(II)的混合物，如果铜是粉末状的，则反应在室温即可发生. 还原二价铜盐的水溶液也可制得溴化铜(I)，方法与制备氯化铜(I)类似.

溴化铜(I)极难溶于水，而易溶于氢溴酸、盐酸和氨水.

在氢溴酸溶液中，硫酸铁(II)还原溴化铜(I)为金属铜

$$2CuBr + 2Fe^{2+} \longrightarrow 2Cu + 2Br^- + 2Fe^{3+}$$

溴化铜(I)与气态氨反应生成几种不同的氨合铜(I)溴化物，即由 $CuBr \cdot NH_3$ 到 $CuBr \cdot 3NH_3$.

(4) 碘化铜(I)

在 300℃以上，碘化铜(I)晶体不再具有闪锌矿结构，Cu^+离子呈现出不规则分布，400℃以上则转变为六方晶系.

在碘蒸气中加热铜或铜与热浓氢碘酸反应均形成碘化铜(I)；碘化钾与氯化铜

(I)的盐酸溶液反应也生成碘化铜(I)沉淀；硫酸铜(II)与碘化钾反应形成碘化铜(I)沉淀和单质碘

$$Cu^{2+} + 2I^- \longrightarrow \frac{1}{2}I_2 + CuI\downarrow$$

此反应进行很完全，是滴定法测定铜的基础.

碘化铜(I)不溶于酸，因形成配合物而易溶于氨水、碘化钾溶液和氰化钾溶液，也溶于氯化铁(II)溶液而转变为氯化物并析出碘. 加热碘化铜(I)至约 200℃，空气中的氧将取代碘而生成氧化铜(II). 碘化铜(I)与氨反应生成氨合铜(I)碘化物如 $[Cu(NH_3)_3I]$.

表 19.6 列出了几种卤化铜(I)的物理性质.

表 19.6 卤化铜(I)的物理性质

性 质	CuCl	CuBr	CuI
熔点(℃)	430	483	588
沸点(℃)	1359	1345	1293
颜色	白	白	白
水中溶解度($mg \cdot L^{-1}$)，25℃	110	29	0.42
Cu(I)半径；在 Cu_3Cl_3 中 (在 Cu_2O 中约为 118pm)	117pm		
$-\Delta H_{298}$	135	104	67.8
$-\Delta S_{298}$	87.0	96.2	96.7
$-\Delta G_{300}$	117	101	79.5

1.8.3 氰化铜(I)

在加热条件下，把碱金属氰化物慢慢加到二价铜盐溶液中即形成白色颗粒状氰化铜(I)沉淀，如反应在室温进行，则得到絮状黄绿色沉淀，化学式可能为 $Cu[Cu(CN)_2]_2$ 和 $Cu[Cu(CN)_3]$. 后者常温下相当稳定，加热则分解为白色氰化铜(I)

$$Cu\left[Cu(CN)_3\right] \xrightarrow{\Delta} 2CuCN + \frac{1}{2}(CN)_2$$

制备氰化铜(I)的最好方法是把亚硫酸氢钠、氰化钾与硫酸铜(II)的混合物加热至 60℃，此法可以避免氰的生成. 氰化铜(I)为无色反磁性晶体，在 473℃熔融分解，它微溶于水($K_{sp} = 3.2 \times 10^{-20}$)，与氨、碘代甲烷和许多有机碱形成稳定加合物. 在过量氰离子存在下，因形成氰合铜(I)酸离子而使氰化铜(I)在水中溶解度大为增加.

1.8.4 氧化铜(I)

赤铜矿是一种天然氧化铜(I). 氧化铜(I)是反磁性化合物，1230℃熔化，熔化时与液态氧化铜(I)平衡的氧的蒸气压为 80Pa，而冷至 CuO-Cu_2O 低共熔点 1080℃时，氧的蒸气压为 53.6kPa. 在实验室中用葡萄糖等还原糖还原菲林溶液[Cu(II)的碱性酒石酸钾钠溶液，酒石酸钾钠使铜(II)保持在溶液中]来制备氧化铜(I)；在空气中加热铜时也形成氧化铜(I)；氧化铜(II)与金属铜一起加热，或用还原剂处理氧化铜(II)时，亦易形成氧化铜(I)；氧化铜(II)与碳、硫在 650—800℃的无氧气氛中加热也可生成氧化铜(I)，其纯度可达 98.5%. 人工合成的氧化铜(I)可能为黄色、橙色、红色或暗褐色，视其制备方法而定. 菲林溶液是检验糖类的灵敏试剂，一微克葡萄糖即可与之反应而生成红色溶液.

氧化铜(I)不溶于水，可部分溶于硫酸，稀硫酸溶解铜量的一半转变为硫酸铜(II)，其余变为不溶解的单质铜. 磷酸和极稀硝酸的作用与此相似. 亚硫酸与氢碘酸等还原性酸溶解氧化铜(I)生成相应的盐

$$Cu_2O+H_2SO_3 \longrightarrow Cu_2SO_3 + H_2O$$

氧化铜(I)溶于氨水形成无色铜(I)氨配合物溶液，也能溶于熔融状铜，但铜固化时，绝大部分氧化铜(I)又析出. 碱与氯化铜(I)反应形成黄色固体，可能是氧化铜(I)而不是氢氧化物，它的颜色与普通氧化铜(I)不同是由于颗粒大小不同所致.

1.8.5 硫化铜(I)

硫化铜(I)以辉铜矿的形式存在于自然界. 硫化铜(I)是一种黑色晶体，具有斜方晶格与萤石晶格两种，不溶于水，25℃时 K_{sp} 的计算值为 10^{-48}，熔点为 1130℃.

干燥的硫化氢在低于 400℃时与铜反应得到硫化铜(I)与硫化铜(II)的混合物；高于 400℃时则得到纯的硫化铜(I). 铜–硫体系的组成是比较复杂的，在不同条件下可得到 Cu_2S，$Gu_{1.96}S$，$Cu_{1.8}S$，GuS 和 GuS_2 等；实验室常用硫化氢或硫化铵与铜(I)溶液反应制备 Cu_2S 沉淀.

赤热 Cu_2S 与水蒸气反应生成铜、二氧化硫和氢

$$Cu_2S+2H_2O \longrightarrow 2Cu + SO_2 + 2H_2$$

在氢气中加热硫化铜(I)至 650℃能慢慢还原出铜，但不能为一氧化碳所还原.

氧化剂如硫酸铁(III)存在时，硫化铜(I)可溶于无机酸；铁(III)盐特别是铁(III)的硫酸盐和氯化物的中性溶液也可使之溶解；在空气中硫化铜(I)可部分溶于氨水生成氨配合物；硫化铜(I)也溶于氰化钾或氰化钠溶液，形成氰配合物

$$Cu_2S+4CN^- \longrightarrow 2\left[Cu(CN)_2\right]^- + S^{2-}$$

铜还可以生成其他的硫化物如 Cu_2S_6，Cu_2S_5，Cu_2S_3 等. 碱金属的五硫化物与

金属铜、氧化铜(II)等反应形成化合物 $MCuS_4$($M = NH_4$，K，Rb，Cs)，它们是 M^I—Cu^I 的四硫化物而不是硫代铜酸盐，并均为呈深红色无水物，其溶解度随碱金属原子量的增加而减小．它们的性质稳定，只有在加热时浓盐酸、硝酸和硫酸才能使其分解.

1.8.6 铜(I)的氮、磷、砷化合物

铜与氮在温度高达 900℃时仍不能发生反应；在 280℃，加热氟化铜(II)与氨可制得氮化铜(I)Cu_3N，室温下它在空气中是稳定的，真空中加热至 300℃则分解为铜与氮．晶体中 Cu—N 距离为 190pm，每个氮为六个铜原子所围绕．元素到化合物的生成热为 $+74.5 \pm 13kJ \cdot mol^{-1}$．氮化铜(I)溶于酸，生成铜(II)、铵盐并沉淀出金属铜．在液氨中用氨基钾处理硝酸铜(II)也能生成 Cu_3N，在真空加热得到绿色沉淀，可能是氨基铜(I)$CuNH_2$.

对于 Cu–P 与 Cu–As 体系的研究指出，有 Cu_3P，CuP_2 和 Cu_3As 存在．铜与磷在 1000℃反应可得 Cu_3P．上述化合物是金属性的和反磁性的．Cu_3P 与 Cu_3As 中，Cu—Gu 距离为 256pm，与金属铜一致.

(1) 叠氮化铜(I)

在叠氮化钠存在下，亚硫酸氢钾还原硫酸铜(II)产生白色叠氮化铜(I)沉淀；叠氮酸的水溶液与铜粉反应也得到同样的爆炸性产物．叠氮化铜(I)在 220℃着火，曝光时分解为单质，它是由多聚物构成的锯齿链组成的．加氰氨基钠(sodium cyanamide)于氯化铜(I)的氯化钾溶液中得到极不稳定的氰氨基铜(I)沉淀(cuprous cyanamide).

(2) 氨基铜(I)与膦化铜(I)

在液氨中，用氨基钾与硝酸铜(II)反应生成氨基铜(I)$CuNH_2$．用类似的方法可以制备氨基取代物和膦取代物

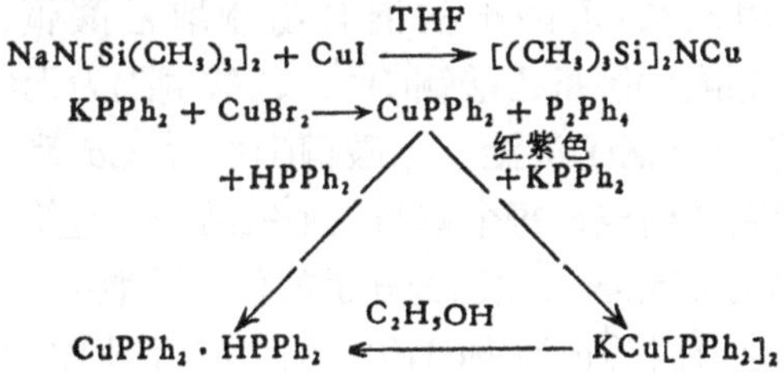

环已基代苯基可发生类似反应.

1.8.7 铜与硼

现已制备出含硼达 4%的铜合金．硼化物 CuB_{22} 也曾有人研究过．四氢硼酸锂

与氯化铜(II)或氯化铜(I)反应，生成四氢硼酸铜(I)$CuBH_4$，它在0℃分解为B，B_2H_6，H_2和CuH. 铜与四氟硼酸银或四氟硼酸铜(II)反应得到四氟硼酸铜(I)，其甲苯溶液无色，除去溶剂后则分解. 用类似方法能制备$CuPF_6$，$CuSO_3F$，Cu_2AsF_6，$CuNbF_6$以及$CuTaF_6$. 在乙腈中用铜粉与四氟硼酸铜(II)加热回流，可析出白色固体配合物$Cu(CH_3CN)_4BF_4$(熔点159—161℃)，它在溶液中极易电离. 铜也形成十氢十硼酸盐$CuB_{10}H_{10}$，铜原子与硼笼是共价结合. 每次少量地加四氢硼酸钠于硫酸铜(II)的酒精溶液中生成四氢硼酸双(三苯基膦)合铜.

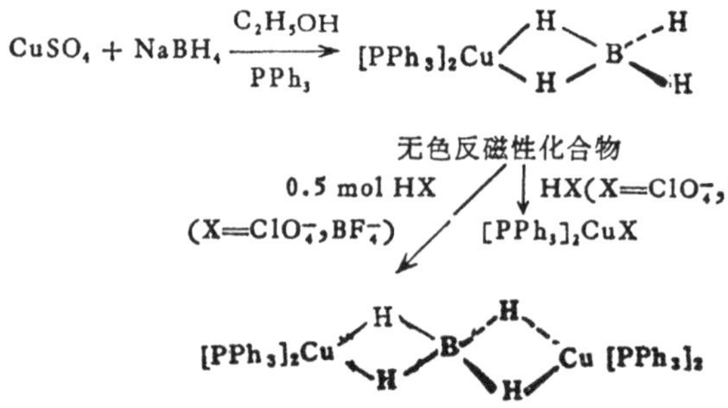

曾经有人论述过与上述配合物类似的八氢三硼酸配合物$[Cu(PPh_3)_2]B_3H_8$，并制备出含$B_9H_{12}S^-$，$B_9H_{14}^-$，$B_{10}H_{13}^-$以及$B_{11}H_{14}^-$离子的一系列铜配合物.

1.8.8 羧酸铜(I)

真空中加热分解羧酸铜(II)可得到相应的羧酸铜(I)；将氧化铜(I)溶于浓羧酸铵得到的配合物加热并加入羧酸，即可沉淀出白色羧酸铜(I). 甲酸铜(I)可由溶解氧化铜(I)于过量甲酸并在乙醇中沉淀进行制备，但应注意隔绝空气，其无色晶体在干燥时是稳定的，但易水解并立即析出氧化铜(I)；在真空中甲酸铜(I)于100—105℃升华并分解为铜、二氧化碳和氢；用甲酸或硫酸水溶液处理则转变为铜(II)盐和金属铜. 也能用乙酸-乙酸酐的混合物制取乙酸铜(I)，还可用水合肼($N_2H_4 \cdot H_2O$)还原乙酸铜(II)制备乙酸铜(I)[2]. 乙酸铜(I)为无色晶体，极易挥发，遇水立即水解为黄色氧化铜(I)沉淀. 乙酸铜(I)由含Cu和O桥的双核二聚的$Cu_2(OAC)_2$单元的无限链构成，每个铜与三个氧结合，且第二铜原子排列在畸变平面上. Cu—Cu距离为255.6pm，比已经知道的任何羧酸铜(II)中的该距离要短. 在非水溶剂中，用铜、水合肼等还原铜(II)化合物，或由铜(I)氧化物与羧酸在二甲苯或甲苯中反应可制备其他羧酸铜(I). 草酸与氧化铜(I)反应可制取草酸铜(I)，加热时由棕色逐渐转变为浅蓝绿色. 用铜或苯甲醛还原苯甲酸铜(II)得到苯甲酸铜(I).

1.8.9 硝酸铜(I)

至今尚未制成纯粹的硝酸铜(I). 如果有能使 Gu^+离子稳定的配位试剂的存在，则可制取铜(I)的硝酸盐，如 $Cu(CH_3CN)_4 \cdot NO_3$，$Cu(BDC)_2NO_3$，$Gu(HDC)_2NO_3$，$Gu(PDC)_2NO_3$，$Cu[PPh_3]_4 \cdot NO_3$，$Cu[SC(NH_2)_2]_4NO_3$ 以及 $Cu[PPh_3]_2NO_3$.

用类似方法还可使其他一些硝酸铜(I)配合物稳定，如用硫脲(tu)形成 $Cu(tu)_3NO_3$.

1.8.10 硫的含氧酸的铜(I)衍生物

亚硫酸铜(I)$Cu_2SO_3 \cdot H_2O$，由二氧化硫还原乙酸水溶液中的乙酸铜(II)制备，它是白色反磁性固体，与水接触时立即水解为铜、硫酸铜(II)和氧化铜(II). 混合亚硫酸盐有 NH_4CuSO_3 和 $NaCuSO_3 \cdot 6H_2O$ 等. 含有铜的两种不同氧化态的盐如 Chevreul 盐 $Cu_2SO_3 \cdot CuSO_3 \cdot 2H_2O$，与硫代酸盐配合物 $NaCuS_2O_3$，$Sr \cdot [CuS_2O_3]_2 \cdot 4H_2O$ 和 $Ba[GuS_2O_3]_2$ 类似，可以把这种含不同氧化态铜的盐表示为 $Gu^{II}[Cu^{I}SO_3]_2 \cdot 2H_2O$.

硫酸铜(I)Cu_2SO_4 为灰色无水物，如果溶液中没有能与 Cu(I)形成稳定配合物的配体，则难以离析出 Cu_2SO_4. 最早是用 Cu_2O 与硫酸甲酯或硫酸乙酯在 160℃反应制备 Cu_2SO_4，副产物为甲醚或乙醚. 浓硫酸与铜在 180—220℃反应也生成硫酸铜(I)

$$2Cu+2H_2SO_4 \longrightarrow Cu_2SO_4 + SO_2 + 2H_2O$$

此无色晶体在干燥空气中是稳定的，遇水气则立即分解为硫酸铜(II)、铜和氧化铜(II). 硫酸铜(I)能定量还原羟氨为氨.

1.8.11 卤酸铜(I)和高卤酸铜(I)

铜(I)只有在与适当的配体结合时，才能制备出稳定的卤酸铜(I)与高卤酸铜(I)化合物. 这些化合物中研究得最多的是高氯酸铜(I). 已经制得许多 CuL_4ClO_4 型配合物，如 L=RCN，$P(C_3H_5)_3$，$P(OCH_3)_3$，对$-C_6H_4[As(CH_3)_2]_2$ 等，同时，还制得了 $Cu[P(C_6H_5)_3]_4BrO_3$ 和 $Cu(NH_3)_2IO_3$ 等化合物.

1.8.12 有机铜(I)化合物

在有机铜(I)化合物中，铜(I)与碳形成 Cu—C 键的化合物有烷基铜，芳基铜，炔基铜，铜的烯配合物以及铜的羰基配合物等. 其中烷基铜不稳定，芳基铜比较稳定. 铜及其盐类在有机化学中有广泛用途.

(1) 烷基铜(I)和芳基铜(I)

卤化铜(I)与甲基锂在低温反应可制得甲基铜(I).

$$CH_3Li+CuI \xrightarrow[\text{乙醚}]{-15℃} CH_3Cu \xrightarrow{CH_3Li} LiCu(CH_3)_2$$

此外，在–60—–45℃的乙醇中用四甲基铅与一价或二价铜盐反应也可得到甲基铜. 它在空气中干燥时即爆炸，在沸腾的乙醚中则分解生成铜，甲烷和乙烷. 在–18℃的溶液中，碘化铜(I)与乙基镁反应得到含乙基铜(I)的绿色溶液. 乙基铜(I)极易分解[5]，其他稳定性差的烷基铜(I)可使之与膦配位而变得稳定.

苯基铜(I)是白色粉末状化合物，由溴化苯基镁与碘化铜(I)反应制备. 芳基铜(I)的 Cu—C 键中，有 π 电子和 σ 电子参与，因而比较稳定，如苯基铜(I)在 80℃以上才会分解[6]. 用类似的方法可以制备五氟代苯基铜(I)，这是一种比较稳定的四聚体.

在三乙基膦存在下，氧化铜(I)与环戊二烯反应生成 $C_5H_5 \cdot CuPEt_3$，这是一种熔点为 127—128℃的无色结晶，易与稀酸反应生成环戊二烯.

(2) 铜(I)的烯烃化合物

在 60—62atm 下，乙烯与固体氯化铜(I)反应形成 C_2H_4CuCl，在 0℃时它的离解压为 2.14 大气压，在 25℃则发生缓慢分解. 其他单烯类的铜化合物可用类似方法制备. 此外，也可在链烯溶液中，用三烷基膦还原氯化铜(II)制备. 各种氯化铜(I)的烯配合物稳定性不同，可借此进行分离. 丁二烯与氯化铜(I)或溴化铜(I)反应生成 1∶1 配合物

$$C_4H_6(\text{液体})+CuX \xrightarrow[1h]{10℃} C_4H_6CuX$$

它在空气中迅速分解并释出丁二烯. 降冰片二烯或多链烯(polyalkene)也能与铜形成晶状化合物，它们一般是多聚结构，如铜的环辛四烯配合物的结构是

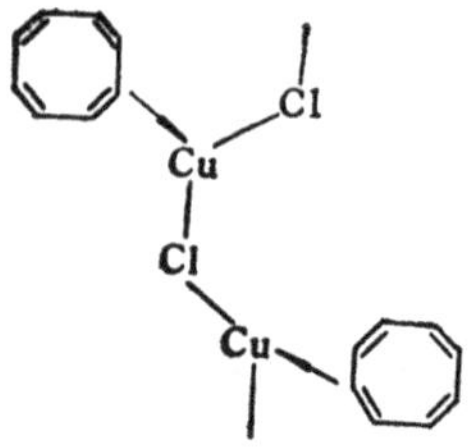

(3) 铜(I)的炔基化合物

铜(I)的乙炔化物可用碱金属的乙炔化物与卤化铜(I)反应制备，如

$$KC\equiv CR+CuX \longrightarrow CuC\equiv CR$$

$$(R=H，CH_3，t\text{-}C_4H_9，C_6H_5)$$

如果 KC≡CR 过量，则生成炔基铜盐

$$2KC\equiv CR+CuI\longrightarrow K[CuC\equiv CR]_2$$

$$(R=H，CH_3，C_6H_5)$$

$$3KC\equiv CR+CuI\longrightarrow K_2[CuC\equiv CR]_3$$

$$(R=H，CH_3)$$

另外，用含有 HC≡C—基的炔化物与铜(I)氨溶液反应，可以得到黄色或红色沉淀，结构可能是

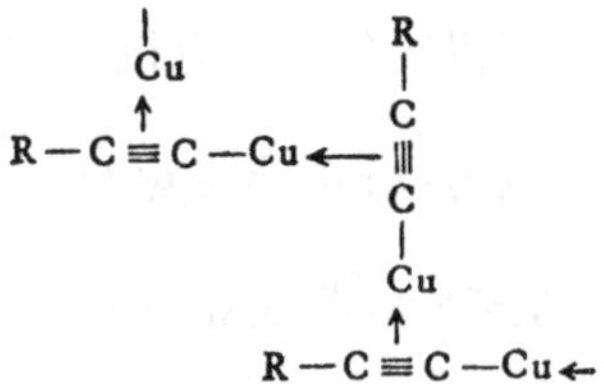

如将丙炔铜(I)溶解于三乙基膦的甲苯溶液，则得到$(Et_3PCuC\equiv CMe)_3$. 此外如将苯基乙炔铜(I)(phenyl ethynyl copper)溶于三甲基膦的苯溶液中，可得到黄色沉淀$[C_6H_5C\equiv CCuP(CH_3)_3]$，熔点为 116—117℃，在苯或硝基苯中为近似二聚体，结晶出的 $C_6H_5C\equiv CCuPPh_3$ 则为四聚体.

(4) 铜(I)的羰基配合物

氯化铜(I)的浓盐酸溶液吸收一氧化碳后形成$(CuClCO)_2$ 结晶，是卤桥连接的二聚体；一价铜的氨水溶液定量吸收一氧化碳后酸化也得到羰基化合物.

Cotton 等[6]合成了 η–$C_5H_5Cu(CO)$，[Cuen(CO)]Cl 和 $CuCl(CO)(Me_2N=CH_2)^+$ 等不稳定羰基配合物.

(5) 铜与铜盐在有机化学中的作用

铜及其盐类广泛用于有机合成反应，最著名的是 Ullmann 偶联反应

$$ArX\xrightarrow{Cu}ArAr$$

反应物中的 X=Cl，Br，I，Ar 为包括二茂铁在内的多种芳基和多氟芳基，如

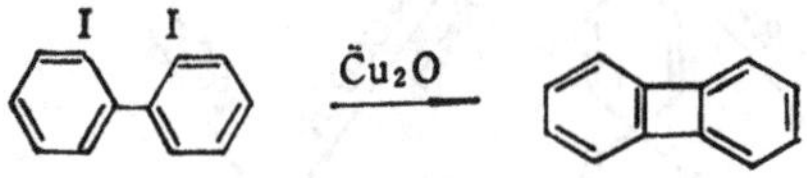

ArX 还能与 CuY 发生取代反应

$$ArX+CuY \longrightarrow ArY+CuX \left(X=卤素\right)$$

(Y=卤素，C≡CR，SR，SCN，CN)

一价铜也用于重氮盐(diazonium)的还原偶联反应

$$ArN_2^+ + Cu^+ \longrightarrow ArN=NAr+Cu^{2+}$$

$$ArN_2^+ + Cu^+ \longrightarrow ArAr+Cu^{2+}$$

若用二价铜氧化芳基格氏(Grignard)试剂则可得联苯

$$2C_6H_5MgBr+2Cu^{2+} \longrightarrow C_6H_5C_6H_5 + 2Cu^+ + 2MgBr^+$$

此外，也经常使用金属铜除去有机硫化物或有机硒化物中的硫或硒

$$ArSSAr \xrightarrow{Cu} ArAr$$

$$2Ar_2CS \xrightarrow{Cu} Ar_2C=CAr_2$$

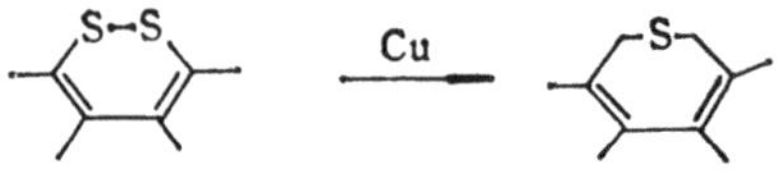

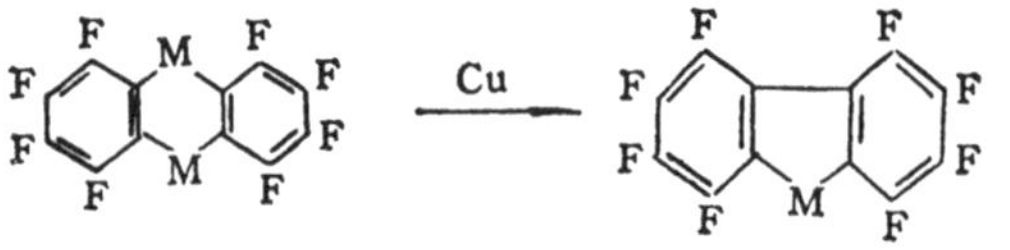

有机铜(I)化合物还能与其他一些试剂反应，由此可以合成一些有用的化合物，如

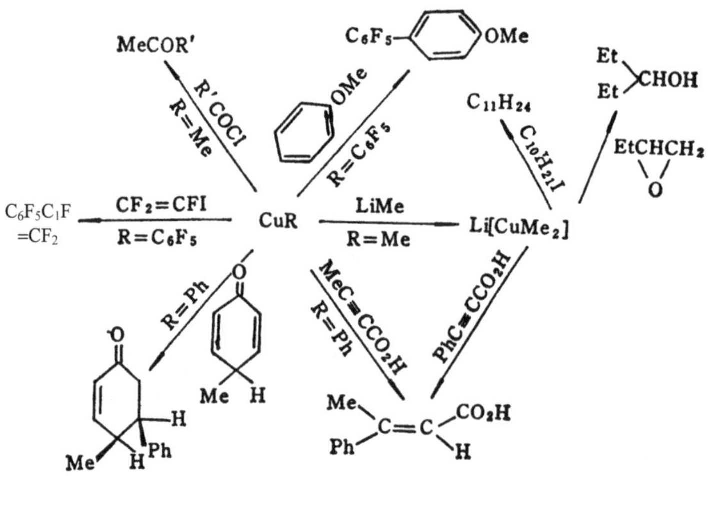

1.8.13 铜(I)配合物

大多数铜(I)配合物的配位数为 4(见表 7)，构型一般为四面体，此外也有少数配位数为 2 或 3 的铜(I)配合物.

在一般情况下，单体离子或分子中不存在配位数为 2 的铜(I)配合物，但在多聚单元固态铜(I)化合物中，配位数可以是 2，如氧化铜(I)，亚铬酸铜(I)和铁酸铜(I)中的铜原子均为直线型配位而与两个氧原子连接. 在近似于平面构型的二聚的重氮氨基苯铜(I)[diazoaminobenzene–copper(I)]中，由两个重氮氨基苯与呈直线配位的铜原子，形成一个八元环

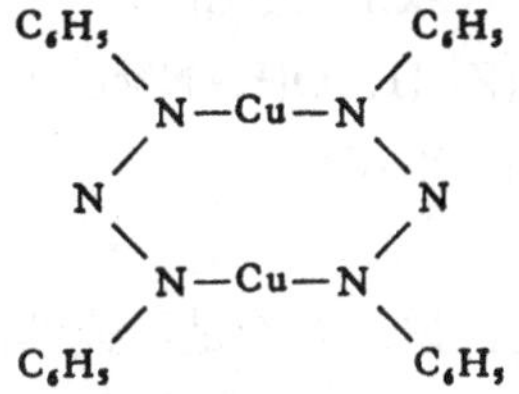

二氰合铜(I)酸钾 $KCu(CN)_2$ 中铜的配位数为 3，有螺旋多聚结构，每个铜原子除与两个氰基的碳原子结合外，还与邻近共平面排列的氰基氮原子相结合

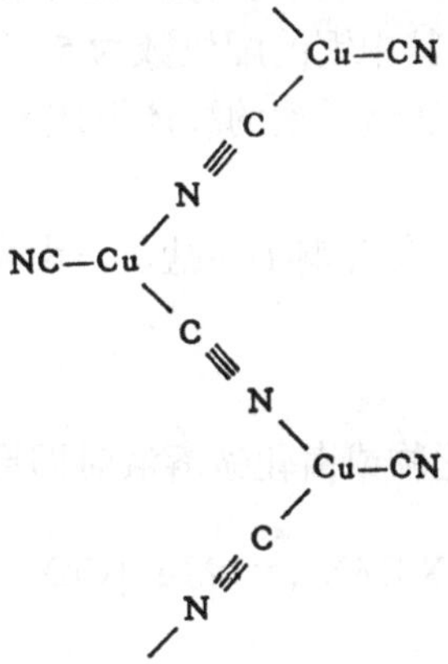

此外，配位数为 3 的配合物还有$[Cu(SPMe_3)_3]ClO_4$，$Cu[P(cy)_3]_2X$(cy=环己基，X=Cl 或 Br)，$Cu[P(cy)_3]X$(X=Cl，Br 或 I). 它们的结构为平面三角形，如$[Cu(SPMe_3)_3]^+$的结构为

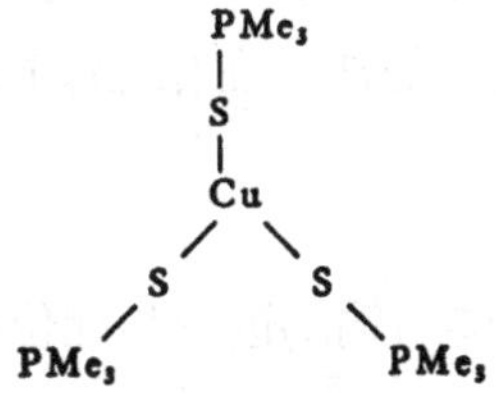

CuX 与 1，4–二氮杂丁二烯–[1，3]反应，也可得到配位数为 3 的配合物

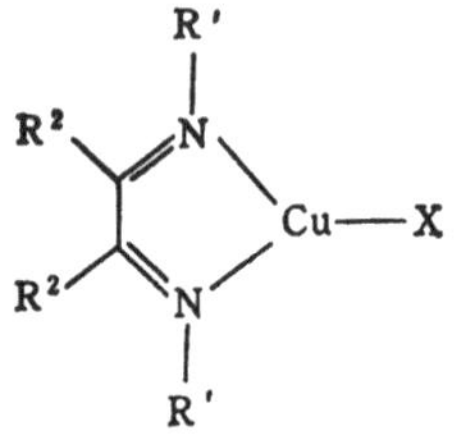

$R'=CMe_3$；　　$R^2=H$；X=Cl，Br，I 或 CN

$R'=$环己基；　　$R^2=H$；X=Cl，Br，I，CN 或 SCN

$R'=P—ZC_6H_4$；　　$R^2=H$；X=Cl，或 Br

(Z=H，OH，NMe_2 或 Me)

$R'=NMe_2$；　　$R^2=Me$；X=Cl

上述配合物均为深色单体.

如前所述，大多数铜(I)化合物，无论是不连续的离子、分子或晶体中的多聚结构，大都是四面体型的(见表 19.7)，配位数为 5 的情况也出现在少数铜(I)化合物中，如乙基胺与二氯合铜(I)乙基胺反应生成组成为 $C_2H_5NH_3CuCl_2 \cdot nC_2H_5NH_2$($n$=1，2 或 3)的配合物. Clifton[7]曾制得无色液体 $C_2H_5NH_3CuCl_2 \cdot 3C_2H_5NH_2$，其中铜的配位数为 5.

铜(I)能与含第 V，VI，VII 族元素的配体形成配合物，现概述于后.

(1)铜(I)的卤素配合物

铜(I)能与卤素离子生成二卤合铜(I)酸盐、三卤合铜(I)酸盐和多核阴离子，也能生成若干四卤合铜酸盐.

A. 二卤合铜(I)酸盐

卤化铜(I)溶于碱金属卤化物或卤化铵溶液时即形成这类化合物

$$CuX+MX' \rightleftharpoons M^+[CuXX']^-$$

盐酸乙醇溶液使平衡右移，更有利于生成二卤合铜(I)酸盐. 弱极性有机溶剂如二甲醚、磷酸三丁酯和环己酮等可萃取这类配合物. 用红外光谱与 Raman 光谱分析前两种溶剂中的萃取物，表明阴离子为中心对称直线构型.

多种阳离子如 NH_4^+、含氮有机碱阳离子、碱金属阳离子、铜(II)配位阳离子等均能与前述各阴离子生成可离析的盐. 在{$[N_6P_6(NMe_2)_{12}]$Cu(II)Cl}[Cu(I)Cl_2]中，阴离子为直线型.

B. 三卤合铜(I)酸盐

在多数情况下，卤素离子能与铜(I)进一步配位生成$[CuX_3]^{2-}$

$$[CuX_2]^- + X' \rightleftharpoons [CuX_2X']^{2-}$$

M_2CuX_3 为四面体结构.

C. 多核阴离子

卤合铜(I)的多核阴离子一般是氯合铜(I)酸盐，如 MCu_2X_3 和 $[Co(NH_3)_6]_4[Cu_5Cl_{16}]Cl$，前一化合物是由 CuX_4(X = 氯离子)四面体的双链组成，后一化合物则含$[Co(NH_3)_6]^{3+}$，Cl^-和 $Cu_5Cl_{16}^{11-}$ 离子，它们以 4 : 1 : 1 的比例组成，$Cu_5Cl_{16}^{11-}$ 离子由四个四面体构成，每个四面体与中心 Cu^+离子共用一个氯原子，形成四面体配位.

(2)含第 V 族原子单齿配体的配合物

这类配体(L)与铜(I)生成的配合物有 CuXL，$CuXL_2$ 和 $CuXL_4$ 等几种类型，在这些配合物中，铜(I)的配位数一般为 4.

A. CuXL

经 X 射线结构分析研究，$CuIAsEt_3$ 是四聚结构$[(GuIAsEt_3)_4]$. 在 $Cu_4I_4L_4$(L = R_3P，R_3As)中含三重桥键碘原子，它处在四面体的每一面上，且 L 又与各顶点的铜原子配位

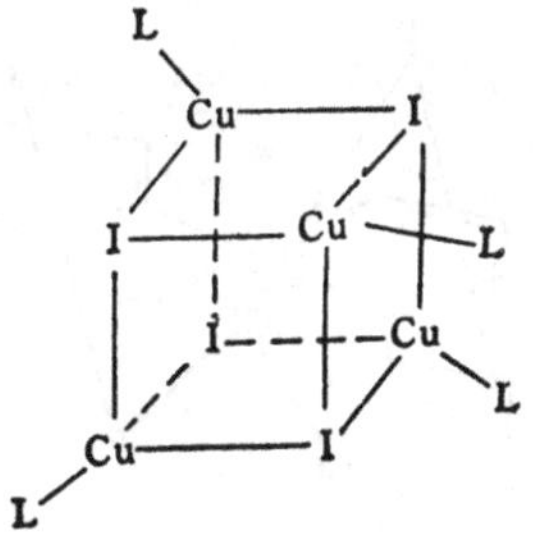

这一类型的其他配合物(见表 19.8)在溶液中也是四聚体，其结构与$[GuIAsEt_3]_4$相似.

氯化铜(I)与氢化三吡唑基硼酸钾在一氧化碳存在下，在 THF 或丙酮中反应形成 $CuCO[BH(PZ)_3]$(PZ = 吡唑基)

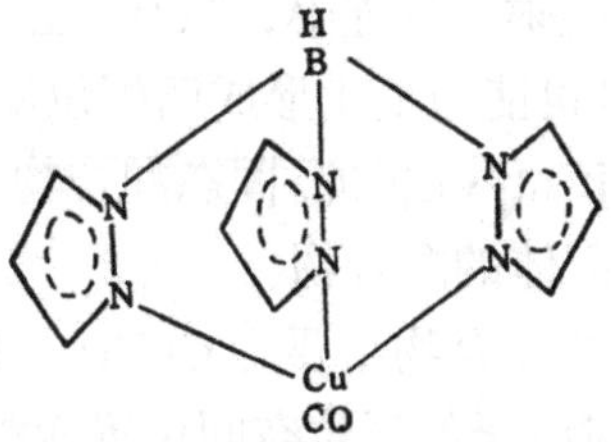

ν_{co}=2083 cm^{-1}，加热时脱羰为 $Cu_2[BH(PZ)_3]_2$，然后分解为 Cu 和 $Cu[HB(PZ)_3]_2$，许多配体可以置换 CO 得到 $Cu[HB(PZ)_3] \cdot L$(L=PPh_3，$PMePh_2$，$P(OMe)_3$，$\frac{1}{2}Ph_2PCH_2CH_2PPh_2$，$AsPh_3$，$SbPh_3$ 或 $Bu^t(NC)$)[8].

B. $CuXL_2$

这类卤配合物有两种类型：配体为胺时的卤桥二聚体

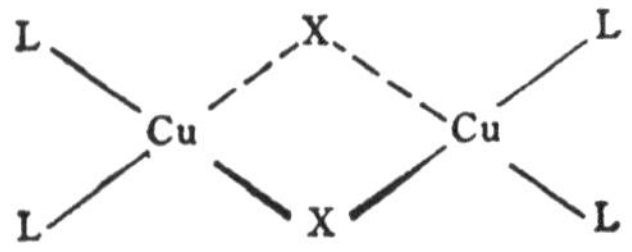

$L=NH(C_2H_5)_2$；$X=Cl$.

$L=H_2NR$；$X=Br$.

以及配体为膦时的离子型配合物，如$[CuL_4]CuX_2$($L=MePPh_2$，X=Cl，Br，I).

很多铜(I)盐与氨反应生成$Cu(NH_3)_2^+$，甚至氧化铜(I)也能溶于无水氨或氨水，并能从溶液中析出$Cu(NH_3)_2NO_3$，$Cu(NH_3)_2ClO_4$和$Cu(NH_3)_2IO_3$.

C.$CuXL_3$

叔膦或异氰化物会形成这类化学计量配合物. 它们在溶液中是单体，不导电，据推测含四配位铜. 属于这类配合物的有 $CuX[CH_3P(C_6H_5)_2]_3$(X=Cl，Br，I)；$CuI[p\text{-}RC_6H_5P(C_2H_5)_2]_3$($R=N(CH_3)_2$，$CF_3$)；$CuCl(CNR)_3$(R=芳基).

三配位的[Cu(PP)Cl]已经用混合 PP 的丙酮溶液与 $CuCl_2 \cdot 6H_2O$ 反应制备成功，这里 PP 是 2，11−双(二苯膦乙基)苯并菲，其中的铜原子与两个膦和一个氯配位[9].

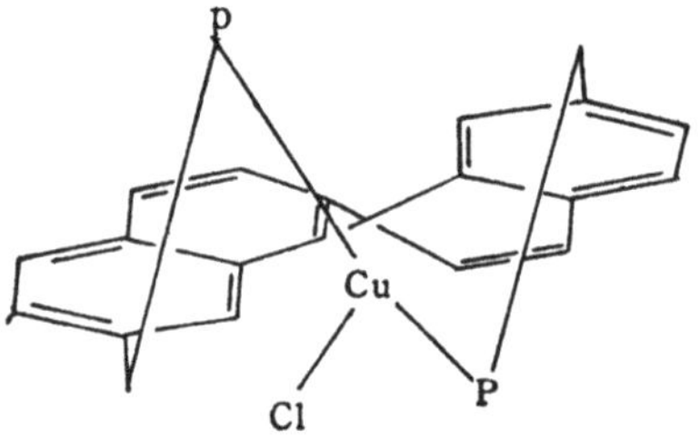

D. $CuXL_4$

这类化学计量铜(I)配合物中的铜(I)离子为四面体配位，即CuL_4^+，配体包括吡啶、氰根、异氰酸根、膦和磷酸酯(alkylphosphate)，阴离子则包括卤素离子、卤酸根或四氟硼酸根. 此外，喹啉，异喹啉，哌啶，正−丁胺，异−丁胺，苯胺，对−甲氧基苯胺，苄叉甲基胺等也能与铜(I)形成四配位配合物，例如在氮气氛中，高氯酸铜(I)与吡啶反应可得到$[Cu(py)_4]ClO_4$固态配合物.

(3) 含第 V 族原子双齿配体的配合物

双齿配位体与铜(I)形成的配合物主要为 CuX(L—L)$_2$型. 配合物的结构一般取决于配体类型，如果由于孤对电子的反位空间位置使配体不能与铜(I)形成螯合物，于是该配体在铜原子间起了桥联作用，从而使配合物成为多聚物，如戊二腈，己二腈和丁二腈等与铜(I)生成通式为 $CuNO_3(CNRCN)_2$ 的化合物就是这种类型. 肼或乙二胺也不易与铜(I)发生螯合，因此在配合物 $CuCN \cdot N_2H_4$ 中，肼分子桥联多聚的 CuCN 链成为一种无限折皱层，接着又构成“巢”状结构. 而在 $CuX(en)_2$ 配合物中，每个乙二胺分子仅由两个—NH_2 中的一个与铜键合，与 $(CuNH_3)_2^+$ 类似.

铜(I)与螯合配体生成的螯合物为离子型，结构如下

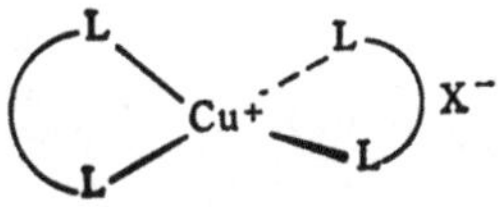

L—L=1，10–邻二氮杂菲衍生物

=2, 2′–联吡啶

=*o*–二乙基膦代苯基二甲胂

=1, 2-双(二甲基胂)代苯

=8–R 硫代喹啉(R=CH_3；C_6H_5)

铜(I)与一个螯合配体及两个非螯合配体形成如下的混合型配合物

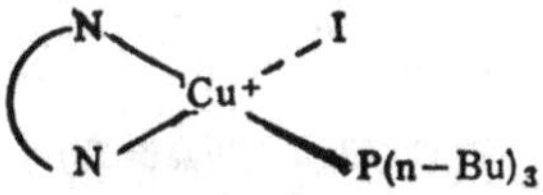

N—N=2, 2′–联吡啶

此外，氯化铜(I)或溴化铜(I)还能与三(*α*–吡咯基)膦等几何构型适宜的三齿配体形成配合物.

(4)含第 VI 族原子配体的配合物

表 19.7 含四面体型配位铜(I)的典型化合物[其中 Cu(I)的半径为 135pm]

单齿配位体	
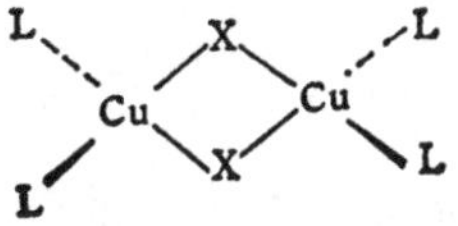	
$Cu(RCN)_4^+X^-$	X=ClO_4，BF_4，NO_3；R=CH_3
$Cu(py)^+ClO_4^-$	Py=吡啶
$Cu(RNC)_4^+X^-$	R=对–$CH_3C_6H_4$；X=Cl R=芳基；X=Cl
$Cu(PR_3)_4^+X^-$	R=C_6H_5；X=ClO_4，BrO_3，NO_3
	PR_3=$CH_3P(C_6H_5)_2$；X=1，ClO_4，NO_3，$CuCl_2$，$CuBr_2$，CuI_2.
$Cu[P(OC_2H_5)_3]_4^+X^-$	X=ClO_4
$Cu[phos]_4^+X^-$	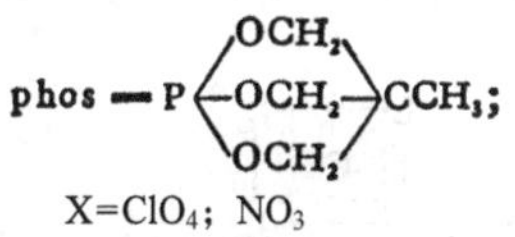 X=ClO_4；NO_3

续表

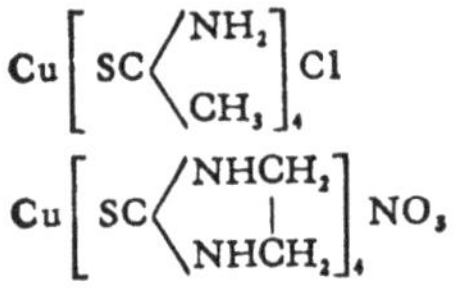	
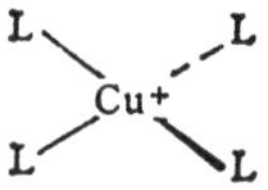	CuCl，CuBr，CuI (闪锌矿与纤锌矿结构的多聚物)
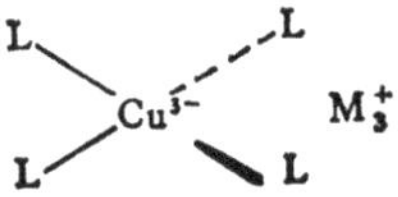	如在 $K_3Cu(CN)_4$ 中 L= $CuICl_3^{2-}$ 在 $\left[Cu_5^ICl_{16}\right]^{11-}$ 中(点群 *Td*)
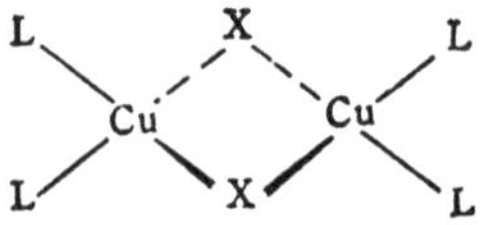 即$[L_2CuX]_2$	L=RNH_2，R_2NH X=Cl，Br，I
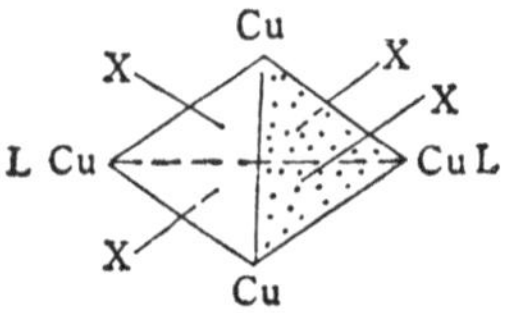 即$[LCuX]_4$	L=R_3As，R_3P； X=I，Br L=RNH_2；X=Cl，Br，I L=R_2NH；X=Cl
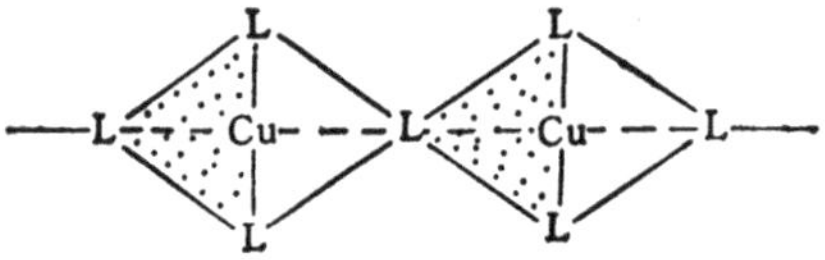	如在 K_2CuCl_3 中
一个 L 桥联：即四面体 CuL_4 的两个角被共享，链状聚合物	$(NH_4)_2CuCl_3$ $(NH_4)_2CuBr_3$
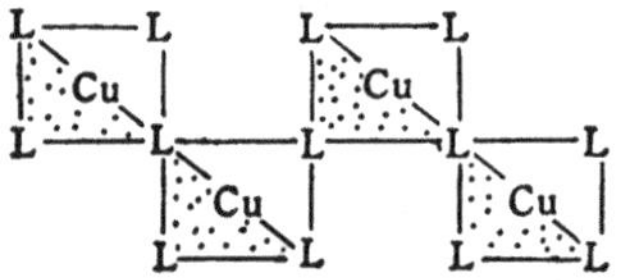 两个配位体桥联，两个不桥联，多聚体.	如在$(tu)_3CuCl$ 中

续表

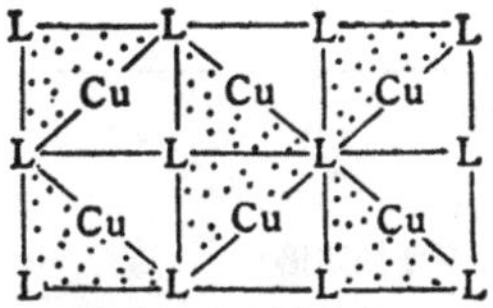 四面体的三条边被共享，双链多聚体	如在 $CsCu_2Cl_3$ $C_6H_5N_2Cu_2Br_3$ 中
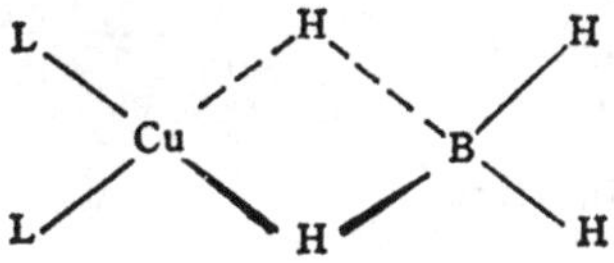	L=Ph_3P
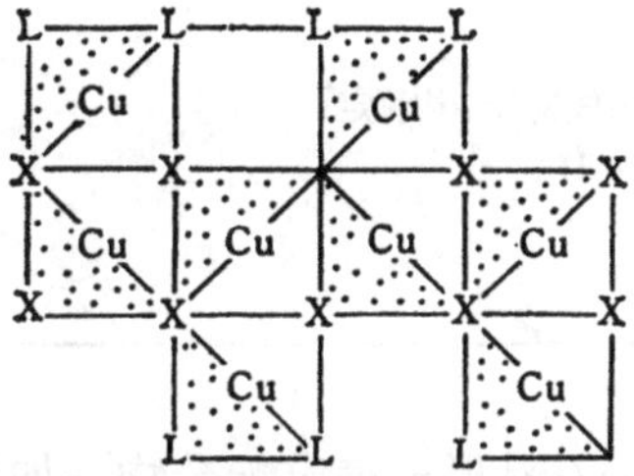 即$[LCuX]_n$ 有两种四面体存在：一种共享一个单一边；另一种共享三个边，多聚体.	L=MeNC；X=I
二齿配体 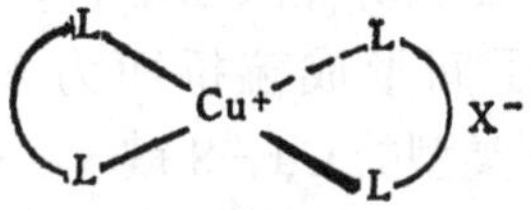	[1–二甲胂–2–甲基硫代苯]$_2$ CuX；X=Cl，Br，I，ClO_4，$CuCl_2$，$CuBr_2$，CuI_2 [1，2–双(二甲胂)苯]$_2$CuX X=ClO_4，Cl，Br，I [对–二乙膦苯基二乙胂]$_2$CuX； X=Cl，Br，I
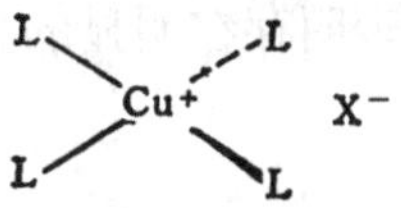	(1，5–环辛二烯 CuCl)$_2$
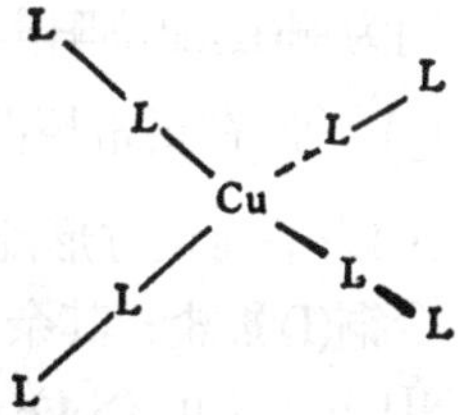 非螯合配体， 多聚物	$(PDC)_2CuNO_3$ $(HDC)_2CuNO_3$ $(BDC)_2CuNO_3$
多聚物的CuX链以二齿配位体连于片中	$MeN_2MeCu_2Cl_2$ N_2H_4CuCN

表 19.8　$[CuXL]_4$ 型的典型配合物

化合物	注　释
$[CuXNH_2R]_4$	X=Cl，Br，I；R=长链烷基 R=C_2H_5(Et)
$[CuClNH(C_2H_5)_2]_4$	由于形成配合物，在二乙基胺中 CuCl 的分子量增加四倍
$[CuBrN(CH_3)_3]_4$	
$[CuXN(C_2H_5)_3]_4$	稳定性：Cl > Br > I
$[CuXC_5H_5N]_n$	X=Cl，Br；太难溶以致无法获得可靠分子量
$[CuX(膦)]_4$	膦=PEt_3；X=Br，I 膦=PR_3；R=n–C_3H_7，n–C_4H_9，n–C_5H_{11}；X=I 膦=$PMePh_2$；X=Cl，Br，I 膦=对–$RC_6H_4P(CH_3)_2$，R=CF_3，NMe_2，H；X=I 膦=Me_2NPF_2；X=Cl，磷是配位原子
$[CuX(胂)]_4$	胂=$AsEt_3$；X=Br，I；碘化物经 X 射线进行结构测定 胂=AsR_3，R=n–C_3H_7，n–C_4H_9，n–C_5H_{11}
$[CuX(CNR)]_n$ $[CuX(NCR)]_n$	n 值与结构尚不清楚

在一般情况下，以氧为给予原子的配体与铜(I)不易形成稳定配合物，如用乙酰丙酮(acac)与碘化铜(I)反应得到的 Cu(acac)2 · $5NH_3$ 在真空中即分解为铜和 $Cu(acac)_2$.

铜(I)对硫比对氧有更强的亲和力，如铜(I)能与硫代乙酰胺、硫脲和硫脲衍生物(tu)形成多种稳定配合物. 在 CuX(tu)，$CuX(tu)_2$，$CuX(tu)_3$ 和 $Cu(tu)_4$ 这些化合物中铜只与硫原子键合. 在 $CuX(tu)_3$ 中，铜原子间形成硫桥而为多聚结构. $Cu_4(tu)_9(NO_3)_4$ 结构更为复杂，它至少含五种不同类型的 Cu—S 键.

固态二乙基二硫代氨基甲酸铜(I)$CuS_2CN(Et)_2$ 是一四聚体，铜原子在 $[CuS_2CNEt_2]_4$ 中为规则的四面体结构，较短的 Cu—Cu 距离表明存在明显的金属-金属之间的相互作用.

(5) 含两种不同氧化态铜的配合物

这类配合物的阴离子主要是二卤合铜(I)酸根，阳离子则为铜(II)配位阳离子，如 $Cu(NH_3)_4^{2+}$，$Cu[(C_6H_5)_2AsCH_3O]_4^{2+}$ 和 $Cu(H_2NC_2H_4NH_2)_2^{2+}$ 等. 在正常情况下，它们均呈深色. 在 $Cu(NH_3)_4(CuX_2)_2$(X = Cl，Br，I)中，铜(II)为平面正方形配位，而铜(I)与卤素则为四面体配位. 这类配合物不限于上述卤合铜(I)酸盐，其余还有 Chevreul′s 盐：$Cu^I_2SO_3 \cdot Cu^{II}SO_3 \cdot 2H_2O$，$Na_4Cu^{II}(NH_3)_4 \cdot Cu^I_2(S_2O_3)_4$ 和 $Cu^{II}L_4[Cu^I(CN)_2]_2$(L = NH_3 或乙二胺).

1.9 铜(II)化合物

Cu(II)的电子构型为 $1s^22s^22p^63s^23p^63d^9$，铜(II)离子的唯自旋磁矩应为1.73B.M，但由于自旋轨道偶合，常观察到较高的数值. Cu(II)的离子键或弱共价键化合物的磁矩室温时一般在 1.9—2.2B.M 之间；由于相邻铜原子间未成对电子的局部偶合，有的化合物具有较低的磁矩值(如羧酸铜). 铜(II)的配位数一般是 4 和 5，最常见的是 6. 第九个 3*d* 电子使八面体发生畸变——即 Jahn–Teller 效应，因而很少形成正八面体. 畸变作用使两个键伸长，导致产生四个短的和两个长的 Cu—X 距离(即 4+2 配位)，或两个短的和四个长的 Cu—X 距离(即 2+4 配位)，后一情况较为少见. 铜原子的 sp^3 杂化也能形成四配位，但在所研究过的例子中都发现了畸变.

1.9.1 卤化铜(II)

四种卤素的卤化铜(II)已制备成功，但碘化铜(II)迅速分解为碘化铜(I)和碘，如用 2, 2′ –联吡啶、氨、乙二胺或十二烷基胺与 Gu(II)配位形成 $Gu(NH_3)_4I_2$ 和 $Cu(DA)_2I_2$ 等，则可稳定碘化铜(II)而不致分解.

(1)氟化铜(II)

制备方法有多种. 用极少量氢氟酸水溶液溶解氧化铜(II)，蒸发至近干后冷却时形成蓝色 $CuF_2 \cdot 2H_2O$ 晶体；若在氟气流中加热此晶体至 500℃数小时，则形成白色无水氟化铜(II). 溶解氧化铜(II)或碳酸铜(II)于过量氢氟酸水溶液后于真空中蒸发，则得到大的浅蓝色单斜晶体 $GuF_2 \cdot 5HF \cdot 5H_2O$，此晶体在 400℃的氟化氢气流中脱水. 由三氟化氯在高温与铜反应，或于 400℃通氟化氢于氧化铜(II)均可制备无水氟化铜(II). 铜、碘化铜(I)、氧化铜(I)和氧化铜(II)之一与氟共热，或铜在无水氟化氢中加热至 500℃也可制备无水氟化铜(II).

氟化铜(II)缓慢溶于水，20℃时 100 克水可溶解 4.7g. 它是无色单斜或三斜晶体，熔点不明显，约为 950℃，此时部分分解为氟化铜(I)和氟. 第一 *d* 过渡周期金属的氟化物中，氟化铜(II)的 Cu—F 键是最弱的，因此它成为一种优良的高温氟化剂

$$5CuF_2 + 2Ta \longrightarrow 5Cu + 2TaF_5$$

$$CuF_2 + Mn \longrightarrow Cu + MnF_2$$

(2)氯化铜(II)

在空气中或氯化氢中加热二水合氯化铜(II)使之脱水，或用二氯亚砜处理二水合氯化铜(II)，均可制得棕色无水氯化铜(II)，熔点为 633℃. 干燥氯气与铜在

450℃反应得到相同的产物. 金属铜溶于王水后用盐酸蒸干几次得到二水合氯化铜(II)，将其溶液浓缩时得蓝色二水合物晶体. 氧化铜(II)或碳酸铜(II)溶于盐酸后蒸发也得到二水合氯化铜(II)晶体. 此水合物加热至 100℃以上则分解为黄色无水氯化铜(II)；若用五氧化二磷脱水，虽在室温此二水合物亦能分解为无水物.

无水氯化铜(II)则极易溶于水形成蓝绿色溶液，在浓盐酸中溶液因形成$[CuCl_4]^{2-}$等配离子而呈黄绿色，在氨溶液中因形成氨配合物而呈深蓝色，由氨溶液中可析出二氯化四氨合铜(II)$[Cu(NH_3)_4]Cl_2 \cdot 2H_2O$ 晶体. 无水氯化铜(II)易溶于无水甲醇和乙醇，高级醇、丙酮、乙醚和其他一些有机溶剂则可在不同程度上溶解无水氯化铜(II). 氯化铜(II)加热至 1000℃以上分解为氯化铜(I)，同时，加热时也能被氢、一氧化碳或碳化钙还原为金属铜.

(3) 溴化铜(II)

金属铜与溴水反应并于真空中干燥反应产物，得到黑玉色无水溴化铜(II). 在二氧化碳中通溴蒸气于热硫化铜(II)也能制得无水溴化铜(II). 它易溶于水、无机酸水溶液以及乙醇和丙酮等有机溶剂.

无水溴化铜(II)的晶体由如下链构成

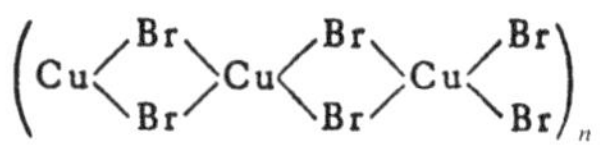

溴化铜(II)溶于氢溴酸形成深紫色溶液，其化学式可能是 $H[CuBr_3] \cdot 2H_2O$，它也容易形成氨合物.

(4)碱式卤化铜(II)

$Cu(OH)F$，$Cu(OH)Cl$，$Cu_2(OH)_3Cl$，$Cu_2(OH)_3Br$ 和 $Cu_2(OH)_3I$ 等碱式卤化铜已经分别制成. 天然的 $Cu_2(OH)_3Cl$ 广泛用于制造杀虫剂和杀菌剂. 无水氯化铜(II)与甲醇锂反应可制备多聚醇盐 $Gu(OCH_3)_2$ 和氯化醇盐 $Cu(OCH_3)Cl$

$$2LiOCH_3 + CuCl_2 \longrightarrow Cu(OCH_3)_2 \qquad (90\%)$$

$$LiOCH_3 + CuCl_2(\text{过量}) \longrightarrow Cu(OCH_3)Cl$$

它们的磁矩值较低，约为 1.07—1.68B.M.

(5) 卤合铜(II)酸盐

在水溶液和有机溶剂中，氟化铜(II)、氯化铜(II)和溴化铜(II)形成 Cu^{2+}和 CuX^+等阳离子，而在过量卤化物溶液中，当 $X = Cl$ 和 Br 时，则形成 CuX_2 和通式为 $CuX_n^{(n-2)-}$ 的卤合铜(II)酸根阴离子，如 $CuCl_2$，$[CuCl_3]^-$和$[CuCl_4]^{2-}$等离子. 熔融状态的碱金属氯化物中，主要含四面体型的四氯合铜(II)酸根阴离子. 溴化铜(II)与氯化三甲铵混合时，溶液中似有 $CuBrCl_3^{2-}$，$CuBr_2Cl_2^{2-}$ 和 $CuBr_3Cl^{2-}$ 等混合卤合铜(II)酸盐形成，表 19.9 汇集了若干例子. 有的研究工作认为不存在 $n = 5$ 或 $n = 6$

的氯合铜(II)酸盐或溴合铜(II)酸盐，过去认为五配位铜(II)配合物[$M^{III}(NH_3)_6$]$CuCl_5$实际上是$CuCl_4^{2-}$与 Cl^-的混合物. 但在某些固态配合物中，铜原子可能与周围的六个氯离子构成(4+2)畸变八面体.

固相卤合铜(II)酸盐的结构取决于组成它的卤素和阳离子的种类. $CsCuCl_3$(以及 $CsCuBr_3$)是多聚体，可能是共享相对面的畸变 $CuCl_2$ 八面体链；在 $LiCuCl_3·H_2O$，$KCuCl_3$，$(CH_3)_2NH_2CuCl_3$，NH_4CuCl_3和$KCuBr_3$中，则存在分立的平面型$Cu_2X_6^{2-}$离子. 在CuX_4^{2-}离子中，若X为Br，则大体积的Br^-离子使CuX_4^{2-}成为畸变四面体；若 X 为 Cl，则可能为平面正方形配位，也可为畸变四面体. K_2CuF_4 是(2+4)畸变八面体配位的例子. 根据光谱研究，在畸变四面体型$CuCl_4^{2-}$和$CuBr_4^{2-}$离子中，能量最高的铜的 3*d* 轨道是 dxy，由于有未成对电子，此轨道将发生 *d*–*d* 跃迁，计算说明未成对电子虽然主要是在金属的 3*d* 轨道内，但有时也会出现于 4*p* 轨道内和氯配体上.

对一定的配体而言，铜(II)配合物的颜色取决于配位作用的本质，由$Cu_2Cl_6^{2-}$离子构成的盐的二色性说明了这一点. 沿 Cu—Cu 方向用偏振光观察时，含此离子的单晶为红色，若垂直于此方向观察，则 $LiCuCl_3·2H_2O$ 和 $KCuCl_3$为黄色[铜为(4+2)八面体型配位]，$Me_2NH_2CuCl_3$为绿色(铜为四方锥型配位). $(M_eNH_3)_2·CuCl_4$和$(Me_2CHNH_3)_2CuCl_4$的热色性质(低温为黄色，高温为淡绿色)可能是由于低温时为(4+2)配位，高温时则为(4+1)配位.

表 19.9 列出了若干典型的卤合铜酸盐.

表 19.9 典型的卤合铜(II)酸盐

$CuX_n^{(n-2)-}$	X=F	X=Cl	X=Br
CuX_3^-	NH_4CuF_3	$LiCuCl_3·2H_2O$	$LiCuBr_3$
	$KCuF_3$	$KCuCl_3$	$KCuBr_3$
	$RbCuF_3$	$CsCuCl_3$	$CsCuBr_3$
		$(NH_4)CuCl_3$	
		$(CH_3)_2NH_2CuCl_3$	
CuX_4^{2-}	K_2CuF_4	Li_2CuCl_4	
(畸变八面体)	$(NH_4)_2CuF_4$	$(NH_4)_2CuCl_4$	
		$[C_2H_5NH_3]_2CuCl_4$	
		$Pt(NH_3)_4CuCl_4$	
CuX_4^{2-}		Li_2CuCl_4	Li_2CuBr_4
(畸变四面体)		Cs_2CuCl_4	Cs_2CuBr_4
		$[(CH_3)_4N]_2CuCl_4$	$[(CH_3)_4N]_2CuBr_4$
		$[(CH_3)_2NH_2]_2CuCl_4$	

表 19.10 列出了卤化铜(II)与某些卤合铜(II)酸盐的磁矩.

表 19.10　卤化铜(II)和几种卤合铜(II)酸盐的磁矩

化合物	磁矩(B. M.) (300K)，注释
CuF_2	1.4—1.5 } 在水合物中 Cu—F—Cu 距离较大，因而自旋偶合较小.
$CuF_2\cdot 2H_2O$	1.94 }
$KCuF_3$	1.38　抗铁磁性的；Neél Pt.　215°
$CuCl_2$	1.75　抗铁磁性，由于多聚物链间的相互作用，而不是经氯桥联.
$CuCl_2\cdot 2H_2O$	1.87
$KCuCl_3$	1.77　形成 $Cu_2Cl_6^{2-}$ 二聚物未导致抗磁性；NH_4CuCl_3 和 $LiCuCl_3\cdot 2H_2O$ 是相似的.
$CsCuCl_3$	1.95　基本上不随温度变化如 90K 为 1.93B.　M.
Cs_2CuCl_4	2.00　基本上不随温度变化，如在 90K 为 1.99B.　M.
$[(C_2H_5)_4N]_2CuCl_4$	1.93—2.00　温度无明显影响.
$[(C_2H_5)_4N]_2CuBr_4$	
$[C_5H_5NOCuCl_2]_2$	0.85　畸变四面体结构构成的二聚物，磁矩随温度迅速减小，因此不同于具有相同 Cu—Cu 距离的平面二聚体的磁性.
$CuBr_2$	1.31
KCu_2Br_3	在 $Cu_2Br_6^{2-}$ 二聚物中强自旋偶合，以及二聚物间抗铁磁性的交互作用.
$CsCuBr_3$	约为 0　与 $KCuBr_3$ 不是类质同晶盐，在 $Cu_2Br_6^{2-}$ 二聚物中电子完全偶合.
$[(C_2H_5)_4N]_2Cu(NCO)_4$	1.98
$[(C_2H_5)_4N]_2Cu(NCS)_4$	
$Cu[Hg(SCN)_4]$	1.83

1.9.2　氰化铜(II)、氰酸铜(II)与硫氰酸铜(II)

氰离子与铜(II)盐反应生成氰化铜(II)沉淀，因不稳定迅速分解为淡绿色产物，组成可能为 $Cu^{II}[Cu^{I}(CN)_2]_2$，加热则形成白色氰化铜(I). 如果氰离子过量，则出现紫色氰合铜(II)酸根 $Cu(CN)_4^{2-}$，因其在室温下易分解失氰，故存在时间很短

$$2Cu^{II}(CN)_4^{2-} \longrightarrow (CN)_2 + 2Cu^{I}(CN)_3^{2-}$$

在−70℃甲醇或水-甲醇中，紫色四氰合铜(II)酸根是很稳定的.

氨或乙二胺存在时，氰离子只能还原部分铜(II)为铜(I)，生成 $Cu^{II}(NH_3)_4[Cu^{I}(CN)_2]_2$ 或 $Cu^{II}(en)_2[Cu^{I}(CN)_2]_2$ 配合物. 光谱研究认为，在固态和浓溶液中的氰合铜(I)酸根离子可能通过氮原子使铜离子发生桥联.

虽然无法制得简单氰化铜(II)，但在二氮杂菲存在下可获得稳定配合物：$[Gu(phen)_2CN]Y\cdot nH_2O$($Y = Cl$，$Br$，$I$，$NO_3$，$ClO_4$，或$[Cu(phen)(CN)_2]^-$)，这些化合物的红外光谱与电子光谱证实其组成为含赤道氰基的三角双锥构型的铜. 此外，还制得平面正方形的$[Cu(phen)(CN)_2]$[10].

配合物 $Cu(C_5H_5N)_6(NCO)_2$ 经微热分解出吡啶，可制得暗绿色氰酸铜(II)；隔绝空气时，微酸性硫氰酸钾溶液与硫酸铜(II)溶液混合可沉淀出黑色硫氰酸铜(II)，

放置则分解为白色硫氰酸铜(I)，如果通入 SO_2 或加热溶液可加快还原反应

$$2Cu(SCN)_2 + H_2SO_3 + H_2O \longrightarrow 2CuSCN + 4H^+ + SO_4^{2-} + 2SCN^-$$

现在已制备出多种氰酸铜(II)、硫氰酸铜(II)和硒氰酸铜(II)的配合物. 最常用的方法是用相应的银盐、碱金属盐或钡盐与卤化铜(II)或硫酸铜(II)反应

$$Cu(AA)_2X_2 + 2NaSCN \longrightarrow [Cu(AA)_2](SCN)_2$$

$$Cu(AA)_2X_2 + 2KSeCN \longrightarrow [Cu(AA)_2](SeCN)_2$$

(X=卤离子；AA=乙二胺及其衍生物)

$$Cu(AA)_2SO_4 + Ba(SCN)_2 \longrightarrow BaSO_4\downarrow + [Cu(AA)_2](SCN)_2$$

$$[(C_2H_5)_4N]_2CuBr_4 + 4KSCN \longrightarrow [(C_2H_5)_4N]_2Cu(NCS)_4 + 4KBr$$

(异硫氰酸盐配合物)

$$[(C_2H_5)_4N]_2CuBr_4 + 4AgNCO \longrightarrow [(C_2H_5)_4N]_2Cu(NCO)_4 + 4AgBr$$

(异氰酸盐配合物)

四胺合铜(II)配合物与双(乙二胺)硫氰酸铜(II)配合物均为畸变八面体，其中四个氮原子处于赤道面上，轴向则是硫氰酸根的硫原子；在硫氰酸双吡啶合铜(II)中，铜原子为 NCS 基桥联，每个铜原子与硫氰酸根中的两个氮、两个硫以及联吡啶分子的氮原子相连，构成围绕铜的八面体. 在 $Cu(en)_2Hg(SCN)_4$ 晶体中，硫氰酸根桥联汞和铜.

多齿配体三(2-吡啶基)胺(TPA)和三(2-氨乙基)胺与硫氰酸铜(II)配位时，异硫氰酸根以 N 键合，硫氰酸根则以 S 键合，两种键合方式均与同一铜原子连接，因此，随着合成条件的不同，可析出 $Cu(TPA)(NCS)_2$(棕色)，Cu(TPA)(NCS)(SCN)(黄绿色)和 $Cu(TPA)(SCN)_2$(深绿色)三种不同的配合物.

1.9.3 氢氧化铜(II)与氧化铜(II)

一般用下述方法制备氢氧化铜(II)：加适量氨水于硫酸铜(II)溶液，使铜(II)离子保持在溶液中，继续加入与铜等化学剂量的强碱使之沉淀为氢氧化铜(II)，也可把上述溶液用硫酸干燥以除去氨，得到结晶状氢氧化铜(II)，而性质则不太活泼.

制备各种铜(II)盐的较好方法是先加碱于硫酸铜(II)溶液生成氢氧化铜(II)凝胶，再使之与相应的酸进行反应，碱过量时，氢氧化铜(II)凝胶因脱水而变黑，而凝胶稳定的原因则是因为生成了蓝色碱式硫酸铜(II). 缓慢加热无水氢氧化铜(II)则分解出氧化铜(II). 铜(II)离子水解的主要产物是由羟基桥联的多核离子 $Cu_n(OH)_{2n-2}^{2+}$，而不是 $CuOH^+$.

氢氧化铜(II)在室温下溶解度很小(溶度积为 5×10^{-19})，它有微弱的两性倾向，可溶于极浓的氢氧化钠或氢氧化钾形成蓝色溶液，加热更易溶解．许多有机化合物，如酒石酸、水杨酸、甘油与淀粉等能加速使新制备的氢氧化铜(II)沉淀溶解于碱金属的氢氧化物中．氨水溶解氢氧化铜(II)形成$[Cu(NH_3)_4]^{2+}$离子．氢氧化铜(II)的碱性溶液能溶解纤维素，该性质早已用于人造丝的生产．硫酸铜(II)溶液与石灰的混合物称为波尔多液，是一种杀菌剂，其主要成分为 $Cu(OH)_2 \cdot CuSO_4$.

氢氧化铜(II)的结构为多个羟基连接的铜原子所构成的无限链，链上的铜原子与另外的链上的两个氧原子上下相连构成畸变八面体.

黑铜矿属于天然氧化铜(II)．在空气或氧气中加热铜粉可制取氧化铜(II)．在同样条件下，加热铜块则生成氧化铜(I)与氧化铜(II)的混合物．把铜加热至 400—500℃后浸入酒精溶液中可除去铜表面氧化物，此时混合氧化铜也还原为金属铜．氢和一氧化碳也能还原氧化铜(II)．氢氧化铜(II)、硝酸铜(II)和碱式碳酸铜(II)受热分解均产生氧化铜(II)．碱与铜(II)盐同时加于沸水中则一步生成氧化铜(II)，是实验室中制备氧化铜(II)的有效方法．氧化铜(II)很难溶于水(约 $3 \times 10^{-5} g \cdot L^{-1}$)，但因形成羟基配离子而微溶于碱，氧化铜(II)也易溶解于无机酸和多种有机酸，但较难溶于氨水，如果有铵盐如氯化铵、硫酸铵、硫化铵或碳酸铵等存在，则较易溶解，如无氨水存在，也可溶于上述铵盐溶液.

强热氧化铜(II)则分解为氧化铜(I)．氧化铜(II)与氯、溴以及某些卤化物加热反应时的产物可能是碱式铜(II)盐，而与氟、三氟化氯和三氟化溴反应则析出氧并转变为氟化铜(II).

过氧化氢与碱性铜(II)盐溶液反应生成极不稳定的暗棕色沉淀，可能是过氧化铜(II)，如有柠檬酸根离子存在则无过氧化物沉淀，此时溶液呈深棕色，从此溶液中慢慢放出氧并转变为原来的淡蓝色．氢氧化铜经强烈氧化产生铜(III)化合物，组成可能为 $CuO \cdot OH$.

1.9.4　硫化铜(II)

天然硫化铜(II)称为铜蓝，它具有特殊结构而不是简单硫化物．硫化铜(II)是一种比较稳定的晶体化合物，呈黑色，不溶于水，K_{sp} 为 10^{-36}．铜与硫混合加热反应生成硫化铜(I)与硫化铜(II)．铜粉与溶解于二硫化碳中的硫在约 100℃反应可制取纯硫化铜(II)．纯的硫化铜(II)在 1.66K 转变为超导体．实验室中常用硫化氢或硫化铵与铜(II)盐溶液反应制备硫化铜(II).

在硫化铜(II)中，铜原子数的三分之一以三角形与三个硫原子配位(Cu—S，219pm)，其余铜原子则为四个硫围绕构成四面体(Cu—S，232pm)．硫原子数的三分之二实际上以—S_2 形式存在．因此可以把硫化铜(II)的组成表示为 $Cu^{I}_{4}Cu^{II}_{2}(S_2)_2S_2$．在空气中加热硫化铜(II)至红热时，至少一部分转变为氧化物．从

312℃开始，氢可脱去硫化铜(II)中的硫，约在650℃则转变为金属，实际上完全脱去硫是困难的．在一氧化碳中加热硫化铜(II)或在无氧气氛中强热，均易还原为硫化铜(I).

在氧化剂如硫酸铁(III)或溶解氧存在时，硫化铜(II)可溶于无机酸、铁(III)盐以及硫酸盐与氯化物的中性溶液．因其溶度积太小，硫化铜(II)不溶于氨水，但易溶于碱金属氰化物溶液而生成四氰合铜(I)配离子

$$CuS + 5CN^- \longrightarrow \left[Cu(CN)_4\right]^{3-} + S^{2-} + \frac{1}{2}(CN)_2$$

组成为Cu_2S_5，CuS_3和Cu_2S_3等多硫化铜(II)是可能存在的.

铜、碳酸钾与硫混合熔融生成络盐$K_3Cu_8S_6$和KCu_4S_3，后一化合物是有优良导电性能的晶体，它由双层CuS_4四面体构成，层之间为钾离子所隔开，钾离子周围则是八个硫原子构成的立方体，组成可表示为$K\left(Cu^{I}_3Cu^{II}S_3\right)$，其性质说明在层内是半金属键结合．无空气存在时，铜粉能与硫化铵溶液反应形成有黑色光泽的晶体$NH_4Cu_7S_4$，它具有组成为$\left(Cu^{I}S_4\right)^{n-}_n$的三维网状结构.

1.9.5 叠氮化铜(II)

可溶性叠氮化物与铜(II)盐水溶液反应，沉淀出具有爆炸性的黑紫色叠氮化铜(II)，它是铜的畸变八面体构成的多聚体，曝光时分解为单质，220℃时着火，它溶于水成淡绿色溶液，如果微热此溶液，则慢慢水解生成氢氮酸和氢氧化铜(II). 叠氮化铜(II)与氨、伯胺以及吡啶反应形成$A_2Cu(N_3)_2$型化合物(A = 氨、伯胺)，此化合物溶液不导电，故不能以$\left[CuA_2^{2+}\right]\left[N_3^-\right]_2$离子式表示．$A = NH_3$时，晶体测定结果铜为畸变八面体配位(表19.11)，通过共享一个角并由一个叠氮基桥联而成为链式结构. 叠氮化物离子与铜(II)盐在各种溶剂中反应时，均可检出$Cu(N_3)^+$,$Cu(N_3)_2$,$Cu\left(N_3\right)_3^-$和$Cu\left(N_3\right)_4^{2-}$等离子，还可能存在六叠氮基合铜(II)酸盐阴离子.

1.9.6 四氢硼酸铜(II)取代物

在pH2—11时，四氢硼酸钠$NaBH_4$与简单铜(II)盐或铜配合物反应，几乎都定量沉淀出金属铜，而在浓氨溶液中反应则可能形成配合物$Cu(NH_3)_4(BH_4)_2$. 四氟硼酸铜(II)的衍生物很多，比较典型的如$Cu(H_2O)_4(BF_4)_2$，$Cu(H_2O)_6(BF_4)_2$，$Cu(en)_2NH_3(BF_4)_2$，$Cu(en)_2(BF_4)_2$和$Cu(py)_4(BF_4)_2$．氨合物在加热时能失去氨

$$\underset{\text{极不稳定}}{Cu\left(NH_3\right)_6\left(BF_4\right)_2} \xrightarrow{12℃} Cu\left(NH_3\right)_5\left(BF_4\right)_2 \xrightarrow{195℃} \underset{\text{蓝色,熔点188℃}}{Cu\left(NH_3\right)_4\left(BF_4\right)_2}$$

$$Cu(en)_2NH_3(BF_4)_2 \xrightarrow[\text{浓}H_2SO_4\text{之上}]{20℃} \underset{\text{绿色,熔点243℃}}{Cu(en)_2(BF_4)_2}$$

$Cu(en)_2(BF_4)_2$ 中的铜原子为畸变八面体配位(四个氮原子距铜 202—203pm，两个氟原子距铜 256pm)，而 $Cu(NH_3)_5(BF_4)_2$ 和 $Cu(en)_2NH_3(BF_4)_2$ 则呈离子状态，并且可能含五配位铜. 如隔绝空气，三氟化硼能与悬浮于有机溶剂中的氟化铜(II)和铜反应形成四氟硼酸铜(I)；有空气与吡啶存在时，此化合物易歧化为深蓝色的 $Cu^{II}(py)_4(BF_4)_2$.

虽未发现 π 键合的环戊二烯铜(II)衍生物，但 π–键合的$[\pi$–(3)–1，2–$B_9C_2H_{11})_2Cu]^{2-}$的存在则是肯定的，系深蓝色离子.

由碱性$(CH_3)_3NH$(3)–1，2–$B_9C_2H_{12}$溶液与硫酸铜(II)在 0℃反应，所得溶液经过滤后加入溴化四乙基铵即可得到它的四乙基铵盐. 此外，还合成了一种 Cu(II)的 π–键合的一碳硼烷衍生物

$$B_{10}H_{12}CNH_3Cu + Cl_2 \xrightarrow{NH_4OH} \left[Cu(B_{10}H_{10}CNH_2)_2\right]^{4-}$$

1.9.7　碳酸铜(II)

目前尚未制备出纯粹的碳酸铜(II)，只合成了 $Cu(en)_2CO_3 \cdot 2H_2O$ 和 $Cu(NH_3)_2CO_3$ 等配合物. 亮绿色孔雀石 $Cu_2CO_3(OH)_2$ 和蓝色石青 $Cu_3(CO_3)_2(OH)_2$ 是自然界广泛存在的两种碱式碳酸铜(II). 通二氧化碳于氢氧化铜(II)的悬浮水溶液中制得人工合成的孔雀石

$$2Cu(OH)_2 + H_2O + CO_2 \longrightarrow Cu_2CO_3(OH)_2 + 2H_2O$$

硫酸铜(II)溶液与碳酸钙的混合物在封闭管中加热至 150—170℃也制得孔雀石，而在较低温度下则得到石青

$$3Cu^{2+} + 3SO_4^{2-} + 3CaCO_3 + H_2O \longrightarrow Cu_3(CO_3)_2(OH)_2 + 3CaSO_4 + CO_2$$

在潮湿空气和二氧化碳存在时，孔雀石转化为石青；反之，在失去二氧化碳时，石青又转化为孔雀石. 在自然界中，孔雀石与石青经常共存. 可溶性碳酸盐与铜(II)盐反应也生成碱式碳酸盐，它易溶于酸，故可用于制备各种含铜(II)化合物.

氢氧化铜(II)溶于碳酸钾生成深蓝色配位离子溶液. 铜盐溶液与过量碳酸钾反应生成 $K_2[Cu(CO_3)_2]$(暗蓝色)，$K_2[Cu(CO_3)_2] \cdot H_2O$(亮蓝色)与 $K_2[Cu(CO_3)_2] \cdot 4H_2O$(浅蓝绿色)等几种含不同结晶水的络盐，也存在类似钠盐. 孔雀石在饱和二氧化碳水溶液中的溶解度显著增加，因为此时形成了碳酸氢铜(II)$Cu(HCO_3)_2$.

1.9.8 羧酸铜(II)

含碳原子数较少的羧酸的铜(II)盐，如甲酸铜(II)、乙酸铜(II)、丙酸铜(II)和丁酸铜(II)都可以用碳酸铜(II)与相应的酸反应制备. 羧酸碳原子数增加时，相应铜(II)盐在水和极性溶剂中的溶解度随之减少，因此，可以用乙酸铜与含较多碳原子数羧酸的酒精混合液制备相应的羧酸铜(II). 若制备条件适当，还可制得 $Cu(HCOO)_2 \cdot 2H_2O$，$Cu(HCOO)_2 \cdot 4H_2O$ 和 $Cu(CH_3COO)_2 \cdot H_2O$ 等水合盐. 在冰醋酸中，乙酸铜(II)是一种弱碱($pK_b = 7.90$)，在该溶剂中可结晶出 $Cu(CH_3COO)_2 \cdot CH_3COOH$；此外，从浓甲酸溶液中能制得含四分子甲酸的甲酸铜(II)结晶.

无水甲酸铜(II)有三种变体，一种呈浅蓝色，由四水合物经氯化钙脱水制得；第二种是淡绿松石蓝型，由二水合物于 100℃真空中五氧化二磷脱水制备；第三种是深蓝型，由 100℃的甲酸溶液结晶制备. 第三种变体具有三维结构，其中铜原子经甲酸根反顺桥联，每个铜原子构成一畸变四方锥配位. 此变体与二水合物的磁矩正常值相当，约为 1.9B. M，基本上与温度无关，并服从 Curie 定律. 二水合甲酸铜(II)为多聚结构，甲酸根以反–顺和反–反桥联铜原子成链，铜为畸变八面体结构. $Cu(HCOO)_2 \cdot 4H_2O$ 是 $Cu(HCOO)_2 \cdot 2H_2O$ 通过另外两个水分子的氢连结的无限链构成的多聚结构，四个甲酸根上的四个氧原子围绕铜(200pm)构成近似正方形构型，同时与两个水分子结合构成畸变八面体配位($Cu—OH_2$ = 236pm). $Cu(HCOO)_2 \cdot 4H_2O$ 及 $Cu(HCOO)_2$ 的浅蓝色型与绿松石蓝型的室温磁矩为 1.61—1.75B. M，较低的磁矩值是因甲酸根桥联所导致抗铁磁性的“超交换”(superexchange)所致.

一水合醋酸铜(II)含有 $Cu_2(CH_3COO)_4 \cdot 2H_2O$ 二聚单元(在晶体中主要通过氢键结合)，其中两个铜原子由四个醋酸根桥联，每个铜原子为四个氧原子所围绕(195pm)，Cu—Cu 距离为 264pm，是稍大于金属铜中 Cu—Cu 距离(255pm)的化合物. 其结构为

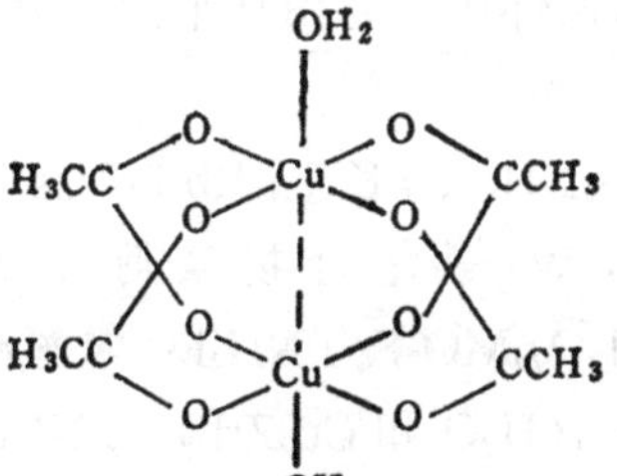

其他的小分子配体如二噁烷、吡啶类和苯胺类均可取代上面二聚体中的水分子.

一水合乙酸铜(II)的室温磁矩为 1.40B.M，但随温度降低而减小(如 93K 时为

0.36B. M)，无水乙酸盐与此类似．在 270K(无水盐)和 253K(一水合物)时的磁化率呈现极大值(畸峰)，由此计算得相邻铜原子间的交换作用分别为 302 与 $286cm^{-1}$，说明二聚体中的铜原子间是以很弱的共价结合，实际上主要是由乙酸根所桥联，而铜原子间的 σ 键可假设包含有铜的 $3d_{x^2-y^2}$ 轨道重叠．丙酸铜(II)、丁酸铜(II)、月桂酸铜(II)[$(C_{11}H_{23}COO)_2Cu$]、硬脂酸铜(II)和山萮酸铜(II)的磁矩与乙酸铜(II)相近，室温下为 1.38 ± 0.03B.M，说明它们均为二聚体，且磁矩不随烷基链长的增加而改变．

芳香羧酸的铜盐比较容易制备，如将某芳香羧酸的钠盐与铜(II)盐的水溶液反应，即制得该芳香羧酸的铜(II)盐．它们通常沉淀为水合物形式，磁性与光谱研究证明，芳香羧酸铜(II)也能以类似醋酸铜(II)的形式形成二聚体．

铜(II)的乙二胺四乙酸配合物 $K_2Cu(EDTA)$的红外光谱表明，氮和羧基氧全部与铜配位，因此铜的配位数为 6．根据反应条件，二乙撑三胺五乙酸能与一个或二个铜原子配位．乙酰水杨酸铜(II)、羟基乙酸铜(II)、甲氧基乙酸铜(II)、乳酸铜(II)与酒石酸铜(II)等的结构研究说明，羧基氧和羟基氧或取代羟基氧与铜螯合配位．另外，1–氨基环戊烷羧酸、D，L–脯氨酸、甘氨酸以及芳基甘氨酸等也能与铜螯合，但在这些铜(II)的氨基酸配合物中，氮原子参与了螯合．*N*–芳基甘氨酸类的某些对位取代物与铜(II)盐反应形成双核配合物，此时氮原子并不参与螯合．

1.9.9　氟代酸铜(II)

目前已知的各种氟代酸铜(II)组成如下

$CuMF_6 \cdot 4H_2O$　　M = Si，Ti，Zr，Sn，Hf

$CuMOF_5 \cdot 4H_2O$　　M = Nb

$CuMO_2F_4 \cdot 4H_2O$　　M = W

上述氟代酸铜(II)中的铜原子均属六配位结构．在 300K，磁矩为 1.88—1.94B. M，四水合六氟钛酸铜(II)的晶体结构是由 TiF_6^{2-} 和 $Cu(H_2O)_4^{2+}$ 以氢键连接成无限链构成的，铜原子处于一畸变八面体中，它由在平面正方形上的四个水分子和两个不同 TiF_6^{2-} 基上的两个氟构成．

$M'CuMF_7 \cdot 4H_2O$($M'=NH_4$，K，Rb，Cs；M = Si，Ti，Sn)与 $NH_4CuMO_2F_5 \cdot 4H_2O$(M = W)等化合物实际上是复盐，可分别表示为 $Cu(H_2O)_4MF_6 \cdot M'F$ 和 $Cu(H_2O)_4MO_2F_4 \cdot NH_4F$．氢氟酸水溶液中，氟化铜(II)与四氟化锆反应形成 $Cu_3Zr_2F_{14} \cdot 16H_2O$ 和 $Cu_2ZrF_8 \cdot 12H_2O$ 两种配合物．

1.9.10 亚硝酸铜(II)与硝酸铜(II)

可溶性亚硝酸盐溶液与铜(II)盐反应生成很不稳定的蓝绿色亚硝酸铜(II)沉淀，它易分解为硝酸铜(II)和氮氧化物，但也可由于形成氨配合物[如 $Cu(NH_3)_2(NO_2)_2$，$Cu(NH_3)_4(NO_2)_2$ 等]而不致发生分解. $K_2PbCu(NO_2)_6$ 是铜(II)唯一的正八面体构型化合物. 五亚硝酸根合铜(II)酸钾 $K_3Cu(NO_2)_5$ 中铜(II)呈五配位形式. 在其他化合物如 $Cu(ONO)_4^{2-}$ 和 $[Cu(CH_3COO)ONO]^-$ 中，NO_2 根经氧原子与铜成键.

金属铜、氧化铜(II)、氢氧化铜(II)与碱式碳酸铜(II)均易溶于硝酸，形成含三分子结晶水的硝酸铜(II). 已经制备出仅在低温时稳定的六水合物与九水合物. 三水合物直到熔点温度 114.5℃时仍是稳定的，继续加热并不能制出无水硝酸铜(II)，因在全部结晶水除去之前即已分解. 溶解三水合物于热发烟硫酸中，待溶液冷却即可得到无水硝酸铜(II).

在乙酸乙酯等有机溶剂中，铜与四氧化二氮发生剧烈反应，从溶液中可结晶出 $Cu(NO_3)_2 \cdot N_2O_4$. 在 85—100℃时，蒸馏出四氧化二氮而留下深蓝绿色无水硝酸铜(II)，在高真空中它显著升华，其蒸气仅由具有对称结构的单体组成

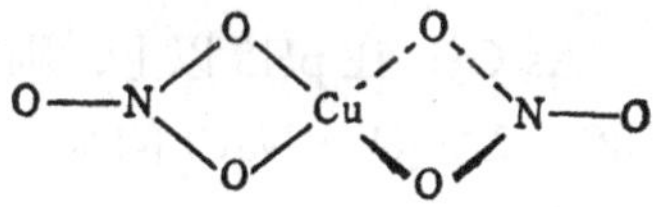

Cu—O=200Pm

Cu—N=230Pm

此蒸气的热稳定性大于固体，在约 226℃开始分解，而固体在 100℃时即开始分解. 无水硝酸铜(II)有两种不同晶形，*α*-型中铜原子由硝酸根桥联. 200℃时用亚硝基高氯酸盐处理 $Cu(NO_2)_2$ 并分级升华，析出硝酸-高氯酸铜(II)$Cu(NO_3)(ClO_4)$，此反应的进一步产物是吸湿性的淡绿色无水高氯酸铜(II). 无水硝酸铜(II)具有的弱抗铁磁性可能是由于在固体中桥联硝酸根引起的超交换作用所致.

硝酸铜(II)的配合物有 $Cu(NO_3)_4^{2-}$，$Cu(py)_2(NO_3)_2$，$Cu(py)_4(NO_3)_2$，$BCu(NO_3)_2$(B = 二齿配体)与 $Cu(CH_3NO)(NO_3)_2$ 等. 碱式硝酸铜(II)的配合物 $[(2\text{-}apy)_2Cu(OH)NO_3]_2$(apy = 氨基吡啶)含一个桥联羟基.

1.9.11 铜(II)的各种磷酸盐

可溶性磷酸盐与铜(II)溶液反应得到主要成分是正磷酸铜(II)的无定形沉淀. 在予期应该得到正磷酸铜(II)的条件下得到两种"碱式"盐：$Cu_4P_2O_9 \cdot 1.2H_2O$ 与 $Cu_4P_2O_9 \cdot 1.6H_2O$，在其他条件下则制得 $CuHPO_4 \cdot H_2O$ 与 $CuNH_4PO_4 \cdot H_2O$ 晶体.

碱式磷酸铜(II)又称为氧磷酸铜(II)，具有代表性的组成为 $Cu_3(PO_4)_2 \cdot Cu(OH)_2$，自然界中的存在形式是磷酸铜矿石.

硫酸铜(II)溶液与焦磷酸钠反应，生成焦磷酸铜(II)，分子式相当于 $Cu_2P_2O_7 \cdot 2H_2O$. 干燥此沉淀并加热至 1200℃，所得到的 α-$Cu_2P_2O_7$ 晶体中，铜为不规则八面体配位，其中四个氧原子距铜 190—199pm，另外两个分别距铜 232pm 与 295pm. β-$Cu_2P_2O_7$ 含两个长的 Cu—O 键，均为 258pm. 焦磷酸铜(II)易溶于无机酸和氨水，还原糖可使溶于氨水后的蓝色溶液脱色，但不会析出 Cu(I)化合物. 由铜(II)的氨水溶液中曾离析出水合物$[Cu_2(NH_3)_4] \cdot P_2O_7 \cdot H_2O$，加热则转变为无水物. 已制备出 $Cu_2P_2O_7 \cdot 5H_2O$，加热时亦转变为无水物，与硫化钠反应则分解为硫化铜(II)，与氢氧化钾煮沸则变为氧化铜(II)，与磷酸一氢钠煮沸产生磷酸铜(II). 焦磷酸铜(II)配离子已用于铜的紫外分光光度测定.

1.9.12　砷酸铜(II)与亚砷酸铜(II)

氢氧化铜(II)与砷酸反应曾制出组成为 $2CuO \cdot As_2O_3 \cdot 3H_2O$ 和 $CuO \cdot As_2O_5 \cdot H_2O$ 两种盐，在高浓度五氧化二砷的强酸性溶液中，则形成蓝色吸湿性结晶 $CuO \cdot 2As_2O_5 \cdot 3.5H_2O$ 或 $CuO \cdot 2As_2O_5 \cdot 7H_2O$；在含有 H_3AsO_4 的氯化铜(II)、硝酸铜(II)或硫酸铜(II)溶液中，调节 pH 为 1，加入不同量的氨水或碱金属氢氧化物得到铜(II)的砷酸盐，用这样的方法可制得 $5CuO \cdot 2As_2O_5$；在 pH5 以上，则得到 $5CuO \cdot As_2O_5 \cdot 5H_2O$. 在其他 pH 则可能形成 $5CuO \cdot 2As_2O_3 \cdot NaCl$ 的水合物；因此，复分解反应不是制备纯粹砷酸铜(II)的理想方法.

在氯化铜(II)的乙醇–水溶液中，加入亚砷酸钾溶液得到亚砷酸铜(II)沉淀，组成接近于 $Cu_3(AsO_3)_2 \cdot 2CuO$. 亚砷酸钾与铜(II)盐反应的产物主要是不溶于水的绿色 $CuHAsO_3$ 沉淀. 亚砷酸铜(II)可溶于酸、氨水与氢氧化钾溶液. 在氢氧化钾溶液中，室温下即逐渐分解为氢氧化铜(I)沉淀，加热则迅速分解.

偏亚砷酸铜(II)$CuAs_2O_4$ 由铜片与氧化砷(III)在 NH_4Cl 溶液中反应制得，可用作杀虫剂.

自然界存在着不少含碱式砷酸铜(II)的矿物，如翠砷铜矿 $Cu_5(AsO_4)_2(OH)_4$，光线矿 $Cu_3AsO_4(OH)_3$，橄榄铜矿 Cu_2AsO_4OH 等.

1.9.13　亚硫酸铜(II)、硫酸铜(II)、硫代硫酸铜(II)与连多硫酸铜(II)

目前还未从水溶液中用沉淀反应制备出纯粹亚硫酸铜(II). 人们所熟知的 Chevreul 盐只不过是一种混合亚硫酸铜 $Cu^{II}[Cu^{I}_2(SO_3)_2] \cdot 2H_2O$. 二氧化硫与氢氧化铜(II)乙醇溶液反应曾制备出绿色亚硫酸铜水合物沉淀，它不溶于水，在空气中氧化为 $Cu(OH)_2 \cdot 2CuSO_3$. 此外，还制备出亚硫酸根合铜(II)酸盐配合物如 $Tl_2Cu(SO_3)_2$.

硫酸铜(II)是最重要的铜(II)盐，五水合物是最经常存在的形式，加热时容易风化失水，先是形成三水合物，然后是一水合物，最后在约 190℃转变为无水物，650℃分解为三氧化硫与氧化铜(II). 无水物单晶接近透明无色，可从硫酸溶液或硫酸–硫酸铵溶液中生长出来.

五水合硫酸铜(II)中，铜原子与四个水分子连接成平面正方形，并分别与两个硫酸根的氧原子结合构成六配位，第五个水分子由氢键连接围绕铜的水分子与硫酸根的氧原子. 三水合硫酸铜(II)中，硫酸根与三个水分子围绕铜构成平面四方形(Cu—O = 196pm)，再与另外两硫酸根上的氧原子分别以 239pm 和 245pm 的距离构成畸变八面体，这些八面体又以氢键相连接. 无水硫酸铜(II)的结构畸变作用比较显著，氧与铜的距离两个为 189pm，两个为 200pm，两个为 237pm.

铜(II)离子在水溶液中能与硫酸根结合生成 $CuSO_4$，在 600℃的 $Li_2SO_4/Na_2SO_4/K_2SO_4$ 低共熔体中，两个硫酸根与铜原子以双齿方式配位，同时另两个硫酸根与该铜原子以单齿方式配位，形成八面体. $Na_2Cu(SO_4)_2 \cdot 2H_2O$，$(NH_4)_2Cu(SO_4)_2 \cdot 6H_2O$ 均为畸变八面体配位.

硫酸铜(II)易溶于水与酸，水溶液呈酸性，并程度不同地溶于甲醇、乙醇、甘油、乙二醇和胺类.

气态氯化氢通过硫酸铜(II)五水合物时，生成 $CuSO_4 \cdot 5H_2O \cdot 3HCl$，继续通入空气则分解放出氯化氢，无水 $CuSO_4$ 部分转变为 $CuCl_2$.

在水溶液中金属镁与硫酸铜(II)反应生成氧化铜(I)与氢. 氢氧化铜(II)与硫酸铜(II)水溶液反应产生碱式盐 $Cu_4(OH)_6SO_4$，天然产物称水胆矾. 过量氢氧化铵溶液与硫酸铜(II)反应则形成 $Cu\left(NH_4\right)_4^{2+}$ 离子，加入乙醇则得到深蓝色配合物 $Cu(NH_3)_4SO_4 \cdot H_2O$ 晶体，其包含四方锥配位的铜，由四个氨分子(在 205pm)与两个氧原子(分别在 259pm 和 337pm)构成. 其 Cu—N 距离稍大于一般铜氮化合物(约 200pm)，可能这就是它在空气中易失去氨分子的原因. 在一大气压下，无水硫酸铜(II)可吸收气态氨直到生成 $CuSO_4 \cdot 5NH_3$ 为止. 无水硫酸铜(II)与吡啶混合后缓慢蒸发，生成二吡啶配合物 $Cu(py)_2SO_4 \cdot 2H_2O$，为畸变八面体. 双齿配位体乙二胺与硫酸铜(II)反应得到四种螯合物：$Cu(en)SO_4 \cdot \frac{3}{2}H_2O$(蓝色)，$Cu(en)SO_4$(深蓝)，$Cu(en)_2SO_4$(紫色)和 $Cu(en)_3SO_4$(蓝色). 最后一个配合物中，一个乙二胺分子与铜的键合程度弱于另外两个.

硫酸铜(II)溶液与连二硫酸钡反应制得四水合连二硫酸铜(II)，在 50℃以上，此溶液分解放出二氧化硫. 连二硫酸铜(II)易溶于水，100℃以上完全转化为硫酸铜(II). 已制出 $CuS_2O_6 \cdot 3Cu(OH)_2$ 与 CuS_3O_6，前者在空气中是稳定的，但煮沸时易分解，后者极不稳定.

1.9.14　硒化铜(II)、亚硒酸铜(II)与硒酸铜(II)

铜与硒容易化合. 有几种硒化铜矿物存在于自然界. 在室温时混合粉末状铜与硒经压缩可得到硒化铜晶体，低压时形成正交晶体，高压下则形成立方晶体，它们的组成都不是化学计量的. 铜(II)盐溶液与硒化氢反应生成硒化铜(II)沉淀. 高温下制备硒化铜(II)的方法是在真空石英管中将铜和硒于 1125℃熔化，或将铜、硒与硫酸铜(II)溶液在 400℃进行水热合成.

硒化铜(II)呈蓝黑色，不溶于水而易溶于硝酸，可能是形成亚硒酸铜(II)；它也溶解于硫酸形成二氧化硫，也可溶于氨水，硒化铜(II)经加热则分解为硒和硒化铜(I).

二氧化硒与氧化铜(II)反应可制得无水正亚硒酸铜(II)Cu_2SeO_3，硫酸铜(II)溶液与亚硒酸氢钾或亚硒酸反应生成二水合亚硒酸铜(II)沉淀. 亚硒酸铜(II)在空气中是稳定的，但易溶于酸中. 可溶性亚硒酸盐与氨性硫酸铜(II)溶液反应得到碱式亚硒酸铜(II)沉淀. 正亚硒酸铜与过量亚硒酸水溶液一起加热得到亚硒酸氢铜(II)，它不溶于水而易分解为反应物.

氧化铜(II)溶于硒酸可得硒酸铜(II)晶体 $CuSeO_4$，在空气中它是稳定的，易溶于水，加热正盐溶液可得碱式硒酸铜(II)的各种水合物沉淀.

1.9.15　碲化铜(II)、亚碲酸铜(II)与碲酸铜(II)

硫酸铜(II)溶液与碲共煮生成碲化铜(II)CuTe，碲化钠与硫酸铜(II)反应也可制得 CuTe.

可溶性亚碲酸盐与硫酸铜(II)反应形成不溶于水的亚碲酸铜(II)沉淀 $CuTeO_3$，强热此沉淀则部分分解为二氧化碲 TeO_2 和氧化铜(II)；碳则能将其还原为 CuTe. 若改用可溶性碲酸盐作沉淀剂，则生成碲酸铜(II)$CuTeO_4$，它不溶于水但易溶于无机酸和氨水.

用浓度适宜的乙酸铜(II)与碲酸溶液反应，则生成绿色絮状 CuH_4TeO_6 沉淀.

1.9.16　卤酸铜(II)与高卤酸铜(II)

氯酸与氧化铜(II)或碱式碳酸铜(II)反应后低温减压蒸发，或者氯酸钡与硫酸铜(II)溶液反应滤去硫酸钡，按同样方式蒸发，均可得到水合氯酸铜(II)晶体 $Cu(ClO_3)_2$(可能是四水合物). 室温下，氯酸铜(II)缓慢分解；在 100℃或更高温度下则迅速分解为氧化铜(II)、氯、氧和二氧化氯，它极易溶于水. 加热水合氯酸铜(II)至约 100℃则形成碱式氯酸盐. 碱金属氢氧化物与氯酸铜(II)溶液反应或氯酸钾与乙酸铜(II)溶液反应均得到碱式氯酸铜(II)沉淀，它难溶于水而易溶于酸. 氯酸铜(II)的硝酸溶液在室温下是稳定的，但盐酸溶液则发生轻微分解. 已经制出了氯酸铜(II)的四氨配合物与六氨配合物，但它们易爆炸而分解.

溶解氧化铜(II)或碱式碳酸铜(II)于氢溴酸中并蒸发溶液，可得到五水合或六水合的溴酸铜(II)$Cu(BrO_3)_2$晶体，它极易溶于水，性质类似于氯酸铜(II).

碘酸铜(II)$Cu(IO_3)_2$微溶于水. 过量碘酸钾与硝酸铜(II)溶液反应制得$Cu(IO_3)_2 \cdot H_2O$沉淀，在25℃时溶解度仅为$3.7 \times 10^{-3} mol \cdot L^{-1}$. 加热至240℃转变为无水物但发生明显分解，在250℃则完全分解为氧化铜(II)、碘和氧. 碘酸铜(II)易溶于酸和氨水，已经制得四氨和五氨配合物.

氧化铜(II)溶于次氯酸(或氯水)或次氯酸钙与硫酸铜(II)溶液反应可制得次氯酸铜(II)$Cu(ClO)_2$，溶液是稳定的，有显著漂白性.

氢氧化铜(II)、氧化铜(II)或碳酸铜(II)溶于高氯酸生成高氯酸铜(II)$Cu(ClO_4)_2$，蒸发溶液得到极易溶解的六水合高氯酸铜(II)晶体，如用浓硫酸干燥，则失去两分子水. 用氯化亚硝酰反复处理二水合高氯酸铜(II)并分级升华，可得无水高氯酸铜(II)，这是一种极易吸湿的挥发性的淡绿色固体盐，它溶于有机溶剂形成绿色溶液. 包括$Cu(bipy)_2(ClO_4)_2$在内的许多高氯酸铜(II)配合物加热时能变色，室温时呈蓝色，加热至200℃以上则转变为亮绿色.

1.9.17　铜(II)的其他化合物

(1) 铬酸铜(II)与亚铬酸铜(II)

铜(II)盐溶液与铬酸钾反应得到铬酸铜(II)沉淀，组成接近于化学计量$CuCrO_4$. 铬酸钠与过量重铬酸铜(II)反应得到棕红色二水合铬酸铜(II)$CuCrO_4 \cdot 2H_2O$晶体. 氢氧化铜(II)与重铬酸铜(II)水溶液的混合物在封闭管中加热至150℃时形成无水铬酸铜(II)沉淀，晶体铬酸铜(II)属正交晶系，六个氧原子围绕铜原子形成畸变八面体.

碳酸铜(II)或氢氧化铜(II)溶于浓氧化铬(VI)水溶液可得到一水合或二水合重铬酸铜(II)晶体，它易溶于含过量氧化铬(VI)的溶液中，但在不含高浓度氧化铬(VI)的冷水中则水解为铬酸盐，在热水中则得到碱式铬酸盐.

亚铬酸铜(II)与亚铬酸铜(I)有下列平衡关系

$$Cu_2Cr_2O_4 + [O] \underset{900℃}{\overset{600—700℃}{\rightleftharpoons}} CuCr_2O_4 + CuO$$

根据上述关系可以制备亚铬酸铜(I)；硫酸铜(II)与重铬酸钠在氨溶液中反应可得到铬酸铵氢氧化铜(II)$Cu(OH)NH_4CrO_4$，其热分解产物为$Cr_2O_3 \cdot 2CuO$，N_2和水.

铬酸铵与氯化铜(II)的氨溶液反应生成$CuCrO_4 \cdot (NH_4)_2CrO_4 \cdot 2NH_3$，热分解时得到灰黑色固体亚铬酸铜(II)$CuCr_2O_4$.

(2) 钼酸铜(II)与钨酸铜(II)

用碱金属的钼酸盐或钼酸铵溶液与硫酸铜(II)溶液反应，得到碱式钼酸铜(II)水合物沉淀 $3CuMoO_4 \cdot Cu(OH)_2$，温度超过 100℃时开始脱水，遇水又重新水合，它易溶于氨水. 硫酸铜(II)溶液和钼酸铵反应沉淀出不溶于水的正钼酸铜(II) $CuMoO_4$.

钨酸铜(II)$CuWO_4$是铜钨矿的主要成分之一. 氧化铜(II)与三氧化钨共热至600—800℃时能生成钨酸铜(II)，碱金属钨酸盐与硫酸铜(II)溶液反应生成二水合钨酸铜(II)沉淀. 钨酸铜(II)在红热时熔化而不分解，它微溶于水，易溶于无机酸和氨水. 组成接近于 $CuO \cdot 4WO_3 \cdot 11H_2O$ 的偏钨酸铜(II)已由硫酸铜(II)溶液制备出来.

(3) 铜(II)的偏钒酸盐

饱和偏钒酸铵溶液与 $0.5mol \cdot L^{-1}$ 硝酸铜(II)溶液反应生成偏钒酸铜(II)$Cu(VO_3)_2$沉淀，此化合物的组成由于水解而与理论组成有差别.

(4) 铜(II)的硅酸盐

比较重要的铜(II)硅酸盐是偏硅酸铜(II)$CuSiO_3$，它以不同的水合状态存在，无水硅酸铜(II)是不存在的. 稀硫酸铜(II)(2%)与更稀的偏硅酸钠溶液(0.25%)反应沉淀出一水合和二水合的偏硅酸铜(II)；如改用浓溶液沉淀，则得到碱式硅酸铜(II). 水玻璃与硫酸铜(II)溶液反应形成碱式偏硅酸铜(II)沉淀. 偏硅酸铜(II)易溶于硫酸和其他酸，析出二氧化硅，亦易溶于氨水和碳酸铵的混合溶液. 含溶解二氧化碳的水能逐渐转化偏硅酸铜(II)为碱式碳酸铜(II).

(5) 高铼酸铜(II)

高铼酸溶液与碱式碳酸铜(II)、氢氧化铜(II)、氧化铜(II)和氧化铜(I)反应，均产生蓝色高铼酸铜(II)$Cu(ReO_4)_2$ 溶液，由溶液中可结晶出四水合物、五水合物和六水合物，蓝色易潮解的四水合物在 110℃失去结晶水成为无色无水高铼酸铜(II). 加热高铼酸铜(II)至 400—500℃数天，生成棕红色高铼酸铜(I)$Cu_2(ReO_4)_2$，用水溶解时则分解为铜和高铼酸铜(II).

(6) 六氰合铁(II)酸铜(II)与六氰合铁(III)酸铜(II)

这两种二价铜盐均不溶于水和非氧化性酸，但易溶于氨水. 用六氰合铁(II)酸钾与铜(II)盐溶液反应生成深红色 $Cu[Fe(CN)_6Cu]$沉淀，硫酸铜(II)溶液加入到六氰合铁(II)酸钾溶液中沉淀的生成速度远比颠倒试剂加入次序时的生成速度为快. 六氰合铁(III)酸铜(II)$Cu[Fe(CN)_6Cu]_2$ 呈黄棕色.

六氰合铁(II)酸铜(II)的溶解度极小而且颜色鲜明，是检出铜(II)离子的良好方法之一，在酸性溶液中的灵敏度为 1ppm，在中性溶液中则更为灵敏，如果溶液中含硝酸铵或氯化铵，灵敏度还可提高，这可能是此时该化合物的溶解度更小. 如果溶液是碱性，则形成氢氧化铜(II)沉淀而不是六氰合铁(II)酸铜(II)沉淀.

1.9.18 铜(II)配合物

铜(II)配合物有很多，这里仅介绍一些常见类型中具有代表性的化合物.

在固体配合物中，铜(II)的配位数一般为 4，有时也发现配位数为 2，5 和 6 的配合物. 配位数的多少与阴离子和铜配位并围绕铜完成一个畸变八面体的能力有关，例如，尽管认为铜(II)离子在水溶液中为六个水分子溶剂化(其中四个水分子围绕铜呈平面正方形，它们与铜的结合比另外两个在轴上的水分子更为牢固)，但当由水溶液中结晶时，只有少数几个化合物含六分子水，如 $Cu(ClO_4)_2 \cdot 6H_2O$，$Cu(NO_3)_2 \cdot 6H_2O$ 以及含铜的复合硫酸盐等. 铜(II)盐溶于乙醇或丙酮溶液时，两个轴水分子能被其他溶剂分子置换，另外，轴上的水分子也能同标记水分子快速交换(一级速度常数为 $10^{-8}s^{-1}$)，交换过程中，赤道水分子经过了被溶剂分子置换的转化历程，即轴位置变为赤道位置，而赤道位置上的两个水分子则变到轴上.

(1) 含单齿氮配体的铜(II)配合物

氨是典型的单齿配体，它与铜(II)形成通式为 $CuX_2 \cdot nNH_3$ 的配合物，其中 n 一般为 2，4，5 和 6. 铜(II)的固态二氨合物是一多聚体，如在 α-$CuBr_2 \cdot 2NH_3$，$Cu(N_3)_2 \cdot 2NH_3$，$Cu(NCS)_2 \cdot 2NH_3$，$CuCO_3 \cdot 2NH_3$ 和 $Cu(NH_3)_2Ag(SCN)_3$ 中，卤素阴离子桥联于金属原子之间.

四氨合铜(II)是人们非常熟悉的铜(II)配位离子，工业上曾用它溶解纤维素. 这是由于纤维素取代了一些氨分子并与铜(II)发生了螯合. 若把酒精加到硫酸铜(II)的氨溶液中，则慢慢析出硫酸四氨合铜(II)的一水合物 $Cu(NH_3)_4SO_4 \cdot H_2O$ 沉淀，其中铜被呈平面正方形的四个氮原子所配位，水分子则占据第五个配位位置. 此水合物暴露于空气中会慢慢失去氨分子. 如果用氨气处理硫酸铜(II)，可得到固态五氨合铜(II)$CuSO_4 \cdot 5NH_3$. 由氨溶液中重结晶 $Cu(NH_3)_4X_2$ 时，得到深蓝色五氨合物 $Cu(NH_3)_5 \cdot X_2$($X = Cl$，Br，I，ClO_4，BF_4). 在这些化合物中，可能含五配位铜，但第五个氨分子易失去. 配合物 $Cu(NH_3)_5(ClO_4)_2 \cdot NH_4ClO_4$($[Cu(NH_3)_4][NH_4][(ClO_4)_3 \cdot NH_3]$是含平面四配位铜的少数化合物之一，在此化合物中，仅有四个氨分子与铜相连，而第五个氨距铜 375pm，这一距离太大而不应认为与铜发生键合.

在 $Cu(NH_3)_4(NO_3)_2$ 晶体中，四个 NH_3 分子形成近似的正方形平面(Cu—N = 200pm)，而两个氧原子则处于距离稍微不等的位置(约 250pm)[11]. 在 $Cu(NH_3)_4I_2$ 中，铜是八面体构型，具有明显的 4+2 四方形畸变，直线型中心对称的多碘离子 I_4^{2-} 连接铜原子形成$[Gu(NH_3)_4^{2+} - I_4^{2-}]$单元的无限链[12].

在水溶液中，尽管铜与氨配位时最大配位数为 5，但如用液氨与无水氯化铜(II)、溴化铜(II)、碘化铜(II)、氯酸铜(II)或 $Cu(BF_4)_2$ 反应，将得到相应的六氨合铜

(II)$Cu(NH_3)_6X_2$，它们都不稳定，因此反应须在室温和氨气气氛中进行. 根据电子自旋共振谱、X 射线结构分析的研究，当 X = Cl 和 Br 时，$Cu(NH_3)_6^{2+}$ 中的铜处于畸变八面体环境，但是当 X = I，ClO_4 和 BF_4 时，则发生畸变 $Cu(NH_3)_6^{2+}$ 的阻旋作用或动力学四方畸变作用.

CN^-离子与氨性铜(II)盐溶液反应并不形成氰化铜(II)的氨合物，此时铜(II)部分还原并产生$[Cu^{II}(NH_3)_4][Cu^{I}(CN)_2]_2$，是否有异构体存在还不清楚，但却发现 $CuPt(NH_3)_4Cl_4$ 有$[Cu(NH_3)_4][PtCl_4]$和$[Pt(NH_3)_4][CuCl_4]$两种异构体.

在正常情况下，最多是四个吡啶分子与铜(II)螯合，此外，与氨类似，吡啶及其取代衍生物能与铜生成稳定配合物，但是甚至在纯吡啶中，氯化铜(II)也只形成 $Cu(py)_2Cl_2$. 化合物 $Cu(NO_3)_2 \cdot 6py$ 很容易失去两分子吡啶，因为红外光谱已证实硝酸根是已配位的，而吡啶分子则有已配位和未配位两种情况，因此可以认为该化合物的组成是 $Cu(py)_4(NO_3)_2 \cdot 2py$. $Cu(py)_2Cl_2$ 和 $Cu(4\text{–}vpy)_2Cl_2$(vpy = 乙烯基吡啶)的晶体结构表明，氯和吡啶分子是以平面正方形围绕于铜，两个较弱的 Cu—Cl 键又使之聚集成链. 在 $Cu(2\text{-}mpy)_2Cl_2$(mpy = 甲基吡啶)配合物中，空间位阻使铜成为畸变四方锥配位.

吡啶羧酸类化合物如 6–甲基吡啶–2–羧酸(6MPH)，吡啶–2–羧酸(P2CH)，吡啶–3–羧酸(P3CH)形成 Cu(6MP)(6MPH)X(X = Cl 或 Br)，Cu(P2C)(P2CH)X 和 $Cu(P3CH)_2X_2$，它们可能是五配位的[13]. 吡啶–2，6–二羧酸($DPCH_2$)形成 $Cu(DPC) \cdot 2H_2O$，它可以形成一系列含氮碱的加合物 $Cu(DPC) \cdot L \cdot XH_2O$(L = 三联吡啶，联吡啶，吡啶等)，而含单阴离子形式的配合物 Cu(DPCH)(terpy)X(X = ClO_4 或 PF_6，terpy = 三联吡啶)可由 Cu(terpy)(OAc)X 和 $DPCH_2$ 制得[14].

烷基胺和苯胺也能与铜(II)生成配合物，但叔胺配合物中的铜(II)易还原为铜(I). 胺类与铜(II)配位时，配体强度顺序是

$$NH_3 > RNH_2 > R_2NH > R_3N$$

咪唑 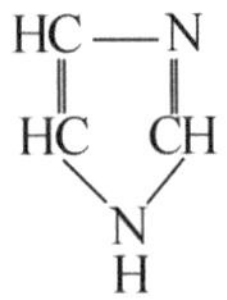 具有明显的单齿胺性质，它与铜(II)形成 $Cu(L)_4X_2$ (X = I，Cl，NO_3)型配合物，配体 L 占据围绕铜的四个共平面键，与阴离子组成通常的畸变八面体. 细胞糖苷(cytoside)与铜(II)生成淡蓝色配合物 $Cu(C_4H_5N_3O)_2Cl_2$，两个氯(距铜 228pm)和两个氮(距铜 202pm)与铜构成平面正方形；两个氧(距铜 285pm)可能未与铜成键，也可能构成一个明显畸变的八面体.

乙腈溶解氯化铜(II)时，溶液中可能含$[CuCl_n(MeCN)_{4-n}]^{(n-2)-}$($n$ = 1—4)并可离

析出固态配合物，如 $CuCl_2(MeCN)_2$(浅蓝色)和 $CuCl_2MeCN$(黄棕色)，后者为平面氯桥二聚体，它们堆聚成为晶体，所以铜以两个氯作为近邻. 另外还有以氯化铜(II)分子结合为氯化铜(II)链，得到 $(CuCl_2)_3(MeCN)_2$

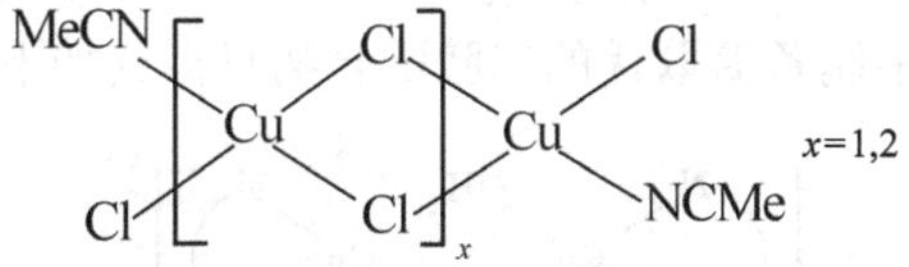

三氰甲基钾(Potassium tricyanomethide)与铜(II)盐溶液反应，生成三氰甲基铜(II)沉淀 $Cu[C(CN)_3]_2$，它呈多聚结构，其中每个铜原子按一般畸变八面体形式被六个不同平面的三氰甲基(tricyanomethide group)中的 6 个 CN 所围绕. 铜(II)还能与一氧化氮生成配合物，溶于非水溶剂中的 CuX_2(X = F，Cl，Br)吸收一摩尔的一氧化氮后，得到 CuX_2NO 类型的配合物，并且按下式离解：$Cu^{II}Cl_2NO \rightleftharpoons NO^+ + Cu^{I}Cl_2^-$ 而产生亚硝鎓离子. 如果改用氯化亚硝酰与氯化铜(I)反应也得到同样的配合物.

(2) 含双齿氮配体的铜(II)配合物

这类配体与铜(II)生成配合物的类型与两个因素有关：配体中两个氮原子的空间位置和立体要求，比较简单的是 α，ω–二氨基链烷 $H_2N(CH_2)_nNH_2$，当 $n = 2$ 或 3 时，有利于螯合物的形成，$n \geqslant 4$ 时，配位体的行为实际上像"单胺"一样，它们的铜(II)配合物易还原为对应的 Cu(I)衍生物. 在不同条件下，铜(II)与乙二胺反应，能形成 $Cuen^{2+}$，$Cu(en)_2^{2+}$ 和 $Cu(en)_3^{2+}$ 并可离析出固态配合物. 在 $Cu(en)_2(NO_3)_2$，$Cu(en)_2Hg(SCN)_4$，$Cu(en)_2Cl_2 \cdot H_2O$，$Cu(en)_2(ClO_4)_2$ 和 $Cu(en)_2(SCN)_2$ 等双乙二胺配合物中，曾经发现在围绕铜的平面上有两个螯合分子的氮原子(在 $Cu(en)_2(NO_3)_2$ 中，4 氮为 203pm，2 氧为 295pm). 尽管这类螯合体系是比较稳定的，但发现 $Cu(en)_2^{2+}$ 与标记 en 在 0℃时五秒钟里即完全交换.

固态三乙二胺配合物 $Cu(en)_3SO_4$ 中，二胺分子全部与 Cu(II)螯合，但溶液中的 $Cu(en)_3^{2+}$ 并不是这样，三个二胺可能是单齿配体，由 $Cu(en)_3^{2+}$ 的逐级生成常数对数值 10，9 和–1 可以看出，第三个 en 分子与铜的结合是很弱的，此外，$Cu(en)_3SO_4$ 的热重分析说明，一个 en 分子较另外两个容易失去

$$Cu(en)_3SO_4 \longrightarrow Cu(en)_2SO_4 \longrightarrow CuSO_4 \longrightarrow CuO + SO_3$$

而单乙二胺配合物则以另外的方式被破坏

$$Cu(en)(H_2O)_2SO_4 \longrightarrow Cu(en)SO_4 \longrightarrow CuO$$

不同二胺螯合配位体的铜配合物的热稳定性顺序是

乙二胺 > 1，2–丙二胺 > 1，3–丙二胺

乙二胺分子中的氮联上芳基或烷基时，能降低其配位能力，这类配体的铜(II)配合物如 Cu(AA)Br_2，$Cu(AA)_2Br_2$ 和 $Cu(AA)_2(ClO_4)_2$(AA = 氮取代的乙二胺)可由非水介质中离析出来，但可能由于空间因素的影响，未能得到双(*N*，*N*′–四甲基)配合物，并且在 Cu(*N*, *N*′, *N*′–$Me_3en)_2Br_2$ 中，每个二胺分子显然只有一个氮原子与铜配位. 拟在水溶液中制备氮取代的二胺配合物只得到如下所示的羟桥二聚体

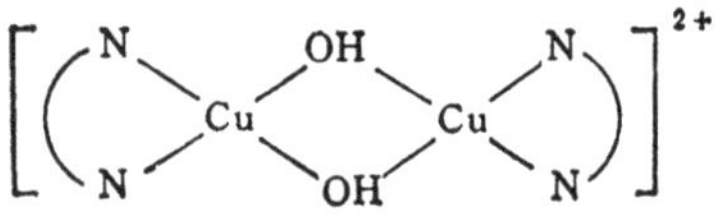

有机碱存在时，$Cu(en)_2^{2+}$ 生成 $Cu(en)_2(OH)^+$ 和 $Cu(en)_2(OH)_2$，即由多羟基化合物取代一分子乙二胺形成混配配合物，如

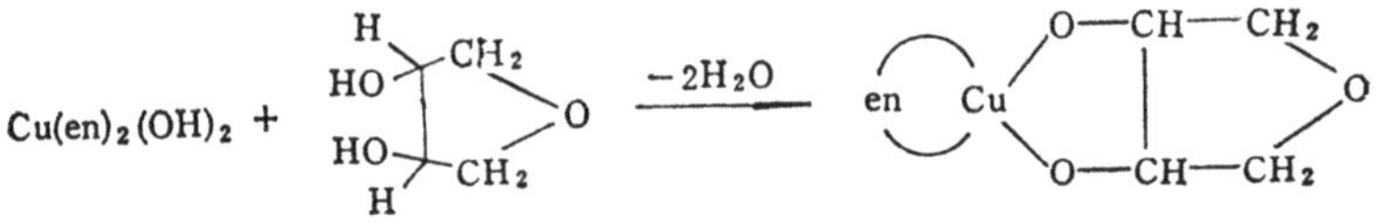

此反应可能与纤维素在这一介质中的溶解作用类似.

能与铜(II)螯合的双齿含氮配体(不包括链上连接的芳基)还有 2–氨基烷基吡啶，缩二脲 $H_2NCONHCONH_2$，四甲基胍 NH=$(CNMe_2)_2$(离子 $Cu(N—N)_2^{2+}$ 是四面体)，二甲基乙二肟，四甲基吡咯甲烷衍生物($Cu(N—N)_2^{2+}$ 离子是四面体)，二(2–吡啶基)胺，三(2–吡啶基)胺和二(2–吡啶基)酮等.

缩二脲合铜(II)离子 $Cu(C_2O_2N_3H_4)_2^{2-}$ 的电子自旋共振谱显示出由平面上的四个氮原子围绕铜的未配对电子的超精细偶合.

2, 2′–联吡啶(bipy)是强双齿配位体，它比柔曲性大的二氨基烷链能更有效地阻止 Jahn-Teller 畸变作用的影响. 在水溶液中 $Cu(bipy)^{2+}$，$Cu(bipy)_2^{2+}$，$Cu(bipy)_3^{2+}$ 的逐级生成常数的对数值分别为 8.0，5.6 和 3.5. $Cu(bipy)_3^{2+}$ 在晶体和水溶液中均为三角对称构型，Δ 值为 11 700cm^{-1}.

五配位的碘双(2, 2′–联吡啶)合铜(II)配离子$[Cu(dipy)_2I]^-$具有如下构型

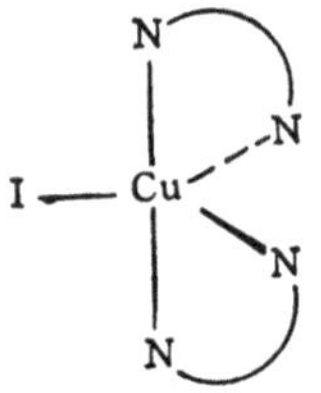

即为 Cu—N 和 Cu—I 距离分别为 202pm 和 271pm 的畸变三角双锥体. 1，10–邻

二氮杂菲(phen)与联吡啶很相似，可以生成 $Cu(phen)^{2+}$，$Cu(phen)_2^{2+}$ 和 $Cu(phen)_3^{2+}$ 等类型配离子，此外还合成了通式为[Cu(L—L)$_2$X]X 和[Cu(L—L)$_2$X]Y[(L—L) = 螯合配体]的配合物，其中铜是五配位的. 铜(II)的双吡咯甲撑配合物结构如下

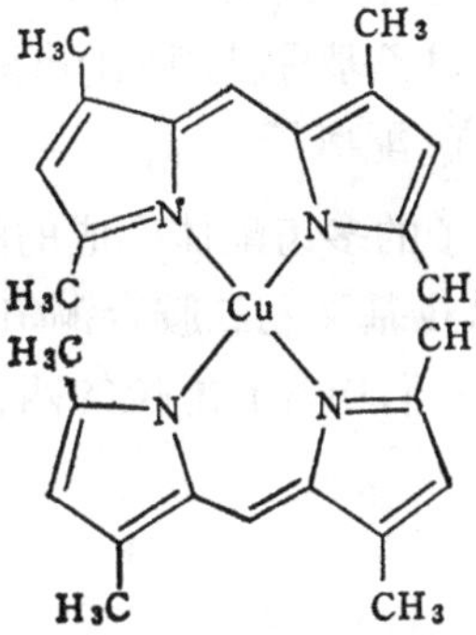

由于甲基的立体障碍，此配合物不可能为平面正方形构型[6].

1, 3–二嗪、1, 4–二嗪、1, 2, 4–三唑、喹噁啉、4, 4′–联吡啶和三嗪等含氮化合物的性质很像非螯合的双齿配体，结果使所形成的配合物成为多聚体，如三嗪的铜(II)配合物即为二聚体.

水杨醛亚胺是含有 N 和 O 的双齿配体，它与铜(II)生成双(水杨醛亚胺基)合铜(II)，是畸变四面体[15].

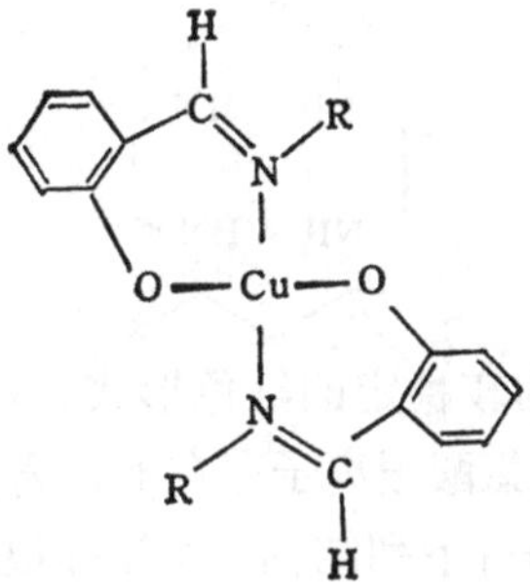

当 R = $(CH_3)_2CH$ 和$(CH_3)_3C$ 时，在结晶中两个螯合环之间的夹角分别为 60°和 54°.

(3)含多齿氮配体的铜(II)配合物

这类配体主要是三齿和四齿两种形式，除了含有氮给予原子外，还含有其他给予原子的多齿配体在此也略加介绍.

三齿配体主要有双(二甲基氨乙基)甲胺、1, 1, 7, 7–四乙基二乙撑三胺和三吡啶等，它们与铜(II)生成组成为[$CuLX_2$]或[CuLXY]型配合物，铜在其中是五配位，可能成为畸变三角双锥构型. 它们也能形成六配位的铜(II)配合物 CuL_2X_2. 此外，二丙撑三胺和三(2–吡啶基)胺也是三齿配体，但有时也可作为双齿配体配位，如

在 $CuL_2(SCN)ClO_4$[(L = 三(2−吡啶基)胺]中的 L 既可作为双齿又可作为三齿两种配体.

三(2−二甲基氨乙基)胺(tren)与铜(II)反应可生成固态配合物[Cu(tren)X]X(X = Cl，Br，I，NO_3 和 ClO_4)，它在水溶液中是一种 1∶1 电解质，可能含三角双锥构型的铜. 空间障碍较少的三(2−氨乙基)胺与铜(II)可能生成常见的八面体配合物，在溶液中则可能形成 $CuL(H_2O)_2^{2+}$ 配离子.

铜(II)与含氮和其他给予原子的多齿配体生成的配合物有 *N*，*N′*−乙撑双(乙酰丙酮亚氨)合铜(II)、*N*，*N′*−二水杨基叉乙二胺合铜(II)和 *N*, *N′*−二水杨基叉丙烷−1, 2−二胺合铜(II)的一水合物等，它们均含五配位的四方锥铜，其中有些可以生成双核配合物. 如

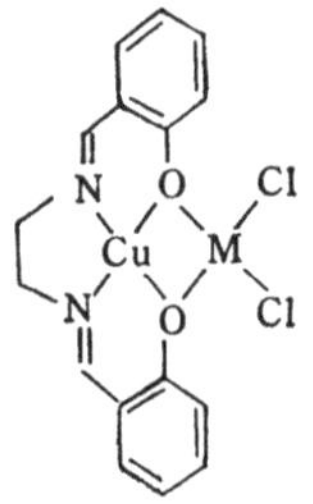

$M=Cu^{2+}$，Co^{2+}，Hg^{2+}，Zn^{2+}

铜(II)盐与 L(见下图)在碱性溶液中反应

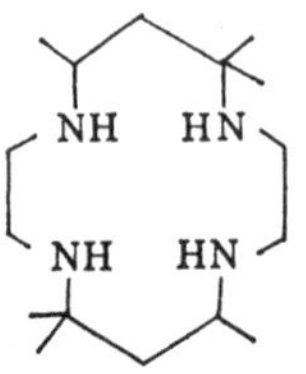

形成一蓝色配合物，它易变为较稳定的红色形式，在混合试剂后几秒钟内加酸可阻止这一转变，在氯化物和高氯酸根离子存在下，离析出配合物$[CuL]_2Cl(ClO_4)_3$. X 射线结构研究指出，此配合物有下列结构，高氯酸根离子被氢键合到大环配体上，当用溴化物或碘化物代替氯化物时，则离析出$[CuLX]ClO_4$(X = Br 或 Cl)[16].

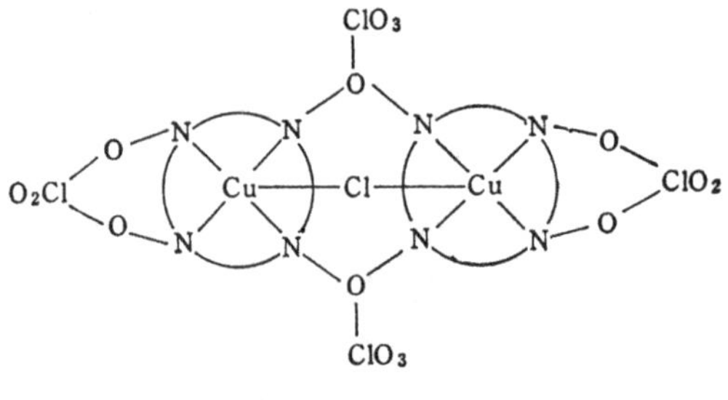

铜(II)与 N, N'–双(2–苯基亚肼基–1–甲基亚乙基)–α，ω–链烷二胺(N, N'–bis–(2–phenylhydra zono–1–methylethylidene) –α, ω–alkanediamine)的螯合物已经离析出来[16]

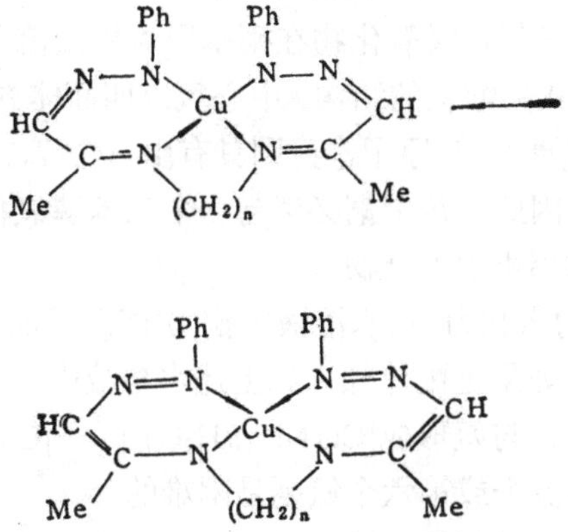

$n = 2$ 或 3

已经合成了四类配体，即甲基胺、氨基乙酸、乙二胺和亚氨基二乙酸的 N–取代的 2–(4–磺酸基)吡咯基甲基衍生物，它们由去质子的吡咯基配位[17]，如

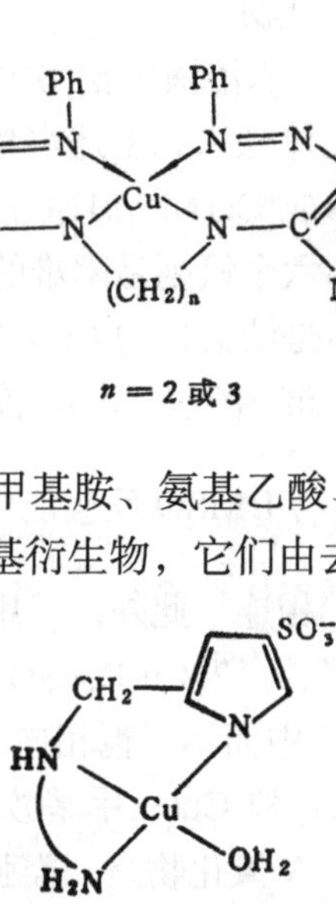

铜(II)与三齿配体 2，3–py_2tri 和 3，3–py_2tri 形成 1∶1 配合物，配位数为 5 或 6.3，3–py_2tri 与可极化阴离子(Cl，Br，I)结合产生含一个未配位 py 的四面体结构[18].

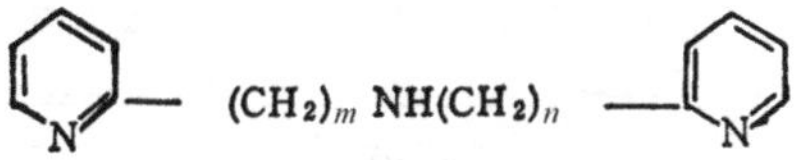

2，3-py_2tri，m=2，n=3

3，3-py_2tri，m=n=3

(4) 含磷和砷配体的铜(II)配合物

大多数二价铜盐均可为叔膦和叔胂还原，并分别产生膦的氧化物与胂的氧化物，例如，甲基二苯基膦部分还原氯化铜(II)得到 $Cu^{II}[CH_3(C_6H_5)_2PO]_4[Cu^{I}Cl_2]_2$. 双

齿配体如 1，2–双(二甲基胂基)苯与铜(II)则不形成配合物.

以膦和胂的氧化物为配体的配合物(如 CuL_2X_2 和 CuL_4X_2，X = Cl，Br，ClO_4 和 NO_3)中氧是配位原子，在 CuL_4X_2 中，可能有四个配体和铜相连成平面正方形. 从异丁酮中重结晶 $Cu[Ph_3PO]_2Cl_2$ 时，得到橙色碱式盐晶体 $Cu_4OCl_6[Ph_3PO]_4$. 此外，氯化铜(II)、氧化铜(II)和三苯基膦氧化物在硝基甲烷中回流几小时亦可析出同一晶体. 这一配合物类似碱式醋酸铍的结构，中心氧以四面体方式和四个铜原子配位，而六个氯桥联相邻的铜原子，铜原子本身则具有由三个氯(238pm)和两个氧(190pm)组成的三角双锥结构，因此，每个铜必然与一个三苯膦氧化物配体连接.

(5) 含单齿氧配体的铜(II)配合物

铜(II)对氧有较强的亲和力，在水溶液中铜(II)能形成四方畸变的$[Cu(H_2O)_6]^{2+}$，其Δ值为 12 500cm^{-1}. 如果把配体加入到上述水溶液中，则水分子被逐步取代而形成此种配体的配合物，与氨形成$[Cu(NH_3)(H_2O)_5]^{2+}$…$[Cu(NH_3)_4(H_2O)_2]^{2+}$等几种配离子，但是要加上第五个或第六个氨则是困难的.

尽管从溶液中结晶时得到的是淡蓝色的 $Cu(DMSO)_4(ClO_4)_2$ 晶体，但有人认为高氯酸铜(II)的 DMSO 溶液中也可能含有 $Cu(DMSO)_6^{2+}$. 其他的 $CuX_2\left(X = Cl，Br，NO_3,\frac{1}{2}SO_4\right)$与 DMSO 反应能生成 $Cu(DMSO)_2X_2$，它们的红外光谱证明 DMSO 中的氧与铜(II)相连. 此外，二甲亚砜配合物的氯化物或溴化物是组成为$Cu(DMSO)_4CuX_4$的二聚物[19]. $Cu(DMSO)_3Br_2$最容易失去一分子DMSO，并且该 DMSO 分子仅存在于晶格中而不与铜相连.

红外光谱证明，在 $Cu(tu)_2Cl_2$ 和 Cu(三甲基胺 *N*–氧化物)$_4(ClO_4)_2$ 中也是氧与铜相连. 此外，吡啶与取代吡啶–*N* 氧化物是一类强的氧给予体分子，曾制备出黄绿色高氯酸盐 $CuL_6(ClO_4)_2$(L = 吡啶氮氧化物). 但在四氟硼酸和高氯酸的四(吡啶 *N*–氧化物)合铜(II)配合物中，铜呈单纯平面正方形配位，像 $CuL_6(ClO_4)_2$ 一样，它们的磁矩是正常的(1.9—2.1B.M.). 此外，吡啶 *N*–氧化物与卤化铜(II)生成 1∶1 配合物时，则具有反常的低磁矩，并随温度降低而减小，这类配合物为双核结构的畸变四面体配位铜

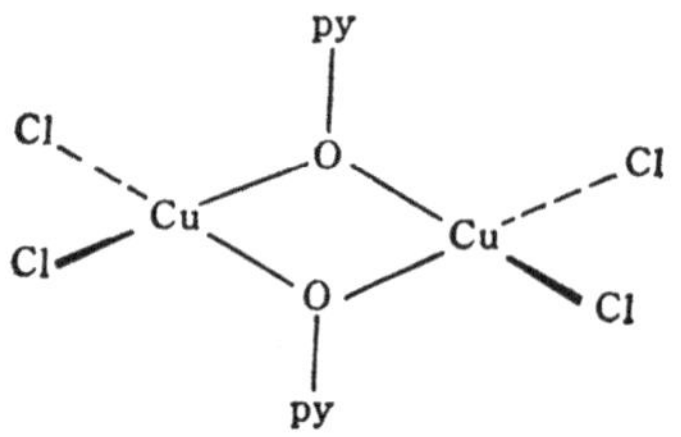

Cu—Cu 距离为 323pm

这类配合物还能加上一分子吡啶 *N*–氧化物、二甲基甲酰胺或二甲亚砜得到 CuL_2X_2 或 $CuLL'X_2$，它们也是二聚体.

已经制备出 $Cu(Apy)X_2$ 的乙酸合铜(II)和芳基羧酸合铜(II)配合物[Apy = 安替比啉(如下图)，X = 乙酸根，苯甲酸根，磺基水杨酸根和 *o*，*m*，*p*–甲基水杨酸根]

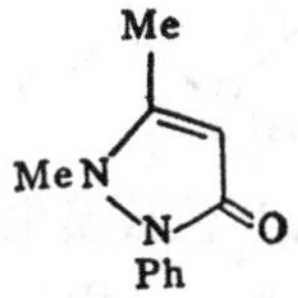

磁性测量指出配合物为具有金属原子之间交换作用的双核结构[20].

(6)含多齿氧配体的铜(II)配合物

在这类配体中以 *β*–二酮类研究得比较多，它们与铜(II)可生成如下所示的螯合物

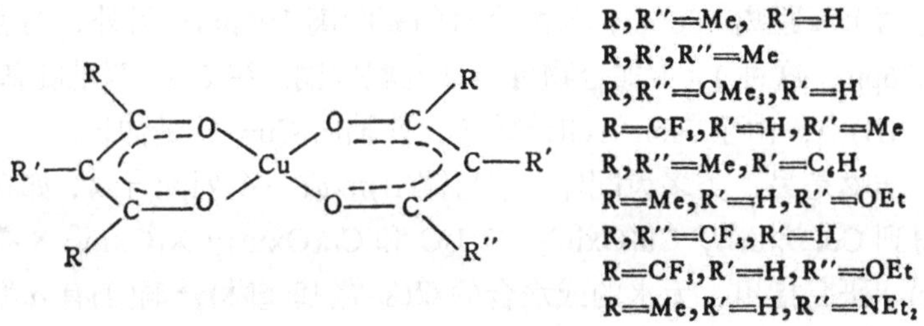

$Cu(acac)^+$在水中不稳定(acac = 乙酰丙酮)，但可存在于正丙醇中，并且离析出 $Cu(acac)ClO_4$，此配合物遇水立即水解为水合 Cu^{2+}和 $Cu(acac)_2$.

已制备出一系列羟基醌型化合物 Cu(L—2H)，它们有如下的多聚结构[21]

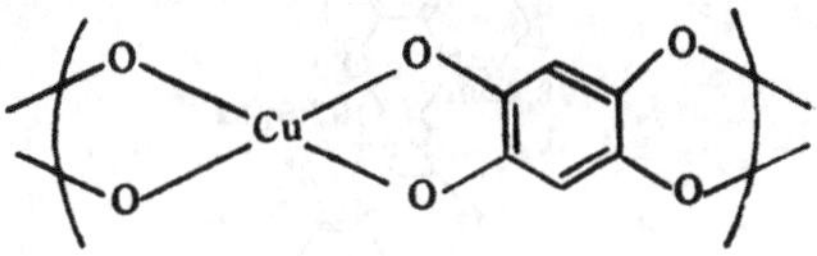

抗坏血酸铜(II)的催化氧化作用已经反复研究过，曾假定该过程涉及如下所示的铜的双核配合物[21]

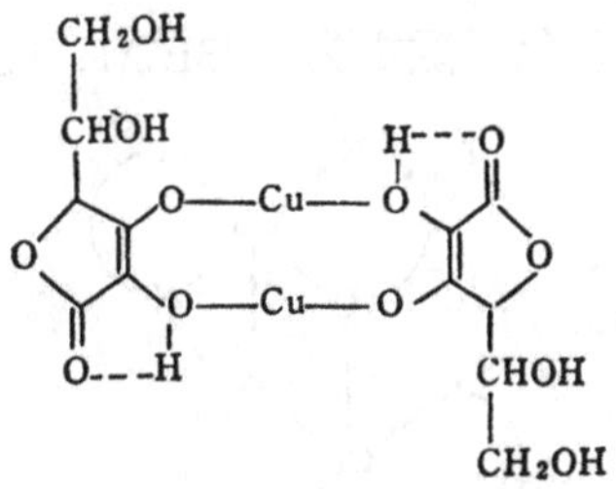

平面正方形化合物[Cu(OX)] · $0.5H_2O$，[Cu(OX)L](L = py 或 phen)，和

$[Cu(OX)L_2]$($L = PhNH_2$，en，$MeNH_2$，或 $EtNH_2$)已经制备出来[22]，$[Cu(OX)(NH_3)_2]\cdot 2H_2O$(OX = 草酸根)的结构研究指出铜原子为六配位结构，如下图

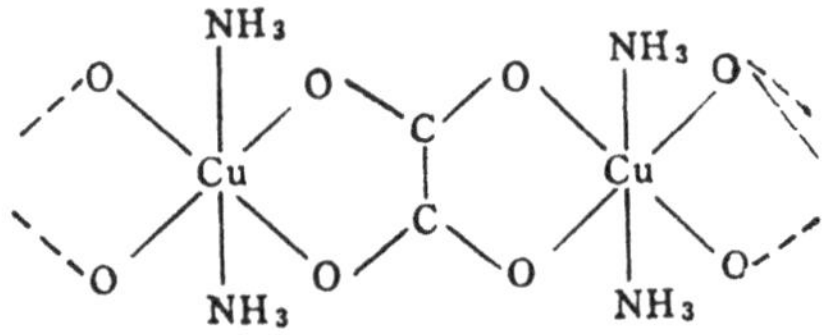

β–二酮合铜遇酸不稳定，但若 R′位被溴化或硝化时则产物是稳定的，这是高度稳定的平面正方形结构所致，因此，它们与给予体分子反应时一般不生成稳定的加合物，但当 $R = CF_3$ 或 R′，$R'' = CF_3$ 时，则能得到稳定的 1∶1 和 1∶2 固态加合物，如三氟乙酰丙酮合铜(II)二吡啶溶剂化物、双三氟乙酰丙酮合铜(II)一吡啶溶剂化物等. 苦味酸二水・乙酰丙酮合铜(II)(在潮湿的 CH_2Cl_2 中，由苦味酸与螯合物反应所生成)的 X 射线结构分析说明，呈平面构型的四个氧原子围绕着铜，其中与配体上两个氧距离 188pm，与两个水的氧距离 195pm；另外，与苦味酸的酚氧距离为 276pm. 这种 1∶1 加合物可能含五配位铜. 在 2, 2′–双吡啶基双(六氟乙酰丙酮)合铜(II)中，由于 Jahn–Teller 效应，使轴向 Cu—O 键伸长.

8–羟基喹啉是另一类多齿配体，它与铜(II)形成一系列配合物，如在乙醇或水溶液中可得到 $Cu(Oxin)_2$，$Cu(Oxin)_2\cdot 2H_2O$ 和 $Cu(Oxin)\cdot X$(Oxin = 8–羟基喹啉，X = Cl，Br). 研究指出，无水的或水合的双(8–羟基喹啉)合铜(II)有 α 型和 β 型两种，它们的磁性及其他物理性质并不相同，如青铜色的 $Cu(Ox)_2\alpha$ 变体的磁矩为 1.95B.M，两个 Ox 与铜(II)连接成平面

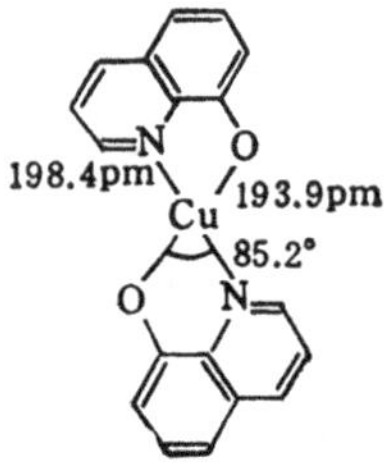

此外，它还与相邻分子的氧形成弱键(Cu—O 距离 332.4pm)，从而成为围绕铜的畸变八面体配位. β 型变体为黑色，磁矩为 1.73B.M，此时铜为五配位

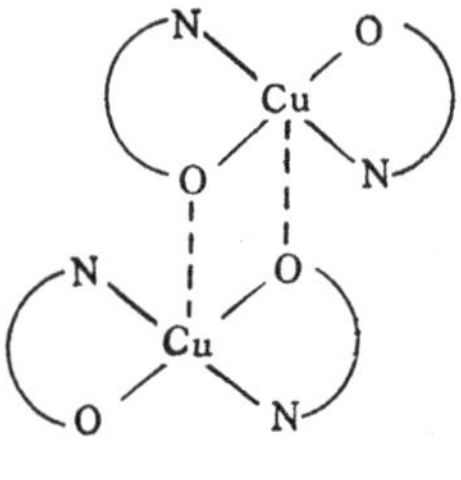

成为稍微畸变的四方锥构型．此外，在 8–羟基喹啉配合物的二水合物中，两个 Ox 配位体以正方形围绕铜，而两个水分子则处于轴向位置．无水 8–羟基喹啉的配合物与 1，2，4，5–四氰基苯生成黑色 1∶2 分子配合物，其晶体由许多给予体分子和接受体分子交替连接构成，每个四氰基苯的一个氮配位于铜(Cu—N 距离 295pm)，从而构成普通畸变八面体．

二乙酰胺 $CH_3CONHCOCH_3$ 也是一个二齿螯合配位体，它与铜(II)生成类型为 $Cu(C_4H_7O_2N)_2(ClO_4)_2$ 的配合物，其中的两个氧为给予原子[23]．

$R_2N(CH_2)_2NH(CH_2)_3OH$ 与 $Cu(ClO_4)_2$ 和 NaOH 在水溶液中反应离析出两类配合物：双核配合物的绿色晶体(a)和三核配合物的蓝色晶体(b)[24]．

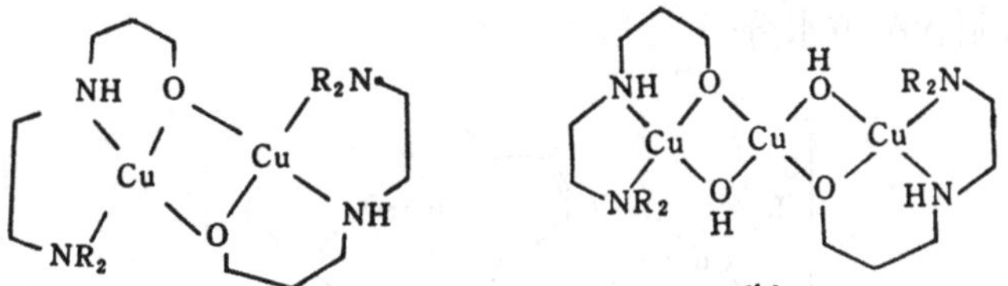

(a) (b)

由乙二胺衍生的胺醇类 $HO(CH_2)_2NH(CH_2)_2NH(CH_2)_2OH(L')$，$HO(CH_2)_2NH(CH_2)_2NH_2(L'')$ 和 $HO(CH_2)_3NH(CH_2)_2NH_2(L''')$ 形成畸变八面体 $CuL_2Y_2\left(L=L', L'', 或L'''; Y=ClO_4或\frac{1}{2}SO_4\right)$，它们含平面 CnN_4 基，具有醇羟基的氧轴向配位．在 $CuL_2Cl_2(L=L''或L''')$中，轴向配体是氯原子，同时，$CuL''(NO_3)_2$ 含一个轴向 ONO_2 根和一个配位 OH 基[25]．胺氧化物 $R_2N(O)CH_2CH_2OH$(R=Me，Et，Pr 或 Bu)形成 Cu(L—H)X(X=Cl 或 Br)，它们含去质子的 $R_2N(O)CH_2CH_2O^-$，可能是带烃氧基金属(alcoxide)桥的二聚体[26]．

配体 2，6–双–(*N*–2′–氨乙基氨甲基)–*p*–甲酚形成双核平面 CuLXY 配合物

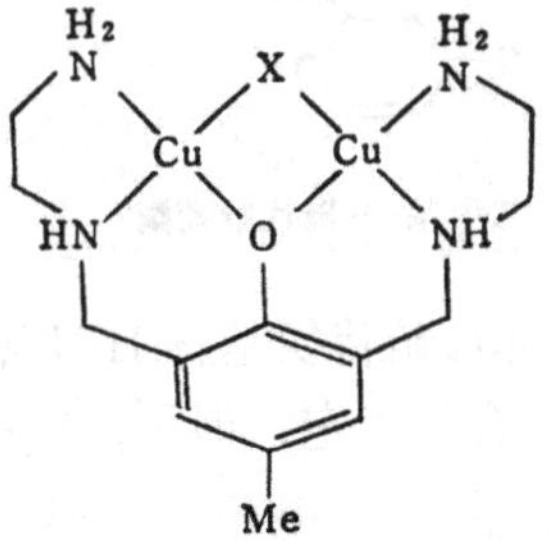

X=OH,Cl 或 Br,$Y=(ClO_4)_2$;
X=PYO,$Y=(ClO_4)_3,H_2O$

以及五配位的 $Cu_2L[X_mY_n][m+n=3; XY=(CNS)_2ClO_4, (CNS)_3, Br_2ClO_4, 或 Cl_2ClO_4]$ 和单核配合物 $CuL(ClO_4)$，它们可能是畸变三角双锥构型[27]．

N–乙酰基–苯甲酰肼形成 Cu(L—2H)配合物

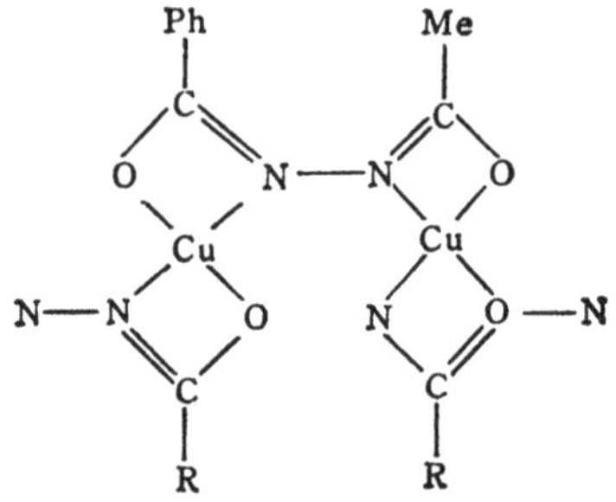

它是平面构型，但不同于镍与钴的类似化合物的结构[28].

三聚的 $Cu_3(dmg)_2X_4 \cdot nH_2O$(dmgH=丁二酮肟)中当 X=Cl 时，含配位卤离子，而当 X=Br 时则含配位水分子

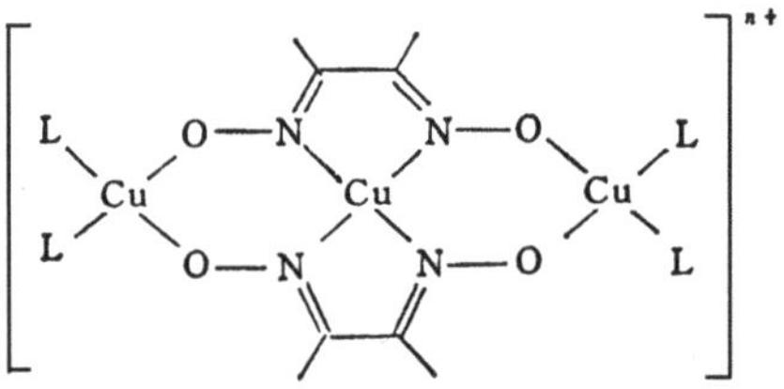

L=Cl，$n=0$
L=H_2O，$n=4$

$Cu_3(dmg)_4(NO_3)_2$ 可能含直线型 Cu_3 体系，中心 Cu 为 4O 围绕，其他两个 Cu 则与 4N 配位，硝酸根则未参与配位[29].

(7)含硫配体的铜(II)配合物

铜(II)对硫有较强的亲和力，因而在与同时含氧与硫的配体所形成的配合物中，发现是硫与铜成键，如 1，4–噻噁烷和 2，6–二甲基–4–硫代吡喃酮

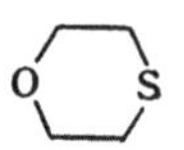

1，4-噻噁烷

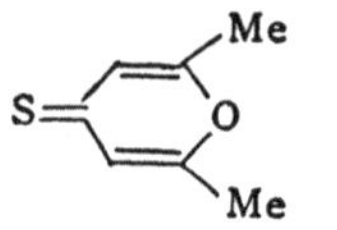

2，6-二甲基-4-硫代吡喃酮

就是这类配体. 与此相似，*N*，*S*–螯合配位体如硫代氨基脲 $H_2NC(S)NHNH_2$ 与铜生成的配合物较含氧类似物氨基脲生成的配合物稳定，但是，*S*–甲基–L–半胱氨酸等氨基酸则是通过 N 和 O 与铜结合的.

某些含硫螯合配体如二乙基二硫代氨基甲酸，2，5–二噻己烷、双硫腙(二苯基硫代卡巴腙)等都能与铜(II)生成配合物. 在二乙基二硫代氨基甲酸铜中，铜为五配位，四个硫原子在同一平面上，铜原子在此平面外约 26pm 处；第五个配体在 285pm 处，最邻近的碳原子则在相当远的 378pm 处；铜(II)与 2，5–二噻己烷

反应能得到 1：1($CuLCl_2$)和 1：2($CuL_2[ClO_4]_2$)两种类型的配合物.

此外，二价阴离子(dianion)配体

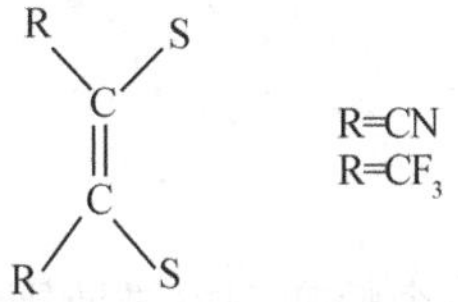

与铜(II)形成阴离子配合物，并能被氧化为对应的反磁性铜(III)配合物.

作为分析试剂的双硫腙(H_2D_2)与铜(II)能形成红色配合物 $Cu(HDz)_2$，在此配合物中，*N*，*S*–螯合配体分子以平面反式构型排列围绕于铜

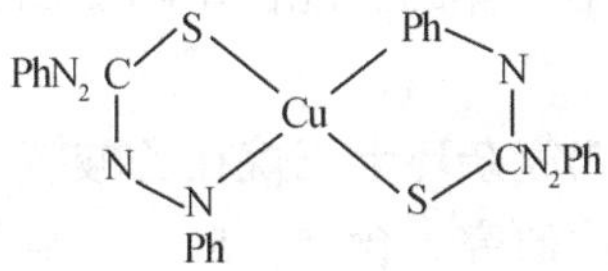

此外，*N*–烷基硫代吡啶酰胺与铜(II)也能生成类似的，*N*，*S*–螯合物.

(8)大环配体配合物

近年来，铜(II)的大环配体配合物的研究进展较快，已经制备出不少铜(II)的大环配合物， 并对其结构、性能和应用进行了研究，其中以单核配合物研究较多，如 1.4 中的酞菁铜. 现再举若干例子叙述于后.

Dei 等为进一步研究大环效应，测定了下述反应的热化学

$Cu(2, 3, 2\text{-tet})^{2+} + cyclam \rightleftharpoons Cu(cyclam)^{2+} + 2, 3, 2\text{-tet}$(2，3，2–tet = 1，4，8，11–四氮杂十一烷；cyclam = 1，4，8，11–四氮杂环十四烷)，认为大环效应是由于 $Cu(cyclam)^{2+}$配合物中较强的 Cu—N 键和适宜的溶剂化热焓所致[30]. 有研究将铜(II)的 2，3，2–tet 配合物与丙酮、二丙酮醇或苯基氧化物反应得到 5，5，7–三甲基–(1，4，8，11–)四氮杂环十四–4–烯的大环配合物[31]. 关于氯–2，7，12–三甲基–3，7，11，17–四氮杂双环[11，3，1]十七–1(17)，2，11，13，15–五烯与铜(II)的配合物是五配位的二水合硝酸盐，其结构为含一个顶点氯原子的四方锥[32].

由 1，3–丙二胺和 4–甲基–2，6–二甲酰基–苯酚缩合形成的 Schiff 碱大环多齿配体(H_2L)

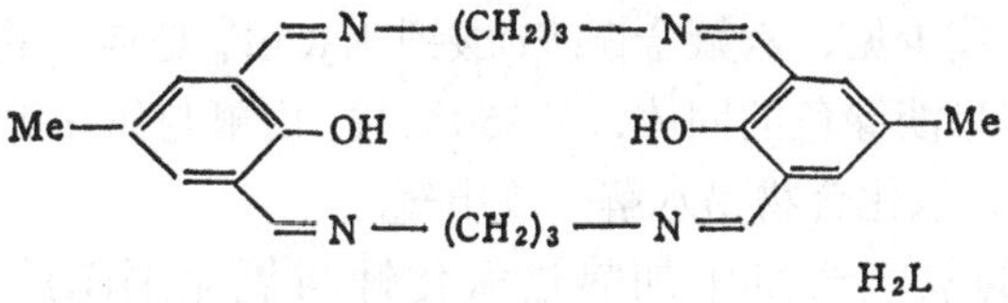

H_2L

的铜配合物 $LCu_2Cl_2 \cdot 6H_2O$，其环状结构中有两个铜原子

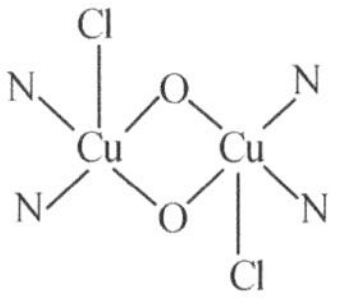

Cu—Cu=313.3pm，每个铜为一个畸变四方锥所围绕，顶点是氯原子.

由乙酸铜(II)与卟啉在乙醇–苯中形成配合物的动力学已经研究，其反应速度随着溶剂中极性组分浓度的降低而降低. 铜(II)离子、乙二酰二酰肼，氨与过量乙醛在空气中反应的最终产物作为紫色和绿色化合物而离析出来，前者是一个具有四个底氮和一个顶端水分子给予体的五配位微畸变四方锥，后者与这一构型很接近[3].

铜(II)和 1，4，7，10–四氮杂环十三烷在乙酸缓冲液中所形成配合物的热力学和动力学性质已经用极谱法研究，含 5，5，6，6–螯合环的大环配合物的稳定常数约为对应的含 5，6，5–和 5，5，5–螯合环的开链配合物稳定常数的 10^5—10^9 倍. [34]

顺式和反式的四氮杂大环与铜(II)的配合物异构体已经制备出来，这里顺式与反式异构物是由于在[18]dieneN_4 大环配体中两个双键的相对位置不同所致. 在两异构体中，由于 Cu—N 结构张力的差异使顺式呈明显的四面体畸变(含 36.6°二面交角)，而在反式配合物中，此角仅为 11.5°.

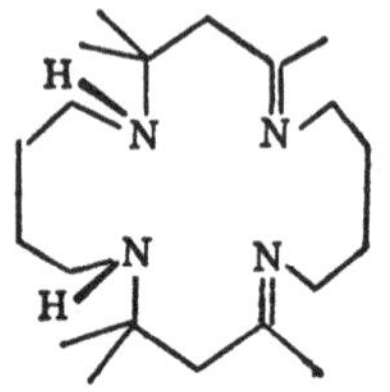

cis-［18］dieneN_4

1.10　铜(III)化合物

Cu(III)有 8 个 3*d* 电子，它们排列为高自旋(两个未成对电子)或低自旋(抗磁性)两种构型，前一种较少见，六氟合铜(III)酸钾 K_3CuF_6 是唯一的顺磁性铜(III)配合物($\mu = 2.8$B.M)，是呈淡绿色的固体，在 250℃时，由氟与氯化钾和氯化铜(I)的 3∶1 混合物反应制备，该化合物易水解并放出氧.

在一大气压的氧气气氛中加热过氧化钾与氧化铜(II)的混合物至 400—

450℃24 小时，可制得铜(III)酸钾 $KCuO_2$. 它是一种晶状浅蓝色反磁性化合物，与弱酸反应时分解为氧和铜(II)盐；高于 500℃时，此化合物是不稳定的. 氢氧化铜(II)的浓氢氧化钠溶液与次溴酸钠反应，生成红棕色铜(III)酸钠沉淀.

碱土金属的铜(III)盐是在 3mol · L^{-1} 氢氧化钠溶液中用 $NaCuO_2$ 与氯化钡反应制备的，加热铜(III)盐时放出氧，而与浓盐酸反应则放出氯和氧. I^- 离子定量还原 Cu(III)为 Cu(I)，并析出碘，因此可用硫代硫酸钠标准溶液以容量法测定铜(III).

铜(III)的碲酸根合与高碘酸根合配合物如 $Na_7[Cu(HTeO_6)_2] \cdot 14H_2O$，$K_4H_3[Cu(IO_6)_2] \cdot 4H_2O$，$K_3H_4[Cu(IO_6)_2] \cdot 6H_2O$ 和 $Na_7[Cu(IO_6)_2] \cdot 15H_2O$ 是比较熟知的，Cu(III)在这些配合物中是低自旋态的，铜原子周围是氧原子构成的平面正方形. 深棕色的高碘酸根合铜(III)酸盐容易被糖类、酚类等有机化合物还原而变白，故可用于鉴定这些有机化合物的存在，但不宜用于定量测定.

由 *S*，*S*–螯合配体(顺丁烯二腈二硫醇盐，*N*，*N*–二烷基二硫代氨基甲酸酯)衍生物得到的几种抗磁性铜(III)配合物也为平面四配位构型.

1.11 铜的分析化学

定性鉴定铜的方法有多种.

p–二甲氨基苄叉罗丹宁与铜(I)离子在中性或弱酸性乙醇溶液中生成紫色溶液或沉淀，铜(II)离子在中性溶液中与之反应则得到淡红色溶液或沉淀，在酸性溶液中则不发生反应. 检出铜(I)的稀释限度为 $1:3\times10^6$.

亚铁氰化钾在中性或弱酸性溶液中与铜(II)离子反应生成红棕色沉淀 $Cu_2[Fe(CN)_6]$，沉淀不溶于稀酸而易溶于氨水.

α–苯偶姻肟(即试铜灵)$C_6H_5 \cdot CHOH \cdot C(=NOH) \cdot C_6H_5$ 与铜(II)离子在稀氨溶液中反应生成绿色沉淀 $Cu(C_{14}H_{11}O_2N)$，沉淀不溶于稀氨水. 在酒石酸铵溶液中，此反应是铜(II)的特效反应，灵敏度为 0.1μgCu，稀释限度 $1:5\times10^5$.

水杨醛肟 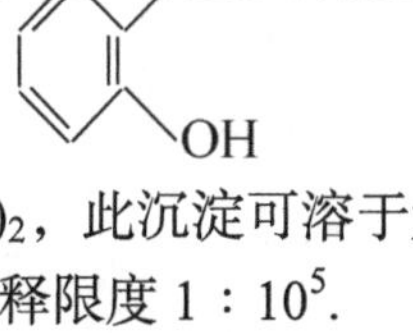

在醋酸溶液中与铜(II)离子反应生成黄绿色沉淀 $Cu(C_7H_6O_2N)_2$，此沉淀可溶于无机酸. 仅有 Pd 和 Au 干扰此反应，灵敏度为 0.5μgCu，稀释限度 $1:10^5$.

红氨酸(二硫代草酰胺) $H_2N-C(=S)-C(=S)-NH_2$ 在氨性或弱酸性溶液中与铜(II)离子反应生成黑色 $Cu[C(=NH)S]_2$ 沉淀，类似条件下仅有镍和钴离子与之反应分别得到蓝色和棕色沉淀. 反应的灵敏度为 0.01μg，稀释限度为 $1:2\times10^6$.

双环己酮草酰双腙与铜(II)离子在微碱性溶液中反应得到深蓝色产物，稀释限度1∶4×10^7.

铜的定量测定方法很多，主要有以下几种：

1. 电解法

此法测定范围很宽，可用于含铜约 0.1%—100%产品的分析. 电解时，铜在铂网阴极上析出，电解完毕后洗涤并烘干电极即可进行称量，从而求得铜含量. 由于此法操作简便，人为因素的影响可减少至很小，因而准确度与精密度相当高，而且除去铜后的溶液还能用于其他组分的测定，但溶液所含组分较多时，干扰情况比较复杂.

2. 容量法

容量法测定铜的主要特点是方便，其中最主要的是碘量法，可用于低浓度至中等浓度铜的测定. 此法的依据是在微酸性溶液中，铜(II)离子与碘化钾反应析出化学计量的碘，用标准硫代硫酸钠溶液滴定，用淀粉作指示剂

$$2Cu(C_2H_3O_2)_2 + 4KI \longrightarrow Cu_2I_2\downarrow + 4KC_2H_3O_2 + I_2$$

$$I_2 + 2Na_2S_2O_3 \longrightarrow Na_2S_4O_6 + 2NaI$$

碘量法测定铜有两种方式：(1)用硫化氢、硫代硫酸钠或金属铅等将铜沉淀为硫化物或以金属析出，从而与在酸性溶液中能与碘化钾反应的大多数元素分离，然后用碘量法测定之，称为“长碘法”. (2)在不分离铜的情况下，用氟化物掩蔽铁(III)的干扰，然后用碘量法测定，称为“短碘法”. 碘量法测铜是快速而且准确的.

有时也采用其他容量法测定铜，如用氰化物滴定硫酸铜(II)，用 EDTA 滴定相当纯的铜(II)盐等.

3. 比色法

测定铜的比色方法很多，常用的有以下几种，它们可用于许多复杂物质中铜的测定.

(1) 二乙氨基二硫代甲酸钠法

试剂结构式为

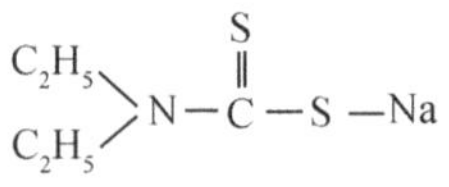

在微酸性、中性或碱性溶液中，它与 0. 1ppm 铜(II)生成黄褐色溶液，而与 1ppm 铜(II)反应则出现深棕色浑浊. 此法可在 Fe，Al，Co，Ni，Mn，Zn，Cd，Sb，Bi，Sn，Pb 和 Hg 存在下直接测定铜(II).

(2) 双硫腙法

试剂组成为 Ph—N═N—C(S)—NH—NH—Ph，溶于四氯化碳或氯仿成为绿色溶液，在稀无机酸中与铜(II)反应形成红紫色酮式配合物，方法十分灵敏. 有关干扰元素的分离方法可参考[35].

(3) 2, 2′–联喹啉法

试剂与铜(I)离子形成有色配合物，用戊醇萃取与大多数元素分离后测定.

(4) 新亚铜灵(Neocuproine)法

新亚铜灵即 2，9–二甲基–1，10–邻二氮杂菲，在 pH2—10 与铜(I)离子反应形成黄色配合物，可被氯仿等有机溶剂萃取并于 427nm 处进行光度测定.

(5) 氢溴酸法

铜(II)离子与氢溴酸和磷酸的混合物反应形成紫色配合物，可于 600nm 或 660nm 处测量其吸光度，对于多种冶金产品中的低含量铜，这是一个方便而经济的测定方法.

4. 重量法

重量法测定铜用得很少，因为大部分有关铜的测定均可用电解法、容量法、比色法或原子吸收法进行，但有些情况下采用重量法仍然是可行而且方便的. 重量法测定铜是在低于 0.5mol·L^{-1} 的盐酸或硫酸溶液中，铜(I)离子可为硫氰酸铵定量沉淀，在 110℃干燥沉淀至恒重，称量所得硫氰酸铜(I)CuSCN，换算因数为 0.5226. Sb，As，Bi，Cd，Co，Fe，Ni，Mn，Zn 和 Sn 等均不干扰测定.

少量铜(II)也可采用极谱法测定[14, 15]. 在氨、浓氯化铵、吡啶和硫氰酸盐介质中，在滴汞电极上可逐步产生还原作用，形成相当稳定的铜.

许多种试样中的铜也可采用发射光谱法测定，以电弧为激发光源，有许多条谱线可用于测定，最常用的为：224.261，224.700，227.6，229.4，282.437，296.116，324.754，327.396 以及 510.554nm 等.

也可采用 X 射线荧光法测定铜[15]，可测定的范围是 0.1%—100%，使用 0.1392nm 和 0.1542nm 线.

原子吸收分光光度法测定铜是快速和准确的，最大灵敏线为 324.75，灵敏度为 0.1ppm，也可采用其他线. 空气–煤气和空气–乙炔火焰均可获得满意结果.

此外，还可采用中子活化法测定铜[36].

表 19.11 某些典型含铜化合物的结构

I. 八面体

化合物	结构说明
规则的	
$K_2PbCu(NO_2)_6$	Cu—N＝211pm 是具有这一配位类型的仅有的含铜化合物，其光谱可用 Jahn–Teller 效应(动态)解释.
畸变的(4+2)	

续表

化合物	结构说明
CuF_2	畸变金红石结构，4F 在 193pm，2F 在 227pm.
$CuF_2 \cdot 2H_2O$	F 和 H_2O 之间形成氢键，2F 在 189.8pm，2O 在 194.1pm，2F 在 246.5pm.
$CuCl_2$	由$(CuCl_2)_x$链组成的层状结构，4Cl 在 230pm，2Cl 在 295pm.
$CuCl_2 \cdot 2H_2O$	具有反式构型的有限平面 $CuCl_2 \cdot 2H_2O$ 基团的组合，2Cl 在 228pm，2O 在 193pm，2Cl 在 295pm.
$CuBr_2$	与无水氯化物类似，4Br 在 240pm，2Br 在 318pm.
$KCuCl_3$	$Cu_2Cl_6^{2-}$ 离子被“长”的 Cu—Cl 键连接，4Cl 在 224.8pm，226.7pm，232.2pm 和 231.4pm. 2Cl 在 294.1pm 和 311.3m.
NH_4CuCl_3	与钾盐类似，4Cl 在 225—232pm，2Cl 在 319pm.
$CsCuCl_3$	畸变六方密堆积 Cl 和 Cs 层，Cu 占据八面体的孔穴，Cu—Cu 距离 306.2pm，无认可的 Cu—Cu 直接键合，4Cl 为 235pm 和 228pm，2Cl 在 278pm，正常磁矩直至 80K.
Na_2CuF_4	与钾盐不同(见后)，4F 在 191pm，2F 在 237pm.
$K_2CuCl_4 \cdot 2H_2O$	无平面型 $CuCl_4^{2-}$ 离子；2O 在 197pm，2Cl 在 295pm 及 2Cl 在 232pm.
$Cu(OH)_2$	OH 桥形成无限链，此链聚集于相邻链的 Cu 原子之上(或之下)的一个链的桥氧原子上，4O 在 193pm，2O 在 263pm，Cu—Cu 距离 295pm.
$Cu_2(OH)_3Cl$	两个结晶类型不同的铜原子(无化学意义)具有 4O 在 202pm，2Cl 在 276pm，或者，4O 在 200pm，1O 在 236pm，1Cl 在 275pm.
$CuSO_4 \cdot 3H_2O$	SO_4 的 1O 和 $3H_2O$ 形成平面正方形 CuO_4 基，Cu—O ═ 196pm，并与 $2SO_4$ 的氧原子距离为 239 与 245pm，完成畸变八面体配位.
$Cu(C_5H_5N)_2SO_4 \cdot 2H_2O$	铜有 $2H_2O$ 在 204pm 与 2 个吡啶 N 原子在 200pm；SO_4 四面体的 2O 在 238pm.
$Na_2Cu(SO_4)_2 \cdot 2H_2O$	桥联的 SO_4 基；$2H_2O$ 在 195pm，SO_4 基的 2O 在 199pm；2O(SO_4)在 241pm.
$Cu(HCOO)_2 \cdot 4H_2O$	$Cu(HCOO)_2 \cdot 2H_2O$ 组成的无限链；4O(来自四个不同的甲酸基)在 200pm；$2H_2O$ 在 236pm. 链由通过其他 $2H_2O$ 的氢键连接.
$Cu(EtO\underset{\underset{O}{\|}}{C}CHCOCH_3)_2$ (乙基乙酰乙酸铜 II)	4O 在 191—194pm，其次最邻近的是相邻分子中—CH—基的 C 原子，在 310pm.
$Cu(C_5H_5N)_2Cl_2$	2N 在 202pm，2Cl 在 228pm，为较弱的 CuCl 键聚集为链；2Cl 在 305pm.
α-$Cu(NH_3)_2Br_2$	2Br 在 254pm，2N 在 193pm，2Br 在 308pm.
$Cu(N_3)_2$	平面二叠氮 Cu(II)链，$[Cu(N_3)_2]_x$ 为长 Cu—N 桥所连接，Cu—N(平面)平均距离为 200pm，长 Cu—N 键距离为 254pm 和 271pm.
$Cu(NH_3)_2(N_3)_2$	畸变八面体链，以 N_3 基成交角连接，$2NH_3$ 在 198.5pm，$2N_3$ 在 205.3pm，$2N_3$ 在 256 和 267pm.
$Cu(en)_2(NO_3)_2$	乙二胺分子为歪的多角形，4N 在 203pm，2O 在 259pm，高氯酸盐与此相似.
$Cu(NH_3)_4(NO_2)_2$	平面上的 $4NH_3$ 在 199pm，来自 NO_2 上的 2N 在 265pm.
$CuCl_2 \cdot$(1，2，4–三唑)	$CuCl_2$ 的无限链，其中八面体型基为共享的棱边与三唑分子连接起来，2N 在 198pm，2Cl 在 234pm，2Cl 在 277pm.
双(苯–偶氮–β–萘酚)合铜(II)	每个偶氮基仅有一个 N 与 Cu 键合；2O 在 193pm，2N 在 201pm，2O 在 300pm.
$Cu(H_2O)_6(NH_4)_2(SO_4)_2$	水分子在 Cu 周围以八面体型配位，有斜方晶系畸变作用；Cu—O 距离为 222，210，196pm.
$Cu(H_2O)_6(ClO_4)_2$	$6H_2O$ 围绕 Cu 的八面体型配位；Cu—O 距离为 228pm，216pm 和 209pm.
$Cu[C(CN)_3]_2$	来自六个不同 $C(CN)_3$ 基的 6CN 环绕着 Cu，4N 原子处于共平面，在 198pm，而 2N 在 249pm. 三氰基甲基基团是平面型的.
畸变的(2+4)	
$KCuF_3$	畸变 Perovskite 结构；2F 在 196pm；4F 在 207pm.
K_2CuF_4	发现这一畸变作用的首例；2F 在 195pm，4F 在 208pm.
$CuSO_4$	有四个较短的和两个较长的 Cu—O 键，即 2O 在 237pm，2O 在 200pm 和 2O 在 189pm.

续表

化合物	结构说明
畸变的(4+0)	
	Cu 有四个共平面键，而第五和第六个最靠近的原子离 Cu 太远不易成键
CuO	两个 84.5°与两个 95.5°的 OCuO 角，Cu—O 距离 195pm.
酞菁铜(II) $CuC_{32}H_{16}N_8$	与它的 Ni(II)对应物异构的少数几个 Cu(II)化合物之一，形状由配位体所决定，Cu—N 距离 183pm.
$Na_4Cu^{II}(NH_3)_4[Cu^I(S_2O_3)_2]_2$	Cu^{II} 是完全的平面正方形配位，无第五或第六个配位体；Cu^I 为硫代硫酸根围绕构成四面体，硫代硫酸根离子用其 S 原子桥联两个 Cu^I 离子，形成链状结构 .
$(C_5H_5NO)_4Cu^{II}X_2$ $X=BF_4$，ClO_4	四个吡啶—N—氧化物分子围绕铜构成平面正方形，Cu—O 距离，对 BF_4 为 191—193pm，对 ClO_4 为 192—193pm，其次的最邻近的原子(F 或 O)距铜 334—338pm.
双(乙酰丙酮)合铜(II)	氧原子构成的平面正方形，距铜 192pm，两个 OCuO 角=93.5°.
双(3–苯基乙酰丙酮)合铜(II)	氧原子构成的平面正方形，距铜 190—191pm，两个 OCuO 角=91.4°.
双(3–甲基乙酰丙酮)合铜(II)	平面正方形，4O 距铜 190.8pm，6C、4O 和 Cu 离平面仅 2pm，两个 γ-碳原子是最近的，距铜 321.6pm.
畸变的(4+1)	
	铜有四个共平面键，同时有一个到第五个最邻近原子的长键；第六个靠近的原子相对较远，与铜原子的距离通常大于 320pm
$Cu(NH_3)_4SO_4 \cdot H_2O$	$4NH_3$ 在平面上(205pm)，一个 H_2O 距铜 259pm，第二个 H_2O 距 337pm.
$CuSeO_3 \cdot 2H_2O$	3O 和 $1H_2O$ 在平面上，(Cu—O=196pm)，$2H_2O$ 分别为 227pm 和 321pm.
$CuTeO_3 \cdot 2H_2O$	与上述 $CuSeO_3 \cdot 2H_2O$ 相似；Cu—O 距离为 199，179，193 和 197pm；$2H_2O$ 分别距铜 235pm 和 334pm.
$Cu(CH_3NO_2)(NO_3)_2$	四个桥联的硝酸根在平面正方形上，距铜 195pm，硝基甲烷的氧原子距铜 231pm.
$Cu(HDX)_2$ H_2DX=丁二酮肟	两个有机原子团并不完全在同一平面上；Cu—N 距离 194pm，由一个邻近分子的氧原子与铜连接，生成二聚物；其次的邻近基团是 CH_3，距铜 376pm.
N, *N'*–乙撑基–双(乙酰基丙酮亚胺)Cu(II)	2N(分别为 195 和 199pm)和 2O(分别为 192 和 196pm)在平面正方形上，一个分子的定域环直接覆盖于邻近的铜原子，形成“五配位”.
(*N*, *N'*–双水杨内酯乙二胺)·Cu(II)	二聚分子，使二聚单元结合在一起的 2Cu—O 键长 241pm，2N(在 194 和 208pm)，2O(在 191 和 203pm)在平面上.
(*N*, *N'*– 双水杨内酯丙二胺)·Cu(II)·H_2O	2N(在 178 和 195pm)，2O(在 188 和 194pm)在含水分子的平面上，水分子距铜 253pm.
双(*N*-甲基水杨醛基)–二胺合铜(II)单分子吡啶加合物	来自螯合配体的 2O(在 200pm)和 2N(在 189pm)在平面正方形上，吡啶氮在此平面之上 231pm.
二乙基二硫代氨基甲酸铜(II)	4S(在 231.7，229.7，230.1 和 233.9pm)在围绕铜的平面上；垂直于此平面上的 S 原子在 285pm，另一个最邻近的是配位体中的一个碳原子，在 378pm.
$(CH_3)_2NH_2^+CuCl_3^-$	离析出的 $Cu_2Cl_6^{2-}$ 二聚体与第五个氯构成铜的畸变四方锥，2Cl 在 225—230pm，2Cl 在 231—235pm，1Cl 在 273pm，另一个最邻近的是甲基，在 378pm.
二水·乙酰丙酮合铜(II)苦味酸盐	4O 在平面上，2 个(由乙酰丙酮给出)在 188pm，2 个(由 H_2O 给出)在 195pm，由苦味酸根给出的第五个氧在 276pm，其次一个最邻近的原子是另一个分子上的 γ-碳原子，在 310pm.

II. 畸变四面体

化合物	结构说明
$CuCr_2O_4$	4O 围绕铜，具有 122°和 103°的两个 O—Cu—O 角；四方畸变尖晶石.
$CuFe_2O_4$	FeO_4 为完全未畸变的四面体.
Cs_2CuCl_4	含 $CuCl_4^{2-}$ 离子，Cl—Cu—Cl 角度为 120°和 104°，Cu—Cl 距离 222pm.

III. 三角双锥

化合物	结构说明
$[Cu(2, 2'\text{-bipy})_2I]I^+$ 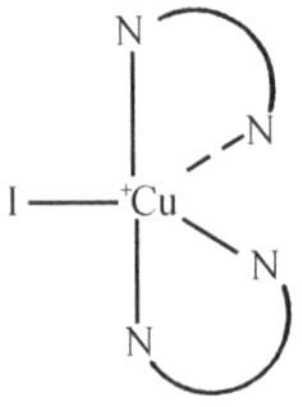	Cu—N 距离 202pm Cu—I 距离 271pm
Cu(三吡啶基)$Cl_2 \cdot 2H_2O$	与锌化合物 Zn(三吡啶基)Cl_2 类质同晶；水分子不参与铜的配位.
Cu(1，1，7，7-四乙基二乙撑三胺)BrN_3 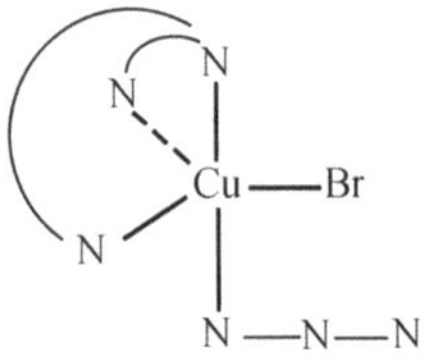	
$[CuN(CH_2CH_2NH_2)_3NCS]SCN$ 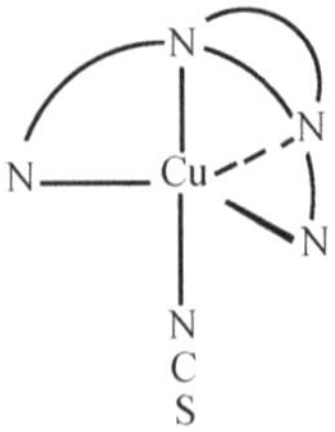	畸变三角双锥，Cu—N(赤道)206，207，和 216pm；Cu—N(轴)204pm；Cu—N(NCS)，195pm；赤道平面各角为 113°，114°和 130°.
$[CuN(CH_2CH_2NMe_2)_3Br]Br$	与前者分子结构相似，Cu—N 距离平均值为 210pm，NCuN 角=84.7°.
Cu_2OSO_4	有两种配位类型的铜，一种是畸变八面体，另一种是三角双锥，后者 Cu—O 距离为 185，200，195 和 216pm.
$Cu(NH_3)_2Ag(SCN)_3$	5N 原子围绕铜，接近规则三角双锥排列，三个赤道 NCS 在 192pm，二个轴 NH_3 在 200pm，可见光谱显示此种配位的铜仅有一个尖峰.
$OCu_4Cl_6(py)_4$	4Cu 围绕中心氧呈四面体型，桥联铜原子的 6Cl 与吡啶(与每个 Cu 键合)完成三角锥铜配位，Cu—Cl=241pm，Cu—O=190pm，Cu—N=196pm. ClCuCl 角=119°，CuClCu 角=80°，OCuCl 角=85°；吡啶分子可为三苯膦氧化物取代，3Cl 在 238pm，2O 在 190pm，也可被 Cl 取代为$(Me_4N)_4[Cu_4OCl_{10}]$.

主要参考文献

[1] A. G. Massey,in J. C. Bailar Jr. ed.,Compréhensive Inorganic Chemistry,Vol. 3,pp. 1—78,Pergamon Press(1973).

[2] N. V. Sidgwick,The Chemical Elements and Their Compounds,Vol. 1,Oxford(1950).

[3] F. A. Cotton and G. Wilkinson,Advanced Inorganic Chemistry,3rd ed.,Interscience(1972).

[4] F. H. Jardine,in H. J. Emeleus and A. G. Sharpe ed.,Advances in Inorganic Chemistry and Radiochemistry,Vol. 17,pp. 115—163, Academic Press(1975).
[5] R. S. Young. Chemical Analysis in Extractive Metallurgy,Charles Griffin(1971).
[6] R. C. Weast(ed.). CRC Handbook of Chemistry and Physics,66th. ed.,CRC Press(1985).

一般参考文献

[1] 张正斌,刘莲生,科学通报,22,164(1977).
[2] B. F. G. Johnson *et al.*,Inorganic Chemistry of the Transition Elements,London,I,245(1972).
[3] L. E. Topol *et al.,Synth. Inorg. Metal-organic Chem.*,3(1),47(1973).
[4] G. Newton *et al.,J. C. S. Dalton*,258(1974).
[5] N. V. Sidgwick,The Chemical Elements and Their Compounds,Vol. 1,Oxford(1950).
[6] F. A. Cotton and G. Wilkinson,Advanced Inorganic Chemistry,3rd ed.,Interscience(1972).
[7] J. R. Clifton and J. T. Yoke,*Inorg. Chem.*,6,1258(1967).
[8] M. I. Bruce *et al.,J. C. S. Dalton*,2433(1973).
[9] M. Barrow *et al.,J. Amer. Chem. Soc.*,93,2356(1976).
[10] M. Wicholas *et al.,Inorg. Chem.*,13,316(1974).
[11] B. Morasin,*Acta Cryst.*,B32,1237(1976).
[12] E. Dubler *et al.,Helv. Chim. Acta*,58,2604(1975).
[13] E. N. Ryabov *et al.,Zh. Neorg. Khim.*,19,835(1974).
[14] D. P. Murtha *et al.,Inorg. chim. Acta*,8,279(1974).
[15] D. Hall *et al.,Chem. & Ind.,London*,1428(1965).
[16] H. Ohta *et al., Bull. Chem. Soc. Japan*,48,2973(1975).
[17] H. Stünzi *et al.,Helv. Chim. Acta*,59,1621(1976).
[18] V. E. Uhlig *et al.,Z. anorg. Chem.*,425,217(1976).
[19] R. S. Drago *et al.,J. Phys. Chem.*,65. 1446(1961).
[20] J. Kratsuar-Smogrovic *et al.,Z. anorg. Chem.*,409,273(1974).
[21] R. F. Jameson *et al.,J. Inorg. Nucl. Chem.*,37,809(1975).
[22] J. Malaviya *et al.,J. Inorg. Nucl. Chem.*,35,1706(1973).
[23] C. S. Kraihanzel *et al.,Inorg. Chem.*,4,1037(1965).
[24] Y. Nishida *et al.,Chem Lett.*,339(1974).
[25] D. N. Zimmerman *et al.,Inorg,Chem.*,12,2616(1973).
[26] M. Okamura *et al.,J. Inorg. Nucl Chem.*,36,1413(1974).
[27] I. E. Dickson *et al.,Inorg. Chem.*,13,1301(1974).
[28] I. P. Romm *et al.,Zh. Obshch. Khim.*,43,891(1973).
[29] C. B. Singh *et al.,J. Inorg. Nucl. Chem.*,36,1259(1974).
[30] A. Dei *et al.,Inorg. Chim. Acta*,14,157(1975).
[31] N. F. Curtis *et al.,Aust. J. Chem.*,28,275(1975).
[32] M. R. Caira *et al.,Acta Cryst.*,B31,1334(1975).
[33] G. R. Clark *et al.,J. C. S. Dalton*,1528(1976).
[34] M. Kodama *et al.,J. C. S. Dalton*,1720(1976).
[35] E. B. Sandell,Colorimetric Determination of Traces of Metals,3rd ed.,New York(1959).
[36] K. Fritze *et al.,Radiochim. Acta*,3,204(1964).

19.2 银[1—3]

2.1. 历　　史[4, 5]

自古以来，银就为人们所熟知，早在公元前 3000 年，埃及人就能够采集金银制作饰物，到了公元前 2000 年他们对金银的加工技术有了很大的提高，那时的埃及人已会镀金、包金和镶金嵌银，还能将金或银拉成细丝用来刺绣.

大量历史文物资料表明，在我国古代，人们早就认识金和银了. 他们用金、银的箔片或细丝装饰在瓷器或铜器上. 由汉墓出土的金银制品的艺术性，充分说明我国古代劳动人民在金银的冶炼和加工技术上已发展到了相当的水平，并有文字记载. 如本草纲目[6]指出：闽、荆湖、饶信、广滇、贵州、交趾诸处山中皆产银，有矿中炼出者，有沙土炼出者……，对我国银的产地及冶炼作了介绍.

在古代，银除用作饰物外，还用作货币，作为交换货物的媒介. 十五世纪在欧洲出现了大型银币，十六世纪西班牙殖民主义者在美洲也进行了大量银的铸造. 我国在明代万历年间(1573—1620)也已开始了银币的使用，此外我国在医用银合金的制造方面亦有研究.

随着现代技术的发展，银应用比较广泛，主要用于制造照相材料、银镜、蓄电池及电子工业和发电设备的零件等. 银合金主要用于制造高级实验仪器和仪表元件. 在电子工业中，银还用作荧光材料的激活剂，以提高发光效率和改变发光颜色，如硫化锌用银作激活剂时，发出蓝色光，可用于摄影技术中. 牙医业中银也有应用，它和金、铂、钯、铱、铜、锌等的合金，可制作齿套、牙鞘、牙钩和牙桥等. 此外，银还可用于制作原子反应堆的操纵杆，以及光电转换元件等.

随着近代工业的发展，对银的消费量急剧上升，从而造成很大的供应差距，如 1978 年探明的世界主要产银国的可采储量约为 18 万吨，但 1978 年全世界生产白银 8324 吨，若按此量计算，现有资源仅够开采 20 年，而 1978 年银的消费量为 13155 吨，所以世界各国对从废料中回收银非常重视. 美国从事回收银及其他贵金属的公司就有 1200 多家，1978 年从废料中回收银 1306 吨，从货币中回收银 4354 吨[7]，可见从银废料中回收银是生产银的一个非常重要的来源.

2.2　存在、矿物及矿石

银广泛分布于自然界，在地壳中含量为 $1\times10^{-5}\%$，居地壳中元素丰度的第六十三位. 海水中估计每升含有 0.001mg 银.

和铜不同，银不是生命所必需的物质，但是仍发现在各种生命组织中有痕量银存在，如在牛的肝脏和胰腺中分别含银为 0.005%—0.001%和 0.0003%—0.0001%. 由于少量银离子有消毒作用，因此它成为医用药物，但是如果人体过多地摄取银的化合物则会引起银中毒(即银质沉着病)，表现为银离子被还原而沉积在各种生理组织中，从而导致皮肤、内部器官和黏膜等变色.

银还对细菌等微生物的繁殖生长起毒害作用，Nageli 将其叫做微动效应(oligodynamic effect). 银的微动活性较高，杀菌力也较强，因此人们早就使用银器以防止饮料变质，在外科手术中已用银箔或银片来处理骨折.

自然界中的银矿物有：天然银和天然银合金，硫化物、硒化物和碲化物，以及卤化物矿等三种类型. 天然银和天然银合金不是银的主要来源，它们往往与其他含银矿物伴生在一起. 天然银大多是与某些其他金属如金、汞、锑、铜或铂生成合金，如天然金几乎总是与少量银形成合金，合金的比例可由几乎全部是金变到几乎全部是银.

银的硫化物、硒化物和碲化物矿中，以硫化物矿分布比较广泛，且常富集为巨大的矿床，是银的主要来源，因此可作为银矿来开采. 但通常发现硫化物矿石中银的含量较低，它常与含铜、铅、锑、镍、金或锡的矿物伴生，因此近代所生产的银多数是取自提炼上述金属后的副产物.

银的卤化物矿分布很广，但它不如硫化物矿那么普遍. 卤化物矿中以氯化银(角银矿)最重要. 在表 19.12 中列出了一些典型银矿物，其中有的是银的主要来源.

表 19.12 典型的银矿物

矿物	组成	Ag(%)
天然银	Ag	99.9
天然银合金	Ag+Au，Hg，Sb 等	可变
辉银矿[1)]	Ag_2S(立方)	87.1
螺状硫银矿	Ag_2S(正交)	87.1
硫银锗矿	Ag_8GeS_6	76.5
硒银矿	Ag_2Se	73.1
脆银矿[1)]	$5Ag_2S\cdot Sb_2S_3$	68.4
硫砷银矿[1)]	$3Ag_2S\cdot As_2S_3$	65.4
碲银矿	Ag_2Te	62.9
硫锑银矿[1)]	$3Ag_2S\cdot Sb_2S_3$	59.9
硫铜银矿	CuAgS	53.0
辉锑银矿	$AgSbS_2$	36.9
针碲金矿	$AuAgTe_4$	13.2
硫锑铜银矿[1)]	$9(Cu_2S，Ag_2S)\cdot(Sb_2S_3，Ag_2S_3)$	可变
角银矿[1)]	AgCl	75.2
溴角银矿	Ag(Cl，Br)	60～70
溴银矿	AgBr	57.4
碘银矿	AgI	45.9

1) 较重要的银矿物

2.3　银的提取和纯银的制备

2.3.1　银的提取

从含银矿石中提取金属银的方法有：汞齐化法、氰化法和浮选熔炼法.

1. 汞齐化法

汞齐化法的工艺原理是，把磨细的银矿石用食盐进行处理，若为硫化矿时，则需要进行焙烧

$$Ag_2S+2NaCl+2O_2 \longrightarrow Na_2SO_4+2AgCl$$

将得到的氯化银与汞一起研磨使生成汞齐，然后用蒸馏法除去汞而得到银，此法仅适用于处理纯银矿，目前很少应用.

2. 氰化法

此法是从纯银矿中提取银的主要方法，特别适用于氧化矿，工艺原理是：将磨细的银矿石用稀的氰化钠溶液进行处理，银便进入溶液，如

$$AgCl+2CN^- \longrightarrow [Ag(CN)_2]^-+Cl^-$$

$$Ag_2S+4NaCN \longrightarrow 2Na[Ag(CN)_2]+Na_2S$$

硫化物矿溶解较慢，需要有适当过量的氰离子存在，或将硫化物矿预先氧化焙烧处理，它们才能溶解，用氰化法处理天然银时，则需要鼓入空气，才会使反应进行

$$2Ag+4CN^-+\frac{1}{2}O_2+H_2O \longrightarrow 2[Ag(CN)_2]^-+2OH^-$$

将溶液过滤并除去空气，在碱性溶液中，用细粒状或片状锌或铝处理溶液，便得到金属银

$$Zn+2[Ag(CN)_2]^- \longrightarrow [Zn(CN)_4]^{2-}+2Ag$$

$$Al+3[Ag(CN)_2]^-+3OH^- \longrightarrow 3Ag+6CN^-+Al(OH)_3$$

由以上的反应可以看出，铝能够直接使氰化物再生，并且氢氧化铝能溶于碱溶液中，锌不能使原来的氰化钠再生，但是所生成的锌氰配合物对银仍然是一个有效的提取剂，因此在整个过程中氰化物并不损失

$$Ag_2S+[Zn(CN)_4]^{2-} \longrightarrow 2[Ag(CN)_2]^-+ZnS$$

必须指出当氰化物提取液中含有重金属的氰配合物时，用锌置换银将会发生困难，这时可用强碱性阴离子交换树脂将其留于柱上，由于金氰配合物和银氰配合物不易被含水的淋洗剂洗脱，但它们能被含5%的盐酸丙酮溶液迅速洗脱，从而使其与重金属的氰配合物分离[8].

3. 熔炼

通常，当银作为铜(或铅)硫化物矿石的一个组分而存在，在浮选富集时，它又容易与铜(或铅)的富集物浮在一起，收集浮选精矿进行冶炼时，所有的银随着铜或铅进入泡铜或铅块中. 在精炼铅和精炼铜时，银作为副产品而被提取出来，现根据不同情况分述如下：

(1) 从铅块中提取银

从铅块中提取银的方法主要有：Parkes 法和 Pattinson 法.

(a) Parkes 法. 此法是除铅中银的一种常用方法. 由于银和锌较银和铅具有较强的亲和力，因此它在熔融锌中的溶解度远比在熔融铅中的多. 故在熔融的含银铅里加入足够量的锌，将发生如下反应，并随温度不同，结晶析出各种银锌化合物[9]

$$Ag + \alpha Zn \rightleftharpoons AgZn_{\alpha}$$

反应的平衡常数：

$$K = \frac{c_{Ag} \cdot c_{Zn}^{\alpha}}{c_{AgZn_{\alpha}}}.$$

在一定范围内 α 值和 K 值与反应温度有关，如表 19.13 所示，温度升高，α 值减小，K 值增大，有利于银锌合金的生成. 这种银锌合金在温度低于它的熔点以下时，仅微溶于以锌饱和的铅中，于是在熔融铅的表面则形成银-锌合金硬皮. 取出硬皮挤压掉其中的大部分铅，并用蒸馏法除掉锌，便得含铅的“dore”金属，进一步用烤钵冶金法分离铅，便可得到纯银.

表 19.13　α，K 值与温度的关系

t(℃)	500	475	450	425	400	375	350	330
α	1.8	2.22	2.60	3.10	3.15	3.65	3.91	4.33
K	0.710	0.407	0.217	0.086	0.0087	0.0081	0.0017	0.00026

(b) Pattinson 法. 此法的要点是：当熔化的含银铅冷却到它的凝固点时，纯铅晶体首先凝固下来，而银及其杂质仍为熔融状态，把晶体移去，然后再加入含银的粗铅，进行熔融，冷却和移去结晶出来的铅，如此重复循环，最后便得到富集了银的铅，它再经烤钵冶金法提取银，以上方法比较陈旧，现在已逐渐被电解精炼铅时回收银的方法所代替.

(2) 从铜中提取银

如前所述，当铜矿或富集物熔炼为冰铜时，所有原来存在的金和银也进入冰铜中，当冰铜还原为金属铜时，银和金也和铜在一起，为了从铜中提取金和银，最早的方法是铅熔解泡铜法. 而现在一般采用的是电解精炼铜时，从阳极泥中回收银的方法. 铜在电解过程中，银被富集于阳极泥中，如表 19.14 所示，在阳极泥中，银的含量较高，为了从阳极泥中回收银，首先应除去铜. 若阳极泥中含有相当数量的硒和碲，铜则以硒(或碲)化铜的形式存在，因此需将阳极泥在 250—500℃焙烧，使铜成氧化铜，硒和碲变为二氧化物，然后用 50%的硫酸处理除去铜，若铜以金属存在于阳极泥中，则勿需焙烧，可直接用硫酸处理. 如果硒的含量很高，用硫酸处理后，应在有氧气存在的情况下，焙烧至 425℃，铜则转化为硫酸铜，大部分二氧化硒和二氧化碲则已挥发. 将除去铜的阳极泥置于转炉中并加热到 1200℃，使其中的铅、铋和锑进入熔渣，然后吹入氧气，使砷和剩余的锑氧化与二氧化硒(或碲)一起挥发，最后再加入 Na_2CO_3 和 $NaNO_3$，使余下的硒和碲成亚硒酸钠和亚碲酸钠. 经过上述步骤得到银的纯度一般为 97%—98%，这种粗银可用电解法精炼成为纯银.

表 19.14　阳极泥的成分

元素	含量(%)	元素	含量(%)
Cu	15—35	Au	0.1—0.75
Ag	10—50	Pb	2—10
Se	3—20	Ni	0.1—0.3
Te	1—7	Fe	0.1—0.5
Sb	1—8	Sn	0.1—1
As	1—3	S	1—10
Bi	0.1—1		

2.3.2　从废料中回收银[7]

银废料大体上可以分为固体状和液体状两种，处理方法各不相同.

1. 固体状废料的处理

固体银废料的处理方法有：火法富集法、电解法和废胶片、印相纸处理的燃烧法、溶解法及机械洗刷法等几种.

火法富集法主要用于对低品位含银废料的富集，将废料与密陀僧、焦炭等放在鼓风炉中熔炼成铅合金，然后进行灰吹除铅，再电解炼银.

电解法适合于从各种金属废料如：旧货币、电接点、焊料、丝片材、首饰银器的废料及加工碎屑片提取银，也适用于从镀银制品中提取银. 这时，废料合金的成分是选择电解液配方的决定因素，如对含银 < 3%的银铜合金，使用 H_2SO_4 或 $CuSO_4$ 作电解液，在阴极上制取铜，并使银进入阳极泥. 对于含 5%—25%银的

合金，可用 H_2SO_4 作电解液，在阴极上得到铜，银以骨架形式残留在阳极上，纯度为 92%—96%，为改善阴极质量，可加入少量 Cl^- 以沉淀溶液中的微量银等.

溶解法主要用于从各种银合金废料及镀银制品中回收银，如从氧化银–锌电池中回收银，可将电池打碎，选择出含银、锌、汞(以汞齐形式)、铜及石墨的金属块，破碎后溶于硝酸，分离出不溶石墨，再用铜将银置换出来，粗银重熔铸锭后可进一步精制.

关于废胶片、印相纸的处理方法一般有燃烧法、溶解法和机械洗刷法. 燃烧法是将胶片及印相纸直接放在空气中缓慢燃烧，然后再从得到的灰分中提取银. 溶解法是将胶片剪碎，在 32—38℃的条件下用乙酸处理，然后用电解法从处理液中提取 Ag. 另外也可以在 30—70℃，用 pH6.8—7.2 含蛋白酶、朊酶、淀粉酶或脂肪酶的水溶液处理碎胶片，使明胶层溶解，得到卤化银渣. 也可采用芳基醚等有机溶剂在 165—225℃处理废胶片 15 分钟，使聚酯基体溶解，金属银和卤化银则留于沉淀中. 机械洗刷法是另一种处理废胶片的有效方法，作法是在洗涤机中用 20%NaOH 溶液在 50—60℃处理胶片 2 小时，使银粒变松、脱落，可得到含银 80%的沉淀物，然后再用溶解法或电解法进行精制.

2. 溶液状废料的处理

溶液状废料的处理方法有沉淀法、置换法、电解法、离子交换法、活性炭吸附法和萃取法等.

沉淀法所用的沉淀剂是 Na_2S，此法的优点是投资少、操作简单；缺点是操作过程中有硫化氢产生，污染环境，同时硫化银沉淀的过滤也比较困难.

置换法常用于从各种含银废液，特别是从定影液中回收银，置换金属有铁、铝、铜或锌. 此法操作简便，银的回收率达 90%以上，银的纯度在 95%以上，此法的缺点是置换金属进入溶液，使溶液受到污染而不能再次使用.

对于处理大量定影液，电解法是回收银的最好方法，它的优点是能直接得到纯度大于 96%的金属银，由于不向定影液中加入杂质离子，所以定影液可以再次利用.

离子交换法是一种比较理想的方法，但由于树脂的吸附容量有限，未在工业上得到广泛应用. 近年来，由于新型树脂的出现，从而扩大了它的应用范围，如改性的苯硫脲树脂对银有很大的亲和力，1g 粒度为四十目的树脂可吸附银 106 毫克，流出液中含银 $0.4g \cdot L^{-1}$.

活性炭吸附法主要用于从工业生产的氰化液中吸附金和银，如将含金、银、镍的碱金属氰配合物的废水通过活性炭吸附柱，则金、银、镍被留在活性炭上，用 NaCN-NaOH 溶液洗涤，然后再用去离子水洗涤，另外也可用含甲醇或乙醇的 NaOH 溶液作洗涤液. 在 pH1.2 时，活性炭能吸附自重 90%的银，而在 pH5.4 时，仅能吸附 12.5%的银.

用萃取法从水溶液中提取银具有效率高、易于实现自动化等优点，实验表明利用惰性溶剂中的杂环胺从酸性溶液中萃取银，利用 H–丙胺、H–丁胺、吡啶的己酸混合物萃取银都会得到较好的效果.

2.3.3　纯银的制备

纯银的制备方法主要是电解法，它的电极反应是

阴极—Ag | $AgNO_3$，HNO_3，H_2O，杂质 | Ag，杂质—阳极电解时，银从阳极溶解

$$Ag - e^- \longrightarrow Ag^+$$

同时银离子在阴极被还原

$$Ag^+ + e^- \longrightarrow Ag$$

电解用的阴极为纯银板，阳极是含银为 98%以上的粗银，其规格一般分别是 250mm × 250mm 和 20mm × 25mm × 5mm，极间距离为 50—60mm. 槽电压 1—2V，电流密度 200—300A · m^2，电解温度 25—30℃. 电解液中的银离子浓度为 20—100g · L^{-1}，硝酸为 0.5%—1%. 电解时，铜、铅和锌等杂质留在溶液中，金则沉于槽底.

此外，为了制备电子管和半导体材料所需要的高纯银(99.999%)，还需要进行真空精炼和二次电解.

2.4　银在照相术中的应用[10, 11]

银在照相术中的消耗量较大. 例如在美国银消耗量的 30%都用在照相术中，但是由于银盐的价格比较昂贵，人们曾致力于采用银盐以外的其他感光材料，从而使非银照相材料逐渐发展，但现在无论从感光度、中间色调的显出性能以及层次的丰富性等方面看，非银材料仍然较差.

许多银盐，例如卤化银、碳酸银、硝酸银、草酸银、乙酸银、丙酸银、酪酸银、硬酯酸银、谷氨酸二银等大都具有光敏性，但目前应用于照相业中的仅有氯化银、溴化银、碘化银和谷氨酸二银. 氯化银用作印相纸，碘化银用以制作罗甸湿板(目前已不常用)，把少量碘化银加在溴化银里，可以制作高感光度负片. 这些银盐有较小的溶解度，它们能以适当大小的晶体颗粒分散于明胶层中，从而使感光度增加. 在照相材料的制作中，人们在作为支持体的三醋酸纤维素或聚酯片基上，涂布一层以极小颗粒分散于明胶中的卤化银感光层，然后在其上再涂布一层薄的保护层，于是便得到称之为感光膜的乳胶层照相材料.

要使卤化银感光，就必须使之吸收光能，在适当曝光条件下，银盐晶体的银离子被还原为金属而形成影像

$$AgBr + h\nu \rightleftharpoons Ag^{+} + Br\left(\beta^{+}\right) + e^{-}$$

$$e^{-} + \text{陷阱} \longrightarrow \text{被俘获的}e^{-}$$

$$\text{被浮获的}e^{-} + Ag^{+} \longrightarrow Ag$$

$$Ag \cdots\cdots Ag \longrightarrow nAg\text{潜像}$$

根据光化学当量原则，AgBr 吸收一个光子，则在晶体内产生一个电子-空穴对. 上述反应可逆，产生的电子和空穴可能互相复合，此现象称为逃逸现象，它会使 AgBr 的感光度降低，在俘获电子处，负电荷吸引银离子并产生银原子，进而形成潜影. 当继续用显像剂处理乳胶层时，便得到肉眼可见的影像，显像的作用是将 AgBr 还原成为金属银，它是用一种能使经过光照的 AgBr(形成潜影处)比未经过光照的 AgBr 还原得快，又能使乳胶层中曝光量不同的部分有不同的黑度，并以具有较快还原速度的还原剂处理胶片. 目前常用的显像剂有亚铁盐、连二亚硫酸钠($Na_2S_2O_4$)、密妥尔（HO—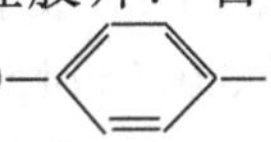— $NHCH_3$）和对苯二酚等.

在显像后还要定影，它是用一种银盐配位剂的碱性水溶液处理乳胶片，除去乳胶层中剩余的未曝光的溴化银，从而消除乳胶层的光敏性，经过定影，底片可以保存数十年不发生变化，如英国皇家摄影协会保存的一张距今大约一百年前所摄制的照片，现在仍然很鲜明. 常用的定影剂是硫代硫酸钠溶液. 定影时，它与银生成配合物：$Na[AgS_2O_3]$和 $Na_3[Ag(S_2O_3)_2]$. 前者难溶于水，刚生成时为透明晶体，经过一段时间后它分解生成硫化银，在乳胶层出现难以消除的黄色或棕色斑迹. 因此定影时，应使反应继续生成溶于水的 $Na_3[Ag(S_2O_3)_2]$.

在照相术中，为了提高照相材料的总灵敏度，常常在溴化银中加入化学敏化剂和光学敏化剂(增感剂). 化学敏化剂是指凡是能够与溴化银起作用，使其表面上生成敏化中心，从而使乳化层的总灵敏度增加的物质就叫做溴化银的化学敏化剂[12]. 常用的化学敏化剂有：硫化银、异硫氰酸烯丙酯(烯丙基芥子油)和 $HAuCl_4$.

如果某种物质能够增强卤化银对于其内禀敏感性的光谱范围以外的辐射的敏感性，则称之为光学敏化剂(如增感染料)[13]. 照相乳胶的光敏化非常重要，因为溴化银吸收范围只局限于光谱中的短波部分，而可见光谱的大部分辐射，包括对于人眼作用最强的绿光在内，对于纯的溴化银来说几乎没有作用，若加入光敏化剂，则就可将其吸收的能量传递给溴化银，从而才促使人们在近代能制成对整个可见光、有时并对红外线敏感的各种乳胶层. 目前应用的光敏化剂多数是菁类染料，其显著的特点是在两个环状体系之间具有一个或短或长的共轭链

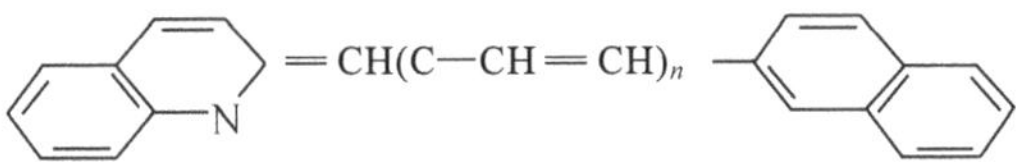

随着链长的增加可使菁类染料成为对红外线敏感的光敏化剂. 如 1952 年 Heseltine 的具有稳定桥的五碳菁则将拍摄光谱扩大到 13000nm[14].

2.5　银的同位素[1, 48]

如表 19.15 所示，银有 27 个同位素，其中 ^{107}Ag 和 ^{109}Ag 是稳定同位素，它们在自然界的丰度分别为 51.82%和 48.18%. 其他 25 个为放射性同位素. 这些放射性同位素有的可以通过在加速器或反应堆里辐射适当的靶材料得到，如用能量为 660MeV 的质子轰击镉靶时，便产生 ^{106}Ag；用中子辐射钯制备无载体的 ^{111}Ag 时，曾采用如下步骤：纯金属钯在中子通量为 $10^3 n/(cm^2 \cdot s)$中辐射 25d，放置 5—7d 后，将金属溶于王水，溶液蒸发至干，残渣溶于浓盐酸中，溶液蒸干，残渣两次加水蒸干以除去剩余的盐酸. 将所得残渣溶于 0.075mol · L^{-1} HCl 中，溶液通过在“Floroplast-4”颗粒表面涂有磷酸三丁酯(Bu_3PO_4)薄膜的层析柱，无载体的 ^{111}Ag 被吸附于柱上，而大量的钯则流出柱，痕量钯则用 0.05mol · L^{-1} HCl 洗出柱，然后再用 4mol · L^{-1} HCl 淋洗 ^{111}Ag. 由于 $^{108}Pd(n. \gamma)$，$^{109}Pd(\beta)$，$^{109}Ag(n, \gamma)$，^{110m}Ag 一系列反应的结果，生成的 ^{110m}Ag 使上述产物受到污染，但可采用在 NaCl 溶液中共沉淀的方法使其分离[15].

表 19.15　银的同位素

同位素	天然丰度(%)	质量	磁矩(在核磁子中)	半衰期	蜕变方式	粒子能量 MeV	核自旋 $h/2\pi$	热中子浮获截面(b)	可能合成的核反应
^{100}Ag				2.0min	β^+	5.4	5+		p,spallAg
^{101}Ag				11min	β^+ EC	1.08 1.56	$\frac{9}{2}+$		p,spallAg
^{102}Ag				13min	EC β^+	β^+2.26	5+		Pd(p, n)
^{103}Ag			+4.47	66min	β^+, EC	β^+～1.3	$\frac{7}{2}+$		
^{104m}Ag			+3.7	33min	β^+, EC IT	β^+2.70	2+		$^{106}Cd(d, \alpha)$
^{104}Ag			+4.0	69min	EC β^+	β^+0.99	5+		Pd(p, n)
^{105}Ag			0.1014	41.3d	EC		$\frac{1}{2}-$		Rh(α, 2n)
^{106m}Ag			3.71	8.5d	EC		6+		Cd(n, p)

续表

同位素	天然丰度(%)	质量	磁矩(在核磁子中)	半衰期	蜕变方式	粒子能量 MeV	核自旋 $h/2\pi$	热中子浮获截面(b)	可能合成的核反应
^{106}Ag				24min	EC β^+	β^+1.96	1+		Pd(p，n)
^{107m}Ag				442.s	IT		$\frac{7}{2}+$		^{107}Ag(γ，γ)
^{107}Ag	51.84	106.9051	−0.1135				$\frac{1}{2}-$	0.35+38	
^{108m}Ag			3.580	1.3×10^2a	IT EC		6+		
^{108}Ag			+2.6884	2.42min	β^- β^+ EC	1.02 0.88	1+		Pd(p.n)
^{109m}Ag				39.8s	IT		$\frac{7}{2}+$		Ag(n.n)
^{109}Ag	48.16	108.9047	−0.1305				$\frac{1}{2}-$	4.6+87	
^{110m}Ag			+3.604	249.8d	IT β^-	β^-0.086 0.54 0.43	6+	80	Ag(d，p)
^{110}Ag			2.7271	24.6s	β^-	2.22	1+		^{109}Ag(n，γ)
^{111m}Ag				65s	IT		$\frac{7}{2}+$		Pd(d，n)
^{111}Ag			−0.146	7.47d	β^-	β^-1.035	$\frac{1}{2}-$	3	Pd(d，n)
^{112}Ag			0.0547	3.14h	β^-	3.94	2−		Cd(n.p)
^{113m}Ag				68s	IT β^-	$\beta^-<2$	$\frac{7}{2}+$		
^{113}Ag			0.159	5.3h	β^-	2.01	$\frac{1}{2}-$		Cd(γ.p)
^{114}Ag				4.5s	β^-	4.9	1+		^{114}Cd(n.p)
^{115m}Ag				18.7s	β^-		$\frac{7}{2}+$		
^{115}Ag				20min	β^-	2.9	$\frac{1}{2}-$		Cd(γ，p)
^{116}Ag				2.68min	β^-	5.9	2−		
^{117}Ag				73s	β^-		$\frac{1}{2}-$		

银的同位素有很多用途[16]，如 ^{110}Ag 和 ^{111}Ag 两个放射性同位素可用于下述几个方面：

(1) 含银矿石经中子活化生成 ^{110m}Ag，在衰变期间，通过计数发射出的 0.656MeV γ 射线所建立的分析方法，可检出 2×10^{-7}g 银.

(2) 可用于 Cl^-，Br^-，I^-，CrO_4^{2-} 和 CN^-等阴离子的分析，其要点是：在分析溶液中加入超过化学计量的 ^{110m}Ag 试剂，然后测定过量银的放射性强度与总放射性强度比，便能求出含量.

(3) 用放射性技术研究银在人体中的代谢作用. 若银通过静脉注射，发现其生物半衰期为 48d.

2.6　银的物理性质

银是一种有光泽的白色金属，有很大的展延性，它的导电性和导热性在金属中占第一，并有很高的反射性，它的辐射系数(emissivity)(黑体系数 black body coefficients)大概是所有元素中最低的，银的硬度较小.

金属银是面心立方晶体，它的晶胞参数 a=408.6pm，最邻近银原子间的距离为 288.4pm. 它是抗磁体，在熔点以下至室温，它的磁化率几乎与温度无关.

银是第一副族的居中元素，但是它的物理性质往往不是介于铜和金之间，例如在铜、银、金中，银的熔点和沸点最低，热传导性最高. 另外，金属银的颜色与铜和金也有很大差别. 银的薄膜在透光时呈蓝色至紫色. 在水中两个银电极之间放电时，会生成棕色至粉红色的胶态银.

在室温，银不被氧氧化，但在 200℃能生成薄的氧化膜. 熔融银溶解氧的能力很高，温度刚超过它的熔点时，它所溶解氧的体积超过 200%(折算到标准温度和标准压力下的气体体积). 在熔点以上，随着温度的增加，氧的溶解度由上述最大值逐渐减少. 经证明，溶解于银中的氧不是以双原子分子的形式存在，但也不能确定它到底是以原子氧存在还是以化合物，如是否以氧化银(Ag_2O)存在. 银的其他物理性质见表 19.16.

表 19.16　银的物理性质

原子量	107.868
熔点(℃)	960.8
熔化热($kJ \cdot mol^{-1}$)	11.945
沸点(℃)	2212
气化热($kJ \cdot mol^{-1}$)	254.05
固–液转变熵($J \cdot K^{-1} \cdot mol^{-1}$)	9.678
液–气转变熵($J \cdot K^{-1} \cdot mol^{-1}$)	102.22
在 298.15K 退火银的熵($J \cdot K^{-1} \cdot mol^{-1}$)	42.68
升华热($kJ \cdot mol^{-1}$)	285.09 ± 1
液态银蒸气压(Pa)	13.3/1190 ℃，133.3/1360 ℃，1333/1580 ℃，1.33×10^4/1870℃，1.013×10^5/2212℃

续表

固态银蒸气压(Pa)(1008—1233K)	$\lg P=-\frac{1.4580\times10^4}{T}+11.3$
液态银蒸气压(Pa)(1328—2423K)	$\lg P=-\frac{1.3680\times10^4}{T}+10.62$
临界温度(℃)	4394
临界压力(atm)	336
临界体积($cm^3\cdot mol^{-1}$)	339
硬度	2.7
密度(g/cm^3)固体	10.491
液体(正常液态温度范围)	$10.465-0.00090^{67}T$
膨胀系数(0—100℃)	19.10×10^{-6}
比热($J\cdot g^{-1}\cdot K^{-1}$) (273—1073K)	$C_p=0.2318+0.6031\times10^{-4}T$ $-0.6785\times10^{-8}T^2$
(液态，直至 1573K)	0.289
(蒸气)	～0.192
导电率 μΩ–cm 20℃	1.59
热导率($J\cdot s^{-1}\cdot cm^{-1}\cdot K^{-1}$)0℃	4.18
电离势(eV) 第一	7.574
第二	21.48
第三	34.82
晶体结构	面心立方，a=408.6pm
Ag—Ag 键长(pm)15℃	288.94
键强($kJ\cdot mol^{-1}$)	161.1
离子半径(pm)Ag^+	126
Ag^{2+}	89
黏度(Pa · s)	3.89×10^{-3}/1000℃，3.39×10^{-3}/1100℃
表面张力($\mu N\cdot cm^{-1}$)1268K	9.2
磁化率($cgs\cdot g^{-1}$)	$\sim0.18\times10^{-6}$

2.7 银的化学性质

银是元素周期表中的47号元素，它的电子层结构为$1s^22s^22p^63s^23p^63d^{10}4s^24p^64d^{10}5s^1$，和碱金属元素一样，在最外层只有一个电子，因此它的化学性质与同周期的铷有某些相似，但是由于银原子的有效核电荷(屏蔽效应较小)较多，因此银原子对外层 s 电子的束缚力就比铷原子强，如银的原子半径比铷的原子半径小得多；银的第一电离势(7.574eV)比铷(4.176eV)的第一电离势大得多，所以银不如铷活泼．由于银的 5s 电子和 4d 电子的能量相差不大，因此银的氧化数有+1、+2 和+3 等三种，但铷只有+1 一种氧化数.

在铜分族中，化学活性按 Cu，Ag，Au 的顺序递减．银在室温不与氧或空气作用，如有湿汽存在，它容易被臭氧氧化，若将银加热至大约 225℃，反应最有效，主要的反应产物是氧化银(II).

银在加热时能与硫直接化合生成硫化银(I). 在室温，银不与纯硫化氢反应，若把银浸入含有 H_2S 但不含氧的水中，它也不会变黑，如果溶液含有溶解氧，则 H_2S 与银反应，从而使银变黑

$$2Ag + H_2S + \frac{1}{2}O_2 \longrightarrow Ag_2S + H_2O$$

升高温度，二氧化硫也能与银作用生成硫酸银(I)和硫化银(I)

$$4Ag + 2SO_2 \longrightarrow Ag_2SO_4 + Ag_2S$$

当有足够的氧存在并且温度低于 1085℃时，则只有硫酸银生成

$$2Ag + SO_2 + O_2 \longrightarrow Ag_2SO_4$$

卤素与银作用生成相应的卤化银，但在室温反应较慢，若升高温度可使反应加快.

银不与氢氟酸作用. 但当有空气或其他氧化剂存在时，它能与盐酸、氢溴酸和氢碘酸反应生成对应的不溶性卤化银

$$2Ag + 2HCl + 1/2O_2 \longrightarrow 2AgCl + H_2O$$

热的浓硫酸易使银溶解，生成硫酸银，并放出二氧化硫

$$2Ag + 2H_2SO_4 \longrightarrow Ag_2SO_4 + SO_2\uparrow + H_2O$$

银溶于硝酸，与浓、稀硝酸的反应分别是

$$3Ag + 2HNO_3 \longrightarrow AgNO_3 + H_2O + NO_2\uparrow$$

$$3Ag + 4H^+ + NO_3^- \longrightarrow 3Ag^+ + NO\uparrow + 2H_2O$$

金属银具有较强的还原性，它能够还原 $FeCl_3$，$HgCl_2$ 等物质，如用银片处理氯化铁的水溶液时，发生如下反应

$$Ag + FeCl_3 \longrightarrow AgCl\downarrow + FeCl_2$$

冷却时，银粉与过量氯化汞发生的反应是

$$HgCl_2 + Ag \longrightarrow HgAgCl_2$$

在水浴上加热，反应加快，并得到汞

$$2Ag + HgCl_2 \longrightarrow 2AgCl + Hg$$

2.8 银 合 金[1]

银的硬度较小，因此限制了它的应用范围．当它与其他元素生成合金后，其物理和化学性质会发生变化．银能与铝、硅、镍、铜、锌、镓、锗、钯、镉、铟、锡、铂、金、汞、铊和铅形成重要的工业合金，此外它还能与除锂外的碱金属，除铍和镁外的碱土金属及稀土金属很好地溶混，如除钷外的镧系元素能与银生成类型为 TAg_2(T = 稀土)的金属互化物．下面仅就几种主要的银合金作一些介绍．

(1) 银–铜合金．它主要用于制作银器和货币．在英国历史上(从亨利二世到 1921 年)曾将含银和铜分别为 92.5%和 7.5%的货币银作为银币的标准合金．后来在银–铜合金中银的含量逐渐降低，现在大多数银币都是铜–镍合金．货币银还可用于电气工业．银与铜还能生成一种低共熔合金，这种合金的组成为 71.9%的银和 28.1%的铜，它的熔点为 779.4℃．由银、铜和锌生成的三元合金叫做焊接合金(银焊剂)，这种合金中各元素的组成范围是：银 10%—80%，铜 15%—50%，锌 5%—40%，它们的熔点多数在 650—775℃，有时加入镉或锡还可以生成熔点更低的合金．

(2) 银–金合金．这种合金主要用于制作电接触器和珠宝饰物，当含金量小于 50%时，这种合金如像纯银一样失去光泽并能与硝酸作用；当含金量大于 60%时，合金不失去光泽并不被酸作用．含有银–金的铜合金曾用于牙科术中．

(3) 银–镁合金．这种合金主要用于电子工业，特别是用于制作继电器的弹簧构件，在这些应用中，合金中的镁含量小于 0.25%(w/w)．由于镁在内部氧化为氧化镁，从而使合金变硬．在此体系中，有两种低共熔混合物．一种含镁 10%，共熔点为 756℃，另一种含镁 52%，共熔点为 469℃．此外，由 Ag/Mg 体系还可制得两种化合物，其中一种为体心立方晶系的 AgMg．它的熔点为 840℃，另一种是六方晶系的 $AgMg_3$，它是在 492℃由转熔反应(peritectic reaction)生成的．

除上述合金外，银与钯(或铂)生成的合金，主要用于作为电接触器元件．Ag-Sn 合金是低温焊料，如含银为 3.5%的这种低共熔合金的共熔点为 232℃．

2.9 银(I)化合物

一价银化合物是银化合物的重要组成部分．Ag(I)为无色离子，水溶液中的 Ag(I)易被溶剂化．在银盐中水合物比较少见．$AgNO_3$，$AgClO_3$ 和 $AgClO_4$ 等易溶于水，Ag_2SO_4 和 $AgOOCCH_3$ 微溶于水．含氧酸根的盐在本质上主要是离子性的，而不溶于水的卤化物，如 AgCl 和 AgBr 则表现出明显的共价特征. 由于银的高极化能力和在电化学次序中低的位置，甚至是 Ag(I)也有生成配合物的强烈倾向. 当配位数为 2 时，中心离子 Ag(I)采用 *sp* 杂化，几何构型为直线型，但是当硫为给予原子时，可能由于 *d* 电子对所预期的 *sp* 杂化直线图形的影响，于是银原子的线型结构就失去，如在硫氰酸银(I)中，S—Ag—N 键角为 164°50′，硫化银(I)中 S—Ag—S 键角是 165°. 又如在由 H—N—C ═S 基团衍生而来的绕丹宁与 Ag(I)生成的配合物中，>N—Ag—S ═ 为非线型结构. Ag(I)也能生成配位数为 3 的配合物，如在水溶液中，Ag(I)与硫脲、Ag(I)与叔膦等就是这种类型的配合物. 若配位数为 4 时，中心离子采用 sp^3 杂化，几何构型是四面体，它是 Ag(I)配合物中较多的一类. Ag(I)还能生成配位数为 5 的配合物，如它与三噻烷生成了类型为 $(C_3H_6S_3)AgNO_3$ 的配合物，其中一种银为四配位，另一种银为五配位.

2.9.1　氢化银

气态氢化银可以由金属银在氢气中加热至 1100℃得到，或者由银电极在氢气中放电制得. 它在 25℃的热力学数据为：$\Delta H_f^\circ = 283.3\text{kJ} \cdot \text{mol}^{-1}$，$\Delta G_f^\circ = 254.4\text{kJ} \cdot \text{mol}^{-1}$，$S^\circ = 204.43\text{J} \cdot \text{K}^{-1} \cdot \text{mol}^{-1}$ 和 $c_p = 29.24\text{J} \cdot \text{mol}^{-1}$.

尽管人们对固态氢化银的存在表示很大的怀疑，但是却制备了许多热稳定性差的配合物，例如，在−80℃的乙醚溶液中，用 $LiBH_4$ 处理 $AgClO_4$，便可得到无色的四氢硼酸银 $AgBH_4$ 沉淀，它在−30℃时分解成为 Ag，B_2H_6 和 H_2. 在上述制备中，若用氢化铝锂代替 $LiBH_4$，则生成黄色的四氢铝酸银 $AgAlH_4$ 沉淀，在−50℃，它分解生成氢化铝、银和氢；分解的银能催化其进一步分解. 在−100℃的乙醚溶液中，用四氢镓酸锂 $LiGaH_4$ 处理高氯酸银时，便产生橙色的四氢镓酸银 $AgGaH_4$ 沉淀，它在−75℃分解成为氢化镓、银和氢. $CaAg_2H$ 是随后得到的三元氢化物，它是一黑色抗磁性的非挥发性物质，可以通过氢化 $CaAg_2$ 合金或者通过在氢气氛中 CaH_2 同 Ag 之间的固态反应制得，X 射线结构分析表明它属斜方晶系[17].

2.9.2　银(I)的卤化物

卤化银(I)，特别是溴化银和氯化银(I)是银的重要化合物，它们广泛用于照相术中. 除 AgI 属于 ZnS 型晶格外，其他卤化物都属于 NaCl 型晶格，银同氟除生成氟化银(I)外，还会生成氟化亚银.

1. 氟化亚银和氟化银

(1) 氟化亚银 Ag_2F. 氟化亚银的制备方法有：(a)用紫外线照射 AgF 可以得到 Ag_2F；(b)低电流密度电解氟化银(I)时，在阴极会沉积出 Ag_2F；(c)保持温度低于

90℃，并在不断搅拌的条件下，蒸发细银粉与 AgF 的稀氢氟酸溶液至有黄色的 Ag_2F 结晶析出

$$AgF + Ag \longrightarrow Ag_2F$$

得到的 Ag_2F 先用无水乙醇洗涤，然后用无水乙醚洗涤. 在上述制备中，以(c)法的效率最好.

Ag_2F 在室温和干燥空气中稳定. 当与水或水蒸气接触时就会分解成为银和 AgF. 若温度高于 90℃，它也会分解. Ag_2F 难溶于无水乙醇和无水乙醚. 它不像其他卤化银，对光的还原作用很不灵敏.

X 射线研究表明，Ag_2F 是由银、银和氟的连续层所组成. Ag—Ag 的距离为 299.6pm 和 281.4pm，几乎为 Ag 的原子半径 153pm 的两倍，Ag—F 的距离为 245.1pm 与 AgF 中的距离相同. 黄色固体的 Ag_2F 具有导电性能，因此可认为它是介于盐和金属的中间物，在银层与银层之间主要是金属键，而银层与氟层之间是离子–金属混合型的化学键.

氟化亚银的摩尔磁化率在 24℃和 77K 时均为$-64.3 \pm 1.2\text{emu} \times 10^6$，因此认为它是一个反磁性相当大的物质，这种反磁性是由传导电子所引起的，并与晶体的各向异性有关.

(2) 氟化银(I). 可以由氟和银直接化合得到，升高温度可以使反应加快. 无水氟化银(I)也可以由四氟硼酸银加热至 200℃的热分解反应得到

$$AgBF_4 \xrightarrow{200℃} AgF + BF_3$$

氟化银(I)是卤化银(I)中能形成水合物的银盐，它有两种水合物：$AgF \cdot 4H_2O$ 和 $AgF \cdot 2H_2O$，前者在$-14℃\rightarrow$ 18.7℃稳定，后者在 39.5℃以下稳定. 由于氟离子有较大的溶剂化能和较高的离子特征(见表 19.17)，所以氟化银(I)很容易溶于水. 氟化银(I)为黄色，它不被可见光还原为银，但能被紫外光还原成为氟化亚银. 在干燥空气中，将其加热至超过其熔点(435℃)都是稳定的，但加热至暗红色时，它能被水蒸气分解

$$2AgF + H_2O \longrightarrow 2Ag + 2HF + 1/2O_2$$

另外，将 AgF 和 UF_5 加热可以得到 $Ag[UF_6]$和 $Ag_3[UF_8]$[18].

2. 氯化银(I)

在自然界氯化银(I)以角银矿存在. 它由氯气或氯水与银直接反应得到，反应在较高温度下进行得比较快，温度超过 150℃时，气态氯化氢与银发生可逆反应

$$Ag + HCl \xrightleftharpoons{>150^\circ C} AgCl + \frac{1}{2}H_2$$

当有空气存在时，氯化银(I)可由银与盐酸反应得到

$$2Ag + 2HCl + 1/2O_2 \longrightarrow 2AgCl + H_2O$$

但是最常用的制备方法是用盐酸或可溶性氯化物与硝酸银(I)溶液作用得到.

氯化银(I)为白色，能被日光还原出银并有氯气放出

$$2AgCl \xrightarrow{光} 2Ag + Cl_2$$

氯化银(I)能为镁、锌、铝、铜、汞、铁和铅等还原成银. 另外，连二亚硫酸钠、亚锡酸钠和各种有机还原剂，如草酸铁(II)和焦性没食子酸和醌醇碱金属盐也是有效的还原剂

$$2AgCl + C_6H_4(OK)_2 \longrightarrow 2Ag + 2KCl + C_6H_4O_2$$

氯化银(I)难溶于水(见表 19.17)一般不溶于无机酸，但溶于浓盐酸，生成$[AgCl_2]^-$，$[AgCl_3]^{2-}$和$[AgCl_4]^{3-}$. 它还易溶于硫代硫酸钠、氰化钠(或氰化钾)和氨水，分别生成$[Ag(S_2O_3)]^-$，$[Ag(S_2O_3)_2]^{3-}$，$[Ag_2(S_2O_3)_2]^{2-}$，$[Ag_3(S_2O_3)_4]^{5-}$和$[Ag_2(S_2O_3)_6]^{10-}$；$[Ag(CN)_2]^-$和$[Ag(CN)_3]^{2-}$及$[Ag(NH_3)_2]^+$等.

氯化银(I)除用于照相术外，还可用于宇宙射线的电离检测器，由熔融盐制备的氯化银(I)单晶可用作红外线透射器等.

3. 溴化银(I)

在自然界它以溴银矿存在，与氯化银(I)一样，溴化银(I)最常用的制备方法是用氢溴酸或碱金属溴化物与硝酸银(I)作用得到.

溴化银(I)为浅黄色，在水中的溶解度比氯化银(I)小，25℃时，它的溶解度为 5.5mg · L^{-1}. 溴化银(I)的光化学还原作用在卤化银(I)中为最强，因此它被广泛用作照相软片的光敏物质. 它易被较活泼的金属如锌或铁还原

$$2AgBr + Zn \xrightarrow{H^+} 2Ag + Zn^{2+} + 2Br^-$$

AgBr 溶于氢溴酸中，如果将溶液稀释，则溴化银又会沉淀出来. 与氯化银(I)一样，溴化银(I)也能为硫代硫酸钠、氰化钠和氰化钾溶液溶解. 氨水也能溶解溴化银(I)，但比溶解氯化银(I)困难得多.

4. 碘化银(I)

在自然界中碘化银(I)以碘银矿存在. 当氢碘酸与金属银反应时，则生成碘化银(I)和氢. 碘化银(I)也可以由碘蒸气与银直接化合得到. 当用氢碘酸或碱金属碘化物处理硝酸银(I)溶液时，亦可得到碘化银(I)沉淀.

碘化银(I)为黄色，在 25℃时，它在水中的溶解度为 0.056mg · L^{-1}. 它易溶于

氢碘酸. 像其他卤化银(I)一样，它也溶于硫代硫酸钠和氰化钾溶液. 与氨反应时，则生成一种白色化合物 $AgI \cdot \frac{1}{2} NH_3$.

将 AgI 在高温蒸发，然后使其骤然冷却，产生的碘化银(I)很像冰的结晶，所以它曾用于人工降雨.

有关卤化银的物理性质见表 19.17.

表 19.17 卤化银(I)的物理性质

性质	Ag_2F	AgF	AgCl	AgBr	AgI
熔点(℃)	分解(100—200)	435	455	430	558
沸点(℃)			1557	1533	1504
颜色	青铜色或绿色	黄色	白色	淡黄色	黄色
溶解度(mg/L，K)		1800000	30	5.5	0.056
ΔH_f°, 298K($kJ \cdot mol^{-1}$)	–210.9	–202.9	–126.8	–99.2	–62.3
ΔG_f°, 298K($kJ \cdot mol^{-1}$)		–184.9	70.3	–96.0	–66.3
S°, 298K($J \cdot mol^{-1} \cdot K^{-1}$)		83.7	244.8	107.1	114.2
C_p°, 298K($J \cdot mol^{-1} \cdot K^{-1}$)			35.73	52.38	54.4
键长(pm)		246	277	288	
离子特征(%)		70	30	23	11
配位键能(eV)(298.16K) $MX(气) \rightarrow M^+(气) + X^-(气)$		7.75	7.21	7.20	7.18

2.9.3 氰化银(I)、氰酸银(I)、硫氰酸银(I)、六氰合铁(II)酸银(I)和六氰合铁(III)酸银(I)

(1) 氰化银(I). 将小于等化学剂量的氰化钾或氰化钠加入到硝酸银(I)溶液中，可以得到白色结晶的氰化银(I). 固体 AgCN 在～320℃熔化并分解，氧抑制此热分解反应，热分解反应的活化能为 $382.84kJ \cdot mol^{-1}$.

氰化银(I)微溶于水，溶度积约为 4.5×10^{-12}，但它溶于浓酸、氨水和碱金属氰化物溶液，在后一情况下，生成的配位离子有：$[Ag(OH)(CN)]^-$，$[Ag(CN)_2]^-$和$[Ag(CH)_3]^{2-}$，当氰离子的浓度比较高时，还可能生成$[Ag(CN)_4]^{3-}$，但不稳定.

氰化银(I)的晶体结构很有趣，它由平行聚合的直线链—Ag—C≡N—Ag—C≡N—组成，因此它同时为氰化物和异氰化物. 在上述结构中，Ag—Ag 间的距离为 526pm，比计算值 568pm 短 7.4%. AgCN 与烷基卤化物反应主要得到异腈，但是碱金属氰化物同烷基卤化物主要得到腈，因此认为 Ag—C 键较 Ag—N 键强. $[Ag(CN)_2]^-$也是线型构型，Ag—C 和 C—N 键长分别为 213pm 和 115pm.

(2) 氰酸银(I)[19]. 氰酸银(I)为无色化合物，微溶于冷水. 它由无限的锯齿链—Ag—N—Ag—N—Ag 组成，其中 N—Ag—N 角和 Ag—N—Ag 角分别为 180°

和 97.7°. 但是它们在 $Bu_4N[Ag(NCO)_2]$或 $Ph_4As[Ag(NCO)_2]$中，含有近似于直线的阴离子$[OCN—Ag—NCO]^-$. AgNCO 在 335℃分解得到 CO，N_2，CO_2，$(CN)_2$ 和 NC · NCO，但分解前，它在 120℃形成一种高温变体.

(3) 硫氰酸银(I). 将可溶性银盐加入到可溶性的硫氰酸盐溶液中，便得到白色的 AgSCN 沉淀. 它难溶于水，但溶于硫氰酸钾浓溶液，生成 $[Ag(SCN)_2]^-$和$[Ag(SCN)_3]^{2-}$. 稍微加热或在酸和水中，能使大多数该类配合物发生分解.

硫氰酸银(I)是由无限锯齿链—Ag—NCS—Ag—NCS—Ag—所组成的多聚体，其中硫原子也配位于相邻链中的银原子. C—S—Ag 角和 N—Ag—S 角分别为 103.79°和 164.50°，Ag 键角偏离 180°是因其 *d* 电子对 *sp* 杂化的影响；Ag—N，N—C，C—S 和 Ag—S 的距离分别为 222.3(28)pm，118.2(68)pm，163.6(29)pm 和 242.8(11)pm. 但是，对于 $NH_4[Ag(SCN)_2]$，在含有 NH_4^+和 SCN^-的晶格里，有不连续的 AgSCN 分子，每一个银原子为硫的变形四面体所包围. 在 *n*–$Pr_3PAgSCN$，$AgL_2(SCN)$(L = 氨基硫脲)和 $Agtu_2SCN$ 等配合物中也存在着通过硫交联的锯齿链—Ag—SCN—Ag—SCN—. 在双核配合物$[Cu(NH_3)_4]$ $[Ag(SCN)_3]$中，银(I)通过 SCN^-的硫进行桥联，而在$[Co(NH_3)_5(NCSAg)][ClO_4]_3$ 中，红外光谱和 Raman 光谱表明银与硫配位[18].

(4) 六氰合铁(II)酸银(I)和六氰合铁(III)酸银(I). 在室温下，使硝酸银(I)同六氰合铁(II)酸钠反应，便可得到六氰合铁(II)酸银(I)，它是白色沉淀. 若将六氰合铁(II)酸银(I)与硝酸一起加热，则生成橙红色六氰合铁(III)酸银(I). 在 $Ag_3[Fe(CN)_6]$系列及 $Ag_4[Fe(CN)_6]$系列中的银被铊逐步取代后，其热稳定性同阳离子的极化能力有关，即其极化能力越大则热稳定性越低. 被铊逐步取代的六氰合铁(III)酸银(I)铊(I)$(Ag_{3-n}Tl_n)[Fe(CN)_6]$($n = 0$，1，2，3)为面心立方晶系，当 $n = 0$，1，2，3 时，单位晶胞参数($a = b = c$)分别为 1029，1058，1056 和 1083pm. 在这种单位晶胞中，有四个阴离子和十二个阳离子.

2.9.4　氧化银(I)和氢氧化银(I)

(1) 氧化银(I). 将碱金属氢氧化物同硝酸银反应，可以得到氧化银(I)

$$2Ag^+ + 2OH^- \longrightarrow Ag_2O + H_2O$$

沉淀洗涤后，必须在低于 85℃烘干，但最后除去氧化银(I)中的痕量水非常困难，因为温度升高，会使氧化银(I)发生分解.

氧化银(I)为棕黑色，在空气中，当温度超过 300℃，它会完全分解；在 250℃，氧化银(I)大部分分解，温度低于 100℃时则只有少量分解.

氧化银(I)能被光分解. 同过氧化氢和臭氧反应时，则得到银和氧，如

$$Ag_2O+H_2O_2 \longrightarrow 2Ag+H_2O+O_2\uparrow$$

它能被氢、一氧化碳和温和的有机还原剂(如乙醛)还原为金属银

$$Ag_2O+H_2 \longrightarrow 2Ag+H_2O$$

$$Ag_2O+CO \longrightarrow 2Ag+CO_2$$

$$Ag_2O+CH_3CHO \longrightarrow 2Ag+CH_3COOH$$

在低温和有水汽存在下，能将有机溴化物和氯化物转化为醇类等. 氧化银(I)与金属氧化物 MnO_2，Co_2O_3 和 CuO 等的混合物，在常温下是一氧化碳被空气氧化为二氧化碳的催化剂，因此曾经采用含 5%的氧化银(I)、3%的氧化铜、50%的二氧化锰和 15%的 Co_2O_3 等的混合物，作为预防一氧化碳中毒的防毒面罩内的材料. 潮湿的氧化银(I)具有碱性，它容易从大气中吸收二氧化碳. 氧化银(I)与硫反应生成硫化银(I)和二氧化硫. 当将其研磨时，反应非常剧烈. 碱金属硫化物或重金属硫化物，如硫化铅的热悬浮液都能与 Ag_2O 作用，生成硫化银(I)

$$Ag_2O+S^{2-}+H_2O \longrightarrow Ag_2S+2OH^-$$

$$Ag_2O+PbS \longrightarrow PbO+Ag_2S$$

氧化银(I)溶于生成可溶性银盐的酸中，它也溶解于碳酸铵、氰化钾和氰化钠溶液. 分别生成$[Ag(NH_3)_2]_2CO_3$ 和 $K[Ag(CN)_2]$或 $Na[Ag(CN)_2]$.

氧化银(I)为共价化合物，它的晶体结构是银离子(或原子)以面心立方排列，晶胞参数 $a=b=c=472$pm，同时氧离子(或原子)又以体心立方排列，并且互相贯穿，结果使得每个氧位于银离子四面体的中心，Ag—Ag 和 Ag—O 的距离分别为 333.6pm 和 204.3pm，红外光谱研究表明氧化银(I)和氧化铜(I)的结构很相似.

(2) 氢氧化银(I). 如前所述，在室温用碱金属氢氧化物处理一价银盐溶液时，只生成氧化银(I)沉淀，但是在低于−45℃，用碱金属氢氧化物和硝酸银(I)的 90%酒精溶液作用，则可能得到白色的氢氧化银(I)沉淀. 它有两性，若将新制备的氧化银(I)悬浮于水中，则溶液呈碱性(25℃，Ag_2O 在水中的溶解度为 27mg · L^{-1}). 在强碱溶液中，氧化银(I)可能生成羟基配合物 Ag(OH)、$Ag(OH)_2^-$，从而使其溶解度大增[20]. 此外，Klemenc[2]曾用无水的方法制备得到了两种亚银酸的钠盐，从而进一步证明氢氧化银(I)具有两性.

2.9.5　硝酸银(I)、亚硝酸银(I)和次亚硝酸银(I)

(1) 硝酸银(I). 将金属银溶解于硝酸，然后蒸发所得溶液，便得到硝酸银(I). 它是无色结晶，熔点 212℃，易溶于水和很多有机溶剂. 硝酸银(I)是同质双晶体，其变换温度为 159.8℃，发生变换的熵变为 5.73J. $K^{-1}\cdot mol^{-1}$，并且光谱研究结果认为生成了含有离子对的离子配合物.

在空气中，将硝酸银(I)加热至 350℃，它都是稳定的，但在 440℃时，它就完全分解生成金属银、氮、氧和氮的氧化物. 在有微量有机物存在时，它容易被光还原. 如果没有有机物沾污时，则它对光并不敏感. 许多有机物，如乙醇、糖、淀粉和甲醛等与硝酸银(I)反应时，都能析出细小的金属银. 氢也能使硝酸银(I)溶液还原，但在室温反应较慢，在 80℃以上反应容易进行

$$Ag^+ + 1/2H_2 \longrightarrow Ag\downarrow + H^+$$

碳能强烈地还原固体硝酸银(I)，如固体 $AgNO_3$ 与木炭的混合物用铁锤敲击时就会着火(不发生爆炸)，但碳和一氧化碳却不能还原 $AgNO_3$ 水溶液中的银离子. 与此相反，多数金属却容易从硝酸银(I)水溶液中置换出银，如

$$2AgNO_3 + Zn \longrightarrow 2Ag\downarrow + Zn(NO_3)_2$$

当 $AgNO_3$ 在一氧化氮气氛中加热时，则被还原成为亚硝酸银(I)

$$AgNO_3 + NO \longrightarrow AgNO_2 + NO_2$$

磷化氢、砷化氢和锑化氢都能将 $AgNO_3$ 还原成为银，如

$$PH_3 + 6Ag^+ + 3H_2O \longrightarrow 6Ag\downarrow + 6H^+ + H_3PO_3$$

卤素也能与硝酸银(I)反应，但反应条件和产物不尽相同，如将氟与 $AgNO_3$ 一起加热则生成氟化银(I)，氯约在 60℃与 $AgNO_3$ 反应生成氯化银(I)

$$2AgNO_3 + Cl_2 \longrightarrow 2AgCl + 2NO_2 + O_2$$

在有湿气存在时，$AgNO_3$ 与溴反应生成次溴酸

$$Ag^+ + Br_2 + H_2O \longrightarrow AgBr + HBrO + H^+$$

此反应曾用于制备次溴酸. 在有水存在并当碘过量时，则生成碘酸

$$5Ag^+ + 3I_2 + 3H_2O \longrightarrow 5AgI + IO_3^- + 6H^+$$

若 $AgNO_3$ 过量则生成不溶的 $AgIO_3$.

硝酸银(I)的用途很广. 大量的硝酸银(I)主要用于制造照相底片上的卤化银(I), 在医药上用作消毒剂和腐蚀剂，此外，它也是一种重要的分析试剂. 硝酸银(I)在有毒物质的消除方面也很有用，如将含有 AsH_3(或 PH_3、锑化氢)的排气通过含 5%$AgNO_3$ 的 HNO_3 溶液时，则能将胂除去

$$AsH_3 + 6Ag^+ + 3H_2O \longrightarrow 6Ag\downarrow + AsO_3^{3-} + 9H^+$$

(2) 亚硝酸银(I). 用亚硝酸钡处理硫酸银(I)溶液可以制得 $AgNO_2$；它也可在冷的浓硝酸银(I)溶液中加入亚硝酸钠制得. $AgNO_2$ 是一浅黄色的针状结晶. 0℃时，它在水中的溶解度为 1.55g · L^{-1}，在 60℃则为 16.63g · L^{-1}. 干燥的固体亚硝酸银(I)和它的水溶液都不太稳定，前者在 100℃和后者在室温时，都根据下式分解

$$2AgNO_2 \rightleftharpoons Ag\downarrow + AgNO_3 + NO$$

反应可逆，它的分解热为 56.1kJ · mol^{-1}. 亚硝酸银(I)对光的还原作用敏感，在空气中能被氧化为硝酸银(I)；它能被生成可溶性银盐的酸甚至是弱酸所分解，$AgNO_2$ 也易溶于氨水.

(3) 次亚硝酸银(I). 它是淡黄色固体，由次亚硝酸钠同硝酸银(I)溶液的复分解反应制得. 它在水中的溶解度和氯化银(I)类似. $Ag_2N_2O_2$ 在室温都不稳定，分解生成银、硝酸银(I)、亚硝酸银(I)、氮和几种氮的氧化物. 它对光敏感，能被无机酸迅速分解，但在碱性溶液中比较稳定.

2.9.6 硫化银(I)

在自然界硫化银(I)主要以辉银矿和螺状硫银矿存在. 银与硫在不加热的情况下也能直接化合，在 90—100℃，氧化银(I)与硫反应生成硫化银(I)和硫酸银(I)

$$4Ag_2O + 4S \longrightarrow 3Ag_2S + Ag_2SO_4$$

有湿气存在，Ag_2SO_4 能被过量硫转化成为硫化银(I)

$$3Ag_2SO_4 + 4S + 4H_2O \longrightarrow 3Ag_2S + 4H_2SO_4$$

此外，硫代硫酸钠与氧化银(I)，硝酸银(I)与硫代硫酸钠以及可溶性银盐与可溶性硫化物反应，都可以得到硫化银(I)

$$Ag_2O + S_2O_3^{2-} \longrightarrow Ag_2S + SO_4^{2-}$$

$$2Ag^+ + S_2O_3^{2-} + H_2O \longrightarrow Ag_2S + SO_4^{2-} + 2H^+$$

$$2Ag^+ + S^{2-} \longrightarrow Ag_2S$$

硫化银(I)呈黑色，可能是所有银化合物中最难溶于水的化合物，它的溶度积 $K_{sp} = 6.2 \times 10^{-52}$ · Ag_2S 几乎不溶于稀的非氧化性酸，硫化银(I)不溶于氨水和铵盐溶液，但它溶于碱金属氰化物溶液和硝酸，在后一情况下，生成 $AgNO_3$ 和 Ag_2SO_4. 浓 H_2SO_4 能将 Ag_2S 转化成为硫酸银(I)和硫. 如把硫化银(I)与氯化钠或氯化镁混合物在有水气存在下加热，则有氯化银(I)生成

$$Ag_2S + MgCl_2 + H_2O \longrightarrow 2AgCl + MgO + H_2S$$

在室温和有空气及水存在下，Ag_2S 与 NaCl 反应生成 AgCl

$$Ag_2S + 2NaCl + H_2O \xrightarrow{O_2} 2AgCl + 2NaOH + S$$

在常温和空气中硫化银(I)是稳定的，在真空管中加热至 350℃以上，则有丝状金属银生成，称之为丝状银或毛银. 如在空气中加热至低于 1085℃，则硫化银(I)被氧化为硫酸银(I). 当温度超过 200℃，则氢能将硫化银(I)还原成为银. 当温度超过 400℃，Ag_2S 也能被水蒸气还原为银. 若将稀土硫化物、金属银和硫化氢在 900℃加热，则生成一类新化合物 $AgTS_2$(T = 稀土)，其结构已经过测定.

2.9.7 亚硫酸银(I)、硫酸银(I)、连多硫酸银(I)和硫代硫酸银(I)

(1) 亚硫酸银(I). 将二氧化硫通入硝酸银(I)溶液中，或用碱金属的亚硫酸盐与硝酸银(I)作用，均可制得白色的亚硫酸银(I)沉淀. 沉淀溶于过量碱金属亚硫酸盐溶液中. Ag_2SO_3 难溶于水，在沸水中它分解生成硫酸银(I)和二氧化硫

$$2Ag_2SO_3 \longrightarrow 2Ag + 2Ag^+ + SO_4^{2-} + SO_2$$

干燥亚硫酸银(I)在空气中加热至 100℃以上时，也会发生类似反应. Pb^{2+}和 VO_3^{2-} 能阻止固体 Ag_2SO_3 的热分解，但 VO_4^{3-} 却能加速热分解. 亚硫酸银(I)对光的还原作用敏感，光照后得到连二硫酸银(I)$Ag_2S_2O_6$. 强的无机酸和氯使其分解，产生与其酸所对应的盐

$$Ag_2SO_3 + Cl_2 \longrightarrow 2AgCl + SO_2 + \frac{1}{2}O_2$$

Ag_2SO_3 还溶解于碱金属的硫代硫酸盐溶液、氨水和碱金属亚硫酸氢盐溶液. Ag_2SO_3 的红外光谱中有 Ag—O 和 Ag—S 的两个强吸收带(在 950cm^{-1} 附近)，

可能具有如下结构[21]

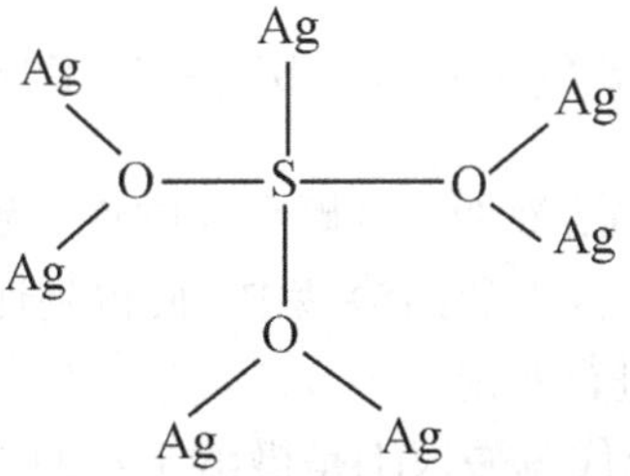

(2) 硫酸银(I). 硫酸银(I)可以由浓硫酸与银作用，或将氧化银(I)(或碳酸银)与稀硫酸反应制得. 此外于硝酸银(I)溶液中加入过量硫酸亦可得到硫酸银(I)

$$2Ag + 2H_2SO_4 \xrightarrow{\triangle} Ag_2SO_4 + SO_2 + 2H_2O$$

$$AgO + H_2SO_4 \longrightarrow Ag_2SO_4 + H_2O$$

$$2AgNO_3 + H_2SO_4 \xrightarrow{\text{过量}} Ag_2SO_4 + 2HNO_3$$

它是白色正交晶体，微溶于水，25℃时，在水中的溶解度为 0.57g/100g 水，硫酸银(I)在硫酸中的溶解度比在水中大，并且溶解度随酸度的增大而增加，因为生成的 $AgHSO_4$ 比 Ag_2SO_4 更易溶解. 蒸发上述溶液可以得到 $AgHSO_4$ 和 $AgH_3(SO_4)_2$. 在 125℃，硫酸银(I)能被氢还原

$$Ag_2SO_4 + H_2 \longrightarrow 2Ag + H_2SO_4$$

$$Ag_2SO_4 + 4H_2 \longrightarrow Ag_2S + 4H_2O$$

$$Ag_2SO_4 + 5H_2 \longrightarrow 2Ag + H_2S + 4H_2O$$

有几种不同的反应发生，温度低时，主要是第一个反应；温度升高时，主要是第二个反应；当温度更高时，则为第三个反应. 红热时，碳也能还原 Ag_2SO_4

$$Ag_2SO_4 + C \longrightarrow 2Ag + CO_2 + SO_2$$

在硫酸溶液中，硫酸银(I)还能被铜、锌、铁等金属还原为银，此外，Fe^{2+}和 Sn^{2+}也能将它还原.

(3) 连二硫酸银(I)、连三硫酸银(I)和连四硫酸银(I). 碳酸银(I)与连二硫酸铵溶液反应，便得到 $Ag_2S_2O_6 \cdot 2H_2O$ 结晶. 它相当稳定，但对光的还原作用有些敏感. 连二硫酸银(I)易溶于水，若将其水溶液煮沸，则部分转化为硫化银(I)

$$4Ag^+ + 2S_2O_6^{2-} \longrightarrow Ag_2S + 2Ag^+ + SO_4^{2-} + 2SO_2 + 2O_2$$

连三硫酸银(I)是一个不稳定的化合物，它容易分解生成硫酸银(I)和硫化银(I)

$$2Ag_2S_3O_6 \longrightarrow Ag_2SO_4 + Ag_2S + 4SO_2$$

它的制法是将中性硝酸银(I)溶液加入到碱金属的连三硫酸盐溶液中,便可得到. 若将中性硝酸银(I)溶液加入到连四硫酸溶液中，便得到连四硫酸银(I)沉淀. $Ag_2S_4O_6$很不稳定，以致尚未对其进行鉴定.

(4) 硫代硫酸银(I). 硫代硫酸银(I)是微溶于水的白色化合物，在乙酸银(I)或氟化银(I)溶液中加入少于等化学剂量的硫代硫酸钠，便可沉淀出 $Ag_2S_2O_3$. 应用结晶的扩散方法，可以使其生长成细长针状的硫代硫酸银(I). 它也可由熔融状态的 $Na_2S_2O_3$ 和 AgCl 相互作用得到. $Ag_2S_2O_3$ 会慢慢分解生成 Ag_2S 和硫酸，它能溶于过量硫代硫酸钠溶液，而生成$[Ag(S_2O_3)]^-$，$[Ag_2(S_2O_3)_2]^{2-}$，$[Ag(S_2O_3)_2]^{3-}$，$[Ag_3(S_2O_3)_4]^{5-}$和$[Ag_2(S_2O_3)_6]^{10-}$等配离子.

2.9.8　碳酸银(Ⅰ)、碳酸氢银(Ⅰ)和过碳酸银(Ⅰ)

(1) 碳酸银(I). 碳酸银(I)是一具有中等稳定性的浅黄色沉淀. 它由硝酸银(I)和可溶性碳酸盐反应制备. 反应取决于反应溶液的比例、浓度和反应温度. 在室温，若将浓硝酸银(I)溶液加入少于等化学剂量的碳酸盐溶液中，则产生碳酸银(I)

$$2Ag^+ + CO_3^{2-} \longrightarrow Ag_2CO_3$$

若反应溶液很稀(如各为 0.25g · L^{-1})，则有一些氧化银(I)沉淀析出

$$2Ag^+ + 2CO_3^{2-} + H_2O \longrightarrow Ag_2O + 2HCO_3^-$$

当浓度小于 0.05g · L^{-1} 时，则只有氧化物生成. 加入过量碳酸盐溶液也有利于氧化银(I)的生成，并且适当提高温度对于氧化银(I)的沉淀也有利.

碳酸银(I)在室温和空气中比较稳定. 当温度高于 100℃时，它开始发生分解

$$Ag_2CO_3 \rightleftharpoons Ag_2O + CO_2$$

在 218℃，当二氧化碳的平衡压力等于大气压时，它在空气中分解完全.

碳酸银(I)能被酸迅速分解. 但在水中的溶解度比较小(0.032g · L^{-1})，水解后使溶液呈碱性. 碳酸银(I)易溶于硫代硫酸钠溶液和碱金属的氰化物溶液中，亦溶于氨水，在室温蒸发该溶液，则产生$[Ag(NH_3)_2]_2CO_3 \cdot H_2O$，当暴露于干燥空气中时，会失去水和氨.

碳酸银(I)曝光时会变黑，和氧化银(I)一样，碳酸银(I)对过氧化氢分解为水和

氧气的反应具有催化作用.

(2) 碳酸氢银(I)和过碳酸银(I). 将碳酸氢钾和可溶性银盐的冷溶液一起反应，便产生 $AgHCO_3$ 沉淀. 沉淀经酒精和乙醚洗涤，并在 0℃干燥，则可得到碳酸氢银(I)纯品.

碳酸氢银(I)的热稳定性差，加热时，发生分解，得到 Ag_2O，并放出二氧化碳

$$2AgHCO_3 \longrightarrow Ag_2O + 2CO_2\uparrow + H_2O$$

当有明胶或中性 SiO_2 凝胶溶液存在时，可以提高碳酸氢银(I)的热稳定性.

过碳酸银(I)可由可溶性银盐和碱金属的过碳酸盐的复分解反应制得. 它的热稳定性差. 温热即分解生成氧和碳酸银(I).

2.9.9 卤素含氧酸的银(I)盐

(1) 次氯酸银(I). 将氯气通入悬浮 Ag_2O 的水溶液，则生成次氯酸银(I)AgClO. 如悬浮液中有过量 Ag_2O 存在，则溶液中的次氯酸银(I)相当稳定. 若将溶液在室温长期放置，便有歧化反应缓慢发生

$$6AgClO \longrightarrow 2AgClO_3 + 4AgCl$$

上述反应在 60℃很快完成. 次溴酸银(I)和次碘酸银(I)更不稳定，在室温就会迅速分解.

(2) 亚氯酸银(I). 它由亚氯酸钡同可溶性银(I)盐的复分解反应制得. 亚氯酸银(I)$AgClO_2$ 是微溶于水(100ml 水中溶解 0.45g)的黄色结晶，当将其加热至 105℃以上时，便发生爆炸.

(3) 氯酸银(I). 将氧化银(I)或碳酸银(I)溶于氯酸，可以制得溶于水的氯酸银(I)(15℃和 80℃时，100g 水中分别溶解 10g 和 50g). 此外由硝酸银(I)和氯酸钠的复分解反应，以及用氯酸同银粉作用也能制得氯酸银(I)

$$6Ag + 6HClO_3 \longrightarrow 5AgClO_3 + AgCl + 3H_2O$$

与此类似，用碘酸和银作用也能制备碘酸银(I). 碘酸银(I)和溴酸银(I)也可以分别用可溶性的碘酸盐或溴酸盐与硫酸银(I)或连二硫酸银(I)反应制得，溴酸银(I)微溶于水(25℃时，100g 水溶解 0.196g)，而碘酸银(I)难溶于水(60℃时，100g 水中溶解 0.019g).

上述三种含氧卤酸盐均无色，对光稳定. 氯酸银(I)和碘酸银(I)的熔点分别为 231℃和 200℃，熔化时，不易分解. 但是溴酸银(I)在熔化前就开始分解. 当加热到过高的温度时，这三种盐都能分解成为相应的卤化物并释放出氧

$$2AgClO_3 \longrightarrow 2AgCl + 3O_2$$

如果迅速加热，它们发生强烈爆炸. 其中以氯酸银(I)和溴酸银(I)更剧烈. 酸(甚至醋酸)都能将氯酸银(I)分解成氯化银(I)和氧，但溴酸银(I)比较稳定，而碘酸银(I)与硝酸一起煮沸或者与硫酸加热至 300℃都不发生分解. Murgulescu[22]的研究表明，氯酸银(I)的红外吸收光谱与高氯酸钠类似.

(4) 高氯酸银(I). 高氯酸银(I)和高碘酸银(I)早已制出，但是高溴酸银(I)尚未制得. 高氯酸银(I)由高氯酸分别作用于氧化银(I)、碳酸银(I)或硝酸银(I)得到. 它也可以由硫酸银(I)与高氯酸钡的复分解反应制备. 高氯酸银(I)很易溶于水，在25℃，每 100g 水能溶解 557g $AgClO_4$. 与其他大多数银盐不同，高氯酸银(I)能生成水合物. 它的一水化物在 43.1℃以下稳定. 高氯酸银(I)在不含氧的有机溶剂，如碳氢化合物中呈现出惊人的溶解度，并与这些溶剂生成固体化合物. 这类固体化合物，尤其是与苯形成的化合物具有爆炸性，通常在温度低于 145℃时，它是稳定的，但在冷时受到撞击就猛烈爆炸. 高氯酸银(I)的热稳定性较好，只有当加热至约 486℃时才分解释放出氧.

由 H_5IO_6 衍生而来的几种高碘酸银(I)，几乎都能通过在 0℃时将 Ag_2O 在稀的 HIO_4 水溶液中经长时间搅拌制得. 简单的 $AgIO_4$–水化物在 130℃时转变为无水盐，若进一步加热则分解成为 AgI 和氧气. 当用银盐沉淀高碘酸盐时，总是得到很难溶于水的 Ag_5IO_6. 在 H_5IO_6 中的 H^+ 逐渐被 Ag^+ 置换时，所产生的高碘酸银(I)的颜色由橙黄色变化至棕黑色.

2.9.10　银(I)的磷化物、磷酸盐、焦磷酸盐和偏磷酸盐

(1) 磷化物. 磷化物的共价特征较氮化物强. 迄今制备得到的有：Ag_3P，AgP，Ag_2P_3，AgP_2 和 AgP_3 等. Ag_3P 可以通过下述方法制备. 如银在红热时与磷直接作用，用磷化氢处理硝酸银(I)，或将银与木炭及偏磷酸的混合物加热熔化也可制得 Ag_3P

$$6Ag + 2HPO_3 + 5C \longrightarrow 2Ag_3P + H_2O + 5CO$$

Ag_3P 加热时发生逐步分解

$$4AgP_3(s) \longrightarrow 4AgP_2(s) + P_4(g)$$
$$2AgP_2(s) \longrightarrow 2Ag(s) + P_4(g)$$

在温度为 400—550℃时，P_4 同 AgP_3 及 P_4 同 AgP_2 平衡中，P_4 的分压可分别用下述方程式表示

$$\lg P(\text{kPa}) = -\frac{7759}{T} + 11.851 \quad (\Delta H = 148.5\text{kJ} \cdot \text{mol}^{-1})$$

$$\lg P(\text{kPa}) = -\frac{7161}{T} + 10.691 \quad (\Delta H = 136.8\text{kJ} \cdot \text{mol}^{-1})$$

(2) 磷酸盐．正磷酸银(I)为亮黄色结晶，熔点 849℃，很难溶于水(K_{sp}～6×10^{-18})，它由正磷酸、正磷酸钠或者磷酸氢二钠与硝酸银(I)反应得到

$$3AgNO_3 + H_3PO_4 \longrightarrow Ag_3PO_4 + 3HNO_3$$

$$3AgNO_3 + Na_3PO_4 \longrightarrow Ag_3PO_4 + 3NaNO_3$$

$$3AgNO_3 + 2Na_2HPO_4 \longrightarrow Ag_3PO_4 + NaH_2PO_4 + 3NaNO_3$$

磷酸银(I)溶于大多数无机酸(包括磷酸在内)和铵盐溶液中(尤其是碳酸铵溶液)，但不溶于弱酸．正磷酸银(I)对光的还原作用有些敏感．它也会被氢还原，并且在高温或加压时，反应更易进行

$$2Ag_3PO_4 + 3H_2 \longrightarrow 6Ag + 2H_3PO_4$$

反应不可逆．

由正磷酸银(I)的制备可以看出，用磷酸氢二钠与硝酸银(I)反应时，只能得到 Ag_3PO_4．但当蒸发正磷酸银(I)的磷酸溶液时，则可得到 Ag_2HPO_4

$$2Ag_3PO_4 + H_3PO_4 \longrightarrow 3Ag_2HPO_4$$

磷酸氢二银(I)对光敏感．水存在时，它迅速分解为磷酸银(I)

$$3Ag_2HPO_4 \longrightarrow 2Ag_3PO_4 + H_3PO_4$$

迄今还未制得磷酸二氢银(I)AgH_2PO_4．

(3) 焦磷酸银(I)．它是白色难溶于水的沉淀．由硝酸银(I)和焦磷酸钠反应制得．此外，当磷酸氢二银(I)加热超过 110℃时也可以制得焦磷酸银(I)

$$2Ag_2HPO_4 \longrightarrow Ag_4P_2O_7 + H_2O$$

焦磷酸银(I)的稳定性小于正磷酸银(I)．当将 $Ag_4P_2O_7$ 加于沸腾的正磷酸钠或磷酸氢二钠溶液中时，它就转化为正磷酸银(I)．焦磷酸银(I)对光敏感，曝光时变为淡红色．它易溶于氨水、氰化钾溶液和能生成可溶性银化合物的酸中．当与硫酸或硝酸一起加热煮沸时，焦磷酸银(I)就被转化成正磷酸银，中和此沸腾溶液，便会析出正磷酸银(I)沉淀．

(4) 偏磷酸银(I). 当碱金属的偏磷酸盐与硝酸银(I)混合时，便产生微溶于水的偏磷酸银(I)$AgPO_3$白色沉淀. 新沉淀出来的偏磷酸银(I)是水合物，强热时就失水. $AgPO_3$容易以聚合状态的形式存在，如已发现有$(AgPO_3)_2$，$(AgPO_3)_3$和$(AgPO_3)_6$等几种聚合体，它们相当稳定，加热到超过它们的熔点(约 480℃)时还是稳定的，若熔化后让其凝固，则都生成一种透明的玻璃状物质. 这些聚合体熔化后将不能辨别. 偏磷酸银(I)溶于硝酸和氨水中，并在一定程度上溶于过量的沉淀剂中.

2.9.11 铬酸银(I)和重铬酸银(I)

将硝酸银(I)溶液加入碱金属铬酸盐溶液中，便会析出砖红色的铬酸银(I)Ag_2CrO_4沉淀，如溶液很稀，则铬酸银(I)呈胶状沉淀. 它难溶于水($K_{sp} = 1.1\times10^{-12}$). 根据上述性质，它被用作银滴定法的指示剂. 铬酸银(I)溶于稀酸，也溶于氨水，但较其他许多银盐困难. 它能被可溶性氯化物、溴化物和碘化物定量分解，生成相应的卤化物

$$Ag_2CrO_4+2NH_3\cdot H_2O \longrightarrow Ag_2(NH_3)_2CrO_4+2H_2O$$

$$Ag_2CrO_4+2NaCl \longrightarrow 2AgCl+Na_2CrO_4$$

铬酸银(I)的热稳定性较好，在氧化性气氛中高温加热都很稳定.

将可溶性重铬酸盐加于银盐水溶液中，便生成一种宝石红晶体状的重铬酸银(I)$Ag_2Cr_2O_7$沉淀. 在水中煮沸时，它就转化为铬酸银(I)

$$2Ag_2Cr_2O_7+H_2O \longrightarrow 2Ag_2CrO_4+H_2Cr_2O_7$$

重铬酸银(I)很难溶于水，但由于水解作用，其溶液呈明显酸性. 重铬酸银(I)的热稳定性与铬酸银(I)相似，在空气中将其加热至高于 200℃，都不会分解.

2.9.12 银(I)的砷化物

银(I)的砷化物有：砷化银(I)、砷酸银(I)和亚砷酸银(I).

(1) 砷化银. 关于砷化银，知道得较少. 加热等量金属银和元素砷的混合物可以得到银的砷化物Ag_4As和Ag_3As，它们是一种类似合金的物质. 若将砷、硫和银或将砷、硒和银加热，它们可以直接化合分别生成硫砷化银(silver sulphoarsenide)和硒砷化银(silver selenoarsenide). 这些化合物在空气、水和浓碱中相当稳定，但能和浓酸作用. 与卤素反应，则生成卤化银(I)、三卤化砷和S_2X_2或Se_2X_2. 它们在 450℃开始分解，750℃分解完全，得到Ag_2S或Ag_2Se、三硫化砷或三硒化砷及砷.

(2) 砷酸银(I)和亚砷酸银(I). 在硝酸银(I)溶液中加入碱金属正砷酸盐时，便

生成暗红色的正砷酸银(I)沉淀，此反应曾用以鉴定砷酸根. 此外，碱金属的正砷酸一氢盐和正砷酸二氢盐与硝酸银(I)反应也能生成 Ag_3AsO_4 沉淀. 当将其加热至暗红时，就发生分解

$$2Ag_3AsO_4 \longrightarrow 6Ag + As_2O_5 + \frac{3}{2}O_2$$

在温度不高时，碳能将 Ag_3AsO_4 还原成为银. 正砷酸银(I)能被大多数无机酸分解，并易溶于醋酸中. Ag_3AsO_4 还溶于氨水和碳酸铵溶液中，但不能溶于其他一般铵盐溶液. 在氢氧化钠溶液中，正砷酸银(I)发生下列反应

$$2Ag_3AsO_4 + 2NaOH + H_2O \longrightarrow 2NaH_2AsO_4 + 3Ag_2O$$

新制备的亚砷酸银(I)Ag_3AsO_3 为黄色，曝光后就变成棕色，这可能是由于光还原作用的结果. 它由硝酸银(I)与碱金属亚砷酸盐反应制得. Ag_3AsO_3 很难溶于水，但能溶于生成可溶性银盐的酸或过量的碱金属亚砷酸盐中. 亚砷酸银(I)在氨水中溶解有些困难(除新制备的)，但有铵盐存在时，就容易溶解，在氢氧化钠溶液中，亚砷酸银(I)发生如下反应

$$2AgAsO_3 + 6NaOH \longrightarrow Ag_2O + 2Na_3AsO_4 + 3H_2O$$

将 As_2O_5，$AgNO_3$ 同水合硫酸钴或硫酸锌加热可得到类型为 $AgM_3H_2(AsO_4)_3$(M=Co 或 Zn)的化合物. 在这类化合物中，银的几何构型为平面四配位，而在 $MAg(NO_3)_2$(M = K，NH_4 或 Rb)中，它为畸变的四面体构型[18].

2.9.13 钼酸银(I)和钨酸银(I)

(1) 钼酸银(I). 将化学计量的硝酸银(I)和氧化钼(VI)加热，便得到钼酸银(I)

$$2AgNO_3 + MoO_3 \longrightarrow Ag_2MoO_4 + NO_2 + \frac{1}{2}O_2$$

它也可以由可溶性钼酸盐作用于银盐溶液制得. 若在稀溶液中则生成胶状沉淀. 钼酸银(I)溶于硝酸和氰化钾溶液. 熔化时，它为黄色液体. 当把过氧钼酸铵溶液加入硝酸银(I)溶液时，便生成过氧钼酸银(I)$AgMoO_4$ 沉淀，加热时它分解成为重钼酸银(I)和氧

$$2AgMoO_4 \longrightarrow Ag_2Mo_2O_7 + \frac{1}{2}O_2$$

重钼酸银(I)微溶于水，但溶于氰化钾溶液. 它能被碱金属氢氧化物溶液分解为氧化银(I).

(2) 钨酸银(I). 硝酸银(I)与碱金属钨酸盐作用，便生成钨酸银(I)沉淀. 刚沉

出的 Ag_2WO_4 为白色，放置一段时间后就变成黄色．熔化(有一些分解)时，为红色液体．钨酸银(I)微溶于水，但易溶于氨水，能被硝酸分解，热的氯化钠溶液能将其转化为氯化银(I)沉淀.

组成为 $Ag_2O \cdot 4WO_3 \cdot 3H_2O$ 和 $5Ag_2O \cdot 12WO_3 \cdot 28H_2O$ 的钨酸银(I)可以在硝酸银(I)溶液中用钨酸钠沉淀得到，刚析出时为白色，不溶于水，加热则脱水分解.

2.9.14 硒化银(I)、硒酸银(I)和亚硒酸银(I)

(1) 硒化银(I). 硒化银(I)Ag_2Se 以硒银矿存在于自然界．在真空中将硒和银一起加热，或使 H_2Se 同可溶性银(I)盐反应都可得到 Ag_2Se．当硒与热硝酸银(I)溶液作用则生成硒化银(I)和亚硒酸

$$4Ag^+ + 3Se + 3H_2O \longrightarrow 2Ag_2Se + H_2SeO_3 + 4H^+$$

硒化银(I)是很稳定的化合物，将其加热至暗红色时也不易被氢还原，但在空气中加热至高温时，则产生金属银和二氧化硒．若加热至 300—600℃，像硫化银(I)一样，硒化银(I)也分解成“毛银”．热的发烟硝酸能将它转化为亚硒酸银(I) Ag_2SeO_3.

硒化银(I)有 α-Ag_2Se 和 β-Ag_2Se 两种变体，前者是高温型，后者为低温型，转化温度为 133℃($\Delta H_{转化} = 7.1 kJ \cdot mol^{-1}$，$\Delta S_{转化} = 17.6 J \cdot mol^{-1} \cdot K^{-1}$)，$\alpha$-$Ag_2Se$ 在 880℃熔化，它的结构与 α-AgI 的结构相似.

(2) 硒酸银(I)和亚硒酸银(I). 硒酸银(I)由碳酸银(I)与硒酸作用生成．它在水中的溶解度与硫酸银(I)相近，在 20℃为 $1.182 g \cdot L^{-1}$．Ag_2SeO_4 易溶于氨水，曾用结晶法从氨溶液中制得[$Ag \cdot (NH_3)_2$]SeO_4 晶体，它易溶于水，在室温慢慢脱氨分解.

如前所述，热的发烟硝酸能将硒化银(I)氧化为亚硒酸银(I)．加热至熔点(530 ± 5℃)时，Ag_2SeO_3 不会分解，若至熔点以上，则完全分解为银、氧和二氧化硒.

2.9.15 碲化银(I)和碲酸银(I)

(1) 碲化银(I). 已知的银的碲化物有：Ag_2Te，Ag_3Te_3(或 AgTe)，Ag_7Te_4 和 $Ag_{12}Te_7$．其中碲化银(I)Ag_2Te 以碲银矿存在于自然界．在真空容器中，将银和碲一起加热至微红，则生成碲化银(I)．与硒一样，单质碲与热的硝酸银(I)溶液作用，或用 H_2Te 与可溶性银(I)[硝酸银(I)的氨溶液]反应，也可以得到碲化银(I).

碲化银(I)在空气中稳定，对光的还原作用也不敏感．它不溶于除硝酸以外的各种酸，但溶于氰化钾溶液．像 Ag_2S 和 Ag_2Se 一样，将其加热至 300—600℃时，它部分分解生成“毛银”.

(2) 碲酸银(I). 将硝酸银(I)加入碲酸钾溶液，便生成碲酸银(I)沉淀．与硫酸

银(I)和硒酸银(I)不同，Ag_2TeO_4 不溶于水，但它溶于氨水、氰化钾溶液和硫代硫酸钠溶掖，也溶于能生成可溶性银盐的酸中．碲酸银(I)对光的分解作用有些敏感．加热至 200℃以上时，它分解并放出氧.

2.9.16 羧酸银(I)

硝酸银(I)能够同很多可溶性羧酸盐生成相应的羧酸银(I)．它们大多数是微溶于水的白色沉淀. 甲酸与 Ag(I)不能生成甲酸银(I)，只能得到白色的甲酸二氨合银，它在 30—85℃就分解为金属银．其他几个重要羧酸银(I)的制法和性质如下.

(1) 乙酸银(I)和三氟乙酸银(I)．冷却碳酸银(I)的热乙酸溶液，便可以得到乙酸银(I)针状结晶，它难溶于水(20℃时，100g 水中溶解 1.04g；80℃时，100g 水中溶解 2.52g)．在液氨中，它是一个方便的氧化剂，产生的金属银易于分离和称重，从而能以此作为反应的量度方法.

和钠(I)、铵、钡(II)、铝(III)、铊(I)、铅(II)、铁(II)、铜(II)、汞(I)和汞(II)等的三氟乙酸盐一样，Ag(I)的三氟乙酸盐可以由它的氧化物、氢氧化物或碳酸盐等与过量的三氟乙酸水溶液制备．在减压条件下，小心将其水溶液加热，便可得到无水三氟乙酸银(I)．三氟乙酸银(I)的挥发性很低，即使在 180—200℃和 130Pa 压力下，也只能得到很少挥发物，而且还会含有分解产物．无水 $AgCO_2(CF_3)$很容易吸水，因此处理它时，应在干燥气氛中进行[19]．它可用于制备其他三氟乙酸的有机金属化合物，如在室温和二氯乙烷中，用过量 5%的 $AgCO_2(CF_3)$同有机金属卤化物反应，曾经制得如 $Mn(CO)_5CO_2(CF_3)$，$(\eta\text{-Cp})_2TiCO_2(CF_3)$和$(\eta\text{-allyl})Fe(CO)_3CO_2(CF_3)$等三氟乙酸的有机金属化合物[24].

在氟化溶剂中卤素与 $AgCO_2(CF_3)$产生下列反应

$$2AgCO_2(CF_3) + X_2 \longrightarrow AgXCO_2(CF_3) + AgX$$

I_2 和 $AgCO_2(CF_3)$及 Br_2 和 $AgCO_2(CF_3)$的混合物分别是强的碘化试剂和溴化试剂.

(2) 草酸银(I)．将可溶性草酸盐加入到硝酸银(I)溶液中，便生成 $Ag_2C_2O_4$ 沉淀．它是一个无色结晶，加热分解时发生放热反应.

$$Ag_2C_2O_4 \longrightarrow 2Ag + 2CO_2 + 123.4kJ$$

反应约在 140℃开始，并且容易发生爆炸．$Ag_2C_2O_4$ 几乎不溶于水，也不溶于稀 HAc．在 21℃，它在 100g 水中仅溶解 3.79 毫克．Griffith[3]曾对草酸银(I)晶体结构进行了研究，证实它具有下述链式结构

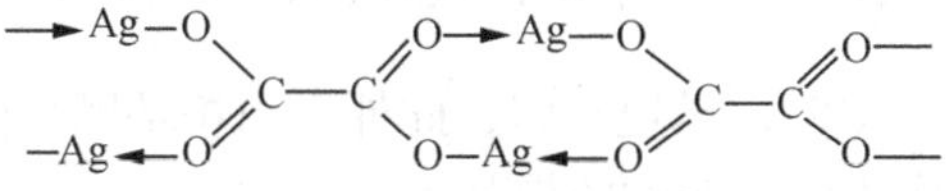

在这种链中，Ag—O 的距离为 217 和 230pm(理论值为 219pm)；在螯合环中，两个银原子间的距离为 356pm(在金属银中 Ag···Ag 为 288pm).

2.9.17 氮化银、叠氮化银(I)、亚氨基银和氨基银

(1) 氮化银和叠氮化银(I). 氮化银由银蒸气同氨在～1550K 反应制得；用结晶法从氧化银(I)的氨溶液中也可以制得纯的 Ag_3N，它不溶于冷水，但能被硝酸分解成为硝酸银(I)和硝酸铵，盐酸和硫酸也能发生类似反应，加入氰化钾溶液时，则分解且释出氨

$$Ag_3N + 6CN^- + 3H_2O \longrightarrow 3\left[Ag(CN)_2\right]^- + 3OH^- + NH_3$$

Ag_3N 比叠氮化银(I)更容易猛烈爆炸，当温度高于 140℃时，它会自发进行爆炸，并对震动或摩擦非常敏感，甚至在水中它对撞击也是灵敏的.

叠氮化银(I)是白色沉淀，它由叠氮酸 HN_3 与硝酸银(I)溶液反应制得，反应非常灵敏，可以用来检验溶液中少于百万分之一的 HN_3，另外联胺亦可从硝酸银(I)溶液中沉淀出 AgN_3. 叠氮化银(I)溶于稀硝酸，但不溶于碱溶液. 和氮化银一样，它是一个很强烈的爆炸物质. 当温度高于 250℃时，它分解放出氮，在 300℃时，就发生剧烈爆炸. 它感光分解为单质的作用较灵敏(比卤化银差)，易被照相显影剂还原. 它与溴反应迅速，生成溴化银(I)和氮

$$2AgN_3 + Br_2 \longrightarrow 2AgBr + 3N_2$$

(2) 亚氨基银和氨基银. 亚氨基银 Ag_2NH 可能是雷爆银的组分之一，它非常容易爆炸. 氨基银 $AgNH_2$ 也是很容易发生爆炸的物质，若将氨基钾加入到硝酸银(I)溶液中，便得到白色沉淀 $AgNH_2$，它不溶于水而溶于液氨，对光的分解作用非常敏感.

2.9.18 有机银化合物

有机银化合物主要有烷基银、芳基银、烯烃化合物和炔基化合物等. 尽管近年来对其研究逐渐增多，但对其结构和键的性质知道得还是比较少.

(1) 烷基银和芳基银. 烷基银主要有甲基银、乙基银和正丙基银等. 它们由四烷基铅同硝酸银(I)在−60—−80℃的乙醇中反应制得

$$Ag^+ + R_4Pb \longrightarrow R_3Pb^+ + AgR \ (R = Me,\ Et \text{ 和 } n\text{-pyl})$$

当温度由−60℃升至−35℃时，迅速分解，此外，当烷基硼烷同水溶液中的氧化银反应时，也可以制得作为中间产物的烷基银.

若用硝酸银(I)处理 $PbEt(Ph)_3$，$SnEt(Ph)_3$ 或 $Bi(Ph)_3$ 时，便得到苯基银的加合物$(AgPh)_2 \cdot AgNO_3$，它是不稳定的黄色粉末. 若用溴化苯基镁处理悬浮于乙醚中的氯化银(I)时，便制得苯基银，它是暗黑色的微溶化合物. 若将其暴露于空气中，乙醚一经挥发，它就猛烈地分解，逸出联苯蒸气. 这种反应可用于制备许多二芳基(diaryl)和二烷基(dialkyl)化合物. 如将适当的 Grignard 试剂加入到悬浮有溴化银(I)的乙醚溶液中，然后煮沸便可分别得到联苯、联甲苯(ditolyl)、联苄基(dibenzyl)、辛烷以及像甲氧苯基(anisyl benzene)这样不对称的化合物.

(2) 烯烃化合物. 将硝酸银(I)或者 $AgBF_4$ 水溶液同烯烃反应，便得到银(I)的烯化合物[25]. 在有些情况下，还可以得到固体结晶. 由于条件不同，这些固体化合物的化学计量可以是 3∶1，2∶1 或 1∶1. 如在$[Ag(C_8H_{14})_2]NO_3$中，一个 Ag(I)同两个单齿配位体环辛烯结合；在$[Ag(C_7H_8)]X$ 中，一个 Ag(I)同一个双齿配位体降冰片二烯(norbornadiene)结合[26]. 此外，有时它还可以形成与铜(I)烯烃配合物(Cu^I—alkene comPlex)相似的聚合物结构(参见 19.1.8.12 节).

利用银(I)能与一些烯生成晶状沉淀，并有不同稳定性的特点，可用来对一些特殊的烯烃进行纯化；对某些烯的混合物或异构体进行分离，如对环辛二烯–[1，3]、环辛二烯–[1，4]和环辛二烯–[1，5]混合物的分离，以及对 α–蒎烯和 β–蒎烯旋光异构体的分离等.

如 2.9.9 节所述，苯也能同 $AgClO_4$ 生成 1∶1 配合物$(C_6H_6) \cdot AgClO_4$[27]，它由交替的苯分子和银原子组成

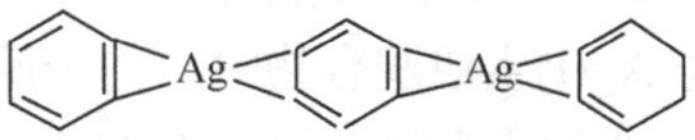

Ag—C 间的距离为 249.6(6)和 263.4(6)pm，与$(C_6H_6)Cu(AlCl_4)$相似，也制备得到了$(C_6H_6)Ag(AlCl_4)$和$(C_6D_6)Ag(AlCl_4)$，这种固体化合物的红外光谱研究表明，它们的金属—碳键的振动频率约在 $100cm^{-1}$；Ag—C 间的距离分别为 247(6)和 292(7)pm.

$AgClO_4$ 或 $AgBF_4$ 还能与其他芳烃(如茚、联苄、萘、蒽、萘嵌戊烷等)形成配合物. 一般情况下 $AgBF_4$ 的芳烃配合物较 $AgClO_4$ 的芳烃配合物稳定.

(3) 炔基化合物(alkynyl compound). 若将乙炔通入硝酸银(I)的氨溶液中，便生成黄色的乙炔银 Ag_2C_2 沉淀

$$2\left[Ag(NH_3)_2\right]^+ + C_2H_2 \longrightarrow Ag_2C_2 + 2NH_4^+ + 2NH_3$$

它也可以用乙炔汞(I)与硝酸银(I)溶液反应制得. 干燥的乙炔银是强爆炸性物质，曝光时它分解成为单质并变成灰色. 盐酸能使它分解为氯化银(I)和乙炔，它也溶

于氰化钾溶液并放出乙炔

$$4CN^- + Ag_2C_2 + 2H_2O \longrightarrow 2\left[Ag(CN)_2\right]^- + 2OH^- + C_2H_2$$

当炔烃同 Ag(I)起取代反应时，则可生成不溶的白色沉淀$[RC\equiv CAg]_n$. 可能由于 Ag(I)与三重键间的 π-键而聚合，这种聚合物能与膦等较强的配位体作用. 由于同样原因，产物仍为多聚体，如在硝基苯中为$[Et_3PAgC\equiv CC_6H_5]_2$二聚体.

2.9.19 一价银配合物

一价银具有 5s, 5p 空轨道，它能与具有未共用电子对的配位体形成配合物. 这些配位体的给予原子有：碳、氮、磷、砷、氧、硫和卤素等. Ag(I)的配位数有 2，3，4 和 5. 银配合物中的螯合作用比较少，在一般情况下，这种作用还常常限制在给予原子为硫–氧或硫–氮体系.

1. 含氮配体配合物

银(I)能与氨、氰化物等含氮配位体生成配合物.

(1) 氨配合物. 银(I)与氨能生成配位数为 2 和 3 的配合物，如$[Ag(NH_3)_2]^+$和$[Ag(NH_3)_3]^+$. 其中配位数为 2 的配合物为直线型$[H_3N \rightarrow Ag \leftarrow NH_3]^+$. 氨作用于氰化银得到$[Ag(NH_3)_2][Ag(CN)_2]$.

Ag(I)也能与吡啶和喹啉衍生物等生成类型为$[AgL_2]ClO_4$(L = 3-氯吡啶、3-溴吡啶、3-乙基吡啶、3,5-二甲基吡啶、2-甲基喹啉、8-甲基喹啉、1,5-二甲基四唑等)的配合物. Ag(I)与 1,5-二甲基四唑生成的配合物，由 1,5-二甲基四唑中的 N–3 与 Ag(I)配位[28]. 乙二胺与 Ag(I)生成配合物时，由于反应条件不同，可以得到通过桥联或聚合使其配位数为 2 的化合物，如 $ClAgNH_2(CH_2)H_2NAgCl$.

(2) 氰配合物. Ag(I)能与氰离子生成配位数为 2 或 3 的配合物——$[Ag(CN)_2]^-$和$[Ag(CN)_3]^{2-}$. X 射线结构分析表明，$[Ag(CN)_2]^-$为线性结构，Ag—N 间的距离为 329pm.

$AgNO_3$ 极易溶于乙腈(常温时，1g $AgNO_3$ 能溶解于 1.5g 乙腈中)，同时放出大量热，由于生成了$[Ag(CH_3CN)_n]NO_3$，从而使溶液具有高的导电性. 硝酸银(I)还能与溴代乙腈 $BrCH_2CN$ 或碘代乙腈 ICH_2CN 分别生成 1∶1 配合物. 三氰甲基银(silver tricyanomethide)$AgC(CN)_3$ 的晶体结构研究表明：每一个银原子与三个配位氮原子构成扁平三角锥构型，它与一个氮原子的距离为 211 ± 6pm，与另外两个氮原子的距离为 225 ± 4pm；其中一个 N—Ag—N 键角为 99.7°，另外两个为 123.9°.

Ag(I)同异腈生成的配合物，如 AgCN · R · CN(R=Me，m.p. 75℃；Et，96℃；Pr；i–Bu 和 i–Am)是无色结晶，有异腈味，它们不溶于水和许多有机溶剂，但溶于酒精. 加热时，它们释出腈和异腈混合物，强酸和沸腾稀碱能使其分解.

2. 含有磷或砷配位体配合物

Ag(I)能与亚磷酸三乙酯$(EtO)_3P$ 生成加合物，如 $AgCl \cdot P(OEt)_3$，$AgBr \cdot P(OEt)_3$

和 AgI · $P(OEt)_3$ 等，它们的熔点分别为 5，40 和 82℃.

三烷基膦或三烷基胂的卤化银(I)配合物的制法与相应的铜化合物类似，即用三烷基膦或三烷基胂作用于卤化银(I)的浓卤化钾溶液，便能得到 R_3PAgX 和 R_3AsAgX(表 19.18). 用沸点法和冰点法测定分子量，发现是四聚体，如 $\{R_3PAgCl\}_4$(R = Me，Et)具有如下结构

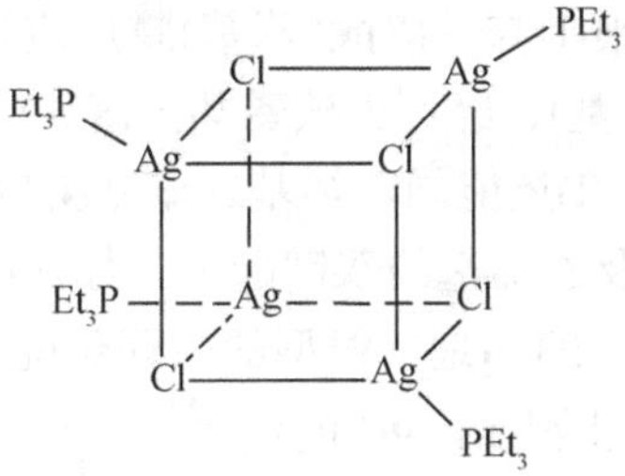

在这种结构中，银原子位于四面体的角上，而四个卤素原子则在这个四面体的面上方，形成第二个四面体[32].

表 19.18 某些 Ag(I)的膦或胂配合物的熔点

配合物	熔点(℃)	配合物	熔点(℃)
Et_3AsAgI	184	Ph_3PAgI	270
n-Pr_3AsAgI	220	$(Ph_3P)_3AgI$	168
Et_3PAgI	208	$(Ph_3P)_3AgBH_4$	133
n-Pr_3PAgI	262	$(Ph_3P)_2AgpyCl$	181
n-Bu_3PAgI	43	$CH_2{=}CHPPh_2AgNO_3$	124
Ph_3PAgCl	294	$(CH_2{=}CHPPh_2)_2AgNO_3$	109
$(Ph_3P)_3AgCl$	133		

Ag(I)的三苯基膦配合物，如 Ph_3PAgX 和$(Ph_3P)_3AgX$(X = 卤素或 BH_4^-)是白色结晶. 卤化三苯基膦合银(I)也是四聚体，若将$\{Ph_3PAgI\}_4$从氯仿–乙醚溶液中缓慢结晶，则得到结构如上所述的单斜晶体；若从二氯甲烷–乙醚溶液中结晶，则得到含有如下所示椅型分子的三斜晶体[32]

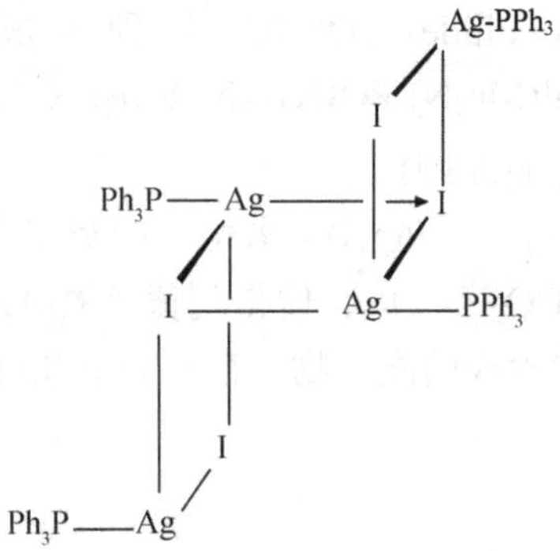

在回流的 MeCN 中，用 PPh_3 处理 AgBr 可以得到如下所示的二聚体

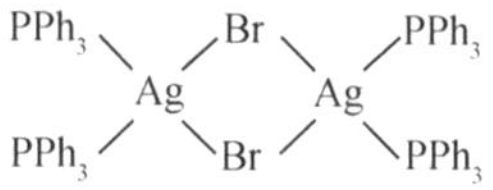

和四聚体$[(Ph_3P)_4Ag_4Br_4]$，结构分析表明为畸变的立方烷结构[17].

在甲苯溶液中，氰化银(I)与三(对甲苯基)膦反应可得到$[Ag\cdot(CN)(PR_3)_2]$和$[Ag(CN)(PR_3)_3]$(R = (对甲苯基)，经 ^{31}P 核磁共振谱分析，认为它们的结构分别为三角形和四面体[33]. 此外 Ag(I)还能同乙烯基二苯基膦生成 1∶1 和 1∶2 配合物. 在这种配合物中，Ag(I)与磷及乙烯基的双键配位. 如前所述，$(R_3P)AgX$ 通常是聚合体，但是$[\{(Me_3C)_3P\}Ag(ClO_4)]$是一线型的二配位配合物，庞大的$(Me_3C)_3P$ 与 Ag(I)生成了 1∶2 型的配位阳离子$[Ag(PR_3)_2]^+$[34].

3. 含氧配体配合物

由于银同氧的亲和力较小，所以银(I)的氧配合物不多，在水溶液中，银(I)能被水合，曾经假定存在四水合银(I)离子，其中两分子水与 Ag(I)牢固结合，而另外两分子水结合得比较松弛，但是这种假设未经熵值证实，因此它存在的形式可能是$[Ag(OH_2)_2]^+\cdot[Ag(OH)_2]^-$为线型离子，稳定常数为：$\lg K_1 = 2.3$；$\lg K_2 = 1.9$.

配位数为 2 的亚硝酸根配合物，如 $Cs[Ag(NO_2)_2]\cdot 2H_2O$，早就由 Jamieson[29]制得. 硝酸根配合物也已合成，如$[AgL_2(NO_3)]$(L = 3–氯代吡啶、4–氰基吡啶或二甲基吡啶)，根据它们的红外光谱认为 NO_3^- 配位于 Ag(I)[30]. 另外，在通式为$[AgX_2NO_3]$(X = 喹啉或异喹啉)的配合物中，NO_3^- 也与 Ag 配位[23].

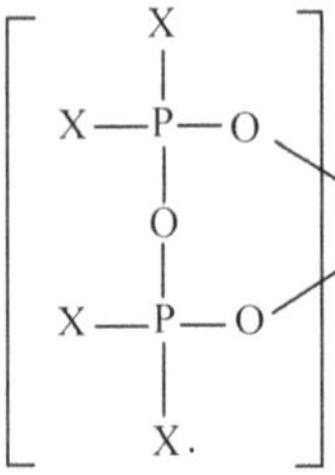

Ag(I)还能与 2–硝基苯甲酸、3–硝基苯甲酸和 4–硝基苯甲酸分别生成 1∶1 和 1∶2 配合物，它们的稳定常数较相应的铜配合物低.

Ag(I)能与二噁烷和八甲基焦磷酰胺(Octamethylpyrophosphoramide) (OMPA) 分别生成 $AgClO_4\cdot 3C_4H_8O_2$ 和 $Ag[(Me_2N)_2POOOP(NMe_2)_2]_2^+ClO_4^-$，后者是一白色结晶，Ag(I)与磷酰基氧形成六元环(左图).

此外，人们还合成得到一些 Ag(I)与氧配位的新配合物，如将 $AgNO_3$ 同被中和的吡嗪–2–羧酸(Pyz–2–CO_2H)反应，便得到黄色的[Ag(Pyz–2–CO_2)]. Acland[35]报道 Ag(I)与甘氨酸根(gly)生成的配合物，存在如下几种配位形式：

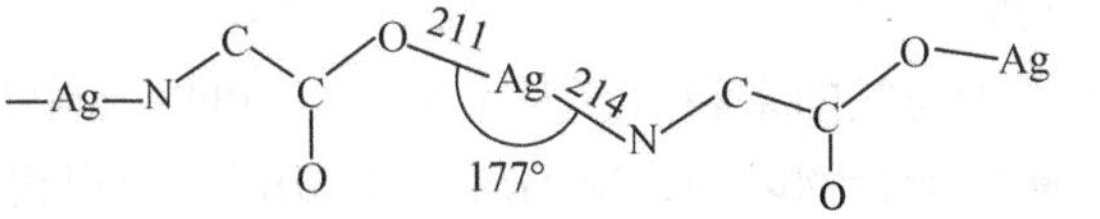
(a)

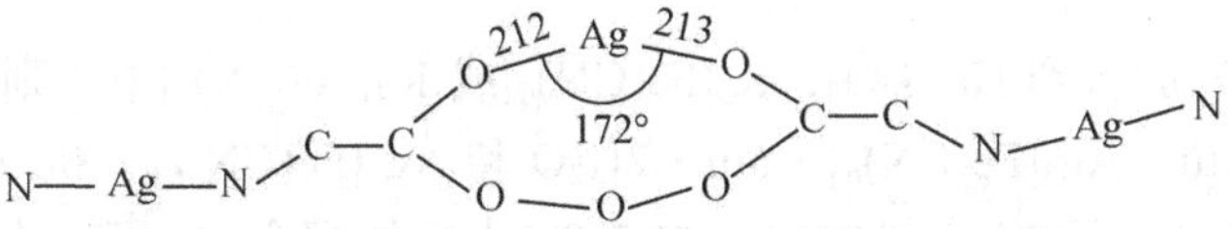
(b)

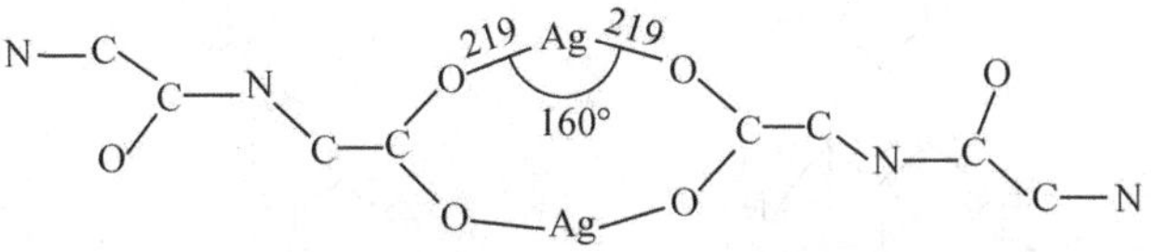
(c)

在[Ag(gly)]中[如(a)所示]. 每个银原子同一个甘氨酸根的羧基氧及另一个的氨基氮配位；在[Ag(gly)]·$0.5H_2O$ 中[如(b)所示]，银原子分别同两个氧及两个氮交替结合；而在[Ag(gly-gly)](NO_3)中[如(c)所示]，Ag(I)同甘氨酸根的两个氧结合. 此外，Ag(I)还能同二甲亚砜、二甲基甲酰胺和磷酸三乙酯等氧给予配体生成配合物[36]，它们中的多数对光敏感. 亚磷酸三丁酯是Ag(I)很有效的萃取剂，它能与Ag(I)分别生成{AgCl[P(OBu^n)$_3$]$_2$}和{Ag(NO_3)[P(OBu^n)$_3$]$_2$}[37].

若使[AgCl(PMe_3)$_n$](n = 1—3)与三甲基硅醇钠(Sodium trimethylsilanolate)反应可以得到 Ag—O—Si 键化合物

$$\left[AgCl\left(PMe_3\right)_n\right] + NaOSiMe_3 \longrightarrow NaCl + \left[\left(PMe_3\right)_n Ag—O—SiMe_3\right]$$

分子量、质谱，^{1}HNMR 和 IR 光谱分析结果表明，产物具有如下结构[21].

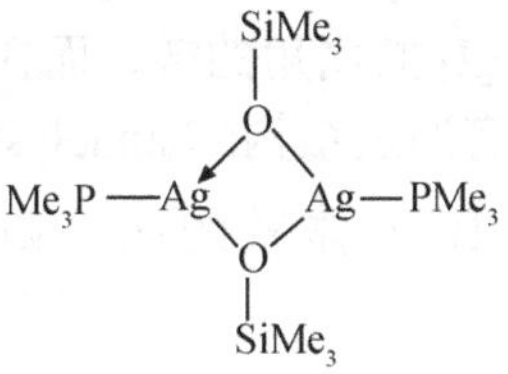

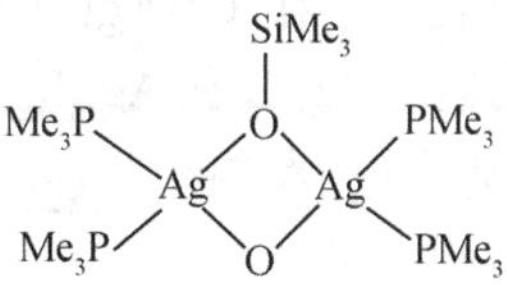

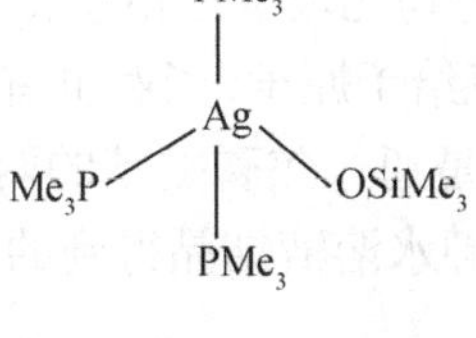

4. 含硫配体配合物

银同硫的亲和力大于与氧的亲和力，因此这种类型的配合物比较多，除在前面已经介绍过的硫氰酸根配合物以外，银(I)与硫脲(tu)反应可以得到 1∶3 的配离子 $\left[Ag\left(S{=}C\begin{matrix}NH_2\\NH_2\end{matrix}\right)_3\right]^+$，它的结构为四面体，比较稳定，$\lg K = 13.05(25℃)$[38] 若将 tu 和 $AgNO_3$ 加入到 $Na_2S_2O_3$，$K_3[Fe(CN)_6]$或 $K_4[Fe(CN)_6]$中，则分别得到微溶的 $Ag_2S_2O_3 \cdot 3tu$，$Ag_3[Fe(CN)_6] \cdot 6tu \cdot 2H_2O$ 和 $Ag_4[Fe(CN)_6] \cdot 8tu \cdot 2H_2O$[28].

Ag(I)与硫代-*β*-二酮[PhC(O)CH(Me)C(S)Ph]生成的配合物，经红外光谱证明，Ag(I)不同羰基氧配位，因此将其看作为

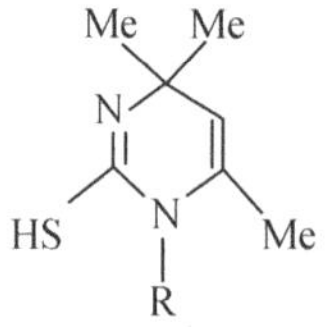
(a)

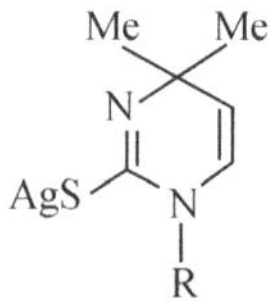
(b)

(R=H，Bu^i，Bz，Ph，对甲苯基，*o*-$MeOC_6H_4$ 或 *m*-$NO_2C_6H_4$)

硫醇盐[28]. 当 $AgNO_3$ 与硫代对氧氮己环–3–酮(thiomorpholin–3–one) $\overline{SCH_2CH_2NHCOCH_2}$ 反应时，可以得到白色反磁性结晶物质，红外光谱表明，硫与 Ag(I)配位[28]. 在氨的乙醇水溶液中，2–巯基嘧啶(a)同 $AgNO_3$ 反应时，生成浅黄色沉淀(b)，若 R = Me，Et，Bu^n，Bu^i 或烯丙基时，则只能得到黑色的 Ag_2S[21].

5. 卤素给予体配合物. 在 2.9.2 节中介绍 Ag(I)的卤化物时，曾经谈到 Ag(I)能与卤素生成 AgX_2^-，AgX_3^{2-} 和 AgX_4^{3-} (X = 卤素)，这些离子的稳定性随着卤素原子量的增大而增加.

若使 AgI 与 MI 的熔融物冷却，便得到 M_2AgI_3 和 MAg_4I_5(M = K，Rb，NH_4)，X 射线结构分析表明，在 Cs_2AgI_3 中，有 AgI_4 共用角的链，而在$[Me_4N]Ag_2I_3$ 中 AgI_4 四面体共用边. $Ag_4I_5^-$ 和 $Ag_{13}I_{15}^{2-}$ 的盐具有通道结构(channel structures)，其行为如固体电解质[25]. 在研究 AgI—NaI—H_2O 体系的相平衡时，曾离析出 $Na[AgI_2] \cdot 3H_2O$[23].

6. 银(I)的螯合物及簇状化合物[34]

(1) 螯合物. 银(I)的螯合物比较少. 由于银对硫的亲和力较大，在一般情况下，螯合剂中至少应有一个硫给予原子，当然也有例外情况，如在前节介绍的 Ag(I)的八甲基焦磷酰胺配合物就是通过焦磷酰基的两个氧与 Ag(I)螯合而形成六元环的，此外由碳酸银(I)的碳酸钾水溶液结晶得到的无色 $KAgCO_3$，经 X 射线结构分

析表明，它有如下环状结构

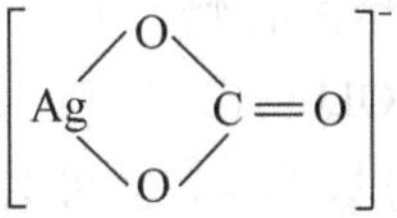

在 Ag(I)螯合物中，以硫–氧为给予原子的螯合体系比较普遍，如在照相术中，用 $Na_2S_2O_3$ 作为定影液对卤化银的溶解作用就是生成了配合物. 由于反应条件不同，会得到组成不同的配合物，其中组成为 $Na_2[Ag_2(S_2O_3)_2]$的结构可能是

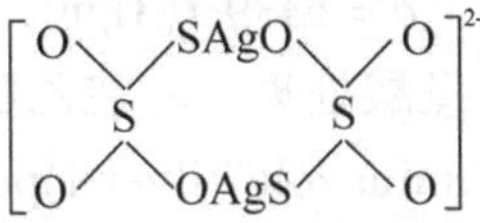

以硫—氮为给予原子的螯合剂主要有 2–(甲基硫代甲基)吡啶[39](MMP)和 2–硫代氨基甲基吡啶[40](TAP)，MMP 与 Ag(I)生成 $Ag(MMP)ClO_4$，它可能含有二聚阳离子$[Ag_2(MMP)_2]^{2+}$.

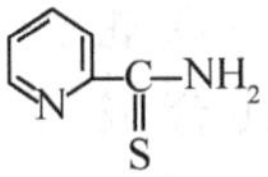

与 Ag(I)生成的螯合物通过吡啶氮和硫酮硫配位. 除上述螯合体系外，2–烯丙基吡啶(2–allylpyridine)$NC_5H_4—CH_2CH═CH_2$ 与 Ag(I)作用时，生成 1 : 1 螯合物，这时，Ag(I)同双键及吡啶氮结合[25].

N, *N'*–双[邻–(二苯基膦基)苯亚甲基]乙二胺(1n=P_2)

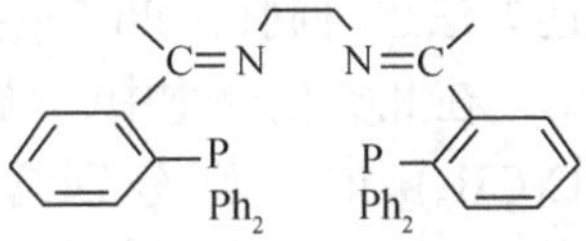

(*N*, *N'*–bis[*o*–(diphenylphosphino)benzylidene]ethylenediamine)是一个四齿配位体. 能够同 Ag(I)生成 1 : 1 配合物$[Ag(1n=P_2)]BF_4$[34]. 另外，Ag(I)也能与大环化合物，如二苯并–18–冠(醚)–6 形成 1 : 1 的配合物，它能被有机溶剂萃取. Ag(I)与如下所示的配体(L)生成的配合物也是 1 : 1，如 $LAg(NO_3)(H_2O)$，红外光谱证明 Ag 与氮配位[18].

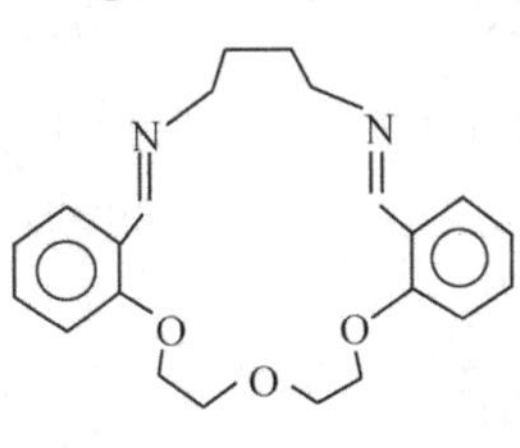

L=(2，3 : 12，13–二苯并–1，14，17–三氧杂–5，10–二氮杂–2，3 : 4，5 : 10，11 : 12，13–环十九四烯)(2，3 : 12，13–dibenzo–1，14，17–trioxa–5，10–diaza–2，3 : 4，5 : 10，11 : 12，13–cycloenndecatetraene)

(2) 簇状配合物[34]. 银比较容易形成簇状配合物，如银与苯甲酸的衍生物可以生成具有 Ag—Ag 键的二聚配合物，它是最简单的银簇合物. 当 $AgNO_3$ 与 Ni(δ–HCQD) 或 Pd(δ–HCQD)(式中 δ–HCQD 为 δ– 樟脑醌二肟 [δ–comopliorquinone dioximate] 反应时，可以生成六核金属簇状配合物 $[Ni(\delta\text{–}HCQD)_2Ag]_3$ · 2.5$CHCl_3$ 或 $[Pd(\delta\text{–}HCQD)_2Ag]_3$ · 2$CHCl_3$. X 射线研究表明它们属于 $Pz_1z_1z_1$ 空间群，Ni—Ag 簇状化合物晶胞参数为：a = 1599.0(5)pm，b=844(1)pm，c = 1343.7(5)pm，Z = 4. 而 Pd—Ag 簇状化合物的晶胞参数是 a=611.0(6)pm，b = 3892(1)pm，c = 1339.3(3)pm，Z = 4. 用 $AgCl_4$ 同咪唑的水溶液反应，将产生的沉淀经高氯酸处理，并在乙醇或丙酮中进行重结晶，便可得到高氯酸双咪唑合银(I)[bis(imidazole)silver(I)per-chlorate]的白色结晶. 它属于 $R\bar{3}C$ 空间群. 晶体结构测定揭示高氯酸双咪唑合银(I)存在着平面$(Ag^+)_6$簇，其中三个 Ag(I)形成一边长为 349.3(1)pm 的等边三角形，而另外三个银(I)则处在沿二重轴方向的 305.1(1)pm 处.

此外，还合成得到另外一些银的多核混合型簇状配合物，如 $[(Ph_3P)_2(CO)IrAg(RNCCH)NR']$，其合成步骤是：将银的甲脒化物 (Silver formamidine)[Ag(RNCCH)NR′](1mmol)加入到 $[(Ph_2P)_2(CO)IrCl]$(10mmol)的 CH_2Cl_2 溶液中，在室温下，若 R = CH_3，则搅拌 20 分钟；当为其他取代基时，就要搅拌 20 小时，便可得到亮橙色溶液，加入己烷，并将其冷至–30℃，则有橙色结晶析出，产率 95%. 当 R = C_2H_5，$CH(CH_3)_2$，$C(CH_3)_3$ 和 C_6H_{11} 时，得到的晶体中还含有 0.5mol 的 CH_2C_{12}. 按照上述方法也可制得 $[(Ph_3P)_2(CO)IrAg(RN_3R')Cl]$(R = CH_3，C_2H_5，$CCCH_3)_3$；R^1 = p–tolyl)，在此类化合物中，当 R = CH_3 时，结晶中不含有 CH_2Cl_2；当 R = C_2H_5 和 $C(CH_3)_3$ 时，则分别含有 0.24mol 及 0.5mo1 的 CH_2Cl_2. $[(Ph_3P)_2(CO)IrAg(RNYN\text{-}P\text{-}tolyl)Cl]$ 经 ^{31}P NMR 和 IR 分析证明具有如下结构

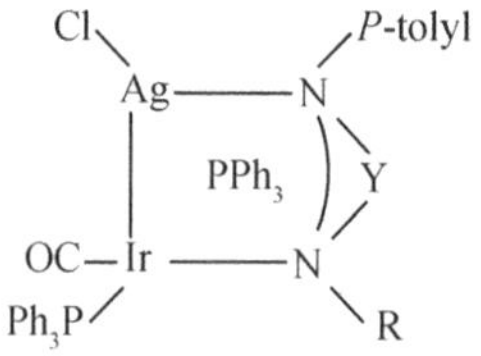

a

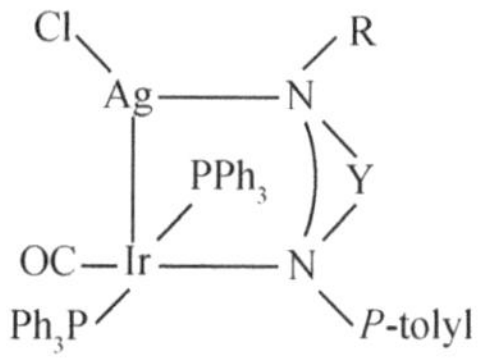

b

其中：a. Y=N，R=CH_3，C_2H_5(异构体 a)；Y=CH，R=CH_3. b. Y=N，R=$C(CH_3)_3$，C_2H_5(异构体 b)；Y=CH，R=C_2H_5，$CH(CH_3)_2C(CH_3)_3$，C_6H_{11}.

银的混合型簇状配合物还有$[Ag_8Ni_6\{SC(Me)_2CHCNH_2CO_2\}_{12}Cl]^{5+}$和$[Ag_8Pd_6\{SC(Me)_2CHCNH_2CO_2\}_{12}Cl]^{5+}$. 合成方法是：将450mgD–青霉胺(3mM)溶于60mL 0.2mol·L^{-1}乙酸钠缓冲溶液中，将几毫升溶有300mg硝酸银的溶液(2mmol·L^{-1})加入上述溶液中，再加入355mg $NiCl_2·6H_2O$(1.5mmol·L^{-1})，便可得到红色溶液，用乙醇进行处理则析出红色胶状的水合$[Ag_8Ni_6L_{12}Cl]^{5+}$钠盐沉淀(L为去质子青霉胺配体，$[—SC(Me)_2CH(NH_2)(O_2^-)]$).

2.10 银(II)化合物

银(II)的电子排列为$1s^22s^22p^63s^23p^63d^{10}4s^24p^64d^9$. 它的化合物是顺磁性的，表明Ag(II)有一未配对电子. Ag(II)可以用臭氧氧化$AgClO_4$或$AgNO_3$中的Ag(I)得到，也可由AgO溶解到酸中制得. Ag(II)最稳定的酸溶液是磷酸溶液，这可能是Ag(II)与磷酸生成了配合物的缘故，但还是有Ag(I)缓慢生成.

Ag^{2+}/Ag^+电对在4mol·$L^{-1}HClO_4$和4mol·$L^{-1}HNO_3$中的电势分别为+2.00V和+1.93V. 并且由下列电池$Pt(H_2, H^+)/(Ag^{2+}, Ag^+(4MHNO_3))$和$Pt(H_2, H^+)/(Ag^{2+}, Ag^+(4MHClO_4))$分别得到Ag(II)在4mol·$L^{-1}HNO_3$和4mol·$L^{-1}HClO_4$中的标准自由能$\Delta G_f^\circ$和生成热$\Delta H_f^\circ$为：$\Delta G^\circ_{f\,HNO_3}$=–186.15kJ·$mol^{-1}$，$\Delta G^\circ_{f\,HClO_4}$=–193.0kJ·$mol^{-1}$；$\Delta H^\circ_{f\,HNO_3}$=–171.5kJ·$mol^{-1}$，$\Delta H^\circ_{f\,HClO_4}$=–171.96kJ·$mol^{-1}$.

Ag(II)是强氧化剂，它能迅速将过氧化氢、二价锰盐、铊(I)、铬(III)和铈(III)分别氧化到氧、高锰酸盐、铊(III)、铬酸根和铈(IV). Ag(II)也能被水甚至强酸溶液中的水还原. 很多氧化作用，如用过二硫酸盐(peroxydisulfate)氧化草酸的氧化作用能被Ag(I)催化，其动力学解释是假定Ag(I)先被氧化至Ag(II)，然后再被作用物还原，此外羧酸的脱羧作用也能被如下所示的Ag(II)配合物加速[25]：

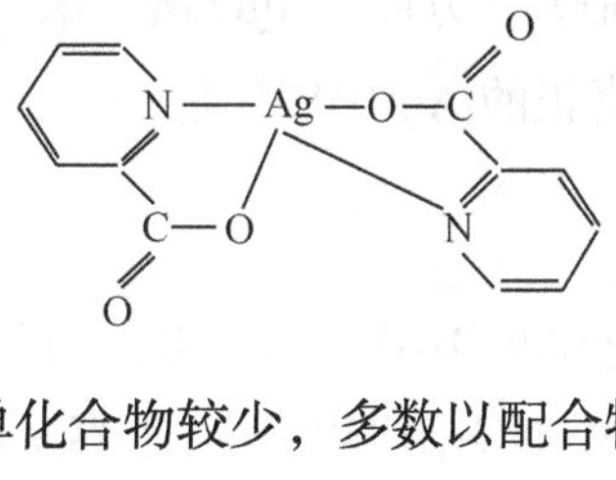

在二价银的化合物中，简单化合物较少，多数以配合物存在.

2.10.1 氟化银(II)

AgF_2(ΔH_f°=–370.28kJ·mol^{-1})可在～200℃用氟作用于卤化银、分子银或银网制得. 通常它是黑色无定形固体，有很强的吸湿性，与水发生激烈反应并放出臭氧. AgF_2是一种很强的氟化剂，可用于碳氢化合物的氟化. 它在690℃熔化，并有很好的热稳定性，在 700℃其分解压小于 13Pa.

除上述银(II)的二元氟化物以外，还合成得到了银(II)的三元和四元氟化物. 如 $AgM(IV)F_6$($M(IV)$ = Ge，Sn，Pb，Ti，Zr，Hf，Rh，Pd 或 Pt)，它们在 753K，用氟氟化 $Ag_2SO_4+A_2MX_6$ 混合物制得. 这些化合物有不同的颜色，如在 $AgM^{IV}F_6$ 中，M = Zr，Hf 时为紫色；M = Sn，Pb 时为浅蓝色. 其他的三元氟化物还有：A^IAgF_3(A=K，Rb，Cs)，K_2AgF_4 和 $CsAg^{II}M^{III}F_6$，其中 K_2AgF_4 为蓝紫色，A^IAgF_3 的结构与 $KCuF_3$ 类似，第三个化合物有 $RbNiCrF_6$ 的立方结构[36].

2.10.2 银(II)氧化物

AgO 为黑色沉淀，它用 $K_2S_2O_8$ 的碱性溶液同沸腾的 $AgNO_3$ 溶液反应，或者用臭氧氧化金属银制得

$$2Ag^+ + S_2O_8^{2-} + 2H_2O \longrightarrow 2AgO + 4H^+ + 2SO_4^{2-}$$

$$Ag + O_3 \longrightarrow AgO + O_2$$

此外，由电解氧化法或用高锰酸钾氧化氧化银(I)也能制得氧化银(II) (反应不完全). 现在人们对 AgO 是否为真正二价银的氧化物的问题还未解决. 如果是氧化银(II)，那么它应是顺磁性化合物，尽管有人主张为弱的顺磁性，但随后发现其磁化率 $\chi = -0.155 \times 10^{-6}$c.g.s · g^{-1}. McMillan[41]曾提出晶格中含有 Ag(I)和 Ag(III)来解释这种反常的抗磁性，并且认为组成为 $Ag(I)Ag(III)O_2$ 中的两个氧配位于 Ag(I) (*sp*)；四个氧配位于 Ag(III) (dsp^2). 由此得出原子间的距离为：Ag(III)—O ≅ Ag(I)—O ≅ 210pm，O—O ≅ 280pm，Ag(III)—Ag(I) = 339pm 和 Ag(III)—Ag(III) ≅ Ag(I)—Ag(I) = 328pm. 中子衍射已经证实了两种银的存在以及它们的位置. 此外，AgO 的碱性溶液也没有顺磁性，因此曾假设溶液中的氧化银(II)是按化学计量生成了 $Ag(OH)_2^-$ 和 $Ag(OH)_4^-$. 但是另一方面，AgO 溶于酸产生 Ag(II)，且 AgO 与 CuO 同晶型，从而认为 AgO 是真正的 Ag(II)氧化物.

2.10.3 银(II)含氧酸盐

这类化合物主要有 $Ag(Ag_3O_4)_2X$($X = NO_3^-$，F^-，HSO_4^-)，其中以硝酸盐 Ag_7NO_{11}[$Ag(Ag_3O_4)_2NO_3 = Ag_7NO_{11}$]比较稳定，它容易通过电解硝酸银(I)的水溶液制得. 电解时，在铂阳极上形成具有金属光泽的 Ag_7NO_{11}，而金属银则在阴极上沉积，并且电解质溶液的 pH 降低.

$$17Ag^+ + NO_3^- + 8H_2O \longrightarrow Ag_7NO_{11} + 10Ag + 16H^+$$

若在高电流密度下进行电解，则得到棱形针状结晶；若在低电流密度下电解，则

得到几乎理想的立方八面体. Ag_7NO_{11} 具立方结构，Z=4，a=989.3pm.

这类化合物能按下列反应自发分解

$$Ag(Ag_3O_4)_2X \longrightarrow AgX + 6AgO + O_2$$

反应的速率随温度升高而增加，并能得到很纯的 AgO.

2.10.4 银(II)配合物

二价银能被配位作用，特别能被含氮杂环配位体的配位作用所稳定，生成配合物的配位数一般是 4. 如下所示它们是经 dsp^2 杂化的平面正方形(有时畸变)，但 2，3–吡啶二羧酸根和 2，6–吡啶二羧酸根与 Ag(II)生成的 $Ag(C_7H_4NO_4)_2 \cdot H_2O$ 则是严重畸变的八面体结构[25].

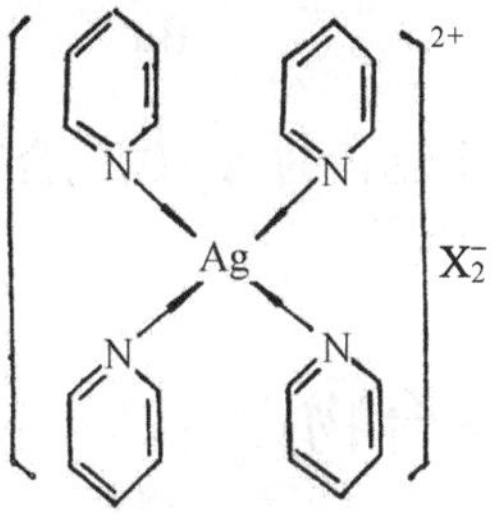

吡啶配合物

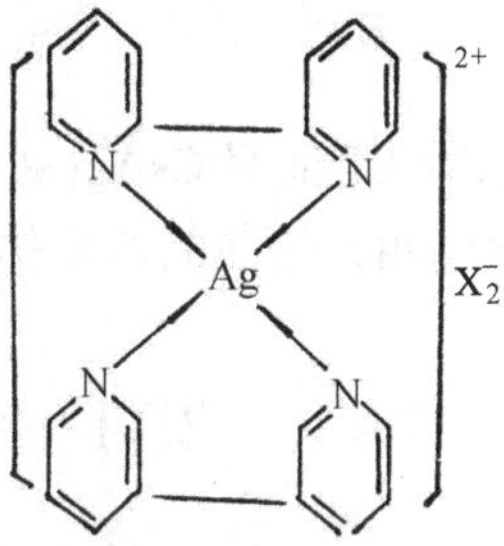

联吡啶配合物

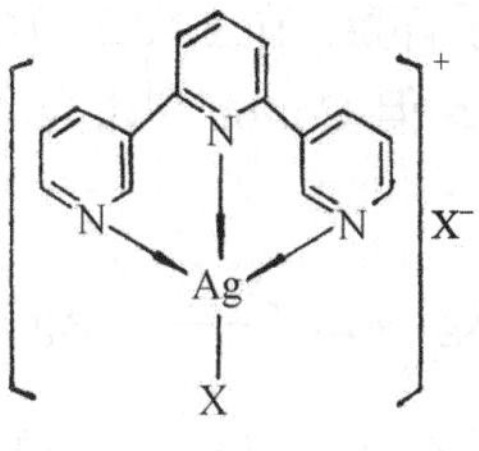

三吡啶配合物

二价银配合物的一般制法是，在有过量适当配位体存在下，用过硫酸钾氧化 Ag(I)盐溶液，便得到这种配体的配合物，如$[Ag(py)_4]S_2O_8$，$[Ag(dipy)_2]S_2O_8$ 和 $[Ag(o\text{–}phen)_2]S_2O_8$ 等，通过复分解反应，还可以制备其他阴离子配合物，如 $[Ag(phen)_2]S_2O_8$ 与 ClO_4^-，ClO_3^-，NO_3^- 和 SO_4H^- 等复分解反应，便可以得到与其相对应的阴离子配合物. 在制备中，除用 $K_2S_2O_8$ 作氧化剂外，制备联吡啶配合物时，还可以用 PbO_2，BaO_2 和 CeO_2 作为氧化剂，在制备吡啶和联吡啶配合物时，亦可用阳极氧化技术. 另外只要配位分子不被氧化，也能用臭氧代替过硫酸盐作为氧化剂来进行制备.

已发现吡嗪(pyz)及吡嗪羧酸也有稳定 Ag(II)的作用，在 0℃并有 $S_2O_8^-$ 存在下，$AgNO_3$ 与吡嗪在水溶液中反应，得到白色结晶的[Ag(pyz)$_2$]S_2O_8. 吡嗪–2–羧酸(游离的)也能发生类似反应，产生 Ag(pyz–2–COO)$_2$(白色)，而吡嗪–2，3–二羧酸则产生红棕色的[$Ag^{II}Ag_2^{I}$($C_6H_2N_2O_4$)$_2$]. 烟酸(Nic)和异烟酸(*i*–Nic)也能与 Ag(II)生成配合物，光谱和磁性研究表明它们的结构可能是平面正方形[28].

Ag(I)[乙酸银(I)]与 *N*，*N*–二–正丁基二硒代氨基甲酸阴离子(*N*，*N*–di–*n*–butyldiselenocarbamate anion)反应所得产物经电子自旋共振谱证实是二价银配合物，有如下结构[42]

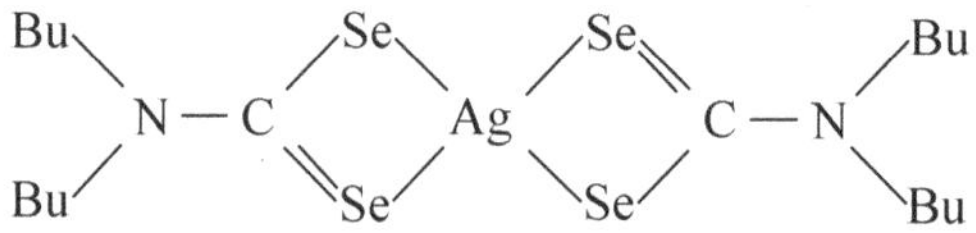

另外，磁性及光谱测定证明 CsAg(SO_3F)$_3$ 是一个真正的 Ag(II)化合物，其中 Ag(II)处于平面正方形或四方扭曲的八面体的环境之中[34].

2.11　银(III)化合物

Ag(III)的电子排布是 $1s^22s^22p^63s^23p^63d^{10}4s^24p^64d^8$，它与 Pd(II)等电子. 和银(I)一样，它的化合物是反磁性的，除 Ag_2O_3 可能是简单的 Ag(III)化合物以外，人们对非配位的 Ag(III)的存在还表示怀疑. 在 2.10.2 节中曾把 AgO 溶于酸产生 Ag(II)作为证明 AgO 存在的一个依据，但 Cotton[25]认为 AgO 溶于酸可能是根据下列反应产生 Ag(II)

$$AgO^+ + Ag^+ + 2H^+ \longrightarrow 2Ag^{2+} + H_2O$$

三价银主要以配合物的形式存在，能与 F^-、碘或碲的含氧阴离子和有机配位体等形成配合物.

$M^+[AgI_4]^-$型的$[AgF_4]^-$具有抗磁性，为 dsp^2 杂化的平面正方形. 用氟作用等摩尔的 MCl(M=碱金属)和 $AgNO_3$ 混合物，便可以得到这种类型的化合物. 它们像 AgF_2 一样为浅黄色，腐蚀玻璃并会在潮湿空气中冒烟.

通式为 $M_{7-n}H_nAg(IO_6)_2 \cdot XH_2O$(M=碱金属)的配合物，可由 AgO 与碘酸盐在碱性溶液中反应，然后用碱金属氢氧化物处理制得，或者由沸腾 KIO_4 的碱金属氢氧化物溶液与 Ag_2O 作用得到. 它们呈棕色，稳定性较相应 Au(III)化合物的差，但却比铜(III)的相应化合物稳定. $[Ag(IO_6)_2]^{7-}$可能具有如下结构

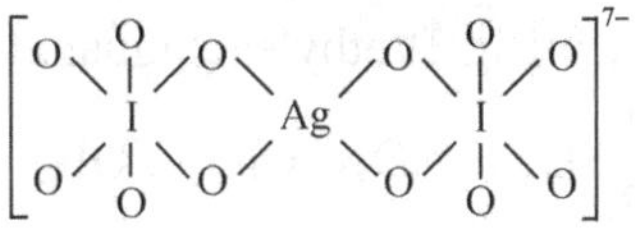

Ag(III)有平面正方形构型.

Ag(III)还能与碲的含氧酸阴离子生成通式为 $M_{9-n}H_nAg(TeO_6)_2 \cdot xH_2O$(M = 碱金属)的配合物. 它们由 TeO_2 与碱金属氢氧化物中的 $S_2O_8^{2-}$ 同 Ag(I)作用制得. 当 $n = 2$ 或 3 时，它们在水溶液中最稳定，并在干燥状态时也相当稳定. 酸，甚至二氧化碳能引起它们完全分解，并释放出氧，在有机溶剂存在下还容易发生还原作用.

这类配合物的阴离子$[Ag(TeO_6)_2]^{9-}$的结构还不清楚，但根据它们的反磁性曾提出如下结构

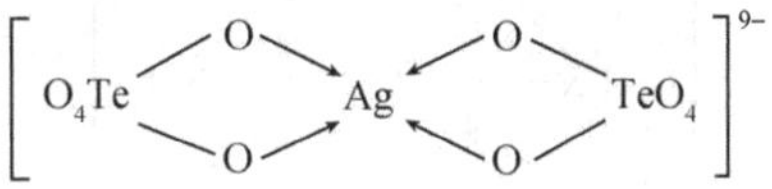

若考虑空间排列则可能为经 $4d5s5p^35d$ 杂化的八面体构型

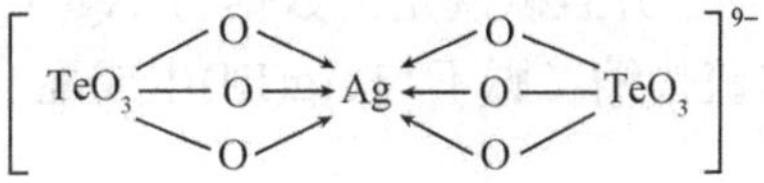

银(III)的有机配体配合物的配位体主要是胍的衍生物，当 Ag(III)与乙撑双二胍$[En(BigH)_2]$(ethylenebidiguanide)生成配合物时，可以使 Ag(III)的稳定性有很大增加. 制法是在乙撑双二胍硫酸盐存在下，用过二硫酸钾水溶液处理 Ag_2SO_4 便可以得到红色的硫酸盐

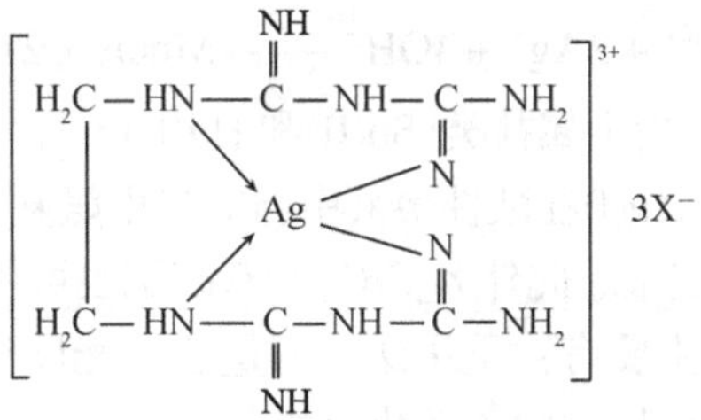

（$X=HSO_4^-$，ClO_4^-，NO_3^-和OH^-）

它的氢氧化物、硝酸盐和高氯酸盐可以由复分解反应制得. 这种配合物是抗磁性化合物. Kunchur[43]阐述了其硝酸盐的结构，认为 $En(BigH)_2$ 是四齿配位体，通过四个氮形成两个配位键和两个共价键，结果构成一个五元环和两个六元环(如上所示). 每个环是一个平面，由于配位构型发生畸变，这三个环不在一个平面上.

Ag(III)还能被乙撑二胍(EnBigH)(ethylenebiguanide)的配位作用所稳定，生成$[Ag(III)\ (EnBigH)_2]X_3\left(X=\frac{1}{2}SO_4^{2-},\ NO_3^-,\ ClO_4^-和OH^-\right)$. 它是一种深红色的抗磁性结晶，稳定性与乙撑双二胍配合物类似. 简单二胍 $C_2H_7N_5$ 也能与 Ag(III)生成配合物，如 $Ag(C_2H_7N_5)_2(OH)SO_4\cdot 7H_2O$. 它的制备方法是在 pH6.5—7.0 时，使 $K_2S_2O_8$ 和二胍硫酸盐同冷的 $AgNO_3$ 水溶液相作用，便得到微溶于水的结晶化合物. 用稀硝酸处理 $Ag(C_2H_7N_5)_2(OH)SO_4\cdot 7H_2O$ 时则 OH^-被 NO_3^- 置换，产生与其对应的配合物，这种配阳离子的结构是

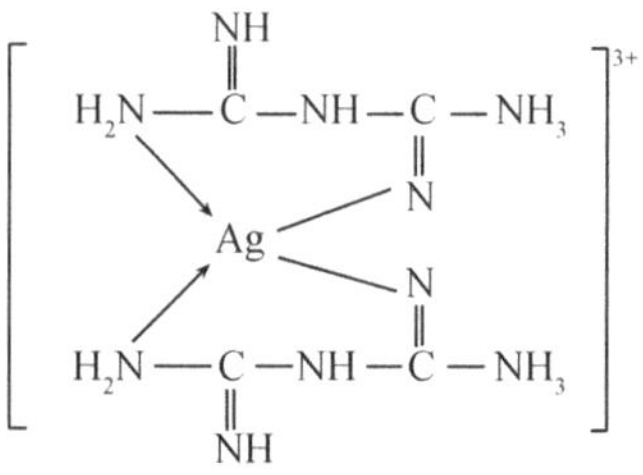

除上述胍的配合物外，还合成得到了$[Ag(LH)_2](SO_4)_{1.5}$(L = 1–脒基–邻–烷基脲)，它们是抗磁性化合物，并且碘滴定的数据与 Ag(III)氧化态一致. 但是 1–脒基–2–硫脲、缩二脲和二硫代缩二脲不与 Ag(III)生成配合物[28].

2.12　银 的 分 析

金属银的应用广泛，社会需要量也大，从而使其工业生产和分析化学日益发展. 银的定性分析试剂主要有硝酸锰和对二甲氨基苄基罗丹宁等[44]. 在碱性溶液中，Ag(I)与 Mn(II)发生反应

$$Mn^{2+}+2Ag^{+}+4OH^{-}\longrightarrow MnO_2+2Ag+2H_2O$$

在滤纸上产生黑色斑点. 贵金属盐类、Sn(II)和 Hg(II)干扰测定，应先将 Ag(I)以 AgCl 分离出来，再进行测定. Ag(I)在酸性溶液中与对二甲氨基苄基罗丹宁产生红紫色沉淀或斑点，也可用来鉴定银. 此外 K_2CrO_4 和双硫腙也可用来定性鉴定银.

银的定量分析方法主要有：重量法、容量法、光度法、发射光谱分析、原子吸收光谱分析、电化学分析和中子活化分析等.

银的重量分析的沉淀剂主要有 1，2，3–苯并三唑及其衍生物. 这些试剂可在酸性溶液中进行沉淀，且沉淀很快凝聚，便于快速过滤. 在这类试剂中尤以 4–硝基–1–羟基–1，2，3–苯并三唑对银具有特效性，它与 Ag(I)生成鲜红色沉淀，其他金属不干扰银的测定. 另外，在碱性溶液中，也可用 1–氨基–2–硫脲作为还原剂，将银还原成为金属银进行重量测定.

Volhard 法是容量法测银的经典方法,但能与滴定剂硫氰酸盐生成沉淀或能与指示剂 Fe(III)发生还原作用的物质会干扰银(I)的测定. 由于 Ag(I)与乙二胺四乙酸(EDTA)生成配合物的稳定性较差，因此一般采用间接法滴定，如 Ag(I)先用铜还原，然后用标准 EDTA 溶液滴定铜(II). 另外也可以用 Ag(I)去置换某些金属的配合物，然后再用 EDTA 滴定被释放出来的金属离子，如 Ag(I)与二乙基二硫代氨基甲酸铜($Cu(DDTC)_2$)反应

$$2Ag^{+} + Cu(DDTC)_2 \longrightarrow 2Ag(DDTC) + Cu^{2+}$$

经萃取分离 Ag(DDTC)后，再用标准 EDTA 溶液滴定 Cu^{2+}，便可算出 Ag(I)的含量.

光度法是测银的常用方法，所用的显色试剂主要有：5–(2，6–二甲基–4–吡喃)衍生物、苯三酚红、1–脒基–2–硫脲、二乙基二硫代氨基甲酸铜、双硫腙、2, 2′–联吡啶和三吡啶等. 随后，由于对银三元配合物光度法研究的逐渐开展，从而使方法的灵敏度和选择性有所改善. 如在中性溶液中，Ag(I)与 1，10–邻菲罗林(phen)和溴邻苯三酚红(BPR)反应，生成蓝色配位化合物$(phen–Ag–Phen)_2BPR$，λ_{max}=635nm，摩尔吸光系数为 $5.1\times10^4 cm^{-1}\cdot mol^{-1}$(0.02—0.2μg 银/mL)，符合 Beer 定律[45]. 此外，在 pH9.8—11.5 的溶液中，和在有聚乙烯吡咯烷酮(PVP)存在下，Ag(I)还能与 3，4，5，6–四氯荧光酮及 Phen 生成 1∶1∶2 的有色配合物，其最大吸收波长为 540nm(或 560nm)，此外也可进行荧光测定[46].

银(I)的电化学分析法主要有：电流滴定、电位滴定和极谱分析等几种，在安培滴定中，尤以二乙基二硫代氨基甲酸钠的安培滴定法的准确度较高(能与重量法媲美)，一般阴离子不干扰测定，有些阳离子的干扰可用 EDTA 掩蔽. 在测定少量贵金属($10^{-11} mol\cdot L^{-1}$)时，若有大量低标准电位的金属存在，可采用零电流–电位法，这时比被测元素更正的元素干扰测定，但可加入柠檬酸铵进行掩蔽. 在银的极谱分析中，滴汞电极和固体电极都有应用，并且在一定范围内，波高与银的浓度成线性关系. 另外，现已研究出了用银选择性固体膜电极[47]，此固体膜电极是由钨砷杂多酸的铷盐和环氧树脂制成. 实验表明，这种膜电极对银离子有特殊响应，在测定中大多数阳离子和 Cl^-，NO_3^-，NO_2^-，S^{2-}，SO_3^{2-}，SO_4^{2-}，$[Fe(CN)_6]^{4-}$，$[Fe(CN)_6]^{3-}$，WO_4^{2-}，MnO_4^{2-}，AsO_4^{3-}，PO_4^{3-} 等阴离子对银的测定无干扰，这种电极也可用于电位滴定法测银.

银的发射光谱分析可用交流电弧激发，并以 338.29nm 线进行分析，可以测定低于 0.03μg 的银，分析误差约 10%. 在原子吸收光谱分析中，使用的是银的 328.1nm 共振线. 当水溶液中银的浓度为 0.1—0.01pm 时，可用水杨酸二正丁基铵将银萃入甲基–异丁基酮中，然后再进行测定.

参　考　文　献

[1] J. C. Bailar *et al.*,Comprehensive Inorganic Chemistry,Vol. 3,Pergamon press(1973).
[2] M. C. Sneed 等著,苏文煅等译,《无机化学大纲》,上海科学技术出版社(1963).
[3] N. V. Sidgwick,The Chemical Elements and Their Compounds,Vol. 1,Oxford University Press(1950).
[4] 黄素封译,《化学元素的发现》,商务印书馆(1965).
[5]《化学发展简史》编写组编著,《化学发展简史》,科学出版社(1980).
[6]《增广本草纲目》,第六卷,上海锦章图书局印行.
[7] 田广荣,贵金属,3(1)，43(1982).
[8] G. Montel,*Chemie & Industrie*(*Fr.*),78(5),59(1957).
[9] 东北工学院有色金属冶炼教研室,《铅冶金》,冶金工业出版社(1976).
[10] 菊田真一,化学工業(日),6,38(1970).
[11] 菊田真一,工業化学雑誌 (日),72,43(1972).
[12] Tabei. Hisao;Nara Shigeo:Japan Kokai,75，66,232(Cl. GO3C). OA Jun,1975,Appl,73,114,370,13,Oct,1973; 3pp.
[13] K. C. Ляликов 著,刘敦译,《照相过程的物理化学》,科学出版社(1965).
[14] C. E. K. Mees 等著,陶宏等译,《照相过程理论》,科学出版社(1979).
[15] N. B. Micheev *et al.*,*Z. anorg. allg. Chemie. Bd.*,332,209(1964).
[16] 化工部北京化工研究院,《同位素在化学工业中的应用》,中国工业出版社(1962).
[17] B. F. G. Johnson *et al.*,Inorganic Chemistry of The Transition Elements,Vol. 6,Burlington House,London (1978).
[18] W. E. Smith,*Coord. Chem. Rev.*,67,297(1985).
[19] H. J. Emeleus *et al.*,Advance in Inorganic Chemistry and Radio-chemistry,Vol. 17,Academic Press(1975).
[20] A. O. Gubel *et al.,Can,J. Chem.*,45,827(1967).
[21] B. F. G. Johnson *et al.*,Inorganic Chemistry of The Transition Elements,Vol. 3,Burlington House,London (1974).
[22] I. G. Murgulescu *et al.,Proc. Intern. Symp. Mol. Struct. Spectry.,Tokyo*,A301,(1962),CA. 61(1964),1398d.
[23] B. F. G. Johnson *et al.*,Inorganic Chemistry of The Transition Elements,Vol. 4,Burlington House,London (1976).
[24] R. B. King *et al.,J. Organometal. Chem.*,15,457(1968).
[25] F. A. Cotton *et al.*,Advanced Inorganic Chemistry,3rd. ed.,John
[26] J. J. Lagowski,Modern Inorganic Chemistry,Marcel Dekker,Inc.(1973).
[27] F. G. A. Stone *et al.*,Advances in Organometallic Chemistry,Vol.13,Academic Press(1975).
[28] B. F. G. Johnson *et al.*,Inorganic Chemistry of The Transition Elements,Vol. 1,Burlington House,London (1972).
[29] G. S. Jamieson,Am. Chem. J.,38,614(1907).
[30] M. K. Misra *et al.,J. Indian Chem. Soc.*,47,1162(1970).
[31] D. G. Vartak *et al.,J. Inorg. Nucl. Chem.*,29., 1264(1967).
[32] D. E. C. Corbridge,"Phosphorus",2. 2nd ed.,Elserive North-Hol-land Inc. (1980).
[33] P. Rigo *et al.,Coord. Chem. Rev.*,13,133(1974).
[34] W. E. Smith,*Coord. Chem. Rev.*,45,307(1982).
[35] C. B. Acland *et al.,J. Chem. Soc.,Chem. Commun*,1016(1971).
[36] D. W. A. Sharp,Inorganic Chemistry Series two,Vol. 5,Transition Metals-Part 1,Butterworths,London(1974).
[37] B. F. G. Johnson *et al.*,Inorganic Chemistry of Transition Elements,Vol. 5,Burlington House,London(1977).
[38] W. S. Fyte,*J. Chem. Soc.*,1032(1955).

[39] M. Akbar Ali *et al.,Coord. Chem. Rev*.,13,122(1974).
[40] G. J. Sutton,*Aust. J. Chem*.,22,2475(1969).
[41] J. A. McMillan,*J. Inorg. Nucl. Chem*.,13,28(1960).
[42] B. F. G. Johnson *et al*.,Inorganic Chemistry of The Transition Elements,Vol. 2,Burlington House,London (1973)
[43] N. R. Kunchur,*Nature*,217,539(1968).
[44] F. Feigl 著,区祖镳等译,《点滴试验》,第一卷,地质出版社(1960).
[45] R. M. Dagnall *et al.,Talanta*,11,1533(1964).
[46] 森逸男等,分析化学(日),22,1202(1973).
[47] A. K. Jain *et al.,Anal. Chem*.,51,1093(1979).
[48] R. C. Weast(ed.),CRC Handbook of Chemistry and Physics,66th. ed.,CRC Press(1985).

19.3 金[1, 10]

3.1 历　　史

金是人类最早发现的金属之一，早在公元前 2500 年埃及就把金的开采和冶炼操作描绘在雕刻上[1]．公元一世纪在大普林尼的著作里，曾列举在西班牙德古斯河和意大利的的波河等地发现有金砂．关于金的冶炼，早在公元前二世纪就出现了所谓“灰吹法”，在公元一世纪就已采用“汞齐法”了[2]．

我国也是发现和使用金的最早国家之一．考古工作者从河南辉县琉璃阁挖掘出土的殷代墓葬的金叶，安阳小屯村出土的金块[3]，证明我国人民在三千多年前就已用金作为装饰品了，而对金的发现和认识肯定要比这早得多．关于金的性质见诸记载也有很长的历史了，如《神农本草经》曾载有：“水银能杀金、银、铜、锡毒，熔化还复为丹”[4]．东汉魏伯阳在《周易・参同契》中说：“金入猛火，色不夺精光，……金不失其重，日月形如常”[3]．他们对金具有不易氧化，化学性质稳定，易生成汞齐等特性作了生动的描述．此外，关于金的鉴定在《本草纲目》中也有记载：“金有山金、沙金两种，其色七青、八黄、九紫、十赤，以赤为足色．和银者性柔，试石则色青，和铜者性硬，试石则有声”[5]．这是我国古代人民创造的凭色定成分，听声识合金的一种简便的金的分析方法．

3.2 存在和提取

金在地壳中的丰度为 $5\times10^{-7}\%$．在自然界，它以天然金或碲化物矿存在．天然金有两种，一种是以微粒形式散布于岩石中，称为矿脉金，它通常存在于石英岩中，并常和褐铁矿伴生，有时也存在于一种或几种金属的硫化矿的矿石中．另一种则存在于砂砾中，称为砂金．天然金一般含有不同量的银，有时还可能含有铂、钯、铑、汞、铜、铅或铁．金的碲化物矿主要有：碲金矿($AuTe_2$)、碲金银矿[$(Ag, Au)_2Te$]、针碲金矿[$(Ag, Au)Te_2$]、碲汞金银矿[$(Ag, Au, Hg)_xTe$]、白碲矿[$(Ag, Au, Pb)(Te, Sb)_3$]和叶碲矿[$(Pb, Au)_2(Te, S, Sb)_3$]等．海水中也含有金，浓度为 $4\times10^{-6}mg\cdot L^{-1}$，其总量为 6×10^6t[6]．金的主要产地在南非，此外美国、苏联、加拿大和澳大利亚也产金，如 1979 年世界黄金产量南非占 53%，苏联、加拿大和美国分别占 28%、4%和 2%．我国黑龙江、新疆和山东都盛产金．

提取金的方法一般指处理含有天然金的矿石，当然其中某些方法也适用于碲化物矿．提取天然金的方法一般有淘洗法和溶解法．淘洗法简单，但只能回收粗粒金．溶解法有：汞齐法、氯化法、溴化法、氰化法和溴氰化法．其中最主要的方法是氰化法，它的要点是：用稀 NaCN(0.03%—0.2%)溶液处理粉碎后的矿石，通入空气，使金粒溶解，残渣分出后，用锌或铝将金置换出来

$$4Au+8NaCN+2H_2O+O_2 \longrightarrow 4Na\left[Au(CN)_2\right]+4NaOH$$

$$2Na\left[Au(CN)_2\right]+Zn \longrightarrow Na_2\left[Zn(CN)_4\right]+2Au\downarrow$$

氰化法大量使用剧毒试剂氰化钠，影响工人健康，污染环境，因此人们对无毒试剂溶解金进行了大量研究，其中以硫脲溶金研究得较多．在酸性溶液中，在有氧化剂(如 H_2O_2，$FeCl_3$)的存在下，金与硫脲发生反应

$$Au+2(SCNH_2)_2 \longrightarrow Au\left[(SCNH_2)_2\right]_2^+ + e^-$$

然后用还原法还原金．用硫脲浸取金的经济指标较氰化法高，目前还处于试验阶段.

用萃取法分离金也研究得较多，在 1–1.5mol · L^{-1} 盐酸溶液中，二丁基卡必醇

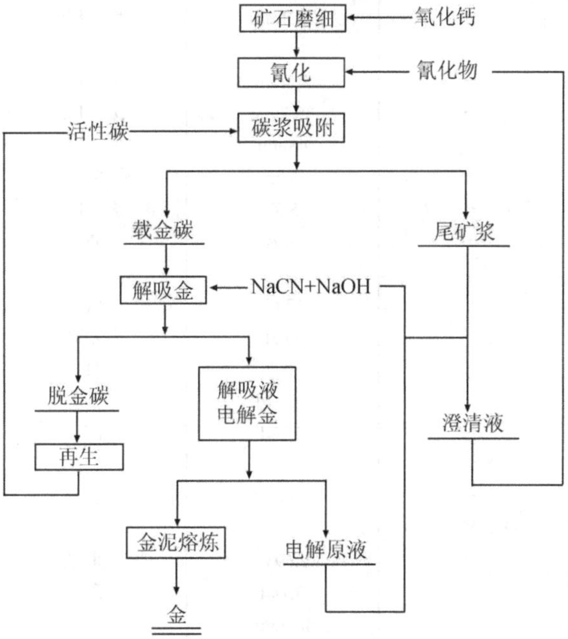

图 19.1 矿浆法提取金流程

对金的萃取具有很高的选择性，并且金能被定量萃取．金被萃入有机相后，在70—80℃用 5%草酸溶液还原，此时金在有机相被还原成金，金的纯度可达99.99%．羟基喹啉、SO_2 等也可用作还原剂，从有机相中还原金，但金的纯度不如用草酸还原的好[7]．此法已用于工业生产[8]．

目前在金(包括银)的选矿方面，用得最多的是矿浆法．它的原理主要是金先用氰化物浸出，然后再加入活性碳吸附金；由于载金碳的粒度比矿浆的粒度粗，因此可用简单的筛分方法将其分开，然后用苛性钠和氰化物溶液将金(或银)从载金碳上解吸下来，最后采用电沉积法得到金．工艺流程如图 19.1 所示[9]．

精炼金一般采用电解法，电解金的纯度可达 99.95%—99.98%．

3.3　金的同位素和物理性质[10, 57]

金有 21 个同位素(见表 19.19)，其中仅 Au^{197} 没有放射性，它的原子量是196.9666.

表 19.19　金的同位素

同位素	天然丰度(%)	半衰期	蜕变方式	蜕变能(MeV)
^{185}Au	—	4.3min	β^+，EC	4.76
^{186}Au	—	10.7min	β^+，EC	6.28
^{187}Au	—	8.2min	β^+，EC	3.72
^{188}Au	—	8.8min	β^+，EC	5.30
^{189}Au	—	28.7min	β^+，EC	2.700
^{190}Au	—	43min	β^+，EC	4.442
^{191}Au	—	3.2h	EC	1.830
^{192}Au	—	5.0h	β^+，EC	3.515
^{193m}Au	—	3.9s	IT	0.2901
^{193}Au	—	17.6h	EC	1.000
^{194}Au	—	39.5h	β^+，EC	2.609
^{195m}Au	—	30.5s	IT	0.3186
^{195}Au	—	186.1d		0.230
^{196}Au	—	6.18d	EC	0.507
^{197m}Au	—	7.8s	IT	0.4094
^{197}Au	100%，196.9666		—	—
^{198}Au	—	2.693d	β^-	1.372
^{199}Au	—	3.14d	β^-	0.453
^{200}Au	—	48.4min	β^-	2.210
^{201}Au	—	26min	β^-	1.275
^{203}Au	—	53s	β^-	2.14

金呈黄色，有光泽，比银软，可拉成 0.0005g · m^{-1} 的丝，辗成 0.00001mm 厚的箔，导电性和导热性仅次于银和铜[11]. 其他物理性质见表 19.20.

表 19.20 金的物理性质[10]

熔点(℃)	1063(IPTS$_{68}$，1064.43)
熔化热(kJ · mol^{-1})	12.68
沸点(℃)	2660
密度(g · cm^{-3})固体，1063℃	17.0
20℃	19.32
热导率(J · cm^{-1} · s^{-1} · K^{-1})0℃	3.09
电阻率($\mu\Omega$ · cm)20℃	2.35
标准电极电势 E°(V) $[AuCl_4]^- + 3e^- \longrightarrow Au + 4Cl^-$	+0.994
中子俘获截面	98
电负性(Allred–Rochow 标度，F=4.10)	1.42
离子半径(pm)	Au^+137，Au^{3+}85
比热(J · g^{-1} · K^{-1})	0.13
晶体结构	面心立方，a=407.86 ± 0.02pm
Au—Au 键长(pm)	133.9
磁化率(cgs · g^{-1})	0.15×10^{-6}

金的惰性很大，在空气和水中无变化. 它不溶于酸，但溶于王水和有氧存在下的氰化钠溶液，高温下金能与卤素作用.

金主要用于电镀和制作化学器皿，此外电子工业也需要金. 由于金合金有足够的硬度，因此它主要以合金形式应用. 在国际上，金合金广泛用于制作金币和珠宝，此外在牙科术中也有应用. 在珠宝业，金合金的组成一般用“开”表示，一“开”是重量的二十四分之一，纯金为 24 开.

能与金形成合金的金属主要有铜和银，其他还有：铁、铝、钡、铍、镉、铒、铪、钬、铟、钾、镧、锂、锰、钠、铌、铅、铷、锑、锡、钽、钛、铀、钒、锌和锆等，也能与金形成二元合金[10].

金和金的某些化合物曾用于治疗结核病和风湿性关节炎，但随后发现这种治疗会影响骨髓，产生口腔炎和组胺反应. 在铜分族中金的毒性最大，它是累积性毒物. 如肌肉注射 550mg 金，两周内仅排出 15.8mg. 金离子对丝鱼的最小致死浓度为 0.4mg · L^{-1}[12]. 金中毒的解毒药物有：连二亚硫酸钠、葡萄糖酸钙、甲醛合次硫酸氢钠和维生素 C 等.

3.4 金的化学性质[1, 10]

金是周期表中的第 79 号元素，像铜和银一样，在全充满 d 的外层有一个 s 电子，它的电子排列为 $1s^22s^22p^63s^23p^63d^{10}4s^24p^64d_0^14f^{14}5s^25p^65d^{10}6s^1$. 金在化合物中主要表现为正三价，其次是正一价，后来还有正二价和正五价的报道. 一价金离子在水中不稳定，容易歧化成为金属金和三价金离子

$$3Au^+ \longrightarrow Au^{3+} + 2Au$$

但是一价金的配合物如 $Na[Au(CN)_2]$在溶液中却很稳定. 一价金的配位数以 2 为主，有时为四. 当配位数为 2 时，金离子采用 *sp* 杂化，几何构型为直线型；当配位数为四时，Au(I)采取 dsp^2 杂化，如 $AuCl_4^{3-}$ 为平面四方形[13]，但也有采用四面体构型的，如$[Au(diars)_2]^+$[diars = 双齿配位体 *o*–苯撑双(二甲基胂)].

三价金化合物比较稳定，并且很容易生成配合物，其配位数一般为四，具有平面正方形构型. 此外还有配位数为 5 和 6 的三价金配合物，如$[Au(CN)_5]^{2-}$和$[Au(CN)_6]^{3-}$.

真正二价金化合物知道得较少，1971 年，Waters[14]根据 Au(I)和 Au(III)的电子交换反应曾得到$[Au(mnt)_2]^{2-}$.

$$\{(PhCH_2)_2S\}Au^{I}X\{(PhCH_2)_2S\}Au^{III}X_3 + 2Bu_4NBr + 2Li_2(mnt) \xrightarrow{THF-MeOH}$$ $[(Bu_4N)_2]$ $[Au(mnt)_2]$(mnt = *cis*–1，2–二氰基乙撑二硫醇基(*cis*–1，2–dicyanoethylenedithiolate)X = Cl 或 Br)稍后 Bergendahl[15]又制备了另一个二价金化合物

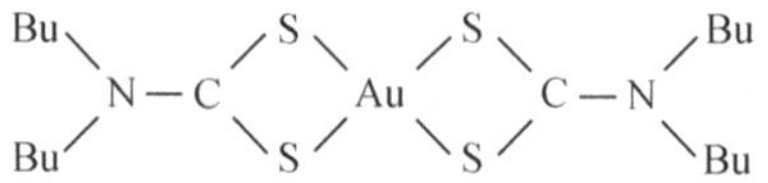

它是一个顺磁性化合物，有平面正方形构型.

金的正五价化合物，可按下述反应制取

$$AuF_3 + XeF_2 + F_2 \xrightarrow[\text{几小时}]{400℃} [Xe_2F_{11}]^+[AuF_6]^-$$
$$\downarrow N_2,\ 110℃,\ CsF$$
$$2XeF_6 + Cs[AuF_6]$$

另外这种盐也能用氟直接氧化 $Cs[AuF_4]$得到. X 射线衍射分析表明这种盐与$[MF_6]^-$(M = Ru，Ir 或 Pt)的盐同晶[16].

3.5 金(I)化合物[1, 10]

3.5.1 氢化金(I)

1929 年，Farkas 发现在氢气中加热到 1400℃的金丝有失重现象，认为生成了气态 AuH. 后来 Wiberg 概述了固体 AuH 的制备，并估计它在−155℃分解.

3.5.2 卤化金(I)

一价金的氟化物很不稳定，尚不能制备，其他卤化物均可制得.

(1) 氯化金(I). 氯化金(I)一般用氯化金(III)在 160℃热分解制备，温度更高时，AuCl 分解为氯和金. 用上述方法制得的 AuCl 一般含有少量金. 纯 AuCl 可由 AuClCO 制备[17]：将 $AuCl_3$ 悬浮于四氯乙烯中，在 120℃用 CO 处理，$AuCl_3$ 被还原成为 AuCl 并放出光气，同时 AuCl 与 CO 结合生成 AuClCO，加热时它迅速分解得到纯 AuCl. 黄色氯化金(I)不溶于水，与水接触被分解成为金和 $AuCl_3$，它属正交晶系：a=641，b=336，c=992pm.

(2) 溴化金(I)，将溴金(III)酸加热至稍高于 100℃，并维持几小时，则得到溴化金(I)，也可用金和溴直接化合而成. 水能使它分解成为金和 $AuBr_3$，将其加热至 115℃以上，它会分解出金.

(3) 碘化金(I). 将封闭管中的金和碘在 120℃加热四个月，可得到浅黄色的 AuI. 它不稳定，易被热水分解. AuI 属四方晶系：a=435pm，c=1373pm，系由无限 Z 字形的—Au—I—Au—I—链组成.

3.5.3 氧化物、氢氧化物和金(I)酸盐

(1) 氧化金(I). 将氢氧化金(I)小心加热到 200℃就可以得到灰紫色的 Au_2O. 在 205℃它开始分解为氧和金，250℃时它完全分解. 它易溶于盐酸、氢溴酸、氢碘酸和王水，但不溶于硝酸或硫酸. 氧化金(I)还微溶于碱金属氢氧化物，可能生成了金(I)酸盐，如将溶液浓缩则生成金和金(III)酸盐.

(2) 氢氧化金(I). 将理论计量的氢氧化钾加入氯化金(I)溶液，或当溴化金(I)在氢氧化钾溶液中慢慢加热时，则析出紫黑色的氢氧化金(I). 它微溶于碱金属氢氧化物溶液，可能生成了金(I)酸盐，如 KAuO，但不稳定，容易分解.

(3) CsAuO. 在氧气氛中，将 CsAu 在 400℃加热两小时，则产生黄色的 CsAuO. 它对水和空气敏感，属四方晶系：a = 1016，c = 617.0pm[18].

3.5.4 氰化物

(1) 氰化金(I). 在 110℃加热 $H[Au(CN)_2]$可得到淡黄色的 AuCN，微溶于水，

易溶于氰化物水溶液. 由 Au—CN—Au—CN—链构成(Au—C ═ (212±14)pm，C—N ═ (117 ± 20)pm)，CN^-作为桥联配位体.

(2) 二氰合金(I)酸盐. 氰化金(I)溶于氰化物的溶液，生成$[Au(CN)_2]^-$，如前所述它是氰化法溶金的基础. $[Au(CN)_2]^-$比较$[Ag(CN)_2]^-$和$[Cu(CN)_2]^-$稳定，表 19.21 列出了$[Ag(CN)_2]^-$和$[Au(CN)_2]^-$中 M—C 的伸缩频率和力常数，从表可以看出，它们的 M—C 伸缩频率有较明显的差别，这是因为在$[Au(CN)_2]^-$中，金属-碳的π结合较强的缘故.

表 19.21　$[Ag(CN)_2]^-$和$[Au(CN)_2]^-$中 M—C 伸缩频率和力常数

	$\nu_{M-C}(R)(cm^{-1})$	$\nu_{M-C}(IR)(cm^{-1})$	$f(\times 10^{-4}\mu N \cdot cm^{-1})$
$[Ag(CN)_2]^-$	360	390	1.8
$[Ag(CN)_2]^-$	452	427	2.8

$K[Au(CN)_2]$的最好制备方法是：将氯化金(III)用氨处理时，沉淀溶于 KCN 溶液即可得到，$[Au(CN)_2]^-$是反磁性的线型阴离子. $K[Au(CN)_2]$与卤素 X_2(X ═ Cl，Br 或 I)作用时，被氧化生成 $K[Au(CN)_2X_2]$，它与氰化物水溶液作用转化成为 $K[Au(CN)_4]$. $H[Au(CN)_2]$可用离子交换法制备，在 100℃它分解成为 HCN 和 AuCN.

3.5.5　硫化物、硒化物和碲化物

(1) 硫化金(I). 用硫化氢处理酸化的二氰合金(I)酸钾，得到硫化金(I)，含水时它为铁灰色，干燥时是棕黑色粉末，在 240℃它熔化并发生分解；它不溶于浓的无机酸和氢氧化钾，但溶于王水、KCN 和碱金属多硫化物溶液. 它属立方晶系：a=502.0 ± 0.3pm，Z = 2.

硫化金(I)溶于碱金属多硫化物和 NaHS 溶液，生成硫代金(I)酸盐

$$Au_2S + 2HS^- \longrightarrow 2[AuS]^- + H_2S$$

当 $AgNO_3$ 与适量的 $Na_3[Au(S_2O_3)_2]\cdot 2H_2O$ 作用时得到 Ag_3AuS_3，若 Ag_2S 与适量 $Na_3[Au(S_2O_3)_2]$反应得到 Ag_3AuS_2，若 $Na_3[Au(S_2O_3)_2]$过量则生成 AgAuS 和 Au_2S[19]

$$3Ag^+ + Au(S_2O_3)_2^{3-} \longrightarrow Ag_3Au(S_2O_3)_2$$

$$Ag_3Au(S_2O_3) + H_2O \longrightarrow Ag_3AuS_3 + H_2SO_4$$

$$2Ag_2S + Au(S_2O_3)_2^{3-} \longrightarrow Ag_3AuS_2 + Ag(S_2O_3)_2^{3-}$$

$$Ag_3AuS_2 + Au(S_2O_3)_2^{3-} \longrightarrow 2AgAuS + Ag(S_2O_3)_2^{3-}$$

$$AgAuS + Au(S_2O_3)_2^{3-} \longrightarrow Au_2S + Ag(S_2O_3)_2^{3-}$$

Ag_3AuS_2属立方晶系：$a = 972$pm，$Z = 8$.

(2) 硒化金(I). 和硫一样，硒和金不能直接化合，但在没有空气存在的情况下，硒化氢能与金(I)酸钾溶液作用生成 Au_2Se，Ag_2Se 与 $Au(S_2O_3)^{3-}$反应生成Ag_3AuSe_2.

(3) 碲化金(I). Au_2Te 在自然界以碲金银矿存在，它可在没有空气的情况下，由碲蒸气和热的金叶化合而成，Ag_2Te 与 $Au(S_2O_3)_2^{3-}$ 反应生成 Ag_3AuTe_2.

3.5.6 硫代硫酸盐和硫氰酸盐

(1) 硫代硫酸盐. 一价金与硫代硫酸盐生成$[Au(S_2O_3)]^-$和$[Au(S_2O_3)_2]^{3-}$，后者较稳定，它的制备方法是用 $H[AuCl_4]$与过量 $Na_2S_2O_3$ 反应，放出 SO_2 和析出硫，过滤后，加入无水乙醇便沉淀出 $Na_3[Au(S_2O_3)_2]\cdot 2H_2O$. 它属单斜晶系：$a$=1822，$b$ = 1137，c=546pm，$\alpha = \gamma = 90°$，$\beta = 98.75°$. 将它加热到 150—160℃便得到无水化合物，它不被硫酸亚铁和氯化亚锡还原.

(2) 硫氰酸盐. AuSCN 的制备方法是：由溴化二乙基金同硫氰酸银反应，得到硫氰酸二乙基金，然后将其每次少量加入到 125℃的二甲苯中，便迅速沉淀出白色絮状的 AuSCN，过滤，沉淀用二甲苯和丙酮洗涤，经真空干燥得到白色粉末状的 AuSCN. 在 140℃它分解生成金和聚合硫化氰.

(3) 二硫氰酸根合金(I)酸钾. 将过量 AuSCN 加入到饱和 KSGN 的无水乙醇中，过滤，滤液经减压蒸发，便得无色针状的 $K[Au(SCN)_2]$. 它在无水条件下是稳定的.

3.5.7 氮化物、叠氮化物和磷化物

(1) 氮化物. 金不能和氮直接化合，但当悬浮于水中的氧化金(I)与氨反应，便得到水合 $Au(NH_3)N$，当它在水中加热至沸腾或用稀酸洗涤时，则生成氮化金(I)的水合物，它及其氨合物在干燥情况下会发生爆炸.

(2) 叠氮化合物. 一价金和三价金的叠氮化合物迄今还未得到，但它们的叠氮配合物已经合成. 如 $Ph_4As[Au(N_3)_2]$可通过在有 Ph_4AsCl 存在下使叠氮化钠同氯化金(I)反应得到. 此外，使 $Au(Ph_3P)Br$ 同过量 NaN_3 反应，还可得到 $Au(Ph_3P)N_3$(熔点 190℃并分解)，它与 CS_2 和 CF_3CN 反应，生成 $Au(Ph_3P)N_3\cdot CS_2$ 和 $Au(Ph_3P)N_3\cdot CF_3CN$[20].

(3) 磷化物. 干燥的磷化氢和无水氯化金(III)在乙醚中反应，生成褐色 AuP

沉淀，遇水它就分解为磷酸和金．在空气中，它在约 100℃时着火燃烧生成氧化磷和金．

3.6　金(III)化合物[1, 10]

3.6.1　金(III)的氢化物

三价金的氢化物有 $LiH \cdot AuH_3(LiAuH_4)$，$AuH_3 \cdot 3BH_3[Au(BH_4)_3]$ 和 $AuH_3 \cdot 3AlH_3[Au(AlH_4)_3]$，它们仅在低温下存在．

3.6.2　卤化物和卤合金(III)酸盐

(1) 氟化金(III)．氟化金(III)的制备方法有：①在 200℃用氟与氯化金(III)作用；②用 BrF_3 与金或氯化金(III)作用，得到 $AuF_3 \cdot BrF_3$，在 180—300℃分解产生 AuF_3；③卤化金(I)AuX(X = Cl，Br，I)与氟作用．三种方法中，以第一种最好．

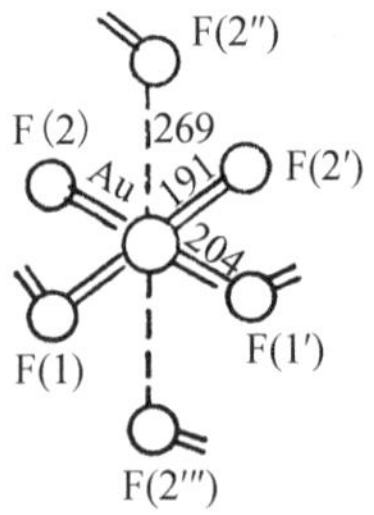

图 19.2　金的配位结构

氟化金(III)在 500℃分解成金，在 300℃的真空中升华．它是聚合物，如图 19.2 所示，金原子在氟原子的正方形内，每个正方形通过两个顺式桥与相邻正方形相连，从而产生一个无限六方螺旋，其中桥联的 Au—F(1) 键长为 204pm；非桥联的 Au—F(2)(终端)键长为 191pm．此外，其他两个相邻正方形中的非桥连(如图 19.2 中的 F(2″)和 F(2‴))还会与金发生弱的交联，其距离(如图 19.2 中的 Au…F(2″))为 269pm．从而在每个金原子周围形成一个扭曲的八面体[23]．

氟化金(III)是一个能使苯或酒精燃烧的强氟化剂．此外 AuF_3 的加合物 $AuF_3 \cdot BrF_3$，$AuF_3 \cdot SeF_4$ 和 $NOAuF_4$ 等也是已知的．

(2) 四氟合金(III)酸盐．在 200—300℃，使氟与 $MAuCl_4$(M = K 或 Cs)反应，先得到红色中间产物 $MAuF_2Cl_2$，最后得到黄色的 $MAuF_4$．若用 BrF_3 与银和金作用，可得到 $AgAuF_4$，或用 BrF_3 与金和氯化钾反应则产生 $KAuF_4$，它们能被冷水分解

$$AgAuF_4 + 3H_2O \longrightarrow Au(OH)_3 + AgF + 3HF$$

中子衍射证实 $KAuF_4$ 和 $KBrF_4$ 的结构相同，在金原子周围四个氟原子呈平面四方形，Au—F 键长为 195pm．

(3) 氯化金(III)．在 200℃使氯和金作用便得到氯化金(III)，它是红色结晶．固态和气态三氯化金(III)都是二聚物，所有原子都排列在一个平面上(如图

19.3). $AuCl_3$的生成热为$-113kJ \cdot mol^{-1}$，高温时它离解成为 AuCl 和 Cl_2，在 420—520℃，氯的平衡压力可表示成：$\lg P(kPa) = 10.7-4547/T$，它的离解热和离解熵分别为 $77.4kJ \cdot mol^{-1}$ 和 $161.1J \cdot K^{-1}mol^{-1}$.

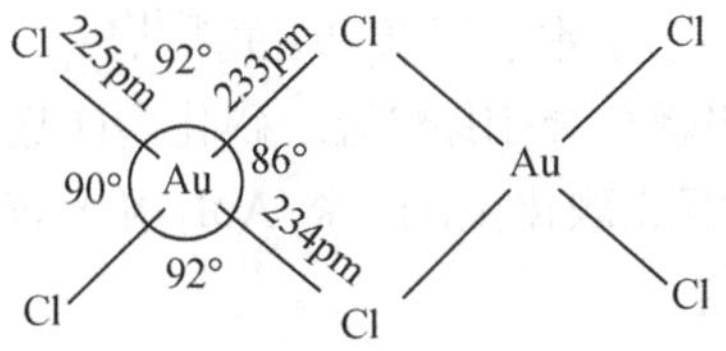

图 19.3 氯化金的结构

(4) 四氯合金(III)酸及其盐. 将 $AuCl_3$ 溶于盐酸，或使金溶于王水都能得到$[AuCl_4]^-$，但用后法制取时，常含有游离的硝酸和氮的氧化物. 电解法是制备四氯金(III)酸的重要方法[17]，它的主要步骤是：用金作阴极，以银为阳极，并用素烧瓷坩埚隔开，电解液的盐酸浓度为 10%—15%，电压 3 伏，此法可得 30%的$H[AuCl_4]$. 小心蒸发溶液便得到 $H[AuCl_4]$，在盐酸溶液中它易被含氧有机溶剂萃取，将碱金属氯化物加入氯金(III)酸溶液便得到 $M[AuCl_4]$. X 射线分析表明：$NaAuCl_4 \cdot 2H_2O$ 含有不连续的平面正方形 $AuCl_4^-$，Au—Cl 距离为 228pm；$KAuCl_4$ 和 $NH_4AuCl_4 \cdot xH_2O$ 都是单斜晶格，晶胞参数分别为 $a = 867.1$，$b = 638.6$，$c=1226.8pm$ 和 $a=1405.4$，$b=1151.9$，$c=1449.6pm$. 将 $KAuCl_4$ 加热则分解生成 KCl，金和氯，若用丙酮或者苯肼还原$(R_4N)[AuX_4]$时，便能得到$(R_4N)[AuX_2]$配位化合物

$$2R_4N[AuCl_4] + PhNHNH_2HCl \longrightarrow R_4N[AuCl_2] + R_4N[PhAuCl_3] + N_2 + HCl$$

$$R[AuBr_4] + Me_2CO \longrightarrow R_4N[AuBr_2] + CH_2BrCOMe + HBr$$

$$(R=Et \text{ 或 } Bu^n;\ X=Cl，Br \text{ 或 } I)$$

并根据线型阴离子$[AuX_2]^-$解释了其红外光谱和 Raman 光谱[21].

(5) 溴化金(III). 在 150℃，用溴和金作用便生成棕色 $AuBr_3$，它也可用氢溴酸同 $AuCl_3$ 反应制取

$$AuCl_3 + 3HBr \longrightarrow AuBr_3 + 3HCl$$

这个反应可逆，需用氢溴酸处理几次才能保证反应完全. 和氯化金(III)一样，溴化金(III)也是二聚物，溴以平面四方形构型与金配位，Au—Br(终端) = 238.3—241pm，Au—Br(桥联) = 245.7—247.1pm[22]. 加热时，它先生成 AuBr，然后分解成金和溴.

(6) 四溴合金(III)酸及其盐. $AuBr_3$溶于氢溴酸便得到$H[AuBr_4]$，它能被乙醚或异丙醚萃取，$[AuBr_4]^-$也是正方形构型，Au—Br 为 243pm[22]. 它的碱金属盐可以通过在碱金属溴化物存在下,用溴处理金粉得到. $Na[AuBr_4]\cdot 2H_2O$ 和 $K[AuBr_4]\cdot 2H_2O$ 是紫红色结晶，易溶于水、甲醇和乙醇[17].

(7) 碘化金(III)和四碘合金(III)酸盐. 碘化金(III)是一个不稳定的暗绿色化合物，在空气中它缓慢分解成碘化金(I). 将 AuI_3 溶于碱金属碘化物溶液，便得到碱金属的四碘合金(III)酸盐.

3.6.3　氧化物、氢氧化物和含氧酸盐

(1) 氧化金(III). 将氢氧化金(III)在 140—150℃加热，至恒重，便得到氧化金(III)，或在 60℃用 Na_2CO_3 中和 $HAuCl_4$ 制得[15]. 它是一个棕色化合物，不溶于水，但溶于浓的无机酸和冰醋酸，在 160℃开始失氧.

(2) 氢氧化金(III). 将一定碱或碱金属碳酸盐加到较浓的$[AuCl_4]^-$溶液中，便得到氢氧化金(III)沉淀，但要完全洗去沉淀中的碱金属离子比较困难. 据报道若用氢氧化镁沉淀，后用稀硝酸洗涤沉淀，就能克服上述缺点. 氢氧化金(III)是棕色沉淀，在五氧化二磷干燥下，得到 AuO(OH)，在 140℃氢氧化金(III)失水成为 Au_2O_3[16]. 在 21℃，它在 $0.45mol\cdot L^{-1}$ 硝酸中的溶解度为 $3\times10^{-5}mol\cdot L^{-1}$.

(3) 金(III)酸盐. 用氢氧化钠处理氢氧化金(III)，只要 OH^-浓度大于 $0.4mol\cdot L^{-1}$，则固态 $Au(OH)_3$ 就变成 Na_2HAuO_3. 下列反应的平衡常数分别为 6×10^{-8}，5×10^{-8} 和 10^{-15}.

$$Au(OH)_3(\text{固}) \rightleftharpoons H^+ + H_2AuO_3^-$$

$$H_2AuO_3^- \rightleftharpoons H^+ + HAuO_3^{2-}$$

$$HAuO_3^{2-} \rightleftharpoons H^+ + AuO_3^{3-}$$

此外，关于 Na_3AuO_3 的制备也有报道.

3.6.4　氰化物

将 $K[Au(CN)_4]$转化成为 $Ag[Au(CN)_4]$，然后加入过量盐酸，滤去氯化银，滤液在硫酸存在下真空蒸发，产物溶在少量水中，重结晶得到 $Au(CN)_3\cdot 3H_2O$[16]，或者用 H_2SiF_6 同 $K[Au(CN)_4]$作用得到. 它是白色结晶，易溶于冷水，在热水中则慢慢地分解.

用 KCN 与近中性的氯化金(III)反应，得到无色的 $K[Au(CN)_4]\cdot H_2O$，它在干燥的空气中放置则失去水. $K[Au(CN)_4]\cdot H_2O$ 的 X 射线结构分析表明，它是由

K^+和水分子薄层分隔开的平面离子$[Au(CN)_4]^-$的重叠层组成. C≡N 和 M—C 的伸缩力常数分别为 1.74×10^{-2} 和 $3.0\times10^{2}N\cdot m^{-1}$，表明它具有强的金属–碳$\sigma$键和弱的$\pi$结合.

在碱性溶液中，Au(III)与 CN^-除生成$[Au(CN)_4]^-$外，还会生成$[Au(CN)_5]^{2-}$和$[Au(CN)_6]^{3-}$.

四氰合金(III)酸可通过离子交换法制备，其要点是：将 10g$K[Au(CN)_4]$溶于 20g 水中，通过交换树脂(Dowex 50WX–8，H^+型)，溶液在室温下的干燥空气中蒸发，结晶在有氢氧化钾的真空干燥器中干燥至恒重，得到 $H[Au(CN)_4]\cdot2H_2O$.

3.6.5 硫化物、硒化物和碲化物

(1) 硫化金(III). 在低温用硫化氢处理氯化金(III)的无水乙醚溶液便生成黑色的硫化金(III)沉淀，它不与盐酸、硫酸或稀硝酸作用，但能与浓硝酸激烈反应，并析出金. 在 200℃它分解成为金和硫，硫化金(III)易溶于氰化钾溶液，生成二氰合金(I)酸盐和硫氰酸盐

$$Au_2S_3 + 6CN^- \longrightarrow 2\left[Au\left(CN\right)_2\right]^- + S^{2-} + 2SCN^-$$

它也溶于浓的硫化钠或碱金属多硫化物溶液.

(2) 硒化物和碲化物. 在暗处使硒化氢同 Au(III)反应，产生 Au_2Se_3. 加热时放出硒的蒸气，它溶于王水或碱金属的硫化物溶液.

AuSe 存在两种状态，一种是稳定的α态，属单斜晶系：$a = 1221 \pm 2$，$b = 369.3\pm0.4$，$c = 843.4 \pm 0.4$pm；$\beta = 103.20°$，$Z = 8$. 另一种是亚稳定的β态，也属单斜晶系：$a = 627 \pm 0.1$，$b = 366.8 \pm 0.4$，$c = 835 \pm 1$pm；$\beta = 105.95°$，$Z = 4$，它们在 400℃分解.

碲金矿的组成近似 $AuTe_2$，它存在菱形、单斜和三斜三种变态，不溶于水，在 472℃熔化并发生分解.

3.6.6 硒酸盐、亚硒酸盐、硫氰酸盐和硒氰酸盐

(1) 硒酸盐. 将金同 98%的硒酸在 154℃加热 13 小时，可得到 $Au_2(SeO_4)_3$，它是金黄色结晶，不溶于水，溶于盐酸生成 $HAuCl_4$，SeO_2 和 Cl_2.

(2) 亚硒酸盐. $Au(OH)_3$ 与亚硒酸反应生成亚硒酸金(III)

$$2Au\left(OH\right)_3 + 4H_2SeO_3 \longrightarrow Au_2\left(SeO_3\right)_3 \cdot H_2SeO_3 + 6H_2O$$

$$Au_2\left(SeO_3\right)_3 \cdot H_2SeO_3 \xrightarrow{225—260℃} Au_2\left(SeO_3\right)_3 + SeO_2 + H_2O$$

在 350—400℃，$Au_2(SeO_3)_3$ 分解成为金、SeO_2 和氧

$$Au_2(SeO_3)_3 \xrightarrow{350—400℃} 2Au + 3SeO_2 + 3/2O_2$$

(3) 四硫氰酸根合金(III)酸钾．它由下列反应制备

$$KAuCl_4 + 4KSCN \xrightarrow{冷水} K[Au(SCN)_4] + 4KCl$$

它是一种红色固体，不溶于水，但溶于乙醇、丙酮和乙腈，红外光谱的研究表明，硫氰根以硫进行键合．

(4) 四硒氰酸根合金(III)酸四苯钟．硒氰酸钾与 $[AuCl_4]^-$ 反应生成 $[Au(SeCN)_4]^-$，它能以 $[Ph_4As][Au(SeCN)_4]$(m.p.102℃)析出．

3.6.7　氮化物、叠氮化物、硝酸盐、磷化物和砷酸盐

(1) 氮化物．氨或铵盐作用于 Au_2O_3，$AuCl_3$ 或其他三价金盐则得到“雷金”．例如氨同 $HAuCl_4$ 水溶液作用，得到灰色爆炸粉末，它被认为是由 $Au_2O_3 \cdot 3NH_3$ 和 $HNAuCl \cdot NH_3$ 组成的混合物，过量氨同这种固体混合物反应得到 $Au(OH)_3 \cdot 3NH_3$，用热水处理它则产生强爆炸性的 $Au_2O_3 \cdot 2NH_3$．这些化合物的精确组成和结构还不清楚，但认为含有 Au—N 键．它们是危险品，遇热、碰撞或摩擦都会爆炸．

(2) 叠氮化物．如前所述，只合成得到 Au(III)的叠氮配合物．如在 Ph_4AsCl 存在下，$K[AuCl_4]$溶液同过量叠氮化钠反应，得到 $Ph_4As[Au(N_3)_4]$，它是橙色结晶，几天后分解．在二氯甲烷中，用过量环己基异腈处理它，则得到无色的 $(Ph_4As)[Au(CN\mathit{c} \cdot hex)_4]$.

(3) 硝酸盐．现在仅制得一些三价金的配合物，如 Au 同 N_2O_5 反应得到 $M[Au(NO_3)_4]$(M = Na，K，Rb，Cs，NO_2^+ 或 NO^+)[15]

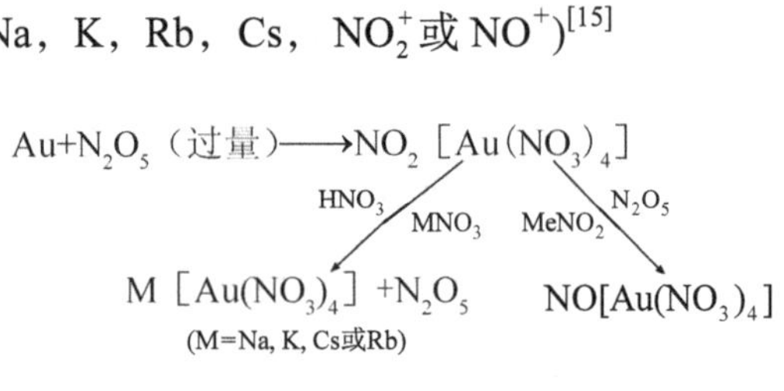

当浓 HNO_3 与氢氧化金作用时，可沉积出 $H[Au(NO_3)_4] \cdot H_2O$．$K[Au(NO_3)_4]$的研究表明，硝酸根是单齿配位体[10]．在$[Au(NO_3)_4]^-$中，金原子同四个硝酸根以平面正方形配位，Au—O 键的平均长度为 200pm，图 19.4 是$[Au(NO_3)_4]^-$的透视图．此外还有六硝酸根合金(III)配合物 $K_2H[Au(NO_3)_6]$的报道[10]．

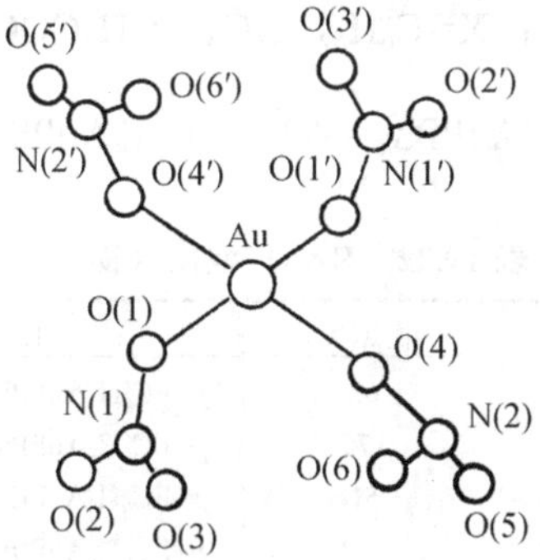

图 19.4 四硝酸根合金(III)离子的透视图

(4) 磷化物. 将磷和金在 500℃反应 22 小时便得到 Au_2P_3，它是黑色固体，在空气中稳定.

3.7 有机金化合物[10, 24, 25, 26]

一价金和三价金的有机化合物主要有烷基金和芳基金，它们不稳定，但当连上适当的配体(如三苯基膦 Ph_3P)时，就可得到比较稳定的烷基金或芳基金. 此外，一价金还能生成烯烃化合物和炔基化合物.

3.7.1 有机金(I)化合物

1. 烷基金(I)和芳基金(I)

它们主要有两种类型，即 RAuL 和$[RAuX]^-$，前者为中性化合物，后者为阴离子.

(1) RAuL. 表 19.22 列出了这类化合物，它们有的可以通过有机锂或格氏试剂与一价金的卤素配合物反应制得

$$R_3PAuX + R'MgX \longrightarrow R_3PAuR'$$

(或 LiR′)

有的可由下列反应制备

$$ClAuPPh_3 + R_3Tl \longrightarrow RAuPPh_3 + R_2TlCl$$

(R=2，3，5，6–Cl_4C_6H)

$$XAuPPh_3 + R_2TlBr \longrightarrow RAuPPh_3 + RTlXBr$$

$$(R=C_6F_5; X=C_6H_5, NO_3, CH_3COO, SCN)$$

$$C_6F_5COOAuPPh_3 \xrightarrow{140℃} C_6F_5AuPPh_3 + CO_2$$

表 19.22 RAuL 型化合物[10, 26]

化合物	熔点(℃)	化合物	熔点(℃)
$CH_3AuP(C_2H_5)_3$	62	*p*–$FC_6H_4AuPPh_3$	158—160(154)
CH_3AuPP_3	175	*p*–$FC_6H_4AuPPh_2Et$	无色油状
$C_2H_5AuP(C_2H_5)_3$	51	*p*–$FC_6H_4AuPEt_3$	无色油状
$C_2H_5AuPP_3$	130	*p*–FC_6H_4AuP(*p*–$MeC_6H_4)_5$	155—160
i–$C_4H_9AuPPh_3$	0(分解)	*p*–$FC_6H_4AuPPh_2(C_6F_5)$	150—152
$(CH_3CO)_2CHAuPPh_3$	164—165	*p*–$FC_6H_4AuCNC_6H_4$(*p*–F)	153—155(分解)
$(CN)(C_4H_9)(C_2H_5OCO)CAuPPh_3$	131—132	*p*–$FC_6H_4AuCNC_6H_4$(*m*–F)	126—128(分解)
$(CN)(C_2H_5OCO)CHAuPPh_2$	253—255	*m*–$FC_6H_4AuPPh_3$	149—151
$(C_2H_5OCO)_2(C_4H_9)CAuPPh_3$	212	*m*–$FC_6H_4AuPPhMe_2$	无色油状
(茉基)$AuPPh_3$	100(分解)	*m*–$FC_6H_4AuPPh_2(C_6F_5)$	136—138
(acac)$AuPPh_3$	—	*m*–$FC_6H_4AuCNC_6H_4$(*m*–F)	110—111(分解)
$CH_3C_5H_4AuPPh_3$	—	*m*–$FC_6H_4AuCNC_6H_4$(*p*–F)	138—140(分解)
$C_6H_5AuPEt_3$	68	$C_6F_5AuPEt_3$	67
$C_6H_5AuPPh_3$	152(164)	$C_6F_5AuPPh_3$	171(160 分解)
p–$MeC_6H_4AuPPh_3$	—	$C_6F_5AuAsPPh_3$	160—162
p–$MeC_6H_4AuPPh_2C_5H_4FeC_5H_4$	—	C_6F_5Autht	109(分解)
p–$^tBuC_6H_4AuCNC_6H_3$(2，6–Et_2)	—	$C_6F_5AudpeAuC_6F_5$	199
p–(1，1–Me_2)$CHCH_2C_6H_4Au$–CNC_6H_3(2，6–Et_2)	—	$C_6F_5AudpmAuC_6F_5$	209
		$C_6F_5AudpbAuC_6F_5$	190
o–$CH_2{=}CHC_6H_4AuPPh_3$	156—157	*m*–$CF_3C_6H_4AuPPh_3$	150
o–$CH_2{=}CHCH_2C_6H_4AuPPh_3$	123—125	*o*–$CF_3C_6H_4AuPPh_3$	—
o–$Me_2NC_6H_4AuPPh_3$	172—174	2，3，5，6–$Cl_4C_6HAuPPh_3$	134
o–$Me_2NCH_2C_6H_4AuPPh_3$	99.5—100	$C_6Cl_5AuPEt_3$	118
2，6–$(MeO)_2C_6H_3AuPPh_3$	164—178(分解)	$C_6Cl_5AuPPh_3$	211
2，4，6–$(MeO)_3C_6H_2AuPPh_3$	148—150(分解)	$C_6Cl_5AuAsPh_3$	198(分解)
$C_6Cl_5AudpeAuC_6Cl_5$	215(分解)	$C_6Br_5AuPPh_3$	130(分解)

或者还原芳基金(III)，如用 N_2H_4 将 *cis*–$Cl(C_6F_5)_2AuPPh_3$ 还原得到 $C_6F_5AuPPh_3$，或用二苯基锌处理二氯化苯基金(III)，同时再加入三苯基膦得到 $C_6H_5AuPPh_3$.

这类化合物一般溶于有机溶剂，并以单体存在于溶液中，它们是反磁性化合物[24]. 在这些化合物中，金(I)采取 *sp* 杂化，几何构型为直线型[27, 28, 29]. 根据 Gregory[30]对反应机理的研究表明，在碳上会发生单分子和双分子亲电取代反应，如

$$RAuPR'_3 + HgX_2 \longrightarrow RHgX + XAuPR'_3$$

($R'=C_6H_5$; X=Cl，Br，I，CH_3COO，NO_3)

Nichols[31]曾对 p–$FC_6H_4AuPR_3$ 和 m–$FC_6H_4AuPR_3$ 中 ^{19}F 核磁共振谱的研究表明，叔膦的π–酸(或反馈π键)特性按下列顺序降低：$(PhO)_3P > (C_6F_5)Ph_2P > Ph_3P \approx Ph_2EtP \approx (p\text{-}MeC_6H_4)_3P > PhMe_2P \approx Et_3P \approx Bu_3P$. 图 19.5 至图 19.7 分别列出了 $C_6H_5AuPPh_3$，(o–$CH_2=CHC_6H_4$)$AuPPh_3$ 和 $C_6F_5AuPPh_3$ 同一些试剂的反应情况[26]. 一般地说，非卤代芳基化物中的 Au—C 键比较容易发生分裂.

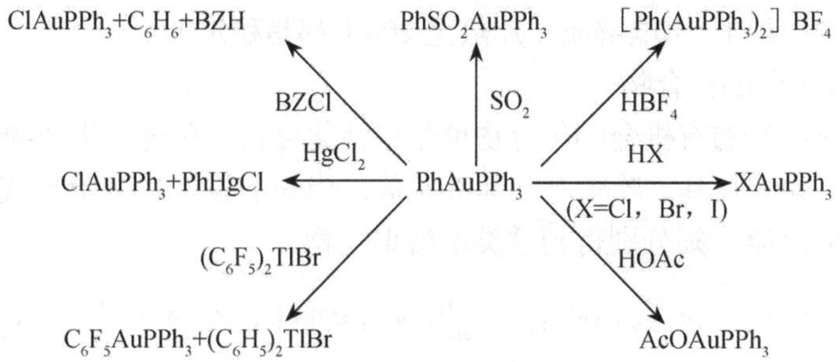

图 19.5 $C_6H_5AuPPh_3$ 同一些试剂的反应

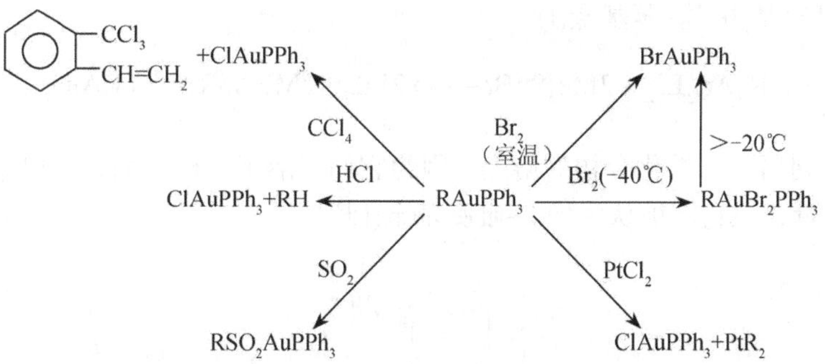

图 19.6 $RAuPPh_3$($R=o$–$CH_2=CHC_6H_4$)同一些试剂的反应

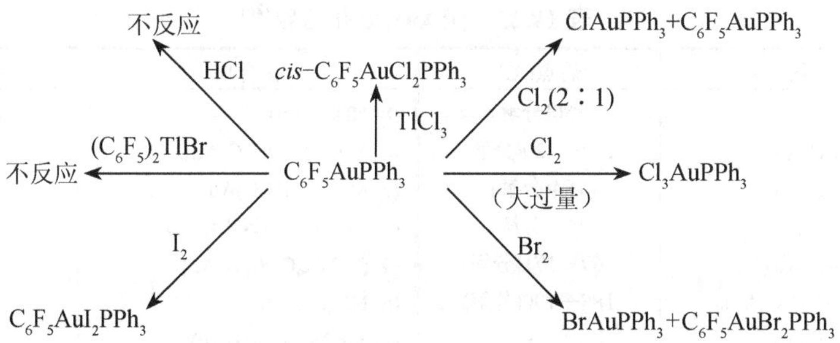

图 19.7 $C_6F_5AuPPh_3$ 同一些试剂的反应

(2)$[RAuX]^-$这类化合物主要有$[Et_4N][C_6F_5AuCl]$(m.p.91 ℃)，$[^nBu_4N][C_6F_5AuBr]$(m.p.70℃)和$[^nBu_4N][(C_6F_5)_2Au]$(m.p.110℃). 它们分别由下列反应制得

$$C_6F_5Au(tht) + R_4NX \longrightarrow [R_4N][C_6F_5AuX] + tht$$

(tht=四氢噻吩(tetrahydrothiophene)；X=Cl，Br)

$$ClAu(tht) + 2LiC_6F_5 \xrightarrow{R_4NX} [R_4N][(C_6F_5)_2Au] + LiX + tht$$

在丙酮中，它们是 1：1 电解质，加热至 200℃都是稳定的.

2.其他有机金(I)化合物

通式为$(RAu)_n$的有机金(I)化合物也是中性化合物. 在这些化合物中的 R 是一些含氮杂环，如吡啶基、喹啉基和菲啶基等. 当锂的被取代的吡啶或喹啉衍生物同 $ClAuAsPh_3$ 反应，则分别得到这类不溶聚合物

$$n LiH_3C_5NR + n ClAuAsPh_3 \xrightarrow[-40℃]{THF} n LiCl + [RNC_5H_3Au]_n + n A_3Ph_3$$

此外，当四核配合物 $R_4Au_2Li_2$($R = 2-MeNCH_2C_2H_4$)同溴化三甲基锡反应，则生成 2–(二甲基氨基)甲基–苯基金(I)

$$R_4Au_2Li_2 + 2Me_3SnBr \longrightarrow 2LiBr + 2Me_3SnR + 2/n(RAu)_n$$

表 19.23 列出了这类化合物的熔点，因为它们不溶于有机溶剂，所以难以测定它们的分子量，但它们被认为像 2–吡啶基金(I)[32]

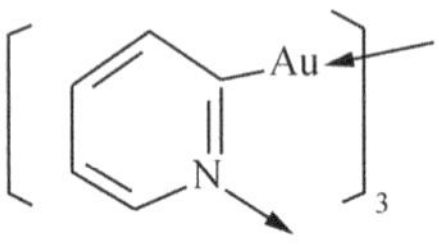

表 19.23　$(RAu)_n$型化合物[26]

化合物	熔点(℃)	化合物	熔点(℃)
$(2-NH_4C_5Au)_n$	150(分解)	$(8-NH_6C_9Au)_n$	—
$(3-Me-2-NH_3C_5Au)_n$	217—220(分解)	$(6-MeO-8-NH_5C_9Au)_n$	—
$(4-Me-2-NH_3C_5Au)_n$	184(分解)	$(2-Me-4-NH_5C_9Au)_n$	—
$(5-Me-2-NH_3C_5Au)_n$	159(分解)	$(2, 4-Me_2-7-NH_4C_9Au)_n$	—
$(6-Me-2-NH_3C_5Au)_n$	169—171(分解)	$[4-(2-NH_6C_9)C_6H_4Au]_n$	—
$(4, 6-Me_2-2-NH_2C_5Au)_n$	185—190(分解)	$(6-NH_8C_{13}Au)_n$	—
$(4-{}^tBu-2-NH_3C_5Au)_n$	—	$(o-Me_2NCH_2C_6H_4Au)_n$	177(分解)
$(5-CF_3-2-NH_3C_5Au)_n$	—		
$(2-NH_6C_9Au)_n$	—		

注：NH_4C_5=吡啶基，NH_6C_9=喹啉基，NH_8C_{13}=菲啶基.

为具有平面环状结构的三聚物. $(RAu)_n$同 PPh_3反应，使 Au—N 键分裂，生成单体 $RAuPPh_3$. 它们在分解过程中熔化，并沉积出金. 因此这些化合物可用作印刷线路和装饰品中金的原料.

3.7.2 有机金(III)化合物

有机金(III)化合物主要有三烷基金(III)、三芳基金(III)、二烷基金(III)、二芳基金(III)和一烷基金(III)、一芳基金(III).

1. 三烷基金(III)和三芳基金(III)

在−65℃的乙醚溶液中，溴化金(III)与 LiMe 或者$[(CH_3)_2AuBr]_2$与 LiMe 反应，得到很不稳定的 Me_3AuEt_2O

$$[AuBr_3]_2 + 6LiMe \xrightarrow{Et_2O} 2Me_3Au \cdot Et_2O + 6LiBr$$

在−40℃，它分解产生金镜和甲烷、乙烷混合物. 当与含氮或含磷的配位体，如$(CH_2NH_2)_2$和 PPh_3等反应，可得到比较稳定的三烷基金(III)衍生物

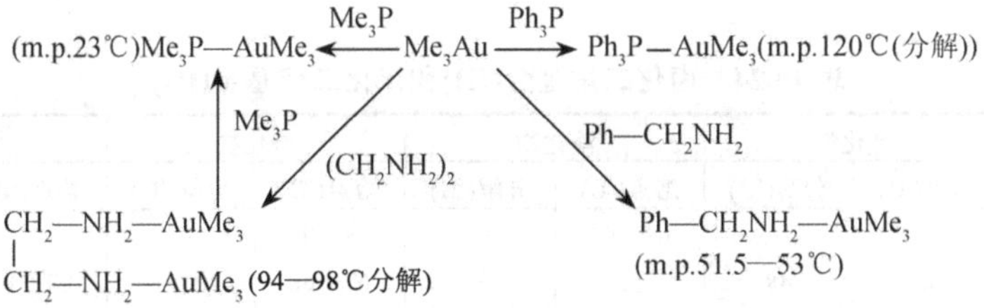

在这些化合物中，认为 Au(III)采用 dsp^2 杂化，因此几何构型为平面正方形[24]. 三甲基(三苯膦)金(III)热分热时，只得到乙烷(没有甲烷)

$$Ph_3PAuMe_3 \xrightarrow{\triangle} C_2H_6 + Ph_3PAuMe \xrightarrow{\triangle} 1/2C_2H_6 + Ph_3P + Au$$

除上述三烷基金(III)外，还合成得到了三芳基金(III)[26]，如$(C_6F_5)_3Au$，*cis*−$(C_6F_5)_2(C_6Br_5)AuPPh_3$和$[Bu_4N][(C_6F_5)_3AuBr]$，它们分别由下列反应得到

$$6C_6F_5MgBr + (AuCl_3)_2 \longrightarrow 2(C_6F_5)_3Au + 6MgClBr$$

$$2C_6F_5MgBr + cis-(C_6Br_5)AuCl_2PPh_3 \longrightarrow 2MgClBr + cis-(C_6F_5)_2(C_6Br_5)AuPPh_3$$

$$[Bu_4N][C_6F_5AuBr] + (C_6F_5)_2TlBr \longrightarrow TlBr + [Bu_4N][(C_6F_5)_3AuBr]$$

$(C_6F_5)_3Au$的乙醚溶液在室温稳定，浓缩时分解成为金和十氟代联苯. 与 PPh_3反应便得到$(C_6F_5)_3AuPPh_3$[m.p.243—246℃(分解)]. $[Bu_4N][(C_6F_5)_3AuBr]$在 60℃熔化，200℃不会分解，在丙酮中是 1∶1 电解质.

2. 二烷基金(III)和二芳基金(III)化合物

这类化合物主要有三种类型：R_2AuX，R_2AuXL 和$(R_2AuL_2)^+$.

(1)R_2AuX. 这类化合物中的 R 主要为烷基；X^-为卤素阴离子、氰根、硫氰酸根、醋酸根和氢氧根等，是有机金(III)化合物中研究得最多的一类.

(a) 卤化物. 表 19.24 列出了卤化二烷基金(III)，它们由下列反应制备

$$AuX_3 + 2RMgX \longrightarrow R_2AuX + 2MgX_2$$

在苯或溴仿中测得的分子量表明，它们是含有卤桥的二聚物

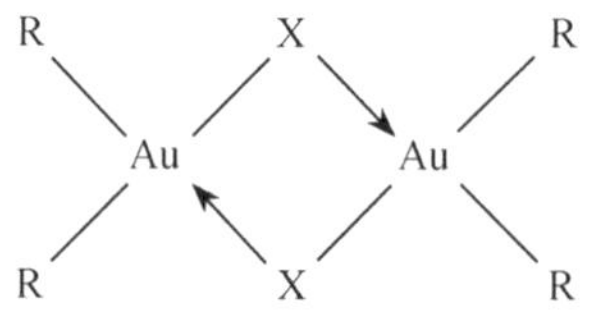

Et_2AuBr 的 X 射线分析也证实了上述结构，并且在每一个金原子周围，配体呈近似的平面正方形排列.

表 19.24 卤化二烷基金(III)和氰化二烷基金(III)[10]

X=	氯化物		溴化物		碘化物		氰化物	
R=	熔点(℃)	分解(℃)	熔点(℃)	分解(℃)	熔点(℃)	分解(℃)	熔点(℃)	分解(℃)
甲基	71—72	—	68—69	—	95—96	—	—	—
乙基	48	48	58	—	67—68	70—71	103—105	110—120
丙基	液体	107	液体	95	—	—	94—95	105
异丙基	分解	95	分解	100—130	—	—	88—90	121—133
n–丁基	—	—	液体	65	—	—	分解	125—130
i–丁基	—	—	液体	—	—	—	112—113	160
i–戊基	—	—	液体	—	—	—	70	135—140
环己基	—	180—190	148	140—148	—	—	152	155
苄基	分解	70—100	分解	77	—	—	分解	122
苯乙基	—	—	112—115	105—115	—	—	—	—
新戊基	—	—	121—123	—	—	—	—	—

(b) 氰化物. 当 R_2AuBr_2 与 AgCN 反应，可得到如表 19.24 所列的氰化二烷基金(III)

$$R_2AuBr + AgCN \longrightarrow R_2AuCN + AgBr$$

与前面介绍的溴化二乙基金不同，氰化二乙基金(III)和氰化二丙基金(III)是四聚物. 单晶 X 射线结构测定表明四个 R_2AuCN 通过氰桥以平面正方形排列

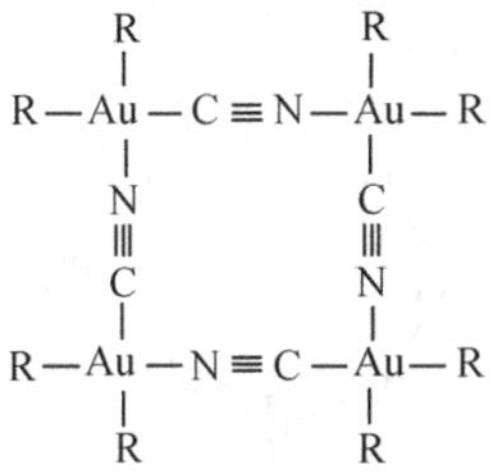

它们在不同温度下分解，如

$$[Et_2Au(CN)]_4 \xrightarrow[苯]{20℃} 2Et_2Au_2(CN)_2 + C_4H_{10}$$

$$[Pr_2Au(CN)]_4 \xrightarrow[苯]{80℃} 2Pr_2Au_2(CN)_2 + C_6H_{14}$$

$$2R_2Au_2(CN)_2 \longrightarrow 4AuCN + 2R-R$$

(R=Et 或 Pr)

热分解中间产物 $R_2Au_2(CN)_2$ 已经分离出来，但结构尚未确定.

(c) 硫氰化物. $[R_2AuSCN]_2$(R = Me 或 Et)可由下列反应制得

$$[R_2AuBr]_2 + 2AgSCN \longrightarrow [R_2AuSCN]_2 + 2AgBr$$

它们是二聚物，结构分别是

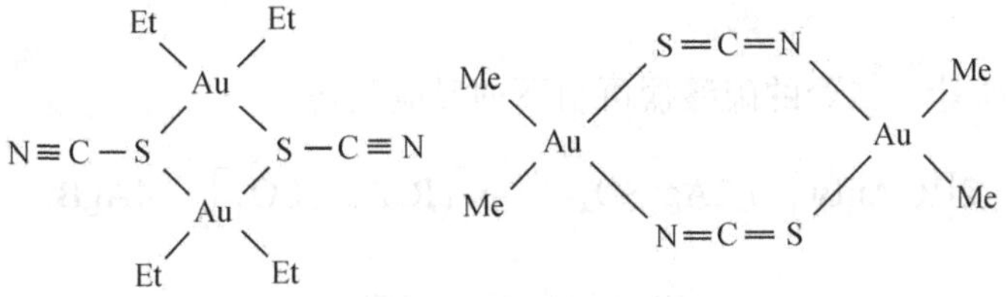

$[Et_2AuSCN]_2$ 超过 80℃则分解生成硫氰酸金(I). 在甲基衍生物的氢核磁共振谱中，所观测到的两个甲基的环境同上述$[Me_2AuSCN]_2$ 的结构一致.

(d) 乙酸盐. 乙酸二甲基金(III)是无色结晶，它由溴化二甲基金(III)同乙酸银反应得到

$$[Me_2AuBr]_2 + 2CH_3COOAg \xrightarrow{THF} [Me_2AuO_2CMe]_2 + 2AgBr$$

它是二聚物，乙酸根在二聚物中是双齿配体，从而使其构成一个平面八元环，Au，O 和 C 以共平面排列(D_{2h} 对称)[24]

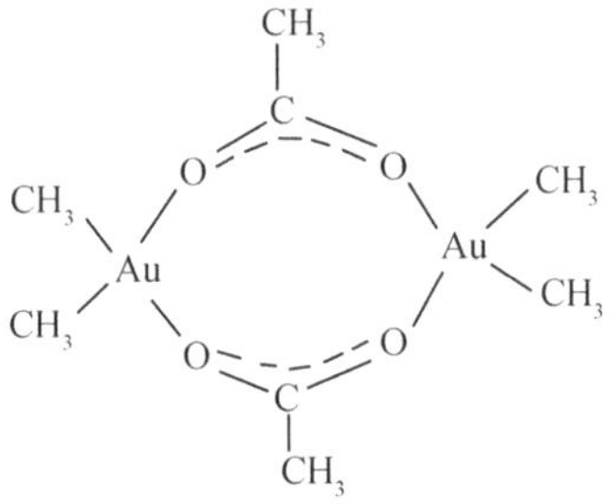

(e) 其他有机酸盐. 二羧酸二烷基金(III)，可由二羧酸的钠盐同硫酸双(二烷基金(III))反应得到，如

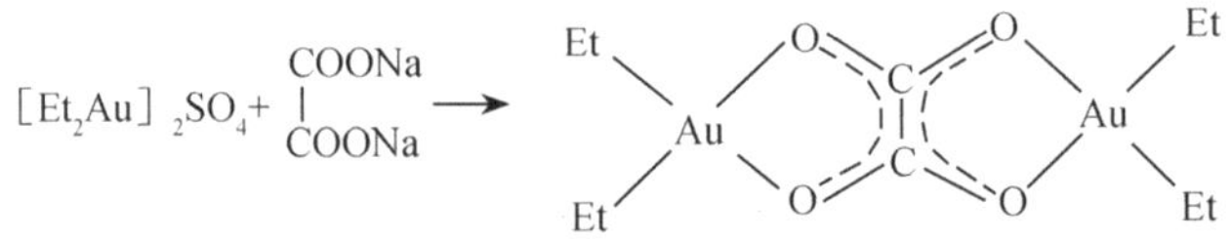

草酸双[二乙基金(III)]是长的无色针状结晶，它溶于草酸钠的水

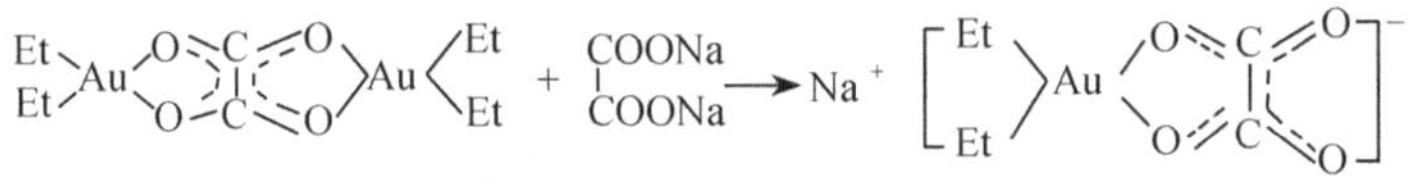

溶液生成 $Na[Et_2AuC_2O_4]$. 丙二酸双[二乙基金(III)]是二聚物，邻苯二酸双[二乙基金(III)]的结构可能与草酸盐相同；而间苯二酸盐为三聚物，对苯二酸盐则为不溶聚合物.

(f) 无机酸盐. 二聚的硫酸盐可由下列反应制备

$$2[R_2AuBr]_2 + 2Ag_2SO_4 \longrightarrow [(R_2Au)_2SO_4]_2 + 4AgBr$$

$$(R = C_2H_5 \text{ 或 } n\text{-}C_3H_7)$$

乙基配合物与 2, 2′-联吡啶反应生成$[Et_2Aubipy]_2[Et_2Au(SO_4)_2AuEt_2]$.

磷酸(或砷酸)苯酯二乙基金是由磷酸(或砷酸)苯酯的二银盐同溴化二乙基金反应得到，它们也是二聚物.

硝酸二甲基金或高氯酸二甲基金的水溶液会离解生成$[Me_2Au(H_2O)_2]^+$.

除以上二烷基金(III)化合物外，还有含金—氧键和金—硫键的二烷基化合物的报道[24].

(2) R_2AuXL. 表 19.25 列出了这类化合物的熔点. 它们可以通过$(C_6F_5)_2TlX$ 同一价金的卤配合物的芳基化作用得到

$$XAuL+(C_6F_5)_2TlBr \xrightarrow{苯} (C_6F_5)_2AuXL+TlBr$$

[X = Cl，Br，I；L = PPh_3，$AsPh_3$，$Ph_2P(CH_2)_2PPh_2$(dpe)，$Ph_2P(CH_2)_4PPh_2$(dpb)]
反应在苯的回流温度下完成，它可以同时引入两个$C_6F_5^-$. 制备$(C_6F_5)_2AuIPPh_3$时，用$IAuPPh_3$反应更为适当. 因为不会得到溴和碘的衍生物的混合物. 当 X = C_6F_5，C_6H_5，NO_3，CH_3COO，SCN 或 ClO_4 时，不发生氧化作用，而是得到 C_6F_5AuL. 在制备上述化合物后，用其他无机盐或有机盐与其反应

$$R_2AuXL+MX' \longrightarrow R_2AuX'L+MX$$

还可制得此种类型的其他化合物.

表 19.25 R_2AuXL 型化合物($R=C_6F_5$)[26]

化合物	熔点(℃)	化合物	熔点(℃)
$R_2AuClPPh_3$	150	$R_2Au(HCO_3)PPh_3$	130(分解)
$R_2AuBrPPh_3$	120—124(分解)	$R_2Au(OClO_3)PPh_3$	—
$R_2AuIPPh_3$	127	$[R_2AuPPh_3]_2SO_4$	—
$R_2Au(NO_3)PPh_3$	141	$R_2Au(CN)PPh_3$	184
$R_2Au(NO_2)PPh_3$	128(分解)	$R_2Au(SCN)PPh_3$	130(分解)
$R_2Au(CH_3COO)PPh_3$	152	$R_2Au(N_3)PPh_3$	142
$R_2Au(CF_3COO)PPh_3$	151	$R_2AuClAsPh_3$	141(分解)
$R_2AuBrAsPh_3$	159(分解)	$R_2Au(N_3)AsPh_3$	140
$R_2AuIAsPh_3$	163(分解)	$R_2ClAudpeAuClR_2$	175(分解)
$R_2Au(NO_3)AsPh_3$	—	$R_2BrAudpeAuBrR_2$	189(分解)
$R_2Au(CH_3COO)AsPh_3$	—	$R_2IAudpeAuIR_2$	163(分解)
$R_2Au(NO_2)AsPh_3$	146	$R_2ClAudpbAuClR_2$	165
$R_2Au(CF_3COO)AsPh_3$	147	$R_2BrAudpbAuBrR_2$	167(分解)
$R_2Au(C_6H_5COO)AsPh_3$	164	$R_2IAudpbAuIR_2$	158
$R_2Au(CN)AsPh_3$	182	$(C_6Cl_5)(CH_3)AuIAsPh_3$	168，146
$R_2Au(SCN)AsPh_3$	136		

这些化合物一般溶于有机溶剂，在$(C_6F_5)_2Au(OClO_3)$和$(C_6F_5)_2(PPh_3)AuOSO_2OAu(PPh)(C_6F_5)_2$中，由于$ClO_4$或$SO_4$配位体的配位能力较低，因此容易被溶剂分子置换，生成配位阳离子，使溶液导电. 上述高氯酸根配合物和硫酸根配合物在室温下不稳定，而$(dpe)[AuBr(C_6F_5)_2]_2$在 189℃才会分解. 顺-氯双(五氟苯基)三苯膦合金(III)[*cis*-Chlorobis(pentafluorophenyl) triphenylphosphine gold(III)]的 X 射线分析证实它们属平面正方形构型. 用过量氯处理$(C_6F_5)_2AuXPPh_3$(X = Cl，I，NO_3，CH_3COO，CN)，Au—C 键逐步断裂，并且 X 被 Cl 置换，相继形成$C_6F_5AuCl_2PPh_3$和Cl_3AuPPh_3. 当 X = SCN，NO_3或CH_3COO时，此三价金配合物被乙醇还原成为$C_6F_5AuPPh_3$.

(3) $(R_2AuL_2)^+$. 如前所述，在 R_2AuXL 型化合物中，当 X = —OSO_2O—或 O_3ClO—，由于它们的配位能力较弱，不仅能被溶剂分子置换，而且它们也能被一些中性配位体置换，得到$(R_2AuL_2)^+$(见表 19.26)

$$(C_6F_5)_2Au(OClO_3)L + L' \longrightarrow [(C_6F_5)_2AuLL']ClO_4$$

它们溶于乙醇、丙酮和硝基甲烷等极性溶剂. $[R_2AuL_2]ClO_4$ 是 1：1 电解质；$[R_2AuL_2]_2SO_4$ 是 2：1 电解质.

表 19.26　$(R_2AuL_2)^+$型化合物$(R = C_6F_5)$[26]

化合物	熔点(℃)
$[R_2Au(PPh_3)_2]ClO_4$	174
$[R_2Au(PPh_3)(PEt_3)]ClO_4$	139(分解)
$[R_2Au(PPh_3)(PBu_3)]ClO_4$	150(分解)
$[R_2Au(PPh_3)(PPh_2Me)]ClO_4$	155(分解)
$[R_2Au(PPh_3)(dpe)]ClO_4$	170(分解)
$[R_2Au(PPh_3)(OH_2)]ClO_4$	161(分解)
$[R_2Au(PPh_3)(OPPh_3)]ClO_4$	130(分解)
$[R_2Au(PPh_3)(OAsPh_3)]ClO_4$	158(分解)
$[R_2Au(PPh_3)(ONC_5H_5)]ClO_4$	132(分解)
$[R_2Au(PPh_3)(ONC_9H_7)]ClO_4$	130(分解)
$[R_2Au(PPh_3)(NC_5H_5)]ClO_4$	165(分解)
$[R_2Au(PPh_3)(NC_9H_7)]ClO_4$	160(分解)
$[R_2Au(PPh_3)(AsPh_3)]ClO_4$	192(分解)
$[R_2Au(PPh_3)(dpae)]ClO_4$	180(分解)
$[R_2Au(PPh_3)_2]_2SO_4$	—

3. 一烷基金(III)和一芳基金(III)

这类化合物有$[RAuX_2]_2$，$[RAuX_2L]$和$[RAuX_3]^-$等几种类型.

(1) $[RAuX_2]_2$. 与卤化二烷基金(III)相反，二卤化烷基金(III)不稳定，目前只合成得到二溴化烷基金(III).

二溴化烷基金(III)可由下列反应得到

$$R_2AuBr + Br_2 \xrightarrow{CHCl_3或CCl_4} RAuBr_2 + RBr$$

$$R_2AuBr + AuBr_3 \longrightarrow 2RAuBr_2$$

它们是二聚物，具有下列不对称结构

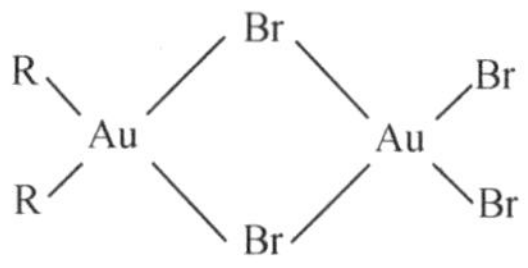

这种化合物容易溴化链烯烃和苯. 二溴化乙基金(III)在 80—85℃分解成溴化金(I)和溴乙烷

$$[EtAuBr_2]_2 \xrightarrow{80—85℃} 2AuBr + 2EtBr$$

二氯化芳基金(III)可用 YC_6H_5(Y=H, Me, Et, ^{i}Pr, ^{t}Bu, Ph)同$(AuCl_3)_2$反应得到

$2YC_6H_5+2(AuCl_3)_2 \longrightarrow (p\text{-}YC_6H_4AuCl_2)_2+2HAuCl_4 \cdot OEt$ 它们也是二聚物. $(PhAuCl_2)_2$受热分解时，产生金、一氯苯(95%)、1，4–二氯苯(3%)和微量的 1，2–二氯苯、1，3–二氯苯及多氯苯. 表 19.27 列出了一些$(RAuCl_2)_2$化合物的熔点. 图 19.8 总结了$(PhAuCl_2)_2$同一些试剂的反应情况.

表 19.27 $(RAuCl_2)_2$化合物的熔点[26]

化合物	熔点(℃)
$[MeAuBr_2]_2$	—
$[EtAuBr_2]_2$	80—85(分解)
$[PhCH_2AuBr_2]_2$	140(分解)
$[PhCH_2CH_2AuBr_2]_2$	150—160(分解)
$[n\text{-}C_3H_7AuBr_2]_2$	54
$[n\text{-}C_6H_{13}AuBr_2]_2$	150
$[PhAuCl_2]_2$	130(73—75)(分解)
$[p\text{-}MeC_6H_4AuCl_2]_2$	90(分解)
$[p\text{-}EtC_6H_4AuCl_2]_2$	120(分解)
$[p\text{-}{}^iPrC_6H_4AuCl_2]_2$	155(分解)
$[p\text{-}{}^tBuC_6H_4AuCl_2]_2$	45(分解)
$[p\text{-}PhC_6H_4AuCl_2]_2$	80(65)(分解)

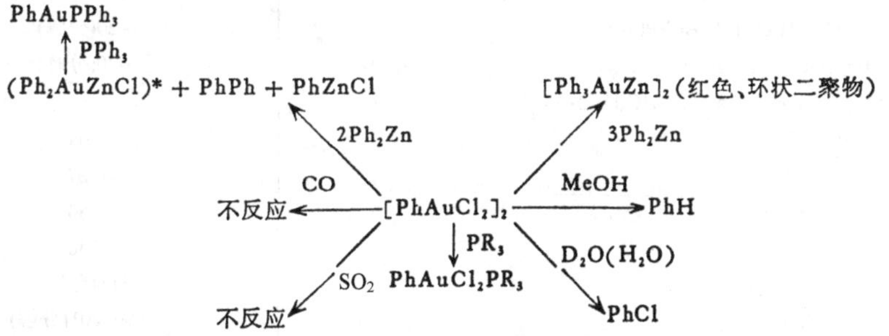

图 19.8 $[PhAuCl_2]_2$同一些试剂的反应

* 未分离出来

(2) $RAuX_2L$. 这类化合物的大多数可以通过金(I)的芳基化物同卤素的氧化加成得到

$$RAuX_2L \xleftarrow[(A)]{} RAuL + X_2 \xrightarrow[(B)]{} RX + XAuL \xrightarrow[+X_2 \atop (C)]{} X_3AuL$$

在温和条件下，一般有利于反应(A)，当然，辅助配体 L 和卤素的性质也影响反应的结果. 反应(B)是卤素使 Au—C 键分裂，当 X_2 过量时还会生成 X_3AuL[即反应(C)]，采用 $TlCl_3$ 氧化 RAuL 可得到顺式衍生物

$$RAuL + TlCl_3 \xrightarrow[\text{氯仿}]{\text{回流}} TlCl + cis-RAuCl_2L$$

有的还可以由下列反应得到

$$PhLi + HAuBr_4 \xrightarrow{PPh_3} Au(80\%) + PhAuBr_2PPh_3(18\%)$$

或

$$(RAuCl_2)_2 + 2L \longrightarrow 2RAuCl_2L$$

$$(R=Ph，p\text{-}MeC_6H_4；L={}^nPr_2S，Me_2PhP，Ph_3p，py)$$

这些化合物(见表 19.28)溶于有机溶剂，分子量测定表明它们以单体存在.

表 19.28　$RAuX_2L$ 型化合物[26]

化合物	熔点(℃)
$PhAuBr_2PPh_3$	—
cis–$PhAuCl_2S^nPr_2$	113—114
cis–$PhAuCl_2PMe_2Ph$	126—127
trans–$PhAuCl_2py$	155(分解)
cis–*p*–$MeC_6H_4AuCl_2S^nPr_2$	94—95
cis–*p*–$MeC_6H_4AuCl_2PPh_3·OEt_2$	152—153
trans–*p*–$MeC_6H_4AuCl_2py$	164(分解)
o–$CH_2=CHCH_2C_6H_4AuBr_2PPh_3$	−20(分解)
o–$CH_2=CHC_6H_4AuBr_2PPh_3$	−20(分解)
(3–NO_2, 4–HOC_6H_5)$AuCl_2OHC_6H_4$(2–NO_2)	—
cis–$C_6F_5AuCl_2PEt_3$	164
trans–$C_6F_5AuCl_2PEt_3$	127
cis–$C_6F_5AuBr_2PEt_3$	160
$C_6F_5AuI_2PEt_3$	146
cis–$C_6F_5AuCl_2PPh_3$	188(分解)
$C_6F_5AuBr_2PPh_3$	199—201(分解)
$C_6F_5AuI_2PPh_3$	137
cis–$C_6F_5AuCl_2AsPh_3$	190(分解)
trans–$C_6F_5AuCl_2AsPh_3$	157—159(分解)
$C_6H_5AuBr_2AsPh_3$	145
cis，*cis*–$(C_6F_5)Cl_2AudpmAuCl_2(C_6F_5)$	170(分解)

续表

化合物	熔点(℃)
trans，*trans*-$(C_6F_5)Cl_2AudpmAuCl_2(C_6F_5)$	177(分解)
cis，*cis*-$(C_6F_5)Br_2AudpmAuBr_2(C_6F_5)$	125—130(分解)
trans，*trans*-$(C_6F_5)Br_2AudpmAuBr_2(C_6F_5)$	184(分解)
trans，*trans*-$(C_6F_5)Cl_2AudpeAuCl_2(C_6F_5)$	168(分解)
trans，*trans*-$(C_6F_5)Br_2AudpeAuBr_2(C_6F_5)$	163(分解)
trans，*trans*-$(C_6F_5)Cl_2AudpbAuCl_2(C_6F_5)$	152(分解)
cis，*cis*-$(C_6F_5)Br_2AudpbAuBr_2(C_6F_5)$	200—210(分解)
trans，*trans*-$(C_6F_5)Br_2AudpbAuBr_2(C_6F_5)$	144(分解)
$(C_6F_5)I_2AudpbAuI_2(C_6F_5)$	104(分解)
cis-$C_6Cl_5AuCl_2PEt_3$	181(分解)
trans-$C_6Cl_5AuCl_2PEt_3$	177
trans-$C_6Cl_5AuBr_2PEt_3$	181
$C_6Cl_5AuI_2PEt_3$	189(分解)
cis-$C_6Cl_5AuCl_2PPh_3$	225
trans-$C_6Cl_5AuCl_2PPh_3$	184
trans-$C_6Cl_5AuBr_2PPh_3$	145(分解)
$C_6Cl_5AuI_2PPh_3$	178
cis-$C_6Cl_5AuCl_2AsPh_3$	218—220(分解)
trans-$C_6Cl_5AuCl_2AsPh_3$	113—115(分解)
$C_6Cl_5AuBr_2AsPh_3$	130
$C_6Cl_5AuI_2AsPh_3$	125(分解)
cis，*cis*-$(C_6Cl_5)Cl_2AudpeAuCl_2(C_6Cl_5)$	205
trans，*trans*-$(C_6Cl_5)Br_2AudpeAuBr_2(C_6Cl_5)$	162
trans，*trans*-$(C_6Cl_5)Cl_2AudpeAuCl_2(C_6Cl_5)$	178
$(C_6Cl_5)I_2AudpeAuI_2(C_6Cl_5)$	175
cis-$C_6Br_5AuCl_2PPh_3$	175(分解)
trans-$C_6Br_5AuCl_2PPh_3$	145
trans-$C_6Br_5AuBr_2PPh_3$	142(分解)
$C_6Br_5AuI_2PPh_3$	95(分解)

(3) $[RAuX_3]^-$. 这类化合物可由下列反应得到

$$[RAuCl_2]_2 + 2Bu_4NCl \longrightarrow 2[Bu_4N][RAuCl_3]$$

(R=Ph，*p*-MeC_6H_4)

$$[Bu_4N][RAuCl_3] + 3Bu_4NI \longrightarrow [Bu_4N][RAuI_3] + 3Bu_4NCl$$

$$2[R_4N][AuX_4] + R'NHNH_2 \cdot HCl \longrightarrow [R_4N][R'AuX_3] + [R_4N][AuCl_2]$$

(R=Et，^{n}Bu；R′=Ph，*p*-ClC_6H_4，*p*-BrC_6H_4，*p*-$O_2NC_6H_4$；X=Cl，Br)

它们还可以由一价金配位阴离子的氧化加成得到

$$[Bu_4N][C_6F_5AuBr]+Br_2 \longrightarrow [Bu_4N][C_6F_5AuBr_3]$$

这些化合物熔化时不会分解(见表 19.29)，红外光谱证实它们的几何构型为平面正方形.

表 19.29　$[RAuX_3]^-$型化合物[26]

化合物	熔点(℃)	化合物	熔点(℃)
$[Bu_4N][PhAuCl_3]$	110(99)	$[Et_4N][p\text{-}ClC_6H_4AuCl_3]$	160
$[Et_4N][PhAuCl_3]$	154	$[Et_4N][p\text{-}BrC_6H_4AuCl_3]$	178
$[Et_4N][PhAuBr_3]$	122	$[Et_4N][p\text{-}NO_2C_6H_4AuCl_3]$	168
$[Bu_4N][PhAuBr_3]$	87	$[Bu_4N][p\text{-}MeC_6H_4AuCl_3]$	118—119
$[Bu_4N][PhAuI_3]$	78—79	$[Bu_4N][C_6F_5AuBr_3]$	70

3.7.3　金的烯烃化合物、炔基化合物和茂基化合物

一价金能同烯、炔分别生成烯烃化合物和炔基化合物，此外它还能与茂基生成σ键的茂基化合物.

(1) 金的烯烃化合物. 这类化合物(见表 19.30)可由 $AuCl_3$ 或$[AuCl_4]^-$同烯，或者由 AuCl 同烯在低温(−60—−20℃)反应制备. 用三价金的化合物制备时，第一步是将其还原成为 Au(I)，因此在温和条件下，可能得到 Au(I)和 Au(III)的中间配合物. 在一般情况下，金的烯配合物没有相应的 Pt(II)和 Pt(IV)配合物稳定.

表 19.30　金的烯烃配合物[24]

化合物	分解温度(℃)	化合物	分解温度(℃)
L → AuCl		环辛二烯-[1，5]	110—114
L=环戊烯	55—60	*cis*，*trans*-环癸二烯-[1，5]	73—74
环己烯	55(60)	降冰片二烯	75—78
环庚烯	93—98	双茂(二聚环戊二烯)	90—95
cis-环辛烯	81—85(95—96)	己二烯-[1，4]	50
trans-环癸烯	75—80(90—93)	己二烯-[1，5]	50
辛烯-[1]	0	$L_nAu_2Cl_4$	
癸烯-[1]	0	L=降冰片二烯(n=1)	50
十二碳烯-[1]	23—24	降冰片二烯(n=2)	62—64
trans-癸三烯-[1，4，9]	58—60	降冰片二烯(n=3)	78—80
cis,*cis*，*trans*-环癸三烯[1，5，9]	102—103	降冰片烯(n=3)	65—70
全反环癸三烯-[1，5，9]	98—100	*cis*-丁烯(n=3)	—10
十四碳烯-[1]	33—35	环辛二烯-[1，5](n=2)	98—102
十六碳烯-[1]	43—45	双茂(二聚环戊二烯)(n=3)	80—85
十八碳烯-[1]	49—51	*trans*-环癸烯(n=2)	30

(2) 金的茂基化合物. 在−60℃的四氢呋喃溶液中，金的烯烃化合物[如氯化二茂金(I)等]同 NaC_5H_5 反应，生成很不稳定的黄色粉状化合物 C_5H_5Au. 它是σ型的环戊二烯金衍生物，它对热和摩擦非常敏感，温热时会骤然燃烧. 在碱(如三乙胺、KOH、$NaOCH_3$)存在下，Ph_3PAuCl 与 NaC_5H_5 反应，可得到比较稳定的 $Ph_3PAuC_5H_5$. 它是无色菱形结晶，约在 100℃时分解. 它的紫外吸收光谱与σ−茂基(三乙基膦)铜(I)相似，$\lambda_{max} = 236.6nm$，$\varepsilon = 32400$(二噁烷).

(3) 炔基金化合物. 金的乙炔化合物 Au_2C_2 是一个强爆炸性化合物，但其氨合物比较稳定，它的制备方法是，在液氨中使 KC_2H 与 AuI 作用得到 $Au_2C_2 \cdot (NH_3)_x$，它同过量 KC_2H 反应生成 $K[Au(C{\equiv}CH)_2]$和 $K_2[HC{\equiv}CAuC{\equiv}CAuC{\equiv}CH]$

$$Au_2C_2 + 2KC \equiv CH \longrightarrow K_2\left[HC \equiv CAuC \equiv CAuC \equiv CH\right]$$

$$K_2\left[HC_2AuC \equiv CAuC \equiv CH\right] + H_2C_2 \longrightarrow 2K\left[Au\left(C \equiv CH\right)_2\right]$$

这些化合物是强电解质，不发生爆炸，但对湿汽和光敏感. 其他炔基化物(见表 19.31)有的可由下列反应制得

$$AuCl_3 + KBr \xrightarrow[\substack{(1)\ 用SO_2还原 \\ (2)\ 加入PhC\equiv CPh}]{水/丙铜(1:1)20℃} \left[PhC \equiv CAu\right]_n$$

它们是一些不溶的黄色聚合物，当用胺、膦或胂处理它们时，得到$[LAuC{\equiv}CR]_n$[33].

表 19.31 炔基金[10]

化合物	熔点(℃)	分解(℃)	化合物	熔点(℃)	分解(℃)
$Au_2C_2 \cdot (NH_3)_x$	—	爆炸	$(C_2H_5)_2Sb$	96—97	—
$K[Au(C_2H)_2]$	—	—	吡啶	—	80
$K_2[Au_2C_2(C_2H)_2]_2$	—	—	哌啶	111.5—112	—
$[PhC{\equiv}CAu]_x$	—	105	NH_3	—	120
$[(CH_3)_3CC{\equiv}CAu]_4$	—	150	$i\text{-}C_3H_7NH_2$	—	115
$(CH_3)_3CC{\equiv}CAu \cdot NH_3$	—	155	$C_5H_{11}NH_2$	124—125	—
$(CH_3)CC{\equiv}CAu \cdot P(CH_3)_3$	194—195	—	$C_8H_{17}NH_2$	—	120
$K[Au(C{\equiv}CPh)_2]$	—	—	$C_9H_{19}NH_2$	117—118	—
$PhC{\equiv}CAu \cdot L$			$(C_4H_9)_2NH$	91—92(分解)	—
L=			C_4H_9NC	40.5—41.5	—
$(C_2H_5)_3P$	83—85	—	$o\text{-}C_2H_5C_6H_4NC$	107—108	—
Ph_3P	163—164	—	$p\text{-}CH_3C_6H_4NC$	176—177	—
$(PhO)_3P$	113—114	—	$\frac{1}{2}[Ph_2PCH_2]_2$	—	200
$(C_2H_5)_3As$	67—68	—			

3.8 配　合　物[10]

金(I)和金(III)能与含有氮、磷、砷、氧和硫等给予原子的配位体生成配合物. 金(I)的配位数以 2 为主，也有四；金(III)的配位数一般为 4，但也有配位数为 5 或 6 的配合物.

3.8.1 金的含氮配位体配合物

含氮配位体有单齿、双齿和三齿配位体，它们能与金生成不同类型的配合物或螯合物.

1. 金(I)和金(III)的单齿配位体配合物

最简单的含氮单齿配位体是氨，它分别与 Au(I))和 Au(III)生成配合物.

(1) 金(I)配合物. 将氯化金(I)溶于氨水，并用酸小心酸化，生成白色的$[Au(NH_3)]Cl$ 沉淀，干燥时它发生分解. 若将干燥氨气通过 180℃的 AuBr，或用液氨处理 AuI，则分别生成$[Au(NH_3)_2]Br$ 和$[Au(NH_3)_3]I$，它易被湿汽分解[34]. 此外,金(I)还能与 2–氰基吡啶、3–氰基吡啶和 4–氰基吡啶分别生成：$Au(2–c.p)_2ClO_4$，$Au(3–c.p)_2ClO_4$ 和 $Au(4–c.p)_2ClO_4$. 在 3–或 4–氰基吡啶配合物中，Au(I)同吡啶氮结合，但在 2–氰基吡啶配合物中，Au(I)与氰基氮结合.

(2) 金(III)配合物. 将浓氨水逐渐加入到经硝酸铵饱和过的 $HAuCl_4·3H_2O$ 溶液中，则生成$[Au(NH_3)_4]^{3+}$，它的几何构型是平面正方形. 当吡啶作用于被中和过的 $HAuCl_4$ 溶液时，生成亮黄色针状结晶$(py)AuCl_3$，用吡啶重结晶，则得到红黄色针状的$(py)_2AuCl_3$. $(py)AuBr_3$ 和$(py)_2AuBr_3$ 也可以用类似方法制得. 此外，属于这种类型的配合物还有$(quin)AuBr_3$，(*iso*–quin)$AuBr_3$ 和(2–氨基吡啶)$AuBr_3$ 等. 当 AuX_3(X═Cl 或 Br)与偶氮化合物反应时，可得到如下形式配位的配合物

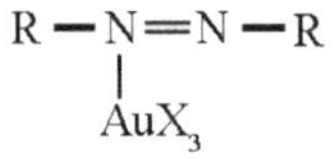

此化合物的热分解分两个阶段进行,第一阶段产生 2–氯偶氮苯和 AuCl,随后 AuCl 在邻位和对位两处起反应产生二氯偶氮苯[21].

2. 金(III)的双齿配位体配合物

含氮的双齿配位体如菲洛林(phen)、联吡啶(bipy)和乙二胺(en)等能与 Au(III)生成配合物. 此外，配位数为 4 的一价金配合物 $K[Au(CN)_2(L–L)]$(L-L = bipy 或 phen)也有报道. 二氰合金(I)酸–2, 2′–联吡啶钾配合物的晶体结构由不连续的 K^+，$[Au(CN)_2]^-$和游离的联吡啶组成[35].

用 AuX_4^- (X = Cl，Br)的水溶液与 phen 反应，生成黄色的$[Au(phen)X_2]$ $[AuX_4]$，

沸腾时沉淀溶解产生橙色的 Au(phen)Cl_3 或深红褐色的 Au(phen)Br_3. 在非水溶剂如硝基苯中，[Au(phen)X_2]X 的摩尔电导约为[Au(phen)X_2]ClO_4 的二分之一，因此认为[Au(phen)X_2]$^+$同溶液中的 X^-发生了如下反应

$$\left[Au(phen)X_2\right]^+ + 2X^- \rightleftharpoons \left[AuX_4\right]^- + phen$$

就是说两分子的[Au(phen)X_2]X 产生了一分子的[Au(phen)X_2][AuX_4]和一分子的 phen，所以[Au(phen)X_2]X 的电导较[Au(phen)X_2]ClO_4 的低[36]. 另外，当 $KAuCl_4$ 用 2，9–二甲基–1，10–菲洛林的甲醇溶液处理时则生成[Au(dmp)Cl_3]，它是橙色结晶，它的结构如下

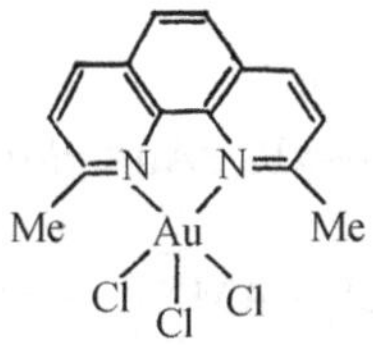

其中金的配位数为 5[22].

金(III)与 2, 2′–联吡啶生成的配合物有：[Au(bipy)Cl_2]Cl，[Au(bipy)Cl_2]ClO_4，[Au(bipy)Cl_2][$AuCl_4$]，[Au(bipy)Br_2]ClO_4，[Au(bipy)Br_2][$AuBr_4$]等. 它们的性质与菲洛林配合物相似.

金(III)与乙二胺(en)生成的配合物，如 Au(en)$_2Br_3$ 是一个黄色化合物，它溶于水，不溶于有机溶剂，因此认为它是[Au(en)$_2$]$^{3+}$ Br_3^- 型化合物. 金(III)生成的六溴[双–(2–吡啶基)氨]合二金(III)(hexabromo(bis–(2–pyridyl)amino)digold(III))有如下结构

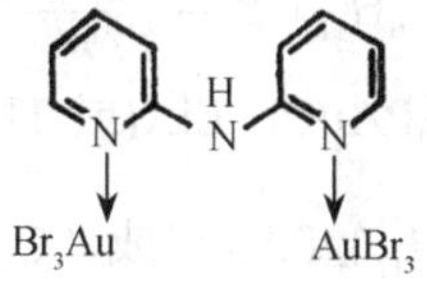

Au(III) 与双–2–吡啶基–酮(di–2–pyridyl–ketone)(dpk)作用时，能够生成[$AuCl_2$(dpk · H_2O)]Cl 和[Au(dpk · H_2O)$_2$][ClO_4]$_3$，前者的 X 射线结构分析表明一个金原子同两个氮原子和两个氯离子以平面正方形构型进行配位[37].

3. 金(III)的三齿配位体配合物[10, 38]

由于 pH 及试剂浓度的不同，Au(III)同二乙撑三胺(dien)反应得到不同的产物

$$HAuCl_4 + dien \cdot 3HCl \xrightarrow{pH<2} \left[dienH_4\right]\left[AuCl_4\right]$$

$$HAuCl_4 + dien/dien \cdot 3HCl \xrightarrow{pH\sim4} \left[Au(dien)Cl\right]\left[AuCl_4\right]_2$$

$$HAuCl_4 + dien(过量) \xrightarrow{pH>8} 橙色油 \xrightarrow[HCl]{pH\sim6} [Au(dien-N)Cl]Cl \xrightarrow[pH\sim2]{HCl} [Au(dien)Cl]Cl_2$$

$[Au(dien)X]X_2$(X=Cl，Br)在水溶液中是一个酸，它可以从胺氮上离解出一个质子，从而得到它的共轭碱[Au(dien—H)X]X(dien—H=dien 失去一个质子).

3.8.2　金的膦、胂配合物

1. 金(I)的三烷基膦(或胂)和三芳基膦(或胂)配合物

将一定化学剂量的膦或胂的酒精溶液与冷的氯金酸水溶液一起振荡，可分别得到 R_3PAuCl 和 $R_3AsAuCl$，R_3PAuCl 比较稳定(见表 19.32)，减压蒸馏时不会分解. 它们所对应的溴化物、碘化物、硫氰酸盐、羧酸盐或叠氮化物可以通过下列反应得到

$$R_3PAuCl + MX \longrightarrow R_3PAuX + MCl\ (MX = Et_4NBr)$$

$$或\quad HAuCl_4 + 4MX \longrightarrow HAuX_4 + 4MCl$$

$$HAuX_4 \xrightarrow{R_3P} R_3PAuX$$

$$Ph_3PAuCl + AgOAc \longrightarrow Ph_3PAuOAc + AgCl$$

$$Au(PPh_3)Br + NaN_3 \xrightarrow{CHCl_3} Ph_3PAu(N_3) + NaBr$$

$$Ph_3PAuCl + (Cy—C_6H_{11})_3P \xrightarrow{丙酮-氯仿} (Cy—C_6H_{11})_3PAuCl$$

或
$$HAuCl_4 + (Cy-C_6H_{11})_3P \xrightarrow[回流]{丙酮-氯仿} (Cy—C_6H_{11})_3PAuCl$$

$$(Cy—C_6H_{11})_3PAuCl + LiX(或\ Tlacac\ 或\ CO_2C_2F_5)$$

$$\xrightarrow{T.H.F.} (Cy—C_6H_{11})_3PAuX(或\ (Cy—C_6H_{11})_3PAuacac$$

$$或(Cy—C_6H_{11})_3PAu(O_2C_2F_5))$$

$$Ph_3PAuOAc + HCN \longrightarrow Ph_3PAuCN + AcOH$$

Et_3PAuX(X = Cl，Br)容易被卤素氧化产生 Et_3PAuX_3. 氯或溴(三乙基膦)合金(I)难溶于冷水，易溶于硫代硫酸钠，大概生成了 $Et_3PAuS \cdot SO_3$，它的溶液相当稳定，可与 KCNS，NaS_2CNEt_2 和 KOC(S)OEt 等反应，分别生成 $Et_3PAuCNS$，$Et_3PAuS_2CNEt_2$ 和 $Et_3PAuOC(S)OEt$. 在 $0.5mol \cdot L^{-1}$ 碱存在的情况下，溴(三乙基膦)合金(I)与硫醇反应时，生成 Et_3PAuSR(R = Me，Et，Pr，Bu，^{i}Bu，C_6H_5 或 $C_6H_5CH_2$). 在氯仿溶液中，它们以单体存在，固体缓慢分解，但在溶液中则迅速

分解释放出三乙基膦，同时沉淀出硫醇金(I)黄色聚合物.

表 19.32 一价金的膦、胂配合物

配合物	熔点(℃)	配合物	熔点(℃)
Et_3PAuCl	78	$Et_3AsAuCl$	94—95
Et_3PAuBr	70	Et_3AsAuI	77
Et_3PAuI	67	Me_3PAuBr	225(分解)
PrPAuCl	40	$Me_3AsAuSCN$	127—128
Ph_3PAuCl	248—249	$Ph_3PAuOAc$	—
Ph_3PAuBr	250—251	$Et_3PAuSCN$	—
Ph_3PAuI	234—235	Et_3PAuNO_3	爆炸
$Me_3AsAuCl$	分解	$Ph_3PAu(N_3)$	—
Me_3AsAuI	176—178	Ph_3PAuCN	204
$[Ph_3PAu][Au(CN)_2]$	123	$(Cy—C_6H_{11})_3PAuI$	258—260
Me_3PAuCN	124	$(Cy—C_6H_{11})_3PAuacac$	140—147
$(Cy—C_6H_{11})_3PAuCl$	222—225	$(Cy—C_6H_{11})_3PAuCO_2C_2F_5$	201—205
$(Cy—C_6H_{11})_3PAuBr$	240—244		

根据 Mössbauer 谱提出在$[(PPh_3)_4Au][ClO_4]$中，磷在金周围呈四面体配位. 关于$[(PPh_3)_4Au][BPh_4]$的晶体结构，Jonos[40]认为从氯仿中得到的晶体，含有平面三角形配位的金，长的第四个磷—金距离为 394.6pm；从乙醇中得到的结晶有不规则结构，四面体和三角形配位的金大约各占一半；从乙腈中得到的晶体，在−150℃研究支持了四面体配位，并认为四面体是两种构型中较稳定的一种.

2. 金(III)的三烷基膦和三芳基膦配合物

用卤素氧化一价金的三烷基膦或三芳基膦配合物，便可得到相应的三价金配合物，如

$$Et_3PAuX+X_2 \longrightarrow Et_3PAuX_3\ (X=Cl，Br，I)$$

用这种方法还可制备这种类型的混合卤化物，如：$Et_3PAuClBrI$，Et_3PAuCl_2I，Et_3PAuBr_2I，$Et_3PAuClI_2$ 和 $Et_3PAuBrI_2$ 等，它们是较稳定的结晶. 在室温，通 SO_2 于这些化合物的酒精溶液，则将其平稳地还原成相应的一价金化合物；而亚硝酸钠同 Et_3PAuBr_3 反应则生成金. Bandoli[41]用 X 射线衍射分析测定了三氯(三苯基膦)合金(III)的分子结构，认为它属三斜晶系，$Z=2$，$a=1068.3(8)$，$b=910.9(6)$，c=1009.0(8)pm；$\alpha=92.19(8)°$，$\beta=69.68(8)°$，$\gamma=91.69(8)°$. 配位结构如图 19.9 所示.

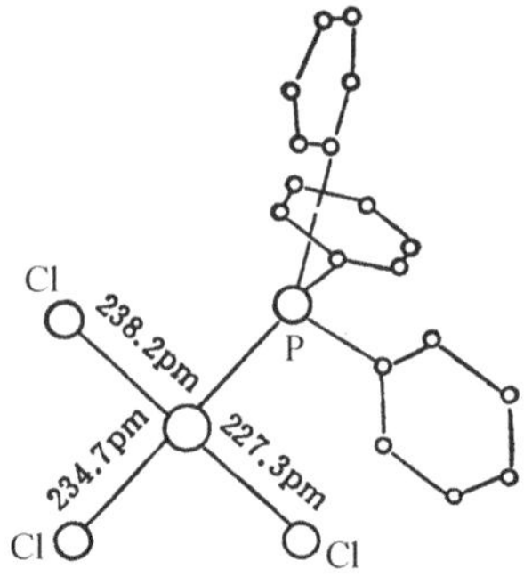

图 19.9　金的配位

3. 金(I)和金(III)的磷、砷螯合配体配合物

(1) 金(I)配合物. 一价金能与邻–苯撑双(二甲基胂)(diars)生成配位数为四的螯合物$[Au(diars)_2]^+X^-$($X = ClO_4$, Br, I, 苦味酸根、CuI_2或AuI_2). 在硝基苯中，它们是 1∶1 电解质，碘能氧化$[Au(diars)_2]^+$产生八面体构型配位阳离子$[Au(diars)_2I_2]^+$. 此外，一价金还能同邻–二乙基膦代苯基二乙基胂(*o*–diethylpho–sphinophenyldiethylarsine)和邻–苯撑双二乙基膦(*o*–phenylene–bisdiethylphosphine)反应，分别生成如下螯合物

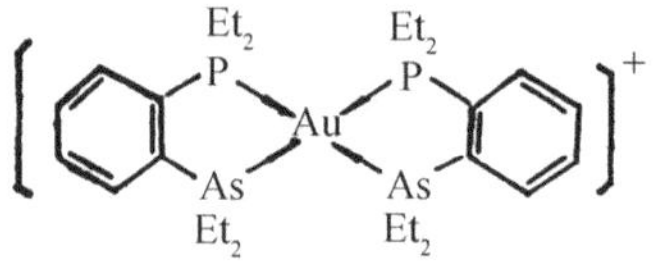

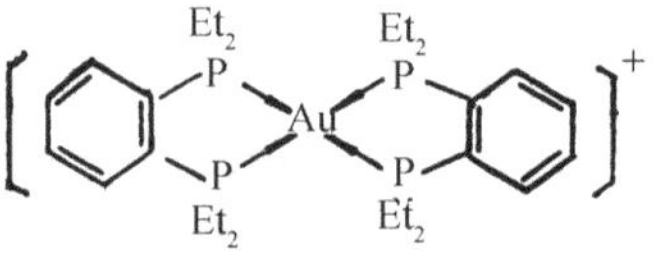

$[Au(Et_2P \cdot C_6H_4 \cdot PEt_2)_2]^+I^-$的 X 射线结构研究表明，阳离子的几何构型是四面体.

(2) 金(III)螯合物，在 NaI 存在的情况下，用$NaAuCl_4$同邻–苯撑双二甲基胂反应得到配位数大于 4 的配位阳离子，通过硝基苯溶液的电导和光谱测定证实了$[Au(diars)_2I_2]I$，$[Au(diars)_2I]^{2+}$和$[Au(diars)_2]^{3+}$的存在. 单晶 X 射线结构测定表明：配位数为 6 的$[Au(diars)_2I_2]^+$的几何构型为八面体；配位数为 5 的$[Au(diars)_2I]^{2+}$和配位数为 4 的$[Au(diars)_2]^{3+}$分别为三角双锥和平面四方形结构.

当 $H[AuCl_4]$同邻–苯撑双二乙基膦(diphos)反应，则生成$[Au(diphos)_2]Cl_3$，它与 LiBr，Br_2和I_2发生下列反应

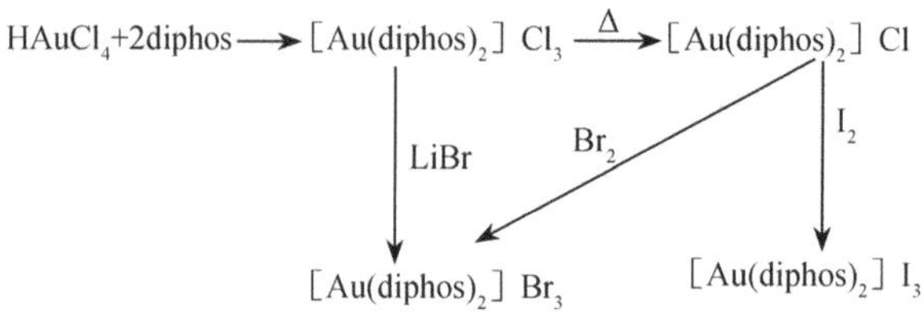

3.8.3　金的含硫配位体配合物

1. 金(I)配合物

一价金能与硫醇、硫醚、*N*, *N*–二烷基二硫代氨基甲酸和硫脲等生成配合物. 金(I)的硫醇化合物，可以通过下列反应制得

$$AuCl_3 + 3RSH \longrightarrow AuSR + 3HCl + RS:SR$$

(R=异戊基或苄基)

或　$$HAuCl_4 + 3RSH \longrightarrow AuSR + 4HCl + RS:SR$$

当 $HAuCl_4$ 同二苄基硫醚反应时，得到$(C_7H_7)_2S \cdot AuCl_2$，它不是二价金的化合物，X 射线分析发现，它由$(C_7H_7)_2SAuCl$ 和$(C_7H_7)_2SAuCl_3$ 组成. 在溶液中它离解成上述两组分，这两个组分的溴化物可以通过下列步骤得到：用 SO_2 还原 $KAuBr_4$ 的乙醇–水溶液，然后加入二苄基硫醚，就可得到无色结晶$(C_7H_7)_2SAuBr$；用溴将其氧化则生成红宝石色结晶$(C_7H_7)_2SAuBr_3$. 其他有关化合物可以由下列反应得到

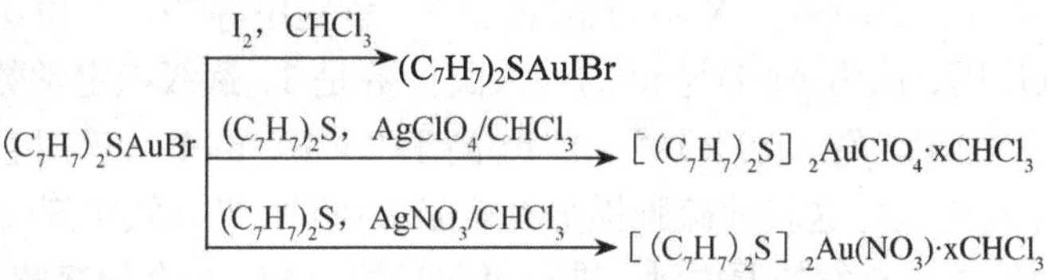

此外，若用硫醚直接处理 AuCl，可得到通式为[AuLCl]的配合物(L = Me_2S，Et_2S，$(Me_3C)_2S$，Me_2Se)[16]. 在溶有 KOH 的甲醇中，$[AuCl(Me_2S)]$同 1 位未被取代的吡唑反应则生成 N–吡唑基金(I)衍生物，它是白色化合物，对空气、光和热稳定. 分子量测量表明在蒸气和 $CHCl_3$ 溶液中，它们是三聚体；同时根据它的红外光谱提出了如下结构[21].

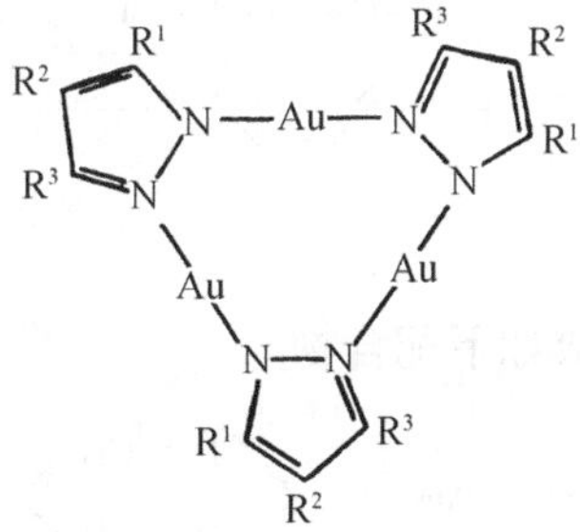

(R^1=H 或 Me；R^2=Et 或 H；R^3=H，Me 或 Ph)

二硫醚 $RS(CH_2)_nSR$($R = Me$ 或 Et；$n = 2$ 或 3)与 $H[AuCl_4]\cdot 3H_2O$ 反应，首先将 Au(III)还原，并得到[42]

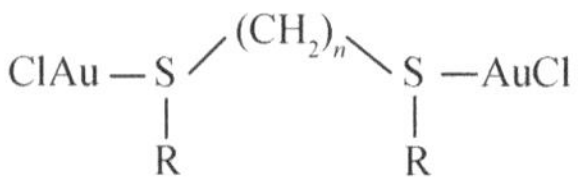

金(I)能与 *N*，*N*–二烷基二硫代氨基甲酸生成如下结构的配合物

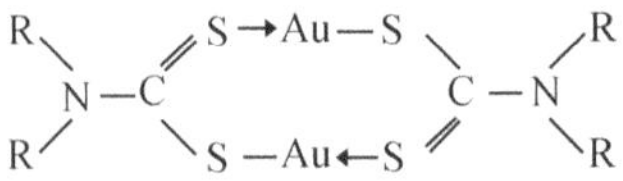

($R=CH_3$，C_2H_5，n–C_3H_7，n–C_4H_9，n–C_9H_{19})

它们是黄色二聚物. 卤素容易将 Au(I)氧化成 Au(III)，得到 $X_2Au(R_2CN(S)S)$

$$Au_2\left(R_2CN(S)_S\right)_2 \xrightarrow{X_2} X_2Au\left(R_2CN(S)S\right)(X{=}Cl)$$

金(I)的硫脲(tu)配合物比较稳定，如$[Au(tu)_2]NO_3\cdot H_2O$ 不被甲醛还原成金，并易溶于水[34]. Marcotrigiano[43]用纸层析对$[Au(tu)_2]X$($X = Cl$，Br，I，ClO_4，BF_4 或 CF_3CO_2)进行了研究，认为 Au：tu = 1：2. $[Au(tu)_2]X$ 的红外光谱表明：硫脲中的硫原子与 Au 键合，而阴离子 X 不与金配位[14]. 章健民等[44]用电位法研究了金(I)与硫脲的配位作用，认为 Au(I)与 tu 的最大配位数是 3，逐级稳定常数为：$\beta_1 = 1.0\times 10^4$，$\beta_2 = 5.2\times 10^4$，$\beta_3 = 1.0\times 10^5$. 当 tu 高于 $2\times 10^{-2}mol\cdot L^{-1}$ 时，电极反应过程是自发的(相对于氢)，这就使硫脲提金有了必要条件. 当有氧化剂(如 H_2O_2，Fe^{3+} 等)存在时，则构成一自发的原电池，进行氧化还原反应，为金的溶解创造了条件.

金(I)与乙撑硫脲(etu)生成$[Au(etu)_2]X$($X = NO_3$，Cl，Br)，它们易溶于水，不溶于醚和苯等有机溶剂，而$[Au(etu)_2]I$ 和$[Au(etu)_2]_2O$ 不溶于水[34].

金(I)还能与 2–硫代氨基吡啶(thiopic)和 N–硫代苯甲酰–*N*–苯基胲(tbpha)等螯合剂分别生成$[Au(thiopic)][AuI_2]$和[Au(tbpha)]. 在二碘合金(I)酸双(2–硫代氨基吡啶)合金(I)中，金同吡啶氮及硫酮硫键合[45, 46]. 而$[Au(tbpha)]\cdot H_2O$ 的结构是[14]

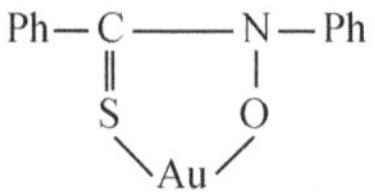

2. Au(III)配合物

卤化金(III)能与硫醚生成如下配合物.

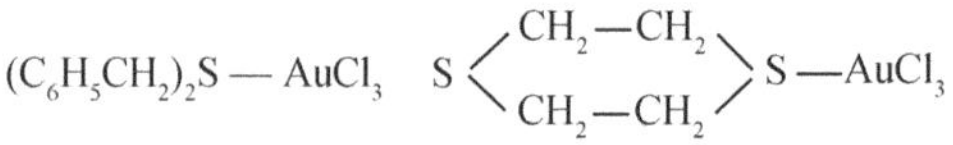

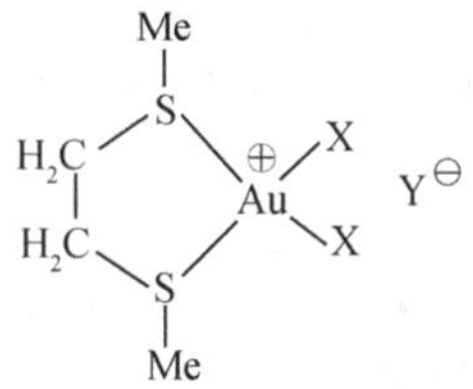

(X=Cl，Y=$AuCl_4$ 或 $AuCl_4 \cdot 2C_2H_5OH$；X=Br，Y=Br；X=I，Y=I)

它们没有金(I)的化合物稳定[25].

金(III)的 *N*，*N′*-二烷基二硫代氨基甲酸配合物，可以由氯或溴氧化对应的金(I)配合物得到，如：$Cl_2Au(R_2CN(S)S)(R = CH_3, C_2H_5, n–C_3H_7, n–C_4H_9, n–C_9H_{19})$. 这些化合物溶于有机溶剂，它们对稀的无机酸稳定，但对碱性试剂不稳定.

金(III)还能与 8–甲基硫代喹啉(mtq)、2–甲基–8–甲基硫代喹啉(mmtq)、2–硫代氨基吡啶、二硫代草酰胺(DH_4)、*N*，*N′*-二甲基-二硫代草酰胺(Me_2DH_2)、二环己基–二硫代草酰胺($DCHDH_2$)、四甲基–二硫代草酰胺(Me_4D)和四乙基–二硫代草酰胺(Et_4D)等生成螯合物.

当 $NaAuCl_4$ 与 mtq 反应时，发生脱甲基作用(demethylation)，得到二氯(8–硫代喹啉)合金(III)$AuCl_2tq$，红外光谱和核磁共振谱表明，它没有甲基的吸收峰[47]. 若 $NaAuCl_4$ 同 mmtq 反应，则不发生脱甲基作用，得到三氯(2–甲基–8–甲基硫代喹啉)合金(III)，$AuCl_3mmtq$. 在硝基苯中它是非电解质. 若在溶液中加入大过量的碘代甲烷(CH_3I)，发现并不改善溶液的导电性，因此可以认为 mmtq 中的氮与金配位，否则游离氮将同 CH_3I 结合生成季胺盐而使溶液导电，$AuCl_3mmtq$ 中金的配位数为五[48].

$HAuCl_4$ 同 thiopic 反应，得到黄色四氯合金(III)酸二氯(2–硫代氨基吡啶)合金(III)$[AuCl_2(thiopic)][AuCl_4]$，和金(I)的 thiopic 配合物一样，金是同吡啶氮和硫酮硫结合[45, 46]. 金(III)与二硫代草酰胺及其衍生物生成的螯合物是$[DH_4 \cdot DH_3Au]Cl_2$，$[Me_2DH \cdot AuCl_2]$，$[DCHDH \cdot AuCl_2]$，$[Me_2DH_2 \cdot AuBr_2]Br$，$[DCHDH_2 \cdot AuBr_2]Br$ 和$[LAuX_2][AuX_4]$(L = Me_4D，Et_4D；X=Cl，Br). 它们是反磁性配合物，红外光谱证明，DH_4，Me_2DH_2 和 $DCHDH_2$ 螯合物以 S，N 配位，而 Me_4D 和 Et_4D 螯合物以 S，S 配位[49].

3.8.4 金的异氰配合物

金(I)和金(III)都能生成异氰配合物. 金(I)的异氰配合物有(RNC)AuX 和$(RNC)_4AuX$(R = Ph，*p*–MeC_6H_4，*p*–$MeOC_6H_4$；X = Cl，R = *p*–MeC_6H_4；X = $B(Ph)_4$，(RNC)AuX 非常稳定，而$(RNC)_4AuX$ 不稳定，当从 EtOH，Me_2CO 或 $CHCl_3$ 等有机溶剂中结晶时，则分解生成(RNC)AuX[50]. 由下列反应还可以得到另一些异氰配合物[51]

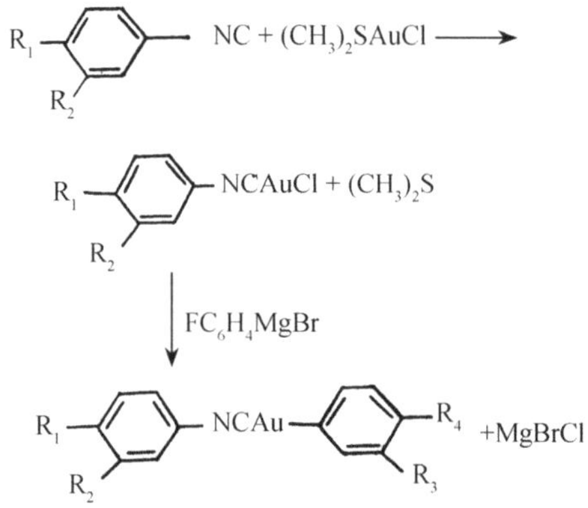

1.R_1=F；R_2=H　2.R_1=H；R_2=F　3.R_1=F；R_2=H
4.R_1=H；R_2=F　5.R_1=R_4=F；R_2=R_3=H
6.R_2=R_4=F；R_1=R_3=H　7.R_1=R_3=F；
R_2=R_4=H　8.R_2=R_3=F；　R_1=R_4=H

这些含有 *m*–FC_6H_4NC 和 *p*–FC_6H_4NC 配位体的异氰配合物的 ^{19}F 核磁共振谱表明，金反馈于异氰配位体. $(PhCH_2NC)AuCl$ 与 MeOH 反应，生成碳烯配合物 $[MeO(PhCH_2NH)C]AuCl$[52].

金(III)的异氰配合物，如 $RNCAuCl_3$(R = *p*–$MeOC_6H_4$，*p*–MeC_6H_4)可以由 $HAuCl_4$ 同 RNC 反应得到，$RNCAuCl_3$ 结晶比较稳定，在溶液中，有过量 RNC 存在时，它们容易被还原成相应的(RNC)AuX[50].

3.8.5　含有金–金属键的配合物

这类配合物有两种类型：一种是含有直接的金–金属键的简单配合物，另一类是金原子以不连续的多面体排列的簇状配合物.

1. 含有金—金属键的简单配合物[10]

属于这种类型的最简单成员是 Au_2，CuAu，AgAu，AuCe 和 AuSn，它们存在于气相中，其他化合物可以通过下列反应得到

$$LAuCl + NaMn(CO)_5 \longrightarrow LAu—Mn(CO)_5 + NaCl$$

$$[L=PPh_3，(PhO)_3P，(p\text{–}MeOC_6H_4)_3P]$$

$$Ph_3PAu—Mn(CO)_5 + L \xrightarrow[THF]{\Delta} Ph_3PAu—Mn(CO)_4L$$

$$[L=Ph_3P，(PhO)_3P，Ph_3As]$$

$$Ph_3PAuCl+[Na(diglyme)_2][V(CO)_6] \longrightarrow Ph_3PAuV(CO)_6$$

$$2Ph_3PAuCl+Na_2Fe(CO)_4 \longrightarrow (Ph_3PAu)_2Fe(CO)_4$$

$$H_2Fe(CO)_4 + Ph_2Au(Cl) \cdot (C_6H_4)_2 \cdot Au(Cl)Ph_2$$

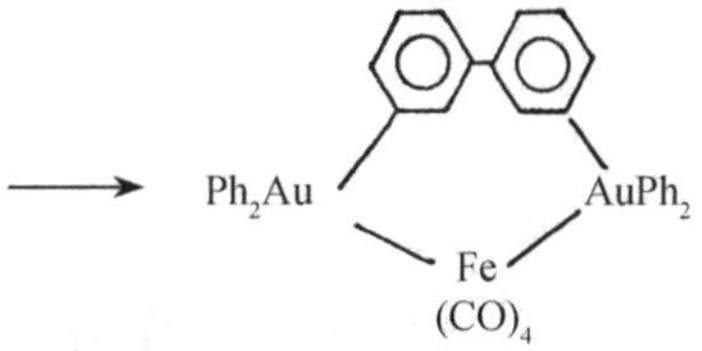

$$[Me_3SiRu(CO)_4]_2 \xrightarrow[THF]{Na/Hg} [Me_3SiRu(CO)_4]^- \xrightarrow{Ph_3PAuCl} Me_3SiRu(CO)_4AuPPh_3$$

$$Pt(PPh_3) + Ph_3PAuCl \xrightarrow[\text{氮气氛}]{\text{苯}} (PPh_3)_2\underset{\text{Cl}}{\underset{|}{Pt}}—AuPPh_3$$

$$Na[Ir(CO)_3L] + Ph_3PAuCl \longrightarrow Ir(CO)_3(PPh_3)AuPPh_3$$

$$[Cl(CO)Ir(PPh_3)_2] + Ph_3PAuCl \xrightarrow[\text{丙酮}]{\text{苯或}} [Cl_2(CO)(Ph_3P)_2Ir—AuPPh_3]$$

$$(\eta-C_5H_5)(CO)_3MH + LAuCl \xrightarrow{THF} [(\eta-C_5H_5)(CO)_3M—AuL]$$

[M=Cr，Mo，W，L=PPh_3；M=Mo，L=$(Cy—C_6H_{11})_3P$，$(Oph_3)_3P$]

$$(triarsine) + AuCl \longrightarrow (triarsine)(AuCl)_3 \xrightarrow{NaMn(CO)_5} (triarsine)[Au—Mn(CO)_5]$$

在上述配合物中，$Ph_3PAu—Mn(CO)_5$ 和 $Ph_3PAu—Mn(CO)_4P(PhO)_3$ 的结构分别是

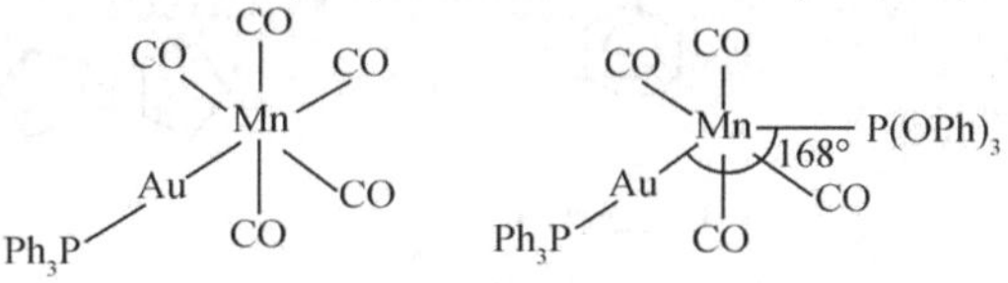

金还能与主族元素，如 Si，Ge 和 Sn 等生成含有 Au—Si，Au—Ge 和 Au—Sn 键的化合物：$Ph_3PAuSiMe_3$，$LAuGePh_3$(L=Ph_3P，Me_3P)，$Ph_3PAuGeMe_3$，Li[$(Ph_3Ge)_2Au$]·$4Et_2O$，$Et_4N[(Ph_3Ge)_2Au]$，$(Ph_3P)_3AuSnCl_3$ 和 $(Ph_3P)_4Au_5—SnCl_3$ 等.

2. 簇状配合物[10, 24, 25]

已经发现，金能生成含有二个、三个、六个、九个或十一个金原子的簇合物. 含有二个金原子的簇合物由下列反应得到

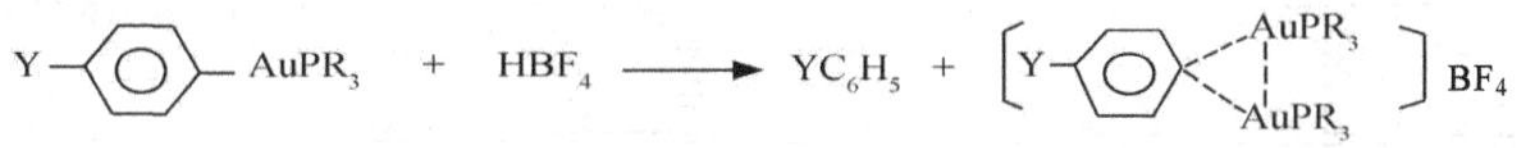

(Y=H，Me；$PR_3=PPh_3$，$PPh_2C_5H_4FeC_5H_5$)

它们是白色结晶，易溶于丙酮、氯仿、二氯甲烷和乙腈，不溶于乙醚、苯和四氢呋喃. X 射线结构分析证实 $[C_5H_5FeC_5H_4(AuPPh_3)_2]^+BF_4^-$ 具有如图 19.10 所示的结构，两个金原子与一个碳原子构成三元环，Au—Au 间的距离(277pm)较金属中 Au—Au 间的距离(288pm)短. 图 19.11 为[p–$MeC_6H_4(AuPPh_3)_2$]BF_4 与一些试剂的反应[26].

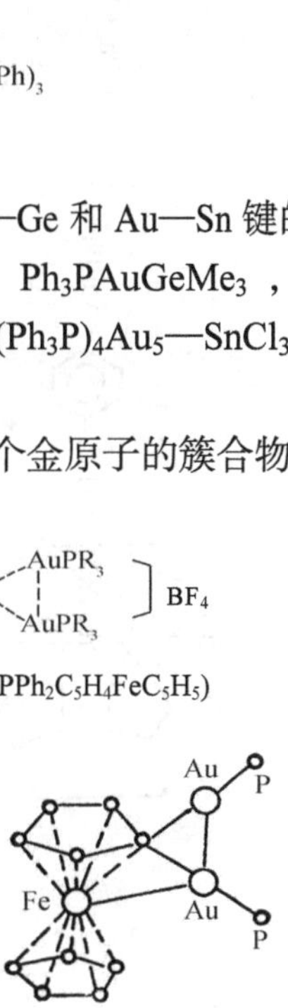

图 19.10 [$Fe(AuPPh_3)_2$]的结构

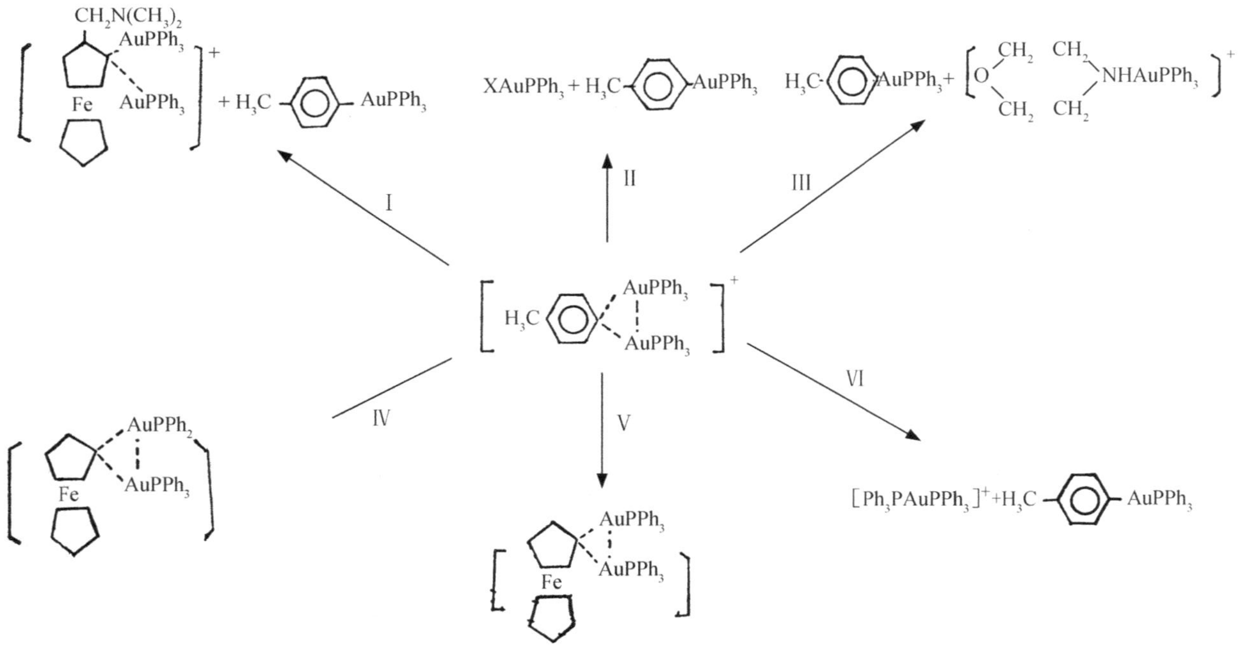

图 19.11 [p–$MeC_6H_4(AuPPh_3)_2$]BF_4 与一些试剂的反应

I.$C_5H_5FeC_5H_3(AuPPh_3)(2\text{–}CH_2N(CH_3)_2)$ II.X^-(X=Cl，I) III.$O(CH_2)_4NH$

IV. $C_5H_5FeC_5H_4HgC_5H_4FeC_5H_5$ V. $C_5H_5FeC_5H_4AuPPh_3$ VI.PPh_3

2，4，6–三苯基-λ^3–膦苯的 AuCl 配合物同甲醇钠反应，则得到含有三个金原子的簇合物

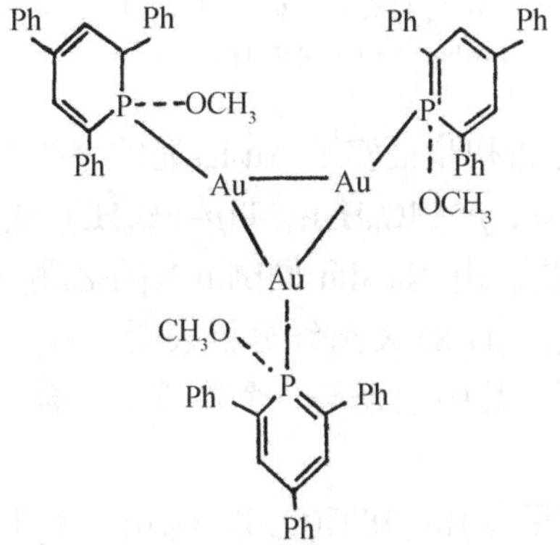

另一个有趣的化合物是金以氧鎓盐(Oxonium Salt)的形式存在，即$\{[(Ph_3P)Au]_3O\}X$($X=BF_4$，CF_3CO_2 或 MO_4)，它含有一个三角锥单元$\{Au_3O\}$，氧位于$\{Au_3\}$平面的上方[37].

在丙酮中使 KI 同$[Au_9(PPh_3)_8][NO_3]_3$反应，可以得到四核金原子簇合物

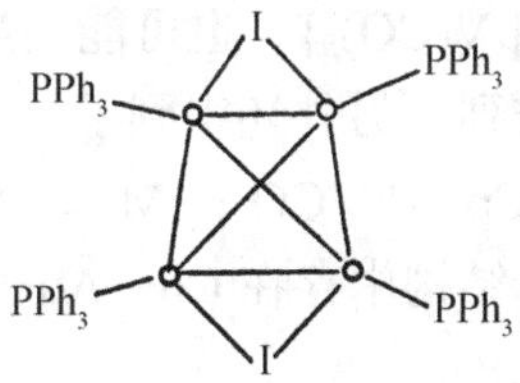

其中有两个桥联碘，且在每个金原子上有一个端膦，碘以此种方式配位比较少见[37].

含有六个金原子的八面体簇合物，如$[AuPR_3]_6^{2+}[BPh_4]_2^-$($R=p$–$MeC_6H_4$)是黄色结晶，X 射线分析表明，它的结构是

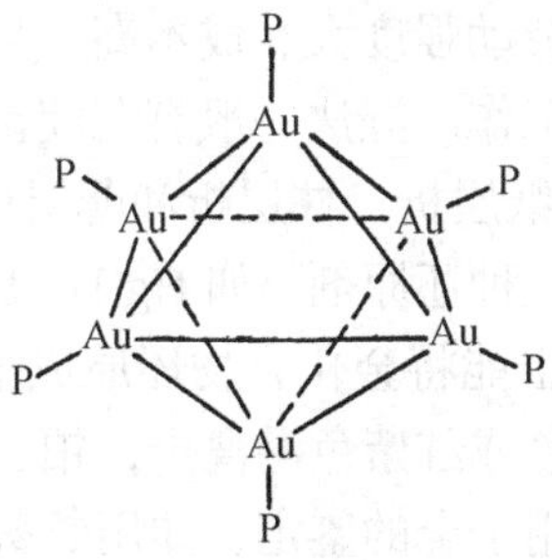

Au—Au≈300pm，比金属金中的 Au—Au 距离长[16].

让 $AuL(NO_3)$与 $NaBH_4$反应，可以得到通式为$[Au_9L_8]X_3$的簇状配合物

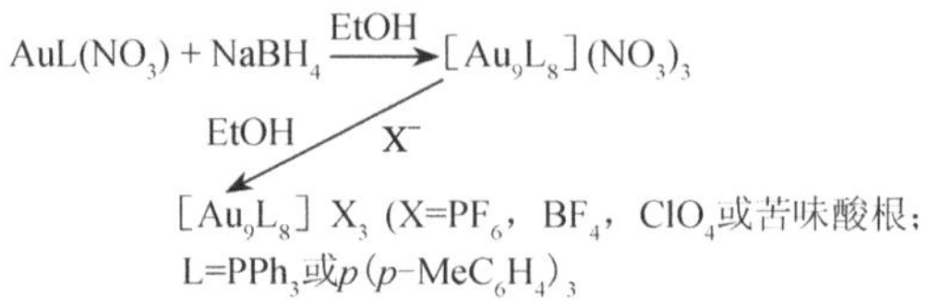

$[Au_9L_8](PF_6)_3$的 X 射线分析初步证实了 Au_9L_8笼的存在[16].

通式为$[Au_{11}L_7X_3]$(L = P(*p*–$ClC_6H_4)_3$，P(*p*–$FC_6H_4)_3$ 或 P(*p*–$MeC_6H_4)_3$；X = I，SCN 或 CN)的簇状配合物，由 NaBPh 同[AuLX]在乙醇中反应制备，它们是红色结晶. $[Au_{11}\{P(p\text{–}ClC_6H_4)_3\}_7I_3]$的 X 射线分析表明，一个中心金原子被 10 个金原子排列成的 20 面体包围，其中七个与一个磷原子结合，另三个与一个碘原子结合[14].

还有研究发现，双(甲苯)钛(0)$[Ti(C_6H_5CH_3)_2]$与$(PPh_3)AuCl$ 或$(PMePh_2)AuCl$反应时，能产生$\{Au_8\}$，$\{Au_{11}\}$，$\{Au_{12}\}$和$\{Au_{13}\}$等簇状化合物. 当用 $Na[C_{10}H_8]$代替$[Ti(C_6H_5CH_3)_2]$时，则得到$[(PPh_3)_2Au_2]$，其结构与$[Hg_2X_2]$相似[35].

关于混合金属的金簇状化合物的研究也在增加，如将 $Li[Co(CO)_4]$的四氢呋喃溶液加到$[Au_8(PPh_3)_7]^{2+}$中，可得到$\{Au_6(PPh_3)_4[Co(CO)_4]_2\}$，它可能是第一个异核金—钴簇合物. 这个簇合物由具有共棱的金四面体组成，并且 $Co(CO)_4$单元键合于顶上的金原子. $\{[Au(PPh_3)]_3V(CO)_5\}$ 也可能是第一个金—钒簇合物，它由一个钒同三个金原子呈四面体排列. 另外还得到了另一类含有金—金属键的簇合物$[(C_6F_5)_3Au—M(CO)_nL]$(L = Cp 或 CO；M = Mn，Co，Mo 或 W). 在$[N(PPh_3)_2]\{Au[Co(CO)_4]_2\}$晶体结构中存在 Co—Au—Co 直线排列[37].

3.9　金的定性和定量分析[53, 54]

金在地壳中的分布特点是：量少、分散和不均匀，因此在进行分析时，一般需要分离和富集. 在金的分离富集中，以干法(火试金法)应用得比较普遍，但它需要一整套试金设备，并有劳动强度大、成本高、易中铅毒等缺点，所以人们对湿法分离富集金进行了大量工作. 湿法一般有沉淀富集法、溶剂萃取法、活性炭吸附法和色谱法(离子交换、纸层析、柱层析和薄层析)等.

金的定性鉴定主要是用一种还原剂，如 Hg(I)，H_2O_2，摩尔盐或 $SnCl_2$等将其还原成金. 另外有机还原剂也能将金化合物还原成金，如用抗坏血酸–EDTA–甲酸还原金的化合物生成蓝紫色或红紫色游离金，铂、钯不干扰金的检出[55]. 与有机试剂生成有色化合物也能用于金的鉴定，如用邻氨基苯胂酸与 Au(III)反应，生成红色配合物可用于鉴定三价金，Cu(II)和 Fe(III)有干扰，可用 KCN 消除，反应限界稀度为 $1:8\times10^6$[56].

金的定量分析方法主要有：重量法、容量法、光度法、电化学分析法、原子吸收法、发射光谱法及中子活化法等. 其中光度法是测定微量金的常用方法，它用的有机试剂主要有：罗丹明染料、三苯甲烷染料(如甲基绿、甲基紫、结晶紫和亮绿等)和安替比林染料等，它们与金生成离子缔合物，易被有机溶剂萃取，该法一般具有较好的选择性和较高的灵敏度，此外，金与有机试剂生成有色配合物的光度法亦有不少报道. 在原子吸收光度法中，金的分析线有 242.8nm 和 267.6nm，火焰有空气-乙炔焰，空气-丙烷焰等. 若用无火焰原子化器，可使灵敏度达到 $3\times10^{-6}\%$. 但因变动系数较大，所以目前仍以火焰原子吸收法为主.

参 考 文 献

[1] M. C. Sneed 等著,苏文煅等译,《无机化学大纲》,第二卷,上海科学技术出版社(1993).
[2] 黄素封译,《化学元素的发现》,商务印书馆(1965).
[3] 张之高,《中国化学史稿》(古代之部),科学出版社(1964).
[4] 袁翰青,《中国化学史论文集》,生活·读书·新知三联书店出版(1956).
[5] 李时珍,《本草纲目》(九),张绍棠重订,商务印书馆(1930).
[6] 张正斌等,科学通报,22,164(1977).
[7] D. F. C. Morris *et al.,Talanta*,15,1301(1968).
[8] F. R. Bruce,*Chem. and Ind.*,63(1974).
[9] 刘铭禹，有色金属,(5),28(1983).
[10] J. C. Bailar *et al.*,Comprehensive Inorganic Chemistry,Vol. 3,Pergamon Press(1973).
[11] 戴安邦等,《无机化学教程》,下册,高等教育出版社(1958).
[12] Я. М. Грушко 著,钟浩祥译,《工业污水中的有毒金属及其化合物》,科学出版社(1979).
[13] 徐光宪,《物质结构》,下册,人民教育出版社(1961).
[14] B. F. G. Johnson *et al.*,Inorganic Chemistry of The Transition Elements,Vol. 1,Burlington House,London (1972).
[15] B. F. G. Johnson *et al.*,Inorganic Chemistry of The Transition Elements,Vol. 2,Burlington House,London (1973).
[16] B. F. G. Johnson *et al.*,Inorganic Chemistry of The Transition Elements,Vol. 3,Burlington House,London (1974).
[17] E. M. Wise(ed.),Gold(Recovery,Properties & Application),D. Van Nostrand Company,Inc.
[18] R. Hoppe *et al.,Z. anorg. allg. Chem.*,359,36(1968).
[19] B. H. Javernier,*Z. anorg, allg. Chem.*,343,323(1966).
[20] R. F. Ziolo *et al.,Inorg. Chem.*,11,626(1972).
[21] B. F. G. Johnson *et al.*,Inorganic Chemistry of The Transition Elements,Vol. 4,Burlington House,London (1976).
[22] B. F. G. Johnson *et al.*,Inorganic Chemistry of The Transition Elements,Vol. 5,Burlington House,London (1977).
[23] F. W. B. Einstein *et al,J. Chem. Soc.,A*. 478(1967).
[24] B. Armer *et al.,Angew. Chem. Int. Ed.*,9,101(1970).
[25] H. Schmidbaur,*Angew. Chem. Int. Ed.*,15,728(1976).
[26] R. Uson *et al,Syn. React. Inorg Metal. Org. Chem.*,7,463(1977).
[27] G. E. Coates *et al.,J. Chem. Soc.*,421(1963).
[28] G. E. Coates *et al.,J. Chem. Soc.*,3220(1962).

[29] R. W. Baker *et al.,J. Chem. Soc. Dalton*,2264(1972).
[30] B. J. Gregory *et al.,J. Chem.Soc. B.*,276(1969).
[31] D. I. Nichols,*J. Chem. Soc. A.*,1216(1970).
[32] L. G. Vanghan,*J. Amer. Chem. Soc.*,92,730(1972).
[33] P. W. R. Corfield *et al.,Acta Cryst.*,23,156(1967).
[34] N. V. Sidgwick,Chemical Elements and Their Compounds,Vol. 1,Oxford(1950).
[35] W. E. Smith,*Coord. Chem. Rev.*,45,319(1982).
[36] C. M. Harris,*J. Chem. Soc.*,682(1959).
[37] W. E. Smith,*Coord. Chem. Rev.*,67,311(1985).
[38] W. H. Baddley *et al.,Inorg. Chem.*,2,921(1963).
[39] B. F. G. Johnson *et al.*,Inorg. Chem. of The Transition Elements,Vol. 6,Burlington House,London(1978).
[40] P. G. Jones,*J. Chem. Soc.,Chem. Commun.*,1031(1980).
[41] G. Bandoli *et al.,J. Chem. Soc. Dalton*,886(1973).
[42] K. C. Dash *et al.,Chem. Ber.*,106,1221(1973).
[43] G. Marcotrigiano *et al.,J. Chromotogr.*,65,425(1972).
[44] 章健民等,科学通报,25,264(1980).
[45] M. Akbar Ali *et al.,Coord. Chem. Rev.*,13,122(1974).
[46] G. J. Sutton,*Aust. J. Chem.*,22,2475(1969).
[47] L. F. Lindoy *et al.,Aust. J. Chem.*,19,1391(1966).
[48] P. S. K. Chia *et al.,Aust. J. Chem*,21,339(1968).
[49] A. C. Fabretti *et al.,J. Inorg. Nucl. Chem.*,36. 1067(1974).
[50] A. Sacco *et al.,Gazz. Chim. Ital.*,86,195(1956),CA. 50:16513a.
[51] L. G. Vaughan *et al.,J. Amer. Chem. Soc.*,91,6151(1969).
[52] F. Bonati *et al.,Gazz. Chim. Ital.*,103,373(1973),CA. 79:92346z.
[53] А. И. Бусев и Ар., Аналитическая Химия Золота Москва (1973).
[54] 朱盈权,贵金属,57(1979).
[55] 赵丹若,《稀有元素定性分析》,人民教育出版社(1964).
[56] 赵天池等,化学学报,23,475(1957).
[57] R. C. Weast(ed.),CRC Handbook of Chemistry and Physics,66th. ed.,CRC Press(1985).

20. 锌分族

20.1 绪　论

周期表中的锌分族(IIB 族)是由锌、镉和汞组成的. 它们的原子及离子的一系列重要性质归纳于表 20.1 中. 锌、镉和汞原子的电子构型是$(n-1)d^{10}ns^2$，所以有时也被称为 *ds* 类元素[1]. 它们原子的最外层都有两个电子，并且很容易失去这两个电子(不能更多)而成为+2 离子. 这些元素的第一、二电离势较 IIA 族元素高，这是由于 *d* 和 *f* 轨道的电子对原子核的屏蔽作用相对地比 IIA 族弱的缘故.

由表 20.1 可知，汞的 *s-p* 能级相差较大，所以激发成$(5d^{10}6s^16p^1)$比较困难，这无疑与汞的相对惰性有关. 另一方面，Hg^{2+}的 *d-s* 能级相差较小，可能发生 *d-s* 杂化，结果易形成变形的配位化合物. 所以 Hg^{2+}的八面体配合物会发生畸变(拉长)，而锌和镉的配合物通常具有正常的四配位结构.

表 20.1　锌分族元素的原子及离子的重要性质

	Zn	Cd	Hg
电子结构	$\{Ar\}3d^{10}4S^2$	$\{Kr\}4d^{10}5S^2$	$\{Xe\}4f^{14}5d^{10}6S^2$
电离势(eV)I	9.39	8.99	10.43
II	17.96	16.90	18.75
III	39.7	44.5	34.2
IV	62	55	46
V	86	73	61
VI	114	94	77
金属半径(pm)	138	154	157
共价半径(pm)	131	148	149
离子半径 M^{2+}(pm)			
(Pauling)	74	97	110
(Goldschmidt)	83	103	112
熔点(℃)	419.5	320.9	−38.9
沸点(℃)	908	765	356.6
电负性 Pauling	1.65	1.69	2.00
Allred-Rochow	1.66	1.46	1.44
Mulliken	1.49	1.4	1.9
跃迁能(eV)			
M，$ns^2 \rightarrow ns^1p^1$	4.0	3.74	4.67
M^{2+}，$nd^{10} \rightarrow nd^9(n+1)s^1$	9.7	10.0	5.3
M^{2+}，$nd^{10} \rightarrow nd^9(n+1)p^1$	17.1	17.3	14.7
极化率 $M^{2+}(10^{-24}cm^3)$	0.50	1.15	2.45
氧化态	(1)2	(1)2	1.2
配位数 M(II)	2，3，4，5，6	2，3，4，5，6	2，3，4，5，6，8
水合能 $M^{2+}(kJ \cdot mol^{-1})$	−2 059	−1 828	−1 845
水解常数 25℃， $M^{2+}+H_2O \rightarrow MOH^++H^+$	$10^{-9.0}$	$10^{-10.2}$	$10^{-3.5}(Hg_2^{2+})$ $10^{-5}(Hg^{2+})$

随着离子半径和离子电荷的增加，从锌到汞极化率相应地增加，不过离子半径的增加与共价及金属半径的递增相比，前者要大得多. 虽然 Zn^{2+}，Cd^{2+}和 Hg^{2+}离子的大小，与 Mg^{2+}，Ca^{2+}和 Sr^{2+}相比差得不多，但由于锌分族有较大的极化率，加上较高的极化能，使得它们的化合物一般地更倾向于具有共价特征. 特别是汞，它的卤化物和氧化物都是典型的共价化合物，而锌和镉的化合物则相对地具有离子键特征.

锌分族元素的熔点低，并且容易挥发，尤其是汞. 在金属汞中金属—金属间的作用很弱，这与 Hg(I)衍生物的情况不同，亚汞化合物或者含有$(Hg—Hg)^{2+}$或者成链状基团 X—Hg—Hg—X，两者都具有中等强度的 Hg—Hg 键. 已知镉和锌也能形成类似的键，但只有在相当特殊的条件下才能存在.

锌和镉的晶体结构属于六方晶系，但 *c* 轴有些延伸. 这种偏离现象，对锌和镉的机械性质和加工性能等力学性质产生了显著的影响.

锌、镉和汞金属本身都是电和热的导体，都是抗磁性的.

锌分族元素主要表现为+2 价，它们也能形成+1 氧化态. 事实上，锌和镉的一价化合物较少见报道. 然而亚汞离子的存在则是众所周知的，它以两个 Hg^+相连的二聚状态存在。

在锌分族元素的化合物中，它们和周期表中 VI 族元素所形成的二元化合物(Zn，Cd，Hg) (O，S，Se，Te)或三元化合物(如 CdHgTe 等)是很重要的. 由于这些化合物特定的晶体结构使之具有一系列半导体和光电性质，因此是一类用途广泛的新型电子材料。表 20.2 列出了这些晶体中最近邻原子的间距[2].

表 20.2 锌分族元素的硫、硒、碲化合物晶体中最近邻原子的间距(pm)

	O[a]	S	Se	Te
Zn	(194)	236	245	264
Cd	(235)	252	262	279
Hg		253	263	284

a. 括号内数字是非闪锌矿晶型，其他均为闪锌矿晶型.

在锌分族的卤化物中，所有二氟化物都具有与离子化合物相近的结构，但其离子化特性依 F≫Cl > Br > I 和 Zn > Cd > Hg 的顺序递减，因此 HgX_2(X = Br，I)基本不解离并难溶于水.氧化物的共价特性按 Cd < Zn < Hg 的顺序增加，所以 Cd(OH)的碱性比两性的 $Zn(OH)_2$强. 硫化物是典型的共价化合物，它们的溶解度从锌至汞依次降低.

碳酸盐的热稳定性依 Cd > Zn > Hg 的次序降低. 当分解压达到 1atm 时的分解温度分别为：$CdCO_3$，357℃；$ZnCO_3$，300℃；$HgCO_3$ 尚未制备出来.

在水溶液中卤化物的离解度顺序为 ZnX_2 > CdX_2 > HgX_2(X ═ Cl，Br，I)，水

合速率均快，但随 $Zn^{2+} < Cd^{2+} < Hg^{2+}$的次序略有差别. 在盐类溶液中，例如硝酸盐和高氯酸盐，所有锌分族 M^{2+}离子都容易水解，并按 $Hg^{2+} > Zn^{2+} > Cd^{2+}$的顺序依次减弱. 相应盐类的溶解热，则按 $Zn^{2+} > Cd^{2+} > Hg^{2+}$的次序而减少(即 $MX_2(c) \rightarrow MX_2(aq \cdot 1mol \cdot L^{-1})$).

表 20.3 列出了锌分族元素在不同的水溶液体系中，所形成的配合物的平衡常数、逐级稳定常数以及相应的热焓和熵值.

表 20.3 锌分族元素的配合物在不同水溶液体系中的热力学数据

体 系		热力学数据								
M^{2+}–F^-		K_1[a]	K_2		ΔH_1 (kJ · mol^{-1})			ΔS_1 (J · mol^{-1} · K^{-1})		
	Zn	0.73	—		6.3			33.5		
	Cd	0.46	0.07		—			—		
	Hg	1.03	—		3.6			33.5		
M^{2+}–Cl^-		K_1	K_2		K_3	K_4		$\Delta H_{\beta4}$		$\Delta S_{\beta4}$
	Zn	0.72	−0.23		−0.68	0.37		29		—
	Cd	1.32	0.90		0.09	−0.45		22		109
	Hg	6.74	6.48		0.85	1.00		−62.3		81.6
M^{2+}–Br^-		K_1	K_2		K_3	K_4				
	Zn	0.22	−0.32		−0.64	−0.26				
	Cd	1.97	1.25		0.24	0.15				
	Hg	9.05	8.28		2.41	1.26				
M^{2+}–I^-		K_1	K_2		K_3	K_4		$\Delta H_{\beta4}$		$\Delta S_{\beta4}$
	Zn	−2.9	—		—	—		—		—
	Cd	2.08	0.87		2.09	1.59		−31		−8.8
	Hg	12.87	10.95		3.67	2.37		−168		−57.3
M^{2+}–SCN^-		K_1	β_4		$\Delta H_{\beta4}$	$\Delta S_{\beta4}$				
	Zn	1.46	2.01		−24	—				
	Cd	1.90	2.5		−21	—				
	Hg	—	21.9		−146	−84				
M^{2+}–NH_3		K_1	K_2	K_3	K_4	K_5	K_6	ΔH_1	ΔH_2	ΔH_3
	Zn	2.37	2.44	2.50	2.15	—	—	−11	−13	−16
	Cd	2.65	2.10	1.44	0.93	−0.32	−1.66	−15	−15	−15
	Hg	8.8	8.7	1.00	0.78	—	—	←−103→		−14
		ΔH_4	ΔH_5	ΔH_6	ΔS_1	ΔS_2	ΔS_3	ΔS_4	ΔS_5	ΔS_6
	Zn	−22	—	—	8.8	4	−6.3	−31	—	—
	Cd	−15	−15	−15	2	−8.8	−21	−31	−54.4	−81.2
	Hg	−15	—	—	←−9.6→		−27	−34	—	—
M^{2+}–$EDTA^c$ (20℃)		K_1	ΔH_1		ΔS_1					
	Zn	16.7	−21		247					
	Cd	16.6	−38		184					
	Hg	21.8	−79.1		151					
M^{2+}–CN^-		β_4	$\Delta H_{\beta4}$		$\Delta S_{\beta4}$					
	Zn	16.7	−103		−29					
	Cd	18.3	—		—					
	Hg	41.5	−249		−42					

a. 表中数据为 $\log_{10}K_n$ 或β_n.

锌-镉-汞的电极电势和铜-银-金的相似，它们的标准电极电势列于表 20.4.

表 20.4　锌、镉、汞的电极电势

元　素	电势(V)
$Zn^{2+}+2e^- \rightleftharpoons Zn$	−0.763
$Cd^{2+}+2e^- \rightleftharpoons Cd$	−0.403
$Hg_2^{2+}+2e^- \rightleftharpoons 2Hg$	+0.789
$Hg^{2+}+2e^- \rightleftharpoons Hg$	+0.854

参　考　文　献

[1] 沈斐凤, 陈慧兰, 余宝源,《现代无机化学》,上海科学技术出版社(1985).

[2] T. S. Moss, Optical Properties of Semiconductors, Betterworths Scientific Pub., Chapter 15(1959).

[3] J. C. Bailar, Jr. (ed.), Comprehensive Inorganic Chemistry, Vol. III, Pergamon, 187—191(1973).

20.2 锌

2.1 发 现 史

锌最早是以铜锌合金(黄铜)被人类应用的，这一应用要比人类取得金属锌早数千年．一般认为这是由于碳和锌矿共热时，锌成为蒸气状态随烟气散失，不易为古代人类所察觉，只有当人类掌握了蒸馏技术以后，金属锌才被制得．

据国内外学者的考证，我国是世界上最早制得锌和使用锌的国家．在我国古代史籍中锌被称为倭铅、白铅，含锌的碳酸锌矿石称作炉甘石，黄铜称为鍮石、黄银，不过我国究竟始于何时制得锌、使用锌，其论述尚不一致．

早在 20 世纪 20 年代，由于对古钱币化学组分的分析，学术界对我国用锌的历史进行过热烈的讨论．王琎认为：由汉末起至隋唐，锌由铅进入铜合金，迄唐始以炉甘石(菱锌矿)炼黄铜，明代(公元 1368—1644 年)中期以后才知道生产金属锌．章鸿钊根据《汉书·景帝纪》的记载，认为我国用锌的历史可追溯到西汉(公元前 206—220 年)或更早．袁翰青提出我国黄铜约始于南北朝(公元 420—589 年)期间．基于对中国史料：梁(公元 503—551 年)《荆楚岁时记》和《汉书·食货志》内容的考证，以及对三枚汉镜及六枚王莽钱币的化学成分分析(见表 20.5)，傅传仁作出如下结论：锌在西汉以前可能以共生矿的形式进入铜合金，由汉到宋逐渐掌握了以炉甘石为添加物生产黄铜的工艺，至迟明代便掌握了生产金属锌的方法[1]．对明朝流通的一种钱币的分析结果表明，此种锌铸的钱币含 99%的锌和 1%的铜．由此可知，中国在当时已很好地了解锌的性质，相当熟练地掌握了锌的冶炼技术，并达到了一定的生产规模．明代末年宋应星著《天工开物》一书，描述了炼锌的原料产地、配比、熔炼方法及金属收率，其方法的示意图如图 20.1[2]．

表 20.5 汉镜及莽钱的成分分析

%	汉镜	汉镜(日本出土)	货币	大泉五十	货泉	小泉直一	壮泉四十	大布黄千
Cu	62.15	67.22	83.41	86.72	77.53	89.27	90.83	89.55
Fe	26.47	25.44	6.86	3.41	4.55	6.39	0.02	4.71
Pb	5.29	0.61	6.54	4.33	11.99	0.37	0.48	0.62
Zn	5.00	6.73	0.84	4.11	3.03	2.15	6.96	1.48
Fe			0.47	0.13	1.46	1.50	0.55	3.56
总计			98.12	98.70	98.56	99.68	98.84	99.92
备注	汉镜成分引自近重真澄《东洋炼金术》第 87 页							

图 20.1　中国古代炼锌法示意图(升倭炼铅)

考古的证据表明，印度早在 14 世纪，或更早一些，在 Zawar 建立了锌的采矿和冶炼生产场所，至今那里还保存着大量炼锌用灰土蒸馏罐的碎片．这种蒸馏罐高 26cm、直径 15cm，外形很像一支雪茄烟．其操作方法大致是，先用当地的泥土用手工按模具做成蒸馏罐体，然后装含锌矿物和焦煤，再用一个带管封帽将罐密封，该管的直径为 1.8cm，用来将锌蒸气导出罐外，冷凝收集金属锌．尽管此法可以生产锌，但效率一定很低，金属损失很大，劳动量和燃料消耗都必然很高，然而此法毕竟奠定了后来被称为热还原法生产锌的基础．

在西方，大约早在公元前 200 年，首先在塞浦路斯，以后在罗马也已经生产黄铜，不过其方法是铜和锌的氧化矿物与炭一起放在坩埚中加热，此时氧化物被还原，生成的锌立即被铜所捕集，而成为铜合金．在 17 和 18 世纪，欧洲使用的锌主要从中国和印度进口，考古学家在一艘于 1745 年从印度驶往瑞典的途中沉没于 Gothenburg 港湾附近的商船中，找到了大量含锌 99%的金属块，可以证明这一点．

Morgen 以印度和中国所采用的锌蒸馏罐中锌蒸气流动的方向(前者为向下，后者为向上)和坩埚形状的不同为依据，推测中国和印度的炼锌技术可能是各自独立发展的[3]．

欧洲第一座炼锌厂是在 1746 年建立于英国 Bristol 附近的 Warmley. 该厂采用锌蒸气向下流动的蒸馏罐，年产量曾超过 200 吨.

随着欧洲工业化发展，1798 年在 Silesia 建成了第一座水平蒸馏罐炼锌厂. 1808 年比利时 Dony 改进了此法，使出、装料更容易，这种方法一度被采用来作为世界大部分锌的生产方法，直到十九世纪三十年代才逐渐被其他更先进的方法所淘汰. 1916 年开始研究锌的电解生产法，经过几十年的发展，到八十年代全世界新建的炼锌厂大部分采用此法. 1929 年美国 New Jersey 锌公司将水平的、批料间断作业的横罐蒸馏炼锌法，改进为垂直的、连续进出料的竖罐蒸馏炼锌法，并建厂，推动了锌工业的发展. 1959 年英国帝国熔炼公司(Imperial Smelting Company)研究成功了一种密闭鼓风炉法(ISP 法)，实现了在一个炉子中，同时处理锌和铅的硫化精矿，同时生产金属锌和铅. 此法投产后，受到世界各国重视，曾纷纷相继采用此法建厂.

到 1975 年全世界锌的总产量已达到 5.5×10^6t，这些锌主要用五种方法生产，各种方法所占的比例如表 20.6 所示.

表 20.6 全世界锌生产方法的变迁

方法名称	年产量所占的比例(%)	
	1968 年	1975 年
横罐蒸馏法	22	4
竖罐蒸馏法	12	9
电解法	48	7
电热法	8	68
密闭鼓风炉法	10	12

2.2 存在与分布

在自然界元素的丰度顺序中，锌排在第 25 位. 锌在地壳中的平均含量，不同的地球化学家所推测的值不同，波动于 0.004%—0.02%之间(参见表 20.7)[4].

表 20.7 锌在地壳中的估计含量%(重量)

克拉克和华盛顿 (1924)	费尔斯曼 (1933—1939)	维诺格拉多夫 (1962)	泰勒 (1964)
0.004	0.02	0.0083	0.007

锌在地表各种岩石中的含量(%)如下：超基性岩(纯橄榄岩等)3×10^{-3}，基性岩(玄武岩、辉长岩等)1.3×10^{-2}，中性岩(闪长岩、安山岩等)7.2×10^{-3}，酸性岩(花岗岩、花岗闪长岩等)6×10^{-3}，沉积岩(黏土岩和页岩)8×10^{-3}. 锌在海水中的含量变动于 0.014%—0.0005%之间，在深海沉积物中为 0.0035%—0.0165%. 植物和动物

体中，锌的含量变动于百万分之一到十万分之一之间．一个成年人体内平均含有2g锌，有1/3到1/4在皮肤和骨骼里，有1/2在血液里．有些生物能富集锌，从太平洋捕集到的一种牡蛎含锌平均0.04%. Fleming估计在陆地上一公里厚的外表层中总含5.2×10^7百万吨锌[5].

根据地壳中金属来源的基本理论，认为锌矿床形成的过程是这样的：最初大量熔融的岩浆侵入型地上升，随着它们的冷却，其中熔点较高的矿物组分先凝固，而那些含有许多重金属的低熔点矿物组分，则逐渐富集于仍以液相状态存在的熔体中，这种熔体称为“水热溶液”．它们能够同结晶出来的岩浆分离，继续沿着自身开拓的通道，穿过岩石层区到达低压区，在那里如果地质条件和物理化学条件合适，就构成了富锌的矿床．这就是所谓“后成”说，现在认为如此形成的矿床都较小，而且不是现在正开采着的．当今开采的大部分矿床是海洋沉积过程的结果，此时锌进入海洋，并溶解于海水中，并以富锌海盐的状态，沉积在海底中，然后被其他沉积物所包裹，它也可能以硫化物形式同样地被其他沉淀物所包裹，在进一步的变迁过程中，富锌海盐中的盐逐渐溶掉，而锌的硫化物就更进一步富集起来，有时锌的硫化物也可能聚集在海底火山堆中．

目前已查明，锌常以硫化物、碳酸盐、硅酸盐、磷酸盐以及其他化合物形式存在于矿床中．表20.8列出了锌的矿物、名称、理论组分和性质．除表中所列矿物外，我国已勘察到一种辉锌锑矿，其储量相当可观．

在表20.8所列的锌矿物中，具有重要工业意义的是闪锌矿和铁闪锌矿，不过早期锌的生产是以菱锌矿作原料的．随着工业的迅速发展，硅酸锌矿等的开采也已引起人们的重视．闪锌矿的颜色，随着其中铁含量的增加，由棕色变成黑色．

表20.8　锌的矿物名称与性质

矿物名称	组分	密度	摩氏硬度
菱锌矿(calamine)	(a)$ZnCO_3$(欧洲)	4.42—4.44	4—4.5
	(b)$ZnCO_3+Zn_2SiO_4$(美)	—	—
锌铁尖晶石(franklinite)	$(Fe^{II},Mn^{II},Zn)O$, $(Fe^{III},Mn^{III})_2O_3$	5.1—5.3	5.5—6.5
锌矾矿(goslarite)	$ZnSO_4\cdot7H_2O$	1.978	2—2.5
异极矿(hemimorphite)	$Zn_4Si_2O_7(OH)_2\cdot H_2O$	3.45	5
磷锌矿(hopeite)	$Zn_3(PO_4)_2\cdot4H_2O$	3.0—3.1	3—3.5
水锌矿(hydrozincite)	$3Zn(OH)_2\cdot2ZnCO_3$	—	—
铁闪锌矿(marmatite)	ZnS(立方)+ > 20%FeS	—	—
菱锌矿(smithsonite)	$ZnCO_3$(美)	4.42—4.44	4—4.5
闪锌矿(sphalerite)	ZnS(立方)(美)	3.9—4.1	3.5—4
硅锰锌矿(trootsite)	$(Zn,Mn^{II})_2SiO_4$	—	—
硫氧锌矿(voltzine)	氧硫化锌(不定)	—	—
硅酸锌矿(willemite)	Zn_2SiO_4	3.9—4.1	5.5
纤锌矿(wurtzite)	ZnS(六方)	4.0	3.5—4
闪锌矿(zincblende)[a]	Zn(立方)(欧洲)	3.9—4.1	3.5—4
红锌矿(zincite)	ZnO	5.65	4
碳酸锌矿(zincspar)[a]	$ZnCO_3$	4.42—4.44	4—4.5

a. 表示有工业价值.

硫化锌晶格中的锌可以被铁取代 26%以上而不形成新相，如矿石含铁 > 20% 通常就叫做铁闪锌矿.

和锌矿物伴生的其他矿物有方铅矿(PbS)、黄铜矿(CuS · FeS)或黄铁矿(FeS_2). 虽然金在锌矿物中存在较少，但银却是始终伴生的，银在锌矿物中的含量波动于百万分之几到万分之几，有时可高达千分之几. 几乎所有的锌矿物都含有镉，实际上全世界工业用镉主要是从锌生产中回收而得. 其他伴生的有价值的金属组分，随矿床地点而不同，计有铟、镓、锗、铊、钴和锑，另外还有砷. 除此以外，在锌矿物中还经常存在下述脉石，如石灰石($CaCO_3$)、白云石[(Ca, Mg)CO_3]、硅石(SiO_2)；有时还有萤石(CaF_2)、重晶石($BaSO_4$)、菱锰矿($MnCO_3$)或硅锰矿(MnO · SiO_2).

锌的矿床分布于世界各地，大型矿床有位于澳大利亚的 Broken Hill 和 Mount Isa，德国的 Brunswick，加拿大的 Buchan 河流域，美国的 Mississippi，Kansas 和 Oklahoma 等地区. 前苏联的中亚地区也有十分丰富的锌矿床，我国业已查明，锌的储量居世界前列.

2.3 同 位 素[6]

锌有五种稳定同位素和八种不稳定同位素，它们的半衰期、辐射方式等性质示于表 20.9.

表 20.9 锌的同位素

同位素	质量	半衰期	蜕变方式	天然丰度(%)
^{60}Zn	59.941830	2.4min	β^+, EC	
^{61}Zn	60.939514	89.1s	β^+	
^{62}Zn	61.934332	9.26h	β^+, EC	
^{63}Zn	62.933214	38.1min	β^+, EC	
^{64}Zn	63.929145	稳定	—	48.6
^{65}Zn	64.929243	243.8d	β^+, EC	
^{66}Zn	65.926034	稳定	—	27.9
^{67}Zn	66.927129	稳定	—	4.1
^{68}Zn	67.924846	稳定	—	18.8
^{69}Zn	68.926552	57min	β^-	
^{70}Zn	69.925325	稳定	—	0.6
^{71}Zn	70.927727	2.4min		
^{72}Zn	71.926856	46.5h	β^-	

值得重视的是，稳定同位素 ^{67}Zn 的原子核具有下述性质：核自旋 I=5/2，核

磁矩 μ=0.8735n.m，四极矩=0.18cm^2.

生产不稳定同位素 ^{63}Zn 的典型例子如下：

$$^{60}_{28}\mathrm{Ni}+^{4}_{2}\mathrm{He}\longrightarrow ^{63}_{30}\mathrm{Zn}+^{1}_{0}\mathrm{n}$$

$$^{63}_{29}\mathrm{Cu}+^{1}_{1}\mathrm{H}\longrightarrow ^{63}_{30}\mathrm{Zn}+^{1}_{0}\mathrm{n}$$

$$^{64}_{30}\mathrm{Zn}+^{1}_{0}\mathrm{n}\longrightarrow ^{63}_{30}\mathrm{Zn}+2^{1}_{0}\mathrm{n}$$

$$^{64}_{30}\mathrm{Zn}+\gamma\longrightarrow ^{63}_{30}\mathrm{Zn}+^{1}_{0}\mathrm{n}$$

2.4　冶　　炼

从锌矿石提取金属锌必须经过三个步骤：矿石处理、焙烧和提炼过程．现分述如下.

1. 矿石处理

首先经过粉碎，然后可利用不同矿物颗粒表面对水具有的不同的润湿程度，来进行不同矿物的分离．这种方法称做浮选，除浮选法外，也可利用矿物的密度、磁性、电学性质等差别进行不同矿物的选别．不过，全世界 95%的锌矿石的选矿作业是用浮选法．经选矿得锌精矿一般含 Zn30%—55%，可作为生产锌的原料.

2. 焙烧

一般硫化锌与碳的反应必须在温度超过 1 300℃时才能连续进行，因此在工业上提取锌的过程中，必须进行硫化锌的氧化焙烧，使它转变成具有良好反应活性的氧化物.

焙烧过程的基本反应是

$$\mathrm{ZnS}+1\frac{1}{2}\mathrm{O_2}\longrightarrow \mathrm{ZnO}+\mathrm{SO_2}\qquad \Delta H(1\,200\mathrm{K})=-431\mathrm{kJ\cdot mol^{-1}}$$

焙烧方法有两种：一种是烧结焙烧，为蒸馏炉或鼓风炉提供原料；另一种是沸腾焙烧，为电解法提供原料.

(1) 烧结焙烧

蒸馏炉或鼓风炉炼锌法不仅要求炉料具有预定的化学组分，还要求炉料有合适的物理性质，如粒度、孔隙度和高温下的机械强度等，所以精矿需经烧结焙烧．烧结焙烧的方法有多种，目前世界上大部分采用直线链式烧结机(或称 DL 烧结机).

(2) 沸腾焙烧

由于电解法是用硫酸溶液溶浸焙烧产物，所以原料的细度十分重要．目前全世界都用沸腾焙烧法来完成此焙烧作用．现行锌沸腾焙烧炉的料床温度为 900—950℃，气流速度为 30—45cm·s^{-1}，排出 SO_2 浓度最高可达 10%，澳大利亚 Tasmania 一台 123m^2 炉床面积的沸腾炉，可日处理锌精矿 900t.

3. 热还原法

金属锌最早的生产方法是热还原法，即在适当的高温下用碳还原氧化锌．实际上，氧化锌的还原过程受两个相继发生的、并且能迅速进行可逆平衡的反应所控制

$$ZnO(s)+CO(g) \rightleftharpoons Zn(g)+CO_2(g) \qquad \text{(i)}$$

$$C(s)+CO_2(g) \rightleftharpoons 2CO(g) \qquad \text{(ii)}$$

当反应(i)增加时，反应(ii)可减少二氧化碳的量．Coughlin 给出了这两个反应的自由能 ΔG°(J·mol^{-1})：

$$\text{反应(i)} \quad \Delta G^\circ = 178\,410 - 109.2T$$

$$\text{反应(ii)} \quad \Delta G^\circ = 170\,456 - 175.3T$$

计算指出，当锌和 CO 的气相分压都等于 50kPa 时，反应(i)和(ii)的 CO_2 压力正处于平衡状态．将此两个反应的 CO 分压值对温度作图，得到图 20.2．由图可知，当温度低于 900℃时，氧化锌的连续还原反应不能发生.

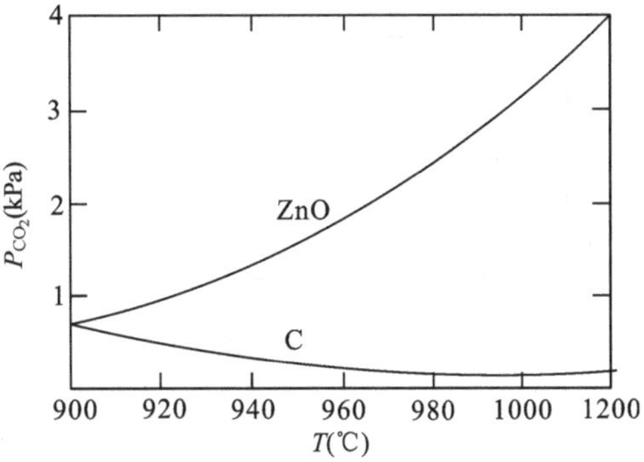

图 20.2 ZnO+CO(50kPa)=Zn(50kPa)+CO_2(100kPa)
C+(CO_2)=2CO(50kPa)反应中 CO_2 的平衡分压(kPa)

近代的竖罐蒸馏炼锌炉炉体用碳化硅砖砌成，炉垟的外侧面用燃烧天然气或发生炉煤气加热到 1 300—1 350℃．由锌焙烧块和煤粉制成的炉料，自炉顶经过密封料钟进入炉体内，还原反应所生成的金属锌蒸气，经导管通入锌冷凝器，冷凝器中设置一台高速旋转的搅拌器，使液态锌飞溅成“锌雨”，将气态锌迅速捕

集下来．反应产生的富 CO 气体，可送往燃烧室作加热炉体之用，

4.密闭鼓风炉法

密闭鼓风炉内的反应在本质上仍然是氧化锌被碳热还原的过程，与蒸馏炉不同的是同时伴随着氧化铅的还原，并且存在着金属锌蒸气和锌化合物，与铅金属蒸气和化合物之间的交互反应．它与蒸馏炉不同之处还有：除了炉料由炉顶加入外，还从炉下部通过风嘴送入预热空气．炉料和热空气在炉内完成一系列气-固反应，图 20.3 表示沿着鼓风炉高度运动着的气、固相组分的温度分布及反应过程．其次，离开炉顶的金属锌蒸气，被 500—550℃的“铅雨”所捕集，成为含 Zn2.6%—2.7%的液态铅锌合金．当冷却此合金到 450℃时，锌析出并上浮于熔融铅的上面，从而被分离出来．而从鼓风炉下部排出的则是熔融的粗铅和炉渣．其典型渣成分为：(%)FeO 30—42，SiO_2 16—21，CaO 14—22，Al_2O_3 5—10，S 1—3，ZnO 5—10 和 PbO 0.6—1.

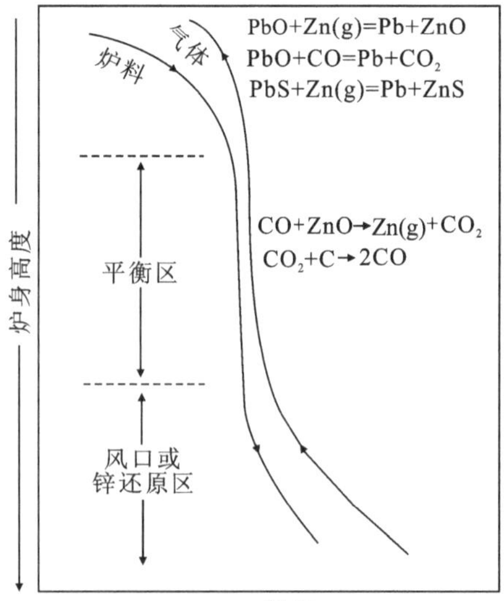

图 20.3　密闭鼓风炉内物料的温度分布及反应情况

5.电解法

锌的电解在硫酸锌溶液中进行，在电解槽中，以铝板作阴极，溶液中的锌离子从阴极上获得电子，成为金属锌而沉积在铝板上，然后周期地被剥离下来成为产品；以铅作阳极，在阳极放出氧而硫酸再生，此硫酸返回浸出工序作溶解锌焙烧料之用.

电解槽的总反应可写成

$$2ZnSO_4 + 2H_2O \longrightarrow 2Zn + 2H_2SO_4 + O_2$$

但是在阴极处氢也会同锌一起析出. 因此在讨论过程的效率时, 可以假定下述两个反应

$$Zn^{2+} + 2e^- \longrightarrow Zn \quad (iii)$$

$$H^+ + e^- \longrightarrow \frac{1}{2}H_2 \quad (iv)$$

在阴极表面同时发生. 电化学过程的速率可用电流密度 i 来表示. 应用 Tafel 关系式

$$i^{Zn} = i_0^{Zn} \exp(-\alpha^{Zn}\eta^{Zn}F/RT)$$

$$i^{H} = i_0^{H} \exp(-\alpha^{H}\eta^{H}F/RT)$$

总电流密度 $I = i^{Zn} + i^{H}$, 因此对于析出锌的电流效率为

$$CE = \frac{100 i^{Zn}}{I} = \frac{100(I - i^{H})}{I}$$

$$CE = \frac{100\{I - i_0^{H}\exp(-\alpha^{H} \times \text{常数})\}}{I}$$

由于α^H大致是个常数, 所以 i_0^H 的大小就决定过程的效率. 实践表明, 在工业条件下, 锌电流效率很少高于 92%的. 电解液中微量杂质的存在经常会造成锌电流效率的急剧下降. 关于 Mg, Na, K, Ca, Al, Fe, Mn, Cd, Cu, Pb, Co, Ni, Sb, As, Ge, Cl 和 F 离子在电解液存在时所产生的影响已有大量的报道, 并且还在继续研究中.

电解法的工业实践包括如下步骤:

(1) 溶浸. 它的目的是使焙烧料中的氧化锌溶解, 所用溶浸剂为从电解工序再生返回的酸性硫酸锌溶液, 一般含 H_2SO_4 100—150g/L, 浸出进行到 pH 为 1.7—1.9.

(2) 除铁. 溶浸液中的铁主要以 Fe^{2+}状态存在, 而三价铁离子可于 pH3.5 时开始沉淀, 并至 pH5 时沉淀完全. 因此为除铁必须将铁氧化, 并加氧化锌中和, 其反应式为

$$2Fe^{2+} + 2ZnO + 3H_2O + \frac{1}{2}O_2 \longrightarrow 2Fe(OH)_3 + 2Zn^{2+}$$

氢氧化铁沉淀后, 残留于溶液中的铁可少于 $0.01g \cdot L^{-1}$, 并且一并除去大部分的砷、锑和锗. 但由于氢氧化铁除铁法过滤性能差, 易吸附带走锌, 目前正在

被黄钠铁矾法($Na_2Fe_3(SO_4)_2(OH)_4$)、针铁矿法(FeOOH)或赤铁矿法(Fe_2O_3)所取代[7].

(3) 净液. 为了获得纯净的硫酸锌溶液，用锌粉在低于 90℃和 pH4 左右置换除钴，如溶液中存在的砷和铜量不足，则应补加硫酸铜和氧化砷，此时 Cu，Ni，As 和 Sb 同 Co 一起沉淀. 分离后，再进行第二次锌粉置换，这时保持温度 70—80℃，pH 为 3，目的是除镉、铊和锗. 经两段净液后的溶液典型组成如表 20.10.

表 20.10 中和和锌粉净化后液的典型组分

	中和后液	净化后液
pH	4.5—5.2	4.5—5.5
Zn	110—180g/l	110—180g/l
Mn	2.5—20g/l	2.5—20g/l
Cd	10—500mg/l	0.1—0.5mg/l
Cu	10—600mg/l	0.02—0.5mg/l
Fe	1—10mg/l	1—10mg/l
Co	2—20mg/l	0.4—1.0mg/l
Ni	1—10mg/l	0.05—0.1mg/l
As	0.1—0.5mg/l	0.1—0.2mg/l
Sb	2—100mg/l	0.04—0.2mg/l
Ge	10—100mg/l	0.10—1.0mg/l

(4) 电解. 较新工厂的电解槽用钢作框架，内衬聚氯乙烯板，一般为长方形，电解液由一端进、另一端出进行循环，以补充所析出的锌和除去多余的热量. 每个电解槽一般由 20—25 片阳极和阴极板组成. 电解液最佳的温度为 35—38℃，电流密度波动于 400—650A·m^{-2}之间，槽电压 3.3—3.5V，电流效率为 88%—92%，电能消耗 3 300kWh·T^{-1}锌.

用电解法生产的金属锌，纯度可达 99.99%，这是锌铝合金加工所必须的纯度. 为了制取更高纯度的锌，可以采用真空蒸馏、再次电解和区域提纯等新工艺[8]。

2.5 用 途

锌的用途可以分为四大类：即金属锌本身、镀层、合金和化合物. 现分述如下.

2.5.1 金属的用途

金属锌因熔点较低(419.5℃)，机械强度不高，室温下呈现脆性，所以不适宜作工程上承受强度的材料. 不过它显示出一些特有的耐蚀性和电化学性质.

锌以轧制的锌片或锌带的形式被使用，占其总消耗量的比例，在美、英、德、日四国中变动于 2.7%—14.1%之间. 锌片主要用作干电池的外壳，锌-空气电池和银-锌电池的电极. 由于锌耐大气的腐蚀，所以经常被作成建筑物屋面板及其附件. 锌经常被当作牺牲阳极，来保护与它相连接的钢铁部件或物体避免受蚀，特别用于船舶防止海水对船体的腐蚀，也用于保护地下管线如输油、输气管道或铠装电缆线等，防止潮湿土壤对它们的腐蚀. 金属锌粉是冶金和化工反应过程中很重要的还原剂，也是一种防锈漆的组分.

2.5.2 锌镀层

锌总消耗量的30%左右被用作保护钢铁的镀层. 目前广泛采用的镀锌方法有：热镀法、电镀法、喷镀法、扩散法和油漆法. 锌起防蚀作用的原理有两条，一是锌金属本身耐蚀，测定表明，在大部分的气候条件下，锌的腐蚀率仅是钢铁的3%—10%；二是锌比铁的电极电势更负，因此当两种金属同时接触到电解液时，锌首先溶解，从而使铁不受腐蚀. 在有些情况下，锌的腐蚀产物可能沉积于钢铁的缺陷中，起了进一步的防护作用. 因此锌镀层优于铜、锡、塑料或油漆对钢铁的保护作用.

2.5.3 合金

锌铝系合金是当前广泛应用的所谓超塑性合金，如一种 78%Zn 和 22%Al 的合金，其商业名称叫 Prestal，可以被压制成形状复杂的汽车车厢、冷冻机壳板等；另一种在美国称为 ZAMAK，而英国称为 MAZAK 的合金含有 72%—82%Zn，2 %Cu，0.2%Mg，其余为铝. 上述两种材料，在 220—270℃时能实现高塑性和低变形阻抗，$\delta > 1\ 000\%$；然而当常温时，它又立即恢复其优良的机械性能，表现出像钢一样高的强度. 因此利用这种材料，用压铸法可以大量廉价地生产各种形状复杂、尺寸精细的零部件，供仪器仪表、家用电器、计算机生产以及交通电讯工业使用. 目前这方面的用量已占锌总消耗量的 20%—25%.

黄铜(铜锌系合金)是最古老和最重要的合金材料之一. 只要改变其中铜锌的含量就可以获得各种不同性能的黄铜. 例如α-黄铜含 Zn28%—37%可以冷加工，含锌 40%—45%则两相(α和β黄铜)同时存在，既可热轧、铸造，也可拉拔. 黄铜是良好的导电和导热体，耐腐蚀，且色泽美观，目前锌的 20%用于它的生产.

由于铜的价格高昂，所以一直在研究用各种合金来代替黄铜. 一种可轧卷的锌-铜-钛合金(含 Cu0.6%和 Ti0.1%—0.15%)称为 Ti-Zn，具有十分有用的性质. 这种合金的导电性、耐蚀性和易加工性都与黄铜十分接近，正在趋向于取代黄铜而获得快速的发展.

至于锌化合物的用途，将在以后有关各章节中讨论.

表 20.11 列出 1973 年英、美、西德和日本在工业应用上所消耗的锌量及不同用途的比例.

表 20.11　1973 年四国锌消耗量

工业	英国(t)(%)		美国(t)(%)		西德(t)(%)		日本(t)(%)	
黄铜	109 300	27.9	179 305	13.1	110 900	24.2	104 735	13.5
镀层	102 100	26.1	511 504	37.5	161 400	35.2	391 941	50.7
压延	28 900	7.4	36 980	2.7	64 700	14.1	35 277	4.6
压铸	79 600	20.3	553 933	40.6	100 000	21.8	168 237	21.7
氧化锌	42 300	10.7	56 000	4.1	6 700	1.5	21 200	2.8
锌粉	14 800	3.8	}26 624	}2.0	}14 600	}3.2	17 472	2.3
其他	14 700	3.8					34 856	4.4
合计	391 700	100	1 364 356	100	458 300	100	773 718	100

2.6　物 理 性 质

锌是银白色的金属，具有较低的熔点(419.5℃)和沸点(908℃). 当未制成合金时，锌的强度和硬度高于锡和铅，但明显地低于铝和铜. 除非它的纯度很高，通常锌在室温下呈脆性，但如加热到 100—150℃，则容易加工.

锌的晶体呈六方柱形(图 20.4)，晶胞参数 a，c 和 c/a 比分别为 266.48，494.69pm 和 1.856. 虽然晶体结构属密实六方柱系，但晶轴比 1.856 比理论值 1.633 大得多. 在晶体中，每个锌原子有十二个近邻，与其中六个相距 266.48nm，与另六个则相距较远，为 291.29nm. 因此六方基面层的键，大大强于各层间的键. 这种晶体特性可以用来解释锌在变形时的若干行为以及锌的同素异形体的行为. 对锌单晶的应力变形研究表明，当高于室温时，滑移可以沿着棱柱的$[10\bar{1}0]$面发生，而弯曲却容易沿着$[10\bar{1}2]$角锥面产生. 锌的临界剪切应力也很低，它与施加应力的速率和温度有关.

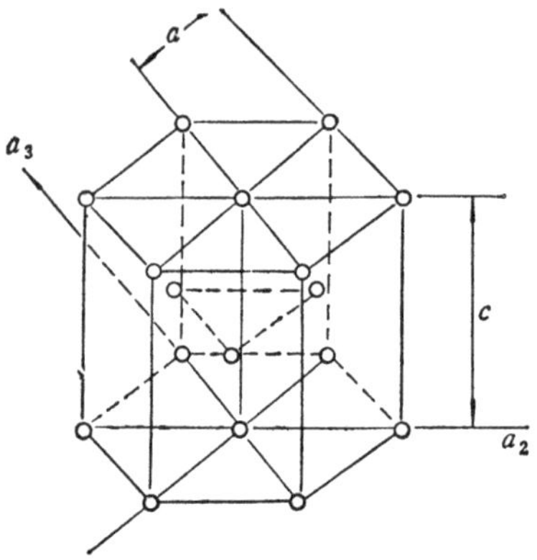

图 20.4　锌晶体的六方密堆积结构

锌的重要物理性质列于表 20.12，锌离子的物理性质列于表 20.13. 从这两表，可以清楚地了解锌及其离子的特性.

表 20.12 锌的物理性质

熔点(℃)	419.5
熔化热($kJ\cdot mol^{-1}$)	7.385
熔化熵($J\cdot K^{-1}\cdot mol^{-1}$)	9.636
沸点(℃)	908
气化热($kJ\cdot mol^{-1}$)	115.311
气化熵($J\cdot K^{-1}\cdot mol^{-1}$)	97.236
蒸气压(kPa)	0.1/489° ,1.3/594° ,13.3/734℃
蒸气压(kPa)	
(i)液体 764—1 254K	$\lg P=11.5729-1.2742\lg T-6674.4/T$
(ii)固体 300—700K	$\lg P=-7198/T+8.789$
比热容，C_p° ($J\cdot K^{-1}\cdot mol^{-1}$)	(*c*)25.397,(*l*)31.38,(*g*)20.786
熵 S°($J\cdot K^{-1}\cdot mol^{-1}$)	(*c*)41.631,(*g*)160.875
生成热 ΔH_f° ($kJ\cdot mol^{-1}$)	(*c*)0,(*g*)130.729
生成自由能 ΔG_f° ($kJ\cdot mol^{-1}$)	(*c*)0,(*g*)95.178
密度($g\cdot cm^{-3}$)	7.140/25℃(X-ray)
	7.14/25℃(pyk)
	6.92/420℃(pyk)
原子量	65.37
电阻($\Omega\cdot m$)	6.1×10^{-8}/293K ;36.6×10^{-8}/773K
电阻温度系数(K^{-1})	4.17×10^{-3}/273K
超导性限值(K)	0.852/51.80 Oe 场
电离势(eV)	
I	9.391
II	17.96
III	39.70
IV	62
V	86
VI	114
K-电子	9.681×10^3
电负性	1.65(Pauling)
	1.66(Allred-Rochow)
	1.49(Mulliken)
基态电子构型	Zn $3d^{10}4s^2(^1S_0)$
	$Zn^+ 3d^{10}4s^1(^2S_{1/2})$
	$Zn^{2+} 3d^{10}(^1S_0)$
电子的激发态，过渡态和相应的波长(nm)	$4s\ ^1S_0\rightarrow 4p\ ^1P_1^0$；213.856
	$4s\ ^1S_0\rightarrow 4p\ ^3P_1^0$；307.590
	$4p\ ^3P_1^0\rightarrow 4d\ ^3D_2$；330.259
	$4p\ ^3P_1^0\rightarrow 4d\ ^3D_1$；330.294

续表

	$4p\ ^1P_1^0 \rightarrow 4d\ ^1D_2$；636.234
磁化率(c.g.s.)	$(c)-0.141\times10^{-6}/25℃$
	$(l)-0.11\times10^{-6}/450℃$
分子结构	蒸气中 Zn_2：$D(Zn—Zn)\simeq25.1kJ\cdot mol^{-1}$
晶体结构	变形六方密堆积
	a=266.48,c=494.69(25℃)
	d (Zn—Zn)=266.48(6),291.29(6)
金属键半径(pm)	138
共价键半径(pm)	131
热导率($J\cdot cm^{-1}\cdot K^{-1}\cdot s^{-1}$)	(c)1.121/100℃
	(l)0.586/420℃
表面张力($N\cdot m^{-1}$)	0.816/440℃
黏度(Pa · S)	$3.2\times10^{-4}/450℃$
硬度(Moh' s)	2.5
热中子俘获截面(b' s)	1.10 ± 0.02
光电子功函(eV)	4.24

表 20.13　锌阳离子的性质

Zn^+(g)：$\Delta H^\circ(kJ\cdot mol^{-1})$	1 043.289
Zn^{2+}(g)：$\Delta H^\circ(kJ\cdot mol^{-1})$	2 782.737
Zn^{2+}(aq)：$\Delta H_f^\circ(kJ\cdot mol^{-1})$	−153.888
$\Delta G_f^\circ(kJ\cdot mol^{-1})$	−147.026
$S^\circ(J\cdot K^{-1}\cdot mol^{-1})$	−112.131
$C_p^\circ(J\cdot K^{-1}\cdot mol^{-1})$	−46
Zn^{3+}(g)：$\Delta H^\circ(kJ\cdot mol^{-1})$	6 620.8
E°,$Zn^{2+}+2e \rightleftharpoons Zn(V)$	−0.7643/10°，−0.7634/20°，
	−0.7628/25°，−0.7624/30°，
	−0.7613/40℃
Zn^{2+}：离子半径(pm)	74(Pauling)
	83(Goldschmidt)

2.7　化 学 性 质

锌的化学性质很活泼．在化学反应中，它以二个价电子参与成键，如 ZnO，$ZnCO_3$，$Zn(NO_3)_2$ 和 $ZnCl_2$ 等．表 20.14 中列出锌的主要化学反应．

表 20.14　锌的化学反应

$+H_2$	⟶ 不反应
$+O_2,O_3$(干，25℃)	⟶ 迅速生成氧化物薄膜
$+O_2$(干，> 300℃)	⟶ ZnO
+空气(潮湿，25℃)	⟶ 碱式碳酸盐，如相对湿度 < 70%，则金属被保护而不再被侵蚀

续表

+空气(热)	⟶ ZnO,金属燃烧呈现蓝绿色火焰
$+H_2O(g)$	⟶ 低于 400℃不反应(或非常慢)，高于 400℃反应剧烈 $Zn+H_2O \rightleftharpoons ZnO+H_2$; ΔH=−116.1kJ · mol^{-1}
$+H_2O(l)$	⟶ 慢慢地生成 ZnO, β-$Zn(OH)_2$ 膜
$+F_2$(> 40℃)	⟶ 即使到 250℃反应也不完全，因形成保护性的 ZnF_2
$+Cl_2,Br_2,I_2$(热)	⟶ 表面作用，除非温度大于 ZnX_2 的熔点，否则反应不完全
$+Br_2,I_2$(水溶液)	⟶ Zn^{2+},X^-.
+ICl	⟶ $ZnCl_2$ 覆盖层
$+O_2F_2$	⟶ ZnO,ZnF_2.
+S	⟶ 即使在熔化状态，与过量硫的反应也很缓慢，因为生成保护性的 ZnS 膜,但温热粉状锌和硫的混合物会爆炸
$+H_2S$	⟶ ZnS 膜
$+SO_2$(> 800℃)	⟶ ZnS+ZnO
$+SO_2$(湿空气，25℃)	⟶ $ZnSO_4,ZnO,ZnCO_3$
$+N_2$	⟶ 不反应，但在电弧中可以反应
$+NH_3$(600℃)	⟶ Zn_3N_2
$+KNH_2/NH_3(l)$	⟶ H_2, $Zn(NH_2)_4^{2-}$ 等
$+N_2O,NO,NO_2$	⟶ ZnO 膜
+NOCl	⟶ $ZnCl_2$ · NOCl：可能是 NO^+ $ZnCl_3^-$
+P(700℃)	⟶ Zn_3P_2,ZnP_2
$+C_2H_2$(500℃)	⟶ 乙酰基锌(？)
$+CCl_4$(热)	⟶ 剧烈反应：$ZnCl_2$+？
$+CO,CO_2$(25℃)	⟶ 不反应
$+CO_2$(> 400℃)	⟶ ZnO+CO
$+CS_2$(热)	⟶ ZnS+C
$+SiCl_4$(> 500℃)	⟶ $Si+ZnCl_2$
+HCl(g)	⟶ 低于 $ZnCl_2$ 熔点时只起微弱的反应
$+HCl,H_2SO_4$(aq.稀)	⟶ H_2+Zn^{2+}
$+H_2SO_4$(浓)	⟶ ZnO,S,H_2S,H_2,SO_2 等
$+HNO_3$(aq)	⟶ Zn^{2+}, NH_4^+ ,NH_3OH^+, NO_3^- ,NO,N_2,NH_3 产物决定于硝酸的浓度
$+H_3PO_4$(aq)	⟶ 保护性磷酸盐膜
+RCOOH	⟶ H_2，Zn^{2+}；无空气存在时，反应很慢
+NaOH(aq)	⟶ H_2，可溶性羟基配位阴离子
+金属氧化物(加热)	⟶ ZnO+金属(Cd,Ni,Fe,Cu,Pb,Sn,W,Os,Re 等)
+金属卤化物(加热)	⟶ ZnX_2+金属(Cd,Hg,Sn,Pb,Cu 等)

室温下，锌在干燥空气中很稳定，但超过 200℃时，锌即迅速发生氧化. 在含 CO_2 的潮湿空气中，锌表面会生成一层致密的水合碱式碳酸锌，从而阻止反应的继续发生.

锌易溶于大多数无机酸中，但稀盐酸和稀硫酸与纯锌的作用较慢，随着酸的浓度和温度的提高，反应加剧. 加入氧化剂或金属离子(如 Cu^{2+}，Ni^{2+}，Co^{2+})能大大地促进反应，不过某些其他离子如 Mg^{2+}，Cd^{2+}的存在，也可使反应减缓. 溶解反应的活化能约为 16.7kJ · mol^{-1}，相当于受扩散控制过程的数量级. 在 25℃时所测得的溶解热为：152.3(稀硝酸)，158(稀硫酸)kJ · mol^{-1}.

锌易溶于强碱性水溶液，放出氢并生成锌酸盐如 Na_2ZnO_2. 虽然通常把锌酸根写成 ZnO_2^{2-}，但实际上是一种水合配位阴离子$[Zn(H_2O)_m(OH)_n]^{2-n}$. 锌也易溶于氨水或铵盐水溶液中. 在液氨体系中，锌溶于强碱 KNH_2 的反应与水溶液中的反应相一致.

在含 SO_2 的工业废气中，SO_2 能同锌或锌表面上的氧化锌-碳酸锌薄层相作用，生成 $ZnSO_3$，然后被空气中 O_2 氧化，变成硫酸锌. 在海水或酸性蒸气中锌与电极电势更正的金属接触，将加快腐蚀.

在水溶液体系中，锌失去两个电子的强烈趋势可从表 20.15 所列的数据中判定出来.

表 20.15　锌系的标准电极电位

反　应	E°,25℃(V)
$Zn^{2+}+2e^- \rightleftharpoons Zn(a_H=1)$	−0.7628
$Zn(OH)_2+2e^- \rightleftharpoons Zn+2OH^-(a_{OH}=1)$	−1.245
$Zn(OH)_4^{2-}+2e^- \rightleftharpoons Zn+4OH^-(a_{OH}=1)$	−1.216
$Zn(NH_3)_4^{2+}+2e^- \rightleftharpoons Zn+4NH_3$	−1.03
$Zn(CN)_4^{2-}+2e^- \rightleftharpoons Zn+4CN^-$	−1.26
$ZnSO_4 \cdot 7H_2O+2e^- \rightleftharpoons Zn/Hg+SO_4^{2-}$	−0.7993

锌与其他金属间的交互作用将在锌的合金一节中讨论.

2.8　在生物体中的作用

在上一个世纪，人们才发现锌是黑曲霉菌生长所必需的物质，不过现在已知道，在动物和植物生命体中，锌是必不可少的，已知能参与催化生物化学反应的锌酶大约有 20 种.

在植物中，作为能转化 CO_2 成为碳水化合物的催化剂碳酸酐酶(分子量 =

30 000/Zn)，其中锌是必要组分. 碳酸酐酶也存在于红细胞中，能催化酸式碳酸根离子脱水和 CO_2 的水合. 又如在植物中一种重要的天然激素 3-吲哚基乙酸(heteroauxin)的母体色氨酸的合成过程中，锌是不可缺少的.

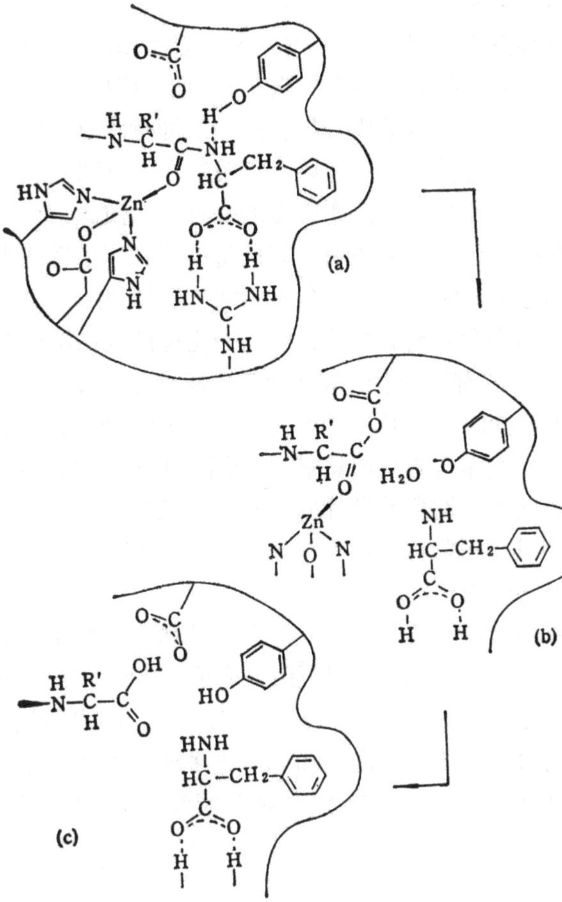

图 20.5 (a)羧肽酶中底物的一种建议的结合方式. 底物用粗线和粗体字表示. 曲线示意地确定了酶分子的“表面”. (b)机理中可能的第一步，肽链中一个羧基侧链与底物的羰基碳原子作用形成酐. (c)第二步，中间产物酐的水解以及产物从活性部位上解离

锌是吡啶核苷酸酶的组成部分，锌原子处在该酶与辅酶 NADH(NAD^+=烟酰胺腺嘌呤二核苷酸)连接起来的包围圈之中.

另一种含锌的酶是羧肽酶 A(分子量 34 000/Zn)，存在于哺乳动物的胰脏中. 它催化脂类或肽链羧基末端的肽键水解

$$—R''CH—CONH—CHR'—CONH—CHRCOO^-+H_2O \longrightarrow$$

$$—R''CH—CONH—CHR'—CO_2^- + H_3N^+CHRCOO^-$$

该酶对侧链 R 的芳香类基团($—CH_2C_6H_5$或$—CH_2C_6H_4OH$)的底物有特殊的选择性. 羧肽酶的结构和部分机理为：锌离子所处的配位环境为变形四面体，其配位原子是两个氨基酸的氮原子、一个谷氨酸的羧基氧和一个水分子的氧原子. 对底物的键合方式如图 20.5 所示. 图中(a)是对底物的键合方式，注意锌离子配位圈中的水分子已被尚未断裂的肽链上的羰基氧原子所取代. 图中(b)和(c)是推测的肽键水解步骤：肽链断裂随着形成酸酐，而酸酐即行水解，然后产物以其活性部分结合另一个底物分子并重复这一循环. 有关其作用机制的新观点，参见[18].

胰岛素是体内碳水化合物代谢必需的一种蛋白质激素. 在最早分离出来的结晶胰岛素中，发现含 0.5%左右的锌，因此进一步肯定了锌在生理活动中的重要作用. X 射线结构分析表明，它由三个胰岛素二聚体和两个中心锌原子所组成.

大部分的土壤中含有足够的锌，但不一定都能提供给植物吸收，例如碱性土($pH > 6$)，或含过多的有机物、磷酸盐或镁质灰土等. 现在已知其处理办法是往土壤中加入简单的锌盐(如 $ZnSO_4$，ZnO 等)或容易被吸收的锌配合物.

锌至少存在于人体内的六种酶中，儿童体内缺锌，会显现出厌食、性情忧郁、反应迟钝、智力低下及发育不良等症状. 对白鼠生长速率的实验指出，饮食缺锌的白鼠生长速率只有正常饮食白鼠的三分之一. 雄性动物(包括人类)缺锌则表现出性功能不成熟的倾向.

一般认为锌的毒性很低，因此允许在食品和食品容器中使用某些锌化合物，如镀锌罐头盒、塑料食器中添加硬脂酸锌等. 当然，在食品中过量地存在锌(1 000ppm)会使人感到不适，因为有苦涩的味道，会引起呕吐、腹泻等. 美国卫生部门曾规定饮用水中锌的上限为 15ppm. 过多地吸入锌冶炼或化工生产排出的氧化锌烟气时，也会引起呕吐、咳嗽，伴随头痛或体温升高，但不会造成长久损害，容易恢复.

2.9　合　　金

下面对各种锌的合金和金属间化合物的相组分和晶体结构加以讨论.

由锌构成的 1∶1 二元金属间化合物具有几种结构型式，即 NaCl 或 CsCl 立方结构，有时转变成为 NaTl 或 CuAu 结构. 在包含少量α或η相的固溶体中，经常呈立方或六方密堆积排列.

许多锌合金组成所谓“电子化合物”，在这种化合物中，结构由不同的电子数与原子数之比来确定. 除了 VIIIB 族过渡元素被假设为不能提供任何电子外，每一种元素所提供的电子数，可以从正常的价电子数来判定. 例如对一种 3∶2

的β相来说，它可以是体心立方结构(如 CuZn)或低对称的β锰结构(如 $CoZn_3$). 又如在 Cu_5Zn_8 中，电子：原子为 21：13，每个晶胞中含有 52 个原子的复杂立方结构，这就是所谓γ黄铜结构. 至于ε相，其比值为 7：4，具有六角密堆积结构.

在所有的情况下，这些相都可以超出组成的范围而存在，这些范围有时也不遵循相律. 通常理论的相结构只在高温下存在，当冷却到室温时，就会发生一些畸变. 合金可以呈现有序的超晶格结构，如在室温下的β黄铜那样，可以呈现出无序或任意的结构.

锌原子经常在大的金属原子周围形成高配位数的排列. 如在 MZn_5(M = Ca，La)中，18 个锌原子围绕一个 M 原子，其中 6 个原子组成一个平面，而另两组的各 6 个原子，另组成两个平面，位于该平面的上部和下部，并且间距略为远些. 当 M 是更大些的 Sr 或 Ba 时，还会发生这种结构的某些变形. 对于富锌的合金，甚至更高的配位数也是可能的：$LaZn_{11}$ 具有 22 配位，而一系列 MZn_{13} 化合物中(M=Na，K，Ca，Sr，Ba)，较大的 M 被 24 个锌原子所包围.

若化合物中组分金属原子具有相对合适的大小，它们就可以形成以通式 AB_2 来表示的 Laves 相，这种相也是高配位数的. 如在 $MgZn_2$ 中，每个镁原子受 12 个锌原子所包围. 类似的这种合金 $ZrZn_2$ 在 35K 以下时呈现显著的铁磁性.

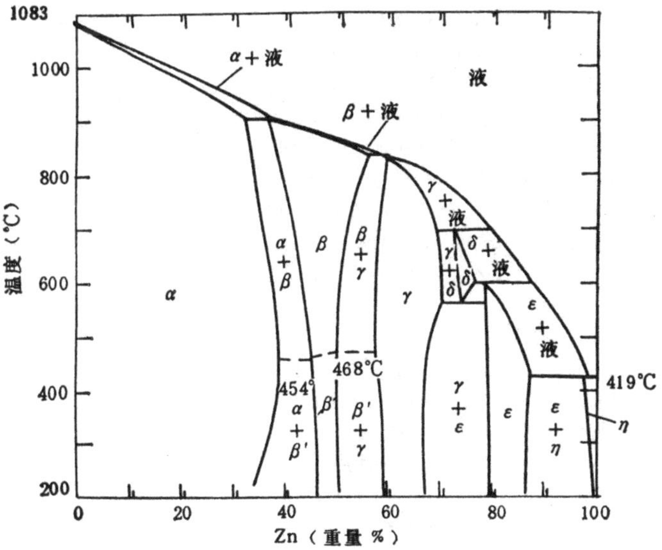

图 20.6 铜-锌系的平衡相图

从图 20.6 所示的铜-锌系相图可以看出黄铜结构所显示的若干重要性质. β-黄铜(接近 CuZn)在温度高于 460℃时，其结构是：在不同的晶面中，铜或锌原子基本上呈任意排列的体心立方形[参见图 20.7(a)]. 低于此温度时，结构逐渐变成有序，当室温时就呈有序 CsCl 排列，即所谓超晶格结构，参见图 20.7(b). 在比热对温度图中的相转变点处存在非连续性，并且未观察到转变热. γ黄铜相(Cu_5Zn_8)是不完全体心立方体，它可以按下述方式发生变化. 首先 27 个单一的体心立方晶胞叠加成一个大立方体[图 20.8(a)]，然后大立方体的各个角和中心的原子，按图 20.8(a)所示的交叉方式移动，置换剩余的 52 个原子，从而得到γ黄铜排列[参见图 20.8(b)].

表 20.16 列出了锌合金系的相生成情况

表 20.16 锌合金系

体系		相的生成
Ag-Zn	α	银中含锌：32.1 原子%/710℃
	β	AgZn，体心立方，a=316(E)
	ζ	六方，a=763.6,c=282.0
	γ	Ag_5Zn_8，γ-黄铜结构，a=934.1(E)
	ε	$AgZn_3$，六方密堆积(E)
	η	锌中含银：5.0 原子%/431℃
Al-Zn		铝中含锌：16.0 原子%/275℃
		锌中含铝：2.4 原子%/282℃
Au-Zn	α	面心立方，α=404.6(变形)
	β'	AuZn,CsCl 结构，a=314.8(E)
	γ_1	AuZn，γ-黄铜结构，a=924.1(E)
	ε	六方密堆积，a=281.3,c=437.8(E)
Ba-Zn		BaZn，CsCl 结构，a=409.0
		$BaZn_5$,正交，a=532,b=844,c=1 078,Z=4
		$BaZn_{13}$,立方，$NaZn_{13}$ 结构，a=1 215
Ca-Zn		$CaZn_2$,体心正交，a=459.1,b=733.7,c=766.7
		$CaZn_5$,六方，a=541.6，c=419.1
		$CaZn_{13}$,立方 $NaZn_{13}$ 结构，a=1215.4
Cd-Zn		共熔型体系
Ce-Zn		CeZn,CsCl 结构，a=370.4
		$CeZn_5$，六方，a=542,c=417
		$CeZn_{11}$，体心四方，a=1 066,c=686
Co-Zn	β_1	$CoZn_3$,β–Mn 结构，a=633(E)
	γ	Co_5Zn_{21}，γ-黄铜结构，a=892(E)
Cr-Zn		锌中含铬：1.5 原子%/500℃(无化合物)
Cu-Zn	α	铜中含锌：38.4原子%/25℃
	β	体心立方，畸变(＞460℃),a=295(E)
	β'	CuZn,CsCl 结构，有序(＜460℃),a=294(E)
	γ	Cu_5Zn_8，a=884(E)
	δ	体心立方，a=300
	ε	$CuZn_3$，六方密堆积，a=275,c=429(E)
	η	锌中含铜:2.3 原子%/25℃

续表

体系		相的生成
Fe-Zn	Γ	Fe_5Zn_{21}，γ-黄铜结构，a=898(E)
	ζ	$FeZn_{13}$，单斜，a=1 365,b=761,c=510,β=128°44′,Z=2
Hg-Zn		在低温下可能生成化合物
K-Zn		KZn_{13}，立方，$NaZn_{13}$结构，a=1 238，
La-Zn		LaZn，CsCl 结构，a=376.0
		$LaZn_2$,Laves 相
		$LaZn_5$，六方 $CaCu_5$，结构，a=542.7,c=422.5
		$LaZn_{11}$,体心四方，a=1 068,c=687,Z=4
Li-Zn		LiZn,NaT1 结构，a=622.1
		$LiZn_9$，类似于金属 Zn(变形的六方密堆积)，a=278,c=439
Mg-Zn		$MgZn_2$，六方，a=516,c=849,Z=4
		Mg_2Zn_{11}，立方，a=855
Mn-Zn	γ	Mn_5Zn_{21}，γ-黄铜结构，a=916(E)
	ζ	$MnZn_{13}$,$FeZn_{13}$,结构，单斜，a=1 370,b=760,c=510,β=128°44′
Mo-Zn		无化合物
Na-Zn		$NaZn_{13}$,面心立方，a=1 228.4,Z=8
Ni-Zn	β	(高温)NiZn,CsCl 结构，a=291.4(E)
	β_1	(高温)NiZn,CsAu 结构，a=274.7，c=319.0(E)
	γ	Ni_5Zn_{21}，γ-黄铜结构，a=890(E)
Pb-Zn		互溶区很大(0.85—98.3 重量%Pb/418℃);
		固溶度很小
Pb-Zn		Pd_2Zn,正交，a=535,b=765,c=414
	γ	Pd_5Zn_{21}，γ-黄铜结构，a=909(E)
Pt-Zn	ζ	$PtZn_2$,六方，a=411,c=274
	γ	(高温),Pt_5Zn_{21}，γ-黄铜结构,a=1 808(E)
	γ_1	(低温),Pt_5Zn_{21}，γ-黄铜结构,a=1 811.6(E)
Rh-Zn	γ	Rh_5Zn_{21}，γ-黄铜结构(E)
Sn-Zn		共熔点198℃(91重量%Sn)
Sr-Zn		$SrZn_5$,正交，a=532,b=672,c=1 315,Z=4
		$SrZn_{13}$,面心立方，$NaZn_{13}$结构，a=1 223.9
Th-Zn		Th_2Zn，体心四方，a=795,c=564
		$ThZn_2$，六方，a=449.7,c=371.8
		$ThZn_4$,体心四方，a=427.3,c=1 039.5
		Th_2Zn_{17},六方，a=903,c=1 320
Ti-Zn		$TiZn_2$, $MgZn_2$结构，a=506.4,c=821.0
		$TiZn_3$,Cu_3Au 结构，a=393.2
Tl-Zn		固溶体非常少，于 96.5 重量%Tl 共熔，共熔温度 292℃；无化合物
U-Zn		U_2Zn_{17},Th_2Zn_{17}结构，六方，a=897.8,c=1 316.0

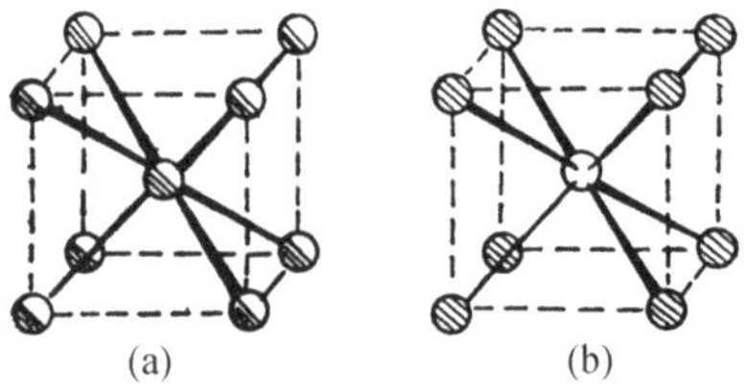

图 20.7　β-黄铜的无序或有序的排列(a—无序，b—有序)

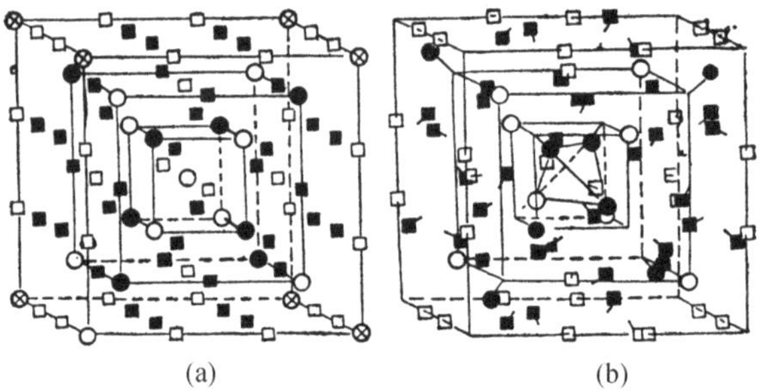

图 20.8　γ黄铜结构图(a—由 27 个体心立方晶胞组成的立方晶体，b—γ黄铜结构)

2.10　分　　析

2.10.1　定性分析

目前尚无特效的试剂可以在有其他未知金属存在的情况下检出锌. 常用的分析方法是在弱碱性条件下，使锌成硫化物沉淀，和它一起沉淀的有钴、镍和锰的硫化物. 在预处理阶段锌往往被铝和铁的氢氧化物所强烈吸附而带走.

当其他金属被分离以后，锌可以用下述方法检出：①用 $K_4Fe(CN)_6$ 溶液使锌成白色的 $Zn_2(Fe(CN)_6]$ 或 $K_2Zn_3[Fe(CN)_6]_2$ 沉淀. ②生成蓝色或紫色的 $Zn[Hg(SCN)_4]$. ③用喹哪啶钠溶液沉淀出白色 $Zn(C_9H_6N \cdot COO)_2 \cdot H_2O$. ④将吸饱 $K_4Fe(CN)_6$ 液的滤纸蘸上待测溶液并点燃之，锌的存在将生成绿色的混合氧化物. ⑤用二苯基硫卡巴腙(双硫腙 $C_{13}H_{12}N_4S$)生成深红色的 $Zn(C_{13}H_{11}N_4S)_2$.

2.10.2　定量分析

重量法包括沉淀 ZnS，$ZnCO_3$，NH_4ZnPO_4 和 $Zn(C_9H_6NO)$等，也可以加入水杨醛肟 *O*—OH · C_6H_4 · CH：NOH 于锌溶液中形成配合物，然后干燥之，这就是 $ZnC_7H_5O_2N$.

锌可以用多种容量滴定法测定，它包括加入铁氰根、氰离子或在碱性条件下加入 EDTA. 其中 EDTA 滴定最方便.

当某些其他金属存在时，极谱法也可用于测定锌，例如锌同镍、铁、镉共存时，如果这些元素浓度不太高，锌可以被测定出来. 控制电位分析、中子活化分析、比色或 X 射线光谱法都可用于测定锌. 锌还可以形成配合物(如同双硫腙形成配合物)被有机溶剂定量地从水溶液中萃取分离. 如在 25℃时，在三氯甲烷中，用烷基双硫腙萃取锌的反应平衡常数值(lgK)为：DZ—3.33，MeDZ—3.05，EtDZ—4.00，BuDZ—4.51，HexDZ—4.50[10].

原子吸收法可检出少于 0.2ppm 的锌. 其他非常灵敏的方法，还包括在紫外辐照下，测定锌和安息香 Ph·CH(OH)·CO·Ph 混合溶液所发出的荧光强度.

2.11 锌(I)化合物

虽然已经测得 ZnH 和 ZnX 卤化物的光谱数据，但在通常条件下，一价锌化合物是不存在的. 表 20.17 列出了一价锌的氢化物和卤化物的某些参数.

表 20.17 Zn(I)化合物的光谱与热力学参数

	d(Zn-X)(pm)	D°(Zn-X)(eV)	ΔH_f° (kJ·mol^{-1})	ΔG_f° (kJ·mol^{-1})	S° (J·K^{-1}·mol^{-1})	C° (J·K^{-1}·mol^{-1})
ZnH(g)	159.45	—	227.609	198.74	203.761	32.258
ZnD(g)	160.48	—	—	—	—	—
ZnCl(g)	—	~3.0	4.184	−20.92	243.927	35.355
ZnBr(g)	227	—	—	—	254.387	35.857
ZnI(g)	246	~2.0	62.76	12.552	263.592	36.652

当 ZnF_2 在氮气流中加热时，在紫外区域内可观察到归属于 ZnF 的吸收谱带；通过二卤化物的蒸气，使气体放电，可以测得一价锌卤化物的发射光谱. 此外还可以测出 ZnBr 的吸收光谱.

当冷却到室温时，Zn(I)卤化物歧化成 Zn 和 Zn(II)卤化物. 假设生成 ZnX(c)，其计算所得的生成焓 ΔH_f° 值为：X = Cl，−184；Br，−155；I，−117；O/2，−264kJ·mol^{-1}. 把此值和对应的 ZnX_2 生成焓相比较，则单从焓值来考虑，所有的一价卤化物，除 ZnI 以外，在热力学上都是容易歧化而不稳定的. 从熵的变化看也是这样.

当锌蒸气通过加热的各种锌盐时得出了某些意外的结果. 如通过 $ZnCl_2$，则可得出组分接近于 ZnCl 的升华物，不过通过其他 Zn(II)卤化物时，显然生成 ZnX_2，而升华物却是由 ZnO 所组成. 这种现象可能是由于存在着易挥发的$(ZnX)_n$分子，也许是金属锌催化锌化合物的分解. 后来的研究表明，当温度低到 285—350℃时，Zn 和 ZnX_2 生成$(ZnX)_n$分子，并且在室温下歧化.

已经取得了生成类似于一价汞离子的 Zn_2^{2+} 离子的充分证据，系在无水熔融 $ZnCl_2$ 中的一种锌饱和熔体快速骤冷时而获得的. 锌的溶解度在 500—700℃范围内变动于 0.78mol%—1.97mol%之间. 这种黄色玻璃体溶于水中时，生成一种无色溶液，并迅速析出锌. 然而此玻璃体溶于饱和 $ZnCl_2$ 溶液时，却成为一种绿黄色的溶液，它可以保存数天而不变化. 电子光谱、Raman 光谱和 ESR 谱，以及磁性与化学性质的研究，都证实了 Zn_2^{2+} 的存在. Raman 光谱 $\nu_{(Zn-Zn)} = 175cm^{-1}$，相应的力常数为 0.6(× 10^{-1}μN · nm^{-1}).

2.12　锌(II)化合物

2.12.1　氢化锌

在熔融锌中只能溶解极少量氢(789K，$1.8 \times 10^{-3}cm^3/100g$ 锌)，也就是说从 300℃起到锌的熔点，氢与锌之间不发生直接的热反应.

氢化锌的制备是在乙醚溶液中，由二甲基锌与氢化铝锂反应而成

$$ZnMe_2 + 2LiAlH_4 \xrightarrow[Et_2O]{0°C} ZnH_2 + 2LiAlH_3Me$$

白色的氢化锌不溶于乙醚，并可以聚合. 它可被水所分解放出氢，且易被空气氧化，甚至着火. 在真空中，高于 80℃时它分解成锌和氢. 在醚中二硼烷使它转变成 $Zn(BH_4)_2$. 还有另一种制备方法

$$2ZnI_2 + LiAlH_4 \xrightarrow[Et_2O]{-40°C} 2ZnH_2 + LiI + AlI_3$$

2.12.2　卤化物

锌的氟化物与另几种卤化物不同，具有明显离子键化合物的特性，因此 ZnF_2 的熔点(872℃)高于其他卤化物的熔点($ZnCl_2$ 275℃，$ZnBr_2$ 394℃，ZnI_2 446℃). ZnF_2 具有金红石型结构，是一种离子键型固体，而其他卤化物却是四配位结构的典型共价键化合物. ZnF_2 的溶解度与锌的其他卤化物的高溶解度相比则显得很微小.

对易挥发的 ZnX_2(X = Cl，Br，I)的电子衍射光谱研究表明，它们在气相中成线性分子. 红外光谱研究也证实了这个结论，并认为还可能存在一些二聚分子. 在 4K 的固态氮中所捕获的卤化物的振动光谱的研究，说明存在某些 ZnX_2 的二聚体. 但是 ZnX_2 的蒸气化热力学研究和质谱研究却未能给出二聚体明显存在的证据. 根据有关报道，按平衡反应 $ZnX_2(c) \rightleftharpoons ZnX_2(g)$推导出其热力学数据，在

560K，发现每一种卤化物(X = Cl，Br，I)的 ΔH 和 ΔS 值很接近：ΔH 约为 146kJ · mol^{-1}，ΔS 约为 172J · mol^{-1} · K^{-1}.

(1) 氟化物

(a) 制备. 将 HF 水溶液与碳酸锌作用，然后蒸发浓缩，就可得出氟化锌四水合物，将它在减压下加热，可成为无水氟化锌. 氟化钠和醋酸锌溶液混合也可生成氟化锌沉淀. 另外无水氟化物也可从 HF 蒸气通过红热的锌而制得.

(b) 用途. 含有部分结晶水的氟化锌是一种很有价值的中等的荧光剂，但是无水氟化锌却无此种活性. 氯化锌与氟化锌之间的自由能差 $\Delta G_f^\circ(ZnCl_2)—\Delta G_f^\circ(ZnF_2)$只有 79kJ · mol^{-1}，因此将氯化物转变为氟化物从热力学上看是很容易实现的. 工业上氟化锌用作陶瓷的釉和涂料、催化剂和木材的防水剂.

(c) 性质. 氟化锌的物理性质列于表 20.18. 它的结晶体能使光强烈地偏振. 氟化锌是不吸潮的，它略溶于氢氟酸、无机酸和氨水. 几乎完全不溶于液氨和乙醇. 它的水溶液很易水解，已知生成的碱式盐为 Zn(OH)F. 唯一的水合物 $ZnF_2 \cdot 4H_2O$ 为菱形晶体(密度 2.535g · cm^{-3}). 水解反应 $ZnF_2(c)+H_2O(g) \rightleftharpoons ZnO(c)+2HF(g)$的 ΔH 为−108.9kJ · mol^{-1}(500—650℃).

lg K_p(atm)500℃为−1.08，650℃为+0.11. 氟化锌与氢共热时被还原

$$ZnF_2+H_2 \rightleftharpoons Zn+2HF$$

于 773℃时 lg K_p(atm)为−3.03，1 023℃时为−0.81.

(d) 氟配合物. 已知的锌氟酸配合物及其晶体结构列于表 20.19.

这些氟配合物主要用熔化有关组分而合成，不过 $CsZnF_3$ 等一些配合物也可以通过从水溶液中沉淀来制备. ZnF_4^{2-} 离子是存在的，但未发现 ZnF_3^- 离子. 六氟配位的锌是最常见的. 除了表 20.19 所列的锌氟配合物之外，已知 K_2ZnF_4 和 K_2CoF_4 是类质同晶体，均具有六配位结构.

尚无证据证明在水溶液中有 ZnF_3^- 或 ZnF_4^{2-}，对于下述平衡式

$$Zn^{2+}+nF^- \rightleftharpoons (ZnF_n)^{2-n}$$

Lg K_1 为 0.73，ΔH_1 为 6.3kJ · mol^{-1}，ΔS_1 为 33J · K^{-1} · mol^{-1}.

至于第二种平衡式

$$Zn^{2+}+nHF \rightleftharpoons (ZnF_n)^{2-n}+nH^+$$

lg K_1 为−2.18，相对应的 ΔH_1 和 ΔS_1 值为−9.6kJ · mol^{-1} 和−71J · mol^{-1} · K^{-1}，因此在水中生成氟配合物的趋势几乎没有. 至于 ZnF^+离子(1mol ·L^{-1} 溶液)的 ΔG_f° 为−433kJ · mol^{-1}.

(2) 氯化锌

(a) 制备. 1648 年 Glauber 第一个用氯化铵和碳酸锌反应制成了氯化锌. 但目前工业上制备氯化锌的方法，是用金属锌渣与盐酸反应；或是加热氯化钠和硫化锌. 在后一种方法中，氯化锌从混合物中升华出来. 至于实验室方法则是在 700℃下,用干燥的 HCl 气体通到金属锌上.

表 20.18　卤化锌的物理性质

性　质	ZnF_2	$ZnCl_2$	$ZnBr_2$	ZnI_2
熔点(℃)	872	275	394	446
熔化热($kJ \cdot mol^{-1}$)	29.288	23.012	16.736	18.828
熔化熵($J \cdot K^{-1} \cdot mol^{-1}$)	—	41.84	～	—
沸点(℃)	～1500	756	697	>625 分解
气化热($kJ \cdot mol^{-1}$)	180.331	127.612	102.508	96.232
气化熵($J \cdot K^{-1} \cdot mol^{-1}$)	101.671	125.52	—	—
蒸气压(Pa)	133/970°C 1 333/1 086°C 1 3332/1 234°C	133/428°C 1 333/508°C 1 3332/610°C	—	—
比容 C_p° ($J \cdot K^{-1} \cdot mol^{-1}$)(c)	65.647	71.337	—	—
1mol · L^{-1} 水溶液	–167	–226	–238	–238
S°($J \cdot K^{-1} \cdot mol^{-1}$)(c)	73.68	111.5	138	161
1mol · L^{-1}水溶液	–140	0.8	52.7	97.1
生成焓，ΔH_f° ($kJ \cdot mol^{-1}$)(g)	—	–266.102	—	—
1mol · L^{-1} 水溶液	–764.4	–415.1	–328.7	–208.9
	–819.14	–488.19	–397.0	–264.3
生成自由能，ΔG_f° ($kJ \cdot mol^{-1}$)	–449.8	–369.4	–312.1	–208.9
1mol · L^{-1} 水溶液	–704.67	–409.5	–355.0	–250.2
晶格能($kJ \cdot mol^{-1}$)	2 970	2 635	2 577	2 870
密度($g \cdot cm^{-3}$)/25℃	5.00 4.96(X 射线)	2.91 (2.42/500℃)	4.21	4.74
溶解度(g/100gH_2O)	1.62/20℃	432/25°C 614/100°C	447/20℃ 673/100℃	432/18℃ 510/100℃
离子化电位(eV)	—	12.9	—	—
磁化率($c \cdot g \cdot s \times 10^{-6}$)	–0.40	–0.45	–0.30	–0.31
振动频率(cm^{-1})	—	ν_2 295 ν_3 516	ν_2 223	—
分子结构	线型 *d*(Zn—F)=181pm	线型	线型	线型 *d*(Zn-I)=242pm
晶体结构	四方	α四方 β单斜 γ四方	(i)六方 (ii)四方	(i)六方 (ii)六方 (iii)四方

表 20.19 锌的氟配合物

化合物	结　构
$NaZnF_3$	斜方晶形的 $GdFeO_3$ 结构(畸变的钙钛矿)
	a=540.0,b=556.9,c=775.6,6F 与 Zn 相邻
$KZnK_3$	立方晶形的钙钛矿结晶 a=811.2,Z=8;
	d(Zn—F)=203,6F 和 Zn 相邻
$RbZnF_3$	四方晶形的畸变的钙钛矿结构
	a=871,c=803,Z=8,6F 与 Zn 相邻
$CsZnF_3$	同 $RbZnF_3$,结构，a=990,c=905
$AgZnF_3$	立方晶形的钙钛矿结晶，a=398,Z=1
$CaZnF_4$、$SrZnF_4$	钨酸钙矿结晶，独立的 ZnF_4^{2-} 四面体

(b)用途．氯化锌的用途很广泛，用于纺织工业(包括作羊毛的阻燃剂)，用于生产胶、陶瓷、水泥，冶炼熔剂和木材防腐剂；也可在医药上作消炎剂用．它还可作催化剂，用于烯烃的聚合、烷基化、异构化；醇和烷基的脂化等.

性质：氯化锌固体有三种异形体．α型是从溶液中或快速冷却熔体所制得的，它具有相互连接的 $ZnCl_4$ 四面体的三维框架结构，可以认为它是氯同锌在某些四面体空穴中，组成立方密堆矩阵．β型是缓慢冷却熔体而制得的，它具有六方密堆积的氯和四配位的锌．γ型是从 75℃左右的溶液中制得，具有红色 HgI_2 那样的层状结构，呈四面体配位的锌处于立方密堆积的氯交错层间．通常在实验室中制得的氯化锌是α，γ，或者两者的混合物．这三种晶体的光学性质是明显不同的：α是单轴正向性，β是双轴正向性，而γ是单轴负向性.

当加热时，无色的、几乎非导电的固体氯化锌会变成一种无色、黏稠、高折射率的液体，它可以蒸馏而完全不分解，并且导电性可以很好地调节．研究表明，其中有 Zn^{2+}， $ZnCl_3^-$ 和 $ZnCl_4^{2-}$ 离子存在.

氯化锌易吸潮，极易溶于水．18℃时在 400mol 的水中的溶解热为 $-65.77kJ\cdot mol^{-1}$，$ZnCl_2$-H_2O 体系 51%$ZnCl_2$ 的共熔温度是-62℃，在同样温度下，浓溶液的黏度几乎为水黏度的 100 倍，并显示出特定的荧光性．氯化锌浓溶液的 X 射线研究认为，锌所处的环境，类似于固体氯化锌，不过 H_2O 代替了某些 Cl. 氯化锌也溶于多种有机溶剂，如乙醇、丙酮、甘油、醚和乙酸，但难溶于液氨。

已知氯化锌的水合物有 1，1.5，2.5，3 和 4 分子的水，后四种的熔点分别为 26，13，7 和-30℃．当高于 28℃时，无水氯化锌和溶液处于平衡状态．当浓度低于 $1mol\cdot L^{-1}$ 时，则完全离解成 Zn_{aq}^{2+} 和 Cl^-．Raman 光谱和别的证据指出，浓度较高时，含有线性分子 $ZnCl_2$、四面体 $ZnCl_4^{2-}$，也可能有平面的 $ZnCl_3^-$ 离子．对这个观点一直有争论，曾认为有八面体型的反式 $ZnCl_4(H_2O)_2^{2-}$ 存在．然而，后来的报道认为存在四面体的四氯配位阴离子. 浓溶液呈明显的酸性，6mol·L^{-1}溶液的pH = 1. 这种溶液溶解有机物质，包括淀粉和赛璐珞，所以不能用滤纸过滤.

当氯化锌溶液蒸发时，生成 HCl 和 Zn(OH)Cl. 然而用亚硫酰氯回流可从含水的氯化锌制成无水氯化锌

$$ZnCl_2 \cdot xH_2O + xSOCl_2 \longrightarrow ZnCl_2 + 2xHCl + xSO_2$$

氯化锌与含氮碱可形成许多加成化合物，例如已知它的氨合物可附有 1，2，4，6 和 10 个分子 NH_3.

(c) 毒性. 氯化锌烟雾是致命的，它引起鼻咽和呼吸道黏膜的严重损坏，导致萎缩. 固体氯化锌与皮肤长期接触易引起溃疡.

(d) 锌的氯配合物。已知的一系列氯配合物的晶体结构列于表 20.20.

表 20.20　锌(II)的氯配合物

化合物	结　构
$KZnCl_3 \cdot 2H_2O$	单斜，a=1 203,b=1 009,c=626,β=107°36′,Z=4;Zn[4]为 3Cl，H_2O，K[8]为 7Cl，H_2O.
$Na_2ZnCl_4 \cdot 3H_2O$	六方，a=687.6,c=595.5,Z=1;Zn[4]为 4Cl；d_{Zn-Cl}=226；Na[6]为 $3H_2O$,3Cl.
Cs_2ZnCl_4	正交晶系，a=974,b=739,c=1 297,Z=4;K_2SO_4 结构；Zn[4]为 4Cl; Cs[9]或[10]为 Cl.
$(NMe_4)_2ZnCl_4$	Zn[4]为 4Cl,d_{Zn-Cl}=224;所有 NMe_4 近似四面体.
$(NH_4)_3ZnCl_5$	正交晶系，a=874,b=984,c=1 261,Z=4; NH_4^+, $ZnCl_4^{2-}$ 及 Cl^-; d_{Zn-Cl}=223—227，孤立 Cl^-[6]为 NH_4^+，距 314—368.

这些锌的氯配合物可用不同配比的 Zn^{2+}和 Cl^-的浓溶液混合制得. 在早期的文献中，写成 $ZnCl_2 \cdot 2NH_4Cl$ 和 $ZnCl_2 \cdot 3NH_4Cl$ 的配合物中含有 $ZnCl_4^{2-}$ 离子，而在 $KZnCl_3 \cdot 2H_2O$ 中锌也呈四配位. Cs_2ZnCl_4 单晶的拉曼光谱研究，认为 $ZnCl_4^{2-}$ 阴离子是畸变的.

在 Zn^{2+}–Cl^-水溶液体系中，平衡常数的对数值为：K_1 0.72，K_2 –0.23，K_3 –0.68，K_4 0.37. 相应的总焓变 ΔH_{β_4} 为 29.3kJ · mol^{-1}. ΔG_f° 值为：$ZnCl^+$ –275.3，$ZnCl_3^-$ –540.6，$ZnCl_4^{2-}$ –666.1kJ · mol^{-1}，故在水溶液中倾向于生成 $ZnCl_4^{2-}$.

(3) 溴化锌

(a) 制备. 溴和锌在 550℃左右反应生成纯的溴化锌，但更方便的方法是把过量的锌加入氢溴酸和溴溶液中，然后过滤，蒸发至干，最后在 HBr 和 N_2 气流中升华提纯.

(b) 性质. 溴化锌固体有两种异形体. 一种是六方型，它具有可置换的菱形晶胞，a=664pm，α = 34°20′. 在此六方型中，锌位于立方密堆溴原子层间的各八面体空穴中. 另一种是四方型，它从 75℃的水溶液中沉淀出来，锌为四配位.

总的看来溴化锌的性质和氯化锌相似，而且熔体比固体具有更好的电导性. 用示踪溴原子($ZnBr_2$)的交换试验表明，在熔体中溴交换甚快. 溴化锌在水中的溶解

度很高，这种溶液甚至比氯化锌溶液更显酸性. 6mol ·L^{-1}溶液的 pH 为 0.4. 18℃时的溶解热为 62.76kJ · mol^{-1}(在 400mol 水中)。溴化锌也溶于乙醇、乙醚和丙酮，只微溶于液氨.

已分离出含三水和二水的水合物，它们的熔点分别为−5℃和 37℃，高于 40℃时，无水盐与溶液处于平衡状态. 氨合物带有 10，6，4 和 2 个氨分子. 当在氢气中加热时，溴化锌被还原成锌，并且它能与热的碱金属激烈反应。当红热时，氧使它转变成溴氧化物，氟使它变成氟化锌.

(c) 溴配合物. 曾经分离出有限的几种溴配合物(参见表 20.21).

表 20.21　锌(II)的溴配合物

化合物	结　　构
α-KznBr$_3$ · 2H$_2$O	单斜，a=671, b=1 242, c=1 302, β=130.3°, Z=4; Zn[4]为 3Br,H$_2$O,K[9]为 7Br, 2H$_2$O,$d_{(Zn-Br)}$=236,238,239
Cs$_2$ZnBr$_4$	正交，a=1 019.6,b=777.0,c=1 351.7, Z=4; Zn[4]为 Br，Cs[6]和[7]为 Br; $d_{(Zn-Br)}$=237.7(1),238.6(2),241.0(1)

β型 $KZnBr_3 \cdot 2H_2O$ 已有报道. 必须指出，所有这些锌溴配合物都含四配位的锌，并以稍有些畸变的四面体排列.

在 Zn^{2+}-Br^-水溶液体系中，20℃下 lg K_1=0.22，lg K_2=−0.32，lg K_3 = −0.64，lg K_4 = −0.26. $ZnBr^+$的 ΔG_f° 为−247.7，$ZnBr_3^-$ 的 ΔG_f° 为−448.9kJ · mol^{-1}，因此溴配合物的稳定性多少比相应氯配合物的弱一些.

(4) 碘化锌

(a) 制备. 可以把碘和锌放在一起直接加热而成，但更好的方法是把碘的乙醚溶液，在锌存在的条件下进行回流. 然后在减压条件下，温热产物以除去乙醚，最后在 400℃左右升华制取碘化锌.

(b) 性质. 正常生成的晶体中包含着由碘形成的六配位锌，在层型结构中呈六方密堆积(CdI_2 结构)或立方密堆积($CdCl_2$ 结构). 四方型的异构体与氯化锌和溴化锌的结构相同. 碘化锌的固体和熔体导电性均较差.

碘化锌很易溶于水，18℃的溶解热(溶于 400mol 水中)为 47.3kJ · mol^{-1}. 这种呈酸性的溶液(4mol · L^{-1} 时 pH1.8)，如浓度较稀则几乎完全解离，不过在很浓时，也可生成一些 ZnI_4^{2-}. 碘化锌可溶于乙醇、丙酮和液氨，微溶于乙醚. 已知具有 4 和 2 分子水的水合物，它们分别在−7℃和 27℃熔化. 氨合物具有 6，5，4 和 2 分子氨.

在 1 150℃左右时，碘化锌蒸气开始分解成锌(或 ZnI)和碘. 总体来看，碘化锌比其他卤化物更活泼，因此它可以在加热时被氢还原，在室温下与氧和水反应，生成 ZnO 和碘。在加热时与氧作用或在室温下与 NO_2 作用也生成同样的产物. 它

能将硫酸还原成 SO_2，并放出碘.

碘配合物：锌碘配合物是不稳定的，至今未分离出固体的锌碘配合物. Zn^{2+}–I^- 水溶液体系的 $\lg K_1$ 为–2.9，计算出来的 ΔG_f° 值(1mol · L^{-1})：ZnI^+ –182.0，ZnI_3^- –291.6，ZnI_4^{2-} –340.2kJ · mol^{-1}.

(5) 氰化锌

(a) 制备与用途. 氰化锌可以从 Zn^{2+}溶液中，加入一种 CN^-溶液的方法而沉淀出来。或者把 HCN 加到溶于冰醋酸的醋酸锌中. 氰化锌与 HCN 很难反应.

工业上，氰化锌用于锌的电解提纯或电镀. 要得到优质的电镀层，溶液必须是碱性的，通常认为溶液中含 $Zn(CN)_4^{2-}$ 和 $Zn(OH)_4^{2-}$ 阴离子，也可能是两种离子的混合体.

(b) 性质. 氰化锌的主要物理参数列于表 20.22.

表 20.22　氰化锌的物理性质

熔点(℃)	~800°，在空气中分解
生成热 ΔH_f° (kJ · mol^{-1})(c)	95.8
密度(g · cm^{-3})	1.852
溶解度(g/100g 水)	5×10^{-4}/20℃
溶度积	$\lg^{-1}$–12.59/25℃
磁化率(c.g.s.)	-0.39×10^{-6}
晶体结构	立方，反赤铜矿结构 a=590.5, Z=2,Zn[4]为 2C，2N； 直线 Zn–C–N–Zn

在氰化锌晶体中，存在两个互穿的晶格而不是通过强键相连接的。

氰化锌微溶于乙醇，但溶于碱金属的氰化物或氢氧化物溶液，也溶于氨水而生成配位离子. 它能溶于稀的无机酸，并释放出 HCN.

在氰配合物中，固体 $K_2Zn(CN)_4$ 容易制备，只要把 KCN 溶液加到 $Zn(CN)_2$ 溶液中，然后蒸发即得，反应 $Zn(CN)_2+2CN^- \rightleftharpoons Zn(CN)_4^{2-}$ 的平衡常数K=10^{17}.

锌氰酸钾密度 1.647g · cm^{-3}，熔点 538℃. 它在 20℃，100g 水中的溶解度为 11g. 它溶于液氨或乙醇. 它的立方晶体结构是正常尖晶石型(a = 1 254，Z = 8)，具有与 C 或 N 相邻的四配位锌. 在液氨中用钠还原 $Zn(CN)_4^{2-}$ 只能沉淀出金属锌.

Zn^{2+}–CN^-水溶液体系中，25℃时 $\lg \beta_4$ 为 16.7，ΔH_{β_4} –103.3kJ · mol^{-1}，ΔS_{β_4} –29J · K^{-1} · mol^{-1}. 对于 $Zn(CN)_4^{2-}$，ΔH_f° = –342.3kJ · mol^{-1}，ΔG_f° = –446.8kJ · mol^{-1} 和 S° = 228J · K^{-1} · mol^{-1}. 其中 $Zn(CN)^+$未测得过，$Zn(CN)_3^-$ 在低浓度的溶液中存在；$Zn(CN)_4^{2-}$ 已作过光谱研究，对于 $Zn(CN)_5^{3-}$ 和 $Zn(CN)_6^{4-}$ 只经极谱证实. 在水溶液中未检出 $H_2Zn(CN)_4$，从热力学和动力学考察的结果，其稳定性显然要比

$Zn(CN)_2$的差. $Zn(CN)_4^{2-}$和示踪标记的氰根离子间的交换是快速的，当 pH 为 10.3 时，在不到 2 分钟内，交换就完成. 当 Ni^{2+}加到$Zn(CN)_4^{2-}$中时，原来呈绿色的 $Ni[Zn(CN)_4]$会迅速转变成黄色 $Zn[Ni\cdot(CN)_4]$.

(6) 硫氰酸锌

硫氰酸锌是一种白色易吸潮的固体，其制备方法是把硫酸锌和硫氰酸钡溶液混合，过滤并蒸发溶液至干. 在纺织工业中，它用作中间媒介进行助染. 它溶于水和乙醇，并容易生成$Zn(NCS)_4^{2-}$配位离子. 硫氰酸锌的 ΔH°=25kJ · mol^{-1}，当 1mol · L^{-1} 溶液时 ΔG_f° = 33.0kJ · mol^{-1}. $Zn(NCS)_4^{2-}$ (1mol · L^{-1} 溶液)的 ΔG_f° =216kJ ·mol^{-1}. 在 Zn^{2+}-NCS^-水溶液体系中，20℃时 $\lg K_1 = 1.46$，$\lg \beta_2 = 2.17$，$\lg \beta_3 = 2.34$，$\lg \beta_4$=2.01；40℃时 ΔH_{β_4} =−23.8kJ · mol^{-1}.

2.12.3 氧化物、过氧化物

(1) 氧化锌

(a) 制备. 粗氧化锌在自然界以红锌矿型存在，但工业产品是在空气中燃烧气化锌而得，也可将锌矿石和焦炭一起在空气中加热，并使锌蒸气在炉内氧化. 在实验室中，纯的氧化锌是用沉淀出来的氢氧化锌、碳酸锌或草酸锌热分解而得. 最近在高温下用控制锌蒸气或二烷基锌的氧化速度制得了超纯氧化锌单晶，也可用水热法生长氧化锌单晶，此时采用含氧化锌的 KOH 或 LiOH 溶液，于 270—340atm 下，保持籽面上适宜的温度梯度，可以缓慢地生长出氧化锌单晶.

(b) 用途. 氧化锌是工业上锌化合物最重要的原料之一. 采用不同的制备条件或结合热处理，可制得四种不同晶型的氧化锌，即短针、长柱、星形和羽毛状，其颗粒在 0.1—5μm 之间. 橡胶工业用球状，油漆选用柱状. 由于氧化锌具有对气体的高度吸附性，在石油化工中用作脱氢、苯酚和甲醛缩合等反应的催化剂，使脂肪族碳氢化合物转变成不饱和的芳香族化合物，也用于从一氧化碳和氢合成甲醇. 由于氧化锌有很高的热导率(0.00166)故可用于汽车轮胎中，改善橡胶的热容量，减少过热所发生的畸变. 由于氧化锌的白度和高折光率(2.008)，所以广泛用作户内外的油漆涂料，不过目前已大量地被二氧化钛所取代. 氧化锌能吸收紫外光，所以用作配制防晒化妆品或乳液.

通过适当的热处理，氧化锌晶格的空穴可以增殖，因此它的电导增加，并呈现出半导体的特性. 如在 900℃下，在还原气氛中短时间加热，除去氧原子，剩下多余的锌原子就向本征带转移，这些锌原子携带两个正电荷，释放出两个电子，这样就增加了氧化锌的电导率. 空穴也可以用掺入其他离子的办法形成，如氧化镓进入晶格后，氧化锌就具有半导体性质. 氧化锌还显示出光导性，当光照时它的电导率可以明显地增加，420nm 波长的单色光可产生一个峰值效应，在光电复印技术中可利用这个效应. 氧化锌中加入少量其他元素可作为磷光剂，它可使紫外光、X 射线或电视阴极射线，转变成不同颜色的可见光. 在某些条件下，它还显示电荧光或光荧光，因此可作发光材料.

70 年代又研制成功氧化锌半导体陶瓷. 以氧化锌为主体添加少量铂或钯，可作湿敏和气敏元件，用于测定气体的湿度和组分. 氧化锌具有高的非线性 I-V 特性，能承受大电流和高电压，因此可作操作或雷电引起的过电压保护，也可作稳压或变频元件.

(c) 物理性质. 氧化锌的重要性质列于表 20.23. 它属六方晶系，具有铁锌矿结构.

表 20.23　氧化锌的物理性质

熔点(℃)	1 975
气化热($kJ \cdot mol^{-1}$)	539.736
蒸气压(kPa)	1.6/1 500°　,101/1 950℃
	lg P(kPa)=−129 000/(T×4.57)+14.895 (T=1 620–1 770K)
比容($J \cdot K^{-1} \cdot mol^{-1}$)(c)	40.250
熵($J \cdot K^{-1} \cdot mol^{-1}$)(c)	43.639
生成热 ΔH_f° ($kJ \cdot mol^{-1}$)(c)	−348.276
生成自由能 ΔG_f° ($kJ \cdot mol^{-1}$)(c)	−318.319
晶格能($kJ \cdot mol^{-1}$)	4 033.376
密度($g \cdot cm^{-3}$)	5.7(pyk)
	5.67(X-ray)
溶解度(g/100gH_2O)	3×10^{-4}—5×10^{-4}(25℃)
溶度积	3×10^{-18}
介电常数	36.5(22℃)
磁化率(c.g.s.)	-0.31×10^{-6}(0℃)
晶体结构	(i)六方，纤锌矿结构，a=325.0,c=520.7,Z=2；
	d(Zn-O)=195
	(ii)立方，NaCl 结构(10^7kPa)a=428.0, Z=4；密度 6.912g · cm^{-3}
	(iii)立方，f,c.结构，a=462,Z=4
硬度 Moh's	4—5
热导率($J \cdot S^{-1} \cdot cm^{-1} \cdot K^{-1}$)	25.229×10^{-2}(93℃)

氧化锌是一种本征半导体，具有 309.6$kJ \cdot mol^{-1}$ 的能级. 它能变成金属原子过剩的 n 型半导体，其能级距离仅为 5.02$kJ \cdot mol^{-1}$. 这种掺杂的晶体随着多余锌原子数的不同而呈现黄、绿、棕或红色. 另一种制备红色氧化锌的方法是在氨-二氧化碳气氛中加热正常的氧化锌，ESR 谱研究表明它含有 Zn_3N_2.

当氧化锌加热到 425℃左右时，它的颜色可逆地由白变黄，这是一种物理变化，因为与整个晶格相联系的吸收光谱带，逐渐由紫外区移入紫色区.

用 Li_2O 掺杂于 ZnO 中减少它的 n 型电导率，但 M_2O_3(M = Al，Cr)却增加它

的 n 型电导率．随着锂的加入，ZnO 的电阻率可从 $< 10^3\ \Omega \cdot cm$，增加到 $10^{12}\Omega \cdot cm$．结果晶体显示一种四倍于石英的压电效应．水热法生长的氧化锌晶体也有很高的压电效应性．从室温下测得的霍尔系数，求出其电子密度约为 $10^{15}cm^{-3}$．氧化锌还具有交流整流性能．

在光学性能方面，氧化锌在室温下吸收低于 365.5nm 的辐射．掺锌可使此限值向更长的波长方向转移．掺少量过渡元素会产生磷光效应，它可被 X 射线或紫外辐射所激发而放出可见光．

氧化锌在水中的溶解度较小，但易溶于氨水(25℃，$0.28gL^{-1}/1\%NH_3$)，并且更易溶于氨和铵盐混合物．$1L1mol \cdot L^{-1}(NH_4)_2SO_4$ 和 $12mol \cdot L^{-1}NH_4OH$ 组成的混合液可溶解 130g 氧化锌．氧化锌难溶于液氨和液态 SO_2．

(d) 化学性质．在室温下氧化锌不与卤素反应，当加热至 400—500℃时，与氟和氯生成相应的卤化物．在 1000℃时与$(CN)_2$生成氰化锌．BrF_3 在室温下能部分地与氧化锌反应，生成 ZnF_2，O_2 和 Br_2．其他的反应汇总于表 20.24．

表 20.24 氧化锌的若干化学反应

$ZnO+X_2$	$\longrightarrow ZnX_2(X=F,Cl)$
	不反应(X=Br，I)
$+H_2S$	$\xrightarrow{500℃} ZnS$
$+SO_2/H_2O$	$\xrightarrow{25℃} ZnSO_3$
$+NO_2$	$\xrightarrow{<140℃} Zn(NO_3)_2$
	$\xrightarrow{>140℃} Zn(NO_3)_2+Zn(NO_2)_2$
$+H_2O$	$\longrightarrow Zn(OH)_2$
$+CO$	$\longrightarrow Zn+CO_2$
$+M$	$\xrightarrow{加热} MO_x+Zn$ (M=K, Al, Fe, Co, Ni)
$+SiO_2$	$\xrightarrow{>850℃} Zn_2SiO_4$
$+As_2O_3$	$\longrightarrow Zn(AsO_2)_2$
$+MO$	$\xrightarrow{加热}$ 溶液(M=Mg,Cd,Mn,Co,Ni)

(2) 过氧化锌

将含 Zn^{2+}和 H_2O_2 的水溶液调节成碱性，可沉淀出不纯的过氧化锌 ZnO_2．较好的制备方法是将 ZnO 或二乙基锌的乙醚溶液与浓的过氧化氢溶液作用，此时生成分子式为 $ZnO_2 \cdot 0.5\ H_2O$ 的化合物，推测它是一种混合的氢氧衍生物．在液氨中，硝酸锌与超氧化钾 KO_2 作用可生成无水的，但不太纯的 ZnO_2．氧化锌和氧即使加到 300 大气压也不反应．

过氧化锌有许多医学用途：它是无刺激性的防腐剂，它类似于聚乙二醇可修补车胎那样，使创口愈合．在橡胶工业中它可作促进剂用，也可用作合成弹性橡胶的固化剂.

X 射线研究指出，ZnO_2 是一种真实的过氧化物，Zn^{2+} 和 O_2^{2-} 离子排成立方的黄铁矿结构[a=487.1，d(O—O) = 148 ± 3，d(Zn—O) = 211 ± 1]. ZnO_2 晶体的键具有明显的共价键性质，黄铁矿结构与 NaCl 结构相比离子键特性小得多. $ZnO_2 \cdot 2H_2O$(c)的 $\Delta H_f^\circ = -868.6$kJ · mol^{-1}.

过氧化锌微溶于水，并水解成 H_2O_2 和 $Zn(OH)_2$. 当 pH 低于 5 时，它较易溶解. 当单独受热到 150℃左右时，它分解成 ZnO 和氧，但如果存在湿的有机物或过渡金属如 Cu^{2+} 或 Mn^{2+} 时，在室温或略高于室温，过氧化锌就迅速分解. 在潮湿空气中，加热 ZnO_2 到 200℃，会生成少量的 $Zn(O_2)_2$，其平衡式如下

$$3O_2^{2-} + 2H_2O \longrightarrow 2O_2^- + 4OH^-$$

产物只有与 ZnO_2 组成固熔体时才是稳定的. 它的生成必定伴随着阳离子空穴的生成.

2.12.4　氢氧化锌、羟基配合物

(1) 氢氧化锌

(a) 制备. 把氢氧离子加入悬浮 ZnO 的水中，然后一起煮沸，冷却到 60℃过滤，再稀释分离出结晶，产物是 ε 型氢氧化锌. 当 OH^- 加入 Zn^{2+} 时，随着浓度、pH 和温度的不同可以生成各种不同晶型的 $Zn(OH)_2$. 当水蒸气于 1 300℃下通过 ZnO 表面时，可生成能挥发的 $Zn(OH)_2$，$Zn(OH)_2$ 气化的量与水蒸气的压力成正比. 其反应式为

$$\text{ZNO(c)} + H_2O(g) \rightleftharpoons Zn(OH)_2(g)\ (1\ 573—1\ 623K)$$

此式的 ΔH 和 ΔS 分别为 427.6kJ · mol^{-1} 和 204.2J · K^{-1} · mol^{-1}. 把这些数据和 ZnO 在 1 573K 下的升华热估计值 490.4kJ · mol^{-1} 结合起来则 ZnO(g)+ $H_2O(g) \rightleftharpoons Zn(OH)_2(g)$的 ΔH 是−62.8kJ · mol^{-1}.

(b) 物理性质. 氢氧化锌的主要物理性质列于表 20.25. 已知 $Zn(OH)_2$ 有六种晶体：α，β_1，β_2，γ，δ 和 ε. 其中 ε 型只在低于 39℃时才稳定. α，β_1 和 β_2 型具有六配位 Zn 的层状结构，相似于水镁石 $Mg(OH)_2$，但 δ 型能很快地转变成 ε -$Zn(OH)_2$，这可能是两者的晶格结构很接近. 在 ε 型中，短 O—O 距离可以解释为由于强氢键交互作用的结果。α型只有当存在某些其他阴离子(如碳酸根，硅酸根)时才能存在. 估计转变焓很小，介于 0.8—1.3kJ · mol^{-1} 之间.

表 20.25 氢氧化锌的物理性质

熔点(℃)		分解 > 125
比容 G_p° (J · mol^{-1} · K^{-1})	(c, ε)	72.383
	(aq,1mol · L^{-1})	–251.04
熵 S°(J · mol^{-1} · K^{-1})	(c, β)	81.169
	(c,ε)	81.588
	(aq,1mol · L^{-1})	–133.469
生成热 Δ H_f° (kJ · mol^{-1})	(c, β)	–641.909
	(c, ε)	–643.248
	(aq,1mol · L^{-1})	–613.876
生成自由能 Δ G_f° (kJ ·mol^{-1})	(c, β)	–553.585
	(c, γ)	–553.878
	(c, ε)	–555.133
	(aq,1mol · L^{-1})	–461.621
晶格能(kJ · mol^{-1})		2527.136
密度(g · cm^{-3})		3.053
溶解度(g/100g 水)		1—20 × 10^{-5}/25℃
溶度积		~3 × 10^{-17}
磁化率(c.g.s.)		–0.67 × 10^{-6}
晶体结构		α六方，双层点阵(CdI_2 型) a=311,c 可变 β_1，β_2层状结构，面间距 567 ε 正交，a=853,b=516,c=492,Z=4 ;Zn[4]为 O; $Zn(OH)_4$ 键合类似于 SiO_2 中的 SiO_4 单元：$d_{Zn—O}$=194—196 ;OH[4]为 2Zn,2OH

氢氧化锌在水中的溶解度变动很大，即使把它解释为由于有不同多晶型物的存在，但还不够理想. 其他离子的浓度即使极低也会有影响. 已知它的溶解度随着溶液 pH 的升高而迅速地增加，这是由于生成锌的配位阴离子的缘故. 在 0.1 和 1mol · L^{-1} NaOH 中相应的锌浓度为 5 × 10^{-4} 和 5 × 10^{-2}mol · L^{-1}[9].

(c)化学性质. ε-$Zn(OH)_2$ 于 120℃就以明显的速度失水，但必须升到 900℃才能完全转变成 ZnO. 氢氧化锌能迅速而完全地溶于稀的无机酸，生成 Zn^{2+}_{aq} 离子，有关的平衡如下(lg K_{sp}=11.75).

$$Zn(OH)_2 + 2H^+ \rightleftharpoons Zn^{2+} + 2H_2O$$

氢氧化锌也溶于碱，生成配位阴离子，通式为 $[Zn(OH)_m(H_2O)_n]^{2-m}$. 氨水或铵盐溶液能溶解相当数量的氧氢化锌. 当电解时锌向阴极迁移，这是由于存在 $[Zn(NH_3)_4(H_2O)_2]^{2+}(OH^-)_2$ 分子.

(2) 羟基配合物

表 20.26 列出了羟基配合物的晶体结构、热力学数据. 在中性溶液中，生成氢氧配合物的倾向不大(即 Zn_{aq}^{2+} 的水解常数很小)，下述反应的平衡常数 lg K 为 −8.96.

$$Zn^{2+}+H_2O \rightleftharpoons Zn(OH)^{+}+H^{+}$$

表 20.26　锌的羟基配合物

	A.晶体结构
$NaZn(OH)_3$	四方 a=1 086, c=535; Zn[5]为 OH;
	d(Zn—O)=196,198,200,265(2)
	B.热力学性质
ΔG_f° (kJ · mol^{-1})	$Zn(OH)^{+}$(aq,1mol · L^{-1})−330.118
	$Zn(OH)_3^{-}$ (aq,1mol · L^{-1})−694.335
	$Zn(OH)_4^{2-}$ (aq,1mol · L^{-1})−858.682
Zn^{2+}–OH^{-}–H_2O 体系	lg K_1，4.46; lg β_3，13.58；lg β_4，15.15

但是在碱溶液中，已证实有不同的配位阴离子存在，例如 $Zn(OH)_3^{-}$ 和 $Zn(OH)_4^{2-}$. 一直认为还有其他的配位阴离子，即多核的 $Zn(OH)_3^{+}$，$Zn(OH)_3^{3+}$ 和六配位的 $Zn(OH)_6^{4-}$，不过证据还不够充足. 从这些碱溶液中，已分离出锌的不同的固态羟基配合物，分析结果认为它们是 $NaZn(OH)_3 \cdot 3H_2O$，$Na_2Zn(OH)_4$，$Na_2Zn(OH)_4 \cdot 2H_2O$ 和 $Ba_2[Zn(OH)_6]$，但它们的结构不清楚. 在 $NaZn(OH)_3$ 晶体中，锌被五个羟基团以一个畸变三角双锥体所配位. 五个羟基中的三个在赤道面上，较近；另二个轴向基团较远.

(3) 碱式盐

在不同的条件下，从碱和 ZnF_2 溶液可制备出各种碱式氟化物，例如 Zn(OH)F，$Zn_2(OH)_3F$ 和 $Zn_5(OH)_8F_2$. 将 ZnO 加 $ZnCl_2$ 置于水中，并密封于一管中加热至 150℃，然后慢慢冷却，就可制得 Zn(OH)Cl；如果 $ZnCl_2$ 浓度较低，则生成 $Zn_5(OH)_8Cl_2$. 如果有过量的 $Zn(OH)_2$ 存在，则析出 $Zn_5(OH)_{8.75}Cl_{1.25}(Zn_7(OH)_{12}Cl_2)$. 也存在着类似的碱式溴化物、碘化物和硝酸盐.

从结构上看，在这些羟基卤化物中都有比较明确的晶型，它们全是层状结构，包含有部分或全部的六配位锌. 在 Zn(OH)X 中，层状结构是 α-$Zn(OH)_2$(或 CdX_2)结构的畸变形式，由 OH···O(也可能有 OH···Cl)氢键紧密结合.

碱式砷酸盐和硫酸盐(也包括磷酸盐)是很有意义的，在各种结构中，锌有两种配位数. 稍微变形的 AsO_4 和 SO_4 基团由 $Zn(OH)_n$ 单元连成链，分别得到 5 和 6，或者 4 和 6 配位. 现在已知在一系列配合物中具有五配位的锌，以前认为是很稀少的.

2.12.5 硫化物、硒化物、碲化物

(1) 硫化锌

(a) 制备. 硫化锌在自然界以闪锌矿形式存在，由于这种硫化锌中含杂质太多，所以不能直接应用. 最方便的办法是将 H_2S 通入 pH 为 3 含 Zn^{2+}的缓冲溶液中，硫化锌可定量地沉淀出来. 把此种硫化锌在氮气流中加热至 650℃，就成为立方的闪锌矿结构，如加热至 1 150℃则得到六方纤锌矿结构. 高纯度的硫化锌可用锌蒸气或氧化锌与硫蒸气，在 700℃下反应，所得产物在真空下升华，除去多于化学计量比的硫或锌. 把这种硫化锌晶体封于高压单晶炉中，缓慢冷却 1 830℃的熔融 ZnS 可得到硫化锌单晶. 采用水热法也可从多晶硫化锌和 Na_2S 或 NaOH 溶液中制得立方型的单晶硫化锌[12].

(b) 用途. 硫化锌的最大用量是作颜料和填料，应用于油漆、橡胶、陶瓷和造纸工业. 它适合于制造儿童玩具，因为它不受胃液侵蚀. 硫化锌和硫酸钡的混合物，在商业上称为立德粉或锌钡白，是一种广泛应用的白色颜料. 不过这已大量地被钛白粉所取代. 硫化锌在电子学和电光学方面的应用正在迅速发展. 例如硫化锌和 CdS，ZnSe，加入少量的活化剂(如 Cu，Mn，Ag)加热至 800—1 200℃就成为重要的荧光材料. 它用于电视屏、荧光或发光涂料.

(c) 物理性质. 无论是低温型(立方，闪锌矿)或高温型(六方，纤锌矿)，硫化锌晶体都具有典型的四配位锌，只是第二近邻的排列有所不同(参见图 20.9).

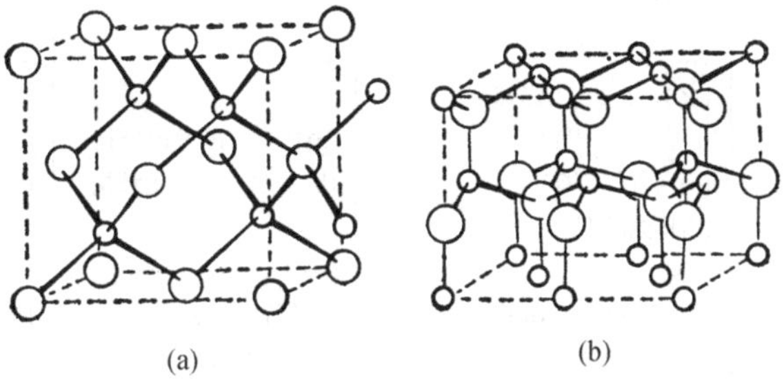

图 20.9 闪锌矿(a)和纤锌矿(b)的晶体结构图

纯的闪锌矿型结构于 1 020℃转变成纤锌矿型，但杂质的存在降低转变温度.

已知有几种自然生成的多形体，其情况类似于碳化硅. 根据密堆积排列，硫原子在闪锌矿中成立方密堆集，而在纤锌矿中成六方密堆集. 在两种情况下，锌占据一半的四面体空穴.

硫化锌是具有 $368kJ \cdot mol^{-1}$ 的禁带宽度的电子过剩的本征半导体；当掺入锌时，在 n 型产物中的禁带宽度只有 $24kJ \cdot mol^{-1}$. 它具有压电和热电性质，是具有

340nm 最大波长的光导体. 当固态硫化锌受紫外辐射(低于 335nm)、阴极射线、X 射线、γ 辐射以及电场(电荧光)激发时产生辐射，即它的光学性质是显著的. 如果控制加入不同的活化剂，激发的辐射光波长还可以改变[11].

表 20.27　锌的硫、硒、碲、化合物的物理性质

性　质	ZnS	ZnSe	ZnTe
熔点(℃)	1 850/150atm	>1 100	1 238
沸点(℃)	升华>1 180	升华 ~2 000	—
升华热($kJ \cdot mol^{-1}$)	269.031/854℃	—	—
升华熵($J \cdot mol^{-1} \cdot K^{-1}$)	238.906 /854℃	—	—
结晶转变温度(℃)	(c, 立方→c, 立方) 1 020	—	—
比容($J \cdot mol^{-1} \cdot K^{-1}$)	(c，立方)46.024	—	—
熵($J \cdot mol^{-1} \cdot K^{-1}$)	(c，立方)57.739	(c)83.68	(c)79.496
生成焓($kJ \cdot mol^{-1}$)	(c，立方)–205.978 (c，六方)–192.631	(c)–163.176	(c)–117.570
生成自由能($kJ \cdot mol^{-1}$)	(c，立方)–201.292	(c)–163.176	(c)～ –112.968
晶格能($kJ \cdot mol^{-1}$)	(立方)3 614.976 (六方)3 602.424	3610.792	—
密度($g \cdot cm^{-3}$)	(立方)4.08 (pyk)4.08(X-ray) (立方)4.09 (pyk)4.10(X-ray)	5.3	5.5–6.3(pyk)6.34(X-ray)
溶解度(g/100g 水)	10^{-6}–10^{-7}/25℃	极低	极低
溶度积	10^{-24}/25℃	—	—
介电常数	8.3(静电)	—	—
磁化率(c.g.s.)	-0.33×10^{-6}	—	—
折光指数	(立方)2.368 (立方)2.356，2.378	2.89	3.56
晶体结构	(a)立方，闪锌矿 (b)六方纤锌矿 (c)其他晶型	(a)立方，闪锌矿结构 (b)六方，纤锌矿结构	(a)立方，闪锌矿结构 (b)六方，纤锌矿结构
硬度 Moh's	～4	3—4	—
半导体能级($kJ \cdot mol^{-1}$)	(本征)368.192,(n 型，Zn 过剩)24.267	(本征)271.96 (n 型)24.267	(本征)83.68， (n 型)24.267
颜色	浅灰黄	红黄	棕红

硫化锌的溶解度已进行了广泛的测定，它随 pH 的改变而变化，并与试样来源即预处理有关，虽然它强烈地吸附水，但没有确定的水合物.

(d)化学性质. 硫化锌与氢发生下述反应时，即使在 1000℃平衡也向左进行

$$ZnS+H_2 \rightleftharpoons Zn+H_2S$$

与氧的反应有多种形式：低于 700℃时生成 $ZnSO_4$，ZnO 和 SO_2，到 860℃时主要产物是 ZnO 和 SO_3. 臭氧与潮湿空气可使之缓慢生成 $ZnSO_4$. 与卤素反应无论在室温下(F_2)或加热时都生成 ZnX_2，以及硫或硫的卤化物. 于 1 300℃被 CO 或不同金属还原成锌.

二硫化锌 ZnS_2. 由下述反应制得

$$Zn^{2+} + 2S_2O_3^{2-} \longrightarrow ZnS_2\downarrow + S_2O_6^{2-}$$

二硫化锌在高于 120℃时分解成 ZnS 和 S. 有研究在 6.5×10^6kPa 压力和 600℃下用两种单质直接合成出亮黄色的 ZnS_2. 它具有黄铁矿型结构，于 250℃真空中分解成 ZnS. 与它相似也可制得 $ZnSe_2$，CdS_2 和 $CdSe_2$.

混合硫化物的性质示于表 20.28，在混合硫化物中锌为四配位. 除直接合成这些组分外，用 H_2S 与混合氧化物反应可制成混合硫化物. 例如 $BaZnO_2$ 和 H_2S 于 800℃生成 Ba_2ZnS_3.

表 20.28 含锌混合硫化物的结构

$ZnBaS_3$	正交，a=1 205,b=1 265,c=421,Z=4;由 Ba 相连的 ZnS_4 四面体链平行于 c 轴；d(Zn—S)=233—245;Ba 为 7S 配位
$ZnAl_2S_4$	尖晶石，a=996.8,Z=8
$ZnCr_2S_4$	尖晶石，a=997.4,Z=8
$ZnGa_2S_4$	四方，a=527.3,c=1 044,Z=2;Zn,Ga[4]为 S，S 为假等轴密堆积
$ZnIn_2S_4$	六方，a=385.0,c=3 706,Z=3;S 为混合的假等轴密堆积和六方密堆积；$\frac{1}{2}$ In[6]为 S；$\frac{1}{2}$ In,Zn[4]为 S;d(Zn—S)=237

(2) 硒化锌

(a) 制备. 在惰性气氛中，使 $ZnSO_4$ 水溶液与 H_2Se 反应可生成 ZnSe 沉淀. 干法系按下述反应，将硒和锌的化合物混合加热

$$2ZnO + ZnS + 3Se \xrightarrow{800℃} 3ZnSe + SO_2$$

$$ZnS + H_2SeO_3 \xrightarrow{800℃} ZnSe + SO_2 + H_2O$$

(b) 用途. 硒化锌中掺入少量锌和镉的化合物是一种商品燐光剂，它能受激发射黄色光. 它也被用作使异丙醇转化成丙酮的催化剂.

(c) 性质. 硒化锌的重要物理性质已列于前面的表 20.27. 通常制得的硒化锌是立方晶型，但如果锌和硒一起加热到 1360℃，会产出纤锌矿型的晶体. 它的光学性质与硫化锌相似，硒化锌是红外透过材料，对波长 $<15\mu m$ 的光透过率可大于 60%，对 1—8μm 波长光的折射率为 2.5[12]. 硒化锌在湿空气中易氧化，它溶于稀

酸放出 H_2Se.

锌还能形成混合硒化物，表 20.29 列出了四种 ZnM_2Se_4(M = Al，Cr，Ga，In)的晶体结构. 这种配合物具有所谓“硫代镓酸盐”的结构. $ZnGa_2S_4$ 类似于黄铜矿($CuFeS_2$)的结构,但金属位置的四分之一是空位(即 c.c.p 型的 S 和 Se 填满了 3/8 的四面体空穴).

表 20.29　锌的混合硒化物结构

$ZnAl_2Se_4$	四方，$ZnGa_2S_4$结构，(高温下也生成尖晶石)	a=550.2,c=1 090,Z=2
$ZnCr_2Se_4$	立方(正尖晶石)结构，	a=1 044,Z=8
$ZnGa_2Se_4$	四立，$ZnGa_2S_4$结构，	a=549.6,c=1 099,Z=2
$ZnIn_2Se_4$	四立，$ZnGa_2S_4$结构	a=571.0,c=1 142,Z=2

(3) 碲化锌

在氢气氛中，将碲和锌一起加热，然后升华，可制得红棕色的碲化锌. 把多晶碲化锌密封于一端呈锥形的石英安瓿中，可用 Bridgman 法从熔体中慢慢地生长出碲化锌单晶. 为了防止碲化锌熔体与石英容器壁黏结，石英安瓿必须预先喷砂，并涂上由丙酮或乙醇热解而成的、极薄的碳膜. 碲化钠 Na_2Te 和乙酸锌在水中反应产生黄棕色水合 ZnTe 沉淀. 碲化锌的主要用途和硒化锌相似，它也是半导体和红外材料，并有光导、荧光等特性. 碲化锌有立方和六方两种晶型. 前者从熔体中产出，后者从气相中析出. 碲化锌对 0.65μm 波长的光有透过性，对波长 1—8μm 光的折射率为 2.7. 在化学上碲化锌十分相似于硒化锌.

锌也可形成混合碲化物，它们都具有相同的四方晶型结构：例如 $ZnAl_2Te_4$(a=510，c=1 205)，$ZnGa_2Te_4$(a=593.9，c=1 189)，$ZnIn_2Te_4$(a=612.2，c=1 224).

2.12.6　氮化物、磷化物、砷化物和锑化物

(1) 氮化锌

当锌粉和氨共热至 600℃，或将二氨基锌 $Zn(NH_2)_2$ 加热到 330℃，可得出深灰色粉末状氮化锌. 它的密度是 6.22g · cm^{-3}(比重瓶法)或 6.40g · cm^{-3}(X 衍射法)，C_p° 107.5J · k^{-1} · mol^{-1}，ΔH_f −28.9kJ · mol^{-1}，磁化率−0.30 × 10^{-6}c.g.s.. 氮化锌为立方晶体，类似于 Tl_2O_3 结晶(一种有缺陷的萤石晶格)，其 a = 974.3，Z = 16.

氮化锌可缓慢地水解，生成 $Zn(OH)_2$ 和氨，它易溶于稀酸. 在空气中加热便氧化，在 400℃以上时，氢能使它分解成锌和氨.

已知有许多锌的混合氮化物，具有立方萤石结构(a = 487.7)

LiZnN 是最简单的一种,其中金属为四配位. 其他晶型有钙钛矿型(即 M_3ZnN，M = Mn，Fe，Co，Ni)，β-锰型(V_3Zn_2N)和 η_2-碳化钙型(Ti_4Zn_2N).

(2) 氨基锌

在 150℃时氨气通过二乙基锌，并作用 5 小时，然后在室温下保持 12 小时，可得密度为 2.13 的白色粉末状氨基锌

$$ZnEt_2 + 2NH_3 \xrightarrow{\text{乙醚}} Zn(NH_2)_2 + 2C_2H_6$$

氨基锌容易水解成 $Zn(OH)_2$ 和氨. 它溶于氨基钾的液氨溶液，生成 $K_2Zn(NH_2)_4$. 在 200℃时，氨基锌热解成氮化锌 Zn_3N_2.

N-烷基取代的氨基锌 $Zn(NR_2)_2$，可以由烷基锌和仲胺反应而得. 有机硅烷基衍生物也存在，如 $Zn[N(SiR_3)_2]_2$.

(3) 磷化锌

磷化锌有 Zn_3P_2 和 ZnP_2 两种. 磷和锌共热至 750℃左右可制得 Zn_3P_2，此深灰色产物的密度为 4.79g · cm^{-3}(比重瓶法)或 4.54g · cm^{-3}(X 射线衍射法). 把磷和锌按 ZnP_2 的化学计量比称重，置于密封安瓿中加热到 550℃，可制得 ZnP_2，它可以是黑色或红色，密度 3.51g · cm^{-3}. 在真空中加热 ZnP_2 至 700℃，就转变成 Zn_3P_2 和 P. 磷化锌在商业上用作杀鼠药和杀霉菌剂。Zn_3P_2 呈现光电和半导体性质.

Zn_3P_2 的晶体结构属四方晶系(a=809.7，c = 1 145，Z = 8)，类似于 Tl_2O_3 晶型，但每个磷被位于变形立方体的六个顶点上的锌原子所包围，而每个锌原子又被四个磷原子呈四面体地包围起来，锌和磷原子间的距离：二个 235pm，一个 244pm 和另一个 277pm. 在晶体中邻近的 Zn—Zn 距 300pm 和 307pm. ZnP_2 四方晶系的晶格参数为 a = 507，c = 1 865，Z = 8. 两种磷化锌都不溶于水，但 Zn_3P_2 溶于酸，并放出 PH_3. 它的生成热 $\Delta H_f^\circ(c)$为−473kJ · mol^{-1}.

已知有许多锌的混合磷化物. 如 $ZnGeP_2$(a = 546，c = 1 076)和 $ZnSiP_2$(a = 540，c = 1 044)，两者都为有序黄铜矿型的四方结构. 当 Zn_3P_2 和 ZnI_2 在密封管中共热至 475℃时，可得到深灰色 Zn_3PI_3(密度 4.87g · cm^{-3})，它具有无序缺陷的闪锌矿结构. 加热时它不熔化，但于 600℃左右分解成 Zn_3P_2 和 ZnI_2.

(4) 砷化锌

和磷相同，砷能与锌在加热时直接化合，并可根据配料量来制得深灰色的 Zn_3As_2 或 $ZnAs_2$，它们能用区域熔炼法提纯. 两者都是半导体，被应用于电子工业.

Zn_3As_2(密度 5.62g · cm^{-3})与 Zn_3P_2 是同晶型的，它的晶胞可以描述为四方晶系(a = 831.6，c = 1 176，Z = 8)，假立方晶型(a' = 1 177，c' = 1 176，Z = 16)和六方晶系(a = 1 178，c = 2 365，Z = 32). 在高于 659℃时是面心立方. 它在加压下于 1 015℃熔化. 二砷化锌 $ZnAs_2$(密度 5.08g · cm^{-3})属单斜晶系(a=928，b=768，c=803，β=102°19′)，在加压下于 768℃熔化. 两种砷化锌都不与水反应，但都溶

于酸并放出 AsH_3. 生成热 ΔH_f°：$Zn_3As_2(c)$为−3.3，$ZnAs_2$ 为−31.8kJ · mol^{-1}.

用直接化合法可以制取砷锌系三元化合物. $ZnGeAs_2$(a = 567.0，c = 1 115.3)和 $ZnSiAs_2$(a = 560.8，c = 1 089)都为有序黄铜矿结构. 与锡组合形成同类型的 $ZnSnAs_2$ 具有黄铜矿晶型，在室温下稳定，但当高温时转变成立方晶型(a = 585.1)，锌和锡无规则地处于闪锌矿结构中. 三元锌砷碘 Zn_3AsI_3 像 Zn_3PI_3 一样，为立方结构(a = 600.6)，AgZnAs 和 NaZnAs 两种化合物具有萤石结构，其中 Zn 和 As 占据氟的位置.

(5) 锑化锌

锑化锌二元化合物有 Zn_3Sb_2 和 ZnSb. Zn_3Sb_2 呈银白色，密度 6.33g · cm^{-3}，570℃熔化. 熔化焓和熵分别为 50.6kJ · mol^{-1} 和 60.7J · K^{-1} · mol^{-1}. 它可能是 Zn_3P_2 的同形异构体.

ZnSb 基本上是金属间化合物结构(正交，a=621.8，b=774.1，c=811.5，Z=8). 在其畸变的类金刚石结构中，每个原子为一个同类原子和三个其他原子以四面体形所配位，具有短的 Zn—Zn(282)和 Sb—Sb(281)间距. ΔH_f° 值−14.6kJ · mol^{-1}. ZnSb 在 544℃熔化.

2.12.7 碳化锌

碳与锌在一起不直接反应，但在碳氢溶剂中乙烯能与 $ZnEt_2$ 反应或者乙烯与锌在 450℃反应，两者都可生成碳化锌 ZnC_2.

2.12.8 第 VII 族含氧酸盐

锌可以组成次卤酸锌、亚卤酸锌、卤酸锌和高卤酸锌.

氯气于 20℃通入 ZnO 的悬浮液中，结果生成不纯的次氯酸锌 $Zn(ClO)_2$. 它能氯化酚，能使 I^- 离子析出碘，与酸作用放出氯.

$Zn(ClO_2)_2$ 是亚卤酸锌的唯一代表. 用 $ZnSO_4$ 溶液和 $Ba(ClO_2)_2$ 反应或者 ClO_2 水溶液同锌粉作用都可制得含二个水的亚氯酸锌. 它极易溶于水或乙醇，受热或受撞击会爆炸. 单斜晶系的 $Zn(ClO_2)_2 \cdot 2H_2O$ 的晶胞参数：a = 867，b = 688，c=938，β=90°20′，Z = 4.

已知卤酸盐 $Zn(XO_3)_2$ 的 X 可为 Cl，Br 和 I. $Zn(ClO_3)_2 \cdot 4H_2O$ 是吸潮的，极易溶于水(262g/100g 水，20℃)，在 60℃时迅速分解，已知它还有二水或六水合物. 溴酸锌 $Zn(BrO_3)_2 \cdot 6H_2O$ 于 100℃熔化，200℃失去全部结晶水，250℃左右分解成 ZnO，氧和溴. 晶体结构测定指出，它由 $Zn(H_2O)_6^{2+}$ 八面体和 BrO_3^- 三角锥组成类萤石排列，无疑部分地是由氢键相结合的. 碘酸锌微溶于水(20℃，0.87g/100g)，加热时分解成 ZnO，ZnI_2，I_2 和 O_2. $Zn(IO_3)_2(c)\Delta G_f^\circ$ = 433.8kJ · mol^{-1}. 当

浓度为 1mol · L^{-1} 时，ΔH_f° =−596.6kJ · mol^{-1}，ΔG_f° =−402.9kJ · mol^{-1}，S°= 124.7J · K^{-1} · mol^{-1}.

已知高卤酸盐 $Zn(XO_4)_2$ 中 X 为 Cl 和 I. 六水合物 $Zn(ClO_4)_2 \cdot 6H_2O$ 是吸潮的，易溶于水(8.5g/100g，20℃). 它于 106℃左右熔化，200℃分解。其晶体属六方晶系(a=1 552，c=520，Z=3)，晶胞中有 $Zn(H_2O)_6^{2+}$ 八面体和 ClO_4^- 四面体单元. 计算所得的各热力学参数为：1mol · $L^{-1}$$Zn(ClO_4)$+$\Delta G_f^\circ$ =−163.2kJ · mol^{-1}，1mol · L^{-1} $Zn(ClO_4)_2$ ΔH_f° =−412.5kJ · mol^{-1}. ΔG_f° =−164.26kJ · mol^{-1}，S° = 251.9J · K^{-1} · mol^{-1}；$Zn(ClO_4)_2 \cdot 6H_2O$(c) ΔH_f° =−2 133.4kJ · mol^{-1}，ΔG_f° = −1 555.6kJ · mol^{-1}，S°= 545.6J · K^{-1} · mol^{-1}. 高碘酸锌 $Zn(IO_4)_2$ 不易溶于水，但溶于氨和铵盐溶液，显示出生成碱式盐的强烈趋势.

2.12.9 第 VI 族含氧酸盐

(1) 硫酸锌

在空气中直接焙烧 ZnS 可制得粗硫酸锌，但最经典的制法是将锌溶于稀硫酸中. 它是最重要的锌盐，因为金属锌的电解生产就是在硫酸锌溶液中进行的. 在黏胶纤维生产中用它作聚合链状物的促进剂，在纺织工业中作助染剂和着色剂，也用作织物的防火剂，浮选矿石过程的调节剂. 另一种用途是用作农作物或动物缺锌时的营养料. 生产其他锌化合物时也用它为原料.

硫酸锌的物理性质列于表 20.30. 在一定的温度范围内与水相平衡的、稳定的水合物为：0—39℃，$ZnSO_4 \cdot 7H_2O$；39—60℃，$ZnSO_4 \cdot 6H_2O$；60—100℃，$ZnSO_4 \cdot H_2O$. 此外，尚有下列不稳定的水合物：单斜晶型的 $ZnSO_4 \cdot 7H_2O$(与 $FeSO_4 \cdot 7H_2O$ 是类质同晶)，$ZnSO_4 \cdot 4H_2O$，$ZnSO_4 \cdot 2H_2O$. 在 400mol 水中无水 $ZnSO_4$ 的溶解热为+77.11kJ · mol^{-1}，一水和七水合物的溶解热为+41.63 和 −17.82kJ · mol^{-1}. 硫酸锌也溶于乙醇与甘油. $Zn^{2+}-SO_4^{2-}$ −水体系的测定表明 lg K_1=2.38，ΔH_1=16.78kJ · mol^{-1}，ΔS_1 = 102.1J · K^{-1} · mol^{-1}.

当加热至 250℃左右时各种水合物完全失去结晶水，680℃时成为硫酸氧锌 $Zn_3O(SO_4)_2$. 750℃以上进一步分解，最后在 930℃左右成为氧化锌.

已知 $ZnSO_4 \cdot 7H_2O$ 和 $MSO_4 \cdot 7H_2O$(M = Mg，Fe，Mn，Co，Ni 在一定范围内成为混合晶体. 一系列真正的复合硫酸盐具有很有趣味的结构：$K_2Zn_2(SO_4)_3$ 显示所谓无水钾镁矾晶体结构(立方，a = 992.5，Z = 4)，它具有通过氧相连的六配位锌八面体和 SO_4 四面体单元的晶胞，而钾则为氧不规则地包围. 在 $(NH_4)_2Zn(SO_4)_2 \cdot 6H_2O$ 中 Zn 为六个水所配位，属单斜晶系，a = 922.3，b = 1 250.0，c = 623.7，β = 106°52′，Z = 4. $Na_2Zn(SO_4)_2 \cdot 4H_2O$ 也属单斜晶系，a=1 105，b=823，c=554，β=100°35′，Z=2，但六配位的锌则与 4 个 H_2O 和 2 个 SO_4 的 O 连接，六

配位的钠与 4 个 SO_4 的 O 和 2 个 H_2O 的 O 相连. 计算所得的无水和六水 $(NH_4)_2Zn(SO_4)_2$ 的 ΔH_f°(c)分别为−2 201.6 和−3 996.6kJ · mol^{-1}.

表 20.30　硫酸锌的物理性质

熔点(℃)($7H_2O$)	100(−$7H_2O$,280°)
C_p° (J · mol^{-1} · K^{-1})(aq · 1mol · L^{-1})(c)	−246.856
	117.152,145.185(H_2O),357.690($6H_2O$),383.422($7H_2O$)
S°(J · mol^{-1} · K^{-1})(aq · 1mol · L^{-1})(c)	−92.048
	119.662,138.490(H_2O),363.589($6H_2O$),388.694($7H_2O$)
生成焓(kJ · mol^{-1})(aq · 1mol · L^{-1})(c)	−1 063.154
	−982.821,−1304.488(H_2O),−2 777.465($6H_2O$),−3 077.750($7H_2O$)
自由能(kJ · mol^{-1})(aq · 1mol · L^{-1})(c)	−891.610
	−874.456,−1 132.190(H_2O),−2 324.630($6H_2O$),−2 563.118($7H_2O$)
密度(g · cm^{-3})	3.74(无水),3.28(· H_2O),2.07
	(· $6H_2O$),1.97(· $7H_2O$)
溶解度(g/100g 水)	41.9/0°,54.2/20°,74.0/50°,60.6/100℃
磁化率(c.g.s.)	-0.48×10^{-6}(· $7H_2O$)
晶体结构	(i) ·$7H_2O$.正交, $MgSO_4$ ·$7H_2O$ 结构; a=1 177.9,b=1 205,c=682.2,Z=4 ;
	Zn[6]为 H_2O ;SO_4 四面体; 其余水与 SO_4 和配位水的 O 相连.
	(ii)无水、正交, a=858,b=673,c=477,Z=4 ;
	Zn[6]为 O(畸变), SO_4 四面体.

肼的衍生物$(N_2H_5)_2Zn(SO_4)_2$(三斜晶系, a=736, b=533, c=582, α=99°42′, β=87°27′, γ=105°42′, Z = 1)具有链状聚合结构

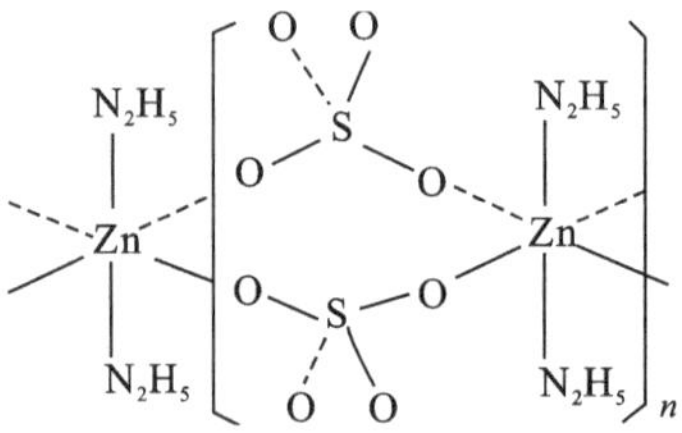

(2) 亚硫酸锌、连二亚硫酸锌、连硫酸锌和硫代硫酸锌

典型的 $ZnSO_3 \cdot 2H_2O$ 在 100℃失去水, 200℃分解成 ZnO 和 SO_2, 它微溶于水(0.16g/100g 水,20℃). 计算 $Zn(HSO_3)_2$ 水溶液(1mol · L^{-1})的 ΔH_f° = −1 408.3kJ · mol^{-1}.

连二亚硫酸锌是用在水或水-乙醇混合液中温热锌粉和 SO_2 而得. 主要用作纺织和造纸工业的漂白剂, 也用于生产 $Zn(SO_2CH_2OH)_2$. 这种次硫酸盐不仅用于漂白和还原性染料, 而且也用于合成橡胶的乳化聚合作用. 连二亚硫酸锌溶于水(40g/100g 水, 20℃), 1 mol · L^{-1} 溶液时, ΔH_f° = −838.5kJ · mol^{-1}, 在空气中加热, 按下式分解

$$2ZnS_2O_4+2H_2O+2O_2 \longrightarrow Zn(HSO_3)_2+Zn(HSO_4)_2$$

已制得多种连多硫酸锌 ZnS_nO_6($n = 2$，3，4，5)，计算得到 $ZnS_2O_6 \cdot 6H_2O$ 和 ZnS_2O_6(1mol · L^{-1} 溶液)的 ΔH_f° 分别为−3 076.1 和−1 352.3kJ · mol^{-1}.

硫代硫酸锌很容易在水溶液中用置换反应制得，但脱水时分解生成 ZnS，S 和其他未知产物. 如果有过量的硫代硫酸根存在,则可以有离子状态的 $Zn(S_2O_3)_2^{2-}$ 存在. Zn^{2+}-$S_2O_3^{2-}$ 体系中 $\lg K_1 = 2.29$，$\Delta H_1 = 13$kJ ·mol^{-1} 和 $\Delta S_1 = 92$J ·mol^{-1} ·K^{-1}.

(3) 锌的亚硒酸、硒酸和亚碲酸、碲酸盐

所有锌的这些盐类都可从置换反应制得，例如溶解 ZnO 于硒酸中即得 $ZnSeO_4$,$ZnTeO_3$ 可用 $ZnSO_4$ 和 Na_2TeO_3 在水中反应而得. $ZnSeO_3$ 的溶度积 $\lg K_{sp}$，20℃时为−6.59，Zn^{2+}- SeO_4^{2-} 体系的 $\lg K_1$=2.19. 若干热力学参数值列于表 20.31.

表 20.31 亚硒酸和硒酸锌的热力学数据

化合物	ΔH_f° (kJ · mol^{-1})	ΔG_f° (kJ · mol^{-1})	S° (J · mol^{-1} · K^{-1})
$ZnSeO_3 \cdot H_2O$(c)	−930.9	−792.9	163.2
$ZnSeO_3$(aq,1mol · L^{-1})	−663.2	−516.7	−99.2
$ZnSeO_4$(c)	−664.4	—	—
$ZnSeO_4$(aq,1mol · L^{-1})	−753.1	−588.3	−58.2
$ZnSeO_4 \cdot H_2O$(c)	−982.8	—	—
$ZnSeO_4 \cdot 6H_2O$(c)	−2 458.1	—	—

2.12.10 第 V 族含氧酸盐

(1)亚硝酸锌和硝酸锌

至今仍未制得纯的亚硝酸锌 $Zn(NO_2)_2$，即使是从非水溶剂中制取的，也仍含少量的硝酸盐，且极易水解. 有关于亚硝酸根配合物 $M_2Zn(NO_2)_4$ 的报道，式中 $M_2^{2+} = Cs_2^{2+}$ 或 o-$C_6H_4(PPh_3)_2^{2+}$. 红外光谱证实锌为 4 个单齿配体 NO_2 的 O 所配位.

用 ZnO 和硝酸反应可得硝酸锌的水合物. 当水合物单独受热时转变成碱式盐. 无水硝酸锌按下式制取

$$Zn+4N_2O_4(l)=Zn(NO_3)_2 \cdot 2N_2O_4+2NO$$

然后于真空中将该水合物加热至 100℃.

硝酸锌的物理性质列于表 20.32，除了它在水中的溶解度很高外，也易溶于乙醇和液氨. 六水合物的溶解热为−24.43kJ · mol^{-1}(400mol 水，18℃)，在该稀溶液中，硝酸锌被认为完全解离.

表 20.32 硝酸锌的物理性质

熔点(℃)	(· H_2O)	70.7
	(· $2H_2O$)	55.4
	(· $4H_2O$)	44.7
	(· $6H_2O$)	36.1
C_p° ($J \cdot mol^{-1} \cdot K^{-1}$)	(aq · 1mol · L^{-1})	–126
	(c, · $6H_2O$)	323
S°($J \cdot mol^{-1} \cdot K^{-1}$)	(aq · 1mol · L^{-1})	180.7
	(c, · $6H_2O$)	456.9
生成焓(kJ · mol^{-1})	(c)	–483.7
	(aq · 1mol · L^{-1})	–568.6
	(c, · H_2O)	–805.0
	(c, · $2H_2O$)	–1 110.4
	(c, · $4H_2O$)	–1 699.1
	(c, · $6H_2O$)	–2 306.6
生成自由能(kJ · mol^{-1})	(aq · 1mol · L^{-1})	–369.9
	(c, · $6H_2O$)	–1 773.2
晶格能(kJ · mol^{-1})	(· $6H_2O$)	1 502
密度(g · cm^{-3})	(· $6H_2O$)	2.065
溶解度(g/100g 水)	(· $4H_2O$)	327/40°
	(· $6H_2O$)	184/20°
磁化率(cgs)		-0.21×10^{-6}

无水硝酸锌 $Zn(NO_3)_2$ 在真空下稍有挥发，受热至 350℃时迅速分解．在乙腈溶液中主要存在形式是 $Zn(MeCN)_2(NO_3)_2$，说明硝酸根离子受到溶剂化阳离子的强烈影响．

在水溶液体系中未证实 Zn^{2+}和 NO_3^- 间可生成配位离子．但在液态 N_2O_4 中，按下式形成 $Zn(NO_3)_4^{2-}$

$$Zn+2EtNH_3NO_3+2N_2O_4 \longrightarrow (EtNH_3)_2Zn(NO_3)_4+2NO$$

已分离出白色固体乙胺盐(熔点 83—84℃)，在硝基甲烷中电解时反应式如下

$$EtNH_3^+ + e^- \longrightarrow EtNH_2 + \frac{1}{2}H_2 \text{(阴极)}$$

$$Zn(NO_3)_4^{2-} - 2e^- \longrightarrow Zn(NO_3)_2 + 2NO_2 + O_2 \text{(阳极)}$$

(2) 次磷酸、亚磷酸、磷酸锌和砷酸锌

将次磷酸钡和硫酸锌溶液混合，然后趁热过滤，浓缩可制得 $Zn(H_2PO_2)_2 \cdot H_2O$ 晶体．加热此一水合物可得到无水次磷酸锌．它也有六水合物．

亚磷酸锌的各种水合物如 $ZnHPO_3 \cdot 3.5H_2O$ 是由锌与亚磷酸反应，或复分解

而得. 关于它们的性质了解甚少，虽然计算过 $Zn(PO_3)_2$(c)的 ΔH_f° 为 −2 083.2kJ · mol^{-1}.

氧化锌或碳酸锌与磷酸反应，或者 $ZnSO_4$ 和 Na_2HPO_4 在水中反应可制得 $Zn_3(PO_4)_2 \cdot 4H_2O$. 100℃时失去两个结晶水，250℃时又失去剩余的两个结晶水. 在工业上，通常直接在镀锌金属件的表面生成磷酸锌，或形成一层供涂敷油漆用的优质基面，以延缓它们的受蚀. 除了用于陶瓷工业外，纯磷酸锌的主要用途是被镁还原做成红磷.

无水磷酸锌有低温的菱形结构(密度 3.998g · cm^{-3})和高温的单斜晶系(a = 507.4，b = 846.9，c = 876.6，β=120°51′，Z = 2). 单斜晶系含四面体 PO_4 单元和与氧相连的六配位锌与四配位锌. 熔点 900℃，ΔH_f°(c)为−2 892.4kJ · mol^{-1}. 磷酸锌基本上不溶于水($\lg K_{sp}$，−32.04，20℃)和乙醇，但溶于稀酸、氨水和碳酸铵溶液.

$Zn_3(PO_4)_2 \cdot 4H_2O$ 显示出有不同的多晶体存在，已知有α-和β-磷锌矿，及对位磷锌矿结构. 它们的密度分别为 3.04，3.03 和 3.75g · cm^{-3}. 室温的晶体结构(正交，a = 1 064，b = 1 836，c = 504，Z = 4)包含有六配位锌和 PO_4 四面体.

由 ZnO-P_2O_5-H_2O 体系生成的其他化合物有 $Zn(H_2PO_4)_2 \cdot 2H_2O$，$ZnHPO_4 \cdot H_2O$ 和 $ZnHPO_4 \cdot 3H_2O$. 焦磷酸盐可于 200℃下灼烧 $ZnNH_4 \cdot PO_4 \cdot 2H_2O$ 而制得，其 ΔH_f°(c)为−2 510kJ · mol^{-1}，ZnO-H_3PO_4 混合物高温热解能得到可溶的$[Zn(PO_3)_2]_n$ 分子的混合物. Zn^{2+}-$P_2O_7^{4-}$ 水体系中 $\lg K_1 = 8.7$，$\lg\beta_2 = 11.0$，ΔH_{β_2} =11.05kJ · mol^{-1}，ΔS_{β_2} =161.5J · mol^{-1} · K^{-1}.

砷酸锌有 $Zn_3(AsO_4)_2$（正），$Zn_2As_2O_7$（焦），$Zn(AsO_3)_2$(偏). $Zn_3(AsO_4)_2$ ΔG_f° =−1 895kJ · mol^{-1}，20℃水中 $\lg K_{sp}$：−26.97，但溶于酸和碱.

2.12.11 碳酸盐、碱式碳酸盐

把 $ZnSO_4$ 和 $KHCO_3$ 溶液在 CO_2 气氛中，10℃下作用 7 天；或者将 $ZnSO_4$ 和 $KHCO_3$ 溶液在密闭容器内，在 CO_2 压力下，加热到 130℃作用 2 小时，都可以制得碳酸锌. 它在橡胶工业中用作活化剂和填料，也可作颜料或用于陶瓷工业. 它的有关物理性质列于表 20.33.

碳酸锌可溶于稀酸和碱，也溶于铵盐溶液. 在水中会慢慢地转变成碱式碳酸盐. 当加热至 150℃，它开始放出 CO_2，在 295℃分解压可达 93.3kPa.

有多种碳酸盐，其中 $Zn_5(OH)_6(CO_3)_2$ 的性质最有特色，它也以水锌矿的型式存在于自然界中(密度 3.6—3.8g · cm^{-3}). 从 ZnO 或 $Zn(OH)_2$ 与 CO_2 作用可得到碳酸锌，在结构上它含有比例为 2：3 的四配位和六配位锌.

表 20.33　碳酸锌的物理性质

熔点(℃)	300℃失 CO_2
比容($J \cdot K^{-1} \cdot mol^{-1}$)	79.705
熵($J \cdot K^{-1} \cdot mol^{-1}$)	82.425
生成焓($kJ \cdot mol^{-1}$)	–812.533
自由能($kJ \cdot mol^{-1}$)	–731.363
晶格能($kJ \cdot mol^{-1}$)	3 242.6
密度($g \cdot cm^{-3}$)	4.398
溶解度(g/100g 水)	0.001/15°，0.0206/25℃
溶度积($\lg K_{sp}$)	–10.78/25℃
折光率	1.818,1.618(单轴，负光性)
晶体结构	菱形体，方解石结构　a=568.33,α=48°20′,Z=2
磁化率(c.g.s.)	-0.27×10^{-6}

2.12.12　其他含氧酸盐

(1) 硼酸锌

ZnO 或 $ZnCO_3$ 与硼酸水溶液反应，或者用硼砂水溶液与 Zn^{2+}反应，均可生成几乎不溶的硼酸锌，显然它有相当可变的组分. 结晶 $Zn(BO_2)_2$ 具有 $4.2g \cdot cm^{-3}$ 的密度，在 980℃熔化，冷却时成为玻璃体. 它的生成自由能 ΔG_f° 为–1 563.1$kJ \cdot mol^{-1}$. 结构上看，所有硼原子都与氧呈四配位，而 BO_4 四面体连成三维网；锌也是与四个氧配位，其中三个是与硼共享. $Zn(BO_2)_2 \cdot H_2O$ 在 22° 的 $\lg K_{sp}$ 为–10.18.

硼酸锌有一系列用途，作织物的阻燃剂、油漆、防霉和防蚀剂以及陶瓷助熔剂. 如于 900℃煅烧并用 MnO 活化，可用作磷光或热荧光材料.

已查明一种碱式硼酸锌 $Zn_4O(BO_2)_6$ 具有立方晶型($a = 748$，$Z = 2$)，BO_4 四面体连成截顶八面体状框架结构，OZn_4 四面体则处于其中心.

(2) 硅酸锌和氟硅酸锌

在铂容器内 ZnO 和 SiO_2 在 1 700℃左右根据不同的配料比，可直接反应生成 $ZnSiO_3$ 或 Zn_2SiO_4.

在水溶液中 Zn^{2+}和硅酸根反应生成组分可变的泥状沉淀物，但可能夹杂碱式盐. Zn_2SiO_4 与 Mn 一起加热活化后，可作磷光剂用，它能被紫外辐射或电子所激活.

偏硅酸锌 $ZnSiO_3$ 的密度 $3.42g \cdot cm^{-3}$，熔点 1 429℃，ΔH_f° –1 260.2$kJ \cdot mol^{-1}$，$\lg K_{sp}$–21.03(25℃). 与水反应的结果如下

$$ZnSiO_3(c)+H_2O \rightleftharpoons SiO_2(c)+Zn^{2+}+2OH^-$$

正硅酸锌 Zn_2SiO_4 具有硅铍石型结构，由于锌阳离子体积相对较大，所以这种结构引人注目．其密度 4.10g · cm^{-3}，熔点 1 512℃，ΔH_f°(c)–1 636.8，ΔG_f°(c) –1 523.4kJ · mol^{-1}，S°131.4，C_p° 123.4J · K^{-1} · mol^{-1}，该化合物不溶于水，溶于20%氢氟酸，与强酸作用生成 Zn^{2+}和 SiO_2.

溶解 ZnO 于过量的稀 H_2SiF_6 中，可离析出六氟硅酸锌 $ZnSiF_6 \cdot 6H_2O$．它极易溶于水，其溶解度 10℃时为 769.7g/100g 水，60℃934.3g/100g 水．结构上，其 $Zn(H_2O)_6^{2+}$ 和 SiF_6^{2-} 离子呈畸变的 CsCl 排列(正交，a=629.7，$\alpha = 96°1'$，$Z = 1$，密度 2.104g · cm^{-3})．其他 $ZnMF_6 \cdot 6H_2O$ 衍生物(M = Ge，Sn，Ti，Zr)具有相似的结构.

(3) 其他含氧酸锌

锌可以同周期表中的 Li，K，Ba，Sr，Al，Sb，Ge，Sn，Ti，V，Fe，Cr，Mn，Nb 等组成含氧酸盐，或称混合氧化物．这些化合物的制备方法是将有关组分的氧化物均匀混合(通常为泥浆状)，于 1 000—1 400℃煅烧 1 小时，产物是坚硬的低孔隙度的烧结陶瓷体．有些也可在常温下制备，如 $ZnFe_2O_4$ 可以在水溶液中按下述反应沉淀得到

$$Zn(OH)_4^{2-} + 2FeCl_3 + 4OH^- \longrightarrow ZnFe_2O_4 + 6Cl^- + 4H_2O$$

表 20.34 列出了 20 余种锌的含氧酸盐的结构参数．由这些数据可知这类化合物大多为正尖晶石或反尖晶石结构，含四配位锌，或四配位锌与六配位锌各占一半，正尖晶石的结构示于图 20.10.

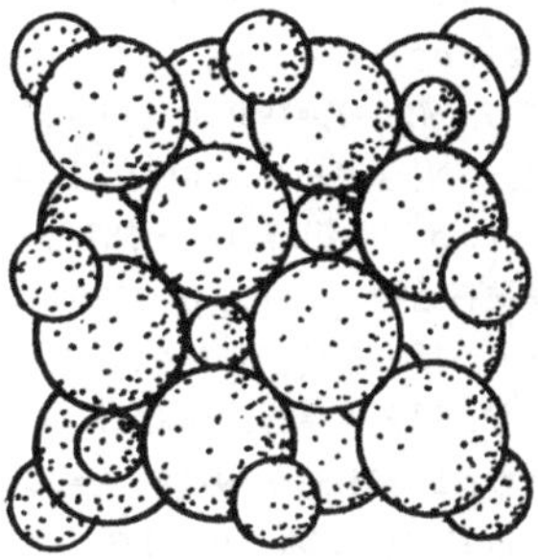

图 20.10 正尖晶石结构图

这些化合物现在具有显著的工业意义．如 Zn_2TiO_4 作白色颜料，$ZnCr_2O_4$ 如加入少量其他金属氧化物可作催化剂，催化 CO 加氢制甲醇，乙烯、氢和 HCN 合成腈以及从羧酸和乙烯生产乙烯脂. $ZnCrO_4$ 热解法提供了制备 $ZnCr_2O_4$ 的方便途径.

这些化合物在电子和磁性材料领域中的应用正在增长，最重要的一类是铁氧体，高磁性混合氧化物与铁作为主要组分．1953 年它首先被用作微波器件，现在

已广泛应用于微波通信，由 Fe_2O_3，ZnO 和 NiO 生产的 $Ni_{1-x}Zn_xFe_2O_4(x=0—1)$，当 x 增加时，磁饱和量开始增加、随后减少，但居里温度则不断降低，即使在 100MHz 磁损也很低. $ZnFe_2O_4$ 本身是顺磁性的(850℃，$\chi = 1.98\times10^{-4}$c.g.s.单位)，其他铁酸盐是铁磁性的(如 $BaZnFe_6O_{11}$). 反尖晶石型的 Zn_2TiO_4 可作陶瓷电阻，也可用于温度计，因为其电阻温度系数(正值)很大(＞0.4%/度).

表 20.34　锌混合氧化物的结构数据

锌原子个数	化 合 物	结 构
1	$SrZnO_2$	正交，a=584，b=335，c=1 137，Z=4 Zn[4]与 O；d(Zn-O)=197—201 Sr[7]与 O；3 维 ZnO_2 网格具畸变 β-方石英结构.
	$BaZnO_2$	六方，a=592.7，c=670.7，Z=3；Zn[4]与 O，Ba[6]与 O.
	K_2ZnO_2	正交，a=596，b=1 040，c=540，Z=4；密度 3.36g · cm^{-3}； Zn[4]与 O，d(Zn-O)=204；ZnO_4 四面体沿 c 轴连成链状，K[6]与 O； d(Zn-Zn)=270.
	$ZnWO_4$	单斜，$NiWO_4$ 结构；a=469.1，b=572.0，c=492.5，β=90°38′；Zn[6]与 O，W[6]接 O(不规则).
	$ZnAl_2O_4$	立方，a=808.83，Z=8；Zn[4]与 O，Al[6]与 O.
	ZnM_2O_4	M=Co，Cr，Fe，Ga，Rh，V，$ZnAl_2O_4$ 的同构体.
	$ZnMn_2O_4$	四方，变形的尖晶石，a=572，c=922.5，Z=4.
	$ZnSb_2O_4$	四方，Pb_3O_4 结构，a=849.1，c=592.0；Zn[6]与 O；Sb[3]与 O(锥形体)
	$LiZnVO_4$	六方，Zn_2SiO_4 结构，a=1 418，c=949，Z=18；Zn，Li，V[4]与 O.
	$LiZnSbO_4$	立方，正尖晶石，a=855，Z=8，Li[4]与 O；Zn，Sb[6]与 O.
	$ZnMnCrO_4$	四方，畸变尖晶石 a=582，c=863，Z=4，Zn[4]与 O；Mn，Cr[6]与 O.
	$ZnSb_2O_6$	四方，变形金红石结构，a=466，c=924，Z=2；Zn，Sb[6]与 O；d(Zn-O)=202.
	$ZnNb_2O_6$	正交，a=1 418，b=571.5，c=503.6，Z=4；近似 h.c.p.氧，Zn，Nb[6]与 O，近似金红石，$ZnSb_2O_6$ 结构，但八面体连接不同.
	$ZnMn_3O_7\cdot3H_2O$	三斜，a=754，b=754，c=822，α=90°，β=117°12′，γ=120°，Z=2；Zn[6]与 O；d(Zn-O)=193(3)，215(3).
	$Li_2ZnGe_3O_8$	立方，混合尖晶石 a=819.0，Z=4.
	$BaZnFe_6O_{11}$	六方，β-氧化铝结构，a=587.6，c=43.56，Z=6.
2	Zn_2SiO_4	硅铍石结构，a=862，α=107°44′，Z=6；Si，Zn[4]与 O；O[3]与 2Zn，Si.
	Zn_2TiO_4	立方，反尖晶石，a=846.7，Z=8；Ti，1/2Zn[6]与 O；1/2Zn[4]与 O.
	$Zn_2Ge_3O_8$	立方，混合尖晶石，a=821.3，Z=4.
	$Zn_2Mo_3O_8$	六方，a=577.5，c=991.5，Z=2；h.c.p.氧；Zn(1)[4]与 O；Zn(2)[6]与 O； Mo[6]与 O；d(Mo-Mo)=253.
＞2	$Zn_7Sb_2O_{12}$	尖晶石，a=859.4；Sb，1/7Zn[4]；6/7Zn[6].
	$Li_5Zn_8M_5(GeO_4)_9$ (M=Al，Fe，Ga)	混合尖晶石，a=818.9(Al)；827.5(Fe)；824.0(Ga).

当 $ZnCO_3$ 和 $CoCO_3$ 与作为熔剂的 KCl 在 1000℃一起熔融，可得到所谓的 Rinmann 绿(钴绿、锌绿). CoO 含量达 30%时，CoO 和 ZnO 形成固熔体(呈纤锌矿结构)，呈蓝绿色. 但 CoO 高于 70%时，则是桃红色的固熔体. 如 CoO 量介于两者之间，则以混合相存在.

$ZnSnO_3$是一种有用的半导体，但其结构还不清楚.

2.12.13 有机锌化合物

本节只对锌的有机化合物的基本性质作概括性的讨论，详情可参阅第十五卷

37

(1)制备. 锌的脂肪族化合物 ZnR_2 的制取方法归纳如下

$Zn/Cu+R\ Br/RI \longrightarrow R\ ZnX \xrightarrow{加热} ZnR_2+ZnX_2$

(R=Me，Et，*n*-Pr，*n*-Bu，*n*-pentyl)

$Zn(粉末)+MeBr \xrightarrow{溶剂*} MeZnBr$

(*H · $CONMe_2$,Me_2SO,THF,glyme)

$ZnCl_2+2LiR \xrightarrow{乙醚} ZnR_2(R=Ph,\alpha\text{-}C_{10}H_7,C_6F_5)$

$ZnCl_2+2RMgX \xrightarrow{乙醚} ZnR_2(R=Et, vinyl, t\text{-}Bu)$

$ZnCl_2+2AlR_3 \longrightarrow ZnR_2+2AlR_2Cl$

$3ZnMe_2+2BR_3 \longrightarrow 3ZnR_2+2BMe_3(R=allyl, crotyl)$

$Zn+HgR_2 \longrightarrow ZnR_2+Hg(R=Me,i\text{-}Bu, p\text{-}C_6H_4F)$

(2)性质. 有机锌化合物的物理性质列于表 20.35.

表 20.35 有机锌化合物的物理性质

化合物	熔点(℃)	沸点(℃)	密度($g\cdot cm^{-3}$)	备 注
$ZnMe_2$	−29.2	44.0	1.386/10°	ΔH_{vap}，28.0 $kJ\cdot mol^{-1}$ ΔS_{vap},87.4 $J\cdot mol^{-1}\cdot K^{-1}$ ΔH_f° (1)23.4；(g)53.0$kJ\cdot mol^{-1}$
$ZnEt_2$	−34	117	1.182/20°	ΔH_{vap} 35.1 $kJ\cdot mol^{-1}$ ΔS_{vap} 88.7 $J\cdot mol^{-1}\cdot K^{-1}$ ΔH_f° (1) 10.5;(g)50.6$kJ\cdot mol^{-1}$
Zn^nPr_2	−84	139	1.103/20°	ΔH_{vap} 40.2$kJ\cdot mol^{-1}$
Zn^iPr_2	—	40/1.6kPa	—	—
Zn^nBu_2	−58	61/0.5kPa	1.01/16°	ΔH_{vap}，43.1$kJ\cdot mol^{-1}$
$ZnPh_2$	107	280.5(分解)	—	—

ZnR_2和 RZnX 两者都是直线形分子，所以气相 $ZnMe_2$ 的偶极矩是零. 它们的介电常数较低(如 $ZnEt_2$，2.52/20 ℃)，比电导也低(如 $ZnEt_2$，$2\times 10^{-11}\Omega^{-1}\cdot cm^{-1}$/20℃). 受热时很易分解成碳氢化合物，例如 $Zn(t\text{-}Bu)_2$ 于 100℃分解成异丁烷和异丁烯的混合物.

ZnR_2 衍生物(R 为低碳烷基)在空气中燃烧发出蓝色火焰，生成 ZnO. 如果 R 是较大的烷基或芳香基团，反应不太激烈. 虽然化合物 RZnX 通常也反应，但速度较慢. 对 ZnR_2 和氧生成 $Zn(OR)_2$ 的可控反应曾作过许多研究，它可以有过氧化

中间体，例如 RZnOOR，水和酸分解 Zn—R 时放出 RH，与 CO_2 一般不反应.[14]

已知有一系列 ZnR_2 配合物，它们含平面三配位锌如 $ZnMe_2 \cdot OMe_2$，或四面体型四配位锌如 $ZnPh_2 \cdot 2PPh_3$. 对各种 $ZnR_2 \cdot$ bipy 加合物(bipy = 2, 2′-联吡啶)有详细研究，有时最初形成的加合物可重新排列变为插入型产物. 如 $ZnPh_2 \cdot PhCN$ 加热到 100℃生成 $PhZnN{=}CPh_2$.

二烷基或二芳基锌一般不与酮类或酯类反应.[9]但按下述反应的途径，可以从乙醛生产仲醇.

$$ZnR_2 + R'CHO \longrightarrow RR'CHOZnR \xrightarrow{H_2O} RR'CHOH$$

非对称取代的酮可从酰基卤制取(Blaise 反应)

$$ZnR_2 + 2R'COCl \longrightarrow 2RCOR' + ZnCl_2$$

或者从氯代叔烃制取

$$ZnR_2 + R'_3CCl \longrightarrow R'_3CR + RZnCl$$

插入反应也是可能的，于 80℃时 $ZnEt_2$ 和 PhNCO 可生成 EtZnNPhCOEt.

Witman 在 2-丙醇溶液中，用反-二甲基钴配合物(CH_3)Co(BDM1，3pn)将 Zn^{2+} 甲基化[16]，其 1∶1 的反应产物是 CH_3Co^{III}(BDM1，3pn)$^+$和不稳定的 CH_3Zn^+. 动力学测定表明存在二核中间体 M^{2+}. R_2Co(BDM，1，3pn).

具有活性的 C—H，Sn—H，O—H，S—H，N—H，P—H 等键的化合物，很容易同 ZnR_2 发生下述反应，并生成 RH.

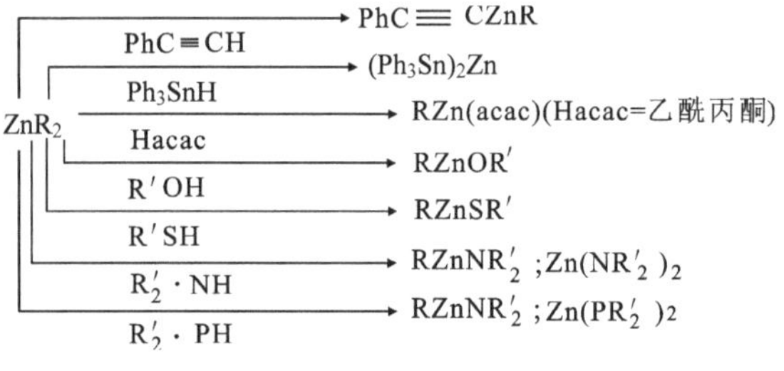

这些化合物中的 Zn—N 和 Zn—P 衍生物很容易进行插入反应，即导致硫脲衍生物的生成

$$EtZnNPh_2 + PhNCS \longrightarrow EtZnNPhCSNPh_2$$

在 Simmons-Smith 反应中由二碘烷与 Zn/Cu 或与 $ZnEt_2$ 作用所生成的有机锌衍生物能同烯烃反应生成可置换的环丙烷

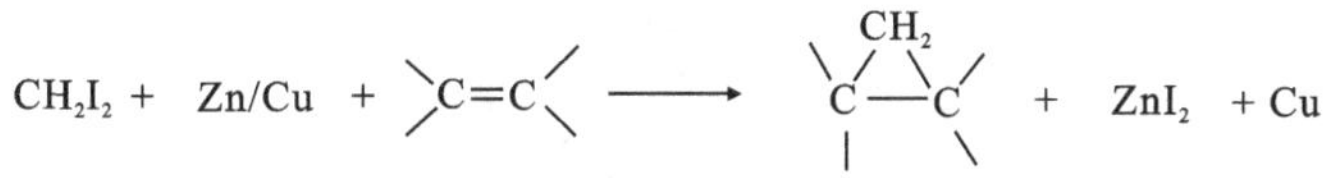

有机锌化合物是合成聚合物的催化剂，应用于工业生产上．例如 $ZnEt_2$ 配合物在由环氧化物生产聚烯氧化物中起 Lewis 碱的催化作用；$ZnEt_2$ 与 $TiCl_4$ 反应的产物能促进乙烯基单体、丙烯、丁二烯和异戊二烯的聚合．在制备聚丙烯酸酯、聚苯乙烯和聚丙烯腈中，$CaZnEt_4$ 是很有用的．

(3) 通过对 $ZnMe_2$ 的结构分析证实其系 C—Zn—C 直线型排列．Zn(allyl)$_2$ 的核磁共振谱属 A_4X 系，表明经快速交换过程可能形成一种对称烯丙基团．

EtZnI 是一种聚合层状结构，其中碘与三个锌相连，具有一个较短的 265pm 和两个较长 290pm 键长，而 Zn 呈不规则的四配位与 3I 和 C(乙基的 C)相连．当溶于乙醚或四氢呋喃时，EtZnI 是单体，然而当加入苯则发生歧化．相反，EtZnBr 和 EtZnCl 溶于苯呈四聚体．其结构如下图所示．

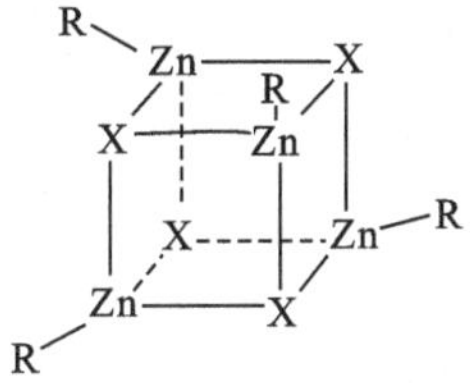

(i)

将 $Me_2NCH_2CH_2NMe_2$(tmen)加到 EtZnI 的 THF 溶液中，则生成 1：1 的加合物．若把 tmen 加到新制备的 $ZnEt_2$ 和 ZnI_2 的 THF 溶液中，则生成 ZnI_2·tmen 加合物，但如在一周后于室温下加到同样的溶液中，却生成 EtZnI·tmen．这意味着在 THF 中下列平衡反应趋向右侧

$$ZnEt_2 + ZnI_2 \rightleftharpoons 2EtZnI$$

MeZnOMe 和 EtZnO-Bu 的 X 射线研究表明，它们固态为四聚物，具有一个像上图(i)所示的畸变立方结构(X = OR′)．石蜡糊或环己烷溶液中的 MeZnOMe 的红外光谱研究结果证实四聚单元存留在溶液中，而核磁共振谱则表明在 RZnOR′ 溶液中存在着更复杂的组分．其他四聚物有$(MeZnO^tBu)_4$ 和$(MeZnOPh)_4$．已知三聚体有$(EtZnOCHPh_2)_3$ 二聚体有$(PhZnOCPh_3)_2$．很清楚，附加基团的大小至少部分地决定离解度．

用 X 射线方法对$(MeZnNPh_2)_2$测定，确定二聚体具有一个四方的四元环[见下图(ii)]．

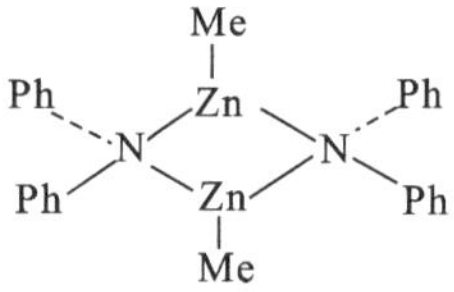

(ii)

$(EtZnOC_6Cl_5)_2$似乎也呈相似的结构. 根据各种 RZnSR′ 溶液的行为，曾认为它们是六聚或五聚物. 固体 MeZnS-^{t}Bu 的 X 射线衍射研究表明它也是五聚体，Zn[4]和 3S+C 相邻，S[3]，[4]和[5]与一个烷基团以及 2，3 和 4 个 Zn 原子呈极不规则的排列.

螯合物 EtZn(oxine)和 PhZn(acac)的衍生物在苯溶液中分别是三聚体和二聚体，它们具有如下结构.

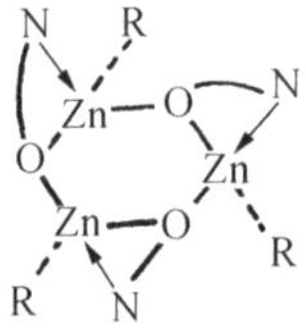

(iii)

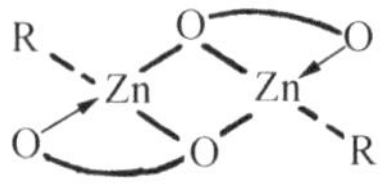

(iv)

用核磁共振谱研究了 LiMe 和 $ZnMe_2$ 在乙醚中的反应，得到了生成 Li_2ZnMe_4 和 Li_3ZnMe_5 的依据. 对固体 Li_2ZnMe_4 的 X 射线研究指出它含有四面体 $ZnMe_4$ 基团. 在固体 $K_2Zn(C\equiv CR)_4$ 中具有类似的结构，不过 $LiZnHPh_2 \cdot OEt_2$(由 LiH 和 $ZnPh_2$ 在乙醚中反应而得)的阴离子$[ZnHPh_2 \cdot OEt_2]^-$中可能也含四配位锌.

(4) 锌的氟碳衍生物. 氟碳衍生物的基本制备方法如下

$$R_FI + Zn粉 \xrightarrow[100℃]{二氧六环或甘醇二甲醚} R_FZnI$$

$$ZnX_2 + 2C_6F_5MgX \xrightarrow{乙醚} Zn(C_6F_5)_2 + 2MgX_2$$

式中 $R_F = n\text{-}C_3F_7$，$i\text{-}C_3F_7$ 或 $n\text{-}C_5F_{11}$. $Zn(R_F)_2$ 衍生物的制备虽有报道，但它们的性质还不清楚. 碘化高氟烷基锌是相当稳定的，如 C_3F_7ZnI 不与氧反应，缓慢水解放出 C_3F_7H，而与氯反应得到 C_3F_7Cl. 它与二氧六环和吡啶生成 1∶1 加合物，它不像碘化烷基锌是极弱的 Lewis 酸. 同样，锌的高氟芳香化合物也容易与 Lewis 碱形成加合物.

2.12.14　配合物

本节将讨论具有阳离子的、中性的和更复杂阴离子配位体的配合物，对它们的结构方面将着重加以阐述，其顺序按给予原子排列.

(1) 含氧配体配合物. 醚类不能与锌组成稳定配合物，但 β-二酮类螯合配体很有效，现在已知 $Zn(acac)_2$ 是三聚体，结构分析结果表明每个分子含一个六配位锌和两个五配位(三角双锥)锌[不同于六配位三聚合的 $Ni(acac)_2$]，参见下图(v).

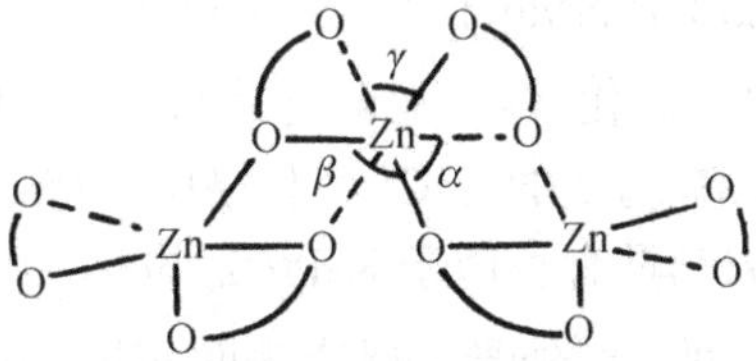

(v)

(α,75°；β,106°; γ,102°,围绕中心锌的其他角为 90°)

绝大部分二酮 dipivaloylmethane(dpmH)生成四配位单体 $Zn(dpm)_2$ 配合物。在一水合物 $Zn(acac)_2 \cdot H_2O$ 中，锌则是五配位的，实际构型介于理想的三角双锥和四方锥之间. 这很像吡啶和二甲基甲酰胺与 $Zn(acac)_2$ 的加合物，呈类似的五配位.

β-二酮类配体还能以烯醇式与锌配位形成多聚物，如下图所示(vi).

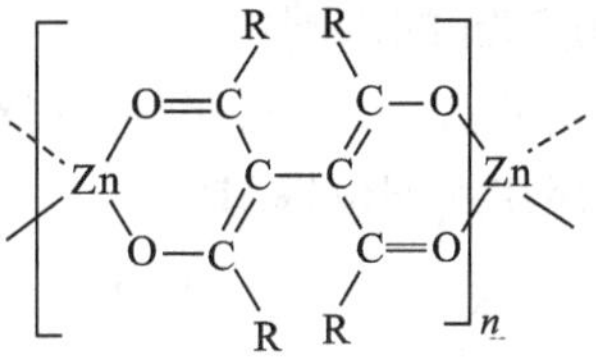

(vi)

二烷基或二芳基亚磷酸可作为桥基配体与锌配位形成链式多聚配合物，如下图所示(vii).

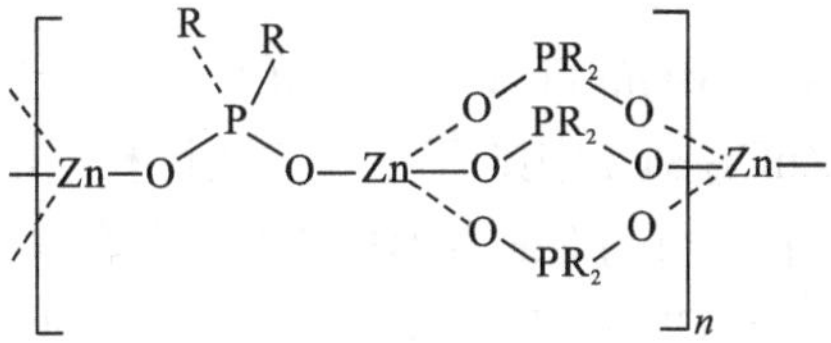

(vii)

还有的配体中包含有杂环，如三水合克酮酸锌 $ZnC_5O_5 \cdot 3H_2O$ (图 viii)和二酮环丁烯二醇锌(图 ix)两者均含六配位锌.

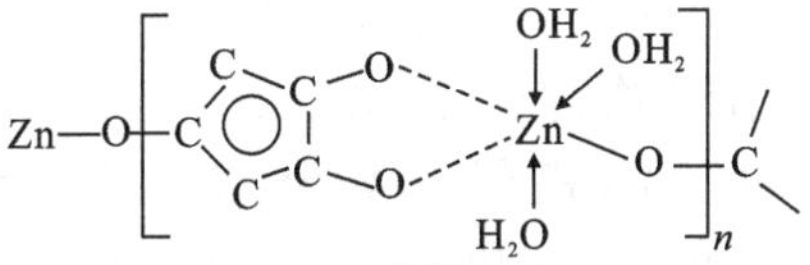

(viii)

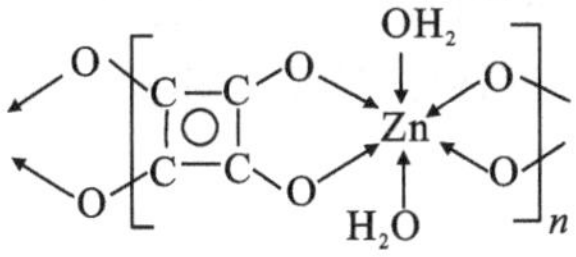

(ix)

其他已确定的含氧配合物有：$Zn(acac)_3^-$ 中锌为六配位. $Zn(biuret)_2Cl_2$(biuret=$NH(CONH_2)_2$)中锌的配位数为 6，与处于四方面的 4O 及互为反位的 2Cl 配位. $Zn[OP(NMe_2)_3]_4^{2+}$ 是一四面体形的阳离子.

(2) 含氮配体配合物. 卤化锌-氨配合物是最简单的例子. $ZaX_2 \cdot 2NH_3$(X = Cl，Br)的研究表明，在略有畸变的 CsCl 型晶格中，锌处于 2X 和 2N 的四配位空穴中. $ZnX_2 \cdot 6NH_3$(X = Br, I)具有类似于 K_2PtCl_6 的立方结构，配阳离子 $Zn(NH_3)_6^{2+}$ 和卤离子按萤石型结构排列. 红外光谱研究表明多种 $ZnX_2 \cdot 2B$(B 为二烷基胺)配合物以具有四面体构型的单体形式存在. 季铵离子的配合物有 $Zn(L^+)_4 \cdot (ClO_4)_6[L^+=Me_3N^+(CH_2)_nNH_3$，$n = 2$ 或 3]，锌为 4N 以四面体构型所配位.

吡啶或吡啶取代物(B)生成一系列锌卤化物和拟卤化物配合物，已知有 $ZnX_2 \cdot 2B$，$ZnX_2 \cdot 3B$ 和 $ZnX_2 \cdot 4B$，(X = Cl，Br，I 或 NCS)，根据红外光谱，认为所有这些都是以单体存在，并分别具有四、五、六配位的 Zn. 在 $Zn(NO_3)_2 \cdot 2B$ 配合物中以双齿 NO_3 基团构成 Zn 的六配位.

在双齿配位体中，肼组成 $ZnX_2 \cdot 2N_2H_4$ 配合物(X = Cl，NCS，OAc)，X 射线结构分析指出在其多聚链中存在六配位锌(图 x).

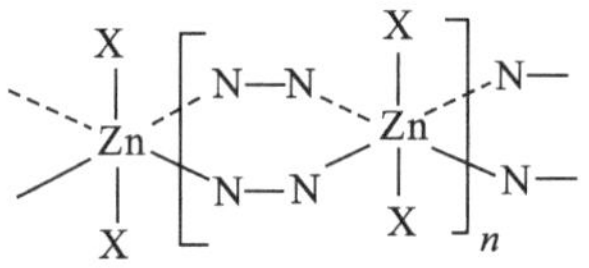

(x)

对 $ZnX_2 \cdot 3en$(X = Cl，Br)的红外、喇曼光谱研究证实在$[Zn(en)_3]^{2+}$阳离子中具有 6N 配位的锌，而 $ZnCl_2 \cdot en$ 中则存在以二胺桥相连的四配位锌. 1，10-菲咯啉及其 2，9-二甲基取代物，可与 $ZnCl_2$ 形成 1∶1 的单体配合物，其中 Zn 近似于四面体配位构型。吡嗪与 $ZnCl_2$ 或 ZnI_2 组成几乎不溶的 1∶1 配合物，它们都是多聚的，由吡嗪桥联四配位锌.

2, 2′, 2″-三联吡啶与 ZnX_2(X = Cl，Br，I)形成 1∶1 的五配位配合物，三联吡啶分子平面正交于 ZnX_2 平面. 其构型近似于三角双锥.

主要的四齿配位体中，$N(CH_2CH_2NR_2)_3$ 胺 (R = Me) 可形成 $\{ZnBr[N(CH_2CH_2NR_2)_3]\}^+Br^-$配合物，其中阳离子中含有三角双锥型五配位 Zn. 其 R = H 的配合物结构上也可能相似，如从 X 射线研究表明 $\{Zn(NCS)[N(CH_2CH_2NH_2)_3]\}^+SCN^-$中锌也处于三角双锥型五配位环境中，轴向配位的是叔氮和异硫氰根的氮. 在大环配合物酞菁锌中则因大环配体酞菁的固有结构，环上四个氮以正方形构型与锌配位.

(3)含氧、氮配体配合物，$(Zn(oxine)_2 \cdot 2H_2O$(hoxine = 8-羟基喹啉)的几何构型近似于八面体(图 xi). 而磺酸根取代的羟基喹啉合锌为四面体配位构型(图 xii)，并已判明了它的旋光活性对映体.

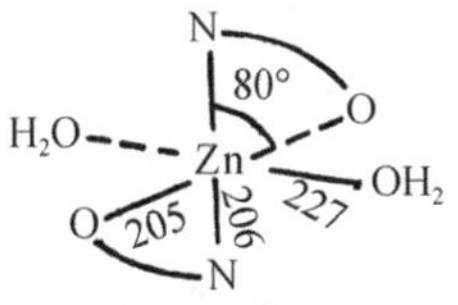

(xi)

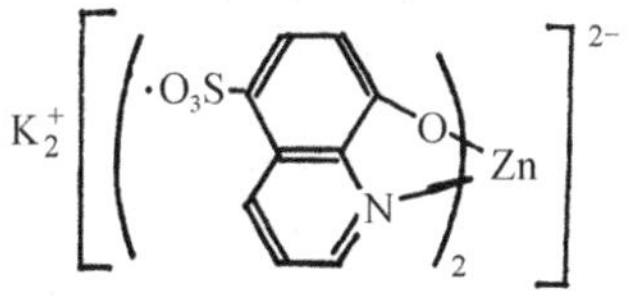

(xii)

经对许多水杨酰胺西佛碱配合物的研究认为有一理想的结构(图 xiii)，而当 R=Me 时则生成一种氧桥二聚体(图 xiv).

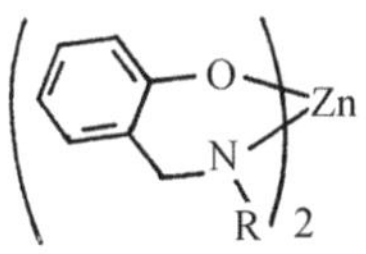

(xiii)

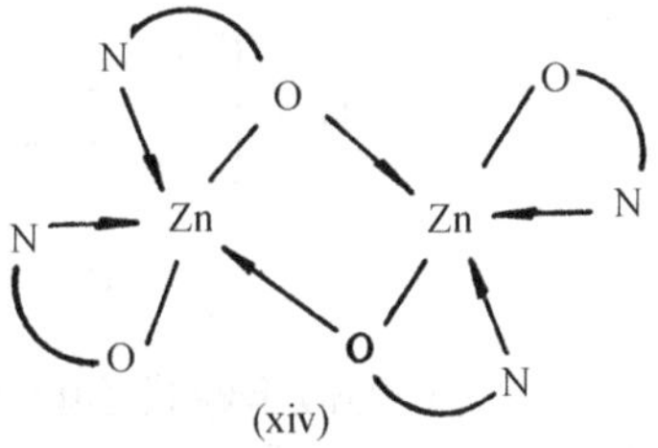

(xiv)

这些配合物溶于吡啶则生成另一种五配位配合物，其中吡啶取代了一个桥氧. *N*，*N'*-双(亚水杨基)-乙二胺合锌的一水合物也是五配位的(图 xv)，它与 $Zn(acac)_2 \cdot H_2O$ 相似. 由于配体的性质，所以其构型是四方锥的.

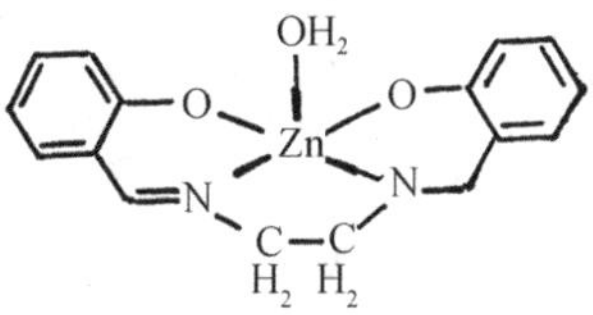

(xv)

双-(L-组氨酸)锌二水合物和消旋的五水合物的结构分析指出，这两种化合物中的锌是不规则六配位的，与锌配位的是畸变四面体形的 4N 和两个较远的羰基氧. 而在 $Zn(gly)_2 \cdot H_2O \cdot$(gly = 甘氨酸)中，Zn 为 2N 和 3O 所配位，呈近似于三角双锥构型. $Zn(gly)_2$ 的生成和解离的速率常数[17]分别为 5.9×10^7 和 $5.1 \times 10^7 m^{-1} s^{-1}$.

(4) 含硫硒配体配合物. $ZnCl_2 \cdot 2tu$(tu = 硫脲)中锌呈近似的四面体配位构型. 其他 $ZnX_2 \cdot 2tu$(X = Br，I)配合物也有相似的结构.

二烷基硫代氨基甲酸盐($R_2NCS_2^-$)配合物中，当 R = Me 时以二聚体形式存在，其中 Zn 为畸变的四面体形配位构型(图 xvi)，因 Zn—Zn 距离较大，说明不存在金属-金属键. 当 R = Et 时，则形成五配位三角双锥体的二聚物(图 xvii).

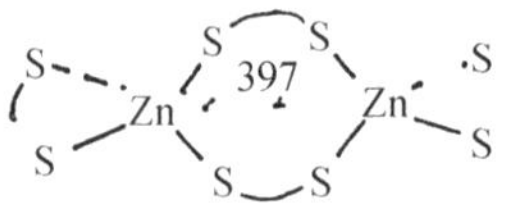

(xvi)

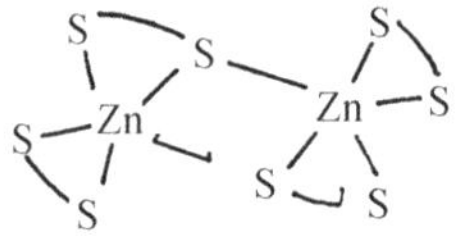

(xvii)

已知 $Zn(S_2CNR_2)_2$ 化合物与胺有各种 1∶1 的加合物. 在加合物 $Zn(S_2CNMe_2)_2$ · py 中，Zn 与 4S 和 1N 形成五配位配合物. 锌的二烷基硫代氨基甲酸盐具有可观的工业用途，可作橡胶硫化促进剂、农药等.

一种二硫纶配合物(图 xix)中的 Zn 为 S 以四面体构型所配位.

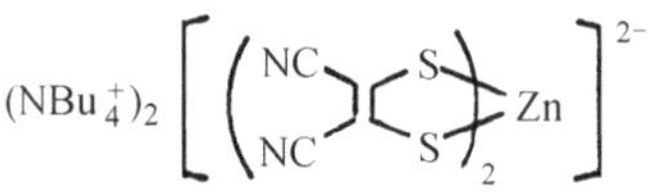

(xix)

$Zn_4O[S_2P(o\text{-}^iPr)_2]_6$ 具有类似于碱式乙酸盐 $M_4O(OAc)_6$(M=Be，Zn)的结构.

在不对称三核配合物 $Zn[Co^{III}(SCH_2CH_2NH_2)_3]_2^{2+}$ 中，Zn 为 6S 以八面体构型所配位(图 xx)，并已判明它的旋光活性对映体.

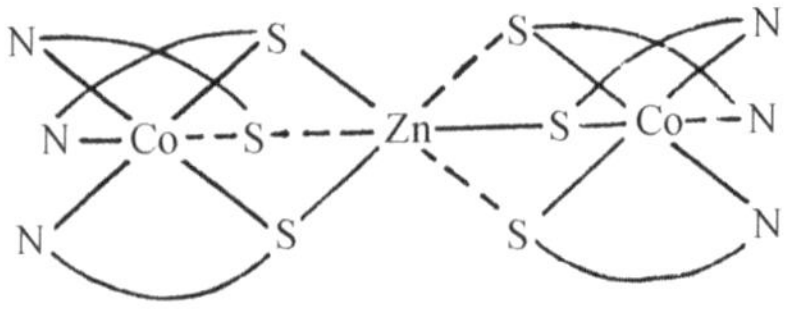

(xx)

含硒配体的配合物已知有 $Zn[Et_2P(S)Se]_2$，Zn 与 2S 和 2Se 配位.

(5) 含磷和砷配体的配合物. ZnX_2 · $2PPh_3$(X = Cl，Br，I)配合物，它们以单体形式存在，其配位构型为四面体.

螯合配体 *o*-苯撑-双二甲胂(diars)生成的一系列 ZnX_2 · diars(X = Cl，Br，I)配合物，均是以单体形式存在的非电解质，含四配位锌(图 xxi).

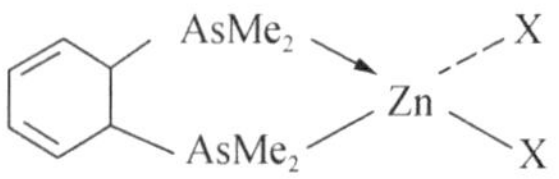

(xxi)

表 20.36 列出锌配合物的最优先配位数.

表 20.36 锌配合物中最优先配位数

配位原子	配位数
O	4，5，6
O，卤素	4，6
N	4，6
N，卤素	4，5，6
O，N	4，5，6
S	4，5，(6)
S，卤素；P，卤素；As，卤素	4

参 考 文 献

[1] 傅朝仁，《汉魏南北朝时期的冶铜及铜合金技术》，科学史文集(第九辑)，上海科技出版社，48—61(1982).
[2] 凌永乐，《化学元素的发现》，上海科学技术出版社，38—43(1981).
[3] S. W. K. Morgan，Zinc and Its Alloys，MacDonald & Evans Ltd.,Estover, Plymouth, 4—183 (1977).
[4] 中国科学院贵阳地球化学研究所，《简明地球化学手册》，科学出版社，1—35(1977).
[5] M. G. Fleming, Transaction of Institute of Mining and Metallurgy,Vol. 82A,27(1973).
[6] R.C.Weast(ed.)，CRC Handbook of Chemistry and Physics，66th. Ed., CRC Press (1985).
[7] 徐采栋、林蓉、汪大成，《锌冶金物理化学》，上海科学技术出版社，203—354(1973).
[8] Wang Wen-Shao，Nonferrous Metals (China),34,3,74—76(1982).
[9] J.C. Bailer, Jr. (ed.). Comprehensive Inorganic Chemistry，Vol. III，Pergamon 191—253(1973).
[10] H. Watarai, H. Freiser, *J. Am. Chem. Soc.*, 105(2),189(1983).
[11] F. Lander, Zinc-Silver Oxide Batteries, John Wiley & Sons Inc.,N. Y., 7—28(1971).
[12] Marshall, Semiconductor Crystal Manufacture, Noyes Development Corp., New Jersey, 220—267(1969).
[13] Z. M Jarzebski Oxide Semiconductors,Pergamon Press,Oxford,228—242(1973).
[14]小竹無二雄，大有機化学—第十八卷有機金属化合物，朝倉書店，東京，74—77(1958).
[15] F. Basolo, R. C. Johnson, Coordination Chemistry, W.A. Benjamin Inc., Menlo Park, California, 158—264(1976).
[16] M.W.Witman, J. H. Weber, *Inorg. Chem.*,15(12)2 375—2 378(1976).
[17] Shoji Harada, Yozo Uchida, Michinori Hirashi, *Inorg. Chem.*,17(12), 3 371—3 374(1978).
[18] D. W. Christianson, W.N. Lipscomb, *Acc. Chem. Res.*,22,62(1989).

20.3 镉

3.1 发 现 史[1-3]

由于与同族元素锌、汞相比，镉在地壳中含量最少，又常以少量被包含在锌矿中，且单质镉及其硫化物、氧化物与锌相比均易于挥发，所以镉的发现比锌和汞都晚. 其历史远比它们要短.

直到 1817 年，德国格丁根大学教授 Stromeyer 才首次将镉制备出来. 当时他发现代替药用氧化锌的碳酸锌在加热时不能转变为白色氧化锌而引起他的注意. Stromeyer 将这种不纯氧化锌溶于硫酸，再通以硫化氢气体，得混合硫化物沉淀. 沉淀经充分洗涤后再溶于浓盐酸，除去过量盐酸后加入足量碳酸铵溶液以溶解锌和铜. 将不溶于过量碳酸铵溶液的沉淀过滤、清洗、灼烧，成为褐色的氧化物. 经用碳还原，得到了有光泽的蓝灰色金属. 因为它存在于含锌矿石——菱锌矿(古名 cadmia，现为 calamine)中，所以 Stromeyer 将这新元素命名为 cadmium(镉)，元素符号定为 Cd.

3.2 存在与分布[4]

镉在地壳中的丰度通常估计为 0.1—0.2ppm，属稀有元素. 镉是亲硫元素，单质镉不存在于自然界，而常与锌和汞一起浓集于硫化物沉积物中，与铅和铜共存的情况较少见. 它在所有火成岩中的浓度都很低，与任何主体元素，即使是与锌也不存在明确的量的关系. 因而在所有类型的火成岩中，锌与镉量的比值变化极大，所记录的极端值为 27—7 000.

镉矿石有硫镉矿(六方晶系的 CdS)，方硫镉矿(立方 CdS)，菱镉矿($CdCO_3$)，方镉石(GdO)和镉硒矿(六方晶系的 CdSe)等. 已发现的相当大量天然存在的镉都是与锌矿伴生的，在闪锌矿和菱锌矿中存在 0.1%—0.5%，最高为 5%. 硫镉矿通常在锌矿之上作为土壤覆盖层存在的，在基性火成岩中偶尔可以发现硫镉矿晶体.

在沉积环境中会发生镉的积累. 如页岩加黏土层中的镉浓度与上层大陆地壳的岩浆岩相比要高 2.4 倍. 由于沉积的铁和锰的化合物具有高的吸附容量，所以深海黏土中镉浓度也稍高. 还由于镉在有机体中的吸附和络合作用，常以有机碎片积累于沉积环境中，所以在某些富有机质的沉积岩如里页岩中有富集. 因为这种环境大多是还原性的，所以在沉积期间或沉积之后形成镉的硫化物. 煤中镉的含量范围介于 0.04—30ppm 之间，平均浓度接近 1ppm.

在天然水体中，由于镉在表层海水中被有机体所摄取，在深处由沉降的生物碎片重新释出，所以表层海水中镉的浓度(约 0.01μg · L^{-1})比深层海水中的(约 0.07μg · L^{-1})低. 在淡水中镉的自然浓度大致与深层海水相同.

3.3 同　位　素[2,5,6,24]

镉有八种稳定的同位素和 20 余种不稳定的同位素，表 20.37 中列出了其中 19 种.

其中，稳定同位素 $^{111}_{48}Cd$ 的核自旋 $I=\dfrac{1}{2}$，核磁矩 μ=–0.5922n.m. 对于稳定同位素 $^{111}_{48}Cd$，$I=\dfrac{1}{2}$，μ=–0.6195n.m，没有电四极矩，有适当的磁旋比(ν，–0.947kHz/gauss)，12.75%的自然丰度，与 ^{13}C 相比其可接受度为 7.6；又因 Cd 能与多种配位原子以多种结构形成配合物，且 Cd 取代的金属蛋白能保留或部分保留其生物活性，故 ^{113}Cd NMR 可作为有效的生物探针.

表 20.37　镉的同位素

同位素	质　量	天然丰度(%)	半衰期	蜕变方式
^{103}Cd	102.913 451		7.7m	β^+,EC
^{104}Cd	103.909 851		58m	EC
^{105}Cd	104.909 459		55.3m	β^+,EC
^{106}Cd	105.906 461	1.25	稳定	—
^{107}Cd	106.906 613		6.5h	β^+,EC
^{108}Cd	107.904 176	0.89	稳定	—
^{109}Cd	108.904 953		462.3d	EC
^{110}Cd	109.903 005	12.39	稳定	—
^{111}Cd	110.904 182	12.80	稳定	—
^{112}Cd	111.902 758	24.13	稳定	—
^{113}Cd	112.904 400	12.22	稳定	—
^{114}Cd	113.903 357	28.73	稳定	—
^{115}Cd	114.905 430		53.5h	β^-
^{116}Cd	115.904 754	7.49	稳定	—
^{117}Cd	116.907 228		2.49h	β^-
^{118}Cd	117.906 914		50.3m	β^-
^{119}Cd	118.909 890		2.69m	β^-
^{120}Cd	119.909 852		50.8s	β^-
^{121}Cd	120.913 100		13.5s	β^-,γ

^{109}Cd 常被用作低能 γ 源和 X 射线源，如用于 X 射线荧光分析的 X 射线源.

用于生产不稳定同位素 ^{115}Cd 的典型反应有

$$^{114}_{48}Cd+^{1}_{0}n \rightarrow ^{115}_{48}Cd+\gamma$$

$$^{114}_{48}Cd+^{2}_{1}H \rightarrow ^{115}_{48}Cd+^{1}_{1}H$$

$$^{115}_{49}In+^{1}_{0}n \rightarrow ^{115}_{48}Cd+^{1}_{1}H$$

3.4　生　　产[7,8]

镉是分散元素，地壳中无单独的镉矿存在，常与锌矿共生，所以镉主要作为锌精矿等的冶炼和精制过程的副产品而回收的．收得率大致为 3—4kg/t 原锌.

镉的冶炼方法有湿法、火法和联合法．由于高温冶炼镉的损失太大，一般不取火法炼镉，湿法是其主要方法.

其工艺包括：含镉原料的浸出，浸出液净化和置换，沉淀海绵镉，海绵镉溶解，镉溶液电解等过程.

1. 从锌浸出液净化置换渣中提镉(流程如图 20.11 所示)

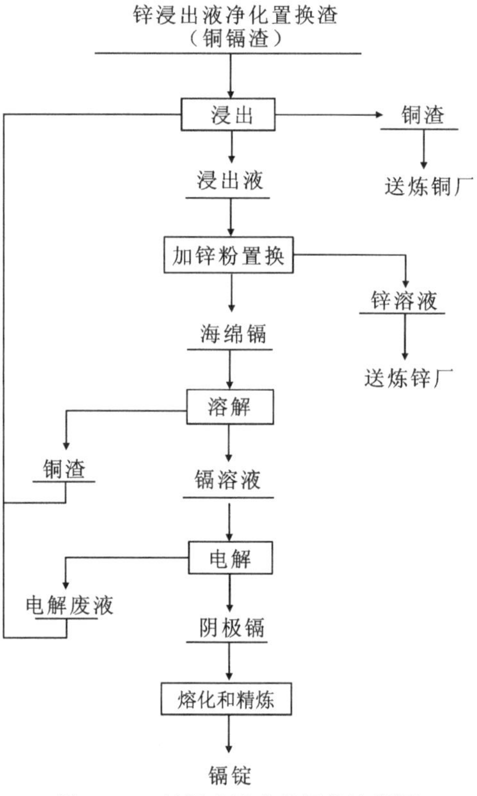

图 20.11　锌浸出液净化置换渣提镉

锌浸出液净化置换渣中含有 Cu，Cd，Zn，Pb，As，Fe 等多种金属，成分因矿石产地和厂家的不同而不相同，处理方法也各异．一般工艺如下.

(1) 浸出．在硫酸电解废液中进行，温度为 60—85℃．浸出过程中，锌、镉进入溶液而铜不溶，经过滤得镉溶液和铜渣，浸出过程中产生 AsH_3 气体，要注意防护.

(2) 置换. 向镉溶液中加入锌粉，使镉呈海绵状沉淀，锌留在溶液中. 海绵镉含镉 50%—75%.

(3) 海绵镉的溶解. 海绵镉溶解于温度为 80—90℃的浓硫酸中得镉溶液和铜渣.

(4) 电解. 镉板作阴极，纯铅板或铅银合金(1%银)作阳极，硫酸镉作电解液，阴极上析出镉. 阴极镉中含 Pb，Cu，Fe，Zn 等杂质.

(5) 精炼. 阴极镉在铁锅内熔化，温度 300—350℃，向熔融镉中加纯碱或氯化铵以除去 Zn，T1 等杂质，得精炼镉. 含量可达 99.99%.

2. 从锌沸腾焙烧含镉烟尘中提镉(流程如图 20.12 所示)

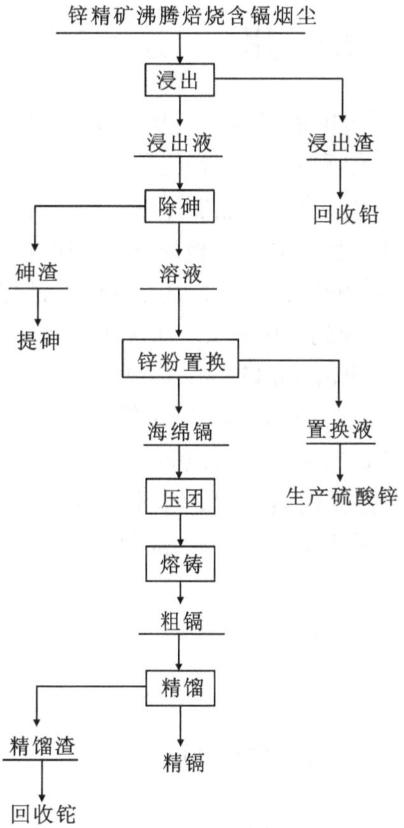

图 20.12 从锌精矿沸腾焙烧含镉烟尘中提镉

从烟尘中提镉采用的是火法与湿法联合流程，即从原料中制取海绵镉用湿法(与锌浸出液净化置换渣中提镉流程相同)，从海绵镉制取精制镉采用火法. 火法工艺是：

(1) 压团熔铸. 海绵镉加压成团，在 420—430℃下熔炼，进一步除锌. 在熔融碱保护下铸成粗镉锭，含镉量约为 99%.

(2) 精馏. 粗镉中含 Zn，Fe，Pb，Cu，As 等杂质，精馏塔内温度 780—790℃，高于镉的沸点(765℃)，使镉呈气态. 精镉由塔顶冷凝产生，从而与杂质分离. 冷凝后的镉在火碱保护下铸锭，纯度为 99.995%，镉的回收率可达 99.7%.

由镉的冶炼可知其生产量依赖于锌的产量，95%的镉来自锌的生产，而并不依赖于对镉的需求. 1979 年世界镉总产量 18 600t，其储备量达 550 000t.

精馏或电解镉再经区域熔炼可制得超纯镉(含量 99.9999%以上). 用 Bridgman 晶体生长法能获得各种所需取向的单晶镉. 纯度为 99.9999%的多晶镉每公斤价值 40 英镑，而同样纯度、直径 10mm 长 50mm(约 34g)的圆柱形单晶镉价值 80 英镑.

3.5 用　途[2,4,9,10]

钢铁表面的镉薄膜(通过电镀或真空沉积、浸涂、喷涂)可以防止锈蚀. 这些薄膜对碱和海水有较好的抗腐蚀性，有好的延展性，也易于焊接，且能长期保持光泽. 因此镀镉被广泛应用于飞机、船舶零件、纺机零件、电器零件等. 但因其毒性，不能用于食、炊具，水管道等. 和锌一样，镉在水中与铁形成的电池中为阳极，这与电极电势所确定的极性不符，其原因归于钝化作用的影响.

许多含镉合金具有很重要的实用意义. 如含 Cd 99%，Ni 1%的轴承合金；熔点仅 70℃，含 Bi 50%，Pb 26.7%，Sn 13.3%，Cd 10%的易熔合金；能用于铝焊接，含 Cd 40%，Zn 60%的焊剂. 添加 0.02%—1.0%镉的铜不改变其导电性能而使强度增加.

镉(尤其是同位素 ^{113}Cd)的中子俘获截面大，可用于核反应堆控制棒.

镍-镉电池也是镉的主要用途之一，全世界这方面的镉年消耗量在千吨以上. 镉消耗量的 20%以上用于颜料生产，镉颜料主要用于塑料、玻璃、陶瓷以及美术颜料、印刷油墨等.

镉化合物还在 PVC 稳定剂、发光材料、半导体材料、杀菌剂等多方面有广泛应用.

3.6 物 理 性 质[2]

镉是银白色(微呈蓝色)、有延展性的金属. 比锌软，比锡稍硬，熔点和沸点都比锌低.

镉的晶体结构(室温下为 γ型)与锌相似，是六方最密堆积. 在高温下则以α型存在，气态时含有少量 Cd—Cd 键合的分子.

镉的主要物理性质列于表 20.38. 镉离子的物理性质列于表 20.39. 从表中 E°

值可以看出，镉的电正性明显低于锌，但各种电负性标度并不完全与此相一致.

表 20.38 镉的物理性质

原子量	112.41
熔点(℃)	320.9
熔化热($kJ\cdot mol^{-1}$)	6.11
熔化熵($J\cdot mol^{-1}\cdot K^{-1}$)	10.3
沸点(℃)	765
气化热($kJ\cdot mol^{-1}$)	100
气化熵($J\cdot mol^{-1}\cdot K^{-1}$)	96
蒸气压(kPa)	$\lg P=-0.5223a/T+b$
	液体，T=773—1 113K,a=99 900 b=7.022
	固体，T=423—593K，a=109 000，b=7.689
线膨胀系数($nm\cdot cm^{-1}\cdot K^{-1}$)	313/20℃
比热($J\cdot kg^{-1}\cdot K^{-1}$)	231/33℃,265/321℃
热容($J\cdot mol^{-1}\cdot K^{-1}$)(c, γ)	26.0
(g)	20.8
热导率($J\cdot s^{-1}\cdot cm^{-1}\cdot K^{-1}$)	0.92/293K,0.46/628K
生成热($kJ\cdot mol^{-1}$)(c,α)	−0.59
(c, γ)	0
(g)	112
生成自由能($kJ\cdot mol^{-1}$)(c,α)	−0.59
(g)	77.50
熵($J\cdot mol^{-1}\cdot K^{-1}$)(c)	51.79
密度($g\cdot cm^{-3}$)(c)	8.65(PYK),8.642(X 射线)/25℃
(l)	8.01/330°,7.93/400°,7.56/700℃
表面张力($N\cdot m^{-1}$)	0.66/321℃
黏度(mPa · s)	1.44/349℃
超导临界温度(K)	0.54/29 Oe field
电阻率(Ω · cm)	6.83×10^{-6}/293K,34.12×10^{-6}/773K
电阻温度系数(K^{-1})	4.24×10^{-3}/273K
电离势(eV)	I_1,8.991；I_2,16.904；I_3,44.5；I_4,55；I_5,73； I_6,94
电负性	1.69(Pauling)
	1.46(Allred-Rochow)
	1.4(Mulliken)
基态电子描述	Cd $5s^2(^1S_0)$
	Cd^+ $5s^1(^2S_{1/2})$
	Cd^{2+} $4d^{10}$ $(^1S_0)$
	Cd^{3+} $4d^9(^2D_{5/2})$
电子激发态，紫外-可见光谱跃迁和相应波长(nm)	$5s^1S_0\rightarrow5p^1P_1$ 228.802
	$5s^1S_0\rightarrow5p^3P_1$ 326.1057
	$5p^1P_1\rightarrow5d^1D_2$ 643.84696
磁化率(c.g.s)(c)	-0.31×10^{-6}/14K，-0.18×10^{-6}/293K,
(l)	-0.16×10^{-6}/600K

续表

分子结构	气态为 Cd_2 分子，$D_{Cd\text{-}Cd} \simeq 12.5J \cdot mol^{-1}$
晶体结构	畸变六方最密堆积，a=297.887，c=561.765/26℃；$d_{Cd\text{-}Cd}$=298(6),329(6),Cd[12]
金属键半径(pm)	154
共价半径(pm)	148
硬度($kg \cdot mm^{-2}$)	2.0
热中子俘获截面(b)	2 450 ± 50
光电子功函(eV)	4.01

表 20.39　镉阳离子的性质

Cd^{+}(g)　ΔH_f° ($kJ \cdot mol^{-1}$)	986.75
Cd^{2+}(g)　ΔH_f° ($kJ \cdot mol^{-1}$)	2 625.3
Cd^{2+}(aq,1mol · L^{-1})　ΔH_f° ($kJ \cdot mol^{-1}$)	−75.95
Cd^{2+}(aq,1mol · L^{-1})　ΔG_f° ($kJ \cdot mol^{-1}$)	−77.62
Cd^{2+}(aq,1mol · L^{-1})　S°($J \cdot mol^{-1} \cdot K^{-1}$)	−73.3
Cd^{3+}(g)　ΔH_f° ($kJ \cdot mol^{-1}$)	6 012
E°,$Cd^{2+}+2e^- \rightleftharpoons$ Cd(1mol · L^{-1} 酸) (V)	−0.4025/25℃
$Cd^{2+}+2e^- \rightleftharpoons$ Cd(Hg,饱和)(1mol · L^{-1} 酸)	−0.3520/25℃
$Cd(OH)_2+2e^- \rightleftharpoons$ Cd(Hg,饱和)(1mol · L^{-1} 碱)	−0.761/25℃
Cd^{+}，离子半径(pm)	114
Cd^{2+}，离子半径(pm)	97(Pauling) 103(Goldschmidt)
Cd^{2+}，水合热($kJ \cdot mol^{-1}$)	−1 830
水解常数，$Cd^{2+}+H_2O \rightleftharpoons CdOH^{+}+H^{+}$	$10^{-10.2}$/25℃

3.7　化 学 性 质[2,3]

镉的化学性质通常介于锌和汞之间．金属镉在潮湿空气中缓慢被氧化，在蒸气中则加速，如加热至红热，在空气中则生成棕色 CdO．镉也易被湿的氨和二氧化硫迅速腐蚀．镉在加热下能与卤素及其他一些非金属元素如硫、硒、磷等直接反应，但与氢、氮、碳等不能直接作用．

镉能溶于大多数非氧化性酸，放出氢气，生成二价镉阳离子．和氧化性酸反应较复杂，如与硝酸反应，随着浓度和温度的不同，所产生的氮的各种氧化物的量不同．镉易溶于浓的硝酸铵溶液．利用这一性质，可以将镀镉金属表面的镉剥离．与锌明显不同的是镉不溶于强碱．

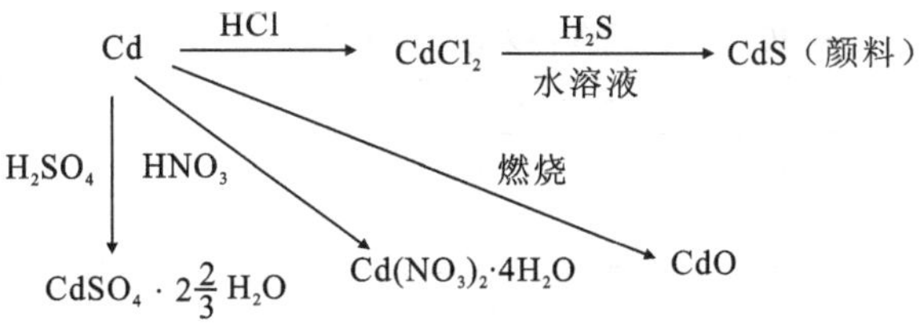

图 20.13 镉的主要化学性质

3.8 毒 性[2,4]

人们早就知道摄入镉会引起中毒. 1858—1945 年间，英国发生了 64 起急性镉中毒事件，均因吸入高浓度镉粉尘和烟雾而引起的. 二次大战期间，美国因以镉代替锡的不足而发生多起因摄取镉中毒甚至死亡的事故. 二次大战末到战后，日本富山县神通川沿岸发现以骨骼患病为特征的“痛痛病”，后经调查系因沿岸厂矿排放含镉废料所引起的慢性中毒所致.

人体镉中毒主要通过两个途径：一是经呼吸道吸入，症状是从咳嗽、有痰、咽喉有刺激感、鼻黏膜异常等开始，进一步发展到阻塞性肺病综合征和肺气肿；二是经消化道摄入，引起食欲不振、呕吐及腹泻等肠胃道疾病症状，特别会引起肾障碍等特征症状，尤其是肾小管机能发生障碍最为明显. 肾损害的依据是中度的蛋白尿，尿中主要丢失低分子量的球蛋白和某些清蛋白.

镉在人体中约 1/3 浓集于肾，1/6 浓集于肝，胰脏、甲状腺、胆等脏器中也有较高含量. 在这些器官中的镉主要与低分子量蛋白相结合，成金属硫蛋白的形式. 镉的生物学半衰期估计为 16—33a，胎、幼儿体内的镉含量几乎为零，出生后因不断的摄入而积蓄，约 50 岁后，摄入与排泄大致平衡，镉的含量不再增加.

虽然诸如二巯基丁二酸(DMSA)、2，3-二巯基丙烷-1-磺酸等对于镉中毒的即时处理很可能是有效的药物，但这类药物的施用也有引起锌损失的副作用. 因此对于镉中毒应以预防为主，一是控制污染，二是避免接触. 冶金车间每立方米空气中所含金属镉和可溶性镉尘的量不得超过 200μg，CdO 烟雾不得超过 100μg. 含镉量超过 0.5ppm 的废水不得排放. 世界卫生组织推荐的饮用水标准中镉最高允许浓度为 5μg · L^{-1}.

3.9 合 金[2,9,11]

镉是制备合金的重要金属之一. 镉可熔于大部分金属，但通常不生成金属间化合物. 在一些合金体系中加入少量镉就可以改善其机械强度及其他物理性质.

表 20.40　常见含镉易熔合金的组成及熔化温度

合 金	组　成(%)					熔融范围(℃)	
	Sn	Bi	Pb	Cd	其他	固态	液态
二元低共熔体	—	—	—	17.0	83.0T1	203	203
二元低共熔体	67.0	—	—	33.0	—	176	176
三元低共熔体	40.0	—	42.0	18.0	—	145	160
	51.2	—	30.6	18.2	—	145	145
二元低共熔体	—	60.0	—	40.0	—	144	144
三元低共熔体	46.0	—	—	17.0	37.0T1	128	128
	34.5	44.5	—	21.0	—	103	120
	25.0	50.0	—	25.0	—	103	113
	25.9	53.9	—	20.2	—	103	103
	—	51.7	40.2	8.1	—	92	92
Cerrosafe	15.4	38.4	30.8	15.4	—	70	97
	11.3	42.5	37.7	8.5	—	70	90
	24.5	45.3	17.9	12.3	—	70	88
	13.0	40.0	37.0	10.0	—	70	85
	13.0	42.0	35.0	10.0	—	70	80
Lipowitz 合金	13.3	50.0	26.7	10.0	—	70	73
Wood 合金	12.5	50.0	25.0	12.5	—	70	72
四元低共熔体	13.1	49.5	27.3	10.1	—	70	70
	13.2	49.3	26.3	9.8	1.4Ga	65	66
	12.77	48.0	25.63	9.6	4.0 In	61	65
Gerrolow 117	8.3	44.7	22.6	5.3	19.1 In	47	47

铜中加入 0.8%的镉可明显改善其机械强度和耐磨性能.

铠装电缆铅合金护皮中加入 0.25%镉可明显改善其抗疲劳性能.

含 2%锑、2%镉的铅合金用于一次性电池，比铅-钙合金给出更好的铸造质量和电性能.

与锡、铅及其他金属形成的含镉易熔合金有很低的熔点或精确的凝固点，常用于活字金属、自动喷水灭火器材及易熔模具等. 表 20.40 列入了熔点范围在 47—203℃之间的常见的镉合金.

有关镉合金的相图及其他有关信息可参见参考文献[2]. 表 20.41 中列出了部分确定的化合物.

表 20.41　镉合金体系

Ag-Cd	α	镉在银中：42.8 原子%/440℃
	β	AgCd，体心立方(＞450℃)，a=333.2[1)](E)[2)]
	γ	Ag_5Cd_8, γ-黄铜型结构，a=1 000.2(E)
	ε	$AgCd_3$，六方密堆积(E)
Al-Cd		铝中含镉：0.14 原子%/649 ℃

续表

		镉中含铝：极低
Au-Cd	α_1	Au_3Cd，面心四方，a=411.6，c=413.7
	β	AuCd，体心立方，＞100℃，a=331.2(E)
	ε'	$AuCd_3$，γ-黄铜型结构(?)(E?)
Ba-Cd		BaCd，体心立方，a=421.5
		$BaCd_{11}$，体心四方，a=1 202，c=774
Bi-Cd		146℃低共熔(Bi60 重量%)；极有限互溶
Ca-Cd		CaCd，体心立方，a=383.
		$CaCd_2$，六方 $MgZn_2$ 结构，a=599，c=965.
Co-Cd		Co_5Cd_{12}，γ-黄铜型结构(?)(E)
Cr-Cd		无化合物；Cr 不溶于 Cd/650℃.
Cs-Cd		$CsCd_{13}$，面心立方，$NaZn_{13}$ 结构，a=1 392.
Cu-Cd		Cu_2Cd，六立，$MgNi_2$ 结构，a=500.0，c=1 617
		Cu_5Cd_8，γ-黄铜型结构，a=961.5(E)
		$CuCd_3$，六方，a=811，c=876(E)
Fe-Cd		无化合物，溶解度很小
Hg-Cd		ω-相：四立，a=396.4，c=284.9(37%原子 Hg).
K-Cd		KCd_{13}，立方 $NaZn_{13}$ 结构，a=1 380
La-Cd		LaCd，体心立方结构，a=390.5
		$LaCd_2$，六方 CdI_2 结构，a=507.5，c=345.8
		$LaCd_{11}$，立方，$BaHg_{11}$ 结构，a=933.9
Li-Cd		Li_3Cd，面心立方(统计分布)，a=425.9
		LiCd，立方 NaTl 结构，a=670.0
		$LiCd_3$，六方密堆积(统计分布)，a=308.6，c=489.9
Mg-Cd		Mg_3Cd，六方，Ni_3Sn 结构，a=631，c=508
		MgCd，正交(有序)，a=500.5，b=322.2，c=527.0
		$MgCd_3$，六方，Ni_3Sn 结构，a=623，c=504
Mn-Cd		无化合物，25℃略有互溶
Ni-Cd		Ni_5Cd_{21}，γ-黄铜型结构，a=978.1(E)
Pb-Cd		无化合物；82.6%重量 Pb 共熔体，248℃
		镉中的铅：～0；铅中的镉：0.5 原子%/50℃
Pt-Cd		$PtCd_2$，AlB_2 结构
		Pt_5Cd_{21}，γ-黄铜型结构，a=988(E)
Rb-Cd		$RbCd_{13}$，立方 $NaZn_{13}$ 结构，a=1 391
Sn-Cd		Sn 中含镉：～1 原子%
		β相，六方(4.89%原子 Cd/176℃)；a=323.28，c=300.23
Sr-Cd		SrCd，体心立方，a=401.1
		$SrCd_{11}$，体心四立，a=1 202，c=769
Ti-Cd		Ti_2Cd，四方 $MoSi_2$ 结构，a=286.5，c=1 342
		TiCd，四方 PbO 结构，a=290.4，c=895.4
Zn-Cd		无化合物生成；25℃时互溶度极小；226℃时低共熔(17.4 原子%Zn)存在固溶体.

1) 晶胞参数 a,b,c 及键长单位为 pm，下文同.

2) E：电子化合物.

在图 20.14 所示的 Cd-Cu 相图中可看到：在 Cd 一侧α固溶体中，270℃时溶有 0.005%—0.010%铜；在 Cu 一侧η固溶体中，549℃时溶有 3.0%的镉，300℃时减少到 0.5%. 各金属间化合物的组成如下(结构参见表 20.41)

相	β	γ	δ	ε
组成	Cd_3Cu	Cd_5Cu_8	Cd_2Cu_3	$CdCu_2$

δ相是在冷凝过程中直接生成的，长时间恒温于 500℃也可以生成δ相. 另外，在足够缓慢冷却凝固时，会引起γ相和ε相间准安定共晶反应. 其共晶点是 540℃，含铜 38.7%.

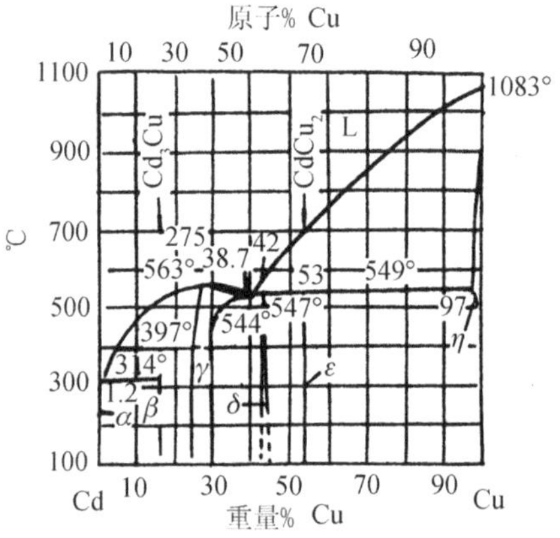

图 20.14　Cd-Cu 相图

3.10　分　　析

3.10.1　定性分析[12—14]

镉离子在以硫化物为基础的系统分析方法中属第二组，即在 0.3mol · L^{-1}HCl 中与 H_2S 作用生成硫化镉沉淀. 硫化镉又因不溶于碱性溶剂而归属铜组(IIA 组)，铜组中仅硫化镉呈亮黄色. 但如有 Cu^{2+}存在，会有干扰，故需先除去 Cu^{2+}或加 KCN 还原 Cu^{II}为$Cu(CN)_3^{2-}$以掩蔽 Cu^{2+}.

镉的分别检出法有多种，如：

联吡啶碘化亚铁法. 将一滴含镉试液放在滤纸上，再点加一滴 2，2′-联吡啶、KI 和 $FeSO_4$的混合水溶液，镉沉淀$[Fe(2，2'\text{-bipy})_3][CdI_4]$以红色斑点留于纸上. 检出限量 0.05μg，限界稀度 1 : 10^6.

二-对硝基二苯卡巴肼或二-β-萘卡巴腙法：在点滴板上将一滴含镉试液与一滴 10% NaOH 或 10% KCN 混合，再加一滴 0.1%二-对硝基苯卡巴肼酒精溶液、或

0.02% 二-β-萘卡巴腙甲醇溶液和二滴 40%甲醛，同时拌匀，溶液呈蓝绿色或析出蓝绿色沉淀. 检出限量 0.8μg，限界稀度 1∶250 000.

乙二醛双-(2-羟基缩苯胺)法：在点滴板上将二滴掩蔽剂(等体积 20%$Na_2S_2O_3$，20%酒石酸钠、饱和氟化钠溶液的混合溶液)，一滴含镉试液和二滴 50%KI 溶液混匀，再将约 20 粒 Dowex 2X 阴离子交换树脂浸没，抽去清液后水洗树脂，加二滴 1%乙二醛双-(2-羟基缩苯胺)酒精溶液和一滴哌啶，树脂粒上出现蓝色. 检出限量 0.05μg，限界稀度 1∶100 000.

4-硝基萘-重氮氨基-偶氮苯(镉试剂 2B)法：点滴反应纸上滴一滴试剂(0.02g 镉试剂 2B 溶于 100ml 酒精，再加 1ml 2mol · L^{-1}KOH)，加一滴含酒石酸钾钠的以醋酸微酸化的含镉试液，再加一滴 2mol · L^{-1}KOH 溶液，有蓝色环围绕的亮粉红色斑点产生. 检出限量 0.025μg.

3.10.2 定量分析

1. 容量分析

常量分析一般用 EDTA 络合滴定法. 以 $NH_4Cl+NH_3 \cdot H_2O$ 水溶液(pH = 10.1)作缓冲液，埃铬黑 T 作指示剂并以盐酸羟胺保护不被氧化，加热到 60℃左右，用 EDTA 滴定，终点时由紫色变亮蓝色.

2. 仪器分析[4,14]

主要的方法有比色法(双硫腙法)：在强碱性溶液中，镉离子与双硫腙生成红色配合物. 用氯仿萃取后在波长 518nm 处测定吸光值. 各种金属离子的干扰均可用控制 pH 值和加入络合剂的方法除去. 最低检出量 0.5μg，该法简便、快速.

原子吸收分光光度法：测定波长 228.8nm，石墨炉无焰法，检出限量达 0.1ppb. 用镉空心阴极灯及空气-乙炔火焰，检出限量为 10ppb. 原子吸收分光光度法是最广泛使用的镉分析法之一. 最为灵敏的则是阳极溶出伏安法. 还发展了一种用于活体内器官，主要是肝脏中测定含镉量的中子活化方法. 表 20.42 中列出了用于环境中镉含量测定的部分分析方法.

表 20.42 环境中镉含量的分析

材 料	方 法
花岗岩和辉绿岩	原子吸收、质谱、中子活化、极谱、分光光度
水	原子吸收、分光光度、极谱、溶出伏安、X-荧光
空 气	玻璃纤维薄膜的低温灰化，原子吸收、中子活化、溶出伏安
食 品	干法灰化，原子吸收
血 液	湿法灰化，双硫腙萃取，原子吸收
肾组织	干燥，中子活化，干法灰化，原子吸收
尿	双硫腙，原子吸收

3.11　镉(I)化合物[2,15]

当镉溶于熔融的卤化镉中时，得到暗红色熔体，深色可能归结于由卤桥连结的 Cd^{I} 和 Cd^{II} 的存在. 又如，将 $AlCl_3$ 加入 $CdCdCl_2$ 熔体，得到一种绿黄色熔体，相图研究表明有 Cd^{I} 存在. 所析出的黄色化合物 $(Cd_2)^{2+}(AlCl_4^-)_2$ 是抗磁性的，加入给予溶剂或水，立即析出金属镉并生成 Cd^{2+}，故在水溶液中 Cd^{I} 不能存在.

与 $Ga^+AlCl_4^-$ 一样，四氯合铝离子减少了二个氧化态的晶格能间的差而降低了歧化趋势，使 Cd_2^{2+} 得以存在.

熔融 $NaAlCl_4$ 中的 Cd(I)经电子光谱证实以 Cd_2^{2+} 形式存在，而不是以 Cd_3^{4+} 等其他形式存在. Raman 光谱中 $\nu_{Cd\text{-}Cd}$ 为 $183 \pm 3cm^{-1}$，相应的力常数为 $0.11\mu N \cdot nm^{-1}$(Zn_2^{2+}，0.06；Hg_2^{2+}，0.25). 对于平衡

$$Cd^{2+} + Cd(I) \rightleftharpoons 2Cd_2^{2+}$$

平衡常数 $K = 1.71 \pm 0.11$.

一些一卤化物等一价镉化合物的热力学数据经计算列于表 20.43.

表 20.43　一价镉化合物的热力学数据

物 种	ΔH_f° (kJ · mol^{-1})	ΔG_f° (kJ · mol^{-1})	S° (J · mol^{-1} · K^{-1})
CdH(g)	261.8	233.3	212.5
CdF(c)	−243	—	—
CdCl(g)	19	−7.5	253
CdCl(c)	−167	—	—
CdBr(g)	−50	−92	264
CdBr(c)	−138	—	—
CdI(g)	82.1	34	272
CdI(c)	−100	—	—
$CdO_{0.5}$(c)	−109	—	—

有人将氚以 THO 的形式作为结晶水引入 $CaCd(CH_3CO_2)_4 \cdot 6H_2O$ 中，由氚的β粒子辐射或 γ 辐射都可以产生 Cd(I)中心. 其证据是在其 ESR 谱中观察到只有 5s 轨道中有单电子时才存在的各向同性的超精细相互作用(Fermi 接触相互作用)[16].

3.12 镉(II)化合物[2,9]

3.12.1 氢化镉(CdH_2)

氢化镉不能由镉与氢直接合成. 与氢化锌一样(参见 2.12.1), 以 CdR_2(R=Me, Et)或 CdI_2 作用于 $LiAlH_4$ 而制得. 首先将 CdR_2 或 CdI_2 加入冰浴冷却的氢化铝锂($LiAlH_4$)的乙醚溶液中, 再将混合溶液移离冰浴升至室温后即生成白色沉淀, 沉淀经乙醚洗涤数次, 再在 50℃、真空中脱去乙醚. 这里所用试剂均需脱水, 全部操作均应在隔绝空气的系统中进行.

由 UV 光谱的研究得到下述气态双原子物种中 r_e 值: CdH, 176.2; CdD, 174.8; CdH^+, 166.7; CdD^+, 166.4pm.

氢化镉不如氢化锌稳定, 在 0℃以下就会迅速分解.

3.12.2 卤化镉

(a)制备. 卤化镉可以通过多种方法来制备. 如氢氟酸(40%)和 $CdCO_3$ 反应得到 CdF_2 溶液, 经蒸发和真空干燥(150℃)可得到纯 CdF_2. 无水氯化镉的常用制备方法有: ①将水合物在氯化亚砜中回流; ②将干燥的 $Cd(CH_3COO)_2$ 溶于冰醋酸与乙酰氯反应; ③金属镉和干燥的 HCl 在 450℃反应; ④$Cd(NO_3)_2 \cdot 4H_2O$ 和热浓盐酸反应, 所得产物在 HCl 气氛中蒸馏, 干燥氮气氛中干燥. 方法②也可用于 $CdBr_2$ 的制备, $CdBr_2$ 和 CdI_2 还可由单质直接化合制得.

(b)性质. CdF_2 溶于氢氟酸和其他无机酸, 不溶于乙醇或液氨. 其他卤化镉通常易溶于水, 且溶于醇、醚和液氨. CdF_2, CdI_2 不形成水合物, 已知的含水卤化物有 $CdCl_2$(4, 2.5, 1H_2O)和 $CdBr_2$(4, 1H_2O). 水合物经加热通常生成碱式卤化物(参见 3.12.4 节). 表 20.44 列入卤化镉的部分物理性质. 表 20.45 给出了部分水合卤化镉的热力学数据.

表 20.44 卤化镉的物理性质

性质	CdF_2	$CdCl_2$	$CdBr_2$	CdI_2
熔 点(℃)	1 110	568	567	387
熔化热($kJ \cdot mol^{-1}$)	22.594	22.176	20.920	33.472
熔化熵($J \cdot mol^{-1} \cdot K^{-1}$)	16	26	25	50
沸 点(℃)	1 758	960	863	796
气化热($kJ \cdot mol^{-1}$)(沸点温度)	234	125	113	106
气化熵($J \cdot mol^{-1} \cdot K^{-1}$)	116	98.4	—	—
蒸气压(kPa)	1.3/1286℃	1.3/656℃	—	1.3/512℃
热容($J \cdot mol^{-1} \cdot K^{-1}$)	—	74.7	76.7	80.0
熵($J \cdot mol^{-1} \cdot K^{-1}$) (c)	77.4	115.3	137.2	161.1

续表

性质	CdF_2	$CdCl_2$	$CdBr_2$	CdI_2
(aq · 1mol · L^{-1})	−101	40	91.7	149
生成热(kJ · mol^{-1})(c)	−700.9	−391.8	−316.4	−203
(aq · 1mol · L^{-1})	−720.72	−410.5	−319.2	−186.4
生成自由能(kJ · mol^{-1}) (c)	−648.1	−344.2	−296.5	−201.5
(aq · 1mol · L^{-1})	−635.64	−340.3	−285.7	−180.9
晶格能(kJ · mol^{-1})	2 772	—	—	2 412
密度(g · cm^{-3})(25℃)	6.64	4.047	5.192	5.67
溶解度(g/100gH_2O)	4.35/25℃	140/20℃ 150/100℃	95/18℃ 160/100℃	86.2/25℃ 125/100℃
磁化率(c.g.s × 10^{-6})	−0.26	−0.37	−0.32	−0.32
分子结构	线状	线状	线状	线状
$d_{(Cd\text{-}X)}$(pm)	197	221	237	255
晶体结构 (参见图 20.15)	立方 CaF_2 型	六方层形	六方	六方层形

氟化镉属典型的 CaF_2 型结构，而其他的卤化镉均具有层状结构(图 20.15)，前者是离子型的，后者是部分共价的，$CdCl_2$ 属六方晶系，Cl 具立方紧密堆积，Cd 则占据所有八面体空隙，其晶胞参数 $a' = 385.4$，$c' = 1\ 746$pm，$Z = 3$. $CdBr_2$ 具有类似结构，$a' = 395$，$c' = 1\ 867$pm，$Z = 3$. 碘化镉有两种变体，和 $CdCl_2$ 相似，白色α型 CdI_2 中 I 具六方紧密堆积，Cd 占据同样位置，晶胞参数 $a = 424$，$c = 684$pm，$Z = 1$. 在棕色β-CdI_2 中，I 层的堆积按以下形式：*abac abac*…，是六方晶系，但晶胞体积是α-CdI_2 的两倍($a = 424$，$c = 1\ 367$pm，$Z = 2$). 从溶液或熔体中缓慢生长出的单晶倾向于采取β型，还有可能采取一种六层序列 *abcacb*…或其他更为复杂的立方和六方紧密堆积的混合结构. CdBrI 具有一种 12 层序列 *abcbcababcac*…的有序超结构.

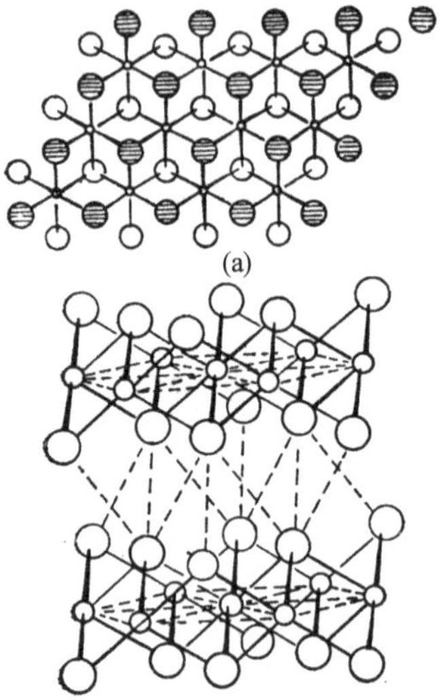

图 20.15　卤化镉的结构

(a) $CdCl_2$ 或 CdI_2 晶体结构中的一层；(b)CdI_2 的局部双层结构(小圆表示金属原子)

熔融卤化物的振动光谱证实在液态时有 CdX_2 分子的存在. 在 CdX_2(X=Cl, Br, I)的水溶液中含有大量未解离的 CdX_2 分子，但从电导和光谱研究表明，溶液中存在自体配合物，如 CdX^+，CdX_3^-，CdX_4^{2-} 等(参见 3.12.10 节).

表 20.45 部分水合卤化镉的热力学数据

化合物	ΔH_f° (kJ · mol^{-1})	ΔG_f° (kJ · mol^{-1})	S°(J · mol^{-1} · K^{-1})
$CdCl_2 \cdot H_2O$(c)	−688.90	−587.45	168
$CdCl_2 \cdot 2.5H_2O$(c)	−1 132.7	−944.71	227
$CdBr_2 \cdot 4H_2O$(c)	−1 493.5	−1 248.9	317

3.12.3 拟卤化镉[2,17,18]

1. 氰化镉[$Cd(CN)_2$]

(a) 制备. 将氢氧化镉溶于氢氰酸溶液中，经蒸发浓缩即得结晶，过滤后在 110℃下干燥.

$$Cd(OH)_2+2HCN \longrightarrow Cd(CN)_2+2H_2O$$

(b) 性质. 氰化镉在空气中是稳定的无色结晶(密度，2.226g · cm^{-3})，加热变成褐色，在 200℃以上分解. 在水中溶解度不大(1.7g/100g，15℃)，易溶于氰化钾溶液生成配合物(参见 3.12.11). 和 $Zn(CN)_2$ 一样，$Cd(CN)_2$ 为反氧化亚铜(Cu_2O)结构(立方，a=632pm，$Z=2$)，镉的配位数为 4(二个 C 和二个 N). 对于 $Cd(CN)_2$(C)，$\Delta H_f^\circ = 162$kJ · mol^{-1}(H_2O，1mol · L^{-1})，$\Delta H_f^\circ = 226$kJ · mol^{-1}，$\Delta G_f^\circ = 268$kJ · mol^{-1}，$S^\circ = 115$J · (mol · K)$^{-1}$.

2. 硫氰酸镉[$Cd(SCN)_2$]

(a) 制备. 用硫酸镉和硫氰酸钡为原料经复分解法进行制备

$$CdSO_4+Ba(SCN)_2 \longrightarrow Cd(SCN)_2+BaSO_4$$

如将 15.77g 八水合氢氧化钡($Ba(OH)_2 \cdot 8H_2O$)溶于 500ml 水，随后加入含 7.61g 硫氰酸铵(NH_4SCN)的水溶液 100ml，煮沸除氨. 俟氨完全除尽，滴加煮沸的硫酸镉溶液$\left(12.82\text{g } CdSO_4 \cdot \frac{8}{3}H_2O\text{溶于100ml水}\right)$. 注意上述两种溶液均应保持在沸点附近. 反应完毕后，溶液冷至室温，滤去硫酸钡. 滤液经蒸发浓缩至 80ml，冷却、结晶. 所得结晶先用水、后用乙醇洗涤，在 80℃下干燥.

(b) 性质. 硫氰酸镉为无色结晶状固体，溶于水、乙醇和液氨. $Cd(SCN)_2$(c)的部分热力学数据：ΔH_f°=52.00kJ · mol^{-1}(H_2O,1mol · L^{-1})，ΔH_f°=77.04kJ · mol^{-1}，ΔG_f°=107.9kJ · mol^{-1}，$S^\circ = 215$J · (mol · K)$^{-1}$. $Cd(SCN)_2$ 的结构为含四个配位硫

原子、二个反式配位氮原子的略有畸变的六配位八面体构型($d_{Cd-N}=224$，$d_{Cd-S}=276pm$).

3. 叠氮化镉$[Cd(N_3)_2]$[19]

将 $Cd(NO_3)_2$ 和 NaN_3 的水溶液混合，滤去初生成的沉淀，滤液置于装有浓硫酸的干燥器中，室温下经蒸发浓缩即可得到白色 $Cd(N_3)_2$ 晶体.

$Cd(N_3)_2$ 可溶于水，无水物经摩擦会引起爆炸. 在真空中加热到 100—120℃，放出 N_2，生成氮化镉

$$3Cd(N_3)_2 \longrightarrow Cd_3N_2+8N_2$$

3.12.4 氧化物和镉酸盐[2,20,21]

1. 氧化镉(CdO)

(a) 制备. 用碳酸铵溶液沉淀硝酸镉溶液，碳酸镉沉淀经抽滤，水洗，干燥，并在 500—600℃煅烧得到氧化镉

$$CdCO_3 \longrightarrow CdO+CO_2$$

由甲酸镉或草酸镉的热分解可以得到活性很高的粉末状氧化镉，金属镉在氧气中燃烧也可生成氧化镉. 大的氧化镉单晶可用水热法制得.

(b)性质. 无定形氧化镉的颜色因制备方法不同而异，呈黄褐，红褐、暗褐等不同颜色；密度 $6.95g\cdot cm^{-3}$，700℃升华，900℃分解. 氧化镉不溶于碱，难溶于水，易溶于酸及铵盐类溶液，在潮湿空气中慢慢转变为碳酸镉. 在 300—670℃范围内，可被 C，CO，H_2 或 CH_4 还原为金属. 结晶氧化镉密度 $8.15g\cdot cm^{-3}$，加热时不熔化，1 559℃时升华压达 1 atm；其热力学参数：ΔH_f°，$-258kJ\cdot mol^{-1}$；ΔG_f°，$-229kJ\cdot mol^{-1}$；S°，$54.8J\cdot(mol\cdot K)^{-1}$；$c_p^\circ$，$43.46J\cdot(mol\cdot K)^{-1}$. 其晶体结构属 NaCl 型立方晶系($a=469.53/27$℃，$d_{Cd-O}=235pm$)，晶格能 $3\,785kJ\cdot mol^{-1}$. 氧化镉是本征 n 型半导体，禁带宽度 $222kJ\cdot mol^{-1}$.

氧化镉可作 PVC 热稳定剂使其高温性质得以改善，还可作为无机镉化合物的原料被广泛应用. CdO 的 NaCN 溶液可用作电镀镉液.

2. 过氧化镉(CdO_2)

过氧化镉可用制 ZnO_2 的类似反应来制备(参见 2.12.3)，其晶体结构属立方黄铁矿型($a=527pm$)，镉原子处于六个氧原子所组成的八面体配位环境的中心，$d_{Cd-O}=229pm$，O_2^{2-} 中 $d_{O-O}=150pm$. 加热到 180—200℃时，过氧化镉分解放出 O_2. CdO_2 不溶于水、氨水、$Cd(OH)_2$ 的水溶液，遇酸分解.

3. 镉酸盐

镉酸盐通常由 $Cd(OH)_2$ 与强碱作用制得，通式为 $mM^{I}_{2}O \cdot CdO \cdot nH_2O(m = 1, 2, n = 2, 3)$，已知有 $Na_2[Cd(OH)_4]$，$Ba_2[Cd(OH)_6]$，$Sr_2[Cd(OH)_6]$等，均为无色固体，易溶于水，不溶于乙醇.

此外，还有几类已知结构的镉酸盐列入表 20.46.

表 20.46 镉酸盐

$BaCdO_2$	斜方晶系，a=616.8，b=366.0，c=1 195.0，Z=4；变形β-方石英结构，五配位镉：$d_{Cd\text{-}O}$=233—230(4)；262(1)
$MCdO_3$	M=Ce，Sn，Th，Ti，Zr；假立方晶系，变形钙钛矿结构；a=765(Ce)，780(Sn)，874(Th)，750(Ti)
M_2CdO_4	M=Al,Cr,Fe,Ga,Rh,V;立方晶系，正常尖晶石结构：四配位镉(O)；a=807.8(Al),859.6(Cr),870.5(Fe),857(Ga),878.1(Rh),868(V)
M_2CdO_4	M=In，Mn；四方晶系，Mn_3O_4结构(变形尖晶石型结构)，a=612,c=987(In)；a=518,c=987(Mn)；Z=4

3.12.5 氢氧化镉和碱式盐[2,17,22]

1.氢氧化镉[$Cd(OH)_2$]

(a) 制备. 将固体 KOH 加入碘化镉(CdI_2)的水溶液中，先生成 $Cd(OH)_2$ 无定形沉淀；加热使之溶解，将热溶液静置、缓慢冷却，析出白色 $Cd(OH)_2$ 晶体. 将稍过量不含碳酸盐的热氢氧化钠溶液加入热硝酸镉溶液可制得 $Cd(OH)_2$ 微晶

$$Cd(NO_3)_2+2NaOH \longrightarrow Cd(OH)_2+2NaNO_3$$

将沉淀抽滤，以煮沸去 CO_2 的蒸馏水洗涤，在 40—50℃下进行干燥.

(b) 性质. 氢氧化镉是五色、有光泽的片状晶体(密度，4.79g · cm^{-3})，溶于酸和 NH_4Cl 溶液，几乎不溶于水(2.6×10^{-4}g/100g，25℃)，微溶于 NaOH 溶液(0.13g/100ml 5M 溶液). 其碱性比 $Zn(OH)_2$ 强，在 150℃以上开始分解为氧化镉，在 200℃分解完全. 氢氧化镉易吸收二氧化碳，转变为碳酸镉.

$Cd(OH)_2$ 具有 CdI_2 型层状结构，属六方晶系，($a = 348$，$c = 467$，Z=1). 六方晶系 $Cd(OH)_2$ 有β型，还有α型和γ型. α-$Cd(OH)_2$ 是在葡萄糖存在下的硝酸镉的水解产物，具有双层结构；γ-$Cd(OH)_2$ 是烷基镉的水解产物，属单斜晶系(a=567，b = 1025，c=341，$\alpha = \gamma = 90°$，β=91°4). 在固体 $Cd(OH)_2$ 中不存在 OH…O 氢键，已由中子衍射分析所证实.

在 Cd^{2+}-OH^- 水溶液体系中，lg K_1 为 6.38. 对于水解反应：$Cd^{2+}+H_2O \longrightarrow Cd(OH)^++H^+$，lg K_1 为−10.2. 溶度积 lg $K_{sp} = -14.4$. 表 20.47 中列出了中性或离子物种的部分热力学数据.

表 20.47 Cd^{2+}-OH^-体系热力学数据

物 种	ΔH_f° (kJ · mol^{-1})	ΔG_f° (kJ · mol^{-1})	S°(J · mol^{-1} · K^{-1})
$CdOH^+$(M=1,H_2O)	—	−261	—
$Cd(OH)_2$(c)	−561.0	−473.9	96
$Cd(OH)_2$(M=1,H_2O)	−536.25	−392.4	−94.6
$Cd(OH)_3^-$ (M=1,H_2O)	—	−601.2	—
$Cd(OH)_4^{2-}$ (M=1,H_2O)	—	−759.1	—

2. 碱式盐

有关这类盐参见相应的锌化合物(参见 2.12.11)，一些已知结构的碱式盐见表 20.48. 这些碱式盐既可在室温下由碱作用于镉盐、也可将 CdO 与密封管内的镉盐溶液加热到 200℃制得.

它们都是层状结构，其差别仅是一层与另一层间取向的不同. 属 $CdCl_2$ 型结构的碱式盐中晶胞参数 c 是 CdI_2 型结构的 3 倍，在 Cd(OH)Cl 中存在有序的 Cl 面和 OH 面的交错排布.

表 20.48 镉的碱式盐

$Cd(OH)_{1.75}Cl_{0.25}$	六方，CdI_2 型结构，a=353，c=503
$Cd(OH)_{1.25}Cl_{0.75}$	六方，$CdCl_2$ 型结构，a=358.7，c=1 660.5
Cd(OH)Cl	六方，CdI_2 型结构，a=366，c=1027
$Cd(OH)_{1.4}Br_{0.6}$	六方，$CdCl_2$ 型结构，a=358，c=1755
$Cd(OH)_{1.5}I_{0.5}$	六方，CdI_2 型结构，a=364，c=660

3.12.6 硫族化合物[2,17,22,21]

1. 硫化镉(CdS)

(a)制备. 将 H_2S 通入用少许高氯酸酸化的高氯酸镉[$Cd(ClO_4)_2$]热溶液，得到立方晶系的硫化镉

$$Cd(ClO_4)_2+H_2S \longrightarrow CdS+2HClO_4$$

当以卤化镉为原料时，则得到掺杂有卤原子的六方晶系的硫化镉. 洗涤产品不能除去这些杂质. 其结晶还可通过镉蒸气和 H_2S 在 800℃下反应，或由 CdS 和 Na_2S 溶液用水热法制得. 立方晶系的硫化镉在硫蒸气中加热至 700—800℃则转变为六方晶系.

硫化镉的颜色也因反应条件的不同而不同：将极稀的镉盐溶液与硫化钠混合得到柠檬黄色的硫化镉；当硫化氢长时间地通过悬浮的氢氧化镉时则得到橙黄色的硫化镉.

(b) 性质. 硫化镉的结构有α-型(六方晶系，a=413.48. c=674.90，Z=2；$d_{Cd\text{-}S}$=252pm；密度，4.82g · cm^{-3})，柠檬黄色，属纤锌矿型结构，晶格能3 404kJ ·mol^{-1}. 在惰性气氛中1 000℃时明显升华；1000kPa 氩气中1 475 ± 15℃时熔融. 水中溶解度1.3×10^{-4}g/100g(18℃)，溶度积5.01×10^{-29}/25℃. β-型(立方晶系，a = 581.8，Z = 4；密度，4.50g · cm^{-3})，橙黄色，属闪锌矿型结构. 硫化镉易溶于氨水，溶于浓酸或热的稀酸，不溶于$(NH_4)_2S$，Na_2S. 对于 CdS(c)，ΔH_f° =−162kJ · mol^{-1}，ΔG_f° = −157kJ · mol^{-1}，S° = 64.9J · (mol · K)$^{-1}$.

硫化镉被广泛用于半导体材料，光致发光、电致发光、阴极射线发光材料和颜料等的制造.

2. 二硫化镉(CdS_2)

将 CdS 与硫黄按 1∶1 摩尔比混合，在 64 150 大气压、400—600℃维持 4—6h 后急冷至室温，即得 CdS_2. CdS_2 为黄棕色微晶，属黄铁矿型结构(a = 630.3)，电阻率 $3.0 \times 10^5 \Omega \cdot cm$(室温)，磁化率 0.4×10^{-6}e.u./g(室温). 溶于热稀硝酸、硫酸.

3. 混合硫化物

$CdCr_2S_4$(a=1 020.7)，$CdIn_2S_4$(a=1 081.8)为正常尖晶石结构，而 $CdGa_2S_4$ 则属所谓“硫镓酸盐”(thiogallate)结构，其中阴离子为假等轴紧密堆积，所有阳离子处于有序的四配位环境中(四方晶系，a=557.7，c=1 008). $CdAl_2S_4$ 的结构随压力变化而改变：常压下为硫镓酸盐型结构(a=556.4，c=1 032；密度，3.06g · cm^{-3})，在 4.5×10^6kPa，400℃下则转变为尖晶石结构(a=1 024；密度，3.65g · cm^{-3}).

4. 硒化镉(CdSe)和碲化镉(CdTe)

可以在水溶液中用 H_2Se 或 H_2Te 和 Cd^{2+}盐的复分解反应制备，也可以通过高温下元素的直接化合得到. 与硫化镉一样，都是本征半导体，禁带宽度：CdS，230；CdSe，180；CdTe，155kJ · mol^{-1}.

硒化镉呈暗红、深棕或暗绿色，熔点 1 260℃，密度 5.8g · cm^{-3}. 其结构有纤锌矿型(六方晶系，a=430.9，c=702.1，$d_{Cd\text{-}Se}$ = 263pm)和闪锌矿型(立方晶系，a=605). 晶格能为 3 383kJ · mol^{-1}. 不同比例的硫化镉和硒化镉混合物可形成从橙到褐色的一系列颜料. 硒化镉可用于制造光电池、整流器、发光油漆等.

碲化镉呈黑色，熔点 1 042℃，也有两种结构：闪锌矿型(立方晶系，a=648.0，$d_{Cd\text{-}Te}$ = 278，密度 6.20g · cm^{-3})和高温纤锌矿型(六方晶系，a = 457，c=747). 碲化镉(CdTe(c))的热力学数据：ΔH_f° = −92.5kJ · mol^{-1}，ΔG_f° =−92.1kJ · mol^{-1}，S°=100J · (mol · K)$^{-1}$. CdTe 可作为红外光学材料、磷光体，还可用于制造场致发

光器件、光电池、核放射性探测器等.

混合硒化物、碲化物已知有多种：具有硫镓酸盐结构的 $CdAl_2Se_4$(a=574.6，c=1 068)，$CdGa_2Te_4$(a=609.3，c=1 181)和 $CdIn_2Te_4$(a=620.4，c=1 240)；尖晶石结构的 $CdCr_2Se_4$(a=1 072.1)．$CdIn_2Se_4$ 具有较规则的硫镓酸盐结构，属立方晶系，故其单位晶胞体积几乎只有 $CdAl_2Se_4$ 的一半．$CdZnSe_2$ 则为一种不规则的闪锌矿结构.

3.12.7　氮族化合物[2,21–24]

1. 氮化镉(Cd_3N_2)

长时间加热(180℃)氨基镉[$Cd(NH_2)_2$]可制得 Cd_3N_2．Cd_3N_2 是黑色固体，在空气中不稳定，易被氧化，在潮湿气氛或酸、碱中分解．生成热 ΔH_f° (c)为 162kJ · mol^{-1}，具有立方晶系反-Tl_2O_3 结构(a=1 079，Z = 16；密度，7.67g · cm^{-3}).

2.氨基镉($Cd(NH_2)_2$)

氨基镉由 $Cd(SCN)_2$ 和 KNH_2 在液氨中反应制得．$Cd(NH_2)_2$，无定形粉末，色微黄，对空气敏感，加热会爆炸，遇水分解，溶于含氨基钾的液氨溶液．密度 3.05g · cm^{-3}，ΔH_f° −57.8kJ · mol^{-1}.

氨基镉的衍生物有二(二氰基氨基)镉，二(三苯基脲基)镉，二(二乙基氨基)镉，二[二(三甲基硅)氨基]镉等，可由金属氨基化合物的取代或复分解反应制得．如

$$CdI_2+2NaN(SiMe_3)_2 \longrightarrow Cd[N(SiMe_3)_2]_2+2NaI$$

$Cd[N(SiMe_3)_2]_2$ 以单体形式存在，具有 D_{2d} 或 D_{2h} 对称性．熔点 8℃，沸点 93℃/67Pa，密度 1.062g · cm^{-3}.

3. 磷化物

(a) 制备．已报道有三种不同的镉的磷化物．取金属镉与稍过于化学计量比的红磷封入石英管，缓慢升温至 600℃，在此温度下保持 9 小时．再升温，使整个反应管达 680℃，保持 12 小时，即得 Cd_3P_2．略降低反应管一端温度，Cd_3P_2 则在此端凝聚结晶．还有用氢气输送磷蒸气到 700℃的镉上来制取 Cd_3P_2 的方法.

取金属镉与稍过量于化学计量比的红磷封入石英管，加热到暗红色则生成 CdP_2.

取 0.6g 红磷和 20g Pb-Cd 合金(含 Cd 5%)封入石英管中，将温度缓慢升至 565—575℃，保持 2.5—5d，即可制得 CdP_4．产物用冰醋酸和过氧化氢溶液的混合液煮沸，再以 20%盐酸处理提纯.

(b) 性质．Cd_3P_2 为铁灰色，具有畸变的反-Tl_2O_3 结构(四方晶系，a=874.6，

c=1 228，Z=8；密度 5.60g $\cdot cm^{-3}$). CdP_2 为橙红色，有四方晶系 (密度 4.19g $\cdot cm^{-3}$) 和假立方晶系两种. Cd_3P_2 和 CdP_2 均不与水反应，但前者与稀盐酸反应生成磷化氢. CdP_4 为黑色，属单斜晶系(密度 3.90g · cm^{-3})，以含六配位(P)镉的三维 P_n 网的形式存在. CdP_4 与普通试剂难以反应，可溶于沸腾的王水中，在真空中加热则分解为镉和磷.

4. 砷化物

与磷化物相似，有 Cd_3As_2 和 $CdAs_2$，亦可由相应磷化物的制备方法制得.

灰色 Cd_3As_2 结构与 Cd_3P_2 的相似，密度 6.21g · cm^{-3}. 熔点 721℃，生成热 ΔH_f° − 41.84kJ · mol^{-1}. 它是 n-型半导体，有高的电子迁移率，其电子浓度为 $3 \times 10^{18} cm^{-3}$.

$CdAs_2$ 稍硬，色更深些，熔点 621℃，ΔH_f° −18kJ · mol^{-1}. 加热分解为 Cd_3As_2 和 As.

5. 锑化镉

Cd_3Sb_2 可由元素直接作用制得，其结构与 Cd_3P_2 或 Cd_3As_2 的相似，而 CdSb 则具有一种独特的类似于金刚石的结构(正交晶系，a = 647.1，b = 825.3，c=852.6；密度 6.92g $\cdot cm^{-3}$)，与 ZnSb 的相类似. 上述两种锑化镉的热力学数据列于表 20.49.

表 20.49 镉的锑化物热力学数据

性 质	Cd_3Sb_2	CdSb
m.p.(℃)	421	456
熔化热 ΔH(kJ · mol^{-1})	—	32.1
熔化熵 ΔS(J · mol^{-1} · K^{-1})	—	44.00
生成热 ΔH_f° (kJ · mol^{-1})	−58.2	−14.4
生成自由能 ΔG_f° (kJ · mol^{-1})	6.66	−13.0
熵 S°(J · $mol^{-1}K^{-1}$)	330	92.9
气化热 ΔH_{vap}(kJ · mol^{-1})	—	138

已知的混合衍生物不多. 如 $CdGeP_2$ 属黄铜矿型结构(四方晶系，a = 573.8，c=1 077.6)，$CdGeAs_2$(a = 594.2，c = 1122.4)和 $CdSnAs_2$(a = 609.2，c = 1192.2)也有类似结构.

$CdZnSe_2$ 常温时与有序黄铜矿的结构相同，在高温时，由于无序排列而与立方 ZnS 结构相同.

3.12.8 碳化镉(CdC_2)[19]

碳化镉属类盐型碳化物，相当于乙炔的镉盐，故又叫乙炔镉. 将干燥的乙炔与加热到 500℃的细镉粉反应可生成碳化镉. 碳化镉还可以由干燥的乙炔通入

$CdI_2 \cdot C_6H_5NH_2$的丙酮溶液而制得，先生成橙色沉淀$CdC_2 \cdot C_2H_2 \cdot CdI_2$，可再用乙醇洗涤除去$CdI_2 \cdot C_2H_2$.

碳化镉的性质与碳化锌的类似，遇水或酸分解放出乙炔. 没有爆炸性，在空气中加热到202℃分解.

3.12.9　含氧酸盐[2,17,18,21,24]

镉的含氧酸盐与相应的锌盐相比，性质相近，故仅将它们的结构以及部分物理和化学性质列于表20.50.

表20.50　镉的含氧酸盐的性质

1.硼酸盐	在$CdO-B_2O_3$体系中已制备出3∶1，2∶1和2∶3的固体盐. $Cd(BO_3)_2$中Cd为四配位. $Cd(BO_3)_2 \cdot H_2O$：白色，正交晶系，密度$3.758g \cdot cm^{-3}$；ΔG_f° (c)–1 486kJ · mol^{-1}，溶解度125g/100gH_2O(17℃)，Cd^{2+}–$B(OH)_4^-$水溶液体系中lgK_{sp}–8.64/22℃.
2.碳酸镉	$CdCO_3$，白色固体，结构：菱形晶系($NaNO_3$型，a=613.06，α = 47°19′)；密度，$4.258g \cdot cm^{-3}$. 分解温度(第一级)，332—355℃；分解压，10.3kPa/321℃，101.3kPa/357℃. Cd^{2+}– CO_3^{2-}水溶液体系中，lg K_{sp}–11.28/25℃. ΔH_f° (c)，–751.1kJ ·mol^{-1}；ΔG_f° (c)，–669.9kJ · mol^{-1}；S°(c)，92.5J · (mol · K)$^{-1}$. 不溶于水，溶于酸、CN^-，NH_4^+溶液.
3.甲酸镉	$Cd(HCOO)_2 \cdot 2H_2O$，单斜晶系，密度$2.44g \cdot cm^{-3}$，加热分解，易溶于水. $Cd(H \cdot COO)_n^{2-n}$，ΔG_f° (H_2O，1mol ·L^{-1})：n = 1，–436.3；2，–779.6；3，–1 142；4，–1 491kJ ·mol^{-1}. $Cd(H \cdot COO)_2$ (H_2O，1mol · L^{-1})：ΔH_f°，–927.63kJ · mol^{-1}；S°，109J · (mol · K)$^{-1}$.
4.乙酸镉	$Cd(CH_3COO)_2 \cdot nH_2O$($n$=0，1，2，3). n=0：密度$2.341g \cdot cm^{-3}$；m.p.256℃；易溶于水. n=2：结构为变形四方底三角帽型多面体，七配位镉(二个双齿、一个桥联OAc，二个H_2O)(见图20.16)；密度2.01 g ·cm^{-3}；130℃时脱1H_2O. 易溶于水和乙醇. Cd^{2+}– CH_3COOH水溶液体系(25℃)：lg K_1，1.30；lg K_2，0.98；lg K_3，0.14；lg K_4，–0.42. $Cd(CH_3COO)_n^{2-n}$，ΔG_f° (H_2O，1mol · L^{-1})：n=1，–457.2；2，–816.8；3，–1 199；4，–1 568kJ · mol^{-1}. $Cd(CH_3COO)_2$(H_2O，1mol · L^{-1})：ΔH_f°，–1 049kJ · mol^{-1}；S°，100J · (mol · K)$^{-1}$.
5.草酸镉	$Cd(COO)_2 \cdot nH_2O$(n=0，2，3)；n = 0：密度，$3.32g \cdot cm^{-3}$；分解温度，340℃；ΔH_f°，–913.1kJ · mol^{-1}. 从硅胶中结晶时，n = 2：水结合牢固，失第一水温度180℃，失第二水温度250℃；n = 3：溶解度，5 × 10^{-3}g/100gH_2O(18℃)；ΔG_f°，–1 509kJ · mol^{-1}. Cd^{2+}-草酸水溶液体系(25℃)：lgK_1，4.00；lgK_2，1.77. $Cd(COO)_2$(H_2O，1mol · L^{-1})：ΔH_f°，–901.4；ΔG_f°，–751.9kJ · mol^{-1}；S°，–28J · (mol · K)$^{-1}$.
6.硅酸镉	$CdSiO_3$：菱形晶系，m.p. 1 155℃；密度，$4.93g \cdot cm^{-3}$；ΔH_f° (c)，–1 189.9；ΔG_f° (c)，–1 106.2 kJ · mol^{-1}；S°，97.6；c_p^n，88.63 J · (mol · K)$^{-1}$. Cd_2SiO_4：m.p. 1 246℃；密度，$5.83g \cdot cm^{-3}$.
7.亚硝酸盐	Cd^{2+}- NO_2^-水溶液体系(25℃)：lgK_1，1.80；lgK_2，1.21；lgK_3，0.80；lgK_4，～0.7. 固体$MCd(NO_2)_3$(M=NH_4，K，Rb，Cs，T1)均为钙钛矿型结构.

续表

8.硝酸镉	$Cd(NO_3)_2 \cdot nH_2O$(n=0, 2, 4). n=0: m.P. 350℃; 溶解度, 109g/100g H_2O(0℃), 142g/100g H_2O(15℃), 326g/100g H_2O(60℃), 682g/100g H_2O(100℃); ΔH_f° (c), −456.8kJ·mol^{-1}. n=4: m.p.59.4℃; 密度,2.455g·cm^{-3}; 熔化热 ΔH,33kJ·mol^{-1}; 熔化熵, 96J·$(mol \cdot K)^{-1}$; 溶解度, 132g/100gH_2O(0℃); ΔH_f° (c), −1 650.1kJ·mol^{-1}; 晶体结构: 正交晶系, a=583, b=2 575, c=1 099, Z=8; Cd 的配位数为八, $4H_2O$ 和二个双齿 NO_3 的八个 O 原子以畸变 12 面体排布. Cd^{2+}-NO_3^- 水溶液体系(25℃): lgK_1, 0.31. $Cd(NO_3)_2$(H_2O, 1mol·L^{-1}): ΔH_f°, −491.1; ΔG_f°, −300.4kJ·mol^{-1}; S°, 220J·$(mol \cdot K)^{-1}$. 水溶液的振动光谱证实存在 $CdONO_2^+$, NO_3 以单齿配位.
9.磷酸盐	证实有 $Cd(H_2PO_4)_2 \cdot 2H_2O$, $Cd_3(PO_4)_2$,$Cd(PO_3)_2 \cdot 3H_2O$, $Cd_2P_2O_7$ 等存在. Cd^{2+}-PO_4^{3-} 水溶液体系(20℃): lgK_{sp}−32.6. $Cd(H_2PO_4)_2 \cdot 2H_2O$, 三斜晶系, 密度 2.74g·$cm^{-3}$; 分解温度, 100℃. $Cd_3(PO_4)_2$, 无定形, m.p.1 500℃, 不溶于水. $Cd_2P_2O_7$, 白色叶状体, 密度, 4.965g·cm^{-3}; 微溶于水. $CsCdPO_4 \cdot 6H_2O$ 的晶体结构(六方晶系, a=702, c=1212, Z=2)表明存在 Cs^+, $Cd(H_2O)_6^{2+}$ 和 PO_4^{3-} 离子.
10.砷酸镉	$Cd_3(AsO_4)_2$: ΔG_f° (c), −1717kJ·mol^{-1};lgK_{sp}, −32.66/20℃.
11.亚砷酸镉	$Cd_3As_2O_6$:六方晶系, a=481.9, c=485.6.
12.硫酸镉	$CdSO_4 \cdot nH_2O$(n=0, 1, 8/3, 4, 7). n=0:m.p.1 000℃; 熔化热 ΔH, 20kJ·mol^{-1}; 密度, 4.691g·cm^{-3}; 溶解度, 75.5g/100g H_2O(0℃), 60.8g/100gH_2O(100℃); ΔH_f° (c), −934.1; ΔG_f° (c), −823.5kJ·mol^{-1}; S°(c), 123.1; c_p° (c), 99.65J·$(mol \cdot K)^{-1}$; 晶体结构, 正交晶系, Cd 为六配位(6O, 畸变). n=1: m.p.(转变温度), 108℃; 单斜晶系, 密度 3.79g·cm^{-3}, 易溶于水. n=8/3: m.p.(转变温度), 41.5℃; 密度, 3.09g·cm^{-3}; 溶解度, 113g/100gH_2O(0℃); ΔH_f° (c), −1 730; ΔG_f° (c), −1 466kJ·mol^{-1}; S°(c),230; c_p° (c), 214J·$(mol \cdot K)^{-1}$. 晶体结构, 单斜晶系(a=944,b=1187,c=1649,β=117°16′); Cd 为不规则六配位($4SO_4$ 和 $2H_2O$). Cd^{2+}-SO_4^{2-} 水溶液体系(25℃); lgK_1, 2.29. n=7: m.p.(转变温度), 4℃; 密度 2.48g·cm^{-3}, 单斜晶系, 易溶于冷水. $CdSO_4$(H_2O,1mol·L^{-1}): ΔH_f° ,−986.0; ΔG_f° ,−822.7kJ·mol^{-1}; S°,−53.2J·$(mol \cdot K)^{-1}$.
13.混合硫酸盐	$M_2Cd(SO_4)_2 \cdot 6H_2O$(M=K, NH_4): 晶体结构(M=NH_4), 单斜晶系(a=9.37,b=1273,c=628, β=106°41′),有 $Cd(H_2O)_6$ 畸变八面体和 SO_4 四面体,NH_4 以 H 键与后者相连. $M_2Cd_2(SO_4)_3$ (M=K,NH_4,Rb,T1): 晶体结构, 立方晶系, Cd 为六配位(O), M 为七配位(4O 较近, 3O 较远).
14.亚硫酸盐	Cd^{2+}-SO_3^{2-} 水溶液体系(25℃): lg$\beta_2$4.19.
15.硫代硫酸盐	Cd^{2+}-$S_2O_3^{2-}$ 水溶液体系(25℃): lgK_1,2.72 ;lgK_2,2.52 ;lgK_3,1.09.
16.卤酸盐	$Cd(ClO_3)_2 \cdot 2H_2O$: m.p.80℃; 密度, 2.28g·cm^{-3}; 溶解度, 298g/100g H_2O(0℃),487g/100gH_2O(65℃). $Cd(BrO_3)_2 \cdot 2H_2O$:m.p. 分解; 密度, 3.758g·cm^{-3}; 溶解度, 137g/100gH_2O/17℃. $Cd(IO_3)_2$: 密度, 6.43g·cm^{-3}; lgK_{sp}, −7.64/25℃; ΔG_f° (c),−337.4kJ·mol^{-1}; ΔG_f° (H_2O,1mol·L^{-1}), −334kJ·mol^{-1}.
17.高卤酸镉	$Cd(ClO_4)_2 \cdot 6H_2O$: ΔH_f° (c), −2 054kJ·mol^{-1}. 晶体结构, 六方晶系(a=1 559,c=530),H_2O 和四面体 ClO_4 按六角紧密堆积排布, 镉六配位($6H_2O$). $Cd(ClO_4)_2$(H_2O,1mol·L^{-1}): ΔH_f° ,−334.8; ΔG_f° ,−94.87kJ·mol^{-1}; S°, 291, J·$(mol \cdot K)^{-1}$.

续表

18.其他含氧酸盐	$CdMoO_4$：四方晶系，a=514,c=1 117,Z=4. 白钨矿结构，每个镉与八个 O 相连，其中四个较远. $CdWO_4$：单斜晶系，a=502.9，b=585.9，c=507.4，β=91°29′，Z=2，每个镉与六个 O 相连. $CdSb_2O_6$：六方晶系，a=523.1，c=478.7，Z=1；Sb_2PbO_6结构；由 SbO_6 八面体所构成的层状结构为 Cd^{2+}所连接. $CdNb_2O_6$：正交晶系，铌铁矿($FeNb_2O_6$)结构，a=1 480，b=585，c=515，Z=4，镉与六个近似等距氧相连. $CdTa_2O_6$：同 $CdNb_2O_6$，a=1 482，b=584，c=512. $Cd_2Sb_2O_7$：立方晶系，a=1 018，Z=8. 黄锑酸钙石结构，具有相连的 SbO_6 八面体. 镉与八个 O 相连(2 个较近,六个较远). $Cd_2Nb_2O_7$：同 $Cd_2Sb_2O_7$，a=1 037.2. $Cd_2Ta_2O_7$：同 $Cd_2Sb_2O_7$，a=1 037.6. $Cd_2Mo_3O_8$：六方晶系，a=583.5，c=1 081.5，Z=2，与 $Zn^2Mo_3O_8$ 相似(参见表 20.34)Cd(1)与四个 O，Cd(2)与六个 O 相连. $CdFe_2O_4$：由 CdO，Fe_2O_3 迅速加热至 750℃制得，立方晶系，尖晶石型，密度，5.76g · cm^{-3}.

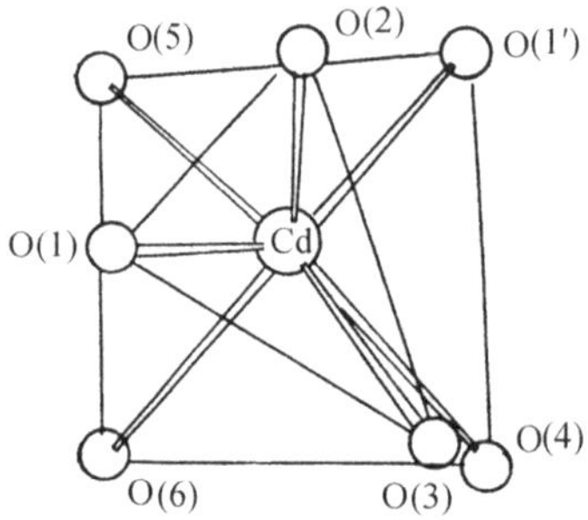

图 20.16　$Cd(CH_3COO)_2 \cdot 2H_2O$ 的结构

(沿三角帽中点和镉原子连线看配位多面体，O(1),O(2)和 O(3),O(4)分别为两个双齿 CH_3COO^-的O，O(5)，O(6)为两个配位水的O)

3.12.10　有机镉化合物[2,3,15,25]

镉的一个 5s 电子可以被激发到 p 轨道，以 sp 杂化轨道键合形成 CdR_2 型镉的烷基化合物.

烷基镉化合物通常由相应的 Grignard 试剂和无水卤化镉制得

$$CdX_2 + 2RMgX \longrightarrow CdR_2 + 2MgX_2$$

也可由烷基锂与卤化镉反应得到

$$2LiR + CdX_2 \longrightarrow CdR_2 + 2LiX$$

烷基镉中仅二甲基镉的稳定性较高，二乙基镉次之，其他的在室温下遇光会分解. 烷基镉皆为非极性油状液体或低熔点固体，可溶于许多有机溶剂. 其挥发性均比相应的烷基锌化合物的小，反应活性相应也较低，对氧的敏感性和热稳定性均较差，在空气中一般不燃烧. 和含活性氢的化合物如醇类反应迅速但平静

$$CdR_2 + R'OH \longrightarrow RCdOR' + RH$$

在正常环境条件下与水迅速发生反应，故与烷基汞不同，不会成为严重的环境污染物.

表 20.51 列出了部分烷(芳)基镉化合物的物理性质.

表 20.51 烷(芳)基镉化合物的物理性质 [a]

化合物	m.p.(℃)	b.p.(℃/kPa)	密度($g \cdot cm^{-3}$)	其他性质
$CdMe_2$	−4.5	105.5/101	1.9846	(1): ΔH_f°, 63.6; ΔG_f°, 139.3kJ·mol^{-1}; S°, 201.88; c_p°, 132.1J·$(mol \cdot K)^{-1}$ (g): ΔH_f°,101.6; ΔG_f°,146.9kJ·mol^{-1}; S°,303J·$(mol \cdot K)^{-1}$
$CdEt_2$	−21	64/2.5	1.6564	ΔH_f° (1),61.5kJ·mol^{-1}；偶极矩(己烷溶液), 1.0×10^{-30}C.m
Cd^nPr_2	−83	84/2.8	1.4184	—
Cd^nBu_2	−48	103/1.6	1.3054	—
Cd^iBu_2	−37	90.5/2.67	1.2674	—
Cd^iPe_2	−115	121.5/2.0	1.2184	—
$CdPh_2$	174	—	—	偶极矩(苯溶液)，2.0×10^{-30}C.m

a Me=CH_3,Et=C_2H_5,Pr=$CH_2CH_2CH_3$,Bu=$CH_2CH_2CH_2CH_3$, ^{i}Bu=$CH_2CH(CH_3)_2$,^{i}Pe=$CH_2CH_2CH(CH_3)_2$,Ph=C_6H_5.

烷基镉的主要用途之一是与酰氯反应制备铜

$$2RCOCl+CdR'_2 \longrightarrow 2RCOR'+CdCl_2$$

烷基镉还可用作聚合催化剂.

烷基镉衍生物也可形成配合物，它是比相应锌化合物要弱的路易斯酸.

芳基镉化合物可以在 THF 中用 Grignard 合成法制得，也可以直接由金属取代反应制得

$$(C_6H_5)_2Hg+Cd \longrightarrow (C_6H_5)_2Cd+Hg$$

这类化合物不如汞的重要. 二苯基镉也可用作聚合催化剂.

烯丙基镉由镉和烯丙基卤反应制得

$$\left.\begin{array}{c} RCH{=\!=}CHCH_2X \\ \text{或} \\ RCHXCH{=\!=}CH_2 \end{array}\right. + Cd \longrightarrow \begin{array}{c} RCH{=\!=}CHCH_2Cd \\ \downarrow\uparrow \\ CH_2{=\!=}CHCH(R)Cd \end{array}$$

也可由烯丙基格氏试剂和卤化镉反应制得

$$2CH_3{-}CH{=}CH{-}CH_2MgBr+CdBr_2 \rightarrow (CH_3{-}CH{=}CH{-}CH_2)_2Cd+2MgBr_2$$

除上述几类有机镉化合物外，由 CdI_2 与三羰基(环戊二烯基锂)合锰反应得到由镉相连的二聚物

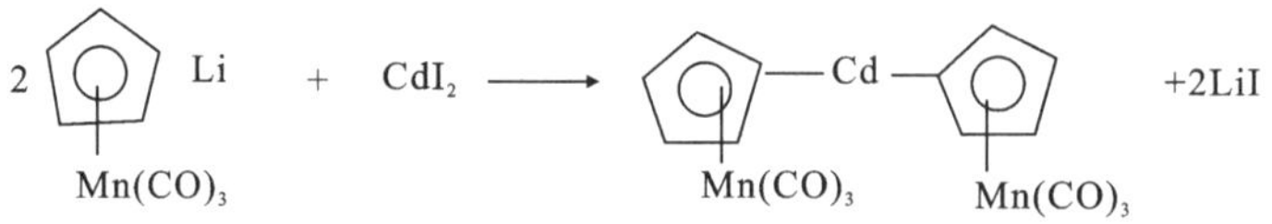

这种二聚物有顺式和反式两种异构体.

镉还可以以多种形式与其他有机金属化合物成键. 下面是几个例子.

二(三苯基锗)合镉和镍的茂合物反应得到含 9 个金属原于的有机金属化合物

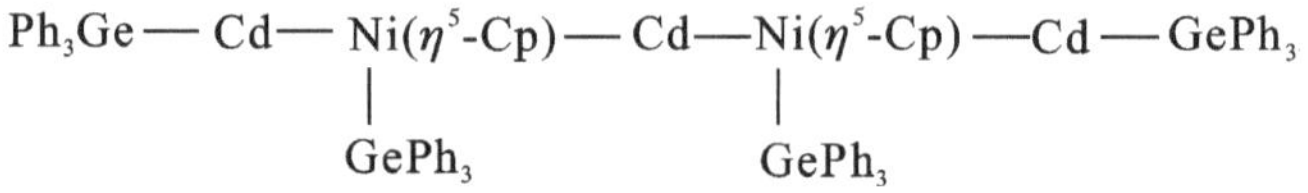

镉的配位构型是略有变形的直线形，∠NiCdGe=170°.

$Fe(CO)_5$ 与乙酸镉反应得到 $CdFe(CO)_4$

$$Fe(CO)_5+Cd(OAc)_2+2NH_3+H_2O \rightarrow (NH_3)_2CdFe(CO)_4+CO_2+2HOAc$$

$$(NH_3)_2CdFe(CO)_4 \xrightarrow{60℃，真空} CdFe(CO)_4$$

$CdFe(CO)_4$ 以多种聚合形式存在.

$[CdFe(CO)_4]_3$ 中有平面六元环，环上有三个铁原子和三个镉原子，每个铁原子以高度变形的八面体几何构型存在. 每个镉除与铁相键合外，还与溶剂分子联吡啶上二个氮原子配位，其几何构型属假四面体.

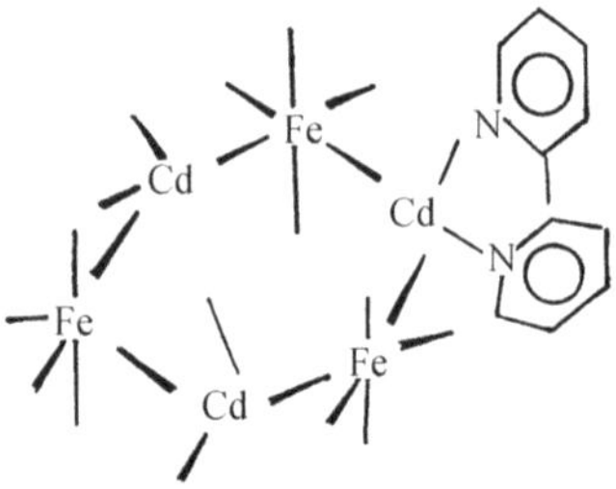

$[CdFe(CO)_4]_4$ 中有平面八元环，每个环由四个镉和四个铁原子交替相连组成，Fe—Cd—Fe 近似呈直线形，铁则为强烈畸变的八面体构型.

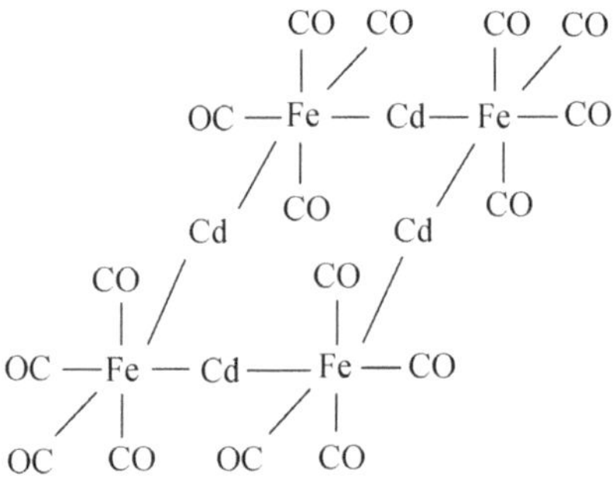

3.12.11 镉的配位化合物[2,26,27,29]

本节按给予原子分类，讨论包括配位离子、簇合物在内的有关配合物，且着重于它们的结构特征.

由于 Cd(II)具有满 d 组态(d^{10})，内 d 轨道难以成键. 就其价轨道而论，常以 $5s$，$5p$ 轨道组成 sp^3 杂化轨道与某些给予原子配位，故其配位数通常是 4. 但是从 Cd(II)与配体的空间因素看，Cd(II)的配位数可以超过 4. 在 1984 年对 Cambrige 结晶学数据库的检索结果表明(表 20.52)，镉的配位数主要是 6 和 4. 迄今未见配位数大于 8 的镉配合物.

表 20.52　镉配合物的配位数统计结果[26]

配位数	2	3	4	5	6	7	8	9
已报道配合物数 1)	16	7	51	22	94	20	6	0

1) 不包括纯粹无机化合物.

1.卤合镉酸盐[2,30]

三氯合镉酸盐(M[$CdCl_3$])有铵、钾、铷、铯盐等. 从 1∶1 的氯化镉和碱金属氯化物的混合水溶液结晶制得

$$MCl+CdCl_2+H_2O \longrightarrow M[CdCl_3]\cdot H_2O$$

K[$CdCl_3$]在 100g 水中溶解度为：27.5(19.3℃)，35.7(41.5℃)和 51.7g(105.1℃).

从 1∶2($CdCl_2$∶KCl)的混合水溶液中可以析出 $K_2[CdCl_4]$，1∶4 的混合水溶液中析出的是 $K_4[CdCl_6]$. 碱金属卤化物和卤化镉形成组成为 M_nCdX_{n+2} 的盐与锌的一样，由 MX-CdX_2-H_2O 体系的相图决定结晶出的物相组成，仅通过浓缩单纯依化学计量比所配制的水溶液是得不到所要求的盐的. 这些配合物的结构见表 20.53，它们都是六配位的.

表 20.53　镉的卤代配合物

$KCdF_3$	立方，钙钛矿($CaTiO_3$)型结构，a=429.3，Z=1
$CsCdCl_3$	单斜，变形 $CaTiO_3$ 型结构，$a\simeq b\simeq c$=1 040，β～90°，Z=8
$KCdCl_3$	正交，a=1 456，b=878，c=399，Z=4. 镉为 6Cl 不规则配位；共边八面体对由 K^+连接成链
NH_4CdCl_3	正交，a=1 490，b=900，c=396，同 $KCdCl_3$
$RbCdCl_3$	正交，a=1 493，b=901，c=401，同 $KCdCl_3$
K_4CdCl_6	六方，a=1 230，c=1 493，Z=6
$CsCdBr_3$	单斜，变形 $CdTiO_3$ 型结构，$a\simeq b\simeq c$=1 070，$\beta\simeq$ 90°，Z=8

水溶液中$[CdX_n]^{2-n}$($n\leqslant 4$)配离子的稳定常数列入表 20.54. 由表可知，形成

配合物的稳定性大小顺序为 I > Bf > Cl > F. 在 $NaNO_3/KNO_3$ 熔盐体系中有同样顺序.

表 20.54　$[CdX_n]^{2-n}$ 配位离子的稳定常数

体　系	$\lg K_1$	$\lg K_2$	$\lg K_3$	$\lg K_4$
Cd^{2+}–F^-	0.46	0.07	—	—
Cd^{2+}–Cl^-	1.32	0.90	0.09	–0.45
Cd^{2+}–Br^-	1.97	1.25	0.24	0.15
Cd^{2+}–I^-	2.08	0.87	2.09	1.59

表 20.55 给出了一些卤代配合物的热力学数据. 水溶液中并不存在与每个镉结合多于 4 个卤原子的配位阴离子.

表 20.55　卤代配合物的热力学数据

配离子(H_2O,1mol · L^{-1})	ΔH_f° (kJ · mol^{-1})	ΔG_f° (kJ · mol^{-1})	S°[J · (mol · K)$^{-1}$]
$CdCl^+$	–241	–224.5	43.5
$CdCl_3^-$	–561.4	–487.3	203
$CdBr^+$	–201	–194.1	39.8
$CdBr_3^-$	—	–408	—
CdI^+	–141	–142	43.1
CdI_3^-	—	–260	—
CdI_4^{2-}	–342	–316	326

在水及($^nBuO)_3PO$ 中，对 CdX_2，CdX_3^-. 和 CdX_4^{2-} 的振动光谱结构分析证实它们的几何构型分别是直线、平面三角和四面体形的. CdX_4^{2-} 的力常数(μN ·nm^{-1})：Cl，0.141；Br，0.119；I，0.098. 另外，Raman 光谱研究表明，熔融 $CDCl_2$-KCl 混合物中主要物种有 $CdCl_3^-$，但尚未确定是平面的还是锥形的.

2. 拟卤合镉配合物

由 Cd^{2+}和拟卤离子可形成多种配合物，它们的逐级稳定常数列入表 20.56. 在水溶液中同样未见有多于 4 个阴离子配体的配位离子存在.

表 20.56　拟卤合镉配合物的稳定常数

体　系	$\lg K_1$	$\lg K_2$	$\lg K_3$	$\lg K_4$
Cd^{2+}–CN^-	5.48	5.14	4.56	3.58
Cd^{2+}–SCN^-	1.90	0.34	0.12	~0.1
Cd^{2+}–$SeCN^-$	1.35	0.91	0.74	0.24
Cd^{2+}– N_3^-	1.61	1.17	0.45	0.76

各种拟卤合镉配位离子的热力学数据如下：ΔG_f° (H_2O，1mol · L^{-1})：$CdCN^+$，

64.5；$Cd(CN)_3^-$，355；$Cd(CN)_4^{2-}$，507.9；$Cd(SCN)^+$，75；$Cd(SCN)_3^-$，190；CdN_3^+，262；$Cd(N_3)_3^-$，949.6；$Cd(N_3)_4^{2-}$，1 296kJ · mol^{-1}. $Cd(CN)_4^{2-}$：ΔH_f° (H_2O，1mol · L^{-1})，428.3kJ · mol^{-1}；S°(H_2O，1mol · L^{-1})，322J · (mol · K)$^{-1}$.

3. 氧配位有机配位体配合物

Cd^{II} 在 $Cd(urea)_2Cl_2$(urea = NH_2OCNH_2)(a) 和 $Cd(Meu)Cl_2$(Meu = $MeNHCONH_2$，甲脲)(b)中都是六配位的，但有不同的聚合方式. 在 $Cd(biuret)_2Cl_2$(biuret=$NH(CONH_2)_2$，缩二脲)中，Cd^{II} 也是六配位的(4O 和 2Cl)，但是以单体形式存在.

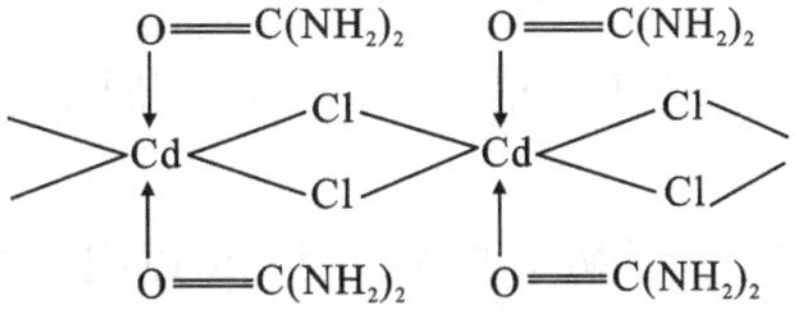

(a)

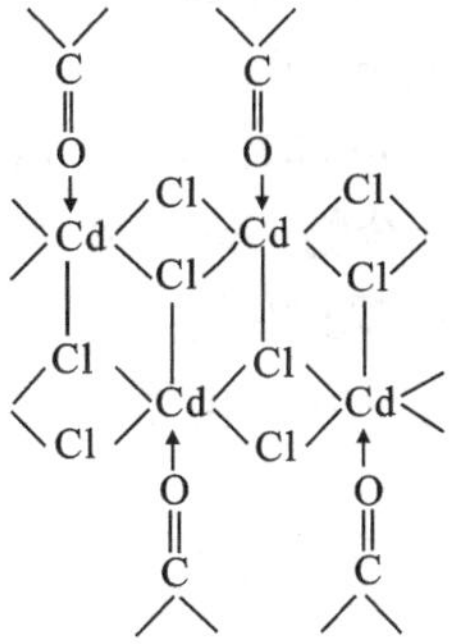

(b)

在 Cd^{II}-ox-sal(ox = $C_2O_4^{2-}$，sal = OH · C_6H_4 · COO^-)的水溶液混合体系中，存在组成比为 1∶1∶1 和 1∶2∶1(Cd^{II}∶ox∶sal)的混配配合物. 其中各配位平衡常数如下

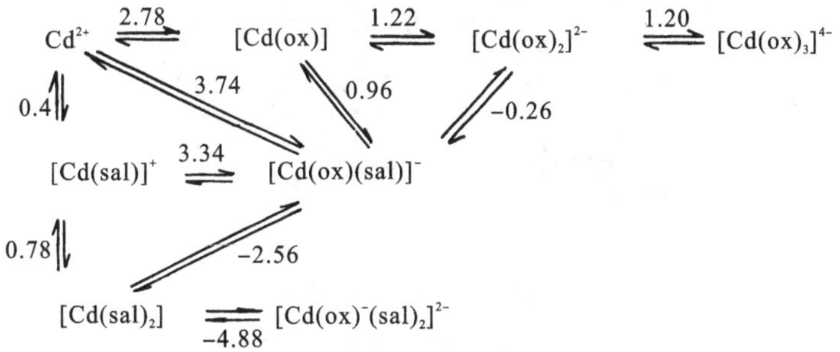

在二酮类配合物 $KCd(acac)_3 \cdot H_2O$ 中，镉为乙酰丙酮的六个羰基氧所配位，这个六配位镉配位阴离子的几何构型呈三棱柱形. 每个三棱柱体又以羰氧为桥与 K^+相连，K^+和 Cd^{II} 交替连接形成锯齿状聚合链.

CdX_2(X = Cl，Br，I)还可与含氧给予原子的大环聚醚，如 18C6（$-[CH_2CH_2O]_6-$ 环）形成一种六角双锥形八配位的配合物. 表 20.57 中列出了它们的部分结构数据.

表 20.57　镉的冠醚配合物配位键长(pm)

配 合 物	$d_{Cd\text{-}O}$	$d_{Cd\text{-}X}$
$Cd(18C6)Cl_2$	275.2	236.45
$Cd(18C6)Br_2$	275.2	250.6
$Cd(18C6)I_2$	276.8	269.2

显然，在这些配位合物中，位于赤道面的六个醚氧原子与 Cd^{II} 的键合较轴向 X^- 的要弱.

由于镉容易取代类似结构锌酶中的锌，因此可以用 ^{113}CdNMR 谱来研究这类生物配位体的结构及其与生物功能的关系，在生物无机化学领域中有一定的潜在应用.

在 $Cd(OAr)_2(THF)_2$(OAr = 2，6-t-$Bu_2C_6H_3O$)中，Cd(II)和四个配位原子 O 处于同一平面($\angle O_1CdO_{1a}$ = 180°，$\angle O_2CdO_{2a}$ = 180°) (图 20.17). 这是至今唯一的非大环配位体平面四方形构型的镉配合物. 其中 Cd^{II} 与二个芳氧 OAr^- 生成强的共价键，呈直线形，而 Cd^{II} 与 THF 间只有弱的键合. 相比之下，两个 THF 分子只能夹在四个叔丁基的缝隙之中而形成四方形构型. 此结果与价键理论不符，只能用 VSEPR 模型来解释[31].

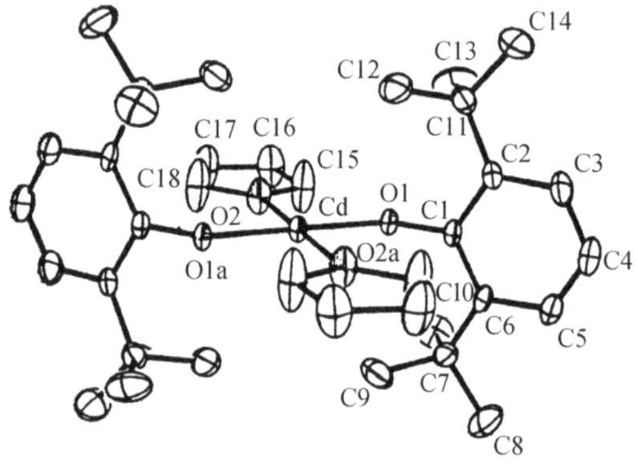

图 20.17　$Cd(OAr)_2(THF)_2$

(OAr=2,6-t-$Bu_2C_6H_3O$),Cd 处于反演中心

部分键长(pm):Cd–$O_{(1)}$,205.8(4);Cd-$O_{(2)}$,249.8(5);

部分键角(度):$O_{(1)}$ –Cd–$O_{(2)}$,81.8(2);$O_{(1)}$ –Cd–$O_{(1a)}$,

180.0(1);$O_{(2)}$–Cd–$O_{(1a)}$,98.2(2); $O_{(2)}$–Cd–$O_{(2a)}$, 180.0(1);Cd–$O_{(1)}$–$C_{(1)}$,127.6(4)

4. 氮配位配合物[2,30]

$Cd(NH_3)_2X_2$(X = Cl，Br)(c)中 NH_3 和 X 构成变形 CsCl 型点阵，Cd^{II} 处于六配位空穴中心.

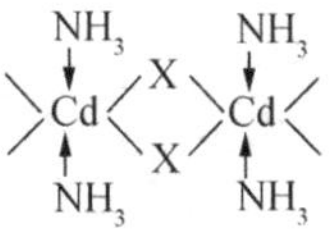

(c)

$Cd(NH_3)_6X_2$(X = Br，I，BF_4，ClO_4，SO_3F)具有 K_2PtCl_6 型结构，在晶体点阵中存在 $Cd(NH_3)_6^{2+}$ 配位阳离子和 X^- 离子.

乙二胺可与 Cd^{II} 形成多种配合物．如将 0.3mol · L^{-1} 乙二胺加入含 0.1mol · L^{-1} 硝酸镉的饱和水溶液，再以乙醇覆盖液面，置于密闭容器中数日可得到$[Cd(en)_3](NO_3)_2$ 晶体．同样还可以得到$[Cd(en)_3]SO_4$，$[Cd(en)_3]X_2$(X = Cl，Br，I).

又如在 100ml 0.01mol · L^{-1} $CdCl_2$ 水溶液中加入 10%乙二胺水溶液直至生成的白色沉淀完全溶解；另取 100m10.01mol · L^{-1} $CdCl_2$ 水溶液加入 2.3gNaCl 配制成混合溶液．将上述两溶液合并，水浴加热，得白色沉淀$[Cd(en)Cl_2]$．它不溶于水、乙醇，溶于酸和氨且分解．用同样的方法可制得$[Cd(en)Br_2]$和$[Cd(en)(SCN)_2]$．在这些配合物中，乙二胺成为反式分子型的交联配位基．因此，这种配合物应称为二-链式-桥-氯-链式-桥-乙二胺合镉的配位高分子.

$Cd(terpy)Cl_2$(terpy：三联吡啶)是镉的第一个具有三角双锥(畸变)构型的配合物．三联吡啶二侧的 *N* 原子轴向配位于镉，另一氮原子和二个氯则于径向与镉配位.

二碘{*s*，*s*′-二甲基-2，6-二[1-(2-苯硫基亚氨基)乙基]吡啶}合镉(II)，其畸变的三角双锥六面体分别由三个 N 和二个 I 所占据，而易与 Cd 键合的二个 S 则因空间位阻而远离镉(> 440 pm)，并未与其配位.

五配位的镉配合物也有变形四方锥构型的，在[二(2-二甲胺基乙基)甲胺]二-异硫氰酸根合镉(II)中，三个胺氮和一个 NCS 的氮占据底面，另一 NCS 的氮占据锥顶.

在$[Cd(L\text{-}N_5)Br]^+$中，Cd^{II} 的配位数为 7，环上五个 N 原子均处于五角双锥的赤道面，Br 是轴向配体，且作为桥联配体与另一镉配位，由于 Cd^{II} 略大于大环孔径，故未完全落入环内而偏离环平面 13pm.

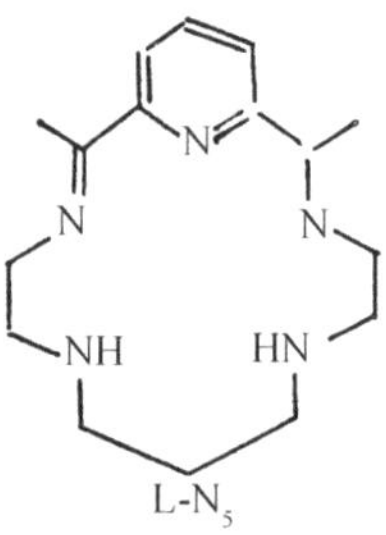

镉(II)与一些含氮配体(如 NH_3 及其衍生物等)配位后，还可以和常见为四氰基合镍(II)或钯(II)等配阴离子组成主体，与作为客体分子的噻吩、吡咯、苯及其衍生物结合成为一种有四方网格状多层结构的 Hofmann 型笼形化合物．如在 $Cd(mea)_2Ni(CN)_4 \cdot C_4H_5N(mea = NH_2CH_2CH_2OH)$中，两个 Cd，两个 Ni 原子由四个 CN^-(Cd 与 N 端、Ni 与 C 端)相连组成“网眼”，每个网格中分别装入客体分子吡咯或与 Cd^{II} 配位的乙醇胺(图 20.18)．“网眼”的大小除决定于主体中金属原子的大小及含氮配体的体积外，还与所接纳的客体分子的大小有关．目前所知较大的 Hofmann 型化合物的主体有 $Cd(NH_3)_2Pd(CN)_4$，$Cd(pn)Hg(CN)_4$ 等，均为含镉配合物．这一类化合物，实为超分子化合物．

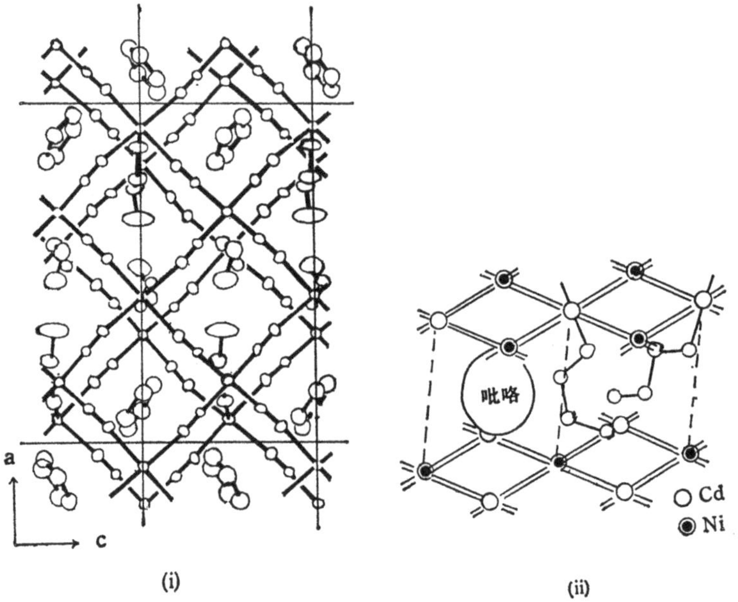

图 20.18　$Cd(mea)_2Ni(CN)_4 \cdot C_4H_5N$ 的结构

(i)沿 b 轴的投影; (ii)C_4H_5N 和 mea 分子占据网格的示意图

5. 硫配位配合物[2.3]

在 $Cd[SC(NHCH_2)_2]_2Cl_2$ 中，镉与二个硫和二个氯配位，它具有四面体构型(图 20.19).

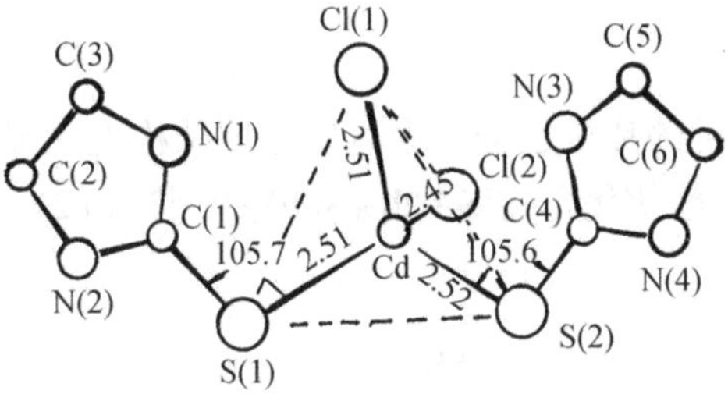

图 20.19 $Cd[SC(NHCH_2)_2]Cl_2$ 的结构

在$[Cd(S_2CNEt_2)_4]$中，四个二乙基二硫代氨基甲酸根中有二个作桥式配体，这里的五配位多面体介于四方锥和三角双锥之间.

具有八面体构型的常以聚合形式存在. $Cd[SC(NH_2)_2]_2SO_4 \cdot 2H_2O$ 中镉的配位数为 6，六个配位原子中两个是硫脲中的 S，两个来自 SO_4^{2-} 中的 O，另两个则是两个配位水分子中的 O，这样的八面体经硫酸根和硫脲中硫原子桥联成链.

$Cdetu_2(NCS)_2(etu = SC(NHCH_2)_2)$中四个 NCS^-配位于以 Cd^{II} 为中心的八面体赤道面，各以其 N 或 S 原子作反式排列，二个 etu 以其 S 在轴向与 Cd^{II}配位. 同时 NCS^-又以其另一端与其他八面体相连成齿状聚合链(图 20.20).

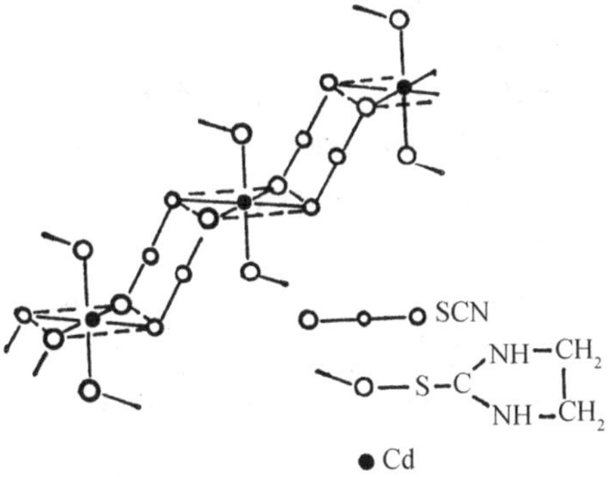

图 20.20 $Cdetu_2(NCS)_2$ 的链式结构

$Cd[SC(NH_2)_2]_2(HCOO)_2$ 中两个 $HCOO^-$占据轴向，四个硫占据赤道面，多个八面体沿二重轴方向经二个 S 桥联成聚合链.

镉还可以形成一系列含稠合金刚烷笼(fused adamantanoid cages)型结构的簇状化合物$[S_wCd_X(SR)_Y]^{Z-}$，其基本结构单元是镉的硫属化合物的四面体形碎片

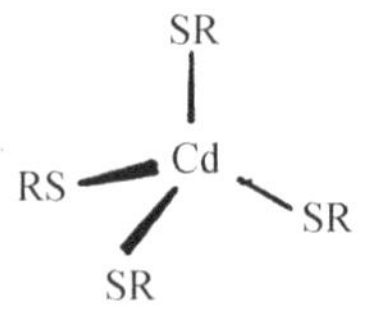

从理论上讲由这种碎片核组合扩大可以形成结构上无限的大分子. 有报道合成了含 17 个镉原子的簇状化合物$[S_4Cd_{17}(SPh)_{28}]^{2-}$(图 20.21)[33].

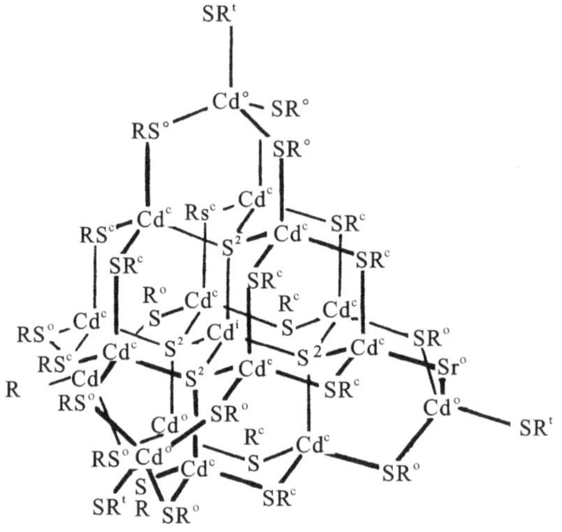

图 20.21　$[S_4Cd_{17}(SPh)_{28}]^{2-}$的理想结构

Cd^{i}-$(S^{2-})_4$中心与由一截顶四面体$(\mu\text{-}SR^{c})_{12}$及四个三足$(\mu\text{-}SR^{o})_3Cd^{o}(SR^{+})$帽桥联而成的立方八面体$(Cd^{c})_{12}$相连

6. 磷、砷配位配合物[2]

$CdX_2 \cdot 2PPh_3$以单体形式存在，其中Cd^{II}的配位数为 4. 同样，$CdX_2 \cdot$(diars)(diars = *o*-亚苯基双-二甲胂)在固体状态时也以四配位的单体形式存在；但在溶液中，根据电导测定结果分析，可能存在$Cd(diars)_2^{2+}$ CdX_4^{2-}.

在$[Cd(CF_3COO)_2PPh_3]_2$(图 20.22)中，叔膦配体 PPh_3 以 P 配位于 Cd^{II}($d_{Cd\text{-}P}$ = 252.4pm)，但 Cd—P 键不在 Cd—Cd 轴上(∠Cd—Cd—P = 153.7°)，Cd—Cd 距离较大(345.2pm)，不存在 Cd—Cd 键.

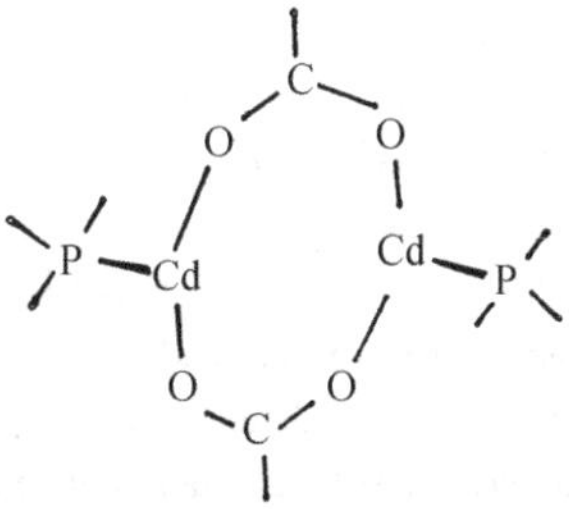

图 20.22 $[Cd(CF_3COO)_2PPh_3]_2$

7. 碳配位配合物

此类配合物已于“有机镉化合物”(3.12.10)中专门介绍.

8. 硼配位配合物

二价阴离子$B_{10}H_{12}^{2-}$可作为多齿配体与镉形成配合物. 将$B_{10}H_{14}$和$CdEt_2$的乙醚溶液在室温下反应可生成白色结晶

$$CdEt_2+B_{10}H_{14}+2Et_2O \rightarrow 2EtH+CdB_{10}H_{12} \cdot 2Et_2O$$

经结构分析证实以二聚体$[(Et_2O)_2Cd(B_{10}H_{12})]_2$形式存在. 其中$\{(Et_2O)_2Cd^{II}\}$取代$B_{10}H_{14}$中5，6和8，9间的桥氢原子，桥联两个十硼原子簇. 双电子三中心B—Cd—B键(B作为单电子配体)和$Et_2O \rightarrow Cd$配位键构成了Cd^{II}的四面体配位环境(图 20.23)[34].

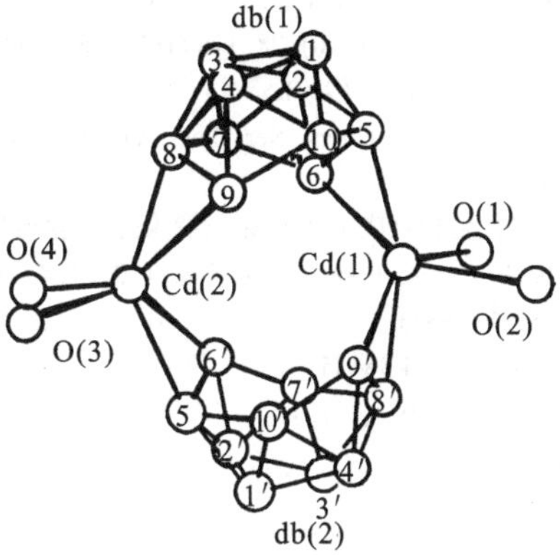

图 20.23 $[(Et_2O)_2Cd(B_{10}H_{12})]_2$的结构

参 考 文 献

[1] (苏) D. N. Trifonov and V. D. Trifonov 著，崔滨华、郑同译，《化学元素发现简史》，科学技术文献出版社(1986).

[2] B. J. Aylett, in J. C. Bailar ed., Comprehensive Inorganic Chemistry, Vol. 3, pp. 254—275，Pergamon Press (1973).

[3] N.N. Greenwood and A. Earnshaw, Chemistry of the Elements, pp.1395—1422, Pergamon Press (1984).
[4] O. Hutzinger 编，许征帆译，《环境化学手册》，第五分册，中国环境科学出版社(1987).
[5] 马崇智等,《放射性同位素手册》, 科学出版社(1979).
[6] M.F. Summers, *Coord. Chem. Rev*., 86, 43(1988).
[7] 许华忠,《实用金属材料手册》, p115—117, 湖北科学技术出版社(1989).
[8] P. Robbins and J. Edwards, Guide to Non-Ferrous Metals and their Markets, Nichols, 2nd. ed. (1980).
[9] Cadmium 77 Edited Proceedings lst International Cadmium Conference San Francisco (1978).
[10] Cadmium 81 Edited Proceedings 3rd International Cadmium Conference Miami (1982).
[11] 日本金属学会編, 金属便覽, 丸善株式会社(1960).
[12] 董维宪,《各种离子的化学分别检出法》,北京师范大学出版社(1984).
[13] (加)R. S. Young 著,张国雄译,《无机分析中的分离方法》,上海科学技术文献出版社(1984).
[14]《环境污染分析方法》科研协作组,《环境污染分析方法》, 第二版, 科学出版社(1987).
[15] F. A. Cotton and G. Wilkinson, Advanced Inorganic Chemistry, John Wiley & Sons. Inc. 4th. ed. (1980).
[16] R. S. Eachus and F. G. Herring, *Can*. J. *Chem*., 49, 562 (1971).
[17] A. F. Wells, Structural Inorganic Chemistry, 5th. ed., Oxford University Press (1984).
[18] 日本化学会編, 安家驹、陈之川译, 《无机化合物合成手册》, 第二卷, 化学工业出版社(1986).
[19] 化学大辭典編集委員会編,《化学大辭典》,共立出版株式会社(1960).
[20] (苏)H. Γ.克留契尼柯夫著, 朱传征、赵泓等译,《无机合成》,上海科学技术文献出版社(1989).
[21] M. L. Hollander, P. D, Parker *et al*., in Encyclopedia of Chemical Technology, John Wiley & Sons. Inc., 3rd. Ed. (1978).
[22] 日本化学会编,曹惠民、包文滁、安家驹译,《无机化合物合成手册》, 第一卷,化学工业出版社(1983).
[23] M, F. Lappert *et al*., Matal and Metalloid Amides, Ellis Horwood Publishers (1980).
[24] R. C. Weast (ed.), CRC Handbook of Chemistry and Physics, 66th. Ed., CRC Press (1985).
[25] P. R. Jones, P. J. Desio, *Chem. Rev*., 78, 491 (1978); 40, 5 (1940).
[26] C. R. Paige and M. F. Richardson, *Can. J. Chem*., 62, 332 (1984).
[27] D. Dakternieks, *Coord. Chem. Rev*., 98, 279 (1990); 78, 125 (1987); 62, 1 (1985).
[28]A . Hazell, *Acfa Crystallogr. Sect. C*: c44(1)88(1988).
[29] D. J. Cardin, in M, F. Lappert ed., Inorg. Chem. Ser. Two, Vol 1, Main Group Elements Hydrogen and Groups I—III, Univ. Park Press (1975).
[30] 日本化学会编,曹惠民译,《无机化合物合成手册》,第三卷,化学工业出版社(1988).
[31] S.C. Goel, M. Y. Chiang, and W. E. Buhro, *J. Am. Chem. Soc*., 112, 6724 (1990).
[32] T. Iwamoto, *J. Molec. Struc*., 75, 51 (1981).
[33] G. S. H. Lee *et al*.,*J Am. Chem. Soc*.,110, 4 864 (1988).
[34] N. N. Greenwood *et al*., *J. C. S. Dalton*., 989 (1972).

20.4 汞

4.1 发 现 史[1]

虽然汞在自然界中分布量很小，被认为是稀有金属，但是人类很早就发现了水银(汞的俗名). 它的使用历史在金属中仅次于金，银、铜、锡、铁和铅. 这和汞比较容易从含有它的矿石中取得有关，把天然硫化汞放在空气中焙烧，就可以得到汞. 天然的硫化汞又称砾砂，或丹砂，辰砂. 由于它具有鲜红的色泽，因而很早就用来作为红色的颜料.

殷墟出土的甲骨文上涂有丹砂，在甘肃省发掘出的石器时代的墓葬中发现丹砂，可以证明我国在史前就使用了天然的硫化汞. 袁翰青认为：由硫化汞制水银，我国至晚在公元前二世纪就知道了，并指出葛洪是最早详细记录这些反应的人. 山西长治县分水岭战国墓中出土的镀金“车马饰器”，可以证明公元前4—3世纪时我国就已大量应用水银. 而埃及的古墓中发现汞的使用是在公元前16世纪. 古代的炼金术士常用硫化汞加热炼丹，或想用汞制取金银，公元前500年已用生成汞齐的方法提取金属. 希腊古代的思想家和哲学家亚里斯多德在公元前320年他的著作中称汞为“液态的银”，描写汞作为治疗油膏. 罗马人用汞的化合物作颜料和化妆品. 我国古代医药学家们也很早利用了汞的化合物，在三千多年前就已用汞的制剂治疗癞疾.

4.2 存在与分布[2]

汞在地壳中的平均储藏量是 $5\times10^{-5}\%$，相对丰度为62位. 总储量达1 600亿吨，汞在海水中的浓度约为 $3\times10^{-9}\%$. 整个地壳中的汞有99.98%呈分散状态，无法利用，只有0.02%富集于可以开采的矿物中. 含汞矿物约有30多种，但有工业价值的只有辰砂、黑辰砂、天然汞、硫汞锑矿($HgS\cdot 2Sb_2S_3$)和汞黝铜矿($2Cu_2S\cdot HgS.\ Sb_2S_3$)等四五种. 除天然汞外，所有这些矿物中的汞都以硫化汞形式存在. 另外次要的汞矿床为硒化汞、碲化汞、氧化汞和氯化亚汞. 辰砂为原生矿物，系由碱性溶液沉淀生成，伴生矿物有黄铁矿—黄铜矿、辉锑矿及雄黄等. 世界上最大辰砂矿在西班牙的Almaden，从罗马时代便开始开采，该矿的平均汞含量为6%. 辰砂常呈细脉状态分布于石灰岩、砂岩和灰质或硅质片岩中，很少富集在一起. 故矿石品位很低，大都在1%以下，平均在0.5%左右，超过0.1%的汞矿石就有开采的价值.

我国是世界上产汞最多的国家之一，储量居于世界前列(表 20.58 为 1970 年主要产汞国家的汞矿储量)，主要矿区集中在西南和中南各省. 我国明代洪武年间曾大规模开采贵州铜仁万山汞矿，盛时年产汞达一千吨. 近年来世界汞的总产量一般在八九千吨至一万吨.

表 20.58　1970 年主要产汞国家的汞矿储量(万吨，以汞计)

产　地	储　量	产　地	储　量
西班牙	10	奥地利	0.8
意大利	10	土耳其	0.8
美　国	5	突尼斯	0.7
日　本	1.8	阿尔及利亚	0.7
加拿大	1.5	爱尔兰	0.5
墨西哥	1.5	菲律宾	0.3

4.3　同　位　素[3,12]

已知汞有 7 种稳定的和 11 种不稳定的同位素，兹列于表 20.59 中.

用作制备某些汞的不稳定同位素反应为

$$^{196}_{80}Hg + ^{1}_{0}n \rightarrow ^{197}_{80}Hg + \gamma$$

$$^{204}_{80}Hg + ^{2}_{1}H \rightarrow ^{205}_{80}Hg + ^{1}_{1}H$$

$$^{197}_{79}Au + ^{1}_{1}H \rightarrow ^{195}_{80}Hg + 3^{1}_{0}n$$

表 20.59　汞的同位素

同位素	质量	半衰期	蜕变方式	天然丰度(%)
^{189}Hg	188.968230	7.6min	EC	
^{190}Hg	189.966400	20min	EC	
^{191}Hg		49min	EC	
^{192}Hg	191.965650	4.9h	EC	
^{193}Hg	192.966560	3.8h	EC	
^{194}Hg	193.965391	520y	EC	
^{195}Hg	194.966640	9.5h	EC	
^{196}Hg	195.965807	稳定	—	0.15
^{197}Hg	196.967187	64.1h	EC	
^{198}Hg	197.966743	稳定	—	10.1
^{199}Hg	198.968254	稳定	—	17
^{200}Hg	199.968300	稳定	—	23.1
^{201}Hg	200.970277	稳定	—	13.2
^{202}Hg	201.970617	稳定	—	29.65
^{203}Hg	202.972848	46.6d	β^-	
^{204}Hg	203.973467	稳定	—	6.8
^{205}Hg	204.976047	5.2min	β^-	
^{206}Hg	205.977489	8.5min	β^-	

4.4 冶 炼[4]

汞的生产以火法为主，湿法为次. (一)火法：此法较简单，生产费用较低. 火法炼汞包括两个主要过程，即汞矿石的挥发焙烧及汞蒸气的冷凝. 汞矿石在氧化气氛及 650—750℃的温度下焙烧时，即分解形成二氧化硫和金属汞：$HgS+O_2 \rightarrow Hg\uparrow+SO_2$，汞蒸气随炉气逸出，在冷凝系统内冷凝成液态，同时产生一部分汞炱，汞炱是由细小的矿尘、砷锑氧化物、碳氢化合物、水分、硫化汞以及细小的汞珠所组成，含汞量为 20%—80%. 通常先使其沉降脱水浓缩，变为稠密的物质，再拌以石灰进一步脱水并破坏包裹汞珠的薄膜，再用汞炱机把汞挤出，回收其中的汞. 由高炉冷凝器取出的汞，俗称“毛汞”，内含气体、水分、油脂、固体物以及各种金属，品位约 99.5%，用孔隙小而强度大的鹿皮与帆布过滤后，即可装坛作为成品，作一般工业用汞. 对用于药物工业、控制仪表、电子工业的汞，还要通过阳极氧化和电解精炼，或再辅以蒸馏，汞的品位可以达到 99.999%以上. (二)湿法炼汞：近年来主要趋向于用来处理浮选精矿，硫化汞精矿采用的浸出剂为 25%的硫化钠和苛性钠的混合水溶液，硫化汞的浸出率可达 99.95%：$HgS+Na_2S \rightarrow Na_2HgS_2$，然后采用隔膜电解，阳极采用石墨，阴极用汞，得到的汞纯度可达 99.99%以上.

4.5 用 途

汞在室温下呈液态，可流动，且在 0—200℃之间体积膨胀系数很均匀，又不润湿玻璃，故广泛用于制作温度计. 又由于汞的比重大，电导率低，仅为铜的 1.68%，但其电阻有随温度升高而降低的特性，汞的蒸气在电弧中导电，并放出富有紫外线的光，故在电器和机械工业中可用来制作汞弧整流器和振荡器，水银灯，血压表，水银真空泵，标准电池以及广泛用于分析仪器中的各种电极.

汞与钠的合金(钠汞齐)，同水接触时，其中的汞仍保持其惰性，而钠则同水作用释放出氢气，并在溶液中生成 NaOH，不过同金属钠相比，反应进行得比较平稳，根据这一性质，钠汞齐在有机合成中常用作还原剂. 并可用来作为电极电解食盐溶液，生产氯气和烧碱，每生产 1 吨烧碱约消耗 1 公斤汞. 汞能溶解许多有色金属和贵金属，如 Na，K，Ag，Au，Zn，Cd，Sn，Pb 等，这种特性是应用混汞法和汞齐法冶金的基础. 汞齐有许多重要的应用，例如铊汞齐(8.5%Tl，在 −60℃才凝固)可做低温温度计. 汞齐还广泛地用于精细铸造，由矿石提取金银(混汞法)，由废合金分离金属，由粗金属提取高纯金属. 有些汞齐具有很快硬化的能力，像金、银汞齐就具有这种性质，用于牙科医疗. 在医药上汞及有机汞的衍生物用于消毒、利尿、治疗胃病、皮肤病等，在农业上可用作杀虫剂．红色硫化汞是一种高级颜料，广泛用于绘画，印色，化妆品和印刷术，也用于制造防腐油漆．雷汞是常用的起爆剂．近年来国外汞的消费每年平均约 1 万吨，其中大约只有 30%以金属状态消耗，而 70%左右以化合物状态用于各工业部门和医药部门．表 20.60 为 1970 年美国汞的消费情况．

表 20.60　美国汞的消费情况

用　途	消费量(%)
农业，包括工业用杀菌剂，防霉剂	3.5
混汞法	0.3
催化剂	3.8
牙医	3.9
电气设备	23.8
水银电解生产氯气和烧碱	26.5
实验室一般用途	2.7
工业控制仪表	8.8
防腐漆	0.4
消毒剂	12.0
造纸工业	0.8
医药	1.0
其他	12.5
合计	100.0

4.6　物 理 性 质

汞的重要物理性质列于表 20.61，汞离子的性质列于表 20.62.

固态汞具有与锡相似的金属光泽，并具有变形的六方密堆积的晶体结构，每个汞原子被六个紧邻的(在 350pm 处)以及六个较远的原子包围，这种结构至少可以保持到 250℃．在高压与很低的温度下，汞呈体心四方形结构．在常温下汞是一种具有特殊凝聚流动状态的银白色液体，对玻璃的黏附力极小，熔点很低(−39℃)，易形成单原子蒸气而具有较高的蒸气压(0.253 Pa/25℃)，黏度与水相似，电阻率高于除铋外的所有金属．在 0℃及 101kPa 大气压下，长 106，300cm，横截面积为 $1mm^2$，质量为 14.4521g 的汞柱的电阻定义为 1Ω．当温度下降到 4.2K 时，汞的电阻会完全消失，出现超导性质．

表 20.61 汞的物理性质

溶点(℃)	−38.87
$\Delta H_{熔化}$(kJ · mol^{-1})	2.2953
$\Delta S_{熔化}$(J · mol^{-1} · K^{-1})	9.916
沸点(℃)	356.57
$\Delta H_{气}$(kJ · mol^{-1})	61.304
$\Delta S_{气}$(J · mol^{-1} · K^{-1})	92.93
蒸气压(kPa)	0.133/126℃,1.333/184℃,13.33/261℃
蒸气压(kPa)	
(i)T=273–1573K	$\lg P=\frac{-0.05223\,a}{T}+b$ $(a=53.700, b=6.877)$
(ii)T=397–708K	$LgP=9.081995-328.92/T-0.6652401gT$
[(ii)式更精密]，临界温度(℃)	～1480
临界压力(atm)	～1150
C_p° (J · mol^{-1} · K^{-1})	(液)27.978
	(气)20.786
S°(J · mol^{-1} · K^{-1})	(液)76.027
	(气)174.87
ΔH_f° (kJ · mol^{-1})	(液)0
	(气)61.304
ΔG°(kJ · mol^{-1})	(液)0
	(气)31.836
密度(g · cm^{-3})	14.393/−78°;13.595/0°;13.534/25°℃
溶解度(g/100g 水)	6×10^{-6}/25℃
原子量	200.59
欧姆电阻，(Ω · m)	7.38×10^{-8}/−193°;95.76×10^{-8}/20;138×10^{-8}/300℃
超导率限(K)	4.153/412 奥斯特(α形)
阻抗的温度系数(K^{-1})	0.92×10^{-3}/0℃
电离势(eV)	I,10.434;II,18.751;III,34.2;IV,46;V,61;VI,77
K 电子电离势(KeV)	83.174
电子亲和力(eV)	1.54
电负性函数	2.00(Pauling)
	1.44(Allred-Rochow)
	1.9(Mulliken)
基态电子描述	Hg $6s^2(^1S_0)$;Hg^+ $6S^1(^2S\frac{1}{2})$;
	Hg^{2+} $5d^{10}(^1s_0)$;Hg^{3+} $5d^9(^2D_{5/2})$
电子激发态	$6s^1S_0 \longrightarrow 6pP_1$ 184.957
紫外可见光跃迁	$6s^1S_0 \longrightarrow 6p^3P_1$ 253.652
及其对应的波长(nm)	$6p^3P_1 \longrightarrow 7s^3S_1$ 435.835
磁化率(c.g.s 单位)	(晶)-0.15×10^{-6}/−80℃
	(液)-0.16×10^{-6}/25℃
分子结构	蒸气中 Hg_2;D(Hg—Hg)
	≃12.6kJ · mol^{-1}
晶体结构	(i) α,菱形六面体，a=299.9

续表

	α=70°32′(−46°),Z=1;d(Hg—Hg)=300(6);347(6)
	(ii) β,低于 79°K，四方晶系，a=399.5,c=282.5(77°K),
	Z=2 ;d(Hg—Hg)=282.5(2),316(8)
金属键半径(pm)	157
共价键半径(pm)	149
热导率[J · (m · s · K)$^{-1}$]	(晶)48.6/−193℃
	(液)10.38/0℃
	(气)8.52 × 10^{-3}/607℃
表面张力(N · m^{-1})	0.484/25℃
黏度(Pa · s)	(液)1.554 × 10^{-3}/20℃, (气)6.41 × 10^{-5}/400℃
热中子捕获截面(b)	380±20
光电功函数(eV)	4.53

表 20.62 汞离子的性质

$Hg^{+}_{(气)}$： ΔH_f° (kJ · mol^{-1})	1075.83
$Hg^{2+}_{(气)}$： ΔH_f° (kJ · mol^{-1})	2885.12
(水相，1mol/L)： ΔG_f° (kJ · mol^{-1})	164.76
Hg_2^{2+}(水相，mol/L)： ΔG_f° (kJ · mol^{-1})	153.93
标准电极电势，E°(V)(25℃)	
$Hg^{2+}+2e^- \rightleftharpoons Hg$	+0.854
$HgO_{(红)}+H_2O+2e^- \rightleftharpoons Hg+2OH^-$	+0.0981
$Hg_2^{2+}+2e^- \rightleftharpoons 2Hg$	+0.7925
$2Hg^{2+}+2e^- \rightleftharpoons Hg_2^{2+}$	+0.9075
Hg^{2+}，离子半径(pm)	110(Pauling)
	112(Goldschmidt)
Hg^{2+}，水合能(kJ · mol^{-1})	−1845
水解常数/25℃	
$Hg^{2+}+H_2O \rightleftharpoons HgOH^{+}+H^{+}$	$10^{-3.5}$
$HgOH^{+}+H_2O \rightleftharpoons Hg(OH)_2+H^{+}$	$10^{-2.7}$
$Hg_2^{2+}+H_2O \rightleftharpoons Hg_2OH^{+}+H^{+}$	10^{-5}

用电子学和 X 射线衍射技术研究了液汞的结构，获得了有关表层和内部结构的资料. 即使在常温下，汞蒸气也几乎全部以单原子形式存在. 除稀有气体外，在低温下汞是唯一显示这种属性的元素. 850K 时，对蒸气黏度的测定认为 Hg—Hg 的最接近距离约为 325pm，略大于在液态中的距离. 汞蒸气的吸收及发射光谱证实了存在很小比例 Hg 分子的弱键. 当然同样地采用光谱技术建立了汞原子激发态的完整的能级图. 汞蒸气经紫外辐射能迅速形成汞的三重态 6^3P_1，其在光敏作用中十分重要. 从激发态汞原子可以将能量转移至另一个物种 Z，它可以进一步反应得到活性的 Z^*

$$Hg(6^3P_1)+Z \longrightarrow Hg(6^1S_0)+Z^*$$

汞在除尽空气的水中溶解度是很显著的，为 6×10^{-6}g/100g 水，比大多数金属要大得多，水中含空气时，溶解度增加 700 倍，与 HgO 在水中的溶解度相同. 汞在正己烷中的溶解度为 2.7×10^{-7}g/100g(40℃)；苯中为 2.0×10^{-7}g/100g(20℃)；甲醇中为 3.6×10^{-7}g/100g(63℃)；在二噁烷中为 7.0×10^{-7}g/100g(25℃).

4.7 化学性质

汞的化学性质与贵金属相似，通常不与氢分子或稀有气体反应. 所有卤素在室温下均可与汞反应，先生成卤化亚汞，在过量卤素存在下生成卤化汞，由于形成保护层而使反应中止. 在室温下氧及干燥的空气与汞几乎不起反应，但在潮湿空气中有较弱的氧化发生，这时在金属汞的表面上生成一层暗灰色的氧化亚汞薄膜. 氧化亚汞是不稳定的化合物，在光和热的作用下，会歧化为氧化汞和汞. 汞在紫外光的照射下，由于光敏作用可以促进反应，同样也可以电子轰击或对汞加约为 1V 的电动势促进反应. 加热到 350℃左右时，汞和氧反应生成 HgO，加热超过 400℃时又分解为元素汞和氧：$HgO \rightarrow Hg_{固}+\frac{1}{2}O_2$. 室温下臭氧与汞迅速反应得到 HgO.

在加热下硫，硒，碲等元素可直接与汞反应，而氮、磷、砷、碳、硅和锗却不与汞反应.

干燥的氢化物如 HF，HCl，H_2S，NH_3，PH_3 和 AsH_3 在低于 200℃时不与汞反应，汞也不与除尽了空气的水反应. 在室温下汞与 HBr，HI，H_2Se 会发生反应，还易与许多非金属卤化物发生反应：温热下汞与 ICl 反应得到 $HgCl_2$ 和 HgI_2，与 S_2Cl_2 反应得到 $HgCl_2$ 和硫，加热下，与 SO_2Cl_2 反应得到 SO_2 及 $HgCl_2$，与亚硝基和硝基的卤化物作用可以得到相应的二价汞的卤化物，加热下可进行反应：$4PX_3+6Hg \rightarrow 6HgX_2+P_4$. 室温下，$SO_2$，$SO_3$，$N_2O$，NO，CO 和 CO_2 与汞不起反应，但与 NO_2 反应相当迅速生成硝酸亚汞和硝酸汞的混合物.

汞与稀盐酸和硫酸不反应，但在中等浓度(>3mol·L^{-1})的这类酸中可在汞的表面上产生少量亚汞盐. 在热的浓硫酸中可得到 Hg_2SO_4，$HgSO_4$ 及 SO_2，与热的浓硝酸反应，根据反应条件的不同可以得到 $Hg_2(NO_2)_2$，$Hg(NO_2)_2$，$Hg(NO_3)_2$，NO 及 NO_2. 与磷酸不能发生相应的反应.

汞与碱不作用，但与空气中的氨溶液可以迅速反应生成米隆碱，$Hg_2NOH\cdot2H_2O$. 某些盐的水溶液也与汞反应，与 KI 的水溶液反应生成 K_2HgI_4，与 ZnI_2 的水溶液反应生成红色的 HgI_2，与过硫酸盐之类的氧化剂作用，则可使碱性的 Mn(VII)，V(V)，酸性的 Cr(VI)及 Fe(III)水溶液还原.

汞与同族的锌、镉不同，不但能形成二价的化合物，也易形成一价的化合物. 汞能与许多金属结合(汞齐化)而成汞齐，汞齐在化学本性上同其他合金相似，但它尚有自己的特点，即溶解于汞中金属含量不高时，所得的汞齐常呈液态或糊状. 不容易汞齐化的金属仅有铁、镍和锑，但不纯或覆盖有氧化层的铁在汞中具有微小的溶解度.

4.8　毒　　性

汞及其化合物是毒性物质，可以通过胃肠道、皮肤和肺吸收，经血液循环而贮存在肝、肾、脾脏和骨骼中，汞只能经由尿、粪便、汗液、唾液等逐渐排泄出体外. 在汞蒸气中轻微的暴露可以导致咽喉及口腔的干燥，长期暴露会引起齿龈的发炎、牙齿脱落、颤抖、精神不安的症状，后期会丧失记忆力、缺乏信心、易怒、失眠、沮丧，发作时抽动、瘫痪，严重的肠和尿道炎症并发而死亡.

空气中汞最大允许含量是 $0.1mg \cdot m^{-3}$，实验室中在室温下汞蒸气压有时会达到最大允许含量的 200 倍，这是造成汞中毒的主要原因. 在低浓度汞蒸气中长期暴露也会引起累积中毒，也有个别对汞蒸气有过敏的病例. 要求实验室的通风良好，盛汞容器必须注意密封，必须经常保持仪器设备、衣服的清洁，勤洗手. 对泄漏的或溅出的汞必须迅速彻底地清除，并撒上硫磺粉以使少量溅漏的汞变得无害，同时须对现场空气中的汞定期进行监测，定期喷撒硫、氢氧化钙和水的混合物或喷洒硫代硫酸钠溶液都可以降低作业场所空气中的汞.

有机汞极易挥发，可造成严重的公害，在空气中有机汞的允许浓度为 $0.01mg \cdot m^{-3}$，经皮肤接触而吸入有机汞会引起神经系统紊乱、发抖、动作失调、语言困难和视野收缩，有时引起皮肤炎症及糜烂. 烃基汞的衍生物危害特别严重，它会累积在脑部造成无可挽救的损害.

汞的化合物，尤其是溶液状的毒性极大，致死量为 0.5g. 典型症状是剧烈的肠道和泌尿失调，同时抑制心脏跳动而死亡. 雷汞虽然很少引起中毒，但会导致皮炎，而 $HgCl_2$ 会引起过敏症.

在控制的条件下，汞的化合物可以用作具有治疗价值的药物，例如：RHgX 的衍生物可用作利尿剂，其他的有机汞可以治疗梅毒. 它们对霉菌和细菌有高度的毒性.

4.9　合　　金

汞的合金称为汞齐. 通常汞与许多金属直接生成汞齐，其中有些反应很难进行，但有些反应很剧烈，如与钠和钾的反应. 某些汞齐具有确定的组成，如 Hg_2Na，可以认为它们是化合物，在不同温度下可以获得钠汞齐中钠的不同百分含量：0.5/0℃，1.0/50℃；1.5/100℃；2.0/130℃；2.5/156℃；3.0/250℃；4.0/320℃. 把锌浸到 $HgCl_2$ 溶液中，立即形成锌汞齐的涂层. 钠汞齐和汞齐化的锌常用作水溶液反应中的还原剂. 碱金属在汞中的溶解度随原子量的增大而增加，即 Li<Na<K<Rb<Cs. 对一些重的非过渡金属如 In，Sn，Pb，Bi 和 Ba 具有中等程度的或较大的溶解度. 第四周期中的 Mn，Fe，Co，Ni 和 Cu 实际上是不溶的，所以常用铁作盛汞的容器.

当铵盐与钠汞齐反应或以汞阴极电解铵盐溶液时，得到一种具有强还原性的糊状物，在室温下迅速分解出氨和氢(2 : 1)，说明铵汞齐与碱金属汞齐的性质十分类似.

硫和磷的汞齐热稳定性很差.

各种汞合金列于表 20.63.

表 20.63 汞合金体系

Ag-Hg	γ Ag_5Hg_8, γ-黄铜结构，$a \simeq 1004$(E) ε $AgHg_3$, h.c.p., a=298, c=484(E) Ag 在 Hg 中：0.03(重量)%(20℃)
Al-Hg	Hg 在 Al 中：低 Al 在 Hg 中：2.3×10^{-3}(重量)%(20℃)
Au-Hg	Au_2Hg_3 和 $AuHg_2$ 相同；无结构资料 Au 在 Hg 中：0.13(重量)%(20℃)
Ba-Hg	BaHg, 立方, CsCl 结构, a=413.3 $BaHg_{11}$, 立方, a= 958.5, Z=3 Ba 在 Hg 中：0.33(重量)%(20℃)
Be-Hg	$BeHg_2$(?) Be 在 Hg 中：1×10^{-3}(重量)%(20℃)
Bi-Hg	Hg 在 Bi 中：～0.01(重量)%(25℃) 无化合物 Bi 在 Hg 中：1.4(重量)%(20℃)
Ca-Hg	CaHg，立方，$a = 375$ $CaHg_2$，六方，AlB_2 结构，a=488.7，c=357.3 $CaHg_3$，六方，Mg_3cd 结构，a=663.3，c=502.0 Ca 在 Hg 中：0.3(重量)%(20℃)
Cd-Hg	Hg 在 Cd 中：～37(重量)%(25℃) ω相：可能是中间化合物 Cd 在 Hg 中：～5.0(重量)%(20℃)

续表

Ce-Hg	CeHg，立方，CsCl 结构, a=381.6 $CeHg_2$，六方，AlB_2 结构, a=494.6, c=354.5 $CeHg_3$，六方，Mg_3Cd 结构，a=676.0，c=494.1 CeHg, b.c.c，a=1093.4
Co-Hg	Co 在 Hg 中：$<1\times10^{-6}$(重量)%(20℃)
Cr-Hg	Cr 在 Hg 中：$<4\times10^{-7}$(重量)%(20℃)
Cs-Hg	Cs 在 Hg 中：4.6(重量)%(20℃)
Cu-Hg	γ Cu_5Hg_8(典型的)，立方，a=492(E) Cu 在 Hg 中：2×10^{-3}(重量)%(20℃)
Fe-Hg	Fe 在 Hg 中：$<5\times10^{-7}$(重量)%(20℃)
Ga-Hg	无化合物 Ga 在 Hg 中：1.36(重量)%(30℃)
In-Hg	In 在 Hg 中：57(重量)%(25℃)
K-Hg	KHg，三斜，a=659，b=676， c=706，α=106°5′，β=101°52′，γ=92°47′，Z=4 K_5Hg_7，正交，a=1006，b = 1945，c=834，Z=4 KHg_2，正交，a = 810，b = 516，c = 877，Z=4 KHg_{11}，立方，a = 964.5，Z = 3 K 在 Hg 中：0.38(重量)%(20℃)
La-Hg	LaHg，立方，CsCl 结构，a = 384.5 $LaHg_2$，六方，AlB_2 结构，a=495.8，c=364.0 $LaHg_3$，六方，$MgCd_3$ 结构，a=682.2，c=496.0 $LaHg_4$，b.c.c.，a = 1099.0 La 在 Hg 中：0.013(重量)%(20℃)
Li-Hg	Li_3Hg，立方，BiF_3 结构，a = 659.7 LiHg，立方，CsCl 结构，a = 329.4；d(Li—Hg)=285 $LiHg_3$，六方，Ni_3Sn 结构，a=625.3，c = 480.4 Li 在 Hg 中：0.036(重量)%(20℃)
Mg-Hg	Mg_3Hg，六方，Na_3As 结构，a=486.8，c=865.6 Mg_5Hg_3，六方，Mn_5Si_3 结构，a=826.0，c=593.1 MgHg，立方，CsCl 结构，a=344.9，d(Mg–Hg)=298 $MgHg_2$，四方，$MoSi_2$ 结构，a=383.8，c=879.9，Z=2 Mg 在 Hg 中：0.31(重量)%(20℃)
Mn-Hg	MnHg，立方，CsCl 结构，a=331.5，低于 198K 时是反铁磁体，Mn_2Hg_5，四方，a=975.8，c=299.8 Mn 在 Hg 中：1.7×10^{-3}(重量)%(20℃)
Mo-Hg	无化合物 Mo 在 Hg 中：$<2\times10^{-6}$(重量)%(20℃)
Na-Hg	Na_5Hg_2，六方，a=939，c=5310 Na_3Hg_2，四方，a=852，c=780，Z=4 NaHg，正交，(端一心)，a=719，b=1079，c=521， Z=8，d(Na–Hg)=305，322 $NaHg_2$，六方，AlB_2 结构，a=502.9，c=323.0 $NaHg_4$，六方，a=6150，c=970 Na 在 Hg 中：0.62(重量)%(20℃)

续表

Ni-Hg	$NiHg_4$，b.c.c. a=601.6，Z=2 Ni 在 Hg 中：2×10^{-6}(重量)%(20℃)
Pb-Hg	Pb_2Hg，f.c.四方，a=497.2，c=450.3 Pb 在 Hg 中：1.5(重量)%(20℃)
Pd-Hg	PdHg，b.c.四方，a=302.6，c=370.2 Pd 在 Hg 中：0.06(重量)%(20℃)
Po-Hg	PoHg，f.c.c.，a=625.0
Pt-Hg	Hg 在 Pt 中：18(重量)%(25℃) PtHg，四方，CuAu 结构，a=420，c=382 $PtHg_2$，四方，a=468，c=291 $PtHg_4$，b.c.c.，a=618，Z=2 Pt 在 Hg 中：2×10^{-3}(重量)%(20℃)
Pu-Hg	$PuHg_4$，拟-b.c.c，a=361 Pu 在 Hg 中：1.6×10^{-2}(重量)%(20℃)
Rb-Hg	$RbHg_{11}$，立方，a=973.4，Z=3 Rb 在 Hg 中：1.4(重量)%(20℃)
Sn-Hg	γ $Sn_{12}Hg$，六方，a=321.4，c=299.5 Sn 在 Hg 中：0.6(重量)%(15℃)
Sr-Hg	SrHg，立方，CsCl 结构，a=393.0 $SrHg_2$，六方，AlB_2 结构，a=492.9，c=386.9 $SrHg_3$，六方，Ni_3Sn 结构，a=687.8，c=509.7 $SrHg_{11}$，立方，$BaHg_{11}$ 结构，a=950.99 Sr 在 Hg 中：1.04(重量)%(20℃)
Ti-Hg	δTi_3Hg，立方，816℃时 Cu_3Au 结构，a=416.5 TiHg，f.c.四方，CuAu 结构，a = 425.6，c=404.1 Ti 在 Hg 中：4×10^{-6}(重量)%(20℃)
Tl-Hg	Tl_2Hg_5(大体)，f.c.c.(无规则?)，a = 467.3
U-Hg	UHg_2，六方，AlB_2 结构，a = 498，c=322 UHg_3，六方，a=332，c=488 U 在 Hg 中：0.003(重量)%(20℃)
V-Hg	V 在 Hg 中：4×10^{-6}(重量)%(20℃)
W-Hg	W 在 Hg 中：$<1\times10^{-5}$(重量)%(25℃)
Zn-Hg	无化合物 Zn 在 Hg 中：1.9(重量)%(25℃)
Zr-Hg	Zr_3Hg，立方，β-钨结构，a=555.8 ZrHg，f.c. 四方，CuAu 结构，a=315，c=417 $ZrHg_3$，立方，Cu_3Au 结构，a = 436.5 Zr 在 Hg 中：5×10^{-4}(重量)%(350℃)

E 为电子化合物.

4.10 分　　析

1. 定性分析

取少量含汞试液于一个小试管中，加入少许无水碳酸钠加热之，会在试管的较冷部分凝聚有光泽的汞珠；对滴有 Hg^{2+} 或 Hg_2^{2+} 离子溶液的滤纸上滴加二苯基卡巴肼 $(PhNHNH)_2CO$ 或二苯基卡巴腙 PhN = NC(O)NHNHPh 试液，呈紫蓝色斑点，灵敏度达 1μg. 与双硫腙 PhN = NC(S)NHNHPh 在中性溶液中呈紫色，在酸性溶液中呈黄色.

2. 定量分析

(i) 分光光度法：双硫腙法测定汞有很好的选择性和灵敏度($\varepsilon = 7.1 \times 10^4$，$a = 0.35$)，汞(II)与 I^-，Br^- 及 Cl^- 形成配位阴离子，它们与碱性染料彭氏绿、甲基紫，孔雀石绿、罗丹明 B 等生成可被萃取的离子对. (ii)络合滴定法：在 pH10 时，加入过量的 EDTA 标准液，然后用标准 Mg^{2+} 溶液滴定过量的 EDTA. (iii)原子吸收法：汞 184.96nm 线灵敏度最高，须使用一氧化二氮–乙炔火焰，汞最强吸收线 253.65nm 与钴 253.5964nm 邻近，可用萃取法消除钴的干扰；利用 Fe(III)和硼氢化钠可有选择地测定有机汞和无机汞. 在 pH 为 10—12 的溶液中以硼氢化钠还原测定无机汞，在 pH 为 2—3 的硫酸介质中，有 0.001ppm Fe(III)存在时，硼氢化钠能还原测定有机和无机化合物状态的总汞量，差减后可求得有机汞[5]. 空气中的汞可经二氧化锰吸收富集，然后用冷蒸气法测定，富集率 > 95%，可以测定 0.02μg 汞[6]. (iv)离子选择电极法：对于污水中的 Hg^{2+} 可以碘电极与汞电极测定，矿样溶解后调节 pH 至 5，加入 TISAB，加入标准 KI 溶液，以碘电极间接法测定 Hg^{2+}，有机汞经处理后也可同样加以测定.

另外还有许多应用近代仪器测定汞的方法，如库仑法，极谱法，中子活化分析法，火焰光度法以及 X 射线光谱法等.

4.11 汞(I)的化合物

单质汞原子的外三层电子结构是 32，18，2，其二个 s 价电子比较稳定，根据理论计算，这是一种封闭的饱和结构，故有人称单质汞是金属中的“惰性气体”，这是单质汞以液态出现在结构上的原因，也是单质汞有一定化学惰性的原因. 因此汞除了可以形成+2 化合物外，也能形成氧化数为+1 的化合物，在这种化合物中汞以二聚离子 Hg_2^{2+} 存在，在两个汞原子间有一个共价键 Hg^+：Hg^+[7].

许多亚汞盐经结构分析证实其 Hg—Hg 键长在 240—270pm 之间，亚汞化合物无论在固态或在溶液中都是抗磁性的，而 Hg^+应具有一个未成对的电子.

对硝酸亚汞水溶液的 Raman 光谱研究发现在 172cm^{-1} 处有一条强吸收带，认为是由于 Hg—Hg 键的伸缩振动所致.

在各种平衡类型中，只有当考虑亚汞离子仅以 Hg_2^{2+} 存在时，才能得到不变的平衡常数. 例如，把过量汞加到具有初始浓度为 $x$mol · L^{-1} 的硝酸汞溶液中，当 Hg，Hg^{2+}和 Hg_2^{2+} 离子间达到平衡时

$$Hg+Hg^{2+} \rightleftharpoons Hg_2^{2+}$$

$$K = \frac{[Hg_2^{2+}]}{[Hg^{2+}]} = \frac{f}{1-f}$$

或

$$Hg+Hg^{2+} \rightleftharpoons 2Hg^+$$

$$K' = \frac{[Hg^+]^2}{[Hg^{2+}]} = \frac{(2fx)^2}{(1-f)x} = \frac{4f^2x}{(1-f)}$$

f 表示 Hg^{2+}的初始浓度在达到平衡时所减少的份数，可用分析法或其他方法确定. 当[Hg^{2+}]采用不同的起始浓度代入，发现达到平衡时，只有 K 接近常数，而 K' 不是常数.

不同亚汞盐溶液的电导值十分接近，并随浓度而变化，1：2 型电解质的电导稍大于 1：1 型的.

Hg_2^{2+} 中 Hg—Hg 键的强度要大于 Cd_2^{2+} 中 Cd—Cd 键的强度. 定性地看 Hg_2^{2+} 的稳定性可能与 Hg^+离子大的电子亲合能有关. Hg^+的电子亲合能(等于第一电离能)要比 Cd^+的大 1.4eV. 这是由于 Hg 中的 4f 层对 6s 电子的屏蔽效应要相对地弱些. Hg 的高电离能也解释了所谓“惰性电子对”的现象，即汞的异常惰性和低的气化能[8].

在水溶液中还原汞盐可以得到亚汞离子 Hg_2^{2+}，而它又很快地再被氧化为 Hg^{2+}. 只有少数的盐如硝酸汞(I)$Hg_2(NO_3)_2 \cdot 2H_2O$ 和高氯酸汞(I)$Hg_2(ClO_4)_2 \cdot 4H_2O$ 是易溶的，其他如硫酸盐，乙酸盐等都只微溶.

4.11.1 氢化汞(I)

通过由汞从烷烃中夺氢来研究液相光敏作用时，证实有 HgH 的存在，经计算得到 $HgH_{(g)}$：ΔH_f°，2384.9kJ ·mol^{-1}；ΔG_f°，215.1 kJ ·mol^{-1}；S°，219.7J ·K^{-1} ·mol^{-1}；C_p°，30.04 J · K^{-1} · mol^{-1}.

4.11.2　卤化物

1. 氟化汞(I)

用新沉淀的 Hg_2CO_3($KHCO_3$ 和 $Hg_2(NO_3)_2$ 的混合液)，加入 40%氢氟酸，然后蒸发而制得. Hg_2F_2 是黄色的四方晶体. d(Hg—Hg)，243pm；d(Hg—F)，231pm；d(F···F)，385pm；熔点 570℃(分解)；溶于水立即水解而产生 Hg，HgO 及氢氟酸. 密度，$8.73g \cdot cm^{-3}$；C_p°，$100.4J \cdot K^{-1} \cdot mol^{-1}$；$S^{\circ}$，$160.7J \cdot K^{-1} \cdot mol^{-1}$；$\Delta H_f^{\circ}$，$-485.3kJ \cdot mol^{-1}$；$\Delta G_f^{\circ}$，$-427.5kJ \cdot mol^{-1}$. 值得提出的是与其他卤化物相比，$d$(F···F)的非键结合距离较长，而其密度又较大致使人们难以理解.

在玻璃器皿中加热 HgF 生成 Hg 和 SiF_4. 氟化汞(I)不稳定，在潮湿空气中或在光照下黄色结晶变黑，这是由于部分氟化汞(I)水解成氢氧化亚汞和氢氟酸，而另一部分 Hg_2F_2 溶解[9]所致. 氟化汞(I)能溶于硝酸，并可从溶液中析出 $Hg_2(NO_3)_2 \cdot 2H_2O$. 向氟化汞(I)通入氨气，生成黑色的 $HgF \cdot NH_3$，在 100℃时释出氨.

2. 氯化汞(I)

氯化亚汞 Hg_2Cl_2 俗称甘汞，是白色的四方晶体，383℃时升华，微溶于水，溶解度，2×10^{-4}g/100g 水(25℃). 密度，$7.15g \cdot cm^{-3}$，d(Hg—Hg)253pm，d(Hg—Cl)252pm，d(Cl···Cl)333pm，C_p°，$101.96J \cdot K^{-1} \cdot mol^{-1}$；$S^{\circ}$，$192.54J \cdot K^{-1} \cdot mol^{-1}$，$\Delta H_f^{\circ}$，$-264.9kJ \cdot mol^{-1}$；$\Delta G_f^{\circ}$，$-210.5kJ \cdot mol^{-1}$. 25℃时在水中的标准电极电位 E°，0.2682V[$Hg_2Cl_2(c)+2e^- \rightleftharpoons 2Hg(l)+2Cl^-$].

Hg_2Cl_2 很不稳定，在光的作用下分解

$$Hg_2Cl_2 \xrightleftharpoons{光} Hg+HgCl_2$$

所以 Hg_2Cl_2 必须储存在棕色瓶中. 在氯化汞(II)的溶液中通入二氧化硫，或将汞和氯化汞(II)在一起研磨均可制得甘汞

$$HgCl_2+SO_2+H_2O \longrightarrow Hg_2Cl_2\downarrow+H_2SO_4+HCl$$

$$HgCl_2+Hg \longrightarrow Hg_2Cl_2$$

氯化亚锡可以在酸性溶液中把 $HgCl_2$ 还原成 Hg_2Cl_2

$$2HgCl_2+SnCl_2+2HCl \longrightarrow Hg_2Cl_2\downarrow+H_2SnCl_6$$

如果氯化亚锡过量，生成的氯化亚汞可以进一步还原为金属汞，使沉淀变黑

$$Hg_2Cl_2+SnCl_2+2HCl \longrightarrow 2Hg\downarrow+H_2SnCl_6$$

少量的甘汞无毒，常用于制作甘汞电极，在医药上用做泻剂. 如果用氨水处理甘汞，则上面的反应就反向进行，即一价汞歧化为二价汞和金属汞

$$Hg_2Cl_2+2NH_3 \longrightarrow Hg+HgNH_2Cl\downarrow + NH_4^+ +Cl^-$$

$HgNH_2Cl$ 是白色沉淀，因其中混有很细的金属汞珠，故显黑色，该反应在分析化学中用来检验亚汞离子[10].

Hg_2Cl_2 与碱发生歧化作用

$$Hg_2Cl_2+2OH^- \longrightarrow Hg+HgO+2Cl^-+H_2O$$

在加热下与 H_2SO_4 反应得到 SO_2，$HgSO_4$ 和 $HgCl_2$. 与硝酸反应得到氧化氮，$Hg(NO_3)_2$ 和 $HgCl_2$.

固态卤化物的 X 射线研究表明它们都具有十分类似的结构，氯化亚汞中每一个汞原子有二个紧邻的原子及四个离得较远的氯原子配位(图 20.24).

3. 溴化汞(I)

碱金属的溴化物加到 $Hg^2(NO_3)_2$ 中可制得溴化汞(I)Hg_2Br_2，过滤后在 110℃下干燥，再以升华法提纯；或以 Hg，SO_2，$SnCl_2$ 和 Fe(II)盐还原 $HgBr_2$ 制得纯度较低的 Hg_2Br_2. 另外干燥的溴与汞在常温下反应，当汞过量时可制得 HgBr，而溴过量时得到 $HgBr_2$. 常温及氢气保护下，溴化氢与汞缓慢反应生成 HgBr.

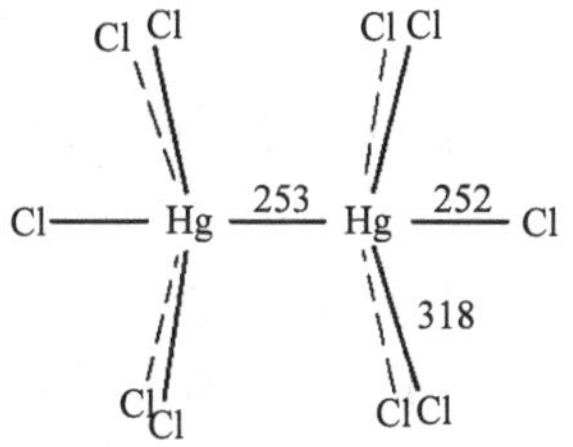

图 20.24 氯化亚汞

Hg_2Br_2 是白色的四方晶体，390℃时升华，溶解度，4×10^{-6}g/100g 水(25℃)；密度，7.31gcm^{-3}；d(Hg—Hg)，258pm；d(Hg—Br)，257pm；d(Br···Br)，340pm；C_p°，104.6J · K^{-1} · mol^{-1}；S°，218.7J · K^{-1} · mol^{-1}；ΔH_f°，−204.2kJ · mol^{-1}；ΔG_f°，−178.9kJ · mol^{-1}.

Hg_2Br_2 较 Hg_2Cl_2 更不稳定，25℃时，在水中的标准电极电位 $E^\circ = 0.1396$V

$$Hg_2Br_2(c)+2e^- \rightleftharpoons 2Hg(l)+2Br^-$$

Hg_2Br_2 在紫外光下发出橙色荧光，在密封的玻璃管中加热时其颜色由白变黄. 加热干燥的 I_2 和 Hg_2Br_2 混合物，生成 Br_2 及 Hg_2I_2. 浓氰化钾或碘化钾溶液可分解 Hg_2Br_2，生成一种复盐和汞. 在煮沸的氯化铵中使 Hg_2Br_2 分解成二价汞盐及汞，而在冷的氯化铵中无上述反应，在冷的碳酸铵或丁二酸铵溶液中也不发生反应. Hg_2Br_2 可被热浓硫酸及释出的 SO_2 完全分解. 无论在冷却的还是在煮沸的硫酸铵与硝酸铵溶液中，Hg_2Br_2 都不溶解. 25%—50%的铬酸溶液与 Hg_2Br_2 加热

时，没有发现溴的释出．Hg_2Br_2与磷加热时生成PBr_3及磷化汞．溴化亚汞与冷氨水作用的反应是：$2NH_4OH+Hg_2Br_2 \longrightarrow NH_2HgBr+Hg+NH_4Br+H_2O$.

4．碘化汞(I)

Hg_2I_2是黄色的，属四方晶系，熔点，290℃，357℃时分解；溶解度：2×10^{-8}g/100g水(25℃)，密度，7.70g·cm^{-3}；d(Hg—Hg)，269pm；d(Hg—I)，268pm；d(I···I)355pm；C_p°，105.9J·mol^{-1}·K^{-1}；S°，241.3J·mol^{-1}·K^{-1}；ΔH_f°，−119.1kJ·mol^{-1}；ΔG_f°，−111.1kJ·mol^{-1}·Hg_2I_2极不稳定，在室温时部分分解：$Hg_2I_2 \longrightarrow HgI_2+Hg$. 25℃时，在水中的标准电极电位$E^\circ=-0.0405V[Hg_2I_{2(c)}+2e^- \rightleftharpoons 2Hg(l)+2I^-]$.

在密封的玻璃管中加热Hg_2I_2时晶体颜色由黄变红．常温下与酸不反应，加热时与硫酸可形成$HgI_2\cdot HgSO_4$的复盐：

$$Hg_2I_2+H_2SO_4 \longrightarrow HgI_2\cdot HgSO_4+SO_2+H_2O$$

与HCl煮沸生成氯化汞及汞；与氢氰酸的反应

$$Hg_2I_2+2HCN \longrightarrow Hg(CN)_2+2HI+Hg$$

氢碘酸又与汞反应生成Hg_2I_2．将Hg_2I_2置于氨水或NaCl溶液中煮沸，使Hg_2I_2微溶，并析出少量汞.

Hg_2I_2的制备：

(i) 由汞与碘的反应制备，将Hg和I_2用乙醇浸润，按等摩尔比混合研磨，碘溶于乙醇中同时立即与汞结合，放出的大量热会使研磨物液化，并释出碘蒸气，冷却后得到红棕色物质，产品中常混杂少量HgI_2，可用乙醇洗涤之，为分离混杂的游离汞，可以用NaCl溶液提取HgI_2．当汞和碘溶液一起搅动时可形成Hg_2I_2，但如果存在其他金属，也会形成这些金属的碘化物．在研磨汞和碘时以水代替乙醇，反应很慢，加热可使反应加快，与水的研磨物是黄绿色的，绿色是由于存在微小的汞珠所致．铝汞齐与碘化四乙基铅的反应也可以制得碘化亚汞.

(ii) 由亚汞盐类与碘(或碘化物)的反应制备：含20g硝酸的2L水中溶解125克硝酸亚汞，逐滴加入50%KI溶液并强烈搅拌，滴入时沉淀呈灰色但即刻转黄，放置24h后倾出上层清液，先以硝酸洗涤，再以水仔细洗涤沉淀，最后在室温下于暗处干燥.

(iii) 由碘化汞制备：碘化汞与汞的重量比226∶100.6，预先加入少量乙醇，然后研磨制得碘化亚汞．Hg_2I_2溶于过量I^-的溶液中得到汞和$[HgI_4]^{2-}$.

5．拟卤化物

氰化汞(I)、硫氰酸汞(I)、硒氰酸汞(I)

在亚汞盐的溶液中加入氰离子

$$Hg_2^{2+} + 2CN^- \longrightarrow Hg + Hg(CN)_2$$

$Hg(CN)_2$ 虽溶于水，但离解度很弱，所以没有生成 $Hg_2(CN)_2$. 有人认为在低温下的非水溶剂中可以制取 $Hg_2(CN)_2$[11].

控制使 KSCN 不要过量地加入到 $Hg_2(NO_3)_2$ 的微酸性溶液中，一开始生成深灰色的沉淀，在暗处经长达几天的搅拌，产生 $Hg_2(SCN)_2$ 的白色沉淀，这是一种具有光敏性的固体物质，密度为 5.318g · cm^{-3}，25℃时 $\lg K_{sp}$ 为−19.52.

虽然已有关于制备 $Hg_2(SeCN)_2$ 的资料，但其性质尚不清楚.

4.11.3 氧化亚汞

早先普遍主张由亚汞盐与碱反应制取黑色的氧化亚汞(Hg_2O)，但这种产物经 X 射线衍射分析，磁性以及生成热的研究，被认为是 Hg 和 HgO 的混合物.

对反应

$$Hg_2^{2+} + 2H_2O \rightleftharpoons 2HgOH + 2H^+$$

水溶液体系中 $Hg_2^{2+}-OH^-$ 的平衡常数的测定，得到 $\lg K_1$ 大约为−5.0. 但无法证实是 Hg_2O 还是 $Hg_2(OH)_2$，同样对以 H_2O_2 和 Hg 反应制备 Hg_2O_2 的有关设想亦有异议.

4.11.4 硫化物

与氧化物类似，尚无充分的证据说明已制取了硫化亚汞. 把相应的阴离子加入到含 Hg_2^{2+} 的水溶液中，只能得到歧化作用的产物汞和汞(II)衍生物，而不是硫化亚汞. 在−70℃时，将干燥的 $Hg_2(NO_3)_2$ 加到溶有 $S_4(NH)_4$ 的二甲基甲酰胺中，然后把这混合物加热至室温，便得到有一定热稳定性的 $[Hg(SN)_x]$ 的黄色固体. 该化合物在通常的有机溶剂中不溶解，与碱作用释出氨.

4.11.5 氮化物

虽然已有氮化物的报道，但该化合物实为 N，N′-二乙酰基肼亚汞 $[Hg_2N_2(COCH_3)_2]$. X 射线衍射研究表明聚合链中存在长的金属-金属键

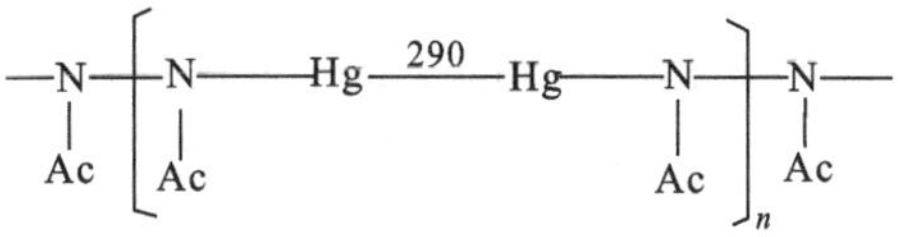

4.11.6 碳化物

对于碳化亚汞的性质了解甚少. 在避光情况下，向乙酸亚汞的悬浊液中通入乙炔，30h 后可以生成白色 $Hg_2C_2 \cdot H_2O$ 沉淀，在 100℃下干燥会分解；与稀盐酸

反应释出乙炔.

4.11.7　第 VII 族含氧酸盐

加入相应的卤酸或其钠盐至酸化了的 $Hg_2(NO_3)_2$ 溶液中，可以制得三种卤酸亚汞的盐：$Hg_2(XO_3)_2$，X = Cl，Br 和 I. 它们的溶解度依次下降，氯酸亚汞是微溶的，而碘酸亚汞的 $\lg K_{sp} = -13.71$(23℃). 白色的 $Hg_2(ClO_3)_2$ 密度为 $6.41g \cdot cm^{-3}$，250℃时分解生成氧、HgO 及 $HgCl_2$；热水可令其迅速水解，得到碱式盐. 溴酸亚汞也呈白色，热稳定性较差，易水解. 碘酸亚汞呈苍黄色，即使在热水中也不水解，约在 200℃时，在尚未熔化前它就分解.

在高氯酸溶液中，汞与高氯酸汞反应可以生成高氯酸亚汞. 将其浓缩，析出四水结晶物：$Hg_2(ClO_4)_2 \cdot 4H_2O$，在其结晶中线型基团 H_2O—Hg—Hg—OH_2[d(Hg—Hg)250pm]通过氢键与 ClO_4 基团键合. 其在水中的溶解度极大(465g$Hg_2(ClO_4)_2$/100g 水(36℃)]. 超过 36℃时,和溶液接触的稳定相是二水合物. 在 pH 为 2.4，溶液浓度为 $0.162mol \cdot L^{-1}$ 时明显地发生水解，尚未证实无水高氯酸盐的存在.

硫化汞与 $Hg_2(ClO_4)_2$ 的水溶液反应得到白色的难溶化合物 $Hg_4S_2(ClO_4)_2$，由于它含有 Hg(I)和 Hg(II)，估计与 $Hg_4O_2Cl_2$ 的结构相类似(参见 4.11.11).

4.11.8　第 VI 族含氧酸盐

硫酸亚汞可以汞或 SO_2 还原硫酸汞来制取，或者用硝酸亚汞溶液与硫酸或可溶的硫酸盐反应而制取. 其无水化合物是白色的固体，密度为 $7.56g \cdot cm^{-3}$，遇光变灰，生成 Hg 和 $HgSO_4$. 微溶于水[0.06g/100g 水(25℃)；0.09g/100g 水(100℃)]；$\lg K_{sp}$，−6.17(25℃). 加热时熔化成为棕色的液体并分解成 Hg，O_2 及 SO_2. Hg_2SO_4 的 ΔH_f°，$-743.12kJ \cdot mol^{-1}$；ΔG_f°，$-625.88kJ \cdot mol^{-1}$；S°，$200.66J \cdot K^{-1} \cdot mol^{-1}$；$C_p^\circ$，$131.96J \cdot K^{-1} \cdot mol^{-1}$. Hg_2SO_4 与卤素反应生成 HgX_2 和 $HgSO_4$ 的混合物，25℃时，$Hg_2SO_4 + 2e^- \rightleftharpoons 2Hg(l) + SO_4^{2-}$ 的 E° 值为+0.6138V.

4.11.9　第 V 族含氧酸盐

$Hg_2(NO_2)_2$ 的制备及其性质在早期的文献中已有详尽的论述. 经过多方面研究仍认为离析的 $Hg_2(NO_2)_2$ 是极不稳定的. 适当浓度的硝酸与过量的汞经过几天反应可以制得硝酸亚汞. $Hg_2(NO_3)_2 \cdot 2H_2O$ 是无色的二水合晶体，密度为 $4.79g \cdot cm^{-3}$，$\Delta H_{f(c)}^\circ$，$-865.6kJ \cdot mol^{-1}$. X 射线分析研究表明其是单斜晶体，a=864，b=752，c=630pm，$\beta = 103°48'$，$Z = 2$. 存在线型单元 H_2O—Hg—Hg—OH_2，d(Hg—Hg) = 254pm，d(Hg—O) = 215pm，与另外二个较远的氧原子(NO_3)间隔距离分别

是 240 和 242pm. 可以认为在 $Hg_2(NO_3)_2$ 及其他可溶的亚汞化合物中存在同样的线型离子$(H_2O—Hg—Hg—OH_2)^{2+}$. 已制得无水硝酸盐，其在超过 100℃时分解产生氮的氧化物和一种黄色的固体，红外光谱分析认为 NO_3^- 根与金属肯定是配位的. 研究表明含水的 Hg_2^{2+} - NO_3^- 体系形成了一个很弱的配合物，$\lg K_1 \cong 0.05$.

4.11.10 碳酸汞(I)

$NaHCO_3$ 溶液加到冷却的 $Hg_2(NO_3)_2$ 溶液中制得碳酸亚汞的沉淀，这是一种白色固体，密度 5.07g · cm^{-3}，遇光立即变黄，用热水则分解，25℃时溶度积的对数为−16.05. 130℃时，该化合物分解为汞，HgO 和 CO_2.

$Hg_2(NO_3)_2$ 的酸溶液和有机酸的钠盐混合可制得该有机酸的各种盐类及一些相当难溶的 Hg(I)衍生物沉淀. 15℃时乙酸盐的溶解度为 0.75g/100g 水，生成热 $\Delta H^\circ_{f\,(c)}$为−841.4kJ · mol^{-1}. 草酸亚汞几乎不溶，对含水的 Hg_2^{2+}-草酸体系稳定常数 $\lg \beta_2$ 是 6.98.

4.11.11 其他含氧酸盐

$Hg_4Cl_2O_2$ 组成为 $2HgO \cdot Hg_2Cl_2$，X 射线研究表明其是由稍变形的 Hg_2Cl_2 分子与 HgO 的无限链结合而组成的，属单斜晶系($a = 1953$，$b = 592$，$c = 945$pm，β=144°，$Z = 8$)，d(Hg(1，2)—O=203pm，∠$OHg_{(1)}O$ = 180°，∠$OHg_{(2)}O$ = 168°，d(Hg(3)—Hg(3))=266pm(类似于 Hg_2Cl_2)，$d(Hg_{(3)}—Cl) = 257$，$d(Hg_{(3)}—O) = 246$pm.

有关的化合物 Hg_6Cl_4O(组成 $2Hg_2Cl_2 \cdot Hg_2O$)是一个开放的立方结构(a = 803pm，$Z = 2$)，图 20.25 表示其部分结构.

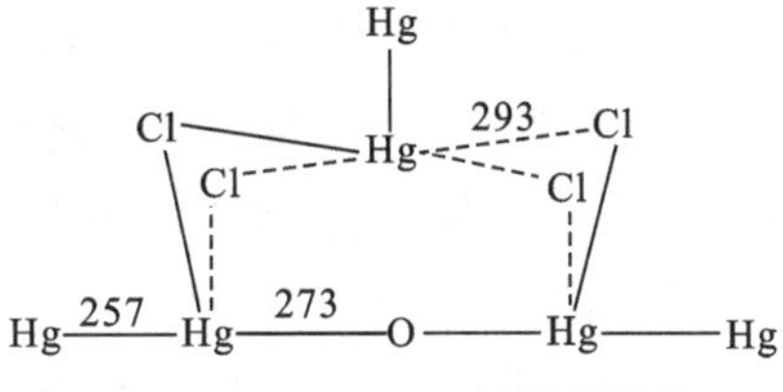

图 20.25 Hg_6Cl_4O 的部分结构

4.11.12 有机汞(I)化合物

尚无有关有机汞(I)衍生物单体的评述，因为在制取它们时产生了金属汞和汞(II)的化合物

$$2HgMe_{(g)} \longrightarrow HgMe_{2(g)} + Hg_{(g)}$$

计算得到热函变化为−259.4kJ · mol^{-1}. 因此唯一具有很强 Hg—Hg 键的这一化合物，不论从其挥发性、还是从稳定性看，都有利于歧化作用.

由液氨中电解 RHgX 得到 HgR 经验组分的化合物. 在阴极上的这种固体产物没有 ESR 信号，同时其热稳定性差，生成 Hg+HgR_2. 相对高的电导率表明该化合物不可能是组成为 Hg_2R_2 的 Hg(I)衍生物. 认为 R 和 Hg 单元形成一种三维晶格；同样有可能在缔合的导带中存在带有电子的 RHg^+单元的类金属晶格(一种“有机金属”). 开始时组分 RHgX 具有光敏性，其在阴极还原释出一个 HgR 而分解形成非活性的 HgR_2.

有人提出在化合物 HgRR′ 和 RHgX 的歧化以及再分配反应中，HgR 有可能是作为一种短寿命的物种而存在的.

4.11.13 配合物

亚汞离子形成少数的配合物，可能部分是由于 Hg_2^{2+} 形成配位键的趋势小，但更主要的原因可能是由于二价汞离子能和许多配位体，如 CN^-，I^-，胺类和硫醚形成更稳定的配合物，促使 Hg_2^{2+} 发生歧化反应.

螯合配体邻二氮杂菲(phen)生成 $Hg_2(NO_3)_2$ · 2phen 配合物，X 射线研究表明固体加合物 $Hg_2(NO_3)_2$ · phen 是由 NO_3^- 阴离子和$[Hg_2(phen)]^{2+}$阳离子所组成. 配位体只螯合了一个汞原子，d(Hg—Hg)为 251.6pm.

弱碱性的含氮配体有利于与 Hg_2^{2+} 的配位，故与弱碱性苯胺形成亚汞配合物$(Hg_2 \cdot PhNH_2)^{2+}$，其稳定常数 $\lg K_1$ 为 3.71. 值得注意的是，这种配体也可形成比较稳定的 Hg(II)配合物($\lg K_1$=4.60).

已有各类含氧给予体配合物的报道，如 $Hg_2(ClO_4)_2$ · 4L(L=Ph_3PO，C_5H_5NO，$^nPr_2SO$)及 Hg_2SiF_6 · 5L(L = Ph_3PO，C_5H_5NO)等. 虽然尚无它们的结构数据，但认为这些配合物均含 4 配位的 Hg_2^{2+}. 在 1 : 5(Hg_2^{2+} : L)的配合物中，有一个配体的配位作用相对较弱，可能与 Hg_2^{2+} 配位的配体还有：Ph_3AsO，PPh_3，$P(OPh)_3$，$SbPh_3$，CO，二甲基二硫代氨基甲酸根阴离子，二乙基二硫代磷酸根阴离子以及不饱和碳氢化合物，但这些配体的引入，会加剧 Hg_2^{2+} 的歧化作用.

与草酸根、丁二酸根、焦磷酸根、三聚磷酸根等形成的配合物中，金属—配体键主要是离子型的. 与焦磷酸根形成配合物$[Hg_2(P_2O_7)_2]^{6-}$(pH 范围为 6.5—9，$\lg K_1 = 9.25$，$\lg \beta_2 = 12.27$).

4.12 汞(II)的化合物

二价汞阳离子 Hg^{2+}的离子半径为 93pm，近似于 Ca^{2+}离子的半径 106pm，Hg^{2+}离子的极化能力要大于 Ca^{2+}，这与充满电子的 d 壳层容易变形有关. 因此只有那些具高负电性的阴离子化合物，诸如氟化物，硝酸盐及高氯酸盐才有离子型结构和有关的特性，在水溶液中它们发生强烈离解和水解. 另外，氧化物、硫化物、其他的卤化物和拟卤化物全呈共价性质，把它们溶于水则基本上不离解. 如在水溶液中它们几乎全都是 HgX_2 分子形式(～99%)，略有些水解. 对于 $HgCl_2$，基本的反应式是

$$HgCl_2+H_2O \rightleftharpoons Hg(OH)Cl+H^++Cl^-$$

氧化物，也有可能是氢氧化物，都是极弱的碱. 汞和碳或过渡金属之间都容易形成共价键.

二价汞可以形成各种很强的配合物，在这些配合物中汞起着“碱性”受体或“软酸”的作用，虽然也有五或六配位，但线型或四面体是最通常的配位形式.

4.12.1 氢化物

在−125℃以下，HgI_2 与 $LiAlH_4$ 反应可以生成 HgH_2，但其性质尚不清楚.

4.12.2 卤化物

(1) 氟化汞(II)

HgF_2 基本上属于离子型，每个 Hg^{2+} 与 8 个 F^- 配位. 它的晶体具有萤石结构，甚至冷水也能使它完全分解，如预料那样是一种离子化合物，即由弱酸和很弱的碱所生成的盐. HgF_2 没有表现出形成 Hg—F 共价键的趋向，也没有氟配合物. 在熔点 645℃时，可能与容器反应而分解. $\Delta H_{熔}$，23.0kJ · mol^{-1}；沸点，647℃；C_p°，74.85J · K^{-1} · mol^{-1}；S°，116.3J · K^{-1} · mol^{-1}；ΔH_f°，−422.6kJ · mol^{-1}；ΔG_f°，−374.2kJ · mol^{-1}，密度，8.95g · cm^{-3}；HgF_2 在水中，甚至在 80%的氢氟酸中都会发生强烈水解，形成 HgO 和 HF，据认为有中间体羟基氟化物. 这体系在 25℃时，$\lg K_1 = 1.03$，ΔH_1=3.55kJ · mol^{-1}；ΔS_1 = 33.47J · K^{-1} · mol^{-1}. 在乙醇、乙酸乙酯、苯中都不溶解，在无水 HF 中，HgF_2 的溶解度为 0.54g/100g(12℃).

氟与汞或二价汞盐的反应可制取无水氟化汞；也可由在 450℃时氟化亚汞的歧化反应制取氟化汞，而最通常的方法是由 $Hg_2F_2+Cl_2 \xrightarrow{270℃} HgF_2+HgCl_2\uparrow$ 制取之，反应中氯化汞迅速升华. HgO 溶于氢氟酸，浓缩溶液可以得到 $HgF_2 \cdot 2H_2O$，加热并保持 HF 气氛可以使之脱水而得到无水 HgF_2.

HgF_2 通常可作为温和的氟化剂，与 CS_2 和 ICN 反应分别可以生成三氟甲基硫代衍生物及 2，4，6-三氟三嗪

$$3HgF_2+2CS_2 \longrightarrow 2HgS+Hg(SCF_3)_2$$

$$3HgF_2+6ICN \longrightarrow 2C_3N_3F_3+3HgI_2$$

(2) 氯化汞(II)

制备方法：①汞和氯直接反应. ②用盐酸与 HgO 反应. ③在 300℃下以 $HgSO_4$

和 NaCl 反应. 对所制取的 $HgCl_2$ 用升华法或乙醇萃取，然后在水中重结晶提纯. $HgCl_2$ 俗称升汞，白色，属正交晶系，表现了明显的共价特性. 固态 $HgCl_2$ 含有线型 Cl—Hg—Cl 分子，以片状排列，沿 x 轴折叠，在 $HgCl_2$ 中，通常认为汞原子与 6 个氯配位，两个短的 Hg—Cl 键长为 225pm，与气态 $HgCl_2$ 的 Hg—Cl 键长 228pm 相近. 与相邻的另外四个较远的氯原子距离为 334 及 363pm，超过了范德华半径 330pm. 熔点，277℃；$\Delta H_{熔}$，19.4kJ · mol^{-1}；沸点，304℃；C_p°，73.88J · K^{-1} · mol^{-1}；S°，144.3J · K^{-1} · mol^{-1}；ΔH_f°，−230.1kJ · mol^{-1}；ΔG_f°，−184.0kJ · mol^{-1}，密度，5.44g · cm^{-3}，溶解度，6.6g/100g 水(20℃)，100℃时可达 58g，但由于水解的影响该值不太可靠. 对 $HgCl_2$ 的溶液进行了电导、电位、冰点降低、分配系数及其光谱测定的研究，认为溶液中大多数化合物是以未离解的 $HgCl_2$ 分子形式存在，只有少量离解[$HgCl_2 \rightleftharpoons HgCl^+ + Cl^-$]，其 lg$K$ 值约为−6.55；也存在少量的 $HgCl_3^-$ 和极少量的 Hg^{2+} 和 $HgCl_4^{2-}$ 离子；有水解反应存在

$$HgCl_2 + H_2O \rightleftharpoons Hg(OH)Cl + H^+ + Cl^-$$

25℃时在 7.81mol · L^{-1} 的溶液中有 1.40%的 $HgCl_2$ 水解.

$HgCl_2$ 在有机溶剂中的溶解度十分显著：25℃时，在下列溶剂中的溶解度(g/100g 溶剂)分别是甲醇，40；乙醇，32；丙酮，55；乙醚(15℃)，6.5；苯，0.05.

在熔融的 $HgCl_2$ 中，$Hg(ClO_4)_2$ 与 NaCl 反应，可以析出 $NaClO_4$.

约在 1000℃以上，$HgCl_2$ 离解成 Cl_2，HgCl，Hg. 在 200—300℃，$HgCl_2$ 与氧反应，是通过氧自由基的作用：$HgCl_2 + O\cdot \rightarrow HgO + Cl_2$，$HgCl_2$ 与过量的碱作用，生成了 HgO 及氯配合物(如 $HgCl_3^-$)

$$2HgCl_2 + 2OH^- \rightleftharpoons HgO + H_2O + HgCl_3^- + Cl^-$$

碱不足时生成氯氧化物. 在 $HgCl_2$ 的酸性溶液中 Cl^-离子浓度极低，甚至在煮沸的情况下，浓硫酸也不能使该溶液释放出 HCl. $HgCl_2$ 与还原剂如 SO_2，甲酸钠，Fe(II)，Sn(II)(不足时)生成氯化亚汞. 而与联氨、许多带正电性的金属、$NaHSO_3$ 热溶液和 Sn(II)(过量时)生成金属汞. 根据不同的条件，与磷化物生成 $P(HgCl)_3$ 或 Hg_3P_2. $HgCl_2$ 与氨反应，根据 NH_3 和 NH_4^+ 的不同浓度可以得到三种产物

$$HgCl_2 + 2NH_3 \longrightarrow HgCl_2 \cdot 2NH_3$$

$$HgCl_2 + 2NH_3 \longrightarrow HgNH_2Cl + NH_4^+ + Cl^-$$

$$2HgCl_2 + 4NH_3 + H_2O \longrightarrow Hg_2NCl \cdot H_2O + 3NH_4^+ + 3Cl^-$$

所有已知结构的 Hg(II)—氯配合物含有或多或少畸变的 $HgCl_6$ 基团，例如在

$K_2HgCl_4 \cdot H_2O$ 中，如(a)所示是以共享角连接成链，而在 NH_4HgCl_3 中，如(b)所示，以共享边互相连接成层，而在 $CsHgCl_3$ 中呈密堆积的形式，生物碱黑麦草碱(Perloline)的衍生物：$C_{20}H_{17}N_2O_3 \cdot 0.5HgCl_4 \cdot H_2O$ 中则含有分立的 $HgCl_4^{2-}$ 基团.

25℃时，在 0.5mol · $L^{-1}NaClO_4$ 中 Hg^{2+}—氯配合物体系的平衡常数：$\lg K_1$—lgK 分别为 6.74，6.48，0.85，1.00；ΔH_1—ΔH_4 分别为−24.7，−28.9，−9.2，0.42kJ · mol^{-1}. ΔS_1—ΔS_4 分别为 46.4，26.4，−12.6，21.3J · K^{-1} · mol^{-1}.

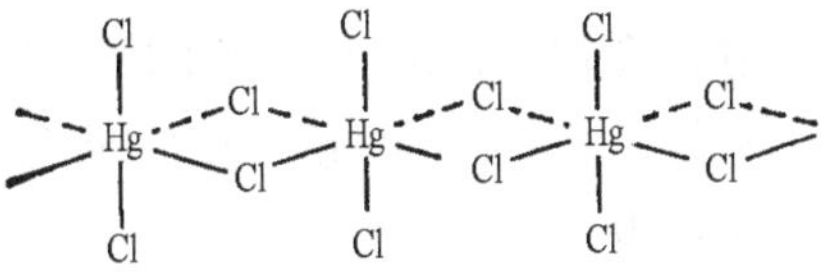

(a)

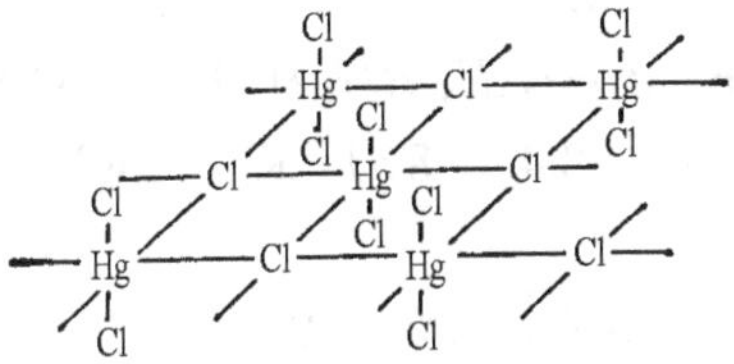

(b)

$HgCl_2$ 可用作为木材防腐剂以及照相乳剂的增强剂，但由于毒性而使其应用受到限制.

(3) 溴化汞(II)

结晶的 $HgBr_2$ 是白色的，而液态时呈黄色，是正交的层型晶体，具有 Br—Hg—Br 的线型结构，以层状排列，在较大的 HgBr 晶格中，每个 Hg 原子被六个 Br 原子围绕，但其中两个较其余四个更为接近：d(Hg—Br)248pm(2)；323pm(4). $HgBr_2$ 的熔点：241℃；$\Delta H_{熔}$，17.9kJ · mol^{-1}；沸点，319℃；C_p°，75.3J · K^{-1} · mol^{-1}；S°，170.3J · K^{-1} · mol^{-1}；ΔH_f°，−169.5kJ · mol^{-1}；ΔG_f°，−152.2kJ · mol^{-1}；密度，6.05g · cm^{-3}；溶解度 0.62g/100g 水(25℃)，100℃时达 22g，由于水解的影响，此值不甚可靠.

在熔融的 $HgBr_2$ 体系中，存在类似酸–碱反应的例子

$$HgSO_4 + 2TlBr \longrightarrow Tl_2SO_4 + HgBr_2$$

$$\text{酸} + \text{碱} \longrightarrow \text{盐} + \text{溶剂}$$

并对溶液中的 $HgBr^+$ 和 X^- 离子作了解释，例如

$$Hg(ClO_4)_2 + HgBr_2 \rightleftharpoons 2HgBr^+ + 2ClO_4^-$$

表明了这是一种酸的离解平衡.

有关 Hg^{2+}-溴配合物的文献不多. $KHgBr_3 \cdot H_2O$ 有链式结构，其长链由共顶点的 $HgBr_4$ 四面体组成，链与链之间除有 K^+外，还容纳水分子. 与此类似的还有 NMe_4HgBr_3 等.

$HgBr_2$ 在水溶液中的水解情况与 $HgCl_2$ 相似

$$HgBr_2+H_2O \rightleftharpoons Hg(OH)Br+H^++Br^-$$

但水解较弱，$HgBr_2(9\times10^{-3}mol \cdot L^{-1})$溶液的水解度是 0.08%，然而仍具有一定的酸性. 对同一种有机溶剂的溶解度较 $HgCl_2$ 小，溶解度一般按照由氯化物到碘化物的顺序下降. $HgBr_2$ 在某些有机溶剂中的溶解度(g/100g 溶剂，在 25℃)：MeOH，41；EtOH，22；丙酮，25；苯，0.7.

25℃时，在 $0.5mol \cdot L^{-1}NaClO_4$ 中 Hg^{2+}-溴配合物体系的平衡常数 $\lg K_1$—K_4 分别为 9.05，8.28，2.41，1.26；ΔH_1—ΔH_4 分别为−42.2，−44.8，−12.6，−17.2kJ · mol^{-1}；ΔS_1—ΔS_4 分别为 37.7，−20.9，−8.4，−8.4J · K^{-1} · mol^{-1}.

(4) 碘化汞(II)

HgI_2 至少有三种晶形：红色的α型在室温下稳定，具有以 HgI_4 四面体顶点连接起来的层状结构，碘原子处于畸变的立方密堆积体中. Hg 占有了四面体空穴的 1/4，超过 129℃时，黄色的β型是稳定的，具有类似 $HgBr_2$ 的正交晶系. α型的 d(Hg—I) = 278pm，β型的 d(Hg—I)=262pm(2)，351pm(4)，迅速蒸发红色的 HgI_2 温热溶液可以得到另外一种橙色的晶体，但看来其类似于α型. 另外有人通过红色和黄色 HgI_2 结晶的激光 Raman 光谱以及远红外光谱，对它们的结构作了修正[3]. Hg^{2+}-I^-水溶液体系的 Raman 光谱研究也证实了存在 HgI^+和$(Hg\text{-}I\text{-}Hg)^{3+}$.

HgI_2 熔点为 257℃，$\Delta H_{溶}$，19.0kJ · mol^{-1}，沸点，354℃；C_p°，77.7J · K^{-1} · mol^{-1}；S°，181.2J · K^{-1} · mol^{-1}；ΔH_f°，−105.4kJ · mol^{-1}；ΔG_f°，−102.2kJ · mol^{-1}，密度为 6.30g · cm^{-3}.

碘化汞溶解度极小，在 25℃时为 6×10^{-3}g/100g 水，所以不必考虑其水解的影响，在有机溶剂中的溶解度[g/100g 溶剂(25℃)]：甲醇，2.6；乙醇，1.8；丙酮，3；乙醚，0.5；苯；0.2.

较大的碘原子与 Hg^{2+} 只形成 3 或 4 配位的配合物. $(Me_3S)^+ HgI_3^-$ 和 $(Me_3S^+)_2 HgI_4^{2-}$ 显然是离子型的. NMe_4HgI_3 与 NMe_4HgBr_3 有相类似的晶形. HgI_2 与 Ag 和 Cu(I)可以形成值得注意的碘化汞(II)的配合物，在高温和低温下分别形成α型和β型，低于 50.7℃时，Ag_2HgI_4 呈黄色，为畸变的四方闪锌矿结构. 而高于这温度即突变为橙红色的立方晶体(图 20.26). 铜的配合物 Cu_2HgI_4 也与此相似，在 70℃以下时为鲜红色，高于此温度可转为深棕色. Ag_2HgI_4 在转化温度时电导率发生显著变化，由 49.9℃(β型)时的 $9.8\times10^{-6}\Omega^{-1} \cdot cm^{-1}$ 变化为 56.8℃(α型)时的

$7.9\times10^{-4}\Omega^{-1}\cdot cm^{-1}$，这与在晶格缺陷中的离子运动有关.

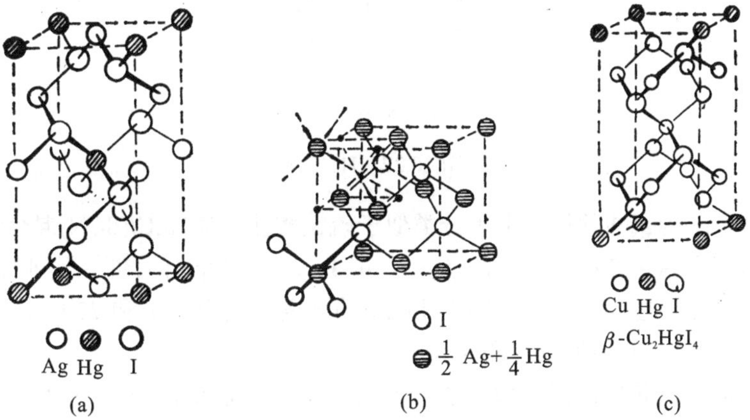

图 20.26 (a)低温型 Ag_2HgI_4，(b)高温型 Ag_2HgI_4，(c)低温型 Cu_2HgI_4

(5) 拟卤化物

Hg^{2+}的常见拟卤化物有：氰化物、硫氰酸盐、硒氰酸盐、叠氮化物及雷酸盐等.

(a) 制备. 上述的拟卤化物除氰化物和叠氮化物外微溶于冷水中，它们易在可溶的 Hg(II)盐的溶液中沉淀出来. 当 HgO 溶于相应的酸中可得到氰化物及叠氮化物. HgO，普鲁士蓝及水的混合物在 90℃下加热几小时后可以析出 $Hg(CN)_2$ 晶体.

(b) 性质. 有关汞的氰化物已有众多的研究报道，它是白色的四方晶体($a=$ 964.3，$c=888.0$pm，$Z=8$；密度，3.996g · cm^{-3}). X 射线和中子衍射实验表明几乎全呈线型的 $Hg(CN)_2$ 分子，邻近的氮原子对汞有微扰(图 20.27). 在 320℃分解成汞和氰. 易溶于水(溶解度在 14℃时为 9.3g/100g 水，100℃时为 53.9g/100g 水)得到几乎完全不离解的 $Hg(CN)_2$ 分子. 实际上它是非电解质，溶液对于加入 Ag^+ 或 OH^-不作用，但加入 H_2S 则产生极难溶的 HgS. 另一些溶剂如：甲醇，乙醇，液氨和乙腈可迅速溶解 $Hg(CN)_2$. 这些溶液(包括水溶液)的 Raman 光谱表明溶解的分子按线形连接. 生成热 ΔH_f° 261.5$_{(c)}$，276.7(H_2O，1mol · L^{-1})kJ · mol^{-1}.

二价汞的硫氰酸盐是白色的光敏固体，加热至 165℃时分解，微溶于冷水中(0.07g/100g 水，25℃)，得一种几乎不导电的溶液，显然证明了它是以分子形式存在. 在乙醇、丙酮以及热水中溶解度很可观. 在空气中燃烧得到体积庞大呈灰黑色的海绵烟灰. 其组成不清，生成热 $\Delta H_{f\,(c)}^\circ$，为 200.8kJ · mol^{-1}.

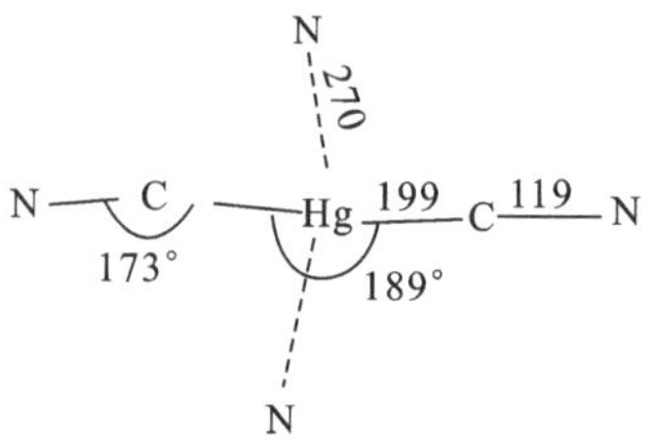

图 20.27 $Hg(CN)_2$

二价汞的硒氰酸盐性质上十分类似于硫氰酸盐. 对 HgCl(SCN)混合物的 X 射线研究表明它属正交晶系($a = 1016$，$b = 423$，$c = 1040$pm)汞在不规则的六配位排列中，它与几乎在同一直线上的 S 和 Cl 的距离分别为 231 和 229pm，与较远的 2N 和 2Cl 的距离分别为 280 和 308pm.

二价汞的氰酸盐即雷酸汞，俗称雷汞，在工业上被用作炸药引爆剂. 纯的雷汞是白色固体，密度为 4.42g · cm^{-3}，微溶于水(0.07g/100g 水，12℃). 雷汞受到震动冲撞，或受热超过 180℃时会强烈爆炸，生成热 $\Delta H^{\circ}_{f\,(c)}$，为 267.8kJ · mol^{-1}.

(c) 拟卤配合物. 固体拟卤配合物的结构列于表 20.64 中.

表 20.64 拟卤 Hg(II)配合物

$K_2Hg(CN)_4$	立方，a=1276pm，标准尖晶石结构；密度，2.420g · cm^{-3}；Hg 与 4 个 CN 配位
$KHg(SCN)_3$	单斜，a=1108.1，b=407，c=1091.5pm，β=114°45′，Z=2；Hg 与 4 个 S 配位：d(Hg—S)=245，251，275(2)pm；＜SHgS=155 ± 5°
$K_2Hg(SCN)_4$	单斜，a=1106，b=924，c=1321pm，β=106°30′，Z=4；Hg 与 4 个 S 配位；d(Hg—S)=254pm
$CoHg(SCN)_4$	四方，a=1110.5，c=438.2pm，Z=2；Hg 与 4 个 S 配位：d(Hg—S)=250pm
$NiHg(SCN)_4 \cdot 2H_2O$	单斜，a=1323，b=527，c=1835pm，β=92°54′，Z=4；Hg 与 4 个 S 配位，Ni 与 2 个 H_2O+4 个 N 配位；d(Hg—S)=250pm
$CuHg(SCN)_4$	正交，a=903，b=768，c=1515pm，Z=4；Hg 与 4 个 S 配位，Cu 与 4 个邻近的 N 及 2 个较远的 S 配位；d(Hg—S)=252(2)，262(2)pm.

仅已知一类含四配位 Hg 的氰配合物结构，在无水 HCN 中制取的化合物“$KHg(CN)_3$”，现在知道它是 $K_2Hg(CN)_4$ 和 $Hg(CN)_2$ 的混合物，类似于 $Na_2Hg_2(CN)_6 \cdot 3H_2O$. 另外，确实存在 $M^IHg(SCN)_3$ 化合物(M^I = K，NH_4)，汞与硫氰根的硫呈不规则的四配位，但仍可看出几乎是线型的 NCS-Hg-SCN 单元. 已知结构的所有 $M^I_2Hg(SCN)_4$ 和 $M^{II}Hg(SCN)_4$ 化合物中，汞均为 4 个硫原子所配位. 同样也证实存在 $Cu(en)_2Hg(SCN)_4$(en = 乙二胺)，及 $CoHg_2(SCN)_6 \cdot C_6H_6$.

在不同溶剂中 CN^-或卤离子加入到 $Hg(CN)_2$ 溶液中生成各种配合物. 对加入 CN^-离子的情况，电导法、电位法、红外光谱以及 Raman 光谱法的研究表明存在 $Hg(CN)_3^-$，$Hg(CN)_4^{2-}$，也有可能存在 Hg(OH)CN(在水中)及诸如$[Hg_2(CN)]^{3+}$，

$[Hg_3(CN)_2]^{4+}$的聚合形式，但不存在$[Hg_2(CN)_6]^{2-}$. 对于加入卤离子的情况，研究表明溶液中有$[Hg(CN)_2X]^-$，固体 $KHg(CN)_2I$ 的 X 射线研究显示线型的 $Hg(CN)_2$ 单元垂直地插入到I^-离子片层中，K^+离子将每层互相连接，由 2CN 和 4I 组成的汞的六配位，是极不规则的.

多种体系的热力学数据列于表 20.65 中. 一般认为 Hg(II)呈四配位(拟卤配位体). 因而对 Hg^{2+}-SCN^-体系，不存在 $HgSCN^+$，$\lg\beta_3$ 及 $\lg\beta_4$ 稳定地增加，但 $\lg K_5$ 和 $\lg K_6$ 有可能是负值.

表 20.65 各体系的热力学数据

Hg^{2+}-CN^-(20℃,0.1mol/LNaNO$_3$)	$\lg K_1$ 18.0，$\lg K_2$ 16.7，$\lg K_3$，3.8，$\lg K_4$，3.0；$\Delta H_{\beta4}$，−248.9kJ · mol^{-1}；$\Delta S_{\beta4}$，−41.8J · K^{-1} · mol^{-1}
Hg^{2+}-SCN^-(25℃,无参比)	$\lg\beta_2$，17.26，$\lg\beta_3$，19.97，$\lg\beta_4$，21.89；$\Delta H_{\beta4}$，−146.4kJ · mol^{-1}；$\Delta S_{\beta4}$，−83.7J · K^{-1} · mol^{-1}
Hg^{2+}-$SeCN^-$(25℃,无参比)	$\lg\beta_4$，29.95；$\Delta H_{\beta4}$，−194.6kJ · mol^{-1}；$\Delta S_{\beta4}$，−87.0J · K^{-1} · mol^{-1}
$Hg(CN)_4^{2-}$ (水溶液)	ΔH_f°，527.2 kJ · mol^{-1}

4.12.3 氧化物

(1) 氧化汞(II)、过氧化汞(II)

氧化汞的制备方法：(a)在氧气流中加热汞至约 360℃. (b)热解硝酸汞. (c)汞的阳极氧化. (d)以碱或可溶的碳酸盐和可溶性 Hg(II)盐的水溶液反应. 产物有红色和黄色两种，后者是前者分散成的较细小颗粒. 二者都属正交晶系. 由很稀的 K_2HgI_4 溶液与碱反应可以得到六方晶系的 HgO.

性质. 标准正交晶系的 HgO 具有处于同一平面内的无限链的结构. 每一个汞原子与邻近的 2 个氧原子几乎呈线型连接，同时与相邻链上的四个氧原子共同完成配位. 六方晶系的 HgO 与此结构很相似，但这些链互相盘绕成螺旋状，而不是在一个平面内.

其中的 Hg—O 键长 203pm，∠HgOHg = 109°，∠OHgO = 179°. 键与键之间只有弱的键合.

加热 HgO 即可分解为汞和氧，到 447℃时，其分压可达 1atm. 活化能为 238.5kJ · mol^{-1}，反应是自动催化的. 许多过渡金属的氧化物也能加速这反应.

氧化汞是弱碱，可作氧化剂. 将其在氢气流中加热可还原成汞. HgO 可以将 SO_2 氧化成 SO_3，水中的亚磷酸氧化成 H_3PO_4，As_2O_3 氧化成 As_2O_5. 另一方面，它与氟反应生成 HgF_2 和氧，与氯反应生成 $HgCl_2$ 及 Cl_2O 或氧，在水中与溴或碘反应生成卤化物和卤酸盐. HgO 可溶于除了弱酸之外的酸中，而生成相应的 Hg(II)

盐. 在浓碱中的溶解度是明显的，例如：在煮沸的每 100ml 18.8mol · L^{-1} 氢氧化钠中可溶解 HgO 0.21g. 无疑会有可溶的羟基配合物，但它们的性质不清楚.

氧化汞与过氧化氢反应生成过氧化汞，它属β型正交晶系，含无限的 Hg 和 O_2 单元的锯齿形状链.

氧化汞在 20℃时的蒸气压为 3.7×10^{-2}Pa，370℃时为 14.4kPa. $C^{\circ}_{p\,(c)}$，44.1J · k^{-1} · mol^{-1}；$S^{\circ}_{(c)}$，70.2J · K^{-1} · mol^{-1}；ΔH°_{f}，−90.8kJ · mol^{-1}；ΔG°_{f}，−58.5kJ · mol^{-1}；密度 11.1g · cm^{-3}，溶解度，5.2×10^{-3}g/100g 水(25℃).

(2) 氢氧化汞(II)

没有得到过固体的汞的氢氧化物，但它的氧化物可溶于水(10^{-3} 到 10^{-4}mol · L^{-1}，精确的溶解度依赖于颗粒的大小). 得到的溶液一般假定为氢氧化物形式，虽然并没有证明是这种形式. 这“氢氧化物”是一种很弱的碱

$$K=[Hg^{2+}][OH^-]^2/[Hg(OH)_2]=1.8\times10^{-22}$$

它呈两性，但碱性大于酸性，含水的红色 HgO 在 $HClO_4$ 溶液中的平衡关系已用 Hg^{2+}，$HgOH^+$ 和 $Hg(OH)_2$ 物种说明了，可是在 2mol · L^{-1}NaOH 中也没有证明任何羟基配合物存在.

(3) 汞(II)氧化物的衍生物

对某些固态混合氧化物的结构进行了研究，对易于水解的一类混合氧化物 $M^I_2HgO_2$ (四方晶系，M^I 是一种碱金属)，可以由 HgO 与 M^I_2 或 $M^I_2O_2$ 一起加热得到，其含有线型的$[O—Hg—O]^{2-}$阴离子基团中 Hg—O 的最短距离为 195pm. $HgAs_2O_6$ 和 $HgSb_2O_6$ 是六方晶体，和 $PbSb_2O_6$ 的晶型相同. 其中相连的 AsO_6 或 SbO_6 八面体层为 Hg 所分隔. $Hg_2Nb_2O_7$ 含有线型的 O—Hg—O 基团.

已知制得一醇盐及其同类物：HgX_2 和 NaOEt 反应可以生成 $Hg(OEt)_2$. 低温下 $HgBr_2$ 和 $NaOSiMe_3$ 反应可制得对热不稳定的 $Hg(OSiMe_3)_2$. 当温度超过 10℃时，它分解为 HgO 和$(Me_3Si)_2O$. 室温下，汞与$(CF_3)_2NO$ 反应可以制得 Hg(II)的双(三氟甲基)硝基氧衍生物：$Hg[ON(CF_3)_2]_2$. 它可用以制备其他元素的许多—$ON(CF_3)_2$ 衍生物.

相应 Hg(II)盐的水溶液或悬浊液与碱，碳酸钠，硼砂或 HgO 一起进行处理是制备二价汞盐的基本方法.

图 20.28 分别为 Hg_3OCl_4(i)，$Hg_2O(CN)_2$(ii)及 $Hg_3O_2(SO_4)$(iii)的结构单元.

$NaHg_2O_2I$(NaI · 2HgO)，含有 HgO_2I_3 结构单元，Hg 呈特有的四方锥构型.

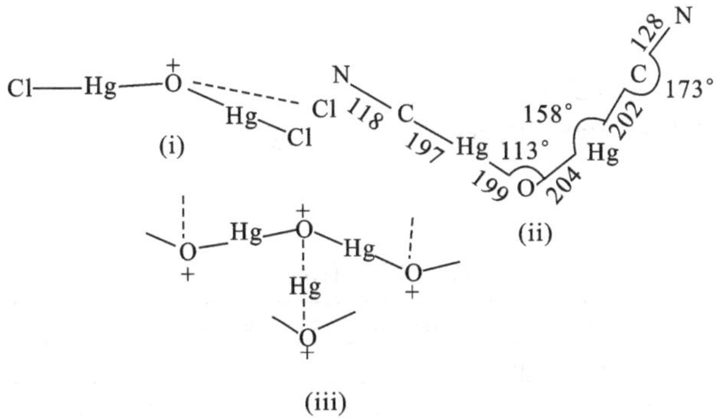

图 20.28 Hg_3OCl_4(i)，$Hg_2O(CN)_2$(ii)及 $Hg_3O_2(SO_4)$(iii)的结构单元

4.12.4 硫化物、硒化物和碲化物

(1) 硫化汞(II)

已知有两种变体，红色的六方晶系α型(朱砂)以及黑色的立方晶系β型(亚朱砂).

HgS 是从水溶液中沉淀出的黑色、极难溶的化合物，溶度积为 10^{-54}. 黑色硫化物不如与辰砂矿相同的红色构型稳定，当加热或与多硫化物或氯化亚汞煮沸时则转变为红色构型，也可将 H_2S 通入溶有$(CH_3COO)_2Hg$ 和 NH_4NCS 的热醋酸溶液中，得到红色构型. 红色的构型具有畸变的氯化钠晶格，其中 Hg—S 链与它们在 HgO 中相似. —Hg—S—Hg—S—原子的螺旋形链具有很高的旋光能力. 在 $HgCl_2$ 的稀盐酸溶液中通入 H_2S 得到黑色构型，如在黑辰砂矿中所见的，也和硒化物、碲化物那样具有闪锌矿的结构. 有规则的四面体配位，汞和硫直接反应生成红色的α型 HgS.

HgS 熔点，1450℃/1.22×10^4kPa；蒸气压，101.3kPa/583.5℃，密度，8.10(α型)，7.73(β型)$g\cdot cm^{-3}$；S°：(c，α)77.8，(c，β)83.3$J\cdot K^{-1}\cdot mol^{-1}$；$\Delta H_f^\circ$，(c，$\alpha$)−58.2，(c，$\beta$)−53.9$kJ\cdot mol^{-1}$；$\Delta G_f^\circ$，(c，$\alpha$)−48.8(c，$\beta$)−46.2$kJ\cdot mol^{-1}$；$\alpha$型和$\beta$型的在 386℃达到平衡，当超过 410℃时$\alpha$型迅速转化为$\beta$型，但在室温下$\beta$型(准稳态)仍可长期保持不变. 将$\beta$型研磨得到红色的朱砂. 这二种形态都有半导体性及光导性.

HgS 在水中几乎不溶，即使是在诸如 SO_2，氨和有机溶剂中也不溶. 它与大多数的酸不起反应，但在浓的氢溴酸、氢碘酸中溶解并生成相应的卤化物. 它能溶于碱金属硫化物的溶液中，可以推测得到的配合物是 HgS_2^{2-}(或 $Hg(SH)_4^{2-}$)形式. 卤素缓慢地与 HgS 反应生成 HgX_2，(在 I_2 和 KI 混合液中得到 HgI_4^{2-})及硫. 当 HgS 与氧一起加热时得到 Hg，$HgSO_4$，Hg_2SO_4 和 SO_2 的混合物. 约在 400℃时，卤素还原 HgS 成 Hg 和 H_2S. 对上述各种情况，红色和黑色的两种 HgS 变体有类似的反应.

(2) 其他汞(II)的硫化物

将 HgS 与有关硫化物共热可得到相应的混合硫化物. 这些含 Hg(II)混合硫化物的结构见表 20.66.

表 20.66　含 Hg(II)混合硫化物

Cr_2HgS_4	尖晶石结构，立方，a=1020.06pm(25℃)；汞与 4 个 S 配位
$InHgS_4$	同上，a=1083.3pm
Al_2HgS_4	硫镓酸盐结构，四方，a=548.8，c=1026pm；Z=2，c.c.p.S 原子 Al 和 Hg 按次序与 4 个 S 配位，也属立方晶系
Ga_2HgS_4	四方，a = 550.7，c=1023pm

另外还有 $M^I_2HgS_2$ (M^I = 碱金属)和 $HgSb_4S_8$. 硫化物与氯化物的混合物，$Hg_3S_2Cl_2$($2HgS \cdot HgCl_2$，立方，a = 894pm，Z = 4)，其折叠式层状结构如图 20.29 所示.

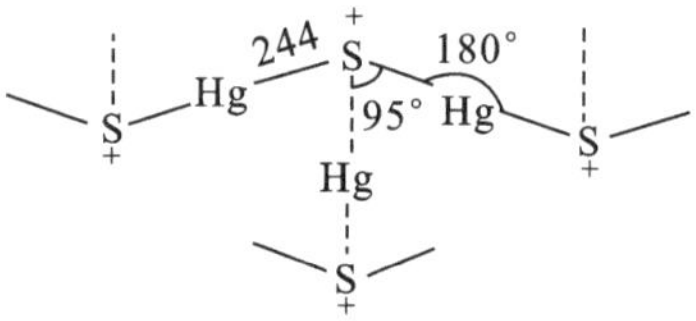

图 20.29

硫醇(RSH)与氧化汞反应生成 $Hg(SR)_2$ 衍生物

$$HgO+2RSH \longrightarrow Hg(SR)_2+H_2O$$

若 R 为 Me 或 Et，则硫醇桥很松弛地桥联线型的 S—Hg—S 基团；若 R 为 t-Bu，则生成聚合物，R 为 Ph 时，有 $Hg(SPh)_2 \cdot 2NH_3$ 的加合物. 半取代衍生物 EtSHgCl 也有线型的 S—Hg—Cl 基团. 在 250℃时，HgF_2 和 CS_2 反应能迅速制取全氟衍生物 $Hg(SCF_3)_2$，将其热解则生成$(CF_3)_2S$ 和 CF_3SSCF_3；与 RX 作用则进行复分解反应. 在吡啶溶液中，乙酸汞与环状 $S_4(NH)_4$ 反应得到黄色化合物$[Hg(SN)_2]_x$.

(3) 硒化汞(II)、碲化汞(II)

600℃时，在密封管中直接加热 Hg 和 Se 可以制得 HgSe；在无空气的条件下，把 $HgCl_2$ 水溶液滴加到饱和的 H_2Se 溶液中也可以制取 HgSe. $HgCl_2$ 的强氨性溶液在 NaCN 水溶液中与等量的 SeO_2 混合，并通入 SO_2，可得到 HgSe

$$HgCl_2+8NH_3+SeO_2+3SO_2+4H_2O \longrightarrow HgSe\downarrow+2Cl^-+3SO_4^{2-}+8NH_4^+$$

在氮气或真空中，于 600—650℃下将制得的 HgSe 以升华法提纯. 类似的方法，尤其是第一种方法可用来制备 HgTe.

紫黑色的 HgSe 晶体具有闪锌矿结构(立方晶系，a = 608.4pm；d(Hg—Se) = 263pm；密度，8.27g·cm^{-3})；对于黑色的 HgTe 晶体(a=642.9，d(Hg—Te) = 276pm；

密度，8.12g · cm^{-3}；晶格能，36.3kJ · mol^{-1}). 这两种化合物是半导体，特别是 HgTe 具有高的电子迁移率(16，000cm^2 · $V^{-1}s^{-1}$)，及低的活化能(0.2eV)，此外还具有显著的热–电和红外光导效应. 它们不溶于水，在 25℃时，HgSe 的 $\lg K_{sp}=-59$；HgSe(晶态、气态)的生成热 ΔH_f° 分别为–21.3 及 66.9kJ · mol^{-1}.

有多种混合硒化物及混合碲化物：M_2HgSe_4(M=Al，Ga，In)有与 Al_2HgS_4 相同的硫化镓酸盐结构，高压下 Al_2HgSe_4 具有尖晶石结构. M_2HgTe_4 可能有类似性质. 已知某些混合硒卤或碲卤化物：$Hg_3Se_2Cl_2$ 和 $Hg_3Te_2X_2$(X = Cl,Br)都与 $Hg_3S_2Cl_2$ 类似.

4.12.5 氮化物

(1) 氮化汞(II)

有关这种化合物了解甚少，无水氨与 HgO 反应，或者在液氨中 HgI_2 与过量的 KNH_2 反应都可制取此化合物. 这棕色固体极易爆炸并能被酸分解，但结构不清.

(2) 叠氮化汞(II)

对二价汞的叠氮化物了解甚少. 工业上生产叠氮化汞(II)用作炸药.

(3) 氨基汞和亚氨基汞及有关化合物

当氨水加到 $HgCl_2$ 溶液中时，生成白色沉淀，室温下避光干燥可得到 $HgNH_2Cl$，加热这固体在其熔化前就发生分解. 溴化物具有类似的性质.

在暗处 HgO 与除去碳酸盐的浓氨水一起振荡 14 天后生成一种亮黄色沉淀，这是一种二水合物，称为米隆碱 $Hg_2NOH \cdot 2H_2O$. 将其脱水则生成棕色的 $Hg_2NOH \cdot H_2O$ 和 $Hg_2NOH \cdot 0.5H_2O$. 当 HgX_2(X=Br^-，I^-，NO_3^-)的浓溶液在搅拌下加入稀氨水中时，生成 $Hg_2NX \cdot nH_2O$ 的黄色沉淀. HgO 加到浓 $HgBr_2$ 和 NH_4Br 的水溶液中搅拌 6 小时后，生成另一种亚氨基化合物 Hg_2NHBr_2，与氨水作用生成黄色光敏产物 Hg_2NBr. 表 20.67 列出了氨基汞亚氨基汞衍生物的结构数据.

表 20.67 氨基汞、亚氨基汞及有关化合物数据

$HgNH_2Cl$	正交，a=516.7，b=435.7，c=669.0Pm；Z=2，$(HgNH_2)_n^{n+}$ 链；Hg[2]为 2N 配位，N[4]与 2Hg、2H 相连；d(Hg–N)=210pm
$HgNH_2Br$	正交，a=543.9，b=448.7，c=696.1pm；Z=2，同 $HgNH_2Cl$；d(Hg—N)=206pm
Hg_2NBr	六方，a=665，c=1126pm，Z=4；类似磷石英结构的 $(Hg_2N)_n^{n+}$ 基团. Br^-在孔中，Hg[2]为 2N 配位，N[4]与 4Hg 相连；d(Hg—N)=206pm
Hg_2NI	六方，a=673，c=1145pm；同 Hg_2NBr
$Hg_2NOH \cdot 2H_2O$	立方，a=958pm，Z=8，类似于方石英结构的 $(Hg_2N)_n^{n+}$ 基团，OH^-和 H_2O 在空穴中
$Hg_2NOH \cdot 0.5\ H_2O$	六方，a=668，c=1098pm，
$Hg_2N(NO_3)$	立方，a=958pm，同 $Hg_2NOH \cdot 2H_2O$
Hg_2NHBr_2	六方，a=698.5，c=617.7pm，Z=2；$[Hg_3(NH)_2]_n^{2n+}$ 层中有 Br^-，$HgBr_3^-$ 在空穴中；Hg[2]为 2N 配位，N[4]与 3Hg 和 1H 相连

氨基衍生物 $HgNH_2X$(X = Cl，Br，I)为含有 NH_2^+ 和 Hg 单元的锯齿链状结构，链之间是 X^- 离子(图 20.30).

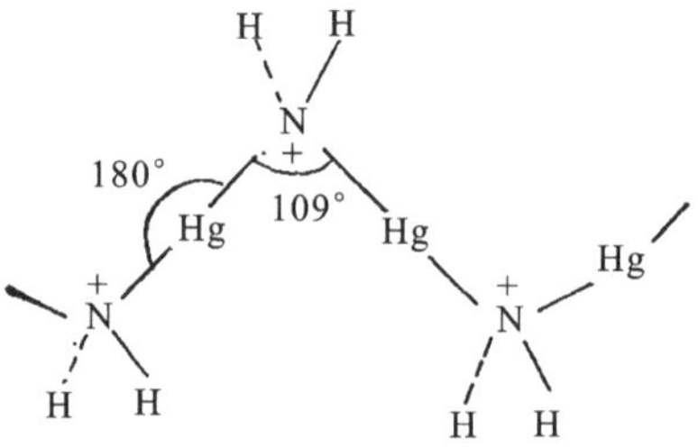

图 20.30

汞与 2N 和 4X 配位，构成畸变的八面体. 在 $HgNH_2Br$ 的正交晶系中，d(Hg—N) = 206，*d*(Hg—Br) = 333(339)pm. 与其类似的联氨衍生物 $Hg_2(N_2H_2)Cl_2$ 具有折叠层式结构.

在 Hg_2NX 化合物中发现的第二种主要构型，如图 20.31 所示. 其中 X 为 OH^- 或为 Cl^-，Br^-，I^- 和 NO_3^- 阴离子；这类化合物的组成是一个对 N^+ 和 Hg 分别为 4 和 2 配位的类硅网状物. 阴离子占据结构中的空隙. 这种结构也能容纳不同数目的水分子.

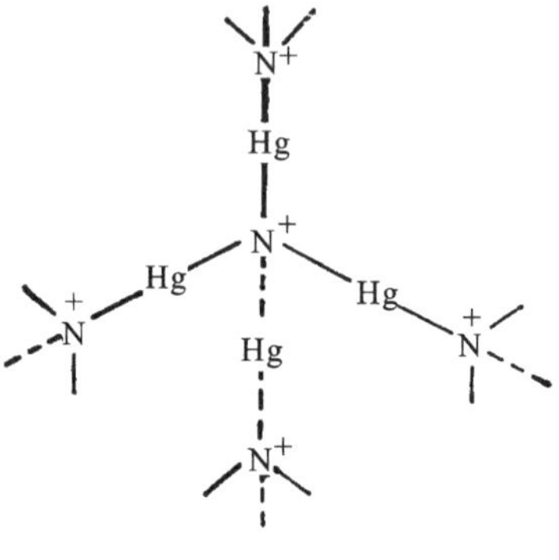

图 20.31

在这些化合物的骨架内可以发生离子交换，与沸石相似. 该结构的大范围排列顺序可与二种硅结构变体的任一种相对应：一种为立方晶系的变体，像方英石(适宜于 X = NO_3^- 或 $OH·2H_2O$ 的情况). 另一种为六方晶系，像鳞石英(适宜于 X=Cl，Br，I). 所有组成类似于 $HgNH_2F$ 的化合物看来也属于这种结构类型，因为在间隙中含有 $(NHg_2)_n^{n+}$ 网状物以及 F^- 和 NH_4^+ 离子. 另一种化合物 $Hg_2NHF_2·H_gO$ 在类似的空隙中可能有 H_3O^+ 和 F^-(或 HF_2^- 和 H_2O)存在.

Hg_2NHBr_2 虽然保持了汞的特征配位数 2，但有不同的排布．如图 20.32(i)所示，在$[Hg_3(NH)_2]_n^{2+}$所围的六边形中心有 Br^-离子，每层间是$HgBr_3^-$离子，环中的汞原子与 4 个较远的溴相邻，其他汞原子则为不规则的 5 配位[图 20.32(ii)]．

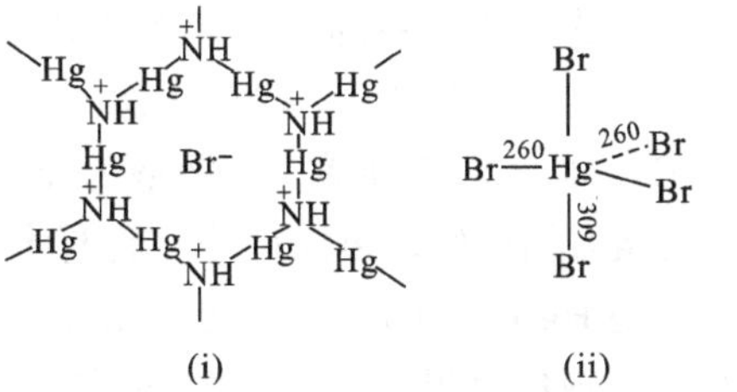

(i) (ii)

图 20.32

还有其他含 Hg—N 的化合物，如 HgF_2 与 $CF_3N{=}CF_2$ 或 $SF_5N{=}CF_2$ 反应，生成了易挥发的衍生物 $Hg[N(CF_3)_2]_2$ 和 $Hg[NCF_3(SF_5)]_2$．二硅氮烷衍生物 $Hg[N(SiMe_3)_2]_2$ 是单体并易挥发．

4.12.6 磷化物、砷化物和锑化物

Hg_3E_2(E=P，As，Sb)是黑色或深灰色固体，它是由 $HgCl_2$ 和氢化物 EH_3 反应制取的．已制备了多种卤化物：$Hg_3P_2I_2$，$Hg_3As_2I_4$，$Hg_4Sb_2I_3$ 和 HgSbBr．如 Hg_3PX_3 的一类衍生物由 HgX_2 与不足量的磷化氢反应而制取．另一类的 $HgPbP_{14}$，在约 600℃时，磷与 Pb—Hg 合金一起反应，时间长达 10 天后才能生成．四面体中的汞为 P_n 长链中的四个磷原予所配位．

4.12.7 第 VII 族含氧酸盐

由过量相应的酸与 HgO 作用可以制取这类盐，在某些情况下，存在复分解反应：$Hg(NO_3)_2$ 和 $NaIO_3$ 溶液反应产生 $Hg(IO_3)_2$ 的沉淀．$HgBr_2$ 的阴极氧化作用生成 $Hg(BrO_3)_2$．当 $Hg(NO_3)_2$ 和 70%的高氯酸混合加热时会生成 $Hg(ClO_4)_2$．

在一系列的 $Hg(XO_3)_2$ 卤酸盐中，X=Cl，Br 是二水合物的结晶，对于碘酸盐是无水结晶．在水中的溶解度按 X = Cl ⟶ I 明显下降，20℃时分别为 25，0.15 和 2×10^{-3}g/100g 水，$Hg(IO_3)_2$ 的溶度积为 3×10^{-13}．在氯酸盐及某些溴酸盐溶液中，既含有游离离子，也含有水解产物．在羟基化合物 $Hg(OH)XO_3\cdot H_2O$ 中包含有氧𬭩型的 Z 字链(图 20.33)，XO_3^- 和 H_2O 则处于链之间．

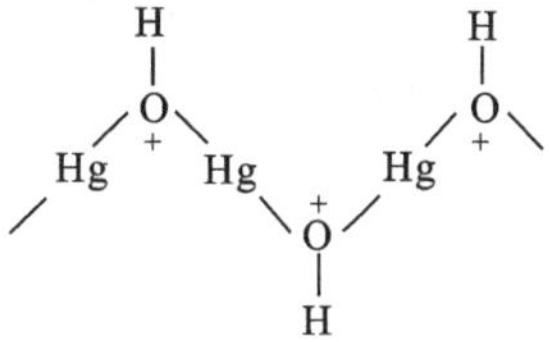

图 20.33

加热 $Hg(ClO_3)_2 \cdot 2H_2O$ 则分解为 $HgCl_2$，HgO 和氧；在 140℃时 $Hg(BrO_3)_2 \cdot 2H_2O$ 分解成 HgO，溴和氧；在 175℃时 $Hg(IO_3)_2$ 分解成 HgI_2 和氧. 在所有情况下，迅速加热可引起爆炸性分解.

二价汞的高氯酸盐通常为六方晶系的六水合物结晶，不能直接加热脱水以获得其无水盐. 无水盐的制取方法是用冷乙醇处理六水合盐. 它在水中的溶解度相当大(298g/100g 水，25℃). 其溶液是强酸，当溶液为 $2\times10^{-3}mol\cdot L^{-1}$ 时水解达 37%，无疑该溶液的导电能力相当好，可以推测它含有水合的 Hg^{2+} 和 $HgOH^+$ 离子. 主要的固体水解产物是 $Hg_3O_2(ClO_4)_2$，结构可能与 $Hg_3O_2(SO_4)$ 相似.

由 HgO 和过量 HIO_4 形成的高碘酸盐在水中溶解极微. 可能是形成了仲高碘酸盐 $Hg_5(IO_6)_2$. 另外还存在如 $Hg_4I_2O_{11}$ 及 HgH_3IO_6 的盐类，但其真实结构尚未清楚.

4.12.8　第 VI 族含氧酸盐

尚未见离析的 $HgSO_3$，然而已制取象 $Na_2Hg(SO_3)_2$ 的固态配合物. 18℃时，在 Hg^{2+}-SO_3^{2-} 水溶液体系中 β_2 为 24.07，$\lg K_3$ 为 0.89. 溶液中，显然有利于形成 $Hg(SO_3)_2^{2-}$，而极少存在 $Hg(SO_3)_3^{4-}$. Hg(II)—SO_3^{2-} 配合物的红外光谱研究指出其配位体是由 S—键合的.

二价汞的硫酸盐 $HgSO_4$：由 Hg 溶于过量的热浓硫酸中制得，或者是以 HgO 溶于硫酸中制取. 无水化合物晶体结构有二个互相矛盾的结论. 不过二者都认为存在四面体的 SO_4 基团，并且汞与四个氧呈畸变四面体配位，同时还连接着 2 个较远的氧. 一水硫酸汞 $HgSO_4\cdot H_2O$ 中汞与六个氧呈不规则的配位，其中五个氧由四面体中的 SO_4 基团提供，一个由水提供([d(Hg—O) = 217，224(H_2O)，250(2)，251(2)pm].

$HgSO_4\cdot H_2O$ 是无色晶体，约在 115℃失水，超过 600℃，则完全分解为汞，氧，SO_2 和 SO_3. 无水硫酸盐(密度：$6.47g\cdot cm^{-3}$)的生成热 $\Delta H^\circ_{f\,(c)}$，$-704.2kJ\cdot mol^{-1}$. 在水中，硫酸汞强烈水解得到含有碱式硫酸盐 $Hg_3O_2(SO_4)$ 沉淀的酸性溶液，这种沉淀在稀的无机酸中很易溶解，并在这些溶液中主要以未离解的分子形式存在. 25℃时 Hg^{2+}-SO_4^{2-} 水溶液体系的稳定常数 $\lg K_1 = 1.3$；$\lg K_2 = 1.1$.

虽然已知有多种形式的混合硫代硫酸盐 $M^I_2Hg(S_2O_3)_2$ 或 $M^{II}Hg(S_2O_3)_2$，但尚未离析出简单硫代硫酸盐 HgS_2O_3. 25℃时 Hg^{2+}-$S_2O_3^{2-}$ 水溶液体系稳定常数 $\lg\beta_2$=29.86；$\lg K_3 = 2.40$；$\lg K_4 = 1.35$. 因此认为有 $Hg(S_2O_3)_2^{2-}$ 离子存在，并推测汞与二个硫和二个氧配位.

4.12.9 第 V 族含氧酸盐

混合 $AgNO_2$ 和 $HgCl_2$ 溶液可以制得二价汞的亚硝酸盐之稀溶液，若溶液浓缩会导致生成 HgO，$Hg_2(NO_3)_2$ 和氮的氧化物. 但亚硝酸根配合物是容易得到的，固态 $M^IHg(NO_2)_3$ 配合物经 X 射线研究表明其为立方晶体，具有钙钛矿结构(M^I = Rb，$a = 545.0$；Cs，$a = 547.5$；Tl，$a = 538.5$pm)，在 Hg^{2+}- NO_2^- 水溶液体系中，$\lg\beta_4$ 为 15.0(25℃)，已离析出固态 $K_2Hg(NO_2)_4$，经光谱分析认为汞为 4 个双齿配体 NO_2 所配位. $K_4Hg(NO_2)_4(NO_3)_2$ 的结构分析表明与上述化合物相似，汞处于八配位的十二面体中.

HgO 溶于硝酸中很容易制取硝酸汞，根据不同条件从硝酸汞溶液中可以得到含 0.5 或 1 分子水的水合物. 半水合物是最常见的形式，其在 145℃下熔融分解，生成热 $\Delta H^\circ_{f\,(c)}$，$-389.1\text{kJ}\cdot\text{mol}^{-1}$. 如加热则脱水生成碱式盐 $Hg_3O_2(NO_3)_2$. 利用 N_2O_4 与 HgO 的反应制取无水硝酸汞，首先形成加合物 $Hg(NO_3)_2\cdot N_2O_4$，然后在真空中稍加热即脱去 N_2O_4 而得到硝酸汞. 在溶液中，$Hg(NO_3)_2$ 几乎完全以未离解分子存在，在稀硝酸和丙酮中的溶解度较大. 在水中迅速发生水解，生成 $Hg_3O_2(NO_3)_2\cdot 2H_2O$ 的沉淀. $Hg(NO_3)_2$(水相)的 ΔH°_f 为$-242.7\text{kJ}\cdot\text{mol}^{-1}$. 在 Hg^{2+}-NO_3^- 的水溶液体系中，$\lg K_1$ 约为 0.3，同时表明存在 $Hg(NO_3)_3^-$ 和 $Hg(NO_3)_4^{2-}$. 在乙醇溶液中，$Hg(NO_3)_2$ 和 NMe_4NO_3 反应得到固态的 $(NMe_4)_2[Hg(NO_3)_4]$，这里汞的配位数为 8，4 个 NO_3^- 均以双齿与其配位.

有多种金属磷酸盐，如$[Hg(PO_3)_2]_3$，$Hg_2P_2O_7$，以及碱式磷酸盐均有报道. 将稀 $Hg(NO_3)_2$ 溶液加到过量的 Na_2HPO_4 溶液可以制备正磷酸盐 $Hg_3(PO_4)_2$. 它在热水中微溶，而易溶于酸中.

4.12.10 第 IV 族含氧酸盐

没有 $HgCO_3$ 存在的证据，为制备 $HgCO_3$ 而设计的实验在事实上所得到的都是 HgO 或各种组成不确定的碱式碳酸盐，如 $Hg_4O_3CO_3$.

4.12.11 其他含氧酸盐

因乙酸汞和三氟代乙酸汞可与不饱和烃反应而显得较为重要. 将 HgO 溶于 50%的热乙酸即可制得乙酸汞. 乙酸汞只溶于水和乙醇，而三氟代乙酸汞还可溶于苯、丙酮、四氢呋喃等有机溶剂，因而增加了三氟代乙酸汞的用途. 草酸汞微溶于水[1.07×10^{-2}g/100g(20℃)]，生成热 $\Delta H^\circ_{f\,(c)}$$-677.0\text{kJ}\cdot\text{mol}^{-1}$.

甲醇溶液中的乙酸汞(II)能氧化糖类的仲羟基，这溶液与 CO 反应生成具有 Hg—C 键的$(CH_3COO)HgCOOMe$.

4.12.12　有机汞(II)化合物

大量的有机汞化合物是众所周知的，其中一些还具有益的生理性质，它们属于 RHgX 和 R_2Hg 型. 通常用 $HgCl_2$ 和 RMgX 的相互作用来制取，但含 Hg—C 键的化合物还可以通过下面的途径得到.

RHgX 化合物是结晶固体，它的性质与 X 有关，当 X 为能与汞形成共价键的官能团，如 Cl，Br，I，CN，SCN 或 OH 时，这种化合物易溶于有机溶剂而难溶于水，为共价非极性物质；当 X 为 SO_4^{2-} 或 NO_3^- 时，化合物则像盐一样，并推测是完全离子型的，例如 $[RHg]^+NO_3^-$. 醋酸烷基汞的行为像弱电解质. 烷基汞与碘化物或硫氰酸盐可形成配阴离子，例如 $RHgI_2^-$ 和 $RHgI_3^{2-}$.

汞的二烷基和二芳基化合物为非极性分子，是易挥发、有毒的无色液体或低熔点固体. 与 Zn 和 Cd 的烷基化合物不同，它们很少受空气和水的影响，大概是由于 Hg—C 键极性低以及汞对氧的亲合力低的缘故，可是，它们具有光化学和热的不稳定性，可以推测是由于键的强度低，约在 50—200kJ · mol^{-1} 范围内. 在暗处，汞化合物可以保存数月之久. 它的分解通常是通过 Hg—C 键的断裂进行的.

所有 RHgX 和 R_2Hg 化合物都是线型链. 但在少数情况下偏离直线型，特别是在溶液中存在溶剂化效应时. 二茂汞 $(C_5H_5)_2Hg$，C_5H_5HgX 和茚基汞 $(C_9H_7)_2Hg$ 化合物是液体.

二烷基和二芳基汞化合物的一个很有价值的用途就是通过互换取代反应来制备其他金属有机化合物，例如

$$\frac{n}{2}R_2Hg+M \longrightarrow R_nM+\frac{n}{2}Hg$$

此反应在 M 为 Li，Ca，Zn，Al，Ga，Sn，Pb，Sb，Bi，Se 或 Te 时，基本上可达到完全. 但与 In，Tl 和 Cd 的反应则已确证是可逆的. 与活泼卤化物反应，可达到部分烷基化，例如

$$AsCl_3+Et_2Hg \longrightarrow EtHgCl + EtAsCl_3$$

卤代汞化合物在有机物的插入反应中可用作产生二卤卡宾的来源，这类化合物的一个方便的制备方法是

$$PhHgCl+CHX_3+t\text{-}C_4H_9OK \xrightarrow{\text{苯}} PhHgCX_3+KCl+t\text{-}C_4H_9OH$$

关于有机汞化合物的反应机理已进行了广泛的研究，在此只能作简单叙述. 这类型的交换反应

$$MeHgBr+{}^*HgBr_2 \rightleftharpoons Me^*HgBr+HgBr_2$$

用示踪汞进行广泛研究后表明，当光学活性基团叔丁基存在时，亲电取代反应 S_E2 的进行充分保留了原构型，这反应(它同样能被阴离子催化)可认为是通过一个像(i)所示的环状过渡态进行. 该反应 $R_2Hg+HgX_2=2RHgX$ 的平衡常数在 10^5—10^{11} 之间，进行速度慢且依赖于溶剂的性质. 核磁共振研究也同样指出，在 RHg 化合物溶液中，存在有 R 基团的较快交换作用，此反应历程也包括有一个环状的中间态或过渡态(ii).

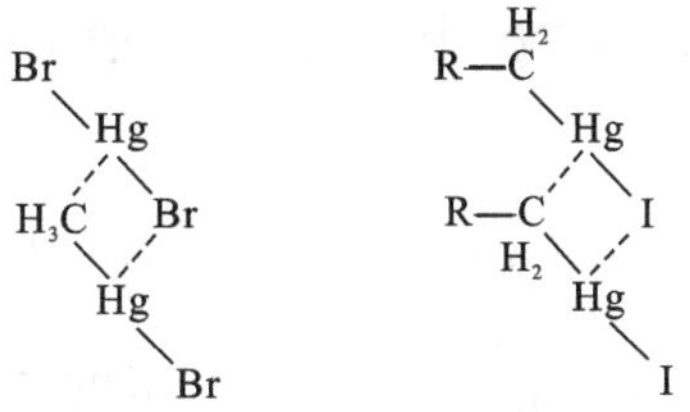

(i)　　(ii)

排放汞到周围环境包含着极大的危险. 如从用于生产 NaOH 和 Cl_2 的电解池中散失的金属汞，或是作为拌种或杀菌剂的烷基汞化合物. 其危险是由于生物学上的甲基化作用产生$(CH_3)_2Hg$ 或 CH_3Hg^+.

汞化作用和氧汞化作用：形成 Hg—C 键的重要反应是加入汞盐，特别是乙酸汞、三氟乙酸汞或硝酸汞与不饱和化合物之间的加成反应，也是一个适用于多种有机化合物合成的反应.

最简单的反应是芳族化合物的汞化反应，通常用乙酸汞在甲醇中作用来完成，例如

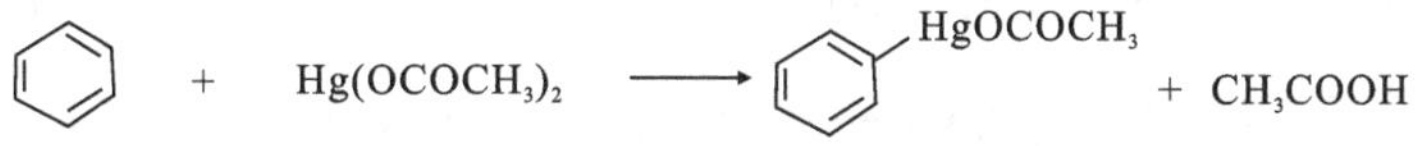

甚至如三羰基环丁二烯铁那样的芳族金属有机化合物也可以汞化.

采用此途径制备的芳基化合物，可使链烯和各种其他不饱和化合物达到芳基化. 钯的化合物 Li_2PdCl_4，常用作转移剂，形成的有机钯化合物是不稳定的中间产物；这反应可以用空气和 Cu^{II} 盐催化，因为反应中形成的金属 Pd 溶于 Cu^{II}，所产生的 Cu^I 又被空气所氧化. 一个典型的反应是

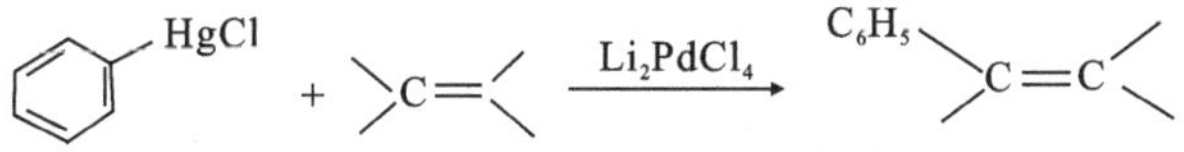

汞盐的这种互换作用并不局限于芳烃，但与链烯通常则出现可逆反应

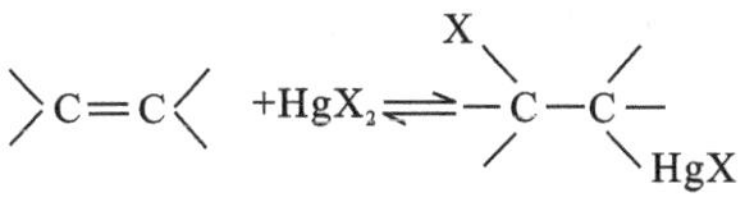

大多数情况下，这一反应要在乙醇或其他含质子的介质中进行. 这类反应称为氧汞化作用(Oxomercuration)，例如

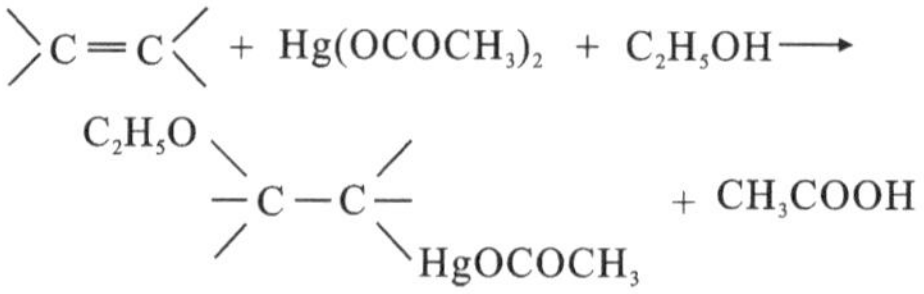

HgX_2加到链的两侧通常是被间接证实的，一般是用观察水解产物的方法，例如

$$CH_2{=}CH_2+Hg(NO_3)_2 \xrightarrow{OH^-} HOCH_2CH_2Hg^+ + 2NO_3^-$$

或是用盐酸作用使 Hg 转为 $HgCl_2$ 除去，这是加成的逆反应

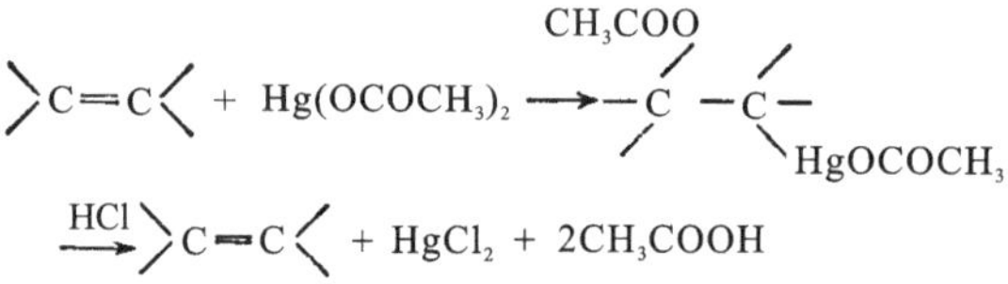

开始加成反应时的可逆性很容易用 $Hg(OCOCF_3)_2$ 来确证. 因为后者可溶于非极性溶剂，当 X = $OCOCF_3$ 时，加成反应的平衡常数很容易测定，而且，它依赖于链烯和所用溶剂的性质.

在上述反应中，认为形成了(iii)和(iv)型的汞𬭩离子的中间产物. 确实，在 −70℃时，于 FSO_3H-SbF_5-SO_2 中通过下述反应，已制得了长寿命的离子.

$$CH_3OCH_2CH_2HgCl \xrightarrow{3H^+} CH_3OH_2^+ + CH_2CH_2Hg^{2+} + HCl$$

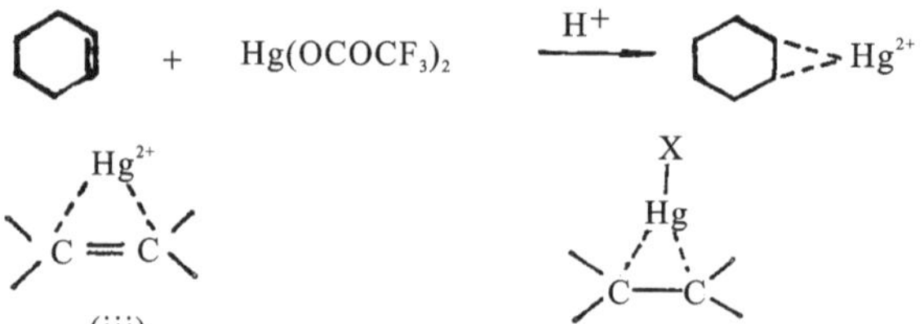

(iii)　　　　(iv)

上述加成类型已用于从链烯和其他不饱和化合物开始的简单制备中. 乙醇、乙醚和胺与 $HgCl_2$ 的加成反应分别在水、乙醇、乙腈中进行. 要在中间产物中除去汞可用硼氢化钠还原. 这种加成同样适用于那些属于马科尼可夫范畴的产物. 下面举两个例子

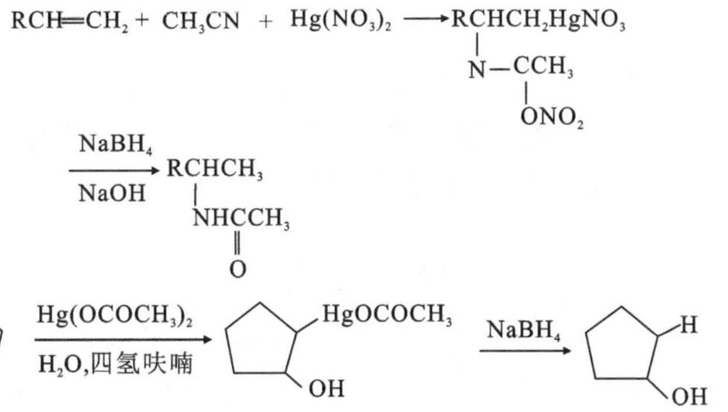

亚硫酸溶液中，汞盐对炔属的水合作用的催化作用无疑也是通过与上述类似的途径进行，总反应为

$$RC\equiv CR' + H_2O \xrightarrow{H^+} R\text{—}C(OH)\!=\!C(H)\text{—}R' \longrightarrow R\text{—}C(=O)\text{—}CH_2R'$$

乙炔则变成乙醛.

最后，有趣的是乙酸汞(II)的甲醇溶液在大气压下容易吸收一氧化碳，所得产物可被卤盐转变为 $XHgOCOCH_3$ 型的化合物. 虽然该反应机理还未详细确定，但实际上已表明一氧化碳插入到溶剂化汞离子所含的 Hg 和 O 之间

$$Hg(OCOCH_3)_2+CH_3OH \rightleftharpoons CH_3COOHgOCH_3+CH_3COOH$$

$$CH_3COOHg\text{—}OCH_3+CO \rightleftharpoons CH_3COOHgC(O)OCH_3$$

通过加热或用浓盐酸作用，可以使 CO 从化合物中再生. 在 25 大气压下，发生如下反应

$$RHgNO_3+CO+CH_3OH \longrightarrow RCOOCH_3+Hg+HNO_3$$

4.12.13 配合物

这里主要限于讨论有关固态配合物的结构. 一些生成热，尤其是 HgX 与 N 给予体的固体配合物的已有报道.

(1)含氧配体配合物

对于这类配合物了解较多，其构型常见的有畸变四面体和畸变八面体. 下面引用实际结构数据来说明.

六配位的配合物中，$HgCl_2 \cdot C_{14}H_{14}N_2O_3$(氧化偶氮苯甲醚)中汞与 2Cl，1O，3Cl 配位，$d(Hg\text{—}Cl)_{(2)} = 228$，$d(Hg\text{—}O) = 260$，$d(Hg\text{—}Cl)_{(3)}=310$，315，318pm. 在 $HgCl_2 \cdot$(喹啉 N-氧化物)中，$d(Hg\text{—}Cl)_{(2)} = 230$，$d(Hg\text{—}O)_{(2)} = 256$，261，$d(Hg\text{—}Cl)_{(2)} = 312$，335pm. 同样，在 $HgCl \cdot$(环己烷-1，4-二酮)中，$d(Hg\text{—}Cl)_{(2)} = 230$，$d(Hg\text{—}O)_{(2)} = 279$，$d(Hg\text{—}Cl)_{(2)} = 325$pm. 它们都是畸变的八面体.

$(HgL_6)(ClO_4)_2$(L = 吡啶-*N*-氧化物，二甲亚砜，四氢噻吩-*S*-氧化物及噻噁烷-*S*-

氧化物）可能以离子化形式存在．与此相似的还有 $Hg[(Me_2N)_2PO^*\text{-}O\text{-}PO^*(NMe_2)_2]^{2+}$(O*为给予原子)．而$[HgCl_2(OR)]_2$(OR = *cis*-4-*p*-氯苯硫醚氧化物)的结构测定证实其构型为轴向含 O 桥的五配位四方锥体(或是严重畸变的六配位)，从图 20.34 可看出它具有顺式椅状构型.

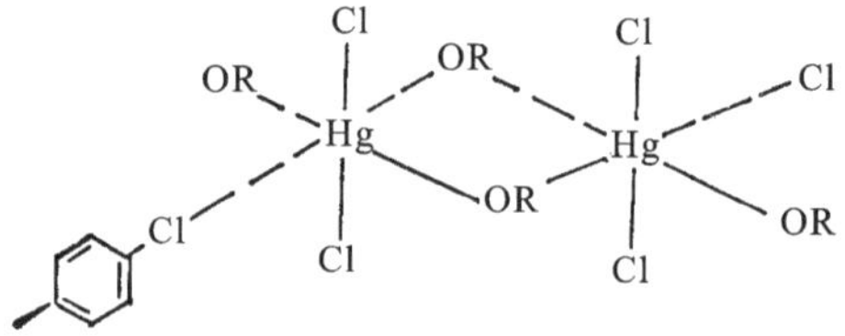

图 20.34

四配位配合物 $HgCl_2 \cdot 2Ph_3AsO$ 为畸变四面体构型，四个配位键几乎等长：$d(Hg—O)_{(2)} = 232$，237，$d(Hg—Cl)_{(2)} = 232$，233pm．而在 $HgCl_2$ · (1，4-二噁烷)中，汞与 4 个配位原子几乎在同一平面，$d(Hg—Cl)_{(2)} = 234$，$d(Hg—O)_{(2)} = 266$pm，实际上这是一种严重畸变的八面体，因为在四配位平面上下较远处还有两个氯.

(2) 含硫配体配合物

这类配合物通常存在强键，已证明四配位是十分普遍的，在二烃基硫化物中，可以形成 $HgX_2 \cdot 2SR_2$ 单体，也可以形成二聚含卤桥的$[HgX_2(SR_2)]_2$单元．少数简单配体按类似方式形成配合物．在 $HgCl_2 \cdot 2$(1，4-噻噁烷)单体配合物中汞与 2Cl 和 2S 配位(注意：氧没有配位，着重强调汞具有碱性)，对 $HgCl_2$(1，3，5-三噻烷)配合物的结构分析表明在畸变的四面体排列中汞原子连结 2S 和 2Cl．双硫腙配合物 $Hg(C_{13}H_{11}N_4S)_2 \cdot 2py$ 中汞与二个近邻的硫和较远的氮呈四配位，吡啶不与汞相连(图 20.35)．在 $2HgCl_2 \cdot$ (1，6 二硫杂 *cis*-3，*cis*-8-环癸二烯)中发现了一种由四配位汞连接的无限链(图 20.36).

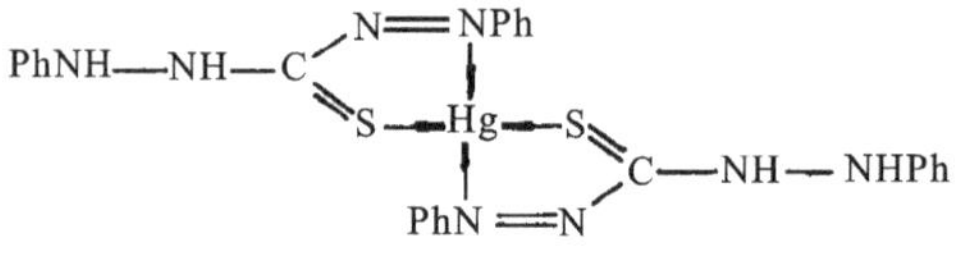

图 20.35

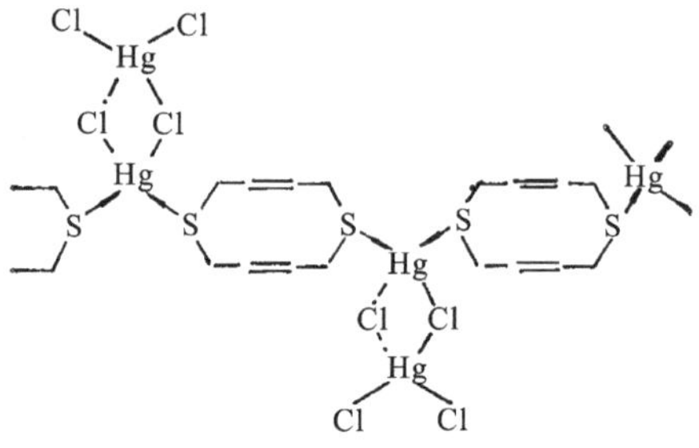

图 20.36

另一类链，是在 $HgCl_2 \cdot 2$(吩噁噻啶)中由六配位汞组成的(图 20.37).

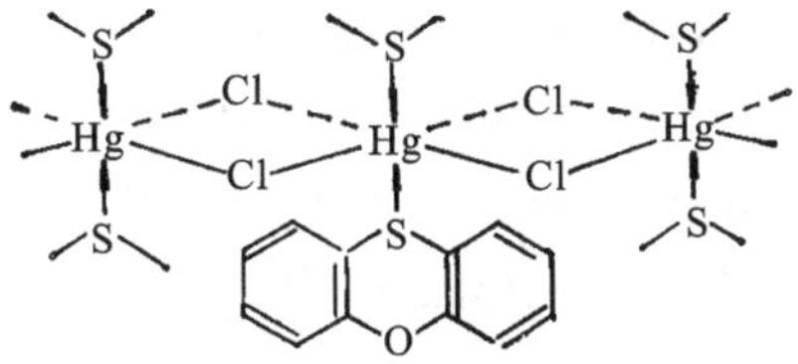

图 20.37

确认了几种 $HgCl_2$ 与硫脲的配合物，但仅知 1∶3 配合物的结构单元为五配位三角双锥构型(轴向，$d(Hg—Cl)_{(2)}$ ＝224，236；赤道面，$d(Hg—S)_{(3)}$ ＝237，261，310pm).

此外，还有二配位的配合物，如由 $Hg(OMe)_2$ 和 PhNCS 生成的 $Hg[SC(OMe)=NPh]_2$，只有二个相近的 Hg—S 配位键. $2HgCl_2 \cdot Et_2S$ 中则含$(Cl—Hg—SEt_2)^+$，Cl^-和 $HgCl_2$ 单元，前者明显是非直线型的.

(3) 含氮配体配合物

最简单的例子是氨合物 $HgX_2 \cdot 2NH_3$(X＝Cl，Br，I)，在气相中，由 HgX_2 和氨，或在水溶液中由 HgX_2，NH_4X 和氨生成这种氨合物. 其氯化物是易熔的白色沉淀(m.p.300℃). 如果考虑到卤离子立方体点阵的建立，那么汞占据了每个立方体的面心，在立方体的中心是 NH_3，因此 $NH_3—Hg—NH_3$ 线性单元是沿配位轴作任意取向，每个汞原于与 2 个 N 和 4 个 Cl 呈六配位. 同样六配位作用亦可认为存在于配阳离子$[Hg(en)_3]^{2+}$中.

吡啶—Hg(II)配合物并不十分稳定，但确信 $HgCl_2 \cdot 2py$ 的结构为完全的分子单体，其中汞周围有二个氮(260pm)，二个较近的氯(234pm)以及二个属于另一个配位单元的氯(325pm).

类似相应的锌配合物：HgX_2(paphy)(paphy＝吡啶-2-醛 2′-吡啶腙)，可能含有五配位的汞(3 个氮及 2 个卤素)；对 $HgCl_2 \cdot 2$(2，4，6-三甲基吡啶)，同样认为存在五配位汞.

(4) 含磷、砷配体配合物

已知的这类配合物均含有四配位的汞. 最简单的是叔胂为配体的四面体型单体配合物 $HgX_2 \cdot 2AsR_3$ 或为桥联配体的二聚物$[HgX_2(AsR_3)]_2$，后者还有以卤为桥联配体的异构体(图 20.38).

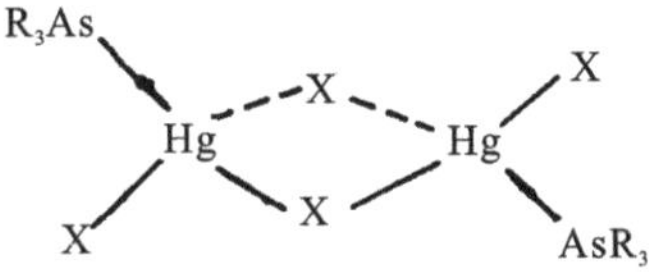

图 20.38

叔膦也可形成类似的配合物．据报道关于配体的季铵化作用是较容易的，同时还伴随着卤素的交换

$$HgX_2 \cdot 2PPh_3 + 4MeI \longrightarrow (Ph_3PMe)_2HgI_4 + 2MeX$$

$$[HgX_2(PPh_3)]_2 + 6MeI \longrightarrow 2(Ph_3PMe)HgI_3 + 4MeX$$

螯合配位体 o-$C_6H_4(AsMe_2)_2$(diars，联胂)与汞形成四面体构型的单体配合物 Hg(diars)X_2或其电离聚合异构体$[Hg(diars)_2]^{2+}[HgX_4]^{2-}$,后者的 X＝I 时尤为适宜.

参　考　文　献

[1] 凌永乐编著,《化学元素的发现》,上海科学技术出版社,p.35—38,(1981).

[2] 十种常用有色金属锡锑汞,《冶金常识》编写组编,冶金工业出版社,(1972).

[3] J.C. Bailar,Comprehensive Inorganic Chemistry,Vol. 3. Pergamon Press,(1973).

[4] 赵天从主编,《重金属冶金学》(下册),冶金工业出版社.

[5] 水沼博司等,分析化学(日),28,695,(1979).

[6] J.H. Janssen, *Anal. Chim. Acta*,92,71(1977).

[7]《无机化学》编写组,《无机化学》(下册),人民教育出版社(1978).

[8] F.A. 科顿,G.威尔金森著,《高等无机化学》,北京师范大学等译,人民教育出版社(1980).

[9] J.W. Mellor,A Comprehensive Treatise on Inorganic and Theoretical Chemistry(1957).

[10] 戴安邦等编著,《无机化学教程》(下册),人民教育出版社,p674—675(1972).

[11] B.M. Chadwick and A.G. Sharpe,*Adv. Inorg. Chem. Radiochem.*,8,83(1966).

[12] R.C. Weast(ed.),CRC Handbook of Chemistry and Physics,66th. ed.,CRC Press(1985).

名 词 代 号

acac　乙酰丙酮
aq　水，水合的
BDC　丁二腈
bipy　联吡啶
Am　戊基
Bu　丁基
^{i}Bu　异丁基
cp　环戊二烯基
c.p　氰基吡啶
cy　环己基
diars　邻亚苯基双(二甲胂)
dien　二乙基三胺
diglyme　二甘醇二甲醚
diphos　邻苯撑双(二甲基)膦
dmp 2，9-二甲基-1，10-菲罗林
DMSO　二甲亚砜
dpk　双-2-吡啶基-酮
en　乙二胺
Et　乙基
etu　乙撑硫脲
gly　甘氨酸根
HDZ　打萨腙
H_2Dx　丁二酮肟
H_2Dz　双硫腙
HDC　己二腈
isoam　异戊基
Me　甲基
mea　乙醇胺
Meu　甲脲
nic　烟碱基
ox　草酸根
PDC　戊二腈
Ph　苯基
phen　二氮杂菲
pn　丙二胺
Pr　丙基
^{i}Pr　异丙基
py　吡啶
pyk　比重瓶法
pyz　吡嗪
quin　喹啉
TPA　三(2-吡啶基)胺
THF　四氢呋喃
thiopic 2-硫代氨基吡啶
tu　硫脲

无机化学丛书·典藏版

第七卷

钪　易宪武
稀土元素　黄春辉　王　慰　刘余九　吴瑾光

科学出版社

北京

内 容 简 介

本书是《无机化学丛书》第七卷，包括钪和稀土元素两个专题：第21 专题为钪，共分六章，分别介绍了钪的存在、应用、单质及化合物的性质、钪的提取工艺及其分析；第22 专题为稀土元素，包括原子序数由57 至 71 的镧系以及原子序数为 39 的钇共 16 种元素，本专题共分五章，分别介绍了稀土元素化学、稀土络合物化学、稀土矿物及提取、稀土元素的分离、稀土元素金属及其合金等。

本书可供从事稀土科研、生产和教学工作者参考，也可供大专院校有关专业的学生和研究生阅读。

图书在版编目（CIP）数据

无机化学丛书：典藏版/张青莲主编. —北京：科学出版社，2018.1

ISBN 978-7-03-056380-4

Ⅰ. 无…　Ⅱ. 张…　Ⅲ. 无机化学–丛书　Ⅳ. O61-51

中国版本图书馆 CIP 数据核字（2018）第 012426 号

责任编辑：胡华强　杨　震 / 责任校对：张　琪
责任印制：赵　博 / 封面设计：王　浩

科学出版社 出版
北京东黄城根北街 16 号
邮政编码：100717
http://www.sciencep.com
北京厚诚则铭印刷科技有限公司印刷
科学出版社发行　各地新华书店经销
*
2018 年 1 月第　一　版　开本：720 × 1000　B5
2018 年 1 月第一次印刷　印张：34 1/2
字数：617 000

定价：998.00 元（全 10 册）

《无机化学丛书·典藏版》书目

第一卷　1. 稀有气体　2. 氢　3. 碱金属

第二卷　4. 铍　5. 碱土金属　6. 硼　7. 铝　8. 镓分族

第三卷　9. 碳　10. 硅　11. 锗分族

第四卷　12. 氮　13. 磷　14. 砷分族

第五卷　15. 氧　16. 硫　17. 硒分族

第六卷　18. 卤素　19. 铜分族　20. 锌分族

第七卷　21. 钪　22. 稀土元素

第八卷　23. 钛分族　24. 钒分族　25. 铬分族

第九卷　26. 锰分族　27. 铁系　28. 铂系

第十卷　29. 锕系　30. 锕系后元素

序

无机化学是化学科学的一个重要分支，也是最早发展起来的一门化学分支学科。无机化学研究的对象是周期系中各种元素及其化合物，不包括碳氢化合物及其衍生物。二十世纪中叶以来，无机化学又进入了新的发展阶段。这是和许多新的科学技术领域，如原子能工业、空间科学技术、使用半导体材料的通信和计算技术等的兴起密切相关的。这些科技部门要求人们利用无机化学的理论去探索和研制种种具有特殊性能的新材料，研究极端条件下物质的性质和反应机理，以及提出新的无机物生产的工艺流程。与此同时，现代物理学、生命科学、地质科学以及理论化学的新进展等因素也都在日益推动着无机化学的发展进程。

我国在解放前缺少与无机化学有关的工业基础，因此无机化学人才培养得较少，科学研究工作的基础也比较薄弱。解放后我国无机化学虽然有了很大发展，但仍比较落后。为了扭转这种局面，加速无机化学科学人员的培养和提高，促使教学和研究工作的迅速发展，以及为了解决我国丰富的矿产资源的综合利用、新型材料的合成、无机化学新观点和新理论的提出等问题，有必要编辑出版一套中型的无机化学参考书。为此，科学出版社和中国化学会共同组织了《无机化学丛书》编辑委员会主持本丛书的编写工作。经过多次讨论和协商、拟订了丛书的编辑计划和写作大纲，确定丛书分十八卷，共四十一个专题，从 1982 年起陆续出版。全丛书共约六百余万字，前十卷为各族元素分论，后八卷为无机化学若干重要领域的专论。

本丛书适合高等学校教师、高年级学生和研究生、科学研究人员和工程技术人员参阅。编委会竭诚欢迎广大读者对本书的内容提出宝贵的意见，以便再版时加以修改。

《无机化学丛书》编委会

1982 年 9 月

前　言

自从1794年发现“钇土”，直到1945年分离出最后一个稀土元素钷为止，共经历了150多年的时间，但是稀土化学的发展以及稀土元素的应用还只是最近数十年的事。第二次世界大战后期，原子能工业的发展大大促进了分离技术的进步。1955年建成了第一个离子交换车间，使从混合稀土中分离出纯度高的单一稀土成为可能，为稀土科学的发展奠定了基础。70年代后期对稀土的各种本征性质的研究，使得稀土在新型材料科学中占有重要地位。稀土元素的许多优良的光、电、磁学性质使它成为举世瞩目的、亟待开发的新材料宝库。

我国稀土资源丰富，已探明稀土的工业储量为世界第一。目前我国的稀土生产能力已跃居世界第一位。在稀土科技领域中，我国在某些方面虽然也取得了一批具有较高水平的工作，甚至是领先的成果，但应该承认，与世界水平相比，还有不小差距。这是与我们稀土大国的地位不相称的。为了更好地开发和利用我国宝贵的稀土资源，必须加强研究，奋起直追。作者谨以此书献给我国广大的稀土科技工作者，希望对他们的工作有所帮助。

本卷包括钪和稀土元素两个专题：第21专题为钪，共分六章，分别介绍了钪的存在、应用、单质及化合物的性质、钪的提取及其分析，由昆明工学院易宪武编写。第22专题为稀土元素，包括原子序数由57至71的镧系以及原子序数为39的钇共16种元素。全专题共分五章：22.1稀土元素化学，介绍了稀土元素的物理性质及化学性质，由兰州大学王慰、邓汝温、杨汝栋、张叔民、吴贵集等编写。22.2稀土元素的络合物化学，按照配位体分类介绍了稀土络合物合成及其基本性质，由北京大学吴瑾光、高宏成编写。22.3稀土矿物及提取，根据稀土元素的共性，介绍了由矿物中提取混合稀土的工艺及化学，由兰州大学邓汝温编写。22.4稀土元素的分离，基于稀土元素性质随原子序数递变规律，介绍了稀土元素间的分离，由北京大学黄春辉编写。在四分组效应一节中，兰州大学提供了部分资料。22.5稀土元素及其合金，介绍了稀土元素金属及稀土合金的制备原理和方法，由北京有色金属研究总院刘余九、李作顺编写。全卷由黄春辉统编。

第21专题钪的初稿承蒙北京大学黄竹坡、童沈阳教授审阅，第22专题稀土元素承蒙中国科学院长春应用化学研究所倪嘉缵研究员等审阅，他们都提出了许多宝贵意见和建议；在本书编写过程中，得到了张青莲教授、徐光宪教授和唐任寰副教授的指导和关怀，作者在此一并致以衷心的感谢。

黄春辉
北京大学化学系
1989年10月

目　　录

21. 钪

22. 稀 土 元 素

21. 钪

21.1 钪的历史、存在和应用

1.1 历　　史

1869 年门捷列夫根据周期律推测在硼族铝之后钇之前有某一元素，并将其称之为“准硼，Eka-B”。1879 年 Nilson 从黑稀金矿和硅铍钇矿中提取镧系元素时，得到 0.35g“新稀土”氧化物，其碱性比稀土氧化物弱，当量较低，光谱也与镧系元素不同。因首次在斯堪的纳维亚(Scandinavia)半岛的矿物中发现，故定名为钪(Scandium)。同年 Cleve 从 4kg 硅铍钇矿中也制得 0.8g“新稀土”氧化物，继而在 1883 年又从 3kg 钇铈榍石中制得 1.2g“新稀土”氧化物，经提纯除去钇后，制成硫酸盐、硫酸复盐、硝酸盐和草酸盐等化合物，比较其性质，证实钪与门捷列夫推测的“准硼，Eka-B”相同。20 世纪初，Urbain，Matignon 和 Crookes 曾相继研究过钪及稀土元素化合物。1898 年 Vogt 首次估计了地壳中钪的丰度。1908 年 Eberhard 等用光谱证实在 800 多种矿物中有钪存在。接着 Mayer，Speter，Wirth，Sterba-Bühm，Artini，Jarnes，Clarke，Hönigschmid，Sarker 和 Trausil 等人对钪化学的研究取得进展。20 世纪 20—30 年代钪化学研究进展较慢，第二次世界大战后钪的研究和生产又有些发展。1931 年 Goldschmidt 广泛研究了钪的地球化学。1942 年 Fischer 等评论了钪的各种分离方法，丰富了钪的提取知识。1937 年 Fischer 将钪、钾和锂的氯化物混合熔盐电解，首次制得纯度 95%金属钪。Bommer 用钾还原氯化钪制得金属钪。Iya 蒸馏钪和镁或锌的合金得到金属钪。Petru 用钙还原卤化钪，首次制得纯的致密钪。1973 年 Spedding 制得纯度 99.9%的钪。近来钪化学及其应用的研究仍在发展。

1.2 存　　在

钪广泛分布在自然界中。月球、陨石、大气、地壳中，动物、植物、矿物中均有它的存在。

1.2.1 在宇宙中的存在[4,7]

钪在宇宙中存在的形式主要为电离的 Sc(II)；很少为原子的 Sc(I)；偶尔也有电离的 Sc(III)，Sc(VII)和 ScO 存在。宇宙中钪的丰度为 0.18 原子 Sc/10^4 原子 Si，而钇、镧、铈和镱的丰度分别为 0.1，0.021，0.23 和 0.015 原子 Sc/10^4 原子

Si[5]。钪在银河系中对于氢(通常取氢原子为 10^{12})的相对丰度平均值的对数为 2.85[10]。钪在陨石中的丰度为 20.87 原子 Sc/10^6 原子 Si[10]。在无缝光谱(slitless spectral)中观察到包围太阳的色球层(chromosphere)起始几百公里中有 Sc(II)强光谱线,太阳表面和黑子中有 ScO。阿波罗 11—15 号和卢纳(Luna)16 号宇宙飞船从月球表面取回的各类样品中含钪 $10\times10^{-4}\%$—$170\times10^{-4}\%$,大多数小于 $100\times10^{-4}\%$[4]。阿波罗 11,12 和 14 号取回的月球样品含钪量的比较分别为($\times10^{-4}\%$):玄武岩 96.5,40.0 和 22.5;角砾岩 68,35 和 23;尘岩 56.0,40.0 和 26.7[7]。

1.2.2 在大气、地壳、土壤和水中的存在[7]

美国芝加哥地区含尘 70 000ng/m^3 的空气中平均含钪 0.5ng/m^3。日本某重工业区大气的沉积物中含钪 0.017—0.03μg/mg 灰尘;悬浮颗粒试样中含钪 0.0002—0.005μg/m^3。

钪在地壳中的平均丰度为 $36\times10^{-4}\%$,它比银、金、铅、锑、钼、汞和铋更丰富,而与铍、硼、锶、锡、锗、砷、硒和钨的丰度相当[1—7,10,11]。因其存在很分散,故给人以“稀少”的印象。

在地球的土壤中含钪 $3\times10^{-4}\%$—$10\times10^{-4}\%$,平均为 $7\times10^{-4}\%$,它比 As,Be,Cd,Cs,Mo,Se 和 Th 的含量高,但 Y,La 含量比 Sc 高 4—7 倍。由于基性岩和超基性岩含钪量高于酸性岩,其风化形成的土壤中含钪量也相应地不同。

在英国取 6 个河水样品其平均含钪 $17\times10^{-7}\%$,苏联西伯利亚西北地表和地下水平均含钪 $5\times10^{-8}\%$,注入美国密执安湖的天然水含钪 $4\times10^{-9}\%$,英国河流沉积物中含钪 $3\times10^{-4}\%$—$26\times10^{-4}\%$。

世界海洋水中平均含钪小于 $4\times10^{-9}\%$[10]。表层 2000m 的海水中平均含钪 $64\times10^{-11}\%$,在 2000m 以下深海水含钪略高,为 $92\times10^{-11}\%$。

由于 Sc^{3+} 离子碱度低,在溶液中多半不是简单的离子,而有形成 $[Sc(H_2O)_6]^{3+}$,$[Sc(H_2O)_5OH]^{2+}$ 等水合络离子,以及与 SO_4^{2-},CO_3^{2-},NCO_3^-,F^- 和胺等形成络合物的明显倾向,所以大陆的水中有些地方含钪高达 10mg/L;且由于这些络离子与碱金属形成的可溶性化合物易水解和形成不溶化合物,使钪沉积在水底,深海锰结核中含钪 $6\times10^{-4}\%$—$25\times10^{-4}\%$,这表明钪在海水中富集了 3×10^6 倍。钪也可以吸附的状态迁移,核反应堆废水中的放射性核素 ^{46}Sc 很快吸附在水中粒子(无机和有机化合物、微生物体)上。用各种容器贮存海水时,钪也有被容器吸附的现象。

1.2.3 在生物体中的存在[6,7]

土壤中的钪被植物吸收,并作为动物和人的食料进入机体。陆地植物平均含

钪 $8\times10^{-7}\%$，低级植物含钪 $2.9\times10^{-5}\%$，高级植物含钪 $9.17\times10^{-5}\%$。某些棕色海藻富集钪为海水中的 1500—2600 倍，海底藻富集钪为海水中的 2200—3600 倍。我国谷物的根部含钪较多，叶茎中含钪较少[12]。

无脊椎动物平均含钪 $1.46\times10^{-4}\%$，而脊椎动物含钪 $4.5\times10^{-6}\%$，各种蠕虫和某些软体动物含钪高达 $2\times10^{-3}\%$，某些动物组织中例如羊肺中含钪较高，鱼骨中比其肉中含钪量高 10 倍。人体大脑中约含钪 10μg/kg，齿龈中含钪高达 $6\times10^{-3}\%$，非癌组织中含钪高于肝、肾和肠的癌组织。

1.2.4 地球化学[1—7,10,11]

地球上的钪主要存在于基性岩和超基性岩的铁-镁矿物中，一般含 $5\times10^{-4}\%$—$100\times10^{-4}\%$ Sc_2O_3[11]，其浓度随矿脉的酸度增加而降低。钪在岩石中的丰度（克拉克值），见表 21.1。它在岩石和矿物中多以氧化物、硅酸盐和磷酸盐的形式存在，没有发现硫化物、砷化物或自然金属的钪矿物。

表 21.1 钪在岩石中的丰度[10]（克拉克值）

	重量(%)	Sc 原子/10^6Si 原子
石陨石(球粒陨石)	6×10^{-6}	20.9
超基性岩(纯橄榄石等)	5×10^{-6}	16.4
基性岩(玄武岩、辉长岩等)	2.4×10^{-3}	62.3
中性岩(闪长岩、安山岩)	2.5×10^{-4}	5.97
酸性岩(花岗岩、花岗闪长岩)	3×10^{-4}	5.77
沉积岩(黏土岩、页岩)	1×10^{-3}	26
两份酸性岩和一份基性岩	1×10^{-3}	24.6

在 20 世纪 30 年代，Goldschmidt 等[13]广泛地研究过钪的地球化学，并建立了钪在地球上分配的一些理论，认为 Sc^{3+} 与 Fe^{2+} 和 Mg^{2+} 的类质同晶置换极其重要。后来 Ringwood 补充了此理论，认为是生成含氧和羟基络合物，尤其是钪在伟晶岩和云英岩中的富集更是如此。两种理论并不矛盾，钪离子地球化学的主要行为，取决于它对其他共存大量元素的某些性质的综合相似性。钪的离子半径和配位数，以及电负性等特性使得它可与许多其他离子进行类质同晶置换。

在火成岩中钪主要富集在辉石、闪石和黑云母中，含量高达 0.5% Sc_2O_3。在辉石$[(M_2)_1(M_1)_1(Tet)_2O_6]$中 Sc^{3+} 与其他三价离子以及 Fe^{2+} 和 Mg^{2+} 占据 6 配位 M_1 的位置。闪石的一般化学式为 $X_{2-3}Y_5(Si,Al)_8(OH)_2$，其中 X=Ca，K，Na，Mn 等相当于 M_4 和 A 位置中半径较大的阳离子；Y=Mg，Fe(II)，Fe(III)，Al，Ti，Cr，Li，Sc 等相当于 M_1，M_2，M_3 位置中半径较小的阳离子，而 Sc^{3+} 进入 M_3 位置。在双八面体和三八面体云母的八面层中钪取代 Al^{3+} 和 Fe^{3+}。铁白云母和铁

锂云母中 Sc_2O_3 含量高达 0.6%，石榴石是钪的重要赋存矿物，含量高达 0.4% Sc_2O_3。Sc^{3+} 占据 $A_3B_2X_3O_{12}$ 式中 6 配位 B 位置，而非 8 配位 A 位置。Sc^{3+} 取代 Al^{3+} 比取代 Fe^{3+} 较少见，但在纤磷钙铝石、磷铝石和其他铝的磷酸盐中钪含量高达 0.8%Sc_2O_3。绿柱石含钪高达 1.2%ScO_3，但钪不一定占据结构中铝的位置。钇和稀土矿物含钪大约达 1%Sc_2O_3，例如硅铍钇矿、磷钇矿、褐帘石和铀钛磁铁矿等。在某些钇化合物中 Sc 可取代 Y。稀土矿物中，钪占据含 Fe^{3+}，Al^{3+} 或 Ti^{4+} 的 6 配位位置，而非占据较高配位稀土元素的位置。在某些钛矿物中，尤其是在它们含 Nb^{5+}，Ta^{5+} 和 Fe^{3+} 时，钪显著富集，例如黑金红石、铀钛磁铁矿、铌铁矿、钛铀矿、黑稀金矿、褐钇铌矿和铌钇矿，而且锡石中也是如此。云英岩矿脉的锡石含钪高，伟晶岩和硫化物-锡石型矿脉的锡石几乎不含钪。黑钨矿中 Sc^{3+} 和 $(Nb,Ta)^{5+}$ 将部分取代 Fe^{2+} 和 W^{6+}，其含钪量高达 1%Sc_2O_3，且与形成过程有关，云英岩和高温矿脉伴生的黑钨矿含钪较高（可达 0.4%Sc_2O_3），而云英岩化的围岩和低温石英脉的黑钨矿含钪低至 0.07%Sc_2O_3[11]。再者，钨矿中钪多富集在钨铁矿中，钨锰矿含钪较低。这些矿物中 Sc^{3+} 置换 Ti^{4+}，Sn^{4+} 或 W^{4+}，可能是为了化合价的平衡而伴随有 Nb^{5+} 和 Ta^{5+} 进入晶格。例如金红石中的 $Ti^{4+}_{1-2x}Sc^{3+}_x(Nb,Ta)_xO_2$。$Sc^{3+}$ 与 In^{3+} 的地球化学行为相似，都趋向于置换辉石、闪石和云母中的 Fe^{2+} 和 Mg^{2+}，但 Sc^{3+} 不能置换橄榄石中的 Fe^{2+} 和 Mg^{2+}[5]（表 21.2）。

表 21.2 某些元素的地球化学常数[1,8,9]

	Mg^{2+}	Al^{3+}	Ca^{2+}	Sc^{3+}	Fe^{2+}	Y^{3+}	Zr^{4+}	La^{3+}
原子序数	12	13	20	21	26	39	40	57
原子量	24.305	26.98154	40.08	44.9559	55.847	88.9059	91.22	138.905
配位数	4,5,6,8	4,5,6	6,7,8,9,10,12	6,8	4,5,6,8	6,7,8,9	4,5,6,7,8,9	6,7,8,9,10,12
离子半径[1)] (Å)	0.720	0.535	1.00	0.745	Ls0.61 Hs0.780	0.900	0.72	1.032
离子势[2)]	2.78	5.60	2.00	4.02	3.28 2.57	3.34	5.55	2.91
电负性	1.23	1.47	1.04	1.2	1.64	1.11	1.22	1.08
离子置换系数		0.23	0.09	0.20	0.14	0.14	0.20	0.12
晶格能系数		1280	477	1075	580	967	1980	900

1) 离子半径为配位数 6 时的值，Ls——低自旋状态，Hs——高自旋状态；

2) 离子势(ionic potential)为电荷 z 与离子半径 r 的比(z/r)。

在岩浆分异作用的过程中，钪多半富集在结晶过程的早期，偶尔发现在岩浆过程的晚期进一步富集。因此，伟晶岩和气成-热液过程形成的某些矿物约含 0.x% Sc_2O_3，其主要赋存矿物是钇矿物，例如硅铍钇矿、铌钇矿、黑稀金矿、褐钇铌矿和磷钇矿，以及钛铁矿、金红石、锡石、黑钨矿、石榴石、锆石、褐帘石、绿柱石和电气石等。极少数情况下形成钪钇石或锆钪钇石等单独钪矿物。在岩浆后期过程中，通常只有在较高温度下形成的岩脉、云英岩和夕卡岩含钪浓度较高；低温热液矿床一般含钪较贫。

钪在岩矿风化时的行为与赋存的矿物有关。锡石、磷钇矿、锆石和某些其他矿物的含钪基团不发生崩解，而与这些矿物一起留在砂矿中。但主要成岩矿物如辉石、闪石和橄榄石中的钪，则从矿物的晶格中分出，随之迁移和再沉积或吸附在黏土矿物上。在酸性介质中呈易溶络硫酸盐或卤化物迁移，而在碱性介质中呈络碳酸盐形式迁移。在普通沉积岩中钪与铝和铁富集在泥质岩中，某些氧化铁矿含钪达 0.001%—0.01%。含镍红土矿、含钛磁铁矿等也发现有较富的钪。水磷钪石(sterrittite)含较富的钪，铝土矿的鳞绿泥石和绿泥石也富集少量钪。磷铝石和纤磷铝石等磷酸盐矿物中约含 0.01%—0.8%Sc_2O_3[11]。页岩、黏土和硬砂岩大多含钪较富。碳酸盐岩和非泥质砂岩通常含钪很低。钪在变质作用中的行为人们目前了解得相当少，变质岩中钪深度一般情况下超过岩石层的丰度。某些煤和沥青中钪常与锗、镓和其他元素共存。褐煤和炼焦变质煤中含钪达 0.002%—0.003% Sc_2O_3[16]。烟煤含 0.003%Sc_2O_3，煤灰含 0.04%Sc_2O_3[13]。

1.2.5 钪的矿物[7]

以钪为主要成分的矿物只有几种。

1. *钪钇石*(thortveitite)

天然钪钇石含 33.8%—42.3% Sc_2O_3 和大约 15%$(Y,Ln)_2O_3$(Ln——稀土)，通式为$(Sc,Y,Ln)_2Si_2O_7$ 颜色为灰绿到近黑色，莫氏硬度 6—7，相对密度 3.58. 它属单斜晶系，与独居石等矿物共存于伟晶岩中，只产于挪威、马达加斯加、日本和苏联很少几个国家。马达加斯加出产的钪钇石，含 8.4%ZrO_2 而不含钇，称为锆钪钇石或钪石$(Sc,Zr)_2Si_2O_7$，属斜方晶系，相对密度 3.492[16]。

2. *水磷钪石*(sterrittite)$[Sc(PO_4)\cdot 2H_2O]$

此矿物含 39.22%Sc_2O_3，40.35%P_2O_5 和 20.43%H_2O，相对密度为 2.35，硬度为 4，颜色为深蓝到铅灰色，属单斜晶系。其变体是硅磷铍石(kolbeckite)，钪被铍和钙部分置换，产于美国和德国，但很稀少。

3. *铁硅钪矿*(bazzite)$[Be_3Sc_2Si_6O_{18}]$

又作 $Be_3(Sc,Al)_2Si_6O_{18}$[8]，实际含约 14.5%Sc_2O_3，13%BeO。它是绿柱石的变体，含钪、铁及稀土元素等，呈蓝色六角形结晶，硬度为 6.5—7，相对密度为

2.77。只在意大利、瑞典和苏联发现过，但很稀少。

4. 硅钪钡镁石(magbasite)$KBa(Al,Sc)Fe^{2+}Mg_5F_2Si_6O_{20}$

它是无色或带粉红的紫色，形成的细针形、扇形和纤维结聚达 0.5 cm；硬度约为 5，相对密度为 3.41，含钪大约 2.1%Sc_2O_3。在中亚细亚热液矿床中发现过。

5. 钪-锰钽矿(Sc-ixiolite)$[Ta,Nb,Sn,Mn,Fe,Sc,\cdots]_2O_4$

属斜方晶系，相对密度测得为 5—6，计算为 6.09，颜色为暗灰黑色，含 5%—6.1%Sc_2O_3。在莫桑比克和马达加斯加的伟晶岩中发现过，很稀少。

6. 钪-钛硅钇铈矿(Sc-perrierite)$(Ce,La,Ca)_4(Fe^{2+},Sc)(Ti,Fe^{3+})_2Ti_2[O_4/Si_2O_7]_2$

它的相对密度为 4.25，薄的断片是黑色或黑而带红色，含 4.3%Sc_2O_3 和大于 40%Ln_2O_3。存在于哈萨克斯坦的长石-石英-萤石伟晶岩中，很稀少。

1.2.6 提取钪的原料

钪钇石等含 10%Sc_2O_3 以上的矿物均很稀少，只在很少几处发现过，目前提钪主要是从其他金属矿含钪矿石的冶炼中附带回收它。铀钛磁铁矿含 0.02% Sc_2O_3，在澳洲、非洲和加拿大均有发现，在处理该矿提铀时，容易附带回收钪。该矿以及其他含钪的铀矿和钍矿是目前附带回收钪的重要原料。其次黑钨矿、锡石、磷灰石、铝土矿和绿柱石等也是目前附带回收钪的资源。此外某些含钪煤灰、油渣、铁矿、有色金属矿和云母等都是有希望综合回收钪的原料[6,11]。其他如辉岩、闪岩、磷酸盐和碳酸盐岩等岩石，虽然含钪低，但也值得注意。我国有丰富的黑钨矿、锡石、绿柱石和钛磁铁矿，含钪较富，可作为综合回收钪的原料。

1.3 钪的应用[6,7]

由于含钪富的矿物稀少，钪及其化合物价格昂贵，以致影响了它的应用。钪没有很独特的性能，某些应用可用价格低廉的材料所代替。除了碘化钪用于电灯中可增强高度已实际应用而外，钪及其化合物尚未真正用于工业，不过它在各方面应用的探讨仍有许多报道。

1.3.1 冶金方面

钪的熔点比铝高 2.5 倍，而比重相近，故适用于航空、火箭和宇宙飞船的结构材料。钪是有效的合金元素，加到镁或钛基合金中，可使合金有较好的机械、电学、可塑和稳定性能[1,17]。含 10%—20%Sc 以及加 6%Ag，10%—20%Cd 或 5%Y 的镁基合金有很高的强度，例如 Mg-20Sc-6Ag 和 Mg-20Sc-10Cd 两种合金，最高极限强度为 4.6×10^8Pa。钪加到钛基合金或镍、铬和钨基耐高温合金中，可显著提高其抗氧化性。铝中加 10.7at%Sc 可增强其强度。精炼铝、镁、铜及其他金属时，加钪可除去疤痕和鳞片。钪还可作为制热敏特殊合金的添加剂。钪加到钢铁中可改善其性能，它使铸铁中石墨球化的作用比稀土元素更有效。用高温电解法使钪渗入基底金属内，使之“钪化”，则可形成基底金属的有益涂层组织。

1.3.2 化工方面

碳化钪能显著提高过渡金属碳化物的硬度，加 20mol%ScC 到 TiC 中，可使 TiC 的硬度由 $3060kg/mm^2$ 提高到 $5680kg/mm^2$，在已知材料中其硬度仅次于金刚石。ScN 的熔点是 2650℃，可用于电工和制作拉 GaAs 和 GaP 等半导体单晶的坩埚。Sc_2O_3 比 BeO，MgO，Al_2O_3 和 ZrO_2 四种常用耐火材料的某些性能不要好。它的热冲击性质超过常用的 MgO，Al_2O_3 和 ZrO_2，可用于火焰喷涂的玻璃组分。Sc_2O_3 加到 ZrO_2 和 Y_2O_3 中，是一种导电耐火材料[18]。含钪的硅酸盐和硼酸盐玻璃的折射率增加，适于作光学玻璃。金属陶瓷活塞环中加 0.03%—0.5%Sc 可改善其机械性能。钪化合物还可作陶瓷釉料和精细陶瓷的制作，氧化钪可用于生产透光的光学陶瓷的添加剂。在复合微量元素肥料中也应添加钪。

氢的正-仲位高温转化时，用金属钪，ScH_2，ScC 和 Sc_2O_3 作催化剂，其活性依此次序逐渐降低。不过，钪及其化合物的活性比钇和钕及其化合物的活性低。Sc_2O_3 可用于乙醇或异丙醇脱水和脱氧，乙酸分解，由 CO 和 H_2 制乙烯，由废盐酸生产氯气，以及 CO 和 N_2O 氧化等的催化剂[19,20]。还可作合成氨的铁催化剂的助催化剂[21,22]。石油工业是目前工业上应用钪较多的部门之一，含 Sc_2O_3 的 Pt-Al 催化剂用于重油氢化提净，精炼石油。活性氧化铝浸渍 $ZrO(NO_3)_2$，$Sc(NO_3)_2$，H_2PtCl_6 和 $RhCl_3$ 后，煅烧制得的催化剂，可用于净化汽车废气等高温废气。ScN 是异丙醇和环己烷脱氢以及异丙醇脱水的催化剂。$ScCl_3$ 用于催化乙烯及丙烯的聚合反应。在异丙基苯裂化时，ScY 沸石催化剂比硅酸铝的活性大 1000 倍。钪也可增进 Pt 或 Pd 催化剂对烯类加氢或碳氢化合物芳香化。国内有人发现环烷酸钪或膦酸酯钪与三异丙基铝或三乙基铝，以及第三组分如 α-乙基己基膦酸酯或乙醇组成的络合催化体系，可以使乙炔、己炔、戊炔等乙炔衍生物聚合，制得顺式结构含量及分子量都较高的聚炔烃[26]。

1.3.3 照明和发光方面

加入碘化钪和碘化钠的汞灯，可产生高效率的近乎太阳光颜色的强光，这对于室内电视摄像、夜间运动场和展览室很适用。钪可用作荧光物的活化剂或基质材料。用钪和铜作共活化剂，使 ZnS 荧光物对红外线敏感，且随钪含量的增加其颜色呈现由黄色到橙色。Sc_2O_3，$ScVO_4$ 和 Sc_2O_2S 可作荧光物的基质材料。组成为 $Sc_{1-x}Tb_xP_3O_9$（x＝0.2—0.1）的荧光物发绿光，其中 Tb 若改为 Eu 则发红光[4]。用银和钪混合活化锌镉硫化物的材料，用于彩色电视机显像管的红色发光材料。含石榴子石的荧光物 $Y_{2.92}Ce_{0.08}Sc_{1.5}AlGa_{2.5}O_{12}$ 发绿光[23]。用 Cu 和 Sc 或 Mn 活化剂的磷酸钪荧光材料涂在荧光灯的内表面，可有效地变紫外光为可见光。密封有惰性气体和$\{[(Sc_{1-x}Ln_z)_{1-x}B_z]_{1-y}Eu_y\}O_3$（Ln＝稀土元素）荧光物的电灯发红光[15]。钪活化的 MgO-ZnO 固溶体比工业 ZnO-P 荧光物的红色成分多些。钪化合物还可用于激光和脉塞（maser）[14]。用 Nd^{3+}，Cr^{3+} 作为激活剂的钆钪镓石榴子石[Nd^{3+}，Cr^{3+} ：$Gd_3(Sc,Ga)_5O_{12}$]是一种高效率的激光器。

1.3.4　电子学和电工技术方面

Sc_2Se_3 和 Sc_2Te_3 是半导体材料。Sc_2S_3 可作热敏电阻和热电发生器。ScB_6 可作电子管阴极，其热电子发射密度高和电子逸出功低，且性能稳定，能耐离子轰击，可在高电场强度和真空度不高的情况下工作。Sc_2O_3 单晶用于仪器制作中。含钪的铁氧体可用于快速转换计算机贮存磁芯。少量钪加到钇铁石榴石中可改进磁性。钪代替铁使其磁矩和磁导增强，并使居里温度降低，这有利于在微波技术中应用。有一种磁控开关，其主要部件是单晶钇镓钪铁石榴石薄膜，它能转换通过单晶石榴石薄膜的光，借转换原光径光束的显或隐使信息编码。有一种高熔点金属多孔阴极，其孔洞用发射性活泼的钪酸钡（$3BaO \cdot 2Sc_2O_3$）充填。Sc 加到 ScC 中可使它成为 n-型半导体，并使它可发荧光。含钪的铌（钽）酸铅（钡）等类有钙钛矿型结构的化合物可作介电陶瓷，用于超声波仪器、拾音器和电容器。钪和稀土元素可用于制高质量铁基永磁材料。钪还可制超导材料。

1.3.5　能源和放射化学方面

钪在可控热核反应中有其应用。钪俘获热中子有效截面为 25b，适于作反应堆核燃料部件外壳等的结构材料。硫化钪可作反应堆不含氧的特殊耐火材料。中子发生器通过 $T(d,n)\alpha$ 反应产生中子，用氚化钪靶比用 Zr 或 Ti 的氚化物靶好些。氢化钪可用作粒子加速器的靶材。金属钪可作中子过滤器，它能使具有 2keV 的中子通过而阴止其他能量的中子，这可能是金属钪目前唯一的最大用途。在高温反应堆 UO_2 核燃料中加少量 Sc_2O_3 可避免 UO_2 变成 U_3O_8，发生晶格转变，体积增大和出现裂纹。

在金属-绝缘体-半导体硅光电池和太阳能电池中，钪是最好的阻挡层金属，其效率为 10％—15％。在 AgO 碱性蓄电池的 AgO 阴极中加 Sc_2O_3 可防止高温蓄电时 AgO 分解释出氧并改进电池效率。含 8—16mol％Sc_2O_3 的 ZrO_2＋Sc_2O_3 粉末在温度 1600℃加压处理后，可用于化学电池中作固体电解质。含 Sc_2O_3，Al_2O_3 和 ZrO_2 的固体电解质可用作测定平衡氧分压的氧传感元件。以 $SrCeO_3$ 为基础并掺杂有 Sc_2O_3 的烧结氧化物固体电解质，在 H_2O 蒸气存在下，它是质子的导体，故可用这种固体电解质作高温燃料电池，或蒸气电解槽，适于氢能源的制氢设备，它在温度 800—1000℃能稳定地工作。Sc，Sc_2O_3，$ScFe_2$ 和 Mg-Ni-Sc 合金有较好的吸附氢的性能，故可用作储氢材料[27]。由于钪的燃烧热高，可作为宇宙飞船的高效固体燃料。

钪可用以产生钾、钙和钛的人工同位素。放射性同位素 ^{46}Sc 作 γ-射线源和示踪原子可用于科研和生产各个方面，医疗上用它治疗深部恶性癌瘤。钪的氘化物（ScD_3）和氚化物（ScT_3）用于铀矿体探测器元件。

1.4 钪的生产、消耗和价格

初期时，钪是从钪钇石中提取，但至 1955 年止马尔加什矿这于处理完毕，只提取了 38t，而挪威矿至 1961 年只提取了 50t[11]。自 1960 年起钪的主要来源是从澳大利亚和加拿大等国铀矿的副产品中提取，每年约回收十几吨，其次从黑钨矿和锡石中综合回收每年约几吨。近来，对于钪的生产规模仍没有精确的记录，估计从铝土矿中回收的钪占从其他金属矿得到的总量 75%—85%[25]。

由于钪的生产量少和价格昂贵，以致影响了其广泛应用。目前工业上其主要用途是制造强光灯泡，在荧光粉生产、石油工业和电子技术方面，也消耗一些钪。美国每年约消耗 12kgSc_2O_3[13]，按钪计算 1972—1977 年共消耗 46kg，平均每年 7.7kg[24]。预计美国钪的消耗，平均每年增加 0.8%，到 2000 年每年消耗 11—22kg，平均 17kg[24]。

钪产品的价格，品位 99%的 Sc_2O_3 为 US＄2.8—0.5/g；金属钪锭＄8.0/g，蒸馏纯钪 US＄15/g，金属粉和片 US＄10.35/g，薄箔或冲压圆片开价 US＄25—140/g[7,16,24]。氯化钪、硫酸钪、硝酸钪、草酸钪约 US＄1.6—2.7/g。

参 考 文 献

[1] J. C. Bailar et al.，Comprehensive lnorganic Chemistry，3，Pergamon Press(1973).

[2] M. C. Sneed et al.，Comprehensive lnorganic Chemistry，IV，D. Van Nostran Company，Inc. (1955).

[3] 柴田雄次等，无机化学全书，IX-2，东京，丸善出版株式会社(1949).

[4] Gmelins Handbuch der Anorganischen Chemie，No. 39，(1973).

[5] R. C. Vickery，The Chemistry of Yttrium and Scandium，Pergamon Press(1960).

[6] B. И. Коган и др.，Скандий(экономический анализ)，Изд. AHCCCP，(1963).

[7] C. T. Horovitz et al.，Scandium，Its Occurrence. Chemistry、Physics，Metallurgy，Biology and Technology，Academic Press(1975).

[8] R. D. Shannon, Acta Cryst., A32, 751(1976).
[9] F. A. Cotton et al, Advanced Inorganic Chemistry, 3rd ed. (1972).
[10] 中国科学院贵阳地球化学研究所编,《简明地球化学手册》,科学出版社(1977).
[11] J. W. Adams, U. S. Geol. Survey prof. paper 820, 567—71(1973).
[12] T. Yuan, J. Agric. Assoc. China, 9, 67—72, (1955); CA50: 4790i.
[13] R. C. Weast(ed.), Handbook of Chemistry and Physics, 59th ed., CRC Press(1978—1979).
[14] И. Г. Атонов, Авт. свид. СССР, No. 392874(1976); CA85: 151683.
[15] K. Takahashi, Japan Kokai, No. 77 133092, (1977); CA 88: 57545.
[16] Требоваиия промышленности к качеству минерального сырье, Вып. 68, Скандий, Москва, госгеолтехиздат (1959).
[17] A. A. Лебедев, Авт. Свид. СССР, No. 569638(1977); CA88: 77729.
[18] C. B. Карпачев и др., Авт. свид. СССР, No. 576304(1977); CA88: 26766.
[19] B. W. Krupy, Can. J. Chem., 56(18), 2447—51(1978); CA89: 186596.
[20] J. A. Pajares et al.. J. Catalyst, 44(3), 421—8(1976); CA86; 79123.
[21] A. A. Медикьян и др., Тр. союз. ИИИ приборостр., (28), 59—63(1975); CA84: 127140.
[22] M. Г. Веренгартен, Тр. Мосх. Хим. Технол. Инст, 72, 14—17(1973); CA81: 82758.
[23] R. G. L. Barnes, Ger. Pat. No. 2739436, (1978); CA88: 181302; Ger. Pat. No. 2739437, (1978), CA88: 181303.
[24] Ъ. И. Коган, Редкие металлы, 84—88(1979).
[25] C. A. Семенова, Цвет. мет. (12), 43—7(1983).
[26] 沈之荃等,浙江大学学报,(4),152(1983).
[27] K. H. Семененко, ж. Неорг. хим., 29(9), 2192—4(1984).

21.2 钪的性质

钪是第一个过渡元素，在周期表中与稀土元素同属于 IIIB 族。其化学和物理性质大体与稀土元素相似，但也有许多显著差别，这部分地由于它半径小(比镥小 5.4%)和电负性较大(钪为 1.28，而其他三价稀土元素为 1.12—1.22)。钪在室温或标准状态下的某些物理性质见表 21.3。由于钪的许多性质受纯度影响很大，并且直到 1973 年才制得纯度大于 99.9%的钪，因此文献中有关钪的性质的数据，将有待修正。

表 21.3 钪的某些物理性质

性质	数值[2)]	文献
原子序数	21	1
原子量	44.9559(^{12}C=12)	1
金属半径(CN=12)	1.6406	1,6
有效离子半径(CN=6)	0.745	22
原子体积	15.041cm^3/mol	1
结晶构造，α-Sc(hcp)，a_0	3.3085Å	1,6
c_0	5.2680Å	1,6
密度，α-Sc，(X 射线)	2.989g/cm^3	1
(比重瓶)	2.992g/cm^3	4
晶型转变温度，(α-Sc→β-Sc)	1337℃[1)]	1
熔点	1541℃[1)]	1
沸点	2836℃[1)]	1
热容(298K)	25.51J/(mol·K)	1
标准熵，$S^0_{298.15}$	34.78J/(mol·K)	1
相变热，(α-Sc→β-Sc)	4.01kJ/mol	1
熔化热，ΔH_m	14.10kJ/mol	1
升华热，ΔH_s，(298K)	337.8kJ/mol	1
沸腾热(heat of boiling)	314.2kJ/mol	1
德拜温度，Θ_D，(0K)	(346.7±0.8)K	9,10
电子比热常数，γ	(10.337±0.015)mJ/(g-at·K^2)	9,10
热膨胀系数，$\alpha_{a\cdot t}$	7.55×10^{-6}/℃	1
$\alpha_{c\cdot t}$	15.68×10^{-6}/℃	1
$\alpha_{平均}$	10.26×10^{-6}/℃	1
导热性系数	0.157W/(cm·K)	3
磁化率，χ_A^{300}(多晶)	3.72×10^{-3}(SI/mol)	1

续表

性质	数值[2)]	文献
$\chi_A^{300}(a)$	3.74×10^{-3}(SI/mol)	1
$\chi_A^{300}(c)$	3.64×10^{-3}(SI/mol)	1
χ_A^{300}(单晶,平均)	3.71×10^{-3}(SI/mol)	1,6
电阴率,ρ^{298}(多晶)	51.41μΩ · cm	1,6
ρ_a^{298}	64.22μΩ · cm	1,6
ρ_c^{298}	28.69μΩ · cm	1,6
ρ^{298}(单晶,平均)	52.38μΩ · cm	1
霍耳系数	-1.3×10^{-9}V · cm/AT	1
温差电势率	−9.8μV/℃	1
功函	3.5eV	1
硬度,显微硬度	50kgf/mm^2	1
维克斯硬度	36kgf/mm^2	1
白氏硬度	40kgf/mm^2	1
罗氏硬度	85H	1
压缩系数,等温	17.5×10^{-7}cm^2/kgf	1
绝热	17.3×10^{-7}cm^2/kgf	1
体积弹性模量(bulk modulus)	0.578×10^6kgf/cm^2	1
杨氏模量	0.767×10^6kgf/cm^2	1
切变模量	0.300×10^6kgf/cm^2	1
泊松比(Poisson's ratio)	0.279	1
格临爱森(Grüneisen)常数	1.16	1
奈特移动(Knight shift)(各向同性)	0.262%	1
(各向异性)	−0.024%	1
弛豫时间常数(relaxation time constants)		
T_1T(核-自旋)	1.2K	1
T_2(自旋-自旋)	1.5ms	1

1) 为1968年国际实际温度刻度(IPTS-68)值;

2) 表中数据除注明者外,为室温或标准态的值。

2.1 原子结构、核性质和同位素

钪的原子序数为21,原子核属于$4n+1$型,有21个质子和19—30个中子,核外有21个电子分布在K,L,M和N能层上。用光谱测得基态钪(中性、游离和气体原子)的电子构型为$1s^2$,$2s^2$,$2p^6$,$3s^2$,$3p^6$,$3d^1$,$4s^2$,亦即[Ar]$3d^14s^2$。钪有3个价电子,其离子通常是3价。从中性钪原子,Sc(I),Sc(II)到Sc(XV),Sc^{+14}各状态的电离势之中,Sc(I)到Sc(Ⅵ)的值分别为6.54,12.80,24.76,73.47,91.66和

111.1 eV。用 Hartree-Fock 方法计算得钪的电子亲合势为−0.14eV。钪的稳定光谱线波长有 Sc(I) 3907.476，3911.810，4020.399，4027.668，5671.80Å 和 Sc(II) 3613.836，3630.740，3642.785Å 等[2]。钪的中子散射幅度平均为 1.15×10^{-12}cm，相干散射截面为 16.6b。1960 年 Blumberg 开始研究^{45}Sc核的核磁共振，共振线宽 1.27×10^4 A/m。奈特移动从温度 0K 时的 0.28%到 293K 的 0.24%成直线关系，与其他过渡元素比较，钪的奈特移动是反常的，这可能是由于 s-d 电子交换使 s 电子的极化增强所致。钪的核-自旋弛豫时间 T_1 与温度 T 成反比，即 T_1T=常数=0.11−1.5s·K，最近报道的数据，此常数多在 1.2s ·K 左右。在单晶钪中 T_1 为位向(orientation)的函数，$(T_1T)^{-1}=1.25-0.58\sin^2\theta(\mathrm{s\cdot K})^{-1}$，其中 θ 为 c 轴与静磁场方向之间的夹角，由此得 T_1T 的最大值为 1.49s·K，最小值为 0.80s·K。自旋-自旋弛豫时间 T_2 与温度无关，T_2=1.5ms[1]。

钪的原子量为 44.9559。天然钪只有一种稳定同位素^{45}Sc，目前人工制得 11 种放射性同位素（见表 21.4），其中^{40}Sc—^{44}Sc 发射 β^+，相应变成^{40}Ca—^{44}Ca。^{47}Sc—^{51}Sc 发射 β^- 相应变成^{47}Ti—^{51}Ti。而^{46}Sc 可发射 β^+ 或 β^- 变成相应的^{46}Ca 或^{46}Ti。7 个同位素有同质异能态，它们是^{42m}Sc，^{43m}Sc，^{44m}Sc，^{45m}Sc，^{46m}Sc，^{47m}Sc 和^{50m}Sc。半衰期最长的同位素^{46}Sc 用作示踪原子，可按反应$^{45}Sc(n,\gamma)$，$^{45}Sc(d,p)$，$^{45}Ca(a,p)$，$^{46}Ti(d,p)$或$^{46}Ti(n,p)$制得。

表 21.4 钪的同位素[3]

	衰变方式	半衰期	衰变能 (MeV)	粒子能 (MeV)	粒子强度 (%)	I[2)]	μ[4)]	热中子俘获截面(b)
$^{40}_{21}Sc$	β^+	0.179s	14.5	9.1		4−		
$^{41}_{21}Sc$	β^+	0.60s	6.50	5.6	100	7/2	+5.43	
$^{42}_{21}Sc$	β^+	0.68s	6.431	5.3		0+		
$^{42m}_{21}Sc$	β^+	61s		2.82		7+		
$^{43}_{21}Sc$	β^+,EC	2.92h	2.2	1.20	79			
				0.82	17	7/2	+4.62	
				0.52	4			
$^{44m}_{21}Sc$	IT[1)],	2.44d		98.6%		6+	+3.88	
	EC[3)]			1.4%				
$^{44}_{21}Sc$	β^+	3.92h	3.647	1.471	99	2^+	+2.56	
$^{45}_{21}Sc$						7/2	+4.7564	25±2
$^{46m}_{21}Sc$	IT	20s	0.142					11±4
$^{46}_{21}Sc$	β^-	83.8d	2.367	1.48	0.004	4^+	+3.03	8.0±1

续表

	衰变方式	半衰期	衰变能 (MeV)	粒子能 (MeV)	粒子强度 (%)	I[2)]	μ[4)]	热中子俘获截面(b)
$^{47}_{21}Sc$	β^-	3.43d	0.60	0.60 0.439	40 60	7/2 6	+5.34	
$^{48}_{21}Sc$	β^-	18.3d	3.98	0.65 0.47	94 6			
$^{49}_{21}Sc$	β^-	57.5m	2.008	2.01	100			
$^{50m}_{21}Sc$	IT	0.35s	0.258					
$^{50}_{21}Sc$	β^-	1.72m	6.5	3.6				

1) IT——同质异能跃迁;2)I——核自旋或角动量,单位 $h/2\pi$;(h 为普朗克常量);3)EC——轨道电子俘获;4)μ——磁矩,以核磁子为单位。

2.2 物理性质

2.2.1 结晶构造和状态变化[1]

纯金属钪为银白色而微带黄色,具有金属光泽,相当柔软,可不经退火而轧成薄片。钪只有两种晶型:在标准状态下为六方密集晶格(hcp)的 α-Sc,在高温1337℃以上转变为体心立方晶格(bcc)的 β-Sc。在直到 140kbar 高压下为 hcp 晶型存在。曾报道钪有面心立方(fcc)晶型,但后来用纯钪测定未发现此晶型,可能是原来误将杂质 ScN 当作了 Sc。α-Sc 的晶格常数的报道颇不一致,乃因试样易被氢污染的量变化很大,甚至用通常方法制备 X 射线测定试样时,被氢污染也将使晶格常数 a 增加 0.037Å,c 增加 0.035Å。现在用特殊方法制备高纯 Sc 的 X 射线试样,测得 α-Sc 的晶格常数见表 21.3。β-Sc 的晶格常数不详,但 β-Sc 与 Ti,Y,Zr,Gd 等的高温 bcc 相可完全混合可以为β-Sc 有 bcc 结构。β-Sc 在温度 1541℃熔化,在大气压下温度为 2836℃时沸腾。在气态中双原子的钪分子——Sc_2(气)比气态钪原子 Sc(气)更稳定,它们的能量相差为 108kJ/mol。从表 21.3 中钪的密度、金属半径和原子体积等数据可知,钪比水重 3 倍,而比大多数金属轻。

2.2.2 热力学和热学性质

钪的主要热力学和热学性质见表 21.3。在温度 0—800K 范围内钪的热容 Cp 如图 21.1 所示。其低温(5—350K)部分是近来用高纯钪测得的结果[1]。另有报道可用方程式 $Cp=6.00+1.1\times10^{-3}t$,($t$=0—1575℃)[7]或$Cp=5.13+3\times10^{-3}T$[3]来表示,或直接列出不同温度下 Cp 的数值[8,7]。钪在低温(1—20K)的电子比热常数 γ 的范围为 10.3—11.3mJ/mol · K^2,德拜温度 θ_D 为 344—470K。最近用

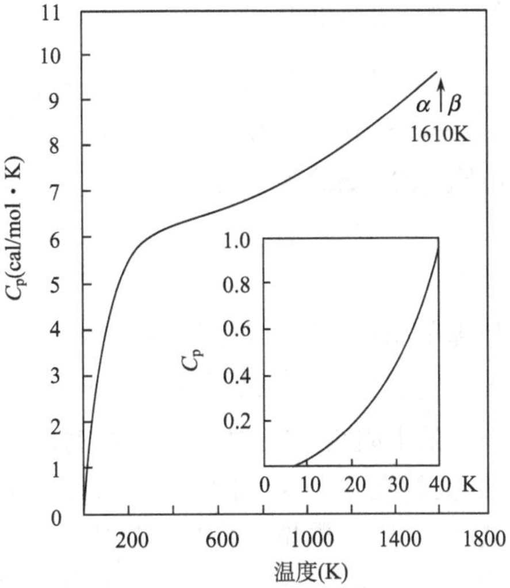

图 21.1 金属钪的热容

电迁移法精炼得到的高纯钪,测得温度为1—20K 时的 γ 和 θ_D 分别为 10.337mJ/mol · K^2 和 346.7K[9,10]。固体钪 Sc(固)在温度 298K 的生成热 ΔH_f^0 和生成自由能 ΔG_f^0 都为零;气态钪原子 Sc(气)在 298K 的 $\Delta H_f^0=389$kJ/mol,$S^0=174.7$J/mol · K[3],$\Delta G_f^0=339$kJ/mol[11];气态钪分子 Sc_2(气)在 298K 的 $\Delta H_f^0=611$kJ/mol,$\Delta G_f^0=556$kJ/mol,$S^0=255$J/mol · K[11]。气态 Sc^+,Sc^{2+},Sc^{3+},Sc^{4+} 的生成热 ΔH_f^0 分别为 1010,2246,4635 和 11723kJ/mol,而 Sc^{3+}(溶液)的 $\Delta H_f^0=-614.2$kJ/mol,$\Delta G_f^0=-586.6$kJ/mol,$S^0=-255$J/mol[11]。在温度 1505—1748K 范围内钪的蒸气压方程式为 $\log p_{atm}=5.417-17177/T$,几个作者的数据基本接近[7,8,12]。最近报道钪的熔化热 ΔH_m,蒸发热 ΔH_v 和升华热 ΔH_s 分别为 15.9,309.6 和 324kJ/mol[15],或作 $\Delta H_{v,0}=376$kJ/mol,$\Delta H_m=15.9$kJ/mol[3],而与表 21.3 中的数据有差别[1,3,7,8,11]。用 X 射线衍射研究 0—1000℃钪的线性热膨胀系数 α,其 z-轴的 α 比垂直于它的其他轴的 α 小,且其各向异性的程度随温度增加而减少[16]。

2.2.3 磁性质

Sc^{2+} 离子抗磁性磁化率(diamagnetic susceptibility)计算得 -3.24×10^{-4};Sc^{3+} 离子抗磁性磁化率平均为 -1.2×10^{-4},多晶钪室温磁化率为 2.76×10^{-3}—4.65×10^{-3}(SI/mol)假定

$$\chi_{单晶(平均)}=2/3\,\chi_a+\frac{1}{3}\chi_c,$$

由表 21.3 数据可知,纯多晶钪与单晶钪磁化率的数据非常接近。将磁化率值对温度作图,所得曲线大约在 10 和 20K 处相应有一“谷”和“峰”,此后磁化率随温度增加而降低,当杂质较多时,此“谷”和“峰”就不存在了。压力对磁化率的影响,在 1—1750 大气压范围内为每大气压降低磁化率 1.6×10^{-5}(SI/mol)。钪中加 1—2.5 原子%的高价金属 Ta,Th,Nb,Hf,Zr,Ti 和 V 等杂质时,其磁化率则降低,且其影响依此次序减少。钪中含 H,O 等非磁性杂质时,其磁化率降低,而铁等磁性杂质则增加其磁化率[1]。

2.2.4　电学性质

在大气压下，多晶钪在室温的电阻大约为 50—90$\mu\Omega \cdot cm$，而剩余电阻(residual resistivity)大约为 3—32$\mu\Omega \cdot cm$[1]。在室温下钪的电阻值见表 21.3，而剩余电阻($\mu\Omega \cdot cm$)为：$\rho_{0,多晶}=3.06$，$\rho_{0,a}=2.19$，$\rho_{0,c}=0.73$，$\rho_{0,单晶}=1.71$。按照

$$\rho_{单晶,平均}=\frac{2}{3}\rho_a+\frac{1}{3}\rho_c$$

计算单晶钪平均电阻值，如果减去对杂质剩余电阻值的较正，则在一切温度下 $\rho_{多晶} \doteq \rho_{单晶,平均}$[1,6]。在温度 4K 将钪凝集在基质上厚度为 1000Å 的钪薄膜，在温度 23℃的电阻为 200$\mu\Omega \cdot cm$。在温度 25℃和加压下，钪的电阻先随压力增加而增加，大约在 60kbar 时增加 4%，此后又随压力增加而渐渐减小，在 140kbar 时其值减小 1%[1]。单晶钪的电阻在温度 20.4K 随磁场强度(直到 7.16×10^6 A/m)增加而增加。钪的温差电势率数据报道各异，用较纯钪试样测得室温时其值为 $-9.8\mu V/℃$，室温下单晶钪基面温差电势率为 $-8.604\mu V/℃$，沿 c-轴其值为 $-2.65\mu V/℃$[1,8]。钪的霍耳系数报道也颇不一致，有人根据四种温度(4.2，20，70 和 293K)下的测量结果，发现霍耳系数 R_H 与温度成直线关系，在室温和 4.2K 时分别为 $R_H=-6.7\times10^{-9}$ 和 -3.0×10^{-9} V · cm/AT，但另一报道在室温和 4.2K 时 R_H 值都是 -1.3×10^{-9}。由于钪的磁化率、电阻、温差电势率和霍耳系数等对杂质很敏感，将来试样纯度提高后，其测定数值及其与温度的关系将显著改观。

钪一般不具有超导性，含约 4×10^{-3} 原子%稀土元素杂质的钪，在高压约 164kbar 和约 193kbar 下，温度低到 20mK 也不具有超导性[17]，但最近在～170kbar 高压下，发现钪发生结晶相变，此高压新相(ScII)具有超导性，超导转变温度 T_c 随压力增加而增加，在 186kbar 时 $T_c \doteq 50$mK，而 210kbar 时 $T_c=0.35$K[17,18]。但钪与 Cr，Ge 和铂族金属的某些化合物具有超导性(参见 2.5 节)。

2.2.5　机械性质和可加工性

单晶钪的硬度，基面$(000\bar{1})$比法平面$(10\bar{1}0)$硬 2—3 倍，其最低微硬度：基面为 210kgf/mm^2，法面为 39kgf/mm^2，维克斯硬度，基面为 140kgf/mm^2，法面为 39kgf/mm^2[6]。硬度受杂质影响很明显，氧将使硬度加倍，充分退过火、未加工过和杂质含量低的钪，其硬度最低。表 21.3 列出了钪的最低硬度值。金属钪的强度，延伸率和面缩率数值见表 21.5。

表 21.5 金属钪的强度、延伸率及面缩率值

温度(℃)	极限强度 $(N/m^2)\times10^8$	屈服强度 $(N/m^2)\times10^8$	延伸率(%)	面缩率(%)	备注
在拉伸下					
25	(1.36—1.58)	1.35	1.0	1.5	浇铸
25	2.56	1.74	5.0	8.0	22%冷加工加退火
426	2.22	1.73	4.0	7.6	—
871	0.12	—	0.5	1.7	—
在压缩下					
25	(5.54—5.77)	(2.64—4.36)	6.1—15.6	—	浇铸

钪在室温下张力性质的最佳值为:极限张力为 26.0kgf/mm^2,0.2%偏移的屈服强度(offset yield stength)为 17.7kgf/mm^2,匀延伸率(uniform elongation)为 5.0%,面缩率为 8.0%,胁变率(strain rate)为 1.7×10^{-4} sec^{-1}[7]。钪的堆垛层错能(stacking fault energy)为 9.5×10^{-6}J/cm^2,与稀土金属的值相同,而比普通金属的值小。钪的压缩性最佳值为 2.26×10^{-6}cm^2/kgf[3]。其他如弹性模量或常数见表 21.3。钪碾轧至断裂前收缩率为 3%—20%,试样愈薄则断裂前收缩愈大,在 700℃碾轧,开始裂边之前收缩 50%,如果含氧量小于 2×10^{-2}%则容易加工,否则难以加工。在 400℃退火 1 小时,可以完成其再结晶过程。

2.3 化学性质

钪与铝、钇、镧系元素和锕系元素同属于第 III 族,而且钪居 IIIB 族之首,其半径比钇和镧系元素小,因此其化学性质更与铝相似,也近似稀土钇族元素,钪盐的碱度和可溶性与钇族类似,但钪的硫酸钾复盐不易溶解,却又与铈族元素相近似。

金属钪非常活泼,易与空气中的氧、二氧化碳和水等化合,室温时金属钪表面被空气中的氧气氧化形成薄膜,可以防止继续氧化,因此在空气中温度 200℃时仍很稳定,但超过 250℃则剧烈氧化,在纯氧中 200℃即剧烈氧化,在潮湿氧气中氧化更快。钪在室温下容易与卤素反应,只有在稍高的温度才与氮、磷、砷等气体或蒸气反应。粉末状金属钪与氮在温度 600℃以上才开始反应。钪与碳、硅、硼、氢的反应则需高温下进行。

在水溶液中钪离子都是+3 价,但并非以简单的 Sc^{3+} 离子形式存在,而是形成稳定的络离子。在过氯酸溶液中,Sc^{3+} 离子形成 $[Sc(H_2O)_6]^{3+}$ 水合离子,并发生如下的离解:$[Sc(H_2O)_6]^{3+} \rightleftharpoons [Sc(H_2O)_5OH]^{2+} + H^+$,和二聚作用 $2[Sc(H_2O)_5OH]^{2+} \rightleftharpoons [Sc_2(H_2O)_{10}(OH)_2]^{4+}$,还可产生 $[Sc((OH)_2Sc)_n]^{(3+n)}$,

$[Sc(OH)]^{2+}$，$[Sc(OH)_2]^+$离子，没有发现含3个以上Sc原子的离子形式。有人认为在溶液中主要的络合物是$[Sc(OH)]^{2+}$，$[Sc(OH)_2]^+$和$Sc(OH)_3$。在温度25℃时Sc^{3+}盐水解生成$[Sc(OH)]^{2+}$，$[Sc(OH)_2]^+$，$[Sc_2(OH)_2]^{4+}$，$[Sc_3(OH)_4]^{5+}$和$[Sc_3(OH)_5]^{4+}$离子的生成常数分别为$10^{-5.11}$，$10^{-10.2}$，$10^{-6.14}$，$10^{-13.00}$和$10^{-17.47}$。Sc^{3+}可与SO_4^{2-}，CO_3^{2-}，HCO_3^-，F^-和胺以及其他配位基形成络合物。Sc^{3+}在络合物中的配位数大多是6. 但在ScOF中Sc与4个O和3个F配位，其配位数为7. 在$ScPO_4$、$ScAsO_4$、和$ScVO_4$中，Sc的配位数是8. 与有机配位基结合时配位数也多是6.

钪与所有无机酸都起反应，但对铬酸反应较慢，是因在其表面形成了铬酸盐层[4]。在0.05—0.1mol/LHCl溶液中钪的溶解速度很快，但随酸度降低而降低，在0.001mol/LHCl中溶解甚微[4]。钪在硫酸和盐酸中的溶解速度常数相同，而在硝酸中低50倍。钪与2.8mol/LNaOH溶液几乎不起反应，碱浓度增加则缓慢溶解。加热时钪可分解水。金属钪的纯度为97%—99.5%时，纯度对氧化作用和在酸、碱中的溶解作用等化学性质无显著影响，但对物理性能的影响却很大。钪同铝一样具有两性性质。钪盐易水解，其溶液呈弱酸性，钪盐溶液用醋酸钠溶液中和则钪部分沉淀，加硫代硫酸钠煮沸则完全沉淀。用碱中和在pH=4.9开始产生白色胶状$Sc(OH)_3$[或$ScO(OH)$]沉淀，至pH=5.45沉淀完全，在pH>8.5时$Sc(OH)_3$又部分溶解形成钪酸根$[ScO_3]^{3-}$，在11.8mol/LNaOH溶液中最大溶解度为5.0g$Sc(OH)_3$/L，但碱度>19mol/L时溶解度又很小。钪在过量氨溶液中，形成$[Sc(NH_3)_6]^+$络离子。从钪的电位-pH图[21]可知，钪的标准电极电势$E_0=-2.077V$，金属钪的稳定区在水的稳定平衡线(a)的下面，故在各种pH的水溶液中钪能分解水，在酸性和中性区域为Sc^{3+}和$Sc\text{-}OH^{2+}$离子，在碱性中形成$Sc(OH)_3$和ScO_3^{3-}。在水中和水-乙醇混合液中，钪有单一不可逆极谱还原波，Sc^{3+}离子在滴汞电极上直接还原到金属而不经过Sc^{2+}阶段。钪离子在溶液中均为无色，钪盐有收敛性涩味。

2.4　钪的毒性

钪及其化合物的毒性目前研究还很少。动物试验表明，钪的相对毒性比La，In，Cd，Hg弱，而比Al，Y和Na强。钪、钇和稀土元素能使家兔眼角膜持久模糊。将$ScCl_3$分别用静脉或内腹膜注射入鼠体内，其24小时致死剂量分别为440和24mg/kg，它将沉积在肝和脾脏中。钪在致癌方面是迟钝的。国际放射防护协会将放射性核素的危险性分为4级，^{46}Sc，^{47}Sc和^{48}Sc都属于C级。钪很少被人的内脏壁吸收，一旦被吸收则排除很慢，它集积在肝和肾脏中。虽然钪及其化合物对人类健康的毒害尚未肯定，但仍应注意防护。

2.5 合金和金属间化合物[1]

钪与各种金属的合金体系的研究目前尚不文泛，但钪与钇和稀土元素的性质相似，它们在二元体系中的行为有些相似。钪与铼化合形成第二个高熔点化合物(Sc_5Re_{24}，熔点 2575℃，ScN 熔点 2600℃)。钪与铜可形成熔点最低的低共熔体(875℃，25 原子%Cu)。通常钪的金属间化合物的熔点比两组份中的较高熔点为低。富钪 Sc_3In 金属间化合物是少数巡回电子铁磁体(ilinearant electron ferro-magnet)之一，因而被广泛研究。

2.5.1 固熔体

一般判断二元金属组分能否形成固熔体，可将各金属元素的电负性对其半径值作图，再以溶剂元素(例如 Sc)的电负性单位±0.4 为长轴，取其半径值的±1.5%为短轴作一椭圆，在其内的元素可与钪形成广范围的固溶体(extensive solid solution)，在椭圆外的元素预计与钪形成有限的固溶体(limited solid solu-tion)，但据统计其可靠性分别为 62%和 85%，不过应用于钪则基本上是成功的。以钪为溶剂金属时，在椭圆内的元素有 Li，Mg，Y，Zr，Cd，In，Sn^{2+}，La，α-Ce，ν-Ce，Pr，Nd，Sm，Eu^{3+}，Gd，Tb，Dy，Ho，Er，Tm，Yb^{3+}，Lu，Hf，Th，Pb，δ-Pu，ε-Pu 和 Am，而 Al 和 Ac 在椭圆上。考察过 Mg，Y，Zr，In，La，Gd，Ce，Nd，Er，Hf，Th 和 Pu，都能与钪形成广范围的固熔体(固体溶解度大于 5 原子%)，在椭圆外的金属只有有限的溶解度。不过钛是例外，它在椭圆之外，但能与钪形成广范围的固溶体。再者形成完全可混合的固溶体的组份，必须结晶构造相同，因此具有六方晶格(*hcp*)和体心立方晶格(*bcc*)的金属才能与钪完全混合。能与钪形成广范围固溶体的 Y，Nd，Gd，Zr，和 Hf，在 α-相和 β-相都能与钪完全混合，而 Er 在六方晶 α-相和 La，Ce，Th 和 Pu 在体心 β-立方相可与钪完全混合。

金属间化合物　钪与周期表中 VIIB(Mn 及其同类)族及其右边的元素(稀有气体除外)都能形成化合物，而 VIIB 族左边除了 Be 和 Mg 外的其他金属与钪不形成金属间化合物，但应指出碱金属，Ca，Sr，Ba，Ra，Ac，Mo，W，Tl，Po，At，稀有气体，许多镧系和锕系元素目前尚无实验数据。由钪形成的二元和三元体系中间相见表 21.6。

表 21.6　与钪形成的二元和三元体系中间相[1]

分子式	组成原子%M	结构类型	形成化合物的元素(M)
Sc_3M	25.0	Mg_3Cd	M=In
Sc_2M	33.3	Ni_2In	M=Al，In

续表

分子式	组成原子%M	结构类型	形成化合物的元素(M)
Sc_2M	33.3	Ti_2Ni	M=Ni,Co,Pd
Sc_2M	33.3	Al_2Cu	M=Co
Sc_2M	33.3	Co_2Si	M=Au
Sc_3M	37.5	Mn_5Si_3	M=Ga,Ge,Pb,Sn
ScM	50.0	CsCl	M=Al,Cd,Co,Cu,Au,Ir,Mg,Hg,Ni,Pd,Pt,Rh,Ru,Ag,Zn
ScM	50.0	NaCl	M=Sb,Bi 及许多非金属
ScM	50.0	TlI	M=Ga,Ge
Sc_2M_3	60.0	α-La	M=Pu
ScM_2	66.7	$MgZn_2$	M=Fe,Mn,Os,Re,Ru,Te
ScM_2	66.7	$MgCu_2$	M=Al,Co,Ir,Fe,Ni
ScM_2	66.7	$MoSi_2$	M=Cu,Au,Ag
ScM_2	66.7	AlB_2	M=Zn
ScM_2	66.7	$ZrSi_2$	M=Ge
ScM_3	75.0	$AuCu_3$	M=Al,Ga,In,Pd,Pt,Rh
ScM_3	75.0	$CdMg_3$	M=Cd,Hg
Sc_2M_7	77.8	Ce_2Ni_7	M=Ni
Sc_2M_7	77.8	Sc_2Zn_7	M=Zn
ScM_4	80.0	$MoNi_4$	M=Au,Ag
Sc_5M_{24}	82.8	Ti_5Re_{24}	M=Re,Te
ScM_5	83.3	$CaCu_5$	M=Be,Ni
Sc_2M_{17}	89.5	Th_2Ni_{17}	M=Be
ScM_{12}	92.3	$ThMn_{12}$	M=Zn
ScM_{13}	92.8	$NaZn_{13}$	M=Be
三元素			
ScM_2	66.7	$MgZn_2$	MM=AlCu,AlFe,AlNi,AlZn
ScM_2	66.7	Fe_2P	MM=CuGe,CuSi
ScM_2	66.7	$InNi_2$	MM=CuGa
ScM_2	66.7	$CeCu_2$	MM=GaNi
ScM_3	75.0	$AlMnCu_2$	MM=AlNi
Sc_6M_{23}	79.3	Th_6Mn_{23}	MM=AlCo,AlNi,AlGa,AlGe
ScM_{12}	92.3	$ThMn_{12}$	MM=AlFe
钪代替了其他金属的化合物			
(ScM)M′	50.0	CsCl	MM′=AlCu
(ScM)M′	50.0	γ-TiCu	MM′=HfIr
$(ScM)M'_3$	75.0	$AuCu_3$	MM′=RAl(R=Y,Gd,Tb,Dy,Ho,Er),TiPt
$(ScM)M'_3$	75.0	$HoAl_3$	MM′=RAl(R=Dy,Ho)
$(ScM)M'_3$	75.0	$TiNi_3$	MM′=RAl(R=Y,Tb,Dy)
$(ScM)M'_3$	75.0	$BaPb_3$	MM′=RAl(R=Y,Tb)
$(ScM)M'_3$	75.0	$CdMg_3$	MM′=GdAl

钪原子半径的大小有利于形成 CsCl，$MgZn_2$ 和 $MgCu_2$ Laves 相以及 $AuCu_3$ 型结构。通常稀土金属也与这些金属形成相同结构，钪与稀土金属的显著差别是它能形成 Sc_2M 相，以及有 $MoNi_4$ 结构的 ScM_4 和 ScM_5 型化合物，而稀土金属虽然也形成 R_2M 相和 $MoNi_4$ 结构，但远没有钪普遍。钪中间化合物的熔点有 70% 以上比钪的熔点低。迄今比纯钪熔点（1541℃）高的化合物有：Sc_5Re_{24}（2575℃），ScRu（2210℃），$ScRe_2$（2035℃），Sc_2Po_3（> 1840℃），$ScRu_2$（1840℃），$ScFe_2$（1600℃）和 ScPd（～1550℃）。由已知稀土 R_5M_3 相（M＝Pb，Sn）的资料推测，可能 Sc_5Pb_3 和 Sc_5Sn_3 的熔点为 1600—1900℃。

2.5.2 共晶体

钪与周期表中从 VB 族到 IIIA 族的大多数金属以及 VIIA 族（卤素）元素形成共晶体，从钪与稀土元素的相似性可以预料，IIIA 族和 VIIA 族之间的元素与钪的体系中将存在共晶体。已知富钪共晶体（及其共晶温度和共晶组分）有：Sc-Cu（875℃，29 原子% Al），Sc-Pd（～900℃，—），Sc-Fe（910℃，20 原子% Fe），Sc-Al（945℃，13 原子% Al），Sc-Cr（1080℃，25 原子% Cr），Sc-Ru（1100℃，—），Sc-Re（1360℃，1 原子% Re），Sc-V（1410℃，14 原子% V），Sc-Nb（1500℃，3 原子% Nb）和 Sc-Ta（1510℃，3.2 原子% Ta）。其中 Sc-Cr，Sc-V，Sc-Nb 和 Sc-Ta 是简单的共晶体，其他体系都是共晶与化合物混合型的。可以认为 VIII 族（铁类）和 IIIA 族（Al 类）之间的金属，其共晶体熔点最低。再者在一族之内，原子序数最低的元素一般对降低钪熔点的影响最大。

2.5.3 超导性质

钪的起导化合物（及其转变温度 T_c）为：Sc_3Rh（0.88K），$ScGe_2$（1.30K），$ScRu_2$（1.67K），$ScIr_2$（2.07K），Sc_5Re_{24}（2.2K），$ScRe_2$（4.2K），$ScOs_2$（4.6K）[1]。具有 $E9_3$ 结晶构造的 Sc-Cr 介稳相在接近 6.7K 转变成超导体[20]；$Sc_{0.75}Cr_{0.1875}B_{0.0629}$ 的 $T_c = 6.4K$[19]。1.5% Cr-Sc 合金的 $T_c = 2.6K$，3.0% Cr-Sc 合金的 $T_c = 2.95K$[1]。六方晶 $ScOs_2$，$ScRe_2$，$ScRu_2$ 和立方晶 $ScIr_2$ 有适于超导性的 Laves 相结构，但有 Laves 相的立方晶 $ScAl_2$ 似乎不具有超导性。纯金属钪的超导性见 2.2.4 节。

参 考 文 献

[1] C. T. Horovitz et al. (ed.). Scandium. Its occurrence, Chemistry, Physics, Metallurgy, Biology and Technology, Academic Press(1975).

[2] J. C. Bailar et al., (ed.) Comprehensive Inorganic Chemistry, 3. Pergamon Press(1973).

[3] R. C. Weast et al. (ed.) Handbook of Chemistry and Physics. 59th ed.. (1978—1979), CRC Press.

[4] Б. И. Коган и др. ,Скандий(экономический анализ),издательство АН СССР(1963).

[5] 核素图表编制组编,《核素常用数据表》,原子能出版社(1977).

[6] F. H. Spedding et al. J. phys. Chem. , 55, 5514—26 (1973); J. Less-Comm. Metals, 25, 67—73 (1971).

[7] Я. И. Герасимов и др. , Аимическая термодинамика вдветной ме-таллургий, VII, Москва изд. , Металлургия(1975).

[8] 中山大学金属系编,《稀土物理化学常数》,冶金出版社(1978).

[9] K. A. Gshneidner, et al, Conf. Ser. Inst. Phys. , 37, 23—27(1978); CA89: 118759; Report. IS-M-99. 15pp(1977); CA88: 162149.

[10] T. W. E. Tsang, Proc. Rare Earth Res. Conf. 12th, 2, 847—54(1976); CA85: 131519; Solid State Commun. , 20(8), 737—40(1976); CA86: 96945; Report, IS-M-72, 8pp(1976); CA87: 91694.

[11] G. Travers, et al. Thermochimica Acta. 15, 89—104, (1976).

[12] F. H. Spedding et al. , Trans. Met. Soc. AIME. 218(4). 608—11(1960).

[13] R. Hultgren et al. , Selected Value of the Thermodynamics Properties of the elements. (1973).

[14] D. D. Wagman et al. , Natl. Bur. Stand. , Tech. Note. 270—5, 25—7(1971).

[15] Я. И. Герасимов и др. , Докд. АН СССР, 235(4), 846—9(1977); CA87: 173615.

[16] Н. Н. Сирота и др. , Докд. АН СССР, 236(5), 1120—2(1977); CA88: 14550.

[17] K. A. Gschneidner, Jr. and L. Eyring, Handbook on the Physics and Chemistry of Rare Earth, I, 767, 791(1978). North-Holland Publishing Company.

[18] J. Wittig et al. , Phys. Rev. Lett. , 42(7), 469—72(1979); CA90: 131544.

[19] J. M. Vanderberg et al. , J. Solid State Chem. , 18(4). 395—6(1976); CA85: 170440.

[20] R. W. McCallum et al. , Mater. Res. Bull. , 11(7), 781—6(1976); CA85: 149862.

[21] M. Pourbaix. Atlas of Electrochemical Equilibria in Aqueous Solution(1966).

[22] R. D. Shannon. Acta Cryst. , A32, 751(1976).

21.3 钪的无机化合物

钪与金属形成的化合物或合金，已在前面 2.5 节讨论过。本章只谈至少含一个非金属元素的钪无机化合物，但稀有气体元素与钪不生成化合物。某些二组分钪化合物的性质见表 21.7。

3.1 氢　化　钪

在常压下给金属钪通氢气，并在温度 450℃保持 16 小时，只能制得 ScH_2，即使提高氢气压力高达 35 大气压也不能制得 ScH_3[1]。当 $ScCl_3$ 蒸气和过量还原剂(Na 或 Mg)在压力 1 大气压的氢气流中，于温度 800—970℃反应，则在金属钼上发生 ScH_2 蒸气沉积成晶核，并进而使晶体长大。ScH_2 沉积物是黑色立方晶体，空间群 $Fm3m$，a=4.7851Å[63]。其中 Sc^{2+} 和 H^- 之间主要是离子键，由钪的外部电子形成弱金属键，Sc—H 距离为 2.07Å，Sc—Sc 距离为 3.38Å，H—H 距离为 2.39Å。在 298K 时 ScH_2 的离解压力为大约 7Pa。气态 ScH 的 $\Delta H_{离解}$ = 198.7kJ/mol[62]。Sc—H 体系中(图 21.2 和 21.3)有 α-$ScH_{0-0.5}$ 和 β-$ScH_{1.3-1.95}$ 相。前者为六方密集堆晶格(hcp)，其电阻随氢浓度增加而增加；后者是面心立方晶格(fcc)，a=4.718Å。氢浓度较高时只有 β-相[4,5]。在温度 20—400℃和压力小于 12kbar 时，Sc—H 体系的温度-压力线的斜率为 3±1.5℃/kbar[6]。在 $ScH_{0.37}$ 中氢原子无规则地处于两个六方密集堆晶格的晶隙位置，氢在其中扩散的活化能为 0.44—0.54eV(41.8—52.3kJ/mol)。在 $ScH_{1.7-1.8}$ 中 CaF_2 型结构八面体的许多空洞被氢占有。氢扩散活化能随氢浓度增加而增加。在 Sc—H 体系中，温度范围在 600.9—1052.6℃和氢压直到一大气压时，存在 $ScH_{0.55}$ 和 ScH_2 两个相，其平衡氢压满足方程式[15]

$$\log P_{\mathrm{atm}} = 7.528 - \frac{10477}{T}$$

$ScH_{0.37}$ 和 ScH_2 的奈特移动分别为 0.15%和 0.07%。自旋-点阵弛豫常数 T_1T，分别为 4.9 和 25.0sK。室温时 $ScH_{1.99}$ 的压缩率为 $9.17\times10^{-12}m^2/N$；体积、杨氏和切变模量分别为 10.9×10^{10}，15.6×10^{10} 和 $6.2\times10^{10}N/m^2$；泊松比为 0.261，德拜温度为 759K[1]。在温度 50K 以下时，钪及其氢化物的磁化率随温度降低而增加，50K 以上时随温度增加而降低[7]。

表 21.7 二组分钪无机 化合物的某些性质[1,19,62,63]

化合物	结晶		晶格参数		密度	$-\Delta H_f^0$	$-\Delta G_f^0$	$-\Delta S_f^0$	S_{298}^0	$C_{p(298)}^0$
	类型	晶系	a(A)	b,c 或 α,β	(g/cm³)	(kJ/mol)	(kJ/mol)	(J/mol·K)	(J/mol·K)	(J/mol·K)
ScH_2	CaF_2	立方	4.8733	—	2.851	200.4	157.3	145.2	92	
ScF_3	ReO_3	立方	4.0115	—	3.84	1585.3	(1505)	(268)	706	83.3
$ScCl_3$	$FeCl_3$	菱形	6.979	α54.4		943.1	(864.4)	(263.6)	105.3	91.67
$ScBr_3$	$FeCl_3$	菱形	7.352	α53.83	3.93[27]	743.1			153.6	
ScI_3	$FeCl_3$	菱形	7.955	α53.41		552[30]			197.5[30]	
Sc_2O_3	Mn_2O_3	立方	9.845	—	3.864	1908.6	1819.3	299.6	76.98	94.2
ScS	NaCl	立方	5.199	—	3.66	413±12		(−56.5)		
$Sc_{1.37}S_7$	$Sc_{1.37}S_2$	菱形	6.331	α33.57		181.2		(−236.0)		
Sc_2S_3	Sc_2S_3	斜方	10.41	b7.38 c22.05	2.89	(1096)	979	(123.4)		
ScSe	NaCl	立方	5.398	—	(356)			(−69.0)?		
Sc_2Se_3	Sc_2S_3	斜方	10.841	b7.670 c22.977	4.55	(941)		(−161.1)?		
ScTe	?	六方?	4.12	c6.748	5.65	(301)		(−76.1)		
Sc_2Te_3	Sc_2Te_3	菱形	13.72	α17.20	5.26	(711)		(182.0)		
ScN	NaCl	立方	4.496	—	4.34	297.9	(253)	(149)	15.9	
ScP	NaCl	立方	5.3088	—	3.365	(≈285)				
ScAs	NaCl	立方	5.4638	—		272.7				
Sc_3C	Fe_4N	立方	4.67	—						

续表

化合物	结晶		晶格参数		密度	$-\Delta H_f^0$	$-\Delta G_f^0$	$-\Delta S_f^0$	S_{298}^0	$C_{p(298)}^0$
	类型	晶系	a(A)	b,c 或 α,β	(g/cm³)	(kJ/mol)	(kJ/mol)	(J/mol·K)	(J/mol·K)	(J/mol·K)
Sc_2C	$CdCl_2$	菱形	3.337	c16.347		(1520K) 100.8	(1520K) 97.5	(1520K) 5.0		
Sc_4C_3	反-Th_3P_4	立方	7.2070	—		(1615K)	(1615K)	(1615K)		
$Sc_{13}C_{10}$	$Sc_{13}C_{10}$	立方	8.5268	—		114.2	103	6.7		
ScC	NaCl	立方	4.51	—	3.39	(1795K) 131	(1795K) 108	(1795K) 12.6		
$Sc_{15}C_{19}$	$Sc_{15}C_{19}$	四方	7.50	c15.00						
Sc_5Si_3	Mn_5Si_3	六方	7.80	c5.812						
ScSi	T11	正交	3.988	b9.882 c3.659						
Sc_3Si_5	AlB_2	六方	3.646	c3.881						
ScB_2	AlB_2	六方	3.147	c3.516	3.67	(265)	(279)	(384)		
ScB_6			4.435	—	2.20					
ScB_{12}	ScB_{12}	四方	5.22	c7.34						

注:数据是选用较新的或平均值。除注明者外均为 298K 的结果。

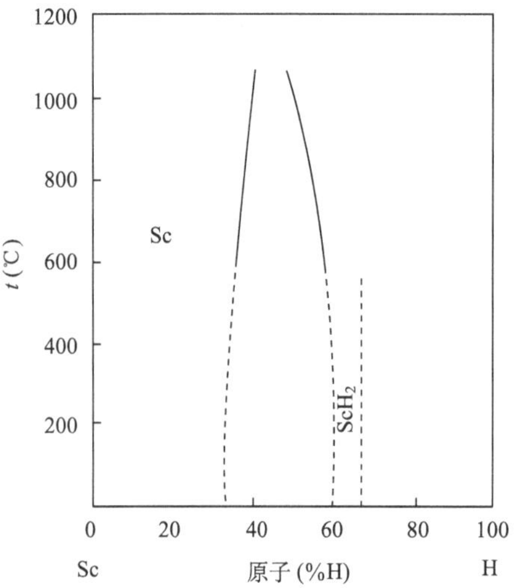

图 21.2　Sc—H 体系

H_2与 ScM_2(M=Fe,Co,Ni)反应得 ScM_2H_{3-4}型氢化物相。其热稳定性依 $ScNi_2$ < $ScCo_2$ < $ScFe_2$ 次序增加[62]。$ScFeH_{2.5}$为 $MgNi_2$ 型结构，晶格参数为 a=5.18Å，c=16.67Å. $ScMn_2H_{3.8}$为 $MgZn_2$ 型结构，晶格参数 a=5.49Å，c=8.86Å。$ScFe_2H_{2.5}$和 $ScMn_2H_{3.8}$的可逆分解温度分别为 140 和 260℃。

ScH_2 可用作粒子加速器的靶材。其中 H 改为 D(氘)或 T(氚)时，可作为铀矿探测器的元件。由于过渡金属氢化物可作为氢能源的储氢材料和各种催化剂，以致氢化钪已受到人们重视。

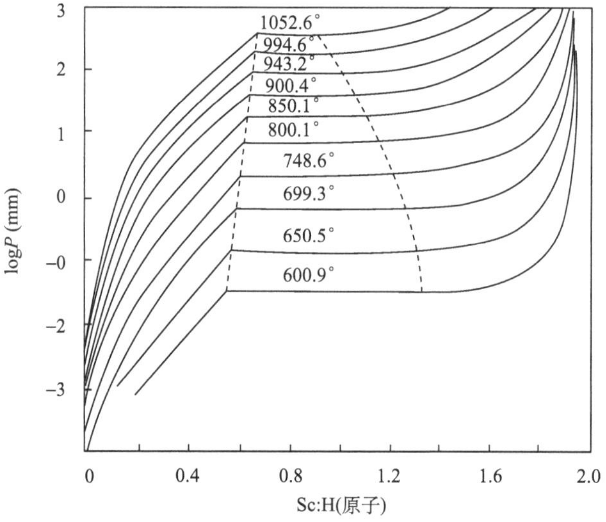

图 21.3　Sc—H 体系压力组成图

3.2 卤 化 钪

钪与 VIIA 族元素(X)通常形成 ScX_3 化合物(但缺少砹与钪的化合物的资料)。低价卤化钪有 ScX_2(X=F,Cl,Br,I),$ScCl_{1.5}$,$ScBr_{1.5}$,$ScI_{2.17}$,ScX 等形式。无水卤化钪都易吸水，除 ScF_3 外其他卤化钪都易溶于水。卤化钪多呈二聚物

$Sc_2X_6 \cdot 12\text{-}H_2O$ 形式存在[8]。将 Sc_2O_3 或 $Sc(OH)_3$ 与相应的氢卤酸反应，则得水合卤化钪。无水卤化钪宜用金属钪与卤素直接反应，或在非水溶液中制备它。而水合卤化钪直接脱水，得到的卤化钪往往夹杂有碱式盐。ScX，ScX_2，ScX_3，等卤化钪在 298.15—3000K 的热力学函数值已有报道[9,10]。某些性质见表 21.7 和表 21.8。

表 21.8 卤化钪的某些物理化学性质[1,19]

卤化物	熔点℃	沸点℃	熔化热 ΔH_m (kJ/mol)	蒸发热 ΔH_v (kJ/mol)	升化热 ΔH_s (kJ/mol)	蒸气压 $\log P_{(atm)}=A-\frac{B}{T}$ 温度范围 (K)	A	B
ScF_3	1552	1607	62.63	239.99	367.4	1335—1528	8.624	17930
$ScCl_3$	968	1342	67.4	192	274.8	1074—1227	13.61	13470
$ScBr_3$	970	(933)	(79)		(285)	1055—1199	11.47	13770
ScI_3	953	(912)	(75)		271	1013—1179	11.29	13330

注：温度是根据国际实用温标-1968(IPTS-68)。

3.2.1 氟化钪

Sc_2O_3 与无水 HF 或 NH_4F 作用制得 ScF_3。或用钪盐的水溶液加 HF 则产生 $ScF_3 \cdot H_2O$ 沉淀，再干燥脱水得 ScF_3。它是白色黏性沉淀，在空气中干燥则成陶瓷状无定形块，破碎后则成微细结晶，其晶型等性质见表 21.7 和 21.8，结构如图 21.4。其中钪原子由 6 个 F 原子配位成畸变八面体。Sc-F 距离为 2.02Å，Sc-Sc 距离为 4.02Å，F-F 距离为 2.71Å[8]。在 430℃和 100kbar 下，ScF_3 晶型转变成 ScF_3(II)介稳新相，同时配位数由 6 增加到 9[11]。该新相属斜方晶系，空间群 *pnma*，$a=6.058$Å，$b=6.558$Å，$c=4.238$Å，$Z=4$；$d_{(算)}=4.00$，$d_{(测)}=3.84$g/cm。

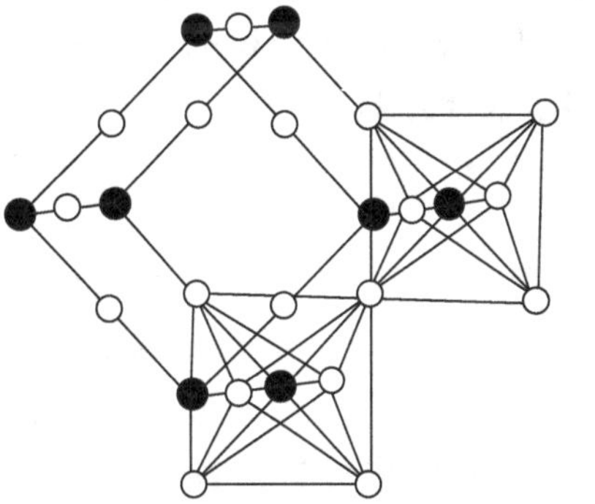

图 21.4 理想的氟化钪结构

固体 ScF_3的热力学数据见表 21.7 和 21.8。气态 ScF 在温度 0K 时的离解能 $D_0^0=590$kJ/mol，298K 时 $\Delta H_f^0=-138.9$kJ/mol，$\Delta G_f^0=-164.4$kJ/mol，$S^0=222.21$J/mol·K，$C_p^0=32.4$J/k·mol。气态 ScF_2的 $\Delta H_f^0=-642.7$kJ/mol，$\Delta G_f=-655.2$kJ/mol，$S_{298}^0=280.3$J/mol·K，$C_p^0=48.1$kJ/K·mol。

金属钪和过量 ScF_3的混合物在～2000K 加热，可产生 ScF_2分子。它是高度离子性的，其近似的电子结构似乎是 $F^- Sc^{2+} F^-$[63]。

新沉淀的 ScF_3 微溶于水或过量 HF,老化后溶解度减小。ScF_3 易溶于氟化物盐溶液而变成络合物。在离子强度 0.5mol/L 的过氯酸溶液中,钪的氟化络合物有 ScF^{2+},ScF_2^+,$ScF_{3(水溶液)}$,$Sc_2F_3^{3+}$ 和 ScF_4^- 等形式。它们平衡反应和平衡常数见表 21.9。

表 21.9 水溶液中 Sc^{3+} 的氟化物络合反应

平衡反应	K_{298}	ΔH^0_{298}(kJ/mol)	ΔS^0_{298}(J/mol·K)
$Sc^{3+}+F^- \rightleftharpoons ScF^{2+}$	1.2×10^7	1.255	121±13
$ScF^{2+}+F^- \rightleftharpoons ScF_2^+$	6.4×10^5	−6.3	79±13
$ScF^{+}+F^- \rightleftharpoons ScF_{3(溶液)}$	3.0×10^4	−3.3	67±17
$ScF_{3(溶液)}+F^- \rightleftharpoons ScF_4^-$	7.0×10^2		

在温度 25℃和 0.5mol/L $NaClO_4$ 水溶液中研究过 Sc^{3+}-F^- 体系,得到二元氟化钪络合物$[ScF_n]^{(3-n)+}$的生成稳定常数为 $\log\beta_1=6.18\pm0.02$,$\log\beta_2=11.52\pm0.05$,$\log\beta_3=15.8\pm0.4$。并得到 ScF_4^- 的生成热 $\Delta H_1^{298}=-200.8\pm12.6$kJ/mol[63]。

这些钪络合物之所以比相应的铝或铁的络合物更稳定,是由于其生成焓值更负而不是熵的影响。从氟化物盐溶液中可析出 $M_3[ScF_6]$($M=NH_4$,Na,K)无色结晶($ScF_6^{5-} \rightleftharpoons Sc^{3+}+6F^-$,$K=5\times10^{-18}$)。在水溶液中$(NH_4)_3[ScF_6]$水解产生$(NH_4)_2$-$ScF_5$ 和 NH_4ScF_4[1]。在 Sc^{3+}-MF-H_2O 体系中存在下列诸平衡反应(忽略了水合的 H_2O):

$$Sc^{3+}+MF \rightleftharpoons ScF^{2+}+M^+$$
$$ScF^{2+}+MF+H_2O \rightleftharpoons ScOHF_2+M^++H^+$$
$$ScOHF+H^++F^- \rightleftharpoons ScF_3+H_2O$$
$$ScF_3+MF \rightleftharpoons MScF_4$$
$$MScF_4+2MF \rightleftharpoons M_3ScF_6$$

从溶液中可析出各种化合物:$ScF_3\cdot0.16H_2O$,$KScF_4\cdot0.11H_2O$,$NaScF_4\cdot H_2O$,M_3ScF_6($M=NH_4$,Na),$K_{2.5}ScF_{5.5}\cdot0.2H_2O$ 和 $Cs_2ScF_5\cdot H_2O$。$(NH_4)_3ScF_6$在水中是 3∶1 电解质,在 pH7.5—7.7 分解成 ScF_3 沉淀。在ScF_3-HF-H_2O体系中在 0℃时 ScF_3 的溶解度甚微,但结晶出 $ScF_3\cdot0.8HF$,$ScF_3\cdot1.85HF$ 和 $ScF_3\cdot2.85HF$ 等新相。在 Sc_2O_3-HF-H_2O 体系中,在 0℃时经 2.5—3 天后达到平衡,析出的固相是 $ScOF\cdot2H_2O$,ScOF 和 ScF_3[1]。氟化钪用碱熔融则分解,用浓硫酸不易使它分解完全。

ScF_3-LiF 体系中只有一种化合物 $ScLiF_4$,但其结构不详。ScF_3-NaF 体系有两种化合物(如图 21.5):$ScNaF_4$ 为六方晶系,晶格参数为 $a=12.97$Å,$c=9.27$Å。$ScNa_3F_6$ 相与 β-和 γ-冰晶石($AlNa_3F_6$)相的结构相同,β-$ScNa_3F_6$ 的晶格参数为:$a=5.68$Å,$b=5.81$Å,$c=8.12$Å;$\beta=90.75°$。由 ScF_3 和 NaF 反应得到

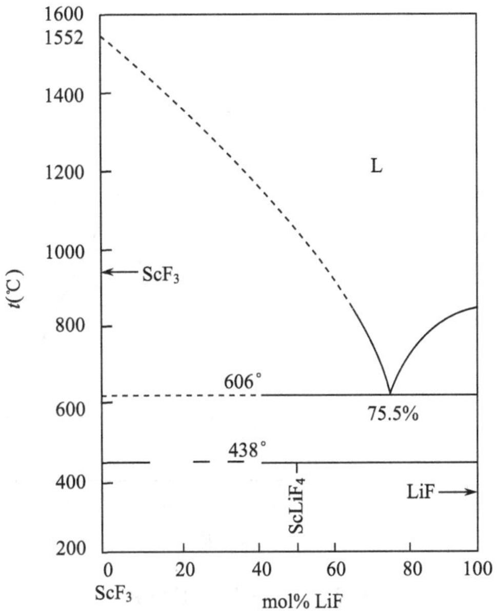

图 21.5a ScF_3-LiF 体系

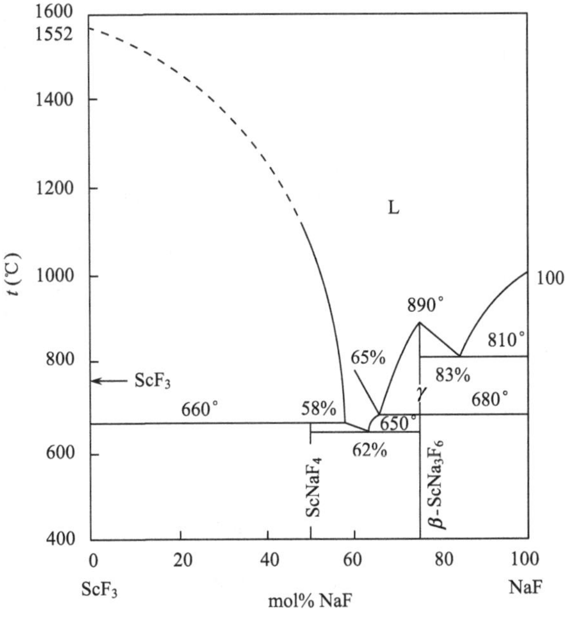

图 21.5b ScF_3-NaF 体系

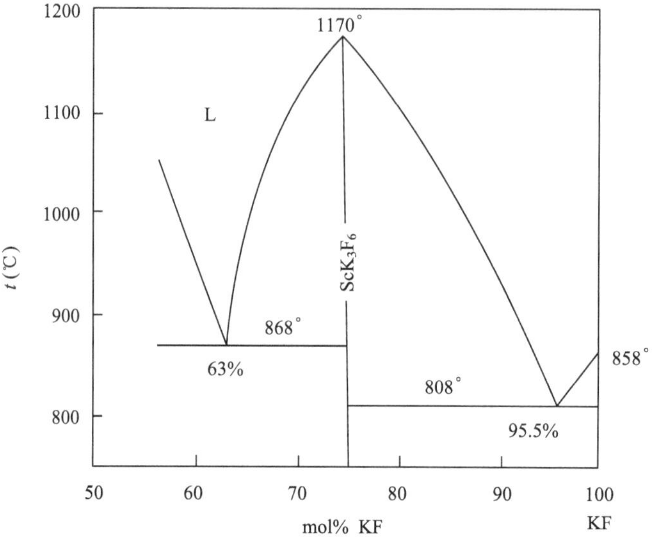

图 21.5c　ScF_3-KF 体系

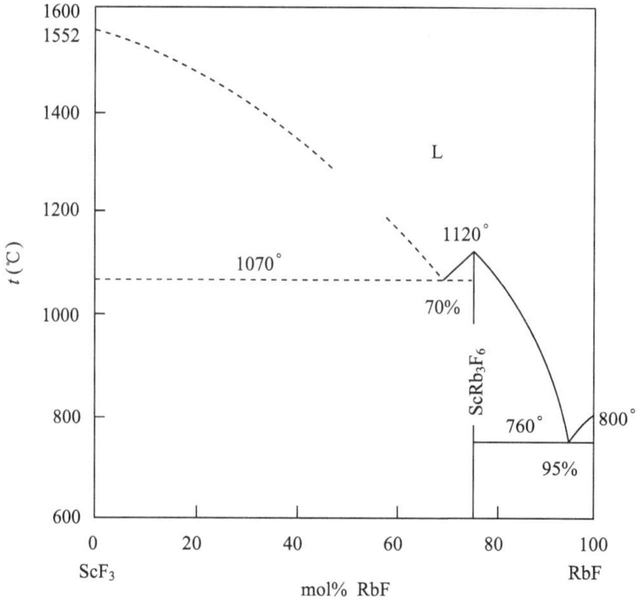

图 21.5d　ScF_3-RbF 体系

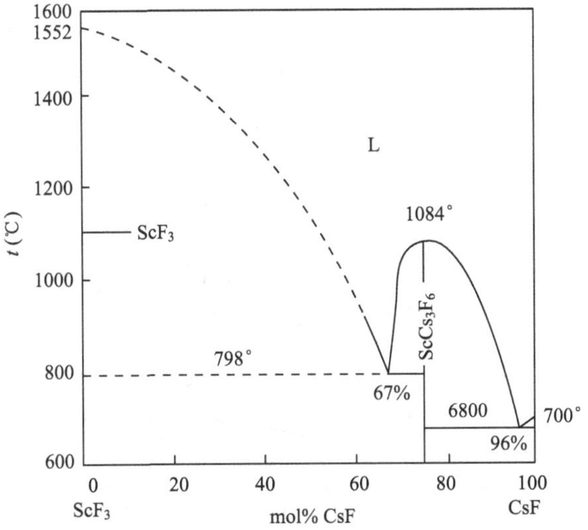

图 21.5e　ScF_3-CsF 体系

$ScNa_3F_6$。它的 $\Delta H_f=-59.8$kJ/mol，$\Delta H_m=126$kJ/mol。$ScNaF_4$在 946℃ 的离解热为 322kJ/mol，人们对它的蒸气压、活度、摩尔自由能和摩尔焓已有研究[1]。在 ScF_3-KF 体系中只有一个化合物 ScK_3F_6，其熔点为 1170℃，它有立方的 TlK_3F_6 型结构，$a=17.46$Å[1]。ScF-RbF（或 CsF）体系也只有一种化合物，$ScRb_3F_6$ 和 $ScCs_3F_6$ 都是冰晶石型结构，熔点分别为 1120℃ 和 1084℃。ScF_3-NH_4F 体系的化合物 $Sc(NH_4)F_4$有四方晶系 $AlKF_4$ 型的结构，$a=4.06$Å，$c=6.67$Å；而 $Sc(NH_4)_3F_6$在低温时为立方晶 α-型，$a=9.26$Å，高温时为新型四方晶格，$a=6.49$Å，$c=9.45$Å，其在室温时的热容为 376.6J/mol · K。在此体系中也有 $Sc(NH_4)_2F_5$化合物存在[1]。

ScF_3-LiF-CsF 体系中有三个三元共晶点，共晶温度（和组成，mol%）为：E_1 438℃（0.1% ScF_3，39.9% LiF，60% CsF），E_2 432℃（0.12% ScF_3，53.0% LiF，46.88%CsF），E_3 584℃（23% ScF_3，51% LiF，26% CsF）（见图 21.6）。ScF_3-NaF-KF 体系（图 21.7）中三元共晶点为 674℃，其组成为（mol%）：5%ScF_3，35%NaF 和 60%KF。$ScNa_3F_6$ 和 ScK_3F_6形成一连续系列固溶体，位于这两类化合物连线之间的化合物 $ScNaK_2F_6$，有钙钛矿型立方变形结构，$a=8.482$A。类似地，$ScNaCs_2F_6$与 $ScNaK_2F_6$的结构相同，其晶格参数 $a=8.853$Å。这是饶有趣味的，因为 α-$ScNa_3F_6$ 有单斜晶结构，而 ScK_3F_6 有立方结构，其晶格参数 a 大约为 $ScNaK_2F_6$者的二倍，显然沿着此连接线可能是些有益的结构。

ScF_3-MgF_2（或 CaF_2）体系都只形成简单的共晶体，但 ScF_3-CaF_2体系有宽广的两端固溶区（terminal solid solution）（见图 21.8a，b），CaF_3在 ScF_3 中比 ScF_3在

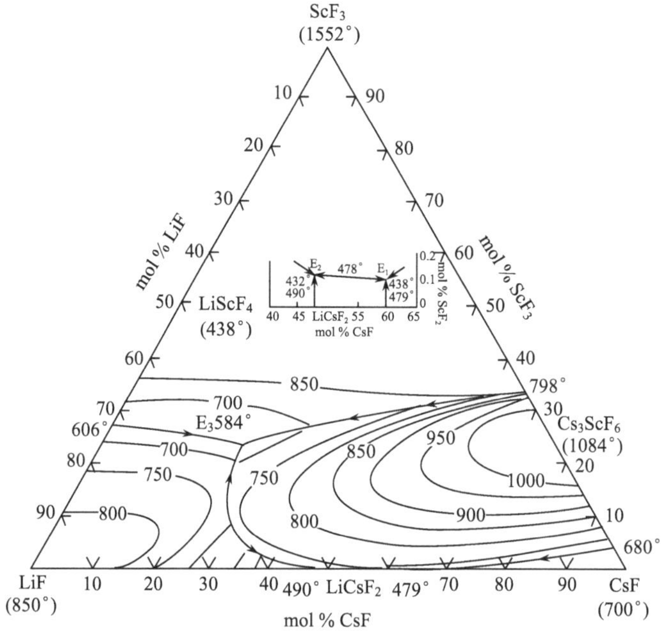

图 21.6　ScF_3-LiF-CsF 液相体系，上部空白处表示 $LiCsF_2$ 中间相附近部分

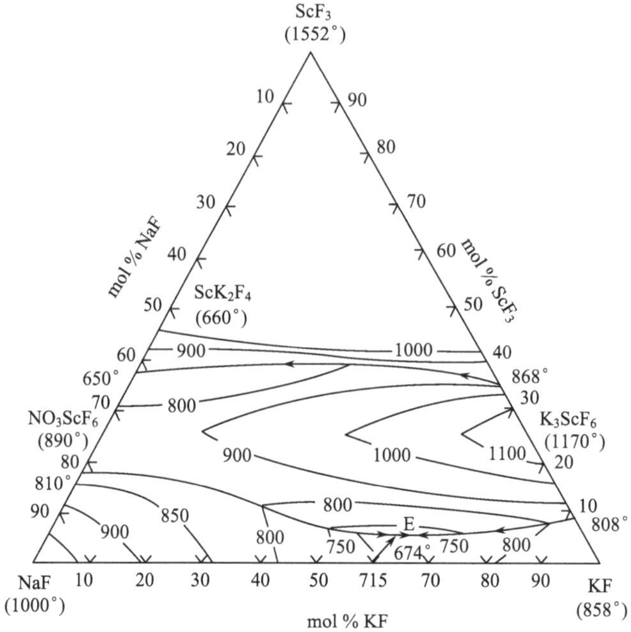

图 21.7　ScF_3-NaF-KF 液相体系

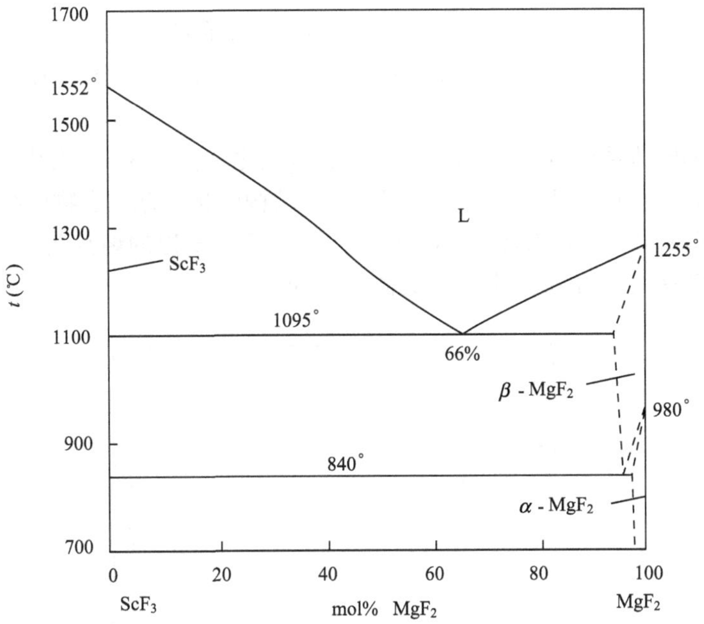

图 21.8a　ScF_3-MgF_2体系

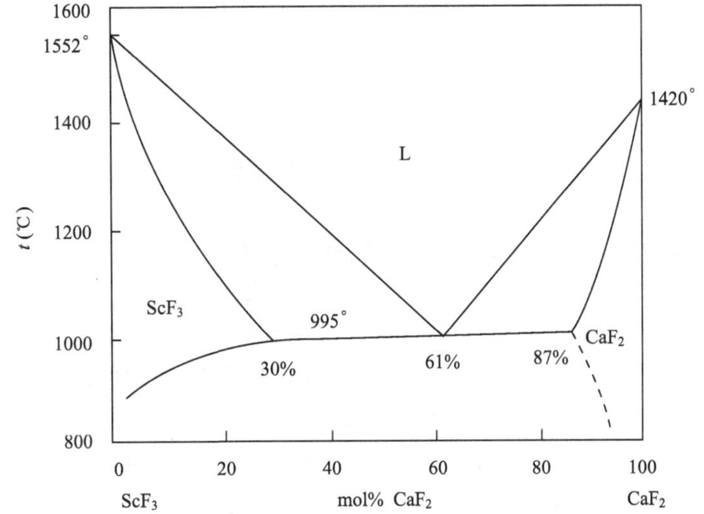

图 21.8b　ScF_3-CaF_2体系

CaF_2中更易溶解，这与 ScF_3-MgF_2 体系不同。

ScF_3与 SrF_2可形成 $Sc_{0.82}Sr_{1.27}F_5$ 中间相，它与单斜晶 α-$SrFeF_5$型同结构，晶格参数为：$a=14.61$Å，$b=7.28$Å，$c=7.03$Å，$\beta=95.13°$。高温时在 SrF_2中可溶 15mol% ScF_3[1]。

ScF_3-BaF_2体系也有 $Sc_{0.82}Ba_{1.27}F_5$中间相，该化合物在 855℃发生相变（α-相变成 β-相）。α-$Sc_{0.82}Ba_{1.27}F_5$ 相与有 α-$SrFeF_5$ 型结构的相应锶化合物同结构，晶格参数为：$a=15.11$Å，$b=7.27$Å，$c=7.00$Å，$\beta=102.5°$。β-相的熔点为 965℃。ScF_3-BaF_2 体系也有宽广的两端固溶区（见图 21.8 c）。

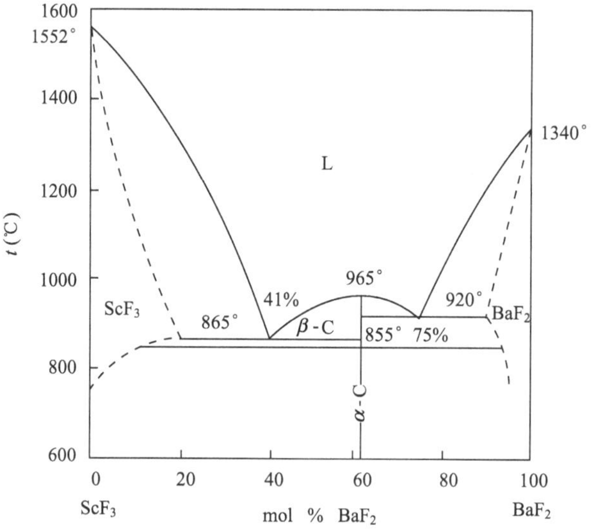

图 21.8c　ScF_3-BaF_2体系

人们曾研究过在 830K 的 PbF_2-ScF_3体系中 $Pb_{1-x}Sc_xF_{2+x}$，($0\leqslant x\leqslant 0.17$)的组分区域，发现只有在无序的萤石相中出现固溶体，这与同类型的 PbF_2-InF_3体系不同。AgF 和 ScF_3在高温加热，可制得三元氟化物 Ag_3ScF_6和 $AgScF_4$。前者为 Na_3AlF_6 型单斜晶结构，而后者为结构类型尚不知道的新的单斜晶。此外，还制得了新型络合物 Ag_2MScF_7，(M=Mg，Mn，Co，Ni，Zn)[63]。

TlF_3-ScF_3体系中有化合物 $TlScF_6$，其结构与 VF_3相同[63]。ScF_3-YbF_3体系中，在 1065℃和组分为 65mol% YF_3 处出现共晶[62]。

卤氧化物 ScOF，ScOCl 和 ScOBr 由相应的卤化钪或碱式卤化钪在 600—700℃反应而得[1,17]。ScF_3和 Sc_2O_3在 1000℃加热，或 ScF_3在湿氮气中 800℃加热均可得 ScOF。它在高温时是立方晶系。空间群为 O^5n-$Fm3m$。$a=5.575$Å，Z=4。低温时为单斜晶系。空间群为 $P2_1/c$，$a=5.1673$Å，$b=5.1466$Å，$c=5.2475$Å，

β=99.70°，z=4[1]，密度为 3.05g/cm^3。每个 Sc 离子由 4 个 O 和 3 个 F 配位[14]。在 1200℃ 和 100kbar 下 ScOF-ScF 体系中，ScF_3量高时为 Sc_3OF_7化合物，它是六方晶系，空间群 $P_{\bar{3}}$；a=11.59Å，c=8.08Å，Z=1[16]。碱式氟化钪 $Sc(OH)_2F\cdot xH_2O$ 和 $Sc(OH)_2F\cdot 0.5H_2O$ 在干燥空气中分两步脱水在 470℃变成 ScOF[17]。

3.2.2 氯化钪

Sc_2O_3与 CCl_4、CCl_4+Cl_2或 NH_4Cl 反应则得 $ScCl_3$，或蒸发 $ScCl_3$的盐酸溶液也得 $ScCl_3\cdot 6H_2O$，再在 HCl 或 Cl_2气流中脱水得 $ScCl_3$。或将 Sc_2O_3与碳混合，在氯气中反应，再升华净化得纯 $ScCl_3$。

$ScCl_3$是白色微细结晶，其晶型和物理化学性质等见表 21.7 和 21.8。在晶格中 Sc—Cl 距离为 2.32Å。固体 $ScCl_3$ 蒸发时，蒸气相中有 $ScCl_3$，Sc_2Cl_6，Sc_3Cl_9和 Sc_4Cl_4等组分存在，在 873—1183K 蒸发时，$[ScCl_3]:[Sc_2Cl_6]:[Sc_3Cl_9]=0.01:1:0.001$[19—21]。蒸发成二聚物时，$\Delta H^0=265.3$kJ/mol，$\Delta S^0=192.5$kJ/mol·K。蒸发成单聚物时，$\Delta H^0=268$kJ/mol，$\Delta S^0=215.5$kJ/mol·K。气体 $ScCl_3$ 的 $\Delta H^0_{f,298}=-657$kJ/mol，$\Delta G^0_{f,298}=-640$kJ/mol，$S^0_{298}=320.1$J/mol·K[63]。在 298K 时二聚反应 $2ScCl_{3(气)} \rightleftharpoons (ScCl_3)_{2(气)}$ 的 $\Delta H^0=-199.2$kJ/mol，再聚合成$(ScCl_3)_{3(气)}$的 $\Delta H^0=223.0$kJ/mol[23]。$(ScCl_3)_{2(气)}$ 的 $\Delta H^0_{f,298}=-1572.8$kJ/mol，$\Delta G^0_{f,298}=-1435$kJ/mol，$S^0_{298}=495.8$J/mol·K[21,63]。$ScCl_3\cdot 6H_2O$ 的 $\Delta H^0_{f,298}=2810$kJ/mol[22]。气体 ScCl 的 $\Delta H^0_{f,298}=112.5$kJ/mol $\Delta G^0_{f,298}=86.2$kJ/mol，$S^0_{298}=234.3$J/mol·K，$C^0_{p,298}=35.14$J/mol·K。气体 $ScCl_2$ 的 $S^0_{298}=303.3$J/mol·K，$C^0_{p,298}=52.7$J/mol·K。

$Sc\text{-}ScCl_3$体系中的化合物除 $ScCl_3$而外还有 $ScCl_{1.5}$存在(见图 21.9)。

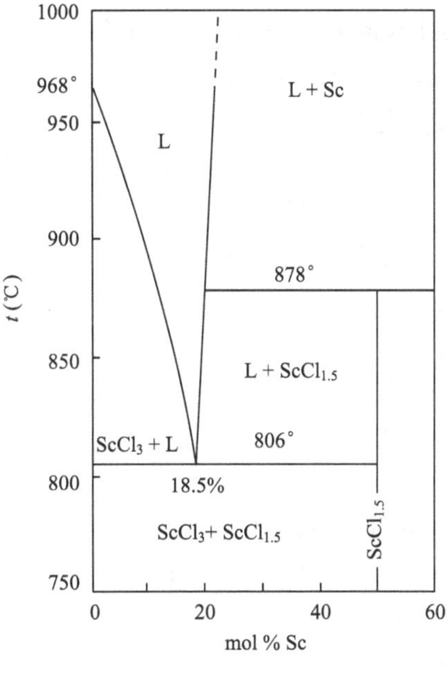

图 21.9 $Sc\text{-}ScCl_3$ 体系

在 877—900℃时过量 Sc 与 $ScCl_3$反应可生成金属键结构的 ScCl 和 Sc_7Cl_{10}。前者为 Cl—Sc—Sc—Cl 层状结构，属三方晶系，空间群 R_{3m}，a=3.473Å，c=26.71Å，Z=6；后者为单斜晶系，空间群 $C_{2/m}$，a=18.62Å，b=3.5366Å，c=12.25Å，β=91.98°，Z=2[24]。

Sc 与 $ScCl_3$ 在密封的钽容器中于 940—960℃加热几周则得到 Sc_5Cl_8。它的结构复杂，包括两种类型用 Cl 原子桥连起来的链。两种类型都由八面体成直线排列而成，每个八面体在相邻的顶点连接下一个八面体。一种链由 Cl 原子与八面体中心的 Sc 组成；而另一种链由 Sc 原子组成，其中有一些与 Cl 配位。Sc—Sc 键距 3.021Å。如果实验类似地进行，但温度改为 890—900℃则得 Sc_7Cl_{12}。它由 Sc^{3+} 和 $Sc_6Cl_{12}^{3-}$ 簇组成。其中 Sc—Sc 键距为 3.204Å 和 3.234Å[62]。

$ScCl_3 \cdot 6H_2O$ 加热到 200℃则完全脱水，温度再提高则变成 $Sc(OH)_xCl_y$ 和 ScOCl，赤热后分解成 Sc_2O_3。室温时 $Sc(OH)_2Cl$ 和 $Sc_2(OH)_3Cl$ 的生成自由能分别为－1156 和－2240kJ/mol，$Sc(OH)_2Cl$ 的生成热为－1268kJ/mol，标准熵为 109J/mol·K。ScOCl 的 $\Delta H^0_{f,298}=-957.3$kJ/mol，离解热为 $\Delta H^0_d=3598$kJ/mol，离解熵为 $S^0_d=262.3$J/mol·K[18]。

$ScCl_3$-CsCl 体系有 $Sc_2Cs_3Cl_9$（即 $2ScCl_3 \cdot 3CsCl$）和 $ScCs_3Cl_6$（即 $ScCl_3 \cdot 3CsCl$）两个中间相，它们的熔点分别为 691℃和 878℃。Cs_3ScCl_9 为 $Cs_3Tl_2Cl_9$ 型结构，空间群为 $R\bar{3}c$，$a=12.707(2)$Å，$c=18.117(4)$Å[63]。$Cs_3Sc_2Cl_3$ 在温度 695—700℃用钪还原，则得发亮光蓝色的 $CsScCl_3$ 产物。它是六方晶钙钛矿 $CsNiCl_3$ 型的结构，空间群 $P63/mmc$，$a=7.350(2)$Å，$c=6.045(3)$Å[62]。在 750℃钽容器中将 A_3ScX_9（A＝Cs 或 Rb，X＝Cl 或 Br）和 CsI_3 与 Sc 反应，可制得 $RbScX_3$（X＝Cl，Br）和 $CsScX_3$（X＝Cl，Br，I）。这些化合物都是 $CsNiCl_3$ 型结构。但人们试图制备 $KScX_3$（X＝Cl，Br，I）和 $RbScI_3$ 却失败了。RbCl-$ScCl_3$-CsCl 体系中，准二元系 Rb_3ScCl_6-Cs_3ScCl_6 部分是一系列连续固溶体。$ScCl_3$ 与 $MgCl_2$ 混合物在气相平衡中的络合物有 $MgScCl_5$，Mg_2ScCl_7 和 $MgSc_2Cl_6$ 等。在 $ScCl_3$-MCl_2（M＝Ca、Sr、Ba）体系中，也存在气相络合物 $MScCl_5$[63]。一系列 Cs_2LiMCl_6（M＝Sc，Y，La—Nd，Sm—Lu，V，Cr 或 In）型化合物，可以由含 Cs∶Li∶M＝2∶1∶1 的浓盐酸溶液蒸发而制得。这些化合物有立方晶或六方晶结构，这取决于 M^{3+} 阳离子的离子半径。$Cs_2LiScCl_6$ 与 Cs_2NaCrF_6 的结构相同[63]。

无水 $ScCl_3$ 极易吸水，在温度 25℃时溶解度为 43.2%，由于水解，水溶液呈酸性。在温度 25℃时，$ScCl_3$ 的溶解热为 197.1kJ/mol，在水溶液中的络合反应有 $Sc^{3+}+Cl^- \rightleftharpoons ScCl^{2+}$，其稳定常数 $K_{298}=11.7$，$\Delta H^0_{298}=-6.3$kJ/mol，$\Delta S^0_{298}=\pm 8.3$J/mol·K $ScCl^{2+}+Cl^- \rightleftharpoons ScCl_2^+$，其 $K_{298}=10.9$，$\Delta H^0_{298}=-7.1$kJ/mol，$\Delta S^0_{298}=-4.2\pm 17$J/mol·K[1]。在高浓度 HCl 中为 $ScCl_4^-$ 离子，在 2—8mol/L HCl 中为 $ScCl^{2+}$ 和 $ScCl_2^+$，在很稀的盐酸中主要为 $Sc(OH)^{2+}$ 形式，在稀盐酸中未发现负络离子，而只有 $ScCl^{2+}$，$ScCl_2^+$ 和 $ScCl_3$[1]。在含过氯酸钪的 LiCl 溶液中形成 $ScCl_3$ 和 $ScCl_4^-$，其稳定常数分别为 3×10^{-3} 和 10^{-3}[1]。$ScCl_3$-KCl-H_2O 体系中的络合物为 $K_{(n+2)}(Sc_nCl_{(4n+2)})^{-(n+2)}$，其中钪配位数为 4—6。$ScCl_3$ 在温度 25℃的盐酸中，溶解度随酸度增加而降低（直到 16% HCl），此后又随酸度增加而增加（直到 18% HCl），这可能是由于与 Cl^- 发生络合反应[1]。在碱性（14mol/L NaOH）溶液中，主要的溶解形式是 $[Sc(OH)_4]^-$。

3.2.3 溴化钪

将 Sc_2O_3溶于 HBr，再加 NH_4OH 使 NH_4Br ∶ $ScBr_3$ = 9 ∶ 1，因生成 $ScBr_5^{2-}$ 可防止 Sc^{3+} 水解，蒸干后再在 P_4O_{10}上干燥得无水 $ScBr_3$。它是纯白色结晶，有时因含游离溴而呈淡褐色。在常温下真空升华，则得珍珠光泽的叶状菱形结晶。晶型和热力学等性质见表 21.7 和 21.8。$ScBr_3$ 晶格中 Sc—Br 距 2.47Å。Sc-$ScBr_3$ 体系中有 $ScBr_{1.5}$，$ScBr_{2.30}$，$ScBr_{2.24}$，ScBr 和 $ScBr_2$ 等介稳相[9,10,7]。$ScBr_3 \cdot 6H_2O$ 在温度 260℃完全脱水，热分解过程与 $ScCl_3$相似。$ScBr_3$易吸水，它在温度 25℃的溶解热为 230.5kJ/mol。Sc^{3+} 与 Br^- 的络合反应有：$Sc^{3+} + Br^- \rightleftharpoons ScBr^{2+}$，稳定常数 $K_{298} = 16.1$，$\Delta H^0_{298} = -2.1$kJ/mol，$\Delta S^0_{298} = 13 \pm 8$J/mol · K。$ScBr^{2+} + Br^- \rightleftharpoons ScBr_2^+$，$K_{298} = 3.3$，$\Delta H^0_{298} = -2.5$kJ/mol，$\Delta S^0_{298} = 0 \pm 8$J/mol · K。$ScBr_{1.5}$是弱顺磁性，室温摩尔磁化率为 2.0×10^{-3}(SI/mol)，在 77°K 时增至 3.14×10^{-3}(SI/mol)[1]。气态 $ScBr_2$ 的 $S^0_{298} = 324.7$J/mol · K，$C^0_{p,298} = 54.4$J/mol · K。

3.2.4 碘化钪

金属钪与 HgI_2 或 I_2 蒸气反应，或 Sc_2O_3 与 AlI_3 反应均可制得 ScI_3；或用 Sc_2O_3与 HI 水溶液作用得 $ScI_3 \cdot 6H_2O$，再加 NH_4I，蒸干脱水制得 ScI_3[27,29]。它在室温下为淡黄色，加热则呈暗赤褐色。晶格参数和热力学等性质见表 21.7 和表 21.8。ScI_3 晶格中 Sc—I 距为 2.68Å。气态 ScI_3的 $\Delta H^0_{f,298} = -276$kJ/mol，$S^0_{298} = 432.2$J/mol · K，$Sc_2I_{6(气)}$的 $\Delta H^0_{f,298} = -757$kJ/mol，$S^0_{298} = 686.2$J/mol · K[30]。气态 ScI_2 的 $S^0_{298} = 341.4$J/mol · K，$C^0_{p,298} = 55.6$J/mol · K。Sc-ScI_3 体系有 $ScI_{2.26}$，ScI，ScI_2，Sc_6I_{13}等化合物[9,10,18]。$ScI_{2.17}$是弱顺磁性，在温度 25℃时磁化率为 3×10^{-3}(SI/mol)，电阻值为 1500$\mu\Omega \cdot$cm[18]。$ScI_3 \cdot 6H_2O$ 和 $Sc(OH)I_2 \cdot 5H_2O$ 热分解分 5 步进行，最后在 400—430℃变成 Sc_2O_3[21]。ScI_3与 I_2反应可形成多碘化合物 $ScI_3(I_2)_3$[1]。

3.2.5 卤酸钪和过卤酸钪[1]

Sc_2O_3与 70% $HClO_4$ 反应制得过氯酸钪 $Sc(ClO_4)_3 \cdot nH_2O$。它在硫酸上干燥则得 7 水合物，在 P_4O_{10}上干燥得 6 水合物。$Sc(ClO_4)_3 \cdot 7H_2O$ 在温度 110℃变成 6 水合物，进而加热，在 150℃变成 $Sc(OH)(ClO_4)_3$，在 200—300℃成 ScOCl，约 700℃得 Sc_2O_3。无水 $Sc(ClO_4)_3$ 在温度 290℃氮气流中接下式分解：$3Sc(ClO_4) \longrightarrow ScOCl + Sc_2O_3 + 4Cl_2O + 14O_2$。亚氯酸钪不稳定。

溴酸钪 $Sc(BrO_3)_3 \cdot 3H_2O$ 由 $Sc_2(SO_4)_3$和 $Ba(BrO_3)_2 \cdot H_2O$ 水溶液在温度 50—60℃结晶而得。它易吸水，水溶性化合物在温度 75℃分解成 Sc_2O_3。

硝酸钪溶液加稀碘酸溶液则得碘酸钪 $ScIO_3 \cdot 1.5H_2O$。在温度 25℃时 $Sc(IO_3)_3$-HIO_3-H_2O 体系析出的固相为 $Sc(IO_3)_3 \cdot 4HIO_3 \cdot 18H_2O$，它在 30℃时为 11 水合物，340℃时为 7 水合物。碘酸钪及其酸式盐加热到熔化前分别在 540℃和 515℃分解[32]。乙酸钪与 0.002mol/LH_5IO_6溶液反应得 $ScIO_5 \cdot 3H_2O$，它在 50℃开始脱水，在 200℃变成无水物，>200℃则分解。硝酸钪与过碘酸反应则得 $ScH_2IO_6 \cdot H_2O$，$Sc_2O_3 \cdot 2I_2O_7 \cdot 14H_2O$ 和 $2Sc_2O_3 \cdot 3I_2O_7 \cdot 24H_2O$ 等化合物，它们都不溶于水，在 500—600℃分解成 Sc_2O_3。

3.2.6　氟硅酸钪 $Sc(SiF_6)_3$

钪盐加氟硅酸钾溶液则得胶状 $Sc(SiF_6)_3$沉淀。它在热水中水解成 $ScF_3 \cdot SiO_2$和 HF。借此可使钪与稀土元素分离。

3.3　氧　化　钪

金属钪或含可挥发基的钪化合物进行氧化灼烧，则得 Sc_2O_3，它是白色粉末。透明 Sc_2O_3的制备，是在 4511Pa 压力下加热到 1400℃保持 1 小时，然后每升高 50℃保持 1 小时，直到 1600℃保温 1.5—2 小时而制得。单晶 Sc_2O_3则是用维尔纳叶法(Verneuil technique)在 H_2气中控制生长速度为 8mm/h 制得的，最大单晶长 4.5cm，厚 0.4cm[1]。

Sc_2O_3 的晶型和物理化学性质等见表 21.7，其结构如图 21.10a. Sc—O 距为 2.15Å，O—O 距为 2.45Å，Z=16。其中钪与相邻 6 个 O 原子相连，而在立方角上缺 2 个位置。它在 65kbar 高压下变为 B 型结构。钪-氧体系相图(图 21.10b)表明：在钪的 *hcp* 相和 *bcc* 相中，氧大范围地溶解。Sc_2O_3的熔点为 2480℃。

Sc_2O_3在 298—1800K 时，$H_T - H_{298.15} = 117.7T + 4.06\times10^{-3}T^2 + 2.98\times10^6 T^{-1} - 46.438$(J/mol)，$C_p = 121.0 + 8.12\times10^{-3}T - 2.98\times10^6 T^{-2}$(J/mol·K)。蒸气压(1073—1373K)方程式：$\log P_{atm} = 5.166 - 0.3166\times10^4/T$[12]。

从室温到 1300℃，Sc_2O_3的线性热膨胀系数平均为 9.4×10^{-6}/℃，但最近测定，直到 1800℃它的值却比此平均值小 23%。在 140℃时 Sc_2O_3 的热导率为 0.067J/cm·s·K，它随温度升高而降低，到 440℃时降到 0.042J/cm·s·K。Sc_2O_3是弱抗磁性，室温时 $\chi = -6.66\times10^{-5}$(SI/mol)，但 Sc_2O_{3-x}是弱顺磁性。Sc_2O_3和 Sc_2O_{3-x}是绝缘体，室温时其电阻率分别大于 10^{20}和 10^{12} Ω·cm[1]。Sc_2O_3在 1000K 时电阻为 4.4×10^5 Ω·cm[5]。Sc_2O_3的电容率在 50—5×10^4Hz 范围内基本上与频率无关，单晶 Sc_2O_3 的电容率 $\varepsilon_{25℃} = 14$，$\varepsilon_{700℃} = 20$[32]。Sc_2O_3 热离子发射遵循里查森(Richar'son)方程式：$I = AT^2 e^{-\phi/KT}$[1]。Sc_2O_3的折射率为 1.91；杨氏模量为 20300kg/mm^2，但透明 Sc_2O_3的杨氏模量为 24600kg/mm^2，后者数值较

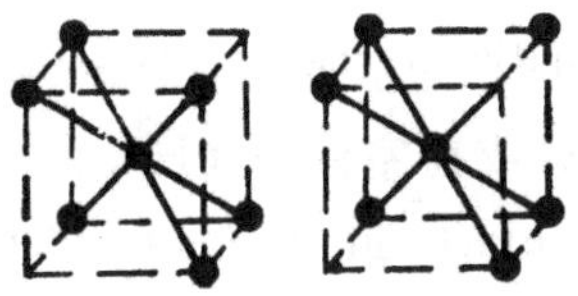

图 21.10a　Sc_2O_3 的结构

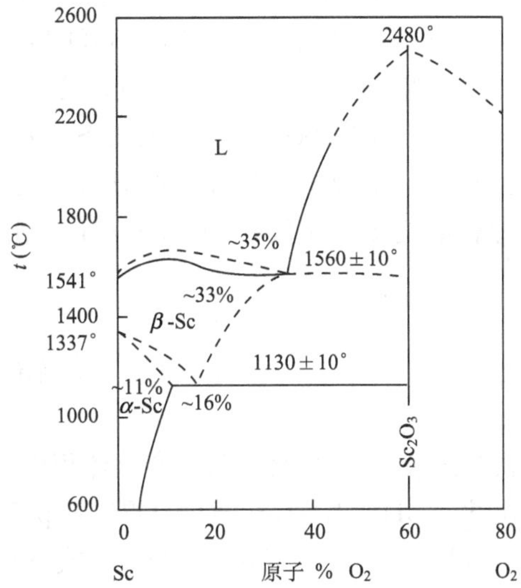

图 21.10b　钪-氧体系

可靠，因其疏松度比前者小 3%—4%。模量随温度增加而直线地减少。Sc_2O_3 的断裂模量为 21.8kg/mm²，抗弯强度（bending strength）在 20—1000℃ 之间从 17.9kg/mm² 近乎直线地增加至 18.5kg/mm²，而在 1400℃时又降至 13.0kg/mm²。Sc_2O_3 显微硬度为 815kg/mm²，透明 Sc_2O_3 的 Knopp 微硬度为 910kg/mm²，单晶 Sc_2O_3 的 Mohr's 硬度为 6.5[1]。

在温度 1106—1298℃之间，Sc_2O_3 中氧的扩散遵循标准 Arrhenius 型方程式：$D=7.72\times10^{-4}\exp(-38300/RT)$。$Sc_2O_3$ 与高熔点金属 Nb，Mo，W 直到 2300℃也不起反应，但在 2250℃可与 Ta 和在 1900℃与 C 能起反应。能与 Sc_2O_3 反应的难熔氧化物（反应温度）有：BaO(1900℃)，MgO(2100℃)，Al_2O_3(1900℃)，CaO(2025℃)，ZrO_2(2250℃)[1]。Sc_2O_3 不溶于水，易溶于热酸，经高温灼烧后较难溶解[8]。

黑色 Sc_2O_{3-x} 与 Sc_2O_3 的结构相同，但晶格参数不同。ScO 可用 Si，Mg 或 C 还原 Sc_2O_3，或在 CO 存在下用氢还原 Sc_2O_3 制得。它是 NaCl 型结构，用 Si，Mg 或 C 还原 Sc_2O_3 的产物，常有 ScO_xC_y($0.95\leqslant x\leqslant1.03$，$0.03\leqslant y\leqslant0.5$)存在，除非有 C 存在，否则 ScO 以固相存在是可疑的。故实际上它是三元化合物，Si 的存在也可使"ScO"稳定，也有人提出"ScO"是 ScO_xN_y 组成化合物。"ScO"在硫酸溶液中则氧化成 $Sc_2(SO_4)_3$，但在 NaOH 溶液中直到达到放出氧的电压，ScO 是稳定的。气态 ScO 的离解能 $D_0^0=673.62$kJ/mol[34]，它是最稳定的二原子的钪分子。由 O_2 和 $Sc_{(气)}$ 生成 $ScO_{(气)}$ 的生成热在 0K 时为 −48.5kJ/mol[1]。在 298K 时 $ScO_{(气)}$ 的 $\Delta H_f^0=-57.74$kJ/mol，$\Delta G_f=-83.26$kJ/mol，$S^0=224.5$J/mol·K，

C_p^0=30.88J/mol·K。Sc_2O_3 按下式：$Sc_2O_{3(固)} \rightleftharpoons 2ScO_{(气)} + O_{(气)}$分解的反应热为1971kJ/mol，气相中有Sc，ScO，Sc_2O和O等。在1500—2500K范围内，Sc_2O_3分解的蒸气组分中ScO的平衡蒸气压方程为 $\lg P_{atm} = -36985/T - 2.175\lg T + 15.079$[34]。气相中ScO可成二聚物$Sc_2O_{2(气)}$[35]，且有$Sc_{(气)} + ScO_{(气)} = Sc_2O_{(气)}$反应。$Sc_2O_{(气)}$的原子化能为1025kJ/mol，$\Delta H_f^0 = -28.9$J/mol，$C_p^0 = 46.9$J/mol。

过氧化钪 $Sc(O_2H)(OH)_2 \cdot nH_2O$ 由含 H_2O_2 的钪盐溶液加KOH沉淀而得[1]。

3.4 氢氧化钪 $Sc(OH)_3$

钪盐溶液与碱溶液作用，则产生体积庞大的半透明白色胶状沉淀$Sc(OH)_3$。开始沉淀的pH=4.90，在温度90℃和pH7.1—9.2，或在室温下pH7.1—11.1时完全沉淀，其组成一般用$Sc(OH)_3$或$Sc(OH)_3 \cdot nH_2O$或$Sc_2O_3 \cdot nH_2O$表示，但实际在凝聚之前是$Sc(OH)_xA \cdot yH_2O$(A=酸根阴离子)[8]。溶液中的阴离子对$Sc(OH)_3$的生成有影响，依生成的体系不同分别得到$Sc(OH)_{1.75}Cl_{1-25}$，$Sc(OH)_2NO_3$和$Sc(OH)_{2.32}(SO_4)_{0.34}$。在$Sc(NO_3)_3$溶液中用氨水在pH6—6.5时，沉淀物为$Sc(OH)_3 \cdot nH_2O$。氢氧化钪加热到100℃则收缩成不透明块，在150℃以前迅速失水，550℃完全脱水，其脱水过程为 $Sc(OH)_3 \cdot 40H_2O \xrightarrow{-H_2O} \cdots\cdots (HO)_2Sc(OH) + HOSc(OH)_2 \xrightarrow{-H_2O} (HO)_2ScO{-}Sc(OH)_2 \xrightarrow{-H_2O} ScO(OH) \cdots\cdots \xrightarrow{-H_2O} Sc_2O_3$[36]。干燥的氢氧化钪有结晶的和非结晶的两种，在温度为160℃时用浓NaOH处理，可使后者变为前者。氢氧化钪是体心立方晶格，其结构如图21.11所示。空间群为$T_h^5 - I_{m3}$，a=7.882Å，Z=8，密度为2.65g/cm³。每个钪原子配接6个OH^-，Sc—O距为2.08Å，每个羟基在两个Sc原子的中间[36]。在温度250—1000℃和90—100kbar下它是菱形结晶，空间群为$P63/m$，a=5.84Å，c=3.45Å，Z=3[37]。

ScO(OH)有三种斜方晶型，α-型者为水铝石型结构，空间群$Pbmm\text{-}D_{2h}^{10}$，a=4.755Å，b=10.301Å，c=3.209Å；γ-型者空间群$Amam\text{-}D_{2h}^7$，a=4.01Å，b=13.01Å，c=3.24Å；第三型者空间群$PZ1mm\text{-}C_{2V}^7$，a=5.150Å，b=4.600Å，c=3.197Å，其结构与InO(OH)相似[36]。在高压下ScO(OH)为四方晶系，空间群$P42_1/m$，a=5.225Å，c=5.048Å，Z=4。其中O—H⋮O桥键距为2.82Å[37]。

$Sc(OH)_3$的热力学数据：$\Delta H_{f,298}^0 = -1390.8$kJ/mol，$\Delta G_{f,298}^0 = -1256$kJ/mol，$S_{298}^0 = -90.0$J/mol·K。而ScO(OH)的相应数据分别为−1093.3，−1017.5kJ/mol和59.4J/mol·K[38]。

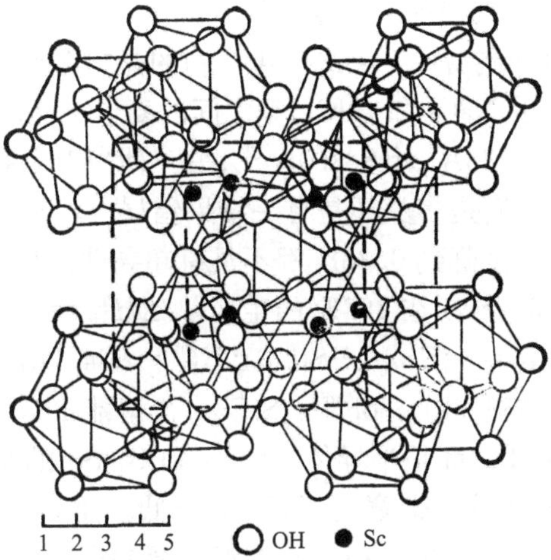

图 21.11　$Sc(OH)_3$的结构

$Sc(OH)_3$的溶解度积 $K_{sp}=1.9\times10^{-28}$，在水中的溶解度约为 5×10^{-7}mol/L，并且随碱度增加而增加，在 13.5mol/LKOH 或 12.65mol/L NaOH 中溶解度最大，分别为 0.0317 和 0.0396mol/L $Sc(OH)_3$，碱度再增加则溶解度又降低[36]。在碱中溶解形成 $K_2[Sc(OH)_5\cdot H_2O]\cdot 3H_2O$ 或 $Na_3[Sc(OH)_6]\cdot 2H_2O$ 复盐。该复盐易吸水，用水洗涤则变成 $Sc(OH)_3\cdot 0.5H_2O$。其钠复盐在温度 100—120℃失水，并在略高温度下分解成 $Na[Sc(OH)_4]$，250—300℃ 分解成 $NaScO_2$。无水 $ScCl_3$ 与碱在甲醇中反应得无水 $M_3[Sc(OH)_6]$，(M=K，Na)。人们现已制得的碱土金属的复盐有 $Ca_3[Sc(OH)_6]_2$，$Ca[Sc(OH)_4]_2\cdot 2H_2O$，$Sr_3[Sc(OH)_6]_2$，$Sr[Sc(OH)_4]_2\cdot 2H_2O$和 $Ba_3[Sc(OH)_6]_2$ 等。其热稳定性从 Ca 盐到 Ba 盐逐渐增加，且碱金属比碱土金属的复盐更稳定。$Ca_3[Sc(OH)_6]_2$ 和 $Sr_3[Sc(OH)_6]_2$ 加热脱水得 $Sr_3Sc_2O_6$ 和 $Ca_3Sc_2O_6$。$Sc(OH)_3$ 在 1.55mol/L NH_3溶液和水中的溶解度相近，并随氨浓度增加而增加，在 11mol/L NH_3 溶液中溶解度最大，约为 0.16mg/L Sc_2O_3[36]。氨水不能使 $Sc(OH)_3$沉淀完全，是由于形成了$[Sc(NH_3)_6]^{3-}$络离子[8]。$Sc(OH)_3$ 与 OH^- 反应还生成$[Sc(OH)_4]^-$，$Sc[(OH)_5]^{2-}$ 和$[Sc(OH)_6]^{3-}$等络离子，其生成常数分别为 8.9×10^{-5}，6.3×10^{-5}和 6.2×10^{-6}。$Sc(OH)_3$与 H_2O_2 反应可形成 $Sc(OH)_3\cdot 2H_2O_2\cdot 8H_2O$，$Sc(OH)_3\cdot H_2O_2$ 和 $Sc(OH)_3\cdot 0.75H_2O_2$ 等化合物[1]。

3.5　硫族化合物

3.5.1　钪的硫族化物

钪与硫、硒、碲形成 ScX，Sc_2X_3，(X=S，Se，Te)，Sc_3S_4 和 $Sc_{1.37}S_2$ 等化合物。

Sc_2X_3的制备必须用金属钪与硫族元素蒸气或无水 $ScCl_3$与 H_2S,CS_2,H_2Se 等反应而得,而不能由水溶液制备[1,39]。这些化合物的晶格参数及物理化学性质见表 21.7。$Sc_{1.37}S_2$ 相是介乎 NaCl 和 $CdCl_2$ 型之间的菱形结晶。据报道 ScTe 有两种六方晶格:其一为 $a=6.728$Å,$c=8.360$Å[37];另一种为 NiAs 型结构,$a=4.130$Å,$c=6.749$Å,难以判断它们是多晶还是有一结果错误[1]。$Sc_{2+x}Te_3$与 $Sc_{1.37}S_2$的结构相似。ScS 和 ScSe 温度降到 0.33K 都不具有超导性。它们在 0°K 的离解能分别为 473 和 381kJ/mol。ScS 在 298K 的生成热 $\Delta H^0_{298}=-413\pm12$kJ/mol。ScS 高温蒸发时,$Sc_{0.8065}S_{(气)} \rightleftharpoons Sc_{(气)}+S_{(气)}$,$\Delta H_V^{298}=934.7$kJ/mol,$Sc_{0.8065}S_{(气)} \rightleftharpoons ScS_{(气)}+S_{(气)}$,$\Delta H_V^{298}=559.8$kJ/mol[40]。ScS $_{(气)}$离解能 $D^0_{298}=464.8$kJ/mol。

Sc_2X_3,(X=S,Se,Te)都是半导体。Sc_2S_3和 Sc_2Se_3的禁带宽度分别为 2.78 和 2.13eV,该值比 Sc_2O_3的禁带宽度值(6.0eV)低。而 $Sc_{1.37}S_2$和 ScS 是金属性的[5]。$Sc_{1.37}S_2$的电阻为 $3\times10^{-4}\Omega\cdot$cm,室温时温差电势率为 10μV/℃。ScS 的电阻$<10^{-3}\Omega\cdot$cm,温差电势率为 0.5μV/℃。Sc_2S_3在温度 100℃以下很稳定,高温则燃烧成 Sc_2O_3,SO_3和少量硫酸盐。Sc_2S_3在温度 1100℃真空中开始离解。它在 300℃时的电阻为 $10^{10}\Omega\cdot$cm。Sc_2Se_3在温度 1585—1820℃时按 $Sc_2Se_{3(固)} \rightleftharpoons 2ScSe_{(气)}+Se_{(气)}$和 $Sc_2Se_{3(固)} \rightleftharpoons 2Sc_{(气)}+3Se_{(气)}$两个反应离解。ScTe 的比电阻为 9.5×10^3M$\Omega\cdot$cm,温差电势率为−255μV/℃[2]。

Sc_2S_3在水、稀醋酸或苛性钠溶液中稳定,但与溴水,$KMnO_4$,和强酸能反应。Sc_2Se_3也能与强酸反应,在 NaOH 或氨水中与 H_2O_2 反应产生 H_2Se,与草酸反应也生成 H_2Se[39]。

Sc_2MS_4,(M=Mg,Mn,Fe)为尖晶石 $MgAl_2O_4$型立方结构,它们的晶格参数分别为 $a=10.627$ Å,10.623Å,10.525Å。Sc_2MnS 的晶格参数为 $a=10.615$Å,它的磁化率在 4.2—295K 时遵循 Curie-Weiss 定律[5]。

$EuSc_2S_4$和 $EuSc_2Se$ 为斜方晶系 $CaFe_2O_4$ 型结构。晶格参数前者为 $a=11.632$Å,$b=13.798$Å,$c=3.838$Å;后者为 $a=12.128$Å,$b=14.243$Å,$c=2.932$Å。$EuSc_2S_4$是介磁体,其中 Eu 是 2 价。但另有报道,在温度 13K 时它有强磁性[1]。钪与稀土金属硫化物可形成 $ScRS_3$(R=La,Ce,…Er 和 Y),它们是斜方晶系 $ScYS_3$型结构。SmS 同 ScS 可形成固溶体 $Sm_{1-x}Sc_x$($x<0.4$)。Sc_4US_7(即 $2Sc_2S_3\cdot US$)与 R_4US_7(R=稀土)的结构不同。将 UO_2与 Sc_2O_3混合,在 H_2S气流中加热到 1300℃,可制得化合物 ScU_8S_{17}。它是单斜晶结构,空间群 $B2/m$,钪原子配接 4 个 S 原子(其键距为 2.529Å)和 2 个 S 原子(其键距为 2.446Å[63])。$ScCrS_3$ 是三方晶系,$a=10.595$Å,$c=35.43$Å,与 NaCl 型结构相近。$ScCuS_2$也是三方晶系,$a=3.7333$Å,$c=6.098$Å,其结构介乎 NiAs-和 ZnS-型之间。其电阻为 $2000\Omega\cdot$cm。用 Zn 对 Cu 掺杂则变成 n-型半导体,其电阻为 $0.001\Omega\cdot$cm。$ScCuS_2$ 和 $ScCrS_3$ 都是半导体。

Sc_2MgSe_4和 Sc_2MnSe_4 是 $MgAl_2O_4$ 型结构，晶格参数 a 分别为 11.12Å 和 11.11Å。贵金属、银和铜与钪形成 $ScMSe_2$ 化合物，但它们的结构各不相同。$ScCuSe_2$ 化合物(a=3.889Å，c=6.265Å)形成组成为 $ScCu_3Se_3$($Sc_{0.667}Cu_2Se_2$)的固溶区，其晶格参数 a=3.898Å，c=6.267Å。$ScCuSe_2$ 有菱形 RCu_3Se_3 型结构(R=稀土元素)。$ScAgSe_2$ 为斜方晶系，a=4.25Å，b=6.732Å，c=13.52Å[1]。Sc($Se_{2.67}Te_{0.33}$)为斜方晶系 Sc_2S_3 型结构，a=10.915Å，b=7.729Å，c=23.12Å。$LiScS_2$ 和 $NaScS_2$ 都是 α-$NaFeO_2$ 结构，晶格参数前者为 a=3.687(1)Å，c=18.318(2)Å；后者为 a=3.751(1)Å，c=19.744(3)Å。

3.5.2 氧硫化钪、亚硫酸钪和硫酸钪

氧硫化钪 Sc_2O_2S 是六方晶格，空间群 $P6_3/mmc$，晶格参数 a=3.527Å，c=6.267Å。其中 Sc 原子周围有 3 个 S 原子(其距离为 2.708(1)Å)，3 个 O 原子(距离为 2.167(4)Å)[63]。在 298K 时，Sc_2O_2S 的 $\Delta H_f^0=-1828$kJ/mol，$\Delta G_f^0=-1799$kJ/mol，$S_{298}^0=90.8$J/mol·K[41]。

亚硫酸钪 $Sc_2(SO_3)_3\cdot 3H_2O$ 由 $Sc(OH)_3$ 悬浮液通 SO_2 制得。它在温度 50—150℃脱水，385—400℃变成 $Sc_2O_2SO_4$，600℃分解成 Sc_2O_3。亚硫酸钪难溶于水，能溶于过量亚硫酸钠溶液，煮沸则部分分解放出 SO_2[42]。亚硫酸铵钪复盐 $Sc_2(NH_4)_2\cdot(SO_3)_4\cdot 7H_2O$ 可由 SO_2 与含$(NH_4)_2SO_4$的 $Sc(OH)_3$悬浮水溶液反应而得，$ScCl_3$ 与 $Sc(NO_3)_3$ 水溶液和 $Na_2S_2O_3$ 反应，在 pH=2 时沉淀物为 $Sc_3OH(SO_3)_4\cdot 6H_2O$，在 pH=4 沉淀物为 $ScOH\cdot(SO_3)\cdot 2H_2O$。

硫酸钪 $Sc_2(SO_4)_3\cdot nH_2O$ 从中性溶液中析出者为 7 水合物。它在室温下风化脱水相继变为 6,5,4 水合物。在 100℃脱水变为 2 水合物，在 250℃变为无水物，650℃分解成 $Sc_2O(SO_4)_2$，约在 850℃分解成 Sc_2O_3。Sc_2O_3 与 $Na_2S_2O_7$ 反应也可制得 $Sc_2(SO_4)_3$，但与 $K_2S_2O_7$ 反应却得到 $KSc(SO_4)_2$。无水 $Sc_2(SO_4)_3$ 为菱形结晶，晶格参数 a=9.04Å，α=57.33°，密度为 2.579g/cm³，熔点 990℃，$\Delta H_{f,298}^0=-3686$kJ/mol，$C_{p,298}=259.4$kJ/mol·K。它在水中的溶解度为 54.6g/100ml，且随酸度增加而减小。硫酸钪溶于浓硫酸可形成 $Sc_2(SO_4)_3\cdot 3H_2SO_4$，$H_3[Sc(SO_4)_3]$ 或 $H[Sc(SO_4)_2]\cdot 2H_2O$ 等化合物。在温度 25℃和 0.5mol/L 硫酸钪溶液中 pH=2.7 时，形成$[Sc(SO_4)]^+$，$[Sc(SO_4)_2]^-$和$[Sc(SO_4)_3]^{3-}$络离子。其生成常数分别为 46±5$(mol/L)^{-1}$，(11±6)×$10^2(mol/L)^{-2}$和(10±7)×$10^3(mol/L)^{-3}$。当硫酸浓度≤0.1mol/L 时呈$[Sc(SO_4)]^+$和$[Sc(SO_4)_2]^-$存在。在温度 25℃和离子强度 $I=0$ 时 $Sc^{3+}+SO_4^{2-}\rightleftharpoons[Sc(SO_4)]^+$反应的平衡常数 $K=10^{4.04}$，$\Delta H_{298}^0=26.4$kJ/mol，$\Delta S_{298}^0=-165.7$J/K·mol；$[Sc(SO_4)]^++SO_4^{2-}\rightleftharpoons[Sc(SO_4)_2]^-$反应的 $\log K=1.66$，$\Delta H_{298}^0=16.57$kJ/mol，$\Delta S_{298}^0=87.9$J/mol·K。

$Sc_2(SO_4)_3$ 与 M_2SO_4(M=K,Rb,Cs)按计算量混合，在 600℃加热 250—300

小时，则得化合物 $M_3Sc(SO_4)_3$[63]。

硫酸钪溶液加 NaOH 则得碱式硫酸钪 $Sc(OH)_x(SO_4)_y\cdot nH_2O$[46]。加过量 M_2SO_4，(M＝碱金属，NH_4^+ 和铊)到硫酸钪溶液中，则产生 $M_3[Sc(SO_4)_3]$，$MSc(SO_4)_2$ 和 $(NH_4)_4Sc_2(SO_4)_5$ 三种复盐。$(NH_4)_3Sc(SO_4)_3$ 为单斜晶系，其他复盐为六方晶系。它们的溶解度随 M 的原子量增加而减小。其铵和钠复盐易溶，钾复盐难溶。钾复盐通常无结晶水，但依制备条件不同也可得 2 和 6 水合物。钠复盐有 5 个结晶水。$MSc(SO_4)_2$，(M＝碱金属，铵和铊)很稳定，不溶于水，加热不易分解。$M_3Sc(SO_4)_3$，(M＝Na，K，Cs，NH_4^+)现有资料较少。碱式硫酸钪及其复盐有 $Sc(OH)\cdot SO_4\cdot 2H_2O$，$MSc_3(OH)_6(SO_4)_2\cdot H_2O$($M=K^+$，$Na^+$，$NH_4^+$，$Tl^+$)，$CsSc_3O(OH)_4(SO_4)_2\cdot 2H_2O$，$Sc_3O_2(OH)_2SO_4\cdot 4.5H_2O$，$Sc_4(OH)_{10}SO_4\cdot 2H_2O$ 和 $Sc_8(OH)_{22}SO_4\cdot 2H_2O$ 等[42,1]。

3.5.3　亚硒酸钪和硒酸钪

$Sc(OH)_3$ 溶于亚硒酸得亚硒酸钪 $Sc_2(SeO_3)_3\cdot 10H_2O$。它的生成热 $\Delta H^0_{f,298}=-5550.1$kJ/mol。硒酸钪在 645—710℃加热分解可得无水亚硒酸钪，进一步加热，则变成 $Sc_2O_2(SeO_3)$。无定形 $Sc_2(SeO_3)_3$ 的生成热为－2765.2kJ/mol。$Sc(OH)_3$与 H_2SeO_3 按 1∶1 计量进行反应，则得 $Sc_2O(SeO_3)_3\cdot 3H_2O$。它在温度 60—100℃脱水，580℃分解成 Sc_2O_3和 SeO_2[47]。将亚硒酸钪用浓硒酸处理并再结晶，则得 $Sc(HSeO_3)_3$。它是单斜晶系，$a=11.130$Å，$b=9.506$Å，$c=7.598$Å，$\beta=97.59°$，$Z=4$，密度为 3.58g/cm^3[44]。它不溶于水及亚硒酸，可溶于热盐酸[1]。

亚硒酸钪和碱金属(M＝Li，Na，K，Rb，Cs)的络合物为 $MSc(SeO_3)_2\cdot nH_2O$。这些化合物的经验式表明亚硒酸根略微过量，而碱金属略微不足，即呈 $Na_{0.9}ScH_{0.5}(SeO_3)_{2.2}\cdot 1.9H_2O$ 存在。红外光谱和核磁共振能谱表明，过量的亚硒酸根是呈 $[HSeO_3]^-$ 离子形式存在的[63]。

硒酸钪 $Sc_2(SeO_4)_3\cdot xH_2O$($x=0,5,8,10$)，$ScH(SeO_4)_2\cdot nH_2O$($n=1,2$)和 $Sc(OH)SeO_4\cdot 2H_2O$ 可用制相应硫酸钪类似的方法(参见 3.6.2 节)，以硒酸代替硫酸进行制备。$Sc_2(SeO_4)_3$ 是单斜晶系，空间群为 $P2_1/c$，$a=8.899$Å，$b=9.212$Å，$c=15.179$Å，$Z=4$，$d_{(算)}=3.37$g/cm^3[45]。其中 Sc 配接 6 个 O 原子，Sc—O 距离为 2.106—2.069Å，∠O—Sc—O＝86.1—95.4°。它在温度 90—130℃脱水，645—710℃分解成 $Sc_2(SeO_3)_3$和 $Sc_2O_2(SeO_3)$，740—750℃ 变成 Sc_2O_3。酸式或碱式硒酸钪的性质与相应的硫酸钪类似。Sc^{3+}-SeO_4^{2-}-H_2O 体系在温度为 25—45℃，$I=0.5$ 和 pH＝4.0—4.5，且硒酸盐浓度≤0.16mol/L 时，呈 $[ScSeO_3]^+$和$[Sc(SeO_4)_2]^-$络离子存在。

硒酸钪的碱金属复盐有 $MSc(SeO_4)_2$，($M=H^+$，NH_4^+，K^+，Rb^+，Cs^+)和

$M_3[Sc(SeO_4)_3]$($M=NH_4^+,Na^+,K^+$)。其中钾和铵的复盐不溶于水，钠复盐易溶。这些复盐热分解形成碱金属硒酸盐和 Sc_2O_3。$(NH_4)_3Sc(SeO_4)_3$ 在温度260℃变成 $NH_4Sc(SeO_4)_2$，约462℃分解成 $Sc_2(SeO_4)_3$ 和 $Sc_2(SeO_3)_3$ 混合物。$(NH_4)_3Sc(SeO_4)_3$ 是六方晶格，空间群 $R3$，$a=15.567$Å，$c=9.87$Å，$d_{(实)}=2.55$，$d_{(算)}=2.54g/cm^3$，$Z=6$[45]。

3.6 氮族化合物

3.6.1 氮化钪

金属钪与氮在温度500℃开始反应，900℃反应迅速，1000℃反应完成，形成含氧化物的 $ScN_{0.922}$，实际组成为 $ScN_{0.85}O_{0.66}$[36]。将 Sc_2O_3 与 C 混合，在1400—1900℃通氮气则得夹杂1.2%C 的 $ScN_{0.964-0.97}$[36]。卤化钪蒸气与 NH_3 在温度750—1150℃反应，可在 Al_2O_3 基质上外延生长高导电率的 ScN 层[36]。ScN 是暗青色等轴立方晶系，晶格参数和主要热力学数据见表21.7。在温度173—2873K时，其 $C_p=48.49+5.15\times10^{-3}T-8.70\times10^5T^{-2}$(J/mol·K)[28,36]。其生成热、自由能和熵表明它是相当稳定的化合物。它的熔点为2600±50℃，在钪化合物中它的熔点最高。在298K时它的标准熵为15.9J/mol·K，德拜温度721K。ScN 比 ScC 或 TiC 有更大的离子特性，它比 ScC 更稳定。有人由 ScN 的 X 射线 K 吸收光谱断定钪和氮形成共价键。因此它的电学性质对杂质很敏感，在室温时它的电阻率据报道有25、130、308和461μΩ·cm 等，可能是由于杂质的含量不同，后一数据可能最可靠。ScN 是 n-型半导体，载流子浓度为 $8.6\times10^{19}cm^{-3}$。它的温差电势率有−21.2和−39μV/℃两种报道。直到温度为1.4K 它不具有超导性。ScN 的辐射系数($\lambda=0.650\mu$)随温度增加呈直线地增加，在800℃时为0.79，到1800℃时为0.87。在温度为1.2—20K 时 ScN 的核磁共振研究表明其奈特移动为零，而弛豫时间为32—270s。从这些结果可以认为 ScN 只有很少的传导电子，这与它是半导体是一致的。ScN 的光学性质在相当于1.75eV 能量的波长时吸收最小。ScN 在温度20—1070℃的膨胀率为 8.4×10^{-6}/℃。$ScN_{0.98}$ 的传热率为27W/cmK·ScN 的微硬度为542kg/mm²，含1.2mol%ScC 的 $ScN_{0.970}$ 的微硬度为1170kg/mm²。ScN 在水、稀酸和碱溶液中稳定，与浓的无机酸可反应。在温度550—600℃空气中稳定，在700℃以上迅速氧化。含氧化物的氮化钪($ScN_{0.992}O_x$)是 NaCl 型结构，$a=4.503$Å。

3.6.2 硝酸钪

Sc_2O_3 溶于硝酸成为硝酸钪溶液，在 P_2O_5 上干燥则缓慢析出 $Sc(NO_3)_3$·

$4H_2O$ 结晶[54]。$ScCl_3$ 与液体 N_2O_5 和 N_2O_4 反应可得无水硝酸钪。$Sc(NO_3)_3 \cdot 4H_2O$ 是无色单斜晶系，空间群为 $P2/m-C_{2h}^1$，$P2-C_2^1$ 或 $Pm-C_5^1$；$a=7.70$Å，$b=12.39$Å，$c=11.65$Å，$\beta=97.8°$，$Z=4$，$d_{(实)}=1.83$，$d_{(算)}=1.84g/cm^3$[36]。它在室温浓硫酸上干燥变成三水合物。其晶系和空间群同上，$a=12.12$Å，$b=13.46$Å，$c=5.88$Å，$\beta=106.1°$，$Z=4$，$d_{(实)}=2.04$，$d_{(算)}=2.06g/cm^3$。四水合物在浓硫酸上长期干燥或在 50℃空气中加热至恒重则得二水合物。它是矩形薄片或白色微细结晶，密度为 $2.25g/cm^3$[36]。四水合物在 60℃干燥则得 $Sc_4O_3(NO_3)_6 \cdot 6.5H_2O$，在 140—220℃变成 $Sc_4O_5(NO_3)_2$。$Sc(OH)(NO_3)_2$。$3H_2O$ 也类似地进行分解。Sc_2O_3-N_2O_5-H_2O 体系中在 0℃ 时，若 N_2O_5% 范围分别为 24.5%—40.7%，40.4%—66.6%，66.6%—75.9%，75.9%—80.4%，81.05%—83.2%，则分别得到 $Sc(OH) \cdot (NO_3)_2 \cdot 3H_2O$，$Sc(NO_3)_3 \cdot 4H_2O$，$Sc(NO_3)_3 \cdot 3H_2O$，$Sc(NO_3)_2$。$2H_2O$ 和 $Sc(NO_3)_3 \cdot 2HNO_3$ 等化合物。硝酸钪也可与 N_2O_4 呈 $Sc(NO_3)_3 \cdot 2N_2O_4$形式存在，其结构是$(NO^-)_2[Sc(NO_3)_5]^{2-}$，金属离子配位数是 9，配接 4 个双配位基和 1 个单配位基的 NO_3^-，这几乎是钪的最大配位数[63]。无水硝酸钪也可由 $Sc(NO_3)_3 \cdot 2HNO_3$在 170℃加热而得。它的密度为 $2.448g/cm^3$，直到 105℃稳定，在空气中加热则变成 $Sc_2O(NO_3)_4$，$ScONO_3$和 $Sc_4O_5(NO_3)_2$。硝酸钪易吸湿，可溶于水和有机溶剂，在水溶液中呈 $Sc(NO_3)_n^{3-n}$ $(n=1-6)$络离子，当钪盐浓度<0.1mol/L 时，其 NO_3^- 被 OH^- 和 H_2O 取代[50]。在 Sc^{3+} 浓度为 0.211×10^{-3}—2.11×10^{-3}mol/L 且含 0.1mol/L KNO_3 的水溶液，pH＝3.695—5.097 和温度 25℃时，呈一系列水解产物多核羟基钪离子形式，只有$[Sc(H_2O)_5OH]^{2+}$，$[Sc_2(H_2O)_n(OH)_2]^{4+}$和$[Sc_3(H_2O)_n(OH)_5]^{4+}$是溶解形式，其生成平衡常数$(-\lg\beta)$分别为 4.840，6.096 和 17.567[63]。在 pH 约 4.4 时，从溶液中得到相当于 $Sc(OH)_{2.85} \cdot (NO_3)_{0.15} \cdot nH_2O$ 的化合物。$Sc(OH)(NO_3)_2 \cdot 3H_2O$ 是无色，属三斜晶系，$a=8.33$Å，$b=7.91$Å，$c=7.79$Å，$\alpha=117.1°$，$\beta=90.7°$，$\gamma=71.1°$，$Z=2$，$d=1.889g/cm^3$。热分解过程与 $Sc(NO_3)_3 \cdot 4H_2O$ 相似。从 MNO_3-$Sc(NO_3)_3$-H_2O (M＝碱金属)体系中不能得碱金属硝酸钪复盐。它应在过量硝酸(3mol/L HNO_3)存在下生成，现已制得 $M_2Sc(NO_3)_5$(M＝K，Rb，Cs)复盐[50]。

3.6.3 氨络合物[1]

无水 ScF_3与氨气不发生反应，但在 6—7atm 下氨与 $ScF_3 \cdot 0.25H_2O$ 作用，产生组成为 $ScF_3 \cdot 0.4NH_3$的产物。它在空气中失去部分氨，在温度 105℃失去全部氨形成无水 ScF_3。无水 $ScCl_3$ 与液氨在温度－80℃反应生成 $ScCl_3 \cdot 5.75NH_3$。无水 ScX_3(X＝Cl，Br，I)都可吸收氨得到每分子 ScX_3 含 7—8 分子氨的产物。这些产物易被痕量水分水解，其四氨络合物的热稳定性依 Cl<Br<I 次序增加。经过比较氘化和未氘化的 $ScX_3 \cdot nNH_3$ $(n=2,4,5$；X＝Cl，Br)的红外光谱，可以断

定这些化合物含有配位的氨。假定钪的配位数为 6，则可用$[Sc(NH_3)_5X]X_2$ 和反式$[Sc(NH_3)_4X_2]X$ 分别表示含 5 和 4 分子氨的络合物。$ScCl_3 \cdot 2NH_3$ 化合物可能是有卤素桥连的二聚或多聚物。其水合物不含配位结合的氨，而是 $Sc(OH)_3$ 与 NH_4X 的混合物，这表明氨络合物在空气中固态时就容易水解。水合氯化钪用氨饱和也得到非配位氨的类似混合物。根据这些结果，则过去认为氨水不能使溶液中的钪沉淀完全，是由于形成$[Sc(NH_3)_6]^{3+}$络离子的论断值得怀疑。$ScCl_3 \cdot 5NH_3$和 $ScCl_3 \cdot 4NH_3$ 的生成热分别为 71.96 和 76.15kJ/mol，溶解热分别为 253.13 和 221.75kJ/mol。$ScCl_3 \cdot 5NH_3 \rightleftharpoons ScCl_3 \cdot 4NH_3 + NH_3$ 的离解热为 55.23kJ/mol。六水合三草酸钪吸收氨可形成无水$[Sc(NH_3)_6]_2(C_2O_4)_3$。十八水合草酸钪吸收氨，则得到$[Sc(NH_3)_6] \cdot (C_2O_4) \cdot 12H_2O$。无水乙酸钪与液氨在密封管中室温下反应，可得 $2[Sc(CH_3COO)_3] \cdot 3NH_3$。

3.6.4 硫氰酸钪[1]

用乙醚从含 NCS^- 离子的水溶液中萃取钪，不是呈简单的 $Sc(NCS)_3$ 分子被萃取，而可能是以酸式、水合或羟基化合物的形式被萃取。其可萃取性随溶液中 HCl 和 H_3PO_4 浓度的增加而减少。通常在乙醚层中的黄色是由于异过硫氰酸(isoperthiocyanic acid)S · S · C(=S) · N=NC · NH_2 而非由于硫氰酸钪。在水溶液中 Sc^{3+} 与 NCS^- 可形成$[Sc(NCS)_n]^{(3-n)+}$络离子，其中以 $Sc(NCS)^{2+}$ 络离子最稳定，在离子强度 1.0 和 0.1 时其稳定常数分别为 0.54 和 1.35×10^{-2}。钪也可从含 NCS^- 的水溶液中用含 N 配体的萃取剂萃入氯仿或二氯乙烷中，能够分离出 $LH^+[Sc(NCS)_4L_2]^-$，(L=单配位 N 施主的配合基)型的化合物。$Sc_2(SO_4)_3$ 与 $Ba(NCS)_2$ 在水溶液中反应得 $Sc_4(NCS)_{10}(OH)_2 \cdot nH_2O$。它不溶于乙醚，可溶于醇、酮和吡啶，在室温不稳定，吸湿后缓慢水解而分解。$ScCl_3$ 与 KSCN 在乙腈中反应得 $K_3[Sc(SCN)_6]$。无水 $ScCl_3$ 和 NH_4SCN 在乙醇溶液中反应可得 $Sc(NCS)_3 \cdot 3C_2H_5OH$。已知有一系列异硫氰酸钪络合物(isothiocyanato complex)$M_3[Sc(NCS)_6] \cdot nH_2O$(M=铵、碱金属)，其中钠盐的 $n=12$，易吸水。钾和铵盐的 $n=4$，不溶于水。它们的热稳定性依 Li<Na<K<Rb<Cs 次序而增加，最终分解产物为 Sc_2O_3 和 M_2SO_4。碱金属(M^I)和碱土金属(M^{II})也可形成 $M^I[Sc(NCS)_4] \cdot nH_2O$和 $M^{II}[Sc(NCS)_4]_2 \cdot nH_2O$ 型化合物。$[Sc(NCS)_6]^{3-}$型化合物比$[Sc(NCS)_4]^-$型化合物稳定，后者的稳定性依 Li<Mg<Ca<Sr<Ba<K<NH_4<Rb<Cs 的次序而增加。这些化合物中 NCS^- 离子通过 N 与钪配位，但 $Rb[Sc(NCS)_4] \cdot 1.5H_2O$ 例外，其中除了 NCS^- 外水分子中的 O 也与钪配位。此外有机配合基也可和 NCS^- 一起配接钪，形成 $ScL'_3(NCS)$，$ScL''_3(NCS)_3$ 和 $ScL''_2(NCS)_3$(L'=单齿氧给予配体，L''=双齿氮给予配体)等络合物，借此可从含 NCS^- 的水溶液中萃取钪(参见 21.4 和 21.5 章)。

3.6.5 磷化钪和砷化钪[1]

钪与红磷在温度 200—400℃反应则得 ScP。$ScCl_{3(气)}$与 $PH_{3(气)}$或 $AsH_{3(气)}$在 800—900℃反应,可在硅基片上外延形成 ScP 或 ScAs 层。ScP 和 ScAs 的结构与 ScN 相同(参见表 21.7)。ScP 和 ScAs 都是 n-型半导体,其禁带宽度分别为 1.1 和 0.7eV。光吸收限分别为 1.1 和 1.8μm。他们的载流子浓度为(2—6)×10^{21} cm^{-1},霍耳迁移率为 10—30cm^2/Vs。在室温时 ScAs 的电阻率为 12.6Q·cm,温差电势率为−70μV/℃。还有 Sc_3As_2和 Sc_2As 化合物[50]。Sc_3As_2与 Hf_3P_2结构相同,As 原子被 6 个 Sc 原子包围,键距为 2.655—2.847Å(平均 2.77Å)[63]。Scp 直到温度 1500℃无相变,在空气中温度 350℃开始氧化成 $ScPO_4$。ScP 与水和碱不反应,但易与无机酸迅速反应产生相应的盐。Sc_3P_2 与 Cr_3C_2 结构相同,空间群为 *Pnma*。

3.6.6 亚磷酸钪和磷酸钪[1]

亚磷酸钪已制得 $Sc(H_2PO_3)_3$和 $Sc_2(HPO_3)_3 \cdot xH_2O$。氢氧化钪溶于亚磷酸,再蒸去过剩的水得到 $Sc(H_2PO_3)_3$。它属菱形晶系。$Sc_2(HPO_3)_3 \cdot xH_2O$ 可由 Na_3PO_3或 H_3PO_4 与含 Sc^{3+}离子的溶液反应而得。在空气中加热 $Sc_2(HPO_3)$则形成焦磷酸钪 $Sc_4(P_2O_7)_3$ 和正磷酸钪 $ScPO_4$。$ScCl_3$与 $K(H_2PO_2)_3$ 水溶液反应则得次磷酸钪 $Sc(H_2PO_2)_3$。

钪盐溶液加磷酸或磷酸钠可得白色细粒正磷酸钪 $ScPO_4 \cdot 2H_2O$ 沉淀。它属斜方晶系,a=5.43Å,b=10.25Å,c=8.94Å。在 230—320℃失水。无水 $ScPO_4$ 属四方晶系 $ZrSiO_4$型晶格,空间群为 D_{4h}^{19}-$I4_1/amd$;a=6.578Å,c=5.79Å,Z=4,密度为 3.70g/cm^3。在水中很难溶解,室温时溶解度为 3.4×10^{-6}mol/L。它溶于过量磷酸形成 $Sc(H_2PO_4)^{2+}$和 $Sc(H_2PO_4)_2^+$,还可形成更高配位的钪络合物[51]。$ScPO_4$也可由 Sc_2O_3与 H_3PO_4 在热反应弹中温度为 400℃时反应 1 小时,或用 Sc_2O_3 与 $(NH_4)_2HPO_4$ 在 950—1200℃反应而制得。Sc_2O_3与$(NH_4)(H_2PO_4)$在温度 250—270℃反应,可制得 $Sc(NH_4)(P_2O_7)$,它在 400—700℃逐步失去氨和水[63]。

偏磷酸钪 $Sc(PO_3)_3$ 属六方晶系,空间群为 $I43d$,a=14.360Å,Z=16,$d_{(实)}$=2.48,$d_{(算)}$=2.53[52,53]。Sc^{3+}和$[P_4O_{12}]^{4-}$借 PO_3 连接成四面体。实际分子式为 $Sc_4(P_4O_{12})_3$[52,53]。将 $Sc(H_2PO_4)_3$ 加热到 543K 以上得到 $ScH_2P_3O_{10}$,在 623K 保持 16 小时所得 ScH_2PO_{101}最纯,在 673K 和 1013K 则形成 $Sc_4(P_4O_{12})_3$ 和$[Sc(PO_3)_3]_n$[62,63]。由 $ScCl_3$与 $Na_4P_2O_7$反应得到焦磷酸钪 $Sc_4(P_2O_7)_3 \cdot 7.5H_2O$。它实际上是 $H_3[Sc_4(OH)_3(P_2O_7)_3] \cdot 4.5H_2O$,属四方晶系,$a$=6.60Å,$c$=14.02Å。它在温度 145℃和 260℃两步脱水,在 880℃变成 $Sc_4(P_2O_7)_3$,在 960℃

分解成 $ScPO_4$ 和 $Sc(PO_3)_3$[55]。钪的磷酸盐还有连二磷酸钪 $Sc_4(P_2O_6)_3 \cdot \sim 15H_2O$,酸式正磷酸钪 $Sc(H_2PO_4)_3$ 和酸式焦磷酸钪 $Sc(HP_2O_7)\cdot 3H_2O$ 等。后者不溶于无机酸。

Sc_2O_3与 $(NH_4)H_2PO_4$按 P∶Sc=4∶1—8∶1 混合,在温度 250—273K 反应 4 小时,制得 $Sc(NH_4)P_2O_7$。它在温度 400—780℃分步失去 NH_3 和 H_2O,并生成无定形相 $Sc_4(P_4O_{12})_3$[63]。磷酸钪复盐有 $ScM_3(PO_4)_3$,(M=Sr,Ba 或 Pb),它们都是闪铋矿 $Bi_4(SiO_4)$型结构[1,56]。还有 $Na_3Sc_2(PO_4)_3$是单斜晶系,空间群为 B_6,a=16.10Å,b=9.109Å,c=8.928Å,γ=127.15°,d=2.81g/cm³;Z=4[57],它是铁电离子导体,有 α,β,γ 三种相态,其相变温度为 313K($\alpha \rightleftharpoons \beta$)和 393K($\beta \rightleftharpoons \gamma$)[62]。在 $Sc(NO_3)_3$-$Na_5P_3O_{10}$-H_2O 体系中存在有许多三聚磷酸盐络合物[63]。

3.6.7 砷酸钪和锑酸钪

偏砷酸钪 $Sc(AsO_3)_3$ 由 $ScCl_3$ 与 As_2O_3反应而得。它不易水解,难溶于水。在温度为 25℃的水中溶解度为 3×10^{-4} mg/L。加热到 800—900℃则分解成 $ScAsO_4$[58]。砷酸钪 $ScAsO_4\cdot 2H_2O$ 由 $ScCl_3$与 $Na_2H(AsO_4)$在温度 200℃反应,或 Sc_2O_3与 H_3AsO_4 在 25℃ 反应而得。它是斜方晶 $ScPO_4\cdot 2H_2O$ 型结构,a=5.64Å,b=10.47Å,c=9.36Å。无水砷酸钪由 Sc_2O_3与$(NH_4)_2HAsO_4$在 700—1150℃反应而得。它是四方晶锆石型结构,a = 6.72Å,c = 6.112Å,熔点为 1100℃,并部分分解。$Sc(H_2AsO_4)_3\cdot 2H_2O$ 易吸湿并水解成 $ScAsO_4\cdot 2H_2O$。砷酸钪复盐有 $Sc_2Na_3\cdot(AsO_4)_3$和 $Sc_2Na_2H(AsO_4)_3$。

Sc_2O_3与 Sb_2O_3在温度 1000℃反应 20 小时得 $ScSbO_4$。它是四方晶系金红石结构,a=4.705Å,c = 3.17Å,在高压下有多晶现象[60]。锑酸钪复盐 $Ba(Sc_{0.5}Sb_{0.5})O_3$ 为立方晶系钙钛矿结构,a = 8.197Å。Sc_2O_3 与 Sb_2O_3 反应也能制得 $Sc_3Sb_5O_{12}$[63]。Sc^{3+} 与 Sb^{3+} 的氢氧化物共沉淀,再在 700—750℃氩气中缓慢煅烧,产生四方晶相 $Sc_2Sb_4O_9$,晶格参数 a=10.051Å,c=8.544Å,在 800℃以上的惰性气氛中,它分解为 Sc_2O_3和 Sb_2O_3[63]。

3.7 碳族化合物

3.7.1 碳化钪

氧化钪与碳按不同比例混合,在温度>1600℃碳管中反应,可得各种碳化钪。它有 Sc_3C,Sc_2C,Sc_4C_3,$Sc_{13}C_{10}$,ScC,…$Sc_{15}C_{19}$等形式。其晶型等性质见表 21.7。ScC_2,ScC_3,ScC_4,ScC_5和 ScC_6的生成热 $\Delta H^0_{f,298}$分别为 237.1,355.0,390.0,416.6 和 490.6kJ/mol[63]。ScC 显微硬度为 2720kg/mm²,比 ScB_2的约大 56%。TiC 中

至少 25%Ti 原子可被 Sc 原子取代，当 20mol%ScC 加到 TiC 中时，其硬度由 3000kg/mm^2 增至 5680kg/mm^2，仅次于金刚石的硬度 8000kg/mm^2。ScC 用 WC 饱和，其硬度达 3800kg/mm^2，是第 3 个最硬的物质。ScC 的线性热膨胀系数为 11.4×10^{-6}℃$^{-1}$，电阻率为 274μQcm。它是不良导体，电阻率比 ScB_2 和纯钪大约大 5 倍。由 X 射线 K 吸收光谱的结果判断，ScC 中原子是以共价键结合的，这是它熔点高的原因。在 1200—1400℃高温和 30—70kbar 高压下，可合成得到碳化钪超导 *bcc* 相。其转变温度为 8.5K，在温度 0K 时临界磁场为 2.8T[63]。ScC 与水反应，则产生碳氢化合物并放出氢，而留下 ScO(OH) 和 Sc。Sc_4C_3 的电阻率＜500μQ·cm，温度降到 1K 也不具有超导性。ScB_2C_2 属斜方晶系，a=5.175Å，c=3.440Å。而 RB_2C_2，(R=稀土)属四方晶系。$ScZr_2C$ 和 Sc_2lnC 有 Cr_2AlC 型结构。Sc_3AlC 为反钙钛矿型结构，a=4.48Å。

3.7.2 碳酸钪

碳酸钪没有正盐。钪盐溶液加 $(NH_4)_2CO_3$ 或苏打，则沉出碱式碳酸钪 $Sc(OH)CO_3\cdot nH_2O$，(n=1,3)，但有人认为它应是 $Sc_2O(OH)_2\cdot(HCO_3)\cdot 5H_2O$。有人试图制备碳酸钪，得到的却是 $Sc_2O_3\cdot 2.64CO_2\cdot 4.54H_2O$。它可能是 65% $Sc_2(CO_3)_3\cdot 5H_2O$ 和 35%$Sc_2O(CO_3)_2\cdot 4H_2O$ 的混合物。在 $Sc(NO_3)_3$-M_2CO_3-H_2O 体系中(M=碱金属)，因条件不同而得到不同的产物。当 CO_3^{2-} ∶ Sc^{3+} = 0.5—1.25 分子比时，沉淀为 $Sc_{10}(OH)_4(CO_3)_{13}\cdot 10H_2O$[59]。碳酸钪溶于过量 M_2CO_3(M=铵和碱金属)可形成 $MSc(CO_3)_2$。nH_2O，$M_5Sc(CO_3)_4\cdot nH_2O$，(n=1—8)，$Sc_2Na_8(CO_3)_7\cdot 6H_2O$ 和 $Sc_4(NH_4)_2(CO_3)_7$ 等复盐。$Na_5[Sc(CO_3)_4]\cdot 2H_2O$ 是四方晶系，空间群为 D_2^4d-$P\bar{4}2_{10}$，其中钪配位数为 8。$Sc(OH)_3$ 溶解在含 CO_3^{-2} 的溶液中，则呈 $[Sc(CO_3)_4]^{5-}$，$[Sc(CO_3)_3]^{3-}$ 和 $[Sc(CO_3)_2]^-$ 等络离子存在。在 pH3.0—5.6 时趋向于形成 $[Sc_4(OH)_m\cdot(H_2O)_{n-m}]^{(12-m)+}$，($m$=1,2,4,6,8,10)型络离子，在 pH＞7.0 时，则成稳定的络合物 $[Sc(CO_3)_k]^{(2k-3)-}$，(k=2,3,4)。

3.7.3 硅化钪

Sc_2O_2 或钪与硅混合，置于 Al_2O_3 坩埚中，在电炉内 10^{-2}—10^{-3}Pa 真空中加热，则得硅化钪，依温度不同产物也不同，在温度 1440℃制得 $ScSi_2$，1550℃2 小时得 Sc_3Si_5，1600—1700℃保持 2—3 小时得 ScSi，1850—1900℃经过 4—6 小时得 Sc_5Si_3。它们的晶格参数等性质见表 21.7。硅化钪能耐氧化，其次序为 ScSi＞$ScSi_2$＞Sc_3Si_5＞Sc_5Si_3。ScSi 在温度 1000℃仍很稳定，它是斜方晶系 CrB 型结构，a=3.99Å，b=9.86Å，c=3.56Å，空间群为 $Cmcm$-D_{2h}^{17}，Sc—Sc 距离 3.31Å，Si—Si 距离 2.41Å。Sc_5Si_3 为未填满的 Mn_5Si_3 ($D8_8$)型结构，a=7.861Å，c=5.812Å。

$\Delta H^{0}_{f,298}$=1289kJ/mol。Sc_3Si_5是 AlB_2型结构，a=3.66Å，c=3.87Å，$\Delta H^{0}_{f,298}$=−569kJ/mol[63]。$ScSi_2$ 在温度降到 1K 时仍无超导性，Sc_5Si_3。ScSi 和 Sc_3Si_5 的显微硬度分别为 973，1005 和 897kg/mm^2。

钪和其他金属的混合硅化物，是当今重要的超导材料。$ScNi_2Si_2$为四方晶系，a=3.806Å，c=9.579Å。Sc_3NiSi_{13}由 $SiSc_4Ni_2$ 和 $SiSc_6$三棱晶体所组成；Sc_2FeSi_2也属此晶系，而 $Sc_3Ni_{11}Si_4$ 属六方晶系[62]。$Sc_6M_{10}Si_7$(M=Co，Ni)属立方晶系，而 $Sc_3Co_2Si_3$ 是斜方晶系，空间群为 *Cmcm*，a=9.815(8)Å，c=12.67(1)Å，Z=32；Sc_2CoSi_3是单斜晶系。空间群 *B2/m*，a=9.74(1)Å，b=9.82(1)Å，c=3.954(3)Å，γ=122.6°，Z=20；$Sc_2Cr_4Si_5$为斜方晶系 V_6Si_5型结构[62]。$Sc_6Cu_8Si_8$属斜方晶系，a=13.096Å，b=6.42Å，c=3.94Å；ScCuSi 属 TiNiSi 型结构，空间群 *Pnma*，a=0.6566(3)Å，b=0.3976(2)Å，c=0.7224(2)Å；$Sc_2Cu_{0.8}Si_{0.2}$属 Ti_2Ni 型结构，空间群 *Fd3m*，a=1.2290(5)Å；$ScCu_2Si_2$属 $CeGa_2Al$ 型结构，空间群为 $I_{4/mmm}$，a=0.3810(1)Å，c=1.00913Å[63]；$Sc(Cu_{0.5}Si_{0.5})_2$ 属六方晶系，a=6.44Å，c=3.92Å；$Sc_2Re_3Si_4$ 属 Zr_5Si_4 型结构，a=6.619(2)Å，c=12.361Å；$ScRe_2Si_3$属斜方晶系，空间群为 *Amm2*，a=14.486(2)Å，b=19.689(8)Å，c=5.239(7)Å；$Sc_3Re_2Si_3$ 属单斜晶系，a=19.604Å，b=13.741Å，c=5.339Å，γ=125.92(2)°，钪配位数为 16 和 14，CeScSi 属 Ca_2As 型结构，空间群为 *I4/mmm*，a=4.295(5)Å，c=15.78(2)Å，Sc 配位数为 12，RScSi，(R=La，Pr，Nd，Sm)与它有同样的结构；$Ce_2Sc_3Si_4$属斜方晶系，空间群为 *Pna*2 或 *Pnma*，a=7.248(2)Å，b=14.255(4)Å，c=7.551(2)Å，配位数 Sc=15，Ce=18，Si=9[63]。

3.7.4 钪的硅酸盐、锗酸盐、锡酸盐和铅酸盐

Sc_2O_3-SiO_2体系中有 Sc_2SiO_5和 $Sc_2Si_2O_7$ 两种化合物。Sc_2SiO_5 的结构不详。$Sc_2Si_2O_7$ 具有钪钇石型单斜晶格，a=6.542Å，b=8.519Å，c=4.669Å，α=102.55°。它的熔点分别为 1950℃ 和 1860℃，密度分别为 3.490g/cm^3 和 3.390g/cm^3。$Sc_2Si_2O_7$在温度 1000℃ 和 120kbar 高压下变成烧绿石型结构[61]。从 $Sc_2Ge_2O_7$和 $Sc_2(Si_{2-x}Ge_x)O_7$ 的振动光谱研究断定 $Sc_2Si_2O_7$与 $Sc_2Ge_2O_7$同结构，但用 X 射线研究未证实此点。在温度 1100℃和压力 65kbar 下加热 4 小时并在压力下淬火到室温，可得烧绿石型结构的 $Sc_2Ge_2O_7$。它在常压和温度为 1200℃时不分解。

石榴石型的硅(或锗)酸钪络合物通式为 $M^{II}_3(Sc_{2-x}M^{III}_xM^{IV}_3)$-$O_{12}$，($M^{II}$=Ca，Sr 或 Cd，$M^{III}$=Fe 或 In，$M^{IV}$=Si，Ge)。掺有 Nd^{3+}，Cr^{3+}或 Er^{3+} 作激活剂的钆钪镓石榴石，其分子式为 $Gd_3(Sc,Ga)_2Ga_3O_{12}$或$(Gd_{1-x}Sc_x)_3Ga_5O_{12}$。它是高效率的激光晶体，其中 $Gd_3(Sc,Ga)_5O_{12}$晶体的晶格参数为 a=12.57Å，杨氏模量 E=2.05×10^{-17}N/m^2，Poison 系数 σ=0.28，Debye 温度 θ=503K，比热 C_p=0.448J/g·K，压缩模量 B=1.58×10^{-17}N/m^2。掺有 Nd^{3+}，Cr^{3+}的钆钪镓石榴石激光器在同样条件

下，比 Nd^{3+} 钆铝石榴石的效率高 2.4 倍。Cr^{3+} 激活的钆钪镓石榴石是一种可调谐激光晶体，波长范围为 745—820nm。Sc^{3+} 与含有一定量 Fe^{3+} 的 Na_2SiO_3 溶液反应，可得 $Na(Sc_{1-x}Fe_x)Si_2O_6$ 型化合物。在碱性溶液中可用类似的方法水热合成和增长硅(或锗)酸钪的单晶。$CaScAlSiO_4$ 由 $CaCO_3$，Sc_2O_3，Al_2O_3 和 SiO_2 按计量混合，在～1500℃和 1atm 下加热制得。其晶格参数，$a=9.879$Å，$b=8.988$Å，$c=5.442$Å，$\beta=105.89°$[13,63]；$LiScSiO_4$ 的空间群为 $Pbnm$，$a=4.8214(7)$Å，$b=10.444(1)$Å，$c=5.9729(9)$Å[22,63]；$K_4Sc_2(OH)_2[Si_4O_{12}]$ 属斜方晶系，空间群为 $Pbam$，$a=12.725(4)$Å，$b=12.741(6)$Å，$c=8.441(3)$Å，$Z=80$，$d_{(实)}=2.80g/cm^3$；$Na_6YbSc(Si_2O_7)_2$ 属六方晶系，空间群为 $P6_3$，$a=10.726$Å，$c=13.491$Å；现已有 $NaScSi_2O_6$，$LiScSi_2O_6$，$Sc_2Be_3Si_6O_{18}$，$(Sc_{1.75}Fe_{0.25})Be_3Si_6O_{18}$ 和 $SrSc_2(SiO_4)_{0.25}(OH)_{11}$ 等化合物的制备和晶格参数的报道。

$NaScSnO_4$ 与 $NaScZrO_4$ 和 $NaScHfO_4$ 同结构，它可用 Na_2O，Sc_2O_3 和 SnO_2 混合，在密封铂皿中温度 1300℃ 反应 40 小时而得。含铅和钪的氧化物络合物有 $Sc_2Pb_2Si_2O_9$，$Pb_2Sc_2Ge_2O_9$ 和 $ScFePb_2Si_2O_9$ 等，这些化合物属斜方晶系，与 $Pb_2Mn_2Si_2O_9$ 的结构相同。

3.8 硼族化合物

3.8.1 硼化钪

Sc_2O_3 与硼或碳化硼和碳混合，控制 B 或 B_4C 的量和反应条件，在高真空中加热还原，可得 ScB_2，ScB_4，ScB_6 和 ScB_{12}。虽然有报道 ScB_4 为 UB_4 型和 ScB_6 为 CaB_6 型结构，但较近的资料认为硼化钪只有 ScB_2 和 ScB_{12} 形式存在。它们的晶格参数等性质见表 21.7。在 298K 时 ScB 的离解能 $D_0^0=(272)$kJ/mol。ScB_2 的原子化能为(858)kJ/mol。在温度 1.3—10K 时 ScB_2 的电子比热 $\gamma=0.73$mJ/mol·K，德拜温度 $\theta=790$K。用 Ti 取代 ScB_2 中一半 Sc 原子，则 γ 降到 0.59mJ/mol·K，而 θ 增加到 1060K。ScB_2 在室温的磁化率为 1.25×10^{-3}(SI/mol)，且在 75—625K 之间与温度无关。与此相反 ScB_{12} 具有抗磁性，室温时磁化率为 -8.1×10^{-4}(SI/mol)，且与温度无关。ScB_2 的电导率为 $55\mu\Omega$cm，温差电势率为 7.7μV/℃。温度降到 1.30K 它不具有超导性。ScB_2 的线性热膨胀系数在 20—600℃时为 $\bar{\alpha}_{(平均)}=7.1\times10^{-6}℃^{-1}$，$\bar{\alpha}_a=6.8\times10^{-6}℃^{-1}$ $\bar{\alpha}_c=7.6\times10^{-6}℃^{-1}$。它的维氏硬度为 1300—1742kg/mm²。由温度 77—300K 时 ScB_2 中 ^{11}B 和 ^{45}Sc 的核磁共振测量得知 ^{11}B 和 ^{45}Sc 的奈特移动分别为 −0.005% 和 +0.006%。根据 X 射线 K 吸收光谱，ScB_2 中 Sc 与 B 是共价连接，这是它熔点高的原因。

ScB_2 易被无机酸分解。ScB_{12} 难与盐酸反应，但稍与硫酸和易与硝酸反应。

ScB_2和 ScB_{12}在温度<600℃空气中稳定，700℃以上氧化成硼酸钪。

Sc-Co-B 和 Sc-Ni-B 体系中，化合物 $ScCo_3B$ 属六方晶系，$a=4.889Å$，$c=2.977Å$。$Sc_2Co_{21}B_6$和 $Sc_{2-3}Ni_{21-30}B_6$ 具有立方晶格 $W_2Cr_{21}B_6$ 型结构（τ-相）。Sc-Co-B 的 τ-相晶格参数 $a=10.542Å$。$Sc_2Ni_{21}B_6$晶格参数在 10.56—10.60Å 之间。$Sc_3Ni_{20}B_6$晶格参数为 10.585Å。$ScCo_4B$ 属四方晶系 $CeCo_{11}B$ 型结构，空间群为 $P4_2/nmc$，$a=4.902Å$，$c=6.961Å$。

3.8.2 钪的硼酸盐、铝酸盐、镓酸盐和铟酸盐

Sc_2O_3-B_2O_3，-Al_2O_3，-Ga_2O_3和 -In_2O_3体系相图彼此不同。Sc_2O_3-B_2O_3体系中只有 $ScBO_3$化合物，它属菱形晶系，$a=5.799Å$，$\alpha=48.42°$。Sc_2O_3-Al_2O_3体系中，化合物 $ScAlO_3$也属菱形晶系，$a=9.45Å$，$\alpha=87.4°$。还有 $ScAl_3O_6$化合物，但其结构不详。Sc_2O_3-Ga_2O_3体系的化合物 $Sc_{12}Ga_{10}O_{33}$属斜方晶系，$a=13.85Å$，$b=9.80Å$，$c=9.85Å$。Sc_2O_3-In_2O_3体系化合物在温度 1350℃形成固溶体的连续系列。

3.9 其他三元或更复杂的含氧钪化合物

3.9.1 氧化钪与碱金属或碱土金属氧化物的化合物

Sc_2O_3与碱金属（M=Li，Na，K，Rb，Cs）氧化物在 600—1000℃反应 0.5—4 小时，形成 $ScMO_2$化合物。Sc_2O_3与 BeO 不形成化合物，而与 Mg，Ca，Sr 和 Ba 形成 Sc_2MO_4 型化合物。它们都属斜方晶系。Sc_2CaO_4，Sc_2SrO_4和 Sc_2BaO_4的熔点分别为 2110，2120 和 1900℃。$2Sc_2O_3\cdot3SrO$ 的熔点为 2230℃。$Sc_4Ba_3O_9$（即 $2Sc_2O\cdot3BaO$）属六方晶系，$a=5.794Å$，$c=23.74Å$，熔点 2030℃。

3.9.2 氧化钪与稀土或锕系元素氧化物的化合物

Sc_2O_3-R_2O_3体系中大多数稀土金属（R=Y，La，Pr，Nd，Sm，Eu，Gd，Dy 和 Ho）可与钪形成 $ScRO_3$型化合物。它们具有斜方晶 $GdFeO_3$型类似钙钛矿结构。Sc_2O_3-R_2O_3体系中离子半径 r_{R}^{3+}/r_{Sc}^{3+}之比大于 1.2 者可形成 $ScRO_3$化合物，大约 40%的钪-稀土氧化物的化合物有这种类似钙钛矿型的结构。当比值小于 1.20 时，未发现中间相（例如 R=Er，Tm，Yb 和 Lu）。在 Sc_2O_3-Y_2O_3 体系中高于温度 1730℃为连续固溶体，低于此温度含 40%—60% Sc_2O_3时，对 $ScYO_3$是否存在有不同的意见。Sc_2O_3-La_2O_3 体系中 $ScLaO_3$有三种晶型，温度>1900℃为立方晶系 C-型，1720—1950℃为四方晶系 T-型，温度<1700℃为斜方晶 O-型；$ScNdO_3$ 只有斜方晶型。

Sc_2O_3与 ThO_2可形成假二元系中固体溶解度小(或无)的简单共晶体系,组成为 17mol%ThO_2时共晶温度为 2220℃。Sc_2O_3在 ThO_2中的固体溶解度,在温度 1100℃和 2100℃时分别为 0.2 和 0.8mol%Sc_2O_3。组成为$(Sc_{0.5}Pa_{0.5})O_2$ 的化合物为萤石结构,a=5.257Å。Sc_2O_3与 UO_2在假二元系中也形成固体溶解度小(或无)的简单共晶系,共晶体出现在 18mol%UO_2 和 2280℃时。在氧化气氛中 UO_2中可溶解高达 68.5mol% Sc_2O_3 制得 Sc_2O_3-UO_2 样品,它是萤石结构并保持 $MO_2[(U_{(1-x)}\cdot Sc_x)O_2]$的配比。50mol%$U_3O_3$-$Sc_2O_3$ 样品有 a=5.234Å 的萤石结构。人们广泛地研究过 1250℃时 Sc-U-O 体系,在 60—75 原子% O 和 0—100 原子% U 和钪之组成范围间,萤石相遍布相当大的范围。Sc_2O_3在 UO_2中的溶解度在温度 1100℃和 1550℃时分别为 0.8 和 1.5mol%Sc_2O_3。

Sc_2O_3在 NpO_2 中的最大溶解度在温度 1100℃时为 0.2mol% Sc_2O_3,而在 1550℃时为 1.0mol%Sc_2O_3;Sc_2O_3在 PuO_2中的最大溶解度在 1100℃和 1550℃分别为 0.25 和 1.2md% Sc_2O_3;在 AmO_2 中的溶解度相应地分别为 0.25 和 2.4mol%Sc_2O_3。$ScPuO_3$ 与 $ScAmO_3$和 $ScRO_3$,(R=稀土)都具有斜方晶系 Gd-FeO_3-型钙钛矿结构。碱土金属(M)-钪-锕系金属(A)的钙钛矿化合物 $M(Sc_{1-x}A_x)O_3$(M=Sr,Ba;A=Pa,U),都是有序立方$(NH_4)_3FeF_6$型结构。

3.9.3 钪的钛酸盐、锆酸盐和铪酸盐

Sc_2O_3-Ti_2O_3体系从纯 Sc_2O_3到含 75—80mol%Ti_2O_3形成连续固溶体,具有 Sc_2O_3的 C-型结构。磁化率数据表明这些固溶体中 Ti^{3+}离子有 d^1 构型。$ScTiO_3$有低的电阻率(~10^4Ωcm)。Sc_2O_3-TiO_2体系中 $Sc_4Ti_3O_{12}$相为畸变萤石型结构,而 $Sc_6Ti_2O_{13}$(40mol%TiO_2)结构不详。加热时两种化合物都分解成萤石型结构的固溶体。近来还制得 $Sc_2Ti_2O_5$(50mol%TiO_2),它很可能实际上是 $Sc_6Ti_2O_{13}$相。$Sc_2Ti_2O_7$相(66.7mol%TiO_2)是畸变萤石型结构。

Sc_2O_3-MO_2(M=Zr,Hf)体系中有 $Sc_4M_3O_{12}$,$Sc_2M_5O_{13}$和 $Sc_2M_7O_{17}$等化合物,它们都是菱形结构。还有 $NaScMO_4$(M=Ti,Zr,Hf)具有斜方晶系结构。

3.9.4 钪的钒酸盐、铌酸盐和钽酸盐

Sc_2O_3-V_2O_3 体系在温度 1000℃时 0—46 和 95—100mol% V_2O_3 以及在 1500℃时 0—56 和 86—100mol%V_2O_3 范围内,存在两个宽广的两端固溶区。$ScVO_3$(50mol%V_2O_3)的磁化率数据表明此化合物中钒有 $3d^2$ 电子构型。它的电阻率为 10^8Ω·cm。Sc_2O_3-V_2O_3 组成物氧化时,若含 0—50mol%V_2O_3,则氧化产物是 V_2O_3和 $ScVO_4$。在 50mol% 时形成 $ScVO_4$,50—100mol% 时氧化产物是 $ScVO_4$和 V_2O_5。

Sc_2O_3-VO_2体系中 10mol%VO_2 溶于 Sc_2O_3,且存在有 Sc_2VO_3 化合物。它属

四方晶系，$a=6.854$，$c=14.572$Å。Sc_2O_3-V_2O_5 体系中只有 $ScVO_4$ 化合物，它是四方晶系锆石型结构，与 $ScPO_4$ 和 $ScAsO_4$ 结构相同，$a=6.775$Å，$c=6.136$Å。用 Sc_2O_3 与 V_2O_5 在温度 750—1100℃ 反应即得 $ScVO_4$。还有 $(ScOH)_2V_2O_7\cdot5.5H_2O$，$Sc_6O_4(OH)_4V_{10}O_{28}\cdot24H_2O$ 和 $Sc_5O_2(OH)_5V_{10}O_{28}\cdot25.5H_2O$ 等化合物[63]。

将 Sc_2O_3，V_2O_5 和 K_2CO_3 充分混合加热到 400—500℃则得 $K_3Sc(VO_4)_2$。

Sc_2O_3-M_2O_5（M=Nb，Ta）体系中有 $ScMO_4$，Sc_3MO_7 和 $Sc_{12}M_2O_{23}$ 三种化合物，但 Sc_3MO_7 相的存在尚有异议。$ScMO_4$ 和 $Sc_{12}M_2O_{23}$ 的熔点分别前者为 2000℃和 2340℃，后者为 2150℃和 2420℃。$Pb(Sc_{0.5}Ta_{0.5})O_3$ 有钙钛矿型结构，它是铁电体，居里温度为 26℃，而 $Pb(Sc_{0.5}Nb_{0.5})O_3$ 的居里温度为 90℃。还有 $Ba(Sc_{0.5}Nb_{0.5})O_3$ 和 $Ba(Sc_{0.5}Ta_{0.6})O_3$ 等化合物。Ho_2ScNbO_7 和 Sm_2ScTaO_7 为烧绿石型立方晶体结构。

3.9.5 钪的铬酸盐、钼酸盐和钨酸盐

Sc_2O_3-Cr_2O_3 体系中 α-中间相的结构不详。但不能制得 $ScCrO_4$（$Sc_2O_3+Cr_2O_5$）化合物。$K_2Cr_2O_7$ 加到 $ScCl_3$ 溶液则沉淀形成 $Sc_2(CrO_4)_3\cdot nH_2O$（$n=0,1,3,6$）。还曾制得过 $Sc(CrO_4)(OH)$，$Sc(CrO_4(OH)H_2O$ 和 $Sc_3(CrO_4)(OH)_7\cdot14H_2O$ 等碱式盐。其水合物在 180—230℃加热则失水，在 370—535℃分解成 Sc_2O-$(CrO_4)_2$。

$Sc_2(MO_4)_3$（M=Mo，W）属斜方晶系，它可由 Sc_2O_3 与 WO_3 或 MoO_3 在高温反应制得。$Sc_2(WO_4)_3$ 熔点 1140℃。还曾制得 $MSc(MoO_4)_2$ 和 $MSc(WO_4)_2$（$M=Li^+,Na^+,K^+,Rb^+$）和 $MSc(CrO_4)\cdot nH_2O$（$n=0,2$；$M=Na^+,K^+,Rb^+,Cs^+,NH_4^+$）复盐，它们的熔点较低（740—1230℃），在水中稳定，但与无机酸和苛性钠可反应。钨酸盐比相应的钼酸盐稳定。$Ba(Sc_{0.67}W_{0.33})O_3$ 是钙钛矿型结构。

3.9.6 钪的锰酸盐和铼酸盐

Sc_2O_3-MnO_x（$1.33\leqslant x\leqslant1.50$，$Mn_3O_4$-$Mn_2O_3$）体系相图现已确立。$Sc_2O_3$ 和 Mn_2O_3 的结构相同，它们可完全互溶。在 1350℃可形成 $ScMnO_3$ 化合物，它属六方晶系，$a=5.826$Å，$c=11.18$Å。具有反铁磁性，Neel 温度为 120K，有效磁矩为 4.0μ_B/Mn 原子，在温度 4.2K 时矩方向和六方晶轴之间的夹角为 24°。Sc_2O_3 与 MnO 在氢气氛中加热到 1300℃不发生反应。$HReO_4$ 和 Sc_2O_3 在水溶液中反应并蒸干，则得 $Sc(ReO_4)_3\cdot nH_2O$，（$n=0,1,3$）。$Sc(ReO_4)_3$ 的熔点为 735℃。它属三斜晶系，$a=8.00$Å，$b=7.75$Å，$c=22.5$Å，$\alpha=103°$，$\beta=110°$，$\gamma=96°$。$Ca(Sc_{0.5}Re_{0.5})O_3$，$Sr(Sc_{0.5}Re_{0.5})O_3$ 和 $Ba(Sc_{0.5}Re_{0.5})O_3$ 有钙钛矿型结构。在 H_2O_2 存在下，用 Sc_2O_3 中和 $HTcO_4$ 则得 $Sc(TcO_4)_3\cdot3H_2O$ 化合物。将它加热

到 45℃则形成一水合物，在 105—115℃ 则完全脱水成 $Sc(TcO_4)_3$。

3.9.7 钪与 VIII 族过渡金属的含氧化合物

曾有人研究过 Sc_2O_3-Fe_2O_3 体系的富 Fe_2O_3 端。在温度 1350℃时，Fe_2O_3 可氧化成 Fe_3O_4 加 Sc_2O_3 则提高此转变温度达 100℃以上。当用 Sc_2O_3 饱和时，Fe_2O_3 的居里温度从 675℃降到 490℃。钪与铁可形成许多石榴石、尖晶石和铁酸盐型的化合物，例如 $R(Fe_{5-x}Sc_x)O_{12}$（R＝稀土），$Ca_3(ScFeSi_3)O_3$，$Sr_3FeSc(OH_{12})$…等。还可形成 $Na(Sc_{1-x}Fe_x)TiO_4$ 型化合物。

Sc_2O_3 与 CoO 或 NiO 在氢气中加热到 1300℃不起反应。钪与第 VIII 族金属可形成许多钙钛矿型结构的化合物。例如 $Sr(Sc_{0.5}Os_{0.5})O_3$，$Ba(Sc_{0.5}Os_{0.5})O_3$ 和 $Ba(Sc_{0.5}Ir_{0.5})O_3$ 等。

3.9.8 其他

Sc_2O_3 与 ZnO 或 CdO 在氢气中加热到 1300℃无反应。对于 IB 和 IIB 族元素氧化物—Sc_2O_3 体系目前所知甚少。

Sc^{3+} 与 $K_4[Fe(CN)_6]$ 反应得 $Sc_4[Fe(CN)_6]_3$。它类似普鲁土蓝，其结构与 $Al_4[Fe(CN)_6]$ 相同。人们还曾制得过 $ScM[Fe\text{-}(CN)_6]$（M＝Na，K，Rb，Cs）等化合物。

参 考 文 献

[1] C. T. Horovitz et al. ,Scandium,Its Occurrence,Chemistry,Physics,Metallurgy,Biology and Techology,Academic Press(1975).

[2] Б. И. Коган и др. ,Скндий,(Экономический Анализ),Издатель-ство АН СССР,(1963),Москва.

[3] J. C. Bailar et al. ,Comprehensive lnorg. Chem. ,3,Pergamon Press,(1973).

[4] З. М. Азарх п др. ,Крпсталлорафпя,10(1),29—31,(1965);CA62:11239,Фuз. Тверд. Тела. ,9(5);1364—6,(1967);CA67:68454.

[5] H. J. Emeléus et al. ,Inorg. Chem. ,Series one,(1972). Butterworths,London.

[6] И. О. Башкин. Изв. АН СССР,Неорг. Матер. ,14(9),1615—6(1978);CA89:186737.

[7] Н. В. Валкенчтеин,Писым Ж. Эксп. теор. Фuз,27(5),268—70(1987);CA89:15716.

[8] R. C. Vickery,The Chemistry of Yttrium and Scandium,Pergamon Press(1960).

[9] Л. М. Комиссарова и др. ,Ж. Неорг. Хuм . ,14,621—3(1969);CA70:100378.

[10] К. С. Краснов,Изв. ВУЗ,Хuм. хuмuч. Технод. ,10(5). 578—82(1969);CA71:54379.

[11] Н. А. Бенделиана,Фuз. Тверд. Тела,18(4),1136—8(1976);CA85:12515;Докл. АН СССР,219(4),851—2(1974);CA82:163311.

[12] В. Н. Федосов,ТР. Иркуuк. Полuтех. Инст. ,(27),80—3(1968);CA67:25945.

[13] H. 大桥,岩石鉱物鉱床学会誌,73(2),58—61(1978);CA89:122015.

[14] B. Holmberg,Acta Chem. Scand. ,20(4),1082—8(1966);CA65:12943.

[15] 中山大学金属系编,稀土物理化学常数,冶金出版社(1978).

[16] Э. Я. Атабасова, Докл. АН СССР, 293(3), 359—61(1977); CA86: 198285.

[17] Л. Н. Комиссарова и др., Ж. Неорг. Хим. 19, 31—4, 291—4(1974); CA80: 90579.

[18] R. Gut et al., J. Inorg. Nucl. Chem., 21, 259—61(1961).

[19] Л. Д. Поляченко и др., Вести АН БССР, Сер. Хим Наук, 3, 113—5(1977); CA87: 58676.

[20] Ю. Б. Патрикеев, Ж. Физ. Хим., 47(1), 266(1973); CA78: 164408.

[21] И. А. Ратьковский и др., Ж. Физ. Хим., 48(10), 2615(1974); CA82: 116983, Хим. Химич. Технол, 9, 19—25(1975); CA84: 111835.

[22] I. M. Steels et al., Z. Kristallogr. Kristallogeom. Kristallophy. Kristallochem., 147(1), 119—27 (1978); CA89: 224412.

[23] K. Wagman et al., Z. Anorg. Allg. Chem., 430, 43—50(1977). CA87: 33066.

[24] K. R. Poeppelmeier et al., Inorg. Chem., 16(2), 294—7, 1107—11(1977); CA86: 64697; 164589; J. Am. Chem. Soc., 100(16), 5039—44(1978); CA89: 155850.

[25] A. B. Сторонкин, Вестн. Ленингр. Ун-та, Физ. Хим., 4, 106—12(1975); CA84: 112352.

[26] Л. Д. Полячанко, Ж. Физ. Хим., 52(7), 1767—8(1978); CA89: 136637.

[27] М. Голутвин, Ж. Физ. Хим., 51(3), 701—2(1977); CA87: 29731.

[28] Я. И. Герасимов и др., Хим. Термодинамика в Цвет. Мет., VII Издательство《Металлургия》, (1975). Москва.

[29] J. W. Moyer, Proc, Electrochem. Soc., 78—81(1978); (Proc. Symp. High Temp. Metall. Halide Chem. 1977), 147—62(1978): CA89: 69905.

[30] C. Hirayama et al., J. Less-Comm. Metals, 57(1), 69—77(1978); CA88: 111386.

[31] Н. П. Шерелеев, Ж. Неорг. Хим., 16(12), 3220—3(1971); CA76: 53847.

[32] Е. Е. Виноградов и др., Ж. Неорг. Хим., 22(10), 2858—61(1977); CA88: 111234.

[33] В. И. Алексенров, Кратк. Сообщ. физ., (4)21—6(1975); CA84: 143395.

[34] В. Ф. Юдин и др., Ж. Прикл. Хим., 49(4). 776—80(1976); CA85: 37900.

[35] J. Kordis, J. Chem. Phys., 66(2), 483—91(1977); CA86: 146664.

[36] Gmelin Handbuch der Anorganischen Chemie, No. 39, Séltenerd-elemente, Teil C2, Sc, Y, La und Lanthanide. (1974).

[37] Н. А. Бейделиани и др., Физ. Тверд. Тела, 18(4), 1136—8(1978); CA85: 12515.

[38] С. И. Смыщляев и др., Ж. Физ. Хим., 50(4), 886—8(1976); CA85: 37929.

[39] В. А. Оболончик и др., Порошк. Металл., 3, 24—30(1976); CA85: 12822; Докл. АН укр. РСР, Сер. Б, (4), 332—5(1976); CA85: 136459; Укр. Хим, Ж., 43(7). 679—81(1977); CA87: 110768.

[40] R. T. Tuenge, J. Chem. Phys., 65(6), 2400—6(1976); CA85: 182950.

[41] В. И. Латтатев. Ж. Физ. Хим., 48(8), 2156(1974).

[42] В. И. Москаленко. Ж. Неорг. Хим., 21(6), 1508—12(1976); CA85: 86514.

[43] В. И. Шаикий и др., Ж. Неорг. Хим., 19. 2013—7, 2327—30(1974); CA81: 113963; Коорд. Хим., 3(4), 460—4(1977), CA86: 199168.

[44] J. Valkenen, Acta Crystallog., B34(4), 1323—6(1978); CA88: 180822.

[45] J. Valkenen, Acta Crystallog., B34(6). 266—8. 1957—9(1978); CA89: 68494; B34(1), 266—8 (1978); CA88: 113677.

[46] Л. Н. Комиссарова и др., Ж. Неорг. Хим., 16, 1258—63(1971); 19. 2606—11(1974).

[47] Л. Н. Комиссарова и др., Ж. Неорг. Хим., 19, 295—301(1974); CA80: 90443.

[48] Е. И. Гледышевский и др. ,Кристаллография,23(5)946—50(1978);CA90:14890.

[49] В. К. Печарский и др. ,Допов. АН Укр. ССР,Сер. А,Физ. -Мат. Тех. Hayk,8,755—9(1978); CA89:189301.

[50] R. Bayer,Acta Chem. Scand. ,Ser A,A31,(6),514—6(1977);CA87:14429.

[51] Л. Н. Филатов. Тр. Всес. Науч. Исслед. Инст. Хим. реактв. Особ. Чист. Хим. Веществ. ,33, 47—50(1971);CA78:23369.

[52] Л. П. МезенЦева,Ж. Неорг. Хим. ,22,84—6(1977);CA86:82165.

[53] Ю. И. Смолин и др. ,Кристаллография,23(1),187—8(1978);CA88:129405.

[54] M. Bagien-Beucher et al. ,Acta Crystallogr. ,B34,1439—42(1978);CA89:51751.

[55] П. П. Мельков,Изв. Вуз,Хим. Химич. Технол. ,17(11),1607—11(1971);CA82:79788.

[56] P. P. Melnikov et al. ,Rev. CEHIC,Cienc. Fis. ,7(1),175—83(1976);CA89:83966.

[57] В. А. Фзремов и др. ,Кристаллография,23(4),703—8(1978);CA89:138736.

[58] Л. Н. Комиссарова,Ж. Неорг. ,Хим. ,20(3). 624—30(1975);CA83:21247.

[59] Н. В. Мазареулищвили,Исслед Обл. Хим. Комплексн. Простых Соедин. нек. переходных редк. мет. ,2,212—17(1974);CA82:25260.

[60] М. Б. Варфоломеев,Кристаллогрфия. 23(3),629—31(1978);CA89:68813.

[61] A. F. Reid et al. ,J. Solid State Chem. ,20(3). 219—26(1977);CA86:198354.

[62] S. J. Lyle,et al. ,Ann. Reporss,Sect. A,80,305—307(1983);79,359—381;(1982)78,299—312;(1981)77,(1980);76,(1979);75,259—67(1978).

[63] R. C. Fay,et al. ,Coordination Chem. Rev. ,37,1—7(1981);45,1—7;(1982)57,229—236(1984); 62,131—143(1985).

21.4 钪的有机化合物

钪的元素有机化合物和有机配位络合物早已被合成过，但长期以来其发展停滞不前，还是近十几年来才有些发展，不过含钪一碳键的化合物很少，且大都是配位络合物[1,2]。

4.1 含氧配体的络合物[1]

4.1.1 中性配位体络合物

氯化钪在乙醇水溶液或乙醚-水混合液中的溶解度比铝、钇或镧系元素氯化物的溶解度大。无水 ScX_3($X=Cl^-, Br^-, NCS^-$)溶解在直链醇（从甲醇到癸醇）、异丙醇和戊醇、烯丙醇、环己醇、苄醇中形成加合物 $ScX_3 \cdot nROH$($n=1—5$)。如果 ScX_3 醇溶液中有碱（如氨）存在时，则形成醇化物（见 4.1.2 节）。硝酸钪溶于醇 ROH($R=n\text{-}C_5H_{11}$ 至 $n\text{-}C_8H_{17}$)时，其反应如下：

$$Sc(NO_3)_3 \cdot 6H_2O + 2ROH \xlongequal{} (ROH)_2 \cdot Sc(NO_3)_3(H_2O)_4 + 2H_2O$$

钪与醛、酮、醚或酰胺等配体(L)形成的络合物或加合物为 $ScX_3 \cdot nL$($X=Cl^-, Br^-, NCS^-, ClO_4^-, NO_3^-$ 或 BH_4^-；$n=1—6$)。将 $ScCl_3$ 混悬于四氢呋喃(THF)中加 $SOCl_2$ 后加热回流得 $ScCl_3 \cdot 3THF$ 加合物。其单胞构造如图 21.12。它属单斜晶系，空间群 $P2_1/c$，$a=8.890Å$，$b=12.824Å$，$c=15.485Å$，$\beta=92.94°$，$d_{(测)}=1.37$，$d_{(算)}=1.38g/cm^3$，$Z=4$。Sc^{3+} 与 3 个 Cl^- 和 3 个 THF 分子成 6 配位结合，Sc—O 间距 2.18Å。

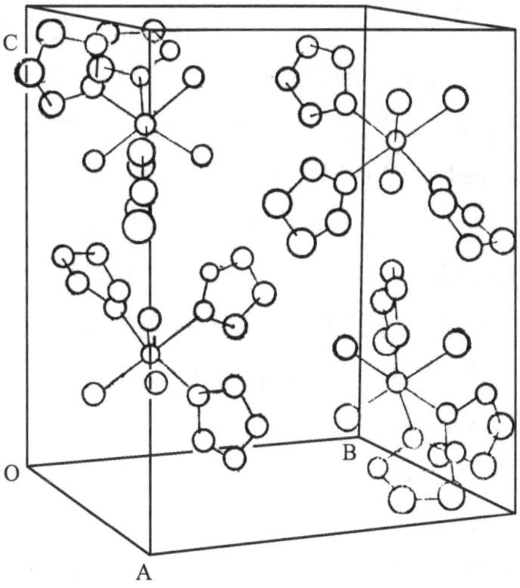

图 21.12 $ScCl_3 \cdot 3THF$ 的结构和单胞堆集

$ScCl_3$ 与 LBH_4 在温度 85℃反应，则得到 $Sc(BH_4)_3 \cdot 2THF$。它属单斜晶系，空间群为 $P2_1/b$，$a=7.305Å$，$b=9.171Å$，$c=23.080Å$，$\gamma=96.11°$，$Z=4$，$d=1.01g/cm^3$。钪与三个 BH_4 基在赤道位置，而 THF 由 O 在轴的位置连接[3]。$[Sc\{N(SiMe_3)_2\}_3]$与配体 2,6-双(叔-丁

基)-4-甲基酚(HL)反应,或 $ScCl_3$ 与 NaL 反应,可制得络合物[ScL_3]。它与单配位配合基例如 THF 或三苯基氧膦(TPPO)反应,分别得到[ScL_3(THF)]或[ScL_3(TPPO)]。在真空中加热,则反应反向进行。这种加合物 ScL_3L(L=THF 或 TPPO)也可直接由 $ScCl_3$ 与 NaL 和 L′制备。这些反应还可析出副产物[$L_2Sc(\mu$-$L)_2Na(THF)_2$]双核络合物。它在真空中加热则分解成 ScL_3[60]。

无水 $Sc(ClO_4)_3$ 与配体 L(L=*N*-甲基甲(或乙)酰胺,*N*,*N*′-二甲基甲(或乙)酰胺,*N*-苯基乙酰胺,*N*,*N*′-二乙基甲酰胺或 *N*,*N*′-二丁基甲酰胺)在原甲酸三乙酯中反应,形成[ScL_6]$^{3+}$ 型络合物[59]。$Sc(ClO_4)_3$ · 6DMF(DMF=二甲基甲酰胺)为白色结晶,熔点 128℃,在 220℃分解,380℃爆炸。$Sc(ClO_4)_3$ · 6DMA(DMA=二甲基乙酰胺)较稳定,熔点为 250℃并同时分解,355℃发生爆炸[4]。无水钪盐加 12-月桂内酰胺(12-laurolactam)的苯溶液得 [ScL_6]$(ClO_4)_3$,(I);[$ScL_4(NO_3)_2$](NO_3)(II);[ScL_4Cl_2]-Cl,(III);[ScL_5Br]Br_2,(IV)和[$ScL_4(NCS)_2$](NCS),(V)五种络合物。加醇则产生沉淀。其熔点分别为 267,177,210,178 和 161℃,热分解温度 I 和 II 为 200—280℃,III—V 为 200—650℃。其中 I,III,V 为低对称结晶,II 和 IV 为无定形[5]。类似地、4-丁内酰胺和 8-辛内酰胺(8-caprylolactam)中 CO 基的 O 可与钪配位形成络合物[51]。而 $Sc(NCS)_3$ · 3DMF 由 DMF 中羧基的 O 和 NCS 中的 N 与 Sc 配位。乙酰胺与 $ScCl_3$ 形成 $ScCl_3$ · 4L 型络合物。钪盐与二噁烷(L)的加合物有 $ScCl_3$ · *n*L(*n*=2,3),$Sc(ClO_4)_3$ · 4L · $7H_2O$ 和 $Sc(NCS)_3$ · 2L 等。由 NCS^- 中的 N 和 L 中的 O 与 Sc 配位。$Sc(NCS)_3$ · 2L 在 105℃失去 1 分子 L,150—175℃失去另一个 L,温度再升高则分解。钪盐与尿素(L)形成 $ScCl_3$ · *n*L(*n*=4,6),$ScBr_3$,6L,$Sc_2(SO_4)_3$ · 10L,$Sc_2(SO_4)_3$ · 5L,$Sc_2(SO_4)_3$ · 2L,$Sc(NO_3)_3$ · 6L 和 $Sc(ClO_4)_3$ · 6L 等络合物。$ScCl_3$ 与醛形成的络合物有 $ScCl_3$ · $3C_6H_5CHO$,与酮形成的络合物有 $ScCl_3$ · $2(CH_3)_2CO$,$ScCl_3CH_3COC_6H_5$,$ScCl_3$ · $(C_6H_5)_2CO$ 等。$ScCl_3$ 与各种羧酸的酯形成 $ScCl_3$ · *n*L(*n*=1—3)型加合物[7,8]。

(1)钪与有机 *N*-氧化物的络合物

取代的吡啶 *N*-氧化物如 2-$CH_3C_5H_4NO$,4-$CH_3C_5H_4NO$,4-$C_2H_5C_5H_4NO$,2,4-$(CH_3)_2C_5H_3NO$,2,6-$(CH_3)_2C_5H_3NO$,2,4,6-$(CH_3)_3C_5H_2NO$,$(CH_3)_3NO$,3-$CH_3C_5H_4NO$ 和 2,2′-联吡啶-1,1,-二氧化物等可与钪盐形成 ScX_3 · *n*L(X=NO_3^-,ClO_4^-,NCS^-;*n*=2—6)型络合物。其中 Sc^{3+} 配位数为 6,结合成八面或歪八面体,由 L 中的 O 与 Sc 配位。在 $Sc(NCS)_3$ · 3L 中 N 也同 Sc^{3+} 配位。由于 Sc^{3+} 离子半径小,故没有稀土元素那样高的配位数。

(2) 钪与有机 P 和 As 氧化 物的络合物

它由配合基和阴离子或溶剂分子与钪配位。Sc[$(C_6H_5)_3PO$]$_4$-$(ClO_4)_3$ 络合物在固态时含两个单齿配位基 ClO_4^-,在乙醇中得[$Sc((C_6H_5)_3PO)_4(C_2H_5OH)_2$]$(ClO_4)_3$。

也可得到以$(CH_3)_3PO$和$(C_6H_5)_3\cdot AsO$为配体的类似络合物。此外还有以(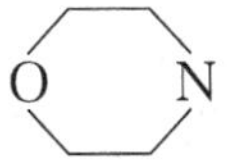)$_3$PO，$[—CH_2P(=O)(C_6H_5)_2]_2$，$[—CH_2As(=O)(C_6H_5)_2]_2$或$[(CH_3)_2N]_3\cdot PO$为配体的$ScCl_3\cdot 3L$，以及$(C_6H_5)_3PO$和$(C_6H_5)_3AsO$为配体的$Sc(NCS)_3\cdot 3L$的$Sc(ClO_4)_3\cdot 6$(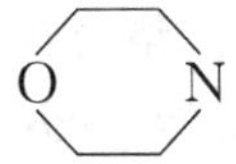)-PO等络合物。

(3)钪与有机S氧化物(L)的络合物

以二甲亚砜(dmso)，二苯亚砜和噻嘧烷氧化物(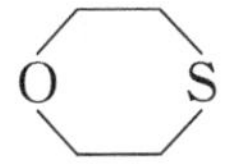 =O)为配体的络合物，呈$Sc(ClO_4)_3\cdot 6L$，$ScBr_3\cdot 6(dmso)$，$ScCl_3\cdot 4(dmso)$，$Sc(NCS)_3\cdot 3(dmso)$等形式[1,38]。其中Sc配位数为6，由L中的O与Sc配位。

(4)钪与磷酸酯类的络合物

二异丙基甲基磷酸酯(IMP)和$ScCl_3\cdot nH_2O$在温度50—60℃反应，可得$Sc(IMP)_3$。磷酸酯类萃取钪的方法近来研究较多，用二(2-乙基己基)磷酸(H_2A_2)从卤化物水溶液中萃取钪时，主要呈$Sc(HA_2)_3$被萃取。用TBP萃取钪时，形成$ScCl_3\cdot 3TBP$或$Sc(NO_3)_3\cdot 3TBP$。在高氯酸溶液中浓度低时为溶剂化的$Sc(ClO_4)_3\cdot 3TBP\cdot HClO_4TBP\cdot nH_2O$，浓度高时以$Sc(ClO_4)_3\cdot 3TBP$形式被萃取。含磷有机化合物萃取钪的能力为$(RO)_3PO<RP(O)(OR')_2<(RO)_x(OH)_{3-x}PO(x=1,2)$。

4.1.2 醇化物

$ScCl_3$的醇(或酚)溶液中有碱(氨)存在时，反应得醇(或酚)化物。例如$Sc(OCH_3)_3$，$Sc(OC_4H_9)_3$，$Sc(OH)(OC_6H_5)_2$和$Sc\text{-}(OC_6H_4Cl)_3$(邻位或对位)等。Sc和Al与异丙醇可形成$Sc[Al(O\text{-}i\text{-}C_3H_7)_4]_3$络合物，其结构如下：

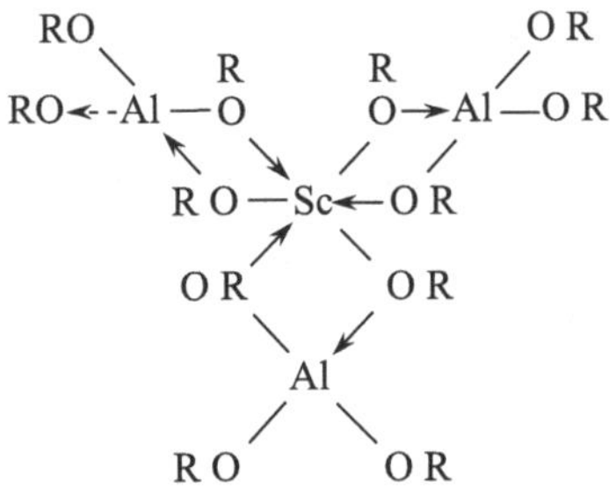

$(R=i\text{-}C_3H_7)$

钪盐溶液在过量4倍的邻苯二酚(H_2L)存在下，用KOH滴定至pH6.7—7.2时形成$K_{0.7}H_{0.3}[Sc_3(OH)_6L_2]\cdot 2H_2O$络合物，而对-或间-苯二酚不产生类似的化合物。用钠、铯、锂、铵的氢氧化物与钪和苯二酚反应可生成$Sc(OH)(C_6H_4C_2)$

· $2H_2O$。该化合物不稳定[10]。钪与 4-(2-吡啶基偶氮)间苯二酚形成的络合物，比 phO^- 离子所成的络合物稳定，但比羟基络合物的稳定性差[11]。钪与酚和邻苯二酚的络离子 $Sc(OC_6H_5)^{2+}$ 和 $Sc(O_2C_6H_4)^+$，在温度 25℃和离子强度 0.1 时的稳定常数 $\log\beta$ 分别为 7.24 和 17.13。钪与甘油的络离子 $Sc(C_3H_7O_3)^{2+}$ 的离解常数为 −1.56。钪与抗坏血酸(H_2L)的络合物 ScHL 的不稳定常数为 $pK_{(不稳)}=1.3$。钪与均苯三酚的络合物的稳定常数 $\log K_{(30℃)}=15.27$，$\Delta G_{(30℃)}=89.165$kJ/mol，$\Delta H=21.033$kJ/mol，$\Delta S=363.7$J/mol · K[12]。将钪盐与 1-亚硝基-2-萘酚的乙醇溶液混合，用氨水调到 pH=2—6，则产生螯合物沉淀[13]。

4.1.3 羧酸盐

羧酸加入钪盐溶液可得羧酸钪。由于钪易水解，通常只得到碱式盐或含氧盐，不易得到正盐。将 $Sc(OH)_3$ 或硝酸钪溶于过量甲酸，再蒸发结晶，则得羧基甲酸钪 $Sc(OH)(HCOO)_2$。$Sc(HCOO)_3$ 是白色鳞片状或板状结晶，属单斜晶系，空间群 $P2_1/c$，$a=10.316$Å，$b=6.622$Å，$c=8.940$Å，$V=6.05$Å，$d_{(测)}=1.939$，$d_{(算)}=1.943$g/cm^3。钪离子在聚合骨架中配位数为 6，与甲酸根连接如图 21.13。

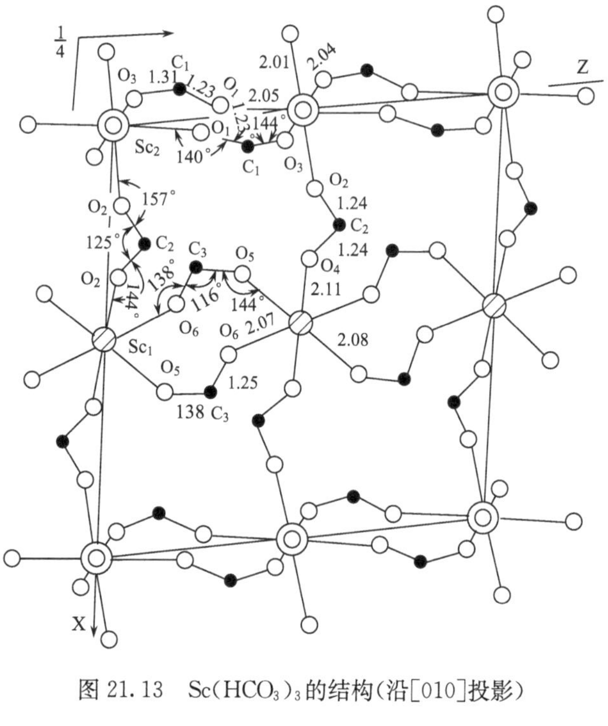

图 21.13　$Sc(HCO_3)_3$ 的结构(沿[010]投影)

将 $Sc(OH)_3$ 与甲酸溶液置于 Soxhlet 抽提器中反应，得无水甲酸钪 $Sc(HCOO)_3$。热它加热则分解成 So_2O_3，并放出 CO、CO_2、H_2O、少量氢和甲烷[14]。甲酸钪难溶于冷水和乙醇，不溶于甲醇，能溶于热水。其水溶液加乙醇不会析出结晶，放置数日后仅析出羟基甲酸钪。甲酸钪与过量碱金属盐混合生成稳定的络盐 $M_3[Sc(HCOO)_6]$(M=Li,Na,K)，其水溶液不分解，但溶液煮沸则锂盐失去结晶水而钾盐分解。

乙酸钪 $Sc(CH_3COO)_3$ 由 Sc_2O_3，$Sc(OH)_3$或 $Sc(NO_3)_3$与醋酸反应而得。它是针状微细晶体，在水中易溶，0.05mol/L 乙酸钪溶液的 pH=4.76，0.01mol/L 溶液的 pH=4.93，浓溶液加热时 pH 值降低并生成碱式盐[$Sc(OH)\cdot(CH_3COO)_2\cdot 2H_2O$]。水溶液加氨水则产生盐基性沉淀[15]。在醋酸溶液中钪的络合物呈 $Sc(OAc)^{2+}$，$Sc(OAc)_2^+$，$Sc(OAc)_3$和 $Sc(OAc)_4^-$ 等形式存在。在温度25℃和离子强度为 0.1 时前三种形式的生成常数分别为 $22\pm10(mol/L)^{-1}$ $(15\pm7)\times10^2(mol/L)^{-2}$和$(11\pm3)\times10^3(mol/L)^{-3}$。醋酸钪溶于氨水并在室温蒸发则生成 $2Sc(OAc)_3\cdot 3NH_3$. 乙酸钪在 25℃的水，25%和 50%乙醇中的稳定常数 $\log\beta$ 分别为 3.00，3.67 和 4.59[16]。

羟基乙酸钪[$Sc(CH_2OHCOO)_3\cdot 2H_2O$]即乙醇酸钪是由 $ScCl_3$ 热溶液与过量 3 倍的羟基乙酸在 pH2—3 反应而得。它属单斜晶系，空间群 $P2/b$，$a=14.624$Å，$b=13.052$Å，$c=5.730$Å，$\gamma=96.26°$，$Z=4$。它含 2 个配位不同的 Sc 原子，其中一个 Sc 配接 4 个双配基的羟基乙酸根形成[$Sc(CH_2OHCOO)_4$]$^-$；另一个 Sc 配接 4 个水分子的 O 和 2 个羟基乙酸根的 4 个 O 形成[$Sc(CH_2OHCOO)_2(H_2O)_4$]$^+$，而由 H 键连接。该离子形成畸变 12 面体，钪的配位数为 8[17]。它在220℃失水，220—310℃ 分解成 $Sc_2O(HOCH_2COO)_4$，在 300℃ 以上分解成 Sc_2O_3[18]。乙醇酸钪不溶于水，易溶于碱。用丙酮与羟基乙酸钪溶液在 pH=7—8 作用，则沉出 $Sc(O_2CCH_2O)(O_2CCH_2OH)\cdot 2H_2O$。将 $ScCl_3$溶液(pH=2)用碱中和到 pH=10 的乙醇酸溶液处理，则得 $Sc(O_2C\text{-}H_2O)(OH)\cdot 2H_2O$。这两种化合物均在温度 150℃脱水，在 500℃ 分解成 Sc_2O_3[18]。

新鲜的 $Sc(OH)_3$ 溶于三氟乙酸，则得 $Sc(CF_3COO)_3\cdot 3H_2O$。若用 KOH 作干燥剂进行真空脱水，则得 $Sc(OH)(CF_3COO)_2$。它在温度 40—330℃ 分解成 ScF_3。类似地，将新鲜 $Sc(OH)_3$溶于相当的酸，可得 $Sc(OH)(CHCl_2COO)_2$，$Sc(CH_2ClCOO)_3\cdot 3H_2O$ 和 $Sc(CCl_3COO)_3$ 等。加热它们则分解，放出 Cl 和 $COCl_2$，在 700℃ 变成 Sc_2O_3。

苯氧乙酸钪（Sc phenoxyacetate）$Sc(C_6H_5OCH_2COO)_3$ 由钪盐与 $C_6H_5OCH_2COOH$ 反应而得。[$Sc(C_6H_5OCH_2COO)$]$^{2+}$ 离子的 $\log K$ 值为 2.99—3.10。苯乙酸钪（Sc phenylacetate）由硝酸钪与苯乙酸铵反应而成。其碱式盐为 $Sc(OH)(C_6H_5CH_2COO)_2\cdot 3H_2O$，不溶于水和醇[15]。扁桃酸钪 $H_3[Sc(C_6H_5CHOHCOO)_3]\cdot nH_2O$ 是白色沉淀。曾用于重量分析钪。其不稳定常数 $K_2=4.0\times10^{-6}$[1,19]。

其他如 C_3—C_7 的脂肪酸钪以及乳酸钪、葡萄糖酸钪、对酞酸钪、富马酸钪、马来酸钪、琥珀酸钪、甘氨酸钪和水杨酸钪等，现也有它们的制法和稳定常数等的报道[1,15,60]。

草酸钪 $Sc_2(C_2O_4)_3 \cdot xH_2O$（$x$=0—6，12，18），常见者 x=5 或 6。加草酸于钪盐溶液中则产生草酸钪沉淀，随沉淀条件的改变而得到不同的水合物，少量其他离子会影响沉淀的性质[2]。吸收 NH_3 或 CO_2 也会影响形成不同的水合物。在温度 80℃加硝酸钪于草酸的乙醚水溶液中[14]，或加过量草酸稀溶液到钪盐溶液中，或加蚁酸钪于草酸溶液，都可沉淀出 6 水合草酸钪。在水浴上加饱和草酸溶液到钪盐溶液，可制得 12 水合草酸钪[14]。而 18 水合草酸钪是在煮沸下沉淀而得，3 水合草酸钪是在 8℃冷溶液中沉淀得到的[20]。其他水合草酸钪及其热分解过程，文献中的报道颇不一致，有人认为系逐次脱去结晶水，并经过碳酸钪阶段，最后变成 Sc_2O_3。也有人认为只经过 12 水合，6 水合和无水草酸钪，再分解成 Sc_2O_3，而不经过碳酸钪阶段[14,15,20]。

$Sc_2(C_2O_4)_3 \cdot 6H_2O$ 或写作 $[Sc_2(C_2O_4)_3(H_2O)_4] \cdot 2H_2O$，$Sc^{3+}$ 为 8 配位，它与 6 个羟基中的 6 个 O 和 2 个 H_2O 中的 O 形成近似的 12 面体的空间配布（图 21.14）。而每个草酸根离子又与两个 Sc 离子连接，如此形成大的网络结构。该晶体属三斜晶系，空间群为 $P1$，a=6.189Å，b=6.826Å，c=9.957Å，α=114.99°，β=95.03°，γ=96.52°，Z=2。Sc—O 距 2.18—2.26Å[1]。红外和喇曼光谱研究和结晶学的结果一致[21]。

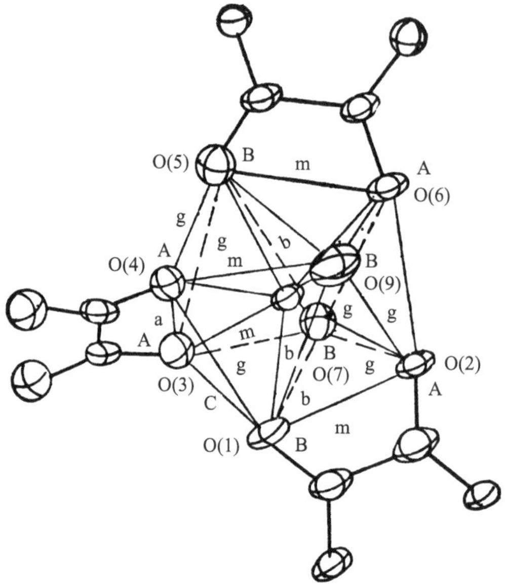

图 21.14　$Sc_2(C_2O_4)_3 \cdot 6H_2O$ 中钪离子周围的配位

草酸钪在水和稀酸中难溶,假定溶液中存在 Sc^{3+},$Sc(C_2O_4)^+$ 和未离解的 $Sc_2(C_2O_4)_3$ 时,计算得溶解度积平均为 4.0×10^{-28}。它在稀酸中的溶解度比稀土草酸盐小,由于极少量杂质离子的存在,将显著影响其溶解度,故已往报道的数据颇不一致。在温度 25℃,离子强度 0.5 和 0.01—0.05mol/LHCl 溶液中,它的溶解度为 7.8×10^{-4} mol/L[1]。它在水中的溶解度约 60mg/LSc_2O_3,且随酸度增加而增加[20]。在酸中溶解按反应式 $Sc_2(C_2O_4)_3+6H^+ \rightleftharpoons 2Sc^{3+}+3H_2C_2O_4$ 进行。过量的草酸能使它在硫酸中的溶解度显著减小[15]。草酸钪也溶于草酸或碱金属和碱土金属草酸盐溶液。在酸或碱中溶解,主要是形成 $Sc(C_2O_4)^+$,$Sc_2(C_2O_4)_2^-$ 和 $Sc(C_2O_4)_3^{3-}$ 等络离子,当 pH<2 时为 $Sc(C_2O_4)^+$,当 pH=5 时以 $Sc(C_2O_4)_2^-$ 离子存在,当 pH=2—5 时为固相草酸钪。pH=6—8 时若 $C_2O_4^{2-}$ 浓度很低则为多核 Sc^{3+} 络合物[19,1]。

在温度 25℃ 时 $ScCl_3$-$M_2C_2O_4$-H_2O 体系(M=碱金属或 NH_4^+)中,当 $M_2C_2O_4/ScCl_3=n$,且 $n=0.75$ 时,固相为 $Sc_2O(C_2O_4)_2\cdot3H_2O$;当 $n=2$ 时,随 pH 增加得到 $MSc(C_2O_4)_2\cdot2H_2O$;n 再增加则钪盐溶解度急剧增加,可能形成了其他可溶性络离子。与 Na,Rb,Cs 形成的络合物为三斜晶系,K,NH_4^+ 络合物为单斜晶系。还有 $NaSc(C_2O_4)_2\cdot mH_2O$($m$=0,2,3,6),$M_3Sc(C_2O_4)_7\cdot7H_2O$ 等络盐[1,15]。它们易失去结晶水,加热则分解成草酸钪和碱金属草酸盐,最终成 Sc_2O_3[1]。$NaSc(C_2O_4)_2\cdot2H_2O$ 与 1,10-邻二氮菲(1,10-phenanthroline)(phen)在水溶液中生成 $Sc_2(C_2O_4)_3\cdot$2phen 络合物,草酸根和邻二氮菲分子都与钪配位。无水草酸钪不吸收 NH_3 或 CO_2,但湿气中能吸收重量 6%的 CO_2。3 或 6 水合草酸钪在温度 25℃时与氨发生放热反应,生成$[Sc(NH_3)_6]_2$-(C_2O_4),而 18 水合草酸钪吸收氨,则生成$[Sc(NH_3)_6]_2\cdot(C_2O_4)_3\cdot12H_2O$[20]。草酸钪易溶于 M_2CO_3(M=Na,K),当 $M_2CO_3:Sc_2(C_2O_4)_3\cdot6H_2O=4:1$ 时溶解度最大。碳酸盐-草酸钪络合物混合物溶液加醇,可析出 $Na_8[Sc_2(CO_3)_4(C_2O_4)_3]\cdot8H_2O$(K 盐为 $6H_2O$)的白色沉淀。加固体草酸钪到碳酸胍(guanidinium carbonate)溶液中,若其比例为 1:1 则得$(CH_5N_3H)_2[Sc_2(CO_3)$-$(C_2O_4)_3]\cdot3H_2O$,若为 1:2 时则得$(CH_5N_3H)_4[Sc_2(CO_3)_2(C_2O_4)_3]\cdot H_2O$,若比例更大则得$(CH_5N_3H)_5[Sc(CO_3)_4]\cdot5H_2O$。从硫酸溶液中可得 $HSc(C_2O_4)SO_4\cdot3H_2O$,还有 $H[Sc(C_2O_4)(SO_4)$-$(H_2O)_2]\cdot H_2O$,$NH_4[Sc(C_2O_4)(SO_4)(H_2O)]$,$Na[Sc(C_2O_4)(SO_4)$-$(H_2O)]$ 和$(CH_2NH_2H)_2[Sc(C_2O_4)(SO_4)(H_2O)_2]_2$,($CH_2NH_2H_2$=二乙撑二铵离子)。草酸与氟化钪反应得 $ScF(C_2O_4)\cdot H_2O$,它在温度 350℃ 失水,400—450℃分解成 ScOF 并放出 CO_2 和 CO,在 700℃分解成 Sc_2O_3[22,23]。

丙二酸钪已制得 $Sc_2L_3O\cdot5H_2O$($L=CH_2(COO)_2^{2-}$)。在温度 18—20℃ 和 pH2 时,其 $Sc(HL)^+$ 的不稳定常数为 6.4×10^{-5}。ScL^+,ScL_2^- 和 ScL_3^{3-} 的稳定常数和热力学数据已有报道[1]。丁二酸钪$[Sc_2L_3\cdot2H_2O]$,戊二酸钪,己二酸钪,苹

果酸钪[15]，马来酸钪，酒石酸钪，柠檬酸钪等已研究过它们的热分解，测定了稳定常数。利用生成酒石酸钪铵沉淀，可使钪同钍、锆、铁、锰、钛、铝和钇族稀土分离。

芳基羧酸与钪生成的络合物有苯酸钪，*o*-氯代苯酸钪[15]，*o*-或 *p*-羟基苯酸钪[19,24]，*o*-或 *p*-氨基苯酸钪[26]，甲苯酸钪，苯邻二酸钪，联苯酸钪，苯三酸钪，萘甲酸钪[25]和樟脑酸钪等。还有某些以氧配位的氨基羧酸钪参见 4.3.1 节中。

4.1.4 *β*-二酮化物

β-二酮呈烯醇互变体存在，它有可取代的酸式氢，与中性或碱性的钪盐溶液反应，形成中性的三个双配位基络合物，而三氟乙酰丙酮（ttac）和六氟乙酰丙酮（hfac）。也有四个双齿配位基络合物。与 Sc^{3+} 生成 ScL_3 型络合物的 *β*-二酮，常见的有乙酰丙酮（acac），苯酰丙酮（bzac），3-溴乙酰丙酮（Br-acac），二苯酰甲烷（dibm），二特戊酰甲烷（2，2，6，6-四甲基-3，5-庚二酮）（dibpm），3-乙基乙酰丙酮（etac），1，1，1，2，2，3，3-七氟-7，7-二甲基-4，6-辛二酮（hfod），六氟乙酰丙酮（hfac）异丁酰特戊酰甲烷（2，2，6，-三甲基-3，5-庚二酮）（ibpm），3-甲基乙酰丙酮（meac），特戊酰三氟丙酮（1，1，1-三氟-5，5-二甲基-3，5-己二酮）（ptfa），硒酰丙酮（Seac），2-噻吩甲酰三氟丙酮（ttac），三氟乙酰丙酮（tfac）等。还可生成 $Sc(ttac)_3 \cdot bipy$[bipy=2，2′-双吡啶基]，$Sc(acac)_3 \cdot 2CHCl_3$，$Sc(acac)_3 \cdot 2CH_2Br_2$，$MSc(hfac)_4$（M=K，Rb，Cs），$Sc(ttac)_3 \cdot phen$，$Sc(ttac)_3 \cdot TBP$，$Sc(ttac)_3 \cdot 3H_2O$，$MSc\text{-}(tfac)_4$（M=K，Rb，Cs）等络合物。这些络合物比稀土金属相应络合物更相近于第一过渡金属系列元素的二酮化物的性质，它们通常是共价结合，其熔点低，挥发性极高，而热稳定性好，且容易溶解在非极性溶剂中。这些性质与稀土元素有差别，因此可借以用色谱法使钪与稀土元素等分离。ML_3 型络合物的挥发性随金属离子半径减小而增加，ScL_3 挥发性通常比 LnL_3（Ln=稀土元素或钇，L=acac，tfac 或 hfac）的高。$LnL_3 \cdot nH_2O$ 的热稳定性次序为 Sc＞Y＞稀土元素，而 $[Ln(hfac)_4]^-$ 的热稳定性依 Sc＜稀土元素＜Y 次序增加。通常在气相色谱中用稍高温度（~150—200℃），由于 $Ln(acac)_3$ 受热分解不挥发，而 $Sc(acac)_3$ 则挥发分离。

乙酰丙酮钪 $Sc(acac)_3$ 由中性钪盐水溶液与乙酰丙酮加氨反应而得[15]。或在苯和 CCl_4 中用 $ScCl_3$ 与 acac 反应制得。它是无色或暗黄至橙色结晶，属斜方晶系，空间群为 *Pbca*，$a=15.38Å$，$b=13.73Å$，$c=16.72Å$，$Z=8$。密度 $d_{(算)}=1.29$，$d_{(测)}=1.26g/cm^3$。分子量为 324.29，其结构为 Sc 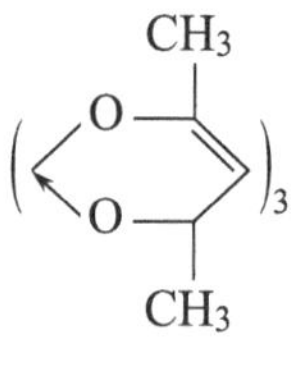，（如图 21.15）。

Sc^{3+}以 6 配位与 O 连接成变形八面体，螯合基间的 O—O 距为 2.715Å，螯合基间的 O—O 距为 2.94—3.09Å；平均 Sc—O 距 2.070Å[1,15]。

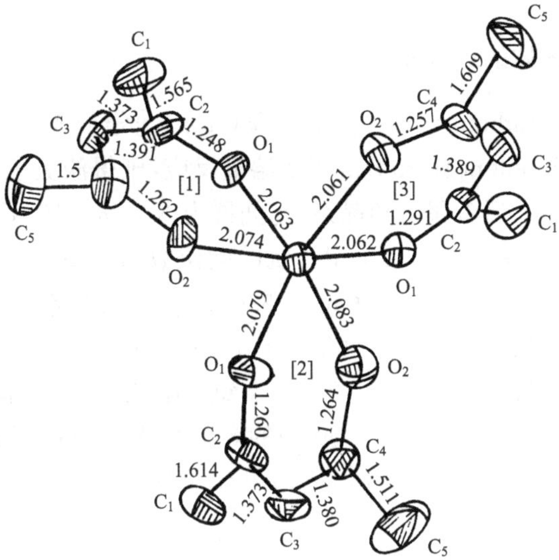

图 21.15 $Sc(acac)_3$ 的结构(沿 C_3轴下视)

钪、钇和稀土元素乙酰丙酮化物的生成常数，从钪到稀土元素随离子半径增加而降低。在温度 25℃ 时$[Sc(acac)]^{2+}$的 $\log K_1 = 8.0—8.3$，$\log K_2 = 7.2$。而$[Sc(ttac)]^{2+}$的 $\log K_1 = 71$[1]。$[Sc(bzac)]^{2+}$的不稳定常数为 1.6×10^{-9}[19]。乙酰丙酮钪不与氨、氯仿或苯缔合，而稀土元素的乙酰丙酮化物能与氨和有机胺形成络合物，且在非水溶液中呈单体或二聚物存在[2]。钪和 3*d* 过渡元素的乙酰丙酮化物的二聚物，在其蒸气的质谱中被发现过。$Sc(acac)_3$ 与氯仿或二溴甲烷可形成加合物，与 TBP 或二丁基亚砜形成 1∶1 加合物。$Sc(ttac)_3$ 也与 TBP 形成 $Sc(ttac)_3 \cdot m$TBP 加合物，其生成常数为 $\log K_s = 2.95$[26]。利用钪的二酮化物的共键性和在非极性溶剂中的溶解性，可进行钪的萃取提纯。最常用于钪萃取的二酮萃取剂有 acac，ttac，tfac，bzac，dibm 等[1,20](参阅 5.6.3 节)。萃取 $Sc(ttac)_3$时，加 TBP、三辛基氧膦(TOPO)，或三苯基氧膦(TPPO)有协助萃取作用，这是由于生成了 $Sc(ttac)_3 \cdot 2R$(R=TBP，TOPO，TPPO)的缘故。无 TOPO 存在时用苯或 CCl_4萃取乙酰丙酮钪，及呈 $Sc(acac)_2 \cdot (ClO_4)$形式，若有 TOPO 存在则以 $Sc(acac)(ClO_4)_2 \cdot$ TOPO 形式被萃取。$Sc(ttac)_3$与 1，10-邻二氮菲(phen)或 2，2′-联吡啶(bipy)可形成 $Sc(ttac)_3 \cdot$(phen)或 $Sc(ttac)_3 \cdot$(bipy)加合物。$Sc(tfac)_3$或 $Sc(tfac)_3$ 与相应的 $M(tfac)_3$ 或 $M(hfac)_3$(M=K，Rb，Cs)在 60%乙醇水溶液或乙醇与 CCl_4 混合液中反应，则得相应的 $M[Sc(tfac)_4]$或 $M[Sc(hfac)_4]$。它们在温度 140—200℃升华而不分解[27]。$Sc(acac)_3$,$Sc(tfac)_3$ 和 $Sc(hfac)_3$ 的升华热分别为 58.2,53.1 和 60.2kJ/mol[31]。它们的蒸气压及热力学数据已有报道[1,29,30]。

4.1.5　其他含氧配体的络合物

三草酚酮钪(Scandium tropolonate)[$Sc(trop)_3$]分子式为 $Sc(C_7H_5O_2)_3$。将硝酸钪与草酚酮(tropolone)(trop)的甲醇溶液反应,则得淡黄色的 $HSc(trop)_4$ 和红综色的 $Sc(trop)_3$。后者属三角晶系,空间群为 $R\bar{3}c$,$a=10.455$Å,$c=32.595$Å,$Z=6$,$d_{(算)}=1.318$,$d_{(测)}=1.33g/cm^3$。钪的配位数为 6,Sc—O 距为 2.102Å[31]。结构如图 21.16。$HSc(trop)_4$ 分子量为 530.4,属三斜晶系,空间群为 $P\bar{1}$,$a=10.022$Å,$b=11.515$Å,$c=12.004$Å,$\alpha=72.74°$,$\beta=84.58°$,$\gamma=65.04°$,$V=1198.2Å^3$,密度 $d=1.47g/cm^3$,$Z=2$[31,32]。钪的配位数为 8。固态时呈以氢键连接的二聚物存在,每个 Sc 与 4 个 trop 中的 8 个 O 配位成近似 $D2d$ 十二面体,平均 Sc—O 距为 2.215Å[31—33],结构如图 21.17。β-异丁基草酚酮可用于从过氯酸盐溶液中将钪萃入氯仿中。

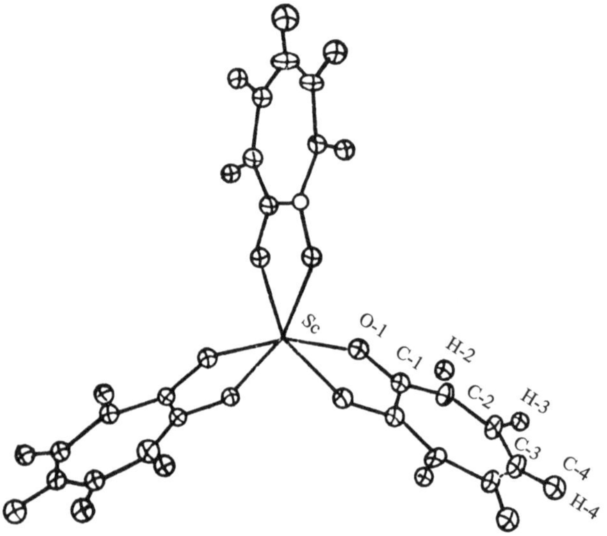

图 21.16　$Sc(trop)_3$ 的结构,沿 C_3 轴下视

$CsSc(trop)_4$ 属斜方晶系,空间群 $P2_12_12_1$,$a=19.80$Å,$b=13.32$Å,$c=24.22$Å[1]。钪与 2,6-二甲基-4-吡喃酮(2,6-dimet-hyl-4-pyrone)的络合物为 $ScX_3 \cdot nL$,($n=6$ 时,$X=ClO_4^-$,Br^-,I^-,NCS^-;$n=4$ 时,$X=Cl^-$,NO_3^-;$n=3$ 时,$X=CNS^-$),配位基 L 通过 CO 基的 O 与钪配位[34]。钪与铬天青 S(chrome azurol S)

按 1∶1 形成络合物，其稳定常数为 $10^{5.5}$[1]。钪与某些荧光酮、黄酮和 3-三氟乙酰樟脑(3-tri-fluoroacetylcamphor)也可形成络合物[1,35,36]。

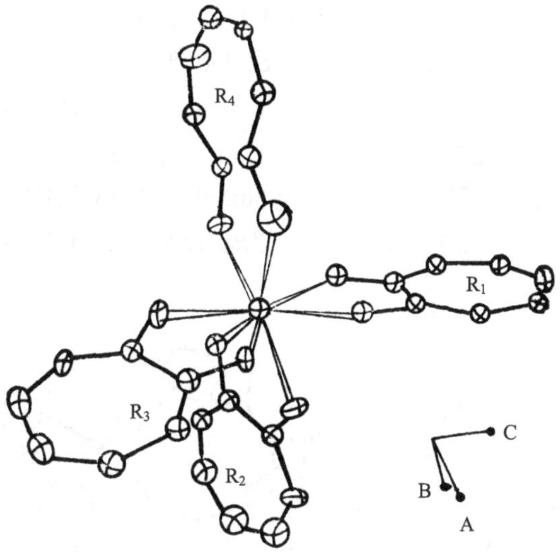

图 21.17　$HSc(trop)_4$ 的结构

邻苯二甲酸酐与二缩三乙二醇和三缩四乙二醇作用分别形成邻苯二酮-14-冠-4 和邻苯二酮-17-冠-5 两种含氧大环配体：

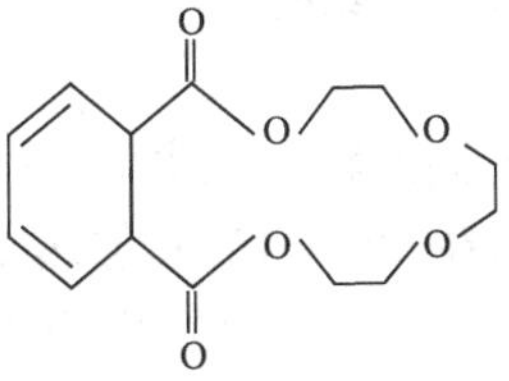

邻苯二酮-14-冠-4

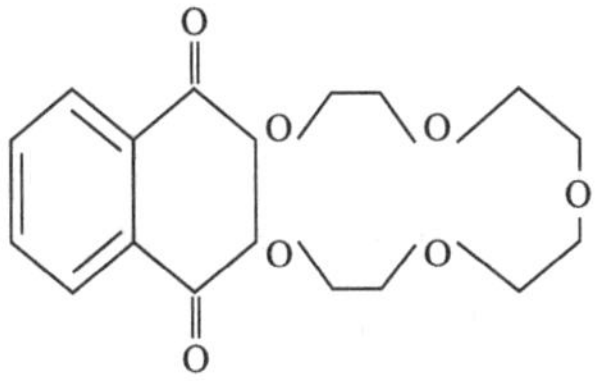

邻苯二酮-17-冠-5

它们与硝酸钪在 THF 中形成钪的冠醚络合物 $ScL(NO_3)_3 \cdot H_2O$(L＝上述配体)[44]。

4.2　含氮配体的络合物

4.2.1　伯、仲和叔胺

无水卤化钪与胺反应产生的络合物，有 $ScX_3 \cdot L$(X＝Cl,Br;L＝$(C_2H_5)_3N$ 或 $(i\text{-}C_3H_7)_2NH$)；$ScCl_3 \cdot 2L$(L＝$C_2H_5NH_2$，$n\text{-}C_4H_8NH_2$，$C_6H_5NH_2$，$C_6H_5CH_2NH_2$，$2\text{-}C_{10}H_7NH_2$，$NH_2(CH_2)_2NH_2$ 或 $(CH_3)_2NH$)；$ScCl_3 \cdot 3L$(L＝$n\text{-}C_3H_7NH_2$，$i\text{-}C_5H_{11}$

NH_2,$C_6H_5NH_2$,2-$C_{10}H_7NH_2$,$(CH_3)_2NH$,$(C_2H_5)_2NH$,$(n\text{-}C_4H_9)_2NH$,$(n\text{-}C_5H_{11})NH$,$(HOCH_2CH_2)_3N$, $NH_2(CH_2)_2NH_2$, $H_2\overline{C(CH_2)_4N}H$; $ScX_3\cdot 4L$($L=(C_2H_5)_2NH$ 或 $H_2\overline{C(CH_2)N}H$,X=Cl,Br);$ScCl_3\cdot 5L$($L=C_6H_5CH_2NH_2$,$NH_2(CH_2)_2NH_2$)等。它们都易吸水,难溶于非极性溶剂。

$ScCl_3$ 与 $LiN[Si(CH_3)_3]_2$ 在四氢呋喃中于室温下反应产生 $Sc[N(Si(CH_3)_3)_2]_3$。它属三方晶系,空间群为 $p\bar{3}1c$,$a=16.16$Å,$c=8.53$Å。Sc^{3+} 与三个甲硅烷基酰胺(trimethylsilylamide)配位(如图 21.18),Sc-N 距为 2.09Å,锥形 N—Sc—N 角为 115.5°。类似地,$LiN(i\text{-}C_3H_7)_2$ 与 $ScCl_3$ 在四氢呋喃和乙醚混合液中反应得 $Sc[N(i\text{-}C_3H_7)_2]_3$[1]。

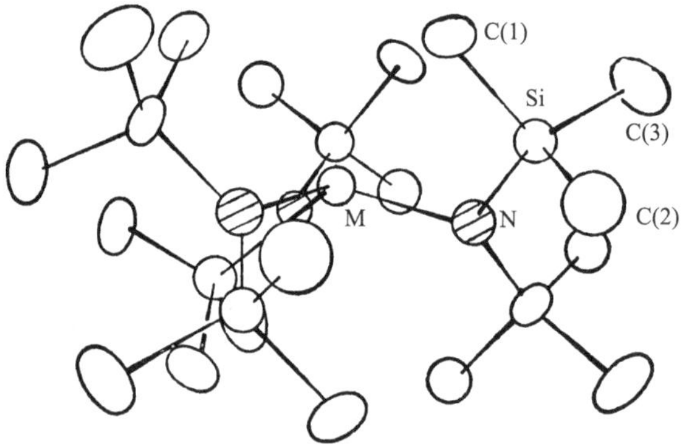

图 21.18　$Sc[NSi(CH_3)_2]_3$ 的结构

$ScCl_3$ 与乙二胺(en)依反应条件不同而得不同产物。无水 $ScCl_3$ 与 en 按 1∶6 混合,无溶剂时产生组成不定的白色粉末,产物在 120—150℃加热得 $ScCl_3(en)_2$;若以乙醚作溶济,则得 $ScCl_3(en)_5$,将它加热到 150℃,也得到 $ScCl_3(en)_2$。在水溶液中则水解成 $Sc(OH)_3$ 沉淀。ScX_3(X=Cl,Br)在四氢呋喃中与 en 反应,则产生 $ScX_3(en)_3$。产物在温度 170℃的真空中则变成 $ScX_3(en)_2$。尚未制得氟化钪和碘化钪的相应络合物[1]。

4.2.2　杂环胺

咪唑及其衍生物与 $ScCl_3$ 在醇溶液中反应,得 $ScCl_3\cdot nL$(L=配位基,$n=2$,3,5)络合物,通过咪唑环的不饱和 N 与 Sc 配位。无水 ScX_3(X=Cl,Br,NCS)与吡啶或其衍生物(Py)反应,产生 $ScX_3\cdot n(Py)$(X=Cl,Br;$n=1$—4)络合物。其中 $ScX_3\cdot 4Py$ 的红外光谱表明,存在有配位的和非配位的吡啶。在真空中可除去一分子吡啶得到 $ScX_3\cdot 3Py$,故 $n=4$ 时其通式应为 $[Sc(Py)_3X_3]Py$。其溴化物络合阳离子有畸变四面体结构,其形式为 $[Sc(Py)_3Br]Br_2$[1]。在丙酮中 $ScCl_3$ 与吡啶反应的产物组成不定。与哌啶(Piperidine)(pip)反应得 Sc：Cl：哌啶＝1：3.2：3.8 的络合物[28]。也可形成 $ScCl_3 \cdot 3pip$ 和 $ScX_3 \cdot 4pip$ 络合物[1]。所有这些化合物在温度 350℃分解成 Sc_2S_3。从硫氰酸盐水溶液中可用吡啶，α 和 β 皮考林(picoline)，2-甲基-5-乙基吡啶和可力丁(collidine)(L)形成 $LH^+[Sc(NCS)_4L_2]^-$ 型络合物。$ScCl_3$ 与 2-氨基吡啶，3-氨基喹啉或喹啉生成 $ScCl_3 \cdot L$ 型络合物，它们都是通过杂环中的 N 原子配接钪。钪与吖啶形成 $Sc(NCS)_3 \cdot 2L$ 络合物。人们还合成了 $Sc(Urt)_2 \cdot (NCS)_3 \cdot 2C_2H_5OH$ 和 $Sc(Urt)_2(NCSe)_3 \cdot 2(CH_3)_2CO$ 络合物(Urt＝乌洛托品)。由红外光谱判定硒氰酸根离子也是由 N 原子配接钪[1]。

2,2′-联吡啶(bipy)，4,4′-联吡啶(4,4′-bipy)和 1,10-邻二氮菲(phen)能与钪形成 $ScX_3 \cdot nL$ 络合物($X=Cl, NCS, NCSe, NO_3$；$n=2,3$；L＝配位基)；还可形成 $ScCl_3 \cdot 2bipy \cdot H_2O$ 和 $ScCl_3 \cdot 2phen \cdot 4H_2O$。$Sc_2(SO_4)_3$ 与 1,10-邻二氮菲在水溶液中反应生成 $Sc(OH)SO_4 \cdot H_2O \cdot phen$。$NaSc(C_2O_4)_3 \cdot 2H_2O$ 与 1,10-邻二氮菲反应，生成 $Sc(C_2O_4)_3 \cdot 2phen$。$Sc(TTA)_3 \cdot L$ 络合物(L＝bipy 或 phen，TTA＝噻吩甲酰丙酮)在溶液中呈 Sc/TTA/L 混合物存在。Sc-phen-NCS 络合物的萃取组成可能为 1：2：2，在 pH4.2—5.5 时它被萃入氯仿或二氯甲烷中的效率最大。人们还制得$(LH)_3[Sc(NCS)_6]$(L＝phen，bipy)络合物。在过量联吡啶存在下，$ScCl_3$ 与联吡啶基二锂的四氢呋喃溶液，在过量联吡啶基存在下反应，得亮黑色 $Sc(bipy)_3$ 结晶[1]。

含大环配位基的钪络合物，例如 2,6-二乙酰吡啶与联氨的乙醇溶液，在 $Sc(ClO_4)_3 \cdot 6H_2O$ 存在下反应得固体化合物$[Sc(C_{18}H_{18}N_6)(H_2O)_2][ClO_4]_3 \cdot 4H_2O$。

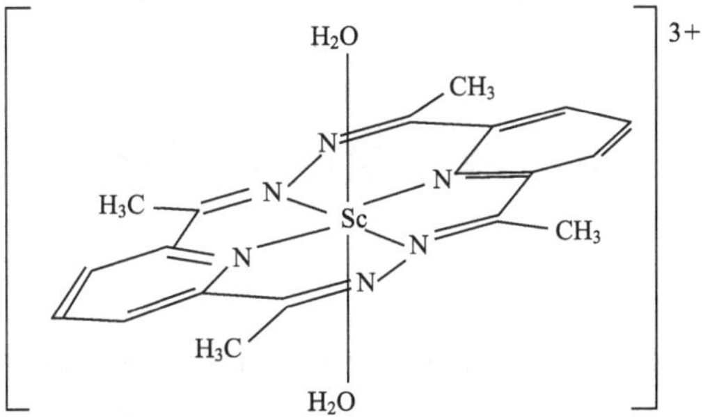

其$[Sc(C_{18}H_{18}N_6)(H_2O)_2]^{3+}$阳离子(如上图)有一 8 面体结构，其中 Sc^{3+} 离子在赤道平面上联接 14 节六个偶氮大环配合基中的 4 个 N 原子，而 2 个 H_2O 分子则在轴的两端位置上[40]。$ScCl_3$，1,2,4,5-四氰基苯和尿素在压力 1.3Pa 和温度 80—300℃加热 8 小时，则得聚合酞花青钪。乙酸钪与邻-酞腈在温度 300℃反应 1.5—2 小时得黑蓝色熔体，产物在滤纸上用二甲基甲酰胺(DME)洗涤，则 ScPc，(Pc＝酞花青)溶解，HPc_2Sc 留在滤纸上，滤液通过氧化铝柱则得 $PcScCl \cdot H_2O$。辛乙

基卟吩[H_2(OEP)]，和 Sc(acac)$_3$或 Sc(OAc)$_3$在咪唑、酚、喹啉或苯氧基乙酸等溶剂中，分别在温度 170℃或 235℃制得(OEP)ScX 络合物(X＝acac 或乙酸根)[39]。曾试图制备其羟基衍生物，结果得到的是(OEP)Sc—O—Sc(OEP)双核卟吩络合物[39]。某些由水杨醛和各种胺产生的 Schiff 碱与钪也可配位形成络合物[1]。硫氰配钪的乙醚溶液与下列配位基(L)的四氢呋喃溶液反应，制得 ScL(NCS)$_3$(L＝1A,1B 或 1C)沉淀[41]。

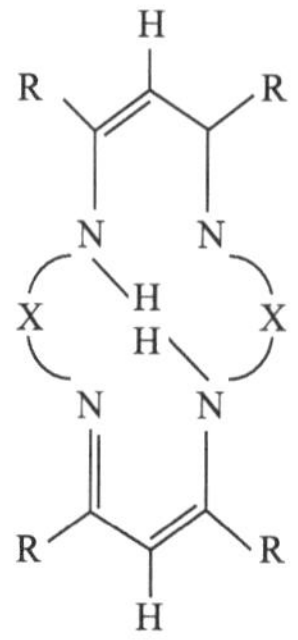

IA,　$X = C_6H_4$,　$R = CH_3$

IB,　$X = C_6H_4$,　$R = H$

IC,　$X = C_2$,　$R = CH_3$

4.2.3　腈类[1]

无水氯化钪稍溶于乙腈和苄腈，形成 $ScCl_3 \cdot 3CH_3CN$ 和 $ScCl_3 \cdot 3C_6H_5CN$。它是由 N 原子配位。用 0.1mol/L $LiClO_4$ 作支持电解质极谱研究无水乙腈中的 Sc^{3+}，在半波电势 $E_{\frac{1}{2}}=-1.83$ 和 -2.29V 时，产生两个还原波，其极限电流与 Sc^{3+}浓度成正比，钪离子与乙腈之间未相互反应，在电极上钪离子直接被还原成金属。

4.3　含氧和氮配体的络合物

4.3.1　氨基羧酸

氨基羧酸依 pH 不同可由氨基的 N 和羧基的 O，或只由羧基的 O 与钪配位形成络合物。在 pH 6 时 $Sc(OH)_3$不溶于氨基酸，与氨基和羧基都不配位形成络合物。在弱酸中得到某些只含 Sc—O 键的络合物，例如丙氨酸(alanine)，α-氨基丁酸，谷氨酸，甘氨酸，己氨酸(norleucine)形成的络合物。在 $ScCl_3$-甘氨酸-H_2O 体系中可形成 $Sc(OH)(NH_2CH_3COO)_2$络合物[1]。$N_2H_5 \cdot [Sc(N_2H_3COO)_4] \cdot 3H_2O$ 络合物的结构，空间群为 $p2/c$，$a=15.36$Å，$b=7.584$Å，$c=23.687$Å，$\beta=142.14°$，$Z=4$，$d_{(测)}=2.33$，$d_{(算)}=2.28g/cm^3$。钪配位数为 8。亚氨二乙酸(ida)与钪形成的络合物，依反应条件不同而得[Sc(ida)]Cl·$2H_2O$，[Sc_2(ida)$_3$]·H_2O

和 $K[Sc(ida)_2]\cdot 3H_2O$。它们在温度 100—280℃完全脱水。其中 Sc—O 键是离子键，Sc—N 键是共价键，Sc—N 键强度次序为 $[Sc(ida)]Cl > Sc_2(ida)_3 > K[Sc(ida)_2]$。钪与 *N*-(2-羟基乙基)亚氨二乙酸，*N*，*N*-双(2-羟基乙基)甘氨酸(*N*，*N*-bis(2-hydroxyethyl)glycine)[1]，噁双(乙亚胺基二乙酸)[oxabis(ethyleneiminodi-acetic acid)][42]，苯邻甲内酰胺-*N*，*N*-二乙酸(anthranil-*N*，*N*-diacetic acid)[42]，甘氨酸，冬门酰胺，谷酰胺[43]，*N*-羧甲基邻氨基苯酸(*N*-carboxymethylanthranilic acid)等形成的络合物已有报道。后者即 o-HO_2C-$C_6H_4NHCH_2COOH$，它与钪形成络合物的最佳 pH 为 3.55。$ScCl_3$ 与 o-或 p-$H_2NC_6H_4COOK$ 按 1∶3 在 pH2—7 反应，生成 $HOScR_2\cdot H_2O$(R＝氨基苯酸根)，按 1∶10 比例在 pH＝2 反应得 ScR_3，由羧基的 O 配接钪[9]。

钪与氨基三乙酸反应，多形成 $ScL\cdot nH_2O$(n＝4—6)型络合物。巯基乙胺三乙酸钪由三个羧基的 O 和一个氨基的 N 与钪配位，并有水分子参与配位形成畸变八面体[45]。氮基三乙酸(nitri-lotriacetic acid)(NTA＝其酸根阴离子)与钪形成 Sc(NTA)和 $K_3Sc(NTA)_2\cdot 5H_2O$ 络合物。它在温度～300℃完全脱水。其中 Sc—O 键主要是离子键，Sc—N 键是共价键。羟乙基乙二胺三乙酸(hydroxyethylethylenedia-minetriacetic acid)钪络合物也有报道[46]。

钪与 EDTA (以 H_4L 表示)的 1∶1 络合物在温度 20℃和 I＝0.1 时稳定常数 $\log K$＝23.1。在温度 25℃和外推到 I＝0 时，$[ScL]^-$ 的 $\log K$＝23.71。pH＞5 时呈此种离子形式存在，酸度增加则$[Sc(HL)]$和$[ScL]^-$同时存在。pH＜2.7 开始离解。也可形成 $K[ScL]\cdot nH_2O$ 络合物，人们现已记录了 $HScL\cdot nH_2O$(n＝0，2，4)的红外光谱。Sc 与 EDTA 的 1∶1 络合物和另一配合基(L′)可形成混合配位基络合物，当 L′＝试钛灵(tiron)，2，3-二羟基萘-6-磺酸钠，邻苯二酚和甘氨酸时，形成 Sc∶L∶L′＝1∶1∶1 的络合物，它们的 $\log K$ 值分别为 8.47，8.33 和 8.14。钪与六甲撑二胺四乙酸(hexamethylenediaminetetracetic acid)或二乙撑三胺五乙酸(diethylenetriaminepentaacetic acid)形成 1∶1 络合物。钪与 2-苯基喹啉-4-羧酸(2-phenylquinoline-4-carboxylic acid)和罗丹明-S(rhodamine S)形成1∶2∶1 络合物，它可萃入苯中，借以测定微克量钪[1]。

4.3.2 羟基喹啉化物[1]

很久以来人们就知道用 8-羟基喹啉(HQ)重量法测定钪，不过该沉淀的组成仍有争议。过去认为从 pH＝7.5 和 6.5 水溶液中沉淀者为 $ScQ_3\cdot HQ$，pH8.8 沉淀者为 $(ScQ_3)_2\cdot HQ$，也有人认为 pH＝7.5 沉淀者为 ScQ_3，最近有人提出从水溶液中沉淀，产出物都不是这些形式，而是 $ScQ_3\cdot H_2O$。将 $ScQ_3\cdot H_2O$ 溶解在熔融 HQ 中则得 $ScQ_3\cdot HQ$。它在 130—240℃加热可得 ScQ_3，将 $ScQ_3\cdot HQ$ 和 HQ 在温度 100—110℃固相反应，可得 $ScQ_3\cdot 3HQ$。产物加热则失去 HQ，达

衡重后组成为 $ScQ_3 \cdot HQ$,它属三斜晶系,晶格参数 $a=9.30Å$,$b=10.06Å$,$c=7.83Å$,$\alpha=89.51°$,$\beta=92°30'$,$\gamma=93°5'$。它在苯和甲苯中完全分解成 ScQ_3 和 HQ,在乙醇中由于类似的分解而偏离 Beer 定律。人们对 $Sc(2MeQ)_3 \cdot 2MeHQ \cdot 2H_2O$,$Sc(4MeQ)_3 \cdot 4MeH_2O$,$Sc(5MeQ)_3 \cdot H_2O$(Me=甲基),$Sc(2ClQ)_3 \cdot H_2O$ 和 $Sc(4ClQ)_3 \cdot H_2O$ 的生成、热分解和红外光谱也已有研究。前者二水合物在温度 95℃真空中加热则脱水,进一步在 150—240℃加热则得 $Sc(2MeQ)_3$。类似地从 $Sc(4MeQ)_3 \cdot 4MeHQ$ 可得 $Sc(4MeQ)_3$。而 $Sc(4ClQ)_3 \cdot H_2O$ 在温度 170℃真空中完全脱水。一些取代的羟基喹啉的络合物的制备和热分解已有报道。羟基喹啉化钪络合物像二酮化物一样易溶于有机溶剂,可借以从水溶液中用溶剂萃取钪,萃取时最佳 pH=8。钪与 7-取代-8-羟基喹啉络合物已被用于分光光度法测定钪。

4.3.3 其他[1]

安基比林(pyramidone)①(pd)与 $ScCl_3$ 反应,加四苯基硼酸钠(Na tetraphenylborate)则得 $[Sc(pd)_4][B(C_6H_5)_4]_3$。它是由环上羰基的 O 和环外的叔 N 原子与 Sc 配位。$[Se(pd)_3](ClO_4) \cdot 2H_2O$ 和 $Sc(pd)_3 \cdot (NCS)_3$ 也已被合成。人们对 $(pdH)_3[Sc(NCS)_6]$: $[Sc(pd)_2(NCS)_2](NCS)$ 和 $(pdH)[Sc(pd)_2(NCS)_4]$ 的吸收光谱和热稳定性已有研究。钪与安替比林(antipyrine)②(ant)的络合物有 $[Sc(ant)_6]X_3$ ($X=NO_3^-, ClO_4^-, I^-$),$[Sc(ant)_3(NCS)_2]NCS$,$(antH)[Sc(ant)_2(NCS)_4] \cdot 5H_2O$ 和 $(antH)_3[Sc(NCS)_6]$ 等。钪与二安替比林基甲烷(diantipyrinylmethane)(iant)形成 $[Sc(diant)_3]I_3$ 络合物,它可用二氯乙烷萃取。还可形成 $[Sc(diant)_2](NCS)_3 \cdot 2H_2O$,$[Sc(diant)_2(NCS)_3] \cdot (diantHCNS)$ 和

① 安基比林(pd)

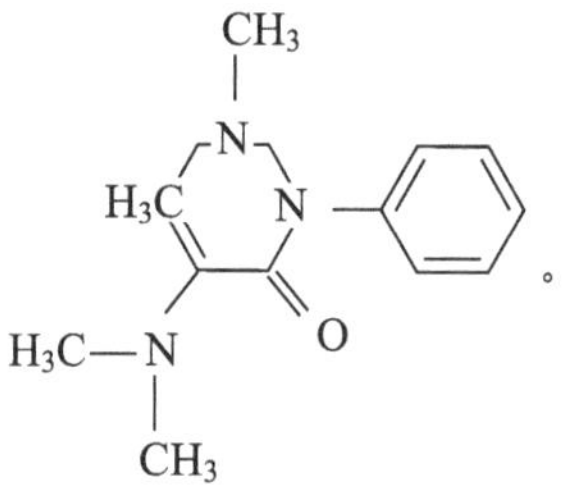

② 安替比林(ant)

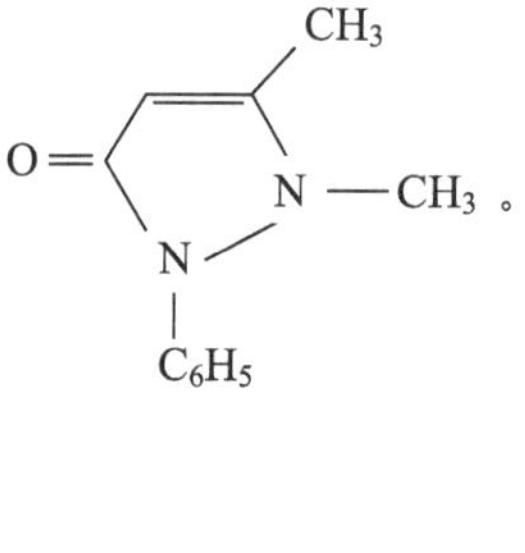

$[Sc(diant)_3](NO_3)\cdot 4H_2O$ 等络合物，由羰基的 O 与 Sc 配位。在 pH_2 时钪与甲基、丙基或己基二安替比林甲烷生成 1∶3 络合物可萃入氯仿中。硒氰酸钪与 ant 或 diant 的络合物有 $Sc(ant)_6$-$(NcSe)_3$，$Sc(ant)_3(NcSe)_3\cdot$ THF(或 C_2H_5OH)和 $Sc(diant)_3$-$(NCSe)_3$，$Sc(diant)_4(NCSe)_3$ 等[48]。六甲基膦酰胺(hexamethylphosphoramide)与硫(或硒)氰酸根形成 $Sc[OP(NMe_2)_3]_3(NCS)_3$(Me＝甲基)络合物，由 $OP(NMe_2)_3$的 O 和 NCS 的 N 配接钪[7]。乙二醛双(2-羟基缩苯胺)[glyoxal bis(2-hydroxyanil)]与钪形成 1∶2 络合物。钪离子与二乙基吡啶-2-膦酸酯(diethylpyridine-2-phosphonate)，二乙基-4-甲基吡啶-2-膦酸酯(diethyl-4-methylpyridine-2-phosphonate)和二乙基-6-甲基吡啶-2-膦酸酯(diethyl-6-methylpyridine-2-phosphonate)形成 ScL_3型络合物。其阴离子配合基(L)是由原来的酯除去一个乙基产生的。二异丙基甲基膦酸酯与 $ScCl_3$有类似的反应。其中异丙基氯化物被除去，形成三(异丙氧基甲基膦酸)钪[tris(isopropoxymethyl-phosphonato)Sc]由 POO 的 O 和吡啶环的 N 配位。

2，6-二乙酰吡啶双缩氨基脲(diacetylpyridine bissemicarbar-zone)(dapsc)的乙醇溶液与 $Sc(NO_3)_3\cdot xH_2O$ 反应得$[Sc(dapse)(OH_2)_2](NO_3)_2(OH)$络合物。它属单斜晶系，空间群为 $P2_{1/n}$，$a=11.818$Å，$b=14.785$Å，$c=12.046$Å，$\beta=105.37°$，$Z=4$，$d_{(算)}=1.634g/cm^3$，$d_{(测)}=1.63g/cm^3$。Sc—N 距平均为 2.283Å，Sc—O 距为 2.10Å，钪配位数为 7[49]。

一系列取代的 2，2′-二羟基芳基偶氮化合物(I)可与 Sc^{3+}形成许多 1∶1 络合物$[ScL]^+$(HL＝I)或$[Sc(HL)]^{2+}$。前者具有下面(II)式的结构，而后者呈互变体(III⟷IV)存在[60]。

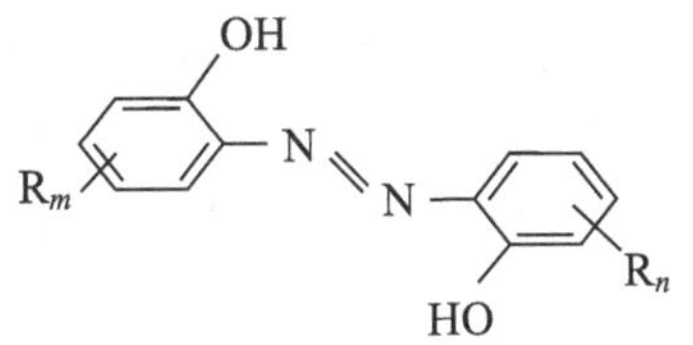

(I)

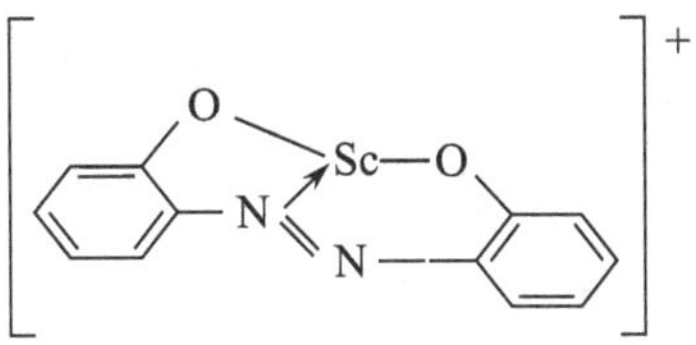

(II)

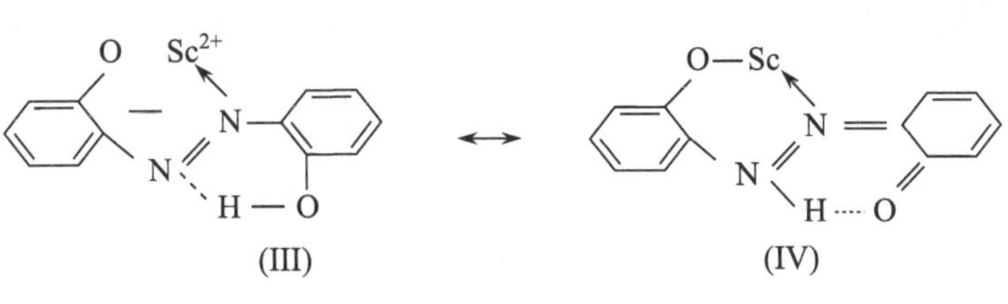

(III) (IV)

4.4　含磷和硫等其他配体的络合物

$ScCl_3$或 $ScBr_3$与 1,2-双(二苯膦)乙烷(L)反应,分别得 $ScCl_3 \cdot L$ 和 $ScBr_3 \cdot 1.5L$。其聚合物可写成$[—CH_2P(C_6H_5)_2ScCl_2(C_6H_5)_2PCH_2—]_n^{n+} \cdot nCL^-$和$[—CH_2P(C_6H_5)_2ScBr(C_6H_5)_2—PCH_2—)_2]_n^{2x+} \cdot 2nBr^-$。$ScCl_3$水溶液加 KCNS 和溴化四苯基磷($Ph_4PBr$)的醇溶液,则得沉淀为$(Ph_4P)_3[Sc(NCS)_6]$的络合物,其中 NCS 的 N 参与配位[50]。

钪与硫配体形成的络合物研究不多,钪与巯基苯并噻唑钠(Na-mercaptobenzothiozolate)(NaL)在 pH5.5—6 沉淀为 ScL_2OH 碱式盐[1]。

$ScCl_3$与过量 $LiBH_4$在 THF 中反应得 $Sc(BH_4)_3 \cdot 2THF$。Sc 与三个 BH_3 在赤道平面上经由 H 配位,而 THF 分子通过 O 原子在轴的两端配接钪[3,52](参见 4.1.1 节)。

4.5　钪的元素有机化合物

虽然 1938 年曾报道过三乙基钪乙醚化合物$(C_2H_5)_3Sc(C_2H_5)_2O$,但其存在很可疑。直到 1954 年人们合成了三茂基钪,才算开始有钪的元素有机化合物[53]。

4.5.1　钪的茂基化合物

三茂基钪[Sc tris(cyclopentadienide)][$Sc(C_5H_5)_3$]由无水 $ScCl_3$ 与 $NaCp_3$($Cp=C_5H_5$)在四氢呋喃(THF)中反应,或 ScF_3 与熔融 MgCp 在 220℃反应制得。它是淡黄色斜方结晶,空间群为 $Pbc2_1$,$a=12.881$Å,$b=8.954$Å,$c=9.925$Å,$Z=4$,$d=1.41g/cm^3$。它以 $ScCp_2$为主而以余下的 Cp 桥连而成,每个 Sc 接二个 π-C_5H_5和 2 个 σ-C_5H_5环(图 21.19)。

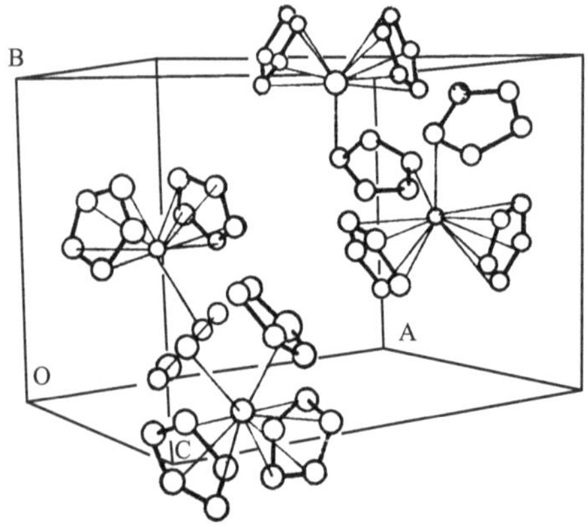

图 21.19　$Sc(C_5H_5)_3$ 的结构和单胞堆集

Sc—Cp 间是离子键,也有人认为 Sc—C 键存在相当大程度的共价键。$ScCp_3$ 的饱和蒸气压方程式为 $\log P_{atm}=8.49—\frac{5062}{T}$,三态点为 240±1℃[54]。在真空中 200—300℃升华[56]。遇水分解成 C_5H_6 和 $Sc(OH)_3$。在 THF 中稍可离解变成 $ScCp_2^+$和 Cp^-。$ScCp_3$可与 CO_2,马来酐,醛和酮反应[53]。在 THF 中 $ScCl_3$ 和

$MgCp_2$或 $TlCp_2$反应得 Cp_2ScCl。它是黄绿色单斜晶格，空间群为 $P2_1/c$，$a=13.45$Å，$b=16.50$Å，$c=13.40$Å，$\beta=93.97°$。熔点 313—315℃，升华点 220℃(1.3Pa)，两分子的 Cp_2ScCl 通过氯桥呈二聚物存在(图 21.20)。在极性溶剂中则角聚，其中 Cl^-离子易被其他阴离子如 $OCOCH_3$，acac，$C=CC_6H_5$和 π-$CH_2CH=CH_2$ 取代。由 CpScCl 可合成 $CpScAl(CH_3)_4$和 $Cp_2Sc(CH_2)_2C_6H_5CH_3$[56,57]。钪的茂基化物都易吸水，在空气中立即水解成环戊二烯[53]。

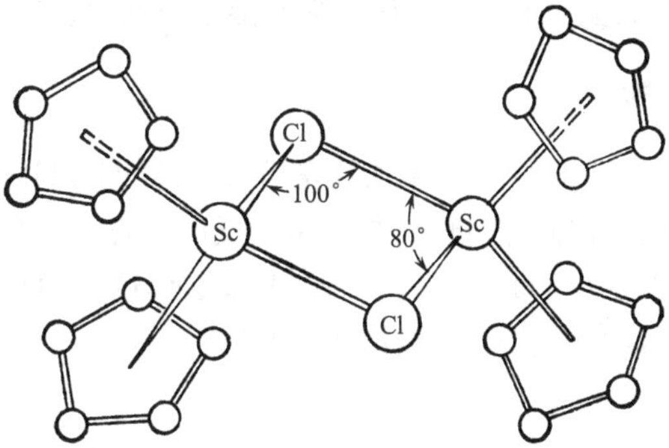

图 21.20 $[(C_5H_5)_2ScCl]_2$ 的结构

$ScCl_3$与 1,2-双(三甲基甲硅烷基)茂化锂[(Iithium1,2-bis-(trimethylsilyl) cyclopentadienide)]，写作 $Li(R_2Cp)$，[$R=Si(CH_3)_3$)]的四氢呋喃(THF)溶液，在温度 20℃反应，则生成[$Sc(n$-$R_2Cp)_2(\mu$-$Cl)_2Li(THF)_2$]络合物。此络合物加热到 140—150℃以上，则形成[$\{Sc(R_2Cp)_2Cl\}_2$]络合物。其结构与[$Pr(R_2Cp)_2Cl]_2$ 的相同[60]。[$M(n$-$C_5H_5)_2Cl]_2$ 与 $Li[AlR_4]$($M=Sc,Y,Ln$；$R=CH_3$或 C_2H_5)在甲苯中反应，可制得新型晶状络合物[$(n$-$C_5H_5)_2M(\mu$-$R)_2AlR_2$][60]。此外，还制得络合物[$Sc(n$-$L)_2\cdot(BH_4)$]，($HL=1,3$-$C_5H_4(SiMe_3)_2$)，其中 BH_4作为二配位配合基通过 2 个桥连氢原子联接钪。

4.5.2 钪的烷基和芳基化合物

无水 $ScCl_3$与苯基锂(phenyl Lithium)的 THF 溶液反应，得三苯基钪[$Sc(C_6H_5)_3$]。类似地可制三苯乙炔基钪[tris(phenylethyny) scandium]。$Sc(C_6H_5)_3$与水或氧瞬即反应，与米蚩酮反应产生深绿色，与 $HgCl_2$，CO_2 和二苯甲酮反应，分别得苯基氯化汞 C_6H_5HgCl，苯甲酸和三苯基甲醇$(C_6H_5)_3COH$[53]。混悬在 THF 中的 $ScCl_3$在温度 0℃用甲基锂(methyl lithium)的醇溶液处理，得 $C(CH_3)_3Sc(THF)_n$ 络合物。[$(CH_3)_3SiCH_2]_3Sc$，[$(CH_3)_3CCH_2]_3Sc$ 和[o-$CH_3OC_6H_4Si(CH_3)_2CH]_3Sc$由相应的锂化物与 $ScCl_3\cdot n$THF 反应制得。$C_6H_5SiCl_3$与乙酸钪反应制得含钪 1%—2%的聚合物[57]。

4.5.3 钪的烯属化物[53]

二茂基 π-烯丙基钪$(C_5H_5)_2Sc(\pi\text{-}C_3J_5)$结构为

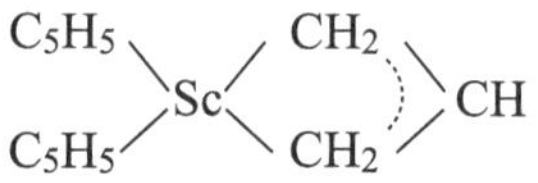

π-烯丙基处于双配位位置，钪配位数为 4，它易溶于石油醚和苯，热稳定性好。

4.5.4 钪的炔属化物[53]

苯乙炔基钠与 $ScCl_3$ 作用得三苯乙炔基钪$[Sc(C{\equiv}CC_6H_5)_3]$。其性质与二苯基钪和二茂基苯乙炔钪相似，能自燃，与米蚩酮反应生强烈颜色，与 CO_2 作用形成炔苯酸，热稳定性比 $Sc(C_6H_5)_3$好。二茂基苯乙炔钪$(C_5H_5)_2ScC{\equiv}CC_6H_5$ 与 $Sc(C{\equiv}CC_6H_5)_3$不同，不溶于苯，但略溶于 THF。

4.5.5 其他

$ScCl_3\cdot THF$ 与 $K_2C_8H_8$ 反应得 $C_8H_8ScCl\cdot THF$，它与 C_5H_5Na 和 $K_2C_8H_8$ 反应，分别得 $C_8H_8ScC_5H_5$ 和 $KSc(C_8H_8)_2$[58]。人们也曾研究过 $C_5H_5ScC_8H_8$ 和 C_5H_5ScCl 的 X 射线电子光谱。

参 考 文 献

[1] C. T. Horovitz et al. ,Scandium, Its occurrence,Chemistry,Physics,Metallurgy,Biology and Technology,Academic Press(1975).

[2] G. A. Melson et al. ,Coordination Chem. Rev. ,7,133—160(1971);Proc. Rare Earth Res. Conf. ,11th, 877—883(1976).

[3] Э. Б. Лобковский,Ж. Структ. Хим. ,18(2),389—91(1977);CA87:32343.

[4] F. Kutek,Coll. Czech. Chem. Comm. ,32(10),3767—70(1967);CA67:104725;Coll. Czech. Chem. Comm. ,36(10),3853—7(1971).

[5] V. Kohout, sb. Vys. Sb. Chem. Technol. Praze、Anorg. Chem. Technol. , B19, 33—9, (1975); CA84:68897.

[6] B. Dusek et al. , Coll. Czech. Chem. Comm. 40(9). 2569—70(1975);CA84:53298.

[7] В. В. Скоренко,Укр. Хим. Ж. ,40(5),453—6(1974);CA81:85383.

[8] Н. Л. Чикина,Ж. Общ. Хим. ,45(6),1354—6(1975);CA83:125421.

[9] C. Dragulescu et al. ,Talanta,13,1543—8(1966);Rev. Roum. Chim. ,16(9),1329—33(1971);19(5), 801—4(1974);CA76:33005;CA31:69361.

[10] П. П. Мельников,Изв. ВУЗ,Хим. Химпч. Технол. ,16(7),1002—(1973);CA79:111258.

[11] В. И. Эгова. Ж. Общ. Хим. ,41(8):1786—7(1971);CA76:7234.

[12] S. D. Makhijani et al. , Indian J. Chem. ,15A(6),565—6(1977);CA87:190100.

[13] S. V. Patil, Indian J. Chem. ,12(7),770—1(1974);CA81:180492.

[14] E. L. Head et al. , J. Inorg. Nucl. Chem. ,26(4),525—30(1964):CA60:11602.

[15] 柴田雄次等著:无机化学全书,IX-2 东京,丸善技报堂株式会社(1949).

[16] Л. Н. Ушеренко, Раɘпохuмuя. 13(4). 646—8(1971):CA75:122858.

[17] Л. М. Дикорева и др. , Тезuсы Докл. -Всес. Чуɕоевское, Оовещ. Хuм. Комплексн. Соеɘuн. ,2-тый, 2,241-2(1975);CA86:10871;Докп. АН Аз ССР,34(8),41—5(1978);CA90:95900.

[18] Т. В. Шестакова и др. ,Докл. АН СССР,204(4),893—6(1972);C A77:87772;Ж. Неорг. Хим. ,19 (3),856—8(1974); CA80:132735.

[19] И. М. Коренман и др. ,Ж. Неорг. Хим. ,11(12),2774—9(1960);CA66:59463.

[20] R. C. Vickery, J. Chem. Soc. ,255—8(1955);3113—20(1956);The Chemistry of yttrium and scandium, Pergamon Press 87—91,96(1960).

[21] Y. Thomas et al. , Seances Acad. Sci. ,Ser. B. 286(11),119—21(1978); CA89:31138.

[22] Л. А. Нестерова и др. , Ж. Неорɕ. Хuм. ,20(3),812—4(1975);CA83:21059.

[23] Л. Н. Комиссарова и др. ,Коорɘ. Хuм. ,4(7),1016—21(1978);C A89:122254;"бый Всес. симпов. по хим. неорг. Ф торидов. Днепропетровск,1978",(1978),143; CA89:208232.

[24] Т. В. Шестакова и др. , Коорɘ. Хuм. ,1(9),1190—4(1975);CA83:201366.

[25] Н. М. Алыков и др. ,Ж. Анал. Хuм. ,30(2),225—31(1975);CA83:52533.

[26] K. Akiba et al. , J. Inorg. Nucl. Chem. ,33(12),4161—70(1971);CA 76:104607.

[27] М. З. Гусевич и др. , Ж. Неорɕ. Хuм. ,16,2099—13,93—8(1971);15,(3),870—2(1970).

[28] С. Б. Мешкова, Докл. АН СССР,227(2),384—6(1976);CA85:26920.

[29] Ю. В. Чумаченко, Ж. Фuз. Хuм. ,52(9),2416—8(1978):CA90:12441.

[30] Л. Н. Комиссарова. Ж. Неорɕ. Хuм. ,23(11),3145—7(1978);CA 90:61378.

[31] T. J. Anderson et al. , Inorg. Chem. 13(1),158—163(1974);CA80:53227;lnorg. Chem. 13(8), 1884—90(1974);C A81:69581.

[32] A. Davis et al. ,lnorg. Chem. ,13(8),1880—4(1974);CA81:69580.

[33] D. J. Olszanski, inorg. Nucl Chcm. Letters,10 137(1974).

[34] Ф. Кутек и др. ,Ж Неорɕ. Хuм. ,19(9),2360—5(1974);CA81:162760.

[35] А. В. Федин и др. ,Ж. Общ. Хuм. ,44(10),2310—5(1974);CA82:129985.

[36] Л. К. Тарасов, Ж. Неорɕ. Хuм. ,21(1),93—5(1976);CA84:115317.

[37] D. C. Bradley et al. , Inorg. Synth. ,18,112—20(1978);CA 89:52623.

[38] F. Kutek, Sb. Vgs. sk. Chem. Technol. praze, Anorg. Chem. Technol. ,B22,25—27(1977); CA89:122053.

[39] J. W. Buchler et al. Justus Liebig Ann. Chem. ,745,135—51(1971);CA74:150587;Tetrahedron Lett. ,36,3803—6(1977);CA87:61865.

[40] W. Radecka-Paryzek. Inorg. Chim. Acia, 35,L349(1979).

[41] D. J. Olszanski, Inorg. Chim. Acta,23(1),L4—L6(1997);CA87:61865.

[42] В. И. Корнев, Ж. Фuз. Хuм,47(1),111—4(1975);CA83:33652.

[43] S. D. Makhijahi, J. Indian chem. Soc. ,54(7),620—1(1977);CA88:127129.

[44] 谭裕民等,高等学校化学学报,4,271(1983).

[45] J. Poalakoba, Coll. Czech. Chem. Comm. 40(11),3306—14(1975)CA84:80475.

[46] Э. Д. Фихинова, Изв. АН СССР. Сер. Хuм. ,1,10—3(1976);CA84:129901.

[47] В. И. Корнев и др. , Ж. Физ. Хим. ,45(10),2507—9(1971):CA76:28337.

[48] М. В. Копа, Ж. Общ. Хим. ,47(9),2020—4(1977);CA88:15230.

[49] D. D. McRitchie, Inorg. Chim. Acta, 20(2), L27—L28(1976):CA86:10976.

[50] В. С. Мальцева, Ж. Неорг. Хим. ,22(11),3160—2(1977); CA88:31393.

[51] J. Dellion, Acta Chem. Scand. ,A30(7),576—8(1976);CA 85:167506.

[52] К. Н. Семеннко и др. ,Изв. АН СССР, Неорг. Матер. ,13(12). 2276—7(1977);CA88:181652.

[53] А. Н. Несмиянов и др. ,Методы Элементо Органической Хим. ,1 Изд. Наука, Москва, 138—142 (1974).

[54] Г. К. Борисов и др. ,Ж. Неорг Хим. ,20(10),2636—9,2850—2(1975);CA84:22757:CA84:22466.

[55] L. E. Manzer et al. , J. Organomet. Chem. , 110(3),291—4(1976), CA 84:180370.

[56] J. Holtin, J. Chem. Soc. , Chem. ,Comm. ,12,425—6(1976);CA85:124079.

[57] А. Д. Дамаева, Пласт. Массы,11,71—2(1975);CA84:4517.

[58] A. Westerhof et al. ,J. Organomet. Chem. ,116(3),319—22(1976);114(1),61—4(1978);CA85:160279;CA88:61903.

[59] C. Dragulescu et al. , Talanta,13,1543—8(1966);Rev. Roum. Chim. ,16(9),1329—33(1971);19(5),801—4(1974);CA76:33005;CA81:69361.

[60] E. C. Constable, R. C. Fay, Coordination chem. Rev. ,37,1—7(1981);45,1—7(1982);57,229—236(1984);62,131—143(1985).

21.5 钪的提取工艺

除了钪钇石含钪较富而外，钪主要是从其他金属矿物中附带回收。故钪的提取工艺，首先是分离大量硅、铁、锰、铝、铀和钛等伴生元素，使钪富集，进而分离提纯。

5.1 从钪钇石中提钪[1,2]

钪钇石为硅酸盐矿物，首先应分离大量硅使钪富集。钪钇石难溶于无机酸，酸溶时易形成硅胶，难以过滤。用碱熔融和水浸除去大量硅后，残渣用酸浸出，经氟化物沉淀等提纯过程，制得纯钪化物。该法流程较长，回收率不高。

用过量碳在温度1800—2100℃还原熔炼钪钇石成碳化物，再用盐酸溶解，进而也能分离提纯。

还可用碳与矿石混合，在温度 800—850℃ 通氯气氯化，除去低沸点氯化物，再用稀盐酸浸出提制纯钪化合物。或将钪钇石和碳混合，在管状炉中通氯气氯化。设备的一端温度为 900—1000℃，另一端为 350℃。$ScCl_3$沉积在 600—900℃中间带，回收率为 87.5%。未反应的钪残留在渣中，可用通常方法提取。而无水氯化钪，用水溶解和氨沉淀，再煅烧成氧化钪[3]。

还可用氟化物法处理钪钇石。将矿石与 MgF_2混合，再加 KCl 和盐酸溶液，得到糊状物，在低温加热形成 $MgCl_2$和六氟钪酸钾，用水浸出后者，进而回收钪。美国 Ames 实验室将钪钇石与 NH_4HF_2混合，在 375—400℃干空气中加热，SiO_2以 SiF_4 形式除去，得到 ScF_3 等金属氟化物，再与钙或镁混合，在钼坩埚中加热到1400℃ 还原成合金，再溶于盐酸，进而提纯。

5.2 从黑钨矿和锡石中回收钪

黑钨矿和锡石是目前提钪较重要的资源，我国钨矿和锡矿很丰富，更应注意综合回收。美、苏、捷等国也都以这些矿石为提钪原料。黑钨矿含钪 0.05%—0.08% Sc_2O_3[2]，可用盐酸或硝酸和盐酸混合液分解，并用稀盐酸浸出，用草酸或硅氟酸盐沉淀，进而分离提纯。

黑钨矿用苏打焙烧和水浸分离钨酸钠后的残渣，通称之为“钨渣”，其中含钪一般为 0.1%—0.3%，其主要组份为铁、锰氧化物，以及伴生元素铌、钽和稀土元素等。还含有脉石中的铝、钙和镁等。早先是将钨渣用盐酸浸出,再用草酸或氢氟酸沉淀得富钪的富集物,进而分离提纯。有人认为在大量铁、铝、锰、钒、铀、锆、钛、铌和钽存在下,草酸不易使钪沉淀完全,宜用氟化物沉淀法并加钙或镧作载体[6]。不过氟化物沉淀为凝胶状,不易过滤,沉淀物又不易用硫酸分解完全,而某些干扰草酸沉淀法的元素,对氟化物沉淀也有一定影响,所以在杂质不太多的情形下,草酸沉淀法仍常应用。

钨渣酸浸后,也可用碳酸盐处理进行分离。钨渣用硫酸分解和水浸后,溶液含钪 0.2—0.3g/L,还含大量铁(15—25g/L),锰(15—20g/L),锆、钛、钍、铝、铌、钽和稀土元素等。用氨水中和,过滤,沉淀用水洗涤,在机械搅拌下加等体积 20%苏打溶液,使钪呈碳酸复盐溶解,而与大量铁、锰等杂质分离。滤液用盐酸酸化到 pH<1,煮沸驱除 CO_2,然后用浓氨水沉淀 $Sc(OH)_3$。再在 850℃煅烧得钪精矿,含 40%—70%Sc_2O_3。其主要杂质有钍、稀土元素、锆、钛铝和铍。最后用异戊醇、乙酸丁酯或苯乙酮的煤油溶液萃取,或在硫氰酸盐存在下用乙醚萃取提纯。可得到氧化钪纯度>99.99%,回收率 80%—88%[1]。

钨渣用盐酸浸出后,也可用腐植酸沉淀钪,但钛、锆和钍也共同沉淀,故试剂消耗颇大(40 倍)。若加过量 H_2O_2,则生成 $Ti(OOH)(OH)_3$,可显著改善过滤情况。滤饼洗涤和煅烧后含 2% Sc,回收率 98%,比钨渣中的钪富集约 40 倍。再用 Na_2O_2熔融和水浸,除去磷酸根和使钪转变成可溶形式,作进一步提纯。还可用焦碳酸钠作沉淀剂,生成 $Sc_4(P_2O_7)_3$ 沉淀,洗涤和干燥后含 0.8%Sc,回收率 98%。沉淀用浓碱溶液转化成氢氧化钪,再溶于酸进行提纯[1]。

上述方法分离效果差,流程复杂。最近则多采用溶剂萃取法直接从钨渣或黑钨矿酸浸液中萃取钪。例如钨精矿用 6mol/LH_2SO_4在温度 90℃浸出。用 SO_2和活性碳催化剂使铁还原成 Fe^{2+},用含 18—20 碳原子的脂族伯胺(JM-T)的煤油溶液萃取钪,再用 3mol/L HNO_3溶液两段洗提,然后用强碱性阴离子交换树脂吸附残存的铁,再萃取硫氰酸钪以分离钍、钛和锰,用硫酸洗提后,水溶液再用 JM-T 的煤油溶液萃取钪,而 Al,Si 和 Ca 留在水相中。用硝酸洗提钪后,再用草酸沉淀钪。草酸钪在 800℃煅烧成氧化钪,其纯度 99.99%,回收率为黑钨矿中含钪量的 83%[2]。近来,国内多用 P-204 从酸浸液中直接萃取钪。

又例如黑钨矿和炼锡炉渣用浓盐酸浸出,再用辛基磷酸酯萃取钪;有机相相继用盐酸和硫酸洗提除去杂质,然后用氢氟酸溶液洗提钪[2]。ScF_3沉淀转变成氢氧化钪后,再溶于盐酸,用草酸使之沉淀,过滤,在 800℃煅烧得纯度为 99%的氧化钪[2]。

上述钨渣的酸浸液中含大量铁、铝和锰等杂质,使钪的回收和分离过程复杂化。作者曾将钨渣在电炉中还原熔炼成铁-锰合金,而钪几近完全富集在渣中。炉渣粉碎和酸浸后,溶液含铁量显著减低,有利于钪的分离和回收。

黑钨矿大约90%是冶炼成钨铁来应用。冶炼钨铁时钪完全进入炉渣中，其含量提高三倍。将炉渣破碎到80%为−200目，用硫酸、硝酸而最好是用盐酸浸出，浸出液再用前述各种方回收钪[1]。

锡石中的钪在冶炼过程中总是进入炉渣中，可按处理钨渣同样的方法回收钪[1]。

黑钨矿和锡石也可用氯化法处理。或使钨、锡、铁、硅氯化物馏出，而钪留在渣中得以富集；或在600—1000℃高温直接将$ScCl_3$馏出，再进而分离提纯[1,9]。显然这样处理既不经济，而困难也多。

5.3　从放射性物料中回收钪

5.3.1　从铀矿中回收钪[2]

虽然铀矿中含钪量很低(<0.1%)，但用溶剂萃取法提铀时，钪也同时被萃取，且它们易于分离，故目前美、澳等国均从铀厂回收钪。

铀矿用硫酸浸出的溶液中含0.001g/L Sc_2O_3，用0.1mol/L十二烷基磷酸(DDPA)的煤油溶液萃取铀时，钪也被萃取，但有机相用10mol/L盐酸洗铀时，钪、钍和钛仍留在有机相中，使萃取剂失去萃取效率。用氢氟酸可洗提它们，并使萃取剂再生，返回萃取铀系统。得到的氟化物滤饼，用15%NaOH溶液转化成$Sc(OH)_3$，过滤，沉淀溶于盐酸，调节pH=4，加热到100℃水解除去Si，Fe，Ti和Zr，然后沉淀成草酸钪，在温度800℃煅烧，再溶于盐酸，溶剂萃取进一步分离铁和铀，得到纯钪溶液，用氨水沉淀并煅烧得纯度99.5%氧化钪。再重复后几步操作，则得纯度99.99%氧化钪产品。

澳大利亚皮里港铀厂的贫铀硫酸溶液含大约0.02g/LSc_2O_3以及大量铁和少量Al，Ti，Y，Th和稀土元素。用金属铁还原Fe^{3+}成Fe^{2+}后，用0.1mol/L二(2-乙基己基)磷酸(HDEHP)的煤油溶液(并含4%壬醇)萃取钪。用4.5mol/L硫酸洗提有机相中的Al，Ti，Y，稀土元素，Th和Fe。再用2.5mol/L NaOH溶液洗提钪，产物纯度为90% Sc_2O_3。

另有某铀厂硫酸浸出液中含钪5×10^{-5}%，用HDEHP萃取铀和钪后，有机相用苏打洗涤，得到含Sc，Ti，Th和夹杂有U的铁渣，其典型成份为(%)：Sc0.14，Th0.14，Ti0.3，$U_3O_8$24和Fe38。将它在温度250℃煅烧后溶于硫酸，用SO_2和活性炭催化剂使Fe^{3+}还原成Fe^{2+}，用含18—20碳的脂族伯胺的煤油溶液萃取钪，三段逆流萃取足以回收98%的钪并使铁和铝留在水相中。有机相用HCl洗涤，得到的溶液对原铁渣的回收率(%)为：Sc97，Th99，Ti85，U72和Fe2。此后提纯过程是先用强碱性阴离子交换树脂吸附除铁和铀。再用含NH_4SCN的甲基异丁酮溶液萃取钪。有机相用硝酸洗提钪和少量钛，然后用草酸沉淀钪，使钛留在溶液中。草酸钪在850℃煅烧得99.6% Sc_2O_3。此法可回收原铁渣中90%的钪。

5.3.2　从其他放射性物料中回收钪[1]

杂铌矿和赫洛宾矿用 $KHSO_4$熔融后用水浸出硫酸钪。含钪褐帘石可用浓硫酸浸出钪。再从它们的浸出液中用草酸或氢氟酸沉淀钪。

绿柱石含(%)：BeO10.85，$Sc_2O_3$0.04，Fe_2O_3 2.3，FeO2.07。将它与石灰石细粉按1∶1混合，在温度1500—1600℃电炉中熔融，冷却后再粉碎到－200目，加硫酸进行硫酸化，用水浸出，提取率钪为91%，铍为97.3%—97.5%。溶液中含约90mol/LSc_2O_3，加硫酸铵并冷却结晶析出铝铵矾。母液蒸发和结晶析出硫酸铍，而铁和钪留在溶液中，用40%NaOH 处理，使铍呈铍酸钠分离，而铁和钪完全沉淀。沉淀含1.9% Sc_2O_3，它比原料中钪含量富集了50倍，可再溶解进而提纯。

5.4　从含钛原料中回收钪

钛铁矿精矿熔炼时钪几乎全部进入炉渣中，且富集了大约10倍，可从炉渣中回收钪。含0.0104%Sc 的钛铁矿精矿，若用氯化法处理，在氯化炉料制备中有94.2%—96.8% 的钪与铌、钽一起进入焦化的料块中。在氯化产出 $TiCl_4$过程中，钪以氯化物的形式分布在冷凝设备的各个部分，但大部分进入氯化尘捕集室中。这种烟尘是回收钪的有用原料。将它用稀 HCl 浸出，溶液用70%TBP 煤油溶液萃取，再用水反萃后，经分离提纯制得纯氧化钪。国内攀枝花钢铁公司有丰富的钒钛磁铁矿资源，共中含钪很丰富。从钛铁矿生产四氯化钛的烟尘中回收钪已取得一些成果，但从其他冶炼副产物例如高炉渣等中回收钪，还有待研究。若问题能得到解决，则我国钪的产量将是惊人的。

用硫酸法生产钛白(TiO_2)的过程中，偏钛酸水解的废液也是回收钪的重要物料。如果钛铁矿含0.008%Sc_2O_3，则在水解后的酸液(含24% H_2SO_4)中含钪为0.018g/L Sc_2O_3。若用0.4mol/L 二-(2-乙基己基)磷酸的煤油溶液萃取，其相比为有机相∶水相＝1∶100，钪几乎完全与钛、铁和钙分离。如果原溶液中 Sc_2O_3与杂质之比为1∶3500，则在有机相中为1∶(3—5)，即富集了大约700倍。再用固体 NaF 将钪反萃出来，用3%H_2SO_4浸出沉淀，其液/固比为25，得到的沉淀按钪计，富集了10.8倍，含主要组份Na_3ScF_6达61%。在进行扩大试验工艺流程中，萃取、反萃取和浸出三个工序的钪直接回收率为85%—90%。国内用 P-204 的煤油溶液萃取水解偏钛酸废液中的钪后，用 NaOH 反萃取，所得沉淀过滤和洗涤后，再溶于盐酸，加草酸使之呈草酸钪沉淀，最后煅烧得到纯度99.5%以上的 Sc_2O_3。

5.5 从含锆原料中回收钪[36]

锆精矿一般含 0.001%—0.08%Sc。用石灰-氯化钙烧结处理锆精矿，用盐酸或硫酸浸出，再分离碱式硫酸锆后，有 60%的钪富集在母液中。再用萃取法提取钪。

母液应预先中和使钪富集。用白垩中和时 99.8%的钪进入渣中。随之处理得到的精矿，用硝酸或盐酸溶解它。只有原溶液中含锆不高时，用硝酸流程较为合理，而盐酸流程应用较普遍。最后用 TBP 萃取回收钪。对于从盐酸溶液中用 TBP 萃取钪时，独立可变最佳参数的影响次序是：酸度≫金属浓度＞TBP 浓度＞相比。在 8mol/L 盐酸溶液中钪的萃取率为 99.4%。分离系数 $\beta_{Sc/Fe}=2460$，$\beta_{Sc/Al}=2634$。

5.6 从铝土矿中回收钪

铝土矿是重要的提钪资源，近来由铝土矿得到的钪，占从其他金属矿得到的钪总量 75%—85%。依铝土矿的形态不同，其含钪量为 0.0053%—0.0083%Sc。铝土矿浸出时 98%—100%的钪残留在赤泥中。它是工业上提钪的好原料。含 0.02% Sc 的赤泥还原熔炼成生铁时，钪完全进入炉渣中，其含量为 0.012% Sc。用苏打溶液浸出残渣时，95%—98%的钪留在固相中，这种白泥渣含钪量比赤泥中的含钪量大 1.65 倍。再将白泥用酸溶解，然后用溶剂萃取法回收钪。

有人将红泥或低品倍铝土矿熔炼成生铁时，钪及大多数其他稀有金属进入炉渣中。如果赤泥中含钪 7×10^{-4}%，则在炉渣中为 10^{-3}%，生铁中为 10^{-5}%. 将炉渣用 30%H_2SO_4 浸出，过滤后溶液用 5%二-(2-乙基己基)磷酸的煤油溶液并加 2%乙二醇萃取。除了铁和铝而外，其他组分被萃入有机相。再用 10%Na_2CO_3 溶液反萃，水解分离钛后，再返回到反萃阶段，如此经过 2—3 个循环，直到富集的元素达到一定水平。分出得到含钪的稀有金属精矿，再作进一步提纯处理。

另外，含 0.002% Sc_2O_3 的铝土矿也可直接用盐酸净化除铁，此时钪随溶液损失 10%—15%。含 SiO_2 低的白色铝土矿用拜耳法处理，当含 SiO_2 高时，用硫酸处理，再从酸性溶液(2mg/L)中用二-(2-乙基己基)磷酸萃取钪，萃取率＞90%。结果钪的总提取率 70%—80%[36]。

5.7 从其他原料中回收钪

苏联某炼铁厂炉渣含(%)：Sc_2O_3 0.06，Fe_2O_3 1.36，Al_2O_3 22.77，SiO_2 24.61，CaO34.10，MgO1.80。用浓硫酸在温度 220℃分解后水浸，钪完全进入溶液，其浓

度达 0.12g/L。溶液中主要杂质 Al 的浓度比钪高 300 倍。加苛性钠使最终浓度为 5%NaOH，得到的氢氧化物沉淀含约 0.85% Sc_2O_3。溶于稀硫酸后，按前述从钨渣提钪的方法，用苏打处理，乙醚萃取硫氰化物和草酸沉淀等分离步骤，制得纯度>99.99%的氧化钪，回收率约 85%。

辉石含（%）：$Sc_2O_3$0.016，$SiO_2$50，CaO15，MgO10，$Fe_2O_3$10，MgO15，$Al_2O_3$1.5。用苛性钠熔融，再溶于盐酸，按前述方法处理，制得 99.9%Sc_2O_3，回收率为原矿中钪的 70%—75%。辉石在高炉炼铁时富集在炉渣中，其中铝含量比原辉石中低，从这种炉渣中提钪，可省去苛性钠熔融步骤[2]。

5.8 钪的分离提纯方法

上述提钪工艺中已涉及一些钪的分离提纯方法。现将钪在富集提纯和化学分析中的主要分离方法综述如下：

5.8.1 沉淀法[2]

沉淀和共沉淀法分离钪，是过去主要用以分离钪的方法，至今仍常应用。用无机化合物作沉淀剂的方法有：氢氧化物、硼酸盐、碳酸盐、磷酸盐、次磷酸盐、硫低硫酸盐、硫酸复盐、氟化物、氟硅酸盐、焦磷酸盐法和碘酸盐法等。用有机化合物沉淀钪的方法有：草酸盐、酒石酸盐、碱式羧酸盐、茜素磺酸黄、茜素、丹宁、8-羟基喹啉、肉桂酸、苯次膦酸等。还有重量法测定钪的许多沉淀剂（见 6.2.2 节）。钪可与硫酸铁通过形成混晶实现共沉淀。酒石酸铵常用作共沉淀法分离钪的载体，用于测定矿物、岩石或煤灰中的钪，至少 96%的钪共沉淀。有一种特殊含磷吸附剂，是由$(PNCl)_2$ 磷酸化的二乙烯基苯与苯乙烯经共聚合反应，接着用 KOH-水-乙醇溶液水解，产物再用以吸附钪而分离铁[38]。

$Sc(OH)_3$在 pH4.9—5.5 沉淀，它在碱中难溶，可控制 pH 值分步沉淀而与其他元素分离，但 Fe^{3+} 和 Al^{3+} 等与钪沉淀的 pH 值接近的元素不易分离。

钪可与碱金属氟化物、氢氟酸或氟硅酸盐生成氟化钪或氟硅酸钪沉淀，而与 Zr，Al，Fe 和 Mn 等元素分离，是富集钪的重要方法。钍和稀土元素氟化物也一起沉出，并且是沉淀钪的载体。但 ScF_3易溶于 NH_4F 溶液，而钍和稀土元素氟化物却不溶。

硫低硫酸盐在弱酸性 $ScCl_3$或 $Sc(NO_3)_3$溶液中煮沸，则产生易过滤的棉絮状沉淀，而在硫酸钪溶液中钪沉出极不完全。在低 pH 值时易水解的 Ti，Zr，Hf，Th，Fe^{3+}和 Al 等将同钪一起沉出，故一般多用于含杂质不多的提纯过程中分离稀土元素，但分离并不完全且钪的损失大。在中性溶液中沉出者为透明胶体，极难过滤，与稀土元素分离效率更差。

草酸可沉淀钪和稀土元素，并能有效地分离铁、铝和钛等元素。草酸钪在无机酸或草酸铵溶液中溶解度较大，但无机酸溶液中加草酸则其溶解度降低。Fe，Al，Mn，U 和 V 的草酸络合物将影响草酸钪完全沉淀，铵盐的存在影响更大。故含大量干扰杂质而钪浓度很低的溶液不宜采用此法。

加酒石酸铵到钪盐溶液中并煮沸，则钪和稀土钇族元素生成难溶的沉淀，而 Fe^{3+}，Ti，Zr，Th，Mn，Al 和铈族元素等却生成络合物，一般用以使钪与钍和锆等元素分离。

5.8.2 升华法

钪可呈氯化物或乙酰丙酮化物分步升华提纯，分离效率比沉淀法好。

$ScCl_3$沸点 967℃，而 Fe，W，Ti，Al，Zr，Hf，Be，Nb，Ta 氯化物的沸点<350℃，稀土元素氯化物在 1200℃以上升华，故可控制升华温度使它们分离。$ThCl_4$和 $MnCl_2$升华温度与 $ScCl_3$较接近，较难分离。

钪的乙酰丙酮化物 $Sc(acac)_3$熔点 187.0—187.5℃，升华点 157℃，在 360℃分解，它可溶于乙醇、醚、氯仿和苯，而稀土元素、锆和铪等的乙酰丙酮化物在有机溶剂中的溶解度较小，且较难挥发或受热即分解，故可藉这些性质使之分离，经重复操作可提制光谱纯钪。

5.8.3 溶剂萃取法

溶剂萃取技术近来发展很快，在钪的制取、提纯、富集、分离和化学分析等方面均可应用。某些萃取钪的萃取体系见表 21.10。

表 21.10 钪的某些溶剂萃取体系[2]

萃取剂	溶剂	pH(或酸度)
0.1mol/L 苯酰丙酮	苯	4—8
0.1—0.6mol/L 乙酰丙酮	苯	
0.1mol/L 二苯酰甲烷	苯	4—8
0.1mol/L 噻吩甲酰三氟丙酮(HTTA)	IBMK	5.5
0.2mol/L HTTA	二甲苯	1—6
5%HTTA	苯	1.5
0.1mol/L β-异丙基草酚酮(IPT)(β-isopropyltropolone)	氯仿	1.5
2.5%8-羟基喹啉	丁醇或戊醇	1—5
5,7-二氯-8-羟基喹啉	氯仿	8.5—9.5
铜铁试剂	氯仿	1.5
0.5%*N*-苯酰苯羟基胺(BPHA)	异戊醇	4—6
(*N*-benzoylphenylhydroxylaminc)		
烷基胺	硫酸	

续表

萃取剂	溶剂	pH(或酸度)
0.01%1-(2-吡啶基偶氮)-2-萘酚 [1-(2-pyridylazo-)-2-naphthol]	戊醇	2.5
试镁灵	丁醇	4.5—6
2×10^{-5}mol/L 氯磷偶氮 III(chlorophosphonazoIII)	丁醇	2
二乙基硫代氨基苯甲酸钠 (Na-diethyldithiocarbamate)	丁醇	2—3.5
100%TBP(磷酸三丁酯)		6mol/L HCl
70%TBP	煤油	
二(2-乙基己基)磷酸盐 [bis(2-ethylhexyl)phosphate]	苯	
0.75mol/L 二(2-乙基己基)原磷酸 [bis(2-ethylhexyl)orthophosphoric acid]		1—11mol/L HNO_3 或 $HClO_4$
0.01mol/L 二-*n*-丁基磷酸盐 (di-*n*-butylphosphate)	异丁酮	0.1—10mol/L HNO_3
2.5%2-苯基辛可宁酸 (2-phenylcinchoninic acid)	苯	4.2
1,10′-邻苯二氮菲-硫代连硫酸盐 (1,10′-phenanthroline-thiothionate)	氯仿	4.2—5.5
碘化物 -二安替比林甲烷 (iodid-diantipyrylmethane)	氯仿	
o-氨苯基砷酸(o-arsanilic)的衍生物	异戊醇	4
N-苯酰苯羟基胺-偶氮 (*N*-benzoylphenyl-hydroxylamine-azo)	氯仿	11.5—12.7
1-甲基-3,5-二正丁基-4-正丙基吡唑 (1-methyl-3,5-di-*n*-butyl-4-*n*-propylpyrazole)	苯	
庚基四乙基偶磷二胺 (heptyltetraethylphosphorodiamine)	HNO_3	

长期以来从盐酸溶液中用乙醚萃取硫氰酸钪,是提取钪的较好分离方法之一[11]。萃入乙醚相的钪含量随溶液中硫氰酸铵含量增加而增加,但浓度超过300g/L NH_4CNS 则随含量增加而减小,酸度小于 1mol/L 则钪萃入乙醚相的量随酸度增加而增加,但酸度大于 2mol/L 则萃以率又降低。钪浓度对萃取率影响不

明显。硝酸盐和氯化物溶液的萃取情况近似，但硫酸盐或磷酸盐溶液因生成络合物致使钪的萃取率降低。铁、铝、铍和铟与钪一起被萃取，Fe^{3+} 还原成 Fe^{2+} 后不被萃取，钛和铀只能与钪部分分离，Ca，Mg，Zr，Th，Mn 和稀土元素能与钪完全分离。此法钪萃取率可达 95%。从单纯硝酸盐溶液中，用乙醚、异己酮或醇不能萃取钪，但在大量 $LiNO_3$ 存在下，用乙醚可萃取钪 84%[2]。

用磷酸三丁酯(TBP)可从盐酸或硝酸溶液中萃取钪，以分离稀土元素、钇、铝、锆和钍等。用 100%TBP 从 6mol/L HCl 溶液中萃取钪，萃取率可达 99%以上。用 TBP 从盐酸溶液中萃取钪的分配系数随酸度增加而增加，其值在 9.4mol/L HCl 时为 110，而在 10.5mol/L HCl 突增至 1000 以上。在 6—8mol/L HCl 溶液中用 70% TBP 煤油溶液萃取钪，可分离 Ca，Mg，Al，Fe 和 Th，盐析剂的存在可提高钪萃取效率[12]。用 TBP 的邻-二甲苯溶液从 6—8mol/L HCl 溶液中萃取钪可分离钛和铁[7]。TBP 中加石油亚砜或烷基苄基氯化铵有协同萃取钪的作用[13]。用 TBP 也可从硝酸溶液中萃取钪[8]。周期表中各元素在硝酸或盐酸-TBP 体系中的分配系数与酸度的关系见文献[14]。钪的分配系数随酸度增加而显著增加，而钍、稀土元素等的这种增加趋势较缓，有的竟呈下降之势，故在酸度较大时钪的萃取分离较好。用 $Al(NO_3)_3$ 作盐析剂优于用 NH_4NO_3。在 0.2mol/L HNO_3 和盐析剂存在下，用 TBP 萃取钪可除去 Al，Mg 和 Ca，但稀土元素未达到分离。TBP 中若含磷酸二丁酯则 Th 的萃取增加，但可先用磷酸或柠檬酸盐缓冲液将钍洗提除去，仍能使钪提纯到 99%以上。

磷酸一酯和磷酸二酯也能萃取钪。磷酸及其酯类之中，二(2-乙基己基)磷酸(D_2EHPA)是萃取钪最有选择性的萃取剂，用苯稀释后可从盐酸溶液中萃取钪而与稀土元素等分离。当溶液中含 Zr，Ti，Sn 时，由于它们的烷基磷酸盐的积累而产生第三相，以致影响钪的萃取，所以应事先除去它们。Ti 同 Sc 一起可完全被萃取，而 Sn 和 Zr 只萃取 60%—70%[15]。从硫酸溶液中用 D_2EHPA 萃取钪和铀等已在铀厂应用(见前)。在硝酸或过氯酸浓度>5mol/L 时，可用它萃取和测定 Sc，Mo 和 Ce[2]。在盐酸或硫酸溶液中，钪的萃取率先随酸度增加而降低，至 5mol/L HCl 和 5mol/L H_2SO_4 达最小值，此后又随酸度增加而增加，故萃取钪应在高酸度中进行。萃取相比 1∶4—1∶5 时，约 1min 即达平衡，钪的萃取率达 97%。

β-二酮被广泛用作萃取钪的螯合剂，最常用的是噻吩甲酰三氟丙酮(HTTA)。在 pH=1.5—2.5 时，用 HTTA 溶解在苯、环己烷或二甲苯的溶液中可定量地萃取钪；在 pH<1.5 的条件下，钪能与许多金属离子分离。硫酸盐、氯化物、硝酸盐、磷酸盐或氟化物无影响，Fe^{3+} 的干扰可用盐酸肼使之减少。0.1mol/L 乙酰丙酮、丙酰丙酮(BA)或二苯酰甲烷的苯溶液，在 pH3—4 时能完全萃取钪。这些 β-二酮，尤其是苯酰丙酮可用于分析和放射化学中分离钪[2]。β-二酮(如 HTTA 和 BA 等)与庚基四乙基二酰胺膦酸盐(heptyl tetraethyldiamidophosphate)或三辛基

氧膦(trioctylphosphine oxid)混合的苯溶液，有协同萃取钪的效果[2,19]。此外甲基乙基酮、甲基异丁基酮或 1-苯基-3-甲基-4-苯酰吡唑-5-酮等也可用于萃取钪[2,18]。

芳基羧酸也是钪的有效萃取剂。用 1mol/L 苯乙酸的氯仿溶液，控制 pH=5.5—6 并加掩蔽剂的情况下可使钪的萃取率达 100%[2]。水杨酸、苯酸、二苯乙酸和苯乙酸的氯仿溶液，在 N,N,N,N'-四乙基庚基膦二酰胺(N,N,N,N'-tetraethylheptyl phosphonic diamide)存在下，在 pH3—4 萃取钪最有效[20]。水杨酸和皮考林或 1,10-邻二氮菲混合物可萃取钪和锆[21]。氮川三乙酸和 2-氧乙基亚氨二乙酸(2-oxylethyliminodiacetic acid)混合可有效地萃取钪以分离稀土元素和铁。还有丁酸和磺基水杨酸混合也用于萃取钪[2]。

从各种水溶液中用伯、仲和叔胺萃取钪时，以伯胺的萃取效果最好。用 N-苯酰苯羟基胺盐(BPHA)溶于正丁醇、乙酸戊酯、苯、氯仿和异戊醇的溶液，可有效地萃取钪以分离稀土元素、锆和钛。0.5%BPHA 的异戊醇溶液在 pH>4 时能完全萃取钪，而稀土元素在 pH>5.8 才开始被萃取，故可控制酸度使它们分离[2]。吡啶和某些杂环碱的氯仿溶液可用以萃取硫氰酸钪。

其他萃取钪的溶剂和方法还有:8-羟基喹啉和中性有机磷试剂，2-乙基己醇石油醚-HCl，甲撑双(二-n-己基氧膦)，双(3,5,5-三甲基己基)硫酸铵[2]，二-n-丁基亚砜或丁基苄基亚砜[37]，石油亚砜[23]和芳基砷酸[22]等。

5.8.4 离子交换法

离子交换法是分离钪与某些较难分离的元素的重要方法，例如分离稀土元素、钍和锆等，常用于钪的最后提纯。大多数分离方法，钪与稀土元素分离因素低于20，而此法的分离因素高达数百乃至数千[2]。从稀盐酸、硫酸或硝酸溶液中，钪可牢固地吸附在酸性阳离子交换剂上。疏松结构的含氧磷酸或羧酸阳离子交换树脂最适合钪的分离[24]。选择吸附或用适当试剂选择洗提可使钪与许多金属分离。用 Dowex 50W-X8 阳离子交换剂分离钪和其他元素时无机酸和盐洗提剂效率的次序为 $H_2SO_4>NH_4Ac>NH_4Cl>NaCl>HNO_3>HCl>NH_4NO_3$[25]。用有机络合剂洗提是目前分离提纯钪最有效的技术之一，可用柠檬酸、EDTA、氮川三乙酸(NTA)等络合剂作洗提剂，且以柠檬酸的洗提分离效果最好。用 EDTA 洗提 Dowex-50 树脂上的钪，Yb，Y，La 和 Th 时，Sc 首先被洗提出来。在钪的制备操作中，可将另一负载有 Cu^{2+}，Zn^{2+}，Fe^{3+}，NH_4^+ 或 Pb^{2+} 的树脂柱串接在负载待分离元素的树脂柱后面，这样用络合剂洗提时，由于各种金属形成络离子的稳定常数不同，在树脂上不断被吸附和解吸的结果，使某些元素被阻滞而落后，藉以提高分离效果。当用负载 Cu^{2+} 的树脂柱串联和用 EDTA 溶液洗提时，钪直接通过交换柱，而稀土元素则置换出 Cu^{2+} 并滞留在树脂上，因而得到分离。某些阳离子交换分离钪的方法见表 21.11。

表 21.11　阳离子交换分离钪的方法[2]

离子交换树脂	洗提剂	分离元素
Amberlite IR-100H	5%柠檬酸	La,Y
Zeokarb 225	3mol/L HCl	中子活化的产物
Dowex 50	3mol/L HCl	从硅酸盐岩石中分离 Ce,La,Nb,Y
Diaion SKI	1mol/L NH_4SCN,0.5mol/L HCl	Al,Ca,Fe,Th,Ti,Zr
BioRad AG50W X8	2mol/L H_2SO_4	Ce,Er,La,Sm,Y,Yb
BioRad AG50W X8	3mol/L HCl	碳酸盐岩石中的稀土元素
Dowex 50W X8	0.3mol/L $(NH_4)_2SO_4$, 0.025mol/L H_2SO_4	Al,Ca,Cd,Co,Cr,Cu,Ge,In,Mg, Mn,Ni,Y,Zr,稀土
Dowex AG50W X8	95%THF-5%6mol/L HCl,0.1mol/L TOPO	Ce,Yb
Dowex 50W X8	0.1mol/L 双硫腙溶于 1mol/L HNO_4-THF	Al,Bi,Ca,Cd,Co,Cu,Fe,Na, Pb,Th,U,Zn,稀土
Dowex 50W X8	0.1mol/L TBP 溶在 12mol/L HNO_3 中	Ce,Th,U,Yb
Dowex AG50W X8	0.1mol/L 草酸	Y,稀土
BioRad AG50W X8	3mol/L 50%乙醇	硅酸盐形成元素
Dowex 50W X4	0.5mol/L H_3PO_4	Al,Ce,Fe,Ga,In,La,Mn,Th,Y
Dowex 50	0.05mol/L DTPA(二乙撑三胺五乙酸)	各种阳离子
Dowex 50W X4	氯代乙酸-1 mol/L NH_3 或 0.2mol/L H_2SO_4	La,Y

阳离子交换树脂 Dowex AG 50W-X8 在 95% 四氢呋喃(THF),5% 6mol/L HCl 和 0.1 mol/L TOPO(三辛基氧膦)介质中能有效地分离钪和稀土元素,分离因素达 4000 以上。而用草酸洗提时钪与稀土元素的分离因素在 800 以上。α-羟基异丁酸(α-HIBA)是钪分析分离中最适合的淋洗剂之一,它的分离因素比其他羧酸(乳酸或柠檬酸)高,而流速比用 EDTA 好。低交联度的 Dowex 50-X4 或 Dowex 50-X8 在室温可使用。用含胺基的多乙酸如 EDTA,NTA,HEDTA(*N*-羟基乙二胺三乙酸)等的可溶性盐作洗提剂,可使钪有效地分离,其中 EDTA 最常用[2]。

苏联用磷酸型阳离子交换剂 KΦΠ-8 吸附钪和 0.5-1.0mol/L NH_4F 洗提时,能定量地分离 5—100 倍钪量的 Y,La,Al,Fe^{3+},Ca 和 Mn^{2+}。用 KΦΠ-12 型树脂从钛氯化渣的浸出液中吸附钪和用 Na_2CO_3洗提,可完全分离碱金属及碱土金属,铝和锰。用疏松大孔型磷酸盐或羧酸型阳离子树脂 KУ2×8,KБ2×7Π,KБ-2,

КФ-7,КФ-11 等分离 Sc 与 Ti,Zr,Th 和稀土元素[27,26],用 0.1—0.5 mol/L 羟基乙叉双(膦酸)溶液洗提时可增加钪的洗提率和简化过程[28]。用纤维磷酸盐可从硫酸溶液中吸附钪,回收率 92%,分配系数为 20[29]。在 Ca^{2+} 或 H^+ 型发光沸石(mardenite)上可从硝酸溶液中吸附 Sc,Ca,Cd 和 In,在 K^+ 型毛沸石(erionite)上吸附 Sc 和 In[30]。

钪的阴离子交换法,分离效果及应用范围不及阳离子交换法,但在浓酸或强碱等溶液中不适合于阳离子交换法时仍有其应用价值。在硝酸盐型 Dowex-1 碱性阴离子交换树脂上不发生钪的吸附,但从 12mol/L HCl 溶液中钪右吸附在强碱性阴离子树脂上。钪也可从稀硫酸溶液中用这种树脂吸附,其分配系数在 0.25mol/L H_2SO_4 中最高(40),而在 0.5mol/L H_2SO_4 溶液中最低(3)。从 2mol/L NH_4SCN 和 0.5mol/L HCl 中钪呈硫氰酸络阴离子牢固地吸附在 Dowex-1 上,分配系数为 1000 以上。钪可形成氟化物络阴离子从稀氢氟酸介质中被 Dowex-1 吸附,分配系数在 0.5mol/L HCl 中为 3000,在 12 mol/L HCl 中为 4. 用 12 mol/LHCl 溶液分离钪和钛时,钪首先进入洗提液中。硝酸-有机溶剂体系可洗提强碱性阴离子交换剂 Dowex1-X8 上的钪,所用有机溶剂有甲醇,乙醇,异丙醇和甲基乙二醇,THF 和丙酮,乙酸,二甲基亚砜等[2]。苏联碳酸盐型阴离子交换剂 AB-17,AB-16,ЭДЭ-10,КУ-2-H 等可用以分离钪、钇和稀土元素等[31,33]。钪也可从碱性溶液中用阴离子交换剂分离[34]。

5.8.5　离子浮选分离法

用含 10—12 个碳原子的饱和脂肪酸钾盐吸附 Sc^{3+}(及 Y 族稀土)和 La^{3+}(及 Ce 族稀土)离子,可实现浮选分离。例如试液含这些离子各 100mg/L,pH=2.5—5.0,用 0.3%—1.5% 癸酸、十一烷酸、月桂酸和十三烷酸钾盐作吸附剂,控制 pH=11.6,在搅拌下加入溶液后,很快与 Sc^{3+} 和 La^{3+} 等离子反应,形成相应的难溶皂的稳定胶体溶液。由于钪皂比镧皂的溶解度小,当吸附剂的量为结合全部钪离子的 99%时,通空气浮选的实收率为:钪达 95.8%,镧 1.3%。浮选 pH=3.5—4.5,吸附剂以十一烷酸最好[35]。

5.9　金属钪的制取[2]

1973 年 Fischer 首先电解 LiCl-KCl 熔体中的 $ScCl_3$,钪在锌阴极上析出,随之蒸馏除锌,制得纯度 99%的金属钪。但此后制金属钪则用金属热还原无水 $ScCl_3$ 或 ScF_3 的方法。目前制得钪的纯度只达到 99.98%。制备高纯金属钪的每个步骤都容易带进杂质,所以必须严格操作和用高纯氧化钪原料,要求其杂质含量除了 F,Si,Ca 和 Ta 而外,应<3×10^{-3}%。

5.9.1 无水 $ScCl_3$ 制备

将氯气通过 S_2Cl_2 使其夹带 S_2Cl_2 蒸气，再通入赤热的 Sc_2O_3 和 C 的混合物中，得到的 $ScCl_3$ 再在高温下加碳通氯气升华提纯，总实收率 90%—95%。或用氮气稀释的 CCl_4 蒸气通过温度 700—800℃的 Sc_2O_3 进行氯化，再降温到 150—200℃，在氮气流中加热到 900—950℃使 $ScCl_3$ 升华，得到稳定的混熔无水氯化钪，供制金属之用。

5.9.2 无水 ScF_3 制备

由于 $ScCl_3$ 易潮解，不易制备，且用钙还原 $ScCl_3$ 时，$CaCl_2$ 渣在高温下沸腾起泡沫，致使产物呈颗粒分散，故近来多用 ScF_3 制金属钪。将 Sc_2O_3 置于铂舟中，在无水 HF-Ar 混合气氛下，在 600—750℃加热 16 小时制得无水 ScF_3，温度愈高则 ScF_3 含氧量愈低，但高温时 ScF_3 易蒸发损失。这种处理过程通常可使 ScF_3 中的氧含量降到 1×10^{-4}%—2×10^{-4}%。氟化钪也可用氟化铵与 Sc_2O_3 混合在温度 300—400℃反应制得。

5.9.3 金属热还原 ScF_3 或 $ScCl_3$ 制备金属钪

用钾在低温密封管中还原 $ScCl_3$，曾得到金属钪和 KCl 的混合物，并测出了金属钪的结晶构造。后来则用 Ca 或 Mg 还原无水 $ScCl_3$ 或 ScF_3。将 $ScCl_3$ 和金属 Ca 在钽坩埚中常压氩气保护下，用高频电炉加热，在温度 700—800℃反应开始，在 850℃反应最激烈，反应完毕后在氩气保护下冷却之，再用机械分离熔渣 $CaCl_2$，然后在 10^{-3}—10^{-4}Pa 真空中和温度 1500—1600℃升华提纯，制得纯度～99%的金属钪。另一种方法是用 Mg 或在 Zn 存在下用钙还原 $ScCl_3$，制得 Sc-Mg 或 Sc-Zn 合金，再蒸馏除去合金中的镁或锌而得金属钪。

1960 年初报道了在锌存在下用钙还原 ScF_3 的办法。后来加以改进，将 ScF_3 与过量 10%的钙混合放在钽坩埚中在干燥 He 或 Ar 气氛下加热到 1500—1600℃还原。得到的金属钪沉底，而 CaF_2 渣浮在上面。冷却后分离钪和渣，得到的金属钪含有钙和钽(～3.5%Ta)，再进而提纯。为了减少还原时混进钽杂质，可加锌或镁以形成低熔点钪合金，再加 LiF 形成低熔点 LiF－CaF_2 渣，于是可在低温 1100℃进行还原。

两次低温还原法制钪是先在温度 400℃用钾还原 $ScCl_3$，然后加钠并加热到 1000℃还原。此时过量碱金属及其氯化物从钪中蒸出，再将钪压密实和电弧熔化，制得致密的金属钪。

5.9.4 金属钪的蒸馏提纯[2]

粗金属钪的提纯，分真空熔炼和升华两步。真空熔炼在温度 1550—1600℃进行,以除去过剩的钙,ScF_3 和其他挥发性杂质。这一步骤可除去大部分钙,但ScF_3除去得不完全。下一步是使钪蒸馏升华而留下钽和氧化钪。操作在温度1350℃和压力 10^{-7}Pa 真空中进行,相当于升华速度 0.5g/小时或大约 75g/星期,这种低速升华有利于获得高纯钪。例如在 1500℃升华所得金属钪的杂质含量为($\times10^{-4}\%$):C20,$O_2$98,F144,Fe25,Ta135。而在 1350℃升华者杂质含量为($\times10^{-4}\%$):C39,$O_2$46,F14,Fe19,Ta3。目前制得钪的纯度大约 99.98%(重量)或99.92%(原子)。

5.10 特殊形式钪的制备[2]

5.10.1 薄箔和膜

供核反应研究用的薄膜厚度为 0.0003mm(3000Å)至 0.3mm。其制法是将钪蒸发到铝上,再在 NaOH 溶液中使铝溶解。也可将钪蒸发到各种基片上。比0.0012mm 薄的钪箔,是将钪蒸发到碳上,而且在核研究中其碳衬底也不除去。钪膜比 0.0012mm 厚时,则以钪本身为支承。其制法是先用镍作基片,继而依次将$BaCl_2$和 Sc 蒸发到它上面,再用水溶解 $BaCl_2$使 Sc 膜与 Ni 基片分离,从镍上应尽快地剥离钪膜,以免在钪膜上形成针孔,这样可制得满意的核研究用的薄膜,但它不适于作光学研究之用。用真空升华钪,可在蓝宝石(Al_2O_3)基底上制备0.0003mm(3000Å)的钪薄膜。Al_2O_3表面要求严格,蓝宝石用化学抛光清洗,在温度 1000℃空气中烘 1h,再在 10^{-5}Pa 真空中和 600℃烘烤 1h,然后在 10^{-5}Pa 真空中将钪蒸发到 Al_2O_3上。

5.10.2 单晶

用拉晶法(Strain anneal)制钪单晶,是在 He 或 Ar 气氛下的密封钽坩埚中,将电弧熔化的金属钪拉成单晶,样品再在高真空中和温度 1200℃退火 5 天,但后来发现在 10^{-7}Pa 真空中温度 1250℃退火 36h 后,就有充分的晶粒生长,而不需要这样长的退火时间。

单晶用火花切割法按指定的方向的形状切割,而不能用锯切割,因机械操作会引起孪晶现象而损坏了单晶。

参 考 文 献

[1] Б. И. Коган и др.,Скандий,(Экономический анализ),Изд. АНСССР,(1963). Москва.

[2] C. T. Horovitz,et al.,Scandium,its occurrence,chemistry,physics, metallurgy,biology and technology. Academic press(1975).

[3] E. J. Pruvot,U. S. patent,No. 2874039,(1959);CA 53:13028 g;Ger patent,1009398.(1957);Z.

Erzberg. Metallhüten,10(11),558(1960).

[4] Л Ф. Борисенко,Геохимия,3,222—7(1958).

[5] И. В. Денисова и др. ,Цвет. Мет. ,2,44—6(1977).

[6] R. C. Vickery,J. Chem. Soc. 245—51(1955),Brit. 770138,(1957).

[7] Ю. В. Грановская,Вестн. Моск. Уни. -та,Хим. ,15(3),289—94. (1974);CA82:8106.

[8] С. А. Семенов,Ж. Неорг Хим. ,22(10),2811—15(1977);CA88. 66393.

[9] А. Д. Кленов и др. ,Требования промышлености к качеству минералъного сырья,Вып. 68. Скандий,Госгеолтехиздат(1959).

[10] Л. В. Фаворская,Технол. Минералн. Сырья,2,67—73(1975).

[11] W Fischer, Z. Anorg. Allg. Chem. ,249,146—197(1942).

[12] Л. В. Фаворская и др. , Технол. Минер. Сыръя, 162—180(1972); CA85: 146245; Технол. Минер. Сыръя,2,45—53(1975);CA86:76356.

[13] Э. Б. Михаин,Ж. Неорг. Хим. ,23(5),1319—23(1978);CA89:31589.

[14] T. Ishimoria. Bull. Chem. Soc. Japan,33(10),636(1960);33(10),1443(1960).

[15] Г. И. Смирнов и др. ,Ж. Прикл. Хим. ,50(10),2179—82(1977);CA88:26073;Ж. Неор. Хим. ,22(10),2801—5;22(9). 2527—30(1977).

[16] Л. П. Кощулъко,Тр. Каз. Политехнич. Иист. ,33,257—8(1971);CA79:8281;CA80:5960;Изв. ВУЗ,Хим. Химич. Технол. ,17(7),966—9(1974);CA81:159735.

[17] Л. В. Фаворская и др. ,Технол. Минер. Сыръя,181—7,(1972);CA85:127612;Ж. Неорг. Хим. ,19(1),168—73(1974)CA80:74729;CA85:167426.

[18] O. Navratil, Coll. Czech. Chem Comm. ,42(7),2126—33;42(9),2778—85(1977);CA88:66381;CA88:142307;Coll. Czech. Chem. Comm. 43(11),2890—6(1978);CA90:110697.

[19] В. И. Фадеева и др. ,Ж. Неорг. Хим. ,17(3),771—5(1972);CA76:14545;Ж. Анал. Хит. 29(10),1918—23(1974);CA82:91688;Изв. АН СССР,Сер. хим. ,3,507—13(1975);CA83:66217.

[20] В. Ф. Каменеев и др. ,Орг. реагенты анал. хим. тезисы докл. всес. конф. ,4-ый,1976,2,15—16(1976);CA87:173452;Вестн. Моск. Унив. -та,Хим. ,17(6),709—13(1976);CA86:178216;Ж. Анал. Хим. ,32(4),704—7(1977);CA87:173447.

[21] С К. Кочесткова и др. , Вестн. Моск. Уни. та, Хим. ,17(2),243—5;17(3),372—3(1976);CA85:198924;CA86:34904.

[22] A. M. Olivares. J. Inorg. Nucl. Chem. ,39(11). 2049—51(1977);CA89:31542.

[23] Ю. И. Пинус,Тр. Моск. Инст. Тонкой Химпч. Техhол. ,5(2),46—9(1975);CA86:22430.

[24] Е. А. Казандев и др. ,Ж. Прикл. Хим. ,49(9),2111(1976).

[25] V. P. Mehta. sep. Sci. Technol. 13(10). 933—9(1978);CA89:139763.

[26] Ю. П. Кудрявский и др. ,Изв. ВУЗ,Цвет. Мет. ,2,88—90(1975);CA83:103769. Ж. Прикл. Хим. ,49(5),1191(1976);CA86:146449;Ж. Прикл. Хим. ,48(8),1670—3(1975);CA84:7858;Ж. Физ. Хим. ,49(6),1520—4;49(9),2355—8(1975);51(2),433—5,51(6),1447—50(1977);CA83:209712;137330;CA86:146449;CA87:73970.

[27] Е. А. Казанцев,Цвет. Мет. ,9,45—7(1975);CA84:93200.

[28] Л. Н. Филатова и др. ,Авт. Свпн. СССР,NO. 498953,(1976);CA84:152859.

[29] Ю. В. Грановский. Ж. Прикл. Хим. ,47(10). 2261—5(1974);CA82:62429.

[30] Н. Б. Чернявская,Ж. Общ. Хит. ,47(9),1933—6(1977);CA87:207061.

[31] Л. Б. Исаева и др. ,Вестн. Моск. Унu. -та,Хuм. ,12(5),586—9(1971);CA76:90547.
[32] В. Д. Эристви и др. ,Изв. АН Груз. ССР,Сер. Хuм,. 3(1),38—42(1977);CA88:83052.
[33] Л. л. Кашакашвилн,Сообщ. АН Груз. ССР,77(2),357—60(1975);CA83:16177.
[34] С. М. Баланина,Тр. Сев. -Кавказ. Горно. -Металлер. Ин-та,37,72—4(1974);CA83:83185.
[35] Л. д. Скрылев,Изв. ВУЗ,Горн. Ж. ,21(6),148—9(1978);CA89:114529.
[36] С. А. Семенов,н др. ,Цветные Металлы,12,43—47(1983).
[37] E. C. Constable,Coordination Chem. Rev. ,62,131—143(1985).
[38] В. М. Шатскии,Вестник Моск,Уни-Та,Хим. ,13,653—8(1972).

21.6 钪的分析化学

钪的分析化学与钇和稀土元素的分析化学在某些方面有些近似。早期对于钪的研究进展缓慢,20 世纪 60 年代起渐有发展,其分析化学也相应地受到重视。过去的研究在文献中已有评述[1—3]。某些分析方法也已载入手册、专著和学位论文中[1]。

6.1 分离方法

迄今尚无钪的选择性试剂可不经分离直接测定钪。前面第 5.6 节已述及钪的普通分离方法,基本上也适用于分析化学。现再介绍几种分析化学中常用的色谱分离法。

6.1.1 薄层色谱、柱色谱和纸色谱法[1]

薄层色谱法比柱色谱和纸色谱法有分离能力高和速度快的优点。有人用二噁烷和 12mol/L 盐酸(7∶3)的混合液分离 Sc-Y-La,Sc-Sm-Th 和 Sc-La-Lu,或用二噁烷和 14mol/L HNO_3(7∶3)的混合液分离 Sc-Sm-Th,Sc-Y-U 和 Sc-La-Th 混合物。展开时间(development time)分别为 160 和 90 分钟,偶氮胂 III 用作色谱显色剂。用含苯基氧化物(mesityl oxide)的各种溶剂混合物,可使钪与 La,Sm,Th,Y 和 Zr 等元素分离。用苯基氧化物、乙醇和 5mol/L HNO_3(5∶3∶2)混合液在硅胶-纤维素(5∶1)上,或用有机溶剂(丙酮、二噁烷或醋酸)和 0.005—0.5mol/L 硫酸混合液,在二甲基胺乙基纤维素(dimethylamino ethyl cellulose)(DEAE)-纤维素和微晶纤维素(microcrystalline cellulose)上使钪同许多元素分离。也可用 TBP 和 7—8mol/L 盐酸浸过的纤维素薄层分离钪,或用羧甲基纤维素钠(sodium carboxymethyl cellulose)作薄层,使钪同许多元素分离[1]。用乙酸甲酯或四氢呋喃作展开剂,纸色谱分离钪、钍和稀土元素[4]。在三-正辛基胺氢溴酸盐(tri-*n*-octylamine hydrobromine)浸过的纸上,用 HBr,NaBr 或 NaI 溶液作流动相可分离钪。在间羟苯基醛甲酰腙(resorcyl formylhydrazone)浸过的纸上,可使 Sc 与 Ga,Zr 分离。用硝酸或硫氰酸盐溶液作流动相,纸色谱可使钪与钇分离,用浓硝酸饱和的 TBP 作流动相可分离微克量的 Sc,Ti,Zr,Th,Nb 和 U[6]。

在硅胶交换柱上,用 pH=5—6 的 NH_4Ac-HAc 缓冲液,以 2ml/min 的流速,可使钪与稀土元素和伴存元素分离。也可用 0.5mol/L 四丁基连二磷酸(tetrabutylhydrophosphoric acid)浸过的纤维柱，分离钪、稀土元素、超铀元素和其他元素。

反向分配色谱法(revers-phase partition chromatography)近来受到人们重视。用0.2mol/L二壬基萘磺酸(dimonylnaphthalene sulphonic acid)的庚烷溶液或中性有机磷化合物浸渍的纸，可使钪同稀土元素分离[1]。用聚四氟乙烯-TBP反向分配色谱法可从4mol/L HNO_3溶液中，使99mgTh中的10μgSc和毫克量钇和重稀土元素定量地分离[5]。

6.1.2 电色谱法[1]

纸上和薄层电泳法是使钪同稀土元素分离更适当的方法。分离效果与用离子交换剂时一样，但用高电压电泳，它可在更短时间内完成。也可用硅胶、阳或阴离子交换树脂作为载体。用1%醋酸浸过的纸在300V下电泳，可使钪与稀土元素分离。其他可用的电解质有1mol/L乙醇酸或0.7mol/L乳酸等。或用2mol/Lα-羟基异丁酸溶液作电解质，用^{46}Sc和^{90}Y示踪，进行纸上电泳分离钪和钇。

6.1.3 气相色谱法

气相色谱法分离金属络合物，是分析混合挥发性化合物的一种灵敏、有选择性和快速的方法。β-二酮与金属形成的螯合物具有气相色谱法所要求的挥发性和热稳定性，且可利用螯合物在有机溶剂中溶解度不同，预先提纯之。通常可借$Sc(acac)_3$或$Sc(TFA)_3$等β-二酮化物和其他金属相应螯合物的挥发温度不同，控制色谱柱温度使钪挥发分离并进行测定。例如在色谱柱温度220℃使$Sc(acac)_3$挥发，可进行钪的测定。

将含微克量的Sc，Be，Al，In，Rh等金属的试样溶解后，加三氟乙酰丙酮(TFA)并用苯萃取$Sc(TFA)_3$等螯合物后，在装有涂过10%硅油的硅烷化玻璃细珠(60—70筛目)填充的柱中，以3℃/min的速度程序升温，从100℃升温到135℃，氦气流速为83ml/min，注入4μl样品的苯溶液进行测定，只需15分钟即可完成。与此相似，钪和稀土元素与2,2,6,6-四甲基-3,5-庚二酮形成的螯合物，用苯萃取后可在含有2%Apiozon H的色谱柱中温度为157℃时测定钪。也可将它们的异丁酰特戊酰甲烷螯合物的苯溶液(1—6.5μgSc)，喷入温度为220℃的色谱柱中，进行钪的测定。

6.2 测定方法

6.2.1 定性检测和鉴定

钪的定性检测和鉴定可用颜色反应和某些仪器来完成。未知混合物中钪的检测可按下列手续操作。①用硫化氢沉淀法分离铜组元素；②从盐酸溶液中使硅和钨酸脱水除去 Si 和 W；③用氯仿萃取与铜铁试剂形成的化合物以分离 Fe，Ti，V 和 Cr 等元素；④沉淀 ScF_3 分离 Fe，Mn 和 Al；⑤沉淀碱式酒石酸钪以分离 Fe，Mn，Th，Zr 和 Ce 族稀土元素；⑥用 TBP 从盐酸溶液中萃取钪分离稀土元素；⑦以碘酸盐沉淀除去 Th。此后用显色剂检出和光度法测定钪。但大多数试剂对于钪并非特效，许多元素有干扰。含钪的醋酸溶液加邻-氨基苯胂酸和水杨醛则显深黄色，0.5μgSc 即可检出，第 III 族其他元素不反应，Th 和 Ti 有干扰。胭脂虫红与钪反应产生紫色，但硫化氢组元素显著干扰。钪与铝试剂反应产生红色。有人研究了钪与 18 种有机试剂的颜色反应，发现偶氮胂 III，2，4-氯磺酚 S(2，4-sulphochlorophenol S)和 2，4-氯磺酚 R 是最适于钪比色测定的试剂。许多羟基蒽醌和 1，1-二羟基偶氮染料与钪产生颜色反应。红紫素在 pH2—3、茜素红在 pH1—3 适于在有 Al，Ce，La 和 Y 存在时检定钪。钪的显色剂还有铬蓝黑 K、单铬绿 C、2，5-二羟基-1，4-苯醌、*o*-羟基醌(*o*-hydroxyquionone)的化合物、*N*-苯甲酰苯羟胺(*N*-benzoylphenylhydroxylamine)、二甲苯酚橙和桑色素等等。

点滴试验检定钪，可将试液，pH1.5 的缓冲液和 0.02％甲基百里酚蓝水溶液各一滴混合，若显蓝色则有钪存在。Nd，Pd，Y 和 Zn 无干扰，而 Al，Hf，Zr，Th，Fe^{3+} 的干扰则可加掩蔽剂消除。

钪的化合物的鉴定和结构测定可用红外光谱等工具来完成。

6.2.2 重量法[1]

钪的重量法由于缺乏高选择性沉淀剂和沉淀的性能不够满意，没有容量法和新仪器法快速而简易，现在重量法只在特殊情况下才应用。前章(5.6.1 节)已介绍许多沉淀剂，但大多数选择性不高，需要先分离干扰元素。焦磷酸盐及其衍生物、磷酸环己六醇、三磷酸腺甙和非亭酸等较有选择地沉淀钪，但 Zr，Ti 和 Th 仍有干扰。重量分析钪的主要方法见表 21.12。还可用吡啶缓冲液沉淀 $Sc(OH)_3$，灼烧成 Sc_2O_3 称量。或用巯基苯并噻唑作沉淀剂[7]。国内有用间硝基苯甲酸、喹啉甲酸-[2]、四氯邻苯二甲酸和苯基乙酸等测定钪的研究报道[8,9]。

表 21.12 钪的重量分析方法

沉淀剂	称量形式	灼烧或干燥温度(℃)
扁桃酸	Sc_2O_3	800
8-羟基喹啉	$Sc(C_9H_6NO)_3 \cdot C_9H_6NO$	100—110
苯硒酸	$Sc(C_6H_6SeO_2)_3$	105
苯亚磺酸(benzene sulphinicacid)	Sc_2O_3	1000
N-苯甲酰羟胺	$Sc(C_{13}H_{10}O_2N)_3$	220
草酸	$Sc_2(C_2O_4)_3$-$10H_2O$	67—89

续表

沉淀剂	称量形式	灼烧或干燥温度(℃)
肉桂酸	$Sc(C_6H_5:CHCOO)_3$	110
2,5-二羟基-p-苯醌	Sc_2O_3	800
联苯酸	联苯酸钪	105—110
安替比林	Sc_2O_3	700—800
氨基比林	Sc_2O_3	700—800
铜铁试剂	$Ba[Sc(C_6H_5H_2O_2)_4]_2$	100
硫氰酸四乙铵	$[(C_2H_5)_4N]_3[Sc(ScN)_6]$	85—90
二苯乙醇酸	Sc(二苯乙醇酸根)$_3$	120

6.2.3 容量法

虽然可将扁桃酸或8-羟基喹啉钪的沉淀再溶于酸,用容量法测定钪,但其操作反不如其重量法简单。在酸性溶液中钪与砷酸生成 $ScAsO_4$,在氨性氯化铵溶液中生成 $Sc_2(NH_3)_3(AsO_4)_3$ 沉淀,可用甲基橙作指示剂,砷酸盐-碘量法测定钪[10]。容量法测定钪,最好用络合滴定法,且用指示剂判定终点更为重要,也可用仪器如电位和电流滴定,或离子选择性电极判定终点(见 6.2.4 节)。络合滴定钪的主要指示剂见表 21.13. 其中二甲酚橙较常用。近来发现偶氮胂 III、2,4-氯磺酚 S 和 1-[(2-羟基-3-磺代-5-硝基苯)偶氮]-2-萘酚[14](1-[(2-hydroxy-3-sulfo-5-nitropheny)azo]-2-naphthol)也是灵敏的指示剂。滴定液通常用 EDTA、钛试剂或 *N*-肉桂酰苯羟胺(cinnamoylphenylhydroxylamine)等络合剂溶液[11—13]。

表 21.13 络合滴定测定钪的指示剂

指示剂	颜色变化	pH	滴定方法
N-苯基苄羟肟酸铁		3.0—5.4	
紫尿酸铵	黄/紫	2.6	
埃铬黑 T	蓝/红	6.1 或 10—12	氨羧络合剂
PAN[1-(2-吡啶偶氮)-2-萘酚]	黄/绀红	2.5	EDTA
二甲酚橙	红/黄	2.2—5.0	EDTA
甲基百里酚蓝	蓝/黄	2.2 或 6	EDTA
茜素红 S	红/绿	2.0	EDTA
DCPIC1)	蓝/橙	3.5	EDTA
吲哚铁试剂 2(indoferron 2)2)	蓝/橙	3.5	EDTA
N-苯甲酰苯羟胺	红—紫/黄		EDTA
萘基偶氮喔星 S(naphthyl azoxine S)		4	EDTA
偶氮磺(sulphonazo)	紫/蓝—桃红	5.0—5.4	
二甲酚橙	紫—红/黄	3—4	EDTA

续表

指示剂	颜色变化	pH	滴定方法
钍试剂(Thorin)	桃红/黄	4.5—6.5	
埃铬青 R	紫/黄或桃红	4.5—6.5	钛铁试剂[3)]

1) DCPIC,即 5(3,5-二氯-4-氧代-2,5-环己二烯-1-炔化物)3-甲基水杨亚胺基二乙酸[5(3,5-dichloro-4-oxo-2,5-cyclo-hexadiene-1-ylide)3-methylsalicyliminodiacetic acid];

2) 吲哚铁试剂 2,即 5(3,5-二溴-4-氧代-2,5-环己二烯-1-炔化物)3-甲基水杨亚胺基二乙酸;

3) 钛铁试剂(tiron 或 tyron),即 1,2-二羟基苯-3,5-磺酸二钠盐(1,2-dihydroxybenzene-3,5-sulphonate, disodiun salt)。

钪可用标准 EDTA 溶液直接滴定,也可先加过量的标准 EDTA 溶液,再用铜、锌、镉、铋、汞、铅、钙或镁溶液回滴定过剩的 EDTA,计算含钪量[15,18]。钍、锆、铝、铁和稀土元素等有干扰,应加掩蔽剂或事先除去,或在低 pH 值下滴定和选择适当的指示剂提高其选择性。有人研究过某些试剂作掩蔽剂或缓冲液时对络合滴定钪的影响[15]。

当 Sc 与 Th 共存时,加二甲酚橙作指示剂,用 1,2-二氨基环己烷四乙酸(diaminocyclohexane tetraacetic acid)滴定 Sc 与 Th 的和,另用三乙四胺六乙酸(triethylenetetraminehexaacetic acid)滴定 Th,再差减计算含钪量[1]。

钪也可在二甲酚橙或甲基二甲酚蓝存在下,用络合分光光度法测定[1,16,17]。

6.2.4 电化学法

络合滴定钪时,也可用电流、电导和电势测量法,以滴汞或铂片作指示电极进行测定。例如 pH5.4 的含钪溶液加 0.1mol/L *N*-苯甲酰羟胺(BPHA)的乙醇溶液,则钪完全沉淀,再用 0.2mol/L $KMnO_4$溶液,电流滴定过量 BPHA 以测定钪,或在电势−1.4V 和 pH6 时用硫酸锌溶液返滴定过量的 BPHA 以测定钪[1]。也可用 *N*-肉桂酰苯羟胺溶液在 pH4.5—7.0 直接滴定钪[11—13]。快速电流滴定含氟物料中的钪,是加过量 EDTA 溶液,再在 pH 为 4 的醋酸缓冲液中用氧钒离子电流测定 Sc 以及 Al,Zr 和 Th[1]。含 Sc(≥0.1μg/ml)的混合物,可用 EDTA 溶液在 pH1.82 和 1.2V 下电流滴定测定钪[19]。还可用 0.1mol/L 次磷酸盐或次磷酸溶液自动滴定进行电导测定钪[1]。也可在 0.05mol/L 铜或铁络合物存在下,用 0.05mol/L EDTA 溶液直接电势滴定测定钪[1]。还有用 EDTA 溶液进行双安培滴定法和用铜灵敏选择性电极络合测定钪等方法[1,20]。

极谱分析方面,在 0.1mol/L KCl,$BaCl_2$或 LiCl 溶液作支持电解质中,可得 Sc^{3+}的清晰还原波,它对饱和甘汞电极的半波电势为−1.84V。由于 Sc^{3+}离子水解产生的氢离子几乎同时被还原,以致钪波的高度与钪浓度不成正比,但溶液中加入少量盐酸,则两个波分开,而氢波在钪波之前,这种溶液中钪的扩散电流与其浓度成正比。对分析而言，最好的支持电解质是含少量盐酸的 0.1mol/L LiCl，从而使氢波与钪波的大小相同。有人用铂片作阳极，用石墨、钽、金和银作静止阴极，在含盐酸的 1mol/L LiCl 支持电解质中，直线地增加电势（从 0.125 到 1V/S），得到钪的示波极谱与用滴汞电极的相同，而用旋转电极得到的结果较好。曾有人认为硫酸钪的还原要经过 Sc^{2+} 阶段，然后到金属，但由后来的实验推测，其第一个波可能是氢波之误，在极谱实验中 Sc^{3+} 在滴汞电极上将直接还原到金属。再者在 LiCl 支持电解质中，$ScCl_3$ 与 $AlCl_3$ 的极谱波相似，只有单一还原波，而其他稀土氯化物为双还原波[1]。

在各种阴离子存在下，Sc^{3+} 在 $SrCl_2$ 溶液中的示波极谱表明，在电势为 −0.7 和 0.61V（对饱和甘汞电极）时出现阴极和阳极尖峰，这与形成络合 Sc—Sr 氢化物及其氧化有关[1]。Sc^{3+}-NH_4Cl-铜铁试剂-二苯胍中的络合吸附波可测到 1×10^{-7} mol/L Sc，它的导数示波图形尖锐而近于对称，其他稀土元素不干扰，可试用于矿石分析[21]。混合稀土中的钪，可从 $MnEDTA^{2-}$ 溶液中由这些元素置换出锰，间接极谱测定它。类似地可在稀土元素存在下间接测定 Sc 和 Th。在无水乙腈介质中，用 0.1mol/L $LiClO_4$ 作电解质，Sc^{3+} 产生两个不可逆的极谱波，其半波电势为 −1.83 和 −2.29V（对饱和甘汞电极），Sc^{3+} 波的极限电流与钪浓度成正比[1]。

6.2.5 分光光度测定法

虽然钪能与许多试剂起显色反应，但有选择性而灵敏者甚少。有人评论钪的分光光度测定方法，在 16 种较好的显色剂中以偶氮胂 M，偶氮胂 III 和二甲酚橙较好[22]。近来人们仍在努力探讨钪的新试剂[24,25]。国内曾用茜素磺酸钠测定钨和锡矿石中的钪，但灵敏度较低[23]。8-羟基喹啉及其衍生物可用苯或氯仿萃取其钪络合物分光光度测定钪，若再加其他显色剂，其灵敏度可提高。例如钪与 5，7-卤代-8-羟基喹啉和罗丹明 S 形成 1∶3∶1 的络合物，在 pH＝4—6 萃入苯中，在波长 550nm 的吸光系数为 $5.8\times10^4 m^2/mol$，检测限为 0.2μgSc/3ml，碱及碱土金属和大多数阴离子无干扰。在 100 倍稀土，Ga，In，Fe^{2+}，Ni 存在下仍可测钪，而 Fe^{3+}，Sb，Tl，Co，Pb，UO_2^{2+}，MoO_4^{2-}，MnO_4^{-2} 有干扰[26,27]。某些 3-氰基甲臢（cyanoformazan）是灵敏的显色剂[28,29]。分光光度法测定钪的某些方法比较见表 21.14。

表 21.14 分光光度法测定钪的方法[1]

试剂	pH	波长(nm)	吸光系数(m^2/mol)
5，7-二碘-8-羟基喹啉和罗丹明 S[27]	4—6	550	58000
5，7-二碘-8-羟基喹啉和罗丹明 S[27]	5	550	36000
铬天青 S 加十六烷基三甲基铵[31]	6.2	590	48000

续表

试剂	pH	波长(nm)	吸光系数(m^2/mol)
磺硝偶氮 E[30](sulfonitrazo E)			27000
磺硝偶氮 R[30]	2.5	560	20000
偶氮胂 III[22]		675	190000
铬天青 S 和十四烷基二甲基苄基氯化铵(chrome azurol and zephiramine)	5.5	625	13700
埃铬亮紫 B(eriochrome brillliant violet B)	6.0	562	6400
1,5-二安替比林基-3-氰基甲臜(DACF)(1,5-diantipyriny1-3-cyanoformazan)	4.8	530	5650
4(2-噻唑基偶氮)间苯二酚[4(2-thiazolylaxo)resorinol]	8.1	540	5060
桑色素-安替比林	3.7	418	4040
氯碘酚 C(sulphochlorophenol C)	1.2	630	3900
二安替比林基偶氮(diantipyrinylazo)	4.0	645	3850
9-丙基-1,2,3,7-三羟基-6-荧光酮	5.6	480	3200
滂铬天青蓝 B(pontachrome azure blue B)	6.0	610	3150
色麦蓝 G(chromal blue G)1)	6.0	590	3140
α-(2,4-二羟苯基-偶氮)-吡啶[α-(2,4-dihydroxyphenyl-azo)-pyridine]	6.6	515	3100
偶氮胂 M	6.0	664	2850
埃铬天青 G(eriochrome azurol G)	6.0	610	2960
二甲酚橙	6.5	553	2900
铬天青 S(chrome azurol S)	5.0	520	2700
1,5-双(2′-羟基-3′,5′,6′-三氯苯基)-3-乙酰甲臜[1, 5-bis (2′-hvdroxy-3′, 5′, 6′-trichlorophenyl)-3-acetylformazon]	4.7	675	2700
偶氮酮 A(azonol A),即 3-(4-安替比林基偶氮)-戊烷-二酮 A	1.1	610	2600
溴代邻苯三酚红(bromopyrogallol red)	6.1	610	2400
芪偶氮铬(atilbazochrome)	1.5	680	2350
二安替比林基甲烷-2-(4-磺苯基偶氮)-铬变酸[diantipyrilmethan-2-(4-sulphophenylazo)-chromotrope acid]	7.6	580	2130
甘氨酸甲酚红(glycine cresol red)	5.0	490	2100

续表

试剂	pH	波长(nm)	吸光系数(m^2/mol)
埃铬花青 RC(eriochrome cyanine RC)	7.0	535	1900
荧光镓试剂(lumogallion)	2.0	500	1750
偶氮胂 I	7.9	570	1730
镁试剂(magneson)	4.6	520	1500
紫脲酸铵(murexide)	6.0	480	1414
滂酰紫 4BSN(pontacyl violet 4BSN)	6.4	630	1370
偶氮膦(azophosphon)	2.0	415	1364
N,*N*′-双(2-羟基-5-磺苯基)-C-氰基甲臜 [*N*,*N*′-bis(2-hydroxy-5-sulphophenyl)-C-Cynoformazan]	5.2	590	1300
槲精(quercetin)	4.4	435	1280
羧基偶氮胂 III(carboxyarsenazoIII)	2.9	660	1070
吲哚铁试剂(1)(Indoferron (1)[2])	4.1	600	960
莰非醇(kaemferol)	4.0	415	840
钛铁试剂(tiron)	6.0	310	810
8-羟基喹啉	10.2	378	750
茜素红 S	3.5	520	690

1)色麦蓝 G,即 2″-氯代-4″-硝基-4′-羟基-3,3′-二甲基品红酮-5,5′-二羧酸钠(2″-chloro-4″-nitro-4′-hydroxy-3,3′-dimethylfuchsone-5,5′-dicarboxylate);

2)吲哚铁试剂(1),即 2,6-二溴吲哚-3′-甲基-5′–*N*,*N*-二羧甲基胺甲基酚(2,6-dibromoindo-3′-methyl-5′-*N*,*N*-dicarboxymethylaminomethylphenol)。

分光光度法测定钪的试剂还有醌茜素,蒽绛酚-2,6-二磺酸(anthrarufin-2,6-disulphonic acid),*p*-硝基苯偶氮铬变酸(*p*-nitrophenylazochromotropic acid),乙二醛-双(2-羟基缩苯胺)[glyoxal-bis(2-hydroxyanil)],铝试剂(aurintricarboxylate),铬变酸 2 B(chromotrope 2B)或铬变酸 2R,邻苯二酚紫,溴甲酚红紫和绿,溴酚蓝,二苯乙醇酸,罗丹明 B,萘偶氮肟(naphthylazoxime),丙基氟(propylfluorine),荧光镁试剂(lumomagneson),偶氮磺(sulfonazo),埃铬天青[32],吡啶基偶氮甲川[33](pyridylazomethine),磺铬[34](sulflochrome),铬噁烷紫 R[35](chromoxane R),2,2′-(乙烷二炔化物二氮川)二酚[36][2,2′-(ethanediyldenedinitrilo) diphenol],5-氯代-2-羟基-3[2-羟基-1-萘基]胂酸[37](5-Chloro-2-hydroxy-3[2-hydroxy-1-naphthalenyl]arsonic acid),偶氮胂 Ash,T 或 AE,偶氮氯膦(chlorophosphonazo),氨茴酸-2,4-磺氯酚(anthranilic-2,4-sulfochlorophenol),甲基百里酚蓝,2,4-磺氯酚 R,S,T 或 AE,芪唑希米杜(stilazokhimidu)[22],以及某些膦酸和次膦酸的 *o*-氨基苯基衍生物[25],还有某些 *o*,*o*-二羟基偶氮化合物[24]等。

钪也可由 $Sc(OH)_3$的沉出或再溶解,用浊度法测定之。

6.2.6 荧光发光和热致发光法[1]

钪与桑色素在中性或弱酸性溶液中产生灵敏的荧光反应,但许多元素有干扰。钪与5,7-二氯代8-羟基喹啉(5,7-dichlorooxine)产生荧光络合物,用氯仿萃取后,在波长526nm测其荧光强度,测定0.2—10μg范围的Sc。钪与水杨醛乙酰腙(salicylaldehyde acetylhydrozone)或间羟苯基醛甲酰腙(resoroyl aldehyde formylhydrazone)反应,用 $HClO_4$饱和并萃入异戊醇后,由其荧光强度测定钪,检测限度分别为0.09和0.05μg Sc。水杨醛卡巴腙与钪形成蓝色荧光络合物,可测定低至0.002μg Sc。媒染蓝31与钪形成红黄色荧光,是灵敏的荧光试剂。多羟基黄酮与钪反应,依pH值不同形成发荧光和不发荧光两种络合物。钪与1,10-邻二氮菲和四溴荧光素(tetrabromorluorescein)形成1∶2∶2的络合物用苯萃取后在波长540nm的吸光系数为 1.4×10^4,可测0.5—10μg Sc/10ml[38]。β-羟基萘醛酰肼甲氧基苯甲酸,在pH=2.2用50%丙酮萃取,在波长505nm可测0.02—3μg Sc。羟基络合酮在0.01mol/L HCl中与钪形成的络合物,在波长430nm可测0.1—1μg Sc。β-羟基萘酰茴香酐用于测稀土中的钪[39]。2,4-二羟基苯醛缩氨基脲(2,4-dihydroxybenzaldehyde semicarbazone)是测定钪最好的试剂,测定范围为2—400ng/mlSc[40]。荧光法测定钪的试剂,还有水杨酸苯酯[41](phenylsalicylate),水杨醛缩氨基脲(salicylal semicarbarzide),3,5-双(二羧基甲基氨基甲基)-4,-4′-二羟基反式芪[3,5-bis(dicarboxymethylaminomethyl)-4,-4′ dihydroxy trans stilbene],5-羟基铬(5-hydroxychrome)及其衍生物,超铬石榴红Y (supperchrome garnet Y)(CI 媒染红5),4-甲氧基苯甲酸(4-methoxybenzoic acid)的2-羟基-1-萘甲撑酰肼(α-hydroxy-1-naphthmethylenehydrazide)(偶氮肼III)等[1]。

发光法在氧化钪制备中用以测定微量稀土杂质。用X射线或紫外线激发,可测定钒酸钪或磷酸钪荧光物中稀土离子的发光强度,其灵敏度为 $n\times10^{-6}$—$n\times10^{-4}$%[1,42]。

藉加热引起荧光体发光的热致发光法,是测定痕量元素的新方法。将含痕量钪的CaO基质置于氢扩散焰的外缘时,则钪产生蓝色辐射,此法能测定少到仅只1ng的Sc[1]。

6.2.7 火焰光谱和原子吸收光谱法[1]

火焰光谱是以火焰作为原子激发源和吸收介质。离解能是试样原子化的重要因素之一,ScO的离解能平均为674kJ/mol,其稳定性高,因此需要在高温下分解成原子。在乙炔-空气焰中研究钪的原子发射或原子吸收光谱,在火焰中的最佳位置,是在富燃焰的蓝焰层和外焰层之间的中间层。测定钪的灵敏光谱线波长为

325.569，326.990，327.362，390.748，391.181，393.338，399.66，402.040，402.369，405.455，408.240，416.518 和 415.235nm 等。钪的分析标定，在 1%—10% Sc_2O_3 范围时，宜用波长 391.181nm 线，而在 10%—100% Sc_2O_3 时用 326.940nm 线。用 N_2O-C_2H_4焰在波长 391.2nm 测定 Sc 的极限为 0.2μg。当用 2.5%8-羟基喹啉-丁醇萃取后，在波长 391.18nm 测定钪的灵敏度为 0.06μg Sc。在预先混合的 N_2O-C_2H_4 焰中，火焰原子发射法测定钪最灵敏的波长为 391.181nm。

用火焰原子吸收光谱法测定钪，若以产生 1%吸收的钪浓度表示灵敏度，则在波长 391.18nm 时为 8×10^{-5}%，而在波长 390.75nm 和 402.37nm 时为 10μg。F^-离子严重干扰测定，而中等量的 Cl^- 和 NO_3^- 离子稍影响钪的吸收率。用 50%—75%丙酮作溶剂时将降低其灵敏度。加 100μg 钾则显著增加吸收率并降低铝等的干扰。非火焰原子吸收光谱，当用高频发生器供给固体阴极灯作为光源时，只需短时(30s)曝光。

火焰原子发射光谱法的检测限优于火焰原子吸收光谱法，而直流电弧光谱比火焰原子发射光谱灵敏。

6.2.8　原子荧光光谱法[1]

曾有人用 N_2O-C_2H_4焰研究过钪和其他元素的原子荧光光谱性质；近来则用脉冲的可调谐的染料激光器作原子荧光光谱的激发源，激发钪的原子荧光。其最强发射线有 391.18，390.75，404.04 和 402.37nm。在激光激发波长为 391.18nm 和原子荧光波长为 402.37nm 测定钪时，检测限为 0.01μgSc/ml，此值比原子吸收光谱(0.1μg)和火焰发射光谱法(0.03μg)为优。无极放电灯用于钪的原子荧光光谱只有初步报道，用其他激发源的钪原子荧光光谱目前还很少研究。

6.2.9　X 射线荧光法

对于钪的 X 射线 K 和 L 光谱线的波长特性、X 射线吸收限的能量和不同波长时的质量吸收系数等文献中已有报道。并已发展到用放射性同位素激发的荧光光度计和用普通空气光径的 X 射线光度计测定水溶液中钪的方法。用 X 射线荧光法测定合金小试样(0.2mg)中的钪和其他过渡金属时，可达到精确度 1%和检测限为 0.002mg。纯金属和合金试样经初步分离后，可用有 Cr 靶和 LiF 晶体作反射器的 X 射线摄谱仪测量 K 线以定量测定钪，但用 W 靶比 Cr 靶好。地质样品可用离子交换分离钪、钇和稀土元素，再用 X 射线荧光法测定各个元素，精确度为±10%，检测限为 0.5μg 到百万分之几[1]。

6.2.10　发射光谱

发射光谱已用于直接测定纯稀土基质中的痕量钪，或各种物质中的痕量钪经初步分离后的测定，以及矿石、矿物和其他物质中大量钪的定量测定。在 247.0—350.0nm 光谱区内，钪的最强谱线有 335.373，335.968，336.127，336.193，336.895，337.215 和 254.520，255.238，255.582，256.023，256.318nm 两组。通常宜用前一组谱线测定钪，但应注意 Sc 线 336.127nm 与 Ta 线 336.127nm 重合。另有报道最灵敏的钪线有 424.2829，402.3688 和 391.1810nm，可检测钪含量低到 0.0001%或更少的钪试样。在碳弧中挥发 5mg Sc_2O_3 约需 3—5 分钟，故测定矿物试样时应使试样挥发尽。光谱的激发一般用直流电弧，也可用交流水平电弧。内标最好用 La，也可用 Zr，Pd，Ca 或 Fe。测定辉石中的钪，可用 1%La_2O_3 作内标，使用线对（La:Sc）为：426.359 ∶ 424.683，432.251 ∶ 432.073 和 432.251 ∶ 431.409nm。测定铝土矿等含量为 0.006%—0.10% Sc_2O_3 时的标准误差为±1.5%，使用线对 La ∶ Sc 为：333.749 ∶ 335.373 ∶ 338.091，336.895 和 424.658 ∶ 424.638nm。用化学法分离钪和稀土并以 Fe 作内标，使用线对 Sc ∶ Fe 为 402.37 ∶ 400.97，402.04 ∶ 400.97（Er402.05），361.38 ∶ 360.32，364.28 ∶ 360.32nm。在 360—450nm 光域，如果在空气中用石墨电极摄谱，钪和稀土的某些谱线常被氰带所掩蔽，为了消除氰带而应当用氧-氩气氛摄谱。用红宝石激光作激发源，在波长 361.38nm 测定 NaCl 基质中的钪，检测限为 2μg。等离子流激发发射光谱，在波长 424.6nm 的检测限为 0.4μg Sc/ml。

6.2.11 质谱分析[1]

质谱分析是痕量元素分析的重要方法之一，可以测定像半导体材料中的超痕量元素。火花源质谱仪测定固态中许多元素的最高绝对检测限可过 10^{-3}—10^{3} ng。用固体源火花质谱分析地质物料中痕量元素，测定钪的发火花的条件是：电花电压 25KV，脉冲循环速度 $300S^{-1}$，脉冲宽度 200μs。降低电花电压到 20KV，则测定钪和稀土的灵敏度提高，检测限由 0.2—1μg 降到 0.02—0.15μg。用火花源质谱仪可同时测定生物物质中的钪和其他 30 种元素。有人用 Bendix 14—107 飞行时间质谱仪（time of flight mass spectrometer）研究过钪的 2，2，6，6-四甲基庚烷二酮（2，2，6，6-tetramethylheptanedione）络合物 $Sc(THD)_2^+$ 的质谱。飞行时间质谱仪可直接与气体色谱结合，分析钪和其他稀土元素螯合物。各种激光源用于质谱可测定各种物料中的钪。此外用质谱法研究过氟化钪，还可测定半导体砷化铟或砷化镓中的杂质钪，在其他方面也有其应用。

6.2.12 中子活化分析

中子活化分析是元素定量分析最灵敏的方法。迄今已发表了很多关于钪活化分析应用的论文，其中多半是高通量热中子活化分析。有用仪器的无损型和结合放射化学的“破坏型”两种方式。^{46}Sc 在 0.887MeV 和 1.119MeV 有两个强峰，后者可能有 ^{152}Eu 的 1.112MeV，^{182}Ta 的 1.12MeV 和 ^{65}Zn 的 1.115MeV 波峰干扰，不过 Eu 和 Ta 的丰度低，其干扰微小，而钪的测定多用 0.889MeV 波峰。用 14MeV 中子发生器产生中等通量的 10^9 快中子/cm^2 · s，照射试样 5 分钟，对于具有能量为 0.511MeV 的 ^{45}Sc 的 γ-谱仪测定钪的检测限为 20μgSc。在热中子通量 $10^{13}/cm^2$ · s 下照射最多 1 小时，对于 γ-射线能量为 0.889MeV 时 ^{46}Sc 的 β 计数测定钪的检测限为 0.002μgSc，用 γ-谱仪时检测限为 0.004μgSc。中子活化分析可用于测定各种物料中的钪：包括植物、土壤、江河和海水、环境污染物、许多金属和合金、钢材、高纯硅和锗、岩石和陨石等地质物料、海洋生物和人体组织等。国内用 Ge(Li)γ-谱仪在中子通量(6—9)×10^3n/cm^2 · s 时非破坏性测定反应堆用铝合金材料和高纯硅中的钪等 22 种元素，也结合放射化学分离用于分析地质样品，吉林陨石雨，珠穆朗玛地区冰雪和河水以及环境污染物中的钪，并在医学上用于心脏样品中痕量钪的测定[21]。

6.2.13　其他方法

钪分析化学解决特殊问题的某些重要方法，有涉及固体状态和原子性质的核磁共振测定，还有 X 射线衍射，穆斯堡尔波谱(Mössbauer spectrometry)和喇曼光谱等。

金属离子配合基滴定液[*L*-(+)-组氨酸一氯化氢(histidine monohydrochloride)，L-(+)-组氨酸或 *D*-(−)-1,2-丙烯二胺]的应用，对于钪的分析化学可能是有意义的。最近发展了用旋光分光滴定(Spectropolarimeter titration)[43]测定 10^{-1}—10^{-3}mol/L 范围的 Sc 和 3*d* 过渡元素的新方法。用旋光的和强立体特性的螯合剂 *D*-(−)-1,2-丙烯二胺四乙酸(1,2-propylenediamine tetraacetic acid)[*D*-(−)-PDTA]作滴定剂，滴定 0.1*M* $Sc(NO_3)_3$ 溶液，在 pH=5.0 和波长为 365nm 用光电分光偏振计测定其旋光。将测得的摩尔旋光(molecular rotation)(以deg · ml · $dm^{-1}mol^{-1}$表示)对 *D*-(−)-PDTA 溶液的体积作图，曲线的开始部分相当于 Sc-(−)-PDTA 络合物的生成，第二部分为过量的 Na_2*D*(−)-PDTA，两线的交点即为等当量点。

参 考 文 献

[1] C. T. Horovitz et al., Scandium, Its occurrence, Chemistry, physics, metallurgy, biology and technology, Academics press(1975).

[2] З. П. Гусева, Сб. Статей Всес. Заочного Политехнического Института, 32, 61(1964).

[3] Ю. Г. Еремин н др., Завод. лаб, 35, 1425-31(1969).

[4] 庞淑薇、梁树权，化学学报，28(3)，148—152(1962)；30(2)，160—165(1964).

[5] 马惠昌，倪哲明，梁树权，化学学报，30(4)，338—393(1964).

[6] 胡之德，科学通报，14(9)，63(1963).

[7] T. I. Pirta, Rev. Chem. (Bucharest), 11(6), 336—8, (1960); Anal. Abstr. 61, (1961).

[8] 林长山等，科学通报，17(2)，81(1966).

[9] 梁树权等,化学通报,28,12,110,139(1962).

[10] Б. С. Валиев и др. ,Азерб. Хuм. Ж. ,3,80—4(1976);CA87:77818.

[11] Н. Сведиене,Ж. Анал. Хuм. ,33(1). 60—4(1978);CA89:139767.

[12] Н. М. Шеина и др. ,Ж. Анал. Хuм. ,29(10),1924—8(1974);CA82:80075.

[13] Г. Л. Опнфеpенко и др. ,Ж. Анал. Хuм. 30(10),1947—50(1975);CA84:159200.

[14] Н. Н. Высокова,Авт. Свuн. СССР,No 584246,(1977);CA89:122633.

[15] С. П. Оносова,Ж. Анал. Хuм. ,33(3),489—92(1978);CA89:70201.

[16] В. И. Корнев,Ж. Анал. Хuм. ,32(8),1533—6(1977);CA88:114701.

[17] K. Vytras et al. ,Chem. Zvest,30(5). 648—57(1976). CA87:94858.

[18] В. Н. Тихонов и др. ,Ж. Анал. Хuм. ,33(10),1904—10(1978):CA90:114398.

[19] А. К. Жаданов u др. ,узб. Хuм. Ж. ,5,8—16(1976);CA86:50247.

[20] L. Sucha,Sb. Vys. Sk. Chem-Technol. Praxe. Anal. Chem. H9. 99—107(1973). CA81:72211.

[21] 罗文宗等,分析化学,7(5),400(1979).

[22] Р. Н. Бочрова и др. ,физ. Хнм. Методы Иссл. Анал. Виол. Объектов Некот. Технол. Матер. ,34-43,(1971);CA78:143352.

[23] 冶金部地质研究所,《矿石中稀有和稀散元素的化学分析》,冶金工业出版社(1960).

[24] Е. Н. Должникова и др. ,Орг. Реагенты Анал. Хим. ,Тезисы докл. Всес. Конф. ,4 чет. ,1,15-16(1976);CA87;145264.

[25] Н. Н. Высовова и др. ,Орг. реагенты анал. хим. ,Тезисы докл. всес. конф. ,4 чет. ,1,89—90(1976);CA38:44406.

[26] 倪哲明等,化学学报,30,296—300(1964).

[27] И. М. Коренмаи и др. ,ТР. Хuм. Хuмuч. Технол. ,3,58-9,(1974),CA83:187875 Фнз. -Хим. Методе анап. ,1,49-50(1976);CA88:68545.

[28] С. Р. . Оносова,Тр. Инст. Хuм. Урал. Научн. Центр. ,АН СССР. ,30,73-8(1974);CA85:13348.

[29] В. М. Островская,Авт. Свпл. СССР,No. 558202(1977);CA87:210655. Авт. Свuн. СССР,No. 595347(1978),CA88:182042;CA87:145267.

[30] Т. К. Бахматова и др. , Ж. Анал. Хum. ,31(2). 292-7(1976):CA85:136653.

[31] В. Н. Тихонов и др. ,Изв. ВУЗ,Хuм. Хuмuч. Технол. ,21(8). 1116-20(1978);CA89:208550.

[32] C. Vekhande et al. ,Microchem. J. ,23(1),28-41(1978);CA89:16175.

[33] Z. Holzbecher, Coll. Czch. Chem. Comm. 41(5),1506-15(1976);CA86:182410.

[34] А. С. Архангелъская и др. ,Орċ ан. реактuвы в аналuзе,2(4),86-91(1976);CA88:44388.

[35] Н. Ф. Пиеенко,в сб. Орċ ен. реактuвы в аналuзе,1(3),68-71(1975);CA86:132967.

[36] B. S. Gary. Curr. Sci. ,44(5),156-7(1975);CA83:37159.

[37] Н. Н. Высокова и др,. Авт. свuн. СССР,No. 594441,(1978);CA88:182041.

[38] М. А. Матвеец и др. ,Ж. Анал. Хuм. ,32(11),2143-6(1977);Орг. реагенты анал. хим. тезнсы докл. всес конф. 4 чет. ",2,133-6(1976);CA88:15448;CA88;44426.

[39] Д. П. Шалъбув,Зав. Лаб. ,41(2),129-159(1975).

[40] К. Морисиге,Ж. Амал. Хuм. ,73(2),245-54(1974);CA82:92626.

[41] С. В. Бслътюкова,Укр. Хим. Ж. ,43(6),641-4(1977);CA87:210561.

[42] С. А. Гава идр. ,Ж. Анал. Хнм. ,31(1),2129-32(1976);CA87:15409.

[43] R. J. Palma et al. ,Anal. Chem. ,42,47-51(1970).

22. 稀土元素

22.1　稀土元素化学

1.1　绪　　论

1.1.1　稀土元素的发现与历史

稀土元素的发现与确证经历了一段漫长而曲折的过程。1781 年，瑞典人 L. Arrhenius 在瑞典斯德哥尔摩附近的伊特比(Ytterby)小镇上发现了一种异常的黑色矿物，这就是一种稀土矿物。1784 年芬兰著名化学家 J. Godolin 研究了这种矿物，从中分离出一种新的土性化合物，其含量达 38%，它的性质部分与氧化钙相似，部分与氧化铝相似，但又不是二者。他根据矿石原产地是伊特比，而将这种土性化合物称为“钇土”(yttria)。1803 年德国化学家 M. H. Klaptoth、瑞典化学家 J. J. Berzelius 和 W. Hisinger 同时在瑞典的另一种矿物中(最早由 A. F. Crostedt 于 1751 年发现)分离出一种新的浅黄色的土性化合物，其性质与“钇土”相似，命名为“铈土”(ceria)。现在我们知道，当时发现的“钇土”和“铈土”就是钇组稀土元素和铈组稀土元素的氧化物。

应该指出，稀土元素开始被发现时，只是得到它们的氧化物，被称之为“钇土”、“铈土”等，而且不可能是纯净的一种元素的氧化物，只不过含某一元素的成分较多而已。而早先的化学家，直至 18 世纪末，一般均是将元素的氧化物——土(主要是指具有碱性、不溶于水、加热不易熔化也不发生变化的物质)当作元素的。因此“钇土”和“铈土”的发现即被认为是发现了钇元素和铈元素。

当时，人们认为“钇土”和“铈土”是两种纯物质，后来因为不同的研究者制得的这两种物质的性质各不相同，使人们开始意识到“钇土”与“铈土”的复杂性，并开始了艰苦的分离工作。1839 年，C. G. Mosander 将“铈土”制得的硝酸盐进行热分解，然后用稀硝酸沥取热分解产物，结果从沥取液中发现了一种新的土性化合物，定名为“镧土”(lanthana)，同时仍用“铈土”这一旧名来称呼不溶于稀硝酸中的氧化物。1841 年，当 Mosander 用稀硝酸来处理“镧土”时，又从中沥取到一种玫瑰色的新化合物，并把它命名为“镨土”(didymia)。现在知道，前者是镧的氧化物，后者是镨、钕的混合氧化物。

对“铈土”进行分离所取得的成功激励 Mosander 着手“钇土”的研究。1843 年，Mosander 发现，采用分级沉淀法可将“钇土”分离成三种形式的氧化物。一种为白色，量最多，他仍沿用旧名称为“钇土”；另一种是黄色氧化物，量最少，称为“铒土”(erbia);第三种是粉红色氧化物,量居中,称为“铽土”。

不少人对 Mosander 的工作进行了重复,并引起过不少争议。在这过程中,1860 年 N. J. Berlin 将 Mosander 的“铽土”改称为“铒土”,而大约于 1878 年 M. Delafontaine 又将 Berlin 的“铒土”改称为“铽土”,这种改动一直沿用至今。

Mosander 的工作导致出现了一个寻找稀土元素的兴盛时期。1878 年,瑞典化学家 J.-C. G. de Marignac 将来自硅铍钇矿的硝酸铒土少许加强热分解,然后用水沥取,从所获得的块渣中获得两种氧化物,一种是红色,仍保留旧名“铒土”;另一种为白色,取名为“镱土”(ytterbia)。1880 年,他对铽土进行研究也分得了两种氧化物,一种是褐色,仍称为“铽土”,另一种是白色,暂称为 Ya,后来被命名为“钆土”(gadolina)。

1879 年,瑞典人 L. F. Nilson 在 Marignac 研究的基础上,从硅铍钇矿石和黑稀金矿中提取到“铒土”,并将它制成硝酸盐,他用 Marianac 的方法将这种盐分解以后,从“镱土”中得到了少许极纯净的氧化镱,另外还得到了一种当时未知的土质氧化物,称为“钪土”(scandia)。

1879 年,瑞典化学家 P. T. Cleve 在研究把“镱土”和“钪土”分离出去后的“铒土”时,注意到铒的原子量并非恒定,最后终于将其分离出三种成分,即“铒土”、“钬土”(holmia),“铥土”(thulia)。1886 年法国人 L. de Boisbaudran 采用分步沉淀法在“钬土”中又分离出一种新的氧化物,称为“镝土”(dysprosia)。1907 年,G. Urbain 又将“镱土”分成二种性质完全不同的氧化物,一种命名为“新镱土”(neoytterbia),现在简称为镱(ytterbium);另一种命名为“镥土”(lutecia)。

这样,原来的“钇土”便分成了氧化钇、氧化铽、氧化铒、氧化钬、氧化镝、氧化铥、氧化镱、氧化镥八种元素的氧化物。

对铈土的研究是和钇土同时进行的。1879 年 Boisbaudran 将氢氧化铵加入到“镨土”的溶液中,发现在“镨土”未沉淀之前已有另一种土质沉淀,他称为“钐土”(samaria)。1886 年,他从“镨土”中又寻得了另一种新的氧化物,经研究证明和 Marianac 称之为 Ya 的物质是同一种东西,最后取名为“钆土”。1885 年,奥国化学家 C. A. von Welsbach 将硝酸镨铵反复分离,把“镨土”分离成两种土性氧化物,其中一种呈绿色,称为“镨土”(praseodimia),另一种称为“钕土”(neodymia)。

藏在“铈土”中的最后一个稀土元素铕(En)是 1901 年法国化学家 E. A. Demarcay 发现的,他将硝酸钐镁按分级沉淀法作了一次极精密的分析,结果发现了这种元素的氧化物。

这样旧日的“铈土”终于分解成氧化铈、氧化镧、氧化镨、氧化钕、氧化钐、氧化钆、氧化铕七种元素的氧化物。

钷(Pm)存在的第一次无可争辩的证明是 1945 年美国田纳西州橡树岭的克林顿国家实验所 J. A. Marinsky, L. E. Glendenin 和 C. D. Coryell 的工作,从^{235}U 的人工裂变产物的离子交换柱上辨认出$^{147}61^{3+}$所产生的淋洗带，取名为钷(Promethum)。

Pm 原由铀裂变而来，也可由中子轰击 Nd 而人工获得：

$$^{146}_{60}Nd + ^{1}_{0}n \longrightarrow ^{147}_{60}Nd \xrightarrow{\beta^-} ^{147}_{61}Pm$$

这样，全部稀土元素，包括钪，共 17 个元素均被发现，从首次制得“钇土”到最后一个放射性元素钷被发现跨越了三个世纪，共经历了 150 多年。

过去，钷一直被认为是从反应堆裂变产物中获得的人造元素，但在 1965 年，人们在处理天然高品位铀矿时发现了^{147}Pm。O. Erämetsä 从 600t 铀矿中提取了 350mg^{147}Pm。这是因为天然的富铀矿好比一座天然的原子反应堆，由于存在有足够的中子缓慢进行着天然核裂变，从而生成了^{147}Pm。这样一来，钷就不再是人造元素了。

1.1.2 稀土元素的存在与分布

依据地壳厚度 16km 所计算出的稀土元素在地壳岩石圈中的丰度列于表 22.1 中，稀土元素稳定同位素的相对丰度列于表 22.2 中。

表 22.1 稀土元素的丰度

核电荷数	元素符号	地壳岩石圈		
		g/t(ppm)	重量(%)	原子数/10^6 Si 原子
57	La	18.3	1.83×10^{-3}	12.8
58	Ce	46.1	4.61×10^{-3}	32.1
59	Pr	5.53	5.53×10^{-4}	3.89
60	Nd	23.9	2.39×10^{-3}	16.2
61	Pm	4.5×10^{-20}	4.5×10^{-21}	—
62	Sm	6.47	6.47×10^{-4}	4.19
63	Eu	1.06	1.06×10^{-4}	0.68
64	Gd	6.36	6.36×10^{-4}	3.94
65	Tb	0.91	9.1×10^{-5}	0.56
66	Dy	4.47	4.47×10^{-4}	2.69
67	Ho	1.15	1.15×10^{-4}	0.68
68	Er	2.47	2.47×10^{-4}	1.44
69	Tm	0.20	2.0×10^{-5}	0.115
70	Yb	2.66	2.66×10^{-4}	1.49
71	Lu	0.75	7.5×10^{-5}	0.37
39	Y	28.1	2.81×10^{-3}	30.7

表 22.2　各种元素在地壳中的重量百分数

元素	重量(%)	元素	重量(%)	元素	重量(%)	元素	重量(%)	元素	重量(%)
O	47.2	Cr	0.02	Ge	7×10^{-4}	Br	1.6×10^{-4}	Tc	1×10^{-6}
Si	27.6	Zr	0.02	Cs	7×10^{-4}	Ho	1.15×10^{-4}	Ru	5×10^{-7}
Al	8.80	V	0.015	Sm	6.47×10^{-4}	Eu	1.06×10^{-4}	Pt	5×10^{-7}
Fe	5.10	Cu	0.01	Gd	6.36×10^{-4}	W	1×10^{-4}	Au	5×10^{-7}
Ca	3.60	N	0.01	Be	6×10^{-4}	Tb	9.1×10^{-5}	Ne	5×10^{-7}
Na	2.64	Ni	0.008	Pr	5.53×10^{-4}	Lu	7.5×10^{-5}	Rh	1×10^{-7}
K	2.60	Li	0.0065	As	5×10^{-4}	Se	6×10^{-5}	Re	1×10^{-7}
Mg	2.10	Zn	0.005	Sc	5×10^{-4}	Cd	5×10^{-5}	Ir	1×10^{-7}
Ti	0.60	Ce	0.0046	Dy	4.5×10^{-4}	Sb	4×10^{-5}	Xe	3×10^{-8}
H	0.15	Sn	0.004	Ar	4×10^{-4}	I	3×10^{-5}	Kr	2×10^{-8}
C	0.10	Co	0.003	Hf	3.2×10^{-4}	Tm	2×10^{-5}	Pa	1×10^{-10}
Mn	0.09	Y	0.0028	B	3×10^{-4}	Bi	2×10^{-5}	Ra	1×10^{-10}
P	0.08	Nd	0.00239	Mo	3×10^{-4}	In	1×10^{-5}	Po	2×10^{-14}
S	0.05	La	0.0018	U	3×10^{-4}	Ag	1×10^{-5}	Ac	6×10^{-14}
Cl	0.045	Pb	0.0016	T1	3×10^{-4}	Hg	7×10^{-6}	Pu	1×10^{-15}
Sr	0.04	Ga	0.0015	Yb	2.66×10^{-4}	Os	5×10^{-6}	Rh	7×10^{-16}
Rb	0.03	Nb	0.001	Er	2.47×10^{-4}	Te	1×10^{-6}	Pm	4.5×10^{-20}
F	0.027	Th	8×10^{-4}	Ta	2×10^{-4}	Pd	1×10^{-6}		

为了比较稀土元素在地壳中的含量,表 22.3 按丰度大小的顺序排列了各种元素的克拉克值。

比较表 22.1 和表 22.2 的数据,可以看到,稀土元素在地壳中的总的分布量为 153g/t,其中,铈含量最高,其次是钇、钕、镧等。铈组稀土元素(即轻稀土元素,包括 La,Ce,Pr,Nd,Sm,Eu)的分布量较钇组稀土元素(即重稀土元素,包括 Gd,Tb,Dy,Ho,Er,Tm,Yb,Lu,Y)为大,前者的克拉克值为 101g/t,后者为 47g/t,两者之比约为 2.15。各个稀土元素的分布极不均匀,从 La 到 Lu,元素分布量呈波浪式下降趋势。一般说来,原子序数为偶数的含量较其相邻的奇数元素为高,因此是符合奥多-哈尔根斯规则(Oddo-Harkins rule)的。

从地球化学观点来看,稀土元素是分散亲石元素,虽然在海水和某些植物中均发现有稀土元素存在,但其含量甚微。在地壳中,稀土元素集中存在于岩石圈,然而在各种矿石中,稀土元素含量也颇不均匀,它们主要富集在花岗岩、碱性岩和碱性超基性岩以及与它们有关的矿床中。

我国稀土资源与国外相比具有储量大、分布广、矿种全、类型多等特点,为我国稀土工业以及稀土的科学研究提供了优越条件。其中内蒙古白云鄂博矿区的稀土氧化物储量即达 1 亿吨左右,如果对铁矿体外围的白云石型铌稀土矿石进行勘探,则储量肯定还会大大增加，我国是世界上最大稀土资源国已确定无疑。在我国，几乎已知的所有具有工业意义的 20 多种稀土工业矿物均有发现并具有实际利用价值，其中有的矿物，如易解石，在国外几乎不具有工业价值，但在我国却有一些矿物中含量颇具规模；有的矿物，如褐钇铌矿，在国外开采意义也不大，但在我国却形成了规模甚大的工业矿床。此外，如氟碳铈钡矿及褐铈铌矿等矿物均为我国首先发现的新矿物。

表 22.3　稀土元素稳定同位素的相对丰度

元素名称	质量数	丰度(%)	元素名称	质量数	丰度(%)	元素名称	质量数	丰度(%)
La	137	0.089	Eu	151	47.9	Er	162	0.14
	139	99.911		153	52.1		164	1.56
Ce	136	0.190	Gd	151	0.20		166	33.4
	138	0.254		154	2.1		167	22.9
	140	88.5		155	14.8		168	27.1
	142	11.1		156	20.6		170	14.9
Pr	141	100		157	15.7	Tm	169	100
Nd	142	27.2		158	24.8	Yb	168	0.135
	143	12.2		160	21.8		170	3.1
	144	23.8	Tb	159	100		171	14.4
	145	8.3	Dy	156	0.057		172	21.9
	146	17.2		158	0.100		173	16.2
	148	5.7		160	2.3		174	31.6
	150	5.6		161	19.0		176	12.6
Sm	144	3.1		162	25.5	Lu	175	97.39
	145	$<2\times10^{-7}$		163	24.9		176	2.61
	146	15.1		164	28.1	Y	89	100
	147	11.3	Ho	165	100			
	149	13.9						
	150	7.4						
	152	26.6						
	154	22.6						

1.2　稀土元素及其性质

这里所谓的性质主要是指作为 IIIB 族成员的钇(Y，39)、镧(La，57)和镧系(Ce ⟶ Lu)等 16 种稀土元素的中性原子以及相应的各种氧化态的正离子的性质。当然，这些性质必定会影响稀土单质及其化合物的各种物理和化学性质。下面仅就稀土元素的物理性质(光学的、磁学的、核的性质)、原子及离子半径、氧化态及电极电势等方面加以简要的介绍。

1.2.1 稀土元素的电子层结构及物理性质

众所周知，除钇以外，从镧到镥(57 ⟶71)的基态外围电子构型(或称价电子层构型)可以用 $4f^{0\to14}5d^{0,1}6s^2$ 来表征，f 与 d 电子数之和不大于 15，d 电子数有从 0 到 1 的变化，这可由表 22.4 看出。例如中性镧原子的基态构型为达到 Xe 的原子结构($1s^22s^22p^63s^23p^63d^{10}4s^24p^64d^{10}5s^25p^6$)以后另有三个电子在高能的 $5d$ 及 $6s$ 轨道中，即其基态的特征构型为 $5d^16s^2$(即 $4f^0$ 的全空状态)。钪(21)、钇(39)、镧(57)的共同的特征构型为$(n-1)d^1ns^2$，其中钪的 $n=4$；钇的 $n=5$；镧的 $n=6$，因而共同属于 IIIB 族的成员(锕的 $n=7$)。从铈(58)的 $4f^15d^16s^2$ 和钆(64)的 $4f^75d^16s^2$(即 $4f^7$ 的半满状态)到镥(71)的 $4f^{14}5d^16s^2$(即 $4f^{14}$ 的全满状态)完成了 $4f$ 的 7 个轨道中 14 个电子的填充。由于镧原子没有 $4f$ 电子，似应被排除在镧系之外，但又因为镧和其后的元素性质上非常相似，所以经常和其后的镧系放在一起讨论。

镧系原子及阳离子的基态构型常用发射光谱的数据来确定。列于表 22.4 中的原子(Ln^0)及气态离子 Ln^{x+} 的构型与光谱和原子束共振法的测定数据最为符合。

表 22.4 镧系元素的基态外围电子构型

原子序数	元素符号	构型(光谱项)			
		Ln^0	Ln^+	Ln^{2+}	Ln^{3+}
57	La	$5d^16s^2(^2D_{3/2})$	$5d^2(^3F_2)$	$5d^1(^2D_{3/2})$	$4f^0(^1S_0)$
58	Ce	$4f^15d^16s^2(^1G_4)$	$4f^15d^16s^1(^2G_{7/2})$	$4f^2(^3H_4)$	$4f^1(^2F_{5/2})$
59	Pr	$4f^36s^2(^4I_{9/2})$	$4f^36s^1(^5I_4)$	$4f^3(^4I_{9/2})$	$4f^2(^3H_4)$
60	Nd	$4f^46s^2(^5I_4)$	$4f^46s^1(^6I_{7/2})$	$4f^4(^5I_4)$	$4f^3(^4I_{9/2})$
61	Pm	$4f^56s^2(^6H_{5/2})$	$4f^56s^1(^7H_2)$	$4f^5(^6H_{5/2})$	$4f^4(^5I_4)$
62	Sm	$4f^66s^2(^7F_0)$	$4f^66s^1(^8F_{1/2})$	$4f^6(7F_0)$	$4f^5(^6H_{5/2})$
63	Eu	$4f^76f^2(^8S_{7/2})$	$4f^76s^1(^9S_4)$	$4f^7(^8S_{7/2})$	$4f^6(^7F_0)$
64	Gd	$4f^75d^16s^2(^9D_2)$	$4f^75d^16s^1(^{10}D_{5/2})$	$4f^75d^1(^9D_2)$	$4f^7(^8S_{7/2})$
65[1]	Tb	$4f^96s^2(^6H_{15/2})$	$4f^96s^1(^7H_8)$	$4f^9(^6H_{15/2'})$	$4f^8(^7F_6)$
66	Dy	$4f^{10}6s^2(^5I_8)$	$4f^{10}6s^1(^6I_{17/2})$	$4f^{10}(^5I_8)$	$4f^9(^6H_{15/2})$
67	Ho	$4f^{11}6s^2(^4I_{15/2})$	$4f^{11}6s^1(^5I_8)$	$4f^{11}(^4I_{15/2})$	$4f^{10}(^5I_8)$
68	Er	$4f^{12}6s^2(^3H_6)$	$4f^{12}6s^1(^4H_{13/2})$	$4f^{12}(^3H_6)$	$4f^{11}(4I_{15/2})$
69	Tm	$4f^{13}6s^2(^2F_{7/2})$	$4f^{13}6s^1(^3F_4)$	$4f^{13}(^2F_{7/2})$	$4f^{12}(^3H_6)$
70	Yb	$4f^{14}6s^2(^1S_0)$	$4f^{14}6s^1(^2S_{1/2})$	$4f^{14}(^1S_0)$	$4f^{13}(^2F_{7/2})$
71	Lu	$4f^{14}5d^16s^2(^2D_{3/2})$	$4f^{14}6s^2(^1S_0)$	$4f^{14}6s^1(^2S_0)$	$4f^{14}(^1S_0)$

1) Tb^0及 Tb^+的基态可分别为 $4f^85d^16s^2$及 $4f^85d^16s^1$。

曾被指出 $4f$ 轨道的能量和空间伸展范围当核电荷增加超过 57 时都会突然地减小。举例来说，一个 $4f$ 电子与核的结合能从 La 的 −0.95eV 降至 Nd 的 −5eV。于是 La 原子的 $4f$ 轨道仍然空着，并采取了 $5d^1 6s^2$ 的基态构型，到 Nd(60)时 $4f$ 轨道的能量已低于 $5d$，因而采取了 $4f^4 6s^2$ 的基态构型。正是由于原子序数超过 57 时有效核电荷迅速增加，使 $4f$ 轨道的能量降低并允许占据这些轨道，才形成了 La 后的 14 个镧系元素。

从表 22.4 中又可看出，对 Ln^0，Ln^+ 及 Ln^{2+} 离子而言，随原子序数的增加 $4f$ 轨道的占据并非规律性地增加，而是出现两种构型，即 $4f^{n-1}5d^1 6s^2$ 和 $4f^n 6s^2$。这突出地体现了符合洪特规则的半满($4f^7$)和全满($4f^{14}$)亚层的稳定性。但三价正离子(Ln^{3+})则不出现两种构型，而观察到的构型则是规律性地增加着 $4f^n$。

图 22.1 不仅体现了 $4f$ 半满和全满的稳定性，而且近似地体现了镧系与锕系中性原子的 $f^n s^2$ 和 $f^{n-1}d^1 s^2$ 基态电子构型间的相对能量关系。例如以 $f^n s^2$ 的能量作为零比较时，钆(Gd)原子的基态构型宁愿采取能量较低的 $4f^7 5d^1 6s^2$ 而不愿采取能量较高的 $4f^8 6s^2$。此外，在决定化学行为上，这两种构型对镧系与锕系有不同的表现。对镧系说，构型无论是 $f^n s^2$ 或 $f^{n-1}d^1 s^2$ 是无关紧要的。例如，全部镧系通常存在着+3 氧化态，且在绝大多数情况下形成+3 氧化态需要失去一个 $4f$ 电

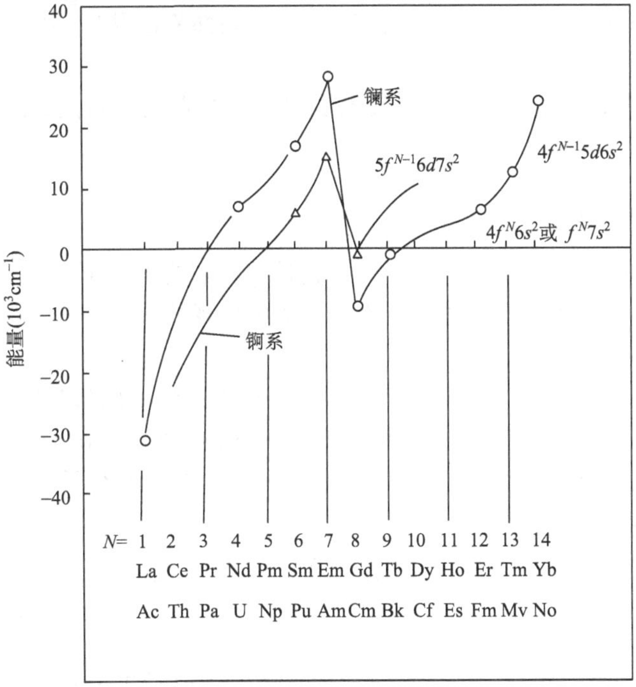

图 22.1 $f^n s^2$ 和 $f^{n-1}d^1 s^2$ 基态电子构型间的相对能量关系

子，意即与两种构型间的能量差相比，由 Ln^0 形成 Ln^{3+} 的反应时其他能量项则是更重要的。就锕系说，对于化学行为能量最低的构型是极为重要的，而且 $5f^n7s^2$ 与 $5f^{n-1}6d^17s^2$ 两种构型之间的竞争也饶有兴趣。例如从图 22.1 中可以看出，对于 f 亚层的前半部，锕系呈现出从 $5f \rightarrow 6d$ 的激发能小于镧系中 $4f \rightarrow 5d$ 的激发能，所以在锕系中提供更多的成键电子以表现高价的趋势更大。f 亚层的后半部锕系与镧系则更加相似些。由此可见，f^ns^2 与 $f^{n-1}d^1s^2$ 两种构型对化学行为的影响不同是镧系与锕系的重要区别之一。当然，这种差别并没有从根本上影响由于二者的构型相似(都是 f 区元素)而引起的镧系与锕系的密切相似性。

镧系元素与 d-过渡元素由于构型不同而有显著的区别。已如前述，在形成 Ln^{3+} 离子时 $4f$ 轨道中虽然可以失去电子，但 $4f$ 却被外层的 $5s^25p^6$ 惰气壳层充分屏蔽着，以致在另外的化学反应中大部分未被利用。至于 d-过渡元素的原子和离子，在价层中有特征的 d 电子，d 轨道未被屏蔽，易受环境影响而参与成键，所以在镧系离子与 IA－IIIA 族阳离子之间比镧系离子与 d-过渡金属离子之间在构型上有更密切的相似性。可见镧系离了中存在着被屏蔽的 $4f$ 电子实质上并未将它们所呈现的惰气(Xe)原子的性质有多大改变。因此，给定氧化态(例如＋3)的镧系元素尽管内层 $4f$ 电子数可以不同，但其半径差别极小(见后)，而化学性质极其相似。反过来说，随原子序数的增加，对某一氧化态变化引起性质变化的程度大于镧系元素种类变化所引起的。这就造成了镧系在自然界的共生，分离、分析甚至早年在周期系中分类上的困难等。

总之，镧系元素的许多通性是其电子层结构的直接或间接的后果。这些内容将在以后各节逐步阐明。

1. 稀土元素的电子能级

表 22.5 中同时列出了光谱项符号，它是用所谓的 Russel Saun-ders 符号表示的原子能级。它导致了电子能级分裂后光谱中出现的多重谱线。符号的各部分表示原子中的各种角动量。

根据电子层结构及洪特规则就能写出某个原子或离子的基态光谱项。例如对于 Ho^{3+}(见表 22.5)，其电子层结构为 $1s^22s^22p^63s^23p^63d^{10}4s^24p^64d^{10}4f^{10}5s^25p^6$。我们只考虑未填满的 $4f$ 亚层(因为闭合壳层对 L 和 S 没有贡献，即 $L=0, S=0$，故可忽略)，则

$4f$：	↑↓	↑↓	↑↓	↑	↑	↑	↑
$m_l=$	$+3$	$+2$	$+1$	0	-1	-2	-3

可以看出，$S=4\times\frac{1}{2}=2, L=3+2+1=6$；又因电子数多于半满，按洪特第三规则，$J=L+S=6+2=8$；$2S+1=2\times2+1=5$，故 Ho^{3+} 离子的基态光谱项为 $^5I_8$。其余

表 22.5 Ln^{3+} 离子 $4f$ 亚层的电子排布和基态光谱项

Ln^{3+}	$4f$ 电子数	$4f$ 轨道的磁量子数							$L=\sum m_l$	$S=\sum s$	$J=L\pm S$	基态光谱项
		3	2	1	0	−1	−2	−3				
											$J=L-S$	
La^{3+}	0								0	0	0	$^1s_0$
Ce^{3+}	1	↑							3	1/2	5/2	$^2F_{5/2}$
Pr^{3+}	2	↑	↑						5	1	4	$^3H_4$
Nd^{3+}	3	↑	↑	↑					6	3/2	9/2	$^4I_{9/2}$
Pm^{3+}	4	↑	↑	↑	↑				6	2	4	$^5I_4$
Sm^{3+}	5	↑	↑	↑	↑	↑			5	5/2	5/2	$^6H_{5/2}$
Eu^{3+}	6	↑	↑	↑	↑	↑	↑		3	3	0	$^7F_0$
											$J=L+S$	
Gd^{3+}	7	↑	↑	↑	↑	↑	↑	↑	0	7/2	7/2	$^8S_{7/2}$
Tb^{3+}	8	↑↓	↑	↑	↑	↑	↑	↑	3	3	6	$^7F_6$
Dy^{3+}	9	↑↓	↑↓	↑	↑	↑	↑	↑	5	5/2	15/2	$^6H_{15/2}$
Ho^{3+}	10	↑↓	↑↓	↑↓	↑	↑	↑	↑	6	2	8	$^5I_8$
Er^{3+}	11	↑↓	↑↓	↑↓	↑↓	↑	↑	↑	6	3/2	15/2	$^4I_{15/2}$
Tm^{3+}	12	↑↓	↑↓	↑↓	↑↓	↑↓	↑	↑	5	1	6	$^3H_6$
Yb^{3+}	13	↑↓	↑↓	↑↓	↑↓	↑↓	↑↓	↑	3	1/2	7/2	$^2F_{7/2}$
Lu^{3+}	14	↑↓	↑↓	↑↓	↑↓	↑↓	↑↓	↑↓	0	0	0	$^1S_0$

Ln^0 及 Ln^{x+} 离子的基态光谱项的推算可按同法处理。

从表 22.5 中可以看出，由一个填满亚层时缺少 x 个电子的构型和另一个在同一亚层中占据着 x 个电子的构型，将会产生同一组 L-S 状态，即 f^x 与 f^{14-x} 的光谱项相同，仅 J 值不同。例如 Nd^{3+} ($4f^3$，$^4I_{9/2}$)和 Er^{3+} ($4f^{11}$，$^4I_{15/2}$)。

从表 22.5 可以简明地推算 Ln^{3+} 离子的基态光谱项。

$4f^n$ 构型的电子能级，全可用 L—S 偶合在实用的近似上给出。

Ln^{x+} 离子($4f^n$ 构型)的电子能级与 d-过渡元素的区别在于前者的 $4f$ 亚层之外还有 $5s^25p^6$ 壳层屏蔽着，以致 Ln^{x+} 离子受周围环境(配位场)的影响很小，因而对某一给定的离子在它的所有化合物中，无论在晶体或溶液中，电子能级基本上是相同的。

Ln^{3+} 离子的电子能级的另一特点是因为自旋-轨道偶合常数相当大(数量级为 $1000cm^{-1}$)，即由于相互作用相当强(强 L—S 偶合)，几乎绝大多数的 Ln^{3+} 离子的以确定 J 值为特征的能级分裂较大，使第一激发态的能量与基态的能量差大于 kT(在常温约等于$\sim 200cm^{-1}$)若干倍。结果是对于每一个这些离子来说，除非在很高的温度，其第一激发态其本未被电子占据。这种情况可由图 22.2 看出。可

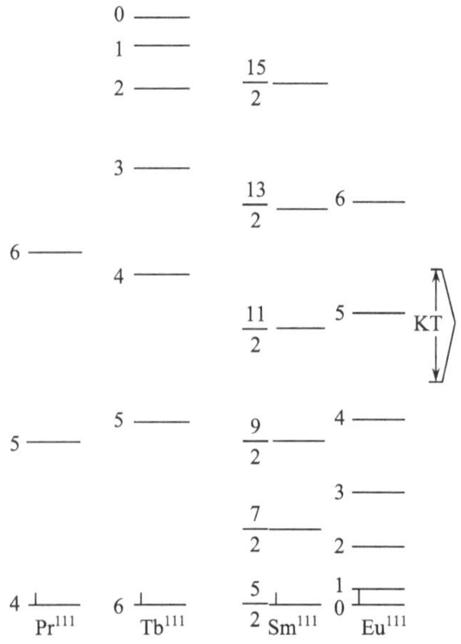

图 22.2　某些 Ln^{3+} 离子的 J 状态
(左侧数字为 J 值，Tb^{3+} 与其余离子 J 值的反序可由洪特第三规则予以说明)

是 Sm^{3+} 与 Eu^{3+} 离子与其他离子不同，每个的第一激发态与基态足够靠近(在 Eu^{3+} 的情况下甚至是第二和第三激发态)，纵然在常温下也显著地被电子占据着。可以预期，Sm^{3+} 和 Eu^{3+} 离子与其余 Ln^{3+} 离子在依赖于 J 状态的总体的性质上会有某些差别。

与电子能量状态最直接相关的两种性质是磁化率(或永久磁矩)和辐射能的发射或吸收。

2. 稀土元素的光学性质

除了 $La^{3+}(4f^0)$ 及 $Lu^{3+}(4f^{14})$外，其余镧系元素的 $4f$ 电子可在 7 个 $4f$ 轨道之间任意排布，从而产生各种光谱项和能级。它们可以吸收或发射从紫外、可见到红光区的各种波长的辐射。无论吸收或发射光谱都可用于稀土元素的分析。以下从吸收及发射两方面来讨论稀土元素的光学性质。

(1) 辐射能的吸收

在稀土元素的分光光度法测定中，用的都是吸收光谱。

表 22.6 列出了三价镧系离子在晶体或水溶液中的颜色。

镧系离子的 $4f$ 亚层外面，还有 $5s^2 5p^6$ 电子层的屏蔽作用，使 $4f$ 亚层受化合物中其他元素的势场影响(晶体场或配位场)较小，因此镧系元素化合物的吸收光谱和自由离子的吸收光谱基本一样，都是线状光谱，而和易受配位场影响的 d-过渡元素的光谱不同，后者的气态自由离子为线状光谱，在化合物或溶液中变为带状，且同一元素在不同化合物中的吸收光谱往往不同。

从表 22.6 还可看出 Ln^{3+} 离子吸收光谱的另一些特点。首先，Sc^{3+}，Y^{3+}，La^{3+}，Lu^{3+}(及 Ac^{3+})因无未偶电子，在 2000—10000Å 范围内无吸收带，故均无色；其次，具有 f^x 和 f^{14-x}的离子的光谱项的 L 和 S 相同，仅 J 值不同，或者说从 La^{3+} 到 Gd^{3+} 以及从 Gd^{3+} 到 Lu^{3+} 的相对应的离子具有基本相同的颜色；再则，具有 f^7，f^1，f^6，f^8 的离子的吸收带全部或极大部分在紫外区，具有 f^{13}的离子的吸收带在红外区，所以都无色。笼统地说，从镧系两端朝着紫外区移动，所以 Gd^{3+} 的所有吸收谱线均在紫外区。

表 22.6 Ln^{3+}离子的颜色及吸收带

离子	未偶电子	状态	主要吸收带(Å)	颜色	主要吸收带(Å)	状态	未偶电子	离子
La^{3+}	$0(4f^0)$	$^1S_0$	—	无色	—	$^1S_0$	$0(4f^{14})$	Lu^{3+}
Ce^{3+}	$1(4f^1)$	$^2F_{5/2}$	2105,2220,2380,2520	无色	9750	$^2F_{7/2}$	$1(4f^{13})$	Yb^{3+}
Pr^{3+}	$2(4f^2)$	$^3H_4$	4445,4690,4822,5885	绿	3600,6825,7800	^3H	$2(4f^{12})$	Tm^{3+}
Nd^{3+}	$3(4f^3)$	$^4I_{9/2}$	3450,5218,5745,7395 7420,7975,8030,8680	淡红	3642,3792,4870,5228,6525	$^4I_{15/2}$	$3(4f^{11})$	Er^{3+}
Pm^{3+}	$4(4f^4)$	$^5I_4$	5485,5680,7025,7355	粉红;黄	2870,3611,4161,4508,5370 6410	$^5I_8$	$4(4f^{10})$	Ho^{3+}
Sm^{3+}	$5(4f^5)$	$^6H_{5/2}$	3625,3745,4020	黄	3504,3650,9100	$^6H_{15/2}$	$5(4f^9)$	Dy^{3+}
Eu^{3+}	$6(4f^6)$	$^7F_0$	3755,3941	无色1)	2844,3503,3677,4872	$^7F_6$	$6(4f^8)$	Tb^{3+}
Gd^{3+}	$7(4f^7)$	$^8S_{7/2}$	2729,2733,2754,2756	无色	2729,2733,2754,2756	$^8S_{7/7}$	$7(4f^7)$	Gd^{3+}

1) Tb^{3+}也可以是极淡的粉红色。

必须指出，f^x 与 f^{14-x} 构型（有相同数目的未偶电子）的离子颜色的相似性是偶然的现象。因为与单纯的基态相比，光谱与更多的能态有关，纵然颜色相似而吸收谱带却显著不同；另外，具有相同构型和基态的非 3 价离子与其等电子的正 3 价离子的颜色十分不同，例如 Sm^{2+}（红棕色）和 Eu^{3+}（无色），Eu^{3+}（草黄色）和 Gd^{3+}（无色），Yb^{2+}（绿色）和 Lu^{3+}（无色）等。

某些典型的正 3 价离子的吸收光谱示于图 22.3 中。

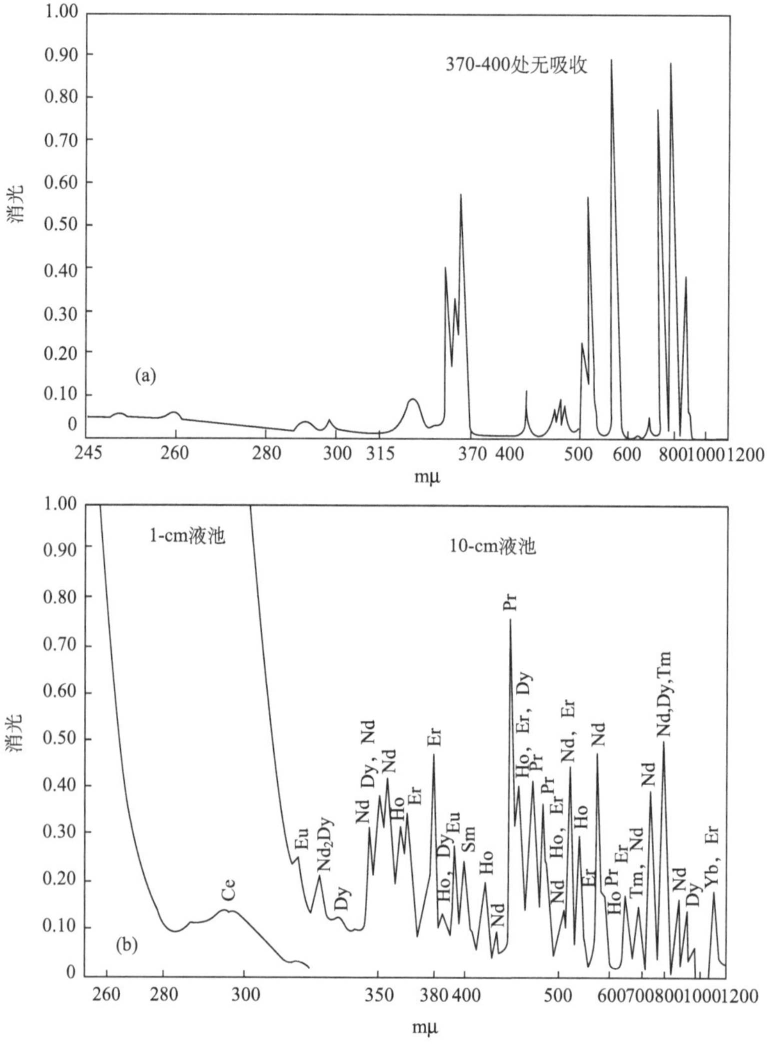

图 22.3 Ln^{3+} 离子在高氯酸盐水溶液中的吸收光谱

(a) $Nd(ClO_4)_3$；(b) 混合的 $Ln(ClO_4)_3$

从图 22.3 中可以看出，与 d-过渡元素的宽而分散的吸收光谱不同，所有 Ln^{3+} 离子的吸收光谱除了铈和镱外（Ce^{3+} 的吸收仅在紫外区，Yb^{3+} 的吸收仅在红外区），均含有尖锐明确的带，即使在溶液中和室温下通常仍是线状结构，而且特别在低温下（如在液氢温度下，离子间的能量交换大为减少），当晶体被测试时变得就像气态物质一样的线状光谱。从 $Pr^{3+} \rightarrow Tm^{3+}$ 离子呈现相当强的成群的线状带则是与特征的 $4f^n$ 的构型最密切相关的。

被正常考虑的辐射能证明，这种强锐带相当于纯粹的电子跃迁。由于 $4f$ 轨道被 $5s^2 5p^6$ 的惰气壳层有效地屏蔽着晶体场的作用，电子能级受外场的分裂仅达到～$100cm^{-1}$的程度（d- 过渡元素被外场的分裂约为此值的 10 倍以上），所以认为这种强锐带是所谓的 f-f 跃迁，即 $4f^n$ 构型相同而在不同 J 状态（能量间隔小）之间的电子跃迁的结果。然而，对于一个自由离子来说，属于这种类型的电偶级跃迁是被 Laporte 选律所禁阻的（“电偶极允许跃迁”是指在这种类型的跃迁中，两个状态电荷分布的差别相当于一个电偶极矩；Lpaorte 选律是指在一群 n 和 l 相同的轨道中，重新分配电子的跃迁是被禁阻的），但若按照能扭变所述阳离子的对称性的晶体场引起的作用来说，这样的跃迁是允许的（即以此阳离子作为对称中心来说，因受晶体场中阴离子的作用而脱离了平衡位置，相当于形成了“电偶极允许跃迁”的状态）。正因为 $4f$ 轨道被有效地屏蔽着，与 d-型离子（$\varepsilon_{最大}$ 约为 10—100）相比，这种锐带的绝对强度较小（$\varepsilon_{最大}$ 约为 0.5）；又因为 f-f 跃迁对自由离子来说是禁阻的，跃迁几率很小，故某些激发态的寿命长，这是稀土元素可以作为激光和荧光材料的依据。

Ce^{3+}（f^1）和 Yb^{3+}（f^{13}）离子的吸收光谱不存在线状结构是由于 f' 和 f^{13} 构型只允许对每种离子有一个单一 的 L 值，从而排除了在每种离子中一个较高的 $4f^n$ 状态的存在以及存在任何 $4f$ 内部跃迁。因而 Ce^{3+} 及 Yb^{3+} 的宽阔的带被认为是一构型跃迁的结果，例如 $4f^n \rightarrow 4f^{n-1}5d^1$。

通常在短波一侧，强度较弱的尖锐的和分散的带同时存在，这暗示着在 $4f$ 电子能级上叠加了其他的能级。数目有限的某些宽带曾归因于从强的还原性配位体到 Ln^{3+} 离子的电荷转移跃迁[指电子从主要集中于配位体的分子轨道向主要集中于金属原子的轨道移动（或反向的）的跃迁]。

由于 $4f$ 轨道被 $5s^2 5p^6$ 电子层有效地屏蔽着，与 d-型离子相比，Ln^{3+} 离子的吸收光谱于络合时远远未被扰动；或者可以说，至少实质上 $4f$ 轨道不参与成键，但这并不等于说 Ln^{3+} 离子的吸收光谱丝毫不受络合的影响。例如，络合时观察到的某些变化可在一定程度上反映出共价相互作用，即当配位体由高电负性变到低电负性（如 H_2O 被其他配位体如 Br^- 等取代）时，吸收带移向波长较长的方向，并随配位体的络合能力而增加。这相当于“电子云伸展”效应。其解释是 f^n 电子之间的排斥，因而减小了 $L-S$ 状态之间的能量间隔，意味着络合物中 f 电子云已被伸展，至少部分地使 f 轨道与配位原子的轨道重叠，引起了一定的共价相互作用的后果。

在镧系元素中，价态以两种方式影响吸收光谱：

a. 非正常价态的元素比其正常价态者更高度地显色（Eu 是例外）；

b. 2 价离子与原子序数少 1 的元素的 3 价离子的颜色相似。例如 Sm^{2+}（红棕）及 Pm^{3+}（粉红），Eu^{2+}（草黄）及 Sm^{3+}（黄），Yb^{2+}（绿）及 Tm^{3+}（绿）。

被捕集在诸如 CaF_2 或 BaF_2 宿主晶格中的 Ln^{2+} 离子的吸收带通常是宽带。

(2) 辐射能的发射

众所周知，当电子吸收能量从基太激发到激态再回到某一较低的能级时，按 $\Delta E=h\upsilon=h\times\frac{c}{\lambda}$ 的关系发射一定波长的光线，这是发射光谱的根据。不同稀土元素的能级高低各不相同，产生的谱线也不一样。利用其中某些特征谱线的波长和强度可以作为定性和定量的依据，因此发射光谱仍是目前分析稀土元素的主要方法之一。

大部分稀土元素的发射光谱极其复杂。一般地说，元素的最外能级组的轨道数目愈多，未偶电子数愈多，则 $L-S$ 偶合近似所得的光谱项及能级也愈多。产生稀土元素谱线的是 $4f$，$5d$，$6s$ 等校多的轨道，易激发的电子数也较多，所以光谱非常复杂。例如钆原子 $4f^7 5d^1 6s^2$ 有 3106 个能级，它的激发状态 $4f^7 5d^1 6s^1 6p^1$ 可多达 36000 个能级。这样一来，从激态到较低能态或基态可能发射的谱线将多到难以计数。幸亏有光谱选律[即符合下列条件才能跃迁：$\Delta S=0$；$\Delta L=\pm1$；$\Delta J=0$，±1（由 $J=0\rightarrow J=0$ 例外）；$\pm\Delta n=0$ 或任意正整数]的限制，各个状态之间也并不是都能产生跃迁而发射谱线。通常具有未充满 f 亚层的原子或离子的光谱可观察到的谱线约有 30000 条，具有未充满 d 亚层的过渡元素的谱线约有 7000 条，而具有未充满 p 亚层的主族元素的谱线约有 1000 条。因而分析稀土元素较适用的是色散率及分辨率都很高的大型光栅摄谱仪，而且有人做过统计：用色散率为 2.5Å/mm 的摄谱仪摄谱，在 4200—6000Å 波段内，每 0.1mm 就平均有三条谱线；而 0.1mm 几乎是两条谱线能够分辨的极限，可见稀土谱线的复杂程度。

由于稀土能级多样，各种颜色的光线比较齐全，它们混合在一起就接近太阳光，因此稀土发射光谱还可用于电光源。例如镝钬灯就是在高压放电管内装有镝钬的碘化物，放电时分解为碘和镝钬原子并受激发，发射出与太阳光接近的镝钬的原子光谱。回到基态的镝钬原子在低温区又和碘化合成碘化物蒸气，当扩散到放电中心的高温区时又分解为原子而发光。这样循环往复，可在灯管内保持较大的原子浓度。镝钬灯的光效高达 80lm/W，为氙灯的两倍，色温高达 5000—6000K。类似的更高光效的稀土电光源仍在发展中。

在光谱行为中的一个重要方面是某些 Ln^{3+} 离子（除 La^{5+}，Cd^{3+}，Lu^{3+} 外）的荧光或发光现象。物质在 X 射线、电子射线或紫外光的照射下，可从基态跃迁至激发态，然后再跃迁到较低能级放出不同波长的可见光的现象，叫作荧光（受激后立即发射者，叫荧光；延迟发射者，叫磷光）。其中最引人注目的是以 Eu^{3+} 激活的钇的化合物作基质的一些物质，例如 Eu^{3+} 的化合物无论在固态或溶液中都发生强的荧光（如彩色电视显象管中常用的红色荧光粉 Y_2O_2S ∶ Eu，Y_2O_3 ∶ Eu 等）。荧光的强度有赖于 Ln^{3+} 离子的环境。比较观察到的荧光光谱与吸收光谱关系较为密切，这也和被屏蔽的 $4f$ 构型有关。可是并非所有可能的跃迁都在荧光谱中产生，从而再一次突出了环境和随之而来的对称性影响的重要性。

曾观察到激发配位体中连接一个镧系离子的某一特定有机组分时，能从那个离子产生能量发射，而且有时特别在 Eu^{3+} 的情况下会产生激光，从而吸引人们对络合物的发射特征的特殊兴趣。一个螯合物在辐照下可以产生三种类型的荧光发射：

a. 当被阳离子扰动时，从受激的配位体本身发射；

b. 当被配位体扰动时，从受激的阳离子发射；

c. 从受激配位体到阳离子进行分子内的非辐射的能量传递，接着从阳离子进行辐射发射。

上述的这些过程中最后一个特别重要。各种解释曾被提出，但以图 22.4 所描绘的一种最为合理。第一步涉及由配位体的基态单重态（S_0）吸收辐射能，产生受激的单重态（S_1）。虽然可以通过回到 S_0 态（配位体荧光）辐射失去能量，但也可以由横贯到受激三重态（T_1 或 T_2）而非辐射地损失能量以猝灭任何随后的离子荧光。纵然三重态可以辐射失去能量而回到基态（磷光），但也可以非辐射地传递能量到阳离子的某一激发态。阳离子可以非辐射地失去能量而降至低能态或者辐射地回到基态（离子荧光）。如果以最后这一过程作为特征的辐射是相干的，就产生激光现象。因而四个苯乙酰丙酮的 Eu^{3+} 螯合物约在 16 340cm^{-1}（6120Å）处失去相干能，大量地是 $^5D_0 \rightarrow {}^7F_2$ 跃迁的结果。可是，并非所有的螯合物都能以激光形式给出荧光谱。

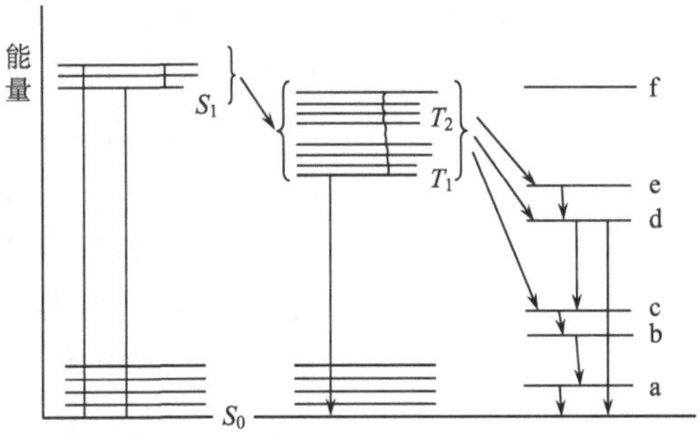

图 22.4 显示一个配位体激发态失去能量途径的能级图

和能量传递的上述解释一致，Ln^{3+} 离子的螯合物能分类如下：

a. La^{3+}（$4f^0$），Gd^{3+}（$4f^7$），Lu^{3+}（$4f^{14}$）离子的螯合物不显示离子荧光。自然，

La^{3+} 和 Lu^{3+} 离子不可能有分子内的 $4f$ 跃迁。Gd^{3+} 离子最低激发项的能级比配位体的三重态为高，因而禁阻了向离子传递能量。

b. Sm^{3+}，Eu^{3+}，Tb^{3+}，Dy^{3+} 离子的螯合物呈现强的离子荧光，这是由于每种离子中的激态能量项恰好位于配位体的三重态之下。

c. Pr^{3+}，Nd^{3+}，Ho^{3+}，Er^{3+}，Tm^{3+} 和 Yb^{3+} 离子的螯合物仅呈现微弱的离子荧光，这是由于项间能量差较小，使通过非辐射跃迁消耗能量的几率增加的结果。

许多正二价离子（例如 Pr^{2+}，Sm^{2+}，Dy^{2+}，Ho^{2+}，Er^{2+}，Tm^{2+}）的螯合物呈现离子荧光，而且有一些（例如 Sm^{2+}，Dy^{2+}，Tm^{2+}）能用作激光器。

激光是一种新型光源，它具有很好的单色性、方向性和相干性，能量异常集中，因而应用于工业、农业、医药卫生和国防等部门，且方兴未艾。稀土激光材料自 1960 年发现以钐激活的氟化钙（CaF_2：Sm^{2+}）能输出脉冲激光以来，发展极为迅速。目前最常用的稀土激光材料有掺钕钇铝石榴石单晶（$Y_3Al_5O_{12}$：Nd^{3+} 或简写成 YAG：Nd^{3+}）和钕玻璃等。其受激发射是由 Nd^{3+} 离子的电子能级跃迁产生的，故称 Nd^{3+} 为激活剂。

激光是受激发射。在正常条件下，只有极少数的原子（离子或分子）处于激发能级上，而且激发能级越高，处于这个能级上的原子（离子或分子）数目就越少。原子在能级上的这种分布是服从 Boltzmann 定律的，叫做正常分布。如果利用某种方法（如光泵）使处于高能级的原子（离子或分子）的数目多于处在低能级上的数目，这样的分布叫做反分布。原子在能级间的反分布是产生激光的必要条件之一。

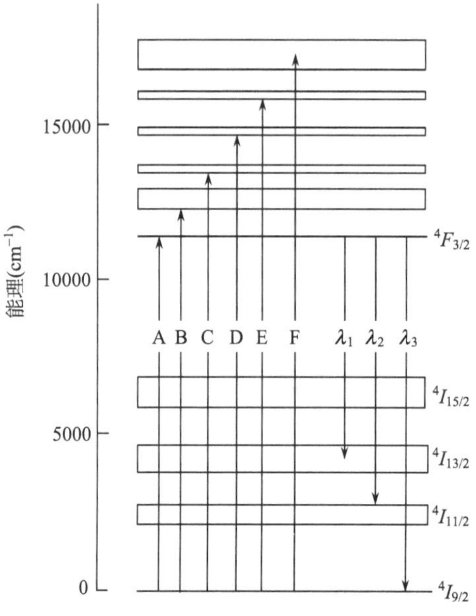

图 22.5　钇铝石榴石晶体中钕的能级图

光的吸收过程（使光强减弱）与受激发射是互相矛盾的，平常以吸收占优势故只看到吸收现象，看不到受激发射。实现激光放大的关键是要使原子在能级间形成反分布。稀土离子有许多亚稳态的能级是由于 $4f \rightarrow 4f$ 之间的自发跃迁是选律禁阻的，它的跃迁几率很小，所以此激发态的寿命就长些，可以延迟发射，为形成反分布和蓄积能量创造了有利条件，这就是稀土可作为荧光和激光材料的依据。实现反分布常用光泵（即以强光照射）、气体放电或化学反应等供能的方法。

图 22.5 是钇铝石榴石中钕的能级图，它可以说明产生激光的机理。

当激发光源照射 YAG:Nd^{3+} 晶体棒后，原来处于基态$^4I_{9/2}$的 Nd^{3+} 吸收光能而跃迁到许多的吸收带中，从吸收带又以非辐射（放热）的方式跃迁到$^4F_{3/2}$能级上。由于$^4F_{3/2}$的平均寿命为最长，约为 2.3×10^{-4} s（吸收带中各能级的平均寿命只有 10^{-9} s 数量级）。$^4F_{3/2}$相对于较低的$^4I_{11/2}$能级就形成了离子的反分布，即处于高能态$^4F_{3/2}$的离子数目比处于低能态$^4I_{11/2}$的离子数目多。这样就产生了受激发射，瞬时间放出强度很大、波长（$\lambda_2\cong1.06\mu=10600$Å）和位相相同的光束，这就是激光。

3. 稀土元素的磁学性质

稀土永磁体如 $RECo_5$，它的最大磁能积已达 25.4MGOe①。这是合金中原子间相互作用的综合结果（单一稀土除 Gd，Dy 外，则是一般属于弱磁性范畴的顺磁性物质），它对新的更好的稀土永磁材料的研究和发展开辟了广阔的前途。

磁性与物质中电子（及核）的运动状态密切相关，因而是物质最基本的属性之一。当一种物质置于强度为 H 的磁场中，物质内部的磁感应强度 B（即物质内部的磁场强度）可由下式给出：

$$B = H + 4\pi I \tag{2-1}$$

I 称为磁化强度。$4\pi I$ 是物质磁化时产生的附加磁场强度，随磁介质的不同而不同。对于非铁磁性物质而言，

$$I = \kappa H \tag{2-2}$$

即磁化强度与外磁场 H 成正比，κ 为单位体积的磁化率，或简称体积磁化率。

将(2-2)式代入(2-1)式得：

$$B = (1 + 4_{\pi\kappa})H = \mu H \tag{2-3}$$

式中 $\mu=1+4\pi\kappa$，μ 表示物质的磁化能力，称为磁导率。物质的磁性可按 μ 的大小分为下列几种情况：

在真空中，$B=H$，因而 $\mu=1$，$\kappa=0$。在顺磁体中，$\mu>1$，即 $\kappa>0$，意味着 $B>H$，即物质内部的磁场强度 B 比原来磁场 H 增强，或者说附加磁场与原磁场方向相同。在反磁体中，$\mu<1$，即 $\kappa<0$，意味着 $B<H$ 即物质内部的磁场 B 比原来磁场 H 减弱，或者说附加磁场与原磁场方向相反。在铁磁体中，$\mu\gg1$，比顺磁或反磁体复杂得多，并随 H 的增加，B 达一饱和值后即不再增强。去掉外磁场后仍保留很强的磁性，如 Fe，Co，Ni，Gd，Dy（在所有单质中只发现这五种有铁磁性）及其合金，以及稀土永磁材料 $RECo_5$ 等。

在化学上常用摩尔磁化率 χ_M 来代替 κ 以表示物质的磁性。

---

① $G=10^{-4}T$；$Oe=(1000/4\pi)A/m$。

$$\kappa/d=\chi, M\chi=\chi_M \tag{2-4}$$

其中 d 为密度(g/cm^3),M 为分子量,χ 为克磁化率。

物质的摩尔磁化率 χ_M 与原子(离子、分子)的磁矩 μ_m 有一定的关系。前者是宏观性质,后者是微观性质。测定前者可以计算后者。

电子的自旋及轨道运动有其对应的自旋磁矩和轨道磁矩。当原子中的电子壳层充满时,电子自旋磁矩和轨道磁矩之和各为零(因其矢量在内部互相抵消)。只有当原子中有未被充满的壳层时,原子才可能有一个不为零的永久磁矩。这一永久磁矩可以是电子的自旋磁矩或轨道磁矩,也可以是二者按一定规律的结合。根据量子力学原理,原子(离子、分子)的磁矩 μ_m 可由下式给出:

$$\mu_m=g\sqrt{J(J+1)}\mu_0 \tag{2-5}$$

式中 g 是朗德因子,它对孤立原子有如下的形式:

$$g=1+\frac{J(J+1)+S(S+1)-L(L+1)}{2J(J+1)} \tag{2-6}$$

J,S,L 的意义与 $L-S$ 偶合近似中的意义相同。当 L 被湮灭,亦即轨道磁矩被湮灭时,则 $J=S$(因 $L=0$),即

$$g=1+\frac{S(S+1)+S(S+1)}{2S(S+1)}=2 \tag{2-7}$$

此时(2-5)式变为:

$$\mu_m=2\sqrt{S(S+1)}\mu_0 \tag{2-8}$$

对含有 n 个未偶电子的一个原子(离子,分子)来说,每个电子的自旋=1/2,总自旋 $S=n/2$,因而

$$\mu_m=2\sqrt{\frac{n}{2}\left(\frac{n}{2}+1\right)}\mu_0=\sqrt{n(n+2)}\mu_0 \tag{2-9}$$

上式中 $\mu_0=\frac{eh}{4\pi mc}=9.273\times10^{-21}$ erg/G①,μ_0 称为 Bohr 磁子(简写为 B. M.),即单个电子的自旋磁矩,是原子磁矩的单位。式中 e 为电子电荷,h 为 Planck 常数,m 为电子质量,c 为光速。

由此看出,几乎所有不具有未偶电子的原子、离子及分子都是反磁性的,如惰性气体、Na^+,Cl^- 和 H_2,N_2,H_2O 等。由于这些物质在外磁场中只能产生一个反向的诱导磁矩,故使物质内部的磁场减小;反之,所有具有未偶电子的物质,如未满壳层的过渡金属离子及稀土离子都是顺磁性的,因其 μ_m 只有平行于外磁场时势能

① erg=10^7J。

最低，故 $B>H$。然而反磁性是电子轨道运动的必然属性，所以是一切物质都具有的，在顺磁性物质中只是反磁性较弱而不易表现罢了。物质的总的 χ_M 也应是顺磁磁化率(正值)与反磁磁化率(负值)之和。在近似计算中，对于顺磁物质，因反磁磁化率约小百倍，故通常不予考虑。

具有 d^{1-9} 的构型的第一过渡系的原子或离子因有未偶电子而是顺磁性的，可被看作是轨道电子的分布非球形对称(对未满亚层而言)，易受晶体场或配位场的影响，阻碍了轨道磁矩被外加磁场的定向作用，轨道磁矩遂被湮灭(冻结)。于是这类离子的 μ_m 可用仅考虑自旋的公式计算，即

$$\mu_m = \sqrt{n(n+2)}\mu_0$$

对于镧系元素，除 La^{3+} 及 Lu^{3+} 连同 Y^{3+} 外，其余都具有未偶电子，因而也是顺磁性的，但由于受 $5s^2 5p^6$ 壳层的屏蔽，$4f$ 轨道不易受环境的影响，轨道磁矩未被湮灭，故其磁矩要用下式计算：

$$\mu_m = g\sqrt{J(J+1)}\mu_0$$

g 则按前述的(2-6)式计算，对于 Gd 以前的元素，$J=L—S$；对于 Gd 和其以后的元素，$J=L+S$。

顺磁物质的每个原子(离子、分子)都有使磁矩平等于外磁场以降低势能的趋势，但原子的热运动又有破坏这种取向使归于无序的趋势，这种关系体现在下述的摩尔顺磁磁化率 χ_M 与 μ_m 和 T 的关系式中：

$$\chi_M = \frac{N\mu_m^2}{3kT} \tag{2-10}$$

其中 N 为 Avogadro 常数，k 为 Boltzmann 常数，T 为开氏温度。显然，测定 χ_M 后可按此式计算 μ_m 值。

对于轨道磁矩未被湮灭的稀土离子来说，将(2-5)式代入(2-10)式得：

$$\chi_M = \frac{Ng^2\mu_0^2 J(J+1)}{3kT} \tag{2-11}$$

对所有 Ln^{3+} 离子，除 Sm^{3+} 及 Eu^{3+} 外，在适当考虑到因为对每一顺磁离子中潜在的反磁性和其他因素缺乏校正时，则按上式计算的 μ_m 值和实验值满意地符合。

其后，Van Vleck 又对(2-11)式作了某些修正，考虑了与温度无关的反磁性和高频 J 态的贡献，克服了洪特的(2-11)式按基态 J 值计算的 Sm^{3+}，Eu^{3+} 的 μ_m 不符合实测值的情况。由图 22.2 知，对于 Sm^{3+} 和 Eu^{3+} 离子，其 J 状态的能量间隔与 kT 差不多，第一激发态与基态能量差很小，于常温下明显地被电子占据着。由于这些较低的激发态的 J 值比基态高，故实际的磁矩比仅从基态考虑计算者为高。总之，Sm^{3+} 和 Eu^{3+} 的实际 J 值因基态中混入了激发态而较高，故有效磁矩也较高。Van Vleck 方法的有效性可从表 22.7 及图 22.6 的比较中明确显示出来。

表 22.7　20—30℃的永久磁矩 μ_m(B. M.)

Ln^{3+}	计算值		测量值					
	洪特值	范夫里克值	$Ln_2(SO_4)_3\cdot 8H_2O$	Ln_2O_3	$[Ln(EDTA)]^-$	$[Ln(HEDTA)]$1)	$[Ln(DCTA)]$	$Ln(C_5H_5)_3$
La^{3+}	0.00	0.00						
Ce^{3+}	2.54	2.56	2.37					
Pr^{3+}	3.58	3.62	3.47	3.71	3.6			3.47
Nd^{3+}	3.62	3.68	3.52	3.71	3.6	3.3	3.5	3.52
Pm^{3+}	2.68	2.83	—	—	—	—	—	—
Sm^{3+}	0.84	1.55—1.65	1.53	1.50	1.7	1.4	1.5	1.58
Eu^{3+}	0.00	3.40—3.51	—	3.32	3.6	3.1	3.2	3.54
Gd^{3+}	7.94	7.94	7.81	7.9	7.9	7.9	8.2	7.9
Tb^{3+}	9.7	9.7	9.4	—				9.6
Dy^{3+}	10.6	10.6	—	10.5				10.3
Ho^{3+}	10.6	10.6	10.3	10.5				10.4
Er^{3+}	9.6	9.6	9.6	9.5				9.4
Tm^{3+}	7.6	7.6	—	7.2				7.0
Yb^{3+}	4.5	4.5	4.4	4.5				4.3
Lu^{3+}	0.00	0.00	逆磁性					

1) HEDTA——环己二胺四乙酸根离子；

DCTA——1,2-二氨基环己烷四乙酸根离子；

$C_5H_5^-$——环戊二烯离子。

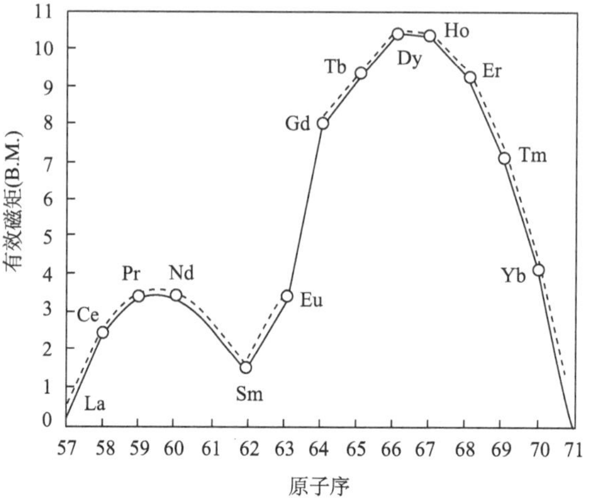

图 22.6　室温时 Ln^{3+} 离子的有效磁矩(虚线表示 Van Vleck 方程式计算得的理论值)

Gd^{3+}离子是每个 $4f$ 轨道上有 1 个电子的 S 光谱态，因其 $L=0, J=S$，故对 $n=7$，仅用自旋计算，则得到的 μ_m 为 7.94B. M. ($\mu_m=\sqrt{n(n+2)}=\sqrt{7\times9}=7.94$)，这和实测值很好地符合。特别可以看出，Van Vleck 值对 Sm^{3+} 和 Eu^{3+} 也能符合。

除 Sm^{3+} 和 Eu^{3+} 外，所有 Ln^{3+} 离子都服从居里(Curie)定律：

$$\chi_M = C/T \tag{2-12}$$

除了由高频组分引起的微小偏差外，式中 C 值对一定的顺磁物质为一常数，称为居里常数。Sm^{3+} 和 Eu^{3+} 离子的各种能态中电子的 Boltzmann 分布使二者的磁学行为明显地违反了居里定律。

未成对的 $4f$ 电子数与磁矩之间缺乏绝对的依赖关系，这于图 22.6 中看得特别明显。两个极大值的存在表示着上面列举的各种因素间的平衡。经过细心挑选化合物，人们以 $3d$-过渡金属离子的磁矩也能画出一条非常相似的曲线，这就说明它不是一个 f-型离子所独有的特征。

可以预料非三价镧系离子的磁矩应当和等电子的三价离子相同或近乎相同。例如 La^{3+} 与 Ce^{4+} 都是反磁性的(有微弱的表面顺磁性)；Ce^{3+} 与 Pr^{4+} (PrO_2)的磁矩很接近；Eu^{2+} (硫酸盐)与 Gd^{3+} 在室温下的磁化率近乎相等。与 Gd^{3+} 类似而与 Eu^{3+} 不同，Eu^{2+} 的磁学性质服从居里定律。Eu^{2+} 在氯、溴、碘化物中的磁矩与 Gd^{3+} 也相同。Sm^{2+} 与 Eu^{3+} 的磁矩随温度的变化几乎相等；而 Yb^{2+} 与 Lu^{3+} 相似，或者是反磁性或者仅有一个与温度有关的很小的顺磁性。这些情况支持着列于表 22.4 中的基态电子构型。从另一方面讲，磁矩的测量也有助于判断稀土元素的价态。

稀土永磁材料如 $SmCo_5$ 是铁磁性物质。铁磁性是很多数目的原子由于交换作用(与 H_2 相反，铁磁性物质的交换积分是正值，电子自旋同向状态的能量较反向状态为低，所以电子的自旋磁矩就自发地取同一方向，这种作用叫交换作用)而产生的一种现象，是一种合作现象，只出现于晶态固体中。每一铁磁体实际上分成许多小区域，每一小区域叫“磁畴”。在磁畴内的各个原子的磁矩排列在同一方向(一个磁畴的体积约为 $10^{-9}cm^3$ 数量级，由于一个原子的体积约为 $10^{-24}cm^3$，故每个磁畴内约包含 10^{15} 个原子，因而磁性相当强)，但各个磁畴的磁矩方向杂乱无序，因此在没有外磁场时，铁磁体的总磁矩仍为零，故整个铁磁体不表现磁性。由于在没有磁场时每个磁畴内的原子磁矩已自发取向，因而在不大的外磁场中各个磁畴的磁矩方向都转向外磁场的方向，故能表现出很强的磁性。各个磁畴之间具有某种阻碍改变磁畴方向的“摩擦”作用，所以在除去外磁场后各磁畴之间的有序排列仍能保留，故表现为剩磁和磁滞现象。

实验证明，顺磁性晶体不完全符合居里定律，在某一温度以上，χ_M 与 T 的关系可写成：

$$\chi_M = \frac{C}{T-\theta}$$

此关系式叫 Curie-Weiss 定律，θ 称为居里温度，它在某种意义上代表相邻的荷磁矩离子间的相互作用，可由实验测定。简单的顺磁性物质遵守 Curie 或 Curie—Weiss 定律，且磁化率与磁场强度无关。但铁磁性物质的磁化关系并非如此，而且到达居里温度以上时，磁畴内的自发取向由于热运动而被破坏，铁磁性即消失，表现为顺磁性，如铁的居里温度为 1040K，钴的为 1388K，镍的为 631K。钆在稀土中居里温度最高，但也只有 289K，故纯稀土在常温下不能作为永磁材料，而必须作成合金才能作为永磁材料就是基于这一理由。

即然磁畴内的自发取向是晶体中某一区域内的原子的合作现象，因而磁畴的形成就和原子的电子层结构、电子状态以及晶体中不同方向上原子间的距离等有关。稀土钴合金 $RECo_5$ 为六方晶体，其中 $SmCo_5$ 的磁晶各向异性特别强，即沿着六重轴（c 轴）的方向很容易磁化，其他方向则不易磁化。磁晶各向异性强，则矫顽力高，较高的矫顽力和较高的饱和磁化强度结合起来，就能达到最大的磁能积 $(BH)_{最大}$。稀土永磁材料大致可分为三组：RE_2X_7，REX_5，RE_2X_{17}（X 为过渡金属）。据报道，第三代稀土永磁材料 Nd—Fe—B 合金已在我国研制成功，其最大磁能积（40.3MGOe）和矫顽力（8600Oe）均接近世界先进水平。

1.2.2　原子半径及离子半径（镧系收缩）

镧系元素的原子半径和离子半径列于表 22.8 中，为了便于比较，表中也列出了 Sc，Y 和 Ac 的原子半径和离子半径。表 22.9 是 R. D. Shannon 等归纳整理实验测得的上千个氧化物和氟化物中正负离子间距数据的结果，假定正负离子半径之和等于离子间的距离，并考虑到配位数、电子自旋状态、配位多面体的几何构型等对正负离子半径的影响（除注有 * 号者其配位数为 8 外，其余配位数均为 6）。

表 22.8　镧系元素的原子和晶体半径

原子序数	元素符号	原子半径[1]（Å）	晶体半径（Å）		
			+2[2]	+3[3]	+4[2]
21	Sc	1.641		0.68	
39	Y	1.801		0.88	
57	La	1.877		1.061	
58	Ce	1.824		1.034	0.92
59	Pr	1.828		1.013	0.90
60	Nd	1.821		0.995	
61	Pm	(1.810)[1]		(0.979)[4]	
62	Sm	1.802	1.11	0.964	

续表

原子序数	元素符号	原子半径[1] (Å)	晶体半径(Å)		
			+2[2]	+3[3]	+4[2]
63	Eu	2.042	1.09	0.950	
64	Gd	1.802		0.938	
65	Tb	1.782		0.923	0.84
66	Dy	1.773		0.908	
67	Ho	1.766		0.894	
68	Er	1.757		0.881	
69	Tm	1.746	0.94	0.869	
70	Yb	1.940	0.93	0.858	
71	Lu	1.734		0.848	
89	Ac	1.878			

1) 配位数为 12 和校正值。

A. H. Daane, in The Rare Earths, John Wiley, New York(1961), 13 章; K. A. Gschneider, ibit, 14 章。

2) W. H. Zachariasen, in The Actinide Elements, Mcgraw—Hill, New York(1954). p. 775。

3) D. H. Templeton and C. H. Dauben, *J. Am. Chem. Soc.*, 76(1954): 5237。

4) 估计值。

表 22.9 镧系元素的有效离子半径

原子序数	元素符号	有效离子半径(Å)		
		+2	+3	+4
21	Sc		0.745	
39	Y		0.900	
57	La		1.032	
58	Ce		1.01	0.87
59	Pr		0.99	0.85
60	Nd	1.29	0.983	
61	Pm		0.97	
62	Sm	1.27	0.958	
63	Eu	1.17	0.947	
64	Gd		0.938	
65	Tb		0.923	0.76
66	Dy	1.07	0.912	
67	Ho		0.901	
68	Er		0.890	
69	Tm	1.03	0.880	
70	Yb	1.02	0.868	
71	Lu		0.861	
89	Ac		1.12	

比较这些数据，虽然可以看到周期表 IIIB 族，从 Sc 到 Ac 原子半径和离子半径照例增大，但镧系元素本身从 La 到 Lu 是降低的。图 22.7 清楚地反映出了镧系元素的原子半径和离子半径随原子序数的变化规律。

从表 22.8，表 22.9 和图 22.7 可以看到，镧系元素的原子半径和离子半径在总的趋势上是随着原子序数的增大而减小的，这种依次减小的积累称为镧系收缩。因此，所谓镧系收缩是指整个镧系元素原子半径和离子半径的减小。

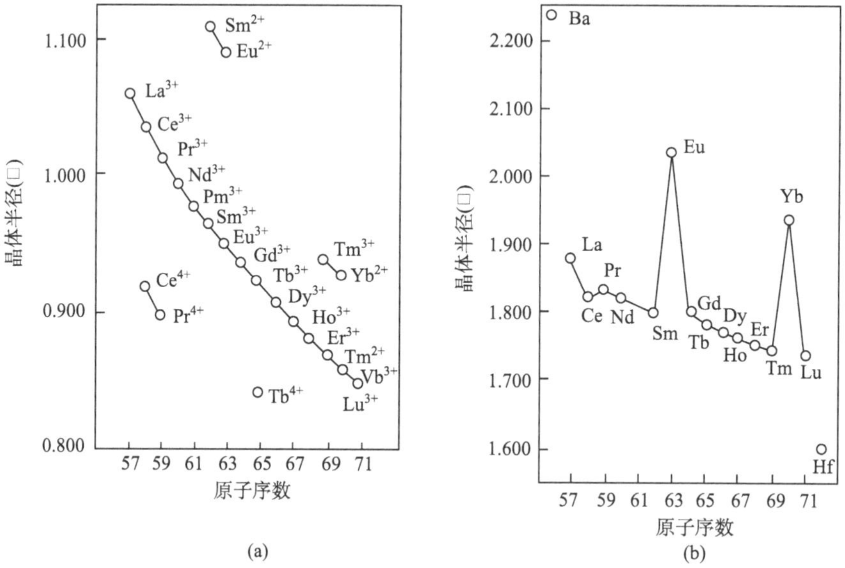

图 22.7 原子半径和晶体半径随原子序数的变化

镧系收缩的结果，元素的原子半径从 La(1.887Å) 到 Lu(1.734Å) 减小 0.143Å，平均每两个相邻元素之间减小

$$\frac{0.143}{14} = 0.010\text{Å}$$

+3 价离子晶体半径从 La^{3+}(1.061Å)到 Lu^{3+}(0.848Å)减小 0.213Å，平均每两个相邻元素之间减小$\frac{0.213}{14}=0.015\text{Å}$。虽然两个相邻的镧系元素之间半径缩小的平均幅度远小于非过渡元素(～0.1Å)和过渡元素(～0.05Å)，但是整个镧系收缩，由于元素个数多，却是相当可观的，因而使之成为无机化学中的一个重要现象。镧系收缩的结果，使 Y^{3+}(0.88Å)的离子半径在序列中落在 Er^{3+}(0.881Å)的附近，因而 Y 常与镧系元素共生于自然界，并由此呈现出与镧系元素，尤其是重镧系元素极为相似的性质(例如晶体结构、化合物的共价性程度、配合物的稳定性等)，使它难以与重镧系元素分离，从而成为稀土元素的一个成员。而 Sc 虽曾作为过稀

土元素的成员，但由于其离子半径(0.68Å)较镧系元素要小得多，性质也相差甚远，故目前它不算作稀土元素成员。另外，由于镧系收缩的结果，使镧系后面各族过渡元素的原子半径和离子半径极为接近。La^{3+}的半径比Y^{3+}的约大0.18Å，如果不插进14个镧系元素，可以预计Hf^{4+}的离子半径要比Zr^{4+}大0.2Å，然而镧系收缩总共达到0.213Å，基本上完全抵消了预期的增加数，结果Hf^{4+}和Zr^{4+}的离子半径分别为0.81Å和0.80Å，几乎相同。此外，VB族中的Nb^{5+}(0.70Å)和Ta^{5+}(0.73Å)，VIB族中的Mo^{6+}(0.65Å)和W^{6+}(0.65Å)的离子半径，也是相同的原因所致。这三对元素由于上述原因，加之各处于同一族，化学性质十分相似，结果造成分离上的极大困难。第VIII族中，两排铂系元素性质极为相似，也是镧系收缩带来的影响。其实，周期表中，第二、三系过渡元素在性质上十分相近，而与第一系过渡元素却存在有较大差别，大都可通过镧系收缩找到解释。

镧系收缩的原因与d区过渡元素收缩的原因相同，即由于内层电子对外层电子以及内层电子互相之间的屏蔽作用不完全所致。$4f$电子对最外层电子的不完全屏蔽可以通过计算原子实有效正电荷来描述。

f过渡元素的原子实有效正电荷可通过下式计算：

$$Z' = Z - \text{内层电子数} - \sigma \times f\ \text{电子数}$$

其中，Z'为原子实有效正电荷，Z为元素核电荷数。σ为屏蔽常数，在三价镧系离子中，$4f$电子的屏蔽常数为0.85。

在La^{3+}的情况下，原子核所带正电荷数为57，内层电子结构为$1s^2,2s^2,2p^6,3s^2,3p^6,3d^{10},4s^2,4p^6,4d^{10}$共46个电子，没有$f$电子，故

$$Z = 57 - 46 = 11$$

即原子实有效正电荷为11个单位，这11个有效正电荷吸引$5s^2,5p^6$8个电子形成La^{3+}离子。

在Ce^{3+}的情况下，原子核所带正电荷为58，内层电子数仍为46个，但多了一个f电子，故

$$Z' = 58 - 46 - 0.85 \times 1 = 11.15$$

即Ce^{3+}的原子实有效正电荷较La^{3+}增加了0.15个单位，因此Ce^{3+}吸引外层电子的力量比La^{3+}强一些，故离子半径也就缩小了一些。同理可以算出Lu^{3+}的原子实有效正电荷为

$$Z' = 71 - 46 - 0.85 \times 14 = 13.1$$

从图22.8可以看到，镧系离子的原子实有效正电荷Z'与离子半径的倒数$\left(\frac{1}{r}\right)$有着较好的线性关系。

在镧系收缩中，离子半径的收缩比原子半径的收缩要大得多，这是因为：金属

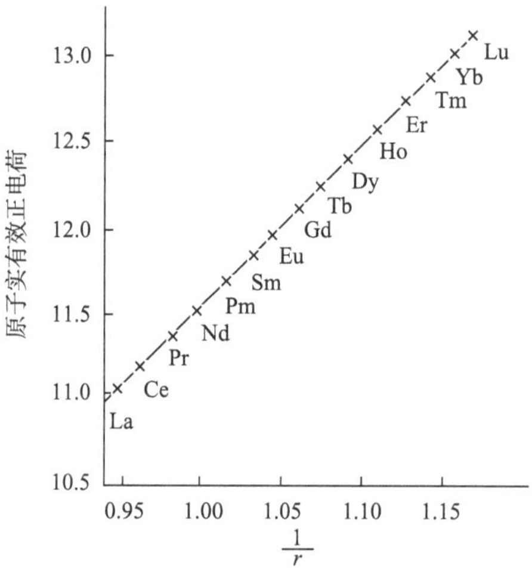

图 22.8　镧系离子有效正电荷与离子半径的倒数$\left(\frac{1}{r}\right)$的关系

原子要比离子多一层电子层，镧系金属原子的最外层是 6s，4f 居于第二内层；而在镧系离子中，4f 居于第一内层，居于第二内层的 4f 电子较居于第一内层的 4f 电子对原子核的屏蔽作用要大一些，其屏蔽常数为 1，因此镧系金属原子的收缩作用不如离子明显。

在镧系原子半径总的收缩趋势中(见图 22.7)我们可以看到，在 Ce，Eu，Yb 位置上与总的趋势有相当强的偏离，Eu，Yb 的原子半径特别大，Ce 的原子半径又比较小。出现这种现象的原因是由于这些元素处于金属状态的“价态”与其他镧系元素不同所致。在金属晶体中，组成金属晶体的原子释放出价电子而在晶格间自由运动成为传递电子。Eu，Yb，Ce 以外的镧系金属原子释放出 3 个传递电子，即 $6s^2$，$5d^1$，无 $5d$ 电子时，4f 电子中有一个是传递电子，呈金属价 3。而 Eu 和 Yb 只释放出两个传递电子，即 $6s^2$，呈金属价 2，因为这样可以保持 $4f^7$ 和 $4f^{14}$ 的稳定电子层结构，因此，Eu 和 Yb 的金属原子半径呈现得特别大；而 Ce 可释放出 4 个传递电子，即 $6s^2$，$5d^1$，$4f^1$ 以保持 $4f^0$ 的稳定电子层结构，呈金属价 4，因此金属原子半径比较小。

在镧系 3 价离子总的收缩趋势中(见图 22.7a)，我们发现，在 Gd^{3+} 处出现微小的但可以觉察到的不连续性，这是由于半充满的 4f 电子屏蔽效应大，有效核电荷减小，离子半径略有增加的缘故。另外，轻重镧系元素在收缩程度上也是略有差别的。轻镧系较重镧系元素在收缩程度上来得更为明显，因此使得三价镧系离子半径随原子序数的变化并不严格呈一条直线，而是呈略为向上弯曲的弧线，这是由于核电荷除受 4f 电子的屏蔽作用外，还要受到 4f 电子数目的影响，4f 电子数目越多，其屏蔽效应越大(上面计算原子实有效正电荷将所有 f 电子的屏蔽常数都定为 0.85 是不严格的)。因此，随着原子序数的增大，核电荷对外层电子的吸引力有所减弱，因此半径的减小也就变得更加缓慢了。

非三价镧系元素的离子半径也具有三价离子相似的变化趋势，如

$$Sm^{2+}(1.11\text{Å})—Eu^{2+}(1.09\text{Å})—Tm^{2+}(0.94\text{Å})—Yb^{2+}(0.93\text{Å})$$

$$Ce^{4+}(0.92\text{Å})—Pr^{4+}(0.90\text{Å})—Tb^{4+}(0.84\text{Å})$$

而且按 $Ln^{2+} > Ln^{3+} > Ln^{4+}$ 顺序，离子半径依次下降。

众所周知，离子构型的异同、离子电荷的多少和离子半径的大小是决定离子化

合物性质的主要因素，镧系元素是强的还原剂，其所生成的化合物基本上均属于离子型化合物，由于从 La^{3+} 到 Lu^{3+}，+3 价镧系离子的半径作单向而有规律的收缩，其收缩程度，如上所述，远较非过渡元素和过渡元素为小，结果导致稀土三价离子不仅离子构型相似，离子电荷相等，而且在离子半径上也十分相近，所以正三价稀土离子的化学性质极为相似，要想将它们逐个分离开是相当困难的。

镧系元素+3 价离子的离子半径这种单向而有规律的幅度不大的收缩，除使它们的性质十分相似外，另一个结果是使这些性质的变化呈现有相当的规律性和连续性。例如，随着原子序数的增大，镧系元素的碱性依次减弱，形成氢氧化物沉淀的 pH 值降低，盐类溶解度一般增大，二元化合物中共价成分增高，配位数减小，配合物稳定性增强等。以上这些稀土化合物性质上的差异正是我们用于分级沉淀、分级结晶、溶剂萃取、离子交换等方法对稀土元素进行分离的依据。

同离子半径和离子电荷联系在一起的一种离子性质是碱度。某种金属离子对电子或阴离子的吸引强弱称为相对碱度，引力越强，碱度越弱。金属离子对电子或阴离子的吸引的强弱同离子的电荷成正比，同离子半径成反比，因此离子的碱度可用离子势 $\Phi=\dfrac{Z}{r}$ 来量度。这里 Z 是离子的电荷数，r 是离子的半径(Å)。

因为三价镧系离子的电荷都是+3，所以它们的 ϕ 值只与离子半径的大小直接有关，离子半径越小，ϕ 值越大；换言之，ϕ 值的大小直接反映了离子半径的大小。镧系元素三价离子各自的 ϕ 值是：

离子	La^{3+}	Ce^{3+}	Pr^{3+}	Nd^{3+}	Pm^{3+}	Sm^{3+}	Eu^{3+}
离子的 ϕ 值	2.83	2.84	2.96	3.02	3.06	3.11	3.16
原子的电负性	1.11	1.12	1.13	1.14	—	1.17	—

离子	Gd^{3+}	Tb^{3+}	Dy^{3+}	Ho^{3+}	Er^{3+}	Tm^{3+}	Yb^{3+}	Lu^{3+}
离子的 ϕ 值	3.20	3.25	3.30	3.36	3.41	3.45	3.50	3.54
原子的电负性	1.20	—	1.22	1.23	1.24	1.25	—	1.27

由此可见，三价离子的碱度是随着原子序数的增加而减弱的，并且同原子的电负性相平行。

镧系离子碱度的相对强弱在判断离子水解程度，配合物的稳定性和金属离子形成氢氧化物沉淀的 pH 值以及化合物共价性程度等方面，都起着一定的指导作用。

1.2.3 氧化态及电极电势

所有稀土元素，无论是固体化合物，还是水及其他溶剂的溶液化学，最稳定、最特征的氧化态是正 3 价(见表 22.10)

表 22.10 镧系元素的氧化态和电子构型

元素符号	氧化态和电子构型(示例)[1]			
	0	+2	+3	+4
La	$5d^1$ $6s^2$		$4f^0(La^{3+})$	
Ce	$4f^1$ $5d^1$ $6s^2$	$4f^2(CeCl_2)$	$4f^1(Ce^{3+})$	$4f^0(CeO_2,CeF_4,Ce^{4+})$
Pr	$4f^3$ $6s^2$		$4f^2(Pr^{3+})$	$4f^1(PrO_2,PrF_4,K_2PrF_6)$
Nd	$4f^4$ $6s^2$	$4f^4(NdI_2)$	$4f^3(Nd^{3+})$	$4f^2(Cs_3NdF_7)$
Pm	$4f^5$ $6s^2$		$4f^4(Pm^{3+})$	
Sm	$4f^6$ $6s^2$	$4f^6(SmX_2,SmO)$	$4f^5(Sm^{3+})$	
Eu	$4f^7$ $6s^2$	$4f^7(Eu^{2+})$	$4f^6(Eu^{3+})$	
Gd	$4f^7$ $5d^1$ $6s^2$		$4f^7(Gd^{3+})$	
Tb	$4f^9$ $6s^2$		$4f^8(Tb^{3+})$	$4f^7(TbO_2,TbF_4,Cs_3TbF_7)$
Dy	$4f^{10}$ $6s^2$		$4f^9(Dy^{3+})$	$4f^8(Cs_3DyF_7)$
Ho	$4f^{11}$ $6s^2$		$4f^{10}(Ho^{3+})$	
Er	$4f^{12}$ $6s^2$		$4f^{11}(Er^{3+})$	
Tm	$4f^{13}$ $6s^2$	$4f^{13}(TmI_2)$	$4f^{12}(Tm^{3+})$	
Yb	$4f^{14}$ $6s^2$	$4f^{14}(YbX_2,Yb^{2+})$	$4f^{13}(Yb^{3+})$	
Lu	$4f^{14}$ $5d^1$ $6s^2$		$4f^{14}(Lu^{3+})$	

1) 离子表示不论是固态还是溶液均存在有一系列化合物,X=卤素。

某些四价态的固体稀土化合物已经制备出来,它们只限于 Ce,Pr,Nd,Tb 和 Dy,但仅仅只有四价铈相对于还原态来说具有足够长的寿命,因而在溶液中是重要的。虽然所有镧系元素的+2 价化合物都已获得,但当溶于水时,除 Eu 外都极为迅速的氧化为+3 价状态。即使 Eu(II)在水溶液中也仅具有相当短的寿命。能以纯态分离出的二价态离子仅限于 Eu^{2+},Yb^{2+},Sm^{2+}和 Tm^{2+}。

从热力学角度来讲,正三价离子在酸性介质中得以稳定存在,只有当下述反应

$$Ln^{4+}_{(aq)}+\frac{1}{2}H_2O_{(l)}=Ln^{3+}_{(aq)}+H^+_{(aq)}+\frac{1}{4}O_{2(g)}$$

和

$$Ln^{2+}_{(aq)}\ H^+_{(aq)}=Ln^{3+}_{(aq)}+\frac{1}{2}H_2$$

的自由能变化(ΔG^0)同时为 0 或小于 0(负值),也就是四价态瞬时被 H_2O 所还原,而二价态瞬时被氢所氧化。更实际一些,如果考虑到由于动力学和机理上的困难,可能允许某种不稳定的物种保持相当长寿命的话,那么大约 $105kJ\cdot mol^{-1}$的自由能变化在确定各种三价态稳定性时可能是必要的。

由于不论在哪种反应类型中均缺乏全部的热力学数据,一般可设计一假想过程,通过该过程,气态 Ln^{4+}和 Ln^{2+}离子最终变为水合 Ln^{3+}离子,并且对于该过程来说其焓变是已知的或者能够合理地进行估计。若假设自由能的变化主要来自焓变的贡献,可以导出如下两条结论:①在热力学上,全部 Ln^{4+}和 Ln^{2+}离子相对于

Ln^{3+}来说均不稳定。Ce^{4+}和 Eu^{2+}处于边界位置，实际上仅仅是由于转化的缓慢速率而处于介稳状态。②所观察到的正三价的稳定性主要是离子的离解能和水合能之间的某种偶然性的平衡结果。

对于纯固体化合物，采用晶格能、离解能和电子亲合能也可进行类似的计算，但是由于兼带有很多氧化还原过程的晶体结构的变化以及缺乏除简单二元化合物外任何其他化合物的数据，使种计算变为相当复杂。B. B. Cunningham 发现下述转化

$$\frac{1}{2}Ln_2O_3(s)+\frac{1}{2}O_2(g)=LnO_2(s)$$

当 Ln=Ce，Pr，Tb，Dy 时，在空气中就会发生。实际上，已知有化合物 CeO_2，Pr_6O_{11}（不完全）和 Tb_4O_7（不完全）生成，但没有发现生成高价镝的化合物。在卤化物中，LnX_4' 化合物由于 Ln^{4+}和大的 X^- 离子之间的还原静电作用，仅存在氟化物。和溶液相比，固态的正 4 和正 2 价化合物无疑要普遍得多。毫无疑问，这是由于单个阳离子相互隔离以及电子传递更为困难所致。和溶液相比，尽管其明确性要小得多，但是在晶格能和离解能之间的平衡显然是有利于+3 价态的。

为了说明水溶液体系中+3 价态的稳定性，表 22.11 列出了稀土元素前三级电离势之和以及它们的标准电极电势。从表 22.11 所列数据可以看出，镧系元素前三级电离势之和是比较低的。比某些 *d* 区过渡元素要低（如 $Cr(g)\longrightarrow Cr^{3+}(g)+3e$ 需 5136kJ · mol^{-1}，$Co(g)\rightarrow Co^{3+}+3e$ 需 5636 kJ · mol^{-1}）。另外，电极电势 $E^{\circ}_{Ln^{3+}(aq)/Ln}$的值比较小，可见稀土元素是较强的还原剂，其还原能力仅次于碱金属和碱土金属，并且这种还原能力从总的趋势来看，随着原子序数的增加是减弱的，因此，不论在酸性介质还是碱性介质中，任何一种稀土纯金属立即变为正 3 价，同时伴随有 H^+或 H_2O 的还原。

表 22.11　镧系元素的电离势和标准电极电势

元素	电离势 $Ln(g)\longrightarrow Ln^{3+}_{(g)}+3e$(kJ · mol^{-1})	标准电极电势 E°(V)				
		$Ln(s)=\!=Ln^{3+}_{(aq)}+3e$[1]	$Ln^{2+}_{(aq)}=\!=Ln^{3+}+e$ $E_{Ln^{3+}/Ln^{2+}}$[2]		$Ln^{3+}_{(aq)}=\!=Ln^{4+}+e$ $E_{Ln^{4+}/Ln^{3+}}$	
			实验值	计算值	实验值	计算值
La	3455	−2.36		−3.1±0.2		
Ce	3524	−2.32		−3.2	1.74	1.8
Pr	3627	−2.34		−2.7	3.2±0.2	3.4
Nd	3694	−2.32		−2.6	5.0±0.4	4.6
Pm	3738	(−2.30)		−2.6		4.9
Sm	3871	−2.28	−1.15	−1.6		5.2
Eu	4032	−1.98	−0.35	−0.3		6.4
Gd	3752	−2.26		−3.9		7.9
Tb	3786	−2.27		−3.7	3.1±0.2	3.3

续表

元素	电离势 $Ln(g) \longrightarrow Ln^{3+}_{(g)} + 3e$ (kJ · mol⁻¹)	$Ln(s) = Ln^{3+}_{(aq)} + 3e$ [1]	标准电极电势 E°(V)			
			$Ln^{2+}_{(aq)} = Ln^{3+} + e$ $E_{Ln^{3+}/Ln^{2+}}$ [2]		$Ln^{3+}_{(aq)} = Ln^{4+} + e$ $E_{Ln^{4+}/Ln^{3+}}$	
			实验值	计算值	实验值	计算值
Dy	3896	−2.30		−2.6	5.2±0.4	5.0
Ho	3920	−2.34		−2.9		6.2
Er	3930	−2.33		−3.1		6.1
Tm	4044	−2.03	−2.3±0.2	−2.3		6.1
Yb	4193	−2.23	−1.15	−1.1		7.1
Lu	3886	−2.28				8.5

1) Latimer, W. M. and Cobble, J. W., 1975. Oxidation Reduction Potentials, 3rd edn., New York, Prentice-Hall.（括号为估计值）.

2) L. J. Nugent et al., *The Journal of Physical Chemistry*, 77, 12, 1528(1973)及其中所引文献.

从表 22.11 中可以看到，Eu 和 Yb 在酸性介质中的还原性比它们各自相邻的两个金属（Sm 和 Gd，Tm 和 Lu）的还原性要弱一些，这是因为在水溶液中形成正三价离子的难易程度，即还原性的强弱，在一定程度上取决于金属的升华能、气态离子的电离势和气态离子的水合能三者总和的结果，其总过程为

$$M(s) \xrightarrow{\text{升华能}} M(g) \xrightarrow{\text{电离势}} M^{3+}_{(g)} \xrightarrow{\text{水合能}} M^{3+}_{(aq)}$$

升华和电离是消耗能量的，而水合是放出能量的，如果三者的总和是消耗能量的，则消耗能量越大，失掉电子的能力越弱，那么它的还原能力也就越弱。表 22.12 是 Eu，Yb 以及各自相邻金属有关升华能、电离能、水合能的总和计算结果。

表 22.12　部分三价镧系离子的形成热

	Gd	Eu	Sm	Tm	Yb	Ln
升华能＋电离能 kJ/mol25℃	+4165.6	+4230.9	+4095.3	+4294.0	+4366.4	+4356.4
水合能 kJ/mol25℃	−3632.5	−3617.9	−3526.3	−3779.4	−3812.9	−3838.8
形成热计算结果 kJ/mol25℃	+533.1	+613.0	+533.0	+514.6	+553.5	+517.6

从上面的计算结果来看，Eu 和 Yb 在形成 $M^{3+}_{(aq)}$ 所需要的能量比其左右相邻的两个金属所需的能量要高些，而且 Eu 需要的能量又比 Yb 高，所以 Eu 和 Yb 的还原性比其左右相邻的两个金属要弱，而且 Eu 的还原性比 Yb 弱。

以上这些结论同它们各自的标准电极电势的数值是完全一致的，当然这种解释只能是定性的。

由于镧系二价和四价离子的不稳定性，其 $E^{\circ}_{Ln^{3+}/Ln^{2+}}$ 和 $E^{\circ}_{Ln^{4+}/Ln^{3+}}$ 的实验数据是不完全的，表中所列计算值数据是 L. J. Nugent 根据原子吸收光谱理论和实验

结果计算出来的，和已有的被测数据相比能较好地吻合。这些数据对于用来比较镧系元素相互之间各种价态之间的稳定性以及寻找合成非三价稀土化合物的条件将是十分有用的。例如在 LnX_2 系列中（X＝Cl，Br，I），对于 $E^{\circ}_{Ln^{3+}/Ln^{2+}}$ 大于－1.6V 的 Ln 来说，我们可以通过在真空或在 H_2，HX 气氛中加热还原 LnX_3 制得类盐型 LnX_2 化合物。而对于 $E^{\circ}_{Ln^{3+}/Ln^{2+}}$ 位于在－1.7V 和－2.7V 的 Ln 来说，为了将 LnX_3 转化成类盐型 LnX_2 化合物，则要求我们加热 Ln＋$2LnX_2$ 或者 Ln＋HgX_2 体系才能办到。在真空或在 H_2，HX 气氛中加热 LnX_3 的方法不能获得这些镧系的 LnX_2 化合物。最后，对于 $E^{\circ}_{Ln^{3+}/Ln^{2+}}$ 低于或等于－2.7V 的镧系元素，其 LnX_2 化合物极不稳定，易于歧化为 Ln 和 $2LnX_3$，或在某些条件下歧化成高价化合物。对于 $E^{\circ}_{Ln^{4+}/Ln^{3+}}$ 小于＋3.5V 的镧系元素，Ce，Tb，Pr 可以生成稳定的 LnF_4 化合物，且稳定性依次降低；而 $E^{\circ}_{Ln^{4+}/Ln^{3+}}$ 大于 3.5V 的镧系元素，则由于反应 $LnF_4 \longrightarrow LnF_3 + \frac{1}{2}F_2$ 而不能制得。为了获得稳定的 $LnCl_4$，Ln 的 $E^{\circ}_{Ln^{4+}/Ln^{3+}}$ 应小于 0.97V，所有镧系元素的 $E^{\circ}_{Ln^{4+}/Ln^{3+}}$ 均大于该值，故未能有 $LnCl_4$ 化合物存在。

采用 $LnCl_6^{2-}$ 和 $LnBr_6^{2-}$ 系列化合物稳定四价镧系元素可使 $E^{\circ}_{Ln^{4+}/Ln^{3+}}$ 小于＋2.0V的镧系元素生成四价化合物，因此可制得四价铈的化合物。为了稳定四价 Tb，Pr 的化合物。则需要更为特殊的络合剂，通过采用磷钨酸盐、硼钨酸盐、硅钨酸盐等已经制得了它们的四价化合物，其中 Tb(IV) 较 Pr(IV) 要容易形成得多。采用复盐的形式，即通过形成较大晶格能来稳定四价镧系元素，目前已实现到 Nd，Dy，它们是 Cs_3NdF_7，Cs_3DyF_7。其他四价镧系元素化合物目前均未制得，所有这些都与 Nugent 的电极电势计算值所确定的非三价稀土离子的相对稳定性相一致。从表中计算值可知，由于 Pm，Sm 的 $E^{\circ}_{Ln^{4+}/Ln^{3+}}$ 位于 Nd，Dy 之间，可以预测 Pm^{4+} 和 Sm^{4+} 在 Cs_3PmF_7 和 Cs_3SmF_7 复盐中将是稳定的。

比较 Ln^{2+} 和 Ln^{4+} 的稳定性可以看到，Ln^{2+} 和 Ln^{4+} 的存在在某种程度上与电子结构有关，即具有半满、全满和全空 f 亚层的电子层结构的离子是稳定的。这种稳定性反映了壳层半充满后的交换能在电离损耗上降为零，因而使 Eu 和 Gd 之间的第三电离势大大下降，从 $f^1 \longrightarrow f^0$ 交换能之差由零逐渐增大直到 $f^{14} \longrightarrow f^{13}$ 为止，虽然有一些证据指出充满 $\frac{3}{4}$ 壳层前后的第三电离势发生转折，这暗示 Dy^{2+} 可能比 Dy^{3+} 稳定，不过目前尚未能离析出 Dy^{2+} 的化合物。

Y 和 La 失掉三个电子以后剩下的是惰性气体电子层结构，Gd 和 Lu 失去三个电子以后分别具有稳定的 $4f^7$ 和 $4f^{14}$ 组态，因此这四个元素其三价态最为稳定，一般在反应条件下，失掉的电子从不少于三个，因为 Ln^{2+} 和 Ln^+ 一定要比 Ln^{3+} 大得多，于是在电离步骤所节省下来的能量总是少于较小的三价 Ln^{3+} 离子与 Ln^{2+} 或 Ln^+ 离子的晶格能或水合能相比而获得的盐类的附加晶格能或水合能。

对于失掉电子后可以达到 f^0，f^7，f^{14} 组态的元素则能形成最稳定的 M^{2+} 和 M^{4+} 离子，例如 Ce^{4+} 和 Tb^{4+} 分别达到 f^0 和 f^7，而 Eu^{2+} 和 Yb^{2+} 分别具有 f^7 和 f^{14} 组态。这种事实似乎支持这样一种观点，即 f^0，f^7，f^{14} 组态的"特殊稳定性"是重要的，正是这种电子层结构决定了非三价氧化态的存在。其实这种观点是值得怀疑的，Sm 和 Tm 分别给出具有 f^6 和 f^{13} 电子层结构的 Ln^{2+} 物种，但没有 Ln^+ 离子，而 Pr 和 Nd 分别给出具有 f^1 和 f^2 组态的 Ln^{4+} 物种，但没有五价或六价的离子，Nd^{2+}（f^4 组态）的存在以及在晶格中证明有 Pr^{2+} 和 Ce^{2+} 提供了特别令人信服的理由，虽然 f^0，f^7，f^{14} 组态的"特殊稳定性"可能是一个因素，但其他热力学和动力学因素对决定氧化态的稳定性是同等重要或更为重要的因素。

但不管怎样，镧系元素毕竟呈现出下图这种价态变化规律，即镧系元素不同价态的变化可以近似地看成是以 Gd 为中心点分为两大组，每组首尾第二、第三两个元素的变价是对称地出现 3 价态变化的两个循环（周期性），由 $f^0 \longrightarrow f^7$ 出现一次价态由高到低的变迁序列，在 $f^7 \longrightarrow f^{14}$ 又出现同样的变迁序列，这两个价态变化的循环中，第一个循环较第二个循环要强烈得多。

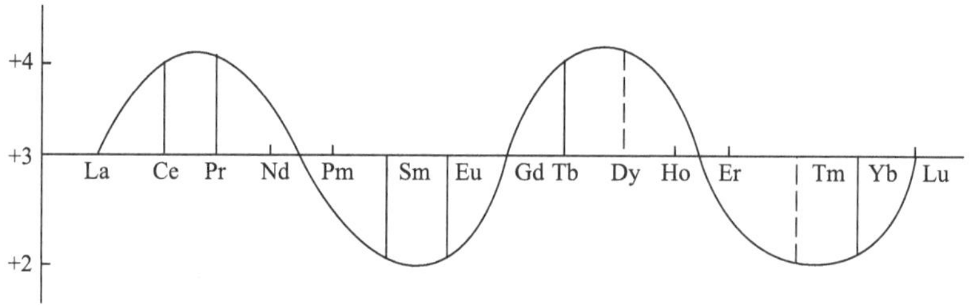

线段的粗细表示形成非三价态离子的难易程度

稀土元素的价态变化对稀土元素之间的分离提取有重大意义，这是采用氧化还原方法分离它们为单一元素的理论基础，即用氧化方法使 Ce，Tb，Pr 成四价状态，用还原方法使 Eu，Yb，Sm 成二价状态，从而增大它们与其他三价稀土元素在性质上的差异性以达到分离的目的，如生产上采用的优先氧化除铈及选择性还原提铕等。

由于发现不少非三价稀土化合物具有很多特殊性质和用途，可用作半导体、磁性材料、发光材料等，因此更加激起人们对研究非三价稀土化合物的光趣。目前已经用高温氟化法制得了四价 Pr，Nd，Tb，Dy 的化合物，如 CeF_4，$Na_7Pr_6F_{31}$，$CsPrF_5$，Cs_3LnF_7 和 M_2PrF_6（M＝Na，K，Rb，Cs），在 Na_2O_2 中氧化 Tb_4O_7 得到了 Na_2TbO_3，用汞阴极电解法制得了二价稀土元素 Sm，Eu，Yb，La，Ce，Nd，Pm，Y，Er，Lu。采用 γ 辐射、中子或 X 射线照射的方法，可使全部十多个稀土元素在碱土金属卤化物单晶（如 CaF_2，SrF_2）中的离子还原成二价。射线照射含有三价稀土离

子的 CaF_2 晶体，可在晶体中引起电离，电离产生的电子被三价离子吸收后就还原到二价。另外，全部 15 个镧系元素都可以生成 1∶1 的硫属化合物 LnS，LnSe，LnTe。不过在这 45 个硫属化合物中，稀土元素的价态表面上都是二价，但实际上除 Eu，Yb，Sm 和 TmTe 中的 Tm 确实是二价以外，其余稀土元素的实际价态都是三。例如，LaS 是三价 La^{3+} 离子，二价硫离子和一个在（$5d6s$）能带的传递电子组成的晶体，它具有金属的导电性能，因三价金属离子的半径比二价金属离子小，所以晶格常数也比较小。但 SmS 却是由二价 Sm^{2+}、二价 S^{2-} 组成的离子型晶体，具有半导体性能，它的晶格常数比 LaS 大。

可以预计，随着对非三价稀土元素的深入研究，更多更稳定的非三价稀土化合物将会获得，这对于稀土元素本身的分离，对于稀土元素更为广泛地应用，对于搞清 $4f$ 电子在成键过程中的作用，完善镧系理论无疑都有着重要作用。

1.3 稀土元素的化合物及其性质

如前所述，稀土元素是由 17 个成员组成的庞大家族。就其氧化态而言，除了常见的＋3 外，尚有所谓的不常见氧化态——＋1，＋2 和＋4。因此它们的化合物品种繁多。然而在给定的氧化态时，它们之间却有明显的相似性。所以在叙述它们的化合物时，没有必要逐个讨论，而是按氧化态由低到高的顺序归类加以叙述的，其中钪已有专章讨论（参见 21）。

1.3.1 氧化态＋1 的化合物

与锕系元素一样，氧化态＋1 的纯稀土化合物目前尚未制得。把铕和钐以 Ln(II)形式掺入 KCl 的晶体基质中，用电离辐射或在 17kPa 的压力下用液态钾在 650℃时还原，可以使形成的 Eu(I)和 Sm(I)稳定在固态 KCl 基质中。尽管 Yb(II) 的稳定性界于 Eu(II)和 Sm(II) 之间，而且以二价状态掺入 KCl 晶体中也是不成问题的，但是通过还原并没有得到 Yb(I)，这是很奇怪的。其他稀土元素不能以 Ln(I)状态被稳定在 KCl 基质中，这是因为三价的镧系离子不能与一价的 KCl 基质相配位的缘故。

1.3.2 氧化态＋2 的化合物

1906 年以前人们还不知道氧化态＋2 的稀土化合物。然而现在除了 Pm，Lu，Y 及 Sc 外几乎所有其余稀土离子的＋2 氧化态化合物均已获得。但多数尚未能获得纯化合物。1906 年 Matignon 和 Cazes 在高温下用氢、氨或铝还原钐的三氯化物，第一次得到了 $SmCl_2$。1911 年 Klemm 等用氢作还原剂制得了 $YbCl_2$。次年 Yntema 和 Ball 用汞阴极电解法从水溶液中得到了 Eu^{2+} 和 Yb^{2+}。1960 年

Asprey 和 Kruse 用金属钍在 500—600℃还原 TmI_3 获得了 TmI_2。此后用辐射还原的办法获得了除 Pm,Lu,Y 及 Sc 以外的其他稀土元素的+2 氧化态化合物。

有些稀土化合物,如某些氢化物(LnH_2)、卤化物(LnX_2)、硫化物(LnS)和碳化物等,从其化学组成来看,其中的稀土元素似乎是+2 氧化态,但是根据它们的磁学、电学和光学性质证明其中存在 M^{3+} 离子、自由电子和相应的阴离子—H^-,X^-,S^{2-} 和 C_2^{2-}。习惯上称为金属型化合物并用如下的化学式表示:$Ln^{3+}(e)$。H_2^-,$Ln^{3+}(e)X_2^-$,$Ln^{3+}(e)S^{2-}$ 及 $Ln^{3+}(e)C_2^{2-}$。这类化合物的特点是容易导电,其磁矩与 M^{3+} 离子的相一致。与此相反,似盐型+2 氧化态化合物以低的导电性及非金属的外表为特征,其磁矩与自由的 M^{2+} 离子的相同。例如 EuS 是似盐型化合物,其磁性质和光性质与 Eu^{2+} 离子的电子组态[Xe]$4f^7$ 相适应,而 GdS 则是金属型化合物,其磁性质相应于 Gd^{3+} 离子的[Xe]$4f^7$ 而不同于 Gd^{2+} 离子的 $4f^7 5d^1$ 或 $4f^8$。本书只着重介绍似盐型 +2 态化合物,而不过多地涉及金属型化合物。

1. 卤素化合物

氧化态+2 的似盐型稀土化合物中,研究得最广泛的是卤素化合物。已知的似盐型二卤化物有:$LnCl_2$(Ln=Nd,Sm,Eu,Dy,Tm 和 Yb);$LnBr_2$(Ln=Sm,Eu 和 Yb);LnI_2(Ln=Nd,Sm,Eu,Dy,Tm 和 Yb)和 LnF_2(Ln=Sm,Eu 和 Yb)。La,Ce,Pr 和 Gd 的二碘化物虽已制得,但它们都是金属型化合物。

似盐型二卤化物具有明显的非金属外部特征和低的导电性。它们的晶体结构与碱土金属的二卤化物相似。其磁矩与化学式 $M^{2+}X_2^-$ 是一致的。

(1) 二卤化物的制备方法

a. 无水三卤化物的还原或热分解

用氢在高温下还原无水三卤化物以制备二卤化稀土的方法,是应用最早和最广泛的一种方法。用该法获得了 LnX_2(Ln=Sm,Eu 和 Yb,X=Cl,Br 和 I)及 EuF_2。反应如下:

$$2LnX_3 + H_2 \longrightarrow 2LnX_2 + 2HX$$

若用 NH_3 或 Zn 等还原剂代替氢,同样可得到 MX_2:

$$6LnX_3 + 8NH_3 \longrightarrow 6LnX_2 + 6NH_4X + N_2$$

$$2LnCl_3 + Zn \longrightarrow 2LnCl_2 + ZnCl_2$$

最近 Kock 等用含水三氯化物在有 NH_4Cl 和 $ZnCl_2$ 存在时用锌还原,制得了 Sm,Eu 和 Yb 的二氯化物。该法的优点是直接用含水氯化物作为原料。

无水卤化物在高温高真空条件下受热分解可得到二卤化物:

$$2LnX_3 \xrightarrow[\text{高温}]{\text{真空}} 2LnX_2 + X_2$$

0.01mmHg 压力下稀土三卤化物分解成相应的二卤化物,开始分解温度为:

$SmCl_3$ >900℃　$YbCl_3$　870℃

$SmBr_3$ >700℃　$YbBr_3$　700℃

SmI_3 >560℃　YbI_3　250℃

热分解法已成功地用于制备 Sm,Eu 和 Yb 的二碘化物。

Brown 曾指出,如果稀土金属的似盐型化合物 LnX_2(X=Cl,Br 或 I)中,对应金属的 $E^{\circ}_{LnII\text{-}III}$ 大于−1.6V,则可用氢还原法或真空热分解法来制备。所以用这两种方法制备 Sm,Eu 和 Yb 以外其他稀土元素二卤化物的尝试未能成功。

b. 无水三卤化物与相应的金属作用

在钽或钼的容器中,把无水三卤化物与相应的纯稀土金属一起加热,可制得低价稀土卤化物:

$$2LnX_3 + Ln \longrightarrow 3LnX_2$$

用这种方法系统研究过稀土元素的氯化物和碘化物,其结果如表 22.13 和表 22.14。

表 22.13　还原得到的稀土元素氯化物

M	Cl 与 M 的原子比	Ln	Cl 与 Ln 的原子比
La		Gd	1.50
Ce		Tb	未研究
Pr	2.31	Dy	2.00　2.10
Nd	2.00　2.27　2.37	Ho	2.14
Pm	未研究	Er	无
Sm	2.0　2.2	Tm	2.00　2.04—2.15
Eu	2.00	Yb	2.00

表 22.14　还原得到的稀土元素碘化物

Ln	I 与 Ln 的原子比	特征	Ln	I 与 Ln 的原子比	特征
La	2.00	金属型	Gd	2.00	金属型
	2.42	似盐型	Tb	—	
Ce	2.00	金属型	Dy	2.00	似盐型
	2.40	似盐型	Ho	—	
Pr	2.00	金属型	Er	—	
	2.50	似盐型			
Nd	1.95	似盐型	Tm	2.00	似盐型
Pm	未研究		Yb	2.00	似盐型
Sm	2.00	似盐型			
Eu	2.00	似盐型			

该方法适用于制备 $E^{\circ}_{LnII-III}$在－1.7V 至－2.7V 的那些稀土元素的似盐型二卤化物。

c. 金属与卤化汞作用

稀土金属与碘化汞在 300—400℃时作用，可生成二卤化物：

$$Ln + HgI_2 \longrightarrow LnI_2 + Hg$$

生成的汞和剩余的 HgI_2 可蒸馏除去。该方法的反应温度一般要比 $Ln+LnX_3$ 体系的低，但生成的汞可与稀土金属生成合金，可促使 LnX_2 发生歧化而使产品不够纯。凡 $E^{\circ}_{LnII-III}$为－1.7V 至－2.7V 的镧系和锕系元素的二卤化物均可用该方法制备。

d. 在非水溶剂中制备

将金属铕和镱溶于液氨中(其中含相应的卤化铵)，生成氨合二卤化物，在真空条件下温热使失去其中的结晶氨，则可得到二卤化物。用这个方法得到了铕和镱的二氯化物、二溴化物和二碘化物。

由于二价稀土元素化合物是强还原剂，其 $E^{\circ}_{Ln(II)-(III)}$ 值很低，例如 $E^{\circ}_{Eu^{2+}/Eu^{3+}}=-0.35V$，$E^{\circ}_{Yb^{2+}/Yb^{3+}}=-1.15V$，$E^{\circ}_{Sm^{2+}/Sm^{3+}}=-1.55V$，$E^{\circ}_{Tm^{2+}/Tm^{3+}}=-2.3V$，所以在水溶液中制备二卤化物是有困难的($EuCl_2 \cdot 2HCl$ 例外)，因为 H^+ 会把 Ln^{2+} 氧化成三价状态。正因为这样，二价稀土在非水溶剂(如醇、乙腈、四氢呋喃等)中比在水溶液中要稳定得多。最近 Каменская 等在六甲基磷酰三胺溶液中用金属钠还原 Sm，Tm 和 Yb 的二氯化物，得到了相应的二价状态，但却未能获得固态化合物。Kurt Rossmanith 在四氢呋喃溶液中，在有萘存在的情况下用金属锂还原三氯化物，得到了 $SmCl_2$，$EuCl_2$ 和 $YbCl_2 \cdot THF$：

$$LnCl_3 + Li \longrightarrow LnCl_2 + LiCl$$

$$Ln = Sm, Eu, Yb \text{ 及 } Nd$$

用 $LiBH_4$ 在四氢呋喃溶液中还原 Sm，Eu 和 Yb 的三氯化物时，只得到 $EuCl_2$，而对钐和镱却为 $SmCl(BH_4)_2$ 和 $YbCl(BH_4)_2$。

(2)二卤化物的性质

稀土元素二卤化物的某些性质如表 22.15。

表 22.15 似盐型稀土二卤化物的性质

化合物	颜色	晶格类型	晶格参数(Å)	配位数	熔点(℃)
SmF_2	紫红	萤石型	$a_0=5.869$	8	
EuF_2	浅黄绿	萤石型	$a_0=5.840$	8	
YbF_2	浅灰	萤石型	$a_0=5.599$	8	
$NdCl_2$	暗绿	$PbCl_2$	$a_0=9.06$ $b_0=7.59$ $c_0=4.50$	9	841
$SmCl_2$	红棕	$PbCl_2$	$a_0=8.993$ $b_0=7.556$	9	855

续表

化合物	颜色	晶格类型	晶格参数(Å)	配位数	熔点(℃)
			$c_0=4.517$		
$EuCl_2$	白	$PbCl_2$	$a_0=8.965$	9	731
			$b_0=7.533$		
			$c_0=4.511$		
$DyCl_2$	黑	SrI_2	$a_0=13.38$	7	721
			$b_0=7.06$		
			$c_0=6.76$		
$TmCl_2$	暗绿	SrI_2	$a_0=13.10$	7	718
			$b_0=6.93$		
			$c_0=6.68$		
$YbCl_2$	淡黄绿	SrI_2	$a_0=13.139$	7	702
			$b_0=6.948$		
			$c_0=6.698$		
$SmBr_2$	红棕	$SrBr_2$		8/7	669
		$PbCl_2$	$a_0=9.506$	9	
			$b_0=7.977$		
			$c_0=4.754$		
$EuBr_2$	白	$SrBr_2$	$a_0=11.574$	8/7	683
			$c_0=7.098$		
$YbBr_2$	黄	$CaCl_2$	$a_0=6.63$	6	673
			$b_0=6.93$		
			$c_0=4.37$		
NdI_2	深紫	$SrBr_2$		8/7	562
SmI_2	深绿	EuI_2		7	520
EuI_2	棕绿	EuI_2	$a_0=7.62$	7	580
			$b_0=8.23$		
			$c_0=7.88$		
			$\beta=98°$		
		SrI_2	$a_0=15.12$	7	
			$b_0=8.18$		
			$c_0=7.63$		
DyI_2	深紫	$CdCl_2$	$a_0=7.445$	6	659
			$\alpha=36.1°$		
TmI_2	黑	$CdCl_2$	$a_0=4.520$	6	756
			$c_0=6.967$		
YbI_2	黑	CdI_2	$a_0=4.503$	6	772
			$c_0=6.972$		

表 22.15 所列出的六种氯化物均可溶于水或与水作用，$SmCl_2$，$EuCl_2$ 和 $YbCl_2$的水溶液中有 M^{2+} 离子，它们可被水中的 H^+ 氧化成三价：

$$Ln^{2+}+H^{+}\longrightarrow Ln^{3+}+\frac{1}{2}H_2$$

$SmCl_2$与水的反应特别迅速，甚至固态 $SmCl_2$在潮湿空气中也会迅速褪色。但是在无氧无光的情况下，Eu^{2+} 的氧化却相当缓慢，以致在浓盐酸溶液中可析出 $EuCl_2 \cdot 2HCl$ 的固体。当有氧存在时三种离子均可迅速氧化：

$$4Ln^{2+} + 4H_3O^+ + O_2 \longrightarrow 4Ln^{3+} + 6H_2O$$

$NdCl_2$，$DyCl_2$和 $TmCl_2$与水激烈反应，放出氢并沉淀出三价氢氧化物，$TmCl_2$溶解时溶液中还可观察到淡红色，但颜色立即消失。除此之外，在溶液中检查不出其他二价离子的存在。二溴化物和二碘化物遇水时的情况与氧化物相似。

2. 氧族化合物

稀土元素的一氧化物在常温下只有 EuO 和 YbO 是稳定的。然而几乎全部稀土元素的 LnR 型硫化物、硒化物和碲化物均已制得。这些硫属化合物都具有岩盐结构，但 Sm，Eu，Yb 和 Tm 的硫属化合物与其他稀土元素的同类化合物间还是有一些明显差别的。如果以硫属化合物的晶格参数对镧系元素的原子序数作图（图 22.9），则发现除了 Sm，Eu，Yb 的全部硫属化合物及 TmSe 和 TmTe 外，其他镧系元素化合物的晶格参数均处于平滑曲线上，这些化合物具有金属的特征：电阻率约为 $10^{-4}\Omega \cdot cm$，同时电阻率随温度略有增加。与此相反 Sm，Eu，Yb 的同类化合物不是半导体便是绝缘体，其电阻率 $10^3—10^4\Omega \cdot cm$，晶格参数也明显地高于相邻元素的化合物。根据磁矩的测量说明 Sm，Eu 和 Yb 的 LnR 型硫属化合物中 M 是+2 价离子，而其余化合物中的 Ln 是+3 价的，可表示为 $Ln^{3+}(e)R^{2-}$。

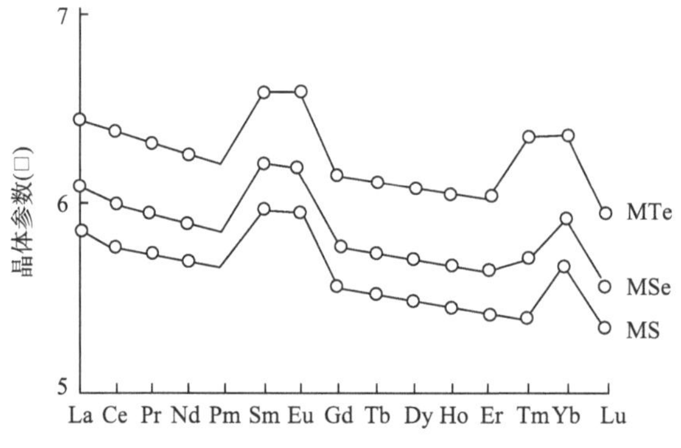

图 22.9　岩盐型镧系硫属化合物 LnR 的晶格参数

(1) 硫属化合物的制法

在高温下用氢还原纯 Eu_2O_3以制备 EuO 的尝试未能成功，但是把 Eu_2O_3与 SrO 的混合物在 800—1000℃时用 H_2 还原，则得到含 EuO 的红色固溶体。加热 Eu^{2+}和 Sr^{2+}碳酸盐的混合物也可得到这种红色固溶体。由于某种稳定化合物的存在而使另一种元素本来不稳定的氧化态稳定下来的例子是屡见不鲜的。例如把硝酸锰(II)在 $\gamma-Al_2O_3$ 上加热分解，则得到 Mn_2O_3，而在 TiO_2 上加热时则得到 MnO_2；在有 CeO_2 存在时加热 Pr_2O_3 则易得到 PrO_2；又如前已述及的 Eu^+ 和 Sm^+ 的纯态无法获得，但在 KCl 的晶体基质中却可制得。

在高温下用活泼金属或碳还原稀土元素的倍半氧化物也是制备相应的低价氧化物的方法之一。事实上第一个纯 EuO 样品就是在 1300—1500℃时用金属镧还原 Eu_2O_3 而得到的，在压力为 10^{-5} mmHg 时低价氧化物可升华出来。把由水溶液中制得的 $Eu(OH)_2 \cdot 2H_2O$ 加热分解，或在高温下用氢化锂还原氯氧化物以及在钼或钽容器中用金属铕还原 Eu_2O_3 均可获得低价氧化物。

由元素直接化合，是制备 Sm, Eu, Tm 和 Yb 的硫属化合物时应用最广的方法。在 1000—1400℃用金属铝还原三价硫化物，制得了 SmS 和 YbS。把 Sm_2Se_3 在真空中于 1800℃时热分解，可得到 SmSe。用 H_2S, H_2Se 或 H_2Te 与 Eu_2O_3，$Eu_2(SO_4)_3$ 或 $Eu_2(C_2O_4)_3$ 在高温下作用，可得到 Eu(II)的硫属化合物。

(2) 通性

纯 EuO 是具有岩盐结构的深红色固体($a_0=5.114$Å)，无水汽时在空气中不发生显著变化，室温时电阻率约为 $10^7\Omega \cdot cm$。

尚未制得十分纯净的 YbO，其不纯样品为灰白色，具岩盐结构($a_0=4.87$Å)。Sm, Eu, Yb 的硫属化合物及 TmSe 和 TmTe 一般呈黑色。Eu(II)硫属化合物的热力学数据及晶格参数见表 22.16。

表 22.16 25℃时 Eu 的单硫属化合物的晶格参数和热力学数据

参数	EuO	EuS	EuSe	EuTe
ΔH_f^0(kJ/mol)	−587.4	−443.5	−392.4	−389.9
S^0(J/mol)	83.68	95.8	106.3	113.8
ΔG_f^0(kJ/mol)	−562.7	−439.4	−388.3	−385.8
a_0(Å)	5.1435	5.9679	6.1936	6.5984

EuO 在低温下具铁磁性、EuS 也是铁磁性的，但 EuTe 却是反铁磁性的，EuSe 的磁性是比较复杂的。YbO 的磁性质还没有研究过，但 Yb 的其余硫属化合物仅有很低的磁化率，这与 Yb^{2+} 的电子构型[Xe]$4f^{14}$ 所应有的反磁性是一致的。Sm 的硫属化合物在室温下的摩尔磁化率为(4200—5000)$\times 10^{-6}$ c·g·s 单位，其有效磁矩在 4.3—4.6μB 之间，这与 Sm^{2+} 的[Xe]$4f^6$ 电子构型也是一致的。

3. Ln^{2+} 的水溶液体系

水溶液体系中，很好研究过的二价稀土离子只有 Sm^{2+}，Eu^{2+} 和 Yb^{2+}。用汞阴极电解或碱金属汞齐还原三价离子的水溶液，可得到 Sm^{2+}，Eu^{2+} 和 Yb^{2+} 离子。90 年代以来用多孔炭电极电解可使 Eu^{3+} 定量还原。Eu^{3+} 是唯一能被锌粉或 Zn-

Hg 齐还原的三价稀土离子。这一方法已被用于工业分离铕。Faraggi 用脉冲电子射解法自水溶液中得到了 Sm^{2+}，Eu^{2+} 和 Yb^{2+} 离子，其机理是快速电子与水作用生成下列物质：

$$H_2O \longrightarrow e_{aq}, H, OH, H_2 \text{和} H_3O^+$$

其中水合电子 e_{aq} 与 Ln^{3+} 作用生成低价 Ln^{2+}：

$$Ln^{3+} + e_{aq} \longrightarrow Ln^{2+}$$

水溶液中要加入少量甲醇，以清除 OH 自由基的有害影响，否则 OH 可使 M^{2+} 再氧化：

$$Ln^{2+} + OH \longrightarrow Ln^{3+} + OH^-$$

最近 Donohue 用 190nm 的紫外光照射 Eu^{3+} 的水溶液，用异丙醇清除 OH 自由基，在有 SO_4^{2-} 存在时，可把 Eu^{3+} 还原成 Eu^{2+} 并以 $EuSO_4$ 的形式使铕与其他稀土元素分离。其反应机理是：

$$Eu^{3+}(H_2O) \xrightarrow{190nm} Eu^{2+} + H^+ + OH$$

$$(CH_3)_2CHOH + OH \longrightarrow H_2O + (CH_3)_2COH$$

$$(CH_3)_2COH + Eu^{3+} \longrightarrow Eu^{2+} + H^+ + (CH_3)_2C{=}O$$

Sm^{2+}，Eu^{2+}，Yb^{2+} 在水溶液中的颜色分别为鲜红、淡黄和绿色。它们在水溶液中的极大吸收波长（$\lambda_{极大}$）与摩尔消光系数（ε）见表 22.17。

表 22.17　二价稀土离子在水溶液在的（$\lambda_{极大}$）及 ε

离子	pH	$\lambda_{极大}$(nm)	ε
Eu(II)	2	260[1]	1650
		320	800
Yb(II)	2	255	1100
		355	650
Sm(II)	3—6	315	850
		425	600
		480	～350
		540	～400
Tm(II)	3—6	280	～750

1）有的文献中为 250nm。

上述三种二价离子在水溶液中均不太稳定，它们可被 H_2O 或 H^+ 氧化：

$$Ln^{2+} + H^+ \longrightarrow Ln^{3+} + \frac{1}{2}H_2$$

Sm^{2+} 和 Yb^{2+} 迅速被氧化，而 Eu^{2+} 则要稳定得多。Pt 对上述反应有催化作用。在同样条件下氧化速度与 $E^0_{Ln(II)-(III)}$ 的大小顺序是一致的，即二价稳定性按 Eu>Yb>Sm 的次序变化。

4. 三元化合物

这类化合物通常是用沉淀法获得的，而且已知的仅限于 Sm^{2+}，Eu^{2+} 和 Yb^{2+} 的化合物。在二价离子的溶液中加入 CO_3^{2-}，SO_4^{2-}，BO_3^{3-}，CrO_4^{2-}，SO_3^{2-} 和 OH^- 则生成相应的沉淀。沉淀的颜色多半与各自的二价离子水溶液的颜色一样，只有 Sm^{2+} 的氢氧化物(绿色)是例外。上述沉淀中 Sm 和 Yb 的化合物容易被空气氧化，Eu^{2+} 的化合物却比较稳定。工业上利用 $EuSO_4$ 的难溶性和相对稳定性来分离铕。$EuSO_4$ 可以用汞阴极电解含 SO_4^{2-} 的 Eu^{3+} 离子溶液，或把 $EuCl_3$ 溶液用 Zn—Hg 齐还原后与 H_2SO_4 作用而制得。用纯净的 $EuSO_4$ 固体与 Na_2CO_3 溶液，在 N_2 气保护下反应，则得到柠檬黄色的 $EuCO_3$：

$$EuSO_4 + Na_2CO_3 + nH_2O \longrightarrow Na_2SO_4 + EuCo_3 \cdot nH_2O$$

用制备硫酸铕(II)的方法以草酸代替硫酸得不到纯草酸盐，得到的只是 Eu(II) 和 Eu(III) 的混合草酸盐。纯草酸铕(II)是按下述方法制得的：

$$EuSO_4 + (NH_4)_2C_2O_4 \xrightarrow{H_2O} EuC_2O_4 \cdot H_2O + (NH_4)_2SO_4$$

即把 $EuSO_4$ 的固体与饱和草酸铵一起加热煮沸，直至 $EuSO_4$ 全部转变成红棕色的 $EuC_2O_4 \cdot H_2O$。二价镧系的硫酸盐、碳酸盐及草酸盐与碱土金属 Sr 和 Ba 的同类化合物为异质同晶物。碳酸盐为斜方的文石结构。除 $YbSO_4$ 外，硫酸盐均为斜方的重晶石结构，$YbSO_4$ 是六方晶格与 $CePO_4$ 同晶。表 22.18 给出了硫酸盐和碳酸盐的颜色和晶格参数。

表 22.18 具有重晶石和文石结构的二价硫酸盐和碳酸盐的性质

化合物	颜色	晶格参数(Å)		
		a_0	b_0	c_0
$SmSO_4$	橘黄	8.45	5.38	6.91
$EuSO_4$	白	8.32	5.34	6.82
$SrSO_4$	白	8.359	5.352	6.866
$BaSO_4$	白	8.870	5.453	7.151
$SmCO_3$	橙棕	8.58	5.97	5.09
$EuCO_3$	黄	8.45	6.05	5.10
$YbCO_3$	芥绿	8.13	5.87	4.98
$CaCO_3$	白	8.968	5.741	4.959
$SrCO_3$	白	8.414	6.029	5.107
$BaCO_3$	白	8.835	6.549	5.256

二价铕的氢氧化物 $Eu(OH)_2 \cdot H_2O$ 也是研究较充分的一个化合物。当 Eu^{2+} 与 OH^- 作用时可得黄色胶状沉淀，100℃时于真空中加热所得的沉淀，则得到

$Eu(OH)_2 \cdot H_2O$。最好的制备方法是用 10mol/L NaOH 与金属铕反应。$Eu(OH)_2 \cdot H_2O$ 极不稳定，甚至在惰性气氛中它也会氧化成 $Eu(OH)_3$。$Eu(OH)_2 \cdot H_2O$ 是斜方晶格(a=6.07，b=6.197，c=3.652Å)，与 Sr 和 Ba 的氢氧化物同晶。

5. 标准电极电势 $E^\circ_{Ln(II)-(III)}$

二价镧系离子是强还原剂，只有少数元素的 $E^\circ_{LnII-III}$ 是由实验测得的，其余镧系元素的 $E^\circ_{Ln(II)-(III)}$ 是通过热力学计算或线型化能关系算出的。Nugent 等应用线型化能关系算出了全部镧系及锕系元素的 $E^\circ_{Ln(II)-(III)}$，结果如表 22.19。由标准电极电势 $E^\circ_{Ln(II)-(III)}$ 可以看出+2 价镧系的氧化还原稳定性是按以下次序变化的：

$$La \leqslant Ce < Pr < Nd \leqslant Pm < Sm < Eu \gg Gd < Tb < Dy > Ho > Er < Tm < Yb$$

表 22.19 镧系元素的标准电极电势 $E^\circ_{Ln(II)-(III)}$

Ln	测得值(V)	计算值(V)
La		−3.1±0.2
Ce		−3.2
Pr		−2.7
Nd		−2.6
Pm		−2.6
Sm	−1.55	−1.6
Eu	−0.35	−0.3
Gd		−3.9
Tb		−3.7
Dy		−2.6
Ho		−2.9
Er		−3.1
Tm	−2.3±0.2	−2.3
Yb	−1.15	−1.1

1.3.3 氧化态+3 的化合物

由前面的叙述可以知道，+3 是稀土元素的特征氧化态。事实上我们可以在所有已知阴离子的晶体化合物中找到它们的三价形式。如果与 Ln^{3+} 相匹配的阴离子是对热不稳定的(如 OH^-，CO_3^{2-}，SO_4^{2-}，$C_2O_4^{2-}$，NO_3^-，SO_3^{2-} 等)，则相应的化合物受热分解成为碱式盐或氧化物。如果阴离子是对热稳定的(如 O^{2-}，F^-，Cl^-，Br^-，PO_4^{3-} 等)，则其无水化合物受热时熔化而不分解。

稀土离子 Ln^{3+} 与弱碱性阴离子(如 Cl^-，Br^-，I^-，NO_3^-，ClO_4^- 等)所成的盐在

水中是强电解质。这可选氯化物为代表，由其在水溶液中的电导、离子迁移数及活度系数值来说明(见表 22.20)。溶液和固态时的物理性质清楚地说明，由于镧系收缩效应使得三价稀土化合物的离子性特征由 La^{3+} 到 Lu^{3+} 略有减小。同样观察到盐类水溶液的水解趋势从 La^{3+} 到 Lu^{3+} 略有增加。然而与一般易水解的三价离子不同，三价稀土离子本身的水解并不显著，所以它与弱碱性阴离子的盐，其水溶液仅略呈酸性。只有当阴离子为强碱性(如 CN^-，S^{2-}，NO_2^-，OCN^-，N_3^-)时，由于这些阴离子强烈水解后产生足够浓度的 OH^- 离子，以致与 Ln^{3+} 离子作用而生成碱式盐或氢氧化物的沉淀，这种趋势由 La^{3+} 到 Lu^{3+} 增加，这与稀土离子的碱性由 La^{3+}—Lu^{3+} 减小的次序也是一致的。

表 22.20 25 ℃时稀土氯化物溶液的某些物理性质

离子	摩尔浓度	当量电导(s/cm)	摩尔浓度	Ln^{3+} 的迁移数	重量摩尔浓度	平均活度系数($\gamma^\pm$)
La^{3+}	0.00033	137.4	—	—	0.00125	0.7661
	0.00333	122.1	0.00301	0.4629	0.01247	0.5318
	0.03333	99.0	0.0311	0.4389	—	—
Gd^{3+}	0.00033	134.9	—	—	0.00171	0.7728
	0.00333	120.2	0.0033	0.4602	0.0171	0.5345
	0.03333	98.4	0.0350	0.4315	—	—
Yb^{3+}	0.00033	132.8	—	—	0.00114	0.7732
	0.00333	118.1	0.0035	0.4495	0.01144	0.5385
	0.03333	96.4	0.0346	0.4224	—	—

三价稀土离子形成固态化合物的难易及其热稳定性，可由表 22.21 所列典型化合物的某些热力学数据中得到启示。

表 22.21 形成典型化合物的某些热力学数据

化合物	ΔH°(kJ/mol)	ΔF°(kJ/mol)	ΔS°(J/(mol·℃))
La_2O_3	−1793.3	−1707.1	−301.2
Gd_2O_3	−1815.9	−1723.8	−318.0
Yb_2O_3	−1814.2	−1715.4	−318.0
Y_2O_3	−1905.4	−1815.9	−301.2
Al_2O_3	−1673.2	−1576.5	−51.0
$LaCl_3$	−1070.7	−995.8	−246.9
$GdCl_3$	−1004.6	−928.8	−255.2
$YbCl_3$	−937.2	−861.9	−259.4
YCl_3	−973.6	−899.6	−246.9

续表

化合物	ΔH°(kJ/mol)	ΔF°(kJ/mol)	ΔS°(J/(mol·℃))
$AlCl_3$	−695.4	−636.8	−167.4
LaI_3	−669.4	−665.3	−16.7
GdI_3	−594.1	−585.8	−25.1
YbI_3	−543.9	−535.6	−29.1
YI_3	−573.2	−569.0	−16.7
AlI_3	−314.6	−313.8	—

可以看出所有这些数值均较铝的同类化合物要大，这就再一次说明它们的离子特征较强。

稀土离子 Ln^{3+} 由于半径相近，所以它们的许多化合物(尽管不是全部)是异质同晶。例如单一稀土的卤化物、氧化物、水合硫酸盐 $Ln_2(SO_4)_3 \cdot 8H_2O$、溴酸盐 $Ln(BrO_3)_3 \cdot 9H_2O$、许多硝酸复盐 $2Ln(NO_3)_3 \cdot 3M''(NO_3)_2 \cdot 24H_2O$($M^{II}$=Mg, Zn, Ni, Mn)和 $Ln \cdot (NO_3)_3 \cdot 2NH_4NO_3 \cdot 4H_2O$ 等。与许多其他三价离子不同，稀土正离子不能形成矾类。

三价稀土盐类在水或非水介质中的溶解度与离子半径的关系是比较复杂的。有些随半径减小而减小(如磷酸二甲酯及 OH^- 的化合物)；有些随半径减小而增大(如硝酸镁的复盐)；有些则变化不规则(如硫酸盐和溴酸盐)。表 22.22 的数值表明了这种变化趋势。对这些现象迄今尚无满意的解释。

表 22.22　某些典型盐在水中的溶解度

阳离子 Ln^{3+}	溶解度 g/100g 水			
	$Ln_2(SO_4)_3 \cdot 8H_2O$ (20℃)	$Ln(BrO_3)_3 \cdot 9H_2O$(25℃)	$Ln[(CH_3)_2 \cdot PO_4]_3 \cdot nH_2O$ (25℃)	$LnCl_3 \cdot 6H_2O$(20℃)
Y	9.76	—	2.8	217.0
La	—	462.1	103.7	—
Ce	9.43[1)]	—	79.6	—
Pr	12.74	196.1	64.1	—
Nd	7.00	151.3	56.1	243.0
Pm	—	—	—	—
Sm	2.67	117.3	35.2	218.4
Eu	2.56	—	—	—
Gd	2.89	110.5	23.0	—
Tb	3.56	133.2	12.6	—
Dy	5.07	—	8.24	—

续表

阳离子 Ln^{3+}	溶解度 g/100g 水			
	$Ln_2(SO_4)_3\cdot 8H_2O$ (20℃)	$Ln(BrO_3)_3\cdot 9H_2O$(25℃)	$Ln[(CH_3)_2\cdot PO_4]_3\cdot nH_2O$ (25℃)	$LnCl_3\cdot 6H_2O$(20℃)
Ho	8.18	—	—	—
Er	16.00	—	1.78	—
Tm	—	—	—	—
Yb	34.78	—	1.2	—
Lu	47.27	—	—	—

1) 由无水盐折算。

一般而言,稀土离子与体积大、配位能力弱的一价阴离子如 NO_3^-,ClO_4^-,Cl^-,Br^-,I^-,BrO_3^-,CH_3COO^- 等形成的化合物是水溶性的;而与半径较小或电荷较高的阴离子如 F^-,OH^-,O^{2-},CO_3^{2-},$C_2O_4^{2-}$,CrO_4^{2-} 及 PO_4^{3-} 所成的化合物,由于离子间引力足够大,以致它们难溶于水。

轻稀土和重稀土元素的某些盐类,在溶解度上有明显的差别。根据这种差别把稀土分成铈组和钇组(表 22.23)。这种差别在硫酸复盐 $Ln_2(SO_4)_3\cdot M^I_2SO_4\cdot nH_2O$($M^I$=Na,K,Tl)中表现得最为明显。

表 22.23 不同盐类在水中的溶解趋势

阴离子	铈组(Z=57—62)	钇组(Z=39,63—71)
Cl^-,Br^-,I^- NO_3^-,ClO_4^- BrO_3^-,$C_2H_3O_2^-$	溶解	溶解
F^-	不溶	不溶
OH^-	不溶	不溶
HCO_2^-	微溶	中等溶度
$C_2O_4^{2-}$	不溶,不溶于 $C_2O_4^{2-}$	不溶,溶于 $C_2O_4^{2-}$
CO_3^{2-}	不溶,不溶于 CO_3^{2-}	不溶,溶于 CO_3^{2-}
NO_3^-(碱式盐)	适当溶	微溶
PO_4^{3-}	不溶	不溶
SO_4^{2-}(M^I 复盐)	不溶于 M_2SO_4 溶液	溶于 M_2SO_4 溶液

1. 氢化物

所有镧系元素都能生成 LnH_2 型氢化物,其中只有 Eu 和 Yb 的氢化物是似盐型的。EuH_2 和 YbH_2 与碱土金属的氢化物具有相同的斜方晶系结构,而其他稀土氢化物的结构则是萤石型的。除了 Eu 和 Yb 的氢化物其磁矩与相应的二价离子相同外，其他稀土二氢化物的有效磁矩都接近于相应的三价离子的理论值，而且它们都是导电体，甚至在某些情况下比纯金属的导电性还要好。因此这类氢化物是金属型的，可表示为 $Ln^{3+}(e)(H^-)_2$。把 La—Nd 的二氢化物进一步氢化则可变成 LnH_3，但其萤石型结构并不改变。而其余镧系金属的二氢化物进一步氢化时，在组成达到 LnH_3 以前，其结构就已变成六方晶系了。随着氢化程度的增大，化合物的电阻率显著增加，甚至在组成达到 LnH_3之前，氢化物就已经由导体变成半导体了。这意味着 $Ln^{3+}(e)(H^-)_2$ 中位于金属导带上的电子被加入的氢原子吸收了。

最早的镧系氢化物是 1891 年获得的，是用相应的元素直接化合而成。Eu 和 Yb 在大气压下与 H_2作用生成组成接近 LnH_2 的氢化物。温度在 800℃以上 EuH_2和 YbH_2分解成金属蒸气和 H_2。室温下二氢化物在空气中可稳定存在，但有些三氢化物却可自燃。所有的氢化物均缓慢地与水作用，加酸则反应加速。

2. 卤素化合物

稀土元素的卤化物是非常重要的一类化合物，尤其是氯化物。它们广泛地应用于以电解法或金属热还原法制备稀土金属，以及以它们为原料制备其他化合物，特别是制备二价稀土化合物。

把稀土元素的氧化物、氢氧化物或碳酸盐溶于氢卤酸溶液中，可以方便地制得稀土卤化物的水溶液。冷却它们的饱和溶液，或于其中通入卤化氢则可析出氯化物及大部分溴化物的水合物结晶，该法不适于碘化物的制备。水合氯化物和溴化物易溶于水中，以 Nd，Sm 和 Y 的六水氯化物为例，20℃时在水中的溶解度分别为 244.0，218.4 和 217.0g/100g 水。对于氟化物来说，由于它难溶于水，所以当稀土离子的溶液与氟离子作用则形成胶状沉淀。某些氟化物在水中的溶解度如下：

氟化物	YF_3	CeF_3	NdF_3	EuF_3	ErF_3
溶解度$\times10^4$g/L	30.3	16.3	8.1	3.1	46.2

含水卤化物一般具有 $LnF_3 \cdot H_2O$，$LnCl_3 \cdot (6—7H_2O)$和 $LnBr_3 \cdot (6—8)H_2O$ 的化学式。水合程度一般随稀土离子半径减小而减小。

用加热脱水的方法制备无水卤化物是有困难的。因为它们将按下式水解而生成难溶的卤氧化物：

$$LnX_3 + H_2O \longrightarrow LnOX + 2HX$$

为了获得无水卤化物，通常采用下列方法：

(1) 用水合卤化物脱水

这是最古老的制备无水卤化物的方法。即把含水卤化物($LnX_3 \cdot nH_2O$ X＝F，Cl，Br)在相应的卤化氢气流中(最好加点 NH_4X)加热。该法可制得几乎全部无水氯化物,大部分溴化物和氟化物。用40%的氢氟酸溶液与稀土硝酸盐的95%的酒精溶液作用,也可得到易过滤的无水氟化物。

用 NH_4X($X=Cl,Br,I$)与稀土卤化物按摩尔比6∶1配成混合溶液,加热蒸干后在真空中于200—250℃缓慢加热逐去水分,再将温度升高到300—350℃使过量的 NH_4X 升华,则可得到完全无水和无 NH_4X 的卤化物。据说该法是制备绝对无水卤化稀土的最好方法。

用水合氯化稀土与新蒸馏出的亚硫酰二氯加热迴流也可方便的制得无水氯化物:

$$LnX_3 \cdot 6H_2O + 6SOCl_2 \longrightarrow LnX_3 + 6SO_2\uparrow + 12HCl\uparrow$$

(2) 用氧化物制备无水卤化物

稀土氧化物与某些卤化剂一起加热可以制得无水卤化物特别是氯化物。常用的氯化剂有 S_2Cl_2, CCl_4, $SOCl_2$, $COCl_2$ 及 NH_4Cl 等,其反应如下:

用 S_2Cl_2 或与 Cl_2 的混合物为氯化剂:

$$4Ln_2O_3 + 3S_2Cl_2 + 9Cl_2 \xrightarrow{400—700℃} 8LnCl_3 + 6SO_2$$

$$4Ln_2O_3 + 12S_2Cl_2 \xrightarrow{250—500℃} 8LnCl_3 + 2SO_2 + 18S$$

用亚硫酰二氯为氯化剂:

$$Ln_2O_3 + 3SOCl_2 \xrightarrow{450℃} 2LnCl_3 + 3SO_2$$

用 CCl_4 或 NH_4Cl 为氯化剂:

$$Ln_2O_3 + 3CCl_4 \xrightarrow{400—500℃} 2LnCl_3 + 3Cl_2 + 3CO$$

$$Ln_2O_3 + 6NH_4Cl \longrightarrow 2LnCl_3 + 3H_2O + 6NH_3$$

无水卤化物吸水性极强,容易潮解并能吸收氨生成氨合物 $MCl_3 \cdot nNH_3$($n=1,2,5,8,12,20$)。

无水卤化物的某些物理常数列于表22.24。可以看出它们具有高的熔点和沸点,无挥发性,呈结晶状,熔化时导电良好。所有这些说明卤化物是离子键的,这与其他三价离子如 Fe^{3+}, Cr^{3+}, Al^{3+}, In^{3+} 不同,后者具有共价性。

表 22.24　无水卤化物的物理常数

化合物	熔点(℃)	沸点(℃)	晶系	晶格参数(Å)			热化学值(kJ/mol)		
				a_0	b_0	c_0	$\Delta H_{生成}$	$\Delta H_{熔化}$	$\Delta H_{蒸发}$
LaF_3	1490		六方	7.186		7.352	(−1761.5)[1)]		
CeF_3	1437	2327	六方	7.112		7.279	(−1740.5)		
PrF_3	1395	2327	六方	7.075		7.238	(−1728.0)	33.5	259.4
NdF_3	1374		六方	7.030		7.200	(−1715.4)	259.4	
SmF_3	1306	2327	六方	6.956		7.120	(−1694.5)	33.5	

续表

化合物	熔点(℃)	沸点(℃)	晶系	晶格参数(Å)			热化学值(kJ/mol)		
				a_0	b_0	c_0	$\Delta H_{生成}$	$\Delta H_{熔化}$	$\Delta H_{蒸发}$
EuF_3	1276	(2277)	六方	6.916		7.091	(−1635.9)		
GdF_3	1231	(2277)	六方	(7.064)		(6.900)			
TbF_3	1172	(2277)	六方	(7.035)		(6.875)		33.5	251.0
DyF_3	1154	(2227)	六方	(7.010)		(6.849)	(−1665.2)	33.5	251.0
			斜方	6.460	6.906	4.376			
HoF_3	1143	(2227)	六方	6.833		6.984			
			斜方	6.404	6.875	4.379	(−1652.7)	33.5	251.0
ErF_3	1140	(2227)	六方	(6.952)		(6.797)			
			斜方	6.354	6.848	4.380	(−1640.1)	33.5	251.0
TmF_3	1158	(2223)	六方	6.763		6.927	(−1635.9)		
			斜方	6.283	6.811	4.408		33.5	251.0
YbF_3	1157	(2227)	六方	(6.987)		(6.745)	(−1573.2)		
			斜方	6.216	6.786	4.434		33.5	251.0
LuF_3	1182	(1472)	六方	(6.87)		(6.72)			
			斜方	6.181	6.731	4.446	(−1640.1)	33.5	251.0
$LaCl_3$	852	2700	六方	7.483		4.364	−1070.7	54.4	
$CeCl_3$	802	1925	六方	7.450		4.315	−1057.7		
$PrCl_3$	786	1905	六方	7.422		4.275	−1054.8	50.6	218.8
$NdCl_3$	760						−1027.6	50.2	216.7
$SmCl_3$	678		六方	7.378		4.171	−1016.7	33.5	
$EuCl_3$	623	分解	六方	7.369		4.133	(−974.9)		
$GdCl_3$	602	(1577)	六方	7.363		4.105	(−1004.6)	40.2	188.3
$TbCl_3$	588	(1547)					(−1008.2)	29.3	188.3
$DyCl_3$	654	(1627)	单斜	6.91	11.97	6.40	(−987.4)	29.3	188.3
$HoCl_3$	720	(1507)	单斜	6.85	11.85	6.39	−974.9	29.3	184.1
$ErCl_3$	776	(1497)	单斜	6.80	11.79	6.39	−884.5	32.6	184.1
$TmCl_3$	821	(1487)	单斜	6.75	11.73	6.39	−958.1	37.7	184.1
$YbCl_3$	854	分解	单斜	6.73	11.65	6.38	−956.9	37.7	
$LuCl_3$	892	(1477)	单斜	6.72	11.60	6.39	−953.5	37.7	179.9
$LaBr_3$	783						(−974.9)	54.4	
$CeBr_3$	722	1705					(−954.0)		
$PrBr_3$	693	1547					−941.4	47.3	188.3
$NdBr_3$	684						(−933.0)	45.2	195.8
$SmBr_3$	664	1645					(−903.7)		
$EuBr_3$	(705)	分解					(−849.4)		

续表

化合物	熔点(℃)	沸点(℃)	晶系	晶格参数(Å)			热化学值(kJ/mol)		
				a_0	b_0	c_0	$\Delta H_{生成}$	$\Delta H_{熔化}$	$\Delta H_{蒸发}$
$GdBr_3$	785	(1487)					(−895.4)	36.4	184.1
$TbBr_3$	(830)	(1483)					(−882.8)	37.7	184.1
$DyBr_3$	881	(1473)					(−874.5)	37.7	184.1
$HoBr_3$	914	(1467)					(−866.1)	41.8	179.9
$ErBr_3$	950	(1457)					(−857.7)	41.8	179.9
$TmBr_3$	(955)	(1437)					(−849.5)	41.8	179.9
$YbBr_3$	940	分解					(−774.0)	41.8	
$LuBr_3$	960	(1407)					(−836.8)	41.8	175.7
LaI_3	761		斜方	4.37	14.01	10.04	−790.8		
CeI_3	761	1397	斜方	4.341	14.00	10.015	−774.0	51.9	
PrI_3	733	1377	斜方	4.309	13.98	9.958	−636.0	53.1	171.5
NdI_3	775		斜方	4.284	13.979	9.948	(−664.8)	40.6	171.5
SmI_3	820		六方	7.490		20.80	(−728.0)	37.7	
EuI_3	(880)	分解					(−665.3)		
GdI_3	931	(1377)	六方	7.539		20.83	−711.3	41.8	167.4
TbI_3	955	(1327)	六方	7.526		20.838	(−707.1)	41.8	167.4
DyI_3	955	(1317)	六方	7.488		20.833	−694.5	41.8	171.4
HoI_3	1010	(1297)					−686.2	41.8	171.4
ErI_3	1020	(1277)	六方	7.451		20.78	−677.8	41.8	167.4
TmI_3	(1015)	(1257)	六方	7.415		20.78	−576.6	48.8	167.4
YbI_3	(1030)	分解	六方	7.434		20.72	(−598.3)	41.8	
LuI_3	1045	(1207)	六方	7.395		20.71	−557.3	46.0	159.0

1) 括号内的值为近似值。

在制备无水卤化物的时候如果不小心或遇到水汽，则会部分水解而生成卤氧化物。由于氧离子的半径介于氟离子和氯离子之间，所以在重稀土的氟化物和氯化物中，在很宽的浓度范围内 O^{2-} 可以取代 F^- 或 Cl^-，形成可变组成的卤氧化物。稀土氧化物与相应的无水氟化物在高温下反应，或使后者部分水解则得到氟氧化物 LnOF。和氟化物一样，氟氧化物难溶于水。氯化物和溴化物的含水盐在高温下加热，则迅速水解成相应的氯氧化物 LnOCl 和溴氧化物 LnOBr。用无水或含水的氯化物与氧作用或氧化物与氯作用也可获得氯氧化物。在熔盐电解或火法冶金过程中，卤氧化物常以熔渣存在于熔剂中。某些 LnOF 和 LnOCl 的物理常数列于表 22.25。

表 22.25　LnOF 及 LnOCl 的物理常数

LnOF			LnOCl				
化学式	结构	a(Å)	化学式	结构	a(Å)	c(Å)	$\Delta H_{生成}$(kJ/mol)
LaOF	斜方	7.132	LaOCl	PbFCl	4.119	6.883	113.0
	立方	5.756					
CeOF	立方	5.703	CeOCl		4.080	6.831	—
PrOF	斜方	7.016	PrOCl		4.051	6.810	96.1
	立方	5.644					
NdOF	斜方	6.953	NdOCl		4.018	6.782	93.1
	立方	5.595					
SmOF	斜方	6.865	SmOCl		3.982	6.721	86.2
	立方	5.519					
EuOF	斜方	6.827	EuOCl		3.965	6.695	—
GdOF	斜方	6.800	GdOCl		3.950	6.672	79.5
TbOF	斜方	6.758	TbOCl		3.927	6.645	84.5
			DyOCl		3.911	6.620	—
HoOF	立方	5.523	HoOCl		3.893	6.602	—
			ErOCl		3.88	6.58	—
YOF	立方	5.363	YOCl		3.903	6.597	—

稀土卤化物与碱金属卤化物的二元体系相图研究表明，在 KF—，RbF—，CsF—LnF_3，二元体系，KCl—，RbCl—，CsCl—$LnCl_3$ 及 RbBr—，CsBr—$LnBr_3$ 二元体系中均有稳定的 3∶1 化合物生成。由水溶液中也曾得到 3∶1 的氯络合物的水合物：$Cs_3LaCl_6 \cdot 4H_2O$，$CS_3SmCl_6 \cdot 6H_2O$ 及 $Cs_3PrCl_6 \cdot 5H_2O$。在 LiF— 和 NaF—LnF_3二元体系中生成 1∶1 的氟络合物。

3. 氧化物及氢氧化物

(1) 氧化物

除了 Ce，Pr，Tb 处，其余稀土元素的倍半氧化物 Ln_2O_3，均可加热分解其草酸盐、碳酸盐及氢氧化物而得到。加热分解其硝酸盐或硫酸盐也可生成氧化物，但温度要更高些。用金属与氧直接作用同样可得氧化物。对 Ce，Pr 和 Tb 三个元素来说，它们的稳定氧化物分别为 CeO_2，Pr_6O_{11} 和 Tb_4O_7。只有在高温下还原上述高氧化物方能得到相应的倍半氧化物。它们的晶体结构有 A，B，C 三种不同的类型，它取决于阳离子的大小及制备温度的高低。高温时形成 A 型或 B 型，低温形成 C 型。轻稀土 La—Sm 一般形成 A 型，重稀土 Tb—Lu 则形成 C 型氧化物，而位于镧系中部的元素则形成 B 型氧化物。图 22.10 可以清楚地反映出倍半氧化物的稳定范围与形成温度及离子半径的关系。

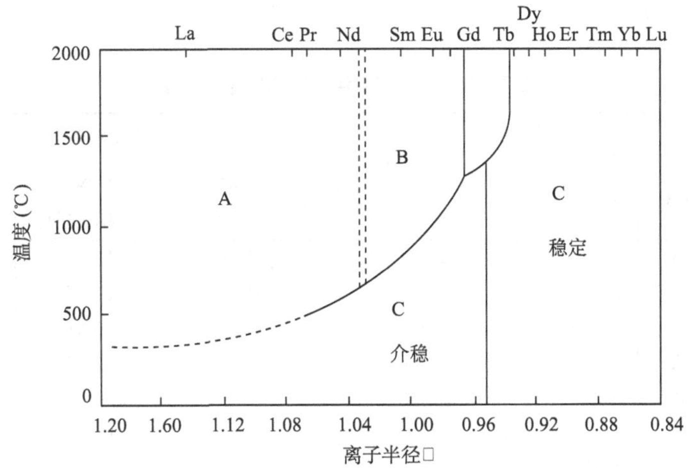

图 22.10 A,B,C 型倍半氧化物的稳定范围

A 型 Ln_2O_3 属六方晶系,其中金属离子的配位数为七,有六个氧原子占据八面体的六个角,第七个氧原子则处于八面体的一个面中心(图 22.11a,b)。B 型 Ln_2O_3 中,金属离子也是七配位的,有六个氧原子以八面体形式围绕金属离子,而第七个金属-氧键特别长。C 型 Ln_2O_3 属缺位的萤石结构,即萤石结构的体对角线或面对角线上缺少两个氧原子(图 22.11c,d),是萤石型结构。

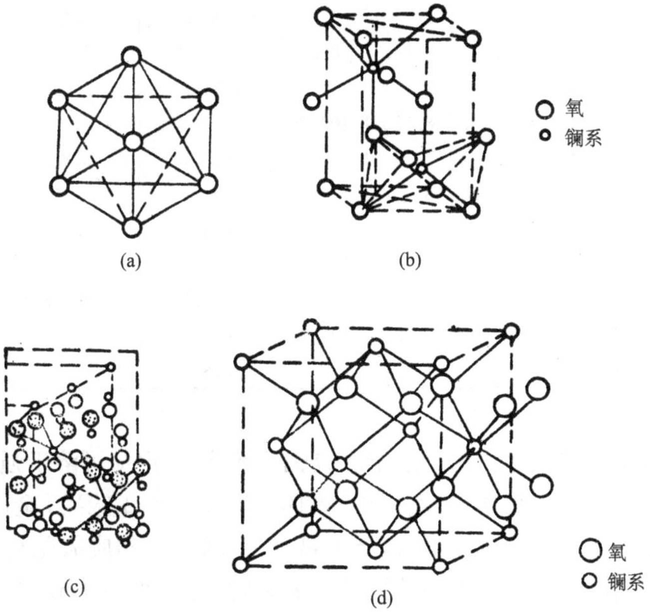

图 22.11 稀土氧化物的结构

稀土倍半氧化物的某些物理常数如表 22.26。

表 22.26　稀土倍半氧化物的物理常数

化学式	晶体结构					热力学常数(25℃)		
	类型	a(Å)	b(Å)	c(Å)	β(度)	$-\Delta H^0$ (kJ/mol)	$-\Delta S^0$ (kJ/mol)	$-\Delta G^0$ (kJ/mol)
La_2O_3	A	3.937		6.130		1793.7	293.0	1706.3
Ce_2O_3	A	3.889		6.054		1802.9	307.5	1711.3
Pr_2O_3	A	3.859		6.008		1823.4	295.0	1735.5
Nd_2O_3	A	3.831		5.999		1809.0	297.7	1720.3
Pm_2O_3	A	3.802		5.954				
	B	14.25	3.66	8.93	100.5			
Sm_2O_3	B	14.18	3.636	8.824	99.5	1815.4	295.6	1727.2
Eu_2O_3	B	14.12	3.600	8.801	99.98	1641.4	318.0	1546.4
	C	10.860						
Gd_2O_3	B	14.08	3.571	8.764	100.03	1815.6	285.5	1729.7
	C	10.812						
Tb_2O_3	B	14.04	3.541	8.725	100.06			
	C	10.728				1864.4	297.1	1775.7
Dy_2O_3	B	13.97	3.519	8.661	100.00			
	C	10.665				1869.4	307.5	1777.8
Ho_2O_3	B	13.90	3.492	8.592	99.98			
	C	10.607				1880.7	300.8	1791.2
Er_2O_3	B	13.87	3.470	8.555	100.17			
	C	10.547				1897.8	300.7	1808.2
Tm_2O_3	B	13.81	3.447	8.505	100.20			
	C	10.487				1888.7	302.9	1798.3
Yb_2O_3	B	13.73	3.425	8.452	100.17			
	C	10.433				1814.5	294.2	1726.8
Lu_2O_3	B	13.70	3.410	8.425	100.22			
	C	10.391				1878.2	300.8	1788.7
Y_2O_3	B	13.91	3.483	8.593	100.15			
	C	10.602				1878.2		

所有的稀土倍半氧化物均难溶于水或碱性溶液中，但却可溶于强的无机酸中。氧化物与酸反应的难易程度，与氧化物的制备方法、灼烧温度以及金属离子的半径有关。一般是高温制得的比较难溶，金属离子半径越小(相应氧化物的碱性减小)反应越困难。高温灼烧而得的铈、镨、铽的氧化物，尤其难溶于酸，为使溶解加速，可加入少量还原剂(如过氧化氢)，或加入少许 F^-，最后加热到过氧化氢分解或使

氟化氢逸出。除铈外轻稀土氧化物在空气中迅速吸收水分和二氧化碳，形成氢氧化物和碱式碳酸盐。

稀土氧化物具有很高的熔点。除 La，Gd，Yb，Lu，Y 和 Sc 的氧化物为白色外，其他均具有颜色，且表现出一定的周期性规律性（见表 22.27）。

表 22.27 稀土氧化物的颜色及熔点

氧化物	颜色	熔点(℃)	氧化物	颜色	熔点(℃)
La_2O_3	白	2300	Tm_2O_3	淡黄	
Ce_2O_3	白		Yb_2O_3	白	2411
Pr_2O_3	绿黄	2296	Lu_2O_3	白	
Nd_2O_3	浅蓝灰[1)]	2310	Y_2O_3	白	2435
Sm_2O_3	乳黄	2320	Sc_2O_3	白	
Eu_2O_3	淡粉红	2330	CeO_2	淡黄[2)]	～2600
Gd_2O_3	白	2390	Pr_6O_{11}	黑褐色	
Tb_2O_3	白	2390	PrO_2	黑色	
Dy_2O_3	淡绿	2391	SmO	红色	
Ho_2O_3	淡黄	2396	EuO	玫瑰红	
Er_2O_3	粉红	2400	Tb_4O_7	暗褐色	

1) Nd_2O_3 在空气中吸收水分和 CO_2 后变为粉红色。

2) 加热时黄色加深，冷却时变浅。

稀土倍半氧化物与某些金属氧化物在高温和适当气氛下作用，可形成不同类型的化合物。这些化合物往往具有重要的压电效应、磁性质和发光性能，在电子工业上具有重要意义。因此一系列 Ln_2O_3—M_2O_3，Ln_2O_3—MO_2 体系被详细研究过。它们的结构如表 22.28 所示。

表 22.28 稀土氧化物与某些金属氧化物形成的复合氧化物

钙钛矿型 ABO_3	石榴石型 $A_3B_5O_{12}$	白钨矿型 ABO_4
$LnAO_3$	$Ln_3Al_5O_{12}$	$LnGeO_4$
$LnCrO_3$	$Ln_3Ga_5O_{12}$	$LnNbO_4$
$LnGaO_3$	$Ln_3Fe_5O_{12}$	$LnTaO_4$
$LnFeO_3$	烧绿石型	锆英石型
$LnMnO_3$	$A_2B_2O_7$	ABO_4
$LnNiO_3$	$Ln_2Sn_2O_2$	$LnAsO_4$
$LnTiO_3$	Ln_2ZrO_2	$LnPO_4$
$LnVO_3$		$LnVO_4$

等摩尔的倍半氧化物 $AO_{1.5}$ 和 $BO_{1.5}$ 相互作用时，如果 A，B 和 O 三种离子半径间的容限因数（tolerance factor）t 在 0.8—1 之间，则形成钙钛矿型化合物。容

限因数 t 可由下式得到：

$$t = \frac{R_A + R_0}{\sqrt{2}(R_B + R_0)}$$

式中 R_A、R_B和 R_0 分别为相应的离子半径。而当两种氧化物的摩尔比为 3∶5 时，则得到石榴石型 $A_3B_5O_{12}$。当 B 阳离子具有更高电荷时则形成烧绿石型 $A_2B_2O_7$。

（2）氢氧化物

稀土盐溶液中加入氢氧化铵或碱金属氢氧化物，则生成稀土氢氧化物的胶状沉淀，沉淀中 OH^-/Ln^{3+} 的摩尔比并不是正好等于 3，而是随着金属离子的不同在 2.48 到 2.88 间变化，说明沉淀并不是化学计量的 $Ln(OH)_3$ 而是组成不同的碱式盐。它们只有与过量碱长期接触才能转变成 $Ln(OH)_3$。溶液中氢氧化物开始析出的 pH 值与形成盐的阴离子有关。当阴离子相同时，开始沉淀的 pH 值由 La—Lu 依次减小，这与随稀土离子半径的减小碱度减弱的次序是一致的。稀土元素不同盐类开始生成氢氧化物沉淀的 pH 值如表 22.29。

表 22.29　稀土氢氧化物或碱式盐开始沉淀时的 pH 值

离子	开始沉淀时的 pH				
	SO_4^{2-}	Cl^-	NO_3^-	CH_3COO^-	ClO_4^-
La^{3+}	7.41	8.03	7.82	7.93	8.10
Ce^{3+}	7.35	7.41	7.60	7.77	—
Pr^{3+}	7.17	7.05	7.35	7.66	7.40
Nd^{3+}	6.95	7.02	7.31	7.59	7.30
Sm^{3+}	6.70	6.83	6.92	7.40	7.13
Eu^{3+}	6.68	—	6.82	7.18	6.91
Gd^{3+}	6.75	—	6.83	7.10	6.81
Tb^{3+}	—	—	—	—	—
Dy^{3+}	—	—	—	—	—
Ho^{3+}	—	—	—	—	—
Er^{3+}	6.50	—	6.76	6.95	—
Tm^{3+}	6.21	—	6.40	6.53	—
Yb^{3+}	6.18	—	6.30	6.50	6.45
Lu^{3+}	6.18	—	6.30	6.46	6.45
Y^{3+}	6.83	6.78	6.95	6.83	6.81
Sc^{3+}	—	4.8	4.9	6.10	—
Ce^{4+}	—		0.7—1		

稀土元素的氢氧化物难溶于水，它们的溶度积和溶解度值如表 22. 30。表中列出了 Moeller 和 Kremer 及 Weaver 和 Shoun 的两组结果。后二作者认为 Moeller 和 Kremer 的溶度积和溶解度数据是按化学计量的 $Ln(OH)_3$ 计算的，然而已如前述沉淀中 OH^-/Ln^{3+} 之比实际上是随金属离子之不同而在 2. 45—2. 88 间变动的。Weaver 和 Shoun 的数据是按真实组成来计算的。

表 22. 30 稀土氢氧化物或碱式盐的溶度积和溶解度

元素	沉淀中 OH^-/Ln^{3+} (摩尔比)	Moeller 及 Kremer[1]		Weaver 及 Shoun[2]	
		溶度积×10^{20}	溶解度×10^6 (mol/L)	溶度积×10^{20}	溶解度×10^6 (mol/L)
La	2. 88	11	8. 0	246. 7	13. 2
Ce	2. 65	0. 7	4. 0	496. 7	3. 1
Pr	2. 70	0. 84	4. 2	50. 3	5. 5
Nd	2. 48	0. 31	1. 8	413. 3	5. 3
Sm	2. 52	0. 0046	1. 1	37. 3	3. 0
Eu	2. 62	0. 0013	0. 8	8. 6	2. 7
Gd	2. 65	0. 0018	0. 9	6. 9	2. 8
Tb	2. 65	—	—	1. 7	1. 9
Dy	2. 55	—	—	21. 3	2. 8
Ho	2. 65	—	—	5. 4	2. 6
Er	2. 83	0. 00075	0. 7	0. 23	1. 9
Tm	2. 65	0. 00030	0. 6	2. 50	2. 1
Yb	2. 85	0. 00022	0. 5	0. 097	1. 6
Y	2. 53	0. 0014	0. 9	37	3. 1

1) T. Moeller and H. E. Kremer, *J. Phys. Chem.*, 48, 395(1944).

2) Royd Weaver and R. R. Shoun, in proceeding of the 9th Rare Earth Research Conference, Oct., 10—14 (1971). P. E. Field Editor, Vol. 1, p. 322.

用碱金属氢氧化物或氨水沉淀稀土氢氧化物时，溶液中如果有柠檬酸、酒石酸或其他羟基酸及糖类存在时，可以阴止沉淀生成，这是因为形成稳定络合物的缘故。同样，如果有大量醋酸铵或其他铵盐存在，则沉淀析出缓慢或不完全。在这种情况下必须加入足够过量的氢氧化钠，使铵盐分解或使络合物破坏。

新沉淀的稀土氢氧化物的晶体结构是不完善的。La—Gd 形成晶型沉淀，而 Tb—Lu 一般是无定形的。用水热法可以制得结晶的氢氧化物及 LnO(OH) 型化合物。方法是在高温(193—800℃)加压下(12—2000atm)把 Ln_2O_3-H_2O-NaOH 体系长时间地处理，所得 $Ln(OH)_3$ 为六方晶格而 LnO(OH) 为单斜晶格，其晶格参数如表 22. 31。

表 22.31　$Ln(OH)_3$ 及 LnO(OH)的晶格参数

元素	$Ln(OH)_3$(六方晶格)		LnO(OH)(单斜晶格)		
	a(Å)	c(Å)	a(Å)	b(Å)	c(Å)
La	6.52	3.86	6.382	3.929	4.417
Ce	6.50	3.82	—	—	—
Pr	6.45	3.77	—	—	—
Nd	6.42	3.67	6.42	3.805	4.39
Sm	6.35	3.65	6.13	3.77	4.36
Eu	6.32	3.63	6.10	3.73	4.34
Gd	6.30	3.61	6.06	3.71	4.34
Tb	6.28	3.57	6.04	3.69	4.33
Dy	6.26	3.56	5.98	3.64	4.29
Ho	6.24	3.53	5.96	3.63	4.29
Er	6.225	3.51	5.93	3.62	4.27
Tm	6.21	3.49	5.89	3.59	4.25
Yb	6.20	3.46	5.88	3.58	4.25
Lu	—	—	5.84	3.55	4.23
Y	6.245	3.53	5.92	3.63	4.29

氢氧化物加热时按下列过程失水：

$$2Ln(OH)_3 \cdot nH_2O \xrightarrow{-2nH_2O} 2Ln(OH)_3 \xrightarrow{-2H_2O}$$

$$2LnO(OH) \xrightarrow{-H_2O} Ln_2O_3$$

失水温度与金属离子的本质及制备方法有关。表 22.32 中列出了它们的失水温度。

表 22.32　$Ln(OH)_3$ 及 LnO(OH)的脱水温度

元素	脱水温度(℃)				
	沉淀法试样			水热法试样	
	$Ln(OH)_3nH_2O$	$Ln(OH)_3$	LnO(OH)	$Ln(OH)_3$	LnO(OH)
La	70	390	590	410	550
Ce	—	—	—	—	—
Pr	54	328	460	355	—
Nd	58	338	464	375	535
Sm	66	345	515	345	590
Eu	71	370	540	330	575
Gd	76	380	570	330	490
Tb	66	340	500	320	375

续表

元素	脱水温度(℃)				
	沉淀法试样			水热法试样	
	$Ln(OH)_3nH_2O$	$Ln(OH)_3$	LnO(OH)	$Ln(OH)_3$	LnO(OH)
Dy	60	300	490	295	455
Ho	48	270	460	290	430
Er	45	255	440	250	430
Tm	40	240	430	270	390
Yb	36	225	410	—	—
Lu	31	210	400	—	—
Y	56	280	470	310	470

稀土氢氧化物中除 La,Ce,Gd,Tb,Yb,Lu 和 Y 为白色外,其余均带有一定颜色,例如 Pr (淡绿),Nd(玫瑰红),Sm(黄),Eu(淡粉红),Dy(黄),Ho(黄),Er(浅红),Tm(绿)。所有的氢氧化物均呈碱性,可吸收空气中的二氧化碳形成碱式碳酸盐。这些氢氧化物或氧基氢氧化物均可溶于酸而形成相应的盐。

稀土元素的氢氧化物与过氧化氢作用可以得到过氧化物。原子序数为奇数的元素如 La,Pr,Sc 等的过氧化物的组成一般为 $Ln_2O_4 \cdot 1—2H_2O$,而原子序数为偶数的如 Nd,Sm,Gd,Er 等的组成为 $Ln_2O_5 \cdot 2H_2O$。这些过氧化物受热(80—200℃)则分解放出氧并失去部分水,变成 $Ln_2O_3 \cdot nH_2O$。

在碱性介质中 Ce^{3+} 与 H_2O_2 作用生成红棕色沉淀,这一性质早已被用来鉴定铈离子。其余的过氧化物也往往带有一定颜色:La 和 Sm 为奶油黄色;Pr 为亮绿色;Nd 为紫丁香色;Gd,Y 和 Sc 为白色;Eu 为浅玫瑰红色。

稀土氢氧化物与过氧化氢的作用,可用下列反应式表示:

$$Ln(OH)_3 + H_2O_2 \longrightarrow Ln(OH)_2(OOH) + H_2O$$

$$Ce(OH)_4 + H_2O_2 \longrightarrow Ce(OH)_3(OOH) + H_2O$$

实际上这些化合物往往是通过氧桥以多核络合物的形式存在:

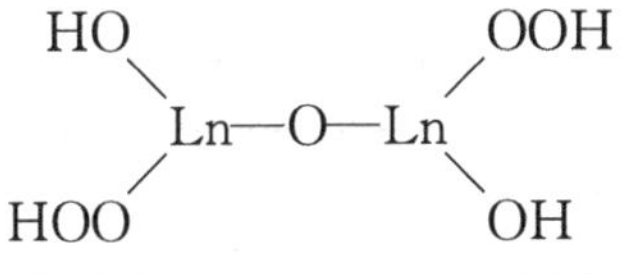

$(Ln_2O_5 \cdot 2H_2O)$

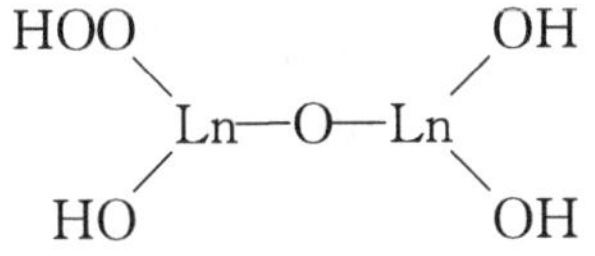

$(Ln_2O_4 \cdot 2H_2O)$

4. 硫属化合物

与重金属不同,稀土盐溶液中通入硫化氢时得不到硫化物的沉淀,加入硫化铵时得到的沉淀也不是硫化物而是氢氧化物。这与 Al^{3+} 和 Cl^{3+} 的性质有点相似。因此稀土的硫属化合物总是用干法制备的。

已知的稀土硫属化合物有如下几类：LnR，Ln_3R_4，Ln_2R_3，LnR_2 和 Ln_2O_2R。

前已述及 MR 型化合物中除 Sm，Eu，Yb 及 Tm 外，其余的单硫属化合物的晶格参数随原子序数的增加逐渐减小并处于一平滑曲线上，它们都是金属型化合物 $Ln^{3+}(e)R^{2-}$。这类化合物可用相应的元素在封管中直接加热制得，也可用倍半硫属化合物以金属铝、钠、稀土氢化物或氢在高温下还原而得。它们都具有 NaCl 型立方结构。

M_3R_4 型硫属化合物是 Th_3P_4 型立方结构，可在真空中加热 $LnR+Ln_2R_3$ 和 LnR_2 加热分解而得。磁性测定证明其中的稀土离子是三价的，它们具有金属导电性，说明化合物中有未键合的电子存在。但 Sm 和 Eu 的同类化合物中二价和三价同时存在。

绝大多数稀土离子的倍半硫属化合物均已制得。常用的方法是用稀土氧化物或无水氯化物与干燥的硫属化氢作用：

$$3H_2R + 2LnCl_3 \longrightarrow Ln_2R_3 + 6HCl$$

$$3H_2R + Ln_2O_3 \longrightarrow Ln_2R_3 + 3H_2O$$

或用单质直接合成：

$$2Ln + 3R \longrightarrow Ln_2R_3$$

也可用 LnR_2 加热分解制备：

$$2LnR_2 \longrightarrow Ln_2R_3 + R$$

稀土元素的倍半硫属化合物有五种结构，如表 22.33。

表 22.33　Ln_2R_3 的结构

结构 M / R	La	Ce	Pr	Nd	Sm	Gd	Dy	Y	Er	Yb	Lu
Te	γ	γ	γ	η	η	η	ζ	ζ	ζ	ζ	ζ
Se	γ	γ	γ	γ	γ	η	ζ	ζ	ζ	ζ	ζ
S	γ	γ	γ	γ	γ	γ	δ	δ	δ	8	8

γ—Th_3P_4 型立方结构；η—斜方；δ—单斜；ζ—未知结构；8—六方。

MR_2 型化合物可用倍半硫属化合物与相应的硫属单质作用，

$$Ln_2R_2 + R \longrightarrow 2LnR_2$$

或直接用相应的单质作用而得：

$$Ln + 2R \longrightarrow LnR_2$$

这类化合物受热则分解成倍半硫属化合物或 M_3R_4 并释出相应的硫属单质：

$$2LnR_2 \longrightarrow Ln_2R_3 + R \quad (R=S, Se)$$

$$3LnR_2 \longrightarrow Ln_3R_4 + 2R \quad (R=Te)$$

磁性测定证明，在 LnR_2 型化合物中，镧系元素是三价的。

稀土元素的氧硫化合物 Ln_2O_2R 可以用其倍半氧化物与相应的倍半硫化物在高温下直接作用：

$$Ln_2R_3 + 2M_2O_3 \longrightarrow 3Ln_2O_2R \quad (R=S,Se)$$

或用氧化物与硫属化氢在高温下作用：

$$Ln_2O_3 + H_2R \longrightarrow Ln_2O_2R + H_2O \quad (R=S,Se)$$

稀土碲氧化物 M_2O_2Te 是用单质碲与稀土氧化物在高温下作用而成的：

$$2Ln_2O_3 + 2Te \longrightarrow Ln_2O_2Te + TeO_2$$

稀土碲氧化物对化学试剂的抵抗能力是相当强的，仅在王水及熔融的苛性碱中可缓慢地溶解。

用氧化物与硫属化氢或倍半硫属化合物作用可以得到 Ln_2O_2R 型化合物：

$$2Ln_2O_3 + Ln_2R_3 \longrightarrow 3Ln_2O_2R$$

$$Ln_2O_3 + H_2R \longrightarrow Ln_2O_2R + H_2O$$

磁性测量证明这类化合物中稀土是三价的，硫氧化物和硒氧化物是六方晶型，碲氧化物是四方晶系，硫氧化物在空气中当温度高于 600℃则形成碱式硫酸盐，在 1500℃以上可被碳还原。硒氧化物的化学稳定性比倍半硒化物更高，温度高于 1500℃时它可被 Al 还原成单硒化物。Ln_2O_2Te 抵抗化学作用的能力特别强，只缓慢溶解于王水和苛性碱中，在空气中加热时可缓慢地氧化。

5. 氮族化合物

氮族元素与稀土生成通式为 LnX(X=N，P，As，Sb，Bi)的化合物。它们具有 NaCl 型立方晶体结构。氮化物在高温下稳定，YN 的熔点高达 2570℃。氮化物遇水则缓慢水解放出氨。它们可迅速溶解于酸中，遇碱时生成金属氢氧化物并放出氨。磷、砷和锑的化合物在潮湿空气中缓缓水解并逸出挥发性氢化物。

制备氮族稀土化合物最常用的方法是在高温下用相应的单质直接化合：

$$2Ln + X_2 \longrightarrow 2LnX$$

用金属氢化物与氮或氨反应也可制得氮化物。

6. 碳化物

虽然早在 1896 年就已知道了稀土碳化物，但较系统地研究只是近 20 年的事情。已知的稀土碳化物有：LnC_2，Ln_2C_3，Ln_3C，Ln_2C 和 LnC 几类，其中主要的是前三类。

在氩气保护下，把稀土氧化物与碳一起在石墨坩埚中加热到 2000℃以上，当有过量碳存在时可形成二碳化物：

$$Ln_2O_3 + 7C \longrightarrow 2LnC_2 + 3CO$$

将金属屑或金属氢化物与石墨粉混合后，在真空中加热也可得到碳化物。

钇及全部镧系元素的 LnC_2 型化合物均已制得，LnC_2（Ln＝La—Lu）的结构与 CaC_2 一样均为四方晶格，其晶格常数随原子序数增大而减小，C—C 键长介于双键和叁键之间为 1.28Å。与绝缘性的 CaC_2 不同，LnC_2 具有金属般的导电性能，故可表示为 $Ln^{3+}(e)C_2^{2-}$。钇的同类化合物也具有相似的性质，但其结构属六方晶系。

Ln_2C_3（Ln＝Y，La—Ho）具有 Pu_2C_3 的体心立方晶格，C—C 键长与双键相同（＝1.32Å），略具磁性并可导电。

Ln_3C（Ln＝Y，Sm—Lu）为 NaCl 型晶格。Ln_2C 和 LnC 分别为菱形和面心立方晶格。

所有的碳化物遇水时在室温下就可水解生成稀土氢氧化物并释出气体。M_3C 放出甲烷和氢的混合物；Ln_2C_3 和 LnC_2 放出乙炔和氢以及少量烃类（C_2，C_3）；在 YbC_2 中金属是二价的，它水解时主要生成乙炔而不产生氢，它与碱土金属的碳化物相似。

这些结果说明气体产物主要受碳化物中 C—C 键长的控制，水分子从碳化物导带上获得电子而产生新生态氢。碳化物与酸的反应尚不能解释。

7. 碳酸盐

碱金属正碳酸盐与稀土盐溶液作用时只能得到碱式盐或碳酸复盐。稀土盐溶液与被二氧化碳饱和过的碱金属酸式碳酸盐溶液作用，则生成稀土正碳酸盐水合物的沉淀，其水化程度随稀土金属离子而改变。Ce^{3+} 的碳酸盐含五分子水，人工合成的碳酸镧有一水和三水两种形式，自然界中也发现有八水合的镧石矿（Lanthanite）。镨和钕的碳酸盐含八分子水，而钐的碳酸盐则只有三分子水。

稀土的三氯乙酸盐水解，发生如下的均相反应：

$$2Ln(C_2Cl_3O_2)_3 + 3H_2O \longrightarrow Ln_2(CO_3)_3 + 6CHCl_3 + 3CO_2$$

所得沉淀为正碳酸盐，但随着原子序数的增加，生成碱式盐的趋势也增加了。在约 800lb/in 压力的 CO_2 气氛中加热醋酸盐或丙酸盐的水溶液，也可获得正碳酸盐。

无论正碳酸稀土或其碱式碳酸盐在水中的溶解度均不大（见表 22.34）。它们可与大部分酸作用。碳酸盐受热则分解，正碳酸盐在 350—550℃ 时变成 $Ln_2(CO_3)_2$，后者在 800—905℃变成 $Ln_2O_2CO_3$ 直至 Ln_2O_3。

表 22.34　稀土碳酸盐在水中的溶解度（25℃）

化合物	溶解度(mol/L)	化合物	溶解度(mol/L)
$La_2(CO_3)_3$	2.38×10^{-7} 1.02×10^{-6}	$Gd_2(CO_3)_3$	7.4×10^{-6}

续表

化合物	溶解度(mol/L)	化合物	溶解度(mol/L)
$Ce_2(CO_3)_3$	$0.7—1.0\times10^{-6}$	$Dy_2(CO_3)_3$	6.0×10^{-6}
$Pr_2(CO_3)_3$	1.99×10^{-6}	$Y_2(CO_3)_3$	1.54×10^{-5}
			2.52×10^{-6}
$Nd_2(CO_3)_3$	3.46×10^{-6}	$Er_2(CO_3)_3$	2.1×10^{-5}
$Sm_2(CO_3)_3$	1.89×10^{-5}	$Yb_2(CO_3)_3$	5.0×10^{-6}
$Eu_2(CO_3)_3$	1.94×10^{-6}(30℃)	$Yb(OH)CO_3$	5.54×10^{-6}(30℃)

正碳酸盐在水中的溶解度虽然不大，但在碱金属和铵的碳酸盐溶液中其溶解度却显著增加(尤其在 K_2CO_3溶液中)(见表 22.35)。这是因为形成了易溶的碳酸盐络合物 $Ln_2(CO_3)_3 \cdot M_2CO_3 \cdot nH_2O$。

表 22.35 稀土碳酸盐在 K^+, Na^+, NH_4^+ 的碳酸盐溶液中的溶解度(19—23℃)

试剂浓度(mol/L)		溶解度 M_2O_3(mmol/L)			
		La	Nd	Y	Er
K_2CO_3	0	0.27	0.18	0.97	1.15
	1	0.46	0.50	1.19	3.24
	2	0.55	0.56	13.68	14.30
	4	0.89	3.24	69.57	74.47
	6	1.56	>80.00	>82.80	>81.30
	16	25.20	>80.00	>82.80	>81.30
Na_2CO_3	0	0.031	0.148	0.31	0.65
	1	0.061	0.208	0.97	1.38
	2	0.092	0.237	9.83	11.58
	3.05	0.123	0.416	12.88	37.55
$(NH_4)_2CO_3$	0	0.12	0.18	0.00	0.10
	1	0.12	0.26	0.49	0.60
	2	0.12	0.44	0.66	0.89
	4	0.09	—	—	1.09
	6	0.24	0.50	—	6.90
	9.2	0.24	1.07	20.19	26.85

8. 草酸盐

稀土元素的草酸盐是稀土化合物中应用最广和最重要的化合物之一。在弱酸性溶液中它的溶解度很小，故常用草酸作为组试剂，使稀土元素与普通元素迅速得到分离。

把草酸溶液加到稀土盐溶液中，立即析出草酸稀土的正盐沉淀 $Ln_2(C_2O_4)_3 \cdot nH_2O$(式中的 n 一般为 10，但有时 $n=6,7,9,11$)，其颜色与相应离子在水溶液中的颜色一致。把碱金属的草酸盐溶液加到稀土盐的酸性溶液中同样可得到沉淀，但最好避免用这类沉淀剂，因为吸附在草酸盐沉淀上的碱金属离子在灼烧时无法除去。草酸铵也不适合用作沉淀剂，因为它比钠和钾的草酸盐更容易与稀土草酸盐形成可溶性络合物。用均相沉淀法以草酸甲酯为试剂与稀土盐溶液作用可制得很好结晶的草酸盐。

稀土草酸盐沉淀的组成与稀土离子本身的性质、溶液的 pH 及共存的阴离子均有关。经 X 射线分析和化学分析鉴定，稀土草酸盐可分为五类，如表 22.36 所示。

表 22.36　不同条件下得到的稀土草酸盐的组成

分类	组成	晶系	元素	条件
1	$Ln_2(C_2O_4)_3 \cdot 10H_2O$	单斜	Ln＝La—Er	中性或弱酸性
2	$HLn(C_2O_4)_2 \cdot 3—4H_2O$	四方	Ln＝Tb—Lu	强酸溶液中
3	$Ln(C_2O_4)Cl \cdot 3H_2O$	三斜	Ln＝La—Gd	浓 HCl 溶液中
4	$Ln(C_2O_4)Br \cdot 3—7H_2O$	三斜	Ln＝La—Gd	浓 HBr 溶液中
5	$Ln_2(C_2O_4)_2SO_4 \cdot 8H_2O$	三斜	Ln＝Tb—Lu	H_2SO_4溶液中

稀土元素草酸盐在纯水中的溶解度及它们的溶度积见表 22.37，从表中可以看出稀土草酸盐在水中的溶解度是很小的，但是由所列出的数据看不出溶解度与原子序数间有什么规律性的变化。

表 22.37　草酸稀土在水中的溶解度及溶度积(25℃)

测定方法	溶解度(无水盐 mg/L)						
	La	Ce	Pr	Nd	Sm	Yb	Y
重量法	2.14	1.09	1.49	1.48	1.48		
电导法	0.62	0.41	0.74	0.49	0.54	3.34	1.00
容量法	2.08						
比色法	1.95						
离子活度积 $K_{s \cdot P}=a_{Ln^{3+}}^2 \cdot a^3{}_{C_2O_4^{2-}}$							
	1.4×10^{-28}	2.2×10^{-28}	1.8×10^{-28}				
		5.9×10^{-30}		7.7×10^{-32}		1.24×10^{-29}	5.34×10^{-29}

当有过量草酸存在时，稀土草酸盐在无机酸溶液中的溶解度如表 22.38 所示。从表中可以看出，草酸稀土在无机酸溶液中的溶解度随酸浓度增大而增大，过量草酸的存在可降低其溶解度。在酸度相同的条件下，溶解度随原子序数的增大而减小；同时还可看出在酸浓度相同时，稀土草酸盐在盐酸介质中的溶解度比在硝酸介质中要小，所以沉淀稀土草酸盐最好在盐酸介质中进行。

表 22.38 稀土草酸盐在无机酸溶液及其与草酸的混合溶液中的溶解度(25℃)

酸	浓度	溶解度(无水盐 g/L)					
		La	Ce	Pr	Nd	Sm	Gd
HCl	0.1000	0.206	0.130	0.097	0.075	0.052	0.024
	0.2500	0.551	0.366	0.272	0.212	0.176	0.096
	0.500	1.393	0.840	0.628	0.445	0.235	0.331
	1.000	3.20	2.18	1.60	1.256	0.740	0.930
	1.500	5.12	3.68	2.75	2.30	1.50	1.62
	2.000	7.02	5.72	4.25	3.44	2.37	2.54
	3.000	12.08	10.58	7.85	—	—	—
	4.000	14.23	—	—	—	—	—
	5.200	14.00	—	—	16.6	—	—
HNO_3	0.250	0.360	0.361	0.293	0.242	0.191	0.222
	2.000	9.94	7.30	5.46	4.58	3.64	2.97
	4.000	29.9	25.4	18.5	15.0	11.80	10.03
H_2SO_4	0.100	0.258	0.165	0.120	0.106	0.105	0.100
	0.500	1.300	0.866	0.648	0.525	0.538	0.508
	1.000	2.70	1.88	1.40	1.123	1.127	1.068
	1.000	2.80	1.88	1.38	1.204	0.897	1.046
	2.000	5.90	4.46	3.26	2.64	2.57	2.37
	2.600	7.36	6.34	4.52	3.98	—	3.19
0.1mol/L $H_2C_2O_4$存在							
HCl	1.000	0.552	0.282	0.133	0.085	0.063	0.063
	2.000	3.10	2.19	1.203	0.772	0.434	0.542
	3.000	7.26	6.43	3.88	2.61	1.457	1.75
	4.000	11.10	12.48	7.63	6.07	3.50	4.12
HNO_3	2.00	4.17	3.37	1.38	1.212	0.963	0.818
	3.00	13.32	10.02	6.08	4.92	3.09	3.00
	4.00	17.8	19.8	12.00	—	7.17	6.22
0.5mol/L $H_2C_2O_4$存在							
HCl	1.00	0.063	0.050	0.027	0.021	0.010	0.011
	2.00	—	0.351	0.180	0.116	0.063	0.038

续表

酸	浓度	溶解度(无水盐 g/L)					
		La	Ce	Pr	Nd	Sm	Gd
	3.00	1.340	1.452	0.668	0.429	0.214	0.263
	4.00	3.46	4.26	2.13	1.154	0.656	0.745
HNO_3	2.00	1.386	0.563	0.313	0.209	0.144	0.137
	3.00	3.86	2.77	1.41	0.862	0.538	0.492
	4.00	8.22	9.04	4.54	2.88	1.82	1.59
饱和 $H_2C_2O_4$溶液							
HCl	1.50	0.063	0.074	0.049	0.035	0.033	0.028
	4.00	1.98	3.47	1.094	0.860	0.316	0.528
	6.00	—	2.13	1.70	2.07	1.330	2.19
	6.20	—	1.84	1.53	2.04	—	—
HNO_3	4.00	9.02	4.72	0.779	1.140	—	0.449
	6.00	16.2	16.5	11.30	4.22	—	1.515

稀土草酸盐加热时首先脱水，十水合草酸盐的热稳定性随稀土离子半径减小而减小，而含 2,5,6 分子水的低水合物的稳定性却增大。无水草酸盐在～400℃迅速分解成氧化物，只有在镧的情况下有中间产物碱式碳酸盐生成，它有足够的稳定性，显然其他稀土也有碱式盐生成，只不过不太稳定罢了。因此在灼烧稀土草酸盐时，为了保证得到的氧化物中不含碳酸盐，烧灼温度需要在 800℃以上。

9. *磷酸盐及多磷酸盐*

稀土盐溶液与碱金属磷酸盐作用生成正磷酸盐 $LnPO_4 \cdot nH_2O$ 的胶状沉淀。稀土正磷酸盐在水及弱酸性溶液中的溶解度很小，借此可使稀土元素从溶液中分离出来。把水合磷酸盐小心脱水可得无水盐，它有相当高的热稳定性。无水磷酸盐有六方和单斜两种晶格，加热六方晶则转变成单斜型。铈组元素往往形成六方晶，如自然界中的独居石。重稀土多以单斜晶为其特征，如自然界中的磷钇矿。正磷酸盐沉淀可溶于浓酸，遇强碱则转化成相应的氢氧化物，工业上碱法分解独居石及磷钇矿就是根据这个道理。

碱金属焦磷酸盐与稀土盐溶液作用生成正焦磷酸盐 $Ln_4(P_2O_7)_3 \cdot nH_2O$ 的沉淀，当碱金属焦磷酸盐过量时生成 1∶1 的络合物 $M^I[LnP_2O_7]$($M^I = Li^+$，Na^+，K^+，Rb^+ 及 Cs^+)。当沉淀剂过量二倍时沉淀完全溶解而生成 1∶2 的络离子$[Ln(P_2O_7)_2]^{5-}$。

多聚磷酸盐如三磷酸钠与稀土盐溶液作用，首先生成正盐沉淀 $Ln_5(P_3O_{10})_3$。沉淀可溶于过量的三磷酸钠中而生成 1∶2 的可溶性络合物，其中络阴离子

$[Na_4Ln(P_3O_{10})_2]^{3-}$可能有如下的结构：

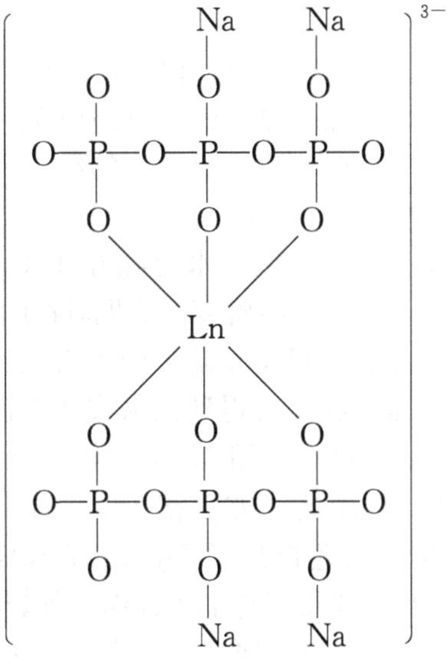

10. 亚铁氰酸盐和铁氰酸盐

碱金属的亚铁氰酸盐或铁氰酸盐与稀土盐溶液作用，得到组成为$MLn[Fe(CN)_6]\cdot nH_2O$和$Ln[Fe(CN)_6]\cdot nH_2O$的微溶性化合物（M=碱金属，Ln=稀土元素）。亚铁氰化物的钾复盐较钠复盐的溶解度小。稀土的铁氰酸盐较亚铁氰酸盐溶解度要大且易于制备。它们的溶解度如表 22.39 所示。

表 22.39 稀土铁氰酸盐和亚铁氰酸盐的溶解度

（20℃）（克 M_2O_3/升溶液）

	$MLn[Fe(CN)_6]\cdot nH_2O$ 1)		$Ln[Fe(CN)_6]\cdot nH_2O$ 2)
	M=Na	M=K	
La	2.564	0.692	5.316
Pr	1.532	0.500	2.342
Nd	1.784	0.686	1.530
Sm	2.418	0.684	0.268
Gd	2.726	0.598	0.136
Dy	3.618	0.624	0.298
Er	3.024	0.534	0.142
Y	3.492	0.842	0.602

1）在 0.1 N HCl 溶液中的溶解度。

2）在水中的溶解度。

11. 硝酸盐及其复盐

稀土氧化物、氢氧化物、碳酸盐或稀土金属与硝酸作用则生成相应的硝酸盐，小心地蒸发所得溶液即有水合物的结晶析出 $Ln(NO_3)_3 \cdot nH_2O(n=4,5,6)$，六水合物最为常见。把从 6mol/L$HNO_3$ 溶液中得到的结晶保存在浓硫酸干燥器中可得到介稳的四水合物 $Ln(NO_3)_3 \cdot 4H_2O$(Ln=Eu—Lu)。小心地控制硝酸浓度也可制得纯净的五水合物(La—Sm)。把六水合物在 P_2O_5 上脱水也可得到四水合物。$Ln(NO_3)_3-HNO_3-H_2O$ 体系溶解度图表明，除了已知的 6，5，4 水合物外还存在着三水和一水合物，在高浓度 HNO_3 溶液中也有无水硝酸盐存在。在真空中于大约 100℃时小心加热高水合物也可得到无水或低水合物，如 $Ln(NO_3)_3 \cdot H_2O$(Ln=La，Eu)和 $Eu(NO_3)_3 \cdot 2H_2O$。用 N_2O_4 与稀土金属或它的氧化物作用，可以方便地制得无水硝酸盐。利用这种方法在 150℃时制得了 La，Pr，Nd，Sm 和 Gd 的无水硝酸盐。用同样方法还得到了 Dy，Er，Eu，Ho，Tb 和 Yb 的无水盐。N_2O_4溶于乙酸乙酯后所得的溶液除不与金属钸作用外，与其余的稀土金属均可发生反应，所得产物在 200℃时于真空中加热除去痕量 N_2O_4 制得了无水硝酸盐。

La 和 Ce 的六水合物具有同样的结构，但 Pr，Nd，Sm 的则不同。在五水和四水合物中同样也发现有这种结构上的变化。红外光谱研究证明稀土硝酸盐中硝酸根是以共价形式与金属结合的。

稀土硝酸盐水合物的生成热(见表 22.40)随金属离子半径减小而减小。

表 22.40 稀土硝酸盐水合物的生成热

元素	$Ln(NO_3)_3 \cdot nH_2O$ 的生成热 $-\Delta H_f^\ominus$(kJ/mol)		
	$n=6$	$n=5$	$n=4$
La	3097.2		2508.3
Ce	3284.5		2498.3
Pr	3080.0		2492.0
Nd	3071.2		2482.4
Pm	—		—
Sm	3065.0		2469.0
Eu	3064.2		2470.2
Gd	3059.8		2459.4
Tb	3053.9		2456.4
Dy	3042.6		2446.4
Ho	3030.6		2441.8
Er	3014.2		2429.6
Tm	3012.1	2721.1	2425.0
Yb	—	2717.1	2421.9
Lu	—	2711.3	2413.7

把轻稀土元素的六水合硝酸盐(La,Pr 及 Nd)小心地加热脱水可得到无水硝酸盐,当温度更高时生成硝酸氧基 $LnO(NO_3)$。而 Eu—Lu 的四水合硝酸盐在空气中加热脱水时得不到无水盐,这是由于原子序数增大则碱度减小,相应的盐更易水解之故。稀土硝酸盐加热分解的最后产物是氧化物 Ln_2O_3,铈盐的分解产物为 CeO_2,Pr 和 Tb 则得到三价和四价的混合氧化物。

稀土硝酸盐与某些一价和二价阳离子的硝酸盐可以生成复盐 $M^{I}_{2}Ln^{III}(NO_3)_5 \cdot xH_2O$[$Ln^{III}$=La,Ce,Pr,Nd;$M^{I}$=Na,K,Rb,Cs,Tl,$NH_4$;$x$=1(Na,K),2(K,Cs),4(Rb,Cs,NH_4)]和 $M^{II}_{3}Ln^{III}_{2}(NO_3)_{12} \cdot 24H_2O$($Ln^{III}$=La,Ce,Pr,Nd,Sm,Eu,Gd,Er;M^{II}=Mn,Fe,Co,Ni,Cu,Zn,Mg,Cd)。这些复盐的溶解度差异较简单硝酸盐的大,所以早期曾用复盐的分级结晶法来分离单个稀土元素。20℃时,$Ln(NO_3)_3 \cdot 2NH_4NO_3 \cdot 4H_2O$ 的相对溶解度为:La 1.0,Ce^{3+} 1.5,Pr 1.7,Nd 2.2,Sm 4.6。在硝酸介质中镁复盐的相对溶解度为:La 1.0,Ce^{3+} 1.2,Pr 1.2,Nd 1.5,Sm 3.8;锰复盐的相对溶解度为:La=1.0,Ce^{3+} 1.2,Nd 1.5,Sm 2.5。具有离子半径~0.8Å 的二价金属一般可与稀土硝酸盐形成复盐。随着二价离子半径的增大复盐的溶解度也增大,例如锰复盐(Mn^{2+}=0.91Å)的溶解度比相应的镁复盐(Mg^{2+}=0.78Å)约大 3 倍。当温度升高时复盐的溶解度显著增大(如图 22.12)。

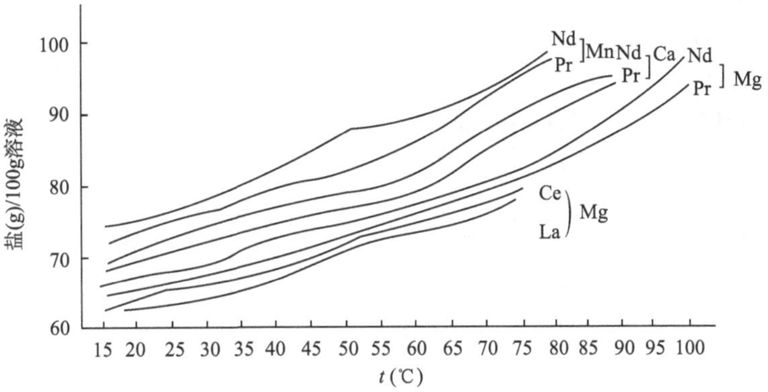

图 22.12　硝酸复盐在水中的溶解度

12. 硫酸盐及其复盐

硫酸与稀土元素的氧化物、氢氧化物、碳酸盐作用则生成硫酸盐 $Ln_2(SO_4)_3 \cdot nH_2O$,通常对 La 和 Ce 来说 n=9,其他稀土 n=8,但也有 n=3,5,6 的。把水合硫酸盐加热先生成无水盐,升高温度进一步分解为氧基硫酸盐,最后生成氧化物:

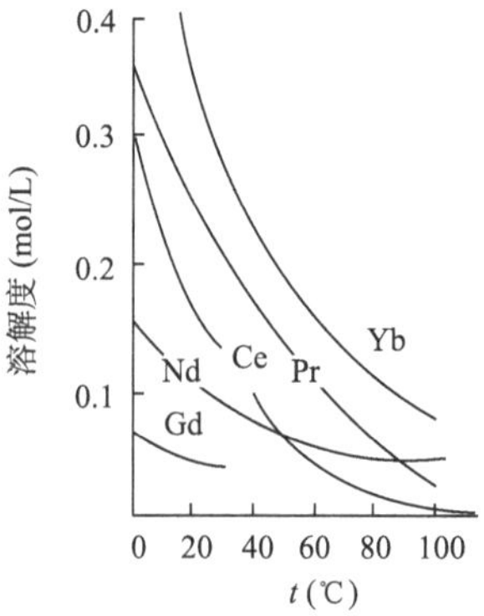

图 22.13　镧系元素硫酸盐的溶解度(mol/L)

$$Ln_2(SO_4)_3 \cdot nH_2O \xrightarrow{155—260℃} Ln_2(SO_4)_3 + nH_2O$$

$$Ln_2(SO_4)_3 \xrightarrow{800—850℃} Ln_2O_2SO_4 + 2SO_3$$

$$Ln_2O_2SO_4 \xrightarrow{1050—1150℃} Ln_2O_3 + SO_3$$

无水硫酸盐是粉末，具吸湿性，它可很好地溶于冷水中并大量放热，加热时溶解度显著减小(图 22.13)。因此溶解稀土硫酸盐时一般采用冷水而不用热水。水合硫酸盐在水中的溶解度一般比相应的无水盐要小，与无水盐一样它们的溶解度也随温度升高而减小。稀土水合硫酸盐的性质如表 22.41。

表 22.41　稀土元素硫酸盐的某些性质

硫酸盐组成	晶系	颜色	溶解度(g/100mL)		
			0℃	20℃	40℃
$La_2(SO_4)_3 \cdot 9H_2O$	六方	无色	3.8		
$Ce_2(SO_4)_3 \cdot 9H_2O$	六方	无色	11.87		
$Y_2(SO_4)_3 \cdot 8H_2O$	单斜	无色			
$Ce_2(SO_4)_3 \cdot 8H_2O$	斜方	无色		12	
$Pr_2(SO_4)_3 \cdot 8H_2O$	单斜	绿		17.4	
$Nd_2(SO_4)_3 \cdot 8H_2O$	单斜	红		8	5.4
$Pm_2(SO_4)_3 \cdot 8H_2O$	单斜	—		—	—
$Sm_2(SO_4)_3 \cdot 8H_2O$	单斜	黄色		2.67	1.99
$Eu_2(SO_4)_3 \cdot 8H_2O$	单斜	淡红		2.51	1.93
$Gd_2(SO_4)_3 \cdot 8H_2O$	单斜	无色			
$Tb_2(SO_4)_3 \cdot 8H_2O$	单斜	无色		3.56	2.51
$Dy_2(SO_4)_3 \cdot 8H_2O$	单斜	亮黄		5.07	3.34
$Ho_2(SO_4)_3 \cdot 8H_2O$	单斜				
$Er_2(SO_4)_3 \cdot 8H_2O$	单斜	玫红		16	6.53
$Tm_2(SO_4)_3 \cdot 8H_2O$	单斜				
$Yb_2(SO_4)_3 \cdot 8H_2O$	单斜				21.1
$Lu_2(SO_4)_3 \cdot 8H_2O$	单斜	无色		42.27	16.93

稀土硫酸盐溶液中加入 Na^+，K^+，Rb^+，Cs^+ NH_4^+ 及 Tl^+ 的硫酸盐，则有 $xLn_2^{III}(SO_4)_3 \cdot yM_2^{I}SO_4 \cdot zH_2O$ 型复盐结晶析出，其中 x，y 和 z 值随 M^I和 Ln^{III}而变(表 22.42)。

表 22.42　稀土硫酸复盐中各组分的比例(x,y,z)

$M^{I}_2SO_4$	La	Ce	Pr	Nd	Gd	Er	Y
K_2SO_4	1-1-2	1-1-2	—	1-1-2	1-1-2	1-1-4	—
	—	1-2-2	—	—	—	—	—
	—	1-2-3	—	—	—	—	—
	1-3-0	1-3-0	—	—	—	1-3-0	—
	—	—	1-3-1	1-3-2	—	—	—
	1-4-0	—	—	1-4-1	—	—	—
	—	—	—	1-4-2	—	—	—
	1-5-0	—	—	1-5-2	—	—	—
	—	2-3-0	—	—	—	—	2-3-0
	—	2-3-8	—	2-3-8	—	—	—
Na_2SO_4	1-1-2	1-1-2	1-1-2	1-1-2	1-1-2	1-5-7	1-1-2
$(NH_4)_2SO_4$	1-1-8	1-1-8	1-1-8	1-1-8	1-1-8	1-1-8	—
	1-5-0	1-5-0	—	—	—	—	—
$Rb_2(SO_4)_2$	1-1-2	—	—	—	—	—	—
	3-2-0	—	—	—	—	—	—
$Cs_2(SO_4)_2$	1-1-2	—	1-1-2	—	—	—	—
	—	—	1-1-4	—	—	—	—
	3-2-0	—	—	—	—	—	—
$Tl_2(SO_4)_3$	—	1-1-4	—	—	—	—	—
	—	1-3-1	—	—	—	—	—

稀土硫酸复盐的溶解度随稀土原子序数增大而增大，利用这种差异工业上把稀土元素粗略地分成三组：

难溶性铈组稀土 La，Ce，Pr，Nd，Sm

微溶性铽组稀土 Eu，Gd，Tb，Dy

可溶性钇组稀土 Ho，Er，Tm，Yb，Lu，Y

升高温度则复盐溶解度减小，且随 NH_4^+-Na^+-K^+ 的次序减小。因此在冷时先使铈组元素的硫酸复盐析出沉淀，过滤后把母液升高温度则因溶解度下降而析出铽组沉淀，而钇组则留在母液中。鉴于铵复盐的溶解度比钠复盐要大，所以也可先用铵盐使铈组复盐析出，然后再补加钠盐使铽组析出，达到初步分离的目的。

稀土硫酸盐溶于浓 H_2SO_4 中生成酸式硫酸盐 $Ln(HSO_4)_3$（或 $H_3[Ln(SO_4)_3]$）。硫酸浓度增大则溶解度减小(表 22.43)。

表 22.43　25℃时稀土硫酸盐在 H_2SO_4 中的溶解度(g/100 g 溶液)

$La_2(SO_4)_3$		$Ce_2(SO_4)_3$		$Sm_2(SO_4)_3$		$Gd_2(SO_4)_3$		$Er_2(SO_4)_3$	
H_2SO_4 N	溶解度	H_2SO_4 N	溶解度	H_2SO_4 N	溶解度	H_2SO_4 N	溶解度	H_2SO_4 N	溶解度
0.505	2.934	0.505	7.618	0.1	3.441	0.1	3.291	0.1	7.389
1.10	3.118	1.10	6.00	0.505	3.352	0.505	3.931	0.505	10.164
2.16	3.156	2.16	5.018	1.1	3.075	1.1	3.807	1.1	8.549
3.39	2.465	4.321	3.301	2.16	2.416	2.16	2.974	2.16	6.473
4.321	1.927	6.685	1.505	6.175	0.703	6.175	0.878	6.175	1.521
6.685	0.9217	9.68	0.733	12.6	0.111	12.6	0.087	12.6	0.139

硫酸复盐遇碱金属氢氧化物则复分解而生成稀土氢氧化物，工业上称为复盐碱转化。

稀土亚硫酸盐可用亚硫酸或二氧化硫与碳酸盐或氧化物以及氢氧化物的悬浮作用而制得，把溶液浓缩可得到结晶。亚硫酸盐微溶于水。与此相反稀土元素的硫代硫酸盐却易溶于水，它可用复分解反应制得。

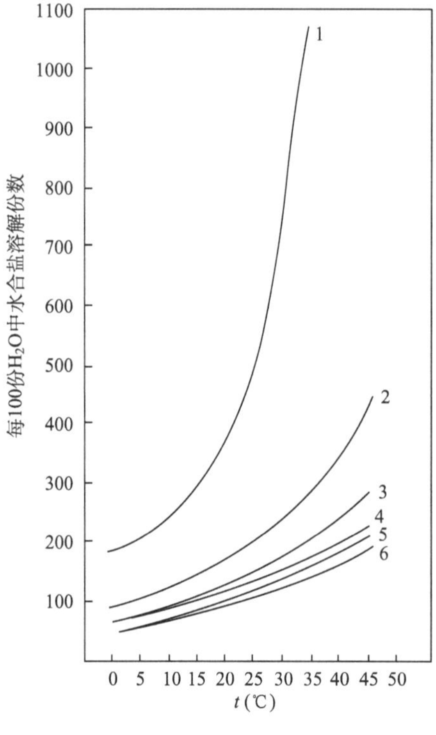

图 22.14　水合溴酸盐溶解度

1. $La(BrO_3)_3 \cdot 9H_2O$; 2. $Pr(BrO_3)_3 \cdot 9H_2O$; 3. $Nd(BrO_3)_3 \cdot 9H_2O$; 4. $Tb(BrO_3)_3 \cdot 9H_2O$; 5. $Sm(BrO_3)_3 \cdot 9H_2O$; 6. $Gd(BrO_3)_3 \cdot 9H_2O$

13. 卤素含氧酸盐

用氯酸或高氯酸与稀土元素的氧化物、氢氧化物或碳酸盐作用，可得到相应的氯酸盐或高氯酸盐，它们易溶于水，结晶的高氯酸盐有含九分子水的 $Ln(ClO_4)_3 \cdot 9H_2O$，也有含水 8，7，6，5，3 及 2.5 分子水的：Ln 为 Sm，Ho 时有 9 分子水，Ln 为 La，Pr，Nd，Gd 时有 8 分子水，Ce 含 7 分子水，Dy，Er 为 6 水合物；Pr 为 3 水合物及 La 为 2.5 的水合物均已制得。加热到 500℃ 氯酸盐则脱水并分解为氯氧化物 LnOCl，只有高氯酸铈的分解产物为 CeO_2。当温度更高时 LnOCl 进一步分解成相应的氧化物。

利用溴酸钡与硫酸稀土间的复分解反应可以方便的制得稀土元素的溴酸盐：

$$Ln_2(SO_4)_3+3Ba(BrO_3)_2 \longrightarrow 2Ln(BrO_3)_3+3BaSO_4$$

反应完成后，滤出 $BaSO_4$，浓缩滤液可得稀土溴酸盐结晶。用溴酸钾与稀土元素的高氯酸盐溶液作用，也可得到稀土溴酸盐，因为反应生成的高氯酸钾在水中的溶解度较小。溴酸盐的结晶通常为九水合物 $Ln(BrO_3)_3 \cdot 9H_2O$，它们在水中的溶解度较大且温度系数为正值，早期曾用稀土溴酸盐的分级结晶来分离单个稀土元素（特别是重稀土）。水合溴酸盐的溶解度及其与温度的关系如图 22.14。

稀土元素的碘酸盐微溶于水，用 KIO_3 或 NH_4IO_3 与稀土盐溶液作用即可得到碘酸盐的沉淀。实际上用稍过量的碘酸与稀土盐溶液作用也可方便地制得相应的碘酸盐沉淀，把洗净的碘酸盐沉淀在沸水或沸热的浓硝酸中重结晶则可得到晶型水化合物 $Ln(IO_3)_3 \cdot xH_2O(6 \geqslant x \geqslant 0)$。Ce(Ⅳ)和 Th(Ⅳ)的碘酸盐在 4—5mol/L 的硝酸溶液中也可析出沉淀，但三价稀土的碘酸盐可溶于稀酸中。因此可利用碘酸盐使 Ce(Ⅳ) 和 Th(Ⅳ)与三价稀土分离。稀土碘酸盐在水中的溶解度如表 22.44。稀土碘酸盐加热分解的最后产物为相应的氧化物。

表 22.44　稀土碘酸盐在水中的溶解度(25℃)

盐组成	溶解度×10^3(mol/L)	盐组成	溶解度×10^3(mol/L)
$Y(IO_3)_3$	1.93	$Tb(IO_3)_3$	0.93
$La(IO_3)_3$	1.07	$Dy(IO_3)_3$	1.03
$Ce(IO_3)_3$	1.15	$Ho(IO_3)_3$	1.17
$Pr(IO_3)_3$	1.13	$Er(IO_3)_3$	1.31
$Nd(IO_3)_3$	1.03	$Tm(IO_3)_3$	1.47
$Sm(IO_3)_3$	0.86	$Yb(IO_3)_3$	1.63
$Eu(IO_3)_3$	0.80	$Lu(IO_3)_3$	1.78
$Gd(IO_3)_3$	0.83		

以高碘酸钾与稀土盐溶液作用则析出高碘酸盐 $LnIO_5 \cdot 4H_2O$，它们甚至在 0.01mol/L HNO_3 溶液中就可溶解。然而 Ce(Ⅳ)的高碘酸盐 $Ce(IO_4)_4$ 甚至在 4—5mol/L HNO_3 溶液中也可定量沉淀，所以在稀土分析上可使铈与其他稀土分离。

14. 其他有机酸盐

许多羧酸被用于稀土元素的分离和分析，尤其是 α-羟基和 α-胺基多羧酸在离子交换色谱中已广泛应用，二羧酸类如草酸多年来已被用于稀土元素的重量分析及分离。关于稀土草酸盐在前面已有叙述此节不拟赘述，本节中将简要介绍其他羧酸盐。

制备稀土羧酸盐通常可将稀土氧化物、氢氧化物或碳酸盐溶于羧酸，蒸发所得溶液直至析出晶体。如果稀土的羧酸盐不溶或微溶于水则可直接沉淀。如果稀土羧酸盐可溶于某些有机溶剂,则可用溶剂萃取法自水相中抽提到有机相中,蒸去溶剂直至有晶体析出。也可用硝酸稀土与相应的酸酐作用来制备。

由水溶液中析出的水合羧酸盐在适当温度于真空中加热可脱水,也可用相应的酸酐与水合盐回流脱水。

无水的稀土甲酸盐(La—Tm,Y)是三角晶系,而其水合物或为斜方(Y,H_0,Er)或为三斜(Yb,Lu)晶系。轻稀土的甲酸盐较难溶于水。

稀土元素的四水合乙酸盐 $Ln(MeCO_2)_3 \cdot 4H_2O$(Ln=Sm—Lu)为三斜晶系。重稀土的醋酸盐往往是以二聚体形式($[Er_2(MeCO_2)_6 \cdot 4H_2O]4H_2O$)存在的,其中金属原子的配位数为 9,其几何构型为三帽三角棱柱。稀土乙酸盐与某些一价中性配体可形成络合物,如将水合醋酸盐与 N,N-二甲基乙酰胺(dma)或硫脲(tu)作用时可形成 1∶1 的络合物$[Ln(MeCO_2)_3dma]$和$[Ln(MeCO_2)_3tu]$;与二价配体作用时可形成比一价配体更稳定的络合物,如与联吡啶(dipy)作用可形成$[Ln(MeCO_2)_3 \cdot dipy]$(Ln=Pr,Nd,Yb),邻菲啰啉也可形成类似的络合物(Ln=La—Lu)·$M^+Ln(MeCO_2)_4 \cdot xH_2O$,$M_2^+Ln(MeCO_2)_5 \cdot xH_2O$ 及 $M^{3+}Ln(MeCO_2)_6 \cdot xH_2O$ 型化合物已被制得。$K_2[Ce(MeCO_2)_5] \cdot H_2O$ 为单斜晶系,铈原子为 9 配位的,其几何构型为三帽三角棱柱。

乙酸的羟基取代物——羟基乙酸及苯基羟基取代物——苦杏仁酸与稀土元素的化合物均已制得。稀土元素的三羟基乙酸盐及铒的含水化合物$[Er(HO \cdot CH_2 \cdot CO_2)(O \cdot CH_2 \cdot CO_2)(H_2O)] \cdot H_2O$ 具有单斜或菱形结构,金属原子的配位数为 9,基几何构型为三帽三角棱柱。稀土元素的苦杏仁酸盐,因其溶解度随金属离子半径减小而减小,故曾用于分级沉淀法分离稀土元素。稀土烷氧基化合物与苦杏仁酸作用制得了 La,Pr,Nd 和 Sm 的无水苦杏仁酸盐。用新鲜的稀土氢氧化物与苦杏仁酸以摩尔比 1∶4 在水中混合,将混合物回流约 10h 则稀土氢氧化物全部转变成苦杏仁酸盐,$LnL_3 \cdot nH_2O$(Ln=La,Pr,Nd,Sm 时 $n=3$;Ln=Gd,Dy,Er,Yb 和 Y 时 $n=2$,L——苦杏仁酸根阴离子 $C_6H_5CHOHCO_2^-$)。红外光谱证明苦杏仁酸根阴离子是二价配体,它通过羧基和羟基上的氧原子与稀土离子配位。

苯甲酸钠与稀土盐溶液按计算量混合并煮沸一定时间则生成相应的苯甲酸盐 $Ln(C_7H_5O_2)_3 \cdot xH_2O$,在空气中于 130℃ 干燥或在真空中于 85℃ 干燥可以脱去其中的水。红外光谱证明苯甲酸是二价配位体,即羟基氧和羰基氧同时与金属原子结合。

用等当量的稀土氯化物与水杨酸钠及对羟基苯甲酸钠作用可以析出相应的正盐,沉淀易溶于过量试剂形成可溶性络合物 $Na[Nd(C_7H_5O_3)_4]$。加碱于稀土元素的水杨酸或对羟基苯甲酸盐的稀溶液中则生成不溶性碱式盐 $Ln(OH)(C_7H_5O_3)_2$ 和 $Ln(OH)_2C_7H_5O_3$。

以稀土元素的氧化物或碳酸盐与丙酸、丁酸或戊酸等一元羧酸作用，曾得到相应的盐：$Ln(C_2H_5 \cdot COO)_3 \cdot nH_2O$($n=3$(La)，$n=4$(Ce, Nd)，$n=2$(Pr, Sm))；$Ln(C_3H_7COO)_3 \cdot 3H_2O$(Ln=Ce, Nd, Sm)；$Ln(C_4H_9COO)_3 \cdot H_2O$(Ln=La—Sm)。

二元羧酸的稀土化合物，除前已述及的草酸盐外，丁二酸、戊二酸及己二酸和丁烯二酸的盐也曾有过报道。把氧化钇溶于甲酸后加入需要量的苯二甲酸，煮沸逐去甲酸可得到苯二甲酸钇 $Y_2(C_6H_4(COO)_2)_3 \cdot 3H_2O$。在 pH8 的稀土盐溶液中加入邻苯二甲酸则得到碱式苯二甲酸盐 $Ln(OH)(C_6H_4(COO)_2)$。

酒石酸($C_4H_6O_6$)与稀土离子相互作用时随着介质酸度的变化其产物也各异。在弱酸性溶液中生成中性盐的沉淀 $Ln_2(C_4H_4O_6)_3$；中性溶液中形成可溶性络离子 $[Ln(C_4H_4O_6)(C_4H_3O_6)]^{2-}$；在碱性溶液中则形成 $[Ln(C_4H_3O_6)_2]^{3-}$ 络阴离子。

柠檬酸($C_6H_8O_7$)为羟基三元羧酸与稀土元素形成络合物的组成随溶液 pH 和柠檬酸浓度而变化：

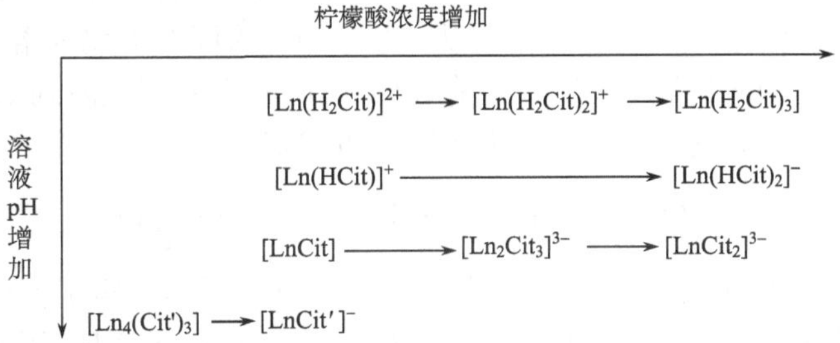

酸性溶液中，稀土离子与柠檬酸阴离子$(H_2Cit)^-$及$(HCit)^{2-}$形成络合物，在 pH6—8 的溶液中，等当量的稀土离子和柠檬酸形成中性络盐[LnCit]；当柠檬酸过量时则形成$[Ln_2(Cit)_3]^{3-}$和$[Ln(Cit)_2]^{3-}$络阴离子。中性柠檬酸盐溶于碱中，因为柠檬酸中的羟基被中和而形成 $Ln(Cit')^{-1}$ 络阴离子。在稀溶液中，柠檬酸与稀土混合物有形成杂核络合物的趋势，当半径小的稀土 Ln′与半径大的稀土 Ln″以 1∶2 摩尔比存在时，可形成$[Ln'_2Ln''(C_6H_5O_7)_3]$。

1.3.4 氧化态+4 的化合物

现已确知镧系元素中只有 Ce, Pr, Nd, Tb 和 Dy 五个元素能形成+4 氧化态化合物。Ce(IV)的化合物无论在固态或溶液中均有足够的稳定性。至于 Fr, Nd, Tb 和 Dy 的+4 氧化态化合物，则主要以固态化合物形式存在，而且多以含氟和含氧化合物为主。这些元素的+4 氧化态化合物在水溶液中极不稳定，Nd(IV) 和 Dy(IV)在水溶液中根本不能存在。Pr(IV) 和 Tb(IV)在水溶液中能否存在的问题，长期以来一直是有争议的，最近的研究表明，当水溶液中有适当的络合剂存在时，由于降低了相应电对的电极电位 $E_{M(III,IV)}$，所以 Pr(IV) 和 Tb(IV)可以被稳定在水溶液中。Nd(IV) 和 Dy(IV)则仅存在于少数固态化合物中,显然这是由于 $E^0_{Nd(III,IV)}=+5.0V$ 和 $E^0_{Dy(III,IV)}=+5.2V$ 太高的缘故。

1. 卤素化合物

已知的+4 氧化态简单氟化物只有 CeF_4,PrF_4和 TbF_4。用氟与 $CeCl_3$,CeO_2以及 CeF_3在 300—500℃时反应可制得 CeF_4。氧化态为+4 的铈盐溶液中加入氢氟酸,可得到 $CeF_4 \cdot H_2O$ 的絮状沉淀。把含水氟化铈(IV)加热则水解生成 $CeOF_2$。氟化铈(IV)可用作探照灯的电极。

TbF_3与 F_2在 300—500℃直接作用可以得到 TbF_4,也可用 XeF_2,ClF_3 等作为氟化剂。TbF_3 中有杂质存在时对它的氧化有很大影响。例如用氟与 TbF_3及 YbF_3的混合晶体作用时,只有当 TbF_3的摩尔比超过 0.93 时才能生成 TbF_4,如小于此值则几乎不形成 TbF_4。

用氟直接与 PrF_3作用未能制得 PrF_4,以致人们曾经怀疑 PrF_4是否能够存在,直至最近,制备 PrF_4的实验才得到成功。用 KrF_2 的液态氟化氢溶液与 PrF_3 作用,只能得到 30%的 PrF_4,当有 CeF_3存在时 PrF_4的产率可提高到 56%。在同样条件下如果用 Pr_6O_{11}为原料,则可得到 100%的 PrF_4:

$$Pr_6O_{11}+12KrF_2 \longrightarrow 6PrF_4+12Kr+\frac{11}{2}O_2$$

用液态氟化氢与 Na_2PrF_6作用,使 NaF 溶于 HF 中,制得了不纯的 PrF_4:

$$Na_2PrF_6(固)+2HF(液) \longrightarrow 2NaHF_2(溶液)+PrF_4(固)$$

产品纯度只有 40%,如果在氟气氛中进行沥取,则得到较纯的产品。

CeF_4,PrF_4和 TbF_4都是白色结晶,它们具有与 UF_4相同的单斜晶格。它们的晶格常数及有关热力学数据如表 22.45。

表 22.45 CeF_4,PrF_4及 TbF_4 的晶格参数及热力学数据

化合物	a_0(Å)	b_0(Å)	c_0(Å)	β(°)	$\Delta H_f^\ominus$(kJ/mol)	$\Delta S_f^\ominus$(J/mol·℃)
CeF_4	12.58	10.58	8.28	126	−1807.5±9.2	93.3±15.9
PrF_4	12.47	10.54	8.18	126.4	−1736.4±10	159.0±15.9
TbF_4	12.10	10.30	7.90	126	−1744.7±10	134.3±14.6

Ce,Pr,Tb 的无水四氟化物不溶于水,但能与水反应。CeF_4在冷水中几乎是稳定的,事实上从 Ce^{4+}的水溶液中可以得到稳定的 $CeF_4 \cdot H_2O$。将无水 CeF_4在沸水中者沸 10min,只有百分之几的 Ce(IV)变成 Ce(III),但是在 300℃时与水反应则全部变成 CeF_3和 CeOF。TbF_4在 40℃的水中浸泡 20min 后,样品中仍有

96%的 Tb(IV)，但温度升高到 140℃水蒸气压力为 150mmHg①，四小时后全部转变成 TbF_3 和少许 TbOF。但是 PrF_4 在室温下与水作用 10min，则全部转变成 PrF_3。可见它们在水中的稳定次序是 $CeF_4 > TbF_4 > PrF_4$。

干燥的氧气与 CeF_4 直到 700℃时也不起反应。质谱研究表明，在高真空下 CeF_4 可以升华，于 800—950℃时也很少分解。然而 PrF_4 和 TbF_4 要在比 CeF_4 低得多的温度下就开始分解失去氟。TbF_4 在室温下于高真空中就可观察到明显的分解。而 PrF_4 在氮气中加热到 90℃就分解成 PrF_3 和 F_2 了。

正四价镧系元素除形成简单氟化物外，还能形成一系列有碱金属的含氟络合物 M_xLnF_{x+4}($M=Na$,K,Rb,Cs，$x \geqslant 2$，$Ln=Ce$,Pr,Nd,Tb 和 Dy)。把碱金属氯化物与镧系元素的氧化物 CeO_2，Pr_6O_{11}，Tb_4O_7 的化学计量混合物，或碱金属氯化物与镧系元素的氯化物的化学计量混合物，在 200—500℃通过氟化反应即可制得。除了 K_3CeF_7 外，M_3LnF_7 型的所有可能的化合物都已制得，通式中 Ln=Ce，Pr，Tb；M=Na，K，Rb，Cs。M_2LnF_6 型的 Ce，Pr 化合物已经制得，但相应的 Tb 的络合物尚未见报道。最近获得的新氟化物有：Cs_2RbCeF_7(a=9.790Å)，$CsRbKTbF_7$(a=9.396Å)和 Rb_2KPrF_7(a=9.383Å)，Cs_2RbNdF_7(a=9.748Å)，Cs_2RbDyF_7(a=9.630Å)以及 Li_2PrF_6。此外还制得了 $BaPrF_6$ 和 $SrTbF_6$。M_3LnF_7 型化合物一般为立方晶，是$(NH_4)_3ZrF_7$ 的异质同晶物，其中四价金属的配位多面体一般认为是五角双锥体。

虽然 Nd(IV) 和 Dy(IV) 的简单氟化物尚未制得过，但是在 150—350℃时把 Cs_3LnF_6，Cs_3LnCl_6 或 $Cs_3Ln(SO_4)_3$(Ln=Nd 或 Dy)进行氟化，可得到桔红色的 Cs_3LnF_7(Ln=Nd 或 Dy)。根据对有关化合物的磁矩的测量表明其中的 Nd 或 Dy 不是 100%的处于四价状态，其中一部分仍为三价。

与简单氟化物一样，Ce(IV)，Pr(IV)，Tb(IV) 的碱金属含氟络合物均为无色晶体。Ce(IV) 的化合物为反磁性，这与 Ce^{4+} 的电子结构所预期的结果是一致的。在潮湿空气中或遇水时，铈的络合物可被缓慢地分解，可从 KI 溶液中缓缓析出 I_2。Pr(IV)的化合物在潮湿空气中分解，与水作用可放出氧并被还原成 Pr(III)。Pr(IV)络合物的磁矩为 2.1—2.4B.M. 与具有[Xe]$4f^1$型结构的 Pr^{4+} 的理论值 2.56B.M. 相近。Cs_3TbF_7 和 Dy(IV) 的相应络合物的深橘红色在潮湿空气中逐渐变白，在水中迅速放出氧气。

除了上述含氟络合物外，Ce(IV) 的含氯和含溴的络合物$[(C_2H_5)_4N]_2CeCl_6$ 和 $[(C_2H_5)_4N]_2CeBr_6$ 也已制得。在低于 0℃的温度下，把新制得的 $Ce(OH)_4$ 溶于浓盐酸中，然后立即加入冷的 $(C_2H_5)_4NCl$ 的浓盐酸溶液，则有 $[(C_2H_5)_4N]_2CeCl_6$ 析出。在 25—100℃ 时把干燥的 HBr 气体通到固态

① 1mmHg=133.322Pa。

$[(C_2H_5)_4N]_2CeCl_6$上则可转变成$[(C_2H_5)_4N]_2CeBr_6$。这两种络合物在干燥的空气中是稳定的。在 $Ce(OH)_4$的乙醇悬浮液中通入 HCl 气体，于所得溶液中加入 CsCl 的浓盐酸溶液，则析出黄色 Cs_2CeCl_6的结晶。用类似的方法在乙腈或硝基甲烷溶液中制备$[PrCl_6]^{2-}$和$[TbCl_6]^{2-}$的尝试未能成功。

实践证明，标准电极电位 $E^{\circ}_{Ln(III,IV)}$值小于+3.5V 的那些镧系(及锕系)元素，可以得到 LnF_4，它们的稳定次序是 Ce>Tb>Pr。如果相应的 $E^{\circ}_{Ln(III,IV)}$大于+3.5V，则不能制得 LnF_4。$E^{\circ}_{Ln(III,IV)}$值小于+0.97V 的元素可以制得 MCl_4，大于+0.97V 则得不到 MCl_4，所以镧系元素没有 MCl_4 型化合物。如果 $E^{\circ}_{Ln(III,IV)}$小于+2.0V 则可形成$[LnCl_6]^{2-}$和$[LnBr_6]^{2-}$，若 $E^{\circ}_{Ln(III,IV)}$大于+0.2V，则由于自还原而形成 Ln(III) 和 Cl_2，故无法制得相应的络合物，事实上镧系元素中只有 Ce(E°=1.70V)能形成$[CeCl_6]^{2-}$和$[CeBr_6]^{2-}$。

根据图 22.15 的数据，可以预示某些未知 Ln(IV)化合物的稳定性。在镧系元素中 Pm 和 Sm 的 $E^{\circ}_{Ln(III,IV)}$值与 Nd 和 Dy 的接近，所以可以预期 Pm(IV) 和 Sm(IV) 可以稳定在络合物 Cs_3PmF_7 和 Cs_3SmF_7 中，同时可以预期它们也和 Cs_3NdF_7及 Cs_3DyF_7类似是有较深颜色的。

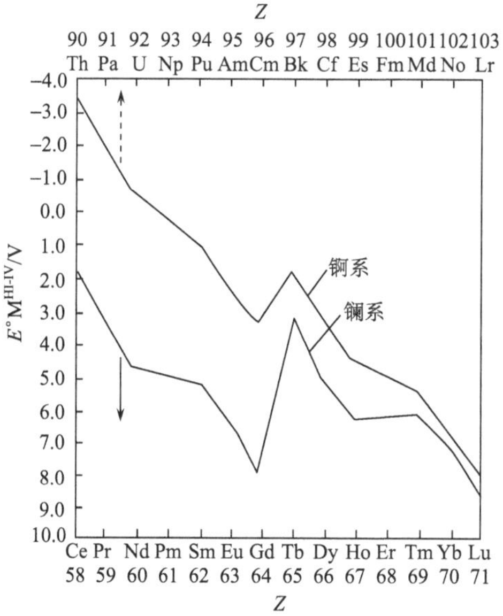

图 22.15 镧系和锕元素 $E^{\circ}_{Ln(III,IV)}$与原子序数的关系

2. 含氧化合物

已知镧系元素中只有 Ce,Pr,Tb 三个元素能生成 LnO_2型氧化物。历史上曾有过 Nd 的高价氧化物的报道，但以后的研究未能证实 Nd 的高价氧化物的存在。

在纯氧(压力一直升到 27atm)中把 Nd 的三价氧化物在不同温度下加热,没有发现有氧化作用。用原子氧也不能使 Nd_2O_3进一步氧化。

很早就已知道,把 Ce,Pr,Tb 的三价氧化物、氢氧化物、碳酸盐、硝酸盐及草酸盐在空气中加热时有高价氧化物生成,其最终产物除铈以 CeO_2形式存在外,其他两个元素的最终产物的准确化学式曾有过争议。现在已知把三价 Pr 和 Tb 的化合物在空气中加热,然后缓慢冷却下来,得到的 Pr 氧化物的化学式为 Pr_6O_{11},Tb 的氧化物接近于 Tb_4O_7。如果温度和氧气压力在更宽的范围内变化,则可得到组成由 $LnO_{1.5}$到 LnO_2之间变化的一系列中间氧化物。这些氧化物体系的组成-温度相图如图 22.16。

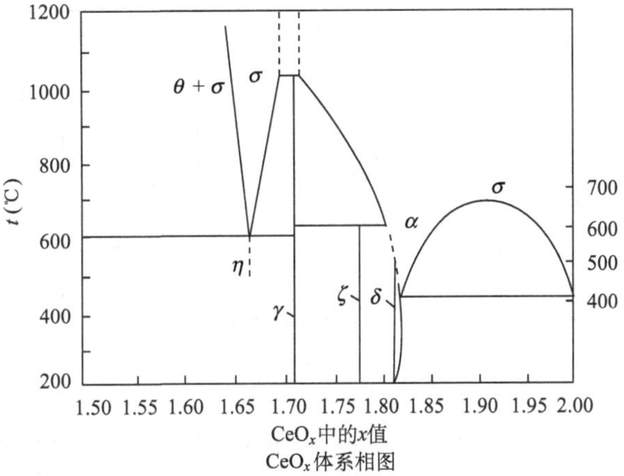

图 22.16a　LnO_x 体系的相图

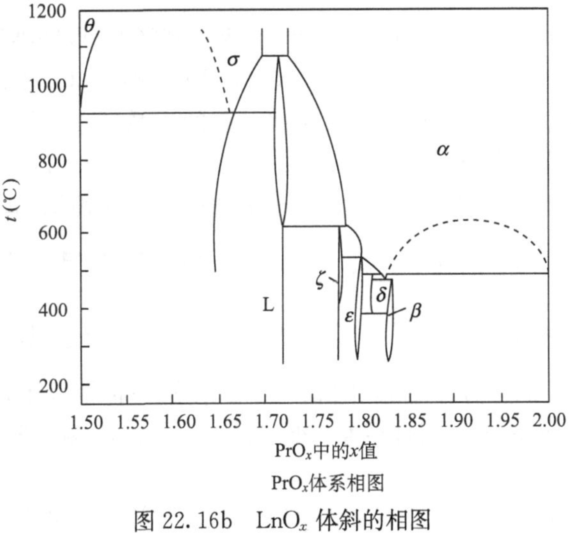

图 22.16b　LnO_x 体斜的相图

实验表明氧化物 LnO_x 体系（Ln＝Ce，Pr，Tb；$1.5\leqslant x\leqslant 2.0$）是由一系列组成范围很窄的单一相所构成，各单一相之间由二相区隔开。这些相组成或用通式 Ln_nO_{2n-2} 来表示。对 Pr 而言，$n=4,7,9,10,11,12$ 及∞，常见的 Pr_6O_{11} 即 $n=12$（$Pr_{12}O_{22}$）；n 的起始值 4 和最终值∞分别相应于 Pr_2O_3（Pr_4O_6）和 PrO_2。对 Tb 而言 n 值有 4，7，11，12 和∞，可能还有 8。已知的 Ln_nO_{2n-2} 型镧系氧化物如表 22.46。

表 22.46　已知的 Ln_nO_{2n-2} 型氧化物

Ln_nO_{2n-2} 中的 n 值	化学式	LnO_x 中的 x 值	Pr-O 体系中测得的 x	相的符号	被研究的元素	晶系
4	$Ln_4O_6=Ln_2O_3$	1.500	1.500	Θ	Ce，Pr	六方（A 型）
				Φ	Pr，Tb	体心立方（C 型）
5	Ln_5O_8	1.600	1.6—1.7	$\sigma(\sigma^m)$	Ce? Pr	体心立方
6	$Ln_6O_{10}=Ln_3O_5$	1.667				
7	Ln_7O_{12}	1.714	1.713—1.719	$\iota,(\iota^m)$	Ce，Pr，Tb	菱形
8	$Ln_8O_{14}=Ln_4O_7$	1.750			Tb?	
9	Ln_9O_{16}	1.778	1.776—1.778	ζ	Ce，Pr	菱形?
10	$Ln_{10}O_{18}=Ln_5O_9$	1.800	1.799—1.801	ε	Ce? Pr	立方
11	$Ln_{11}O_{20}$	1.818	1.817—1.820	δ	Ce，Pr，Tb	三斜
12	$Ln_{12}O_{22}=Ln_6O_{11}$	1.833	1.831—1.836	β	Ce? Pr，Tb?	面心立方?
			1.83	$\beta'(\equiv\alpha')$	Ce，Pr，Tb?	面心立方
∞	LnO_2	2.000	1.72—2.000	$\alpha(\alpha^m)$	Ce，Pr，Tb	面心立方

在 Ln_nO_{2n-2} 同系物中，除了 A-型（六方）和 B-型（单斜）倍半氧化物外，不同相中金属原子的位置均与萤石结构有关。CeO_2，PrO_2 和 TbO_2 都具有萤石结构，它们可以看成是通过立方体的所有边联系在一起的一系列立方体，每个立方体的中心有一个八配位的金属原子（图 22.17）。如果沿着 4 个＜111＞方向划一系列直线，消去这些直线所穿过的那些氧原子，于是就产生了一种结构，其中的金属原子有两种配位方式。两种情况下金属原子的配位数都是 6，但 $\frac{1}{4}$ 的金属原子是处在立方体对角线上缺两个氧原子的立方体的中心，其余 $\frac{3}{4}$ 的金属原子是处在面对角线上缺两个氧原子的立方体中心（图 22.18）。在第一种情况下，金属的配位几乎是正八面体，第二种情况下则是高度畸变了的八面体。Pr 和 Tb 的 C 型倍半氧化物就是这种结构。

有人建议，用这种方法由萤石母体中消去 O^{2-} 阴离子，就能得到中间氧化物相。

由图 22.18 可以清楚地看到，通过每个金属的一条线，可消去两个氧原子。如果我们把 LnO_2写成 Ln_xO_{2x}(式中 x 是晶体中金属原子的总数)并考虑<111>线穿过了 x 个金属原子中的 y 个原子($y<x$)，那末就有 $2y$ 个氧原子被消去。于是化学式就变成 Ln_xO_{2x-2y}或 Ln_nO_{2n-2}(式中 $n=x/y$)。这样就很好地说明了同系物的通式，但必须附加一个条件即 x/y 应该是整数。

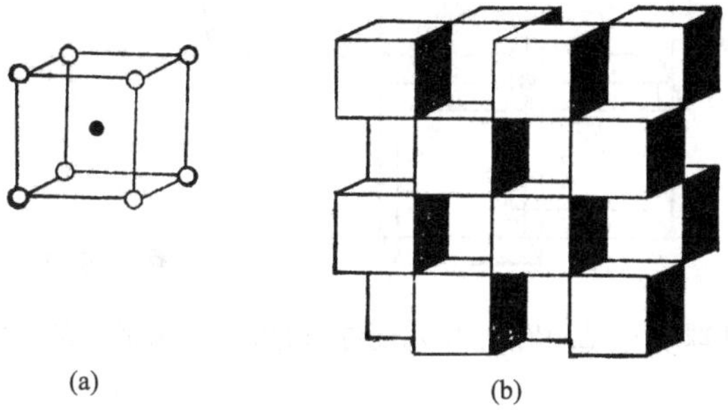

图 22.17 (a)萤石型结构；(b)(a)的堆集

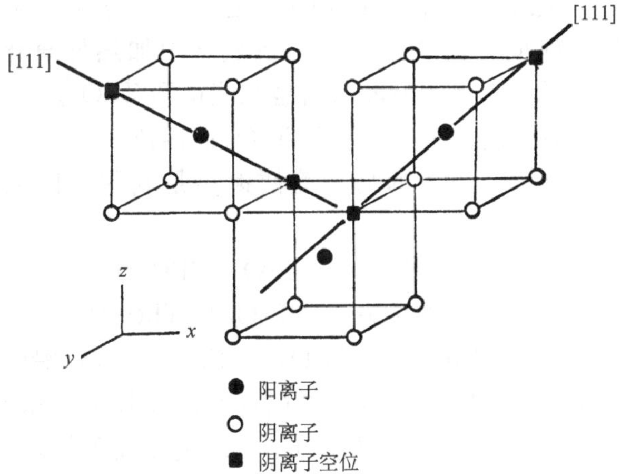

图 22.18 PrO_2 萤石结构中通过 O 原子空位的<111>线

对 Ln_7O_{12}(Ln=Ce,Pr,Tb)而言，所有的线都平行于一个<111>方向，且线的分布是十分规律的，其中 1/7 的阳离子是六配位，其余的 6/7 的阳离子是七配位。图 22.19 表明的是由六个七配位的阳离子围绕一个六配位的阳离子所形成的单元。

现在我们来讨论 LnO_2(Ce,Pr,Tb)的制备及其性质。

在空气中加热低价铈的氧化物碳酸盐、硝酸盐或草酸盐得到淡黄色的 CeO_2，

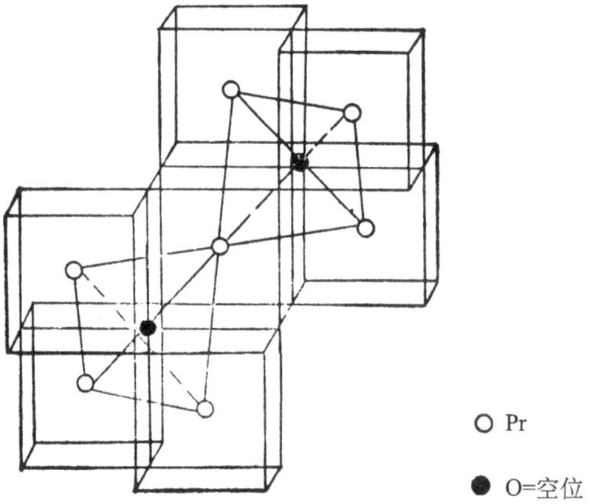

图 22.19　在 Pr_7O_{12} 中六配位和七配位金属原子的位置

但却得不到纯的 PrO_2 和 TbO_2。早期制备 PrO_2 都是在高压(压力最高达 300atm)下加热进行的,现在可以把 Pr_6O_{11} 在 1atm 的纯氧中于 314℃加热两天以得到纯 PrO_2,在同样条件下把 Pr_2O_3 氧化到 Pr_6O_{11} 是很迅速的,但要把 Pr_6O_{11} 氧化成 PrO_2 却要比较长的时间。迄今还不能用在氧气中加热低氧化物的办法得到 TbO_2,甚至把氧气压力增大到 4000atm 时也只能得到 $TbO_{1.83}$(Tb_6O_{11})。第一个 TbO_2 的纯样品是用原子氧在 350℃处理 Tb_4O_7 而得到的。

实验室制备 PrO_2 和 TbO_2 的另一简便途径是利用中间氧化物 Pr_6O_{11} 及 Tb_4O_7 在水中的歧化反应:

$$Pr_6O_{11} + 3H_2O = 4PrO_2 + 2Pr(OH)_3$$

$$Tb_4O_7 + 3H_2O = 2TbO_2 + 2Tb(OH)_3$$

在水中煮沸 Pr_6O_{11} 就歧化为 $Pr(OH)_3$ 及 PrO_2,用浓热醋酸溶解 $Pr(OH)_3$ 后留下 PrO_2。用浓醋酸直接与 Pr_6O_{11} 作用也有同样效果。Sastry 等推荐的由 Pr_6O_{11} 制备 PrO_2 的方法是把 Pr_6O_{11} 用 1.6—12N 的醋酸在室温下沥取五天,或用 0.001—0.01N 的盐酸沥取 2h。用 8mol/L 醋酸沥取 Pr_7O_{12} 同样可得到 PrO_2。$TbO_{1.81}$ 几乎不溶于任何浓度的醋酸中,用 0.1mol/L HCl 在室温下处理一天,可以制得纯 TbO_2,用 1∶1 的 HAc 和 HCl 的混合物也可得到 TbO_2。

CeO_2 呈淡黄色,PrO_2 为暗棕黑色,TbO_2 为暗红色。三种二氧化物均为萤石结构,其晶格参数分别为:5.411Å(Ce),5.393Å(Pr),和 5.220Å(Tb)。PrO_2 和 TbO_2 的热稳定性远低于 CeO_2,CeO_2 在氧气中于 800℃时退火而不发生分解,980℃在真空中加热只失去少量氧。溶解歧化制得的 PrO_2 在 320—400℃间迅速分解成 Pr_6O_{11},用氧在高压下加热 Pr_6O_{11} 所得的 PrO_2 样品在 360—400℃间失氧。TbO_2 在 340℃分解失去氧而成 $TbO_{1.6}$(即 Tb_5O_8)。

PrO_2和 TbO_2在酸性介质中是很强的氧化剂，它们可把浓盐酸氧化成 Cl_2，能使 Mn^{2+}氧化成 Mn^{3+}，遇硫酸或高氯酸则放出氧。在碱性介质中 PrO_2和 TbO_2的氧化性要弱得多。利用 $Pr(OH)_3$的溶度积计算出碱性介质中下述电对的 E°值：

$$PrO_2(\text{固})+2H_2O+e \text{══} Pr(OH)_3(\text{固})+OH^-$$

$$E^\circ \text{══} +0.5V$$

过硫酸盐在碱性介质中能将 $Pr(OH)_3$，$Tb(OH)_3$氧化成二氧化物的水合物与三价氢氧化物的混合物。

把碱金属氧化物或过氧化物与 CeO_2，Pr_6O_{11}，Tb_4O_7的混合物在氧气中于600—800℃加热，可以得到通式为 M_2LnO_3及 Li_8LnO_6(Ln：Ce(IV)，Pr(IV)，Tb(IV)的复合氧化物。这些复合氧化物中 Pr(IV) 和 Tb(IV) 的磁矩比 2.56*B.M*(Pr^{4+})和 7.9*B.M*(Tb^{4+})的要小点，它们的晶格参数如表 22.47。

表 22.47 四价镧系与碱金属的三元氧化物

化合物	晶系	晶格参数		
		a(Å)	*b*(Å)	*c*(Å)
α-Na_2CeO_3	立方	4.82		
β-Na_2CeO_3	六方(单斜)	3.448		16.49
K_2CeO_3	六方(单斜)	3.59		18.68
α-Na_2TbO_3	立方	4.740		
β-Na_2TbO_3	六方	3.35		16.41
α-K_2TbO_3	立方	5.11		
β-K_2TbO_3	六方(单斜)	3.48		18.62
Rb_2TbO_3	斜方	10.9	7.29	6.13
α-Na_2PrO_3	立方	4.84		
β-Na_2PrO_3	六方(单斜)	3.406		16.44

具有钙钛矿型结构的 $BaCeO_3$，$BaTrO_3$及 $BaTbO_3$是用 $BaCO_3$与相应的镧系氧化物在氧气中于1350℃加热制得的，它们分别为白色、棕黄色、黄色。在$BaCeO_3$中加入钕的氧化物，则颜色由白变黑，这是由于 Nd(IV) 取代了部分 Ce(IV) 而形成 Ba_2CeNdO_6的缘故，在这处体系中 Nd(IV) 与 Ce(IV)的原子比可达到 30%，而在 $BaPrO_3$体系中最高可达 5%。

水溶液体系

前已指出只有 Ce^{4+}可稳定地存在于水溶液中，并已广泛的用作氧化还原滴定的氧化剂。Ce(III,IV)的克式电位与酸的性质和浓度有很大关系,下面列出了 Ce(III,IV)在不同浓度的几种酸中的克式电位值(表 22.48)。

表 22.48　Ce(III,IV)电对在不同酸中的克式电位

酸浓度(mol/L)	电位(V)		酸浓度(mol/L)	电位(V)H_2SO_4
	$HClO_4$	HNO_3		
1	1.70	1.61	0.5	1.44
2	1.71	1.62	1	1.44
4	1.75	1.61	2	1.43
6	1.82	—	3	—
8	1.87	1.56	4	1.42

可以看出随着酸浓度及酸根阴离子的不同,电位值有明显的差别,这主要是由于 Ce^{4+}(aq)离子的水解及与不同酸根阴离子的络合作用不同,从而使决定电极电位的 Ce^{4+} 离子浓度发生了变化的缘故。在高氯酸溶液中,阴离子的络合作用可以忽略,溶液中 Ce(IV)的水解和聚合按下式进行:

$$Ce^{4+} + H_2O \rightleftharpoons Ce(OH)^{3+} + H^+$$

$$K_1 = C_{Ce(OH)^{3+}} \cdot C_{H^+} / C_{Ce^{4+}} = 5.2 \quad (25℃\ \mu = 2mol/L)$$

$$2Ce(OH)^{3+} \rightleftharpoons [CeOCe]^{6+} + H_2O$$

$$K_2 = c_{[CeOCe]^{6+}} / c^2_{Ce(OH)^{3+}} = 16.5 \quad (25℃\ \mu = 2mol/L)$$

真正决定电位的 Ce^{4+} 的平衡浓度是:

$$C^{4+}_{ce} = C_{Ce(IV)总} - C_{ce(OH)^{3+}} - 2C_{[CeOCe]^{6+}}$$

可以看出增大酸度则不利于水解,电位值增高。在硫酸和硝酸介质中由于酸根阴离子明显的络合作用,形成了 $Ce(SO_4)_n^{4-2n}$ 及$[Ce(NO_3)_6]^{2-}$等络离子,降低了 Ce^{4+} 离子的浓度,从而降低了电位值。

类似的变化在磷酸溶液中也被测定过,Ce(III,IV)电对在不同浓度的磷酸中的克式电位值如表 22.49。

表 22.49　Ce(III,IV)电对在磷酸中的克式电位值

H_3PO_4(mol/L)	克式电位(V)
6.0	1.244
7.5	1.244
9.0	1.244
10.5	1.239
12.0	1.235
13.5	1.222

电极电位值随介质的这种变化，在化学反应中可以表现出来；例如在稀 $HClO_4$溶液中 Ce^{4+} 可以把 Mn^{2+} 氧化成 MnO_4^-，但在稀 H_2SO_4 溶液中 Ce^{3+} 却可把 MnO_4^- 还原成 Mn^{2+}。

Ce^{4+} 的碱性小于 Ce^{3+} 甚至比 Th^{4+} 的也小，因此铈(IV)盐的水溶液加热或稀释时容易水解而析出难溶的碱式盐沉淀，曾经利用这种性质使铈与其他三价稀土分离。Ce(IV)的氧化物、磷酸盐、焦磷酸盐、碘酸盐、高碘酸盐都比 Ce(III)的相应化合物的溶解度要小，这些性质差异常用于分离和分析中。例如Ce(IV)的碘酸盐和高碘酸盐可以定量地从 4—5mol/L HNO_3溶液中沉淀出来，而三价稀土却留在溶液中。

除铈而外，其他能形成+4 价化合物的稀土元素由于它们的 E^0_{Ln}(III,IV)太高(Pr,+3.2V,Tb,+3.1V,Nd+5.0V,Dy+5.2V)，以致 M^{4+} 离子在水溶液中不能稳定存在。但是如果在水溶液中有能够和 M^{4+} 形成稳定络合物的配位体存在，则要把 Pr^{4+} 和 Tb^{4+} 稳定在水溶液中仍然是可能的。现已知道在不饱和磷钨酸 $[PW_{11}O_{39}]^{7-}$，$[P_2W_{17}O_{61}]^{8-}$，硅钨酸 $[SiW_{11}O_{39}]^{8-}$ 及硼钨酸 $[BW_{11}O_{39}]^{9-}$ 等阴离子存在时，用过二硫酸盐或高氙酸钠($Na_4XeO_6 \cdot nH_2O$)为氧化剂，从水溶液中获得了 Pr(IV) 和 Tb(IV)的络合物溶液。室温时氧化反应很慢，温度升高到 60—90℃则反应加速，得到棕褐色的溶液。Pr(IV)溶液的稳定性较 Tb(IV)小，Pr(IV)的棕褐色溶液冷却到室温时颜色就会消失，而 Tb(IV)的棕褐色溶液却可放置一定时间，当加热时重新出现颜色。在缩合磷酸盐如 $Na_4P_2O_7$，$(NaPO_3)_6$，$Na_5P_3O_{10}$ 及 K_2TeO_4 的碱性溶液中，用臭氧或过二硫酸盐氧化可以获得 Pr(IV)和 Tb(IV)的络合物溶液，Pr(IV)的溶液为脏黄色，而 Tb(IV)溶液为棕红色。将溶液放置则缓慢褪色。Hobart 在 Pr(III)和 Tb(III)的 K_2CO_3KOH 溶液中，用电解氧化或用臭氧氧化，也得到 Pr(IV)和 Tb(IV)的溶液。

Ce(IV)的硝酸盐只能存在于溶液中，目前还未得到 $Ce(NO_3)_4$ 的晶体，但是它可与一价及二价金属的硝酸盐形成复盐，如 $Ce(NO_3)_4 \cdot 2NH_4NO_3$ (或 $(NH_4)_2Ce(NO_3)_6$)，$Ce(NO_3)_4 \cdot Mg(NO_3)_2$ (或 $MgCe(NO_3)_6$)等。$(NH_4)_2Ce(NO_3)_6$ 在浓硝酸中的溶解度较小，故常用于分离提纯铈。在浓硝酸溶液中 $H_2Ce(NO_3)_6$ 可被乙醚等含氧有机溶剂萃取，这一性质常用于制备高纯铈化合物。桔黄色的 $Ce(SO_4)_2 \cdot 4H_2O$ 可由 $Ce(SO_4)_2$的溶液中在适当的酸度下结晶出来。于 $Ce(SO_4)_2$ 的浓溶液中加入碱金属及铵的硫酸盐，可得到复盐 $Ce(SO_4)_2 \cdot 2(NH_4)_2SO_4 \cdot 2H_2O$，这是一种重要的化学试剂。

从水溶液中未能得到 $Pr(NO_3)_4$和 $Tb(NO_3)_4$，有人把 PrO_2 悬浮于无水硝基甲烷中，用通过臭氧的 N_2O_5与之作用，得到一种白色固体，分析其组成相应为 50%的 $Pr(NO_3)_4$ 和 50%的 $Pr(NO_3)_3$。曾有报道从硫酸溶液中析出了 $Pr(SO_4)_2 \cdot 2H_2SO_4$，由测得的磁矩推算，其中有 90%的 Pr 是+4 价的。

据报道从水溶液中获得了 Pr^{4+} 的化合物还有淡黄色的水合草酸盐络合物 $(NH_4)_2Pr(C_2O_4)_3 \cdot nH_2O(n=4$ 或 $6)$，它是由水合 PrO_2 与草酸铵的浓溶液在 pH8.0—8.5 时反应制得的，其有效磁矩为 2.6—2.7B.M.。相比之下 Tb(Ⅳ)与含氧酸根阴离子的化合物研究得更少。

1.4 稀土元素的应用

稀土元素的应用在 1930 年以前仅有三项。1891 年用于制造白炽灯纱罩，这种纱罩由 99％ThO_2 和 1％CeO_2 组成。1903 年用于制造打火石。1910 年用稀土氟化物添加剂制弧光灯碳极的芯子，那时弧光灯广泛用于照明和探照灯。白炽灯纱罩发明后在全世界很受欢迎，消耗量很大，估计自发明到 1935 年，全世界大约生产和消耗了约 50 亿只，这就需要消费很大数量的硝酸钍。那时提取钍的原料主要是独居石，它的稀土元素含量大于钍的十倍以上。在生产钍的同时得到了大量稀土元素，虽然部分用于制造打灯石，但积压很严重。1930 年至 1940 年期间科学家做了很多有关稀土应用的工作。例如稀土用于太阳镜的制造、用氧化铈作玻璃的脱色剂以及稀土抛光粉等。但进入 40 年代以后，由于原子能工业的迅速发展，要求从独居石提取大量的铀和钍，以致使副产品稀土的积压量大增，因此迫切需要为这些副产品寻找应用部门。进入 50 年代以后，由于科学研究工作的发展和分离技术的提高，对稀土元素金属及其化合物的性质也进行了大量的研究工作，发现了它们有许多独特优异的性能。科学研究成果的积累，为应用的发展奠定了坚实的基础。60 年代以后稀土的应用得到蓬勃发展，产量也成倍增加。现在稀土元素的应用范围已扩展到科学技术的各个方面，尤其近代一些新型功能材料的研制和应用，稀土元素已成为不可缺少的原料。

稀土元素在自然界共存的特征决定了稀土工业的特殊性，当需要某一种元素时，将会自动地提供其他稀土元素。60 年代初期，镧用于制造玻璃，铈用于玻璃的脱色和抛光、镨和钕用于玻璃着色，而大量的钐和铕尚无出路，1965 年以后铕被用于制造荧光粉，钐仍然积压，但磁性材料的发展为钐找到了出路，以致钐的价格增长，近年来对含钕磁性材料的研制和应用，将会为钕找到新的用途。由此可以看出，加强对稀土特性的研究，开拓新的应用领域，以使各种稀土之间的应用达到平衡，降低稀土成本，仍然是一项重要课题。

1.4.1 稀土在冶金工业中的应用

稀土在冶金工业中的用量很大，约占稀土总用量的三分之一，主要是用于钢铁工业。

1. 稀土在钢中的应用

炼钢中使用的稀土为混合稀土金属或稀土硅铁合金。混合稀土金属是由氯化稀土熔盐电解得到。稀土硅铁合金是将氟碳铈镧精矿、石英石、铁矿石(或废钢)和焦碳直接在电炉中冶炼而成。

稀土元素易与氧和硫生成高熔点且在高温下塑性很小的氧化物、硫化物以及硫氧化物等。稀土加入钢水中可起脱硫脱氧改变夹杂物形态的作用,因此提高了钢材的横向厚向的可塑性和钢的韧性以及提高铸件的物理性能。稀土还可与钢中的 Pb,Bi,As,P 等有害元素化合,生成高于轧钢温度的化合物,故能显著改善钢的常、低温韧性、断裂性、减小某些钢的热脆性并能改善热加工性和焊接件的牢固性。

70 年代曾发现钢中适量稀土金属对焊缝与基体金属的氢致裂纹有明显的抑制作用而且不影响其他性能。这种钢用于高强度油气探套管与钻管可提高抗 H_2S 应力腐蚀裂纹的能力,因而稀土在钢中的这种应用又被人们所重视。

近几年来,我国对稀土在钢中应用的研究有较大进展,对稀土加入方法中水口结瘤和大块夹杂聚集等问题已基本得到解决。1982 年稀土处理的钢种已有 42 个,使用范围也不断扩大,如汽车冲压部件用钢、齿轮用钢,一些耐热钢和电阻合金以及少量高速钢和弹簧钢等。

2. 稀土在铸铁中的应用

稀土在铸铁中的作用主要是作为石墨球化剂、形核剂和对有害元素的控制剂,从而提高铸造性能,并且对铸件的机械性能有很大改善。

球化剂常用的有稀土镁铁合金、稀土镁硅铁合金以及稀土镁钙硅铁合金等。稀土虽然可起脱硫作用,但含硫高的铸铁一般先用碳化钙进行脱硫,以免稀土消耗量过大。镁或镁合金(在高温时分解为金属镁)作为球化剂,虽然价钱较便宜,但在 1103℃(低于铁水温度)汽化,并且一般比重较小,故浮于熔池表面发生燃烧。混合稀土金属作为球化剂无上述缺点,且回收率高。实践还证明,若加用一些镁时,球墨的形状最佳,产生的球数也多,因此目前多采用含镁的稀土球化剂。在铸造工业中最关心的有害元素 Pb,Sb,Bi,Ti 等,加入稀土元素后,可克服它们的有害影响。

蠕墨铸铁的石墨形状介于片和球之间(呈蠕虫状),它由加不足量的镁和稀土处理原铁水获得。常用蠕化剂有稀土硅镁合金、稀土钙硅铁合金等。蠕化铸铁具有良好的综合性能,例如蠕墨铸铁钢锭模在空冷或喷水淋冷却的条件下具有不易开裂,不易变形的优点,从而提高了钢锭模使用的寿命。

稀土铸铁在国内发展较快,使用较广,主要用于钢锭模、轧辊、铸管和异型件四个方面。

3. 稀土在有色合金中的应用

稀土在有色合金中广泛使用，它们对以有色金属为基的各种合金都有良好的影响，即能改善合金的物理性能和机械性能。稀土对有色合金性能的影响主要是基于它的变性作用、合金化作用、细化晶粒、改善加工工艺性能等。国内对稀土在有色合金中的应用研究最多的是铝、镁、铜三个合金系列。

(1) 稀土在铝合金中的应用

在 Al-Si 合金中加微量稀土，不仅对共晶硅变性使条状共晶硅变为点状，而且可以细化 α-Al 枝晶组织，故机械性能明显提高，抗拉力加大。这种合金用于生产发动机缸体，消除了出现汽孔、疏松等缺陷，提高了产品合格率。稀土加入 Al-Cu 铸造合金中，能明显提高合金的热强性，经 X 射线分析证明，是由于难熔金属间形成化合物的缘故。输电铝线材料中加入稀土可使硅的形态和分布改变，增强了铝线的抗拉强度、抗振性和耐蚀性，而且对导电性有所提高。含铈铝箔已用于制造小体积、轻重量而且寿命长的电容器。

(2) 稀土在镁合金中的应用

目前使用的九种铸造镁合金中含稀土的就有六种，它们广泛用于航空工业。Mg-Zn-Zr 合金中加 2%—3% 的稀土能改善铸造性能，热裂倾向减小。Mg-Nd-Zn-Zr 系的铸造镁合金具有高强耐热性，在 250℃ 有优良的抗蠕变性和拉伸性。Mg-Y-Zn-Zr 铸造镁合金在 300℃ 有优良的抗蠕变性。

(3) 稀土在铜合金中的应用

在铜锆合金中加入铈或钇，不但耐热性能好而且导电率高，可用于高温下导电的合金。铝青铜中加入稀土后可大大提高耐磨性能。高锰铝青铜中加入稀土，可使晶粒明显细化，合金的流动性能、疲劳强度及耐磨性均有提高。

1.4.2　稀土在石油催化裂化中的应用

石油裂化工业中使用稀土主要是用于制造稀土分子筛裂化催化剂。稀土分子筛裂化催化剂的活性高、选择性好、汽油的生产率高，因而在国内外受到重视，稀土在这方面的用量很大。国内生产的这种催化剂其质量已达国际水平，生产能力除满足国内需要外，尚有部分出口。国内在这方面对稀土的用量增长很快，1978 年占稀土总用量的 18.7%，而 1981 年已达 30.7%。稀土裂化催化剂一般是用混合氯化稀土与钠型 Y-型分子筛进行交换制得。

氯化稀土来源不同，所含单一稀土的量也不一样。经研究试验证明，用不同混合稀土原料制成的裂化催化剂的活性差别不大。从国外提供的样品实例考察中，也看出对混合稀土的要求不高，其中各单一稀土量不一定要有一定的比例。这就为稀土的综合利用提供了有利条件，可以用提取某单一稀土的剩余物制备稀土分子筛裂化催化剂，以降低成本。

1.4.3 稀土在玻璃陶瓷工业中的应用

1. 稀土在玻璃工业中的应用

稀土在玻璃工业中的应用主要有三点，玻璃着色，玻璃脱色和制备特种性能的玻璃。

(1) 稀土用作玻璃的着色剂

稀土氧化物的吸收光谱带较窄，而且不受玻璃成分和氧化还原条件的影响，因此在玻璃制造中易产生和保持一定的颜色。用于玻璃着色的稀土氧化物有钕、镨和铒的氧化物，铈只能与其他着色氧化物搭配使用。钕可产生优美的粉红色并带有紫色光泽。色调随玻璃厚度和钕的浓度而变化，也随光源而变化，可以从浅粉红变到蓝紫色。钕玻璃主要用于美术品或特殊防护玻璃。镨玻璃为绿色，用于制造滤光片。通常焊接用护目镜和太阳镜是使用镨钕混合物，且含有一定量的铈以阻止紫外线的透过。在普通钠钙玻璃中加入铈并加一定量的钛可制得美丽的黄色玻璃。在眼镜玻璃生产中，用铈及氧化钛和锰可制造能吸收紫外线的粉红色玻璃。

(2) 稀土作为玻璃的脱色剂

玻璃中如含二价铁的化合物，因它吸收光线的能力强，而且使玻璃呈现黄绿色，对玻璃的透明度有很大影响。通常用砷的氧化物作为澄清脱色剂，但砷毒对生产工作者很不利。改用具氧化性的二氧化铈可将二价铁氧化为三价，不但避免了砷毒问题，而且含铈的玻璃还具有以下特点：在阳光长时间照射和不同能量的辐射作用下，特别是受紫外线及 γ 辐射线的辐射作用后仍能保持其原有的透明性。玻璃脱色除利用化学变化加二氧化铈外，还可用加入氧化钕进行物理脱色，但氧化钕价格高，一般用含 60% CeO_2 的富铈物代替。

(3) 稀土特种玻璃

这里仅介绍含铈或镧的两种玻璃。镧玻璃具有高折射率、低色散的良好光学稳定性，用于制造光学仪器。光学玻璃的原料要求纯度高，故制造镧玻璃需用高纯度的氧化镧。含 CeO_2 玻璃能免受高能和核辐射而引起的玻璃变暗，这种玻璃已用于防辐射窗、电视和其他阴极射线面板。

2. 稀土在陶瓷工业中的应用

在陶瓷和瓷釉中添加稀土可以减小釉的破裂性并使其具有光泽。稀土用作陶瓷颜料，目前研究最多者是以氧化锆、氧化硅为基质的镨黄颜料，此外还有 Al_2O_3 和 SiO_2 为基质的铈钼黄及铈钨黄等黄色颜料。其他稀土颜料有紫罗兰色、绿色、桃红色、橙色、棕色、黑色等，它们绚丽多彩，各有特色。由于稀土元素有未充满的 $4f$ 电子，能吸收或发射从紫外、可见到红外光区不同波长的光，且发射每种光区的范围小，所以用稀土制成的各色颜料比其他颜料的颜色更柔和、纯正，色调也新颖，光洁度亦很好。

(1) 镨黄

这是研究得最多的一种颜料，尽管制备条件各有不同，但是其基本成分均为 ZrO_2 和 SiO_2 以镨的化合物为着色剂，再加一定量的助熔剂煅烧而成。因纯氧化镨价高，一般用含钕的较低纯的氧化镨，为了消除钕的不良影响，通常加氟化物或高价金属氧化物如 Nb_2O_5，以增加 $ZrSiO_4$ 晶格的稳定性，以免在上釉时颜色发生变化。镨黄呈现柠檬黄色，纯洁度和亮度均很好，而且它的耐热性和耐腐蚀性也好，使用温度范围广，因而瓷体着色成品率高。

(2) 紫罗兰色颜料

这种颜料的着色剂为 Nd_2O_3，因 Nd^{3+} 具有变色现象，因此所制得的颜料均具有双色效应。用 Nd_2O_3 和 Al_2O_3 再加 B_2O_3 制得的颜料具有玫瑰紫丁香色。

(3) 绿色颜料

用钒锆蓝和镨黄可调制绿色颜料，二者比例量不同时其绿色也各异。钒锆蓝是用 ZrO_2，SiO_2，V_2O_5 及 NaF 配料煅烧而成。用 SiO_2，Al_2O_3，WO_3 和 Pr_6O_{11} 调配可制得嫩绿色颜料。

(4) 红色颜料

稀土红色陶瓷颜料是以不同比例的氧化铈和氧化镨为着色剂，加于 ZrO_2，SiO_2，Al_2O_3 中，再加 NaCl，$MgCl_1$ 为助熔剂煅烧而成，其色为暗红或橙红色。用镨铈氧化物与 TiO_2，SiO_2，Al_2O_3 及 LiCl 煅烧可制得玫瑰红色颜料。

(5) 黑色颜料

用氧化镍、氧化钴、氧化铁和氧化铬加着色剂氧化钕煅烧可制得黑色颜料。

稀土氧化物有很强的高温稳定性，是制造特种陶瓷和耐高温器皿的优良原料。例如，用氧化钇和氧化镝为主的耐高温透明陶瓷在激光、红外光等技术中有特殊用途。硫化铈、六硼化铈用于制造冶金用耐高温坩埚。

1.4.4　稀土在新型功能材料中的应用

新型稀土功能材料的研制和应用，近年来发展很快。由于稀土元素原子外层电子构型相同，离子半径相近，因而化学性质也很相似。但由于内层 $4f$ 轨道未充满，与 $4f$ 电子行为有关，各个稀土离子又显示出若干物理特性。利用稀土的这些特点，已研制出了若干新型材料，在科学技术各个领域中已广泛使用。

1. 稀土发光材料

稀土发光材料有优良的性能，在发光领域的各个方面多被采用。

(1) 彩色电视用荧光粉

稀土红色荧光粉自 1964 年问世以来已完全代替了非稀土红色荧光粉。最早使用的是三价铕激活的钒酸钇（$YVO_4:Eu^{3+}$），以后很快被亮度更高的 $Y_2O_3:Eu^{3+}$ 和 $Y_2O_2S:Eu^{3+}$ 代替。$Y_2O_2S:Eu^{3+}$ 的亮度高，色彩鲜艳而纯正，几乎是目前唯一的彩色电视用红粉。1981 年研制成的 $Y_2W_3O_{12}:Eu^{3+}$ 它的红色更理想，但能量效率较低，有待改进。彩色电视用稀土绿粉有 $Gd_2O_2S:Tb^{3+}$ 和 $Y_2O_2S:Tb^{3+}$，其亮度较差，$Y_2O_2S:Tb^{3+}$ 加入 Dy^{3+} 后亮度有提高，色度也有改进，目前在电视中已被采用。

(2) 彩色投影电视用稀土绿粉和红粉

因为对温度特性和电流特性要求高，现采用的绿粉有 $Y_2O_2S:Tb^{3+}$，$Gd_2O_2S:Tb^{3+}$，$Y_3Al_5O_{12}:Tb^{3+}$。采用的红粉有 $Y_2O_3:Eu^{3+}$，$Y_2W_3O_{12}:Eu^{3+}$。

(3) 飞点扫描管和束引管用稀土荧光粉

这种材料要求余辉短，一般采用 Ce^{3+} 激活，因为 Ce^{3+} 的发光由 $5d \rightarrow 4f$ 跃迁引起，电子在 $5d$ 能级上的寿命极短。目前采用的有 $ZnS:Ce^{3+}$，Li，$Na_{0.5}La_{0.5}Ga_2S_4:Ce^{3+}$，它们均发蓝绿色光。$Y_2SiO_5:Ce^{3+}$ 和 $TAlO_3:Ce^{3+}$ 也是束引管常用的发光材料。

(4) 荧光灯用三基色稀土粉

这种发光材料要求显色性好、发光效率高。如能降低成本则可大量推广使用。目前采用的红粉为 $Y_2O_3:Eu^{3+}$，绿粉为 $Ga_2O_3 \cdot B_2O_3:Tb^{3+}$，$Y_2SiO_5:Tb^{3+}$ 以及磷酸盐 $LaPO_4:Ce^{3+}$，Tb^{3+} 等，采用蓝粉多为 Eu^{3+} 激活的卤磷酸盐如 $Sr_{10}(PO_4)_6Cl_2:Eu^{3+}$，$(Ca,Sr)_{10}(PO_4)_6Cl_2:Eu^{3+}$ 等。

其他发光领域如，高压水银灯，电致发光，X 射线激发下发光等方面，稀土发光材料均被采用。

2. 激光材料

稀土离子是固体激光材料和无机液体激光材料最主要的激活剂，已用的离子有 Nd^{3+}，Tb^{3+}，Ho^{3+}，Er^{3+}，Tm^{3+} 及 Yb^{3+} 等。其中以掺 Nd^{3+} 的激光材料研究得最多，除钇铝柘榴石（YAG），铝酸钇（YAP）玻璃等基质外，高稀土浓度激光材料（如 NdP_5O_{14}）已显示出独特性能，可能成为特殊应用的材料。

3. 磁性材料

稀土永磁材料的开发，被认为是近代技术中的一项巨大成就。稀土与钴的金属间化合物具有磁各向异性等特点，尤其 $SmCo_5$ 被认为是目前最好的永磁材料，它具有大的磁能积，保磁力强，目前已在仪表、宇航装置以及小型的大电流发电机上使用。在医疗工作上也用作磁疗材料。

近年来已研制出磁能积更大的 Nd-Fe-B 系列永磁材料，它们具有比 $SmCo_5$ 更大的磁能积，但居里温度较低，目前还在设法改进，估计很可能是一种更好磁性材料。

利用稀土磁性制出的柘榴石 $Gd_3Ga_5O_{12}$(GGG)的单晶或非晶态合金[GdCo，GdFe]已用作计算机存储元件。

磁性材料用于磁致冷技术的研究是一项很有意义的工作，在这方面因 Dy^{3+}，Ho^{3+}，Tb^{3+} 等的磁矩都很大，它们的化合物都是很好的顺磁材料，一但在实用上有所突破，将为稀土的应用开拓出新的途径。

4. 稀土超导材料

含稀土的化合物例如 $Dy_{1.2}Mo_6S_8$ 不仅有磁性而且显示超导性。

高温超导材料　1987 年初美国宣布研制成临界温度为 98°K 的高温超导体钇钡铜氧化物，引起了世界各国科学界的重视，相继研制出此类陶瓷材料若干种，而且有的不含稀土元素。目前，超导理论和实用化的研究仍然是科学家们重视的问题。

5. 晶格缺陷材料

二氧化锆(ZrO_2)和氧化钇(Y_2O_3)形成的立方晶格萤石结构固溶体中，锆和钇阳离子填充阳离子晶格结点，并且靠氧空位补偿稳定的阳离子(Zr^{4+} 和 Y^{3+})之间的价差。这种缺陷结构由于氧离子的迁移，使得它具有高导电性。利用 $ZrO_2-Y_2O_3$ 的氧敏感性制造的氧传感器，在汽车上作为闭合回路排放控制系统的部件，已广泛使用。此种氧传感器用于冶金系统可提高燃烧效率降低燃烧费用。用镧制成的钙钛矿型结构的化合物 $La_{1-x}Ca_xCrO_3$ 是一种很好的发热材料，可用于高温电炉的部件。

6. 稀土催化剂

稀土除用于制造石油裂化催化剂外，还可在很多化学反应中用作催化剂。

稀土催化剂已成功地用于保成异戊橡胶和顺丁橡胶的生产。所用催化剂为去铈混合轻稀土的环烷酸盐，以镨钕富集物的效率更好。

稀土氧化物如 La_2O_3，Nd_2O_3，Sm_2O_3 可用于环己烷脱氢制苯的催化剂。

已试验用 ABO_3 型化合物如($LnCoO_3$)代替铂，催化氧化 NH_3 以制备硝酸。

废气净化需要将 CH(未燃烧完的碳氢化物)和 CO 氧化，对 NO_x 进行还原。稀土钙钛矿型化合物可用作这方面的催化剂。已研制用 $LaCoO_3$ 和 $Sr_{0.3}La_{0.8}CoO_3$ 作为汽车尾气氧化催化剂。含铅化合物如 $La_xPb_{1-x}MnO_3$ 具有还原的 NO_x 活性，可用作还原性催化剂。

7. 稀土储氢材料

稀土储氢材料中研究最多的是 $LaNi_5$，它与氢反应后生成 $LaNi_5H_6$。[含氢率

1.4%(重量)解离压 4atm.,50℃]。因 $LaNi_5$ 本身的重量大,在吸收一定量氢后重量更大,因此限制了它的用途。现研制的稀土镁系储氢材料,如 La_2Mg_{17},$La_2Mg_{15}Ni_2$ 等有一定的优越性。利用储氢材料结合氢的特点,可用于纯化氢气。

8. 其他功能材料

柘榴石型铁氧体材料 $Ln_3Fe_5O_{12}$(其中 Ln 为 Y,Gd,Tb,Dy 或 Ho)是一种新型磁性材料,已用于微波与电子技术,以 $Y_3Fe_5O_{12}$ 使用得最为广泛。稀土六硼化物如六硼化镧(LaB_6)已用作电子发射的阴极材料,效能良好。PLZT(普通化学式为 $Pb_{1-x}La_x(Zr_yTi_{1-y})_{1-x/4}O_3$)电光陶瓷具有良好的电学和光学性、均匀的晶粒尺寸和显微组织、高的电光系数和优良的抗湿性,这种材料已用于防核闪光致盲护目镜、数字显示记录器、电焊面罩和存储显示装置等。稀土的核性质在原子能工业中有特殊的用途,如铕吸收热中子的能力强,是优良的控制材料。钇的热中子俘获面低,可用于反应堆的结构材料。铈和钇的氧化物具有高温稳定性,是很有前途的中子减速材料。

一些含稀土的功能材料统列于表 22.50 中。

1.4.5 稀土磨料、抛光粉和打火石

1. 磨料

工业上通常用的磨料刚玉是 α-Al_2O_3,若加入千分之五的富集镨钕氧化物(其中氧化钕大于 70%),则其硬度比一般白色刚玉提高 10%,此种刚玉称镨钕刚玉。制备镨钕刚玉所用的混合稀土氧化物中氧化镧的成分应小于 10%,若氧化镧含量过高则效果不好。用镨钕刚玉制成的砂轮对碳素钢、高速钢、铸铁以及不锈钢等的工作进行磨削,则有下活块而且不易粘金属屑的优异性能。镨钕刚玉的耐磨度和效率比一般刚玉高 30%至 1 倍以上,对工件的光洁度也有提高,砂轮的寿命约延长 1 倍。

2. 稀土抛光粉

稀土抛光粉自 1933 年用于玻璃工业以来,因有独特效果,所以现在还延用。稀土抛光粉对玻璃抛光速度快,抛光后的玻璃有优良的光泽。稀土抛光粉的抛光能力,与氧化铈含量有关,而在组成一定的情况下抛兴能力的大小与抛光粉的物理性能如颗粒形状、粒度大小及均匀程度、晶格结构以及化学活性等有关,而这些性质在很大程度上与烧结温度有关。杂质含量对抛光能力也有影响,如氧化钙的含量一般不应大于 1%。因此要提高稀土抛光粉的质量,不仅要注意原料中氧化铈的含量,而且还要严格控制生产过程的合理工艺流程。

表 22.50　一些含稀土的功能材料[1)]

<table>
<tr><th>与 4f 电子的关系</th><th>所含稀土元素的作用</th><th colspan="2">功能</th><th>应用实例</th><th>元件、器件或装置</th></tr>
<tr><td rowspan="6">利用 4f 电子性质的材料</td><td rowspan="2">4f 电子自旋排布</td><td colspan="2">磁光性</td><td>柘榴石
[(Y,Sm,Lu,Ca)$_3$(Fe,Ge)$_5$O$_{12}$]
非晶态合金[Gd Co,Gd Fe]</td><td>磁泡存储元件</td></tr>
<tr><td colspan="2">磁各向异性平均信息量的控制磁性与超导性共存</td><td>钐钴合金[$SmCo_5$]
柘榴石[$Dy_3Al_5O_{12}$,GGG 等]
塞布莱尔化合物
[$Dy_{1.2}Mo_6S_8$ 等]</td><td>永磁元件
磁致冷装置
高临界磁场
超导体</td></tr>
<tr><td rowspan="4">4f 轨道内的电子跃迁
(含有一部分 4f-5d 跃迁)</td><td rowspan="3">激活荧光体</td><td>4f-4f</td><td>Eu^{3+}[Y_2O_2S:Eu^{3+},Y_2O_3:Eu^{3+}等]
Tb^{3+}[$CeMgAl_{11}O_{19}$:Tb^{3+},Ce^{3+}等]
Nd^{3+}[Nd 玻璃 (UO_2^{2+} 共激活)]</td><td>红粉(荧光材料)
绿粉(荧光材料)
改善硅太阳能电池性能</td></tr>
<tr><td>离子间能量传递
4f-4f</td><td>Eu^{3+},Yb^{3+}[LaF_3,Eu^{3+},Yb^{3+}]</td><td>红外变可见材料</td></tr>
<tr><td>4f-5d</td><td>Eu^{3+}[$Ba_2MgAl_{16}O_{27}$:Eu^{3+}]</td><td>蓝粉(荧光材料)</td></tr>
<tr><td>激光发射中心</td><td>4f-4f</td><td>Nd^{3+}[YAG:Nd^{3+},Nd 玻璃,NdP_5O_{14}]</td><td>(红外)激光器(固体激光器)</td></tr>
</table>

续表

与 $4f$ 电子的关系	所含稀土元素的作用	功能	应用实例	元件、器件或装置
与 $4f$ 电子不直接相关，主要利用离子半径、电荷或化学性质上的有利特性的材料	激活剂引入后基质晶体结构不产生畸变	基质基板	YAG[$Y_3Al_5O_{12}$]，Y_2O_2S，LaOBr GGG[$Gd_3Ga_5O_{12}$]	激光和发光材料的基质磁泡存储材料基板
	引入晶格缺陷，离子半径或化学性质相近，电荷不同	化合物固溶体的离子传导	La_2S_3—CaS ZrO_2—Y_2O_3	硫敏感元件 氧敏感元件
		化合物固溶体的电子传导	$La_{1-x}Ca_xCrO_3$	发热体
		催化作用	钙钛矿型结构[$La_{1-x}Sr_xCoO_3$]	CO 氧化催化剂
	提高烧结性能，提高介电特性	电光性 介电性	PLZT[(Pb,La)(Zr,Ti)O_3] $La_2Ti_2O_7$	光调制材料 透明陶瓷
	形成玻璃态	低损耗光导纤维	GdF_3—BaF_2—ZrF_4	光导纤维
	结构特性：与氢亲和与功相关	储氢特性与功相关	$LaNi_5$ LaB_6	储氢合金 电子束阴极材料
	与 Fe^{3+} 离子可形成特定结构的晶体	吸收电磁波顺磁共振波宽窄	YIG($Y_3Fe_5O_{12}$)	微波吸收材料
利用核特性的材料	中子吸收截面积相当大	吸收中子	Eu_2O_3，Eu，EuB_6	原子反应堆材料，屏蔽材料

1)本表选自：石春山等，稀土 4，55(1984)。

3. 打火石

稀土用于制造打火石是稀土的最早用途之一。制造打火石一般用含铈 30% 的铁合金,再配适量的镁、锌、铜,可增强耐腐蚀和耐磨性。铈的燃点仅为 165℃,并且燃烧时能放大量的热,故磨擦容易发火。稀土混合金属或铈铁合金可用于制造引燃装置。

1.4.6　稀土在农业和一些轻工业中的应用

1. 微肥

稀土元素在生理上是惰性的,对环境也无危害。稀土元素对植物的生理作用,目前了解很不够,但大量研究结果表明,农作物施用稀土,能促进生长发育,增加产量,具有十分良好的效果。十余年来对数十万亩农田施用稀土微肥后,农作物产量均有较大幅度的增高。水稻平均增产率为 4.97%,花生为 14.41%,大豆为 10.35%,茶叶为 30.55%,小麦为 14.58%,西瓜为 16.68%,四季豆为 20.07%,茄子为 9.44%,葡萄为 20.56%。稀土微肥的施用量按氧化稀土计算每亩约 20g。农业上使用稀土不仅为农业增产找到了新途径,而且扩大了稀土的应用领域。

2. 稀土在皮毛鞣染中的应用

在鞣革工业中已试验用稀土化合物与铬化合物联合鞣革,取得了良好效果。所鞣制的产品柔软、丰满、洁净。稀土化合物作为助染剂用于毛线染色,其产品色泽鲜艳、色牢度好。以上两项工作已在实践中推广应用,但对有关机理问题研究得不多,已引起人们的重视。

3. 油漆工业

稀土羧酸络合物已用于油漆催干剂,干燥速度快,且因能代替铅而避免其毒性。

参 考 文 献

[1]　J. C. Bailar, H. J. Emeleus, R. Nyholm, A. F. Trotman-Dickenson, Comperhensive Inorganic Chemistry, 4, Pergaman Press Ltd. (1973).
[2]　J. W. Mellor, A Comprehensive treatise on Inorganic and theoretical chemistry 5.
[3]　凌永乐,《化学元素的发现》,科学出版社,(1981).
[4]　《稀土》编写组,《稀土》上、下册,冶金工业出版社(1978 年).
[5]　F. A. 科顿著,刘春万等译,《群论在化学中的应用》,科学出版社(1975).
[6]　F. A. 科顿著,《高等无机化学》,人民教育出版社.

[7] 李彬,石春山,化学通报,2,21(1983).
[8] R. D. Baybarz et al. ,J. lnorg. N ucl. Chem. ,34,3427(1972).
[9] D. A. Johnson,J. Chem. Soc. ,A. ,2578(1969).
[10] L. P. Varga,L. B. Asprey,J. Chem Phys. 48,139(1968).
[11] 武汉大学化学系等编著,《稀土元素分析化学》,上、下册,科学出版社(1983 年)。
[12] T. Moeller,The Chemistry of the Lanthanides, New York(1963).
[13] N. E. Topp,The Chemistry of the Rare Earth Elements,Amsterdam/London/New York(1965).
[14] R. C. Vickery. Chemistry of the Lanthanons,London(1953).
[15] K. W. Bagnall,Lanthanides and Actinides,London(1972).
[16] K. W. Bagnall,Lanthanides and Actinides,London(1975).
[17] LeRay Eyring,Progress in the Science and Technology of the Rare Earths,Vol. 2,(1966);Vol. 3,(1968).
[18] D. A. Johnson,in Advances in Inorganic Chemistry and Radiochemistry,20,(1977).
[19] 中山大学化学系编,《稀土物理化学常数》,冶金工业出版社(1978).
[20] C. W. D. Kock,J. Inorg. Nucl. Chem. ,32,3687(1970).
[21] D. Brown,Halides of the Lanthanides and Actinides, New York (1968).
[22] J. K. Howell,L. L. Pytlewski,J. Less-Common Met. ,18,437(1969).
[23] M. Faraggi et al. ,J. Chem. Phys. ,56,3278(1972).
[24] V. Z. Spitzin,Zeitschrift für Chemie,10,353(1977).
[25] D. E. Hobart,et al. ,Inorg. Nucl. Chem. Letters,16,321(1980).

22.2 稀土元素的络合物化学

2.1 绪　　论

稀土络合物化学是稀土科学技术领域中的一个重要分支。在稀土学科的几个主要领域里,有相当多的部分与稀土络合物化学有密切的联系,如稀土元素有机化学,溶液化学和生物无机化学等。

稀土络合物化学发展较晚。1940 年以前,有关的报道很少。人们只对稀土的β-双酮络合物有了初步了解,从理论上提出了应用吸收光谱法研究铕的溶液络合物结构的可能性。到 1953 年,大约有 60 篇有关稀土络合物化学的文献,到 1962 年,已有文献约 500 篇,1966 年达到 1500 篇,估计现在已超过 5000 篇。特别是最近 20 年以来,三价稀土离子的络合物化学研究发展很快。前一阶段人们主要研究稀土离子与强螯合型的阴离子含氧配位体的络合物,后来人们又集中于研究中性配位体与稀土离子的络合物。

三价稀土离子是一种典型的硬阳离子,不易发生极化和变形,它们与各类配位原子的络合能力的顺序为:

$$O>N>S$$

在已知的稀土络合物中,大部分是含氧配位体络合物。由于配位体的结构多样化,生成的络合物的组成和结构更是式样繁多。为了阅读和参考方便起见,下面将按照不同配位原子的各种类型稀土络合物分别予以讨论,并将详细的分类列成表。

近几年来,稀土络合物化学的发展更快,除了合成多种新的络合物外,在合成方法上也有了许多新的进展,而且人们对这些新络合物也逐步提出了不同的应用途径。

我国对稀土络合物也进行了大量的研究工作,例如在应用稀土络合物于萃取分离稀土元素、稀土溶液络合物以及在催化方面应用稀土络合物等领域内都已开展了大量有意义的研究工作。

2.2 稀土络合物的性质、制备方法和影响络合物生成的因素

稀土离子是一种硬酸,所以它和硬碱如含氧或氟的配位体有较强的作用,而和软碱如含硫或氮的配位体作用较弱,因此后一类络合物的稳定性较差。稀土离子

与软碱类配位体生成的络合物通常只存在于固体之中，在水溶液中则不易生成，这是因为水分子本身是一种含氧配位体，它与稀土离子有很强的配位作用，而软碱配位体与稀土离子的作用相对较弱，不足以将已与稀土离子配位的水分子取代出来，所以在水溶液中，软碱配位体与稀土离子很少形成络合物，但在非水溶剂中却经常可以生成。

2.2.1 稀土络合物的制备方法

水是合成稀土络合物经常使用的溶剂之一，一些简单的稀土无机盐水合物，例如 $Ln(NO_3)_3 \cdot nH_2O$ 或 $LnCl_3 \cdot nH_2O$（Ln 代表镧系及 Y 离子）等，通常是将稀土的氧化物、氢氧化物或碳酸盐与相应的无机酸在水溶液中作用来制备。另外，稀土与 β-双酮、吡唑啉酮及其衍生物的络合物也可从水溶液中得到。一般来说，络合物从溶液中析出，依赖于溶剂的性质如介电常数和配位能力等。因为水的介电常数较大，又对稀土离子有一定的配位能力，所以中性配位体从水溶液中沉淀稀土络合物比较困难。但也有少数络合物，如稀土与尿素、硫脲及一些含 N—O 键的配位体生成的络合物可以从水溶液中析出，所得的络合物除含有机配位体外，还常含有配位的水分子，有时也可得到无水络合物。在水溶液中制备稀土络合物时，控制 pH 值很重要，特别要避免稀土氢氧化物的生成。

络合物的制备还可以从水与有机溶剂的混合介质中进行。最方便且常用的混合溶剂是水-乙醇溶液，许多重要的稀土络合物都是在这一体系中制备的。例如将稀土硝酸盐的热乙醇溶液与过量的配体像弱碱性氮化合物邻菲啰啉或 2,2-联吡啶作用，便可得到相应的稀土络合物。一般将稀土的盐类和配位体加到适当的溶剂中如乙醇、丁醇、丙酮、乙腈和乙酸乙醇等，多数情况下可以沉淀出稀土络合物。也可用对应的稀土盐类，溶于过量配位体中，如二甲基亚砜（DMSO）和二甲基甲酰胺（DMF）等，再用减压蒸馏法将过量的配位体除去。用上述方法可以合成整个稀土系列的络合物。此时影响络合物组成的主要因素是稀土的原子序数，轻稀土与重稀土经常得到不同的络合物组成，而且改变稀土离子和有机配位体的摩尔比，也可制备出不同组成的络合物。

制备稀土与强碱性含氮配位体络合物，可将胺类的气体与无水稀土氯化物直接反应，得到固体的加合物。例如 NH_3，CH_3NH_2 与稀土氯化物作用，得到 $LnCl_3(NH_3)_n$（n=1—8）及 $LnCl_3 \cdot (CH_3NH_2)_n$（$n$=1—5）。制备二胺或多胺的络合物是将无水的稀土盐类与多胺在乙腈中进行反应，这类络合物有一定的热稳定性，但遇到空气却极易水解。

由于水和稀土离子有高的反应活性，致使许多种络合物在水中不易生成。而经常采用以醇、烷烃或苯为介质，由于使用稀土金属，氢化物或无水氯化物作为起始反应物质，其反应速度很慢，且伴随有副反应发生。因此近年来其合成方法也在不断改进。其中比较理想的一种方法是采用稀土醇盐，例如 Ln(O—i—Pr)$_3$(O—i—Pr 为异丙基)易溶于苯，而且易于和包含羟基的有机试剂(LOH)，以不同分子比进行交换反应，如高级醇、多元醇、氨基酸、羧酸、羟基酸和 β-双酮等，按下述反应式进行：

$$\mathrm{Ln(O{-}}i\mathrm{{-}Pr)_3} + n\mathrm{LOH} \xrightarrow{\text{苯}} \mathrm{Ln(O{-}}i\mathrm{{-}Pr)_{3-n}(OL)_n} + ni\mathrm{-PrOH}$$

生成的异丙醇可与苯生成恒沸物(b. p. 71.8℃)而蒸去，使取代反应容易进行。稀土醇盐可用处理过的稀土金属粉末与异丙醇在氯化汞的催化下制备；或者用稀土无水氯化物，在通 NH_3气下与异丙醇作用。这种应用稀土的异丙醇盐反应为制备包含 Ln—O—C 键的稀土络合物提供了一种方法。

另外一种近年来用于稀土萃取络合物制备的方法，是借助于油水界面上的离子交换反应生成络合物。例如长链脂肪酸如环烷酸或酸性磷酸酯类如二-(2-乙基己基)磷酸的煤油-辛醇溶液，用浓碱(NH_4OH，KOH，NaOH)进行皂化，使有机相生成外观清晰透明的微乳状液，然后用此溶液与稀土的盐水溶液平衡，则发生微乳状液破乳和离子交换反应

$$\mathrm{Ln^{3+} + 3NH_4^+A^- \longrightarrow LnA_3 + 3NH_4^+}$$

A^-表示环烷酸或酸性磷酸酯的阴离子。这一方法不仅适用于三价稀土螯合物的制备，也可以制备许多二价金属离子(如 Cu，Ni，Co，Zn，Pb，Cd…)的螯合物。这一合成方法具有步骤简便，反应完全等特点，还可以通过皂化度的改变来控制反应的程度。

总之，由于稀土离子的特性，使得稀土络合物的合成很复杂，尤其在水溶液中进行更为显著。决定络合反应主要有以下因素：(1)配位体与阳离子的摩尔数之比；(2)配位体及形成产物的分解和水解作用；(3)pH 和温度的影响；(4)起始物质的性质、浓度以及所用的溶剂；(5)存在的竞争反应及最终的平衡结果。

在制备络合物的过程中，为了避免产品的沾污和一些副反应的发生，应当小心地控制制备的条件。

2.2.2 稀土络合物的性质和影响络合物生成的因素

近年来，人们对于稀土离子与各种类型的螯合剂及中性配位体的络合倾向性进行了广泛的研究。由于氧的配位能力比较强，配位体的种类比较多，所以稀土络合物中，含氧配位体占的比例最大。

从配位场效应考虑，一些含氧配位体对轻稀土配位倾向，有以下次序：

$$\mathrm{H_2O < CH_3COO^- < CH_2(OH)COO^-}$$

$$\mathrm{CH_2OH(CHOH)_4COO^- < N(CH_2COO^-)_3}$$

$$\mathrm{< DCTA < EDTA < DTPA}$$

氧配位稀土络合物的这种绝对优势，导致人们对 Ln—N 键稳定性的一些不恰当估计。近年来人们已经制备出多种含氮络合物，尽管他们大多对水是不稳定的，但仍有一定的稳定性。

在水中三价稀土离子易于水解。当稀土盐溶于水时，会不同程度地降低溶液的 pH，降低的范围依赖于盐的浓度和稀土离子的种类。由于镧系收缩的影响，重稀土离子具有较小的离子半径，因而水解的倾向较大。稀土离子在水中生成水合络合物 $Ln(H_2O)_n^{3+}$，$n>6$(或者 8,9)。这种水合物对稀土离子生成各种络合物的稳定性影响很大，因为 n 个水分子围绕着中心的稀土离子，按照一定的几何结构排列，它们与周围其他自由水分子的结构不同，对稀土离子起着保护作用，妨碍了其他配位原子与稀土离子进行络合。只有当配位体的络合能力很强，可以破坏水合层的几何结构时，才可能在水溶液中与稀土离子形成络合物。另外多合配位体能生成螯环，所以它比单合配位体络合作用更强。总之，不仅中心金属离子，配位体的结构(包括配位原子的性质，配位原子的数目，形成螯环的大小等)，还有环境的因素如溶剂的温度、压力和浓度等都直接影响着络合物的稳定性。

2.3 重要的稀土络合物

2.3.1 无机配位体络合物

稀土离子可以和一系列的无机配位体如 H_2O，OH^-，Cl^-，NO_3^-，SO_4^{2-} 等生成络合物，其中多数主要存在于水溶液中。

1. 稀土离子的水合作用

对稀土离子而言，水是一个很强的配位体。从水溶液中制备的稀土化合物大多含有水，因此水合物的种类非常繁多。现将几种简单的水合无机盐列于表 22.51。这些水合物通常是将稀土的氧化物、氢氧化物或碳酸盐与相应的酸作用而制得。此外，有机羧酸和 β-双酮类的稀土络合物也都含有水。

表 22.51 稀土水合盐的组成

无机盐	水合盐形式	元素	水合数
氯化物	$LnCl_3 \cdot 7H_2O$	La，Pr	7
	$LnCl_3 \cdot 6H_2O$	Ce，Nd—Lu，Y	6
硝酸盐	$Ln(NO_3)_3 \cdot 6H_2O$	La—Lu	6
	$Ln(NO_3)_3 \cdot 5H_2O$	La—Lu	5
	$Ln(NO_3)_3 \cdot 4H_2O$	La—Lu	4

续表

无机盐	水合盐形式	元素	水合数
硫酸盐	$La_2(SO_4)_3 \cdot 9H_2O$	La	9
	$Ln_2(SO_4)_3 \cdot 8H_2O$	Pr, Nd, Sm, Gd	8
		Dy, Ho, Er, Y	
	$Ce_2(SO_4)_3 \cdot 5H_2O$	Ce	5
	$Yb_2(SO_4)_3 \cdot 11H_2O$	Yb	11
高氯酸盐	$Ce(ClO_4)_3 \cdot 9H_2O$	Ce	19
	$Ln(ClO_4)_3 \cdot 8H_2O$	Ce, Gd	8
	$Ln(ClO_4)_3 \cdot 7H_2O$	Ce, Pr, Y	7
	$Nd(ClO_4)_3 \cdot 6.5H_2O$	Nd	6.5
	$Nd(ClO_4)_3 \cdot 6H_2O$	Nd	6
	$La(ClO_4)_3 \cdot 5.5H_2O$	Ld	5.5
	$Sm(ClO_4)_3 \cdot 4.5H_2O$	Sm	4.5
	$Nd(ClO_4)_3 \cdot 4H_2O$	Nd	4
	$Pr(ClO_4)_3 \cdot 3H_2O$	Pr	3
其他盐类	$Ln(NCS)_3 \cdot 7H_2O$	Pr, Dy	7
	$Ln(C_2H_5SO_4)_3 \cdot 9H_2O$	La—Sm, Gd Dy, Er, Y	9
	$Ln(BrO_3)_3 \cdot 9H_2O$	La—Sm, Y	9
	$Ln(ReO_4)_3 \cdot 4H_2O$	La—Lu, Y	4
	$Ln(ReO_4)_3 \cdot 2H_2O$	Tb—Lu, Y	2
	$Ln(ReO_4)_3 \cdot H_2O$	La—Gd	1

在水合络合物中，有 n 个水分子环绕着中心的稀土离子，并具有一定的结构。如 $LnCl_3$ 溶于水，实际上生成了 $[Ln(H_2O)_n]^{3+}$，它与水化的 Cl^- 之间作用很弱，即水的壳层保护了稀土离子，减弱了其他配位体和阴离子的影响。如果配位体的络合能力比水强，则可侵入水合层，把水取代出来，直接与稀土离子配位。

表 22.51 中所列的水合数从 1—11 都有。用不同方法测定水合数的结果有时不一致，一般认为重稀土离子水合数是 8—9。也有人认为轻稀土配位数是 9，重稀土是 8，中间稀土介于二者之间。实际上稀土离子水合数随浓度而变化，如 Nd^{3+}，当 Cl^- 浓度增加时，水合数由 9 变到 8。

离子溶于水的过程是颇为复杂的，大致包含下列过程：①水化络合物的生成；②如果离子的电场足够强，除了第一配位水层外，还有取向水层；③水合离子由于不同于水的结构，使水合离子周围水的结构发生变化。这样水可以处于几种状态：紧随离子的配位水、水合离子附近的有取向但可迁移的水以及正常水等。所以实验测出的水化数，并不一定反映离子的第一水化层，有时还反映在第一配位层之外的水上。

至于水和阴离子，哪个进入最内层配位，这依赖于具体体系和阴离子的形式，

如 $Gd(H_2O)_6Cl_3$，其中 Gd 是八配位的，六个水分子和两个 Cl 离子与 Gd 配位，另一个 Cl^- 相距较远保持离子性。在 $ErCl_3$ 水溶液中，Er 的第二配位层中存在着 Cl^- 和水分子。

有关稀土离子的溶剂化，人们曾研究了 $LnCl_3$ 中 Ln^{3+} 在水-醇混合体系中光谱的 f-f 跃迁。如果醇含量小于 80%—85%，其光谱很类似于水合离子；醇浓度进一步增加，则吸收峰发生位移和变形，超精细结构跃迁强度增加。这一效应是由于醇分子取代了稀土离子最近的水分子层。在 Pr(III) 和 Nd(III) 溶剂化络合物中，可以得到醇的配位数是 6。

Nd 和 Eu 的硝酸盐在不同的有机溶剂中，从吸收光谱的研究可以得到如下的亲合顺序：

$$DMF > TBP > NO_3^- > H_2O > C_2H_5OH > \text{二氧六环}。$$

2. 稀土离子的水解

稀土离子的水解可以看作是稀土的水合离子中部分配位水分子电离生成氢氧根络合物：

$$Ln(H_2O)_6^{3+} + nH_2O \rightleftharpoons [Ln(H_2O)_{6-n}(OH)_n]^{3-n} + nH_3O^+$$

当溶液中有质子接受体 B 存在（如 $B = NH_3, OH^- \cdots$）时，上述反应可写为：

$$Ln(H_2O)_6^{3+} + nB \rightleftharpoons [Ln(H_2O)_{6-n}(OH)_n]^{3-n} + nBH^+$$

在水溶液中 n 不超过 3。

稀土离子水解的倾向随离子势的增加而增加，即从 La→Lu。表 22.52 列出了三价稀土从 0.1mol/L 的硝酸盐、氯化物或硫酸盐开始产生氢氧化物沉淀时的 pH 值及其溶度积。由表可见，开始沉淀的 pH 值由 La→Lu 减少，即水解倾向增加。Y^{3+} 的水解倾向与 Sm^{3+} 相仿，而 Sc^{3+} 的水解最强。

表 22.52 三价稀土盐溶液开始沉淀氢氧化物的 pH 值及溶度积(25℃)

Ln^{3+}	沉淀 pH 值			溶度积(25℃)	溶解度(μ mol/L)
	硝酸盐	氯化物	硫酸盐		
La	7.28	8.03	7.41	1×10^{-19}	8.8
Ce	7.60	7.41	7.35	1.5×10^{-20}	—
Pr	7.35	7.05	7.17	2.7×10^{-21}	2.2
Nd	7.31	7.02	6.95	1.9×10^{-21}	1.9
Sm	6.92	6.83	6.70	6.8×10^{-22}	1.3
Eu	6.82	—	6.68	3.4×10^{-22}	0.8
Gd	6.83	—	6.75	2.1×10^{-22}	0.9
Tb	—	—	—	—	—
Dy	—	—	—	—	—

续表

Ln^{3+}	沉淀 pH 值			溶度积(25℃)	溶解度(μ mol/L)
	硝酸盐	氯化物	硫酸盐		
Ho	—	—	—	—	—
Er	6.75	—	6.50	1.3×10^{-23}	0.5
Tm	6.40	—	6.21	2.3×10^{-24}	—
Yb	6.30	—	6.18	2.9×10^{-24}	0.5
Lu	6.35	—	6.18	2.5×10^{-24}	0.5
Y	6.95	6.78	6.83	—	0.9
Sc	4.9	4.9	—	1.6×10^{-23}	—

开始沉淀的 pH 值与溶液的浓度有关，浓度越大，开始沉淀的 pH 越低，例如在制备浓的稀土硝酸盐溶液时，pH 到 5.5 以上便发生混浊。

稀土离子的水解反应与稀土浓度有很大的关系。例如 La^{3+} 水解时，当(La^{3+})从 0.1→1.0mol/L，除 $La^{3+}+H_2O \rightleftharpoons La(OH)^{2+}+H^+$ 外，还会有下列的反应：

$$2La^{3+}+H_2O \rightleftharpoons La_2(OH)^{5+}+H^+$$

$$3La^{3+}+9H_2O \rightleftharpoons La_5(OH)_9^{6+}+9H^+$$

$$6La^{3+}+10H_2O \rightleftharpoons La_6(OH)_{10}^{8+}+10H^+$$

四价的稀土离子更容易水解。如 Ce^{4+}，它甚至在酸性溶液中都能水解。Ce^{4+} 能够氧化水，因此在 $HClO_4$ 溶液中，铈可有 Ce^{3+}，Ce^{4+}，$Ce(OH)^{3+}$，$Ce(OH)_2^{2+}$，$Ce(ClO_4)_n^{4-n}$，$Ce(OH)(ClO_4)_n^{3-n}$ 等。当 Ce(IV) 浓度大时，还可以生成二聚物 $(Ce—O—Ce)^{6+}$，$(HO—Ce—O—Ce)^{5+}$ 或 $(OH—Ce—O—Ce—OH)^{4+}$ 等。

3. 稀土离子的卤根络合物

稀土离子与 F^-，Cl^-，Br^-，I^- 能生成络离子，其中与 F^- 生成的络合物最稳定。La，Ce，Gd，Y 等都可生成 LnF^{2+}，Y^{3+} 还能生成负络离子 YF_4^-。有关这些络合物的热力学函数 ΔH^0，ΔZ^0，ΔS^0 也已测定过。

稀土离子与 Cl^- 生成络合物的稳定性比 F^- 差。在低 Cl^- 浓度，基本上不络合，当 Cl^- 浓度增至 8mol/L 以上，才开始与稀土络合。例如 Ce^{3+}，Nd^{3+} 与 Cl^- 在室温下生成络合物与 HCl 浓度的关系是

	1(mol/L)	8(mol/L)	13(mol/L)
Ce^{3+}	$Ce(H_2O)_9^{3+}$	$CeCl(H_2O)_x^{2+}$	$CeCl_2(H_2O)_y^+$
Nd^{3+}	$Nd(H_2O)_9^{3+}$	$NdCl(H_2O)_x^{2+}$	$NdCl_2(H_2O)_y^+$

在 4—7mol/L HCl 中稀土与 Cl^- 络合物的稳定性有下列次序

$$Ce>Pm>\cdots>Tm$$

稀土离子与 Cl^- 在水溶液中生成负络离子的能力很弱，但在胺类萃取时可以生成。例如仲胺萃取稀土离子的反应：

$$2R_2NH+2H^++LnCl_5^{2-}\rightleftharpoons(R_2NH_2)_2LnCl_5$$

至于稀土与 Br^-，I^- 络合物更不稳定，只有在离子交换或萃取过程中才看到。

稀土的卤化物与碱金属卤化物能生成复盐。其中稀土氟化物与碱金属氟化物生成的复盐最稳定，它可以从水溶液中分离出来，如 $NaYF_4$，$NaLaF_4$，$KLaF_4$，M_3LnF_6（Ln＝Ce(III)，Y，Sm，Fr；M＝Na，K，Rb，Cs）以及 Cs_3LaF_6，Rb_3PrF_6，Cs_3PrF_6 等。四价稀土也能生成复盐，如 $MF_2\cdot2CeF_4\cdot7H_2O$（M＝Zn，Cd，Ni，Co，Cu）以及 $MPrF_5$，M_2PrF_6，M_3PrF_7，M_3TbF_7（M＝碱金属）等，这些四价的复盐只有在室温和干燥的空气中才稳定。

稀土氯化物和碱金属氯化物也能生成复盐，但它在水溶液中不稳定，只能从乙醇溶液中制备。人们对有关稀土溴、碘化物的复盐研究得很少。

4. 稀土离子与含氧酸根的络合物

稀土离子与 NO_3^-，SO_4^{2-}，CO_3^{2-}，PO_4^{3-} 等均能生成一系列的络合物。

(1)稀土离子与 NO_3^- 的络合物

三价 Ln^{3+} 与 NO_3^- 在水溶液中生成 $Ln(NO_3)^{3-i}$（i＝1—3）络离子。人们曾用光谱、离子交换、萃取等一系列方法研究过 $Ln(NO_3)^{2+}$，$Ln(NO_3)_2^+$ 络离子的稳定性，证明这些络离子并不稳定。

(2)稀土离子与 SO_4^{2-} 的络合物

稀土离子与 SO_4^{2-} 能生成一系列稳定的络合物 $Ln(SO_4)_i^{3-2i}$（i＝1，2，3）。当 $[SO_4^{2-}]<0.1mol/L$ 时生成 $LnSO_4^+$。曾有人研究了 $Ce(SO_4)^+$ 络离子的稳定常数 β_1，在离子强度 $\mu=0.2$—1 之间有下列关系式：

$$\log\beta_1=-3.371+6.108\mu^{1/2}(1+1.885\mu^{1/2})$$

当(SO_4^{2-})较大时，Ln^{3+} 与 SO_4^{2-} 能生成相当稳定的负络离子。从浓硫酸中还可以分离出晶体 $H_3[Ln(SO_4)_3]$（Ln＝La，Ce，Pr，Nd，Sm，Y）。

四价稀土离子如 Ce^{4+} 能与 SO_4^{2-} 生成更稳定的络离子 $CeSO_4^{2+}$，$Ce(SO_4)_2$，$Ce(SO_4)_3^{2-}$，$Ce(SO_4)^{4-}$ 等。

(3)稀土离子与 CO_3^{2-} 的络合物

稀土离子与一个 CO_3^{2-} 生成的阳离子络合物研究得很少，只实验证明过有 $LaCO_3^+$ 和 $EuCO_3^+$，并测定过

$$La^{3+}+H_2CO_3\rightleftharpoons LaCO_3^++2H^+$$

反应的平衡常数为 10^{-9}。

稀土离子与 CO_3^{2-} 能生成稳定的负络离子$[Ln(CO_3)_n^{3-2n}]$（n＝2，3，4）。例如

在 0.001—1.03mol/L K_2CO_3 溶液中，Nd 与 Eu 生成 $Ln(CO_3)_2^-$，$Ln(CO_3)_3^{3-}$；在 0.3—3.0mol/L K_2CO_3 中，Ce，Pr，Nd，Pm，Sm，Eu 能生成 $Ln(CO_3)_4^{5-}$，Er^{3+} 生成 $Er(CO_3)_3^{3-}$；当 K_2CO_3 浓度大到 pH＝11.5—12 时，便生成羟基碳酸根离子 $Nd(OH)(CO_3)_4^{6-}$，$Eu(OH)(CO_3)_4^{6-}$。

当有 F^- 存在时，$Ln(CO_3)_n^{3-2n}$ 络离子中的 CO_3^{2-} 能被 F^- 替代，生成混合型络合物：

$$Ln(CO_3)_n^{3-2n}+pF^- \rightleftharpoons Ln(CO_3)_qF_p^{3-(2q+p)}+(n-q)CO_3^{2-}$$

q 值决定于$[F^-]/[CO_3^{2-}]$，当$[F^-]/[CO_3^{2-}]$很小时，

$$Ln(CO_3)_4^{5-}+F^- \rightleftharpoons Pr(CO_3)_3F^{4-}+CO_3^{2-}$$

Ln＝Pr，Nd，Er。当$[F^-]/[CO_3^{2-}]$＝0.2—1.3，则

$$Ln(CO_3)_3F^{4-}+F^- \rightleftharpoons Ln(CO_3)_2F_2^{3-}+CO_3^{2-}$$

$$Ln(CO_3)_2F_2^-+F^- \rightleftharpoons Ln(CO_3)F_3^{2-}+CO_3^{2-}$$

(4)稀土离子与磷酸根的络合物

稀土离子与 PO_4^{3-} 有很强的络合作用，生成中性的 $LnPO_4$ 盐和负络离子 $Ln(PO_4)_2^{3-}$。稀土离子与 HPO_4^{2-} 也能生成 $Ln(HPO_4)^+$ 和 $Ln(HPO_4)_2^-$ 络合物。

人们对稀土离子与各种焦磷酸根生成的络合物研究得很多，主要的络合物组成有 $Ln_2P_2O_7^{2+}$，$LnP_2O_7^-$，$Ln(P_2O_7)_2^{5-}$ 等。稀土的磷酸盐很溶易溶解在过量的碱金属磷酸盐中，生成 $LnHP_3O_{10}^-$，$Ln(HP_3O_{10})_2^{5-}$ 和 $Ln(P_3O_{10})_3^{7-}$ 等络离子。上述这些含磷无机配位体的络合能力为：

$$H_2PO_4^- < P_3O_9^{3-} < P_4O_{12}^{4-} < P_3O_{10}^{5-} < P_2O_7^{4-} < PO_4^{3-}$$

其次，稀土离子还能和许多含氧酸根，如 ClO_4^-，ClO_3^-，SO_3^{2-}，$S_2O_3^{2-}$，MoO_4^{2-} 等生成络合物，但研究和应用较少。

5. 稀土离子与其他无机配位化络合物

在其他无机配位体中，最重要的是硫氰酸根，它与稀土离子生成络合物 $Ln(SCN)_n^{3-n}$(n＝1—4)。这一络合物在离子交换和萃取分离中已有广泛的应用。

6. 小结

稀土离子与无机配位生成的络合物可以总结出以下几点规律。

① 稀土离子与无机配位体络合物的配位数一般是 6，8，9。

② 三价稀土离子在水溶液中与 CN^-，NO_2^-，NH_3 等配位体不发生络合作用(而这些配位体与含 d 过渡元素的络合作用很强烈)，也不能与亚硝酸化合物生成复盐。

③ 三价稀土离子与卤根，ClO_4^-，NO_3^- 等生成 LnX_n^{3-n}(n＝1—6)，其稳定性(以 Eu^{3+} 为例)$F^- > Cl^- > Br^- > I^- > ClO_4^-$；其他配位体的稳定次序(以 Ce^{3+} 为

例）$NO_3^- < SCN^- < S_2O_3^{2-} = SO_4^{2-} < F^- < CO_3^{2-} < PO_4^{3-}$。三价稀土离子与 SO_4^{2-}，CO_3^{2-}，PO_4^{3-} 能生成稳定的负络离子。

④ 某些二价稀土离子（Sm^{2+}，Eu^{2+}，Tb^{2+}，Tm^{2+}）在水中与一些配位体能生成络合物，其络合物能力为 $H_2O < H_2PO_4^- < SeO_4^{2-} < SO_4^{2-} < S_2O_3^{2-} < SCN^-$。

⑤ 四价的稀土离子（Ce^{4+}，Pr^{4+}，Tb^{4+}，Dy^{4+}）生成络合物的能力比三价强，它不仅与 SO_4^{2-}，CO_3^{2-} 等可生成负络离子，甚至与 Cl^- 也能生成负络离子。

2.3.2　稀土与含氧有机配位体络合物

稀土离子和氧的配位能力最强，因此在稀土络合物中，含氧配位体是主要的一大类。在 1960 年以前，人们主要研究阴离子型的含氧配位体，如羧酸盐和 β-双酮类。在 60 年代后期，特别是 70 年代以来，人们又集中于研究稀土离子与中性配位体的络合物。

含氧有机配位体，按其与稀土离子成键的基团，又可分为 C—O，N—O，P—O，As—O，S—O 和 Se—O 六类。它们与稀土离子络合时，都是通过这些基团上的氧原子配位。这些配位体主要以中性分子形式配位，但在 C—O，N—O 和 P—O 类中也有以阴离子形式配位，有些已应用在稀土萃取中。

从络合物的配位数来看，一般轻稀土离子由于体积较大，配位数较高，而重稀土离子体积较小，所以配位数也较低。但也有许多例外，即重稀土的配位数大于轻稀土。这可能与配位体本身结构、络合物制备条件以及络合物的键型直接有关。

1. 含 C—O 键的配位体

稀土络合物中，含 C—O 基团的配位体是其中最多的一类，它按基团性质可分为：

（1）一元有机酸类

多种有机酸可与稀土离子生成稳定的络合物。有关羧酸阴离子与金属离子的配位作用可能有下列四种方式：

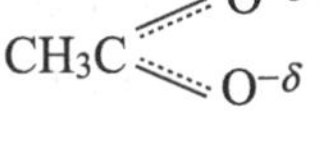

(I)

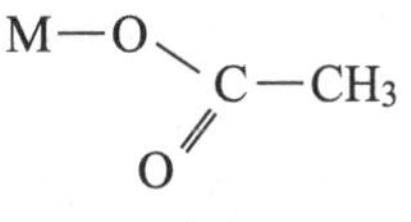

(II)

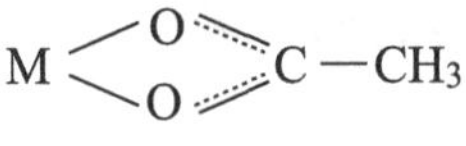

(III)

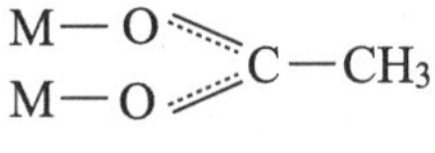

(IV)

从振动光谱或X光分析可以确定属于哪一种结构。研究证明甲酸钠(HCOONa)为(I)式,两个CO键长度相等(1.27Å);乙酸锂($LiAc \cdot 2H_2O$)为(II)式,两个CO键分别为1.33和1.22Å;乙酸锌($Zn(Ac)_2 \cdot 2H_2O$)具有(III)式,此类型的化合物较少;乙酸铬($Cr_2(CH_3COO)_4 \cdot 2H_2O$)和乙酸铜($Cu_2(CH_3COO)_4 \cdot 2H_2O$)呈(IV)式构型,其中羧基的作用相当于两个金属之间的桥。

稀土离子与乙酸根的络合物研究应用得很广泛,其稳定常数从La到Sm增加,Eu与Sm接近,以后的重稀土变化不大。

除乙酸外,丙酸和异丁酸也有很多研究,它们与稀土络合的规律与乙酸类似。这三种一元脂肪酸与稀土离子络合的能力为:

乙酸>丙酸>异丁酸。

此外,甲酸、三氯乙酸、正丁酸等与稀土离子也有络合作用,但研究较少。

(2) 二元有机羧酸

许多二元有机羧酸如乙二酸(草酸)、丙二酸、丁二酸、丁烯二酸、戊二酸、己二酸、邻苯二甲酸、联苯二甲酸和1,8萘二甲酸等与稀土能生成多种稳定的络合物。它们都是二合配位体,能生成1∶1络阳离子、1∶2络阴离子或固体络合物。其中草酸根是稀土离子的沉淀剂,应用很广,生成的沉淀为$Ln_2(OX)_3 \cdot (5—10)H_2O$或$NH_4[Ln(OX)_2] \cdot nH_2O(n=1,3)$,人们对这些草酸盐的热稳定性已做过详尽的研究。

(3) 羟基羧酸

在离子交换法和萃取法分离稀土与超铀元素的工艺中,广泛地使用羟基羧酸作为淋洗剂或络合剂。羟基羧酸中的氢氧基团有利于生成更稳定的螯合型络合物,其结构式为:

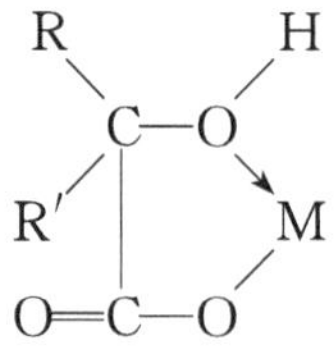

金属离子M带的正电荷越多,则与α-羧基中的氧原子作用越强,因而减弱了羟基中H与O键的强度。电泳法与离子交换法都证明稀土离子与葡萄糖酸、乳酸、α-羟基异丁酸等能生成负的螯合物$[Ln(HA)_4]^-$,这表明稀土有较高的配位数。

在研究过的羟基羧酸中,主要有葡萄糖酸、柠檬酸、乙醛酸、α-羟基异丁酸、乳酸、苹果酸、水杨酸和酒石酸等,在水溶液中,它们与稀土离子生成各级稳定络合物。从其稳定常数,我们可以看出:

① 当α碳原子上有一个取代羟基时,不论一元酸或是二元酸,形成络合物的稳定性都增加。

② α 碳原子上的甲基越多，α-羟基羧酸与稀土的络合物越稳定，例如 α-羟基异丁酸＞乳酸＞α-羟基乙酸。

③ 如果 α 碳原子上有两个取代羟基时，其络合物的稳定性比有一个取代羟基要低。这可能是由于 α 碳原子的第二个羟基降低了羟基对稀土离子的亲合能力。

④ 在 α-羟基羧酸中的 β 碳原子上再引入羟基时，使得它与稀土络合物的稳定性发生变化。例如 α,β,β'-三羟基异丁酸，它对轻稀土(La—Eu)络合物的稳定性大于 α-羟基异丁酸，但是与重稀土络合物的稳定性则刚好相反。

(4) β-双酮类

早在 1896 年，就有人制备出稀土-乙酰丙酮的络合物。乙酰丙酮及其各种衍生物属于 β-双酮类，它在非极性溶剂中，主要以烯醇式存在，在水溶液中约有 15% 的乙酰丙酮以烯醇式存在。如果将它们与稀土离子络合物的稳定常数 β_1 取对数($\log\beta_1$)对离子势作图，从 La^{3+} 到 Eu^{3+} 有线性关系，相邻两者之差为 0.15$\log\beta_1$。从 Gd^{3+} 以后，数值接近于常数，从 Tb^{3+} 到 Lu^{3+}，总的相差 0.2$\log\beta_1$。稀土-乙酰丙酮络合物是挥发性的，受热分解。在溶液中，这些络合物能离解，其离解依赖于体系的 pH 值。

取代 β-双酮类如丙酰基丙酮、苯酰基丙酮和二苯酰基甲烷等和 La，Pr，Nd，Y 等稀土离子也能形成络合物，它们的总不稳定常数在 10^{-41}—10^{-20} 数量级，络合物的稳定性次序为：

$$\text{乙酰丙酮} < \text{丙酰丙酮} < \text{苯酰基丙酮}$$

在整个稀土系列中，络合物的稳定性随稀土离子半径的减小而增加。

还有一些取代 β-双酮类如苯酰基丙酮、o-羟基二苯甲酮、六氟乙酰丙酮和噻吩三氟乙酰丙酮等可以制备稀土萤光化合物，这些络合物已经用于激光的研究上。

(5) 中性含氧配位体

酮、醇、醚、酯与稀土离子能够生成溶剂络合物，例如当 La^{3+}，Ce^{3+}，Nd^{3+} 的氯化物从乙醇中分离出来时，便生成含有 3 个乙醇分子的固体溶剂络合物；人们还制备过 Pr^{3+}，Nd^{3+} 与甲醇，2-丙醇，正丁醇，二氧六环(DiOx)，四氢呋喃(THF)等生成的固体溶剂络合物；还发现稀土能与丙酮，二苯乙醇酮，苯乙酮，二苯甲酮等生成溶剂络合物。但是这些配位体与稀土离子配位较弱。

近年来，稀土与少数冠醚类的络合物也已被制备。已报道合成了稀土硝酸盐、硫氰酸盐和苯并 15-冠醚-5 及二苯并 18-冠醚-6 的络合物。但也有报道二苯并 18-冠醚-6 与重稀土硝酸盐络合物制备不出来，重稀土与苯并 15-冠醚-5 络合物中却包含着若干溶剂分子，这些溶剂分子结合得很紧密，只有当络合物分解时才能去掉。最近制备的硝酸镧与 C—18-冠醚-6 络合物，经 X 光单晶结构分析，得知两个硝酸根都是二合配位，所以三价 La^{3+} 的配位数是 12。

羧酸酯类也能与稀土离子生成络合物。例如若干二元羧酸酯类与稀土氯化物生成络合物，其中草酸二乙酯和丙二酸二乙酯生成络合物的结构式如(I)，丁二酸二酯和己二酸二酯生成络合物的结构式如(II)：

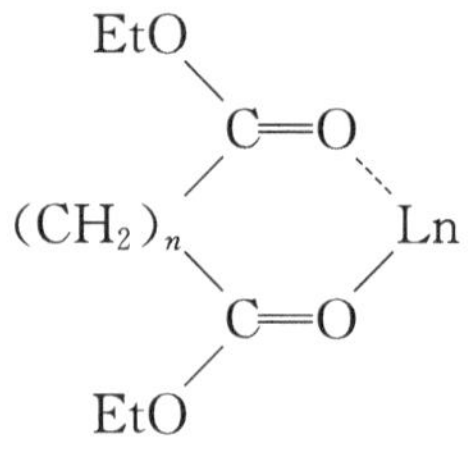

(I) $n=0,1$

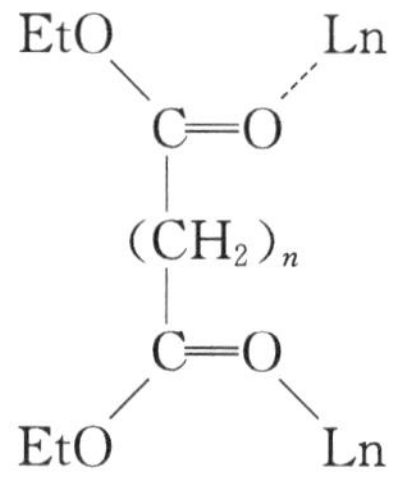

(II) $n=2,4$

(6) 酰胺类化合物

酰胺类属中性配位体，它是通过羰基与稀土离子配位，它与稀土离子生成络合物的组成与阴离子有重要关系。例如二甲基甲酰胺 DMF，在碘化物与高氯酸盐中生成的络合物为 $Ln(DMF)_8I_3$ 和 $Ln(DMF)_8(ClO_4)_3$。当配对的阴离子与稀土离子有较强的配位能力时，则配位体与金属离子的比值(L∶Ln)就下降。例如稀土硝酸盐-DMF 络合物中 L∶Ln=4∶1；氯化物中 L∶Ln=2∶1；乙酸盐中 L∶Ln=1∶1。在这些络合物中，稀土的配位数也发生变化。例如 $Ln(DMF)_4(NO_3)_3$ 中，两个 NO_3^- 以二合配位体方式与稀土离子络合，另一个 NO_3^- 以一合方式存在，所以稀土离子的配位数为 9。在 $Ln(DMF)_2Cl_3$ 中，由于氯桥的存在，稀土离子的配位数为 6。而在 $Ln(DMF)(Ac)_3$ 中，稀土离子的配位数为 7。

另外，酰胺与稀土离子络合物组成还与离子的大小密切相关。例如二甲基乙酰胺 DMA，与稀土高氯酸盐络合时，对 La—Nd 生成 $Ln(DMA)_8(ClO_4)_3$；对 Tm—Lu 生成 $Ln(DMA)_6(ClO_4)_3$；中间的稀土离子含有 7 个 DMA 分子。DMA 与稀土氯化物生成的络合物也有类似现象：L∶Ln=4∶1→3.5∶1→3∶1。稀土碘化物、硫氰酸盐、六氟磷酸盐、硝酸盐和高鳞酸盐等与 DMA 生成的络合物都有这样的趋势，只有溴化物例外。

环状酰胺与稀土生成的络合物也具有同样的特点。例如 γ-丁内酰胺(γ-Bul)与高氯酸稀土盐生成的络合物 L∶Ln=8∶1；与硝酸稀土生成的络合物，对轻稀土为 $La(Bul)_4(NO_3)_3$，对重稀土为 $Gd(Bul)_3(NO_3)_3$。其他环酰胺如 *N*-甲基-γ-丁内酰胺(NMBul)等人们都曾研究过。

吡啶酰胺与稀土高氯酸盐、硝酸盐、异硫氰酸盐的络合物人们也研究过。这一配位体具有二合作用，吡啶环上的氮原子也参予配位，形成如下图的五环络合物：

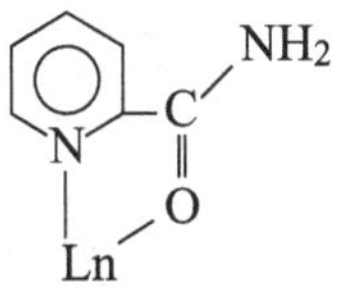

尿素和它的多种取代衍生物也与稀土盐生成络合物。

有关上述含 C—O 键的各类配位体的名称、结构和生成络合物的组成等详细情况可参看表 22.53。

表 22.53 一些重要的含 C—O 配位体络合物

羧酸类与稀土络合物		
配位体	稀土离子	络合物组成
HFA	Ce 组	固体络合物
HAC	La—Lu,Y	$Ln(Ac)_i^{3-i}$,$i=1—4$
HPC	La—Lu,Y	$Ln(Pc)_i^{3-i}$,$i=1,2$
IB	La—Lu,Y	$Ln(IB)_i^{3-i}$,$i=1,2$
H_2O_x	La—Lu,Y	$Ln_2(O_x)_3 \cdot nH_2O$,$n=5—10$
H_2O_x	La—Lu,Y	$NH_4[Ln(O_x)_2] \cdot nH_2O$,$n=1,3$
H_2Np	Ln	$Ln(Np)_2^-$
H_2Dp	Ce	$Na_3[Ce(Dp)_3]$
H_2Nap	Ln	$Na[Ln(Nap)_2] \cdot 4H_2O$
HGluc	La,Ce,Nd,Sm	$[Ln(Guyc)_i]^{3-i}$,$i=1,2$
HGluc	Ce(IV)	$Ce(Gluc)_3(OH)_5^{4-}$
HGlyc	Ln	$Ln(Glyc)_i^{3-i}$,$i=1—4$
H_3Cit	La,Ce,Nd,Pm,Eu	$Ln(Cit)_2^{3-}$,$[HiLn(Cit)_2]^{i-3}$,$i=1—3$
HGlyox	La—Lu,Y	$Ln(Glyox)_i^{3-i}$,$i=1—3$
HIB	La—Lu,Y	$Ln(HIB)_i^{3-i}$,$i=1,2$
HLac	La—Lu,Y	$Ln(Lac)_4^-$
H_2Sal	La,Ce,Pr,Nd	$Na\left[La\left(C_6H_4{<}^{COO^-}_{O^-}\right)_2\left(C_6H_4{<}^{COO^-}_{OH}\right)\right]$
H_2Mal	La,Yb	$Ln(Mal)^+$ 酸性溶液
H_2Mal	La,Yb	$Ln(OH)(Mal)$, $Ln(Mal)_2^-$ } 中性溶液
H_2Tar	Ln	

续表

羧酸类与稀土络合物		
配位体	稀土离子	络合物组成
H_2THG	La,Ce,Nd,Sm	$Ln(C_5H_6O_7)^+$
HAcAc	La—Lu,Y	$Ln(AcAc)_i^{3-i}$,i=1—3
DBM	La—Ho,Yb	$Ln(DBM)_3 \cdot H_2O$
羧酸类配位体		
简写	名称	结构式
HFA	甲酸	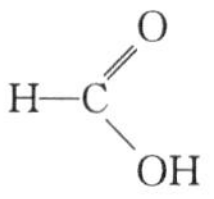
HAC	乙酸	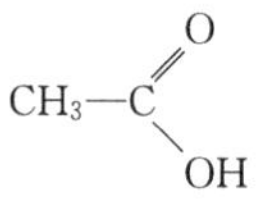
HPC	丙酸	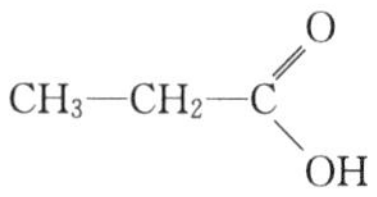
IB	异丁酸	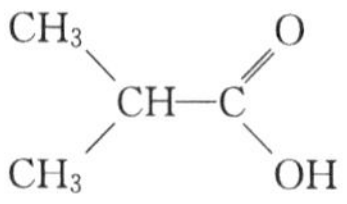
H_2Ox	草酸	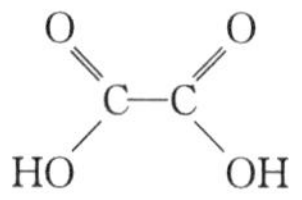
H_2Np	邻苯二甲酸	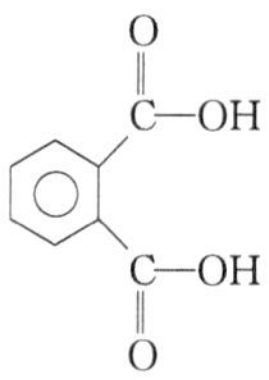
H_2Dp	联苯二甲酸	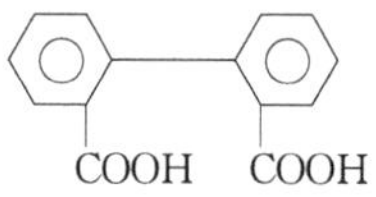
H_2Npa	1,8-萘二甲酸	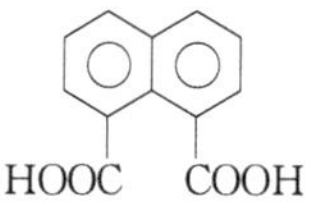

续表

羧酸类配位体		
简写	名称	结构式
HGluc	葡萄糖酸	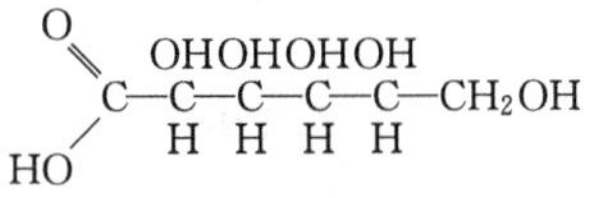
HGlyc	α-羟基乙酸	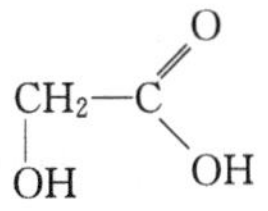
H_3Cit	柠檬酸	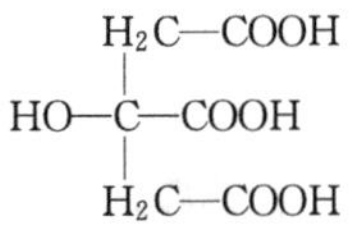
HGlyox	乙醛酸	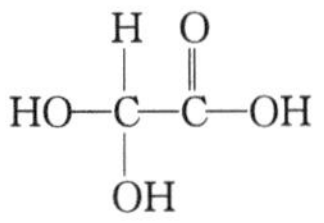
HIB	α-羟基异丁酸	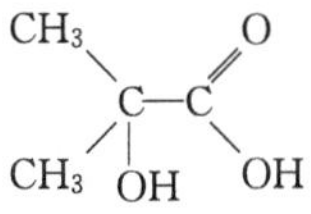
HLac	乳酸	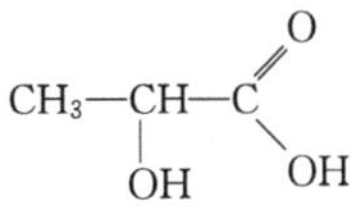
H_2Sal	水杨酸	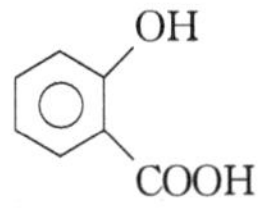
H_2Mal	苹果酸	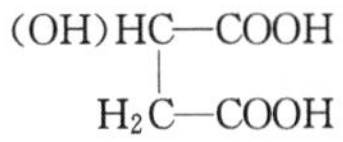
H_2Tar	酒石酸	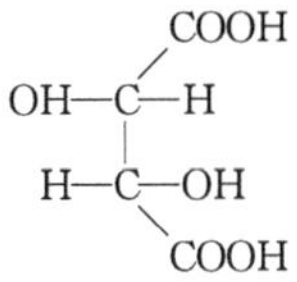
H_2THG	三羟基戊二酸	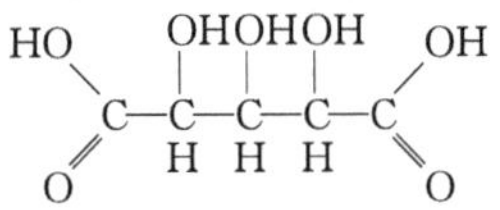

续表

羧酸类配位体		
简写	名称	结构式
HAcAc	乙酰丙酮	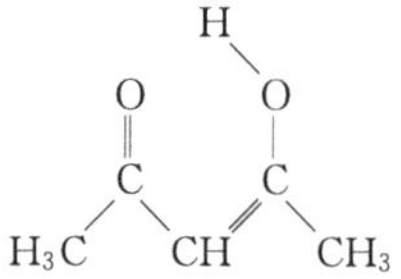
DBM	二苯酰甲烷	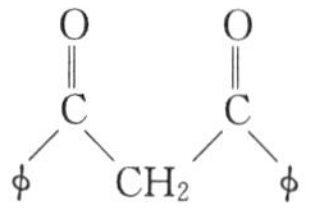

醇、酯类与稀土络合物			
配位体	阴离子	稀土离子	络合物组成
EtOH	Cl^-	La $n=2$ La,Ce,Nd $n=3$ Nd,Y $n=1$	$Ln(EtOH)_nCl_3$
ROH: i-C_3H_7OH n-C_4H_9OH i-C_4H_9OH	Cl^-	La,Ce	$Ln(ROH)_3Cl_3$
ROH(同上)	Cl^-	Gd,Y	$Ln(ROH)_3Cl_3 \cdot H_2O$
DEO[1]	Cl^-	La,Sm,Gd,Dy	$LnCl_3(DEO)_{0.5}$
DEM[2]	Cl^-	Nd($n=1$);La,Pr,Nd Sm,Gd,Dy($n=2$)	$Ln(DEM)_nCl_3$
DES[3]	Cl^-	La,Pr,Nd,Sm,Gd,Dy	$Ln(DES)Cl_3$
DEA[4]	Cl^-	La,Nd	$Ln(DEA)Cl_3$

1) DEO—草酸二乙酯；2) DEM—丙二酸二乙酯；3) DES—丁二酸二乙酯；4) DEA—己二酸二乙酯。

冠醚类与稀土络合物			
配位体	阴离子体系	稀土离子	络合物组成
DiOX	NO_3^-	La,Ce	$Ln(DiOX)(NO_3)_3 \cdot 2H_2O$
		Pr,Nd,Sm	$Ln(DiOX)_2(NO_3)_3 \cdot 2H_2O$
		Gd—Yb,Y	$Ln(DiOX)_{2.5}(NO_3)_3 \cdot 3H_2O$
THF	Cl^-	La,Ce	$Ln(THF)_{1.5}Cl_3$
		Y,Lu	$Ln(THF)_3Cl_3$
	Br^-	La,Ce	$Ln(THF)_4Br_3$
	NCS^-	La—Sm,Gd, Dy,Ho,Er,Y	$Ln(THF)_4(NCS)_3$

续表

冠醚类与稀土络合物			
配位体	阴离子体系	稀土离子	络合物组成
15-冠-5	NCS^-	La—Lu	Ln(15-冠-5)$(NCS)_3 \cdot H_2O$
	NO_3^-	La—Lu	Ln(15-冠-5)$(NO_3)_3$
	NO_3^-,丙酮	Sm—Lu	Ln(15-冠-5)$(NO_3)_3 3H_2O \cdot (CH_3)_2CO$
18-冠-6	NO_3^-	La—Lu	Ln(18-冠-6)$(NO_3)_3$
	NCS^-	La—Lu	Ln(18-冠-6)$(NCS)_3$
DC-18-冠一6	NO_3^-	La	La(C-18-冠-6)$(NO_3)_3$

冠醚类配位体		
简写	名称	结构式
DiOX	1,4-二氧六环	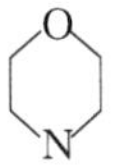
THF	四氢呋喃	
15-Crown-5	苯并-15-冠-5	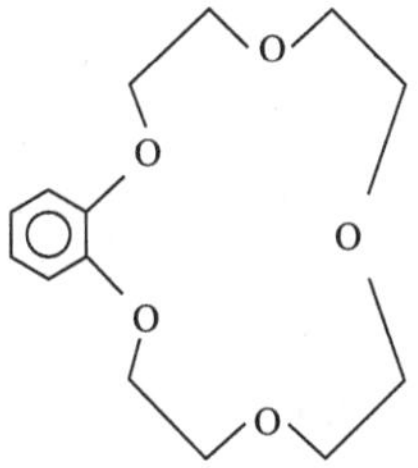
18-Crown-6	二苯并-18-冠-6	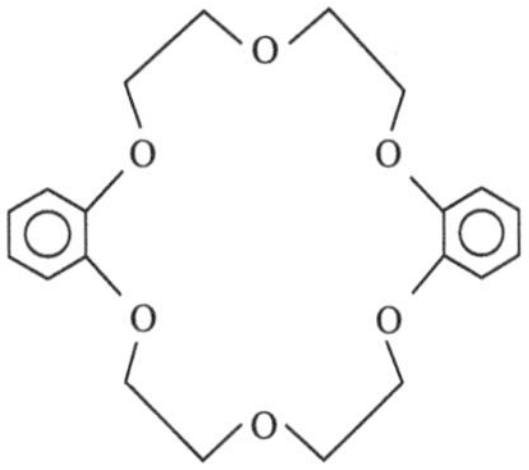
DC-18-Crown-6	顺式-二-(顺式环己基)-18-冠-6	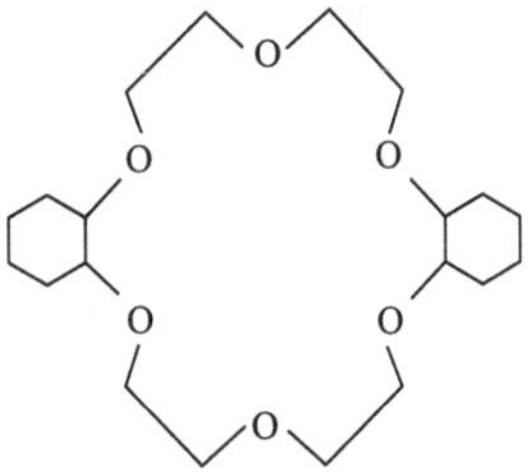

续表

酰胺类与稀土络合物			
配位体	阴离子体系	稀土离子	络合物组成
DMF	I^-	La,Pr,Nd,Sm,Gd	$Ln(DMF)_8I_3$
	ClO_4^-	La—Sm,Y	$Ln(DMF)_8(ClO_4)_3$
	NO_3^-	La,Pr,Nd,Sm,Y	$Ln(DMF)_4(NO_3)_3$
	Cl^-	La—Nd	$Ln(DMF)_2Cl_3$
	Ac^-	La,Dy,Ho,Er,Y	$Ln(DMF)(Ac)_3$
	ReO_4^-	La	$Ln(DMF)_3(ReO_4)_3$
	ReO_4	Ce—Lu,Y	$Ln(DMF)_4(ReO_4)_3$
DMA	ClO_4^-	La—Nd(n=8);Sm,Er, Y(n=7);Tm—Lu(n=6)	$Ln(DMA)_n(ClO_4)_3$
	Cl^-	La(n=4);Ce,Dy(n=3.5); Ho,Lu,Y(n=3)	$Ln(DMA)_nCl_3$
	I^-	La,Pr,Nd,Sm,Gd,Tb	$Ln(DMA)_6I_3\cdot 3H_2O$
		Er,Yb,Y	$Ln(DMA)_4\cdot I_3\cdot 3H_2O$
	Br^-	La—Dy	$Ln(DMA)_5Br_3$
		Ho—Lu	$Ln(DMA)_5Br_3\cdot 3H_2O$
	NCS^-	Ce—Nd(n=5);Sm—Lu, Y(n=4)	$Ln(DMA)_n(NCS)_3$
	NO_3^-	La,Ce,Pr n=4 Nd—Lu,Y n=3	$Ln(DMA)_n(NO_3)_3$
DMA	PF_6^-	La—Ho(n=7);Er—Lu,Y(n=6)	$Ln(DMA)_n(PF_6)_3$
	ReO_4^-	La	$La(DMA)_5(ReO_4)_3$
		Ce—Eu,Dy,Ho,Er,Y	$Ln(DMA)_4(ReO_4)_3$
DPF	ClO_4^-	La—Sm,Y	$Ln(DPF)_6(ClO_4)_3$
PA	ClO_4^-	La,Ce	$Ln(PA)_4(ClO_4)_3\cdot H_2O$
		Pr,Er	$Ln(PA)_4(ClO_4)_3\cdot 3H_2O$
		Tm—Lu	$Ln(PA)_3(ClO_4)_3\cdot 3H_2O$
	NCS^-	Dy,Ho	$Ln(PA)_3(NCS)_3\cdot H_2O$
		Er	$Er(PA)_3(NCS)_3\cdot 3H_2O$
		Tm—Lu	$Ln(PA)_2(NCS)_3\cdot 3H_2O$
	NO_3^-	La,Er	$Ln(PA)_3(NO_3)_3$
		Tm—Lu	$Ln(PA)_2(NO_3)_3$
BuL	ClO_4^-	La—Yb,Y	$Ln(BuL)_8(Cl_4)_3$
	NO_4^-	La,Nd,Gd	$Ln(BuL)_8(NO_3)_3$
		La,	$La(BuL)_4(NO_3)_3$
		Gd,Dy,Er,Yb	$Ln(BuL)_3(NO_3)_3$
NMBuL	ClO_4^-	La—Tb	$Ln(NMBuL)_8(ClO_4)_3$
		Dy,Ho,Er,Yb,Y	$Ln(NMBuL)_7(ClO_4)_3$

续表

酰胺类与稀土络合物			
配位体	阴离子体系	稀土离子	络合物组成
Ur	Cl^-	La—Sm,Ho	$Ln(Ur)_6Cl_3$
Ur	Ac^-	La—Sm	$Ln(Ur)_3(Ac)_3$
		La—Sm	$Ln(Ur)_3(Ac)_3 \cdot 1.5H_2O$
Eu	Cl^-	Ce—Nd,Ho,Er,Tm	$Ln(Eu)_8Cl_3$
	NO_3^-	La,Ce,Ho,Tm	$Ln(Eu)_8(NO_3)_3$
CPu	ClO_4^-	La—Yb	$Ln(CPu)_8(ClO_4)$
	NO_3^-	La—Gd	$Ln(CPu)_8(NO_3)_3$
TMU	ClO_4^-	La—Lu,Y	$Ln(TMU)_6(ClO_4)_3$
	Cl^-	La—Lu,Y	$Ln(TMU)_3Cl_3$
	NCS^-	La—Lu,Y	$Ln(TMU)_5(NCS)_3$
	NCS^-	La—Nd	$Ln(TMU)_4(NCS)_3$
	NO_3^-	La—Lu	$Ln(TMU)_3(NO_3)_3$
	ReO_4^-	La—Sm	$Ln(TMU)_5(ReO_4)_3$
	ReO_4^-	La—Sm	$Ln(TMU)_2(ReO_4)_3$
AP	NO_3^-	La—Sm,Gd,Er,Y	$Ln(AP)_6(NO_3)_3$
	NO_3^-	Er,Y	$Ln(AP)_4(NO_3)_3$
DMAAP	NO_3^-	La—Nd,Er,Y	$Ln(DMAAP)_3(NO_3)_3$
	$X^-(Cl^-,Br^-,I^-,IO_3^-,NO_3^-,ClO_4^-)$	La—Nd,Er,Y	$Ln(DMAAP)_3X_3$
DA	ClO_4^-	La,Nd,Gd,Ho,Yb	$Ln(DA)_4(ClO_4)_3$
DP	ClO_4^-	La—Yb,Y	$Ln(DP)_4(ClO_4)_3$
DMAA	ClO_4^-	La—Lu,Y	$Ln(DMAA)_4(ClO_4)_3$
Au	ClO_4^-	La—Yb,Y	$Ln(Au)_4(ClO_4)_3$
TMMA	ClO_4^-	La—Lu,Y	$Ln(TMMA)_4(ClO_4)_3$
	Cl^-	La—Lu,Y	$Ln(TMMA)_2Cl_3$
	NCS^-	La—Yb,Y	$Ln(TMMA)_3(NCS)_3$
	NO_3^-	Ce,Pr,Nd	$Ln(TMMA)_2(NO_3)_3$
Bu	Cl—	La—Sm	$Ln(Bu)Cl_3 \cdot 3H_2O$
TMMA	ClO_4^-	La—Nd	$Ln(TMAA)_4(ClO_4)_3$
		Sm—Lu,Y	$Ln(TMAA)_3(ClO_4)_3$
DAPM	$NCSe^-$	La—Nd,Lu,Y	$Ln(DAPM)_2(NCSe)_3$
		La—Gd,Lu,Y	$Ln(DAPM)_3(NCSe)_3$
		La—Nd,Lu,Y	$Ln(DAPM)_4(NCSe)_3$

续表

酰胺类配位体		
简写	名称	结构式
DMF	二甲基甲酰胺	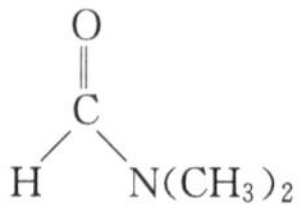
DMA	二甲基乙酰胺	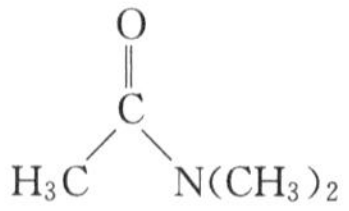
DPF	二苯基甲酰胺	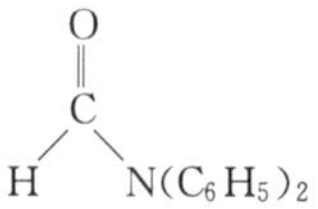
PA	吡啶酰胺	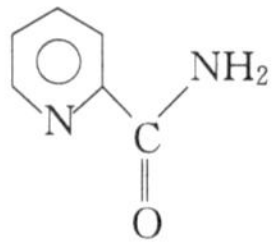
BuL	*γ*-丁内酰胺	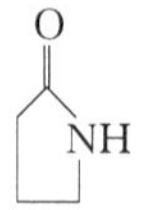
NMBuL	*N*-甲基-*γ*-丁内酰胺	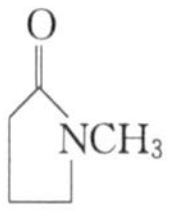
Ur	尿素	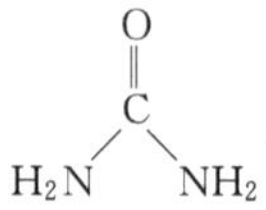
EU	*N*,*N*′-乙撑尿素	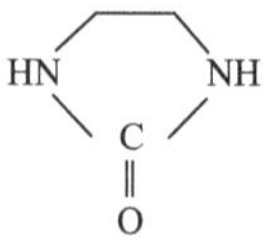
CPu	环丙撑尿素	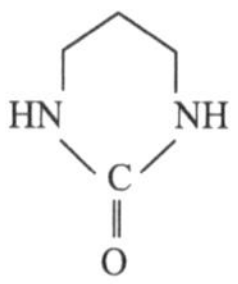
TMU	四甲基尿素	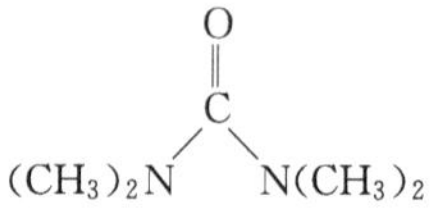

续表

酰胺类配位体		
简写	名称	结构式
AP	安替比林	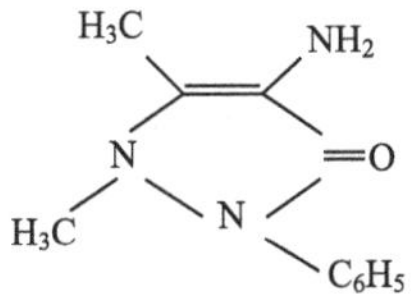
DMAAP	*N*,*N*′-二甲基氨基安替比林	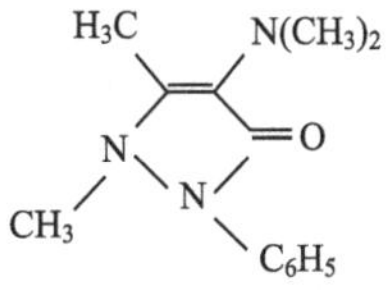
DA	二乙酰胺	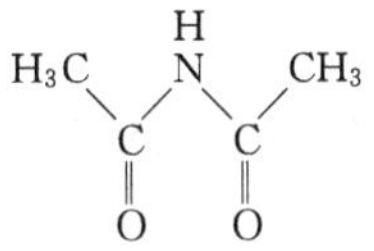
DP	二丙酰胺	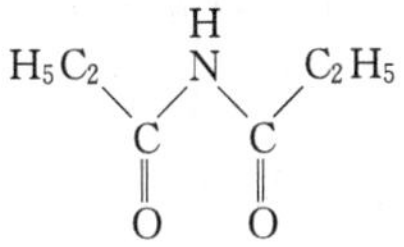
DMAA	*N*,*N*′-二甲基乙酰基乙酰胺	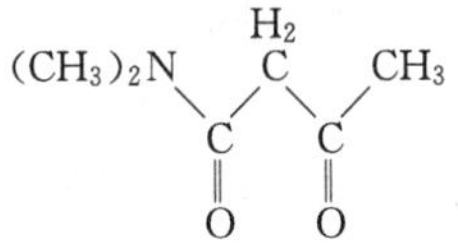
Au	乙酰基尿素	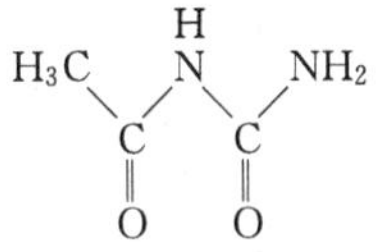
TMMA	四甲基丙二酰胺	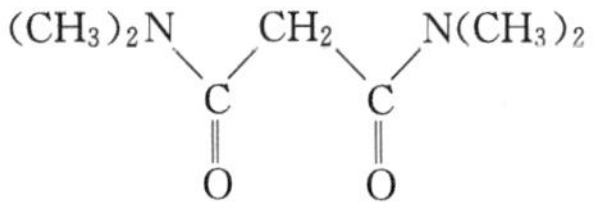
TMMA	四甲基己二酰二胺	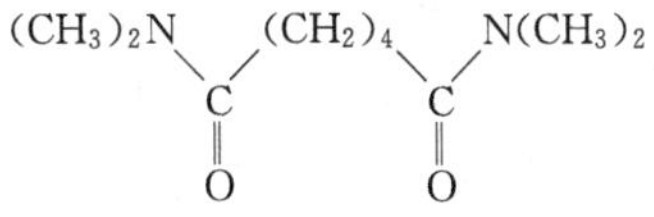

续表

酰胺类配位体		
简写	名称	结构式
BU	缩二脲	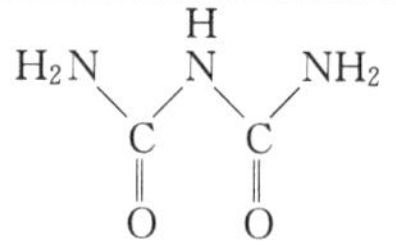
DAPM	二安替比林甲烷	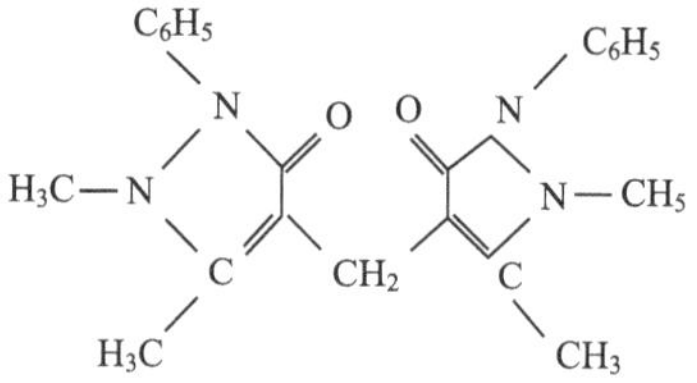

2. 含 N—O 键的配位体

含 N—O 键配位体包括氧化芳香胺、亚硝基化合物等，它们能与稀土离子生成一系列的络合物。最先合成的是氧化吡啶（PyO）、甲基氧化吡啶（MePyO）与 La^{3+}、Eu^{3+} 的络合物，如 $Eu(4\text{-}MePyO)_3Cl_3$ 和 $Eu(4\text{-}MePyO)_8(ClO_4)_3$，并研究了它们的荧光谱。根据单晶 X 光衍射研究 $La(PyO)_8(ClO_4)_3$ 及荧光发射光谱研究 $Eu(PyO)_8(ClO_4)_3$ 的结果，表明在这一类络合物中，配位体氧是以变形四方反棱柱体排列在稀土离子的周围。

制备这类络合物，常在稀或浓的硝酸盐或高氯酸盐溶液中沉淀。当改变沉淀条件和合成方法时，便可以制备不同组分的络合物。例如当 PyO 量不足，得到的络合物是 $Ln(PyO)_5(H_2O)(ClO_4)_3$。

甲基取代的氧化吡啶，它与稀土的络合物与甲基取代位置有密切关系。在 3 或 4 位置上取代，空间阻碍较小，因此合成的稀土高氯酸盐（溴化物、碘化物）络合物中可以包含 8 个 PyO 分子。在 2 个位置上取代，其空间阻碍较大，所以在稀土高氯酸络合物中，只包含 7 个 2-MePyO 分子，在相应的氯化物、溴化物和碘化物的络合物中，L∶Ln=5∶1。如果在 2-和 6-位置上都有甲基取代，可以预料有更大的空间阻碍，但是仍可制得 L∶Ln=8∶1 的络合物，说明高配位数的络合物比较稳定。

氧化喹啉很像 2,3-二取代的 PyO，它与轻稀土生成 $Ln(QNO)_3Cl_3 \cdot H_2O$，与重稀土生成 $Ln(QNO)_4 \cdot Cl_3H_2O$，但这含四个 QNO 的络合物不稳定，在 50—100℃之间能失去 2 个 HCl 而形成 $LnOCl(QNO)_4$，此时 Ln 离子可能是六配位的。至于氧化异喹啉 IQNO，它类似于 3,4-二取代氧化吡啶，由于取代位置和配位位置相距较远，所以可以得到 L∶Ln=8∶1 的络合物。

氧化二氮杂菲(phen NO)与稀土也能生成络合物，例如已经制得[Eu(*o*-phen NO)$_3$(NO$_3$)](NO$_3$)$_2$ 络合物，其中 Eu^{3+} 是八配位的，*o*-phen NO 是二合配位体(N—O 基团上的氧和杂环上的氮原子同时和 Eu 配位)，一个硝酸根也是以二合配位形式存在。此外，二氧化胺类，如联吡啶二氧化，三乙撑二氧化二胺等，与稀土生成 L∶Ln=4∶1 或 3∶1 络合物。

吡啶羧酸氮氧化物 HPANO 和氧化喹啉 HOQNO 等，既可以作为阴离子配位，又可以作为中性配位体存在。HPANO 与稀土高氯酸盐络合物中，其中两个 HPANO 分子的作用为阴离子，另外两个的作用为中性配位体(是通过 N—O 基团的氧和羧基上的氧参与配位)。

亚硝基化合物，如 *p*-亚硝基-*N*,*N*-二甲基苯胺(NDMA)等，通过 N—O 基团上的氧与稀土离子生成络合物。但是这些络合物不太稳定。

含 N—O 配位体及其与稀土络合物的详细情况列于表 22.54 中。

表 22.54 一些重要的含 N—O 配位体络合物

含 N—O 配位体与稀土的络合物			
配位体	阴离子体系	稀土离子	络合物组成
PyO	ClO_4^-	La—Sm,Gd,Y　$n=8$, $m=0$	Ln(PyO)$_n$(ClO$_4$)$_3$·mH$_2$O
		Er,Tm,Yb　$n=7$, $m=0$	
		Pr,Nd,Ho　$n=5$, $m=1$	
	X^-(Cl^- Br^-, I^-,PF_6^-,NO_3^-)	Eu	Eu(PyO)$_8$X$_3$
	Cl^-	La,Pr,Nd,Sm,Er,Y	Ln(PyO)$_8$Cl$_3$
	Br^-	La,Pr,Nd,Sm,Tb,Er	Ln(PyO)$_8$Br$_3$
	Br^-	La,Pr,Nd,Sm,Gd,Dy,Tb,Y	Ln(PyO)$_8$Br$_3$·2H$_2$O
	NO_3^-	La,Pr,Nd,Sm,Tb,Dy,Er	Ln(PyO)$_8$(NO$_3$)$_3$
4-MePyO	ClO_4^-	Pr—Dy	Ln(4-MePyO)$_8$(ClO$_4$)$_3$
		Sm,Eu　$n=7$, $m=1$, $n=6$, $m=2$	Ln(4-MePyO)$_n$(ClO$_4$)$_3$·mH$_2$O
	Br^-	La,Pr—Sm,Tb,Er,Y	Ln(4-MePyO)$_8$Br$_3$·4H$_2$O
	I^-	La	La(4-MePyO)$_8$I$_3$·2H$_2$O
		Pr,Nd,Tb,Dy,Er,Yb	Ln(4-MePyO)$_8$I$_3$
	PF$_6$	Eu	Eu(4-MePyO)$_8$(PF$_6$)$_3$

续表

含 N—O 配位体与稀土的络合物			
配位体	阴离子体系	稀土离子	络合物组成
3-MePyO	Br^-	La,Pr,Nd,Sm,Tb,Y	$Ln(3\text{-}MePyO)_8Br_3$
		Ho,Yb	$Ln(3\text{-}MePyO)_8Br_3 \cdot 2H_2O$
3-MePyO	I^-	La,Tb	$Ln(3\text{-}MePyO)_8I_3$
		Pr(m=1),Nd,Sm,Dy,Yb,Y(m=2)	$Ln(3\text{-}MePyO)_8I_3 \cdot mH_2O$
2-MePyO	ClO^-	La,Pr—Sm,Gd,Dy,Ho	$Ln(2\text{-}MePyO)_7(ClO_4)_3 \cdot 2H_2O$
	Cl^-	La,Pr	$Ln(2\text{-}MePyO)_4Cl_3$
		Nd,Sm,Tb,Er,Y	$Ln(2\text{-}MePyO)_5Cl_3$
	Br^-	La,Pr—Sm,Ho,Yb,Y	$Ln(2\text{-}MePyO)_5Br_3$
	I^-	La,Sm,Tb	$Ln(2\text{-}MePyO)_5I_3$
		Nd(m=1),Pr(m=3)	$Ln(2\text{-}MePyO)_5I_3 \cdot mH_2O$
	NO_3^-	La	$La(2\text{-}MePyO)_3(NO_3)_3 \cdot 2H_2O$
		Nd,Sm,Tb,Dy,Yb	$Ln(2\text{-}MePyO)_3(NO_3)_3$
2,6-DMePyO	ClO_4^-	La,Nd,Gd,Er	$Ln(2,6\text{-}DMePyO)_8(ClO_4)_3$
		La—Yb,Y	$Ln(2,6\text{-}DMePyO)_5(ClO_4)_3$
		La,Pr,Nd	$Ln(2,6\text{-}DMePyO)_4 \cdot (ClO_4) \cdot {}_32H_2O$
		Sm,Ho,Er,Yb,Y	$Ln(2,6\text{-}DMePyO)_4(ClO_4)_3$
	Cl^-	La,Pr—Sm,Gd,Tb,Er,Ho	$Ln(2,6\text{-}DMePyO)_3Cl_3$
	Br^-	La,Pr—Sm,Tb,Er,Y	$Ln(2,6\text{-}DMePyO)_3Br_3 \cdot H_2O$
	I^-	La,Tb,Yb	$Ln(2,6\text{-}DMePyO)_5I_3$
		Pr,Nd	$Ln(2,6\text{-}DMePyO)_4I_3$
	NO_3^-	La,Nd,Gd,Er,Y	$Ln(2,6\text{-}DMePyO)_4(NO_3)_3$
2,6-DMePyO	NO_3^-	La,Pr,Nd,Sm	$Ln(2,6\text{-}DMePyO)_3(NO_3)_3$
		Yb	$Yb(2,6\text{-}DMePyO)_3(NO_3)_3 \cdot 3H_2O$
2,4,6-TMePyO	NO_3^-	La,Pr,Er	$Ln(2,4,6\text{-}TMePyO)_3 \cdot (NO_3)_3 \cdot H_2O$
		Nd	$Nd(2,4,6\text{-}TMePyO)_3 \cdot (NO_3)_3 \cdot 2H_2O$
QNO	Cl^-	Nd,Sm	$Ln(QNO)_3Cl_3 \cdot H_2O$
		Eu—Ho,Yb	$Ln(QNO)_4Cl_3 \cdot H_2O$
	I^-	Pr,Nd	$Ln(QNO)_5I_3 \cdot 3H_2O$
		Tb,Dy,Er	$Ln(QNO)_6I_3$
IQNO	I^-	La,Nd,Sm,Tb	$Ln(IQNO)_8I_3$
		Pr	$Pr(IQNO)_6I_3 \cdot 2H_2O$
o-phenNO	NO_3^-	Eu	$Eu(O\text{-}phenNO)_3(NO_3)_3$
PyzNO	ClO_4^-	Pr,Eu,Er,Y	$Ln(PyzNO)_8(ClO_4)_3$
	Cl^-	La	$La(PyzNO)_2Cl_3$

续表

含 N—O 配位体与稀土的络合物			
配位体	阴离子体系	稀土离子	络合物组成
Et_3NO	$Cr(NCS)_6^{3-}$		$Ln(Et_3NO)_6(Cr(NCS)_6)\cdot 2H_2O$
BPDO	ClO_4^-	La,Pr—Dy,Yb,Y	$Ln(BPDO)_4(ClO_4)_3$
	Cl^-	Ce	$Ce(BPDO)_4Cl_3\cdot 5H_2O$
			$Ce(BPDO)_2Cl_3\cdot H_2O$
			$Ce(BPDO)Cl_3\cdot 3H_2O$
	Br^-	Ce	$Ce(BPDO)_4Be_3\cdot 2H_2O$
BPDO	Br^-	Ce	$Ce(BPDO)_2Br_3\cdot 3H_2O$
	I^-	Ce	$Ce(BPDO)_4I_3\cdot 3H_2O$
	NCS^-	Ce	$Ce(BPDO)_4(NCS)_3\cdot 2H_2O$
			$Ce(BPDO)_2(NCS)_3\cdot 4H_2O$
	NO_3^-	Ce	$Ce(BPDO)_3(NO_3)_3\cdot 2H_2O$
			$Ce(BPDO)_2(NO_3)_3\cdot H_2O$
PyzDO	ClO_4^-	La,Pr,Eu,Er,Y	$Ln(PyzDO)_4(ClO_4)_3$
TEDDO	ClO_4^-	La—Lu,Y	$Ln(TeDDO)_3(ClO_4)_3\cdot 3H_2O$
PANO	ClO_4^-	La,Dy,Er	$Ln(PANO)_2(HPANO)_2\cdot(ClO_4)$
		Pr,Ho	$Ln(PANO)_2(HPANO)_2\cdot ClO_4\cdot 3H_2O$
HOQNO	$Cr(NCS)_6^{3-}$	La,Nd,Gd,Dy,Er,Y	$Ln(HOQNO)_3[Cr\cdot(NCS)_6]\cdot 3H_2O$
NDMA	X-(Cl^-,NO_3^-)	La—Sm,Ho,Er,Tm	$Ln(NDMA)_3X_3$
NDEA	X-(Cl^-,NO_3^-)	La—Sm,Ho,Er,Tm	$Ln(NDEA)_3X_3$
TMPNO	ClO_4^-	La-Gd,Dy—Er,Yb,Y	$Ln(TMPNO)_2(ClO_4)_2\cdot 3H_2O$

含 N—O 配位体		
简写	名称	结构式
PyO	氧化吡啶	
MePyO	甲基氧化吡啶	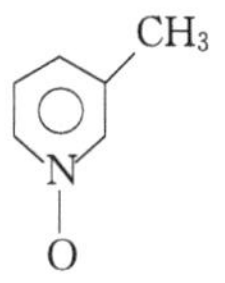
2,6-DMePyO	2,6-二甲基氧化吡啶	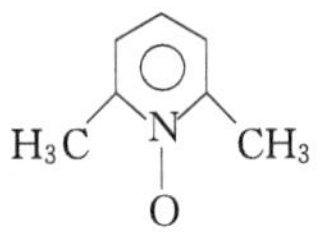

续表

含 N—O 配位体		
简写	名称	结构式
2,4,6-TMePyO	2,4,6-三甲基氧化吡啶	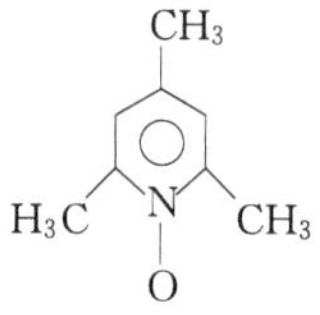
QNO	氧化喹啉-1	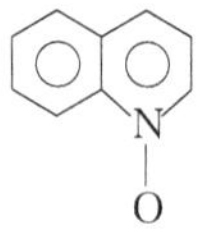
IQNO	氧化异喹啉-2	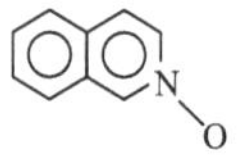
phenNO	1,10-氧化二氮杂菲-1	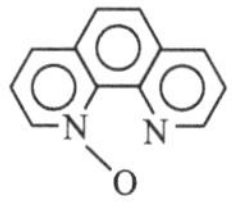
PyzNO	氧化二氮杂苯-1	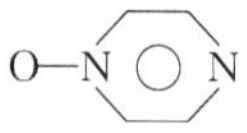
PyzDO	二氮杂苯-*N*,*N*-二氧化物	
Et_3NO	三乙基氧化胺	$(C_2H_5)_3N—O$
BPDO	2,2′-联吡啶-1,1′-二氧化物	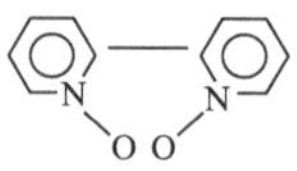
TEDDO	三乙撑二氧化二胺	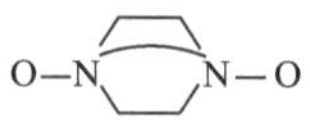
HPANO	吡啶羧酸氮氧化物	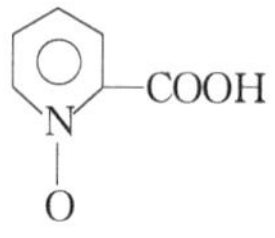
HOQNO	邻-羟基一氧化喹啉-1	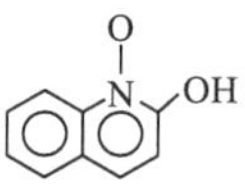

续表

含 N—O 配位体		
简写	名称	结构式
NDMA NDEA	对亚硝基-*N*,*N*-二甲基苯胺 对亚硝基-*N*,*N*-二乙基苯胺	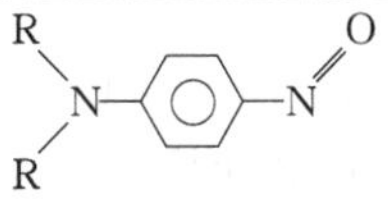
TMPNO	2,2-6,6-四甲基氮杂环己烷氮氧自由基	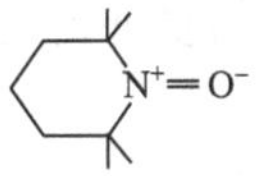

3. 含 P—O 键的配位体

这类配位体很多用作稀土的萃取剂,其中研究得最早的是烷基磷酸酯与稀土的络合物,例如磷酸三丁酯 TBP 与稀土硝酸盐的络合物为 $Ln(TBP)_3(NO_3)_3$,其中硝酸根是以二合配位体形式与稀土离子结合,这些络合物在室温下都是液体。

含 P—O 键配位体按结构又可分若干种(详见表 22.55),它们与稀土硝酸盐、高氯酸盐等生成不同组成的络合物。在稀土高氯酸盐与 TMP 或 MEP 生成的络合物中,TMP∶Ln=5∶1 变到 7∶1,其中一个 ClO_4^- 与金属离子络合;而 MEP∶Ln=8∶1,所有的 ClO_4^- 都是离子型的。

TPP 与稀土硝酸盐络合物的组成为 $Ln(TPP)_3(NO_3)_3$,对于重稀土(Tb—Lu),用不同的制备方法可以制得 $Ln(TPP)_2(NO_3)_3 \cdot H_2O$,甚至重稀土的 3TPP 络合物在溶液中也可离解生成 $Ln(TPP)_2(NO_3)_3$ 和 TPP。这些络合物中的硝酸根是直接与稀土离子配位。

三烷基膦氧化物比磷酸三烷基酯具有更强的配位能力,如 TBPO 与稀土高氯酸盐生成络合物 $Ln(TBPO)_4(ClO_4)_3$,但其中高氯酸根络合情况不同。对于轻稀土是有两个高氯酸根一配位的;Gd(III)和 Er(III) 的络合物中仅包含一个配位的高氯酸根(以二合配位形式存在);而 Yb 络合物仅有一个高氯酸根以一合配位,其配位数仅有 5。TBPO 与稀土硝酸盐络合物,对于轻稀土,硝酸根是二合配位的;对于重稀土硝酸根却是一合配位的。TMPO 与稀土的络合物也有类似的情况。

阴离子是否参与配位,不仅与稀土元素及阴离子种类有关,还与配位体有关。DPPA 和 DDPA 同属膦酰胺类,在 DPPA 与稀土高氯酸盐和六氟磷酸盐络合物中,阴离子不参与配位,络合物中稀土的配位数是 6,而 DDPA 与稀土高氯酸盐的络合物中,高氯酸根却是参与配位的,而且在稀土异硫氰酸盐和硝酸盐的 DDPA 络合物中,阴离子也都参与配位。DPPM 与 DDPA 的情况相似。

含 P—O 配位体中除含 有一个 P—O 集团外,还有一类是含 有两 个 P—O 集团，即含有下式结构：

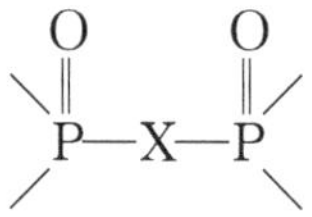

X=O，N(CH)$_3$，—$(CH_2)_n$—等。它起二合配位作用，可以生成螯环或者是桥式结构。例如 MP 和 EP 可以有两种结构形式，而 BP 只有桥式结构一种存在形式，表明九环和七环的螯环比起六环是不稳定的。EPO 和 BPO 的络合物也都含有桥式配位结构。

在 CP 和 CMP 的稀土络合物中，L∶Ln=2∶1，CMP 与重稀土硝酸盐络合都含有一个配位水。在这些络合物中，除了 CP 与稀土硝酸盐外，配位体都是以二合配位形式存在。稀土硝酸盐与 CP 络合，一个配位体是二配位，另一个是单配位。在单配位体中，通过 P=O 络合配位，而羰基处于自由状态。CP 与重稀土硝酸盐络合物很难制备，可能是由于空间阻碍的影响。而 CMP 由于引入次甲基，使这一影响明显减弱。

有关含 P—O 配位体与稀土络合物的详细情况列入表 22.55 中。

表 22.55 一些重要含 P—O 配位体的稀土络合物

配位体	阴离子体系	稀土离子	络合物组成
TBP	NO_3^-	La—Lu，Y	$Ln(TBP)_3(NO_3)_3$
TMP	ClO_4^-	La，Er，(n=7，m=2)	$Ln(TMP)_n(ClO_4)_3 \cdot mH_2O$
		Tb，(n=7，m=2)	
		Pr，Sm，Dy，Ho(n=6，m=1)	
		Ce(m=5，n=0)	
		Eu，Gd，Y(n=6，m=0)	
MEP	ClO_4^-	La，Ce，Pr，Sm，Er，Y(m=2)	$Ln(MEP)_8(ClO_4)_3 \cdot mH_2O$
		Nd，Eu，Gd(m=0)	
TPP	NO_3^-	La—Lu	$Ln(TPP)_3(NO_3)_3$
		Tb—Lu	$Ln(TPP)_3(NO_3)_3 \cdot H_2O$
TPPO	NCS^-	La—Sm	$Ln(TPPO)_4(NCS)_3$
		Sm，Eu，Gd，Dy，Ho，Er，Tm	$Ln(TPPO)_3(NCS)_3$
	NO_3^-	La—Lu，Y	$Ln(TPPO)_3(NO_3)_3$
			$Ln(TPPO)_4(NO_3)_3$
	Cl^-	Nd，Sm，Eu，Gd，Ho	$Ln(TPPO)_3Cl_3 \cdot H_2O$
		Nd，Sm	$Ln(TPPO)_3Cl_3$，RE·$(TPPO)_4Cl_3$
	ClO_4^-	Ce，Nd	$Ln(TPPO)_4(ClO_4)_3$
TBPO	ClO_4^-	La—Gd，Dy—Er，Yb，Y	$Ln(TBPO)_4(ClO_4)_3$
TBPO	NO_3^-	La—Yb	$Ln(TBPO)_3(NO_3)_3$
TMPO	ClO_4^-	La—Lu，Y	$Ln(TMPO)_6(ClO_4)_3$

续表

配位体	阴离子体系	稀土离子	络合物组成
	Cl^-	La—Lu,Y	$Ln(TMPO)_3Cl_3$
DPPA	ClO_4^-	La—Lu,Y	$Ln(DPPA)_6(ClO_4)_3$
	Cl^-	La—Nd($n=5$)	$Ln(DPPA)_nCl_3$
		Sm—Lu,Y($n=4$)	
	NO_3^-	La—Ho($n=3$)	$Ln(DPPA)_n(NO_3)_3$
		Er—Lu,Y($n=4$)	
	PF_6^-	La—Lu,Y	$Ln(DPPA)_6(PF_6)_3$
DDPA	ClO_4^-	La—Lu,Y	$Ln(DDPA)_4(ClO_4)_3$
	NCS^-	La—Gd($n=4$)	$Ln(DDPA)_n(NCS)_3$
		Tb—Lu,Y($n=3$)	
	NO_3^-	La,Pr,Nd,Sm,Er,Y	$Ln(DDPA)_3(NO_3)_3$
DPPM	ClO_4^-	La—Lu,Y	$Ln(DPPM)_4(ClO_4)_3$
	NCS^-	Sm—Lu,Y($n=4$)	$Ln(DPPM)_n(NCS)_3$
		La—Lu,Y($n=3$)	
	NO_3^-	La—Lu,Y	$Ln(DPPM)_3(NO_3)_3$
DMMP	ClO_4^-	La—Gd,Dy—Er,Y	$Ln(DMMP)_6(ClO_4)_3$
MP	NO_3^-	La—Sm,Gd,Yb	$Ln(MP)_2(NO_3)_3$
MP	NO_3^-	Dy,Ho,Er,Yb	$Ln(MP)_3(NO_3)_3$
	Cl^-	La,Nd	$Ln(MP)_3Cl_3 \cdot 3H_2O$
EP	NO_3^-	Ce—Sm,Gd—Yb	$Ln_2(EP)_3(NO_3)_6$
		La	$La(EP)_2(NO_3)_3$
BP	NO_3^-	La,Pr,Sm,Tb,Yb	$Ln_2(BP)_3(NO_3)_6$
OMPA	ClO_4^-	La—Er,Y($n=3,m=1—4$)	$Ln(OMPA)_n(ClO_4)_3 \cdot mH_2O$
		La,Eu,Ho($n=4,m=0,1,4$)	
	NO_3^-	La,Nd,Sm,Dy	$Ln(OMPA)_2(NO_3)_3$
NIPA	ClO_4^-	La—Lu	$Ln(NIPA)_3(ClO_4)_3$
EPO	Cl^-	La,Sm,$m=0—2$	$Ln_2(EPO)_3Cl_6 \cdot mH_2O$
		Nd	$Nd(EPO)Cl_3 \cdot H_2O$
	NO_3^-	La($m=1$),Nd,Sm($m=0$)	$Ln_2(EPO)_3(NO_3)_6 \cdot mH_2O$
BPO	NO_3^-	La($m=1$),Nd($m=2$),Sm($m=0$)	$Ln_2(BPO)_3(NO_3)_6 \cdot mH_2O$
CP	Cl^-	La,Pr,Sm,Tb	$Ln(CP)_2Cl_3 \cdot 3H_2O$
	NO_3^-	La—Sm,Gd,Tb	$Ln(CP)_2(NO_3)_3$
CMP	NO_3^-	La—Sm,Gd	$Ln(CMP)_2(NO_3)_3$
		Tb,Er,Yb,Lu	$Ln(CMP)_2(NO_3)_3 \cdot H_2O$

续表

含 P—O 键的配位体			
简写	R	名称	结构式
TMP TPP TBP	R=CH_3 R=$CH(CH_3)_2$ R=C_4H_9	磷酸三烷基酯	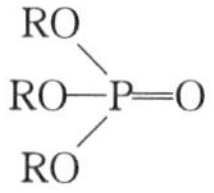
MEP		甲基次乙基磷酸酯	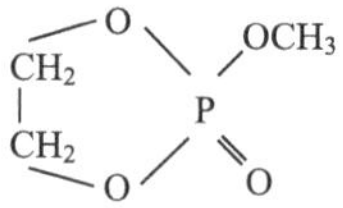
TPPO TBPO TOPO	R=C_6H_5 R=C_4H_9 R=C_8H_{17}	三烷基膦氧化物	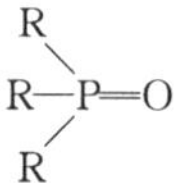
TMPO		三对氧氮己环膦氧化物	
DPPM		二苯基对氧氮己环膦氧化物	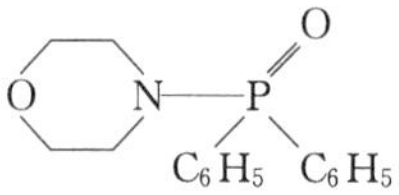
DPPA DDPA	R=H R=CH_3	二苯基膦酰胺 二苯基二甲基膦酰胺	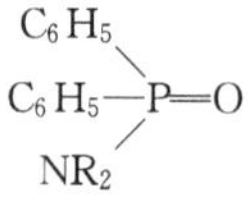
DMMP		二甲基甲基膦酸酯	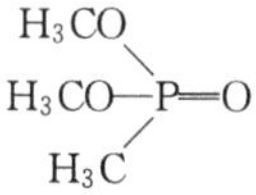
简写		名称和结构式	
MP EP BP	$n=1$ $n=2$ $n=4$	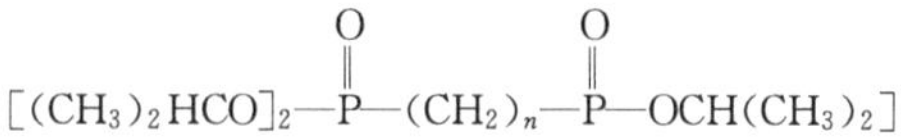 四异丙基亚甲基膦酸酯 四异丙基次乙基膦酸酯 四异丙基丁撑膦酸酯	
OMPA NIPA	X=O X=N(CH_3)	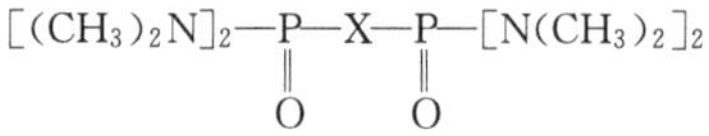 八甲基膦酰胺 九甲基亚氨基二膦酰胺	

续表

简写		名称和结构式
EPO BPO	$n=2$ $n=4$	$(C_6H_5)_2$—P—$(CH_2)_n$—P—$(C_6H_5)_2$ ‖　　　　‖ O　　　　O 乙撑-1,2-二(二苯基氧化膦) 丁撑-1,4-二(二苯基氧化膦)
CP CMP	$n=0$ $n=1$	$[(CH_3)_2HCO]_2$—P—$(CH_2)_n$—C—$N(C_2H_5)_2$ ‖　　　　‖ O　　　　O 二异丙基-*N*,*N*-二乙基-氨基甲酰膦酸酯 二异丙基-*N*,*N*-二乙基-氨基甲酰一次甲基膦酸酯

4. 含 S—O 键的配位体

含 S—O 键的配位体主要是亚砜类化合物。它含有硫原子和氧原子，虽然两者都可与金属离子发生络合作用，但氧属硬原子，硫属软原子，稀土离子也属硬原子，所以在稀土的亚砜类络合物中，大多数是氧原子参与配位。

在这类络合物中，二甲基亚砜(DMSO)的稀土络合物研究得最多，络合物的组成与阴离子和稀土离子的原子序数有关。稀土高氯酸盐与 DMSO 生成各种组成的络合物(详见表 22.56)，其中 DMSO∶Ln=(6—10)∶1。在稀土溴化物和碘化物的络合物中，Br^- 和 I^- 各有两种不同状态，如 $[Ln(DMSO)_8Br_2]Br$ 中，两个 Br^- 属于内界；$[Ln(DMSO)_8I]I_2$ 只有一个属于内配位。在稀土氯化物的络合物中，DMSO∶Ln=(4—3)∶1，随镧系系列而降低。根据电导的数据，曾有人提出络合物中的氯是桥式结构。硝酸盐络合物中，所有硝酸根都是二合配位的。此外，稀土的六氟磷酸盐络合物中从甲醇溶液中制得，其轻稀土络合物很不稳定，放置几天即会分解，放出 DMSO 和酸蒸气，但其重稀土络合物比较稳定，只在加热时才会分解。

表 22.56　含 S—O 配位体的络合物

含 S—O 配位体与稀土的络合物			
配位体	阴离子体系	稀土离子	络合物组成
DMSO	ClO_4^-	Pr,Nd($n=10$) La—Tb($n=8$) Y,Sm,Gd,Dy—Lu($n=7$) Er,Tm,Yb,Lu($n=6$)	$Ln(DMSO)_n(ClO_4)_3$

续表

含 S—O 配位体与稀土的络合物

配位体	阴离子体系	稀土离子	络合物组成
	Cl^-	La—Sm,Gd	Ln(DMSO)$_n$Cl$_3$(n=4,3)
	PF_6^-	Ho—Lu,Y	Ln(DMSO)$_7$(PF$_6$)$_3$
	X^-(Br^-,I^-)	La,Pr,Nd,Sm,Ho,Er,Y	Ln(DMSO)$_8$X$_3$
	NO_3^-	La—Sm,Gd(n=4)	Ln(DMSO)$_n$(NO$_3$)$_3$
		Ho,Yb,Y(n=3)	
DPrSO	ClO_4^-	Gd,Dy,Er	Ln$_2$(DPrSO)$_{11}$(ClO$_4$)$_6$
	NO_3^-	Nd,Sm,Gd,Tb,Dy,Er	Ln(DPrSO)$_3$(NO$_3$)$_3$
DSSO	ClO_4^-	La—Lu,Y	Ln(DBSO)$_6$(ClO$_4$)$_3$
DPSO	ClO_4^-	La—Sm,Gd,Ho,Yb,Y(n=6)	Ln(DPSO)$_x$(ClO$_4$)$_3$
		Sm,Eu,Yb(n=7)	
	PF_6^-	Eu	Eu(DPSO)$_7$(PF$_6$)$_3$
	I^-	La,Pr,Nd,Sm,Ho,Er,Y	Ln(DPSO)$_6$I$_3$
TMSO	ClO_4^-	La—Gd(n=8)	Ln(TMSO)$_n$(ClO$_4$)$_3$
TMSO	ClO_4^-	Tm—Lu(n=7)	Ln(TMSO)$_n$(ClO$_4$)$_3$
	Cl^-	La—Nd(n=2)	Ln(TMSO)$_n$Cl$_3$
		Sm—Lu,Y(n=3)	
	NDS^-	Sm—Lu,Y	Ln(TMSO)$_4$(NCS)$_3$
	NO_3^-	La,Ce(n=4)	Ln(TMSO)$_n$(NO$_3$)$_3$
		Pr,Nd,Sm,Eu(n=3.5)	
		Gd—Lu,Y(n=3)	
TSO	ClO_4^-	La—Nd,Y(n=9)	Ln(TSO)$_n$(ClO$_4$)$_3$
		Eu,Er(n=8)	
		Tm—Lu,Y(n=7)	
	Cl^-	La—Nd(n=6)	Ln(TSO)$_n$Cl$_3$
		Sm—Gd(n=4.5)	
		Tb—Lu,Y(n=3.5)	
	NCS^-	La—Dy(n=5)	Ln(TSO)$_n$(NCS)$_3$
		Ho,Er,Yb,Lu,Y(n=4)	
	NO_3^-	La—Nd(n=5)	Ln(TSO)$_n$(NO$_3$)$_3$
		La—Nd(n=4)	
	PF_6^-	La—Er,Y(n=8)	Ln(TSO)$_n$(PF$_6$)
		La—Lu,Y(n=7.5)	
DTMSO	ClO_4^-	La,Nd	Ln(DTMSO)$_8$(ClO$_4$)$_3$
		Tb,Er,Yb,Y	Ln(DTMSO)$_7$(ClO$_4$)$_3$2H$_2$O
TDTD	ClO_4^-	Nd,Tb,Er,Lu,Y	Ln(TDTD)$_4$(ClO$_4$)$_3$ • 3H$_2$O
	PF_6^-	La—Lu,Y	Ln(TDTD)$_4$(PF$_6$)$_3$ • 4H$_2$O
SONO	ClO_4^-	La	La(SONO)$_4$(ClO$_4$)$_3$

续表

含 S—O 键配位体		
简写	名称	结构式
DMSO	二甲基亚砜	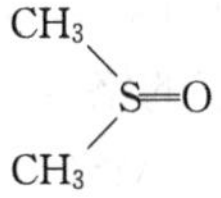
DPrSO	二正丙基亚砜	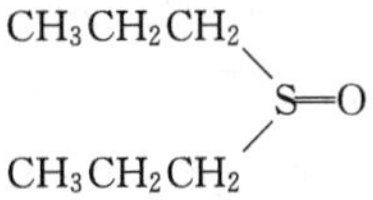
DBSO	二正丁基亚砜	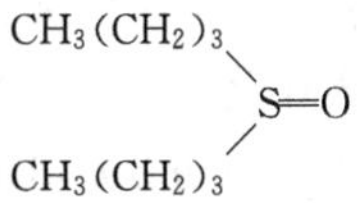
DPSO	二苯基亚砜	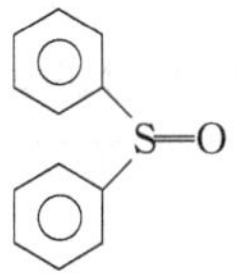
DHSO	二己基亚砜	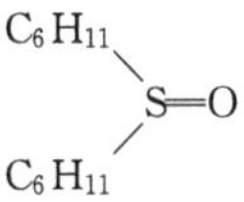
TMSO	四亚甲基亚砜	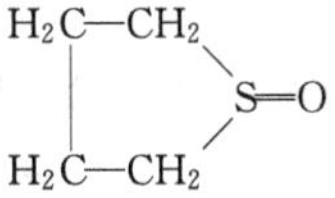
TSO	氧化氧硫杂苯烷	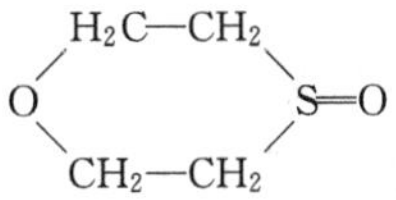
DTMSO	一氧化对二硫杂环己烷	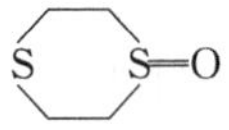
TDTD	1,4-反式-1,4 二氧化二硫杂环己烷	
SONO	2-乙基亚硫酰基一氧化吡啶 1	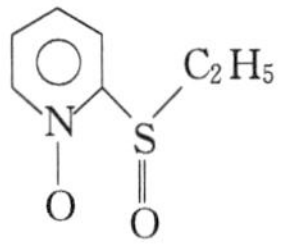

DBSO,DPrSO,DPSO 等均能与各种稀土无机盐生成不同组分的络合物，只 $Ln_2(DPrSO)_{11}(ClO_4)_6$组成例外，它可能是一个 DPrSO 分子在两个金属离子之间形成一个桥的结构。

1972 年以后，环状亚砜类络合物得到重视。人们对各类环状亚砜与各种稀土无机盐生成的络合物进行了广泛的研究。TMSO 与稀土高氯酸盐、硝酸盐生成的络合物，其 TMSO∶Ln 沿镧系序列降低。在硝酸盐中，硝酸根有两种形式，即一合配位和二合配位同时存在于同一络合物中。但稀土氯化物与 TMSO 的络合物的 L∶Ln 在轻稀土为 2∶1，在重稀土为 3∶1。TSO 与稀土高氯酸盐、硝酸盐、氯化物和异硫氰酸盐生成的络合物 L∶RE 都随稀土系列而降低，且在这些络合物中，阴离子都是与金属离子直接配位的。

从表中还可以看到，DTMSO 与稀土高氯酸盐生成高配位数的络合物 $Ln(DTMSO)_8(ClO_4)_3$(Ln=La,Nd)和 $Ln(DTMSO)_7\cdot(ClO_4)_3\cdot 2H_2O$(Ln=Tb,Er,Yb,Y)，但 TDTD 的络合物，其 L∶Ln 值却显著减小。有人认为 TDTD 的络合物可能是聚合的。

SONO 具有 N—O 和 S—O 基团，两者都参与和金属离子配位，因此形成六环的结构，

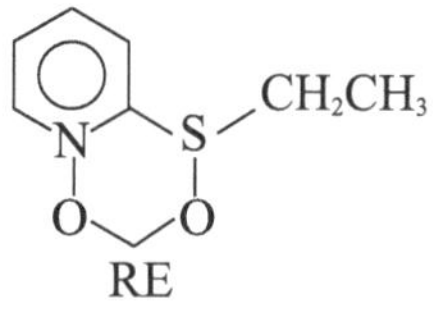

它与高氯酸盐络合物 L∶Ln=4∶1，这时稀土离子的配位数为 8。

5. 含 As—O 键配位体

稀土离子与含 As—O 键配位体生成的络合物研究比较少，现在只有少数例子，初步总结于表 22.57。其中对三苯基氧化胂(TPAsO)研究较多，它与稀土可形成 2∶1、3∶1 或 4∶1 络合物。当络合物从乙醇和丙酮中析出时，络合物包含有 1 或 2 个溶剂分子。有人研究了 TPAsO 与异硫氰酸稀土盐的络合物，认为它是以聚合物形式存在，通过 As—O 键中的氧原子作为氧桥将两个稀土离子连接起来。

表 22.57　含 As—O 键的络合物

含 As—O 键配位体与稀土络合物			
配位体	阴离子体系	稀土离子	络合物组成
TPAsO	NO_3^-	La—Yb,Y	$Ln(TPAsO)_3(NO_3)_3$
	NO_3^-	La—Yb,Y	$Ln(TPAsO)_4(NO_3)_3$

续表

含 As—O 键配位体与稀土络合物			
配位体	阴离子体系	稀土离子	络合物组成
	NCS^-	Ce,Pr,	$Ln(TPAsO)_3(NCS)_3$
	Sal^-	Eu	$Eu(TPAsO)_2(Sal)_3$
	NO_3^-,乙醇	La—Yb,Y	$Ln(TPAsO)_2(NO_3)_3 \cdot EtOH$
	NO_3^-,丙酮	La—Yb,Y	$Ln(TPAsO)_3(NO_3)_3 \cdot 2MeCO$
TBzAsO	NO_3^-	La—Sm,Gd—Er,Yb,Y	$Ln(TBzAsO)_3(NO_3)_3$
EAsO	Cl^-	La,Nd,Sm(m=0—2)	$Ln_2(EAsO)_3Cl_6 \cdot mH_2O$
	NO_3^-	La(m=1),Nd(m=2) Sm(m=0)	$Ln_2(EAsO)_3(NO_3)_6 \cdot mH_2O$
BAsO	NO_3^-	La(m=1) Nd,Sm(m=2)	$Ln_2(BAsO)_3(NO_3)_6 \cdot mH_2O$

含 As—O 配位体		
简写	名称	结构式
TPAsO	三苯基氧化胂	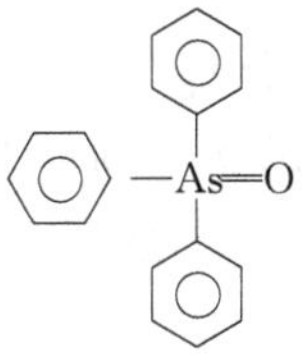
TBzAsO	三苄基氧化胂	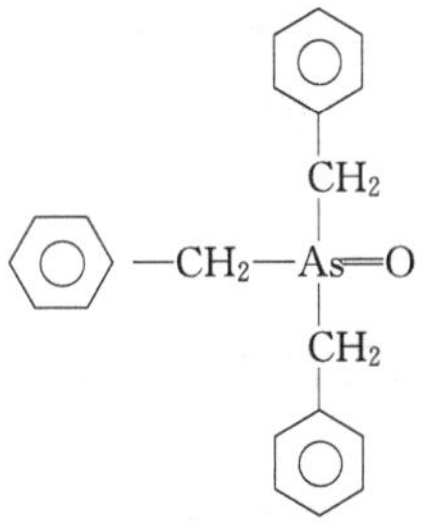
EAsO	Etheylene 1,2-bis (diphenyl-arsineoxide)	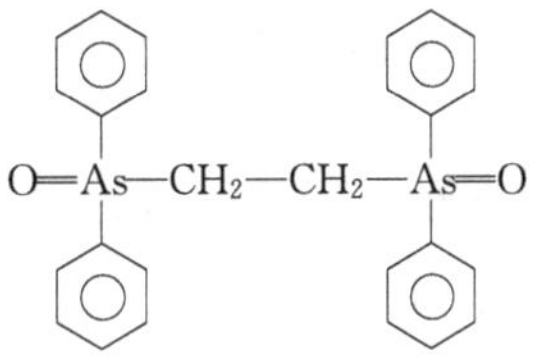
BAsO	Butylene-1,4 bis (diphenyl-arsineoxide)	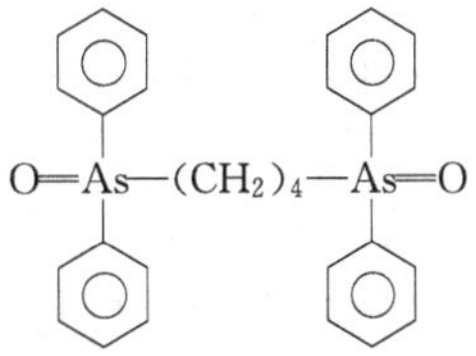

在 TBzAsO 的稀土硝酸盐络合物中，硝酸根没有离子形式，而全是以配位形式存在。此外还制备过 EAsO，BAsO 与稀土硝酸盐、稀土氯化物的络合物，其中 L∶Ln＝3∶2。

6. 含 Se—O 键的配位体

有关含 Se—O 键配位体与稀土络合物的研究就更少了。仅报道过二甲基氧化亚硒 DMeSeO 与稀土高氯酸盐生成的络合物为 $Ln(DMeSeO)_8(ClO_4)_3$，Ln 为 Ce，Pr，Nd，Sm，Eu，Gd，Tb，Dy，Ho，Er 和 Yb 等元素，并提出这类络合物有 D_4 点群对称性，其结构为变形四方反棱柱体。

2.3.3 稀土与含氧和氮配位体络合物

稀土络合物的稳定性较低，但如能生成螯环，则可大大增加稀土络合物的稳定性。含氧和氮的配位体主要指氨羧络合剂，它包括氨基酸、氨基多羧酸和多氨基多羧酸等。在这一类配位体中，O 和 N 的位置都参与络合配位，形成螯环，所以稀土离子与氨羧配位体能生成很稳定的络合物。又因这类配位体常具有多合配位的特性，因此它比羧酸络合物更为稳定。

稀土离子的这类络合物研究和应用都很广泛，其中多数配位体和整个稀土系列形成络合物的组成与稳定常数都已测定过，并已利用这类稀土络合物的生成来分离和分析稀土元素。例如在稀土分析化学中用来测定稀土含量的容量法，就是用乙二胺四乙酸(EDTA)对稀土进行络合滴定的。

1. 稀土离子与各种氨羧配位体的络合物

① 氨基酸系列中最简单的是氨基乙酸，它曾经被用来分离稀土。从测定 pH、电导和光谱证明，Nd^{3+} 和 Pr^{3+} 的氯化物与氨基乙酸(G1)形成 1∶1 和 1∶3 络合物。这些络合物的晶体化合物 $NdCl_3(G1)_3 \cdot 3H_2O$，$[Nd(G1)(H_2O)_4]Cl_2 \cdot H_2O$ 和 $[Nd(G1)_3] \cdot 3H_2O$ 已经制得。在水溶液中，Pr^{3+} 与氨基乙酸形成 1∶1 和 1∶2 络合物。

氨基丙酸(Alan)与氨基乙酸类似。Nd^{3+} 与 α-氨基丙酸生成 1∶1，1∶2 和 1∶3 络合物。当 pH>8 时，生成 $Nd(OH)(Alan)_2 3H_2O$，向水溶液中加入甲醇或丙酮，可以把这个络合物分离出来。

② 氨基二羧酸中，比较简单的是天冬氨酸(Asp)，它与稀土离子生成 $[Ln(Asp)]^+$ 和 $[Ln(Asp)_2]^-$ 络合物，其稳定性从 La ⟶ Nd 增加。

用途最广的是多氨基多羧酸。其中最重要的一个是乙二胺四乙酸(EDTA)，它从 1945 年起就被用到分析化学中测定金属离子。在水溶液中它与稀土离子生成稳定的络合物，相邻两个稀土络合物的稳定常数平均差～$10^{0.4}$，因此早已被用在离子交换法分离稀土元素上。

EDTA 阴离子有四个羧基,形成了一个庞大的配位体,因此它与稀土离子络合时,应考虑稀土离子大小引起的空间效应。对轻稀土(包括 Gd),EDTA 是六合配位体;Gd 以后,EDTA 可能是五合配位体。尽管如此,稀土离子与 EDTA 仍能形成 1∶2 络合物,其稳定常数 β_2 还相当大,例如从 Er—Lu,其 $\log\beta_2$ 甚至大于 La 的 $\log\beta_1$。

EDTA 螯合物的稳定性可以归于络合作用中熵的增加。Yatsimirskii 和 Prik 测得 EDTA-La 络合物的生成热为 −17.15kJ/mol,熵变 222J/mol · K,并提出水合熵(ΔS_h)和络合熵(ΔS_{comp})之间有下列关系

$$\Delta S_{comp}=\alpha\Delta S_h+\beta$$

α,β 是常数,对三价阳离子(La,Ce,Nd,Gd,Y,In,Al 等)$\alpha=2,\beta=-397$。

EDTA 在溶液中能以五种不同的形式存在,在溶液中还由于形成氢键使络合物更稳定。当络合物从溶液中析出时,由于环境的改变,使分子的性质和成键情况可能发生变化。RE 人们曾制备过两种固体的 EDTA-RE 络合物 $H[Ln(EDTA)]\cdot xH_2O$ 和 $M_1[Ln(EDTA)]\cdot yH_2O$($M_1=NH_4^+$ 或碱金属)。$H[Ln(EDTA)]\cdot xH_2O$ 在 110℃干燥 24h,只剩下 1 摩尔水(Ln=Ce,Pr,Nd,Sm)。

EDDA,HEDTA,DCTA 等二氨基多羧酸配位体与 EDTA 相似,它们和稀土离子的络合物也都被详细地研究过。其中 DCTA,DTPA 与稀土离子的螯合能力很强,其络合常数比 EDTA 还要大。

在实际应用中,二乙基三胺五乙酸(DTPA)是一个重要的多氨基多羧酸配位体,它含有 8 个配位原子,与稀土离子络合物的稳定常数比 EDTA 高 3—4$\log\beta$ 单位。DTPA 以及 TTHA(三乙四胺六乙酸)已经成功的用于 RE,Th 等金属离子的测定和分离上。已经制得 DTPA 与 Pr,Nd 生成双核络合物,其组成为 $Pr_2\cdot DTPA\cdot NO_3\cdot 4H_2O$ 和 $Nd_2\cdot DTPA\cdot NO_3\cdot 4H_2O$。

当氨基醋酸中 N 上的 H 原子连续被乙酸基取代时,得到几种重要的螯合剂:亚氨二乙酸(IMDA),氨三乙酸(NTA)以及 *N*-羟基乙基亚氨二乙酸(HIMDA)等,后者分子中存在的羟乙基,也有配位作用。它们的稳定顺序为 NTA>HIMDA>IMDA,HIMDA 稀土螯合物比相应 IMDA 螯合物的稳定常数高 1.9log 单位,即大约强 100 倍左右。

2. 稀土氨羧络合物的稳定性

稀土元素与几种重要氨羧络合剂的稳定常数列于表 22.58 和绘于图 22.20 中。从中可以明显看出其络合能力的顺序是:

DTPA>DCTA>EDTA>HEDTA>NTA>IMDA

仔细地比较这一组曲线,可以粗略地分为两类,其中第一类是比较典型的,如 EDTA,DCTA 等,络合物的稳定性随稀土离子半径的减少,或多或少地增加,在 Gd

处有一破折点(可能是由于 Gd^{3+} 具有半充满 f 轨道的结构)，Y 的位置和 Dy 比较接近，这和按 Y 的离子半径排列结果是一致的。

表 22.58　稀土离子与几种重要氨羧配位体的络合常数($\log\beta_1$)

Ln^{3+}	EDDA(25℃，μ=0.1)	EDTA(25℃)	HEDTA	DCTA(25℃，μ=0.1)	DTPA(25℃，μ=0.1)
Y	7.78	18.09	14.65	19.41	22.05
La	7.04	15.50	13.46	16.35	19.48
Ce	7.48	15.98	14.11	—	—20.5
Pr	7.84	16.40	14.61	17.23	21.07
Nd	8.06	16.61	14.86	17.69	21.60
Sm	8.28	17.14	15.28	18.63	22.34
Eu	8.38	17.35	15.35	18.77	22.39
Gd	8.13	17.37	15.22	18.80	22.46
Tb	8.18	17.93	15.32	19.30	22.71
Dy	8.31	18.30	15.30	19.69	22.82
Ho	8.42	18.74	15.32	19.89	22.78
Er	8.59	18.85	15.42	20.20	22.74
Tm	8.75	19.32	15.59	20.46	22.72
Yb	8.93	19.51	15.88	20.80	22.62
Lu	9.09	19.83	15.88	20.91	22.44

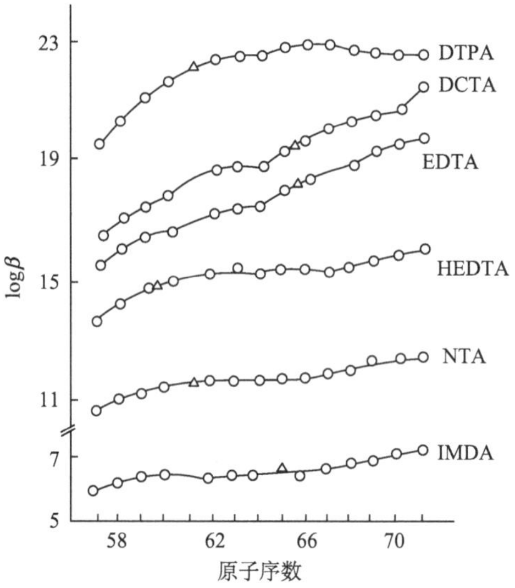

图 22.20　Ln^{3+} 与各种氨羧络合剂生成 1∶1 络合物的稳定常数与原子序数的关系(25℃)△Y 的位置

另一类是非典型的，如 DTPA 等。它们与稀土离子的络合物，对轻稀土而言，稳定性和原子序数的关系同第一类，即随原子序数的增加而增加；在 Gd 处也有一个破折，对重稀土而言，其稳定性随原子序数增加没有变化，或者略有降低。在这一类络合物的曲线中，Y 的位置也变化不定，经常是在 Gd 的前面。所以如此，原因可能是多方面的，如配位数沿着系列会有变化；由于重稀土离子体积减小，会引起多合配位体中配位原子之间的相互排斥而降低稳定性；再者也决定于氨羧配位体分子的几何构型和空间因素等等。

一些重要的氨羧配位体及其与稀土离子生成络合物的详细条件列于表 22.59。

表 22.59　氨羧配位体与稀土的络合物

配位体	阴离子体系	金属离子	络合物组成
G1	Cl^-	Pr,Nd	$NdCl_3(G1)_3\cdot 3H_2O$,
			$[Nd(G1)(H_2O)_4]Cl\cdot H_2O$,
			$[Nd(G1)_3]\cdot 3H_2O$
Alane		Pr,Nd,	$Nd(Alane)_i^{3-i}$, $i=1-3$
	pH>7，甲醇丙酮	Nd	$Nd(OH)(Alane)_2\cdot 3H_2O$
Asp	$\mu=0.1$	La—Nd	$[Ln(Asp)_i]^{3-2i}$, $i=1,2$
EDTA		La—Lu,Y	$Ln(EDTA)_i^{3-4i}$, $i=1,2$
	$M_1=NH_4^+$ 或碱金属		$H[Ln(EDTA)]\cdot xH_2O$
			$M_1[Ln(EDTA)]\cdot yH_2O$
EDDA		La—Lu,Y	$Ln(EDDA)_i^{3-2i}$, $i=1,2$
HEDTA		La—Lu,Y	Ln(HEDTA)
	碱性溶液		$[Ln(HEDTA)(OH)]^-$
DCTA		La—Lu,Y	$[Ln(DCTA)]^-$
DTPA		La—Lu,Y	$Ln(DTPA)^{2-}$
		Rr,Nd	$Ln_2(DTPA)(NO_3)\cdot 4H_2O$
IMDA		La—Lu,Y	生成 1∶1 络合物
NTA		La—Lu,Y	生成 1∶1 络合物
HIMDA		La—Lu,Y	生成 1∶1 络合物
HiSt		La—Lu,Y	$Ln(Hist)_3$

氨羧配位体

配位体	名称	结构式
G1	氨基乙酸	$NH_2—CH_2—COOH$
Alane	氨基丙酸	$CH_3—CH—COOH$ | NH_2

续表

氨羧配位体		
配位体	名称	结构式
Asp	天冬氨酸	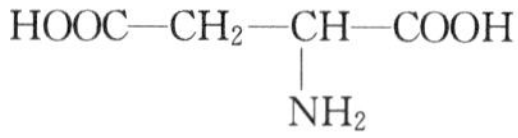
EDTA	乙二胺四乙酸	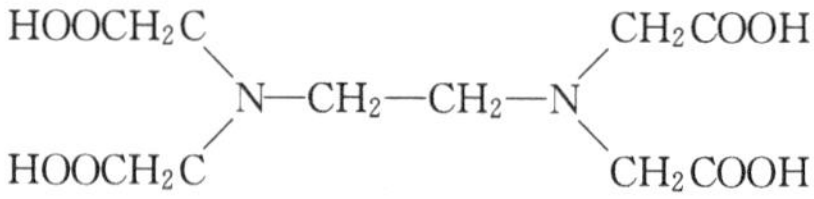
EDDA	*N*,*N*′-乙二胺二乙酸	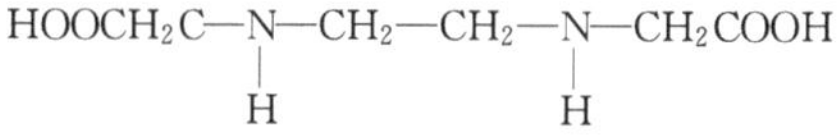
HEDTA	*N*-羟基乙基,乙二胺三乙酸	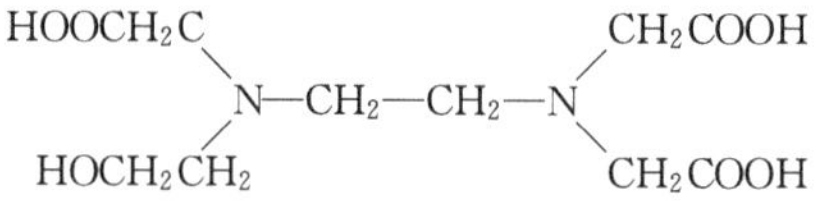
DCTA	1,2-二氨基环己烷-*N*,*N*′-四乙酸	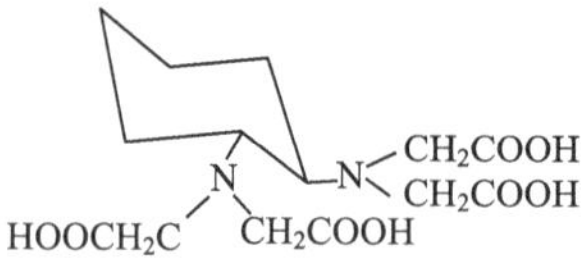
DTPA	二乙三胺五乙酸	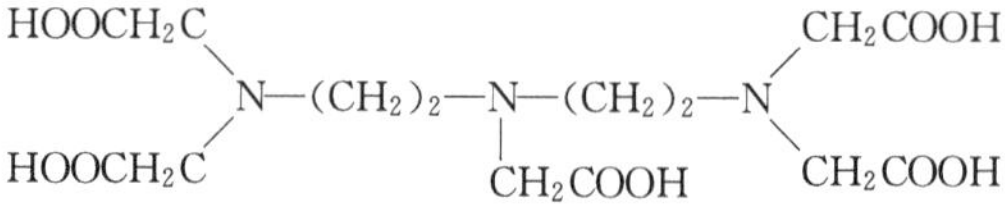
IMDA	亚氨基二乙酸	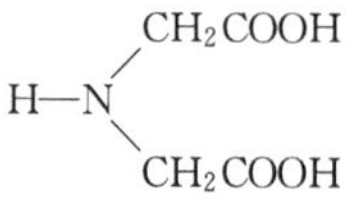
NTA	氨三乙酸	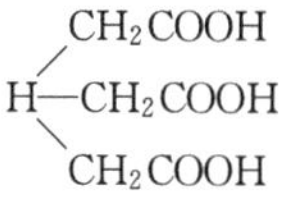
HIMDA	*N*-羟基乙基亚氨基二乙酸	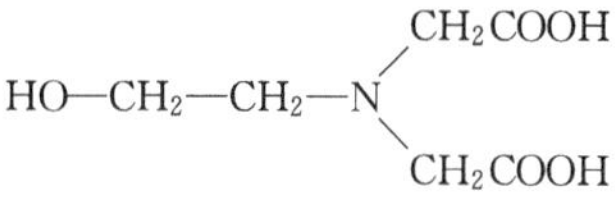
Hist	组氨酸	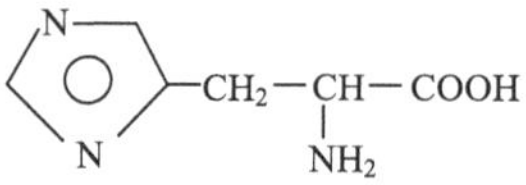

2.3.4 稀土与含氮配位体络合物

原子的配位能力 F>O>N，因此直到最近一二年才开始研究稀土与含氮配位体(主要中性含氮配位体)的络合物。研究过的含氮配位体可以分为两类：弱碱氮配位体和强碱氮配位体，现分别叙述如下。

1. 稀土与弱碱含氮配位体的络合物

二氮杂菲、联吡啶、皮考林、喹啉和酞花青等都属于弱碱性含氮配位体。在1963年人们才首次制备出稀土与1,10-二氮杂菲和联吡啶的络合物。这些络合物一般需从无水酒精中分离出来，它的组成与无机阴离子性质很有关系，阴离子不同，配位体的数目也常常不同。现将已制备的若干弱碱性含氮配位体络合物总结于表22.60中。在这些络合物中，稀土离子的配位数均大于6。

表 22.60 稀土与弱碱性含N配位体的络合物

配位体	缩写	阴离子(X)	络合物组成
1,10-二氮杂菲	phen	Cl, NO_3, SCN, SeCN	$Ln(phen)_2X_3\cdot(H_2O$ 或 $C_2H_5OH)_n$ $n=0$—5
		SCN, SeCN	$Ln(phen)_3X_3$
		ClO_4	$Ln(phen)_4(ClO_4)_3$
		ClO_4	$[Ln(phen)_3(ClO_4)_2]ClO_4$
		水杨酸，苯甲酸 *p*-羟基苯甲酸	$[Ln(phen)_2X_2]X$
		双酮	$Ln(X_3)phen$
联吡啶	dipy	Cl, NO_3, SCN, SeCN	$Ln(dipy)_2X_3\cdot(H_2O$ 或 $C_2H_5OH)_n$ $n=0$—2
		SCN, SeCN	$Ln(dipy)_3X_3$
		双酮	LnX_3dipy
4,4′-二甲苯联吡啶	dimp	Cl	$Ln(dimp)_2Cl_3(H_2O)_2$
三吡啶	terpy	Cl, Br, NO_3	$Ln(terpy)X_3(H_2O)_n$, $n=0$—3
		Cl, Br, ClO_4	$Ln(terpy)_2X_3$
		ClO_4	$Ln(terpy)_3(ClO_4)_3$
		双酮	$Ln(X)_3terpy$
吡啶，皮考林，喹啉	B(py, pic, QN)	双酮	$Ln(X)_3B_2$
2,4,6-三-α 吡啶-1,3,5-三氮杂苯	TPT	NO_3	$[Ln(TPT)(NO_3)_3H_2O]$
		ClO_4	$[Ln(TPT)_2(ClO_4)_2]ClO_4$
		ClO_4	$[Ln(TPT)_3](ClO_4)_3$
		Cl	$Ln(TPT)_3Cl_3(H_2O)_n$, $n=3$—5

续表

配位体	缩写	阴离子(X)	络合物组成
酞花青	Pc	Cl,甲酸盐	Ln(Pc)X
			$Ln(Pc)_2H$
4,4′-二丁基-2,2′-联吡啶	dibp	NO_3	$Ln(dibp)_2(NO_3)_3$
5,5′-二丁基-2,2′-联吡啶			
乌洛托品	uro	SCN	$Ln(uro)_2(SCN)_3 \cdot 8H_2O$

我国有人用 INDO 方法研究酞菁及其模型镥络合物的电子结构[13]，结果表明，在酞菁中，八个氮原子和内圈的八个碳原子的 π 电子形成轮烯型结构，周围的苯环双键是比较独立的。镥的 $4f$ 轨道是高度定域的，s,p,d 轨道则主要构成低激发分子轨道。电荷转移跃迁可能是决定稀土-酞菁络合物的特异性质的主要原因。

2. 稀土与强碱含氮配位体的络合物

在水溶液中，由于稀土氢氧化物的溶度积非常小，所以无法制备稀土离子与氨或一元胺类的络合物。但是可以通过无水的稀土氯化物在真空中与气体胺类直接作用制取无水固体的络合物，例如已经制得了 $LnCl_3(NH_3)_n$，(n=1—8)；$LnCl_3(CH_2NH_2)_n$，(n=1—5)。

无水的稀土盐与一些多元胺在乙腈溶剂中可以合成一系列的络合物。这些络合物是结晶状的粉末，且具相当的热稳定性，但是暴露在空气中却很快水解。现将几种多元胺与稀土生成的络合物列于表 22.61。从表中可见，络合物的组成同样与阴离子性质和稀土的离子半径有关。

表 22.61　稀土与多元胺的络合物

配位体	阴离子	稀土离子	络合物组成
乙二胺(en)	NO_3	La,Nd,Sm	$[Ln(en)_4NO_3](NO_3)_2$
		Eu—Yb(≠Tm)	$[Ln(en)_4](NO_3)_3$
		Gd—Ho	$[Ln(en)_3(NO_3)_2]NO_3$
	Cl	La,Nd	$[Ln(en)_4Cl]Cl_2$
		Sm—Lu	$[Lu(en)_4]Cl_3$
	Cl	Gd,Eu	$[Lu(en)_3Cl_2]Cl$
	Br	La	$[Ln(en)_4Br]Br_2$
		Nd,Gd	$[Lu(en)_4]Br_3$
		Gd	$[Gd(en)_3Br_2]Br$
	ClO_4	La,Pr,Nd	$[Ln(en)_4](ClO_4)_3$

续表

配位体	阴离子	稀土离子	络合物组成
1,2-二丙基二胺(Pn)	NO_3	La,Nd	$[Ln(Pn)_4NO_3](NO_3)_2$
		Gd,Er	$[Ln(Pn)_4](NO_3)_3$
1,2-二丙基二胺(Pn)	NO_3	La,Nd,Gd,Er	$[Ln(Pn)_3(NO_3)_2]NO_3$
	ClO_4	La,Nd,Gd	$[Lu(Pn)_4](ClO_4)_3$
	Cl	La,Nd	$[Ln(Pn)_4]Cl_3$
二乙三胺(dien)	NO_3	La,Pr,Nd,Sm,Gd	$[Ln(dien)_3](NO_3)_3$
	NO_3	La,Pr,Nd,Sm,Gd,Dy,Er,Yb	$[Ln(dien)_2(NO_3)_2]NO_3$
β,β',β'-三胺三乙基胺(tren)	NO_3	La,Pr,Nd	$[Ln(tren)_2](NO_3)_3$
		Sm,Eu,Gd,Dy,Er,Yb	$[Ln(tren)_2](NO_3)_3$
		La,Pr—Sm,Gd,Dy,Er,Yb	$Ln(tren)(NO_3)_3$
	ClO_4	La,Pr,Nd,Gd,Er	$Ln(tren)_2(ClO_4)_3$
三乙四胺(trien)	NO_3	Pr,Nd,Eu	$[Lu(tren)_2](NO_3)_3$
	ClO_4	La,Pr—Sm,Gd,Tb,Ho	$Ln(trien)_2(ClO_4)_3$

含氮配位体

简写	名称	结构式
phen	1,10-二氮杂菲	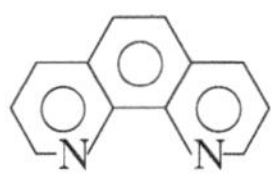
dipy	2,2-联吡啶	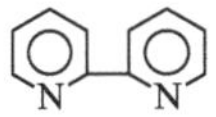
dimp	4,4′-二甲基-2,2′-联吡啶	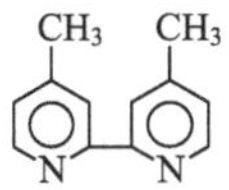
terpy	三吡啶	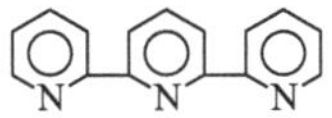
pic	皮考林	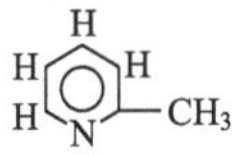
TPT	2,4,6-三-α 吡啶-1,3,5-三氮杂苯	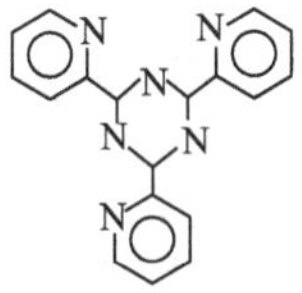

续表

含氮配位体		
简写	名称	结构式
pc	酞花青	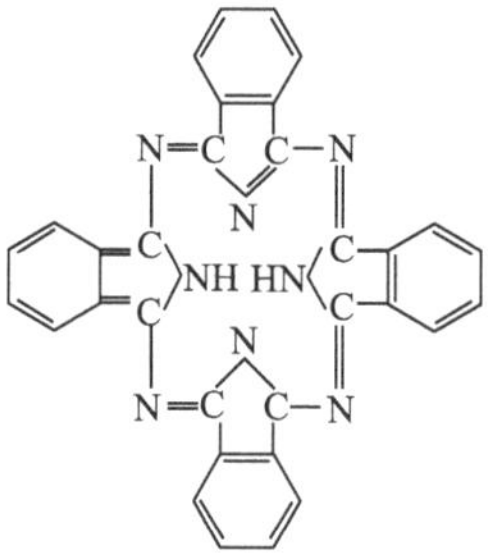
dibp	4,4′-二丁基-2,2′-联吡啶	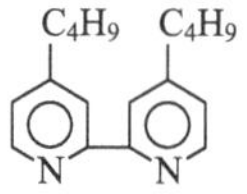
	5,5′-二丁基-2,2′-联吡啶	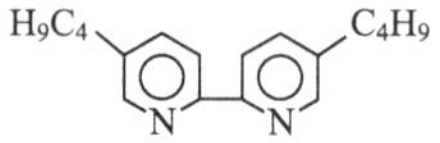
uro	乌洛托品(六次甲基四胺)	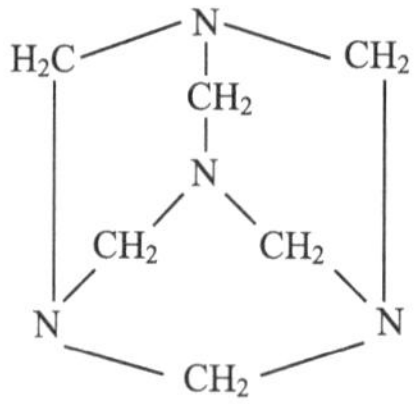
en	乙二胺	$H_2N—CH_2—CH_2—NH_2$
Pn	1,2-二丙基二胺	$H_2N—CH_2—CH(NH_2)—CH_3$
dien	二乙三胺	$H_2N—CH_2—CH_2—NH—CH_2—CH_2—NH_2$
trien	三乙四胺	$H_2N—CH_2—CH_2—NH—CH_2—CH_2—N$ $H_2N—CH_2—CH_2$ (连于 N)

3. 其他含氮络合物

近年来还合成了多种新型的含 Ln—N 键络合物。例如稀土的三氯化物与 $LiN(SiMe_3)_2$作用，

$$LnCl_3+3LiN(SiMe_3)_2=Ln\{N(SiMe_3)_2\}_3+3LiCl$$

在生成的络合物中，稀土离子直接与三个氮原子配位。这类络合物(Ln=La,Ce,Pr,Nd,Sm,Eu,Gd,Ho,Yb,Lu)容易水解，易溶于有机溶剂，从戊烷中形成尖状结

晶。它的主要特点是挥发度高，在 10^{-4} mmHg 压力下，70—100℃即可挥发。

三氮-二(三甲基)硅烷基稀土络合物还能够与三苯基氧化膦反应，生成 1∶1 的加成物 $La\{N(SiMe_3)_2\}_3 \cdot Opph_3$ 和另一个过氧化物的络合物 $O_2La_2(NSi_2Me_6)_4 \cdot (Opph_3)_2$，这是一个桥式结构的络合物，其中过氧化基因作用于两个镧原子之间形成二配位的桥，每个 La 原子与两个硅甲基氨及一个氧化膦配位，其配位数为 5。这是报道的第一个稀土过氧化物络合物。

另一类含 Ln—N 键络合物是稀土的卟啉络合物。由于这类化合物有可能用作生物分子的顺磁和荧光探针，因此引起人们的注意。三价稀土卟啉络合物的性质估计介于镁-卟啉络合物和铁-卟啉络合物之间。

现还制备了一些取代卟啉与稀土的络合物，其中轻稀土的络合物很容易水解，中间稀土络合物具有中等程度的稳定性，重稀土络合物对水解则比较稳定。

2.3.5 稀土与含硫配位体络合物

人们对稀土与含 S 配位体的络合物，即含 Ln—S—C 键的络合物研究得比较少。稀土离子属硬酸，而 S 属软碱，它们之间的作用很弱，故生成的络合物稳定性也比较差。

这类络合物中已研究过的有各种巯基取代酸，如巯基醋酸(MAC)、S-乙基巯基醋酸(SETG)、α 和 β-巯基丙酸(α-MPR 或 β-MPR)等，它们与稀土生成络合物的稳定常数列于表 22.62 中。从表可见，MAC 比对应的醋酸和羟基乙酸稀土络合物的稳定常数都小得多，人们曾推测这可能是由于硫原子有较大的空间效应妨碍形成螯环。

表 22.62 几种巯基取代酸与稀土离子络合物的稳定常数(β_1)

Ln^{3+}	MAC	SETG	α-MPR	β-MPR
La	26	50	31	66
Ce	27	—	—	—
Nd	31	52	36	86
Sm	64	70	68	156
Eu	56	61	64	141
Gd	44	50	42	106
Tb	43	34	40	62
Ho	21	27	28	48
Er	19	26	24	50
Yb	21	25	27	56
Y	31	26	24	—

后来,于 1969 年报道了稀土离子与硫代苯酰丙酮(TBA)在水溶液中生成了螯合物。

稀土离子与二烷基氨基二硫代羧酸(dtc)(此处烷基指甲基或乙基)盐生成的络合物曾有人研究过,认为很不稳定。近年来,有人又报道:用无水的稀土三溴化物与计算量的 dtc 钠盐在无水乙醇中反应,制得了 $Ln(dtc)_3$ 络合物,这一络合物很容易从乙腈或三氯甲烷中重结晶。将 $Ln(dtc)_3$、Na(dtc)和 Et_4NBr 在无水的醇中作用,立即生成阴离子型的络合物$[Et_4N][Ln(dtc)_4]$,这一类稀土络合物除了 Pm 以外,从 La—Lu 都已制备出来了。

另一类研究较多的稀土与硫配位的络合物是二硫代膦酸二酯类与稀土的络合物,其中稀土是以阴离子状态存在$[\{S_2P(OEt)_2\}_4]^-$,相应的络合物为$[Ph_4p]^+[Pr\{S_2P(OMe)\}_4]^-$它的晶体结构曾经测定:其中 Pr^{3+} 是与八个硫原子配位,八个硫原子位于变形的四方反棱柱体的八个顶角。

Pr,Sm 与$[S_2P(OR)_2]^-$(R 为环己基)生成 $Ln[S_2P(OR)_2]_3$ 络合物,这里 Pr 和 Sm 原子都与六个 S 原子配位,S 原子位于不同程度变形的三方棱柱体的顶角。这类络合物中 M—S 键的键长比在其他络合物中都短一些。

最近人们研究了 Pr 和 Sm 与二烷基二硫代膦酸络合物的质谱,证明络合物 $Ln(S_2PR_2)_3(R=C_6H_{11})$中 R_E—S 键在气相中在电子撞击下是稳定的。络合物$[Ph_4As][Ln\{S_2P(OEt)_2\}_4]$在乙醇中和 TPPO 作用,能生成中性络合物 $Ln\{S_2P(OEt)_2\}_3\cdot(TPPO)_2$,它具有四方反棱柱体结构,其中 RE 原子与六个硫原子和两个氧原子配位。已研究的几种含 S 配位体列于表 22.63 中。

表 22.63　含 S 配位体

简写	名称	结构式
MAC	巯基乙酸	$HS—CH_2COOH$
SETG	S-乙基巯基乙酸	$H_3C—CH_2—S—CH_2COOH$
α-MPR	α-巯基丙酸	$H_3C—CH(SH)—COOH$
β-MPR	β-巯基丙酸	$HS—CH_2—CH_2—COOH$
dtc	二烷基一氨基-二硫代羧酸盐	$R_2NCS_2^-$
TBA	一硫代苯酰丙酮	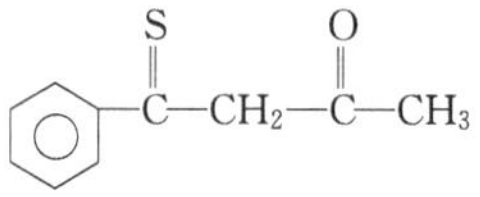

2.3.6 稀土的多元络合物

稀土多元络合物是稀土离子与两种或两种以上配位体形成的络合物．配位体可有各种组合形式，例如两种或多种配位体都是中性络合配位，或者阴离子与中性配位体混合配位，或者稀土离子以络阳离子（或络阴离子）存在，生成离子缔合型络合物。另外，配位体可以是氧原子配位，也可以是氮原子或其他原子配位，因此，多元络合物的种类很多。

多元络合物生成的原因，主要是因为稀土离子的配位数从 6—12 变化。在大多数情况下配位数并未满足，如在水溶液中，往往是水分子参与配位。如果生成多元络合物，则可使稀土离子的配位数得到满足，使生成的络合物更加稳定。

生成多元络合物，使稀土离子的吸收光谱发生变化，并常常导致摩尔消光系数增加。因此多元络合物已广泛地用于分光光度法鉴定和分析稀土离子。

最近几年来，又合成了含有两个或两个以上金属离子的双核或多核络合物，也在本节中讨论。

1. 稀土的混合配位体络合物

在 1964 年合成了 $Eu(dbm)_2(RCO_2)$ 混合络合物，式中 dbm 为二苯酰甲烷 $(C_6H_5CO)_2CH_2$，R 为 $CH_3—$，$C_2H_5—$ 或 $C_6H_5—$，它是用羧酸的钠盐沉淀 dbm 的稀土络合物而制备的。后来又制得单羟基取代、双螯合配位体的稀土络合物 $Ln(OH)L_2 \cdot H_2O$，L 代表 β-双酮或 β-酮酯类化合物，如乙酰基丙酮，二（三甲基乙酰）甲烷 $[(CH_3)_3CCO]_2CH_2$ 等。

利用上面的羟基稀土络合物为起始物，可以合成新型的多元络合物：

$$Ln(OH)L_2 \cdot H_2O + HL^{(i)} \longrightarrow LnL_2L^{(i)} \cdot H_2O + H_2O$$

$HL^{(i)}$ 或 HL 代表 acac，ba，dbm，8-羟基喹啉等。后来又合成四配位基混合络合物 $Na[Ln(acac)_3L]$，它是用水合的三乙酰基丙酮稀土络合物。在碱性溶液中与另一种 β-双酮作用。如将 acac 加到 $Ln(TTA)_3$ 中（HTTA-噻吩甲酰三氟丙酮），得到 $Ln(TTA)_3(Hacac)$ 多元络合物。最近还报道合成了 β-双酮与卟啉的多元稀土络合物，这时稀土离子的周围有 8 个配位原子。

人们对异丙基的稀土混合络合物也进行了制备与研究，它有两种形式 $Ln(OPr^i)L_2$ 或 $Ln(OPr^i)_2L$。改变 L，可以得到一系列多元络合物。这些络合物经常用红外光谱 IR、紫外光谱 UV 和分子量的测定来鉴定。

多元络合物具有自己的特性，决不是两种简单络合物的混合物。例如 8-羟基喹啉的稀土络合物不溶于苯，但 8-羟基喹啉和 β-双酮的稀土络合物在苯中的溶解度很大，说明多元络合物不同于 $Ln(8HQ)_3$ 和 LnL_3，具有完全新的性质。

近年来还应用两相滴定法研究螯合剂与中性配位体[如 1-苯基-3-甲基-4-苯甲

酰基吡唑啉酮(5)—PZL 和磷酸三丁酯 TBP]与稀土元素序列生成的多元络合物并测定其稳定常数。有关含 C—O,P—O 基团的一些重要稀土多元络合物列于表 22.64 中。

表 22.64 稀土的多元络合物

稀土离子与含 C—O 键配位体的混合络合物			
配位体[1]	金属离子	阴离子	络合物组成
DiOX,acac	Nd,Dy,Ho		$Ln(DiOX)_{0.5}(acac)_3 \cdot 2H_2O$
DiOX,dbm	Eu		$Eu(DiOX)_2(dbm)_3$
THF,C_6H_6	Yb	NCS	$Yb(THF)_3(NCS)_3 \cdot C_6H_6$
15-Crown-5	Sm—Lu	NO_3^-,丙酮	Ln(15-冠-5)$(NO_3)_3 \cdot 3H_2O(CH_3)_2CO$
DMF,dbm	Eu		$Eu(DMF)(dbm)_3$
MeOH,acac	Gd,Y		$Ln(MeOH)(acac)_3 \cdot 2H_2O$
MeOH,acac	Yb		$Yb(MeOH)_2(acac)_3$
EtOH,acac	Y,Yb		$Ln(EtOH)(acac)_3 \cdot 3H_2O$
ba,Ac	Eu		$Eu(ba)_2(CH_3COO^-)$
ba,acac	Ln		$Ln(acac)_2(ba) \cdot (H_2O)$
TTA,acac	Ln		$Ln(TTA)_3(Hacac)$
Sal,phen	Pr,Nd,Ho,Er	$CHCl_3$,C_6H_6	$Ln(sal)_3(phen)_2$
稀土离子与含 P—O 键配位体的混合络合物			
配位体[2]	金属离子	阴离子	络合物组成
TBP,tfac	Eu		$Eu(TBP)_2(tfac)_3$
TBP,Sal	Ce—Eu,Dy,Er,Yb,Y		$Ln(TBP)(Sal)_3$
TPPO,Me_2CO	La—Lu,Y	NO_3^-	$Ln(TPPO)_3(NO_3)_3(Me_2CO)_2$
TPPO,Me_2CO	La—Lu,Y	NO_3^-	$Ln(TPPO)_4(NO_3)_3(Me_2CO)_2$
TPPO,EtOH	La—Lu,Y	NO_3^-	$Ln(TPPO)_4(NO_3)_3 \cdot EtOH$
TPPO,Sal	Eu		$Eu(TPPO)_2(Sal)_3$
TPPO,ASal	Ce—Eu,Tb,Dy,Er		$Ln(TPPO)_2(ASal)_3$
HFA,TBP	Dy,Ho,Er,Yb,		$Ln(HFA)_3 \cdot 2TBP$
TTA,TOPO	Nd,Ho,Er		$Ln(TTA)_3(TOPO)_2$
TFA,TBP	Eu		$Eu(TFA)_3(TBP)_2$
HFA,DBSO	Eu		$Eu(HFA)_3(DBSO)_2$

1) DiOX—二氧六环;ba—苯甲酰丙酮;dbm—二苯酰甲烷;acac—乙酰基丙酮;TTA—噻吩甲酰三氟丙酮。

2) HFA—六氟乙酰丙酮;TFA—三氟乙酰丙酮。

续表

PZL-TBP 与稀土多元络合物的组成和稳定常数(20℃, μ=0.1mol/LNaNO₃)		
稀土离子	络合物组成	络合常数 β_{njk}
La	$La(PZL)_3(TBP)_2$	22.36
Pr	$Pr(PZL)_3(TBP)_3$	24.87
Nd	$Nd(PZL)_3(TBP)_3$	25.18
Sm	$Sm(PZL)_3(TBP)_3$	25.30
Eu	$Eu(PZL)_3(TBP)_3$	25.50
Gd	$Gd(PZL)_3(TBP)_3$	25.65
Tb	$Tb(PZL)_3(TBP)_2$	23.54
Dy	$Dy(PZL)_3(TBP)_2$	23.82
Ho	$Ho(PZL)_3(TBP)_2$	24.18
Er	$Er(PZL)_3(TBP)_2$	24.28
Tm	$Tm(PZL)_3(TBP)_2$	24.35
Yb	$Yb(PZL)_3(TBP)_2$	24.76
Lu	$Lu(PZL)_3(TBP)_2$	25.10
Y	$Y(PZL)_3(TBP)_2$	24.12

还有一类稀土的多元络合物属于离子缔合络合物。如 $Ln(Ap)_6[Cr(NCS)_4(NH_3)_2]_3$，Ap 是尿素的衍生物，与稀土离子生成络阳离子 $Ln(Ap)_6^{3+}$，再与$[Cr(NCS)_4(NH_3)_2]^-$大阴离子生成离子缔合型多元络合物。又例如$[Ln(PyO)_8]^{3+}[Cr(NCS)_6]^{3-}$，其中 PyO 是吡啶氧化物。类似的例子还很多，也有稀土离子是处于阴离子体系中，例如$[R_4H^+]_3[Nd(NO_3)_6]^{3-}$等。

2. 双核或多核络合物

近年来，为了合成可挥发性的稀土络合物，制得了双金属醇盐，其通式为 $Ln[M(OPr^i)_4]_3$，式中 Pr^i为异丙基；R_E为 La—Lu，Sc 和 Y；M 为 Al，Ga 或 In。它用下法制备：

$$LnCl_3+3KM(OPr^i)_4 \xrightarrow{C_6H_6} Ln[M(OPr^i)_4]_3+3KCl$$

$$LnCl_3+3MCl_3+12KOPr^i \xrightarrow{Pr^iOH} Ln[M(OPr^i)_4]_3+12KCl$$

$$Ln(OPr)^i+3M(OPr^i)_3 \xrightarrow{Pr^iOH} Ln[M(OPr^i)_4]_3$$

这类络合物可溶于有机溶剂，在减压条件有很大的挥发度，在 180—200℃/0.1mmHg 下几乎可以定量地蒸馏。已知 $Ln(OPr^i)_3$ 的挥发度很低，而 $Ln[Al(OPr^i)_4]_3$的挥发度却很高，表明双金属醇盐有一定的结构，它可能具有下面的螯合结构：

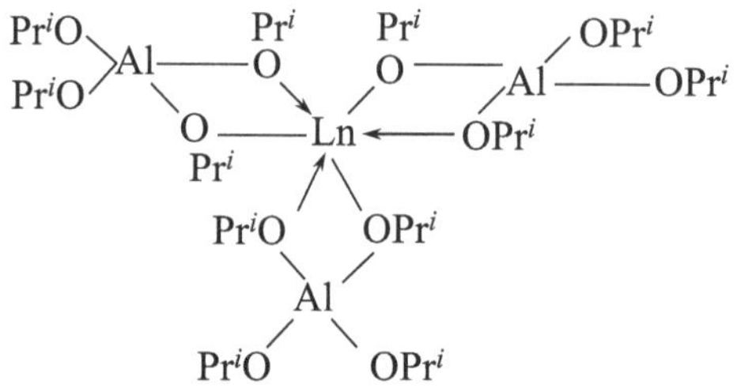

这一结构进一步为 NMR 法所证实。

如将 $Ho[Al(OPr^i)_4]_3$ 与乙酰丙酮作用，可以得到 $Ho[Al_3 \cdot (OPr^i)_9(acac)_3]$ 和 $Ho[Al(OPr^i)_2(acac)_2]_3$ 多核络合物。

2.3.7　稀土元素有机化合物

稀土元素有机化合物的研究是从 1954 年合成三茂稀土 $Ln(C_5H_5)_3$ 开始的，比二茂铁的发现只晚了 3 年，但是已知的镧系金属有机化合物比起其他过渡元素来是少多了，起初在曼哈顿(Manhattan)计划中曾列入这一研究项目，希望这类络合物易于挥发并能用于同位素分离，但未获成功。

稀土元素有机化合物可以分为三大类。

1. π 络合物

(1)稀土与环戊二烯及其衍生物生成的络合物

已经合成出 15 种稀土元素与环戊二烯生成的络合物 $Ln(C_5H_5)_3$，它是利用无水稀土三氯化物，在四氢呋喃(THF)介质中，与 $Na(C_5H_5)$ 作用而制得，反应方程式为：

$$3(C_5H_5)Na + LnCl_3 \xrightarrow{THF} (C_5H_5)_3Ln + 3NaCl$$

$(C_5H_5)_3Ln$ 和一般过渡金属的环戊二烯络合物不同，被认为是离子型键合。

镧系元素与三环戊二烯络合物的某些性质列于表 22.65。由表可见，镧系三环戊二烯络合物对热是稳定的，有固定的熔点。它们在减压条件下，在 200℃ 左右可以升华。除 Ce 外，在干燥空气中是稳定的。与水作用生成环戊二烯和金属氢氧化物。

表 22.65　镧系三环戊二烯络合物的性质

$Ln(C_3H_5)_3$	颜色	升华温度，℃(10^{-3}—10^{-4} mmHg)	熔点(℃)	有效磁矩(B. M)
$La(C_5H_5)_3$	无	260	295[1)]	反磁

续表

$Ln(C_3H_5)_3$	颜色	升华温度,℃(10^{-3}—10^{-4}mmHg)	熔点(℃)	有效磁矩(B. M)
$Ce(C_5H_5)_3$	橘红	230	435[1)]	2.46
$Pr(C_5H_5)_3$	淡绿	220	415[1)]	3.61
$Nd(C_5H_5)_3$	淡红—蓝	220	380	3.62
$Pm(C_5H_5)_3$	黄—橙	145—260	—	—
$Sm(C_5H_5)_3$	橙	220	365	1.54
$Eu(C_5H_5)_3$	棕	—	—	—
$Gd(C_5H_5)_3$	黄	220	350	7.95—7.98
$Tb(C_5H_5)_3$	无	230	316	8.9
$Dy(C_5H_5)_3$	黄	220	302	10.0
$Ho(C_5H_5)_3$	黄	230	295	10.2
$Er(C_5H_5)_3$	粉红	200	285	9.44
$Tm(C_5H_5)_3$	黄绿	220	278	7.1
$Yb(C_5H_5)_3$	深绿	150	273[1)]	4.0
$Lu(C_5H_5)_3$	无	180～210	264	反磁

1) 略有分解。

稀土离子与两个 C_5H_5 分子生成的络合物也曾制备出来,它是 $LnCl_3$ 与 2 当量 $Na(C_5H_5)$ 作用,反应式是

$$2(C_5H_5)Na+LnCl_3 \xrightarrow{THF} (C_5H_5)_2LnCl+2NaCl$$

式中 Ln 为 Sm,Gd,Dy,Ho,Er 和 Yb。它们的某些性质列于表 22.66。

表 22.66 镧系环戊二烯卤化物的性质

络合物	颜色	熔点(℃)	有效磁矩(B. M)
$(C_5H_5)_2SmCl$	黄	无熔点,>200℃ 分解	1.62—1.94
$(C_5H_5)_2GdCl$	无	无熔点,>140℃ 分解	8.86
$(C_5H_5)_2DyCl$	黄	343—346,分解	10.6
$(C_5H_5)_2HoCl$	黄—橙	340—343,分解	10.3
$(C_5H_5)_2ErCl$	粉红	无熔点,>200℃ 分解	9.79
$(C_5H_5)_2ErI$	粉红	270	—
$(C_5H_5)_2YbCl$	橘红	无熔点,>240℃ 分解	4.81
$(CH_3C_5H_4)_2GdCl$	无	188—197	—
$(CH_3C_5H_4)_2ErCl$	粉红	119—122	—
$(CH_3C_5H_4)_2YbCl$	红	115—120	—

甲基环戊二烯与 Nd 可以生成三(甲基环戊二烯)钕络合物。它是经过下列步骤制备的:将无水的 $NdCl_3$溶于 THF 中,加入过量 $Na(C_6H_7)$,在 Ar 气氛下,搅拌,放置。待抽掉溶剂后,加热至 200℃,于抽真空下升华,可以得到蓝紫色的络合物$(C_6H_7)_3Nd$ 晶体。该络合物对空气和温度非常灵敏。它属于离子型化合物,其中 Ln^{3+}与每一环戊二烯间是通过静电相互作用的。每个 Nd^{3+}与三个 η^5-$C_5H_5$①环结合,从 Nd-C 键距离可知,Nd 与三个环上的 5 个 C 都是等距离的,用 η^1-C_5H_5去和另外 Nd^{3+}上的一个环结合,所以每个 Nd^{3+}周围有 16 个 C 原子配位。

另外,在非级性溶剂中,$Ln(C_6H_7)_2Cl$ 能形成氯桥以二聚分子存在

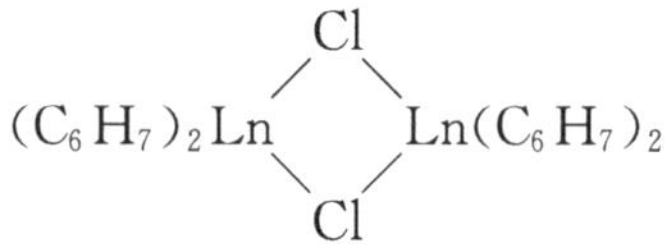

式中 Ln 为 Gd, Er, Yb。近年来,测定 Yb 与 C_6H_7 络合物的结构为[$(C_5H_4Me)_2YbCl$]$_2$,证明两个 Yb 原子的确是由两个 Cl 桥连接起来的。还测定过 [$Ln(\eta^1$-$C_5H_5)_2Cl$]$_2$和[$Ln(\eta^1$-$C_5H_5)_2Cl(THF)$]$_2$(Ln 表示 Gd 或 Yb),这二种二聚分子的挥发性较高,并发现它们都是顺磁性物质,Gd 络合物磁矩为 7.70—8.18B.M,而 Tb 络合物的磁矩为 4.53—4.85B.M。

(2) 稀土与环辛四烯类络合物

环辛四烯 C_8H_8能接受两个电子形成二价阴离子:

$$C_8H_8 \xrightarrow[THF]{K} 2K^+ + [C_8H_8]^{2-}$$

体系中含有 10 个 π 电子,按照$(4n+2)$规则,属芳香性 π 体系,所以$[C_8H_8]^{2-}$是共平面的,而 C_8H_8本身却不是共平面的。

$[C_8H_8]^{2-}$与环戊二烯阴离子类似,也能生成氯桥二聚分子形式的络合物

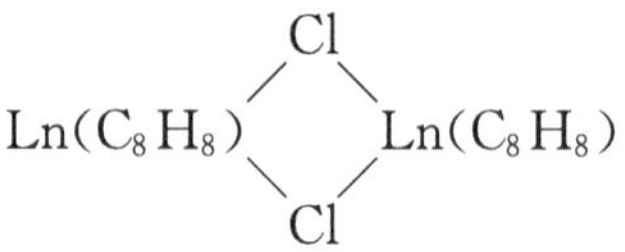

式中 Ln 为 La,Nd,Sm,Tb。

另外还能生成一种含有四氢呋喃溶剂分子的络合物:

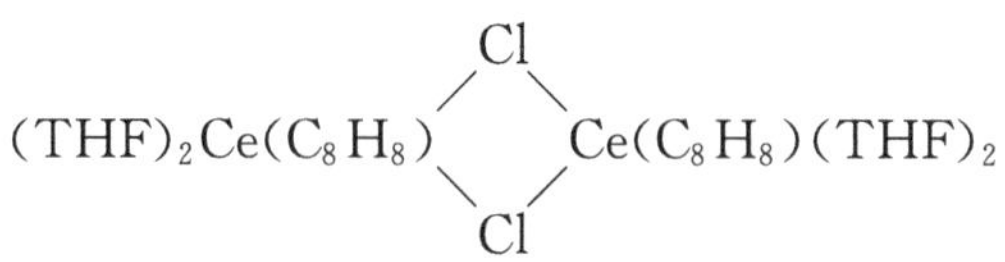

① η^1—C_5H_5 表示 C_5H_5 上有一个键与 Ln^{3+}配位;η^3—C_5H_5,表示与 Ln^{3+}配位为 5。

(3) 茚类(C_9H_7)的稀土络合物

这类络合物的组成为 $Ln(C_9H_7)_3 \cdot THF$，Ln 为 La，Sm，Gd，Tb，Dy，Yb。它可以通过无水镧系三氯化物与茚基钠在四氢呋喃溶液中反应来制备：

$$LnCl_3 + 3NaC_9H_7 \xrightarrow{THF} Ln(C_9H_7)_3 \cdot THF + 3NaCl$$

某些三茚基镧系四氢呋喃络合物的性质列于表 22.67。与环戊二烯基化合物一样，茚基化合物也是通过茚基中五元环上的 π 电子与金属结合的。

表 22.67　三茚基镧系四氢呋喃络合物的性质

络合物	颜色	有效磁矩，B. M
$(C_9H_7)_3LaOC_4H_8$	淡黄褐	0
$(C_9H_7)_3SmOC_4H_8$	深红	1.55
$(C_9H_7)_3GdOC_4H_8$	淡绿	7.89
$(C_9H_7)_3TbOC_4H_8$	淡黄	9.43
$(C_9H_7)_3DyOC_4H_8$	淡黄褐	9.95
$(C_9H_7)_3YbOC_4H_8$	深绿	4.10

(4) 稀土与环戊二烯、丙烯形成混合络合物

$(C_5H_5)_2Ln(C_3H_5)$，Ln 为 Sm，Er，Ho，La。这一混合络合物可用下列反应制备：

$$(C_5H_5)_2LnCl + C_3H_5MgBr \xrightarrow[-78℃]{THF，乙醚} (C_5H_5)_2LnC_3H_5 + MgBrCl$$

它不稳定，尤其对空气、水气特别灵敏，接触后立即分解，但在 Ar 气中却十分稳定，甚至加热到 200℃也不熔化。该络合物根据红外光谱鉴定，在 $1533cm^{-1}$ 外有一强吸收峰，表明它包含一个 π-丙烯基—Ln^{3+} 键.

2. σ 络合物

稀土的 σ 元素有机化合物，即包括 Ln—C 的 σ 键化合物，是从 70 年代开始才进行较多的合成与研究，例如三乙钇 $Y(C_2H_5)_3$、三乙钪 $Sc(C_2H_5)_3$ 等，它们由下列反应，在四氢呋喃溶剂中合成

$$LnCl_3 + 3LiR = LnR_3 + 3LiCl$$

此处 Ln=Y，Sc，La，Ce，Pr，Nd，Gd，Tb，Dy，Ho，Er，Tm，Lu 等，

R=CH_3，C_2H_5，Me-C_6H_4-，2，6-$Me_2C_6H_3$-2，4，6-$Me_3C_6H_2$ 等。

3. 稀土的羰基络合物

现已经制备了稀土 Nd，Pr，Gd，Ho，Eu 的羰基络合物。用电炉加热使稀土金

属气化，维持金属气压很低，以保证蒸气中金属以单原子存在。然后与 CO 及 Ar 气混合共沉积制备，即将稀土金属原子和 CO 共沉积到 Ar 的基质中。应用这种基质隔离法(Matrix)能使生成的羰基络合物沉积于 Ar 气之中，最终产品用退火法来控制。将此沉积物放在 Csl 窗片上，于 8—12K 温度，利用红外光谱来研究鉴定络合物的形成过程和结构变化。

制备中，还可以利用沉积后控制整个基质组分的退火，使金属原子与 CO 进一步反应，这时可以观察红外光谱各种谱带的出现和消失，并进行指认络合物结构的变化，其结果列于表 22.68 中。

表 22.68 稀土羰基化合物 CO 基伸缩频率(cm^{-1})

Ln^{3+}	Pr	Nd	Gd	Ho	Eu	指证
羰基伸缩振动红外频率	1989	1990	1986	1982	2000	$Ln(CO)_6$
	1965	1965	1967	1961	1974	$Ln(CO)_5$
	1940	1940	1945	1929	1968	$Ln(CO)_4$
	1885	1891	1901	1902		$Ln(CO)_3$
	1858	1861	1864	1859	1873	$Ln(CO)_2$
	1835	1841	1841	1838		Ln(CO)

羰基与稀土配位后，其伸缩振动频率向低频移动，而且与配位数有关，这一现象与其他金属羰其络合物是一致的．一般讲六配位的羰基络合物的频率最高，分子具有高对称性，应是八面体构型。五配位的羰基络合物的频率约低 $30cm^{-1}$，其构型有两种可能性，即 C_{4v}或 D_{3h}对称性。四配位也有两种可能构型，即四面体或正方形配位，它表现出羰基的伸缩振动频率更低一些。三配位为平面三角形结构。二羰基络合物为直线型。一羰基络合物为直线或弯曲状构型，它的频率最低，约为 1835—$1841cm^{-1}$。

从表中还可以看到，Pr，Nd，Gd，Ho 的羰基络合物变化比较规则。这是由于这四种稀土离子属于典型的稀土元素，其特征氧化数为＋3，具有较高的熔点和沸点，它们的物理和化学性质也表现出规则地变化。而 Eu，Yb 的熔点和沸点相应要低数百度，物理和化学性质与其他稀土也显然不同，所以 Eu 的羰基络合物的性质也特殊一些。

稀土羰基络合物中，稀土离子与羰基之间的键合问题，至今没有肯定的结论。一般认为羰基上碳原子的孤对电子，与稀土金属离子的空轨道以 σ 键形成配位。但因为 CO 碱性很低，仅仅靠 σ 配键不足以形成结合较强的络合物，它必然还有另外的键合——四配键，即稀土离子的 d 轨道或 $4f$ 轨道电子进入 CO 反键空轨道，而形成了四配键。在 CO 的反键轨道上增加电子云密度，将引起 CO 中 C—O 键的减弱，导致络合羰基的伸缩振动频率比自由羰基频率要低。当羰基的配位数低时,只有少数配位体接近中心 Ln^{3+},则形成的四配键较强,因此引起 CO 伸缩振动频率的降低就较多。

稀土元素有机化合物的研究仍处于开始阶段。就目前看来,这类化合物的用途至少有三方面,①作为均相络合催化剂;②作为有机合成的中间产物或试剂;③作为核磁共振研究方法的位移试剂。

2.4 稀土络合物的化学键和配位数

2.4.1 稀土络合物的化学键

近十年来,有关稀土络合物的结构和化学键理论方面的研究十分活跃,出现了不少新的内容。稀土离子的正常价电子轨道共有九个,即一个 $6s$ 轨道,三个 $6p$ 轨道和五个 $5d$ 轨道。此外还有后备的价电子轨道七个 $4f$ 轨道。这些 $4f$ 轨道有时参与成键,有时不参与成键。所以 $4f$ 电子基本上是内层电子,它的价电子作用不明显。一般生成络合物的配位数为 6 时采用 d^2sp^3 杂化轨道,当配位数为 8 时采用 d^4sp^3 杂化轨道,但当配位数为 12 时,则用 $f^3d^5sp^3$ 杂化轨道。

在镧系元素离子的 $4f$ 亚层外面,还有$(5s^2)(6p^6)$电子,由于后者的屏蔽作用,使得 $4f$ 亚层受化合物中其他元素的势场影响较小(在晶体或络离子中,这种势场称作晶体场或配位体场)。所以镧系化合物的吸收光谱和自由离子的吸收光谱大致相同,都是线状光谱。或认为 $4f$ 轨道的作用较弱,有时只出现吸收谱带的轻度红移,可当做较弱的二级效应处理。

近年来,徐光宪等[14]发展了适用于稀土元素化合物的 INDO 方法,对镧系化合物,特别是金属有机化合物进行了分子轨道法的系统研究。他们得到的结果表明,①稀土原子与配位体原子的结合是一种带有不同离子性成分的共价键;②稀土原子的 $4f$ 轨道基本是定域的,虽然 $4f$ 原子轨道的能量较低,但它与配位体电子云的重叠积分很小,所以基本上不参与成键。参与成键的是稀土原子的 $5d$,$6s$,$6p$ 轨道;③当 $4f$ 轨道中有未成对的电子时,它通过顺磁极化作用来影响 $5d$ 轨道,从而影响稀土元素的化学性质。

在镧系系列中,由于络合物的中心金属离子从镧 La ⟶ 镥 Lu,离子半径逐渐减小,可以预料此系列络合物的共价性会逐渐增加,例如稀土的 β-双酮类络合物,随着镧系元素原子序数的增加,其相应络合物的挥发度也逐渐加大,可以表明这一效应的存在.

在稀土络合物中,与氧原子配位的络合物占绝大部分,稀土与氧的结合主要是电价键。如果这是正确的,则利用整个稀土系列络合物稳定常数的变化可以作为一种鉴定的方法。因为对于电价键而言,其络合能力的强弱与核间距离 R 的平方成反比，与正负电荷乘积(Z_+Z_-)成正比，这时整个稀土序列络合物的稳定常数 $\log K$ 与 Z_+Z_-/R^2 有直线关系。而实验证明，有些情况下，并没有直线关系。另外，也有应用 f-f 跃迁超灵敏光谱带作为稀土络合物配位键中共价程度检测的探针。

稀土络合物与碱土金属的络合物有一定的相似性(根据周期律中的对角线原理)。因此在生物体系中，可以镧系元素的示踪来代替 Ca^{2+} 的示踪，用以研究一些生命现象。其中二价铕离子(Eu^{2+})的性质与碱土金属离子更为相似。

此外，在稀土的 π 络合物中，除了存在通常的 σ 键(指电子云分布为轴对称)、π 键(电子云分布有一对称节面)外，还有新型的 δ 键(电子云分布有两个对称节面)和 ϕ 键(电子云分布有三个对称节面)。关于稀土与环多烯类络合物的研究工作还不多，估计这类化合物的催化活性和许多其他重要性质与这类络合物的结构与化学键的特性有直接联系。

2.4.2　稀土络合物的配位数

稀土络合物中，稀土原子经常具有从 6 到 12 的各种配位数。配位数的大小首先决定于几何因素，即稀土离子的大小和配位体的几何结构，能否将配位体适当排布后容纳下来。其次也和成键能力直接相关。

稀土原子有七个正常价电子轨道和七个 $4f$ 电子轨道，它们之间可以生成形形色色的杂化轨道。所以稀土离子的配位数和几何构型是多样化的。这对于催化机理的阐明有重要意义。实际上，三价镧系离子的配位数是在 6—10 之间改变。对于二合配位体，如果它的配位基团较小，则经常出现较高的配位数。配位数小于六比较少见。但是，有时稀土有很低的配位数，如 $Ln[N(SiMe_3)_2]_3$ 中，Ln^{3+} 的配位数只有 3。但在 La(18-冠-6)$(NO_3)_3$ 中，La^{3+} 的配位数却高达 12。

稀土离子的饱和配位在很大程度上决定于配位体的立体几何构型，但是稀土离子本身的性质也影响配位数。对于同一配位体，配位数从 La→Lu 降低，轻稀土的配位数比重稀土大一些。在生成螯合物时，螯合剂对络合物的稳定性起主要作用，当然螯环的大小对配位数也有影响。当与稀土配位的无机阴离子不同，也影响稀土离子的配位数，例如和 Cl^-，NO_3^-，CLO_4^-，SO_4^{2-} 等结合时，配位数也会相应改变。

为了进一步阐明稀土离子的配位情况，在金属离子周围的配位层可以借用多面体模型来描述。金属离子常位于多面体的中心，而多面体的顶角代表了配位原子的位置，一些用来描述高配位数的理想多面体如图 22.21 和表 22.69。可以认为这一几何构型是造成对金属离子最大屏蔽，并使得配位体之间具有最小的推斥作用。但是，用理想的多面体来描述配位数只是一种近似的方法。

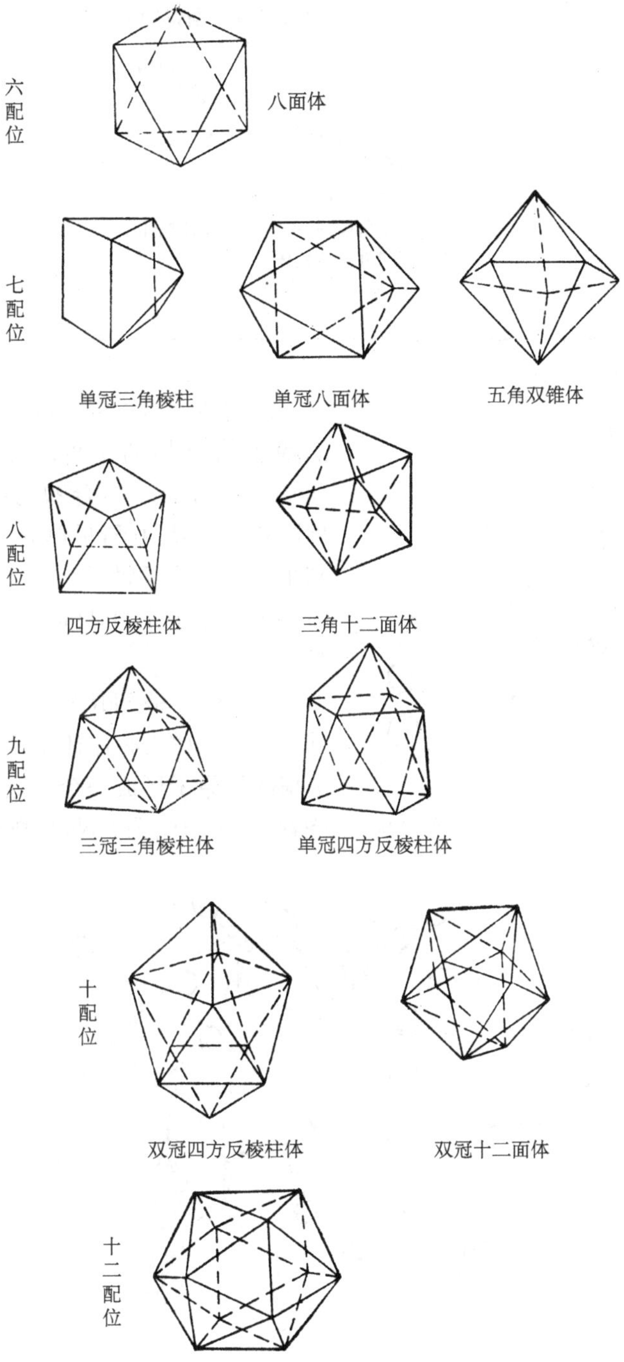

图 22.21　高配位数的理想多面体模型

表 22.69　高配位数与对应多面体图形

配位数	可能的几何构型
6	八面体、三方棱柱、五角单锥
7	单冠三角棱柱、单冠八面体
7	五角双锥
8	四方反棱柱体、三角十二面体
9	三冠三角棱柱、单冠四方反棱柱体
10	双冠四方反棱柱体
10	双冠十二面体
12	二十面体

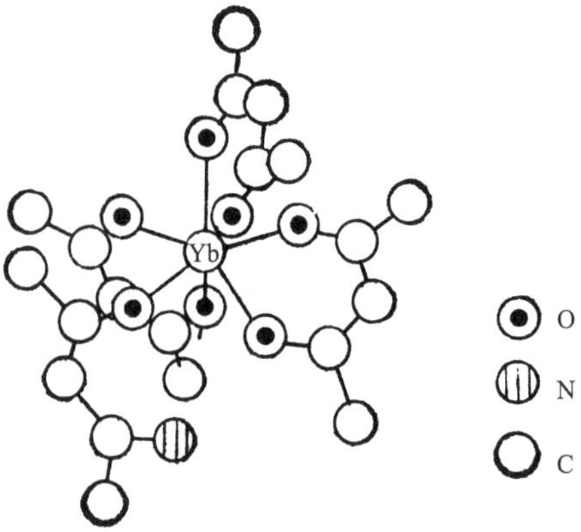

图 22.22　Yb(acac)$_3$ · Hacim 的结构

X 射线衍射法曾测得若干不同配位数的稀土络合物的结构。图 22.22 为 Yb(acac)$_3$ · Hacim 络合物的结构，Yb 原子周围有七个氧原子，呈单冠三角棱柱体型，其中六个氧原子属于 acac（乙酰基丙酮），另一个氧原子来自 Hacim（亚胺基取代乙酰基丙酮）。

图 22.23 是 Nd(AP)$_3$(NO$_3$)$_3$ 的结构，其中三个 AP（安替比林）的氧原子和六个硝酸根的氧原子形成一个三冠三角棱柱体围绕着 Nd 原子，所以 Nd 的配位数为九。

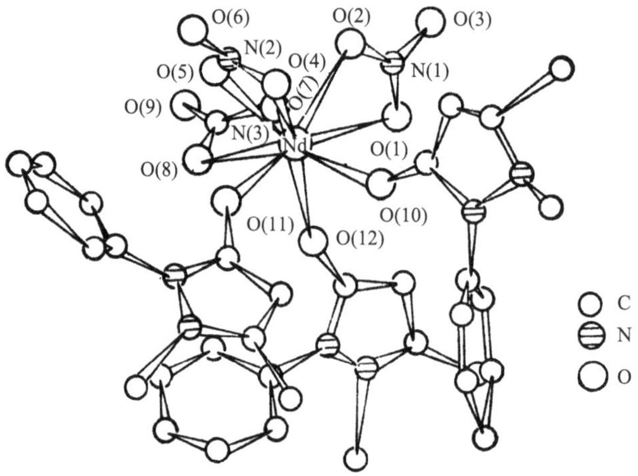

图 22.23　Nd(AP)$_3$(NO$_3$)$_3$ 的结构

图 22.24 为 $Ce(TPPO)_2(NO_3)_4$的结构，其中 Ce(IV)是十配位，八个配位氧原子来自硝酸根，另外两个氧原子由TPPO(三苯基氧化膦)提供。图 22.25 为 La(C-18-冠醚-6)$(NO_3)_3$的结构，La 的配位数为 12，六个配位氧原子来自冠醚，另外六个氧原子由硝酸根提供。

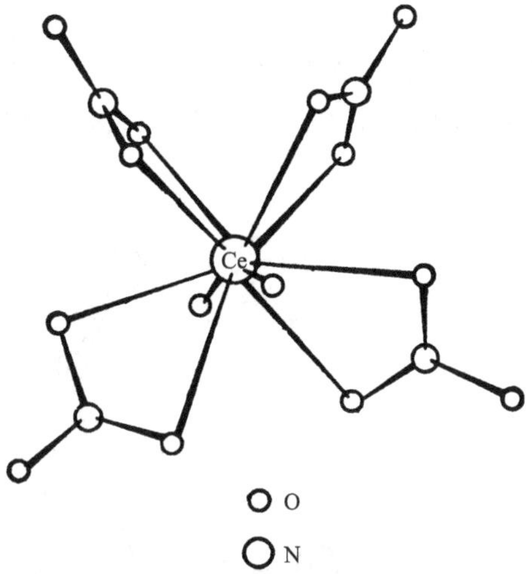

图 22.24　$Ce(TPPO)_2(NO_3)_4$ 的结构

从以上的叙述可以看出，不同配位数的稀土络合物，有着不同的几何构型。另外，在镧系络合物中，还会遇到混合配位和混合几何构型。例如正交晶体 $Eu_2(Mal)_3 \cdot 8H_2O$(Mal 为丙二酸根)，分子中存在二个不等价的 Eu(III)离子，围绕其中一个 Eu^{3+} 离子的配位多面体是变形的四方反棱柱体，而另一个 Eu^{3+} 周围占据着变形的三冠三角棱柱的九个氧原子。所以两个 Eu^{3+} 不仅构型不同，而且配位数也不同，前者为八，后者为九。

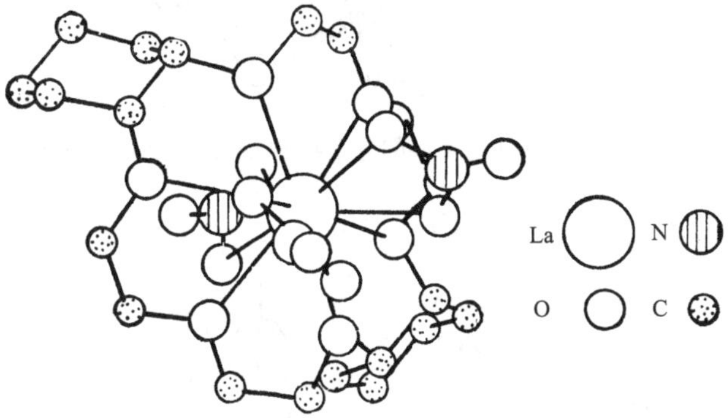

图 22.25　La(C-18-冠醚-6)$(NO_3)_3$的结构

关于配位数为十一的络合物比较少见。近年来才陆续有所报道。例如硝酸镧水合晶体$[La(NO_3)_3(H_2O)_5] \cdot H_2O$，经 X 射线分析表明 La^{3+} 的周围有三个二合配位的硝配根和五个水分子，因而邻近有十一个氧原子，La—O 键长<2.9Å，形成配位数为十一的结构。王耕霖等[15—17]又报道过 1,8-萘并-16 冠醚-5 和 15-冠醚-5 与硝酸镧生成的络合物结构，证实 La^{3+} 位于络合物的中心，但未进入冠醚环的孔穴，周围有十一个氧原子，其中五个氧原子来自冠醚环，另外六个氧原子来自三个二合配位的硝酸根，其结构见图 22.26 所示。最近黄春辉等合成了配位数为十一的季铵盐稀土络合物，分子式为$[(CH_3)_3N(C_{16}H_{33})]_2Nd(NO_3)_5$。实际上每一个晶胞中

含有两个上述式量分子，两个钕离子各用一个硝酸根做为氧桥彼此相连，以双核络阴离子存在，每个 Nd^{3+} 周围有五个二合配位的硝酸根和一个连接两个 Nd^{3+} 的氧桥，形成十一配位数，这十一个 Nd—O 键平均键长为 2.57Å，参见图 22.27 所示。

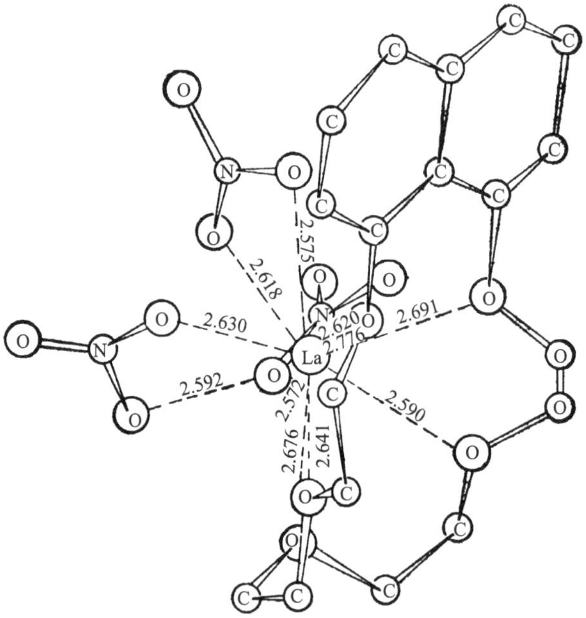

图 22.26　$La(NO_3)_3$ · L 的分子结构 L=1,8-萘并-16-冠醚-5

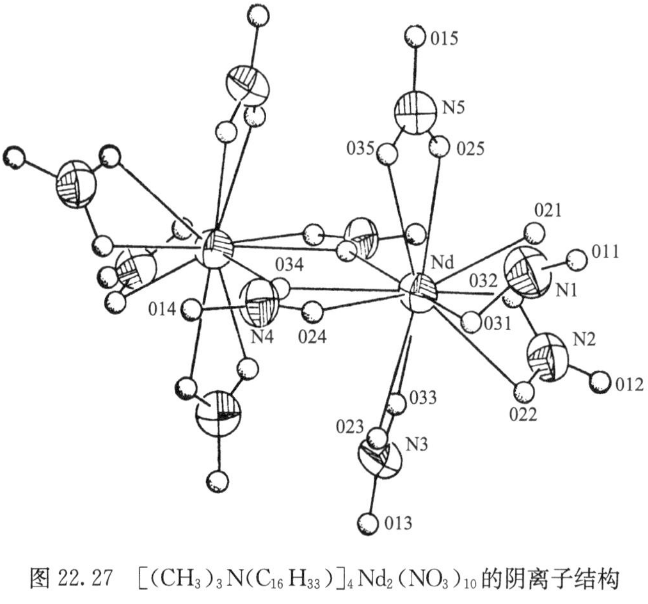

图 22.27　$[(CH_3)_3N(C_{16}H_{33})]_4Nd_2(NO_3)_{10}$ 的阴离子结构

但是，在溶液中，络合物的实际配位数并不容易准确测定。尽管可以从溶液中分离出来的晶体，通过 X 射线研究结构，并根据这一结果进行推测，但是实际上在溶液中和固态中并不一定具有相同的结构，而且溶液中所存在的状态往往复杂得多，经常需要依靠多种实验方法对溶液的性质进行测定，根据综合实验结果进行估测。

2.4.3 内界配位与外界配位

内界配位指配位体进入金属离子的内配位层里。如果配位体停留于中心离子的外配位层里，就叫做外界配位或外界络合。显然，外界配位对于体系的影响较小，引起能量及热力学函数 ΔS、ΔH 和 ΔG 等变化较小。

可以利用一些方法来鉴别内界配位与外界配位。例如生成内界配位络合物时，由于形成新的内配位键，则在配位体内部或多或少地改变了电子的分布，因此将引起红外光谱吸收频率的位移。而当配位体处于外界配位，其电子的分布仅受到轻度的影响，此时观察到的红外吸收光谱，应当没有很大的变化。

在水溶液中，稀土离子与 Cl^- 作用，过去认为不生成内界配位络合物，最近经 X 射线衍射研究表明，L_nCl_3 在 10mol/L HCl 溶液中，L_n^{3+} 与七个水分子及一个 Cl^- 配位。但从紫外、可见吸收光谱测定，发现 Nd^{3+} 在 5—6mol/L Cl^- 的溶液中，其吸收光谱和 Nd^{3+} 水合离子没有区别，说明在此条件下 Nd^{3+} 和 Cl^- 不生成内界络合物。当 Cl^- 浓度再增大时，可以看到吸收带的红移、谱带变形和强度改变。这一变化认为是生成内界络合物而造成的。再如 Eu^{3+} 的吸收光谱变化较灵敏，当 Eu^{3+} 在 5mol/L LiCl 中，Eu^{3+} 的吸收光谱即和水合 Eu^{3+} 有较大区别。随着 Cl^- 浓度提高，这一差别加大，表明 Eu^{3+} 更易与 Cl^- 生成内界络合物。较重的稀土离子，如 Er^{3+} 和 Ho^{3+} 等在 Cl^- 浓度为 13— 14mol/L 时，仍观察不到光谱变化，可能是这些重稀土离子在水溶液中不易和 Cl^- 生成内界配位络合物。

关于稀土络合物的内界与外界配位络合物研究并不多。对于一个特定配位体而言，那些因素决定络合物的内界或外界配位结构，都是不很清楚的。例如稀土离子与羧酸经常是生成内界配位络合物，而对位甲苯磺酸却易生成外界配位络合物。但是 X^-（卤化物）、NO_3^-、SCN^- 和 $Fe(CN)_6^{3-}$ 等都易与稀土离子生成外界络合物，而 SO_4^{2-} 和 IO_3^- 易生成内界络合物。

近年来又应用超声波吸收法来研究内外界络合物，并用来鉴定区别内界或外界配位的存在。

2.5 稀土络合物的稳定常数与热力学函数

在 1945—1970 年间，关于稀土络合物的研究工作主要集中于稳定常数的测定，而且大多数是在水溶液中进行的，只有少数例子是在非水溶剂中测定的。在水

溶液中，络合反应可用下式表示，

$$Ln(H_3O)_x^{3+}+nL=Ln(H_2O)_{x-n}Ln+nH_2O$$

配位体 L 的电荷关系未列入。与此对应的有络合物的逐级稳定常数 K 和累积稳定常数 β，介质一般是固定离子强度的溶液。文献中虽然列出多种配位体的数据，但是，不同作者所得的数据，即使是对同一配位体也往往不同。这可能是由于实验方法、实验条件的不同，如离子强度、温度等。

根据络合物性质的差异，稳定常数可用多种物理方法进行测定，如电位、电导、离子交换、pH 测定、液-液萃取和吸收光谱等。

从表 22.70 中所列的几种络合物稳定常数可以看出，稀土与这几种配位体生成络合物的稳定常数是大的，虽然它和 d 族过渡元素相比要小一些。

表 22.70　一些 1∶1 络合物的稳定常数 $\log K_1$

Ln^{3+}	乙酸	乙醇酸	亚氨基二乙酸
Y	1.57	2.47	3.24
La	1.58	2.19	2.80
Ce	1.71	2.35	3.11
Pr	1.84	—	3.48
Nd	1.93	2.50	3.68
Sm	2.04	2.55	4.11
Eu	—	—	4.23
Gd	1.87	2.48	4.30
Tb	—	—	3.98
Dy	1.71	2.54	3.84
Ho	1.66	—	3.54
Er	1.65	2.61	3.25
Tm	—	—	2.86
Yb	1.69	2.72	2.55
Lu	—	—	2.51

观察整个稀土系列稳定常数的变化，可以明显地看出，对于每一个配位体而言，并不遵循同一的变化规律。决定络合物稳定性的主要因素是 Ln^{3+} 离子与配位体中配位原子之间的作用。一般讲，当 Ln^{3+} 的离子半径减小时，这一作用是单调地增强。其他因素也很重要，因为络合过程实际上是配位体取代水分子，或者是新配位体取代原有配位体的过程，因此水合离子的性质，配位数的改变以及配位体的空间效应等因素的影响也不能忽视。

轻稀土元素，从镧(La)到铕(Eu)或钆(Gd)，对于各种配位体，其第一级生成的 1∶1 络合物的稳定常数，随着阳离子半径的减少，通常是比较均匀地单调地稳步上升,这一结果表明,对于轻稀土离子,上述因素起决定性的作用,而其他影响因素是不重要的。

重稀土元素络合物稳定常数的变化情况比较复杂,大致有三种类型。

① 随原子序数增加,离子半径减小,其稳定常数或多或少有规律加大;

② 从钆到镥稳定常数基本相同,变化很小;

③ 在镝(Dy)附近稳定常数增加到最大,然后一直降低。

上述第一种类型表现为简单规律性,说明主要是离子间库仑作用项引起的,这时只需考虑离子半径的影响,所以 Y 的位置应当在 Ho-Er 附近。第二和第三种类型则比较复杂,应当考虑到配位数的变化、空间效应和配位原子络合能力的差别等因素。

有关稀土络合物的其他热力学函数研究也有不少报道。从软硬酸碱理论来考虑,稀土离子是典型的硬阳离子,而研究过的配位体中,又大多是含有硬原子氧或氮的配位体。在水溶液中,硬-硬作用反应,是吸热反应。在多数情况下,生成硬-硬作用的络合物伴随着熵值大大增加,导致自由能降低,生成络合物。

以上讨论主要是第一级反应。关于生成稀土络合物的逐级反应热力学数据还比较少。在表 22.71 中列出一些有关数据。从中可以看出,随着逐级水合能的降低,逐级的熵增加值也随之减小,反应的吸热数值也相应降低。在某些情况下,吸热变为放热。在表 22.71 中,ΔG_n 是从量热法得到,这比从温度变化测定平衡常数的改变而求得的 ΔH_n 值更准一些。

表 22.71 稀土离子与硬配位体逐级络合的热力学数据(25℃)

配位体 SO_4^{2-}							
稀土离子	I[1]	ΔG_1^0	ΔG_2^0	ΔH_1^0	ΔH_2^0	ΔS_1^0	ΔS_2^0
Sc^{3+}	0	−23.1	−9.5	26.4	16.6	166	87
Y^{3+}	0	−19.1	−11.4	15.1	3.1	115	49
	2	−7.0	−2.5	16.9	6.3	80	30
La^{3+}	0	−20.0	−10.6	13.6	5.3	113	53
Gd^{3+}	0	−19.9	−9.9	15.0	6.3	117	54
	2	−7.6	−2.4	16.5	7.1	81	32
Lu^{3+}	0	−19.9	−10.3	13.8	4.4	113	49
	2	−6.2	−3.0	17.8	6.3	80	31

配位体 乙酸根 Ac^-										
稀土离子	I[2]	ΔG_1^0	ΔG_2^0	ΔG_3^0	ΔH_1^0	ΔH_2^0	ΔH_3^0	ΔS_1^0	ΔS_2^0	S_3^0
Y^{3+}	2	−8.95	−6.7	−4.1	13.63	8.9	−0.6	75.7	52	12
La^{3+}	2	−9.04	−5.4	−2.9	9.12	6.7	3.5	60.9	41	21
Gd^{3+}	2	−10.62	−7.4	−3.4	7.82	5.8	1.3	61.8	44	16

1) I 为离子强度,mol/L;

2) ΔG^0,ΔH^0 单位 kJ/mol,ΔS^0 单位 J/mol · K。

稀土离子的总角量子数 L 与稀土络合物的热力学函数之间有一定的关系。例如羧酸、羟基羧酸、二元羧酸、氨基多元羧酸与稀土生成的络合物，其各种热力学函数与 L 作图，得出每个四分组部分都成一条直线，整个图形类似于倾斜的英文字母 W，或者呈压偏或变形的 W 形。图 22.28 为二甘醇酸与稀土离子的络合物 ΔG_1、ΔH_1 和 ΔS_1 和 L 的关系。可以看到，每个分组都呈现很好的直线关系，而且 Gd 是第二和第三分组的共同点。根据这一关系，这们可以估测钷络合物的 $\Delta G_1 \sim -7.7$，$\Delta H_1 \sim -1.2$，$\Delta S_1 \sim 2.14$。还可以发现，在有些体系中，Gd 并不是第二、三分组的共同点，而是分属于第二分组或第三分组。例如图 22.29，为稀土的 α-羟基异丁酸络合物，其 $-\Delta G$ 对 L 作图是倾斜的 W 形，其 Gd 属于第三分组。另一个例子，见图 22.30，为稀土的氨三乙酸络合物，其 $\log K_1$ 与 L 作图，Gd 属于第二分组。Gd 位置的变化，说明在不同的体系中，它有时接近轻稀土，有时接近重稀土，这对 Gd 的分离有一定参考价值。

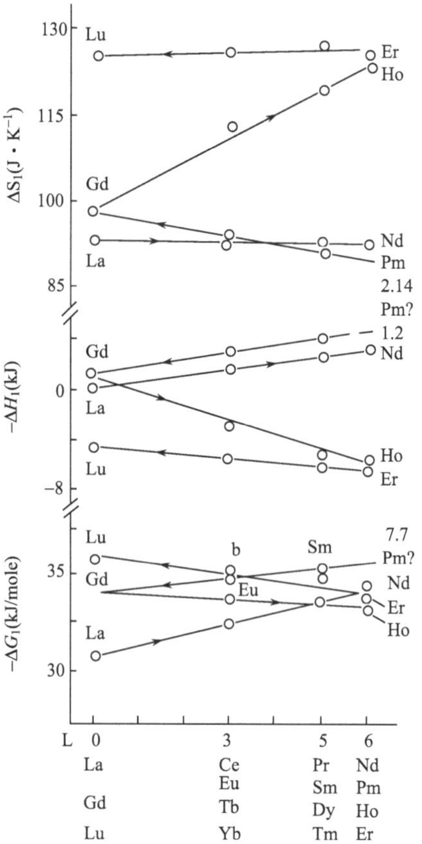

图 22.28　二甘醇酸与镧系络合物的 ΔG_1，ΔH_1，ΔS_1 和三价镧系的总角量子数 L 的关系

（图中？表示 Pm 为估测值）

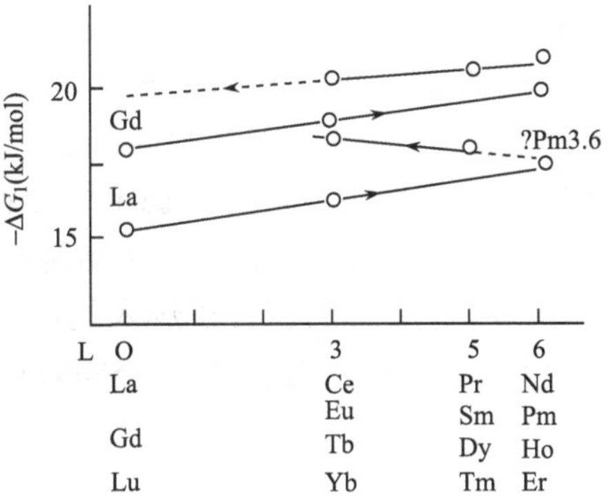

图 22.29　α-羟基异丁酸与镧系络合物的 ΔG_1 和三价镧系的总角量子数 L 的关系

（图中？表示 Pm 为估测量）

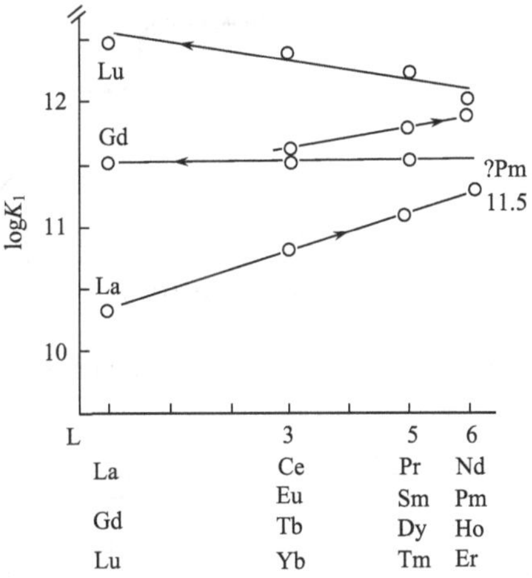

图 22.30　氨三乙酸与镧系络合物的 $\log K_1$ 与三价镧系的总角量子数 L 的关系

（图中？表示 Pm 为估测量）

上面介绍的是氧配位稀土络合物的一般热力学性质。由于在水溶液中，氮配位的稀土络合物极易水解，因此经常需要在非水溶剂中进行研究。对于非水体系，从不同温度下测定络合物稳定常数来求 ΔH 的方法，存在着较大的困难，而用量热法测定络合物的逐级生成热焓，实验方法比较易于可行。例如稀土的高氯酸盐与乙二胺、二乙三胺络合在无水乙腈溶剂中是很强的放热反应，反应通式可以表示为

$$Ln(en)_{n-1}(CH_3CN)_x^{3+} + en \rightleftharpoons Ln(en)_x(CH_3CN)_y^{3+} + (x-y)CH_3CN$$

这和在水溶液中反应很不相同。图 22.31 是高氯酸钆与乙二胺的反应过程热焓变化曲线，其他的稀土与此类似。每条曲线有四个明显的平台，表明生成四种络合物

$Ln(en)_n^{3+}$，n=1—4。在曲线中的明显转折是热力学稳定络合物存在的特征。将测得的热焓变化数值列于表 22.72。此时热焓变化全是负值，与在水溶液中正好相反，这表明 Ln^{3+}—N 键的生成。稀土高氯酸盐与二乙三胺生成的络合物，其热焓变化曲线呈现出三个平台，这表明生成热力学稳定络合物 $Ln(dien)_n^{3+}$，n=1—3。其 ΔH_n 的数据也列于表 22.72 中，可以看到 ΔH_3 值是单调地随着 Ln^{3+} 离子半径的减小而下降。这说明，第三个二乙三胺分子进入配位层时存在着空间阻碍效应，而且 ΔH_3 值的减小提供了在高配位络合物中，空间效应作为离子半径的函数的定量测量方法。

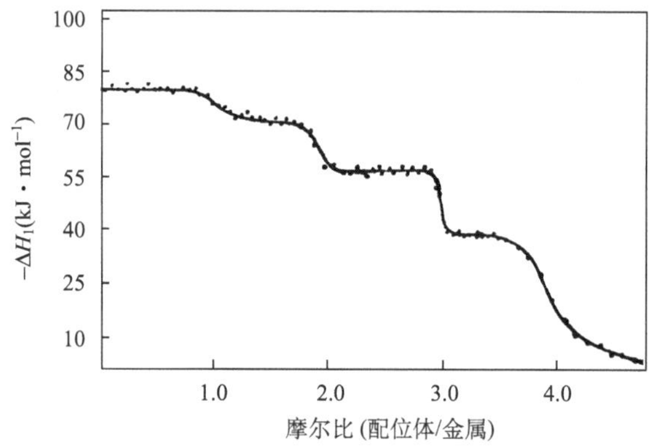

图 22.31　$Gd(en)_x(ClO_4)_3$ 络合物生成过程的热焓变化曲线

表 22.72　稀土离子与乙二胺、二乙二胺络合过程的热焓 ΔH(kJ/mol)

Ln^{3+}	乙二胺				二乙二胺		
	$-\Delta H_1$	$-\Delta H_2$	$-\Delta H_3$	$-\Delta H_4$	$-\Delta H_1$	$-\Delta H_2$	$-\Delta H_3$
La	72.39	64.85	57.74	46.02	99.58	82.84	54.81
Pr	78.24	70.29	56.90	45.19	102.93	87.03	52.72
Nd	78.66	70.71	57.74	45.61	107.11	87.45	48.12
Sm	80.75	75.31	56.48	41.42	107.53	88.70	44.77
Eu	82.84	76.57	58.16	40.58	—	—	—
Gd	81.59	75.31	58.16	39.75	109.20	89.96	41.42
Tb	83.26	77.83	54.81	37.66	—	—	—
Dy	83.26	76.99	52.72	38.50	113.80	92.88	28.87
Ho	83.26	76.15	53.14	41.84	—	—	—
Er	84.10	78.24	54.81	48.12	117.57	98.32	25.94
Y	84.10	78.66	60.25	53.56	114.64	94.88	25.52
Lu	83.68	77.83	59.83	53.56	—	—	—

参 考 文 献

[1] S. P. Sinha, Complexes of the Rare Earths. 1966. Pergamon Press

[2] D. K. Koppikav, P. V. Sivapullaiah, L. Ramakrishman and S. Sounclararajan, Complexes of Lanthanide with Neutral Oxygen. Donor Ligands, structure and Bonding, 34, 135(1978).

[3] 北京大学化学系稀有元素专业，稀土与铌，1，32(1976).

[4] К. Б. Яцимирский, Химия комплексных соединений редкоземел. ьных элементов, 1966.

[5] A. E. Martell, Coordination Chemistry, 380, 405 464, 480—483(1971).

[6] В. Т. Панюшкин, Ю. А. Афанасьев, А. Д. Гарновский, О. А. Осипев, усп. Хum. , 46, 2105(1977)

[7] 中山大学金属系编，《稀土物理化学常数》，冶金工业出版社，1978.

[8] K. A. Gschneidner, Editor Handbook on the Physics and Chemistry of Rare Earths, 3, 209(1978); Vol. 4; Nosth-Hollond Publishing Company.

[9] J. E. Huheey. Inorganic Chemistry: Principles of Structure and Rea ctivity, p. 276(1978).

[10] K. B. Yatsimirskii and N. K. Davidenko, Coordination Chem. Rev. , 27, 223(1979)

[11] H. B. Silber, Proceedings of the 12th Rare Earth Research Confere nce, 1, 9(1976).

[12] R. C. Mchrotra, P. N. Kapoor, J. M. Batwara, Coord. Chem. Rev. , 31, 67(1980).

[13] 李振祥、倪嘉缵、黎乐民、徐光宪，分子科学与化学研究，4，281(1984).

[14] 任镜清、黎乐民、王秀珍、徐光宪，北京大学学报(自然科学版)，3，30；49，(1982).

[15] 王耕霖等，中国科学，5，406(1982).

[16] 万柱礼等，化学学报，40(12)，1087(1982).

[17] 林永华、形彦，化学学报，41(2)，97(1983).

22.3 稀土矿物及提取

3.1 稀土矿物简介

稀土元素在地壳中的含量和许多金属相比还是比较丰富的，它们多以分散形式存在于某些造岩矿物的晶格中，但也可形成富集的矿物。稀土是50种以上稀土矿物的主要成分，不过矿床生成复杂，并且往往与其他金属矿共生。1979年国外曾报道，根据82个已知矿山估算全世界稀土资源的总矿石量是，平均含10%稀土氧化物的矿石有1×10^6 t，平均含2%的矿石有9×10^7—1×10^8 t，平均含1%的有2×10^9 t，平均含0.1%的2×10^{10} t。此外也有人统计全世界稀土储量约3×10^7 t，以钇为主的资源总储量约17×10^4 t。稀土是亲石元素，地壳中还没有发现它的天然金属无水或硫化物，最常见的是以复杂氧化物、含水或无水硅酸盐、含水的或磷酸盐、磷硅酸盐、氟碳酸盐以及氟化物等形式存在。稀土通常与Th，U，Nd，Ta，Ti，Zr，F，P，Ba，Sr，Pb，Mo，Sn和W等矿床伴生。由于稀土的离子半径、氧化态和所有其他性质都近似，因此在矿物中它们常一起共生。如果天然浓集过程有利于体积较大的稀土离子，便得到铈族稀土矿物，而对较小的稀土离子有利时则形成钇族稀土矿物，但天然变化过程是不可能将它们完全分离开的。矿物中只有一、二种稀土元素特别富集，基本上是三价状态，很少为四价和二价。

在某些天然变化过程(例如风化作用、土壤形成、沉积效应和水解形成矿物等)，有可能使稀土获得一定程度的浓集。曾有某些矿物含铈量高的报道，大概是氧化作用形成的四价铈离子水解为难溶氢氧化物的缘故。在方解石、萤石、磷灰石和白钨矿中，三价稀土离子可以一定程度地取代有相近离子半径的Ca^{2+}，Sr^{2+}和Pb^{2+}，虽然这些矿物不能作为提取稀土的原料，但由于它们大量使用于制备肥料及其他产品，对于稀土工业还是有潜在意义，例如美国就从某些含稀土的生产肥料的磷灰石精矿中提取钇和重稀土氧化物；此外也有从磷灰石精矿所得的硝酸浸取母液用NH_3中和至pH～1.8，所得磷酸盐沉淀物中稀土含量为21%。而在菱锶矿、碳酸锶铈矿、钛酸盐矿物、钾长石、磷氯铅矿及铅磷灰石，二价稀土离子(特别是Eu^{2+})可以取代相近离子半径的K^+，Sr^{2+}和Pb^{2+}，因而使某些上述矿物富含铕，但这浓集程度并不大。由于铕的变价使其呈现出不同的地球化学行为，在岩浆作用过程中，大量的长石类矿物析出会优先选择捕获二价铕，使岩浆中铕与总稀土的比值有降低的趋势，铕较其他稀土元素更易于趋向分散；而在岩浆期后热液作用过程或表生作用过程的氧化环境中，铕主要呈三价状态，与其他稀土元素密切共生，所以这时形成的稀土矿物(如独居石、易解石、晶质铀矿、萤石等)或沉积成因的矿物(如方解石、磷灰石),其中铕与总稀土的比值通常高于伟晶岩成因或岩浆成因的相应矿物。稀土与硅酸盐岩浆的普通三价元素(铝、铁)之间没有或很少有类质同像的现象,但三价稀土与钙、锶的类质同像现象却极为明显,钙能促使稀土元素富集,将其吸收到钙矿物的晶格中,当三价代替二价的阳离子后,为了补偿阴离子部分,在晶格中引入 F^- 或 OH^- 离子,或者以五价铌部分置换四价钛。

虽然许多种矿物含有稀土,但常常品位较低,只有少数达到可采掘的储量和有经济上的意义。铈族稀土主要来源是氟碳铈矿 $CeCO_3F$、独居石 $CePO_4$ 和铈硅石 $Ce_3MH_3Si_3O_{13}$(M 为 Ca^{2+} 或 Fe^{2+})。氟碳铈矿为蜡黄色,是六方晶体,比重 4.9—5.2,硬度 4—4.5,呈弱磁性,稀土含量约 65%—70%,实质是混合的镧-铈氟碳酸盐,含少量其他铈族稀土,钇族更少(约<1%),有痕量 Na,Ca,Mn,Si 和 P,很少或没有钍。有些国家为了避免独居石提取过程中的放射性污染(因废渣难以处理),进口氟碳铈矿和稀土氢氧化物的数量正在增长,稀土氢氧化物中含氧化物约 70%。近年来轻稀土精矿主要是氟碳铈矿,独居石次之,根据 1973 年统计,世界稀土总量约 71%来自原生矿(主要是碳酸盐矿床),20%来自砂矿。国外产氟碳铈矿的有美国、刚果共和国、马达加斯加、巴西和苏联等国,一般都是露天采掘。美国是出口最多的国家,从加利福尼亚州帕斯山的磷酸盐岩露天矿床中开采,矿石储量为 5.513×10^6 t,品位是 7.25%。帕斯山的矿体很像一种侵入火成岩,侵入于前寒武纪变质岩(基本上是黑云母花岗片麻岩)中,矿体含有 10%—20%氟碳铈矿(个别地区高达 40%),20%—40%重晶石-天青石,基体是碳酸钙,含有少量菱锶矿、硅石、磷灰石、方铅矿、赤铁矿和独居石。

虽然全世界很多地方都报道过发现有独居石,但只在澳大利亚、马来西亚、印度、巴西、美国、南非、埃及、斯里兰卡和北、南朝鲜等地有丰富的含量。独居石总是以晶体状态存在,可以长得比较大,属单斜晶系($a:b:c=0.9693:1:0.9256$;$\beta=103°40'$),通常是各种菱形或棱柱形,一般为半透明,颜色从淡黄至棕色,甚至为黑色,有时可观察到带点红色或绿色。在光学上具有显著的双折射现象。比重为 4.9—5.5,主要由钍和重元素的含量而定。硬度是 5.2—5.5,呈弱磁性到中磁性。纯的独居石实质上是铈-镧的正磷酸盐,通常含 50%—60%稀土,其他铈族较少,钇族含量则更少,只有个别地区(如加拿大)的独居石钇族超过 4%的。由于工业上大量处理独居石,所以仍可从此获得不少钇族产品。世界各国所产的独居石组成并不相同。过去独居石曾主要是提取钍的原料,它一般含 ThO_2 5%—10%,个别地方的含量很低(0.1%—0.2%),而斯里兰卡的竟含 ThO_2 达 28.20%,钍的含量有的地方如此高的原因曾有过多种解释,某些作者认为是由于钍石 $ThSiO_4$ 可与独居石生成固溶体的缘故,在独居石中没有出现单独的 $ThSiO_4$ 相,而是 Th^{4+} 取代了 Ce^{3+} 或 La^{3+},并在正磷酸盐的基团中硅置换磷。独居石存在少量

Ca,Mg,Fe,Al,Zr,Mn,Be,Sn 和 U 等元素，由于含放射性元素镭、钍和铀，所以有 α 蜕变产生的氦。印度特拉凡科尔的独居石还有 ^{208}Po，^{211}At 和 Pm。从钍、铀和铅的含量可测定独居石的年龄。独居石精矿主要来自近代重砂和烁石组成的松散表生矿体。澳大利亚是从海滨砂开采，主要是为了提取钛铁矿和锆英石，而马来西亚则是采锡船采锡的副产品，都来源于重金属砂矿床，是岩石矿床风化后漂积于海岸或河岸，容易开采。世界各地的独居石都是用于采掘黄金相同的方法，从砂矿中开采，然后以跳汰、摇床、螺旋选矿等重选法进行粗选而得混合粗精矿，产品除独居石外，还可能有磁铁矿、钛铁矿、金红石、锆英石、柘榴子石、铌铁矿、钽铁矿、黑稀金矿、铌钇矿、金和铂等，混合粗精矿用磁选、静电选和浮选等各种方法的组合流程进行精选，有时还必须往精选作业中穿插干、湿两种重选法处理。

钇族矿物主要有黑稀金矿、磷钇矿和硅铍钇矿。黑稀金矿 $Y(Nb,Ta)TiO_6 \cdot xH_2O$ 是广泛分布和储量比较丰富的矿物，国外有黑稀金矿砂矿床的主要是美国爱达荷州及加拿大、挪威等国，它含 13%—35%钇族、2%—8%铈族、20%—23% TiO_2 和 25%—35%$(Nb,Ta)_2O_5$，矿物主要是提取铌和钽，稀土作为副产品。磷钇矿 YPO_4 是四方晶体，含 54%—65%钇族、约 0.1%铈族、3% ThO_2，3.5% U_3O_8，2%—3%ZrO_2 和 4%SiO_2，它在化学组成与独居石相似，不过主要为钇族元素，磷钇矿没有报道过有很大的富矿，马来西亚出产量较多，它在伟晶岩还是比较普遍存在，但数量上不如独居石。硅铍钇矿 $Y_2M_3Si_2O_{10}$（M 为 Fe^{2+} 或 Be^{2+}）通常是不透明的淡绿黑色晶体，含 35%—48%钇族、2%—17%铈族、11.6%BeO 和微量钍，有时铈族稀土的比例相当大，它一般存在于伟晶岩中，瑞典、挪威、美国的得克萨斯州和科罗拉多州出产较多。此外钇族稀土还有其他来源，例如加拿大近年来安大略省 Elliot 湖地区前寒武纪石英砂烁岩铀矿的酸浸渣成为提取钇的主要原料，精矿提铀后留下的残渣含全部稀土，其中 14.3%铈族，85.7%钇族，Y_2O_3 却占了总量的 51.4%。

在经过选矿以前，天然矿石或矿砂中的稀土含量基本上都是比较低的。国外的矿床中以美国帕斯山为最高，其他如澳大利亚的海滨砂矿，含稀土氧化物 0.1%—0.5%，印度的海滨砂矿含稀土氧化物 1%—2%，苏联科拉半岛洛沃捷罗湖及 Khibina 含磷灰石的碱石浸入岩中稀土氧化物 0.5%，马来西亚、巴西和美国佛罗里达州的砂矿有稀土氧化物 0.1%—1%，北、南朝鲜、马尔加什、利比里亚的矿床稀土氧化物为 0.05%—1%，加拿大安大略省前寒武纪古砂矿铀矿石中有稀土氧化物 0.05%。估计有含稀土氧化物稍低于 2%的 7×10^6 t 低品位铀矿石（主要是铈族稀土）埋藏在澳大利亚昆士兰州的 Mary Kathleen 矿床中，另外 6×10^6 t 含有相当量稀土氧化物的选矿厂尾矿也是可以利用的。

格陵兰西南端附近的 Kvanefield 铀钍矿床（稀土主要以独居石等形式存在），估计储藏约 2×10^7 t 低品位铀矿石，平均含 0.03%铀和 0.09%钍，另有 3×10^7 t 平均含约 0.02%铀和 0.06%钍的矿石，它们的稀土氧化物估计约 0.5%，主要组成是铈族稀土，对这些矿床曾大量采过铀的矿样，但仍未投入工业生产。非洲布隆迪小型生产氟碳铈矿的 Karonge 矿山，是处于片岩内方解石矿脉中，矿床与碳酸岩共生。在非洲已发现其他几个可能是重要的含稀土碳酸盐矿床，其中马拉维的 Kangankeend 山，估计最少有 1×10^7t 平均稀土含量为 2%的矿石，几乎全部是铈族稀土，该矿由独居石、菱锶矿、铁白云石、菱铁矿、重晶石、磷灰石和团块状萤石等组成。肯尼亚的蒙巴萨附近的 Mrima(Jombo)碳酸岩碱性杂岩体中，埋藏有 3×10^7t 独居石和含黄绿石的矿石，平均含稀土 1%以上。据报道，在坦桑尼亚的 Panda山(Mbeya)碳酸岩和南非的 Glenover 碳酸岩中有大量低品位到中品位的矿石。在巴西的阿拉克沙，科罗拉多的波德海湾类似的碳酸岩杂岩体，还有加拿大几个矿区的碳酸岩杂岩体，都包含大量平均含 1%或更多的稀土矿物，稀土元素主要是与 U，Th，Nb，Fe 和 P 共生，以黄绿石、独居石和磷灰石的形式存在。

我国稀土资源丰富，储量大，分布广。大约总储量的 98%在内蒙古白云鄂博矿区，是世上罕见的沉积变质——氟、钠交代型铌、稀土、铁矿床，因此应该首先考虑其开发和利用的问题。它除富含稀土外，还有相当数量的铁、铌、氟、钍、磷、锰、锆和钛等有用元素，并且稀土矿物颗粒细，种类也多，主要是氟碳铈矿和独居石；所以一方面有可能综合提取各种有价值元素，使资源更好为四个现代化服务，另一方面却给选矿和冶金工艺增加不少困难，需要我们结合祖国的资源深入开展科学研究工作。白云鄂博矿区的稀土含量情况是，一般矿石中稀土氧化物为百分之几，多者是百分之十几，个别达百分之几十；富集带则含氧化物在 7.2%以上，稀土矿石的边界品位为百分之一。白云鄂博矿中经济价值高的钐、铕、钕比外国的矿石都富，这是很重要的特点，分配特征是：(a)稀土含量最高者是氟碳铈矿和独居石，它们含钐、铕、钕都较高；(b)易解石类矿物中最富钐、铕、钕；(c)铈褐钇铌矿中钐和铕的含量比一般稀土矿物高；(d)氟碳钙铈矿含钕也较高。

我国特有的离子吸附型稀土矿床在国外尚未见有报道，它规模大，约占我国总稀土量的 0.8%。虽然矿床含稀土量低，但由于易采冶，而且富含钇族元素，是我国提钇的主要来源，有很大的工业价值。经过各单位研究得知，构成花岗岩风化壳离子吸附型钇族稀土矿床的基岩的时代为燕山早期中阶段，主要由白云母花岗岩组成，黑云母花岗岩在其中作残留体分布，前者是后者自交代作用的产物。各类岩石均较富硅与碱金属，其中 $K_2O>Na_2O$，挥发组分的含量亦较高，有利于稀土的原生矿化。基岩中的稀土分配特征是构成不同风化壳离子吸附型稀土矿床的基础。在白云母花岗岩中，钇族稀土含量大大超过铈族稀土，$\Sigma Y/\Sigma Ce=2.5$—3.5。在矿区黑云母花岗岩中，钇族含量稍大于铈族，$\Sigma Y/\Sigma Ce\approx1$。而在矿区东部的黑云母花岗岩中，铈族超过钇族一倍以上，$\Sigma Y/\Sigma Ce=0.47$，这与白云母花岗岩中的稀土配分恰为相反，说明黑云母花岗岩在蚀变为白云母花岗岩的过程中，稀土元素发生了一定的演化,钇族稀土相对富集。花岗斑岩与流纹斑岩中稀土配分特点是铈族含量大大超过钇族,ΣY/ΣCe=0.24—0.43,构成与白云母花岗岩迥然不同的特色。

原生岩石与矿物在风化壳中多遭破坏与分解,而代之以在表生环境中稳定的新矿物组合。矿区风化壳在垂直剖面上,从上到下按风化程度的差别可争残坡积层、全风化层、半风化层。各层之间,半风化层与基岩之间均呈渐变关系,其剖面的一般特征如图 22.32 所示。

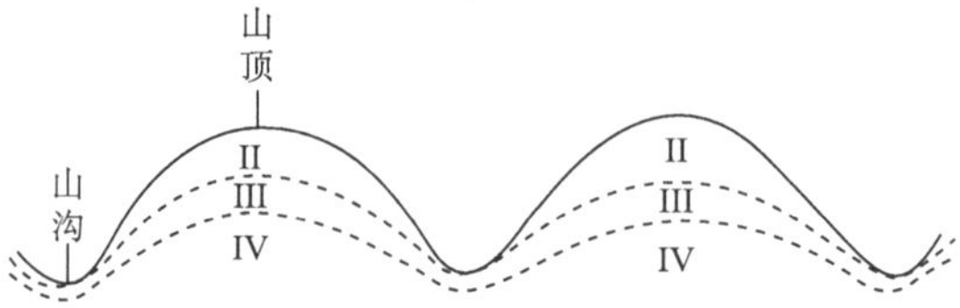

图 22.32　风化壳剖面示意图

I 残坡积层;II 全风化层;III 半风化层;IV 基岩

稀土元素在岩石的风化过程中,特别是原岩中的氟碳钙钇矿、氟碳铈矿等矿物的分解,其赋存状态与分布特征也发生了较大的变迁。稀土在风化壳中的存在形式有三种:(a)呈阳离子吸附于黏土矿物表面;(b)呈独立矿物形式,在花岗岩风化壳主要为磷钇矿、独居石、砷钇矿、钛钇矿等,在流纹斑岩与花岗斑岩风化壳中主要为氟碳铈矿、独居石、异相硅钛铈矿等;(c)呈类质同象或微色体分散于长石、石英等造岩矿物或锆石等副矿物中。将吸附稀土离子的黏土用盐溶液淋洗或浸泡,稀土绝大部分可通过交换转入溶液,而黏土矿物的成分与结构不变,如果将它在常温下再放进稀土离子的溶液,又能吸附稀土并迅速达到或超过原有的品位,矿物的这种特性为工业生产提供良好的条件。

3.2　矿物富集

选矿是从原矿中得出大部分有用成分的一系列连续的作业。多数稀土矿物比重在 4—5 左右,呈弱磁性,与伴生矿物的生理化学性质差异不大;而且工业上重要的矿物氟碳铈矿,性脆易碎或矿粒本身很细,所以选矿常常是很复杂的过程。独居石的开采和选矿都比较容易。

选矿前先要把矿石破碎,因它通常嵌布着有价矿物。有用成分嵌布愈粗,需要破碎程度就愈小,而且磨矿操作简单,所得精矿纯净,回收率较高。对细粒嵌布的矿石就应当磨得更细,有些极细嵌布的,其中不同组分仅当磨成薄片放在显微镜下才能识别。矿石的碎细程度和采用的选矿方法、晶粒的嵌布性质有密切关系。一般选矿前要将已碎矿石或原矿筛分,就是按粒度大小分成各种级别。这对提高选矿效果是必要的。

3.2.1 重选

重选一般用于矿物的粗选。砂矿中的独居石经常与锆英石、钛铁矿等一起共生，当独居石矿含有砾石、卵石以及其他岩石碎屑时，则首先利用筛分机除去粗粒废石尾矿，细粒的筛下产品送入重选。如果原矿中没有上述杂质(如澳大利亚某些地区的海滨砂矿)，采掘机采出矿石直接进入重选。重选的目的是最大限度地除去石英及其他比重较小的硅酸盐矿物，得到含 90%重矿物的重砂，另一个目的是分离出比重在 3—4 之间的大部分难选矿物(通常在摇床上进行)，如果这些难选矿物不在这一段抛出，那么下一步的分选就会遭到困难。因为这些矿物的非磁性部分由于导电性不同，将分别进入金红石和锆英石精矿中，使它们贫化；而含铁柘榴石与尖晶石将和电气石一样，使弱磁性的独居石精矿贫化。

风力选矿多半是在缺水或寒冷的矿区采用，空气的密度和黏度比水小得多，因而矿粒在空气的落下速度要比水大 30—35 倍，分离效果差，所以精矿作用全部是在水中进行的，风力选矿一般仅用于初选。风力摇床可以从含有钛铁矿、石榴石及独居石的磁性产品中排除石榴石，因为石榴石的导磁率处于钛铁矿和独居石之间，用磁选不易将其排除。尽管石榴石和钛铁矿的比重十分接近(分别为 3.9—4.2 和 4.7)，但是前者矿粒近似圆形，在倾斜的床面上容易滚到尾矿端，因此可用风力摇床排除，经一次选别后，石榴石含量从 5.9%下降到 1.3%。此外，还可以从弱磁性产品中初步富集独居石，通过一次选别，精矿中独居石的含量从给矿时的 19.1%提高到 58.8%，回收率 72.2%。

3.2.2 浮选

浮选是稀土的主要选矿方法，从 60 年代开始国外有许多报道，烷基羟肟酸是浮选稀土矿物有效的捕收剂，我国在这方面也作了不少研究，表明它可以优先浮选稀土，有效地简化选矿工艺，提高稀土的选别指标，对不同矿石性质适应性也较强。

制取烷基羟肟酸有各种方法，工业上可用硫酸羟胺水溶液处理 C_{7-9}脂肪酸甲酯合成 C_{7-9}烷基羟肟酸(称 UM-50 药剂)，反应为：

$$R-\underset{\displaystyle OCH_3}{\overset{\displaystyle O}{\overset{\|}{\underset{|}{C}}}} + NH_2OH\cdot\frac{1}{2}H_2SO_4 + 2NaOH \longrightarrow R-\underset{\displaystyle NHONa}{\overset{\displaystyle O}{\overset{\|}{\underset{|}{C}}}} + \frac{1}{2}Na_2SO_4 + CH_3OH + 2H_2O$$

$R=C_6H_{13}-C_8H_{17}$。为了降低生产成本，可使用卡普隆生产中廉价的 12%—14%硫酸羟胺水溶液，它还含有 6%—11%的游离硫酸和 25%—30%的硫酸铵。上述反应结束后，在搅拌和冷却下加入硫酸至 pH 为 4—5，析出油状的烷基羟肟酸，即所谓酸式的药剂，含有 65%—70%的游离烷基羟肟酸、7%—20%脂肪酸和 15%—18%水。若直接在选矿厂生产药剂，可制成 2%—4%烷基羟肟酸钠的水溶液，不必制成酸。酸式药剂能长期保存，在储存时有可能结晶，但只需稍许加热就能熔化。烷基羟肟酸与稀土矿的相互作用是属于化学吸附。药剂机理的研究表明，烷基羟肟酸在弱酸性介质中能与稀土离子生成稳定的络合物，它比相应的油酸盐易溶，所以很容易从矿物表面上洗掉。与通常使用的脂肪酸相比，烷基羟肟酸的捕收能力较弱，而选择性较强。

国外选别某些稀土混合矿时将矿磨至 80%—85%—0.074mm，以 UM-50（0.1—0.12kg/t）、苏打（1kg/t）和水玻璃（0.4kg/t）在 pH9.6 时浮选稀土。稀土粗精矿于 70—80℃下用苏打（3kg/t）和 OП-10（0.5kg/t）通蒸气吹洗，在通蒸气吹洗后精矿进行两次精选。处理混合矿时用 UM-50 代替油酸，总稀土和氧化钇的回收率分别提高 5.6%、7.5%。

印度海滨砂矿是世界最大的砂矿床之一，目前开采的主要地区是喀腊拉和马德拉斯邦。当喀腊拉地区风季的时候，由于空气温度上升，磁选和静电选矿机的生产能力以及矿物分选效率显著下降，因而对砂矿的浮选流程进行广泛研究。试验表明 UM-50 可用作捕收剂进行分离，矿物的可浮性顺序为：锆石、独居石、石榴石、钛铁矿。水玻璃在浓度为 50mg/L 时能抑制钛铁矿和石榴石的浮游，而氟硅酸钠在 50mg/L 可抑制石榴石。此外，浮选动力学研究表明，矿物的浮选速度基本上可用一次方程式表示。在一些矿物试验中，浮选速度在中性介质最大，而酸性和碱性介质却显著下降。浮选速度随矿物粒度的增加而下降，却随捕收剂浓度升高而增大。对于每个粒级的颗粒来说，在中性介质捕收剂浓度为 20—25mg/L 范围内，浮选速度增加得最小。

国外曾试验了一种降低 UM-50 药剂用量的方法，就是把它配成碳氢化合物的溶液形式使用。C_{6-10}的烷基羟肟酸实际上是不溶于油类的碳氢化合物，但是试验表明，酸式的 UM-50 药剂可溶于各种石油类的碳氢化合物——煤油、矿物油和石脑油等。这可能是 UM-50 中含有羧酸而使烷基羟肟酸溶解度增加的缘故。如果 UM-50 中的 C_{7-9} 羧酸含量大，或者添加少量的高级醇和其他极性有机物质，都可以提高 UM-50 的溶解度。在温度 26—28℃以上溶解 UM-50 较好，因这时它是处于液体状态。由 25% UM-50 煤油溶液配成不稳定的 3%乳浊液，其 pH 值只有 5 左右，并在制备几分钟内就发生分层，可是在最适宜的 pH 值范围内，其分散性在一小时左右实际上不起变化。对乳浊液的稳定性起决定作用的因素是 pH 值，不管 UM-50 在碳氢化合物溶液中的含量及乳浊液的浓度如何，其 pH 值都应该保持在 8—9.5 范围内。使乳浊液稳定的最方便的方法，是添加氢氧化钠或苏打来提高乳化剂的 pH 值。但乳浊液的 pH 值高至 10 以上就要变坏，因为这时烷基羟肟酸生成钠盐，从有机相转入水相，在许多情况下伴随而来的是降低了药剂的选择性。常用的表面活性物质可用作乳浊液的稳定剂。通过试验表明，应用烷基羟肟酸煤油溶液的乳浊液作捕收剂，在选别某些矿物时（例如钛铌铈矿）可以显著降低用量。

我国使用烷基羟肟酸浮选稀土矿取得了很大成绩，例如包钢有色三厂等从稀土氧化物 24%的粗精矿可得稀土氧化物达 60%的稀土精矿，回收率大于 50%，另外还获得一个中等品位（36%—41%稀土氧化物）的稀土次精矿，使稀土总收率达到 89%。试验采用一次粗选，多次扫选的工艺流程。粗选及头几次扫选直接获得高品位稀土精矿，后几次扫选获得稀土次精矿。

此外我国还试验了新型捕收剂苯羟肟酸选别稀土矿物，所用原料稀土粗精矿为：稀土氧化物 29.24%，Fe 11.56%，F 8.89%，采用其他药剂还有氢氧化钠、水玻璃和明矾。通过粗选、多次扫选流程，取得了稀土精矿品位 60.34%（氧化物）和回收率 81.19%的较好效果。试验具有如下特点：(a)在给矿稀土品位较低，铁、氟品位较高的条件下，可以取得较好的稳定技术指标；(b)苯羟肟酸无色、无味、无毒、溶于水、选择性好、稳定性高，并且对原矿和工艺条件适应性强，(c)水玻璃用量少，为 1kg/t 以下；(d)搅拌和浮选时间短，使用设备台数少；(e)粗选、扫选精矿为最终精矿，可以无中矿，流程结构简单，便于管理。

对于由氟碳铈矿和独居石构成的稀土精矿，如果能将这两者进行分离，在冶炼工艺方面是有利的，我国在试验中是将矿物 500℃焙烧，然后进行浮选，分离效果是：氟碳铈矿精矿的稀土品位 78.23%，纯度 94.41%，氟碳铈矿回收率 85.95%；独居石精矿的稀土品位 62.6%，纯度 80.16%。

3.2.3 化学选矿法和冶金选矿法

这二种方法是综合过程，对于处理复杂的多金属矿很有意义。化学选矿法又称为化学处理，在于使矿物的化学组成改变，得出化学精矿，它包括焙烧、烧结、团矿、浸出、离子交换和溶剂萃取等方法。它仍属于矿石加工的初步阶段，一般只得到半成品（如金属氧化物）。冶金选矿法是先将矿物进行各种冶炼处理，然后再对冶金的半成品进行分选。

稀土矿石有时不但是共生元素多，而且以几种或十几种矿物形态存在，脉石矿物的种类也很多，它们的物理化学性质（比如重、浮游性、磁性）虽有差别，但界限不十分明显。而且稀土矿可能嵌布粒度细，最小者至 0.002—0.004mm。还有一部分稀土分散在其他矿物之中，用一般选矿的方法不能回收到各自精矿内。对这些难选矿物如果在选别过程加上化学处理或冶炼操作，往往可收到很大的成效。虽然这样在选矿流程增加一些操作，但可以大大简化成品的生产步骤。例如含稀土氧化物 59.6%和重晶石 12%、粒度－150 目的精矿，加碳酸钠于 850℃焙烧 2 小时，使氟碳铈矿与重晶石颗粒之间的比重差别扩大，用水浸出过量的碳酸钠及反应生成的硫酸钠、氟化钠后，再用摇床重选，最终产物中的稀土氧化物含量高达96.6％，还有2.25％的重晶石，稀土平均收率为93％。对于仅含重晶石脉石矿物的精矿，可不必费此周折，直接氧化焙烧使氟碳铈矿分解，再以稀酸浸出稀土，就可与含重晶石的残渣分离。

美国加利福尼亚州的大规模氟碳铈矿矿床，经过筛选、重选、磁选、静电选及浮选等方法进行了研究，其结果是需采用高温浮选、酸浸出、焙烧等方法组成联合流程进行工业生产。原矿含稀土7％—10％，经添加适量的调整剂，矿浆加温到沸腾，然后送至浮选，所得精矿含稀土63％，经酸浸后使品位提高到72％，浸渣再经焙烧含稀土氧化物为90％以上。生产中采用高温浮选使脂肪酸完全吸附于稀土矿物，脉石（特别是重晶石和方解石）的选择性被抑制。

对于嵌布粒度极细小而又种类多的矿物，可以考虑采用加碳高炉火法选矿的方法，可使有用元素获得分离以便进一步处理。高炉把矿石中的元素分为三类：(a)铁、铌、磷和部分锰熔融为铁水；(b)稀土、钍、、氟、钛、锰和部分铌在炉渣；(c)矿石中的结晶水、二氧化碳以及低熔点的易挥发物进入炉气。适用于高炉冶炼的矿石范围较广。通过碱度和冷却速度控制所得的炉渣，不是玻璃体而是稀土工业矿物，其中发现有两种富稀土矿物——铈氟硅石和铈镧钕石，含稀土氧化物为57.5％，46.15％。炉渣主要的脉石矿物有枪晶石、萤石、钙钛矿。用螺旋溜槽-摇床-离心机和单一摇床两个方案，都可选出不同等级的人造精矿，选矿指标较好。

3.3 矿物分解及混合稀土的提取

稀土矿物的分解方法多年以来做了极其大量工作，表22.73中概括它们的一些情况。虽然目前工业上主要采用硫酸、氢氧化钠或碳酸钠的分解方法，但由于考虑到实际需要不同形式的化合物、各种分离提取步骤、或者选矿得到相当纯的矿物时，就可以采用其他较贵的化学物质处理。

用盐酸或硝酸与硅铍钇矿的作用已有过详细研究，当研磨至20—100筛孔的矿物与热浓盐酸接触就可以迅速起反应，使稀土进入溶液，剩下的残渣大部分是石英和没作用的硅铍钇矿颗粒，后者可用筛子回收并重新处理。如果残渣是淡灰色或白色，就表示分解完全。曾有人认为没有必要将硅铍钇矿进行很好细分，只要通过20筛孔就可以了，这时不溶的石英是容易分离的大体积颗粒，但是将太细分的颗粒进行反应时，石英会成为悬浮的胶体状态，过滤困难，甚至在得到稀土氯化物溶液以前需要蒸发至干。盐酸与大部分其他稀土硅酸盐矿物都可以作用，特别是褐帘石和铈硅石。有人试验在加压下用浓盐酸可使独居石全部分解，情况很好。

表 22.73　各种处理方法对稀土矿物的反应

	硝酸	盐酸	硫酸	氢氟酸或氟化物熔融	硫酸氢盐或焦硫酸盐熔融	氢氧化钠或碳酸钠溶液	氢氧化钠或过氧化钠熔融	碳酸钠熔融	氯化作用	加碳焙烧
碳酸盐类	反应完全	反应完全	反应完全	不反应	反应完全	反应缓慢	不反应	可以反应	几乎全部反应	全部反应
氟化物类	反应不完全	反应不完全	反应完全	—	反应完全	反应不完全	反应完全	反应完全		
磷酸盐类	稍有反应	加压时可以反应完全	反应完全	可以反应	可以反应	反应完全	可以反应	反应完全		
硅酸盐类	可以反应	反应完全	反应完全	迅速反应	反应缓慢	一般都可以反应	反应完全	与硼砂反应完全		
铌钇矿	不反应	不反应	反应不完全	反应不完全	反应不完全	反应很不完全	反应一般都不完全	反应不完全		
钛酸盐类	反应不完全	反应不完全	可以反应	反应完全	反应完全	反应缓慢	可以反应	反应完全		
铌钽酸盐类	不反应	不反应	反应不完全	反应完全	反应完全	反应不完全	可以反应	可以反应		
含铀矿物	可以反应	可以反应	可以反应	迅速反应	反应完全	可以反应	反应完全	反应完全		

为着从稀土和钍中除去钛，由独居石矿所得 pH 为 0.4 的 HCl 溶液（钛含量为 2.98g/L，以 TiO_2 计），加热到 80—90℃，用热的 10%鞣酸水溶液处理，将混合物加热，只有钛几乎全部被选择沉淀下来，过滤，滤液中钛含量降低到 0.03g/L，沉淀可用 HCl 酸化的 NH_4Cl 溶液洗涤。为着从氟碳铈镧精矿制取氯化稀土溶液，在 540—815℃将矿焙烧 1—4h，至 CO_2 完全除去，再将焙烧渣磨碎至粒度 0.005—0.01mm，按照焙烧渣与 HCl 的重量比 1∶1 至 1∶5，用 1%—5%HCl 溶液于 25—50℃浸出（6—24h）。美国钼公司用含稀土氧化物 60%的氟碳铈矿为原料，经氧化焙烧成氧化物，这时铈变成较难溶于酸的二氧化铈，以盐酸浸出，过滤，残渣为铈富集物，滤液经萃取除去铁和铅等杂质，再用 P_{204} 萃取分组，然后提取单一稀土。浓硝酸与褐帘石、铈硅石也可以很好作用。英国专利报道，以浓硝酸浸出煅烧过的氟碳铈镧矿的含水矿浆，可直接得到适于溶剂萃取的硝酸稀土溶液。我国在含磷中性萃取剂方面做了不少工作，如果能从选矿中得到纯度高的矿物，分解后的硝酸盐溶液直接萃取可以缩短生产流程。

氢氟酸可使一些难作用的矿分解，例如铌酸盐、钽酸盐、钛铌酸盐和钛硅酸盐的矿物，这时需要使用铅的设备，最好还要有排放气体的装置。粉状黑稀金矿在反应前先加入两倍重量的水，再加入工业用的浓酸，作用开始时是冷的，然后物料发热，在几分钟内分解完毕，硅以 SiF_4 形式挥发掉，从反应的混合物中除去过量酸，然后加入矿物重量 6—8 倍的水，铌、钽、钛、锆和六价铀进入溶液，过滤，以几滴氢氟酸酸化的水洗涤，残渣为稀土和四价铀。用钠或钾的酸式氟化物熔融比使用氢氟酸更简便，同样可与最难分解的矿作用，但是所得稀土氟化物比由氢氟酸生成的更难溶，因这时产物部分是稀土与碱金属氟化物的络合物，如果要转变为其他稀土化合物，必须用水洗涤氟化物，以浓硫酸除去氢氟酸。用氟化钠和硫酸氢钾混合物熔融，或者用硫酸和氢氟酸共同反应，分解矿物更加迅速。

以碱金属的酸式硫酸盐或焦硫酸盐熔融，对分解稀土矿物与氟化物熔融是同样有效，它的优点是可以充分延长反应，细分的铌酸盐、钽酸盐或钛酸盐都可用此法分解。硫酸氢钠较钾盐使用普遍，因为后者与稀土生成的硫酸复盐溶解度更小，这方面可以根据实际需要进行掌握，例如对于主要含钇族稀土的矿物，由于钇族稀土的硫酸复盐溶解度比较大，所以选择硫酸氢钾较好，生成溶解度更小的钾复盐。使用本法时加热要小心，注意避免物料沸腾溢出，当液体流动性较大并且没有气泡放出时，升高温度至红热，同时连续搅拌以避免生成紧密的块状固体，它会包着没作用的矿物颗粒。熔融物冷却后，要先粉碎才加入水，以免由于硫酸盐和稀土硫酸复盐的水合作用而结合成固体硬块。所得稀土硫酸复盐经洗涤除去其他杂质，加入水及 HCl 溶解，用氨水可沉淀出稀土氢氧化物。下面介绍一些常用的矿物分解及提取方法。

3.3.1 硫酸法

浓硫酸常常用于分解稀土矿物，这是处理矿物的经典方法，具体过程已有大量资料报道。硫酸法可以适用于多种矿物，例如独居石、氟碳铈矿、磷钇矿、铈硅石、褐帘石、硅铍钇矿等。这是强烈放热反应，如果操作进行合适，一次作用就可得到含有全部稀土的溶液，但有研究工作证实，在某些情况为着收回全部稀土，残渣需要第二次处理。反应后不溶的残留物为石英、金红石、锆石等，钛常有少量与稀土一起进入溶液。采用处理独居石的方法作用黑稀金矿，反应进行不完全，残渣中含有 20%未作用的矿，因而有人建议在加压下进行反应，使浓硫酸与矿物混合成均匀的糊状物后，在高压釜升温至 400—410℃，维持 15min，稀土和铀都转变为可溶的硫酸盐。如果配方中酸过量，并且温度不高于 250℃，钍可进入溶液；但当矿砂和酸的重量相等，加热的温度又较高，则钍变成不溶物，不过出现这种情况很少。浓硫酸与氟碳铈矿作用时，铈以三价形式存在，反应为：

$$2CeFCO_3+3H_2SO_4=Ce_2(SO_4)_3+2HF+2CO_2+2H_2O$$

但如果生产上精矿与酸局部没混合均匀，则由于氟碳铈矿在焙烧过程中铈被氧化，使水浸出液会含有少量四价铈，在 NaCl 沉淀稀土复盐时可能出现氯气：

$$4CeFCO_3+O_2=2Ce_2O_3F_2+4CO_2$$

$$Ce_2O_3F_2+4H_2SO_4=2Ce(SO_4)_2+2HF+3H_2O$$

$$2Ce(SO_4)_2+2NaCl+2H_2O=Ce_2(SO_4)_3\cdot Na_2SO_4\cdot 2H_2O\downarrow+Cl_2$$

稀土精矿常含有萤石或其他含钙矿物，反应中生成硫酸钙，当用水浸取焙烧产物时，硫酸钙可以有少量溶解，而且浸取液酸度一般为 1N，这样浓度的 H_2SO_4 会使硫酸钙的溶解度有所增加，根据 $CaSO_4$-H_2SO_4-H_2O 25—50℃相图数据，硫酸钙的溶解度随 H_2SO_4 浓度升高而稍有增大，在约 7%—9%为最大值，其后又开始减小，以 NaCl 或 Na_2SO_4 从硫酸溶液沉淀稀土复盐时，由于硫酸钙或者硫酸钙钠复盐的溶解度都相当小，一部分可以被载带下来，使后来获得的氯化稀土含有钙的杂质。将稀土以硫酸复盐沉淀进行分离铁锰磷等杂质效果很好，而且晶体易沉淀、过滤和洗涤，如果矿物的重稀土含量较低，基本上也可以固溶体形式与轻稀土一起沉淀。由于含 Nd^{3+} 量常常较高，复盐呈淡红色。考虑到随温度升高而溶解度降低，所以在近沸腾时沉淀，反应为：

$$Ln_2(SO_4)_3+2NaCl+H_2SO_4+2H_2O$$

$$=Na_2SO_4\cdot Ln_2(SO_4)_3\cdot 2H_2O\downarrow+2HCl$$

近年来对稀土硫酸复盐相图的研究，可以认为上述反应式是正确的。例如重稀土的 25℃体系 $Er_2(SO_4)_3$-Na_2SO_4-H_2O，轻稀土的 75℃体系 $La_2(SO_4)_3$-

Na_2SO_4-H_2O，都只存在一种复盐固相 $Na_2SO_4 \cdot Ln_2(SO_4)_3 \cdot 2H_2O$。在 $Ce_2(SO_4)_3$-H_2SO_4-Na_2SO_4-H_2O 的 150°、200℃体系，H_2SO_4 和 Na_2SO_4 相当大的含量范围仍然是 $Ce_2(SO_4)_3 \cdot Na_2SO_4 \cdot 2H_2O$，$H_2SO_4$ 浓度要到 70%以上和 Na_2SO_4 浓度也较大时才会出现另一种复盐 $Ce_2(SO_4)_3 \cdot Na_2SO_4$。

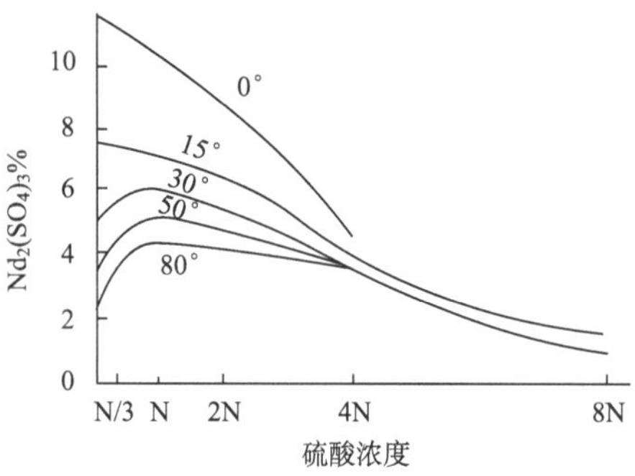

图 22.33　硫酸浓度对硫酸钕溶解度的影响

硫酸焙烧稀土矿的产物加水浸取时，维持酸度在 1mol/L 左右是必要的。因可防止铁的水解。图 22.33 示出硫酸浓度对 $Nd_2(SO_4)_3$ 的浓解度的影响，在15℃以下，硫酸量增加会使硫酸钕溶解度减小。当用 NaCl 沉淀稀土复盐，比用 Na_2SO_4 会减小沉淀中的钙含量，生产实践中已证明这事实，这可用相图的数据来加以说明，在 NaCl-$CaSO_4$-H_2O 体系，随着 NaCl 浓度增大 $CaSO_4$ 的溶解度升高，当 NaCl 约 11%—17%时达最高值，其后又逐渐下降，但仍比纯水中显著增大。而 Na_2SO_4-$CaSO_4$-H_2O 体系，Na_2SO_4 浓度升高会使 $CaSO_4$ 溶解度减小，到约 7%—8%时才开始加大。因此洗涤硫酸复盐沉淀，用硫酸钠和氯化钠混合物比单纯用硫酸钠的溶液，从经济上和减小复盐的钙含量都是有利的。

对于钇族元素含量高的矿物，硫酸复盐沉淀还可以将稀土进行分组(中、重稀土相对含量很小的溶液则分组很困难)。例如日本专利报道，将稀土和钍($Y_2O_3$54.5%，钇族 22.4%，铈族 20.4%，ThO_2 2.7%)51%和 P_2O_5 26%的>100目的磷钇矿，加浓 H_2SO_4 于 260℃加热 2h，然后搅拌冷却，与 1.78%的 Na_2SO_4 溶液于<25℃混合，搅拌 8h，过滤。溶液用 $H_2C_2O_4 \cdot 2H_2O$ 和液态氨处理，使 pH=1.3，于 80—90℃ 搅拌 1h，过滤，在 900℃ 煅烧 2h，产品含 Y_2O_3 69.5%，钇族 25.5%，铈族 1.7%，ThO_2 3.3%。

有色金属研究总院曾对包头稀土精矿进行了硫酸强化焙烧-萃取法生产氯化稀土的工业试验，其强化焙烧的目的主要有：(a)在窑尾 6m 的低温带，使精矿与硫酸充分作用，达到比较完全的分解；(b)在窑头 5m 高温带，将物料中的残余硫酸尽可能地赶走，并生成焦磷酸钍、焦磷酸钙、盐基性硫酸铁、氧化铁等不溶物，留在水浸渣中以达到与稀土分离的目的。其工艺条件为：硫酸/矿=1.1，窑头平均温度 918—970℃，窑尾平均温度 240—250℃，窑转速 1r/min，焙烧时间 140min，焙烧矿外形为细粒部分表面显红色，精矿分解率 96.7%，磷除去率 95%铁除去率 98%，钍除去率>99%。本法虽然可以处理含稀土氧化物 35.75%—61.8%的矿物，但品位越高效果越好。当将焙烧矿投入水中浸出时，不同时间的浸出情况如表 22.74 所示。

表 22.74　焙烧矿水浸时间对稀土、磷、铁浸出效率的影响

精矿品位(稀土氧化物%)	水浸时间(h)	水浸液成分(g/L)			
		CeO_2	Fe	P	酸度
56.67%	1	24.1	0.032	0.206	0.16mol/L
	2	24.1	0.030	0.201	0.12mol/L
	3	23.6	0.163	0.208	0.17mol/L
	4	23.4	0.158	0.208	0.16mol/L
61.8%	0.5	26.9	0.05	0.11	pH=1.5
	1.0	26.8	0.05	0.10	pH=1.5
	1.5	26.9	0.05	0.10	pH=1.5
	2.0	26.5	0.08	0.10	pH=1.5
	2.5	26.5	0.08	0.11	pH=1.5
35.75%	1	11.6	0.06	0.10	pH=2
	2	12.4	0.06	0.14	pH=2
	3	12.9	0.10	0.10	pH=2
	4	13.4	—	—	—
	6	13.9	1.10	0.13	pH=2

试验结果表明对高品位矿稀土的浸出速度较快，1h 已达到平衡，而硫酸铁水浸速度较慢，随着时间的延长水浸液内铁含量增加较多，因此生产中要及时过滤，而含 35.75%的低品矿，焙烧后颗粒较硬、较粗，稀土一般需要 5—6h 才能浸出完全。水浸液中微量铁、磷等杂质可通入氨除去，为着防止 pH 升高时会生成各种形式的碱式磷酸稀土沉淀，要预先分析溶液中的磷铁含量，当磷高于 0.1g/L 时，就适当地加入三氯化铁至 Fe/P 值为 3—4，通氨后首先形成 $FePO_4$ 沉淀，剩下的 Fe^{3+} 在 pH3.6 以上时形成 $Fe(OH)_3$ 沉淀，当 pH 值高于 4.3，磷铁钍均可降至 1mg/L 左右，溶液中 CeO_2 含量在通氨前后基本上不变。

将所得硫酸稀土溶液进行单级萃取或连续萃取试验，都取得良好结果(图 22.34—22.35)。

在萃取中转型的残液，不但稀土含量在 10mg/L 以下，而且氟和钍也分别在 1mg/L，0.1mg/L 以下，均达到了国家排放标准，残渣中还含有 40%—60%/L 硫酸铵，可直接作为农肥使用。本法的一个重要特点是使钍和其他放射性子体全部生成难溶于水的化合物而留在水浸渣中，这就使萃取转型等工序成为非放射性操作，氯化稀土的比放可小于 1×10^{-8}Ci/kg。水浸渣主要成分是 $CaSO_4$，$BaSO_4$，氧化铁、碱式硫酸铁等，渣率 40%，含钍约 0.4%，比放为 5×10^{-5}Ci/kg，属低放射性

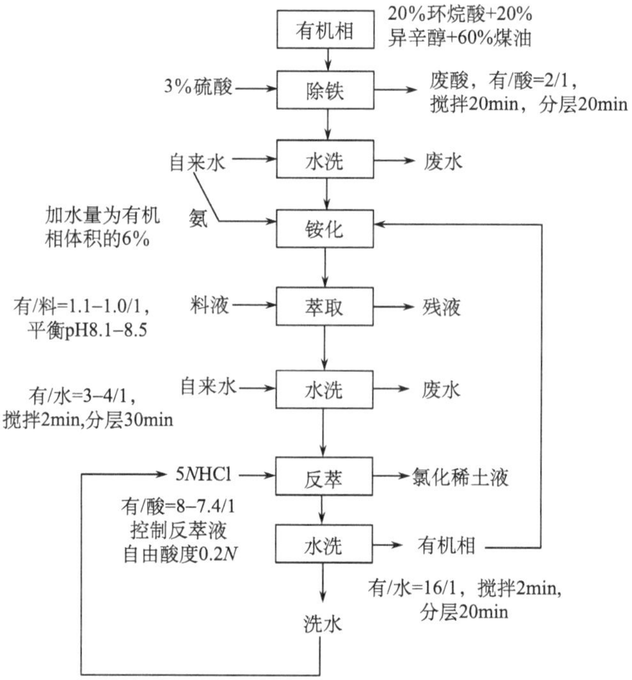

图 22.34　单级萃取制备氯化稀土工艺流程

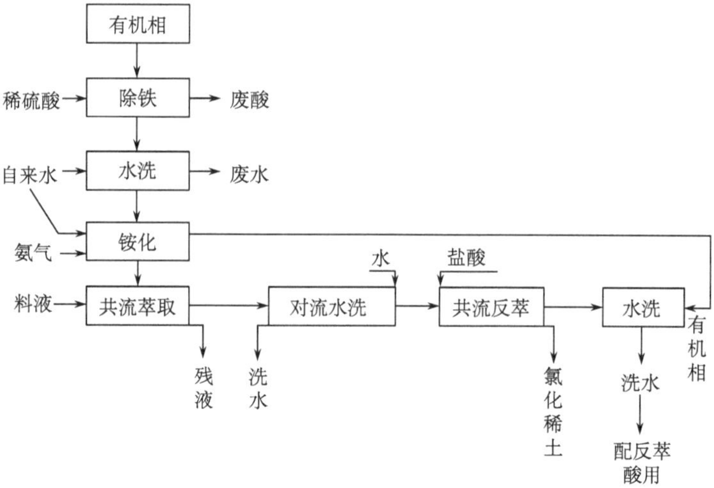

图 22.35　共流连续萃取制备氯化稀土工艺流程

渣,需单独处理。渣经过长期水浸泡实验,证明其中钍不溶解。本法适合于浓硫酸供应方便和三废要求不严的山区。

3.3.2 氢氧化钠分解法

浓硫酸分解法虽然对各种矿的适应面广(包括稀土含量和杂质状况),但是氢氧化钠法却有不少优点,例如对设备腐蚀小和三废处理比较好。自 1975 年美国最大浓硫酸法工厂"钾碱化学公司"和浓硫酸法创始公司"英国钍有限公司"关闭以后,处理独居石一般用碱分解法,如法国隆-普朗克公司、美国格莱森公司、印度稀土有限公司、巴西独居石生产机关等。

为了防止公害和减少处理三废费用,世界各国稀土精矿分解的生产工艺出现了"碱法"代替"酸法"的趋势。工业上用碱液分解独居石已有很久的历史了,其一般流程如图 22.36。

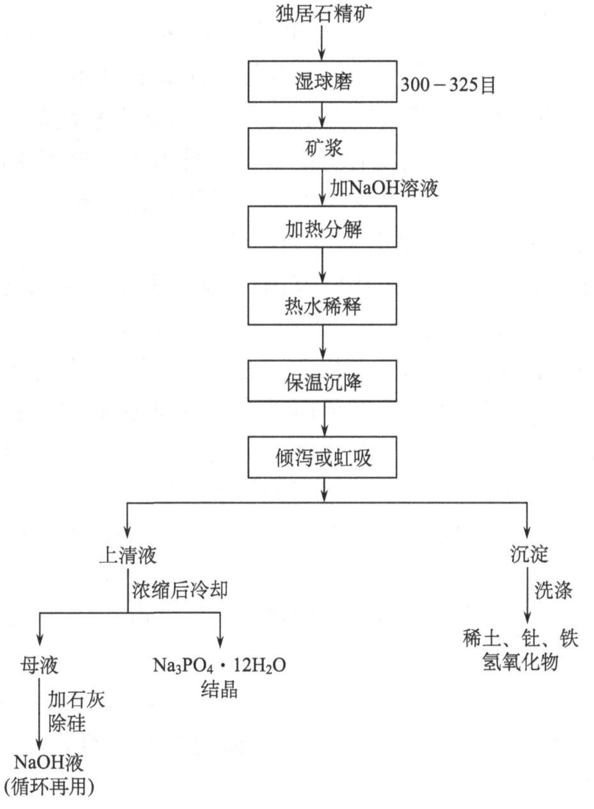

图 22.36　氢氧化钠溶液分解独居石流程略图

国外曾有氢氧化钠低温蒸煮法从氟碳铈镧矿提取稀土的专利报道，50% NaOH 溶液与含 Ln_xO_y 70%的矿物在低于溶液的沸点(130—150℃)加热，与其他工艺相比，这时低温蒸煮无需定期补加水(这常常引起危险的溅跳)，碱与矿之比约为 1.51。将所得氢氧化物在 500—700℃锻烧，铈氧化为 CeO_2，用 HCl 浸出除铈外的其他稀土。

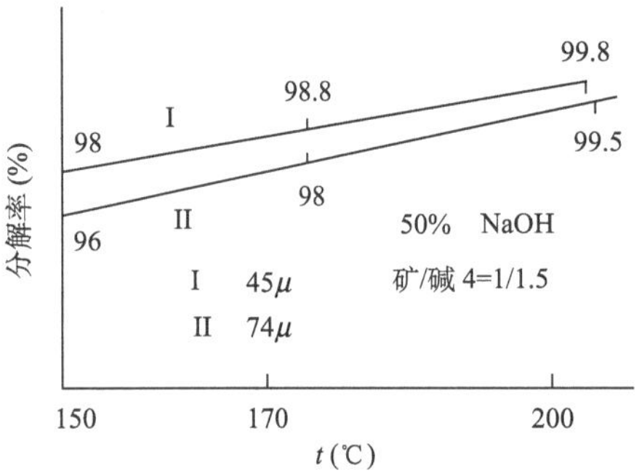

图 22.37　稀土分解率与温度关系

1979 年日本专利报道，当碱/矿＝0.8/1 时加压分解氟碳铈矿可以完全。日本三井公司在碱/矿＝0.65/1 加压分解高品位包头稀土矿，稀土分解率可达 99.5%。图 22.37 说明升高温度对稀土分解有利。

计算分解稀土矿物和主要杂质矿物所需烧碱的理论量约为精矿量的 0.6 倍左右。常压碱煮时碱/矿＝1.5/1，碱过量的目的是使反应向生成物方向进行。由热力学计算稀土矿物分解反应的热焓 $\Delta H>0$，为吸热反应，而加压碱煮提高了反应温度，反应平衡常数随之增大，有利于分解矿物，因此加压时提高温度有可能补偿降低碱用量所带来的影响。此外温度升高后，溶液黏度下降和压力增大均有利于碱液向固相扩散，加快反应速度，所以加压碱煮使碱耗降至接近理论用量是可能的。

氢氯化钠分解法不如硫酸法适应范围广，必须用含钙量低和稀土氧化物达 60%以上的精矿才能满足工艺要求。当矿物含钙量高时，不仅影响稀土产品的质量和收率，而且使碱煮后水洗除磷效果差，酸浸取的稀土溶液中磷酸根量大，阻碍采用萃取法进行分离，因溶液酸度减低时就会出现磷酸稀土沉淀。国内曾有人比较详细研究此问题，使用的矿物成分为 Ln_2O_3 55.5%，F 8.25%，CaO 8.48%，P 3.23%。实验条件是将精矿置于机械搅拌的蒸煮器内，碱液浓度 60%，分解温度 140℃，分解时间 6h，碱用量比分解独居石的量大，即矿石∶碱＝1∶2 至 1∶3 (固液比为 1∶3.3 至 1∶5)，反应后用水将浆料洗出，稍加稀释，真空吸滤，用 1%碱溶液洗渣，滤液与洗液合并，测定其氟及磷含量，以精矿中氟及磷含量为基准，计算出精矿碱煮后脱氟完全，而脱磷却仅达 26%。

一般独居石在上述分解条件下脱磷率为 90%以上，而碱用量仅为矿石重的 75%，实验使用的稀土精矿远较独居石为细，而脱磷率反而低，这可能是钙在反应过程中起变化的原因，碱分解过程的作用为：

$$LnFCO_3+3NaOH=Ln(OH)_3+NaF+Na_2CO_3$$

$$LnPO_4+3NaOH=Ln(OH)_3+Na_3PO_4$$

$$CaF_2+2NaOH=Ca(OH)_2+2NaF$$

这些反应基本上是定量进行的，但反应产物会进一步相互作用，如：

$$Ca(OH)_2 + CO_3^{2-} = CaCO_3 + 2OH^-$$

$$3Ca(OH)_2 + 2PO_4^{3-} = Ca_3(PO_4)_2 + 6OH^-$$

根据热力学数据，计算上述反应的标准自由能分别为－17.44 和－92.38kJ，而且 $CaCO_3$，$Ca_3(PO_4)_2$ 的溶度积很小，因此认为进行上述反应是合理的，这些难溶沉淀在独居石表面形成不溶膜阻碍了它与碱液的反应。曾试验了机械手段消除不溶膜的方法，将精矿经球磨碱煮，脱磷率从 26.33％增加至 30.43％，效果并不显著，碱煮渣经酸浸后稀土的溶解率也仅达 70％—80％，说明精矿在球磨碱煮中分解不完全。为确证钙离子的影响，加入一定量的 EDTA 与钙形成稳定的螯合物，却可使脱磷率达 57％—58％。

为了消除钙的影响，曾试验在碱液处理之前，预先用稀硫酸浸洗精矿除钙。虽然硫酸钙溶解度不大，但由于它在 65℃左右极易形成过饱和溶液，所以效果还是比较好。操作条件是精矿用 H_2SO_4（2mol/L）浸洗，70℃搅拌 1h。再将浸洗渣碱煮，过滤洗涤后，加入稀盐酸至溶液 pH 不大于 1，可使溶液中的稀土收率达 95％以上，磷含量很低，仅为稀土氧化物的 0.05％，铁含量是稀土氧化物的 1.3％，此氯化稀土可考虑作萃取分离之用。本法的硫酸浸洗液用量较大，必须考虑回收，如果将洗液蒸发至硫酸浓度达 3mol/L 时，会析出大量 $Ca_2SO_4 \cdot 2H_2O$，可重新循环使用。

用稀盐酸除去高品位稀土矿物中的钙，也取得较好的效果。所用精矿的化学成分及物相分析结果见表 22.75—表 22.78。

表 22.75　精矿的化学成分（％）

编号	Ln_xO_y	CeO_2	ThO_2	CaO	Fe	F	P_2O_5
1	59.39	30.04	0.28	5.82	6.99	7.45	6.41
2	54.18	28.36	0.21	8.83	6.40	8.56	7.53

表 22.76　精矿中钙的分配（％）

编号	萤石中的钙	氟碳酸盐中的钙	磷灰石中的钙	方解石中的钙
1	34.7	32.4	22.8	10.2
2	56.8	13.4	21.8	8.0

表 22.77　精矿中氟的分配（％）

编号	氟碳酸盐中的氟	萤石中的氟	磷灰石中的氟
1	69.9	18.1	11.9
2	57.5	40.9	1.5

表 22.78　精矿的岩相分析(%)

矿物种类		编号 1	编号 2
稀土矿物	氟碳酸盐	61.41	56.61
	独居石	18.23	18.37
含钙矿物	萤石	2.9	7.09
	磷灰石	3.32	4.94
	方解石	1.06	1.29
铁矿物	赤、褐铁矿	7.94	7.50
	黄铁矿	1.07	0.73
重　晶　石		0.85	2.19
其　　他		3.22	1.28

由于稀土氟碳酸盐矿物中亦含有钙,若要将钙除得彻底,一定要破坏稀土矿物的结构,就有可能引起稀土的较大损失。经过一些条件试验,在 90—95℃搅拌 3h,对编号 1 矿物,用 2mol/L 盐酸和液∶固＝4.5∶1,可将精矿中的钙从 5.82%下降到～0.2%,稀土损失～2%,如果稍稍降低用酸量,稀土损失 1.7%,钙也能降到 0.66%。而编号 2 矿物,虽然钙含量较高,但以 1.5mol/L 盐酸处理,液∶固＝10∶1,也同样得到好的效果,只是耗酸量比较大些。

盐酸处理后钙的含量降到 1%以下,因此可以认为原矿中的含钙矿物基本上都被盐酸破坏。从表 22.77 得知,由萤石与磷灰石溶解的氟应相当于精矿中氟量的 30%(编号 1)与 42.4%(编号 2),但实际上进入稀盐酸溶液中的氟还不到矿物总氟量的 10%与 20%。另一方面,氟碳铈矿中也含有钙,为总钙量的 32.4%(编号 1)与 13.4%(编号 2),实验结果可将钙除去 98%,说明稀土氟碳酸盐也遭到破坏,但稀土却很少进入稀盐酸溶液(只有～2%),因此可认为进行的反应为:

$$CaF_2 + 2HCl = CaCl_2 + 2HF$$

$$Ca_5F(PO_4)_3 + 10HCl = 5CaCl_2 + 3H_3PO_4 + HF$$

$$CaCO_3 + 2HCl = CaCl_2 + H_2O + CO_2\uparrow$$

$$3LnFCO_3 + 6HCl = LnF_3 + 2LnCl_3 + 3H_2O + 3CO_2\uparrow$$

$$LnCl_3 + 3HF = LnF_3\downarrow + 3HCl$$

由于溶液中的稀土与氟离子沉淀成氟化物,所以稀土损失减少,溶液中氟浓度也随之下降,这又有利于萤石、磷灰石等含钙氟的矿物继续溶解。

国内也有人研究用盐酸和硼酸混合物处理稀土精矿,对于含稀土氧化物 50%的矿物,在 3—3.5mol/L 盐酸中按每 kg 矿加硼酸 5—6g,精矿含钙量从 4.4%可下降到 1%以下,氟含量也减小,稀土氧化物品位升高至 60%—61%,酸洗损失率为 3%—4%。处理后的精矿在常压下用烧碱分解，加热从 120℃逐步升温到 140℃，反应状况平稳，分解率在 95%以上，所得碱饼经浓盐酸调节酸度优先溶解，浓缩结晶得氯化稀土产品；含钍、铁和稀土的剩余残渣用硫酸全溶，钠复盐沉淀，氢氧化钠转化后再进一步处理。本法处理矿的盐酸废液中含 15g/L 左右的稀土，可打入硫酸分解法水浸工序回收。碱分解液经石灰苛化，并脱氟、磷等杂质回收氢氧化钠。本法的优点是稀土实收率比硫酸法高，而且产生的三废少。

上海跃龙化工厂等进行氢氧化钠法处理包头稀土精矿的扩大试验，取得很好的效果。工艺流程是矿料精选、酸泡除钙、烧碱分解、盐酸优溶、硫酸全溶、伯胺萃钍，所得主要的技术指标为：①生产的氯化稀土溶液能符合工艺要求；②稀土收率：矿石精选的≥90%，工艺过程中≥90%，整个工艺过程≥81%；③整个湿法工艺过程钍的收率为 72.5%，碱分解率＞99.0%，稀土优溶率＞90%；④放射性废渣率为 7.14%(其中钡盐载带渣 0.40%，全溶渣 4.70%，含氟废水中处理产出的载带渣 2.04%)，非放射性废渣率为 16.33%(其中硫酸钙渣 4.54%，除氟废渣 11.79%)，经处理后的废液澄清、pH＝7、比放值和氟含量均符合国家标准，每处理 1t 精矿需排放废液 30—40m^3。

用烧碱法处理包头稀土精矿时对矿料的品位要求是较高的，因各项技术经济指标的完成情况特别是放射性渣率和碱耗与这密切相关，因此必须进行预处理，包括物理选矿和化学选矿两步。物理选矿是将精矿再经泡沫浮选，包头 60%稀土精矿约含氟碳铈矿 66.9%、独居石 14.7%、萤石 3.75%、铁矿物 8.14%、重晶石 0.55%、白云石和方解石 1.85%、磷灰石 2.39%、硅酸盐矿物 0.78%，可知不含稀土的杂矿主要是萤石与铁矿物，所用浮选工艺主要包括四个部分：①脱除矿粒表面的浮选药剂；②在 pH2—2.5 和 56—60℃，用油酸钠作捕集剂，草酸作抑制剂，优先浮选铁矿物，将经过二段粗选后所得铁矿物再集中进行一次精选，产出铁矿物并回收稀土中矿；③用油酸钠作捕集剂，水玻璃和烧碱为抑制剂，并以高锰酸钾作活化剂进行萤石的浮选，把经过五段粗选得出的萤石再集中精选，得萤石矿和回收稀土中矿；④在粗选萤石时未起浮的主要是稀土精矿，为了脱除精矿表面的水玻璃，以防影响湿法处理工艺，再进行一次正浮选，并将所得稀土精矿、稀土次精矿以及从②和③所得的稀土中矿合并为最终稀土精矿。经过以上操作稀土由 60.96%提高至 65.93%，CaO 由 6.1%降至 4.62%，Fe 由 5.26%降至 2.42%，精矿产出率 85.3%，稀土收率 90.67%。化学选矿是再经酸泡除钙，盐酸浓度为 3mol/L，矿/酸＝1/2，90—95℃反应 3h，可使稀土品位一般在 70%以上，钙含量 1%以下，钙的去除率在 90%以上。所得酸泡液中稀土溶出率为 6%—8%，为了回收游离盐酸与稀土，用 S-203 阴离子交换膜自然渗析方法回收盐酸，脱酸液中残留度 0.4—0.6mol/L，回收酸为 0.6—0.8mol/L，脱酸液经钡盐载带除放射性后，每立方米清液加 25L92.5%硫酸，反应 2h，边搅拌边夹套水冷却，所得硫酸钙渣可作非放射性渣处理，最后加入硫酸钠沉淀稀土复盐。

烧碱处理包头稀土精矿的主工艺流程包括碱分解、碱饼清洗、盐酸优溶、P-204萃取分组和氯化稀土结晶等五个工序，此外再加上优溶渣的硫酸溶解、伯胺萃钍、回收稀土复盐和复盐的转化、酸溶四个工序，总共有九个工序。碱分解的工艺条件为碱浓度50%、固液比是1/2、第一反应槽温度在120—125℃、第二槽130—135℃、第三槽至第六槽均在140℃、矿和碱液混合物料平均停留时间约8—9h。由于矿石分解率高，并且钙含量较低，所以碱饼中氟和磷的去降率都较高(氟>95%、磷~80%)，这就保证盐酸优浸率的提高。碱饼清洗时矿/水=1/6—7，70—80℃热水洗6次，至洗液pH7—8，溶浆沉降时间约1h。将碱饼的第一、二次清洗液合并，为NaOH2.2mol/L，$Na_2CO_3$0.41mol/L，NaF0.25mol/L，减压下搅拌蒸发，冷却，由于盐析作用，在此浓碱液中Na_2CO_3与NaF的溶解度均不大，故能较完全地结晶析出，碱液可以重新使用。所得Na_2CO_3-NaF混合结晶与废酸HF-H_2SO_4、硅胶等可用以制备Na_2SiF_6，反应过程的Na_2SO_4溶液经过除氟后还可供沉淀稀土复盐之用。为了除去废水的放射性和氟，将工艺中产出的酸性废液(含铁离子)与碱洗液混合，再加入Na_2CO_3溶液调节pH=10，搅拌反应2h，新生的$Fe(OH)_3$有载带作用，絮凝沉淀就可除去水中的放射性元素，然后取清液加酸性废液至pH<1—0.5，再加10%石灰乳到pH=9—10，搅拌反应45min，固液分离的废渣可用一般工业性废渣处理(其比放射性强度不超过国家标准1×10^{-7}Ci/kg)，取清液再行第二次除氟，加入$NaPO_3$和铝盐溶液，反应为：

$$3F^- + Al^{3+} + NaPO_3 \longrightarrow NaPO_3 \cdot AlF_3 \downarrow$$

固液分离后，液相调整pH为7就可直接排入江河。

氟碳铈矿和独居石含铈量很高，约占稀土总量的45%—50%，为了更方便分离单一稀土和制取富铈产品，结合碱分解过程将铈氧化为四价是可取的。关于铈的氧化方法人们已做过大量研究工作，稀土氢氧化物中铈的空气氧化可分为干法和湿法两种。所谓干法是将稀土氢氧化物在空气中100—120℃干燥16—24h，或者在140℃烧烤4—6h，氧化率达99%，由于干法氧化的粉尘大，操作条件差，故目前在工业上很少采用。工业上采用最普遍的方法是常压湿法空气氧化，首先将稀土氢氧化物用水调浆到浓度15%—17%，碱度为0.15—0.3mol/L，然后加热至80℃以上通入空气10—16h，铈的氧化率一般可达98%左右。计算氢氧化铈氧化时的电极电位，可以证明这反应进行很完全，溶液的pH>2时铈可被氧气氧化，在pH>6的条件下碱度对铈的氧化无影响，这一反应为吸热反应，提高温度是有利的。

为了加快铈的氧化速度，分析一下铈的湿法空气氧化过程是必要的，目前一般认为是按下述步骤进行：i)空气中的氧在水溶液中溶解；ii)溶解了的氧向稀土氢氧化物扩散并被固体表面所吸附；iii)吸附的氧活化，即由分子态变为原子态；iv)形成中间化合物，即所谓活化络合物，其中有固体分子、氧原子以及溶液中某些组分

(如水分子和氢氧离子)参加;v)由活化络合物形成最终氧化产物 $Ce(OH)_4$。

由于氧在水中溶解度很小,所以最好使反应在加压下进行,这样会提高氧在溶液的浓度,而且它向稀土氢氧化物固体表面的扩散速度也会随之增大。虽然氧化产物 $Ce(OH)_4$ 不溶于水而沉积在固体表面形成膜层,使氧向反应物表面的扩散增加阻力,但由于碱分解稀土硫酸钠复盐所得的 $Ln(OH)_3$ 粒度比较小,可通过降低浆液浓度或提高温度来部分地克服这种阻力。使铈的加压空气氧化试验在不锈钢的密闭式反应器中进行,用水将 $Ln(OH)_3$ 调浆,浓度~17%,浆液的[NaOH]=0.15mol/L 空气压力 5kg/cm^2,流量~10L/min,在不同温度下作用 1h,测得铈的氧化率为:

温度(℃)	30	40	50	70	80	90	100
氧化率(%)	71.0	85.5	92.3	95.3	96.5	96.8	96.8

由常压湿法空气氧化测得的数据证明,这氧化过程属于一级反应,因此铈的氧化反应速度方程为:

$$-\frac{dC}{dt}=kC,\quad k=\frac{1}{t}\text{Ln}\frac{C_0}{C}$$

$$\frac{C_0}{C}=\frac{1}{1-\eta},\text{所以}\ k=\frac{2.303}{t}\lg\frac{1}{1-\eta}$$

上列式中 k——速度常数,C——三价铈的浓度,C_0——三价铈的初始浓度,t——氧化时间(秒),η—铈的氧化率。由此计算出不同温度下的速度常数 k 是:

温度(℃)	30	40	50	70	80	90
$k\times10^{-4}$	3.44	5.36	7.10	21.0	29.0	31.8

从上结果可得出温度的倒数 $\frac{1}{T}$ 与速度常数 k 的对数之间的关系式为:

$$\text{Ln}k=-\frac{35.98}{8.315T}+6.35$$

式中 35.98kJ/mol 是铈氧化反应的活化能,达不到 40kJ/mol,说明是属于快速反应,这证实了铈的空气氧化反应速度,主要取决于氧在溶液中的溶解度和氧向反应物表面的扩散速度这一推断,通过加大氧的分压能取得显著效果。图 22.38,图 22.39 分别表示铈氧化率与压力、时间的关系,如果在稀土硫酸复盐用 NaOH 分解的同时进行铈的氧化也会得到满意的结果,条件是空气压力 4kg/cm^2,流量 10L/min,温度 90℃,实验结果为:

时间(min)	10	20	30	45	60	90
铈氧化率(%)	27.6	55.4	75.5	96.5	98.0	98.4

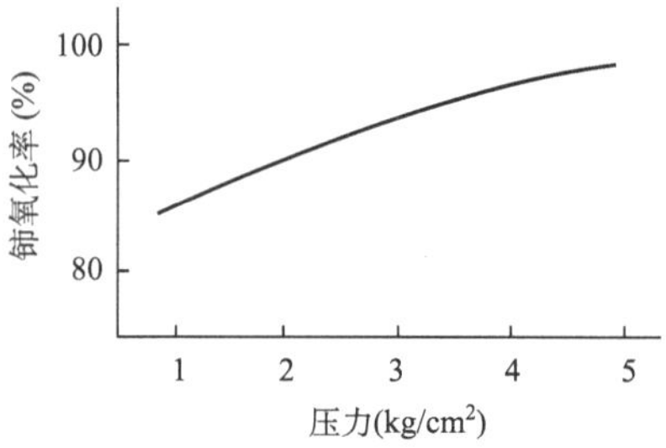

图 22.38 铈氧化率与压力的关系
条件:80℃,碱度 0.15mol/L,空气流量 10L/min,时间 1h

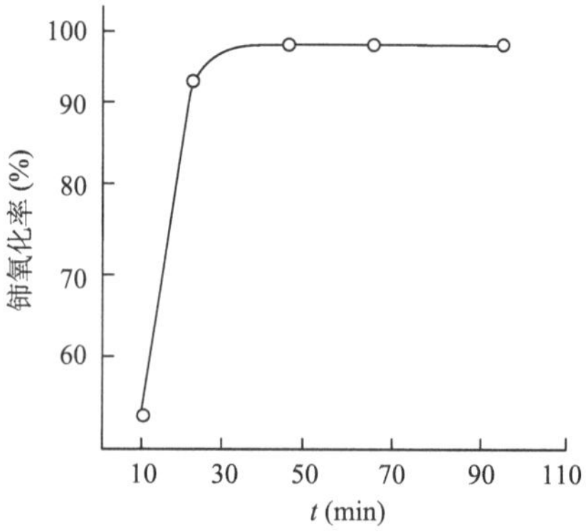

图 22.39 铈氧化率与时间的关系
条件:压力 $4kg/cm^2$,80℃,碱度 0.15mol/L,空气流量 10L/min

实际操作时铈的氧化率往往只有 98%左右,这主要是由于稀土氢氧化物中某些杂质存在所致。例如用 NaOH 分解硫酸复盐所得的稀土氢氧化物中的铈易于氧化,而以 NaOH 或氨水从氯化稀土溶液沉淀的氢氧化物则难氧化,如在空气压力 $4kg/cm^2$,流量 10L/min,温度 90℃,时间 1h,铈的氧化率只有 31.8%;其原因是沉淀物颗粒中含有少量还原性的氯离子,此外沉淀物不完全是氢氧化物,而有相当部分是碱式盐 $Ln(OH)_2Cl$ 或 $Ln(OH)Cl_2$,它们可能不被氧气氧化,或者即使被氧化后酸溶时氯离子又会将四价铈还原。

3.3.3 碳酸钠焙烧法

碳酸钠焙烧是一个很好的方法,既可以分解矿物供提取之用,也可作为富集稀土的工艺。将稀土精矿与碳酸钠固体混合均匀后,在 650℃左右焙烧,基本上可以将矿物分解完全,反应如下:

$$2LnFCO_3 + Na_2CO_3 = Ln_2O_3 + 3CO_2\uparrow + 2NaF$$

$$2LnPO_4 + 3Na_2CO_3 = Ln_2O_3 + 2Na_3PO_4 + 3CO_2\uparrow$$

$$Th_3(PO_4)_4 + 6Na_2CO_3 = 3ThO_2 + 4Na_3PO_4 + 6CO_2\uparrow$$

由于在氧化气氛中进行焙烧,铈被氧化为四价:

$$4CeFCO_3 + 2Na_2CO_3 + O_2 = 4CeO_2 + 6CO_2\uparrow + 4NaF$$

矿石中的重晶石、萤石与赤铁矿等杂质也与碳酸钠作用:

$$BaSO_4 + Na_2CO_3 = BaCO_3 + Na_2SO_4$$
$$CaF_2 + Na_2CO_3 = CaCO_3 + 2NaF$$
$$Fe_2O_3 + Na_2CO_3 = 2NaFeO_2 + CO_2\uparrow$$

高温焙烧时也会有少量 $Na_3Fe_5O_9$ 生成：

$$5Fe_2O_3 + 3Na_2CO_3 = 2Na_3Fe_5O_9 + 3CO_2\uparrow$$

由于矿物成分复杂，研究机理的资料又少，目前还不能充分了解焙烧的反应情况。例如在进行某种精矿焙烧时，按其中氟碳铈矿、独居石以及重晶石含量计算，反应所需碳酸钠的理论量约为精矿重量的 25%，这并不包括萤石、磷灰石、赤铁矿等反应的需要量。但试验结果表明，用精矿重量 10%—15% 的碳酸钠焙烧，稀土的浸出率和铈的氧化率都很高，说明最初加热的产物还可以进一步反应；此外将焙烧产物用水洗涤时，磷进入溶液的百分数比较低，证实磷主要并不是以 Na_3PO_4 形式存在，在焙烧过程还有其他反应，例如：

$$2Na_3PO_4 + 3CaCO_3 = Ca_3(PO_4)_2 + 3Na_2CO_3$$
$$2Na_3PO_4 + 3BaCO_3 = Ba_3(PO_4)_2 + 3Na_2CO_3$$

所产生的碳酸钠又可促进其他矿物的分解。因此纯碱焙烧法对不同类型稀土矿物适用的范围不如硫酸法，但它加热时不会产生有害气体，操作条件较好，生产设备不易腐蚀，回转窑内的粉尘可用一般方法回收。此外此法的突出特点是精矿焙烧时铈氧化为四价，便于直接提取铈和分离单一稀土。

实际生产中可考虑采用下列流程(图 22.40)，下面介绍一些试验的情况。

(1) 焙烧分解所用矿物组成%为：

Ln_xO_y	ThO_2	CeO_2	CaO	P	F	Fe	BaO
60.51	0.236	30.23	5.60	3.93	7.00	5.30	1.31

精矿与纯碱的重量比约为 1∶0.5，回转窑掌握在 650℃左右焙烧，反应后各种物质组成如表 22.79 所示。

表 22.79　各批试验用的焙烧矿组成

试验号	焙烧后各种物质成分(%)								备注
	Ln_xO_y	CeO_2	ThO_2	F	P	CaO	BaO	Fe	
1	47.79	24.58	0.210	5.70	3.06	4.20	0.91	2.90	矿/纯碱=1/0.36
2	48.28	25.01	0.204	5.60	3.17	4.00	0.80	4.50	同上
3	47.14	24.84	0.200	5.70	3.26	4.40	1.25	4.35	同上
4	45.19	23.23	0.185	5.30	2.92	4.00	1.02	4.30	矿/纯碱=1/0.47

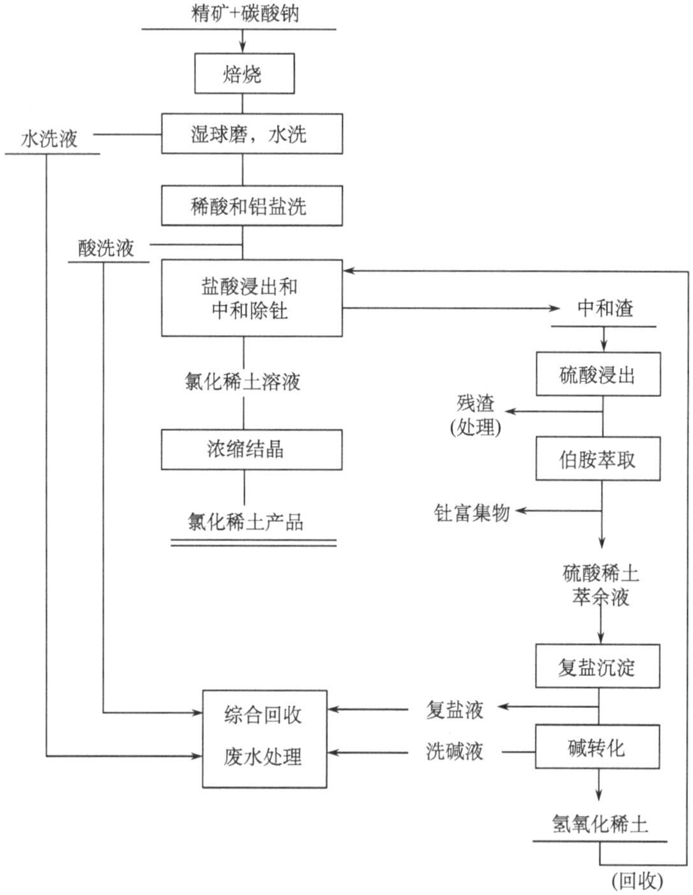

图 22.40　碳酸钠焙烧法提取氯化稀土流程

(2) 制备氯化稀土时将焙烧矿湿球磨，筛分后矿的粒度分布为：

+22 目	−22 目	−38 目	−70 目	−100 目
4.4%	2.1%	3.3%	12.9%	77.3%

然后用水洗去过量的碳酸钠和可溶性钠盐(氟化钠、硫酸钠、磷酸钠)，固液比为矿/水=1/5(精矿重量与液体体积比)，70—80℃搅拌 1h，水洗二次。这过程除氟和磷效果都较差，除氟 56%—70%，而除磷仅 30%—40%，主要是由于精矿中含钙，反应生成难溶的钙盐所致。磷大部分要靠酸洗除去，钙矿物的分解过程也较复杂，可能生成碳酸钙和磷酸钙，在酸洗时钙和磷一同除去。为着更好除氟，酸洗时加少量氯化铝，借助生成铝氟络合物使氟进入溶液。所用溶液为 HCl0.5mol/L，$AlCl_3$ 0.7mol/L，固/液=1/4，50—60℃搅拌 1h，稀土损失≤4%，试验结果如表 22.80 和表 22.81。

表 22.80 稀酸和铝盐的洗涤效果

试验号	洗涤率(%)			
	Ln_xO_y	F	P	CaO
1	3.83	10.9	46.6	91.0
2	3.77	9.87	38.2	81.7
3	3.86	7.30	29.3	83.0
4	3.66	7.08	33.6	88.0

表 22.81 稀酸和铝盐洗后的固体矿组成

试验号	水分(%)	酸洗矿(干基)组成(%)						
		Ln_xO_y	CeO_2	ThO_2	F	P	CaO	BaO
1	28.5	77.59	—	0.44	2.80	1.61	1.20	2.81
2	27.3	77.59	41.96	0.384	2.50	1.42	1.20	2.10
3	29.5	75.10	39.67	0.355	2.60	2.00	0.80	2.31
4	20.3	74.12	40.01	0.235	3.00	1.16	0.40	—

将稀酸和铝盐洗后的固体矿用盐酸浸出，控制加酸量使其中 75%—80%的稀土进入溶液，剩余的 20%—25%留待硫酸浸时同钍一起进入溶液。盐酸浸液的剩余酸用从硫酸浸液中回收的氢氧化稀土中和(pH 为 4.5—5)，使钍、铁、氟和磷等杂质进入中和渣，并加氯化钡除硫酸根，得到合格的氯化稀土溶液，浓缩结晶为产品。

(3) 提取钍与回收稀土：精矿中的钍除酸洗液有微量损失外，基本上全集中在盐酸浸渣，其组成如表 22.82 所示。由于渣中氟和磷含量较高，钍及稀土相应的氟化物、磷酸盐都难溶，为使它们都进入溶液，采用 3.5mol/L 硫酸浸提，固液比为 1∶2—2.2，在 60—70℃搅拌 1h，所得硫酸浸液作为伯胺萃取分离钍的原料液。硫酸浸渣则用磁溜槽分选，将磁性铁砂与其他物质分离，尾矿为富稀土部分，烘干后再返回到下一批精矿纯碱焙烧工序。

表 22.82 盐酸浸渣组成(%)

试验号	水分(%)	浸渣(干基)组成			
		Ln_xO_y	ThO_2	F	P
1	44.0	54.53	1.16	6.0	4.16
2	42.0	44.63	1.15	6.80	3.76
3	46.4	51.80	0.92	4.80	3.60
4	38.3	43.13	0.90	—	—

3.3.4 氯化法

氯化法处理稀有金属矿物是行之有效的方法，它的设备比较简单，效率高，处理量大，在氯化时可以利用各种氯化物熔沸点的不同进行分离，特别是产品为无水氯化物，可以直接作为电解制备金属原料之用，省掉从湿法所得氯化物还要经过繁复的脱水过程。虽然本法对有毒气体防护和腐蚀存在着严重的问题，但是工业上制备各种无水氯化物的长期实践，还是积累了很多经验，并不是稀土矿氯化的主要障碍。稀土矿的氯化法从 50 年代起应进行大量研究，但长期未能实现工业化，目前只知道 1967 年报道的西德哥尔德施密特有限公司（Th. Goldschmidt A. G.）以工业化规模进行生产，从氟碳铈矿制备无水氯化稀土。这主要是由于稀土矿组成的原因，如果稀土品位较低，要从气相通过保温法进行分离各种物质就很困难，且需要复杂的装置，而且所得氯化稀土产品纯度也差，不如采用湿法处理更便于综合回收其他元素。此外钍含量高时，不易将氯化钍从气相收集起来，可能使所有氯化物都存在放射性污染；由于氯化钙的沸点（1600℃）和稀土氯化物沸点（1480—1900℃）相近，在工艺过程中很难除去，因此矿物的钙含量最好低些。

为着促使氯化反应顺利进行，通常要加一定量的碳。在加热过程中氟碳铈矿分解为稀土氧化物或氟氧化物，因此实质上是氧化物与氯气的反应，所得氯化稀土以熔融形式放出：

$$Ln_2O_3 + 3C + 3Cl_2 = 2LnCl_3 + 3CO$$

$$2CeO_2 + 4C + 3Cl_2 = 2CeCl_3 + 4CO$$

独居石的反应为：

$$LnPO_4 + 3C + 3Cl_2 = LnCl_3 + POCl_3 + 3CO$$

$$Th_3(PO_4)_4 + 12C + 12Cl_2 = 3ThCl_4 + 4POCl_3 + 12CO$$

曾经有人试验了碳存在下单一稀土氧化物的氯化情况，是将氧化物和炭粉（桦树炭）的混合物放置在带筛板的竖式石英管里，氯气从下面引入，通过整个体积的混合试料，实验结果见表 22.83，可见随着温度升高，氯化过程迅速增加，到 800℃时反应非常快。

表 22.83　氧化物加炭与氯气作用完全变成氯化物的时间(min)

氧化物	600℃	650℃	700℃	750℃	800℃
La_2O_3	200	70	50	40	10
Pr_2O_3	150	45	40	25	5
Nd_2O_3	180	65	50	40	10
Sm_2O_3	25	5	5	5	—
Eu_2O_3	25	5	5	5	—
Gd_2O_3	25	5	5	5	—

续表

氧化物	600℃	650℃	700℃	750℃	800℃
Tb_2O_3	25	5	5	5	—
Dy_2O_3	25	5	5	5	—
Ho_2O_3	25	10	5	5	5
Er_2O_3	100	27	25	20	—
Tm_2O_3	100	25	15	12	5
Yb_2O_3	100	20	15	12	5
Lu_2O_3	100	25	20	15	5

通过差热分析和化学分析表明，开始低温加热的产物是氯氧化物，随后温度进一步升高时生成氯化物。当用不同反应剂时的实验结果如表 22.84 所示。

表 22.84 稀土氧化物与不同反应剂开始作用时的温度

氧化物	Cl_2+C	Cl_2+CO	Cl_2+CCl_4
La_2O_3	380(550)[1)]	376	270
Ce_2O_3	480	632	—
Pr_2O_3	320(650)	315(570)	344
Nd_2O_3	420(700)	360(540)	360
Sm_2O_3	440(610)	290(425)	354
Eu_2O_3	340(612)	300(440)	325
Gd_2O_3	400(550)	235(341)	324
Tb_2O_3	320(580)	194(315)	310
Dy_2O_3	534(685)	258(412)	386
Ho_2O_3	475(624)	280(420)	530
Er_2O_3	416(624)	305(510)	384
Tm_2O_3	422(656)	330(523)	410
Yb_2O_3	535(697)	380(534)	632
Lu_2O_3	380(764)	468	530

1)括号内是氯氧化物开始快速转变为氯化物时的温度。

哥尔德施密特公司是一个中型化学企业，稀土属于其中一小部分。它的生产方法是将精矿与纸浆、木炭混匀，造块，干燥，入氯化炉。氯化炉以石墨管为衬里，内径 700mm，高约 2m，氯化温度 1000℃，每日消耗氯气 2.5—3t，三班制。每隔 3—4h 出炉一次，可得 $LnCl_3$ 800—900kg，一台炉月产 100t，炉体寿命为一年，换一次只要 14h。所得氯化物含 $LnCl_3$ 80%—85%，LnF_3 10%，$CaCl_2$ 约 2%，$BaCl_2$ 约 2%，KCl<1%，NaCl<1%，原料中含 ThO_2 0.05%，在氯化温度下全部挥发，产品放射性符合规定标准。所用生产设备密封好，炉前没有特殊防护，无氯气味。氯化过程中炉内无渣，不是挥发出来就是进入熔融盐。废气以庞大的净化设备处理，排

出的废水用碱处理，均合乎规定要求。公司年产无水氯化稀土 2000——2500t，一半出售给法国作为分离单一稀土的原料，其余以熔盐电解法制取稀土金属，混合金属采取不同的形状供给钢铁工业，紧密与用户联系以改善加入方法，如将外面包着钢的混合金属丝用于连续铸钢，并以共还原法生产稀土钴合金。所用的稀土精矿都是从美国和非洲的马达加斯加进口，品位 72%—74%。

我国在氯化试验中所用精矿组成(%)为：$Ln_2O_3$58.5，Ca4.35，Fe7.0，Si4.5，Th0.19，Ba0.95。将精矿和炭粉以水玻璃黏结成团块，水玻璃不仅能增加高温强度，改善氯化过程，而且其中的硅可与矿里的氟作用生成 SiF_4，它的沸点很低(−95℃)，在炉气排出，从而降低了氯化物熔体之氟，减少产品中水不溶物和酸不溶物的含量，一般 1kg 精矿加水玻璃 100—200g，视其浓度而定。反应器是竖管状全石墨制成，分为上下部坩埚，上部坩埚中盛有石墨块做过滤层，物料在石墨层上部氯化，氯化产品经筛板流入下部坩埚。加热温度 950—1050℃，$LnCl_3$ 平均收率 87.8%，氯气利用率平均 85%，所得无水氯化稀土产品分析(%)为：$Ln_2O_3$56.30，Ca4.32，Fe0.87，Na1.05，F1.20，P0.015，S 微量，Th0.043，水不溶物 4.80，5% HCl 不溶物 2.78。氯化稀土的放射性剂量基本符合国家规定标准，可用为电解制备混合稀土金属。

3.3.5　用萃取法提取混合稀土化合物

目前工业上生产混合稀土常采用复盐沉淀和碱转化的方法，这当然还是有效的工艺流程，但如果在矿物分解后就用萃取法进行分离和提取稀土化合物，则大大有利于生产的连续化和自动化，可以提高生产率和便于解决劳动防护的问题。萃取作为分离和提纯的手段在湿法冶金中的作用越来越大，已经成为最有代表性的操作之一。国外对于品位高的矿物，常在分解后就开始萃取，例如将含稀土的氟碳酸盐、氟化物或磷酸盐精矿与 Na_2CO_3 于 500—750℃加热 0.5—3h，经洗涤后把生成的稀土氧化物溶解在 1.3—1.5mol/L 的硝酸中，以 TBP 萃取。我国近年来稀土选矿工作有重大进展，采用萃取法提取混合稀土当然很有发展前途，而且即使在过去矿物品位低和杂质多的情况下，工艺流程的研究工作也取得很大成绩，积累了宝贵的经验。

中国科学院应用化学研究所等单位用伯胺从硫酸焙烧水浸液中萃取钍，解决了其后操作的放射性污染问题，并用较浓的伯胺接着萃取稀土，其流程如图 22.41 所示。所用料液组成(g/L)为：$Ln_2O_3$46.08，$ThO_2$0.37，Fe36，$P_2O_5$14；溶液酸度是 1.22mol/L。提取钍时用 1% N_{1923}-1%混合醇-98%磺化煤油，ThO_2 收率为 99.9%。再用 15%N_{1923}-6%混合醇-79%磺化煤油萃取混合稀土，3min 即可达到平衡，由于原料中的磷酸与铁生成络合物，所以本法对稀土与铁分离的效果还是比较好。有机相如用磷酸和硫酸的混合溶液洗涤，可以进一步降低稀土中铁的含量，其后再用硫酸洗去磷酸根。盐酸反萃后的稀土溶液由于浓度较低，而且要与 SO_4^{2-} 分离，采用 25％环烷酸-25％混合醇-50％磺化煤油转型，以水洗涤除去硫酸根，最后盐酸反萃所得的氯化稀土溶液折算含 Ln_2O_3 200g/L，杂质与 $LnCl_3$ 相比，含量％为 $ThO_2 < 7 \times 10^{-6}$，Fe0.048，P_2O_5 0.017，SO_4^{2-} 0.048。如果 15％N_{1923} 萃取稀土的有机相只用 0.3mol/L 左右的硫酸洗涤，对有机相中铁的洗涤效果很差，而且稀土损失也较大，这也可以证实用 H_3PO_4 洗涤时抑制了铁的萃取，但硫酸洗有机相可以除掉稀土中的磷，成本也比较低。为了解决不用磷酸时除铁的问题，可以利用环烷酸转型后高浓度氯化稀土的盐析效应，在低酸度下（0.1—0.3mol/L 盐酸）用 100％TBP 萃取铁，振荡 5min，以 2mol/L 盐酸洗涤，用水反萃得三氯化铁产品，本法所得的氯化稀土也同样能达到使用磷酸洗涤伯胺有机相的指标。

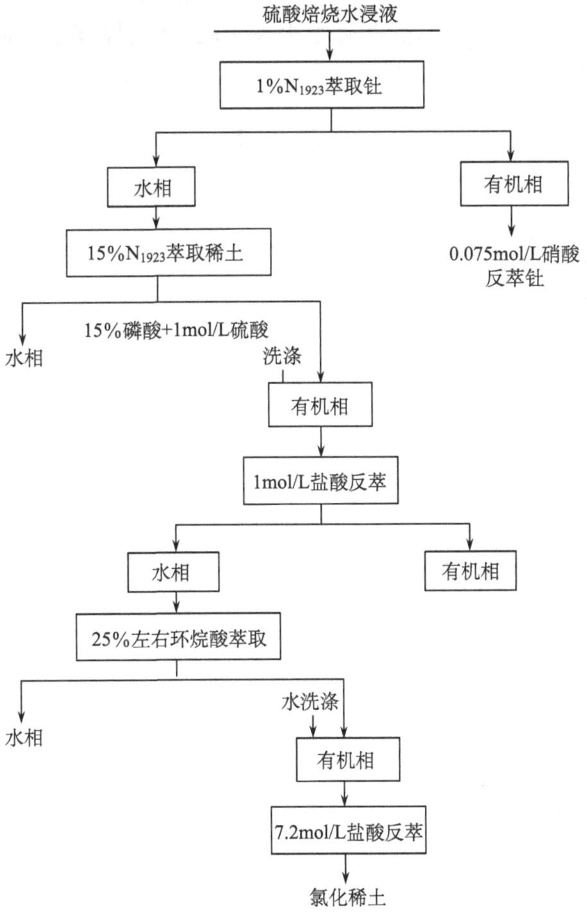

图 22.41　硫酸焙烧浸取液中用伯胺萃取钍和混合稀土的流程略图

用二(2-乙基己基)磷酸(P_{204})分离铁和稀土也取得较好的效果，稀土矿物的硫酸焙烧水浸液在伯胺除钍以后，含 Ln_2O_3 32.2g/L，Fe8.3g/L，P_2O_5 4.7g/L，$[H^+]$ 0.91mol/L，用 P_{204} 40%-磺化煤油 60%萃取铁，相比为 2∶1，振荡 20min，澄清 5min，铁和稀土的分配比是 9.4、0.01，料液中磷的存在能促进铁萃取至有机相。经过串级试验(3—10 级)，铁可全部被萃取，稀土损失约 0.5%—3.6%，水相中 Fe/Ln_2O_3 约为 0.013%—0.06%。盐酸能从有机相反萃铁，为了降低所用酸的量，以 NaCl 作为抑萃剂，在 4mol/L 盐酸中加入 NaCl 至 100g/L，有机相与反萃液的相比为 1∶2，振荡 20min，澄清 10min，铁基本上可通过 7 级串级反萃下来。

萃取法也可以除去混合氯化稀土中的铁、磷与钍得到合格的产品，TBP 或三烷基膦氧对铁的萃取能力都比较大，并随酸度的增加而提高。三烷基膦氧由于磷酰基中氧的电子云密度更大，所以结合铁的能力比 TBP 强，但难于反萃。实验数据表明，萃取剂低浓度时萃铁，此时磷很少被萃取，然后提高萃取剂浓度萃磷，稀土则在这两种情况下基本仍留于水相。

参考文献

[1] 秦国翰，稀土，2，66(1980).
[2] 地矿所稀有组，地质矿产研究，1，62(1976).
[3] 包钢有色三厂等，稀有金属，1，15(1977).
[4] 选矿厂技术科，包钢科技，2，7(1979).
[5] 包钢有色三厂等，稀土与铌，3，45(1975).
[6] 牛正宇等，兰州大学学报，4，83(1975).
[7] 吴集贵等，兰州大学学报，4，63(1978).
[8] Белокосков，В. И. и др.，*Жур. Неор. Хим.*，20，2487(1975).
[9] 北京有色金属研究总院，稀土生产，1980，127.
[10] 胡玉林，稀土，1，37(1930).
[11] 熊家齐等，稀土，2，34(1980).
[12] 上海跃龙化工厂等，稀土生产，1980，77.
[13] 李良才，稀土，1，27(1980).
[14] 北京钢铁学院稀有教研组湿法小组，稀土与铌，2，23(1979).
[15] 北京有色金属研究总院，稀土，3，52(1979).

22.4 稀土元素的分离

目前应用于稀土元素分离的主要方法有:溶剂萃取、离子交换以及一般化学方法。溶剂萃取法应用最为广泛,它可用于每一个稀土元素的分离。有时一种好的萃取剂几乎可实现全部稀土元素的分离。离子交换法则常常用于高纯稀土的提取以及实验室中的分析过程。化学分离则是前两者的重要补充。

4.1 一般化学方法分离稀土元素

一般化学方法在稀土元素的分离历史上曾起过重要的作用,现在虽然退居次要的位置,但在稀土分离中的某些环节上,仍占有一定的地位。它主要包括分级结晶、分级沉淀和氧化还原法。

4.1.1 分级结晶和分级沉淀法

分级结晶和分级沉淀法主要利用某些稀土的盐类或氢氧化物的溶解度有较大的区别。经过多次的重结晶操作借以实现分离稀土的目的。它是人们最早用于分离稀土元素的经典方法。例如利用硝酸铵复盐 $Ln(NO_3)_3 \cdot 2NH_4NO_3 \cdot 4H_2O$ 溶解度的差异将镧从其他稀土元素中分离出来。一百多年前人们就是应用这一方法第一次获得纯净的镧。硝酸铵复盐的溶解度顺序是 $La^{3+}<Ce^{3+}<Pr^{3+}<Nd^{3+}<Sm^{3+}<Eu^{3+}<Gd^{3+}$。因此结晶时,首先结出的是镧的硝酸铵复盐。例如,按氧化镧计算,50%的原料经过 5 次硝酸铵复盐重结晶,可将镧的纯度提高到 90%,收率 85%。经过 15 次这样的重结晶,则纯度可达 99.98%。由此可见,这一方法生产效率低,回收率低,难以实现连续操作,所以目前生产上已很少采用。

4.1.2 选择性氧化还原法

利用某些稀土元素氧化还原电位的差别,可使它们由正三价氧化为正四价或还原成正二价,然后再利用由于价态不同而在化学性质上所表现出来的差异进行分离。这种分离常常是非常有效的。但并非是普遍适用于每一个元素的。

1. 铈的氧化分离

铈具有 $4f^1 5d^1 6s^2$ 的电子结构。在一般化学反应中常常表现出正二价,但遇到氧化剂时，也比较容易氧化为正四价，当三价铈被氧化成四价以后，其碱性减弱，易于水解。例如 $Ce(OH)_4$ 在 pH 0.7—1 时就沉淀出来，而其他三价稀土则在pH 6—8 时才沉淀。常用的氧化剂有空气、氯气、臭氧、过氧化氢、高锰酸钾、过硫酸铵等。由于前二者价格便宜，是生产中用来氧化铈最常用的氧化剂。

在分离稀土以前，预先用氧化的办法将铈提取出来。不仅是由于这一方法简单易行，选择性高，而且也是保证以后的稀土分离顺利进行的重要条件。如果混合稀土料液中有铈没有分离干净，在某一特定的条件下由于空气对铈的氧化，不断有 $Ce(OH)_4$ 析出，往往引起后续的萃取过程发生乳化而无法继续进行。

稀土元素中能够被氧化成四价的还有镨和铽。但由于它们只有某些特定条件下才在溶液中存在，因此在分离中并不重要。

2. 钐、铕、镱的还原分离

钐、铕、镱的外层电子结构分别为 $4f^6 6s^2$，$4f^7 6s^2$，$4f^{14} 6s^2$。三价的 Sm^{3+}，Eu^{3+}，Yb^{3+} 比起其他稀土离子较易还原为正二价。这时二价的稀土离子其碱性比三价离子强。利用碱性的不同，当三价稀土离子以氢氧化物的形式沉淀出来时，二价的钐、铕、镱仍可留在水溶液中，从而达到分离的目的。通常用的方法有锌粉还原，汞齐还原和电解还原等三种办法，现分别简述如下：

(1) 锌粉还原——碱度法提铕

金属锌能使三价铕还原成二价，其反应如下：

$$2EuCl_3 + Zn = 2EuCl_2 + ZnCl_2$$

从镧到镥的三价金属的氢氧化物在水中的溶度积为 10^{-20}—10^{-24} 而二价铕的碱性则接近碱土金属。所以从理论上计算，经过一次还原沉淀分离，可得到纯度很高的铕，收率也应很高。但实际上当 $EuCl_2$ 浓度过高或溶液 pH 过高时，Eu^{2+} 也会以 $Eu(OH)_2$ 形式沉淀出来。Eu^{2+} 的重新氧化以及吸附损失都会使收率偏低。实际生产中常用 NH_4OH、NH_4Cl 缓冲溶液控制体系 pH。铕的氧化反应如下：

$$Eu^{2+} + H^+ = Eu^{3+} + \frac{1}{2}H_2\uparrow$$

或

$$4Eu^{2+} + 2H^+ + O_2 = 4Eu^{3+} + H_2O$$

为了保证铕在分离过程中有较高的回收率，可以采用一些相应措施以避免上述反应发生：①降低溶液酸度，减少 H^+ 的氧化作用；②使整个操作过程在惰性气氛下或在隔绝空气的条件下进行，以防氧气对铕的氧化作用。

(2) 汞齐还原法分离钐、铕、镱

汞齐还原法中常用的还原剂是钠汞齐。也有采用锌汞齐或镉汞齐的，其反应机理是：

$$SmCl_3 + Na\text{-}Hg = SmCl_2 + NaCl + Hg$$
$$SmCl_2 + 2Na\text{-}Hg = Sm\text{-}Hg + 2NaCl$$

Eu，Yb 也同样有以上反应。被还原的钐、铕、镱进入汞齐，而其他稀土则仍留在溶液中，达到分离的目的，然后再用酸处理 Sm-Hg，Eu-Hg 或 Yb-Hg 使钐、铕、镱与汞分开，汞则可以循环使用。实际料液中常适当加入一些有机络合剂，如磺基水杨酸等与稀土生成可溶性络合物，避免稀土氢氧化物沉淀。这一方法虽然已经解决了工业生产中的设备问题以及工艺过程的连续化。但是由于汞对人体的危害和对环境的污染，因此这一方法已趋于淘汰。

3. 电解还原法

利用电解直接还原比较容易还原的稀土使它们与其他稀土分离的电解还原法具有节省化学试剂，过程中不引入其他杂质等优点。

为使电解还原能在水溶液中进行，必须选择合适的电压，电解质酸度、温度、溶液浓度以及稀土与络合物间的比值。但最为重要的还是选择阴极材料，一般说来，阴极材料应对 H^+ 的还原有较大的超电压，这样才能在钐、铕、镱还原以前不致有 H_2放出。已经研究过的电极材料有汞阴极、锂汞阴极和多孔石墨电极。氢在汞阴极上的超电压很高，因此在钐、铕、镱被还原以前没有氢气放出，但仍有汞的污染问题存在。对碳电极来说，虽然氢在其上有较高的超电压，但比汞电极却低一些，因此石墨电极只适用于铕的还原。

电解还原提铕的实验条件大体是这样的：电解质可以是溴化物，也可以是氯化物，但无论是前者或是后者，都应在溶液中加入少量的 HBr。Br^- 离子能起到阳极去极化作用，使电解电压稳定。电解液浓度一般为 $5—6\times10^{-3}$ mol/L。Br^- 浓度则为 $1—2\times10^{-2}$ mol/L，pH4—5。整个操作在氮气保护下进行。由此可见电解还原的处理量是不大的。此处 Br_2 对环境亦有污染。

董绍信等对电解还原法提出了改进，其要点是：将一片阴离子交换膜放在二片平行对置的多孔碳电极中间，把电解槽分开为二个电解室，采用稀土氯化物为阴极电解液，氯化亚铁为阳极电解液，两者分别自离子交换膜的两侧从电解槽底部输入至电解室。各自通过多孔碳电极的微孔而流出。阴极产物为二价铕离子；阳极产物为三价铁离子。这种还原铕的方法具有还原效果好，连续化，不受化学试剂沾污等优点。整个电解过程无臭，不需要惰性气氛保护。总的电池反应如下：

$$Eu^{3+} + Fe^{2+} = Eu^{2+} + Fe^{3+}$$

其电势可按下式计算：

$$E_{电池} = E_0 + \frac{RT}{F}\ln\frac{[Fe^{3+}][Eu^{2+}]}{[Fe^{2+}][Eu^{3+}]}$$

在条件合适时，处理[Eu^{3+}]可达 0.1mol/L 左右。流出液中 Eu 的还原率可接近 100%。

4.2 离子交换法分离稀土元素

4.2.1 概述

离子交换虽然是自然界存在的一种常见现象，但是作为一门科学得到迅速发展还只是 20 世纪中叶的事。第二次世界大战末期，由于原子能事业的发展，提出了发展精密分离技术的要求，这方面重大突破之一是稀土元素的分离，它使人们从成千上万次的重结晶的繁重劳动中解放出来，1947 年 F. H. Spadding 等人公布了他们的科研报告以及建立实验性工厂的情况。50 年代氨羧络合剂的使用，使得离子交换法成为当时能将所有稀土元素制成高纯单一稀土化合物的唯一生产手段。但是，近年来由于萃取法的不断发展和改进，相比之下，离子交换法的某些缺点(例如生产周期长，处理量小，非连续操作等)变得突出起来。目前在生产上虽有以萃取法取代离子交换法的趋势，但在实验室中离子交换法仍不失为一种精密分离的重要手段。

离子交换色谱可分为三种类型：即前沿色谱，置换色谱，淋洗色谱。

前沿色谱：这是一种不用淋洗剂，而只依靠交换剂对被分离组分交换选择性大小而进行的分离过程，与交换剂不发生交换反应或结合能力较差的组分走在柱的前沿，因而得到富集，如果柱子足够长，也可得到纯组分。但后面各组分则得不到纯净的产物。由此可见，这种前沿色谱只适用于定性分析，而不适用于定量分析。稀土离子性质极为近似，因而前沿色谱在稀土分离方面基本不适用。

置换色谱：被交换的离子预先被吸附在树脂上，组分的分离主要依靠淋洗剂的选择性洗脱，为了使吸附和络合洗脱多次反复进行，需要使用延缓离子。因此，交换带是致密的，元素之间有交叉区，原则上每个被分离的元素都有可能得到分离提纯，但收率不可能是百分之百，这种类型的色谱分离方法一般适用于制备及生产稀土。

淋洗色谱：先用一种与淋洗剂相同离子的电解质溶液来处理交换床，直到树脂上可交换的离子全部被置换为止，而后将样品注入，最后以大量淋洗剂进行淋洗。一般说来，淋洗色谱中所用淋洗剂对样品的络合能力较弱，因此淋洗带不是致密的，优先被洗脱的离子与较难洗脱的离子之间可以达到完全的分离，因此这种色谱适用于定量分析。

4.2.2 影响离子交换反应的热力学因素

1. 离子交换树脂与稀土离子的交换平衡

应用于稀土分离过程的离子交换树脂，一般采用强酸性阳离子交换树脂，树脂活性集团上的可交换离子(例如 H^+，NH_4^+)与水相中稀土离子的交换反应可用下式表示：

$$\overline{3H^+}+Ln^{3+}\rightleftharpoons 3H^+ +\overline{Ln^{3+}}$$

$$\overline{3NH_4^+}+Ln^{3+}\rightleftharpoons 3NH_4^+ +\overline{Ln^{3+}}$$

式中加横线的表示树脂相，不加横线的表示水相，与以上反应相应的有以下平衡常数

$$K_{H^+}=\frac{[H^+]^3[\overline{Ln^{3+}}]}{[\overline{H^+}]^3[Ln^{3+}]}$$

$$K_{NH_4^+}=\frac{[NH_4^+]^3[\overline{Ln^{3+}}]}{[\overline{NH_4^+}]^3[Ln^{3+}]}$$

K 值的大小，表示树脂对稀土金属离子吸附能力的大小，有时也称它为树脂对某离子的选择系数。

对于稀土元素来说，离子半径随原子序数增大而减小。离子半径减小，稀土离子周围吸引的水分子增多，水合半径增大，因此树脂对稀土的亲和力随原子序数增大而减小，也就是说以上反应的 K 值应有以下顺序：

$$La^{3+}>Ce^{3+}>Pr^{3+}>Nd^{3+}>Sm^{3+}>Eu^{3+}>Gd^{3+}>Tb^{3+}$$
$$>Dy^{3+}>Ho^{3+}>Er^{3+}>Tm^{3+}>Yb^{3+}>Lu^{3+}$$

但是，实际上这种性质的差异性是很小的，有人曾在高氯酸盐溶剂中找到 Nd 的吸附平衡常数比 Er 的吸附平衡常数大 1.08 倍，这两个元素在稀土系列中相隔 7 个元素，如果计算相邻两个元素的分离情况，忽略两者在吸附过程的差异，所引入的误差将不到 1%。

改进树脂性能的工作，多半着眼于增大交换容量或缩短交换所需的时间。多孔性螯合型树脂往往具有交换容量大，交换速度快等优点。

2. 离子交换树脂上金属离子与络合剂的洗脱平衡

设 Ln_A 与 Ln_B 分别代表任意两个稀土元素，当没有淋洗剂存在时，由于树脂的吸附，引起稀土离子的分离，按分离系数的定义：

$$\beta_{吸附}=\frac{溶液中\ Ln_A 与\ Ln_B 之比率}{树脂相中\ Ln_A 与\ Ln_B 之比率}=\frac{[Ln_A^{3+}]/[Ln_B^{3+}]}{\overline{[Ln_A^{3+}]/[Ln_B^{3+}]}}$$

$$=\frac{[Ln_A^{+}][\overline{Ln_B^{3+}}]}{[\overline{Ln_A^{3+}}][Ln_B^{3+}]}$$

在有淋洗剂存在时，在溶液中 Ln_A 与 Ln_B 绝大多数以 Ln_AL 和 Ln_BL 形式存在①，按分离系数的定义：

$$\beta_{淋洗}=\frac{溶液中\ Ln_A\ 与\ Ln_B\ 之比率}{树脂相中\ Ln_A\ 与\ Ln_B\ 之比率}=\frac{[Ln_AL]/[Ln_BL]}{[Ln_A]/[Ln_B]}$$

因为：

$$\beta_{吸附}=\frac{[Ln_A][\overline{Ln_B}]}{[Ln_B][\overline{Ln_A}]}\cong 1$$

$$K_A=\frac{[Ln_AL]}{[Ln_A][L]}\cdots Ln_A\ 与淋洗剂\ L\ 的络合常数$$

$$K_B=\frac{[Ln_BL]}{[Ln_B][L]}\cdots Ln_B\ 与淋洗剂\ L\ 的络合常数$$

所以 $\beta_{淋洗}=K_A/K_B$。

也就是说在有淋洗剂存在的情况下，两稀土的分离系数可视为两稀土元素与淋洗剂络合常数之比，络合常数相差越大，分离效果就越好。

在离子交换工艺中，一个好的淋洗剂必须具备以下几个条件：

(a) 分离系数大，即与稀土形成的络合物其稳定性有较大的差别。

(b) 络合物离子与树脂间离子交换速度快。

(c) 络合物及络合剂常温下在水中具有一定的溶解度。

(d) 易于回收，以便于循环使用。

(e) 价廉。

常用的络合剂分为以下几类：

羟基羧酸类：属于这一类的有柠檬酸、苹果酸、酒石酸、乳酸、α-羟基异丁酸和α-羟基-α-甲基丁酸，除后两者外，其他实际上很少使用，这主要是由于它们的分离系数小，溶液的稳定性差，反应速度慢，溶解度小等缺点所致。

α-羟基异丁酸是分析化学上最常用的淋洗剂之一，一般是用它的铵盐溶液，它的最大优点是在室温下能快速有效地分离相邻稀土，平均分离系数大(仅次于α-羟基-α-甲基丁酸)可在广泛的浓度(0.1—1.0mol/L)和 pH(3—6)范围内使用。M. V. Obecky 等曾测定了它对稀土的分离系数及淋洗曲线。由表 22.85 及图 22.42，图 22.43 的数据可以看到重稀土优先被洗脱，轻稀土较难洗脱，Y 的流出位置在 D_y，Ho 之间，相邻轻稀土的分离系数较大，相邻重稀土的分离系数较小。α-羟基异丁酸是一个弱酸，它的络合能力受淋洗液 pH 的影响很大，pH 较低时，轻稀土很难洗脱，此时重稀土的分离较好，随着 pH 的逐渐升高，重稀土的分离情况变坏，轻稀土的洗脱则变得较为容易了。

---

① 为简洁起见，以下略去电荷。

表 22.85　以 α-羟基异丁酸为淋洗剂时相邻稀土的分离系数

M^{3+}	分离系数			备　注
	25℃(a)	25℃(b)	87℃(c)	
Lu				a：Dowex 50X-4 b：Dowex-50X-8 pH 4—4.8 c：Dowex-50-12 pH 4.2—4.8
Yb	1.45	1.45	1.36	
Tm	1.37		1.33	
Er		1.53	1.30	
Ho		1.37	1.24	
Y	1.77		1.56	
Dy	1.1		1.04	
Tb	1.84		1.88	
Gd	1.57		2.04	
Eu	1.54		1.40	
Sm	2.06	2.06	1.61	
Pm	1.57		1.82	
Nd	2.09		1.61	
Pr		2.36	1.58	
Ce		1.63	1.59	
La		2.29	2.04	

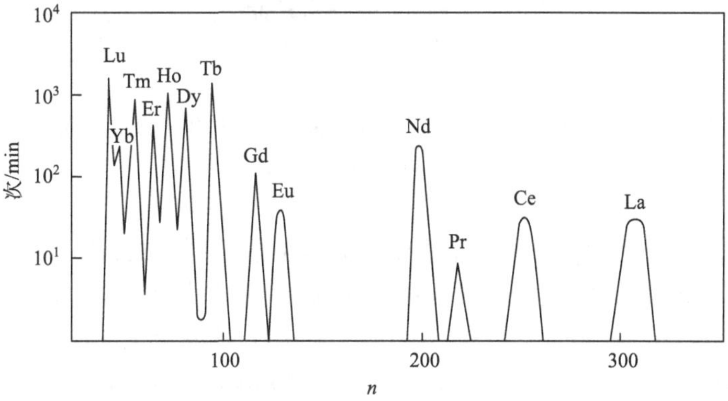

图 22.42　α-羟基异丁酸分离稀土元素的色谱图

浓度 0.05mol/L(pH4.48)；0.5mol/L(pH4.78)温度 25℃；V_0=3 滴，n 为滴数；树脂 Dowex-50X-8 1.8×100mm

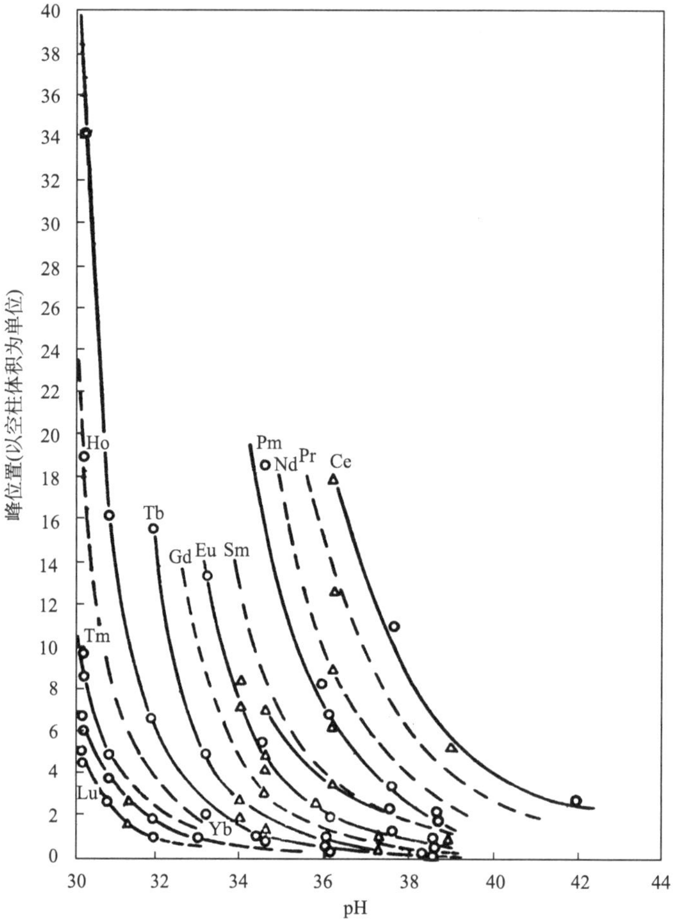

图 22.43　当 α-羟基异丁酸浓度恒定时溶液 pH 值与各元素洗出位置的关系

○ 0.5mol/L；△ 0.49mol/L

根据以上基本性质，应用 α-羟基异丁酸可采取不同方式：K. Wolfsberg 用 pH 梯度法以 0.5mol/L 的 α-羟基异丁酸在室温下，pH 由 3.4 到 4.0，变化速率为 0.025pH 单位/h，在 Dowex AG50W-X4(＜200 目)的树脂上成功的分离了裂变产物中的 La，Ce，Pr，Nd，Sm，Eu 及 Y。M. M. Zeligman 用 pH5.2 的 α-羟基异丁酸，采用浓度梯度法，室温下，成功的分离了 mg 量级的 La，Ce，Pr，Nd，Pm(示踪量) Sm，Eu，Gd，Tb 及 Y，他使用的浓度范围是从 0.1mol/L 到 0.4mol/L，变化速率是 0.04mol/L · h。

此外国内各单位还发展了双络合剂搭配使用的方法(例如 α-羟基异丁酸-EDTA；或 α-羟基异丁酸-NH_4Ac)从高纯 Y_2O_3 中富集轻重稀土杂质，这种方法应用于化学光谱,大大提高了光谱检测的灵敏度。

α-羟基异丁酸的回收也比较方便,可将含稀土的溶剂加适量的盐酸酸化,使通过阳离子交换树脂,稀土吸留在树脂上,α-羟基异丁酸则在流出液中。

氨基羧酸类:常用的几种氨基羧酸类淋洗剂有乙二氨四乙酸(EDTA),羟乙基乙二氨三乙酸(HEDTA),氨三乙酸(NTA),二乙三氨五乙酸(DTPA),1,2-二氨环己烷-N,N,N',N'-四乙酸(DCTA)等,它们都具有氨羧结构,即可通过氨基上的氮原子,又可通过羧基上的氧原子与稀土离子配位,形成一系列稳定性不同的络合物。由于镧系收缩的原因,一般说来,这些络合物的稳定性随着原子序数 z 值的增加而增加,这种规律,在轻稀土部分尤为明显,但有些络合剂在中重稀土或重稀土部分出现了复杂的情况。

EDTA 是氨羧络合剂中使用得最为广泛的一种,它不但与稀土形成一系列的极为稳定的络合物,而且其间稳定性差异也大,例如镧的 EDTA 络合物稳定常数为 $10^{15.50}$,而镥与 EDTA 络合物稳定常数为 $10^{19.83}$,其间相差 2.14×10^4 倍。它经常用于稀土元素的制备与分析中,已发现在室温下,EDTA 可用于除 Gd-Eu 外的整个镧系元素及钇的分离,如果升高温度,例如在 75℃下,则 Gd-Eu 也能容易地进行分离。

用 EDTA 作络合淋洗剂的缺点是溶解度小,在 pH 较低的溶剂中将析出沉淀,pH 太高稀土又将水解,所以操作时浓度及 pH 条件都很窄,为了防止 EDTA 酸的析出,以及交换平衡能够在树脂上多次反复,通常不能使用 H^+ 型树脂,而用 Cu^{2+} 型树脂。但是若使用高温色层(85—95℃)EDTA 溶解度增大了,从而 H^+ 型树脂也能使用。

HEDTA:从络合常数的角度,它在许多方面不如 EDTA,例如相邻两元素的分离系数小,而且在中稀土部分几乎没有分离作用,但是由于它的反应速度快,分离混合稀土时所需柱比小;溶解度比 EDTA 约大 10 倍(25℃时 100g 水可溶 EDTA 为 0.04g,而 HEDTA 为 0.4g),分离时 pH 控制不像 EDTA 要求那样严格,此外 HEDTA 可用 H^+ 型树脂,不需要其他金属作延缓离子,回收比较容易,因此在某些特殊的情况下,特别是对分离 Yb,Lu 元素,仍不失为一个好的络合剂。

其他类型:常用的有乙酸-乙酸铵体系,乙酸是一个弱酸,它与稀土离子能逐级络合形成 $LnAc^{2+}$,$LnAc_2^+$,$LnAc_3$,$LnAc_4^-$ 等各种络合物,他们相互作用有以下平衡:

$$Ln^{3+}+Ac^- \rightleftharpoons LnAc^{2+} \qquad b_1=[LnAc^{2+}]/[Ln^{3+}][Ac^-]$$

$$LnAc^{2+}+Ac^- \rightleftharpoons LnAc_2^+ \qquad b_2=[LnAc_2^+]/[LnAc^{2+}][Ac^-]$$

$$LnAc_2^+ +Ac^- \rightleftharpoons LnAc_3 \qquad b_3=[LnAc_3]/[LnAc_2^+][Ac^-]$$

$$LnAc_3+Ac^- \rightleftharpoons LnAc_4^- \qquad b_4=[LnAc_4^-]/[LnAc_3][Ac^-]$$

Sonesson 详细研究了乙酸根与稀土的络合情况,给出了表 22.86 数据,由表 22.86

中数据可见轻稀土的络合常数稍小，而中重稀土的络合常数稍大，从相邻元素的差别而言则是轻稀土间差别较大，而中重稀土间的差别较小。

表 22.86　稀土-乙酸铵体系的稳定常数

	$b_1=\beta_1$	b_2	b_3	b_4	b_1/b_2	b_2/b_3	b_3/b_4
La	36	8.3	3.2	0.9	4.3	2.6	4
Ce	38	10.2	2.8	1.1	4.7	3.6	3
Pr	65	10.0	2.9	1.0	6.5	3.5	3
Nd	80	12.8	2.8	1.2	6.3	4.6	2
Sm	103	17.6	3.9	1.0	5.9	4.5	4
Gd	69	19.1	3.9	1.0	3.6	4.9	4
Dy	47	19.8	6.6	1.3	2.4	3.0	85
Ho	43	17.0	7.7	0.7	2.5	2.2	11
Er	40	17.0	6.6	0.9	2.4	2.6	7
Yb	44	15.5	5.1	1.1	2.8	3.0	5
Y	34	13.5	5.2	0.8	2.5	2.6	6.5

以上性质决定了乙酸铵体系在稀土分离中的应用主要在两个方面：(a)轻稀土分离：当乙酸铵浓度为 0.5mol/L pH 在 6.0—6.5 时，稀土的淋出曲线见图 22.44，由图可见，铽最先被洗出然后是中重稀土，轻稀土最后流出，由于它们的络合常数之间有一定差异，所以只要柱比选择适当，它们是可以得到较好的分离的。乙酸铵体系属淋洗色层，没有交叉区，所以回收率也比较高。(b)从高纯氧化钇中富集杂质：使用 0.50mol/L 的乙酸铵，pH 为 6.0—6.2，在聚苯乙烯磺酸型的铵柱上可将高纯氧化钇中的杂质富集，淋出曲线见图 22.45。由图可见中重稀土其中包括 Dy，Tb，Yb，Tm，Er，Ho，Gd，Sm 等先钇被淋出，然后是钇的主峰，而轻稀土在钇的主峰之后才被洗出，这样富集的杂质进行光谱分析，可大大提高光谱测定的准确度。

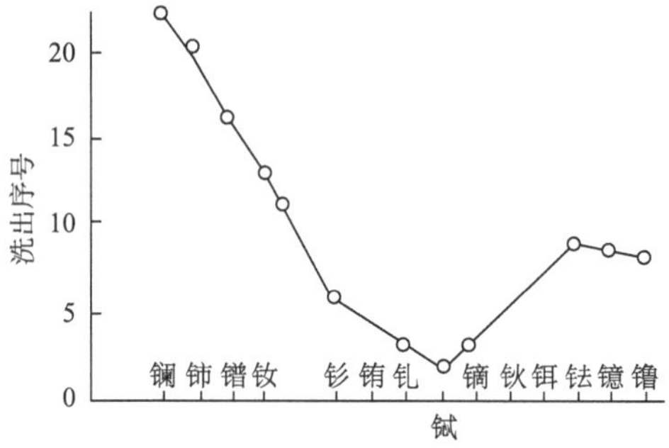

图 22.44　乙酸铵作淋洗剂时的淋出曲线

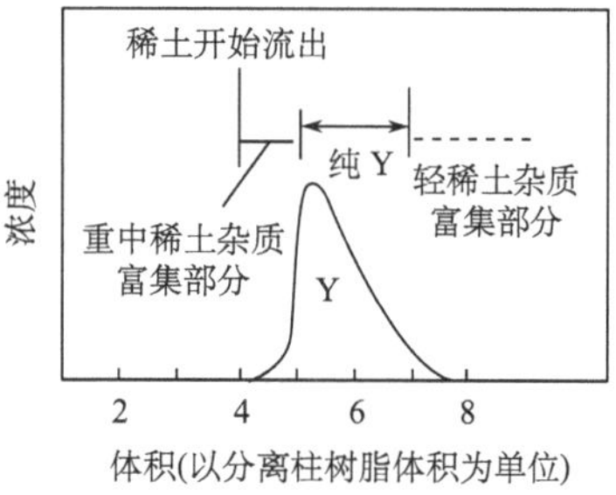

图 22.45　钇洗出曲线示意图
用 0.50mol/L NH_4Ac，pH=6.0—6.2
在铵式柱上淋洗 99%Y

3. 如何在交换柱上实现多次交换平衡——延缓剂的作用

从表 22.87 可以看到比较好的络合剂对稀土的交换分离系数只有 1.7 左右，显然如果靠一次交换是得不到好的分离效果的，这正像在萃取中必须实行串级分离一样，被分离的稀土在交换柱上也必须有足够次数的交换反应。使用延缓离子的目的就在于迫使由柱上端淋洗下来的稀土再次吸附在树脂上，因此，作为延缓离子的先决条件必须是：延缓离子与淋洗剂所形成的络合物的稳定性应大于被分离的稀土离子与淋洗剂所形成的络合物的稳定性。从这个意义上讲，当用 EDTA 为淋洗剂分离稀土时，可以作为延缓离子的元素很多，表 22.88 列出了其中的一部分。

表 22.87 常用络合剂色层分离性能比较

络合剂	平均分离系数	分析化学中常用浓度及 pH 值	络合比	温度(℃)	应用范围
α-羟基 α-甲基丁酸	1.71	0.1—0.7mol/L pH3—5		室温	整个镧系元素及钇的分离
α-羟基异丁酸	1.70	0.1—1.0mol/L pH3—6.6	逐级络合形成多配合体的络合物	室温	整个镧系元素及钇的分离
乳酸	1.47	0.4—1.0mol/L pH3—4	逐级络合形成多配合体的络合物	87—95℃	整个镧系元素及钇的分离
EDTA	1.76	0.01—0.1mol/L pH3—5	1∶1	室温 75—90℃	除 Gd,Eu 外的镧系及钇的分离 整个镧系元素及钇的分离
HEDTA	1.50	0.01—0.1mol/L pH2—7.5	1∶1	室温或高温	La-Nd Tm-Lu
醋酸铵		0.25—2.0mol/L pH4—8	逐级络合形成多配位体的络合物	室温或高温	从钇中富集某些稀土杂质及轻稀土分离

表 22.88 中的大部分离子只对 Dy 以前的稀土有延缓作用，而只有 Fe^{3+} 对所有的稀土有延缓作用。但在使用 Fe^{3+} 时，允许操作的 pH 范围很窄，这是由于 pH 过高 Fe^{3+} 离子易于水解。pH 过低 EDTA 又易于结晶。因此生产中用 EDTA 分离轻稀土时，常用 Cu^{2+} 为延缓离子，用 HEDTA 分离稀土时则可用 H^+ 为延缓离子。以下用 EDTA 淋洗分离 La，Pr，Nd，Sm，以 Cu^{2+} 为延缓离子为例，说明这一问题：

如前所述，混合稀土被吸附在树脂上时，由于树脂对稀土的选择系数很小，其分布基本上是均匀的。开始淋洗时，由于稀土与 EDTA 所形成的络合物其稳定性

表 22.88　某些金属与 EDTA 的络合常数

离子	$\log K$
Cu^{2+}	18.38
Ni^{2+}	18.45
Zn^{2+}	16.15
Pb^{2+}	18.20
Fe^{3+}	25.10

由 La 至 Sm 顺序增加，因此被 EDTA 络合淋洗下来并由树脂相转入液相的以 Sm^{3+} 较多，反应可用下式表示：

$$\overline{Sm^{3+}} + (NH_4)_3Y^- \rightleftharpoons \overline{3NH_4^+} + SmY^-$$

当 SmY^- 进入分离柱时，由于分离柱中的树脂已预先转为 Cu^{2+} 型，而 Cu^{2+} 与 EDTA 所形成的络合物 CuY^{2-} 比 SmY^- 稳定。因此柱上发生如下交换反应：

$$SmY^- + \overline{Cu^{2+}} \rightleftharpoons CuY^{=} + \overline{Sm^{3+}}$$

继续淋洗时，由于 EDTA 与 La，Pr，Nd 形成的络合物中以 NdY^- 最稳定，所以这时被淋洗下来的以 NdY^- 为主：

$$\overline{Nd^{3+}} + (NH_4)_3Y^- \rightleftharpoons 3NH_4^+ + NdY^-$$

当它进入分离柱时，发生如下置换反应：

$$NdY^- + \overline{Sm^{3+}} \rightleftharpoons SmY^- + \overline{Nd^{3+}}$$

$$SmY^- + \overline{Cu^{2+}} \rightleftharpoons CuY^- + \overline{Sm^{3+}}$$

继续淋洗时，Pr，La 先后被转入水相；在分离柱中依次发生以下一系列的置换反应：

$$LaY^- + \overline{Pr^{3+}} \rightleftharpoons PrY^- + \overline{La^{3+}}$$

$$PrY^- + \overline{Nd^{3+}} \rightleftharpoons NdY^- + \overline{Pr^{3+}}$$

$$NdY^- + \overline{Sm^{3+}} \rightleftharpoons SmY^- + \overline{Na^{3+}}$$

$$SmY^- + \overline{Cu^{2+}} \rightleftharpoons CuY^{2-} + Sm^{3+}$$

至此，吸附柱中稀土全部被淋洗完毕，而分离柱中的稀土得到了初步的分离，色带自下而上为 Sm，Nd，Pr，La。以上，我们看到的是理想情况，实际上由于各种平衡同时存在，在 Sm 被淋洗下来时，也有一定比例的 Nd，Pr，La。为了达到预定纯度的要求，预先将分离柱转入 Cu^{2+} 型，它可以使已经转入水相的稀土重新转入柱上，在这里 Cu^{2+} 防止了 SmY^-，NdY^-，PrY^-，LaY^- 等畅通无阻的通过柱子，使交换分离反应反复进行。

4.2.3　影响离子交换反应的动力学因素

在离子交换树脂上的交换反应，属于固液反应，一般说来它的反应可分为以下几个步骤：

(a) 淋洗剂由溶液扩散到树脂表面或内层。

(b) 淋洗剂与树脂的活性集团上的离子进行离子交换反应。

(c) 交换后的络合物从树脂表面或内层扩散开去。

由此可以看到，离子交换反应的速率，受到淋洗剂的种类，浓度、酸度、流速、温度以及离子交换树脂的种类，粒度、交联度、孔隙度等因素的影响。

针对这一问题，人们提出了等效理论塔板高度的概念综合描述这些因素对交换反应的影响，它相当于一次平衡稀土带在柱上所移动的最小距离。显然：在其他条件相类似的情况下，反应快的淋洗剂比反应慢的淋洗剂的等效理论塔板高度要小；流速（指线速度）慢的比流速快的等效理论塔板高度要小；粒度细的比粒度粗的等效理论塔板高度要小等等，目前等效理论塔板的高度还是由实验直接测定，表 22.89 中给出了一些稀土元素在指定条件下的等效理论塔板高度。图 22.46—图 22.48 是各种因素对理论塔板高度的影响。

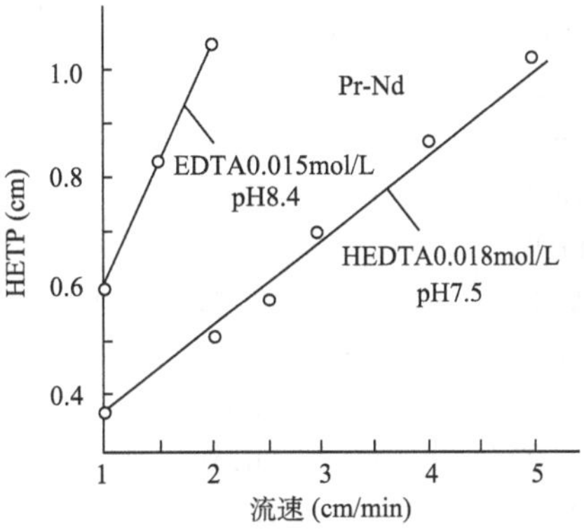

图 22.46 流速对塔板高度的影响

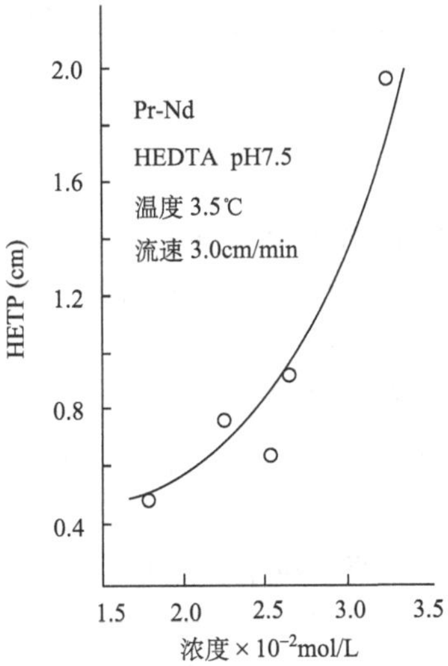

图 22.47 淋洗剂浓度对塔板高度的影响

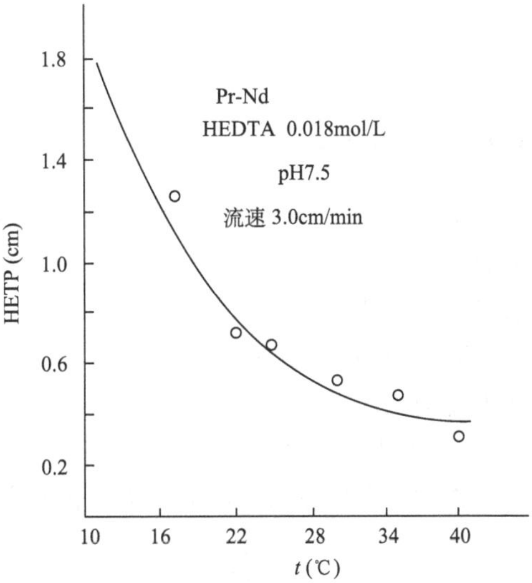

图 22.48 温度对塔板高度的影响

表 22.89　某些稀土元素对的理论塔板当量高度

元素对	淋洗剂	温度(℃)	树脂粒度、目	流速(cm/min)	理论塔板高度(cm)	备注
La-Ce	0.015mol/L EDTA pH8.4	室温	60—80	1.5	1.63	铵型树脂
Ce-Pr	0.015mol/L EDTA pH8.4	室温	60—80	1.5	1.63	铵型树脂
Pr-Nd	0.015mol/L EDTA pH8.4	室温	60—80	1.5	0.823	铵型树脂
Nd-Sm	0.015mol/L EDTA pH8.4	室温	60—80	1.5	0.645	铵型树脂
Sm-Gd	0.015mol/L EDTA pH8.4	室温	60—80	1.5	0.510	铵型树脂
Tb-Y	0.015mol/L EDTA pH8.4	室温	60—80	1.0	0.6	铵型树脂
Y-Dy	0.015mol/L EDTA pH8.4	室温	60—80	1.5	0.672	稀土型树脂
Dy-Ho	0.015mol/L EDTA pH8.4	室温	60—80	1.5	2.15	稀土型树脂
Ho-Er	0.015mol/L EDTA pH8.4	室温	60—80	1.5	0.824	稀土型树脂
Er-Tm	0.015mol/L EDTA pH8.4	室温	60—80	0.8	1.51	稀土型树脂
Yb-Lu	0.015mol/L EDTA pH8.4	室温	60—80	0.5	0.75	稀土型树脂
La-Ce	0.018mol/L HEDTA pH7.5	25	60—80	3.0	2.58	铵型树脂
Pr-Nd	0.018mol/L HEDTA pH7.5	25	60—80	3.0	0.72	铵型树脂
Nd-Sm	0.018mol/L HEDTA pH7.5	25	60—80	3.0	1.63	铵型树脂
Y-Dy	0.018mol/L HEDTA pH7.5	25	60—80	3.0	1.47	稀土型树脂
Er-Tm	0.018mol/L HEDTA pH7.5	室温	60—80	2.0	0.656	稀土型树脂
Tm-Yb	0.018mol/L HEDTA pH7.5	室温	60—80	0.5	0.23	稀土型树脂
Yb-Lu	0.018mol/L HEDTA pH7.5	室温	60—80	2.0	0.70	稀土型树脂
Ce-Pr	0.018mol/L HEDTA pH7.5	35	60—80	3.0	1.22	铵型树脂

4.2.4　萃取色谱

萃取色谱比经典的离子交换色谱发展较晚，它把对于金属离子有较好分离效果的萃取剂引入到离子交换的技术中。因此，作为一种重要的分离手段，近十几年来得到了迅速的发展。

50 年代初，首先采用的是正相色谱。即以水(或无机酸)作固定相，有机萃取剂为流动相。后来又以极性小的萃取剂为固定相，以极性较大的溶剂(水及无机酸)作流动相，称反相色谱。在反相色谱中，将萃取剂溶解于苯或石油醚中，以一种惰性物质为支撑体，将支撑体浸入上述溶液中同，并使萃取剂在惰性支撑体上饱和。当苯或石油醚蒸发后，萃取剂以薄膜形式分散在支撑体上。经过这样处理的支撑体可代替离子交换中的固定相。它比之经典的离子交换树脂，其优点在于克服了离子在固体树脂中的扩散慢过程，动力学性能好；相邻稀土离子的分离系数增大；淋洗剂比较便宜。缺点是交换容量小。一般说来，相同柱体积的处理量比离子交换树脂小 4 至 10 倍；萃取剂易流失，使用寿命短。因此它的使受到限制。

1973 年，德国的 R. Kroebel 和 A. Meyer 首先提出了 TBP 萃淋树脂的专利。由于它本身的优点，近几年来，萃淋树脂的制备和应用方面都得到了很大的发展。萃淋树脂一般以苯乙烯-二乙烯苯为骨架，在聚合时就将某种选择性萃取剂分散到其中去。从萃淋树脂的立体扫描照片可以看出(图 22.49，图 22.50)它是由许多微珠相互牢固联结而成。微珠之间的空隙由萃取剂充满。微珠的大小和它们的间隙既取决于使用萃取剂的类型与体积，也取决于聚苯乙烯球的交联度。萃淋树脂中的萃取剂是吸留在树脂结构中，而不是化学键的结合。因此由萃取色谱所测出的萃取剂基本常数与由萃取平衡法所测的常数基本一致。由于萃淋树脂保留了反相色谱的优点，又克服了反相色谱的缺点：萃取剂流失量小，延长了它的使用寿命，吸附容量也大大增加。这促进了长期以来主要作为实验室分析分离手段的萃取色谱技术向工业规模方向发展。

图 22.49 萃淋树脂的外观
(放大 60 倍)

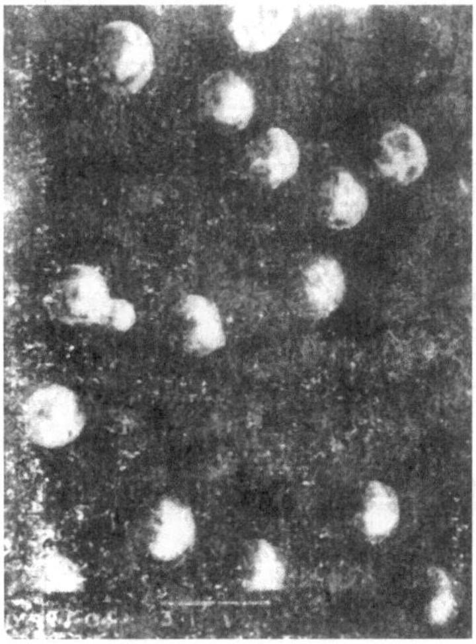

图 22.50 萃淋树脂的表面结构
(放大 6000 倍)

原则上说，几乎所有的溶液萃取体系都可用于萃取色谱中。除了一般的单萃取剂体系的萃淋树脂以外，还可以是双萃取剂的。例如 1983 年在英国召开的第四届离子交换国际会议上就有关于 D_2EHPA 和 TOPO 协同萃取体系的萃淋树脂用于从磷酸中回收铀的报道。萃取色谱法可以不断地吸收萃取化学领域中的新成就，丰富和发展萃取色谱法的内容，扩大它在分析化学、废水治理和湿法冶金等各方面的应用。表 22.90 中只列举了几种目前使用比较广泛的萃淋树脂的物理性质，可供参考。

表 22.90　一些萃淋树脂的物理性质

萃淋树脂代号	粒度(目)	堆比重(g/l)	萃取剂含量
CL-TBP	16—75	590	磷酸三丁酯约 60%
CL-P204		530	二(2-乙基己基)磷酸酯约 50%
CL-P507	150—200		2-乙基己基膦酸单(2-乙基己基)酯约 52%

在稀土分离中用得比较广泛的是 CL-P507 这是由于其中所含萃取剂 2-乙基己基膦酸单(2-乙基己基)酯(简称 HEP(EHP)或 P 507)对稀土元素具有较好的分离性能(详见 4.3.3)的缘故。特别在分离重稀土方面更显示了它的优越性。雅文厚等用 CL-P507 萃淋树脂研究了钇铒的分离。他们的结果表明树脂上 Ln^{3+} 与 H^+ 的交换反应是按 1∶3 进行的。平均的钇铒分离系数 $\bar{\beta}_{Er/Y}=1.53\pm0.01$，当淋洗液为 1.20—1.25mol/L HCl，流速为 0.7—1.0cm/min，柱温为 50±0.5℃时，可以得到较好的分离效果。表 22.91 中列出了各种因素对分离的影响。

表 22.91　各种因素对钇铒分离的影响

影响分离的因素			分配比(*D*)		$\beta_{Er/Y}$	R_S
HCl 酸度(mol/L)	温度(℃)	流速(cm/min)	Y	Er		
0.9837	50	1.0	13.16	20.18	1.53	1.06
1.2110			7.50	11.71	1.56	0.993
1.2400			6.96	10.65	1.53	1.05
1.3496			5.30	8.19	1.55	0.955
1.6460			2.68	4.11	1.53	0.731
1.2400	27.0	1.0	8.17	12.32	1.51	0.502
	34.0		7.93	11.83	1.49	0.653
	46.6		7.08	10.82	1.53	0.808
	51.2		6.96	10.65	1.53	0.850
	56.3		6.79	10.14	1.49	0.860
1.2400	50	0.76	6.96	10.65	1.52	1.34
		1.06			1.53	1.06
		1.20			1.53	0.997
		1.30			1.46	0.865
		1.75			1.38	0.541

根据 A. S. P Martin 的分配色谱理论，表中分配比 D 和分离因素 β 应按以下公式计算：

$$D=(V_R-V_M)/V_S$$

$$\bar{\beta} = D_2/D_1$$

$$R_S = \frac{2(t_{R2} - t_{R1})}{(t_{\omega 2} - t_{\omega 1})}$$

其中，V_R——金属离子浓度达最大时的淋洗液体积；

V_M——色谱柱自由体积，设 V 为柱床体积，$\eta\%$为空隙百分率，$V_M = V \cdot \eta\%$；

V_S——固定相体积；

R_S——分离度、标帜在某种分离条件下，被分离元素的分离程度；

t_ω——谱带宽度；

t_R——保留时间。

4.2.5　高压液相色谱法分离稀土

自从高压液相色谱技术出现以来，Camphell 等人首先将该技术应用到稀土和锕系元素的分离。并于 1972 年在稀土分离方面取得较好结果。由于增加了压力，加速了被分离的离子在树脂表面及内层的扩散速度，从而分离时间比常压法缩短了 10 倍左右，我国张珏等用 α-羟基异丁酸为淋洗剂，采用直线浓度梯度法淋洗。柱内实际压力为 6.86×10^6 Pa，柱内径 8mm，长 400mm。在 4h 左右的时间里，可将 40mg(按氧化物计)8 个等量的稀土镧、铈、镨、钕、钐、铕、钆、钇和铥的混合物定量的分离。

在淋洗色谱中，采用恒定浓度或恒定 pH 的任何一种淋洗液同时分离轻、重稀土是很困难或是很费时间的。往往适合分离重稀土的淋洗剂浓度对轻稀土络合能力嫌弱，需要用很大的体积才能把轻稀土洗出来；反之，适合分离轻稀土的淋洗剂浓度对重稀土却又因洗脱太快达不到彼此分离的目的。为了达到既有满意的分离效果，又有较快的速度，必须采用浓度或酸度梯度法。

淋洗剂的浓度梯度或酸度梯度可用单位时间内浓度或酸度的变化或单位体积内淋洗剂浓度或酸度变化表示，即：

$$\text{梯度}(m/\text{min}) = \frac{M - M_0}{t}$$

$$\text{梯度}(m/\text{ml}) = \frac{M - M_0}{V}$$

式中 M_0，M 分别是淋洗液的起始和终止的摩尔浓度，t 和 V 分别是淋洗液从 M_0 变化到 M 所经历的时间(min)和体积(ml)。一般情况下可用固定 M_0 和 M 变化时间间隔，以产生不同的直线梯度。图 22.51 表示用不同的直线梯度对稀土的分离情况，相应的元素峰宽(W)，峰间距(ΔV)以及计算得到的分离度(R_s)见表 22.92。数据表明，随着梯度增加，稀土元素的保留体积减小，分离时间缩短。峰间距减少颇为明显，因而分离度呈现下降趋势。但在梯度为 0.05—0.4mol/L/3—5h 范围内，8 种稀土元素的分离仍可得满意结果。

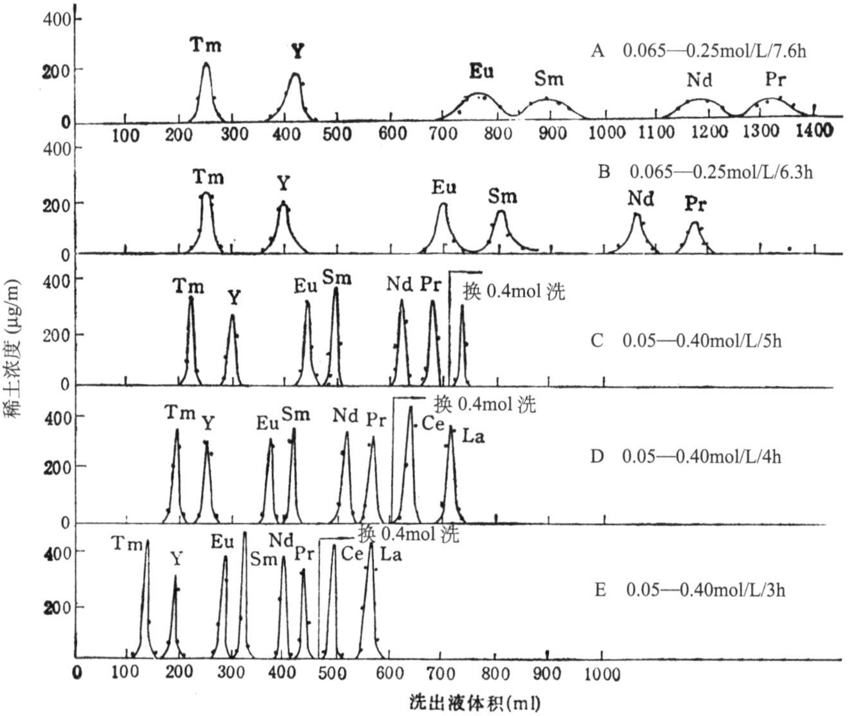

图 22.51　梯度变化对分离的影响

A,B 试验用英国 Zerolit225 树脂,粒度 40μm

表 22.92　梯度变化对 W,ΔV 和 R_s 的影响

分离效果 / 时间[1](h) / 梯度(mol/L) / 元素	W		ΔV		$R_s\left(=\frac{2\Delta V}{W_1+W_2}\right)$	
时间[1](h)	7.6	6.3	7.6	6.3	7.6	6.3
梯度(mol/L)	0.135	0.154	0.135	0.154	0.135	0.154
Tm	38	33				
Y	48	45	167	145	3.9	3.7
Eu	95	40	347	300	4.8	7.1
Sm	113	45	127	111	1.22	2.62
Nd	125	45	290	254	2.44	5.7
Pr	120	60	148	114	1.21	2.17

1) 指淋洗液浓度由 0.065—0.25mol/L 所需时间。

续表

分离效果 / 时间[1)](h) / 梯度(mol/L) / 元素	W			ΔV			$R_s\left(=\frac{2\Delta V}{W_1+W_2}\right)$		
时间[1)](h)	5	4	3	5	4	3	5	4	3
梯度(mol/L)	0.41	0.50	0.69	0.41	0.50	0.69	0.41	0.50	0.69
Tm	25	20	20						
				80	61	51	2.8	2.7	2.3
Y	32	26	24						
				141	119	93	4.8	4.8	4.0
Eu	27	24	22						
				51	40	36	1.85	1.63	1.57
Sm	28	25	24						
				131	106	82	4.5	4.1	3.6
Nd	30	27	22						
				56	46	37	1.8	1.74	1.6
Pr	32	26	24						

1) 指淋洗液浓度由 0.05mol/L 至 0.4mol/L 所需时间。

4.2.6 钇在离子交换中的特殊性

由于镧系收缩的结果，三价稀土离子半径从 1.061Å 缩小到 0.848Å，平均两个相邻元素之间缩小 0.213Å/14＝0.015Å。在萃取、离子交换、化学分离等生产工艺中所应用的稀土络合物绝大部分是与氧原子配位的络合物。稀土与氧的结合，电价键是主要的，结合力的强弱，与核间距的平方成反比。所以稀土离子半径的大小这个几何因素是决定稀土离子络合能力强弱的主要因素之一。稀土离子半径随原子序数增加而收缩，它的络合能力则随着原子序数的增加而增强，钇的原子半径为 0.88Å 和重稀土差不多，位于铒的附近，这使钇在许多方面的性质与重稀土极为近似。但是从钇的电子结构来看，它不具有 $4f$ 电子，这使钇在许多方面与重稀土又不尽相同，这些“相似性”和“相异性”的综合，使钇在稀土中处于一个特殊的位置。例如：

(1)淋洗剂不同，钇的位置不同：各种氨羧络合物与稀土形成了一系列的络合物，钇的络合物的稳定性有时与重稀土相似，有时与轻稀土相似。表 22.93 中列出了六种淋洗剂，Y 的流出位置几乎都不相同。

表 22.93　淋洗剂与 Y 的流出位置

淋洗剂	Y 的流出位置
NTA	与 Tb 重合
HEDTA	Nd-Y-Pr
EDTA	Dy-Y-Tb

续表

淋洗剂	Y 的流出位置
DCTA	Tb-T-Gd
DTPA	Sm-Y-Nd
NH_4Ac	Sm-Y-Nd

(2) 淋洗剂相同时，改变温度，钇的位置可以发生变化(图 22.52)：Morton 详细地研究了以 HEDTA 为淋洗剂时，当温度变化 Y 的流出位置的变化。他指出在室温下钇在钕的前头；在 45—50℃，Y 几乎是在 Pm 的空值上，当温度上升到 90—95℃时，Y 的位置继续后移至 Gd，Tb 之间。

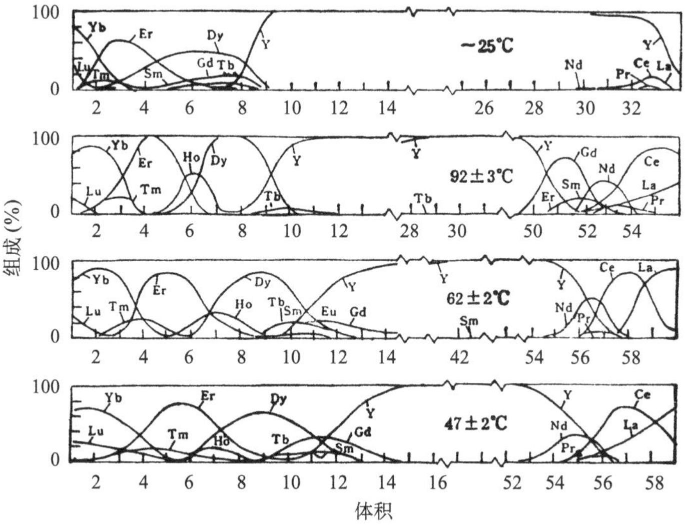

图 22.52　以 HEDTA 为淋洗剂，钇的流出位置随温度的变化

表 22.94　不同温度下，以 NH_4Ac 为淋洗剂稀土元素的流出位置

温度(℃)	洗出顺序
0—50	Tb-Dy-Gd-Ho-Er-Yb-Sm-Tm-Y-Nd
20	Tb-Dy-Gd-Ho-Er-Yb-Sm-Tm-Y-Nd
50	Yb-Tm-Er-Ho-Dy-Tb-Gd-Y-Sm-Nd
80	Yb-Tm-Er-Ho-Dy-Tb-Gd-Y-Sm-Nd
90	Yb-Tm-Er-Ho-Dy-Tb-Y-Gd-Sm-Nd

同样的变化也发生在 NH_4Ac 的体系中，例如在 0—5℃之间 Y 在 Nd 前；80℃时 Y 在 Sm 前；当温度上升到 90℃时，Y 可以移动到 Gd 的前面(表 22.94)。

产生这种现象的主要原因，是因为络合物稳定常数随温度的变化$\left(\frac{\Delta K}{\Delta T}\right)$不是一个常数。

(3)淋洗剂浓度变化时，钇的位置变化：

Mikler 等曾对淋洗顺序与乙酸盐的浓度关系作过详细的研究，结果见表 22.95。

表 22.95 稀土淋洗顺序与乙酸盐浓度的关系

[Ac^-],mol/L	洗出顺序
0.0000	Sm-Nd-Gd-Pr-Ce-Dy-Yb-Ho-Er-La-Y
0.0022	Sm-Nd-Gd-Pr-Dy-Ce-Yb-Ho-Er-La-Y
0.0107	Sm-Nd-Gd-Pr-Dy-Ce-Yb-Ho-Er-Y-La
0.0129	Sm-Nd-Gd-Pr-Dy-Ce-Ho-Yb-Er-Y-La
0.0162	Sm-Nd-Gd-Pr-Dy-Ho-Ce-Yb-Er-Y-La
0.0175	Sm-Nd-Gd-Pr-Dy-Ho-Yb-Ce-Er-Y-La
0.0286	Sm-Nd-Gd-Pr-Dy-Ho-Yb-Er-Ce-Y-La
0.0298	Sm-Gd-Nd-Pr-Dy-Ho-Yb-Er-Ce-Y-La
0.0401	Sm-Gd-Nd-Dy-Pr-Ho-Er-Yb-Ce-Y-La
0.0557	Sm-Gd-Nd-Dy-Pr-Ho-Er-Yb-Ce-Y-La
0.0630	Sm-Gd-Nd-Dy-Pr-Ho-Er-Yb-Y-Ce-La
0.0670	Sm-Gd-Nd-Dy-Ho-Pr-Er-Yb-Y-Ce-La
0.0925	Sm-Gd-Nd-Dy-Ho-Er-Pr-Yb-Y-Ce-La
0.1056	Sm-Gd-Nd-Dy-Ho-Er-Yb-Pr-Y-Ce-La
0.1165	Sm-Gd-Dy-Nd-Ho-Er-Yb-Pr-Y-Ce-La
0.1798	Sm-Gd-Dy-Ho-Nd-Er-Yb-Pr-Y-Ce-La
0.2968	Sm-Gd-Dy-Ho-Er-Nd-Yb-Pr-Y-Ce-La
0.5000	Sm-Gd-Dy-Ho-Er-Nd-Yb-Y-Pr-Ce-La
0.5490	Sm-Dy-Gd-Ho-Er-Nd-Yb-Y-Pr-Ce-La
0.6580	Sm-Dy-Gd-Ho-Er-Yb-Nd-Y-Pr-Ce-La
1.5150	Sm-Dy-Ho-Gd-Er-Yb-Nd-Y-Pr-Ce-La

在不同的体系中和不同的条件下，钇在稀土系列中的位置变异，是一个很有兴趣的问题。在理论上，搞清这些现象的本质有助于我们对 $4f$ 电子运动规律认识的深化，在实践上则在应用钇的这些特殊性，将钇从稀土中分离出来。

4.3 溶剂萃取法分离稀土元素

近三十年来，由于原子能科学和各种材料料学的发展，溶剂萃取法在湿法冶金中得到广泛的应用，在稀土元素的分离方面，溶剂萃取法已逐步的取代了经典的分级结晶法和离子交换法成为稀土分离中的主要手段。只要萃取剂选择适当,流程设计合理,有时可以同时获得高纯度和高收率的产品,例如用某种羧酸从混合稀土中提纯氧化钇,可以将含钇 50%—60%的原料,提纯到 99.99%的氧化钇,收率在 90%左右。又如用 2-乙基己基膦酸单(2-乙基己基)酯作萃取剂,经过多级分馏萃取,可以将全部稀土元素一一分离出来。这些新工艺的采用,对于提高稀土产品质量,降低成本都起了决定性作用。

4.3.1 萃取化学的基本知识

1. 萃取体系的组成及表示方法

一个萃取体系是由水相和与水不相溶的有机相所组成。水相中除含有待分离的物质外,根据不同情况还可能含有络合剂、盐析剂、无机酸等。有机相中则主要含有萃取剂以及主要用以改善有机相性能的稀释剂。

用文字来说明一个萃取体系往往比较复杂。为简略起见,这里我们采用徐光宪所建议的表示方法:

被分离的物质(起始浓度范围)/水相组成/有机相组成

例如:

$$\begin{matrix} Pr(NO_3)_3(0.180mol/L) \\ Nd(NO_3)_3(0.180mol/L) \end{matrix} \Bigg/ \begin{matrix} pH3—4 \\ NH_4NO_3\ 5mol/L \\ DTPA0.180mol/L \end{matrix} \Bigg/ N_{263}(0.5mol/L)\text{-二甲苯}$$

它表示用 0.5mol/L 的硝酸甲基三烷基季铵盐的二甲苯溶液,从含有 5mol/L NH_4NO_3的盐析剂、0.180mol/L 的二乙三胺五乙酸的抑萃络合剂和 pH3～4 的水溶液中萃取分离 $Nd(NO_3)_3$ 和 $Pr(NO_3)_3$,它们的起始浓度都是 0.180mol/L。

2. 萃取平衡的分配定律

萃取过程是被萃取物 A 在水相和有机相的分配过程。最简单的情况可表示如下:

$$A \rightleftharpoons A_{(0)}$$

达到平衡时,被萃取物在有机相和水相都有一定的浓度,这个浓度差别主要取决于被萃取物质和萃取体系的本质。根据大量实验证明达到平衡后,如果被萃取物在有机相和水相中具有同样的分子形式,则在一定的温度下,该物质在两相中的浓度之比为一常数。用公式表示即:

$$K_d = \frac{(A)_0}{(A)}$$

物质在两相之间的这种分配律称为 Nernst 分配定律。式中$(A)_0$ 及(A)分别表示达成平衡后溶质 A 在有机相及水相中的浓度,K_d 为分配常数。

分配定律可用热力学理论证明，设 A 溶于两相后，两相化学势的值各为：

$$\mu_0 = \mu_0^0 + RT\ln a_0$$

$$\mu = \mu^0 + RT\ln a$$

式中 μ_0，μ 为两相溶解有溶质 A 后的化学势；μ_0^0，μ^0 为两相溶解有溶质 A 的溶解的标准化学势，通常采用在假想的 1mol/L 理想溶液中的化学势；a_0，a 为两相中 A 的活度。

当溶质 A 在两相分配达到平衡时，两相的化学势必相等。即：

$$\mu_0 = \mu$$

$$\mu_0^0 + RT\ln a_0 = \mu^0 + RT\ln a$$

或

$$\ln\frac{a_0}{a} = \frac{\mu^0 - \mu_0^0}{RT}$$

或

$$\frac{a_0}{a} = e^{\frac{\mu^0 - \mu_0^0}{RT}} = K_d^0 = \frac{(A)_0}{(A)}\frac{\nu_0}{\nu} = K_d\frac{\nu_0}{\nu}$$

上式中 K_d^0 称为 Nernst 热力学分配平衡常数，K_d 就是分配常数。ν_0，ν 分别表示 A 在两相中的活度系数。由此可见 K_d 只是近似常数。只有当 ν_0/ν 趋近于 1 时，K_d 才等于严格的热力学常数 K_d^0。

分配定律只有在低浓度时才正确，而且它只适用于接近理想的溶液的体系，即溶质与溶剂不发生化学作用。溶质在两相中存在的分子形式必须相同。在满足上述条件时，分配常数在给定温度下为一常数。

很明显，大多数无机物的萃取过程都伴随着化学反应。被萃取物和萃取剂之间常发生络合作用。因而在水相和有机相中分子状态不同，所以分配定律在这种情况下是不适用的。

3. 分配比和萃取率

当萃取体系达到平衡时，被萃取物在有机相的总浓度与水相中总浓度之比称为分配比，通常以 D 表示。它反映体系达到平衡后被萃取物质在两相中分配的实际情况。分配比 D 值越大，说明被萃取物容易进入有机相。萃取百分率则是被萃取物在有机相中的总量占被萃取物在两相中的总和的百分比，通常用 $E\%$ 表示。因此我们可以用下式表示：

$$D = \frac{C_0}{C}$$

$$E = \frac{C_0C_0}{C_0V_0 + CV} \times 100\%$$

由此我们得萃取率 E 与分配比 D 有下列关系：

$$E=\frac{D}{D+\frac{V}{V_0}}\times 100\%$$

当 $V/V_0=1$ 时

$$E=D/(D+1)100\%$$

V_0/V 为有机相体积与水相体积之比，称为相比，通常以 O/A 表示。

分配比和分配常数不同，它不是一个常数，分配比随被萃物的浓度，溶液的酸度，萃取剂的浓度，稀释剂的性质，盐析剂的浓度，相比及温度等的改变而改变。

4. 溶剂萃取体系中的多种平衡

一个溶剂萃取体系中，往往存在着多种平衡关系，以下选择四种情况加以讨论，他们仍不能概括所有可能的情况。但在对一个具体问题进行具体分析时，可参照这些基本方法：

(1) 水相金属离子有多种络合分子物种。但只有一种络合物被萃取的情况：

设某金属离子 M 在水相中以 M，ML，$ML_2\cdots ML_n$ 等形式存在。只有其中 ML_m 能被萃取时，其分配比为：

$$D=\frac{[M]_{0总}}{[M]_{总}}=\frac{[ML_m]_0}{[M]+[ML]+[ML_2]+\cdots+[ML_m]+\cdots+[ML_n]}$$

设 K_{dm} 为 ML_m 在两相间的分配常数，β_i 为络合物 ML_m 在水相中的累计平衡常数，则

$$K_{dm}=\frac{[ML_m]_0}{[ML_m]}$$

$$\beta_i=\frac{[ML_i]}{[M][L]^i}$$

整理后得：

$$D=\frac{K_{dm}\beta_m[L]^m}{1+\beta_1[L]+\cdots+\beta_m[L]^m+\cdots+\beta_n[L]^n}$$

也可采用萃取平衡常数表示：

$$M+mL\rightleftharpoons ML_{m(0)}$$

$$K_{ex}=\frac{[ML_m]_0}{[M][L]^m}$$

按分配比定义：

$$D=\frac{K_{ex}[L]^m}{1+\beta_1[L]+\beta_2[L]^2+\cdots+\beta_m[L]^m+\cdots+\beta_n[L]^n}$$

$$=\frac{K_{ex}[\mathrm{L}]^m}{1+\sum_{i=1}^{n}\beta_i[\mathrm{L}]^i}$$

显而易见：

$$K_{ex}=K_{dm}\times\beta_m$$

如果水相中被萃取的络合物 ML_m 的浓度与实验误差的极限相比可忽略不计时，其分配常数不易测准。此时其萃取常数可作如下处理：

$$D=\frac{[\mathrm{ML}_m]_0}{[\mathrm{M}]+[\mathrm{ML}]+\cdots+[\mathrm{ML}_a]+\cdots}$$

$$=\frac{K_{ex}[\mathrm{L}]^m}{1+\beta_1[\mathrm{L}]+\cdots+\beta_a[\mathrm{L}]^a+\cdots}$$

$$=\frac{K_{ex}[\mathrm{L}]^m}{1+\sum_{i=1}^{a}\beta_i[\mathrm{L}]^i}$$

式中 $a<m$

如有机相中的金属组成与另一配体 L'生成络合物时，则有：

$$\mathrm{ML}_{m(0)}+nL'_{(0)}=(\mathrm{ML}_m)L'_{n(0)}$$

$$\beta_{n(0)}=\frac{[(\mathrm{ML}_m)L'_n]_0}{[\mathrm{ML}_m]_0[\mathrm{L}']_0^n}$$

此时分配比 D 可表示如下：

$$D=\frac{[\mathrm{ML}_m]_0+[(\mathrm{ML}_m)L']_0+\cdots+[(\mathrm{ML}_m)\mathrm{L}'_n]_0}{[\mathrm{M}]+[\mathrm{ML}]+\cdots+[\mathrm{ML}_m]+\cdots+[\mathrm{ML}_n]}$$

(2) 水相金属离子有多种络合分子物种，其中有两种以上络合物被萃取的情况：

设在 M，ML，$\cdots\mathrm{ML}_n$ 诸组分中，有 ML_a 和 ML_b 可被萃取，其分配比可表示如下：

$$D=\frac{[\mathrm{ML}_a]_0+[\mathrm{ML}_b]_0}{[\mathrm{M}]+[\mathrm{ML}]+\cdots+[\mathrm{ML}_n]}$$

两个可萃取络合物有两个分配常数或两个萃取平衡常数：

$$K_{dm\cdot a}=\frac{[\mathrm{ML}_a]_0}{[\mathrm{ML}_a]},\quad K_{dm\cdot b}=\frac{[\mathrm{ML}_b]_0}{[\mathrm{ML}_b]}$$

$$K_{ex\cdot a}=\frac{[\mathrm{ML}_a]_0}{[\mathrm{M}][\mathrm{L}]^a}\quad K_{ex\cdot b}=\frac{[\mathrm{ML}_b]_0}{[\mathrm{M}][\mathrm{L}]^b}$$

此时，整理后得：

$$D=\frac{K_{dm\cdot a}\beta_a[\mathrm{L}]^a+K_{dm\cdot b}\cdot\beta_b[\mathrm{L}]^b}{1+\sum_{i=1}^{n}\beta_i[\mathrm{L}]^i}$$

或

$$D=\frac{K_{ex\cdot a}[\mathrm{L}]^a+K_{ex\cdot b}[\mathrm{L}]^b}{1+\sum_{i=1}^{n}\beta_i[\mathrm{L}]^i}$$

(3) 溶剂萃取体系中,萃合物有聚合的情况:如果溶质 M 与萃取剂 L 生成络合物 ML,而 ML 在有机相发生二聚,则分配比应表示为:

$$D=\frac{[\mathrm{ML}]_0+2[(\mathrm{ML}_2)]_0}{[\mathrm{M}]+[\mathrm{ML}]}$$

设络合物的生成常数为 β,络合物在两相间的分配常数为 K_{dm},在有机相的二聚常数为 K_{di},则:

$$\beta=\frac{[\mathrm{ML}]}{[\mathrm{M}][\mathrm{L}]}$$

$$K_{dm}=\frac{[\mathrm{ML}]_0}{[\mathrm{ML}]}$$

$$K_{di}=\frac{[(\mathrm{ML})_2]_0}{[\mathrm{ML}]_0^2}$$

整理后得:

$$D=K_{dm}\beta\cdot[\mathrm{L}]\{1+2K_{dm}K_{di}\cdot\beta[\mathrm{M}][\mathrm{L}]\}$$
$$1+\beta[\mathrm{L}]$$

(4) 有机相中被萃组分有解离的情况:如果在水相中的两种化学组分。A 和 B,以缔合的形式被萃入有机相,而在有机相中部分或全部的发生解离:

$$\mathrm{A}+\mathrm{B}\rightleftharpoons\mathrm{AB}_{(0)}$$

$$K_{ex}=\frac{[\mathrm{AB}]_0}{[\mathrm{A}][\mathrm{B}]}$$

$$\mathrm{AB}_{(0)}\rightleftharpoons A_{(0)}+B_{(0)}$$

$$K_{diss\cdot 0}=\frac{[\mathrm{A}]_0[\mathrm{B}]_0}{[\mathrm{AB}]_0}$$

于是 A,B 的分配比应分别表示如下:

$$D_{\mathrm{A}}=\frac{[\mathrm{AB}]_0+[\mathrm{A}_0]}{[\mathrm{A}]}$$
$$=K_{ex}[\mathrm{B}](1+K_{diss\cdot 0}[\mathrm{B}]_0^{-1})$$

$$D_{\mathrm{B}}=\frac{[\mathrm{AB}]_0+[B_0]}{[\mathrm{B}]}$$
$$=K_{ex}[\mathrm{A}](1+K_{diss\cdot 0}[\mathrm{A}]_0^{-1})$$

由此可见，分配比 D_A，D_B 分别依赖于 A，B 在两相中的浓度，也就是分别依赖于 A，B 的总浓度。

以上讨论了四种溶剂萃取体系中当多种平衡存在时的情况，分配比 D 往往是一个与多个未知的平衡常数如 K_{ex}，K_d，β_n 等相联系的函数，有时其中也常有一两个可由实验确定的自变量，如果改变这一自变量，测定不同条件下的分配比，得到相应的曲线。当未知常数小于 3 时，可用图解法通过某种近似求取这些平衡常数。当未知数多于 3 时，应用一定的程序通过计算机进行拟合，也可得满意结果。

5. 萃取剂的分类

一个萃取剂必须具备以下两个特点：①它至少有一个萃取功能团，通过这一功能团与金属离子相结合形成萃合物。②为了使萃取剂本身或萃合物易溶于有机相而难溶于水相，它必须具有相当长的碳氢链或苯环。当然，一个有实用价值的理想萃取剂还必须是有较高的选择性（分离系数大），较大的容量，比重小，黏度低，化学稳定性好，无毒，易反萃，价廉等条件。较好地满足以上条件的萃取才在生产上有实用价值。目前被研究过的萃取剂已经有好几百种，但具有工业实用价值的萃取剂只不过十多种，即使这十多种萃取剂也还各有优缺点。这说明寻找一个能较好地满足以上要求的高效萃取剂仍是萃取化学研究的重要任务之一。

萃取剂的分类。根据萃取剂的组成和结构特征，可将萃取剂分为以下四大类（表 22.96—表 22.103）：

(1) 含磷萃取剂

一般是指正磷酸中的三个羟基部分或完全被烷基酯化或为烷基取代的化合物，它又可分为两类：

中性磷（膦）型萃取剂：指正磷酸中三个羟基完全为烷基酯化或为烷基取代所得的化合物。化合物本身呈中性，这类萃取剂中有 $(C_4H_9O)_3P{=}O$，磷酸三丁酯 TBP；$CH_3(C_6H_{13}{-}CH(CH_3){-}O)_2P{=}O$，甲基膦酸二甲庚酯 P350；$(C_8H_{17})_3P{=}O$，三正辛基氧化膦 TOPO 等重要的工业萃取剂。

酸性磷型萃取剂：当正磷酸分子中仍保留一个或两个羟基未被酯化或取代时，则分子具有酸性。这类萃取剂称为酸性磷型萃取剂，其中有二(2-乙基己基)磷酸酯，英文缩写 D_2EHPA，P204 和 2-乙基己基膦酸单(2-乙基己基)酯，P507 等重要的工业萃取剂。特别是 P507 具有相邻稀土的分离系数大，反萃取酸度较低等优点，近年来已对它进行了大量的研究工作。

(2) 碳氧萃取剂

指萃取官能团是由 $>C{=}O$ 组成的萃取剂，它也可分为中性和酸性的两种。

中性碳氧萃取剂:这类萃取剂主要有酮、酯、醚、醇、醛等。常见的甲基异丁酮(MIBK)就是属于这一类。但是由于它们的水溶性大,对稀土的分离系数小等缺点,实际上很少作为萃取剂使用,但有时可作为添加剂。

羧酸类萃取剂:通常均匀混合脂肪酸,它们是石油工业的副产品,在稀土分离中有较好效果的是叔碳酸和环烷酸。

(3) 含氮萃取剂

含氮萃取剂又可粗略的分为以下两类。胺类萃取剂:胺类萃取剂可看作是氨的烷基取代物。氨分子中三个氢逐步地被烷基取代生成三种不同的胺及四级铵盐,它们的通式可写作伯胺 RNH_2,仲胺 $RR'NH$。叔胺 $RR'R''N$ 及四级季铵盐 $RR'R''R'''N^+X^-$ 。其中在稀土分离中用得较多的是氯化甲基三烷基铵盐,烷基上的碳一般保持 8—12 个(国内商业名称为 N263,国外商业名称为 Aliquot 336)。

其他含氮萃取剂:其他含氮萃取剂有酰胺类、羟肟类,以及 8-羟基喹啉及其衍生物。这类萃取剂在有色金属冶炼中很重要。例如羟肟类萃取剂 L_1X-63,L_1X-64 都是工业规模的重要萃取剂。又如 Kelex-100 是 7-烷基-8-羟基喹啉,它在有铁时萃取铜很有效,也已用于工业生产。

(4) 含硫萃取剂:这类萃取剂的代表为亚砜类萃取剂,亚砜类化合物中具有较高电荷密度的亚砜基(亚磺酰基 $\rangle S{=}O$)氧原子,对金属离子有较强的配位性能。对它的研究近十多年来有了迅速的发展,研究工作表明石油亚砜及其他亚砜萃取剂是提取稀有、稀散和有色金属的很有前途的萃取剂。

表 22.96　中性磷(膦)型萃取剂

中文名	英文名	结构式	萃取应用例
磷酸三丁酯	*Tri*-butyl phosphate (TBP)	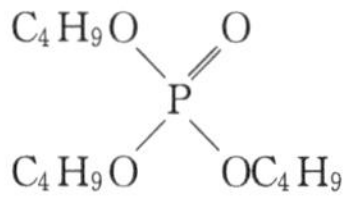	铀、钍与稀土的分离核燃料工业
甲基膦酸二异戊酯	*Di*-*iso*-amylmethyl phosphonate(DAMP)	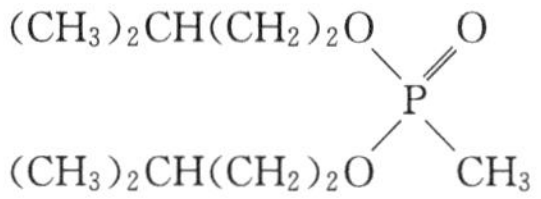	
丁基膦酸二丁酯	*Di*-butyl butyl phosphonate(DBBP)	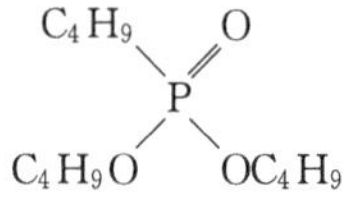	
甲基膦酸二甲庚酯(P350)	*Di*-(1-methyl-heptyl) methyl phosphonate	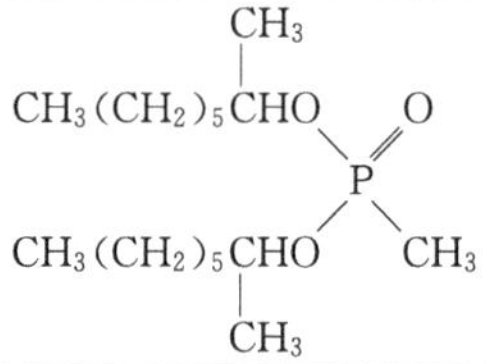	混合稀土中分离镧

续表

中文名	英文名	结构式	萃取应用例
甲基膦酸二(2-乙己基)酯(P307)	*Di*-(2-ethyl hexyl) methyl phosphonate	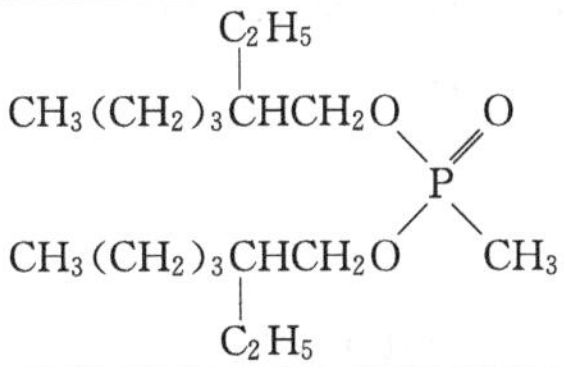	
三正丁基氧化膦	*Tri*-*n*-butyl phosphine oxide(TBPO)	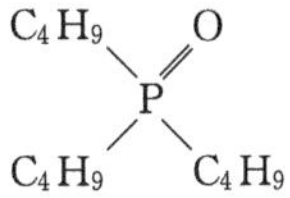	萃取稀土
三正辛基氧化膦	*Tri*-*n*-octyl phosphine oxide(TOPO)	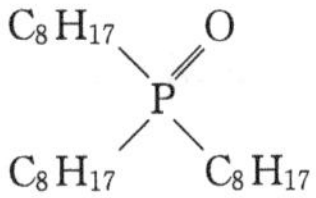	稀土与其他金属的分离
三苯基氧化膦	*Tri*-phenyl phosphine oxide(TPPO)	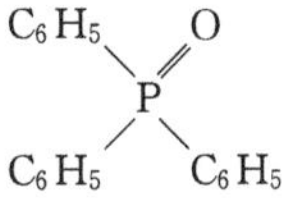	协萃剂

表 22.97 酸性磷型萃取剂

二(2-乙基己基)磷酸(P204)	*Di*-(2-ethyl hexyl) orthophosphoric acid(D_2EHPA)	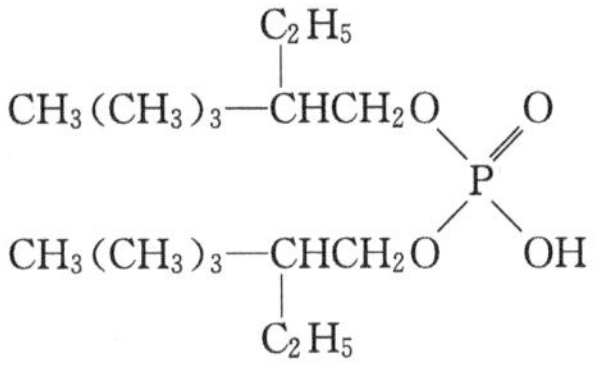	轻重稀土分组
二(1-甲基庚基)磷酸(P215)	*Di*-(1-methylheptyl) orthophosphoric acid	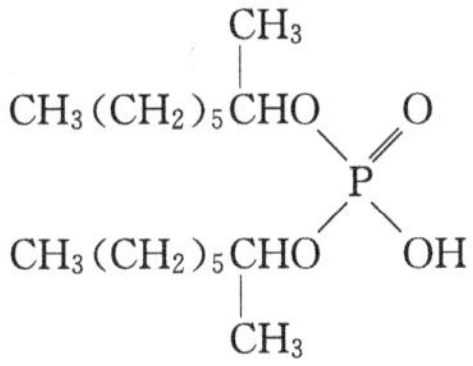	稀土萃取
二正丁基磷酸	*Di*-*n*-butyl orthophosphoric acid(DBP)	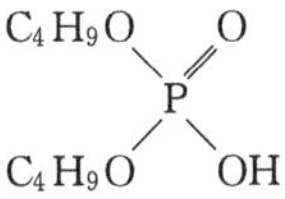	稀土、钍的萃取
二正辛基磷酸	*Di*-*n*-octyl orthophosphoric acid(DOP)	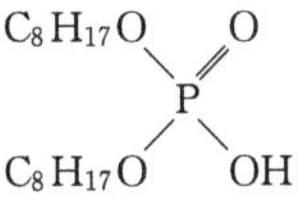	稀土、UO_2^{2+} 的萃取

续表

十二烷基磷酸	Dedecyl orthophosphoric acid(DDPA)	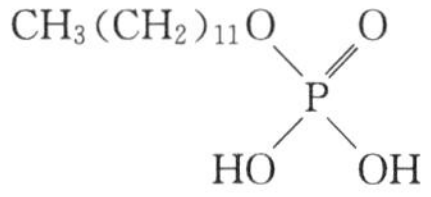	钇与稀土分离
2-乙基己基膦酸单2-乙基己酯(P507)	Mono(2-ethyl hexyl)2-ethy lhexyl phosphonate	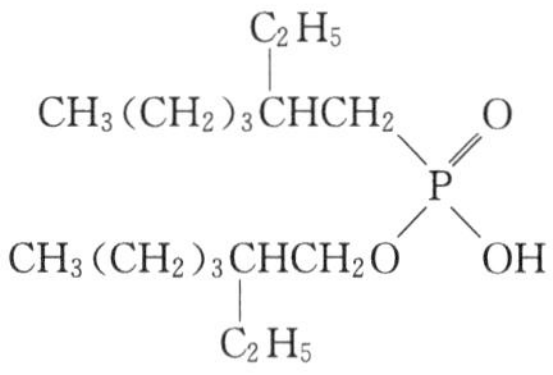	轻重稀土分组、铥、镱、镥分离
2-乙基己基苯基膦酸	2-ethyl hexyl phenyl phosphonic acid	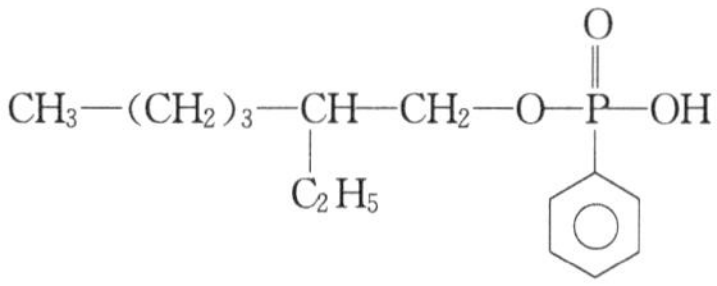	
二辛基焦磷酸	Dioctylpyrophosphoric acid (OPPA)	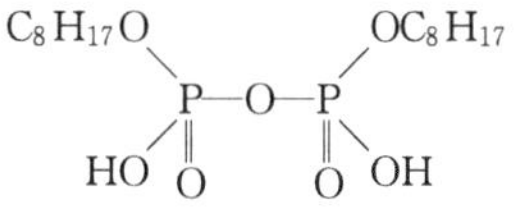	从矿石中提取铀
二异丁基甲基苯基膦酸(P290)	Diisobutyl-methyl phenyl phosphonic acid	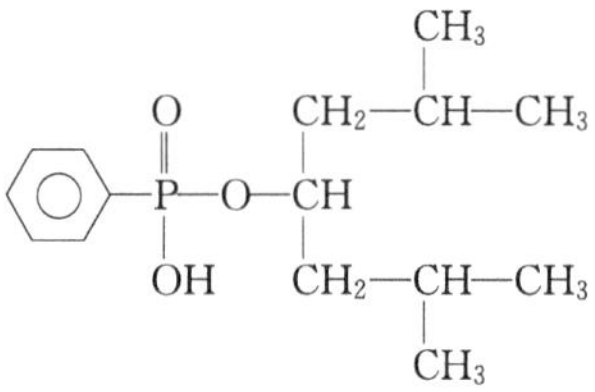	

表 22.98　酸性碳氧萃取剂

中文名	英文名	结构式	萃取应用例
马尿酸	Hippuric acid		富集钇
脂肪酸	Fatty acids	$C_nH_{2n+1}COOH$	萃取稀土
环烷酸	Naphthenid acid	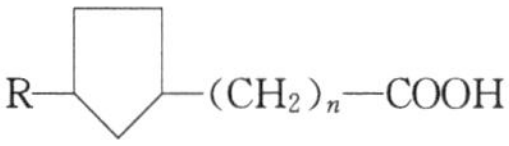	钇与稀土的分离
异构酸	Versatic acid	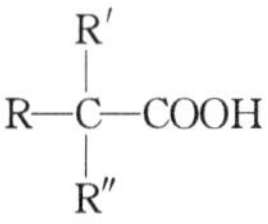	重稀土中分离钇

续表

中文名	英文名	结构式	萃取应用例
乳酸	Lactic acid	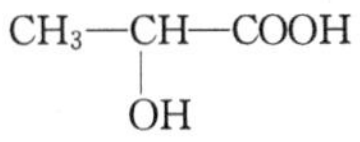	
苯甲酸	Benzoilc acid	C_6H_5COOH	
水杨酸	Salicylic acid	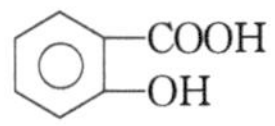	富集钇
2-噻吩甲酰三氟丙酮	Thenoyltrifluoroacetone (HTTA)	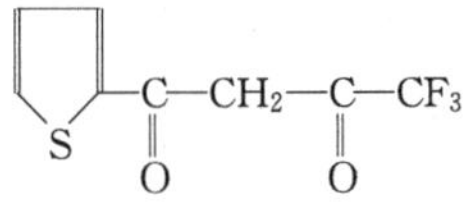	铈(IV),钍(IV)与稀土(III)的分离
1-苯基-3-甲基-4-苯甲酰基吡唑酮-5	1-phenyl-3-methyl-4-benzoyl pyroza-lone-5 PMBP	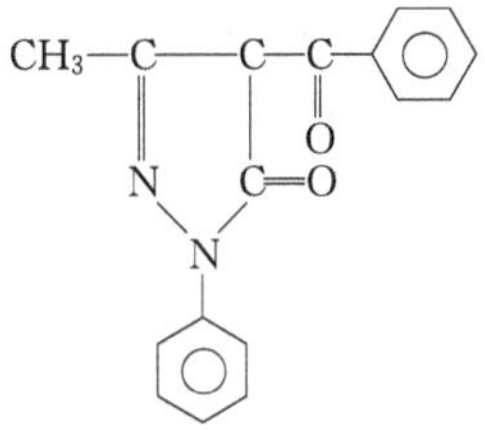	稀土(III)与非稀土的分离

表 22.99 胺类萃取剂

中文名	英文名	结构式	萃取应用例
三烷基甲胺	*Tri*-alkyl methyl amine (Priamine JMT)	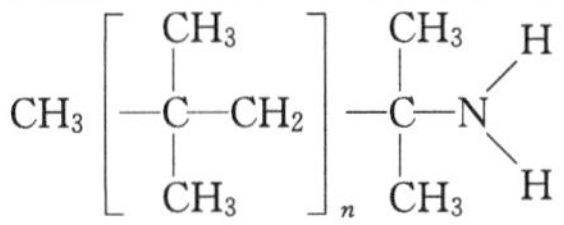 $n=3—5$	萃取钍
二(1-异丁基-3,5-二甲基己基)胺	*Di*-(1-isobutyl -3,5- dimethyl hexyl) amine (Amine S-24)	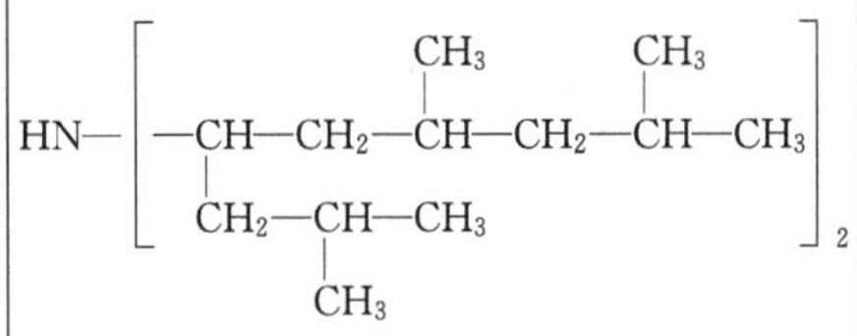	萃取钼
N-十二烯(三烷基甲基)胺	N-Dodecylene (*tri*-alkymethyl) amine (Amberite LA-1)	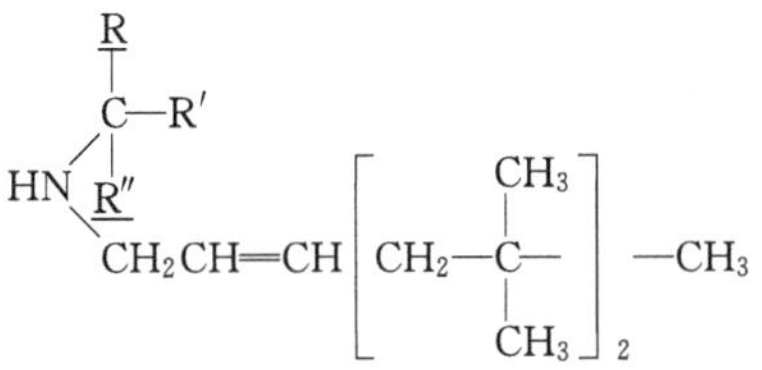 $\underline{R}+\underline{R'}+\underline{R''}=11\sim14$ 个碳	从浸取液中萃取铀

续表

中文名	英文名	结构式	萃取应用例
三正辛胺	*Tri-n-*octyl amine(TNOA)	$N[—CH_2(CH_2)_6CH_3]_3$	萃取铀
三异辛胺	*Tri-iso-*octylamine(TIOA)	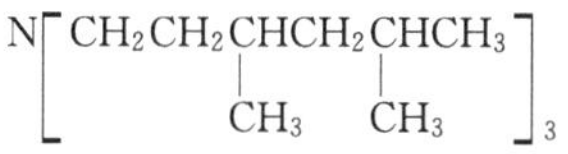	萃取铀
三烷基胺 N_{235}	*Tri-*caprylylamine (Alamine 336)	$N[C_nH_{2n+1}]_3$ $n=8\sim10$	铀,钚分离
三月桂胺	*Tri-*lauryl amine(TLA)	$N[CH_2(CH_2)_{10}CH_3]_3$	萃取钚
N-(十二烷基)苄胺	N-Dodecylbenzyl amine		
氯化三烷基甲铵	*Tri-*alkyl methyl ammonium chloride(Aliquot 336)	$CH_3N[—CH_2(CH_2)_nCH_3]_3^+Cl^-$ $n=6\sim10$ N_{263}	稀土与钇的分离
正十二烷基异十二烷基仲胺	Iso-dodecyl-n-dodecyl amine(LA-1,LA-2)	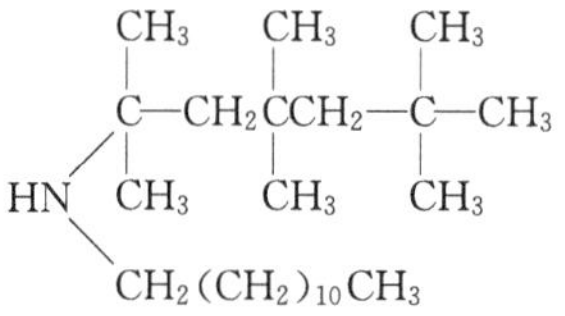	萃取铀
1-(3-乙基戊基)4-乙基辛胺	1-(3-ethyl pentyl) 4-ethyl-octyl amine (Amine 21 F81)	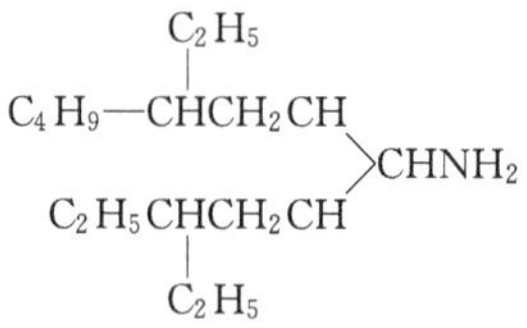	

表 22.100 酰胺类含氮萃取剂

中文名	英文名	结构式	萃取应用例
N,*N'*-二混合烷基酰胺(A101)		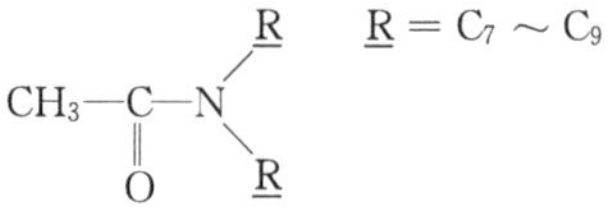	铌、钽萃取分离
N,*N'*-二甲庚基乙酰胺(N503)	*N*,*N'*-Di(1-methyl heptyl)acetamide	$CH_3—C(=O)—N(C_8H_{17})_2$	萃取铌、钽;萃取锂
N,*N*,*N'*,*N'*-四丁基代尿素(N505)	*N*,*N*,*N'*,*N'*-Tetra butyl urea	$(C_4H_9)_2N—C(=O)—N(C_4H_9)_2$	

续表

中文名	英文名	结构式	萃取应用例
n-苯酰-*N*-苯胲	*N*-Benzoyl-N-phenyl-hydroxyl amine(BPHA)	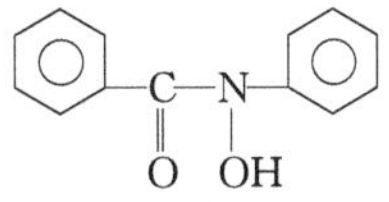	钍(IV)的萃取

表 22.101　羟肟类萃取剂

中文名	英文名	结构式	萃取应用例
2-羟基-5-仲辛基-3-氯二苯甲酮肟	2-hydroxy-5-sec-octyl-3-chloro diphcnyl-ketoxime (LIX-70)	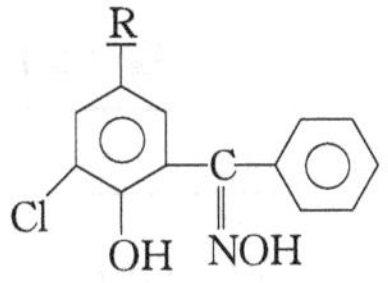	高浓度溶液萃取铜
5,8-2-乙基-7-羟基十二烷肟(N_{509})	5,8-diethyl-7-hydroxyl do-decauoxime(LIX-63)	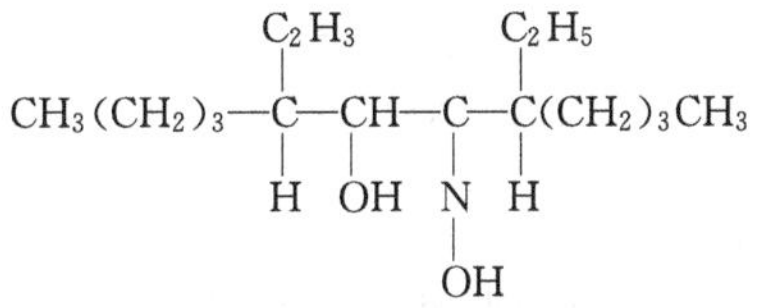	萃取铜、钴、镍
2-羟基-5-烷基二苯甲酮肟(N510)	2-hydroxy-5-alkyl diphcnyl Ketoxime(LIX-64)	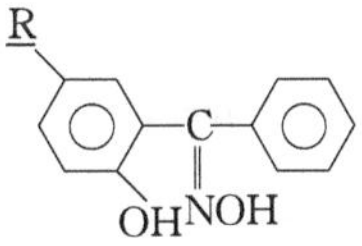	萃取铜

表 22.102　其他含氮萃取剂

中文名	英文名	结构式	萃取应用例
7-烷基-8-羟基喹啉	7-alkyl-8-hydroxyquinoline (Kelex-100)	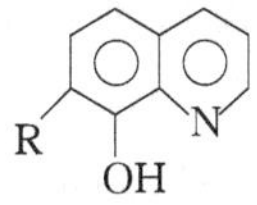	有铁(III)时萃取铜
8-羟基喹啉	8-hydroxyquinoline(HOX)	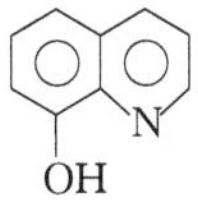	钍(IV)的萃取
5,7-二氯-8-羟基喹啉	5, 7-Dichloro-8-hydroxyquin-oline	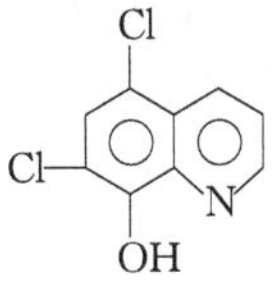	钍(IV)的萃取

续表

中文名	英文名	结构式	萃取应用例
8-硫基喹啉	8-mercapto-quinoline	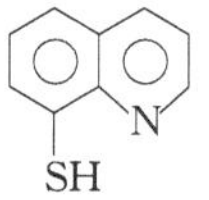	
二苯基硫卡巴腙(打萨腙)	dithizone	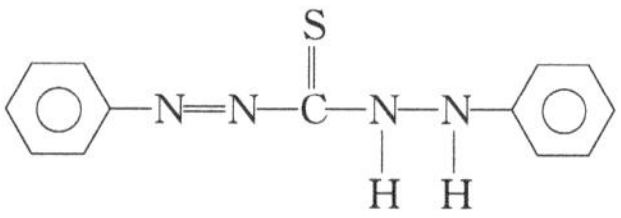	贵金属萃取

表 22.103　含硫萃取剂

中文名	英文名	结构式	萃取应用例
二丁基亚砜	Di-butyl sulfoxide(DBSO)	$C_4H_9-\overset{O}{\overset{\Vert}{S}}-C_4H_9$	萃取稀土
二辛基亚砜	Di-octyl-sulfoxide(DOSO)	$C_8H_{17}-\overset{O}{\overset{\Vert}{S}}-C_8H_{17}$	萃取稀土
石油亚砜	Petroleum sulfoxide(PSO)	$R-\overset{O}{\overset{\Vert}{S}}-R$	萃取稀土、稀有稀散、放射性元素
双(正辛基亚磺酰)甲烷	Bi-octyl-sulfinyl-methane (BOSM)	$C_8H_{17}-\overset{O}{\overset{\Vert}{S}}-CH_2-\overset{O}{\overset{\Vert}{S}}-C_8H_{17}$	萃取稀土
双(正辛基亚磺酰)乙烷	Bi-octyl-sulfinyl-ethane (BOSE)	$C_8H_{17}-\overset{O}{\overset{\Vert}{S}}-CH_2-CH_2-\overset{O}{\overset{\Vert}{S}}-C_8H_{17}$	萃取稀土

以上是按萃取剂的组成结构进行分类的。当应用萃取剂对含有金属溶液进行萃取时,除物理分配外,萃取剂和金属离子的化学结合起着主要的作用。根据萃取过程中金属离子对萃取剂的结合及形成的萃合物的性质和种类的不同,又可将稀土元素的溶剂萃取体系分为四种主要的体系,即中性络合萃取体系,酸性螯合萃取体系,离子缔合萃取体系,协同萃取体系。以下各节将对它们一一详加讨论。

4.3.2　中性络合萃取体系

中性络合萃取体系的特点是,萃取剂是中性分子,它与水相中的中性无机盐或离子对相结合,形成可萃的中性分子。中性萃取剂有下列几种类型,它们对金属的萃取能力顺序如下:

$$R_3NO \sim R_3PO > R_2SO > R_2CO$$

配位基 X=O(X 可为 N,P,S,C)的配位能力,当 R 基团相同时,随着 X 原子的原子半径增加和电负性的降低而增加。

作为中性络合萃取剂，在稀土分离方面研究得较早、应用得较多的是磷类萃取剂，近十多年来亚砜类(R_2SO)萃取的研究也得到了一定的重视，下面我们将对一些中性萃取剂的萃取性能加以介绍。

1. 中性磷(膦)类萃取剂

(1) 结构和萃取性能的关系：中性磷类萃取剂是由正磷酸的氢氧基被烷基或烷氧基取代而成，它的通式可写成：

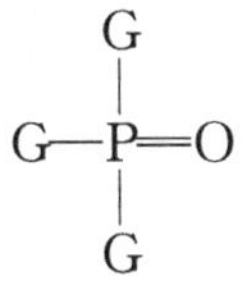

其中基团 G 可以是烷基 R—，烷氧基 R—O—或者是芳香基，$>$P$=$O 是萃取功能团，它和金属盐类形成的萃合物是通过氧原子上的孤对电子和金属原子生成配价键而结合。

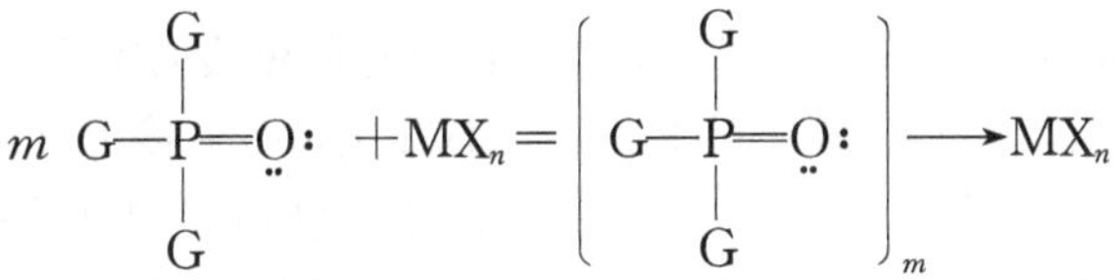

配价键 O→M 越强，则 $G_3P=O$ 的萃取能力就越强。如果 G 集团是烷氧基，由于它有电负性大的氧原子，$>$P$=$O 基团上氧原子上的孤对电子就有被烷氧基 R—O—拉过去的倾向，使得它和金属原子生成的配键 O→M 变弱了。反之，如果 G 是烷基 R，拉电子的能力它比烷氧基 R—O—弱，于是 $>$P$=$O 键的氧原子的配位能力就强，其萃取能力也就增强，所以中性磷类萃取剂的萃取能力是按下列次序依次增加的。

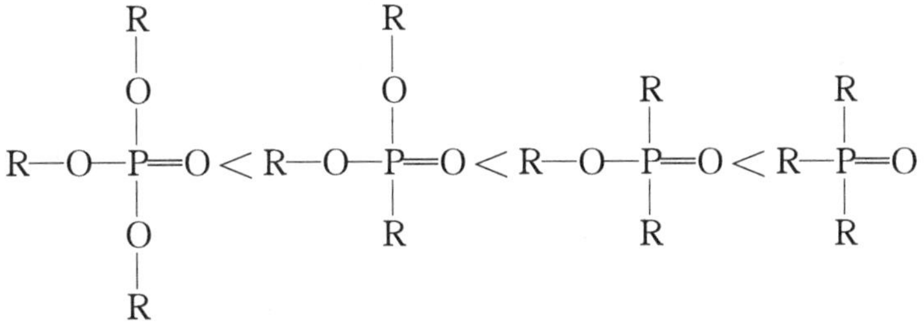

表 22.104 中列出了当 R 为正丁基时，各种中性磷类萃取剂对铈、钷、钇的萃取情况，由表中数据可看到，对于同一个元素的萃取能力 TBPO＞BDBP＞DBBP＞TBP，烷氧基数目越多，萃取能力越弱。

表 22.104 中性磷类萃取剂的结构与萃取稀土的能力

实验条件：Ce^{114}，Pm^{147}，Y^{90}示踪量/3$NHNO_3$/1.8mol/L 萃取剂—苯

化合物结构	简称	$\nu_{P=O}$	$\Delta\nu_{OD}$	ΣX	D_{Ce}	D_{Pm}	D_Y	水溶性 gL^{-1}
$(C_4H_9O)_3PO$	TBP	1279	111	8.48	0.026	0.050	0.044	0.41
$C_4H_9PO(OC_4H_9)_2$	DBBP	1224	121	7.41	0.291	0.613	0.419	0.5
$(C_4H_9)_2P(O)OC_4H_9$	BDBP	1190	151	6.60	1.96	2.95	3.61	4.5
$(C_4H_9)_3PO$	TBPO	1157	161	5.82	4.25	6.00	12.3	4.0
$C_6H_5PO(OC_4H_9)_2$	DBPP	1255	116	8.14	0.117	—	0.268	—

表中 $\nu_{P=O}$为中性磷类萃取剂中 P＝O 键的红外特征频率，它是萃取剂极性的参数，随着极性的增大，$\nu_{P=O}$值降低，萃取能力增强；$\Delta\nu_{O-D}$为中性磷类萃取剂与氘化甲醇缔合后 O—D 键特征频率的改变值。$\Delta\nu_{O-D}$改变值越大，则表示该中性磷类萃取剂的萃取能力超强。

表中还列出了当 G 为苯基所取代时的情况。苯基膦酸二丁酯(DBPP)与丁基膦酸二丁酯(DBBP)相比较，二者都具有二个 C_4H_9—O—基团，当烷基被芳基所取代时，苯环与磷酸氧原子共轭，降低氧原子上的电荷密度，所以 DBPP 的结构参数 $\Delta\nu_{O-D}$与萃取稀土的分配比 D 均比相应的 DBBP 小，而更接近 TBP 的情况。

当酯烷基碳原子数目相同时，酯烷基异构化程度对萃取性能的影响：我国袁承业[5]等系统地研究了中性磷类萃取萃取剂中酯烷基异构化，所产生的空间位阻效应，结果见表 22.105，图 22.53。

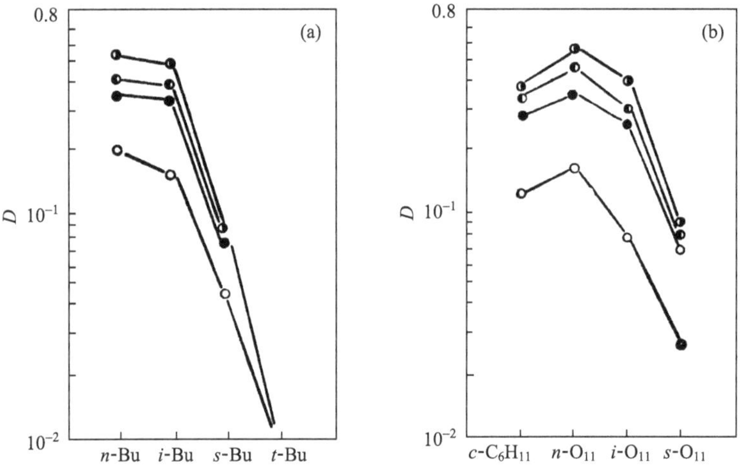

图 22.53 $(CH_3)_2CHP(O)(OR)_2$ 萃取镧(○)、镨(●)、钕(◐)、钐(◑)的分配比，3NHNO$_3$

(a)R＝n-C_4H_9，iso-C_4H_9，sec-C_4H_9，tert-C_4H_9；(b)R＝Cycl-C_6H_{11}，n-C_8H_{17}，iso-C_8H_{17}，sec-C_8H_{17}

表 22.105 异丙基膦酸二烷基酯萃取分离镧系元素的性能

原始水相：[Ln(NO_3)$_3$]：0.5mol/L，[HNO_3]：1mol/L，3mol/L

有机相：2.0mol/L 萃取剂一正十二烷；相比 1∶1；25℃

萃取剂	异丙基膦酸二环己酯		异丙基膦酸二正辛酯		异丙基膦酸二(2-乙基己基)酯		异丙基膦酸二(1-甲基庚基)酯		DSOMP	
原始硝酸浓度(mol/L)	1	3	1	3	1	3	1	3	1	3
D_{La}	0.263	0.123	0.331	0.157	0.220	0.0761	0.0963	0.0262	0.469	0.233
D_{Pr}	0.461	0.275	0.528	0.344	0.417	0.233	0.164	0.0669	0.382	0.529
D_{Nd}	0.509	0.331	0.585	0.434	0.497	0.292	0.190	0.0748	0.973	0.646
D_{Sm}	0.542	0.357	0.729	0.537	0.609	0.375	0.206	0.0838	0.967	0.770
D_{Y}	0.253	0.087	0.369	0.231	0.308	0.162	0.0823	0.0268	0.634	0.426
平衡硝酸浓度(mol/L)	0.547	2.03	0.634	2.08	0.587	2.07	0.467	1.88	0.603	2.05
$\beta_{Pr/La}$	1.75	2.24	1.60	2.19	1.90	3.06	1.70	2.55	1.58	2.27
$\beta_{Nd/Pr}$	1.10	1.20	1.11	1.26	1.19	1.25	1.16	1.12	1.12	1.22
$\beta_{Sm/Nd}$	1.06	1.08	1.25	1.24	1.23	1.28	1.08	1.12	1.12	1.19

萃取剂	异丙基膦酸二正丁酯		异丙基膦酸二异丁酯		异丙基膦酸二仲丁酯		异丙基膦酸二叔丁酯		TBP	
原始硝酸浓度，mol/L	1	3	1	3	1	3	1	3	1	3
D_{La}	0.291	0.183	0.273	0.149	0.0965	0.0429	<0.01	<0.01	0.116	0.0425
D_{Pr}	0.413	0.344	0.379	0.326	0.128	0.0748	<0.01	<0.01	0.127	0.0823
D_{Nd}	0.473	0.401	0.451	0.371	0.136	0.0801	<0.01	<0.01	0.151	0.0824
D_{Sm}	0.546	0.496	0.554	0.461	0.138	0.0792	<0.01	<0.01	0.191	0.142
D_{Y}									0.114	0.0722
平衡硝酸浓度，mol/L	0.760	2.10	0.717	2.01	0.639	1.83	0.602	1.94	0.591	2.14
$\beta_{Pr/La}$	1.42	1.88	1.39	2.19	1.33	1.74			1.09	1.94
$\beta_{Nd/Pr}$	1.15	1.17	1.19	1.14	1.06	1.07			1.19	1.001
$\beta_{Sm/Nd}$	1.15	1.24	1.23	1.23	1.01	~1			1.27	1.72

结果表明，当烷氧基碳原子数相同时，随着烷氧基的异构化程度增强，空间位阻的增加，萃取镧系元素的分配比按以下顺序依次减小，当烷氧基中含 8 个碳时：

$CH_3—CH_2—CH_2—CH_2—CH_2—CH_2—CH_2—CH_2— >$

正辛基

$CH_3—CH_2—CH_2—CH_2—CH—CH_2— >$

　　　　　　　　　　|

　　　　　　　　$CH_3—CH_2$ 2-乙基己基

$CH_3—CH_2—CH_2—CH_2—CH_2—CH_2—CH—$

　　　　　　　　　　　　　　　　|

1-甲基庚基　　　　　　　　　　CH_3

当烷氧基中含四个碳时：

$CH_3—CH_2—CH_2—CH_2— > CH_3—CH(CH_3)—CH_2— > CH_3—CH_2—CH(CH_3)— > CH_3—C(CH_3)_2—$

正丁基　　　　异丁基　　　　仲丁基　　　　叔丁基

例如，当 HNO_3 浓度为 3mol/L 时，异丙基膦酸二叔丁酯对镧的萃取分配比<0.01，异丙基膦酸二仲丁酯对镧的萃取分配比为 0.0429，异丙基膦酸二异丁酯和二正丁酯相应的分配比则为 0.149 和 0.183。

萃取剂的异构化程度增强，由于空间位阻效应，使相应的萃取分配比降低，但往往可以提高萃取剂对相邻元素间的分离性能。这是一条普遍的规律。这一规律在这里也同样得到了反映。例如具有一定支链化程度的烷基取代的异丙基膦酸二(2-乙基己基)酯，异丙基膦酸二(1-甲基庚基)酯对 Pr/La 的分离系数分别为 3.06 和 2.55，而相应的异丙基膦酸二正辛酯对 Pr/La 的分离系数则只有 2.19。

非常有趣的是异丙基膦酸二(1-甲基庚基)酯与甲基膦酸二(1-甲基庚基)酯，简称 DSOMP，代号 P350 相比，前者的萃取能力不如后者，两者在结构上的差别就在于与磷原子直接相联的烷基，这可以用甲基的超共轭效应(Baker-Nathan 效应)来解释。当然这也与异丙基具有较大的空间位阻有关。

当烷氧基为直链时，碳原子数目对萃取性能的影响：当其他结构相同时，直链烷氧基上的碳原子增加时，萃取剂对稀土的萃取分配比略有增加，但作用不十分明显。例如同为 $C_6H_5PO(OR)_2$ 的结构，当 R 为正丁基、正戊基、正己基和正辛基时，它们相应的中性磷萃取剂对 Ce 的萃取分配比 D_{Ce} 分别为 0.117，0.108，0.163，0.141，对 Y 的萃取分配比 D_Y 分别为 0.268，0.273，0.322，0.387(表 22.106)。

表 22.106　直链烷基上碳原子数增加时中性磷类萃取剂的萃取性能变化

萃取条件 Ce^{114},Pm^{147},Y^{90}示踪量 / HNO_3,3mol/L(Ce,Y) / HNO_3,1mol/L(Pm) / 萃取剂 1.8mol/L 苯

烷基R的碳链	$C_6H_5PO(OR)_2$		$RPO(OC_4H_9)_2$		
	D_{Ce}	D_Y	D_{Ce}	D_{Pm}	D_Y
正丁基	0.117	0.268	0.291	0.040	0.419
正戊基	0.108	0.273	0.341	0.074	0.486
正己基	0.163	0.322	0.330	0.082	0.502
正辛基	0.141	0.387	0.379	0.058	0.542

(2) 中性磷(膦)类萃取剂的基本反应

中性磷(膦)类萃取剂的萃取反应,都是通过磷酰基上氧原子与金属原子或氢原子配位或生成氢键而形成萃合物的。

$$G_3P{=}O \rightarrow M^{n+}X_n, G_3P{=}O\cdots H{-}O{-}H, G_3P{=}O \rightarrow H^+X^-$$

现分别讨论如下:

与水分子的反应:中性磷(膦)类萃取剂,例如 TBP 可与水生成 1∶1 的络合物,它是通过氢键缔合而成:

$$(RO)_3P{=}O+H_2O{=}(RO)_3P{=}O\cdots H{-}O{-}H。$$

例如一升纯 TBP 在常温下大约可溶解 3.6mol 的水(纯 TBP 的 mol 浓度为 3.65mol/L),对不同浓度的 TBP-H_2O 体系中 H_2O 的质子化学位移测定结果表明,当 TBP 中水的浓度由 0.5mol/L 增至 3.0mol/L 时,水的质子化学位移 δ 由 2.95ppm 增至 3.49ppm,即随着水浓度的增加而增加。从红外光谱的研究可以看到,纯 TBP 的 P=O 基伸缩振动峰在 1279cm^{-1}处,但随着 TBP 中水浓度增加,P=O 基伸缩振动峰逐渐向低波数段移动,直到 TBP 中水饱和时,P=O 基伸缩振动峰在 1265cm^{-1}处,共移动了 14cm^{-1}。从紫外光谱也可看出,纯 TBP 在 λ=276nm 处有明显的吸收峰,但随着 TBP 中水浓度的增加,该吸收峰逐渐减弱以至消失。但^{31}PNMR 谱表明,随着 TBP 中水浓度的增加,^{31}P 的化学位移基本不变。这些都说明 H_2O 是通过氢键与 P=O 基上的氧络合的。

对酸的萃取:大多数中性磷(膦)类萃取剂都能萃取各种无机酸,例如我国稀土工业中常用的萃取剂 P350 就能定量的萃取酸。利用这个性质,人们常由 P350 萃取的酸的浓度来测定这的浓度。TBP 也能萃取各种无机酸,通常生成 1∶1 的络合物。当水杨酸度增高时,还能生成 1∶2,1∶3 的络合物,TBP 萃取酸有如下顺序:

$$草酸\sim乙酸>HClO_4>HNO_3>H_3PO_4>HCl>H_2SO_4$$

这一顺序与酸中阴离子水化能的增加顺序大致相似,即 SO_4^{2-} 的水化能最大,H_2O

与 SO_4^{2-} 结合最紧，因此较难萃入有机相。

不同中性磷类萃取剂萃取酸的次序稍有不同，且与酸的浓度有关。例如三辛基氧化膦萃取低浓度（<2mol/L）酸的次序为：

$$HNO_3 > HClO_4 > HCl > H_3PO_4 > H_2SO_4$$

萃取 6mol/L 酸的次序为：

$$HCl > HNO_3 > H_2SO_4 > H_3PO_4$$

因此中性磷（膦）氧萃取剂萃取酸的次序不但与阴离子的水化能有关，而且与酸的电离常数、$\geq P{=}O$ 键的碱性以及分子大小等因素有关，目前还不能得出简明的结论。

对稀土的萃取：中性磷（膦）类萃取剂萃取稀土时，随萃取底液，萃取剂浓度稀释剂种类以及萃取剂结构不同而异，致使不同作者在各自的实验条件下得出的萃合物组成不尽相同，设萃取反应按下式进行：

$$Ln^{3+} + 3A^- + nG_3P{=}O_{(0)} = LnA_3 \cdot n(G_3P{=}O)_{(0)}$$

则：

$$K_{ex} = \frac{[LnA_3 \cdot n(G_3P{=}O)]_0}{[Ln^{3+}][A^-]^3[G_3P{=}O]^n} = \frac{D}{[A^-]^3[G_3P{=}O]^n}$$

当 Ln^{3+} 为 Nd^{3+}，A^- 为 NCS^-，ClO_4^- 或 NO_3^-，$G_3P{=}O$ 为 P350，稀释剂为己烷时，用斜率法测得 $n=3$，并得各反应的平衡常数 K_{ex}，这三个反应的热力学函数见表 22.107。

表 22.107 P350 对钕盐的萃取反应热力学函数

体 系	K_{ex}	ΔG^0 kJ/mol	ΔH^0 kJ/mol	ΔS^0 J/mol·K
P350(己烷)Nd(NCS)$_3$	50.56	−9.72	−29.92	−66.94
P350(己烷)-Nd(ClO$_4$)$_3$	0.220	0.38	−74.31	−251.04
P350(己烷)-Nd(NO$_3$)$_3$	0.401	2.27	−22.59	−83.68

由此我们可以看到不同的阴离子对 P350 萃取稀土的影响很大：从平衡常数看 $K_{NCS^-} \gg K_{NO_3^-} > K_{ClO_4^-}$；从标准自由能变化看，三个反应中只有 P350 对 $Nd(NCS)_3$ 的萃取可以自发进行，而其他二个反应自由能的变化 ΔG^0 都是正值；从热焓变化的角度看，它们的 ΔH^0 都是负值，都是放热反应，其中以 P350 对 $Nd(ClO_4)_3$ 的萃取反应放热最多；从熵值变化的角度看，它们的符号都是负的，也就是说，在反应后，体系总的有序程度是增加的。

为什么 P350 对 $Nd(ClO_4)_3$ 萃取时放热最多呢？在这类萃取反应中，金属离子 M 与相应的阴离子 A 由水相同时迁入有机相，此时，必须破坏某些溶剂和溶剂之间的结合（用 S-S 表示），形成空腔来容纳 M 和 A，同时发生金属离子与阴离子和萃取剂 L 之间的结合（用 MAL 表示）。另一方面，金属离子迁出水相，原来的空腔必然有某些水分子相互以氢键和范德华力相结合（用 Aq-Aq 表示），同时要破坏金属离子及相应阴离子与水的结合（用 M-Aq 及 A-Aq 表示）。因此反应中所放出的能量是以下三部分能量之和：(a)空腔能：它是 E_{Aq-Aq}-E_{s-s} 的总结果。由于 E_{Aq-Aq}一般总大于 E_{s-s}，因此在萃取中它对放热反应的贡献是正的。M 和 A 越大，空腔能的贡献越大。(b)水合能：它是 $E_{M-Aq}+E_{A-Aq}$ 的总结果，它对放热反应的贡献是负的，金属 M 和阴离子 A 的水合作用越大，吸热越多。在电荷相同的情况下，金属 M 与阴离子 A 越大，水合作用越小。(c)萃合物的形成热：它对放热反应的贡献总是正的，因此反应的焓变等于第一、三两项之和减去第二项。

P350 对 $Nd(NCS)_3$、$Nd(ClO_4)_3$ 或 $Nd(NO_3)_3$ 三种钕盐的萃取反应中，Nd^{3+} 相同，但 ClO_4^- 离子最大，水合趋势最小。因此空腔能大，水合能小。此外从已知的 TPPO 与 $Nd(ClO_4)_3$ 所形成的络合物结构看，也有其独特的地方。在 $[Nd(ClO_4)_2\cdot 4TPPO]^+\cdot ClO_4^-$ 中，与 TPPO 直接结合，不像在硫氰酸盐体系或硝酸体系中是中性分子 $Nd(NCS)_3$ 或 $Nd(NO_3)_3$，而是 $Nd(ClO_4)_2^+$。它对于磷酰基上的孤对电子的作用更为强烈，相应的 Nd-Op 键长最短红外光谱中也可以观察到 TPPO 配位后 P═O 产生的红移最大，因此形成热最大。以上三项都使 P350 对 $Nd(ClO_4)_3$ 萃取时放热最多。

萃取反应的熵变：在以上的萃取反应中，反应的熵变由二部分组成，一部分是结构熵变另一部分是由质点的数目及运动所构成的平动熵变。前一项使熵值减小，第二项由于金属离子及相应阴离子的脱水而使熵值增加。数据表明三个反应的熵值都是负值，那也就是说结构熵在二项中占重要比重。已知高氯酸根水合作用较弱，由于它的脱水对熵值增加的贡献极小，因此异致这一萃取体系虽然有较大的反应热，但最终自由能的变化是正的，反应平衡常数也小。

萃取平衡随原子序数的递变规律：中性磷类萃取剂对稀土元素的分配系数随原子序数的变化出现了复杂的情况（见图 22.54）。除个别萃取剂的分配比随原子序数增加单调上升外，典型的形式是呈现抛物线状，例如，当 TBP 萃取稀土时，当水相硝酸浓度为 2mol/L 时，对于轻稀土元素，log$k$ 值随原子序数的增加而增加，在重稀土部分时，log$k$ 值又随原子序数的增加而逐渐减小，抛物线的顶点约在 $4f$ 电子半充满的位置。钇在 65—68 之间（见图 22.55）。当水相硝酸浓度增大时，各元素的 log$k$ 均有所增加，但增加的幅度是不同的，轻稀土元素相对慢些，重稀土元素相对快些，当水相浓度大于 6mol/L 时，抛物线消失，log$k$ 随原子序数的增加持续上升。

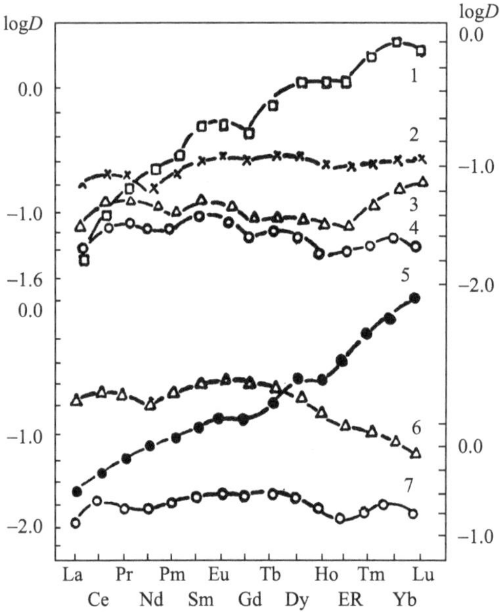

图 22.54　中性磷型萃取剂对镧系元素的分配系数

1. 三(1-甲庚基)氧化膦(4mol/L LiCl)；2. 磷酸三丁酯(4mol/L LiCl)；3. 甲基膦酸二异辛酯(4mol/L LiCl)；4. 石油亚砜(4mol/L LiCl)；5. 三(1-甲庚基)氧化膦；6. 甲基膦酸二异辛酯；7. 石油亚砜

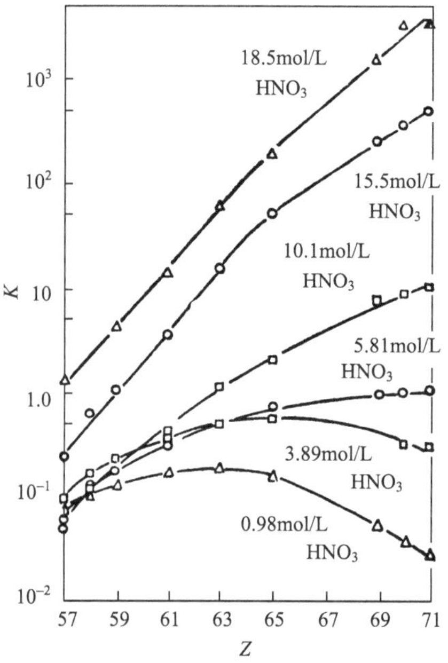

图 22.55　TBP 从硝酸溶液中萃取稀土元素的分配比随原子序数的变化(TBP 浓度 2.30mol/L)

同样的情况在 P350 为萃取剂时也有发生。表 22.108 中的数据表明，当其他条件不变时，增加盐析剂 $LiNO_3$ 的浓度，镨的分配比比镧的分配增加得快。例如，在 $LiNO_3$ 浓度为 1mol/L 时，D_{La} 为 0.151。D_{Pr} 为 0.201，分离系数 $\beta_{Pr/La}$ 等于 1.33，当 $LiNO_3$ 的浓度增加到 6mol/L 时，D_{La} 增加到 0.254，而 D_{Pr} 却猛增到 1.47。因此相应的分离系数为 5.78，是 1.33 的 4.3 倍，因此工业上常用它来提取高纯镧。

分配比(D)随原子序数(z)的变化呈抛物线状的递变规律，在中性萃取体系中几乎普遍存在。产生以上现象的原因，主要是由于在这类萃取体系中，氧原子是通过其上的孤对电子与稀土离子配位的。这种配位键相对较弱，以致它的大小大约与稀土离子的水合作用处于相同的数量级。在稀土系列中，随着原子序数增加，一方面在有机相中萃合物的稳定性是增加的，它有利于稀土离子的被萃取；但另一方面，在水相中，当原子序数增加时，稀土离子的水合作用加剧，它不利于萃取，实际上这两种相反的因素是同时存在的，在轻稀土部分，水合作用较小，第一个因素占

表 22.108　在 P350 萃取稀土体系中盐析剂 $LiNO_3$ 浓度对分离系数 $\beta_{Pr/La}$ 的影响

$La(NO_3)_3$，0.6mol/L / HNO_3 0.5mol/L / P350(70%)-磺化煤油
$Pr(NO_3)_3$，0.6mol/L / $LiNO_3$改变 / O∶A=2.5∶1

$LiNO_3$ 浓度 mol/L	分配比(D)		分配系数 ($\beta_{Pr/La}$)
	D_{Pr}	D_{La}	
1	0.201	0.151	1.33
2	0.426	0.155	2.72
3	0.594	0.186	3.19
4	0.697	0.183	3.81
5	1.28	0.240	5.34
6	1.47	0.254	5.78

主导地位，因此随着原子序数增加分配比呈上升趋势。而在重稀土部分，离子水合作用超过了第一个因素而居支配地位，因此随着原子序数增加分配比又呈下降趋势。其结果是 D-Z 曲线呈抛物线状。如果在水相中加入大量的盐析剂，水的有效浓度大大降低，稀土的水合也必然减小，这时抛物线状的 D-Z 曲线消失，D 随 Z 的增加呈单调上升趋势。

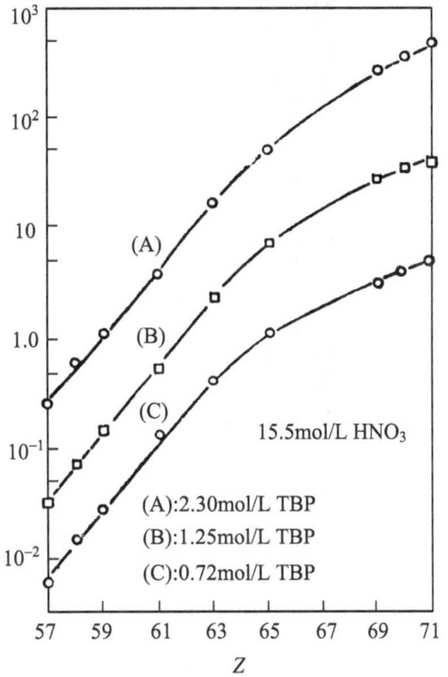

图 22.56　TBP 从 15.5mol/L 的 HNO_3 中萃取稀土元素的分配比随原子序数的变化(稀释剂 CCl_4)

(3) 中性磷(膦)类萃合物的结构

以三苯基氧膦为中性磷(膦)类萃取剂的模拟分子合成并进行过结构测定的萃合物已经有多种，表 22.109 中列出了三种钕盐及最常见的稀土与萃取剂比为 1∶3 的萃合物 $La(NO_3)_3$ · 3TPPO 的晶体学参数。

$Nd(NCS)_3$ · 4TPPO 分子中钕的配位数为 7，与钕配位的三个氮来自三个硫氰酸根；四个氧分别由四个三苯基氧膦的膦酰基所提供。三个 Nd-N 键长分别为 2.516(9)，2.517(9)和 2.465(11)Å。其平均值 2.500Å，恰好是 Nd^{3+} 和 N^{3-} 的有效半径之和。四个 Nd-Op 键分别为 2.388(6)，2.422(6)，2.380(7)和 2.351(6)Å，其平均值为 2.385Å 亦恰好是 Nd^{3+} 和 O^{2-} 的有效离子半径之和。钕的配位多面体具有近似的 Cs 对称性，钕和两个膦酰基上的氧和一个硫氰酸根上的氮组成镜面，其余两个硫氰酸根和两个三苯基氧膦则分别处于镜面的两侧，两两互为对映，晶体中没有溶剂化分子。

表 22.109　四种三苯基氧膦稀土萃合物的结构参数

晶体学参数	$Nd(NCS)_3 \cdot 4TPPO$	$[Nd(ClO_4)_2 \cdot 4TTPO]^+$ $ClO_4^- \cdot 2CH_3COCH_3$	$Nd(NO_3)_3 \cdot 2TPPO$ $\cdot C_2H_5OH$	$La(NO_3)_3 \cdot 3TPPO$ $\cdot CHCl_3 \cdot C_2H_5OH$
a(Å)	13.221(7)	13.469(5)	17.212(4)	13.111(5)
b(Å)	23.544(11)	19.540(8)	10.900(3)	25.075(10)
c(Å)	22.821(18)	28.437(9)	22.296(8)	18.725(6)
β(度)	102.19(5)	90.79(3)	105.75(2)	98.53(4)
晶系	单斜	单斜	单斜	单斜
空间群	$P2_1/C$	$P2_1/C$	$P2_1/n$	$P2_1/n$
V(Å^3)	6943	7483.2	4026	6088
Z	4	4	4	4
$d_{计}$(g/cm^3)	1.370	1.484	1.540	1.45
配位数	7	8	9	9
配位多面体的对称性	Cs	D_2d-4.2m	Cs	Cs
Ln—O 总平均键长(Å)	2.385(7)	2.403(13)	2.484	2.549(14)
Ln—Op 平均键长(Å)	2.385(7)	2.271(12)	2.366	2.405(13)
P=O 平均键长(Å)	1.495(8)	1.488(13)	1.475(13)	1.510(13)

$[Nd(ClO_4)_2 \cdot 4TPPO]ClO_4 \cdot 2CH_3COCH_3$ 中钕的配位数是八，与钕配位的八个氧，四个来自二个双齿的高氯酸根，Nd—O 键长分别为 2.561(12)，2.546(12)，2.511(12)和 2.521(13)Å。另外四个氧分别由四个三苯基氧膦所提供，Nd—Op 键分别为 2.256(11)，2.265(12)，2.241(11)和 2.321(11)Å，它们组成了 $[Nd(ClO_4)_2 \cdot 4TPPO]^+$ 大的络阳离子，它与外界的另一个 ClO_4^- 以静电相互作用形成分子。CH_3COCH_3 为溶剂化分子，不与钕直接键合。络阳离子中钕的配位多面体取三角十二面体的排列形式，其中有一个通过中心原子钕的四重反轴，多面体具有 D_2d-$\bar{4}.2m$ 对称性。

$Nd(NO_3)_3 \cdot 2TPPO \cdot C_2H_5OH$ 分子中钕的配位数为 9，与钕配位的九个氧，六个来自三个双齿配位的硝酸根，二个来自三苯基氧膦中的膦酰基，另一个氧则由乙醇分子所提供，二个 Nd—Op 键长分别为 2.398 和 2.334Å，而其他七个 Nd—O 键的平均键长为 2.518Å，钕的配位多面体具有近似的 Cs 对称性。镜面包含 C_2H_5OH 上的氧，中心原子钕和一个硝酸根平面，两个三苯基氧膦及另外的二个硝酸根则互为对映分布于镜面的两侧。

在 $La(NO_3)_3 \cdot 3TPPO \cdot CHCl_3 \cdot C_2H_5OH$ 分子中，$CHCl_3$ 和 C_2H_5OH 是溶剂化分子不与镧直接配位，因此镧的配位数为 9，它是中性磷(膦)类萃取剂从硝酸盐底液中萃取稀土时最常见的萃合物组成形式，与镧配位的 9 个氧中，六个来自三个双齿配位的硝酸根，另三个氧则由三个 TPPO 所提供，$La(NO_3)_3 \cdot 3TPPO$ 的分子结构透视图，La 的配位多面体以及晶胞排布图分别见图 22.57—图 22.59。由

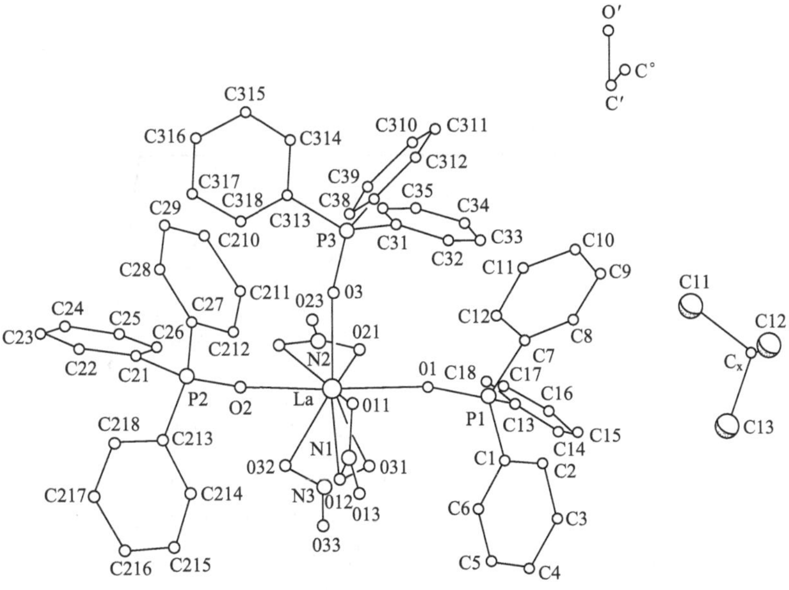

图 22.57　$La(NO_3)_3 \cdot 3TPPO$ 分子结构透视图

图可见镧的配位多面体具有近似的 Cs 对称性，镜面由镧和三个硝酸根上的氮组成，它包含其中一个硝酸根平面和一个三苯基氧膦上的氧 O(3)和磷 P(3)，并垂直平分另外两个硝酸根 NO_3(2)，NO_3(3)，此外镧与三个三苯基氧膦上的氧 O(1)，O(2)，O(3)也有很好的共面性，此平面也被镜面垂直平分。

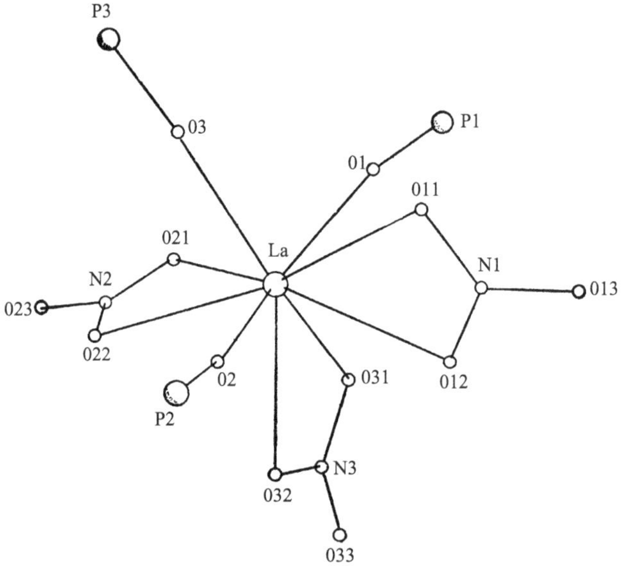

图 22.58　$La(NO_3)_3$ · 3TPPO 分子中镧的配位示意图

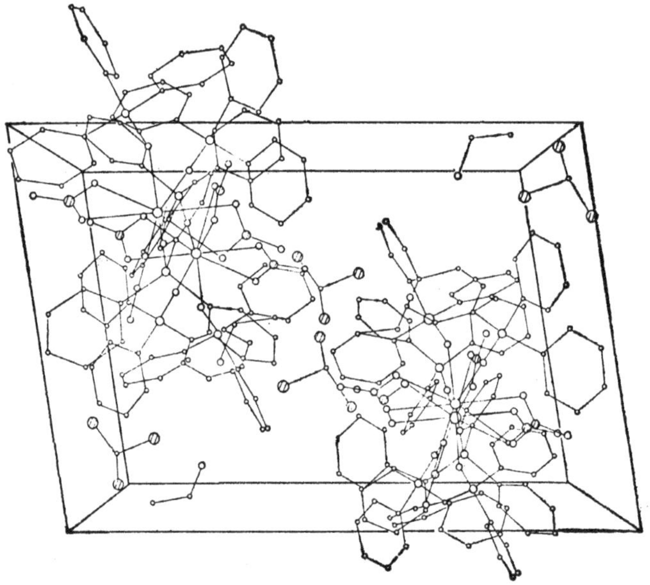

图 22.59　$La(NO_3)_3$ · 3TPPO · $CHCl_3$ · C_2H_5OH 晶胞排布图

2. 亚砜类萃取剂

(1) 结构对萃取性能的影响

亚砜类萃取剂上的亚砜基氧原子(亚砜酰基 $\rangle S{=}O$)具有相对较高的电荷密度,对金属离子有较强的配位能力。亚砜类化合物可用下述结构通式表示:

$$R-\overset{\overset{O}{\uparrow}}{S}-R(I),R-\overset{\overset{O}{\uparrow}}{S}-CH_2-\overset{\overset{O}{\uparrow}}{S}-R(II),R-\overset{\overset{O}{\uparrow}}{S}-CH_2-CH_2-\overset{\overset{O}{\uparrow}}{S}-R(III)$$

不同结构的亚砜类萃取剂,对稀土萃取有明显的规律性:

首先当烷基 R 相同时,单亚砚(I)的萃取能力最差,具有一个次甲基相隔的双亚砜(II)居中,具有两个次甲基相隔的双亚砜(III)最好。但后者所形成的萃合物在有机溶剂中的溶解度较差,较易析出沉淀。

当烷基中碳原子相同时,烷基支链化程度不仅对溶解度有影响,而且对萃取能力也有明显影响,不论是单亚砜还是双亚砜,随着烷基支链化程度的增加,萃取能力降低,但选择性和油溶性却有所改善。例如对于八碳的辛基而言,其萃取能力的顺序是正辛基>异辛基>仲辛基,但在轻稀土的分离中,以 $\beta_{Pr\ La}$为例,则是异辛基最佳,仲辛基次之、正辛基最差。这与中性膦酸酯所得规律是一致的。

当 R 为芳香基时,亚砜的萃取性能比相应的烷基要低。例如:当正二戊亚砜(DPSO)和二辛亚砜(DOSO)在 CCl_4 溶液中对铈(III)($^{141}Ce^{+3}$)的 NH_4CNS 溶液(0.1mol/L)进行萃取时,铈的分配比为 6.710,和 4.266,但在同样情况下以二苯亚砜(DPhSO)进行萃取时,铈的分配比只有 0.0016,这是由于苯基的共轭效应使配位氧原子上的电子云密度大大降低所致。

(2) 萃取反应

如果用 S 表示亚砜子时,则亚砜对稀土的萃取反应可用下式表示:

$$Ln^{3+}\cdot xH_2O+3L^-+yS_{(0)}\rightleftharpoons LnL_3\cdot yS\cdot nH_2O_{(0)}+mH_2O$$

式中 L 可以是 NO_3^-,CNS^-或 Cl^-等一价阴离子。对于萃合物中究竟含几个亚砜溶剂化分子,不同作者给出了不同的数据,Sambasiva 等用 DPSO、DOSO 和 DPhSO 在 NH_4CNS 体系中萃取 Ce(III)时得出 $y=4$。Михлин 等在研究石油亚砜对 Sc 的萃取时得 $y=2.6$,袁承业等在水相条件为:$LiNO_3$ 6mol/L HNO_3 浓度为 0.280mol/L $Ln(NO_3)_3$ 浓度和萃取剂浓度连续变化时,对单亚砜 $y=3$,对亚砜(III)$y=2$;而对双亚砜(II)则 y 在 2—3 之间,这可能是不同作者的实验条件不尽相同所致。Aslauov 等于 1972 年测定了 $Nd(NO_3)_3(DMSO)_4$ 的分子及晶体结构(见图 22.60)。由图可以看到三个硝酸根在 Nd 原子的一侧,而四个二甲亚砜在 Nd 的另一侧,组成一个极性分子,配位多面体接近于一个 C_{2v}的几何构型。Nd 的配位数是 10。

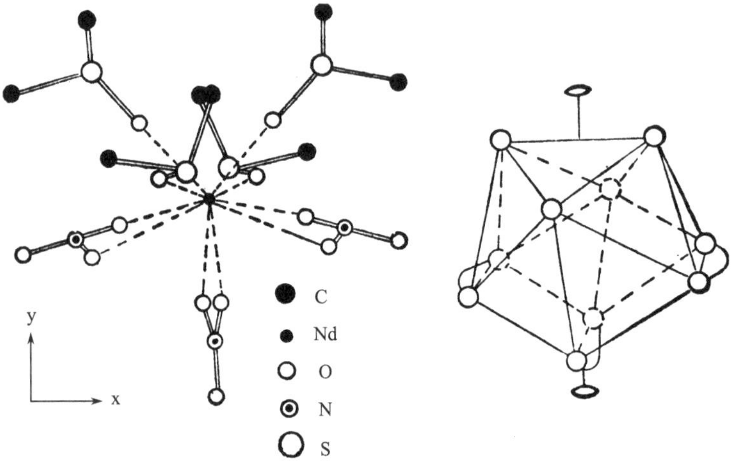

图 22.60　左：$Nd(NO_3)_3(DMSO)_4$ 的分子结构
右：分子中的配位多面体

萃取平衡随原子序数的递变规律：不同结构的亚砜萃取剂对稀土萃取的分配比随原子序数的变化如图 22.61 所示。从图可以见到双亚砜比单亚砜的萃取能力强。就单亚砜而言，萃取分配比随原子序数的变化呈现明显的四分组效应，同时呈凸型。这些性质都与中性磷(膦)酸酯相似。具有一个次甲基相隔的双亚砜也呈现四分组效应。但分配比随原子序数增大有缓慢下降的趋势。相邻元素的分离系数差别不大。具有二个次甲基相隔的双亚砜，由于中稀土后的萃取分配比显著上升，四分组效应不明显。

3. 冠状化合物类萃取剂

冠状化合物作为一种新型萃取剂是由 Peterson 于 1968 年首先提出的。冠状化合物实际上是一类大杂环化合物。杂环中包含着重复的$\left[Y\text{—}CH_2\text{—}CH_2\right]$环节。结构式中常用┌┐代表乙撑基$\text{—}CH_2\text{—}CH_2\text{—}$，它是冠状化合物中的一个基本的结构单元；Y 代表杂原子，可以是 O,S,N,P 等，因此可分为含氧、含硫、含氮、含磷的冠状化合物。

由于结构的不同，冠状化合物又大体可分为冠醚和穴醚两种，前者是一种大单环聚醚，后者是含桥头氮原子的大二环聚醚。

冠醚中如二苯并-18-冠-6，即是二个苯基在环的两侧，18 代表环的原子总数，6 表示环中杂原子(如氧原子)数目，亦可简写为 DB18C6，结构式如下：

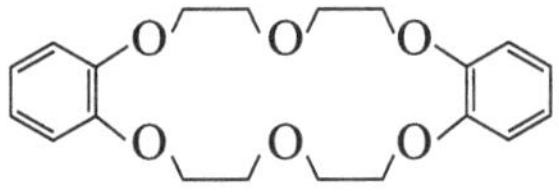

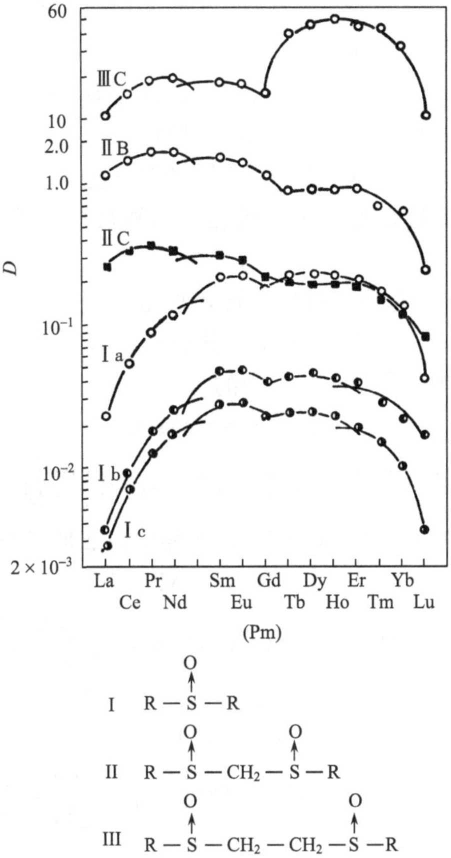

a. R= $n-C_8H_{17}-$

b. R= $C_4H_9CH(C_2H_5)\cdot CH_2-$

c. R= $C_6H_{13}CH(CH_3)-$

图 22.61 亚砜类化合物对稀土元素的萃取(25℃)

(有机相:0.5mol/L 萃取剂-二甲苯;水相:[$Ln(NO_3)_3$]0.5mol/L,[HNO_3] 0.280mol/L,[$LiNO_3$]6mol/L)

穴醚中如穴醚[3,2,2],表示在下列结构式中三维的双环穴状化合物中 $x=2$,$y=1$,$z=1$

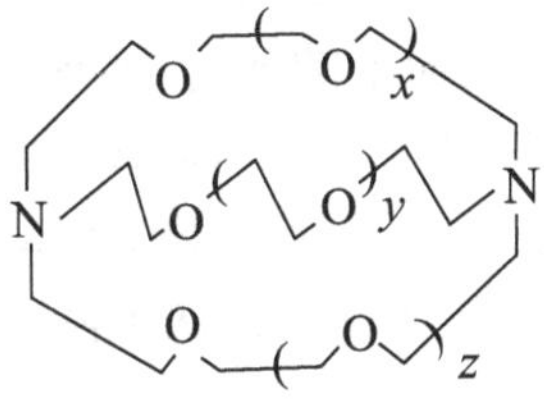

冠状化合物作为一种新型的萃取剂，其最大特点是有较高的选择性，因此受到人们的重视。它的应用主要在碱金属和碱土金属的分析化学方面以及从裂变产物中萃取分离碱金属和碱土金属，它的缺点是合成困难，价格昂贵，并有一定的毒性，因此在工业上进一步推广使用受到一定的限制。

冠状化合物是一种中性萃取剂，很多作者对碱金属及碱土金属的萃取进行了研究，其机理是以离子对形式进入有机相。萃取反应主要由下列四个平衡式所组成：

(i) 未络合的冠状化合物从有机相转入水相：

$$C \rightleftharpoons C_{(0)} \quad \text{分配常数 } K_d$$

(ii) 碱金属同冠状化合物在水相中的络合

$$C + M^+ \rightleftharpoons M^+C$$

$$MC^+ \text{络合物的稳定常数 } \beta_{MC} = \frac{[MC^+]}{[C][M^+]}$$

(iii) 被络合的阳离子与阴离子 A^- 在水相中形成离子对：

$$CM^+ + A^- \rightleftharpoons MC^+A^-$$

$$MC^+A^- \text{离子对的稳定常数 } \beta_{MCA} = \frac{[MC^+A^-]}{[MC^+][A^-]}$$

(iv) 络合离子对由水相进入有机相

$$MC^+A^- \rightleftharpoons MC^+A^-_{(0)}$$

$$MC^+A^- \text{离子对的分配常数 } K_D = \frac{[MC^+A^-]_0}{[MC^+A^-]}$$

总的萃取反应平衡式为：

$$M^+ + C_{(0)} + A^- \rightleftharpoons MC^+A^-_{(0)}$$

萃取平衡常数

$$K_{ex} = \frac{[MC^+A^-]_{(0)}}{[M^+][C]_0[A^-]}$$

但对于稀土系列，只有 Sc 的络合物在溶液中符合 1∶1 的规律。而大部分其他稀土，对 1∶1 均有偏离。

倪嘉缵等曾就冠醚对稀土元素的萃取进行了系统的研究，他们的结果表明：对于不同取代基的冠醚，其萃取能力为：12C4＞单环己基 12C4＞B12C4；15C5＞B15C5＞4-甲基 B15C5；DC18C6（二环己基-18-冠-6）＞18C6＞B18C6＞DB18C6。对空腔大小不同的冠醚。其萃取稀土的能力为：B15C5＞B18C6＞B12C4，并不是空腔越大越好。对于同一冠醚，例如对 B15C5 或 18C6 而言，其对稀土的分配比由 La→Sm 逐渐上升，Sm 呈现最大值，然后由 Sm→Lu 依次降低。对于 DC18C6 而言，其对稀土的分配比随原子序数递增而依次下降。几种不同的冠醚萃取稀土的分离因数 β 见表 22.110。

表 22.110 冠醚萃取稀土的分离因数 β

水相条件：5—5.7×10^{-4}mol/L 稀土苦味酸盐＋5×10^{-2}mol/L 苦味酸锂 pH＝6

有机相条件：二环己基-18C6，B15C5，B18C6，5×10^{-2}mol/L 稀释剂

冠醚 \ β	Ce/La[1)]	Pr/Ce[1)]	Nd/Pr[1)]	Sm/Nd[1)]	Sm/Eu	Eu/Gd
二环己基-18C6 IA	1.61	1.40	2.10	1.34	1.16	1.37
B15C5	1.82	1.29	1.04	1.12	1.07	1.89
B18C6	1.30	1.37	1.05	1.06	1.15	1.49
冠醚 \ β	Gd/Tb	Tb/Dy	Dy/Ho	Ho/Er	Er/Tm	Tm/Lu
二环己基-18C6 IA	1.04	1.46	1.32	1.10	1.08	1.30
B15C5	1.10	1.70	1.12	1.29	1.24	1.16
B18C6	1.28	1.53	1.36	1.19	1.09	1.08

1)对于二环己基-18C6 异构体，分离系数以 $z/(z+1)$计

表 22.111 几种稀土冠醚萃合物的结构特征

冠醚络合物	中心离子与冠醚平面的距离(Å)	配位数	空腔内径(Å)	阴离子位置
$Pr(NO_3)_3$ · B12C4		10	1.2—1.5	同侧
$La(NO_3)_3$ · 15C5	1.85	11	2.2	同侧
$La(NO_3)_3$ · 1,8Napht ho16C5	1.47	11		同侧
$La(NO_3)_3$ · 18C6	0.47	12	2.6—3.2	异侧

80 年代以来，许多作者已经对稀土冠醚萃合物的结构进行了测定表 22.111，从已知的结构看来，大体上可分为两类：一类以 $La(NO_3)_3$ · 18C6 为代表，与稀土配位的阴离子位于冠醚环的两侧(见图 22.62d)；另一类以 $La(NO_3)_3$ · 15C5 为代表，阴离子位于冠醚的同一侧。见图 22.62a，b，c 和 d，引起这一差别的内在原因与冠醚内腔对配位金属离子半径的相对大小直接有关。对于 $La(NO_3)_3$ · 18C6。空腔内径 2.6—3.2Å，配位 La^{3+} 可深入腔内，金属离子与冠醚平面的距离 h 只有 0.5Å，这使与 La^{3+} 配位的硝酸根间，以及硝酸根与冠醚氧间的库仑斥力都加大，如果使配位硝酸根分布于冠醚平面的两侧，可使整个分子的能量降低下来，从而使结构趋于稳定。对于 15C5 及 B12C4，它们的空腔内径较小，相应各为 2.2Å，1.4Å，稀土离子不能进入腔内，因此阴离子只有从一边才能更好地与金属离子配位。

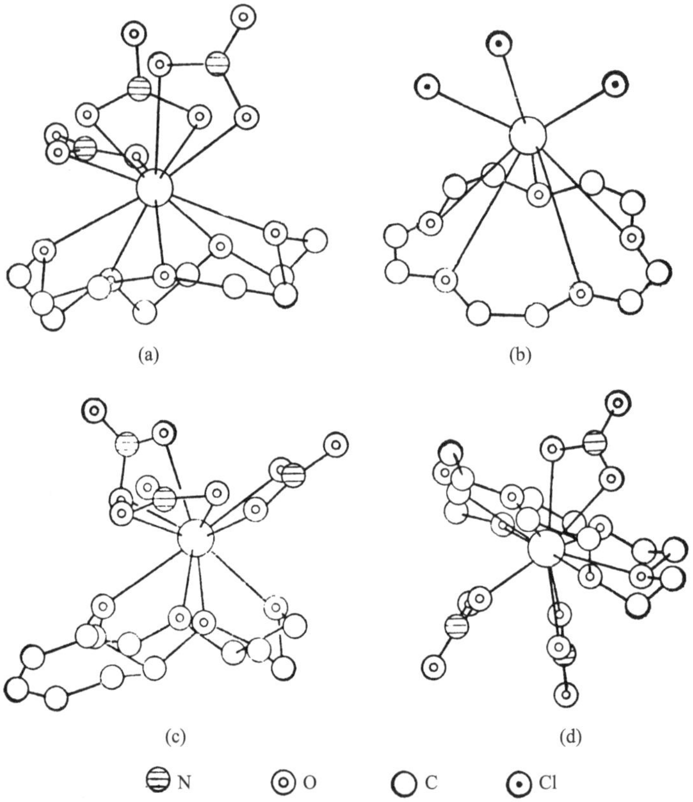

图 22.62　几种稀土冠醚萃合物的分子结构

(a) $La(NO_3)_3$ · 15C5;(b) $LaCl_3$ · 15C5;(c) $Pr(NO_3)_3$ · B12C4;(d) $La(NO_3)_3$ · 18C6

4.3.3　酸性络合萃取体系

1. 概述

酸性络合萃取体系的特点是:(1)萃取剂是有机弱酸 HA。(2)被萃物是金属阳离子 M^{n+}。(3)萃取机理是阳离子交换。酸性萃取剂萃取金属阳离子的反应可用下式表示:

$$M^{n+}+nHA_{(0)}=MA_{n(0)}+nH^{+}$$

这一反应的平衡常数 K_{ex}

$$K_{ex}=\frac{[MAn]_0[H^+]^n}{[M^{n+}][HA]_0^n}$$

$$=\frac{[H^+]^n[A^-]^n}{[HA]^n}\cdot\frac{[HA]^n}{[HA]_0^n}\cdot\frac{[MAn]}{[M^{n+}][A^-]^n}\cdot\frac{[MAn]_0}{[MAn]}$$

$$=\frac{K_a^n\cdot\beta_n\cdot K_{dm}}{K_d^n}$$

$$D = K_{ex} \cdot [HA]_0^n / [H^+]^n$$

式中 K_{ex} 为萃取反应的平衡常数。

K_a 为酸性萃取剂的电离常数。

β_n 为萃合物 MAn 的稳定常数。

K_{dm} 为萃合物 MAn 的两相分配常数。

K_d 为萃取剂 HA 的两相分配常数。

以下分几方面讨论它们对萃取反应的影响:

(1) 萃取剂的酸性

萃取剂的酸性强弱用 K_a 值的大小表示,K_a 大的为强酸性萃取剂,K_a 小的为弱酸性萃取剂。例如取代苯磺酸的 $K_a>1$ 是强酸性萃取剂,羧酸的 K_a 约为 10^{-5} 是弱酸性萃取剂。P204 的 $K_a=4\times10^{-2}$(正辛烷/0.1mol/L $NaClO_4$)是中强酸性的萃取剂。K_a 增加,表示阴离子与 H^+ 的结合能力降低了,同时 A^- 与金属的络合能力也必然降低。上式中 K_{ex} 与 K_a^n、β_n 的乘积成正比,而 K_a 有 n 方次,因此 K_a^n 的增加比 β_n 的降低要快些。所以萃取剂酸性增加时除一价金属外将导致 K_{ex} 增加。

对于一个给定的萃取剂,外界 pH 条件变化,将直接影响萃取剂的离解。相同浓度下所放出的 A^- 通过 K_a 受 pH 的制约。pH 每增加一个单位,D 就增加 10^n 倍。此处 n 是金属离子的价数,即对一价离子,D 增加 10 倍;对二价离子,D 增加 100 倍;对三价离子,D 增加 1000 倍等等。

在酸性萃取体系的研究中,人们也常常引用半萃取 $pH_{1/2}$ 值来衡量金属离子被萃的难易程度。它的定义是:当相比为 1 及分配比为 1 时的 pH 值。也就是萃取率为 50%的 pH 值。

已知: $$D = K_{ex}[HA]_0^n / [H^+]^n$$

取对数: $$\log D = \log K_{ex} + n\log[HA]_0 + npH$$

当 D 为 1 时,$\log D=0$,此时

$$\log K_{ex} = -n\log[HA]_0 - npH_{1/2}$$

由此这们可以看到当$[HA]_0$ 相同时,对同价离子,$pH_{1/2}$ 越小,K_{ex} 越大,越容易萃取。反之,$pH_{1/2}$ 越大,K_{ex} 越小,即金属越难萃取。应该指出的是这里的$[HA]_0$ 是自由萃取剂浓度,而不是起始萃取剂浓度,通常作实验时只要使被萃金属浓度$(MAn)_0 \ll C_{HA}^0$(萃取剂的起始浓度)即可以认为 C_{HA}^0 就是平衡浓度$[HA]_0$。

(2) 萃取剂和萃合物在两相间的分配常数

在萃取剂中引进长碳链,可增加萃取剂的油溶性,K_d 增加;相反,如果在萃取剂中引入亲水基团如—OH,—SO_3H,—COOH等可使萃取剂的水溶性增加,K_d 下降。通常要求 K_d 大于 100,否则萃取剂在水相耗损太大。表 22.112 中收集了某些酸性萃取剂在两相间的分配常数。

表 22.112　某些酸性萃取剂在两相间的分配常数 K_d

类别	萃取剂	稀释剂	水相	K_d
羧酸类	壬酸 $C_8H_{17}COOH$	己烷	H_2O	19300
	苯甲酸 C_6H_5COOH	$CHCl_3$	H_2O	3.4
	苯乙酸 $C_6H_5CH_2COOH$	$CHCl_3$	H_2O	6.6
	肉桂酸 $C_6H_5CH=CH_2COOH$	$CHCl_3$	H_2O	19.5
	水扬酸 $C_6H_4(OH)COOH$	$CHCl_3$	H_2O	6.8
酸性磷酸酯类	磷酸二丁酯 $(C_4H_9O)_2(OH)PO$	$CHCl_3$	H_2O	2.2
	磷酸二苯酯 $(C_6H_5O)_2(OH)PO$	$CHCl_3$	H_2O	18.2
	二(2-乙基己基)磷酸酯	正辛烷	0.1mol/L $NaClO_4$	2800
	二(2-乙基己基)膦酸	CCl_4	0.1mol/L $NaClO_4$	250
螯合萃取剂	8-羟基喹啉	$CHCl_3$	H_2O	457
	2-甲基-8 羟基喹啉	$CHCl_3$	H_2O	1660
	α-亚硝基-β-萘酚	$CHCl_3$	H_2O	930
	α-噻吩甲酰三氟丙酮	$CHCl_3$	H_2O	3560
	乙酰丙酮	$CHCl_3$	H_2O	107

当 K_d 增加时，K_{dm} 一般也增加，他们的变化方向是相同的。但因 K_d 有 n 次方，所以当萃取剂在两相同间的分配常数 K_d 增加时，萃合常数 K_{ex} 减小，也就是说萃取能力下降。

(3) 萃合物的稳定性

萃合物的稳定常数 β_n 表征金属离子 M^{n+} 与 A^- 形成的萃合物的稳定性。β_n 越大，则 K_{ex} 越大，越有利于萃取。对于同一个 A^- 而言，β_n 大小与金属离子的价数 n 及半径有关。一般而言，对以氧原子为配位原子的酸性萃取剂，高价金属离子的 β_n 比低价金属离子的 β_n 大。所以高价易于萃取。当金属离子的价数相同时，半径小的 β_n 大。因而小离子比同价大离子容易萃取。这一规律对外层不含 d 电子的离子适用。对于含有 d 电子的过渡金属离子不甚适用。对于以硫为配位原子的螯合萃取剂(例如打萨宗)则对含 d 电子多，即电子层容易极化变形的金属离子如 Cu^{2+}，Ag^+，Au^{3+}，Cd^{2+}，Hg^{2+}，Pb^{2+}，Pt^{4+}，Pd^{2+} 等络合能力较强，萃取能力也大。

以上讨论的是酸性萃取体系最简单的反应，实际情况往往比这要复杂一些。例如：在有机相萃取剂的聚合作用，在水相金属离子的部分水解或络合作用，这在以后结合具体体系再加以讨论。

酸性络合萃取剂主要可分为三类：即酸性磷氧萃取剂；羧酸类萃取剂；螯合酸性萃取剂。我们将在以下三节中分别加以讨论。

2. 酸性磷(膦)酸酯萃取剂[6]

酸性磷(膦)酸酯可视为正磷酸分子中的二个或一个羟基为烷基所酯化或置换的产物。二个羟基被酯化的成为一盐基磷酸酯;烷基置换了羟基直接连接在P上的称为一盐基膦酸酯。一个羟基被酯化了的成为二盐基磷酸酯;如果烷基置换了羟基直接连接在P上的称为二盐基膦酸酯。

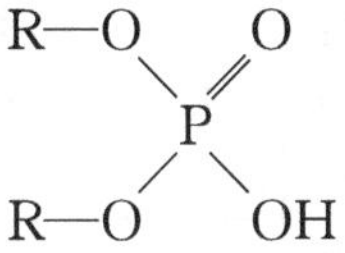
I

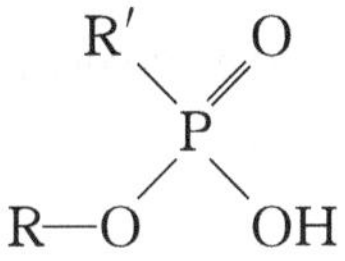
II

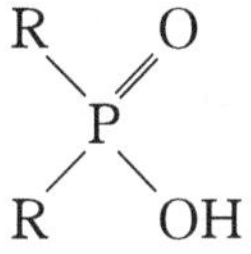
III

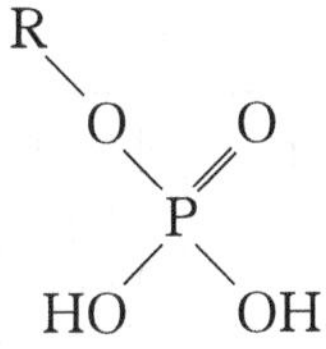
IV

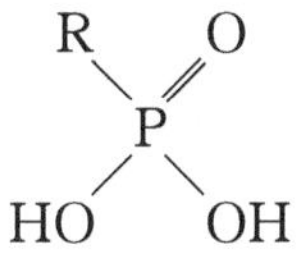
V

大多数情况下,在其他条件相同时,二盐基磷(膦)酸酯比一盐基磷(膦)酸酯的酸性要强一些,磷酸要比膦酸的酸性强,下面将从五个方面讨论它们的萃取性能及其变化规律。

(1) 聚合度

表22.113中收集了属于一盐基磷(膦)酸(I,II,III)及二盐基磷(膦)酸(IV,V)两大类的11种不同结构的萃取剂,从它们在苯中的分子量测定数据可以看出,一盐基磷(膦)酸在苯中均为二聚体,可以认为在有机相中有以下平衡存在:

$$2HA_{(o)} \rightleftharpoons H_2A_{2(o)}$$

$$K_2 = \frac{[H_2A_2]_o}{[HA]_o^2}$$

二聚体是通过氢键O—H…O结合起来的

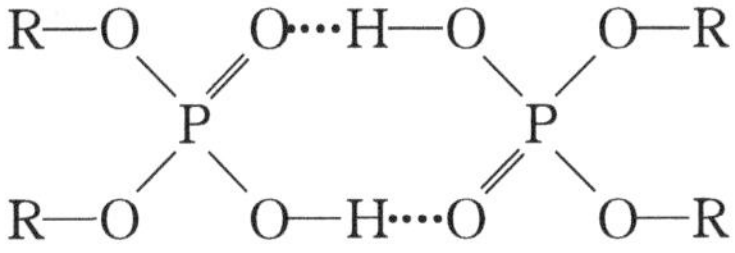

二聚常数K_2随溶剂不同而不同。例如二(2-乙基己基)磷酸(即P204)在C_6H_6中的$K_2=4000$,在$CHCl_3$在的K_2只有500,这是由于$CHCl_3$与P204也有缔合从而减小了P204自相缔合成二聚的倾向。

表 22.113　酸性磷(膦)酸酯的结构与缔合度

编号	化合物	结构式	浓度 (mol/L)	分子量		缔合度
				计算值	实测值	
Ia	二(2-乙基己基)磷酸	$(C_4H_9CHCH_2O)_2P(O)OH$ C_2H_5	0.0502	322.4	672.8	2.09
			0.0307		662.3	2.05
			0.0153		656.2	2.04
Ib	二(1-甲基庚基)磷酸	$(C_6H_{13}CHO)_2P(O)OH$ CH_3	0.0551	322.4	683.2	2.12
			0.0278		680.2	2.11
			0.0140		668.3	2.07
IIa	2-乙基己基膦酸单2-乙基己酯	$OC_8H_{17}ISO$ $C_4H_9CHCH_2P(O)\lt$ OH C_2H_5	0.0474	306.4	630.0	2.06
			0.0233		616.3	2.01
			0.0115		626.5	2.04
IIb	苯基膦酸单2-乙基己酯	$OCH_2CHC_4H_9$ $C_6H_5P(O)\lt$ OH　C_2H_5	0.0475	270.3	603.1	2.23
			0.0239		597.2	2.21
			0.0120		573.0	2.12
IIc	环己基膦酸单2-乙基己酯	$OCH_2CHC_4H_9$ $C_6H_{11}P(O)\lt$ OH　C_2H_5	0.0540	276.3	601.8	2.18
			0.0272		595.8	2.16
			0.0136		608.7	2.20
IIIa	二(2-乙基己基)膦酸	$(C_4H_9CHCH_2)_2P(O)OH$ C_2H_5	0.0571	290.4	557.8	1.92
			0.0297		595.8	2.05
			0.0139		561.1	1.93
IIIb	二正辛基膦酸	$(n\text{-}C_8H_{17})_2P(O)OH$	0.0524	290.4	603.6	2.08
			0.0261		589.5	2.03
			0.0129		583.1	2.10
IVa	2-乙基己基磷酸	$C_4H_9CHCH_2OP(O)(OH)_2$ C_2H_5	0.159	210.2	1807	8.60
			0.0869		1619	7.71
			0.0355		1248	5.94
IVb	2-庚基十一烷基磷酸	$C_9H_{19}CHCH_2OP(O)(OH)_2$ C_7H_{15}	0.05	350.5	2095	5.98
			0.025		1945	5.55
			0.0125		1890	5.39
Va	2-乙基己基膦酸	$C_4H_9CHCH_2P(O)(OH)_2$ C_2H_5	0.05	194.2	1132	5.83
			0.025		1047	5.39
			0.0125		961.4	4.95
Vb	2-庚基十一烷基膦酸	$C_9H_{19}CHCH_2P(O)(OH)_2$ C_7H_{15}	0.145	334.5	1965	5.87
			0.0728		1897	5.67
			0.0365		1880	5.62

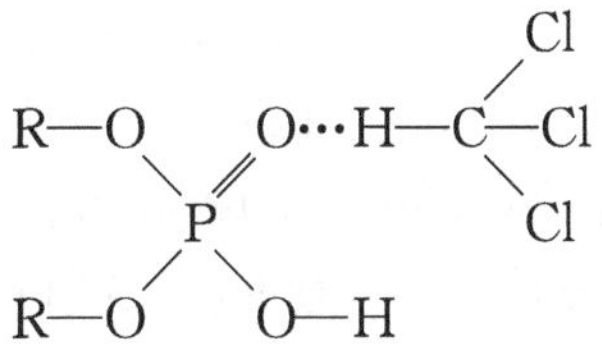

二盐基磷(膦)酸在苯中均为多聚体，在 0.05mol/L 左右的苯溶液中，平均聚合度在 5—8 范围内，随着浓度降低，缔合度下降幅度较大，这说明环状结构二聚体的分子间氢键缔合强度大于链状结构为主的多聚体分子内氢键。

(2) 萃取反应及其平衡常数

前面已经提到酸性萃取剂萃取金属阳离子的反应属阳离子交换反应，又知它们在溶液中以二聚体存在：

$$Ln^{3+}+n(HA)_{2(0)} \rightleftharpoons Ln(HA_2)_{n(0)}+nH^+$$

反应热力学平衡常数 K 应为

$$K=\frac{[Ln(HA_2)_n]_0[H^+]^n}{[Ln^{3+}][(HA_2)]_0^n}\cdot\frac{r_{Ln(HA_2)_n}\cdot r_{H^+}^n}{r_{Ln^{3+}}\cdot r_{(HA)_2}^n}$$

因为实验中水溶液离子强度可维持恒定，活度系数乘积可视为常数，这时萃取浓度平衡常数为：

$$K_{ex}=\frac{[Ln(HA_2)_n]_0[H^+]^n}{[Ln^{3+}][(HA_2)]_0^n}$$

D 为两相间分配比：

$$D=\frac{[Ln(HA_2)_n]_0}{[Ln^{3+}]}$$

$$D=K_{ex}[(HA)_2]_0^n/[H^+]^n$$

$$\log D=\log K_{ex}+n\log[(HA)_2]_0+n\text{pH}$$

要确定上式中的 n，可在维持自由萃取剂浓度 $[(HA)_2]_0$ 不变的条件下，测定不同的 pH 值下的 D 值以 $\log D$ 对 pH 作图，应得直线(如果为曲线则表示几种可能的机理同时存在，如果得两条斜率不同的直线，则表示不同 pH 范围内有不同的机理)，其斜率为 n，y 轴的截距就是 $\log K_{ex}+n\log[(HA)_2]_0$。因为 $[(HA)_2]_0$ 及 n 为已知，由此可以计算萃合常数 K_{ex}。其次，在 pH 恒定的条件下，变更 $[(HA)_2]_0$ 测定 D。以 $\log D$ 对 $\log[(HA)_2]_0$ 作图，应得直线，其斜率为 n，以上两个图都得到直线，其斜率都等于金属离子的价数 n 时，萃取机理的假设才能确立。

对于表 22.114 所列各种酸性磷(膦)酸酯在萃取剂浓度为 0.5mol/L，离子强度为 1.0(HCl+NaCl)，金属离子浓度(Nd^{3+}，Sm^{3+}，Yb^{3+}，Y^{3+})为 0.01mol/L 的不同酸度水溶液中测定稀土的以分配比，以 $\log D$ 对 $[H^+]$ 作图一般均得斜率为 3 的直线关系、唯 IIIa 它的两个乙基已基都直接连接在磷上，由于诱导效应的结果 pK_a 过大，以及其他可能的空间效应，致使它在上述条件下萃取 Nd，Sm 的 D 值过低，即使成倍提高萃取剂浓度（1.0mol/L）增加水相金属浓度（0.1mol/L）并降低离子强度（μ=0.5），D 值也未显著提高。而 IVb，2-庚基十一烷基磷酸萃取稀土的能力又太高，即使降低萃取剂浓度（0.3mol/L）提高水相离子强度（μ=4.0）也难以测得分配比 D 与水相$[H^+]$的关系。在考查 $\log D$ 与$[HA]_0$ 关系时，除了 Ib 与 IIIb，由于它们的结构特征，萃取稀土的 $\log D$ 与[HA]作图得斜率 2.5 的直线外，其余均得斜率为 3 的直线。由此，我们可以认为：对一盐基磷（膦）酸酯而言萃取反应式应表示为：

$$Ln^{3+}+3(HA)_2 \rightleftharpoons Ln(HA_2)_3+3H^+$$

对于二盐基磷（膦）酸酯（H_2A），由于聚合度＞5，故 H_2A 萃取稀土的反应式表示为：

$$Ln^{3+}+3(H_2A)_m \rightleftharpoons Ln(H_{6m-3}A_{3m})+3H^+$$

表 22.114　酸性磷（膦）酸酯的化学结构与萃取稀土性能

序	编号	$\Sigma\sigma^*$	pK_a	萃取平衡常数				分离因数	
				Nd	Sm	Y	Yb	K_{Sm}/K_{Nd}	K_{Yb}/K_Y
1	Ia	−1.06	2.74	6.8×10^{-3}	4.9×10^{-2}	1.0×10^{1}	3.7×10^{1}	7.2	3.7
2	Ib		3.19	5.6×10^{-4}	6.4×10^{-3}	4.1×10^{-1}	3.3	11.4	8.0
3	IIa	−1.84	4.09	8.4×10^{-5}	8.8×10^{-4}	1.4×10^{-1}	8.9×10^{-1}	10.5	6.4
4	IIb		2.99	2.2	4.2×10^{1}	1.7×10^{3}	2.2×10^{4}	19.1	12.9
5	IIc		3.87	1.6×10^{-3}	2.8×10^{-2}	3.4	3.5×10^{1}	17.5	10.3
6	IIIa	−2.62	5.45	$<4.0\times10^{-8}$	$<3.2\times10^{-7}$	4.1×10^{-5}	6.1×10^{-4}	>8.0	14.8
7	IIIb		5.71	1.3×10^{-4}	1.8×10^{-3}	4.1×10^{-1}	1.8	15	4.4
8	IVa	−0.53	3.60 9.10	6.7×10^{4}	2.2×10^{3}	6.4×10^{4}	2.0×10^{3}	3.3	3.1
9	IVb			3.8×10^{3}	4.1×10^{3}	2.9×10^{3}	9.8×10^{3}	1.1	3.4
10	Va	−1.31	4.72 10.41	3.7×10^{3}	1.2×10^{4}	6.3×10^{3}	8.1×10^{3}	3.1	1.3
11	Vb		3.88 9.37	7.6×10^{2}	1.3×10^{3}	9.4×10^{2}	4.3×10^{3}	1.6	4.6

(3) 反应基团活性与萃取稀土性能的关系

比较取代基结构相同的五种不同类型的酸性磷（膦）酸酯 Ia，IIa，IIIa，IVa 和 Va，它们的取代基都是二乙基己基，Ia，IIa，IIIa 为一盐基磷（膦）酸酯，Ia 中两个二乙基己基都通过氧与磷原子连接，IIa 中只有一个二乙基己基通过氧与磷原子连接而另一个则直接与磷原子连接，IIIa 中二个二乙基己基都直接与磷原子连接。它们的取代基 Taft 常数总值（$\Sigma\sigma^*$，取代基极性常数总值）以及它们的 pK_a

和它们萃取稀土的 K_{ex} 值之间都有很好的线性关系。图 22.63 中表示了随着 pK_a 的降低及 $\Sigma\sigma^*$ 增加时 $\log K_{ex}$ 值上升的情况。这是由于磷(膦)酸酯分子中随着碳磷键增加,烷氧基减少,氧原子电负性影响削弱,导致 pK_a 值增加,酸性降低,K_{ex} 也随之下降的缘故。从表 22.114 中数据还可看出,二盐基磷(膦)酸的萃取能力大于一盐基磷(膦)酸,它们之间的反应基活性 K_a 值差别尚不足以说明它们在萃取常数方面的差距,这只能用二盐基磷(膦)酸更强的螯合效应来解释,但二盐基磷酸萃取稀土的 K_{ex} 值大于二盐基膦酸的事实,是与它们的 pK_a 值差别相适应的。

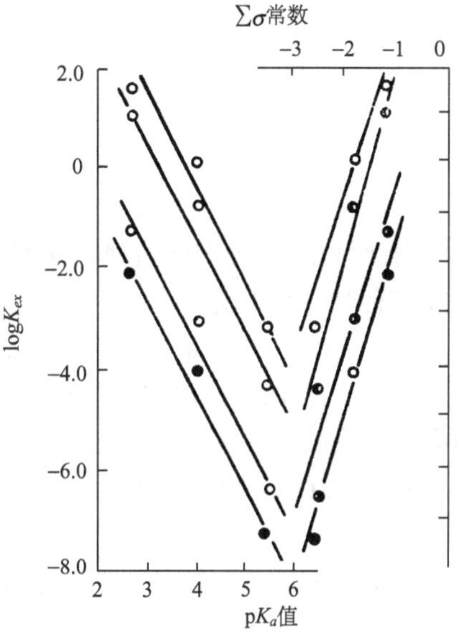

图 22.63 酸性磷酸酯的 $\Sigma\sigma$ 值与 pK_a 和它们萃取 Nd(●),Sm(◉),Y(⊙)与 Yb(○)的 K_{ex} 值的关系

(4) 空间阻碍与萃取稀土性能的关系

比较表 22.114 中二个二烷基膦酸 IIIa、IIIb,它们是具有相同分子量的同分异构体,pK_a 值几乎无差别,但它们萃取 Nd,Sm,Y 与 Yb 的 K_{ex} 值差别达四个数量级,这可能是由于在二烷基膦酸的分子中,与反应基团直接相连的烷基结构位阻效应较酯烷基更为突出,在 IIIa 分子中,二个烷基在第二位上均有支链,位阻较大,影响萃取反应,而 IIIb 无结构位阻效应,故萃取稀土的 K_{ex} 值要大得多,随着稀土元素的原子序数增大,由于镧系收缩,离子半径缩小,萃取过程中结构空间位阻的影响也削弱。

$(C_4H_9\underset{\displaystyle |\atop\displaystyle C_2H_5}{C}HCH_2)_2P(O)OH$　　　　$(n\text{-}C_8H_{17})_2P(O)OH$

IIIa　　　　IIIb

比较 IIc 和 IIb,我们看到,IIc 萃取 Nd,Sm,Y 与 Yb 的 K_{ex} 值显著低于 IIb。这除用苯环的负诱导效应使 IIb 的 pK_a 值降低,K_{ex} 值升高解释外,IIc 分子中环己基的空间位阻对萃取的影响也很重要。这类结构效应对离子半径大的轻稀土尤为显著,不同类型的酸性磷(膦)酸酯 Ia,IIa,IIIa 萃取稀土性能的差别,除了 pK_a 值不同时,空间位阻的影响也应考虑,因为它们的萃取能力降低也是与酯氧原子的减小,近反应活性基团的支链增加有关的。

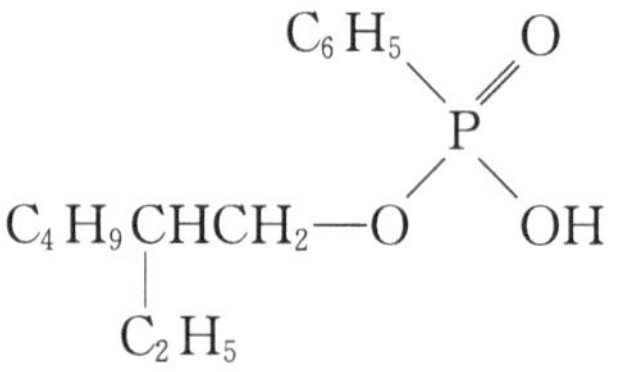

IIb

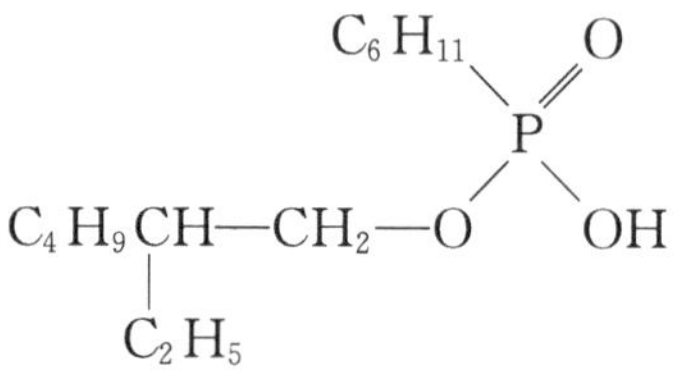

IIc

由此可见，影响酸性磷(膦)酸酯萃取稀土性能的主要因素是萃取剂的酸性，空间效应有时也很重要。

(5) 二(2-乙基己基)磷酸酯对稀土的萃取

二(2-乙基己基)磷酸酯，国内代号 P204，简称 D_2EHPA，为磷型萃取剂中研究和应用最早的萃取剂之一。如前所述它在溶剂中通常以二聚分子的形式存在，若以 HA 表示 D_2EHPA，当稀土浓度不高，酸度不高时，萃取反应可用下式表示：

$$Ln^{3+} + 3H_2A_2 = Ln(HA_2)_3 + 3H^+$$

萃取分配比随原子序数的增加而增加，即有正序关系，钇的位置在钬铒之间。

表 22.115　P204 萃取稀土的分配比 *D* 和分离系数 *β*

(底液为 $HClO_4$，以钇的 D 为 1.00 作基准)

稀土(III)	分配比(D)	lg$D$	分离系数(β)
Y^{3+}	1.00	0.000	
La^{3+}	1.3×10^{-4}	4.114	$\beta_{Ce/La}=2.8$
Ce^{3+}	3.6×10^{-4}	4.556	$\beta_{Pr/Ce}=1.5$
Pr^{3+}	5.4×10^{-4}	4.732	$\beta_{Nd/Pr}=1.3$
Nd^{3+}	7.0×10^{-4}	4.845	$\beta_{Pm/Nd}=2.7$
Pm^{3+}	1.9×10^{-3}	3.279	$\beta_{Sm/Pm}=3.2$
Sm^{3+}	5.9×10^{-3}	3.770	$\beta_{Eu/Sm}=2.2$
Eu^{3+}	0.013	2.114	$\beta_{Gd/Eu}=1.5$
Gd^{3+}	0.019	2.278	$\beta_{Tb/Gd}=5.3$
Tb^{3+}	0.100	1.000	$\beta_{Dy/Tb}=2.8$
Dy^{3+}	0.280	1.448	$\beta_{Ho/Dy}=2.2$
Ho^{3+}	0.62	1.792	$\beta_{Er/Ho}=3.0$
Er^{3+}	1.4	0.146	$\beta_{Tm/Er}=3.5$
Tm^{3+}	4.9	0.690	$\beta_{Yb/Tm}=3.0$
Yb^{3+}	14.7	1.167	$\beta_{Lu/Yb}=2.0$
Lu^{3+}	39.4	1.468	

由表 22.115 可见，用 D_2EHPA 分离稀土，镥镧之间的分离系数 $\beta_{Lu/La}$ 高达 3×10^5，相邻两元素之间的平均分离系数为

$$\bar{\beta}=\sqrt[14]{3\times10^5}=2.46$$

这一数值比稀土工业上常用的其他萃取剂如 P350，TBP，N263 等萃取剂相邻稀土元素的平均分离系数都要大一些。这是 D_2EHPA 的一个优点。

D_2EHPA 是一种酸性萃取剂。它对稀土离子的萃取受体系酸度影响很大，当自由萃取剂浓度（H_2A_2）保持恒定时，$\log D$ 随 pH 增加而增加。如以 $\log D$ 对 $\log[H^+]$作图则得斜率为 3 的直线。如图 22.64 所示。

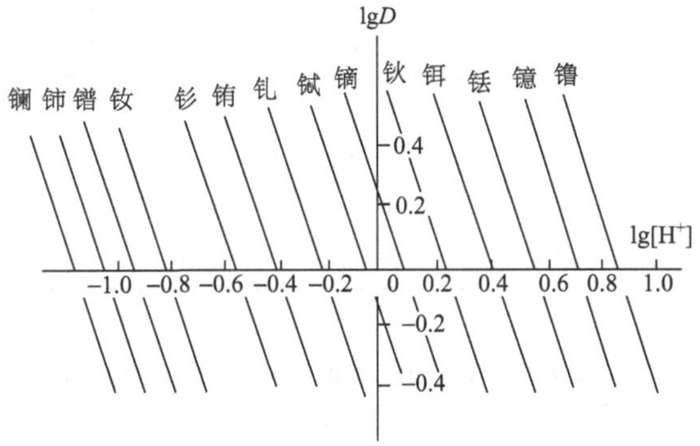

图 22.64　D_2EHPA 萃取各个稀土离子时 D 与酸度的关系

实验条件：D_2EHPA(1mol/L)-甲苯，稀土料液浓度 $LnCl_3$ 为 0.05mol/L

从图 22.64 可见，在同一水相酸度下，各稀土元素的分配比 D 差别较大，在图上可以找到各稀土元素的分配比 $D=1$（即 $\log D=0$）时的水相酸度。例如，当 $D_{sm}=1$ 时，$\log[H^+]=-0.6$，即$[H^+]=0.25$mol/L 如果选择大于 0.25mol/L HCl 的酸度下进行萃取，则钐以上的重稀土元素将优先萃入有机相，而钐以下的轻稀土元素则主要留在水相中，这样就可以在钕和钐之间分组，如选择别的酸度，则可在别的相邻稀土之间分组，从图 22.64 还可以看到即使当 HCl 浓度约为 1mol/L 时，钬、铒以上的重稀土仍然可以很好的萃取。显然，如果要将萃入有机相的重稀土反萃下来，则应使用比较浓的盐酸才行，这使工业上应用 D_2EHPA 必须考虑自反萃液中回收盐酸以及浓酸操作时对设备的腐蚀以及劳动条件改善等问题。

在酸性络合萃取体系中，阴离子如 Cl^-，NO_3^-，SO_4^{2-} 通常不参与萃取反应，它们对分配比 D 及分离系数 β 的影响，主要是通过对金属离子的络合能力的强弱起作用的，例如 D_2EHPA 萃取稀土的氯化物或硝酸盐体系中，D 和 β 都有变化。如表 22.116 和表 22.117 所示。由表中数据可知：氯化物体系中的 D 稍低于硝酸盐体系，但对于钕钐的分离系数，则 HCl 体系比 HNO_3 体系大，所以生产上进行钕钐分组，通常都采用 D_2EHPA-HCl 体系，而且盐酸比硝酸便宜，分组后的稀土氯化物可以直接浓缩结晶，供电解法生产混合金属。

表 22.116　镨、钕在 D_2EHPA-氯化物或硝酸盐体系中的萃取分配比和分离系数

体系	原始浓度 (Pr+Nd mol/L)	原始比例 (镨/钕)	H^+ (mol/L)	分配比(*D*)		分离系数 (β)
				镨	钕	
氯化物	0.1	25/25	0.361	0.908	1.21	1.33
	0.25	22.5/22.5	0.345	0.386	0.519	1.34
	0.50	15/15	0.283	0.212	0.292	1.38
	0.75	15/15	0.266	0.127	0.177	1.39
硝酸盐	0.10	25/25	0.340	1.12	1.36	1.21
	0.25	25/25	0.337	0.452	0.547	1.21
	0.50	15/15	0.275	0.261	0.315	1.21
	0.70	15/15	0.266	0.172	0.201	1.17

表 22.117　D_2EHPA 萃取的钕/钐的分离系数

底　液	pH	分离系数($\beta_{Sm/Nd}$)
HNO_3	0.44	5.6
HNO_3+50g/L NH_4NO_3	0.41	5.0
1.5%HCl+200g/L NH_4NO_3		3.6
HCl	0.47	7.2
HCl+50g/L NH_4Cl	0.45	8.6
1.5%HCl+200g/L NH_4Cl		8.3

(6) 2-乙基己基膦酸单(2-乙基己基)酯对稀土的萃取[7]

2-乙基己基膦酸单(2-乙基己基)酯，国内代号 P507，简称 HEH(EHP)，是近年来发展起来的一种新型萃取剂，它与 D_2EHPA 之不同在于：D_2EHPA 中的一个 P—O—C 键为 P—C 键所取代，由于酯氧原子的电负性影响削弱，导致化合物 pK_a 上升，在相同条件下 HEH(EHP) 虽然比 D_2EHPA 的萃取能力下降。但如果降低酸度，仍可得很好的萃取效果，萃取酸度降低了，反萃取的酸度也相应降低了。这是 HEH(EHP)的优点之一(表 22.118)。

表 22.118　HEH(EHP)与 D_2EHPA 基本性质的比较

体　系	实验方法	pK_a	$\log K_d$	$\log K_2$
HEH(EHP)-正辛烷-(Na^+,H^+),NO_3^-	两相滴定	3.30	2.68	3.85
D_2EHPA-C_6H_6-(Na^+,H^+)SO_4^{2-}	改进磷钼法	3.27	2.16	3.72
D_2EHPA-C_6H_6-(Na^+,H^+)NO_3^-	两相滴定	3.18	2.83	3.87

由于HEH(EHP)中的乙基己基直接与P=O相结联，乙基己基上的支链更接近活性集团，这使它对稀土元素的选择性有所提高。它对相邻稀土的平均分离系数达3.04(当$[H^+]=0.05mol/L$)，这一数值大于已见报道的所有萃取剂，这是HEH(EHP)比之D_2EHPA的另一个大优点。表22.119，图22.65中为HEH(EHP)在正十二烷溶液中萃取稀土元素的热力学函数和浓度平衡常数随原子序数变化的情况。已知平衡反应的标准自由能变化与热力学平衡常数存在下列关系$\Delta G^0=-RT\ln K$，表中ΔG_r^0为相对自由能变化，即：

$$\Delta G_r^0=\Delta(\Delta G^0)=-RT\ln K_x/K_{x'}=-RT\ln\beta。$$

假设各个镧系元素间的活度系数乘积相等，则

$$\beta=K_{exz}/K_{exz'}$$

由于表22.119中的D'值均为$[H^+]=0.05mol/L$时的分配比，所以

$$\beta=K_{exz}/K_{exz'}=D'_z/D'_{z'}$$

由此可求出HEH(EHP)萃取各镧系元素平衡反应的相对于镧的自由能变化ΔG_r^0，再与ΔH^0关联，又可求得相对熵变值ΔS_r^0。

表22.119　HEH(EHP)萃取镧系元素的浓度平衡常数，分配比，分离系数及相对自由能变化(ΔG_r^0)，焓变(ΔH^0)和相对熵变值(ΔS_r^0)

元　素	K_{ex}	D	$\beta_{(z+1)/z}$	$\beta_{Ln/La}$	ΔG_r^0 (kJ/mol)	ΔH^0 (kJ/mol)	ΔS_r^0 (J/mol·K)
La		2.3					
Ce	2.21×10^{-3}	16.4	7.13	7.13	−4.85		16.28
Pr	4.72×10^{-3}	40.8	2.49	17.7	−7.11		23.85
Nd	6.93×10^{-3}	59.5	1.46	25.9	−8.08		27.07
(Pm)		160	2.69	69.6	−10.50		35.19
Sm	7.42×10^{-2}	570	3.56	2.48×10^2	−13.68	−1.30	41.38
Eu	2.01×10^{-1}	1.65×10^3	2.89	7.17×10^2	−16.32	−2.76	45.44
Gd	3.66×10^{-1}	3.1×10^3	1.88	1.35×10^3	−17.87	−4.06	46.28
Tb	2.47	2.0×10^4	6.45	8.7×10^3	−22.51	−5.40	57.36
Dy	8.04	6.25×10^4	3.13	2.72×10^4	−25.31	−8.83	55.27
Ho	15.6	1.16×10^3	1.86	5.04×10^4	−26.86	−10.08	56.23
Er	48.2	3.7×10^3	3.19	1.61×10^5	−29.75	−13.01	56.07
Tm	2.07×10^2	2.2×10^6	5.95	9.6×10^5	−34.18	−15.82	61.55
Yb	7.64×10^2	7.2×10^6	3.27	3.13×10^6	−37.11	−18.87	61.17
Lu	1.26×10^3	1.32×10^7	1.83	5.74×10^6	−38.62	−21.55	57.24
Y	33.8	2.52×10^5		1.09×10^5	−28.79	−12.51	54.56

a) D'为$[H^+]$等于0.05mol/L萃取剂浓度为1.0mol/L时的分配比 Pm有关参数为外推值。

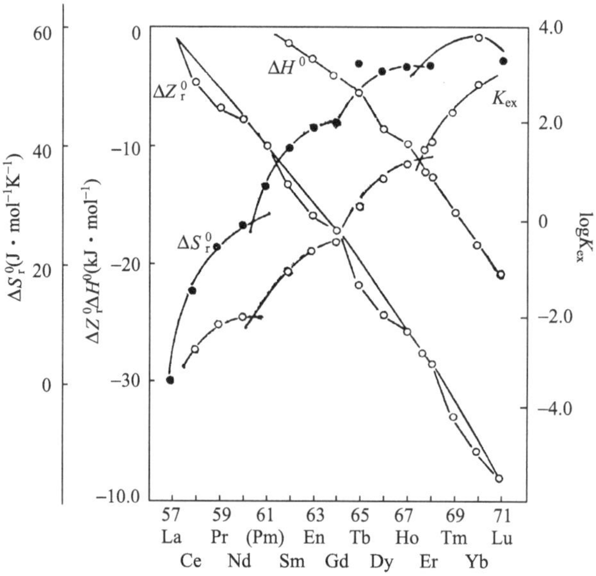

图 22.65　HEH(EHP)-正十二烷溶液萃取镧系元素的热力学函数及浓度平衡常数随原子序数变化情况

数据表明，浓度平衡常数以及与它直接有关的热力学函数相对自由能的变化($-\Delta G_r^0$)的绝对值都随原子序数增加而增加，并且具有明显的四分组效应，即整个镧系元素可以分成四个组：La-Nd；(Pm)-Gd；Gd-Ho；Er-Lu，Gd 兼存在第二和第三组中，Y 的位置在 Ho-Er 之间，这与它的离子半径大小相适应，每个分组中第一和第二个元素间的分离系数较大而第三和第四个元素间的分离系数较小。

吴瑾光等利用傅立叶转换红外光谱，特别是计算机的减法功能，研究了 HEH(EHP)阴离子的水化以及 HEH(EHP)稀土萃合物特征频率随原子序数变化规律：纯 HEH(EHP)的中红外光谱见图 22.66，其中有几个主要吸收峰，1463cm^{-1}和 1378cm^{-1}为烷基上的碳氢振动峰。1198cm^{-1}为 P═O 键振动峰，1037cm^{-1}为 P—O—C 振动峰，984 和 867cm^{-1}则为 P—O—H 振动峰。当 HEH(EHP)被皂化以后，发现相应于 CH_3—上碳氢振动的 1378cm^{-1}和相应于—$(CH_2)_n$—上碳氢振动的 1463cm^{-1}基峰位不变。因此在减法光谱中可选这两个吸收峰为基准。比较纯 HEH(EHP)与含有不同水量的 HEH(EHP)钠盐或$(CH_3)_4N^+$盐样品的红外光谱，用实验证明了 HEH(EHP)的阴离子水化是在 P—O—C，P═O 和

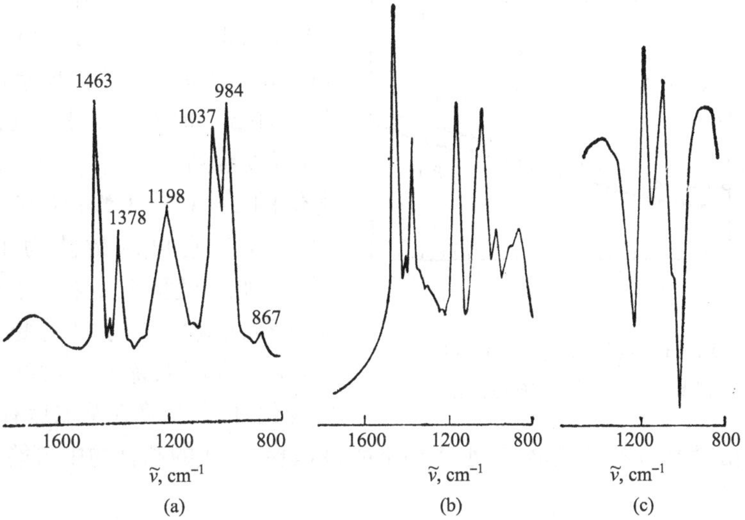

图 22.66　HEH(EHP)的红外光谱(a)，Tb 与 HEH(EHP)络合物的红外光谱(b)和碱法光谱(c)

P—O—H 等极性部位发生的，示意如下：

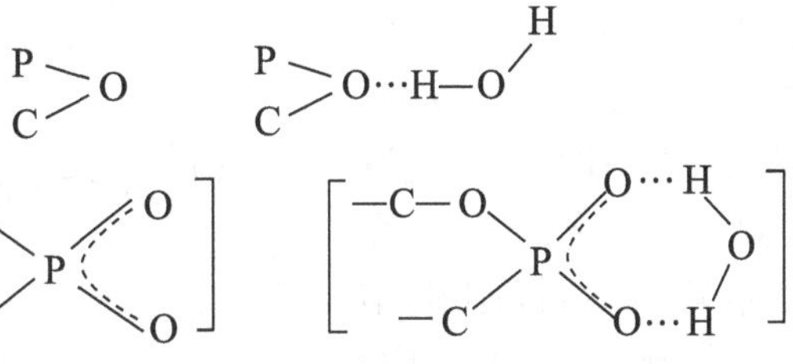

$\delta_{P=O}$=1195cm^{-1}　　$\delta_{P=O}\cdots H_2O$ 1159cm^{-1}

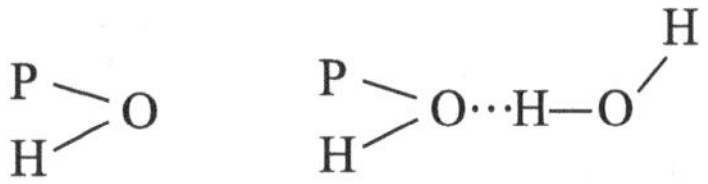

再将纯 HEH(EHP)的红外光谱与萃有稀土的 HEH(EHP)溶液络合物的红外光谱(以 Tb 为例)加以比较，则可以发现：

(a) P—O—C 峰在两个图上峰位没有发生变化，在减法光谱上它基本消失，表明此键中的氧原子不参予配位。

(b) P═O 峰在形成络合物后发生移动约 20—30cm^{-1} 说明它参与了配位。在减法光谱中，相应于此峰可以观察到一个正峰和一个负峰。此负峰 1198cm^{-1} 为没有配位的 P═O 峰。正峰 1164cm^{-1} 便是 P═O 与稀土离子形成配键后产生的新峰。新峰峰位与稀土的原子序数有关。见图 22.67。

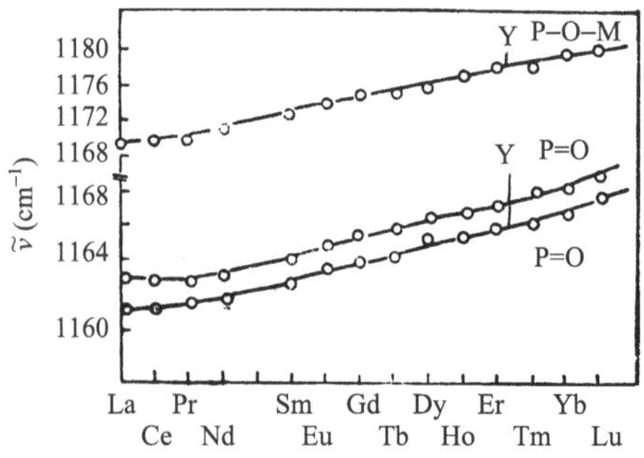

图 22.67　Ln-HEH(EHP)溶液络合物 P═O 峰和 P—O—M 峰频率的变化

(c) P—O—M 峰的变化：在纯 HEH(EHP)谱中，P—O—H 峰为 984cm^{-1}和 867cm^{-1}。当萃取稀土以后，984cm^{-1}峰发生变化。在减法光谱中，可以看到一个负峰 984cm^{-1}，即未配位的 P—O—H 峰；还有一个正峰 1075cm^{-1}，它可以指队为 P—O—M 新峰。此峰随稀土元素原子序数增加而逐渐向高波数方向递变。另一个 867cm^{-1}在萃取稀土前后峰位并不发生变化，但其强度在萃取后有所增强。

(d) 溶液萃合物的光谱中，水峰均不明显，表明生成的萃合物中可能不含有水分子。

HEH(EHP)的稀土固体萃合物的中红外光谱，与溶液萃合物的光谱比较有以下几点是相同的：水峰不明显；P—O—C 峰，CH_3—峰和—$(CH_2)_n$—峰也没有变化。但 P═O 和 P—O—M 峰的位移都比较大。其峰位频率随稀土原子序数递变情况见图 22.68a，它们呈明显的四分组效应。

纯 HEH(EHP)在远红外区(100—500cm^{-1})没有较强的吸收峰，但萃取稀土后生成的固体络合物光谱却发生了明显的变化。其中在 450cm^{-1}左右吸收峰对不同稀土基本相同，这可能与稀土离子和 HEH(EHP)生成螯环状络合物的环振动有关。另一吸收峰在 150—165cm^{-1}左右峰位随原子序数变化而递增，也呈现四分组现象，可以认为该吸收峰是 Ln—O 峰(见图 22.68b)。

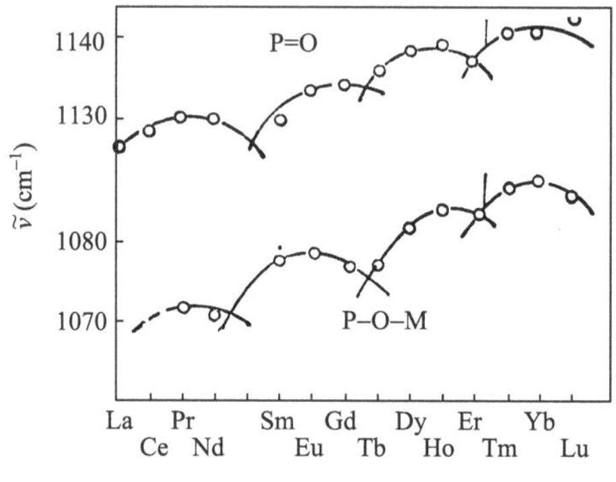

图 22.68a　HEH(EHP)固体络合物 P═O 和 P—O—M 峰频率随稀土原子序数的变化

(7) 萃合物结构

当磷(膦)酸酯的烷酯基过长时，由于碳链的热运动，不易获得满意的单晶。已报道的萃合物都是进行简化处理后的模型分子。已报道的有$[(C_2H_5O)_2POO]_3Pr$，$[(C_2H_5O)_2POO]_3Ce$，$[(CH_3O)_2POO]_3Pr$ 和$[(CH_3O)_2POO]_3La \cdot H_2O$ 等。它们可以分为两组：前两者具有链状结构，后两者具有网状结构。今以中心原子同为镨而烷基不同的两个结构为例说明如下：$[(C_2H_5O)_2POO]_3Pr$ 晶体属三斜晶系，$P\bar{1}$ 空间群，a＝11.788(5)，b＝12.536(3)，c＝10.260(2)Å，α＝112.21(2)，β＝

93.01(3)，γ=109.94(3)°V=1290.9(8)Å^3，每个晶胞中有二个镨单元，每个镨原子左右分别通过三个$(C_2H_5O)_2POO^-$与另外两个镨原子桥联、形成链状多聚分子，镨的配位数为六。配位多面体具有正八面体构型。而$[(CH_3O)_2POO]_3Pr$的晶体属三斜晶系，$P\bar{1}$空间群，a=18.747(3)，b=11.050(2)，c=18.010(3)Å；α=105.42(1)，β=98.80(1)，γ=79.41(1)°，z=8；每个镨原子与六个氧原子配位。它们分别由六个桥式配位的$[(CH_3O)_2POO]^-$所提供，每两个镨原子之间都是通过双“O—P—O”桥相连接的。配合物分子沿着 x-z 平面形成网状结构。

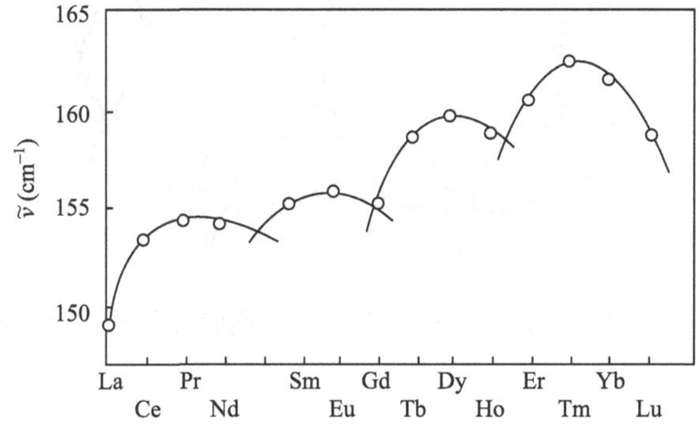

图 22.68b　HEH(EHP)中 Ln-O 峰位随稀土元素的变化

比较图 22.69a 和 b，我们可以看到：(1)两者之间只差一个次甲基，但却给结构带来了很大的差异，由此我们可以推论：当烷基上碳链继续增加时。多聚物应取链状结构，以便减小烷基碳链之间的斥力，使结构趋于稳定；(2)以上两个结构虽然不尽相同，但它们的共同特点是$(RO)_2POO^-$基与稀土元素都是通过桥式配位的，而不是螯合配位。具有$[(RO)_2POO]_3Ln$组成的萃合物均为多聚物。这是稀土萃取工业实践中当稀土料液流量过大时常常因为这种高聚物的析出而发生乳化的原因。红外光谱的研究表明，过量$(RO)_2POOH$的加入，磷酸酯以中性分子通过 P═O 单齿配酯位，从而破坏了高聚物的结构，使乳化层消失。因此使用酸性磷酸酯萃取稀土时，一般均应使萃取剂与稀土的比例保持 6∶1 的水平，以避免因高聚物析出而发生乳化。

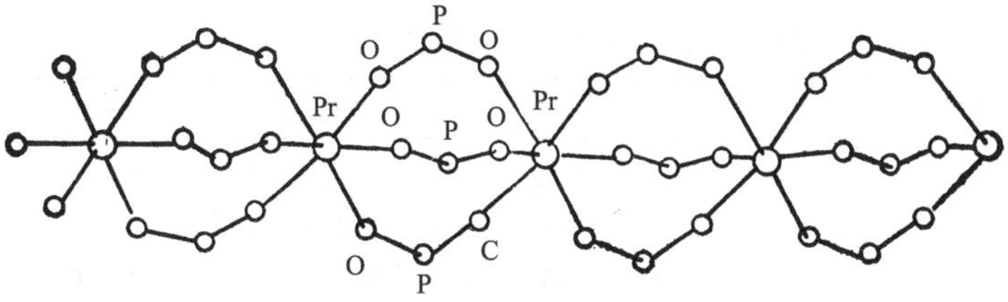

图 22.69a　$\{Pr[(C_2H_5O)_2POO]_3\}_n$ 链状聚合物骨架结构

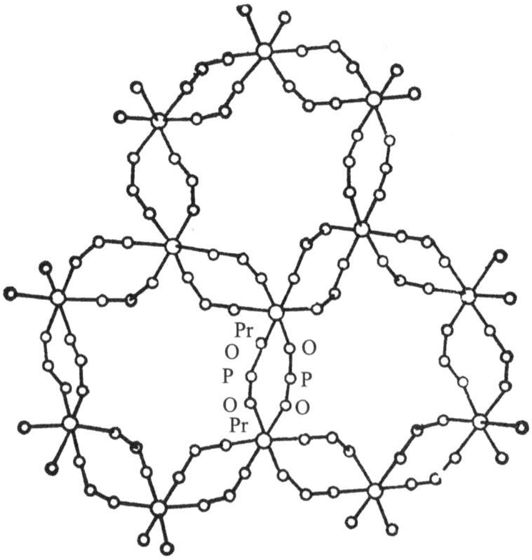

图 22.69b $\{Pr[(CH_3O)_2POO]_3\}_n$ 网状聚合物骨架结构

3. 羧酸类萃取剂

羧酸 RCOOH 是一种弱酸性萃取剂，它们的酸解离常数 K_a 随其结构而异，脂肪羧酸大致与乙酸的酸性相似，pK_a 约为 5，环烷酸的 pK_a 约为 6.5。

羧酸，特别是它们的碱金属盐或铵盐在水中有较大的溶解度。当 pH 较高或杂质较多时容易乳化，这不但使萃取剂损耗较大，而且还妨碍萃取过程的正常进行。这些缺点延缓了羧酸萃取剂在工业上的应用，但是羧酸萃取剂特别是环烷酸价格低廉，它在稀土冶炼中的某些特性很引人注目，所以对羧酸萃取剂的研究在近十年中发展十分迅速。

羧酸类萃取剂萃取金属元素的序列，现在还缺乏确切的数据，表 22.120 中列举了一些羧酸萃取剂对金属的萃取序列，在某些元素之间，有时有互相颠倒的现象，这是由于实验条件不同，羧酸的来源不同和实验误差等许多原因造成的。以下重点讨论环烷酸和异构酸：

表 22.120 羧酸类萃取剂萃取金属的序列

萃取剂	萃取序列
环烷酸	$Fe^{3+}>Th^{4+}>Zr^{4+}>U^{4+}>In^{3+}>Tl^{3+}>Ga^{3+}>UO_2^{2+}>Sn^{2+}>Al^{3+}>Hg^{2+}>Cu^{2+}>Zn^{2+}>Pb^{2+}>Ag^{+}>Cd^{2+}>Ln^{3+}>Ni^{2+}>Sr^{2+}>Co^{2+}>Fe^{2+}>Cr^{3+}>Mn^{2+}>Ca^{2+}>Mg^{2+}>Cs^{+}$

续表

萃取剂	萃取序列
异构酸(C_9—C_{11})	$Sn^{4+}>Bi^{3+}>Fe^{3+}>Ti^{3+}>Sb^{3+}>Pb^{2+}>Ga^{3+}>Cr^{3+}>In^{3+}>Cu^{2+}>Al^{3+}>Y^{3+}>Ce^{3+}>Ag^{+}>La^{3+}>Cd^{3+}>Zn^{2+}>Ca^{2+}>Ba^{2+}>Ni^{2+}>Cs^{+}>Rb^{+}>K^{+}>Co^{2+}>Mn^{2+}>Mg^{2+}>Na^{+}$
脂肪酸(C_7—C_8)	$Sn^{4+}>Fe^{3+}>Bi^{3+}>Pb^{2+}>La^{3+}>Al^{3+}>Cu^{2+}>Ag^{+}>Cd^{2+}>Zn^{2+}>Ni^{2+}>Co^{2+}>Mn^{2+}>Mg^{2+}>Na^{+}$
10%环烷酸 10%醇、80%煤油、HCl 体系(pH=4.80)	$Sm^{3+}>Nd^{3+}>Pr^{3+}>Dy^{3+}>Yb^{3+}>Lu^{3+}>Tb^{3+}>Ho^{3+}\sim Tm^{3+}>Er^{3+}>Gd^{3+}>La^{3+}>Y^{3+}$

(1) 环烷酸

环烷酸为石油工业产品,一般为含有一个五元环的饱和一元酸,分子式可写成:

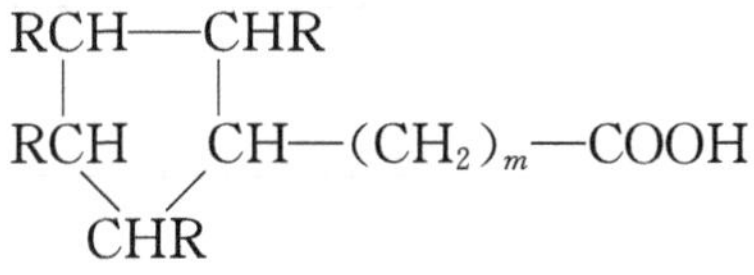

其中 R 可以是 H,也可以是长短不同的烷基。

作为萃取剂,常采用数均分子量大约在 250 左右者为宜。

聚合常数:和其他的羧酸情况相同,环烷酸在非极性溶液中,存在着二聚平衡,金天柱等用红外光谱法观察到稀环烷酸的 CCl_4 溶液,有两个明显的羧基吸收峰:$1728cm^{-1}$它对应于二聚分子(H_2A_2),$1776cm^{-1}$它对应于单个分子(HA),当 HA 浓度>5%时,$1776cm^{-1}$处的吸收峰消失,而只能观察到 $1728cm^{-1}$处的吸收峰。这说明环烷酸浓度大时,它主要以双分子形式存在,在 11%的溶液中测定了在 $1728cm^{-1}$处的二聚分子的消光系数 ε_2 为$(1.05\pm0.02)\times10^3$,然后配制不同浓度的 HA-CCl_4 溶液,分别测定了 $1728cm^{-1}$和 $1776cm^{-1}$处的两个吸收峰的光密度。应用测出的 ε_2 值计算 HA 在 $1776cm^{-1}$下的消光系数 ε_1 和二聚常数 K_2,二聚反应平衡方程式可表示如下:

$$2HA \rightleftharpoons H_2A_2$$

$$K_2=\frac{[H_2A_2]_0}{[HA]_0^2}$$

结果见表 22.121,数据表明当环烷酸浓度不断增大时,双分子 H_2A_2 的百分数不断增大,而单分子 HA 的百分数不断减小。

酸解离常数 K_a 和分配常数 K_d:

根据定义:

$$K_a=\frac{[H^+][A^-]}{[HA]}$$

$$K_d=\frac{[HA]_0}{[HA]}$$

表 22.121　环烷酸的 ε_1 (1776cm^{-1})和二聚常数 K_2

(实验条件:环烷酸数均分子量 254±2,密度 0.970g/cm^3)

实验序号	环烷酸总浓度 C_{HA}^0,mol/L	液池厚度 1(cm)	D_2 光密度 1728cm^{-1}	$[H_2A_2]_{有机}$ mol/L	D_1 光密度 (1776cm^{-1})	$[HA]_{有机}$ mol/L	ε_1 (1776cm^{-1})	K_2
1	0.00500	0.299	0.400	0.00127	0.109	0.00246	1.49×10^2	2.09×10^2
2	0.00839	0.299	0.815	0.00260	0.164	0.00319	1.73×10^2	2.57×10^2
3	0.0209	0.0985	0.782	0.00775	0.0914	0.00540	1.77×10^2	2.64×10^2
4	0.0419	0.0338	0.587	0.0160	0.0536	0.00870	1.82×10^2	2.21×10^2
5	0.0839	0.0268	0.982	0.0353	0.0641	0.0133	1.79×10^2	2.00×10^2
				平均值			$(1.72\pm0.09)\times10^2$	$(2.3\pm0.2)\times10^2$

如果在 H_2A_2 浓度可忽略的实验条件下进行两相滴定,则两相电离常数 K_{aE} 可如下表示:

$$K_{aE}=\frac{[H^+][A^-]}{[HA]_0+[HA]}=\frac{K_a}{1+K_d}$$

或 $pK_{aE}=pK_a+\log(1+K_d)$

当环烷酸浓度为 5×10^{-4}mol/L 左右测得环烷酸的 $pK_a=5.7\pm0.1$。$\log K_d$ 与 pK_{aE} 则随环烷酸浓度变化而变化,结果见表 22.122 外推当环烷酸极稀时 pK_{aE} 约为 9.2。

表 22.122　环烷酸浓度对 K_{aE} 的影响

(有机相:环烷酸-仲辛醇(10%)-正辛烷)

(水相:0.1$NaNO_3$)

[HA]mol/L	0.010	0.025	0.050	0.100
pK_{aE}	9.2	9.2	9.1	8.9
$\log K_d$	3.5	3.5	3.4	3.2
K_d	3160	3160	2510	1600

环烷酸与添加剂的作用:为了改善环烷酸的物理性能,实际使用环烷酸时常用辛醇和 TBP 为添加剂,实验证明环烷酸的煤油溶液中加入一定量的仲辛醇,可以减小溶液的黏度和比重,有利于萃取过程的分相。TBP 虽然亦可以引起相同的作用,但对分离稀土的性能有一定影响,故不常使用。由红外光谱的观察可以看到当

辛醇加入环烷酸的溶液后，它可以与单分子的环烷酸形成 1∶1 的缔和物。

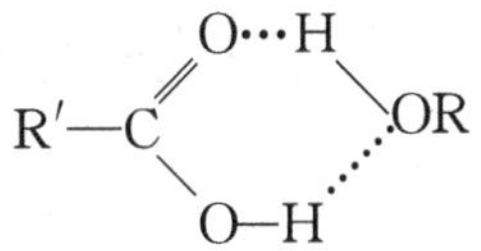

这就破坏了原有的二聚平衡，使二聚的环烷酸 H_2A_2 朝着生成了更多单分子环烷酸的方向移动。当辛醇浓度大大超过环烷酸浓度时，可以认为不再存在自由的 HA 和 H_2A_2 分子，而全部以 HA · ROH 的形式的分子存在于溶液中。设缔合反应式为：

$$HA + ROH \rightleftharpoons HA \cdot ROH$$

则缔合常数 $K_{缔合}$ 为：

$$K_{缔合} = \frac{[HA \cdot ROH]_0}{[HA]_0[ROH]_0} = 39 \pm 3$$

环烷酸对稀土的萃取反应：如上所述环烷酸在溶液中存在二聚平衡。因此它对稀土的萃取反应式可以表示为：

$$\frac{3}{2}(H_2A_2)_{(0)} + Ln^{+3} \rightleftharpoons LnA_{3(0)} + 3H^+$$

或

$$3(HA)_0 + Ln^{+3} \rightleftharpoons LnA_{3(0)} + 3H^+$$

实际上由于萃取过程中有机相中常加入辛醇，反应以第二式为主，在恒定 pH 下，当 $\log D$ 对自由萃取剂浓度的对数 $\log(HA)_0$ 作图时，测得直线斜率为 3。

彭安等研究了在硝酸盐体系及氯化物体系中环烷酸对稀土元素的萃取行为，结果见表 22.123 及图 22.70。结果说明，无论是硝酸或盐酸体系中，在一定的 pH 范围内，钇的萃取分配比既小于轻稀土也小于重稀土。pH 升高 $\beta_{Nd/Y}$ 及 $\beta_{Yb/Y}$ 增大。但对 $\beta_{Gd/Y}$ 和 $\beta_{Dy/Y}$ 的影响不明显，$\beta_{Er/Y}$ 一般较其他 $\beta_{Ln/Y}$ 为低，盐酸体系中 pH 升高 $\beta_{Er/Y}$ 有减小趋势。比较两个体系，盐酸体系的平均 $\beta_{Er/Y}$ 略大于硝酸体系。

表 22.123　环烷酸萃取混合稀土氯化物和硝酸盐中的 $\beta_{Ln/Y}^{①}$

（盐酸体系：$LnCl_3$(0.2mol/L)/HCl，pH(4.2—5.26)/HA(20%)—ROH(10%)-煤油）

（硝酸体系：$Ln(NO_3)_3$(0.2mol/L)/HNO_3，pH(4.1—4.7)/HA(20%)—ROH(10%)-煤油）

盐酸体系中钇和其他稀土的分离因数($\beta_{Ln/Y}$)					
pH	Y-Nd	Y-Gd	Y-Dy	Y-Er	Y-Yb
4.20	2.07	2.85	2.65	2.27	2.03
4.40	2.69	3.28	2.77	1.94	2.14
4.68	3.15	3.06	2.75	2.23	2.14
4.95	3.60	1.87	1.87	1.55	2.49
5.26		2.73	2.40	1.51	3.68

续表

硝酸盐体系中钇和其他稀土的分离因数($\beta_{Ln/Y}$)					
pH	Y-Nd	Y-Gd	Y-Dy	Y-Er	Y-Yb
4.10	1.79	2.18	2.95	2.13	2.11
4.20	1.82	2.64	2.99	1.66	1.98
4.35	1.83	2.37	2.82	1.92	2.54
4.65	2.80	2.26	2.64	2.21	2.48
4.70	2.14	2.28	2.82	2.05	2.94

① 稀土系 X 荧光法分析结果。

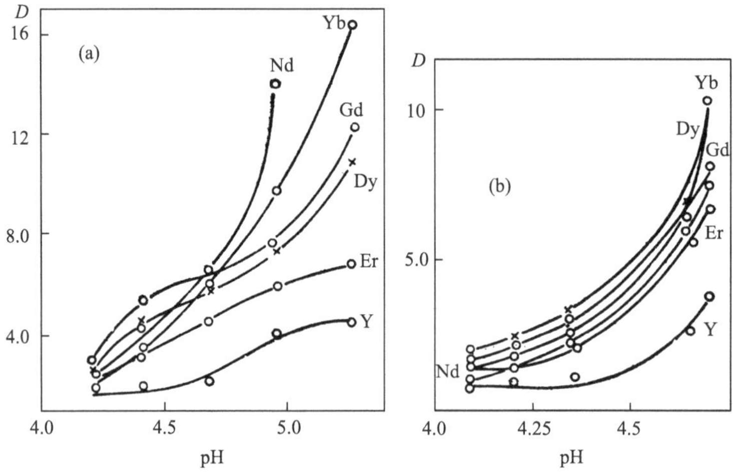

图 22.70　(a) HA 萃取 $LnCl_3$ D-pH 图 (b) HA 萃取 $Ln(NO_3)_3$ D-pH 图 $LnCl_3$ (或 $Ln(NO_3)_3$)/HCl(或 HNO_3),pH(变化)/HA(20%)-ROH(10%)-煤油

(2) 异构酸

它是一种支链化的一元酸,美、英等国称为 Versatic,有 Versatic 9,10,13,15—19 和 9—11 等型号。后二者为一种含 C_{15}—C_{19} 和 C_9—C_{11} 的异构酸混合物。苏联称为高异构化羧酸(Высшия Изомерные Кислоты)简称 ВИК。在我国则称 C_{547} 萃取剂,它大致与国外 Versatic 9—11 相当。

分配常数和聚合常数:

叔碳酸的二聚常数 K_2 随稀释剂的介电常数增加而减小。例如 C_7 叔碳酸在正庚烷中 K_2 为 57 而在癸醇中几乎不聚合,它在两相中的分配常数 K_d 随稀释剂的介电常数增加而增加。这表明叔碳酸是极性物质,根据结构相似相溶原理,它在极性稀释剂中分配系数较大,数据见表 22.124。

表 22.124 叔碳酸在各种稀释剂中的分配常数和二聚常数

萃取剂	K_d 或 K_2 \ 稀释剂	正庚烷	四氯化碳	苯	二甲苯	癸醇
	介电常数	1.92	2.23	2.27	2.43	8.1
叔碳酸 C_7	K_d	380	540	890	1130	2870
	K_2	57.0	13.3	1.72	1.25	0
叔碳酸 C_8	K_d	60	140	150	250	780
	K_2	24.3	14.9	9.17	6.58	0

不同结构的羧酸的萃取能力：

由表 22.125 中数据可以看到，当羧酸分子中碳链增加时，镧的 $pH_{1/2}$ 值略有增加，这可能是因为羧酸碳氢链增加时，羧酸在有机相中分配系数 K_d 有所增加，致使萃合常数 K_{ex} 减小，半萃取 pH 值升高；当羧酸的 α 碳原子上支链化程度增大，$pH_{1/2}$ 有增加趋势，$pH_{1/2}$ 递变规律大致如下：

表 22.125 不同结构的一元羧酸对镧的 $pH_{1/2}$

La^{3+} 0.1mol/L/HCl/羧酸(2mol/L)-癸烷

序号	名称	结构式	$pH_{1/2}$
1	混合脂肪酸 C_7—C_9	$CH_3-(CH_2)_n-COOH$	3.69
2	戊酸	$CH_3-CH_2-CH_2-CH_2-COOH$	3.72
3	异戊酸	$CH_3-CH(CH_3)-CH_2-COOH$	3.87
4	α-乙基己酸	$C_4H_9-CH(C_2H_5)-COOH$	4.00
5	α-烷基羧酸 C_4—C_{11}	$C_nH_{2n+1}-CH(C_mH_{2m+1})-COOH$	4.18
6	α-丁基 α 烷基羧酸 C_{11}—C_{19}	$C_nH_{2n+1}-C(C_4H_9)(C_mH_{2m+1})-COOH$	4.43
7	α-乙基 α 烷基羧酸 a. C_6—C_{10} b. C_{10}—C_{18}	$C_nH_{2n+1}-C(C_2H_5)(C_mH_{2m+1})-COOH$	3.96 4.23
8	α,α-二甲基羧酸 a. C_6—C_{10} b. C_{13}—C_{19}	$C_nH_{2n+1}-C(CH_3)_2-COOH$	4.33 4.52

续表

序号	名称	结构式	$pH_{1/2}$
9	α-异丙基-β-异丁基丙烯酸	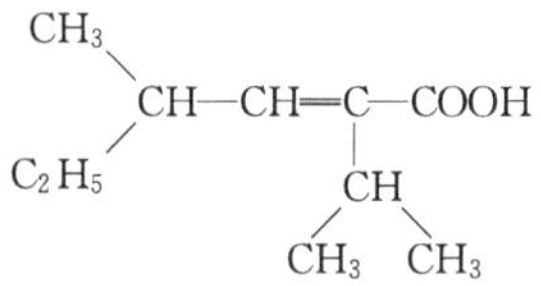	4.22

脂肪酸＜β-支链化羧酸＜α-支链化羧酸＜α,α-支链化羧酸

序号	2	3	4	8-a
$pH_{1/2}$	3.72	3.87	4.00	4.33

这可能是由于随羧酸的α-碳原子上支链化程度增大，烷基对萃取功能基的空间位阻效应亦将随之增大，致使萃取剂的萃取能力减小，故 $pH_{1/2}$ 略有上升。

羧酸结构与分离系数的关系：

А. И. Михайличенко 等对不同结构的一元羧酸对稀土的萃取分离系数作了比较。由表 22.126 中的数据可以看出：结构类型相同的α,α-二烷基羧酸萃取稀土时，主链碳原子数增加，分离系数增加，这可由 7-a，7-b，8-a，8-b 的比较得出结论；在烷基碳原子数目相同或接近的情况下，具有支链的酸对稀土元素的萃取分离系数大于直链的羧酸；α 支链的羧酸对稀土元素的萃取分离系数大于 β 支链的羧酸，这可能是由于支链化烷基越接近羧基，对羧基和稀土离子反应的空间位阻效应贡献更大，因而导致分离因素增大。

表 22.126 不同结构的一元羧酸对稀土元素的分离系数

(Ln^{3+} 0.4—0.6mol/L/pH3.0—4.2/羧酸)

序号	名称	$\beta_{Ce/La}$	$\beta_{Nd/La}$
1	混合脂肪酸 C_7—C_9	1.44	2.68
2	戊酸	1.28	2.52
3	异戊酸	1.76	3.24
4	α-乙基己酸	2.28	3.88
5	α-烷基羧酸 C_4—C_{11}	1.60	2.80
6	α-丁基α-烷基羧酸 C_{11}—C_{19}	2.40	4.92
7	α-乙基α-烷基羧酸		
	a C_6—C_{10}	2.12	3.76
	b C_{10}—C_{18}	2.52	5.36
8	α,α′-二甲基羧酸		
	a. C_9—C_{10}	1.72	2.92
	b. C_{13}—C_{19}	2.60	6.24
9	α-异丙基-β-异丁基丙烯酸	3.28	6.56

值得指出的是，在所有研究过的一元羧酸中，α-异丙基-β-异丁基丙烯酸具有最大的选择性，它对 Nd-La 的分离系数为 6.56，这可能首先是由于该分子上 α 和 β 位置上都有支链，α 位置上的取代基体积较大时，导致在萃取剂与稀土络合时，稀土离子的脱水作用增加，从而增大了从水相转移至有机相的过程中离子的溶剂化层的重排，这是选择性增大的主要原因。其次双键也起一定的作用。

总之，一元羧酸分离稀土时，其选择性一般是随着碳链增加和支链化程度的增加而增大，其变化次序如下：直链结构的羧酸＜β 直链的羧酸＜α 支链的羧酸＜α，α'支链的羧酸。

(3) 萃合物结构

我们曾对不同结构的羧酸与稀土形成的萃合物结构进行了研究，下面选择两个例子说明稀土羧酸盐的结构特点。

$[NdA_3 \cdot 3HA]_2$ 型：其中 HA 为$(CH_3)_3C—COOH$，$NdA_3 \cdot 3HA$ 晶体属单斜晶系，$P2_{1/n}$空间群，$a=16.774(8)$，$b=12.425(4)$，$c=20.844(12)$Å，$\beta=109.27(4)°$，数据表明 $NdA_3 \cdot 3HA$ 实际上是以双分子形式存在(见图 22.71a)。在每个二聚分子中，两个钕原子通过四个羧酸桥联，这四个羧基分成两组。两两组成一个平面，此两平面互相垂直，而每个钕原子又与另外四个氧配位，其中三个来自三个中性的特戊酸而另一个则由单齿配位的特戊酸基所提供，中心离子的配位数为八，配位多面体具有四方反棱柱构型。特戊酸根 A^- 的 Nd—O 键长分别为 2.38，2.40，2.39，2.44 和 2.40Å，由中性特戊酸 HA 分子所提供的 Nd—O 键长分别为 2.57，2.54 和 2.39Å，由此可见后者比前者为长。而 2.39Å 比其他都显著的短，这显示了在中性特戊酸与单齿配位的特戊酸基之间存在着一个强的氢键。

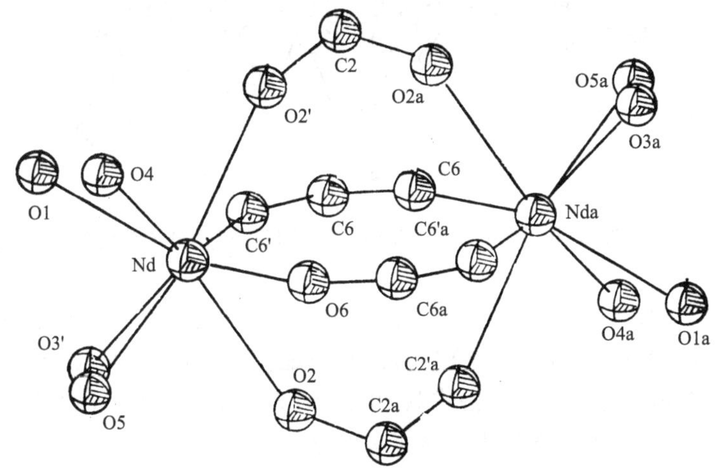

图 22.71a $[NdA_3 \cdot 3HA]_2$ 分子骨架图。其中 HA 为特戊酸$(CH_3)_3C—COOH$

$Nd(C_7H_{11}O_2)_3 \cdot 2C_2H_5OH$：其中 $C_7H_{11}O_2^-$ 为环己烷甲酸基。数据表明该晶体属三斜晶系，$P\bar{1}$ 空间群。晶胞参数如下：$a=12.618$，$b=12.379$，$c=9.419$Å，$\alpha=91.66$，$\beta=98.4$，$\gamma=99.14°$。络合物中心原子 Nd 通过一对 $RCOO^-$ 与 Nd(A) 桥联，$RCCO^-$ 中两个氧分别与 Nd 和 Nd(A) 成键，Nd 还通过一对 $RCCO^-$ 与 Nd(B) 桥联，$RCOO^-$ 中有一个氧既跟 Nd 成键也跟 Nd(B) 成键，而另一个氧只与一个 Nd 成键，Nd…Nd(A) 和 Nd…Nd(B) 连线中点分别处在晶体对称中心位置(0，0，0)和(0，0，0.5)上，因此这是个链状聚合物，聚合链与晶轴 C 平行，第三个 $RCOO^-$ 与 Nd 螯合成键，此外还有两个乙醇分子与 Nd 配位，所以 Nd 的配位数是 9(见图 22.71b)配位多面体具不规则的盖帽四方反棱柱构型。盖帽原子是离 Nd 较远的 μ_3—O 原子，Nd，的各配位键长为：双齿桥基 $RCOO^-$ 2.41，2.42Å；含 μ_3—O 桥基 $RCOO^-$ 2.47，2.50，2.73Å；螯合 $RCOO^-$ 2.55，2.56Å，两个乙醇分子 2.56，2.51Å，键长数据表明 $RCOO^-$ 以双齿桥联的方式配位生成的键最强，其中含有 μ_3—O 键的次之。而 $RCOO^-$ 以双齿螯合形式成键的，其配位键最弱，其强度甚至不比 C_2H_5OH 的配位键强。这是由于 $RCOO^-$ 与 Nd 桥联成键时其 Nd—O—C 键角比较合适，而 $RCOO^-$ 与 Nd 螯合时 Nd—O—C 键角较小，使得 Nd—O 与 O—C 键上的电子云间的斥力过大，影响键合。

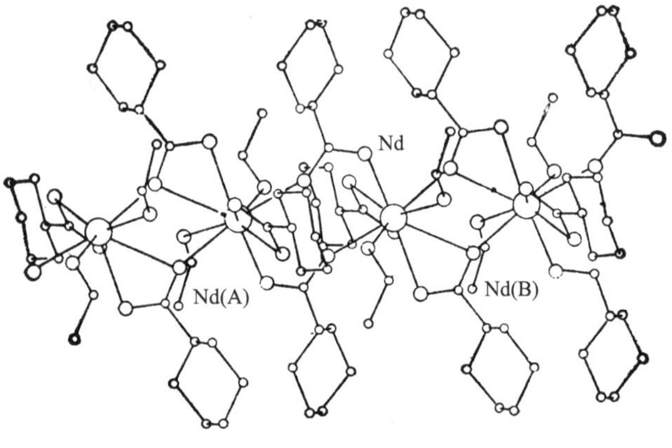

图 22.71b $[Nd(C_6H_{11}COO)_3 \cdot 2C_2H_5OH]_n$ 分子结构图

通过以上的讨论我们可以看到，稀土羧酸盐的结构特点是：(a)配位形式多种多样：有桥式双齿配位、含 μ_2—O 的桥式双齿配位、螯合双齿配位，羧基单齿配位和中性分子单齿配位。其中以桥式双齿配位最为稳定。(b)由于桥式双齿配位最为稳定，所以稀土羧酸盐多数为二聚或多聚分子。

4. 螯合萃取剂

螯合萃取剂具有两种官能团，即酸性官能团和配位官能团，它们和金属离子形成螯合物而萃入有机相。实际上在以酸性磷类萃取剂或羧酸类萃取剂与金属离子所形成的萃合物中也都有广义的螯合环，把它们叫作螯合萃取体系也是可以的，不过以下所讨论的是属于前一类。

能解离出氢离子的酸性官能团有：羟基—OH，羧基—COOH，肟基═N—OH，亚胺基═N—H 和硫基—SH。作为电子给予体的配位官能团有羰基═CO，硫代羰基═CS，亚硝基═NO，氨基—NH_2 和三价的氮原子═N。

大多数可萃取的金属螯合物具有五元环或六元环，也已知一些含有大原子如硫作为配位原子的四元环螯合物。但是，它们为数不多，螯合环的稳定性一般是，四元环＜六元环≤五元环，大于六元环的螯合物是不稳定的。

迄今为止，研究过的各种螯合剂已经有几百种，研究过的螯合萃取体系就更多了。其中一部分可用于分析化学中的金属离子的分析和分离。例如 α-噻吩甲酰三氟丙酮（HTTA）是分析化学和放射化学中应用最广的一种“广普萃取剂”，能萃取周期表中除 Na^+，K^+，Rb^+，Cs^+ 以外的几乎所有的金属。又如 1-苯基-3-甲基-4-酰基吡唑啉酮-5，也是应用得很广泛的另一类重要的螯合萃取剂，以下我们分别对这两种螯合萃取剂进行一些论述：

(1) α-噻吩甲酰三氟丙酮

它是 β-双酮类萃取剂，在溶液中有酮式和烯醇式的互变异构平衡，同时作为一种弱酸，在溶液中还有电离平衡：

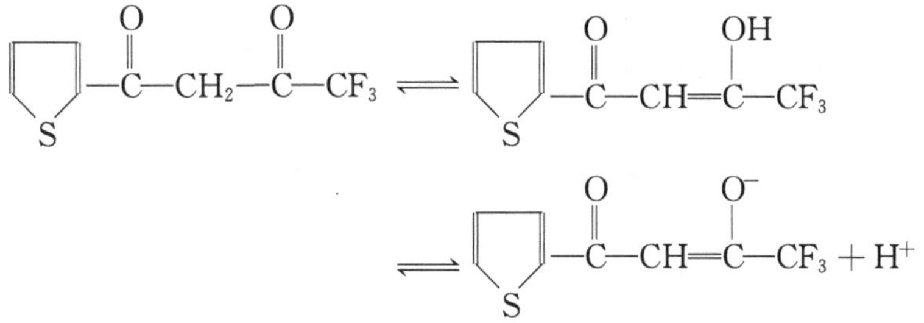

25℃时电离常数 $K_a = 6.7 \times 10^{-7}$（$\mu = 0$ 时 $pK_a = 6.23$）在苯和稀酸之间的分配常数为 40；当水相 pH＝8 时，约有一半的 HTTA 分配在水相；HTTA 在酸中稳定，在 10mol/L 的硝酸中也能稳定存在，但在碱性介质中易于分解，当 pH＞9 时，HTTA 开始分解成三氟乙酸和乙酰噻吩。

它和金属离子的反应可用下式表示：

$$M^{n+} + nHA_{(0)} \rightleftharpoons MAn_{(0)} + nH^+$$

表 22.127 列出 0.2mol/L HTTA 的苯溶液萃取各种金属离子的半萃取 pH 值，数据表明，高价离子比低价离子易萃（其中 Fe^{3+} 是例外，它比四价 Th^{4+} 更易萃取，以其 log$D$ 对 pH 作图，所得直线的斜率不是 3 而是 4.5。因此可能含有二聚体 $Fe(OH)Fe^{5+}$ 和 $Fe(OH)_2Fe^{4+}$ 等存在；在同价离子中，半径小的比半径大的易萃，例如在稀土三价离子中重稀土比轻稀土易萃。一般 $pH_{1/2}$ 相差两个单位以上的元素，往往一次萃取便可达到定量分离，所以利用表 22.127 所列序列，可以找到分离离子的适当方案。例如 Y^{3+} 的 $pH_{1/2}=3.20$。用 0.2mol/L HTTA-C_6H_6 在 pH=2 时先萃取一次，可除去 Fe^{3+} 和四价元素，然后在 pH=3.20+2=5.20 下萃取，可把 99%以上的 Y 萃入有机相，而与 $pH_{1/2}>5.20$ 的元素分离。

表 22.127　HTTA 萃取 M^{n+} 的 $pH_{1/2}$

价数	离子	底液	$pH_{1/2}$	价数	离子	底液	$pH_{1/2}$
四价	Zr^{4+}	HCl	−1.08	三价	Eu^{3+}	HCl+KCl	3.29
	Hf^{4+}	HCl	−1.00		Sm^{3+}	HCl+KCl	3.29
	Pu^{4+}	HNO_3	−0.85		Nd^{3+}	HCl+KCl	3.59
	U^{4+}	HNO_3	−0.31		Pr^{3+}	HCl+KCl	3.68
	Th^{4+}	HNO_3	+0.51		Ce^{3+}	HCl+KCl	3.88
三价	Fe^{3+}	KCl	−0.24		La^{3+}	HCl+KCl	4.24
	Sc^{3+}	HCl+KCl	0.99	二价	Be^{2+}		2.33
	Bi^{3+}	NaCl	1.80		Ca^{2+}		6.7
	In^{3+}		2.18		Sr^{2+}		7.8
	Al^{3+}		2.48		Ba^{2+}		8.0
	Lu^{3+}	HCl+KCl	2.99		Co^{2+}		4.1
	Yb^{3+}	HCl+KCl	2.97		Pb^{2+}		3.34
	Tm^{3+}	HCl+KCl	3.05		Ni^{2+}		7.5
	Ho^{3+}	HCl+KCl	3.15	一价	Tl^{+}		5.35
	Dy^{3+}	HCl+KCl	3.08		Li^{+}		7.8
	Y^{3+}	HCl+KCl	3.20		Na^{+}		基本不萃
	Tb^{3+}	HCl+KCl	3.24		K^{+}		基本不萃
	Gd^{3+}	HCl+KCl	3.26		Rb^{+}		基本不萃
					Cs^{+}		基本不萃

HTTA 萃取稀土的反应平衡常数见表 22.128，log$K$ 对 Z 的关系见图 22.72。由此可得镥对镧的分离系数是 3×10^3，相邻稀土的平均分离系数为 1.8，由于 log$K$ 对 Z 作图呈四分组效应。所以在每一个分组的第一对元素其实际分离系数远大于 1.8。

表 22.128 HTTA 对稀土的萃取平衡常数

(Ln^{3+} ~1×10^{-5}mol/L(H^+,Na^+)ClO_4 1mol/L HTTA 0.2mol/L—CCl_4)

Z	离子	logK	Z	离子	logK
57	La^{3+}	−(10.50±0.03)	65	Tb^{3+}	−(8.22±0.02)
58	Ce^{3+}	−(9.99±0.06)	66	Dy^{3+}	−(7.98±0.03)
59	Pr^{3+}	−(9.53±0.02)	67	Ho^{3+}	−(7.87±0.04)
60	Nd^{3+}	−(9.35±0.03)	39	Y^{3+}	−(7.80±0.06)
61	Pm^{3+}	−(8.95±0.03)	68	Er^{3+}	−(7.76±0.04)
62	Sm^{3+}	−(8.68±0.04)	69	Tm^{3+}	−(7.40±0.06)
63	Eu^{3+}	−(8.65±0.04)	70	Yb^{3+}	−(7.10±0.03)
64	Gd^{3+}	−(8.40±0.04)	71	Lu^{3+}	−(6.99±0.03)

HTTA与稀土的萃合物结构已有报道，$Eu(TTA)_3 \cdot 2H_2O$ 和 $HO(TTA)_3 \cdot 2H_2O$ 的结构均已测定，$HO(TTA)_3 \cdot 2H_2O$ 晶体属三斜晶系，空间群为 $P\bar{1}$。每个晶胞中含有二个分子，晶胞参数如下：a=11.888(7)Å，b=15.020(8)Å，c=10.370(7)Å；α=113.65(5)°，β=103.48(5)°，γ=62.89(5)°。每个钬原子由8个氧原子配位，构成一个扭曲的四方反棱柱体，三个TTA螯环占据6个配位位置，螯环中O—Ho—O角的平均值等于72.3(3)°。其余二个配位位置由水分子占据，O—Ho—O角等于81.6(7)°分子构型见图22.73。

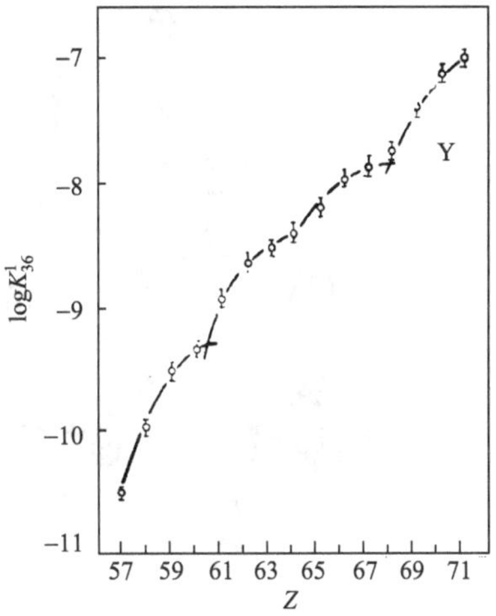

图 22.72 萃取平衡常数的对数 logK 随原子序数 Z 的变化

体系：0.2mol/L HTTA，CCl_4，1mol/L $NaClO_4$

$Ln(TAA)_3 \cdot (H_2O)_2$ 分子中的水分子，可以被HTTA本身所取代，生成 $Ln(TTA)_3 \cdot HTTA$，由于HTTA为双齿配位体，所以萃合物中的稀土仍为八配位。$Ln(TTA)_3 \cdot (H_2O)_2$ 分子中的水分子也可以被单齿配体的中性配体所取代，生成 $Ln(TTA)_3 \cdot 2S$。这就是HTTA常常与许多中性萃取剂组成协萃体系的原因(详见第4.3.5节)。

(2) 1-苯基-3-甲基-4-酰基吡唑啉酮-5 这类萃取剂是在放射化学及分析化学中具有实际意义的另一类β-双酮螯合萃取剂，它比HTTA有易于合成的优点，因此价格低廉。已获商业生产的1-苯基-3-甲基-4-苯甲酰基吡唑啉酮-5(简称PMBP)是实验室中常用的萃取剂之一。它与HTTA相似在溶液中也具有酮式与烯醇式的互变异构体平衡和酸解离平衡：

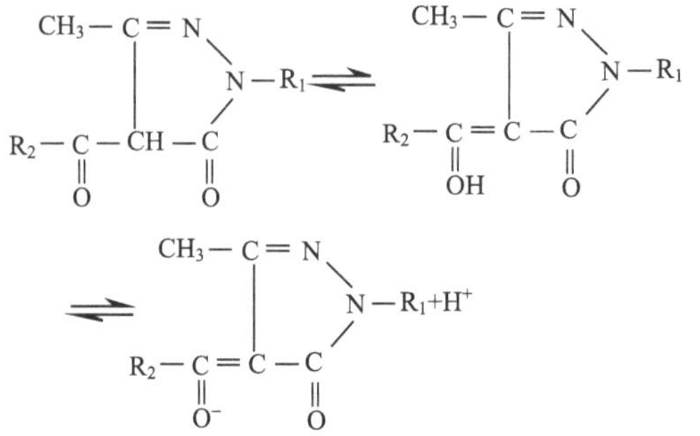

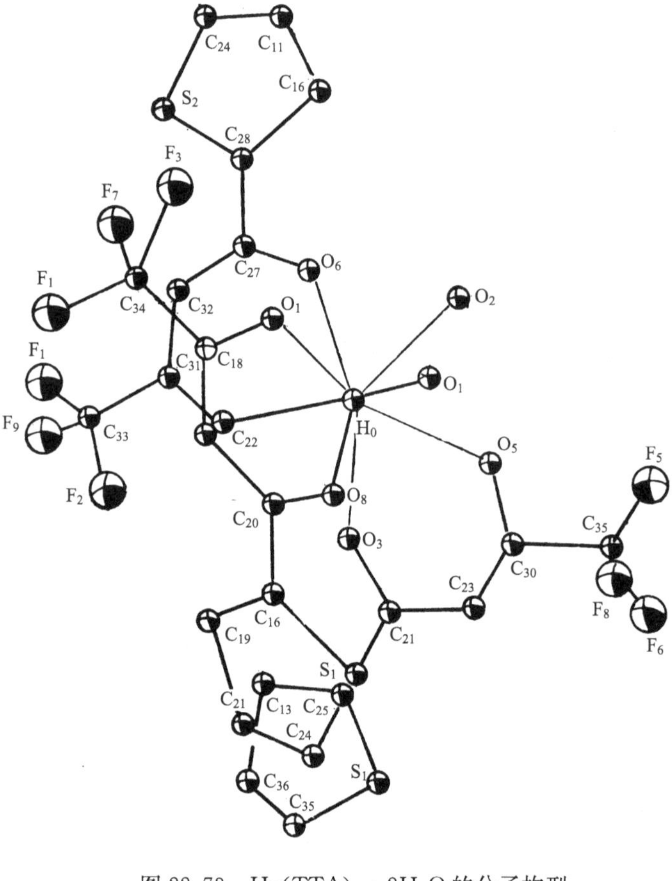

图 22.73　$Ho(TTA)_2 \cdot 2H_2O$ 的分子构型

如果以 HL 代表这类萃取剂，它们与稀土离子的反应符合以下公式：

$$3HL + Ln^{3+} \rightleftharpoons LnL_3 + 3H^+$$

或

$$4HL + Ln^{3+} \rightleftharpoons LnL_3 \cdot HL + 3H^+$$

不同结构的 4-酰基吡唑啉酮-5 具有不同的酸性，表 22.129 中列举了具有不同结构的吡唑啉酮的酸解离常数，它们对铕离子萃取的反应平衡常数以及相应的 $pH_{1/2}$。从数据可知：当 1-位上都是对甲苯基，而 4 位上的乙酰基上的氢在不同程度上被氯所取代时，氯原子数越多，酸性越强 $pH_{1/2}$ 值越小，萃合常数就越大，这是由于氯的电负性使烯醇式中羟基上的氢更易解离所致。当 4 位上同是三氟乙酰时，1 位上为对甲苯基，苯基或对硝基苯基也给出了不同的 pK_a。由于硝基苯基中形成了更大的 π 键，使羟基上电子云密度降低，使羟基的氢更易解离，因此 pK_a 值最小，酸性最强，对铕的萃取平衡常数最大。萃取剂本身酸性增强，萃取反应可以在酸性较强的底液中进行，从而使得许多易于水解的金属也可以被萃取。

表 22.129 吡唑啉酮的 pK_a 及其对 Eu 的萃取

(Eu^{3+}(示踪量)/0.1mol/L $NaClO_4$/2×10^{-4}mol/L 吡唑啉酮-$CHCl_3$)

R_1	R_2	$pH_{1/2}$	$\log K_{ex}$	pK_a 在 10%的二氧乙烷中(V/V)
对甲苯基	甲基	3.59	−5.67	4.10
对甲苯基	二氯甲基	2.20	−1.50	3.40
对甲苯基	三氯甲基	2.07	−1.11	3.05
对硝苯基	三氟甲基	1.57	0.39	1.84
苯基	三氟甲基	2.52	−2.46	2.70
对甲苯基	三氟甲基	2.72	−3.18	2.90

各种 1-苯基-3-甲基-4-酰基吡唑啉酮-5-对稀土的萃取平衡常数随原子序数增加而增加。如图 22.74。平均分离系数 $\bar{\beta}_{(z+1)/z}$ 为 2 左右。苯基是典型的吸电子基团，当它在 R_2 位置上取代烷基后，使吡唑啉酮的酸性增加，萃取平衡常数增大，但平均分离系数 $\bar{\beta}_{(z+1)/z}$ 略有下降。这是符合一般规律的。这种效应以苯基直接连在羰基上最为显著，如果相隔一个次甲基或两个次甲基，这种效应将大为减弱。例如当 1-苯基-3-甲基-4-辛酰吡唑啉酮-5 中的 C_7H_{15}—被 C_6H_5—所取代时，它对镧的萃取反应平衡常数可增加 1000 倍。但是，如果 C_7H_{15}—分别被 C_6H_5—CH_2 或 C_6H_5—CH_2—CH_2—所取代后，它们对镧的萃取平衡常数只增加 32 倍或 6.5 倍。

表 22.130 1-苯基-3-甲基-4-酰基吡唑啉酮-5 对稀土的萃取分离

($LnCl_3$ 2×10^{-5}mol/L/0.1mol/L $NaClO_4$/1-苯基-3-甲基-4-酰基吡唑啉酮-5 10^{-2}mol/L $CHCl_3$)

序号	取代基 R_2	名称	$\log K_{ex}$				平均分离系数 $\bar{\beta}_{(z+1)/z}$
			La	Pr	Eu	Yb	
I	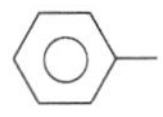	HPMBP	−7.28	−6.17	−5.33	−4.24	1.65

续表

序号	取代基 R_2	名称	$\log K_{ex}$				平均分离系数 $\bar{\beta}_{(z+1)/z}$
			La	Pr	Eu	Yb	
II	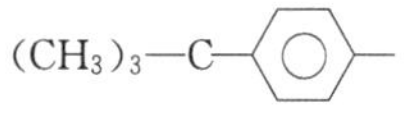	HPMBBP	−8.13	−6.72	−5.64	−4.56	−1.80
III	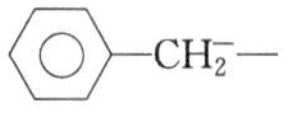	HPMPAP	−8.76	−7.29	−6.03	−4.62	1.98
IV	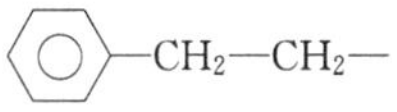	HPMPPP	−9.46	−7.86	−6.62	−4.95	2.09
V	C_9H_{19}—	HPMOP		−8.49	−6.97	−5.20	
VI	C_7H_{15}—	HPMDP	−10.26	−8.74	−7.27	−5.42	2.22

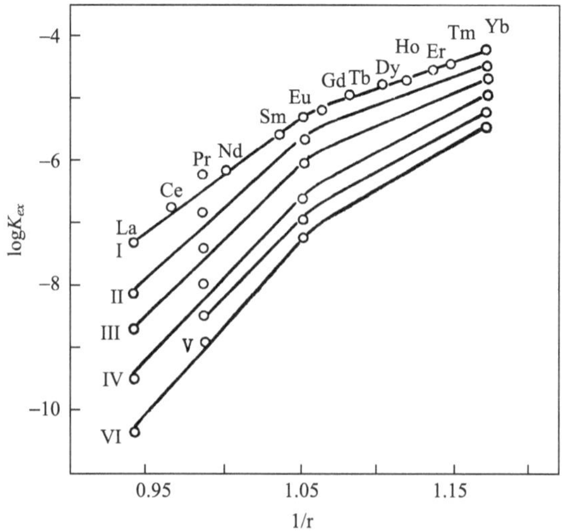

图 22.74　取代吡唑酮对稀土的萃取

4.3.4　离子缔合萃取体系

此类萃取剂是含氧或含氮的有机化合物，被萃取物通常为金属阴离子，二者以离子缔合方式成为萃合物而存在于有机相的。本节将着重以胺类萃取剂为例，来讨论离子缔合体系。

1. 胺类萃取剂的结构与性能

胺类萃取剂可以看作是氨分子中三个氢逐步地被烷基取代，生成三种不同的胺及四级铵盐：

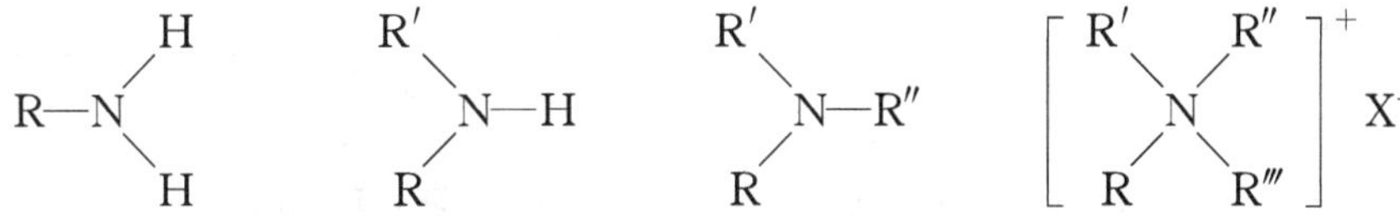

一级胺（伯胺）　二级胺（仲胺）　三级胺（叔胺）　四级铵盐（季铵盐）

分子中 R，R′，R″，R‴等代表不同的烷基或芳香基。X^- 代表无机酸根，如 Cl^-，NO_3^-，SO_4^{2-} 等等。

用于萃取的有机胺，其分子量通常在 250—600 之间，分子量小于 250 的烷基胺在水中的溶解度较大，使用时将导致萃取剂在水相中的溶解损失。分子量大于 600 的烷基胺则往往是固体。在有机溶液中的溶解度过小，萃取时分相困难，萃取容量也低。

胺类的碱性强度、结构空间效应以及分子间氢键效应对它们的萃取性能有较大的影响，在研究胺类萃取剂的结构与性能时，要综合诱导效应和空间位阻等立体化学因素对反应的影响。这可借助于有机化合物的结构和反应性能的方程式来处理：

$$\log K = \log K_0 - \alpha\Sigma\sigma^* + \beta\Sigma E_s$$

式中 K 为有取代基时的萃取反应平衡常数，K_0 为没有取代基的萃取反应平衡常数，α，β 对于一定类型的反应来说是常数，不受取代基团的性质影响，σ^* 为取代基团的诱导效应常数，推电子基团的 σ^* 为负值，它使萃取能力增加，拉电子基团的 σ^* 为正值，它使萃取能力减小，当有多个取代基团时，它们对萃取反应的影响可以迭加起来。E_t 为取代基团的空间位阻效应常数，当有多个取代基时，它们对萃取反应的影响也可以迭加起来。比较表 22.131(a)和表 22.131(b)的数据，首先可以看到，当其他各种烷基取代甲基时，无论从诱导效应和空间位阻效应来看，都对萃取反应产生影响，这种影响以邻近氮原子烷基上有支链的基团作用显著，例如当碳原子数同为四时，正丁基的诱导效应常数 σ^* 为−0.13；异丁基的诱导效应常数为−0.125；而叔丁基相应的数据是−0.32。正丁基的空间位阻效应 E_t 为−0.39；异丁基的相应数值为−0.93；而叔丁基的相应数值是−1.54。其次我们还可以看到取代基的位阻效应对萃取性能的影响大，而诱导效应影响较小。

表 22.131(a)　取代基的诱导效应常数 σ^*

取代基	σ^*	取代基	σ^*	取代基	σ^*
NO_2—	+5.3	CH_3—	0.00	叔$(C_4H_9)CH_2$—	−0.14
CH_3COO—	+2.0	C_2H_5—	−0.10	$(C_2H_5)_2CH$—	−0.225
CH_3CO—	+1.65	正 C_3H_7—	−0.115	叔$(C_4H_9)CH_3CH$—	−0.283

续表

取代基	σ^*	取代基	σ^*	取代基	σ^*
HO—	+1.55	异 C_3H_7—	−0.20	正 C_8H_{17}—	−0.16
C_6H_5—	+0.60	正 C_4H_9—	−0.13	环 C_5H_9	−0.023
$C_6H_5CH_2$—	+0.23	异 C_4H_9—	−0.125	环 $C_6H_{11}CH_2$—	−0.06
		叔 C_4H_9—	−0.32	环 C_6H_{11}—	−0.12

表 22.131(b)　取代基空间位阻效应 E_t

取代基	E_t	取代基	E_t	取代基	E_t
CH_3—	0.00	正 C_5H_{11}—	−0.40	环 $C_6H_{11}CH_2$—	−0.98
C_2H_5—	−0.07	异 C_5H_{11}—	−0.35	环 C_6H_{11}—	−0.79
正 C_3H_7—	−0.36	叔$(C_4H_9)CH_2$—	−1.74	$(C_2H_5)_3C$—	−3.9
异 C_3H_7—	−0.47	$(C_2H_5)_2CH$—	−1.98		
正 C_4H_9—	−0.39	叔$(C_4H_9)CH_3CH$—	−3.18		
异 C_4H_9—	−0.93	正 C_8H_{17}—	−0.33		
叔 C_4H_9—	−1.54	环 C_5H_9—	−0.51		

但是，由于结构参数不全，要定量的描述萃取反应还有不少困难，萃取剂的萃取能力的大小仍需通过实验决定，例如，当氨分子中的氢被电负性较低的烷基取代时，由于诱导效应的结果，氮原子上的电荷密度增高，胺类的碱性及其盐的极性应按伯、仲、叔的顺序递增，但由于空间位阻的影响，叔胺虽有三个烷基，碱性反而下降，实际上碱性的强度是按仲胺＞伯胺＞叔胺的次序递减。例如有机胺在水溶液中的质子缔合反应如下：

$$R_3N + H^+OH^- = R_3NH^+ + OH^-$$

其反应平衡常数就是按上述方式递减的。

此外，分子间的氢键效应对胺类萃取剂的物理化学性能有很大的影响。直链高碳伯胺是低熔点蜡状固体，仲胺是熔点较高的固体，而叔胺一般为液体，这一现象可能和烷基胺本身借氢键发生缔合有关，在煤油中，伯胺及直链钟胺容易发生缔合，不利于金属的萃取。叔胺本身不发生缔合。具有支链的钟胺(特别是支链靠近氮原子)，由于支链妨碍形成氢键，故也不缔合，有利于他们对金属的萃取。

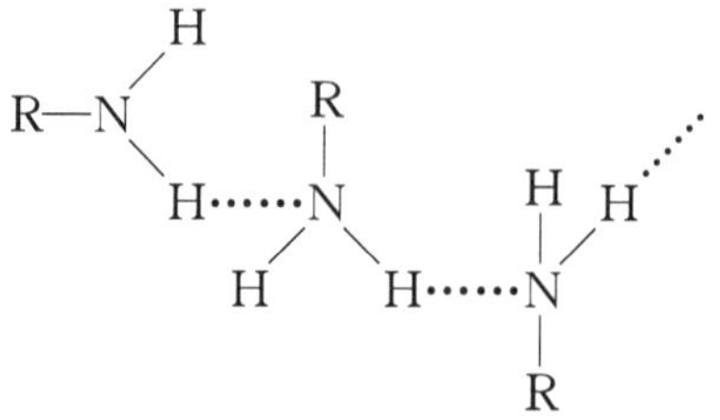

伯胺的缔合

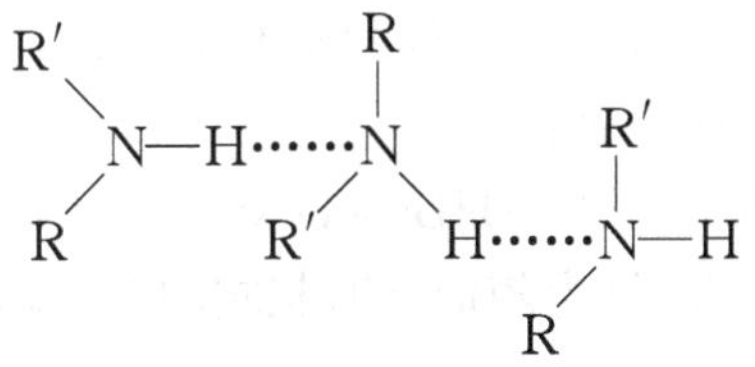

仲胺的缔合

在氯仿中的情况则不相同，由于氯仿中的 H 原子能与 N 形成氢键，抑制了伯胺及直链仲胺本身的缔合，从而有利于他们对金属的萃取，而叔胺由于与氯仿缔合，因此反而不利于叔胺的萃取。

2. 胺类萃取剂的基本反应

(1)聚合反应

各种结构的胺类萃取剂在溶液中都存在着聚合和解离的平衡。这一现象曾被广泛的研究过。但是由于影响聚合的因素很多，数据的处理又各不相同，因此所得聚合平衡常数可比性很差。由表 22.132 中所列部分数据就可看到这种情况。

表 22.132 各种胺盐或季铵盐的聚合常数

体 系	聚合常数($K_n=[A_n]/[A]^n$)
三-月桂胺高氯酸盐在苯中	$K_2=(2.3\pm0.2)\times10^2$；$K_8=(1.2\pm0.1)\times10^{14}$；$K_{12}=(15\pm15)\times10^{20}$
硝酸四庚基季铵盐在苯中	$K_3=(8.4\pm0.7)\times10^6$；$K_{25}=(6.8\pm3.8)\times10^{76}$
氯化四庚基季铵盐在苯中	$K_3=(2.9\times0.4)\times10^7$；$K_{25}=(1.4\pm0.4)\times10^{76}$
三-月桂胺高氯酸盐在二甲苯中	$K_2=(1.7\pm0.3)\times10^2$；$K_8=(9\pm5)\times10^{13}$
苯基二丁基胺硝酸盐在苯中	$K_4=(4.17\pm1.12)\times10^5$

但是，一般说来，聚合反应具有以下规律：第一，不同结构的胺盐，其聚合大小程度的顺序为：伯胺盐<仲胺盐<叔胺盐<季铵盐。第二，稀释剂的介电常数愈小，聚合常数愈大。第三，在脂肪烃中比芳香烃中聚合度大。第四，在同一结构的胺中阴离子对胺的聚合影响顺序为：$ClO_4^- > NO_3^-$，$Br^- > Cl^-$，而胺类的硫酸盐的聚合大于其他盐类。

(2) 胺和季铵盐与酸的反应

脂肪胺具有碱性，它可以和等当量的酸中和而生成盐，例如叔胺与 HNO_3 反应：

$$R_3N_{(0)}+H^++NO_3^- \rightleftharpoons R_3NH^+NO_{3(0)}^-$$

其平衡常数为：

$$K_{11}=\frac{[R_3NH^+NO_3^-]_0}{[R_3N]_0[H^+][NO_3^-]}$$

K_{11}称为两相中和常数，例如，三辛胺在甲苯溶液中与硝酸的两相中和反应 $K_{11}=$

1.4×10^5(25℃)对于一个给定的胺,其 K_{11} 与稀释剂有关,它随溶液的极性或可极化性增加而增加,K_{11} 随酸变化的次序是:

$$HClO_4 > HSCN > HI > HBr > HNO_3 > HCl$$

对于给定的酸和稀释剂,胺萃取酸的能力随伯、仲、叔胺顺序下降;随烷基链增长或支链增多而下降。

胺与等当量的酸生成胺盐后,如果水相酸的浓度比较高,还能生成胺盐与酸 1∶1 的离子缔合体,这种反应称为胺盐的加合反应,今以叔胺萃取过量硝酸为例,反应式如下:

$$R_3NH^+NO^-_{3(0)} + H_3O^+ + NO_3^- = \begin{bmatrix} R_3NH^+ & NO_3^- \\ NO_3^- & H_3O^+ \end{bmatrix}_{(0)}$$

(3)烷基胺或季铵盐与酸根阴离子的交换反应

胺盐或季铵盐中的酸根阴离子可以与其他酸根阴离子发生交换反应,阴离子半径越大,电荷越小,即水化程度越低,越有利于被萃取,其顺序是:

$$ClO_4^- > SCN^- > I^- > Br^- \sim NO_3^- > Cl^- > HSO_4^- > F^- > SO_4^{2-}$$

市售季铵盐大都是氯化物,如果需要转化成硝酸盐或硫氰酸盐时,只需要用相应的无机盐配成水溶液与有机相进行交换,经过数次置换,氯化季铵盐就可转化成硝酸季铵盐或硫氰酸季铵盐了。

3. 季铵盐对稀土元素的萃取

在稀土分离中常用的胺类萃取剂是甲基三烷基季铵盐。国内商品代号称 N263,国外商品代号为 Aliquot 336。它的分子式为:

$$[CH_3—(CH_2)_{7—11}]_3\overset{\displaystyle N^+Cl^-}{\underset{\displaystyle CH_3}{|}}$$

由于氯化物对稀土的萃取率很低,使用时常常先转化成硝酸盐或硫氰酸盐。

(1) 萃取机理的研究

季铵盐在稀土分离工业上虽然是应用得较早的萃取剂之一,但萃取机理并不十分清楚。例如这里有两种假设的机理,都可得到同一种萃合物:

$$xR_4N\cdot NO_{3(0)} + Ln(NO_3)^{x-}_{3+x} = [R_4N]_x\cdot Ln(NO_3)_{3+x(0)} + xNO_3^-$$

$$xR_4N\cdot NO_{3(0)} + Ln(NO_3)_3 = [R_4N]_xLn(NO_3)_{3+x}$$

前者为离子交换机理,络阴离子在水相中形成。而后者为亲核机理,络阴离子在有机相中形成。哪一个正确?又例如,季铵盐在萃取稀土时其萃取性质受水相介质影响很大。在硝酸盐介质在,其萃取分配比随原子序数增加而减小,即呈所谓的“倒序”;而在硫氰酸盐介质中,萃取分配比随原子序数增加而增加(见图 22.75)。为了搞清季铵盐萃取稀土的机理,在我们的实验室中曾进行了以下几方面的工作:

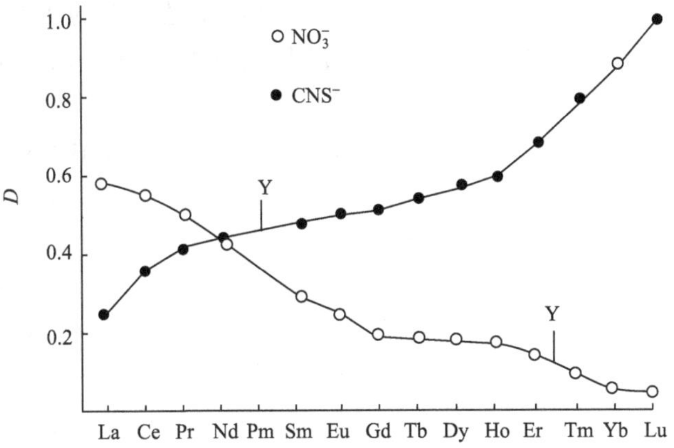

图 22.75 季铵盐萃取镧系元素的分配比随原子序数的变化

萃合物的组成和结构:早期的研究表明,在用轻稀土饱和了的有机相中,萃取剂与稀土的摩尔比为 3∶1,即萃合物组成可能是

$$[R_3CH_3N]_3^+Pr(NO_3)_6^{3-}$$

或

$$[R_3CH_3N]_3^+Nd(NO_3)_6^{3-}$$

而用重稀土饱和有机相时,则很难达到萃取剂与稀土的摩尔比为 3∶1 的水平。

我们合成了硝酸合稀土酸四丁基铵盐络合物,经鉴定,它们可用以下通式表示

$$[(C_4H_9)_4N]_xLn(NO_3)y。$$

当稀土元素为 La,Ce,Pr,Nd 时,$x=3$,$y=6$;当稀土元素为 Sm,Eu,Gd,Tb,Dy,Ho,Er,Tm,YbLu 或 Y 时,$x=2$,$y=5$(元素分析结果见表 22.133)。

表 22.133 硝酸合稀土四丁基铵盐的组成

组成	熔点(℃)	元素含量理论值			元素含量实验值		
		C%	H%	N%	C%	H%	N%
$[(C_4H_9)_4N]_3La(NO_3)_6$	240	46.59	8.80	10.19	46.83	8.99	9.96
$[(C_4H_9)_4N]_3Pr(NO_3)_6$	198	46.48	8.78	10.16	46.51	9.23	9.98
$[(C_4H_9)_4N]_3Nd(NO_3)_6$	181	46.36	8.75	10.14	46.57	9.18	9.72
$[(C_4H_9)_4N]_2Sm(NO_3)_5$	119	40.66	7.68	10.37	40.95	8.07	9.84
$[(C_4H_9)_4N]_2Eu(NO_3)_5$	120	40.59	7.66	10.35	40.66	7.97	10.13
$[(C_4H_9)_4N]_2Gd(NO_3)_5$	118	40.36	7.62	10.30	40.43	7.67	9.92
$[(C_4H_9)_4N]_2Tb(NO_3)_5$	123	40.29	7.61	10.28	40.16	7.84	10.25
$[(C_4H_9)_4N]_2Dy(NO_3)_5$	123	40.14	7.58	10.24	40.46	7.93	10.03
$[(C_4H_9)_4N]_2Ho(NO_3)_5$	123	40.04	7.56	10.21	40.07	7.73	10.05
$[(C_4H_9)_4N]_2Er(NO_3)_5$	118	39.94	7.54	10.19	40.02	7.86	9.82
$[(C_4H_9)_4N]_2Tm(NO_3)_5$	123	39.87	7.53	10.19	39.89	7.86	9.89
$[(C_4H_9)_4N]_2Yb(NO_3)_5$	123	39.70	7.50	10.13	39.95	8.28	10.16
$[(C_4H_9)_4N]_2Lu(NO_3)_5$	124	39.63	7.48	10.11	40.31	8.21	10.61
$[(C_4H_9)_4N]_2Y(NO_3)_5$	124	43.48	8.21	11.09	43.53	8.57	10.96

六硝酸合钕酸四丁基季铵和五硝酸合铒酸四丁基季铵的 X 射线单晶衍射结构分析的数据表明，它们均属单斜晶系，分别属于 $P2_{1/c}$ 和 $P2_{1/a}$ 空间群，晶体学参数如下：

	$[(C_4H_9)_4N]_3Nd(NO_3)_6$	$[(C_4H_9)_4N]_2Er(NO_3)_5$
a(Å)	16.896(2)	14.410(3)
b(Å)	23.059(3)	16.775(7)
c(Å)	19.443(3)	20.755(7)
β(度)	90.584(11)	107.390(20)
z	4	4
d(g/cm^3)	1.215	1.335
V(Å^3)	6795.3	4787.7

$[(C_4H_9)_4N]_3Nd(NO_3)_6$ 的晶胞排布及分子中，$Nd(NO_3)_6^{3-}$ 络阴离子的结构见图 22.76 和图 22.77。$[(C_4H_9)_4N]_2Er(NO_3)_5$ 的晶胞排布及分子中 $Er(NO_3)_5^{2-}$ 络阴离子的结构见图 22.78 和图 22.79。在 $[(C_4H_9)_4N]_3Nd(NO_3)_6$ 分子的络阴离子中，中心离子钕与六个硝酸根分别以双齿形式配位。Nd 的配位数为 12，12 个 Nd—O 键的平均键长为 2.641Å。六个硝酸根中的氮排布在以 Nd 为中心的正八面体的六个顶角上，对位两两组成的一个平面。这三个平面相互垂直。每个阴离子周围有六个四丁基季铵阳离子，而每个阳离子又为周围的阴离子所共有，这样形成了一个层次分明的离子晶体。在 $[(C_4H_9)_4N]_2Er(NO_3)_5$ 分子的络阴离子中，中心离子铒与五个硝酸根双齿配位，铒的配位数为 10。10 个 Er—O 键的平均键长为 2.421Å，五个硝酸根中的氮原子近似地排布在以铒为中心的三角

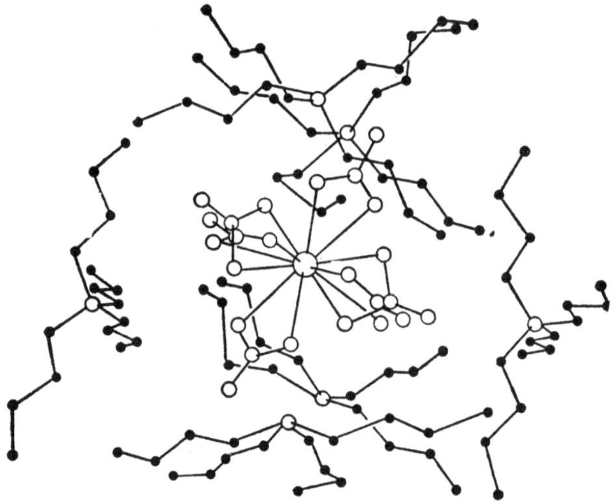

图 22.76　$[(C_4H_9)_4N]_3Nd(NO_3)_6$ 晶胞中阴阳离子的排布

双锥的五个顶点上。ErN(2)N(4)N(5)共面形成赤通平面，赤道上下两个硝酸根所形成的平面 N(1)O(11)O(12)O(13)，N(3)O(31)O(32)O(33)互相垂直。并同时垂直于赤道平面。

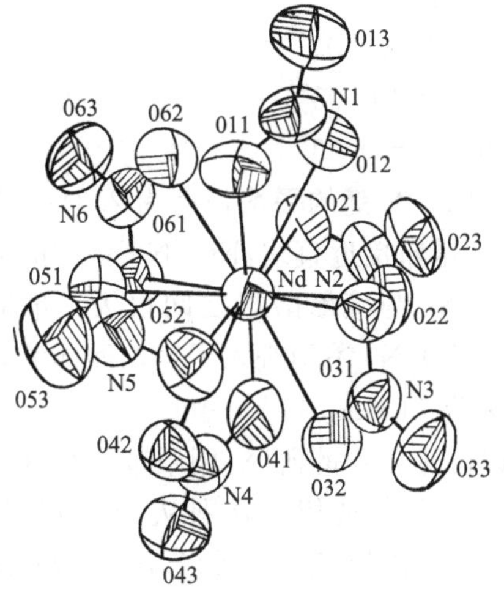

图 22.77 $Nd(NO_3)_6^{3-}$ 阴离子的结构

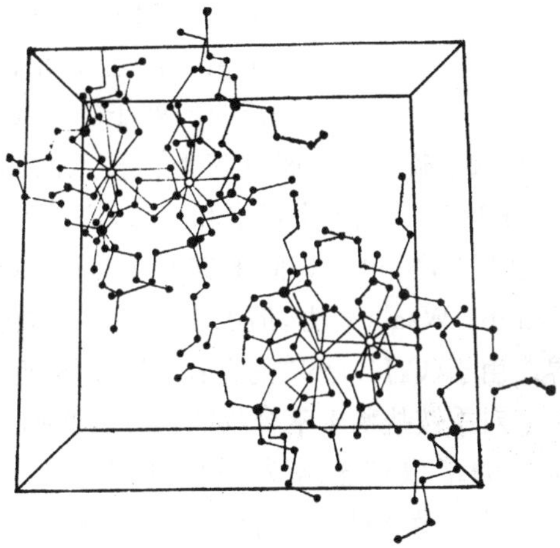

图 22.78 $[(C_4H_9)_4N]_2Er(NO_3)_5$ 晶胞中阴阳离子的排布

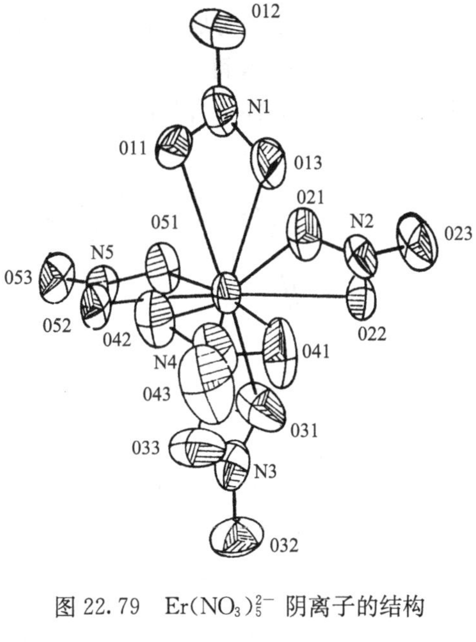

图 22.79 $Er(NO_3)_5^{2-}$ 阴离子的结构

早在 1969 年，Martin 等就合成了$[(C_4H_9)_4N]_3Ln(NCS)_6$ 的络合物，元素分析的结果表明，不管是轻稀土或是重稀土都具有六个硫氰酸根与它配位，组成络阴离子，它们的晶体属于三斜晶系，每个晶胞含有四个分子的$[(C_4H_9)_4N]_3Ln(NCS)_6$ 络合物，对于 Er 的络合物，晶体学参数为：

$$a=22.63\pm0.03Å \quad \alpha=87.97\pm0.02°$$
$$b=16.76\pm0.02Å \quad \beta=89.08\pm0.03°$$
$$c=18.82\pm0.02Å \quad \gamma=92.47\pm0.03°$$

Er 与六个硫氰酸根通过 N 配位按八面体排布，Er—N 键的平均长度为 2.34Å，它比 Er 和 N 的原子半径之和略短，Er—N—C—S 排布接近直线，Er—N—C 间的夹角为 174°，N—C—S 间的夹角为 176°，$(C_4H_9)_4N^+$ 与硫氰酸根之间仅为一般的 Van der Waals 引力，但由于硫原子的吸引，$(C_4H_9)_4N^+$ 稍稍进入了正八面体的内界。由于$(C_4H_9)_4N^+$的存在，Er-Er 最近的距离为 1170Å。

对季铵盐稀土萃合物的远红外光谱也已进行过详细的研究，用甲基三烷基季铵盐为萃取剂辛醇为添加剂煤油为稀释剂组成有机相。分别从 5mol/L 的 NH_4NO_3 及 NH_4NCS 溶液中萃取稀土，制成饱和有机相，硝酸盐的 Ln—O 键及硫氰酸盐的 Ln-N 键在远红外区的振动频率随原子序数的递变情况见图 22.80。数据表明：在硝酸盐体系中萃合物的 Ln-O 键的振动频率从 La 到 Nd 为 191—192cm^{-1}，近于常数；由 Nd 到 Sm 突变到 221cm^{-1}；然后由 Sm 到 Lu 又趋于常数。在硫氰酸盐体系中萃合物的 Ln-N 键的振动频率从 La 到 Er 为 189—201cm^{-1}变化缓慢；由 Er 到 Tm 突然上升到 220cm^{-1}，从 Tm 到 Lu 变化又趋缓慢。在硝酸盐体系中 Y-O 键和在硫氰酸盐体系中 Y-N 键的振动频率均高于其他稀土元素。有趣的是：硝酸稀土酸合四丁基季铵的固体萃合物$[(C_4H_9)_4N]_xLn(NO_3)_{3+x}$系列的

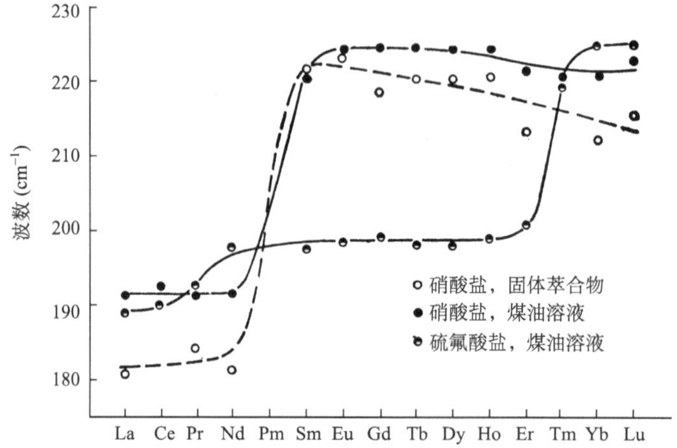

图 22.80　季铵盐萃合物中 Ln-O 和 Ln-N 键随原子序数的变化

远红外光谱中 Ln-O 的振动频率随原子序数的变化与上述饱和有机相中所观察到的变化趋势极为相似。由此可见:(a)季铵阳离子的结构对于 Ln-O 的影响很小(b)在液体的饱和有机相中萃合物的结构与固体萃合物的结构很为相似,Ln-O 振动频率的变化反映了中心离子配位数的变化。

稀土离子与硫氰根及硝酸根在水中的络合作用:为了搞清季铵盐在硫氰酸盐及硝酸盐体系中萃取行为的不同,我们曾系统的测定了稀土离子与硫氰酸根及硝酸根在水溶液中的络合作用,设 Y 表示酸根离子在水溶液中与金属离子的络合度,即溶液中金属离子总浓度$[C^0_{Ln}]$与未络合的金属离子$[Ln^{3+}]$的比值。

$$Y=\frac{[C^0_{Ln}]}{[Ln^{3+}]}=\frac{[Ln^{3+}]+[LnL^{2+}]+[LnL_2^+]+\cdots}{[Ln^{3+}]}$$

$Y(1)$为当配位体浓度为 1mol/L 时的络合度

$$Y(1)=1+\beta_1+\beta_2+\beta_3+\cdots$$

式中 β_1,β_2,β_3 为各级络合物的累计平衡常数 Y(1)随 z 变化情况见图 22.81,数据表明:第一,当$[NCS^-]\leqslant1.5$mol/L 时,稀土主要以 $Ln(NCS)^{2+}$,$Ln(NCS)_2^+$,$Ln(NCS)_3$ 等三种形式存在于溶液中。络合度 Y(1)随原子序数 z 的增大,总的趋向是增大。第二,稀土与 NO_3^- 的络合作用,当$[NO_3^-]\leqslant$ 1.5mol/L 时,主要以 $LnNO_3^{2+}$ 的形式存在。络合度 $Y(1)$随原子序数 z 的增大,总的趋向是减小的。第三,钇在两个体系中络合度都最小。第四,在相同情况下稀土与 CNS^- 的络合作用大于 NO_3^-。比较图 22.75 与图 22.81,它们在以上四点都有很好的相关性,因此可以认为水相中稀土离子与相应阴离子的络合作用是产生季铵盐萃取稀土的行为随水相阴离子而变化的重要原因。

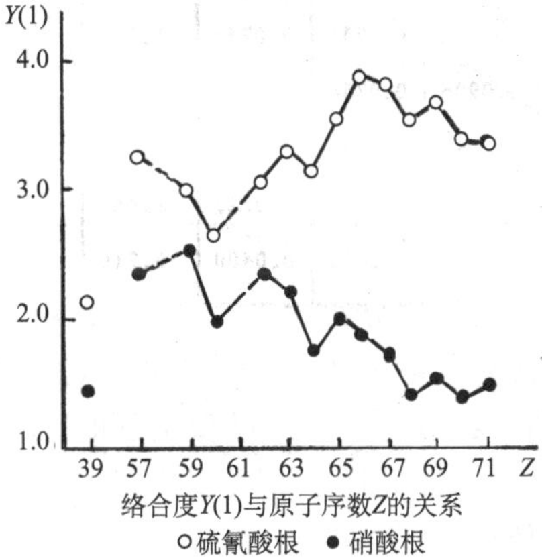

图 22.81　络合度 $Y(1)$与原子序数 z 的关系

综合以上,我们可以认为季铵盐萃取稀土的反应可表示如下:

$$nR_4N^+NO^-_{3(0)}+Ln(NO_3)_3 \rightleftharpoons (R_4N)_nLn(NO_3)_{3+n(0)}$$

$$3R_4N^+NCS^-_{(0)}+Ln(NCS)_3 \rightleftharpoons (R_4N)_3Ln(NCS)_{6(0)}$$

在有机相稀土确实以络阴离子的形式存在,我们的实验还表明这种络阴离子在有机相也存在着解离的平衡,这种解离趋势的大小,随稀释剂介电常数变化而变化,介电常数越大,解离越多。可以说萃取反应机理属亲核机理,而不是离子交换机理。

(2)硝酸甲基三烷基铵对稀土的萃取分离系数

影响胺类萃取剂的因素很多,例如水相的酸度,盐析剂的种类和浓度,阴离子的影响,萃取剂的结构,浓度等等,下面以硝酸甲基三烷基铵对镨钕的萃取分离为例,说明水相酸度、盐析剂浓度以及稀土起始浓度等因素对分离系数的影响。

a)pH 对 $\beta^0_{Pr/Nd}$的影响(表 22.134,图 22.82)。

表 22.134 pH 对 $\beta^0_{Pr/Nd}$的影响

$Pr(NO_3)_3$ 0.150mol/L, $Nd(NO_3)_3$ 0.150mol/L / $LiNO_3$ 3.0mol/L, pH 变化 / N_{263}-二甲苯 0.650mol/L, O/A=1∶1

平衡 pH	镨浓度(mol/L)		钕浓度(mol/L)		D_{Pr}	D_{Nd}	$\beta^0_{Pr/Nd}$	θ
	水相$[Pr]_A$	有机相$[Pr]_0$	水相$[Nd]_A$	有机相$[Nd]_0$				
4.91	0.0579	0.0921	0.0728	0.0772	1.59	1.06	1.50	0.781
4.68	0.0591	0.0909	0.0740	0.0760	1.54	1.03	1.50	0.771
3.66	0.0596	0.0904	0.0752	0.0748	1.53	0.993	1.53	0.762
1.99	0.0594	0.0906	0.0756	0.0744	1.53	0.983	1.56	0.762
1.81	0.6040	0.0896	0.0767	0.0733	1.48	0.955	1.55	0.753
1.35	0.0609	0.0891	0.0778	0.0722	1.46	0.928	1.57	0.743
0.03	0.0857	0.0613	0.1070	0.0400	0.716	0.374	1.91	0.468

pH 对萃取分配比的影响主要是由于氢离子的竞争萃取的影响:当 pH 值较小时,季铵盐主要萃取酸,自由萃取剂浓度下降,因此镨钕的萃取分配比都下降,但此时分离系数却稍高;当 pH 值增加时,由于酸的萃取退居次要位置,因此镨钕的萃取分配比都有所上升,但在氢离子不参加反应的范围内,镨钕的分配比和分离系数基本恒定。

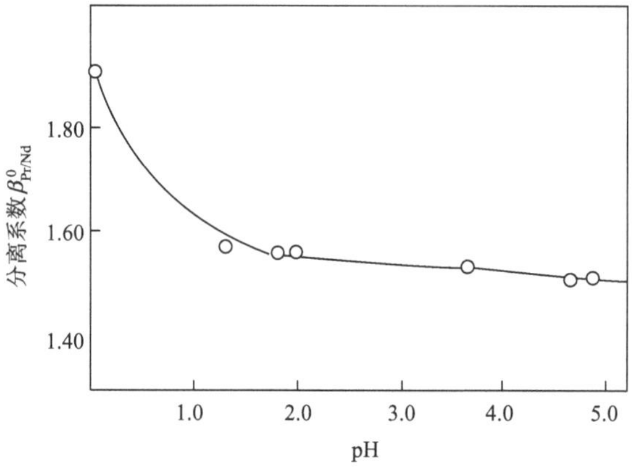

图 22.82 $\beta^0_{Pr/Nd}$对 pH 的依赖关系

b）盐析剂和稀土起始浓度对分离系数的影响

盐析剂和稀土起始浓度的影响，都可归结为同离子效应对萃取平衡的影响。数据见表 22.135 及表 22.136，当盐析剂浓度增高时，D_{Pr}，D_{Nd}都随着增大，但$\beta^0_{Pr/Nd}$则明显下降。

表 22.135　盐析剂浓度对 $\beta^0_{Pr/Nd}$ 的影响

$Pr(NO_3)_3$ 0.150mol/L，$Nd(NO_3)_3$ 0.150mol/L / $LiNO_3$ 浓度变化，pH=4 / N_{263}二甲苯 0.650mol/L，O∶A=1∶1

$LiNO_3$ (mol/L)	镨浓度(mol/L)		钕浓度(mol/L)		D_{Pr}	D_{Nd}	$\beta^0_{Pr/Nd}$	θ
	水相$[Pr]_A$	有机相$[Pr]_0$	水相$[Nd]_A$	有机相$[Nd]_0$				
2.0	0.0725	0.0785	0.0925	0.0585	1.08	0.633	1.71	0.634
3.0	0.0581	0.0929	0.0728	0.0782	1.60	1.07	1.50	0.790
4.0	0.0469	0.1041	0.0559	0.0951	2.22	1.70	1.30	0.920

表 22.136　稀土起始浓度对 $\beta^0_{Pr/Nd}$ 的影响

$Pr(NO_3)_3$比例 1∶1，$Nd(NO_3)_3$浓度变化 / $LiNO_3$ 3.0mol/L，pH～3 / N_{263}二甲苯 0.650mol/L，O∶A=1∶1

起始稀土浓度(mol/L)	镨浓度(mol/L)		钕浓度		D_{Pr}	D_{Nd}	$\beta^0_{Pr/Nd}$	θ
	水相$[Pr]_A$	有机相$[Pr]_0$	水相$[Nd]_A$	有机相$[Nd]_0$				
0.100	0.003	0.047	0.005	0.045	15.9	8.19	1.94	0.425
0.200	0.024	0.076	0.033	0.067	3.24	1.99	1.63	0.660
0.300	0.058	0.092	0.071	0.079	1.59	1.10	1.45	0.789
0.400	0.099	0.100	0.119	0.081	1.01	0.690	1.42	0.836
0.500	0.145	0.105	0.163	0.087	0.725	0.534	1.36	0.886

设以 θ 表示有机相中稀土的饱和度，根据萃合物组成，我们知道：

$$\theta=\frac{(M)_0}{C_s/3}$$

式中$(M)_0$ 表示有机相稀土的摩尔浓度，C_s 表示萃取剂的起始浓度。总结表 22.135 和表 22.136，所示数据共 15 点，以 $\beta^0_{Pr/Nd}$对 θ 作图（图 22.83），则可发现$\beta^0_{Pr/Nd}$对 θ 有简单直线关系，其经验式如下：

$$\beta^0_{Pr/Nd}=2.51-1.30\theta。$$

当 θ 趋近于零时，$\beta^0_{Pr/Nd}$趋近于 2.51，但此时有机相的利用率太低已经使得这样的萃取体系没有实用价值了，在 θ=75%时，$\beta^0_{Pr/Nd}$=1.53。

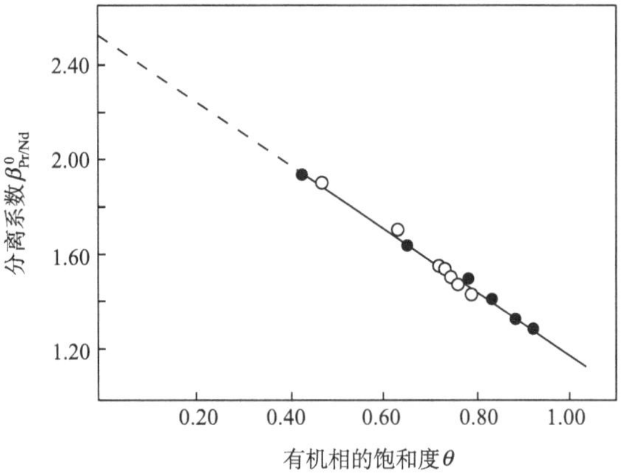

图 22.83　$\beta^0_{Pr/Nd}$对 θ 的依赖关系

(3)N_{263}-DTPA 络合交换萃取体系分离轻稀土

硝酸甲基三烷基铵对稀土为“倒序”萃取,即萃取分配比的次序是 La>Pr>Nd>Sm,如果在水相中加入一个“正序”抑萃络合剂,组成所谓“推拉体系”,则可扩大硝酸甲基三烷基铵对稀土萃取的差异,以下仍以镨钕分离为例作一简略讨论。

镨钕是稀土中一对较难分离的元素,其分离系数一般均小于 2,在硝酸甲基三烷基铵体系中分离系数一般为 1.5 左右,在已知的镨钕络合物中。其稳定常数差别最大的只有吡啶二羧酸和二乙三胺五醋酸即 DTPA。DTPA 为较易得到的络合剂。它是一个五元弱酸,因此在水溶液中它可以 H_5L,H_4L^-,H_3L^{2-},H_2L^{3-},HL^{4-},L^{5-}等六种形式存在。在一定的 pH 条件下,则只能以其中一种二种直至三种为主要存在形式。为简化起见,略去电荷,并只用下式表示它与稀土的络合反应

$$\mathrm{Nd+L=NdL}$$

$$\mathrm{Pr+L=PrL}$$

相应于以上反应有平衡常数 k_{Pr},k_{Nd}。

$$k_{Pr}=\frac{[\mathrm{PrL}]}{[\mathrm{Pr}][\mathrm{L}]}$$

$$k_{Nd}=\frac{[\mathrm{NdL}]}{[\mathrm{Nd}][\mathrm{L}]}$$

设未加 DTPA 时的分离系数为 $\beta^0_{Pr/Nd}$,加入 DTPA 后的分离系数为 $\beta_{Pr/Nd}$。按照分离系数的定义,

$$\beta^0_{Pr/Nd}=\frac{[\mathrm{Pr}]_0}{[\mathrm{Pr}]}\Big/\frac{[\mathrm{Nd}]_0}{[\mathrm{Nd}]}$$

$$\beta_{Pr/Nd}=\frac{[\mathrm{Pr}]_0}{[\mathrm{PrL}]+[\mathrm{Pr}]}\Big/\frac{[\mathrm{Nd}]_0}{[\mathrm{NdL}]+[\mathrm{Ld}]}$$

整理上式得：

$$\beta_{Pr/Nd}=\beta^0_{Pr/Nd}\cdot\frac{1+k_{Nd}[L]}{1+k_{Pr}[L]}$$

已知 k_{Nd}，k_{Pr}的数值都相当大，只要[L]不很小时，则 $1+k_{Nd}[L]\doteq k_{Nd}[L]$，$1+k_{Pr}[L]\doteq k_{Pr}[L]$，又因在同一溶液中[L]有相同数值，因此上式可改写为

$$\beta_{Pr/Nd}=\beta^0_{Pr/Nd}\cdot\frac{k_{Nd}}{k_{Pr}}$$

已知 $k_{Nd}=10^{21.6}$，$k_{Pr}=10^{21.07}$。因此 $k_{Nd}/k_{Pr}\doteq3.39$。即加入 DTPA 后，分离系数将扩大到 5 左右，但是实际上是比较难以达到的，例如在稀土过量的情况下，不络合的 DTPA 离子 L 一般都很小；如果用煤油代替二甲苯，N_{263} 的萃取分离系数 $\beta^0_{Pr/Nd}$往往比 1.5 小等等因素，致使实测分离系数常常小于此值。

表 22.137　pH 对 $\beta_{Pr/Nd}$的影响

$Pr(NO_3)_3$ 0.090mol/L / $LiNO_3$ 2.0mol/L / N_{263}二甲苯
$Pr(NO_3)_3$ 0.270mol/L / pH 变化，[DTPA]=0.223 / O：A=2：1

平衡 pH	镨浓度(mol/L)		钕浓度(mol/L)		E_{Pr}	E_{Nd}	$\beta_{Pr/Nd}$
	水相$[Pr]_A$	有机相$[Pr]_0\times R$	水相$[Nd]_A$	有机相$[Nd]_0\times R$			
0.86	0.023	0.067	0.109	0.161	2.90	1.48	1.96
1.24	0.025	0.065	0.130	0.140	2.60	1.08	2.40
1.39	0.027	0.063	0.143	0.127	2.33	0.889	2.61
1.56	0.032	0.058	0.177	0.093	1.81	0.525	3.46
1.75	0.036	0.054	0.195	0.075	1.50	0.385	3.90
3.31	0.038	0.052	0.211	0.059	1.37	0.279	4.91
3.33	0.039	0.051	0.212	0.058	1.31	0.273	4.80
5.00	0.045	0.045	0.212	0.059	1.00	0.278	3.60
5.30	0.046	0.044	0.209	0.061	0.96	0.29	3.04

4.3.5　协同萃取体系

1. 概述

1954 年，Cumingham 等在寻找分离镨钕的体系时发现用纯 TBP 从 0.1mol/L HNO_3 和 1mol/L NH_4NO_3 溶液中或用饱和 HTTA 的煤油溶液从 1mol/L NH_4NO_3 溶液中(pH=3.5)萃钕，其分配比只有 0.3，但用 0.3mol/L HTTA 加 1%TBP 的混合萃取剂从 1mol/L NH_4NO_3 中萃钕，其分配比可激增到 110。但是，这一现象的普遍意义并未被人们所认识，随着核燃料萃取化学的发展，铀的协

同萃取效应发现以后，才引起了人们广泛的注意。此后对协同效应进行了大量的研究工作，它已被广泛的应用于核燃料的提炼。在稀有金属的分离及分析化学中也有一些应用。

根据萃取剂与被萃物质的化学结合方式，萃取剂可分为三大类，即中性萃取剂，酸性螯合萃取剂和离子缔合萃取剂。原则说来，它们都可与同类萃取剂或与异类萃取剂组合成协萃体系，同时，也发现了由三种萃取剂组成的三元协萃体系。但是研究得最多的还是螯合与中性萃取剂所组成的协萃体系。表 22.138 中列出了萃取体系的分类以及它们的一些实例。

表 22.138　协同萃取体系分类

分类		符号	实例
二元异类协萃体系	螯合及中性络合	A+B	Eu^{3+}/H_2O HNO_3/HTTA-TBP-环己烷
	螯合与离子缔合	A+C	Ln^{3+}/H_2O HNO_3/HTTA-R_4NCl 二甲苯
	中性络合与离子缔合	B+C	Sm^{3+} Gd^{3+}/H_2O NH_4NO_3/TBP-R_4NNO_3-煤油
二元同类协萃体系	螯合	A_1+A_2	Ln^{3+} H_2O，HNO_3/MEHP，DEHP-煤油
	中性络合	B_1+B_2	Ln^{3+}/H_2O，HNO_3/TBP-TOPO-煤油
	离子缔合	C_1+C_2	Pa^{3+}/H_2O，HCl/RCOR′-ROH
三元协萃体系	螯合与中性络合	$A+B_1+B_2$	DY^{3+}/H_2O，$HClO_4$-$NaClO_4$/HPMBP DPSO DAMP-甲苯

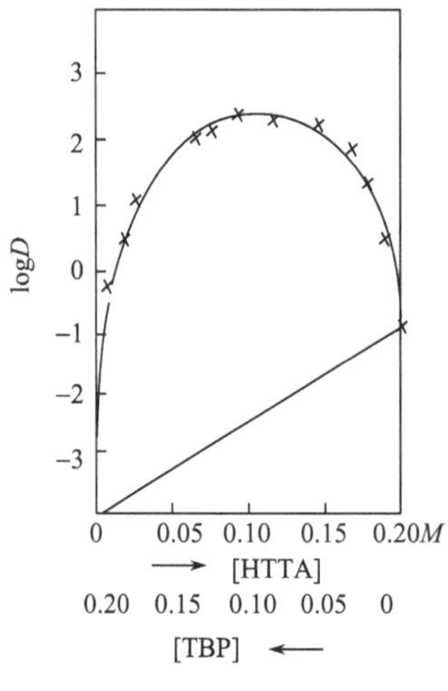

图 22.84　钇在 HTTA-TBP-苯混合溶剂中的协同效应

（水相酸度 0.002mol/L HNO_3）

下面以 α-噻吩甲酰三氟丙酮（HTTA）和磷酸三丁酯（TBP）所组成的协萃体系为例介绍一下协同萃取中的一些术语和定义：

$$Y(NO_3)_3/0.002mol/L\ HNO_3/$$
$$HTTA\text{-}TBP\text{-}C_6H_6(C^0=0.2mol/L)$$

上式表示选定的体系包含螯合萃取剂 HTTA，中性萃取剂 TBP，稀释剂为苯，水相中有硝酸钇，介质为稀 HNO_3，影响这一体系萃取分配比 D 的主要因素有：温度 t℃；钇的起始浓度 C_M^0；水相的 pH 值；HTTA 的起始浓度 C_{HTTA}^0；TBP 的起始浓度 C_{TBP}^0 等。

固定 t，C_M^0，pH 以及混合萃取剂总浓度 C^0，改变 C_{HTTA}^0 和 C_{TBP}^0 配比，并使 $C_{HTTA}^0+C_{TBP}^0=C^0$，用等摩尔系列法作协萃图，见图 22.84、表22.139。

表 22.139　钇在 0.002ml/L 硝酸和 HTTA-TBP-苯溶液(0.2mol/L)间的分配比

混合萃取剂浓度		分配比(D)
HTTA(mol/L)	TBP(mol/L)	
0.20	0.00	0.078
0.19	0.01	2.26
0.18	0.02	15.9
0.17	0.03	58.1
0.15	0.05	159
0.12	0.08	171
0.10	0.10	216
0.08	0.12	88.9
0.07	0.13	70.1
0.05	0.15	31.4
0.03	0.17	9.93
0.02	0.18	3.16
0.01	0.19	0.51
0.00	0.20	0.00013

D_{HTTA} = HTTA 单独存在时的分配比 = 0.078

D_{TBP} = TBP 单独存在时的分配比 = 0.00013

$D_{\text{最大}} = 216$

R_{HTTA} = 酸性螯合协萃系数 = $D_{\text{最大}}/D_{\text{HTTA}} = 216/0.078 = 2769$

R_{TBP} = 中性协萃系数 = $D_{\text{最大}}/D_{\text{TBP}} = 216/0.00013 = 1.66\times10^{6}$

$X_{\text{TBP}} = D_{\text{最大}}$ 时 TBP 的摩尔分数 = 0.5

上述萃取体系中如无协同效应,则分配比 D 可由简单的加和规则计算。

$$D_{\text{加和}} = D_{\text{TBP}}X_{\text{TBP}} + D_{\text{HTTA}}(1-X_{\text{TBP}})$$
$$= 0.00013\times0.5 + 0.078\times0.5$$
$$= 0.039$$

实验测得的 $D_{\text{最大}}$ 实际上是由三部分组成即 $D_{\text{协}}$, $D_{\text{HTTA}}\cdot X_{\text{HTTA}}$, $D_{\text{TBP}}\cdot X_{\text{TBP}}$,我们定义 $D_{\text{协}}$ 与 $D_{\text{加和}}$ 的比值为协萃系数 R,即:

$$R = D_{\text{最大}}/D_{\text{加和}}。$$

当 $R>1$ 时体系有协同效应;当 $R<1$ 时体系有反协同效应;$R=1$ 则体系无协同效应,即为理想混合体系。

协萃系数 R 随 t℃, C_M^0, pH 等变化而有所变化,例如 D_2EHPA 和 TBP,萃取硫酸铀酰的协萃系数随起始铀浓度 C_M^0 增加而减小,到铀浓度很大时,$R<1$,即不但没有正协同效应,而且还有反协同效应。又如用水杨酸和磷酸三丁酯对钕协同萃取时,发现 pH=6 左右时正协萃效应很大,协萃系数约为 10^5,但在 pH=3 左右时则几乎没有协萃效应。稀释剂对协萃分配比也有较大的影响。例如在下列体

系中

$$P_m^{3+}/HCl(0.01mol/L)\Big/\Big/\left\{\begin{matrix}HTTA & 0.18mol/L\\ TBP & 0.18mol/L\end{matrix}\right\}-S$$

改变稀释剂 S，协萃分配比 $D_{协}$ 随之而改变，有人发现稀释剂的水溶性愈小，则分配比 $D_{协}$ 愈大（只有 MIBK 和 $CHCl_3$ 的次序颠倒）。

表 22.140　协萃分配比与稀释剂的水溶解度之间的关系

稀释剂	环 C_6H_{12}	正 C_6H_{14}	CCl_4	C_6H_6	MIBK	$CHCl_3$
$D_{协}$	5×10^4	2×10^3	5×10^2	20	0.6	0.1
水溶解度(g/L)	0.04	0.07	0.15	0.60	19	1.5

在任何一个由两种萃取剂组成的协萃体系中都存在着四大类的平衡关系即：两种萃取剂在两相间的分配平衡，存在形式和相互作用；第一种萃取剂单独对金属离子的萃取；第二种萃取剂单独对金属离子的萃取；两种萃取剂同时对金属离子的协同萃取。以下用酸性萃取剂及中性萃取剂所组成的体系为例说明协萃体系的平衡研究：

(1) 萃取剂在两相间的分配平衡及存在形式

设酸性萃取剂为一元有机酸，在水相有离解平衡：

$$HA = H^+ + A^-, K_a = \frac{[H^+][A^-]}{[HA]}$$

未解离的分子 HA 在两相间有分配平衡：

$$HA = HA_{(0)}, K_{d\cdot HA} = \frac{[HA]_0}{[HA]}$$

有机酸在惰性溶剂中可能有二聚反应：

$$2HA_{(0)} = H_2A_{2(0)}, K_2 = \frac{[H_2A_2]_0}{[HA]_0^2}$$

中性萃取剂 B 不电离，但在两相间有分配平衡：

$$B = B_{(0)}\ K_{d\cdot B} = \frac{[B]_0}{[B]}$$

通常 $K_{d\cdot B}$很大，所以在水相的 B 可以忽略不计。如 HA 为磷酸二烷基酯，则在有机相中与 B 有氢键缔合：

$$(RO)_2-\overset{\overset{\displaystyle O}{\|}}{P}-O-H\cdots O{=}P(OR)_3$$

$$HA_{(0)} + B_{(0)} = HA\cdot B_{(0)}$$

$$K_{HA\cdot B} = \frac{[HA\cdot B]_0}{[HA]_0[B]_0}$$

这一反应使自由萃取剂浓度$[HA]_0$和$[B]_0$都减小，所以是产生反协萃效应的主要原因。例如磷酸三丁酯与二丁酯之间就有这种反应，所以加入较多的磷酸三丁酯可以抑低磷酸二丁酯对稀土元素的萃取。

由此可见，在含有HA和B的体系中，如令C_{HA}^0和C_B^0分别为HA和B在有机相中的起始浓度，则：

$$C_{HA}^0=[HA]_0+2[H_2A_2]_0+[HA\cdot B]_0+\frac{V}{V_0}\{[HA]+[A^-]\}$$

$$=[HA]_0\left\{1+2K_2[HA]_0+K_{HA\cdot B}[B]_0+\frac{V}{V_0K_{d\cdot HA}}\left(1+\frac{K_a}{[H^+]}\right)\right\}$$

$$C_B^0=[B]_0+[HA\cdot B]_0+\frac{V}{V_0}[B]$$

$$=[B]_0\left\{1+K_{HA\cdot B}[HA]_0+\frac{V}{V_0K_{d\cdot B}}\right\}$$

上式中V/V_0为平衡后水相和有机相的体积比。所以研究协同萃取体系的第一步必先测定上述各式中的常数K_a，K_2，$K_{HA\cdot B}$，$K_{d\cdot HA}$和$K_{d\cdot B}$，这些常数测定后，又由实验条件知道C_{HA}^0，C_B^0和V/V_0。这样，在上二式中只有两个未知数$[HA]_0$和$[B]_0$，可用解联立方程式的方法求得$[HA]_0$和$[B]_0$，然后再求$[A^-]$，$[H_2A_2]_0$，$[HA\cdot B]_0$，$[HA]$等。

(2) B单独对M^{n+}的萃取

B单独萃取M^{n+}时生成的多种萃取络合物的一般式为$M_mL_lB_bS_s(H_2O)_t$，如稀释剂S是煤油、苯、已烷、四氯化碳等不含配位原子(氧、氮、硫、磷)的惰性溶剂，则萃取络合物中不含S；又如B与金属离子的配位能力远大于水，则萃取络合物中不含水，于是$M_mL_lB_bS_s(H_2O)_t$简化为$M_mL_lB_b$，它的生成反应可以简化为

$$mM^{n+}+lL^{y-}+bB_{(0)}=M_mL_lB_{b(0)}$$

其平衡常数为

$$K_{mlb}=\frac{[M_mL_lB_b]_0}{[M^{n+}]^m[L^{y-}]^l[B]_0^b}$$

这一萃取反应属于中性溶剂络合萃取的类型，所以萃取络合物是中性分子，即系数的m和l数值必须满足$mn=ly$的条件。令B单独萃取M^{n+}的分配比为D_B，则

$$D_B=\frac{(C_M)_{0,B}}{C_M}=\frac{1}{C_M}\sum_{i=0}^{m}\sum_{i=0}^{l}\sum_{k=1}^{b}(M_il_iB_k)_0$$

$$=\frac{1}{C_M}\sum_{i=0}^{m}\sum_{j=0}^{l}\sum_{k=1}^{b}K_{mlb}[M^{n+}]^m[L^{y-}]^l[B]_0^b$$

一般当起始金属浓度C_M^0很小时(例如$<10^{-4}$ mol/L)在有机相中不会发生聚合作用，即$m=1$，$l=n/y$，同时由于配位数的限制，b常为定值，所以上式可简化为

$$D_B=\frac{1}{C_M}K_{1lb}[M^{n+}][L^{y-}]^l[B]_0^b$$

如令水相的络合度为 Y,即 $Y=C_M/[M^{n+}]$,则

$$D_B=\frac{K_{1lb}}{Y}[L^{y-}]^l[B]_0^b$$

(3)HA 单独对 M^{n+} 的萃取

HA 单独萃取 M^{n+} 为螯合萃取,生成的萃取螯合物的通式为 $M_mL_l(HA)_p(A)_q(OH)_r\cdot(S)_t(H_2O)_t$,如 $S=0$,C_M^0 很小,则 $m=1$,如 HA 或 A 对 M^{n+} 的络合能力远大于 L^{y-} 和 H_2O 对 M^{n+} 的络合能力,则 $l=0$,$t=0$;如在中性或酸性溶液中萃取,一般不与 OH^- 基络合,即 $r=0$,$q=n$,在这样的条件下萃取螯合物简化为 $MA_n(HA)_p$,它的生成反应可以写为:

$$M^{n+}+(n+p)HA_{(0)}\rightleftharpoons MA_n(HA)_p+nH^+。$$

其平衡常数为

$$K_{np}=\frac{[MA_n(HA)_p]_0[H^+]^n}{[M^{n+}][HA]_0^{n+p}}$$

令 HA 单独萃取 M^{n+} 时的分配比为 D_{HA},则

$$D_{HA}=\frac{(C_M)_{0,HA}}{C_M}=\frac{K_{np}}{Y}[HA]_0^{n+p}[H^+]^{n-}$$

(4)HA 和 B 协同萃取 M^{n+}

HA 和 B 协同萃取 M^{n+} 生成协萃络合物 $MA_n(HA)_x(B)_y$,它的生成反应为:

$$M^{n+}+(n+x)HA_{(0)}+yB_{(0)}\rightleftharpoons MA_n(HA)_x(B)_{y(0)}+nH^+$$

$$K_{nxy}=\frac{[MA_n(HA)_x(B)_y]_0[H^+]^n}{[M^{n+}][HA]_0^{n+x}[B]_0^y}$$

令 HA 和 B 协萃 M^{n+} 总的分配比为 D,则

$$D=\frac{(C_M)_0}{C_M}=\frac{(C_M)_{0,B}+(C_M)_{0,HA}+(C_M)_{0,HA\cdot B}}{C_M}$$

$$=D_B+D_{HA}+D_{HA\cdot B}$$

$$D_{HA\cdot B}=\frac{(C_M)_{0,HA\cdot B}}{C_M}=\frac{[MA_n(HA)_x(B)_y]_0}{C_M}$$

$$=\frac{K_{nxy}}{Y}[HA]_0^{n+x}[B]_0^y[H^+]^{n-}$$

根据这个式子才能用单个浓度变化斜率法求协萃络合物的组成和平衡常数。

2. 产生协萃效应时可能遵循的若干规律

本节将讨论产生协萃效应时可能遵循的若干规律。由于产生协萃的因素比较复杂,因此某一规律只在某一特定条件下起作用,而在另一情况下则又是另一因素起主导作用。有时不同的规律又可从不同侧面加以阐明。在对一个体系进行分析时,究竟哪一个因素起了主导作用,还得通过实验验证。

(1) 配位球体的堆积饱和原理

对于某些过渡金属离子，通常只有一种或者两种常见的配位数，这是由于在 d 轨道成键时，化学键的取向有较严格的要求，因此对于这一类的化合物有一个配位饱和的问题。但是对于稀土化合物，由于其化学键的特殊性(共价键和离子键的成份都有)，络合物的配位数变化很大(见表 22.141)，我们很难从中选定某一数值作为鉴别依据来讨论配位数饱和与不饱和的问题，针对这一问题李醒夫等提出了堆积饱和原理。其要点是，由于 $4f$ 电子组元素配位场作用较弱，当金属离子周围的配位体堆积到一定程度后，配位体间的相斥作用阻止更多的配位体进入配位层，当配位场稳定作用带来的能量降低不足以补偿配位体间相互斥力而引起的能量升高时，两种效应将导致存在一种平衡状态。表现为配位体的“堆积程度”有一定的稳定范围，即“堆积程度”不能过高或过低，为了定量描述“堆积程度”，他们提出“立体角系数”(solid angle factor)的概念，设萃合物组成 $LnA_nB_mC_p\cdots$，其中 Ln 为稀土离子，A，B，C，分别代表各类配体，$n,m,p\cdots$ 表示分子中配位体的个数。SAF_A，SAF_B，$SAF_C\cdots$ 表示上述各类配位体的立体角系数，稀土离子周围配位体堆积程度可用立体角系数之总和 SAS 表示，则

$$SAS=nSAF_A+mSAF_B+pSAF_C+\cdots+\Delta i$$

式中 Δi 表示某一个三价稀土离子的校正系数，SAF 则可根据稀土离子和配位离子的半径、键长、键角数据计算而得。统计了对大量萃合物的计算结果，认为对稀土络合物 $SAS=0.76\pm0.1$ 为最佳堆积状态。大于或小于这一数值，都将由于堆积过度或堆积不足而导致临界不稳定。由此决定了配位化合物的组成，配位数也因此确定了。

表 22.141　稀土萃合物的结构实例

配位数	离子电荷数	实例
6	3	$[(C_4H_9)_4N]_3Ln(NCS)_6$　Ln=Pr;Nd,Er,Y 等
7	3	$Eu(DPM)_3\cdot DMSO$
8	3	$Nd(TTA)_3\cdot 2(C_6H_5)_3PO$
		$Nd(PMTFP)_3\cdot 2(C_6H_5)_3PO$
9	3	$Ln(NO_3)_3\cdot 2(C_6H_5)_3PO\cdot C_2H_5OH$ Ln=Pr→Ln,Y
		$Ln(NO_3)_3\cdot 3DMSO$　Er,Yb,Ln 等
10	3	$[(C_4H_9)_4N]_2Ln(NO_3)_5$ Ln=Sm→Ln,Y 等
	4	$Ce(NO_3)_4\cdot 2(C_6H_5)_3PO$
11	3	$[(CH_3)_3C_{16}H_{33}N]_4Ln_2(NO_3)_{10}$ Ln=La—Er
12	3	$[(C_4H_9)_4N]_3Ln(NO_3)_6$ Ln=La—Nd

DPM：2，2，6，6-四甲基-3，5-庚二酮；HPMTFP：1-苯基-3-甲基-4-三氯乙酰基吡唑啉酮-5；DMSO：二甲亚砜。

表 22.142　HTTA 与不同结构的中性磷(膦)类萃取剂在苯溶液中对金属的协同萃取平衡常数的比较

协萃物及其平衡常数 / 中性磷(膦)萃取剂 S / 金属	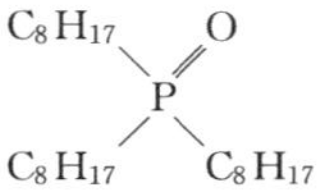 TOPO	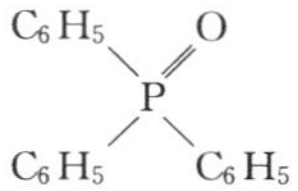 TPPO	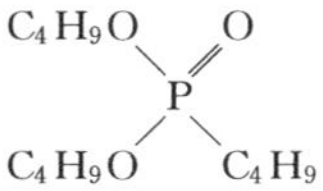 DBBP	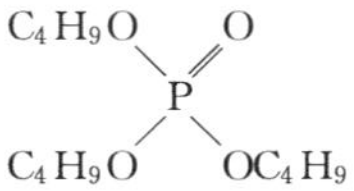 TBP	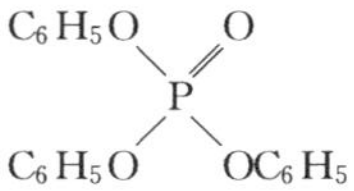 TPP
Am	$Am(TTA)_3S_2$ 3.2×10^{2}	$Am(TTA)_3S_2$ 7.0	$Am(TTA)_3S_2$ 3.2	$Am(TTA)_3S_2$ 1.1×10^{-1}	$Am(TTA)_3S_2$ 2.3×10^{-5}
Cm	$Cm(TTA)_3S_2$ 6.7×10^{2}			$Cm(TTA)_3S_2$ 2.0×10^{-1}	
Pm	$Pm(TTA)_3S_2$ 2.7×10^{2}	$Pm(TTA)_3S_2$ 6.0	$Pm(TTA)_3S_2$ 2.7	$Pm(TTA)_3S_2$ 9.1×10^{-2}	$Pm(TTA)_3S_2$ 2.0×10^{-5}
Tm	$Tm(TTA)_3S_2$			$Tm(TTA)_3S_2$ 46×10^{-1}	

以上配位球体的堆积饱和原理用于协同萃取的计算中，可以预言或解释某一协萃物的生成。例如 HTTA 与稀土发生配位后，形成 $Ln(TTA)_3$。但它的立体角总和 *SAS* 比 0.76 小，如果加入一个或两个大小合适的中性配体 S，则可使 *SAS* 进入 0.76±0.1 的范围内，生成稳定性更好的协萃络合物。实际上确实存在着 $Ln(TTA)\cdot S_2$ 等一系列的协萃物(见表 22.142)。

这一理论成功之处是解释了不少实验现象，也有一些成功的预言指导了合成。不足之处是它完全抛弃了化学键的概念，而把稀土的配位只看成是一种几何的堆积。此外，*SAS* 的计算中对各种配体的立体角，对每个稀土离子的 Δi 校正值都是经验数值，不易为一般使用者所掌握。

(2) 丧失亲水性原理

如上所述，金属离子以萃合物的形式被萃入有机相时，金属离子周围的配位体有一定的堆积程度。但有时由于种种原因，例如萃合物电中性的要求或空间阻碍等因素。配位体不能占据所有的配位空间，这时往往有在萃取体系中大量存在的水分子进入萃合物，这就使萃合物有一定的亲水性。这时，如果加入另一种合适的萃取剂，它可以将原萃合物中的水分子顶替下来形成油溶性更强的新萃合物，金属离子的分配比因而得到提高。例如：1-苯基-3-甲基-4-三氟乙酰基吡唑啉酮-5 (HPMTFP)与 1-苯基-3-甲基-4-苯甲酰基吡唑啉酮-5(HPMBP)与 HTTA 都是 β-双酮类的优良萃取剂，它们与中性膦(磷)类萃取剂可形成协萃体系。图 22.85 中表示出 HPMTFP-TPPO，HPMBP-TPPO 和 HTTA-TPPO 三种萃取体系对钕的协萃图，由图 22.85(a)可见，当 TPPO 的摩尔分数等于零时，即三种 β-双酮单独对钕萃取时其萃取能力顺序为 HPMTFP＞HPMBP＞HTTA；当加入 TPPO 后，由于协萃分配比 $D_{HA\cdot B}$ 的贡献，钕的总分配比 $D_总$ 都有不同程度的增加，但协萃能力

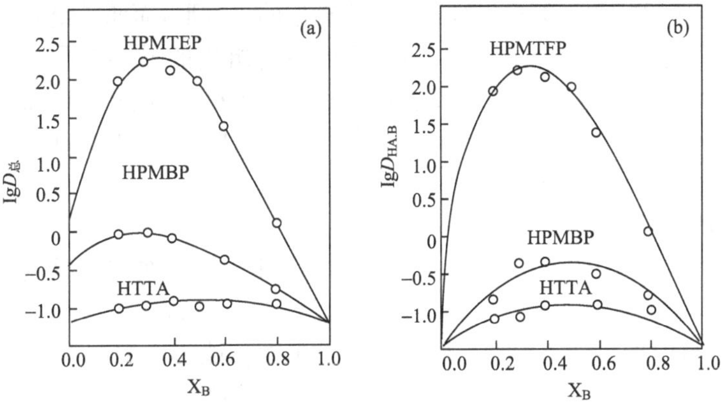

图 22.85　三种 β-双酮(HA)与 TPPO(B)对钕的协同萃取

实验条件：$C^0_{HA}+C^0_B=1.0\times10^{-2}$mol/L pH=3.81　$X_B=\frac{C^0_B}{C^0_{HA}+C^0_B}$　$C^0_{Nd}=1.0\times10^{-3}$mol/L 25℃

的大小仍保持了原来的顺序。图 22.85(b)为同一套数据。经过处理后得出协萃分配比 $D_{HA\cdot B}$,以 $\log D_{HA\cdot B}$对 TPPO 的摩尔分数作图时的协萃图。

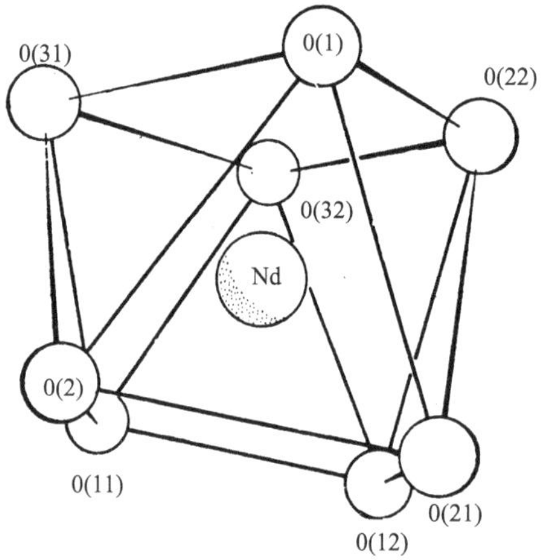

图 22.86　$Nd(PMTFP)_3\cdot(TPPO)_2$ 分子中 Nd 的配位多面体

HPMTFP 萃取稀土时,用斜率法和饱和法都证明萃合物中稀土与 HPMTFP 的比例为 1∶3。对固体萃合物的研究表明萃合物的分子式为 $Nd(PMTFP)_3\cdot 2H_2O$。通过对其单晶 X 射线结构分析证明,萃合物中 Nd 与八个氧配位,其中六个氧来自三个双齿的 β-双酮,另外二个氧由水分子所提供。这两个水分子可以被中性配体所取代,对萃合物 $Nd(PMTFP)_3\cdot 2TPPO$ 的合成及结构研究证明了这一点。研究结果表明:在 $Nd(PMTFP)_3\cdot 2TPPO$ 中钕也是八配位的。配位多面都具有四方反枝柱的对称性(见图 22.86)。所不同的是 $Nd(PMTFP)_3\cdot 2H_2O$中的两个水全部被配位能力比水强的中性配体 TPPO 所取代。由于萃合物中不再含有水分子钕的分配比因此得到大幅度的提高。图 22.87 是 $Nd(PMTFP)_3\cdot(TPPO)_2$ 萃合物的分子透视图,图 22.86 是 $Nd(PMTFP)_3\cdot(TPPO)_2$ 分子中 Nd 的配位多面体。其中 O(1),O(2)来自两个 TPPO,Nd—Op 平均键长为 2.375Å。O(11),O(12);O(21),O(22);O(31),O(32)分别表示来自三个与钕双齿键合的 β 双酮上的六个氧。这六个 Nd—O 键平均键长 2.422Å,原子组 O(1),O(22),O(31),O(32)构成一个近似的正方形,而原子组 O(2),O(11),O(12),O(21)组成另一个正方形,两原子组各自组成的最小二乘平面间夹角为 1.4°,即基本平等。合成 $Nd(PMTFP)_3\cdot TPPO\cdot H_2O$ 的尝试没有成功,但 $Nd(PMTFP)_3\cdot PMP\cdot H_2O$的结构是已知的,式中 PMP 为 1-苯基-3-甲基吡唑啉酮-5,分子结构图见 22.88。

(3)配位取代作用

配位能力强的配体能取代配位能力弱的配体。例如在有过量的螯合萃取剂 HA 存在时,形成的萃合物中有时含有 HA 溶剂化分子如 $MA_3\cdot HA$,这又叫作自协萃作用。这时如果加入中性萃取剂 S,当 S 的配位能力比 HA 强,它可将 HA 部分取代出来,形成 $MA_3\cdot xS$,因而产生协萃效应。例如:

$$Ln^{3+}+4HA=LnA_3\cdot HA+3H^+$$

$$LnA_3\cdot HA+2TOPO=LnA_3\cdot(TOPO)_2+HA$$

式中 HA 表示 HPMBP。

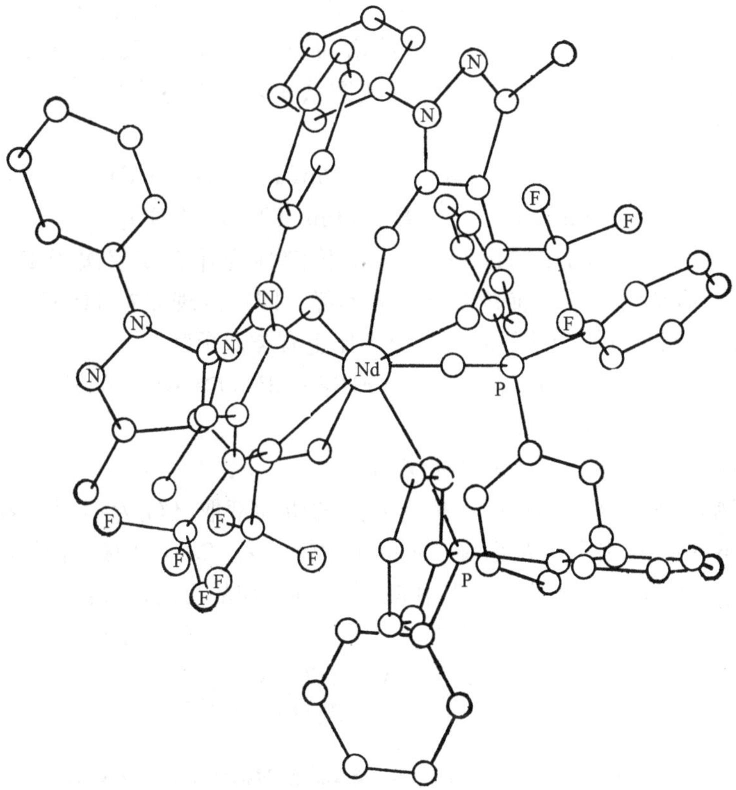

图 22.87　$Nd(PMTFP)_3\cdot(TPPO)_2$ 分子结构透视图
（为简洁，氢原子未标出）

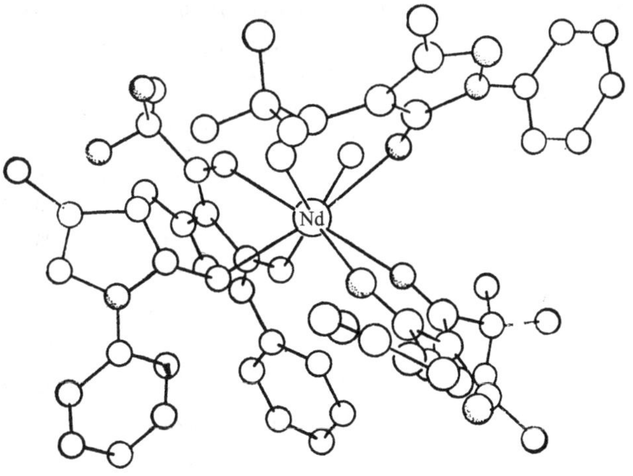

图 22.88　$Nd(PMTFP)_3\cdot PMP\cdot H_2O$ 分子结构透视图
（为简洁，氢原子未标出）

配位体的配位能力强弱，也影响协萃效应的大小，例如不同结构的中性膦(磷)类萃取剂，其配位能力随 P═O 的碱性增加而增加即 TOPO＞DBBP＞TBP＞TPP，它们与螯合萃取剂 HTTA 对锕系或镧系元素发生协萃时，协萃反应平衡常数的大小有以下顺序：

$$Pm(TTA)_3 \cdot (TOPO)_2 > Pm(TTA)_3(DBBP)_2$$
$$> Pm(TTA)_3(TBP)_2 > Pm(TTA)_3(TPP)_2$$

但对表 22.142 中 $Pm(TTA)_3(TPPO)_2$ 的稳定性为什么仅仅次于 $Pm(TTA)_3(TOPO)_2$ 而居其他三者之前尚无很好的解释。同样的现象在 HPMTFP 与中性膦(磷)类萃取剂对钕协同萃取时其总分配比也有类似顺序：

$$Nd(PMTFP)_3 \cdot (TPPO)_2 > Nd(PMTFP)_3 \cdot xP350 > Nd(PMTFP)_3 \cdot XTBP$$

其原因有待进一步研究。

(4) 协萃效应随稀土系列的变化规律

HTTA-TBP，HTTA-P350 对稀土系列的协同萃取已经为不同作者所研究，虽然实验条件不尽相同，但数据有一定的可比性。表 22.143 中列出了有关体系对稀土元素系列的萃取平衡常数。表中 β_{njk} 为下列反应的平衡常数：

$$Ln^{3+} + nTTA^- + jHTTA_{(0)} + kB_{(0)} = Ln(TTA)_nHTTA_jB_{k(0)}$$

$$\beta_{njk} = \frac{[Ln(TTA)_n(HTTA)_jB_k]_0}{[Ln^{3+}][TTA^-]^n[HTTA]_0^j[B]_0^k}$$

表 22.143　HTTA 与中性磷(膦)类萃取剂对稀土元素的协同萃取

体系	Ln-HTTA-CCl$_4$	Ln-HTTA-TBP-CCl$_4$		Ln-HTTA · P350-CCl$_4$	
实验条件	C_{HTTA}=0.2mol/L (H^+,$NaClO_4$)=1mol/L C_{Ln}≐1×10^{-5}mol/L 23±2℃	C_{HTTA}=0.2mol/L (H^+,$NaClO_4$)=1mol/L C_{Ln}=1×10^{-6}mol/L 23±2℃		C_{HTTA}=0.1mol/L $NaClO_4$=0.1mol/L C_{Ln}≐1×10^{-3}mol/L 25±5℃	
稳定常数	$\log\beta_{300}$	$\log\beta_{302}$	$\log\beta_{301}$	$\log\beta_{302}$	$\log\beta_{301}$
La	12.60			22.79	
Ce	13.14	22.12	19.39	23.28	
Pr	13.60	22.69	19.24	23.81	
Nd	13.78	22.73	19.83	23.92	
Pm	14.81	23.33	20.36		
Sm	14.45	23.33	20.22	24.63	
Eu	14.58			24.69	
Gd	14.73	23.42	20.84	24.70	
Tb	14.91	23.32	20.80	24.84	
Dy	15.15	23.31	20.72	24.69	21.06
Ho	15.26	23.37	20.89	24.47	21.16

续表

体系	Ln-HTTA-CCl_4	Ln-HTTA-TBP-CCl_4		Ln-HTTA・P350-CCl_4	
实验条件	$C_{HTTA}=0.2$mol/L (H^+,$NaClO_4$)=1mol/L $C_{Ln}\doteq1\times10^{-5}$mol/L 23±2℃	$C_{HTTA}=0.2$mol/L (H^+,$NaClO_4$)=1mol/L $C_{Ln}=1\times10^{-6}$mol/L 23±2℃		$C_{HTTA}=0.1$mol/L $NaClO_4=0.1$mol/L $C_{Ln}\doteq1\times10^{-3}$mol/L 25±5℃	
稳定常数	$\log\beta_{300}$	$\log\beta_{302}$	$\log\beta_{301}$	$\log\beta_{302}$	$\log\beta_{301}$
Er	15.37	23.12	21.05	24.60	21.74
Tm	15.73	23.11	21.27	24.44	21.97
Yb	15.99	22.95	21.49	24.42	22.40
Ln	16.14	22.61	21.66	24.29	22.41
Y	15.33	23.04	20.96	24.57	21.41

数据表明:(a)平衡常数随稀土离子半径的减小而增加,说明络合键有一定的电价成分。(b)当 HTTA-TBP 或 HTTA-P350 对稀土萃取时比 HTTA 单独对相应的稀土萃取时其萃取平衡常数都要大。这说明当 TBP 或 P350 被引入萃合物后,使萃合物的亲油性大大增加。由于 P350 的配位能力大于 TBP,因此相应的平衡常数也要大一些。(c)在实验范围内,HTTA-TBP 体系有两种萃合物存在,即 $Ln(TTA)_3$ · TBP 和 $Ln(TTA)_3\cdot(TBP)_2$。而 HTTA-P350 体系在 Dy 之前主要以 $Ln(TTA)_3\cdot(P350)_2$ 一种形式存在;在 Ho 之后有 $Ln(TTA)_3\cdot(P350)_2$ 和 $Ln(TTA)_3$ · P350 两种形式存在。产生这一现象的可能原因一方面是由于 P350 配位能力比较强,因此在空间允许的范围内比较容易生成二取代的 $Ln(TTA)_3\cdot(P350)_2$,而不生成 $Ln(TTA)_3$ · P350;但是随着原子序数的增加,稀土离子半径在收缩,由于空间堆积过度,以致使一部分 $Ln(TTA)_3\cdot(P350)_2$ 又转化为 $Ln(TTA)_3$ · P350。

3. 三元协同萃取体系

已知 HPMBP-DPSO-DAMP 及 HTTA-HPMBP-DAMP 等三元体系对稀土元素 Dy 有协同萃取效应,今以前者为例,说明在三元协萃体系中应用斜率法研究萃取的方法:

(1) HPMBP 单独对 Dy(III)的萃取

在 $Dy^{3+}(1.00\times10^{-4}M)/HClO_4+NaClO_4(pH<3.0,\mu=0.1)/HPMBP+C_6H_5CH_3$ 体系中发生的萃取反应可表示为

$$Dy^{3+}+(x+y)HA_{(0)}+zClO_4^- \rightleftharpoons DyA_x(HA)_y(ClO_4)_{x(0)}+xH^+$$

式中 HA 代表 HPMBP 的分子;A^- 表示 HPMBP 的阴离子,平衡常数为 K_{xyz}。

$$K_{xyz}=\frac{[Dy(A)_x(HA)_y(ClO_4^-)_x]_0[H^+]^x}{[Dy^{3+}][HA]_0^{x+y}[ClO_4^-]^z}$$

已知 ClO_4 与稀土的络合作用很小

$$K_{xyz}=\frac{D_1[H^+]^x}{[HA]_0^{x+y}[ClO_4^-]_z}$$

固定温度、离子强度及有机相 HPMBP 浓度。改变水相 pH 值，测得一系列的分配比 D_1。以 $\log D_1$ 对 pH 作图，得斜率为 3 的直线，说明 $x=3$。同理固定温度、水相离子强度和 pH 值，改变 HPMBP 浓度，测得一系列 D_1，以 $\log D_1$ 对 $\log[HA]_0$ 作图，得斜率为 4 的直线，说明 $x+y=4$，所以 $y=1$。根据电中性原理，$x+z=3$，故 $z=0$。从而得出 HPMBP 单独萃取 Dy(III)的萃合物组成为 $DyA_3 \cdot HA$。萃取反应式可写为

$$Dy^{3+}+4HA_{(0)}=DyA\cdot HA+3H^+$$

由实验数据得 $\log K_{310}=-2.54$。

(2) HPMBP-DPSO 二元协萃体系

在 $Dy^{3+}(1.00\times10^{-4}mol/L)/HClO_4+NaClO_4(pH<3.0,\mu=0.1)/HPMBP+DPSO$(甲苯)体系中发生的萃取反应可表示为：

$$Dy^{3+}+(x+y)HA_{(0)}+zDPSO_{(0)}=DyA_x(HA)_y\cdot(DPSO)_{z(0)}+xH^+$$

平衡常数为：

$$K_{xyz}=\frac{[DyA_x(HA)_y\cdot(DPSO)_z]_0[H^+]^x}{[Dy^{3+}][HA]_0^{x+y}[DPSO]_0^z}$$

$$=\frac{D_{12}[H^+]^x}{[HA]_0^{x+y}[DPSO]_0^z}$$

式中
$$D_{12}=\frac{[DyA_x(HA)_y\cdot(DPSO)_z]_0}{[Dy^{3+}]}$$

在本协萃体系中，由实验测定的分配比，实际上是 HPMBP、DPSO 单独萃取 Dy 的分配比 D_1，D_2 及二者协同萃取 Dy 的分配比 D_{12}之和，称之为 $D_总$，因此：

$$D_总=D_1+D_2+D_{12}。$$

在本协萃体系中，$D_2\sim0$，所以 $D_{12}=D_总-D_1$。在各实验条件下，D_1 可由已知的平衡常数计算得到。

实验中固定温度、离子强度及有机相 HPMBP 和 DPSO 的浓度，改变 pH 值，测得一系列的 $D_总$值。再固定温度、离子强度和 pH 值，改变有机相中 HPMBP 或 DPSO 的浓度，又测得一系列的 $D_总$ 值。由其中减去相应的 D_1 值，就可得一系列的 D_{12}值。因为：

$$\log D_{12}=\log K_{xyz}+x\text{pH}+(x+y)\log[HA]_0+z\log[DPSO]_0$$

以 $\log D_{12}$分别对 pH，$\log[HA]_0$ 和 $\log[DPSO]_0$作图，得一系列直线，其斜率分别为 3，得 $x=3$；$x+y=3$，$y=0$，在 $C^0_{DPSO}<0.025mol/L$ 时 $z=1$。当 $C^0_{DPSO}>0.0400$ 时，$z=2$。所以在 $C^0_{DPSO}<0.025mol/L$ 时，二元协萃络合物的组成为 $DyA_3\cdot DPSO$，协萃反应为：

$$Dy^{3+}+3HA_{(0)}+DPSO_{(0)}=DyA_3\cdot DPSO_{(0)}+3H^+$$

$$K_{301}=\frac{D_{12}[H^+]^3}{[HA]_0^3[DPSO]_0}$$

由各实验条件可得一系列的 K_{301} 值，平均数为 $\log K_{301}=-0.75$。当 $C_{DPSO}^0>0.0400$ 时，二元协萃产物为 $DyA_3\cdot(DPSO)_2$，协萃反应为：

$$Dy^{3+}+3HA_{(0)}+2DPSO_{(0)}=DyA_3\cdot(DPSO)_{2(0)}+3H^+$$

$$K_{302}=\frac{D_{12}[H^+]^3}{[HA]_0^3[DPSO]_0^2}$$

由此求得 $\log K_{302}=0.84$。

(3) HPMBP-DAMP 二元协萃

在 $Dy^{3+}(1.00\times10^{-4}mol/L)/HClO_4+NaClO_4(pH<3.0,\mu=0.1)$/HPMBP+DAMP 甲苯体系中发生的萃取反应可表示为

$$Dy^{3+}+(x+y)HA_{(0)}+zDAMP_{(0)}=DyA_x(HA)_y\cdot(DAMP)_{z(0)}+xH^+$$

平衡常数为

$$K'_{xyz}=\frac{[DyA_x(HA)_y\cdot(DAMP)_z]_0[H^+]^x}{[Dy^{3+}][HA]_0^{x+y}[DAMP]_0^z}$$

$$=\frac{D_{13}[H^+]^x}{[HA]_0^{x+y}[DAMP]_0^z}$$

式中

$$D_{13}=\frac{[DyA_x(HA)_y\cdot(DAMP)_z]_0}{[Dy^{3+}]}$$

$$\log D_{13}=\log K'_{xyz}+xpH+(x+y)\log[HA]_0+z\log[DAMP]_0$$

在本体系中，DAMP 单独萃取 Dy^{3+} 的分配比 $D_3\simeq0$，故 $D_{13}=D_{总}-D_t$。

以同法得到在这一体系中 $x=3,y=0$。当 $C_{DAMP}^0<0.01mol/L$ 时 $z=1$；当 $C_{DAMP}^0>0.01mol/L$ 时 $z=2$，所以有二种萃合物即

$$DyA_3\cdot DAMP,\log K'_{301}=0.63$$

$$DyA_3\cdot(DAMP)_2,\log K'_{302}=2.48$$

(4) HPMBP-DPSO-DAMP 三元协萃体系

在 $Dy^{3+}(1.00\times10^{-4}mol/L)/HClO_4+NaClO_4(pH<3.0,\mu=0.1)$/HPMBP-DPSO-DAMP(甲苯)体系中，发生的协萃反应式可表示为：

$$Dy^{3+}+(x+n)HA_{(0)}+yDPSO_{(0)}+zDAMP_{(0)}$$
$$=DyA_x(HA)_n\cdot(DPSO)_y(DAMP)_{z(0)}+xH^+$$

$$K_{xnzy}=\frac{[DyA_x(HA)_n(DPSO)_y(DAMP)_z]_0[H^+]^x}{[Dy^{3+}][HA]_0^{x+n}[DPSO]_0^y[DAMP]_0^z}$$

$$=\frac{D_{123}[H^+]^x}{[HA]_0^{x+n}[DPSO]_0^y[DAMP]_0^z}$$

式中

$$D_{123}=\frac{[DyA_x(HA)_n\cdot(DPSO)_y(DAMP)_z]_{(0)}}{[Dy^{3+}]}$$

$$\log D_{123}=\log K_{xnyz}+x\mathrm{pH}+(x+n)\log[HA]_0+y\log[DPSO]_0+z\log[DAMP]_0$$

在此协萃体系中 Dy(III)在两相中的总分配比 $D_{总}$ 等于 HA，DPSO，DAMP 单独萃取 Dy 的分配比(D_1，D_2，D_3)，二元协同萃取 Dy 的分配比(D_{12}，D_{13}，D_{23})及三元协同萃取 Dy 的分配比 D_{123}之和，即

$$D_{总}=D_1+D_2+D_3+D_{12}+D_{13}+D_{23}+D_{123}$$

在本实例中 $D_1\simeq 0$，$D_2\simeq 0$，$D_{23}\simeq 0$。故

$$D_{123}=D_{总}-D_1-D_{12}-D_{13}$$

实验中在各具体条件下测得 $D_{总}$，再利用已知的 HA 单独萃 Dy，HA-DPSO，HA-DAMP 二元协萃 Dy 的平衡常数计算出各相应条件下的 D_1，D_{12}，D_{13}，这样就可以计算出 D_{123}。

实验中固定温度、水相离子强度及有机相中三种萃取剂总度，改变 pH 值，测得一系列的 $D_{总}$ 值。然后固定温度、水相离子强度和 pH 值及固定有机相中两种萃取剂的浓度，改变第三种萃取剂的浓度，测得一系列的 $D_{总}$ 值。以 $\log D_{123}$分别对 pH，$\log[HA]_0$，$\log[DPSO]_0$ 及 $\log[DAMP]_0$ 作图，直线斜率分别为 $x=3$，$x+n=3$，$y=1$，$z=1$。故三元协萃络合物的组成为：DyA_3，DPSO · DAMP，反应式如下：

$$Dy^{3+}+3HA_{(0)}+DPSO_{(0)}+DAMP_{(0)}=DyA_3、DPSO\cdot DAMP_{(0)}+3H^+$$

平衡常数

$$K_{3011}=\frac{D_{123}[H^+]^3}{[HA]_0^3[DPSO]_0[DAMP]_0}$$

表 22.144 HA+DPSO+DAMP 三元协同萃取 Dy

改变 pH，$C^0_{Dy}=1.00\times10^{-4}$mol/L $\mu=0.1$，$[HA]_0=2.97\times10^{-2}$mol/L，$[DAMP]_0=9.92\times10^{-3}$mol/L，$[DPSO]_0=9.8\times10^{-3}$mol/L

pH	$D_{总}$	D_1	D_{12}	D_{13}	D_{123}	$\log D_{123}$	$\log K_{3011}$
2.05	2.06	0	0.07	1.59	0.40	−0.40	2.04
2.18	5.01	0.01	0.16	4.17	0.67	−0.17	1.87
2.33	15.0	0.02	0.45	11.0	3.5	0.55	2.14
2.45	38.4	0.05	1.04	30.1	7.2	0.86	2.09

改变 HA 浓度，$C^0_{Dy}=1.00\times10^{-4}$mol/L $\mu=0.1$，pH=2.36，$[DAMP]_0=9.92\times10^{-3}$mol/L，$[DPSO]_0=9.98\times10^{-3}$mol/L

$[HA]_0\times10^{-2}$，mol/L	$\log[HA]_0$	$D_{总}$	D_1	D_{12}	D_{13}	D_{123}	$\log D_{123}$	$\log K_{3011}$
1.48	−1.83	1.87	0	0.06	1.42	0.39	−0.41	2.06
1.98	−1.70	4.51	0	0.14	3.35	1.02	−0.01	2.10

续表

改变 DPSO 浓度，$C^0_{Dy}=1.00\times10^{-4}$ mol/L $\mu=0.1$，pH=2.36，$[HA]_0=2.97\times10^{-2}$ mol/L $[DAMP]_0=9.91\times10^{-3}$ mol/L

$[DPSO]_0\times10^3$ mol/L	$\log[DPSO]_0$	$D_{总}$	D_1	D_{12}	D_{13}	D_{123}	$\log D_{123}$	$\log K_{3011}$
2.47	−1.61	8.78	0.01	0.26	6.90	1.61	0.21	2.05
2.97	−1.53	14.6	0.02	0.46	11.0	3.12	0.49	2.09
4.99	−2.30	13.0	0.02	0.23	11.0	1.8	0.24	2.14
7.48	−2.13	13.8	0.02	0.34	11.0	2.4	0.39	2.11
9.98	−2.00	14.6	0.02	0.46	11.0	3.1	0.49	2.09
15.0	−1.82	16.2	0.02	0.68	11.0	4.5	0.65	2.07

改变 DAMP 浓度，$C^0_{Dy}=1.00\times10^{-4}$ mol/L $\mu=0.1$，pH=2.36，$[HA]_0=2.97\times10^{-2}$ mol/L $[DPSO]_0=9.98\times10^{-3}$ mol/L

$[DAMP]_0\times10^3$ mol/L	$\log[DAMP]_0$	$D_{总}$	D_1	D_{12}	D_{13}	D_{123}	$\log D_{123}$	$\log K_{3011}$
2.44	−2.61	3.29	0.02	0.46	2.06	0.75	−0.12	2.05
4.92	−2.31	6.30	0.02	0.46	4.28	1.54	0.19	2.09
7.41	−2.13	10.0	0.02	0.46	7.33	2.2	0.34	2.06
9.91	−2.00	14.1	0.02	0.46	11.0	2.6	0.41	2.01
14.9	−1.83	24.5	0.02	0.46	19.2	4.8	0.68	2.10

表 22.144 的数据取平均值，$\log K_{3011}=2.07$。推测三元络合物的结构式可能是：

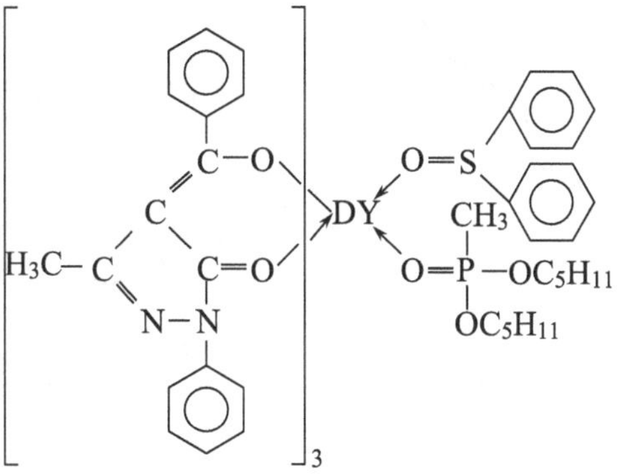

4.4 四分组效应

镧系元素中由于 4f 电子的依次填充，使其许多性质都随之呈现规律性的变化，其中“四分组效应”是得到广泛研究的变化规律之一。它是镧系元素化学中的一条重要规律。但是由于它的发现及资料的积累多数与液-液萃取，萃取色层以及离子交换有关，所以我们把它放在这一章里作一简要介绍。

早在1959年，H. A. C. Mekay等在研究TBP萃取稀土时就发现在低酸度下，logD-Z呈现奇偶效应。即将元素的分配比的对数对原子序数作图时有这样一种现象：当Z为奇数时，logD对Z为一条平滑的曲线；当Z为偶数时，logD对Z也为一条平滑的曲线。而且Z为奇数的曲线位于Z为偶数的曲线下方。随后D. F. Peppard等在研究酸性磷酸酯对镧系元素的萃取规律时也观察到奇偶效应。他们在全面系统地对十五个镧系元素进行研究并改进所用物质纯化方法后，发现在自己所研究的各种萃取体系中，其logD-Z的图形均适合一种四分组变化规律，即“在十五个镧系元素的液-液萃取体系中，以logD-Z作图，能够用四条平滑的曲线将图上描出的十五个点分成四个四元组，钆的那一点为第二组和第三组所共用，第一组和第二组的曲线延长线在60号和61号元素之间的区域相交，第三组和第四组的曲线延长线在67和68号元素之间的区域相交。”这就是所谓的四分组效应，并于1968年首次在第五次国际萃取会议上提出。

图22.89示出了几条典型的四分组曲线。

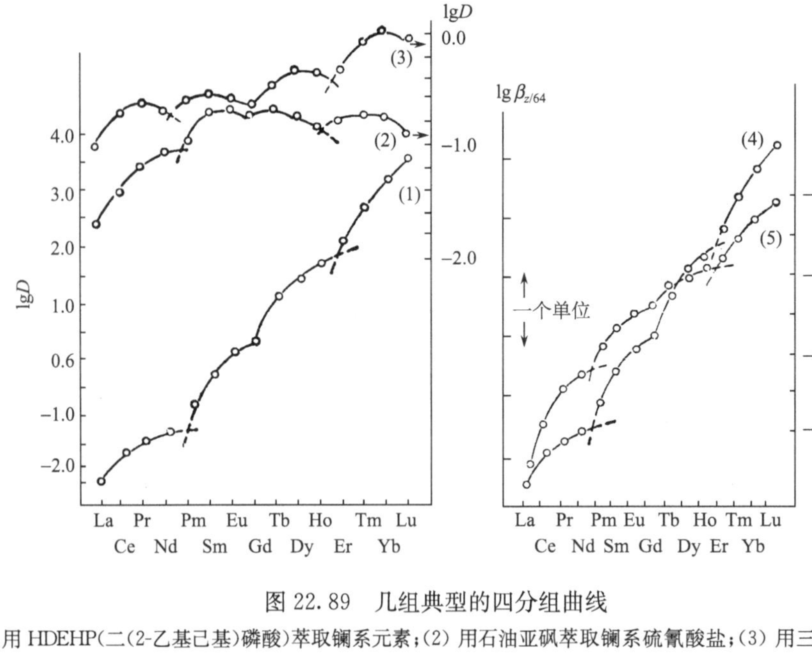

图22.89　几组典型的四分组曲线

(1)用HDEHP(二(2-乙基己基)磷酸)萃取镧系元素；(2) 用石油亚砜萃取镧系硫氰酸盐；(3) 用三(1-甲基己基)磷氧萃取镧系氯化物；(4) HDEHP(正庚烷稀释)-HCl体系；(5) HTTA(CCl_4为溶剂)-$NaClO_4$体系。

应该指出，曲线4,5并不是以logD为纵坐标，曲线4选用了各元素对钆的分离系数β的对数，曲线5采用了平衡常数K的对数。无论在哪种情况下，四分组效应都是明显的。Peppard从4f族元素的共同特性联想到5f族元素的四分组效应，结果在三价锕系元素中也发现了类似的变化，从而确定四分组效应是f族元素的共同特性。

大致是在同一时期 I. Fidelis 等在研究 HEHBP(2-乙基己基苯基磷酸)萃取稀土时,发现以分离系数对原子序数作图,以钆为中点,可分为两个形状相似的图形,图 22.90 中分别有两个极大和极小值。他们将这种规律性称之为双-双效应。尽管温度对不同的稀土离子有不同的影响,轻稀土的分配比随温度的升高而稍增大,重稀土的分配比随温度的升高而减小,但仍然可以观察到双-双效应的存在。

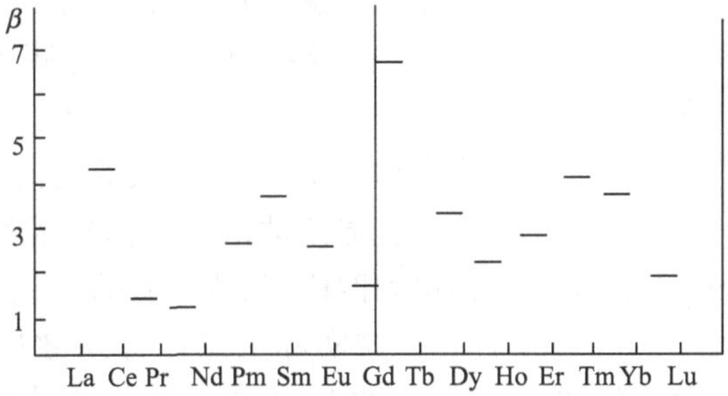

图 22.90 HEHBP 作萃取剂时相邻稀土元素的分离系数

稍后,А. И. Михайличенко 通过对一些不同类型的中性萃取体系及不同结构的羧酸对稀土的萃取之后,结合前人已发表的工作,把四分组效应分为三种类型,第一种类型是各分组的 $\log D$ 均随 Z 的增大而单调上升(图 22.89 中曲线 1);第二种类型是各组的 $\log D$ 有的随 Z 增大而单调上升,有的则不是(图 22.89 曲线 2);第三种类型是各分组的 $\log D$ 均不随 Z 的增大而单调上升(图 22.89 曲线 3)。至于各分组的 $\log D$-Z 的变化情况,则可以归纳出 10 种类型(图 22.91)。

1)凸形上升曲线　如 HDEHP-非极性溶剂体系的四个分组

2)凹形下降曲线　如壬基磺酸-EDTA 体系的 I 分组

3)凹形上升曲线　如 HDEHP-DTPA+乳酸的 II 分组

4)凸形下降曲线　如甲基膦酸二甲庚酯-HCl 体系的 III 分组

5)具有极大值的凸形上升曲线　如 TBP-HNO_3 体系的 II 分组

6)具有极小值的凹形下降曲线

7)具有极小值的凹形上升曲线

8)具有极大值的凸形下降曲线

9)水平凸形曲线　如甲基膦酸二甲庚酯-HCl 体系的 I,II 分组

10)水平凹形曲线　如 HEDTA 体系的 III 分组

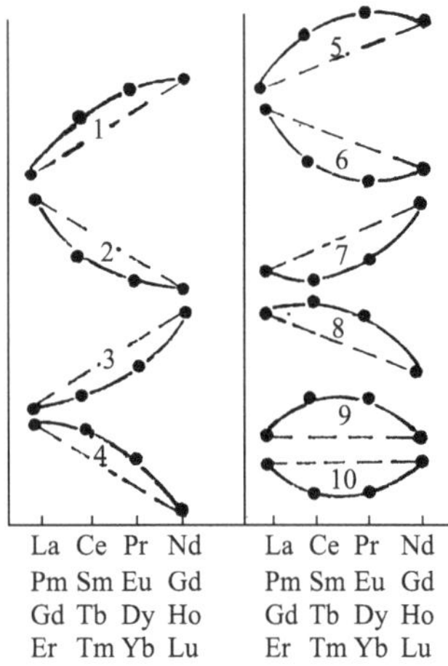

图 22.91 四分组效应中 logD-Z 曲线的基本类型

从图 22.91 可以看到型式 1,2,5,6 中各分组前两个相邻元素的分离系数 β 较大,而后两个相邻元素的分离系数 β 较小;型式 3,4,7,8 中则恰好相反,即后两个相邻元素的分离系数 β 值较大。型式 9,10 则是第 2,3 两相邻元素的分离系数较小,而 1,2 和 3,4 元素之间分离系数稍大些。利用这些特点可以选择适宜的体系进行某些相邻的镧系元素的分离。

1975 年 S. P. Sinha 将镧系及锕系元素的某些物理化学性质,如电离势、标准氧化还原电位、络合物稳定常数、有关的光谱参数等对相应元素的总轨道角动量(L)作图,发现图形呈斜 W 形,即得到四段"斜 W"形的直线,称之为"斜 W 效应"。这实际上是四分组效应的另一种表达形式,因为性质对原子序数作图时,原子序数是单调上升的,而当用轨道角动量量子数 L 对性质作图时,L 是周期变化的。

四分组效应的本质是什么?这引起了许多科学工作者的兴趣。表 22.145 列出了三价镧系元素离子基态电子的排布。从中可以看到:以 Gd 为界时,Gd 前后镧系元素离子的基态光谱项都可以归纳为两个小组,即 Gd 以前的 La,Ce,Pr,Nd 和 Pm,Sm,Eu,Gd 以及 Gd 以后的 Gd,Tb,Dy,Ho 和 Er,Tm,Yb,Lu。所以四分组效应可以说是镧系元素离子 $4f^q$ 电子构型变化规律的反映。

表 22.145 三价镧系元素离子基态电子排布及电子排斥能计算的有关参数

三价离子	$4f$ 电子数	基态光谱项	E^1(电子伏特)	E^3(电子伏特)	e_1(E^1 的系数)	e_3(E^3 的系数)
La	0	$^1S_0$				
Ce	1	$^2F_{5/2}$			0	0
Pr	2	$^3H_4$	0.56389	0.0579	−9/13	−9
Nd	3	$^4I_{9/2}$	0.58758	0.0602	−27/13	−21
Pm	4	$^5I_4$	0.61019	0.0652	−54/13	−21
Sm	5	$^6H_{5/2}$	0.68152	0.0689	−90/13	−9
Eu	6	$^7F_0$	0.69095	0.0691	−135/13	0
Gd	7	$^8S_{7/2}$	0.71420	0.0722	−189/13	0
Tb	8	$^7F_6$	0.74655	0.0755	−135/13	0
Dy	9	$^6H_{5/2}$	0.75872	0.0756	−90/13	−9
Ho	10	$^5I_8$	0.79851	0.0774	−54/13	−21
Er	11	$^4I_{15/2}$	0.83934	0.0802	−27/13	−21

续表

三价离子	4f电子数	基态光谱项	E^1(电子伏特)	E^3(电子伏特)	e_1(E^1 的系数)	e_3(E^3 的系数)
Tm	12	$^3H_6$	0.88552	0.0836	−9/13	−9
Yb	13	$^2F_{7/2}$			0	0
Lu	14	$^1S_0$				

为了定量的讨论四分组效应，L. J. Nuget 引用了 Jørgensen 对 f^q 组态电子间排斥能的近似处理公式对镧系和锕系中的情况作了分析。他认为具有 f^q 电子组态的电子间排斥能 H_r 与电子数 q 有关，正是由于 H_r 随 q 的变化，表现为宏观性能上的四分组效应。

已知 Jørgensen 的计算公式为：

$$H_r = e_0E^0 + e_1E^1 + e_2E^2 + e_3E^3$$

式中 e_0, e_1, e_2, e_3 均是可根据量子力学计算得到的系数，E^0, E^1, E^2, E^3 的数值则可通过精密发射光谱或吸收光谱测定后推算得到，其中

$$e_0 = \frac{q(q-1)}{2}$$

即 H_r 的第一项随 q 增大而单调增大，它对 H_r 无周期变化的贡献；基态时 e_2 有关的各函数均趋于零，所以 e_2E^2 项可忽略不计。又知

$$e_1 = \frac{9}{8}\left\{\langle s(s+1)\rangle - s(s+1)\right\}$$

而

$$\langle s(s+1)\rangle = \frac{3}{4}q\left[1 - \frac{(q-1)}{4l+1}\right]$$

对于 f 电子，$l=3$，于是

$$\langle s(s+1)\rangle = \frac{3}{4}q\left[1 - \frac{(q-1)}{13}\right]$$

由此

$$e_1 = \frac{9}{8}\left[\frac{3}{4}q\left(1 - \frac{(q-1)}{13}\right) - s(s+1)\right]$$

由表可以看到 e_1 随 q 变化而变化，当 $q=7$ 时有极大值，若以 e_1E^1 的乘积对 q 作图，得到图 22.92 中的实线，它在 f^7 即 Gd 处出现峰值，这显然反映出半充满效应。

现在再看 e_3E^3 项，由表 22.145 中看到 E^3 项的数值虽然随 q 仍是单调上升的，但 e_3 项出现了周期的变化。若以 e_3 乘以 E^3 对 q 作图，则得到图 22.92 中的虚线，它在 f^{3-4} 和 f^{10-11} 处，即 Nd^{3+}—Pm^{3+} 和 Ho^{3+}—Er^{3+} 之间出现两个较小的峰值。这说明在 f^7，f^{3-4}，f^{10-11} 三处呈稳定结构，而四分组效应中的三个交点也正好落在这三个位置上，从而解释了四分组效应。不过 f^{3-4}，f^{10-11} 这两个峰值比 f^7 处

的峰值约小 6 倍，这表明$\frac{1}{4}$和$\frac{3}{4}$充满效应较$\frac{1}{2}$充满效应约小 6 倍。在化学反应中这么小的稳定能往往不易为人们所察觉，除非实验进行得很精确。正是这种原因使得四分组效应的发现较钆断效应要晚。

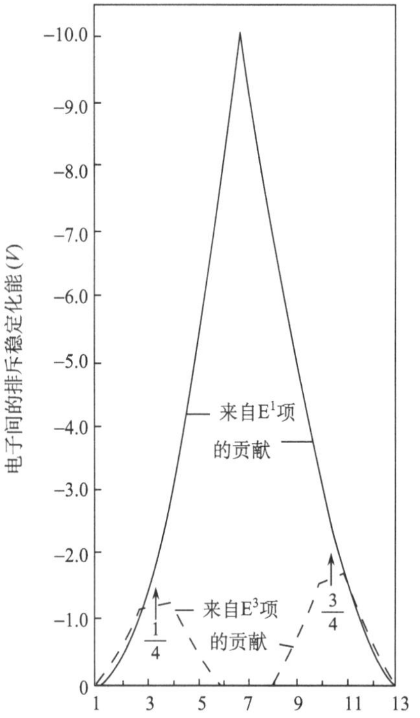

图 22.92　在 $4f^q$ 各组态中，基态电子间排斥稳定化能随 q 变化的曲线

应该指出，这里所讨论的都是当离子没有受任何外界势场作用的情况，实际上稀土离子在发生化学反应中要受到介质和配体的势场作用。如在萃取过程中，稀土离子存在于水相或有机相时要受到水分子或有机分子的配位作用，在这时 E^1 项和 E^3 项的数值将有所变化，而且不同介质中改变的正负值也不同，因此在不同的体系中，虽然$\frac{1}{2}$，$\frac{1}{4}$，$\frac{3}{4}$充满效应都同样存在，但四分组效应是整个体系变化的净结果，它们肯定会存在一定的差异，这种差异不但使我们得到了上面所归纳的各种类型的曲线，而且在有些体系中还没有观察到四分组效应。这说明四分组效应不仅与稀土离子内在结构有关，而且还与外界条件有关。目前，我们还不能对四分组效应加以预测或定量计算。有关四分组效应的理论有待深化，有关四分组效应的材料也有待进一步的积累。

近年来，倪嘉缵等推导出稀土离子的电子云密度分布存在四分组效应。数据见表 22.146。表中 J 为 $4f^q$ 电子组态的总角量子数；Q 为 $4f$ 电子的四极距，α 是可由量子力学计算得到的常数。它们之间存在以下关系：

$$Q \propto J(2J-1)\alpha$$

即 $4f$ 电子的四极矩正比于 $J(2J-1)\alpha$。如果用一个椭球模型来描述四极矩的电荷分布，那么 Q 的符号表示椭球延伸的方向，Q 为正表示椭球长轴在 Z 轴方向；Q 为负值表示椭球长轴在 X 轴方向。$|Q|$ 的数值大小则表示椭球各向异性的程度。数据表明 $4f^7$ 电子组态（当然还有 $4f^0$，$4f^{14}$）的 Q 值为零，说明它的电子云分布为中心对称的球体，其余则为椭球形。按照 Q 的符号它们可分为四个小组，即

Ce—Pr—Nd　Pm—Sm—Eu　Tb—Dy—Ho　Er—Tm—Yb

它们可形象地用图 22.93 表示。如果以原子序数对 $|Q|$ 作图，得四条平滑曲线，如图 22.94。

表 22.146　稀土离子基态 4f 电子的 α 及 Q 值

离子	J	α	Q
Ce	5/2	−0.0571	−0.571
Pr	4	−0.0210	−0.588
Nd	9/2	−0.00643	−0.231
Pm	4	+0.00771	+0.216
Sm	5/2	+0.00413	+0.413
Eu	0	—	—
Gd	7/2	0	0
Tb	6	−0.0101	−0.667
Dy	5/2	−0.00635	−0.667
Ho	8	−0.00222	−0.266
Er	15/2	+0.00254	+0.266
Tm	6	+0.0101	+0.667
Yb	7/2	+0.0318	+0.667

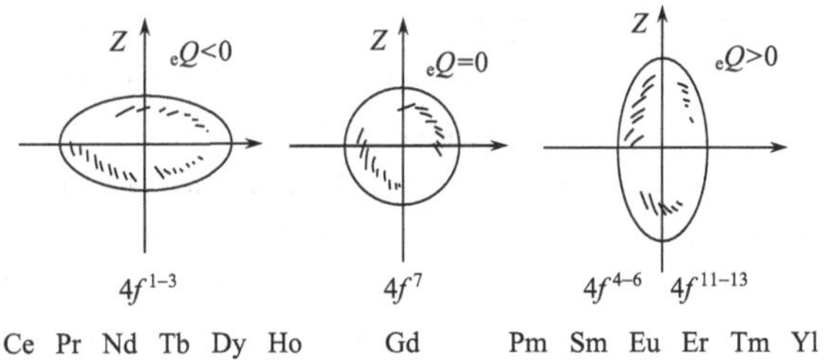

图 22.93　稀土离子 4f 电子云的椭球模型

他们认为正是由于 4f 电子云分布的各向异性，在电子云延伸的某一个方向更有利于稀土离子与配体间生成共价键，并假定 4f 电子对共价键的贡献取决于 4f 电子云的各向异性的程度，即 $|Q|$ 值的大小。由于 $|Q|$ 值存在着四分组效应，因此与共价键有关的各种物理化学性质也存在着四分组效应。当然在共价键形成的过程中，4f 电子不是唯一的影响因素。例如离子半径，5d 轨道都将有所贡献。正

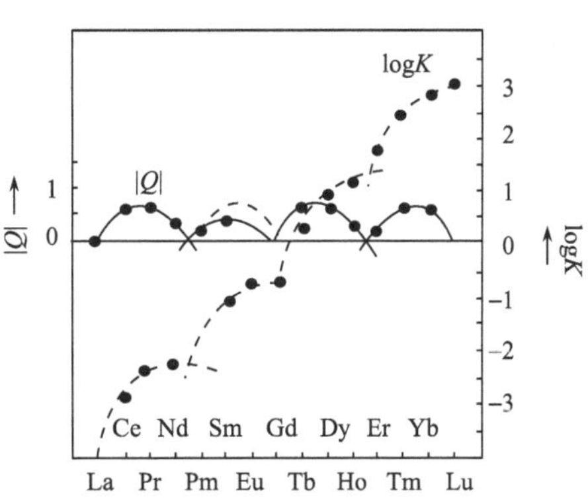

图 22.94　$|Q|$ 及 $\log K$ 随原子序数的变化

是这个缘故，镧系收缩，离子半径随原子序数增大而变小，它与电子云四极矩的四分组效应二者可合成一条斜的波形曲线，这是在大多数情况下所观察到的四分组效应的表现形式。他们还指出，这种四分组效应只与中心离子和配体间的共价键有关的性质有联系。而在弱的配位环境中，由于 $5s^2 5p^6$ 电子的有效屏敝，$4f$ 电子云的这种分布常常没有表现出来。这是“纯”离子型化合物中一般观察不到四分组效应的原因。

参 考 文 献

[1] 稀土编写组编著，稀土上册，第八、九、十章，冶金工业出版社(1978).

[2] 徐光宪、王文清、吴瑾光、高宏成、施鼐著，萃取化学原理，上海科学技术出版社(1984).

[3] Jr. Gschneider(ed.), Handbook on the physics and Chemistry of Rare Earth, Vol. 3, Charpter 25(1979).

[4] 秦启宗、毛家骏、金忠翎、陆忠仁，化学分离法，第二、三、四章，原子能出版社(1984).

[5] 袁承业、叶伟贞、马恩新、吴甫炳、严小敏，中国科学，B 辑，第 7 其，597—606(1982).

[6] Huang Chun-Hui, Xu Rong-Fang and Xu Guang-Xian, Solvent Extraction and Ion Exchange, 7(3), 489—497(1989).

[7] 袁承业、叶伟贞、马恒励、王国梁、龙海燕、谢继发、泰秀清、周永昌，中国科学，B 辑，第 3 期，193—203(1982).

[8] 马恩新、严小敏、王三益、龙海燕、袁承业，中国科学，B 辑，第 5 期，565—573(1981).

[9] 吴瑾光、施鼐、高宏成、陈滇、郭海、翁诗甫、徐光宪，中国科学，B 辑，第 12 期，1071—1079(1983).

[10] Cheng-Min Liu, Yu-Zhen Han, Zuo-Hua Pan, Ni-Cheng Shi and Li-Bing Lial, Book of Abstracts. XXV International Conference on Coordination Chemistry, A2-191(1987).

[11] Hsu Kwang-Hsien(Su Guang-Xian), Huang Chun-Hui, King Tien-Chu and Li Biao-Guo, Proceedings of International Solvent Extraction Conference, Belgium, Vol. 3, 80—82(1980).

[12] Huang Chun-Hui, Jin Tian-Zhu, Li Biao-Guo, Li Jun-Ron and Xu Guang-Xian, Proceedings of International Solvent Extraction Conference, München, F. R. German, 214—221(1986).

[13] Huang Chun-Hui, Deng An-Ping, Yan Chun-Hua and Xu Guang-Xian, Proceedings of International Solvent Extraction Conference, Moscow, USSR, Vol. 1, 226—228(1988).

[14] 彭立娥、陈金榜、郑发忠、王文清，北京大学学报(自然科学版)，第 5 期，13—20(1984).

[15] L. J. Nugent, *J. Inorg. Nucl. Chem.* 32, 3485—3491(1970).

[16] Mao Xi-An, Shen Lian-Fang and Ni Jia-Zhan. J. Mol. Sci., Vol. 3, 205—210(1985).

22.5 稀土金属及其合金

5.1 绪　　论

稀土性质活泼其氧化物又很稳定，所以自 1794 年发现“钇土”直到 1826 年才由 C. G. Mosander 用金属钠、钾还原无水氯化铈制得了含杂质很多的金属铈。后来，在 1875 年 W. Hillebrand 和 T. Norton 又用稀土氯化物熔盐电解法制备了少量不纯的金属铈、镧和镨钕混合金属。但这些仅是实验研究工作。

稀土工业的发展是从 1893 年开始的。当时为了从独居石中提取气灯纱罩用的硝酸钍，而生产了较大量的稀土化合物。在 1903 年稀土金属用于打火石的发现促进了混合稀土金属工业生产。但在以后的几十年间稀土金属、合金生产和应用的发展都是缓慢的。直到 20 世纪 40 年代末，科学家和工程师们才逐渐地完善和发展了金属热还原和熔盐电解法从稀土卤化物中冶炼工业纯稀土金属、合金以及用物理冶金的方法提纯稀土金属和制备稀土金属单晶。

稀土金属的化学性质很活泼，仅次于碱金属和碱土金属。它的活泼性与原子半径有关。稀土金属的原子半径除铕(2.04×10^{-10}m)和镱(1.94×10^{-10}m)外，从镧(1.877×10^{-10}m)至镥(1.734×10^{-10}m)逐渐减小。因此其活泼性由镧至镥递减；由钪(原子半径 1.641×10^{-10}m)、钇(原子半径 1.801×10^{-10}m)至镧原子半径递增。但是镧系金属的原子半径和离子半径远比过渡族金属的大，因此稀土金属容易失去电子与许多元素起化学作用。稀土金属极易与氧、硫、氮、氢以及其他金属作用，生成相应的化合物。稀土金属的这些性质都在生产和科研的实践中得到应用。

稀土金属的燃点较低，如铈为 165℃，镨为 290℃，钕为 270℃。

目前稀土元素及其化合物在国民经济中得到广泛地应用。它的应用实例达数百种之多，可称谓纷繁尽致。但在这些应用中，主要是使用稀土的含氧化合物、卤化物、硫属化合物等，而稀土金属和稀土中间合金则主要是用于打火石、黑色和有色冶金。稀土金属具有很高的化学活泼性，它是钢和有色金属及其合金(如铝、镁、铜合金)的很好的脱氧、脱硫和变质剂，同时也能起到微合金化作用。因此添加稀土金属可提高这些材料的强度、韧性、抗腐蚀和其他物理性能。稀土金属及其中间合金还是球墨铸铁的球化剂，蠕墨铸铁、灰铸铁以及合金铸铁(如无磁、耐酸高硅铸铁)等的变质剂。这些应用已具有了工业规模。自 1972 年以来，稀土金属及其中间合金用于冶金工业的销售量占稀土总销售量的三分之一。

稀土金属与过渡族金属间化合物的性能及应用的研究是从70年代初开始发展的。其中突出的是稀土钴和NdFeB型的永磁合金和$LaNi_5$型金属间化合物贮氢材料。稀土钴永磁合金具有剩磁、矫顽力和磁能积都高的优点，而且居里点亦高，因此它广泛地用于发电机、各种马达、行波管和各种仪表的永磁场，促进了这些装置的小型化。$LaNi_5$型稀土贮氢材料具有吸氢容量大、放氢速度快和吸氢与解吸是可逆的优点，并有提纯氢的作用，因此它已用于氢的贮存和高纯氢源。

稀土金属与难熔、轻、重有色金属都能生成一系列化合物并已绘制了二元合金相图。但对这些化合物性质的研究还很不充分。

稀土元素也能与第四族、第五族、第六族和第七族主族元素化合，生成化合物。但这些化合物大部分是用稀土化合物如Ln_2O_3与相应的元素或化合物合成的。它们的合成方法和性质用途不是本章叙述的范畴。

5.2 稀土金属及其合金的制备

5.2.1 熔盐电解制备稀土金属及其合金

1. 概述

熔盐电解是工业生产稀土金属(尤其铈组混合稀土或单一稀土金属)的主要方法。世界年产稀土金属量约4000—5000t。熔盐电解成为生产稀土金属的主要方法是因为电解法生产成本较金属热还原法低且设备简单。

工业上采用熔盐电解法生产铈组稀土金属，这些金属用途广，用量大价格便宜，并且熔点较钇组稀土金属的低，便于使用。熔盐电解法亦适用于制备钇组稀土金属。为了克服钇组稀土金属熔点高给电解工艺和材质带来的困难，近年来研究了高温密闭电解槽和以金属阴极如锌、镁等电解合金的工艺，制备钇组稀土合金。

目前主要采用的稀土熔盐电解体系是稀土氯化物-碱金属氯化物熔盐体系。它在850—1000℃具有较好的物理化学和电化学性质且价格便宜。缺点是电解电流效率较低，阳极氯气产生公害。为了改善此种情况，自60年代初研究和发展了稀土氧化物在氟化物体系中电解制备稀土金属的工艺和设备。研究结果表明，虽然这种方法能提高电流效率和避免阳极气体的公害，但它要求更严格的操作和需用耐氟盐的材料，成本也较高。目前，世界主要的稀土金属生产厂家，如西德的Th. Goldschmidt公司，美国的Ronson Metals公司，我国的跃龙化工厂等都采用氯化物体系电解生产铈组稀土金属。

稀土金属熔融盐电解法远不如镁、铝熔融盐电解法成熟。目前对稀土氯化物-碱金属氯化物或稀土氟化物熔融盐体系的物理化学性质和电化学性质的研究还不充分、不系统，从而影响了稀土金属熔融盐电解工艺技术的提高。稀土金属熔融盐电解工艺上要解决的主要问题是，研究合理的工业槽型、降低能耗、提高电流效率、提高稀土金属的收率和纯度。

2. 稀土熔融盐电解工艺的基本原理

稀土金属电解采用的熔融盐体系有两种，一是 $LnCl_3$-KCl(NaCl)体系，二是 LnF_3-LiF-BaF_2 体系。两种熔盐体系都是离子溶液，因此都具有良好的电导和离子迁移。在电化学上都能构成化学电池(纯的单一的盐能构成可逆的原电池，如 $Ln/LnCl_3/Cl_2$)。在这样的熔盐体系中放入惰性电极(如钼阴极、石墨阳极)并通过直流电(即在两极之间加一定的直流电压)，将发生与化学电池相反的作用，即电解；对氯化物体系来说，在阴极上析出稀土金属，在阳极上放出氯气。

(1) 熔融盐分解电压和电极电位

很明显，在一个能构成化学电池的熔融盐体系中，为了能发生电解作用必须在外电路加上方向与化学电池电势方向相反的直流电压，且要达到一定的数值。这个能保持长时间进行电解所需要的最小的外电压值称为该盐浴的分解电压。

分解电压与化学电池的电动势(即电极电位)有何关系，与化学热力学的恒压等温自由焓有何关系？为了简便起见，先讨论单一熔盐体系。

对于单一的熔盐体系，在没有超电压和去极化作用的条件下，熔盐的分解电压等于该化学电池的可逆电动势，等于平衡状态的电极电位差：

$$E_T^0 = \psi_{阳} - \psi_{阴}$$

E_T^0—分解电压,V

$\psi_{阴}$—阴极电位,V

$\psi_{阳}$—阳极电位,V

在有超电压时，分解电压大于相应的化学电池的电动势，在有去极化作用时，分解电压小于它。

在上述电池中发生的化学反应的过程可用恒压等温自由能公式来描述。

$$\Delta G_T^0 = H_T^0 - \Delta S_T^0 T$$

同时 ΔG_T^0 应等于可逆原电池的电动势。分解电压与 ΔG_T^0 的关系用下式表示：

$$E_T^0 = -\frac{\Delta G_T^0}{nF}$$

n——化学价的变化；

F——法拉第常数。

因此理论分解电压 E_T^0 可用热力学函数来计算。稀土及某些单一氯化物的 E_T^0 的计算值见表 22.147，表 22.147 列出的分解电压值实际是相对于氯参比电极的电极电位。镧系元素氯化物的分解电压随原子序数的增加和温度的提高而减小。分解电压除用热力学数据计算外，还可用实验方法测量化学电池的电动势来求得。

表 22.147 固体或熔融氯化物理论分解电压[1,2]

E_T^0,V / t(℃) / MCl_n	不同温度的理论分解电压(V)										
	200	300	350	400	450	500	550	600	800	1000	1500
LiCl	3.881	3.800	3.761	3.722	3.684	3.646	3.608	3.571	3.457	3.352	3.122
KCl	4.056	3.954	3.904	3.854	3.805	3.755	3.707	3.658	3.441	3.155	—
NaCl	3.810	3.712	3.663	3.615	3.566	3.516	3.471	3.424	3.240	3.019	2.366
$BeCl_2$	2.315	2.252	2.222	2.192	2.167	2.144	2.122 (547℃,B·P)	—	—	—	—
$MgCl_2$	2.922	2.840	2.800	2.760	2.720	2.680	2.641	2.602	2.460	2.346	1.974 (1478℃,B·P)
$CaCl_2$	3.754	3.680	3.643	3.607	3.570	3.534	3.493	3.462	3.323	3.208	2.926
$SrCl_2$	3.909	3.832	3.794	3.757	3.720	3.684	3.648	3.612	3.469	3.333	—
$BaCl_2$	4.056	3.975	3.935	3.888	3.848	3.808	3.768	3.728	3.568	3.412	3.079
$RaCl_2$	4.189	4.108	4.068	4.029	3.990	3.952	3.913	3.876	3.723	3.569	3.098
$LaCl_2$	3.426	3.350	3.313	3.277	3.241	3.205	3.170	3.134	2.997	2.876	2.607
$CeCl_2$	3.378	3.303	3.266	3.229	3.192	3.157	3.121	3.086	2.945	2.821	2.540
$PrCl_2$	3.342	3.266	3.229	3.192	3.156	3.120	3.085	3.049	2.911	2.795	2.523
$NdCl_2$	3.291	3.215	3.177	3.140	3.103	3.067	3.030	2.994	2.856	2.736	2.455
$PmCl_2$	3.279	3.208	3.173	3.139	3.105	3.072	3.038	3.006	2.884	2.784	2.554
$SmCl_2$	4.071	3.998	3.962	3.926	3.891	3.856	3.822	3.787	3.661	3.559	3.317
$SmCl_3$	3.249	3.178	3.143	3.104	3.075	3.041	3.008	2.975	2.861	2.763	2.712 (1107℃,B·P)
$EuCl_3$	3.210	3.139	3.104	3.070	3.036	3.002	2.969	3.936	2.828	2.815	—
$GdCl_3$	3.187	3.116	3.081	3.047	3.013	2.979	2.946	2.913	2.807	2.709	2.483
$TbCl_3$	3.130	3.059	3.025	2.990	2.956	2.923	2.890	2.858	2.754	2.657	2.433

续表

E_T^0,V / t(℃) / MCl_n	不同温度的理论分解电压(V)										
	200	300	350	400	450	500	550	600	800	1000	1500
$DyCl_3$	3.075	3.004	2.970	2.935	2.901	2.868	2.835	2.802	2.690	2.599	2.359
$HoCl_3$	3.003	2.932	2.897	2.863	2.829	2.796	2.762	2.729	2.610	2.511	2.283
$ErCl_3$	2.987	2.918	2.883	2.849	2.815	2.781	2.748	2.715	2.589	2.488	2.257
$TuCl_3$	2.956	2.884	2.850	2.815	2.781	2.748	2.715	2.682	2.553	2.447	2.221 (1487℃,B·P)
$YbCl_3$	2.944	2.783	2.838	2.804	2.770	2.736	2.703	2.670	2.542	2.434	—
$ScCl_3$	2.807	2.731	2.694	2.657	2.621	2.585	2.594	2.514	2.375	—	—
YCl_3	3.032	2.961	2.926	2.892	2.858	2.824	2.791	2.758	2.643	2.548	2.392
CuCl	1.140	1.093	1.071	1.050	1.035	1.024	1.013	1.003	0.970	0.943	—
$CuCl_2$	0.721	0.654	0.621	0.589	0.557	0.528	—	—	—	—	—
$ZnCl_2$	1.776	1.706	1.680	1.665	1.629	1.603	1.577	1.552	1.476	—	—
$TiCl_2$	2.134	2.069	2.037	2.006	1.975	1.945	1.914	1.885	—	—	—
$TiCl_4$	1.678 (136℃,B·P)	—	—	—	—	—	—	—	—	—	—
$ZrCl_2$	2.772	2.699	2.664	2.629	2.594	2.560	2.526	2.508	—	—	—
$HfCl_4$	2.409	2.340	2.328	—	—	—	—	—	—	—	—
$SnCl_2$	1.490	1.428	1.400	1.373	1.346	1.320	1.295	1.270	1.259 (623℃,B·P)	—	—
$PbCl_2$	1.493	1.420	1.383	1.345	1.307	1.271	1.243	1.215	1.112	1.093 (954℃,B·P)	—
VCl_2	1.910	1.898	1.863	1.828	1.794	1.761	1.727	1.695	1.566	1.441	—

续表

E_T^0,V / t(℃) / MCl_n	不同温度的理论分解电压(V)										
	200	300	350	400	450	500	550	600	800	1000	1500
$SbCl_3$	1.028	1.091 (22pe,B·P)	—	—	—	—	—	—	—	—	—
$BiCl_3$	0.986	0.926	0.896	0.867	0.844 (441℃,B·P)	—	—	—	—	—	—
$CrCl_2$	1.729	1.644	1.632	1.600	1.568	1.537	1.505	1.474	1.352	1.262	1.195
$CrCl_3$	1.567	1.489	1.451	1.412	1.374	1.336	1.299	1.261	1.113	—	—
$MoCl_5$	0.491	0.463 (268℃,B·P)	—	—	—	—	—	—	—	—	—
WCl_2	0.521	0.463	0.435	0.408	0.393 (427℃,disus)	—	—	—	—	—	—
$FeCl_2$	1.451	1.388	1.357	1.327	1.297	1.267	1.237	1.207	1.118	1.050	1.041
$FeCl_3$	1.084	1.023	1.016 (319℃,B·P)	—	—	—	—	—	—	—	—
$CoCl_2$	1.337	1.269	1.236	1.203	1.171	1.140	1.109	1.079	0.977	0.900	0.881 (1050℃,B·P)
$NiCl_2$	1.282	1.201	1.174	1.139	1.104	1.070	1.038	1.003	0.875	0.763	—

在测定化学电池的电动势时需准确测定电极电位。熔盐电解质与水溶液电解质不同，到目前还未确立通用的参比电极，这主要是因为在高温和盐浴中很难找到惰性参比电极造成的。在实践中测定用的参比电极常用氯（Cl^-/Cl_2）、银参比电极（Ag/AgCl）。因为若以氯电极为零，相应氯和银两个参比电极的电极电位可以相互换算，给使用这些数据带来方便。此外钠和氢参比电极也有使用。

在实际电解中使用的溶盐体系都是复杂的体系，即两种以上熔盐构成的体系。这是因为添加具有相同阴离子的盐，如在 $LnCl_3$ 盐熔中添加适量的 KCl 构成的电解浴可以减少电解时析出的金属在盐浴中的溶解损失，改善电解质的性质，如降低熔点和蒸气压等。

复杂的熔盐体系的熔盐分解电压不仅与组分有关，还与结构等因素有关。因此准确的计算和实验测定实用电解质的分解电压是很困难的。假如某一熔盐体系是由两种金属卤化物组成并且无化学作用，金属卤化物在该体系中的分解电压可用 Nernst 方程表示：

$$E=E_T^0+\frac{RT}{nF}\ln\frac{C_1}{C_2}$$

E——所求金属卤化物在混合熔盐体系中的分解电压；V；

E_T^0——所求金属卤化物单一纯盐浴的分解电压，V；

C_1——以摩尔分数表示的单纯盐的浓度；

C_2——所求金属卤化物在混合盐浴中的浓度。

金属卤化物在混合卤化物盐浴中的分解电压按 Nernst 公式计算，亦可用实验测定。但是两者之差表示出熔融电解质中不同组分之间的化学作用能。对实用的稀土金属电解熔盐体系来说，由于稀释之故，稀土金属的电位变得比单一盐浴电性更负一些，而卤素的电位变得电性更正一些。因此稀土金属卤化物在混合盐浴中的分解电压比单一盐浴的要大一些。该分解电压的差表示为：

$$\Delta E_x^0=E-E_T^0=\frac{RT}{nF}\ln\frac{C_1}{C_2}$$

它相当于没有化学作用时体系的稀释功。分解电压的变化说明电化学反应的差异使得恒压等温自由能亦要变化。混合盐浴的卤化物分解电压的升高，说明它较在其单一盐浴状态更稳定，其反应的恒压等温自由能应降低，两者的关系可用下式表示：

$$\Delta G_x^0=-nF\Delta E_x^0$$

因为 $\Delta E_x^0>0$；$\Delta G_x^0<0$，说明混合盐浴中各组分之间有作用，并可能生成络合物或低价化合物，其分解电压较纯金属卤化物的要高。目前稀土金属卤化物实用电解质熔盐结构的研究还不充分，测定混合盐的分解电压只能定性的说明盐浴的化学作用状态。

(2) 稀土金属卤化物熔盐电解的基本电极过程

研究稀土金属卤化物熔盐电解的电极过程可以了解金属和熔盐界面的结构，金属的合金在阴极上析出的机构，并从这些电极过程动力学的数据中解释某些电解现象和控制工艺条件。但是由于稀土卤化物熔盐的电极过程的研究很不充分，因此只能对它进行定性地一般描述。

a. 阴极过程　为研究该过程，要研究阴极极化动力学。它与熔盐电解质组成，温度，阴极材料和使用的参比电极的可逆性都有关系。一般在实际电解中，阴极极化电位(包括浓差极化，化学极化和欧姆极化)是极化和去极化综合作用的结果，因此是偏离平衡电位的。它是电极电位与可逆平衡电位之差，即：

$$\Delta\psi_i = |\psi_i - \psi_i^0|$$

$\Delta\psi_i$——电流强度为 i 时的过电位，V；

ψ_i——电流强度为 i 时的电极电位，V；

ψ_i^0——电流强度为 i 时的平衡电位，V。

$\Delta\psi_i$ 一般是由三部分组成的：a 浓差极化(η_c)，b 欧姆极化(η_0)，c 化学极化(η_A)。

在稀土金属卤化物熔盐电解中，阴极极化多表现为浓差极化和欧姆极化。化学极化可能是微量的。由于在高温下，稀土金属卤化物熔盐有很好的离子导电性，金属离子极易放电，造成电极表面层与扩散层之间较大的离子浓度梯度，从而产生浓差极化。但离子的扩散作用趋于使浓度均匀，限制了浓差极化量，或者在一个足够的时间内达到平衡。在有支持电解质混合熔盐体系中，放电的稀土离子的迁移数是很小的，因此浓差极化主要是由离子的扩散决定的。根据 ψuk 扩散定律，可以导出浓差极化 η_c 等于：

$$\eta_c = \frac{RT}{nF}\ln\frac{C_s}{C_0} = \frac{RT}{nF}\ln\left(1-\frac{i}{i_e}\right)$$

C_s——表面层离子浓度；

C_o——初始浓度；

i 电流密度，A/cm^2；

ie 极限电流密度，A/cm^2。

上式表明，当表层离子浓度与原始浓度近似一致时，浓差极化电位接近于零。

在实际稀土金属工业电解中，虽然阴极电流密度较大(一般为 3—5A/cm^2)，但由于电解质翻滚的搅拌作用和不断补充新的稀土卤化物浓差极化引起的过电位也是很有限的。

欧姆极化与电流密度、电解质的欧姆电阻以及极间距成正比，它在通电时出现，断电时消逝。由于稀土金属卤化物和碱金属卤化物熔盐电解质的欧姆电阻很小，欧姆极化引起的过电位也是很小的。在稀土卤化物-碱金属卤化物混合熔盐电解质体系中，研究钼阴极(工业电解采用的阴极材料)电流密度相对氯参比电极的极化曲线见图 22.95 从图 22.95 极化曲线可看出，在较纯的 $LnCl_3$-KCl 熔盐体系中，相对氯电极的阴极过程是比较简单的。在该极化曲线上只有 Ln^{3+} 的还原波，而在阴极电位达到 Ln^{3+} 平衡电位前，熔体与电极之间有微弱的电流(阴极电流密度约为 10^{-4}—10^{-2} A/cm^2，电位为－1.0—2.6V)通过，这是由少量电位较正的阳离子在阴极上析出的残余电流。因此，为了电解制取较纯的稀土金属，在电解质中电位较三价稀土离子析出电位正的金属离子应尽量少，如 Fe，Mn 等。

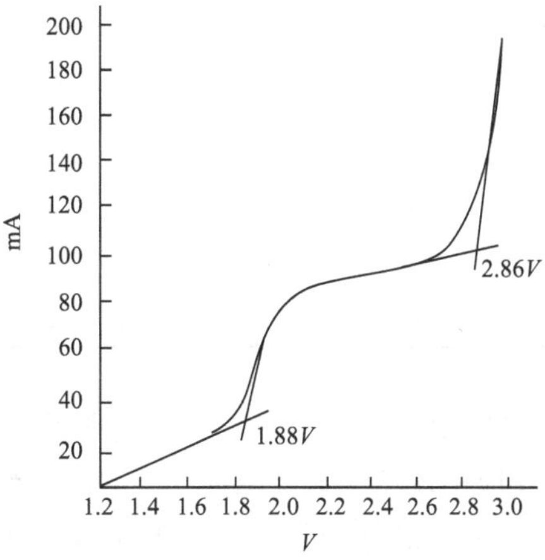

图 22.95 $LnCl_3$-KCl 体系阴极极化曲线

采用钼或钨阴极电解稀土金属时，稀土离子是在接近其平衡电位(控制相应的浓度和温度)下放电而被还原成金属的，无明显的过电位，即：

$$Ln^{3+}+3e=Ln$$

为了防止电位较稀土离子更负的碱金属离子放电，在一定温度下要控制稀土浓度足够大否则在阴极附近会由于稀土离子浓度过低，电流升至它的极限扩散电流，致使电压急剧上升，而达到碱金属、碱土金属的析出电位值。

b. 阳极过程

阳极极化曲线测定表明，石墨阳极上发生氯离子放电：

$$Cl^- - e \longrightarrow Cl(\text{吸附})$$

$$Cl+Cl \longrightarrow Cl_2(\text{解吸})$$

氯离子的析出电位偏离其平衡电位而产生一定的过电位，这可能是由于阳极上吸附的氯原子结合成氯分子并解吸的过程较迟缓所致。

在氯化物熔盐体系电解过程中，很少发生阳极效应，这是因为阳极电流密度都很小，一般不会超过其临界值。

在氯化物熔体中，若存在某些较氯离子电位为负的阴离子会优先的阳极上析出，并与熔盐或金属作用，影响电解的正常进行。常见的阴离子放电的阳极过程见表 22.148。

表 22.148 常见阴离子在 700℃ 的平衡电极电位和电极反应[3]

阴离子	电极反应	电极电位(V)
F^-	$2F^- - 2e \rightleftharpoons F_2$	+3.51
Cl^-	$2Cl^- - 2e \rightleftharpoons Cl_2$	+3.39

续表

阴离子	电极反应	电极电位(V)
SO_4^{2-}	$SO_4^{2-}-2e \rightleftharpoons SO_3+1/2O_2$	3.19
S^{2-}	$S^{2-}-2e \rightleftharpoons S$	+2.69
NO_3^-	$2NO_3^- -2e \rightleftharpoons N_2O_5+1/2O_2$	+2.59
OH^-	$2OH^- -2e \rightleftharpoons H_2O+1/2O_2$	+2.29
PO_4^{3-}	$PO_4^{3-}-6e \rightleftharpoons P_2O_5+3/2O_2$	—

表 22.148 中 Cl^- 以下的阴离子的电极电位都更负，先于 Cl^- 析出，多数在电极反应中还产生氧。电极反应的产物严重地恶化熔盐的性质，影响电解的正常进行。因此这些杂质在原料中的含量应限制在尽可能低的程度。

(3) 稀土熔盐电解中的法拉第定律

法拉第定律(第一和第二定律)规定了在电极上析出的物质数量与通过的电量的定量关系。每析出一克当量物质都要消耗 96,500 库仑，即 26.8$A\cdot h$ 的电量。理论上每安·时析出的物质重量称电化当量，即：

$$C=\frac{克当量}{26.8}g/(A\cdot h)$$

显然，物质的电化当量只取决于其原子量和放电离子的价数，而与电解温度和电解质的状态无关。因此法拉第定律也适用于熔融盐电解过程。稀土元素的电化当量见表 22.149。

表 22.149　稀土元素的电化当量

元素	价数	原子量	电化当量(g/(A·h))	元素	价数	原子量	电化当量(g/(A·h))
Sc	3	45.1	0.5608	Gd	3	156.9	1.9510
R	3	88.92	1.1058	Tb	3	159.2	1.9798
La	3	138.92	1.7276	Tb	4	159.2	1.4848
Cl	3	140.12	1.7428	Dy	3	162.46	2.0203
Cl	4	140.12	1.3070	Ho	3	163.9	2.0330
Pr	3	140.92	1.7525	Er	3	167.2	2.0790
Nd	3	144.27	1.7942	Tu	3	169.4	2.1067
Sm	3	150.43	1.8707	Yb	3	173.04	2.1519
Sm	2			Lu	3	174.99	2.1765
Eu	3	152.0	1.8904				

但是，由于温度高，熔盐与金属、电解槽材质之间的化学作用强烈，以及熔体的性质对电解过程的影响增大，因此熔融盐电解比水溶液电解过程偏离法拉第定律更大一些。

电流效率(η)是电解一定时间通过一定电流后实际得到的金属量($W_{实}$)与按法拉第定律计算应得的金属理论量($W_{理}$)之比(以百分数表示):

$$\eta=\frac{W_{实}}{W_{理}}\cdot 100\%$$

而 $W_{理}=CI\tau$

因此,$\eta=\frac{W_{实}}{CI\tau}$

C——稀土元素的电化当量,$g/(A\cdot h)$,

I——电流,A,

τ——时间,h。

电流效率公式表明,它实际上是衡量电解过程偏离法拉第定律的定量标志。混合稀土氯化物熔融盐电解的电流效率一般为 30%—40%,短时间电解电效可达 60%—70%。单一稀土氯化物熔盐电解如 $CeCl_3$-KCl 体系的电流效率比混合稀土氯化物电解的电流效率约高出 10%—20%。

3. 影响稀土金属电解过程的因素及其控制

影响稀土金属电解电流效率的原因很多,也较复杂,可归纳为四个方面的问题。

(1) 稀土金属在电解质中的损失和二次作用

在电解过程中已于阴极析出的稀土金属由于在熔盐体系中的溶解、置换反应以及与电解槽材质,阳极气体的化学作用造成一定的损失降低了电流效率。

溶解损失　稀土金属在其自身的氯化物熔盐中的溶解度是很大的。Ln-$LnCl_3$ 溶度图能说明稀土金属的溶解度。图 22.96、图 22.97 和图 22.98 分别为 La-$LaCl_3$,Nd-$NdCl_3$ 及 Y-YCl_3 的熔态图[4]。由这些熔态图可看到稀土金属在其自身的氯化物熔盐中的溶解度变化范围是 15—37(mol%)。这个溶解度值比相近

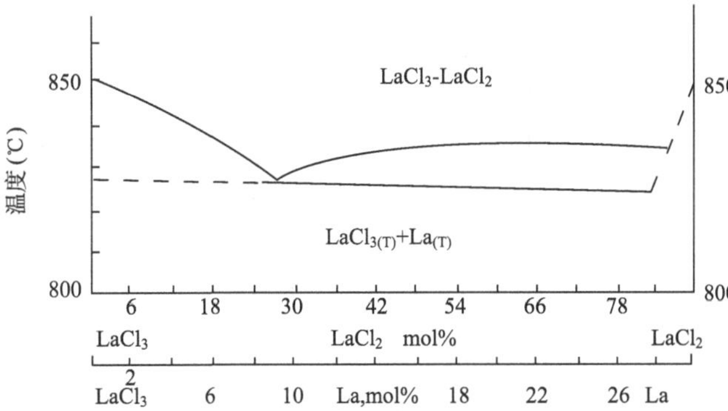

图 22.96　La-$LaCl_3$ 熔态图

温度下的碱金属和碱土金属在其氯化物中的溶解度都高。为了比较，将某些金属的溶解度列入表 22.150。

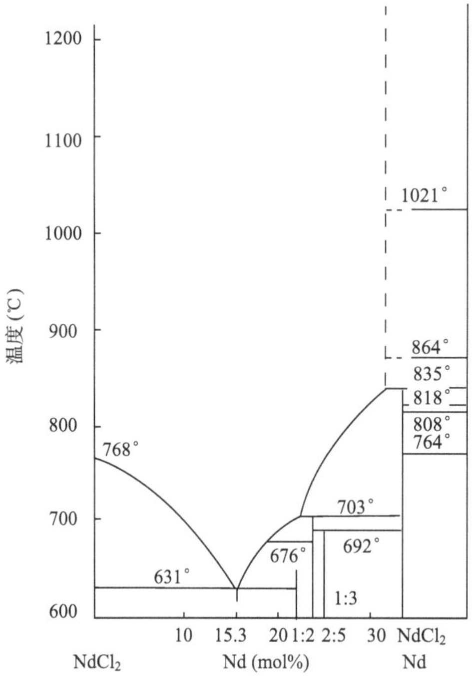

图 22.97 Nd-$NdCl_3$ 熔态图

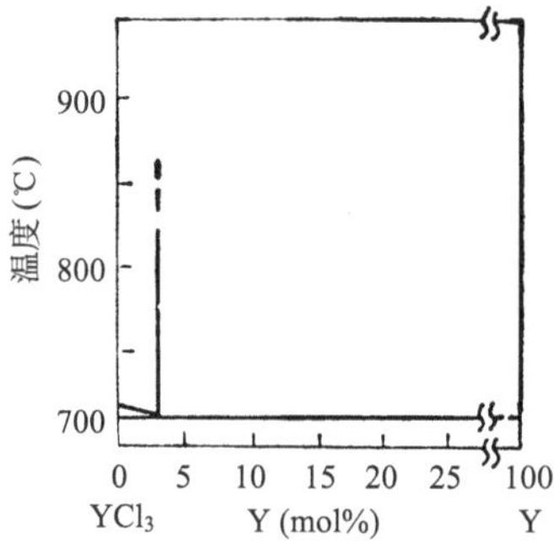

图 22.98 Y-YCl_3 熔态图

表 22.150 某些金属在其熔盐中的溶解度[4,5]

金属	熔盐	温度(℃)	溶解度(mol%)
Na	NaCl	1084	2.8
		1273	33.0
	NaF	1273	7.6
K	KCl	1073	7.6
Mg	$MgCl_2$	993	0.55
	$MgCl_3$	1073	0.82
Ca	$CaCl_3$	1173	16.00
Ba	$BaCl_2$	1173	30.00
Cd	$CdCl_2$	803	12.5
	$CdCl_2$	873	16.0

续表

金属	熔盐	温度(℃)	溶解度(mol%)
Bi	$BiCl_3$	723	33.0
La	$LaCl_3$	1100	17.0
		1200	21.0
		1300	28.0
Pr	$PrCl_3$	1100	26.0
		1200	29.0
		1300	31.0
Nd	$NdCl_3$	1100	31.0
		1200	31.0
Y	YCl_3	1100	13.0
		1200	19.0
		1300	28.0

金属在其熔盐中溶解的机制还不清楚。目前比较一致的看法是金属与熔盐作用生成低价化合物。在热力学条件一定时，建立起如下的平衡：

$$1Ln^{h+}+(h-1)Ln \rightleftharpoons hLn^{1+}$$

式中 Ln^{h+} 高价稀土离子(主要为三价)

Ln^{1+} 低价稀土离子。

上述反应的平衡常数可表示为：

$$K=\frac{(a_{1+})^h}{(a_{h+})^1}$$

稀土金属在其氯化物中的溶解度随温度的提高而增加，对金属铈在氯化铈中的溶解反应为：

$$2CeCl_3(l)+Ce(l) \rightleftharpoons 3CeCl_2(l)$$

该反应的平衡常数与温度的关系可用下式表示：

$$\lg K=\lg\frac{(CeCl_2)^3}{(CeCl_3)^2}=5.09-\frac{5410}{T}$$

而对于金属镧为：

$$2LaCl_3(l)+La(l) \rightleftharpoons 3LaCl_2(l)$$

反应的平衡常数与温度的关系可用下式表示：

$$\lg K=\lg\frac{(LaCl_2)^3}{(LaCl_3)^2}=1.8656-\frac{471.54}{T}$$

这个反应的自由能表示为：

$$\Delta G^0=90.43-35.71T$$

稀土金属在其卤化物熔盐中溶解损失是降低电流效率的重要因素。

$Ln\text{-}LnCl_3$ 体系的电导率的研究[6]表明，随着稀土金属溶解量的增加，体系的电导率亦增加。表 22.151 列出该体系的电导率。

表 22.151　Ln-$LnCl_3$ 熔盐体系的电导率

Ln-$LnCl_3$	Ln(mol%)	电导率($\Omega^{-1}\cdot cm^{-1}$)	Ln－$LnCl_3$	Ln(mol%)	电导率($\Omega^{-1}\cdot cm^{-1}$)
La-$LaCl_3$ (840℃)	0	0.515	Pr-PCl_3 (780℃)	0	0.42
	1.84	0.847		1.20	0.608
	5.10	2.39		4.62	1.280
	8.50	5.54		9.14	2.48
	11.90	12.20		13.90	4.24
	14.60	20.90		15.40	4.89
Ce-$CeCl_3$ (820℃)	0	0.48		20.00	8.25
	1.96	1.00		24.50	14.80
	3.74	1.92		26.60	21.00
	5.08	2.74	Nd-$NdCl_3$ (820℃)	0	0.418
	7.25	4.75		0.98	0.476
	9.90	8.88		3.14	0.585
	12.50	15.50		7.27	0.759
	19.40	～60.0		16.50	1.033
				24.10	1.102
				31.20	0.980
				32.16	0.930

稀土金属在其氯化物熔盐中溶解明显地增加了电导率，这说明熔体的粒子结合性质有了变化。溶解的稀土金属生成低价化合物后，化合键未达到饱和，因此有可能在离子间存在电子交换。也就是在稀土熔盐电解质中有电子导电存在。这也是由于稀土金属的溶解造成电流效率低的一个原因。

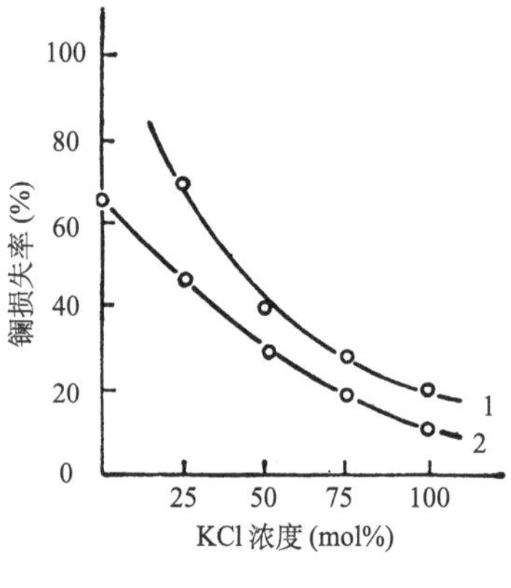

图 22.99　KCl 添加量和镧损失率

1. 980℃；2. 960℃

为了减少稀土金属在其熔盐中的溶解度，在盐浴中要加入比稀土的负电性更大的金属氯化物盐类，如 KCl，NaCl 等，在 $LaCl_3$ 熔体中电解金属镧时，添加 KCl 对镧的溶解损失的影响见图 22.99。由图可见，在常用的 $LaCl_3$-KCl 电解质组成的体系中(含 80%—85%mol KCl)，镧的损失比不添加 KCl 减小四倍。

添加稳定性更大的碱金属卤化物盐类能减少稀土金属在熔盐中损失的本性目前还不十分清楚，它与熔体结构有关。比较一致的看法是从热力学观点出发，由于添加稳定的中性盐类稀释了稀土氯化物熔盐，降低 Ln^{h+} 的活度，使溶解反应向左进行。此外氯化钾能与 $LnCl_3$ 生成较稳定的化合物，如 K_2CeCl_5，K_3CeCl_6 等，从而强化 Ln^{3+}-Cl^- 离子键，这样就减少了稀土金属的溶解。

二次作用　稀土熔融盐电解过程的金属损失不仅决定于金属在熔盐中的溶解和扩散速度，二次作用亦会增加金属损失。在氯化物熔盐电解时，阳极气体——氯气一则在熔体中有一定的溶解度，溶解的氯气能与阴极析出的稀土金属作用发生氧化反应；二则电解质运动的方向是由阳极区→阴极区→阳极区（阴、阳极区无隔膜），因此稀土金属颗粒会被电解质带到阳极附近，在固体（阳极）-液体（熔盐）-气体（空气）的界面上与氯气、氧气和水分产生氧化作用使稀土金属复而变成离子或离子团。此过程的化学反应为：

$$2Ln+3Cl_2 \rightleftharpoons 2LnCl_3$$

$$2LnCl_3+O_2 \rightleftharpoons 2LnOCl+2Cl_2$$

最终反应是：

$$2Ln+Cl_2+O_2 \rightleftharpoons 2LnOCl$$

稀土的氧氯化物熔点高于稀土氯化物的熔点，成为对熔的固体颗粒，随着量的增加恶化电解质的性质。稀土金属溶解生成的低价氯化物在三相界面上与氧作用生成 Ln_2OCl_4，反应是：

$$2LnCl_2+1/2O_2 \rightleftharpoons Ln_2OCl_4$$

实践表明它有一定电离度，即：

$$Ln_2OCl_4 \rightleftharpoons Ln_2OCl_2^{2+}+2Cl^-$$

离子 $Ln_2OCl_2^{2+}$ 在阴极上放电，生成 Ln_2OCl_2 黏结在阴极钼棒上或沉积在稀土金属用极表面，构成渣垢。

(2) 电解质组分杂质对电流效率的影响

碳的影响　碳对 $LnCl_3$-KCl 熔盐体系电解过程有一定的影响。电解质中含碳 0.20%就能使电流效率降至 20%。因为超过一定量的碳使电解质变黏，或产生高熔点碳化物，恶化电解质的性质，使电解不能正常进行。但用于电解的氯化稀土原料中碳含量一般都<0.005%，既使加炭氯化制备的 $LnCl_3$ 原料中碳也小于 0.04%[7]。在熔融电解质中微量的碳在有氯气存在下，还可消除一部分水不溶物，这是由于在 850—900℃下存在氯化反应：

$$LnOCl(L)+C(S)+Cl_2(g) \longrightarrow LnCl_3+CO\uparrow$$

由于存在这样的反应，使得在石墨坩埚中连续电解时，盐浴中的水不溶物（主要为 ROCl）没有明显地积累。在 $LnCl_3$-KCl 体系中电解制备稀土金属测定了连续电解过程中原料及电解质中的水不溶物见表 22.152。

表 22.152　电解过程中水不溶物的变化①

炉次	起始电解质中水不溶物,(wt%)	连续电解 8h 电解质中水不溶物,(wt%)
2	1.9	0.48
11	0.5	0.29
23	0.84	0.26
28	0.84	0.49
31	1.16	0.36
43	1.25	0.51
46	1.30	0.92

① 以纯混合稀土氧化物为原料氯化得到的无水 $LnCl_3$ 进行连续电解,体系为 $LnCl_3$(35—45%)-KCl。电解在石墨坩埚(阳极)中进行,电流为 600A,每 8h 出一次金属为一炉次。

水分的影响　目前我国在 800—1000A 石墨电解槽中使用三种氯化稀土原料,它们含有不同量的水分。脱水料含 1%—5%;结晶料约含 15%(经过炉前烘烤);加炭氯化料可认为不含水分。此三种原料在 800—1000℃的石墨坩埚(阳极)中电解的效果相近似,电流效率均可达到 35%—40%(连续电解)。这表明,尽管原料中的水分含量不同,但它对电解过程的影响程度相近。在电解的温度下,残留的水分与氯化稀土作用,按下面反应进行:

$$LnCl_3 + H_2O \rightleftharpoons LnOCl + 2Hl$$

在以石墨坩埚为阳极的电解槽中,稀土氧氯化物可按上述化学反应被阳极氯气氯化,因此没有对电解过程产生明显地影响。在陶瓷电解槽中由于不能发生上述化学反应,使用含水氯化稀土会造成 LnOCl 的积累,产生泥渣,降低电流效率。目前我国和其他国家的万安培以上的陶瓷型电解槽都使用无水氯化稀土原料进行电解,以避免产生较大量的稀土氯氧化物。

磷酸根和硫酸根的影响　电解实践表明,微量的 PO_4^{3-} 和 SO_4^{2-} 都能降低电流效率。电解用 $LnCl_3$ 原料规定 SO_4^{2-}<0.01%,PO_4^{3-}<0.005%。一般认为 SO_4^{2-} 在熔体中会被稀土金属还原,反应的产物是高熔点的稀土硫氧化物,其化学反应如下:

$$SO_4^{2-} + 2Ln \longrightarrow 2Ln_2O_3 + 3SO_2$$

$$SO_2 + 2Ln \longrightarrow Ln_2O_2S$$

磷酸根同稀土金属有相似的作用。

对 $LaCl_3$-KCl 体系电解制备镧的研究[3]表明当加入 0.5%的 PO_4^{3-} 和 0.01%的 SO_4^{2-} 时,电流效率分别下降 2%和 16%。我国用不同工艺方法生产的 $LnCl_3$ 中含 SO_4^{2-} 和 PO_4^{3-} 的量略有差异,硫酸强化焙烧-萃取法处理包头稀土精矿制得的 $LnCl_3$ 中,SO_4^{2-} 含量为 0.01%—0.05%,含 PO_4^{2-} 为 0.02%—0.35%,烧碱法获得的氯化稀土中 SO_4^{2-} 的含量<0.05%。这样的含量对电流效率都是不利的,

但定量数据还不够。

金属杂质的影响　在 $LnCl_3$-KCl 电解质中常见的金属离子有 Ca^{2+}，Mg^{2+}，Mn^{2+}，Al^{3+}，Fe^{2+}，Pb^{2+}，Si^{4+}，等。这些金属杂质在用不同工艺获得的氯化稀土中的含量是不同的。含量见表 22.153。

表 22.153　氯化稀土电解原料中金属杂质的含量

原料获得方法 \ 金属杂质(wt%)	Ca	Mg	Al	Pb	Fe	Si
包头稀土精矿硫酸强化焙烧—萃取法 $LnCl_3$ 脱水料	0.6				0.02—0.03	
包头稀土精矿烧碱法 $LnCl_3$ 脱水料	1.9	0.19	0.05		0.01	0.04
包头稀土精矿氯化无水 $LnCl_3$	4—5	0.1—0.5			0.03—0.1	0.05—0.1
氟碳铈矿氯化无水 $LnCl_3$	<1	0.18	<0.1	<0.005	<0.1	<0.05

在以上金属杂质中，除钙离子外，其他金属离子的析出电位都比稀土离子的析出电位更正，因此都可参加阴极反应，在阴极上析出。图 22.100 和图 22.101 表明 Fe，Mg，Al，Si 对 $LnCl_3$-KCl 体系电解的影响。这些杂质都显著地降低电流效率。

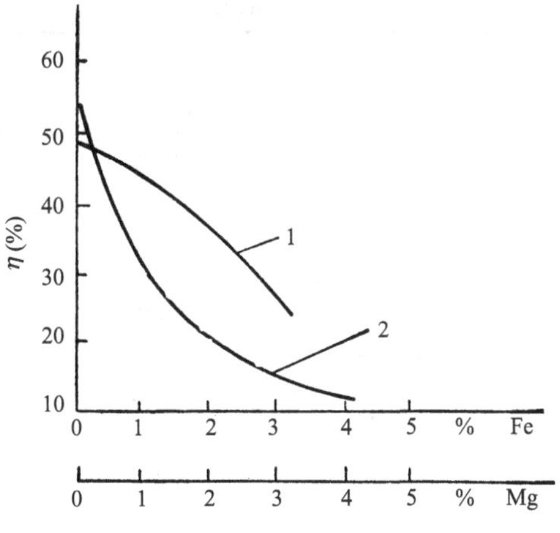

图 22.100　Mg，Fe 含量对电流效率的影响
1. Mg 含量对电流效率的影响；2. Fe 含量对电流效率的影响

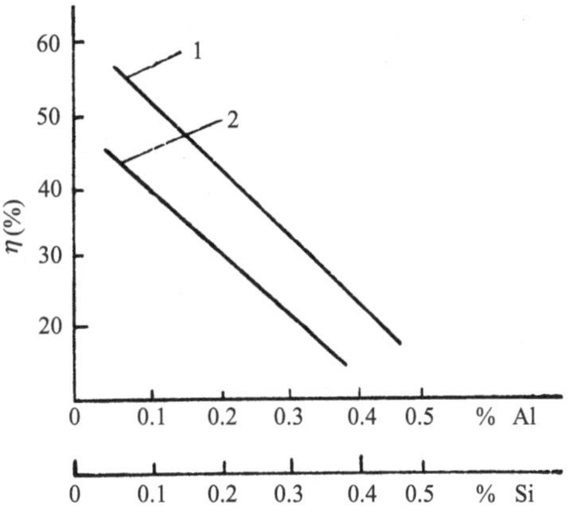

图 22.101　Al，Si 含量对电流效率的影响
1. Al 含量对电流效率的影响；2. Si 含量对电流效率的影响

在工业的 $LnCl_3$-KCl 电解质体系中，这些金属杂质的总和可达 0.9%—1.0%，虽然这些杂质的总含量对电流效率的影响还没有准确的数据，但图 22.100 和图 22.101 上曲线的斜率符号都是负的，因此可粗略地认为这些金属杂质含量对电流效率的降低值可以叠加。因此控制每个有害杂质的含量是提高电流效率的途

径之一。这些金属杂质降低电流效率的主要原因是它们在阴级上析出，同稀土金属生成高熔点金属间化合物。如 $CeSi_2$，La_2Al，La_2Pb，$CeFe_5$ 等，其熔点都在 1000—1500℃间，这些固体微粒可形成“金属雾”，影响稀土金属在阴极析出时的凝聚。

混合稀土氯化物中变价稀土元素的影响　在混合稀土氯化物中，$SmCl_3$，$EuCl_3$ 的含量分别为 1.1%—2.6%，0.1%—0.2%。在 $LnCl_3$-KCl 熔盐体系中对 Sm^{3+} 的阴极过程的研究表明，在阴极极化曲线上有 Sm^{3+} 还原成 Sm^{2+} 的还原波，还原电位约−1.86V，而 Sm/Sm^{3+} 的电极电位为−3.075V，因此，−1.86V 的还原波不是 Sm^{3+} 还原成金属钐的还原电位。Sm^{2+} 扩散到阳极区，在阳极上被氧化成 Sm^{3+}，产生如下的还原-氧化过程：

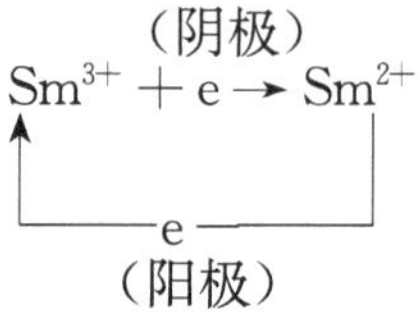

空耗电流，降低了电流效率。Eu^{3+} 和 Yb^{3+} 在电解过程中的行为与 Sm^{3+} 相似。$LnCl_3$-KCl 熔盐体系连续电解的电解质组成的分析也表明，钐和铕在电解质中有明显地富集。表 22.154 给出了电解质稀土组分随电解时间的变化。

表 22.154　无水 $LnCl_3$ 连续电解，电解质中钐、镨、钕、铕含量的变化

炉龄	以电解质中 Ln_2O_3 为 100%计，稀土配分(%)[1]			电解时间(h)[2]	电解质中 Eu_2O_3 含量(%)
	Pr_6O_{11}	Nd_2O_3	Sm_2O_3		
0	6.00	15.80	2.7	0	0.16
2	3.15	13.54	13.54	12	1.11
8	2.90	12.50	11.61	18	1.26
11	2.80	10.82	28.86	23	1.85
13	2.90	14.70	17.56	33	1.16
17	3.00	10.23	27.68	39	1.47
23	3.06	13.18	17.14	93	2.82
26	2.83	10.17	27.25		
28	3.04	10.38	25.77		
31	4.25	19.26	29.72		
24	2.98	11.74	26.58		
41	2.93	11.56	28.57		
43	2.62	11.92	28.07		
46	2.93	10.48	29.03		
51	2.69	11.57	19.71		
54	2.71	11.67	18.66		

1)从独居石制备的稀土氧化物，氯化后得到的无水 $LnCl_3$ 为原料进行电解每 8h 的时间周期为一炉龄，取一次金属和电解质并分析其稀土含量；

2)以 60%包头稀土精矿为原料，氯化后得到的无水 $LnCl_3$ 进行连续电解。

混合稀土氯化物中变化稀土离子的电解过程中的还原-氧化反应，以及溶解度大的稀土金属如 Nd，Pr 是造成混合稀土氯化物电解电流效率低的重要原因之一。

在相似的电解条件下，氯化镧、氯化铈电解的电流效率均比混合稀土氯化物电解的电流效率高出一倍左右。表 22.155 列出了单一及混合稀土氯化物电解电流效率。

表 22.155 单一和混合稀土氯化物电解电流效率的比较

体系	槽 型	电解规模电流(A)	阴极电流密度(A/cm^2)	电流效率(%)
$LaCl_3$-KCl	圆型石墨坩埚(阳极)温度 920℃	37	4～5	82—83.5
$LaCl_3$-KCl	瓷坩埚，石墨阳极温度 930℃	10	～3	73—77
$CeCl_3$-KCl	瓷坩埚，石墨阳极温度 850℃	5	～3	73
$CeCl_3$-KCl	圆形石墨槽	90	10	77
$LnCl_3$-KCl	石墨坩埚(阳极)温度 850℃	10	4	30
$LnCl_3$-KCl	石墨坩埚(阳极)温度 850℃	600	5—8	～42

为了避免稀土变价元素对电解的有害影响，目前供电解用的氯化稀土原料是经过 Nd-Sm 萃取分组后得到的(La，Ce，Pr，Nd)Cl_3。对于用加炭氯化方法得到的无水混合氯化稀土为原料进行电解来说，为了避免变价稀土元素的不利影响和利用电解富集 Sm，Eu，则采用短周期电解的工艺方法。当电解质中 Sm 和 Eu 富集到较高值时(一般为起始含量的 8—10 倍)，电解时间为 10-18h，就更换新的电解质。这种方法已为稀土电解工业采用。

除变价稀土元素的影响外，镨、钕对铈组混合稀土金属电解的电流效率影响是很大的。

曾研究了钕和镨、钕对铈组混合稀土氯化物电解电流效率的影响。在采用常用的电解条件下，电解的氯化稀土原料中控制 $Sm_2O_3<0.6\%$，$Fe<0.02\%$，$P<0.005\%$，$SO_4^{2-}<0.04\%$，改变 $NdCl_3$ 和 $PrCl_3$ 的含量，用这样不同的原料进行电解，结果见图 22.102. 由图 22.102 看出，镨、钕和钕对铈组混合稀土电解的电流效率有明显地不利影响。

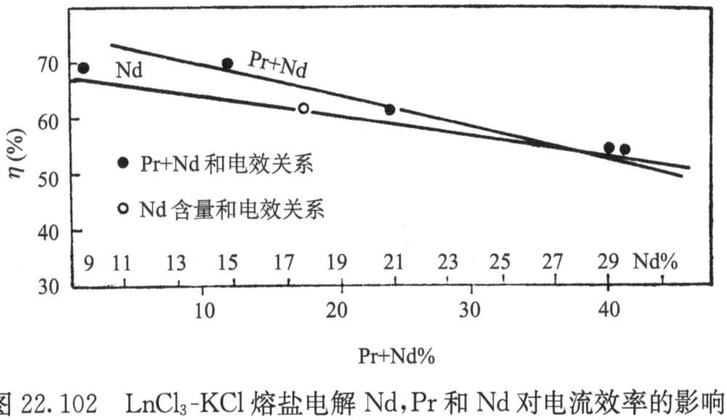

图 22.102 $LnCl_3$-KCl 熔盐电解 Nd，Pr 和 Nd 对电流效率的影响

根据上述对各种影响，铈组稀土金属电解电流效率的因素分析表明，提高电流效率的重要途径是采用较纯净的分离出镨、钕、钐后的镧-铈富集物的无水氯化稀土原料进行电解。这样不仅提高电解的电流效率，而且使镧系元素得到综合利用。

(3) 熔盐体系性质对电解过程的影响

稀土熔融盐电解虽然是电化学过程，但熔盐体系的物理化学性质紧密地与电解的电极过程相联系，同时也决定着电解金属的技术经济指标。为了达到较好的电解金属的技术经济指标，必须选择合适的熔盐体系，综合考虑该体系的熔点、蒸气压、电导、黏度、稀土金属的溶解度以及与固体界面的表面张力等性质，使它们能满足电解工艺要求。

稀土熔盐电解用的熔盐体系的物理化学性质和结构的研究远不如镁、铝熔盐体系研究得深入。但是，对于目前稀土金属熔盐电解工业生产采用的熔盐体系即 $LnCl_3$-KCl 体系的物化性质和熔态图已做了相当的研究，提供了一些基础数据，下面分别叙述。

熔盐体系组分　在单纯的 $LnCl_3$ 体系中电解稀土金属是不成功的。主要是由于稀土金属在其本身的氯盐中溶解度大，稀土氯化物熔点高、黏度大而且不稳定。为了获得适用于电解的熔盐体系需添加碱金属和碱土金属氯化物。目前主要使用氯化钾。它在同一熔盐中分解电压高于氯化稀土的分解电压，能与 $LnCl_3$ 生成共晶化合物及较稳定的络合体，从而降低了稀土金属的溶解损失、熔体的熔点、蒸气压和黏度，并改善了溶体的导电性。$CeCl_3$-KCl，$LaCl_3$-KCl，$PrCl_3$-KCl，$NdCl_3$-KCl，YCl_3-KCl 和 $LnCl_3$-NaCl 的状态图分别见图 22.103-图 22.108。

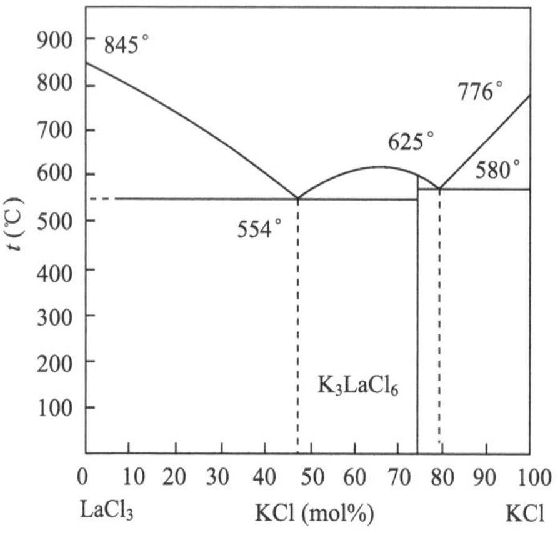

图 22.103　$LaCl_3$-KCl 状态图

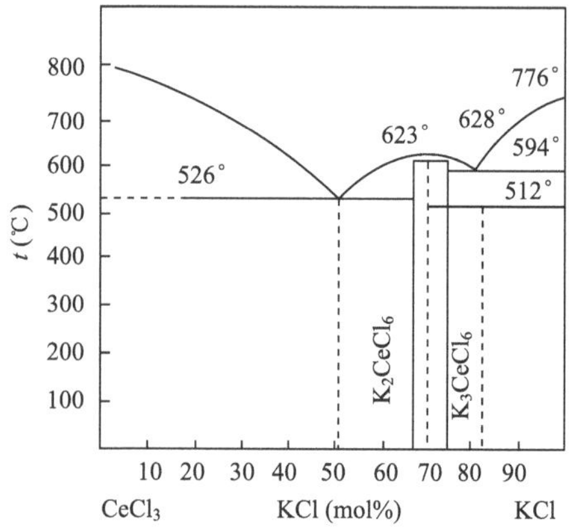

图 22.104　$CeCl_3$-KCl 状态图

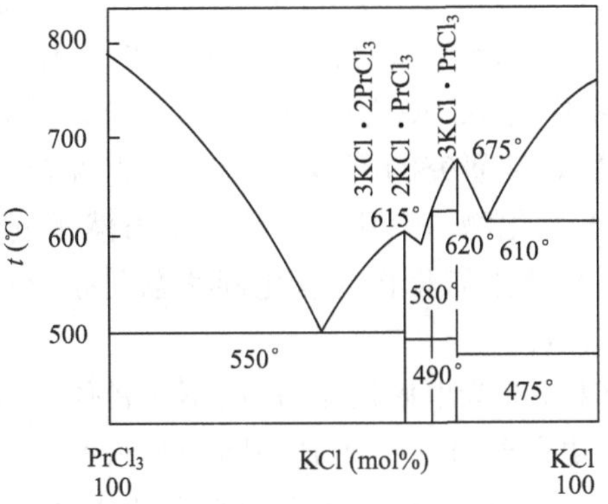

图 22.105 $PrCl_3$-KCl 状态图

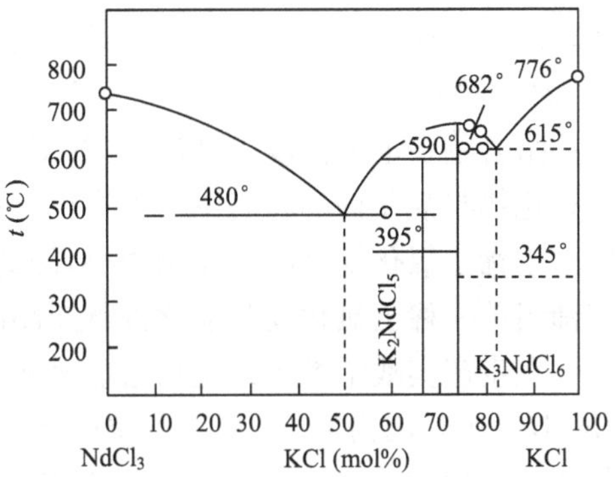

图 22.106 $NdCl_3$-KCl 状态图

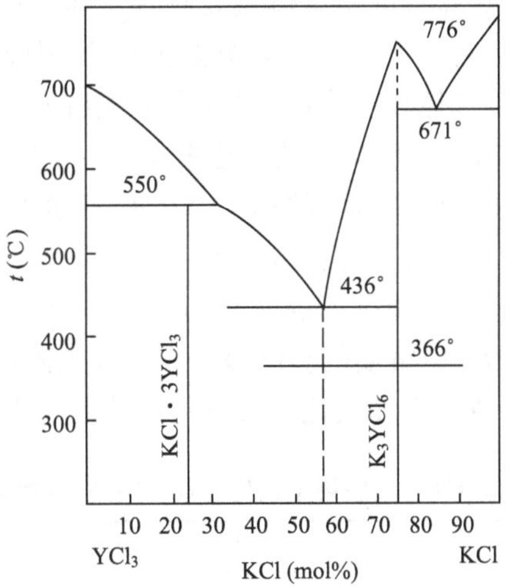

图 22.107 YCl_3-KCl 状态图

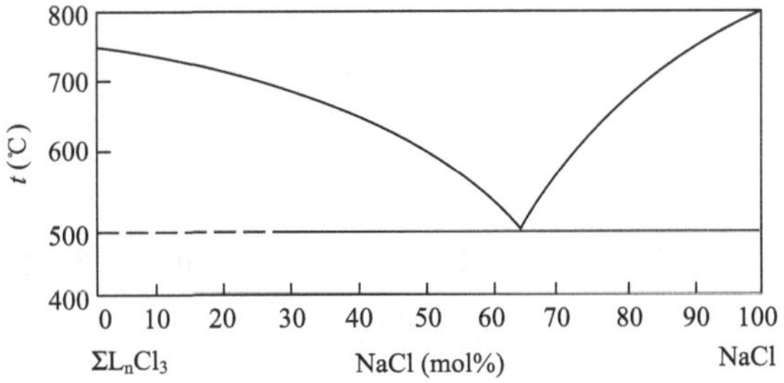

图 22.108 $LnCl_3$-NaCl 状态图

由以上的 $LnCl_3$-KCl 的状态图看出，它们在 KCl 约为 50mol%时都存在共晶点，并在熔融状态存在氯化稀土与氯化钾的络合物，如在 $LaCl_3$-KCl 体系中有 K_3LaCl_6（熔点为 625℃），在 $CeCl_3$-KCl 体系中有 K_2CeCl_5（熔点为 623℃）。但对这些络合物在电解温度下（850—900℃）的稳定性研究的不多。此外，铈组混合稀土氯化物与氯化钾的状态图与上述单一稀土氯化物与氯化钾的状态图虽然不同，但由于稀土氯化物之间的作用很小，因此混合稀土氯化物与氯化钾状态图亦应具有铈组单一稀土氯化物与氯化钾状态图的特点。

在生产实践中稀土氯化物熔盐电解采用 KCl 为电解质组分，而不用较便宜的 NaCl，一则是因为 K^+ 的析出电位比 Na^+ 的更负约 0.2V，再则是因为铈组稀土氯化物与氯化钠的熔盐体系只有低熔点的共晶化合物，而不形成较稳定的络合物。这一点对于减少金属溶解损失和降低熔体的蒸气压是不利的。$LnCl_3$-NaCl 的状态图见图 22.108。

熔盐体系的黏度　熔盐黏度是熔体重要物理性质，它与熔盐结构有关。在电解过程中它对传质、传热有较大影响。熔盐黏度大时，阴极析出的稀土金属液滴不易与电解质分离，而阳极气体较难逸出，因此影响电解质循环和离子扩散。但是，$LnCl_3$-KCl 体系黏度和对传质影响的数据还很少。由于熔盐黏度是一种熔体内部摩擦力的表现，它与粒子性质及其间的作用力有关，因此黏度都随温度的升高而降低。熔盐体系的黏度还与组分有关。熔盐体系的黏度与组分的等温线可能接近直线（体系没有化学作用），亦可能是凹的或凸的曲线（体系成生化合物）。在 $LnCl_3$-KCl 体系的共晶成分（稀土电解质的实际级分在共晶点附近）体系的黏度比单纯盐的黏度低。某些纯稀土氯化物和氯化钾及氯化钠的黏度值见表 22.156。

表 22.156　某些稀土氯化物及 KCl，NaCl 的黏度

氯化物	$\eta=a+bt+ct^2+dt^3$ (10^{-3}Pa·s)				温度范围(℃)
	a	$-b\times10^2$	$-c$	$d\times10^8$	
$PrCl_3$	14.1106	1.0965	1.1776	1.0503	855—999
$NdCl_3$	32.4892	3.9029	1.8720	2.7018	886—967
$GdCl_3$	16.6960	−4.6156	9.7631	5.1603	787—960
$DyCl_3$	41.8454	3.4900	4.9510	4.5152	932—999
KCl		$\eta=1.02$			800
NaCl		$\eta=1.149$			816

熔盐体系的电导　它与离子性质（如离子半径）和离子间作用以及离子移动有关，因此研究熔盐电导及其他性质可以了解熔盐结构。此外它也是选择电解质，强化电解过程的重要参数。在溶盐体系有较大的电导率时，可提高电解的电流强度而不破坏电解槽的热平衡。

熔盐的比电导与温度的关系可用下式表示：

$$K=N_{A}e^{-\frac{E_{xA}}{RT}}+N_{K}e^{-\frac{E_{xK}}{RT}}$$

N_A——移动的阳离子数；

N_K——移动的阴离子数；

E_{xA}——阳离子离开平衡位置的活化能；

E_{xK}——阴离子离开平衡位置的活化能。

在阳离子半径远大于阴离子半径时，$E_{xA} \gg E_{xK}$，熔盐电导近似地等于：

$$K \approx N_{K}e^{-\frac{E_{xK}}{RT}}$$

由上式看出，熔盐的电导对数与$\frac{1}{T}$成直线关系，且随温度的提高而增加。某些稀土氯化物及 NaCl，KCl 和 $CaCl_2$ 的比电导值见表 22.157。

表 22.157　某些稀土氯化物，NaCl，KCl 及 $CaCl_2$ 的电导[2]

化合物	温度(℃)	电导($\Omega^{-1}\cdot cm^{-1}$)	化合物	温度(℃)	电导($\Omega^{-1}\cdot cm^{-1}$)
$LaCl_3$	872	1.14	$PrCl_3$	824	0.90
	895	1.23		902	1.20
	1005	1.55		965	1.40
$CeCl_3$	850	0.96	$NdCl_3$	775	0.69
	450	1.17		827	0.84
$ScCl_3$	960	0.56		873	0.97
	1000	0.66		900	1.04
YCl_3	720	0.41	KCl	800	2.19
	800	0.54		850	2.36
	875	0.73		900	2.50
$CaCl_2$	900	2.35		1000	2.65
	950	2.50	NaCl	850	0.375
	970	2.60		900	0.395
				950	0.400
				1000	0.416

二元或多元熔盐体系的电导不仅与温度有关，而且还与组分有关。一般地在熔盐体系不形成化合物时，电导与组分的等温线是一条曲率较小凹向组分横轴的曲线；当熔盐体系生成化合物时，电导与组分的等温线上都有明显的拐点。

$LaCl_3$-KCl 熔盐体系的比电导见表 22.158；850℃时该体系的电导与组分的等温线见图 22.109。

表 22.158　$LaCl_3$-KCl 体系的比电导

$LaCl_3$(mol%)	$K,(\Omega^{-1}cm^{-1})=a+bt+ct^2$			温度范围(℃)
	a	$b\times10^3$	$c\times10^6$	
0.0	−5.7416	16.408	−8.374	800—924
5.2	−0.8456	3.820	−1.212	807—960
13.9	−2.5990	6.828	−2.811	795—960
24.9	−1.6079	4.222	−1.186	784—950
38.3	−1.1009	2.934	−0.404	770—944
50.3	−1.2162	3.422	−0.480	811—938
59.3	−2.7239	6.456	−2.273	831—941
69.9	−4.4667	10.423	−4.481	819—943
84.5	−1.7387	3.976	−0.789	881—988
100.0	−2.1376	4.930	−1.324	892—1034

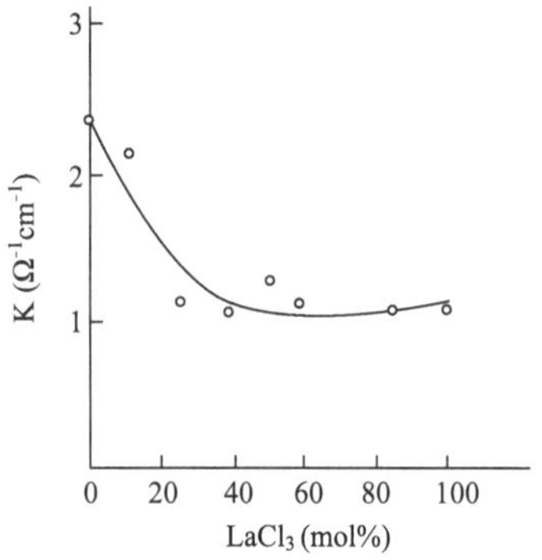

图 22.109　$LaCl_3$-KCl 体系的比电导

注:按表 22.157 计算值作的图,850℃等温线

常用的电解质体系含氯化稀土的量约 20mol%,由图 22.109 可见该体系的比电导还是较大的,尤其是在稀土金属溶于电解质时,电导率一般地都要增大,槽电压降低。

熔盐体系的密度　它与熔体结构及熔体离子间作用性质有关。在电解工艺上,熔盐体系的密度与金属密度的差异决定电解出的金属或合金的沉降的速度,而影响金属的产量和质量。因此熔盐体系的密度是熔盐电解工艺参数之一。从工艺出发,两者的差异要大一些,$LnCl_3$-KCl 熔盐体系电解铈组稀土金属时,在电解的温度下(850—900℃),两者的差异大约为 4g/cm³ 以上。

熔盐体系的密度随温度的升高直线下降,可表示为:

$$D_t=a+bt$$

a,b 为一定温度间的常数;

t——温度,℃;

D_t——在 t 温度下的熔盐密度 g/cm³。

某些稀土氯化物密度见表 22.159。

表 22.159　某些稀土氯化物的密度[3]

稀土氯化物	$D_t=a+bt$(g/cm³)		温度范围(℃)
	a	$-b\cdot 10^3$	
$CaCl_3$	3.7405	0.6519	895—995
$PrCl_3$	3.809	0.742	809—999
$NdCl_3$	4.010	0.930	839—984
$GdCl_3$	3.967	0.673	659—1007
$DyCl_3$	4.201	0.814	689—996

混合熔盐体系的密度与温度亦有如上的函数关系。体系的密度与组分的等温线一般呈直线，即符合加合原则。但当混合熔盐生成一定的化合物时，这时离子间作用力的性质改变了，体系的密度与组分的等温线会偏离加合原则。$LaCl_3$-KCl 熔体密度见表 22.160 在 820℃该熔体密度的等温线见图 22.110。

表 22.160　$LaCl_3$-KCl 熔体密度

稀土氯化物	$D_t=a+bt$(g/cm³)		温度范围(℃)
	a	$-b\cdot 10^3$	
0.0	1.8617	0.4982	855—980
5.2	1.9887	0.4987	871—990
13.9	2.2656	0.5921	806—991
24.9	2.5420	0.6269	860—978
38.3	2.8167	0.6169	831—989
50.3	3.3388	0.9174	765—985
59.3	3.2749	0.7294	864—962
69.9	3.4003	0.7120	851—995
84.5	3.6195	0.7411	878—965
100.0	3.7405	0.5519	895—996

由图 22.110 看出 $LaCl_3$-KCl 体系的密度正偏离加合规律，但实际使用的电解质($LaCl_3$ 约 20mol%)在该温度下其密度无明显增加。

在电解过程中，熔盐体系的密度还受稀土金属溶解的影响。在溶解的稀土金属量较小时，熔体的密度比无稀土金属溶解时略有降低。这一点对实际电解也是有利的。表 22.161 给出了 $CeCl_3$-Ce 体系密度变化。

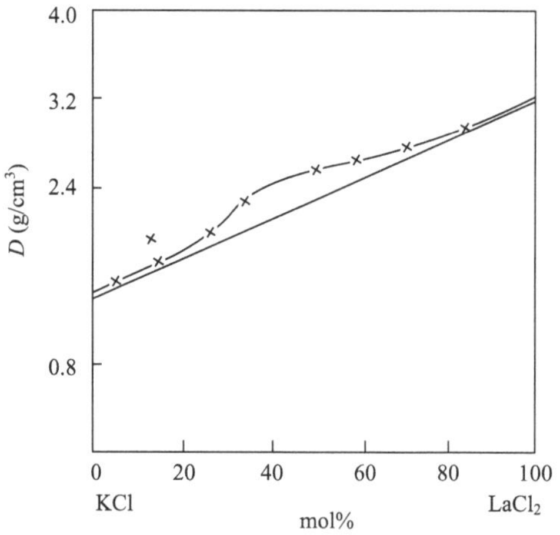

图 22.110　$LaCl_3$-KCl 体系密度在 870℃的等温线

表 22.161　$CeCl_3$-Ce 熔融密度(g/cm^3)[6]

Ce(mol%)	850(℃)	900(℃)	950(℃)
0.00	3.2160	3.1670	3.1240
0.25	3.1659	3.1260	3.0868
0.50	3.1655	3.1275	3.0877
1.00	3.1695	3.1327	3.0932
2.00	3.1800	3.1440	3.1040
3.00	3.1913	3.1566	3.1174
4.00	3.2055	3.1700	3.1333
5.00	3.2204	3.1860	3.1520
6.00	3.239	3.2041	3.1740
7.00	3.2602	3.2247	3.2012
8.00	3.2875	3.2490	3.2288

在稀土金属电解过程中亦观察到熔体的密度在出金属前与出金属后有变化，出金属后(加料后)熔体的密度略高于未出金属时熔体的密度。

熔盐体系的蒸气压　它与熔体结构、离子间作用性质有关，它还是电解工艺及选择电解槽型的参数。为了在电解过程中减少电解质的挥发损失和热最消耗以保持电解槽的合理的热平衡，都需要蒸气压较低的电解质体系。熔盐的蒸气压与温度的关系可用 Clapeyron-Clausius 方程表示：

$$\frac{d\lg P}{dt}=\frac{\Delta Hv}{19.155T^2}$$

ΔHv——蒸发热，J/mol；

P——蒸气压，atm；

T——绝对温度，K。

若 ΔHv 与温度无关，积分上式得：

$$\lg P=-\frac{\Delta Hv}{19.155T}+C$$

上式可近似地写为：

$$\lg P=A-\frac{B}{T}$$

它表明熔盐的蒸气压的对数与 $\frac{1}{T}$ 有直线关系。单一稀土氯化物蒸气压值见表 22.162。

表 22.162　单一稀土氯化物蒸气压值[4]

氯化物	$\lg P=A-\frac{B}{T}-C$		
	A	B	C
$SeCl_3$	14.370	65000	9.0611gT
YCl_3	42.169	17470	9.0611gT
$LaCl_3$	41.983	18392	9.0611gT
$CeCl_3$	42.011	18153	9.0611gT
$PrCl_3$	41.981	17946	9.0611gT
$NdCl_3$	41.841	17691	9.0611gT
$PmCl_3$	41.850	17600	9.0611gT
$SmCl_3$	41.820	17450	9.0611gT
$EuCl_3$	41.790	17300	9.0611gT
$GdCl_3$	41.760	17150	9.0611gT
$TbCl_3$	41.740	17000	9.0611gT
$DyCl_3$	41.710	16850	9.0611gT
$HoCl_3$	41.690	16700	9.0611gT
$ErCl_3$	41.671	16624	9.0611gT
$TuCl_3$	41.660	16480	9.0611gT
$YbCl_3$	41.650	16380	9.0611gT
$LuCl_3$	41.640	16280	9.0611gT

混合熔盐体系蒸气压与组分有关。理想混合熔盐的蒸气压服从 Rayleigh 定

律,即:

$$P_A=P_A^0N_A, P_B=P_B^0N_B, P=P_A+P_B$$

P_A——A 组分在混合盐中的蒸气压,atm;

P_B——B 组分在混合盐中的蒸气压,atm;

N_A,N_B——分别为 A 和 B 组分的摩尔分数。

理想的混合盐体系的蒸气压与组分的等温线是条直线。但多数混合熔盐各离子间都有一定的化学作用,因而其等温线偏离直线。$LnCl_3$-KCl 体系蒸气压值见表 22.163。

表 22.163　$ZnCl_3$-KCl 体系蒸气压值[3]

体系 \ t(℃) \ P×B332Pa	1.0	3.16	10	31.6
$2KCl\cdot LaCl_3$	959	1016	1083	1155
$KCl\cdot 3LaCl_3$	1087	1152	1225	1306
$3KCl\cdot 3CeCl_3$	888	985	1099	1237
$KCl\cdot 3CeCl_3$	1033	1105	1186	1277
$3KCl\cdot 2CeCl_3$	945	1037	1145	1271
$3KCl\cdot 2PrCl_3$	853	953	1052	1169
$KCl\cdot 2PrCl_3$	924	1011	1114	1235

测定混合熔盐体系的饱和蒸气压可以计算组元的活度值和其他热力学函数。

熔盐与电极、金属的表面张力　稀土卤化物熔盐体系与石墨(阳极材料)、钨或钼(阴极材料)以及液态金属间的界面张力的数据很少。这里只定性地讨论熔盐体系的表面张力对电解过程影响。稀土熔盐电解过程所出现的界面主要是电解质(液)-阳极(固)-空气界面和稀土金属(液)-电解质(液)-阴极(固)两种界面,电化过程都是在这些界面上发生的。因此界面张力性质(或润湿性质)影响电解过程和电流效率。

在阳极-熔体-空气的界面上,熔体分子受三种界面张力的作用。这三种能力处于平衡,有下面的关系:

$$\sigma_{GA}=\sigma_{E\cdot S}+\sigma_{E\cdot G}\cdot\cos\theta, \cos\theta=\frac{\sigma_{G\cdot A}-\sigma_{E\cdot A}}{\sigma_{E\cdot G}}$$

$\sigma_{G\cdot A}$——空气与固体阳极(一般为石墨)界面张力;

$\sigma_{E\cdot A}$——电解质与固体阳极的界面张力;

$\sigma_{E\cdot G}$——电解质与空气的界面张力;

θ——电解质与固体阳极间的润湿边界角。

当 $\sigma_{GA}>\sigma_{EA}$，$\cos\theta>0$，电解质与石墨阳极润湿性好，阳极气体容易逸出，产生阳极效应的临界电流密度就大，电解槽易顺行。反之，电解质与石墨阳极润湿性不好，阳极气体不易逸出，产生阳极效应的临界电流密度就小。从工艺考虑，应选择熔盐电解质与固体阳极润湿性好的体系。

稀土金属离子在固体阴极（一般为钼或钨）放电还原成金属液滴，产生新的界面。在金属液滴-固体阴极-熔盐界面上同样存在平衡的三个界面张力，即：

$$\sigma_{E\cdot K}=\sigma_{M\cdot K}+\sigma_{M\cdot E}\cdot\cos\theta$$

$$\cos\theta=\frac{\sigma_{E\cdot K}-\sigma_{M\cdot K}}{\sigma_{M\cdot E}}$$

$\sigma_{E\cdot K}$——电解质与阴极界面张力；

$\sigma_{M\cdot K}$——液态金属与阴极界面张力；

$\sigma_{M\cdot E}$——液态金属与电解质界面张力；

θ——液体金属与固体阴极间润湿边界角。

当 $\sigma_{E\cdot K}>\sigma_{M\cdot K}$时，$\cos\theta>0$ 液态金属与固态阴极润湿性好，在阴极上析出的金属液滴就能在阴极上流动，汇成较大的液流，从而也就减少了液态稀土金属与熔盐接触的表面积，降低了金属的溶解损失，提高电流效率；反之，在固体阴极表面形成细小的金属液滴，分散在阴级附近的熔盐中形成“金属雾”，增加了稀土的溶解损失和二次反应的机率。从上述界面作用分析，选择熔盐电解质要满足如下条件：

$$\sigma_{G\cdot A}>\sigma_{E\cdot A}$$

$$\sigma_{E\cdot K}>\sigma_{M\cdot K}$$

表面张力与温度和组分有关。表面张力一般地随温度提高而降低，但和组分的关系较复杂。有些元素如表面活性物质在电解质中很少的含量就会明显地降低其表面张力；而表面惰性物质在电解质中很小的含量会提高其表面张力。在稀土氯化物电解中，有时金属凝聚的不好，往往是由于含有微量有害杂质所致。

以上叙述了稀土熔盐体系的物理化学性质对电解过程的影响，但在实际选择熔盐体系时要综合考虑诸性质的影响程度、经济性以及原料来源的稳定性。

(4) 熔盐电解工艺条件对电解过程的作用

工艺条件和设备是实现熔盐电解法制备稀土金属的具体技术。它将熔盐电化学和熔盐的物理化学理论和电解实践联系起来，而使熔盐电解的结果达到人们能接受的技术经济指标。实际上，在稀土熔盐电解所涉及的一些理论问题和数据还未得到之前，人们先从工艺研究入手了解它的过程和内在联系。稀土熔盐电解的工艺流程见图 22.111。

由图 22.111 可知，稀土熔盐电解工艺的主要环节是原料（$LnCl_3$，KCl）组分和电解工艺条件的控制。

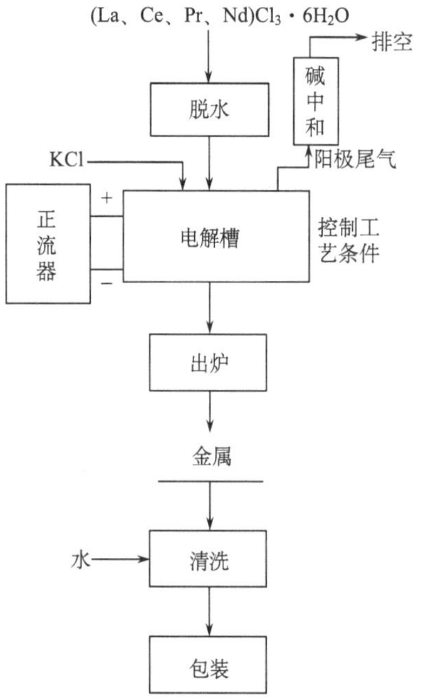

图 22.111 氯化稀土熔盐电解工艺流程

a. 原料

前面叙述了稀土氯化物原料中各种杂质对电解过程的影响。供电解用的$LnCl_3$中有害杂质如Fe,Ca,Al,Si,PO_4^{3-}和SO_4^{2-}等在稀土提取过程中得到控制,并有产品标准。(Th<0.03%,Si<0.5%,Fe≤0.05%,Pb<0.01%,SO_4^{2-}<0.01%和PO_4^{3-}<0.005%)但对变价元素,在产品标准中没有定出。由于稀土分离工艺的进步和钐、铕等需要量的增加它们具有较高的经济价值等原因,近几年供电解用的氯化稀土是分离出钐、铕后的氯化稀土,即$(La,Ce,Pr,Nd)Cl_3$。这样的原料对电解是有利的。

按上述产品标准提供的氯化稀土水合物($LnCl_3\cdot 6H_2O$)要进行脱水。为将水分胶净和避免生成稀土氯氧化物,目前脱水采用两种工艺方法:

真空脱水 氯化稀土水合物在真空脱水炉内发生如下的脱水反应:

$$LnCl_3\cdot 6H_2O(S) \longrightarrow LnCl_3(S) + 6H_2O\uparrow$$

最高脱水温度不超过350℃;真空度约为100Pa。生产实践中为了防止生成稀土氯氧化物,在炉料中添加2—3mol的氯化铵,以产生氯化作用。稀土氯氧化物被氯化铵氯化,其化学反应如下:

$$LnOCl(s) + 2NH_4Cl(s) \longrightarrow LnCl_3(s) + 2NH_3\uparrow + H_2O\uparrow$$

尽管如此,在大规模真空脱水的氯化稀土中仍含有约2%的水不溶物(主要是LnOCl)和0.5%的水分。为了完全脱去水分,采用加炭氯化法制备稀土无水氯化物。

加炭氯化法制备无水氯化物土 上述氯化稀土水合物与少量炭混合,在氯化炉内通以氯气,发生氯化脱水反应:

$$LnCl_3\cdot 6H_2O(1) + 6C(s) + 6Cl_2(g) \xrightarrow{800—850℃} LnCl_3(1) + 12HCl\uparrow + 6CO\uparrow$$

这种工艺方法比真空脱水更经济合理,因此已被工业采用。

稀土精矿、盐类和氧化物都可以做为加炭氯化的原料制备无水氯化稀土。稀土化合物与一定量的炭混合制成团块,然后在高温氯化炉内能以氯气,发生如下氯化反应:

$$Ln_2O_3(s)+3C(s)+3Cl_2(g) \longrightarrow 2LnCl_3(l)+3CO(g)\uparrow$$

加炭氯化法制备无水氯化稀土的工艺方法效率高、产量大，无水氯化稀土更适于电解工艺要求。因此这种方法已在工业上采用。稀土精矿加炭氯化制备的无水氯化稀土的化学组成见表 22.164。

表 22.164 无水氯化稀土的化学组成(wt%)

Ln_2O_3	Ca	Fe	Na	F	P	S	Th	水不溶物	5%HCl 不溶物
56.30	4.32	0.87	1.05	1.20	0.015	微	0.043	4.80	2.78

目前国外五万安培的稀土电解槽使用的原料都是无水氯化稀土。

b. 熔盐电解工艺条件对电流效率的影响

电解质的组成的影响　稀土、熔盐电解质一般组成为 $LnCl_3$: KCl=1 : 6 至 1 : 3 摩尔比。在试验研究中也做了 $LnCl_3$-KCl-NaCl 三元体系或 $LnCl_3$-NaCl 的二元体系。工业生产使用的熔盐体系为 $LaCl_3$-KCl。熔盐电解质的组成是它的性质的重要变量。在电流密度、温度和电解槽型一定时，电解质组成存在一个最佳值使电流效率最高。电解金属铈、镧、钕和混合稀土金属的电流效率与电解质组成的关系分别见图 22.112 和图 22.113[3]。由图可见，熔盐体系中氯化稀土的浓度偏离最佳值时，电流效率都低。浓度过低，会产生碱金属离子放电，还原成碱金属；浓度过高，增加了稀土金属的溶解损失，使电解质性质变坏，如电阻和黏度增加等。

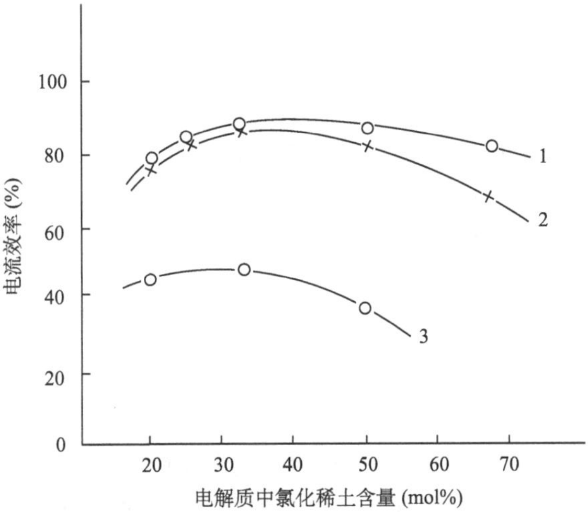

图 22.112　电解质组成对电流效率的影响

1. 铈电解，温度为 850℃，D_K=2.4A/cm²；2. 镧电解，温度为 920℃，D_K=4.3A/cm²；
3. 钕电解，温度为 1050℃，D_K=6.3A/cm²

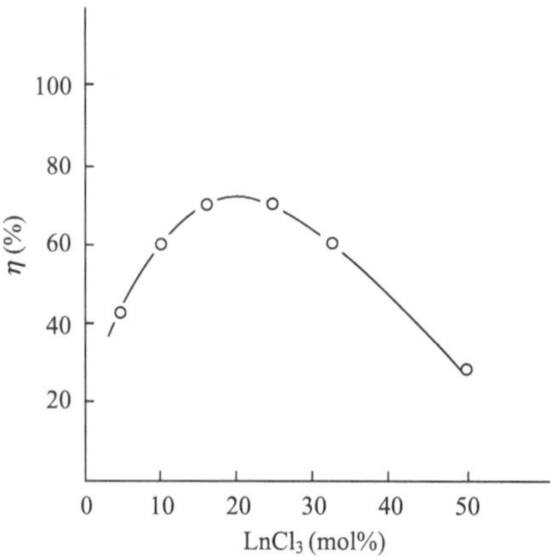

图 22.113　电解组成对电流效率的影响
电解温度为 850℃；D_K＝8.7A/cm^2

电流密度的影响　阳极和阴极电流密度对电极过程，金属溶解以至电子导电都有影响。不过在实际电解中阳极电流密度（D_a）都较低（0.5—1A/cm^2），对电解的电流效率的影响远比阴极电流密度小。只有当 Da 过大时，才能引起电解质循环加剧，增加二次作用使电效降低。这是极端的情况。所以在稀土熔盐电解中一般只研究阴极电流密度（D_K）的影响。由于在电解过程中，稀土金属离子在阴极上析出和金属的溶解损失是同时发生的两个不同的过程，电流效率只表示此两个过程进行速度相对的比例。如稀土金属的溶解速度小于电解析出速度时，电流效率才为正值。只有电流密度大于一个临界值（即临界电流密度）时，电流效率才会是正值。因此提高电流密度（无论以缩小阴极表面积或是提高电流强度）会显著地提高稀土金属的析出速度，致使电流效率也提高。

稀土熔盐电解的阴极电流密度一般为 3—10A/cm^2（视不同槽型及不同电解工艺而异）。在 $LnCl_3$-KCl 体系中电解金属镧、铈的电流效率与电流密度的关系见图 22.114 和图 22.115[6,9]。

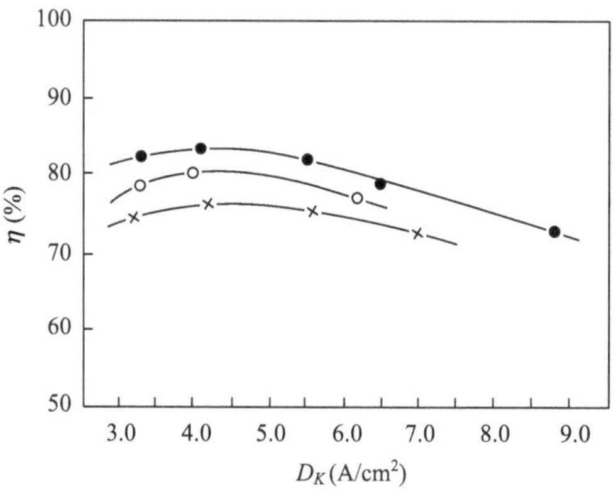

图 22.114　电流密度与电流效率的关系
$LaCl_3$：KCl＝41：59(重)；×电解温度 870℃；○电解温度 920℃；●电解温度 970℃；电解时间 10h

由图可见，提高电流密度至一定值时可以提高电流效率。这是因为金属在单位阴极表面上析出的速度提高了，同时阴极电位变负也有利于稀土金属的完全放电。但阴极电流密度过大时，熔盐的温度增高、稀土金属溶解的速度加快并能使碱金属离子放电被还原，这些因素都能降低电流效率。

电解温度的影响　温度是熔盐电解过程热力学和动力学条件，它影响熔体的物化性质，传质，传热过程和卤化物的分解电压。实践证明，温度影响电流效率起主导作用的是稀土金属的溶解度与温度的依赖关系。这是因为温度升高会提高稀土金属在熔盐中的溶解度，增加溶解金属的扩散速度，加强了熔盐的电子导电。这样，金属和电流损失都会提高，从而降低了电流效率。电解金属镧和混合稀土金属时，温度对电流效率的影响分别见图 22.116 和图 22.117[9]。

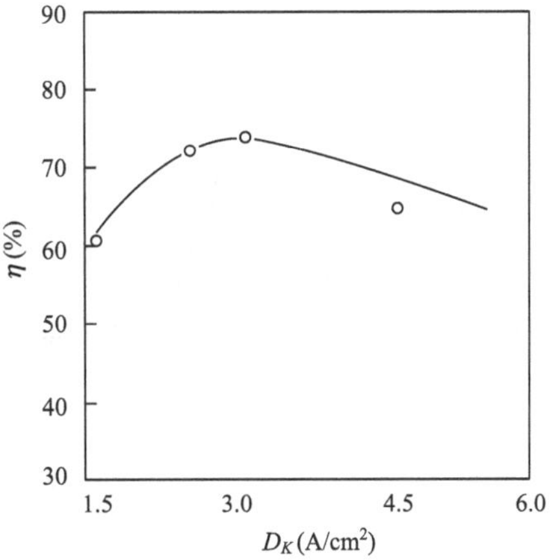

图 22.115　电流密度与电流效率的关系

$CeCl_3$：KCl＝53：47(重)；电解温度 830℃；电解时间 1h

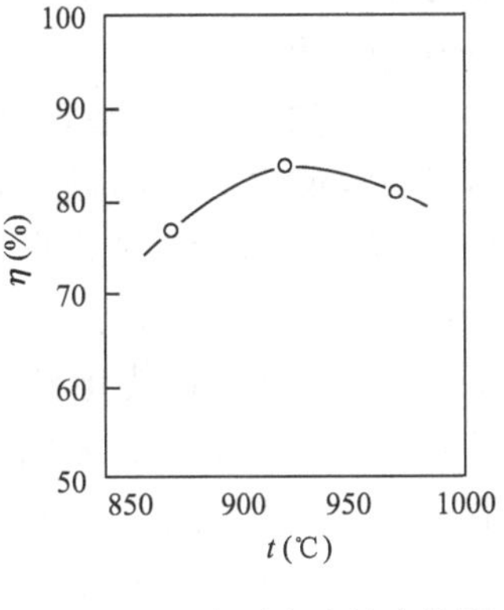

图 22.116　温度对电流效率的影响

$LaCl_3$：KCl＝1：2(摩尔比)；D_K＝4.0－4.2A/cm²

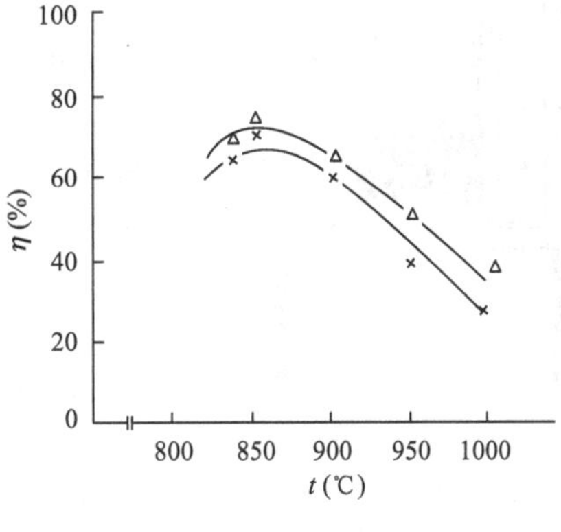

图 22.117　温度与电流效率的关系

$LnCl_3$-KCl 体系 Δ$LnCl_3$ 浓度为 16.7mol%；×$LnCl_3$ 浓度为 25mol%；D_K＝8.9A/cm²

另一方面，提高电解混熟会加剧电解质挥发及金属、电解质、电解槽材料之间的化学作用。这里不仅降低了电流效率，同时还影响金属质量及回收率并增加电耗。因此熔盐电解应在可能低的温度下进行。

极距的影响　从熔盐电解的电化学理论的角度来看，极间距离不直接影响金属离子放电析出。而是通过影响电解质循环流动的速度进而影响传质过程。在其他条件(电流密度、电解温度等)不变时，极间距离变小时，电解质流动速度增大。

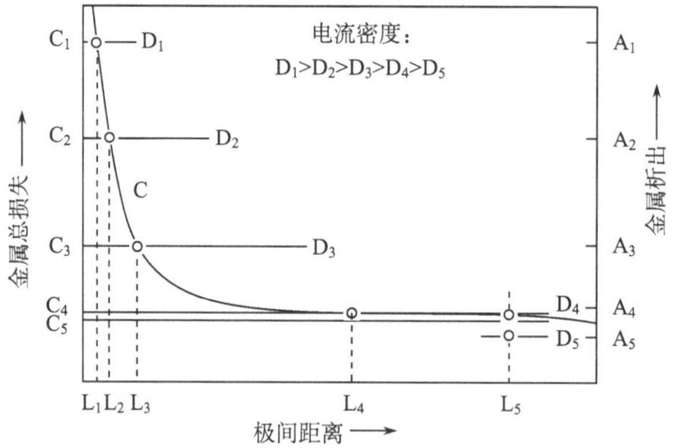

图 22.118　临界极间矩概念图解

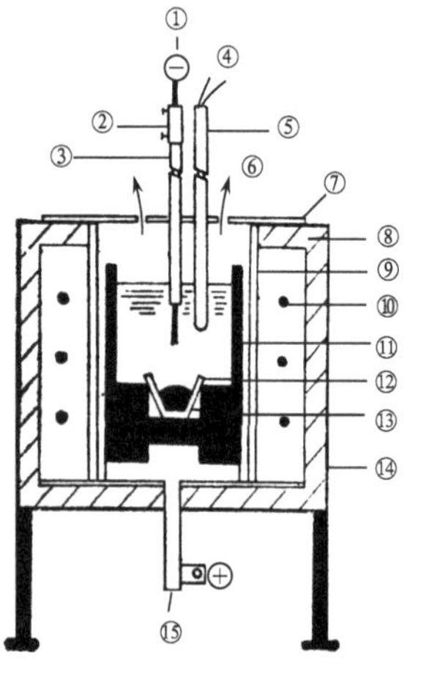

图 22.119　试验室用电解槽

①钨阴极 ϕ4—5mm；②阴极卡头；③阴极保护管（Al_2O_3 制）；④铂-铑热电偶；⑤热电偶保护套管；⑥氯气出口；⑦石棉盖板；⑧耐火砖；⑨刚玉管；⑩加热电阻元件，⑪阳极石墨坩埚（外径 145mm，高 200mm 内径 125mm）；⑫盛金属的瓷坩埚；⑬电解析出的稀土金属；⑭炉子框架；⑮阳极

反之，则变小。而电解质流动速度的增大提高了阴极区溶解的稀土金属和离子的扩散速度，致使稀土金属和未完全放电的离子（如 Sm^{2+}）较快地到达阳极被氧化而空耗电流。因此极间距离影响电流效率是通过对金属损失和加速阴极上未完全放电的离子的氧化→还原过程达到的。但是，实践证明，金属损失随极间距离的改变不是等值的，而是当极间距离变小到一定值之后才明显地表现出来。这是因为在极间距离较大时，它的改变对电解质的循环速度和对溶解金属的扩散速度影响不大。若其他条件不变，我们可以认为电流效率的变化唯一地取决于金属损失的变化。因此这种关系必然同电流效率——极间距离变化关系是一致的，也就是和金属损失——极间距离变化关系是一致的。根据熔盐电解对极间距离与金属损失的研究在理论上存在“临界极距”（在此极距时，电流效率为零）。临界极距概念的图解见图 22.118。在图 22.118 上，金属析出线与它的损失曲线交点的横坐标就是临界极间距。由此图可见，阴极电流密度越大，临界极距越小；反之，电流密度越小，则临界极间距越大。在电流密度很小时（如 D_5），则不存在临界极间距离，即电流效率为负值。它的意义是在此种情况下，金属溶解损失量大于金属析出量。

从实际意义上讨论，由于稀土金属在其熔盐体系中溶解损失和空耗电流较大（这一点从稀土金属熔盐电解电效低可以看出），临界极间距离的概念就有其意义。在电解槽型设计上，极间距离至少要大于临界极间距。在此条件下考虑电解槽的热平衡，电极形状、尺寸、配置方式、电解质循环及电流分布的合理性等因素，确定极间距离。尤其是在工业电解槽的结构上往往极距是可调的，以便控制合理的电解槽温度和电压。可调极距的最小值应是临界极距。然而目前对熔盐电解稀土金属的极间距离——金属溶解损失的关系的研究还极少，没有对不同体系的临界极距的数据。从经验出发，稀土金属电解的工业电解槽的平均极间距离为 6—11cm。

(5) $LnCl_3$-KCl 体系熔盐电解设备发展和工艺举例

a. 目前电解工艺水平和槽型的发展

稀土熔盐电解工艺和电解槽型的发展主要是围绕着提高电解设备生产强度（单位时间电解槽的产量）、电流效率、金属质量和降低能耗。为了提高设备强度和经济效益，电解槽向大型化发展，由几十安焙，800A，3000A，10000A 到 50000A 电解槽。有关工业电解槽的结构报道很少。试验室用的 800A 和 3000A 的电解槽模型结构分别见图 22.119[9] 图 22.120 和图 22.121。50000A 的电解槽外型图见图 22.122。

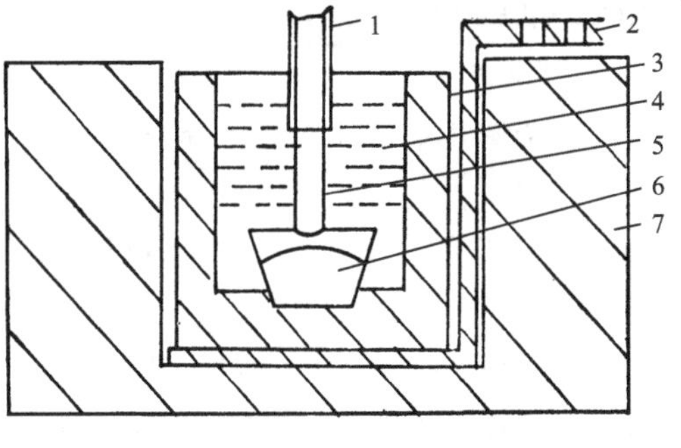

图 22.120　800A 电解槽结构图

1. 瓷保护套管；2. 阳极电导板；3. 石墨阳极坩埚；4. 电解质；5. 钼阴极；6. 稀土金属；7. 耐火材料

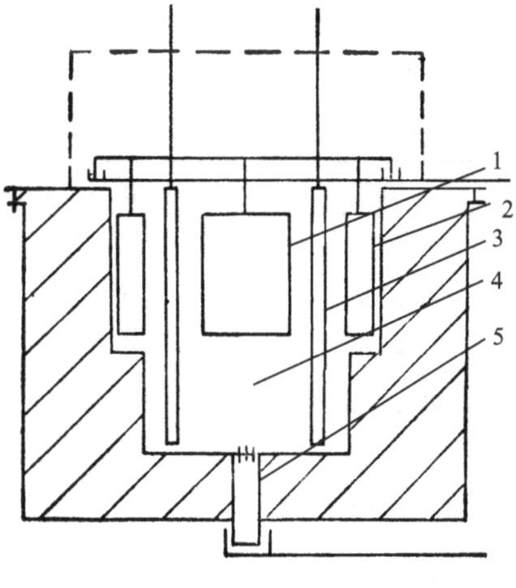

图 22.121　耐火砖砌筑的电解槽结构

1. 石墨大阳极；2. 石墨中阳极；3. 辅助钼阴极；4. 阴极室；5. 阴极导电棒

为了使电解质保持较好的物化性质和稀土金属的较好的质量，电解槽和电极的材料尽量采用耐卤盐和稀土金属腐蚀的材料。阴极用钨或钼材（早期电解槽用铁作阴极），阳极则用石墨，而电解槽体内衬则多用刚玉（熔融氧化铝）耐火砖。此外密闭电解槽亦有使用。

图 22.122　西德 Goldschmidt 公司的 50000A 电解槽外型

近几年为了提高电流效率，除控制合理的工艺条件外，使用杂质较少的无水氯化稀土，如使用分离出钐、铕等中、重稀土后的加炭氯化脱水料；或在短时间内电解加炭氯化无水混合氯化稀土，以避免变价稀土离子对电流效率的影响。

稀土金属熔盐电解工艺流程已基本上达到封闭程度。从用过的电解质中回收 KCl 和 $LnCl_3$，而阳极气体——氯气用碱中和制备次氯酸钠，防止了氯气的污染。电解的技术经济指标也有了提高；混合稀土金属的电流效率达到了 40%—70%；电耗 22—30kWh/kg；金属实收率 80%—90%。

b. 工业电解混合稀土金属工艺条件举例及金属质量

电解工艺条件见表 22.165 金属质量见表 22.166。

表 22.165　工业电解稀土金属工艺和设备条件[3]

槽型	800A 圆形石墨坩埚	3000A 耐火砖砌筑方槽	10000A 耐火砖砌椭圆槽
结构材料	石墨	高铝砖	高 铝 砖
阳极	石墨坩埚	石墨	石墨
阴极	钼	钼	钼
电解质组成	$LnCl_3$-KCl	$LnCl_3$-KCl	$LnCl_3$-KCl
$LnCl_3$(wt%)	20—50	35—50	35—50
平均槽温,℃	870—880	850—870	880—890
极间距(mm)	35—50	40—50(平行电极间) 90—100(上下电极间)	40—50(平行电极间) 120±20(上下电极间)
电解气氛	敞口	敞口	敞口
平均电流(A)	750	2500	9000
平均槽电压(V)	14—18	10—11	8—9
阳极电流密度(A/cm^2)	0.95±0.05	0.8±0.05	0.45±0.05
阴极电流密度(A/cm^2)	～5	2.4±0.5	2.4±0.5

续表

槽型	800A 圆形石墨坩埚	3000A 耐火砖砌筑方槽	10000A 耐火砖砌椭圆槽
体积电流密度(A/cm^3)	0.18±0.02	0.08±0.005	0.035
直收率(%)	～90	～80	85—90
电耗(kWh/kg)	30—35	27—30	22—27
电流效率(%)	～50	～40(使用三个月)	20—35

表 22.166 铈组混合稀土金属典型成分(%)

厂家 / 元素(wt%)	德国 Th Goldschmidt	法国 Rhone-Poulenc Industries	美国 Ronson Metals Corp	日本三德金属工业有限公司	中国跃龙化工厂
稀土总量	>99.5	−98	99.7	98.6	>98
La	25—30	26—30	18—27	—	20—29
Ce	50—60	47—51	50—55	47.8	48—54
Pr	4—6	4—6	4—6	—	6—8
Nd	10—15	11—13	12—18		11—22
Sm	<0.1	1—2 (Sm 与其他稀土金属合计)	1—2 (Sm 与其他稀土金属合计)		<0.03
其他稀土金属	1—5				
Al	<0.1				
PB	<0.005				
Fe	<0.5	0.5—2	0.1	0.85	0.2—1
C	<0.04			0.03	
Si	<0.05			0.01	<0.1
P				<0.005	—
S				—	—
熔点(℃)	870—890	～800	～815	—	—
比重(g/cm^3)	6.5	～6.8	6.68	—	—

4. 氟化物体系电解稀土氧化物制备稀土金属

(1) 概述

针对稀土氯化物电解存在电流效率低、阳极气体产生公害等技术问题，自六十年代以来研究在氟化物体系电解稀土氧化物的工作逐渐开展起来。早在 1961 年开始测定了稀土氧化物在氟化物体系中的溶解度，在 LnF_3-LiF 体系中不同稀土氧化物的溶解度为 2%—4%。此后开展了在 LnF_3-LiF-BaF_2 体系中电解 La_2O_3，CeO_2(或 Ce_2O_3)以及在 LnF_3-LiF 体系中电解 Pr_6O_{11}、Nd_2O_3 和少铈轻稀土氧化物(didymium oxide)制取相应的稀土金属的研究工作。为制取像钇、钆、镝这样的熔点高的钇且稀土金属，设计了温度可达 1700℃的高温密闭的氧化物电解槽并电解了这些金属。在稀土氧化物电解槽的基础上还发展了连续操作的电解设备[10]。

这些研究工作都是以试验室规模进行的。1975 年美国铝公司报道了关于建立二万安培的稀土氧化物电解的工业试验装置,但并未投入正式的工业生产。稀土氯化物和稀土氟化物熔盐体系电解制备稀土金属的有关条件和指标的比较见表 22.167。

表 22.167 稀土氯化物和稀土氟化物熔盐体系电解有关条件和指标的比较

比较项目		$LnCl_3$-KCl 体系	LnF_3-LiF(BaF_2)体系
电解原料		$LnCl_3$ 易吸潮	Ln_2O_3 不易吸潮、好保存
电 解 质		KCl 或 NaCl 较便宜,腐蚀性小	LiF、LnF_3 价格贵,腐蚀性强
电解槽结构材料		氧化铝耐火材料,可用一年以上	石墨材料或 Ln_2O_3 耐火材料贵且寿命较短
电解操作劳动条件		$LnCl_3$ 的浓度波动范围大(20%—50%wt)	Ln_2O_3 加料速度须严格控制;其浓度要<2%—4%
经济技术指标	电流效率	工业电解槽约 35%,短时间电解无水 $LnCl_3$,可达 50%—70%	50%—90%
	金属收率	~85%	>95%
	电耗 kwh/kg 金属	25—35	5.5—13
	工业规模	最大规模达 50000A	最大规模 20000A(工业试验槽)

由表 22.166 可见工业上使用氟化物体系电解稀土氧化物制备铈组稀土金属的工艺和设备遇到的困难主要有三方面的问题:一是氟盐腐蚀性较氯盐强,较便宜的耐氟和耐高温的电解槽材料不易解决;二是所用氟化物电解质较贵,采用此工艺电解出的稀土金属成本目前还高于氯化物电解的成本;三是操作要求严格控制加料(Ln_2O_3)速度,使 Ln_2O_3 在熔体中的含量在其溶解度之内。可能由于这三个方面的原因,稀土氧化物电解工艺至今还未见到工业化生产的报道。

(2) 氟化物熔盐体系电解稀土氧化物制备稀土金属的工艺过程

前面叙述的稀土熔盐电解工艺的基本原理也适用于氟化物熔盐体系的电解过程,只是在氟化物熔盐体系中氧化物和氟化物的理论分解电压、电极过程不同而已。因此这里只就这些不同点加以叙述。

a. 氟化物熔盐体系的电解质

目前使用的熔盐体系是 LnF_3-LiF 或 LnF_3-LiF-BaF_a。体系及其组分的选择主要的根据应是在电解温度下,稀土氧化物在其中的溶解度大;蒸气压和熔点低,稀土金属的溶解损失少并不能还原氟化物电解质。目前只有以上的氟化物体系较好地满足了这些要求。

LnF_3-LiF 的状态图在很多资料中都可查到[11]。从 LaF_3 至 SmF_3 与 LiF 的状态图都是仅有一个共晶点(温度 700—770℃,LnF_3 组分为 20—30mol%)的简单状态图。由 EuF_3 至 LuF_3 与 LiF 的状态图,除有相似的共晶之外,在 LnF_3 组分含量约 50mol%处,存在一个熔点低于 900℃的化合物。由此可见 LnF_3-LiF 体系的熔点是比较低的。

电解实际使用的 LnF_3-LiF 熔盐体系组分与固液线的温度见表 22.168。

表 22.168 电解质起始浓度和固-液线温度

起始电解质成分(wt%)	固-液线温度(℃)	起始电解质成分(wt%)	固-液线温度(℃)
35LiF-65CeF_3	745	27LiF-73SmF_3	690
32LiF-68PrF_3	733	15LiF-85YF_3	825
35LiF-65LaF_3	768	27LiF-73GdF_3	625
37LiF-63NdF_3	721	11LiF-89DyF_3	701
20LiF-35BaF_2-45(PrNd)F_3	715	60LaF_3-27LiF-13BaF_2	750
34.5LiF-65.5LnF_3	735	25LiF-75 钇组稀土氟化物	678

b. 电极过程 稀土氧化物在氟化物熔融电解质中溶解后,发生解离。在直流电场作用下,稀土阳离子在阴极上放电,还原成金属。

$$Ln^{3+} + 3e \longrightarrow Ln$$

稀土阳离子也可能发生不完全放电的现象,如:

$$Ce^{4+} + e \longrightarrow Ce^{3+}$$

$$Sm^{3+} + e \longrightarrow Sm^{2+}$$

氧化物和氟化物的理论分解电压见表 22.169 和表 22.170. 由表中可看出,氟化物的分解电压比氧化物的高出两倍多,因此一般氟化物不会被电解。但如果熔盐中稀土离子浓度过低或阴极电流密度大于临界值时,则熔体中的 LiF 或 BaF_2 也会离解,其阳离子也会在阴极上被还原。

在发生阴极过程的同时,阴离子在石墨阳极上被氧化,发生如下反应:

$$2O^{2-} - 4e \longrightarrow O_2$$

分子氧与石墨作用:

$$O_2(g) + C(s) \longrightarrow CO_2(g)\uparrow$$

在电解温度较高时,如>900℃,氧与石墨作用产生一氧化碳:

$$O_2(g) + 2C(s) \longrightarrow 2CO(g)\uparrow$$

一般稀土氧化物电解的阳极气体是 CO_2 与 CO 的混合物。在 Ln^{3+} 的浓度很低和发生阳极效应时,还产生氟碳化物,其反应为:

$$nF^- + mC - ne \longrightarrow C_mF_n$$

阳极气体的组成与电极过程和稀土离子浓度有关,因此可以通过监测阳极气

表 22.169　固体或熔融氧化物理论分解电压(25—3000℃)[1)]

金属离子	E_d^0(V)								
	25℃	100℃	300℃	500℃	1000℃	1500℃	2000℃	2500℃	3000℃
1 Zr^{2+}	5.287	5.298	5.100	4.904	4.381	3.947	3.349	nd	
2 Ca^{2+}	3.131	3.090	2.984	2.881	2.626	2.354	1.882	1.439	nd
3 La^{3+}	3.085	3.027	2.933	2.840	2.550	2.317	* 2.901	nd	
4 Ac^{3+}	3.079	3.048	2.964	2.882	2.687	2.503	* 2.350		
5 Pr^{3+}	3.058	3.022	2.930	2.838	2.608	2.370	2.139	* 1.917	1.701
6 Nd^{3+}	3.040	3.009	2.921	2.836	2.642	2.334	2.095	* 11.970	
7 Th^{4+}	3.018	2.982	2.883	2.784	2.539	2.296	2.049	1.799	1.542
8 Be^{2+}	3.014	2.975	2.869	2.764	2.505	2.309	1.828	nd	
9 Th^{2+}	3.003	2.970	2.878	2.786	2.557	2.325	2.100	* 1.905	1.742(2977*V*)
10 Ce^{3+}	2.999	2.963	2.868	2.772	2.526	2.280	* 2.066	1.873	1.685
11 Ba^{1+}	2.970	2.931	2.802	2.669	2.518(767*V*)				
12 Sm^{3+}	2.963	2.928	2.833	2.738	2.507	2.260	2.021	1.813	1.607
13 Mg^{2+}	2.952	2.910	2.798	2.686	2.366	1.905	1.370	0.847	0.332
14 Li^{1+}	2.903	2.857	2.406	2.147	1.489	1.689	0.933	0.470(2327*V*)	
15 Am^{3+}	2.902	2.868	2.779	2.692	2.477	2.262	2.069	nd	
16 Sr^{2+}	2.901	2.861	2.758	2.659	2.409	2.105	1.642	* nd	
17 Y^{3+}	2.894	2.859	2.767	2.677	2.459	2.250	2.036	* nd	
18 Sc^{3+}	2.826	2.792	2.697	2.602	2.367	2.127	1.878	—	
19 Hf^{4+}	2.797	2.757	2.654	2.552	2.308	2.074	1.848	1.631	* nd
20 U^{4+}	2.786	2.793	2.659	2.568	2.342	2.110	1.881		
21 Ba^{2+}	2.738	2.701	2.603	2.508	2.224	2.021	1.673	1.323	1.167(2277*V*)
22 Al^{3+}	2.723	2.683	2.575	2.468	2.188	1.909	1.637		
23U^{2+}	2.667	2.632	2.544	2.456	2.213	1.963	1.699	nd	
24 Pu^{3+}	2.666	2.633	2.548	2.466	2.253	2.061	1.917	1.785	1.663(2977*V*)

续表

金属离子	E_d^0(V)								
	25℃	100℃	300℃	500℃	1000℃	1500℃	2000℃	2500℃	3000℃
25 Ra^{2+}	2.548	2.507	2.409	2.314	2.077	1.788	1.335	0.893	
26 Ti^{2+}	2.537	2.497	2.397	2.299	2.062	1.838	1.731(1737*D*)	nd	
27 Pu^{4+}	2.537	2.500	2.413	2.328	2.114	1.906	1.707	1.543	1.390
28 Pa^{4+}	2.526	2.487	2.391	2.295	2.056	1.815	1.570	* nd	
29 Np^{4+}	2.526	2.494	2.404	2.316	2.018	1.750	1.498	* 1.337	
30 Am^{4+}	2.504	2.468	2.379	2.291	2.076	1.863	1.663		
31 Ti^{3+}	2.501	2.463	2.366	2.272	2.046	1.828	1.614	* 1.418	1.241
32 Pu^{2+}	2.385	2.355	2.285	2.219	2.043	1.931	1.826	1.815(2052*V*)	
33 Pr^{4+}	2.385	2.347	2.250	—	—	—	—		
34 Ce^{4+}	2.374	2.341	2.256	2.171	1.954	1.734	1.519	nd	
35 Ti^{4+}	2.219	2.177	2.087	2.000	1.776	1.557	1.340	1.155	1.001(2927*D*)
36 Si^{2+}	2.125	2.089	1.991	1.891	1.638	1.368	1.039	* nd	
37 Si^{4+}	2.083	2.045	1.954	1.863	1.647	1.412	* 1.166(1977*D*)		
38 Np^{5+}	2.077	2.041	1.952	1.864	1.809(627*D*)				
39 U^{6+}	2.045	2.011	1.921	1.832	1.766(652*D*)				
40 B^{3+}	2.045	2.011	1.920	1.839	1.655	1.476	1.297	1.207(2247*V*)	
41 Ta^{5+}	2.041	2.005	1.909	1.815	1.583	1.356	* 1.142	nd	
42 Pa^{5+}	2.025	1.988	1.891	1.795	1.554	1.314	* 1.081	nd	
43 V^{2+}	2.016	1.992	1.898	1.807	1.590	1.382	1.174	* 1.025	0.883
44 Nd^{2+}	1.973	1.936	1.850	1.766	1.569	1.390	1.228	* nd,u	
45 Nd^{1+}	1.964	1.932	1.840	1.750	1.536	1.329	1.129	0.971	0.824
46 V^{3+}	1.959	1.925	1.837	1.753	1.553	1.366	* 1.184	1.037	0.895
47 Na^{1+}	1.951	1.904	1.757	1.616	* 1.256	0.743(1275*S*)			
48 Mn^{2+}	1.882	1.854	1.779	1.705	1.515	1.305	* 1.103	nd	

续表

金属离子	$E_a^\ominus$(V)								
	25℃	100℃	300℃	500℃	1000℃	1500℃	2000℃	2500℃	3000℃
49 Nb^{5+}	1.873	1.838	1.746	1.655	1.439	* 1.245	1.096	0.950	0.827(2627*V*)
50 Cr^{3+}	1.806	1.669	1.527	1.383	1.019	0.651	* u		
51 V^{4+}	1.724	1.690	1.604	1.521	1.321	1.131	* 0.978	0.837	0.703
52 Ga^{3+}	1.714	1.673	1.553	1.433	1.145	0.881	* 0.559	0.380	0.324(2927*V*)
53 K^{1+}	1.652	1.577	1.415	1.255	0.805	0.347	−0.051	nd	
54 Zn^{2+}	1.649	1.610	1.507	1.403					
55 Ga^{4+}	1.630	1.582	1.453	1.325	* 1.201(727*V*)				
56 Ca^{4+}	1.550	1.516	1.440(275*D*)						
57 Mn^{3+}	1.534	1.500	1.412	1.324	1.111	0.892(1347*D*)			
58 Rb^{1+}	1.507	1.455	1.306	1.157					
59 Sr^{4+}	1.507	1.469	1.410(215*D*)						
60 Mg^{4+}	1.497	1.511(88*D*)							
61 V^{5+}	1.492	1.457	1.368	1.280	1.054	0.931	0.773	0.757(2052*V*)	
62 Ba^{4+}	1.472	1.435	1.337	1.243	1.104(837*D*)				
63 Li^{2+}	1.463	1.453	1.380(197*D*)						
64 In^{3+}	1.449	1.411	1.304	1.196	0.926	0.660	0.419	nd	
65 Ge^{2+}	1.431	1.389	1.276	1.166	1.052(710*S*)				
66 Cs^{1+}	1.422	1.350	1.150	0.953	0.830(642*V*)				
67 P^{5+}	1.420	1.384							
68 Cr^{4+}	1.388	1.356	1.265(427*D*)						
69 Ge^{4+}	1.377	1.334	1.222	1.111	0.836	* 0.574	0.326	0.157	
70 W^{4+}	1.349	1.315	1.228	1.144	0.946	* 0.781	0.689(1852*D*)		
71 Sn^{4+}	1.346	1.307	1.200	1.090	0.824	0.566	* 0.330	0.064	−0.210(2927*V*)
72 Sn^{3+}	1.333	1.303	1.168						

续表

金属离子	E_a^0(V)								
	25℃	100℃	300℃	500℃	1000℃	1500℃	2000℃	2500℃	3000℃
73 W^{6+}	1.321	1.286	1.199	1.115	0.911	* 0.724	0.629(1827*V*)		
74 Fe^{3+}	1.280	1.245	1.154	1.066	0.855	0.645	nd		
75 Mo^{4+}	1.272	1.235	1.148	1.064	0.859	0.662	* 0.497(1977*D*)		
76 Fe^{2+}	1.266	1.237	1.165	1.095	0.920	* 0.767	0.622	0.498(2427*V*)	
77 In^{2+}	1.258	1.220	1.113	1.005	0.742	* 0.516	0.418(1727*V*)		
78 H^{1+}	1.229	1.169(100*V*)							
79 Mn^{4+}	1.208	1.172	1.077	0.983	0.806(847*D*)				
80 Cd^{2+}	1.166	1.127	1.028	0.922	0.538	0.036			
81 Ni^{2+}	1.121	1.084	0.990	0.897	0.677	0.476	0.253	nd	
82 Na^{2+}	1.114	1.075	0.962	0.849					
83 CO^{2+}	1.106	1.069	0.980	0.898	0.676	0.448	0.223	0.041	−0.004(2627*V*)
84 K^{2+}	1.085	1.043	0.927	* 0.813	0.497	0.099			
85 Sb^{3+}	1.077	1.041	0.949	0.858	0.654	0.496(1425*V*)			
86 Te^{2+}	1.062	1.027	0.928	0.825	0.559	0.261			
87 Sb^{4+}	1.019	0.982	0.887	0.793					
88 As^{3+}	0.995	0.959	0.871	* 0.824(457*V*)					
89 Tc^{4+}	0.985	0.948	0.854	0.760	0.532	0.314	0.110	* −0.060	−0.218
90 Pb^{2+}	0.981	0.944	0.844	* 0.742	0.505	0.318(1472*V*)			
91 Re^{4+}	0.977	0.943	0.852	0.763	0.550	* 0.377	0.236	0.106	−0.012(2977*V*)
92 Bi^{2+}	0.943	0.908	0.809	0.691	0.405	0.153			
93 Re^{6+}	0.918	0.887	0.812		0.241	−0.183			
94 Rb^{2+}	0.906	0.860	0.738	0.617					
95 Sb^{5+}	0.869	0.834	0.733	0.694(380*D*)					
96 Cr^{6+}	0.867	0.832	* 0.757	0.693					

续表

金属离子	$E_d^\ominus$(V)								
	25℃	100℃	300℃	500℃	1000℃	1500℃	2000℃	2500℃	3000℃
97 Bi^{5+}	0.858	0.823	0.731	0.628	nd				
98 Cs^{2+}	0.848	0.811	0.701	0.598					
99 As^{4+}	0.810	0.775	0.678	0.581	0.311	0.080			
100 Tc^{6+}	0.802	0.767	0.679	0.593	nd		nd		
101 As^{3+}	0.801	0.765	0.668	0.572	0.407(827*D*)				
102 Re^{7+}	0.788	0.755	*0.671	0.650(363*V*)					
103 Cu^{1+}	0.758	0.729	0.652	0.578	0.400	*0.229	0.202(1800*D*)		
104 K^{3+}	0.723	0.689	0.596	0.510	0.432(702*V*)				
105 Re^{3+}	0.720	0.691	*0.658(187*V*)						
106 Tl^{1+}	0.718	0.666	0.537	*0.428					
107 In^{1+}	0.716	0.669	0.559	*0.470	0.459(527*V*)				
108 Te^{4+}	0.700	0.517	0.425	0.332	0.084	−0.176	nd		
109 Te^{7+}	0.691	0.525	*0.455	0.451(311*V*)					
110 Rb^{3+}	0.668	0.630	0.526	*0.423	0.124				
111 Cu^{2+}	0.659	0.626	0.531	0.439	0.215	0.078(1336*D*)			
112 Cs^{3+}	0.622	0.587	0.497	0.411	0.175	−0.091	nd		
113 Pb^{4+}	0.567	0.530	0.438(290*D*)						
114 P^{4+}	0.553	*0.513	0.478(180*S*)						
115 K^{4+}	0.540	0.513	0.445						
116 Rb^{4+}	0.513	0.481	0.394	*0.313	nd		nd		
117 Na^{4+}	0.504	0.481	0.417	0.354	0.220	0.209(1027*V*)			
118 Cs^{4+}	0.501	0.467	0.378	*0.304	0.072	−0.170	−0.401	nd	
119 Po^{4+}	0.499	0.463	0.368	0.267	0.050	−0.251	−0.539	nd	
120 Se^{4+}	0.450	0.417	0.320	0.305(330*S*)					

续表

金属离子	E_d^0(V)								
	25℃	100℃	300℃	500℃	1000℃	1500℃	2000℃	2500℃	3000℃
121 Ru^{4+}	0. 441	0. 346	0. 311	0. 216	−0. 015	−0. 074			
122 Rh^{1+}	0. 414	0. 393	0. 335	0. 280	0. 155	0. 126	nd		
123 Os^{4+}	0. 383	0. 506	0. 414	0. 322	0. 255(650*D*)				
124 Os^{3+}	0. 383	0. 359	0. 350(130*V*)						
125 Rh^{3+}	0. 361	0. 324	0. 229	0. 136	−0. 138	−0. 197(1115*D*)			
126 Rh^{2+}	0. 347	0. 314	0. 234	0. 158	−0. 019	−0. 060(1121*D*)			
127 K^{6+}	0. 318	* 0. 286	0. 221	0. 178(442*V*)					
128 Pd^{2+}	0. 312	0. 269	0. 160	0. 053	−0. 138(877*D*)				
129 Ir^{3+}	0. 304	0. 274	0. 197	0. 123	−0. 053	−0. 204	−0. 336(1977*V*)		
130 Ir^{4+}	0. 304	0. 270	0. 193	0. 117	−0. 057	−0. 089(1100*D*)			
131 Hg^{2+}	0. 303	0. 263	0. 153	0. 026(500*D*)					
132 Ru^{6+}	0. 237	* 0. 285			nd				
133 Pt^{2+}	0. 239	0. 198	0. 109	0. 024					
134 Pt^{4+}	0. 206	0. 177	0. 086	0. 007(447*D*)					
135 Ag^{1+}	0. 057	−0. 097(187*D*)							
136 Ag^{2+}	−0. 028	−0. 039(100*D*)							
137 Au^{3+}	−0. 282	−0. 355	−0. 415(160*D*)						

1) * 符号的右边为熔融盐。*S*——升华,*V*——蒸发,*D*——分解的温度示于括弧内,在稍低于该温度时的分解电压值列于括弧上方。nd 表示没有数据。

表 22.170　固体或熔融氟化物理论分解电压(25—1500℃)[1)]

金属离子	E_d^0(V)								
	25℃	100℃	300℃	400℃	500℃	600℃	800℃	1000℃	1500℃
1 Eu^{2+}	6.234	6.167	5.996	5.914	5.834	5.756	5.602	5.453	*5.101
2 Li^{1+}	6.054	5.981	5.775	5.669	5.564	5.461	5.256	*5.071	4.495
3 Ca^{2+}	6.021	5.953	5.776	5.689	5.603	5.517	5.350	5.182	*4.785
4 Sm^{2+}	6.017	5.950	5.779	5.698	5.617	5.539	5.385	5.236	4.884
5 Sr^{2+}	6.012	5.943	5.768	5.684	5.602	5.522	5.364	5.203	*4.768
6 Ba^{2+}	5.952	5.885	5.712	5.629	5.547	5.468	5.310	5.154	*4.803
7 Ra^{2+}	5.941	5.871	5.694	5.608	5.524	5.442	5.277	5.111	4.566
8 La^{3+}	5.811	5.743	5.571	5.489	5.408	5.329	5.174	5.020	4.648
9 Ce^{3+}	5.739	5.671	5.499	5.416	5.335	5.255	5.097	4.938	4.555
10 Pr^{3+}	5.710	5.645	5.483	5.405	5.329	5.254	5.109	4.965	4.621
11 Nd^{3+}	5.652	5.584	5.411	5.327	5.245	5.164	5.004	4.843	4.458
12 Pm^{3+}	5.637	5.573	5.410	5.332	5.256	5.181	5.035	4.894	4.560
13 Na^{1+}	5.607	5.534	5.325	5.221	5.119	5.017	4.818	4.529	3.781
14 Sm^{3+}	5.594	5.530	5.367	5.289	5.213	5.138	4.992	4.850	4.517
15 Gd^{3+}	5.580	5.515	5.352	5.274	5.198	5.123	4.977	4.836	4.504
16 K^{1+}	5.525	5.446	5.230	5.123	5.017	4.913	*4.674	4.355	3.630
17 Tb^{3+}	5.522	5.457	5.295	5.217	5.140	5.065	4.920	4.778	4.447
18 Dy^{3+}	5.493	5.429	5.266	5.188	5.111	5.036	4.891	4.749	4.419
19 Y^{3+}	5.478	5.414	5.251	5.173	5.097	5.022	4.876	4.735	4.407
20 Ho^{3+}	5.449	5.385	5.222	5.144	5.068	4.993	4.847	4.706	4.376
21 Mg^{2+}	5.438	5.369	5.188	5.100	5.013	4.926	4.746	4.567	3.994
22 Rb^{1+}	5.421	5.348	5.153	5.057	4.961	4.865	4.583	4.274	*3.670
23 Lu^{3+}	5.407	5.342	5.179	5.100	5.025	4.950	4.804	4.662	4.336
24 Er^{3+}	5.406	5.342	5.179	5.101	5.025	4.950	4.804	4.662	4.333

续表

金属离子	E_d^0(V)								
	25℃	100℃	300℃	400℃	500℃	600℃	800℃	1000℃	1500℃
25 Eu^{3+}	5.392	5.327	5.164	5.086	5.010	4.935	4.790	4.648	4.316
26 Tm^{3+}	5.392	5.327	5.164	5.086	5.010	4.935	4.789	4.648	4.320
27 Cs^{1+}	5.217	5.140	4.935	4.833	4.733	7.632	4.367	4.055	*3.677
28 Yb^{3+}	5.175	5.111	4.948	4.870	4.793	4.719	4.573	4.431	4.104
29 Sc^{3+}	5.059	4.999	4.845	4.772	4.701	4.631	4.495	4.363	4.076
30 Th^{4+}	4.925	4.864	4.710	4.637	4.565	4.494	4.355	4.220	3.962
31 Zr^{3+}	4.813	4.753	4.601	4.529	4.458	4.289	4.255	4.123	3.825
32 Be^{2+}	4.705	4.652	4.524	4.464	4.407	4.352	4.247	4.073	*4.058
33 Zr^{4+}	4.586	4.527	4.380	4.310	4.242	4.175	4.045	3.964(930*S*)	
34 U^{4+}	4.564	4.505	4.357	4.287	4.217	4.149	4.015	3.881	*3.626
35 Hf^{4+}	4.477	4.419	4.271	4.202	4.134	4.067	3.939	3.860(927*S*)	
36 Ti^{3+}	4.329	4.274	4.137	4.072	4.009	3.947	3.828	3.712	3.499
37 $(Al^{3+})_2$	4.250	4.188	4.026	3.946	3.867	3.789	3.629	3.471	3.275
38 V^{3+}	3.896	3.841	3.704	3.639	3.577	3.516	3.398	3.284	3.087
39 Mn^{2+}	3.881	3.828	3.695	3.632	3.570	3.510	3.391	3.289	3.044
40 Ti^{4+}	3.794	3.741	3.619(284*V*)						
41 Cr^{2+}	3.708	3.655	3.523	3.461	3.400	3.341	3.227	3.115	2.883
42 V^{2+}	3.664	3.606	3.460	3.391	3.325	3.260	3.133	3.011	2.754
43 Cr^{3+}	3.601	3.543	3.401	3.333	3.267	3.202	3.076	2.954	2.954
44 Zn^{2+}	3.591	3.535	3.397	3.332	3.265	3.198	3.068	3.912	2.439
45 Ga^{3+}	3.440	3.376	3.211	3.132	3.055	2.980	2.923(952*S*)		
46 Fe^{2+}	3.417	3.362	3.223	3.158	3.094	3.030	2.905	2.780	2.529
47 Cd^{2+}	3.356	3.303	3.169	3.101	3.035	2.969	2.826	2.605	2.109
48 In^{3+}	3.353	3.289	3.123	3.043	2.964	2.887	2.736	2.586	*2.447

续表

金属离子	E_d^0(V)								
	25℃	100℃	300℃	400℃	500℃	600℃	800℃	1000℃	1500℃
49 V^{4+}	3.307	3.253	3.121						
50 Co^{2+}	3.231	3.177	3.045	2.983	2.922	2.862	2.746	2.631	2.391
51 Ni^{2+}	3.226	3.169	3.026	2.958	2.890	2.825	2.697	2.573	2.338
52 Pb^{2+}	3.221	3.155	3.011	2.938	2.865	2.793	2.654	2.525	* 2.350
53 Mn^{3+}	3.209	3.152	3.009	2.941	2.875	2.810	2.682	2.557	* 2.383
54 Fe^{3+}	3.166	3.109	2.966	2.899	2.832	2.767	2.640	2.513	* 2.354
55 Sb^{3+}	2.946	2.898	2.782	* 2.746(376*S*)					
56 Bi^{3+}	2.891	2.834	2.690	2.615	2.542	2.470	* 2.381(1027*V*)		
57 V^{3+}	2.706	2.657	* 2.652(111*V*)						
58 Ti^{1+}	2.602	2.549	2.416	* 2.359	2.308	2.260	2.234(655*V*)		
59 Cu^{2+}	2.526	2.471	2.333	2.269	2.206	2.145	2.028	* 1.922	1.693
60 Co^{3+}	2.472	2.415	2.273	2.205	2.139	2.075	1.949	* 1.826	1.670(1327*V*)
61 Ti^{3+}	2.306	2.250	2.113	2.044	1.978	* 1.918	1.815	1.718(927*V*)	
62 Pd^{2+}	2.212	2.158	2.026	1.964	1.904	1.845	1.741	1.660	* 1.574
63 Rh^{3+}	2.001	2.025	1.882	1.815	1.750	1.684	1.554	1.424	* 1.099(1427*S*)
64 Ag^{1+}	1.917	1.871	1.762	1.711	* 1.674	1.646	1.597	1.551	1.509(1147*V*)
65 Hg^{2+}	1.800	1.735	1.574	1.476	1.353	1.233	* 1.180(647*D*)		
66 Pd^{3+}	1.518	1.457	1.360(227*D*)						
67 Au^{3+}	1.243	1.194	1.071	1.014	0.958	0.904	* 0.809	0.734	0.555(1197*V*)
68 Au^{2+}	1.019	0.966	0.834	0.772	0.712	0.654	* 0.538	0.421	0.144(1252*V*)
69 Au^{1+}	0.607	0.565	0.464	0.415	0.367	* 0.318	0.220	0.123	−0.121(1202*V*)

1) * 符号的右边为熔融盐。*S*——升华、*V*——蒸发、*D*——分解的温度示于括弧内，在稍低于该温度时的分解电压值列于括弧上方。如 35 号的 Hf^{4+} 3.860(927*S*)，意即在 927℃升华，3.860(*V*)为稍低于 927℃时的分解电压值。

体组分来控制加料(Ln_2O_3)速度以保持 Ln^{3+} 的合适浓度。

(3) 电解工艺条件举例和电解槽型

氟化物体系电解稀土氧化物制备稀土金属的工艺条件影响的规律性与稀土氯

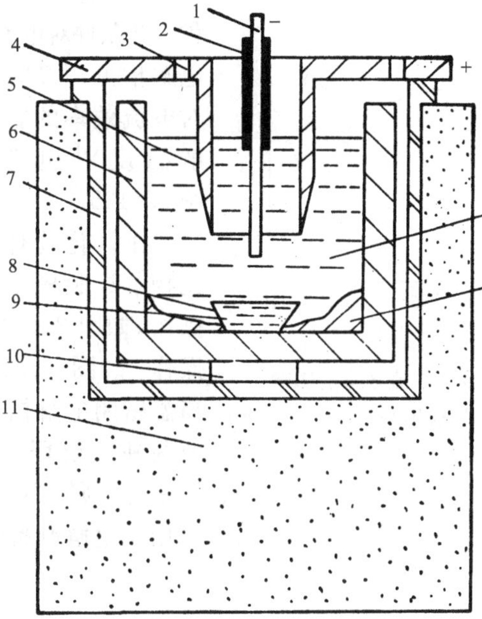

图 22.123　氧化铈间断电解槽型结构

1. 钼或钨阴极;2. 保护套管;3. 加料孔;4. 阳极导线接头;5. 石墨阳极;6. 石墨坩埚(槽体);7. 绝缘体;8. 钼坩埚;9. 金属铈;10. 耐火砖支承体;11. 保温层;12. 电解质结壳;13. 电解质

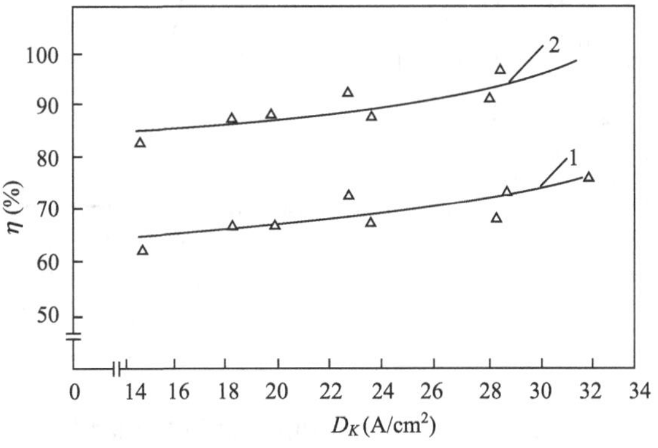

图 22.124　阴极电流密度对电流效率的影响阳极电流密度为 4.5A/cm²;

1. 按 Ce^{3+} 电化当量计算;2. 按 Ce^{4+} 电化当量计算

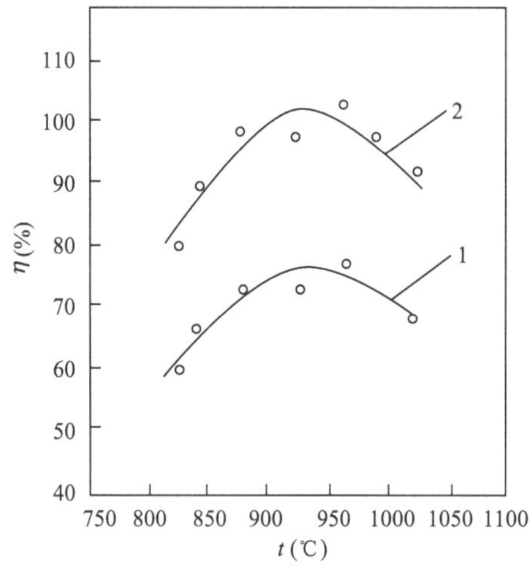

图 22.125　电解温度对电流效率的影响

阴极电流密度为 28.4A/cm²；阳极电流密度为 4.5A/cm²；1. 按 Ce^{3+} 电化当量计算；2. 按 Ce^{4+} 电化当量计算

化物电解制备稀土金属的相同。这里不一一赘述，只举出在 CeF_3（73wt%）-BaF_2（12wt%）-LiF（15wt%）体系中间断电解 CeO_2 的各种工艺条件对电流效率的影响。间断电解槽见图 22.123；阴极电流密度对电流效率的影响见图 22.124；电解温度对电流效率的影响见图 22.125。

在氟化物体系中电解稀土氧化物的试验槽型有三种：一是间断操作，如图 22.123 所示；二是连续操作，如图 22.126 所示[13]；三是高温密闭电解槽，见图 22.127[13]。前两种主要用于制取熔点较低的铈组稀土金属，如 La，Ce，Pr，Nd 及铈组混合稀土金属，亦用于制备稀土金属合金如 Ln-Co，Ln-Fe，Ln-Ni 共晶合金；后者则用于电解制备熔融的钇组稀土金属，如 Y，Gd 等，它的操作温度可达 1700℃。

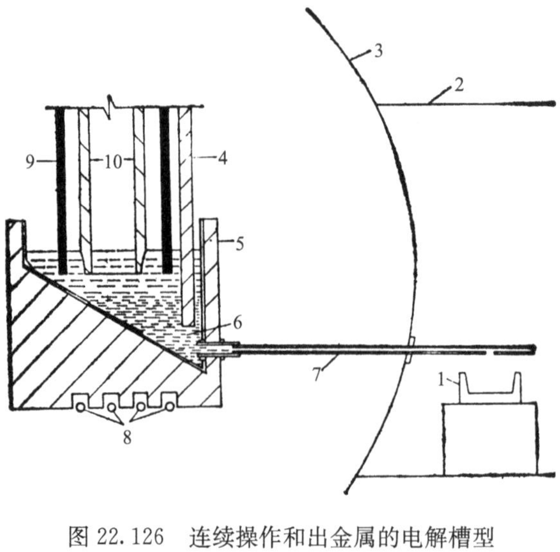

图 22.126　连续操作和出金属的电解槽型

1. 浇铸金属的坩埚；2. 浇铸室；3. 电解密闭室；4. 钼棒；5. 石墨坩埚（槽底倾斜 60°角并用钼片为内衬）；6. 熔融金属铈；7. 出金属的钼管；8. 加热元件；9. 钼或钨棒（共 9 支围绕阳极排列）；10. 管状石墨阳极

以上三个类型的电解槽都尽量采用在高温下耐氟盐和稀土金属腐蚀的石墨和钨、钼材料。电解温度一般高于氯化物电解的温度。为了防止空气和电解质对金属的污染，采用惰性气氛和降低电解槽底部的温度以结成电解质壳，此外严格控制加稀土氧化物的速度以使其在熔体中的含量在溶解度之内，并保持 Ln^{3+} 浓度不能太低，不然会恶化电解质的性质造成电解不能顺利进行。采用氟化物体系中电解稀土氧化物的工艺方法，制备了金属镧、铈、镨、钕、铈组混合稀土以及钇组稀土金属，电解的工艺条件和金属质量分别见表 22.171 及表 22.172。

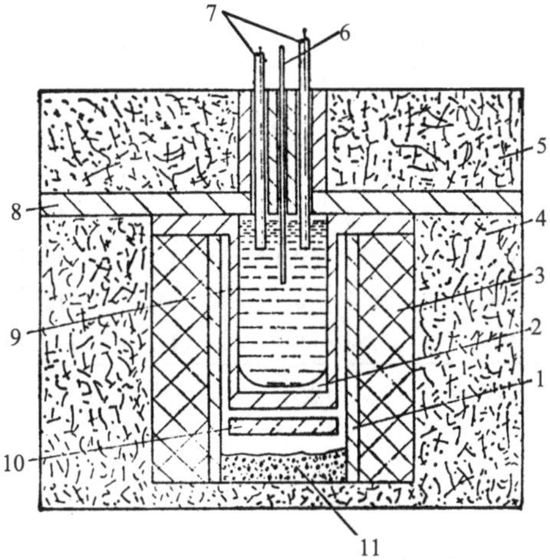

图 22.127 高温密闭电解槽

1. 熔融氧化铝内衬；2. 电解质结壳；3. 氧化铝管，4. 莫来石耐火砖；5. 可移动顶盖；6. 钨阴极；7. 石墨阳极；8. 石墨盖板；9. 石墨坩埚（槽体）；10. 铜冷却管（通氯或空气）；11. 氧化铝粉

由表 22.172 看出，在氟化物体系电解稀土氧化物获得的稀土金属的杂质含量较用氯化物电解获得的稀土金属杂质含量少。

表 22.171 氟化物电解典型条件[12,13]

工艺条件＼金属		La	Ce	Pr	Nd	Pr-Nd	Gd	铈组混合金属²⁾
电解质组成（wt%）	LnF_3	60	73	50mol%	50mol%	50mol%	50mol%	50
	LiF	27	15	50mol%	50mol%	50mol%	50mol%	30
	BaF_2	13	12	—	—	—	—	20
电解温度（℃）		946	870—910	1030	1098	1115	1370	950
电流强度（A）		159	600	50	55	60	95	980
阴极电流密度（A/cm^2）		15	32.0	6.0	6.9	9.6	31.4	8
阳极电流密度（A/cm^2）		6.2	4.54—5.0	0.3	0.6	0.6	1.0	1.0
平均电压（V）		12.0	11	19.0	27.0	24.0	27	8.5
电解槽气氛		惰性气氛	敞口	惰性气氛	惰性气氛	惰性气氛	惰性气氛	—
电解时间（h）		3	200	1.1	2.0	1.4	0.7	5.0
直流电耗（kWh/kg）		12.9	7.8	—	—	—	—	—
金属回收率（%）		—	—	—	—	—	—	—
阴极电效（%）		57	80.5¹⁾	88	77	55	50	37

1)按 Ce^{3+} 电化当量计算；2)电解氟碳铈精矿。

表 22.172　La,Ce,Pr,Nd 金属中杂质的分析[13]

杂质(wt%)	La	Ce	Pr	Nd	杂质(wt%)	La	Ce	Pr	Nd
Al	0.030	0.040	0.010	0.002	W	(2)	0.002	0.020	0.020
Ba	(2)	(1)	(1)	(1)	O	0.016	0.016	0.018	0.015
Ca	(1)	(2)	0.005	0.005	Si	0.055	0.008	0.003	0.005
C	0.033	0.010	0.010	0.014	F	(1)	(1)	0.030	0.040
Cu	(2)	0.001	(1)	(1)	Li	(1)	(1)	(1)	0.013
Fe	0.027	0.007	0.012	0.012	Mg	(1)	(1)	0.003	0.005
Mo	0.028	0.076	(1)	(1)	N	(1)	(1)	0.002	0.001

(1)表示未测定;(2)表示未发现。

5. 电解法制备稀土金属合金

(1) 概况

目前稀土金属与周期表中大多数元素的二元相图都已做出来了,从这些相图看,稀土金属在过渡族金属、轻金属、难熔金属以及稀有金属中的溶解度都很小,而是形成金属间化合物或共晶化合物。这样的性质,决定了稀土金属与其他金属的合金很难用作结构材料;而常常或者用作中间合金添加到有色和黑色金属中以改善它们的性能;或者作为金属间化合物,利用它特有的性质,如 $SmCo_5$,Sm_2Co_{17} 以及 $LaNi_5$ 等用作永磁材料和贮氢材料。

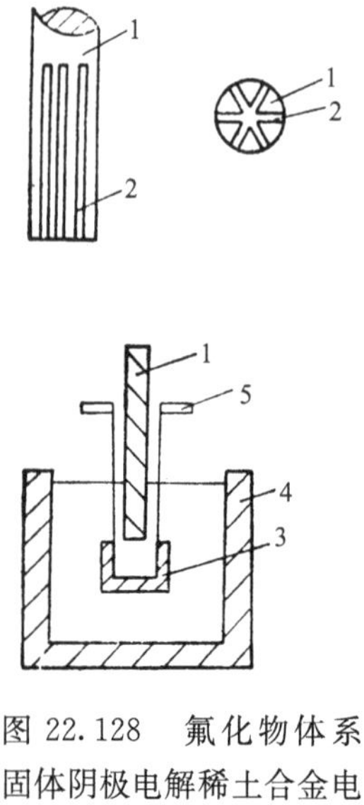

图 22.128　氟化物体系固体阴极电解稀土合金电解槽示意图

1. 阴极金属棒(ø20mm);2. 纵的沟槽;3. 承受合金的金属坩埚;4. 石墨坩埚;5. 把柄

熔融盐电解法制备稀土合金主要有两种不同过程。一是以合金组元金属为阴极在氟化物或氯化物体系中电解,稀土金属在阴极上析出的同时生成低熔点合金;二是在氟化物体系中电解两种金属氧化物(如 Ln_2O_3,Al_2O_3)或是在氯化物体系中,电解两种金属氯化物(如 $LnCl_3$,$MgCl_2$),此法亦称共沉积电解法。目前采用以上两种方法已制备了 Ln-Al,Ln-Mg,Ln-Fe 和 Ln-Co 等二元中间合金。

(2) 合金组元金属为阴极电解稀土化合物制备稀土中间合金

该方法的基本原理仍然是前面叙述的原理。不同的只是阴极的去极化作用很显著,即阳离子析出的平衡电位,由于在阴极上发生的合金化作用显著地降低了。

a. 氟化物体系电解稀土氧化物制备稀土中间合金

在以熔点较高的金属如 Fe,Co,Ni 等作固态阴极时,稀土金属离子在阴极上放电析出与固态阴极发生合金化反应。为了在较短的时间内形成低熔点合金必须使金属阴极具有足够的表面积和热量，为此用了带沟槽阴极金属棒(作为合金组元)，一则增加了阴极的表面积，二则也使单位长度和时间内阴极的温度提高了。在电解进行时，生成的低熔点合金(合金熔点是由组分决定的)滴淌入下部承受坩埚内，而阴极则始终保持新生的表面。由于阴极不断地消耗，在电解过程中要保持浸入盐浴中阴极的长度基本不变。电解槽结构示意图见图 22.128。

以上设备的操作与电解稀土氧化物的操作相似，即将配好的氟化物电解质放入坩埚(4)内，用石墨电阻发热体加热使电解质熔化，然后再放入合金承受器(3)和阴极金属棒(1)，加入 Y_2O_3 后开始电解，电解稀土合金的工艺条件举例见表 22.173。

表 22.173　在氟化物体系中电解稀土氧化物制备稀土中间合金工艺条件

工艺条件和指标 \ 稀土中间合金	Y-Fe	Y-Ni	Sm-Co	Er-Co	Ho-Co
电解质组成(wt%)	LiF20 $BaF_2$15 $YF_3$65	LiF20 BaF15 $YF_3$65	LiF23 $BaF_2$17 $SmF_3$60	LiF20 BaF15 $ErF_3$65	LiF20 $BaF_2$15 $HoF_3$65
电解浴温度(℃)	1015	1030	850	1000	990
平均电流强度(A)	530	525	270	430	425
平均槽电压(V)	8.5	—	7.5	7.0	7.0
电解时间(h)	42	40	12	15.0	12.0
Y_2O_3 加料速度(g/min)	9.5	7.5	Sm_2O_3 加料速度 5.5	Er_2O_3 加料速度 11.0	Ho_2O_3 加料速度 11.0
平均阴极电效(%)	70	75	50	72	74
钇的收率(%)	96	97	Sm 的回收率 76	Er 的收率 97	Ho 的收率 96
合金组成(wt%)	Fe 35 Y 65	Ni 40 Y 60	Co 40 Sm 60	Co 30 Er 70	Co 30 Ho 70

随着稀土-钴永磁材料的发展，用电解法制备稀土金属-钴合金曾被认为是较经济的方法，以钴棒做阴极，在氟化物体系中电解稀土氧化物制备稀土-钴中间合金的试验装置见图 22.129[12]。

图 22.129 的装置放在一个充有惰性气氛的密封室里，通过交流电极将氟化物电解质(成分见表 22.174)熔化达到电解温度，加入 Ln_2O_3 开始电解。阴极区的

表 22.174 在氟化物体系中电解稀土氧化物制备稀土-钴合金的工艺条件

工艺条件指标 \ 稀土-钴合金	Co-Ce	Co-Pr	Co-La	Co-Nd	Co-Pr,Nd	Co-Ln[1]	Co-Sm[2]	Co-Y[2]	Co-Gd[2]	Co-Dy[2]	Co-Y[2]组稀土金属
电流强度(A)	50.0	39.0	31.0	40.0	40.0	40.0	53.0	59.0	61.0	58.0	58.0
槽电压(V)	6.0	7.5	8.0	8.0	5.0	5.0	31.0	26.0	24.0	22.0	31.0
起始阳极电流密度(A/cm^2)	0.6	0.5	0.4	0.5	0.5	0.5	0.7	0.8	0.8	0.8	0.8
起始阴极电流密度(A/cm^2)	5.1	4.0	3.2	4.0	4.0	4.0	10.0	11.0	11.0	11.0	11.0
电解质温度(℃)	775.0	875.0	905.0	910.0	985.0	855.0	945.0	910.0	930.0	1090.0	935.0
槽底温度(℃)	685.0	835.0	850.0	820.0	820.0	750.0	660.0	715.0	685.0	690.0	665.0
电解时间(h)	3.2	2.0	2.7	3.0	3.5	4.0	1.4	1.6	1.2	1.3	1.1
得合金量(g)	174.0	175.0	215.0	223.0	105.0	242.0	50.0	135.0	125.0	131.0	61.0
稀土含量(wt%)	89.0	69.0	64.0	70.0	66.0	70.0	74.0	67.0	80.0	74.0	80.0
阴极电流效率(%)	74.0	88.0	95.0	73.0	(a)	(a)	27.0	87.0	70.0	64.0	(a)

1)混合稀土金属;2)电解是在内径为 4 吋的石墨槽中进行的;(a)未测定。

温度保持在稀土-钴共晶点以上，稀土金属离子在钴阴极上析出，与钴生成熔点较低的合金后，滴落在坩埚底部的低温区，为防止合金受杂质的污染，坩埚底部的温度低于电解质的熔点以形成壳层。电解完成后，从冷却密闭室取出石墨坩埚，倒出凝固的电解质，打碎取出合金。

用这种方法电解制取稀土-钴合金的工艺条件见表 22.174。

表 22.174 中稀土-钴合金中杂质较少，氧含量为 0.003wt%——0.02wt%；碳含量为 0.002wt%—0.05wt%。这种较纯的合金可以添加钴至稀土-钴永磁体的化学当量成分，经过合金熔炼和磨粉后制成永磁合金粉末。

在以熔点较低的金属如 Al，Mg 为液态阴极时，稀土金属离子在其上放电析出，同时发生合金化反应构成液态合金。

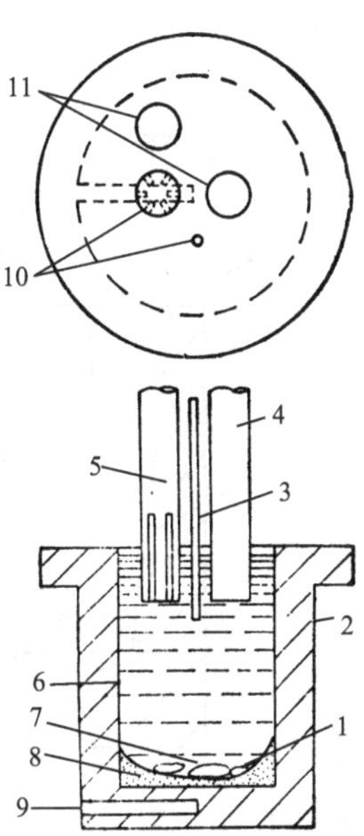

图 22.129 6in[1)] 石墨电解槽

1. 稀土钴合金；2. 石墨坩埚；3. 钴阴极；4. 加热电极；5. 石墨阳极；6. 氟化物电解质；7. 合金收集区；8. 电解质结壳；9. 热电偶插孔；10. 直流电极；11. 交流加热电极

1)1in=0.0254m

合金化反应是在液态阴极表面上进行的，因此浓度梯度很大，为了强化金属扩散的动力学条件，一般在电解过程中要不断搅拌液态阴极。Al，Mg 比重小于氟化物电解质的比重，它漂浮于盐浴表面，随合金比重的增加逐渐下沉。为了减少空气和阳极气体的氧化作用和电解质的挥发损失，将液态阴极用氧化铝或氧化镁套管隔开，整个电解槽尽量密闭。图 22.130 和图 22.131 分别示出了电解 Y-Al 和 Y-Mg 合金的装置。

电解 Y-Al 合金时以液态铝作阴极使用的电解质成分为 LiF：YF_3=3：1，电解温度为 785—815℃，Y_2O_3 的加入量保持为电解质的 7%。阴极电流效率随着每克铝所通过的电量的增加而降低。在通过相同电量的条件下，阴极电流密度小于 0.74A/cm^2 时，阴极电流效率都比较高，在电量和电流密度都很低时，阴极电流效率超过 100%。这很可能是由于阴极金属铝还原了电解质中的钇离子：

$$[Al]_{Y}^{①}+Y^{3+}\rightleftharpoons[Y]_{Al}^{②}+Al^{3+}$$

这个反应经实验证明是存在的，在 1000℃下不通直流电使铝与氟化物电解质混合后，铝中含钇可达 3.5±0.5wt%. 按此方法电解出的 Y-Al 合金中钇含量可达 22.0wt%。

电解 Y-Mg 合金时，以液态镁作阴极，使用的电解质组成为 LiF：YF_3=3：1。

① 为钇铝合金中的铝，② 为铝中溶解的钇。

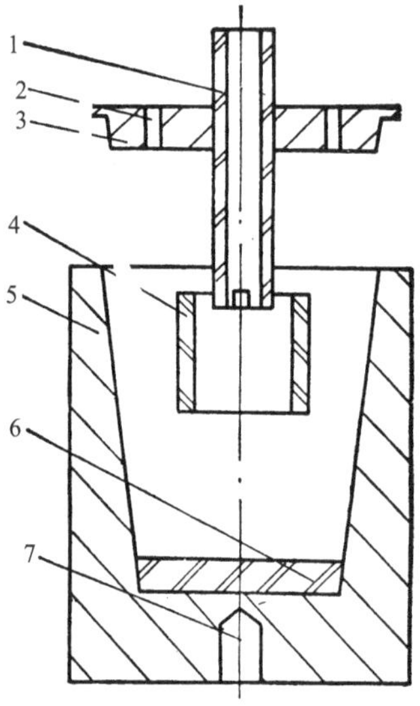

图 22.130　电解 Y-Al 合金的电解槽结构(非工作状态)

1. 氧化铝管;2. 排气孔;3. 石墨坩埚盖;4. 底部有缺口的氧化铝套管;5. 石墨坩埚;6. 氧化铝圆片;7. 热电偶插孔

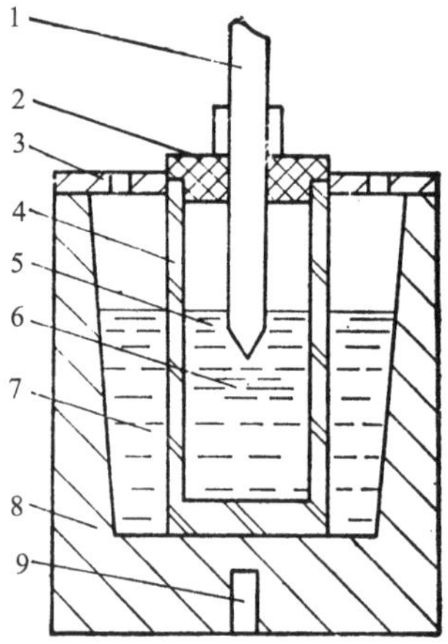

图 22.131　电解 Y-Mg 合金的电解槽结构

1. 阴极;2. 氮化硼绝缘体;3. 带排气孔的石墨坩埚盖;4. 下部带孔的氧化镁阴极室;5. 保护金属镁的熔盐助熔剂;6. 漂浮镁阴极;7. 电解质;8. 石墨坩埚(阳极);9. 热电偶插孔

氧化钇的加入量为电解质重量的 7%。电解温度为 760℃。阴极电流密度为 $0.5A/cm^2$ 时,电流效率较,高达 60%以上,试验表明,阴极电流效率随每克镁通过的电量增加而降低。用该法获得了含钇为 48.8%的 Y-Mg 合金。

b. 氯化物体系电解稀土氯化物制备稀土中间合金

这种方法生成合金的原理与上述氟化物体系电解稀土氧化物制备合金相同。使用的电解设备与氯化物电解设备一致。目前氯化物体系电解只用来电解制备 Y-Mg 和 Ln-Al 合金。在制备 Y-Mg 合金时,电解质组成为 YCl_3(10wt%—15wt%)-KCl-NaCl。在阴极电流密度为 $0.5A/cm^2$、电解温度为 850℃时,电流效率较高,达到 60%—70%,获得了钇含量为 17wt%—20wt%的 Y-Mg 合金。

我国在近几年还发展了在较低温度下铝阴极电解稀土铝合金。采用的熔盐体系是 KCl-NaCl-$LnCl_3$ 共晶成分,电解温度为 670℃,电流效率可达 90%以上。

(3) 金属离子在阴极上共析出制备稀土中间合金

目前电解法共析出制备稀土中间合金都是同时形成液态合金,具有同名阴离子的金属盐类(如 $LnCl_3$-$MgCl_2$ 和 Al_2O_3-Y_2O_3)由于分解电压相近。可以在阴极上共析出并形成合金。由于浓差极化和生成合金的去极化作用,使阴极平衡电位变得更正,有利于负电性更大的金属离子析出。

在金属离子共析出并生成液态合金条件下，阴极电位可表示为：

$$-\varphi=-\varphi_e+\Delta\varphi_d-\Delta\varphi_e$$

式中，$-\varphi$——阴极电位，V；

φ_e——合金组元与其自身的卤化物平衡的补偿电位（Компромиссный потенциал сплава）

$\Delta\varphi_d$——合金化作用的去极化电位，V；

$$\Delta\varphi_d=\frac{-\Delta G_A^0}{nF};$$

$-\Delta G_A^0$——形成中间合金的自由能变化值；

$\Delta\varphi_c$——浓差极化电位，V；

$$\Delta\varphi_c=\frac{RT}{nF}\ln\frac{C_s}{C_0},$$

C_0——熔体中阳离子浓度，

C_s——阴极区扩散层阳离子浓度。

在电解开始时，于液态阴极上还原电位较正的阳离子首先析出，并开始形成合金，使阴极电位变得正一些致使阳离子 Ln^{3+} 与合金组元的阳离子共同在阴极上还原，形成合金。很明显通过改变熔盐组分的浓度，合金化作用和温度可改变阴极电位，使不同的阳离子在其阴极上还原析出。

a. 氟化物熔盐体系电解混合氧化物（如 $Ln_2O_3+Al_2O_3$）

制备钇-铝中间合金根据 Y-Al 合金相图在铝为 9wt% 处存在 Y-Al 共晶合金，其熔点为 970℃，此温度对氟化物体系电解是适合的。熔盐体系选择 LiF-YF_3，因为在该体系中 Al_2O_3 和 Y_2O_3 都有一定的溶解度，且分解电压相近。在适当的工艺条件下 Y^{3+} 和 Al^{3+} 在液态 Y-Al 合金阴极上共析出，形成 Y-Al 中间合金，用该法制备 Y-Al 合金的电解槽型见图 22.132。

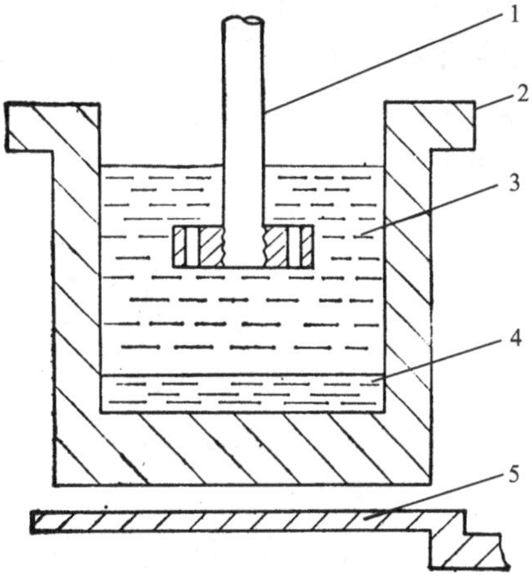

图 22.132 钇-铝合金电解槽简图

1. 石墨电极；2. 坩埚；3. 3LiF-YF_3 电解质；4. Y-Al 液态阴极；5. 石墨电阻加热器

电解开始前将电解质 LiF（15－20wt%）和 YF_3 混合物及 Y-Al（9wt%）合金阴极装入电解槽中熔化，当达到电解温度时，加入 5gY_2O_3 和 Al_2O_3 的混合氧化物（混合氧化物中 Al_2O_3 为 14－17wt%）后，开始电解，并每隔一分钟加一次 Y_2O_3-Al_2O_3 的混合料，在连续电解时需补充氟化锂，典型的操作数据见表 22.175。

表 22.175　共析出法制备 Y-Al 合金的操作数据

工艺条件和结果	实验编号	
	1	2
平均电流密度(A)	66	70
平均槽电压(V)	4	4
起始阴极电流密度(A/cm^2)	1.45	1.50
阴极电流密度(A/cm^2)	0.60	0.55
平均电解温度(℃)	1005	1020
电解时间(h)	12.6	15.4
加($Y_2O_3+Al_2O_3$)料量(g)	800.0	1000.0
起始阴极合金重(g)	888.0	475.0
起始阴极合金中钇含量(wt%)	90.9	93.7
最终阴极合金重(g)	1330.0	1142.0
最终阴极合金中钇含量(wt%)	91.00	91.80
碳含量(wt%)	0.35	0.36
氧含量(wt%)	0.18	0.20
Y-Al 合金收率(%)	74.0	89.0
阴极电流效率(%)	59.0	68.0

实验结果表明，合金的回收率与电解质及 $Y_2O_3+Al_2O_3$ 混合料的组成有关。

近年来长春应用化学研究所和东北工学院等单位系统地研究了稀土氧化物在冰晶石-氧化铝体系中的溶解度、分解电压及共析出电解工艺条件。结果表明，在稀土氧化物溶解度范围内，该体系的物化性质是适合电解要求的。稀土氧化物在该体系中的溶解度与氧化铝的浓度、温度及冰晶石的分子比有关。混合稀土的溶解度可按下式计算：

$$C_{Ln_2O_3}=5.306-1.372K+0.101A+2\times10^{-5}t$$
$$+4.16\times10^{-2}AK+7.14\times10^{-4}tK-2.86\times10^{-4}At$$

式中，$C_{Ln_2O_3}$——混合稀土氧化物的溶解度，wt%；

K——冰晶石的分子比；

A——氧化铝的浓度，wt%；

t——温度，℃。

在一般工业电解铝的工艺条件下，即 $t=1000$℃，$K=2.7$，Al_2O_3 的浓度为 3% 时，上式中 $C_{Ln_2O_3}$ 为 3.3%，而在铝电解中加稀土氧化物的量只有 0.4%，远小于它的溶解度。两种离子具有几乎相同的还原电位是共析出电解的另一个重要条件。氧化铝和氧化镧在 1000℃的理论分解电压分别为 −2.188V 和 −2.550V，两者相差很大不可能共电析出，在实际冰晶石一氧化铝熔盐体系中 Ln^{3+} 是在液态铝阴极上放电析出的，因此稀土在液态铝中的活度大大地降低了；同时由于 Ln^{3+} 在放电还原过程中有强烈的合金化作用，以上两个因素都使 Ln^{3+} 的析出电位向正偏移而达到与 Al^{3+} 共电析出的电位值。

在 60KA 的电解槽上进行的实验表明，控制 $\frac{Ln_2O_3}{Ln_2O_3+Al_2O_3}=2\%$（式中氧化物分别表示其在熔盐中的含量）能获得与电解纯铝相近的电流效率（~95%），电解槽运行正常，产出的铝合金中稀土金属含量为 0.33%~0.41%。稀土在铝锭中分布比较均匀，可直接供加工使用。

为降低成本还进行了添加稀土氧氯化物的实验并获得相似的结果。

b. 氯化物熔盐体系电解混合氯化物（如 $LnCl_3+MgCl_2$）

共析出原理同上，所用设备可采用氯化物熔盐电解的设备，在用该法制备 Y-Mg 中间合金时，采用的熔盐体系为 YCl_3-$MgCl_2$-KCl；（YCl_3+MgCl_2）占 40wt%，两者比例为 4∶1，KCl 占 60wt%；电解温度为 850—950℃；阴极电流密度 10—15A/cm^2. 在这样条件下，阴极电流效率约为 30%，Y-Mg 合金中钇含量达到 50%。

目前共析出电解法制备稀土合金的理论和实践还很不充分，还没有在工业生产中采用。

5.2.2 金属热还原法制备稀土金属

1. 金属热还原法一般原理

化学热力学是此种方法和一般原理之一。它能判断某种金属热还原反应能否发生。并指出反应发生需具备的条件以及如何才能提高效率。

在恒压等温条件下，判断化学反应能否向预计的方向进行的状态函数是：

$$\Delta G^0=\Delta H^0-T\Delta S^0$$

ΔG^0——化学反应自由能变化值，kJ/mol；

ΔH^0——化学反应热焓变化值，kJ/mol；

ΔS^0——化学反应熵变值，kJ/mol；

T——绝对温度，K。

若 $\Delta G^0<0$，体系处于自发过程，反应能够发生；$\Delta G^0>0$，体系处于非自发过程，反应向相反方向进行；$\Delta G^0=0$ 时，体系处于动态平衡状态，即正、反方向的反应速度相等。

稀土氧化物的 ΔG^0 的负值都很大，是极稳定的化合物，因此一般地把稀土卤化物作为还原稀土金属的原料，利用稀土卤族化合物为原料的金属热还原反应方程式可用下式表示：

$$Ln\Gamma_x+Me \rightleftharpoons Ln+Me\Gamma_x$$

式中，$Ln\Gamma_x$——被还原的稀土卤化物；

$Me\Gamma_x$——还原剂金属卤化物；

Me——还原剂金属

稀土金属卤化物及常用碱金属及碱土金属卤化物的生成热焓及自由能变化值见表 22.176。表中数据表明，金属钠、锂、钙是较好的稀土卤化物还原剂，在实际生产中大多使用金属钙做还原剂，因为它易获得，便于操作和保存。

表 22.176　稀土金属及还原剂金属卤化物的生成热、自由能值[14]

元素	氯化物×4.184kJ/mol 氯原子			氟化物，×4.184kJ/mol 氟原子		
	ΔH^0_{298}	ΔG^0_{298}	ΔH^0_{1000}	ΔH^0_{298}	ΔG^0_{298}	ΔG^0_{1000}
Y1)	−77.56	−71.7	—	−132.3	−131.2	—
La	−88.00	−82.3	−69.7	−140.3	−134.0	−120.0
Ce	−86.70	−81.0	−68.7	−138.7	−132.3	−118.3
Pr	−86.0	−80.3	−68.3	−143.3	−131.3	−116.7
Nd	−84.7	−79.0	−67.0	−136.7	−130.3	−116.3
Pm	−84.0	−78.3	−66.7	−136.0	−129.7	−115.7
Sm	−82.7	−77.3	−65.7	−135.0	−128.7	−114.7
Eu	−77.7	−72.3	−61.0	−130.3	−124.3	−110.3
Gd	−81.7	−76.3	−65.0	−134.7	−128.7	−114.7
Tb	−70.3	−65.0	−54.0	−133.3	−127.3	−113.3
Dy	−78.7	−73.3	−62.0	−132.7	−126.7	−112.7
Ho	−77.7	−72.3	−60.3	−131.7	−125.7	−112.0
Er	−77.3	−72.0	−60.0	−130.7	−124.7	−111.0
Tm	−76.3	−71.0	−58.7	−130.3	−124.3	−111.0
Yb	−71.3	−66.0	−53.7	−125.3	−119.3	−106.0
Lu	−76.0	−70.3	−112.7	−130.7	−124.7	−111.3
Na	−98.3	−92.0	−76.7	−136.0	−129.0	−112.6
Li2)	−97.7			−146.3	−139.5	—
Ca	−95.3	−90.0	−78.2	−145.1	−139.1	−124.8
Mg	−76.6	−70.5	−57.6	−131.5	−126.0	−112.8
Al	−55.6	−56.0	—	−107.7	−102.0	−89.7

1）文献[4]的数据；2）文献[15]的数据。

冶金过程化学热力学的计算不仅能判断化学反应进行的方向，还能确定反应进行的程度。在给定的条件下，化学反应的平衡常数是它进行程度的量的标志，反应平衡常数可通过实验测定，也可利用自由能与反应平衡常数的函数关系求出 K 值，既：

$$\Delta G^0_T=-RT\ln K=-19.155T\lg K,$$

同时，反应平衡常数亦可用参加反应组元的气体分压、摩尔分数及摩尔浓度表示。

化学反应平衡常数与温度的关系还可用 Vant Hoff 方程式表示：

$$\frac{d\ln K}{dT}=\frac{\Delta H^0}{RT^2}$$

在一般火法冶金温度范围内 ΔH^0 变化很小，可视为常数，积分上式可得：

$$\lg K=-\frac{\Delta H^0}{19.155T}+A$$

式中 A 为积分常数。

由上式可见，当化学反应是吸热反应时（即 $\Delta H^0>0$），则提高温度会使反应平衡常数值增加，反应进行得更完全；当化学反应为放热反应时（即 $\Delta H^0<0$）提高温度会使反应平衡常数值减小，但是，一个化学过程的工艺条件的选择不只是取决于平衡状态，同时必须考虑反应速度、生产效率、能量消耗和操作条件等因素，以使经济指标为最佳。

根据 Le-Chatelie 法则及质量作用定律，可以选择有利的冶炼条件，这些条件主要有：

a. 温度

它是火法冶炼的重要因素，对于吸热反应，例如碳还原氧化物的反应，提高反应温度会促进还原反应进行得更为完全，从而提高金属的直收率，但应以物料挥发损失、炉衬及设备使用寿命及能量消耗均在合理的限度之内为准，实际上对每个冶炼过程为达到最好的综合经济技术指标均存在一个最佳的温度条件，对于放热反应，例如多数的金属热还原反应，提高温度会提高反应速度而减弱反应进行的完全程度。

b. 外界压力

在反应生成物中如有气态物质或者有蒸气压高的物质，此时减少环境压力（亦即减小还原产物的分压值）促使反应向还原方向进行，从而提高被还原金属的直收率例如 Sm_2O_3，Eu_2O_3，Yb_2O_3 等稀土氧化物用镧或铈真空还原制取金属钐、铕、镱等就是通过减小环境的压力，使还原反应进行得完全。

c. 渣相组成

金属热还原反应产生的渣的物化性质对反应进行的程度及金属的收率都有很大影响。在诸性质中，渣的熔点、黏度、比重、碱度和表面张力对金属的凝聚及与渣的分离影响较大。改变渣相的组成可改变这些性质，满足还原反应的要求。一般地在铝热、硅热还原金属氧化物过程中，加入适量的石灰和萤石以形成铝酸盐或硅酸盐，从而不仅降低了渣的熔点和黏度，而且也降低了还原反应生成物（Al_2O_3 或 SiO_2）的有效浓度，有利于反应向还原方向进行。

在用卤族化合物为原料进行金属热还原的过程中，亦有加助熔剂的。以改善还原条件，例如用中间合金法制取 Y-Mg 合金时，添加氯化钙，以形成低熔点的

CaF_2-$CaCl_2$ 渣，但是对于每个金属热还原反应，需要添加助熔剂的量要适中，否则会降低经济指标。

金属热还原法制备稀土金属，主要是用稀土氯化物、氟化物为原料，制备蒸气压较高的金属钐、铕、镱等时，则用它们的氧化物为原料。选择金属还原剂不仅要考虑化学热力学的可能性，而且要比较参加还原反应物质及产物的熔点、沸点、比重等性质，使还原出来的稀土金属和渣分层好，不与还原剂金属形成固溶体或化合物。在反应充分的条件下，尽量选用较低的还原温度进行还原，以减少金属的污染、能量消耗和延长坩埚使用寿命。

采用稀土氯化物及氟化物为原料进行金属热还原制备稀土金属的显著优点之一是在还原过程中生成流动性好的熔点低且较稳定的渣，便于还原体系中反应物质和产物的扩散及金属同渣的分离，从而提高反应速度和金属的直收率。

2. 金属热还原法制备稀土金属

1826 年 C. G. Mosander 首先用钾钠还原无水氯化铈制得了杂质很多的金属铈，以后许多科学家用钠、钾、镁等金属还原稀土卤化物也得到相似的结果，直到 1937 年 W. Klemm 和 H. Bommer 在封闭的石英管中用钾还原无水氯化稀土制得了较纯的粉末状稀土金属。1952—1953 年 F. H. Spedding 和 A. H. Danne 首次用钙热还原稀土氟化物较大量地制得了金属钇，他们采用的方法主要之点成为目前稀土卤化物热还原工艺的组成部分。

由于稀土金属氧化物是稳定的化合物，很难直接还原成纯金属（除 Sm，Eu，Yb，Tm 外）因此一般地多用它们的卤化物为原料进行钙热或锂热还原。这些稀土卤化物主要是氟化物和氯化物，因为它们较稀土溴化物和碘化物稳定不易吸潮，因此能较大量地制得纯原料，同时在还原过程中生成的渣流动性好，便于同金属分离。

金属热还原稀土卤化物方法主要是用来制取单一的，纯度较高的稀土金属—La，Ce，Pr，Nd，Y，Gd，Tb，Lu，Dy，Ho 和 Er。按它们的熔点和沸点不同，可分为三组，即从 La→Nd，它们的熔点低，沸点高；由 Y→Lu，它们的熔点和沸点都高；由 Dy→Er，它们的熔点高而沸点相对的低，用氟化物钙热还原制备这三组金属和随后的真空重熔和蒸馏（或升华）提纯的工艺条件有一定差别。

(1) 稀土氟化物钙热还原制备稀土金属的方法和影响因素金属钙还原稀土氟化物的最终化学反应式可写为

$$3Ca + LnF_3 \rightleftharpoons 3CaF_2 + 2Ln$$

在 1450—1750℃范围内，金属钙能还原上述三组的稀土金属氟化物，而得到致密的稀土金属。还原氟化钇时，该反应自由能变化与温度的关系见图 22.133。

决定还原反应的条件是还原反应温度、符合要求的炉料（金属钙和稀土氟化物）及其配比和合适的还原设备，在它们都为较好的条件时，才能获得致密的稀土金属且直收率高，杂质含量少。下面分别叙述这些条件：

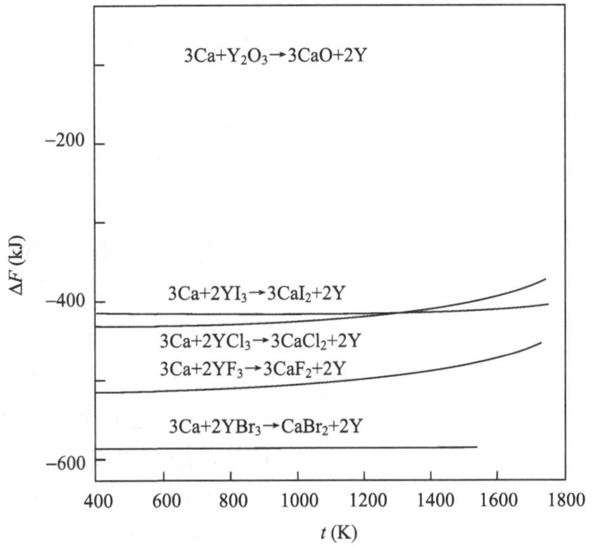

图 22.133　钙还原 YF_3 反应的 ΔG^0 与温度的关系

a. 温度是还原反应的重要的热力学条件，也影响反应物质和产物的传质过程。因此还原温度对金属的回收率有明显的影响。根据制备不同的稀土金属，上述还原反应开始的温度为 800－1000℃[12]，但反应速度很慢。为使还原过程在液相间进行，使渣与金属分层并获得致密金属，还原温度为还原产物的最高熔点以上 50－80℃，在此温度下还原反应速度快，一般保温 10－15min 即可得到好的还原结果。对每种稀土氟化物的钙热还原过程都有一最佳的还原温度，以得到最好的金属直收率和较少的坩埚杂质的污染。按上述还原反应制备金属铒的还原温度对金属回收率的影响见图 22.134[3]。

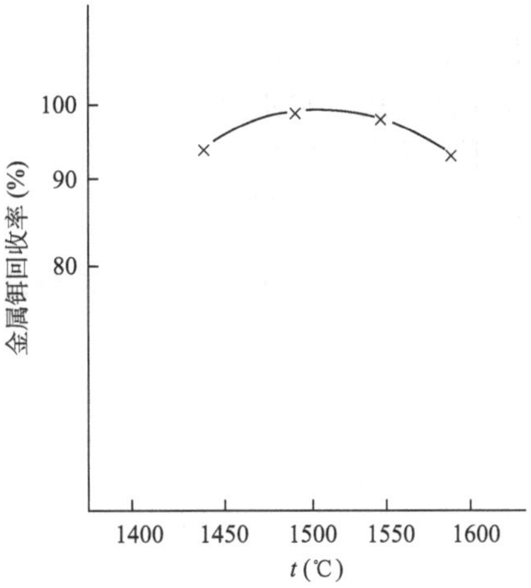

图 22.134　还原温度对金属铒的直收率影响

还原反应需在惰性气氛中进行，因为空气会与金属钙、稀土金属及其氟化物作用，生成含氧化合物和其他化合物，使还原反应不易进行。目前在试验室和生产中多采用高真空感应炉加热。

b. 原料及其配料比对还原过程有重要的影响。无论是用湿法或干法制备的稀土氟化物都含有一定量的氧，它改变渣的性质，使金属与渣分离不好，降低稀土的收率。为减少氧含量，氟化完全的粉末状稀土氟化物最好在铂坩埚中经过高真空熔融，排除其吸附的气体。

还原剂金属钙的纯度，尤其氧、氮等杂质含量对还原过程、稀土金属的纯度都有不利影响，因此金属钙要经过蒸馏提纯并在保存、加工和操作过程中均需防止氧化和受到污染。

金属钙的配比亦是重要的还原工艺条件。根据质量作用定律和提高稀土金属回收率的考虑，还原剂的用量要超过反应化学计量的 10%—15%。实验表明，合适的金属钙的用量能提高稀土金属的回收率。过量太多会降低金属钙的利用率、污染稀土金属。一般地还原出来的稀土金属含钙量约为 0.5%—2%，钙用量对还原 ErF_3 以制取金属铒的回收率的影响见图 22.135。

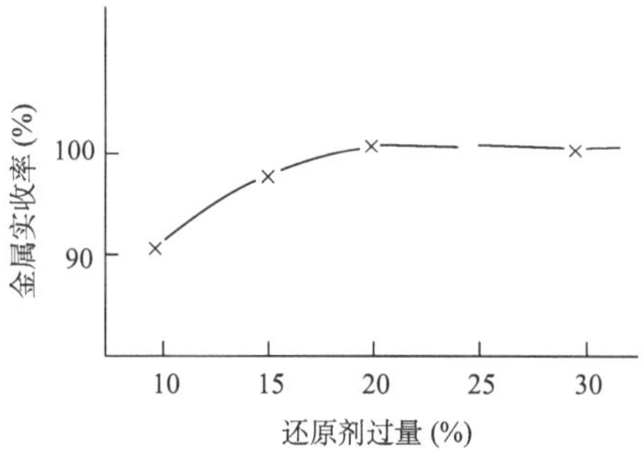

图 22.135　还原 ErF_3 制取铒时，钙用量对回收率的影响

c. 材料对还原过程的影响　稀土氟化物和金属都有很高的化学活性，因此使用的坩埚材料须耐氟化物腐蚀并不与稀土金属作用。常使用的坩埚材料有钽、钨、铌、钼金属材料。氧化物耐火材料在高温下与稀土金属都有一定化学作用。常用的坩埚材料对稀土金属和卤化物的化学稳定性见表 22.177。

表 22.177　常用的坩埚材料对稀土金属及卤化物的稳定性[14]

材料名称	腐蚀情况
氧化镁	在 1200℃前不作用
氧化钙	在 1000℃前是稳定的
氧化铍	在 1250℃前是稳定的
Al_2O_3 ErO_2 SiO_2 ThO_2	与熔融的镧系金属作用
金属钽	在 1700℃前于真空和惰性气氛中不与稀土金属及其卤化物作用；它在钪和镨中溶解度较大
金属铌	稳定性比钽差，于 1500℃能溶解稀土金属约 1%—2%
金属钼	在 1400℃前是稳定的
金属钨	在高温下缓慢地被稀土金属腐蚀，但对卤化物是稳定的
石墨	与熔融金属缓慢作用，对卤化物是稳定的
陶瓷	迅速被腐蚀

目前钙热还原制备稀土金属多使用钽坩埚，它是用钽的片材通过氩弧焊或电子束焊接而成。

还原的惰性气体通常使用氩气。工业氩气均含有少量至微量的氧、氮、二氧化碳和水分，因此在使用时需进行净化。净化剂可使用钛屑，在 800—1000℃使氩气通过钛屑，气体杂质均与钛反应生成相应的化合物而达到净化的目的。但使用混合稀土金属屑在 250—300℃使氩气通过。亦可收到较好的净化效果。

d. 工艺操作　将按化学计量过量 10%—15%的金属钙屑与稀土氟化物混匀，装在钽坩埚中压实（或将炉料压成锭装入），然后放入高真空感应炉中开始抽真空脱气至压力为 1.33Pa 后缓慢加热至 400—600℃。在深脱气后充入净化过的氩气至 6.7×10^4—7.3×10^4 Pa 压力，继续升温。在 800—1000℃炉料开始明显的还原反应，然后将温度升到需要温度，并保温 10—15min 以便还原反应充分地进行并使金属与渣很好分层，待炉子冷却到室温后，取出钽坩埚，氟化钙渣位于坩埚的上部，清除渣后便得到稀土金属锭。

该工艺方法获得的稀土金属直收率为 97%—99%。金属中主要杂质是钙、钽、碱土金属和气体杂质；钽的含量随还原温度提高而增加。

稀土氟化物钙热还原制备稀土金属工艺条件及结果举例见表 22.178。该表中数据表明，直接还原得到的稀土金属纯度不高，需经过真空重熔、蒸馏（或升华）处理后才能获得较纯的金。

表 22.178　稀土氟化物钙热还原制备稀土金属工艺条件和结果举例

序号	原料			还原剂过量(%)	最终还原温度(℃)	保温时间(min)	金属回收率(%)
	RF_3	加入量(g)	Ca 加入量(g)				
1	CeF_3 1)	1030	360	12	~1450	15	>99
2	GdF_3	80	22.3	20	1450	3	96—97
3	TbF_3	30	10.0	20	1500	3	94—98
4	DyF_3	30	9.8	20	1500	3	97
5	HoF_3	30	7.7	20	1500	3	94
6	TuF_3	24	7.9	20	1500	3	~88
7	LuF_3	28	12	20	1800	3	~84
8	YF_3	35	20.0	39	~1650	2	95
9	YF_3	29.5	15.0	20	>1500	3	93−94

序号	金属中主要杂质含量(wt%)				渣中 R_2O_3 含量(%)
	Ca	Ta	Nb	O	
1	<0.1ppm	6—8ppm	—	385ppm	—
2	0.34	0.21	—	0.03	—
3	0.63	—	1.06	—	—

续表

序号	金属中主要杂质含量(wt%)				渣中 R_2O_3 含量(%)
	Ca	Ta	Nb	O	
4	0.3—0.7	—	1—1.7	—	0.3—0.76
5	0.33	—	1.82	—	4.54
6	0.20	—	1.90	—	—
7	0.42	—	2.89	—	—
8	1.30	—	—	—	—
9	1.5—1.7	—	>1.0	—	—

1) CeF_3,金属钙经过提纯,还原后的铈经过真空熏熔。

(2) 稀土氯化物钙热还原或锂热还原制备稀土金属的方法和影响因素

虽然钙热还原稀土氟化物能制备铈组稀土金属,但它们熔点低,还原温度高出熔点 400—600℃,这不仅使金属易被污染,还需使用耐高温腐蚀的材料。钙热还原铈组稀土氯化物制备金属 La,Ce,Pr 和 Nd 是有效的,较之用熔盐电解法具有收率高、杂质少的优点。用氯化物金属热还原制备熔点高的钇组稀土金属未获得满意的结果,主要是由于在钇组稀土金属熔点以上进行还原时,氯化物蒸气压高,挥发损失大,改变了炉料组成;而在熔点以下还原时,得到粉末状稀土金属,混于渣相中不易分开。然而锂热还原无水氯化钇获得了满意的结果。

钙热还原铈组稀土氯化物的最终化学反应可写为:

$$2LnCl_3(l)+3Ca(l)\xrightleftharpoons{850—1100℃}2Ln(l)+3CaCl_2(l)$$

这种方法对原料和材料的要求与钙热还原稀土氟化物的要求相同。

按此法还原 $PrCl_3$,$NdCl_3$ 时,先将无水氯化物与按上式反应计算的还原剂过量15—20%的金属钙屑,在手套操作箱中装在钼制舟中,然后装入还原浇铸炉进行还原。设备见图 22.136 炉子密封好后,转动炉体使其与水平面成 25—30°仰角,并在还原过程中保持不变。然后抽真空使炉内压力小于 6.7Pa 并缓慢升温至 350℃,此时充进氩气至 8×10^4—10^5 Pa 压力,再继续升温至 800—850℃并保温 30min,使其充分地进行还原反应。然后迅速升温至 1100℃使金属与渣更好的分层,旋转炉体将熔融的金属和渣一起浇入水冷的不锈钢坩埚。街还原浇铸炉冷却到约 200℃时取出不锈钢坩埚,将金属同渣分开而得到致密的金属镨和钕。

还原温度及还原剂用量对氯化钕钙热还原过程的影响见表 22.179 和表 22.180。

通过观察,在温度为 720—750℃时,还原反应明显地进行,料层下降并冒出烟状物。在 800—850℃下进行还原可减少杂质的污染并能获得 97%—98%的金属直收率。

结果表明,随着还原剂用量的增加,金属的直收率有所提高。还原剂用量超过理论量的 15wt%—20wt%时,金属直收率达到 97%,钙含量为 0.22wt%—0.27wt%。

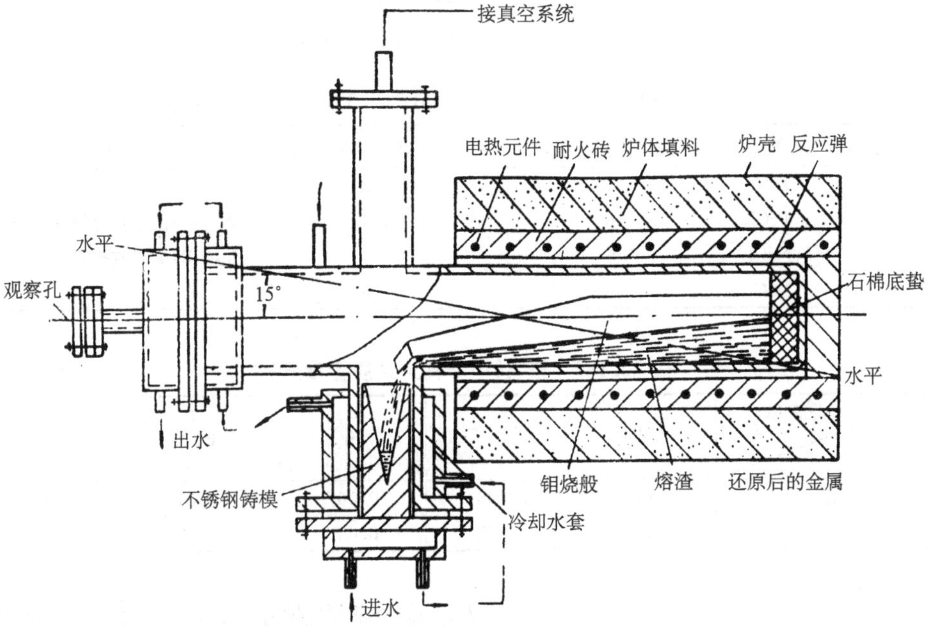

图 22.136　钙热还原 $PrCl_3$、$NdCl_3$ 的还原浇铸炉

表 22.179　还原温度对金属的收率和质量的影响

还原温度(℃)	实得金属量(g)	直接收率(%)	金属分析(wt%)	
			Mo	Ca
800	56.5	98.2	0.27	0.15
820	56.1	97.0	0.399	0.30
850	56.0	97.0	—	0.27
900	55.5	96.0	0.202	0.80
950	52.7	91.2	—	0.60
1000	53.4	92.0	0.206	0.50

表 22.180　还原剂用量对金属收率及质量的影响

还原剂过量(wt%)	实得金属量(g)	直接回收率(%)	金属中钙含量(wt%)
5	47.3	81.8	0.18
5	44.1	77.0	0.09
10	54.4	94.6	0.27
15	56.0	97.0	0.22
20	56.0	97.0	0.27

利用以上最佳还原浇铸条件，还原无水氯化镨和氯化钕各 300g. 还原结果列于表 22.181 金属中部分非稀土杂质含量列于表 22.182。

表 22.181　还原温度 850℃，保温 30 分钟于 1100℃ 浇铸获得的结果

序号	原料	实得金属重(g)	金属直接回收率(%)	备注
1	$PrCl_3$	169.5	97.2	
2	$PrCl_3$	169.3	97.0	金属钕在渣中溶解损失较大，影响了回收率
3	$NdCl_3$	161.0	93.2	
4	$NdCl_3$	162.5	94.0	

表 22.182　镨、钕中非稀土杂质含量分析

杂质(wt%) / 金属	Mg	Cs	Si	Fe	Mo
镨	0.0834	0.28	0.067	0.0061	0.0638
钕	0.0419	0.27	0.085	0.0039	0.0735

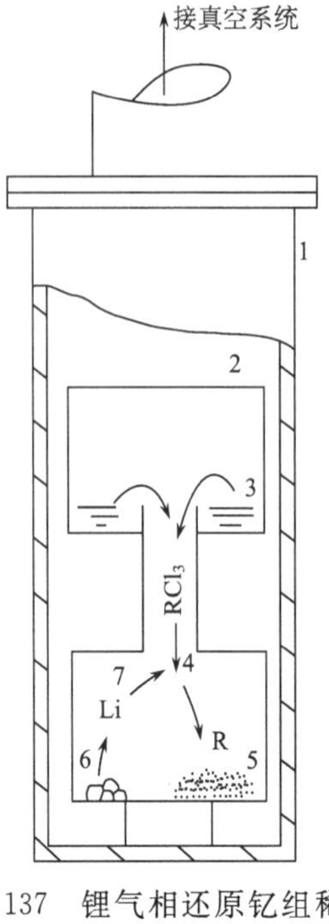

图 22.137　锂气相还原钇组稀土氯化物设备

1. 不锈钢反应罐；2. 钛板制成的两段反应器；3. 无水 $LnCl_3$；4. 蒸馏的 $LnCl_3$；5. 稀土金属结晶；6. 金属锂；7. 锂蒸气

为了减少杂质的污染，对在气相中用锂还原蒸馏的钇组稀土氯化物的工艺方法进行了研究并达到了工业规模[16]。

还原和蒸馏过程是在同一设备内进行的，见图 22.137。钇组稀土氯化物原料放在上部的钛制坩埚(做为 $LnCl_3$ 蒸馏室)中，它通过一个钛管与下部的钛坩埚联结。还原剂锂放在反应器的底部。当抽真空后分别加热上、下两个反应器使稀土氯化物和锂开始蒸馏。其蒸气分别通过联管和隙缝进入下部坩埚并于气相进行如下化学反应：

$$3Li(g) + LnCl_3(g) \longrightarrow 3LiCl_3(l) + Ln(s)$$

控制还原时间和温度可使该反应充分地进行。反应的结果是在下部坩埚得到固态的稀土金属粉末和少量的液态氯化锂。然后只加热下部坩埚，使氯化锂蒸馏并冷凝在上部坩埚，从而使稀土金属结晶与氯化锂分离开，得到较纯的钇组稀土金属粉末。

采用以上工艺方法除制备金属钇外，J. J. Croat[17]还用高纯锂蒸气还原二次蒸馏的

$DyCl_3$，$HoCl_3$ 和 $ErCl_3$，制备了纯度较高的金属。它们的气体杂质含量见表 22.183。

表 22.183 锂热还原法制备的 Dy,Ho,Er 金属中气体杂质分析

杂质(wt·ppm) \ 金属	Dy	Ho	Er
O	135	81	109
N	7	3	7
H	6	5	10
C	39	17	11
F	<3	<3	<3
Cl	<3	<3	<3
Li	<0.005	<0.005	<0.005

(3)稀土氧化物的镧、铈还原工艺及金属质量控制

稀土金属的蒸气压值极不相同，其值较高的稀土金属如 Sm，Eu，Yb，Tm 甚至 Dy，Ho，Er 都可用它们的氧化物直接用蒸气压低的金属镧、铈还原并同时蒸馏制备。稀土金属蒸气压值同温度的关系见表 22.184。

表 22.184 稀土金属蒸气压与温度的关系[18]

稀土金属	蒸气压为 1.33 和 133.3Pa 时的温度		蒸气压为 133.3Pa 时的蒸馏速度，($g/cm^2 \cdot h$)	沸点(℃)
	1.33Pa	133.3Pa		
Yb	471	651	108	1193±5
Eu	613	837	90	1597±5
Sm	722	964	83	1752±15
Tu	850	1095	83	1732±20
Dy	1121	1439	71	2335±20
Ho	1179	1526	69	2572±20
Er	1271	1609	68	2510±20
Nd	1341	1759	60	3127±5
Sc	1397	1773	—	2882±15
Tb	1523	1939	60	3041±30
Pr	1524	1968	56	3212±30
Gd	1583	2022	51	3233±5
Y	1637	2082	43	3337±5
Lu	1657	2098	61	3315±5
Ce	1744	2174	53	3257±30
La	1754	2217	53	3454±5

由表 22.183 看出，稀土蒸气压值依次递减。金属镧或铈组混合稀土金属均可作还原剂使用。该还原-蒸馏的最终化学反应式可写为：

$$Ln_2O_3(s)+2La(l)\xrightleftharpoons{1200—1400℃}2Ln(g)+La_2O_3(s)$$

或

$$2Ln_2O_3(s)+3Ce(l)\xrightleftharpoons{1200—1400℃}4Ln(g)+3CeO_2(s)$$

式中 Ln_2O_3 为 Sm_2O_3，Eu_2O_3，Yb_2O_3 和 Tm_2O_3 等蒸气高的稀土氧化物。

上述两个反应都是多相反应。在 1200—1400℃下，参加反应的物质和还原剂金属及其氧化物的蒸气压值都远低于被还原蒸馏的金属蒸气压值，实际上可视为零。因此被蒸馏金属的蒸气压决定着该反应的平衡。平衡常数与标准自由能 ΔG^0 的关系可用下列关系式(对镧热还原-蒸馏反应)表示：

$$\Delta G^0=-RT\ln K=-RT\ln P^2$$

而平衡状态的金属蒸气压与温度的函数关系可用下式表示：

$$\lg P=A-\frac{B}{T}$$

式中，P——金属平衡状态的蒸气压值，Pa；

A 和 B——常数 T——蒸馏温度，K。

由上面两个公式得出在平衡状态下，还原-蒸馏反应过程自由能变化值 ΔG^0 与温度的函数式为：

$$\Delta G_T^0=A'-B'T$$

还原-蒸馏 Sm_2O_3，Yb_2O_3，Tu_2O_3 反应的饱和蒸气压 P 及 ΔG_T^0 值见表 22.185。

表 22.185 Sm_2O_3，Yb_2O_3，Tm_2O_3 还原-蒸馏反应的 P 和 ΔG_T^0 值[17,19,20]

化学反应 / ΔG_T^0，P	$Sm_2O_3(s)+2La(L)\rightleftharpoons 2Sm(g)+La_2O_3(s)$	$Yb_2O_3(s)+2Al(L)\rightleftharpoons 2Yb(g)+Al_2O_3(s)$	$Tm_2O_3(s)+2La(L)\rightleftharpoons 2Tm(g)+La_2O_3(s)$
$\lg P=f(T)$ $\Delta G^0=f(T)$	$\lg P=10.33-\frac{11250}{T}$ (1225—1473K) $\Delta G^0=430714-313T$	$\lg P=11.07-\frac{12666}{T}$ (1254—1473K) $\Delta G^0=484076-341T$	$\lg P=15.02-\frac{20200}{T}$ (1490—1673K) $\Delta G^0=769948-481T$

表 22.185 中，标准自由能函数 $\Delta G_T^0=f(T)$ 表明，提高温度对还原-蒸馏反应是有利的。在实践中为提高反应速度，都在反应动力学因素的适宜条件下进行，即还原-蒸馏过程是在高真空中进行的，使气相生成物迅速逸出反应区，从而形成不可逆过程。此外，还原剂要具有适宜的粒度、清洁的表面并且加入量要合适(按化学计量过量 20—40%)；对松散炉料进行适当的压制以改善被还原氧化

物与金属还原剂表面接触的性质。这些都是提高反应速度和金属回收率的有效措施。这些工艺操作条件都与反应的化学过程密切相关。上述化学反应是多相最终反应，它经过的中间反应是，在反应温度下还原剂熔化并与固态氧化物作用形成 La+Ln_2O_3 的中间相；被还原出来的金属如钐与还原剂金属形成中间合金；反应产物由于浓度梯度通过“固态渣”扩散；被还原金属由液态中间合金中蒸馏出反应区并在冷凝器上结晶。在反应开始阶段决定反应速度的环节是被还原金属从中间合金中蒸馏的速度，而当炉料中形成较厚的“固态渣”后，限制性的环节则是扩散速度。

还原-蒸馏工艺流程和实验室的设备分别见图 22.138 和表 22.139。

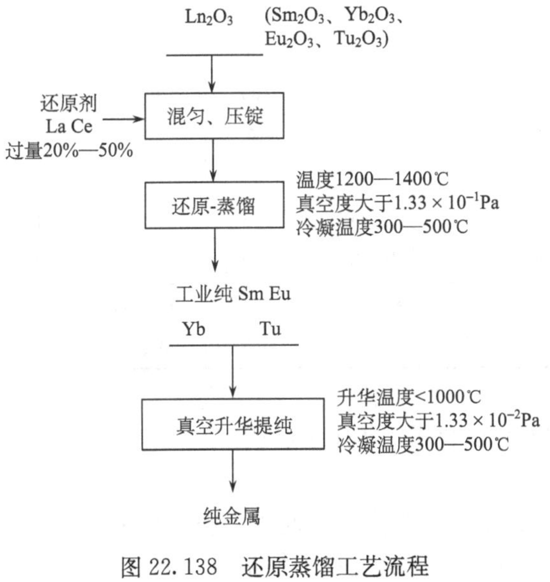

图 22.138　还原蒸馏工艺流程

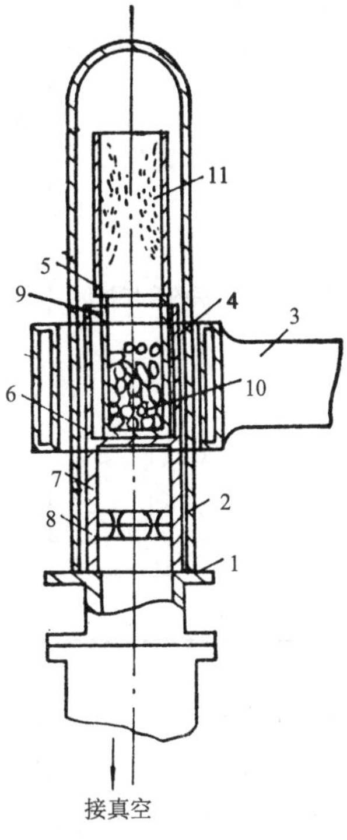

图 22.139　还原-蒸馏设备简图

在实践中为了降低产品成本可使用 Sm_2O_3，Yb_2O_3，Eu_2O_3 的富集物为原料(如用品位大于 70%的 Sm_2O_3 富集物)和铈组混合稀土金属为还原剂，得到工业纯的金属。为了获得纯度较高的金属，尤其是气体杂质含量少的金属，可将一次还原-蒸馏得到的金属进行升华提纯。

按上述工艺还原-蒸馏获得的稀土金属回收率为 80%—98%。金属中杂质分析举例见表 22.186。为了获得较高的金属回收率，在还原-蒸馏温度下需保持一定的时间和高真空度以便还原-蒸馏反应充分地进行。蒸馏出来的气态金属分子在冷凝器上结晶，其颗粒的尺寸取决于冷凝温度。在温度较低时(<300℃)冷凝的金属结晶颗粒很细，当暴露于空气时易氧化，甚至燃烧。

表 22.186　还原-蒸馏工艺获得的金属杂质分析

<table>
<tr><td>杂质含量
工艺条件</td><td colspan="5">金属钐中杂质分析(wt%)
Eu　Gd　Pr　Nd　Y　Fe　Ca　Si　K　Li　O　N　Mn</td></tr>
<tr><td>铈还原-蒸馏 Sm_2O_3；t＝1350℃镧还原-蒸馏氧化钐富集物 t＝1450℃</td><td colspan="5">0.08<0.08<0.1<0.03 0.01<1×10^{-3} 2×10^{-2} 3.4×10^{-3}<10^{-2}
4×10^{-4}—<2×10^{-2} 0.12
0.6<0.045 0.04<0.01 0.1
0.026<0.001------0.023</td></tr>
<tr><td rowspan="9">金属钐，铕镱和铥的升华提纯</td><td>金属
杂质(wt·ppm)</td><td>Sm</td><td>Eu</td><td>Yb</td><td>Tm</td></tr>
<tr><td>O</td><td>33</td><td>76</td><td>38</td><td>8</td></tr>
<tr><td>N</td><td>20</td><td>—</td><td>9</td><td><1</td></tr>
<tr><td>H</td><td>4</td><td>13</td><td>4</td><td>9</td></tr>
<tr><td>C</td><td>6</td><td>100</td><td>10</td><td>14</td></tr>
<tr><td>Ca</td><td>2</td><td>10</td><td>213</td><td>0.2</td></tr>
<tr><td>La</td><td>3</td><td>1</td><td>4</td><td>5</td></tr>
<tr><td>Ta</td><td>30</td><td>0.6</td><td><1</td><td><1</td></tr>
<tr><td>W</td><td><2</td><td><3</td><td><1</td><td><3</td></tr>
<tr><td>升华温度(℃)冷凝器温度(℃)一次规模，(kg)</td><td></td><td>800～500
1</td><td>700～400
0.5</td><td>625～350
0.5</td><td>950～550
0.8</td></tr>
</table>

还原-蒸馏工艺已用于工业生产，目前金属钐年用量已达 150t 以上。

(4) 稀土金属粉末的制备

稀土金属是活泼金属，其粉末的化学活性更大。因此用一般粉末冶金的机械制粉法较难获得质量好的稀土金属粉末。稀土氧化物不能被氢还原，因此像制备钨和钼粉的方法亦不适用。目前稀土金属粉末的制备主要是通过制备稀土金属氢化物，然后粉碎氢化物并进行脱氢而制得的。

稀土金属易与氢作用形成氢化物，并伴随晶型的改变它们的 mol 体积增加从而使氢化物变成松脆的物质。因此该金属氢化物稍加研磨即可获得约 200 目的粉末。稀土金属氢化物的解离压大，在真空中易解离放出氢而得到稀土金属粉末。稀土金属制成氢化物的体积变化见表 22.187。

表 22.187　稀土金属和氢化物的密度及体积的变化[21]

稀土金属氢化物 (LnH_x)	稀土金属的密度 (g/cm^3)	稀土金属氢化物密度 (g/cm^3)	密度变化(%)	体积变化(%)
$CeH_{2.69}$	6.73	5.55	−17.5	+23.6
$PrH_{2.84}$	6.51	5.56	−14.6	+16.9
$LaH_{2.76}$	6.69	5.84	−12.8	+14.7
$YH_{1.6}$	4.91	4.24	−13.3	+15.7
$NdH_{2.0}$	7.004	5.93	−15.1	+13.3
$SmH_{2.0}$	7.536	6.52	−13.4	+16.7
$GdH_{2.0}$	7.895	7.08	−13.1	+12.6

a. 稀土金属氢化物的制备　稀土金属易与氢作用生成氢化物，如经过真空预处理的金属铈和钇在 20℃时就开始与氢作用，但多数稀土金属在温度为 300—400℃，氢压≥10^5Pa 时才与氢化合，生成 LnH_x，H/Ln 的原子比随氢化温度和氢压而异。在 LnH 体系的富氢区于常温或略高的温度下形成面心立方的 LnH_2 和 LnH_3（铕和镱与氢化合只能生成斜方晶型的 EuH_2 和 YbH_2）Y-H 体系的平衡状态图见图 22.140。

制备稀土金属氢化物的设备示意图见图 22.141。

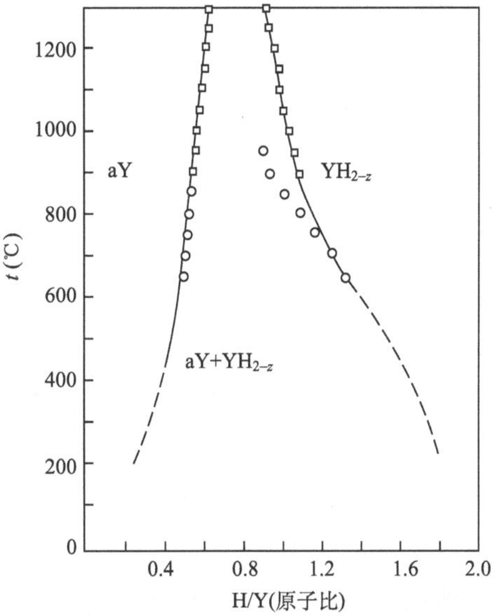

图 22.140　Y-H 平衡状态图

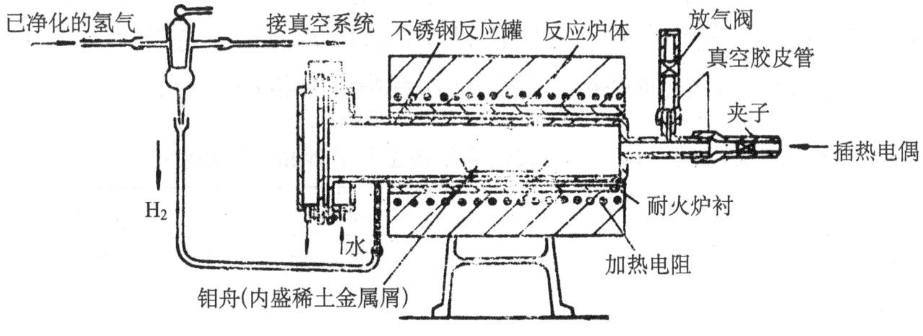

图 22.141　制备稀土金属氢化物的设备

氢化前将表面无氧化膜的稀土金属块放入钼制舟皿内并装入氢化炉中。密封好炉体后进行真空脱气。在真空度为 1.33×10^{-2}—1.33×10^{-4} Pa 下加热至氢化温度(300—350℃)并保持一至二小时后通入净化过的氢气。当氢压大于 10^5 Pa 时,发生如下氢化反应:

$$Ln(s)+\frac{x}{2}H_2(g)=LnH_x(s)$$

氢化反应实际上是不可逆的,这是因为 LnH_x 的氢的分压值很小,该反应只能向生成氢化物的方向进行。

不同稀土金属氢化温度和时间略有不同,形成稀土氢化物的组成(H/Ln)亦随氢化温度而异。金属镧和钇的氢化物组成与温度的关系见图 22.142 和 22.143。

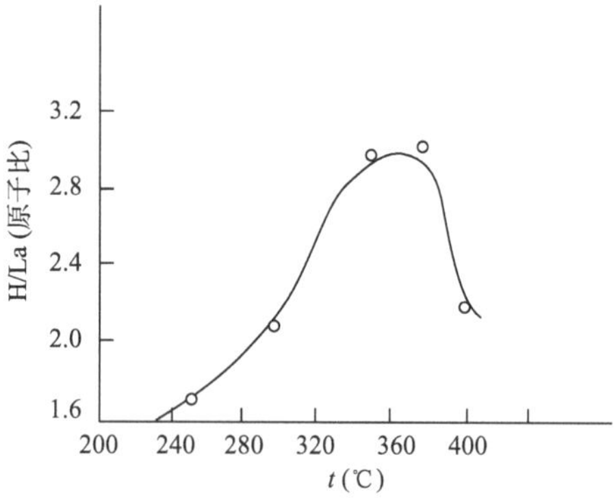

图 22.142　氢化镧的 H/La 原子比和氢化温度的关系

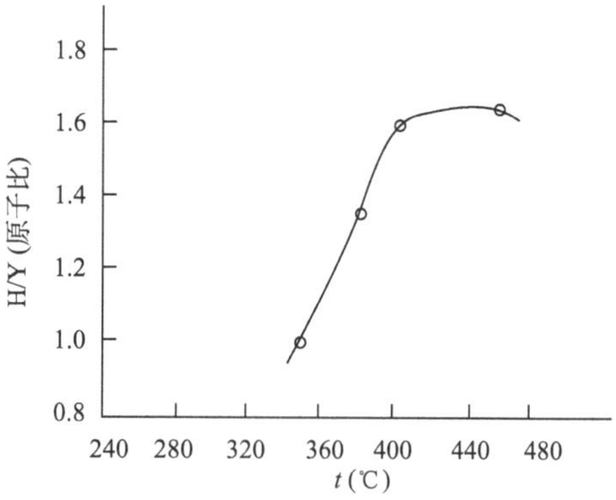

图 22.143　氢化钇的 H/Y 原子比与温度关系

数据表明,在氢压大于 10^5 Pa 时,每个稀土金属原子化合的氢原子数随温度提高逐渐达到饱和,此后再提高温度 H/Ln 值不会增大。

稀土氢化物制备工艺条件举例和氢化物状态见表 22.188。稀土金属氢化物质脆易粉碎。在稀土氢化物中,只有 ErH_x,TmH_x 及 YbH_x 在空气中比较稳定,其他的都较易氧化。因此研磨稀土氢化物须在惰性气氛中进行。

表 22.188　稀土金属氢化物制备工艺条件和氢化物状态

稀土金属氢化物(LnH_x)	氢化时间(min)	氢化温度(℃)	氢化物状态及颜色
LaH_{2-3}	120	300—350	片状、灰色
CeH_{2-3}	30	250—400	质松脆、片状褐色
PrH_{2-3}	30—60	300—400	质松脆兰绿色
NdH_{2-3}	30—60	300—350	暗灰色粉末

续表

稀土金属氢化物(LnH_x)	氢化时间(min)	氢化温度(℃)	氢化物状态及颜色
SmH_{2-3}	30—60	300	质松脆、暗灰色
GdH_{2-3}	30—60	250—300	质松脆黑色
DyH_{2-3}	30—60	300	质松脆呈暗色
ErH_{2-3}	30—60	300	质松脆呈暗色
TuH_{2-3}	30—60	300	质松脆呈暗色
$YbH_{2.0}$	30—60	300	质松脆呈暗色
YH_{2-3}	30—120	250—300	质松脆呈兰灰色

b. 稀土氢化物的热分解　稀土金属氢化物的解离压随温度和 H/Ln 比值提高而迅速增大。La-H 体系的等温解离压与组分的关系见图 22.144。其他稀土金属氢化物等温解离压与组分的等温线图形与图 22.144 相似。由图 22.144 可见，在标准状态下当 H/La＜1.8 时解离压还是比较低的。因此为了使稀土金属氢化物完全分解，须在高真空和较高的温度下脱氢。

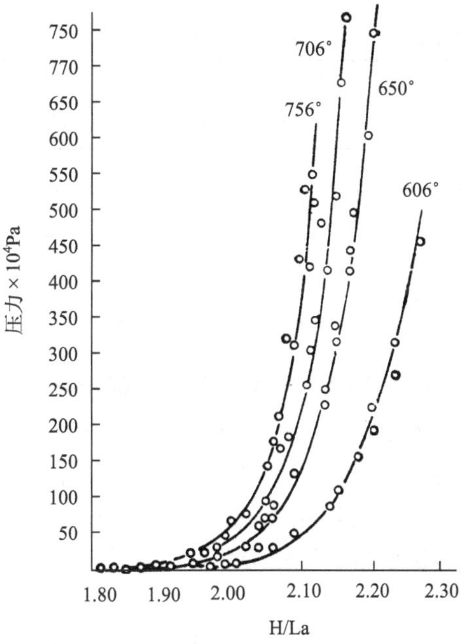

图 22.144　LaH_x 在富氢区的等温解离压与成分的关系

某些稀土金属氢化物在真空度大于 6.7×10^{-3} Pa 时，于不同温度和脱氢时间进行热分解的组成见表 22.189。

表 22.189 表明，稀土金属氢化物 $LnH_{x\leqslant2}$ 比较稳定，即使在高真空中脱氢亦需在高于 600℃时才有明显的脱氢速度，而氢化镱和氢化钕在温度高于 500℃和高真空条件下显著地挥发，不能完全分解。为了得到稀土金属粉末，稀土金属氢化物须在真空度大于 1.33×10^{-3} Pa 和温度高于 750℃下较长时间脱氢。分解氢化物的温度应在稀土金属软化点以下以防止金属粉末烧结。对分解氢化镧和氢化钇制备镧粉和钇粉的工艺研究表明，在真空度大于 1.33×10^{-3} Pa 的系统中，分段加热 LaH_{2-3} 和 YH_{2-3} 至 750℃和 850℃并保温 5—6h，得到了质量较好的金属粉末。脱氢的工艺条件和金属粉末的质量分析见表 22.190。

表 22.189　稀土氢化物在真空中保持不同温度和时间分解后的 H/Ln

原氢化物	分解温度和时间(℃,h)							
	300		400		500		600	
	1	4	1	4	1	4	1	4
$YH_{2.94}$	2.03	2.03	2.03	2.03	2.03	2.03	1.76	1.43
$DyH_{2.84}$	1.98	1.87	1.98	1.87	1.93	1.79	1.68	0.94
$ErH_{2.76}$	1.74	1.74	1.74	1.71	1.71	1.68	1.33	0.43
$TuH_{2.90}$	1.89	1.77	1.89	1.77	1.89	1.77	0.43	0.23
$NdH_{2.93}$	2.05	2.05	2.05	2.05	1.91	1.64	—	—
$GdH_{2.91}$	1.98	1.98	1.92	1.92	1.75	1.40	0.84	0.19
$SmH_{2.98}$	2.14	2.06	2.04	1.97	2.00	1.88	0.21	—
$YbH_{1.65}$	1.62	1.62	1.60	1.60	—	—	—	—

表 22.190　LaH_{2-3},YH_{2-3}分解工艺条件和粉末质量分析

稀土金属氢化物	最终分解温度(℃)	保温时间(h)	金属粉末质量		
			粒度(目)	氢含量(wt%)	氧含量(wt%)
LaH_{2-3}	750	5—6	−200	0.04—0.05	0.1—0.5
YH_{2-3}	850	5—6	−200	0.03—0.05	0.1—0.8

(5) 中间合金法制备钇组稀土金属

稀土氟化物钙热还原制备钇组稀土金属需要较高的还原温度(1450—1750℃)和钽坩埚材料,同时由于还原温度高,钽对稀土金属的污染亦比较严重。中间合金法降低了钙热还原的温度至 950—1120℃,因此可用钛、锆和铌的坩埚材料,同时也延长了坩埚使用寿命和减少了它们对金属的污染并简化了还原设备,便于扩大生产规模。

中间合金法是在钙热还原稀土氟化物的过程中添加了熔点低而蒸气压较高的合金化组无如金属镁,和助熔剂如氯化钙。

还原、合金化及造渣反应按下面反应式进行。

$$2LnF_3(s) + 3Ca(l) \xrightarrow{950—1120℃} 3CaF_2(s) + 2Ln(s)$$

$$2Ln(s) + 2Mg(l) \longrightarrow 2LnMg(l)$$

$$3CaF_2(s) + 3CaCl_2(l) \longrightarrow 3CaF_2 \cdot CaCl_2(l)$$

式中 Ln 为钇组稀土金属

还原温度视还原不同的钇组稀土氟化物及 LnMg 合金及渣的熔点而定。还原 YF_3 时为 950℃,还原 DyF_3 时为 970℃,而还原 LuF_3 时为 1120℃。

上述反应实际是不可逆的，因为在还原过程中，被还原出来的稀土金属与镁作用生成稳定的熔点低的 LnMg 合金，同时熔点高的 CaF_2 与低熔点的 $CaCl_2$ 进行造渣反应，生成低熔点的稳定化合物。

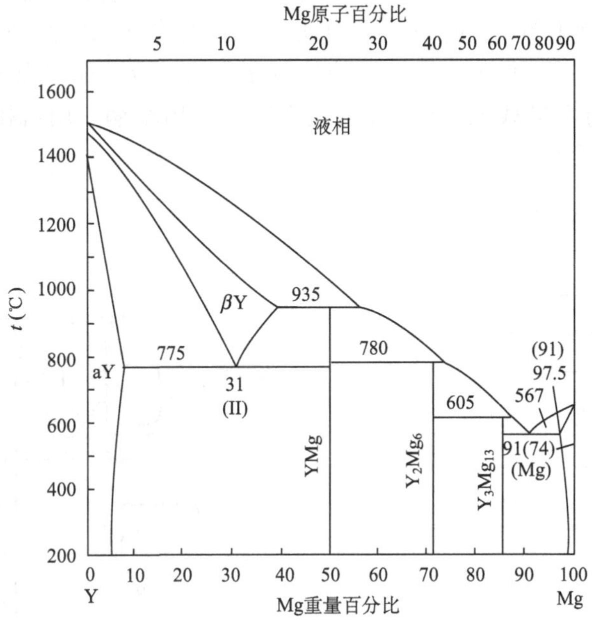

图 22.145 Y-Mg 二元合金相图

合金组元镁的配料量是根据稀土-镁合金二元相图选定的，以 Y-Mg 二元合金相图为例（见图 22.145）在原子比 Y∶Mg＝1∶1 时在相图上存在 YMg 化合物，其熔点为 950℃；而 $CaCl_2$ 的加入量则根据 CaF_2-$CaCl_2$ 状态图选定的。当摩尔比 CaF_2 ∶ $CaCl_2$＝1∶1 时，在状态图上该共熔体的熔点为 900℃。CaF_2-$CaCl_2$ 状态图见图 22.146。

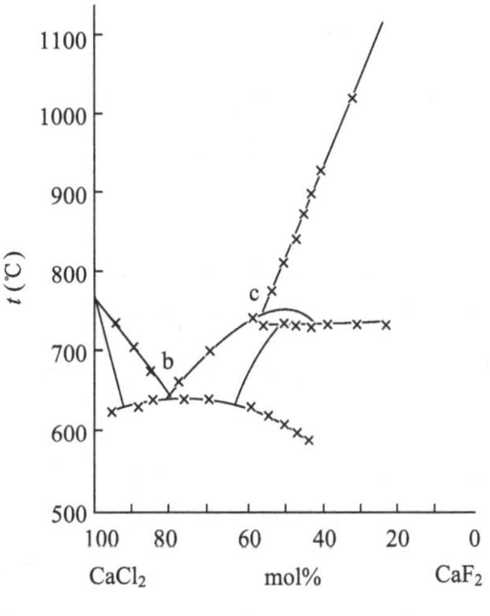

图 22.146 CaF_2-$CaCl_2$ 体系状态图

还原剂钙的加入量按上述反应式计算，过量 10%—25%，还原 YF_3 时，各种炉料的重量比为 YF_3 ∶ Ca ∶ Mg ∶ $CaCl_2$＝1∶0.47∶0.2∶0.87。

中间合金法制备钇组稀土金属的工艺流程见图 22.147。该方法工艺步骤包括：

a. 还原制备中间合金。还原设备见图 22.148，反应罐(4)是由不锈钢制成的，可接真空系统。亦可提供惰性气氛。还原开始前将按上述炉料配比配好的金属钙和镁放入钛制坩埚(2)中，而稀土氟化物和氯化钙则放入反应罐上部的贮罐中。此后抽真空至 1.33—1.33×10^{-1} Pa 并开始加热至 750℃后充进氩气，继续升温至 900℃。待金属钙和镁全部熔化后开启加料阀门(6)使 LnF_3 和 $CaCl_3$ 落入反应区并将温度升至 950℃，保温 30min 以使炉料充分地反应。反应完全后将反应罐提升出炉体使其与水平线成 30°角并快速冷却后取出坩埚。用机械的方法将渣除去，得到 LnMg 合金。

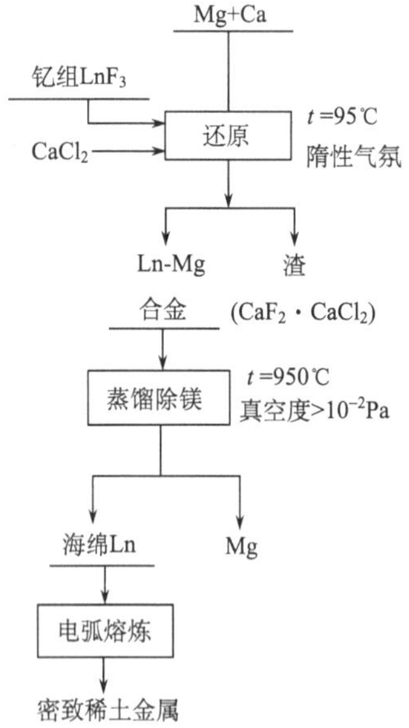

图 22.147　中间合金法制备钇组稀土金属工艺

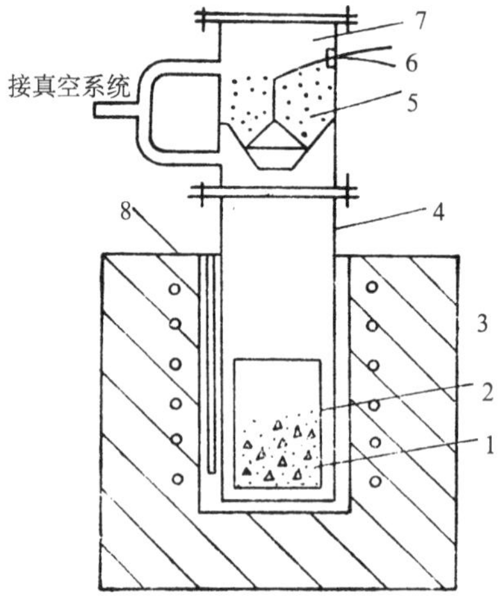

图 22.148　还原设备简图

1. 金属镁和钙；2. 钛坩埚；3. 硅碳棒电炉；4. 反应罐；5. LnF_3 和 $CaCl_2$；6. 加料阀；7. 贮料罐；8. 热电偶

b. 真空蒸馏除镁、钙制得海绵状钇组稀土金属由于金属镁、钙的蒸气压值显著地高于钇组稀土金属的蒸气压值，因此在钇组稀土-镁合金熔点以下可用真空蒸馏的方法除去镁和残存的钙，而得到海绵状稀土金属。

蒸馏前将 LnMg 合金破碎成小块(5—10mm)装入坩埚中并将其放入蒸馏罐内进行蒸馏。在蒸馏过程中真空度要保持不低于 6.7×10^{-3} Pa，并逐渐升温至 900℃，在此温度下保温 6h. 随着合金中镁含量不断地减少，合金的熔点逐步升高，此时可以提高温度至 950℃并保温 20—25h 然后将蒸馏罐冷至室温，取出海绵状稀土金属。该法制备的钇组稀土金属中镁和钙的含量可降至 0.01％以下，金属的回收率可达 91％—95％用中间合金法制备的海绵金属钇和镝的杂质分析见表

22.191 和表 22.192。

表 22.191　海绵金属钇杂质分析(wt%)

元素	含量	元素	含量	元素	含量
C	0.020	Fe	0.015	N	0.015
Ca	0.001	Mg	0.003	O	0.12—0.25
Cu	0.010	Ni	0.020	Si	0.010
				Ti	0.150

表 22.192　海绵金属镝中杂质分析(wt%)

元素	含量	元素	含量	元素	含量
Fe	0.0083	Ni	0.017	Mo	<0.002
Nb	0.038	Ta	0.020	Na	<0.002
Ca	0.004	Cu	0.050	Li	0.0003
V	0.0096	N	0.0027	O	0.135

海绵状钇组稀土金属经过电弧炉熔炼成致密金属。该法可以数 10kg 规模生产稀土金属。

(6) 金属钷的制备

钷是镧系元素之一,为人造同位素。在分离裂变产物时,得到钷的化合物。近年已制备了金属钷并研究了它的性质。钷具有同铈组稀土元素相似的性质可用金属钙或锂还原 $PmCl_3$ 或 PmF_3 制备致密的金属钷。在还原制备金属钷的过程中应注意放射性防护和污染问题。资料[22]介绍了以碘为发热剂用钙热还原 $PmCl_3$ 的工艺和设备。还原装置见图 22.149。

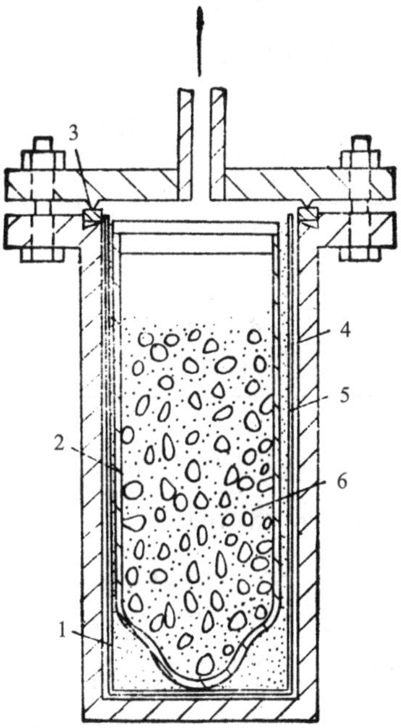

图 22.149　制备金属钷的反应弹

1. 细石英砂填料;2. 氧化镁坩埚;3. 铜密封圈;4. 耐压罐;5. 薄壁不锈钢筒;6. 炉料

制备无水 $PmCl_3$ 可采用直接氯化(氯化剂为 Cl_2 气或 CCl_4)的工艺,因为该工艺能缩短工艺步骤和减少污染。全部操作是在衬铅的手套操作箱内进行的,使用的氧化钷的纯度为 99.95%。

反应开始前,将氧化镁坩埚放入薄壁反应弹(4),它们之间的缝隙填充石英砂,此后将配好的还原炉料装入坩埚(2)中,密封好反应弹顶盖进行抽真空。在真空度达到 1.33—1.33×10^{-1}Pa 后充入氩气并加热至反应起

始温度。此时炉料发生如下反应:

$$2PmCl_3+4Ca+I_2 \rightleftharpoons 2Pm+3CaCl_2+CaI_2$$

由于该还原反应放出大量热量,足以使反应快速地进行并使炉料的温度达到钷的熔点以上。还原炉料配比及所得金属量举例见表 22.193。

表 22.193　还原炉料配比及得金属钷量

炉号	配料量(g)			实得金属量(g)	理论量(g)
	$PmCl_2$	I_2	Ca		
1	60.0	40	24	33.1	34.5
2	64.0	40	25	35.2	36.8
3	53.0	40	24	26.1	30.7
4	61.0	40	24	32.3	35.1
总计	238.0	160	97	126.7	137.1

反应完成后,从反应弹中取出金属并用水浸之,以便除去附着的渣。金属钷锭表面虽然光滑而又规整,但这样还原得到的金属钷中仍含有较多的钙和镁,为了将这些杂质除去,须将金属钷装入敞口圆柱形的钽坩埚中进行真空重熔。重熔后的金属钷取样分析,其结果见表 22.194。

表 22.194　真空重熔后 Pm 金属中钙和镁的含量

锭号	钙含量(ppm)	镁含量(ppm)
1	100	450
2	480	350
3	55	700
4	175	400

为了获得较纯的金属钷,文献[12] 介绍了以 Pm_2O_5 为原料和金属钍为还原剂,用还原-蒸馏的工艺方法获得了金属钷的结晶。还原-蒸馏反应按下式进行:

$$2Pm_2O_3(s)+3Th(l) \xrightarrow{1600℃} 4Pm(g)\uparrow+3ThO_2(s)$$

工艺过程是将氧化钷与理论量过量 5% 的钍粉末混匀,压制成小锭后装入钽坩埚并联结好位于其上部的冷凝器,然后把它放入真空感应炉内进行抽真空至 1.3×10^{-3}—1.3×10^{-4}Pa 再加热至 1600℃。在加热过程中保持真空度不下降,在此温度下保持 20—30min 以便上述反应能充分进行。反应完成后将炉子冷至室温。在充有氩气的密封箱中从冷凝器上取出金属钷。用质谱分析了金属钷的杂质含量。其结果见表 22.195。

表 22.195 还原-蒸馏金属 Pm 中杂质分析,ppm

元素	含量	元素	含量	元素	含量	元素	含量
Al	10.0	P	0.1	S	0.3	Gd	1.0
Ba	0.2	Pb	50.0	Sc	<1.0	Tb	<1.0
Ca	200	Li	20.0	Y	<1.0	Dy	<1.0
CO	<0.1	Ta	0.7	La	<1.0	Ho	<1.0
Cr	7	Th	9.0	Ce	<1.0	Er	<1.0
Cu	4	Ti	<0.2	Pr	20.0	Tu	<1.0
Fe	100	V	<0.1	Nd	20.0	Yb	<1.0
K	20	Zn	3.0	Sm	2.0	Lu	<1.0
Mn	0.7	Cl	700	Eu	<1.0	Pm	基体
Ni	4.0						

用此工艺制得的较纯的金属钷为试样,测定了其熔点为 1042±5℃,比用钙或锂还原 $PmCl_3$ 得到的钷的熔点低 40—120℃。数据的差异可能是由于后者被氧等杂质污染所致。

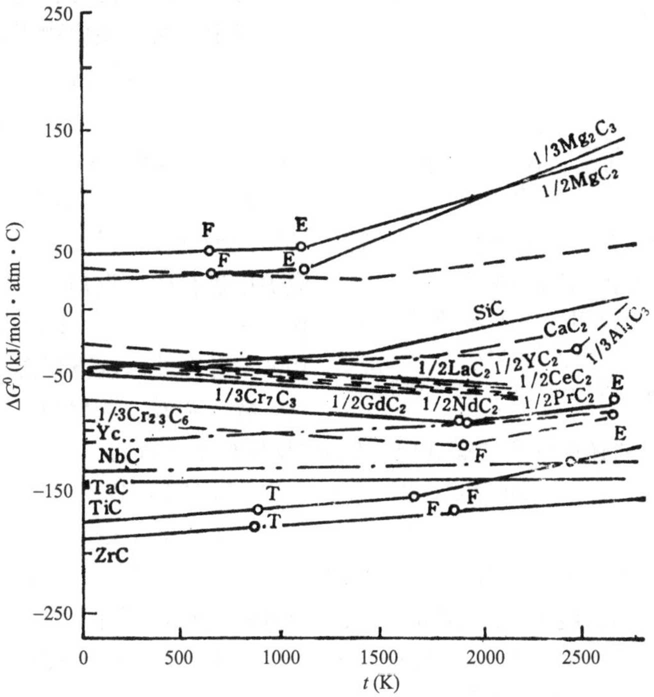

图 22.150 生成金属碳化物的 ΔG_T^0 与温度的关系

T—相变温度;*F*—熔化温度;*E*—沸点

3. 金属热还原工艺进展

目前稀土金属制备方法研究的方向是简化工艺过程，以稳定而又易制备的稀土氧化物为原料直接用金属热还原的方法制得稀土金属，沿此方向的研究工作有：

(1)稀土碳化物还原制备稀土金属[3]，不同金属碳化物生成的 ΔG_T^0 与温度的函数曲线见图 22.150。

在不同压力下生成稀土碳化物的恒压等温自由焓的变化值(ΔG^0)与温度的关系见图 22.151。

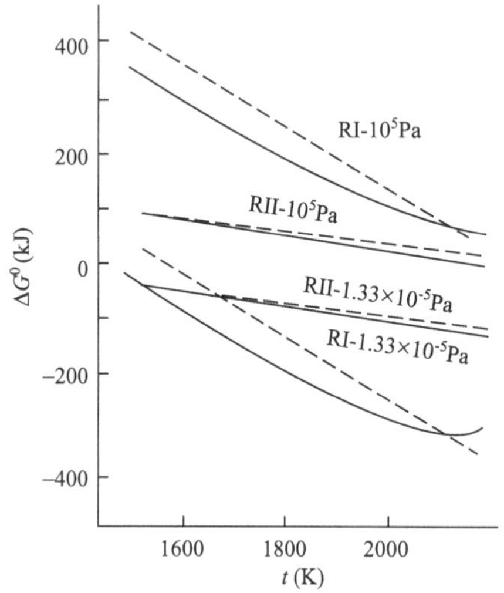

图 22.151　不同压力下碳化物反应自由能变化值与温度的关系

RI $R_2O_3+7C \longrightarrow 2RC_2+3CO$ RII $R_2O_3+3C \longrightarrow R_2O_2C_2+CO$

——为金属镧的碳化反应┈为金属钕的碳化反应

由图 22.150 和图 22.151 可知，铌、钽、钛和锆的碳化物的 ΔG_T^0 值在很宽的温度范围内都低于稀土碳化物的 ΔG_T^0 值，而且这些金属在还原温度下的蒸气压值都较低，因此它们可以作为还原剂还原稀土碳化物；制备稀土碳化物在真空中进行，不仅保护炉料不被氧化，而且在热力学条件上更为有利。

稀土金属二碳化物制备的化学过程是按下列反应式进行的。

$$1/3Ln_2O_3(s)+7/3C(s) \longrightarrow 2/3LnC_2(s)+CO(g)\uparrow$$

按上述反应式计算并过量 5%—10%的碳进行配料。在真空电弧炉或感应炉中进行碳化反应，真空度为 1.33×10^{-3}—1.33×10^{-4} Pa；反应温度为 1900℃并在此温度下保温一定时间就得到了稀土金属二碳化物。

用金属钽粉还原稀土二碳化物，其还原反应按下式进行：

$$LnC_2(s)+2Ta(s)=2TaC(s)+Ln(l)$$

$$LnC_2(s)+4Ta(s)=2TaC(s)+Ln(l,g)$$

曾用这个工艺方法制备过金属镝、钇、钆和镧 。在制备金属镝时，将 DyC_2 在干燥空气中与钽粉混匀，压成块状放入带冷凝器的钨坩埚中，然后在真空炉内还原。还原温度为 140—1750℃，真空度为 1.33×10^{-4} Pa。还原过程生成的金属镝收集在冷凝器上，坩埚中剩有碳化钽和少量的残渣。该工艺的稀土金属直收率可达 91%，总收率为 88%。金属镝中部分杂质如氧、氮、氢、碳分析结果依次为 0.25，15，>2200ppm；用 X 光谱检测未发现有钽。

(2) 用贵金属和氢并联还原法制备稀土金属[23]

近年有人研究了在铂族金属存在下用氢气还原稀有金属氧化物制备稀有金属同铂族金属的中间合金，然后在真空中蒸馏该合金得到稀有金属的蒸馏产物而铂族金属则循环使用。

这种工艺方法能用来制备锕系、镧系和碱土金属。

采用该方法制备了多种铂族金属同稀土金属的中间合金，如 Pt_5Ln(Ln＝La→Tm)，Pt_3Ln(Ln＝La→Ho)，Pt_2Ln(Ln＝La→Tm)以及 Pd_3Ln(Ln＝La→Ln，Sc，Y)。

虽然用高真空和高温蒸馏以上中间合金能得到稀土金属，但目前研究工作还不充分。

5.3　高纯稀土金属

采用金属热还原或电解等工艺方法制得的稀土金属含杂质较多，但是杂质对稀土金属的性能却有很大影响。以往科学工作者使用这种纯度不高的金属，测得的稀土金属的熔点、沸点、相变点以及其他物理及物理化学常数值差别较大。随着现代科学技术的发展，对于一般工业纯的稀土金属要求进行提纯，除去其中杂质，制备高纯稀土金属，以便对稀土金属的磁性能、光电性能等进行深入的研究，对它们的物理、化学以及结晶学等方面的数据做准确的测量，进而开拓稀土金属应用的新领域。

单一稀土金属中的杂质大致可分为稀土杂质和非稀土杂质。

稀土杂质，包括除某一主体稀土元素以外的其他稀土元素。

随着离子交换、溶剂萃取工艺技术的发展，单一稀土元素的纯度，就稀土杂质而言，可达 5 个 9，6 个 9，尽管现有的单一稀土金属的提纯方法对去除稀土杂质效果很差，但是可以使用含稀土杂质极低的高纯稀土原料来生产稀土金属，而稀土杂质在制得稀土金属前已被去除。

非稀土杂质，包括除稀土元素以外的其他金属、非金属和气体杂质。

这类杂质对稀土金属的性质影响极大，它们大部分是在金属生产过程中带进的。采用金属热还原法或电解法生产稀土金属时，杂质主要来源于原料(例如稀土氟化物、氯化物中的杂质)，还原剂(例如 Ca，Mg，Li 中的杂质)，制备过程中使用的容器以及制备过程本身带进杂质。一般工业纯稀土金属中的杂质含量为 1%—2%，即使严格控制金属的制备过程，在制得的金属中杂质含量也达 0.5%。因此要求严格控制稀土金属的生产工艺过程，尽量采用纯度高的原料，尽量避免操作过程中带进杂质。在金属热还原工艺制备金属时采用钽制坩埚，制得的金属中 Ta 的含量可达 0.05%以上，在钇镁中间合金法制取金属钇时，若用钛坩埚或锆坩埚，则得到的钇中的 Ti 和 Zr 的含量分别可达 0.15%和 0.58%。采用电解稀土氯化物制得的 La,Ce 等稀土金属,其杂质含量可达 0.3%—0.5%。在制得的稀土金属中还常常含有 C,O,N,H,卤素等杂质。这些杂质在金属中的溶解度较低,它们多以氧化物、氮化物、氢化物、卤化物等形式存在 。因此在稀土金属的提纯工艺中必须同时考虑金属、非金属和气体杂质的去除。

对稀土金属提纯效果较好的有:蒸馏或升华提纯、熔盐电解精炼、区域熔炼、电传输提纯(电迁移提纯)等方法。但是这几种方法中的任何一种方法也只能去除稀土金属中的某些杂质。这样,在选择提纯方法时应综合考虑欲去除杂质的种类、纯度要求、提纯效果、金属收率以及提纯效率等因素。

5.3.1 真空蒸馏法提纯稀土金属

真空蒸馏是金属提纯常用的一种方法。该法是根据一定温度下被提纯的金属与杂质蒸气压之间的差别进行真空蒸馏分离制取高纯金属。真空蒸馏技术与提纯过程所保持的总的压力以及金属和杂质的沸点、蒸气压等物理性质有关。只要在某一温度下基体金属与杂质的蒸气压有差别,就可以用蒸馏法进行提纯。实际上,考虑蒸馏效率、提纯效果等因素,对蒸馏提纯的工艺条件应做严格的控制。

真空重熔是指在某一温度下将金属在真空中重熔,蒸气压高的杂质被蒸馏除去,使基体金属得以净化;真空蒸馏提纯是利用某些基体金属蒸气压高这一特性,使基体金属与杂质提以分离达到金属净化的目的。蒸馏可以以升华或蒸发形式来完成。升华或蒸发提纯金属取决于该金属的蒸气压与熔点之间的关系。如果金属在低于其熔点下的蒸气压较高,能得到足够大的蒸馏速度 ,则可采用升华提纯。如果要把金属加热到其熔点以上才能使金属的蒸气压达到较高的数值,获得较高的蒸馏速度,则应采用蒸发提纯。

1. 真空蒸馏提纯原理

真空蒸馏净化过程各组成物的分离程度是一个极为重要的问题。A. J. Martin 提出了判断组成物分离程度的以重量百分数进行计算的方程[24]:

$$\lg \frac{W_1}{W_0}=\frac{R_a}{R_a—R_b}\left(\frac{R_b}{R_a}\lg \frac{x_1}{x_0}-\frac{100—x_1}{100—x_0}\right)$$

式中,W_0——物料的初始重量;

W_1——在时间 t 时物料的剩余重量;

R_a——组元 a 的摩尔蒸馏速度;

R_b——组元 b 的摩尔蒸馏速度;

x_0——物料中组元 a 的初始浓度;

x_1——物料中组元 a 在时间 t 时的浓度。

根据上述方程式可以预测真空蒸馏可达到的净化程度。J. E. Murphy 等计算钐蒸馏过程中杂质被蒸馏出来的百分数，其结果绘入图 22.152 中。

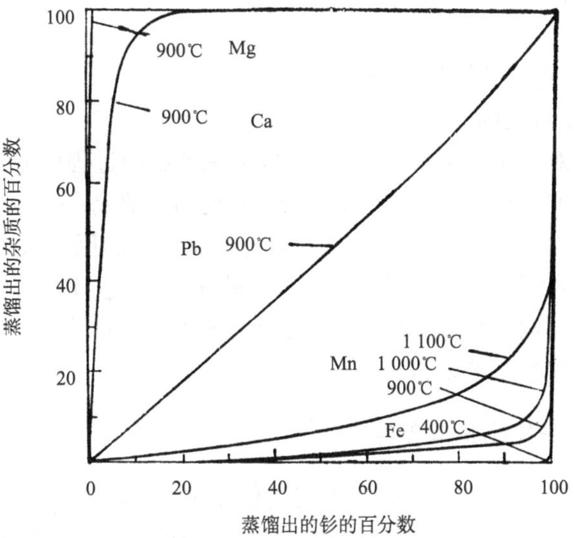

图 22.152 钐蒸馏过程中被蒸馏出的杂质的百分数计算值

另一个重要问题是完成蒸馏所需之时间，根据 Langmuir 方程式[25]，在分子蒸馏条件下，纯物质的蒸馏速度 Eg/(cm^2 · s)与其蒸气压有关：

$$E=4.37\times10^{-4}\alpha P\sqrt{\frac{M}{T}},$$

式中，α——冷凝常数（一般对金属为 1）；

M——蒸发物质的分子量；

T——蒸馏温度，K；

P——物质的蒸气压，Pa。

如果蒸发的分子不与其他分子相撞达到冷凝表面的机会很高，则存在分子蒸馏。

合金组元的蒸馏速度与其组成有关。Davey[26] 利用 Raoult 定律推导出在一定温度下蒸馏时间和浓度变化的方程式：

$$t=\frac{\gamma B}{50\alpha A}\ln\frac{W_i}{W_f}$$

式中，t——蒸馏时间，s；

B——合金的初始重量，g；

A——蒸发表面积，cm^2；

W_i——蒸发组元的初始浓度，质量%；

W_f——蒸发组元的最终浓度，质量%；

$\alpha=0.0583\sqrt{\frac{M}{T}}$；

$\gamma=\frac{133.32W}{P_i}$；

W——蒸发组元的质量百分数；

P_i——蒸发组元的分压，Pa。

上述方程式对分子蒸馏过程是正确的，考虑到蒸馏过程中分子与坩埚、容器壁以及分子相互间的碰撞，Clausing 和 Burrows 提出了具有一定实际意义的蒸馏速度的关系式。从他们提出的关系式说明影响蒸馏提纯的因素很多，其中较为重要的是蒸馏温度、杂质的性质和含量；炉内气体残压和组成；挥发表面积及搅拌作用；冷凝器的温度和结构，蒸馏装置的结构及特点等等。因此在选择蒸馏提纯工艺及设备时应考虑上述各影响因素。

2. 真空蒸馏法提纯稀土金属

真空蒸馏提纯金属的可能性与工艺条件主要由基体金属和金属中杂质的熔点，在某一温度下的蒸气压以及其他性质来决定，而蒸馏装置则应根据基体金属与杂质的这些性质来选择。一般除了钐、铕、镱外，稀土金属的蒸馏提纯都应在金属的熔点以上进行。常选择钽制坩埚盛装稀土金属。

稀土金属的熔点和蒸气压相差很大，表 22.196 中列出了稀土金属的熔点和蒸气压为 2.67×10^2 Pa 时的温度。

根据稀土金属的熔点和蒸气压的大小以及蒸馏提纯的工艺条件，大致可将稀土金属划分为四个组来研究它们的蒸馏提纯方法：

(1) 镝、钬、铒、铥、镥的熔点在 1600℃左右，在接近这些金属的熔点下，金属的蒸气压较高。这些金属皆可在接近它们的熔点的温度以一定的速度进行蒸馏提纯。

(2) 钇、钆、铽在其熔点下金属的蒸气压不高，因此蒸馏温度要求较高。

重稀土蒸馏提纯除氧效果较好，但对除去铁、钛、镍无明显作用。经蒸馏提纯后的金属其机械性能可以得到改善。

(3) 钐、铕、镱的蒸气压在其熔点以下已具有相当高的数值，因此这些金属可在其熔点以下进行升华提纯。

表 22.196 稀土金属的熔点和蒸气压为 2.67×10^2 Pa 时的温度

元素	熔点(℃)	蒸气压为 2.67×10^2 Pa 时的温度(℃)(近似值)
La	920	2000
Ce	800	1950
Pr	940	1750
Nd	1020	1700

续表

元素	熔点(℃)	蒸气压为 2.67×10²Pa 时的温度(℃)(近似值)
Sm	1050	860
Eu	890	720
Gd	1310	1700
Tb	1370	1670
Dy	1380	1520
Ho	1510	1630
Er	1550	1530
Tm	1600	1220
Yb	800	780
Lu	1740	1800

(4) 轻稀土金属的蒸气压与熔点都比较低，因此需要在高温下进行蒸馏，而冷凝得到的产品则呈液态。所以设备结构较为复杂。

A. D. Daane 和 C. E. Habermann 总结了稀土金属的蒸馏提纯工艺条件，结果列入表 22.197 中。

表 22.197 稀土金属蒸馏提纯的工艺条件

金属	蒸馏温度(℃)	冷凝温度(℃)	蒸馏速度(g/cm² · h)	蒸馏产品中杂质含量(ppm)						
				C	N_2	O_2	Ta	Ca	Fe	Si
La	2200	700—800	<10	—	—	—	—	—	—	—
Ce	2200	700—800	<10	—	—	—	—	—	—	—
Pr	2200	700—800	35	60	7.0	500	<500	<50	50	<100
Nd	2200	700—800	150	60	80	100	<500	<50	100	<100
Sm	1000	700—800	250	90	未测得	—	未测得	<100	<50	<100
Eu	1000	500—600	750	—	—	—	未测得	极少	微量	未测得
Gd	1900	1100—1200	70	50	50	—	500	50	50	<100
Tb	1700	1000—1100	10	50	50	—	未测得	痕量	极少	微量
Dy	1700	1000—1100	700	60	20	—	<500	<100	<10	<100
Ho	1700	1000—1100	40	60	20	—	<500	<100	<100	<100
Er	1700	1000—1100	175	80	60	—	<500	<100	<50	<100
Tm	1500	800—900	500	30	40	—	<500	<200	<50	<100
Yb	1000	500—600	600	75	未测得	—	未测得	<200	<50	<100
Lu	2200	1300—1400	60	—	—	—	<500	<50	<50	<100
Y	2000	1200—1300	35	20	20	150	<500	10	15	50
Sc	2000	1200—1300	1500	100	100	1100	<500	痕量	微量	微量

3. 钇的蒸馏提纯

金属钇在 2000℃下的蒸气压为 66.7Pa，C. E. Habermann 和 A. H. Daane 根据这一特性认为钇在 2000℃以上能以较高的速度进行蒸馏，他们采用真空蒸馏法对金属钇的提纯做了研究，制备了含氧量低于 150ppm 的金属钇，并测量了金属钇的某些物理性能。

钇的蒸馏是在真空感应炉中进行的（图 22.153）炉体由石英管制成。在石英管内装有一个圆筒形钽发热体，在发热体与石英管之间填装有颗粒状石墨粉（颗粒直径 0.42mm）作为绝热填料，用感应炉加热。在发热体中放有一个由钽片焊接的直径为 38.1—50.8mm，高为 177.8mm 的蒸馏柱，并在蒸馏柱上盖以带孔的钽制挡板。蒸馏时保持真空度不低于 6.67×10^{-4} Pa，蒸馏温度 2000—2200℃，金属冷凝塔的温度为 1300—1430℃. 在此条件下可获得较纯的金属钇。若蒸馏柱的直径为 38.1mm，挡板上的小孔为 15.9mm 时，每小时冷凝的金属为 50—100g；用直径为 50.8mm 之蒸馏柱，档板上的小孔为 19.1mm 时，每小时可冷凝出 100—200g 的金属。

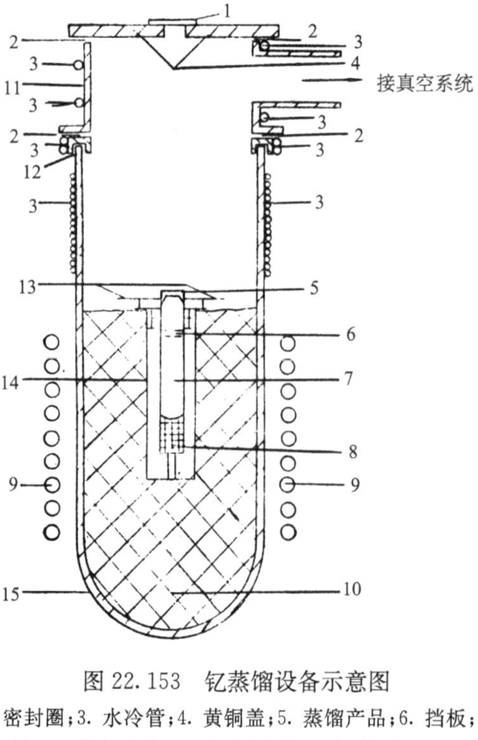

图 22.153　钇蒸馏设备示意图

1. 石英玻璃观察孔；2. 密封圈；3. 水冷管；4. 黄铜盖；5. 蒸馏产品；6. 挡板；7. 蒸馏柱；8. 金属钇；9. 感应圈；10. 石墨绝缘体；11. 黄铜接头；12. 橡皮垫圈；13. 钽制屏壁；14. 钽发热体；15. 石英管

真空蒸馏提纯金属钇对一些高沸点金属杂质，如钼、钛、钽、铌等以及蒸气压与钇相近的钒、铁、铬等的去除效果较差。真空蒸馏提纯钇时杂质的变化列入表22.198中。蒸馏法去除某些金属杂质效果较差，但采用多孔钨过滤器（或向被提纯的金属中添加少量钨）与真空蒸馏法相配合，可有效地去除某些杂质。例如，将金属钇在1550℃下通过多孔钨过滤器可明显地除去钇中钼、钽、铬、铌、钒、锰、钛、氟等杂质。

表 22.198 蒸馏提纯前后钇中杂质含量

杂质	粗钇中杂质含量(%)	蒸馏钇中杂质含量(%)
Fe	2×10^{-1}	2×10^{-2}
Mg	1×10^{-2}	1.5×10^{-3}
Al	8×10^{-2}	2.5×10^{-3}
Si	2.8×10^{-2}	4.9×10^{-3}
Cu	5×10^{-2}	2×10^{-3}
Cr	5×10^{-2}	2.5×10^{-3}
Mo	7.8×10^{-2}	2.7×10^{-2}
Ca	2×10^{-2}	$<2\times10^{-2}$
Ni	大量	痕量
Ti	痕量	痕量
La	2.7×10^{-1}	2×10^{-2}
Gd	7.3×10^{-1}	2.5×10^{-2}
Tb	3.5×10^{-1}	$<5\times10^{-2}$
Er	3.0×10^{-2}	$<5\times10^{-2}$
H	7.5×10^{-2}	4.9×10^{-3}
N	0.9×10^{-2}	1.5×10^{-3}
O	2.9×10^{-1}	$\leqslant1\times10^{-2}$
C	8×10^{-2}	8×10^{-3}

4. 金属钐的蒸馏提纯

早在1964年，1965年K. A. Gschneidner, Jr.，C. E. Habermann和A. H. Daane就用真空蒸馏法提纯了金属钐，在1000℃下金属钐的蒸气压为2.13×10^2Pa. 因此选择升华来提纯钐。一些研究者指出，升华法提纯钐可能有若干缺点。他们认为钐在固体中的扩散速度比钐升华速度要低得多，这就可能使金属表面有一层杂质，因而就可能使杂质以较高的速度蒸馏并降低产品纯度，而且这一杂质层将阻碍钐分子继续蒸馏，结果使钐的蒸馏速度减慢。另外一部分易挥发的杂质，例如钙和镁实际上在升华过程中不易净化除去。

为了使钐能在低于其熔点下进行蒸馏提纯减少杂质对钐的污染，

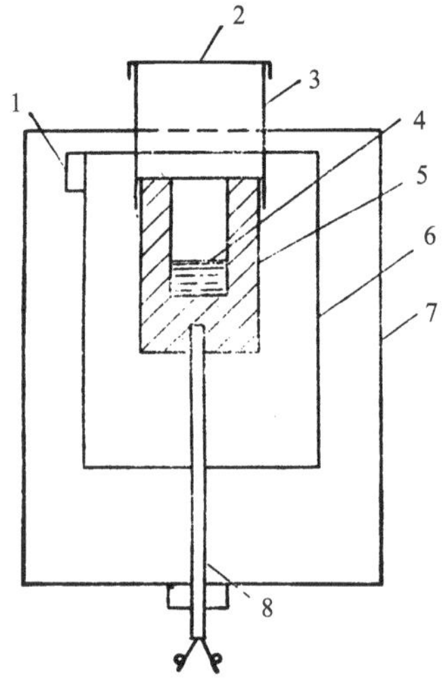

图 22.154　蒸馏设备示意图

1. 导电接头;2. 钽冷凝器上盖;3. 钼冷凝器套筒;4. 钐样品;5. 钼坩埚;6. 钽发热体;7. 水冷铜壳;8. 钽制热偶套管

J. E. Murphy 将钐与熔点低、蒸气压低的金属熔化制成合金再进行蒸馏提纯。蒸馏提纯钐的设备如图 22.154 所示。金属钐盛装在钼制坩埚中,坩埚直径为 19.1mm,深 25.4mm,上部罩以钼片制成的冷凝筒,并盖以 0.0254mm 厚的钽制圆盖,蒸馏出的钐冷凝在这个钽制圆盖上。整个坩埚系统用 69.9mm 宽的钽发热体加热。蒸馏系统保持真空度为 1.33×10^{-4} Pa,根据要求在 900—1100℃下进行真空蒸馏。结果见表 22.199。表中升华产品是粗钐在 900℃(低于钐的熔点)下直接升华提纯得到的钐;蒸发产品是将粗钐与 Ce-10%Co 熔制成合金,在 900℃下(高于此合金的熔点)蒸发提纯得到的钐。由于这种合金的熔点低于 700℃,而且铈、钴在 1000℃下的蒸气压都低于 1.33×10^{-4} Pa,因此对蒸馏产品钐的污染很小。向钐中加入低熔点的合金可改善蒸气压高的金属杂质(如钙和镁)与钐的分离效果。这些杂质可在钐大量蒸馏出来以前得到分离。金属钐不加合金添加剂直接升华提纯速度较快,收率较高。一般在提纯含易挥发性杂质少的金属钐时多采用直接升华提纯法。

表 22.199　工业纯金属钐升华与蒸发提纯结果

杂质	杂质含量[1)](ppm)		
	粗金属	升华产品	蒸发产品
Mg	1.1	1.0	<1
Mn	270	100	17
Co	8	<2	<2
Fe	1	<1	<1
O	400	100	150
C	100	100	90
F	80	<20	<20
N	50	<10	<10

1)在粗金属和蒸馏产品中杂质含量低于分析灵敏度的有:Al,Ca,Cu,Cr,Ni,Mo。

5.3.2　熔盐电解精炼

电解精炼法比较简便,周期短,对去除某些杂质有明显效果。

1. 钇的电解精炼

用粗金属钇做阳极，铁做阴极，用镍衬里的电解槽或用钨坩埚做电解槽。电解质由 KCl-YCl_3 或 LiCl-YCl_3 组成。电解温度 900—1000℃，电解操作是在惰性气体保护下进行。槽压为 0.4—0.6V，电流密度为 0.54A/cm^2 或更高，电解得到的金属钇呈针状或片状沉积在阴极上，再经真空蒸馏除去其上附着的盐类后熔铸成金属锭。精炼后的金属钇的洛氏硬度为 42—50，较精炼前有明显降低（精炼前为 58）。电解精炼设备如图 22.155 所示。

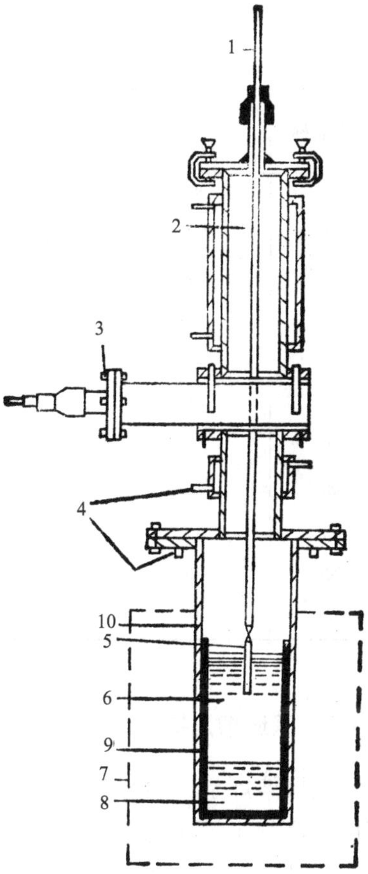

图 22.155　电解精炼设备

1. 镇静钢电极接头；2. 水冷空锁室；3. 10cm 滑动阀；4. 水冷套；5. 钨阴极；6. 电解质；7. 电阻炉；8. 熔融钇合金；9. 钨坩埚；10. 不锈钢管

电解精炼也可以用 Y-Ni 合金[Y80%，Ni20%]做阳极，由 LiCl 和 YCl_3 组成电解质，在 900—1000℃下进行电解。YCl_3 在电解质中的初始浓度为 7.4—8.5Wt%，电解起始电流密度 0.27A/cm^2，槽压 0.2—1.1V，阴极电流效率 70%—98%。电解精炼得到的金属钇的杂质含量如表 22.199 中所示。

表 22.200 中的数据是在所列电解条件下，每次电解后取出阴极产品分析金属中的杂质含量得到的。每取出一次电解产品计为一个周期。共进行了 15 个电解精炼沉积周期。中间周期 A，B 是这 15 个周期中间的两个周期。

从电解精炼数据可以看出，粗金属钇中含 20wt%的镍，电解精炼得到的产品含 Ni＜10ppm，而其他金属杂质也都明显地降低。电解精炼对除去稀土金属中的金属杂质是有效的。

2. 电解精炼钆

Hiroshi Nagai 以蒸馏钆做原料制成 ϕ1.6mm×150mm 长的细棒做阴极，用粗金属钆制成 ϕ1.3cm×15cm 长的圆柱做阳极。电解质盛装在直径为 ϕ6.5cm，高 13cm 的钽坩埚中。电解是在衬有钽的 ϕ8.8cm×60cm 长的不锈钢管中，惰性气氛保护下进行。电解质由 77.6%LiCl，11.2%LiF，11.2%GdF_3 组成，电解温度 700℃。电解精炼产品的纯度与电解质的组成和温度有极大的关系。电解过程对去除钆中的氧和氮有明显的效果。

表 22.200　电解精炼 Y-Ni 合金过程中杂质的迁移

元素名称	阳极杂质含量(ppm)	阴极产品杂质含量(ppm)			
		开始周期	中间周期 A	中间周期 B	最后周期
Al	250	<15	<15	<15	<15
B	100	未发现	未发现	未发现	5
Ca	1000	<20	<20	<20	<20
Co	500	未发现	未发现	未发现	100
Cu	500	<10	未发现	<10	500
Fe	1800	未发现	未发现	未发现	180
Mg	<10	<15	15	15	15
Mn	1000	20	<10	30	<10
Mo	120	未发现	未发现	未发现	未发现
Ni	20Wt%	50	<20	<20	500
Si	130	<20	<20	20	<20

5.3.3　区域熔炼提纯法

区域熔炼是一种制备高纯金属的方法。该法的发明者 Pfann 成功地将此法应用到高纯半导体材料的生产上。区域熔炼是在一个被熔炼提纯的锭料上造成一个或几个熔区，使熔区沿锭长方向做多次定向移动，使锭料中的杂质重新分布，达到集中杂质提纯金属的目的。区熔提纯过程是在熔区移动中完成的。众所周知，金属中的大多数杂质在因相和液相中的平衡溶解度是不同的，而短的熔融区通过较长的固体部分可使杂质迁移，使金属得到提纯。由于此法设备简单，提纯效果好，效率和收率高，所以常被用来生产高纯金属。区熔能否用于某种金属的提纯首先应知道杂质——金属的相图，特别是在低杂质浓度区的相图；但是目前稀土金属这方面的数据很少，所以区熔的可行性通常只能用试验方法来获得。

区域熔炼可以简单地分为两种。一种是将金属锭料水平放置在一个长槽状容器中，熔区水平通过锭料，称为水平区熔。然而许多金属，特别是许多稀土金属非常活泼，能与容器作用，甚至在金属熔点以下也能与容器相互扩散，使金属锭料被污染。所以有时采用水冷铜制容器，使金属锭料本身形成一个壳体保护被净化的金属。为了避免坩埚材料对被提纯金属的污染，又发展了一种所谓悬浮区域熔炼。此法是将金属锭料垂直放置，不用容器盛装，将其两端固定不动，熔区沿锭长自下而上移动，靠金属表面张力保持一个狭窄的熔区通过锭料，使锭料得以净化提纯。熔区可采用感应加热或电子轰击加热。

在区熔提纯过程中，熔区温度、熔区通过锭料的次数、熔区的宽度和移动速度以及真空度等因素对产品质量和收率影响很大。在选择工艺制度时对各因素必须进行综合考虑，充分发挥区域熔炼的特点。

区域熔炼长期没能用于稀土金属的提纯，其原因是稀土金属性质活泼，在水平区熔时缺少合适的容器盛装金属锭料；另外操作气氛不适宜，锭料易于吸收气体杂质。所以在区熔过程中金属被污染，一些间隙金属杂质也不能完全除去，提纯效果不佳。近年来在水平区熔中采用水冷铜容器以及悬浮区熔，并且应用超高真空技术，给区熔提纯应用到稀土金属提纯创造了有利条件，使提纯能够达到较好的效果。

1. 金属镧的区熔提纯

使用工业纯金属镧做原料，水冷铜舟盛装镧锭，感应加热。将区熔系统抽真空至$<1.33\times10^{-7}$ Pa，镧锭先在熔化状态下加热脱气，然后进行区熔提纯。锭长120mm，熔区以180mm/h的速度移动，熔区长约15mm。在熔区通过33次后切去两端，分析杂质含量，余下的100mm锭料再通过30次提纯，平均熔区速度150mm/h，真空$<1.33\times10^{-7}$ Pa.

2. 金属铈的区熔提纯

铈锭料在6.67×10^{-4} Pa真空下熔炼成锭后，在净化的氩气氛下(10^5 Pa)进行区熔提纯。熔区通过次数15次，熔区速度11.5cm/h，熔区宽约3cm，最终棒长为15.9cm。在提纯的试棒上于五处(始端，6.35，12.7，19.05cm及末端处)取样分析O，H，N的含量。

3. 金属钆和铽的区熔提纯

金属样品在1.33×10^{-5} Pa真空下脱气熔锭后，在静止的高纯Ar气中进行区熔，熔区速度250mm/h，熔区宽15mm，通过次数25次。

金属区熔提纯后，杂质含量列入表22.201中。其中气体杂质H，O，N采用真空熔融法分析，金属杂质采用质谱分析。杂质在试棒的始端、中部和末端的含量经区域熔炼后有了变化。O，N向着熔区运动相反的方向移动，在样品的始端O，N的含量有明显的增加。金属杂质则大部分集中在样品的末端，即金属杂质移动的方向与熔区运动的方向一致。总之，区熔提纯稀土金属可以以较大规模处理样品，显示出其高效、高收率等优点。

表 22.201　金属镧、铈、钆、铽在区熔提纯后的杂质含量[10,11]

元素	样品位置	杂质含量(ppm)															
		H	O	N	La	Tb	Y	Cu	Ni	Fe	Ti	Si	Al	Pb	S	Na	Li
镧	始端	900	11829	690		15	30		75						31	5	30
	中部	759	7450	776													
	末端	526	5248	204		3	10		160						100	0.3	10
铈	始端	1680	1225	360													
	中部	1120	820	230													
	末端	140	340	60													
钆	始端	17	933	39	6	10		4	2	40	1.5	32	15		7		
	中部	17	593	24	7.5	23		6.5	3	49	3	49	95		20		
	末端	17	341	14	20	60		65	30	190	8	65	450		26		
铽	始端	13	1999	140				6.5	0.5	6.5	5		6	0.4			
	中部	10	640	69				7	2.5	27	3		50	1			
	末端	13	348	29				32	4.5	75	4		170	1.5			

5.3.4　固态电传输提纯法

溶解在固体导体中的原子在直流电场的作用下能够有顺序地迁移，特别是在金属熔点附近更具有较高的移动性。对于金属和非金属原子皆可观察到这一现象，但是对于非金属原子更为明显。原子的这一迁移性已被应用到钍、钒、锆、铌、钽等金属的提纯上。近年来由于对高纯稀土金属的需求以及对电传输理论的进一步了解，在电传输法提纯稀土金属方面做了许多研究工作，已成功地将此法应用于除去稀土金属中的 O，C，N，H 等杂质和部分金属杂质。

稀土金属与 O，C，N，H 等元素的亲合力较大，所以制备含这些杂质较低的金属比较困难。但是这些杂质能在稀土金属晶格间迁移，因而采用电传输提纯稀土金属是大有前途的。电传输法提纯稀土金属对于除去微量 O，N，H，C 效果明显，所用设备也比较简单；此法不足之处是提纯周期长，产率低。

固态电传输法又称固态电解法或离子迁移法。

1. 电传输基本原理

溶解在固体或液体中的原子，由于组成梯度、温度梯度或电场梯度的作用而能够迁移。

D. T. Peterson[27] 提出了衡量电传输提纯的方程，经简化为下式：

$$\ln\frac{C(x,\infty)}{C_0}=\ln\frac{UEl}{D}-\frac{UE}{D}x$$

式中，C_0——杂质的初始浓度；

$C(x,\infty)$——在时间 $t\to\infty$时沿棒长 x 处的杂质浓度；

U——电传输率；

E——电场强度；

D——扩散系数；

I——试棒长度；

x——x 点距试棒端点的距离。

由该方程可知，试棒上 x 处的杂质浓度与 x 成直线关系，$-UE/D$ 是直线的斜率。在某一温度下对于一定的 $U,E,I,UEl/D$ 是一个常数，试棒 x 处的杂质浓度不变。因此在非污染的体系中，为了提高提纯程度，可尽量增长试棒长度，增强电场以及合理选择提纯比 U/D。还必须指出有两个因素影响提纯过程：即周围环境气氛的污染以及电传输试棒的冷端夹头可能有杂质渗入试棒。实践证明，在压力大于 1.33×10^{-7} Pa 时，由于环境气氛或者容器内壁对试棒所造成的污染限制着固态电传输的提纯效果。当系统中的压力小于 1.33×10^{-10} Pa 时，环境的污染作用明显降低。但在这样低的压力下，在电传输要求的温度下，许多金属的蒸气压较高，因此要向系统中引进惰性气体以减少金属的蒸发，但惰性气体中的杂质 O，CO_2，H_2O 以及其他可能污染金属的杂质的分压应低于 1.33×10^{-7} Pa。此外，在试棒末端与电极接触时可能造成杂质的扩散或由于电传输而使试棒被污染。因此，应合理设计电极夹头结构，以防止杂质污染。

电传输所用设备示于图 22.156，图 22.157，电极夹头示于图 22.158。在固态电传输时，将稀土金属试棒固定在正负电极之间，在高真空或惰性气氛下通过直流电将试棒加热到一定温度并保持一定时间，使杂质向试棒两端移动，而金属得以净化，在试棒进行电传输处理后，将两端杂质含量高的部分切除，再进行第二次固态电传输处理，如此再做第三次处理。这样可明显降低金属中杂质含量。表 22.202 中列出了金属钇、钆、铽、镥、铵的固态电传输净化研究的结果[27]。

图 22.156 电传输提纯设备的电极结构照片

A. 阳极端；B. 阴极端；图右侧为试棒

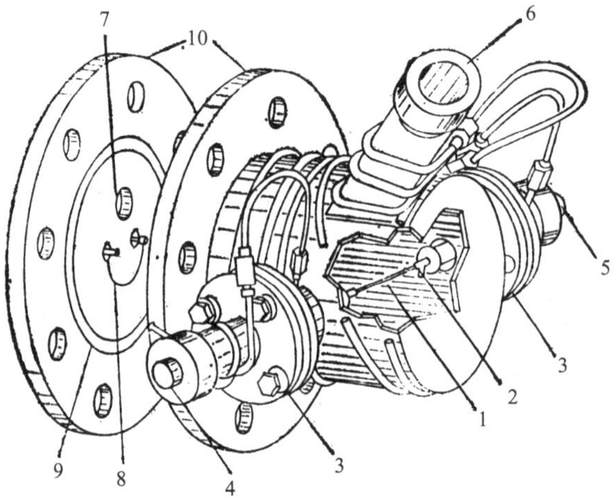

图 22.157　固态电传输设备示意图

1. 钇试棒；2. 钽夹头；3. 绝缘圈；4. 不锈钢阴极；5. 不锈钢阳极；6. 观察孔；7. 真空系统；8. 丝状“吸气剂”；9. 密封圈；10. 连接法兰

图 22.158　固态电传输用电极夹头

表 22.202　电传输提纯钇、钆、铽、镥、钕的研究结果

稀土元素	操作气氛	温度(℃)	时间(h)	原试棒杂质含量(ppm)			原试棒 $R_{300K}/R_{4.2K}$	提纯后试棒杂质含量(ppm)			提纯后试棒 $R_{300K}/R_{4.2K}$
				C	N	O		C	N	O	
Y	氩气	1370	200	NA[1]	510	3330	NA	NA	75	340	
	1.3×10^{-5}Pa	1175	190	100	10	25	12	120	8	60	45
Gd	氦气	1245	150	23	28	81	40	2	0.5	6	405
	超高真空	1100	310	1000	4	500	NA	8		11	175
Tb	超高真空	1050	350	NA	30	380	17.5	NA	15	25	60
	超高真空	1050	550							15[2]	90
Lu	超高真空	1150	168	70	15	475	21	60	6	42	150
Nd	超高真空	860	1237	13	54	45	NA	NA	1	16	116

1)NA 未得到数据；2)根据电阻率确定的 N+O 含量。

2. 钇的电传输提纯

最早研究稀土金属的电传输法提纯的是在钇棒上进行的，所用钇棒的直径为 9.5mm 和 19.1mm。提纯是在静止的氩气气氛下利用电弧熔炼炉的炉体，水冷铜电极夹头，通电流电 300—700A，在 1370℃下电传输提纯 200h，结果使钇棒中的 O、C 含量得到明显降低，而 Fe，Ni，Ti 等也降低了 3—5 倍。O. N. Carlson 等人使用更纯的钇试棒（ϕ0.25cm×12cm）在压力为 2.67×10^{-5} Pa，1175℃下电传输提纯 90 小时后，将阳极与阴极端切除，剩余部分在 1175℃下进行第二次电传输提纯 100h，使钇中的氧、氮含量得到进一步降低。提纯后得到的试棒切割成六段，从阴极到阳极编成 1—6 号，分析各段杂质的含量，其结果列入表 22.203 中。在电传输过程中，O，N 明显地移向阳极端。

表 22.203 电传输提纯后的钇棒的电阻率比值和杂质含量（ppm）

样品	电传输 1175℃，90h				电传输 1175℃，100h			
	R_{300K}/R_{4K}	C	O	N	R_{300K}/R_{4K}	C	O	N
1	37	9	230	8	—	—	—	—
2	33	—	—	—	45	120	90	8
3	22	—	—	—	46	115	125	8
4	18	—	—	—	34	85	170	14
5	15	—	—	—	25	130	725	21
6	9	85	1475	9	—	—	—	—

3. 钆的电传输提纯

D. T. Peterson 和 F. A. Schmidt 在净化了的氦气中，1245℃下用电传输法提纯得到了电阻率比值 $R_{300K}/R_{4.2K}$ 为 405 的金属钆。R. G. Jordan 和 D. W. Jones 在较低的温度下，超高真空中得到了电阻率比值为 175 的金属钆。

4. 铽的电传输提纯

R. G. Jordan 和 D. W. Jones 将蒸馏提纯过的金属铽用电子束悬浮熔炼制成直径为 5mm，长 85mm 的试棒 TbB1，TbB2，TbB3，试棒杂质含量列入表 22.204 中。有关固态电传输提纯过程的详细工艺条件列入表 22.205 中。提纯温度为 1050℃，这一温度是真空下提纯所能采用的最高温度。因为温度再高，铽的蒸气压明显增大，试棒升华损失过多，同时这一温度是在铽的 α-β 相转变温度（1289℃）以下，可以保持铽的单一晶型。升温阶段放出氢、甲烷、二氧化碳、水蒸气、一氧化碳及其他碳氢化物（主要是 C_2H_n 型化合物），但不放出氧。在几十小时后，挥发物的分压可降到 1.33×10^{-9} Pa 以下。试棒 TbB1 电传输处理 150h；试棒 TbB2 做两次提纯处理，即在 150h 处理后，从试棒阴极和阳极端相应切去 5mm 和 11mm，剩余部分再在 1050℃下提纯处理 200h；TbB3 进行三次提纯处理，即在两次处理后从阴极和阳极分别切去 5mm 和 6mm，剩余部分再在 1050℃下提纯处理 200h。

表 22.204　金属铽在电传输提纯前后杂质含量

杂质	试棒杂质含量[ppm(原子)]	
	TbB1，TbB2，TbB3，提纯前	TbB2，经二次提纯
H	455—730	350
N	60—350	180
O	3710—3840	260
Mg	1—6	<3
Al	10—25	20—100
Si	3—7	8—30
Sc	210—550	20—40
Fe	10—100	10
Cu	20	1—7(Ni)
Y	55—60	100
La	10—20	5—30
Ce	2—6	2—10
Pr	6	3—5
Nd	1—2	3—10
Gd	1	1—2
总计	99.43%—99.54at%	99.89%—99.91at%

表 22.205　铽试棒提纯的工艺条件

条件 / 试样	提纯次数	有效长度(mm)	压力(Pa)	时间(h)	温度(℃)	电流密度(A/cm^2)	电场(V/cm)
TbB1(I)	一次处理	66	1.33×10^{-8}	150	1050	610—760	0.17—0.20
TbB2(I)	一次处理	66	6.67×10^{-8}	150	1050	610—760	0.17—0.20
TbB2(II)	二次处理	50	2.67×10^{-8}	200	1050	610—760	
TbB3(I)	一次处理	66	5.33×10^{-9}	150	1050	610—760	0.17—0.20
TbB3(II)	二次处理	50	6.67×10^{-9}	200	1050	610—760	0.17—0.20
TbB3(III)	三次处理	39	2.67×10^{-8}	200	1050	610—760	0.17—0.20

从固态电传输提纯处理的数据可以看出，在固态电传输提纯过程中，氧和氮向阳极迁移，即与电子流动的方向一致。在二次处理后，在样品最纯部分氧含量减少到 260ppm(原子)，有 30mm 长的试棒氧含量低于 0.05at%。在超高真空下进行固态电传输提纯钕，可以得到>99.9at%的金属钕。尽管主要的作用是间隙杂质，特别是氧的重新分布，但是总的说来净化的可能程度是由所使用的原始试棒中所含杂质的量来决定。

5. 镥的固态电传输提纯

D. T. Peterson 和 F. A. Schmidt 在压力为 2.67×10^{-8}Pa，1150℃下提纯处理镥棒 168h，使镥棒的电阻率比值由 21 提高到 150，氧含量降低 10 倍。

6. 钕的固态电传输提纯

D. W. Jones 和 K. A. Gschrneidner 合作用固态电传输法得到了含氧 16ppm，氮 1ppm，电阻率比值为 116 的金属钕。金属镥、铈等都可进行固态电传输处理制取高纯金属。

稀土金属提纯和方法有若干种，其中每种提纯方法都只能对金属中的某些杂质有较显著的提纯效果。在生产实践中，为了尽可能有效地去除金属中的杂质制取高纯金属，除了用纯度尽可能高的金属做原料外，可将几种提纯方法结合起来，发挥各种方法的特点，达到最佳的综合提纯效果。

5.4 稀土中间合金

5.4.1 概述

稀土金属在黑色、有色及稀有金属冶金过程中做为脱氧剂，脱硫剂、变质剂、调质剂以及合金化元素等得到广泛应用。它可改善材料的韧性、加工性能、抗氧化性能、耐腐蚀性能以及其他机械性能、高温性能等。稀土金属常常与其他金属冶炼成合金在冶金过程中应用。这种稀土合金通常称谓稀土中间合金。

稀土中间合金各类繁多，有稀土硅铁合金、稀土硅铁镁合金、稀土硅钙合金、稀土铝合金、钇组重稀土硅铁合金等等。目前大量生产和使用的是轻稀土硅铁中间合金。这种中间合金在球墨铸铁中应用得最为广泛。稀土球墨铸铁稀土镁球墨铸铁、钇组重稀土球墨铸铁、稀土高硅耐酸铸铁等广泛用于各工业部门。

近年来国外已开始大量应用轻稀土硅铁合金。表 22.206 中列出了国外应用的几种轻稀土硅铁合金、稀土铝合金。

表 22.206　稀土硅铁、稀土铝中间合金

牌号	含量(wt%)				备注
	Ln	Al	Si	Fe	
SiR	20—22	—	40—5	30—40	混合轻稀土合金
SiRAl	18—20	10—15	40—50	20—25	混合轻稀土硅铝合金
AlR	25—28	70—78	—	—	混合轻稀土铝合金

我国的稀土硅铁、稀土硅铁镁等中间合金已成为若干种定型产品广泛应用在钢铁、机械制造、石油化工、轻工业、军事工业等国民经济部门。我国一些工厂对稀土硅铁中间合金中的稀土、硅、铁、钛、锰、钙等含量都做了规定(见表 22.207)。

表 22.207　稀土中间合金化学成分(wt%)

牌号	Ln	Si	Fe	Mn	Ca	Ti	Al	Mg
R24	23—24.95	46	27	6	5	4	1	1
R26	25—26.95	45	27	6	5	4	1	1
R28	27—28.95	44	27	6	5	4	1	1
R30	29—30.95	43	27	6	5	4	1	1
R32	31—32.95	42	27	6	5	4	1	1
R34	33—34.95	40	27	6	5	4	1	1
RMg6—7	6—11	44	30—45	3	4	2	1	7—9
RMg6—9	6—11	44	30—45	3	4	2	1	9—12
RMg14—7	14—17	45	23—30	6	5	4	1	7—9
RMg17—7	17—20	45	21—27	6	5	4	1	7—9

5.4.2　冶炼稀土中间合金的原料

火法冶炼稀土中间合金可采用不同的还原剂。根据还原剂的不同可分为金属热还原法、炭还原法和碳化钙硅铁还原法冶炼稀土中间合金,用于金属热还原法的还原剂主要有硅铁合金、硅钙合金、铝等。因工艺不同还原设备各异,可采用电弧炉、矿热炉、感应炉等进行冶炼。冶炼合金所用的原料主要有:①富稀土中贫铁矿经高炉冶炼除去铁、磷后的稀土高炉渣;②稀土精矿和稀土精矿经冶炼除去铁、磷后的稀土精矿渣;③某些稀土化合物,例如氧化物、氢氧化物等。

1. 稀土高炉渣

某些中贫铁矿中含有稀土、铁、铌、磷、氟等有用元素(见表 22.208)。为了从这种矿物中提取稀土,可将富稀土富铌中贫铁矿在高炉中用焦炭还原。还原过程中稀土以铈钙硅石形态进入渣相,铁、磷、铌等化合物被还原进入铁水,从而使稀土

元素与铁、磷、铌等分离，得到稀土高炉渣。用表 22.208 中所列原料冶炼得到的稀土高炉渣的大致成分列入表 22.209 中。这种高炉渣做为冶炼稀土合金的原料再经电弧炉或矿热炉冶炼得到稀土中间合金。稀土高炉渣冶炼的工艺流程如图 22.159。

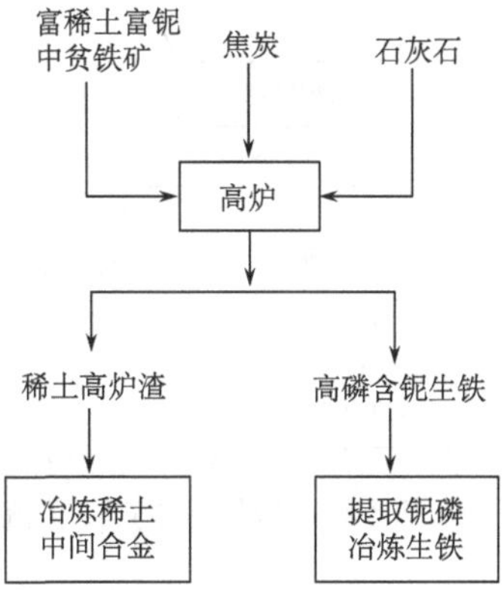

图 22.159　稀土高炉渣冶炼工艺流程简图

表 22.208　富稀土富铌中贫铁矿组分

组分	Ln_2O_3	Fe	SiO_2	CaO	MnO	MgO	P	F	Nb_2O_5
含量,wt%	7—11	24—27	11—13	18—19	1—2	2.5—3	～1.5	～10	0.1—0.14

表 22.209　稀土高炉渣组分

组分	Ln_2O_3	SiO_2	CaO	F	MnO	Fe	碱度
含量,wt%	11—13	21—22	38—40	12—13	<2	<1	2

2. 稀土精矿与稀土精矿渣

不同品位的稀土精矿含 Ln_2O_3 为 15%—70%。表 22.210 中列出了不同品位稀土精矿的大致成分。在冶炼稀土中间合金时可根据对合金中稀土含量的要求选用稀土含量不同的稀土精矿做原料。稀土精矿可直接用于冶炼合金，但是由于稀土精矿中含有大量的铁、磷等，直接冶炼出的稀土中间合金中含杂质较多，易于粉化，而且影响合金中的稀土含量的提高，冶炼过程的电耗较高，生产效率较低。因此，精矿需在高炉或电炉中脱铁得到稀土精矿脱铁渣，再用这种渣做原料冶炼稀土中间合金。稀土精矿脱渣的生产工艺流程如图 22.160。

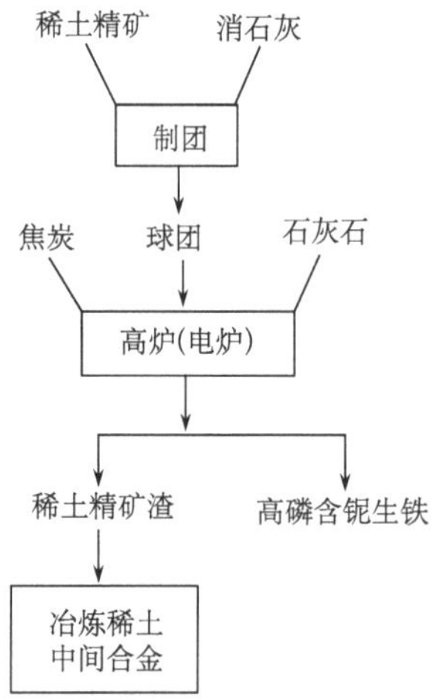

图 22.160　稀土精矿脱铁渣生产工艺流程简图

用表 22.210 中含 Ln_2O_3 为 15%—25%的精矿做原料，在高炉中冶炼除铁得到的稀土精矿渣，其成分如表 22.211 所示。精矿胶铁渣中 CaO 含量为 50%—60%，其中有相当多的钙是以 CaF_2 形式存在，在冶炼过程中应考虑与 F 结合的这部分钙。

表 22.210　稀土精矿成分(wt%)

精矿	Ln_2O_3	CaO	F	P_2O_5	Fe	SiO_2	MnO	Nb_2O_3
1	15—25	22—23	14—15	4—5	18—20	3	1.5—2	0.1
2	30—35	12—14	8—9	8—9	10—14	1	0.6—0.8	0.1
3	55—60	5.5—7	7—8	5—7	4.5—6.5	1	0.1—0.2	0.1
4	70—71	0.1—0.15	4—6	10—11	1.5	1	0.1—0.2	0.1

表 22.211　稀土精矿渣成分

成分	Ln_2O_3	SiO_2	CaO	F	Fe	Nb_2O_5	MnO	ThO_2
含量，wt%	17—18.5	7—9	50—60	12—13	0.1—0.3	0.05—0.07	0.3—0.4	0.12—0.14

3. 某些稀土化合物

某些稀土化合物，例如氧化物、氢氧化物、碳酸盐等均可用来生产稀土中间合金。这些稀土化合物含杂质少，稀土元素的成分可根据要求来控制。在冶炼某些特殊要求的稀土中间合金时常常使用这些化合物，例如冶炼镧硅、钇组重稀土硅铁中间合金等。但这种原料较上述两种原料价格高。

5.4.3 金属热还原法冶炼稀土中间合金

稀土中间合金可在高温下用硅铁、硅钙、铝等还原稀土高炉渣、稀土精矿或稀土精矿渣或稀土各种化合物来制取。

1. 还原机理

稀土炉渣一般是由枪晶石 $3CaO \cdot 2SiO_2 \cdot CaF_2$、铈钙硅石 $3CaO \cdot 2SiO_2 \cdot Ln_xO_y$、萤石 CaF_2 和硫化钙 CaS 组成。稀土元素在渣中是以较为复杂的化合物形态存在。下面以硅铁还原稀土炉渣生产稀土硅铁合金为例概述金属热还原法制取稀土中间合金的机理。稀土炉渣的还原过程可分为三个阶段：

a. 炉渣熔化

稀土炉渣与石灰相混合加入炉内熔化。当温度达到 1240—1300℃时，炉渣中的铈钙硅石和枪晶石与石灰反应生成铈针石(稀土氧化物)、萤石以及硅酸二钙，而原来炉渣中之萤石和硫化钙仍保留不变。其反应式为：

$$3CaO \cdot Ln_xO_y \cdot 2SiO_2 + CaO \longrightarrow Ln_xO_y + 2(2CaO \cdot SiO_2),$$

$$3CaO \cdot CaF_2 \cdot 2SiO_2 + CaO \longrightarrow CaF_2 + 2(2CaO \cdot SiO_2)。$$

总的反应为：

$$3CaO \cdot CaF_2 \cdot 2SiO_2 + 3CaO \cdot Ln_xO_y \cdot 2SiO_2 + 2CaO \longrightarrow 4(2CaO \cdot SiO_2) + Ln_xO_y + CaF_2。$$

b. 硅铁还原

炉料大部分熔化并发生反应后，加入硅铁还原，继续升温至 1350—1370℃。此时硅铁熔化，与炉料中的铈针石 Ln_xO_y 反应生成稀土硅化物，形成稀土硅铁合金。

$$2Ln_2O_3 + 4[Si]_{Fe} + 3Si \longrightarrow 4[LnSi]_{Fe} + 3SiO_2$$

炉渣中的 CaO 和 $2CaO \cdot SiO_2$ 与硅铁作用生成硅钙合金。一部分硅钙合金还原 Ln_xO_y 生成稀土硅化物，与其余的硅钙、硅铁形成较稳定的多元合金。

$$2(2CaO \cdot SiO_2) + 3[Si]_{Fe} = 2CaSi + 3Fe + 2(CaO \cdot SiO_2) + SiO_2,$$

$$\Delta F^0_{1400℃} = -370.3kJ,$$

$$2CaO + 3[Si]_{Fe} = 2CaSi + SiO_2 + 3Fe。$$

在高温下硅钙解离为 Ca+Si，与稀土氧化物作用：

$$La_2O_3 + 3Ca + 2Si = 2LaSi + 3CaO,$$

$$\Delta F^0_{1400℃} = -365.7kJ。$$

生成的 LaSi 溶于硅铁合金更有利于反应的进行，生成稀土硅铁合金。随着温度的升高，炉料中的石灰继续与硅酸二钙作用生成硅酸三钙：

$$2CaO \cdot SiO_2 + CaO = 3CaO \cdot SiO_2$$

渣中的 CaF_2 在高温下与 SiO_2 作用生成 SiF_4,其反应如下:

$$2CaF_2+3SiO_2=SiF_4\uparrow+2(CaO\cdot SiO_2)。$$

稀土炉渣中的铁以 $2FeO\cdot SiO_2$ 形式存在,锰以 $MnO\cdot SiO_2$ 形式存在。在有 CaO 存在时,

$$2FeO\cdot SiO_2+2CaO=2CaO\cdot SiO_2+2FeO,$$

$$MnO\cdot SiO_2+2CaO=2CaO\cdot SiO_2+MnO,$$

生成的 FeO 和 MnO 再被还原成为金属进入合金。

c. 合金与渣分离

反应末期提高温度,使反应继续进行,同时使反应得到的合金能够有充分的时间得以凝聚沉降与渣分离得到稀土硅铁合金。

2. 稀土硅铁合金的物理化学特性

目前生产的稀土硅铁中间合金一般含稀土金属 4%—35%,硅 35%—46%以及铁、钛等杂质。由于各稀土元素与氧的亲合力不同,所以在冶炼过程中,原料中的各稀土成分并不完全按原料中的比例被还原进入合金。稀土合金中的各稀土组分与原料中的稀土组分相比有所变化,镧的含量明显降低,而钕的含量却有提高。例如用稀土炉渣做原料还原得到的稀土中间合金含稀土金属 4%—35%,其中各稀土组分为(%):

La10—15,Ce37—42,Pr4—6,Nd21—25,
Sm1.7—2.5,Gd0.3—0.45,Y0.08,
Eu,Dy,Tb,Yb 微量。

然而,稀土炉渣中的各稀土组分按氧化物计为:La_2O_3 22%—25%,CeO_2 45%—55%,Nd_2O_3 15%—17%。

稀土中间合金呈灰白色,带有金属光泽,坚硬而性脆。合金含稀土金属 17%—25%,Si37%—41%时,其熔点为 1072—1089℃,假比重 4.57—4.8g/cm^3。

3. 冶炼工艺条件和操作

以硅铁还原为例简述合金的冶炼工艺条件和操作要求。

工业上金属热还原法冶炼稀土硅铁合金一般使用电弧炉、感应炉等设备。

影响稀土硅铁中间合金冶炼过程的主要因素。

a. 炉渣碱度

为冶炼出合于要求的稀土硅铁合金,提高稀土收率,在生产过程中要严格控制炉料中 CaO 和 SiO_2 的重量比——碱度。碱度过高则石灰用量与电耗增加,炉料中的稀土含量降低,炉渣黏度增加,合金与渣难以分离,稀土收率降低。碱度过低则降低了硅铁还原稀土氧化物的能力,稀土硅铁合金中的稀土含量降低,稀土收率

降低。由于原料中含有 CaF_2，因此在计算碱度时应从炉渣的 CaO 总含量中扣除由 CaF_2 折成的 CaO 量，这样计算得到的碱度称为自由碱度。一般配料的自由碱度以 3.0—3.5 为好。

配料的自由碱度可按下式计算：

$$\text{配料自由碱度}=\frac{A(\mathrm{CaO}-1.473\mathrm{Fe})+B\mathrm{CaO}'}{A\mathrm{SiO_2}+B\mathrm{SiO_2}'},$$

式中，A——稀土富渣量，kg；

B——石灰量，kg；

CaO，SiO_2，Fe 分别为渣中 CaO，SiO_2，Fe 的含量（%）；

CaO′，SiO_2′分别为石灰中 CaO，SiO_2 的含量（%）；

1.473 为 Fe 换算成相应的 CaO 量的换算系数。

配料自由碱度不包括硅铁还原稀土氧化物后产出的 SiO_2 量。所以冶炼后产出的二次渣的自由碱度一般为 2.6—3.0 左右。在冶炼过程中应分析二次渣中的成分来校对配料的自由碱度。

b. 渣铁比

稀土合金冶炼过程中加入炉内的稀土高炉渣与硅铁的重量比称为渣铁比。渣铁比的大小影响冶炼过程的稀土收率和合金中的稀土含量。在适当的碱度下，渣铁比增加，合金中的稀土含量增高，但稀土收率降低，冶炼后的炉渣中稀土含量增加；渣铁比减小，则稀土收率增加，冶炼后炉渣中的稀土含量降低，但稀土合金中的稀土含量降低。因此，渣铁比应按拟生产的稀土合金的品种来计算，选择合理的数值。渣铁比按下式计算：

$$\text{渣铁比}=\frac{A}{C}$$

式中 A 是冶炼过程中稀土高炉渣的用量；C 是硅铁用量。

稀土高炉渣和合金中的稀土含量间的关系可用下式表示：

$$A\cdot(\mathrm{Ln})=\frac{c\cdot g\cdot[\mathrm{Ln}]}{f};\frac{A}{C}=\frac{[\mathrm{Ln}]\cdot g}{(\mathrm{Ln})\cdot f}$$

式中，g——合金率，即制得的稀土合金量与硅铁用量之比；

(Ln)——稀土高炉渣中稀土氧化物的含量（%）；

[Ln]——合金中的稀土按氧化物计量（%）；

f——稀土收率（%）。

由稀土高炉渣冶炼含稀土金属 25%的稀土合金，稀土收率为 60%—70%，合金率为 1.1—1.2。冶炼时根据对合金品位的要求计算出渣铁比，再根据炉子的容量计算出各成分的加入量。

c. 温度

还原温度是硅铁还原稀土精矿或富渣冶炼稀土合金的重要因素。高碱度低温冶炼对还原有利。在适宜的碱度下冶炼稀土合金，若温度过高，稀土在渣中的损失增加，稀土收率降低；而温度过低，则还原速度减慢，渣的黏度增加，影响合金的凝聚以及与渣的分离，稀土收率降低。生产过程中一般还原温度 1300—1350℃，合金出炉温度 1350—1400℃为好。

d. 搅拌

炉料各成分的比重相差很大。例如：稀土高炉渣的比重为 2.6g/cm^3，硅铁的比重为 3.3g/cm^3，而且随着硅铁中稀土量的增加，比重逐渐增加，稀土硅铁合金的比重达 4.6g/cm^3。为使还原剂与炉渣充分接触，加快反应，必须进行搅拌。采用机械搅拌或压缩空气搅拌均可。

金属热还原法生产稀土中间合金国内外已进行了多方面的研究，并且已大量生产这种中间合金。目前多采用硅铁、硅钙或铝做还原剂进行还原。

4. 硅铁、硅钙还原冶炼稀土中间合金

以硅铁合金（含 Si75％左右）做还原剂；并在炉料中配以适量的石灰等助熔剂可冶炼出高品位、低品位稀土硅铁合金，稀土硅铁镁合金，低钛稀土硅铁合金等。以硅钙合金做还原剂则可冶炼出各种稀土硅钙合金。

例如，E. Pfluger 在碳衬里的低频感应炉中加热熔化硅钙合金后再将稀土原料加到其中，在 1300—1400℃下反应 25 分钟得到稀土合金。炉料配比：硅钙合金（含 42％ Ca，52％ Si，5％ Fe）110 份；稀土精矿（氟碳铈镧矿浮选产品，含 Ln_2O_3 90％，低 P，粒度＜0.15mm）60 份；石英砂（粒度＜1mm）10 份。稀土金属收率 86.8％，稀土合金含 Ln33.8％，Ca15.6％，Si45.6％，Fe30％，R. B. Herchenroeder 在电渣炉中用硅钙合金还原氧化镧制得了含 La52.89％，Ca5.37％，Si32.70％的镧硅中间合金。C. H. Sump 用硅钙合金还原稀土氧化物制取稀土中间合金。在此过程中添加了锰铁，制得了含 Ln34％，Mn16％，Ca6％，Fe5％，C0.16％，Si 余量的合金。这种合金熔点较低，加到钢水和铁水中易于被吸收。W. Bungardt 等人用含磷的稀土精矿做原料，以硅钙合金做还原剂，冶炼得到的产品（含 Ln35％，Si47％，Ca1％），置于空气中粉化成为颗粒状合金。I. S. Hirschhorn 在冶炼过程中加入了适量的钢屑，制得了不粉化的稀土合金（含 Ln30.2％，Si28.9％，Fe40.2％，Ca0.9％）。

5. 铝还原制取稀土中间合金

以铝做还原剂可生产含稀土金属 40％—60％的中间合金。这种稀土中间合金含杂质较少，可用于钢、铝合金、镁合金及其他合金中。稀土铝合金可以在电炉中用铝还原稀土炉渣、稀土精矿或其他稀土化合物而制得。由于铝的比重较小，在炉料熔化后铝易于浮在炉料表面，因此应将铝压到炉料下面，使其与炉料接触，避

免烧损。随着还原的进行,铝中的稀土含量逐渐增加,合金比重逐渐增大而慢慢下沉。例如含稀土金属 40%—50%、铝 42%—53%的稀土铝合金,其熔点大约为 800—850℃,合金比重 3.5—3.9g/cm^3。

以稀土氧化物、氢氧化物、精矿脱铁渣等做原料冶炼稀土铝合金可根据原料的特性配入适量的石灰与萤石,降低渣的黏度和比重、增加熔体的流动性,改善渣与合金的分离。用稀土氧化物冶炼得到的稀土铝合金大致成分(%):Ln50—60,Si<2.5,Fe<3,C<0.3,Al 余量[3]。

为了增加合金的比重,促进还原反应的进行,在还原过程中除了铝外还可添加部分硅铁。E. Morrice 和 J. D. Marchant 用铝和硅铁在 1600℃下还原稀土氧化物制得了稀土铝中间合金(含 Ln46%,Si46%,Fe8.9%,Al3.2%)。

5.4.4 碳还原冶炼稀土中间合金

碳还原冶炼稀土中间合金是将稀土精矿渣、稀土高炉渣或其他稀土化合物等与硅石、石灰、钢屑相混合,配以焦炭、木炭等做还原剂在矿热炉或电弧炉中高温下还原制取稀土中间合金。此法工艺流程较短,可连续操作,适于冶炼低品位稀土中间合金。

1. 还原机理

碳还原冶炼稀土合金发生如下反应。

a. 生成硅铁

硅石与固体碳反应生成硅

$$SiO_2+2C=Si+2CO\uparrow$$

该反应的 $\Delta F_T^0=686887-379.45T$[29]

由此计算得到反应的开始温度为 1537℃. 当有铁存在时,由于生成硅铁合金,反应就容易进行得多。

$$Fe_l+Si_l=FeSi_l\text{(在高温范围内)}$$

其自由能变化 $\Delta F_T^0=-119244-2.68\ T$

由于炉料中有过剩的铁,二氧化硅与铁和碳作用:

$$SiO_2+Fe+2C=FeSi+2CO\uparrow$$

b. 生成硅钙

原料中的 CaO 被还原生成硅钙合金

$$CaO+2SiO_2+5C=Ca+2Si+5CO\uparrow$$

其反应的自由能变化 $\Delta F_T^0=2039972-1032.7T$[29],

反应开始温度为 1702℃。由于有硅钙合金生成,所以开始反应温度要低一些。

$$CaO+2SiO_2+5C=[CaSi_2]+5CO\uparrow$$

$$\Delta F_{I}^{0}=1889243-1020.0\,T,$$

按上式反应计算得到的反应开始温度为1580℃。

c. 生成稀土硅化物

稀土化合物被硅铁、硅钙还原生成稀土硅化物，与铁作用生成稀土硅铁合金。SiO_2 与 CaO 作用生成炉渣：

$$2CaO+SiO_2=2CaO\cdot SiO_2$$

$\Delta F_{T}^{0}=-144348-13.8T$，反应开始温度为1018℃。

d. 其他反应

冶炼过程中，特别当还原剂过量时，有可能产生碳化硅、碳化钙、碳化稀土。这种高熔点碳化物有时堆积在炉底使炉底结瘤，影响炉子正常操作。例如：

$$SiO_2+3C=SiC+2CO\uparrow$$

但在操作温度下，SiC 会被铁破坏生成硅铁合金：

$$SiC+Fe=FeSi+C$$

石灰与碳作用生成碳化钙，在炉料中添加硅石可除去碳化物：

$$2SiO_2+2C+CaC_2=Ca+2Si+4CO\uparrow$$

稀土化合物与碳作用生成稀土碳化物，例如：

$$CeO_2+5C=CeC_3+2CO\uparrow$$

2. 碳还原冶炼稀土中间合金的工艺条件与操作

将稀土高炉渣或稀土精矿等稀土原料与硅石、石灰、焦炭以及钢屑按一定量混匀后加入矿热炉内进行冶炼。冶炼过程中要注意炉子工作电压、电流，加料量要准确、要做到少加勤加，保持一定厚度的料层，保持料层有良好的透气性。当炉内冶炼出一定量合金后，从炉下部出料口将合金与炉渣放入合金罐，炉渣从合金罐上部溢流出，合金留在罐内。扒去罐上部少量渣得到稀土硅铁合金。用稀土含量不同的原料可冶炼出稀土含量不同的稀土硅铁合金。例如，用含 Ln_2O_3 12.94%的稀土高炉渣冶炼出含稀土金属17.93%的合金。

例如 J. O. Staggers 将1000磅的氟碳铈镧精矿(含 Ln_2O_3 88%，碱土金属氧化物12%)，100磅 $BaCO_3$ 和50磅 $SrCO_3$ 混匀制成团块，在125V，8000—8500kW的电炉中进行还原。炉料配比(以磅计)：精矿团块480，石英砂500，石灰石100，钢屑50，低灰分煤390，木屑400。制得的合金含(%)：Ln31.2，Si39.7，Ba2.3，Ca4.5，Sr2，Fe18.8。

在合金出炉时，炉外配镁可制得稀土硅铁镁合金。如果在冶炼合金的配料中增加石灰的加入量，可冶炼出稀土硅钙铁合金。制得的合金中钙含量可达16%—18%。

5.4.5 碳化钙-硅铁还原冶炼稀土中间合金

1. 还原机理

含稀土的原料可以用碳化钙、硅铁还原冶炼出稀土硅铁合金。将稀土原料、工业电石、硅铁（含 Si75%）和硅石按一定比例配料混匀后，在电弧炉中 1700—1800℃下还原制得稀土中间合金。在电弧炉条件下还原过程中发生如下的反应：

碳化钙与硅铁作用生成硅钙合金：

$$CaC_2+3[Si]_{Fe}=2SiC+SiCa, \Delta F_T^0=260956-121.3T。$$

当 $\Delta F_T^0=0$ 时，开始反应温度为 1616℃。反应生成的 SiC 与 SiO_2 作用生成硅铁合金：

$$2SiC+SiO_2=3[Si]_{Fe}+2CO\uparrow, \Delta F_T^0=733581-397.5T。$$

当 $\Delta F_T^0=0$ 时，开始反应温度为 1573℃。

生成 SiCa 合金的最终反应是

$$CaC_2+SiO_2=SiCa+2CO\uparrow, \Delta F_T^0=994620-518.8T。$$

$\Delta F^0=0$ 时，反应开始温度为 1644℃。

稀土氧化物与硅铁、硅钙反应生成稀土硅化物。稀土硅化物与铁钙结合形成稳定的多元化合物。还原产生的 SiO_2 和 CaO 作用生成 $2CaO \cdot SiO_2$。

2. 冶炼工艺条件与操作

(1) 碳化钙-硅热还原法制取钇组稀土合金

钇组稀土硅铁钙合金是一种新型球化剂，它在大断面球铁铸件，例如轧辊、曲轴以及在球铁焊接等方面应用效果较好。

冶炼钇组稀土合金的原料是混合钇组稀土氧化物，其中含 $Ln_xO_y>80\%$，Y_2O_3 占 Ln_xO_y 中的 45%以上，还原剂 用工业碳化钙及含硅 75%的硅铁合金。助熔剂用硅石及少量石灰和萤石。冶炼合金的炉料配比可根据对合金成分的要求，选择合理的 $Ca+Si/Ln_2O_3$ 和 Ca/Si 比来进行计算。这里的 Ln_2O_3 为原料中的稀土氧化物含量；Si 为硅石中的硅含量；Ca 为碳化钙中的钙含量。在电弧炉中此法还原钇组稀土氧化物可制得含 Ln15%—40%，Si26%—45%，Ca2%—10%，其余为铁的钇组稀土硅铁钙合金。冶炼过程的稀土一次收率为 65%—75%。

(2) 碳化钙-硅热法还原稀土精矿冶炼高品位轻稀土硅铁合金

将稀土精矿制成团块与电石混合加入炉内，待熔化完毕后添加硅铁还原可制得轻稀土硅铁合金。此法还原含 Ln_xO_y30%—40%的稀土精矿可冶炼出含稀土 30%—35%的稀土硅铁合金，稀土一次收率 66%—81%。R. Kallenbach 用稀土氧化物或相应成分的稀土盐类（占炉料的 20%—45%），硅或相应硅含量的硅铁（占炉料的 15%—65%，硅铁中 Si>30%）和碳化钙（占炉料的 15%—40%）做炉料，配以适量的碱土金属氧化物或氟化物做助熔剂，在电弧炉中加热到 1200—1800℃还原得到成分均匀的合金。制得的合金含 Si25%—35%，Ln+Fe45%—65%，Ca 的最高含量达 10%。

总之，稀土中间合金种类多，用途广，生产方法也各不相同。生产实践中可根据对稀土中间合金的要求，选用不同的原料、合理的工艺流程，生产出廉价的稀土中间合金。

稀土中间合金除了可采用上述熔盐电解法和热还原法制备外，还可用对掺法来生产。对掺法是将合金组元与稀土金属按要求配比，在炉子内按一定的工艺条件加热熔化形成中间合金。此法比较简单，且生产的中间合金量较少，这里不再赘述。

参 考 文 献

[1] W. Hamer, M. Malmbery, B. Rubin, J. Electrochem. Soc., 103, 8(1956).

[2] A. J. Bard(Ed), Encyclopedia of Electrochemistry of the Element Vol. 4, chapter 2(1976), Marcel Dekker, INC, New York and Basel.

[3] 稀土编辑组，稀土，下册，冶金工业出版社(1978).

[4] 中山大学金属系，稀土物理化学常数，冶金工业出版社(1978).

[5] Ю. В. байжаков, М. М. Вемюков, "Электролиз расплавленных солей", изд. металлургиишп163(1966).

[6] A. S. Dworkin, J. Phy. Chem 67, 1145(1963).

[7] K. Reinhardt, C. Herget, Chemischmetall und Cereisen from Humanns Encyklopädia der Technischem Chemie 4. Neuhearbeitete and erweitere Auflage. Bandg. Verlag Chemie. GmbH, D-6940 Weinheim (1975).

[8] D. Dobos, Electrochemical Data, Elseiet Scientific Publishing Company Amsterdam-Qxford-New York, 65—68(1975).

[9] 盐川二朗，粟田隆夫等，电氣化学，36，142(1968).

[10] T. A. Henrice, E. Morrice. J. Metals, 9, 1207(1966).

[11] LeRoy Eyring(ed) Progress in the Science and Technology of the Rare Earth, Vol. 2, Pergaman Press (1966).

[12] E. Morrice, E. S. Shedd, M. M. Wong, T. A. Henrie, J. Melals, 1. 36(1969).

[13] E. Morrice, E. S. Shedd, T. A. Henrie, Derect Erectrolysis of Rare Earth Oxide to Metals and Alloys in Fluorides Melts, Bureau of Mines Rept. of Inv. 7146(1968).

[14] A. H. Зешкмаи, металлургия редкозеиельных металлов тория и урана Госхимиздат (1960).

[15] Robet C. Weast (Ed), Handbook of Chemistry and Physics, 58 CRC Press(1978).

[16] Morianty., John L. Jr, J. Metals, 20, 41(1968).

[17] J. J. Croat, Report IS-T-346 from Ames Lab.-ERDA, Iowa State University.

[18] C. E. Habermann, A. H. Daane, P. E. Palmer, Transactions of the Metallurgical Society of AlME, 233 (6), 1039(1965).

[19] Г. Г. Гвелесиани, Д. И. Баядавадзе, Сообщ. АН ГССР, 41(2)(1966).

[20] Г. Г. Гвелесиани , А. А. Надирадзе , Иэб АН ЕССР, Металлы, 1967, (1).

[21] В. И. Михеева , М. Е. Кост, Успехu химии 29, 1, 55—71(1960).

[22] E. J. Wheelwright, Preparation of Pm147 Metal and Determination of density and Melting polnt, in Proceeding of the 8th Rare Earth Research Conference" Vol. II, 557—567, (1970). Ed. by Thomas A, R. E. Henrie.

[23] U. Berndt, B. Erdmann, C. Keller: Platinum Metals Review, 18(1), 29—34, (1974).

[24] A. J. Martin, Vacuum, VII and VIII, 38—45(1959).

[25] Dushman, Saul, Scientific Foundation of Vacuum Technique, John Wiley and Sons, Inc.. New York, 20, 98—99(1955).

[26] T. R. A. Davey, Trans. AlME, 197, 991—997(1953).

[27] O. N. Carlson, F. A. Schmidt, D. T. Peterson, Proceedings of the 10th Rare Earth Research Conference, 2, 701—709(1973).

[28] O. N. Carlson, F. A. Schmidt, Proceedings of the 12th Rare Earth Research Conference, 1, 460—469 (1976).

[29] В. Л. Елютин и т. д. , Ферросплавы , металлургиздат. (1951).

无机化学丛书·典藏版

第八卷

钛分族 申泮文 车云霞
钒分族 罗裕基
铬分族 顾翼东 谢高阳
宋 沉 金松林

科学出版社
北京

内 容 简 介

本书是《无机化学丛书》第八卷，丛书第 23，24，25 专题，分别叙述了钛分族、钒分族、铬分族的无机化学，系统地介绍了这些元素的存在形式、制备、物理和化学性质、分析方法，并分别讨论了它们的化合物的性质、用途及合成方法。可供高等院校师生及从事化学领域研究的科技工作者参考。

图书在版编目（CIP）数据

无机化学丛书：典藏版/张青莲主编. —北京：科学出版社，2018.1

ISBN 978-7-03-056380-4

Ⅰ. 无… Ⅱ. 张… Ⅲ. 无机化学–丛书 Ⅳ. O61-51

中国版本图书馆 CIP 数据核字（2018）第 012426 号

责任编辑：胡华强 杨 震 / 责任校对：钟 洋

责任印制：赵 博 / 封面设计：王 浩

科 学 出 版 社 出版

北京东黄城根北街 16 号

邮政编码：100717

http://www.sciencep.com

北京厚诚则铭印刷科技有限公司印刷

科学出版社发行 各地新华书店经销

*

2018 年 1 月第 一 版 开本：720 × 1000 B5

2018 年 1 月第一次印刷 印张：29 1/2

字数：572 000

定价：998.00 元（全 10 册）

（如有印装质量问题，我社负责调换）

《无机化学丛书·典藏版》书目

第一卷　1. 稀有气体　2. 氢　3. 碱金属

第二卷　4. 铍　5. 碱土金属　6. 硼　7. 铝　8. 镓分族

第三卷　9. 碳　10. 硅　11. 锗分族

第四卷　12. 氮　13. 磷　14. 砷分族

第五卷　15. 氧　16. 硫　17. 硒分族

第六卷　18. 卤素　19. 铜分族　20. 锌分族

第七卷　21. 钪　22. 稀土元素

第八卷　23. 钛分族　24. 钒分族　25. 铬分族

第九卷　26. 锰分族　27. 铁系　28. 铂系

第十卷　29. 锕系　30. 锕系后元素

《无机化学丛书》序

无机化学是化学科学的一个重要分支,也是最早发展起来的一门化学分支学科。无机化学研究的对象是周期系中各种元素及其化合物,不包括碳氢化合物及其衍生物。二十世纪中叶以来,无机化学又进入了新的发展阶段。这是和许多新的科学技术领域,如原子能工业、空间科学技术、使用半导体材料的通信和计算技术等的兴起密切相关的。这些科技部门要求人们利用无机化学的理论去探索和研制种种具有特殊性能的新材料,研究极端条件下物质的性质和反应机理,以及提出新的无机物生产的工艺流程。与此同时,现代物理学、生命科学、地质科学以及理论化学的新进展等因素也都在日益推动着无机化学的发展进程。

我国在解放前缺少与无机化学有关的工业基础,因此无机化学人才培养得较少,科学研究工作的基础也比较薄弱。解放后我国无机化学虽然有了很大发展,但仍比较落后。为了扭转这种局面,加速无机化学科学人员的培养和提高,促使教学和研究工作的迅速发展,以及为了解决我国丰富的矿产资源的综合利用、新型材料的合成、无机化学新观点和新理论的提出等问题,有必要编辑出版一套中型的无机化学参考书。为此,科学出版社和中国化学会共同组织了《无机化学丛书》编辑委员会主持本丛书的编写工作。经过多次讨论和协商、拟订了丛书的编辑计划和写作大纲,确定丛书分十八卷,共四十一个专题,从 1982 年起陆续出版。全丛书共约六百余万字,前十卷为各族元素分论,后八卷为无机化学若干重要领域的专论。

本丛书适合高等学校教师、高年级学生和研究生、科学研究人员和工程技术人员参阅。编委会谒诚欢迎广大读者对本书的内容提出宝贵的意见,以便在再版时加以修改。

《无机化学丛书》编委会

1982 年 9 月

前　言

《无机化学丛书》第八卷包括三个专题：钛分族、钒分族和铬分族。各分族的内容，都叙述了各金属元素及其化合物，从产源、提取、纯制、性质、结构、反应性能以至各种应用。章末附有参考文献，以便进一步查阅资料。

钛分族由申泮文(南开大学教授)和车云霞(南开大学副教授)撰写，严宣申(北京大学教授)审阅；钒分族由罗裕基(中山大学副教授)撰写，顾翼东(复旦大学教授)、宋沅(复旦大学副教授)审阅。严宣申对这两个专题作了统稿。铬分族由顾翼东、谢高阳(复旦大学教授)、金松林(复旦大学副教授)、宋沅撰写，金若水、朱思三、蔡瑞芳(复旦大学副教授)撰写了其中部分内容，严宣申审阅，谢高阳统稿。

本卷论述的九种金属，都在工业上有着重要用途，而多数为我国丰产元素，故此书的问世，将对我国丰富资源的开发利用和国民经济的建设发展，起着应有的作用。

作者学识有限，以致书中缺点错误难免，希望读者批评指正。

作　者

1991 年 9 月于天津、广州、上海

目　录

23. 钛　分　族

24. 钒　分　族

25. 铬　分　族

23. 钛分族

23.1 钛

1.1 元素和单质金属

1.1.1 概述

钛是地壳中含量最丰富的元素之一，在所有元素中丰度占第 9 位。在金属元素中丰度占第 4 位，即仅次于铝、铁和镁，丰度约为 0.6%(重量)。

钛资源在全世界有很广的分布，主要资源国有巴西、加拿大、挪威、印度、澳大利亚和南非。国外已探明的总储量为 7 亿—8 亿吨(以钛计)。其中钛铁矿约 5.5 亿吨(以钛计)，天然金红石 1.5 亿吨(以钛计)。我国已探明的钛资源以品位较低的原生矿和海滨砂矿为主，并有工业规模的海绵钛和钛白 TiO_2 的生产，但生产规模和技术水平尚处于开始阶段。

钛及其合金因有比重轻、强度高、耐腐蚀、耐高温等优异性能，广泛用于航天、航空、航海设施、化工、冶金、发电、医药等领域。钛的重要化合物金红石型钛白是用途广泛的白色颜料，用于油漆、搪瓷和电焊条等生产，在 1980 年世界钛白的总产量为 294 万吨，钛矿物产量约 90%用于生产钛白。所以钛资源和钛产品的工业生产在近代工业技术中占有重要位置，使钛成为元素周期表中重要元素之一。

1.1.2 发现史

元素钛是英国传教士 William Gregor 在 1791 年发现的，他业余从事化学研究，在分析来自 Cornwall 地方的一种黑色砂矿(钛铁矿)时宣称其中有一种新元素。四年后，德国化学家 Klaproth 在金红石矿物中再一次发现了此元素。他把这个元素定名为 Titanium(钛)，是以希腊神话中大地之子 Titan 的名字来命名的。汉文名称钛是按原文字首的音译而定名的，与它的缩写符号 Ti 读音一致。

1.1.3 存在和资源分布

钛总是存在于火成岩中和来自火成岩的沉积物中，在宇宙空间中钛也存在于太阳、星体和陨石中。在地壳中的主要矿物有两类，即钛铁矿($FeTiO_3$)和金红石(TiO_2)。钛铁矿以黑色砂矿的形式广泛分布在海滩上，并且是钛的主要资源。金红石矿较不常见，但在澳大利亚和塞拉利昂有金红石矿的工业开采。

其他含钛的矿物尚有钛磁铁矿 $Fe_3O_4(Ti)$，褐硅钠矿 $Na_2(TiO_2)_2Si_2O_7$，榍石

矿 $CaTiSiO_5$，闪叶石 $(Ba,Sr,K)Na(Ti,Fe)TiSi_2(O,OH,F)_9$，蓝锥矿 $BaTiSi_3O_7$，硼酸铁矿 $(Mg,Fe)_3TiB_2O_8$，陨氮钛石矿 TiN 和钙钛矿 $CaTiO_3$。所有这些矿物的晶相结构都已被详细研究过，有兴趣者可参阅 P. Pascal，Nouveau Traité de Chimie Minérale，Tom 9，Masson，Paris，1963，p. 7。

1980 年国外钛资源储量汇列在表 23.1 中，1979 年西方国家的钛矿产量列在表 23.2 中。

表 23.1 1980 年国外铁矿储量（万吨钛，括号内为所占%）

洲别	国别	钛铁矿			金红石		
		储量	资源	合计	储量	资源	合计
北美洲	加拿大	4459(22%)	3367	7826(14%)	—	18.2	18.2
	哥斯达黎加	—	91	91	—	—	—
	美国	1547(7.7%)	7189	8736(16%)	91	692	783(5%)
	墨西哥	—	—	—	—	264	264
	合计	6006	10647	16653	91	974	1065
南美洲	阿根廷	—	91	91	—	—	—
	巴西	91	182	273	5460(74%)	3640	9100(59%)
	乌拉圭	—	182	182	—	<5	<5
	合计	91	455	546	5460	3640	9100
欧洲	芬兰	273	91	364	—	—	—
	挪威	3640(18%)	455	4095(7.5%)	—	—	—
	前苏联	364(1.8%)	1456	1820	146	136.0	282
	意大利	—	—	—	246(3.3%)	409.5	655
	合计	4277	2002	6279	392	546	938
非洲	莫桑比克	—	1183	1183	—	109	109
	塞内加尔	—	182	182	—	9.1	9.1
	南非	3003(15%)	10647	13650(25%)	291	27.3	318.3
	坦桑尼亚	—	364	364	—	—	—
	埃及	91	819	910	—	—	—
	上沃尔特	—	364	364	—	—	—
	塞拉利昂	—	—	—	164	1456	1620(10.6%)
	纳米比亚	—	—	—	—	<5	<5
	合计[a)]	3094	13650	16744	455	1601	2056
亚洲	印度	4550(22.7%)	7280	11830(21.7%)	455(6.1%)	1092	1547(10%)
	印度尼西亚	—	91	91	—	—	—
	马来西亚	—	91	91	—	—	—
	斯里兰卡	91	91	182	18	9.1	27.1
	合计[a)]	4641	7644	12285	473	1101	1574

续表

洲别	国别	钛铁矿			金红石		
		储量	资源	合计	储量	资源	合计
大洋洲	澳大利亚	1638(8.1%)	819	2457(4.5%)	546(7.4%)	145.6	692(4.5%)
	新西兰	—	637	637	—	—	—
	合计	1638	1456	3094	546	145.6	692
世界合计		19747	35854	55601	7417	8008	15425
钛铁矿和金红石总储量		储量:27164,资源量:43862,资源总量:71026					
钛铁矿和金红石总储量(按 TiO_2 计)		储量:45364,资源量:73250,资源总量;118613					

a)合计中包括其他地区的 91 万吨储量。

表 23.2 1979 年西方国家钛矿产量

国家	金红石		钛铁矿		合计	
	TiO_2(万吨)	%	TiO_2(万吨)	%	TiO_2(万吨)	%
加拿大	—	—	33.39	14.4	33.39	12.4
美国	—	—	34.95	15.1	34.95	13.0
巴西	0.0125	<0.1	0.76	0.3	7.7	0.3
南非	3.8810	10.2	31.5	13.6	35.4	13.2
塞拉利昂	5.1840	13.6	—	—	5.18	1.9
芬兰	—	—	5.85	2.5	5.85	2.2
挪威	—	—	36.89	16.0	36.89	13.7
印度	0.8710	2.3	8.42	3.6	9.29	3.5
斯里兰卡	1.3300	3.5	3.71	1.6	5.04	1.9
马来西亚	—	—	10.26	4.4	10.26	3.8
澳大利亚	26.7085	70.3	65.43	28.3	92.14	34.2
世界合计[a)]	40.86	100	253.24	100	294.1	100

a)世界合计中包括其他国家(或地区)的产量。

1.1.4 冶金化学和工艺

1. 选矿。世界钛矿年产量中 70%的钛铁矿和 95%的金红石都产自海滨砂矿。世界海滨砂矿的储量和产量均以澳大利亚为最多,采矿技术水平也是最高的。开采出的原矿经 2—3 次预先筛分,浓缩后用圆锥选矿机进行粗选,然后再经螺旋选矿机精选得到粗精矿。粗精矿经重选、磁选、电选、浮选等联合工艺进行精选,得到品位为 54%TiO_2 的钛精矿。

岩石型钛矿品位较低,矿石先进行破碎,经磁选回收磁铁矿,再经浮选使钛精矿品位达到 45%—47% TiO_2。加拿大魁北克的钛铁矿处理有一独特工艺，矿石经破碎、重选富集、焙烧脱硫，与还原剂（碳）混合，在电炉中熔炼，生产出商品生铁，钛富集在炉渣中，品位为 70%—72% TiO_2，称为高钛渣。

2. 富钛料。在世界钛资源中，天然金红石是生产金属海绵钛和钛白最理想的原料，但金红石储量有限和价格昂贵。钛铁矿虽然储量丰富，价格便宜，但它的 TiO_2 品位较低，直接酸浸生产钛白时，不仅耗酸量大，而且三废量也大，会严重污染环境，需要特殊处理。因此近年来非常重视较高品位钛原料的研究和生产，促进了富钛料的发展。

提高钛铁矿品位生产富钛料的工业方法很多，大体上可分为火法和湿法两大类。电炉法和选择氯化法属于火法，酸浸法和锈蚀法属于湿法。除选择氯化法仍处于半工业试验规模之外，其他几种方法都已工业化，简述如下。

(1)电炉法。电炉法的基本要点是给钛铁精矿配以适量的碳还原剂在电炉中进行高温还原熔炼，矿中的氧化铁还原为金属铁，二氧化钛部分还原富集在炉渣中，由此获得金属铁和高钛渣两种产品，高钛渣中的 TiO_2 含量可高达 70%—80%。

(2)选择氯化法。钛铁矿经氧化焙烧后，转入沸腾氯化炉中进行选择氯化，矿中氧化铁以 $FeCl_3$ 的形式挥发分离，二氧化钛富集为人造金红石。$FeCl_3$ 经氧化焙烧再生氯气，循环使用。日本三菱金属公司已用此法建成月产 1000t 人造金红石的实验工厂。

(3)酸浸法。钛铁矿或氧化焙烧钛铁矿配以适量碳还原剂进行固相还原，使矿中铁氧化物转化为低价氧化铁 FeO，然后用稀酸（HCl 或 H_2SO_4）浸出矿中的 FeO，钛氧化物富集为人造金红石。这个工艺可以利用硫酸法生产钛白过程中产出的大量废稀硫酸，在经济上具有较强的竞争力，但流程较为复杂。

(4)锈蚀法。钛铁矿经氧化焙烧，以低质煤作为还原剂和燃料进行固相还原，将矿石中的氧化铁还原为金属铁，经磁选后，将还原料放在酸化水溶液中锈蚀剩余的金属铁，然后用旋流分离器分离金红石和水合氧化铁。本法的主要原料、耗电量和化学试剂消耗量都很低，生产成本较低，在经济上有竞争力。这个方法不适于处理高钙镁的原生钛铁矿。

总的看来，富钛料的发展和它在钛原料市场中所占地位取决于生产技术和成本。当前主要课题是改进工艺、降低生产成本。国外在 1982 年以工业规模生产富钛料的方法列表于表 23.3 中。

表 23.3 国外工业规模生产富钛料的方法(1982)

生产方法	电炉法			酸浸法			锈蚀法
典型工厂	加拿大魁北克铁钛公司	南非理查兹矿业公司	前苏联	美国克尔麦吉化学公司	英国拉波特公司	日本石原产业公司	澳大利亚西方钛公司
生产能力(万吨/年)	90	40	10(估计)	11		4.8	5.4
工艺路线	氧化焙烧-电炉熔炼	氧化焙烧-电炉熔炼	电炉熔炼	弱还原-加压浸出	混化焙烧-弱还原-加压浸出	弱还原-加压浸出	预氧化-强还原-锈蚀-分离
主要设备	氧化回转窑,密闭电炉	氧化沸腾焙烧炉,密闭电炉	密闭电炉	还原回转窑,加压浸出球	回转窑,加压浸出球	还原回转窑,加压浸出罐	回转窑,锈蚀罐
钛矿类型及品位(TiO_2%)	原生矿(36%)	砂矿(48%)	混合矿(45%—46%)	砂矿(54%)	砂矿(54%)	砂矿(59%)	砂矿(54%)
产品名称及品位(TiO_2%)	索雷尔渣(70%—72%)	钛渣(85%)	高钛渣(83%—90%)	人造金红石(93%—95%)	人造金红石(94%)	人造金红石(94%—96%)	人造金红石(92%—94%)
产品用途	硫酸法钛白的原料	硫酸法和氯化法钛白的原料	海绵钛的原料	氯化法钛白的原料	氯化法钛白的原料	氯化法钛白的原料	氯化法钛白的原料
电耗(千瓦时/吨)			2100—2400	450	455	240	135
1982年离岸价格	150美元/吨	190美元/吨		320美元/吨			200 澳元/吨
副流程	铁水后处理	铁水后处理	铁水后处理	从母液再生盐酸	从母液中再生盐酸	用母液生产硫铵	
副产品	优质生铁	低锰生铁	生铁	纯度为90%的氧化铁	纯度为90%的氧化铁	硫铵	氧化铁

3. 海绵钛冶金。用碳还原二氧化钛不能得到纯金属钛,因为这样会生成一种极稳定的碳化物,此外,钛在高温下也会同氮和氧发生反应。在900℃时二氧化钛仅能被氢还原到 Ti_3O_5,用常用的还原剂如 Na,Al,Ca 或 Mg 来还原二氧化钛似乎也不能得到纯钛;最常得到的夹杂物,有时是主要产品,是钛的低价氧化物。制备

纯钛的最合理方法是用钠或镁还原四氯化钛，当然在工艺中需要先从金红石或钛铁矿制备四氯化钛。

M. A. Hunter 在 1910 年首次在一只钢弹中以 700—800℃用钠还原四氯化钛得到了纯的单质钛：

$$TiCl_4 + 4Na \rightarrow Ti + 4NaCl$$

$$\Delta G^\circ = -946.4 + 0.3T(kJ/mol)$$

上述高度放热反应是在惰性气氛中进行的，所得金属钛的纯度可以达到 99.9%。

制备金属钛的第二种方法是用氢在～2000℃还原四氯化钛：

$$TiCl_4 + 2H_2 \rightarrow Ti + 4HCl$$

$$\Delta G^\circ = 366.9 - 0.2T(kJ/mol)$$

从所得的金属中除去氢是困难的，加上本法需要过高的温度，使此法失去了工业化的可能性。

W. Kroll 在 1940 年建立的用镁作还原剂还原四氯化钛的工艺大概是一种最重要的生产纯钛的方法了：

$$TiCl_4 + 2Mg \rightarrow Ti + 2MgCl_2,$$

$$\Delta G^\circ = -540.6 + 0.2T(kJ/mol)$$

将金属镁放在一只接镀了钼的铁坩埚中，在氩气氛中加热到 850—950℃。向镁一滴一滴地滴加四氯化钛，将温度缓慢地升高至 1180℃（刚刚高于镁的沸点）。加完四氯化钛后，令坩埚冷却，用水和稀盐酸浸出氯化镁和金属镁，另一种办法是用高温使镁和氯化镁升华蒸出，所得的纯钛是一种多孔性金属，称为海绵钛，这是钛冶金中的最重要主产品。

在实验室中可在一只钼舟中用过量氢化钙以～900℃还原二氧化钛来制备金属钛。反应在真空或在氢气氛中进行：

$$TiO_2 + 2CaH_2 \rightarrow Ti + 2CaO + 2H_2$$

将所得金属在真空下加热至 1100℃，可以抽除金属钛中的大部分氢。

将海绵钛在氦或氩气氛中用电弧熔化，可以铸锭得到坚实金属。金属钛的一切热加工都需要在惰气保护下进行。

Van Arkel 和 de Boer 法是制备最纯金属钛的方法，在此法中令粗钛在 150—200℃与碘蒸气反应生成四碘化钛，然后使四碘化钛蒸气在一根炽热至～1300℃的钨灯丝上分解。结晶状纯钛沉积在钨灯丝上至一定厚度，可以从钨丝上剥离。碘蒸气可以循环使用。此方法也已发展成为工业规模生产。

取得金属钛的各种方法在文献 G. Brauer，Handbook of Preparative Inorganic Chemistry，2nd ed.，Academic Press，New York(1965)中有综述性介绍。

大规模工业化生产海绵钛的工艺主要为钠还原和镁还原四氯化钛，一般工艺流程图示在图 23.1 和图 23.2 中。

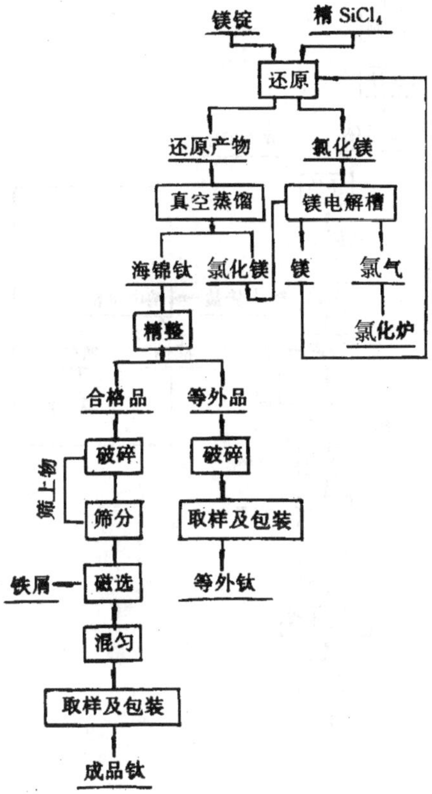

图 23.1 用镁还原四氯化钛制备海绵钛的工艺流程图

1.1.5 电子结构和价键特征

钛是元素周期表中第四周期IVB 族元素，原子的电子结构是[Ar]$3d^2 4s^2$，有 4 个价电子可用于成键，即形成化合物时的最高氧化态是(IV)。由于它又属于前第一过渡系，有两个成单的 $3d$ 电子，它们又可依次参与成键，所以钛可以有低氧化态(II)和(III)。

在钛(IV)化合物中，原子实为惰气型的，Ti^{4+} 离子半径为 60pm，属高电荷小半径高场强阳离子，对配位离子有很强极化力，故 Ti(IV)化合物总是共价型的，在化合物形成上类似于 Si(IV)和 Sn(IV)，例如四氯化物都是易水解发烟液体。没有 Ti^{4+} 自由离子和溶剂合离子，在酸性溶液中至多存在为$(—Ti—O—)^{2+}$链状水合离子。

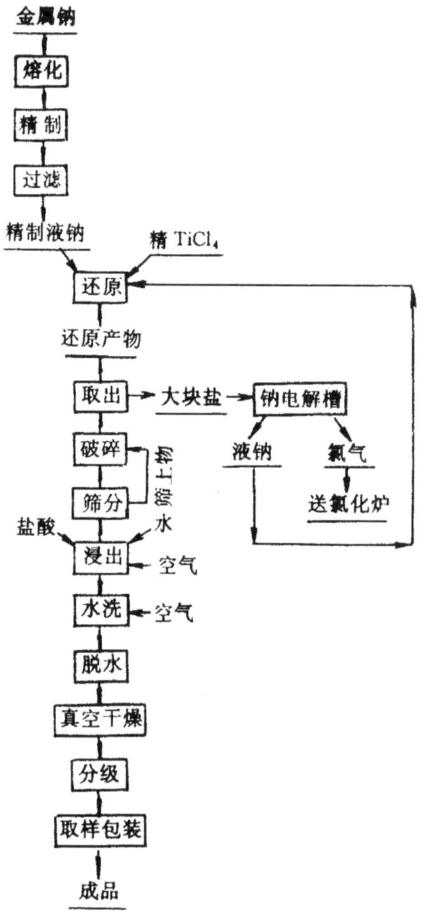

图 23.2 钠还原法生产流程

在简单 Ti(IV)化合物中，钛的配位数为 4，但由于原子电子结构中已有 3*d* 轨道，所以 4 配位的 Ti(IV)是好的路易斯酸，可以接受配体把配位数扩充到 6，但在特定情况下也已发现配位数为 5，7 和 8 的化合物，参见本专题 1.2.12 节对络合物的讨论。各配位数均有对应的分子立体结构。

钛在化合物中除了常见氧化态II，III和IV之外，在与酸性配体、即能向中心钛原子反馈电子的配体相结合时，会呈显少见的低氧化态或负氧化态 I，0，－I 和－II。

钛在化合物中的主要氧化态、配位数和空间结构总结在表 23.4 中。

表 23.4 钛化合物的氧化态和空间结构

氧化态	配位数	空间结构	化合物举例
−2	6	八面体	$[Ti(bipy)_3]^{2-}$
−1	6	八面体	$[Ti(bipy)_3]^{-}$
0	6	八面体	$Ti(bipy)_3$
$2(d^2)$	6	八面体	$TiCl_2$
	?	?	$[(C_5H_5)_2Ti]_2$
$3(d^1)$	6	八面体	TiF_6^{3-}, $Ti(acac)_3$, $Ti(H_2O)_6^{3+}$
	5	三角双锥	$TiBr_3 \cdot 2NMe_3$
$4(d^1)$	8	十二面体	$TiCl_4 \cdot 2diarsine$, $Ti(NO_3)_4$
	7	4∶3 配位	$[Ti(O_2)F_5]^{3-}$
	6	八面体	TiF_6^{2-}, TiO_2, $[Ti(OC_2H_5)_4]_4$
	5	三角双锥	$K_2Ti_2O_5$, $[TiCl_2(OC_2H_5)_2]_2$
		四方锥	$TiCl_4 \cdot N(CH_3)_3$, $TiOCl_2 \cdot 2NMe_3$
	4	四面体	$TiCl_4$, Ba_2TiO_4

1.1.6 钛的核性质

Aston 在 1935 年发现钛有 5 种天然同位素，质量数为 46 到 50。这些同位素的丰度百分比和各核素的原子质量(原子质量单位 a. m. u)汇列在表 23.5 中。在表中还汇列了各核素直接测量的核自旋、半衰期和衰变模式、辐射粒子类型和衰变能。当有不同的衰变模式时，列出的先后顺序是依衰变丰度而排定的。^{47}Ti 和 ^{49}Ti 的核磁矩分别为 -0.78706 ± 0.0001 和 -1.1022 ± 0.0002。钛的天然同位素混合物的热中子俘获截面为 5.8b。

表 23.5 钛的核素[a)]

核素	%	同位素质量	核自旋	半衰期	衰变型式，射线，能量	热中子俘获截面(b)
^{43}Ti	—	42.96850	—	0.6s	β^+ 5.8	—
^{44}Ti	—	43.95957	—	48.2y[b)]	EC；γ	—
^{45}Ti	—	44.95813	7/2	3.08h	β^+ 1.02；EC；γ	—
^{46}Ti	7.93	45.952633	—	—		0.6
^{47}Ti	7.28	46.95176	5/2	—		1.7
^{48}Ti	73.94	47.947948	—	—		8.3
^{49}Ti	5.51	48.947867	7/2	—		1.9
^{50}Ti	5.34	49.944789	—	—		0.14
^{51}Ti	—	50.94662	—	5.9m	β^- 2.14；γ	—
^{52}Ti	—	—	—	12m	β^-	—

EC 为电子俘获；β 为粒子能量，以 MeV 计。

a) G. Friedlander, J. W. Kennedy and J. M. Miller, Nuclear and Radiochemistry, 2nd ed., John Wiley and Sons, New York(1964)。

b) P. E. Moreland and D. Heymann, *J. Inorg. and Nuclear Chem.*, **27**(1965)493。

1.1.7 金属钛的物理和化学性质

金属钛是一种晶相双变体，转变温度为 882.5℃，低于此温度时它存在为六方晶格，而高于此温度时为立方晶格。这两种变体的晶格参数和空间群，与锆和铪两种变体的相应数据在一道，汇列在表 23.6 中。

表 23.6 钛、锆、铪的晶相数据

变体	晶格参数(pm)	T(℃)	Z	空间群	MM 距离(pm)	参考资料
α-Ti	a=295.030，c=468.312	25	2	D_{6h}^4-$C6/mmc$	289.557 295.030	a)，b)
α-Zr	a=323.12，c=514.77	25	2	D_{6h}^4-$C6/mmc$	317.88 323.12	b)
α-Hf	a=318.83，c=504.22	20	2	D_{6h}^4-$C6/mmc$	312.16 318.83	b)
β-Ti	330.65	900	2	O_h^9-$Im3m$	286.35	c)
β-Zr	360.90	862	2	O_h^9-$Im3m$	312.55	b)
β-Hf	350(外推法)	25	2	O_h^9-$Im3m$	303.1	b)，d)

a) H. T. Ciark，*J. Metals*，**1**(1949)588。

b) Metals Handbook，8th ed.，Vol. 1，American Society for Metals，Ohio，U. S. A. (1961)。

c) D. S. Eppelsheimer and R. R. Penman，*Nature*，**166**(1950)960。

d) P. Duwez，*J. Appl. Phys.*，**22**(1951)1174。

钛是银白色可延性金属，它有很大的工业重要性，因为它具有许多可贵的性质。它比铁的比重小，强度甚高于铝，而抗腐蚀性近似于铂。这些性质使它成为建造发动机、航空机械骼架、导弹、航海设施等的理想材料，对这些材料来说，它们要求质轻、强度高、耐抗极端温度变化等优异性能，而钛在这些性能方面是无可匹敌的。钛的某些性质例如抗张力因与铝能形成合金而得到增强；此外，铝钛合金的 α-β 转变温度高于纯钛。钛也可以和钼、锰、铁及其他金属构成有用的合金。

金属钛无毒，在生理上是惰性的，在医疗上可用做人体骨骼的代替物。

钛的一些物理性质汇列在表 23.7 中。由于 Van Arkel-de Boer 炼制高纯钛工艺的引用，使表列数据的精确测定成为可能，因为钛的一些性质对痕量杂质极为敏感，例如可溶入晶格间隙的痕量氧、氮和碳会大大改变钛的物理性质。特别是，痕量氧和氮能显著地增大钛的强度，但却会显著降低其可延性。纯钛有很低的机械强度和很高的可延性。

表 23.7 钛、锆和铪的性质

性质	钛	锆	铪
原子量	47.90	91.22	178.49
电子结构	[Ar]$3d^2 4s^2$	[Kr]$4d^2 5s^2$	[Xe]$4f^{14} 5d^2 6s^2$
基态	$^3F_2$	$^3F_2$	$^3F_2$
单质熔点(℃)	1677	1855±15	2222±30
熔化热 ΔH_m(kJ/mol)	[15.5]	[20.5]	—
沸点(℃)	3277	[4274]	5400
气化热 ΔH (kJ/mol)	427.6(3277℃)	[570.7]	[577.4]
转变点 $\alpha \leftrightarrow \beta$(℃)	882.5	870±5	1760
转化热 ΔH_t(kJ/mol)	3.98	4.025	—
绝对熵 S°_{298}[J/(K·mol)]	30.67	38.95±0,16	45.65
第一电离能 I_1(ev)	6.82	6.84	7.00
第二电离能 I_2(eV)	13.57	13.13	14.9
第三电离能 I_3(eV)	27.47	22.98	23.2
第四电离能 I_4(eV)	43.24	34.33	33.30
$\sum_{n=1}^{4} = In$(eV)	91.10	77.28	78.40
密度,25℃,X 射线,计算值(g/cm³)			
α 型	4.506	6.508	13.35
β 型	4.400(900℃)	6.444(862℃)	13.82(25℃)
半径(pm)			
α 型	144.78	158.94	156.08
β 型	143.18(900℃)	156.28(862℃)	151.5(25℃)
磁化率 $10^6 x_A$,25℃	153	122	75
电阻率,20℃,(μΩ. cm)	42.0	40.0	35.1
导热率,50℃,[W/(cm. ℃)]	0.154	0.209	0.223
原子化热 ΔH_f(kJ/mol)	471.1	—	702.9
热中子吸收截面(b)	5.8	0.18	115

金属钛在高温下对氧、氮和氢有极强的亲和力,但其中仅对氢的吸收是可逆性的。钛不与冷无机酸反应,也不与热碱溶液反应,但它能溶于热 HF,HCl,H_2SO_4 和 H_3PO_4 中,一般是酸浓度越大溶解速度越快。四种热浓有机酸溶液可侵蚀金属钛,它们是草酸、蚁酸、三氯乙酸和三氟乙酸。钛也能被三氯化铝侵蚀。微细分散的金属钛可在空气中燃烧,也是在氮气氛中能燃烧的唯一金属。上述化合物对钛的腐蚀作用主要是由于它们能侵蚀钛表面极细致的氧化物膜,钛的惰性全然是由于这种氧化物膜的保护作用。向腐蚀液中加入氧化剂如硝酸,一般可以减缓它们

对钛的腐蚀，因为氧化剂可再生氧化物膜而使钛的表面钝化。

钛可以同许多金属和非金属如 Al，Sb，Be，Cr，Fe 和 B 等反应生成间充型金属间化合物。

1.1.8 分析化学

对钛的测定现时既可以用容量法，也可以用重量法，在工业上最常用容量法，也有可用的比色法。在 C. L. Wilson 和 D. W. Wilson 的 Comprehensive Analytical Chemistry，Vol. lc，Elsevier，Amsterdam（1962）中对钛的标准分析方法作了全面评述。

1. 容量法。测定钛的标准容量法要求先将待分析材料溶解在 1mol/LH_2SO_4 中。在此介质中不溶的材料则需先进行硫酸氢钾 $KHSO_4$ 熔融，至熔体清流澈时为止。将熔块溶解在 1mol/LH_2SO_4 中。材料中如含有有机物，则需用硝酸和硫酸混合物加热至发烟以破坏掉有机物。

在氮气氛中用锌汞齐将含钛溶液还原至 3 价状态，然后用标准氧化剂 Fe(III) 溶液对所得溶液进行滴定，以硫氰酸钾作为指示剂。

钛与铁共存时可用下述手续同时测定：将待分析溶液还原，用标准 $KMnO_4$ 进行氧化滴定［测定 Ti(III) 和 Fe(II)］；还原后用标准 Fe(III) 氧化滴定［仅测定 Ti(III)］。

上述容量法可有许多变化操作，特别是在还原操作中所用的 Jones 还原柱，可以使用锌汞齐、镉汞齐、铝粒或铅粒。所有的容量法都是以对三价钛进行氧化滴定为基础的。

2. 重量法。最常用的重量法测定钛是用氨水将钛沉淀为水合氧化物，随后将滤得沉淀物灼烧成无水二氧化钛。如存在有其他金属，则需要用选择性沉淀剂将钛分离，然后将所得络合物灼烧成二氧化钛。这类选择性沉淀剂的例子有丹宁和安替比林（可用来与铝、铬、锰、铁、钴、镍和锌分离，并可在存在硅酸盐和磷酸盐时应用），硅酸（可在有铍、铝、锰、钴、镍和碱土金属存在时应用），对羟基苯胂酸 $HOC_6H_4AsO_3H_2$（可在除了锆、锡和铈（IV）之外的其他金属存在时应用），和铜铁试剂（可用于与铝、铬、铁（II）、镍、铀、碱土金属和磷酸盐的分离）。铜铁试剂络合物本身有时可用于重量法测定钛。

钛也可以重量测定钛的 5，7-二溴-8-羟基喹啉盐，测定手续如下：用 5，7-二溴-8-羟基喹啉将钛沉淀为难溶的络合物 $TiO(C_9H_4Br_2ON)_2$，沉淀介质为含有～25％丙酮的热稀酸（＜0.05mol/L）溶液。然后将沉淀物在～130℃干燥至恒重。某些金属如 Zr，V，Fe 和 Cu 对此测定有干扰。草酸、柠檬酸、酒石酸和氢氟酸也干扰测定。

3. 比色法。测定钛最常用的比色法是用过氧化氢作显色剂，它同酸性 Ti(IV)

溶液作用产生一种深黄橙色。这个方法特别适用于测定痕量钛，在钛浓度低于50ppm时都遵守Beer定律。在典型的情况中，在1mol/LH_2SO_4溶液中以420nm光射线测定钛溶液(～2ppm)的光密度，并与同组成的标准溶液进行比较。氟离子可使溶液脱色，所以在测定前应除去F^-离子。其他元素如V，Cr，Mo也能与过氧化氢产生有色溶液因而会干扰测定。

1.2 钛的化合物

1.2.1 合金

钛能同许多元素组成合金，如Al，Sb，As，Be，Bi，B，C，Cr，Co，Cu，Ga，Ge，Au，H，In，Fe，Pb，Mg，Mn，Hg，Mo，Ni，Nb，N，O，Os，Pt，Pd，Ru，Si，Ag，Ta，Sn，W，U，V，Zn和Zr；在A. D. McQuillan，M. K. McQuillan，Titanium，Butterworths，London(1956)中对所有这些二元合金体系的相图都有收集报道。

在这些合金中有明显迹象生成化合物的有：TiAl，$TiAl_3$，Ti_4Sb，TiSb，$TiSb_2$，TiBe，$TiBe_2$，$TiBe_4$，$TiBe_{10}$，$TiBe_{12}$，Ti_4Bi，Ti_2B，TiB，TiB_2，Ti_2B_5，TiB_{12}，TiC，$TiCr_2$，TiCo，$TiCo_2$，Ti_3Cu，Ti_2Cu，TiCu，Ti_2Cu_3，$TiCu_3$，$TiGa_3$，Ti_5Ga_{13}，$TiGe_2$，Ti_3Au，$TiAu_2$，$TiAu_3$，$TiAu_6$，TiH_2，TiFe，$TiFe_2$，Ti_4Pb，TiMn，$TiMn_2$，Ti_3Hg，TiHg，Ti_2Ni，TiNi，$TiNi_3$，TiN，Ti_4N，TiO，Ti_2O_3，TiO_2，TiOs，Ti_2Pd，Ti_2Pd_3，$TiPd_3$，Ti_2Pt，Ti_2Pt_3，$TiPt_3$，TiRu，Ti_5Si_3，TiSi，$TiSi_2$，Ti_3Ag，TiAg，Ti_3Sn，Ti_5Sn_3，TiU_2，TiZn，$TiZn_2$，$TiZn_3$，$TiZn_{10}$和$TiZn_{15}$。这些合金的晶格参数、结构类型和其他性质在McQuillan的专著中均有汇集，本书不作介绍。

与钛性质相近的元素，如锆，能在钛的α-和β-变体中完全溶解而不生成化合物。与H，O，N，P，As，C和Si生成的间充型合金已有专文作了详细评述[H. J. Goldschmidt，Interstitial Alloy，Butterworths，London(1956)]。钛的许多三元合金体系也曾被研究过(见McQuillan的专著)。

1.2.2 氢化物

钛在高于300℃时能可逆地吸收氢，最终可达到组成TiH_2。生成的氢化物是一种灰色粉末，它在空气中稳定，是纯氢的一种有用供源。这个氢化物在～1000℃时可完全脱氢。在可测量反应速度的足够高温下，钛-氢合金仅在与气态氢处于平衡状态下存在，此时氢气压力是金属中氢浓度和温度的函数。氢-钛体系等温下的压力/浓度曲线在McQuillan的专著中已有描述。另外一本专著[V. A. Livanov et al.，Hydrogen in Titanium，Israel Program for Scientific Translations，Jerusalem

(1965)]中,对整个钛-氢体系也作了论述。

根据$TiH_{1.73}$的离解热,和组成为$TiH_{1.75}$至$TiH_{1.93}$之间的氢化物离解热,可以推算出如下关系:

$$\Delta H^{\circ}_{f,298}=144.3\pm8.4\text{kJ/mol}$$

$$S^{\circ}_{298}=29.711\text{J/(K·mol)}$$

钛的其他型式含氢化合物已知有$TiHCl_3$。人们认为这个化合物是 Ziegler-Natta 烯烃聚合催化反应中的中间体。据报道它是一种不稳定液体,其中 Ti—H 键的拉伸频率为~1600cm^{-1};不过迄今为止它的独立合成尚未经最后证实。

1.2.3 卤化物和卤氧化物

钛的卤化物和卤氧化物的一般合成方法在 R. J. H. Clark, The Chemistry of Titanium and Vanadium, Elsevier, Amsterdam(1968)中有综合性论述。卤化物的性质有广泛的不同,因为钛有可变的氧化态;例如四面体结构的单分子卤化物$TiCl_4$,$TiBr_4$和TiI_4是没有氧化性和还原性的,但6配位具有卤桥的卤化物TiX_3和TiX_2(X=F,Cl,Br,I)则有还原性,特别是二卤化物。

钛的一卤化物已知仅存在于气相中,一些光谱性质和热力学性质汇列在表23.8中。其他一卤化物的相应数据也已被计算过。一氯化钛在基态的离解能为1.3eV。

表 23.8 气态一卤化钛的性质[a)]

卤化物	基态	$\Delta H^{\circ}_{f,298}$(kJ/mol)	S°_{298}[J/(K·mol)]	W_e(cm^{-1})
TiF	4Σ[b)]	[390.8±83.7]	[236.69]	[590]
TiCl	4Σ	465.3±83.7	248.50	379.7
TiBr	4Σ[b)]	[461.1±83.7]	[259.66]	[295]
TiI	4Σ[b)]	[474.1±83.7]	[268.24]	[240]

a) JANAF Thermochemical Tables. Air Force Contract AF 04(611)—7554, Michigan, Aug., 1965.

b) 与 TiCl(g)的基项进行对比而设定的. [ ]=计算值.

1. 二卤化物

根据质谱测量,已知二氟化钛仅存在于气态,但二氯化钛、二溴化钛和二碘化钛却是确定的晶状固体。

(1)制备。将用氩气稀释的四氯化钛通过于加热至略高于1035℃(二氯化钛的熔点)的金属钛之上,可以制得二氯化钛。令二氯化钛收集在一只石墨坩埚中,其下部维持温度于~900℃。另一种办法是令三氯化钛在450℃在真空下(<13.3Pa)歧化。在475℃和0.13Pa压力下反应速度很慢,但能进行至完全。反应管的另一端保温于−78℃以凝聚歧化反应的另一产物$TiCl_4$。用这样方法制得的二氯化钛可能不很纯净,因为当温度高于475℃时它又会歧化成金属钛和四氯化钛。

在 400—410℃下，令三溴化钛歧化可以制得二溴化钛，在高些的温度下歧化反应速度可以较快，但超过 500℃时产品开始歧化成金属钛和四溴化钛。也可以令金属钛与计量的溴在闭管中直接反应制备二溴化钛。为了控制初始反应，钛是在−78℃加到固态溴之上的，随着溴的熔化，反应即开始了。可以用同上方法，即 TiI_3 的歧化来制备二碘化钛。

(2)性质二卤化物的许多性质汇列在表 23.9 中。它们都是黑色固体并都具强还原性。它们与水反应放出氢。它们都结晶成碘化镉型的层状晶格(表 23.9)。它们的深颜色和低的室温磁矩(可以预期第一过渡系八面体配位 d^2 离子在 300℃的磁矩应为～2.8B. M.)①表明二卤化物中有不小的金属-金属相互作用。它们是反铁磁性的。人们认为二碘化钛还存在为一种不明结构的另一种变体，这种变体有更低的磁化率 $x_{Ti}=380$。

表 23.9 二卤化钛的性质[a)]

卤化物	相对分子质量	颜色	熔点(℃)	沸点(℃)	ρ^{25}(g/cm³)	$\Delta H^\circ_{f,298}$ (kJ/mol)	S°_{298}[J/(K·mol)]	$\Delta H^\circ_{s,298}$ (kJ/mol)	μ(B. M.)
TiF_2(g)	85.90	—	—	—	—	−610.9±33.5[b)]	260.91	—	—
$TiCl_2$(s)	118.81	黑	1035[c)]	1500[c)]	3.13[d)]	−516.7±4.2	105.9±8.4	214.2±20.9	1.08(300K)[e)]
$TiCl_2$(g)						−302.5	284.1±8.4		
$TiBr_2$(s)	207.72	黑	～500[f)] 歧化	—	4.31[d)]	−390.8±20.9	130.1±8.4	168.2±20.9	1.29[g)](288K)
$TiBr_2$(g)						−222.6±20.9	314.34		
TiI_2(s)	301.70	黑	480 升华[h)]；真空歧化	—	4.99[d)]	−269.9±12.6	147.7±12.6	212.1±20.9	2.04[g)](288K)
TiI_2(g)						−57.7	329.32		

a)热化学数据引自 JANAF Thermochemical Tables, Air Force Contract AF 04(611)-7554, Midland, Michigan, Aug. 1965。

b)K. F. Zmbov and J. L. Margrave, *J. Phys. Chem.*, **71**(1967)2893。

c)P. Ehrlich, H. J. Hein and H. Kühnl, *Z. anorg. und allgem. Chem.*, **292**(1957)139 146。

d)W. Klemm and L. Grimm, *Z. anorg. und allgem. Chem.*, **249**(1942)198. TiI_2 宽度是由 X 衍射粉末图测定的。

e)J. Lewis, D. J. Machin, I. E. Newnham and R. S. Nyholm, *J. Chem. Soc.*, (1962)2036。

f)R. C. Young and W. C. Schumb, *J. Am. Chem. Soc.*, **52**(1930)4233。

g)w. Klemm and L. Grimm, *Z. anorg. und allgem. Chem.*, **249**(1942)209；第二种型体二碘化物于 288K 磁矩为 0.93B. M。

h)J. D. Fast, *Rec. Trav. Chim. Pays-Bas*, **58**(1939)174。

---

① B. M. =(9.274078±0.000036)×10^{-24} A · m^2

这些二卤化物不易溶解在常见的给体溶剂中。对它们的一些合成常涉及高温闭管反应。

2. 三卤化物

(1)制备。三氟化钛是早在 1954 年通过 HF 与金属钛的反应制备的：

$$2Ti + 6HF \rightarrow 2TiF_3 + 3H_2$$

在实际工作中可用 H_2 和 HF 的 1∶4 混合气在 700℃处理氢化钛 4—5h 来制备 TiF_3。温度条件很重要，因为低于 700℃时反应速度很慢，而超过 700℃时有利于生成四氟化钛。产率～90%。

在氩气氛中用 TiF_4 在一支镍舟中处理金属钛也可以制备 TiF_3，开始以 550℃处理 3—4h，然后在 900℃反应 6—8h，产率为 90%。

$$Ti + 3TiF_4 \rightarrow 4TiF_3$$

可在 1000℃将产物真空升华来提纯。

另一方法是令 $TiCl_3$ 与气态 HF 进行交换反应：

$$TiCl_3 + 3HF \rightarrow TiF_3 + 3HCl$$

开始时把温度保持在 425℃4h，然后迅速升温至 700℃，然后令反应快速骤冷，最优产率可达 30%。用氢在～650℃还原六氟钛酸铵也可以制备 TiF_3，产率为～17%。

$$(NH_4)_2TiF_6 + \frac{1}{2}H_2 \rightarrow (NH_4)_2TiF_5 + HF$$

$$(NH_4)_2TiF_5 \rightarrow 2NH_4F + TiF_3$$

这个方法效率较低，因为在高于 300℃时部分原料在发生还原反应之前就升华了。

三氯化钛和三溴化钛一般是用氢还原相应四卤化物来制备的。举例来说，将 $H_2/TICl_4$ 混合气通过一支加热至～800℃的石英管可以制得三氯化钛，令三氯化钛凝聚在一支冷指管中，产率～10%。如果在反应管中保持有过量的 $TiCl_4$，产物中可免于夹杂二氯化钛。

另一种制备三氯化钛的方法是用金属钛还原四氯化钛：

$$3TiCl_4 + Ti \rightarrow 4TiCl_3$$

反应是在一支闭管中在 600℃进行数小时。金属钛与四溴化钛的相应反应在 550℃时进行以制备三溴化钛。许多其他金属如 Ag，Sb，As，Sn，Hg 和 Al 都可在特定温度范围下还原四氯化钛生成三氯化钛。

三碘化钛是通过四碘化钛和金属钛在 700℃在闭管中的直接反应来制备的。将三碘化物完全与其他碘化物干净地分离须要作很谨慎的工作。

卤化钛和卤氧化钛的晶相数据见表 23.10。

表 23.10 卤化钛和卤氧化钛的晶相数据

化合物	空间群	晶格参数	ρ(g/cm^3) X 射线	Z	参考资料
$TiCl_4$	单斜 $P2_1/c\text{-}C_{2h}^5$	$a=970, b=648, c=975, \beta=102°40'$	2.11	4	a)
$TiBr_4$	单斜 $P2_1/c\text{-}2h^5$	$a=1017, b=709. c=1041, \beta=101°58'$	3.33	4	b)
$TiBr_4$	立方 $Pa3\text{-}T_h^6$	$a=1130.0$	3.38	8	c)
TiI_4	立方 $Pa3\text{-}T_h^6$	$a=1200.2$	4.27	8	d)
TiI_4	立方	$a=1221$	4.01	8	c)
$TiOF_2$	立方 $Pm3m\text{-}O_h^1$	$a=379.8$	3.09	1	e)
$TiOCl_2$	立方	$a=451$	2.44	1	f)
TiF_3	斜方 $R\bar{3}c\text{-}D_{3d}^6$	$a=551.9, \alpha=59°04'$	3.00	2	g)
$TiCl_3(\alpha)$	六方 $R\bar{3}\text{-}C_{3i}^2$	$a=612.2, c=1750$	2.71	6	h)
$TiCl_3(\beta)$	六方 $P6_3/mcm\text{-}D_{6h}^3$	$a=627, c=582$	2.69	2	i), j)
$TiCl_3(\lambda)$	六方 $P3_112\text{-}D_3^3$	$a=614. c=1740$	2.71	6	i)
$TiBr_3$	斜方 $R\bar{3}\text{-}C_{3i}^2$	$a=726.3, \alpha=52°48'$	4.24	2	k)
TiI_3	六方 $P6_322\text{-}D_6^6$	$a=1429.2, c=650.2$	4.95	8	l)
TiOCl	正交 $Pmmn\text{-}D_{2h}^{13}$	$a=379, b=338, c=803$	3.14	2	m)
TiOBr	正交 $Pmmn\text{-}D_{2h}^{13}$	$a=378.7, b=348.7, c=852.9$	4.24	2	r)
$TiCl_2$	六方 $C\bar{3}m\text{-}D_{3d}^3$	$a=356.1, c=587.5$	3.06	1	n)
$TiCl_2$	六方 $C\bar{3}m\text{-}D_{3d}^3$	$a=343, c=610$	3.15	1	o)
$TiBr_2$	六方 $C\bar{3}m\text{-}D_{3d}^3$	$a=362.9, c=649.2$	4.66	1	p)
TiI_2	六方 $C\bar{3}m\text{-}D_{3d}^3$	$a=411.0, c=682.0$	4.99	1	q)

a) P. Brand and H. Sackmann, *Z. anorg. und allgem. Chem.*, **321**(1963)262。

b) P. Brand and J. Schmidt. *Z. anorg. und allgem. Chem.*, **348**(1966)257。

c) R. F. Rolsten and H. H. Sisler, *J. Am. Chem. Soc.*, **79**(1957)5891。

d) O. Hassel and H. Kringstad, *Z. phys. Chem. (Leipzig)*, B**15**(1932)274。

e) K. Vorres and J. Donohue, *Acta Cryst.*, **8**(1955)25。

f) K. Dehnicke, *Z. anorg. und allgem. Chem.*, **309**(1961)266。

g) P. Ehrlich and G. Pietzka, *Z. anorg. und allgem. Chem.*, **275**(1954)121; S. Siegel, *Acta Cryst.*, **9**(1956)684。

h) W. Klemm and E. Krose, *Z. anorg. und allgem. Chem.*, **253**(1947)209。

i) G. Natta, P. Corradini and G. Allegra, *J. Polymer Sci.*, **51**(1961)399。

j) J. A. Cras, *Nature*, **194**(1962)678。

k) R. F. Rolsten and H. H. Sisler, *J. Phys. Chem.*, **62**(1958)1024。

l) H. G. von Schnering, *Naturwissenschaften*, **53**(1966)359。

m) H. G. von Schnering, *Angew. Chem.*, **76**(1964)353。

n) N. C. Baenzinger and R. E. Rundle, *Acta Cryst.*, **1**(1948)274。

o) E. L. Gal'perin and R. A. Sandier, *Soviet Phys. Cryst.* (Eng. Transl.), **7**(1962)169。

p) P. Ehrlich, W. Gutsche and H. J. Seifert, *Z. anorg. und allgem. Chem.*, **312**(1961)80。

q) W. Klemm and L. Grimm, *Z. anorg. und allem. Chem.*, **249**(1942)198。

r) H. G. von Schnering, M. Collin and M. Hassheider, *Z. anorg. allgem. Chem.*, **387**(1972)137。

(2)性质。三卤化钛都是有颜色的晶状固体,它们的许多性质总结在表 23.10 中,它们都是含卤桥的聚合型分子,其中 Ti 原子为 6 配位的,晶格参数已提供在表 23.9 中。在 TiF_3 中的 Ti—F 距离为 197pm,$TiCl_3$ 和 $TiBr_3$ 的常见变体具有 BiI_3 型的层状晶格。

$TiCl_3$ 有四种结晶变体。紫色的 α-变体(常见变体)是照上述的四氯化钛高温还原制备的,而棕色的 β-变体只能在较低温度下制得。用有机铝化合物在 150—200℃还原 $TiCl_4$ 可以得到 γ-变体。而 δ-变体则是将 α-和 β-变体长期研磨下制得的。β-变体是纤维状直线形聚合物,其他三种变体基本上具有层状晶格,只是堆积方式不同。虽然在所有四种变体中的 Ti—Cl 距离都相等(245—246pm),但在 β-变体中 Ti—Ti 距离(291pm)要比其他三种变体中的 Ti—Ti 距离小得多(354pm)。在 β-变体中由于金属一金属相互作用的增大,它的磁矩(<0.7B.M.)要比在 α-变体中测得的磁矩(1.31B.M.)小了许多。α-和 β-变体的晶格参数几乎是相等的,δ-变体的 X 射线照相表明在晶体中存在着结构无序性。在 TiI_3 中的 Ti—I 距离为 276pm。

除了 TiF_3 在 293K 的磁矩为 1.75B.M. 之外,其他三卤化物在无论场强如何都是反铁磁性的,它们的 Néel 点对 X=Cl,Br,I 来说分别为 217,~180 和 434K。α-变体的三氯化钛在其 Néel 点上它的 a 和 c 晶格参数有一不连续变化。

三氟化钛在室温下在空气中是稳定的,但其他三卤化钛在空气中会迅速被氧化,因此对这些三卤化钛的工作都须在干燥的氩或氮气氛中进行,最好是在真空管路中进行。它们能同大多数配体反应,特别是同含 N-或 O-配位原子的配体反应,生成许多系列的络合物。

对三卤化物歧化反应的热力学曾已做过许多研究。作为归纳,它们歧化温度依如下顺序而递降:F950℃(歧化为 Ti+TiF_4),Cl450℃(歧化为 $TiCl_2$+$TiCl_4$),Br400℃(歧化为 $TiBr_2$+$TiBr_4$)和 I 350℃(歧化为 TiI_2+TiI_4)。

3. 卤氧化钛

唯一确知的卤氧化钛是 TiOCl。

(1)制备。将三氯化钛与二氧化钛放在抽真空的石英管子中在 650℃加热 12h 可以得到 TiOCl:

$$2TICl_3 + TiO_2 \rightarrow 2TiOCl + TiCl_4$$

如果将反应管的冷端保持在 550℃,则 TiOCl 在此处沉积为长的晶体。也可以用氧气对三氯化钛进行有控制的氧化作用来制备氯氧化钛。碘氧化钛可以通过二碘氧化钛在高真空中加热至 125℃的热分解作用来制备。

(2)性质。氯氧化钛存在为黄棕色板晶,它属于正交晶系(FeOCl 型结构)。(表 23.11)。它是顺磁性的,与预期的 d^1 组态化合物相一致,但磁矩很小。碘氧化钛基本上是反磁性的,它的磁化率为 53c·g·s,不随温度变化。

表 23.11 卤化钛(III)和卤氧化钛(II)的性质[a)]

化合物	相对分子质量	颜色	升华或分解温度(℃)	ρ^{20}(pyk)(g/cm³)	$\Delta H^{\circ}_{f,298}$(kJ/mol)	S°_{298}[J/(K·mol)]	$\Delta H^{\circ}_{s,298}$(kJ/mol)	μ(300K)(B.M.)
TiF_3(s)	104.89	蓝	930,subl. vac.[b)]	2.98 (25℃)[b)]	−1412.1±20.9	102.5±2.1	248.1	1.75[b)]
TiF_3(g)					−1164.0±20.9	286.6±4.2		
$TiCl_3$(s)	154.26	红紫	425,subl. ,vac.[c)]	2.66[e)]	−721.3±3.8	139.8±1.3	180.3	1.31[f),g)]
$TiCl_3$(g)			363,disprop.[d)]		−541.0±4.2	318.8		
$TiBr_3$(s)	287.63	蓝黑	400,disprop.[h)]	4.24[l)]	−550.2±5.0	176.43±2.5	191.6±20.9	1.38[g)]
$TiBr_3$(g)					−358.6	357.15		
TiI_3(s)	428.60	紫	350,disprop[j)]	—	−340.6±20.9	192.5±4.2	190.4±20.9	0.87[g)]
TiI_3(g)					−150.2±20.9	380.24		
TiOF(g)	82.90	—	—	—	−433.0	250.57	—	—
TiOCl(s)[k)]	99.36	黄棕	700,dec.(N_2)	3.14	−761.5	73.2±8	—	1.01(295K)
TiOCl(g)					−244.4	263.56		
TiOBr(s)[i,m)]	143.81	红棕	—	4.22	—	—	—	—
TiOI(s)	190.80	黑	—	—	—	—	—	—

vac=在真空下,subl. =升华,disprop=歧化,dec=分解。

a) P. Ehrlich and G. Pietzka, *Z. anorg. und allgem. Chem.*, **275**(1954)121。

b) O. Ruff and F. Neumann. *Z. anorg. und allgem. Chem.*, **128**(1923)81。

c) B. S. Sanderson and G. E. Macwood, *J. Phys. Chem.*, **60**(1956)316。

d) W. Klemm and E. Krose, *Z. anorg. und allgem. Clem.*, **253**(1947)218。

e) S. Ogawa, *J. Phys. Soc. Japan.* **15**(1960)1901。

f) W. Klemm and E. Krose, *Z. anorg. und allgem. Chem.*, **253**(1947)209。

g) R. C. Young and W. C. Schumb, *J. Am. Chem. Soc.*, **52**(1930)4233。

h) R. F. Rolsten and H. H. Sisler, *J. Phys. Chem.*, **62**(1958)1024。

i) J. D. Fast, *Rec. Trav. Chim Pays-Bas*, **58**(1939)174。

j) H. Schäfer, F. Wartenpfuhl and W. Weise, *Z. anorg. und allgem. Chem.*, **295**(1958)268。

k) H. G. von Schnering, *Angew. Chem.*, 76(1964)353。

l) K. Dehnieke, *Z. anorg. und allgem. Chem.*, **338**(1965)279。

m) H. G. von Schnering. M. Collin and M. Hassheider, *Z. anorg. allgem. Chem.*, **387**(1972)137. The compound possesses a temperature independent paramagnetism of $x_M=450\times10^{-6}$。

4. 四卤化钛

(1)制备。四氟化钛的最好制备方法是将四氯化钛以小量滴加到装在铜或聚乙烯容器中的冷无水 HF 中,最后用升华法将 TiF_4 提纯:

$$TiCl_4+4HF \rightarrow TiF_4+4HCl$$

四氯化钛是重要工业品,它在 1825 年即已为人制得,它是用氯气在 900—1000℃处理二氧化钛与还原剂如碳黑或木炭的混合物来制备的:

$$TiO_2+2Cl_2+2C \rightarrow TiCl_4+2CO$$

不过还有许多其他可用的方法,包括 TiO_2 和氯化剂如 $COCl_2$,$SOCl_2$,$CHCl_3$ 或 CCl_4 的反应,例如:

$$TiO_2 + CCl_4 \xrightarrow[\text{硬质玻璃管}]{500℃} TiCl_4 + CO_2$$

常见的挥发性杂质如 $FeCl_3$ 或 $VOCl_3$ 可以通过不纯 $TiCl_4$ 与铜粉在 90—100℃ 回流～15min 而加以除去，倾析后进行 $TiCl_4$ 的真空蒸馏，即可得到纯净的产品。

在工业上是将富钛渣和焦炭输入沸腾氯化炉中进行氯化的，工艺流程如图 23.3 所示。

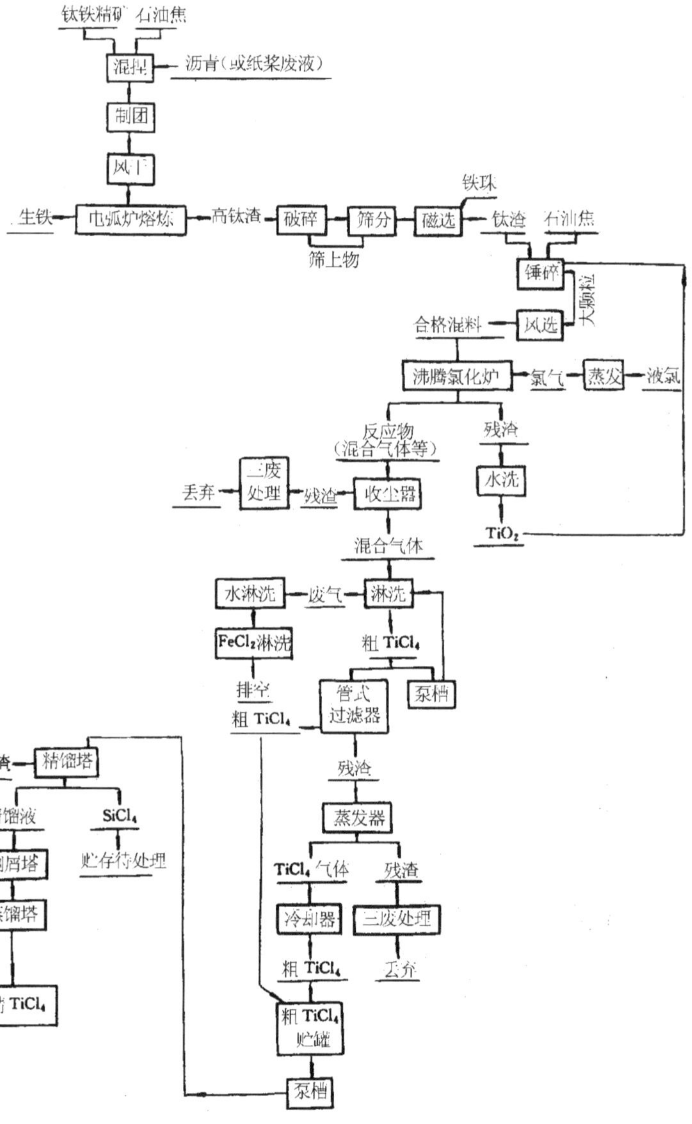

图 23.3　四氯化钛生产的工艺流程图

四溴化钛可以通过金属钛和溴在一支抽空的闭管中的直接反应、将四氯化钛以小量蒸馏到液态 HBr 中，或令溴蒸气在 650—750℃通过于二氧化钛和碳的紧密混合物之上来制备。

四碘化钛可以通过单质在 25℃的直接反应、通过气态 HI 对 $TiCl_4$ 的作用、通过液态 HI 在 −50℃对 $TiCl_4$ 的作用，或通过三碘化态的歧化反应来制备。

(2)性质。四氟化钛是一种白色晶状固体，它的性质(表 23.10，表 23.12)表明

表 23.12 卤化钛和卤氧化钛的性质[a)]

化合物	相对分子质量	颜色	熔点(℃)	沸点(℃)	ρ^{20} (g/cm³)	$\Delta H^\circ_{f,298}$ (kJ/mol)	S°_{298}[J/(K·mol)]	$\Delta H^\circ_{s,298}$ (kJ/mol)	ΔH°_m (kJ/mol)	ΔH°_v (kJ/mol)
TiF_4(s)	123.89	白	—	284 subl.	2.798[b)]	−1649.29±1.46	133.97	96.86±0.59	—	—
TiF_4(g)						−1552.43±2.09	312.42			
$TiCl_4$(s)	189.71	无色	−24.1	136.45		−815.46	208.91	—	9.97	—
$TiCl_4$(l)					1.702[c)]	−804.6±3.8	252.32	—	—	36.0
$TiCl_4$(g)						−763.20±2.72	352.23			
$TiBr_4$(s)	367.54	橙	38.25	233.45	3.25[d)]	−617.6±4.2	243.5±6.7	66.9±1.3	12.89	—
$TiBr_4$(l)						−604.92	284.19	—	—	44.4±1.3
$TrBr_4$(g)						−550.6±6.3	398.53			
TiI_4(s)	555.50	暗棕	155	377	4.27[e)]	−384.9±4.6	246.0±6.7	97.9	19.83±0.63	
TiI_4(l)						−357.82	311.16	—	—	53.6±2.1
TiI_4(g)						−287.0±6.3	432.96			
$TiOF_2$(s)[f)]	101.90	白	—	—	2.92	—	—	—	—	—
$TiOF_2$(g)						−924	284.58			
$TiOCl_2$(s)[g)]	134.81	淡黄	—	180 dec.	2.45	—	—	—	—	—
$TiOCl_2$(g)						−545.6	320.90			
$TiOBr_2$(s)[h)]	223.72	深黄	—	146dec.	3.42	—	—	—	—	—
$TiOI_2$(s)[i)]	317.70	暗棕	—	105dec.	—	—	—	—	—	—

a)热力学数据，包括熔点、沸点引自 JANAF Thermochemical Tables, Air Force Contract AF 04(611)-7554, Midland, Michigan, Aug. 1965。

b) O. Ruff and W. Plato, *Ber.*, **37**(1904)673。

c) R. Mallemann and F. Suhner. *Compt. rend.*, **227**(1948)546。

d) J. C. Olsen and E. P. Ryan, *J. Am. Cham. Soc.*, **54**(1932)2215。

e) O. Hassel and H. Kringstad, *Z. phys. Chem.*, **B15**(1932)274。

f) K. Verres and J. Donohue, *Acta Cryst.*, **8**(1955)25。

g) K. Dehnicke, *Z. anorg. und allgem. Chem.*, **309**(1961)266。

h) K. Dehnicke, *Chem. Ber.*, **98**(1965)290。

i) K. Dehnicke, *Z. anorg. und allgem. Chem.*, **338**(1965)279.

它是一种有氟桥的聚合物，在其中钛原子是 6 配位的。不过在蒸气状态中它是单分子的，它的蒸气压可用方程式表示：

$$\mathrm{Ig}p=16.631-5331.51/T-2.567\lg T$$

其他三种四卤化物在所有物理状态下都是四面体结构的单分子物种。电子衍射数据(表 23.13)以及红外和拉曼数据(表 23.14,图 23.4)都无疑问地证明了此点。不过纯四氯化钛 a_1 谱带的同位素结构表现不正常。所有的四卤化物都是反磁性的,它们都有极强的吸湿性。四卤化钛气相的热力学数据均已有过报道,有需要者可查阅 R. I. H. Clark,C. J. Wills,*Inorg Chem.*,**10**(1971)1118。

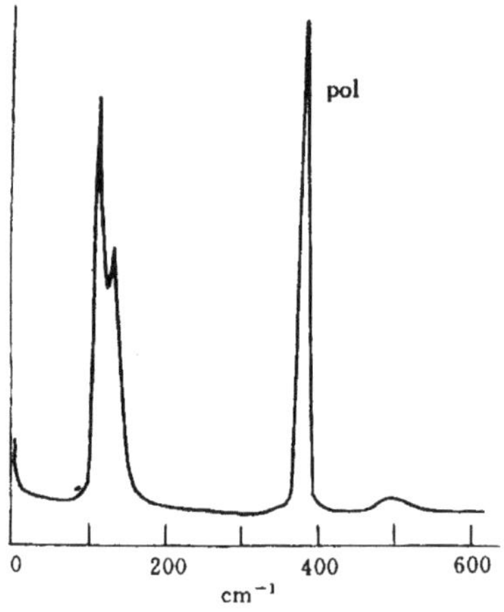

图 23.4 四氯化钛的拉曼光谱

表 23.13 四卤化钛的电子衍射数据

分 子	分子对称群	Ti—X(pm)	XTiX 角
$TiCl_4$ [a)]	T_d-$\bar{4}3m$	217.0±0.2	109.5℃
$TiBr_4$ [b)]	T_d-$\bar{4}3m$	231±2	109.5℃

a) Y. Morino and H. Uehara, *J. Chem. Phys.*, **45**(1966)4543。

b) M. Lister and L. E. Sutton, *Trans. Faraday Soc.*, **37**(1941)393。

所有的四卤化钛,特别是 $TiCl_4$ 和 $TiBr_4$,都是强路易斯酸,能生成很广系列的加成化合物。

表 23.14 四卤化钛的振动频率(cm^{-1})

卤化物	状态	$v_1(a_1)$	$v_2(e)$	$v_3(t_2)$	$v_4(t_2)$
$TiCl_4$ [a)]	液体	389	120	490,506	140
$TiBr_4$ [b)]	液体	230	74	383	91
TiI_4 [c)]	研磨后	(162)	(51)	323	67

a) M. F. A. Dove, J. A. Creighton and L. A. Woodward, *Spectrochim. Acta.* **18**(1962)267。

b) F. A. Miller and G. L. Carlson, *Spectrochim. Acta.* **16**(1960)6。

c) R. J. H. Clark and C. J. Willis, *J. Chem. Soc.*, (A)(1971)838。

四氯化钛是制备合成金红石(钛白)的重要中间体,曾被人们从各个方面进行广泛研究过。它在 90—142℃间的蒸气压(mmHg)可表示为如下方程式：

$$\lg p = 6.79094 - \frac{1348.56}{T(℃) + 208.52}$$

其他物理性质汇列在表 23.15 中。四氯化钛和四溴化钛的电子光谱带(均为电荷转移谱带)汇列在表 23.16 中。

表 23.15 四氯化钛的其他性质

性 质	数 值	参 考 资 料
黏度(20℃)	0.00826×10^{-5} N · S/cm^2	G. P. Lutschinsky, *Z. phys. Chem.*, **A171**(1934)348
临界温度	358℃	M. Prud'homme, *Bull. soc. chin France*, **37**(1925)1330
折射率(17.5℃)	1.612 在 578nm	R. Mallemann and F. Suhner, *Compt. rend.*, **227**(1948)546
介电常数(24℃)	2.73	J. H. Mathews, *J. Phys Chem.*, **9**(1905)641
反磁性(35℃)	$10^6 x_g = -0.287$	V. 1. Vaidhianathan, *Nature*, **128**(1931)189
热容(25℃)	157J/(K · mol)	Selected Values of Chemical Thermodynamic Properties. National Bureau of Standards, Washington, D. C. June, 1949

表 23.16 $TiCl_4$ 和 $TiBr_4$ 在气态中的电子光谱[a)]

卤化物	最大峰值	$\epsilon_{最大}$	归属
$TiCl_4$	35,650	6900	$(t_1)^6 \rightarrow (t_1)^5(2e)^1$
	43,150	900	$(t_1)^6 \rightarrow (t_1)^5(3t_2)^1$
$TiBr_4$	27,750 29,400	5800 7200	$(t_1)^6 \rightarrow (t_1)^5(2e)^1$
	35,900	10,400	$(t_1)^6 \rightarrow (t_1)^5(3t_2)^1$

a) D. S. Alderdice, *J. Mol. Spectry*, **15**(1965)509。

四溴化钛有三种结晶变体，从非水溶剂如 CS_2 结晶出来的或从加热超过 100℃的熔体中结晶出来的变体具有体心立方结构，这个变体会缓慢地变成比较稳定的单斜晶格，它同 $SnBr_4$ 是同结构的(表 23.9)。它的熔化热为 12.89kJ/mol，$TiBr_4(l) \rightarrow TiBr_4(g)$ 的蒸气压(atm)表示为如下方程式：

$$\lg p = 24.199 - 3076.29/T - 6.2424\lg T$$

四碘化钛是 Van Arkel-de Boer 法提纯金属钛的重要工业中间体，它在 160—370℃间的蒸气压可表示为下式：

$$\lg p = 4.696 - 3.054/T$$

5. 混合卤化物

喇曼光谱和质谱考查都表明当将 $TiBr_4$ 溶解在 $TiCl_4$ 之中时，在溶液中会生成 $TiCl_3Br$，$TiCl_2Br_2$ 和 $TiClBr_3$ 所有物种，其分布都几乎是无序的。不过从来也没有单独地制备出过任一氯溴化钛，在固态下四氯化钛和四溴化钛仅生成一连续系列的混合晶体。

也有人报道说三氟化钛与氯反应生成黄色的混合卤化钛 TiF_3Cl。

6. 二卤氧化钛

二氟氧化钛是一种白色粉末，它是由四氟化钛水解而制得的，它在结构上是由钛原子八面体被氧和氟原子无序地配位而形成，Ti—(F,O)距离为 190pm。

二氯氧化钛是用 Cl_2O，O_3 或 As_2O_3 处理四氯化钛来制备的。它是一种黄色吸湿性粉末，能溶于非极性溶剂中(因此人们认为它是聚合型的)，在 180℃分解成四氯化钛和二氧化钛(锐钛矿型)。二氯氧化钛表现为一种路易斯酸，能同三氯氧化磷和吡啶生成 $TiOCl_2 \cdot 2L$ 型的加成化合物。其他二卤氧化钛具有与二氯氧化钛为类似的制备方法和性质。

1.2.4　氧化物

钛的氧化物在化学上和工业上引人重视的主要是二氧化钛，它在油漆中用为白色颜料。二氧化钛的此种用途主要是由于它的高遮盖率、相对化学稳定性和钛资源的相对高丰度。低价钛的氧化物则存在于许多不同物相之中。

1. Ti_2O

氧能溶解在钛中达到组成为 Ti_2O，氧原子无序地分布在钛晶格中的八面体孔穴中。这个物相的晶格参数均已被测定过。

2. TiO

在一只钼弹筒中令金属钛与计量的二氧化钛在 1600℃反应，或在 2000℃在 130atm 的氢压下用氢气还原二氧化钛，可以得到一氧化钛。

TiO 相有一很广的组成范围，从 $TiO_{0.64}$ 延伸至 $TiO_{1.25}$。X 射线参数和密度测量表明在 $TiO_{0.7}$ 中三分之一氧原子位置是空缺的，而在 $TiO_{1.25}$ 中四分之一的钛位是空缺的。此外，即使在整比的 TiO 中钛和氧都各有 15%的空缺。在高于 990℃时，空位是无序排布的以致从衍射图得知它形成了 NaCl 典型结构，晶格参数为 418.15pm，不过低于转变温度时，X 射线图含有许多弱的超晶格线表明它具有空位的有序排布。在原来立方晶胞的每一第三(110)平面中，交替地失去了一半的钛和一半的氧原子。结果得到的单元晶胞具有单斜对称性，$a'=420.01$pm，$b'=414.25$pm，$c'=414.20$pm 和 $\gamma=89°9'$。

一氧化钛略有顺磁性，在约 200℃时它转化成 Ti_2O_3，在 250—350℃时转化成 Ti_3O_5 和高于 350℃时转化成 TiO_2。其他性质汇列在表 23.17 中。

一氧化钛在气态中是双原子分子，有关的一些数据如下：

$\Delta H^{\circ}_{f,298.15}=63.2\pm21$ kJ/mol，

$S^{\circ}_{298.16}=230.463$J/(K · mol)；

基态 $^3\Delta_\gamma$，$W_e=1008.4\text{cm}^{-1}$。

气态 TiO 的离解能为 $D^{\circ}_0=700.32$kJ/mol。

表 23.17 主要低价钛氧化物的物理性质

性　质	TiO	Ti_2O_3	Ti_3O_5
颜色	青铜色	红紫色	蓝黑色
相对分子质量	63.90	143.80	223.70
[a]生成热 $\Delta H^\circ_{f,298}$(kJ/mol)	−518.4	−1518.4	−2458.73
[a]绝对熵 S°_{298}[J/(K·mol)]	34.85	78.78	129.37
[a]转变温度 T_t(℃)	991	200	177
[a]转化热 ΔH_t(kJ/mol)	3.51	0.8	9.37
[a]熔点(℃)	1737	2127	—
[a]熔化热 ΔH_m(kJ/mol)	59	[130]	—
[a]沸点(℃)	3227	—	—
[a]气化热 ΔH_v(kJ/mol)	1778.6	—	—
密度;25℃(g/cm³)	4.888	4.486	4.21
磁化率[b] $10^6 x_M$,20℃	88	68	~127
−183℃	84	63	~70
结构(室温)	氯化钠型	刚玉型	变形八面体
TiO 距离(pm)	209[c]	201—208[d]	183—218[e]

a) JANAF Thermochemical Tables, Air Force Contract AF04 (611)-7554, Midland. Michigan, Aug.,1965。

b) P. Ehrlich, *Z. Elektrochem.*, **45**(1939)362。

c) D. Watanabe. J. R. Castles, A. Jostsons and A. S. Malin, *Acta Cryst.*, **23**(1967)307。

d) R. E. Newnham and Y. M. de Haan, *Z. Krist.*, **117**(1962)235。

e) S. Asbrink and A. Magnéli, *Acta Cryst.*, **12**(1959)575。

3. Ti_2O_3

金属钛与计算量的二氧化钛反应可以制得暗紫色略有顺磁性的粉末状倍半氧化钛。

$$Ti + 3TiO_2 \xrightarrow{1600℃} 2Ti_2O_3$$

这个物相可从 $TiO_{1.49}$ 伸延至 $TiO_{1.51}$ 而有一较窄的均相组成。它具有刚玉结构,在其中 Ti—O 键的长度略小于一氧化钛中的 Ti—O 键长(表 23.17)。

4. Ti_3O_5

这个物相可以通过二氧化钛在高达 1300℃时的氢还原来制备,或将金属钛与计量的 TiO_2 在电弧炉中加热来制备。

这个化合物有两种结晶变体,高于 177℃时它具有黑钛石型结构(略变形的准板钛矿结构)。这个变体的 Ti—O 键长在 191—210pm 之间变化,掺入少量铁可以使它在室温下呈显稳定。低温变体结晶成单斜晶胞,$a=975.2$,$b=380.2$,$c=944.2$pm和 $\beta=91.55°$,空间群 C_2/m,$Z=4$。它的 TiO_6 八面体比之高温变体(TiO=183−218pm)有较大的变形。最短的 Ti—Ti 距离为 261pm。

这个物相是蓝黑色的，和上述其他氧化物一样，它是弱顺磁性的。

5. Ti_nO_{2n-1}

已经鉴定出来属于 Ti_nO_{2n-1} 均相系列的七种物相。它们是 $TiO_{1.752}$ 至 $TiO_{1.902}$ 也就是说，在这些物相中 $n=4,\cdots,10$，所有这些物相的晶胞参数都已被确定过，随着 n 的增大，它们的结构接近于金红石结构。

6. 二氧化钛 TiO_2

二氧化钛生成为三种结晶变体：金红石型、锐钛矿型和板钛矿型，它们都可以用合成方法来制备，这三种变体又都存在于自然界中，但金红石是最常见的。它往往由于含有少量 Fe，Nb，Ta，Sn，Cr 或 V 而在透射光下呈显红或棕红色。

(1)制备。二氧化钛是用两种主要方法制备的。

(a)硫酸法。用硫酸在 150—200℃溶煮钛铁精矿 $FeTiO_3$ 同时通入空气搅拌。从反应物中沥出硫酸钛和硫酸铁，将铁结晶为 $FeSO_4\cdot7H_2O$ 析出。剩下的溶液经浓缩后沉淀出水合二氧化钛，将此沉淀物过滤、洗涤，并在 900—950℃煅烧，在水解槽中若不加入金红石晶种，则所得二氧化钛是锐钛矿型结构的。

硫酸法钛白的工业生产流程如图 23.5 所示。

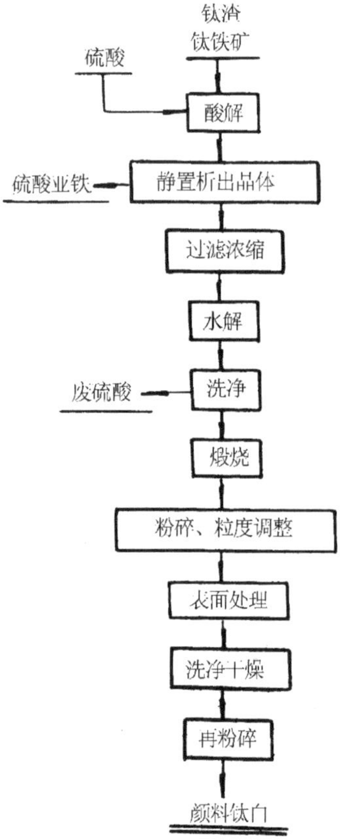

图 23.5　硫酸法钛白的工业生产流程

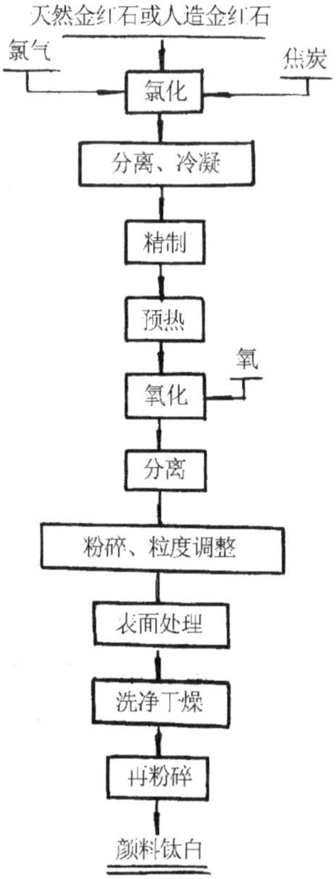

图 23.6　气相氧化法生产 TiO_2 的工艺流程图

(b)四氯化钛的气相氧化法。从金红石矿制备四氯化钛，然后令干燥氧气在650—750℃对 $TiCl_4$ 蒸气进行氧化。此法一般生成金红石型二氧化钛。

$TiCl_4$ 气相氧化法生产金红石型钛白的工业生产工艺流程图绘示在图23.6 中。

在硫酸法中不用金红石矿作原料，因为金红石矿不易溶于硫酸中，而在 $TiCl_4$ 气相氧化法中不适宜于用钛铁矿，因为在氯化过程中生成的氯化铁工业用途很少，并且耗费了氯气。

用 Verneuil 火焰熔化法可以生长出金红石单晶。将非晶态 TiO_2 在有 NaOH 存在下的水热合成条件下结晶可以制得板钛矿型的二氧化钛。

(2)性质。二氧化钛三种常见结晶变体的晶相数据汇列在表 23.18 中。

表 23.18　TiO_2 变体的 X 射线数据

变　体	空间群	Z	晶胞参数(pm)			r(TiO)⁺(pm)	参考资料
			a	b	c		
锐钛矿*	$C_{4h}{}^{19}=C4/amc$	8	536		953	191(2) 195(4)	a)
板钛矿	$D_{2h}{}^{15}=Pbca$	8	915	544	514	184-2.03	a),e)
金红石	$D_{4h}{}^{14}=P4_2/mnm$	2	459.4		295.9	1944(4) 1988(2)	b),c),d)
α-PbO_2 变体	$D_{2h}{}^{14}=Pbcn$	4	451.5	549.7	493.9	191(4) 205(2)	f)

* 文献 b)给出了不同参数，$a=377.7$，$c=950.1$pm。

⁺The numbers in parentheses are the number of equivalent oxygen atoms at the stated distance from a titanium atom。

a)P. Pascal, Nouveau Traité de Chlmie Minérale, Tome IX, Masson, Paris(1963)。

b)C. Legrand and J. Delville, *Compt. rend.*, **236**(1953)944。

c)W. H. Baur, *Acta Cryst.*, **9**(1956)515。

d)D. T. Cromer and K. j. Herrington, *J. Am. Chem. Soc.*, **77**(1955)4708。

e)R. Weyl, *Z. Krist.*. **111**(1959)401。

f)P. Y. Simons and F. Dachille, *Acta Cryst.*, **23**(1967)334。

在每一变体中，钛原子都是八面体地被 6 个几乎等距离的氧原子所配位。在金红石中，O—Ti—O 键角为 90.0°，80.8°和 99.2°。在高压下所有三种变体都可以转化成 α-PbO_2 结构。

不同变体 TiO_2 的许多性质对比在表 23.19 中。特别值得提起的是金红石有很高的折射率，使它具有很高的分散光射线的本领，因而它在油漆、造纸、陶瓷、橡胶、搪瓷、塑料和纺织等工业中用作一种重要的白色涂料。世界钛白各应用领域的

1982 年消费量对比在表 23.20 中。

表 23.19 不同变体 TiO_2 的性质

性　质	锐钛矿	板钛矿	金红石
[a] 生成热 $\Delta H^\circ_{f,298}$(kJ/mol)	−912.5	—	−943.5
[a] 绝对熵 S°_{298}[J/(K · mol)]	49.92	—	50.25
[a] 熔点(℃)	变成金红石	变成金红石	1855
[a] 熔化热(kJ/mol)	—	—	64.9
[b] 密度(g/cm³)	3.90	4.13	4.27
[c] 折射率(589.3nm,25℃)	$n_w=2.5612$	$n_\alpha=2.5831$	$n_w=2.6124$
	$n_\varepsilon=2.4800$	$n_\beta=2.5843$	$n_\varepsilon=2.8993$
		$n_\gamma=2.7004$	
[b] 介电常数	ε=48	ε=78	ε=110—117
	(粉末)	(中性晶体)	(粉末)
硬度(Mohs 标度)	5.5—6.0	5.5—6.0	7.0—7.5

a) JANAF Thermochemical Tables, Air Force Contract AF04 (611)-7554, Midland, Michigan, Aug. ,1965。

b) P. Pascal. Nouveau Traité de Chimie Minérale, Masson, Paris(1963)。

c) A. Schröder, *Z. Krist.* , **67**(1928)485。

表 23.20 世界各国应用领域钛白消费的比例(%)

应用领域	欧洲	美洲	非洲	中东	远东及太平洋
涂料	66.9	54.5	86.0	85.6	60.7
造纸	8.0	20.0	1.4	—	6.1
塑料	15.9	16.1	6.6	7.4	14.3
橡胶	1.1	2.0	0.7	1.3	4.3
油墨	2.0	1.6	1.2	0.6	3.8
纺织	2.6	2.1	1.2	2.2	5.0
陶瓷	1.6	1.6	0.5	1.6	3.5
其他	1.9	2.1	2.4	1.3	2.3
合计	100	100	100	100	100

根据 1968—1982 年的统计,世界钛白主要生产国家和地区的钛白产量逐年增长,在化工生产中是一项用途广泛贸易繁盛的大宗产品,在此期间其钛白产量对比见表 23.21。在 1970—1982 年间,西方主要工业国钛白平均消费量对比在表 23.22 中。

化学整比的金红石是一种绝缘体,它的室温电阻率约为 $10^{13}\Omega\cdot cm$,有控制地引入氧空缺可将电阻率降低至$<10^{-1}\Omega\cdot cm$。升高温度也可显著地降低电阻率。化学整比金红石有略随温度变化的顺磁性,在 301K 的 $10^6\chi_g=0.074$,它还有一高

度各向异性的介电常数。在氧不足的金红石中的缺陷是来自于氧空位,或来自于间充钛原子,还是来自于这两种因素的结合,现在还没有一般的一致意见。

表 23.21 1968—1982 年世界钛白主要生产国家和地区产量(万吨)

国家/地区	1968	1969	1970	1971	1972	1973	1974	1975	1976	1977	1978	1979	1980	1981	1982
(原)西德	19.4	21.6	23.4	22.3	24.7	27.4	26.4	17.3	24.9	27.3	26.5				
比利时	1.9	1.8	3.7												
法国	7.4	8.4	9.6	9.5	10.3	12.6	12.0	8.0	12.5	11.8	12.3				
荷兰			3.0				3.4								
英国	15.6	15.7	16.7	18.9	20.8	21.6	20.4	15.3	19.8	19.5	21.1				
意大利	4.9	4.4	5.0	4.5	5.3	6.8	6.2	4.0	6.6	6.5	6.0				
芬兰	3.5	6.2	6.8	6.3	6.7	7.2	6.8								
挪威	1.5	1.7	1.7	1.7	1.7	1.8	1.8	2.3							
西班牙	1.2	1.3	1.6	1.6	1.8	2.1	2.3	2.4	2.4	4.0	4.2				
南斯拉夫							2.0								
加拿大			7.0				6.5								
美国	56.6	60.3	59.4	61.5	62.9	71.2	71.4	54.7	64.7	62.3	65.4	66.0	65.0	75.0	64
日本	12.5	14.9	16.3	15.7	17.5	18.0	14.7	13.3	15.6	15.7	17.7	18.8	17.3	18.1	18.6
印度			0.6				0.6								
中国台湾省							0.3								
韩国							0.4								
澳大利亚	3.5	3.6	3.8	4.0	4.2	4.5	4.1	4.2	4.5	5.0	5.3				
合计	128.0	139.9	158.6	146.0	155.9	173.2	179.3	121.5	151.0	152.1	158.5				

表 23.22 西方主要工业国钛白平均消费量[a)]

		1970	1973	1975	1977	1978	1980	1981	1982
美国	消费量 (万吨)	61.9877	76.7030	54.2675	71.2142	74.5248	70.549	80.81	69.46
	人口 (万人)	20488	21041	21354	21638	21660	22770	22980	23246
	平均 (公斤/人)	3.0	3.65	2.54	3.29	3.44	3.10	3.52	2.99
日本	消费量 (万吨)	11.87	15.70	10.71	13.00	15.78	15.19	16.60	
	人口 (万人)	10433	10870	11157	11386	11520	11710	11760	
	平均 (公斤/人)	1.14	1.44	0.96	1.41	1.37	1.30	1.41	
(原)西德	消费量 (万吨)	12.5	14.81	11.73	13.61	14.13			
	人口 (万人)	5943	5992	5983	5954	6133	6160	6170	
	平均 (公斤/人)	2.10	2.47	1.96	2.29	2.30			
英国	消费量 (万吨)	13.58	14.99	11.44	12.67	14.22			
	人口 (万人)	5541	5593	5596	5593	5580	5590	5600	
	平均 (公斤/人)	2.45	2.68	2.04	2.27	2.55			

a)消费量=产量+进口-出口的计算值。

可以把许多不同的过渡金属插入于金红石晶格中，即使是痕量的这些金属(～1ppm)都可使金红石脱色。在室温下后者在 24500 至 $2000cm^{-1}$ 区间是透明的，但在空气中加热至～900℃，粉末状固态金红石变成黄色，其发射光谱在～21 $000cm^{-1}$ 处有一峰值。锐钛矿型 TiO_2 与金红石相比对高能光(～26 $000cm^{-1}$)是可穿透的，虽然这个事实使锐钛矿型比金红石型更有利于用作涂料，但工业上仍采用金红石型，因为金红石有较高的折射率和较低的光敏性。

合成金红石在作为宝石方面有一些应用。虽然它的折射率高于钻石的折射率(2.41)，但金红石的主要缺点是它的 Mohs 硬度仅为 7，也就是说它的硬度低于黄玉、尖晶石、红宝石和蓝宝石。

1.2.5　钛氧基化合物

人们原来认为有很多的氧钛(IV)(钛氧基)化合物，也就是说在其中含有独立的 TiO^{2+} 离子，不过最近的研究工作发现几乎所有这些化合物中都含有—Ti—O—Ti—O—链而不是 TiO^{2+} 单元。举例来说，“硫酸钛氧基”可以最好用化学式 $TiO_{2/2}(H_2O)(SO_4)_{3/3}$ 来表示，也就是说每个钛原子是与两个成链氧原子、一个水分子和三个硫酸根中的一个氧原子相联结着的。因而钛原子周围的配位是变形八面体的，链上 Ti—O 距离为～180pm，其他四个 Ti—O 长度范围为 193—201pm。人们原来认为乙酰丙酮络合物 $TiO(acac)_2$ 中含有一个 Ti＝O 键，并且是单分子的，但最近的研究工作表明它是一个具有氧桥的二聚结构。在这个络合物中 Ti—O 的振动频率大概低于 $700cm^{-1}$。红外研究也指出化合物 TiOX(X＝F，Cl，Br 或 I)，$TiOF_2 \cdot H_2O$，$TiOCl_2 \cdot 2Py$，$K_2TiO(C_2O_4)_2 \cdot 2H_2O$，$KTiO(PO_4)$，$TiO(ClO_4)_2$ 和 $TiO(NO_3)_2$ 都是聚合型的。

在另一方面，有一些络合物已被肯定地确定为氧钛(IV)衍生物。络合物 $(Et_4N)_2TiOCl_4$ 属于空间群 $P4_2nm\text{-}C_{4v}^4$，$Z=2$ 和含有独立的四方锥形的 $TiOCl_4^{2-}$ 离子。Ti＝O 和 TiCl 键长分别是 179 和 232—234pm，其中 Ti＝O 的拉伸频率为 $975cm^{-1}$，这往往是属于 M＝O 的拉伸频率范围之内的。相应的四甲基铵盐也同样含有四方锥体的 $TiOCl_4^{2-}$ 离子。某些矿物，特别是硅钡钛矿 $Ba_2(TiO)$。Si_2O_7 和闪叶石，含有一个类似的钛原子的四角锥状配位，有一短的 Ti＝O 键(1.66Å)。

络合物 TiOPC(PC＝酞菁)也含有一个独立的 Ti＝O 单位，因为它有一高的 Ti＝O 拉伸频率 $972cm^{-1}$。络合物 $TiO \cdot (SbF_6)_2$ 和 $TiO(TiF_6)$ 各含有一个在 $965cm^{-1}$ 的强谱带，因而可用同样方式来表征它的化学式。尽管如此，在钛化学中 M＝O 实体相对较少这个事实是与钒(IV)化学之富有 M＝O 化合物为显著不同的。

1.2.6 过氧化物

酸性的 Ti(IV)溶液与过氧化氢反应生成一种深黄橙色，此颜色的深度是检出双方试剂的最灵敏的方法。颜色的呈显决定于溶液的 pH，在酸中是橙色的，在 pH～8 是黄色的，而在强碱中是无色的。虽然已经分离出来过一些固态过氧络合物，但对于它们的化学式和结构都未能取得一致见解。曾已有人综论过互相矛盾的文献资料，在本文中仅对经过明确表征过的一些物种进行讨论。

曾有人报道过在碱性 Ti(IV)溶液中产生的一些过氧化合物。向化合物 $TiO_3 \cdot 2H_2O$ 加入冰冷的碱金属氢氧化物溶液和过氧化氢可以制得 $M^{I}_4Ti(O_2)_4 \cdot 6H_2O$ 型的固态过氧钛酸盐。所得的络合物在固态下或许是一种含四个过氧基的物种。但在碱性溶液中则发现与金属原子相结合着的过氧基不会超过 2 个。它们会被酸的水溶液所分解。

$M_3[(O_2)TiF_5]$，$M_2[(O_2)Ti(SO_4)_2] \cdot nH_2O$（M＝Li，Na，K 或 NH_4）型的过氧钛酸盐是人们已知的，过氧磷酸根络合物和过氧草酸根络合物也都是已知的。用过氧化氢在 20℃处理 $(NH_4)_2TiF_6$ 浓溶液，然后用冷氨水处理，得到过氧氟钛酸盐。络合物 $(NH_4)_3 \cdot [(O_2)TiF_5]$ 同铌与锆化合物 $(NH_4)_3NbOF_5$ 和 $(NH_4)_3ZrF_7$ 是同晶形的，因而人们认为钛原子在此处是 7 配位的。这个钛盐很稳定，在水中溶解时不会分解，但在遇到高锰酸根离子时会放出氧。过去认为的钾盐 $K_2[TiO_2F_4]$，现已将化学式改写为 $K_3[TiO_2F_5]$。

用乙醇处理在 pH＝8.6 时含过氧化氢的硫酸氧钛(IV)溶液可以得到一种黄色固体，其化学式大概是 $TiO_3 \cdot 2H_2O$。在该分子中每个钛原子有一个过氧基，但此化合物的准确结构尚不清楚。

向硫酸氧钛(IV)的浓硫酸溶液中加入过氧化氢时生成的红色固体其化学式为 $Ti(O_2)SO_4 \cdot 3H_2O$。人们认为它是一个单分子化合物和非电解质，因而它含有络合配位的硫酸根。人们认为在酸性过氧钛(IV)溶液中有许多其他过氧物种，但都未能确知它们的正确化学式。

1.2.7 钛酸盐

除了 Ba_2TiO_3 外，钛酸盐都不含有独立的 TiO_4^{4-} 离子，它们都是聚合型的混合金属氧化物。已知有两种型式的化合物，即偏钛酸盐 $M^{I}_2TiO_3$ 和 $M^{II}TiO_3$，以及正钛酸盐 $M^{I}_4TiO_4$ 和 $M^{II}_2TiO_4$。

1. 偏钛酸盐

$M^{I}_2TiO_3$（M＝Li，Na，K，Rb 或 Cs）型的偏钛酸盐是将二氧化钛与对应的碱金属碳酸盐共熔来制备的。对这些化合物的详细结构资料现在尚付阙如。

当金属原子具有相近的大小时，$M^{II}T_iO_3$ 型的偏钛酸盐以钛铁矿结构而结晶。它们的结构是由六方紧堆的氧离子阵列所组成，在其中 1/3 八面体孔穴为 M^{II} 离子所占据，另 1/3 孔穴为 Ti^{IV} 离子所占据（M＝Co，Ni，Mn，Mg 或 Cd）。它们往往是将二氧化钛与计算量的二价金属氧化物放在闭管中加热至 1000—1300℃数小时来制备的。

对于这类偏钛酸盐来说，当二价金属阳离子比 Ti^{IV} 离子大得多时，该化合物采取钙钛矿型结构。偏钛酸锶和偏钛酸钡属于此种类型，相应的钙盐具有类似结构。钡盐在电子工艺中有特殊的重要性，由于它具有铁电性和压电性。

2. 正钛酸盐

正钛酸盐 $M_2^{II}TiO_4$（M＝Mg，Zn，Mn，Fe 和 Co）具有尖晶石结构，在其中阳离子既占入氧离子紧堆排布的四面体孔穴，又占入其八面体孔穴。这些化合物是将计算量的原料氧化物一起加热至 900—1000℃来制备的。钛酸铍 Be_2TiO_4 和钛酸钠 Na_4TiO_4 也都是已知化合物。

Bi_2TiO_4 是与众不同的正钛酸盐，它具有 β-K_2SO_4 结构。它含有单个的 TiO_4^{4-} 离子，其结构为相当变形的四面体。在这个盐中 Ti—O 键的长度范围为 163—182pm，O—Ti—O 角度范围为 94—129°。不过相应锶盐的结构中有共用氧原子的 TiO_6 八面体所组成的层。

3. 其他钛酸盐

已知有两种其他类型的钛酸盐。它们是钠钛青铜 Na_xTiO_2（$0.20<x<0.25$）和具有正常尖晶石结构的三价化合物 $MnTi_2O_4$。钛（IV）将会进入石榴石的正四面体和八面体孔穴中。关于钛酸盐的其他合成与结构工作可参阅 S. Anderson，*Arkiv Kemi.*，**26**（1967）531，某些磁性和谱学研究可参阅 Sienko etc，*Inorg. Chem.*，I(1968)119。

1.2.8　硫化物、硒化物和碲化物

MeTaggart 与合作者曾对钛族元素的硫属化合物的制备和物理及化学性质作过最综合性的研讨[F. K. MeTaggart etc，*Austral. J. Chem.*，**11**（1958）445，458，471，481.]。他作出结论说金属原子与硫属元素的亲合力按如下的顺序而递降：硫＞硒＞碲，以及给定的硫属化物系列的稳定性依 Ti＜Zr～H_f＜Th 的顺序而增高，不过一般来说关于硒化物和碲化物的资料仍比较少（表 23.23）。本节将讨论一些主要的硫化物。

1. Ti_2S

这个最低价钛的硫化物是将一硫化钛和金属钛放在一支抽空的闭管中加热至 1000℃来制备的。它是一种灰色脆性的金属材料，它与其他硫化物不同的是它与

盐酸作用生成一种紫色溶液，加入氢氧化钠也不会影响溶液的颜色。它的晶体结构颇为复杂，每个钛原子的配位环境都是不同的。硫原子与 7—9 个钛原子配位，其中 6 个处于一个变形三角柱的角顶上，1 个或多个则靠近在此角柱体的面上。在这个化合物中最短的 Ti—S 距离为 244pm。

表 23.23 钛的二元硫属化合物[a)]

硫属化物	结构类型	导电性	磁性
Ti_2S	Ta_2P	金属性	—
Ti_3S_2	WC	金属性	—
TiS	NiAs	金属性	恒定顺磁性
Ti_8S_9	Ti_8S_9	金属性	恒定顺磁性
Ti_4S_5	Ti_4S_5	金属性	恒定顺磁性
Ti_3S_4	Ti_3S_4	金属性	—
Ti_2S_3	Ti_2S_3	金属性	恒定顺磁性
Ti_5S_8	Ti_5S_8	金属性	—
TiS_2	CdI_2	半导体	顺磁性(0.52B. M.)[b)]
TiS_3	$ZrSe_3$	半导体	反磁性
$Ti_{\sim 2}Se$	Ta_2P	金属性	—
$Ti_{\sim 3}Se_2$	～NiAs	金属性	—
$TiSe_{0.95}$	MnP	金属性	—
$TiSe_{1.05}$	NiAs	金属性	—
$Ti_{0.9}Se$	NiAs 衍生物	金属性	—
Ti_3Se_4	Fe_3Se_4	金属性	—
$Ti_{0.70}Se$	NiAs 衍生物	金属性	—
Ti_5Se_8	V_5S_8	金属性	
$TiSe_2$	CdI_2	半导体	反磁性
$TiSe_3$	$ZrSe_3$	半导体	反磁性
Ti_5Se_4	Ti_5Te_4	金属性	—
TiTe	～NiAs	金属性	—
$Ti_{1.6}Te_2$	单斜	金属性	—
Ti_3Te_4	Fe_3Se_4	金属性	—
$TiTe_2$	CdI_2	金属性	反磁性

a) F. Hulliger, *structure and Bonding*, **4**(1968)83。

b) L. E. Conroy and K. C. Park, *Inorg. Chem.*, **7**(1968)459。

2. TiS

一硫化钛(熔点 2200K)可以通过单质的直接反应或通过二硫化钛与氢在高温的还原反应来制备。它是一种棕黄色固体。具有 NiAs 结构，在其中最短的 Ti—S 距离为 232pm。其升华热为 $\Delta H^{\circ}_{s,298}=544kJ/mol$。

3. Ti_2S_3

这个硫化物可以通过计算量的单质加热至800℃的反应来制备,也可将二硫化钛在真空中加热至1000℃来制备。它是一种黑色粉末,它的结构与NiAs结构有关,最短的Ti—S距离为236pm。

4. TiS_2

这个二硫化物可通过硫化氢对四氯化钛的反应或令三硫化钛在560℃进行热分解来制备。像三硫化钛一样,它不与HCl作用但能溶于浓H_2SO_4中。在室温下它在空气中是稳定的,但加热时会转化成二氧化钛。它是一种n-型半导体并显有准金属的性质。

5. TiS_3

三硫化钛是先令四氯化钛蒸气与干燥H_2S的混合物通过一支加热至480—540℃的硬质玻璃管,产物基本上是二硫化钛,然后在一支加压管中用过量硫加以处理,就制得了三硫化钛。也可以在一只弹筒中令两种单质在600℃发生直接反应一周来制备。它生成为长的黑色晶体。虽然这个化合物的结构尚未详细弄清楚,但它无疑是一种多硫化物。它是一种石黑状固体,不与HCl作用,但能溶解在浓H_2SO_4中。它同硝酸反应(生成水合二氧化钛)并也能同5mol/L NaOH作用。

6. 三元硫属化物

已经鉴证过若干三元硫属化钛,其型式为MTi_2X_4(M=Fe,Co,Ni;X=S,Se),已知它们具有Cr_3S_4型的结构。

1.2.9　氮化物、叠氮化物、磷化物、砷化物和锑化物

1. 氮化物

氮可使α-钛呈显稳定至极高温度,氮化物本身是通过单质之间在1000—1400℃的直接反应生成的。它是一种黄棕色粉末,与TiO和TiC为同晶形的,因而具有NaCl结构(a_0=424.4pm)。它具有许多金属性质,包括高熔点(2950℃)、高密度(5.43g/cm^3,25℃)、高电导率和高硬度(Mohs硬度8—9)。它与无机酸不发生作用,但能溶解在沸热的王水中;它与碱作用放出氨。

在TiN中的价键特征被认为是比TiC有较高的离子性。它有很宽范围的均匀物相,从$TiN_{0.38}$至$TiN_{1.2}$。它的整比化合物具有如下的热力学数据:

$$\Delta H^\circ_{f,298.15} = -336.8 \pm 6.3\text{kJ/mol}$$

$$S^\circ_{298.15} = 30.10\text{J/(K·mol)}$$

$$\Delta H^\circ_m = 67\text{kJ/mol}$$

其他可能的氮化物尚有TiN_3和Ti_2N。

钛(锆和铪)的氮化物用于制造熔化金属如铈的坩埚,因为铈很容易被氧化物陶瓷所氧化。

2. 磷属化合物

已知钛有许多磷化物、砷化物和锑化物,还有两个铋衍生物Ti_3Bi和Ti_2Bi。

这些化合物的一些性质汇列在表 23.24 中。

磷化物曾被最深入地研究过，它表现有金属光泽，相当大的机械硬度和有很广的均相范围。灰色的 TiP 能够抗御浓酸和碱，并且是极热稳定的。

表 23.24　钛的二元磷属化物

磷属化物	结构类型	导电性
Ti_3P	Ti_3P	金属性
Ti_2P	六方系	金属性
Ti_5P_3	Mn_5Si_3	金属性
TiP	TiP	金属性
TiP_2	$PbCl_2$	金属性
Ti_4As	—	金属性
Ti_5As_3	Mn_5Si_3	金属性
TiAs	TiP	金属性
$TiAs_2$	$TiAs_2$	金属性
Ti_3Sb	Cr_3Si	半导体
$Ti_{2.5}Sb$	Ti_2Bi	金属性
$Ti_{1.7}Sb$	正交系	金属性
$Ti_{1.2}Sb$	正交系	金属性
TiSb	NiAs	金属性
$TiSb_2$	$CuAl_2$	金属性
Ti_3Bi	四方系	金属性
Ti_2Bi	Ti_2Bi	金属性

3. 三元体系

Goldschmidt 在 1967 年的专著[H. J. Goldschmidt, Interstitial Alloys, Butterworths, London(1967)]对氮化钛的三元系作了讨论。有结构数据的一类化合物是卤氮化物 TiNX(X=Cl, Br 或 I)。这些化合物具有 FeOCl 型结构。它们容易水解，并且对热不十分稳定。

在 0℃时用气态叠氮化氯处理四氯化钛，可以以高产率得到一种结晶状的吸湿性氯叠氮化钛 $TiCl_3N_3$。这个黄色化合物具有爆炸性，在室温下在某些溶剂中它裂解出氮和氯并生成黄色的氯氮化钛 TiNCl

$$TiN_3Cl_3 \longrightarrow TiNCl + Cl_2 + N_2$$

1.2.10　碳化物、硅化物和硼化物

1. 碳化物

有两种方法可以制备碳化钛：一种方法是用碳在～1800℃的电炉中处理二氧化钛，另一种方法是两种单质在 1800—2400℃的直接反应。它是一种金属型的灰

色粉末，具有 NaCl 结构和有一很广范围的均相组成（一直低到 $TiC_{0.3}$）。碳化钛不很活泼，不溶于 HCl 和 H_2SO_4，但能与 HF 和 HNO_3 的混合物反应。在空气中它能稳定至 800℃，高于此温度时它即缓慢地被氧化。

这个化合物是一种好的导电体，具有很高的熔点和高硬度（Mohs 硬度 8—9）。因而它在工业上用于高速切削工具。碳化钛的其他性质请参见表 23.25，在该表中也包括了钛的硅化物和硼化物的数据。

表 23.25　钛的碳化物、硅化物和硼化物[a)]

化合物	晶格参数（pm）	Z	熔点（℃）	$\Delta H^\circ_{f,298.15}$（kJ/mol）	$S^\circ_{298.15}$［J/（K·mol）］	ρ（X 射线）（g/cm³）
TiC	a=432.80	4	3157	−186.2	24	4.94
Ti_5Si_3	a=744.8 c=511.4	2	2120	−116.0	—	4.32
TiSi	a=649.2 b=367.8 c=497.0	4	c)	−129.7	—	4.21
$TiSi_2$	a=825.3 b=478.3 c=854.0	8	1540	−134.7		4.4
Ti_2B	a=611 b=456 c=424	4	2250 dec.	—	—	—
TiB		4	～2200 dec.？	−171.5	30	—
TiB_2	a=302.8 c=322.8	1	2920	−292.9	28	4.52
Ti_2B_5	a=298 c=1398	1	～2100 dec.？	—	—	—

a）H. J. Goldsehmidt，Interstitial Alloys，Butterworths，London（1967）. 热化学数据引自 JANAF Thermochemical Tables。

b）对 $\frac{1}{5}Ti_5Si_3$ 而言。

c）低于 1760℃ 转熔。

2. 硅化物和锗化物

硅化钛在性质上是金属性的。它们在实际工作中的最重要性质是它们的高熔点（硼化钛和碳化钛均有此共性）和它们的稳定性以及对高温氧化的化学惰性，所有的硅化物都是硬的和脆性的，但后一性质往往减弱了它们作为硬质金属中的用途。

有过报道的锗化物有 Ti_5Ge_3 和 $TiGe_2$。

3. 硼化物

硼化钛对人们的主要吸引力是它们极高的硬度(不幸的是伴随着极大的脆性)和高熔点。其熔点低于碳化物,但高于硅化物。它们的化学稳定性、惰性和耐抗高温氧化性使它们适合于作为高熔合金组元。

1.2.11 烷氧化合物

钛的烷氧化合物大概是经过最详细研究的钛有机化合物,部分是由于它们很容易制备和分离,部分是由于它们有可能用于发展新型的高分子材料。四烷氧基钛的一些结构特点也是令人感兴趣的。

1. 三价钛的烷氧化合物

对于低价钛的烷氧化合物所知甚少。甲氧基化三价钛 $Ti(OMe)_3$ 曾是通过无水三氯化钛与甲氧基锂的交换反应制备的,反应是在干燥氩气氛中在无水甲醇中进行的。它是一种不溶、易燃的黄绿色反磁性物质;它们除了含有甲氧基桥之外还可能含有钛—钛键,但它的结构尚不清楚。

2. 四价钛的烷氧化物

制备四烷氧基化钛的原来方法是四氯化钛和相应烷氧化钠在醇中的反应:

$$TiCl_4 + 4NaOR \rightarrow Ti(OR)_4 + 4NaCl$$

不幸的是这个反应进行得很慢并仅适用于那些容易与钠生成烷氧化钠的醇。

另一种方法是使用无水氨,反应如下:

$$TiCl_4 + 4ROH + 4NH_3 \rightarrow Ti(OR)_4 + 4NH_4Cl$$

如果反应中没有能除去(反应中产生的)氯化氢的试剂(有,如氨),则反应仅能进行到二氯二烷氧基化钛阶段。不过在有过量氨时,氯化铵会溶解,四烷氧基钛分离成为分开的液层。

还有许多别的方法可以合成四烷氧基钛。

(1)性质和结构。烷氧基化合物 $Ti(OMe)_4$ 和 $Ti(OEt)_4$ 都是白色晶状固体(不过后一化合物在初制备出来时是一种无色的黏稠液体),但大多数四烷氧基化钛是具有高沸点的无色或黄色液体(表 23.26)。从含有 10 个或多个碳原子的醇衍生出来的四烷氧基钛倾向于是腊状固体。低员的烷氧基钛在潮湿空气中会快速水解,但高员的烷氧基钛和苯氧基钛就远不容易水解。大部分芳氧基钛是有深颜色的固体(往往是橙色、黄色、红色或棕色的)。并且像烷氧基钛一样,能溶于有机溶剂中。

低员的四烷基钛是聚合型的,其聚合程度决定于烷氧基的空间位阻作用。这可以从分子量测量、以及从它们的高沸点、黏度、气化热和 Trouton 常数而能加以判定。不过,对于庞大的烷氧基如叔丁基或更高员的烷氧基来说,在所有的测量浓度中该四烷氧基钛都是单分子化合物。

对三种烷氧基钛 $Ti(OMe)_4$,$Ti(OMe)(OEt)_3$ 和 $Ti(OEt)_4$ 的 X 射线结构工作表明在每一情况中,固态烷氧基钛都是四聚物。所有的钛原子都是八面体地与 6 个氧原子配位,该四聚单元是由 4 个 TiO_6 单元共用棱边而形成的(图 23.7)。有 2 个氧原子各同 3 个钛原子相联结,有 4 个氧原子各同 2 个钛原子相联结,剩下的 10 个氧原子是端梢原子(表 23.27)。

表 23.26 一些烷氧基钛和芳氧基钛的性质[a)]

烷氧化物	熔点(℃)	沸点(℃)	$\Delta H_f^\circ(g)$ (kJ/mol)	D	E
甲基 $Ti(OCH_3)_4$	209—210	243/6916Pa	—	—	—
乙基 $Ti(OC_2H_5)_4$	—	145/1131Pa	−1359.8[b)]	422.6	217.6
正丙基 $Ti(OC_3H_7)_4$	—	171/1862Pa	−1481.1	435.1	230.1
异丙基 $Ti(OC_3H_7)_4$	20	97/9976Pa	−1506.2	430.9	221.7
正丁基 $Ti(OC_4H_9)_4$	<−40	185—187/1463Pa	−1577.4	439.3	234.3
异丁基 $Ti(OC_4H_9)_4$	—	155/1862Pa	−1594.1	439.3	225.9
仲丁基 $Ti(OC_4H_9)_4$	—	137/1733Pa	−1598.3	435.1	221.7
叔丁基 $Ti(OC_4H_9)_4$	—	114/1463Pa	−1652.7	426.8	213.4
正戊基 $Ti(OC_5H_{11})_4$	—	211/1463Pa	−1686.2	439.3	242.7
苯基 $Ti(OC_6H_5)_4$	153—154	267/340Pa	—	—	—
邻二甲苯基 $Ti[OC_6H_3(CH_3)_2]_4$	—	460/340Pa	—	—	—

a)物理性质选自 R. Feld and P. L. Cowe, The Organic Chemistry of Titanium, Butterworths, London (1965); thermochemieal properties from D. C. Bradley and M. J. Hillyer, *Trans. Faraday Soc.*, **62** (1966)2374。

D=平均 Ti—O 键离解能(kJ/mol)。

E=Ti—O 键能量项(kJ/mol)。

b)为单分子化合物的数值。

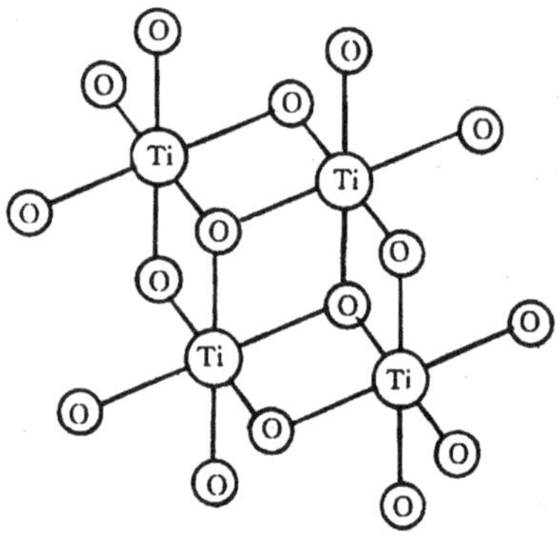

图 23.7 $Ti(OEt)_4$ 的结构

表 23.27 烷氧基钛(IV)的结构数据[a]

化合物	空间群	Z	ρ(X 射线) g/cm³	Ti—O₁	Ti—O₂	Ti—O₃
$[Ti(OMe)_4]_4$[b]	$P\bar{1}—C_i^1$	1	1.476	178—208	196—208	213—220
$[Ti(OMe)(OEt)_3]_4$[c]	triclinic	2	1.236	160—240	160—240	160—240
$[Ti(OEt)_4]_4$[d]	$C2/c—C_{2h}^6$	4	1.28	177	203	223

a) O_1,O_2 和 O_3 原子分别与一个、二个和三个钛原子相联结。

b) D. A. Wright, and D. A. Williams *Acta Crst.*, **B24**(1968)1107。

c) R. D. Witters and C. N. Caughlan, *Nature*, **205**(1965)1312。

d) J. A. Ibers, *Nature*, **197**(1963)686。

四烷氧基钛在熔液中的聚合程度曾经成为人们争论的问题,但最近的工作指出直链烷氧基钛 $Ti(OR)_4$(R=Et,*n*-Pr 或 *n*-Bu)在干燥苯中是三聚物,烷氧基钛的测量浓度范围为 $3-66\times10^{-3}$ mol/L。在另一方面,有空间位阻的烷氧基钛 $Ti(OR)_4$(R=*i*-Pr或 *t*-Bu)在所有测量浓度中都是单分子的。R=*n*-Pr 或,*n*-Bu 的直链烷氧基钛的结构不能用 60MC/s 的核磁共振技术加以测定,因为即使是在 −90℃,分子内端梢烷氧基和成桥烷氧基极快速地交换而阻碍了测量。对于四乙氧基钛来说,它表现为在低于 −20℃时,三聚物转化成另一个物种,大概是四聚物。确实,下述现象有重要意义:新蒸馏出来的四乙氧基钛(经 NMR 测量为三聚物)可保持过冷状态数月,而晶状变体(四聚物)很容易从二硫化碳溶液中沉积出来。烷氧基促进与钛生成四聚物的倾向是依如下顺序递减的:

$$MeO > EtO > n\text{-}PrO > n\text{-}Bu$$

(2)接受体性质。当四氯化钛中的氯原子逐次被烷氧基取代时,所得的卤化烷氧基钛作为路易斯酸的本领便逐次减弱。确实如此,四烷氧基钛已表现有很少的接受体本领了,有报道的络合物是很少的。有些络合物有反常的配比,例如 $Ti_2(OEt)_8$ · en,$Ti_2(OPr')_8$ · en 和 $Ti(OPr')_4$ · en(en=乙二胺)。这些络合物几乎能完全溶于溶液中。

在另一方面,苯氧基钛(例如 $Ti(OPh)_4$)很容易与苯酚、氨、甲胺、二甲胺、三乙胺、吡啶、二氧六环、苯胺、α-萘胺和丙酮生成 1∶1 加合物。这些化合物的性质曾被 Masthoff 及合作者综述过[R. Masthoff, H. Köhler, Böhland and F. Schmeil, *Z. Chem.*, **5**(1965)122]。苯氧基钛和烷氧基钛的一个重要差异是前者在苯中是单分子的(因而保有接受体性质)而后者要么是聚合 6 配位的或则是有空间位阻的单个分子。

(3)水解产物。大多数金属烷氧化物可以水解生成金属氢氧化物或氧化物,但在仔细控制的条件下有可能分离出聚合型的中间体。聚合作用可以通过两个途径发生，即通过生成 M—O—M 桥和通过烷氧基和/或羰基氧原子而聚合，平均聚合度决定于水解程度。有人认为 $Ti(OEt)_4$ 的缩合过程涉及到一系列水解的三聚单位，其第一水解产物是 $Ti_6O_4(OEt)_{16}$。水解聚合物系列可表示为 $Ti_{3(x+1)}O_{4x}(OEt)_{4(x+3)}$，式中 $x=0,1,2,\cdots,\infty$。当水解度 h 增大时（按 $h=\frac{[H_2O]}{[Ti(OEt)_4]}$ 而测量的），聚合度增大一直到极限聚合物

$[Ti_3O_4(OEt)_4]_\infty$，这时 $h=1.33$。

但又有人用 X 射线方法测得稍有不同的结果，他们发现 Ti—$(OEt)_4$ 的第一个水解产物是 7 核的单位 $Ti_7O_5(OEt)_{19}$。在此化合物中的 Ti—O 键长范围为 170 至 250pm。

3. 卤化烷氧基钛

卤化烷氧基钛和卤化苯氧基钛是通式为 $(RO)_nTiX_{4-n}$ 的化合物，式中的 R＝烷基、环烷基、烯基或芳基，X＝卤素，$n=1,2$ 或 3。氟化烷氧基钛和氯化烷氧基钛是无色或黄色晶状固体或新制备时的黏稠液体，但它们会随着时间延长而颜色变暗。同类的溴化物是黄色晶状固体。卤化苯氧基钛往往是橙红色晶状固体，一般有颇高的熔点。所有这一类化合物都是吸湿的。它们能溶于水，但会缓慢分解成相应的醇、烷基卤和水合二氧化钛。这些化合物一般是通过原料四烷氧基钛与适宜摩尔比的四卤化钛在惰性溶剂如苯中的直接反应来制备的。

卤化烷氧基钛的分子式决定于烷氧基被卤离子取代的程度，例如，氯化正丁氧基钛的正确化学式是 $[TiCl(OBu)_3]_3$，$[TiCl_2\cdot(OBu)_2]_2$ 和 $[TiCl_3(OBu)]$。

在苯中的二氯化二苯氧基钛是个单分子化合物，但在固态中它是一个有烷氧基桥的二聚分子。每个钛原子是以三角双锥的形式而五配位的，有关的键长提供在表 23.28 中。二氯化二乙氧基钛在固态中也具有这个结构。

表 23.28 $(RO)_2TiCl_2$ 的结构数据（R＝Ph 或 Et）

化合物	Ti—O(pm) 端梢	Ti—O(pm) 成桥	Ti—Cl(pm)
$(PhO)_2TiCl_2$ [a)]	174.4	191.0 和 212.2	220.9 和 221.9
$(EtO)_2TiCl_2$ [b)]	177	196	219 和 220

a) K. Watenpaugh and C. N. Caughlan, *Inorg. Chem.*, **5**(1966)1782.

b) W. Haase and H. Hoppe, *Acta Crvst.*, **B24**(1968)281.

4. 烷基硅氧基钛

三甲基硅醇同四氯化钛在有氨存在下反应生成化合物四(三甲基硅氧基)钛：

$$TiCl_4+4Me_3SiOH+4NH_3 \rightarrow Ti(OSiMe_3)_4+4NH_4Cl$$

这是一种无色液体，沸点 106℃/933Pa。

这个方法是一般通用的，它能应用于制备 $Ti(OSiR_3)_4$ 和 $Ti(OSiR_nR'_{3-n})_4$ 型的化合物。为制备这一类化合物还有许多其他可用的方法。

四个(三烷基硅氧基)钛化合物一般是无色液体或晶状固体，它们极溶于有机溶剂中，在其中它们显为单分子化合物。用苯基取代烷基会生成有高密度、高沸点和高折射率的化合物。$Ti(OSiPh_3)_4$ 是唯一已知的三芳基化合物，它的熔点高达 501—505℃；它也不溶于大多数有机溶剂中，并且对酸和碱呈显惰性。四个(烷基硅氧基)钛和同类的烷氧基化合物相比，它们对于水解作用和热分解作用来说要稳定很多，随着烷基的变大其稳定性增高。

对于三烷基硅氧基钛化合物水解成三烷基硅氧基钛氧的作用研究曾引起过很多注意，这个领域是令人感兴趣的，因为水解产物有生成为高分子化合物的潜在可能性。

1.2.12 配位化合物

文献中报道过极大量的四价钛络合物。不过低氧化态的络合物得到表征的却为数很少，而且这些络合物相对于氧化作用来说肯定是不稳定的，钛在络合物中的主要氧化态和配位数请见前面 1.1.5 节和表 23.4。

1. 钛－II，－I，0，＋I，＋II氧化态

(1)2,2′-联吡啶络合物。钛与 2,2′-联吡啶、1,10-二氮菲和联三吡啶的络合物是最突出的低价钛络合物。在四氢呋喃(THF)中在有过量联吡啶存在下用 4 或 5 个当量的 2,2′-联吡啶二锂还原四氯化钛，结果分别生成了络合物$[Tibipy_3]$和$Li[Tibipy_3]$3.7THF：

$$TiCl_4 + 2Li_2bipy + bipy \xrightarrow{THF} [Tibipy_3] + 4LiCl$$

$$TiCl_4 + 2.5Li_2bipy + 0.5bipy \xrightarrow{THF} Li[Tibipy_3]3.7THF + 4LiCl$$

如果将得到的钛络合物与金属锂在 THF 中一起摇荡，就会发生进一步的还原作用生成黑色反磁性络合物 $Li_2[Tibipy_3]$5.7THF。在这些络合物中的 THF 分子并不在钛原子的内配位界里，而仅是弱键合的。

这些络合物对空气和湿气是极端敏感的。在 THF 中的颜色和磁矩(固体，293K)如下：$[Tibipy_3]$绿蓝色，0；$Li[Tibipy_3]$ · 3.7THF 蓝紫色，1.72B.M.；$Li_2[Tibipy_3]$5.7THF 绿色，0。钛原子在这些络合物中的式电子组态是 t_{2g}^5 和 t_{2g}^6，所有这些显然都是自旋配对的。对这些络合物中的成键程序曾有过不少的讨论，特别是人们认为，在连续进行的还原过程中，外来的电子是还原了配体而不是还原了金属原子。

中性络合物[$Mbipy_3$]（M=Ti，V 或 Cr]是同晶形的。对钒化合物的结构曾作过二维测定；所有三个配体都是双齿体，NVN 角为 73.6°，V—N 键长为 210pm。所有这三个络合物都在～250℃/0.13Pa 时升华。

(2)$TiCl_2$ 的配位络合物。对二氯化钛的配位化学研究得很少。这个二卤化物本身有金属-金属相互作用的迹象，很清楚地是常见配体不容易打开它的晶格。不过通过高温下的闭管反应或经长时间回流，发现二氯化钛是能够同二甲基甲酰胺、乙腈和其他配体反应的，生成配比为 $TiCl_2 \cdot 2L$ 的络合物。这些络合物的室温磁矩仅为～1.0B.M.——这比有两个成单电子自旋平行的应有磁矩 2.83B.M. 低得多，这大概是由于在固态中形成了有氯桥的聚合物。

$TiCl_2$ 在 227℃的熔融 $AlCl_3$ 中的电子光谱在 7600 和 14500cm^{-1} 处有两个谱峰，消光系数分别是 9.1 和 29.4。这些谱峰被指认为两个最低自旋允许的配体场跃迁$^3T_{2g} \leftarrow {}^3T_{1g}(F)$和$^3T_{1g}(P) \leftarrow {}^3T_{1g}(F)$，这与预期的在八面体配位场中的 d^2 离子是一致的。

2. 钛(III)的配位化学

钛(III)络合物往往是通过三氯化钛与过量配体之间的直接反应生成的，所有操作都是在真空管路中进行的。这类衍生物对空气都是不稳定的，并且对湿气也往往是不稳定的。一经制成之后，这些化合物最好熔封在多支管路中的已称重安瓿中，可以随时取用。

Ti(III)络合物的室温磁矩都接近于 1.73B.M.。这与它们的 d^1 电子构型所预期的磁矩是一致的。

已知有许多不同配比的化合物，特别是$[ML_6]^{3+}(X^-)_3$，$[ML_4X_2]^+X^-$，$[ML_2X_3]$，$R^+[ML_2X_4]^-$，在式中 L=一齿配体，X=卤离子，R=一价阳离子。此外，已知有许多含有二齿体和三齿体与钛配位的化合物。本节将对这些已知的化合物以及它们的性质和结构作概要的讨论。

(1)ML_6^{3+} 型的络离子。已知 $Ti(H_2O)_6^{3+}$ 离子不仅存在于 Ti(III)的水溶液、稀 H_2SO_4 和稀 HCl 溶液中，但也存在于 Ti(III)矾 $CsTi(SO_4)_2 \cdot 12H_2O$ 中。这个离子与配位场理论有着历史性的联系。在有 O_h 对称性的完美八面体配位场的作用下，钛(III)的^2D 基项分裂成一个较低的$^2T_{2g}$项和一个较高的^2E_g 项。Ilse 和 Hartmann 首先在 $Ti(H_2O)_6^{3+}$ 的水溶液旋光光谱中检出了在～20 100cm^{-1}处的宽不对称谱峰，它来自于$^2E_g \leftarrow {}^2T_{2g}$跃迁。这是对过渡金属络合物配位场谱峰的第一次正确指认，并为其他这类旋光光谱的进一步了解打下了基础。具有 6 个等同配体的所有 Ti(III)络合物的谱带峰值和它们的消光系数在一道提供在表 23.29 中。

表 23.29 有 6 个等同配体的 Ti(III)络合物的电子光谱

络合物	$^2E_g \leftarrow {}^2T_{2g}$(cm^{-1})		分裂能(cm^{-1})	方法	参考资料
$K_3Ti(CN)_6 . 2KCN$	22 300—	18 900—	3400	A	a)
$[Ti(H_2O)_6]Cl_3$	20 100(5.7)	17 000(3.9)	3100	A	b)
$CsTi(SO_4)_2 . 12H_2O$	19 900(4.2)	18 000(2.2)	1900	C	c),d)
$Ti(III)[Al_2O_3]$77°K	20 300*	18 450*	1850	C	e)
$[Ti(OCN_2H_4)_6]I_3$	17 550(10)	16 000(10)	1550	A. B,C	f)
$[Ti(OC_3H_6N_2)]I_3$	17 050—	15 400—	1650	B	g)
$(NH_4)_3[TiF_6]$	19 000—	15 100—	3900	D	h)
$Na_2K[TiF_6]$	18 900—	16 000—	2900	D	h)
$NaK_2[TiF_6]$	18 900—	16 100—	2800	D	h)
$(n\text{-}C_4H_9)_3[Ti(NCS)_6]$	18 400(51)	asym—	—	A,B	i)
$\alpha\text{-}TiCl_3$	13 800—	12 000(sh)	1800	B	j)
$(C_5H_6N)_3[TiCl_6]$	12 750—	10 800(sh)	1750	B	g)
$(Li,K)_3[TiCl_6]$	13 000(3.3)	10 000(2.4)	3000	E	k)
$(C_5H_6N)_3[TiBr_6]$	11 400—	9 650—	1750	B	g)

* $f_{/\!/}=0.432\times10^{-4}$；$f_{\perp}=0.132\times10^{-4}$。

方法 A=溶液吸收光谱

B=漫反射光谱

C=晶体透过光谱

D=KCl 压片的透射光谱

E=最高 400℃的熔体吸收光谱

a) H. L. Schläfer and R. Götz, *Z. anorg. und allgem. Chem.*, **309**(1961)104。

b) H. Hartmann, H. L. Schläfer and K. H. Hansen, *Z. anorg. und allgem. Chem.*, **284**(1956)153。

c) H. L. Schläfer, Proceedings of the Conference on the Theory and Structure of Complex Compounds, Wroclaw p. 181, Pergamon, Oxford, 1962。

d) H. Hartmann and H. L. Schläfer, *Z. Naturforsch.*, **6a**(1951)754。

e) D. S. McClure. *J. Chem. Phys.*, **36**(1962)2757。

f) H. Hartmann, H. L. Schläfer and K. H. Hansen, *Z. anorg. und allgem Chem.*, **289**(1957)40。

g) M. Blažeková and H. L. Schläfer, *Z. anorg. und allgem. Chem.*, **360**(1968)169。

h) H. D. Bedon. S. M. Homer, and S. Y. Tyree, *Inorg. Chem.*, 3(1964)647。

i) R. J. H. Clark, *J. Chem. Soc.*, (1964)417。

j) G. W. A. Fowles and B. J. Russ, *J. Chem. Soc.*, (A)(1967)517。

k) D. M. Gruen and R. L. McBeth, *Plenary Lecture*, 7th Internat. Conf. on Coord. Chem., p. 23, Butterworths, London(1963)。

表 23.29 有两个特点值得引起普遍兴趣。第一，对一给定络离子来说，$2E_g \leftarrow$

$2T_{2g}$跃迁的能量是配位场强度的直接衡量。因此在表中所列的不同配体可以放进如下的光化学顺序中：

$$CN^- > H_2O > F^- > NCS^- > \text{脲} > Cl^- > Br^-$$

这个顺序与从其他金属络离子的旋光光谱建立起来的顺序是一致的。第二，谱带几乎总是分裂的，往往多达 3000cm^{-1}。$2E_g$ 项的分裂被认为是 Jahn-Teller 效应起作用的结果。

有如表 23.29 所指出的，脲是水以外能与钛(III)生成 TiL_6^{3+} 离子的少数配体之一。这个阳离子可制得为高氯酸盐和碘化物。后面这个盐或许是已知的Ti(III)化合物中对空气氧化为最稳定的一个。这个性质可能来自于在晶体内分子间的氢键。对此碘化物的 X 射线研究指出，所有的 6 个脲分子都与钛原子通过氧原子而相键合在一起，Ti—O 的键距为 200.6pm。Ti—O—C 键角为～120°。

甲基脲、乙烯基脲和安替比林也同 Ti(III)生成 TiL_6^{3+} 离子，但当脲上的氢原子进一步被甲基取代时，络合物的配比变成为[$TiCl_3L_3$]。与对称和不对称二甲基脲以及与四甲基脲所生成的后一络合物对空气氧化作用是高度不稳定的。

乙腈络合物[$Ti(CH_3CN)_6$]I_3 是用单质碘在乙腈溶液中对金属钛的氧化作用来制备的(在如此处理中氯和溴将金属钛氧化成 Ti(IV)络合物)。或许是由于三碘离子个头大和较差的配位本领阻止了它取代钛原子第一配位界中的乙腈。由于这个化合物是黑色的，在此情况中配位场谱带必定是被电荷转移跃迁所掩盖起来了。

钛(III)的氨络合物 $TiX_3 \cdot nNH_3$ 都是极不稳定的化合物，超过约－50℃时就容易放出氨，在 150℃时，氯络合物的配比为 $TiCl_3 \cdot 3NH_3$。

向紫色的 $Ti(H_2O)_6^{3+}$ 离子的溶液加入氯离子使 $2E_g \leftarrow 2T_{2g}$ 跃迁的能量发生从 20 100 至～14 500cm^{-1}的连续降低。人们认为这些位移是生成氯水络合阳离子[$Ti(H_2O)_5Cl$]$^{2+}$和[$Ti(H_2O)_4Cl_2$]$^+$ 的结果，或许也生成了少量的类似电中性和阴离子物种。

钛(III)与一齿配体生成的典型络合物的一些性质汇列在表 23.30 中。

(2)$ML_4X_2^+$ 型的络离子。人们原来认为甲醇、乙醇和丁醇都能同三氯化钛反应生成有如[Ti 醇$_6$]$^{3+}$(Cl^-)$_3$ 型的盐。不过后来的工作，特别是对于三氯化钛的异丙醇、仲丁醇和环已醇衍生物的研究工作，发现醇并不能把氯离子完全从钛原子的第一配位界里取代出来。这些络合物的正确化学式是[Ti(醇)$_4$$Cl_2$]Cl。它们的电子光谱数据汇列在表 23.31 中。

表 23.30　Ti(III)与一齿配体的典型络合物

化合物	颜色	μ(B. M.)	T(K)	参考资料
$CsTi(SO_4)_2.12H_2O$	红紫	1.79	289	a)
$[Ti(OC(NH_2)_2)_6]Cl_3$	蓝	1.79	295	a)
$Ti(NH_3)_6Cl_3$	灰	1.76	298	b)
$[Ti(CH_3CN)_6](I_3)_3$	黑	1.80	298	c)
$[TiCl_3.3CH_3CN]$	蓝	1.68	300	d)
$[TiCl_3.3C_5H_5N]$	绿	1.63	300	e)
$[TiCl_3.3C_4H_8O]$	蓝绿	1.7	300	d)
$[TiCl_3.3C_4H_8O_2]$	蓝绿	1.69	300	d)
$(NH_4)_3[TiF_6]$	紫	1.78	303	a)
$(C_5H_6N)_3[TiCl_6]$	橙	1.78	290	a)
$(C_5H_6N)_3[TiBr_6]$	橙	1.81	290	a)
$[(n\text{-}C_4H_9)_4N]_3[Ti(NCS)_6]$	暗紫	1.81	308	f)

a) H. L. Schläfer, W. Lenz and J. Staab, *Z. phys. Chem.*, (*Frankfurt*) **62**(1968)290。

b) H. L. Schläfer and W. Schroeder, *Z. anorg. und allgem. Chem.*, **347**(1966)45。

c) B. J. Hathaway and D. G. Holah, *J. Chem. Soc.* (1965)537。

d) R. J. H. Clark, J. Lewis, D. J. Machin and R. S. Nyholm, *J. Chem. Soc.*, (1963)379。

e) G. W. A. Fowles and R. A. Hoodless, *J. Chem. Soc.*, (1963)33。

f) W. Lenz, H. L. Sehläfer and A. Ludi, *Z. anorg. und allgem. Chem.*, **365**(1969)55。

(3) ML_3X_3 型的电中性络合物。$[TiL_3Cl_3]$型的电中性络合物都是已知的，式中 L＝四氢呋喃、二氧六环、丙酮、甲酰胺、甲基甲酰胺、二甲基甲酰胺、乙腈、吡啶和其他 O—和 N—给电子配体。它们往往是蓝色或绿色的并且对空气氧化高度不稳定。若干这些络合物仅能溶解在原料配体中而不发生变化，而在其他给体溶剂中则会发生快速的配体交换。在一些这类络合物中的 TiCl 拉伸频率经检出在 $330cm^{-1}$区间，从红外光谱中活性振动模式的数目曾已计算出来四氢呋喃加合物采取了反式构型，而乙腈络合物采取了顺式构型。

当给络合物$[TiCl_3 \cdot 3C_4H_8O]$加热时，它先失去 2 个分子的四氢呋喃，然后在 150—200℃发生歧化反应：

$$TiCl_3 \cdot 3THF \xrightarrow{25—100℃} TiCl_3THF \xrightarrow{150—200℃} TiCl_4 \cdot 2THF + TiCl_2$$

母体 $TiCl_3$ 在温度高到 300℃之前是不会发生歧化的。

这类络合物的电子光谱数据提供在表 23.31 中。

(4) ML_2X_3 型的电中性络合物。在 1955 年即已有人发现三甲胺能同三氯化钛在气相中反应，不仅生成了四价衍生物 $TiCl_4 \cdot NMe_3$，但也生成了一些三价络合

物 $TiCl_3 \cdot 2NMe_3$。后来这个化合物又曾通过三氯化钛与过量三甲胺之间的直接反应来制备;三溴化钛也能进行同样的反应。

表 23.31　六个配体不完全等同的 Ti(III)络合物的电子光谱*

化合物	$2E_g \leftarrow 2T_{2g}$(cm^{-1})		分裂能(cm^{-1})	方法	文献
$[Ti(CH_3OH)_4Cl]Cl_2$	16 800(4.3)	14 700(3.8)	2100	A	a)
$[Ti(C_2H_5OH)_4Cl_2]Cl$	16 800(4.0)	14 700(3.5)	2100	A	a)
$[Ti(i\text{-}C_3H_7OH)_4Cl_2]Cl$	16 700(9.1)	asym—	—	A,B	b)
$[Ti(s\text{-}C_4H_9OH)_4C_{12}]Cl$	16 100(9.1)	asym—	—	A,B	b)
$[Ti(C_6H_{11}OH)_4Cl_2]Cl$	16 100(7.8)	asym—	—	A,B	b)
$[TiCl_3 \cdot 3CH_3CN]$	17 100(22)	14 700(13)	2400	A,B	c)
$[TiCl_3 \cdot 3C_2H_5CN]$	17 200—	14 700—	2500	B	d)
$[TiCl_3 \cdot 3n\text{-}C_3H_7CN]$	17 200—	14 700—	2500	B	d)
$[TiCl_3 \cdot 3C_5H_5N]$	16 600—	asym—	—	A,B	e)
$[Ti(Cl_3 \cdot 3\gamma\text{-pic}]$	16 750—	asym—	—	A,B	e)
$[TiCl_3 \cdot 3C_4H_9ON]$	15 400—	13 300(sh)	2100	B	f)
$[TiCl_3 \cdot 3C_4H_8O]$	14 700	13 500—	1200	B	c)
$[TiCl_3 \cdot 3CH_3COCH_3]$	15 400(37)	13 300(28)	2100	A	c)
$[TiCl_3 \cdot 3C_4H_8O_2]$	15 150—	13 400(sh)	1750	B	f)
$[TiBr_3 \cdot 3CH_3CN]$	~16 300(50)	asym—	—	B	d),g)
$[TiBr_3 \cdot 3C_5H_5N]$	16 000—	14 500—	1500	B	h)
$[TiBr_3 \cdot 3\gamma\text{-pic}]$	~16 000(br)	—　—	—	B	h),g)
$[TiBr_3 \cdot 3C_4H_8O_2]$	14 100—	12 500(sh)	1600	B	g)
$[TiBr_3 \cdot 3C_5H_{11}NO]$	14 250—	—　—	—	B	g)
$Et_4N[TiCl_4(CH_3CN)_2]$	15 050—	14 300(sh)	750	B	i)
$Et_4N[TiBr_4(CH_3CN)_2]$	14 800(sh)	12 750—	2050	B	i)
$(C_5H_6N)_3[TiCl_4Br_2]$	12 350—	10 250(sh)	2100	B	i)

* A=溶液吸收光谱;B=漫反射光谱。

br=宽;asym=不对称;sh=肩峰。

γ-pic=γ-甲基吡啶;C_4H_9ON=吗啉;$C_5H_{11}NO$=N-甲基吗啉;C_4H_8O=四氢呋喃;$C_4H_8O_2$=二氧六环。

在最大峰值后面括弧中的数字是消光系数。

a) H. Hartmann, H. L. Schläfer and K. H. Hansen, *Z. anorg. und allgem. Chem.*, **284**(1956)153。

b) H. L. Sehläfer and R. Götz, *Z. anorg. und allgem. Chem.*, **328**(1964)1。

c) R. J. H. Clark, J. Lewis, D. J. Machin and R. S. Nyholm, *J. Chem. Soc.*, (1963)379。

d) M. W. Duckworth, G. W. A. Fowles and R. A. Hoodless, *J. Chem. Soc.*, (1963)5665。

e) G. W. A. Fowles and R. A. Hiidlless, *J. Chem. Soc.*, (1963)33。

f) G. W. A. Fowles, R. A. Hooodless and R. A. Walton, *J. Chem. Soc.*, (1963)5873。

g) G. W. A. Fowles and R. A. Walton, *J. Chem. Soc.*, (1964)4953。

h) G. W. A. Fowles and R. A. Walton, *J. Less-Common Metals*, **9**(1965)457。

i) G. W. A. Fowles and B. J. Russ, *J. Chem. Soc.*, (A)(1967)517。

对络合物 $TiBr_3 \cdot 2NMe_3$ 进行的 X 射线结构研究表明 5 个给体原子在钛原子周围排布成三角双锥体，2 个三甲胺分子占据在轴向位置上。Ti—Br 和 Ti—N 键长分别是 2.40—2.44 和 2.27—2.30Å。同结构的钒和铬络合物也是已知的。不过具有如此配比的许多三氯化钛络合物并不是单分子的，或许是通过氯桥形成了二聚分子，例如 $TiCl_3 \cdot 2SMe_2$。

(5) Ti(III)的阴离子络合物。用氯化四乙胺或溴化四乙胺处理络合物[$TiCl_3 \cdot 3CH_3CN$]，分别得到络合物 Et_4N[$TiCl_4 \cdot 2CH_3CN$] 或 Et_4N[$TiCl_3Br \cdot 2CH_3CN$]。从络合物[$TiBr_3 \cdot 3CH_3CN$]开始，可以用类似手续制备Et_4N[$TiBr_4 \cdot 2CH_2CN$]。所有上述三个络合物可以加热使之失去乙腈分子而生成 Et_4NTiX_4 型的络合物。后者的物理性质表明它们含有卤桥而不是单个的阴离子。但在另一方面，同类的钒阴离子 VX_4^- 却是以四面体结构与一定阳离子相结合的。

如果用过量的吡啶盐酸盐在氯仿-乙腈中处理络合物[$TiCl_3 \cdot 3CH_3CN$]，可以得到络盐$(pyH)_3$[$TiCl_6$]，它的一些性质已经列入到表 23.29 和 23.30 中了。这个盐和 $TiCl_4Br_2^{3-}$ 及 $TiBr_6^{3-}$ 离子的吡啶鎓盐在没有空气时是稳定的，但在溶液中会加合溶剂生成[TiX_4L_2]$^-$ 型的离子。TiX_6^{3-} 离子也存在于三氯化钛富含 NaCl 和 KCl 的熔体中。

在 LiCl/KCl 在 400℃的低共熔体中，钛(III)的电子光谱在 13000cm^{-1}处有一谱峰和在 10000cm^{-1}处有一肩峰；这与预期的 $TiCl_6^{3-}$ 离子是相符合的。不过，当升高熔体的温度时，在光谱中在～4000cm^{-1}处出现一个新的更强的低能量吸收峰。这种现象是用出现了四面体-八面体平衡来解释的：

$$TiCl_6^{3-} \rightleftharpoons TiCl_4^- + 2Cl^-$$

紫色的络合氟化物 M_3TiF_6($M_3 = Na_3, K_3$ 或 K_2Na)可以通过相应的 TiF_6^{2-} 盐的电解还原而制得纯络合物。它的二钾钠盐的 X 射线图式表明它具有面心立方结构，但 K_3 和 Na_3 的盐本身却具有较低的对称性。

从 $TiBr_3$ 的液氨溶液可以分离出一种暗绿色的氰络合物 $K_3Ti(CN)_6 \cdot 2KCN$。关于这个络合物究竟是一个 8 配位的 $Ti(CN)_8^{5-}$ 离子(这将类似于在晶状钾盐中的十二面体 $Mo(CN)_8^{4-}$ 离子)还是一个八面体的 $Ti(CN)_6^{3-}$ 离子带有两个结晶 KCN 曾引起过人们很大的兴趣。不过这个问题尚未得到解决。尽管如此，有报道说，如果将计量的三氯化钛和氰化钾放在水溶液中混合，将会沉淀出一种深蓝色的络合物 $K_3Ti(CN)_6$。

从 1904 年起人们就已经知道有一系列的钛(III)的氯一水络合物。它们之中的大多数似应有如 M_2[$TiCl_5 \cdot H_2O$]型的结构化学式，但这尚未十分肯定的确立起来。

络盐 $Cs_3M_2Cl_9$(M=Ti,V 或 Cr)是同晶形的,它们都是如下型含氯桥的二聚分子:

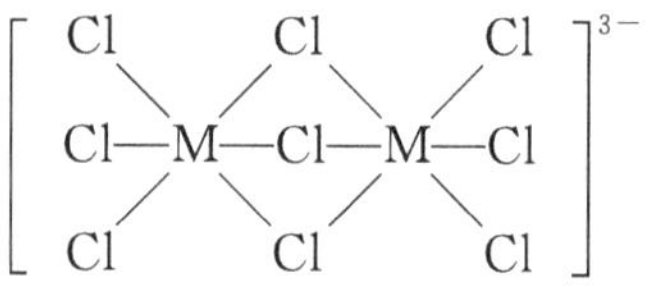

对铬络合物结构的详细研究指出,成桥的 Cr—Cl 键长于端梢键,长度分别为 252 和 234pm。络合物 Cs_3TiBr_9 也是已知的。

(6)与双齿配体的络合物。钛(III)能够同电中性双齿配体(如乙二胺)、含有一个可取代质子的双齿配体(如乙酰丙酮)和带 2 个负电荷的双齿体(如草酸根)生成络合物。

与电中性双齿体(B)可以生成两类络合物。第一类,以蓝色的乙二胺络合物和丙二胺络合物为例,具有[TiB_3]X_3 型的结构化学式。另一类,2,2-联吡啶和 1,10-二氮菲与三氯化钛生成[$TiCl_2B_2$][$TiCl_4B$]型的络合物。二甲氧基乙烷也生成类似的络合物,对溴络合物的单晶研究表明它的正确化学式是[$TiBr_2(C_4H_{10}O_2)_2$][$TiBr_4(C_4H_{10}O_2)$]。阳离子和阴离子都具有顺式结构,Ti—O 键长为 208(阳离子)和 212pm(阴离子),Ti—Br 键长为 244(阳离子)和 255pm(阴离子)。在阳离子和阴离子中配体都采取偏转构象。与电中性双齿体生成两种如此不同类型的络合物的原因现在还不清楚。

具有一个可代氢原子的双齿体如乙酰丙酮、六氟乙酰丙酮、3-氰基乙酰丙酮、苯甲酰丙酮、二苯甲酰甲烷和噻吩甲酰三氟丙酮与三氯化钛反应生成电中性的三个双齿体络合物[TiB_3]和 3mol 氯化氢。这些络合物有很深颜色(蓝、绿或紫色),表现为非电解质,并在适宜溶剂中是单分子的,室温磁矩为~1.7B.M.,它们的电子光谱已经讨论过了。

带 2 个负电荷的双齿体也能同三氯化钛反应,报道过的关于 Ti(III)的草酸盐络合物是 $Ti_2OX_3 \cdot 10H_2O$ 和 $MTiOX_2 \cdot 2H_2O$(M=K,Rb 或 NH_3),在其中草酸根看来是起了双齿配体的作用。阴离子络合物 $TiOX_2^-$ 可能是四面体结构的,没有迹像表明它是聚合型的(OX^-=草酸根)。

(7)Ti(III)与多齿体的络合物。三齿体 2,2′,2″-三联吡啶与三氯化钛在乙腈中反应生成一种暗绿色的 1∶1 加合物,它大概是一种八面体结构的单分子络合物。

乙二胺四乙酸(H_4Y)与钛(III)反应生成的一个物种是 TiY^-。曾经分离得到过 $MTiY \cdot nH_2O$ 型的盐(M=Li,Na,K,Rb,Cs 和 NH_4,n=4,…,10),大多数的实验事实表明该配体是一个六齿体,这些络阴离子的磁性和光谱性质都已被研究过。

3.钛(IV)的配位化学

钛(IV)的化学一般已研究得相当充分,特别是与 $TiCl_4$ 有关的化学。差不多一百余年以来人们就已经知道四氯化钛能够同电中性配体生成加成化合物,随后人们又认识到四溴化钛,以及较小程度地四氟化钛和四碘化钛,也都能生成类似系列的化合物,这些化合物可以包含 5,6,7 或 8 配位的钛原子。还知道一些化合物是由四卤化钛与配体反应消去了卤化氢而生成的。根据 d^0 组态可以预期 Ti(IV)络合物肯定都是反磁性的。

(1)四氟化钛的络合物。四氟化钛与单齿体的腈、酮、醇、胺、醚和醛等生成加成化合物,它们的配比是 1∶2 或 1∶1。那些 1∶2 加成物是 6 配位的单分子化合物,而那些 1∶1 加成物从它们的物理性质和它们 Ti—F 键的高强度可以判定它们是有氟桥的聚合物。到目前已知道四氟化钛仅能同含氧给体原子(如四氢呋喃、乙醇、二甲氧基乙烷、二甲亚砜、苯甲醛)、含氮给体原子(如甲胺、吡啶、三甲胺、乙腈、氨、2,2′-联吡啶)和含砷给体原子(如 *o*-亚苯基双二甲基胂)的配体生成的络合物。

四氟化钛 1∶2 加合物的 ^{19}F 核磁共振谱在决定加合物究竟是采取顺式结构还是反式结构方面是有用的工具。化合物 $TiF_4 \cdot 2L$[L=CH_3OH、$(CH_2)_4O$ 或 $CH_3CON(CH_3)$]经如此证明在低于 15℃的溶液中绝对地处于顺式构型。不过反式变体存在比例随着配体的个头增大而增长。举例来说,当配体为吡啶 1-氧、二甲基吡啶 1-氧和 2,6-二甲基吡啶 1-氧时,加合物的构型比例分别是 100%顺式、90%顺式和 100%反式。在这些络合物中 TiO 拉伸频率出现在 270—306cm^{-1} 区间。

四氟化钛与双齿配体(例如 2,2′-联吡啶、1,10-二氮菲或二甲氧基乙烷)不仅生成 1∶1 加合物,但也生成 2∶1 加合物 $(TiF_4)_2L$(L=*o*-亚苯基双二甲基胂和 *o*-亚苯基双二甲基胺)。后一类化合物几乎肯定地是有氟桥的聚合物,它们在常见有机溶剂中的不溶性是证据之一。

四氟化钛是一种氟化剂,例如它能将 $SiHCl_3$ 转化成 $SiHF_3$,和将四卤化碳转化成氟卤甲烷。它也能与配体如乙酰丙酮或环庚三烯酚酮反应,消去氟化氢而生成 6-配位的单分子络合物[$TiF_2(acac)_2$]和[TiF_2(环庚三烯酚酮)$_2$]。在这些和四氟化钛的其他络合物中 TiF 的拉伸频率出现在 550—682cm^{-1} 区间。

(2)钛(IV)的氯-和溴-络合物:6 配位络合物。四氯化钛或四溴化钛与电中性配体生成的大多数 $TiX_4 \cdot 2L$ 或 $TiX_4 \cdot B$(L=单齿体,B=双齿体)型的络合物都是 6 配位的单分子化合物。四卤化钛在适宜的惰性溶剂如苯、四氯化碳或环己烷中往往能瞬时地和定量地与配体溶液反应,沉淀出黄、橙或红色的晶状加合物(对 $TiCl_4$ 而言)或深颜色的加合物(对 $TiBr_4$ 而言)。它们都确定地对湿气敏感。这类络合物的数目是庞大的,特别是那些与含氮或氧给体原子的配体所生成的络合物。

近些年来的研究表明这些四卤化钛也容易同含磷、砷和硫给体原子的配体生成络合物；它们同含硒和碲给体原子的配体生成的络合物不很稳定。四氯化钛与一齿体和二齿体生成的典型加合物的一些性质汇列在表 23.32 和 23.33 中。

表 23.32　四氯化钛的典型加合物($TiCl_4 \cdot 2L$)

配体	给体原子	络合物	颜色	熔点(℃)	参考资料
四氢呋喃	O	$TiCl_4 \cdot 2C_4H_8O$	黄	122—124 分解	a),b)
二苯甲酮	O	$TiCl_4 \cdot 2(C_6H_5)_2CO$	黄	150	c)
二甲基甲酰胺	O	$TiCl_4 \cdot 2HCON(CH_3)_2$	黄	~65 真空分解	d)
乙腈	N	$TiCl_4 \cdot 2CH_3CN$	黄	80 升华	b),e)
五氟苯胺	N	$TiCl_4 \cdot 2C_6F_5NH_2$	橙	185—190	f)
三乙基膦	P	$TiCl_4 \cdot 2P(C_2H_5)_3$	暗红	144.5—148	g)
三苯基膦	P	$TiCl_4 \cdot 2P(C_6H_5)_3$	红黑	149—151	i)
二乙基硫醚	S	$TiCl_4 \cdot 2(C_2H_5)_2S$	暗红	55—57	h),i)
二甲基硫醚	S	$TiCl_4 \cdot 2(CH_3)_2S$	橙	95—99	i)

a)P. M. Hamilton. R. McBeth, W. Bekebrede and H. H. Sisler, *J. Am. Chem. Soc.*, **75**(1953)2881。

b)R. J. H. Clark, J. Lewis, D. J. Machin and R. S. Nyholm, *J. Chem. Soc.*, (1963)379。

c)F. Hertel and A. Demmer, *Ann. Chem.*, **499**(1932)134。

d)P. Ehrlieh and W. Siebert, *Z. anorg. and allgem. Chem.*, **303**(1960)96。

e)H. J. Emeléus and G. S. Rao, *J. Chem. Soc.*, (1958)4245。

f)V. S. V. Nayar and R. D. Peacock, *Chem. and Ind.*, (*London*)(1963)613。

g)J. Chatt and R. G. Hayter, *J. Chem. Soc.*, (1963)1343。

h)M. E. Demarcay, *Compt. rend.*, **76**(1873)1414。

i)A. Westland and L. Westland, *Can. J. Chem.*, **43**(1965)426。

表 23.33　四氯化钛与双齿体(B)的典型加合物($TiCl_4B$)

配体	给体原子	络合物	颜色	熔点(℃)	参考资料
二甲氧基乙烷	O	$TiCl_4 \cdot (CH_3OCH_2—)_2$	黄	161 分解	a)
2,2′-联吡啶	N	$TiCl_4 \cdot C_{10}H_8N_2$	黄	>300	b),c)
亚乙基双二甲基膦	P	$TiCl_4 \cdot C_2H_4[P(CH_3)_2]_2$	橙	281—285	c)
邻亚苯基双二甲胂	As	$TiCl_4 \cdot C_6H_4[As(CH_3)_2]_{2-}$。	橙	210	d)
1,2-二甲基硫乙烷	S	$TiCl_4 \cdot (CH_3SCH_2—)_2$	黄	187 分解	a),e)

a)R. J. H. Clark and W. Errington, *Inorg. Chem.*, **5**(1966)650。

b)R. J. H. Clark, *J. Chem. Soc.*, (1963)1377。

c)J. Chatt and R. G. Hayter, *J. Chem. Soc.*, (1963)1343。

d)R. J. H. Clark, J. Lewis and R. S. Nyholm, *J. Chem. Soc.*, (1962)2460。

e)K. Baker and G. W. A. Fowles, *J. Less-Common Metals*, **8**(1965)47。

能与四氯化钛生成络合物的含氧给体原子的配体包括酯、碳水化合物酯、正醚和环醚、醛、酮、酰卤、硝基化合物、酰胺和酰亚胺。四氯化钛也能同胺、亚胺、腈、偶氮化合物、肟、硫醇、硫醚、膦和砷等生成加合物。从红外研究看到 TiCl 拉伸频率出现在 390—290cm^{-1}区间，可以断定大部分(如果不是全部的话)这些络合物具有顺式构型。不过其中只有一个例子是用 X 射线方法证实的：络合物 $TiCl_4 \cdot 2POCl_3$ 与已知的顺式八面体络合物 $SnCl_4 \cdot 2POCl_3$ 是同结构的类似化合物。

除了 $TiCl_4 \cdot 2L$ 这类络合物之外，许多一齿配体与四氯化钛生成 1∶1 加合物。虽然其中少数是 5 配位的单分子化合物之外，绝大部分都是含有氯桥的双聚分子。具有此种配比并经充分 X 射线研究的两个化合物，即四氯化钛与三氯氧化磷(图23.8)和与乙基乙酸根生成的络合物肯定是属于此种情况的。在后一个络合物中，是配体的羰基氧而不是酰基氧原子是给体原子。这些 Ti(IV)络合物的键长和其他数据，以及曾作过单晶 X 射线研究的其他络合物有关数据提供在表 23.34 中。

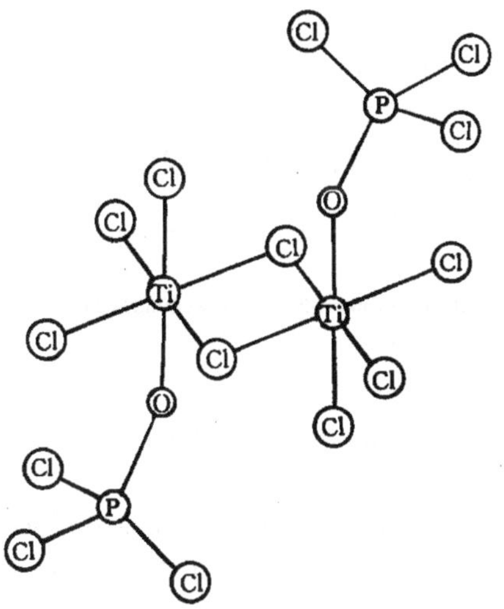

图 23.8 络合物$[TiCl_4 \cdot POCl_3]$的结构

现在还不清楚，除了空间因素之外，是配体的什么性质在决定它们与四氯化钛生成 1∶1 加合物而不生成 1∶2 加合物。有些配体如 $POCl_3$，已知它能生成两种配比的络合物，但其他类型例如酮和酰卤，则绝对地仅生成 1∶1 加合物。

还知道有另外两种类型的加合物，它们的化学式是$(TiCl_4)_2L$(例如 L=反丁烯二酸甲酯)和$(TiCl_4)_2B$(例如 B=*o*-亚苯基双二甲基胺)，但这两类络合物的结构都没有弄清楚。

胺类同四氯化钛的反应要比典型氧给体原子配体的反应更多种多样，除了生成加合物之外，还会发生 Ti(IV)还原为 Ti(III)的反应或取代反应。举例来说，三甲胺与四氯化钛反应不仅生成络合物 $TiCl_4 \cdot NMe_3$，但也会生成三价衍生物 $TiCl_3 \cdot NMe_3$。一般而言，叔胺或杂环胺仅同四氯化钛生成加合物。伯胺和仲胺最初先和钛原子配位，然后发生碱催化的 HCl 消去反应。伯胺可以取代两个氯原子，但仲胺仅能取代一个氯原子。曾已分离出 $TiCl_2(NHR)_2$（R＝CH_3、C_2H_5 或 C_3H_7）和 $TiCl_3 \cdot NR_2$（R＝CH_3 或 C_2H_5）型的化合物，它们的结构尚未确知。

表 23.34 四氯化钛络合物的晶相数据

络合物	空间群	C. N (Ti)	TiCl(pm)（端）	TiCl(pm)（桥）	给体原子	TiL (pm)	参考资料
$[TiCl_4 \cdot POCl_3]_2$	$Pbca—D_{2h}^{15}$	6	220—224	244—254	O	210	a)
$[TICl_4 \cdot MeCOOEt]_2$	$P2_1/a—C_{2h}^{5}$	6	220.0—223.2	250.0	O	202.9	b)
$TiCl_4 \cdot 2POCl_3$	$P_{mm}—D_{2h}^{12}$	6	†	†	O	†	c)
$TiCl_2(C_9H_6NO)_2$	$C2/c—C_{2h}^{6}$	6	228.3		O	188.8	d)
				—	N	220.0	
$[TiCl(MeCOCHCOMe)_2]_2O \cdot CHCl_3$	$P2_1/c—C_{2h}^{5}$	6	230—232	—	O	191—207	e)
$TiCl_4 \cdot 2C_6H_4[AsMe_2]_2$-*o*	$I\bar{4}2m—D_{2d}^{11}$	8	224	—	As	271	f)
$Ti(NO_3)_4$	$P2_1/c—C_{2h}^{5}$	8	—	—	O	200.8	g)

†未测定。

a) C. I. Brändén and I. Lindqvist, *Acta Chem. Scand.*, **14**(1960)726。

b) L. Brun. *Acta Cryst.*, **20**(1966)739。

c) C. I. Brändén, *Acta Chem. Scand.*, **16**(1962)1806。

d) A. G. Swallow and B. F. Studd, *Chem. Communs.* (1967)1197；该络合物为二氯二(8-羟基喹啉基)合钛(IV)，氮原子与氯原子处于反位。

e) K. Watenpaugh and C. N. Caughlan, *Inorg. Chem.*, **6**(1967)963；Ti—O 键的键长仅为 179—181pm。

f) R. J. H. Clark, J. Lewis, R. S. Nyholm, P. Pauling and G. B. Robertson, *Nature*, **192**(1961)222。

g) C. D. Gamer and S. C. Wallwork, *J. Chem. Soc.*, (*A*)(1966)1496。

许多双齿配体(HB)含有一个可取代的质子，例如乙酰丙酮、8-羟基喹啉和环庚三烯酚酮，它们同四氯化钛或四溴化钛反应消去卤化氢生成电中性的$[TiX_2B_2]$型单分子络合物。X 射线工作和在 TiCl 拉伸频率区的红外工作指出，这些络合物的氯原子处于顺式位置。此外，对乙酰丙酮系列络合物 $Ti(aeae)_2X_2$（X＝F，Cl 或 Br）的研究表明在二氯甲烷溶液中采取了顺式构型；它们也在进行快速的重排过程，在顺式异构体不等当位置上的甲基之间在发生互相交换作用。对 Ti(二酮)$_2X_2$ 型络合物(二酮是不对称的)的类似核磁共振研究指出，该络合物在溶液中以三种可能的顺式二卤异构体的平衡混合物而存在。对烷氧化物 $Ti(acac)_2(OR)_2$（R＝Me，Et，*i*-Pr，*n*-Bu，*t*-Bu 等）的变温核磁共振研究表明这些化合物同样也采取顺式构型，它们的立体化学是非刚性的。在所有上述的例子中络合物优先采取顺式构型，人们认为这是由于二酮向钛反馈 π 电子的缘故。

令人感兴趣的乙酰丙酮衍生物$[TiCl(acac)_2]_2O \cdot CHCl_3$ 含有一个几乎是直线形的 Ti—O—Ti 桥，其角度为 167.5°。TiO 桥键较短，为 179—181pm，表明这些 Ti－O 键有相当大的双键性质(表 23.34)。

(3)钛(IV)的氯-和溴-络合物：8 配位络合物。双齿配体邻-亚苯基双二甲基胂同四氯化钛和四溴化钛反应不仅生成 1∶1 加合物但也生成了 1∶2 加合物。对四氯络合物(表 23.34)的单晶 X 射线研究表明，在该络合物中钛原子是 8 配位的，由 4 个砷原子和 4 个氯原子形成的配位多面体是一个十二面体。这基本上是互相穿插在一起的两个四面体，一个是压平的 TiS_4 四面体，一个是沿着 $\bar{4}$ 轴拉长的 $TiCl_4$ 四面体。Cl—Ti—Cl 和 As—Ti—As 键角分别是 145.6°和 72.6°，极接近于 d^4sp^3 杂化程序的计算值，在其中的 d_{xy} 轨道(B_1 对称)是非键轨道(图 23.9)。

这个结构显然是具有很大稳定性的，因为(表 23.35)有五种过渡元素的四卤化物生成这类二胂络合物，它们都有相同的配比和相同的结构。

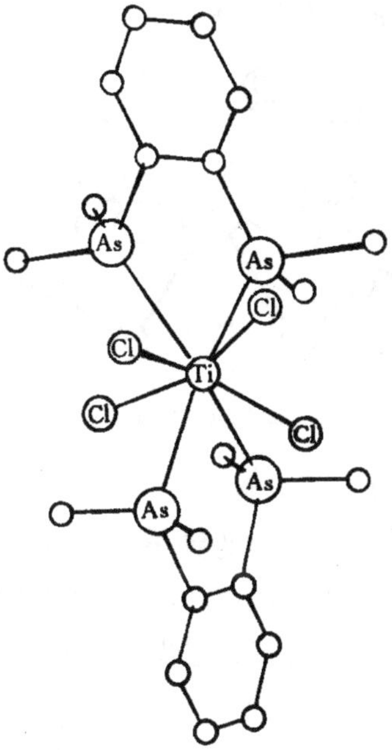

图 23.9 络合物 $TiCl_4 \cdot 2C_{10}H_{16}As_2$ 的结构

表 23.35 $MX_4 \cdot 2$ 二胂型的 8 配位络合物[a)]

(IV)			(V)		
络合物	颜色	μ(B. M.)	络合物	颜色	μ(B. M.)
$TiCl_4 \cdot 2C_{10}H_{16}As_2$	红	～0	$VC_{14} \cdot 2C_{10}H_{16}As_2$	橙	1.74
$TiBr_4 \cdot 2C_{10}H_{16}As_2$	棕	～0	$NbCl_4 \cdot 2C_{10}H_{16}As_2$	绿	～1.8
$TiCl_4 \cdot 2C_{10}H_{16}P_2$[b)]	橙	～0	$NbBr_4 \cdot 2C_{10}H_{16}sAs_2$	绿	～2.0
$ZrCl_4 \cdot 2C_{10}H_{16}As_2$	白	～0	$NbI_4 \cdot 2Cl_{10}H_{16}As_2$[c)]	绿	～1.8
$ZrBr_4 \cdot 2C_{10}H_{16}As_2$	白	～0			
$HfCl_4 \cdot 2C_{10}H_{16}As_2$	极淡粉红	～0			
$HfBr_4 \cdot 2C_{10}H_{16}As_2$	极淡粉红	～0			

a) R. J. H. Clark, D. L. Kepert, J. Lewis and R. S. Nyholm, *J. Chem. Soc.*, (1965)2865。

b) R. J. H. Clark, R. H. U. Negrotti and R. S. Nyholm, *Chem. Communs.*, (1966)486。

c) 与其他 10 个化合物不同晶。

有人发现同类的膦双齿体邻 $C_6H_4(PMe_2)_2$ 也同四氯化钛生成 8 配位络合物，但配体对 $C_6H_4(AsEt_2)_2$ 和邻 $C_6H_4(PEt_2)_2$ 仅生成 1∶1 的 6 配位络合物。在此情况中空间效应大概是对结构的决定性因素。乙二胂、1,2-双二甲胂基乙烯同四氯化钛或四溴化钛也不能生成 8 配位加合物，但从空间因素考虑好似是它们应能生成 8 配位络合物的。

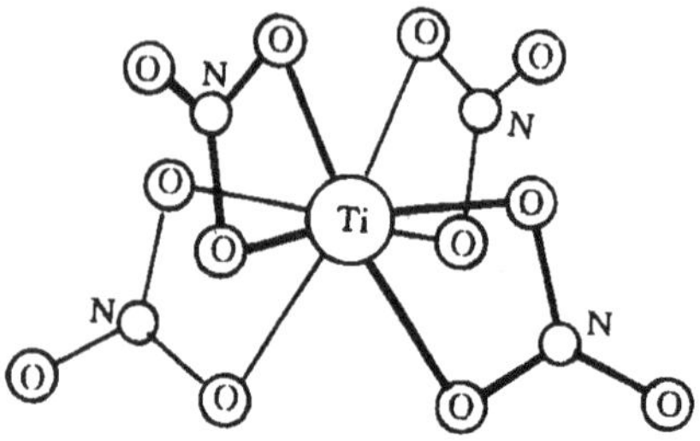

图 23.10　络合物 $Ti(NO_3)_4$ 的结构

四硝酸钛 $Ti(NO_3)_4$ 是另一个肯定确立的 8 配位钛化合物(图 23.10)。这个分子也是十二面体的，有 4 个双齿硝酸根，它极接近于理想的 D_{2d} 对称。在此化合物中的 TiO 键拉伸频率接近 $450cm^{-1}$。有许多其他钛(IV)络合物也可能是 8 配位的，例如二乙基二硫代氨基甲酸钛 $Ti(S_2CNR_2)_4$ 的红外光谱和核磁共振谱表明化合物中有 4 个螯合基团，因而钛原子是 8 配位的。

(4)钛(IV)的氯-和溴-络合物：7 配位络合物。已报道过 $TiBr_4$ 与含氮配体的许多 1∶4 加合物，但在这些络合物中钛原子的配位数无一经过确定。

$TiCl_4$ 和下列三齿体的胂(T)之间生成了 Ti(IV)的 7 配位络合物

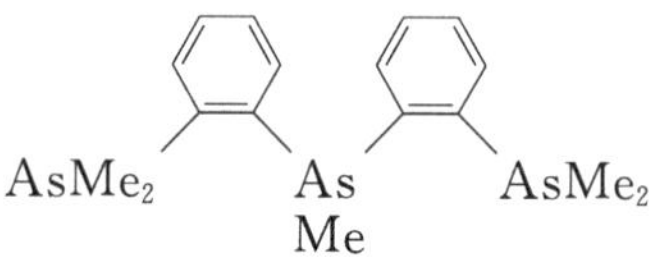

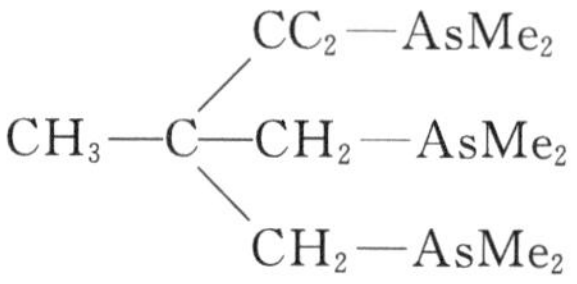

它们的 1∶1 加合物是单分子的，并且是电的非导体。四氯化钛也与 8-羟基喹啉(quinH)反应生成络合物 $TiCl_4$quinH 和 $TiCl_4$ · 2quinH。用这个配体进一步处理该络合物时生成了 $TiCl_2$ · $(quin)_2$、$TiCl_3$ · quin 和 TiCl · $(quin)_3$。最后一个络合物和类似的环庚三烯酚酮衍生物 $TiCl(C_7H_5O_2)_3$ 可能都含有 7 配位的 Ti 原子。

(5)钛(IV)的 5 配位络合物。虽然四氯化钛的大多数 1∶1 加合物是有氯桥的双聚物(见前文)，有一个值得提起的例外是三甲胺加合物 $TiCl_4$ · NMe_3。这个化合物与它的硅、锗和锡同类化合物一样，是具有 C_{3v} 对称的三角双锥体。在这个化合物中的 TiCl 拉伸频率出现在 457(e)，396(a_1)和 345(a_1)cm^{-1} 处。化合物 $TiOCl_2$ · $2NMe_3$ 也是 5 配位的，它在氯仿中表现为单分子，它有高的 Ti＝O 拉伸频率 $976cm^{-1}$，大概同已知的三角双锥化合物 $VOCl_2$ · $2NMe_3$ 是同结构的。

用等摩尔量的氯化四乙铵在二氯甲烷中处理四氯化钛得到黄色络合物 Et_4NTiCl_5，根据红外研究，认为它含有 D_{3h} 对称的单个三角双锥阴离子，络盐

$PCl_4^+TiCl_5$ 中大概也含有 $TiCl_5^-$ 离子。

(6)四碘化钛的络合物。四碘化钛似乎没有很明显的路易斯酸性，已报道的加合物很少。化合物$[TiI_2(二胂)_2]^{2+}2I^-$和 $TiI_4\cdot 2py$ 是已知的，虽然它们同许多配体(如四氢呋喃、二氧六环、N,N'-二甲基甲酰胺)发生反应，但对产物很少作过表征。

(7)钛(IV)的六卤络合物。已知 $M_2^ITiX_5$(X=F,Cl 或 Br)型的钛(IV)六卤络盐可以含有许多不同的碱金属离子或正一价有机阳离子。从氟到碘，这类化合物就越来越不容易制备，确实也不知道有在固态中的 TiI_6^{2-} 离子。这一类型的钛盐往往同硅、锗和锡的同类化合物是同晶形的。

这些络合物已知的 X 射线数据汇列在表 23.36 中。TiF_4^- 和 $TiCl_6^-$ 离子都对八面体对称仅略有偏离，Ti—F 和 Ti—Cl 平均键长分别是 189 和 234pm。络盐 M_2TiCl_6(M=K,Tl,Rb,Cs 和 NH_4)和 M_2TiBr_4(M=K,Rb 和 Cs)经证明具有立方系 K_2PtCl_6 结构。

表 23.36 六卤钛酸盐的 X 射线数据

络合物	空间群	Ti—X(pm)	参考资料
K_2TiF_6	$P\bar{3}m1—D_{3d}^3$	191.6	a),b)
$[Cu(H_2O)_4]TiF_6$	$P2_1/c—C_{2h}^5$	186,186,188	c)
$[Cu(H_2O)_4]TiF_6.NH_4F$	$P4/n—C_{4h}^3$	183.8,188.9,191.9	d)
Rb_2TiCl_6	$Fm3m—O_h^5$	233	e)
Cs_2TiCl_6	$Fm3m—O_h^5$	235	e)
K_2TiCl_6	$Fm3m—O_h^5$	235	f)

a) S. Siegel, *Acta Cryst.*, **5**(1952)683。

b) J. A. Ibers and C. H. Holm, *Acta Cryst.*, **10**(1957)139。

c) J. Fischer, G. Keib and R. Weiss, *Acta Cryst.*, **22**(1967)338。

d) A. Decian, J. Fischer and R. Weiss, *Acta Cryst.*, **22**(1967)340。

e) G. Engel, *Z. Krost.*, **90**(1935)341。

f) J. A. Bland and S. N. Flengas, *Can. J. Phys.*, **39**(1961)941。

六氟络盐是将相应的碱或碳酸盐加入到强酸 H_2TiF_6(将 TiO_2 溶解在 HF 中生成的)中而制备的。碱金属六氯钛酸盐是将碱金属氯化物的浓盐酸溶液加入到四氯化钛的浓盐酸溶液中制备的，将该混合物冷冻至 0℃，然后通入干燥 HCl 气。这样就沉淀出所欲制络盐的淡黄色晶体。将必需反应物的二氯甲烷溶液互相混合可以很容易地制备有机阳离子的六卤钛酸盐。相应的六溴钛酸盐以及混合卤络盐 $TiCl_4Br_2^{2-}$, $TiCl_4I_2^{2-}$ 和 $TiCl_2Br_4^{2-}$ 等都可以用类似方法制备。六溴络盐也可以是将碱金属溴化物和四溴化钛溶解在熔化的三溴化锑中来制备的。俟熔体凝固后，可以用有机溶剂把过剩的四溴化钛和三溴化锑分离，纯的 M_2TiBr_6 剩留在最后边。络盐 M_2TiCl_6 也可以基本上用这个方法制备。

六卤合阴离子的颜色随着所含卤离子电负性的降低而逐渐稳步地加深，例如 TiF_6^{2-}（白色）、$TiCl_6^{2-}$（黄色）、$TiCl_4Br_2^{2-}$（橙红色）、$TiBr_6^{2-}$（红色）、$TiCl_4I_2^{2-}$（棕黑色）。颜色的此种变化很清楚地反映出按着从 F 到 Cl 到 Br 的顺序，从卤原子向钛原子的电荷转移越来越容易。

1.2.13　钛有机化合物

钛的有机化学是从 1952 年开始的，在那时科学家表征了第一个含 Ti—C 键的化合物。不过在早期的工作中发现制得的有机钛化合物在当时的合成实验条件下很快就水解掉了。现在钛有机化合物已成为多方关注的研究题材，因为某些钛有机化合物被应用于催化 α-烯烃的工业聚合反应(Ziegler-Natta 催化剂)。最近几年对此领域工作的重视又有所发展，因为一些钛有机化合物可以连续催化氮的还原固定反应。

钛有机化学内容是丰富的，本专题限于篇幅，只能择要讨论，更多问题请参阅本丛书专题 32。

1. 羰基化合物和亚硝酰化合物

钛的唯一中性羰基化合物是暗红棕色的 $(\pi\text{-}C_5H_5)_2Ti(CO)_2$，它是由加压（～$136\times10^5$Pa）下的一氧化碳对 $(\pi\text{-}C_5H_5)_2TiCl_2$ 和正丁基锂（或环戊二烯基钠）混合物的作用制备的。此化合物在 90℃分解，因而是单核环戊二烯基金属羰合物中稳定性最低的一个，但它却具有惰性气体原子的 18 电子构型，它在苯溶液中是单分子的，其 CO 拉伸频率出现在 $1975cm^{-1}$ 和在庚烷中出现在 $1897cm^{-1}$ 处。它在 d_6^- 苯中的核磁共振谱单质子共振峰出现在 5.42τ 处和此化合物的反磁性指出，两个 π-键合的环戊二烯基环是对称排布的。

对钛的亚硝酰化合物报道的很少，仅有一个化合物 $[(C_6H_6)\cdot Ti(NO)(CO)_3]Br$ 是见诸报道的。

2. 环戊二烯基化合物

(1)钛(II)化合物。Fischer 和 Wilkinson 在 1956 年报道的双环戊二烯基钛可以用下列反应过程来制备：

$$(\pi\text{-}C_5H_5)_2TiCl_2+2NaC_{10}H_8\xrightarrow[25℃]{THF}(C_5H_5)_2Ti+2C_{10}H_8+2NaCl$$

减压蒸除四氢呋喃，然后用苯萃取残渣。在真空下抽出苯，并在 100℃/1.33Pa 将 $C_{10}H_8$ 升华，得到暗绿色易燃晶体 $(C_5H_5)_2Ti$，其熔点为 200℃(分解)，它可以在 140℃/1.33Pa 升华。

与顺磁性的 $[(\pi\text{-}C_5H_5)_2V]^+$ 离子不同，这个等电子的钛(II)化合物却是反磁性的，在苯中存在为双聚分子，根据光谱数据和化学性质，人们认为它不是一个，π-夹心型化合物，但是一个含金属-金属键的双聚物，同时含有 π-和 σ-键合的环戊二烯基。

双环戊二烯基钛能生成一种 1∶1 乙醚合物，这个化合物既可存在为一种绿色顺磁性变体，又能存在为一种棕色反磁性变体。它也同 2,2-联吡啶反应生成$(\pi\text{-}C_5H_5)_2Ti(bipy)$的单分子化合物和聚合型变体，它们都是顺磁性的。

所有钛(II)化合物对氧都是敏感的。双环戊二烯基钛同不含空气的水猛烈地反应，它也同 $HgCl_2$ 反应产生$(\pi\text{-}C_5H_5)_2TiCl_2$ 和 Hg_2Cl_2，与 HCl 反应生成$(\pi\text{-}C_5H_5)_2TiCl_2$ 和氢气，与 CCl_4 反应产生$(\pi\text{-}C_5H_5)_2TiCl_2$ 和 C_2Cl_6。还报道过一些化合物的许多其他类似反应。

(2)钛(III)化合物。钛(III)的环戊二烯基衍生物总结在表 23.37 中。一般而言，它们是有颜色的顺磁性物质，在空气中极不稳定。在每一情况中环戊二烯基都是 π-键合的。

表 23.37　环戊二烯基钛(III)和钛(II)的性质

化合物	颜色	熔点(℃)	μ(B. M.)(300K)
$(\pi\text{-}C_5H_5)TiCl_2$	紫	～150 真空升华	a)
$[(\pi\text{-}C_5H_5)TiCl]_2$ b)	绿	279—281	1.56 c)
$[(\pi\text{-}C_5H_5)_3Ti]$	绿	125 升华	1.69
$(\pi\text{-}C_5H_5)_2TiBr$	红棕	250—260	—
$(\pi\text{-}C_5H_5)_2TiI$	黑棕	290	—
$(\pi\text{-}C_5H_5)_2TiO_2CH$	绿	92	1.69
$(\pi\text{-}C_5H_5)_2TiO_2CCH_3$	蓝	110	1.71
$(\pi\text{-}C_5H_5)_2TiO_2CC_9H_{19}$	蓝	～5	1.72
$(\pi\text{-}C_5H_5)_2TiO_2CC_{17}H_{35}$	蓝	35	1.55
$(\pi\text{-}C_5H_5)_2TiO_2CC_6H_5$	绿	83—85	1.62
$[(\pi\text{-}C_5H_5)_2TiCN]_3$	紫	分解	1.00 c)
$[(\pi\text{-}C_5H_5)_2TiNCS]_3$	红棕	210	1.04 c)
$(\pi\text{-}C_5H_5)_2TiNCO$	绿	分解	1.68
$(\pi\text{-}C_5H_5)_2TiN_3$	黄	—	—
$[(\pi\text{-}C_5H_5)_2Ti]_2$ b)	绿	>200 分解	0

a)在乙腈中 $g=1.975$。

b)该化合物在苯中表现为单体分子。

c)每个钛原于的磁矩。

用过量的环戊二烯基钠处理络合物$(\pi\text{-}C_5H_5)_2TiCl_2$ 可以制得三-π-环戊二烯基钛。在四氢呋喃中用锌粉(或许多其他还原剂)还原$(\pi\text{-}C_5H_5)_2TiCl_2$ 生成绿色化合物$(\pi\text{-}C_5H_5)_2TiCl$。后面这个化合物存在为双聚分子，因而人们认为该化合物含有氯桥。它的磁矩在170K达到最大值并在85K降到0.68B.M.，这些数据表明在体系中存在着处于热平衡的单分子态和三聚态。此化合物与有机叠氮化物反应放出氮气并生成含氮桥的$[(\pi\text{-}C_5H_5)_2TiCl]NR$(R=Ph或$p\text{-}ClC_6H_4$)型的Ti(IV)化合物。

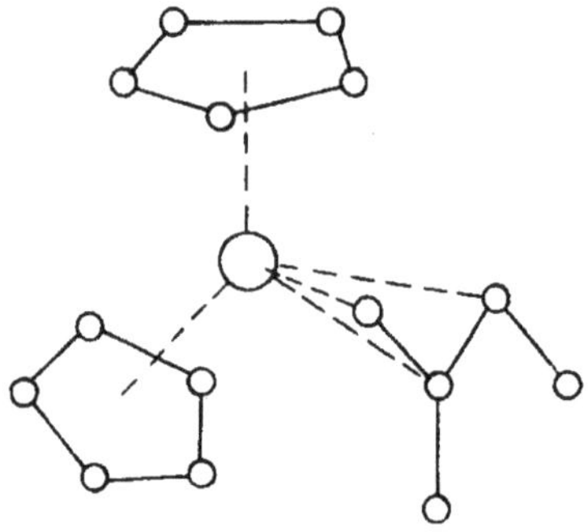

图 23.11 1,2-二甲基烯丙基-双-π-环戊二烯基钛(III)的结构

已知$(\pi\text{-}C_5H_5)_2TiCl$的许多其他衍生物，包括许多π-烯丙基衍生物。已用X射线方法确定了这些化合物中1,2-二甲基烯丙基-双-π-环戊二烯基钛(III)的结构，示于图23.11中。虽然烯丙基是与钛原子以π键结合的，但它并不是完全平面状的，它的甲基碳原子从烯丙基平面偏离了16pm。此外，烯丙基平面与联接此基团中心至钛原子的直线成56°角。两个甲基具有顺式构象。环戊二烯基是平面状的，它们彼此之间形成48.1°的角度。在此分子中的键长都是正常的（表23.37）。

用1.3个当量的氯化二异丁基铝在甲苯-庚烷中还原$(\pi\text{-}C_5H_5)_2TiCl_2$，得到沉淀的紫色化合物$(\pi\text{-}C_5H_5)TiCl_2$，这个化合物的性质尚未完全弄清楚。

(3)钛(IV)化合物。许多钛(IV)的环戊二烯基化合物是已知的，在所有的情况中环戊二烯基都是π-键合的。这些化合物的一些结构数据汇列在表23.38中。

表 23.38 环戊二烯基钛化合物的结构数据(pm)

化合物	Ti—C	Ti—Cl	Ti—X(X)	Ti—Ti
$(\pi\text{-}C_5H_5)_2TiCl_2$[a]	238	224	—	—
$[(\pi\text{-}C_5H_5)TiCl_2]_2O$[b]	236	227—228	174(O)	—
$[(\pi\text{-}C_5H_5)TiCl_3]$[c]	236	227—230	—	—
$[(\pi\text{-}C_5H_5)_2TiAlEt_2]_2$[d]	225—248	—	279.2(Al)	311.0
$[(\pi\text{-}C_5H_5)_2TiCl_2AlEt_2]$[e]	—	~250	—	—
$[(\pi\text{-}C_5H_5)_2TiC_3H_5]$[f]	233—249	—	234-243(c) (π-烯丙基)	—

a) N. V. Alekseev and I. A. Ronova, *J. Struct. Chem. U. S. S. R.*, (Eng. Transl.) **7**(1966)91。

b) G. Allegra and P. Ganis, *Atti Accad. Naz. Lincei, Sci. Fis. Mat. Nat.*, **33**(1962)438。

c) P. Ganis and G. Allegra, *Atti Accad. Naz. Lincei, Sci. Fis. Mat. Nat.*, **33**(1962)303。

d) P. Corradini and A. Sirigu. *Inorg. Chem.*, **6**(1967)601。

e) G. Natta. P. Corradini and I. W. Bassi. *J. Am. Chem. Soe.*, **80**(1958)755。

f) R. B. Helmholdt, F. Jellinek, H. A. Martin and A. Vos, *Rec. Trav. Chim. Pays-Bas*, **86**(1967)1263。

双-π-环戊二烯基二卤化钛是用环戊二烯基卤化镁或环戊二烯基钠处理四氯化钛而制备的

$$TiCl_4 + 2NaC_5H_5 \longrightarrow (\pi\text{-}C_5H_5)_2TiCl_2 + 2NaCl$$

二氯化物和二溴化物(表 23.39)都是深红色晶状固体,它们是反磁性的并能溶于有机溶剂中。从电子衍射数据(表 23.38)可知二氯化物具有变形的准四面体结构,两个环戊二烯基环之间的角度为 59°。

表 23.39 π-环戊二烯基卤化钛(IV)

化合物	颜色	熔点(℃)
$(\pi\text{-}C_5H_5)_2TiF_2$	黄	—
$(\pi\text{-}C_5H_5)_2TiCl_2$	深红	289
$(\pi\text{-}C_5H_5)_2TiBr_2$	深红	314
$(\pi\text{-}C_5H_5)_2TiI_2$	紫	319
$(\pi\text{-}C_5H_5)TiCl_3$	橙	216—217.5
$(\pi\text{-}C_5H_5)TiBr_3$	橙	174.5—175.5
$(\pi\text{-}C_5H_5)TiI_3$	深红	184—186

同类系化合物 $(\pi\text{-}C_5H_5)TiCl_3$ 可以通过二环戊二烯基镁对相应四氯化钛的作用来制备,也可通过 $(\pi\text{-}C_5H_5)_2TiCl_2$ 与四卤化钛的作用,或用环戊二烯蒸气处理三卤化钛来制备。所得的化合物是单分子的并具有准四面体的结构。

已有报道关于 $(\pi\text{-}C_5H_5)_2TiX_2$ 和 $(\pi\text{-}C_5H_5)_2TiX_3$ 型的许多其他衍生物。前边一类型的衍生物是最广泛的一个系列,在其中 X 可以是 OR,OSiR,SR,NR_2,SCN,N_3 等。另外,$[(\pi\text{-}C_5H_5)_2Ti(acac)]^+$ 的许多盐和有关离子也都是已知的。

3. 苯基衍生物。三异丙氧基苯基钛是报道的第一个含 Ti—C 键的化合物,它是用苯基锂处理四异丙氧基钛,然后用三氯化铝或四氯化钛来分解中间络合物而制备的:

$$Ti(i\text{-}opr)_4 + C_6H_5Br + 2Li + \frac{1}{4}TiCl_4 \xrightarrow{Et_2O}$$

$$(C_6H_5)Ti(i\text{-}opr)_3 + LiBr + \frac{1}{4}Ti(i\text{-}opr)_4$$

产物是一种白色晶状固体,熔点 88—90℃,它在惰性气氛中在 10℃时是稳定的,但它会快速地被氧和水所分解。现已确知,在 R_nTiX_{4-n}(R=烷基或芳基,n=1,…,4,X=烷氧基或卤素)型的化合物中,其稳定性随着 R 电负性的增大而递增,但随着 n 的增大而递降。

还知道有许多 $ArTiX_3$ 型的其他芳基化合物,但试图去制备在钛原子上连结两个或三个芳基的努力是不成功的。例如曾有人进行四氯化钛与二苯基汞之间的反应，认为有可能制得二苯基衍生物，实际上却导致了完全不同的反应：

$$(C_6H_5)_2Hg + TiCl_2 \rightarrow (C_6H_5)HgCl + TiCl_3 + \frac{1}{2}(C_6H_5)_2$$

尽管有如上的反应结果，但在−70℃用苯基锂（1∶4 摩尔比）在乙醚中处理四氯化钛却能够制得四苯基钛。它是一种橙色晶状固体，它能与苯基氯化汞定量地反应。四苯基钛在高于−20℃时极不稳定，会照下式而分解：

$$(C_6H_5)_4Ti \rightarrow (C_6H_5)_2Ti + (C_6H_5)_2$$

二苯基钛比四苯基钛有较高的热稳定性，在温度高达 200℃之前不会分解（分解成联苯和金属钛）。它与氨生成 1∶1 加合物。

4. 混合 π-σ-络合物

曾已制得许多混合 π-σ-络合物，其通式为$(\pi\text{-}C_5H_5)_nTiR_{4-n}$（$n=1$ 或 2）。制备这类化合物的常用方法是用 Li、Mg、Zn 或 Al 的有机化合物去处理一或二环戊二烯基卤化钛，例如：

$$(\pi\text{-}C_5H_5)TiCl_3 + 3C_6H_5Li \rightarrow (\pi\text{-}C_5H_5)Ti(C_6H_5)_3 + 3LiCl$$

大多数这类化合物是黄橙色固体，具有敏锐的熔点和在室温下有一定的稳定性。它们在空气中会被氧化，在溶液中会快速被氧化。化合物$(\pi\text{-}C_5H_5)_2Ti(C_6H_5)_2$能同苯基锂发生可逆反应如下：

$$(\pi\text{-}C_5H_5)_2Ti(C_6H_5)_2 + C_6H_5Li \rightarrow Li[(\pi\text{-}C_5H_5)_2Ti(C_6H_5)_3]$$

在反应中大概也生成了进一步的产物

$$Li_2[(\pi\text{-}C_5H_5)_2Ti(C_6H_5)_4]$$

已经高产率地制得了许多其他二芳基双-π-环戊二烯基钛化合物，特别是当其中的芳基是间-或对-甲苯基或对二甲氨基苯基的情况。如果这种芳基是释电子的（如 $p\text{-}C_6H_4NMe_2$），则这些化合物的热稳定性降低，如果芳基是拉电子的，则热稳定性升高。

$(\pi\text{-}C_5H_5)_2TiCl_2$ 的五氟苯基衍生物可以用五氟苯基锂处理前一化合物来制备。此反应产物之一，橙色的晶状络合物$(\pi\text{-}C_5H_5)_2Ti(C_6F_5)_2$ 的熔点为 228℃，比同类的苯基衍生物熔点大概高了 80℃，它的热稳定性也是可预想到的，因为五氟苯基是拉电子基团。

5. 烷基化合物

钛的烷基化合物是钛有机衍生物中稳定性最低的，热稳定性和抗氧化稳定性的典型顺序是：π-络合物＞π-σ-络合物＞σ-络合物。许多 π-络合物有很清楚的超过 300℃的熔点，适中地能抗御水解（例如$(\pi\text{-}C_5H_5)_2TiCl_2$ 在 100℃时仅部分水解）。在另一方面，钛的 σ-络合物往往仅能在低温（＜−80℃）下存在。甲基钛化合物是最稳定的烷基钛衍生物，它的一些性质汇列在表 23.40 中。

表 23.40 甲基钛化合物

化合物	颜色	熔点(℃)
CH_3TiCl_3	深紫色晶体	28.5
CH_3TiBr_3	紫色晶体	2—3
$CH_3TiCl_3.2C_4H_8O$	鲜红沉淀	稳定至 100
$(CH_3)TiCl_2$	黑色晶体	—
$(CH_3)_3TiI$	黄色针晶	—
$(CH_3)_4Ti$	黄色针晶	−20 真空升华
$(CH_3)_3Ti$	暗绿固体	—
$(C_5H_5)Ti(CH_3)_3$	黄色晶体	<20 分解
$(C_5H_5)_2Ti(CH_3)Cl$	红橙色晶体	168—170 分解
$(C_5H_5)Ti(CH_3)_2$	橙黄色晶体	97 分解
$(CH_3C_5H_4)_2Ti(CH_3)_2$	黄色晶体	—

(1)三甲基钛。据报道三甲基钛是用甲基锂在−50 至−80℃时处理 $TiCl_3$ 在四氢呋喃中的悬浮液时生成的。此化合物是暗绿色的，它的结构尚不清楚。还未曾分离得到它的纯净化合物。

(2)三氯化甲基钛。这个化合物是用二氯化甲基铝在已烷中以 1∶1 摩尔比处理四氯化钛来制备的。在加入二苯醚以与产生的卤化铝生成不挥发络合物之后，将反应混合物沸煮约 5 分钟，冷却，然后在 0℃将挥发性产品真空蒸馏到接受器中。

$$TiCl_4 + MeAlCl_2 \rightarrow MeTiCl_3 + AlCl_3$$

$$AlCl_3 + Ph_2O \rightarrow AlCl_3 \cdot OPh_2$$

三氯化甲基钛在接受器中分离为暗紫色晶体，它在室温下能溶于已烷中，生成黄色溶液。它熔化成黄色液体，在苯溶液中是单分子比合物。

虽然三氯化甲基钛的酸性低于四氯化钛，但它仍能与许多典型配体生成加合物(往往是红色或紫色)，这些配体包括三苯基膦、二氧六环和 2,2′-联吡啶，加合物热稳定性要比母体化合物高得多。

这个化合物受到重视是由于它在烯烃聚合过程中有可能作为催化剂。跟所有钛的烷基化合物一样，它很容易被氧化，例如将氧插入于 Ti—C 键中生成 $MeOTiCl_3$。三溴化甲基钛、三氯化乙基钛和三氯化异丙基钛也都是已知化合物。

(3)二氯化二甲基钛。这个化合物是向−80℃的四氯化钛已烷溶液中滴加三甲基铝的已烷溶液(摩尔比 1∶2)时生成的。令反应混合物升温至室温，然后再冷冻到−80℃。这时就分出 Me_2TiCl_2 的黑色晶体，这个化合物的稳定性低于 $MeTiCl_3$。

(4)碘化三甲基钛。碘化三甲基钛是用气态 CF_3I 在−78℃处理四甲基钛在乙醚-正已烷(1∶2)中的溶液。经在−65℃部分蒸发之后，黄色的 Me_3TiI 针晶在烧瓶的壁上析出。这些晶体仅在低温和无空气和湿气的条件下存在。

(5)四甲基钛。试图通过四卤化钛与格氏试剂的反应来制备烷基钛的许多尝试都导致了钛的还原。不过,四烷基钛是通过在－50℃向黄色 $TiCl_4$ 乙醚合物在乙醚中的悬浮液缓慢滴加 1mol/L 甲基锂(或卤化甲基镁)的过程中制得的:

$$TiCl_4 + 4LiMe \rightarrow Me_4Ti + 4LiCl$$

在低于－20℃时将四甲基钛从反应混合物中蒸馏出来(高于－20℃时它分解了)。它可以从乙醚-己烷溶液中结晶成对空气和湿气敏感的晶体。这些晶体和第四主族相应化合物如 Me_4Si、Me_4Ge 和 Me_4Sn 相比热稳定性要低得多。

像三氯化甲基钛一样,这个化合物可以同典型配体如 2,2′-联吡啶、1,10-二氮菲、N,N,N′,N′-四甲基乙二胺和吡啶等生成加合物而提高其热稳定性,它们在 0℃时可以稳定数小时。不过它们对于空气和湿气仍然是很敏感的。

钛甲基也存在于环戊二烯基化合物 $(\pi\text{-}C_5H_5)_2TiMe_2$ 和 $(\pi\text{-}C_5H_5)TiMe_3$ 中,后面一个化合物在室温下会着火,但前一化合物是稳定的。

6. 与第四族其他有机化合物的对比

有机钛化合物与同类系的硅、锡和铅衍生物相比有很大的差异,特别是在热稳定性方面。有如前文所述,有机钛(IV)化合物(如 Me_4Ti 或 Ph_4Ti)都是热稳定性极低的,很容易分解成 Ti(II)衍生物。而对于硅、锡和铅来说,它们的四价衍生物是比较热稳定的。

有机钛化合物的热稳定性质可以方便地总结如下:

$$
\begin{array}{ccccc}
(C_6H_5)_4Ti & < & (\pi\text{-}C_5H_5)Ti(C_6H_5)_3 & < & (\pi\text{-}C_5H_5)_2Ti(C_6H_5)_2 \\
\downarrow -20^\circ C & & \downarrow +20^\circ C & & \downarrow +100^\circ C \\
(C_6H_5)_2Ti & & (C_5H_5)Ti(C_6H_5) & & (C_6H_5)_2Ti \\
(\sim 200^\circ C\text{分解}) & & (170^\circ C\text{分解}) & & (\sim 200^\circ C\text{分解})
\end{array}
$$

有机钛化合物与各种不同含卤化合物的反应也与相应的锡和铅化合物有所差异。在锡和铅化合物的情况中,反应常在紫外光、高温或过氧化物的影响下发生,在另一方面,钛有机化合物与氯仿或四氯化碳的反应甚至在低温下即可发生,Ti—C 键很容易被 Ti—卤键所取代。

7. Ziegler-Natta 催化

20 世纪 50 年代最突出的化学发现之一是由 Ziegler 及合作者所制成的乙烯室温低压聚合催化剂。后来,Natta 及合作者指出这种催化剂可加以改进使之能生成三种类别的聚乙烯,它们的区别在于聚乙烯中 C-C 链骨架有不同的空间排布。他们指出从具有基本结构 $CH_2=CHR$ 的几乎任何烯烃都可以制得具有高分子量的立体结构规整的聚乙烯。

原来的 Ziegler 催化剂是向四氯化钛在烃溶剂中的溶液中加入三乙基铝在相

同烃溶剂中的溶液而制备的。此反应的产物主要是不溶的低卤化钛，和它的上层清液在一道，是催化活性的主体。有效的催化剂显然是在沉淀物和用于促进还原的金属烷基化合物之间生成的某些络合物——不过当时人们还不能肯定地知道这个络合物是否参与了链增长过程。在此催化剂的存在下烯烃聚合成结晶程度良好的高分子量聚合物(例如聚乙烯和全同结构的聚丙烯)，它们都具有直线形的立体有择结构。现时的专利文献中包罗了许多对于原来 Ziegler 催化剂的改变配方，从中可以看出催化活性可以是由第Ⅰ至Ⅲ族金属烷基或芳基化合物(例如 RMXY，式中 R＝烷基或芳基，M＝金属，X＝卤素或烷氧基等)与过渡系的Ⅳ至Ⅵ族化合物(往往是卤化物或酯类)的相混合而呈显出来。溶剂最好是脂链烃。对于 α-烯烃来说，Natta 曾结论说，最活性的立体有择催化剂是一种烷基铍、铝或锂和一种过渡金属(第Ⅳ至Ⅵ族元素其氧化态低于最高氧化态)晶状卤化物之间的组合。不过 Ziegler-Natta 催化剂不能用于含极性和活性基团的单体如氯乙烯、丙烯酸酯和丙烯腈的聚合过程，因为这些单体将会同高度亲电性的催化剂组分发生配位作用而使之失活。

催化剂结晶组分(如 $TiCl_3$)的表面显然对控制聚合物的立体化学方面起了很大作用，因为很少有报道说均相的 Ziegler 型催化剂能从 α-烯烃产生出立体规整的聚合物。

为揭示 Ziegler-Natta 催化剂的作用机理，人们进行了极大量的研究工作。多年以来人们一般都承认 Cossee 提出来的理论，认为聚合过程的第一步是在过渡金属原子和烯烃之间生成了 π-络合物，随后发生重排，使单体分子插入到已有的链和金属原子之间。这样在钛原子上又留下空位，可以进一步地再与新来的烯烃分子结合。据认为烷基的重排是聚合反应的速度控制步骤，烷基铝对于链的增长并不是必不可少的。

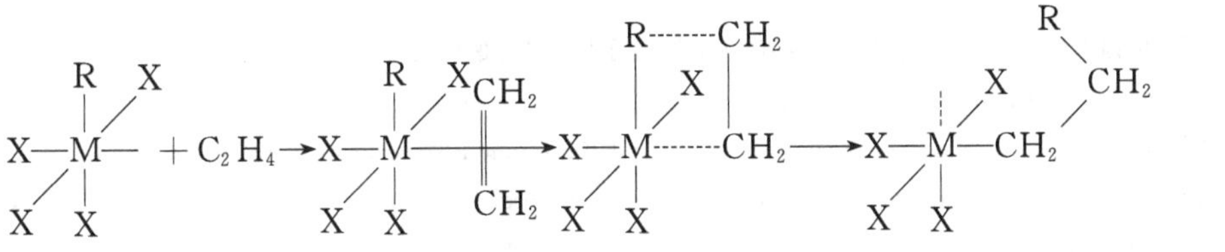

也有人为 Ziegler-Natta，催化提出了离子对机理，典型的例子是 Uelzmann 机理：

$$TiCl_3 + R_3Al \rightleftharpoons TiCl_2^{+}[R_3AlCl]^{-}$$

$$\downarrow C_2H_4$$

$$TiCl_2 \cdot CH_2CH_2^{+}[R_3AlCl]^{-}$$

$$\downarrow$$

$$TiCl_2 \cdot CH_2CH_2R + R_2AlCl$$

$$TiCl_2 \cdot CH_2CH_2R + R_2AlCl \rightarrow TiCl_2^{+}[R_2AlCl \cdot CH_2CH_2R]^{-}$$

一种较新的机理认为，反应是通过 α-氢转移产生了一种卡宾结构，使钛原子上空出一个配位空位，允许一个烯烃分子与 Ti 原子发生 π-络合，随后发生重排，通过一种四中心过渡态，使烯烃分子能以插入到聚合长链里去，使链增长。

作为例子，介绍丙烯的聚合机理，在下式中以Ⓟ代表聚合物的长链，在开始时Ⓟ可以是 H 或 CH_3，[Ti]代表催化剂表面上的钛原子。

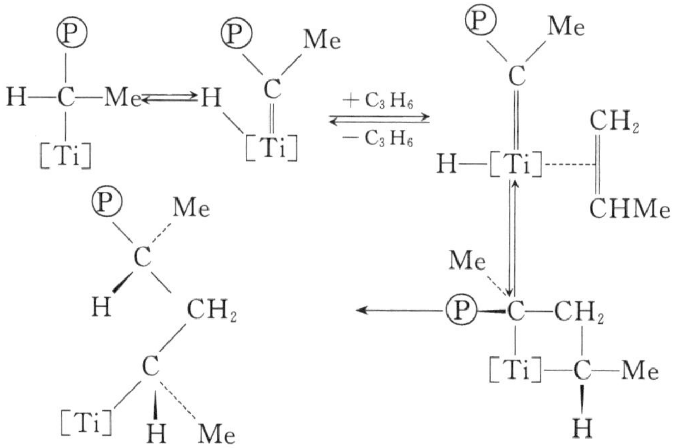

聚丙烯的定向聚合决定于金属环上取代基的相对取向。例如 CH_3 是在如上图所示的环的同一侧，则生成间同立构聚合物，如果处在相反的一侧，则生成全同立构聚合物。

参考文献

[1] 中国有色金属公司，有色金属进展，下篇第 2 分册“钛”专题(1984).

[2] A. D. McQuillan and M. K. McQuillan. Titanium, Butterworth, London(1956).

[3] R. J. H. Clark, The Chemistry of Titanium and Vanadium, Elsevier, Amsterdam(1968).

[4] R. J. H. clark, Titanium in J. C. Bailor et al(ed) ComprehensiVe Inorganic Chemistrv. Vol. 3, Pergamon Press(1973).

23.2 锆 和 铪

2.1 元素和单质金属

2.1.1 概述

锆和铪的单质都是重要的战略金属，它们都有良好的可塑性和强的抗腐蚀性，抗蚀性超过钛，在温度低于100℃时能耐抗各种浓度的盐酸、硝酸以及浓度低于50%硫酸的侵蚀。锆和铪还具有特殊的核性能，锆的热中子俘获截面只有0.18b，铪的热中子俘获截面却高达105b，耐辐照性能都很好，加上锆在高温下有较好的吸气性，使这两种金属成为原子能、电子、化工、冶金、国防等部门需用的重要材料。

2.1.2 发现及发展历史

锆和铪同属元素周期系的第IV B族和第二、三过渡系。锆是Klaproth在1789年发现的，并分离得到了它的氧化物。Berzelius在1824年用金属钾还原氟锆酸钾而制得了含杂质的金属锆。

Coster和Hevesy在1923年利用特征X射线光谱的方法首次从锆矿物中发现了第72号元素铪，这些工作是在瑞典的哥本哈根城进行的，这个城市在罗马时代的名称是Hafnia，为纪念这次发现，把72号元素命名为Hafnium，汉文名是由字首音译而来，也与符号Ha读音一致。在1925年，经过对锆和铪的络合氟化物进行反复的分级结晶工作，Hevesy分离得到了纯的铪盐，经用钠还原法得到了单质铪。

由于“镧系收缩”，锆和铪在化学性质上十分类似，若不经过专门的提纯分离，在正常情况下锆中总会含有0.5%—2.0%的铪。但由于在核反应堆中需要使用无铪的锆作为堆结构材料，所以纯锆、纯铪以及它们的盐都已成为买得到的商品。

2.1.3 存在和资源分布

锆在地壳中的丰度为0.0025%(重量)，超过Cu，Zn，Sn，Ni和Pb的丰度。铪在地壳中的丰度估计超过Hg，Nb和U。工业上用以制取金属锆和锆化合物的矿物主要是锆英石($ZrsiO_4$)和斜锆矿(ZrO_2)。各种锆矿石中都含不同数量的铪，锆英石和斜锆石分别含铪0.5%—2.0%和1.0%—1.8%。与酸性火成岩伴生的各种变质锆英石的铪含量可以高达17%，所以锆矿石也是制取铪及其化合物的原料。下面表 23.41 列出了各主要锆矿石中 ZrO_2 和 HfO_2 的含量，表 23.42 汇列了世界各国锆英石资源情况，澳大利亚的锆矿资源占世界首位，其次为南非和美国。我国的锆资源居世界第九位。

表 23.41 锆矿物中 ZrO_2 含量

矿物名称	二氧化锆(%)	二氧化铪(%)
斜锆石	96.5—98.6	1.0—1.8
锆英石类	64 左右	0.5—2.0
红锆石类	64.83	1.2
变质类锆英石		
铪钍锆石	41.98	3.0—15.0
曲晶石	52.4	5.5—17.0
水锆石	53.2—65.1	
苗木石	49.8	3.5—7.0
钛锆钍矿石	51.98	1.0—2.7

表 23.42 世界各国锆英石资源(按锆计，千吨)

国　名	储量	其他资源	总计
美　国	4000	3000	7000
加　拿　大	—	1000	1000
巴　西	1000	250	1250
前　苏　联	3000	2000	5000
马尔加什	100	100	200
南　非	6000	3000	9000
塞拉利昂	500	1500	2000
印　度	4000	2000	6000
马来西亚和泰国	100	100	200
斯里兰卡	1000	500	1500
澳大利亚	8000	3000	11000
总　计	270016450	44150	

2.1.4 冶金化学和工艺

1. 矿物的采选

国外锆矿采选以澳大利亚最具代表性，澳大利亚海滨砂矿资源储量丰富，原矿品位高，采选设备先进，开采规模大。精选矿出口在世界贸易中有竞争力。

在水源充足的矿区，可用绞吸式挖掘船进行水采；在干旱地区则用大型拖拉铲运机、推土机和前端装载机采掘装运。采掘所得矿石经控制筛分然后浓缩入选。

选矿分为粗选和精选两步，简要流程有如下面图 23.12 所示。

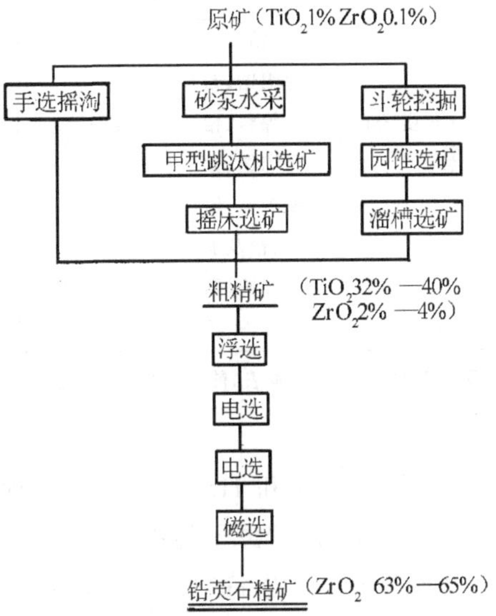

图 23.12 锆矿石采选流程图

精选矿产品质量一般按产品的技术特性分为若干等级（牌号），在基本成分上给予保证。澳大利亚产的锆英石精矿的质量标准提供在下面表 23.43 中。

表 23.43 澳大利亚锆英石精矿质量标准

级别 含量(%) 元素/化合物	标准的"L"级	粗粒级	O. L. 级	煅烧过的陶瓷级
$(Zr,Hf)O_2$	65.0	66.0	65.5	66.0
TiO_2	0.25	0.25	0.25	0.10
Fe_2O_3	0.12	0.15	0.10	0.06

2. 锆和铪的冶炼工艺

国外锆铪工业开始于 20 世纪 50 年代，生产厂家见表 23.44。

海绵锆产量最大的是美国的华昌公司。日本、法国、西德、加拿大大多是从美国引进技术，建立子公司进行锆铪及其制品生产。随着原子能工业的发展和其他工业部门对锆需求量的增加，由于氧化锆生产在原子能级海绵锆生产成本中约占去 1/3，为了降低生产成本，生产厂家及研究部门对重要生产环节，特别是锆铪分离工艺，做了大量研究和改进，近 30 年来取得了重大突破。

表 23.44　国外主要锆铪生产厂家及产品[a)]

序号	生产厂家	产　品	注
1	美国特尼达因-华昌公司	锆、铪及其加工材等	年产能 3000 吨海绵锆
2	美国西方锆公司	海绵锆、铪	年产能 1500 吨海绵锆
3	法国波希尼・于金・库尔曼公司	海绵锆、铪	年产能 1350 吨海绵锆
4	法国赛佐司公司	海绵锆、铪	年产能 1600 吨海绵锆
5	原西德迪高沙公司	海绵锆、铪	
6	日本矿业公司	锆、铪及加工材等	年产能 1000 吨海绵锆
7	日本石矶/三井公司	海绵锆、铪	
8	加拿大埃尔多拉多核公司	海绵锆、铪	年产能 300 吨海绵锆

a)已并入其他公司的工厂及合金加工，未列入本表，前苏联情况不详。

3. 锆铪分离工艺

最早的锆铪分离工作是由 Coster 和 Hevesy 完成的，他们使用了六氟锆(铪)酸钾或铵盐的反复分级结晶技术。随着原子能技术的发展，产生了大规模锆铪分离的需要，在这方面的广泛研究开发工作特别集中在离子交换、色层分离和溶剂萃取等新分离技术上。在这些方面已有过很好的综述评论文章①为生产原子能级的锆[含铪量～60ppm(非许用单位，$1ppm=10^{-6}$)]，最合适的分离方法是磷酸三丁酯萃取，而用 Dowax-50 阳离子交换剂的离子交换技术则适用于取得高纯铪(含锆 0.1%)。用三氟乙酰丙酮的溶剂萃取技术可以制备更纯一些的铪(含锆 0.02%)，但此法的效率较低(收率 20%—37%)。

大多数分离方法都是利用锆与铪化合物之间反应平衡常数的微小差异，但也有人宣称可以利用反应速度上的差异来分离锆和铪。例如 Newnham 设计了一种分离方法，用微细分散的金属锆粉来优先还原四氯化锆(420℃)，使之转化成不挥发的三氯化锆。Clark 等人报道说，四氯化锆和四氯化铪与联二胂反应生成 MCl_4・联胂的反应速度有显着差异而可用于锆铪的分离。

我国的有关冶炼部门采用 $HCl-HNO_3$ 系统磷酸三丁酯萃取分离锆铪的工艺在工业生产中已成功地获得应用。

现代工业上也采用先氯化后四氯化物分馏的方法分离锆和铪。

4. 海绵锆和海绵铪

海绵锆和铪一般采取镁热还原四氯化物的方法即 Kroll 方法来制备，此法已大规模工业化。

海绵锆、铪的生产工艺流程举例见图 23.13 和图 23.14。

① F. Hudswell and J. M. Hutcheon, Geneva Conference on Peaceful Uses of Atomic Energy(1955), 8, P409; I. V. Vinarov, *Russ. Chem. Rev.* **36**(1967)522.

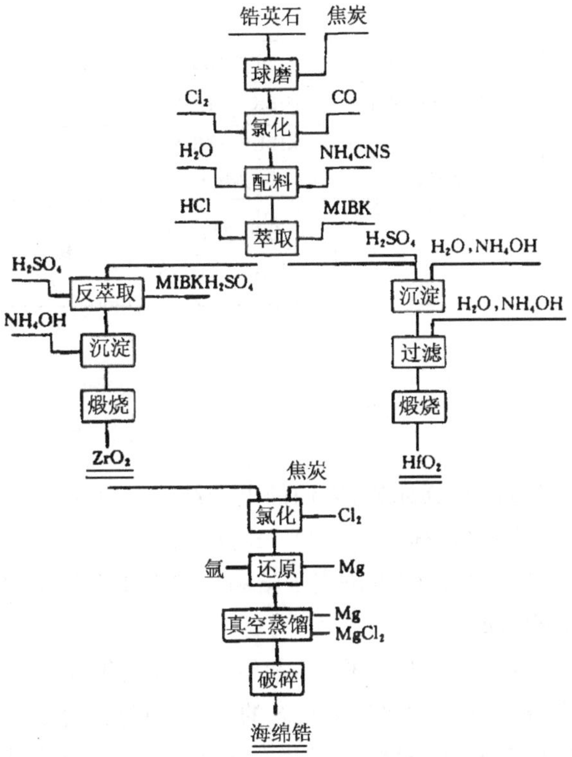

图 23.13 利用萃取分离技术的锆铪海绵金属传统生产工艺流程(MIBK 为甲基异丁基酮)

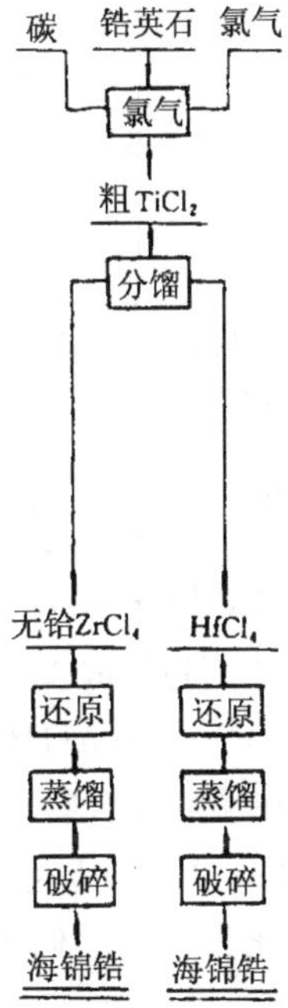

图 23.14 利用四氯化物分馏技术的海绵锆铪生产工艺流程

在图 23.14 的氯化物分馏技术中,粗制四氯化锆(铪)是在一座 10m 高,直径 2m 的蒸馏塔内进行分馏的,操作温度为 400—500℃,压力 20—25atm,操作时间每批 4—5d。

国外厂家的锆生产方法汇列在表 23.45 中。

表 23.45 国外厂家的锆生产方法

国家	厂家名称	分离前原料	分离工艺	还原剂
美国	特尼达因-华昌公司	$ZrC \rightarrow ZrCl_4$	MIBK[a]—HCNS	镁
	金刚砂公司	$ZrC \rightarrow ZrCl_4$	(同上)	镁
	哥伦比亚国家公司	$ZrSiO_4 \rightarrow ZrOCl_2$	TBP[b]—HNO_3	镁
	工业化学公司	$ZrC \rightarrow ZrCl_4$	MIBK[a]—HCNS	镁-钠
原西德、法国、意大利	锆联合工业公司 法兰西尤金公司 赛佐司公司	$ZrCl_4$ $ZrC \rightarrow ZrCl_4$ $ZrCl_4$	TBP[b]—HNO_3 或 MIBK[a]—HCNS 分馏	镁 镁-钠

续表

国家	厂家名称	分离前原料	分离工艺	还原剂
英国	镁电子公司	$ZrSiO_4 \rightarrow ZrOCl_2$	MIBK[a]—HCNS	镁
日本	矿业公司	$ZrC \rightarrow ZrCl_4$ $ZrCl_4$	MIBK[a]—HCNS 蒸馏	镁
原苏联		$ZrSiO_4$ 或 $ZrCl_4$	分步结晶和 MIBK[a]—HCNS	镁

a) MIBK 为甲基异丁基酮。

b) TBP 为磷酸三丁酯。

2.1.5 电子结构和价键特征

锆和铪分别是第 5 和第 6 周期的IVB 族元素，它们的电子结构分别是[Kr]$4d^2 5s^2$ 和[Xe]$4f^{14}5d^2 6s^2$。金属原子半径(包林)是 Zr:145pm;Hf:144pm。+4 离子半径是 Zr^{4+}:80pm;Hf^{4+}:81pm。这些结构特点决定了锆和铪在性质上的类似性。它们在形成化合物时主要是共价型的。

由于$(n-1)d^2 ns^2$ 电子结构所决定的，像 Ti 一样，锆和铪可以有氧化态为II，III和IV的化合物。它们生成的低氧化态化合物比低氧化态的钛更不稳定，容易被氧化和歧化。它们的低氧化态卤化物 MX_2 和 MX_3 常是化学性质活泼的不挥发性固体，并且是聚合型的含卤桥的高分子物质，其中的金属原子一般是 6 配位的。对 M(IV)化合物来说，配位数可以是 6，7，8 和 9。配位数 4 的化合物很少见，即使是常见的四卤化物 MX_4，在固态中都是含卤桥的大分子化合物，在其中金属原子是 6 配位的。仅在蒸气状态中 MX_4 才是正四面体型的单分子。还有一种情况是，当配体具有空间位阻和 π 酸性(反馈电子)时，才可能生成少数配位数为 4 的四面体化合物如 $M(BH_4)_4$，MI_4，M(烯丙基)$_4$，$M(NR_2)_4$ 等。

在锆和铪化合物中，8 配位比较常见。

在与强 π-酸配体结合时，锆也可以表现出不寻常的表观低氧化态 O，−I 和−II，例如 $Zr(bipy)_3$，$[Li(THF)_4]^+$，$[Zr(bipy)_3]^-$ 和$[M(THF)_4]_2^+$，$[Zr(bipy)_3]^{2-}$。在后三个化合物中正是 6 配位的。

2.1.6 锆和铪的核性质

锆和铪的稳定同位素、天然丰度、原子质量和热中子俘获截面等数据汇列在表 23.46 中。

表 23.46 锆和铪的稳定同位素

同位素	丰度(%)	原子质量	中子俘获截面(b)
$^{90}_{40}Zr$	51.46	89.9043	0.1
^{91}Zr	11.23	90.9053	1.0
^{92}Zr	17.11	91.9046	0.2
^{94}Zr	17.40	93.9061	0.1
^{96}Zr	2.80	95.9082	0.1
平均值		91.22	0.18
$^{174}_{72}Hf$	0.18	173.9403	400
^{176}Hf	5.20	175.9435	<30
^{177}Hf	18.50	176.9435	370
^{178}Hf	27.15	177.9439	80
^{179}Hf	13.75	178.9460	(0.2+65)
^{180}Hf	35.24	179.9468	10
平均值		178.49	105

锆具有很低的热中子吸收截面,结合它的优良机械加工性能,使锆成为原子反应堆极为理想的结构材料。铪具有很高的热中子吸收性能,使它成为金属锆中不受欢迎的杂质,由于原子能工艺的发展,促进了锆铪分离研究工作的迅猛发展。另一方面,铪的高热中子吸收性能也有有利的一面,可用它于制造原子反应堆中吸收中子的控制棒。

可以从铀的裂变产物中分离出放射性同位素^{98}Zr($t_{\frac{1}{2}}=65d$,β-放射体),它可用于锆的示踪研究。同样,^{181}Hf($t_{\frac{1}{2}}=45d$,β-放射体)、^{179}Hf($t_{\frac{1}{2}}=19s$)和^{180}Hf($t_{\frac{1}{2}}=5.5h$)都是铪示踪研究中的有用同位素。

虽然锆(^{91}Zr,$I=\frac{5}{2}$)和铪(^{177}Hf,$I=\frac{1}{2}$或$\frac{3}{2}$)是有核自旋的稳定同位素,但它们对于核磁共振研究似乎并不重要,但对低价化合物的电子自旋共振光谱研究中却是重要的。

已观察到铪有穆斯堡尔效应,但锆无此种效应。

2.1.7 金属的物理性质和化学性质

金属锆和铪都有同位素异构现象,各有低温的 α 变体(六方紧堆结构)和高温的 β 变体(立方系),但它们的转变温度不同(Zr,862℃;Hf,1750℃),它们的一些物理性质汇列在表 23.47 中,应该注意的是,它们的一些性质对存在的杂质是十分敏感的。

表 23.47　锆和铪的物理性质

性　质	Zr	Hf
熔点(℃)	2128±15[a)]	2150[b)]
沸点(℃)	3578[b)]	5400[b)]
转变温度,$\alpha \leftrightarrow \beta$(℃)	862[c)]	1750[b)]
转化势,ΔH_t(kJ/mol)	3.85[a)]	—
密度,α 变体	6.50[e)]	13.3[b)]
β 变体	6.41[e)]	—
比热(J/g)	0.25[e)]	—
熵 S°_{298}[J/(K·mol)]	38.95[a)]	54.8[b)]
升华热(kJ/mol)	608.4[a)]	—
磁化率 χ_{at}($\times 10^6$)	+122.0[d)]	+75.0[b)]
电阻率 20℃($\mu\Omega$·cm)	40.0[b),f)]	35.1[b)]

a) JANAF Thermochemical Tables。

b) Handbook of Chemisry and Physics,48th ed.,Chemical Rubber Co.,Cleveland(1967－1968)。

c) A. D. Schwope,Zirconium and Zirconium Alloys,ASM,Cleveland(1953),p. 292。

d) H. Kato,*Trans. AIME*,**215**(1959)876。

e) G. B. Skinner and H. L. Johnston,*J. Chem. Phys.*,**21**(1953)1383。

f) 低于 0.55K 时显超异性;T. S. Smith and J. G. Daunt,*Phys. Rev.*,**88**(1952)117。

一些其他物理性质已和钛的性质一道汇列在本专题 1.1.7 的表 23.1 中了。

锆和铪除了晶相转变温度($\alpha \leftrightarrow \beta$)有较大差异之外,还有较大差异的是它们的密度,由于 Zr 和 Hf 有相似的金属原子半径,所以它们密度的比值差不多等于它们原子量之比(即 1∶2)。

在室温下经锻铸的块状锆有极强的抗腐蚀性,对许多化学试剂不发生作用。人们认为在金属锆表面上有一层氧化物膜,这是它缺少化学活性的原因。在高温下它们缓慢地与王水、磷酸、盐酸和硫酸发生作用。它也会与熔融的 $NaHSO_4$,Na_2CO_3 和 Na_2O_2 反应,但与熔化 NaOH 反应时会生成一层黑色的盖膜,阻止了进一步反应。

在高温下锆容易可逆地与氢反应,与氧、氮和卤素反应。微细分散的锆粉是可燃的,可用在闪光灯泡中和作为真空管中的吸气剂(O_2 和 N_2 捕收剂)。

锆能同很多金属生成合金,加入少量锆于其他金属中有利于提高金属性能,但在锆中加入少量其他金属却往往会损坏锆的可贵性质(如抗腐蚀性能)。不过有一种锆合金(Zr 中加了～2.5%Sn 和 0.3%的 Fe,Cr,Ni)却有很高的抗腐性。锆铌合金用于超导磁体。

锆的优良机械性能,强的抗腐蚀性以及低的中子吸收截面,使锆在核反应堆工艺中占有极为重要的位置。它也在化工厂家中用为结构材料。锆没有毒性，能与人体组织相容，故在医疗外科中用作人工关节和四肢的结构材料(代替钽)。

西方国家1977—1979年锆的消费结构大约是：商业原子能发电占75%，军用堆占12.5%，耐腐蚀材料、摄影闪光材料和电子工业占12.5%。1978—1982年世界锆生产能力和产量统计在下面表23.48中。

国外铪主要用作军用核反应堆的控制棒和紧急停堆棒。商业发电堆因铪价贵一般不用。另外用作合金添加剂等。表23.49列出了1970—1979年美国的铪应用量。

表23.48　西方国家锆的生产能力和产量(吨/年)

	国家、厂家＼年份	1978	1979	1980	1981	1982
能力	美国特尼达因-华昌公司	2200—3000	2200—3000	2200—3000	2200—3000	2200—3000
	美国西部锆公司	—	1300—1800	1300—1800	1300—1800	1300—1800
	法国塞佐司公司	800	—	1600	1600	1600
	日本矿业公司	400	—	1000	1000	300
	加拿大埃尔多拉多核公司	300	—	300	300	300
	日本石矶/三井公司	—	—	—	—	筹建中
年产	美国	—	2400－2600	约2600	约2200	约3600
	日本	—	432	约400	约400	
	法国	—	—	—	—	

表23.49　美国近年铪的应用量(吨)

项目＼年份	1970	1971	1972	1973	1974	1975	1976	1977	1978	1979	平均用量	结构(%)
反应堆	26	28	30	30	27	25	23	25	23	22	26	79
玻璃陶瓷	1	2	2	2	2	2	2	2	2	2	2	6
照相	/	2	2	2	2	2	2	1	/	/	1	3
其他	2	1	1	1	1	1	1	7	15	21	4	12
总计	29	33	35	35	32	30	28	35	40	45	33	100

2.1.8　分析化学

由于锆和铪在水溶液中不生成稳定的低价化合物，所以它们的分析手续仅限于四价化合物的化学。

锆和铪象钛和若干其他金属元素一样，能生成难溶的氢氧化物。锆的一种有效“点滴试验”试剂是对二甲胺基偶氮苯胂酸，它在盐酸溶液(1—2mol/L)中在有过氧化氢存在下与锆(IV)生成红棕色沉淀。在盐酸溶液中的绛棓酸(1,2,3,5,6,7-六羟基蒽醌)可以用来鉴别锆(深红紫色)和铪(浅粉红色)。

在定量分析操作中有一些重量法,包括(1)用苯乙醇酸进行沉淀之后灼烧成 ZrO_2;(2)用磷酸盐沉淀之后灼烧成 ZrP_2O_7。在容量法中,可在 pH2.0 用 EDTA 并用 Bi(III)溶液反滴定,以硫脲为指示剂。也可用分光光度法,使用的显色剂为茜红 S(在 550nm)、邻苯二酚紫(在 650nm)或二苯甲酚橙。

为定量测定锆和铪,可以用质谱法,X 射线光谱法和中子活化法等近代器械方法。

关于锆和铪的分析化学在 I. M. Kolthoff, P. J. Elving, Treaties on Analytical Chemistry, Part II, Vol. 5, p. 61, Interscience. New York(1961)中有详细的论述。

2.2 锆和铪的化合物

2.2.1 合金

Blumenthal 在他的专著 The Chemical Behaviour of Zirco nium, Von Nostrand, Princeton(1958)中详细论述了锆的二元合金,包括 Zr 与 Be, Al, Zn, Cd, Hg, Ga, In, Sn, Sb, V, Cr, Mn, Fe, Co, Ni, Cu, Mo, Ru, Ag, W, Os, Ir, Pt 和 Au 等的合金。可从此书以及其他专著获得有关详细信息。在核工艺中曾详细研究了锆-铀二元合金体系,而在超导合金的发展研究中曾详细研究过锆-铌二元体系。除了碱金属和某些碱土金属外,锆和铪能分别与大多数金属元素生成金属间化合物。

有关锆和铪合金的文献资料可参考的还有 P. Pascal, Noureau Traite de Chimie Minerale, Tome Ⅸ, Masson, Paris(1963); G. L. Miller, Zirconium, Butterworth, London(1954); K. Schubert, *Metal*, **20**(1966)424; C. Laverick, *Argonne Nat. Lab. Rev.*, **3**(1966)11.

2.2.2 氢化物

锆和铪能可逆地吸收分子氢生成组成范围为 M—MH_2 的许多固体物相,其平衡决定于温度和氢气压力,温度升高时氢的吸收量降低,β-相比 α-相能吸收更多的氢。有了 X 射线衍射技术之前,这些金属氢化物的性质一直未被了解。现在已经确知 α-变体吸收氢形成固溶体,组成可以达到~$ZrH_{0.05}$,β-相吸收氢可达组成 $ZrH_{0.25}$。已经检出了许多物相,例如,δ-相最后可以达到极限组成 ZrH_2,具有变形氟化钙结构。在这些氢化物中成键的精确本性迄今尚未完全弄清楚。含有式组成为 Zr—H 的共价锆氢化合物留在后面 2.2.19 节中讨论。

2.2.3 氧化物

锆和铪生成的主要氧化物是 MO_2，可以制得它们不稳定的气态一氧化物 MO，更低的氧化物如 Zr_3O 和 Zr_6O 曾有过报道。

(1)低价态氧化物。锆-氧体系的相图已经作出，从中发现氧溶解在金属(α-变体)中生成 Zr—$ZrO_{0.29}$ 区间的固溶体。没有迹象表明生成了独立的物相 ZrO。到了 1968 年 Kovba 等人宣称生成了有序结构的 Zr_6O 和 Zr_3O，这两个低氧化物都是半导体。

(2)ZrO。曾用光谱的方法测定出在太阳和星球中有 ZrO，它是将 ZrO_2 或 Zr/ZrO_2 混合物加热而得到的一种挥发性氧化物。经质谱测定它的气化热 $\Delta H_v(ZrO)_{2300℃}=648.5kJ/mol$。

(3)ZrO_2。二氧化锆在自然界存在为斜锆石，它往往含有一些锆英石、硅砂和铁、铝、钛的氧化物作为杂质。精炼 ZrO_2 和从锆英石中制备它的方法已在 2.1.4 节介绍过。

已经确知二氧化锆有三种多晶型变体——单斜系、四方系和立方系三种晶型，但由于转变温度对于杂质是敏感的，它们的转变温度迄今未精确测得。对 ZrO_2 来说，单斜型↔四方型～1100℃；四方型↔立方型～1900℃。对 HfO_2 而言，单斜型↔四方型～1500—1900℃；四方型↔立方型靠近熔点。单斜型变体含有 7 配位的金属原子(图 23.15)，在 ZrO_2 的四方-三角底座多面体中 Zr—O 键长是：四方底座，215—228pm(图 23.15 中II)；三角底座 205—216pm(图 23.15 中I)。将四烷氧基锆进行热解可以得到微细粒子的立方型 ZrO_2 变体。它们的一些物理性质提供在表 23.50 中。

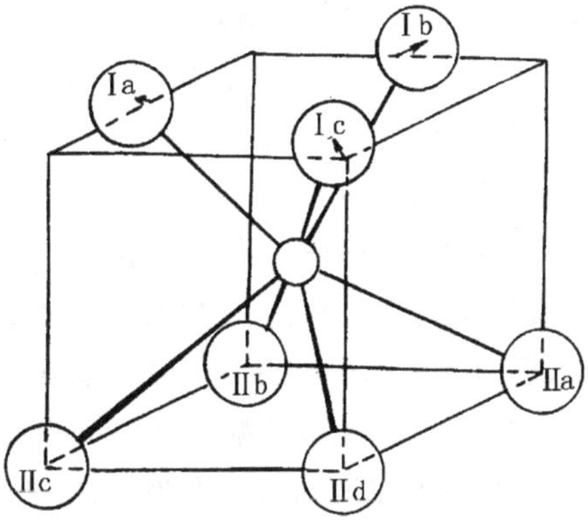

图 23.15 单斜型(斜锆石)ZrO_2

小圆代表 Zr 原子，大圆代表氧原子

表 23.50　ZrO_2 和 HfO_2 的物理性质

性　质	ZrO_2	参考资料	HfO_2	参考资料
熔点(K)	2670	a)	～2800	
沸点(K)	4548	a)	5400	b)
密度:单斜型	5.85	b)	9.68	b)
四方型	6.16	b)	10.01	b)
单元晶胞参数(pm)单斜型	$a=516.9, b=523.2$		$a=5.11, b=5.14$,	
	$c=534.1\ \beta=80°45'$	d)	$c=5.28, \beta=99°44'$	b)
四方型	$a=508.5\ c=516.6$	b)	$a=5.14\ c=5.25$	b)
立方型	$a=5.10$	b)		
生成热(kJ/mol)	−1097.5	a)	−1147.7	e)
热容[J/(K. mol)]	$48.62+43.77\times10^{-3}T$	b)		
	$-7.435\times10^{5}T^{-2}$			
折射率:单斜型	2.15	b)		
四方型	>2.15	b)		
磁化率(g^{-1})	-0.112×10^{-6}	b)	-0.110×10^{-6}	b)
热膨胀系数(K^{-1})单斜型	$\sim7\times10^{-6}$	b)	5.8×10^{-6}	b)
四方型	$\sim12.8\times10^{-6}$	b)		
转变温度,单斜↔四方(K)	1478	a)	～2073	c)
转化热(kJ/mol)	5.94	a)		

a) JANAF Thermochemical Tables, Dow Chemical Company, Midland, Michigan(1967)。

b) P. Pascal, Noureau Traité de Chimie Minèralè, Tome IX. Masson, Paris(1963)。

c) J. Lefèver and R. Collongues. Bull. Soc. Chim. France(1961)74。

d) J. D. McCullough and K. N. Trueblood. *Acta Cryst.*, **12**(1959)507。

e) E. J. Huber and C. E. Holley, *J. Chem. Eng. Data*, **13**(1968)252。

经煅烧过的二氧化物很不活泼,它们能被热浓硫酸和热浓盐酸所侵蚀,与氯化亚硫酰缓慢地反应生成 $ZrCl_4 \cdot SOCl_2$。二氧化锆可以被氯和碳氯化,或与四氯化碳反应,生成 $ZrCl_4$。在高温度(800—1500℃)下 ZrO_2 可与多种金属氧化物发生反应,在电弧炉中 ZrO_2 与碳反应生成 ZrC。

ZrO_2 的高熔点、高折射率、低热膨胀系数和高电阻率使它成为重要的耐高温材料并用为陶瓷遮光剂和陶瓷绝缘材料。在 1100℃左右的相变(单斜型↔四方型)可能会造成一些麻烦,但向其中加很少百分之几的氧化钙或氧化钇就生成为立方型的"稳定二氧化锆",可在高于 2000℃的温度下具有很好的耐高温性质。二氧化锆对于烃的裂解和多种多样的其他有机反应有催化性,可以单独使用,也可用为助催化剂。

2.2.4 锆酸盐和铪酸盐

在高温下 ZrO_2 同金属氧化物、氢氧化物或碳酸盐反应生成所谓的“偏锆酸盐”：

$$ZrO_2+M^{II}CO_3 \rightarrow M^{II}ZrO_3+CO_2$$

事实上并不存在独立的 ZrO_3^{2-} 阴离子，因此锆酸盐和铪酸盐最好是看作是高分子的混合金属氧化物。与二价金属生成的锆酸盐 $M^{II}ZrO_3$ 往往具有钙钛矿型结构，而对于三价金属的锆酸盐来说，其结构型式决定于组成和三价离子的半径。例如对较大离子而言(M^{III}=La，Ce，Nd，Sm，Gd) $M_2^{III}Zr_2O_7$ 生成为绿烧石型结构，而对较小离子而言(M^{III}=Sc，Yb，Lu)则生成为 $M_4^{III}Zr_3O_{12}$ 和其他比较复杂的物种，它们都具有氟化钙(萤石)结构。已知的其他混合氧化物有 $TiZrO_4$，V_2ZrO_7，$Nb_{10}ZrO_{27}$，$Nb_{14}ZrO_{37}$，Mo_2ZrO_4 和 W_2ZrO_8。此外的一些三元和四元金属氧化物体系如 M_2^IO-$M^{II}O$-ZrO_2 和 $M^{II}O$-$M_2^{III}O_3$-SiO_2-ZrO_2 也都有过研究。从它们的高分子结构可以断定，锆酸盐和铪酸盐具有高熔点(往往>2500℃)，因而有某些工业用途。它们的电性也曾进行过广泛的研究。

2.2.5 硫化物、硒化物和碲化物

铪或锆与硫或硫化氢反应可以生成多种多样的硫化物。另一种办法是用氧化物 ZrO_2、碳化物 ZrC 或四氯化物作为原料，用硫、硫化氢或二硫化碳作为含硫试剂，不过从氧化物有可能生成硫氧化物 ZrOS 的倾向，这个化合物也含有 7 配位的锆原子。已知锆和铪有许多硒化物和碲化物。

(1)硫化物。硫化锆的一些物相是非整比的，这在文献中曾引起过困扰，F. Jellinek 在 1963 年曾对此问题作过综述[F. Jellinek, *Arkiv. Kemi.*, **20**(1963) 447]。下列硫化物已被确定：三硫化锆 ZrS_3、二硫化锆 ZrS_2 和低硫化锆 $ZrS_{1.54-0.9}$ 和 $\sim ZrS_{0.7}$。将锆粉和过量硫在 600—800℃ 加热可以得到 ZrS_3 的橙色单斜固体(密度 $d^{25}=3.66$)。它对硫酸或碱所表现的反应活性不很高。

据报道制备 ZrS 的最好方法是将四方型 ZrO_2 与二硫化碳在一起加热。二硫化锆存在的组成区为 $ZrS_{1.8-2.0}$，它是一种红紫色固体，含有与硫八面体键合的锆原子(Zr—S=256pm)，具有 CdI_2 型结构。值得注意的是，Zr 在 ZrS_2 中的配位数低于在 ZrO_2 中的配位数。ZrS_2 表现为一种半导体，它对空气和水稳定，但容易与氧化剂发生作用。

将二硫化物放在真空中加热，可以得到低硫化物，有时获得为升华物。$ZrS_{1.54-0.9}$ 相区具有变形立方型(NaCl)结构。晶状的 $ZrS_{0.7}$ 是六方对称的，具有碳

化钨(WC)或变形砷化镍(NiAs)结构。

(2)硒化物和碲化物。与硫化物相对应的一些硒化物和碲化物也都是已知的。例如 ZrS_3,$ZrSe_3$,$ZrTe_3$,HfS_3 和 $HfSe_3$ 都是单斜型的,而 ZrS_2,$ZrSe_2$,HfS_2 和 $HfSe_2$ 则都是六方型的。锆和铪的低硒化物和低碲化物也都与相应的硫化物类似。

2.2.6 氮化物、磷化物和砷化物

通过单质的直接反应或化合物(如卤化物)与氨或氮/氢混合物的反应可以得到锆和铪的氮化物。曾有人对四卤化锆氨合物 $ZrX_4 \cdot nNH_3$ 的热分解做过不少研究工作,一致认为在700—900℃左近生成了一种棕色中间化合物 Zr_3N_4,但它在更高温度下(~1000℃)分解成黄色的 ZrN。氮化物 ZrN 和 HfN 属立方系(NaCl 结构),它们具有高熔点(分别为2980℃和3310℃)。ZrN 在温度低于8.9K 时变成为超导体。ZrN 具有弱的顺磁性,反应活性不很高,但它能同王水、浓硫酸、氢氟酸和热碱溶液反应。

锆和铪生成许多磷化物,例如 ZrP_2,HfP_2,ZrP,HfP,Zr_3P,Hf_3P,Hf_2P 和 Hf_3P_2。T. Lundström 等人曾已指出某些这些化合物具有极为复杂的结构[T. Lundström et al.,*Acta Chem. Scand.*,**22**(1968)2395]。

锆和铪已报道有许多砷化物,例如 $ZrAs_2$,ZrAs,$HfAs_2$,HfAs,Hf_2As,Hf_3As_2 和 $Hf_{1.07}As$,它们有些结构是很复杂的。$ZrAs_2$ 的结构已经测定过,它具有 $PbCl_2$ 结构,其中每个 Zr 原子被9个 As 原子所配位(图23.16)。

Hulliger 给ⅤB 和ⅥB 族元素与过渡金属的化合物的晶体结构撰写了一篇很好的综述报告[F. Hulliger,*Structure and Bonding*,**4**(1968)83]。锆氮化物的一

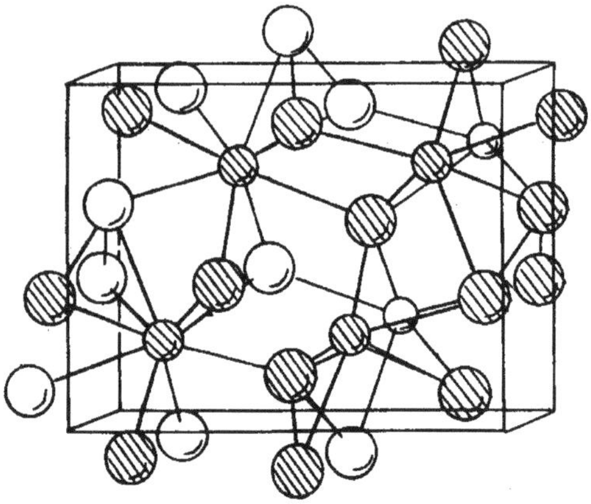

图23.16 砷化锆 $ZrAs_2$ 的结构

小圆代表 Zr 原子;大圆代表 As 原子

些性质汇列在表 23.51 中。

表 23.51 锆、铪的硼化物、碳化物、硅化物和氮化物的物理性质

性质	ZrB_2	ZrC	HfC	ZrSi	HfSi	ZrN
熔点(℃)	3050[a)]	3500[a)]	3890	*	2100	
热容[298K,cal/(K·mol)]	48.242[a)]	36.64[a)]				40.42
生成热(kJ/mol)	−301.7♀	−170.3[d)]	−218.8[d)]	−123.0[e)]♀		−336.5[f)]
密度	6.1‡	6.7	12.6	5.56‖		7.18**
热膨胀系数(10^6K^{-1})	5.5	7.5				

* Hf_5Si_3,2300;$HfSi_2$,1700。

♀Zr_2Si,−111.3;Zr_2Si_3,−111.3;Zr_3Si_2.−79.5;Zr_5Si_4,−90.79;$ZrSi_2$,−62.76;HfB_2,−326.4[h)]。

‡ ZrB,5.7。

‖ Zr_2Si,5.96;Zr_5Si_3,5.82;Zr_3Si_2,5.86;$ZrSi_5$,4.73。

** Zr_3N_4,5.9[g)]。

a)JANAF Thermochemical Tables,Dow Chemical Co.,Midland,Michigan(1967)。

b)R. B. Kantor and E. N. Fomiehev,*Teplofiz. Vys. Temp.*,**5**(1967)48;*Chem. Abs.*,**66**(1967)6311g。

c)O. C. Trulson and H. W. Goldstein. *J. Phys. Chem.*,**69**(1965)2531。

d)A. D. Mah,U. S. Bur. Mines Rept. Invest.(1964)6518;*Chem. Abs.*,**61**(1964)13206d。

e)Y. M. Golutvin and E. G. Maslennikova,*Izv. Akad. Nauk SSSR*,*Metals*(1968)193;*Chem. Abs.*,**69**(1968)13519*a*。

f)M. Hoch,D. P. Dingledy and H. L. Johnston,*J. Am. Chem. Soc.*,**77**(1955)304。

g)R. Juza. A. Rabenau and I. Nitschke,*Z. anorg. allgem. Chem.*,**332**(1964)1。

h)G. K. Johnson. E. Greenberg, J. L. Margrave and W. N. Hubbard,*J. Chem. Eng. Data*,**12**(1967),133;*Chem. Abs.*,**66**(1967)49782h。

2.2.7 碳化物、硅化物和锗化物

以金属、氧化物或卤化物为原料,可以通过多种多样的方法制备碳化物 ZrC 和 HfC。工业合成方法是在电弧炉中用碳还原二氧化锆来制备 ZrC 的。

这些碳化物具有面心立方晶格,有金属外貌并能传导电流。由于二级 Zeeman 效应,它们都是弱顺磁性的。它们能同 TiC,NbC 和 TaC 生成固溶体。化学式 MC 代表把碳原子插入于锆晶格的八面体孔穴而得到的一种极限结构,很容易产生在组成上碳原子不足的有缺陷结构,由于氮原子也能占入八面体空位(参见 ZrN),有可能制得碳氮化锆,工业上生产的氰氮化锆含有几乎等原子比的碳、氮和氧,组成式为 $Zr(C,N,O)_x$,式中 x 约为 1。

这些碳化物在正常情况下具有一定的化学惰性,但在高温下它们很容易同氧、卤素等反应,它们都有很高的熔点(ZrC,~3530℃;HfC,~3887℃)。文献中报道的它们的熔点常出现互相矛盾的数据,根据这两个化合物的性质,这应是不足为

奇的。

锆-硅体系包含有若干个化合物，即 $ZrSi_2$，ZrSi，Zr_5Si_4，Zr_3Si_2，Zr_2Si 和 Zr_3Si。以前报道过的 Zr_4Si_5 后来发现是 Zr_5Si_4。关于这些化合物的结构可参阅 B. Aronsson et al.，Borides，Slicides and Phosphides，Methuen，London(1965)。

一些锗化物例如 $ZrGe_2$，$HfGe_2$，ZrGe，Zr_5Ge_3，Hf_5Ge_3 和 Zr_3Ge 在文献中有过报道。碳化物和硅化物的一些物理性质收列在表 23.51 中。

2.2.8 硼化物

锆和铪都能生成 MB 和 MB_2 型的硼化物，但锆也生成 ZrB_{12}。制备硼化物可以有多种多样的方法[N. N. Greenwood et al.，*Quart. Rev.*，**22**(1966)441.]，但下列方法是最合宜的：

$$M+nB \rightarrow MB_n$$

$$MCl_4+2BBr_3+5H_2 \rightarrow MB_2+4HCl+6HBr$$

$$7M+3B_4C+B_2O_3 \rightarrow 7MB_2+3CO$$

(1)ZrB。一硼化锆具有面心立方晶格(a=465±3pm)，在 3.3K 时它变成为超导体，但相应的铪化合物在温度低到 1.2K 也不成为超导体。对于锆和铪的一硼化物已报道的化学信息是不多的。

(2)ZrB_2。二硼化锆具有金属性并结晶成六方层状晶格。每个硼原子位于由 6 个金属原子组成的三角柱状的簇中，每个金属原子则与 12 个 B 原子和 8 个 Zr 原子配位。参阅关于二硼化物的化学活性的报告时必须加小心，因物相纯度和分散状态对它们的性质有重要的影响。与酸的水溶液反应会放出氢；可将浓硫酸还原成二氧化硫，大多数氧化酸(如硝酸)能与二硼化物反应。氟与二硼化物猛烈反应生成金属四氟化物。热碱液与硼化物缓慢地反应。

(3)ZrB_{12}。十二硼化锆也表现有金属性并生成立方系晶体(a=740.8pm)。硼原子组成 B_{12}立方八面体的高分子队列，金属原子处在孔穴中被 8 个 B_{12}单位所包围，使每个金属原子有 24 个最近邻的硼原子。

在 Greenwood 的综述(见上文)中对硼化锆中化学键的本性作了讨论。这些硼化物的物理性质收列在表 23.51 中。

2.2.9 卤化物和卤氧化物

过去 20 年中对锆和铪的卤化物曾做过大量的研究工作，Canterford 和 Colton 所撰写的关于第二和第三过渡元素的卤化物的专著[J. H. Canterford and R. Colton，Halides of the Second and Third Row Transition Metals，Wiley，London (1968)]是一本极好的参考书。

在这一节里我们将讨论二元卤化物 MX_y、卤氧化物 MOX_2 和络合卤化物 $[MX_y]^{2-}$，但不讨论其他卤化物如 MX_yL_2（L＝另一阴离子配体）。后一类化合物将在其他配体 L 的标题下予以讨论。锆和铪卤化物的一些物理性质提供在表 23.52中。

表 23.52　锆和铪卤化物的一些物理性质

性质	ZrF_4	HfF_4	$ZrCl_4$	$HfCl_4$	$ZrBr_4$	$HfBr_4$	ZrI_4	HfI_4	$ZrCl_3$	$ZrBr_3$	ZrI_3
熔点(℃)	932		438	432	450	424.5	500	499			(275—
蒸气压，A[a)]	12.5	12.91	(s)11.7	11.7	12.268	11.697	10.59	(120—150℃)	11.632	8.367	325℃)
								10.93			
B	11400	12460	5700	5200	5945	5257	5730	5586	6246	4671	12.47
升华热(kJ/mol)		100.4	100.4								8700
生成热(kJ/mol)	−1912.0	−1930.5	−981.1	−991.6	−759.8	−836.8	−484.9		−719.6	−631.8	−430.9
生成熵[J/(K·mol)]	339.6								200.8		
生成自由能(kJ/mol)											
298K		−1829.2	−892.8		−721.7		−487.8				
密度	4.5	7.13	2.803						0.4	0.4	
磁矩，293K(B. M.)											
红外光谱(cm^{-1})											
ν_1			380								
ν_2			102								
ν_3	668		421								
ν_4	190		112						255		
M—X 键长(pm)	210		233	233	244	243			17300		
电子光谱(cm^{-1})									21000		

a)蒸气压 $\lg p=A-B/T$，p 的单位为 mmHg(非许用单位，1 mmHg＝133.322Pa。

(1)二卤化物 MX_2。锆和铪生成二卤化物的容易程度是依如下顺序而递降的 I＞Br＞Cl＞F。关于二氟化物的信息报道的很少。ZrF_2 是一种黑色正交系晶状固体($a=409$，$b=491$，$c=656$pm)，它是用原子氢在 350℃还原四氟化锆而制得的。它容易被空气或酸的水溶液氧化，并在 800℃发生歧化：

$$2ZrF_2 \rightarrow Zr + ZrF_4$$

锆和铪的二氯化物是通过三氯化物的歧化而制备的：

$$2MCl_3 \rightarrow MCl_2 + MCl_4$$

一个较新的制备纯 $ZrCl_2$ 的方法是用金属锆在 675℃还原二氯化锆。二氯化锆是一种黑色固体，不溶于乙醇、乙醚或无空气的水中。它能溶于热浓酸中并放出氢。

锆和铪的二溴化物都是黑色固体，它们是将三溴化物在低于 400℃的温度下歧化而制得的。

二碘化锆曾通过三碘化锆在 360—390℃的歧化反应而制得的。在更高的温度下二碘化锆歧化成金属锆和四碘化锆。

(2)三卤化物 MX_3。由于四氟化锆不容易在加热条件下被金属锆还原，为制备三氟化锆曾发展了一些其他方法。例如 Ehrlich 等人通过氢与氟化氢混合气在750℃的作用将氢化锆转化为 ZrF_3。这个蓝灰色顺磁性固体可以稳定到约 850℃，超过此温度时它即歧化成锆和四氟化锆。X 射线衍射研究发现它具有 RO_3 结构，含有共用角顶的 ZrF_6 八面体，Zr—F＝198pm。

四氯化锆在多种不同条件下与锆、铝或氢共热可以被还原成三氯化锆。由于三氯化锆在高于 400℃时歧化，很重要之点是控制温度和四氯化锆蒸气压力以便制得有合理纯度的产品。虽然人们发现两个平衡 $Zr+3ZrCl_4 \rightleftharpoons 4ZrCl_3$ 和 $Hf+3HfCl_4 \rightleftharpoons 4HfCl_3$ 之间差别很小，但 Newnham 宣称[*J. Am. Chem. Soc.*，**79**(1957)5415]，$ZrCl_4$ 被金属锆还原的速度比 $HfCl_4$-Hf 体系的还原速度快得多，这个现象就形成为锆-铪分离的方法之一。三氯化锆是一种蓝黑色的活性固体，溶解在水中会放出氢。X 射线粉末衍射研究表明它是多晶形的，这可以说明何以早期的结构数据是不相符合的。它的 β-变体具有六方系晶格，含有(通过氯桥而共用棱面的)$ZrCl_6$ 八面体单位所形成的直线形长链聚合物(Zr—Cl＝255pm，Zr—Zr＝307pm)。它的磁化率($\mu_{eff}\sim0.4$)反常地低表明它是反铁磁性的。Dahl 等人用简单分子轨道法(D_{3v}局部对称)处理表明在它的结构中有金属—金属键[L. F. Dahl et al.，*J. Inorg. Nucl. Chem.*，**26**(1964)2087]。

可以用制备三氯化锆相似的方法还原四溴化锆制备三溴化锆。依赖于所用的条件，三溴化锆可以制得为蓝黑色固体或是暗绿色的针晶，温度高于 350℃时三溴化锆和三溴化铪都会歧化：

$$2MBr_3 \rightarrow MBr_2 + MBr_4$$

$ZrBr_3$ 与 $ZrCl_3$ 是同晶的(Zr—Br＝267pm，Zr—Zr＝316pm)。它有反常低的顺磁性，它的反射光谱在 16.2kk 处有一配体场峰。

还原四碘化物也可以得到三碘化物 ZrI_3 和 HfI_3，它们都是蓝黑色固体。它们同 $ZrCl_3$ 和 $ZrBr_3$ 都是同晶型的(Zr—I＝288pm，Hf－I＝287pm，Zr－Zr＝322pm，Hf－Hf＝330pm)。有报道说，用铝还原四碘化物制得的三碘化锆和三碘化铪可以分别得到两种结晶变体，黑色变体和绿色变体，但它们的化学性质和结构都是完全等同的。它们的磁化率都依赖于温度和外加场强，这种现象是用在六方系层内具有铁磁性和在层之间具有反铁磁性来解释的。温度高于 275℃时三碘化物会歧化，但曾发现在 275—325℃之间的平衡中存在着一种中间产物 $ZrI_3 \cdot ZrI_2$，在325—400℃之间可以发生变到二碘化物的转化。在 1969 年 Strass 等发现，用金属铪在 500—550℃还原四碘化铪得到一种中间产物 HfI_x(x＝3.46－3.00)。它的磁化率、反射光谱和 x 射线数据都已测得(见表 23.52)。

(3)四卤化物 MX_4。这两个元素的所有四卤化物都是已知的，它们都是结晶状固体。四氟化物与其他四卤化物不同的是它们与水化合生成稳定的水合物 $MF_4 \cdot xH_2O$，而其他四卤化物会快速地与水反应生成卤氧化物。另外四氟化物倾向于把配位数增长到 7 和 8，而其他四卤化物则往往趋向于 6 配位。

四氟化锆可以用多种方法来制备，可以从金属，二氧化锆、碳化锆、硼化锆或氯化锆开始，用氟或氟化氢、或三氟化溴作为氟化剂。另一种方法是氟锆酸铵的热分解，后一化合物是可以从水溶液中分离得到的。已知 ZrF_4 有两种结晶变体，α-变体是在温度低于 450℃时合成得到的，超过 450℃时 α-变体即转变成 β-变体。这些晶体都是单斜系的，单晶 X 射线分析表明 α-ZrF_4 是一个含有带氟桥的 8 配位锆原子的大分子。锆的主体结构为反扭四方柱体，Zr—F＝210pm。虽然它是高聚物，四氟化锆可以在高温下升华，在 800℃的红外光谱在 $668cm^{-1}$ 和 $190cm^{-1}$ 处有谱峰，依据 T_d 对称它们分别相应于 ν_3 和 ν_4（即为 Zr—F 的拉伸和弯曲振动）。固态 α-ZrF_4 的红外谱峰出现在 $550cm^{-1}$（Zr—F 拉伸频率），320、295 和 $255cm^{-1}$（Zr—F 弯曲频率）。四氟化铪似乎很近似于四氟化锆，但对它的研究较少。这两个四氟化物都与氢氟酸水溶液作用产生多种水合物和氟氧化物。一水合物 $MF_4(H_2O)$ 和三水合物 $MF_4(H_2O)_3$ 是经过详细表征的。X 射线分析发现这两个三水合物具有不同的结构。$ZrF_4(H_2O)_3$ 含有双聚分子，包括通过氟桥而共用棱边的两个十二面体（图 23.17）。每个 8 配位的锆原子键合着 3 个水分子、2 个氟桥和 3 个端梢氟原子。而 $HfF_4 \cdot (H_2O)_3$ 虽然也含有 8 配位的金属原子，但它的结构有极大差异，它生成了具有双氟桥的变形反扭四方柱所组成的无限长链（图 23.18）。每个反四方柱含有 4 个氟桥，2 个端梢氟和 2 个配位水分子，“第三”个水分子则存在为晶格水。

将 ZrO_2 和 ZrF_4 一起加热（＞550℃）或通过 $ZrF_4(H_2O)_3$ 和 $HfF_4(H_2O)_3$ 的热分解都曾制得化学式为 MOF_2 的氟氧化物。

在三氯化砷介质中通过 $ZrF_4(PCl_5)_2$ 与三氟化砷的反应可以沉淀出二氯二氟化物 $ZrCl_2F_2$。

以金属、二氧化物、硅酸盐、碳化物等为原料，可以通过多种多样的氯化操作而容易地制得四氯化物。锆和铪的四氯化物都是白色晶状固体，会立即水解生成盐酸和水合氯氧化物 $MOCl_2(H_2O)_8$。四氯化物可在高温下升华，蒸气的电子衍射分析表明它们是由四面体分子组成的（Zr—Cl＝233pm），这也与振动光谱（$\nu_1=388$，$\nu_2=102$，$\nu_3=421$，$\nu_4=112cm^{-1}$）的分析结果为一致的。固态下的红外和拉曼光谱表明 $ZrCl_4$ 是由含氯桥共用棱边的八面体形 $ZrCl_6$ 基团所组成的 Zr_2Cl_8 单位构成的聚合物（Zr—Cl 端梢＝230.7pm，Zr—Cl 成桥＝249.8，266.5pm）。四氯化锆与四氯化铪可通过分级蒸馏或气相色谱而加以分离，这是锆铪分离的重要方法之一。锆、铪四氯化物能同很广范围的给体分子化合，并能同含羟基的配体发生氯置换反

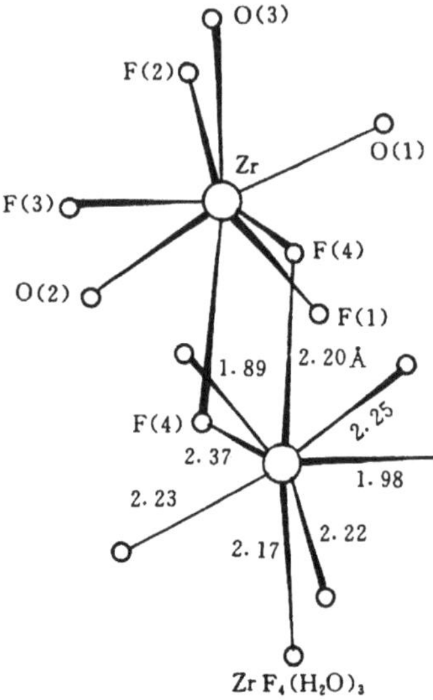

图 23.17　$ZrF_4(H_2O)_3$ 的结构

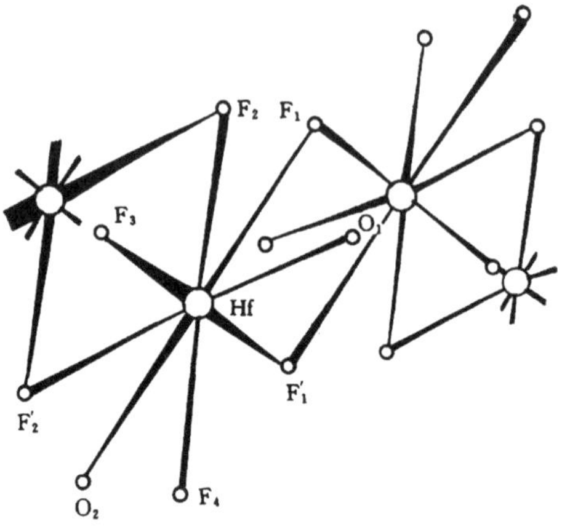

图 23.18　$HfF_4(H_2O)_3$ 的结构

图中仅绘示了[$HfF_4(H_2O)_3$]聚合长链的一部分

应。这些络合物将在后面加以讨论。典型的卤络合物汇列在表 23.53 中。锆和铪的四卤化物有足够的反应活性，它们是制备锆和铪的有机衍生物的最合适的起始材料。

无水 $ZrOCl_2$ 是一种白色吸湿性固体，它是通过一氧化氯与四氯化锆在四氯化碳中的反应制备的，它的红外光谱在 877cm^{-1} 处有吸收峰表明它在结构上是由 $[Zr=O]^{2+}$ 离子和 $[ZrOCl_4]_n^-$ 聚合离子所组成的离子型聚结体。四氯化锆在乙腈

中部分水解生成的 $ZrOCl_2$ 在>675cm^{-1}区间却没有红外吸收，人们认为它具有一种不同的结构。

表 23.53 锆和铪四卤化物与电中性配体的配体/金属的比值

配 体	ZrF_4	HfF_4	$ZrCl_4$	$HfCl_4$	$ZrBr_4$	$HfBr_4$	ZrI_4	研究方法[a)]
一齿氧配体								
H_2O	3	1,3						X
Ph_2SeO			2					IR
$POCl_3$			1,2	1,2				ΔH,M
R_3PO			2					IR
酯类			1,2	2	1,2		1,2	ΔH,M,D
C_6H_5CHO			2					ΔH
$(CH_3)_2CO$			2					D
氨化物			2,4		2			IR,n. m. r.
脲类	1		2					IR,M
醚类			1,2					IR,ΔH
THF			2	2	2			ΔH,n. m. r.
双齿氧配体								
膦氧			1	1				IR,UV,Λ
二酯			1	1				ΔH,M,D
二酮			1					IR,n. m. r.
一齿硫配体								
Me_2S			2					IR
THT			2	2	2			ΔH,n. m. r.
一齿氮配体								
$C_6H_5NH_2$			4					D
吡啶			2,3	2,3	2			IR,DP
咪唑类			2	2				IR
吡嗪类			2		2			IR
RCN			2		2			IR,UV,DP
Et_2NCH_2CN			1					IR
双齿氧和氮配体								
8-羟基喹啉			2					IR
$EtO_2C\cdot CH_2\cdot CN$			1					IR
双齿氮配体								
Me_4en			1	1	1			IR
联吡啶			1,2	1,1.5	1			IR,χ
二氮菲			1	1	1			IR,χ
二腈			1,2					IR
磷和砷配体								
联膦			1	1	1			IR
联胂			2	2	2	2		IR,χ
联三胂					1			IR,χ

a) X=X 射线研究；IR=红外光谱；ΔH=热化学数据；M=分子量测量；Λ=电导测量；D=偶极矩测量；n. m. r. =核磁共振谱；DP=离解压测量；χ=磁化率测量。

锆和铪的四溴化物可用制备四氯化物相应的方法来制备。一个比较有效的方法是利用四氯化锆与三溴化硼之间的卤素交换反应：

$$3ZrCl_4 + 4BBr_3 \rightarrow 3ZrBr_4 + 4BCl_3$$

$ZrBr_4$ 和 $HfBr_4$ 经 X 射线衍射研究表明它们都有立方晶格（$ZrBr_4$：a＝1095pm；$HfBr_4$：a＝1091pm），空间群为 P_a3，蒸气的电子衍射表明 Zr—Br＝244pm 和 Hf—Br＝243pm 四溴化物都是有反应活性的化合物，在性质表现上极近似于四氯化物。

四碘化物可用三种主要方法制备：(i) 单质间的直接反应；(ii) 三碘化铝在 400℃对金属的作用；和(iii)卤素交换反应，最合适的反应是三碘化铝与四氯化锆的反应。四碘化物都是橙黄色的固体，在温度高于 400℃时升华，它们的化学有报道的不多。四碘化铪显有多晶型现象，有三种结晶变体，其中之一具有立方晶格（a＝1176pm），类似于碘化锡(IV)。

(4)络合卤化物。锆和铪生成很广范围的络合氟化物、少数络合氯化物和溴化物，但未见报道有络合碘化物。为锆和铪的分离人们曾深入地研究过氟锆酸盐和氟铪酸盐在溶解度上的差异。对这两类卤络合物的相平衡、热稳定性、红外和喇曼光谱、核磁共振谱、质谱和 X 射线结构分析都作过深入的研究，一些有关数据汇列在表 23.54 中。

表 23.54　卤锆酸盐和卤铪酸盐络合物的物理性质

络合物[a]	熔点(℃)	配位结构[b]	键长(pm) MX(端梢)	键长(pm) MX(桥键)	键长(pm) MM	MX 频率(cm^{-1}) 拉伸	MX 频率(cm^{-1}) 弯曲	其他性质[c]
$Li_6(BeF_4)(ZrF_8)$		dod	205,216					
$[Cu(H_2O)_6]_2ZrF_8$		sap	205—211					
Na_3ZrF_7	860							
K_3ZrF_7		pbp?						
K_3HfF_7	923							
Cs_3ZrF_7	784	pbp?				497,444	290,270	ΔH°_f，—3385.7kJ/mol
Li_2ZrF_6		oct						
K_2ZrF_6		dod	212—226			485—448	333—245	
Rb_2MF_6		oct				595—468	236—187	
Cs_2MF_6		oct				579—496	246—196	TT,465(Zr)
$(NH_4)_2ZrF_6$						499,462	335—258	ΔH°_f —2918.3kJ/mol
$CuMF_6 \cdot 4H_2O$		oct						
$NaHfF_5$	540							
$KHfF_5$	433							
$CsZrF_5$	518							TT,330

续表

络合物[a)]	熔点(℃)	配位结构[b)]	键长(pm) MX(端梢)	键长(pm) MX(桥键)	键长(pm) MM	MX 频率(cm^{-1}) 拉伸	MX 频率(cm^{-1}) 弯曲	其他性质[c)]
NH_4ZrF_5						495,476	295,257	ΔH°_f, −2431.7kJ/mol
$NH_4ZrF_5\cdot4H_2O$						490	310,257	ΔH°_f, −2727.7kJ/mol
$[Cu(H_2O)_6](Zr_2F_{14})$								
$Na_5Zr_2F_{13}$		ctp	200—210	2.10	420			
$K_2[Cu(H_2O)_6](Zr_2F_{12})$		pbp	198—206.5	215.1, 216.5	3655			
$Na_7Zr_6F_{31}$		sap	203	218				
Li_2ZrCl_6	535							
Li_2HfCl_6	557							
Na_2ZrCl_6	648							TT,341,377 d,2.34
Na_2ZrCl_6	660							TT,381,440,484
K_2ZrCl_6	798							TT,614—631 d,2.44
K_2HfCl_6	802							
Cs_2ZrCl_6	805							
Cs_2HfCl_6	820							
$(R_4N)_2ZrCl_6$							326—250	162—146
$(R_4N)_2HfCl_6$							333—257	167—138
$(R_4N)_2ZrBr_6$							226—144	116—106
$(R_4N)_2HfBr_6$							201—142	116—101

a) M=Zr,Hf,X=F,Cl,Br,R_4N=Et_4N,Et_3NH。

b) dod=十二面体,D_{2d};sap=反扭四方柱,D_{4d};pbp=五角双锥,D_{5h};oct=八面体,O_h;ctp=带帽三角柱,C_{3y}。

c) ΔH°_f=生成热;TT=转变温度(℃);d=密度。

(5)八氟合金属酸盐$[MF_8]^{4-}$。已发现在三元金属氟化物Li_6BeZrF_{12}中含有ZrF_8^{4-}和BeF_4^{2-}阴离子。八氟锆酸根离子具有因Li^+离子的极化作用而变形的十二面体结构(Zr—F=205,216pm)。曾在MF/HfF_4体系的相图中检查出八氟铪酸盐K_2HfF_8和NH_4HfF_8。ZrF_8^{4-}物种(图 23.19)的另一例子是六水合铜(II)盐$[Cu(H_2O)_6^{2+}]_2ZrF_8^{4-}$(图 23.20),在这个情况中锆的立体化学是反扭四方柱体(Zr—F = 2.05—2.11Å)。Davidovich 等人合成了Cd_2MF_8,$Cd_2MF_8(H_2O)_6$,$M'MF_8(H_2O)_{12}$,式中 M=Zr,Hf;M'=Co,Ni,Zn。核磁共振研究表明$Zn_2MF_8(H_2O)_{12}$含有MF_6^{2-}和F^-,但在$Cd_2MF_8(H_2O)_6$中所有的氟都是等同的,说明其中存在有八氟合金属酸根离子。

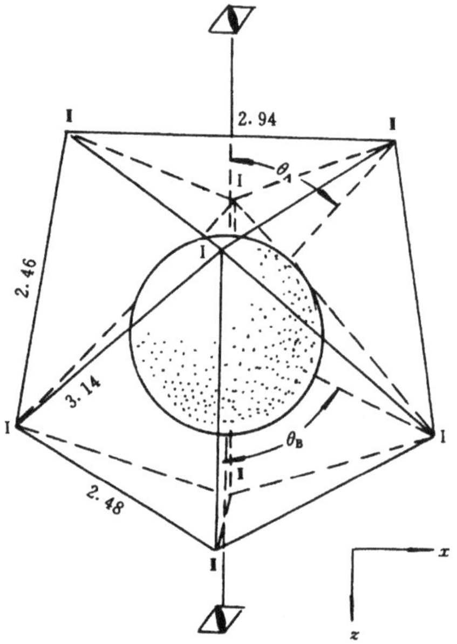

图 23.19　在 $Li_6(BeF_4)(ZrF_8)$中的 ZrF_8^{4-} 十二面体单位

大圆代表 Zr 原子，氟原子处在角顶位置 I 和II

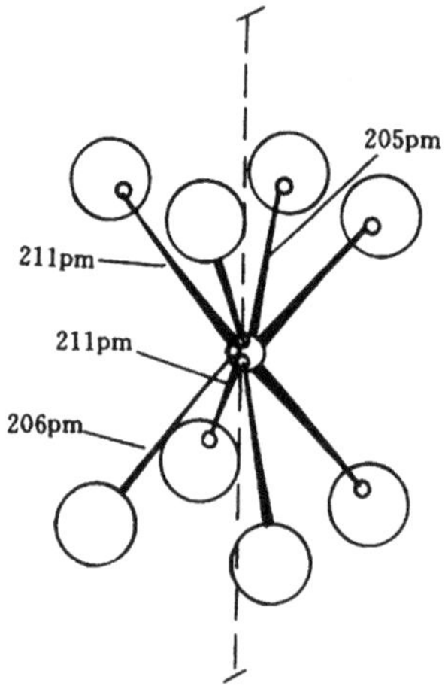

图 23.20　在$[Cu(H_2O)_6]_2(ZrF_8)$中 ZrF_8^{4-} 的反扭四方柱结构

小圆代表 Zr 原子，大圆代表 F 原子

(6)七氟合金属酸盐 MF_7^{3-}。从金属四氟化物、二氧化物、碳化物或氮化物开始，可以用多种多样的方法如用 NH_4HF_2、碱金属氟化物或四氟硼酸钾作氟化剂制

备七氟合金属酸盐 M'_3MF_7（式中 $M'=NH_4$，Na，K，Rb，Cs；M=Zr，Hf）。

铵、钾和铯盐生成为立方系晶体，但钠盐却是四方系的。尽管已经做过许多X射线衍射研究，MF_7^{3-} 的立体结构尚未确知，目前人们比较倾向于承认它具有五角双锥结构。不过在化合物 $Cu_3Zr_2F_{14}(H_2O)_{16}$ 中含有一个双聚离子 $Zr_2F_{14}^{6-}$，并以 $[Cu_2(H_2O)_{10}]^{4+}$ 和 $[Cu(H_2O)_6]^{2+}$ 为阳离子。氟锆酸根双聚离子（图 23.21）含有8配位的锆原子，其结构为两个反扭四方柱通过氟桥共用棱边而联结到一起（Zr—F 端梢=202—212；Zr—F 成桥=216，219pm）。钠络合物 $Na_5Zr_2F_{13}$ 含有双聚的 $Zr_2F_{13}^{5-}$ 单位（图 23.22），它含有通过单个氟桥联结起来的两个带帽三角柱（C_{2v}）（Zr—F 端梢=200—210；Zr—F 成桥=210pm）。生成热数据为：$(NH_4)_3ZrF_7$，−3385.7；α-$(NH_4)_2ZrF_6$，−2918.3；NH_4ZrF_5，−2431.7kJ. mol^{-1}，碱金属盐的生成自由能的变迁顺序是 $MF_7^{3-}>MF_6^{2-}>MF_5^{-}$，式中 M=Zr，Hf。$(NH_4)_3ZrF_7$ 的红外光谱在 497，444cm^{-1}（Zr—F 拉伸振动）和 290，270cm^{-1}（Zr—F 弯曲振动）处有谱峰，但红外、喇曼和 ^{19}F 核磁共振研究表明 MF_7^{3-} 离子在水溶液中离解成 MF_6^{2-} 离子。在 NaCl(KCl)K_2ZrF_6/Na_2ZrF_6 体系的相图研究中检查出 Na_3ZrClF_6 和 K_3ZrClF_6 等一氯六氟合锆酸盐，但它们的结构尚未见报道。

(7)六氟合金属酸盐 MF_6^{2-} · 碱金属盐 M'_2MF_6。可以通过正确配比的碱金属氟化物与 ZrF_4 或 HfF_4 的共熔，或在控制条件下（避免生成七氟金属酸盐）向金属四氟化物的氢氟酸水溶液中加入碱金属氟化物来制备。向 $ZrBr_4$ 的甲醇溶液中加入碱金属氟化物可以制得钾盐和铯盐 M'_2ZrF_6，但加氟化铵时却得到七氟锆酸盐。

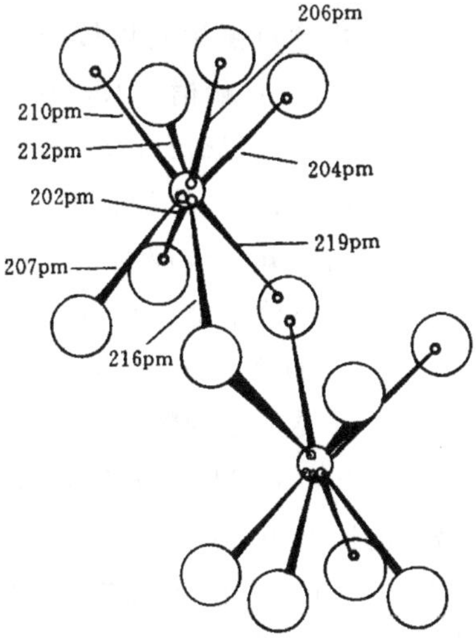

图 23.21 在$[Cu(H_2O)_6][Cu_2(H_2O)_{10}][Zr_2F_{14}]$中的 $Zr_2F_{14}^{6-}$ 单位

小圆代表 Zr 原子；大圆代表 F 原子

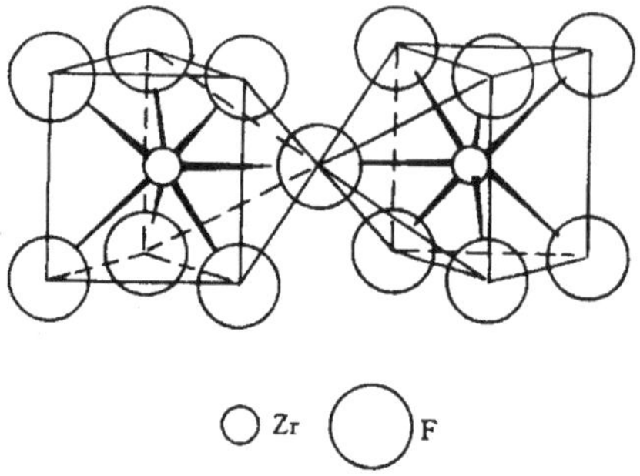

图 23.22 在 $Na_5Zr_2F_{13}$ 中的 $Zr_2F_{13}^{5-}$ 单位

小圆代表 Zr 原子;大圆代表 F 原子

向二氧化铪的氢氟酸水溶液中加入二价氟化物得到 $CuHfF_6 \cdot (H_2O)_4$,$MnHfF_6(H_2O)_5$ 和 $M''HfF_6 \cdot (H_2O)_6$,在式中 M''=Co,Ni,Zn。

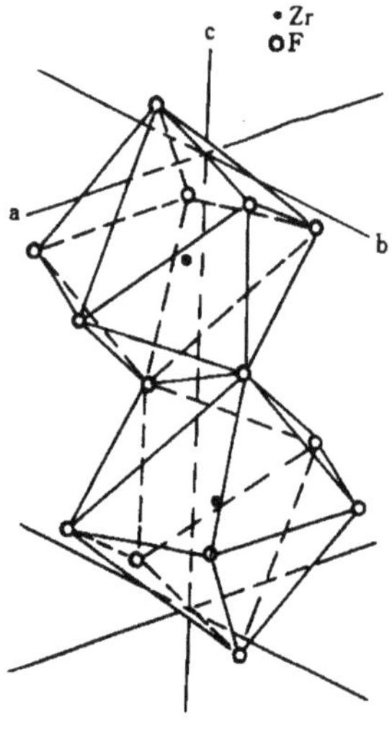

图 23.23 K_2ZrF_6 的结构

图中绘示了聚合长链$[ZrF_6^{2-}]_x$ 的一部分

从结构上说,铷盐和铯盐 M'_2MF_6 含有 MF_6^{2-} 八面体阴离子,但钾盐却含有通过氟桥而联结起来的变形十二面体 MF_6 单位所组成的多聚阴离子长链(图 23.23),(Zr—F 端梢=212,215pm; Zr—F 成桥 = 219, 226pm)。在 $K_2[Cu(H_2O)_6][ZrF_6]_2$ 中的双聚离子 $Zr_2F_{12}^{4-}$ 中含有 7 配位的锆原子,$Zr_2F_{12}^{4-}$ 单位(图 23.24)是由通过氟桥共用棱边的两个五角双锥体所组成(Zr—F 端梢=198.0－206.5pm;Zr—F 成桥=215.1,216.5pm)。氟络盐 $M'MF_6$ 的固体或水溶液的红外、拉曼、^{19}F NMR 谱都曾被研究过。含有六氟合金属酸根八面体离子的盐在固体中和在溶液中都显有相似的振动谱图。络盐 $CsZrF_6$,$(NH_4)_2ZrF_6$ 和 K_2ZrF_6 分别是含有 6,7 和 8 配位锆原子的物种,它们的红外光谱也显示出预期的差异。$M''MF_6(H_2O)_6$(M''=Zn,Cd,M=Ti,Zr,Hf)的^{19}F 核磁共振谱表明 MF_6^{2-} 单位是变形的(2 条谱线的比值为 2∶1)。

(8)五氟合金属酸盐,MF_5^-。将 $M'F$ 和 MF_4 的 1∶1 混合物共熔曾制得 $M'MF_5$型的碱金属盐,并在 $M'F/MF_4$ 体系的相律研究中也检查出了这些盐,将 M'_2ZrF_6 和$(NH_4)_3ZrF_7$ 的混合物加热而制得的 $M'ZrF_5$(M'=K,Rb)β-变体经 X 射线粉末衍射研究发现它们是同结构的和属于三斜系的。对 NaF/ZrF_4 体系的蒸气压和质谱研究表明 $NaZrF_5$ 是蒸气中的主要物种，其离解焓为 260.2±20kJmol^{-1}(1015—1167K)。$(NH_4)ZrF_5$ 和 $(NH_4)ZrF_5 \cdot H_2O$ 都做过红外光谱研究。

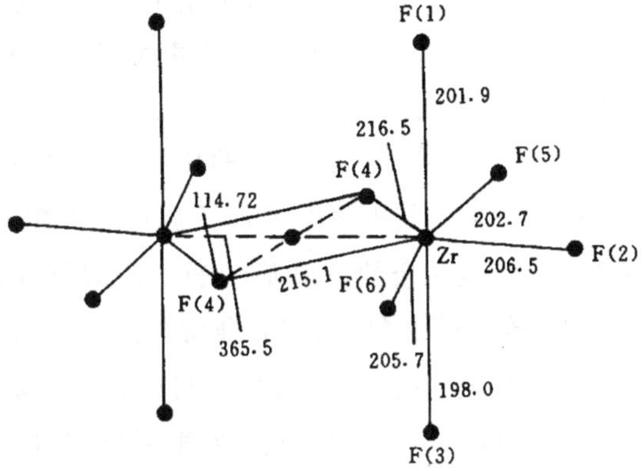

图 23.24 在 $K_2[Cu(H_2O)_6][Zr_2F_{12}]$中的 $Zr_2F_{12}^{4-}$ 单位

(9)其他氟金属酸盐。将 NaF/ZrF_4 的 1∶1 混合物共熔曾获得化合物 $Na_7Zr_6F_{31}$，它是经过 X 射线和中子衍射证实的。这个化合物具有十分复杂的结构，含有通过氟桥联结起来的 6 个 8 配位锆原子的反扭四方柱体。

(10)其他多卤合金属酸盐。六氯合锆酸盐和六氯合铪酸盐 R_2MCl_6(R＝碱金属或大有机阳离子，例如烷基铵离子)可以用四氯化物或卤氧化物为原料通过多种多样的方法来制备。在使用卤氧化物的情况中，反应可以在浓盐酸溶液中进行，随后进行六氯合金属酸盐的结晶。通过非水溶剂中的反应而分离得到的加成化合物 $ZrCl_4[PCl_5]_2$ 和 $ZrCl_4(NOCl)_2$ 都可能是$[PCl_4]^+$和$[NO]^+$的六氯合锆酸盐。其他加成化合物可以认为是含有 $ZrCl_6^{2-}$ 或其取代离子的有如$[ZrCl_5(CH_3CN)]^-$或$[ZrCl_5(NHEt)]^{2-}$，在讨论其他配体时再予以论述。

六氯合锆酸盐、六氯合铪酸盐、六溴合锆酸盐和六溴合铪酸盐的振动光谱都已做过测定。在铷盐和铯盐中的 $ZrCl_6^{2-}$ 正八面体结构曾被 X 射线衍射工作所证实，并指出它们具有 K_2PtCl_6 型结构。$M'_2MCl_6 \rightleftharpoons 2M'Cl + MCl_4$ 体系(M′＝Na，K，Cs；M＝Zr，Hf)的蒸气压-温度平衡曾被研究过，并计算了有关的热力学数据。稳定性是依如下顺序而递变的：Cs＞K＞Na 和 Hf＞Zr。值得注意的是，六氯合铪酸盐除了有比六氯合锆酸盐为略高的热稳定性之外，它还有比六氯合锆酸盐在水中为较高的溶解度和较高的抗水解的本领。在 J. E. Dutrizac，S. N. Flengas，*Can. J. Chem.*，**45**(1967)2313，2317 文献中提供了一些盐 M'_2MCl_6 的热力学性质。

2.2.10 含氢氧根、氧和过氧的物种

(1)锆和铪的氢氧化物。向锆或铪盐溶液中加入氢氧根离子生成的凝胶状沉淀,其组成曾经成为许多争论的题材,有许多现象指出它们的化学式最好是写成为水合氧化物 $MO_2(H_2O)_x$。尽管如此,Zaitsev 等人声称[L. M. Zaitsev,*Russ. J. Inorg. Chem.*,**11**(1966)900],根据化学观点,存在着三种不同的氢氧化物。新沉淀的化合物 $Zr(OH)_4(H_2O)_n$ 为 α-氢氧化物,它的化学式可写为 $Zr_4(OH)_8^b(OH)_8^t(H_2O)_x$,它具有一种环状结构,在其中每个锆原子通过 4 个氢氧基桥$(OH)^b$ 而与相邻的 2 个锆原子相联,而其他剩余的氢氧基$(OH)^t$ 是端梢或非桥基团。这个化合物经"陈化"或经加热即转化成 γ-氢氧化物,通常称之为氢氧化锆酰 $ZrO(OH)_2(H_2O)_m$,但根据 Zaitsev 的意见,它的化学式最好写成为 $Zr_4O_4(OH)_8^t(H_2O)_y$,其中有 2 个氧桥代替了氢氧基桥。从氯化"锆酰"或硝酸"锆酰"的甲醇溶液中沉淀出来的中间物为 β-氢氧化物 $Zr_4O_2(OH)_4^b(OH)_8^t(H_2O)_2$。这三个变体在与酸反应的化学活性上是不同的($\alpha>\beta>\gamma$)而能加以区分,从而有人指出许多碱式盐的化学式可以根据这三个四聚环(α,β 和 γ)的结构而能加以系统化,是其中的一些端梢氢氧基被其他配体所取代了。

(2)碱式盐。锆和铪的碱式盐是久已为人所知的,其中的某些化合物且有工业重要性。我们在这里仅讨论几个比较确定的化合物。

研究溶液的方法包括 X 射线衍射、溶剂萃取平衡、光散射、离子交换和电泳、超离心机沉降和 $Zr(OH)_4$ 溶解度与 pH 的依赖关系等。这些技术能给出有关聚合度(三聚或四聚)、平均电荷(阳离子或阴离子)和氢氧根对锆原子的比值等有意思的信息。为说明实验测定结果,人们曾为存在物种提出了建议的化学式如 $[Zr_3(OH)_4]^{8+}$、$[Zr_3(OH)_6Cl_3]^{3+}$ 和 $[Zr_4(OH)_8]^{8+}$ 等。

在 Zaitsev 讨论了[L. M. Zaitsev,*Russ. J. Inorg. Chem.*,**9**(1964)1279]在 H^+,OH^- 和其他阴离子配体存在下对含氢氧桥和氧桥的锆物种稳定性的影响因素。Clearfieid 讨论了导致生成水合氧化物的合理反应程序[A. Clearfieid,*Inorg. Chem.*,**3**(1964)146;*Rev. Pure,Appl. Chem.*,**14**(1964)91]。

对碱式盐的 X 射线研究指出锆主要是 8 配位的,但发现有多种多样的结构。利用三维 X 射线数据已经测定了 $[Zr_4(OH)_8(H_2O)_{16}]^{8+}$ 的结构(图 23.25),锆原子的立体化学结构(二重轴对称)接近于十二面体结构。键长为 Zr—OH(成桥)= 214.2±1.9pm;$Zr—(OH_2)$ = 227.2±3.2pm,十二面体构型也出现在碱式硫酸盐 $Zr_2(OH)_2(SO_4)_3(H_2O)_4$ 中(图 23.26),在其中每个锆原子与 2 个氢氧根、2 个水分子和 4 个硫酸根相键合(Zr—O=209—226pm)。它的晶格含有由硫酸根桥联接

起来的 ZrO_8 十二面体所组成的层(每个锆原子通过硫酸根与相邻的 4 个锆原子相联)。而层与层间则是通过锆原子之间的双氢氧桥[$Zr_2(OH)_2$]而键合在一起的。在另一个碱式硫酸盐 $Zr(OH)_2SO_4$ 中,锆原子具有反扭四方柱结构。在这个化合物中有被硫酸根桥联起来的无限长的曲折的[$Zr(OH)_2$]链($Zr—O = 214—228pm$)。在碱式硝酸盐 $Zr(OH)_2 \cdot (NO_3)_2(H_2O)_4$ 中也存在着锆原子的十二面体结构。此结构再一次是由重复单位[$Zr(OH)_2(NO_3)_2(H_2O)_2$]通过双氢氧桥键合起来的无限曲折长键($Zr—O=212—237pm$)碱式碳酸盐 $K_6[Zr_2(OH_2)(CO_3)_6(H_2O)_6]$含有双聚的阴离子,在其中两个十二面体 ZrO_8 单位通过双氢氧桥而联接到一起($Zr—OH=207,213pm$;$Zr—O$(碳酸根)$216—229pm$)。在这些碱式盐中唯一的例外是碱式铬酸盐 $Zr_4(OH)_6(CrO_4)_5(H_2O)_2$,这个化合物含有 7 配位的锆原子(五角双锥),包括由氢氧桥和铬酸根桥联接起来的 $Zr_4(OH)_6 \cdot (CrO_4)$单位所组成的长链($Zr—O=197—221pm$)。除了高配位数的锆原子之外,在这些化合物中值得注意的其他特点是含有双氢氧桥和并不存在"锆酰"基团。有过不少发表的文章把红外数据归属于 $Zr=O$ 或 $Zr—O—Zr$ 基团,但有很好的理由对这些指认提出怀疑,因为来自配位水分子的摇摆振动的吸收峰也会出现在同此区域中。还有人指出碱式硝酸盐在 $900cm^{-1}$ 左右出现的吸收峰会因氘化而发生位移,还有 $ZrOCl(H_2O)_2$ 在 $861cm^{-1}$的谱峰因氘化成 $ZrOCl(D_2O)_2$ 而位移到 $675cm^{-1}$处了。

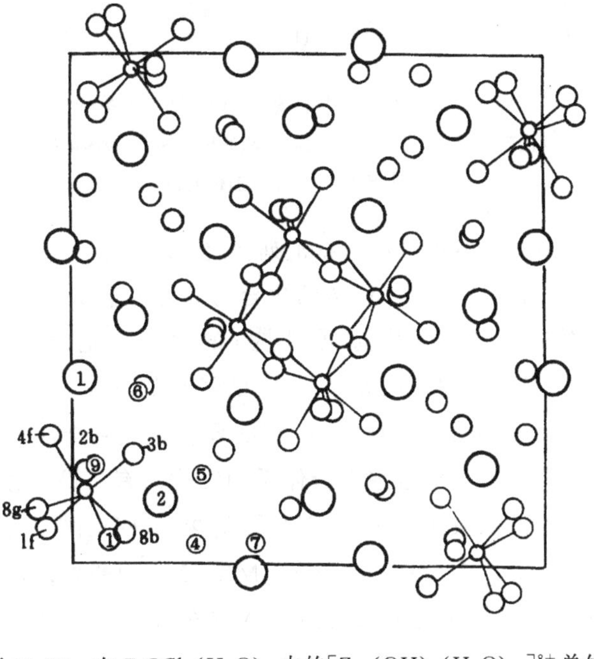

图 23.25　在 $ZrOCl_2(H_2O)_8$ 中的$[Zr_4(OH)_8(H_2O)_{16}]^{8+}$单位

小圆代表 Zr 原子,中圆代表(OH)或(H_2O)中的氧,大圆代表 Cl^-离子

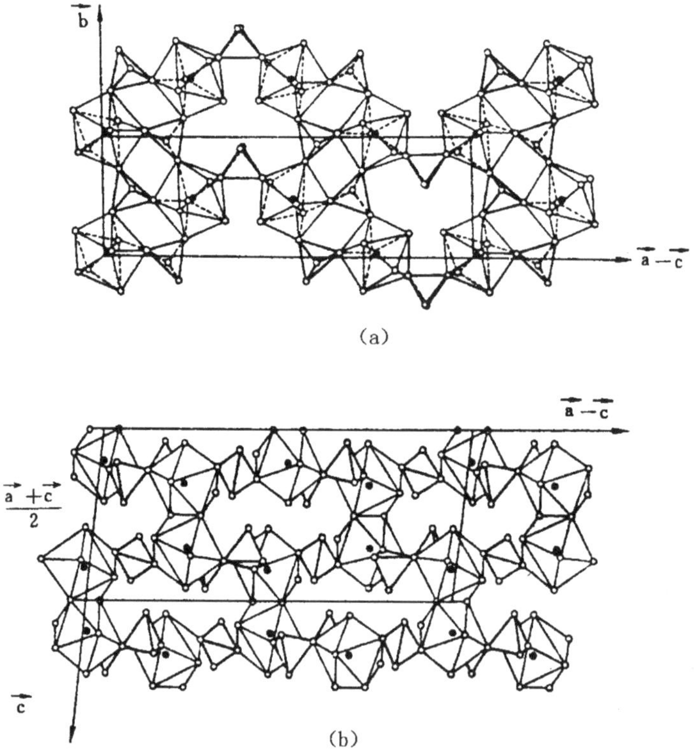

图 23.26　$Zr_2(OH)_2(SO_4)_3(H_2O)_4$ 的结构

黑点代表 Zr 原子，小圆代表氧原子，粗线标出 SO_4^{2-} 四面体的边，细线标出 ZrO_8 十二面体的边

结晶状碱式盐和水合盐的结构数据汇列在表 23.55 中。

(3)金属氧烷。含有 M—O—M 链的化合物称之为金属氧烷。在前一节中已经提到过一些卤氧化物（卤化金属氧烷）的例子。金属的氧化硝酸盐如 $ZrO(NO_3)_2$，$M_2O_3(NO_3)_2$ 和 $M_4O_7(NO_3)_2$ 已经有过论述。$Zr_2O(OBu)_6$，$Zr_3O_2(OBu)_8$，$Zr_4O_3(OBu)_{10}$ 和 $Zr_{10}O_9(OBu)_{32}$ 型的聚合丁氧基金属氧烷是 $Zr(OBu)_4$ 在正丁醇中水解时制得的。对这些聚合体系的结构已有人提出过假设，但尚缺少 X 射线研究工作。锆的四羧酸盐 ZrX_4（X＝硬脂酸根、棕榈酸根、月桂酸根和己酸根）容易裂解生成 $X_3Zr—O—ZrX_3$ 化合物。MX_4（X＝丙酸根；M＝Zr，Hf）的热分解逐次产生 MOX_2（在 200—290℃），$M_2O_3X_2$（在 300—340℃），$M_4O_7X_2$（340—400℃）和 MO_2 ·（>400℃）。许多$[(C_5H_5)_2MX]_2O$ 型的 π-环戊二烯基衍生物（M＝Zr，Hr；X＝Cl，Br，I，NCO）都已被分离出来，它们在 720—775cm^{-1} 区间有一个

表 23.55 结晶状碱式盐和水合盐的结构数据

化合物	配位数	结构类型	Zr—O 键长(pm)
$Zr_2F_8(H_2O)_6$	8	dod	189—225[a]
$[HfF_4(H_2O)_2](H_2O)$	8	sap	—
$[Zr_4(OH)_8(H_2O)_{16}]Cl_8$	8	dod	$Zr—OH_2=227$; Zr—(OH)bridged=214
$Zr(SO_4)_2(H_2O)$	7	coct	—
$Zr(SO_4)_2(H_2O)_4$	8	sap	Av. 218
$[Zr_2(SO_4)_4(H_2O)_8](H_2O)_2$	8	dod	—
$[Zr_2(SO_4)_4(H_2O)_8](H_2O)_6$	8	dod	—
$Zr_2(OH)_2(SO_4)_3(H_2O)_4$	8	dod	$Zr—OH_2=219,222$ Zr—(OH)bridged=209,216 Zr—O sulphate=217,226
$Zr(OH)_2SO_4$	8	sap	2.14—2.28
$K_2[Zr_2(OH)_2(CO_3)_6(H_2O)_6]$	8	dod	Zr—(OH)bridged=207,213 Zr—O carbonato=216,229
$Zr(OH)_2(NO_3)_2(H_2O)_4$	8	dod	212—237
$Zr_4(OH)_6(CrO_4)_5(H_2O)_2$	7	pbp	197—221
$Zr(HPO_4)_2(H_2O)$	6	oct	204—211

注:dod=十二面体,sap=反扭四方柱,coct=带帽八面体,pbp=五角双锥,oct=八面体,bridged=桥,sulphate=硫酸根 carbonato=碳酸根。

a)关于 Zr—F 键长请参阅表 23.66。

或两个红外峰被指认为 M—O—M 振动频率。也已经合成得到$[(C_5H_5)MX_2]O$型的化合物(M=Zr,Hf;X=乙酰丙酮基、苯甲酰丙酮基、8-羟基喹啉基)。

(4)过氧化合物。已经分离得到难溶的水合过氧化物 $MO(O_2)(H_2O)_x$(M=Zr,Hf;$x\geqslant2$)和过氧盐 $K_4Zr(O_2)_4(H_2O)_6$,$K_4Zr_2O_{11}(H_2O)_9$ 和 $K_2[Zr(O_2)(SO_4)_2](H_2O)_3$,也有人声称制得了可溶性物种,如在强碱溶液中的$[ZrO(O_2)_2]^{2-}$和在酸性溶液中过氧基:Zr 比值为 1∶1 和 0.5∶1 的过氧物种等。水合过氧化锆$ZrO(O_2)(H_2O)_x$是用氨从含过氧化氢的锆溶液中沉淀出来的,它的氧化本领大约相当于对每摩尔锆为 1mol 氧原子,当将它溶于酸时可将过氧化氢再生出来。下列产物是在不同 pH 下从硫酸锆-过氧化氢溶液中生成的:$Zr_2(O_2)SO_4(H_2O)_{3-6}$(pH=0.1—0.7),$Zr_3O_3(O_2)_2SO_4(H_2O)_{9-12}$(pH=2.0)和 $Zr_2O_2(O_2)SO_4(H_2O)_{3-6}$(pH=2.2),人们已给它们设定了环状结构,其中包括通过—O—O—或—SO_4—基团而桥联起来的 2 个或 3 个锆原子。从锆和草酸的盐酸溶液(pH=0.3)中曾沉淀出一种过氧草酸盐 $Zr(O_2)(C_2O_4)(H_2O)_6$。在这个领域中显然非常需要 X 射线结构工作。

2.2.11 碳酸盐

锆和铪的正碳酸盐制备未见报道，但已知它们有很多碱式碳酸盐，有些在工业上有重要应用。对 $K_6[Zr_2(OH)_2(CO_3)_6(H_2O)_6]$进行的 X 射线结构研究指出，碳酸根是以共价键而同锆相联接的。对大量碱式碳酸盐的红外研究指出碳酸根总是双齿配体或成桥基团，但不是离子型的。已经分离得到下列碱式碳酸根阴离子的水合盐：

$$[Zr_2O(OH)_4(CO_3)_2]^{2-}$$
$$[Zr_2O(OH)_3(CO_3)_3]^{3-}$$
$$[Zr_2O(OH)_2(CO_3)_4]^{4-}$$
$$[Zr_2O(CO_3)_5]^{4-}$$
$$[Zr_2O(CO_3)_6]^{6-}$$

也曾制得过一些含碳酸根的正络盐：

$$(NH_4)_6[Zr_2(SO_4)(CO_3)_6(H_2O)_6]$$
$$(\text{胍啶鎓})_8[Zr_2(SO_4)_3(CO_3)_5(H_2O)_8]$$
$$(NH_4)_4[ZrF_4(CO_3)_2]$$

2.2.12 硅酸盐

锆的硅酸盐出现为许多矿物，其中最著称的是锆英石 $ZrSiO_4$，它很硬，有高的折光率，有双折射性和耐抗高温。它具有高分子结构，含有 8-配位的锆(十二面体，Zr—O=215,229pm)，可以稳定至高温 1540℃，至此它分解成 ZrO_2+SiO_2，缓慢冷却时二者又重新化合，而快速骤冷则产生单斜型 ZrO_2 和玻璃态 SiO_2 的混合物。

锆英石在高温下与碱或碱土金属反应生成金属锆硅酸盐：

$$ZrSiO_4+Na_2CO_3 \xrightarrow{900℃} Na_2ZrSiO_5+CO_2$$

$$ZrSiO_4+CaO \xrightarrow{1100℃} CaZrSiO_5$$

这个矿物一般不与酸反应，但在高温和高压下会被浓硫酸所侵蚀。

它能与氟化物例如氟化氢、氟氢化钾、六氟硅酸钾等反应，并被转化成络合氟锆酸盐和二氧化硅。

在高温下用氯和碳进行氯化产生四氯化锆：

$$ZrSiO_4+2C+4Cl_2 \xrightarrow{800—1000℃} ZrCl_4+SiCl_4+2CO_2$$

为了避免生成四氯化硅，可先在电弧炉中将锆英石转化成碳化锆和一氧化硅，后者挥发逸去：

$$2ZrSiO_4 + 5C \rightarrow 2ZrC + 2SiO\uparrow + 3CO_2\uparrow$$

然后对碳化锆进行氯化。

硅酸锆的物理性质收集在表 23.56 中。

表 23.56 锆的硅酸盐的物理性质

性质	$ZiSiO_4$	复杂硅酸盐
熔点(℃)		$Na_2ZrSi_2O_7$,1470[a] $Rb_2ZrSi_2O_7$ 1350[b]
转变温度(℃)		$NaHZrSiO_5$,300[c] $Na_2ZrSi_2O_7$,1120[a] $Na_2Zr_2Si_2O_9$,850[c]
热容($J\cdot deg^{-1}\cdot mol^{-1}$)	$131.71+(16.40\times10^{-3})T$ $(-33.81\times10^5)T^{-2}$(25—1500℃)[d]	
密度	$4.7(\alpha)^2$ 3.9—4.0$(\gamma)^2$	$Rb_2ZrSi_2O_7$,3.84[b]
电阻率($\mu\Omega\cdot cm$)	9.9×10^{13}(200°)[e] 2.2×10^{10}(450°)[e]	
介电常数	12(17—22°)[f] 8.51(450°)[e]	
Zr—O 键长(pm)	215,229[g]	

a) V. M. Polezhaev, V. M. Ustyantsev and V. G. Chuklantsev, *Russ. J. Inorg. Chem.*, **11**(1966)567。

b) V. G. Chukhlantsev and K. V. Alyamovskaya, *Izv. Akad. Nauk SSSR. Neorgan. Materialy*, **1**(1965)1994; *CA*, **64**(1966)7651e。

c) Y. M. Polezhaev and V. G. Chukhlantsev, *Russ. J. Inorg. Chem.*, **9**(1964)615。

d) J. P. Coughlin and E. G. King, *J. Am. Chem. Soc.*, **72**(1950)2262。

e) J. E. Comeforo and R. A. Hatch, *J. Am. Ceram. Soc.*, **37**(1954)317。

f) Handbook of Chemistry and Physics, 50th ed., Chemical Rubber Co., Cleveland, Ohio(1969—70)。

g) I. R. Krstanovic, *Acta Cryst.*, **11**(1958)896。

2.2.13 硝酸盐、磷酸盐和砷酸盐

(1)硝酸盐。锆有两种硝酸盐是久已为人们所知的。在低于 15℃时从浓硝酸中可以制得水合四硝酸盐 $Zr(NO_3)_4(H_2O)_5$，但比较容易制备的是硝酸氧锆 $ZrO(NO_3)_2(H_2O)_2$。这两种硝酸盐的其他水合物也见过报道，铪能生成同类的化合物。从五氧化二氮和 $ZrCl_4$ 的反应可以制得无水硝酸盐：

$$ZrCl_4 + 4N_2O_5 \rightarrow Zr(NO_3)_4 + 4NO_2Cl$$

四硝酸锆在 140℃分解，并能在 100℃真空升华。四硝酸铪实际上是以 $Hf(NO_3)_4$

(N_2O_5)而分离出来的，它也可以在 100℃ 真空升华。对溶液的研究表明可能在溶液中存在着络合阴离子物种 $M(NO_3)_5^-$ 和 $M(NO_3)_6^{2-}$，但未见报道过硝酸复盐。除了前已讨论的碱式硝酸盐 $Zr(OH)_2(NO_3)_2(H_2O)_4$，$ZrO(NO_3)_2$，$M_2O_3(NO_3)_2$ 和 $M_4O_7(NO_3)_2$ 之外，也曾制备得到少数含 M—NO_3 基团的化合物。它们包括双螯合的金属二硝酸盐 $M(diket)_2(NO_3)_2$(diket＝β-二酮)、烷氧基螯合的金属二硝酸盐 $M(OR)(diket)(NO_3)_2$（R = Et，P^nr，Bu^n）和三螯合的金属-硝酸盐 $M(diket)_3(NO_3)$。也曾制备了一些 π-环戊二烯基金属硝酸盐：$(C_5H_5)_2Zr(NO_3)_2$，$(C_5H_5)_2Zr(OH)(NO_3)$，$(C_5H_5)_2ZrCl(NO_3)$，$(C_5H_5)Zr(diket)_2(NO_3)$(diket＝乙酰丙酮基)，$(C_5H_5)_2Hf(NO_3)_2$ 和 $(C_5H_5)Hf(diket)_2(NO_3)$(diket＝乙酰丙酮基)。

四硝酸锆的红外光谱表明硝酸根不是离子型的而大概是双齿配体，远红外和喇曼光谱指出它是一个四螯合的 8 配位(十二面体)分子。在 4.2K 时四硝酸铪 $Hf(NO_3)_4$ 在穆斯堡尔谱中给出一四极分裂($8.18mm \cdot S^{-1}$)。

(2)磷酸盐。向正磷酸溶液中加入氯氧化锆溶液时沉淀出磷酸锆，经在 110℃ 进行干燥后其组成为 $ZrP_2O_7(H_2O)_5$。它是一种极难溶固体，具有离子交换性质。在不同条件下可以制得水合磷酸锆的三种结晶变体，它们的结构都是已知的，在 α-变体 $Zr(HPO_4)_2(H_2O)$ 中，每个锆原子被 6 个不同的 HPO_4 单位八面体配位(图 23.27)而形成层状结构。水分子处在两层之间的孔穴里，大概是通过氢键而同 HPO_4 单位的 OH 基相联接。β-变体 $Zr(HPO_4)_2$ 和 γ-变体 $Zr(HPO_4)_2(H_2O)_2$ 与 α-变体的关系是有相同的层内结构但不同的层间排布。Zr—O 的键长为 204—211pm。

如果磷酸锆不是从很浓的酸溶液(6mol/L HCl)中沉淀出来的，则产物的 Zr ∶ P比值将不是 1 ∶ 2，而是依赖于 pH(1—3)得到如下的产物：

$$Zr_5P_8O_{30}(H_2O)_8，Zr_5P_6O_{25}(H_2O)_9 \text{ 和 } Zr_3P_4O_{16}(H_2O)_5。$$

将磷酸锆进行煅烧(1000—1400℃)得到焦磷酸锆 ZrP_2O_7，它是立方系的(Zr—O＝201.8pm)。加热超过 1550℃ 导致氧化磷的分解而剩留下残渣 $Zr_2P_2O_9$。将 ZrO_2 或 ZrP_2O_7 与碱金属磷酸盐混合物共熔后用水抽提残渣曾已制得多种不同的磷酸锆钠和磷酸锆钾复盐：$K_2ZrP_2O_8$，$Na_8Zr_4P_4O_{14}$，$Na_{12}Zr_3P_8O_{32}$，$K_2Zr_4P_6O_{24}$ 等。向硫酸铪或氯化铪溶液中加入偏磷酸钠可以得到磷酸铪钠。$NaZr_2P_3O_{12}$ 的晶体结构含有高分子的阴离子，其中有通过正磷酸根四面体联结起来的 ZrO_6 单位(Zr—O＝ 205，208pm)。也可用有机磷酸酯配体如 $(RO)PO(OH)O^-$ 和 $(RO)_2PO_2^-$ 来沉淀锆，往往得到锆氧络合物 $ZrO[O_2P(OR)(OR')]_2$。

(3)砷酸盐。砷酸锆的组成决定于制备的反应条件，但可以得到化合物如

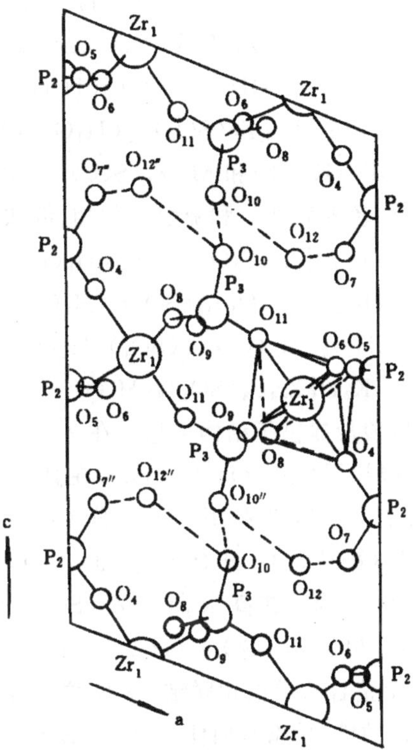

图 23.27　α-$Zr(HPO_4)_2(H_2O)$的结构

$Zr(HAsO_4)_2$和 $Zr(HAsO_4)_2(H_2O)$。结晶状的 $Zr(HAsO_4)_2$ 经 X 射线衍射研究发现它具有以 $HOAsO_3$ 四面体桥联起来的 ZrO_6 八面体的层状结构，在层与层之间有沸石型的孔穴。这个化合物与磷酸锆有类似的离子交换性质。

已经发展使用有机砷酸酯配体如砷酸烷基酯或芳基酯作为测定锆的试剂。

2.2.14　硫酸盐、硒酸盐、碲酸盐、铬酸盐、钼酸盐、钨酸盐、卤酸盐和高卤酸盐

(1)硫酸盐。从含锆的硫酸水溶液中可以结晶出来正硫酸盐$Zr(SO_4)_2(H_2O)_4$，锆还能生成大量的阴离子硫酸根络合物和碱式硫酸盐，这一切都表明硫酸根离子对锆有很强的亲合力。对溶液的研究表明，就逐级硫酸根的配位来说(即硫酸根：金属原子比值依次为 1：1，2：1 和 3：1)，锆(IV)的稳定常数要比铪(IV)的高得多。

四水合物 $Zr(SO_4)_2(H_2O)_4$ 在 100℃转化成一水合物 $Zr(SO_4)_2(H_2O)$，在 380℃变为无水盐 $Zr(SO_4)_2$。其他水合物 $Zr(SO_4)_2(H_2O)_7$ 和 $Zr(SO_4)_2(H_2O)_5$

也已有报道，并有报道说一水合物有多晶型现象。除了在 2.2.10 节中提到的碱式硫酸盐 $Zr_2(OH)_2(SO_4)_3(H_2O)_4$ 和 $Zr(OH)_2SO_4$ 之外，还已检证出其他碱式硫酸盐如 $Zr_2(OH)_6SO_4(H_2O)_5$、$Zr_3(OH)_8(SO_4)_2(H_2O)_8$ 和 $Zr_4(OH)_{10}(SO_4)_3(H_2O)_{10}$。许多络合硫酸盐如 $M'_2[Zr(SO_4)_3](H_2O)_x$ (M' = K, NH_4, Na, Rb)，$M'_4[Zr(SO_4)_4](H_2O)_x$ (M' = K, Rb) 和 $M'_6Zr(SO_4)_5(H_2O)_x$ (M' = K) 已见报道，此外还有若干硫酸草酸盐、硫酸碳酸盐和硫酸氟化物，例如：

$$(NH_4)_2[Zr(C_2O_4)(SO_4)(H_2O)_5]$$

$$K_9H_3[Zr_4(C_2O_4)_{12}(SO_4)_2(H_2O)_{14}]$$

$$(NH_4)_6[Zr_2(CO_3)_6(SO_4)(H_2O)_6]$$

$$K_7H[Zr_4F_8(SO_4)_8(H_2O)_{12}]$$

X 射线研究为晶状硫酸盐提供了结构信息。在 $Zr(SO_4)_2 \cdot (H_2O)_4$ 中存在着 ZrO_8 单位反四方柱的无限片层(Zr—O = 218pm)，在其中每个锆原子与 4 个硫酸根键合，每个硫酸根桥接着 2 个锆原子，并也同水分子以氢键相联接。锆原子又与 4 个水分子键合以完成其 8 配位。在 $Zr_2(OH)_2(SO_4)_3(H_2O)_4$ 中也存在着 8 配位锆原子(十二面体)的层状结构。在高水合物 $Zr(SO_4)_2(H_2O)_7$ 和 α-$Zr(SO_4)_2(H_2O)_5$ 分子中存在着双聚单位 $Zr_2(SO_4)_4(H_2O)_8$，在其中每个锆原子与 4 个水分子、2 个成桥硫酸根和一个螯合硫酸根相联结。8 配位锆具有十二面体 ZrO_8 结构，一水合硫酸锆含有 7 配位的锆(带帽八面体)。γ-$Zr(SO_4)_2(H_2O)$ 中每个锆原子与一个水分子和 6 个硫酸根相联接，每个硫酸根联接着 3 个锫原子并以氢键与水分子联结(图 23.28)。在 α-变体中有两类硫酸根，有一些与 3 个锆原子联接，另一些与 2 个锆原子联接并与一个金属原子螯合。值得注意的是在所有的硫酸盐结构中锆原子保持为 7 或 8 配位的，而在磷酸一氢盐(2.2.13 节)中锆原子仅是 6 配位的。

(2) 亚硫酸盐、亚硒酸盐、碲酸盐、钼酸盐和钨酸盐。关于亚硫酸盐、亚硒酸盐、硒酸盐或碲酸盐的已有报道不多。从水溶液中可以沉淀出一种亚硫酸盐 $Zr(SO_3)_2(H_2O)_7$，但加入过量亚硫酸根离子时沉淀再又溶解，大概是生成了一种亚硫酸根阴离子络合物。亚硒酸起初可以沉淀出一种组成为 $Zr_4O_8(SeO_3)_3(H_2O)_{18}$ 的亚硒酸氧锆，但在 60℃与过量酸性亚硒酸盐一道溶煮时，它即转化成不溶的晶状化合物 $Zr(SeO_3)_2$，此过程适用于锆的重量法测定(最后灼烧成 ZrO_2)。水合硒酸锆 $Zr(SeO_4)_2(H_2O)_4$ 在 100℃转化成一水合物 $Zr(SeO_4)_2(H_2O)$，后者在 120—130℃时变为无水盐。碲酸盐已报道的有如 $ZrO(TeO_4)(H_2O)_7$、$Zr_3O_5(TeO_4)(H_2O)_5$。

已报道过多样的“铬酸锆”，但只有一种红色结晶状的碱式铬酸锆 $Zr_4(OH)_6(CrO_4)_5(H_2O)_2$ 是经过详细表征的，它是通过四硝酸锆和重铬酸钾的反应而制得的。在此化合物的结构中含有 7 配位的锆。早已知道了含锆的杂多钼酸

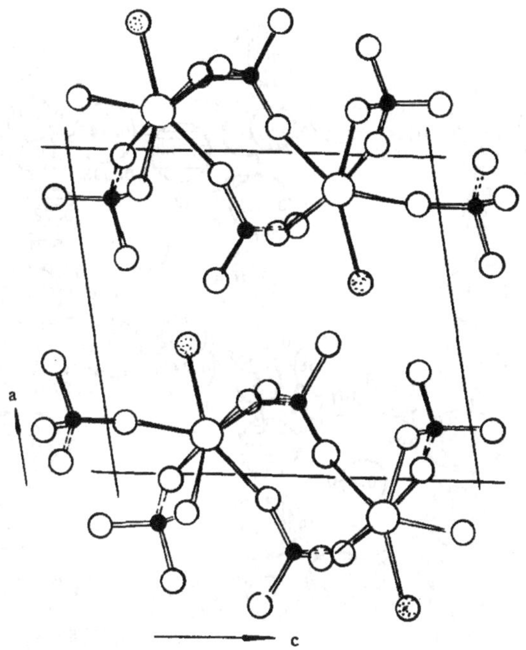

图 23.28 γ-$Zr(SO_4)_2(H_2O)$的结构

大空圆代表 Zr 原子，小空圆代表氧原子，实心圆代表硫原子

盐和杂多钨酸盐例如 $(NH_4)_4ZrMo_{12}O_{40}(H_2O)_{10}$，$K_4ZrMo_{12}O_{40}(H_2O)_{18}$ 和 $K_8ZrW_{12}O_{42}(H_2O)_{15}$，但它们的结构都未经测定。它们对酸和碱都是不稳定的。有报道说制备了锆和铪的简单钼酸盐和钨酸盐如 $MO(WO_3)(H_2O)_x$，MMo_2O_8 和 MW_2O_8（M=Zr，Hf），它们都有离子交换性质。

(3)卤酸盐和高卤酸盐。文献中有关于氯酸盐和碘酸盐如 $ZrO(ClO_3)(H_2O)_6$，$Zr_2O_2(OH)(ClO_3)$，$Zr(OH)(IO_3)(H_2O)_4$，$Zr(IO_3)_4$，$M'_2Zr(IO_3)_6$（M'=K，Rb）和 $KZr_2(IO_3)_9(H_2O)_8$ 等的报道，但其中只有一个化合物的结构经过测定。在 $Zr(IO_3)_4$ 的晶体中含有反扭四方柱的 8 配位锆原子（图 23.29，Zr—O=220.6pm）。

已知有结晶状的高氯酸盐，其组成相应于 $Zr_4O_3(OH)(ClO_4)_9$ 和 $Zr_{10}O_{10}(OH)_2(ClO_4)_2$。后一化合物能溶于典型有机溶剂中。报道过的高碘酸盐有 $Zr_3O(IO_6)_2(H_2O)_{17}$ 和 $Zr_6O_7(IO_6)_2(H_2O)_x$（x=0，4，6，8，13，20）。

2.2.15 羧酸盐

(1)一羧酸盐。$Zr(O_2CR)_4$，$ZrO(O_2CR)_2(H_2O)_x$ 和 $ZrO(OH)(O_2CR)(H_2O)_x$ 型的羧酸根化合物在很早即已有报道了。当烷基的长度增长时，它们在

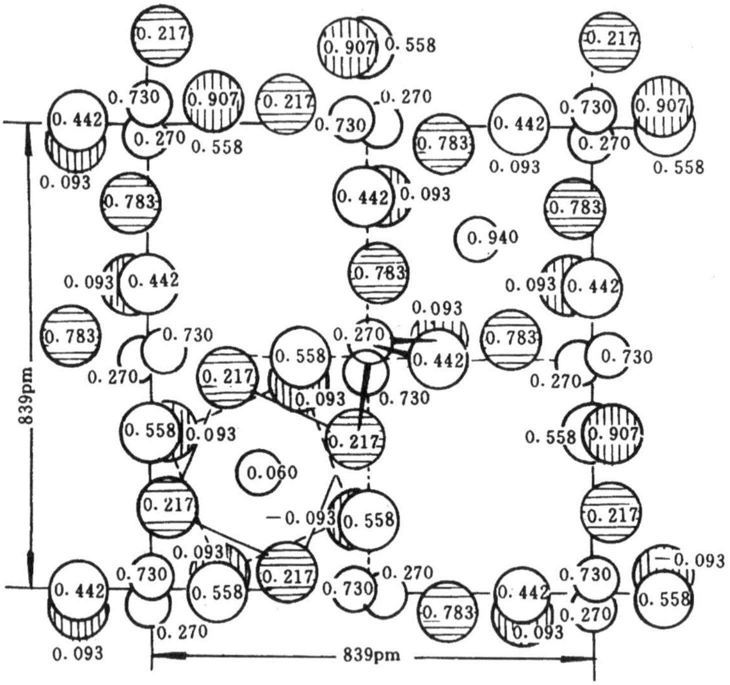

图 23.29　$Zr(IO_3)_4$ 的结构

小圆代表 Zr 原子，中圆代表碘原子，大圆代表氧原子

水中的溶解度递减和在烃溶剂中的溶解度递增。对下列化合物

$$M_2O(OH)(O_2CH)_5(H_2O)_2$$

$$Zr_2O(OH)(O_2CCH_3)_5(H_2O)_2$$

$$HfO(OH)(O_2CCH_3)_5(H_2O)$$

$$MO(O_2CC_2H_5)_2(H_2O)$$

进行过分子量测定和红外光谱研究，并根据所得数据提出了关于结构的一些设定，认为在这些化合物中存在着四核物种和八核物种。四羧酸盐的热稳定性不很高，很容易分解成金属含氧化合物。在非水溶剂中曾制得多样的混合配体衍生物例如 $ZrX(O_2CR)_3$，$ZrX_2(O_2CR)_2$ 和 $ZrX_3(O_2CR)$，($X=Cl$ 或 OPr^i)。三羧酸一异丙氧基锆 $Zr(OPr^i)(O_2CR)_3$ ($R=C_{17}H_{35}$，$C_{15}H_{31}$)在消去异丙酯之后生成了二羧酸氧锆：

$$Zr(OPr^i)(O_2CR)_3 \rightarrow ZrO(O_2CR)_2 + RCO_2Pr^i$$

与四羧酸盐的反应生成了 $Zr_2O(O_2CR)_6$。一些环戊二烯基锆的羧酸衍生物将在 2.2.19 节中讨论。

(2) 二羧酸盐。二元酸（特别是草酸）的锆化合物早已见报道，例如

$Zr(C_2O_4)_2(H_2O)_x$，$ZrO(C_2O_4)(H_2O)_x$，$Zr(C_2O_4)_2\cdot(H_2C_2O_4)(H_2O)_8$，$K_4[Zr(C_2O_4)_4](H_2O)_5$和$(NH)_4[Zr(C_2O_4)_4]\cdot(H_2O)_6$。已经制得含氧衍生物 ZrOL 和 K_2ZrOL_2（L＝丙二酸根、苹果酸根、琥珀酸根、己二酸根、邻苯二甲酸根）。也报道过一些碱式草酸盐：

$$M'_4[Zr_2O_3(H_2O)_2(C_2O_4)_2](M'=NH_4,Na,K,\text{吡啶鎓})$$

$$Zr_{10}O_{11}(OH)_{10}(C_2O_4)_4(H_2O)_{53}$$

和混合草酸根络合物：

$$K_4Zr_2(C_2O_4)_5(SO_4)(H_2O)_{10}$$

$$K_7HZr_4(C_2O_4)_4(SO_4)_8(H_2O)_{18}$$

$$(NH_4)_2Zr(C_2O_4)(SO_4)_2(H_2O)_5$$

$$(NH_4)_4ZrF_2(C_2O_4)_3(H_2O)\text{等}$$

为这些化合物曾提出过以氧桥联接的 $Zr_4(OH)_8^{8+}$ 单位含有多核（高达 Zr_{12}）物种的结构。

对 $Na_4[Zr(C_2O_4)_4](H_2O)_3$（图 23.30）的 X 射线结构研究指出在此化合物中存在着一个四螯合的锆阴离子，其结构为 ZrO_8 十二面体（Zr—O＝216.8，223.0pm）。

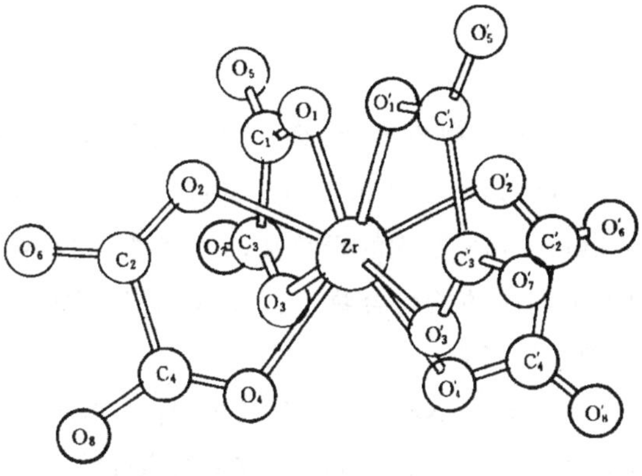

图 23.30 $Na_4[Zr(C_2O_4)_4](H_2O)_3$ 的结构中的 $Zr(C_2O_4)_4^{4-}$ 十二面体单位

(3)多羧酸根和其他螯合羧酸根。锆和铪能同螯合性羟基羧酸和多氨基乙酸生成许多络合物，某些这类酸例如苯乙醇酸和萘基乙醇酸都已应用在重量分析中。经电位滴定研究发现锆在溶液中能与乙二胺四乙酸、氮三乙酸和乙醇胺二乙酸生成络合物，其中含有 8 配位的锆原子。对不同的 pH 值的锆和铪的乙二胺四乙酸溶液（EDTA 络合物）的质子磁共振研究指出锆和铪处在十二面体结构中，并在低 pH 下这些络合物是惰性的。已经测定了锆、铪与许多多胺酸 1∶1 络合物的稳定常数。向氯氧化锆和氮三乙酸的溶液中加入碳酸钾得到如下钾盐：

$$K_2\{Zr[N(CH_2CO_2)_3]_2\}(H_2O)$$

X 射线结构分析表明它含有 8 配位(十二面体)的锆原子。图 23.31 绘示了此阴离子络合物的实验结构，值得指出的，这是一个最符合配体立体化学要求的异构体。

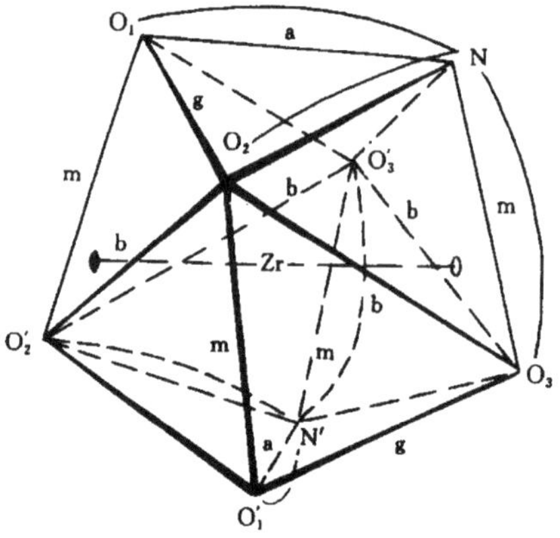

图 23.31　$K_2\{Zr[N(CH_2CO_2)_3]_2\}(H_2O)$中的 $Zr[N(CH_2CO_2)_3]_2$ 十二面体单位

2.2.16　二酮盐

β-二酮烯醇盐的锆衍生物的一般类型如下：$ZrO(diket)_2$，$Zr(diket)_4$，$ZrX(diket)_3$，$ZrX_2(diket)_2$，$[Zr(diket)_3]FeCl_4$，$[Zr(diket)_3]AuCl_4$ 和 $[Zr(diket)_3]_2PtCl_6$(diket＝1,3-二酮的烯醇基，X＝卤素)，这些化合物是人们久已知道的了，并也已制得了相应的铪化合物。锆氧基的双二酮盐和锆的四二酮盐可按如下反应式从水溶液中制备：

$$ZrOCl_2(H_2O)_8 + 4Hdiket + Na_2CO_3 \rightarrow Zr(diket)_4 + 2NaCl + CO_2 + 10H_2O$$

$$ZrOCl_2(H_2O)_8 + 2Na(diket) \rightarrow ZrO(diker)_2 + 2NaCl$$

其他化合物是从非水溶剂中制备的：

$$ZrCl_4 + 2H(diket) \xrightarrow[\text{沸煮}]{Et_2O} ZrCl_2(diket)_2 + 2HCl$$

$$ZrCl_4 + 3H(diket) \xrightarrow[\text{沸煮}]{C_6H_6} ZrCl(diket)_3 + 3HCl$$

使用氟化的二酮盐(如三氟乙酰丙酮盐)或其他特殊类型的二酮盐为锆铪分离的溶剂萃取技术开辟了新径。对锆和铪二酮盐领域中的大量研究工作许多是富有成果的。

(1)四(二酮)盐，$M(diket)_4$。对四乙酰丙酮盐 $M(acac)_4$(acac＝乙酰丙酮根，M＝Zr,Hf,Ce,Th)的红外和拉曼光谱(4000—70cm^{-1})研究指出，在 $M(acac)_4$，

$MCl(acac)_3$ 和 $MCl_2(acac)_2$ 系列中金属—氧峰对金属配位数是敏感的，并与实质上的 C $\underline{\cdots}$O 拉伸频率和 C—H 向平面外振动频率相类似。对许多四(二酮)盐的质谱研究除了给出母体的分子离子 $M(diket)_4^+$ 峰之外都同样地给出 $M(diket)_3^+$ 基峰。已经用三维 X 射线数据测定了 $Zr(acac)_4$ 的结构。该分子(点群 D_2，见图 23.32)含有 8 配位的锆(反扭四方柱，Zr—O=219.8pm)，二酮基的环是略变形的。$Zr(acac)_4$在氯仿中的紫外光谱在 36,400cm^{-1}处给出强的峰($\varepsilon=3.47\times10^4$)，acac-3H的质子化学位移指出该化合物不具有准芳香性。$M(diket)_4$ 和 $ML_xL'_{(4-x)}$(L 和 L′是不同的二酮基配体)可能有好几个异构体，决定于金属的立体化学。有人用核磁共振法研究了(a)如下的交换平衡

$$3ZrL_4+3ZrL'_4 \rightleftharpoons 2ZrL_3L'+2ZrL_2L'_2+2ZrLL'_3$$

和(b)ZrL_4+HL 的交换动力学。在(a)中的交换是快速的(Zr 的比 Hf 的快)，而且平衡肯定地有利于混合配体物种 $ML_xL'_{4-x}$的一方，在(b)中，反应速度是 Zr>Hf，在 $M(diket)_4$ 为一级反应，而对自由配体(依赖于溶剂)反应级数是可变的(≥一级)，反应有利于生成 $ML_xL'_{4-x}$物种是由于熵效应决定的，在 $M(diket)_4$ 中分子内配体重排是如此快速，以至于即使温度低到－105℃用核磁共振技术也未能检出其几何异构体。

(2)三(二酮)盐 $MX(diket)_3$。已经制备得到许多 $ZrX(diket)_3$ 型的衍生物，例如 $ZrX(dbm)_3$(式中 x=Cl,Br,I,NO_3,SO_4;dbm=二苯甲酰甲烷)和$(\pi\text{-}C_5H_5)Zr(diket)_3$(diket=acac,bzac,dbm)。也曾有人指出化合物 $MCl(diket)_3$(diket=acac,bzae,dbm;M=Zr,Hf)都是含 7 配位金属原子的单分子络合物，仅 $MCl(dbm)_3$ 物种可以电离成$[M(dbm)_3]^+(FeCl_4)^-$。不过 $MI(acac)_3$ 在硝基甲烷和四氢呋喃中显有不小的离子

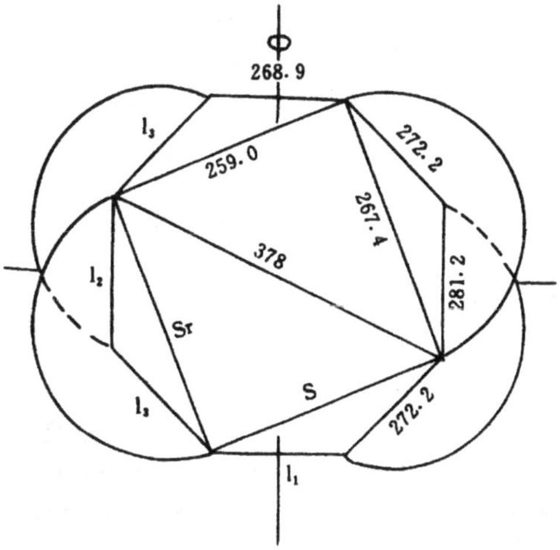

图 23.32　$Zr(acac)_4$ 的反扭四方柱结构。半圆形弧线代表乙酰丙酮基

导电性并能同四氢呋喃生成加合物。MX(acac)$_3$ 的核磁共振谱研究表明甚至在 −130℃时分子内二酮基配体仍有很快速的交换。也进行了这类化合物的红外和拉曼光谱(见表 23.57)研究并对谱峰作了指认,但并不能提供立体化学信息。值得注意的是在 7 配位的 MX(acac)$_3$ 络合物中的 M—O 和 M—X 拉伸频率明显地低于在 6 配位 MX$_2$(acac)$_2$ 中的相应频率。一烷氧基化合物 Zr(OR)(diket)$_3$ 也已见报道,(π-C_5H_5)zr(hfac)$_3$(hfac=六氟乙酰丙酮基)的低温核磁共振谱指出 hfac 配体的环境很明显是五角双锥结构(环戊二烯基占据多面体的顶点位置),这一结果并已为 X 射线结构分析所证实(图 23.33)。四个赤道位 Zr—O 键(平均键长 222.5pm)比顶位 Zr—O键(216.6pm)长了许多,表明赤道位的二酮基是受到环戊二烯基的排斥的。在(π-C_5H_5)Zr(tfac)$_3$(tfac=三氟乙酰丙酮基)中有类似的结构,但室温核磁共振谱指出它有两个异构体(来自于不对称的螯合环)。

表 23.57　M(acac)$_4$、MX(acac)$_3$ 和 MX$_2$(acac)$_2$ 的一些红外和拉曼光谱数据

化合物		ν_s(C⋯O)	ν_{as}(C⋯C)	ν_{as}(C⋯C)	ν_s(C⋯C)	π(C—H)	ν_s(M—O)	ν_s(M—O)	ν(M—X)
Zr(acac)$_4$	IR	1591vs	1524vs	1397	1279s	767s		421s;301s	
	Raman	obsd	1528w		1281vs,p	772w	441s,p	416m,br;300w	
Hf(acac)$_4$	IR	1592vs	1529vs	1397	1277s	775s		422s;267sh	
	Raman	obsd	1528w		1283vs,p	774w	446s,p	417m,dp;~277	
ZrCl(acac)$_3$	IR	1581 vs,1568vs	1532vs	1381s	1283s	788m	449sh	432s	314s[a)]
	Raman	obsd			1292vs,p		448s,p	431s	
HfCl(acac)$_3$	IR	1579vs,1570vs	1533vs	1387s	1287s	790m	454sh	432s	293s[a)]
	Raman	obsd			1293vs,p		452s,p	433sh	~296vw[a)]
ZrBr(acac)$_3$	IR	~1580vs	1534vs	1381s	1283s	788m	449sh	434s	164w[b)]
	Raman	obsd			1292vs,p		449s,p	~430	
HfBr(acac)$_3$	IR	1574vs,1565vs	1532vs	1386s	1278s	791m	454w	433s	166W[b)]
	Raman	ohsd			1291vs,p		452s,p	~430	
ZrI(acac)$_3$	IR	1562vs	1533vs	1380s	1285s	790m	452sh	438s	93w[c)]
ZrCl$_2$(acac)$_2$	IR	1575vs,1555vs	1531vs	1338s	1287s	798m	460sh	450s	335,325s[a)]
	Raman	obsd			1290s,p		458s,p	~450sh	338m,p[a)]
HfCl$_2$(acac)$_2$	IR	1579vs,1556vs	1534vs	1341s	1287s	801m	463w	446s	322,313s[a)]
	Raman	obsd			1293s,p		462s,p	~444sh	323m,p[a)]
ZrBr$_2$(acac)$_2$	IR	1570vs,1551vs	1530vs	1333s	1287s	798m	460sh	450s	213m[b)]
	Raman	obsd			1292s,p		459s,p	~450sh	212m,p[b)]
HfBr$_2$(acac)$_2$	IR	1576vs,1553vs	1534vs	1337s	1287s	802m	463m	447s	207s[b)]
	Raman	obsd			1293s,p		460s,p	~445sh	208m,p[b)]

注:全部光谱均在苯溶液中测得,仅含卤化合物红外谱高于 320cm^{-1} 区是在 CH_2Cl_2 溶液测得;obsd=被溶剂掩盖区;vs=极强;s=强;m=中强;w=弱;br=宽;sh=肩峰;p=极化. IR=红外光谱;Raman=喇曼光谱。

a)=M—Cl,b)=M—Br,c)=Zr—I.

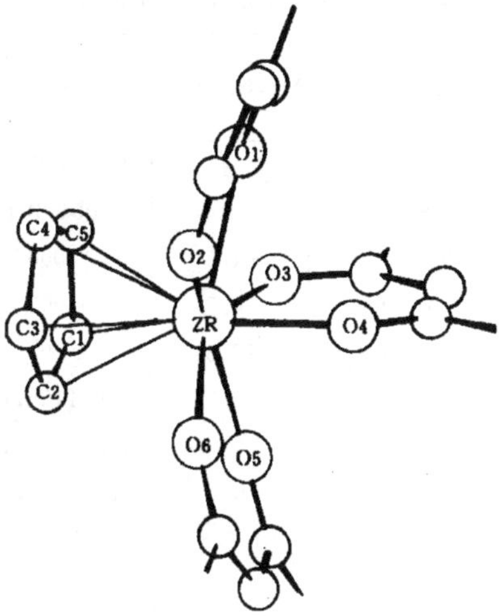

图 23.33 三(六氟乙酰丙酮基)-π-环戊二烯基锆的结构(CF_3 基团未绘出)

(3)双(二酮)盐 $MX_2(diket)_2$。对 $MX_2(acac)_2$(M=Zr,Hf;X=Cl,Br)化合物的核磁、红外和喇曼光谱研究指出该化合物在溶液中存在为顺式八面体络合物。分子内配体进行着极快速的交换,甚至在−130℃也不能拆分非等当的 acac-甲基质子。不过在 $M(OR)_2(acac)_2$ 中(通过 $M(OR_4)+2Hacac \rightarrow M(OR)_2(acac)_2+2ROH$ 反应制备的)当烷氧基个大时,配体重排是慢的,核磁共振光谱研究其中也存在着顺式八面体物种。也有人制备了$(\pi\text{-}C_5H_5)\cdot MX(acac)_2$ 型的化合物,核磁共振研究指出在$(\pi\text{-}C_5H_5)ZrCl(acat)_2$ 的结构中两个 acac 基是不同的。

(4)一个二酮的盐 $MX_3(acac)$。一个二酮配位的锆铪化合物很少见,已知的有 $Zr(OR)(NO_3)_2(acac)$($R=C_2H_5,C_3H_7,C_4H_9$),$Zr(OR)_3(acac)$和 $HfCl_3(acac)(THF)_{0.25}$。

2.2.17 烷氧化物、硫醇盐和二硫代氨基甲酸盐

(1)烷氧化物。关于金属四烷氧化物 $M(OR)_4$ 和金属烷氧基化合物 $MX_x(OR)_{4-x}$已有比较全面的综述文章[D. C. Bradley, *Prog*, *Inorg. Chem.*, **2**(1960)303;R. C. Mehrotra,:*Inorg. Chem. Acta. Rev.*, **1**(1967)99]。锆和铪的四烷氧化物是配位聚合物$[M(OR)_4]_n$(对低员脂肪族 R 而言,$n\sim3.5$),聚合是通过烷氧基的成桥作用而实现的(表 23.58)。由于仲烷氧基和特别是叔烷氧基的空间位阻作用,它们的金属衍生物有可能保持为有挥发性的单分子结构。

表 23.58　四价金属烷氧化物的物理性质

化合物	聚合度[d]	挥发性(℃/Pa)	ΔH_v(kJ/mol)	红外光谱(cm^{-1})[h]		质子化学位移
				C—O	M—O	
$Ti(OCH_3)_4$	4.0[a]	170/13.3		1155,1091,1044	582,456	—
$Ti(OC_2H_5)_4$	4.0[b]	138.3/666	90.4	1064,1042	623,577,520	5.575
$Ti[OCH(CH_3)_2]_4$	1.0[c]	91.3/666	61.5	1005	619	5.553[j]
$Ti[OC(CH_3)_3]_4$	1.0	93.8/666	60.7	1003	600	8.767[k]
$Ti[OSi(CH_3)_3]_4$	1.21	111/1333[f]	57.3	918[m]	517	—
$Zr(OCH_3)_4$	—	280/13.3	—	1156,1124,1029	492,430,	—
$Zr(OC_2H_5)_4$	3.6	234.8/666	126.4	1160,1145,1134 1095,1075,1050	520,463,412	—
$Zr[OCH(CH_3)_2]_4$	3.57	203.8/666	131.8	1170,1009	567,550,510 459	8.700[i]
$Zr[OC(CH_3)_3]_4$	1.0	89.1/666	63.6	997	557,540	8.758[i]
$Zr[OSi(CH_3)_3]_4$	2.05	135/13.3[g]	—	916[m]	521	—
$Hf(OCH_3)_4$	—	—	—	1169,1132,1031	446,433	—
$Hf(OC_2H_5)_4$	—	～190/13.3	—	1168,1145,1094 1075,1039	500,470,425	
$Hf[OCH(CH_3)_2]_4$	3.33[e]	170/46.7	—	1174,1014	579,554,515 456	8.692[l]
$Hf[OC(CH_3)_3]_4$	1.0	90/866	—	990	567,526	8.760[i]
$Hf[OSi(CH_3)_3]_4$	—	—	—	—	—	—

a)在晶体状态为四聚物。

b)在晶体状态为四聚物，但在溶液中为三聚物。

c)n. m. r. 谱指出在低温下聚合。

d)数字为在沸热苯中的聚合度，除非另有规定。

e)在苯溶液中用凝固点降低法测定。

f)D. C. Bradley and M. M. Faktor, *Nature*, **184**(1959)55。

g)D. C. Bradley and I. M. Thomas, *J. Chem. Soc.*, (1959) 3404; I. M. Thomas (Ph. D. thesis, London, 1959)。

h)C. G. Barraclough et al., *J. Chem. Soc.*, (1961) 2601; D. C. Bradley et al., Proe. Sympos. Coordn. Chem. Tihany, Hungary(1964)。

i)α-质子的 τ 值(TMS=10.000)。

j)化学位移随温度和浓度变化。

k)β-质子的 τ 值。

l)新蒸馏化合物 β-质子的 τ 值。

m)为 si—O 频率，非 C—O 频率。

单分子化合物叔丁氧基锆(铪)和叔戊氧基锆(铪)已有了精确的蒸气压数据，

从原则上讲，可以用分级蒸馏或气相色谱的方法对这些化合物进行锆和铪的分离（表 23.59 和表 23.60）。热稳定性的变迁顺序如下：$Zr(OMe)_4 \sim Zr(OEt)_4 \geqslant Zr(OPr^i)_4 \geqslant Zr(OBu^t)_4$，通过热分解可以得到微细粒子的高纯 ZrO_2。这些烷氧化物很容易水解，并能同含氢氧基的化合物、酸或 β-二酮反应：

表 23.59 锆和铪四叔丁氧化物的蒸气压 P 和气化热 ΔH_v a)

化合物	温度(K)	300	320	340	360	380	400
$Ti(OCMe_3)_4$	P(Pa)	6.5	33	133	434	1205	2854
	ΔH_v(kJ/mol)	66.1	63.6	61.5	60.0	56.5	54.4
$Zr(OCMe_3)_4$	P(Pa)	8.8	45	180	589	1640	3968
	ΔH_v(kJ/mol)	66.5	64.0	61.9	59.4	57.3	54.8
$Hf(OCMe_3)_4$	P(Pa)	9.2	48	197	640	1740	4064
	ΔH_v(kJ/mol)	68.2	64.9	61.5	58.2	55.2	51.9

a)数据来自 D. C. Bradley and J. D. Swanwick, *J. Chem. Soc.*, (1958)3207;(1959)748。

$$M(OR)_4 + 4R'OH \rightarrow M(OR')_4 + 4ROH$$
$$M(OR)_4 + 2HX \rightarrow MX_2(OR)_2 + 2ROH$$
$$M(OR)_4 + 2Hdiket \rightarrow M(OR)_2(diker)_2 + 2ROH$$

烷氧化物往往是通过无水金属氯化物或(吡啶鎓)$_2MCl_6$ 与醇和氨在惰性溶液中的反应来制备的。为制备叔丁氧化物比较容易地是从二烷基胺化合物开始：

$$Zr(NEt_2)_4 + 4Bu^tOH \rightarrow Zr(OBu^t)_4 + 4Et_2NH$$

表 23.60 钛、锆和铪四叔戊氧化物的蒸气压 P 和气化热 ΔH_v a)

化合物	温度(K)	350	370	390	410	430	450
$Ti(OCMe_2Et)_4$	P(Pa)	16	59	186	517	1271	2812
	ΔH_v(kJ/mol)	72.4	70.3	68.6	66.5	64.9	62.8
$Zr(OCMe_2Et)_4$	P(Pa)	17	69	235	663	1617	3467
	ΔH_v(kJ/mol)	78.2	74.5	70.7	66.9	63.2	59.4
$Hf(OCMe_2Et)_4$	P(Pa)	19	73	245	697	1727	3803
	ΔH_v(kJ/mol)	77.4	74.1	71.1	67.8	64.9	61.5

a)数据来自 D. C. Bradley and J. D. Swanwick, *J. Chem. Soc.*, (1958)3207;(1959)748。

对 $M(OR)_4$ 化合物都已做过红外光谱工作，并已能够在 C—O 和 M—O 拉伸频率区辨认端梢烷氧基和成桥烷氧基之间的区别。核磁共振谱表明端梢和成桥烷氧基的交换（大概是分子内的）是非常快速的，对结构测定需要用单晶 X 射线衍射技术，不过对此类聚合物种的多方面研究已可断定金属原子是八面体配位的。对异丙氧化物的精确分子量测定表明锆化合物的聚合度要比铪化合物略高些。也已制备出含氟醇类的衍生物如 $Zr(OCH_2CF_3)_4$ 和 $Zr[OCHCCF_3)_2]_4$。三烷基甲硅醇的衍生物 $Zr(OSiR_3)_4$ 比烷氧化物不那么容易水解。在聚合型物种 $[M(OR)_4]_n$ 中，由于烷氧基桥的稳定性，这类烷氧化物与其他配体仅能生成很少稳定络合物，例如 $Zr_2(OPr^i)_8(Pr^iOH)_2$、$Zr_2(OPr^i)_8(Py)_2$，$Zr_2(OPr^i)_8(en)$。不过已知有一些混合金属的烷氧基化合物如 $M'Zr_2(OR)_9$（M' = Li，Na，K，NEt_4，Tl，1/2Ca），$M'_2Zr_4(OR)_{18}$ 和 $M'Zr(OBu^t)_5$，在其中有好些个是可以真空蒸馏的。$(\pi\text{-}C_5H_5)_2Zr(OR)_2$ 和 $(\pi\text{-}C_5H_5)_2ZrCl(OR)$ 将在第 2.2.19 节中讨论。

(2)硫醇盐。用常规方法合成锆的硫醇盐 $Zr(SR)_4$ 是不成功的，这与锗和锡的性质表现是完全不同的。不过用于制备 $Ti(SR)_4$ 的方法却可以应用于锆化合物，例如 $Zr(NR_2)_4 + 4RSH \rightarrow Zr(SR)_4 + 4R_2NH$。通过 $Al(SC_6H_5)_4(Et_2O)$ 与四氯化锆的反应可以制备锆的四硫酚盐。$Zr(OPr^i)_2 \cdot L$ 和 ZrL_2 型的化合物也是已知的，其中 H_2L = 邻-$C_6H_4(CO_2H)(SH)$。一些环戊二烯基衍生物如 $(\pi\text{-}C_5H_5)_2Zr(SR)_2$（R = C_6H_5，叔-C_4H_9），$(\pi\text{-}C_5H_5)_2Zr(S_2C_6H_4)$ 和 $(\pi\text{-}C_5H_5)Zr[S_2C_2(CN)_2]$ 留在下面 2.2.19 节中讨论。

(3)二硫代氨基甲酸盐。四（*N*，*N*-二烷基二硫代甲酸根）锆盐 $Zr(S_2CNR_2)_4$（R = Me，Et，Pr^n）是黄色固体，它是通过二硫化碳对四（二烷基胺）化锆的插入反应来制备的：

$$Zr(NR_2)_4 + 4CS_2 \rightarrow Zr(S_2CNR_2)_4$$

对这个化合物进行了红外、核磁和电子吸收光谱研究（表 23.61），表明在此化合物中有螯合配体[$\nu_{N \underline{\cdots} C}$ = 1488—1520，$\nu_{C \underline{\cdots} S}$ = 994—998，ν_{Zr-S} = 353—339cm^{-1}]，但尚未能证明锆是 8 配位的。

2.2.18　氨化物、烷基氨化物、三氮烯化物、酞菁合物和联吡啶合物

(1)氨化物和烷基氨化物。从 ZrX_4 与液氨和氨化钾的反应制得了多种多样的化合物如 $ZrX_4(NH_3)_x$（X = Cl，Br，I；x = 8—10），$Zr(NH_2)_4$，$Zr(NH)_2$ 和 $K_2ZrN_3H_3$。后来发现也生成了 $ZrCl_3(NH_2)(NH_3)_x$ 和聚合型的 $Zr(NH)_2$，$Zr(NH)(NK)$ 和 $Zr(NK)_2(NH_3)_2$。

虽然苯胺与四氯化锆反应可以生成 $Zr(NC_6H_5)_2$，但脂肪胺很少能发生这种取代反应，仅分离得到如下型的化合物：$ZrCl_4(L)_2$（L = Me_3N，Et_3N，Me_2NH，Et_2NH），$ZrCl_2(NHMe)_2(MeNH_2)$ 和 $ZrCl_3(NHEt)(EtNH_2)$。使用二烷基氨化锂可以合成得到四（二烷基氮基）化锆，它们是有高反应活性、有颜色并可溶的化合物，并可在真空下蒸馏：

$$ZrCl_4 + 4LiNR_2 \rightarrow Zr(NR_2)_4 + 4LiCl$$

表 23.61 N,N-二烷基二硫代甲酸盐 $M(S_2CNR_2)_4$ 的性质

化合物	颜色	熔点(℃)	红外谱峰(cm^{-1})[a] N$\underline{\cdots}$C	C$\underline{\cdots}$S	M—S	电子吸收谱峰(nm)[b]	质子化学位移[c]
$Ti(S_2CNMe_2)_4$[d]	红	分解	1518	1002	356		—
$Ti(S_2CNEt_2)_4$	红	198—200	1493	1004	357	235sh(4.65),280(4.79),400(4.78)	6.208
$Ti(S_2CNPr_2^n)_4$	红	133—134	1490	994	359	240sh(4.69),280(4.78),400(4.00)	6.450
$V(S_2CNMe_2)_4$[d]	棕	分解	1521	1006	354	239(4.78),274sh(4.66),360sh(4.04)	—
$V(S_2CNEt_2)_4$	棕	160—162	1493	1000	361	255(4.65) 640(1.92)	—
$Zr(S_2CNMe_2)_4$[d]	黄	分解	1520	998	353		—
$Zr(S_2CNEt_2)_4$	黄	245—247	1494	999	357	249(4.76),295(4.62),331(4.00)	6.170
$Zr(S_2CNPr_2^n)_4$	黄	147—148	1488	994	359	251(4.81),298(4.68),225sh(4.04)	6.258
$Nb(S_2CNMe_2)_4$	紫	分解	1510	996	345		—
$Nb(S_2CNEt_2)_4$	紫	63—65	1504	1003	364	256(4.83), 763(1.68)	—

参考资料:D. C. Bradley et al., *Chem. Communs.*, (1965)289; *J. Chem. Soc.*, (1969)1152。

a)在 0.1mol/L CH_2Cl_2 溶液中,不溶化合物用 Nujol 矿油糊。

b)在 CH_2Cl_2 溶液中;括弧中为 $\lg\varepsilon_m$。

c)CH_2N 质子的位移值,在 CH_2Cl_2 溶液中,TMS 的 $\tau=10.00$,TMS=四甲基硅。

d)不溶或微溶于 CH_2Cl_2。

这类化合物的红外和核磁共振谱都已测定过,金属一氮拉伸频率出现在 533—677cm^{-1}区间。分子量研究表明 $Zr(NMe_2)_4$ 在溶液中生成聚合型物种,低温核磁共振、质谱和低温红外研究证实了这种情况。在给定浓度的溶液中,四(二甲氨基)化锆聚合物的离解程度低于相应的铪化合物。烷基氨化物的物理数据收集在表 23.62 中。M—NR_2 体系的高反应活性曾被用于合成许多衍生物:

$$M(OR)_4$$
$$M(NR_2)_x(NR'_2)_{4-x}$$
$$M(NMe_2)_2[N(SiMe_3)_2]_2$$
$$(\pi\text{-}C_5H_5)M(NR_2)_3$$
$$(\pi\text{-}C_5H_5)_2M(NR_2)_2$$
$$Zr[Sn(C_6H_5)_3]_4$$

除了这些质子取代反应之外,一些插入反应导致如下化合物的合成:$M(S_2CNR_2)_4$,$(MeO)_2Zr[(CONMe_2)C:C(CO_2Me)(NMe_2)]_2$ 和 $Zr[N:C(Me)(NMe_2)]_4$。氨化物与金属羰基化合物作用生成了一些加成化合物:$M(NMe_2)_4[Ni(CO)_4]_2$,$M(NMe_2)_4[Fe(CO)_5]_2$ 和 $M(NMe_2)_4[Mo(CO)_6]_2$。与伯胺生成聚合型的产物$[Zr(NR_2)\cdot(NHR)_2]_n$。

(2)三氮烯衍生物。用 Ag(dpt)(dpt=1,3-二苯基三氮烯基)在乙醚中处理

$ZrCl_4$ 得到一种暗红色化合物四(1,3-二苯基三氮烯基)锆 $Zr(dpt)_4$(熔点 230℃)。从 $ZrCl_4$ 和 Mg(dmt)I(dmt=1,3-二甲基三氮烯基)的反应可以得到橙色固体的甲基衍生物(熔点 120℃)。这两种衍生物都是单分子化合物,大概是 8 配位的锆-氮化合物。

表 23.62　四价金属的二烷基氨化物的性质

化合物	颜色	熔点(℃)	挥发性d)(℃/Pa)	红外光谱(cm^{-1})e)		质子化学位移
				sym NC_2	M—N	
$Ti(NMe_2)_4$	黄	液体	50/6.7	950vs	592s	6.960
$Ti(NEt_2)_4$	橙	液体	80/6.7	1003vs	610s	6.480
$Ti(NPr_2{}^n)_4$	棕	液体	140/13.3	—	667	6.613
$Ti(NBu_2{}^n)_4$	棕	液体	160/13.3	—	667	6.670
$Ti(NC_5H_{10})_4$	红	100	180/13.3	—	640	6.443
$V(NMe_2)_4$	绿	—	50/1.3	944vs	595s	P
$V(NEt_2)_4$	绿	液体	80/1.3	1001vs	613s	P
$V(NPr_2{}^n)_4$	绿	液体	110/1.3	—	—	P
$Zr(NMe_2)_4$	白	70	60/0.1	936vs	537s	7.098
$Zr(NEt_2)_4$	黄c)	液体	110/1.3	1000vs	577m	6.725
$Zr(NPr_2{}^n)_4$	黄c)	液体	165/13.3	—	637	6.837
$Zr(NBu_2{}^n)_4$	黄c)	液体	180/13.3	—	637	6.808
$Zr(NC_5H_{10})_4$	棕	80	190/27	—	620	6.650
$Zr(NC_5H_9Me)_4$a)	棕c)	—	190/13.3	—	601	—
$Zr(NC_5H_8Me_2)_4$b)	红	—	200/6.7	—	—	—
$Nb(NEt_2)_4$	紫	液体	100/1.3	1000vs	587s	P
$Nb(NPr_2{}^n)_4$	紫	液体	140/1.3	—	—	P
$Nb(NBu_2{}^n)_4$	棕	液体	170/1.3	—	—	P
$Hf(NMe_2)_4$	白	35	70/1.3	—	533	7.083
$Hf(NEt_2)_4$	黄	液体	170/1.3	1002	577m	6.708
$Hf(NC_5H_{10})_4$	黄	—	140/1.3	—	620	—
$Ta(NEt_2)_4$	橙	液体	110/1.3	—	—	—

a)2-甲基氨基丁酸盐。

b)2,6-二甲基氨基丁酸盐。

c)过去报道为绿色和蓝色。

d)这些数据不是平衡沸点数据。

e)在环己烷溶液中。

f)τ 值(TMS=10.000),在环己烷中的 CH_2N 质子;P=顺磁化合物。

(3)酞菁衍生物。将 MCl_4 或 $M(OAc)_4$ 与酞菁(PC)一起加热可以制得多种多样的酞菁衍生物，例如：

$$MCl_4 + \text{邻苯二甲腈} \xrightarrow[\text{重结晶}]{170—190℃} M(OH)_2(PC—Cl)(H_2O)$$

$$Hf(OAc)_4 + \text{邻苯二甲腈} \xrightarrow{9mol/L\,H_2SO_4} Hf(PC)$$

$$MCl_4 + \text{邻苯二甲腈} \xrightarrow[\text{与 HOAc 回流}]{280—300℃} M(OC)_2(PC—Cl) \xrightarrow[\text{喹啉}]{\text{水溶液}}$$

M(OH)(PC—Cl)在 500℃/5×10^{-6} Torr(1Torr=133.332Pa)升华。

(4)联吡啶衍生物。$ZrCl_4$ 与联吡啶二锂 Li_2(bipy)和联吡啶在四氢呋喃(THF)中反应生成绿色的三(联吡啶)合锆，它具有很低的磁矩($\mu_{eff}=0.3$)，表明它对正规对称有很大的畸变，但锆的氧化态不能可信地予以规定，因为金属上的电子可能离域而进入到配体的π-反键轨道上去了。在 THF 中进一步加入 Li_2(bipy)产生黑紫色的$[Li(THF)_4]^+[Zr(bipy)_3]^-$，在 THF 中用锂或钠处理 $Zr(bipy)_3$ 得到橄榄绿色的$[M(THF)^4]_2^+[Zr(bipy)_3]^{2-}$(M=Li,Na)。

2.2.19 金属有机化合物

过去 20 年中锆(铪)的有机化合物领域得到了很大发展，下面我们将就以下几个方面作简要讨论：1. 烷基和芳基化合物，2. 烯丙基化合物和 3. π-环戊二烯基化合物和芳烃化合物。对金属有机化合物的全面论述请参阅本丛书专题 **37**。

1. 烷基和芳基化合物

四甲基锆是在−45°由四氯化锆和甲基锂在乙醚/甲苯中制备的。它是一种不稳定(<−15℃分解)的红色化合物，它含有加合的乙醚。最稳定的甲基锆衍生物是$(\pi\text{-}C_5H_5)_2ZrCl(CH_3)$(191—193℃分解)，它是通过如下反应制得的：

$$[(\pi\text{-}C_5H_5)_2ZrCl]_2O + Al_2Me_6$$
$$\longrightarrow 2(\pi\text{-}C_5H_5)_2ZrCl(Me) + 2Me_2AlOAlMe_2$$

该甲基锆络合物是从苯/石油醚中结晶而得到分离的，它与水反应产生甲烷和二氯-μ-氧四(环戊二烯基)合二锆$[\pi\text{-}(C_5H_5)_2ZrCl]_2O$。用氯化乙基铝在 0℃(在 CH_2Cl_2 中)处理$(\pi\text{-}C_5H_5)_2ZrCl_2$ 得到一氯-双-(π-环戊二烯基)乙基锆$(\pi\text{-}C_5H_5)_2ZrCl\cdot(Et)$。用三乙基铝处理$(\pi\text{-}C_5H_5)_2ZrCl(Et)$产生乙烷。已经合成得到含 Zr—C σ-键的包括不饱和碳原子的一些化合物。例如一些烯丙基-锆络合物就是σ-键合的。1,4-二锂-1,2,3,4-四苯基丁二烯$[LiC(C_6H_5):C(C_6H_5)\cdot C(C_6H_5):C(C_6H_5)Li]$与二氯化双(π-环戊二烯基)锆反应产生含σ键的螯合丁二烯衍生物$(\pi\text{-}C_5H_5)_2ZrC_4\cdot(C_6H_5)_4$，这是一种橙色化合物(140—170℃分解)。双-甲氧甲酰基乙烯$(MeO_2C\cdot C\vdots C\cdot CO_2Me)$与 $Zr(NMe_2)_4$ 的插入一交换反应的产物也含有锆—碳键，即

$(MeO)_2Zr[C(CONMe_2):C(CO_2Me)(NMe_2)]_2$

（>240℃分解）

σ-键合的芳基锆化合物也是已知的。芳基锂试剂对$(\pi\text{-}C_5H_5)_2ZrCl_2$作用生成了$[(\pi\text{-}C_5H_5)_2Zr(C_6H_5)]_2O$（熔点 250—260℃）和$[(\pi\text{-}C_5H_5)_2Zr(C_6H_4Me\text{-对位})]_2O$（熔点 210—214℃），在乙醚中向$(\pi\text{-}C_5H_5)_2ZrCl_2$中加入五氟苯基锂生成白色晶状的$(\pi\text{-}C_5H_5)_2Zr\cdot(C_6F_5)_2$化合物，它可在 120℃/1.3Pa 下升华，与钛的同类化合物有不相上下的热稳定性（熔点 218—219℃，在 N_2 气氛中稳定，在空气中会爆燃!），但化学性质更活泼些。在控制条件下水解可逐级生成$(\pi\text{-}C_5H_5)_2Zr(OH)(C_6H_5)$和$(\pi\text{-}C_5H_5)_2Zr(OH)_2$。

2.烯丙基衍生物

锆和铪的四（π-烯丙基）化合物 $M(C_3H_5)_4$ 是用烯丙基格氏试剂在低温下处理金属四氯化物而制得的。$Zr(C_3H_5)_4$ 在－74℃（在 $CFCl_3$ 中）的核磁共振谱给出一种 π-键合络合物的 AM_2X_2 特征图谱：

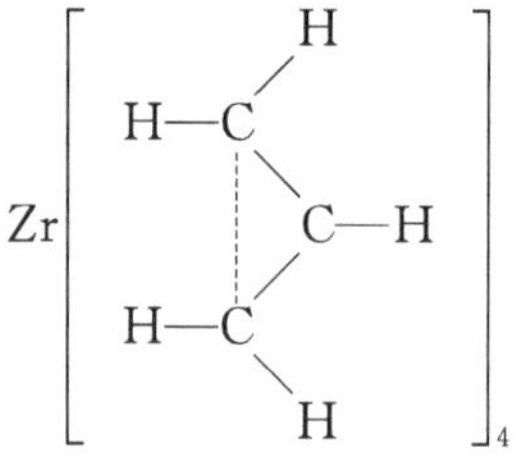

但在－40℃时发生聚结得到 AX_4 型图谱，据认为这是由于端梢 CH_2 基团开始发动了快速旋转造成的，其活化能为 43.9kJ/mol。有趣的是，铪络合物一直冷冻到最低温度都给出 AX_4 型图谱，表明配体旋转的能垒很低。质谱给出弱的母体离子 $M(C_3H_5)_4^+$峰，但有一强的 $M(C_3H_5)_3^+$离子峰。也曾制得一些 π-环戊二烯基烯丙基锆和 π-环戊二烯基甲代烯丙基锆化合物。它们的核磁共振谱都属于"运动"型的，但借助于红外光谱，烯丙基—锆的成键本性可划为如下类型：(a)σ-烯丙基：$(\pi\text{-}C_5H_5)_2ZrCl(C_3H_5)$和$(\pi\text{-}C_5H_5)_2Zr(C_4H_7)_2$；(b)$\sigma$-和 π-烯丙基：$(\pi\text{-}C_5H_5)Zr(C_3H_5)_2$ 和$(\pi\text{-}C_5H_5)_2ZrCl(C_4H_7)$；和(c)两个 σ 和一个 π：$(\pi\text{-}C_5H_5)_4Zr_2Cl(C_3H_5)_3$。

3.环戊二烯基和芳烃衍生物

二氯化双环戊二烯基锆是早在 1953 年制得的，十余年后到了 60 年代末人们才合成出四环戊二烯基锆 $Zr(C_5H_5)_4$ 和双环戊二烯基锆 $Zr(C_5H_5)_2$。$M(C_5H_5)_4$ 化合物是从 MCl_4 或$(C_5H_5)_2MCl_2$ 和 $Na(C_5H_5)$制备的。光谱数据表明在 $M(C_5H_5)_4$ 中所有的氢原子都是等同的，$Zr(C_5H_5)_4$ 的结构到了 1978 年才得到测定，发现在固态中有 3 个 η^5 环和 1 个 η^1 环。这类化合物与含质子试剂 HL 反应产生$(C_5H_5)_2ML_2$ 和$(C_5H_5)ML_3$ 衍生物。

双环戊二烯基锆 $Zr(C_5H_5)_2$ 是一种紫黑色能自燃的反磁性固体，在 300℃/0.13Pa升华，它是在氦气氛中从$(C_5H_5)_2ZrCl_2$ 同钠和萘在 THF 中的反应制得的。在红外谱中未捡出 Zr—H 频率，它同钛同类化合物是同晶的，而后者是双聚分子。

$(C_5H_5)_2ZrX_2$，$(C_5H_5)_2ZrXY$，$(C_5H_5)_2Zr$(X—X，螯合团)，$[(C_5H_5)_2ZrX]_2Z$ 和$[(C_5H_5)_2ZrX]_2$ 型的许多双 π-环戊二烯基衍生物都是已知的化合物，它们的物理和化学性质都已被研究过。例如：$(C_5H_5)_2MX_2$：X=F，Cl，Br，I，NCO 和 NCS，OC_6H_4R，$O_2CC_nF_{(2n+1)}$，NR_2，C_6F_5，BH_4，H，OBu^t，SBu^t，SeC_6H_5。$(C_5H_5)MXY$：X=Cl，Y=OH，OEt，OPr^i，CH_3，C_2H_5，$Si(C_6H_5)_3$，$Ge(C_6H_5)_3$，$Sn(C_6H_5)_3$；X=OH，Y=C_6H_5；X=H，Y=BH_4。$(C_5H_5)_2Zr$(X—X，螯合团)，其中 X—X 螯合团=—$C(C_6H_5)$：$C(C_6H_5)$，$C(C_6H_5)$：$C(C_6H_5)$—，$O_2C_6H_4$，$S_2C_6H_3R$，—[P$(C_6H_5)CH_2]_2C[CH_2P\cdot(C_6H_5)$—$]_2$，$S_2C_2(CN)_2$。$[(C_5H_5)_2MX]_2Z$ 中 Z=O，X=Cl，Br，NCO，C_6H_4R。$[(C_5H_5)_2ZrX]_2$ 中 X=Cl，PR_3。这些工作有的已经提供了红外、核磁共振和质谱数据。这些化合物的若干数据归纳在表 23.63 中。

已合成得到许多一(π-环戊二烯基)衍生物，它们的形式有如$(C_5H_5)MX_3$，$(C_5H_5)MX_2Y$，$[(C_5H_5)ZrX_2]_2O$。举例而言，有$(C_5H_5)\cdot MX_3$，其中 X=Cl，Br，I，HSO_4，OAc，8-羟基喹啉基、乙酰丙酮基、二苯甲酰甲烷、苯甲酰丙酮基、六氟乙酰丙酮基、NR_2。$[(C_5H_5)MX_2Y]$，其中 X=acac；Y=OAc，Cl，NO_3。还有$[(C_5H_5)-ZrX_2]_2O$，其中 X=acac、苯甲酰乙酰丙酮基、8-羟基喹啉基。

唯一已知的锆的芳烃络合物是

$$[Zr_3(C_6Me_6)_3Cl_6]^+Cl^-$$

它是通过三氯化铝和金属铝对四氯化锆在六甲基苯(C_6Me_6)存在下的作用而制得的。在此化合物的结构中包含一个三角形的 Zr_3 单位，在相邻的两个 Zr 原子之间有两个氯桥，并在每个 Zr 原子上各有一个 π 键合的 C_6Me_6 分子。

2.2.20 氢基和硼氢基化合物

金属氢化物已在 2.2.2 节中讨论过了。在本节中我们将讨论 MH_xL_y 型的共价键结合的氢衍生物和硼氢基化合物 $M(BH_4)_4$。

二氢基络合物$[(\pi\text{-}C_5H_5)_2ZrH_2]$是向$(\pi\text{-}C_5H_5)_2Zr(BH_4)_2$ 中加入三甲胺而获得的一种不溶不挥发的白色固体：

$$(C_5H_5)_2Zr(BH_4)_2+2NMe_3 \rightarrow (C_5H_5)_2ZrH_2+2Me_3N\cdot BH_3$$

在该化合物的红外光谱中在 $1540cm^{-1}$处有一宽的红外峰，它被指认为在聚合型化合物中的 Zr(H)Zr 桥键，因为在每个锆原子上有一空的 *dsp* 杂化轨道。在控制的条件下一氢化物$(\pi\text{-}C_5H_5)_2Zr(H)\cdot(BH_4)$被制得为一种略有挥发性的难溶化合物(它很容易水解)：

$$(C_5H_5)Zr(BH_4)_2+Me_3N \rightarrow (C_5H_5)_2Zr(H)(BH_4)+Me_3N\cdot BH_3$$

表 23.63　锆和铪环戊二烯基化合物的物理性质

化合物[a]	熔点[b]（℃）	沸点[c]（℃）	红外光谱[d] 振动模式	频率(cm^{-1})	^1H 核磁共振信号(τ)	其他测量[e]
I. 单分子 ML_2XY						
$L=C_5H_5$, X=Y=Cl	248	s150—180			3.50	UV, MS
$L=C_5H_5$, X=Y=Cl(Hf)	234—235	s170—175(vac)			3.54	UV
$L=C_5H_5$, X=Y=Br	260—261				3.41	UV
$L=C_5H_5$, X=Y=Br(Hf)	266.5—268.5					
$L=C_5H_5$, X=Y=I	299—301				3.22	UV
$L=C_5H_5$, X=Cl, $Y=NO_3$	190.5					
$L=C_5H_5$, X=Cl, $Y=NO_3$(Hf)	185.5—186.0					
$L=C_5H_5$, Y=mbs(H_2O)	166—169					
$L=C_5H_5$, Y=OEt	d70					
$L=C_5H_5$, Y=Me	d191—192				4.22, 9.58	
$L=C_5H_5$, $Y=SiPh_3$	175—178				2.56.3.61	MS
$L=C_5H_5$, $Y=SiPh_3$(Hf)		s180(5×10^{-4})			2.55, 3.76	MS
$L=C_5H_5$, $Y=GePh_3$		s190(5×10^{-4})			2.55, 3.57	
$L=C_5H_5$, $Y=GePh_3$(Hf)		s200(5×10^{-4})			2.55, 3.64	
$L=C_5H_5$, $Y=SnPh_3$					2.55, 3.38	
$L=C_5H_5$, $Y=SnPh_3$(Hf)					2.55, 3.48	
$L=C_5H_5$, $Y=C_3H_5$			ν_{CC}	1590	3.89, 4.26, 6.69	
$L=C_5H_5$, $Y=CH_3\cdot C_3H_4$			ν_{CC}	1605, 1520	3.67, 6.91.8.34	
$L=C_5H_5$, X=Y=NCS	279—281	s200[226]	ν_{NCS}	2040	3.46	UV, MW
$L=C_5H_5$, X=Y=NCO	d218	s175[226]	ν_{NCO}	2240, 1350	3.33	MW
$L=C_5H_5$, $X=Y=O_2CCF_3$	d116—117; 93—94	s 80—90(0.1)	ν_{CO_2}	1685	3.42	F
$L=C_5H_5$, $X=Y=O_2CC_3F_7$	35—36	s100—110(0.1)	ν_{CO_2}	1685	3.58	F
$L=C_5H_5$, X=Y=OH	d250					
$L=C_5H_5$, X=OH, $Y=C_6H_5$	d260(exp)					
$L=C_5H_5$, $X=Y=OBu^t$	148	110—120(0.03)				MW
$L=C_5H_5$, $X=Y=OBu^t$(Hf)		110—120(0.03)				MW
$L=C_5H_5$, $X=Y=OC_6H_5$	118—120					
$L=C_5H_5$, $X=Y=SBu^t$		s160—180(0.05)				MW
$L=C_5H_5$, $X=Y=SBu^t$(Hf)		s140—160(0.02)				MW

续表

化合物[a]	熔点[b] (℃)	沸点[c] (℃)	红外光谱[d] 振动模式	频率(cm^{-1})	^1H 核磁共振信号(τ)	其他测量[e]
$L=C_5H_5, X=Y=SC_6H_5$	147—154[f]					MW[f]
$L=C_5H_5, X=Y=SeC_6H_5$	103—108[f]					MW[f]
$L=C_5H_5, X=Y=NMe_2$		s110—120(0.05)				MW
$L=C_5H_5, X=Y=NMe_2$(Hf)		s120—125(0.02)				MW
$L=C_5H_5, X=Y=NEt_2$		s120—130(0.03)				MW
$L=C_5H_5, X=Y=NEt_2$(Hf)		s120—130(0.03)				MW
$L=C_5H_5, X=Y=C_6F_5$	219(exp)	s120(0.01)				MW
$L=C_5H_5, X=Y=C_3H_5$	d87		ν_{CC}	1590,1533	4.37,4.87,7.11	
$L=C_5H_5, X=Y=CH_3 \cdot C_3H_4$			ν_{CC}	1605,1520	3.67,6.91,8.34	
$L=C_5H_5, X+Y=$bdt	187—190[f]					MW[f]
$L=C_5H_5, X+Y=$tdt	179—185[f]					MW[f]
$L=C_5H_5, X+Y=$mnt	~200[f]					
$L=C_5H_5, X+Y=(PhC)_4$	d270					MW
$L=CH_3 \cdot C_5H_4, X=Y=Cl$	180				3.50,3.57,3.80,7.80	UV
L=thi, X=Y=Cl	203—204				3.76,4.28,7—8.5	UV
$L=ind, X=Y=NMe_2$		s125—135(0.1)				
II. 单分子$(ML_2X)_2O$						
$L=C_5H_5, X=Cl$	306—309	s200—220(vac)	ν_{MOM}	775,749	3.66	UV,MS
$L=C_5H_5, X=Cl$(Hf)	265—269				3.70	UV
$L=C_5H_5, X=Br$			ν_{MOM}	772,755		UV
$L=C_5H_5, X=I$			ν_{MOM}	735		UV
$L=C_5H_5, X=NCO$	d275—277		ν_{MOM}	750	3.54	MW
			ν_{CNO}	2240,1370		
$L=C_5H_5, X=C_6H_5(H_2O)$	250—260		ν_{MOM}	775—720		
$L=C_5H_5, X=CH_3 \cdot C_6H_4$	210—214		ν_{MOM}	755—720		
$L=CH_3 \cdot C_5H_4, X=Cl$	170		ν_{MOM}	725	3.7—3.8,3.90,4.09,7.80	

续表

化合物[a]	熔点[b] (℃)	沸点[c] (℃)	红外光谱[d]		^{1}H 核磁共振信号(τ)	其他测量[e]
			振动模式	频率(cm^{-1})		
L=thi,X=Cl	175				3.67,4.19,4.46,7.3—8.5	UV
III. 双分子 $M_2L_4X_2$						
L=C_5H_5,X=Cl	270—280					
L=C_5H_5,X=PEt_2	d280—282					
L=C_5H_5,X=PBu_2	d238—240					
L=C_5H_5,2X=$(PhPCH_2C)_4$	d270					MW
IV. 其他化合物						
$(C_5H_5)_2ZrPPh_2$						
$(C_5H_5)_4Zr_2Cl(C_3H_5)_3$			ν_{CC}	1590,1583		e.s.r.

a) M=Zr 或另加注解;mbs=$H_3C\cdot C_6H_4\cdot SO_3$;bdt=$C_6H_4S_2$;tdt=$H_3C\cdot C_6H_3\cdot S_2$;mnt=SC(CN)C(CN)S;thi=四氢茚;ind=茚。

b) d=分解;exp=容易爆炸。

c) s=升华;在括弧中的数字为 mmHg 的压力;vac=未规定数字的减压。

d) 不包括 C_5H_5 的振动模式。

e) UV=紫外光谱;MS=质谱;MW=分子量测量;F=^{19}F 核磁共振谱;e.s.r.=电子自旋共振谱。

f) H. Kopf, *J. Organometallic Chem.*, **14**(1968)353。

在这个化合物的红外谱中在 1945cm^{-1}处的尖锐强峰被指认为 Zr—H 拉伸振动，在核磁共振谱中观察到一低场化学位移(对四甲硅为 $\delta=-4.53$ppm)。这个低场位移被归因为 Zr(IV)的 d^0 构型，这与富有 d 电子的过渡金属完全不同，与它们直接键合的质子有特征大的高场位移。它的质谱显有$(C_5H_5)_2Zr^+$离子的一个强峰和$(C_5H_5)_2Zr(BH_4)^+$离子峰，但没有母体离子的峰。

四(四氢硼酸根)金属 $M(BH_4)_4$(M=Zr,Hf)是从 $NaMF_5$ 和 $Al(BH_4)_3$ 制备的：

$$NaMF_5+2Al(BH_4)_3 \rightarrow M(BH_4)_4+2AlF_2(BH_4)+NaF$$

这些络合物是不稳定高化学活性的低熔固体(熔点～29℃)，它们是锆和铪已知的挥发性最高的化合物(蒸气压数据提供在表 23.64 中)。

已经研究过它们的红外光谱和核磁共振谱。(见表 23.64)。在～2600,1200 和 2200cm^{-1}处的谱峰分别归因为端梢 BH_4 的拉伸和变形频率和不对称氢桥的拉伸频率。没有观察到对称的桥拉伸频率(～1400cm^{-1})，但存在有不对称 MB_4 拉伸频率(～500cm^{-1})。它们的质子核磁共振谱给出一来自于与硼自旋耦合的 1∶1∶1∶1 四重峰，表明在每个 BH_4 基团中的四个质子因快速的分子内交换而都是等同的。预期的^{11}B共振的五重谱峰出现在谱图中。在-160℃的 X 射线单晶分析表明该分子具有 Td 对称并有三重氢桥，如图 23.34 所示。

表 23.64 金属硼氢化物的物理性质

性质	$Zr(BH_4)_4$	$Hf(BH_4)$
熔点(℃)	28.7	29.0
沸点(℃，外推)	123	118
ΔH°_s(kJ/mol)	56.9	54.4
ΔH°_v(kJ/mol)	38.9	40.2
ΔH°_f(kJ/mol)	17.99	14.2
结构，晶体，-160℃	ZrB_4(Td)	—
结构，气体，电子衍射	ZrB_4(Td)	—
ν_{as}BH(cm^{-1})	2584	2581
ν_{as}MH(cm^{-1})	2198	2207
νBH_2(cm^{-1})	1223	1228
质子化学位移[a)]	+5.65	+4.38
^{11}B化学位移[b)]	—	+29.3
$J_{11\ BH}$(Hz)	90	89.3[a)]；90[b)]
$J_{10\ BH}$(Hz)	29.8	29.6

a)相对于 C_6H_6 的 ppm 值。

b)相对于 $B(OCH_3)_3$ 的 ppm 值。

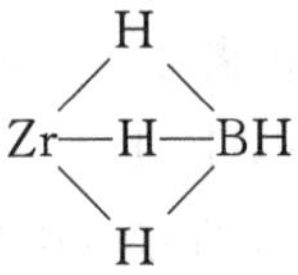

端梢 B—H 键长为 0.12±0.04nm。对气态 $Zr(BH_4)_4$ 的电子衍射分析给出 Zr—H=210pm 和 Zr—B=235pm。

其他的四氢硼酸根络合物$(C_5H_5)_2Zr(BH_4)_2$ 和$(C_5H_5)_2Zr(H)(BH_4)$在前面已经提到过了。在这两个化合物中 BH_4 质子表现有一(1：1：1：1)四重质子核磁共振谱线，由于这些质子是互相等同的，$(C_5H_5)_2Zr(BH_4)_2$ 在红外光谱中除了在 2440、1123 和 2149cm^{-1}处的谱峰外。在 1440—1290cm^{-1}显有来自对称桥拉伸振动的额外谱峰。

有报道说可以从 $ZrCl_4$ 和 $LiBH_4$ 来制备 $Zr(BH_4)_4$。

2.2.21 锆和铪化合物的立体化学

在前面的诸节里已随着讨论的开展及时论及了各有关化合物的结构，在本节

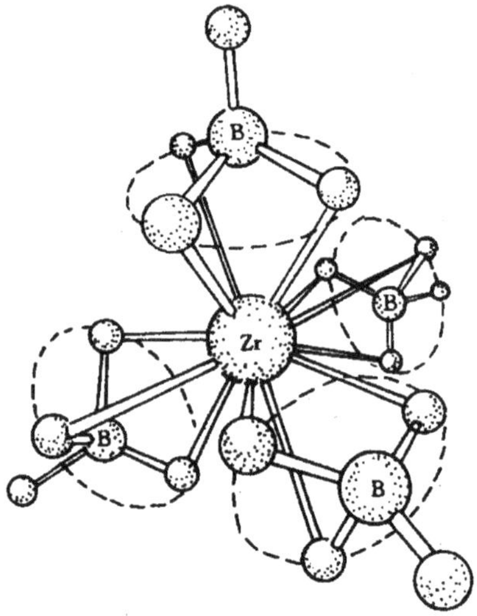

图 23.34　$Zr(BH_4)_4$ 的结构

里就可以方便地对锆和铪化合物的各种各样结构特点作一番归纳工作。很清楚的一点是锆和铪在四价状态倾向于取得配位数 6,7,8 和 9。仅在特殊情况中(往往由于配体的空间位阻和给体 π-键的存在)才会有独立的 4 配位分子物种如 $M(BH_4)_4$,M(烯丙基)$_4$,$M(OR^t)_4$,$M(NR_2)_4$ 和 MI_4。

一般而言,最常见的高配位数似乎是 8,并且电负性最强的给体有利于促成 8 配位,例如 F^-,O^{2-},OH^-,OH_2 或多齿体。不过 9 配位(PbFCl 结构)出现在固体化合物 MAB 中(M=Zr,Hf,A=Si,Ge;B=S,Se,Te)。大的给体原子如氯和砷(如在 MCl_4(联砷)$_2$ 中)有时也有利于促成 8 配位。

(1)配位数 6。八面体配位出现在整个锆和铪的化学中,常见的例子有 Rb_2ZrF_6,ZrF_3,$BaZrO_3$,ZrB,ZrC,ZrN,ZrS,ZrS_2,$ZrCl_3$,$ZrBr_3$,ZrI_3,$ZrCl_4$,Rb_2ZrCl_6,α-$Zr(HPO_4)_2(H_2O)$,$NaZr_2(PO_4)_3$,$Zr(HAsO_4)_2$,$ZrCl_2(acac)_2$,$Zr(OR)_2(acac)_2$ 等。有一个有趣的特点是在单分子化合物 $MX_2(diket)_2$ 中(见 2.2.16 节)采取了顺式构型。同类的钛衍生物也采取了此种构型,这可能是由于两种不同类型配体之间具有不同的 π-给电子本领造成的。好似这种顺式结构出现在许多的 MX_4L_2 型的络合物中。

(2)配位数 7。已知有少数 7 配位的肯定实例。ZrF_7^{3-},ZrF_{12}^{4-} 和 $Zr_4(OH)_6(CrO_4)_5(H_2O)_2$ 都有利地采取了五角双锥结构(D_{5h})。在单斜型 ZrO_2(3Zr—O,2.07;4Zr—O,2.12Å)和在 ZrOS(3Zr—O,2.13;4Zr—S,2.62Å)中采取了四方-三角底座(Cs)构型。带帽三角柱结构(C_{2v})出现在 $Na_5Zr_2F_{13}$ 中,和带帽八面体结构

(C_{3v})出现在 $Zr(SO_4)_2(H_2O)$中。单分子化合物 $MX(diket)_3$ 和 $ZrBr_4(tas)$[在此处 tas 为联三胂 $CH_3As\{(CH_2)_3As(CH_3)_2\}_2$]中含有 7 配位的金属。络合物($\pi$-$C_5H_5$)$Zr(hfac)_3$ 的结构亦被分析为含有 7 配位的金属原子,把 π-环戊二烯基算作是一个单齿配体,但在一般情况下它常被看作是一个三齿配体。

(3)配位数 8。8 配位的立体化学曾在化学界引起过广泛兴趣。用 X 射线分析方法测定的键长和结构型式汇列在表 23.65 ~ 表 23.68 中。由于不同结构类型之间的能量差很小,还不能给 8 配位锆、铪化合物预见其结构型式,在锆和铪化合物中常见的构型是十二面体(D_{2d})或反扭四方柱(D_{4d})。最好的例子是 ZrF_8^{4-},在其中氟是单齿配体,形成了独立的 8 配位物种,它的 X 射线结构是已知的。在 $Li_6(BeF_4)(ZrF_8)$中锆是十二面体结构的,但在$[Cu\cdot(H_2O)_6]_2[ZrF_8]$中锆是反扭四方柱型的。还有,在 $MF_4(H_2O)_3$ 中,锆在双聚分子 $Zr_2F_8(H_2O)_6$ 单位中是十二面体型的,但在铪同类化合物中,铪在$[HfF_4(H_2O)_2]_x$ 无限长链中是反四方柱型的。络合物 $ZrF_4(bipy)_2$ 中大概含有 8 配位的锆原子。由邻一亚苯基双二甲胂(diars)生成的络合物 $MX_4(diars)_2$ 金属锆或铪是 8 配位的,但由配体 2,2′-联吡啶(bipy)生成的络合物$(MCl_4)_4(bipy)_3$ 中却含有一个 8 配位的阳离子$[MCl_2(bipy)_3]^{2+}$和阴离子 $ZrCl_6^{2-}$。

表 23.65 在独立分子中的十二面体 8 配位

化合物	M—A(键长,pm)	M—B(键长,pm)
$Li_6(BeF_4)(ZrF_8)$	216	205
$Na_4[Zr(C_2O_4)_4](H_2O)_3$	223.0	216.8
$K_2[Zr\{N(CH_2CO_2)_3\}_2](H_2O)$	225(Zr—O)	213(Zr—O)
	244(Zr—N)	
$MCl_4[C_6H_4\{As(CH_3)_2\}_2]_2$	—	—
$MBr_4[C_6H_4\{As(CH_3)_2\}_2]_2$	—	—
$Zr(N\text{-ethylsalicylaldiminate})_4$	251.8(Zr—N)	204.4

表 23.66 在独立分子中的反扭四方柱的 8 配位结构

化合物	键长(pm)
$[Cu(H_2O)_6]_2(ZrF_8)$	Zr—F=205,211
$Zr(IO_3)_4$	Zr—O=220.6
$Zr(acac)_4$	Zr—O=218.1—221.7

表 23.67　在二聚和多聚物种中反扭四方柱的 8 配位结构

化合物	键长(pm)
α-ZrF_4	Zr—F=210
$[HfF_4(H_2O)_2](H_2O)$	—
$[Cu(H_2O)_6]^{2+}[Cu_2(H_2O)_{10}]^{4+}[Zr_2F_{14}]^{6-}$	Zr—F(端梢)=204—212；Zr—F(桥键)=216,219
$Na_7Zr_6F_{31}$	Z—F=203－218
$Zr(SO_4)_2(H_2O)_4$	Zr—O=2176－2183
$Zr(OH)_2SO_4$	Zr—O=214－228

表 23.68　在双聚和多聚化合物中的十二面体 8 配位结构

化合物	键长(pm)
$Zr_2F_8(H_2O)_6$	$Zr—OH_2$,Zr—F(端梢健)=189—225；Zr－F(桥键)=220,237
K_2ZrF_6	Zr－F(端梢键)=212,215；Zr—F(桥键)=219,226
$Zr_4(OH)_8(H_2O)_{16}Cl_8$	$Zr-OH_2$=2272；Zr－OH(桥键)=2.142
$Zr_2(OH)_2(SO_4)_3(H_2O)_4$	$Zr-OH_2$=219,222；Zr－OH(桥键)=209,216；Zr—O(硫酸根)=217—226
$[Zr_2(SO_4)_4(H_2O)_8](H_2O)_6$	—
$[Zr_2(SO_4)_4(H_2O)_8](H_2O)_2$	—
$Zr(OH)_2(NO_3)_2(H_2O)_4$	Zr—O=212—237
$K_2[Zr_2(OH)_2(CO_3)_6(H_2O)_6]$	Zr－OH(桥键)=207,213；Zr－O(碳酸根)216－229
$ZrSiO_4$	Zr—O=215,229

2.2.22　低氧化态化合物

在前面 2.2.9 节中已经讨论过低价卤化物 MX_3 和 MX_2，已知它们是化学活性高的不挥发性固体，它们都是含卤桥的高分子化合物。X 射线结构数据表明它们中的金属原子是八面体配位的，即使是在 ZrF_3 中也含有 6 配位的 Zr 原子。对这些低价态化合物的研究发展得很慢，因为它们会与水发生反应，而在非水溶剂中又会遇到溶解度问题。ZrI_3 与水发生一系列的反应：

$$ZrI_3 + 水 \xrightarrow{快反应} [ZrI_x(H_2O)_{6-x}]_n$$

$$\xrightarrow{慢反应} [Zr(H_2O)_6]^{3+} \xrightarrow[氧化作用]{慢反应} Zr(IV) + e$$

三卤化物 ZrX_3 能与含氮配体生成许多氮给体的配合物(表 23.69)。

表 23.69 三卤化锆的络合物

配合物	颜色	磁矩[a] μ_{eff}(B. M.)	电子光谱[b]	红外光谱[c]
$ZrCl_3(py)_2$	巧克力色	1.29	A:27.6br,33.9m,37.6m,44.7s B:13.25sh(12),29.2sh(1800),31.3(1900),39.4(50,000)	418s,293br,270sh
$ZrBr_3(py)_2$	红棕	1.24	A:25.6br,30.0sh,37.6m.44.8s B:13.0sh(6),28.25sh(1500),40.0br(50,000)	417s,382w,220br
$ZrI_3(py)_2$	黄	1.16	A:13.4sh w,24.2sh,27.5m,36.8sh,45.0s B:28.6(1400),34.3(1500),39.4br(50,000)	472br,417s,320s
$Zr_2Cl_6(MeCN)_5$	红棕	0.46	A:15.5w,22sh,29.5br,37.4sh,46.3s B:15.4(13),21.9(220),31.1(1300),36.8br sh(1800),46.6(3000)	440br,294s
$Zr_2Br_6(MeCN)_5$	棕	0.29	A:12.4 sh,27.6br,37.2br sh,44.8s B:38.8sh(2000),40.9(2200)	461 br,395s,296w, 223br
$Zr_2I_6(MeCN)_5$	黄棕	1.10	A:12.9sh w,29.7m.35.5sh,45.1s B:14.3(2),29.2sh(800),34.0(1060),40.5(2100)	459br,395m
$Zr_2Cl_6(bipy)_6$	巧克力色	1.35	A:14.5sh w,21.4sh w,31.5br,37.9sh,45.5s B:14.3(7),20.0sh(200),25.0(800),31.7sh,35.5(1100),42.2(1800)	434sh,416s,403sh 347sh 315sh, 292s,278sh
$Zr_2Br_6(bipy)_4$	棕	1.20	A:14.0sh w,25.7sh w,32 br,37.1sh,45.3s B:31.9sh,35.5(1700),40.9(1800)42.2(2200)	—
$Zr_2I_6(bipy)_6$	黄	0.96	A:12.8sh w,26.0br,37.0sh,45.1s B:13.2sh w,14.0sh w,31.6(1510),40.5(1900)	—
$Zr_2Cl_6(phen)_6$	紫棕	1.27	A:21.2sh,24.4m,29.4sh,32.4sh,36.3br,45.0s B:25.4sh,26.2(500),37.9(1300),43.3(1800)	410s,360w,302s,265m. 252sh

s=强;m=中强;w=弱;br=宽;sh=肩峰.

a)室温值,已对配体反磁性作了校正.

b)峰值以 kK 计,A 固体反射光谱;B 在 CH_3CN 溶液中,括弧中为 ε_M.

c)在 500—200cm^{-1}区间的红外光谱(Nujol 油糊).

由于溶解度问题限制了对低氧化态化合物在溶液中的分子量测定,因而许多对结构的论断不可避免地是推测的。配合物 $ZrX_3\cdot(py)_2$ 被判定为是带卤桥的八面体配位的双聚物 $Zr_2X_6(py)_4$。它的碘化物在稀乙腈腈溶液中是 1∶1 电解质:

$$Zr_2I_6(py)_4+4CH_3CN \rightleftharpoons 2ZrI_2(py)_2(CH_3CN)_2^++2I^-$$

锆(III)乙腈络合物的通式为 $Zr_2X_6(CH_3CN)_5$,其中也只有碘化物(X=I)表现有电离的性质。与 2,2′-联吡啶的络合物,当 X=Cl 和 I 时,生成 $Zr_2X_6(bipy)_3$,但

X＝Br时生成 $ZrBr_3(bipy)_2$，而与邻二氮菲(phen)生成络合物时，$ZrCl_3$ 生成 $Zr_2Cl_6(phen)_3$。在这些络合物中，$Zr_2I_6(bipy)_3$ 和 $Zr_2Cl_6(phen)_3$ 在稀溶液中都变成1：1电解质，人们认为可能生成了$[ZrX_2L_2]^+[ZrX_4L]$(L＝bipy 或 phen)物种。

在以前讨论过的六甲基苯络合物$[Zr_3(C_6Me_6)_3Cl_6]Cl$ 中，锆的平均氧化态是2.33，而在联吡啶络合物 $Zr(bipy)_3$，$[Li\cdot(THF)_4]^+[Zr(bipy)_3]^-$ 和 $[Li(THF)_4]_2^+[Zr(bipy)_3]^{2-}$ 中锆的式氧化态是(0)、(－I)和(－II)，但在这类离域分子中金属氧化态概念的精确性是值得怀疑的。已见报道的其他低价态金属有机化合物有：

$[(\pi\text{-}C_5H_5)_2ZrCl]_2$，$[(\pi\text{-}C_5H_5)_2ZrPR_2]_2$ 和 $Zr(C_5H_5)_2$ 在熔融碱金属氯化物中的电位研究引导到依温度变化的 $Hf/HfCl_2$，$HfCl_2/HfCl_3$ 和 $HfCl_3/HfCl_4$ 电对平衡电势的测定。从这些实验推论出 $HfCl_2$ 在 700—900℃温度范围内是稳定的，但在这个体系中 $HfCl_3$ 在温度高于 800℃时发生歧化作用，生成 $HfCl_2+HfCl_4$。

在低价络合物领域的未来研究工作中单晶 X 射线研究当会提供更多的结构信息。

参考文献

[1] 中国有色金属公司，《有色金属进展》，下篇第 25 分册“锆、铪”(1984).

[2] W. B. Blumenthal. The Chemical Behaviour of Zirconium, Van Nostrand, New York(1958).

[3] F. A. Cotton and G. Wilkinson, Advanced Inorganic Chemistry, 4th ed., John Wiley & Sons, New York (1980).

[4] D. C. Bradley and P. Thornton, Zirconium and Hafnium, in J. C. Bailar et al(ed.), Comprehensive Inorganic Chemistry. Vol. 3, Pergamon Press(1973).

24. 钒 分 族

24.1 绪　论

周期系第ⅤB族是钒分族,它包括钒(V)、铌(Nb)、钽(Ta)三个元素。钒分族属于 d 区元素,价电子层结构为 $(n-1)d^3ns^2$ 或 $(n-1)d^4ns^1$,原子半径的变化是从钒至钽增大。但因镧系收缩,致使铌和钽两者的原子半径很相近,从而使铌和钽在元素的物理、化学性质上非常相似。铌和钽在矿石中也经常相互伴生在一起,在提取和分析上都存在一个铌、钽分离的问题。因此,通常都将铌和钽合并在一起讨论。钒、铌、钽都属于稀有元素,它们的一些主要性质列于表 24.1 中。

钒、铌、钽最外两层的五个价电子都可以参与成键。因此,它们的最高氧化态为+5,相当于 d^0 的结构,这是钒分族最主要的一种氧化态。此外,它们又可以形成+4,+3,+2 等氧化态,在配位化合物中,它们还可以形成+1,0,−1 等氧化态,各种氧化态的化合物其稳定性的变化规律与钛分族的变化规律相似,既随着原子序数由钒至钽增大,其低价化合物的稳定性依次减弱,相反,高价化合物的稳定性依次增强。钒可以形成+5,+4,+3,+2 价的化合物,其中以+5 价为最稳定。+4价次之,+3 和+2 价的钒的化合物不大稳定,钽则主要形成+5 价化合物。铌和钽的低价的简单化合物比较少,但在它们较低的氧化态中却形成非常大量的金属原子簇化合物。

钒、铌、钽都不形成 M^{5+} 型的简单阳离子,五价钒和四价钒都以钒氧根离子的形式存在,如 VO^{2+},VO_4^{4-},VO_4^{3-},VO_3^-,VO_2^+ 等,三价钒和二价钒虽然能以简单的水合离子$[V(H_2O)_6]^{2+}$和$[V(H_2O)_6]^{3+}$的形式存在,但它们都不稳定,易被空气所氧化,五价氧化态的铌和钽其化学性质与典型的非金属很相似,事实上,它们没有简单的阳离子,而形成许多种类的阴离子。只有铌可在水溶液中有较低的氧化态。钽在水溶液中主要形成五价的化合物,在水溶液中,铌和钽都不形成简单的可溶性化合物,钒、铌、钽都能在广阔的范围内形成各种稳定的配位化合物。

钒、铌、钽的五氧化物 M_2O_5 主要呈酸性,所以有时也把它们称为"酸土金属"元素,钒的酸性比铌、钽都强,V_2O_5 具有显著的酸性,而 Nb_2O_5 和 Ta_2O_5 的酸性则明显减弱,它们都可以相应地生成钒酸盐、铌酸盐、钽酸盐。

铌和钽的熔点都很高,钽的熔点和沸点仅次于钨而高于钼,故为最难熔的金属之一,此外,铌和钽都有一个非常突出的性质,就是高的抗腐蚀性,尤其是钽,具有特别高的化学稳定性,钒的抗腐蚀性次于铌和钽。

表 24.1　钒分族的性质

性质	钒	铌	钽	参考文献
符号	V	Nb	Ta	a)
原子序	23	41	73	a)
原子量	50.9415	92.90638	180.9479	a)
电子结构	[Ar]$3d^3 4s^2$	[Kr]$4d^4 5s^1$	[Xe]$5d^3 6s^2$	
晶体结构	体心立方	体心立方	体心立方	b)
晶格常数 20℃(pm)	302.82	330.05	330.29	b)
M 半径(pm)	131.12	142.9	143.0	b)
M^{5+} 半径(pm)	54	64	64	d)
密度 20℃(g/cm^3)	5.96	8.57	16.6	a)
熔点(℃)	1890±10	2468±10	2996	a)
沸点(℃)	3380	4742	5425±100	a)
比热[J/(g·K)]	0.49	0.27	0.14	a)
熵(298K)[J/(K·mol)]	29.5	34.7	41.4	a)
熔化热 ΔH°_m(kJ/mol)	(17.6)	(27.2)	(31.4)	a)
汽化热 ΔH°_v(kJ/mol)	—	715.1	776.1	c)
升华热 ΔH°_s(kJ/mol)	512.5	721.3	781.6	b)
原子的电离能(ev)I_1	6.74	6.88	7.88	b)
原子的电离能(ev)I_2	14.65	14.32	—	b)
原子的电离能(ev)I_3	29.31	25.04	22.3	b)
原子的电离能(ev)I_4	48.0	38.3	33.1	b)
原子的电离能(ev)I_5	65.2	50.0	45	b)
磁化率,10^{-6}cgs	+255.0(298K)	+195.0(298K)	+154.0(293K)	a)
导热率[J/(cm·s·K)]	0.31(100℃)	0.54	0.54	b)
电阻率 20℃(μΩ·cm)	24.8—26.0	16.0	12.45(25℃)	b)
热中力俘获截面(b)	5.00	1.16	—	b

a) Robert C. Weast, "Handbook of Chemistry and Physies", 2nd(1987—1982), CRC Press. Inc., Boca Raton, Florida。

b) J. C. Bailar "Compreheusine Inorganic Chemistry", Vol. 3, Pergamon Press, 494(1973)。

c) C. A. Hampel, "Rare Metals Handbook", 2nd ed., Reinhold Publishing Comporation, Chapman and Hall, Ltd., London, 1961。

如同其他过渡金属一样,钒、铌、钽与非金属元素硼、碳、硅、氮、磷和硫等生成相应的二元化合物,这些化合物都属于难熔化合物,它们的外形,特别是其性质不仅和金属相似,而且和金属互化物相似,这些化合物在性质上表现为高硬度,难熔性,良好的化学稳定性,大的生成热和很高的晶格能,由于存在比较自由的电子,又使它们具有很高的导电性(往往比相应的金属高)和导热性,并使某些难熔化合物在真空中以及在电场和热的作用下具有热电子发射能力。

参考文献

[1] F. A. Cotton G. Wilkinson"Advanced Inorganic Chemistry"(A comprehensive text),4th ed. John Wiley and Sons,Inc. ,689—719(1980).

[2] Bailer(ed),"Comprehensive Inorganic Chemistry",Vol,3,Pergamon Press,491—622(1973).

[3] R. J. H. Clark,"The Chemistry of Titaniun and Vanadium",Elsevier,Amsterdam(1968).

[4] F. Fairbrother,"The Chemistry of Niobium and Tantalum",Elsevier,Amsterdam(1967).

24.2 钒

2.1 金属钒

2.1.1 发现史

1801年墨西哥矿物学家 Andres Mannel del Rio 从 Zimapan 铝矿石中发现了一种新元素，他首先把这种元素命名为 Panchrom，随后又命名为 Erythronium，但从后来的一些实验结果中，他又认为这个元素是不久前发现的铬的不纯形态，便推翻了自己的结论。

1830年瑞典的 Swede Sefström 在一种铁矿石中又发现了一种新元素，并把它命名为钒，Vanadium. 从而肯定了钒的存在。

1831年 Wöhler 再次研究了 Zimapan 的褐铝矿，证明了 del Rio 发现的 Erythronium 和 Swede Sefström 发现的 Vanadium 是同一种元素。

对钒的早期工作贡献最大的是英国化学家 H. E. Rosioe，他在1868—1871年间先后发表了一系列论文，为后来的工作打下了基础，他分离出 V_2O_5，VO_2，V_2O_3，VO，$VOCl_3$，$VOCl_2$，VOCl 等钒的化合物，并研究了它们的性质，在此基础上，他把钒列为磷的同族元素。

2.1.2 钒的同位素

钒有两种天然同位素，其质量数为50和51，此外还存在一系列人工放射性同位素，有关它们的一些基本性质列于表24.2。

表 24.2 钒的同位素

核素	天然丰度(%)	同位素质量	核自旋	半衰期	衰变方式	热中俘获截面(b)
^{46}V	—	45.96023	—	0 4s	β+6.05	—
^{47}V	—	46.95489	—	31m	β+1.89；γ	—
^{48}V	—	47.95226	—	16.1	β+0.69；EC[a)]；γ	—
^{49}V	—	48.94852	7/2	330	EC[a)]	—
^{50}V	0.24	49.947165	6	6×10^{15}	β−0.4；EC；γ	300
^{51}V	99.76	50.943978	7/2	—	—	4.5
^{52}V	—	51.94480	—	3.77m	β−2.6；γ	—
^{53}V	—	52.94337	—	2m	β−2.5；γ	—
^{54}V	—	—	—	55s	β−3.3；γ	—

a) EC——电子俘获。

2.1.3 存在和分布

钒在地壳中的丰度为 0.015%，超过铜、铅、锌、锑等的含量，占第 22 位。

在自然界中不存在游离的钒，钒为亲石元素，大部分以分散状态存在于岩石中，几乎在所有的岩石中都可以找到钒，品位高的钒矿很少，钒主要以三价和五价两种氧化态存在于矿石中，其离子半径与 Fe，Ti，Al 和 P 的相近，在矿石中，Fe_2O_3 可由 V_2O_3 代替，TiO_2 可由 VO_2 代替，P_2O_5 可由 V_2O_5 代替，同时，钒也可在晶格中代替 Mo，Cr，W，Sb，Nb，Mn 和 Cu 等元素。因此，钒一般都与其他金属原矿结合成复合矿物而存在，但是在许多铁矿石中，钒却以单独的、高度分散的化合物——铁钒矿 $FeO(Fe,V)_2O_3$ 的形式存在。

在 70 多种已知含钒矿物中，只有少数构成有开采价值的矿体，如绿硫钒矿 VS_2（或 V_2S_5），钒铅锌矿 $(Pb,Zn)_2OHVO_4$ 钒铜铅矿 $(Cu,Pb)_2OHVO_4$，钒铅矿 $Pb_5(VO_4)_3Cl$，钾钒铀矿 $K_2(UO_2)_2 \cdot (VO_4)_2 \cdot 3H_2O$，钒云母 $KV_2(AlSi_3O_{10})(OH)_2$ 等。此外，钒作为伴生元素，尚包括有含钒钛铁矿、钛磁铁矿，某些粗磷酸盐，富铁铝土矿，某些地区的沥青、煤和石油等。

除少数资本主义国家利用钒矿石作为提取钒的原料外，世界上钒的最大来源是含钒的铁矿石，例如，含钒的钛磁铁矿一般含 48%—58% 的 Fe，6%—16% 的 TiO_2，0.2%—3.0% 的 V_2O_5（以 V_2O_3 形式存在）。

2.1.4 冶炼简介

从钒钛磁铁矿中提取钒，主要有两种方法：火法（间接法），和湿法（直接法），直接法具有流程短，钒回收率高的优点，但间接法可以处理含钛高而钒品位低的矿石。

间接法提取钒的工艺过程及原理包括：将选出的含钒铁矿石精矿加入高炉，用碳还原，得到含钒生铁，约有 80%—90% 的钒进入到生铁中，含钒铁水中钒的含量约为 0.38%—0.48%，第二步是将含钒铁水在炼钢过程中，通过吹入氧气，调节氧化过程，在 1400℃ 左右使 Ti，Si，V，Cr，Mn 等几乎全部渣化，钒富集在渣中，得到钒渣，钒渣的化学成分主要取决于所吹炼的生铁成分，渣中的钒以 V_2O_3 的形式存在，它与 FeO 结合为具有尖晶石结构的 $FeO \cdot V_2O_3$，其中 V_2O_3 平均含量为 29.5%，FeO 为 70.5%，这种尖晶石直到 175℃ 仍很稳定，因此，第三步通常是加入熔剂如 NaCl，Na_2SO_4，Na_2CO_3 等到钒渣中，进行氧化焙烧，使钒转化为可溶性的钒酸钠，经浸出处理，最后得到 V_2O_5，当使用 NaCl 为溶剂时，其化学反应可表示为：

$$2FeO \cdot V_2O_3 + 2\frac{1}{2}O_2 \longrightarrow 2V_2O_5 + Fe_2O_3$$

$$2NaCl + V_2O_5 + \frac{1}{2}O_2 \longrightarrow 2NaVO_3 + Cl_2$$

$$FeO \cdot V_2O_3 + 4\frac{1}{2}Cl_2 \longrightarrow 2VOCl_3 + FeCl_3 + O_2$$

$$2VOCl_3 + 1\frac{1}{2}O_2 \longrightarrow V_2O_5 + 3Cl_2$$

当有水蒸气存在时，加 NaCl 焙烧生成 HCl 而不是 Cl_2。

$$V_2O_3 + 2NaCl + H_2O + O_2 \longrightarrow 2NaVO_3 + 2HCl$$

当使用 Na_2CO_3 或 Na_2SO_4 为溶剂时，其基本反应为：

$$V_2O_3 + Na_2CO_3 + O_2 \longrightarrow 2NaVO_3 + CO_2$$

$$V_2O_3 + Na_2SO_4 + \frac{1}{2}O_2 \longrightarrow 2NaVO_3 + SO_2$$

固-液反应比固-固反应速度快得多，为了降低焙烧温度，提高钒的转化率，可以采用低共熔点的盐对，如 $NaCl\text{-}Na_2SO_4$，$NaCl\text{-}Na_2CO_3$，$NaCl\text{-}Na_2CO_3\text{-}Na_2SO_4$，$KCl\text{-}Na_2CO_3\text{-}Na_2SO_4$ 等。

直接法提取钒的基本原理是，把钒氧化成高价状态，使钒与其他杂质元素分离，并以钒酸根阴离子的形式进入溶液，最后制成钒酸盐，钒的氧化物或钒铁合金等产品，对于最终产物为 V_2O_5 的提钒工艺过程包括：将含钒铁精矿与熔剂 NaCl，K_2CO_3、Na_2CO_3 或 Na_2SO_4 等制成球团，于 900—1200℃ 进行氧化焙烧，使 V_2O_3 转化为偏钒酸钠

$$V_2O_3 + \frac{3}{2}O_2 + 2NaCl \longrightarrow 2NaVO_3 + Cl_2$$

然后用热水浸出，最终得到 V_2O_5，钒的总回收率大于 85%。

1867 年用氢还原 VCl_3 得到金属钒，以后不少人在实验室中制得金属钒，其纯度都在 98%左右，又硬又脆。1927 年第一次用钙还原 V_2O_5 制得的钒在常温下是可煅可压延的，证明了钒是一种有延展性的金属。

已经研究了用各种方法来制取纯金属钒的可能性，这些方法包括：

(1)氧化物和氯化物的金属热还原法；

(2)氯化物的氢还原法；

(3)氧化物的真空碳热还原法；

(4)碘化物热分解法。

氧化物的真空碳热还原法是基于下列化学反应：

$$V_2O_3 + 3C \longrightarrow 2V + 3CO$$

由于此法的金属产出率很高，同时可能在任意还原阶段中连续地控制还原过程，从而保证获得高质量的可煅性金属钒，这种方法可能成为金属钒工业生产的有

前途的方法。

钒容易生成稳定的氢化物、氮化物和碳化物，其吸氧性也很高，室温下的金属钒若含有 0.07%—0.10%的氧或超过 0.03%的氮时，它就强烈地变脆，不能进行机械加工，这使得钒长时间以来未能大规模生产。

1896—1900 年间，人们发现钒能改善钢的性能，从而促进了钒工业的发展，在结构钢中加入 0.1%的钒，其强度可提高 10%—20%，结构重量减轻 15%—25%，成本降低 8%—10%，目前钢铁工业是钒的最大消费者，几乎占全世界钒的总用量的 93%左右，钒在钢铁工业中主要是以钒铁的形式作为钢的合金元素，目前生产的合金钢中，有 50%左右均含有钒，钒的其他消费部门是化学工业和炼油工业，主要作为催化剂。

2.1.5 金属钒的物理性质和化学性质

1. 物理性质

钒是一种单晶金属，呈银灰色，具有体心立方晶格，曾发现在 1550℃和－28～－38℃时有多晶转变。

钒的密度在 20℃时为 6.1g/cm^3，是一种较轻的金属，熔点是 1890±10℃，在接近熔点的温度下其挥发性很低，在 1200℃和 1867—2067℃时，其蒸气压分别为 1.3×10^{-6}Pa 和 0.13—1.3Pa。

纯钒是典型的塑性金属，具有延展性，能被冷加工成箔。然而，钒的机械性能明显地取决于它的纯度。在相同的条件下，非金属杂质的影响要比金属杂质的影响大得多，氢、氧、氮、碳能显著地降低钒的塑性，甚至含氢量为 0.001%时，钒也呈现脆性，氧的含量为 0.05%时，就呈现一些脆性，氧含量大于 0.15%时，钒在冷变型时便破坏；氧含量高于 0.5%时，钒变型就根本不可能。钒中氮的许可含量约为氧的十分之几，塑性钒含氮量应不高于 0.015%，碳(跟其他进入钒中的杂质相比)是害处最小的杂质，用碳合金化的钒，在室温条件下含碳量达 0.3%—0.5%时才出现一些脆性。

钒的塑性与温度有关，随着温度降低至室温以下，钒的塑性有所降低，当温度进一步下降，塑性又会提高。钒不呈现由塑性变为脆性的急剧转变，转变温度与所含的杂质有关。高纯度的钒一直到－196℃也不会变脆。

2. 钒的化学性质

粉末状的金属钒很容易参与化学反应，在 100—300℃这样比较低的温度下，便可起反应和受到侵蚀作用。

在常温下，致密的纯钒是稳定的，在潮湿的空气中仍保持其金属光泽，在空气中或者在氧气中加热到 300℃，金属开始变暗，然后被一些氧化程度不同的氧化物所覆盖，使金属改变颜色。在 600—700℃则剧烈氧化，约在 675℃时，微红色的保护层熔融，并从金属表面脱落，当温度高于 675℃时，钒没有抗氧化的能力，在氧中燃烧时产生颜色鲜艳的火焰。

钒在 CO_2 介质中的作用与在氧中情况相似。

钒在赤热及流动的水蒸气作用下，迅速氧化，并产生氢气。在静态的蒸气中发生氧化作用的同时，通过吸收所生成的氢气，形成氧化物。

钒在 300—400℃时强烈地吸收氢气，生成氢化物。高于 1000℃时，氢的溶解度甚小，在高真空中，600—700℃时氢便释放出来。

钒从 400℃开始吸收氮气，在赤热时迅速形成稳定的氮化物。在高真空，温度为 1700—2000℃时，发生氮化物的热分解，但氮不可能从金属中完全释出。

在 300℃，钒开始与氟反应，生成 VF_5，在 200—300℃时，与干燥的氯气作用，生成 VCl_4，在 500—600℃与溴作用，生成 VBr_3，在 150—280℃与碘作用，生成 VI_3，在赤热的温度下，HCl，HBr 气体强烈腐蚀钒。

钒与碳（炭黑，煤，石墨）及烃类在 800—1100℃反应，生成碳化物。高于 1400℃时发生完全的渗碳作用，与 CO 在赤热时发生反应，并吸收碳和氧。在高真空中，从 1400℃开始，再生成 CO。

钒对水、硫酸、盐酸和稀碱都有良好的抗腐蚀能力，没有空气的时候，钒在海水和工业水中，在食盐溶液和有机酸中抗腐蚀能力较弱。钒可被浓硫酸、硝酸和氢氟酸所侵蚀，也能被冷的稀硝酸侵蚀，当与浓硝酸及王水作用时，生成钒酸。钒也与其他一些氧化性酸如氯酸、高氯酸、溴酸等作用。

钒与高熔点的陶器及建筑材料（主要成分是 Al_2O_3，ZrO_2，ThO_2，SiO_2 等）在高真空或稀有气体中，当温度高于 1400℃时会发生反应。

钒在熔融金属中有一定的耐腐蚀性，在铀的熔化温度下，钒是很稳定的，在耐金属铀腐蚀方面，钒超过铬（～1123℃）、镍、不锈钢、莫尼克 NiCr 合金及因科镍合金（850—950℃）。

钒与下列元素生成合金：Be，Sr，B，Al，Ga，C，Si，Ge，Sn，N，P，As，Sb，O，S，Se，Te，Cu，Ag，Au，Hg，Ti，Zr，Hf，Nb，Ta，Cr，Mo，W，Mn，Re，Fe，Co，Ni，Ru，Rh，Pd，Th，U，H。

钒的原子半径（Goldschmidt 半径）为 131.12pm，上列元素中大多数金属元素的原子半径都在钒的原子半径±159%范围之内。

钒与ⅣB，VB，ⅥB 族元素相互间生成合金的关系如图 24.1 所示。

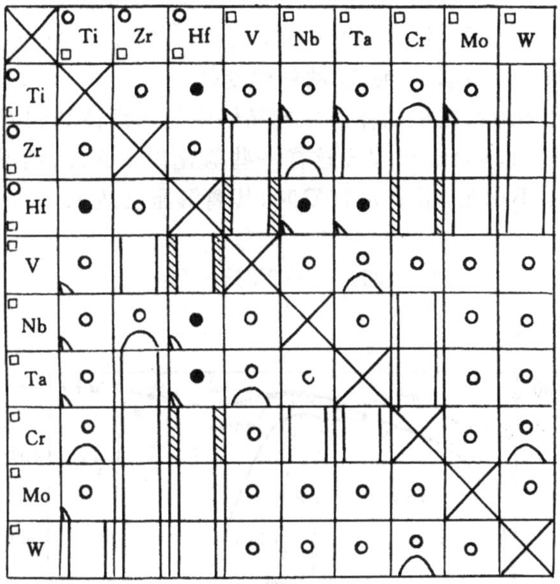

完全混溶
完全混溶，但带有 α-变型的有限混溶
完全混溶，但带有混合的空隙
有限混溶
还未作研究，但可能完全混溶
还未作研究，但可能完全混溶，并带有 α-变型的有限混溶
还未作研究，但可能为有限混溶

图 24.1　IVB、VB、VIB 族金属相互间生成合金的关系

2.2　钒的氢化物

钒能吸收氢，并能生成氢化物。

氢在钒中的溶解度随温度升高而减少，如表 24.3 所示。

表 24.3　氢在钒中的溶解度

温度(℃)	溶解度(cm^3/1000g)	温度(℃)	溶解度(cm^3/1000g)
20	15000	700	640
150	8200	800	450
300	6000	900	320
400	3800	1000	240
500	1840	1100	200
600	1000		

V—H 体系的相图如图 24.2 所示。钒吸收氢后，可以生成组成不同的氢化物相，如 α_H 为无序 bcc 固溶体，β_H 为 V_2H，γ_H 为 VH_2，δ_H 为 V_3H_2，ε_H 为存在于 175—197℃之间的 V_2H 相，η_H 为 β_H 的低温变体。

当氢原子有规律地占据钒的体心立方晶格中的八面体和四面体间隙位置时会导致生成组成为 V_2H，V_3H_2 和 VH 这样一些氢化物。此外，钒还可以生成二氢化物 VH_2，但 VH_2 很不稳定，温度为 13℃时，其离解压已达 1.01×10^5 Pa。发生了下列反应：

$$2VH_2 \longrightarrow 2VH + H_2$$

其反应热为 40.2kJ/mol。

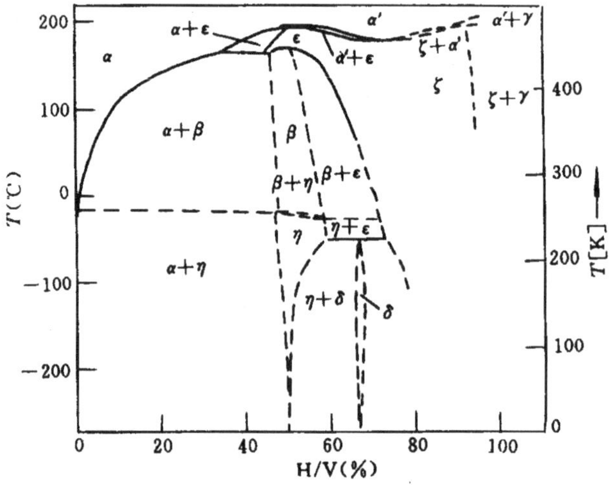

图 24.2　V—H 体系

钒的氢化物是灰色的金属状物质，金属钒吸收氢后，晶格膨胀。随着氢化物成分的不同，其密度比金属钒小约 6%—10%。金属钒吸收氢后，性质变脆。在真空中加热到 600—700℃，钒的氢化物便分解，氢含量减少到 0.001%—0.002%，随着氢的释出，钒的硬度降低，并恢复塑性性能。

氢化钒不与水作用，也不与煮沸的盐酸作用，但被硝酸氧化。

2.3　钒与IIIA—VIA 族元素的二元化合物[1,2,4,5,7,8]

2.3.1　钒的硼化物

在 V-B 体系中(见图 24.3)已经确定存在四个物相：VB_2，V_3B_4，VB，V_3B_2。

硼在固体钒中的溶解度小于 0.25%，在真空中，用电炉加热单质硼和钒的混合物至熔融状态，可以得到 VB，它是一个硬的金属状物质，VB 被硝酸、氢氟酸和

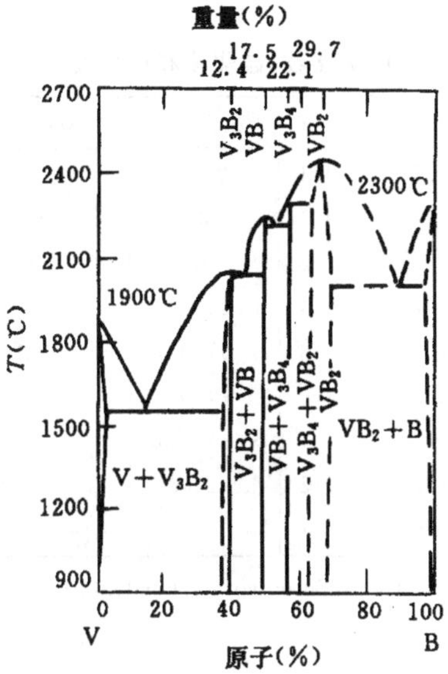

图 24.3 钒-硼体系

熔融碱所侵蚀。

利用下列反应,可以制备出 VB_2:

$$0.5V_2O_3+B_2O_3+4.5C \longrightarrow VB_2+4.5CO$$

$$0.5V_2O_3+0.5B_4C+C \longrightarrow VB_2+1.5CO$$

$$0.5V_2O_3+2B+1.5C \longrightarrow VB_2+1.5CO$$

$$0.5V_2O_3+3.5B \longrightarrow VB_2+1.5CO$$

VB_2 是十分稳定的化合物,低温时,它比较易溶于硝酸和高氯酸,加热时,除草酸外,溶于一切已知的酸。当用碱、碱金属碳酸盐、过氧化铅和过氧化钠熔融时,VB_2 易被分解。

钒的硼化物在空气中易被氧化,二硼化物开始氧化的温度是~1100℃。

钒的硼化物的一些性质列于表 24.4 中。

2.3.2 钒的碳化物

碳在固态钒中的溶解度于 1000℃时约为 0.2%,碳原子插入到金属钒的晶格中,形成间隙相。由 V-C 体系相图(图 24.4)可知,碳与钒形成两个物相:VC 和 V_2C。

将金属钒与碳在真空中加热到 1300℃,一天后可得到最纯形式的 VC,将 V_2O_3 和碳的混合物,或 V_2O_5、氢化钒与碳的混合物加热,或在 1700℃下在氢气流

中将 V_2O_5 碳化，均可得到 VC。

表 24.4 钒的碳化物、硅化物和硼化物的一些性质[a)]

化合物	晶格参数(pm)	Z	熔点(℃)	$\Delta H^{\circ}_{f,298.15}$	ρ(X 射线)(g/cm³)
V_2C	a=290.2,c=451.7	1	2200	—	5.665
VC	a=418	4	2830	−102.5	5.649
V_3Si	a=472.2	2	b)	—	5.67
V_5Si_3	a=942.9,c=475.7	4	2150	—	4.8
VSi_2	a=457.1,c=637.2	3	1750	<−29.3	4.7
V_3B_2	a=574.6,c=303.2	—	~1900	—	5.44
VB	a=305.8,b=802.6,c=297	1	~2300 分解	—	—
V_3B_4	a=303.0,b=1318,c=298.6	2	~2400	—	5.10
VB_2	a=300.6,c=305.6	1	—	—	—

a) H. J. Goldschmidt, Interstitial Alloys, Butterworths, London(1967)。

b) 低于~2060℃转熔。

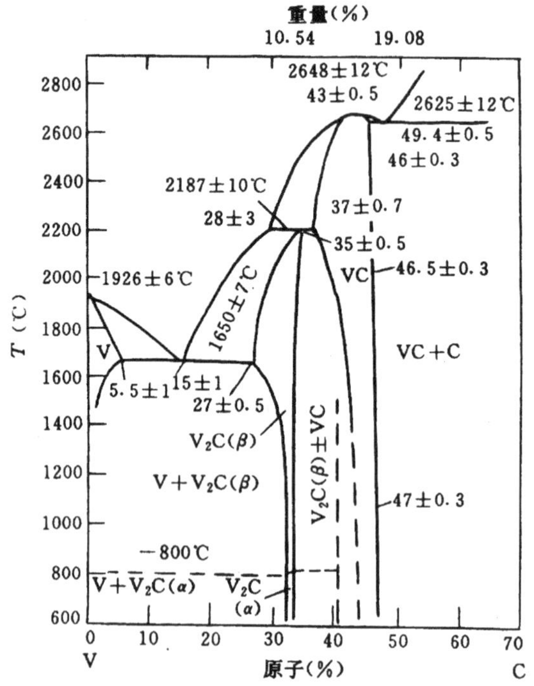

图 24.4 钒-碳体系

VC 呈深灰色，十分硬，有金属光泽，熔点为 2830℃，沸点为 3900℃，在空气中加热至暗红色时，它着火燃烧，在空气中 800—1100℃时开始强烈地氧化。在约

500℃时氯和碳化钒作用，其他卤素在 500—700℃时也和它发生作用。在氮气中以及在氨气中加热至红热时，它变为钒的氮化物。

VC 不与水作用，不溶于盐酸和硫酸，但溶于硝酸，熔融的氯酸钾和硝酸钾也能分解 VC。

即使在平衡状态下碳化钒晶格中仍有一定数量的空位，这些空位比较容易地为氮、氧原子，偶尔还有硼原子或硅原子所填补，从而使制备纯的 VC 带来一定的困难，并使其化学稳定性发生很大的变化。

钒的碳化物具有金属的特征，其电阻率为 $156\times10^{-6}\Omega\cdot cm$。

V_2C 和 VC 的一些性质列于表 24.4 中。

2.3.3 钒的硅化物

由 V-Si 体系相图(图 24.5)可知，钒和硅之间生成四种金属间化合物：V_3Si，V_5Si_3，V_5Si_4 和 VSi_2，它们的一些性质列于表 24.4 中。

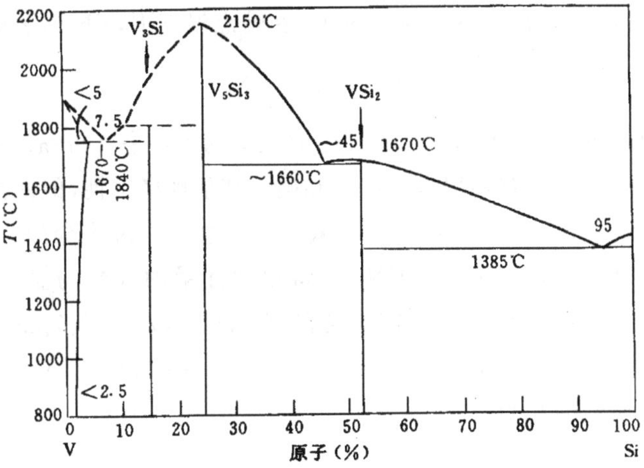

图 24.5 钒-硅体系

用镁还原 V_2O_3 和硅的混合物，可以得到 VSi_2，也可以用 V_2O_6 并加入萤石于混合物中，经还原而得。VSi_2 是一种十分稳定的化合物。其硬度足以刻画玻璃，VSi_2 能被氢氟酸，氯化氢气体和熔融碱所侵蚀，VSi_2 在氟、氯、溴的气流中加热时很快便分解，而在水蒸气，硫和硫化氢蒸气中分解缓慢。

V_2Si 被卤素和氯化氢气体所侵蚀，但不与盐酸、硝酸和硫酸作用。

2.3.4　钒的氮化物

氮能溶解在钒中，在 900℃时，固态钒中氮的溶解度小于 3.5%（原子），温度降低，溶解度下降。

已知存在两个钒的氮化物：VN 和 V_2N，VN 可以通过下列反应制备：

$$V+\frac{1}{2}N_2 \longrightarrow VN$$

$$V+NH_3 \longrightarrow VN+\frac{3}{2}H_2$$

反应温度约为 900—1300℃，将$(NH_4)_3VF_6$ 在 600℃下进行热分解，或使氢和氮的混合气流在 500—600℃下与 V_2O_2 作用，也可以生成 VN：

$$V_2O_2+2H_2+N_2 \longrightarrow 2VN+2H_2O$$

氮化钒 VN 的均匀范围是 $VN_{0.71}$ − $VN_{1.00}$，当氮含量为 21.56%（原子）时，它具有立方晶格结构，a=407pm（在 18%N 时），a=413.4pm（在 21.5%N 时），a=411.3pm（在～22%N 时）。氮化钒的熔点为 2050℃，在熔点温度下，VN 显著分解：

$$VN \longrightarrow V+\frac{1}{2}N_2$$

VN 的离解压在 1203℃时不超过 27Pa，在 1271℃时不超过 199Pa。氮化钒是一个稳定的化合物，不被水分解，对盐酸、硫酸和硝酸都呈现稳定性，但能溶于煮沸的浓硝酸中。碱的水溶液不分解 VN，但当与碱一起熔融时，VN 完全分解。

V_2N 的均匀范围是 $VN_{0.37}$—$VN_{0.50}$，将化学计量的 VN 与金属钒在 1100—1400℃加热，便可得到 V_2N。V_2N 属于六方晶，在富钒区，a=283.7pm，c=454.2pm，c/a=1.601；在富氮区，a=284.1pm，c=455.0pm，c/a=1.602。V_2N 不溶于水、碱和盐酸，但能溶于硫酸和硝酸。

2.3.5　钒的磷、砷、锑、铋化合物

已知存在的钒的磷化物有下列四个：V_3P，V_2P，VP 和 VP_2，其中最稳定的是 VP。在石英管中，将磷和钒在高温下直接反应，可以生成钒的磷化物。

VP 是灰色的物质，在 1050℃时仍保持稳定，VP_2 在加热时会失去磷，其离解压在 710℃时达到 1.01×10^5 Pa。

磷化物能被热硝酸、浓硫酸和王水溶解。

已知存在的钒的砷化物有 VAs 和 V_2As。VAs 呈灰色，密度为 6.28g/cm^3，V_2As 呈银灰色，密度为 6.39g/cm^3，在真空中熔点为 1345℃。曾报道过的化合物有 V_3As 和 VSb_2，V_3Bi 等，但对它们的研究比较少。

有关钒的磷、砷、锑、铋的二元化合物的构型及电性质列于表 24.5 中。

表 24.5 钒的二元磷属化合物

化合物	构型	导电性	化合物	构型	导电性
V_3P	Ti_3P	m[a]	VAs	MnP	m
V_2P	—	m	VAs_2	$NbAs_2$	m
VP	NiAs	m	V_3Sb	Cr_3Si	s[a]
$V_{0.5\cdots1.0}P$	六方	m	$V_{\sim3}Sb_2$	Ni_2In	m
VP_2	$NbAs_2$	m	V_5Sb_4	Ti_5Te_4	m
V_3+As	Cr_3Si	m	V_6Sb_5	斜方	m
V_5+As_3	W_5Si_3	m	VSb	NiAs	m
V_3As_2	斜方	—	VSb_2	$CuAl_2$	m
$V_{\sim2}As$	—	m	V_3Bi	Cr_3Si	m

a) m——金属，s——超导。

2.3.6 钒的硫、硒、碲化合物

已经报道了一系列的钒的二元硫化物：V_2S_5，VS_2，V_2S_3，VS，V_3S，VS_4 及 VS_5 等，但有些如多硫化物 VS_5 似乎还未能完全确定其存在，关于钒的硒化物和碲化物的资料较少，它们当中最重要的一些化合物列于表 24.6 中。

表 24.6 钒的硫属化合物的性质

化合物	构型	导电性	化合物	构型	导电性
V_3S	V_3S	m[a]	V_7Se_8	NiAs 衍生物	m
V_5S_4	Ti_5Te_4	m	V_3Se_4	Fe_3Se_4	m
VS	NiAs		V_5Se_8	V_5S_8	m
V_7S_8	NiAs 衍生物		VSe_2	CdI_2	m
V_3S_4	Fe_3Se_4	m	V_5Te_4	$\sim Ti_5Te_4$	m
V_2S_3	单斜	m	VTe_{1+}	NiAs	m
V_5S_8	V_5S_8	m	V_3Te_4	Fe_3Se_4	m
VS_4	VS_4	se[a]	V_2Te_3	单斜	m
V_2Se	—	m	V_5Te_8	V_5S_8	m
V_5Se_4	Ti_5Te_4	m	$VTe_{1.75}$	$NiAs/CdI_2$	m
$V_{0.9}Se$	NiAs	m	$VTe_{1.85-2}$	单斜	m
VSe	～NiAs	se	$V_{1.01}Te_2$	斜方	m
VSe＞550K	NiAs	m			

a) m——金属；se——半导体。

V_2S_5　在隔绝空气的条件下，将 V_2O_3 与硫一起加热至 400℃，可以得到 V_2S_5，它是黑色的粉末，加热时被氧化，在空气中加热则转变为 V_2O_5。V_2S_5 易于完全分解为 V_2S_3 和硫，V_2S_5 不溶于水，稍溶于盐酸和热的稀硫酸，能溶于热的浓硫酸和热的稀硝酸，并稍溶于氨水和易溶于 NaOH 溶液中。

VS_4　VS_4 是一种多硫化物。将 V_2S_3 与过量的硫在 400℃下加热，反应完成后，将产物冷却，然后用二硫化碳除去剩余的硫，即可以得到 VS_4，它是一种黑色的粉末。在自然界中，它作为绿硫钒矿而存在，VS_4 能溶于氢氧化钾溶液，但不被酸所氧化，高于 500℃时不稳定。

V_2S_3　将 V_2O_3 与 H_2S 在 750℃下反应，经 10h 可以得到 V_2S_3：

$$V_2O_3+3H_2S \longrightarrow V_2S_3+3H_2O$$

也可以由 V_2O_3 与 CS_2 作用在 700℃时反应而得。V_2S_3 是最典型、最稳定的钒的硫化物，它是黑色的顺磁性物质，其均匀范围由 $VS_{1.7}$ 到 $VS_{1.53}$，在真空中加热到 850—950℃，V_2S_3 离解为 S 和 VS：

$$V_2S_3 \longrightarrow 2VS+S$$

在空气中加热 V_2S_3，它被氧化，生成 V_2O_5 和 SO_2。V_2S_3 不溶于稀氢氧化钠溶液，能被硝酸氧化，不溶于盐酸和 3mol/LH_2SO_4 中。

VS　在 1000℃下用氢还原 V_2S_3，在氮气中于 1000℃使 V_2S_3 热分解，或者在密封的二氧化硅管中使金属钒与硫在 1000℃下反应，都可得到 VS。

VS 是黑色的顺磁性物质，具有砷化镍结构，其均匀范围是 $VS_{1.00}$ 到 $VS_{1.16}$。VS 在空气中不稳定，加热时，迅速生成 V_2O_5，并放出 SO_2：

$$10VS+15O_2 \longrightarrow 2V_2O_5+10SO_2$$

沸腾的盐酸能微弱地侵蚀 VS，热浓 H_2SO_4 能慢慢溶解它，但它不溶于稀硝酸中。VS 溶于无色的硫化铵中，得到一种葡萄红色的溶液，氢氧化钠和氨水对此硫化物有微弱的溶解作用。

V_3S　已知 V_3S 有两种变体，α-型和 β-型，α-型变体在高于 950℃时稳定存在，β-型变体在低于 825℃时稳定存在。这两种变体的 V—S 距离都在 231—247pm 范围内。

2.4　含有钒—卤素键的化合物

钒的卤化物是一类重要的化合物，它们可以作为合成钒的其他化合物的起始物质。各种不同氧化态的钒的卤化物和卤氧化物其热力学稳定性是很不相同的，对于钒，只有 VF_5 能稳定存在，而 VX_4，VX_3，VX_2（X＝F，Cl，Br，I）都是已知的。已知的钒的卤化物及卤氧化物列于表 24.7 中。

表 24.7 钒的卤化物和卤氧化物

氧化态	化合物								
V		VF_5 无色	VOF_3 淡黄色		$VOCl_3$ 黄色		$VOBr_3$ 深红色		
			VO_2F 棕色		VO_2Cl 橙色				
IV		VF_4 灰绿色	VOF_2 黄色	VCl_4 红棕色	$VOCl_2$ 绿色	VBr_4 洋红色	$VOBr_2$ 黄棕色	VI_4	VOI_2
III		VF_3 黄绿色	VOF	VCl_3 紫色	$VOCl$ 棕色	VBr_3 黑色	$VOBr$ 紫色	VI_3 棕色	
II		VF_2 蓝色		VCl_2 淡绿色		VBr_2 红棕色		VI_2 黑紫色	

钒的卤化物和卤氧化物之间的一些反应列于表 24.8。

表 24.8 钒的卤化物和卤氧化物间的反应

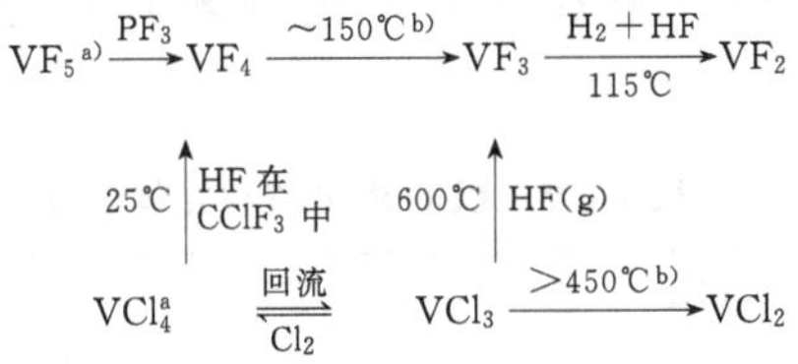

$$[VBr_4]^{c)} \underset{Br_2}{\overset{>-23℃}{\rightleftharpoons}} VBr_3{}^{a)} \xrightarrow{>280℃} VBr_2$$

$$[VI_4(g)] \longleftarrow VI_3 \xrightarrow{>280℃} VI_2$$

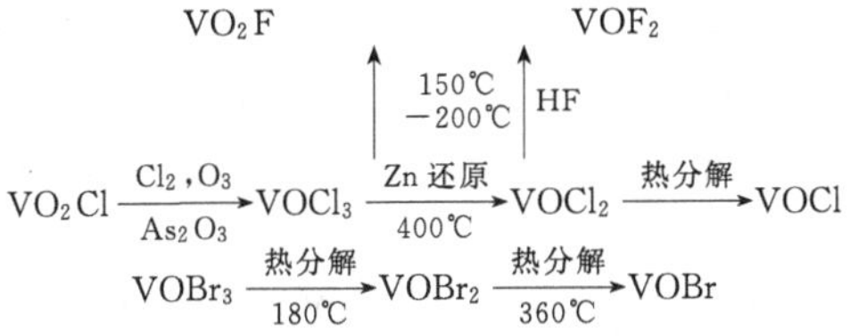

a)在提高温度下直接反应来制备，F_2，300℃，Cl_2，500℃；Br_2，150℃。

b)歧化反应例如：$2VCl_3 \longrightarrow VCl_2 + VCl_4$。

c)在~550℃时迅速冷却，从蒸气中离析出来高于−23℃时分解。

同一氧化态时，随着卤素原子量的增加，卤化物的稳定性降低，一般来说，钒的碘化物是最不稳定的，钒的卤化物会发生歧化反应或热分解反应，尚未发现存在

VX(X=Cl,Br,I),VF 在室温下其生成热经计算为−75.3kJ/mol,它在热力学上也是不稳定的,按下式分解:

$$2VF \longrightarrow VF_2 + V$$

钒的卤化物对氧和潮湿气氛是十分敏感的,所有的卤化物都有吸潮性,并会水解,其水解趋势随着氧化态升高而增加,VF_5,VF_4,VCl_4,$VOCl_3$ 和 $VOBr_3$ 都强烈地被水解,V—X 键很不稳定,它倾向于生成含有 V—O 键的卤氧化物。

钒还能生成混合卤化物,如 VF_3Cl,VCl_3Br,VCl_2Br_2,VCl_2I_2 等,混合卤化物是不稳定的挥发性化合物。

二价和三价钒的卤化物是一种较强的还原剂,而 VF_5 是一个强氧化剂。

在结构上,最简单的是 VCl_4,$VOCl_3$ 和 $VOBr_3$,它们以单体的形式存在,在非水介质中,它们是最活泼的化合物。VF_5,VF_4,VOF_3,VX_3(X=Cl,Br,I)通常以聚合物的形式存在,例如,它们可以通过氟原子以桥式(V—F—V)连接起来,成为无限的链状或层状聚合体,随着聚合程度增加,其反应活性降低。VCl_4 溶于非极性溶剂,并能很好地与许多配位体配位,VCl_3 的反应活性较低,但仍能溶于非极性溶剂,而 VCl_2 则显出惰性的特点。VF_2,VF_3 在非水介质中是不参与反应的。

钒能在宽广的范围内形成各种稳定的配合物,这些配合物的实例列于表 24.9。

表 24.9 钒的氧化态和立体化学

氧化态	配位数	几何构型	实 例
V(V) d^0	8	三角十二面体	$V(O_2)_4^{3-}$
	6	八面体	VF_6^-,VF_5(固)
	5	三角双锥体	VF_5(气)
	4	四面体(C_{3V})	$VOCl_3$,VO_4^{3-}
V(IV) d^1	8	三角十二面体	$VCl_4(diars)_2$
	7	"4∶3"配位	VCl_4·(triarsine)
	6	八面体	VCl_6^{2-},$VO(acac)_2$·py
	5	四方锥体	$VO(acac)_2$,$[VO(NCS)_4]^{2-}$
	5	三角双锥体	$VOCl_2$ 反式−$(NMe_3)_2$
	4	四面体	VCl_4,$V(OSiPh_3)_4$,$V(NEt_2)_4$
V(III) d^2	6	八面体	$[V(C_2O_4)_3]^{3-}$,$VCl_3·3C_4H_8O$,VF_3,$[V(CH_3OH)_4Cl_2]Cl$,$V[OC(NH_2)_2]_6^{3+}$
	6	三角棱柱体	$V[S_2C_2(C_6H_5)_2]_3$
	5	三角双锥体	$VCl_3·(NMe_3)_2$
	4	四面体	VCl_4^-,VBr_4^-
V(II) d^3	6	八面体	$[V(H_2O)_6]^{2+}$,$[V(CN)_6]^{4-}$

续表

氧化态	配位数	几何构型	实　例
V(I) d^4	7	八面体加 1	$Ph_3PAuV(CO)_6$
	6	八面体	$[V(bipy)_3]^+$
V(0) d^5	6	八面体	$V(CO)_6$, $V(bipy)_3$, $V[C_2H_4(PMe_2)_2]_3$
V(−I) d^6	6	八面体	$[V(bipy)_3]^{-1}$, $V(CO)_6^-$

2.4.1 二卤化钒

钒的二卤化物是带有颜色的顺磁性固体物质，它们的一些性质列于表 24.10 中。

所有钒的二卤化物都是吸潮性的，并且有强烈的还原性，在操作时应隔绝空气，在水中，它们都生成$[V(H_2O)_6]^{2+}$离子。

表 24.10 二卤化钒的性质

化合物	分子量	颜色	升华温度(℃)	ρ 20(pyk) (g/cm³)	$\Delta H^\circ_{f,298}$ (kJ/mol)	S°_{298} (J/K · mol)	μ (B. M.)
VF_2	88.94	蓝	—	3.96[a]	—	—	3.36(300K)[b]
VCl_2	121.85	浅绿	~910[c]	3.09[d]	−460.2[e]	97.1[f]	2.41(300K)[g]
VBr	210.76	棕-橙	~800[h]	4.52(25℃)[i]	−347.3[h]	121[f]	2.80(800K)[g]
VI_2	304.74	红	750—800vac[j]	5.0(0℃)[i]	−263.6[k]	134[f]	3.21(288K)[l]

a) J. W. Stout and W. O. J. Boo, *J. Appl. Pays.*, **37**(1966)966。

b) J. W. Stout and H. Y. Lau, *J. Appl. Phys.*, **38**(1967)1472。

c) M. A. Oranskaya and I. L. Perfilova, *Russ. J. Inorg. Chem.* (Eng. Transl.), **6**(1961)131。

d) W. Klemm and L. Grimm, *Z. anorg. und allgem. Chem.*, **249**(1942)198; VBr_2. VI_2 密度是由 X 射线数据测定的。

e) S. A. Schukarev, M. A. Oranskaya, T. A. Tolmacheva and Y. S. Il'inskii, *Russ. J. Inorg. Ckem.* (Eng. Transl.). **5**(1960)3。

f) P. G. Nelson and A. G. Sharpe, *J. Chem. Soc.* (A), (1966)501。

g) W. Klemm and E. Hoschek, *Z. anorg. und allgem. Chem.*, **226**(1936)361。

h) S. A. Shchukarev, T. A. Tolmacheva and V. M. Tsintsius, *Russ. J. Inorg. Chem.* (Eng. Transl.), **7**(1962)345。

i) F. Ephraim and E. Ammann, *Helv. Chim. Acta*, **16**(1933)1273。

j) A. Morette, *Compt. rend.*, **207**(1938)1218; V. M. Tsintsius and E. E. Yudovich, *Russ. J. Inorg. Chem.* (Eng. Transl.), **9**(1964)555。

k) T. A. Tolmacheva, V. M. Tsintsius and L. V. Andrianova, *Russ. J. Inorg. Chem.* (Eng. Transl.), **8**(1963)281。

l) W. Klemm and L. Grimm, *Z. anorg. und allgem. Chem.*, **249**(1942)209。

VF_2　在 115℃将适当比例的氟化氢和氢的混合物还原 VF_3，可以得到 VF_2。

VCl_2　在氢气流中将 VCl_3 加热到 475℃，经 4—6 小时；在氮气氛或者 CO_2 气氛中于 800℃使 VCl_3 发生歧化反应，都可以得到 VCl_2：

$$2VCl_3 \longrightarrow VCl_4 + VCl_2$$

生成的 VCl_4 被氮气带离反应区，留下 VCl_2。在 1000℃下用氯化氢直接与金属钒反应，产物为 VCl_2。此外，用钒铁与氯化氢反应；使锌或锌汞齐与 V_2O_5 的盐酸溶液作用；或者电解还原三氯化物的溶液，也可以生成 VCl_2。

VCl_2 是绿色片状物，在惰性气氛或氯化氢气氛中，接近 910℃时，它升华而不分解，当有氮或 CO_2 存在时，分别生成氮化物或氯氧化物。在 910—1126℃范围内，VCl_2 不会明显地离解，不会熔融或发生歧化反应，然而，当温度高于 1100℃时，它会与石英作用，生成 V_2O_3，VCl_2 可溶于水、乙醇和乙醚中，依次得到紫红色、蓝色和绿色的溶液。

VBr_2　在氢气氛中加热 VBr_3，可以得到 VBr_2，它是红棕色到橙色的片状晶体，十分易潮解，在 800—900℃升华而不分解，VBr_2 具有强还原性。

VI_2　在高于 280℃温度下，使 VI_3 分解，可以得到 VI_2：

$$2VI_3 \longrightarrow 2VI_2 + I_2$$

在 400℃时，反应进行得很快，并且反应是完全的，将化学计量的碘和金属钒混合，在 160—300℃下，于真空中直接反应，也可以得到 VI_2：

$$V + I_2 \longrightarrow VI_2$$

VI_2 在真空中加热到 800℃时升华，加热到 1000℃时开始微量分解，有氧存在时，在 500℃，VI_2 转化为 V_2O_5。VI_2 溶于水中，得到紫色的含有$[V(H_2O)_6]^{2+}$离子的溶液。若暴露于空气中，由于生成碘氧化物，溶液变为黑红色。

2.4.2　钒(II)的配合物

所有二价钒的配合物都具有强烈的还原性，在中性溶液中，它可以将水迅速分解，特别是当有催化剂如铂、铂黑或兰尼镍存在时，但 V(II)配合物在分解趋势上较 V(III)配合物稳定。典型的 V(II)配合物的配位数为 6，一般具有八面体结构，如$[V(H_2O)_6]^{2+}$，$[V(CN)_6]^{4-}$，$[V(NH_3)_6]^{2+}$$[V(bipy)_3]^{2+}$等。

已知最著名的 V(II)与无机配体的配合物是紫色的硫酸盐 $VSO_4 \cdot 7H_2O$，此外，还有 $V(ClO_4)_2 \cdot (H_2O)_6$，$(NH_4)_2V(C_2O_4)_2 \cdot (H_2O)_2$，$NH_4 \cdot V(H_2O)_6PO_4$ 等。电解还原含有氢卤酸 HX 的 V_2O_5 溶液，可以分别得到 $VF_2 \cdot 4H_2O$，$VCl_2 \cdot 4H_2O$，$VBr_2 \cdot 6H_2O$，$VI_2 \cdot 6H_2O$。电解还原含有 V_2O_5 和碱金属硫酸盐的硫酸溶液，可以得到铵、钾和铷的硫酸复盐：$M_2^IV(SO_4)_2 \cdot 6H_2O$，($M = NH_4^+$，$K^+$ 和 Rb^+)。$VCl_2 \cdot 4H_2O$ 溶液与 CsCl，RbCl 和 NH_4Cl 作用，也可得到相应的复盐：

$CsVCl_3 \cdot 2H_2O$,$RbVCl_3 \cdot 6H_2O$ 和 $NH_4VCl_3 \cdot 6H_2O$。在隔绝空气的条件下,用钾汞齐还原 V_2O_3 的乙酸溶液,随后加入 KCN,得到一种红色的溶液,当加入乙醇后,得到棕黄色的沉淀,产物的组成为 $K_4[V(CN)_6] \cdot 3H_2O$。

VCl_2 可以形成两种类型的加合物:$VCl_2 \cdot 4L$ 型($L=H_2O, CH_3CN, C_5H_5N$, HCN)和 $VCl_2 \cdot 2L$ 型($L=H_2O, CH_3OH, C_4H_8O, C_4H_8O_2, C_5H_5N, HCON(CH_3)_2$)。

2,2-联吡啶与低价钒生成组成为$[V(bipy)_2]^{n\pm}$ 的配合物,它们的性质列于表 24.11。

表 24.11 钒(II)的配合物的性质

配合物	磁矩[B. M. (298K)]	颜色	金属的构型
$[V(bipy)_3]^{2+}$	3.75	绿色[b),c)]	t_{2g}^3
$[V(bipy)_3]^{+}$	2.80[d)]	红色[d)]	t_{2g}^4
$[V(bipy)_3]$	~1.8	蓝色	t_{2g}^5
$[V(bipy)_3]^{-}$	0	红色[a)]	t_{2g}^6

a)锂盐。

b)碘化物。

c)高氯酸盐;以上均指在溶液中的颜色。

d)在固态时,此配合物可能是 V(0)和 V(II)的混晶。

这几个化合物相互间的关系可以表示为:

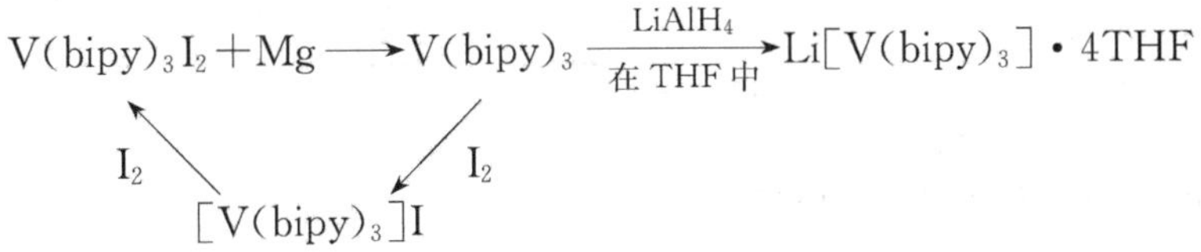

$V(bipy)_3$ 属于空间群 $P_{\bar{3}}$Cl,每个晶胞含有六个分子,其分子对称性为 $32=D_3$,V—V 键长为 210 ± 3pm,N—V—N 内键角为 72.6° ± 1.5°,有关$[V(bipy)_3]^{2+}$,$[V(bipy)_3]^{+}$,$V(bipy)_3$ 和$[V(bipy)_3]^{-}$ 的外层电子排列如图 24.6 所示,在低价金属的配合物中,电子自旋必须尽可能地成对,如为单核配合物,其中若有一个是不成对的自旋电子,则通常是通过生成二聚体而达到电子成对的目的。像 $V(bipy)_3$ 这种含有一个未成对电子的配合物是不多的。

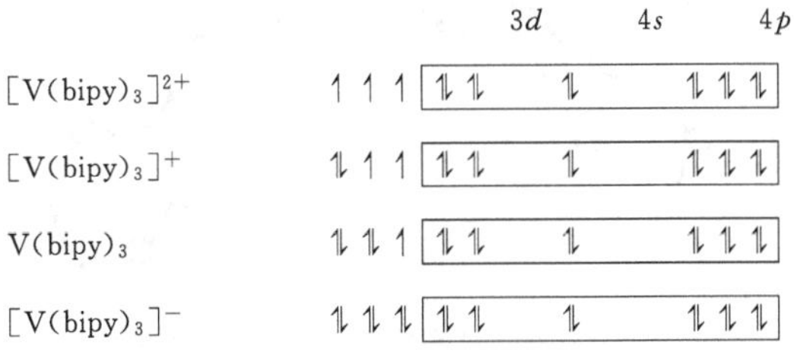

图 24.6 一些钒(II)配合物的外层电子排列

已经制备出含有硫的[$VS_6C_6R_6$]^n 型配合物(R＝CF_3,n＝－2 或－1;R＝C_6H_5,n＝－2,－1 或 0;R＝CN,n＝－2,－1)和[$V(S_2C_6H_3X)_3$]$^{2-}$ 型的配合物(X＝H 或 CH_3),这些配合物的性质列于表 24.12。在这类配合物中,钒原子的准确的氧化态是难以测定的,一般认为是 V(II)和 V(III)两种氧化态,它们与配体形成－1 或－2 价的阴离子。X 射线结构分析表明,V[$S_2C_2(C_6H_5)_2$]$_3$ 具有三角棱柱体的结构,六个 V—S 键长为 233.8pm,S—V—S 内键角为 81.7°,在 $S_2C_2(C_6H_5)_2$ 中,包含有钒原子的五元环处在同一平面上,如图 24.7,所示,但苯环因畸变而处于此平面之外,S—S 之间的距离为 306.4pm。对于一个形式上不成键的配位原子,这个距离相对来说是比较短的,因而认为,S—S 之间的相互作用可能是造成这个三角棱柱型的结构变得稳定,而不是采取通常的八面体结构的一个因素。这个化合物是紫黑色的。其磁矩为 1.80B.M.,g＝1.990。

表 24.12　一些钒(II)配合物的性质

配合物	Λ[a](Ω^{-1}·cm^2·mol^{-1})	μ[b](B.M.)(300K)	g[c]
[$(C_6H_5)_4As$]$_2$[$VS_6C_6(CN)_6$]	140	1.82	1.980
[$(C_6H_5)_4As$][$VS_6C_6(CN)_6$]	74	～0	—
[$(C_6H_5)_4As$]$_2$[$VS_6C_6(CF_3)_6$]	142	1.83	1.983
[$(C_6H_5)_4As$][$VS_6C_6(CF_3)_4$]	56	～0	—
[$(n\text{-}C_4H_9)_4N$]$_2$[$V(S_2C_6H_3CH_3)_3$]	122	1.73	1.978
[$(C_2H_5)_4N$][$VS_6C_6(C_6H_5)_6$]	56	～0	—
[$VS_6C_6(C_6H_5)_6$]	—	1.80	1.990

a)　Λ 是在硝基甲烷溶液中,浓度～10^{-3}mol/L 时测定的数值。

b)　磁矩 μ 是固态时测定的数值。

c)　电子自旋共振的 g 值是在溶液中测定的。

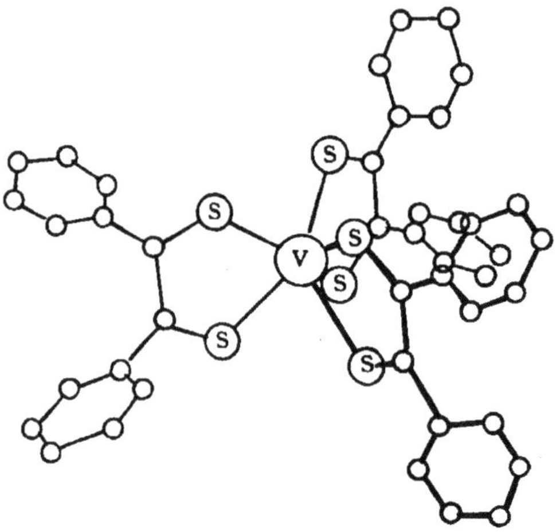

图 24.7　V[$S_2C_2(C_6H_5)_2$]$_3$ 的结构

2.4.3 三卤化钒

三卤化钒和 VOCl，VOBr 的性质列于表 24.13 中。

表 24.13 钒(III)的卤化物和卤氧化物的性质

化合物	分子量	颜色	分解温度(℃)	ρ_{20}(pyk)(g/cm^3)	$\Delta H^\circ_{f,298}$(kJ/mol)	S°_{298}[J/(K·mol)]	μ(B.M.)
VF_3(s)	107.94	绿	1406[a),b)]	3.36(19℃)[b)]	−1334.7 ±83.7[c)]	—	2.55(293K)[d)]
VCl_3(s)	157.30	红-紫	425[e)] 歧化	2.82[f)]	−560.6[g)]	131[k)]	2.74(293K)[i)]
VBr_3(s)	290.67	灰-棕	400[j)] 歧化	4.20(25℃)[q)]	−493.7[k)]	167[k)]	2.67(293K)[i)]
VI_3(s)	431.64	棕-黑	280[l)] 真空化解	5.14[m)]	−280.3[j)]	184[h)]	2.92(295K)[m)]
VOCl(s)	102.39	紫	620[n)] 真空化解	3.44(25℃)[n)]	−602.5[o)]	75.3[o)]	0.78(295K)[n)]
VOBr(s)	146.85	紫	~480 真空化解	4.00(18℃)[p)]	—	—	—

a) B. J. Sturm and C. W. Sheridan, *Inorg. Synth.*, **7**(1963)87；此时不分解。

b) O. Ruff and H. Lickfett. *Ben.*, **44**(1911)2539。

c) R. G. Cavell and H. C. Clark. *J. Chem. Soc.*, (1965)**444**；此值为计算值，非实验值。

d) R. S. Nyholm and A. G. Sharpe, *J. Chem. Soc.*, (1952)3579。

e) M, A. Oranskaya, Yu. S. Lebedev and I. L. Perfilova, *Russ. J. Inorg. Chem.* (Eng. Transl.), **6** (1961)132。

f) W. Klemm and E. Krose, *Z. arong. Chem*, **253**(1947)218。

g) P. Gross and C. Hayman, *Trans. Faraday Soc.*, **60**(1964)45。

h) P. G. Nelson and A. G. Sharpe, *J. Chem. Soc.* (A), (1966)501。

i) W. Klemm and E. Hoscheh, *Z. anorg, und allgem. Chem.*, **226**(1936)359。

j) R. E. McCarley and J. W. Roddy, *Inorg. Chem.*, **3**(1964)60。

k) S. A. Shchukarev, T. A. Tslmacheva and V. M. Tointsius. *Russ J. Inorg. Chem.* (Eng. Transl.) **7**(1962) 345。

l) T. A. Tolrnacheve, V. M. Tsintsius and L. V. Andrianova. *Russ. J. Inorg. Chem* (Eng. Transl), **8** (1963)281。

m) D. Iuza, D. Giegling and H. Schäfer, *Z. anorg. und allgem. Chem.*, **366**(1969)121。

n) H. Schäfer and F. Wartenpfuhl, *J. Less—Common Metals*, **3**(1961)29。

o) H. Oppermann, *Z. anorg. und allgem. Chem.*, **351**(1967)127。

p) O. Ruff and H. Lickfett, *Ber.*, **44**(1911)2534。

q) F. Ephraim and E. Ammann, *Helv. Chim Acta*, **16**(1933)1273。

三氯化钒和三溴化钒都是反铁磁性物质，在 90—293K 范围内，其 θ 值依次为 35°和 20°，除 VF_3 外其他的三卤化物都是十分易潮解的物质，在水溶液中，生成 $[V(H_2O)_6]^{3+}$ 水合离子，后者会进一步水解，其水溶液呈酸性，容易氧化为VO^{2+}离子，除 VF_3 外，其余的三卤化物在空气中易氧化为 VO^{2+} 离子。

有关它们的晶体的一些性质列于表 24.14。

表 24.14　钒的卤化物和卤氧化物的性质

化合物	空间群	晶格参数(pm)	ρ(g/cm³)(X 射线)	Z	参考文献
VF_4	六方	a=538. c=516	3.25	2	a)
$VOCl_2$	斜方	a=384.2, b=11 76.1, c=338.3	2.99	2	b)
VF_3	菱形 $R\bar{3}c-D_{3d}^{6}$	a=537.3, α=57°31′	3.46	2	c)
VCl_3	六方 $R\bar{3}-C_{3i}^{2}$	a=604.5, c=1745	2.87	6	d), e)
VBr_3	六方 $R\bar{3}-C_{3i}^{2}$	a=640.0, c=1853	4.41	6	e)
VI_3	六方 $R\bar{3}-C_{3i}^{2}$	a=691.9, c=1991	5.20	6	k), l)
VOCl	斜方 $Pmmn-D_{2h}^{13}$	a=378, b=330, c=791	3.45	2	f)
VOBr	斜方 $Pmmn-D_{2h}^{13}$	a=377.5, b=338.0, c=8425	4.53	2	j)
VF_2	四方 $P4_2/mnm-D_{4h}^{14}$	a=480, c=324	3.96	2	g)
VCl_2	六方 $P\bar{3}ml-D_{3d}^{3}$	a=360. c=583	3.09	1	h)
VBr_2	六方 $P\bar{3}ml-D_{3d}^{3}$	a=376.8, c=618.0	4.61	1	i)
VI_2	六方 $P\bar{3}ml-D_{3d}^{3}$	a=405.8, c=675.3	5.25	1	i). l)

a) R. G. Cavell and H. C. Clark, *J. Chem. Soc.*, (1962)2692。

b) R. J. Sime, *Z. Krist.*, **124**(1967)3。

c) K. H. Jack and V. Gutmann, *Acta Cryst.*, **4**(1951)246。

d) W. Klemm and E. Krose, *Z. anorg. Chem.*, **253**(1947)218。

e) R. E. McCarley, J. W. Roddy and K. O. Berry, *Inorg. Chem.*, **3**(1964)50。

f) H. Schäfer and F. Wartenpfuhl, *J. Less—Common Metals*, **3**(1961)29。

g) J. W. Stout and W. O. J. Boo, *J. Appl, phys.*, **37**(1966)966。

h) P. Ehrlich and H. J. Seifert, *Z. anorg. und allgem. Chem.*, **301**(1959)282。

i) W. Klemm and L. Grimm, *Z. anorg. und allgem. Chem.*, **249**(1942)198。

j) C. Levayer and J. Rouxel, *Compt, rend.*, **268C**(1969)167。

k) K. O. Berry. R. R. Smardzewski and R. E. McCarley, *Inorg. Chem.*, **8**(1969)1994。

l) D. Juza. D. Giegling and H. Schäfer, *Z. anorg. und allgem. Chem.*, **366**(1969)121。

三卤化钒在受热的情况下，其行为是不相同的，VF_3 可以被升华，VCl_3 和 VBr_3 部分地发生歧化反应，部分被升华，而 VI_3 受热时会分解为 VI_2 和 I_2。

VF_3　在氮气流中，用无水氟化氢通过置于铂坩锅中的 VCl_3 或 VBr_3，维持温度～600℃，可以得到 VF_3；用氟化氢与钒的氢化物在 400℃下作用；在 100—120℃使 VF_4 发生歧化反应；在 200℃下使金属钒直接氟化，都可以得到 VF_3。另一个方法是将$(NH_4)_3VF_6$进行热分解而生成VF_3。

$$(NH_4)_3VF_6 \xrightarrow{500℃} VF_3 + 3NH_3 + 3HF$$

原料$(NH_4)_3VF_6$可以通过下列反应来合成：

$$6NH_2HF_2 + V_2O_3 \xrightarrow{250℃} 2(NH_4)_3VF_6 + 3H_2O$$

当将V_2O_3溶于氢氟酸水溶液中，得到的是其水合物$VF_3 \cdot 3H_2O$。可以用无水氟化氢气体在300℃进行处理使其脱水。

无水VF_3是黄绿色结晶粉末，略溶于冷水，其水溶液呈酸性。但不溶于有机溶剂，VF_3在800℃升华而不分解。熔点为1406±15℃，VF_3的水溶液与碱金属碳酸盐或氢氧化物作用，得到$V(OH)_3$沉淀，$V(OH)_3$在空气中易被氧化，VF_3的水溶液可以将银盐还原为金属银，使汞盐和铜盐还原为亚汞和亚铜盐。VF_3可以与NH_4F及其他一些氟化物生成复盐。

VCl_3　在干燥和脱氧的CO_2或H_2流保护下，将VCl_4在160—170℃下回流2d，VCl_4热分解，生成VCl_3：

$$2VCl_4 \longrightarrow 2VCl_3 + Cl_2$$

使V_2O_3与$SOCl_2$在一个反应弹中加热到200℃，经24h，可以得到VCl_3：

$$V_2O_3 + 3SOCl_2 \longrightarrow 2VCl_3 + 3SO_2$$

此外，可以通过下列反应，制备VCl_3：

$$2V_2O_5 + 6S_2Cl_2 \longrightarrow 4VCl_3 + 5SO_2 + 7S$$

$$2VCl_4 + 2S \longrightarrow 2VCl_3 + S_2Cl_2$$

$$2VOCl_3 + S \longrightarrow 2VCl_3 + SO_2$$

将V_2O_3溶于盐酸中，或电解还原V_2O_5的盐酸溶液，将所得溶液浓缩，用氯化氢饱和，经冷却到−15℃，可以析出三氯化钒的六水合物。

无水三氯化钒是紫色的吸潮性晶体。能溶于酸性溶液中，并迅速被水解。$VCl_3 \cdot 6H_2O$是绿色晶体，易吸潮，迅速地溶于水、乙醇和乙醚，其水溶液随着浓度不同而呈绿色或黄色，将酸加入到溶液中，会得到三价钒溶液的特征色绿色。

VCl_3的升华作用作为一种提纯手段没有特别的价值，因为在高温下，在氮气或CO_2气氛下，VCl_3按下式起歧化作用：

$$2VCl_3(s) \longrightarrow VCl_4(g) + VCl_2(g)$$

$$2VCl_4(g) \longrightarrow 2VCl_3(s) + Cl_2(g)$$

VCl_4的生成依赖于氯的分压。

研究了在300—700℃范围内VCl_3的歧化反应，发现在425℃时，VCl_4的蒸气压为60Pa，若混入少量的氧，则即使在200℃也会生成氯氧化物。当高于650℃时，VCl_3本身开始挥发，将VCl_3在空气中加热，则会生成V_2O_3。

在氢气流中强热时，VCl_3 被还原为 VCl_2，最终可以得到金属钒：

$$2VCl_3 + H_2 \longrightarrow 2VCl_2 + 2HCl$$

$$2VCl_3 + 3H_2 \longrightarrow 2V + 6HCl$$

VBr_3　用干燥的溴与下列物质作用，都可以得到 VBr_3：在隔绝空气的条件下，将氮化钒加热至红热；在 500—600℃与碳化钒作用；将金属钒放在一个经抽真空的封闭的管子中加热到 400℃；将钒铁加热到红热；用 CO_2 气流携带溴蒸气通过钒铁合金；此外也可用 IBr 与金属钒作用，或者用四溴化碳与 V_2O_5 在一个 Pyrex 玻璃安瓿中加热到 350℃反应 10—12h。

VBr_3 纯化的有效方法是在 350—400℃，在溴蒸气存在的情况下使之升华，无水 VBr_3 是灰黑色的晶状粉末，它在熔融前已经氧化，在干燥的空气中会失去 Br_2，其无水及水合物均易潮解，溶于水中生成棕色的溶液，在空气中氧化为蓝色的 VO^{2+} 离子。

用 H_2 还原 VBr_3 可以得到 VBr_2：

$$2VBr_3 + H_2 \xrightarrow{580℃} 2VBr_2 + 2HBr$$

与氧作用生成 $VOBr_2$：

$$2VBr_3 + O_2 \xrightarrow{140℃} VOBr_2 + Br_2$$

VI_3　将金属钒粉末与碘置于二氧化硅管中，抽真空并加热到 150—280℃，使其反应，产物为 VI_3，此时得到的 VI_3 含有微量的金属，若使用片状的金属钒，并维持反应温度为 300℃，经 1—2d，可以得到很纯的 VI_3。

VI_3 是一种棕色的晶状粉末，十分易潮解并能溶于水中，生成一种黑色的溶液，此溶液在空气中转变为绿色。VI_3 也溶于无水乙醇中，但不溶于苯、四氯化碳和二硫化碳中。用电解还原 V_2O_5 的氢碘酸溶液，可以得到绿色的潮解性的六水合物 $VI_3 \cdot 6H_2O$。

VI_3 在 250℃与氯反应，生成三氯化碘和四氯化钒，在 270℃时，VI_3 分解为 VI_2 和 I_2，VI_3 的离解压为：

$$\lg p(\mathrm{atm}) = 5.9 - 4800/T \qquad (300—530℃)$$

2.4.4　钒(III)的配合物

在高氯酸溶液中，当没有其他配体存在时，V(III) 主要以自由水合离子 $[V(H_2O)_6]^{3+}$ 的形式存在，它也可能以其水解产物 $(VOH)^{2+}$ 离子存在：

$$V^{3+} + H_2O \rightleftharpoons VOH^{2+} + H^+$$

$[V(H_2O)_6]^{3+}$ 离子具有八面体构型。

V(III)的电子结构是八面体配位 d^2 离子的电子结构中很典型的例子，其电子光谱含有三个自旋允许的 $d-d$ 跃迁：

$$\nu_1 = {}^3T_{2g} \longleftarrow {}^3\mathrm{T}_{1g}(\mathrm{F}) = 5Dq - 7.5B + 1/2(100D_q^2 + 80D_q \cdot B + 225B^2)^{1/2}$$

$\nu_2 = {}^3T_{1g}(P) \longleftarrow {}^3T_{1g}(F) = (100D_q^2 + 180D_q \cdot B + 225B^2)^{1/2}$

$\nu_3 = {}^3A_{2g} \longleftarrow {}^3T_{1g}(F) = 15D_q - 7.5B + 1/2(100D_q^2 + 180D_q \cdot B + 225B^2)^{1/2}$

已知的 V(III)八面体配位化合物的电子光谱数据列于表 24.15。

由表 24.15 所给出的 D_q 值而导出不同配体光谱化学系列为：

CN^->乙二胺>H_2O>尿素>F^->N_3^->Cl^-，它与 Ti(III)和 Cr(III)确定的系列相似。

表 24.15 八面体钒(III)配合物的电子光谱

配合物	ν_1	ν_2	D_q	15B	方法	参考文献
$Na_3V(CN)_6$	22,200(27)*	28,600(50)	2340	7800	A	a)
$[V(en)_3]Cl_3$	21,300(110)	29,500—	~2150	—	A,B	b)
	17,100(sh)					
$[V(H_2O)_6](ClO_4)_3$	17,250(5.6)	25,000(8.3)	1850	9030	A	c),d)
$NH_4V(SO_4)_2 \cdot 12H_2O$	17,800(3.5)	25,700(6.5)	—	—	C	e)
$CsV(SO_4)_2 \cdot 12H_2O$	17.800(4.5)	25,700(6.5)	—	—	C	e)
$(NH_4)_3V(NCS)_6$	16,700(33)	——	—	—	A	f)
$[V(OCN_2H_4)_6] \cdot (ClO_4)_3$	16,250(11.9)	24,200(15.3)	1750	9220	A	d)
$K_3[V(C_2O_4)_3]$	16,450(15.8)	23,500(sh)	—	—	A	g),h)
$K_3[V(CH_2C_2O_4)_3]$	16.450(21)	23,800(23)	—	—	A	d),g)
V(III)$[Al_2O_3]$77K	17,510(‖)	24,930(‖)	—	—	C	i),j),k)
	17.420(⊥)	25,310(⊥)	—	—		
K_3VF_6	14,800—	23,250—	1610	9730	B	l),m)
$(NH_4)_3VF_6$	14,800—	23,250—	1610	9730	B	m)
$[(n\text{-}C_4H_9)_4N]_3 \cdot [V(N_3)_6]$	13,300—	19,400—	—	—	B	o)
$(Li,K)_3VCl_6$(400℃)	11,000(13.0)	18,000(35.8)	—	—	D	n)
$(pyH)_3VCl_6$(160℃)	11,650(13.2)	18,350(30.5)	1265	7700	D	n)

* 括弧内为消光系数。

A——在溶液中的吸收光谱；B——反射光谱；C——晶体荷移光谱；D——熔融荷移光谱。

a) J. R. Perumareddi, A. D. Liehr and A. W. Adamson, *J. Am. Chem. Soc.*, **85**(1963)249。

b) R. J. H. Clark and M. L. Greenfield, *J. Chem. Soc.*, (A)(1967)409。

c) S. C. Furman and G. S. Gamer, *J. Am. Chem. Soc.*, **72**(1950)1785。

d) H. Hartmann and C. Furlani, *Z. phys. Chem.*, (Frankfurt), **9**(1956)162。

e) H. Hartmann and H. L. Schiäfer, *Z. Naturforsch.*, **6**a(1951)754。

f) S. C. Furman andG. S. Garner. *J. Am. Chem. Soc.*, **73**(1951)4528。

g) H. Hartmann and H. L. Schiäfer, *Angew. Chem.*, **66**(1954)768。

h) H. Hartmann, C. Furlani and A. Burger, *Z. phys. Chem.*, (Frankfurt)**9**(1956)62。

i) W. Low, *Z. Phys. Chem.* (Frankfurt), **13**(1957)107。

j) M. H. L. Price and W. A. Runciman, *Disc, Faraday Soc.*, **26**(1958)34。

k) D. S. McCarlay, *J. Chem. Phys.*, **36**(1962)2757。

l) R. J. H. Clark, *J. Chem. Soc.*, (1964)417。

m) C. J. Ballarusen and F. Winther, *Acta Chem. Scand.*, **13**(1959)1729。

n) D. M. Gruen and R. L. McBeth, *J. Phys. Chem.*, **66**(1962)57。

o) H. H. Schmidtke and D. Garthoff, to be published。

在$[V(H_2O)_6]^{3+}$的电子光谱中，自旋禁止带强度是相当弱的，但在钒的氟配合物如VF_6^{3-}中，还是观察到这些自旋禁止跃迁带，它们的跃迁如下：$1E_g, 1T_{2g} \longleftarrow 3T_{1g}(F)$。一般来说，自旋禁止带的范围在 9000—13000cm^{-1}，而第三个自旋允许带跃迁的ν_3预期在 30000—40000cm^{-1}范围内存在。

$[VL_6]^{3-}$型配离子是比较稀有的，其中包括$[V(CO \cdot (NH_2)_2)_6]^{3+}$离子，但普通的配体不会由母体三卤化钒中取代所有的卤素。早期的研究曾认为，VX_3与液氨反应会生成$[V(NH_3)_6] \cdot Cl_3$，进一步的研究表明，产物是一个多相的固体，其总组成为$VCl_3 \cdot 6NH_3$，当用液氨洗涤这些产物，则会得到一种不溶性的物质，其组成为$VCl_2 \cdot NH_2 \cdot 4NH_3$，而$NH_4Cl$则被洗去。用$VBr_3$与液氨作用，得到相似的结果，这表明$[V(NH_3)_6]^{3+}$在热力学上是不稳定的。金属钒与碘在乙腈中作用，生成黑色的$[V(CH_3CN)_6] \cdot (I_3)_3$，它也是一个很不稳定的物质，会迅速失去碘。钒(III)还形成许多配阴离子如VCl_6^{3-}，VBr_6^{3-}，$V(CN)_6^{3-}$，$V(NCs)_6^{3-}$，$[VF_5H_2O]^{2-}$，$[VCl_4 \cdot 2py]^-$，VCl_4^-，VBr_4^-，$V_2Cl_9^{3-}$等。

无水三氯化钒和三溴化钒可溶于乙腈，生成通式为$VX_3 \cdot 3RCN$(X=Cl,Br,R=Me,Et,P_r^n)的加合物，$VCl_3 \cdot 3CH_2CN$和$VBr_3 \cdot 3CH_3CN$极易水解，可溶于乙腈，在乙腈中，这些配合物都是非电解质，$VX_3 \cdot 3CH_3CN$中的乙腈分子可以被其他配位能力更强的配体如 py，bipy，phen，NMe_3等所取代，随着实验条件的不同，可以生成类型不同的更稳定的配合物，它们之间的相互关系可用下图来表示：

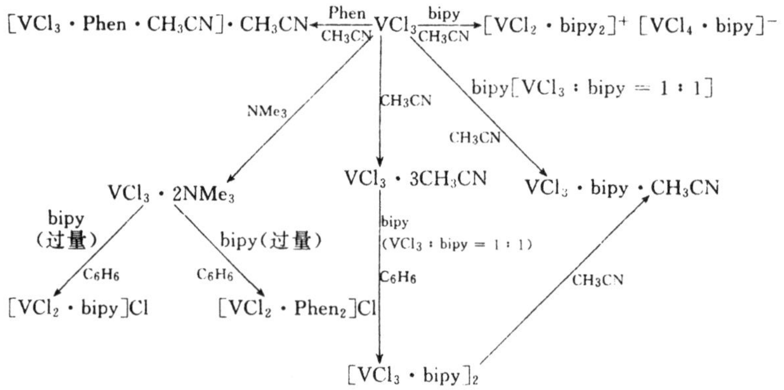

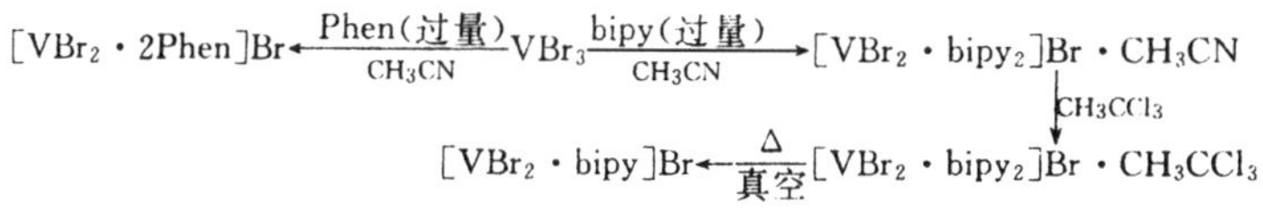

在乙腈中，$VX_3 \cdot 3CH_3CN$与大的有机卤化物盐成$R^+[VX_4 \cdot 2CH_3CN]^-$型(X=Cl,Br,R=$Et_4N^+$，$MePh_3As^+$，或$ph_2As^+$)配合物：

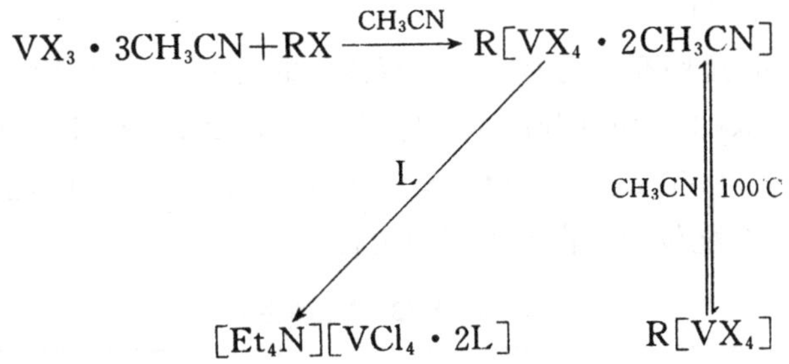

$(L=Py, \frac{1}{2}bipy, \frac{1}{2}Phen)$

在真空中加热到80—100℃，这些配合物会失去两个乙腈分子，生成含 VX_4^- 四面体阴离子的配合物 $R([VX_4]$，如 ph_4AsVCl_4，Et_4NVBr_4。其次，在 $R^+[VX_4 \cdot 2CH_3CN]^-$ 配合物中的乙腈同样可以被取代：

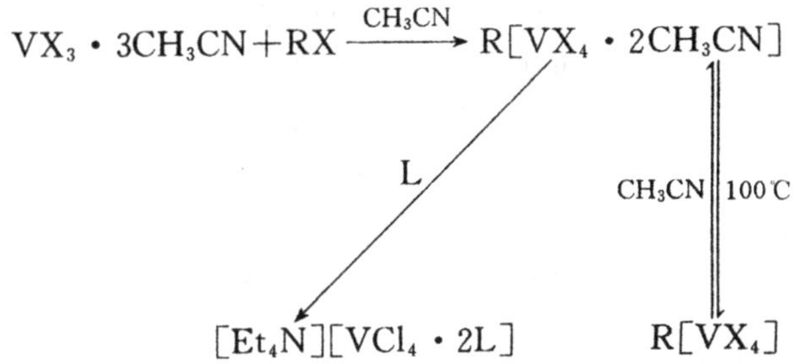

$X=Cl$ 或 Br，$R=Et_4N^+$，$MephAs^+$，Ph_4As^+，$L=py, \frac{1}{2}bipy, \frac{1}{2}phen$

此外，还会生成X为混合型的配合物：

$$VCl_3 \cdot 3CH_3CN + Et_4NBr \xrightarrow{CH_3CN} [Et_4N][VCl_3Br] + 2CH_3CN$$

$$\downarrow 100℃$$

$$[Et_4N][VCl_3Br]$$

在上述配合物中，V(III)的配位数是6，八面体构型，但在 $[Ph_4As][VCl_4]$，$[MePh_3As][VCl_4]$ 和 $[Et_4N][VBr_4]$ 中，阴离子 $[VX_4]^-$ 按四面体排布，而在 $VCl_3 \cdot 3CH_3CN$ 与 Et_4NBr 反应过程中，还会生成X为混合型的配合物：

$$VCl_3 \cdot 3CH_3CN + Et_4NBr \xrightarrow{CH_3CN} [Et_4N][VCl_3Br] + 2CH_3CN$$

$$\downarrow 100℃$$

$$[Et_4N][VCl_3Br]$$

VCl_3 和 VBr_3 与含N，S，P等配位原子的配体生成 $VX_3 \cdot 2L$ 型和 VX_3L 型的

中性配合物(表 24.16)。

结构测定表明,这些配合物具有三角双锥体的构型。此外,VCl_3 亦与含 As 的三合配位体 TAs[双(3-二甲基胂丙基)甲基胂]生成 VCl_3 · O-TAs 和 VCl_3-γ-TAS 配合物,在 VCl_3 · O-TAS 中,配位体按顺位位置配位的可能性较大,而在 VCl_3-ν-TAS中,三个配位原子占有相邻的位置。

表 24.16 VX3 · 2L 的性质

配合物	颜色	熔点(℃)	磁矩 B. M. (298K)
$VCl_3 \cdot 2NMe_3$	紫红	100,真空升华	2.72
$VBr_3 \cdot 2NMe_3$	粉红	—	—
$VCl_3 \cdot 2SMe_2$ [a]	紫	80 分解	2.68
$VBr_3 \cdot 2SMe_2$ [a]	棕	—	2.63
$VCl_3 \cdot 2SEt_2$ [a]	紫	40 分解	2.50
$VCl_3 \cdot 2SC_4H_8$ [a]	粉红	—	2.60
$VBr_3 \cdot 2SC_4H_8$ [a]	棕	—	2.55
$VCl_3 \cdot 2PEt_3$	红	160—163 分解	2.87
$VCl_3 \cdot 2[OP(Pr^n)_3]$	紫红	125—127 分解	2.61
$VCl_3 \cdot 2[OPEt_3]$	紫红	118—120 分解	—
$VCl_3 \cdot 2[OPPh_3]$	蓝	265—270	2.61

a)在溶液中。

通过下列反应,可以生成 $V(OR)_3$:

$$VCl_3 + 3LiOR \longrightarrow V(OR)_3 + 3LiCl$$

由于易氧化,制备三烃氧基钒 $V(OR)_3$ 是十分困难的,目前只有三甲氧基和三乙氧基钒能够作为一种绿色的不挥发的纯净固体被制备出来。

VCl_4 与脂肪族伯胺作用,可以生成三种类型不同的产物:$VCl_3 \cdot 3NH_2R$(R=Pr^n,Bu^n,$pent^n$);$VCl_2(NHR) \cdot nNH_2R$(R=Pr^n,Bu^n,Me,Et).$[NH_3R][VCl_2(NHR) \cdot 2NH_2R]$(R=$Bu^n$,$Pr^n$,$pent^n$,Me,Et)。三价钒最大的配位数通常是 6,因而,在这些配合物中,某些胺不能直接与钒配位,而是通过氧键使它稳定在钒的周围。VCl_3 与 $NHMe_2$ 反应,生成 $VCl_2 \cdot (NMe_2) \cdot 3NHMe$,与乙二胺(en)反应,生成 $Ven_3 \cdot Cl_3$。

2.4.5 四卤化钒和二卤氧化钒

四价钒的卤化物及卤氧化物的性质列于表 24.17 中。

表 24.17 钒(IV)卤化物和卤氧化物的性质

化合物	分子量	颜色	熔点(℃)	沸点(℃)	ρ_{20}(g/cm³)	ΔH°_{f298}(kJ/mol)	S°_{298}[(J/K·mol)]	μ(B. M.)
VF_4(s)	126.93	绿	100 升华,歧化[a]	—	3.15[a]	−1343[b]	—	1.68(293K)[c]
VCl_4(l)	192.75	黑—棕	−25.7[d]	152[d]	1.820(25.3℃)[e]	−569.9[f]	243[g]	1.61(300K)[i]
VCl_4(g)							367[f]	
VBr_4(g)	370.58	洋红	−23 分解[j]	—	—	−454.0[k]	~335[k]	—
VOF_2(s)	104.94	黄		—	3.396(19℃)[l]	—	—	—
$VOCl_2$(s)	137.65	绿	~300 歧化[g]	—	2.88(13℃)[m]	−690.4[g]	119[g]	—
$VOBr_2$(s)	226.76	黄—棕	~320 分解[n]	—	—	—	—	—

a) R. G. Carvell and H. C. Clark, *J. Chem. Soc.*, (1962) 2692。

b) R. G. Cavell and H. C. Clark, *Trans. Faraday Soc.*, **59** (1963) 2706。

c) R. J. H. Clark, *J. Chem. Soc.*, (1963) 1377。

d) J. H. Simons and M. G. Powell, *J. Am. Chem. Soc.*, **67** (1945) 75。

e) A. G. Whittaker and D. M. Yost, *J. Chem. Phys.*, **17** (1949) 188。

f) P. Gross and C. Hayman, *Trans. Faraday Soc.*, **60** (1964) 45。

g) H. Oppermann, *Z. anorg. und allgem. Chem.*, **351** (1967) 113。

h) J. A. Creighton, J. H. S. Green and W. Kynaston, *J. Chem. Soc.* (A), (1966) 208。

i) R. J. H. Clark and D. J. Machin, *J. Chem. Soc.*, (1963) 4430。

j) R. E. McCarley and J. W. Roddy, *Inorg. Chem.*, **3** (1964) 54。

k) S. A. Shehukarev, T. A. Tolmacheva and V. M. Tsintsius, *Russ. J. Inorg. Chem.* (Eng. Transl), **7** (1962) 345。

l) O. Ruff and H. Lickfett, *Ber.*, **44** (1911) 2539。

m) H. E. Roscoe, *J. Chem. Soc.*, **21** (1868) 322。

n) O. Ruff and H. Lickfett, *Ber.*, **44** (1911) 2534。

VF_4　用液态无水氟化氢与 VCl_4 在 −28℃下作用,可以得 VF_4,若要制备较纯和较为均匀的产物,则可以在一种惰性溶剂如三氟氯甲烷中进行,将金属钒与氟直接反应,也可以得到 VF_4,反应在 200℃下进行,同时还生成 VF_5。可以利用它们挥发性上的差别使其分离。这个方法通常可以得到块状产物,从而可以减少产物表面的水解作用。在氩气氛中,于 150℃使氟与 VCl_4 作用也可以得到 VF_4。

纯的 VF_4 是菩提绿色的顺磁性物质。当它暴露于潮湿的气氛中,首先水解为棕色,最后变为蓝色的糊状物。VF_4 十分容易发生歧化反应,在真空 100—120℃时,它不可逆地转化为 VF_3 和 VF_5,甚至在室温 1.01×10^5 Pa 封闭的玻璃管中,经数天之后，也会发生微弱的歧化反应（10d 内约为 7.5%）。然而，在真空 100—120℃时，它慢慢升华并会部分分解，由 VF_4 的生成热推测它的歧化反应：

$$2VF_4 \longrightarrow VF_3 + VF_5$$

比离解反应

$$VF_4 \longrightarrow VF_3 + \frac{1}{2}F_2$$

更易于进行。

VF_4 与三氟化溴或氟作用，可以得到五氟化物。

VCl_4　金属钒与干燥的氯在 200—500℃直接反应，生成 VCl_4。钒铁与干燥的氯气在加热时发生反应，也可以生成 VCl_4：

$$2FeV + 7Cl_2 \longrightarrow 2FeCl_3 + 2VCl_4$$

此外，也可用 V_4C_3，VN，V_2Si，VSi_2 或 V_2O_5 进行氯化反应，氯化剂可用氯，$SOCl_2$，SO_2Cl_2，$COCl_2$ 等，产物为 VCl_4，使 VCl_3 在氯气氛下加热到 425℃，也可生成 VCl_4。当使用 V_2O_5 在碳存在下于 800℃进行氯化，产物为 VCl_4，但在较低的温度下进行氯化时，产物中混有少量的 $VOCl_2$。

VCl_4 是一种红棕色的液体，在潮湿气氛中，它极易水解，产生很多烟雾，纯化处理时要很小心。否则会生成副产物 $VOCl_3$。VCl_4 不稳定，在真空中回流时会分解为 VCl_3 和氯。

VCl_4 的蒸气压为：

$$\lg p_{mmHg} = 7.581 - 1998/T \qquad (30—80℃)$$

$$\lg p_{mmHg} = 7.62 - 2020/T \qquad (30—153℃)$$

VCl_4 其他一些热力学数据为：

$$\Delta H^\circ_{分解} = 57.74kJ/mol; \Delta H^\circ_v = 41.4kJ/mol;$$

$$\Delta S^\circ_m = 9.62kJ/mol; \Delta S^\circ_m = 38J/K \cdot mol;$$

$$\Delta S^\circ_v = 99J/K \cdot mol.$$

甚至在氯气压力为 1.01×10^5Pa 的 Pyrex 管内，VCl_4 也会慢慢地分解为 VCl_3 和氯。

VBr_4　在真空中，将 VBr_2 加热到 325℃，发生如下反应生成 VBr_4：

$$VBr_3(s) + \frac{1}{2}Br_2(g) \longrightarrow VBr_4(g)$$

在 −78℃时，VBr_4 是洋红色的，但在较高温度下，其颜色变暗。VBr_4 在 −45℃时是稳定的，但在 −23℃时分解为 VBr_3 和 VBr_2。在真空中，即使在室温下，它经过长距离的扩散也不分解。

VOF_2　在无水氟化氢气流中，将 $VOBr_2$ 加热，最初温度为 150—200℃，然后升温至 600—700℃，经过 6h，便可得到 VOF_2。

VOF_2 是黄色固体，微溶于丙酮，但不溶于其他溶剂，它是一个聚合物。在 19℃时，其密度为 3.396g/cm^3。

$VOCl_2$　在一支封闭的管中于 400℃下用锌粉还原 $VOCl_3$，可以得到 $VOCl_2$，也可以用氢作还原剂，较为有效的制备方法是使 V_2O_5，VCl_3 和 $VOCl_3$ 按下式反应：

$$V_2O_5 + 3VCl_3 + VOCl_3 \longrightarrow 6VOCl_2$$

反应在一根封闭的管中进行，控制一定的温度梯度，热端为 600℃，经 4—5d，$VOCl_2$ 升华，离开热反应区，产物为绿色，易潮解，其密度为 2.88g/cm^3。$VOCl_2$ 溶于水中，得到一种蓝色的溶液，也溶于乙醇、硝酸和乙酸中。$VOCl_2$ 的水合物有数种，其中研究得最多的是经验式为 $VOCl_2 \cdot 2\frac{1}{2}H_2O$ 的化合物，为棕色潮解性物质。

$VOBr_2$　使 $VOBr_3$ 在 180℃热分解，可以得到 $VOBr_2$。在一根封闭的 Jenaer 玻璃管中加热 V_2O_5 和硫的混合物至 500—600℃，通入溴蒸气，可以得到 $VOBr_2$。$VOBr_2$ 溶于水中，得到含有$[VO(H_2O)_5]^{2+}$离子特征蓝色的溶液。在 360℃，$VOBr_2$ 部分离解为 VOBr，在较高的温度下，它转化为 V_2O_5。

VOI_2　无水 VOI_2 尚未见报道，但一种黑色的水合物 $VOI_2 \cdot nH_2O(n=2-3)$ 可通过将 V_2O_5 与 HI 作用而得到。

2.4.6　VF_4 和 VCl_4 的加合物

VF_4 能生成加合物，制备这些加合物的最好方法是将 VF_5 与过量的配体作用，此时，VF_5 被还原为 VF_4，同时生成相应的加合物，用这种方法已经制备出 $VF_4 \cdot NH_3$，$VF_4 \cdot py$ 等。也可用 VF_4 直接与配体作用，如制备 $VF_4 \cdot SeF_4$。有关这些加合物的性质列于表 24.18。

表 24.18　$VF_4 \cdot L$ 的性质

配合物	颜色	磁矩 μ(20℃)(B. M.)	分解温度(℃)
VF_4NH_3	米黄	1.83	250
$VF_4 \cdot py$	粉红	1.79	150
$VF_4 \cdot SeF_4$	棕	2.32	—
Ven_3F_4	棕	2.0	160

钒(IV)是属于 d^1 体系，与 Ti(III)是等电子。钒(IV)八面体配合物的电子光

谱数据列于表 24.19。这是一类 $VCl_4 \cdot nL(n=1$ 或 $2)$ 型的加合物。

表 24.19　钒(IV)配合物的八面体电子光谱

配合物	$^2E_g \leftarrow ^2T_{2g}(cm^{-1})$	分裂能
$VCl_4 \cdot C_{10}H_8N_2$	21300　17400(sh)	3900
$VCl_4 \cdot C_{12}H_8N_2$	21700　18000(sh)	3700
$VCl_4(CH_3DCH_2—)_2$	20400　18500	1900
$VCl_4(CH_3SCH_2—)_2$	18300　17400	900
$VCl_4(C_2H_5SCH_2—)_2$	18500　17500	1000
$VCl_4(C_6H_5SCH_2—)_2$	~18200(br)　—	—
$VCl_4(CH_3SCNC═)_2$	18500　17500	1000
$VCl_4 \cdot 2C_4H_4N_2$	21300　~16700(sh)	4600
$VCl_4 \cdot 2C_6H_8N_2$	19600　~15000(sh)	4600
$VCl_4 \cdot 2C_5H_5N$	~15750　—	—
K_2VF_6	21000　—	—
$(C_5H_6N)_2VCl_6$	15400(89)　—	—

VCl_4 与过量的脂肪族伯胺和仲胺按下式反应：

$$VCl_4+NH_2R(\text{过量})\longrightarrow VCl_2\cdot(NHR)_2XNH_2R+2NH_2R\cdot HCl$$

$$(R=Me,Et,Pr^n \text{ 和 } Bu^n—)$$

$$VCl_4+NHR_2(\text{过量})\longrightarrow VCl_2(NHR_2)_2\cdot 7NH_2R_2+2NHR_2\cdot HCl$$

$$(R=Me,Et,Pr^n)$$

与伯胺反应的产物为 $VCl_2(NHBu^n)_2\cdot 4NH_2Bu^n$，$VCl_2(NHPr^n)_2\cdot 4NH_2Pr^n$ 和 $VCl_2(NHEf)_2\cdot 2NH_2Et$，所有产物在真空中都会失去胺。与仲胺反应，生成一种混合物。

VCl_4 与醇类在冷的苯中反应，生成 $VCl_2\cdot(OR)_2\cdot ROH(R=Me,Et,Pr^n,pr^i,Bu^i,Pent^n)$

$$VCl_4+3ROH\longrightarrow VCl_2(OR)_2\cdot ROH+HCl$$

产物为稳定的暗绿色固体。当 R=Me 或 Pr 时，在沸腾的苯中为二聚体，这些化合物在真空中(13Pa)150℃下加热分解，残余物为 $V_2OCl_3(OR)_3$，VCl_4 与甲醇在苯中反应，产物是 $VOCl_3\cdot 3MeOH$。

此外，通过下列反应，可以制备 $V(OR)_4$：

$$VCl_4+4LiNEt_2\longrightarrow V(NEt_2)_4+4LiCl$$

$$V(NEt_2)_4+4ROH\longrightarrow V(OR)_4+4Et_2NH$$

$[R=Me,Et,Pr^n,Bu^n,Bu^t,Pent^n,Pent^i,Am^{act}$(旋光性戊基)$]$。

VCl_4 与二合的砷化物，邻苯撑双二甲胂(L)生成六配位的加合物 $VCl_4\cdot L$，当与过量的配体作用时，则生成配位数为八的加合物 $VCl_4 \cdot 2L$。

VCl_4 与邻苯撑双二乙胂在惰性溶剂中反应生成 1∶1 加合物 $VCl_4 \cdot L$，它在潮湿空气中由于生成氧钒(IV)类化合物而变为绿色，但水解生成 $VOCl_2 \cdot L$ 后，不再进一步变化。

2.4.7 五氟化钒及钒(V)的卤氧化物

制备 VF_5 最适当的方法是将金属直接氟化，将金属钒粉末加热到 300℃，与氟或 BrF_3 作用，都可以得到 VF_5，在氮气保护下于 600℃，VF_4 发生歧化反应，生成 VF_5。

VF_5 是白色的固体，由于含有微量的 VOF_3 或 V_2O_5 而带黄色，在潮湿空气中迅速水解。

VF_5 是一种挥发性化合物，其蒸气压与温度的关系为：

固态：$\lg p_{mmHg}=11.049-2608/T$ (−20～190℃)

液态：$\lg p_{mmHg}=10.430-3423/T$ (20−45℃)

$\lg p_{mmHg}=11.764-3387/T-17190/T^2$ (24−58℃)

$\lg p_{mmHg}=1.002+3654/T-979350/T^2$ (58～86℃)

五氟化钒的热力学数据列于表 24.20。

表 24.20 五氟化钒的热力学性质

熔点(℃)	19.0;19.5
沸点(℃)	47.9;48.3
ΔH°_f(kJ/mol)	−147.3
ΔH°_m(kJ/mol)	49.96
ΔH°_v(kJ/mol)	44.43

五氟化钒在 19.5℃时熔融，变为黄色黏稠状液体，在 25—32℃时，其黏度为：

$$\eta=124-7.2(T-25)\quad (cp)$$

其密度与黏度有如下关系：

$$\rho=2.483-0.00349(T-25)(g/cm^3)$$

液态的五氟化钒分子是缔合的，在接近室温时，它是一种聚合体，固态的五氟化钒是一种由 V—F—V 顺式桥与 VF_6 八面体相连的无限链聚合结构，可以用式子表示为$[VF_4F_{1/2}]_2$。这种结构直至分裂成单体 VF_5 蒸气以前大概能继续存在，而气态的五氟化钒则以单体的形式存在，红外光谱和拉曼光谱证明，它具有 D_{3h} 对称。电子衍射材料证实，气态分子具有三角双锥构型，其相等的 V—F 链长为 171pm。

五氟化钒是一个活泼的化合物，在室温下它便侵蚀玻璃，生成 SiF_4：

$$4VF_5 + 5SiO_2 \longrightarrow 2V_2O_5 + 5SiF_4$$

因此，它只能保存在铂管中，VF_5 可溶于挥发油（粗汽油），氯仿，丙酮和乙醇中，但不溶于 CS_2，它可与乙醚，甲苯等作用。

五氟化钒是一种强的氟化剂和氧化剂，其活泼性顺序是：

$$VF_5 > UF_6 > MoF_6 > WF_6 > NbF_5 = TaF_5$$

VF_5 与共价卤化物之间的反应包括卤素交换反应和氧化还原反应，它们常在低温下进行，在某些情况下，激烈的反应甚至会引起爆炸，反应可以生成 VF_4 和相应的卤化物，更多的是形成四价钒的混合卤化物。

VF_5 被各种还原剂迅速还原为 VF_4，最有效的还原剂是三氟化磷，当用 $N_2H_6F_2$ 还原 VF_5 时，先生成一种不稳定的配合物 $N_2H_6(VF_6)_2$，后者迅速分解，得到 VF_4。VF_5 也可以被氨，吡啶，乙二胺等还原，但此时会生成加合物：$VF_4 \cdot NH_3$，$VF_4 \cdot C_5H_5N$ 或 $VF_4 \cdot (en)_3$。

在室温下，VF_5 迅速与 SO_2 和 SO_3 反应，其产物都是 VOF_3。在 -78℃，VF_5 与硝酰氟反应，生成 $NO_2^+VF_6^-$。此外，也可以通过 V_2O_5 与硝酰氟作用，或者当有五氟化碘存在时，使液态的硝酰氟与 VF_4 作用而得到 $NO_2^+(VF_6)^-$。后者不稳定，在 25—90℃范围内其离解压为：

$$\lg p_{mmHg} = 9.726 - 2725/T$$

相似地，也发现氟化亚硝酰与 VF_5 作用，生成 $NO^+(VF_6)^-$，它也不稳定，在 25—90℃范围内，其离解压为：

$$\lg p_{mmHg} = 13.45 - 4048/T$$

在室温下，VF_5 与 CBr_4 和 Cl_4 作用的主要产物是 VF_4，但当与 CI_4 作用时，同时还生成五氟化碘，因此，VF_5 是比五氟化碘更为有效的氟化剂。

关于五氯化钒，曾有报道说通过下列反应制得：

$$VOCl_3 + PCl_5 \longrightarrow VCl_5 + POCl_3$$

后来的研究表明，在 80—90℃时，按上式反应得到的产物是 PCl_8VO，它具有 $VOCl_4^-$ 离子可见光谱的特征，是 1∶1 电解质，红外光谱证明存在 PCl_4^+ 离子。因此，上述反应的产物应该是$[PCl_4]^+[VOCl_4]^-$，当 $VOCl_3$ 与 PCl_5 在 CH_2Cl_2 中回流时，可得到 PCl_9V，其磁矩为 1.78B.M.。

VOF_3　将三氟化钒置于铂皿中，通入氧气，加温至红热，即可得到 VOF_3。用 V_2O_5 与氟或三氟化溴作用，也可得到 VOF_3。

VOF_3 是黄色固体物质，吸湿性很强，当温热时，很容易侵蚀玻璃。曾报道其熔点为 300℃，沸点为 480℃，在 110℃升华，气态时 VOF_3 以单体的形式存在。固

态的 VOF_3 在温度为−23—30℃时变为二聚体(含量≤10%)。VOF_3 晶体的结构是以[$F_{3/2}F(O)VF_2V(O)F \cdot F_{3/2}$]为单元(如图 24.8 所示),通过不对称的顺式 F 桥连接起来的层状结构。

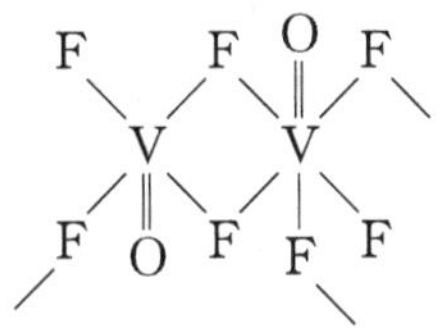

图 24.8 VOF_3 的结构

$VOCl_3$ $VOCl_3$ 是所有钒的卤氧化物中最易制备的,经典的方法是将 V_2O_5 还原,随后将所得的低价氧化物在碳存在的情况下加热进行氯化:

$$V_2O_5 + 3H_2 \longrightarrow V_2O_2 + 2H_2O$$

$$V_2O_2 + 3Cl_2 \longrightarrow 2VOCl_3$$

将干燥的氯气流通过加热到 600−800℃的 V_2O_5 或 V_2O_3,可以得到黄色的 $VOCl_3$:

$$2V_2O_5 + 6Cl_2 \longrightarrow 4VOCl_3 + 3O_2$$

$$3V_2O_3 + 6Cl_2 \longrightarrow 4VOCl_3 + V_2O_5$$

若有还原剂如碳或硫混合在一起进行氯化,则反应温度可降低到 500—600℃;用氯化氢在 150—400℃下与 V_2O_5 作用,也可生成 $VOCl_3$:

$$V_2O_5 + 6HCl \longrightarrow 2VOCl_3 + 3H_2O$$

生成的水可以用 P_2O_5 或 $ZnCl_2$ 除去,温度高于 400℃时会发生还原作用。

用上述经典方法制得的 $VOCl_3$ 由于含有 VCl_4 而带红色,并含有相当量的溶解氯,可以在金属钠存在的条件下进行蒸馏而得到纯 $VOCl_3$。

用无水三氯化铝与 V_2O_5 作用,反应在一个蒸馏瓶中进行,反应温度为 400℃:

$$V_2O_5 + 2AlCl_3 \xrightarrow{400℃} 2VOCl_3 + Al_2O_3$$

此法的优点是可以避免使用氯气和金属钠,并且实验装置较简单。

$VOCl_3$ 在气态时以单体形式存在,为四面体结构,具有 C_{3v} 对称。电子衍射研究表明,V—Cl,V—O 键长依次为:212pm 和 156pm,Cl—V—Cl 键角为 111.8℃,$VOCl_3$ 的一些性质列于表 24.21 中。

$VOCl_3$ 在−15℃仍保持为液态,在 186℃仍未分解。$VOCl_3$ 是一种柠檬黄色的液体,在潮湿的空气中或即使有痕量水存在时,也被水解,生成红色的 V_2O_5:

$$VOCl_3 + 3H_2O \longrightarrow V_2O_5 + 6HCl$$

表 24.21 兰氯氧化钒的性质

熔点(℃)	−78.9	ΔH°_f(kJ/mol)	−741.4
沸点(℃)	127.2	ΔH°_m(kJ/mol)	9.58
偶极矩(D)	0.39	ΔS°_m(J/(K·mol))	49
折射率	1.6300(λ=584nm)	S°_{298}(J/(K·mol))	344
介电常数(25℃)	2.898±0.007	ΔH°_v(kJ/mol)	34.4
			36.2
			36.4
电导率(20℃)	$9\times10^{-12}\Omega^{-1}\cdot cm^{-1}$		36.8

$VOCl_3$ 溶于乙醇和乙醚，它与许多碳氢化合物及卤化物如 CCl_4，$TiCl_4$，$SnCl_4$ 等完全互溶。$VOCl_3$ 本身可溶解氯，溴、碘、黄磷、硫，PCl_3，$POCl_3$，$AsCl_3$ 和 $SbCl_3$ 等。然而，极性较大的溶剂与 $VOCl_3$ 作用，生成加合物，比较典型的类型有 $VOCl_3\cdot L$ 和 $VOCl_3\cdot 2L$（L 为配位体）。

$VOCl_3$ 不与磷，砷，铋或汞以及大多数金属作用。在 30℃时，它会与铯，在 60℃时与铷，在 100℃时与钾，在 180℃时与钠等发生反应。$VOCl_3$ 能溶解少量的磷而不发生明显的反应，但和大量的白磷则发生爆炸反应，它不和红磷作用，卤素和许多有机化合物能溶于 $VOCl_3$ 中。

$VOBr_3$ 将溴蒸气通过温度为 600℃的 V_2O_5 或 V_2O_5 与碳的混合物，可以得到 $VOBr_3$，它在室温下会慢慢分解为 $VOBr_2$ 和溴。

VO_2F 将氟和氮的 1∶1 混合物通过 VO_2Cl，反应温度为 75—80℃，可以得到 VO_2F，它是一种棕色的晶状固体，不溶于非极性溶剂，在水中立即水解，对热不稳定，高于 300℃便分解为 VOF_3 和 V_2O_5。

VO_2F 的红外光谱有四个谱带：1135，1024，875 和 558cm^{-1}，并认为红外光谱所表示的离子为[VO_2^+]F^-，这已为 VO_2F 不溶于非极性溶剂中以及与五氟化锑反应的事实所证实。当与五氟化锑反应时，所生成的化合物已被离析出来，第一个产物是 $VO_2^+[Sb_3F_{16}]^-$，其中含有三聚的锑(Ⅴ)阴离子，当加热此反应混合物至 250℃，其最终产物为 $VO_2^+[SbF_6]^-$。

VO_2Cl 在室温下用氧气稀释的 Cl_2O 蒸气与 $VOCl_3$ 作用，或者用臭氧与沸腾的 $VOCl_3$ 作用，或者 As_2O_3 与 $VOCl_3$ 作用，都可以得到 VO_2Cl：

$$VOCl_3 + Cl_2O \longrightarrow VO_2Cl + 2Cl_2$$

$$VOCl_3 + O_3 \longrightarrow VO_2Cl + Cl_2 + O_2$$

2.4.8 钒(Ⅴ)的配合物

钒(Ⅴ)具有典型的惰性气体的电子层结构，主要是与氧给予体或氟给予体配位，生成特征的配合物，其配离子如 VO_4^{3-}，VF_6^- 以及$[VOF_5]^{2-}$。此外，VO^{3+} 和 VO_2^+ 离子都可以作为中心离子而组成配合物。五价钒具有氧化性，易被配体还原而生成低价钒的配合物，例如：VF_5 与氨反应，最终产物是 $VF_4 \cdot NH_3$；VF_5 与吡啶反应，其产物是 $VF_4 \cdot py$。

VF_5 与六氟化氙反应，生成加合物$(XeF_6)_2$，VF_5，与四氟氧氙反应，生成$(XeOF_4)_2 \cdot VF_5$，最确定的钒(V)的配合物是六氟酸盐，M^IVF_6(M＝K 或 Ag)和 $Ba(VF_6)_2$。将三氟化溴与 VCl_3 及相应的氯化物的混合物相互作用，可以得到这些配合物，除了银盐是橙红色外。所有其他的盐都是白色的反磁性物质，它们十分迅速地水解，在潮湿空气中冒烟。

已知三卤氧钒生成下列的一些简单加合物：$2VOF_3 \cdot 3IOF_3$，$VOF_3 \cdot 2SeF_4$，$VOCl_3 \cdot 2RCN$(R＝Me，Ph)，$VOCl_3 \cdot CH_3CO_2Et$

$VOCl_3$ 与含有一个可被置换的氢原子的配体作用，生成取代产物如 $VO(OMe)_3$，$VOCl_2(OMe)$，$VOCl_2(OEt)$，$VOCl(OEt)_2$，$VOCl_2(acac)$和 $VOCl(acac)_2$，等。对有关钒的这类烃氧盐的制备和性质已进行过研究，还测定了 $VO(OMe)_3$的结构(如图 24.9 所示)。这些分子都是一些线性聚合物，具有畸变了的八面体结构，钒原子通过氧桥连接在一起，重复的单元是其二聚体，其中含有一个短的 V＝O 双键，一个在反位位置上的长的 V—O 键以及四个长度居中的 V—O 键，后两者都是单键。由 $VOCl_3$ 可以制备其他许多氧钒类配合物，最普通的类型有：$VOClL_n$(n＝1 或 2)，VOL_3 或 $VO(OR)L_n$(n＝1 或 2，R＝H 或烃基)，如 $VO(OH)Oxinate_2$(Oxinate 为 8-羟基喹啉盐)，其伸缩频率在 $952cm^{-1}$。

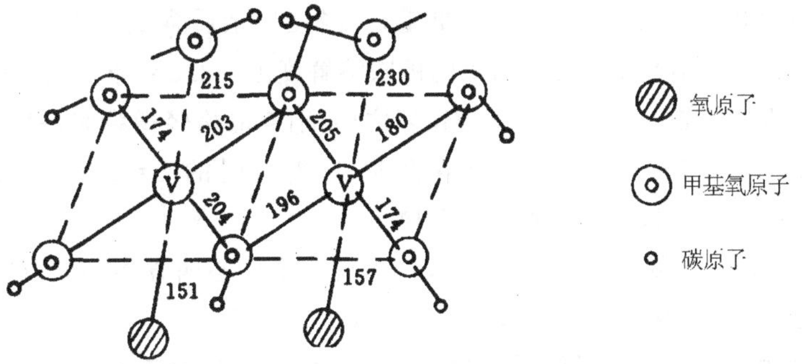

图 24.9 $VO(OMe)_3$ 的结构

由 VO_2^+ 离子所形成的配合物为数不多，将金属钒与液态 N_2O_4 在乙腈中反应，生成砖红色的 $VO_2(NO_3)$，其固体的红外光谱中存在硝酸根离子和 V＝O 双键的特征吸收，在水溶液中这个分子以单体存在，但在固态时可能是个聚合物。已经

制备出 VO_2F 和 $VO_2(SbF_6)$（淡绿色），红外光谱研究表明，这两个化合物都含有 VO_2^+ 阳离子，共有三个光谱带：1028，1885 和 556cm^{-1}，前两个是属不对称和对称的伸缩频率，最后一个是有关 OVO 的伸缩频率。其红外活性说明，阳离子具有 C_{2v}对称。其他的物理性质如分子量和电导等不能证实所提出的这个结构。明显的是 VO_2^+ 离子迅速地质子化，生成 $VO(OH)^{2+}$，用红外光谱和拉曼光谱证实了 $K_3[VO_2(C_2O_4)_2]$和 $K_3[VO_2F_4]$中有关顺式 VO_2 单元的存在。

2.5　含有钒-氧键的化合物[1,2,4,5,9,12,16,22]

2.5.1　钒-氧体系

金属钒与氧作用，生成一系列氧化物，同时还形成固溶体，钒-氧体系是十分复杂的，已报道了多种组成不同的氧化物，但由于早期的研究工作中所使用的钒含有大量的间隙杂质（显著的如碳、氮等）。因此，文献中所报道的物相有时是互相矛盾，各物相的命名也存在一些混乱。

钒-氧体系的相图如图 24.10(a)和图 24.10(b)所示。目前已知，在钒-氧固溶体和 V_2O_5 之间存在着多种氧化物相，有关它们的稳定存在范围，结构和晶格参数列于表 24.22。

α-相　这是钒-氧体系中的主要的固溶体。氧在钒中的溶解度是比较高的，随着温度的升高，氧的溶解度增大，对杂质含量（重量%）为 N_2：0.0017%，H_2：0.003%，C：0.0224%，O_2：0.044%的金属进行研究，结果表明，在 1400℃时，氧的溶解度极限为 3.2%（原子）或 10%（重量）。当使用杂质含量为 N_2：0.10%，H_2：0.02%，C：0.006%，O_2：0.07%时，氧的极限溶解度由～3.2%降至 0.8%（原子）。

氧进入钒的体心立方晶格的间隙位置之中，引起晶格轻微膨胀，晶格参数由纯金属时的 a = 302.5pm 增加到极限溶解度（3.2%）时的 a = 304.9pm，相应地，Vickers 硬度由 125VHN 增加到 450VHN。

β-相　当氧的含量超过 3%（原子）时，出现一个体心四方相，具有铁-氮马丁体结构的构型，β-相的稳定范围为 $VO_{0.18}$—$VO_{0.33}$。其 Viekers 硬度继续增加，直至越过 $\alpha+\beta$ 两相区，于 15%（氧原子）时，达到最大值为 1100VHN。

γ-相对　对 γ-相的研究尚不充分。

δ-相(VO)　（见后）

ζ-相 V_2O_3　（见后）

η-相 V_3O_5　V_3O_5 有一个很狭窄的均匀范围。

V_nO_{2n-1}系列　在相图中，由 V_2O_5 到 VO_2 之间的区域内存在着五个氧化物相，

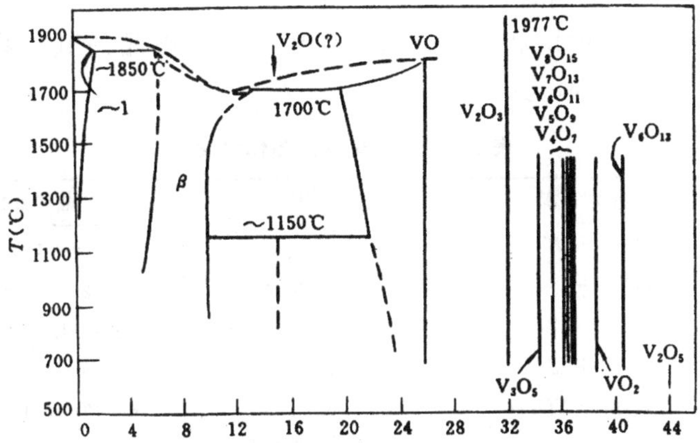

(a)

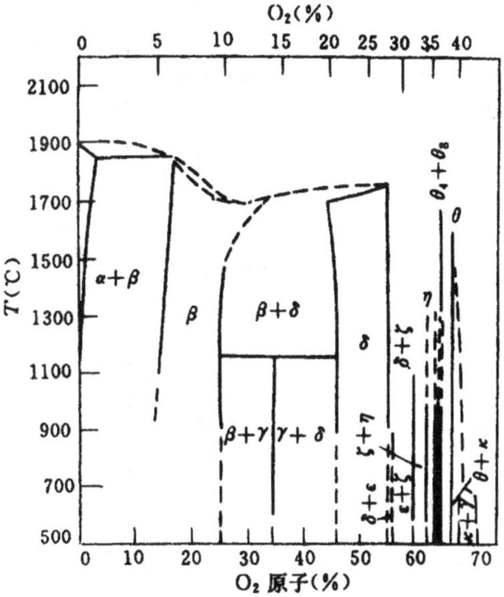

(b)

图 24.10 钒-氧体系

其组成为 $VO_{1.75}$，$VO_{1.80}$，$VO_{1.84}$，$VO_{1.86}$，$VO_{1.87}$，它们具有单相组成，这些氧化物可用通式表示为：V_nO_{2n-1}（n 为整数）。对于上列五个氧化物，n=4，5，6，7，8，即 V_4O_7（$VO_{1.75}$），V_5O_9（$VO_{1.80}$），V_6O_{11}（$VO_{1.84}$），V_7O_{13}（$VO_{1.86}$）和 V_8O_{15}（$VO_{1.87}$），而 VO_2 则可认为是此系列的极限。

将合适量的 V_2O_5 或 V_2O_3 和金属钒的混合物在 650—1000℃下加热 2—20d，即可得到 V_nO_{2n-1}系列中的物相。所有这些氧化物物相的结构是以金红石型结构为基础而带有周期性缺陷的晶体。

κ-相 V_6O_{13}　在 VO_2 和 V_2O_5 之间存在一个单斜晶的氧化物，其组成为 V_6O_{13}，它在低于 700℃时是稳定的。

表 24.22　氧化钒的晶体性质

氧化物相	稳定范围	结构	晶格参数
α	$VO_{0.00}$—$VO_{0.01}$	b. c. c.	a=302.5 到 a=304.9
β	$VO_{0.18}$—$VO_{0.33}$	b. c. ，四方	a=299.2，c=326.3 a=294.3. c=352.3
γ	$VO_{0.53}$	六方	—
δ	$VO_{0.85}$—$VO_{1.24}$	NaCl	a=402.4 到 a=413.8
ε	$VO_{1.27}$	b. c. ，四方	a=1662.3，c=1651.5
ζ	V_2O_3	α-Al_2O_3，菱型	a=495.2，c=1400.2
η	V_3O_5	单斜	a=998.3，b=503.1， c=983.5，β=138.80°
θ_n	V_nO_{2n-1}（V_4O_7—V_8O_{15}） $4\leqslant n\leqslant 8$	金红石型	
e. g. θ_5	V_5O_9	三斜	a=547.5，b=699.4， c=871.8. α=97.53°， β=112.44°，γ=108.99°
θ	VO_2	单斜，<70℃	a=574.3，b=451.7， c=537.5，β=122.61°
θ	VO_2	四方 金红石型>70℃	a=453.0，c=286.9 （在 180℃）
κ	V_6O_{13}	单斜	a=119.0，b=367.1， c=1012.2，β=100.87°
λ	$VO_{2.47}$—$VO_{2.5}$	斜方	a=1151.9，b=356.4， c=437.3

λ-相　V_2O_5 是钒-氧体系中氧化态最高的稳定的氧化物。

近年的研究表明，在 $VO_2-V_2O_5$ 之间还存在一系列氧化物相，可以用通式 V_nO_{2n+1} 来表示，其中 V_3O_7，V_4O_9，V_6O_{13} 可以作为单一物相存在。

2.5.2　低价钒的氧化物

有关钒的主要氧化物的性质列于表 24.23 中。

表 24.23　钒氧化物的主要性质

性质	V_2O_5	V_2O_4	V_2O_3	VO
颜色	橙，砖红	蓝黑	灰黑	灰
熔点(℃)	690	1967	1970	950℃在真空中发生歧化反应
密度(g/cm^3)	3.357^{18}	4.339	4.843	5.758^{14}
生成热，ΔH°_{f}(kJ/mol)	−1551	−1428	−1219	−431.8
熵 S°_{298}(J/K · mol)	131	103	98.3	42.7
磁化率 $10^6\chi'_h$(cgs)	66	99	940	3376
磁矩(B. M.)	~0	0.41	1.49	2.80
构型	畸变的四方棱锥型	正方晶系金红石型	六方晶金刚石型	体心立方 NaCl 型
空间型	$P_{mnm}-D_{2h}$	$PZ_{1/c}-C_{2h}$	$R_{\overline{3c}}-D_{3d}$	$F_m3_m-O_h$
V—O 距离(pm)	158.5−202	176−205	196−206	205

钒的氧化物的标准生成自由能曲线如图 24.11 和图 24.12 所示。

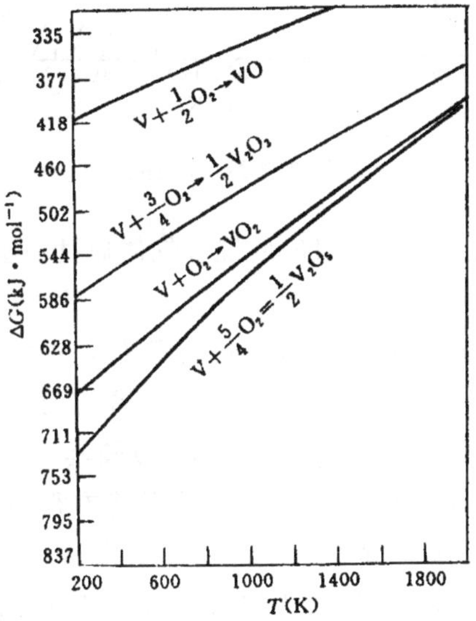

图 24.11　氧化钒的 ΔG(以 1molV 为标准)

1. 一氧化钒(VO)

用适当的还原剂如 H_2、钾等还原较高价态的氧化钒，可以得到一氧化钒 VO。

在氧化镁坩锅中用氢气在 2500℃和 76×10^5 Pa 下还原 V_2O_5，可以得到 VO。较简单的办法是将 VOCl 加热至红热，通入 H_2，直至所有的氯被除去，反应产物是

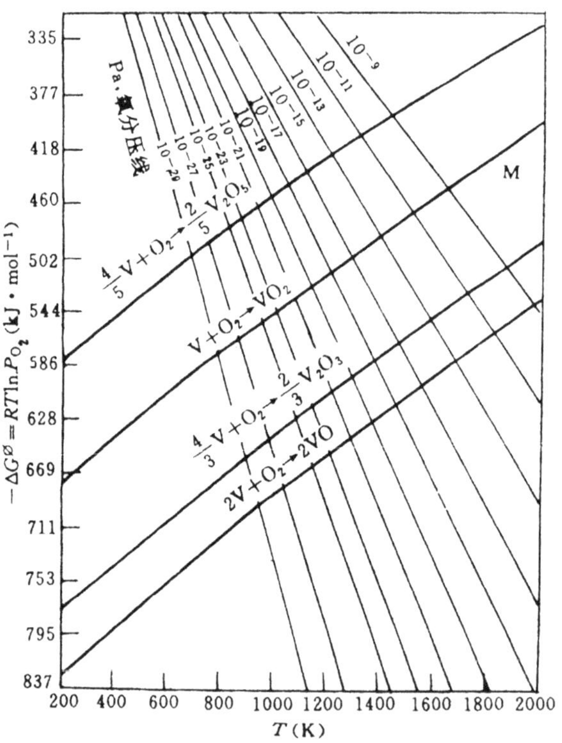

图 24.12 氧化钒的 ΔG(以 1molO_2 为标准)

黑色无定形粉末。当以 $VOCl_3$ 和 H_2 的混合气体通过一层强热的碳，则可以得到金属状的灰色产物。

一氧化钒是灰色金属状粉末，具有氯化钠型结构，一氧化钒可以在一个宽广的组成范围内稳定存在，其范围是 $VO_{0.80}-V_{1.30}$(高温时)，或 $V_{0.85}-VO_{1.24}$(低温时)，曾观察到 $VO_{1.00}$ 的 X 射线密度(6.5g/cm^3)较其 PyC 密度(5.6g/cm^3)高约15%。这表明按化学计量所组成的氧化物其晶格存在很多空位缺陷。研究了其阴离子晶格和阳离子晶格的缺陷浓度与相组成的关系，如图 24.13 所示，由图可见在富氧区域内，阴离子晶格接近于完美无缺，而在富钒区域内，阳离子晶格可以含有高达 13%的空位。

一氧化钒的一些性质列于表 24.23 中。

一氧化钒是一种反铁磁性物质，在低温时具有非金属性，随着温度升高，它突然变为具有金属性，其转变温度约在−150℃，这种转变的原因尚不清楚，这种变化可以从它的导电性能的变化而反映出来，在−120K 时，其导电性变化则是不连续的。

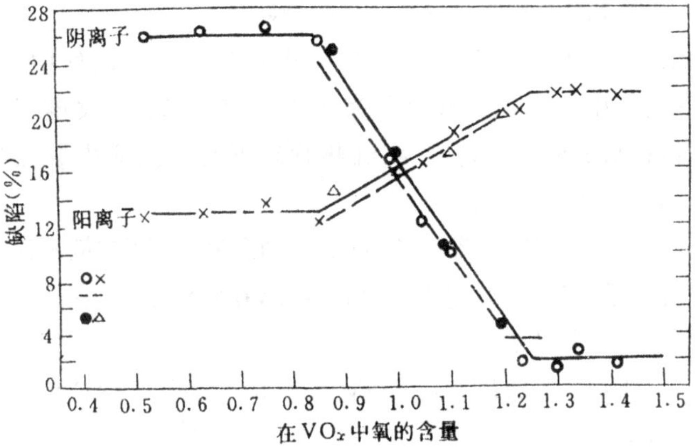

○. ×：гельд，С，И. АЛЯМОВСКИй，И. И. МаТВЕЕНКо，Ж. СТРУКТ. х. ，**2**. 301(1961).

——：S. Westmon，C. Nordmark，*Acta Chem. Scand.* ，**14**，465(1960).

●. Δ. С. М. Арuя，ю. г. попов，ж. О. х. ，**32**，2077(1962).

图 24.13　VO_x 中的缺陷

气态 VO 分子的基态或许是 $^4\Sigma^-$；它的振动伸缩频率为 1011.6cm^{-1}，离解能为 6.4eV。

一氧化钒在许多性质上与金属钒相似，在真空中，它发生歧化反应，生成金属钒与 V_2O_3：

$$3VO \longrightarrow V_2O_3 + V$$

VO 是碱性氧化物，不溶于水，溶于酸中得到二价钒的紫色溶液。

2. 三氧化二钒(V_2O_3)

用十分纯的氢气分两步还原 V_2O_5，首先在 600℃下还原 2h，接着在 900—1000℃还原 6h 以上，可以得到 V_2O_3：

$$V_2O_5 + 2H_2 \longrightarrow V_2O_3 + 2H_2O$$

也可以用 C 或 CO 作为还原剂。很难制备出其组成符合化学计量比的三氧化二钒。

V_2O_3 呈灰黑色，具有刚玉型结构，平行和垂直于六方晶 c-轴的最短的 V－V 距离依次为 270pm 和 288pm，V_2O_3 相具有很狭窄的均匀范围。

V_2O_3 是一种反铁磁性物质，其导电性与温度有关，随着温度升高，V_2O_3 由绝缘体变为金属导体，其转变温度约在 168K。研究表明，在这个转变温度，V_2O_3 的构型由 α-Al_2O_3 型变为单斜晶，V_2O_3 的其他性质列于表 24.23。

V_2O_3 有两个光谱带，一个在～17500cm^{-1}，另一个在～25100cm^{-1}处。对于

VO_6 生色团，这两个谱带已被指认为最低的两个自旋允许配位场带，即

$3T_{2g} \leftarrow {}^3T_{1g}(F)$ 和 ${}^3T_{1g}(P) \leftarrow {}^3T_{1g}(F)$ 的转移。

V_2O_3 在隔绝空气时，即使加热到白热，也不分解。在氧气中，它融熔而不分解，但在温热的空气中。它迅速被氧化为 V_2O_5。在常温下，暴露于空气中数月之后，它变为靛青蓝色的 VO_2。V_2O_3 在红热状态下与氨反应生成氮化钒，V_2O_3 与亚硫酰二氯作用生成 $VOCl_3$。

V_2O_3 是微碱性氧化物，不溶于碱，可溶于硝酸和氢氟酸，但不溶于其他酸。它在溶液中以水合离子 $[V(H_2O)_6]^{3+}$ 的形式存在，在水溶液中，所有三价钒的离子均易被空气所氧化，其电势为：

$$VO^{2+} + 2H^+ + e \longrightarrow V^{3+} + H_2O \quad \varphi^\circ = 0.36V$$

3. 二氧化钒（VO_2）

要制备符合化学计量的 VO_2 是较困难的，较好的方法是将 V_2O_5 和 V_2O_3 按化学计量的比例混合，在真空中加热到 750—800℃，经 40—60h，甚至更长的时间。此外，用 C，CO，H_2，SO_2 或草酸还原 V_2O_5 也可以得到 VO_2，往硫酸氧钒 $VOSO_4$ 或二氯氧钒 $VOCl_2$ 的溶液中加入碱金属氢氧化物或碳酸盐，但不要过量，便可得到灰白色的沉淀，在惰性气氛中洗涤此沉淀，得到一种无定形的产物 $VO_2 \cdot xH_2O$，水分子的数目随干燥条件不同而不同，当在室温下用浓硫酸干燥时，产物为 $2VO_2 \cdot 7H_2O$ 当加热到 100℃，则得到 $2VO_2 \cdot 2H_2O$。与 $V(OH)_4$ 组成一致的化合物 $VO_2 \cdot 2H_2O$ 则尚未能被离析出来。用 SO_2 还原 V_2O_5，并在 CO_2 气氛中浓缩之，得到一种红色的晶状一水合物 $VO_2 \cdot H_2O$，当暴露于空气中，它变绿色，V_2O_3 长期暴露于空气中，它会变为 VO_2。

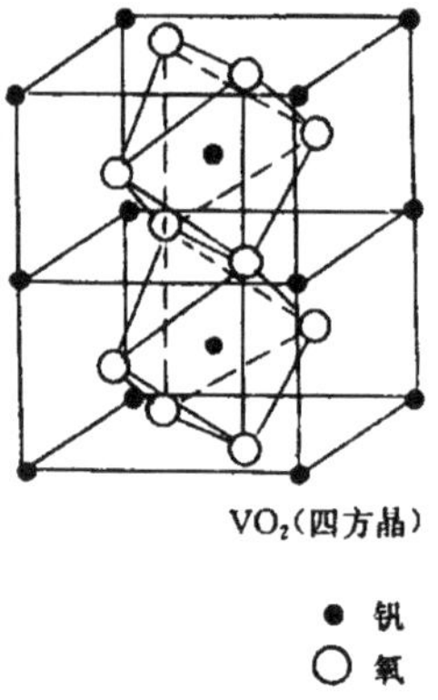

图 24.14　金红石型的 VO_2 结构

在 VO_2 的结构（图 24.14）中，钒原子明显地与一个氧原子较为接近，而与其他氧原子的距离则较远，因此具有一个接近于 V=O 的键。VO_2 晶体具有两种不同的构型，当温度高于 341K 时，它属于四方晶的金红石型；若温度低于 341K 时，则转变为单斜晶的类似 MoO_2 的构型——畸变金红石型。

VO_2 的金红石型结构与畸变的金红石型结构之间的差别是金属原子所处的位置有所不同。在金红石型结构中，最邻近的钒原子间的距离为 287pm，钒原子中的 d-电子为所有的金属原子所共有。因此。它是一种 n-型半导体，而在畸变的金红石型结构中，最邻近的钒原子间的距离由 287pm 变为

265pm，在沿着 VO_6 八面体和相邻两个八面体共边连接成长链的方向上形成，3V—V 时，钒原子间距离按 265pm 和 312pm 的长度交替变化，每个钒原子的 *d*-电子都定域于这些 V—V 键上，结果成了在沿 *c*-轴方向上 VO_2 不再具有金属的导电性。VO_2 的磁化率以及热容与温度的依赖关系（见图 24.15）也支持了 VO_2 构型转变的看法。

VO_2 是两性化合物，它几乎同等程度地溶于酸和碱，在强碱性介质中存在着亚钒酸根 VO_4^{4-} 离子，VO_2 溶于硝酸以外的酸时，在溶液中得到蓝色的 VO^{2+} 离子，但这种溶液暴露于空气中会变为绿色。

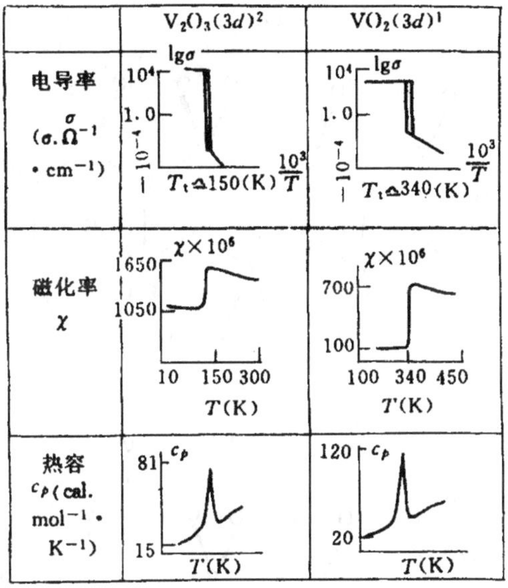

图 24.15 VO_2 的磁化率及热容与温度的关系

2.5.3 五氧化二钒

1. V_2O_5

五氧化二钒晶体具有层状结构如图 24.16 所示，在这种结构中，钒所处的环境最好被视为是一个畸变四方棱锥体，钒原子与五个氧原子形成五个钒—氧键，按钒—氧之间的结合方式不同，可将氧原子分为三种类型：O′（一个），O″（三个），O‴（一个），每一个钒原子有一个单独的末端氧原子（O′），其键长为 154pm，相当于一个 V=O 双键；一个氧原子（O‴）与两个钒原子以桥式连接，其键长为 177pm，其余三个氧原子（O″）的情况是其中每一个以桥式氧与三个钒原子连接，其键长分别为 188pm（两个），202pm（一个）。因此，其配位作用可以表示为 $VO'(O''')_{1/2}(3O'')_{1/3}$，$V_2O_5$ 的结构最易想像为 VO_4 四面体单元通过氧桥结合为链状（图 24.16a）。两条这样的链彼此以第五个氧原子通过另一氧桥连接成一条复链，从而构成起皱的层状排列(图 24.16b)。若从另一层中引入第六个氧原子，距离为 280pm(图 24.16c)中用虚线表示，使各层连接起来，这样最终便构成了一个 V_2O_5 晶体。这种由六个氧原子所包围的钒原子是一个高度畸变了的八面体，当由这个八面体移去第六个氧原子时，就可以得到一个畸变了的四方棱锥体的构型。

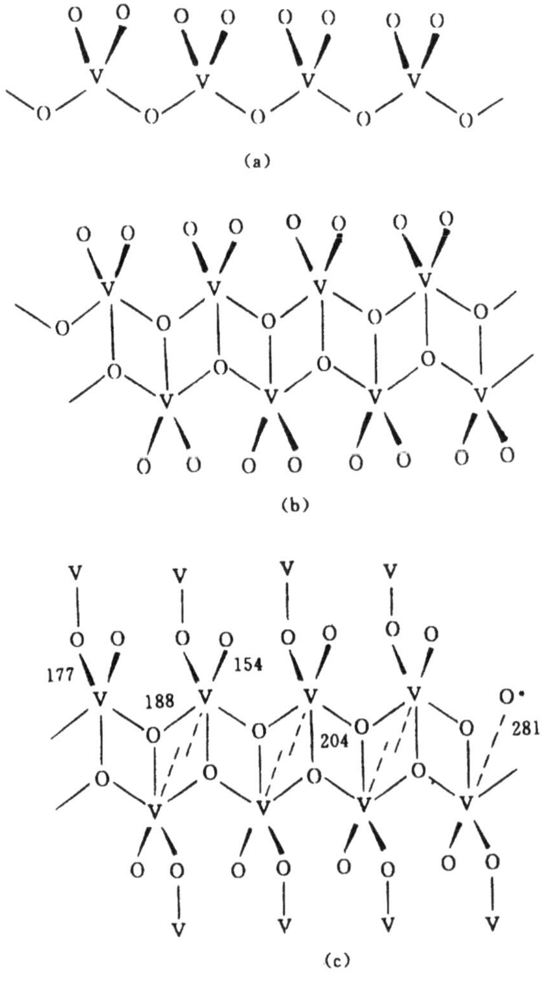

图 24.16　V_2O_5 晶体结构

五氧化二钒的均匀范围很窄，为 $VO_{2.45}-VO_{2.50}$，由钒可以生成符合化学计量的 V_2O_5，五氧化二钒呈橙色到红棕或砖红色。将金属钒，钒的低价氧化物，偏钒酸铵以及钒的氮化物，硫化物在空气中加热，其最终产物都是 V_2O_5，在这些方法中，以偏钒酸铵在 500—550℃下分解所得到的 V_2O_5 纯度最好：

$$2NH_4VO_3 \longrightarrow V_2O_5 + 2NH_3 + H_2O$$

这样得到的 V_2O_5 是橙黄色的粉末，而加稀硫酸到 NH_4VO_3 的溶液中得到的是砖红色的 V_2O_5 沉淀。

由三氯氧钒与水作用，也可以得到 V_2O_5：

$$2VOCl_3 + 3H_2O \longrightarrow V_2O_5 + 6HCl$$

无定形的 V_2O_5 暴露于空气中会吸收水分，吸水量依赖于环境的蒸气压，当小心加热 V_2O_5 的水合物至 300℃，它便失去水分，结晶状的 V_2O_5 甚至长时间暴露于空气中也不吸潮。

V_2O_5 在 685℃时熔融，在熔融的 V_2O_5 表面上的气相由 V_4O_{10}，V_6O_{14}，V_6O_{12}，V_4O_8 和 V_2O_9 等所组成。

V_2O_5 在 700—1125℃温度范围内被热分解，反应是可逆的：

$$2V_2O_5 \rightleftharpoons 2V_2O_4 + O_2$$

在 1125℃时，氧的平衡压力为 23408Pa。在真空中，于 600℃它便失去氧，基于 V_2O_5 的热分解反应，V_2O_5 及其水合物对许多无机和有机反应来说是一个良好的催化剂，例如 V_2O_5 可以将 SO_2 转化为 SO_3。

熔融状态的 V_2O_5 能导电，对 V_2O_5 单晶和熔体两者的导电率的研究表明，它是一个缺氧半导体，是一种含有以 V^{4+} 离子形式出现的点缺陷晶体。

熔融的 V_2O_5 具有腐蚀性，它甚至侵蚀铂，二氧化硅和石墨。

V_2O_5 无臭，无味，有毒，微溶于水(溶解度～0.07g/L)，生成一种淡黄色的酸性溶液，能使石蕊试纸变红。

V_2O_5 是酸性氧化物，但仍略带碱性，它易溶于碱，也能溶于酸，V_2O_5 溶于碱生成钒酸盐：

$$V_2O_5 + 2NaOH \longrightarrow 2NaVO_3 + H_2O$$

$$V_2O_5 + 4NaOH \longrightarrow Na_4V_2O_7 + 2H_2O$$

$$V_2O_5 + 6NaOH \longrightarrow 2Na_3VO_4 + 3H_2O$$

V_2O_5 与醇作用生成酯。

V_2O_5 溶于无机酸和有机酸，生成 VO_2^+。

V_2O_6 是一种强氧化剂，它被还原的程度依赖于所使用的还原剂和过程的其他条件，还原产物可以是 VO_2，V_2O_3，VO 或金属钒。

用浓盐酸溶解 V_2O_5，得到棕色的溶液，加入水后，溶液变黄，将此溶液温热，则会放出氯气，钒被还原为四价，溶液同时变为蓝色，其反应的标准电极电位为：

$$VO_2^+ + 2H^+ + e \longrightarrow VO^{2+} + H_2O \quad \varphi^\circ = 1.0V$$

将此溶液蒸发至干，可以得到 VO_2。

当用氢溴酸和氢碘酸时，还原作用可以进行到生成三价钒：

$$V_2O_5 + 2HI \longrightarrow V_2O_4 + I_2 + H_2O$$

$$V_2O_4 + 2HI \longrightarrow V_2O_3 + I_2 + H_2O$$

有乙酸存在时，联氨也可以将 V_2O_5 还原为 V_2O_3：

$$V_2O_5 + H_2N \cdot NH_2 \longrightarrow V_2O_2 + N_2 + 2H_2O$$

汞，铋汞齐将 V_2O_5 的酸性溶液还原为四价钒：

$$V_2O_5 + 2Hg + 3H_2SO_4 \longrightarrow 2VOSO_4 + Hg_2SO_4 + H_2O$$

用 Mg 作还原剂时，钒被还原为三价，用钠汞齐或 Zn 的表面上电解沉积一层钙，在隔绝空气的溶液中，V_2O_5 被还原为二价。

许多还原剂如 SO_2，硫化氢，亚销酸，亚磷酸，酒石酸，乳酸，柠檬酸，硫酸亚铁，羟氨，糖等都可以将 V_2O_5 还原为 VO_2。用干燥的 H_2，CO，S 和氰化钾还原 V_2O_5 可以得到 V_2O_3。在 2500℃和 76×10^5 Pa，用 H_2 还原 V_2O_5 可以得到 VO。

V_2O_5 与氯在 650℃反应生成 $VOCl_3$：

$$2V_2O_5 + 6Cl_2 \longrightarrow 4VOCl_3 + 3O_2$$

干燥的 HCl 对 V_2O_5 只起一个脱水剂的作用，而不能还原 V_2O_5：

$$V_2O_5 + 6HCl \longrightarrow 2VOCl_3 + 3H_2O$$

V_2O_5 与 $SOCl_2$ 在一个封闭的管中加热到 750℃，也可以生成 $VOCl_3$。

2.胶态的五氧化二钒

当用无机酸处理可溶性的钒酸盐，便生成一种砖红色的，乳状的五氧化二钒沉淀，用水振荡之，沉淀明显地溶解，变为红色的溶液，此过程可用于制备五氧化二钒的胶体溶液。

五氧化二钒的水溶胶可以这样来制备：

(a)钒酸酯水解；

(b)将熔融的五氧化二钒注入水中；

(c)三氯氧钒的蒸气通入沸水中，将所得的五氧化二钒小片用大量蒸馏水处理。

用上述方法制备出来的胶体其颜色由血红色到深红色，但亦曾制备出浅黄色的溶胶。

五氧化二钒溶胶液含 V_2O_5 可高达 1.25g/L。用水将其煮沸也不会变化。加入乙醇并不析出沉淀。胶粒带负电荷，胶体的行为与钒酸盐溶液相似。在此情况下，五氧化二钒生成多钒酸根阴离子，溶胶对电解质十分敏感，加入少量的电解质，片刻便可产生云絮状物，此时其实并未达到沉淀析出的剂量，胶凝作用是可逆的。但若使用氯化钠或氯化钙，则凝胶不再转化为溶胶。当以适量的电解质处理五氧化二钒的溶液，它会凝结为硬的果浆状。

3. 五氧化二钒的水合物

用无机酸处理钒酸盐的碱性溶液，可以得到数种五氧化二钒的水合物，在许多情况下. 水合物的组成与作为相应的钒酸盐的游离酸是一致的，但实际上它们并不是真正的钒酸。其含水量只与干燥程度有关。已经制备出不溶性的二水合物 $V_2O_5 \cdot 2H_2O$，可以认为它是一个自由的焦钒酸 $H_4V_2O_7$，若用硫酸将此二水合物继续干燥，则可以得到一水合物 $V_2O_5 \cdot H_2O$。相应地，一水合物被认为是自由偏钒酸 HVO_3。与正钒酸 H_2VO_4 一致的水合物 $V_2O_5 \cdot 3H_2O$ 尚未得到，但曾制备出八水合物 $V_2O_5 \cdot 8H_2O$。

2.5.4 钒-氧类的水溶液化学

钒常见的氧化态为钒(II)、钒(III)、钒(IV)和钒(V)，钒(II)和钒(III)在水溶液中，当没有其他配位体存在时，它们以简单的水合离子 $[V(H_2O)_6]^{2+}$ 和 $[V(H_2O)_6]^{3+}$ 的形式存在。它们都是不稳定的，易被空气氧化为钒(IV)。

在酸性介质中，各种氧化态的钒的标准电极电位为：

$$V^{2+} + 2e^- = V \qquad \varphi^\circ = -1.186V$$

$$V^{3+} + e^- = V^{2+} \qquad \varphi^\circ = -0.256V$$

$$VO^{2+} + 2H^+ + e^- = V^{3+} + H_2O \qquad \varphi^\circ = +0.359V$$

$$VO_2^+ + 2H^+ + e^- = VO^{2+} + H_2O \qquad \varphi^\circ = +1.0V$$

$$VO_2^+ + H^+ + 5e^- = V + 4H_2O \qquad \varphi^\circ = -0.254V$$

四价钒 V(IV)，特别是五价钒 V(V)，在水溶液中的化学行为比较复杂。一般来说，钒-氧类水溶液化学主要是指 V(IV)和 V(V)这两种氧化态的有关物种的化学。

钒(IV)和钒(V)与氧能形成结构类型不同的两类钒-氧离子或分子。

第一类是钒(V)的阳离子 VO_2^+（根据不同的文献报道，可以具有 VO_2^+，VO^{3+} 或 $V(OH)_4^+$ 的形式）和钒(IV)的阳离子 VO^{2+}。在这种类型的离子中，钒原子直接与氧原子成键，包含有一个钒-氧双键 V＝O，这个键通常是比较强的，当与配位体发生化学作用时，V＝O 能完整地保存下来，VO^{2+} 离子可能是已知的最稳定的双原子离子。

第二种类型是配离子或称为含氧酸盐阴离子。一般来说，非金属元素和处于高氧化态的过渡金属，可以与氧通过配位作用，形成一系列的含氧酸盐阴离子。在这点上，钒(V)与氧的配位作用和磷的情况相类似。即都可以形成相应的单核正、焦、偏酸盐。但钒比磷更趋向于形成缩合(或聚合)的多核含氧阴离子，形成同多酸根阴离子和杂多酸根阴离子。但是在水溶液中的稳定规律与相应的磷酸盐刚好相反，偏磷酸盐和多磷酸盐在沸腾的溶液中转化为正磷酸盐，而正钒酸根 VO_4^{3-} 即使在冷的情况下也会迅速转化为 $V_2O_7^{4-}$，在煮沸时它甚至缩合为偏钒酸根$(VO_3^-)_n$，在钒(V)的含氧酸盐阴离子中，钒和氧之间的键通常具有共价键的特征。而钒(IV)则主要形成 VO_4^{4-} ：一阴离子。

钒在溶液中的聚集状态与钒的浓度及溶液的酸度有关。各种钒的离子的基本特征列于表 24.24。

表 24.24　各种钒的离子的基本特征

氧化态	离子	介质	离子颜色
V(II)	$[V(H_2O)_6]^{2+}$	酸性溶液	紫色
V(III)	$[V(H_2O)_6]^{3+}$	酸性溶液	绿色
V(IV)	VO^{2+}	酸性溶液	蓝色
	VO_4^{4-}	碱性溶液	
V(V)	VO_4^{3-}	pH>12.6	无色
	$V_2O_7^{4-}$	pH=9.6—10	无色
	VO_3^-	pH=7—7.5	无色
	$V_3O_9^{3-}$		
	$V_4O_{12}^{4-}$		
	$V_{10}O_{28}^{6-}$	pH=2.0—6.5	橙黄—红色
	VO^{+2}	pH=1—2	黄色

钒(V)的自由离子 V^{5+} 或其水合离子是不存在的，它也不存在于晶体中。

钒(V)在水溶液中的聚合作用与 pH 值有一定的依赖关系。图 24.17 表示在

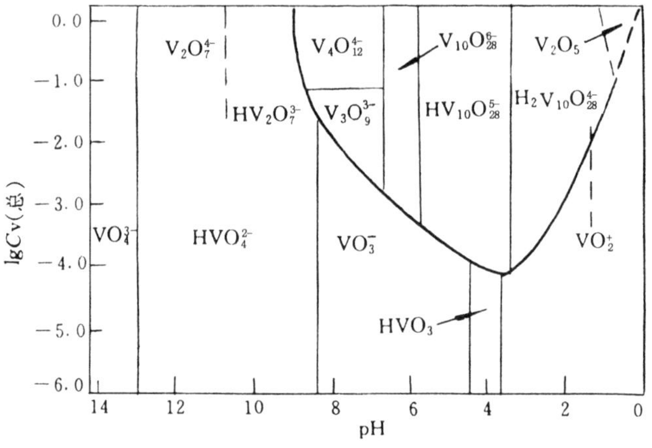

图 24.17　溶液中钒(V)的离子状态图(25℃)

25℃时，钒(V)在水溶液中各种不同浓度(钒的总浓度)和不同 pH 值范围内稳定存在的各主要物种，它们分别是：

正钒酸根 VO_4^{3-} 及其质子化形式 HVO_4^{2-}，$H_2VO_4^-$

焦钒酸根 $V_2O_7^{4-}$

偏钒酸根$(VO_3^-)_n$ 当 $n=1,3$ 或 4 时，它们依次为 VO_3^-，$V_3O_9^{3-}$，$V_4O_{12}^{4-}$

十钒酸根 $V_{10}O_{28}^{6-}$ 及其质子化形式：$HV_{10}O_{28}^{5-}$，$H_2V_{10}O_{28}^{4-}$

双氧钒根 VO_2^+

图中每一区域有一种主要的物种(超过 5%)，虚线表示分界线不可靠。从图 24.17 可见，当钒的总浓度很低时，钒(V)在各种条件下均以单核的形式存在。在强碱性介质中，以 VO_4^{3-} 离子存在。随着溶液逐步酸化，它依次生成 HVO_4^{2-}，VO_3^-，HVO_3^-，随着溶液中钒浓度的增加，钒开始生成多核阴离子，其聚集状态随溶液 pH 改变而变化，当含钒(V)溶液的 $pH<1$ 时，其溶液中主要以 VO_2^+ 离子形式存在。

所有含钒(V)阳离子的溶液是容易制备的，但从这些溶液中尚未获得含有 VO^{3+} 或 VO_2^+ 离子两者之一的简单的盐，而由 VO_2^+ 生成一系列的配离子则是已知的，如 $VO_2(SO_4)^-$，$VO_2F_3^{2-}$，$VO_2(C_2O_4)_2^{3-}$ 等。

钒(V)酸根的存在形式是比较复杂的，虽然在这方面曾用多种不同的方法进行过广泛的研究，但由于有些类型的离子达到平衡的时间很长，因而新的结论不断出现，例如对于五聚体 $V_5O_{16}^{2-}$ 和六聚体 $V_6O_{16}^{2-}$，$V_6O_{17}^{4-}$ 等的存在仍然是有争议的。对偏钒酸根的三聚体和四聚体的存在条件也并未完全清楚。

在溶液中，这些钒酸根在结构类型上也是不尽相同的，所有在 $pH=8.5$ 以上稳定存在的分子都具有以 VO_4 四面体为基础的结构。由于在此碱度范围内钒酸根离子对光是各向异性的，因此它和甲烷 CH_4 那样的四面体是有所不同的，在 VO_4^{3-} 中，主要的振动频率是 $\nu_1(a_1)827$，$\nu_2(e)340$，$\nu_2(t_2)780$，$\nu_4(t_2)340cm^{-1}$。二聚体 $V_2O_7^{4-}$ 的 V—O—V 键一部分是直线型的，三聚体 $V_3O_9^{3-}$ 和四聚体 $V_4O_{12}^{4-}$ 在溶液中具有环状结构如下图所示。

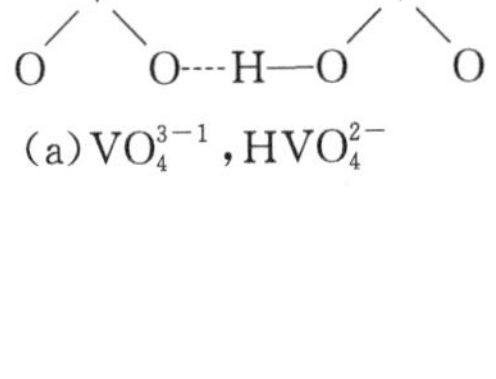

(a) VO_4^{3-1}，HVO_4^{2-}

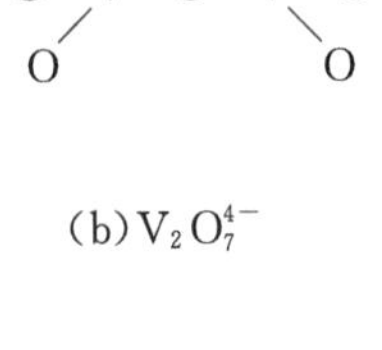

(b) $V_2O_7^{4-}$

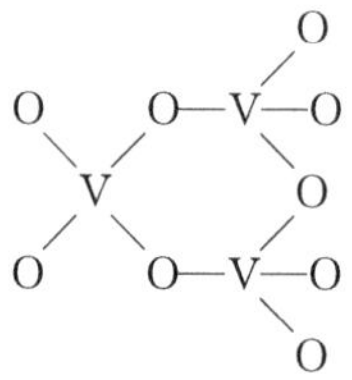

(c) $V_3O_9^{3-}$

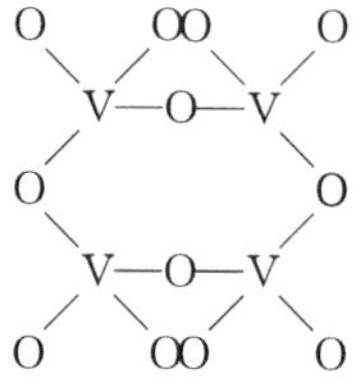

(d) $V_4O_{12}^{4-}$

虽然它在固态时具有链状结构。$V_3O_9^{3-}$ 中的 V－O－V 桥式链十分接近地处于一个平面上。

钒(V)酸根都在一特定条件下存在，当溶液的酸度，钒的浓度和温度改变时，它们之间可以相互转化。钒在溶液中存在的平衡反应列于表 24.25。

表 24.25　钒溶液中存在的平衡反应

反应式	pH 值	[V]mol/L	lg*K*	介质与温度(*I*——离子强度，mol/L)
$VO_4^{3-} + H^+ \rightleftharpoons HVO_4^{2-}$	14－11	0.00036	13.15	—
$VO_4^{3-} + H_2O \rightleftharpoons HVO_4^{2-} + OH^-$	12.5－11	0.0002－0.01	－1.02	0.008－3mol/L NaOH↙
$2VO_4^{3-} + 2H^+ \rightleftharpoons V_2O_7^{4-} + H_2O$	～11－～9	0.0001	25.05±0.14	20℃，*I*＝0.2 ClO_4^-↙
$2HVO_4^{3-} \rightleftharpoons V_2O_7^{4-} + H_2O$	～10－～8	0.0001	2.79±0.19	20℃，*I*＝0.2 ClO_4^-↙
$2HVO_4^{4-} + H_2O \rightleftharpoons HV_2O_7^{3-} + 2OH^-$	9.5－8	0.000625－0.080	－3.18±0.05	25℃，0.5mol/L NaCl↙
$2V_2O_7^{4-} + 4H^+ \rightleftharpoons V_4O_{12}^{4-} + 2H_2O$	～9－～7	＞0.0033	18.46±0.05	20℃，*I*＝0.2ClO_4^-
$4H_2VO_4^- \rightleftharpoons V_4O_{12}^{4-} + 4H_2O$	—	0.018－0.100	10.10±0.08	40℃，0.5mol/L NaCl↙
$10H_2VO_4^- + 4H^+ \rightleftharpoons V_{10}O_{28}^{6-} + 12H_2O$	～5.9	0.000386	～29	15℃
	～5.0	0.000386	～26	53℃
	～4.4	0.000386	～24	72℃
	～4.0	0.000386	～23	90℃
	～6.2	0.0672	～26	15℃
	～5.5	0.0672	～24	53℃
	～4.4	0.0672	～24	72℃
	～4.5	0.0672	～21	90℃

续表

反应式	pH 值	[V]mol/L	lg$K$	介质与温度(I——离子强度,mol/L)
$5V_4O_{12}^{4-}+6H_2O \rightleftharpoons 2HV_{10}O_{28}^{5-}+10H^+$	—	0.0001	35.55	20℃,I=0.2ClO_4^-
$10H_2VO_4^-+5H^+ \rightleftharpoons HV_{10}O_{28}^{5-}+12H_2O$	—	0.018—0.100	57.42±0.16	40℃,0.5mol/L NaCl↙
$10H_2VO_4^-+6H^+ \rightleftharpoons H_2V_{10}O_{28}^{4-}+12H_2O$	—	0.018—0.100	61.81±0.15	40℃,0.5mol/L NaCl↙
$V_{10}O_{28}^{6-}+H^+ \rightleftharpoons HV_{10}O_{28}^{5-}$	—	0.0125—0.1	6.12	1mol/L $NaClO_4$
$HV_{10}O_{28}^{5-}+H^+ \rightleftharpoons H_2V_{10}O_{28}^{4-}$	—	0.025—0.1	4.699	1mol/L $NaClO_4$
$3H^++HVO_4^{2-} \rightleftharpoons VO_2^++2H_2O$	—	0.0001	16.17	20℃,I=0.1mol/L $KClO_3$↙
$HV_2O_7^{3-}+5H^+ \rightleftharpoons 2VO_2^++3H_2O$	1.2	0.2000	6.1	1mol/L $HClO_4$
$HVO_3+H^+ \rightleftharpoons VO_2^++H_2O$	~3—~2	0.025—0.020	3.30	25℃,0.5mol/L $HClO_4$
$H_2V_{20}O_{28}^{4-}+14H^+ \rightleftharpoons 10VO_2^++8H_2O$	~2.5—~1.2	0.0025—0.02	6.75±0.15	25℃,1mol/L ClO_4^-↙
$VO_2^++2H^+ \rightleftharpoons VO^{3+}+H_2O$	2—1.4	0.003—0.005	2.79	18—20℃

有关阴离子的水解作用的各类平衡,可以概括为两种类型:

(1)质子化作用,即:

$$VO_4^{3-}+H^+ \rightleftharpoons HVO_4^{2-}$$

(2)缩合作用,即:

$$2HVO_4^{2-} \rightleftharpoons V_2O_7^{4-}+H_2O$$

它们之间的相互关系可以表示为:

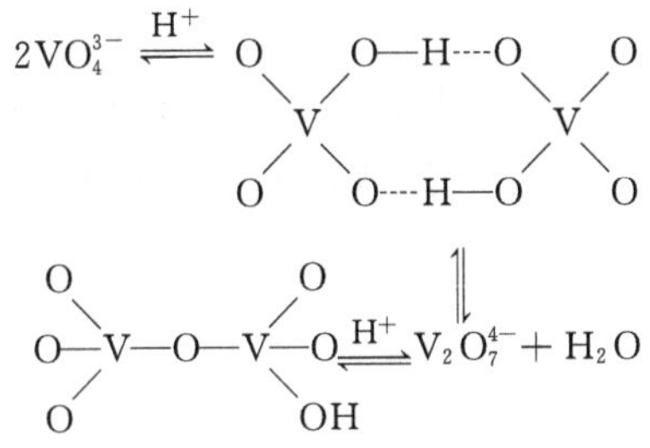

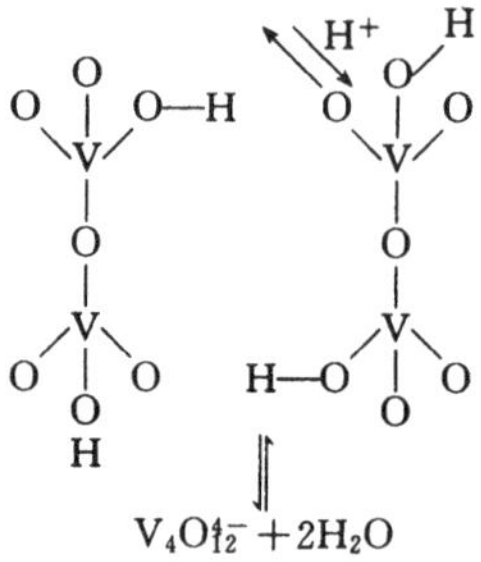

假如将钒酸盐溶液酸化直至 pH=6.5 以上，它将转变为鲜橙黄色。在浓度适当时，将会产生十钒酸根离子 $H_2V_{10}O_{28}^{4-}$，$HV_{10}O_{28}^{5-}$ 和 $V_{10}O_{26}^{6-}$ 的各种水合程度不同的盐的结晶，其反应为：

$$10VO_3^- + 4H^+ \rightleftharpoons V_{10}O_{28}^{6-} + 2H_2O$$

在中性区域，使溶液酸化，当达到 $H^+/NaVO_3 \sim 0.5$ 时，则出现包括有 $V_4O_{12}^{4-}$ 离子的平衡：

$$5V_4O_{12}^{4-} + 8H^+ \rightleftharpoons 2V_{10}O_{28}^{6-} + 4H_2O$$

十钒酸根离子在酸性介质中稳定存在，在 pH=4.1 时最稳定。

当将 V_2O_5 溶于酸时，在溶液中出现下列平衡

$$10VO_2^+ + 8H_2O \rightleftharpoons H_2V_{10}O_{28}^{4-} + 14H^+ \quad K=10^{-6.75}$$

$$H_2V_{10}O_{28}^{4-} \rightleftharpoons HV_{10}O_{28}^{5-} + H^+ \quad K=10^{-3.6}$$

$$HV_{10}O_{28}^{5-} \rightleftharpoons V_{10}O_{28}^{6-} + H^+ \quad K=10^{-5.8}$$

此外，十钒酸根离子也可以数种质子化的形式存在。

$$V_{10}O_{28}^{6-} + H^+ \rightleftharpoons V_{10}O_{27}(OH)^{5-}$$

$$V_{10}O_{27}(OH)^{5-} + H^+ \rightleftharpoons V_{10}O_{26}(OH)_2^{4-}$$

$$V_{10}O_{26}(OH)_2^{4-} + H^+ \rightleftharpoons V_{10}O_{25}(OH)_3^{3-}$$

$$V_{10}O_{25}(OH)_3^{3-} + H^+ \rightleftharpoons V_{10}O_{24}(OH)_4^{2-} \underset{OH^-}{\overset{H^+}{\rightleftharpoons}} VO_2^+$$

$V_{10}O_{25}(OH)_4^{2-}$ 离子是十分不稳定的，当酸稍为过量，它即迅速转化为 VO_2^+。

十钒酸根离子 $V_{10}O_{28}^{6-}$ 既存在于溶液中，也存在于固态盐的结晶中，其结构如图 24.18 和图 24.19 所示。

已知自然界中至少存在两个十钒酸盐，它们是橙钒钙石(pascoite)$Ca_3V_{10}O_{28} \cdot 27H_2O$ 和水钒镁矿(hemmerite)$K_2Mg_2V_{10}O_{28} \cdot 16H_2O$。

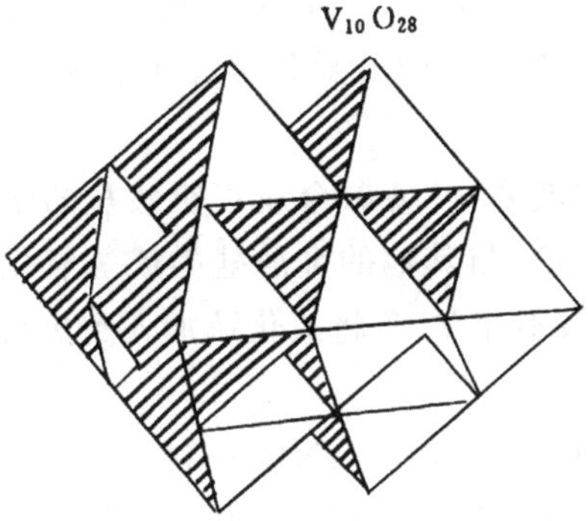

图 24.18 十钒酸根阴离子的 VO_6 多面体结构

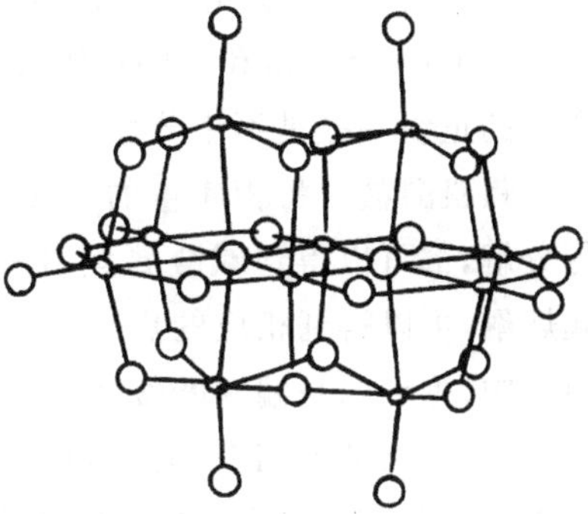

图 24.19 $V_{10}O_{28}^{6-}$ 离子结构

十钒酸根离子 $V_{10}O_{28}^{6-}$ 由十个 VO_6 八面体的独立单元构成，其中六个共享水平的 O—O 边，集中排列为 2×3 的长方体；另外两个八面体对称地插在长方体上面；最后两个八面体插在长方体的下面，在处于长方体上面和下面的四个八面体中，与长方体中的八面体共享一条倾斜的 O－O 棱边。$V_{10}O_{28}^{6-}$ 离子具有 D_2（斜方晶）对称，十个八面体中的八个都畸变而趋向于成为四方锥体，具有一个短的 V—O 键（161pm），四个居中的 V－O 键（191pm）和一个长的 V—O 键（228pm），位于长方体层中的两个八面体略为畸变，其短键的长度为 168pm 和 170pm。通过同位素 ^{18}O 使 $V_{10}O_{28}^{6-}$ 和 H_2O 之间的交换（25℃，pH＝6.5－7.0）研究表明，$V_{10}O_{28}^{6-}$ 中所有 28 个氧在交换性质上是等价的。

2.5.5 钒(V)酸盐

钒酸盐包括正钒酸盐，焦钒酸盐，偏钒酸盐以及多钒酸盐。偏钒酸盐是最稳定的，其次是焦钒酸盐，而正钒酸盐是比较少的，它甚至在冷的情况下也迅速水解，转化为焦钒酸盐：

$$2Na_3VO_4 + H_2O \rightleftharpoons Na_4V_2O_7 + 2NaOH$$

在沸腾的溶液中，焦钒酸盐又转化为偏钒酸盐：

$$V_2O_7^{4-} + H_2O \rightleftharpoons 2VO_3^- + 2OH^-$$

这些反应是可逆的，当加入酸除去 NaOH 后，平衡又向生成焦钒酸盐和偏钒酸盐的方向移动。

钒酸盐都是强氧化剂，在酸性溶液中被还原。碱金属及镁的钒酸盐易溶于水，但不溶于乙醇，而碱土金属及重金属的钒酸盐在水中的溶解度很小。

正钒酸盐　将 V_2O_5 按化学计量与碱金属碳酸盐熔融，可得到碱金属正钒酸盐 $M_3^IVO_4$ 或 $3M_2^IO \cdot V_2O_5$，最常见的钠盐是 $Na_3VO_4 \cdot 12H_2O$，将 $NaVO_3$ 与

$CaCl_2$ 溶液相互作用，控制溶液的 pH＝11—11.5，可以沉淀出正钒酸钙 $Ca_3(VO_4)_2$。铜、铅和银的正钒酸盐可以通过在溶液中的复分解反应来制备，二价金属的正钒酸盐是不十分稳定的化合物。

焦钒酸盐　将相应量的 V_2O_5 溶于碱溶液中，或使碱金属正钒酸盐的溶液自行分解，都可以得到碱金属焦钒酸盐。将 V_2O_5 与其他的金属盐类或氢氧化物一起熔融，可以得到相应的焦钒酸盐。焦钒酸铵不存在，若将氯化铵加入到焦钒酸钠溶液中，得到的是偏钒酸铵沉淀：

$$4NH_4Cl + Na_4V_2O_7 \longrightarrow 2NH_4VO_3 + 4NaCl + 2NH_3 + H_2O$$

用类似制备正钒酸钙的方法，在溶液中，使 $NaVO_3$ 与 $CaCl_2$ 作用，控制溶液的 pH＝9.5—10，可以得到焦钒酸钙 $Ca_2V_2O_7$。

偏钒酸盐　将按化学计量的碱金属氢氧化物溶液与 V_2O_5 作用，可以得到碱金属偏钒酸盐，其他金属的偏钒酸盐可用相应金属的可溶性盐类与碱金属钒酸盐的中性溶液作用，或者用按化学计量的相应的金属氧化物或碳酸盐与 V_2O_5 一起熔融而得。

偏钒酸铵是最普通的钒酸盐，将 V_2O_5 溶于碳酸钠溶液中，然后加入氯化铵，便可析出偏钒酸铵：

$$V_2O_5 + Na_2CO_3 \longrightarrow 2NaVO_3 + CO_2$$

$$NaVO_3 + NH_4Cl \longrightarrow NH_4VO_3 + NaCl$$

偏钒酸铵是白色的结晶，常因含有 V_2O_5 不纯物而呈黄色，它微溶于水和乙醇，在真空中加热至 135℃便开始分解，高于 210℃则形成钒的低价氧化物，在空气中灼烧的最终产物为 V_2O_5：

$$2NH_4VO_3 \longrightarrow V_2O_5 + 2NH_3 + H_2O$$

对偏钒酸钙进行了较多的研究，按摩尔比 $CaO : V_2O_5 = 1 : 1$ 的比例将碳酸钙和 V_2O_5 的混合物溶液加热到 80－100℃，搅拌 20min，趁热过滤，滤液冷却至室温，经过一段时间，即有柠檬黄色的沉淀析出，其组成为 $Ca(VO_3)_2 \cdot 4H_2O$。此外，亦可用 $CaCl_2$ 和 NH_4VO_3 溶液；$Ca(NO_3)_2$ 和 NH_4VO_3 溶液；$Ca(OH)_2$ 溶液和固体 V_2O_5 之间的相互作用来制备偏钒酸钙。当用干法合成偏钒酸钙时，可将碳酸钙与 V_2O_5 按摩尔比 $CaO : V_2O_5 = 1 : 1$ 的混合物在高温下反应，混合物分阶段在炉内于氧化性气氛中煅烧，开始时在 450℃下保温，以后每升高 30℃为一阶段，直到低于试样的熔点 20－30℃，每阶段保温 20－30h，便可得到偏钒酸钙。

$Ca(VO_3)_2 \cdot 4H_2O$ 的溶度积和平均活度系数列于表 24.26 中。

当溶液中有多种碱金属离子时，在不同的条件下和钙的钒酸盐相作用的结果，可以获得一系列复盐，如 $K_2Ca(VO_3)_4 \cdot 7H_2O$，$Rb_4Ca_4(V_2O_7)_3 \cdot 17H_2O$，$RbCa(VO_3)_3 \cdot 5H_2O$，$KCaVO_4 \cdot 6H_2O$ 等。

钙的钒酸盐的多相系　在 $NaVO_3-Ca(VO_3)_2-H_2O$ 系中用等温法(22℃)进行研究时,没有发现复盐生成,而且 $Ca(VO_3)_2$ 对 $NaVO_3$ 的溶解度并不产生影响。相反,$NaVO_3$ 的存在却使 $Ca(VO_3)_2$ 的溶解度增加若干倍。同样在用等温法(22℃)研究 $NaVO_3$-$Mg(VO_3)_2$-$Ca(VO_3)_2$-H_2O 系时,也没有发现复盐生成,只是钙、钠、镁的偏钒酸盐溶解度都大大增加,尤以 $Ca(VO_3)_2$ 的溶解度增加剧烈。

表 24.26　$Ca(VO_3)_2 \cdot 4H_2O$ 的溶度积和平均活度系数

[NaCl]mol/L	μ	[V](mol/L)	$[Ca^{2+}]$(mol/L)	$-\lg\pi p$	$-\lg\gamma\pm[Ca(VO_3)_2]$
0	0.045	0.0150	0.0075	6.676	0.7
0.1	0.196	0.0321	0.0160	5.688	1.03
0.2	0.328	0.0427	0.0214	5.314	1.15
0.5	0.712	0.0708	0.0354	4.654	1.37
0.8	1.058	0.0862	0.043	4.400	1.46
1.5	1.831	0.1104	0.0552	4.425	1.57
	1.0			4.204	1.53
	3.0			3.94	1.62

在 $NaVO_3$-$Ca(VO_3)_2$ 二元系中没有中间化合物生成,只有简单的低共熔物存在。组成为 25%mol$Ca(VO_3)_2$ 的低共熔物在 570℃熔化(图 24.20)。在 KVO_3-$Ca(VO_3)_2$二元系中生成组成为 $K_2Ca(VO_3)_4$ 的中间化合物,在 542℃熔化而不分解。在 400℃可以看到多晶型转变。中间化合物和偏钒酸钙之间生成简单的低共熔混合物,组成为 45%molKVO_3,熔点 512℃。$K_2Ca(VO_3)_4$ 和 KVO_3 之间的低共熔物混合物组成为 89%molKVO_3(图 24.21),在 502℃熔化。

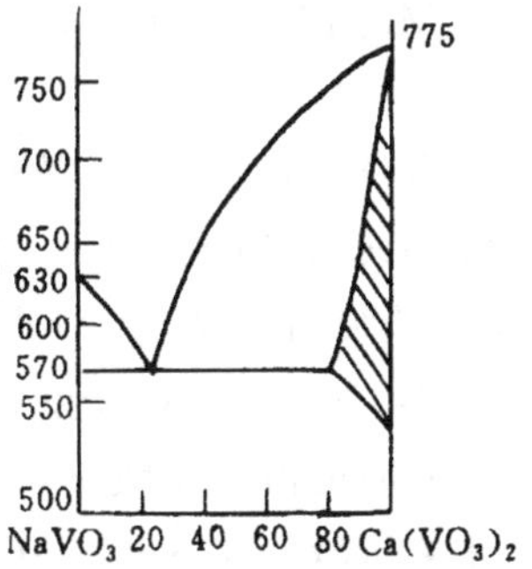

图 24.20　$NaVO_3$-$Ca(VO_3)_2$ 系状态图

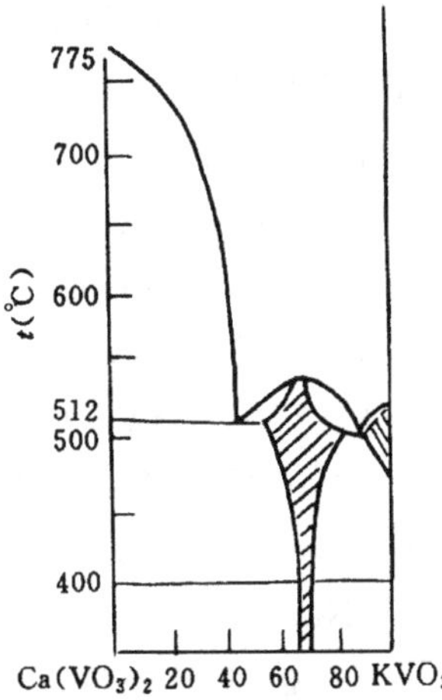

图 24.21　$Ca(VO_3)_2$-KVO_3 系状态图

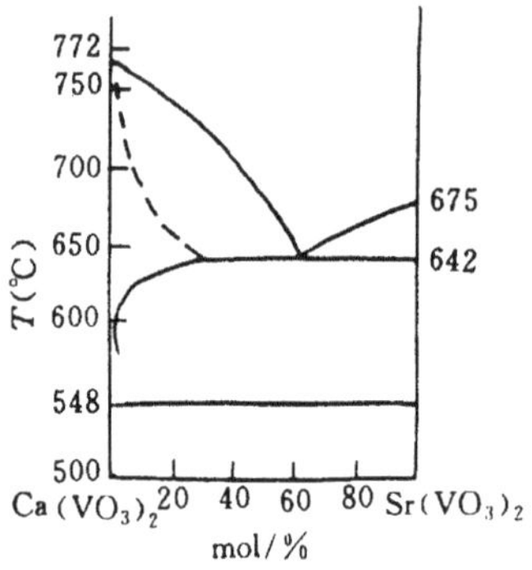

图 24.22　$Ca(VO_3)_2$-$Sr(VO_3)_2$ 系状态图

在 $Ca(VO_3)_2$-$Sr(VO_3)_2$ 系中没有中间化合物生成，低共熔物组成为 64%mol$Sr(VO_3)_2$（图 24.22），在 642℃熔化。

在 $Ca(VO_3)_2$-$Ba(VO_3)_2$ 系中也没有中间化合物生成。低共熔物组成为 36%mol$Ca(VO_3)_2$，在 638℃熔化。

在 $Ca_3(VO_4)_2$-$Sr_3(VO_4)_2$ 系中存在两个固溶体区域，组成为 $(Ca_{1-x}Sr_x)_3(VO_4)_2$（其中，$0 \leqslant x \leqslant 0.5$）和 $(Sr_{1-x}Ca_x)_3(VO_4)_2$ $(0 \leqslant x \leqslant 0.1)$。极限组成依次为 $(Ca_{0.5}Sr_{0.5})_3(VO_4)_2$ 和 $(Sr_{0.9}Ca_{0.1})_3(VO_4)_2$。

在 $Ca_3(VO_4)_2$-$Ba_3(VO_4)_2$ 系中，发现一个有限固溶体区域，在正钒酸钙一方达 20%—30%mol $Ba_3(VO_4)_2$。其余区域由正钒酸钡和以 $(Ca_{1-x}Ba_x)_3(VO_4)_2$ 形式的固溶体构成。

在 CaO-MgO-V_2O_5 系中，生成固溶体 $Ca_{1-x}Mg_x \cdot (VO_3)_2$ $(0<x \leqslant 0.50)$，二元焦钒酸钙镁 $CaMgV_2O_7$ 和二元正钒酸钙镁 $Ca_{2.5+x} \cdot Mg_{2-x}(VO_4)_3$ $(0 \leqslant x \leqslant 0.25)$。图 24.23 是该三元系液固相线下状态图。在 CaO-V_2O_5 二元系存在钙的六种钒酸盐。$Ca(VO_3)_2$，$Ca_2V_2O_7$，$Ca_3(VO_4)_2$ 和 $Ca_7V_4O_{17}$ 依次在 775℃，975℃，1380℃和 1100℃熔化并发生分解。$Ca_4V_2O_9$ 在约 1250℃合成。$Ca_5V_2O_{10}$ 由 $CaCl_2$ 和 V_2O_5 在 700—1300℃合成，晶格常数(pm)：$a = 713.4 \pm 0.7$(pm)，$b = 1132 \pm 1$(pm)和 $c = 1245 \pm 1$(pm)。在 MgO-V_2O_5 系中生成三种钒酸盐：$Mg(VO_3)_2$，$Mg_2V_2O_7$ 和 $Mg_3(VO_4)_2$，依次在 750℃，900℃和 1150℃熔化并分解。偏钒酸镁和焦钒酸镁在 570℃，710℃和 910℃发生多晶型转变。CaO-MgO 则属简单的低共熔型，其熔点为 2370℃。在 $Ca(VO_3)_2$-$Mg(VO_3)_2$ 拟二元截面中生成以 $Ca(VO_3)_2$ 为基础的取代固溶体，组成为 $Ca_{1-x}Mg_x(VO_3)_2$ $(0 < x \leqslant 0.5)$。$CaMg(VO_3)_4$ 是这个固溶体的极限组成。在 $Ca_2V_2O_7$-$Mg_2V_2O_7$ 拟二元截面中生成 $MgCaV_2O_7$，它在 885℃熔化并分解为 $Mg_2V_2O_7$ 和低共熔混合物。在 $Ca_3(VO_4)_2$-$Mg_3(VO_4)_2$ 拟二元截面中，生成正钒酸钙镁，其组成为 $Ca_{2.5+x}Mg_{0.5-x}(VO_4)_3$ $(0 \leqslant x \leqslant 0.25)$ 这个化合物具有石榴石的不完整结构，在高于 950℃生成。

在 Na_2O-CaO-V_2O_5 系中发现生成焦钒酸钙钠 $Na_2CaV_2O_7$，正钒酸钙钠 $NaCaVO_4$ 和 $NaCa_4(VO_4)_3$，图 24.24 是该系在 500℃时的液固相线下状态图。它被钠钙的偏钒酸盐、焦钒酸盐，正钒酸盐截成三个主要区域。在 $NaVO_3$-$Ca(VO_3)_2$ 截面温度为 570℃时由简单低共熔物组成。在 $NaVO_3$-$Ca_2V_2O_7$ 截面，在 600℃生成简单的低共熔物。在 $Na_4V_2O_7$-$Ca_2V_2O_7$ 截面发现存在一个新的二元焦钒酸钙

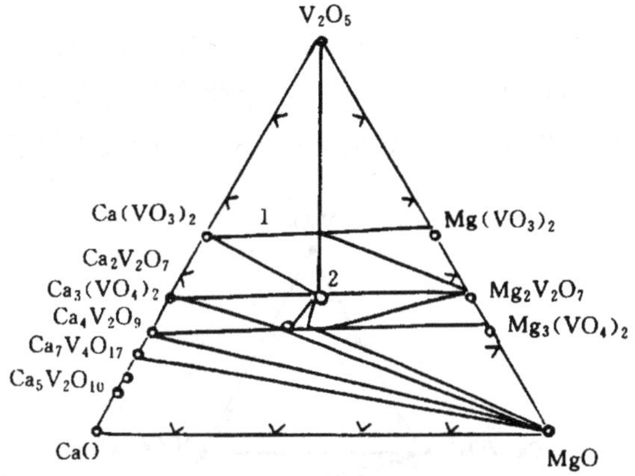

图 24.23 CaO-MgO-V_2O_5 系状态图的液固相线下切面图

1. 固溶体 $Ca_{1-x}Mg_x(VO_3)_2$, $0<x<0.5$

2. $CaMgV_2O_7$；3. 具有石榴石结构的二元正钒酸钙镁

$Ca_{2.5+x}Mg_{2-x}(VO_4)_2$, $0<x<0.25$

钠 $Na_2CaV_2O_7$。在 Na_3VO_4-$Ca_3(VO_4)_2$ 截面有两个二元正钒酸钙钠 $NaCaVO_4$ 和 $NaCa_4(VO_4)_3$ 生成。前者在 785℃时发生多晶型转变。两个二元正钒酸钙钠在 1200℃以上熔化。$Na_2CaV_2O_7$ 在 700℃分解，生成熔融物和正钒酸钙钠$NaCaVO_4$。

在 CaO-NiO-V_2O_5 系中(图 24.25)，CaO-V_2O_5 二元系已如前所述生成六个钙的钒酸盐。在 NiO-V_2O_5 系中生成偏钒酸镍 $Ni(VO_3)_2$，焦钒酸镍 $Ni_2V_2O_7$ 和正钒酸镍 $Ni_3(VO_4)_2$，熔化温度依次为 790℃，880℃和 1225℃。正钒酸镍在 520℃时发

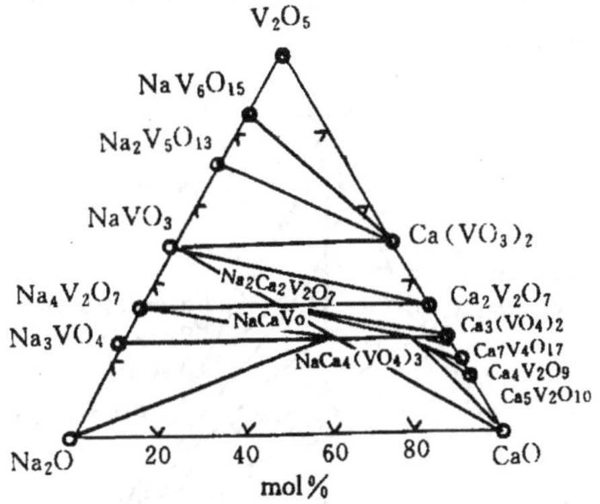

图 24.24 Na_2O-CaO-V_2O_5 系在液固相线下区域于 500℃时的相比例等温图

生多晶型转变。在 CaO-NiO 系中，不管是以 CaO 为基也好，还是以 NiO 为基也好都具有有限固液体。在 $Ca_3(VO_4)_2$-$Ni_3(VO_4)_2$ 拟二元截面，生成二元正钒酸盐，组成为 $Ca_{2.5+x}Ni_{2-x}V_3O_{12}$($0\leqslant x\leqslant 0.25$)。这个化合物具有不完整的石榴石结构，它可由化学式的理论量相混合的原始成分在 950—1000℃反应而生成。

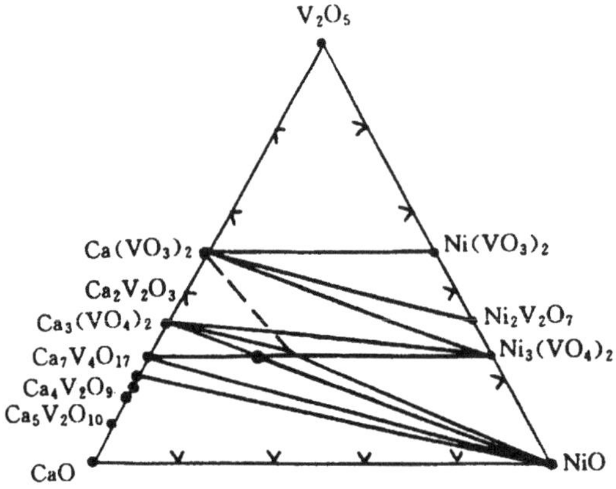

图 24.25　CaO-NiO-V_2O_5 系状态图液固相线下切面图

I——具有石榴石结构的二元正钒酸钙镍

$Ca_{2.5+x}Ni_{2-x}V_3O_{12}$($0.25\geqslant x\geqslant 0$)

在 CaO-V_2O_5-V_2O_4 系状态图的等温截面，列于图 24.26 中。固溶体 $Ca_xV_2O_5$ (α 相)同偏钒酸钙，氧化钒 V_3O_7 和组成为 $Ca_{0.15}V_2O_5$ 的氧化钒青铜建立平衡。后者同氧化钒 V_3O_7，V_6O_{13}，V_2O_4 和 $Ca(VO_3)_2$ 形成二元系。氧化钒青铜 $Ca_{0.33}V_2O_5$ 同 V_2O_4，$Ca(VO_3)_2$ 共存。$Ca(VO_3)_2$ 和 $Ca_2V_2O_7$ 同 V_2O_4 建立平衡。钙的氧化钒青铜 $Ca_{0.33}V_2O_5$ 的热力学性质为 $\Delta H^\circ_{298}(Ca_{0.33}V_2O_5)=-1774$kJ/mol，$\Delta S^\circ_{298}(Ca_{0.33}V_2O_5)=131$J/(K • mol)。

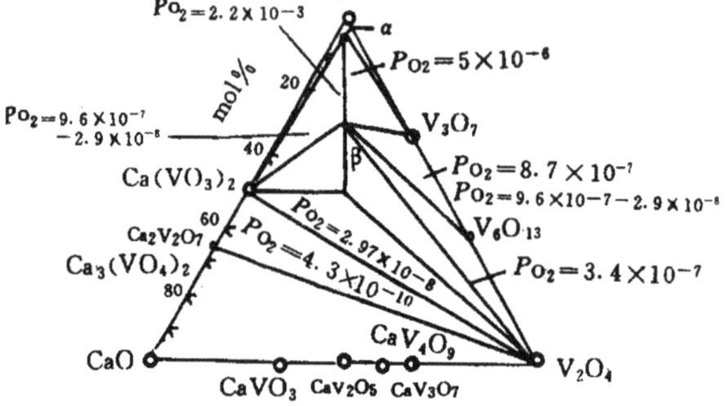

图 24.26　在 600℃时 CaO-V_2O_5-V_2O_4 系状态图(PO_2，atm)

在 $LaVO_3$-$CaVO_3$ 系中生成连续的取代固溶体 $La_{1-x}Ca_xV_{1-x}^{3+}V_x^{4+}O_3$，具有钙钛矿的变形结构。

在 CaO-$VO_{1.5}$-VO_2 系中化合物氧化产物的相组成。图 24.27 是 CaO-$VO_{1.5}$-VO_2 三元系液固相线下实验测得的相平衡图。根据 X 射线数据，在 CaV_2O_4-VO_2 系中生成氧化钒青铜型的化合物，其中的钒具有三价态 V^{3+} 和四价态 V^{4+}，化学式为 Ca_xVO_2(0.13≤x≤0.17)。当在空气中进行氧化时，氧化钒青铜进行氧化的结果，可以用下总方程式描绘：

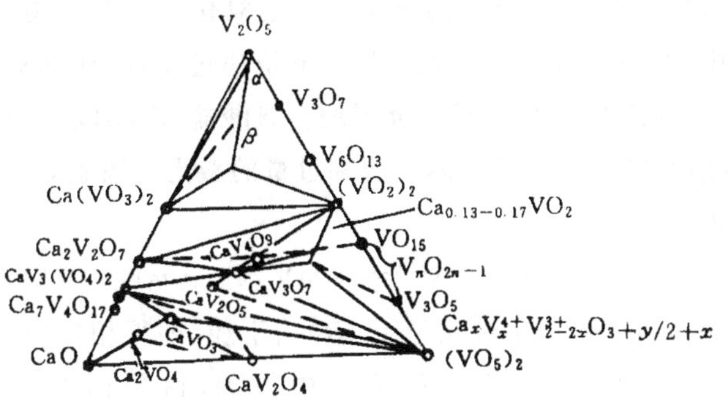

图 24.27 CaO-$VO_{2.5}$-$VO_{1.5}$ 系液固相线下区域相平衡图

$$2Ca_xVO_2+(1+2x)\frac{1}{2}O_2 \longrightarrow 2xCa(VO_3)_2+(1-x)VO_{2.5}$$

这个反应式表示的是一个十分复杂的氧化作用总过程。对于氧化钒青铜 $Ca_{0.15}VO_2$ 在氧化时相变的顺序可以如下表示：

$Ca_{0.15}VO_2 \rightarrow Ca_{0.13}VO_2+CaV_4O_9+VO_2 \rightarrow CaV_4O_9+VO_2 \rightarrow CaV_4O_9+Ca_{0.33}V_2O_5+VO_2 \rightarrow Ca_{0.33}V_2O_5+VO_2 \rightarrow Ca_{0.33-0.17}V_2O_5+VO_2 \rightarrow Ca_{0.24}V_2O_5 \rightarrow Ca(VO_3)_2+Ca_{0.17}V_2O_5+VO_{2.5} \rightarrow Ca(VO_3)_2+VO_{2.5}$

对于次钒酸钙，其氧化顺序为：

$CaV_2O_4 \rightarrow CaV_2O_{4.5} \rightarrow Ca_3(VO_4)_2+CaV_2O_{4.5}+VO_{1.5} \rightarrow Ca_3(VO_4)_2+VO_{1.5} \rightarrow Ca_3(VO_4)_2+CaV_2O_5+VO_{1.5} \rightarrow CaV_2O_5 \rightarrow Ca_3(VO_4)_2+CaV_2O_5+CaV_3O_7 \rightarrow Ca_3(VO_4)_2+CaV_3O_7 \rightarrow Ca_3(VO_4)_2+CaV_3O_7+Ca_2V_2O_7 \rightarrow Ca_2V_2O_7+Ca_2V_3O_9 \rightarrow Ca_2V_2O_7+CaV_3O_7+CaV_4O_9 \rightarrow CaV_4O_9+Ca_2V_2O_7 \rightarrow C_{a2}V_2O_7+CaV_4O_9+VO_2 \rightarrow Ca_2V_2O_7+VO_2+Ca(VO_3)_2 \rightarrow Ca(VO_3)_2$，对以上氧化过程的研究具有十分重要的实践意义，因为转炉渣中钒以 V^{3+} 进入许多复杂化合物的组成中，当渣中有钙时，则可能生成次钒酸钙 CaV_2O_4 因此探讨它们的氧化历程具有重要的理论和实际意义。

2.5.6 钒的同多酸和杂多酸盐

已知存在大量的多钒酸盐,在多钒酸盐中,五氧化二钒与碱金属的氧化物摩尔比大于偏钒酸盐,制备碱金属多钒酸盐的一般方法是将乙酸加入到正钒酸盐、焦钒酸盐或偏钒酸盐的溶液中,然后将溶液浓缩,通常都会析出数种组成不同的多钒酸盐,重金属多钒酸盐有时亦可通过碱金属钒酸盐与相应金属的盐的复分解反应而得到。

将摩尔比 CaO∶V_2O_5=3∶5 的氧化钙和五氧化二钒混合物在搅拌下加到预热到 80℃的水中,经 10min 后将得到的悬浮液快速过滤,冷却到室温,可得到橙黄色的 $Ca_3V_{10}O_{28}\cdot 17H_2O$ 结晶。碱土金属的多钒酸盐 $MV_{12}O_{31}\cdot mH_2O$(M=Mg,Ca,Sr,Ba)则可用五氧化二钒的胶体溶液和过量的碱土金属硝酸盐反应来制备,反应几乎可以定量地进行:

$$H_2V_{12}O_{31}\cdot mH_2O+M^{2+}\rightleftharpoons MV_{12}O_{31}\cdot mH_2O+2H^+$$

将所得沉淀搅拌 1h,过滤,用水洗涤至无 NO_3^-,干燥,即得相应的十二钒酸盐。一些多钒酸盐可自表 24.27 中所列的体系中得到,钒酸钙的组成和性质列于表 24.28。

表 24.27　多钒酸盐体系

化合物	制备方法	性质	参考文献
$LiVO_3$	$Li_2CO_3+V_2O_5$,<600℃	X	a)
α-$NaVO_3$	$Na_2CO_3+V_2O_5$,650℃,O_2	X	b)
$NaVO_3$	V_2O_5-Na_2SiO_3 体系 298−1098K	ΔH	c)
NaV_6O_{15} $Na_4V_{10}O_{27}$ Na_3VO_4	$Na_2O+V_2O_5$ 350℃,Ar,15h	X	d)
$K_2O,V_2O_5,2SO_3$ $K_2O,V_2O_5,4SO_3$ $6K_2O,V_2O_5,12SO_3$	V_2O_5-$K_2S_2O_7$ 体系	绝缘电阻	e)
$Mg_3V_4O_{13}$	V_2O_5-MgO 体系	m. p. 760℃	
$Mg_2V_2O_7$		m. p. 1132℃	
$Mg_3V_2O_8$		m. p. 1212℃	f)
CaV_8O_{21}	V_2O_5-CaO(<1∶1)	m. p. 645℃,t. d.	g)

续表

化合物	制备方法	性质	参考文献
SrV_2O_6 $Sr_2V_2O_7$ $Sr_3V_2O_8$	SrO-V_2O_5	绝缘电阻 m. p. 658℃ 绝缘电阻 m. p. 1010℃ 绝缘电阻 m. p. 1250℃	h) i)
$SrV_2O_6,4H_2O$ $Sr_2V_2O_7,3H_2O$ $Sr_3V_2O_8,6H_2O$ $Sr_2V_6O_{17},14H_2O$	$K_3VO_4+Sr(NO_3)_2$ (水溶液)	绝缘电阻,t. d. ,X	j)
$M_2V_2O_7 \cdot xH_2O$ (M=Ca,Sr 或 Ba) (x=2,1.5 或 5)	$Na_4V_2O_7+M(OH)_2$ pH 11	绝缘电阻,t. d. ,X X	k)
BaV_2O_6	$V_2O_5+BaCO_3$ 700℃,24h	X	a)
$TlVO_3$ Tl_3VO_4 $Tl_4V_2O_7$	$V_2O_5+Tl_2CO_3$ 250—550℃或 $K_3VO_4+TlNO_3$	X	l)
β-$VOPO_4$	$NH_4VO_3+(NH_4)_3PO_4$ 595℃,O_2(1b)	X	n)
$TlVO_3$ TlV_3O_8 $Tl_3V_8O_{21}$ $Tl_3V_5O_{14}$	Tl_2-V_2O_5 体系	m. p. 405℃,X m. p. 506℃,X m. p. 518℃,X X	m)
ZrV_2O_7 $FeVO_4$ FeV_2O_6 $Co_3V_2O_8$ $Ni_3V_2O_4$	金属+V_2O_5 熔体		o)
$Fe_2V_4O_{13}$	$Fe_2O_3+V_2O_5$ (≤1:1)640℃,5h	m. p. 715℃,X	p)
$Ni(OH)VO_3,2.2H_2O$ $Ni_4(OH)_4V_2O_7,5H_2O$	V_2O_5-NiO-Na_2O-H_2O		q)
$Ag_2V_4O_{11}$	Ag_2O-V_2O_5 体系	绝缘电阻,m. p. 532℃,X	r)
α-$Zn_3(VO_4)_2$	低温时生成	与 $Mg_3(VO_4)_2$ 异构 X,V—O=171pm	s)
ZnV_2O_6 ZnV_2O_7 $Zn_4V_2O_9$	V_2O_5—ZnO	X	t)
$Hg_3V_2O_5$	$NaVO_3+Hg_2(NO_3)_2$ (水溶液) $Na_4HgV_2O_8$	绝缘电阻	u)
$LaVO_4$	$V_2O_5+La_2O_3$,1100℃,5h	绝缘电阻,R,s. t. , $[VO_4]^{3-}$ 八面体	v)

续表

化合物	制备方法	性质	参考文献
		V—O=168—178pm	v)
$NdVO_4$		s. t.	w)
$LnVO_4$ $4Ln_2O_3, V_2O_5$ (Ln=La—Lu) (Ce,Pm 除外) $5Ln_2O_3, V_2O_5$ (Ln=Sm—Yb) $6Ln_2O_3, V_2O_5$ (Ln=Pr 或 Nd)	$V_2O_5+Ln_2O_3$	X	x)

a) W. Freundlich, A, Erb. M. Quarton and J · Perraud, *Compt. rend.*, **274**C(1972)27。

b) E. Erdos, *J. Appl. Crystallog.*, **5**(1972)141。

c) N. Kh. Valikhanova, V. P. Malyshev and A. A. Fortiev, *Vestnik Akad. Nauk. Kaz. S. S. R.*, **72**(1972)65。

d) G. Le. Flern, R. Olazcuaga, J, P. Parent, T. M. Reau and C. Fourssier, *Compt. rend.*, **273**(1971)C1358。

e) Ih. G. Bazarova, G. K. Boreskov, A. A. Ivanov, L. G. Karakchiev and L. D. Kechkiva, *Kataliz*, **12**(1971)948。

f) E. I. Speransbya. *Izvest. Akad*。

钒作为杂多酸的原酸而构成配阴离子的中心原子的能力不是很特征的。属于这种类型的杂多配合物如 $R_3VC_2O_4\cdot(MoO_4)_3\cdot xH_2O$,它是 VO_4^{3-} 中四个氧被全部取代的产物,更多的是钒酸酐 V_2O_5 作为配位酸酐分子而参加到其他元素所构成的杂多化合物中,通常易和硅,锡,磷。砷,铝,钨等酸缩合而成杂多酸,其中内界的中心原子可能是钒,也可能是其他元素。

2.5.7　钒(V)的过氯化物

在钒的过氧化物中,每个钒原子可以与一个、两个或三个过氧根配位,在水溶液中,其生成的一般规律是:

(a)过氧根对钒原子的配位数随着溶液的碱度的增强而增加;

(b)随着溶液酸度的增强,钒的聚合作用增加,而与钒原子配位的过氧根数目减少;

(c)当溶液中过氧化氢的浓度增加时,钒的聚合程度降低。

将 V_2O_5 溶于含有硫酸的过氧化氢溶液中,得到一种红色的溶液,在真空中浓缩此溶液,得到一种深灰黄色的晶体。研究表明,在此溶液中存在过氧化物 $[V(O_2)]_2(SO_4)_3$,它按下式水解:

$$\underset{\text{红棕色}}{[V(O_2)]_2(SO_4)_3}+6H_2O=\underset{\text{黄色}}{2V(O_2)(OH)_3}+3H_2SO_4$$

表 24.28　钒酸钙的组成和性质

化合物		计算的(%重量)				实验的(%重量)				密度	溶解度	结晶性质				
		V_2O_5	CaO	M_2O	H_2O	V_2O_5	CaO	M_2O	H_2O	(g/cm^3)	(mol/L)	晶系	N_g	N_m	N_p	2V°
$Ca_3V_{10}O_{28} \cdot 16H_2O$	6.3	66.6	12.3	—	21.1	66	12	—	22	2.22	0.150 0	三斜或单斜	1.820		1.760	
$K_2Ca_2V_{10}O_{28} \cdot 19H_2O$	6.6	62.45	7.7	6.45	23.4	63.7	7.8	6	23.8	1.63	0.067	〃	1.835		1.750	
$K_4CaV_{10}O_{28} \cdot 12H_2O$	6.3	66.5	4.1	13.7	15.7	68.2	4.2	12	15.2	1.86	0.086	〃	1.850	1.830	1.780	
$Na_2Ca_2V_{10}O_{28} \cdot 21H_2O$	6	62.1	7.65	4.25	26	60.5	7.27	4	26	2.34	0.795	〃			1.740	
$Rb_2Ca_2V_{10}O_{28} \cdot 15H_2O$	6.5	65.1	7.6	12.6	18.3	61	7.65	11.5	17.9	2.05	0.039	〃	1.830		1.760	
$Rb_4CaV_{10}O_{28} \cdot 11H_2O$	6.35	59.1	3.65	24.35	12.9	58	3.5	23.9	12.5	2.47	0.048	〃	1.853	1.820	1.775	
$Cs_2Ca_2V_{10}O_{28} \cdot 10H_2O$	6	61	7.5	19.3	12.1	61.4	7,5	18.6	12.5	3.04	0.011	〃	1.855		1.755	
$Cs_4CaV_{10}O_{28} \cdot 12H_2O$	6.7	52.1	3.2	32.3	12.4	53.5	3.5	31.5	12.0	2.79	0.018	〃	1.870	1.830	1.780	
$(NH_4)_2Ca_2V_{10}O_{28} \cdot 15H_2O$	6.3	67.7	8.35	3.8	20.15	68	8.4	3.8	21	2.4	0.067	〃	1.810	1.790	1.750	
$Ca(VO_3)_2 \cdot 4H_2O$*	6.3	58.7	18	—	23.2	58	18	—	23.5	2.6	0.021	三斜	1.935	1.850	1.830	
$K_2Ca(VO_3)_4 \cdot 7H_2O$	6.5	57	8.7	14.6	19.7	57.3	9	13.4	20	2.69	0.228	斜方	1.800	1.737	1.678	
$CsCa(VO_3)_3 \cdot 1.5H_2O$	8.3	54.9	11.3	28.4	5.4	55.3	10.7	29.1	4.9	3.42	0.012	单斜	1.915	1.890	1.845	−89
$Cs_2Ca(VO_3)_4 \cdot 5H_2O$	8.3	46	7.08	35.52	10.4	48.2	7.27	34.1	10.4	2.45	0.088	斜方	1.845	1.760	1.742	−71
$Cs_4Ca(VO_3)_6 \cdot 2H_2O$	7.9	45	4.5	46.5	3	44.6	4.4	47.2	3	3.05	0.048	〃	1.800	1.745	1.720	57
$RbCa(VO_3)_3 \cdot 5H_2O$	7.8	54.7	10.9	18.4	18	54.5	11.2	16.1	18.2	3.16	0.058	〃	1.840	1.755	1.725	70
$Ca_2V_2O_7 \cdot 2.5H_2O$	10	53.6	32.8	—	13.6	54.8	32.4	—	13.4	2.45	0.008		1.800		1.780	64
$Rb_4Ca_4(V_2O_7)_3 \cdot 17H_2O$	10.6	37.7	15.5	25.7	21	38.4	15.3	25.3	21	2.02	0.016	斜方	1.715	1.680	1.643	86
$Ca_3(VO_4)_2 \cdot 8.5H_2O$	13.1	36.2	33.4	—	30.4	33.2	33.6	—	30.6	2.14	0.003	正方	N=1.795			
$KCaVO_4 \cdot 6H_2O$	13.5	30.2	18.55	15.55	35.8	29.4	19	16.5	35.1	1.85	0.044					
$CsCaVO_4 \cdot 6.5H_2O$	12.8	22.6	13.8	34.8	29	22.5	13.5	35	29	2.22	0.057	六方	N_B=1.606		N_O=1.591	

生成黄色的 $V(O_2)(OH)_3$，此化合物可视为过钒酸的水合物 $HVO_4 \cdot H_2O$，或过氧正钒酸 $H_3[V(O_2)O_3]$

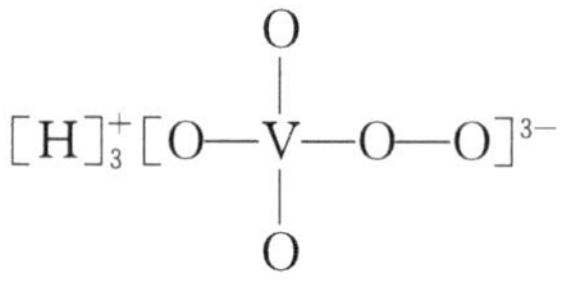

将 V_2O_5 溶于过氧化氢水溶液，可以生成过钒酸：

$$V_2O_5 + 2H_2O_2 \longrightarrow 2HVO_4 + H_2O$$

过氧正钒酸不稳定，在常温下便慢慢分解，当温度升高时，迅速分解，散出氧并再次沉淀为 V_2O_5，当将盐酸加入到过钒酸溶液中，可析出氧和氯的混合物。

过氧化氢与碱金属偏钒酸盐溶液作用，可生成碱金属过钒酸盐，后者在稀溶液中水解：

$$KVO_4 + H_2O \rightleftharpoons KVO_3 + H_2O_2$$

在碱金属钒酸盐溶液中加入过氧化氢，若溶液呈弱碱性，中性或弱酸性时，得到黄色的二过氧正钒酸离子 $[VO_2(O_2)_2]^{3-}$。若溶液是强酸性时，得到红棕色的二过氧钒阳离子 $[V(O_2)_2]^+$，两者之间存在着下列平衡：

$$[VO_2(O_2)_2]^{3-} + 4H^+ \rightleftharpoons [V(O_2)_2]^+ + 2H_2O$$

已知的二过氧正钒酸盐有 $KH_2[VO_2(O_2)_2] \cdot H_2O$ 和 $(NH_4)_2H[VO_2(O_2)_2] \cdot aq$，二过氧正钒酸离子若在较浓的强碱溶液中，并且当溶液中含有多量的过氧化氢时，它会逐渐转变为蓝紫色的四过氧正钒酸离子 $[V(O_2)_4]^{3-}$。四过氧正钒酸盐 $M^I_3[V(O_2)_4] \cdot aq(M^I = Li^+, Na^+, NH_4^+, K^+)$ 为蓝紫色的针状结晶，这些盐的阳离子的半径愈大，愈容易分解。

2.5.8　VO^{2+} 类化合物

在酸性溶液中，钒(IV)以蓝色的 VO^{2+} 离子的形式存在，作为中心离子，它能形成许多稳定的配合物，大多数钒(IV)的配合物都是 VO^{2+} 的衍生物，这些配合物可以是阳离子型的，如 $[VObipy_2Cl]^+$，阴离子型的，如 $[VO(NCS)_4]^{2-}$，或中性的，如 $VO(acac)_2$，它取决于配体的性质，在固态，溶液，甚至在气相中都可以发现它们。

自由的 VO^{2+} 离子在水溶液中实际上也是一种水合离子：$[VO(H_2O)_2]^{2+}$，VO^{2+} 在水溶液中存在下列平衡：

$$VO^{2+} + H_2O \rightleftharpoons [VOOH]^+ + H^+$$

$$2VO^{2+} + 2H_2O \rightleftharpoons (VOOH)_2^{2+} + 2H^+$$

$$VO^{2+} + 2OH^- \rightleftharpoons VO(OH)_2 \downarrow$$

$$VO^{2+} + 3OH^- \rightleftharpoons VO(OH)_3^-$$

在 pH=6.7 时，溶液呈黄色。随着 pH 值降低到碱性范围，生成黄色的 $VO(OH)_2$ 沉淀。继续降低 pH，沉淀重新溶解，在 pH=11.5 时，沉淀全部消失，形成 $VO(OH)_3^-$ 离子，即使 pH>12，也没有发现存在聚合的氧钒(IV)根阴离子。VO^{2+} 在中性或强酸性溶液中经数月仍能保持稳定，但在碱性溶液中，当暴露于空气中时，VO^{2+} 会被氧化。

VO 键实质上是一个双键，所有氧钒(IV)化合物的红外光谱和拉曼光谱中都含有 V=O 基的特征吸收峰。X 射线结构分析表明，含氧钒(IV)根的配合物在结构上其特点是都含有一个较短的 V=O 双键。其长度范围在 157－168pm 之间(见表 24.29) VO 键完全可以认为是多重键。强的 π 键是由 $O(p\pi) \longrightarrow V(d\pi)$ 组成。

氧钒(IV)类配合物在立体化学上可以是五配位的正方锥或六配位的畸变八面体，例如五配位的 $VO(acac)_2$ 其结构如图 24.28 所示，V=O 双键的长度比在赤道平面上的 V—O 键短～40pm，O—V=O 键角约大于 90°，钒原子位于由四个以单键结合的氧原子所在的平面之上约 50pm 处。在配位数为六的这类配合物中，V=O 键比在赤道平面上的 V—O 单键短～40pm，而 O—V=O 键角也大于 90°。同时还证明，与 V=O 键的结合力比较弱，例如水合物 $VOSO_4 \cdot 5H_2O$ 具有八面体结构，一个 H_2O 在 O 的反位，相距 222pm，另外三个 H_2O 分子在顺位，相距为 204pm。单齿配位基 OSO_3^{2-} 的氧在第四个顺位位置上，相距 198pm，处于 O 反位的水是活泼的，而所有配位数为五的配合则很容易接受第六个配体，从而变为八面体的结构，例如可以通过下列反应生成 $VO(acac)_2$ 的衍生物：

$$VO(acac)_2 + L \longrightarrow VO(acac)_2 \cdot L$$

常常发现，氧钒(IV)类配合物在固态时其结构与在溶液中的情况不一样。

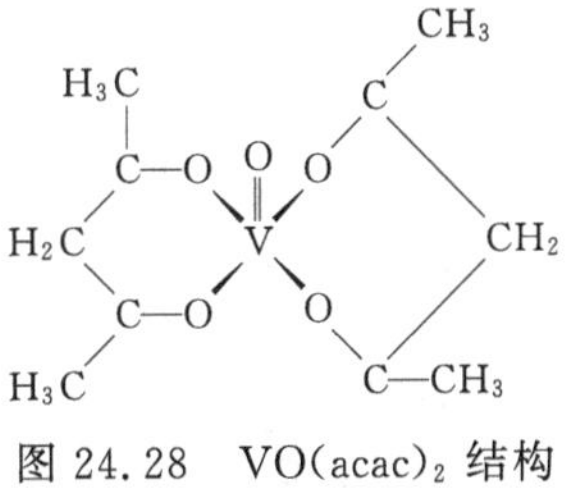

图 24.28 $VO(acac)_2$ 结构

红外光谱 氧钒(IV)类配台物的红外光谱在 985±50cm^{-1}处有一个十分强的尖锐的 V=O 特征吸收峰，相应于 V=O 的力常数 $K=7.0\pm0.7$(mol/Å)，并且认为 V=O伸缩频率与四个赤道配体对金属的电荷转移有关，其配位体的序列与光谱的序列不同，例如对于$[VOL_5]^{n\pm}$型的配合物，V=O 伸缩频率的规律是：

$$L = H_2O > NCS^- > CN^- > DMSO \sim F^-$$

表 24.29　氧钒类化合物的性质

化合物	空间群	Z	V=O (pm)	V—O (pm)	V—O(反位于V=O)(pm)	键角 O=V—O
$VO(C_5H_7O_2)_2$ [a]	$PI-C^1i$	2	157.1	195.5—198.3	—	104.8—108.4
$VO(C_{10}H_9O_2)_2$ [b]	$P2_1/c-C_{2h}^5$	4	160.5	194.9—198.4	—	104.0—106.9
$(NH_4)_2[VO(NCS)_4 \cdot H_2O] \cdot 4H_2O$ [c]	$P2_1/c-C_{2h}^5$	4	162.0	204(V—N)	2.22	97
$VO(H_2O)_4SO_4 \cdot H_2O$ [d]	$P2_1/c-C_{2h}^5$	4	159.1	198.3—204.8	222.3	93.8—100.7
$VOSO_4$ [e]	$Pnma-D_{2h}^{16}$	4	159.4	200.5—205.6	228.4	96.4—99.8
$VOMoO_4$ [f]	$P4/n-C_{4h}^3$	2	167.7	197.2	258.8	102.4
$(NH_4)_4[VO-dd-C_4H_2O_6]_2 \cdot 2H_2O$ [g]	$P4_32_12-D_4^8$	4	160.0	179—203	h)	98.8—122.1*
$Na_4[VO-dl-C_4H_2O_6]_2 \cdot 12H_2O$ [i]	$Pbca-D_{2h}^{15}$	4	161.9	190.2—200.4	j)	104.6—109.8
$[VO(C_7H_3O_4N)(H_2O)_2] \cdot 2H_2O$ [k]	$Pbcn-D_{2h}^{14}$	4	159.1	201.7 和 202.7	218.4(V—N)	96.0 和 107.4
$VO(OCH_3)_3$ [l]	$P2_1/c-C_{2h}^5$	8	151.0 和 157.0	174—205	225 和 230	
$VOCl_2 \cdot 2N(CH_3)_3$ [m]	$Pnma-D_{2h}^{16}$	4	159.0	217.5(V—N) 225(V—Cl)	—	88.0—119.7*
$VO(C_{12}H_{18}N_2O_2)$ [n]	$P2_1/a-C_{2h}^5$	4	159.8	195.1 205.5(V—N)	—	—
$VO(C_{32}H_{34}N_4) \cdot C_2H_4Cl_2$ [o]	$P2_1/a-C_{2h}^5$	4	163.0	197—214(V—N)	—	—
$Na(Et_4N)[VO(C_{14}H_{10}O_3)_2] \cdot 2C_3H_7OH$ [p]	$P2_1/c-C_{2h}^5$	4	158.4	190.0 和 193.3(羟基) 197.0 和 197.1(羰基)	—	112.7 和 114.4(羟基) 103.8 和 104.5(羰基)

* 三角双锥型结构。

a)R. P. Dodge, D. H. Templeton and A. Zalkin, *J. Chem. Phys.*, **35**(1961)55.

b)P. K. Hon, R. L. Belfcord and C. E. Pfluger, *J. Chen. Phys.*, **43**(1965)1323, 3111。

c)A. C. Hazell, *J. Chem. Soc.*, (1963)5745。

d)C. J. Ballhausen, B. F. Djurinskij and K. J. Watson, *J. Am. Chem. Soc.*, **90**(1968)3305。

e)P. Kierkegaard and J. M. Longo, *Acta Chem. Scand.*, **19**(1965)1906。

f)H. A. Eick and L. Kihlborg, *Aeta Chem. Stand.*, **20**(1966)722。

g)J. G. Forrest and C. K. Prout, *J. Chem. Soc.* (*A*), (1967)1312。

h)二聚体中的 V—V 距离为 435pm。

i)R. E. Tapscott. R. L. Bekiord and I. C. Paul, *Inorg. Chem.*, **7**(1968)356。

j)二聚体中 V—V 距离为 408.2pm。

k)B. H. Bersted, R. L. Belford and I. C. Paul, *Inorg. Chem.*, **7**(1968)1557。

l)C. N. Caughlan, H. M. Smith and K. Watenpaugh, *Inorg. Chem.*, **5**(1966)2131。

m)J. E. Drake, J. Vekris and J. S. Wood, *J. Chem. Soc.* (*A*)(1968)1000。

n)L. J. Boucher, D. E. Bruins, T. F. Yen and D. L. Weaver, *Chem. Communs.*, (1969)363。

o)R. E. Pettersen and L. E. Alexander, *J. Am. Chem. Soc.*, **90**(1968)3873。

p)N. D. Chasteen, R. L. Belford and I. C. Paul, *Inorg. Chem.*, **8**(1969)408。

在非极性或配位作用弱的溶液中，$VO(acac)_2$ 中的 V＝O 伸缩频率在 1006±2cm^{-1}，而在固态时其值为 997cm^{-1}。这些溶剂包括苯，氯仿，二硫化碳，乙腈，丙酮和硝基甲烷。看来，这些溶剂不会在钒原子的第六个配位位置上进行配位。然而，出乎意料的是，振动频率不仅仅与溶剂的偶极矩和键合的极化率有关，如果溶剂分子在第六个配位位置上进行配位，即如各种胺及吡啶那样，则其结果是 V＝O 伸缩频率可以降低～50cm^{-1}。

磁性和电子自旋共振　已经记录了数十个氧钒(IV)类配合物的磁矩数据。对于仅由一个未成对电子自旋所产生的磁矩是 1.73B. M.，而上述配合物的磁矩大多数都在此值为±0.03B. M. 的范围内，由此可以预期，在这些配合物中，对于钒原子来说，配位场最强是在轴的方向上。故所有轨道对于磁矩的贡献都被抑制了，如果对于配位场在轴的分量至少比自旋一轨道偶合常数大十倍的情况下，磁矩将与温度无关。这些配合物中有两个属于这种情况，并已对它们进行了研究，这两个配合物是 VO(水杨醛二胺)和 VO(酞花菁)。

有 n 个氧钒(IV)配合物出现类似于在 d^9 铜(II)配合物中所发现的成对方式磁交换。这些情况包括了许多 5-(2-羟基苯基)水杨叉亚胺合 VO^{2+} 的配合物。这些配合物的磁矩说明，钒原子对之间通过金属一金属直接作用。这些配合物的交换积分 J 变化于 90 和 218cm^{-1}之间，酒石酸根离子也形成 $M_4^I[VOtart]_2 \cdot xH_2O$ 型的二聚配合物，可是其结构除了与右旋酒石酸根离子所形成的二聚物的旋光和顺磁共振谱相同外，都不同于右—左旋酒石酸根离子所形成的二聚体的旋光和共振谱。外消旋的二聚体是更稳定的。对铵盐的 X 射线衍射分析证明这个配合物是二聚的。在钒原子的周围以畸变了的三角双锥体型进行配合，氧位于赤道平面上(这里指的右旋酒石酸盐)。

所有氧钒(IV)类配合物的电子自旋共振 $g_{平均}$ 值(即郎德因子)经测定均在 1.95—2.00范围内，十分接近自由电子所期望的 2.0023 值，并且 g 值的各向异性比磁性类似的铜(II)配合物要小，这些结果表明，对于配位场来说，轴的分量是高的，因而可以确定 V＝O 键是引起该配位场偏离 O_h 对称的原因。

光谱　对氧钒(IV)类配合物的光谱进行了广泛的研究，原因很简单，因为所有 d^1 体系中，氧钒(IV)配合物在实验处理上是最容易的，而且在这些配合物中，配位场偏离八面体对称性越远，这种光谱的解释要比严格按照八面体分布的 d^1 配合物要更困难些。

氧钒(IV)类配合物的光谱是由在 8000—32000cm^{-1}范围内的三个 $d-d$ 跃迁(5＜ε＜100)组成的。对于现在已知的几十个光谱图中，带 I 位于 11000—147000cm^{-1}范围；带II位于 14800—20400m^{-1}范围；带III位于 21000—31250cm^{-1}范围。由于带III在紫外区，常常被较高强度的荷移跃迁的尾端所遮蔽而观察不到。

对这些配合物的电子光谱的一些解释已经提出来了。离子在 O_h 类型和压缩后成 C_{4V} 对称的晶体场的能级见图 24.29，它可以用 D_q 和四方晶系参数 D_s 以及 D_t 来表示。因此，预期的跃迁是 $b_2 \to e(-3D_s+5D_t)$，$b_2 \to b_1(10D_q)$ 和 $b_2 \to a_1(10D_q-4D_s-5D_t)$，其中开头两个跃迁已经证明分别为上面指出的带 I 和带II。

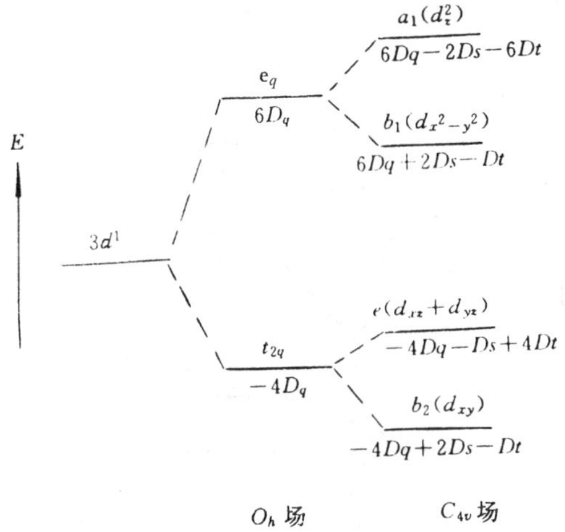

图24.29 d^1 离子的 O_h 类型和轴向压缩后呈 C_{4v} 对称的晶体场能级图

在水溶液中，水合离子 $[VO(H_2O)_5]^{2+}$ 的 $b_2 \to b_1$ 跃迁的 $10D_q$ 值是 ~16000cm^{-1}，此值明显地低于由 $[V(H_2O)_6]^{2+}$ (11800cm^{-1}) 和 $[V(H_2O)_6]^{3+}$ (18500cm^{-1}) 离子的 $10D_q$ 值外推得到的结果。

已经考虑到晶体场模型不可能对氧钒(IV)类的电子结构作充分的描述，特别是因为忽略了 π 成键的因素，在用分子轨道法处理 $[VO(H_2O)_5]^{2+}$ 离子的能级时，要强调 π 键的重要性，按 Ballhausen 和 Gray 所给出的结果解释，表示在图24.30 中。

成键的情况如下：a_1 对称的强 σ 键位于氧杂化轨道 sp_σ 和钒原子杂化轨道 $(4s+3d_z{}^2)$ 之间；e 对称的两个 π 键位于氧轨道 $2p_x$ 和 $2p_y$ 及钒轨道 $3d_{xz}$ 和 $3d_{yz}$ 之间；四个 σ 键位于四个等同的 sp_σ(水)氧杂化轨道和金属原子的轨道：$(4s-3dz^2)$ (a_1)，$4p_x$ 和 $4p_y(e)$ 和 $3d_{x_2-y_2}(b_1)$ 之间，然后，第五个水分子键合到钒原子轨道 $4p_z(a_1)$，剩下的钒轨道 $3d_{xy}(b_2)$ 为非键轨道，因而可以接受来自钒(IV)的单个 d 电子。由此得到的能级排列次序为 $b_2<e_\pi^*<b_1^*<I_{a1}^*$。这与晶体场模型给出的结果相一致。但是这种描述还能够解释在氧钒(IV)配合物光谱中的强荷移带，在这些配合物中所得结果与磁性和电子自旋共振结果相一致。特别是电子自旋共振研究已经令人信服，未成对电子位于 b_2 轨道内。因此，实际上 π 成键是在轴的方向

上，在钒和单个氧原子之间产生了一个三重键，这种描述通过其他过渡金属配合物已经进行了更为一般化的讨论。最近用磁圆二色性测定了 VO(acac)$_2$ 并配合电子自旋共振工作，已经给上述描述提供了更为充分的证据。

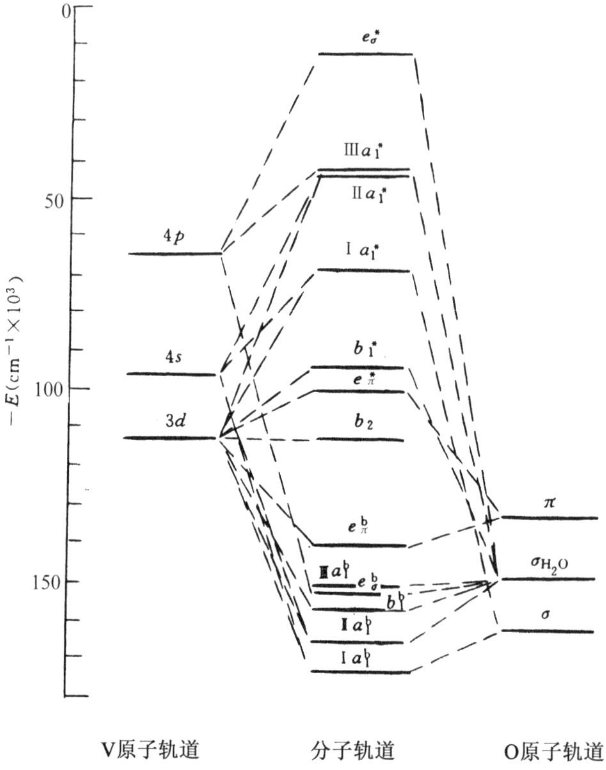

图 24.30　$VO(H_2O)_5^{2+}$ 离子的轨道能级图

在 77K，VO(acac)$_2$ 配合物的可见光谱中至少出现有三个带与带 I 的外线相结合，这可能是由振动所引起的电子跃迁，与 V=O 伸缩频率～700cm^{-1} 相连，而基态值为～1000cm^{-1}。

VO(acac)$_2$ 是一个很稳定的配合物，也可能是 VO^{2+} 配合物中研究得较多的一个。将 V_2O_5 与乙酰丙酮在烧瓶中慢慢地回流 24h，悬浮液趁热过滤，冷却滤液，析出蓝色的结晶，在空气流中使剩余的乙酰丙酮蒸发除去，用丙酮和乙醚洗涤固体产物，并在 110℃ 干燥，可得到 VO(acac)$_2$，其反应可表示为：

$2V_2O_5 + 9C_5H_8O_2 \longrightarrow 4VO(C_5H_7O_2)_2 + (CH_3CO)_2CO + 5H_2O$ 此外，也可以通过下列反应制备 VO(acac)$_2$：

$V_2O_5 + 2H_2SO_4 + C_2H_5OH \longrightarrow VOSO_4 + 3H_2O + CH_3CHO$

$$VOSO_4 + 2C_5H_8O_2 + Na_2CO_3 \longrightarrow VO(C_5H_7O_2)_2 + Na_2SO_4 + H_2O + CO_2$$

$VO(acac)_2$ 是一种蓝色到绿色的结晶，能溶于乙醇、苯、氯仿和乙酰丙酮，但仅适量地溶于丙酮或乙醚。在许多溶剂中，特别是在水和乙醇中，这个配合物会慢慢地被空气所氧化。当有过氧化氢存在时，氧化过程十分迅速，产物的组成尚不清楚。在高温下，$VO(acac)_2$ 会分解，但它没有确定的熔点。

VO^{2+} 离子也可以与无机配体生成下列配合物：

$M_3^I[VO(CN)_5]$(M=K,Na,Cs)，

$[(C_2H_5)_4N]_3[VO(CN)_5]$，$(VO)_2[Fe(CN)_6]$，

$KVO[Fe(CN)_6]$，$VO(NH_2)_2$，$K_3[(VO)N(NH)_2]$，

$[(C_2H_5)_4N]_3[VO(NCs)_5]$，$VO(ClO_4)_2 \cdot 6H_2O$，$VOC_2O_4 \cdot 3H_2O$ 等。

2.6 钒的金属有机化合物[1,2,9,23—32]

2.6.1 二茂钒及其衍生物

1. $(\pi\text{-}C_5H_5)_2V$

用过量的格氏试剂$(\pi\text{-}C_5H_5)MgBr$ 与 VCl_4 反应，或用过量的茂化钠和 VCl_4 反应，在隔绝空气条件下可得$(\pi\text{-}C_5H_5)_2V$。将 VCl_3 与$(\pi\text{-}C_5H_5)Na$ 在对二氧六环中反应，再经 $LiAlH_4$ 还原，也可得$(\pi\text{-}C_5H_5)_2V$。一个改进的方法是在 THF 中用 $LiAlH_4$ 还原 VCl_3 得 $VCl_2 \cdot 2THF$，再用 NaC_5H_5 处理得$(\pi\text{-}C_5H_5)_2V$，产率为 78%。

二茂钒是单分子的紫黑色的顺磁性物质，具有二茂铁型结构，是一种交错型夹心式化合物(图 24.31)$(\pi\text{-}C_5H_5)_2V$ 的热稳定性也比较高，熔点为 167—168℃，对空气敏感，可溶于大多数有机溶剂中，有关二茂钒及其衍生物的一些性质列于表 24.30。

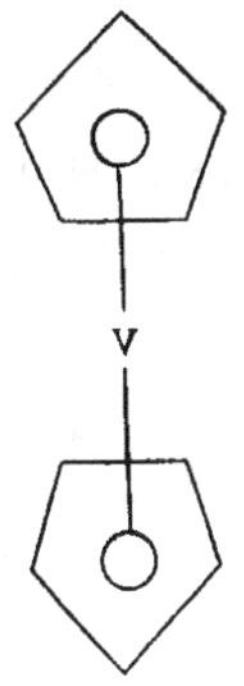

图 24.31 二茂钒

表 24.30 二茂钒化合物的性质

化合物	颜色	熔点(℃)	磁矩 μ(B. M.)
$(\pi\text{-}C_5H_5)_2VCl_2$	绿	~250，分解	1.87
$(\pi\text{-}C_5H_5)_2V^+$(溶液)	紫	—	2.86
$(\pi\text{-}C_5H_5)_2VCl$	靛蓝	206—207	—
$(\pi\text{-}C_5H_5)_2V$	紫黑	167—168	—

在乙醚中，$(\pi\text{-}C_5H_5)_2V$ 与有机卤化物的反应可以按两种方式进行

$(\pi\text{-}C_5H_5)_2V + RX$(过量)$\longrightarrow(\pi\text{-}C_5H_5)_2VX + \frac{1}{2}R\cdot R$

$2(\pi\text{-}C_5H_5)_2V$(过量)$+ RX \longrightarrow (\pi\text{-}C_5H_5)_2VR + (\pi\text{-}C_5H_5)_2VX$（R 为 $C_6H_5CH_2$）

虽然$(\pi\text{-}C_5H_5)_2VRX$化合物未被离析出来，但似乎在这些反应中第一步是通过有机卤化物的氧化加成作用形成$(\pi\text{-}C_5H_5)_2VRX$。

2. $(\pi\text{-}C_5H_5)_2VCl_2$

在四氢呋喃中，茂化钠与 VCl_4 按下式反应 $2C_5H_5Na + VCl_4 \rightarrow 2(\pi\text{-}C_5H_5)_2VCl_2 + 2NaCl$ 生成$(\pi\text{-}C_5H_5)_2VCl_2$；也可藉 C_5H_5MgBr 与 VCl_4 作用得$(\pi\text{-}C_5H_5)_2VCl_2$，它是一种绿色的顺磁性物质，不溶于石油醚，但可溶于乙醇和水。含有$(\pi\text{-}C_5H_5)_2V^{2+}$的水溶液不大稳定，这个离子可被锌汞齐还原为$(\pi\text{-}C_5H_5)_2V^+$离子。将$(\pi\text{-}C_5H_5)_2VCl_2$ 在沸腾的氯仿中进行氯化，可得$(\pi\text{-}C_5H_5)_2VCl_2$。

3. $(\pi\text{-}C_5H_5)_2VX$

将 VCl_4 和茂化钠直接反应，可得$(\pi\text{-}C_5H_5)_2VCl$。在室温下，将$(\pi\text{-}C_5H_5)_2V$的乙醚溶液加入等摩尔的$(\pi\text{-}C_5H_5)_2VCl_2$ 的溶液中，立即按下式发生反应：

$(\pi\text{-}C_5H_5)_2V + (\pi\text{-}C_5H_5)_2VCl_2 \longrightarrow 2(\pi\text{-}C_5H_5)_2VCl$

用锌汞齐还原$(\pi\text{-}C_5H_5)_2VCl_2$ 也可得$(\pi\text{-}C_5H_5)_2VCl$。

$(\pi\text{-}C_5H_5)_2VCl$ 在有机溶剂中的溶解度介于$(\pi\text{-}C_5H_5)_2V$（十分大）和$(\pi\text{-}C_5H_5)_2VCl_2$（只溶于极性溶剂）之间。

$(\pi\text{-}C_5H_5)_2VCl$ 与 HCl 反应，产物为$(\pi\text{-}C_5H_5)_2VCl_2$。

$(\pi\text{-}C_5H_5)_2VBr$ 和$(\pi\text{-}C_5H_5)_2VI$ 可用下列反应来制备：

$$(\pi\text{-}C_5H_5)_2V + C_2H_2Br \longrightarrow (\pi\text{-}C_5H_5)_2VBr + \frac{1}{2}C_4H_{10}$$

$$(\pi\text{-}C_5H_5)_2V + \frac{1}{2}I_2 \longrightarrow (\pi\text{-}C_5H_5)_2VI$$

$(\pi\text{-}C_5H_5)_2VBr$，$(\pi\text{-}C_5H_5)_2I$ 的熔点分别为 220—221℃，214—215℃。

4. $(\pi\text{-}C_5H_5)_2VR$

已经离析出一系列$(\pi\text{-}C_5H_5)_2VR$ 型的化合物，R＝C_6H_5—，p-$CH_3C_6H_4$—，p-$(CH_3)_2NC_6H_4$—，$C_6H_5CH_2$—和 CH_3—，所有这些化合物的熔点都在 90—110℃之间，它们对空气很敏感，但在固态及在烃类溶剂中则是稳定的。

在二甲氧基乙烷中使$(\pi\text{-}C_5H_5)_2V$ 与计量的 PhLi 在－5℃下反应生成$(\pi\text{-}C_5H_5)_2V(\sigma\text{-}C_6H_5)$。在－80℃，这$(\pi\text{-}C_5H_5)_2VCl + PhLi \rightarrow (\pi\text{-}C_5H_5)_2V(\sigma\text{-}C_6H_5) + LiCl$ 个化合物可自石油醚中分离出来，产物为黑色晶体，熔点为 92℃。用这个方法可以合成出其他$(\pi\text{-}C_5H_5)_2VR$ 型化合物。如 PhLi 和$(\pi\text{-}C_5H_5)_2VCl_2$ 按下式反

应得$(\pi\text{-}C_5H_5)_2V(\sigma\text{-}C_6H_5)$。

$$(\pi\text{-}C_5H_5)_2VCl_2 + 2PhLi \longrightarrow (\pi\text{-}C_5H_5)_2V(\sigma\text{-}C_6H_5) + 2LiCl + \frac{1}{2}(C_6H_5)_2$$

但要除去副产物则是比较困难的。

在$(\pi\text{-}C_5H_5)_2V(\sigma\text{-}C_6H_5)$中,苯基是以σ键与钒原子结合的。固态$(\pi\text{-}C_5H_5)_2V(\sigma\text{-}C_6H_5)$按下式进行热分解:

$$2CpVR \longrightarrow Cp_2V + RH + Cp(C_5H_4R)V$$

而$Cp(C_5H_4R)V$将发生歧化反应:

$$2Cp(C_5H_4R)V \longrightarrow Cp_2V + (C_5H_4R)_2V$$

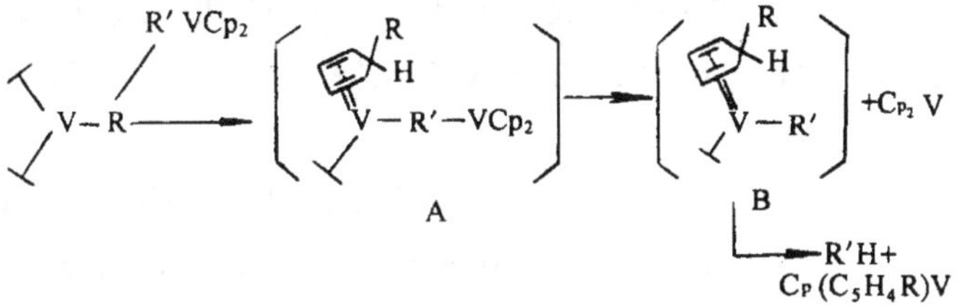

在室温下使$(\pi\text{-}C_5H_5)_2V$与R_2Cl反应,生成化合物$(\pi\text{-}C_5H_5)_2VR_2$,R=Me,Et,$C_6H_5CH_2$,其中只有甲基化合物是稳定的,其他化合物均会分解为$(\pi\text{-}C_5H_5)_2VR$。

5. $(\pi\text{-}C_5H_5)_2VSR$

二茂钒也能使二硫化物的S—S键分裂,生成绿色的高自旋的V(III)化合物:

$$(\pi\text{-}C_5H_5)_2V + \frac{1}{2}RSSR \longrightarrow (\pi\text{-}C_5H_5)_2VSR$$

此外,再分配反应也能生成此化合物

$$(\pi\text{-}C_5H_5)_2V + (\pi\text{-}C_5H_5)_2V(SR)_2 \longrightarrow 2(\pi\text{-}C_5H_5)_2VSR$$

在室温下,于烃类溶剂中,一硫化物加合一氧化碳生成$(\pi\text{-}C_5H_5)_2VSR(CO)$。在甲苯中将$(\pi\text{-}C_5H_5)_2VSPh$与PhSSPh一起回流,或用NaSPh取代$(\pi\text{-}C_5H_5)_2VCl_2$中的氯,均可生成$(\pi\text{-}C_5H_5)_2V(SPh)_2$。

6. $(\pi\text{-}C_5H_5)_2V(\pi\text{-}CS_2)$

在真空或氮气氛中,用新鲜升华出来的$(\pi\text{-}C_5H_5)_2V$与CS_2作用,可得一种对空气极端敏感的深绿色化合物。虽然没有将这个化合物分离出来,但核磁共振光谱和红外光谱证明,它是一个可以表示为$(\pi\text{-}C_5H_5)_2V(\pi\text{-}CS_2)$的四价钒化合物。

7. $(\pi\text{-}C_5H_5)_2VCO$和$(\pi\text{-}C_5H_5)(\pi\text{-}C_5H_4Ph)V(CO)$

在正庚烷或甲苯中,压力为1.01×10^5 Pa,250℃时,使$(\pi\text{-}C_5H_5)_2V$与CO反应,可得到$(\pi\text{-}C_5H_5)_2V(CO)$。它是一种深棕色固体物,对空气敏感,磁矩为

1.76B.M.，在相似的条件下，$(\pi\text{-}C_5H_5)_2VI$ 与 CO 加合生成 $(\pi\text{-}C_5H_5)_2VI(CO)$，但后者很容易脱去 CO。

$(\pi\text{-}C_5H_5)_2VPh$ 吸收 2molCO，生成红棕色、热稳定性好的晶体。在反应过程中，苯基将移到茂环上：

$$(\pi\text{-}C_5H_5)_2VPh \xrightarrow[16℃]{CO} (\pi\text{-}C_5H_5)_2V(CO)Ph \longrightarrow$$

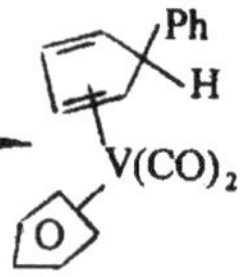

$$\xrightarrow{25-30℃} (\pi\text{-}C_6H_5)_2(\pi\text{-}C_5H_4Ph)V(CO)$$

在 25—30℃时，此物迅速释 CO 生成 $(\pi\text{-}C_5H_5)(\pi\text{-}C_5H_4Ph)V(CO)$，后者在有 CO 时被 I_2 氧化为 $[(\pi\text{-}C_5H_5)(\pi\text{-}C_5H_4Ph)V(CO)_2]^+I_3^-$。

8. $(\pi\text{-}C_5H_5)V(\pi\text{-}C_7H_7)$

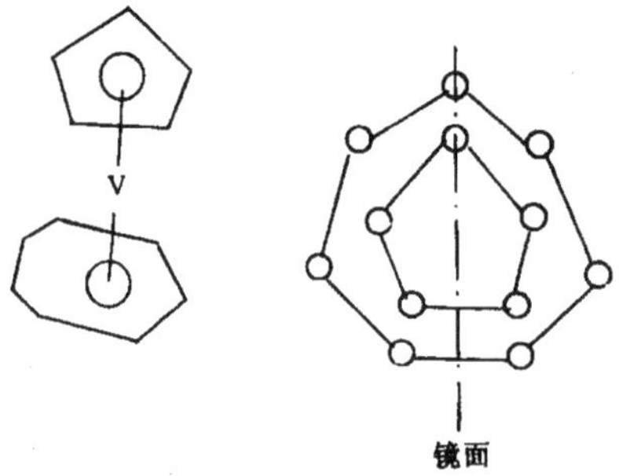

图 24.32　$(\pi\text{-}C_5H_5)V(\pi\text{-}C_7H_7)$的结构

将 $(\pi\text{-}C_5H_5)V(CO)_4$ 与环庚三烯一起煮沸 8h，则生成 $(\pi\text{-}C_5H_5)V(\pi\text{-}C_7H_7)$，它是一种紫色顺磁性晶体，磁矩为 1.69B.M.。它与二苯基钒相似，但比后者更稳定。固态在空气中当温度低于 130℃不会分解，X 射线研究表明 $(\pi\text{-}C_5H_5)V(\pi\text{-}C_7H_7)$ 具有夹心式结构（图 24.32），两个环是对称的，每个环上有一个顶点碳原子位于镜面上，C_7 与 C_5 环和钒的垂直距离（V—环）依次为 150，190pm，每一个环上的碳原子与钒原子的距离，对 C_7 V—C＝225pm，对 C_5 环，V—C＝223pm。

2.6.2　六羰基钒及其衍生物

1. $V(CO)_6$

六羰基钒的一般制法是在还原剂钠存在下，使高压 CO 与金属卤化物作用，在二甘醇二甲醚存在时，VC_{13} 和 CO，Na 按下式反应生成 $V(CO)_6$。

$$\text{diglyme} + VCl_3 + CO + Na \xrightarrow[2.53\times10^7 pa]{100℃} [Na(\text{diglyme})_2]^+[V(CO)_6]^-$$

$$\downarrow H_3PO_4$$

$$HV(CO)_6 \longrightarrow V(CO)_6$$

$V(CO)_6$ 是绿色晶体，易着火，可被升华，在～50℃开始热分解放出 CO。

$V(CO)_6$是顺磁性物质，是一个奇数电子的分子，基态为$^2T_{2g}$，具有八面体结构。$V(CO)_6$的电子光谱在 25000—30000cm^{-1}范围内有强的荷移带。$V(CO)_6$ 的 CO 红外活性伸缩频率在 1985cm^{-1}（中央），1.3K 时，在纯固态样品（g=2.063）中和在正戊烷玻璃（$g_{//}$=1.981，$g_{\perp}$=2.103）已经观察到 $V(CO)_6$ 的电子自旋共振光谱，从而认为，在这个温度下，$V(CO)_6$ 略呈四方晶扭变，其基态为$^2B_{2g}$。

用直接取代或用锑离子氧化$[V(CO)_5(PPh_3)]^-$的方法，得到组成为 $V(CO)_5(PPh_3)$的一取代衍生物。$V(CO)_6$ 与三膦化物反应，可得组成为$[V(CO)_4(PR_3)_2]$的棕色产物（R=Et，Pr^n，Ph 等）。这些化合物的磁矩为 1.29B.M.，是一种单分子化合物。由于单纯的 CO 伸缩频率在 1895cm^{-1}，因而认为配位体具有反式排列。三环己基膦与 $V(CO)_6$ 作用生成黄色的二聚体$[V(CO)_4(PR_3)_2]_2$，当 RR′PH（R=R′=C_6H_5；R=C_6H_5，R′=H；R=R′=H）与 $V(CO)_6$ 作用，也得二聚的配合物，但产物的组成有所不同：

$$2V(CO)_6+2RR'PH \longrightarrow [V(CO)_6PRR']_2^-+H_2+4CO$$

这些蓝绿色的化合物是非电解质，呈反磁性，其结构尚不清楚，但含有膦桥，在每个金属原子比稀有气体型的结构缺少两个电子。$V(CO)_6$ 与 PCy_3 作用生成黄色反磁性化合物$[V(CO)_6(PCy_3)_2]_2$，（Cy 为二环己基）。$V(CO)_6$ 与 PPh_3 在乙醚中作用，生成特殊绿色的化合物$[(Et_2O)_6][V(CO)_5(PPh_3)]_2$，化合物中含 V(II) 和 V(−1)，磁矩 $\mu_{有效}$=4.02B.M.。$V(CO)_6$ 与 Ap 和顺−pp 反应生成黄色的对氧敏感的固体 $V(CO)_4L$。其中 $V(CO)_4(Ap)$的磁矩 $\mu_{有效}$=1.9 8B.M.。它们被钠汞齐还原为$[V(CO)_5L]^-$。

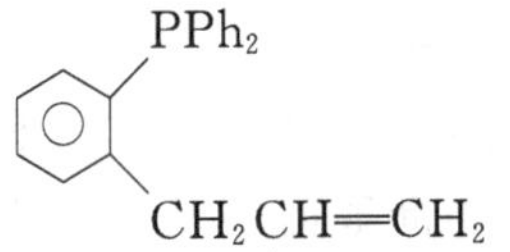

Ap

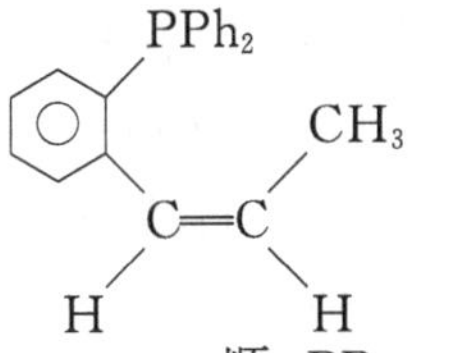

顺-PP

$V(CO)_6$ 与 C_7H_7X 在正己烷中回流生成 $V(C_7H_6X)(CO)_3$：

$$V(CO)_6+C_7H_7X \longrightarrow V(C_7H_6X)(CO)_3$$

（X=H，3-OCH_3，3-OC_2H_5，3-OC_3H_7，$COOC_2H_5$，7-CH_3，7-C_6H_5）

$V(CO)_6$ 的有效电子数为 35，与符合 EAN 规则的羰基化合物比较，它并不稳定，易接受一个电子，形成符合 EAN 规则的阴离子$[V(CO)_6]^-$。

$$Na+V(CO)_6 \longrightarrow Na^++V(CO)_6^-$$

$V(CO)_6$ 在 THF 中发生歧化反应，生成 V^{2+} 和$[V(CO)_6]^-$，将产物在 CH_2Cl_2 中重结晶，得$[V(THF)_4][V(CO)_6]_2$，结构中带有 V—C—O—V 桥的线型化合物：

$$(OC)_5—V—C—O—V—O—C—V(CO)_5$$
$$(THF)_4$$

此外，令 $V(CO)_6$ 与 $S_2O_6F_2$ 反应，得到不含 CO 的产物 $VO(SO_3F)_3$。用气相合成法也可得到 CO 全被取代的“衍生物”$M(dmpe)_3$（M=V，Nb，Ta）。

2.[$V(CO)_6^-$]阴离子配合物

由$[Na(diglyme)_2]^+[V(CO)_6]^-$的水溶液可沉淀出含 $V(CO)_6^-$ 的四乙基铵盐。这个盐及其他含有 $V(CO)_6^-$ 阴离子的盐，它们的 CO 红外活性伸缩频率（t_{1u}类）为 $1859cm^{-1}$，比中性的六羰基化合物低约 $100cm^{-1}$，这可被解释为在 $V(CO)_6^-$ 阴离子的衍生物中，金属→配位体的 π-键合程度增强了。$V(CO)_6$ 的庚烷溶液与$[C_6H_3Me_3]_2V$ 直接反应，生成棕色沉淀$[(C_6H_3Me_3)_2V]^+[V·(CO)_6]^-$。在这个反应中，$V(CO)_6$ 同时作为一种温和氧化剂。在化合物$[(C_6H_3Me_3)_2V][V(CO)_6]$中，阴离子$[V(CO)_6]^-$可被其他离子，如 I^- 取代。在四氢呋喃中，也可发生复分解反应，生成$[(C_6H_3Me_3)_2V]I$ 和 $Li[V(CO)_6]$。于 CO 的气氛中，压力为 1.01×10^7Pa，35℃下，在均三甲苯中 $V(C_6H_3Me_3)_2$ 与 CO 作用，经 20h，也可生成$[(C_6H_3Me_3)_2V]^+[V(CO)_6]^-$。在室温时，阳离子的磁矩为 2.85B.M.。这与每个钒原子含有两个不成对电子的情况是一致的。在暗处，于 35℃，$V(CO)_6$ 与芳烃类化合物作用，生成红色的晶状物$[areneV(CO)_4][V(CO)_6]$，这些盐不溶于正庚烷和水，但可溶于四氢呋喃中，阳离子中的羰基的伸缩频率位于 1975—2070cm^{-1}范围内。将$[areneV(CO)_4][V(CO)_6]$与六氟磷酸铵或四苯基硼化钠作用生成$[areneV(CO)_4]^+PF_6^-$或$[areneV·(CO)_4]^+[B(C_6H_5)_4]^-$。这些反应最初用苯、甲苯、对二甲苯和均三甲苯，后来扩大到其他的芳烃。

$[V(CO)_6]^-$阴离子中，CO 的热取代反应是很难进行的。已有报道说，钒分族的六羰基合金属阴离子可自熔融的三苯基膦中沥取而不发生变化，但在光的作用下，$[V(CO)_6]^-$中的 CO 可被取代。用$[Na(diglyme)_2][V(CO)_6]$作为起始物质，发生下列反应：

$$[V(CO)_6]^- + Ph_2PCH_2CH_2PPh_2 \xrightarrow[10.5h]{h\nu,THF} [V(CO)_4(Ph_2·PCH_2CH_2PPh_2)]^- + 2CO$$

$$[V(CO)_6]^- + PPh_3 \xrightarrow[11h]{h\nu,THF} [V(CO)_5PPh_3]^- + CO$$

三苯基胂和三苯基䏲也作发生类似的反应。所生成的阴离子则可以作为四烷基铵盐而析出。在含有 NaCN 的液氨中，在光照下$[V(CO)_6]^-$的 CO 被取代：

$$[V(CO)_6]^- \xrightarrow[\text{液氨},-50\sim-60℃]{h\nu,NaCN} [V(CO)_5CN]^-$$

另一方面，在室温下用光照射，Et_4NCN 与$[Et_4N][V(CO)_6]$反应，CO 被取代，同时 V(−1)被氧化为 V(0)：

$$[Et_4N][V(CO)_6] \xrightarrow[\text{dipy,室温}]{h\nu, Et_4CN, CH_3CN} [Et_4N]_4[V_2(CO)_8(CN)_4]$$

这个化合物是顺磁性的，因而认为它是二聚体。在液氨中光照射时，发生以下反应：

$$NaV(CO)_6 \xrightarrow[-60℃]{h\nu,\text{液氨}} Na[V(CO)_5NH_3]$$

有关$[VL_6]^{2+}[V(CO)_6]_2^-$ 型（L 为苯胺、乙腈、苯腈，对苯二胺）和$[VL_3]^{2+}[V(CO)_6]_2^-$（L 为邻苯二胺，邻二氮菲或 *N*,*N*′-二苯基乙二胺）以及$[VL_4]^{2+}[V(CO)6]_2^-$型（L 为 α-甲代吡啶，γ-甲代吡啶，二甲基亚砜，三苯基氧（膦）的化合物制备方法是：在苯溶液中，使 $V(CO)_6$ 与配体直接作用，钒发生歧化反应，伴随释出 CO。这些化合物的磁矩为～3. 8B. M. 。在丙酮中，这些化合物的电导在 229—301cm^2/ohm · mol 范围内，这与在此溶液中形成 2：1 电解质的情况相一致。

$$3V(0) \rightarrow V(II) + 2V(-I)$$

室温下在轻石油中使 $V(CO)_6$ 与 diarsine 反应，可得一种亮黄色化合物$[V(CO)_4diars]_2$。分子量测定表明，它是一个二聚体，其中含有钒—钒键。

$[Na(diglyme)_2][V(CO)_6]$与 Ph_3PAuCl 或与$[(o\text{-}Me_2AsC_6H_4)_2AsMe]CuBr$ 反应，依次得橙黄色 $Ph_3PAuV(CO)_6$ 或亮黄色。$[(o\text{-}Me_2AsC_6H_4)_2AsMe]CuV(CO)_6$。在这些化合物中，含有钒—金或钒—铜键。

2. 6. 3 四羰基钒及其衍生物

1. $(\pi\text{-}C_5H_5)V(CO)_4$

四羰基（茂基）钒$(\pi\text{-}C_5H_5)V(CO)_4$ 可用$(\pi\text{-}C_5H_5)_2V$ 同 CO 在加压下来合成。$(\pi\text{-}C_5H_5)V(CO)_4$ 的熔点为 138℃。在有机溶剂或空气中，它是稳定的。但若长时间暴露在空气中，特别是其纯度不够高时，它的颜色即会变暗，最后变为黑色。因此，最好把它保存在氮气氛下。在液氨中用钠将其还原可得$(\pi\text{-}C_5H_5)V(CO)_3^-$，后者与 K^+，Rb^+ 或 Cs^+ 离子形成黄色晶状沉淀。在组成为 $M_2^+[(\pi\text{-}C_5H_5)V(CO)_3]^{2-}$ 的这类盐中，钒的氧化态为−1，它们对氧气很敏感，但可溶于水。此外，可按下列反应合成出$(\pi\text{-}C_5H_5)V(CO)_5$：

$$[Na(diglyme)_2][V(CO)_6] + C_6H_5HgCl \longrightarrow (\pi\text{-}C_5H_5)V(CO)_4 + 2CO + 2diglyme + Hg + NaCl$$

$(\pi\text{-}C_5H_5)V(CO)_4$ 的结构如图 24. 33 所示。V—环距离 193pm，V—C（羰基）键长为 188—194pm。茂基环有畸变。

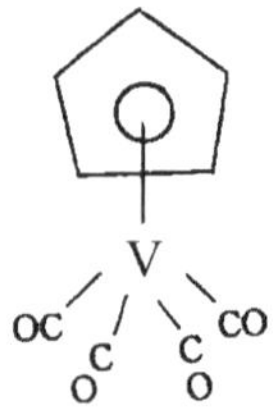

图 24.33 $(\pi\text{-}C_5H_5)V(CO)$结构

$(\pi\text{-}C_5H_5)_2V$ 与 CO,$V(CO)_6$ 作用,可以生成阳离子$[(\pi\text{-}C_5H_5)_2V(CO)_2]^+$。在这个反应中,$V(CO)_6$ 起了一种温和氧化剂的作用。$[(\pi\text{-}C_5H_5)_2V(CO)_2]^+$ 是反磁性的,CO 伸缩频率在 2050 和 $2010cm^{-1}$,用钠汞齐还原$(\pi\text{-}C_5H_5)_2V(CO)_4$ 可得 $Na_2[(\pi\text{-}C_5H_5)V(CO)_3]$。

在$(\pi\text{-}C_5H_5)V(CO)_4$,$[(\pi\text{-}C_5H_5)_2V(CO)_2]^+$和$[(\pi\text{-}C_5H_5)V(CO)_3]^{2-}$这类化合物中,π-茂基一金属间是共价键。$(\pi\text{-}C_5H_5)V(CO)_4$ 在苯中,它的一个 CO 被磷化氢取代可生成$(\pi\text{-}C_5H_5)V(CO)_3(PH_3)$,当 $VCl_3 \cdot 3THF$ 与 $Li(Pcy)_2$ 作用,生成棕黑色的 $V(Pcy_2)_3$。后者与碘反应生成 $VI(Pcy_2)_3$。$(\pi\text{-}C_5H_5)V(CO)_4$ 与 $PhP\langle{CH_2CH_2PPh_2 \atop CH_2CH_2PPh_2}$ (PPP)反应,有两个羰基被取代:

$(\pi\text{-}C_5H_5)V(CO)_4 + PPP \rightarrow 2CO + (\pi\text{-}C_5H_5)V(CO)_2(PPP)$ $(\pi\text{-}C_5H_5)V(CO)_4$中的 CO,还可发生下列一些反应:

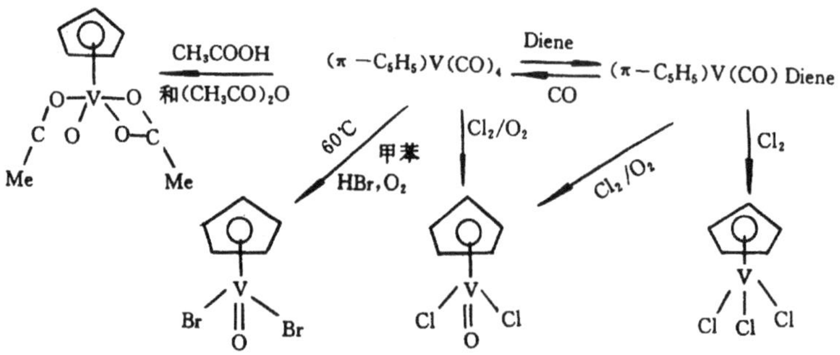

2. $V(CO)C_6H_7$

$NaBH_4$ 按下式还原$[V(CO)_4(C_6H_6)][V(CO)_6]$:

$$[V(CO)_4(C_6H_6)][V(CO)_6] + NaBH_4 \longrightarrow V(CO)_4C_6H_7 + NaV(CO)_6 + \frac{1}{2}B_2H_6$$

结果生成一个新的有趣的钒化合物 $V(CO)_4 \cdot C_6H_7$,它是一种红色晶体,在 1.3Pa,40℃时可被升华,其熔点为 66℃(分解)。$V(CO)_4C_6H_7$ 的结构见图 24.34,用类似的方法,也可以得到甲基取代物 $V(CO)C_6H_{7-n}(CH_3)_n$。这些化合物都是棕色物质。它们的固态物质在干燥的空气中是稳定的,但它们在溶液中则迅速被氧化。它们可溶于非极性溶剂或极性溶剂中,形成深红色的溶液,但由于发生配体被溶剂分子取代，溶液的颜色会慢慢消褪（正庚烷溶液除外）。在环己烷中，所有这些化合物都是单分子的反磁性物质。随着环上的甲基被取代的数目增加，化合物中 CO 伸缩频率有规律地向较低频率方向变化。这个现象被认为是甲基诱导效应所引起金属—CO，$d\pi$—$d\pi$ 键合程度的增强所造成的。

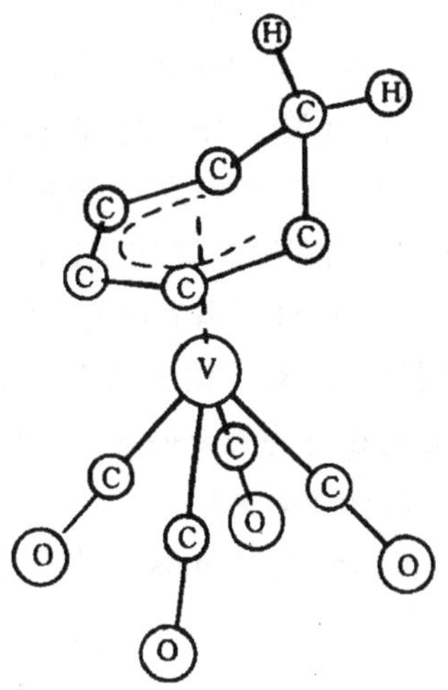

图 24.34　$V(CO)_4C_6H_7$ 的结构

3. 其他的衍生物

将 NO 通过悬浮着$[V(CO)_4(PPh_3)_2]$的正庚烷溶液，生成$[V(CO)_4(NO)(PPh_3)]$，它是橙色的反磁性物质。红外光谱测定表明，配体按反式排布。在空气中它比五羰基氧氮化合物稳定。$V(CO)_4(PPh_3)_2$在乙醇中被钠汞齐还原为黄色的$[V(CO)_4(PPh_3)]^-$离子。若将 Et_4NI 加入上述滤液中，则析出黄色反磁性物质 $Et_4N[V(CO)_4(PPh_3)]$。

$V(CO)_4$ 还能生成蓝色的配合物$[V(CO)_4PPh_2]_2$ 和橙色的不稳定配合物：

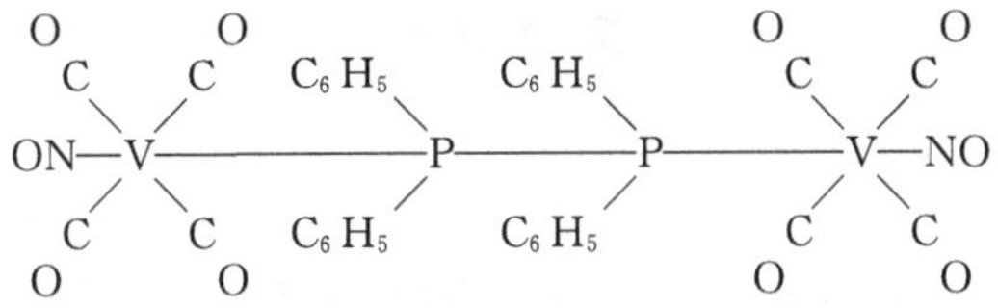

在沸腾的甲苯溶液中，使$(\pi\text{-}C_5H_5)V(CO)_4$ 与适量的羧酸反应，可得$[(\pi\text{-}C_5H_5)V(OOCR)_2]_2$。它是一个二聚体（R = H，$CF_3$，$CCl_3$，$CH_3$，$C_4H_7O$，$C_6H_5$，$m\text{-}C_6H_4OCH_3$、$m\text{-}C_6H_4F$），它们都是反磁性的物质，X 射线研究表明：$[(\pi\text{-}C_5H_5)V(OOCCF_3)_2]_2$ 分子中两个钒原子间呈现非键合距离（370pm），呋喃羧酸盐化合物中的两个钒原子间也有一个非键合距离（367pm）。

2.6.4　$(\pi\text{-}C_6H_6)_2V$ 和$(\pi\text{-mes})_2V$

1. $(\pi\text{-}C_6H_6)_2V$

将 VCl_4、$AlCl_3$ 和 C_6H_6 的混合物与 Al 按下式反应：

$$VCl_4 + Al + 2C_6H_6 \xrightarrow{AlCl_3} [(\pi\text{-}C_6H_6)_2V]AlCl_4$$

生成的橙色顺磁性物质对水是不稳定的，它会发生歧化反应生成$(\pi\text{-}C_6H_6)_2V$。

$(\pi\text{-}C_6H_6)_2V$ 是棕色红的晶体，隔绝空气时，在许多有机溶剂及在水中均形成稳定的溶液，在真空中于 120—130℃升华（330℃分解），熔点为 277—278℃。（π-

$C_6H_6)_2V$ 的生成热是－600.0kJ/mol。它在苯中以单分子存在，室温下磁矩为 1.73B.M.，其电子排布为$(e_{2g})^4(a_{1g})^1$，有一个不成对电子。$(\pi\text{-}C_6H_6)_2V$ 有两种变体，温度低于 18℃时，在有机介质中析出立方晶变体，其空间群为 $Pa3-Th^6$（z＝4）；在高于 22℃或由升华得到的晶体属单斜晶系，空间群为 $PZ_{1/c}\text{-}C_{2h}5$(Z＝2)。用红外光谱测定，证实了这两种变体的存在，从而推测：在这些二苯基化合物中，所有的 C—C 键都是等同的，即分子具有 D_{3d} 或 D_{6h} 对称。在二苯基钒单斜晶变体中，金属原子的对称位置只有 C_i（在立方晶中，$D_{3i}=S_6$），并认为此化合物在固态的红外光谱在有些骨架振动上是分裂的。

2. $(\pi\text{-mes})_2V$

$(\pi\text{-mes})_2V$（mes 为均三甲苯）可通过下列反应来制备：

$$VCl_4+Al+mes\xrightarrow{AlCl_3}[(\pi\text{-mes})_2V]^+$$

$$2[(\pi\text{-mes})_2V]^+\xrightarrow[\text{歧化}]{pH=7}(\pi\text{-mes})_2V+V(II)+2mes$$

$$3[(\pi\text{-mes})_2V]^+\xrightarrow[\text{水解}]{\text{强碱}}2[(\pi\text{-mes})_2V]+V(III)+2mes$$

阳离子$[(\pi\text{-mes})_2V]^+$为橙色，$(\pi\text{-mes})_2V$ 为红棕色，熔点为 126—127℃。

参考文献

[1] J. C. Bailor, Comprehensive Inorganic Chemistry, Vol. 3, Pergamon Press 491—551(1973).

[2] R. J. H. Clark, The Chemistry of Titanium and Vanadium, Elsevier, Amsterdam(1968).

[3] W. Rostocker, The Metallurgy of Vanadium, John Wiley and Sons, New York(1958).

[4] Sydney Marks, A Text－Book of Inorganic Chemistry, Vol. Ⅵ, Part III (1929).

[5] Kurt Niedenzu, Hans Zimmer, Preparation of Transition Metal Derivatives, Academic Press, New York 130－146(1976).

[6] G. Alefeld, J. Völkl Hydrogen in Metals II (Application－oriented Properties), Springer－Verlag Berlin, Hiedelberg, New York, 11—65(1978).

[7] Г. В. CaMCOHOB, И. М. Виницкий, Тугоплавкие Соецинения, Москов, Металлургия(1976).

[8] M. Hansen, Constitution of Binary Alloys, McGraw－Hill Book Company, Inc, New York(1958).

[9] F. A. Cotton, G. Wilkinson, Advanced Inorganic Chemistry (A Comprehensive Text) 4th Ed, John Wiley and Sons, Inc, (1980).

[10] R. Colton, J. H. Canterford, Halides of the First-Row Transition Metals. Wiley-Interscience, New York, (1969)107－160.

[11] S. J. Lippard(ed), properties of Inorganic Chemistry, Vol. 16, John Wiley and Sons, Inc, New York, (1972)1－226.

[12] Joel Selbin, *Chem. Rev.*, **65(2)**(1965)153－175.

[13] D. A. Rice, *Coordination Chem*, *Rev.*, **37**(1981)61－75.

[14] D. A. Rice, *Coordination Chem. Rev*, **45**(1982)67－86.

[15] J. O. Hill, I. G. Worsley, L. G. Hepler, *Chem. Rev.*, **71**(1971)127－137.

[16] J. Stringer, *J. Less Common Metals*, (1965)811－814.

[17] R. Kent Murmann, K. C. Giese, *Inorg. Chem.*, **17**(1978)1160－1166.

[18] A. Gaglani, N. Asting, W. H. Nelson, *Inorg. Chem.*, **13**(1974)1715－1719.

[19] 李国良，何晋秋，国外钒钛，第十四辑 14－26，科学技术文献出版社重庆分社(1980).

[20] 李国良，国外钒钛，第十一辑 35－45，科学技术文献出版社重庆分社(1979).

[21] Melanie M. Iannuzzi, Philip H. Rieger, *Inarg. Chem.*, **14**(1975)2895－2899.

[22] Judy Francavilla, N. Pennis Chasteen, *Inorg, Chem.*, **14**(1975)2860－2862.

[23] F. Calderasso, *J. Organometallic Chem.*, **53**(1973)207－214.

[24] F. Calderasso, *J. Organometallic Chem.*, **89**(1975)207－213.

[25] P. C. Wailers, *J. Organo Metallic Chem.*, **75**(1974)325－334.

[26] P. C. Wailers, *ibid*, **95**(1975)317－335.

[27] *ibid*, **119**(1976)243－259.

[28] J. A. Labinger, *ibid*, **138**(1977)211－228.

[29] *ibid*, **167**(1979)39－57.

[30] *ibid*, **180**, (1979)177－186.

[31] *ibid*, **196**(1980)61－77.

[32] *ibid*, **227**(1982)359－372.

24.3 铌　和　钽

3.1　金属铌和金属钽

3.1.1　发现史[1,2]

1801 年英国化学家 Hatchett 由一种黑色矿石中分离出一种不溶性的、难熔的白色氧化物，他认为这种氧化物中含有当时尚未知的一种元素。Hatchett 根据发现这种矿石的地区(美洲哥伦比亚)，把这种新元素命名为钶(Columium)，而把那种矿物称为钶铁矿。

1802 年，瑞典化学家 Ekeburg 由来自 Kionito(芬兰)和 Ytterby(瑞典)的矿石中分离出一种不溶性的氧化物，当中含有一种未知的新元素，他把这种新元素称为钽(Tantalum)。

钽的性质与较早发现的钶是如此相似，以致许多学者曾认为钽和钶是同一种元素，实际上 Hatchett 和 Ekebnrg 都是发现了钽与钶的混合物。在一种情况下钶占多数，在另一种情况下钽占多数。只是在 1844 年 Rose 和在 1866 年 Blom-Strand，Marignac 等人才证实钶铁矿中含有两种新元素，一种是钽，另一种 Rose 把它命名为铌(Niobium)，即先前的钶。

直到 20 世纪 50 年代，仍保留了钶(Cb)或铌(Nb)两种名称，自 1952 年才将这一元素统称为铌(Nb)。

1864 年用氢还原铌的氯化物首次获得了金属铌，1907 年开始采用金属热还原法制备铌。目前作为世界各国生产铌的主要方法——碳热还原法是 1940 年研究提出的。

1903 年以金属钠还原钽氟酸盐制得了金属钽，1929 年制取钽的熔盐电解法研究成功，金属钽的生产开始进入工业规模。

3.1.2　铌和钽的同位素[1,2,3]

铌有一种天然的稳定同位素^{93}Nb。尚未发现铌的天然放射性同位素。质量数为 89 到 101 的铌的放射性同位素的半衰期、衰变方式和制备方法列于表 24.31。常用的铌的放射性同位素是^{95}Nb，它的半衰期为 35d。

表 24.31 铌的同位素

核素	半衰期	衰变方式
^{88}Nb	～15min	β^+
^{89}Nb[a]	～1h	β^+,γ
^{89}Nb	1.9h	β^+,无 γ
^{90}Nb[a]	0.01s	
^{90}Nb[a]	24s	I. T.[b]
^{90}Nb	14.6h	β^+,γ
^{91}Nb[a]	62d	I. T.
^{91}Nb	长	E. C.[c]
^{92}Nb[a]	6s	
^{92}Nb[a]	13h	E. C.
^{92}Nb[a]	3.2h	
^{92}Nb	10.1d	E. C.
^{93}Nb[a]	3.7y	I. T.
^{93}Nb	稳定	—
^{94}Nb[a]	6.6min	I. T.(99+%) β^- 0.1%
^{94}Nb	2.0y	β^-,γ
^{95}Nb[a]	90h	I. T.
^{95}Nb	35d	β^-,γ
^{96}Nb	23h	β^-,γ
^{97}Nb[a]	1min	I. T.
^{97}Nb	72min	β^-,γ
^{98}Nb[a]	2min	
^{98}Nb[a]	7min	β^-,γ
^{98}Nb	51min	β^-,I. T
^{99}Nb[a]	10s	β^-,γ
^{99}Nb	2.5min	β^-,γ
^{100}Nb	11.5min	
^{100}Nb	3min	β^-,γ
^{101}Nb	1min	β^-

a)同质异量数。

b)I. T,同质异能跃迁。

c)E. C,电子俘获。

钽有两种天然的稳定同位素：^{180}Ta 和 ^{181}Ta。质量数为 172 到 186 的钽的放射性同位素的半衰期、衰变方式及制备方法列于表 24.32。

表 24.32　钽的同位素

核素	半衰期	衰变方式	制备方法
^{172}Ta	30min	β^-	
^{173}Ta	2.5h	E.C.[c]	
^{174}Ta	1.31h	β^-	
^{175}Ta	111h	E.C.	
^{176}Ta	81h	E.C.	Lu(α,3n);^{176}W 衰变
^{177}Ta	2.3d	E.C.	Lu(α,2n);Lu(α,3n);Hf(p,n) ^{177}W 衰变
^{178}Ta	2.21h	E.C.~97% β^+~3%	Lu(α,n);Hf(p,n) Ta(p,p3n)
^{178}Ta	9.4min	E.C.~98% β^+~2%	Hf(p,n);^{178}W 衰变
^{179}Ta	600d	E.C.	Lu(α,n);Hf(p,n);Ta(p,p2n)
^{180}Ta[a]	8.1h	E.C.79% β^- 21% Noβ^+	^{181}Ta(n,2n);^{181}Ta(γ,n)
^{180}Ta	稳定	—	天然丰度 0.0123%
^{181}Ta	稳定	—	天然丰度 99.9877%
^{182}Ta[a]	16min	I.T.[b]	Ta(n,γ)
^{182}Ta	115d	β^-,γ	Ta(n,γ);Ta(α,p);W(α,α);W(n,p)
^{183}Ta	5.0d	β^-,γ	W(n,p);W(n,pn);W(γ,p)
^{184}Ta	8.7h	β^-,γ	^{184}W(n,p)
^{185}Ta	48min	β^-,γ	^{186}W(γ,p)
^{186}Ta	10min	β^-,γ	W(n,p)

a)同质异能素。

b)I.T.同质异能跃迁。

c)E.C.电子俘获。

3.1.3　存在和分布[1-5]

铌和钽在自然界中的含量分别为 2.4×10^{-3} 和 2.1×10^{-4}%。铌和钽的含量之比平均为 11.4。因此铌的分布范围比钽要宽广得多,铌的矿床类型也比较多。

铌钽矿物的成分非常复杂。铌和钽在自然界中经常共生在一起,仅含铌或仅含钽的矿物尚未发现。然而,铌和钽二者在数量上相互的比例却是极其不同的。

不仅有含钽很少的铌矿，而且也有含铌很少的钽矿。

由于 Nb^{5+} 的离子半径(64.5pm)和 Ta^{5+} 的半径(64pm)与 Ti^{4+} 的半径(60pm)很接近，在矿物中，铌和钽都可以被钛同晶置换。但是铌与钛的性质更为接近，因而在多种矿物中可以看到铌和钛的广泛置换现象。铌和钽在地球化学上除了和钛结合之外，还和周期系第IV，第VI两族的锆、钍、锡、钼、钨、铀以及稀土元素结合在一起。含铌多的矿物往往含有锡和钨，而含钽多的矿物则常含有铀。

铌和钽是典型的亲石元素，在绝大多数情况下是以复杂氧化物的形式存在，铌和钽在天然的化合物中呈现为五价，并构成矿物的酸根部分，与其他呈碱性的氧化物形成铌酸盐和钽酸盐。

目前已知的铌和钽的矿物有 130 余种，但其中只有 80 种是铌和钽本身的矿物，其余的都是铌和钽的伴生矿，例如钛铁矿、钙钛矿、锆石、锡石、黑钨矿等。

铌和钽的主要工业矿物有铌铁矿、钽铁矿、烧绿石、微晶石、钛铌钙铈矿和黑稀金矿。其中尤以前三种最为常见。钽铁矿是目前制取钽的最重要的来源。烧绿石和铌铁矿则是制取铌的最重要来源(见表 24.33)。

表 24.33　最重要的含钽和含铌矿物

矿物	化学成分	结晶	颜色	密度(g/cm^3)
钽铁矿	$(Fe,Mn)O\cdot(Ta,Nb)_2O_5$	斜方和四方	棕黑色	8.2
微晶石	$(Na,Ca,Ce)\cdot(Ta,Nb,Ti)_2O_6\cdot(F,OH)$	立　方	黑色	4.3—6.4
黑稀金矿	$XY_2O_6\begin{cases}X=\text{稀土}\\Y=Ta,Nb,Ti,Fe\end{cases}$	斜　方	黑色	4.3—6.4
褐钇钽矿	$Y(Nb,Ta)O_4$	斜　方	棕色	4.6—5.9
钇钽矿				
铌钇矿	$(Y,Er)_4[(Nb,Ta)_2O_7]$	斜　方	黑色	5.5—6.2
铌铁矿	$(Fe,Mn)O\cdot(Nb,Ta)_2O_5$	正斜方和四方	黑色	5.3
烧绿石	$(Na,Ca,Ce)(Nb,Ta,Ti)_2O_6(F\cdot OH)$	立　方	黑色	4.3—6.4

3.1.4　冶炼简介[2-4]

由铌钽精矿生产金属铌和钽的主要过程包括：精矿分解；铌、钽分离以制取铌和钽的纯化合物(氧化物、氯化物等)；最后是用金属热还原法或熔盐电解法由纯化合物制取金属。黑色冶金部门有时为了生产铌铁、则是将精矿直接进行还原熔炼，或用铝热法熔炼。

1. 铌钽精矿的分解

铌钽精矿分解的方法可分为火法和湿法两大类，火法中主要有酸性试剂($KHSO_4$ 或 $NaHSO_4$)熔融分解法，碱性试剂(NaOH 或 NaOH＋Na_2CO_3 以及 KOH 或

$KOH+K_2CO_3$)熔融法以及氯化法三种，铌钽精矿的湿法处理有多种途径，一般是用氢氟酸分解，而烧绿石则可用硫酸处理。目前铌钽分离多采用 $HF-H_2SO_4$ 体系有机溶剂萃取法，因此，精矿分解亦多采用 $HF-H_2SO_4$ 混合酸。铌、钽以及钛、铁、锰、锡、钨、六价铀等以可溶性配合物的形式进入溶液。精矿中的稀土以及钍和四价铀则生成难溶性化合物。

2. 铌、钽分离

铌、钽分离方法很多。有萃取法、离子交换法、精馏法、选择氯化法、选择还原法、分级结晶法、分步沉淀法、吸附以及色层分离法等。目前生产上广泛采用的是溶剂萃取法。工业上使用的萃取剂主要有酮类、脂类、胺类和醇类萃取剂，如甲基异丁基酮(MIBK)、磷酸三丁酯(TBP)和二烷基乙酰胺、仲辛醇等。其中二烷基乙酰胺和仲辛醇则是我国自己独特的铌、钽分离用的萃取剂。

3. 金属铌和钽的生产

目前国内外生产铌和钽的方法有：

(1)络氟化物或氯化物的金属热还原法。

(2)络氟化物、氧化物或氯化物的熔盐电解法。

(3)氧化物的真空碳还原法。

(4)氯化铌的氢还原法。

(5)卤化物的岐化法和热分解法。

工业上广泛采用的生产钽的方法有以钽氟酸钾和氧化钽为原料的熔盐电解法和以钠还原钽氟酸钾的金属热还原法，后者特别适用于生产电容器用的钽粉。对于金属铌来说，以五氧化二铌为原料的真空碳还原法是目前工业上生产铌的主要方法。

3.1.5　金属铌的物理性质和化学性质[1—4,6]

1. 物理性质

纯金属铌呈钢灰色，在颜色和塑性方面与铂相似，是高熔点金属，具有体心立方晶格，铌的主要物理性质列于表 24.1。

在常温下纯铌的塑性极高，不易硬化，可煅可压，容易进行压力加工，轧成薄片和拉成细丝，焊接性能良好，并且具有相当高的导热性，较高的结构强度，高的耐腐蚀性和吸收气体的能力。

2. 化学性质

金属铌在室温下化学稳定性特别高，在 100℃以上时则大为下降。当进一步加热时铌呈现出高的化学活性。

铌与氧的作用与铌所处的状态有关，粉末状的金属铌在氧中加热到 400℃便燃烧，致密的块状金属则在700℃开始氧化。在水蒸气中加热到900℃时发生强烈的氧化作用，对铌的氧化物壳层的观察结果表明。在375℃以下，金属铌表面上会生成暗色的具有保护性的氧化物膜，在400—500℃时氧化物膜逐渐转变为疏松的多孔性壳层，此壳层对基体金属不再具有保护作用。

铌在400℃开始与氮作用，在1200℃下加热的铌粉末被一层氮化铌薄膜所覆盖。当铌在空气中加热时，在氧化物生成的同时，也有铌的氮化物生成，铌在氨中加热时也生成氮化铌。

铌与氯气在200℃便开始作用，与溴蒸气则在250℃以上起作用，而与碘则要在800—1500℃才发生反应，最终产物都是五卤化物。

硫在200℃时与金属铌作用，生成硫化物。在600℃时铌在二氧化硫及二氧化碳中也能燃烧。

铌和氢在250℃开始作用，到300℃时氢的含量增加很快，而到500℃以上的氢的含量又会减少，铌吸收氢后形成固熔体。

金属铌对许多无机酸、有机酸和一些盐类的水溶液的抗腐蚀性能比大多数金属高，而仅略逊于钽。这可能是由于在铌的表面所生成的氧化膜的保护作用，当这层氧化膜遭到破坏时，铌便易被腐蚀。

铌在王水以及不同浓度的硝酸中基本上不受侵蚀，也不受稀盐酸或60℃以下的浓盐酸的侵蚀。热的浓硫酸会侵蚀铌，但氢氟酸以及氢氟酸和硝酸的混合酸能完全溶解金属铌。含有氟离子的溶液能迅速浸蚀铌材料。

酒石酸、乳酸、乙酸酐、50%的石碳酸和酚对铌没有侵蚀的现象。

铌对碱的抗腐蚀性能不佳，碱性介质会使金属铌脆化，用30%的氢氧化钠溶液处理粉末状的铌，经48h后，用X射线测定，发现生成了一种新的物相。它具有体心立方晶格，晶格参数 $a=340$pm。这个物相是铌的氢化物的 β-相，相应的化学组成为 $NbH_{0.7}$。后者的生成是铌在碱中变脆的原因。

铌对作为原子反应堆热载体用的熔融金属具有良好的稳定性，如铌在870℃时对液体金属钠的抗侵蚀性能是优良的。

3.1.6 金属钽的物理性质和化学性质[1—4,6]

1. 物理性质

金属钽外形似铂，呈钢灰色，带有蓝色的光泽，体心立方晶格，在20—2600℃之间没有发现多晶型现象。

钽的熔点很高(2996℃)，仅次于钨而高于铂，是最难熔的金属之一，而且其蒸气压都较低，在2996℃时，其蒸气压为6.73Pa，在1727℃时为 1.27×10^{-8} Pa。

纯钽坚硬，可锻造、压延以及冷轧成薄片和拉成细丝，并有良好的焊接性能。

钽的物理性质见表 24.1。

2. 化学性质

纯钽在室温时化学稳定性特别高，粉末状的金属是极易参与反应的，在 100—300℃时，所有的反应和侵蚀作用便开始发生。

钽与氧的作用与温度、氧的压力以及时间因素等有关，通常钽在空气中于 280℃便开始吸收氧，随着氧化温度的升高，在金属表面生成一层五氧化二钽膜，致密的氧化物膜对金属有保护作用，研究表明，经高真空下加热到 1500℃处理过的表面清洁的金属钽，于空气或水中，即使在室温下也会被氧化，存高真空中加热到 2300℃，则金属钽中的氧便以低价氧化物的形式挥发而全部除去。

经 2100℃下高真空处理过的钽，在 700℃开始吸收氮气，在 1000℃时吸收很快，至 1000—1500℃时，维持一个恒定值。在更高的温度下吸收量下降，在 1000℃吸收的氮，在高于 1900℃时会迅速被释放出来，钽粉在 1180℃时与纯氮作用，生成钽的氮化物。

经过活化的金属钽可以较为迅速和完全地吸收氢气。钽所吸收的氢在 1.3×10^{-3} Pa，950—1000℃时会再次完全地被释放出来。钽吸收了氢后变成暗灰色的脆性物质。

在常温下，钽能与氟作用，在 150℃，钽对干燥的或含水的氯、溴和碘呈惰性。在 250℃时，钽对干燥的氯氧仍有抗腐蚀能力，在含有水蒸气的氯气中加热到 400℃，钽仍能保持光亮，而在 500℃则开始被腐蚀。结果使钽变脆。在 300℃以上，钽和溴开始反应，对于碘蒸气，当温度达到赤热之前，钽一直仍保持惰性。

氯化氢和溴化氢气体在赤热时对钽有强烈的侵蚀作用。在 410℃时生成五氯化物，在 375℃时生成五溴化物。

当加热至 200℃或者甚至在更低的温度下，钽就开始与硫作用，生成钽的硫化物。

碳（碳黑、煤、石墨）及烃类，在 800—1100℃与钽作用，生成碳化物，高于 1400℃时发生完全的渗碳作用。钽与 CO_2 的作用类似于氧。温度低于 600℃时，CO 为金属所吸收，在高温时，则与 CO 反应，生成碳化物。

钽对于硫酸、硝酸、盐酸和王水呈惰性。它甚至不溶于沸腾的上述的酸中，钽对酸的抗腐蚀能力甚至可以与玻璃比较。钽能溶于氢氟酸与硝酸或硫酸的混酸中，也可溶于 40%HF 和 15% H_2O_2 的混合液中。

钽在碱中较不稳定，热的苛性碱溶液能迅速溶解金属钽。熔融碱可与金属钽反应，生成钽酸盐。

3.2 铌和钽的氢化物[1—3,7,8]

3.2.1 Nb-H 体系和 Ta-H 体系

氢溶解在金属铌和金属钽中,占据了金属晶格中的四面体间隙位置。作无序或有序的分布,形成间隙固溶体。氢溶解在铌和钽中,导致金属晶格的轻微畸变,随着氢浓度小同,其晶格参数有不同程度的变化。

1. Nb-H 体系

Nb-H 体系的相图如图 24.35 所示。

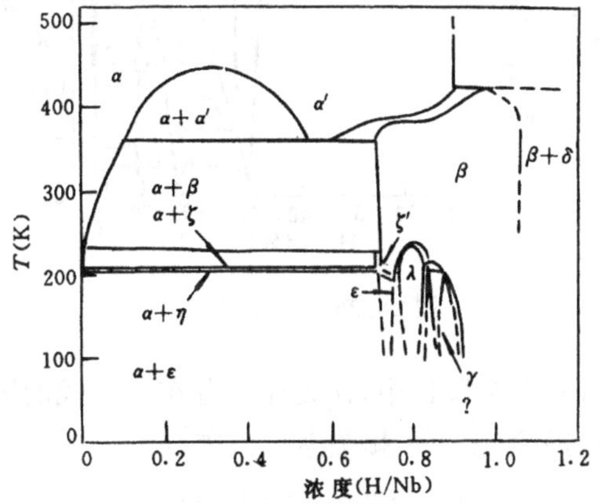

图 24.35 Nb-H 体系

α-相 *α*-相是氢以低浓度溶解在金属铌中作无序的分布所形成的固溶体。仍保留纯金属铌的体心立方晶格,但晶格膨胀,晶格参数 $a_0=332\pm2$pm。

α′-相 *α′*-相是氢以高浓度溶解在金属铌中作无序分布所形成的固溶体。

β-NbH *β*-相是氢在铌中作有序分布所形成的固溶体,具有面心正交晶格结构,空间群为 *C*222,晶格参数为 $a\backsimeq b\backsimeq a_0\sqrt{2}$,$c\backsimeq a_0$。氢原子以十分确定的间隔占据四面体间隙位置。

ζ-Nh-H 当 *β*-相冷却到 −45— −65℃时,出现 *ζ*-相,它是 *β*-相中有序地出现 H 空位而形成的。

ε-相 其组成为 Nb_4H_3,具有斜方晶格结构,$a\backsimeq b\backsimeq 2a_0\sqrt{2}$,$c\backsimeq a_0$。

δ-相 其组成与 NbH_2 一致,具有 CaF_2 型结构,金属原子按面心立方晶格排列,氢原子有序地占据四面体间隙位置,金属原子的晶格参数由 453.6pm 到 455.6±2pm。

γ-相　其组成接近 $NbH_{0.9}$，是一种假立方、高浓度的低温相，在低于 200K 时能稳定存在。

λ-相　是一个有序相。

2. Ta-H 体系。

Ta-H 体系的相图如图 24.36 所示。

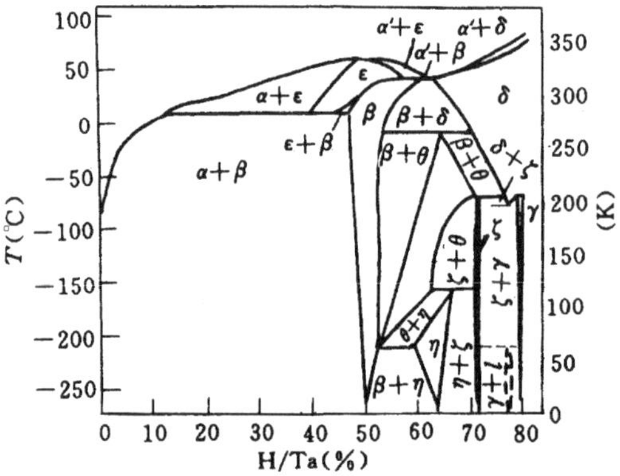

图 24.36　Ta-H 体系

α-相　*α*-相是氢溶解在金属钽中，作无序的分布所形成的固溶体。氢的浓度可以很高。其晶格参数与氢浓度的依赖关系可以表示为：

$$a = 0.3306 + 0.015c(\mathrm{nm})$$

其中 $c = \mathrm{H}/\mathrm{Ta}$。在室温时，$c \cong 0.25$。

β-相　*β*-相是一种有序的低浓度相，其组成为 Ta_2H。

γ-相　*γ*-相是一种低温相。

ζ-相　其组成为 Ta_4H_3，空间群为 $I222$，$a < a_0\sqrt{2}$，$b = 2\sqrt{2} \cdot a_0$，$c \cong a_0$。在温度低于−23℃或−20℃时发现有此相。

δ-相　*δ*-相是一种高浓度相，组成为 TaH_{1-x}，具有 *β*-NbH 的结构。

ε-相　*ε*-相是一个低浓度高温相。

3.2.2　氢化铌

在氢气流中加热金属铌粉末，或用氢气还原 $NbOCl_3$，可以得到氢化铌。当以金属铌为阴极，在稀硫酸溶液中电解时，铌吸收氢。将铌加热到红热，然后投入水中，铌置换并吸收氢。用这些方法得到的氢化铌，在组成上相当于化学式 NbH。但通常只得到接近于这个组成的氢化物。

在常温的空气中，铌的氢化物是稳定的。但当升高温度，可以通过抽真空的办法把氢完全除去。在250℃,氢化铌相对来说还是很稳定的。但在300℃和350℃形成的产物则是不稳定的。其失重情况如图24.37所示。在342℃下抽真空,反应产物便分解。

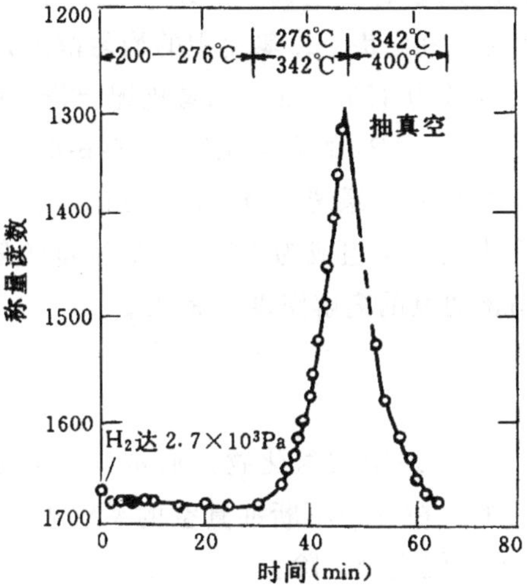

图24.37 铌的氢化物

氢化铌呈深灰色,性质极脆。其密度随制备条件不同而变化在6.0—6.6g/cm³之间。氢化铌不溶于盐酸、硝酸、稀硫酸和王水。但被浓硫酸、氢氟酸和熔融的硫酸氢钾所侵蚀。当在空气中加热,它迅速燃烧,生成Nb_2O_5和水。氢化铌与硫作用生成黑色的硫化物。与氯和盐酸作用生成铌的氯化物。

氢化铌在15K时具有超导性。图24.38表示转变成超导状态的范围与铌中氢含量的关系。

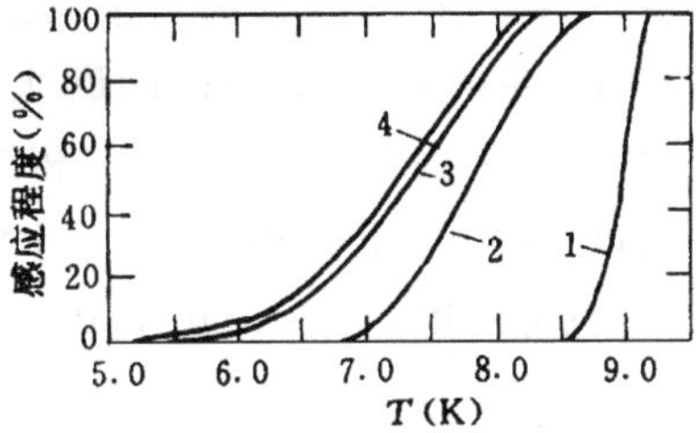

图24.38 转变成超导状态的范围与铌中氢含量的关系

1-Nb;2-Nb+5.06%H;3-Nb+9.89%H;4-Nb+32.76%H

3.2.3　二氢化铌

当用稀氢氟酸和铌粉末相互作用，得到一种金属状残渣，其含氢量超过组成为 $NbH_{1.0}$。当用金属铌作阴极，在稀硫酸（6mol/L）中进行电解，铌阴极经氢化作用，生成一种组成为 NbH_2 的二氢化铌。二氢化铌的均匀范围是 $NbH_{2.00}$ 到 $NbH_{2.07}$，具有萤石型的结构，晶格参数为 456.3pm。二氢化铌十分不稳定，当将新鲜制成的二氢化铌直接放置在 1.3×10^{-4} Pa 的真空系统中，在短时间内，有一半氢失去，结果得到一氢化铌。在 0.13Pa 真空系统中，经过 30min，约失去 5%的氢。若将二氢化铌置于空气中，首先会失去高于组成为 $NbH_{2.00}$ 的过量的氢，接着便分解为一氢化锯。二氢化铌产生 1bar 的氢的离解温度为 31℃。

3.2.4　钽的氢化物

在氢气氛中加热钽，可得到钽的氢化物。通常只得到组成为 $TaH_{0.8}$ 的氢化物。要得到 TaH 是困难的。在一个不断抽真空的系统中，将 $TaH_{0.9}$ 和 $TaH_{0.8}$ 加热到 500℃，经 1h，钽中的氢便完全被除去。

钽的氢化物呈暗灰色，质硬性脆，$TaH_{0.76}$ 的密度为 15.1g/cm^3，其电阻为金属钽的 2 倍。钽的氢化物对化学试剂的作用像纯金属的性质。钽的氢化物在低温时具有超导性。

3.3　铌和钽与IIIA—VIA 族元素的二元化合物[1—4,6,7,9—11,13,15]

3.3.1　铌和钽的硼化物

将金属铌或钽与单质硼的粉末混合物在抽真空的石英管中加热到 1100—1200℃，可以得到成分和纯度都控制得很好的硼化物。将含有 $NbCl_5$（$TaCl_5$），BBr_3 和氢的气相在一个热的表面或热丝上，用气相沉积法，也可以得到铌和钽的硼化物。用熔盐电解法可以得到 NbB_2 和 TaB_2。用 Nb_2O_5 或 Ta_2O_5 为原料，通过表 24.34 中所列的反应，也可以得到 NbB_2 和 TaB_2。NbB_2 和 TaB_2 的生成自由能 ΔG° 列于表 24.34 中。

无论在化学计量上或结构上，铌和钽的硼化物都不遵守化合价的一般概念。

Nb-B 体系和 Ta-B 体系的相图如图 24.39 和图 24.40 所示。

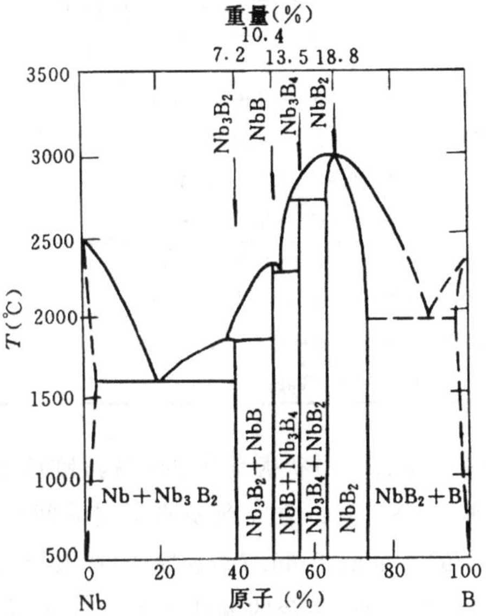

图 24.39 铌-硼体系

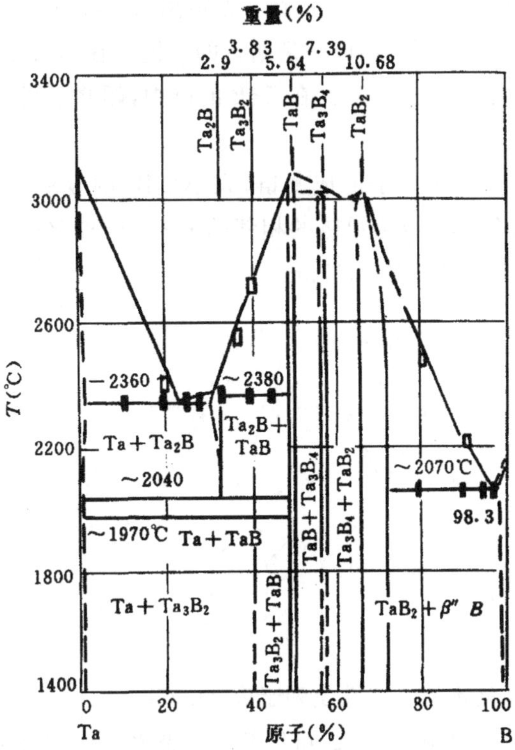

图 24.40 钽-硼体系

表 24.34　NbB_2 和 TaB_2 的生成自由能

化合物	反　应	$\Delta G°$(kJ/mol)
NbB_2	$0.5Nb_2O_5+B_2O_3+55C=NbB_2+5.5CO$	−1471.15+0.9776T
	$0.5Nb_2O_5+0.5B_4C+2C=NbB_2+2.5CO$	−553.79+0.4448T
	$0.5Nb_2O_5+2B+2.5C=NbB_2+2.5CO$	−524.93+0.4424T
	$0.5Nb_2O_5+2B+2.5C=NbB_2+2.5CO$	−856.67+0.4539T
TaB_2	$0.5Ta_2O_5+B_2O_3+5.5C=TaB_2+5.5CO$	−1474.9+0.9889T
	$0.5Ta_2O_5+0.5B_4C+2C=TaB_2+2.5CO$	−557.57+0.4565T
	$0.5Ta_2O_5+2B+2.5C=TaB_2+2.5CO$	−528.70+0.4583T
	$0.5Ta_2O_5+4.5B=TaB_2+2.5BO$	−860.44+0.4656T

NbB_2 和 TaB_2 具有一般二维网状硼化物的结构，硼原子按层状排列，像石墨一样为六角网状，金属原子(Nb，Ta)插入到硼原子层的间隙位置之中。在铌和钽的二硼化物中，当硼原子的含量低于 66.7%B 原子时，则形成不完全的硼网格子，若硼的含量高于 66.7%B 原子时，多余的硼插入到六方网格之中。

在 Ta_2B 中，硼原子以孤立原子的形式分布于按密堆积排列的钽原子层之间的三角棱柱或正方棱柱的间隙位置之中，硼—硼距离为 243pm。

在 NbB 和 TaB 中，硼原子形成一条曲折的单链。在 NbB 的单链中，硼—硼的距离为 186pm，键角为 116—117℃。在 TaB 的链中，硼原子间的距离为 177pm，键角为 116°。

在 Nb_3B_4 和 Ta_3B_4，硼原子形成复链，在 Nb_3B_4 的复链中，硼原子间的距离 X—Y=184pm，而将复链对分为单链的相邻的 B—B 距离 X—Z=158pm。相应于 Ta_3B_4 的 X—Y=185pm，X—Z=157pm。

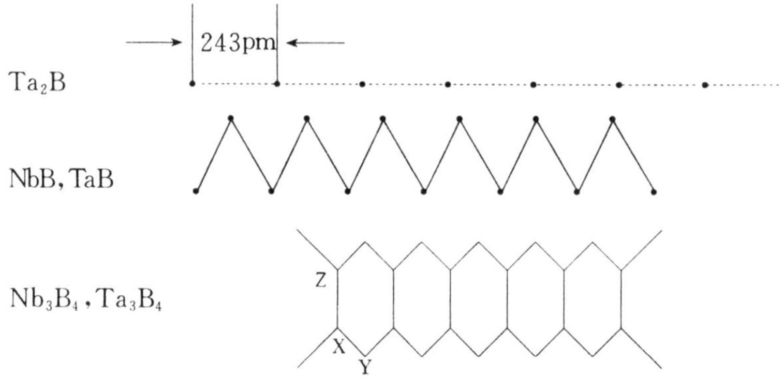

铌和钽的主要硼化物的一些性质列于表 24.35。

NbB_2 呈灰色，其晶体硬度很大，可以割切水晶和黄玉，NbB_2 在熔点的温度下分解为 NbB。NbB_2 和 TaB_2 在 1100—1200℃时氧化很快，在稍低的温度下加热，则在硼化物表面形成玻璃状的具有保护性的氧化物膜。

铌和钽的硼化物缓慢地溶于硫酸、氢氟酸或硝酸和氢氟酸的混合酸中，它不溶于盐酸、硝酸以及王水。但能迅速溶于熔融的碱、碳酸盐、酸式硫酸盐和过氧化钠之中。

表 24.35 铌和钽的硼化物的性质

		NbB	NbB_2	TaB	TaB_2
熔点(℃)		2000	2458±10	—	3000
密度(g/cm³)		6.9	8.57	14.29	12.60
晶体结构	空间群	$D_{2h}^{17}-C_{mca}$	$D_{6h}^{1}-C6/mmm$	$D_{2h}^{17}-C_{mca}$	$D_{6h}^{1}-P6/mmm$
	结构型式	斜方	六方	斜方	六方
	晶格参数(pm)	$a_0=329.8$ $b_0=871.4$ $c_0=313.7$	$a_0=308.6$ $c_0=330.6$	$a_0=327.6$ $b_0=866.9$ $c_0=315.7$	$a_0=308.8$ $c_0=324.1$
硬度(莫氏)		—	8	—	8
比电阻(μΩ · cm)		64.5	65.5	100.0	88.5
导热系数(J/cm · s · K)		—	0.167	—	0.109
生成焓(kJ/mol)		—	−246.9	—	−192.5
熵(J/K · mol)		—	43.5	—	58.2
ΔS°_{298}(J/K · mol)			5.4		−45.2

3.3.2 铌和钽的碳化物

在真空和高温下使金属铌或钽与碳直接反应，可以得到铌或钽的碳化物，其反应的自由焓变 ΔG° 列于表 24.36 中，将 Nb_2O_5 (Ta_2O_5) 先用 H_2 还原为 Nb_2O_3 (Ta_2O_3)，然后加入需要量的碳，使 Nb_2O_3 (Ta_2O_3) 还原，也可以得到铌(钽)的碳化物。

表 24.36 铌和钽的碳化物的 ΔG°

反 应	温度(K)	ΔG°(J/mol)
$Nb+\frac{1}{2}C=NbC_{0.5}$	298—1800	$-89538-9.12T\lg T+32.4T+0.0161T^2+0.092T^{-1}$
$Nb+C=NbC$	298—1800	$-142172-23.6T\lg T+74.43T+3.87\times10^{-2}T^2+0.205T^{-1}$
$2Ta+C=Ta_2C$	298—3000	$-142243+5.573T$
$Ta+C=TaC$	298—3000	$-161071+5.573T$

铌和钽的碳化物属于间隙型碳化物。Nb-C 体系和 Ta-C 体系的相图如图

24.41和图 24.42 所示。碳化铌 NbC 和碳化钽 TaC 的性质列于表 24.37。

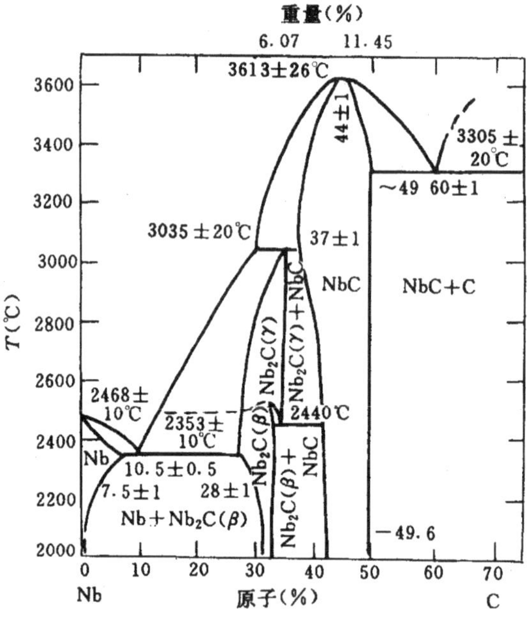

图 24.41　铌-碳体系

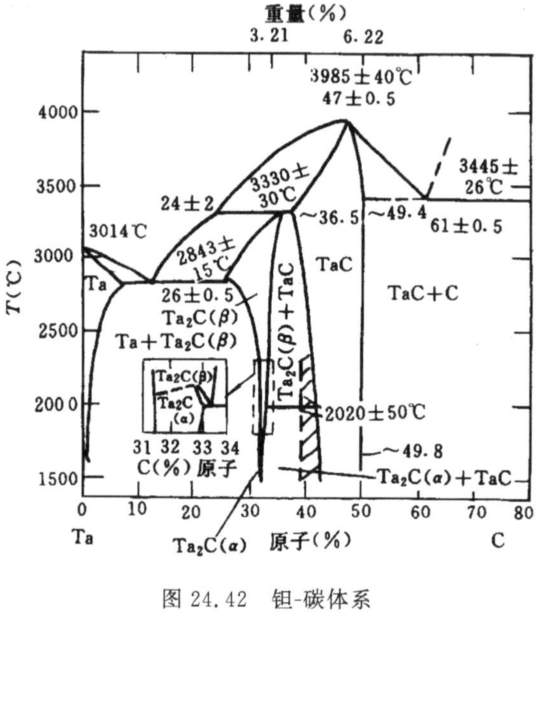

图 24.42　钽-碳体系

表 24.37 NbC 和 TaC 的性质

性 质	NbC	TaC
熔点(℃)	3500	3800,4730
沸点(℃)	4300	5500
晶体结构结构型式	面心立方	面心立方
晶格参数(pm)	$a=446.1$	$a=445.5$
密度(g/cm^3)	7.85	14.5
硬度(莫氏)	—	9
在 50 超负荷下的显微硬度(kg/mm^2)	2470	1800—1952
导热系数(J/cm·s·K)	0.142	0.222
比电阻(μΩ·cm),20℃	74—150	30
超导性	低于 9K	低于 10K
生成热 ΔH°_f(kJ/mol)	-140.6 ± 2.5	-144.8 ± 3.8
S°_{298}(J/K·mol)	37.2 ± 2.9	42.3 ± 0.87
ΔS°_{298}(J/K·mol)	-4.98	-5.31

NbC 是一种灰褐色的金属状粉末,具有淡紫色光泽,对无机酸的抗腐蚀性能良好,它甚至不溶于氢氟酸和王水,只溶于硝酸和氢氟酸的混合酸中,在空气中于 1100—1400℃,NbC 开始强烈地氧化,并会发生去碳作用。但在纯氮气气氛中,加热到 2500℃时仍保持稳定。在 N_2-H_2 混合气氛中加热时会转化为氮化物。

Nb_2C($NbC_{0.5}$)具有十分狭窄的均匀范围,组成为 $NbC_{0.5}$ 时其密度为 7.83g/cm^3。Nb_2C 的生成焓 $\Delta H_{f,298}=-190.0$kJ/mol。Nb_2C 与 Nb_2N 形成固溶体。当有氧进入 Nb_2C 晶格时,它转化为 $Nb_2(C,O)$。

TaC 呈金色,均匀范围是 $TaC_{0.58}$—$TaC_{0.99}$。当在氮气或真空中加热时,它会失去部分碳。TaC 对各种试剂的作用十分稳定,仅溶于硝酸和氢氟酸的混合酸中,但在高温时受王水侵蚀。在空气中,当温度低于 1000—1100℃时不被氧化,不与氯气起作用,在加热时,碳化钽趋向于与氮和氨结合,形成氮化物。

NbC 和 TaC 转变为超导状态的温度随相的组成而异。$NbC_{0.977}$ 和 $NbC_{0.829}$ 的转变温度依次为 11.1K 和 1.05K。对于 $TaC_{0.987}$ 和 $TaC_{0.848}$,则温度依次为 9.7K 和 2.04K。NbC 和 TaC 则降低到 2.0K。

3.3.3 铌和钽的硅化物

将金属铌(钽)的粉末和硅粉末混合物在氩气保护下,经高温反应,可以得到 $NbSi_2$,$TaSi_2$。用气相沉积法,使铌和钽的五氯化物与四氯化硅在氢存在时相互作用,也可以得到铌和钽的硅化物,反应的自由焓变 ΔG° 列于表 24.38。

表 24.38 铌和钽的硅化物的 ΔG°

反应	ΔG°(J/mol)
$10NbCl_5 + 6SiCl_4 + 37H_2 = 2Nb_5Si_3 + 74HCl$	$-3598240+3640T$
$2NbCl_5 + 4SiCl_4 + 13H_2 = 2NbSi_2 + 26HCl$	$-1422560+2067T$
$2TaCl_5 + SiCl_4 + 7H_2 = Ta_2Si + 14HCl$	$-711280+604T$
$10TaCl_5 + 6SiCl_4 + 37H_2 = 2Ta_5Si_3 + 74HCl$	$-3897814+3423T$
$2TaCl_5 + 4SiCl_4 + 13H_2 = 2TaSi_2 + 26HCl$	$-1506240+2008T$

Nb-Si 体系和 Ta-Si 体系的相图如图 24.43 和图 24.44 所示，铌和钽硅化物的性质列于表 24.39。

表 24.39 铌和钽硅化物的性质

性质		Nb_5Si_3	$NbSi_2$	Ta_5Si_3	$TaSi_2$
熔点(℃)		2480	1950	2500	2400
沸点(℃)					5347
密度(g/cm^3)		6.56(α-型) 7.34(β-型)	5.29	11.6	8.83
晶体结构	空间群	$D_{4h}^{18}-14/mcm$	$D_6^4-P6_222$	$D_{4h}^{18}-14/mcm$	$D_6^4-P6_222$
	结构形式	V_5Si_3 四方	$CrSi_2$ 六方	W_5Si_3	$CrSi_2$ 六方
	晶格参数(pm)	$a_0=1002.6$ $c_0=507.17$	$a_0=478.5$ $c_0=657.6$	$a_0=988$ $c_0=506$	$a_0=477.3$ $c_0=655.2$
ΔH°_{f298}(kJ/mol)		-485.3 ± 103.8	-138.1 ± 47.7	-334.7 ± 31.8	-119.2 ± 11.9
ΔS°_{f298}(J/K·mol)		—	—	16.8 ± 26.4	-3.89 ± 6.01

Nb_5Si_3 有两个变体：α-Nb_5Si_3 和 β-Nb_5Si_3。α-Nb_5Si_3 低于 2000℃能稳定存在，β-Nb_5Si_3 在 2000—2480℃能稳定存在，α-和 β-相转变温度为 2000℃。这两种变体只存在于纯的 Nb-Si 体系中。

$NbSi_2$ 能迅速地完全溶于硝酸和氢氟酸的混合酸中，以及硫酸和磷酸的混合酸中，但不溶于其他无机酸。在熔融的 Na_2CO_3 和 NaOH 中则迅速分解。

Ta_5Si_3 有两个变体：α-Ta_5Si_3（低温型），β-Ta_5Si_3（高温型），α-Ta_5Si_3 在低于 1900℃时能稳定存在。

$TaSi_2$ 对化学试剂侵蚀的抵抗能力极好。只有温度升高时才被卤素侵蚀。氢氟酸、氢氟酸和硝酸的混酸以及熔融的碱是 $TaSi_2$ 良好的溶剂。$TaSi_2$ 于 1500℃空气中有良好的稳定性。

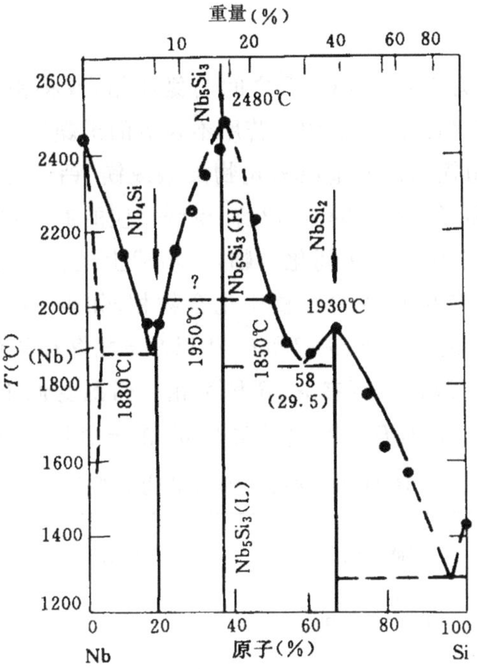

图 24.43 铌-硅体系

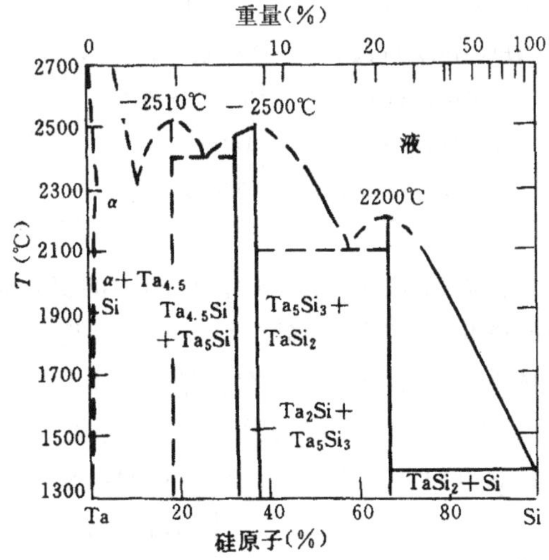

图 24.44 钽-硅体系

3.3.4 铌和钽的氮化物

将金属铌在温度为1100—1350℃之间与氮作用，或将钽在800—1500℃之间与氮作用，可以生成铌和钽的氮化物。若用不含氧的干燥的氨气为氮化剂，其效果比用氮更好，也可以用铌和钽的金属氧化物加碳或镁、钙等还原剂，在氮气存在的条件下，使还原反应和氮化反应同时进行而得到相应的氮化物。

铌和钽的氮化物是属于金属间化合物，在组成上经常不是严格地遵守化学计量式。它们能形成均匀区很宽的非整比化合物相，如表24.40所示，δ-相是固溶体，在低温和氮浓度高的条件下，δ-相和δ′-相以及ε-相存在的范围依赖于氮气的压力。当温度超过1500℃时，仅存在α-，β-和γ-相。当温度低于1230℃时，只有α-，β-，γ-和ε相稳定存在。在所有研究的温度下，δ′-相是个亚稳相。

表24.40　铌和钽的氮化物的性质

化合物	对称性	空间群/构型	均匀范围	晶格参数(pm)	
				a_0	c_0
β-Nb_2N	六方	D_{6h}^4-P63/mmc；W_2C	$NbN_{0.40}-NbN_{0.50}$	305.9	499.6
γ-NbN	四方	—　—	$NbN_{0.75}-NbN_{0.79}$	438.6	433.5
NbN	六方	$D_{3h}'-P\bar{6}m_2$；WC	$NbN_{0.80}-NbN_{0.90}$	295.0	277.2
δ-NbN_{1-x}	立方	$O_h^5-F_m3m$；NaCl	$NbN_{0.88}-NbN_{0.98}$	438.8	—
δ′-NbN	六方	$D_{6h}^4-P6_{3/mmc}$；NiAs	$NbN_{0.92}$	296.8	554.9
ε-NbN	六方	$10\%P\bar{6}C_2$；$90\%P6_{3/mmc}$	$NbN_{1.00}-NbN_{1.98}$	295.91	1127.14
Ta_2N	六方	$D_{6h}^9-P6_{3/mmc}$；W_2C	$TaN_{0.36}-TaN_{0.5}$	304.20	492.30
δ-TaN	六方	$D_{3h}^2-P\bar{6}m2$；WC	$TaN_{0.80}-TaN_{0.90}$	292.5	287.6
ε-TaN	六方	D_{6h}^1-P6/mmm；CoSn	$TaN_{0.98}-TaN_{1.00}$	519.13	291.08

铌和钽的氮化物的性质列于表24.41中。铌和钽的氮化物非常脆，抗氧化能力较差，与其他间隙相(碳化物、硼化物、硅化物)比较，氮化物有较高的离解压和较差的烧结性。氮化物抗氧化性差的原因是存在结构上的缺陷，这种缺陷的存在有利于氧的溶解，氮化物的熔点虽然高，但是由于它们比较容易离解，因此，决定它们的最高使用温度的不是熔点而是离解温度。M—N(M＝Nb，Ta)结合较弱，金属铌和钽的体心立方晶格，不大合适的空隙尺寸和较小的电负性等都不利于氮的溶解，氮化物熔融时都有失重现象，伴随有N_2逸出。

NbN呈亮灰色，带黄色光泽，在空气中加热到500—800℃被氧化。开始时形成三元相(Nb，N，O)，然后生成Nb_2O_5。在真空中加热到2000℃时，铌的氮化物分解并失去部分氮而转变为α-相。

表 24.41 NbN 和 TaN 的性质

性质	NbN	TaN
熔点(℃)	2050,2573	3360±50
$\Delta G^{\circ}_{f(298)}$ (kJ/mol)	−230.12	−231.0
$\Delta H^{\circ}_{f(298)}$ (kJ/mol)	−246.7	−243.1
$\Delta S^{\circ}_{(298)}$ (J/K · mol)	(−83.7)	−83.3
离解压(1230℃,Pa)	$<10^{-2}$	$<10^{-2}$
超导温度(K)	<1.94	<1.2

铌和钽的氮化物具有超导性,转变为超导状态的临界温度其数值有不同的报道,如 NbN 依次为 1.31K,14.7K,15.2K,15.6K 等。δ-NbN 为 16K,ε-NbN 为 1.2K。临界温度数据波动很大,原因之一是临界温度取决于相的成分。曾发现,在 NbN_{1-x} 系列中,不是在化学计量的氮化物,而是在氮含量稍低的条件下,临界温度达到最大值。

3.3.5 铌和钽与磷、砷、锑、铋的化合物

在一根盛有金属铌和磷的管子中,加热到 500℃,得到一种组成为 $NbP_{0.98}$ 的磷化物,其均匀范围是 $NbP_{0.81}$—$NbP_{1.2}$。α-NbP 的组成为 $NbP_{0.95}$,β-NbP 的组成为 $NbP_{1.00}$。在这两个相中,晶体具有二维的层状结构,当中每一个铌原子被四个处于同一层中的磷原子所围绕。在 α-NbP 中,这些磷原子彼此间近于无序状态,而在 β-NbP 中,磷原子作有序排列。也制备了 NbP_2,NbP_2 的热稳定性较 NbP 低。NbP_2 在真空中于 650℃时转化为 NbP。所有铌的磷化物都是灰黑色的金属状物质。在室温下,它们不受水或稀酸的侵蚀,在空气中加热时,它们燃烧并转化为五氧化物。

在 750—950℃下使金属钽与磷反应,得到 TaP 和 TaP_2 两个化合物。TaP 有两种变体:α-TaP 和 β-TaP · TaP 在室温下不受水或稀酸的侵蚀,但能溶于沸腾的浓硫酸、硝酸和王水中,在空气中加热,它燃烧生成白色的氧化物。

已知的铌和钽的砷化物、锑化物和铋化物的晶体性质列于表 24.42。

VA 族元素(N,P,As,Sb,Bi)随着原子序数的增加,由非金属向金属过渡,当铌和钽与这些元素结合时,可以观察到键的类型的变化。而 Nb-Sb 体系和 Ta-Sb 体系是一个转折点。铌和钽的砷化物都是正常的共价键化合物,而铌和钽的锑化物既有共价键成分,也有金属键成分。

表 24.42　铌和钽的砷化物、锑化物和铋化物的晶体性质

化合物	对称性	空间群,构型	晶格参数			
			a_0(pm)	b_0(pm)	c_0(pm)	β(°)
NbAs	四方	$C_{4v}^{11}-I4_1md$	345.17	—	1168.0	—
$NbAs_2$	单斜	$C_{2h}^{3}-C2/m$;	935.7	338.23	779.2	119.46
Nb_2As	四方	$C_{2h}^{4}-P4_2/n$;Ti_3P	1028.9	—	519.1	—
TaAs	四方	$C_{4v}^{11}-I4_1md$;NbAs	343.7	—	165.6	—
$TaAs_2$	单斜	$C_{2h}^{3}-C2/m$;$NbAs_2$	935.0	338.8	776.0	119.75
Ta_3As	四方	$C_{2h}^{4}-P4_2/n$;Ti_3P	1030.1	—	511.0	—
Nb_3Sb	立方	O_h^3-Pm3m;β-W	526.43	—	—	—
Nb_5Sb_4	四方	C_h^5-I4/m;Ti_5Te_4	1031.4	—	355.66	—
$NbSb_4$	单斜	$C_{2h}^{3}-C2/m$;$NbAs_2$	1023.9	363.19	833.3	120.07
Ta_3Sb	立方	O_h^3-Pm3m;β-W	525.95	—	—	—
Ta_5Sb_4	四方	C_h^5-I4/m;Ti_5Te_4	1024.8	—	833.3	—
$TaSb_2$	单斜	$C_{2h}^{3}-C2/m$;$NbAs_2$	1022.18	364.47	354.60	120.39
Nb_3Bi	立方	O_h^3-Pm3m; β-W	532.0	—	829.15	—

3.3.6　铌和钽的硫、硒、碲化合物

用 CS_2 或 CS_2 与 H_2S 的混合气体与 Nb_2O_5 在 900—1300℃反应,可以得到组成接近于 NbS_2 的产物。用这个方法得到的 NbS_2 完全不含氧。将单质硫和铌放在经抽真空后封闭的石英管中加热到 700℃,经 4d 后,可以得到组成为 NbS 的产物。在石英管中加热不同量的铌和经过纯化的硫,可以得到组成不同的产物:$NbS_{2.25}$,$NbS_{5.72}$,$NbS_{1.66}$,$NbS_{1.48}$,$NbS_{1.02}$和 $NbS_{0.29}$。

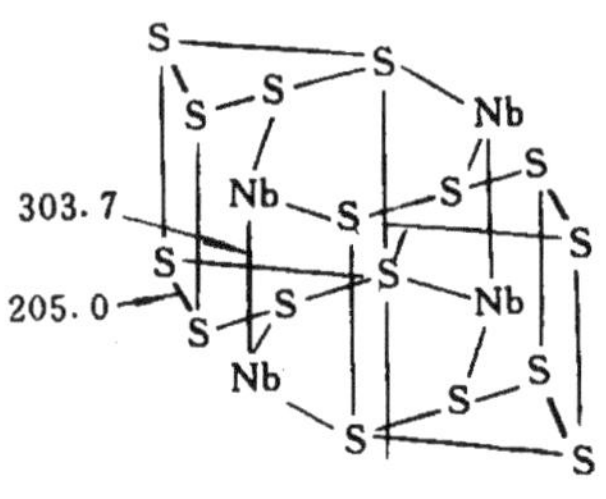

图 24.45　NbS_3 晶体结构

对 Nb-S 体系的研究表明,最少存在 7 个物相。其中一些晶体的性质列于表 24.43 中。

NbS_3 的晶体结构如图 24.45 所示,它包含有 $[S_2]^{2-}$ 基和铌-铌键(304pm),两个三角棱柱体通过硫原子而连接起来,这些硫原子形成接近于两边相等的三角形。在这个三角形中,硫-硫的距离依次是:短边长 205pm,两条较长的边为 332—378pm。

用 CS_2 或 CS_2 和 H_2S 的混合气体与 Ta_2O_5 在 900—1300℃反应,可以得到 TaS_2。用制备铌的硫化物相似的方法,可以得到 Tas_3 和 Tas_2 相。这两个物相与硫形成范围宽广的固溶体。此外,也可制得钽的低价硫化物,其组成范围为 $TaS_{1.9-1.0}$和 $TaS_{1.0-<0.3}$。

表 24.43　铌和钽硫化物晶体的性质

化合物	均匀范围	对称性	空间群	晶格参数				参考文献
				a_0(pm)	b_0(pm)	c_0(pm)	β(°)	
$Nb_{2-y}S_2$	$0\leqslant y\leqslant 0.3$	六方	—	332		646[1]	—	a)
$2HNb_{1+x}S_2$	$0.3\leqslant x\leqslant 0.43$	六方	$D_{6h}^4-P6_3/mmc$	331		1253[2]	—	a)
$3RNb_{1+x}S_2$	$0.12\leqslant x\leqslant 0.25$	菱形	C_{3v}^5-R3m	333		1780[3]	—	a)
2H-NbS_2	—	六方	$D_{6h}^4-P6_3/mmc$	331		1189	—	a)
3R-NbS_2	—	菱形	C_{3v}^5-R3m	333		1781	—	a)
Nb_3S_4	—	六方	$C_{6h}^2-P6_3/m$	958.06		347.47	—	b)
$Nb_{21}S_8$	—	四方	C_{4h}^5-I4/m	1679.4		335.9	—	c)
NbS_3	—	单斜	$C_2^2-P2_1$ 或 $C_{2h}^2-P2_1/m$	494	674	1810	97.5	a)
1T-TaS_2	—	三方	$D_{3d}^3-P\bar{3}ml$	336		590	—	d)
$2H_{(a)}$-TaS_2	—	六方	$D_{6h}^4-P6_3/mmc$	331.5		1210	—	d)
3R-Ta_2	—	菱形	C_{3v}^5-R3m	332		1790	—	d)
6R-TaS_2	—	菱形	C_{3v}^5-R3m	333.5		3585	—	d)
TaS	—	六方	—	102		599	—	d)
2H-$T_{a_{1+x}}S_2$	$0.2\leqslant x\leqslant 0.35$	六方	$D_{6h}^4-P6_3/mmc$	329.5		1245[4]	—	d)
3R-$Ta_{1+y}S_2$	$y\approx 0.15$	菱形	C_{3v}^5-R3m	331		1820	—	d)
6R-$Ta_{1+z}S_2$	$z\approx 0.2$	菱形	—	331.5			—	d)
TaS_3	—	斜方	(?)$D_2^5-C222_1$	3680.4	1517.3	334.0	—	e)
Ta_2S	—	斜方	$D_{2h}^{11}-Pbcm$	738.1	557.4	1519.5	—	f)
Ta_6S	—	单斜	C_{2h}^6-C2/c	1415.8	528.4	1478.9	118.1	f)

1) $y\approx 0.3$。

2) 按 $Nb_{1.3}S_2$。

3) 按 $Nb_{1.12}S_2$。

4) 按 $Ta_{1.2}S_2$。

a) F. Jellinek, G. Brauer and H. Müller, *Nature*, **185**(1960)376。

b) A. F. J. Ruysink, F. Kodjik, A. J. Wagner and F. Jellinek, *Acta Cryst.*, **24B**(1968)1614。

c) H. F. Franzen, T. A. Beineke and B. R. Conrad, *Acta Cryst.*, **24B**(1968)412。

d) F. Jellinek, *J, Less-Common Metals*, **4**(1962)9。

e) E. Bjerkelund and A. Kjekshus, *Z. anorg. und allgem. Chem.*, **328**(1964)235。

f) H. F. Franzen and J. G. Smeggil, *J. Am. Chem. Soc.*, **91**(1969)2814。

在 Ta-S 体系中，由于存在大量的中间相，并且由于反应不易达到平衡，所以对它们的相图的研究是困难的。不同的作者用不同的符号表示同一物相(见表 24.44)。

这些硫化物可以分为三个组：

(1)三硫化物 TaS_3。

(2)按化学计量组成的 TaS_2,但它们有不同的结构。

(3)按非化学计量组成的二硫化物相,其中含有附加的钽原子。

表 24.44 钽的硫化物1)

一	二	三	四
	TaS	TaS	
1T-TaS_2	1S-1TaS_2	TaS_2	α-TaB_2
2H-TaS_2	2S-TaS		β-TaB_2
3R-TaS_2	3S-TaS		
6R-TaS_2	6S-TaS		
任意-TaS_2	任意-TaS_2		
3R-$Ta_{1+x}S_2$	3S-$Ta_{1+x}S_2$		γ-TaS_2
6R-$Ta_{1+y}S_2$	6S-$Ta_{1+y}S_2$		
2R-$Ta_{1+z}S_2$	2S-$Tal_{1+z}S_2$		α-$TaS_{1.6}$

1)1S,2S,3S……分别代表在 c 轴方向上重复单元有 1,2,3……层 TaS_2;1T——一层,三角晶系;2H——两层,六方晶系;2R——两层,菱形。

铌和钽的硒化物和碲化物一般可以这样来制备,将一定比例的组分混合,置于一根石英管中,加热到 500—1000℃,在有些情况下,需要加热到 1350℃,经一周后,便可得到所需要的产物。为了控制最终产物的成分,有时需要使反应物自反应温度慢慢冷却,有时却需要骤冷。用化学迁移反应可以制备出许多单晶。

Nb-Se 体系　在这个体系中,已确定有四个中间相,即 Nb_5Se_4,Nb_3Se_4,$NbSe_4$ 和 $Nb_{1+x}Se_2$。

Nb-Te 体系　在这个体系中,已观察到四个相:Nb_5Te_4,Nb_3Te_4,$NbTe_2$ 和 $NbTe_4$。

Ta-Se 体系　在这个体系中,认为存在有两个中间相:$Ta_{1+x}Se_2$ 和 $TaSe_3$。

Ta-Te 体系　存在两个中间相:$TaTe_2$ 和 $TaTe_4$ 或 $TaTe_3$。

大多数铌和钽的二硒化物和二碲化物都具有高度的层状结构。可以认为,它们是由二维的无限的“层状分子”所构成的。这类“层状分子”是这样组成的:由两层阴离子作紧密堆积,在这两层阴离子中间容纳着金属阳离子,由此组成一个由三重原子层叠成的单元。有一个金属离子通常都有六个非金属阴离子作为其近邻,这些阴离子或者按八面体排列,或者按三角棱柱体排列。在三重原子层的单元内,键是十分强的,而在这些“层状分子”之间,仅存在弱的范德华力。

虽然这些“层状分子”可以由无限的“分子”堆积起来,但实际上只报道存在一、

二、三、四和六层的结构。晶体的结合能明显地集中在分子层内，因而在密堆积排列方面，在能量上只有很少的差异。这样，对于某些金属，特别是钽，在平衡时不易确定它是按八面体排列还是按三角棱柱体排列。

NbSe 是蓝灰色粉末状，有金属光泽，除浓硝酸外，对一般酸、碱和一般溶剂有良好的稳定性。在惰性气氛中于 900℃仍能保持稳定。

3.4 铌和钽含有金属—卤素键的化合物[1,2,5—7,12—14,16,17]

铌和钽的卤化物和卤氧化物是铌和钽的化合物中很重要的简单化合物，有关它们的一些基本性质列于表 24.45 和表 24.46 中。铌和钽也形成各种类型的配合物，此外，铌和钽还形成一系列的原子簇化合物。

表 24.45 铌(V)和钽(V)的卤化物和卤氧化物晶体的性质

化合物	颜色	对称性	空间群	晶格参数				
				a_0(pm)	b_0(pm)	c_0(pm)	β(°)	ρ计算 (g/cm)
NbF_5	白	单斜	$C_{2h}^3-C_2/m$	962	1243	512	96.1	3.54
TaF_5	白	单斜	C_{2h}^3-C2/m	964	1245	512	96.3	5.19
$NbCl_5$	黄	单斜	C_{2h}^3-C2/m	1830	1798	588.8	90.6	2.78
$TaCl_5$	白	单斜	C_{2h}^3-C2/m	1830	1798	588.6	90.6	3.76
$NbBr_5$	红	单斜	C_{2h}^3-C2/m	1920	1860	600	90.0	—
$NbBr_5$	红	斜方	D_{2h}^9-Pbam	612.5	1292	1860	—	4.44
$TaBr_5$	橙	斜方	D_{2h}^9-Pbam	612.5	1292	1860	—	5.24
$NbBr_5$	红	斜方	D_{2h}^9-Pbam	612.7	1298	1855	—	4.44
$TaBr_5$	橙	斜方	D_{2h}^9-Pbam	615.5	1329	1866	—	5.24
NbI_5	黄铜色	单斜	$C_{2h}^5-P2_1/c$	1058	658	1388	109.1	5.29
TaI_5	黑	斜方	—	645	1395	2010	—	5.809
NbO_2F	白	立方	O_h^1-Pm3m	390.2	—	—	—	—
TaO_2F	白	立方	O_h^1-Pm3m	389.8	—	—	—	—
Nb_3O_7F	白	斜方	$D_{2h}^{19}-Cmmm$	2067	383.3	392.7	—	4.37
Ta_3O_7F	白	斜方	—	1669.0	393.5	891.5	—	—
Ta_3O_7F	白	斜方	—	647.8	1049.6	390.7	—	—
$Nb_5O_{12}F$	白	斜方	—	615	1829	392	—	5.09
$Nb_{17}O_{42}F$	白	单斜	C_2^1-P2	2109	382.7	2302	116.2	—
$Nb_{31}O_{77}F$	白	单斜	C_2^3-C2	3754	383.2	2118	91.92	—
$NbOCl_3$	白	四方	$D_{4h}^{14}-P4_2/mnm$	1087	—	396	—	3.27
Nb_3O_7Cl	蓝—黑	斜方	$D_{2h}^{16}-Pmnb$	1088	1553	384	—	—
$TaCl_4F$	黄	四方	$S_4^2-I\bar{4}$	1217	—	784	—	3.57

表 24.46　铌和钽的卤化物和卤氧化物的热力学性质

化合物	m. p.	b. p.	ΔH°_f	ΔH°_v	ΔH°_s	ΔH°_d	ΔH°_f	ΔS°_f	ΔS°_v	ΔS°_s	ΔS°_d
	℃		(kJ/mol,298K)					[J/(K·mol),298K]			
NbF_5	79.0	234.0	−1813	59.8	95.6	—	12.2	398	—	223	—
TaF_5	97.0	229.0	−1904	54.4	—	—	—	378	—	—	—
$NbCl_5$	203.4	247.4	−797.1	63.6	89.2	118.4	38.3	245	102	172	197
$TaCl_5$	215.9	232.9	−858.6	54.8	95.4	140.6	41.6	249	108	194	131
$NbBr_5$	254.0	365.0	−556.5	93.7	115.9	—	—	305	132	198	—
$TaBr_5$	256.0	344.0	−598.3	61.5	106.3	—	45.6	305	99.6	184	—
NbI_5	—	—	−270.3	—	—	—	—	343	—	—	—
TaI_5	496	543	−292.9	75.7	82.4	—	6.69	—	—	—	—
$NbCl_4$	—	—	−694.5	—	123.0	118.4	—	—	—	172	197
$TaCl_4$	—	—	−702.9	—	136.0	113.0	—	—	—	169	202
$NbCl_3$	—	—	−581.6	—	—	—	—	—	—	—	—
$TaCl_3$	—	—	−546.0	—	—	175.3	—	—	—	—	245
$NbOCl_3$	—	—	−880.7	—	109.6	—	—	130	—	—	185
$TaOCl_3$	—	—	−892.5	—	—	—	—	—	—	—	—
$NbOBr_3$	—	—	−747.3	—	—	—	—	—	—	—	—
$NbOCl_2$	—	—	−774.0	—	—	—	—	—	—	—	—
$TaOCl_2$	—	—	−786.6	—	—	—	—	—	—	—	—
Ta_6Cl_{15}	—	—	−474.5	—	—	—	—	—	—	—	—
Nb_6Cl_{14}	—	—	−474.9	—	—	—	—	—	—	—	—
Nb_3Cl_8	—	—	−538.1	—	—	—	—	—	—	—	—

铌和钽的氟化物是热稳定性很大的化合物。而碘化物在高温下会分解为金属和碘。铌和钽的低价卤化物在加热时容易发生歧化作用。特别是四价和三价的溴化物和碘化物,例如四溴化钽按下式分解:

$$2TaBr_4 \rightarrow TaBr_3 + TaBr_5$$

在铌和钽的卤化物中,相对于低价的卤化物来说,五卤化物中的卤素更容易被氧所取代,形成含有稳定的 M^{3+} 离子以及其他类型的卤氧化物。铌比钽更趋向于形成卤氧化物,铌和钽的卤化物大多数是挥发性的化合物,其中氟化物能很好地溶于水而只是部分地水解。其他卤化物则水解形成难溶性的产物。铌和钽的五卤化物属于共价分子型的化合物。

3.4.1　铌和钽的原子簇化合物

铌和钽在它们较低的氧化态中,形成非常大量的原子簇化合物。在结构上它们多数都可以归结为由含有 M_6X_{12} 或 M_6X_8 单元所构成(M＝Nb,Ta;X＝F,Cl,

Br,I)。在这些结构单元中,六个金属原子构成一个八面体。金属原子彼此以金属-金属键结合。M_6X_{12}的结构见图 24.46,它是由 M_6 八面体中每条棱边有一卤素原子作桥式联接而成。而 M_6X_8 单元则是在 M_6 八面体的每个三角形平面上有一个卤素原子作桥式联接而成。

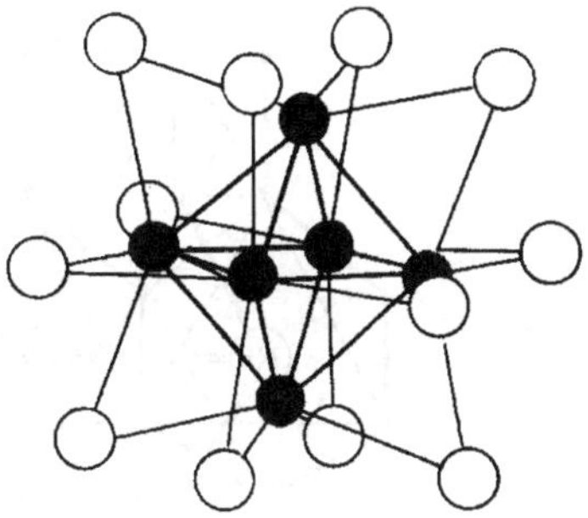

图 24.46 在 M_6X_{14} 中的$[M_6X_{12}]^{n+}$结构单元

M_6X_{12}单元可以下列的一定方式构成 M_6X_{15} 和 M_6X_{14}等:

(1)被六个相似的其他单元所围绕,并与每一个这些单元共享一个卤素原子 X,在三维空间排列。从而使其组成变为 $M_6X_{12+6\times\frac{1}{2}}=M_6X_{15}$。

(2)被四个相似的其他单元所围绕,共享四个在一个平面上的附加的卤素原子。得到一个二维的层状结构,其组成为 $M_6X_{12+6\times\frac{1}{2}}=M_6X_{14}$。

(3)表现为一个阳离子$[M_6X_{12}]^{n+}$($n=2,3$ 或 4)。中央离子团$(M_6X_{12})^{n+}$与配位在金属原子外部空位置上的另外的卤离子及一些水分子,许多其他配位体都能充满这些位置,从而构成铌和钽的低价化合物的广泛的溶液化学。

此外,还发现了一个有趣的含有金属原子簇化合物系列(见图 24.47)。它可以这样来制备:

$$Nb+5Nb_3X_8+4M^IX \rightarrow 4M^INb_4X_{11}$$

(M=Cs 或 Rb;X=Cl 或 Br)

所有四个物质都是同类型的。铯的氯化物和溴化物已经详细研究过,其结果是:四周 Nb—Nb 键的平均长度是 295 和 305pm,同时在氯化物和溴化物中交联键的长度各自为 284 和 296pm。

$Nb_6F_{15}(NbF_{2.5})$ 在 NbF_5 存在并且有足够高的分解压时,使 NbF_4 热分解,可以得到 Nb_6F_{15}。较为方便的制备方法是,控制一定的温度梯度,使金属铌与五氟化铌反应,在氩气保护下,分别将铌箔和过量的 NbF_5 置于厚壁镍管内各一端,封闭之,铌端温度为 900℃,NbF_5 端温度为 400℃,经 4d 后,过量的 NbF_5 经挥发除去。留下 $NbF_{2.5}$。用后一个方法得到的产物外观呈黑色,磨碎后呈棕色。Nb_6F_{15}在空气中稳定,甚至在加热时也不受一般的矿物酸或碱所侵蚀。在真空中加热到高于 700℃,Nb_6F_{15}分解为金属和 NbF_5。Nb_6F_{15}晶体的性质列于表 24.47 中,其结构如图 24.48 所示。Nb_6F_{15}具有形式电荷+3,即$[Nb_6F_{12}]^{3+}$。然而,未能观察到$[Nb_6F_{12}]^{3+}$作为一个独立的离子存在。

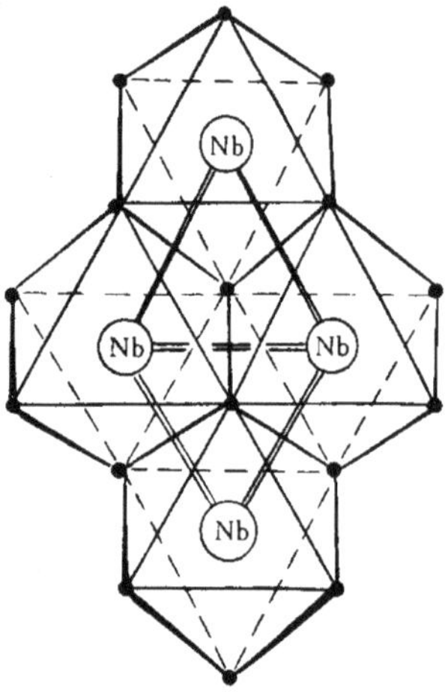

图 24.47　在 $M^{I}Nb_4X_{11}$ 化合物中重复的结构单元

· 卤素原子；(Nb) 铌原子

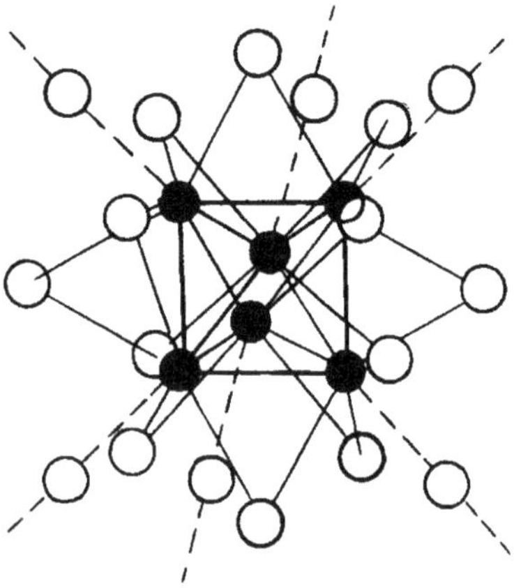

图 24.48　Nb_6F_{15} 晶体结构

表 24.47　铌和钽的原子簇化合物的性质

化合物	对称性	空间群	晶格参数(pm)			金属—金属距离(pm)		参考文献
			a_0	b_0	c_0	M(1)—M(1)	M(1)—M(2)	
Nb_6F_{15}	立方	O_h^9- $Im3m$	819	—	—	280	280	a)
Nb_6Cl_{14}	斜方	D_{2h}^{18}- $Bbam$	1225.2	1101.9	1349.4	295—296	289	b)
Ta_6I_{14}	斜方	D_{2h}^{18}- $Bbam$	1244.5	1250.5	1500.0	307—309	279—282	c)
$Ta_6Cl_{14}.7H_2O$	三方	D_{3d}^1- $P\bar{3}1m$	936	—	880	—	—	d)
Nb_6I_{11}	斜方	D_{2h}^{10}- $Pccn$	1129.9	1530.9	1355.8	—	—	e)
Ta_6I_{15}	立方	O_h^9- $Im3m$	1102	—	—	—	—	f)
Ta_6Cl_{15}	立方	O_h^{10}- $Ia3d$	2028	—	—	292	292	g)
Ta_6Br_{15}	立方	O_h^{10}- $Ia3d$	2129	—	—	—	—	g)
$K_4Nb_6Cl_{18}$	单斜	O_{2h}^3- $C2m$	997	1651 β=115°	947	291	291	h)
$(NMe_4)_2Nb_6Cl_{18}$	三方	D_{3d}^3- $P\bar{3}ml$	1085	—	861.5	—	—	i)

a) H. Schäfer, H. G. Schnering, K. J. Niehues and H. G. Nieder—Varenholz, *J. Less—Common Metals*, **9** (1965) 95。

b) A. Simon, H. G. Schnering, H. Wohrle and H. Schäfer, *Z. anorg. und allgem. Chem.*, **339** (1965) 155。

c) D. Bauer, H. G. von Schenring and H. Schäfer, *J. Less—Common Metals*, **8** (1965) 388。

d) R. D. Burbank, *Inorg. Chem.*, **5** (1966) 1491。

e) A. Sireon, H. Schäfer and H. G. von Sehaering, *Z. anorg. und allgem. Chem.*, **355**(1967)295。

f) D. Bauer and H. Schäfer, *J. Less-Common Metals*, **14**(1968)476。

g) D. Bauer and H. G. von Schnering, *Z. anorg. und allgem. Chem.*, **361**(1968)259。

h) V. A. Simon, H. G. von Schnering and H. Schäfer, *Z. anorg. und allgem. Chem.*, **361**(1968)235。

i) F. W. Kokinat and R. E. MeCarley, Abstr. No. 118, 157th Meeting Amer. Chem. Soc., April 1969。

Ta_6Cl_{15}($TaCl_{2.5}$)　当用"三温度"法制备三氯化钽时,若中间沉积区的温度足够高,则会得到组成为 $TaCl_{2.5}$ 的沉积物。$TaCl_{2.5}$ 是黑色的晶体,不受水或稀酸所侵蚀。而被 2 或 5mol/L 的 NaOH 或 KOH 所分解。

Nb_6Cl_{14}($NbCl_{2.33}$)　将 Nb_3Cl_8 放入一个铌质的有盖小皿中,将小皿置于石英管内,抽真空,封闭之,加热到 840℃,经 3d,可以得到无水 Nb_6Cl_{14}。Nb_6Cl_{14} 是黑色光亮的结晶,在空气中稳定,新制备时产物呈橄榄棕色。在潮湿的空气中,后者能微溶于水,得到一种具有水合 $Nb_6Cl_{12}^{2+}$ 离子特征的绿色的溶液。

$[M_6X_{12}]X_2 \cdot 7H_2O$　用钠汞齐还原 $TaCl_5$,得到一种绿色的化合物,它微溶于水,其组成是 $Ta_6Cl_{14} \cdot 7H_2O$。在溶液中,这个化合物只有 1/7 的氯能作为氯离子出现,用钠汞齐还原 $NbCl_5$,可以得到$[Nb_6Cl_{12}]Cl_2$。但产率很低,若用钙还原,则可得到最满意的结果。在 600℃ 用铝还原 $TaCl_5$,可以得到$[TaCl_{12}] \cdot Cl_2$。$Nb_6Cl_{14} \cdot 7H_2O$ 是暗绿色的结晶,$Ta_6Cl_{14} \cdot 7H_2O$ 为黑色的结晶。它们微溶于水,易溶于乙醇,生成绿色的溶液。这些化合物溶解在水中,离解为 $M_6X_{12}^{2+}$ 和 $2X^-$,即有两个卤素离子可以被取代。当加入化学计量的 KOH,可以得到不溶性的氢氧化物沉淀。在水溶液中,微溶性的 $Nb_6Cl_{14} \cdot 7H_2O$ 的行为像一个 2∶1 电解质。它可溶于稀酸,在中性溶液中,生成氢氧化物沉淀,加入过量的酸后又重新溶解。在水溶液中,$[M_6X_{12}]^{2+}$ 离子被空气氧化,生成$[M_6X_{12}]^{4+}$。已经观察到$[Nb_6Cl_{12}]^{2+}$,$[Ta_6Cl_{12}]^{2+}$ 和$[Ta_6Br_{12}]^{2+}$ 等离子都能发生这种反应。经氯化氢气体饱和的 $Nb_6Cl_{14} \cdot 7H_2O$ 乙醇溶液,放在一个不加盖的烧瓶中,则慢慢会有微晶析出,其 Nb/Cl 比为 6∶16。研究表明,它是一个正三价的化合物,其组成为 $Nb_6Cl_{15} \cdot HCl$。当没有氯化氢存在时,在乙醇溶液中,这个化合物转化为正二价的$[Nb_6Cl_{12}]Cl_2$。

Ta_6Br_{15}($TaBr_{2.5}$)　用金属钽还原五溴化钽蒸气。控制温度梯度为:$T_0(TaBr_5)=330℃$,$T_1(TaBr_{2.5})=450℃$,$T_2(Ta)=620℃$,可以得到 $TaBr_{2.5}$。$TaBr_{2.5}$ 是黑色晶状的顺磁性物质,在 90,195 和 296K 时,它的磁化率依次为 $\chi_g \cdot 10^6=0.42, 0.33, 0.26_e \cdot m \cdot u$。其 X 射线粉末图与 $TaCl_{2.5}$ 的很相似,并认为这两个化合物有相同的结构。

Ta_6Br_{14}($TaBr_{2.33}$)　将铝箔和五溴化钽放在石英管中,抽真空后封闭之,加热控制温度梯度为 450/280℃,经 2d,将产物中的溴化铝和未反应的 $TaBr_5$ 分离,剩

下的为 Ta_6Br_{14}。它是深绿色的粉末，能完全溶于水。

Ta_6I_{14}（$TaI_{2.33}$） 在下列条件下还原五碘化钽：用“三温度”法，将钽箔放在石英管内一端，控制其温度为 660℃，液态 TaI_5 放在另一端，温度为 510℃，管内维持 TaI_5 的饱和蒸气压为 5×10^4Pa。生成的 TaI_4 扩散到管的中部 528℃区。TaI_4 在此处发生歧化反应：

$$16TaI_{4(g)} \rightarrow Ta_6I_{14(s)} + 10TaI_{5(g)}$$

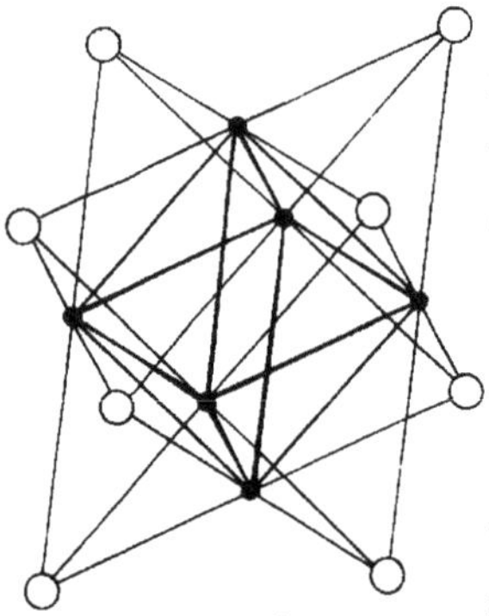

图 24.49 M_6X_8 的结构

生成的 Ta_6I_{14} 是一种灰黑色的具有金属光泽的结晶。也可用铝箔还原 TaI_5 而得到 Ta_4I_{14}。Ta_4I_{14} 是反磁性物质，在 90 和 473K 之间，其磁化率为一常数，$\chi_g = -0.10\times10^{-6}$e·m·u。$Ta_6I_{14}$ 与 Nb_6Cl_{14} 同构型，都是二维层状结构，含有阳离子 $[Ta_6I_{12}]^{2+}$。

Nb_6I_{11}（$NbI_{1.83}$） 在氩气压力为 1.01×10^5Pa 时使 Nb_3I_8 热分解，或在 1000℃使金属铌和碘化铌反应，都可以得到 Nb_6I_{11}。Nb_6I_{11} 其结构的基本单元为一个含有 6 个铌原子的八面体 Nb_6 簇，八个碘原子对称地配位于八面体的八个三角形的平面之上，如图 24.49 所示，化合物的通式可以表示为 $[Nb_6I_8]I_{6/2}$。

3.4.2 铌(III)和钽(III)的卤化物相（MX_{3+x}—M_3X_8）

铌和钽的三卤化物列于表 24.48 中。

表 24.48 铌和钽的三卤化物

化合物	Nb	Ta
氟化物	“NbF_3”	TaF_3
氯化物	$NbCl_{2.67}$—$NbCl_{3.13}$	$TaCl_{2.7}$—$TaCl_{3.1}$
溴化物	$NbBr_{2.67}$—$NbBr_{3.03}$	$TaBr_{2.9}$—$TaBr_{3.1}$
碘化物	$NbI_{2.67}$—$NbI_{3.05}$	$TlaI_3$

在 560—580℃，使氢化铌与氢和氟化氢的混合物反应，生成“NbF_3”结晶。它具有 ReO_3 型结构，a=390.3pm。一般情况下，很难得到纯 NbF_3。它是一种亚稳态化合物。由于在晶格中常常会渗入微量的氧，组成介于 NbO_2F 与 $NbO_{1.25}F_{1.75}$ 之间的稳定的固溶体，从而使三氟化铌趋于稳定。从未得到过完全不含氧的产物，通常氧的含量低于 1.5%。

在 300℃，HF 气体压力为 1.01×10^5Pa 的条件下，使氟化氢通过金属钽，产物主要为 TaF_5。而大约同时生成 10%的 TaF_3。它具有 ReO_3 型的结构，a=390pm。

所谓"三氯化铌"只是组成介于 $NbCl_{2.67}$—$NbCl_{3.13}$ 的连续固溶体中的一个熔体，而"三溴化铌"和"三碘化铌"也只是组成介于 $NbBr_{2.67}$—$NbBr_{3.03}$ 和 $NbI_{2.67}$—NbI_3 固溶体中的一个溶体。在这些组成范围内，以 $NbX_{2.67}$（X=Cl，Br，I）为最稳定。这个组成相当于 Nb_3X_8。在完善条件下，它在结构上是充分确定的相。关于这些固溶体的形成，以"三氯化铌"为例，可以这样认为：由 Nb_3Cl_8 和 $NbCl_4$（Nb_2Cl_8）形成固溶体。在这个固溶体中，Nb_3Cl_8 结构中的 Nb_3 统计地被 Nb_2Cl_8 结构中的 Nb_2 所取代。直到组成达到大约为 $NbCl_{3.13}$。超过这个组成，纯 $NbCl_4$ 相就分离出来了。相似的解释对于"三溴化铌"和"三碘化铌"也可能是合适的。

用氢、铝或金属铌还原五卤化铌，可以相应地生成 $NbCl_3$、$NbBr_3$ 和 NbI_3。例如：

$$NbCl_5 + H_2 \rightleftharpoons NbCl_3 + 2HCl$$

三氯化铌是一种不活泼的物质，通常得到的是一种黑色的外观似金属的晶体，它不会潮解，在空气中加热到 100℃仍保持稳定。不溶于水、有机溶剂和稀的矿物酸中。但被浓硝酸所氧化，并与氨作用。$NbCl_3$ 不挥发，加热时发生歧化反应。当有小量 $NbCl_5$ 蒸气存在时，可以通过化学迁移反应得到很好的结晶：

$$NbCl_{3(s)} + NbCl_{5(g)} \rightleftharpoons 2NbCl_{4(g)} \quad (390—355℃)$$

利用这个反应所得到的均匀的结晶，当温度控制在 355℃时，其组成与 $NbCl_5$ 的蒸气压有关。在足够高的 $NbCl_5$ 气压 10^5 Pa 下，生成富铌相的极限 Nb_3Cl_8，甚至在 800℃它仍是稳定的。Nb_3Cl_8 具有 CdI_2 型的层状结构。如图 24.50 所示。其晶体的有关性质列于表 24.49 中。Nb_3Cl_8 有两种变体：α-Nb_3Cl_8 和 β-Nb_3Cl_8。Nb_3Cl_8 是一种顺磁性物质。室温时其磁化率 $\chi_m \cdot 10^6 = +333.3$ e·m·u。磁矩 μ=1.86B.M。

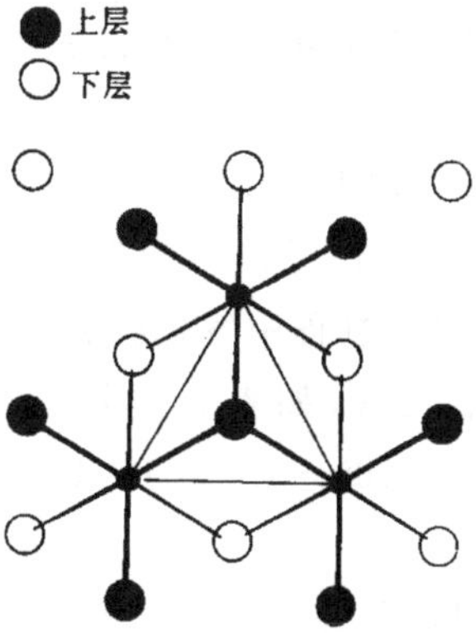

图 24.50　Nb_3Cl_8 结构

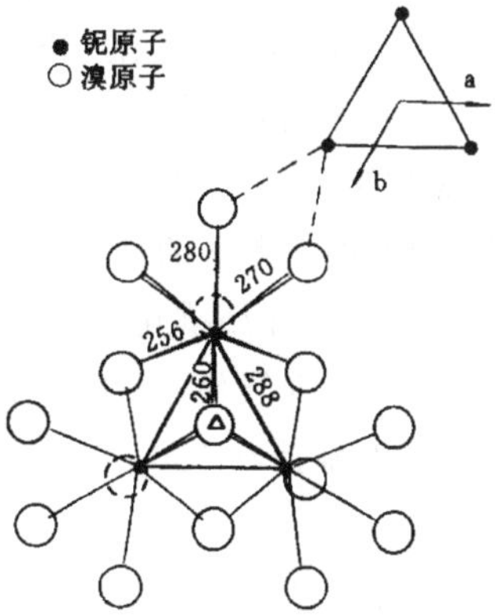

图 24.51　β-Nb_3Br_8 的结构

表 24.49 Nb_3X_8 晶体的性质

化合物	颜色	对称性	空间群	晶格参数(pm)		Nb—Nb 距离(pm)	ρ计算 (g/cm³)	参考文献
				a_0	c_0			
Nb_3Cl_8	绿	六方	$D_{3d}^3-P\bar{3}ml$	674.4	1226.8	281	3.87	a)
α-Nb_3Br_8	黑	六方	$D_{3d}^3-P\bar{3}ml$	722.7	1293.0	—		b)
β-Nb_3Br_8	黑	六方	$D_{3d}^5-R\bar{3}m$	708.0	3897.5	288	5.404	c)
β-Nb_3I_8	黑	六方	$D_{3d}^5-R\bar{3}m$	760.0	4171.5	300	6.171	c)

a) H. G. Schnering, H. Worhle and H. Schäfer, *Naturwissen*, **48**(1961)159。

b) S. S. Berdonosov and A. V. Lapitskii, *Russ. J. Inorg. Chem.*, **10**(1965)1525。

c) A. Simon and H. G. Schnering. *J. Less—Common Metals*, **11**(1966)31。

在一根封闭的管中，使金属铌与 $NbBr_5$ 反应，温度梯度为 450℃(Nb)到 400℃($NbBr_5$)，所得到的均匀的结晶其组成与制备过程中金属和 $NbBr_5$ 的相对量有关。其性质也不相同，在富溴相部分(≌$NbBr_3$)对潮湿空气很敏感。而对于接近 Nb_3Br_8 相的那一端，其晶体可以在空气中进行处理。Nb_3Br_8 有两种变体，α-Nb_3Br_8 和 β-Nb_3Br_8。α-Nb_3Br_8 与 α-Nb_2Cl_8 完全相似，具有 CdI_2 层状结构。β-Nb_3Br_8 为黑色的结晶。其配位多面体的结构如图 24.51 所示。

在真空中将 NbI_5 或 NbI_4 加热到 425—430℃，经 48h，同时使析出的碘不断冷凝，可以得到三碘化铌。NbI_3 在高于 513℃时便不可逆地分解。生成不挥发的 Nb_3I_8 和一个富碘的液相。后者可经升华而除去。与三氯化铌和三溴化铌比较，三碘化铌是一个按 NbI_3 式组成的确定的化合物。它有一个十分狭窄的均匀范围：$NbI_{2.89}$—$NbI_{3.05}$。将较高价态的铌的碘化物热分解，可以得到 Nb_3I_8。它是一种黑色的十分稳定的化合物，在空气中经数天仍保持不变。但被热的盐酸或稀硝酸所侵蚀。它是反磁性物质。用类似制备 β-Nb_3Br_8 的方法，可以得到与 β-Nb_3Br_8 相似的具有 β-层状结构的 Nb_3I_8。在 Nb_3 之中，Nb—Nb 距离为 300pm。NbI_5- Nb 体系的相图如图 24.52 所示。

所谓“三氯化钽”和“三溴化钽”其实际组成分别为 $TaCl_{2.9}$—$TaCl_{3.1}$，$TaBr_{2.9}$—$TaBr_{3.1}$。对钽-碘化钽体系的研究表明，只有两个较低价态的碘化物相：TaI_4 和 $TaI_{2.33}$(Ta_6I_{14})。曾经在用碘化物法制备高纯钽的过程中发现存在 TaI_3。在研究用金属钽还原 TaI_5 蒸气制备 TaI_4 的过程中发现，如果金属钽的温度维持在 630℃，TaI_5 的温度维持在 530—585℃，$p_{TaI_5}=1\times10^5-3\times10^5$ Pa，则唯一的生成物是 TaF_3。

用金属钽还原 $TaCl_5$ 或 $TaBr_5$，可以得到 $TaCl_3$ 或 $TaBr_3$。$TaCl_3$ 在室温下是黑色的结晶，不与水或稀矿酸作用，但溶于沸腾的酸中，得到一种蓝色的溶液。$TaCl_3$ 与 $NbCl_3$ 是同晶，顺磁性物质。组成为 $TaBr_{2.90}$ 的化合物磁化率在 90，195

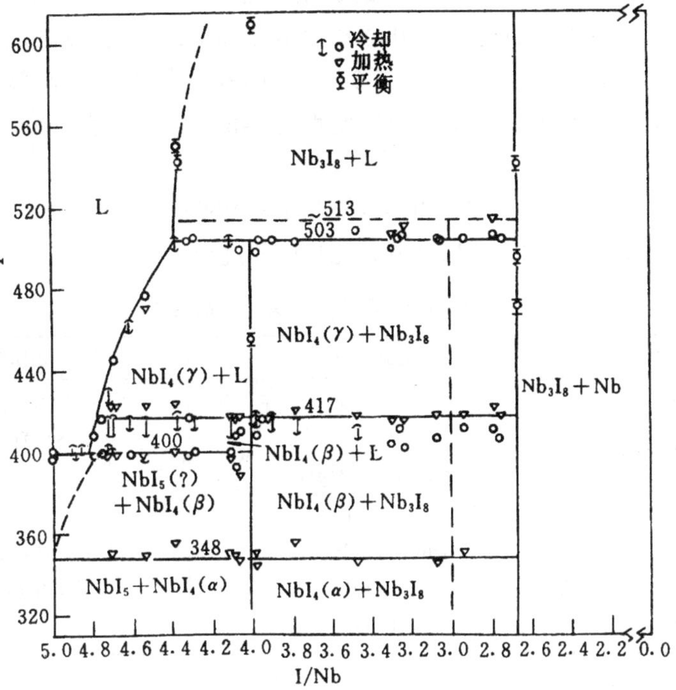

图 24.52 NbI$_5$- Nb 体系相图

和 297K 时依次为 $\chi_g \cdot 10^6 = +0.56, +0.12, -0.3$e · m · u。而组成为 $TaBr_{3.16}$ 的化合物是反磁性物质。在上述温度下,其 $\chi_g \cdot 10^6 = -0.1$e · m · u.。

3.4.3 铌(IV)和钽(IV)的卤化物及卤氧化物

1.简单化合物

除 TaF_4 外,其余的铌和钽的四卤化物都是已知的。制备这些卤化物的一般方法是用金属铌或钽还原相应的五卤化物。虽然也有用 Al,S 或 H_2 作还原剂。反应温度列于表 24.50 中。制备 NbI_4 的最好办法是使 NbI_5 热分解。

NbX_4 和 TaX_4(X=F,Cl,Br,I)晶体的性质列于表 24.51。

NbF_4 是黑色的晶体,不挥发,吸潮性很强,在潮湿空气中它水解并完全转化为 NbO_2F。NbF_4 强烈地与水作用,生成棕色的溶液和组成未确定的棕色沉淀。NbF_4 在真空中加热直至 275—325℃仍然是稳定的,但当温度高于,350℃,它会迅速发生歧化反应:

$$2NbF_4 \rightarrow NbF_5 + NbF_3$$

$NbCl_4$ 是紫黑色的针状结晶。它是反磁性物质,室温时其磁化率为 $\chi_m \cdot 10^6 =$

−40e • m • u.。在固态时，$NbCl_4$ 中的铌原子是成对的，因而其化学式以 Nb_2Cl_8 表示更为合适。在成对的铌原子中，Nb—Nb 之间的距离为 306pm。四氯化铌晶体在干燥空气中是稳定的。它会溶于 2mol/L 的盐酸中，生成一种深蓝色的溶液，接着会出现棕色的混浊。$NbCl_4$ 的挥发性比 $NbOCl_3$ 低。在 300℃时发生歧化反应：

$$2NbCl_4 \rightleftharpoons NbCl_3 + NbCl_5$$

当 $NbCl_5$ 的分压足够大时，可以抑制歧化反应的进行。

表 24.50　铌和钽的四卤化物的合成

化合物	反应温度(℃)	还原剂
NbF_4	250—350	Nb，Si
$NbCl_4$	400	Nb，H_2，Al
$TaCl_4$	620(在 300 沉淀)	Ta
NbBr	350—410	Nb
$TaBr_4$	630(在 400 沉淀)	Ta，Al
NbI_4	300	NbI_5 热分解
TaI_4	500—350	Al

表 24.51　铌(IV)和钽(IV)的卤化物和卤氧化物晶体性质

化合物	颜色	对称性	空间群	晶格参数				ρ计算	参考文献
				a_0(pm)	b_0(pm)	c_0(pm)	β(°)	(g/cm³)	
NbF_4	黑	四方	$D_{4h}^{17}-I/mmm$	408.2	—	816.1	—	4.13	a)
$NbCl_4$	紫—黑	单斜	C_{2h}^3-C2/m	1232	682	821	134	3.23	b)
$TaCl_4$	黑	单斜	C_{2h}^3-C2/m	1232	682	821	134	4.32	c)
$NbCl_4$	紫—黑	斜方	—	812	888	684	—	3.23	d)
$TaCl_4$	黑	斜方	—	816	892	680	—	4.32	e)
$NbBr_4$	黑	斜方	—	860	931	719	—	4.77	d)
$TaBr_4$	棕—黑	斜方	—	958	930	721	—	5.31	(e)
$NbBr_4$	黑	斜方	}C_2cm	917.9	1222	1285	—	4.86	f)
$TaBr_4$	棕—黑	斜方	$A2_1am$ 或 $Amam$	714.3	1238	1288	—	5.90	f)
α-NbI_4	黑	斜方	$C_{2v}^{12}-CmC2$	767	1328	1393	—	5.64	g)
$NbOCl_2$	黑	单斜	$C_2^3-C_2$	1279	393	670	105	—	b)
$NbOI_2$	黑	单斜	$C_2^3-C_2$	1508	392	74.8	105	—	b)
NbS_2Cl_2	红—棕	单斜	C_{2h}^3-F2/m	1200	1111	630	96.9	3.45	h)

a) F. P. Gortsema and R. Didchenko, *Inorg. Chem.*, **4**(1965)182。

b) H. G. von Schnering and K, Wohrle, *Angew. Chem.*, **2**(1963)558。

c) H. Schäfer, H. Scholz and R. Gerken, *Z. anorg. und allgem. Chem.*, **331**(1964)154。
d) R. E. McCarley and B. A. Torp, *Inorg. Chem.*, **2**(1963)540。
e) R. E. McCarley and J. C. Boatman, *Inorg. Chem.*, **2**(1963)547。
f) S. S, Berdonosov, A. V. Lapitskii and D. G. Berdonosova, *Russ. J. Inorg. Chem.*. **9**(1964)1388。
g) L. F. Dahl and D. L. Wampler, *Acta Cryst.*, **15**(1962)903。
h) H. G. von Schnering and W. Beckmann, *Z. anorg. und allgem. Chem.*, **347**(1966)231。

$TaCl_4$ 是黑色的粉末，反磁性物质。在 295K 时其磁化率 $\chi_m \cdot 10^6 = -65$e·m·u.。化合物中可能存在 Ta—Ta 键。$TaCl_4$ 可溶于水和稀酸中，受热升华时会发生歧化反应：

$$2TaCl_4 \rightarrow TaCl_3 + TaCl_5$$

$NbBr_4$ 对潮湿空气十分敏感，能溶于稀盐酸生成深蓝色的溶液。当暴露于空气中，由于四价铌被氧化为五价而使颜色消失。

NbI_4 有三种变体：α-NbI_4，β-NbI_4 和 γ-NbI_4。α-NbI_4 的结构如图 24.53 所示。α-NbI_4 在 348℃时转变为 β-NbI_4，在 417℃，β-NbI_4 转化为 γ-NbI_4。后者在 530℃时熔融，形成一个富碘的液相和一个 Nb_3I_8 固相。

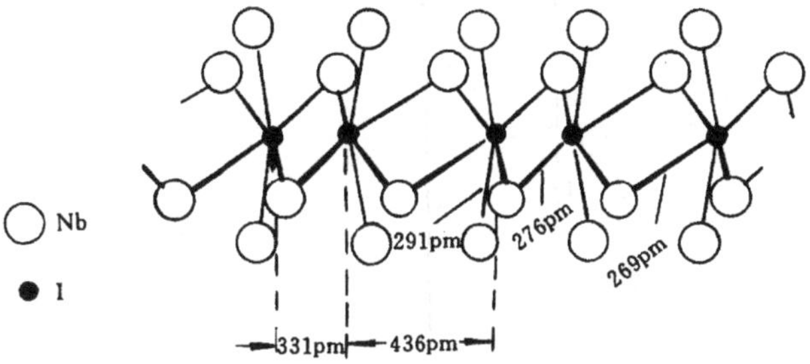

图 24.53 α-NbI_4 的结构

TaI_4 有两种变体。由 $TaI_4 \cdot 2py$ 热分解得到的为 α-TaI_4。用铝箔还原 TaI_5 所得的为高温型变体。

四氯化铌、四溴化铌、四碘化铌、$NbOCl_2$ 和 Nb3Cl_8 的单晶在低温时是一种半导体。四氯化铌和 $NbOCl_2$ 单晶的导电率与温度的关系如图 24.54 和图 24.55 所示。随着温度的升高，化合物会发生分解或相变。表 24.52 列出了这类化合物在测定其导电率的过程中，加热前后其组成上会发生变化

用氢还原 $NbOCl_3$ 或使金属铌与 $NbCl_6$ 和 Nb_2O_5 在一根封闭的管子中反应，控制温度梯度为 370—350℃，可以得到 $NbOCl_2$，后者按下式发生化学迁移反应：

$$NbOCl_{2(s)} + NbCl_{5(g)} \rightleftharpoons NbOCl_{3(g)} + NbCl_{4(g)}$$

表 24.52　化合物加热前后组成的变化

化合物	加热最高温度(℃)	加热前			加热后		
		M	X	M∶X	M	X	M∶X
$NbCl_4$	185	39.6	60.4	1∶4.00	39.8	60.3	1∶3.97
	300	39.6	60.4	1∶4.00	46.0	53.4	1∶3.04
	300	39.6	60.4	1∶4.00	46.6	53.0	1∶2.98
$NbBr_4$	350	22.6	76.8	1∶3.95	31.4	68.0	1∶2.52
NbI_4	103	15.5	84.3	1∶3.98	21.7	78.2	1∶2.64
	184	15.5	84.3	1∶3.98	22.0	76.5	1∶2.55
$NbOCl_2$	180	52.4	39.4	1∶1.97	51.6	39.3	1∶1.99
	260	52.4	39.4	1∶1.97	57.7	35.2	1∶1.60
Nb_3Cl_8	270	46.8	52.9	1∶2.96	47.2	51.6	1∶2.86
$ZrCl_3$	160	46.2	53.2	1∶3.04	—	50.0	(1∶2.57)
TiI_3	243	11.2	88.2	1∶2.97	14.2	85.8	1∶2.28

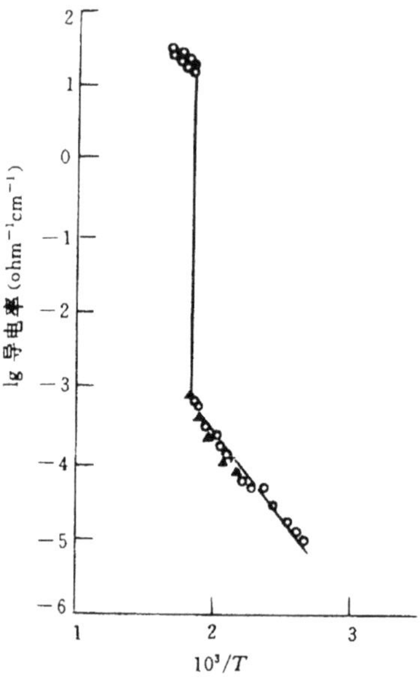

图 24.54　$NbCl_4$ 单晶的导电率-温度曲线

生成的细小黑色的 $NbOCl_2$ 结晶沉积在 350℃ 区域内，$NbOCl_2$ 在空气中十分稳定，它甚至不受沸腾的 2mol/L 盐酸或 1mol/L 硫酸的侵蚀。

$TaOCl_2$ 也十分稳定。在一根封闭的石英管中，控制温度梯度为 500—400℃，使金属钽、$TaCl_5$ 和 Ta_2O_5 发生反应，可以得到 $TaOCl_2$。

在真空中加热 $NbOI_3$，可以得到 $NbOI_2$。它是黑色结晶，在空气中和在矿物酸

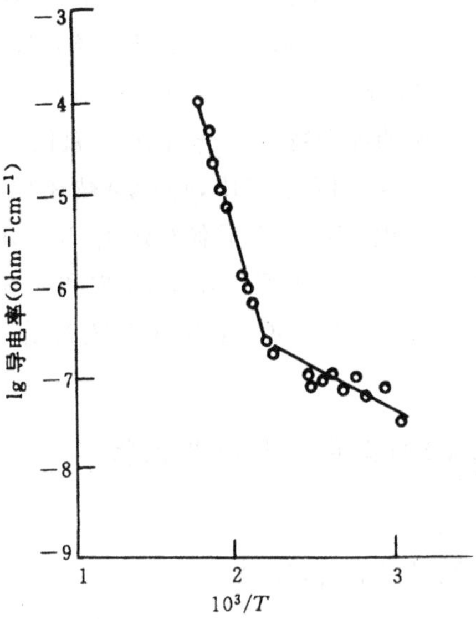

图 24.55　$NbOCl_2$ 单晶的导电率-温度曲线

中都十分稳定，是一种反磁性物质。当加热到高于 500℃时便分解。最终产物为 NbO 和 NbO_2，随着分解温度的提高，NbO 的比例增加。

2. 加合物

已知的铌(IV)和钽(IV)的配合物是比较少的。铌和钽的四卤化物形成的加合物的例子列于表 24.53 中。

表 24.53　MX_4 加合物

加合物	磁矩 μ (B. M.)	加合物	磁矩 μ (B. M.)
$NbCl_4$ · 2py	1.37, 1.53	$NbCl_4$ · biryr	1.06
$NbBr_4$ · 2py(绿)	1.26, 1.36	$NbCl_4$ · 1 : 10 phenan	1.05
$NbBr_4$ · 2py(红)	1.58	$TaCl_4$ · bipyr	0.70
NbI_4 · 2py	1.05	$TaCl_4$ · 1 : 10 phenan	0.67
$TaCl_4$ · 2py	0.69, 1.31	$NbCl_4$ · 2diarsine	1.8
$TaBr_4$ · 2py	0.42, 1.02	$NbBr_4$ · 2diarsine	2.0
$NbCl_4$ · 2γ-Picoline	1.18	NbI_4 · 2diarsine	1.8
$TaBr_4$ · 2γ-Picoline	1.29		
$TaCl_4$ · 2γ-Picoline	0.77		
$TaBr_4$ · 2γ-Picoline	0.77		

除 NbF_4 之外，其他四卤化物可以形成下列几种类型的加合物：$MX_4 \cdot 2L$ 型（X＝Cl，Br，I；L＝乙腈，吡啶，γ-甲代吡啶，对二氧六环）；$NbX_4 \cdot 2L$ 型（X＝Cl，Br；L＝THF，Phen）；$NbX_4 \cdot 2diarsine$（X＝Cl，Br，I）；$MX_4 \cdot L$ 型（L＝bipy，phen）。铌(IV)还可以形成 NbL_4 型的配合物（L＝苯甲酰二氟丙酮，噻吩甲酰三氟丙酮和二苯甲酰甲烷）。当 $LiNR_2$ 与 $NbCl_5$ 作用，铌(V)被还原，生成 $Nb(NR_2)_4$（R＝Me，Et，^{n}Pr，^{n}Bu 等）。此外，铌(IV)还生成像 $(BH)_2Nb(OR)Cl_5$（R＝Me，Et，^{i}Pr；B＝二胺，吡啶，氮萘）的配合物。电解还原用 HCl 饱和的五氯化物的乙醇溶液，随后加入吡啶，可以得到二聚体 $NbCl(OC_2H_5)_3[(C_5H_5N)]_2$。它迅速与乙氧化钠作用生成 $Nb(OEt)_4$。

3.4.4　铌(V)和钽(V)的卤化物及卤氧化物

1. 五氟化铌和五氟化钽

五氟化铌和五氟化钽可由下列方法制备：

(1)金属与氟作用

$$2M + 5F_2 \rightarrow 2MF_5$$

M＝Nb 或 Ta，反应温度约为 250℃。

(2)金属与氟化氢作用，在 250—300℃，使氟化氢气体与金属铌或钽作用，当反应在 10^5 Pa 下进行时，可生成 NbF_5。对于钽，则同时生成 TaF_5 和不挥发的 TaF_3。当在一个封闭的容器中，将金属铌或钽与液态氟化氢作用，将反应物加热到 225℃，则生成五氟化物和三氟化物的混合物。

(3)二氟化锡与铌发生如下反应：

$$5SnF_2 + 2Nb \rightarrow 5Sn + 2NbF_5$$

这个方法只适用于制备 NbF_5。

(4)$(BrF_2)NbF_6$ 或 $(BrF_2)TaF_6$ 热分解，依次得到 NbF_6 和 TaF_5。

(5)液态氟化氢与 $NbCl_5$ 作用：

$$5HF + NbCl_5 \rightarrow NbF_5 + 5HCl$$

(6)氟化铝与无水 K_2NbF_7 在 800℃反应：

$$K_2NbF_7 + 2AlF_3 \rightarrow NbF_5 + 2KAlF_4$$

用类似方法也可以用 K_2TaF_7 得到 TaF_5。

(7)ZnF_2 与无水 $NbCl_5$ 在 300℃下反应，产物为 NbF_5。

铌和钽的五氟化物是吸潮性很强的物质，当暴露于空气中便会潮解，但不冒烟。在室温下会慢慢水解。因此不能自水溶液中得到五氟化物。

NbF_5 和 TaF_5 都是白色晶状固体。在气态时以单分子存在，在液态时为二聚体，并按下式部分(＜1％)离解：

$$(MF_5)_2 \rightleftharpoons MF_6^- + MF_4^+$$

在固态时是四聚体。在45℃电子衍射研究表明，气态的五氟化钽是一个三聚体$(TaF_5)_3$，具有D_{3h}对称，它们的结构如图24.56和图24.57所示。

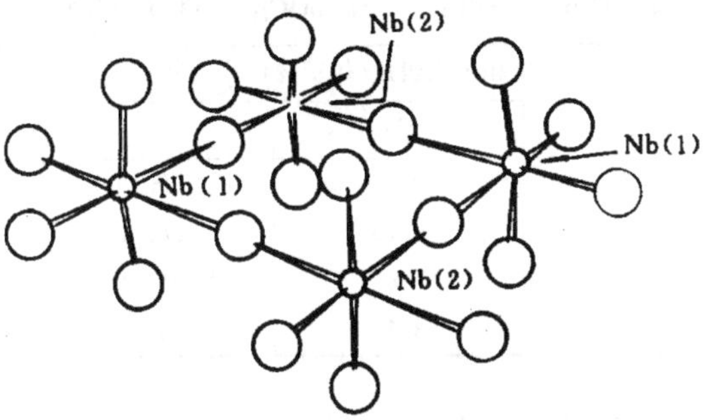

图24.56 $(NbF_5)_4$的结构

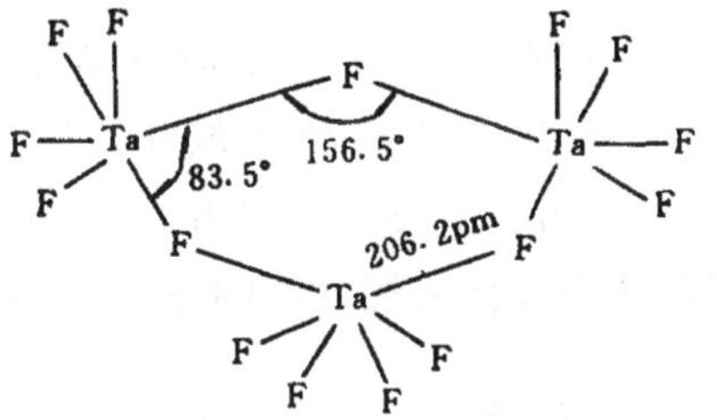

图24.57 $(TaF_5)_3$的结构

NbF_5和TaF_5都是强的路易斯酸，它们都溶于水和无机酸。并水解生成氟氧化物和氢氟酸。在水溶液中，被碱沉淀生成水合氧化物$M_2O_5 \cdot xH_2O$。将金属铌或钽或它们的五氧化物溶于48%的氢氟酸中，将溶液蒸发至干，将残渣加热到250℃，可以得到NbO_2F和TaO_2F。其他五价的氟氧化物，Nb_3O_7F和$Nb_5O_{12}F$，可以通过加热NbO_2F和Nb_2O_5的混合物而得到。

2. 铌(V)和钽(V)的氯化物和氯氧化物

铌和钽的氯化物中，最稳定和最常见的是五氯化物。

$NbCl_5$　将块状或粉末状的金属铌与氯气（用干燥的氮气或氩气稀释），在300—350℃下反应，生成$NbCl_5$。在有碳存在时，在700—800℃发生如下反应：

$$Nb_2O_5 + 3Cl_2 + 3C \rightarrow 2NbOCl_3 + 3CO$$

$$Nb_2O_5 + 5Cl_2 + 5C \rightarrow 2NbCl_5 + 5CO$$

$$Nb_2O_5 + 3NbCl_5 \rightarrow 5NbOCl_3$$

当有水分存在时也会生成$NbOCl_3$。

$$NbCl_5 + H_2O \rightarrow NbOCl_3 + 2HCl$$

在没有碳存在时，直接氯化 Nb_2O_5，其产物是 $NbOCl_3$。这个反应在不同温度下的平衡常数列于表 24.54。

表 24.54 $2Nb_2O_5 + 6Cl_2 \rightleftharpoons 4NbOCl_3 + 3O_2$ 反应的平衡常数

温度(℃)	气相平衡组成(体积%)			平衡常数
	$NbOCl_3$	O_2	Cl_2	
800	0.47	0.36	99.16	2.60×10^{-17}
900	1.02	0.76	98.22	5.37×10^{-15}
1000	2.07	1.55	96.38	7.14×10^{-13}
1100	4.20	3.15	92.65	1.54×10^{-10}

一个用于制备十分纯的五氯化铌和五氯化钽的方法是将铌或钽的硫化物在300—350℃与氯反应。

$NbCl_5$ 在常温下为白色结晶，加热到 183℃转变为黄色，熔融时变为橙红色。在固态时，$NbCl_5$ 是二聚体(图 24.58)。在气态时以单分子存在。$NbCl_5$ 易水解，在潮湿空气中冒烟。它可溶于浓盐酸和硫酸中，依次生成 $Nb(OH)_2Cl_4^-$，$Nb(OH)Cl_3^+$ 和 $Nb_2O(SO_4)_4$，$Nb_2O_3(SO_4)_2$，$Nb_2O_2(SO_4)_3$，$Nb_2O_4SO_4$ 等。当稀释或煮沸这些溶液时，铌的化合物便水解，析出水合氧化物沉淀或胶体。

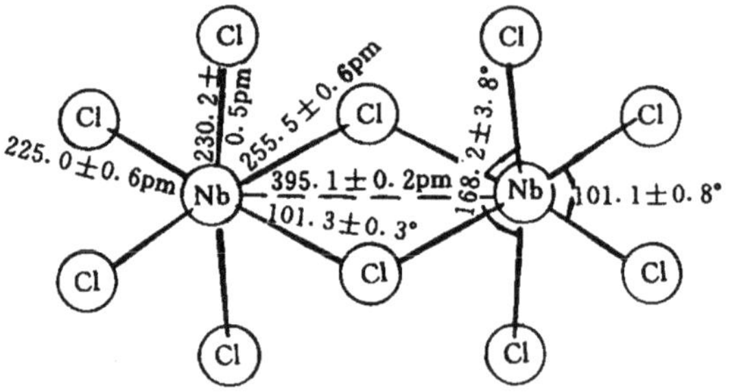

图 24.58 Nb_2Cl_{10}的结构

$NbCl_5$ 能很好地溶于 S_2Cl_2，CCl_4，$CHCl_3$，无水乙醇和乙醚中，若将 $NbCl_5$ 的 S_2Cl_2 或 CCl_4 溶液冷却，则 $NbCl_5$ 可以重新结晶析出。

$TaCl_5$ 将粉末状或块状的金属钽加热到 300—350℃，使之与氯反应，可以得到 $TaCl_5$。也可以用干燥的氯化氢与金属在 350—410℃下反应。生成 $TaCl_5$。在较高的温度下，会生成一些 $TaCl_3$。将 Ta_2O_5 与碳的混合物在 700—800℃直接氯化，也可以得到 $TaCl_5$。若没有碳存在，即使 1200℃下 Ta_2O_5 也不被氯化。Ta_2O_5 与 $TaCl_5$ 在 600℃反应，生成 $TaOCl_3$：

$$Ta_2O_5 + 3TaCl_5 \rightleftharpoons 5TaOCl_3$$

在不同温度下，上述反应达到平衡时 $TaCl_5$ 和 $TaOCl_3$ 的蒸气压列于表 24.55 中。

表 24.55 反应达平衡的 $TaCl_5$ 和 $TaOCl_3$ 的蒸气压

温度(℃)	蒸气压(Pa)	
	$TaCl_5$	$TaOCl_3$
593	31232	6332
621	30739	8998
665	28526	15569
695	26353	21128
720	24501	25833
740	22874	29838
753	21248	33365

纯 $TaCl_5$ 为白色，不纯物则为黄色。用真空升华的方法得到针状的 $TaCl_5$ 晶体，在气态时，$TaCl_5$ 以单分子存在，在 CCl_4 和 $MeNO_2$ 中，则以二聚体，在晶体上也发现有双聚分子结构，$NbCl_5$ 与 $TaCl_5$ 可以形成连续固溶体(图 24.59)。$TaCl_5$ 的挥发性比 $NbCl_5$ 大。在液态时的差别是足够大的，以致可以通过分馏来将它们分离。

$TaCl_5$ 易水解，在潮湿空气中冒烟。$TaCl_5$ 比 $NbCl_5$ 更难还原。在 400—450℃时，$TaCl_5$ 不被 H_2 还原。和五氟化物不同，五氯化物在熔融状态时不导电。无论是 $NbCl_5$ 或 $TaCl_5$，在高温下均不稳定。在真空中加热到 600℃以上，它们分解，生成金属铌和钽。

$NbOCl_3$　将 $NbCl_5$ 蒸气与空气或氮-氧混合气体在 300℃下进行反应，或者将纯的氧气通过被加热到 150℃ 的分散在玻璃棉上的 $NbCl_5$，可以得到 $NbOCl_3$。$NbOCl_3$ 与 $NbCl_5$ 可以在真空中加热到 200℃经升华而有效地分离。在高温下，

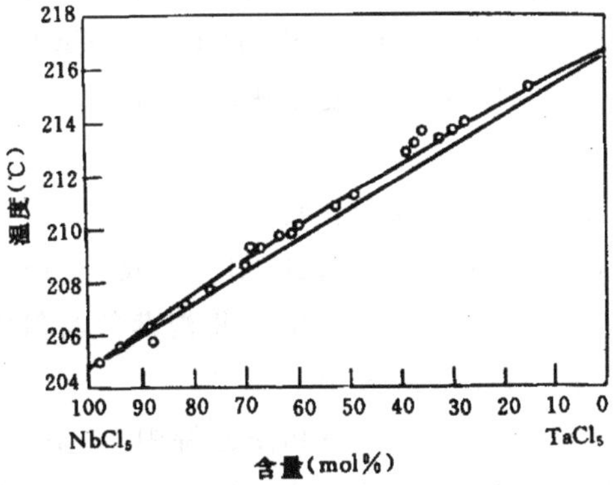

图 24.59　$TaCl_5$-$NbCl_5$ 系状态图

$NbOCl_3$ 按下式分解：

$$2NbOCl_3 = NbO_2Cl + NbCl_5$$

$$5NbOCl_3 = NbCl_5 + 2Nb_2O_5$$

此外，还可能生成一个中间产物：

$$7NbOCl_3 = Nb_3O_7Cl + 4NbCl_5$$

$NbOCl_3$ 是无色的结晶。在气态时以单分子存在，在固态时是二聚体(图 24.60)。

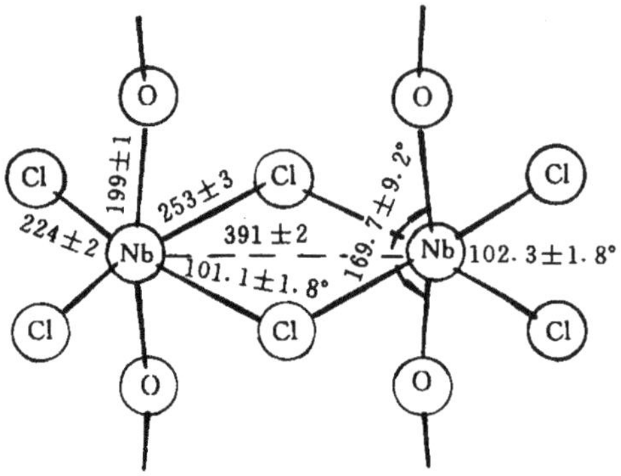

图 24.60　$NbOCl_3$ 的结构

Nb_3O_7Cl　将无水 Nb_2O_5 与过量的 $NbOCl_3$ 在一根封闭的石英管中加热到 600℃，可以得到 Nb_2O_7Cl，利用下列热迁移反应，温度为 610—580℃，可以得到 Nb_2O_7Cl 的单晶。当有微量的氧或氯气存在时，得到的产物是无色的。当无氧化剂存在时，它是蓝色的。Nb_3O_7Cl 在空气中是稳定的，不被水分解。当将 Nb_3O_7Cl 在空气中或在真空中加热，它会转化为 $NbOCl_3$。

$TaOCl_3$　在真空中于 65℃加热 $TaCl_5 \cdot Et_2O$，经 5h，可以得到 $FaOCl_3$。在氯气氛中，于 180—250℃使过量的 $TaCl_5$ 与 Sb_2O_3 按下式反应：

$$3TaCl_5 + Sb_2O_3 \longrightarrow 3TaOCl_3 + 2SbCl_3$$

也可以得到 $TaOCl_3$。加热 $TaOCl_3$ 它便分解，在 300℃，产物为 TaO_2Cl，在 546℃则生成 $TaCl_5$ 和 Ta_2O_5。

3. 铌(V)和钽(V)的溴化物及溴氧化物

将溴蒸气与氮或 CO_2 的混合物通入到 Nb_2O_5 或 Ta_2O_5 与碳的混合物中，加热使之反应，可以分别得到 $NbBr_5$ 或 $TaBr_5$。将溴蒸气与氩气或氮气的混合物与金属铌在 500℃下反应，也可以得到 $NbBr_5$。

$NbBr_5$ 是红色粉末。可溶于水、乙醇和溴乙烷中。$TaBr_5$ 是橙黄色的晶体，能溶于水并被水解。它能溶于甲醇、乙醇、溴乙烷和 CCl_4。能溶于苯胺、乙腈、乙酰胺和液氨并发生反应，在真空中蒸发时 $TaBr_5$ 不分解。它的熔块是非导体。

将 $NbBr_5$ 与乙醚的 1∶1 加合物在真空中加热到 112℃ 经 6h，可以得到 $NbOBr_3$。将 CBr_4 蒸气与无水 Nb_2O_5 在 200℃反应，也可以得到 $NbOBr_3$。$NbOBr_3$ 是黄色的结晶，在空气中冒烟。加热到 310℃或在真空中加热到 320℃，它仍保持稳定。进一步加热它会分解。

在真空中于 74℃下使 $TaBr_5Et_2O$ 热分解，或在 200℃使氧通过 $TaBr_5$，都可以得到 $TaOBr_3$。$TaOBr_3$ 是淡黄色晶状固体，在潮湿空气中冒烟。在真空中加热至 100℃便会显著分解。

4. 铌(V)和钽(V)的碘化物及碘氧化物

将金属铌或钽在 250℃与碘蒸气反应，或者无水碘化氢与 $NbBr_5$ 或 $TaBr_5$ 反应，可以得到 NbI_5 或 TaI_5。TaI_5 是黑色晶体，其结构如图 24.61 所示，它能升华而不分解。但 NbI_5 很不稳定。在真空中加热到 200℃便开始分解，在 270℃便完全转化为 NbI_4。因此，在制备 NbI_5 时必需要有过量碘存在。在铌、钽的五卤化物中，NbI_5 和 TaI_5 对空气最敏感，在湿潮的空气中很易水解，释放出碘化氢。

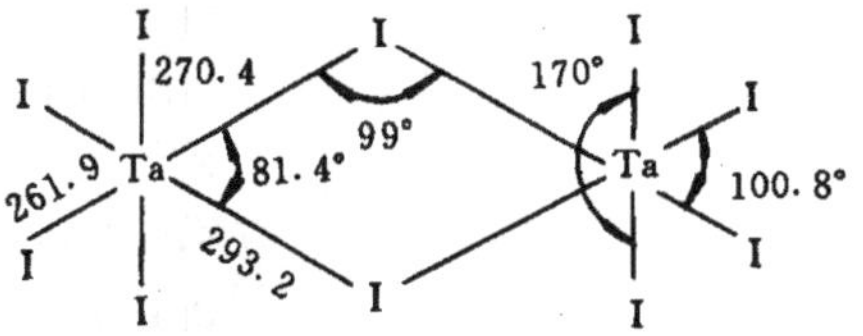

图 24.61 五碘化钽的结构

将金属铌与碘和 Nb_2O_5 置于一根封闭的 20cm 长的管子中，控制一定的温度梯度，反应生成 $NbOI_3$：

$$3Nb + 7.5I_2 + Nb_2O_5 \longrightarrow 5NbOI_3$$

碘和 Nb_2O_5 要过量，控制反应管一端的温度为 400℃，另一端为 275℃。经过 2d 后，在低温端收集到黑色的长达 8mm 的针状产物。$NbOI_3$ 在氩气氛中加热时，按下式分解：

$$2NbOI_{3(s)} \longrightarrow 2NbOI_{2(s)} + I_{2(g)}$$

$NbOI_3$ 可以在一根封闭的管子中升华。然后，在 400—275℃时，由于 $NbOI_3$ 少量离解所析出的碘抑制了其余 $NbOI_3$ 进一步离解。

用类似制备 $NbOI_3$ 的方法，控制反应物的比例，可以得到 NbO_2I。在碘蒸气中，维持一定的 NbI_5 压力，控制一定的温度梯度，这个化合物可以进行热迁移反应：

$$NbO2I_{(s)} + NbI_{5(g)} \longrightarrow 2NbOI_{3(g)}$$

和 $NbOI_3$ 比较，NbO_2I 在空气中是稳定的，它也不受冷的矿物酸的侵蚀。

5. 五卤化铌和五卤化钽的加合物[13]

铌和钽的五卤化物与各类配体形成稳定的 1∶1 和 1∶2 的简单加合物。它们的一些例子列于表 24.56。

$NbCl_5$ 和 $TaCl_5$ 与配体 Et_2O,Et_2S,MeCN,$POCl_3$,TBP,TPPO 和 HMPA 等可发生加合作用。有关反应的生成热 ΔH° 如图 24.62 和图 24.63 所示。

表 24.56 铌和钽的五卤化物的 1∶1 加合物

配位体	$MX_5\cdot L$ 中的 X(M=Nb 和 Ta)
$(CH_3)_2O$	F,Cl 和 Br(F[a])
$(C_2H_5)_2O$	F,Cl 和 Br
$(CH_3)_2S$	F,Cl 和 Br
$(C_2H_5)_2S$	F,Cl 和 Br
R_3PO[R=Ph 和 $N(CH_3)_2$]	Cl 和 Br
$(C_6H_5)_3PS$	Cl 和 Br
$(C_6H_5)_3PSe$	Cl 和 Br
C_4H_8S	F[a],Cl[a] 和 Br[a]
C_4H_8OS	Cl
C_4H_8OSe	Cl
RCN(R=CH_3,C_2H_5 和 n-C_3H_7	Cl,Br 和 I
$NH(C_2H_5)_2$	F
$N(C_2H_5)_3$	F,Cl 和 Br
Diarsine	Cl 和 Br
BrF_3	F
XeF_2	F[a),b)]
SeF_4	F
PCl_5	Cl
MCl_4(M=S,Se 和 Te)	Cl
$POCl_3$	Cl
$(C_6H_5)_3X$(X=N,P,As,Sb 和 Bi)	Cl[c](M=Nb)

a)在某些条件下也生成 1∶2 配合物。

b)2∶1 配合物也是已知的。

c)已知也有 $2NbCl_5\cdot(C_2H_5)X$ 型配合物。

五氯化物和五溴化物与乙醚的加合物是热不稳定的。在真空中或在空气中加热到 100℃以上,它们便分解,生成三氯氧化物或三溴氧化物和卤代烷。而相似的五氟化物加合物则能升华而不分解。MCl_5Et_2S 比 $MCl_5\cdot Et_2O$ 稳定。$MCl_5\cdot Et_2O$ 中的 Et_2O 能被 Et_2S 迅速取代,生成 $MCl_5Et_2\cdot S$。甚至在含有 Et_2S(10%)的 Et_2S 和 Et_2O 的混合气体中,$NbCl_5$ 也会选择性地吸附 Et_2S 而生成 $NbCl_5\cdot Et_2S$。对 Et_2O 和 Et_2S 与五氯化物所生成的加合物来说,金属—硫键的强度相对地比金属—氧键的大。这可能是由于硫原子比氧原子的极化度大,含硫的配体其

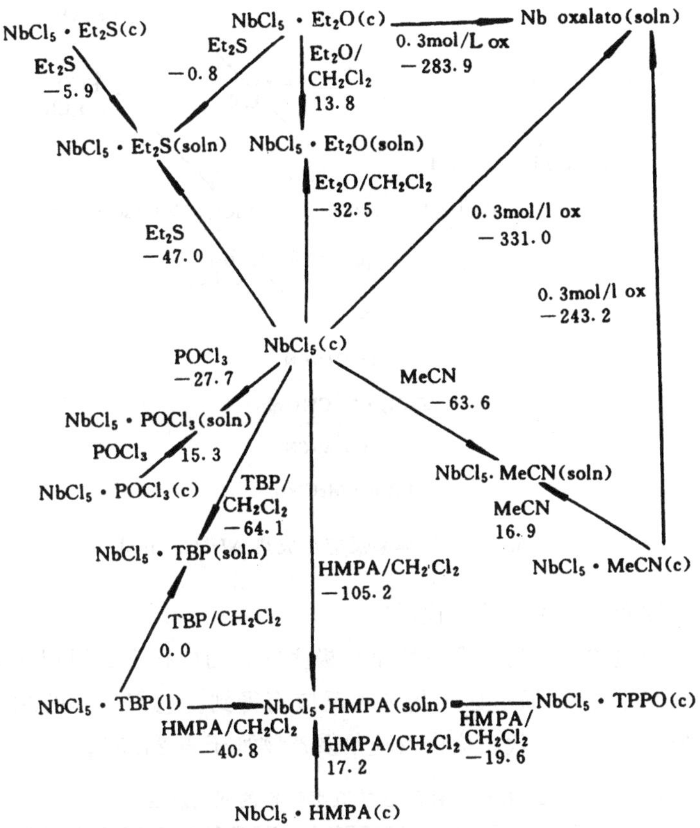

图 24.62 $NbCl_5$ 体系反应生成热 ΔH°(kJ/mol)

偶极矩较大,在加合物 $MCl_5 \cdot C_4H_8OS$ 中也发现有类似的效应。红外光谱和核磁共振光谱的研究表明,这个化合物是通过硫原子成键的。

$NbBr_5$ 和 $TaBr_5$ 与硫醚,噻噁烷,四氢硫代苯,三甲胺,吡啶等形成 1∶2 加合物,当五氯化物与等摩的 $(C_6H_5)_3PO$ 作用,虽然可以得到 1∶1 加合物,但在室温下,五氯化物与过量的配体反应,却生成 $MOCl_3 \cdot 2(C_6H_5)_3PO$ 型的配合物。相似地,当配体 $(CH_3)_2SO$ 和 Ph_2SO 过量时,钽生成的配合物为 $Ta_2O_5Br \cdot 3(CH_3)_2SO$ 和 $TaO_2Br \cdot 2Ph_2SO$。

在室温下,五氯化铌与吡啶反应,得到 $NbCl_5 \cdot py$ 和 $NbCl_4 \cdot 2py$ 的混合物,而且后者占优势。对于 $TaCl_5$,则只生成 $TaCl_5 \cdot py$。但在 50℃或者将反应物置于封闭的管子中在室温下保持一个较长的时间(1—5 周),则 $NbCl_5$ 和 $TaCl_5$ 都会被吡啶定量地还原。产物为 $MCl_4 \cdot 2py$。当使用二齿配位体如联吡啶或邻二氮菲时,则还原作用较易进行。产物为 $MCl_4 \cdot B$(B=bipy 或 phen)。

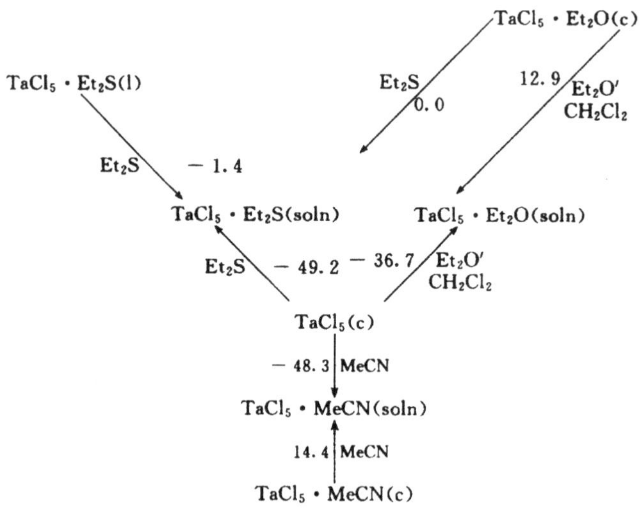

图 24.63 $TaCl_5$ 体系反应生成热 ΔH°(kJ/mol)

6. 五卤化铌和五卤化钽的取代反应

已知的铌和钽的五价的配合物数量是极多的。当中很多都可以用五氯化物或氯氧化物作为起始物质，通过卤素的消去反应而得到。它们之间的相互转化关系如图 24.64 所示。一些取代反应的反应物及产物列于表 24.57。

表 24.57 铌和钽的五卤化物的取代反应

反 应 物	产 物
$NbCl_5$，NaC_5H_5	$(C_5H_5)_2NbCl_3$ 和 $(C_5H_5)_3NbCl_2$
$TaCl_5$，$NaC_5H_5+NaBH_4$ 在 THF 中	$(C_5H_5)_2TaH_3$
MBr_5，NaC_5H_5 在 THF 中	$(C_5H_5)2MBr_3$
MCl_5，NaC_5H_5 过量，在苯中	$M(C_5H_5)_4$
MCl_5，$Zn(CH_3)_2$	$(CH_3)_3MCl_2$
$NbCl_5$，$LiAlH_4$	$Nb(AlH_4)_x$，$x=2.5$—3.5
MCl_5，$LiNR_2$($R=CH_3$ 和 C_2H_5)	$M(NR_2)_5$ 或 $NbN(C_2H_5)_4$
$NbCl_5$，$LiNR_2$($R=n\text{-}C_3H_7$，$n\text{-}C_4H_9$)	$Nb(NR_2)_4$
MCl_5，acac，ROH($R=CH_3$ 或 C_2H_5)	MCl_2 · acac$(OR)_2$
MCl_5，ROH($R=C_6H_6$ 和 $C_{10}H_7$)	$M(OR)_5$，$M(OC_6H_5)_4Cl$ 或 $M(OC_6H_5)_3Cl_2$ 依赖于反应条件
MCl_5，$ROH+NH_3$(气)($R=CH_3$，C_2H_5，$n\text{-}C_3H_7$ 等)	$M(OR)_5$
MCl_5，水杨酸	$M_2(OC_6H_4COO)_5$ 或 M_2Cl_4 · $(OC_6H_4COO)_3$ 依赖于反应条件
MCl_5，NH_4Cl	$MNCl_2$
MCl_5，NH_3	$M(NH_2)_2Cl_3$ · $7NH_3$

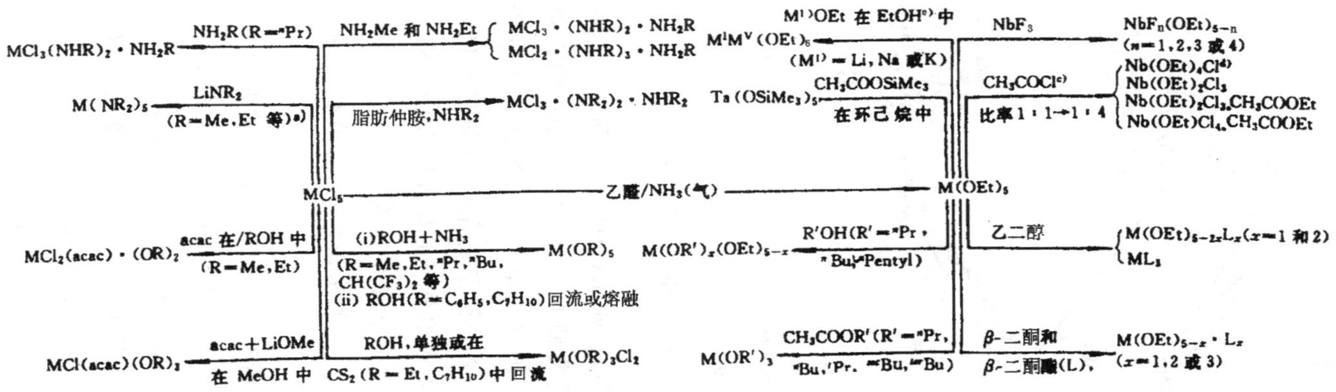

图 24.64　一些铌和钽配合物制备示意图

a)用长链酰胺时,会还原为铌(Ⅳ)配合物.

b)用 $Ta(OEt)_5$ 时,除 Bu 外,其余均生成混合配合物[$Ta(OEt)(OR')_4$].

c)用 CH_3COBr 也有类似的反应,并且也与其他 $M(OR)_5$ 反应.

d)用 $Nb(OEt)_5$ 与干燥 HCl 气体反应也可得到此产物.

e)此为一般反应.

有关的 $TaCl_5$ 与配体的反应如图 24.65。

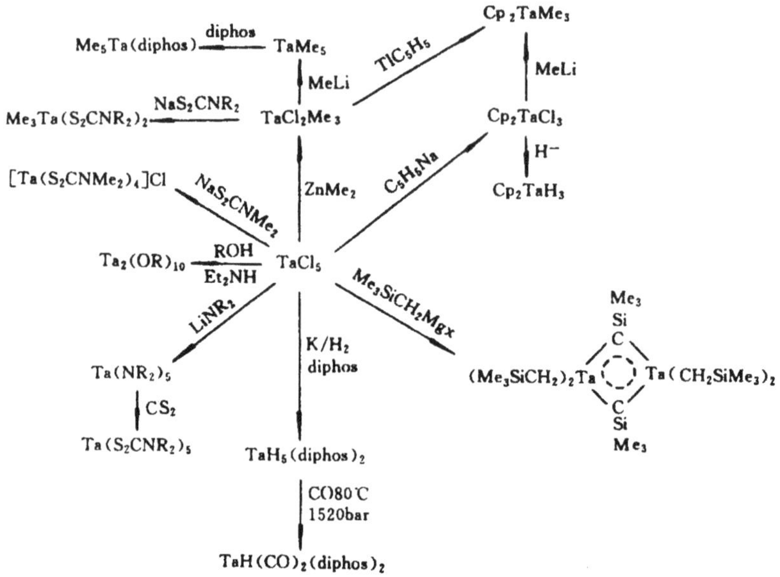

图 24.65　五氯化钽的一些反应

$NbCl_5$ 和 $TaCl_5$ 与液氨作用，生成 $MCl_3(NH_2)_2 \cdot 7NH_3$。这种溶剂分解反应对五氯化物与伯胺的反应来说也是典型的。当与较高级的伯胺，例如正丙胺反应时，产物为 $MX_3(NHR)_2 \cdot NH_2R$。但当与甲胺或乙胺反应时，则有三个金属—氯键被溶剂分解。其中第一个和第二个进行得较容易，而第三个则较慢。脂肪族仲胺与五氯化物也发生类似的反应，生成单分子的化合物 $MCl_3(NR_2)_2 \cdot NHR_2$。当与叔胺例如三甲胺反应时，产物中含有简单的加合物 $NbCl_5 \cdot 2NMe_3$。随着氯原子的消去，最终生成 $NbCl_4 \cdot NMe_2$。一般来说，与伯胺或仲胺的取代反应没有与醇的取代反应那么快。

当五氯化物与 $LiNR_2$ 反应，则所有的氯原子都可以被取代，对于 $TaCl_5$，其反应产物为 $Ta(NR_2)_5$。$Ta(NR_2)_5$ 较 $Nb(NR_2)_5$ 稳定，这两个化合物与 CS_2 和 CO_2 可以发生插入反应，生成八配位的配合物 $Ta(S_2CNMe_2)_5$ 和 $Nb(O_2CNMe_2)_5$。

$NbCl_5$ 与 5,10,15,20-四苯器（$TPPH_2$）反应，产物经水解处理，结果得到 $[\{Nb(TPP)\}_2O_3]$，如图 24.66 所示，在乙酸中可以结晶出 $[\{Nb(TPP)\}(O)(O_2CMe)] \cdot CH_3COOH$（图 24.67）。与 Nb 螯合的 $[MeCO_2]^-$ 阴离子在 TPP 环的一边，环的另一边有一个端基键合氧原子。

在 $POCl_3$ 溶液中，五氯化铌和五氯化钽与 Cl_2O 作用，其中只离析出一种含钽的化合物 $[TaCl_2O(O_2PCl_2)]$，而对于铌，却可以生成下列化合物：$[NbCl_3O$

$(OPCl_3)]$，$[NbCl_2O(O_2PCl_2)(OPCl_3)]$ 和 $[NbCl(O_2PCl_2)_2]$。已经测定了 $[NbCl_3O(OPCl_3)]$ 的结构（见图 24.68）。作为一个四聚体，它由桥氧原子与四个铌原子连接起来，形成接近于正方形的排列，$[Nb—\hat{O}—Nb=178.0(3)^\circ, 172.1(4)^\circ; O—\hat{Nb}—O=94.7(2)^\circ, 92.9(2)^\circ]$。每一个铌原子与两个桥氧原子和三个氯原子成键。$r(Nb—Cl)=229.5(3)$ 到 233.8(3) pm。此外，还与一个 PCl_3O 分子的氧原子成键$[(r(Nb—O)=220.4(6), 224.0(6)$ pm$]$。桥氧原子与两个铌原子之间形成一个不对称的 Nb—O—Nb 桥。

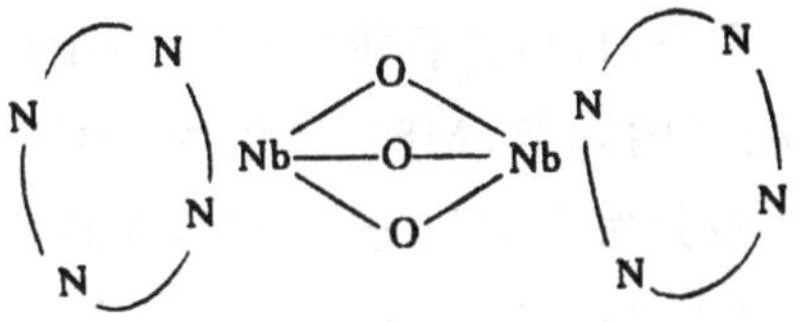

图 24.66 $[\{Nb(TPP)\}_2O_3]$结构

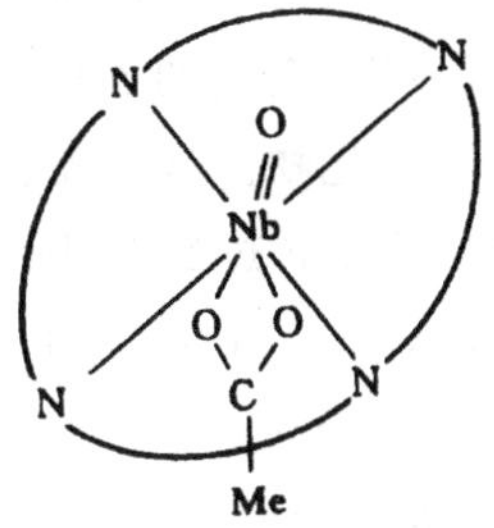

图 24.67 $[\{Nb(TPP)\}(O)(O_2CMe)]$结构

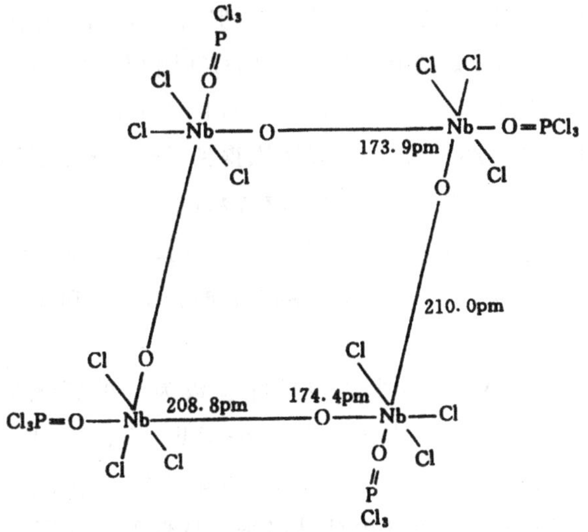

图 24.68 $[NbCl_3O(OPCl_3)]$的结构

将 NH_4Br 与 $TaBr_5$ 放在一个封闭的玻璃安瓿瓶中，加热到 400℃，得到 $(NH_4)_3Ta_2NBr_{10}$。阴离子 $[Ta_2NBr_{10}]^{3-}$ 具有 D_{4h} 对称，Ta—N 距离为 184.9(2) pm，因而，Ta=N=Ta 部分存在于阴离子，显然，在 Ta—N 反位位置上的 Ta—Br

键的距离 273.8(6)pm 较顺位位置上的 Ta—Br 距离 251.4(3)pm 长。

在 CH_2Cl_2 溶液中，叠氮化物 $NbCl_4N_3$ 与 PPh_3 反应，离析出黄色的 $Nb(NPPh_3)Cl_4$。在晶体中存在的是二聚体。

3.4.5 铌(V)和钽(V)的卤配合物[14]

1. 氟配合物

铌(V)和钽(V)与氟形成稳定性高的氟配合物和氧氟配合物。这些配合物可以在水溶液中生成，也可以在熔盐体系中生成。其配位数可高达 8，通常是 7 和 6。

将金属铌或钽，它们的五氧化物或水合五氧化物溶于氢氟酸中，可以得到铌(V)和钽(V)的氟化物。这些配合物的组成与溶液中 F^- 离子浓度和酸度有关。

在溶液中，当 HF 过量时，则生成 H_2NbF_7 和 H_2TaF_7。若酸量不足，则配位离子 MF_7^{2-} 转化为 MF_6^-（M＝Nb，Ta）。随着酸度的降低，MF_6^- 水解为 MOF_5^{2-}，MOF_4^-，MOF_6^{3-} 或 $MO_2F_5^{4-}$。由拉曼光谱和核磁共振光谱的研究指出，在特定的溶液中，主要的物种为：$NbOF_5^{2-}$（0%—35% HF），NbF_6^-（25%—50% HF），TaF_6^-(24mol/L HF，无 TaF_7^{2-})，TaF_7^{2-}(5—2mol/L NH_4F，无 TaF_6^-)以及 TaF_6^- ＋TaF_7^-(3.1→11.0mol/L HF)。此外，20℃时，从 NbF_5-HF-H_2O 体系中可以得到 $HNb_2F_{11}\cdot 4H_2O$ 或 $HNbF_6\cdot H_2O$ 结晶。但溶液中 HF 的含量百分数应超过 41.8%，如在 41.8%以下，则得到 $Nb_2O_5\cdot 2H_2O$ 固相。在 20℃时，从 TaF_5-HF-H_2O 体系中可以得到 $HTa_2F_{11}\cdot 4.5H_2O$ 或 $HTaF_6\cdot 1.5H_2O$ 结晶。溶液中 HF 的重量百分数应超过 30.28%，在此值以下则得到 $Ta_2O_5\cdot 1.4H_2O$。

配离子 TaF_6^-，TaF_7^{2-} 和 TaF_8^{3-} 的生成常数(25°)依次为 4.6×10^3，1.2×10^3 和 4.5。在正常情况下，NbF_6^- 是在溶液中形成的最高配位数的铌(V)的氟配离子。直到 HF 浓度分别为 12mol/L 和 24mol/L 时，NbF_7^{2-} 和 TaF_8^{3-} 阴离子仍未被拉曼光谱检出。

但是，铌(V)和钽(V)可以生成包括配位数为 8 的氟铌酸盐和氟钽酸盐：$KTaF_6$，K_2TaF_7，K_3TaF_8 和 K_2NbF_7。在 CsF-NbF_5 熔盐体系中，甚至还可以生成 Cs_3NbF_8，配离子 TaF_8^{3-} 像 NbF_7^{2-} 一样，可以靠晶格能来稳定。含有 NbF_7^{2-} 离子的盐能在很高 F^- 离子浓度的溶液中结晶出来。从低酸度和高 F^- 浓度的溶液中，$NbOF_6^{3-}$ 离子的盐也能被分离出来。而在 HF 浓度为 70%的溶液中，K_2NbF_7 水解生成 $KNbOF_5$：

$$K_2NbF_7 + H_2O \rightarrow K_2NbOF_5 + 2HF$$

在适当的条件下。可自氢氟酸水溶液中得到 K_3NbOF_6，$K_3NbOF_6\cdot H_2O$，$K_2NbOF_5\cdot H_2O$ 和 $K_2NbOF_5\cdot KHF_2$。而自水溶液中制备相应的氧氟钽酸盐则

较为困难。

$M^I_3M^VF_8$ 型(M^I=Na,K 和 NH_4),$M^IM^VF_7$ 型(M^I=Na,K 和 NH_4)以及 $M^IM^VF_6$ 型(M^I=Li,Na,K,Rb,Cs,NH_4 和 Ag)的盐可以通过在高温下由相应组分的氟化物直接反应,或在氢氟酸水溶液中,或在 BrF_3 中反应而得到。最后一种方法特别适用于制备六氟酸盐。若干这类盐的晶体的性质列于表 24.58。

表 24.58 一些铌(V)和钽(V)氟配合物和氧氟配合晶体的性质

化合物	对称性	空间群和构型	晶格参数					参考文献
			a_0(pm)	b_0(pm)	c_0(pm)	α(°)	β(°)	
Na_3TaF_8	单斜	$C^6_{2h}-C2/c$	1152	538	1121	—	120.9	a)
K_2NbF_7	单斜	$C^5_{2h}-P2_1/c$	585	1267	580	—	90.0	b),c)
$LiNbF_6$	菱形	$LiSbF_6$	547	—	—	58.09	—	d)
$NaNbF_6$	立方	$NaSbF_6$	828	—	—	—	—	d)
$KNbF_6$	四方	$D^6_{2d}-P\bar{4}c2$	518	—	1005	—	—	e)
$AgNbF_6$	四方	$KNbF_6$	496.8	—	955.1	—	—	d)
$TlNbF_6$	菱形	$KOsF_6$	514.2	—	—	96.37	—	d)
$RbNbF_6$	菱形	$KOsF_6$	514	—	—	96.4	—	d)
NH_4NbF_6	菱形	$KOsF_6$	519	—	—	96.1	—	e)
$CsNbF_6$	菱形	$KOsF_6$	532	—	—	95.8	—	d)
$NONbF_6$	立方	—	1022	—	—	—	—	f)
K_3NbOF_6	立方	O^5_h-Fm3m	888	—	—	—	—	g)
$(NH_4)_3 \cdot NbOF_6$	立方	O^5_h-Fm3m	931	—	—	—	—	g)
K_2NbOF_5	四方	$D^{17}_{4h}-P4/mmm$	612	—	898	—	—	g)
$NaNbO_2F_2$	单斜	$C^5_{2h}-P2_1/c$	806.3	540.5	762.6	—	—	h)
						—	101.7	o)
KNb_2O_3F	四方	$D^5_{4h}-P4/mbm$	1263.2	—	395.0	—	—	i)
$NaNb_2O_5F$	四方	$D^5_{4h}-P4/mbm$	1235.5	—	394.3	—	—	m)
K_2NbO_3F	四方	K_2NiF_6	395.6	—	1367.0	—	—	j)
$Na_2Nb_2O_5F_2$	单斜	$C^6_{2h}-C2/c$ 或 C^4_5-Cc	1291	745	1824	—	90	m)
$LiNb_6O_{15}F$	斜方	$D^{16}_{2h}-Pnma$	1664	396	889	—	—	k)
$NaNb_6O_{15}F$	斜方	$C^{14}_{2v}-Amm2$	394.9	1019.2	1472.1	—	—	l)
$MONb_{15} \cdot O_{40}F$	单斜	C^3_2-C2	2229	383.1	2027	—	114	n)

a) J. L. Hoard, W. J. Martin, M. E. Smith and J. F. Whitney, *J. Am. Chem. Soc.*, **76**(1954)3820。

b) J. L. Hoard, *J. Am. Chem.*, *Soc.*, **61**(1939)1252。

c) G. M. Brown abd A. L. Walker, *Acta Cryst.*, **20**(1966)220。

d) R. D. W. Kemmitt, D. R. Russell and D. W. A. Sharp, *J. Chem Soc.*, (1963)4408。

e) H. Bode and H. von Dohren, *Acta Cryst.*, **11**(1058)80。

f) N. K. Jha, Ph. D. Thesis, University of British Columbia(1965)。

g) A. E. Baker and H. M. Haendler, *lnorg. Chem.*, **1**(1962)127。

h) Z. G. Pinsker. *Soviet Physics－Crystallography*, **11**(1967)634。

i) A. Magneli and S. Nord, *Acta Cgem. Scand.*, **19**(1965)1510。

i) F. Gdssso and W. Darby, *J. Pkys. Chem.*, **66**(1962)1318。

k) M. Lundberg, *Acta Chem. Scand.*, **19**(1965)2274。

l) S. Andersson, *Acta Chem. Stand.*, **19**(1965)2285。

m) S. Andersson, *Acta Chem. Scabd.*, **21**(1967)1777。

n) J. Galy and S. Andersson, *Acta Cryst.*, **24B**(1968)1027。

o) S. Andersson and J. Gaiy, *Acta Cryst.*, **25B**(1969)847。

K_2NbF_7 的配位多面体的结构如图 24.69 所示。在潮湿空气中加热时，它会慢慢分解为 $K_2NbOF_5 \cdot H_2O$。当加热超过 100℃，它分解为 K_2NhOF_5。K_2NbF_7 可溶于水和稀氢氟酸溶液中，但水解为 K_2NbOF_5。K_2TaF_7 在干燥的空气中稳定。在 770℃熔化。在 740℃出现多晶型转变。K_2TaF_7 能溶于水而不分解。但在煮沸时却水解为不溶物 $K_4Ta_4F_{14}O_5$(即 $4KF \cdot Ta_2O_5 \cdot 2TaF_5$)。当增高溶液中 HF 浓度时，它又重新溶解。$K_2NbOF_5$ 和 K_2TaF_7 在 HF 酸中的溶解度如图 24.70 所示。由图可见，氟铌酸钾与氟钽酸钾的溶解度有较大的差别。特别是在 HF 浓度为 5%—7%时，可利用这种差别进行分级结晶，以达到铌、钽分离的目的。这种差别还可以通过加入 KF 而进一步扩大(图 24.71 和图 24.72)。

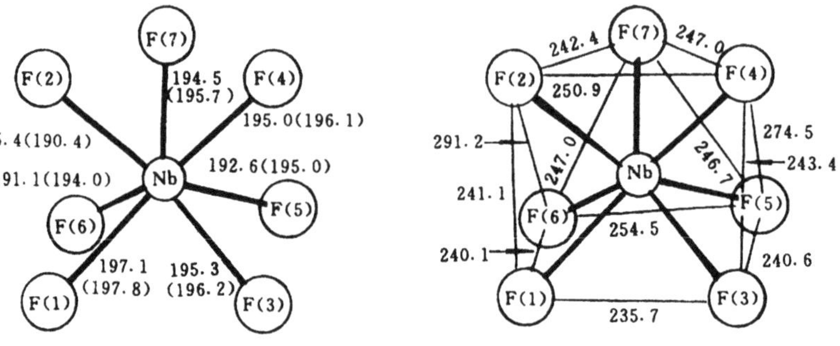

图 24.69　K_2NhF_7 的结构

K_2NbOF_5 是片状结晶，红外光谱研究指出，在 $NbOF_5^{2-}$ 离子中，有 Nb＝O 键存在。铌—氧键长为 168pm($\nu_{Nd=O}$ 在 $926cm^{-1}$)。铌-氟距离 Nb－F 为 206pm，$Nb-4F_2$ 为 184pm。如果将 $K_2NbOF_5 \cdot H_2O$ 加热至 100℃，它脱水而成为无水盐。若继续加热，其组成不变。$K_2NbOF_5 \cdot H_2O$ 能很好地溶于水和稀氢氟酸中，若将 K_2NbOF_5 的水溶液煮沸，它水解生成白色的晶状物 $Nb_3O_5F_5$。若在 K_2NbOF_5 溶液中加入过量的 KF(K_2NbOF_5 ∶ KF ＝ 4 ∶ 3)，则可获得 K_3NbOF_6 盐。

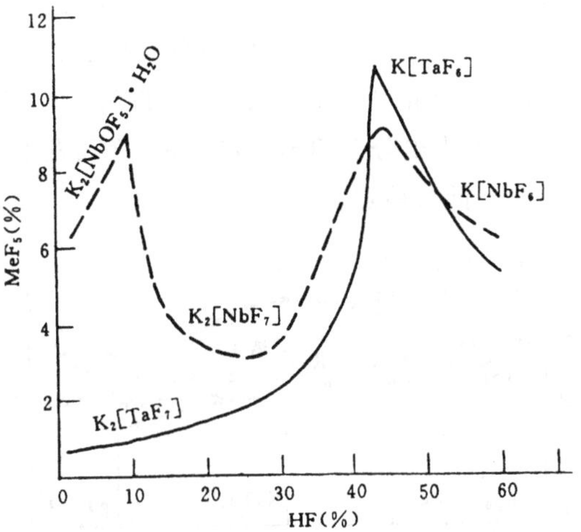

图 24.70 K_2NbOF_5 和 K_2TaF_7 在 HF 溶液中的溶解度

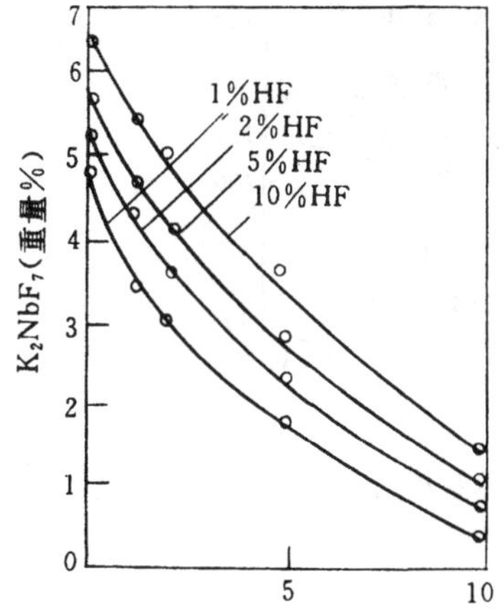

图 24.71 在 25℃时 KF 浓度对 K_2NbF_7 在氢氟酸溶液中溶解度的影响

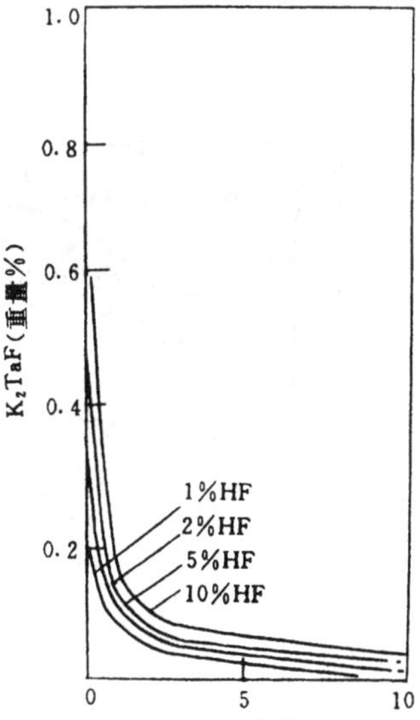

图 24.72 25℃时 KF 浓度对 K_2TaF_7 在氢氟酸中溶解度的影响

对 KF-NbF_5，KF-TaF_5，K_2TaF_7-Ta_2O_5，K_2TaF_7-KF，K_2TaF_7-NaCl，KF-NaF-NbF_5 等一系列的熔盐体系进行了广泛的研究，在 K_2TaF_7-Ta_2O_5 体系中，形成化合物 $Ta_2O_5 \cdot 2K_2TaF_7$，而化合物 $TaO_5 \cdot 2K_2TaF_7$ 与 K_2TaF_7 之间又形成低共熔

点。在 K_2TaF_7-KCl 和 K_2TaF_7-KF 体系中，相应形成化合物 $K_2TaF_7 \cdot KCl$ 和 $K_2TaF_7 \cdot KF$(见图 24.73 和图 24.74)。它们的熔点都是 776℃。相对应这两个化合物的结构可能是配位数为 8 的 K_3TaF_7Cl 和 K_3TaF_8。K_2TaF_7-NaCl 体系被认为是一个不稳定的体系。因为组分 K_2TaF_7 和 NaCl 之间发生交互反应，析出交互产物 NaF，体系形成了两个低共熔点。

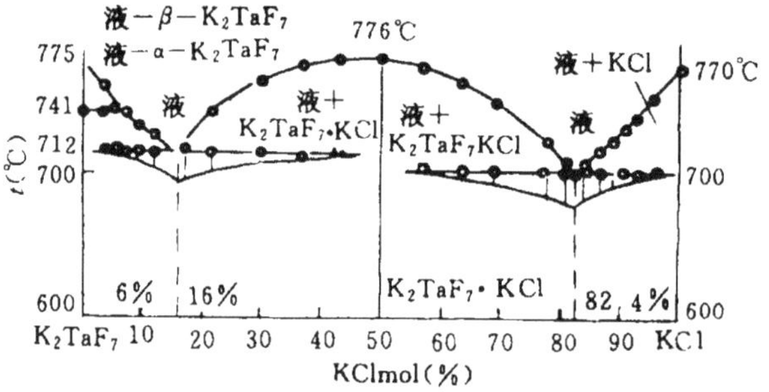

图 24.73　K_2TaF_7-KCl 体系相图

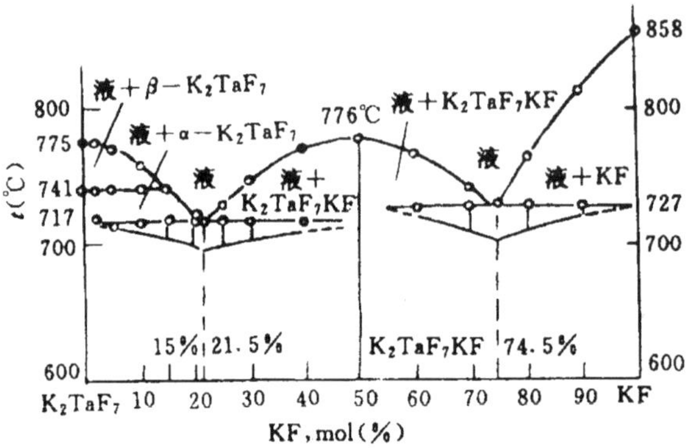

图 24.74　K_2TaF_7-KF 体系相图

2. 氯配合物

在非水溶液中，例如在亚硫酰二氯，一氯化碘，或者在高温下使铌和钽的五氯化物与相应的氯化物反应。可以得到 $M^IM^VCl_6$ 型(M^I = 碱金属，NEt_4，NMe_4，Ph_4As 等)的无水六氯合铌(V)酸盐和六氯合钽(V)酸盐。

虽然铌(V)和钽(V)的氯化物不与一价阳离子形成八配位的铌(钽)酸盐。但 $M^{II}M^VCl_7$ 型(M^{II}=Ba，Sr，Ca 和 Pb)以及 $GaM^V \cdot Cl_8$ 型(M=Nb，Ta)的铌(钽)酸盐却可以在高温下由相应的氯化物直接合成。当用乙腈或亚硫酰二溴为溶剂，合成了 $M^{II}M^VBr_6$ 型(M^{II}=NEt_4 和 NMe_4)的六溴合铌(钽)酸盐。用氯仿-乙腈混合溶剂，合成了 NEt_4NbI_6 和 NEt_4TaI_6。此外，也合成了具有混合配体的六卤合铌(钽)酸盐如 NEt_4MX_5Y(X=Cl 或 Br；Y=Cl，Br 或 I)。

在盐酸水溶液中或在氢溴酸水溶液中可以得到 $M^I_2NbOX_5$(X=Cl 或 Br；M^I=K，Rb，Cs，吡啶阳离子等)。而在水溶液中却未能得到相应的钽的配合物。当用化学计量的 Ta_2O_3 与六氯合钽(V)酸盐在氯气气氛或者在真空中一起加热，可以得到 M^ITaOCl_5 和 M^ITaOCl_4(M^I=碱金属)。而铌(V)的配合物可以用 $NbOCl_3$ 与适当的碱金属卤化物在高温下反应而得到。

氯化亚硝酰与 $NbOCl_3$ 反应，可以得到 $NONbOCl_4$，在盐酸水溶液中也合成了 $(C_5H_5N)NbOCl_4$ 和 $(C_9H_7NH)NbOCl_4$，红外光谱的研究表明，它们含有 Nb—O—Nb—O 键(ν_{Nb-O}在 850 和 800cm^{-1})。六氯合铌(V)酸盐和六氯合钽(V)酸盐是对空气十分敏感的但对热不稳定的固体，有关 $NbCl_5-MCl$ 和 $TaCl_5-MCl$(M=Na，K，Rb，Cs，NH_4^+)体系中形成的一些 $MNbCl_6$ 和 $MTaCl_6$ 类型的复盐的热力学性质列于表 24.59。每一类复盐的热稳定性是依 Na^+，NH_4^+，K^+，Rb^+，Cs^+ 的顺序依次增大。例如 $NaTaCl_6$，NH_4TaCl_6，$KTaCl_6$ 和 $CsTaCl_6$ 的分解温度分别为 370℃，413℃，594℃和 770℃。而对于铌和钽相应的复盐来说，钽复盐的热稳定性比铌复盐的热稳定性大。例如 $NaNbCl_6$ 的分解温度为 287℃，而 $KTaCl_6$ 的分解温度为 562℃。

表 24.59　$M^IM^VCl_6$ 和 $M^IM^VOCl_4$ 的热力学性质

化合物	熔点(℃)	蒸气压(mmHg)	分解温度(℃)	$\Delta H°$分解(kJ/mol)	$\Delta S°$分解(J/K · mol)	温度范围(℃)
$NaNbCl_6$	430[a)]	$\lg p=11.80-5000T^{-1}$	287	95.81	171	150—270
$KNbCl_6$	396	$\lg p=8.15-4400T^{-1}$	562	84.10	100	350—550
NH_4NbCl_6	295	$\lg p=11.77-5090T^{-1}$	300	97.07	170	200—260
$NaTaCl_6$	470	$\lg p=9.15-4030T^{-1}$	370	76.99	120	175—350
$KTaCl_6$	—	$\lg p=8.65-5000T^{-1}$	594	95.81	110	300—700
Cs_5TaCl_6	548	$\lg p=9.72-7350T^{-1}$	770	140.6	135	550—800
NH_4TaCl_6	304	$\lg p=8.38-3774T^{-1}$	413	72.17	105	190—330
$KNbOCl_6$	428	$\lg p=12.1-6530T^{-1}$	436	125.0	177	300—420
$RbNbOCl_4$	402[a)]	$\lg p=11.1-5830T^{-1}$	437	111.6	157	340—450
$CsNbOCl_4$	347[a)]	$\lg p=7.65-3640T^{-1}$	497	69.04	92	370—430
K_2NbOCl_5	500	$\lg p=6.99-4352T^{-1}$	787	83.30	78.7	460—700
$RbNbOCl_5$	570	$\lg p=6.66-4590T^{-1}$	941	87.82	72.4	515—740
Cs_2NbOCl_5	640	$\lg p=7.05-5180T^{-1}$	964	99.12	80.0	600—780

a)化合物熔化并分解。

b)T 为绝对温度。

3. 氰化物和硫氰化物

在汞阴极上还原 $NbCl_5$ 的甲醇溶液，随后加入浓的氰化钾溶液，经浓缩结晶，可以得到橙色的八氰合铌(V)酸钾($K_4[Nb\cdot(CN)_8]\cdot 2H_2O$。在汞阴极上，当进一步还原时，可以得到 $K_3[Nb\cdot(CN)_6]$。

$NbCl_5$ 与氢氰酸的乙醚溶液作用，生成红棕色的$[NbCl_4CN]\cdot Et_2O$。在氢氰酸中得到淡黄色的 $NbCl_5\cdot HCN$。后者与三乙基胺反应，生成红棕色的$[Et_3NH]^+[NbCl_5CN]^-$。在乙醇或硝基苯中，它是一个弱电解质。

$NbBr_5$ 与氢氰酸作用，生成 $NbBr_5\cdot HCN$。若将铌的酒石酸溶液或$K_2[NbOF_5]$加入到20%的碱金属硫氰化物溶液和盐酸(比重1.12)的等体积混合液中，会生成黄色的可溶性配合物 $H[NbO\cdot(SCN)_4]$。在相似的条件下，可以得到无色的钽的配合物 $H_2[TaO\cdot(SCN)_5]$。这些配合物在有机溶剂中比在水中更为稳定。

3.5　铌和钽含有金属—氧键的化合物[1—3,5—7,18,19]

3.5.1　铌和钽的氧化物及铌酸盐和钽酸盐

1. 铌和氧生成的化合物

主要有：Nb_6O，Nb_4O，Nb_2O，NbO，NbO_2，Nb_2O_5，相应于 Nb_2O_3 铌的三氧化物是未知的。NbO，NbO_2，Nb_2O_5 都属于正常的氧化物，其他氧化物则属于金属间化合物。

钽和氧生成的化合物主要有：Ta_6O，Ta_4O，Ta_2O，TaO，TaO_2 及 Ta_2O_5 等，钽的低价氧化物也是金属间的化合物。最稳定的是 Ta_2O_5 和 Nb_2O_5，其次是 TaO_2，NbO_2。此外铌和钽的低价氧化物在热力学上都是不稳定的，尤其是钽，它们只是作为金属在氧化过程中，或五氧化物在还原过程中的中间物相存在。例如，金属钽氧化时，在～300℃时形成 Ta_6O，低于500℃时形成 Ta_4O，在350—1200℃间形成 Ta_2O；当将 Ta 和 Ta_2O_5 混合加热到2019—2314℃时所生成的蒸气中以 TaO_2 和 TaO 为主，TaO_2 是一种具有导电性的褐色粉末。

各种铌的氧化物之间的相互关系，用图24.75表示。

铌和钽的氧化物的性质列于表24.60和表24.61中。

2. 铌和钽的低价氧化物

钽的低价氧化物不溶于氢氟酸以外的其他酸，低温时它们在空气中是稳定的，但加热到赤热时则被氧化，它们和苛性碱、碱金属碳酸盐、硫酸盐熔融时也会被氧化，最终产物都是钽(V)化合物。

在空气中加热

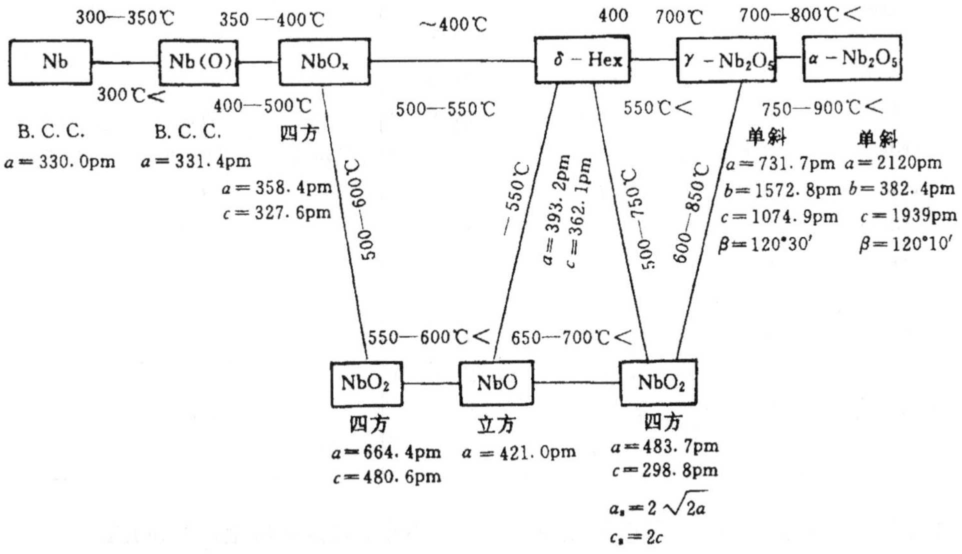

图 24.75 铌的氧化物在真空中相互转化关系

表 24.60 铌和钽氧化物的性质

性质 \ 氧化物	NbO	NbO_2	Nb_2O_5	$TaO_{(气)}$	$TaO_{2(气)}$	Ta_2O_5
熔点(℃)	1935	2080	1448+5	—	—	1872 ± 10
$\Delta H^\circ(298)$(kJ/mol)	−408.8	−795.7	−1902	217.4	−195.4	−2046
$\Delta G^\circ(298)$(kJ/mol)	−378.7	−742.7	−1765	—	—	−1910
$S^\circ(298)$(J/K·mol)	50	54	137	245.1	261.6	143.1
$C_p(298)$	41.3	57.5	132.0	32.8	45.94	135.1
熔化热(J/mol)	54	62.76	102.9	—	—	151.1
熔化熵(J/K·mol)	24.5	27.7	57.66	—	—	70.29

NbO 在 1300—1700℃，用氢还原 Nb_2O_5，或者在 700℃，氩气保护下用金属 Nb 还原 NbO_2，均可得到 NbO。NbO 是黑色细结晶粉末，其组成范围为 $NbO_{1.04}$ —$NbO_{0.94}$，在晶格中可以含有高达 25%的空位，NbO 具有导电性。在 1650℃，NbO 以相当大的速度挥发，于 1800—1900℃时挥发速度最快，但也有人认为在加热时 NbO 按下式发生歧化反应：

$$2NbO_{(固)} = Nb_{(固)} + NbO_{2(气)}$$

表 24.61 铌和钽氧化物晶体的性质

化合物	晶体	空间群	晶格参数			
			a_0(pm)	b_0(pm)	c_0(pm)	β(°)
NbO	立方	O'_h-p_m3m	421.08	—	—	—
NbO_2	四方	C_{4h}^6-$I4_{1/a}$	1370	—	598.7	—
β-Nb_2O_5	单斜	C_{2h}^0-$p_{2/6}$	734.8	596.2	1364.6	115.5
H-Nb_2O_5	单斜	C_2^1-P_2	2116	382.2	193.5	119.83
ρ-Nb_2O_5	四方		3896	—	2543	—
Ta_6O	四方					—
Ta_4O	斜方		361	327	320	—
Ta_2O	四方		663	—	475	—
TaO(γ 相)	立方	$Fm3m$	442.2—443.9	—	—	—
TaO_2(δ 相)	四方	$P4_{2/mnm}$	470.9	—	306.5	—
β-Ta_2O_5	斜方	C_{2v}^6-Pba	620	366	389	

如果在空气中加热,NbO 则被氧化成 Nb_2O_5。NbO 与氯反应生成 $NbOCl_3$:

$$2NbO + 3Cl_2 = 2NbOCl_3$$

NhO 缓慢地溶于冷盐酸中,在加热时,它溶于氢氟酸并放出 H_2,与碱金属氢氧化物和碳酸盐作用,则转变成五价的铌酸盐。

NbO_2 在 800—1350℃用氢还原 Nb_2O_5,或在电弧炉中用金属铌和 Nb_2O_5 作用,或在氩气氛下于 1150℃使 Nb_2O_5 热分解,都可以得到 NbO_2。NbO_2 为蓝黑色晶状粉末。在真空中,温度超过 1700℃时便挥发。NbO_2 是半导体,NbO_2 不溶于水、盐酸、硫酸和硝酸,在空气中稳定,加热到 850℃才氧化为 Nb_2O_5。当加热时,NbO_2 是一个很强的还原剂,在 200—400℃与氯气按下式反应:

$$10NbO_2 + 5Cl_2 = 10NbO_2Cl$$

在低于 350℃,NbO_2 与 NaOH 作用放出氢:

$$2NbO_2 + 2NaOH = Nb_2O_5 + Na_2O + H_2$$

在 320℃,NbO_2 将 SO_2 还原为 S,将 CO_2 还原为 CO:

$$4NbO_2 + SO_2 = 2Nb_2O_5 + S$$

$$2NbO_2 + CO_2 = Nb_2O_5 + CO$$

NbO_2 与碱金属氢氧化物、碳酸盐、硫酸盐、硝酸盐熔融,生成铌酸盐:

$$2NbO_2 + 1/2O_2 + 2NaOH = NaNbO_3 + H_2O$$

$$2NbO_2 + Na_2CO_3 = 2NaNbO_3 + CO$$

$$2NbO_2 + Na_2SO_4 = 2NaNbO_3 + SO_2$$

$$3NbO_2 + NaNO_3 = NaNbO_3 + Nb_2O_5 + NO$$

$$5NbO_2 + NaNO_3 = NaNbO_3 + 2Nb_2O_5 + 1/2N_2$$

NbO_2 与碱金属、碱土金属氧化物一起加热到 950—1300℃，则形成四价铌酸盐，如 Li_2NbO_3，$Na_4Nb_3O_8$，$K_2Nb_2O_5$，$CaNbO_3$，$SrNbO_3$ 和 $BaNbO_3$ 等。

3. 五氧化二铌

五氧化二铌 Nb_2O_5 可以通过将金属铌或铌的氢化物、氮化物、碳化物进行氧化，或者使氧化物的水合物脱水而制得。

Nb_2O_5 是白色细结晶粉末，加热到 400—500℃时变为黄色，Nb_2O_5 有多种变体，其性质列于表 24.62，图 24.76 概括了各种变体以及它们相互间的关系。虽然对 Nb_2O_5 的变体进行了不少的研究，但至今意见尚不一致。

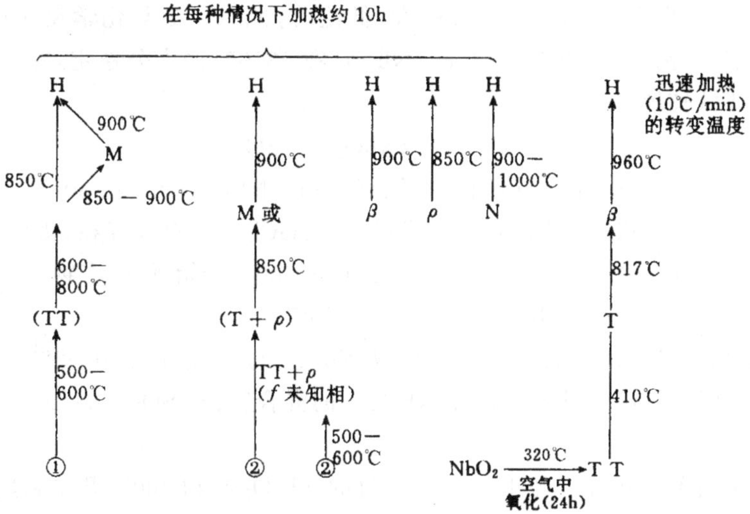

图 24.76 Nb_2O_5 变体的相互转化

表 24.62 Nb_2O_5 变体

变 体	实 例
低温型变体	T-Nb_2O_5、L-Nb_2O_5、γ-Nb_2O_5
中温型变体	M-Nb_2O_5，β-Nb_2O_5
高温型变体	H-Nb_2O_5，α-Nb_2O_5
小叶状	β-Nb_2O_5，ξ-Nb_2O_5
针 状	N-Nb_2O_5
三棱形	ρ-Nb_2O_5，η-Nb_2O_5

Nb_2O_5 多种变体的密度为 4.36—5.47g/cm^3。Nb_2O_5 是两性氧化物(以酸性为主)，较难溶于水、碱性溶液和稀的矿物酸中，其溶解度与 Nb_2O_5 的曾经历过的

灼烧温度有关(表 24.63,Nb_2O_5 能溶于氢氟酸生成稳定的配合物 $H_2NbO_2F_3$。Nb_2O_5 也可溶于熔融的 NaOH,KOH,$K_2S_2O_7$,$KHSO_4$。

表 24.63 Nb_2O_5 的溶解度(mg/L)

Nb_2O_5 灼烧温度(℃)	H_2O	HCl(mol/L)			H_2SO_4(mol/L)		
		1	5	8	0.5	2.5	4
400	600	394	94	145	600	2160	2360
800	96	163	67	41	96	236	553
1000	119	28	30	28	119	274	632

Nb—O 键的键能(385kJ/mol)较大,低温时,Nb_2O_5 参与化学反应的能力较弱,随着温度升高,其反应能力增强。Nb_2O_5 在 1350℃仍十分稳定,在真空中,于 1150℃按下式离解:

$$Nb_2O_5 = 2NbO_2 + 1/2O_2$$

Nb_2O_5 与氯化剂作用,生成五氯化物、氯氧化物。Nb_2O_5 与氯在 800—900℃开始反应,在 800—1000℃,反应产物的组成接近 $NbOCl_3$。当有碳存在,则生成 $NbCl_5$ 和 $NbOCl_3$ 的混合物。Nb_2O_5 和 S_2Cl_2 在 200—300℃开始反应,产物为 $NbCl_5$:

$$Nb_2O_5 + 5S_2Cl_2 = 2NbCl_5 + 5SO_2$$

Nb_2O_5 与 PCl_5 在 180—235℃反应,生成 $NbCl_5$,与 CCl_4 在 210—225℃,以及与 $AlCl_3$ 在 400℃反应,生成 $NbCl_5$ 和 $NbOCl_3$ 的混合物;与 $SOCl_2$ 在 200℃反应,生成 $NbOCl_3$。

Nb_2O_5 能被氢还原。经 1200℃灼烧过的 Nb_2O_5 在约 400℃开始和氢反应,于 800℃以上,水蒸气压力小于 1×10^{-3} Pa 时,还原反应激烈地进行。在 1000℃以下,用 H_2 还原 Nb_2O_5 4h,其产物为 NbO_2:

$$Nb_2O_5 + H_2 = 2NbO_2 + H_2O$$

在 1000—1100℃,经 4h,则产物中除 NbO_2 外,还有 NbO:

$$Nb_2O_5 + 3H_2 = 2NbO + 3H_2O$$

如将 Nb_2O_5 在 1200℃下长时间(50h)与氢反应,则得到纯的 NbO。

在高温下,Nb_2O_5 被碳还原,还原过程中发生了如下的反应:

$$Nb_2O_5 + C \xrightarrow{760℃} 2NbO_2 + CO$$

$$NbO_2 + C \xrightarrow{1070℃} NbO + CO$$

$$NbO + 2C \xrightarrow{1170℃} NbC + CO$$

$$NbO + C \xrightarrow{1640℃} Nb + CO$$

$$NbO + NbC \xrightarrow{2030℃} 2Nb + CO$$

Nb_2O_5 与活泼金属，如 Mg，Ca，Al 等作用，可被还原为金属铌，但产物不纯，含有氧化物。

4. 五氧化二钽

金属钽在空气或氧气中燃烧的最终产物是五氧化二钽（Ta_2O_5）。钽的氢化物、氮化物、碳化物的氧化，或将氧化钽的水合物脱水，都可以得到 Ta_2O_5。

Ta_2O_5 是白色细晶粉末，在 1000—1200℃时仍保持白色，进一步升高温度，它会变为灰色。已知 Ta_2O_5 有两种变体：α-Ta_2O_5（高温型）和 β-Ta_2O_5（低温型），由 β-Ta_2O_5 转变为 α-Ta_2O_5 的温度为 1360±5℃。α-Ta_2O_5 的熔点为 1872±10℃，β-Ta_2O_5 的熔点为 1785±30℃。β-Ta_2O_5 在熔融前已转变为无定型 Ta_2O_5。无定型 Ta_2O_5 的密度为 7.3g/cm^3，β-Ta_2O_5 的密度为 8.18g/cm^3，α-Ta_2O_5 的密度为8.37g/cm^3。

Ta_2O_5 是两性氧化物，难溶于水、碱液或稀的矿物酸，其溶解度与曾经历过的灼烧温度有关（表 24.64）。Ta_2O_5 可溶于氢氟酸、熔融 NaOH、KOH、$KHSO_4$ 和 $K_2S_2O_7$。

表 24.64　Ta_2O_5 的溶解度（mg/L）

Ta_2O_5 灼烧温度（℃）	水中	盐酸（mol/L）			硫酸（mol/L）		
		1	5	8	0.5	2.5	4
400	104	90	21	13	104	91	95
800	45	194	41	39	45	15	20
1000	15	3	3	4	15	4	9

Ta—O 键的键能（481 kJ/mol）比较大，因此，Ta_2O_5 在低温的参与化学反应能力较弱，随着温度升高，反应活性增强。相对来说，Nb_2O_5 比 Ta_2O_5 的化学活性强。

Ta_2O_5 与氯化剂作用时，一般都生成 $TaCl_5$、Ta_2O_5 和 PCl_5，$SOCl_2$，$AlCl_3$ 等反应，产物都是 $TaCl_5$。Ta_2O_5 生成氯氧化物的趋势比 Nb_2O_5 弱。

甚至在 2500℃，5×10^5 Pa 气压下，Ta_2O_5 也不被 H_2 还原，但当 Ta_2O_5 和 Nb_2O_5 形成混合物，特别是当形成的均相固熔体，并且在低的水蒸气压（如在 1×10^{-3} Pa）和高温（900—1200℃）下，则 Ta_2O_5 将随着 Nb_2O_5 的还原而被还原，产物为 NbO_2 和 TaO_2 的固溶体。

在高温下，Ta_2O_5 和碳反应生成 TaC。反应在 1050—1070℃开始，于 1300—1400℃时完成。一般认为反应分三步进行：

$$Ta_2O_5 + C = 2TaO_2 + CO$$

$$4TaO_2 + 7C = Ta_4O + 7CO$$

$$Ta_4O + 5C = 4TaC + CO$$

若在氢气氛下用碳还原 Ta_2O_5。在 1100℃时，反应生成 TaO：

$$Ta_2O_5+3C=2Tao+3CO$$

5. 五氧化二铌和五氧化二钽的水合物

有关铌和钽在水溶液中其离子状态的资料很少，在水溶液中，铌和钽不形成简单的可溶性化合物。在中性或酸性溶液中，铌和钽的简单化合物迅速水解，形成具有强烈吸附性的白色凝胶状的氢氧化物，它们是亲水胶体。在中性和碱性溶液中，生成的沉淀，其组成为 $M_2O_5 \cdot xH_2O$ 或 $(M_2O_5 \cdot xH_2O)_n$（M＝Nb，Ta）。这些沉淀通常被视为水合氧化物，由于水分子的 $_x$ 是可变的，它随着制备条件不同而变化，因为没有固定的组成，故有时不称它们为铌酸和钽酸。已知的水合氧化物有：$Nb_2O_5 \cdot TH_2O$，$Nb_2b_5 \cdot 5H_2O$，$Nb_2O_5 \cdot 3H_2O$，$Nb_2O_5 \cdot 2.63H_2O$，$Nb_2O_5 \cdot 2H_2O$，$Nb_2O_5 \cdot 1.77H_2O$，$Ta_2O_5 \cdot 3.77H_2O$，$2Ta_2O_5 \cdot 3H_2O$，$3Ta_2O_5 \cdot 4H_2O$，$Ta_2O_5 \cdot H_2O$ 等。

新鲜沉淀的 $Nb_2O_5 \cdot xH_2O$ 和 $Ta_2O_5 \cdot xH_2O$ 难溶于水，但能很好地溶解在氢氟酸、草酸、酒石酸、氟硅酸、胺、氢氧化钾溶液中，也能部分地溶于盐酸、硝酸、硫酸中，其溶解度与硝酸浓度的关系见图 24.77。

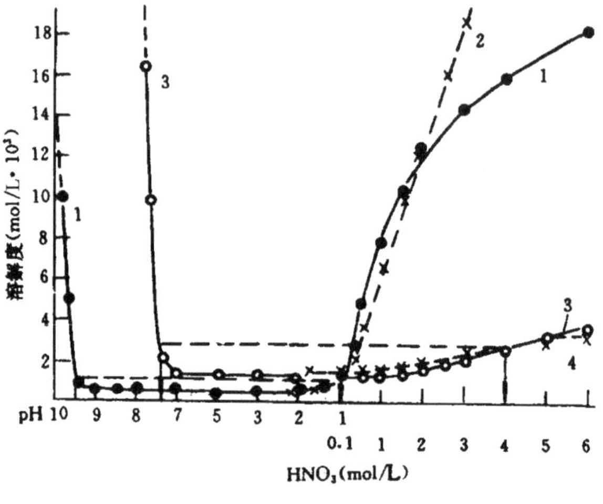

图 24.77　氢氧化钽(1,2)和氢氧化铌(3,4)的溶解度

（曲线 2 和曲线 4 分别由氢氧化钽、氢氧化铌的离解常数计算得到）

$Nb_2O_5 \cdot xH_2O$ 和 $Ta_2O_5 \cdot xH_2O$ 都是两性化合物，在等电范围内，被溶解的部分不发生解离，而以分子型式存在(图 24.78)。在酸性介质中，$M_2O_5 \cdot xH_2O$ 溶解并按碱式解离，在碱性介质中，则按酸式解离。如果以 $M(OH)_5$ 来表示 $Nb_2O_5 \cdot xH_2O$ 和 $Ta_2O_5 \cdot xH_2O$，则在硝酸介质中，$Nb(OH)_5$ 的等电范围是 pH＝O—

7，$Ta(OH)_5$ 的等电范围是 pH＝2－9，当溶液的 pH 值大于等电范围，则按下式解离：

$$Nb(OH)_5 \rightleftharpoons NbO_3^- + H^+ + 2H_2O$$

$$Ta(OH)_5 \rightleftharpoons TaO_3^- + H^+ + 2H_2O$$

当溶液的 pH 值小于等电范围，则按碱式解离：

$$Nb(OH)_5 \rightleftharpoons Nb(OH)_4^+ + OH^-$$

$$Ta(OH)_5 \rightleftharpoons Ta(OH)_4^+ + OH^-$$

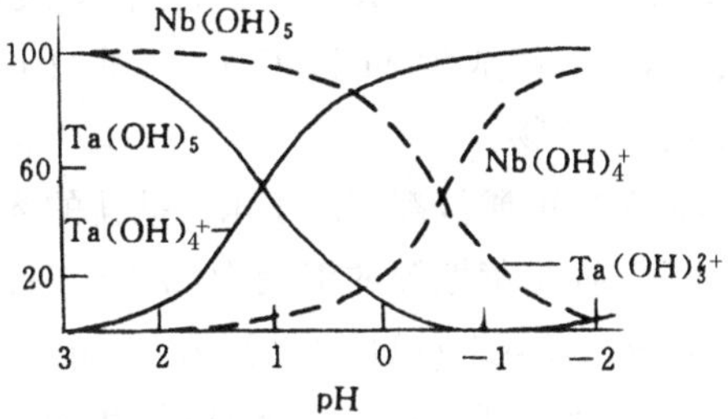

图 24.78　$Nb_2O_5 \cdot xH_2O$ 和 $Ta_2O_5 \cdot xH_2O$ 的分子型式

其平衡常数为：

	K_a	K_b
$Nb(OH)_5$	4×10^{-8}	2.5×10^{-15}
$Ta(OH)_5$	2.5×10^{-10}	1×10^{-13}

铌酸和钽酸甚至在高度稀释时仍具有多核的性质，它们可以形成同多酸阴离子$(M_mO_n)^{(2n-5m)}$，它们是通过碱金属正铌(钽)酸盐的水解，生成 MO_3^- 的同时还形成：

$$MO_4^{3-} + H_2O \rightleftharpoons MO_3^- + 2OH^-$$

这些同多酸阴离子对应的盐有：KM_3O_8，$K_2M_4O_{11}$，$K_4M_6O_{17}$。

在强酸性溶液中，可能存在阳离子 MO_2^+ 和 MO^{3+}，它们可以聚合为较复杂的离子，如 $M_2O_4^{2+}$，$M(OH)_4^+$ 和 $MO(OH)_2^+$。在强碱性溶液中(可能要把极强碱性的范围除外)存在着 $Nb_6O_{19}^{8-}$ 和 $Ta_6O_{19}^{8-}$ 阴离子，在 pH＝9.0—13.5 之间，还存在有 $HNb_6O_{19}^{7-}$ 和 $H_2Nb_6O_{19}^{6-}$ 的五价铌的阴离子，它们之间存在下列平衡

$$[Nb_6O_{19} \cdot aq]^{8-} \rightleftharpoons [HNb_6O_{19} \cdot aq]^{7-}$$

$$[HNb_6O_{19} \cdot aq]^{7-} \rightleftharpoons [(Nb_6O_{18} \cdot aq)^{6-}]_n$$

对于五价钽，当溶液的 pH 为 10－13 时，$Ta_6O_{19}^{8-}$ 并不加合质子。

6. 铌(V)酸盐和钽(V)酸盐

Nb_2O_5 与许多金属的氧化物、氢氧化物或碳酸盐一起熔融，生成铌酸盐。目前

已知与五氧化二铌形成铌酸盐的元素遍及周期表的八个族近 50 个元素;Li,Na,K,Rb,Cs,Cu,Ag,Be,Mg,Ca,Zn,Sr,Ba,Hg,Al,Sc,Ga,Y,In,La,Ce,Pr,Nd,Pm,Sm,Eu,Gd,Tb,Dy,Ho,Tu,Yb,Lu,U,Ti,Zr,Sn,V,Sb,Bi,Cr,W,Mn,Fe,Co,Ni,Rb 等。

铌酸盐一般用 M_2O/Nb_2O_5 来表示(M:为一价金属),已知的有 4/1,3/1,5/1,2/1,16/5,3/2,4/3,4/5,1/1,6/7,3/4,2/3,1/2,1/3,1/4 等。就铌酸盐的化学组成而言,它和磷酸盐相似,也能生成偏铌酸盐 $MNbO_3$(即 $M_2O/Nb_2O_5=1/1$),焦铌酸盐 $M_4Nb_2O_7$(2/1 盐),正铌酸盐 M_3NbO_4(3/1 盐)和多酸盐 $M_xNb_yO_{2.5y+0.5x}$(即 $M_2O/N_2O_5=x/y$)。此外,还有组成为 M_5NbO_5(5/1 盐)的高碱酸盐,而在含水体系,铌酸盐还可能形成结晶水合物。

除碱金属铌酸盐外,大多数铌酸盐都不溶于水。钠盐的溶解度一般都比钾盐低。铌酸盐在水中的聚合程度很高,在苛性钾的溶液中(pH=11-14),阴离子的摩尔质量约为 1000g/mol,当溶液的碱性较弱时(pH<9),则为 3000g/mol 的高聚阴离子。

将 Nb_2O_5 和碱金属氢氧化物或碳酸盐一起熔融,生成 M_3NbO_4,在水溶液中,后者水解,随着溶液 pH 的变化,可得到三种类型不同的同多酸盐,有关它们之间相互转变关系见图 24.79。

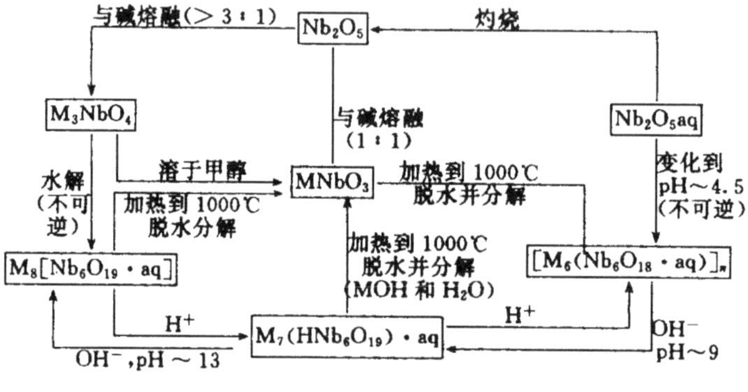

图 24.79 铌酸盐的相互转变

Na_2O 或 Na_2CO_3-Nb_2O_5 以及 K_2O 或 K_2CO_3-Nb_2O_5 体系的相图如图 24.80 和图 24.81 所示。

已知的钽酸盐比铌酸盐少,常见的钽酸盐有 7 : 5 盐,即 $7M_2O\cdot 5Ta_2O_5\cdot xH_2O$ 或 $M_{14}Ta_{10}O_{32}\cdot xH_2O$ 和 4 : 3 盐,即 $4M_2O\cdot 3Ta_2O_5\cdot xH_2O$ 或 $M_8Ta_6O_{19}\cdot xH_2O$ 以及 $MTaO_3$,M_5TaO_5 等(M 为一价金属)。

7. 其他化合物

铌和钽实际上没有简单的阳离子化学,在水溶液中,没有简单离子的硫酸盐、

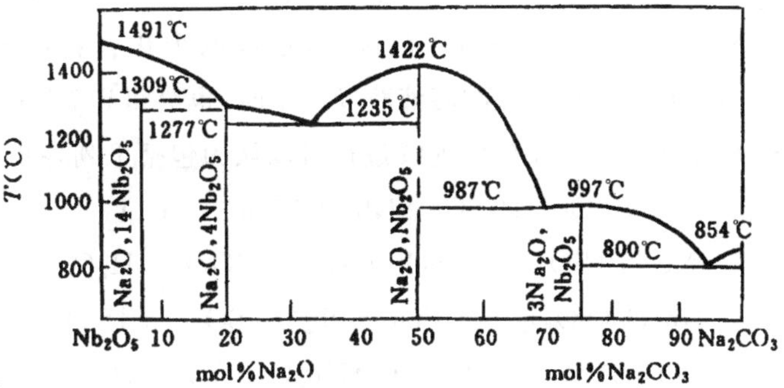

图 24.80 Na_2O-Nb_2O_6 及 Na_2CO_3-Nb_2O_5 相图

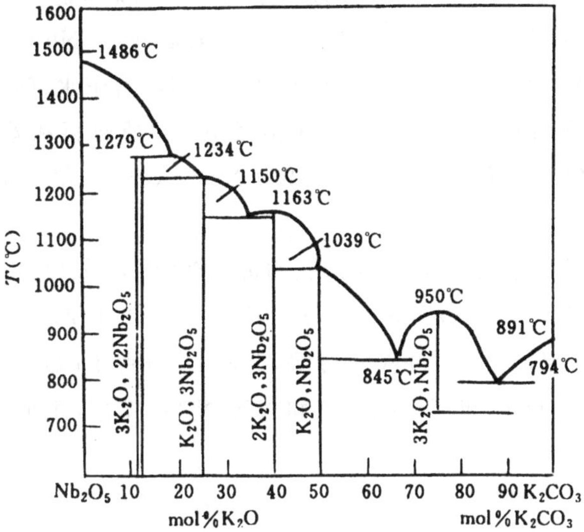

图 24.81 K_2O-Nb_2O_5 及 K_2CO_3-Nb_2O_5 相图

硝酸盐。在硫酸中如像 $Nb_2O_2(SO_4)_3$ 等也许既有氧桥又有硫酸根配位基团，在 HNO_3，H_2SO_4 或 HCl 溶液中，根据条件不同，Nb(V)能以阳离子、中性和阴性离子物种、水解产物、聚合物及平衡状态胶体等形式存在。

(1)硫酸盐。铌和钽的氧化物都可溶于熔融的碱金属酸式硫酸盐或焦硫酸盐，而水合氧化物则只能溶于发烟硫酸。当体系的酸度低于 6mol/L 时，则所得产物会发生水解。Nb_2O_5 只有当温度为 120—240℃时，才能和硫酸反应生成硫酸盐；在液态 $SOCl_2$ 中，使铌和钽的五氧化物与三氧化硫作用，加热 24h，会沉积出白色的硫酸盐，其经验式为：$Nb_2O(SO_4)_4$ 或 $Nb_2O_5 \cdot 4SO_3$ 和 $Ta_2(SO_4)_5$ 或 $Ta_2O_5 \cdot 5SO_3$。

对 Nb_2O_5-SO_3-H_2O 体系进行了研究，在液相中由 0.02%Nb_2O_5 和 3.99% SO_3 到 4.19%Nb_2O_5 和 77.12%SO_3 范围内，形成两个化合物：$Nb_2O_4(SO_4)$和 $Nb_2O_3(SO_4)_2$。当将 Nb_2O_5 的硫酸溶液蒸发至干时，也会得到 $Nb_2O_3(SO_4)_2$。

关于 Nb_2O_5 和硫酸之间反应的连续过程可以认为包括下列各步：

$$Nb_2O_5 + H_2SO_4 \rightarrow Nb_2O_4(SO_4) + H_2O \quad (1)$$

$$Nb_2O_4(SO_4) + H_2SO_4 \rightarrow Nb_2O_3(SO_4)_2 + H_2O \quad (2)$$

$$Nb_2O_3(SO_4)_2 + H_2SO_4 \rightarrow Nb_2O_2(SO_4)_3 + H_2O \quad (3)$$

$$Nb_2O_2(SO_4)_3 + H_2SO_4 \rightarrow Nb_2O(SO_4)_4 + H_2O \quad (4)$$

$$Nb_2O(SO_4)_4 + H_2SO_4 \rightarrow Nb_2(SO_4)_5 + H_2O \quad (5)$$

反应(1)和(2)可在水溶液中发生，所形成的硫酸盐是稳定的。反应(4)被认为只有在非水介质中才能进行，关于(5)反应的产物，至今尚未见报道。

$Nb_2O_3(SO_4)_2$ 是一种白色的晶体，$d_4^{18}=3.148g/cm^3$。$Nb_2O_4(SO_4)$是一种白色针状晶体，其密度为 3.6g/cm^3。这两个化合物都不溶于水，即使是在长时间煮沸条件下也不溶解，但能迅速溶于 KOH 溶液中。热重分析和差热分析表明，在 539℃，$Nb_2O_3(SO_4)_2$ 分解，失去 SO_3 转变为 $Nb_2O_4(SO_4)$，继续加热到 665℃，则失去全部 SO_3 得到 Nb_2O_5。

对于钽，已知生成的化合物有：$Ta_2(SO_4)_5$，$Ta_2O_4(SO_4)\cdot 3H_2O$，$Ta_2O_3(SO_4)_2\cdot 3H_2O$，$Ta_2O_3(SO_4)_2\cdot 4H_2O$，$Ta_2O_3(SO_4)_2\cdot 5H_2O$，其中 $Ta_2(SO_4)_5$不太稳定，在高于 100℃即分解，于 340℃得到 Ta_2O_5。

(2)硝酸盐。$NbCl_5$ 和 $TaCl_5$ 迅速和液态 N_2O_5 作用，生成 $NbO(NO_3)_3$ 和 $TaO(NO_3)_3$：

$$MCl_5 + 4N_2O_5 = MO(NO_3)_3 + 5NO_2Cl$$

新鲜沉淀并经真空干燥过的铌和钽的水合氧化物也可以慢慢地与 N_2O_5 作用，生成 $MO(NO_3)_3$，但无水五氧化物不与 N_2O_5 作用。

$NbO(NO_3)_3$ 是白色的结晶粉末，在空气中冒烟，与水作用则水解生成硝酸和水合氧化物。它微溶于磷酸三丁酯、乙醚、乙腈或甲苯中，并不挥发，在真空中加热到 120℃便开始分解。$NbO(NO_3)_3$ 属四方晶系，$a_0=119.2$pm，$c_0=533$pm，硝酸根与铌原子以共价键结合，Nb—O 的伸缩振动频率为 906cm^{-1}。

$TaO(NO_3)_3$ 是无定形固体，它不溶于乙腈，*N*,*N*-二甲基乙酰胺或乙酸乙酯中，温度高于 50℃时便慢慢地分解。

当气态 N_2O_4 通过 $NbCl_5$ 在无水乙腈的溶液中，则生成溶剂合物沉淀：$NbO_2\cdot NO_3\cdot 0.67MeCN$，它可能是三聚体：

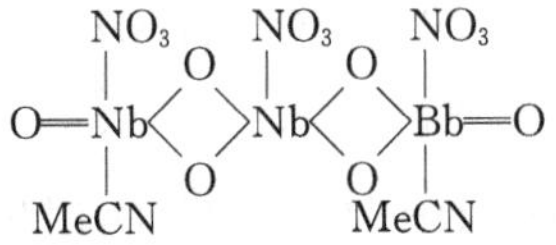

这个化合物是白色的无定形固体，当温度高于 65℃时，它会慢慢地分解，最终产物为 Nb_2O_5。N_2O_4 和 $TaCl_5$ 在乙腈中也会相互作用，但沉淀出的产物中 NO_3^- 的含量较高（Ta：NO_3＝1：1.2－1.3），而且所结合的溶剂的数量也相同。这个产物可能是一系列聚合物的混合物。

(3)磷酸盐和砷酸盐。将过量的硝酸-磷酸混合酸加入到铌酸钾或钽酸钾的溶液中，将所得到的沉淀灼烧，得到组成物为 $NbOPO_4$ 或 $TaOPO_4$ 的晶体。制备 $NbOPO_4$ 单晶的一种特殊方法是将磷酸与 Nb_2O_5 放在一个金质的小皿中，在 1.82×10^8 Pa 下加热到 600℃使之反应。

在含有氢氟酸-磷酸的沸腾的水溶液中，控制好磷酸的用量，可以得到组成为 $2Nb_2O_5 \cdot P_2O_5 \cdot 6H_2O$ 的无定形的白色沉淀，将此产物热分解，在 105℃时，得到 $Nb_2O_5 \cdot P_2O_5 \cdot 4H_2O$，继续升高温度达 1000℃，则可得到 $2Nb_2O_5 \cdot P_2O_5$，后者不溶于水和浓硝酸，但能迅速溶于浓磷酸中，相似组成的化合物 $2Ta_2O_5 \cdot P_2O_5$ 也是已知的。

将 Na_3AsO_3 加入到含有铌的硫酸溶液中，可以得到无定形的 $2Nb_2O_5 \cdot As_2O_3 \cdot 8H_2O$ 和 $2Ta_2O_5 \cdot As_2O_3 \cdot 8H_2O$ 沉淀，铌的硫酸溶液与 Na_2HAsO_4 作用，生成 $2Nb_2O_5 \cdot As_2O_5 \cdot xH_2O$ 沉淀，当加热此产物，则转化为 $(NbO_2)_4As_2O_7$。

(4)草酸盐。将草酸和碱金属铌酸盐作用，得到组成为 $M_3^I[NbO(C_2O_4)_3] \cdot xH_2O(M=Na^+, K^+, NH_4^+)$ 的盐类晶体。有人企图用这个方法制备钽的草酸盐，但没有成功。

在 pH＝0.3—4.3 时，可以生成钽的草酸盐，当草酸过量并且酸度范围在 2mol/L HNO_3 到 pH＝2 时，会生成阴离子 $[Ta(C_2O_4)_2(OH)_2]^-$。草酸配合物在 pH＝0.4—5.5 时是稳定的，当用煮沸的稀矿物酸处理时，它们会慢慢地分解。

铌的草酸配合物比钽的草酸配合物稳定。

(5)胺配合物。新鲜沉淀的铌酸可溶于脂肪族胺的稀水溶液中，生成配合物，后者经真空蒸发或加入有机溶剂，便可离析出来。在可比较的条件下，钽酸比铌酸难溶。铌酸-胺配合物在组成上是多种多样的，除 6 外，一般为 2 到 5 个单元的铌酸与 1 或 2 个胺分子配位，其典型结构是：

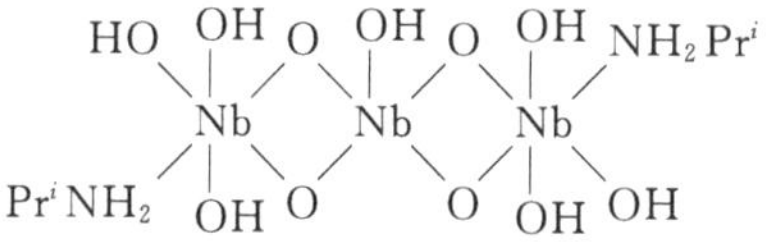

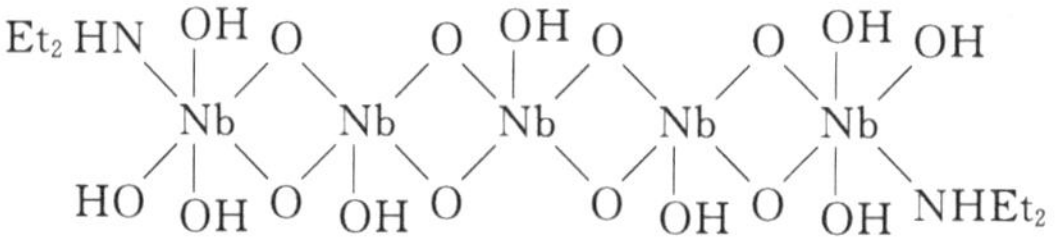

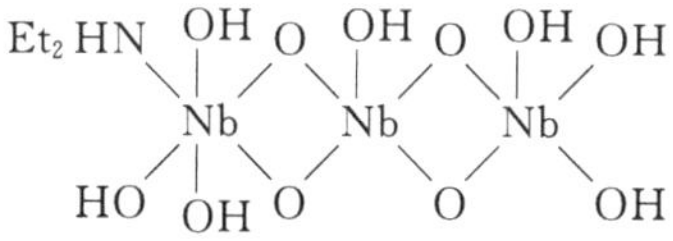

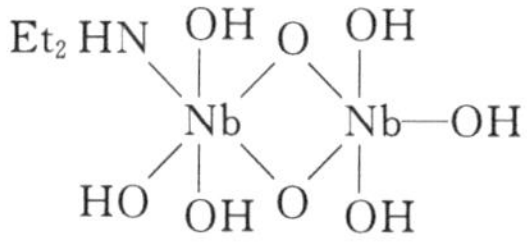

在乙二胺溶液中，铌酸的“溶解度”比钽酸大 1000 倍，可用于铌、钽分离。

胺配合物不溶于一般的有机溶剂以及母体胺中，但十分易溶于水，所得的溶液呈碱性。在多数情况下，其水解速度很慢，当与碱性较强的胺配位时，甚至将溶液煮沸，配合物也不会分解。然而，3mol/L 的矿物酸或乙酸能使铌酸沉淀，将铌酸加入到异丙胺的溶液中，另外用水溶解五氯化铌，将这两种溶液以 50/50 混合，则可沉淀得到易于过滤的铌酸。

3.5.2 铌和钽的羟基酸衍生物

对于铌和钽的化合物（$M_2O_5 \cdot xH_2O$，焦硫酸盐和碱熔融），酒石酸和酒石酸铵是最好的溶剂，所生成的配合物其组成为 $H[MO(C_4H_4O_6)_2]$ 和 $H_3[MO(C_4H_4O_6)_3]$。当蒸发含有酒石酸的新鲜沉淀的铌酸 $Nb_2O_5 \cdot xH_2O$ 溶液时，可以析出 $H[NbO \cdot (C_4H_4O_6)_2]$。铌和钽的酒石酸配合物在弱酸性和碱性介质中是稳定的，在煮沸的稀 HNO_3 和 HCl 溶液中，这些配合物会分解，定量地析出铌和钽的沉淀，而其他元素仍保留在溶液中。铌和钽的酒石酸配合物是 α-羟基酸中最稳定的，但在 pH＝2.5—5.0 时，铌的草酸配合物比其酒石酸配合物稳定。对于钽，在此酸度范围内，其稳定性规律恰好相反。在酸性溶液（0.5mol/HCl）中，钽的配合物按下列顺序增强：酒石酸＜草酸＜氟化物。

铌酸，特别是由草酸配合物溶液中用新鲜氨沉淀出来的产物，可溶于 α-羟基酸中，如羟基乙酸、乳酸、苹果酸，柠檬酸及扁桃酸等，但除非有大过量的 α-羟基酸存在，否则溶解是很慢的，通常两者都有相当量的成分仍未反应，当用 α-羟基酸连续消化水合氧化物，则在水溶液中未反应的数量会下降，由澄清的溶液经真空浓缩和用乙醇-乙醚混合液使之沉淀，可以得到 1∶1 配合物。在配合物中，有可能存在加合的 α-羟基酸分子，它们会被乙醇-乙醚混合液除去。

在 α-羟基酸配合物中，其分子单元是比较小的，当有过量配合酸存在时，它们可以通过渗透膜而扩散，它们易水解，并且只有过量 α-羟基酸存在时才是稳定的，若将溶液稀释，它们会慢慢地析出沉淀。这些配合物是通过 α-羟基酸阴离子和铌原子配位，经过脱水而形成五元环：

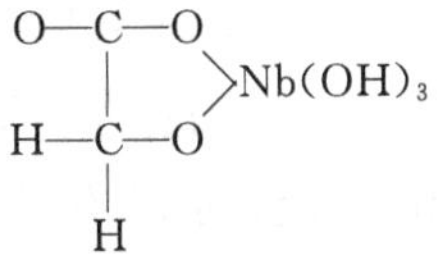

羟基乙酸配合物

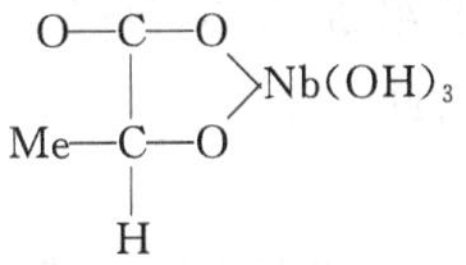

乳酸配合物

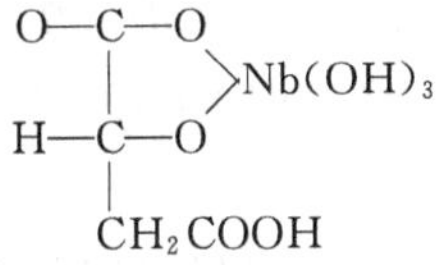

苹果酸配合物

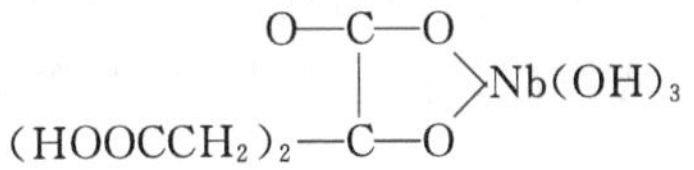

柠檬酸配合物($\lg k_1 = 2.92$)

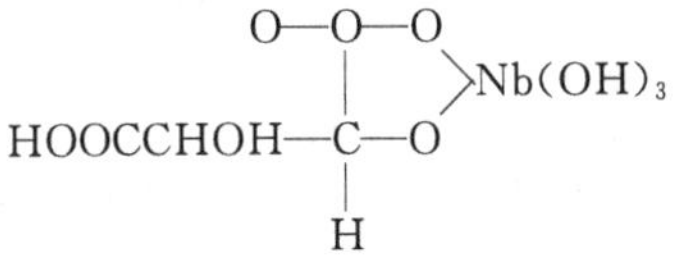

酒石酸配合物($\lg k_1 = 2.34$)

这个机理对许多含有—O^- 和—OH 基的其他配合物的生成也是适用的。很明显，对于草酸，它也具有与 α-羟基酸相似的结构 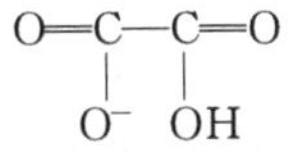，当将氨加入到含有草酸的铌酸溶液中，溶液变得不稳定，当 pH＝5－6 时，由于大量的草酸转化为 $C_2O_4^{2-}$ 离子，便会产生铌酸沉淀。和草酸相比，在上述其他 α-羟基酸溶液中，当加入氨时，并不产生沉淀，这说明草酸是比较弱的配体。对于羟基乙酸和乳酸，当加入氨时，若维持 pH＝8－9，可以大大增加铌酸的溶解。铌酸或钽酸的酒石酸铵溶液比相应的酒石酸溶液更为稳定，表明这些酸是通过其阴离子与铌原子或钽原子配位的。

3.5.3 铌和钽的二醇类配合物

通过与生成 α-羟基酸配合物相类似的反应，铌酸以及较小程度上还有钽酸，将会溶于各种 1,2-二醇中，这类配位体在强碱性介质中，只有一个羟基有足够的酸性，可以解离出 H^+ 而形成一种阴离子，例如铌酸将溶于含有邻苯二酚的热的碱性溶液中，由此溶液可分离出晶状产物，其组成被认为是：$(NH_4)_3[NbO(C_6H_4O_2)_3]\cdot 9H_2O$ 和 $(NH_4)_2H[NbO(C_6H_4O_2)_3]\cdot 0.5C_6H_4(OH)_2\cdot 3H_2O$。在适当条件下，铌酸和邻苯二酚可以生成很好的晶状产物：

$$Na_3[NbO(C_6H_4O_2)_3]\cdot H_2O$$

$$K_3[NbO(C_6H_4O_2)_3]\cdot H_2O$$

$$(NH_4)_3[NbO(C_6H_4O_2)_3]\cdot H_2O$$

然而，反应产物，特别是钠盐和钾盐，可以有多种不同的组成。二水合铵盐 $(NH_4)_3[NbO(C_6H_4O_2)_3]\cdot 2H_2O$ 的溶解度比较小，它比钠盐和钾盐更易从反应混合物中结晶出来。对于钽酸，曾经得到了组成为 $K_3H[Ta_2O(C_6H_4O_2)_6]\cdot 3C_6H_4(OH)_2\cdot 10H_2O$ 和 $(NH_4)_3H[Ta_2O(C_6H_4O_2)_6]\cdot 3C_6H_4(OH)_2\cdot 7H_2O$ 的配合物。

有一类化合物，其结构与二醇类配合物相似，然而它们不能通过水合物的溶解作用而制备。这类化合物就是非水溶性的铌和钽的䓬酚酮螯合物。这些元素的五氯化物与䓬酚酮的酸性水溶液作用，可以得到八配位的阳离子：T_4Nb^+ 和 T_4Ta^+，T 为䓬酚酮阴离子

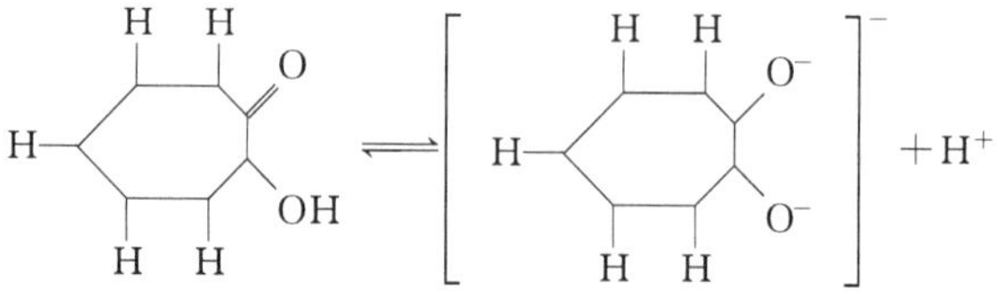

这个二齿配位体具有平面的紧密结构，并且 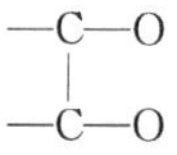 为刚性集团，有利于金属离子形成配位数高的螯合物。

在水溶液中，钽盐的稳定性比铌盐强得多，铌盐只有在低 pH 值时才是稳定的。当 pH 或温度升高时，铌的螯合物首先会部分水解，生成 T_3NbO 而由溶液中析出：

$$T_4Nb^+ + H_2O \xrightarrow[\text{或 pH}>3]{\sim 60℃} H_3NbO + TH + H^+$$

在冷却的情况下，加入浓盐酸，可以使水解反应逆转；在碱性介质中，水解反应是完全的。在二氯甲烷-乙醚溶液中，用五氯化铌与䓬酚酮反应，可以得到无水的 T_4NbCl 盐。由溶液中可以分离出橙色的晶体（熔点为 302—305℃）。这个盐可以在乙腈中重结晶，其他盐可以通过在乙腈中进行复分解反应而制备得到。相应的钽盐 T_4TaCl 是黄色晶体（熔点为 326.5—328℃）。其制备方法是在甲醇-浓盐酸

混合液使 $TaCl_5$ 和䓬酚酮作用，然后在甲醇水溶液中重结晶，在这个溶剂中，使 T_4TaCl 发生置换反应，便可以制得其他盐。与 T_4Nb^+ 相比，在 pH 不大于 7 时，钽的螯合物会水解。T_4Nb^+ 和 T_4Nb^+ 阳离子与大的对称性阴离子如 PF_6^-，I^-，$B_{12}Cl_{12}^{2-}$ 和 ClO_4^- 等生成不溶性盐。

3.5.4 铌和钽的醇盐

$NbCl_5$，$TaCl_5$ 与乙醇、苯酚、羧酸以及其他含有羟基的有机物作用，消去 HCl 生成相应的产物。与金属原子结合的氯原子在反应过程中能被取代的数目与反应物的性质及反应条件有关，熔融的苯酚与固态的五氯化物作用，可以得到 $Nb(OC_6H_5)_5$，$Ta(OC_6H_5)_5$，而对于 β-萘酚，当将五氯化物悬浮于四氯化碳中回流，最终可得 $Nb(OC_{10}H_7)_5$，$Ta(OC_{10}H_7)_5$。若在二硫化碳中回流，则最终产物是 $Nb(OC_6H_5)_4Cl$，$Ta(OC_6H_5)_4Cl$ 或 $Nb(O \cdot C_{10}H_7)_3Cl_2$，$Ta(OC_{10}H_7)_3Cl_2$。当与蒽酚回流，则产物为 $Nb(O \cdot C_{14}H_9)_2Cl_3$，$Ta(OC_{14}H_9)_2Cl_3$ 与上相似，将五氯化物溶于无水乙醇中，最初只有部分氯被取代，生成 $TaCl_2(OEt)_3$。然而，当干燥的氨气通过反应混合物，则析出氯化铵，在溶液中生成 $Ta(OEt)_5$。通过这类反应，随后蒸馏除去乙醇，可以得到醇盐 $M(OR)_5$（M = Nb，Ta；R = Me，Et，^{n}Pr，^{n}Bu，^{n}Pentyl）。

$Nb(OMe)_5$（熔点为 60℃）和 $Te(OMe)_5$（熔点为 50℃）在室温下为固体，其他醇盐则为液体，它们可以减压蒸馏。$Nb(OR)_5$ 的热稳定性比相应的 $Ta(OR)_5$ 低。随着 R-基碳链长度的增加，其热稳性降低。测定分子量表明，在沸腾的苯中 $Nb(OR)_5$ 通常是二聚物，当溶于母体醇中时，其聚合度与醇的性质有关。在较强的电子对给予体溶剂中，甚至会发生二聚体的解聚作用。在吡啶中，五烷氧基化合物是单分子的，而三或四烷氧基化合物甚至在苯中也是以单分子存在。

五烷氧基化合物，特别是易制备的五乙氧基化合物，有一个重要的性质，就是烷氧基不稳定，能被其他烷氧基取代

$$M(OR)_5 + R'OH \rightarrow R'OM(OR)_4 + ROH$$

由于 RO-基也能被简单的醚类、β-二酮及 β-酮酯以及二醇类等所取代，因此，这个反应对于制备铌和钽的有机氧化物是十分有用的。当五乙氧基铌与正丙基、异丙基、正丁基、仲丁基、叔丁基、正戊基或苯基乙酸酯一起蒸馏，对前五个化合物用酯类作溶剂，对正戊基和苯基乙酸酯则用环己烷作溶剂，这时发生如下反应：

$$Nb(OEt)_5 + 5CH_3COOR \rightarrow Nb(OR)_5 + 5CH_3COOEt$$

若将挥发性较强的乙酸乙酯除去，或者在正戊基和苯基乙酸酯的情况下，通过蒸馏除去环己烷和乙酸乙酯间形成的共沸物，从而使平衡向右移动。五乙氧基钽的类

似的酯交换反应速度较慢。当与正丙基、异丙基、正丁基、异丁基、正戊基和苯基乙酸酯反应时，其产物是混合型的：$Ta(OEt)(OR)_4$。然而，当以仲丁基和叔丁基反应，其产物与五丁氧基化合物是一致的。

对于β-二酮和β-酮酯，它们是以其烯醇式参与反应的，在反应过程中，通过β-位置上的氧起作用，从而形成一个五元螯合环：

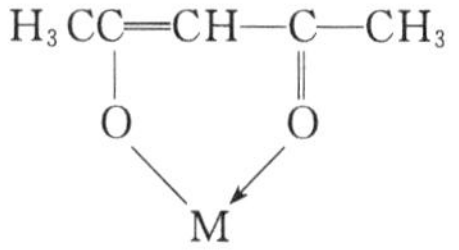
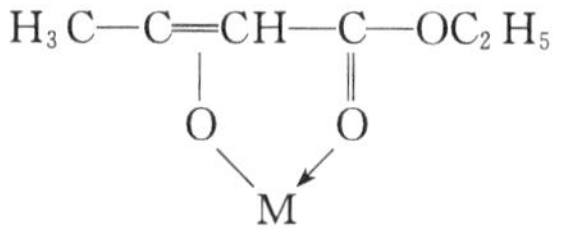

对于乙酰乙酸甲酯或乙酰乙酸乙酯(依次在甲醇、乙醇溶液中，并使用不同量的反应物)，得到三种类型的衍生物：$(EtO)_4ML$，$(EtO)_3ML_2$，和$(EtO)_2MCl_3$($M=Nb$，Ta；L＝二乙酰乙酸甲酯或乙酰乙酸乙酯)。第一和第二个乙氧基的取代作用相对来说比较容易，但当取代第三个乙氧基时，由于生成了一个八配位的配合物，因此需大过量的配位体。

五乙氧基铌和五乙氧基钽与乙酰丙酮和苯酰丙酮反应，生成相同类型的衍生物，分别有一、二或三个乙氧基被二齿配位体所取代。

乙酰丙酮和五氯化物、五溴化物在甲醇或乙醇溶液中反应，唯一的结果是三个卤素原子被取代，生成 $MX_2acac(DR)_2$ 型配合物($M=Nb$，Ta；$X=Cl$，Br；$R=Me$，Et)。

五乙氧基铌和五乙氧基钽与二醇类，如丙二醇-1,2,丙二醇-1,3,丁二醇-2,3,丁二醇-1,4,戊二醇-1,5,己烯和哌哪醇等的苯溶液反应，结果得到三种类型的衍生物$(EtO)_3M(Glycol)$，$(EtO)M(Glycol)_2$，和 $M(Glycol)_3$。在苯中这些化合物都是二聚体。

钽(V)的五烷基化合物较相应的铌(V)的化合物稳定得多。有趣的是，稳定的五叔烷氧基化合物可以通过醇交换反应来制备，而铌(V)只得到如$NbO(O^tBu)_3$那样的产物。然而，$Nb(O^tBu)_5$ 可以通过烷氧-叔丁基乙酸酯交换反应来制备。

$M^IM^V(OR)_6$ 型($M^I=Li$，Na，K；$M^V=Nb$，Ta；$R=Me$，Et，^iPr 和^iBu)的六烷氧基化合物可以在母体醇中反应而得到，某些像 $Et_2N\ NbCl_5(OEt)$，$NaNbCl_4(OEt)_2$，等那样的混合氯-烷氧基化合物也是已知的，钽(V)的六烷氧基化合物是稳定的，可以在真空中升华丽提纯，而铌(V)的化合物则会发生歧化反应，得到五烷氧基化合物 $Nb(OR)_5$ 和 M^IOR。

3.5.5　铌和钽的过氧化物

将新鲜沉淀的铌和钽的水合氧化物溶于含有过氧化氢的硫酸中，形成铌和钽

的过氧酸 $HNbO_4$，$HTaO_4$，其结构式可表示为：

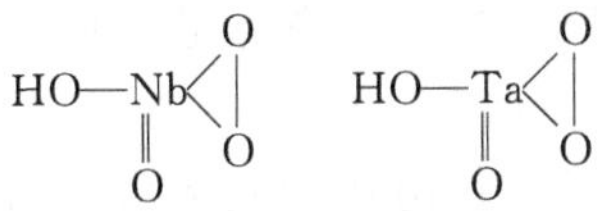

$HNbO_4$ 为黄色，当加热到 100℃便分解，它不溶于水，在室温下也不溶于稀硫酸，加热则分解当与浓硫酸作用时则放出臭氧，与浓盐酸作用放出氯。

当用冷的过氧化氢溶液处理可溶性铌酸盐的强碱性溶液时，可以得到相应的过氧化物，M_3NbO_8，$MMgNbO_8 \cdot aq$（M＝Na，K，Rb，Cs）和 $MCaNbO_8 \cdot ag$（M＝Na，K）。将 4/3 铌酸钾的强碱性溶液加入到过量的过氧化氢溶液中，很快地得到 K_3NbO_8 晶体。

碱金属（铌、钽）的过氧化物在空气中是稳定的，并能溶于温水而不分解，但当煮沸时则会失去氧。

$HTaO_4 \cdot nH_2O$ 呈白色，它比 $HNbO_4 \cdot nH_2O$ 更为稳定，但性质与 $HNbO_4 \cdot nH_2O$ 相近。和铌的过氧酸一样，钽的过氧酸也能形成 $M_3TaO_8 \cdot nH_2O$ 类型的过氧化物——过氧钽酸盐（M 为碱金属）。稀硫酸能破坏这个盐而使之转变为相应的过氧酸。

3.6 铌和钽的金属有机化合物[1,2,12,20—29]

3.6.1 铌和钽的烷基化合物

1. $NbMe_5$ 和 $TaMe_5$

五甲基铌和五甲基钽可由甲基锂与 Me_3NbCl_2，Me_3TaCl_2 作用而得到。在乙醚中当温度高于－50℃时，铌的衍生物便会分解，而钽的衍生物则可以作为黄色的挥发性的油状物离析出来。在 25℃时，它会自动催化分解，甲烷是唯一能被检出的挥发性产物。五甲基铌和五甲基钽可以通过加合 $Me_2PCH_2CH_2PMe_2$，而变得稳定，并以 1∶1 加合物的形式离析出来。

2. CH_3NbCl_4、CH_3NbBr_4 和 CH_3TaCl_4

在 CH_2Cl_2 中，使铌和钽的五卤化物与二甲基汞或四甲基锡在－35℃的温度下反应，可以生成 CH_3NbCl_4，CH_3NbBr_4 和 CH_3TaCl_4。当烷基化剂过量时，在上述温度下，未发现铌和钽的卤化物中的卤素会进一步被取代。氯化物具有较高的反应活性，它是稳定的，在室温下可以长期保存。但溴化物不那么稳定。它们和膦、胺、氧化膦生成 1∶1 加合物。

3. $NbCl_3(CH_3)_2$

等摩尔五氯化铌和二甲基锌发生下列反应：

$$NbCl_5 + Zn(CH_3)_2 = NbCl_3(CH_3)_2 + ZnCl_2$$

生成 $NbCl_3(CH_3)_2$，若起始物以 2∶1 比例混合，则会析出 $NbCl_4H_3$。

4. $NbCl_2(CH_3)_3$ 和 $TaCl_2(CH_3)_3$

二甲基锌和五氯化铌或五氯化钽在低温下反应，得到金黄色的 $NbCl_2(CH_3)_3$ 或 $TaCl_2(CH_3)_3$ 晶体。这两个晶体化合物对空气和潮湿气氛都很敏感。$NbCl_2(CH_3)_3$ 的热稳性低于 $TaCl_2(CH_3)_3$。在室温及真空的条件下，它们迅速升华。在四氯化碳中 $TaCl_2(CH_3)_3$ 的核磁共振谱表明存在着 Ta—C 键。

5. 铌和钽的烷基卤化物的化学反应

$NbCl_2(CH_3)_3$ 和 $TaCl_2(CH_3)_3$ 和单齿(L)和二齿(B)配体按化学计量形成 $MCl_2(CH_3)_3 \cdot L$[L=$OPPh_3$ 或 $Cl^- NEt_4^+$ 作为阳离子]，$MCl_2(CH_3)_3 \cdot 2L$(L=py 或 3-甲基吡啶)以及 $MCl_2(CH_3)_3 \cdot B$(B=$MeOCH_2CH_2OMe$，$Me_2NCH_2CH_2NMe_2$，dipy，4，4′-联吡啶，$Ph_2PCH_2CH_2PPh_2$，$MeSCH_2CH_2SMe$，$EtSCH_2CH_2SEt$ 或 $Ph_2PCH_2CH_2PPh_2$)的加合物(M=Nb，Ta)。

研究了在甲基氯化铌和甲基氯化钽中，在金属—甲基键之间插入各种分子的作用，在室温下，硫代异氰酸酯会迅速地插入到 MCl_4CH_3 和 $MCl_3(CH_3)_2$ 中，产物之一可表示为：

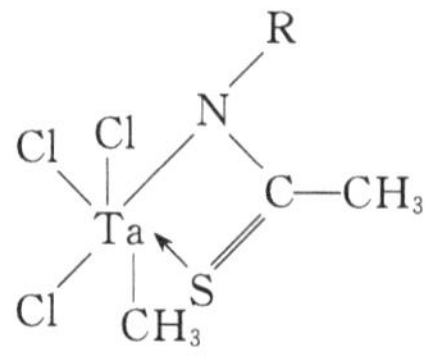

插入反应的速率顺序为 $MCl_4CH_3 > MCl_3(CH_3)_2 > MCl_2(CH_3)_3$，并且 $CH_3NCS >$ PhNCS。因此认为，其插入机理中重要的一步是形成一个给予体——接受体配合物。还发现了硫氰酸甲酯 MeSCN 与 MCl_4CH_3 和 $MCl_3(CH_3)_2$ 形成以 S 和 N—键合的 1∶1 配合物。

$MCl_{5-x}(CH_3)_x$(x=1，2 或 3)与异氰酸甲酯 MeNCO 和 PhNCO 在室温下于正戊烷中迅速反应，生成二齿的 *N*-甲基或 *N*-苯基异氰酸衍生物，其作用与插入硫代异氰酸酯的"模型"相似。RNC(R=C_6H_{11} 或 *p*-$CH_3C_6H_4$)与甲基金属氯化物反应，产物为 $MeTaCl_2[C(Me)=NR]_2$，在室温下，它会分解。

使 NO 插入到 $MCl_3(CH_3)_2$ 和 $MCl_2(CH_3)_3$ 的金属—甲基键中，得到 $(CH_3)_xMCl_{3-x}[ON(Me)NO]_2$ 衍生物。$MeTaCl_2[ON(Me)NO]_2$ 的 X 射线结构分析表明，它是具有畸变的五角双锥结构，两个氯原子在轴向位置上。

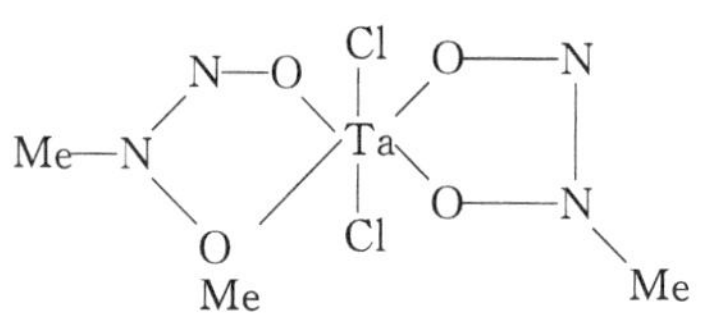

若将 RNCNR(R=异丙基,环己基或对甲苯)插入到 $MCl_{5-x}\cdot(CH_3)_x$(x=1,2 或 3)分子中,则生成含有一个或两个二齿的乙脒基 NR—C(Me)=NR · MCl_{5-x} $(CH_3)_x$(x=1 或 2)与酮类 RR′CO(R=R′=环己基;R=CH_3,R′=^{t}Bu;R=CH_3,R′=特戊基)形成弱的 1∶1 加合物,化合物的颜色由黄到红。将 $K^+[P_{Z2}BH_2]^-$ 与 $TaCl_2(CH_3)_3$ 作用,氯被取代,生成黄色晶体。

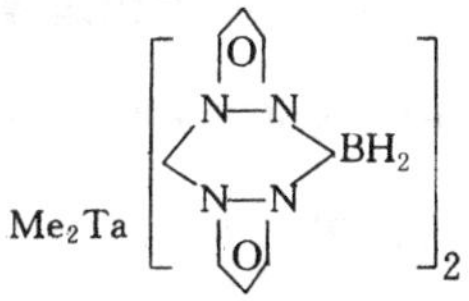

这个化合物在低于其分解温度(120℃)时不升华。由于$>P_{Z2}BH_2$ 这个巨大基团的阻碍作用,所以这个化合物的热稳定性更加好。在 H-nmr 光谱中,Ta—Me 共振甚至在冷却到−90℃时仍不分裂,而在−75℃,一个邻(二)载氮基共振分裂;从而表明这两个配体是不等价的。

6. $[(CH_3)_3SiCH_2]_3NbCl_2$ 和$[(CH_3)_3SiCH_2]_3TaCl_2$

在室温下于乙醚中,$[(CH_3)_3SiCH_2]_2Zn$ 与 $NbCl_5$ 或 $TaCl_5$ 反应,经 30min,可得橙色的$[(CH_3)_3SiCH_2]_3NbCl_3$,黄色的$[(CH_3)_3SiCH_2]_3TaCl_2$ 和淡黄色的$[(CH_3)_3SiCH_2]_2TaCl_3$。二烷基和三烷基化合物可在 50℃,1.3×10^{-2}Pa 的真空下经升华而提纯。

7. $[MSiMe_3(CH_2SiMe_3)_2]_2$

$NbCl_5$ 或 $TaCl_5$ 与 $(CH_3)_2SiCH_2MgCl$ 作用,生成有碳桥的二聚体(图 24.82)。

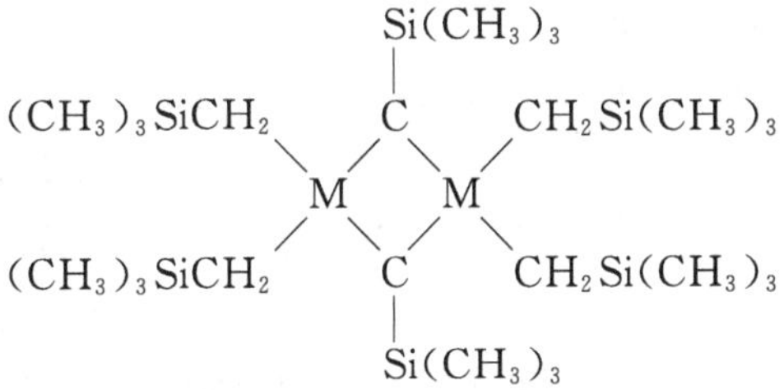

图 24.82 $[MSiMe_3(CH_2SiMe)_2]_2$ 结构

铌和钽的这二个衍生物对空气和潮湿气氛都很敏感,它们可溶于乙醚、石油和苯。但在经氯化处理过的溶剂中,它们会分解。它们不能升华,若与干燥的氧作用,生成羟氧基化合物的混合物。

8. $[(CH_3)_3CCH_2]_3TaCl_2$

$NbCl_5$ 或 $TaCl_5$ 与过量的特戊基氯化镁反应,产物是一种含有多种成分的混合物。当 3mol 格氏试剂参加反应时，生成$[(CH_3)_3CCH_2]_3TaCl_2$（反应相当完全），产物为淡黄色晶体。它对潮湿气氛是很敏感的，但对氧稳定，其热稳定性也较好。

9. $MeMOX_2 \cdot 2L$

已经合成了 $MeMOX_2 \cdot LL$ 型铌和钽的化合物，方法是将 MeMgI 与 $NbOCl_3$ 在甲苯-乙醚溶液中作用，随后加入配体，或者用过量的含氧配体与 $MeMCl_4$ 作用：

$$MeNbCl_4 \xrightarrow[35℃]{过量配体} MeNbCl_4 \cdot L \xrightarrow{室温} MeNbOCl_2 \cdot 2L$$

L＝$ONMe_3$，ONC_5H_5，$OPMe_3$，$OPPh_3$，$OP(NMe_2)_3$，$OP \cdot (NMe_2)_2OMe$，$OP(NMe_2)(OMe)_2$，$OP(OMe)_3$，$O[OP(NMe_2)_2]_2$，$OAsPh_3$ 和 $OSMe_2$。对于钽，只生成了 $MeTaOCl_2 \cdot 2OPPh_3$。

3.6.2　铌和钽的次烷基化合物

1. 次甲基化合物

$(C_5H_5)_2TaMeCH_2$ 可以通过下列反应制备

$$(C_5H_5)_2TaMe_3 \xrightarrow[-CPh_3Me]{+[CPh_3]^+[BF_4]^-} [(C_5H_5)_2TaMe]^+BF_4^- \xrightarrow{碱} (C_5H_5)_2TaMeCH_2$$

碱＝$Me_3P(CH_2)$，$LiN(SiMe_3)_2$ 或 NaOMe

$(C_5H_5)_2TaMeCH_2$ 是米色的晶体，固态时在空气中短时间内是稳定的，但在溶液中，对空气十分敏感。25℃中在 C_6D_6 中，超过二天便分解，生成$(C_5H_5)_2TaCH_3(CH_2CH_2)$。

次甲基化合物会发生 α-消去反应，由 $M(CH_2R)$转变为 $MH \cdot (CHR)$，或由 $M(CHR)$转变为 $MH(CR)$，例如：

$$TaCl_4(CH_2CMe_3)+PMe_3+Na/Hg \longrightarrow TaHCl_2L_3(CHCMe_3)$$

$$Cp'TaCl_3(CH_2CMe_3)+PMe_3+Na/Hg \longrightarrow Cp'TaHClL(CHCMe_3)$$

$$Cp'TaBr_2(CHCMe_3)+PMe_3+Na/Hg \longrightarrow Cp'TaHL_2(CCMe_3)$$

（Cp′为 π-C_5Me_5）

由 $MCl_3(CH_2CMe_3)_2$ 与 CpTl 反应，生成 $CpMCl_2 \cdot (HCCMe_3)$。对于钽，在 0℃时反应首先生成 $CpTaCl_2 \cdot (CH_2CMe_3)_2$，然后再慢慢转变为 $CpTaCl_2(CHCMe_3) \cdot$ $Cp'TaCl_3 \cdot (CH_2CMe_3)$与 $Li(CH_2CMe_3)$反应，产物为 $Cp'Ta(CH_2CMe_3) \cdot (CHCMe_3)$。$CpTaCl_2(CHCMe_3)$与 PMe_3 和 Ph_3PCH_2 反应（或是先与 $LiCH_2CMe_3$，随后再与 PMe_3）生成 $CpTaCl(CCMe_3) \cdot (PMe_3)_2$。

已合成了几种含氮配体的异常次甲基化合物：

$$TaCl_2(THF)_2(CHCMe_3)+RN{=}CHPh \longrightarrow TaCl_3(THF)_2(NR)$$

$$TaCl_4(CHCMe_3)+Me_3SiN_3 \longrightarrow TaCLL_2(NSiMe_3)(CHCMe_3)$$

$$TaCl_3L_2(CHCMe_3)+Na/Hg \xrightarrow{N_2} [TaClL_2(CHCMe_3)]_2(\mu\text{-}N_2)$$

$$[TaClL_2(CHCMe_3)_2]_2(\mu\text{-}N_2) \xrightarrow{LiR} [TaRL_2(CHCMe_3)]_2(\mu\text{-}N_2)$$

$$(R=Me,CH_2CMe_3)$$

$$TaCl_3L_2(C_2H_4)+L+Na/Hg \xrightarrow{N_2} [TaClL_3(C_2H_4)]_2(\mu\text{-}N_2)$$

$$TaCl_3(THF)_2(NR)+Na/Hg+L+C_2H_4 \longrightarrow TaClL_3(NR)(C_2H_4)$$

$$(L=PMe_3)$$

$[TaRL_2(CHCMe_3)]_2(\mu\text{-}N_2)(R=CH_2CMe_3)$的晶体结构分析表明，N—N 距离(129.8pm)异常地长，因而被认为是一种具有二亚胺的结构 Ta=N—N=Ta，并且认为 $TaCl_2(NSiMe_3)(CHCMe_3)$与$[TaClL_2(CHCMe_3)]_2(\mu\text{-}N_2)$两者很相似。

2. 次乙基化合物

$Cp_2TaMe(PMe_3)$与 $Me_3P=CH_2$ 反应，会生成 $Cp_2TaMe\cdot(CH_2)$，后者将会进一步变为 $Cp_2TaMe(C_2H_4)$。在光照射下，C_2H_4 可被 PMe_3 取代，这种性质可被用作下列光催化反应：

$$Me_3P=CH_2 \xrightarrow[Cp_2TaMe(CH_2)]{h\nu} Me_3P+1/2C_2H_4$$

若以 $Me_3P=CHR$ 参与反应，则产物为 $Cp_2TaMe(CHR)$，R=Ph，Me；后者是第一个制得稳定的次乙基配合物。出乎意料之外的是，它没有转变为氢化物的趋势，而是生成 $Cp_2TaMe(C_2H_4)$。但在 70℃ 下加热时，则产物为 $Cp_2TaH(CH_2=CHMe)$。

莱基(2,4,6-三甲基苯)配合物 $MX_{5-n}(mes)_n(X=Cl,Br;n=1—3)$较相应的苯基配合物为稳定。已合成了 $TaCl_{2,3}(mes)_{2,1}Np$ 和 $TaCl_3(mes)Me$。将 PMe_3 加合到 $TaX_3(mes)Me$ 中去，得到不稳定的 $TaX_3(mes)MeL_2$。在 45℃，后者转变为 $TaX_3L_2[CH(3,5\text{-}C_6H_3Me_2)]$，这是由于消失作用而失去 CH_4。

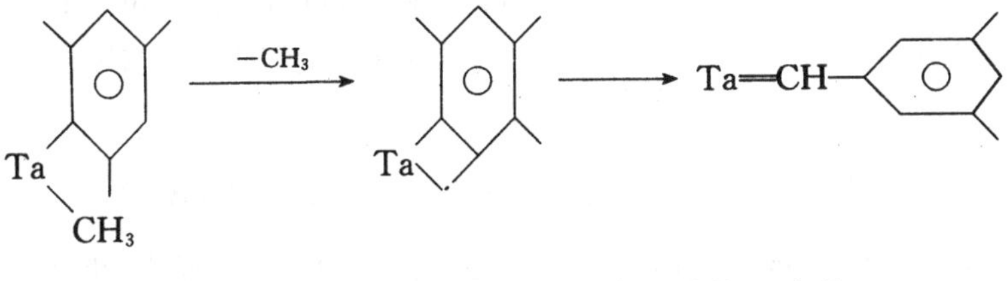

通过下列反应，合成了第一个可离析出来的单核苯炔配合物：

$$(C_5Me_5)TaCl_3Np+ZnPh_2 \longrightarrow Cp'TaCl_2(C_6H_4)+NpH$$

$$(C_5Me_5)TaClMe_3+LiPh \longrightarrow Cp'TaMe_3Ph \xrightarrow{120℃} Cp'TaMe_2\cdot(C_6H_4)$$

还合成了铌的相似的配合物，它们与 C_2H_4 按下式反应，生成 Cp′MeM

$$CP'MMe(C_6H_4)+C_2H_4 \xrightarrow[80℃(Ta)]{30℃(Nb)} CP'Me_2M$$

3.6.3　铌和钽的环戊二烯衍生物

1. $Nb(C_5H_5)_4$ 和 $Ta(C_5H_5)_4$

在氮气下，使 $NbCl_5$ 或 $TaCl_5$ 与大过量的茂基钠在乙醚或苯中反应生成 $Nb(C_5H_5)_4$ 和 $Ta(C_5H_5)_4$

$$NaC_5H_5+NbCl_5 \longrightarrow Nb(C_5H_5)_4+NaCl$$

$$NaC_5H_5+TaCl_5 \longrightarrow [(C_5H_5)_2TaCl_3] \xrightarrow[NaC_5H_5]{过量} Ta(C_5H_5)_4$$

（假定的中间物）

它们不能被升华，在苯溶液中是单分子的，$Ta(C_5H_5)_4$ 的偶极矩为 4.09D。

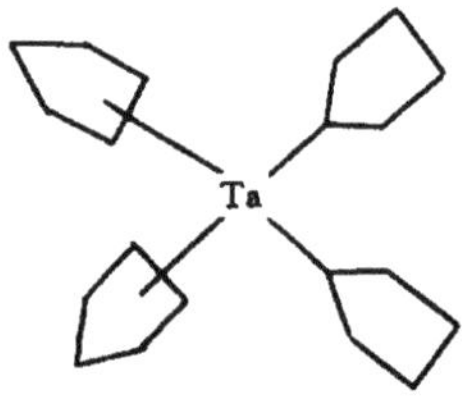

图 24.83　$Ta(C_5H_5)_4$ 的结构

$Nb(C_5H_5)_4$ 和 $Ta(C_5H_5)_4$ 对潮湿气氛都很敏感。研究表明，在这二个化合物中的四个茂基中有二个是以，π 键与金属原子结合的，另外两个茂基是以 δ 键与金属原子结合，如图 24.83 所示。因此 $Nb(C_5H_5)_4$ 可表示为 $(\pi\text{-}C_5H_5)_2Nb(\sigma\text{-}C_5H_5)_2$，$Ta(C_5H_5)_4$ 也可表示为 $(\pi\text{-}C_5H_5)_2Ta(\sigma\text{-}-C_5H_5)_2$。

2. $(\pi\text{-}C_5H_5)_2Nb(\sigma\text{-}C_6H_5)_2$

在苯溶液中使 $(C_5H_5)_2NbCl_2$ 与 NaC_6H_5 反应，可得到混合型化合物 $(\pi\text{-}C_5H_5)_2Nb(\sigma\text{-}C_6H_5)_2$。它是紫色的固态物，对氧气敏感。

3. $Nb(C_5H_5)_2Cl_2$

在二甲氧基乙烷中，使 $NbCl_5$ 与 NaC_5H_5 反应，可得到 $Nb(C_5H_5)_2Cl_2$。此外，也可用 TlC_5H_5 与 $NbCl_5$ 作用，然后用 $SnCl_2$ 还原，也可得到 $Nb(C_5H_5)_2Cl_2$。

$Nb(C_5H_5)_2Cl_2$ 经氧化，按下式反应生成 μ-氧双核配合物 $[(Nb(C_5H_5)_2Cl)_2O](BF_4)_2$：

$$Nb(C_5H_5)_2Cl_2 \xrightarrow[HBF_4]{空气} [(Nb(C_5H_5)_2Cl)_2O](BF_4)_2$$

在含有微量 O_2 和 N_2 的氩气中，使 LiBu 和 $Nb(C_5H_5)_2Cl_2$ 反应，生成一种蓝色的顺磁性化合物，经分析知其组成为 $[Nb(C_5H_5)_2Bu]_2O_2N_2$。若进行纸上色层法处理，结果只得到 $[Nb(C_5H_5)_2Bu]_2O$。

$Nb(C_5H_5)_2Cl_2$ 中的氯根可以被取代：

$$Nb(C_5H_5)_2Cl_2 + 2SR^- \longrightarrow 2Cl^- + Nb(C_5H_5)_2(SR)_2$$

已经制得了铌和镍、钯、铂的双金属衍生物，反应如下：

$$Nb(C_5H_5)_2Cl_2 + 2SMe^- \longrightarrow 2Cl^- + Nb(C_5H_5)_2(SR)_2$$

$$2Nb(C_5H_5)_2(SMe)_2 + NiCl_2 \longrightarrow$$

$$[(C_5H_5)_2Nb(SMe_2)_2Ni(SMe_2)_2Nb(C_5H_5)_2]^{2+} + 2Cl^-$$

在阳离子$[(C_5H_5)_2Nb(SMe)_2Ni(SMe)_2Nb(C_5H_5)_2]^{2+}$中，形式上可以考虑包含有铌(V)—镍(0)—铌(V)的顺序。其结构如图 24.84。

$PdCl_2(PhCN)_2$ 和 $PtCl_2(PhCN)_2$ 也可以进行上述类似的反应。

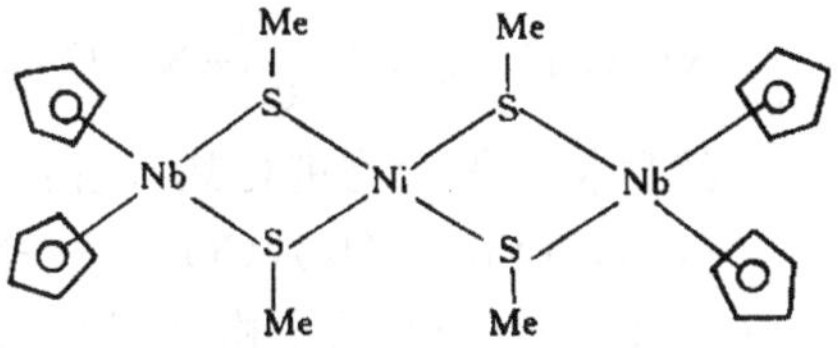

图 24.84　$[(C_5H_5)_2Nb(SMe)_2Ni\cdot(SMe)_2Nb(C_5H_5)_2]^{2+}$的结构

$Mo(CO)_4(C_7H_8)$与 $Nb(C_5H_5)_2(SR)_2$ 反应，中间衍生物为：

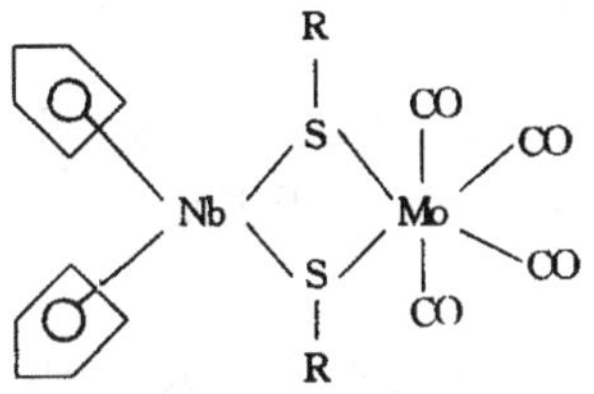

已经合成了 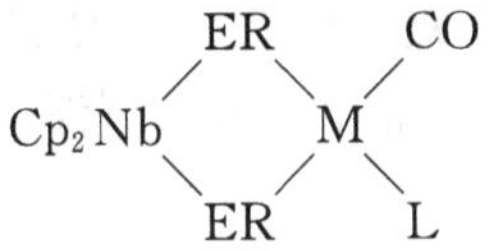

型的双核配合物，M＝Fe 或 Co；ER＝SPh，SePh 或 TePh；L＝NO(对 Fe)或 CO(对 Co)，它们可在室温下、于丙酮中，由 $Cp_2Nb(ER)_2$ 和 $Hg[Fe(CO)_3NO]_2$ 或 $Hg[Co(CO)_4]_2$ 反应来合成，这类配合物比 $Cp_2Hb(ER)_2$ 稳定，但在溶液中暴露于空气中时，它便会分解。

4. $(\pi\text{-}C_5H_5)_2MX_3$

在四氢呋喃或其他溶液中，$NbCl_5$ 或 $TaCl_5$ 与 NaC_5H_5，$Ca(C_5H_5)_2$ 或 $(C_5H_5)_2MgX_2$(X＝Cl 或 Br)作用，可以生成$(\pi\text{-}C_5H_5)_2MX_3$ 型的配合物。例如：

$2C_5H_5Na + NbBr_5 \longrightarrow (\pi\text{-}C_5H_5)_2NbBr_3 + 2NaBr$ 在水溶液中，这些化合物迅速水解，生成通式为$(\pi\text{-}C_5H_5)_2NbX_2(OH)$的衍生物。

5. $(C_5H_5)_2NbS_2X$

在甲醇溶液中，当有离子型卤化物或拟卤化物存在时，$(C_5H_5)_2NbCl_2(OH)$与硫化氢反应，生成一类新奇的、含有以 S_2 为单元作为配体的化合物，其通式为 $(C_5H_5)_2NbS_2X$（X=Cl，Br，I 或 SCN^-）。在这类化合物中，除了以单分子的形式存在外，其氯化物和溴化物，还可能存在着聚合变体。在这些聚合物中，铌原子之间通过二硫化物为桥基而连接在一起。若没有离子型卤化物，则 $(C_5H_5)_2NbCl_2(OH)$ 与 H_2S 反应的产物为 $[(C_5H_5)_2NbS_4]_n$，这是一种聚合硫化物。

将碘代甲烷加入到 $(C_5H_5)_2NbS_2Cl$ 的二氯甲烷溶液中，可以生成混合型卤化物 $(C_5H_5)_2NbI_2Cl$。反应同时生成少量白色的副产物 $(C_5H_5)_2NbOCl$。

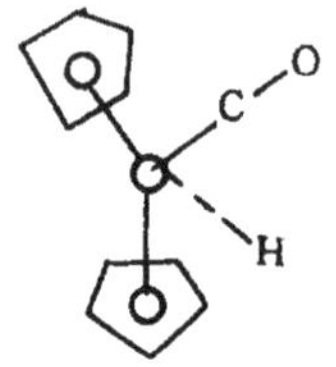

图 24.85 $Nb(C_5H_5)_2H(CO)$ 的结构

6. $Nb(C_5H_5)_2H(CO)$

在光照射下，$(C_5H_5)Nb(CO)_4$ 发生下列反应：

$$Nb(C_5H_5)(CO)_4 \xrightarrow[C_5H_6]{h\nu} Nb(C_5H_5)(C_5H_6)(CO)_2 + 2CO$$

然后将所得产物进行热分解：

$$(C_5H_5)Nb(C_5H_5)(CO)_2 \longrightarrow Nb(C_5H_5)_2H(CO)$$

$Nb(C_5H_5)_2H(CO)$ 的结构见图 24.85。

7. $Nb(C_5H_5)_2H(PR_3)$

在四氢呋喃中，用 $NaBH_4$ 处理 $Nb(C_5H_5)_2Cl_2$，随后用 PR_3 处理：

$$Nb(C_5H_5)_2Cl_2 \xrightarrow[THF]{NaBH_4, PR_3} Nb(C_5H_5)_2H(PR_3)$$

产物呈碱性，它与 HCl 溶液反应，生成质子化的 $[Nb(C_5H_5)_2H_2PR_3]^+$ 的阳离子。后者作为四氟硼酸盐和六氟磷酸盐而离析出来。

8. $(\pi\text{-}C_5H_5)_2NbH$

氢化二茂铌 $(\pi\text{-}C_5H_5)_2NbH$ 能与乙烯形成一种特别稳定的、极为罕见的合氢烯烃化合物：$(\pi\text{-}C_5H_5)_2NbH(C_2H_4)$。但具有极大活性的 $(\pi\text{-}C_5H_5)NbH$ 却未被离析出来。Nb 和 Ta 的化合物在芳香烃化合物中催化氢原子交换，包括氢化配合物的反应：

$$(\pi\text{-}C_5H_5)_2TaH + C_6D_6 \rightleftharpoons (\pi\text{-}C_5H_5)_2Ta\begin{cases} C_6D_6 \\ D \\ H \end{cases}$$

$$\rightleftharpoons (\pi\text{-}C_5H_5)_2TaD + C_6D_6H$$

虽然芳香化合物的氧化加成作用不能导致这种钽化合物的分离，而铌化合物却有这种特性。

9. $(\pi\text{-}C_5H_5)_2MH_2$

在含有特丁基过氧化物的 Cp_2MH_3 溶液中，经光解作用，生成 $(\pi\text{-}C_5H_5)_2MH_2$：

$$(\pi\text{-}C_5H_5)_2MH_3 + {}^tBuO \xrightarrow{-80^\circ C} (\pi\text{-}C_5H_5)_2MH_2 + {}^tBuOH$$

将 Cp_2MH_3 加入到异丁烯中，生成 $Cp_2NbH({}^tBu)$。

由 Cp_2NbCl_2 和烷基锂或烷基镁的卤化物作用，生成 Cp_2NbR_2（R＝Me，CD_3 或 Ph）。

10. $(\pi\text{-}C_5H_5)_2NbH_3$

在甲苯溶液中，$NbCl_5$ 和茂基钠和 $NaBH_4$ 在氢气压为 808bar 下进行反应，生成 $(\pi\text{-}C_5H_5)_2NbH_3$。

$(\pi\text{-}C_5H_5)_2NbH_3$ 可发生下列反应：

$$(\pi\text{-}C_5H_5)_2NbH_3 \rightleftharpoons \frac{3}{2}H_2 + C_{10}H_{10}Nb$$

$$C_{10}H_{10}Nb + \frac{1}{2}H_2 \rightleftharpoons \frac{1}{2}[Nb(C_5H_5)_2H]_2$$

$$\frac{1}{2}[Nb(C_5H_5)_2H]_2 + C_2H_4 \rightleftharpoons Nb(C_5H_5)_2H(C_2H_4)$$

$$Nb(C_5H_5)_2H(C_2H_4) + (C_2H_4) \rightleftharpoons Nb(C_5H_5)_2C_2H_5(C_2H_4)$$

$C_{10}H_{10}Nb$，$Nb(C_5H_5)H(C_2H_4)$ 和 $Nb(C_5H_5)_2C_2H_5(C_2H_4)$ 已被分离出来。X 射线衍射测得 $C_{10}H_{10}Nb$ 的结构见图 24.86。在这个分子内含有以桥式连接的 C_5H_4 单元和端基氢原子，因此它的化学式应为 $[Nb(C_5H_5)H(C_5H_4)]_2$，铌—铌之间的距离为 310.5pm，因而进一步证实 Nb—Nb 键的存在。

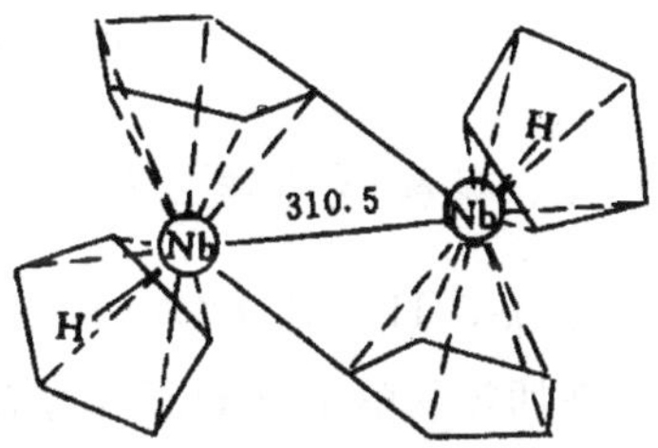

图 24.86　$Nb_2(C_5H_5)_2H_2(C_5H_4)_2$

$Nb(C_5H_5)H(C_2H_4)$ 是通式为 $Nb(C_5H_5)_2H(L)$ 型化合物中的一个例子，式中 L 为具有 π-酸特征的 σ-给予体。

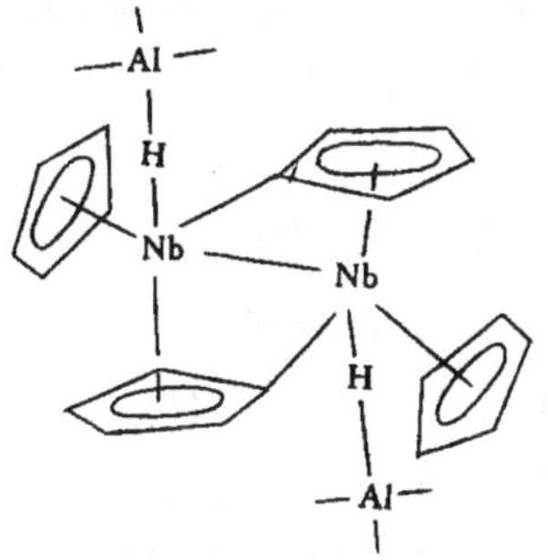

图 24.87　二茂铌化合物的结构

Tebbe 研究了茂基铌和茂基钽的氢化物与铝、镓、锌、镉和铪的烷基化合物之间的反应，其产物或是简单的路易斯酸-碱加合物，或者是由这些加合物经烷基消去反应而生成的化合物。三乙基铝生成强的加合物，即 $[Cp(C_5H_4)Nb\text{-}HAl(C_2H_5)_3]_2$，$Cp_2Nb(L)HAl(C_2H_5)_3$（L＝$C_2H_4$，CO 或 PMe_3），以及 $Cp_2TaH_3Al(C_2H_5)_3$。二茂铌化合物可能含有 Nb—H—Al 键（图 24.87）。

在 NMR 光谱中，由于氢的移动，在 C_2H_4，CO，和 PMe_3 化合物中可能存在着类似以上的氢桥。在钽的化合物中，由于只有 AB_2 中的 A 部分的氢化物的 NMR 光谱受到配位作用的影响，因而认为是位于中央的氢选择性地相互作用。

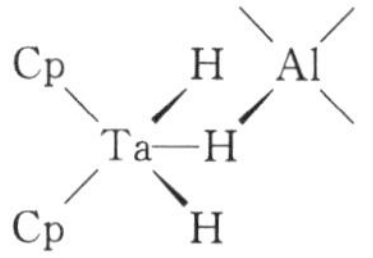

$Ga(C_2H_5)_3$-钽加合物与上述情况相似，但 $Zn(C_2H_5)_2$，$Cd(C_2H_5)_2$ 则和钽形成弱的加合物，从而与其他组分处于平衡状态。

Cp_2NbH_3 与这些烷基化合物在 -20℃到 -50℃时为 PMR 谱所检出，但烷基的消去反应则在室温下才发生，结果形成 $Cp_2NbH_2Al(C_2H_5)_2$ 和 $(Cp_2NbH_2)_2Zn$，而 $Hf(CH_2C_6H_5)_4$ 则形成 $Cp_2MH_2Hf(CH_2C_6H_5)_3$。铌—锌化合物中有两个双氢桥(图 24.88)。

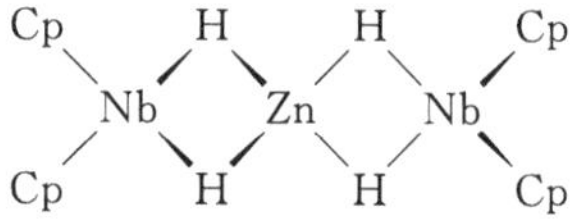

图 24.88　$(Cp_2NbH_2)_2Zn$ 的结构

3.6.4　铌和钽的羰基衍生物

1. $(\pi\text{-}C_5H_5)Nb(CO)_4$ 和 $(\pi\text{-}C_5H_5)Ta(CO)_4$

在四氢呋喃中有 $HgCl_2$ 存在时，六羰基铌或六羰基钽的钠盐与 NaC_5H_5 反应：

$$NaC_5H_5 + [Nb(CO)_6]^- \xrightarrow{THF} (\pi\text{-}C_5H_5)Nb(CO)_4$$

生成 $(\pi\text{-}C_5H_5)Nb(CO)_4$ 或 $(\pi\text{-}C_5H_5)Ta(CO)_4$。在 135℃有 CO 存在的条件下，用 Na，Ca 或 Al 还原 $CpNbCl_4$，也可以得到 $CpNb\cdot(CO)_4$，产率为 90%。用同样的方法只得到少量的 $CpTa(CO)_4$。在 CO 气氛下，当有氢化物还原剂时，使 $NbCl_5$ 与 NaC_5H_5 一起加热，可得 $CpNb(CO)_4$。如以 $LiBH_4$ 为还原剂，在 H_2 和 CO 存在时，则产物为 $CpNbClBH_4$。

$(\pi\text{-}C_5H_5)Nb(CO)_4$ 是橙色固体，熔点为 171—173℃，其结构见图 24.89。

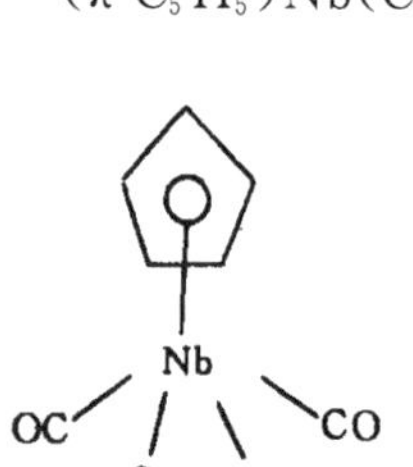

图 24.89　$(\pi\text{-}C_6H_5)Nb(CO)_4$ 的结构

在己烷中光照条件下，$(\pi\text{-}C_5H_5)Nb(CO)_4$ 与 $Ph_3MC\equiv CPh$(M 为 Si，Ge 或 Sn)作用，产物为 $(\pi\text{-}C_5H_5)Nb(CO)(Ph_3MC\equiv CPh)_2$。它是黄色晶体，在空气中稳定，其红外光谱于 1660 到 $1740cm^{-1}$ 有两个吸收带，相应于配位的乙炔。在紫外光照射下，$CpNb(CO)_4$ 与三苯基膦、三苯基胂和三苯基䏲反应，生成 $CpNbPh_3X(X=P，As，Sb)$型配合物，若用二苯基乙炔(T)代替三苯基膦，则产物为 $CpNb(CO)_2T$，$CpM\text{-}COT_2(M=Nb，Ta)$和 $CpNb(CO)T_3$ 在甲基中加热 $CpNb(CO)_2T$(不用紫外线照射)，则生成二聚体 $[CpNb(CO)T]_2$ ·

$CpNb(CO)T_2$ 和$[CpNb(CO)T]_2$ 的晶体性质列于表 24.65。

表 24.65 $CpNb(CO)T_2$ 和$[CpNb(CO)T]_2$ 晶体的性质

	对称	空间群	晶格参数					
			a_0(pm)	b_0(pm)	c_0(pm)	α(°)	β(°)	γ(°)
$CpNb(CO)T_2$	单斜	$P\bar{1}$	1172	1180	1000	100.5	103.4	78.6
$[CpNb(CO)T]_2$	三斜	$P\bar{1}$	1403	960	912	110.3	71.1	114.1

在 $CpNb(CO)T_2$ 中有两个独立的二苯乙炔分子，Nb—C 键距离范围是 217—223pm。茂基中碳与铌的距离 Nb—C 为 246pm。在$[CpNb(CO)T]_2$ 中有一个桥式二苯乙炔分子，并且含有 Nb—Nb 键，其距离为 274pm。这个距离比 $NbCl_4$(306pm)和 NbI_4(331pm)等都要小。

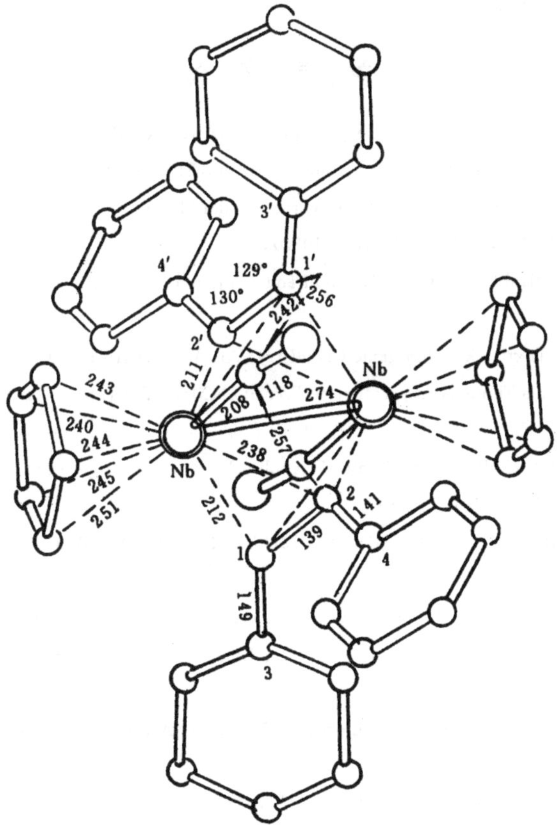

图 24.90 $[(C_5H_5)Nb(CO)T]_2$ 的结构

$[CpNb(CO)T]_2$ 的结构见图 24.90。

2. $RHgTa(CO)_6$

在苯或乙醚中，乙基氯化汞与$[Na(C_4H_{10}O_2)_3][Ta(CO)_6]$按下式反应：

$$[Na(C_4H_{10}O_2)_3][Ta(CO)_6]+C_2H_5HgCl \longrightarrow C_2H_5HgTa(CO)_6+NaCl+3C_4H_{10}O_2$$

产物 $C_2H_5HgTa(CO)_6$ 是深红色晶体，熔点为 60—65℃，熔化时发生部分分解，产物不溶于水，但可溶于正己烷、己醚和氯仿中。固态的 $C_2H_5HgTa(CO)_6$ 在室温下会慢慢分解，但在 0℃时保存一个月仍不变化，在溶液中则较快地分解，在 −20℃的空气中经 12h 仍无显著变化。

$CH_3HgTa(CO)_6$ 和 $C_6H_5HgTa(CO)_6$ 也可由$[Na(C_4H_{10}O_2)_3]\cdot[Ta(CO)_6]$与相应的有机氯化物来制备。这两个化合物的热稳定性比乙基衍生物低。在这类化合物中有 Ta—Hg 键。在真空中，只有 $CH_3HgTa(CO)_6$ 和 $C_2H_5HgTa(CO)_6$ 可升华而不发生化学变化。

参 考 文 献

[1] J. C. Bailor, comprehensive Inorganic Chemistry, Vol. 3, Pergamon Press, 553—622(1973)。

[2] F. Fairbrother, The Chemistry of Niobium and Tantalum, Elsevier, Amsterdam(1967)。

[3] G. L. Miller, Tantalum and Niobium, Butterworth, London(1959)。

[4] 幸良佐编译。铌钽冶金，冶金工业出版社，(1982)。

[5] I. M. Gibalo, Analytical Chemistry of Niobium and Tantalum Ann Arbor-Humphrey, Science Publishers (1970)。

[6] Sydney Marks, A Textbook of Inorganic Chemistry, Vol. Ⅵ. Part III(1929)。

[7] Kurt Niedenzu, Hans Zimmer, Preparation of Transition Metal Derivatives Academic Press. New York, 147—160(1976)。

[8] G. Alefeld, J. Völkl, Hydrogen in Metals II(Application-oriented properties), Springer-Verlag, Berlin, Heidelberg, New York 11—65(1978)。

[9] Г. В. САМСОНОВ, И. М. ВИНИЧКИЙ ТУГОГЛАВКИЕ СОЕДИНЕНИЯ МОСКВА“МЕТАЛУРГИЯ” (1976)。

[10] M. Hamsen, Constitution of Binary Alloys McGraw-Hill Book Company Inc, New York(1958)。

[11] Bertil Aronsson, Torsten Lusten Landström, Stig Rundqvist, Boride, Silicides and Phosphides, London Methuer and Co. Ltd(1965)。

[12] F. A. Cotton, G. Wilkinson, Advanced Inorganic Chemistry(A Comprehensive Text), 4th ed, John Wiley and Sons. Inc. (1980)。

[13] D. A. Rice, *Coordination Chem. Rev.*, **37** 61—75(1981)。

[14] D. A. Rice, *Coordination Chem. Rev.*, **45** 67—86(1982)。

[15] R. Huisman, F. Kadijk, T. Jellinek, *J. Less-Commoa Metals*, **21** 187—193(1970)。

[16] D. L. Kepert, R. E. Marshall, *J, Less-Common Metals*, **34** 153—163(1974)。

[17] A. R. Roy, A. Thompson, *J, Less-Common Metals*, **611**—30(1978)。

[18] A. Taylor, N. J. Poyh, *J. less-Common Metals*, **13** 313—330(1967)。

[19] J. E. Land. J. R. Sancheg-Caldas, *J. Less-Common Metals*, **13** 223—240(1967)。

[20] F. Caldera 330, *J. Organomallic Chem.*, **53** 207—214(1973)。

[21] *ibid*, **89** 207—213(1975)。

[22] P. C. Wailes, *ibid*, **75** 325—334(1974)。

[23] *ibid*, **95** 317—375(1975)。

[24] *ibid*, **119** 243—259(1976)。

[25] J. A Labinger, *ibid*, **138**, 211—228(1977)。

[26] *ibid*, **167** 39—51(1979)。

[27] *ibid*, **180**, 177—186(1979)。

[28] *ibid*, **196** 61—77(1980)。

[29] *ibid*, **227** 359—372(1982)。

25. 铬 分 族

25.1 铬

1.1 元素

1.1.1 发现和历史

铬是铬分族元素(铬、钼、钨)中最晚发现的一个。1797年法国人L. N. Vauguelin从西伯利亚红铅矿(即现称为铬铅矿$PbCrO_4$)中发现了一个新元素。后来因该元素的化合物有各种颜色被命名为Chromiun(取自希腊语$\chi\rho\omega\mu\alpha$,Chroma颜色),铬。1798年用木炭还原CrO_3首次分离得到金属形态的铬,同年还发现了铬铁矿。生产铬酸盐的工艺始于1816年,用铬化合物的媒染法始于1820年。1858年发明了铬鞣法,镀铬工艺则开始于1926年。

铬酰化合物发现于1824年,亚铬化合物发现于1844年,第一个铬金属有机化合物分离于1919年,羰基铬则首次合成于1927年。

1.1.2 存在和分布

铬在地壳中的丰度为122ppm,与钒(136ppm),氯(126ppm)相当,占第21位。其分布见表25.1。

表25.1 铬的分布

物质	铬(ppm)	物质	铬(ppm)
土壤	5—3000(平均100)	陆生动物	0.075
火成岩	100	海生动物	0.2—1
页岩	90	植物组织	0.8—3.5
砂岩	35	哺乳类组织	0.025—0.85
煤	60	硬组织	0.2—0.85
淡水	0.0001—0.08	哺乳类血液	0.26
海水	0.00005	血浆	0.24
陆生植物	0.23	红细胞	0.0015
海生植物	1		

铬铁矿是唯一有工业价值的铬矿石。它是一种尖晶石,主要组成是铬酸铁,$Fe(CrO_2)_2$,品位较高的铬铁矿含$Cr_2O_3$42%—56%,FeO10%—26%以及少量的

MgO，Al_2O_3，SiO_4 等。主要产地为前苏联，南非，菲律宾，土耳其及罗得西亚。此外还有美国，阿尔巴尼亚，古巴，巴西，日本，印度，新喀里多尼亚，巴基斯坦，伊朗和马拉加什。其他含铬的矿石尚有铬铅矿，存在于前苏联，巴西，匈牙利，菲律宾和美国等。还有如铬电气石，铬石榴石，铬云母和铬绿泥石等矿石，其中只含微量铬，是以 Cr^{3+} 取代部分 Fe^{3+} 和 Al^{3+} 形成的。绿宝石是绿柱石中少量铝的位置被铬取代而成；红宝石则因刚玉晶体含有微量铬染上鲜艳的红色。

1.1.3　生产和工业用途

金属铬以两种形式生产。一种是在电弧炉中用炭还原铬铁矿生产铬铁。如用硅铁代替炭作还原剂可得低碳的铬铁。这种铁/铬合金可直接用作添加剂来生产硬质和“不锈”的铬钢。另一种是还原 Cr_2O_3 生产金属铬。Cr_2O_3 是由铬铁矿经碱熔制得铬酸钠后，用水浸出，沉淀然后用炭还原制得。用铝（铝热法）或硅还原 Cr_2O_3 的化学反应为：

$$Cr_2O_3 + 2Al \rightarrow 2Cr + Al_2O_3$$

$$2Cr_2O_3 + 3Si \rightarrow 4Cr + 3SiO_2$$

用这种方法生产铬的纯度为97%—99%，主要杂质是铝或硅。电解铬矾溶液得到的铬其纯度为99.8%，主要杂质是铁。电解 Cr_2O_3 溶液可得到纯度更高的铬，尤其气体含量更少（O_2 0.02%，N_2 0.0025%，H_2 0.009%）。

金属铬在常温下呈脆性，故应用受到限制。但铬的镀层有优良的耐腐蚀性和耐磨性以及装饰性，应用非常广泛。用于镀铬的电镀液为 H_2SO_4 ∶ Cr 约 1 ∶ 100，其中 CrO_3 含量在250g/L至400g/L之间。

铬在合金钢中有两个很重要的作用，一是提高硬度等机械性能；一是增加耐腐蚀性。其程度基本与铬在钢中的含量成正比。

铬含量小于3%的为低铬钢，有很好的加工性能，可制成各种形状，是广泛应用于工业各部门的工程材料。与钼、镍、锰、钒等合金元素一起炼制的钢种应用于需高强度材料的场合，如弹簧、轨道、轴承等。铬钢作为工具钢有优异的耐磨性能，其铬含量不超过6%。含铬量大于10%的钢种是不锈的，广泛应用于需要耐腐蚀和耐氧化的各种方面。

铬在非铁合金中的作用是增加高温强度和抗断裂、耐腐蚀、耐氧化性能。有各种含铬合金如 Inconel 为 Cr-Fe-Ni 合金，用于热处理设备和石油、化工部门的耐腐蚀设备；Haetelloy C 是一种 Cr，Mo，W，Fe 和 Ni 的合金，用于处理盐酸、氧化性酸、次氯酸盐等腐蚀性物质设备；Stelliteo 是一种 Cr，Co，Ni，C 和 W(Mo)的合金，用于在高温下能保持硬度和抗断裂强度的场合，如高速切削工具、发动机活塞的硬表面等。

铬的所有化工产品都是自铬酸钠和重铬酸钠制得。将铬铁矿与碳酸钠一起煅烧,然后浸出铬酸钠溶液,并结晶出铬酸盐。若酸化此溶液,则能结晶出重铬酸盐。将重铬酸钠与硫酸加热可得到铬酸。如用二氧化硫或葡萄糖来还原重铬酸盐溶液可得到三价铬盐。

铬的化工产品有各种用途,现择要列举如下:鞣剂,如三价铬硫酸盐;颜料,如铬绿(Cr_2O_3),锌黄($K_2O\cdot4ZnO\cdot4CrO_3\cdot3H_2O$),橙黄($PbCrO_4$),钼橙($PbCrO_4$,$PbSO_4$和$PbMoO_4$),铬橙(碱式铬酸铅)等;催化剂,如$Cr_2O_3+Al_2O_3$(脱氢反应),$Cr_2O_3+Zn(CrO_2)_2$(甲醇合成);阻蚀剂,如在循环水系统中使用可溶性铬酸盐;灭霉剂,如$4CuO\cdot CrO_3\cdot xH_2O$;木材防腐剂,可溶性铬酸盐;金属阳极化试剂,如$CrO_3$;焰火,如$BaCrO_4$等。

四价铬化合物报道极少而且都没有重要的应用价值。但四价铬的氧化物,CrO_2(铁磁性,金红石结构)是一种磁带材料,具有比氧化铁更好的频率响应。其制备方法是在500℃时将CrO_3与500—3000atm的水蒸气反应。

1.1.4 纯铬的制备

为了从电解铬得到延性的金属铬,必须除去氧。如在1500℃时通干燥的纯氢还原的话,可以使氧含量从0.12%降低至0.005%。

如用碘化铬热分解的方法纯化铬,产品的杂质含量可低至氧0.0008%,氮0.003%,氢0.00008%,碳0.001%。其方法为在900℃时使铬与碘反应制成碘化物,将碘化物蒸气在1000—1300℃时与热的表面接触,碘化物会分解,金属铬沉积在热表面上。

将铬在一个钛制高压容器中与钙蒸气一起加热,也能精制铬。产品中杂质含量为:氧0.027%,6,氮0.018%,碳0.008%,硫0.012%,铁0.015%。

一般说来当杂质含量低于氧0.2%,氮0.01%,碳0.01%,硅0.15%,氢4—18ppm等水平时,铬就有足够的延性。

实验室中制备纯铬的方法还有:Cr_2O_3的铝热还原法,氯化铬钾镁还原法,电解法并真空加热(600℃)除氢,$CrCl_3$在高压釜中钙还原等。

1.1.5 同素异形体

铬的基本形态(20℃)是体心立方,($a=288.44$—288.48pm,空间群O_h^9)。在1840℃左右时,转变到面心立方结构($a=380$pm左右,空间群O_h^5)。

过去有些文献曾报道过其他的同素异形体,据近代研究表明这些实际上是氢化物。

1.1.6 同位素

自然界中存在的铬是质量数分别为 50,52,53 和 54 四个稳定同位素的混合物。它们的丰度,质量过剩($\Delta=M-A$,M:同位素重量,A:质量数),热中子捕获截面(σc)见表 25.2。

表 25.2 铬的稳定同位素

A	%	Δ(meV)	σc
50	4.31	−50.249	17
52	83.76	−55.411	0.8
53	9.55	−55.281	18
54	2.38	−56.931	0.38

已知有 5 个放射性铬同位素,它们的特性列于表 25.3。还有二个放射性同位素(A=46,47),但其存在尚未确定。通常用于示踪技术的放射性同位素是^{51}Cr。通常使用的化学形式是三价铬和铬酸盐的稀酸溶液。

表 25.3 铬的放射性同位素

A	半寿期	Δ(meV)	衰变形式[a)]	辐射能(meV)	生产方式
48	23—24h	−43.1	EC	γ,0.116,0.31,V X 射线;e^-,0.111,0.31;子代放射性形式 48V	$^{46}Ti(\alpha,2n)$
49	41.7—41.9min	−45.39	β^+	1.54 max;e^-,0.058,0.084;0.148;γ0.063;0.091,0.153,0.511,V X 射线	$^{48}Ti(\alpha,3n)^{47}Ti(\alpha,2n)^{46}Ti(\alpha,n)$
51	27.5—27.9d	−51.447	EC	γ,0.320(9%),V X 射线;e^-,0.315	$^{50}Cr(n,\gamma)$
55	3.52—3.6min	−55.11	β^-	2.59max	$^{54}Cr(n,\gamma)$
56	5.9min	−55.3	β^-	1.5 max; e^-(0.020,0.077);γ,0.026,0.083,MnX 射线;子代放射性形式^{56}Mn	$^{54}Cr(t,p)$

a)EC 电子捕获;β^+,正电子发射;β^-,电子发射,γ,伽玛辐射;e^-,电子湮没或转换;α,$^4_2He^{2+}$;n,中子;t,$^3H^+$;p,$^1H^+$。

1.1.7 物理性质

表 25.4 列出了铬的一些物理性质。表中有些性质的数值，在文献中有不一致的报道。

表 25.4 铬的物理性质

颜色	灰		
原子序数	24		
原子量	51.996		
密度	7.14g/cm^3(20℃)		
原子体积	7.29cm^3/mol		
晶体结构	<1840℃；体心立方，A2 型，空间群 O_h^9，a～288pm		
	原子间距 249.8pm		
	晶格能 337.2kJ/mol		
	>1840℃；面心立方。A1 型，空间群 O_h^5，a～380pm		
熔点(m.p.)	1903 ± 10℃		
熔化热(ΔH°_f)	14.6kJ/mol		
沸点(b.p.)	2642℃		
蒸发热(ΔH°_r)	341.8kJ/mol(在 b.p. 时)		
升华热(ΔH°_s)	396.6kJ/mol(25℃)		
热容[C_p;J/(mol·K)]	Cr(s)5.58(25℃)		
(比热)	$C_p=24.4+9.87\times10^{-3}T-3.68\times10^{-5}T^{-2}(T,K)$		
	Cr(l)39.3(在 m.p. 时)		
	Cr(g)20.8(25℃)		
熵[J/(mol·K)]	Cr(s)	℃	Cr(g)
	23.8	25	174.1
	36.8	227	184.9
	56.5	727	199.2
	70.7	1237	207.9
	82.4	1727	214.6
		2227	220.1
		2727	223.8
蒸气压	℃	Pa	
	965	3.2×10^{-4}	
	1093	2.8×10^{-3}	
	1197	2.7×10^{-2}	
	1288	2.4×10^{-1}	
	(m.p.)	984	
电子构型和基态	未电离原子	$3d^5$ $4s$; $^7S_3$	
	Cr^{1+}	$3d^5$; $^6S_{5/2}$;	
	Cr^{2+}	$3d^4$; $^5D_0$;	
	Cr^{3+}	$3d^3$; $^4F_{3/2}$	

续表

原子半径	127—128pm
离子半径	Cr^{6+}　52—53pm
	Cr^{3+}　64pm
	Cr^{2+}　83pm
3*p* 轨道半径	Cr^{2+}　41.4pm
	Cr^{3+}　41.1pm
3*d* 轨道半径	Cr^{2+}　42.4pm
	Cr^{3+}　40.1pm
电离能(eV)	第 1：6.764　第 6：90.6
	第 2：16.49　第 7：161.1
	第 3：31　第 8：185
	第 4：(51)　第 9：290±1
	第 5：73　第 10：246±2
内层电子的键能(keV)	K　L II　L III　M II,III　M IV,V
	6.000　0.585　0.575　0.042　0.002
kX 射线发射光谱(pm)	α'　α　β　γ
	229.353　228.965　208.479　207.089
电子亲和势	1.6eV
功函	4.58eV
反射系数	%　波长(pm)
	67　300 000
	70　500 000
	63　1 000 000
	88　4 000 000
发射系数($\varepsilon\lambda$)	0.34
(未氧化的，光滑表面 Cr(s))	(λ=650 000pm，室温)
磁化率	3.49×10^{-6}c・g・s 单位
电阻率(ρ，微欧 cm)	ρ　℃　ρ　℃
	0.5　−260　31　407
	13　20　40　600
	18　152　47　652
	20　200　66　1000
电阻率的温度系数	0.003/℃(0℃)
接触电位	51.1μV/℃
热导率 J/cm^2/cm/s/℃	0.67　20℃
	0.76　426℃
	0.67　760℃

续表

线性热膨胀系数	α	℃		
(α,长度变化分数/℃)	8.2×10^{-6}	20		
	6.25×10^{-6}	−100 到 +200		
	10.60×10^{-6}	270—730		
	14.90×10^{-6}	730—1100		
	19.4×10^{-6}	1100—1590		
硬度:维氏	110(99.96%,挤压,在 1100℃退火)			
	160(99.96%,挤压,在 400℃退火,滚压)			
白氏	125(~20℃,铸造)			
	70(700℃,铸造)			
	500—1250(电解)			
	70—90(电沉积,退火)			
抗张强度(kg/cm^2)		℃		℃
(电解 Cr 经电弧模铸,重结晶)	846	20	2862	500
	2390	200	2475	600
	2379	300	2080	700
	2016	350	1833	800
	2298	400		
压缩率 $\left(\frac{\Delta V}{V_0}\right)$	0.8×10^{-6}(20°;100—510kg/cm^2)			
拉伸时的弹性模量	253 700kg/cm^2			

1.1.8 铬的化学与化学性质

在常温下铬的性质并不活泼,与许多化学物质都不反应,但在高温时不同,其反应物质及产物见表 25.5。铬被 O_2,H_2O,SO_2 和 CO_2 腐蚀的速率与温度的关系见表 25.6。

铬与酸反应放出氢气。它与稀硫酸反应较缓慢,能溶于氢卤酸,在隔绝空气时生成亚铬离子 Cr^{2+}。它不受磷酸的攻击并能经受甲酸柠檬酸和酒石酸等多种有机酸的侵蚀,但乙酸对铬有轻微的腐蚀。

铬不溶于硝酸、发烟硝酸和王水,因为它们对铬表面产生了钝化作用。其他能产生钝化作用的氧化剂有氯气、溴以及氯酸与三氧化铬的溶液等。铬在空气中因表面氧化也会慢慢变得钝化,其效果自然要比上述氧化剂差。

未经钝化的铬是一种很活泼的金属(见表 25.7 列出的氧电极电位),能将铜、锡和镍从它们的盐水溶液中置换出来。然而,一经钝化铬变得与贵金属相似,不再受矿物酸侵蚀。一般认为钝化作用是铬的表面吸附了氧或形成氧化物层所产生,

表 25.5 在高温下铬与其他元素和化合物的反应

反应剂	产物	反应剂	产物
H_2	(吸附)	Br_2	溴化物(红热)
B	硼化物	I_2	CrI_2,CrI_3(750—800℃)
C	碳化物	NH_3	氮化物(850℃)
Si	硅化物(~1300℃)	NO	氮化物,氧化物
N_2	氮化物(900—1200℃)	H_2O	Cr_2O_3,H_2(红热)
P	磷化物	H_2S	硫化物(~1200℃)
O_2	氧化物涂片(600—900℃)	CS_2	Cr_2S_3
	燃烧成 Cr_2O_3(2000℃)	HF	CrF_2(红热)
S	硫化物(700℃)	HCl	$CrCl_2$(红热)
Se	硒化物	HBr	$CrBr_2$(红热)
Te	碲化物	HI	CrI_2(750~850℃)
F_2	CrF_4,CrF_2(红热)		
Cl_2	$CrCl_3$(~600℃)		

表 25.6 铬的腐蚀速率

温度(℃)	mg/(cm^2·h)			
	O_2	H_2O	SO_2	CO
700	0.019	0.002	0.007	0.011
800	0.040	0.015	0.016	0.014
900	0.093	0.048	0.135	0.056
1000	0.265	0.09	0.149	0.128

表 25.7 铬的电极电位

反应	μ	lg$k$	E(V)	温度(℃)
$Cr^{3+}+3e \rightleftharpoons Cr(s)$	0	−37.7	−0.74	25
$Cr^{2+}+2e \rightleftharpoons Cr(s)$	0	−30.9	−0.91	19
$Cr^{3+}+e \rightleftharpoons Cr^{2+}$	≤0.01mol/L	−6.9−	−0.40	18
		−7.9	−0.45	
	0	−6.9	−0.41	25
$[Cr(CN)_6]^{3-}+e \rightleftharpoons [Cr(CN)_6]^{4-}$	1mol/LKCN	−19.3	−1.14	25
$\frac{1}{2}Cr_2O_7^{2-}+7H^++3e \rightleftharpoons Cr^{3+}+3\frac{1}{2}H_2O$	0	−21.6	−1.28	
	0	67.6	1.33	25
$HCrO_2^-+7H^++3e \rightleftharpoons Cr+4H_2O$	≤0.01mol/L	60.6	1.20	25
$CrO_4^{2-}+4H_2O+3e \rightleftharpoons Cr(OH)_3(s)+3OH^-$	0	−6.9	−0.13	25

但至今尚未得出令人满意的解释。已经钝化的铬可通过还原过程,例如用氢气处理或将铬浸在稀硫酸中与锌接触,来重新活化。

铬的基态电子构型为 $1s^2,2s^2,2p^6,3s^2,3p^6,3d^5,4s^1$。其最外层电子分布比 $3d^4,4s^2$ 有利,因为半满的 $3d$ 轨道增加了稳定性。可能是因为存在大量的交换能,半满层得到的 s 态($L=0$)是特别稳定的。

作为一个典型的过渡元素,铬能生成许多有色的和顺磁性的化合物。铬具有下列氧化态:2－,1－,0,1＋,2＋,3＋,4＋,5＋,6＋;最高氧化态为 6＋,相当于 $3d$ 和 $4s$ 电子的总和。最常见和最稳定的氧化态是 2＋,3＋和 6＋。铬在羰基、亚硝基及金属有机配合物等化合物中表现出最低的形式氧化态:2－,1－,0 和 1＋。在这些化合物中铬呈强还原性。

已知在水溶液体系中,铬的最低氧化态为 2＋,而最稳定和最重要的氧化态为 3＋。Cr(III)能形成一些二元化合物如 Cr_2O_3,Cr_2S_3 和 CrX_3(X＝F,Cl,Br,I)。然而 Cr(III)的水溶液化学几乎完全是上千种已知配合物和螯合物的化学。只有极少的 Cr^{4+} 和 Cr^{5+} 化合物被分离出来。这些氧化态的化合物通常作为瞬时中间产物存在于 Cr^{6+} 化合物还原的过程中。实际上不存在 Cr^{4+} 和 Cr^{5+} 的水溶液化学,因为这些铬离子会迅速地歧化为 Cr^{3+} 和 Cr^{6+}。Cr(VI)化合物中除了 CrF_6 以外都是氧合的化合物,它们都是十分有效的氧化试剂(见表 25.7)。Cr^{6+},Cr^{5+} 和 Cr^{4+} 还能形成一系列过氧化物。

1.1.9 铬的生物活性

Cr(VI)化合物如铬酸盐、重铬酸盐,尤其是铬酸会刺激皮肤和黏膜。某些人比较敏感会因此而得皮炎。故在生产和应用这类化合物的工厂中必须采取防护措施。至今没有证据表明 Cr(III)化合物有任何毒性,相反却是哺乳类代谢过程中必须的微量组分。

如使用足够灵敏的分析方法,如原子吸收法、活化分析法,可以发现几乎所有的生物体内都含有铬(见表 25.1)。动物试验表明铬的生物活性与胰岛素之间存在一定的依赖关系。缺铬的动物会出现类似糖尿病的症状,补充铬会使动物的寿命延长。已有一些关于人体中铬的代谢规律的研究工作,对糖尿病患者、老人及营养不良儿童补充铬,能使已受损害的葡萄糖耐受力恢复正常。

铬离子可由肠道吸收(Cr^{3+} 比 Cr^{6+} 困难一些),可能被红血球转送,经代谢后大部分随小便排出,少量存在于粪便中。已发现铬化合物的化学组成与生物效应之间有一定的关系存在。一般地说铬化合物越稳定如 $Cr(acac)_3$,(acac——乙酰丙酮),生物活性越差,而不稳定的铬配合物(如配体为乙二胺,蛋氨酸),则能明显增加功用。写出有关 Cr(III)从吸收到排泄整个过程中各个反应的反应方程式是研究铬生物活性的目标,工作尚在进行中。

1.1.10　分析化学

最常用于测定铬的化学过程是先将铬氧化到Cr(VI)，再用还原剂如硫酸亚铁来滴定。其反应和电极电位为：

$$\frac{1}{2}Cr_2O_7^{2-}+7H^++3e \rightleftharpoons Cr^{3+}+3\frac{1}{2}H_2O \quad 1.33V$$

$$CrO_4^{2-}+4H_2O+3e \rightleftharpoons Cr(OH)_3\downarrow+5OH^- \quad -0.13V$$

其他方法尚有建立在氢氧化铬、铬酸钡及铬酸铅沉淀基础上的重量法、极谱法和色谱法等。

通常在银离子存在下用过硫酸盐、过氧化钠或高氯酸作氧化剂。过量的氧化剂如过硫酸盐、过氧化物可通过煮沸几分钟分解除去，而高氯酸在冷却时几乎没有氧化能力可不必分离。有时加入锰离子，以生成紫红色高锰酸根来指示氧化反应已趋完全，该 MnO_4^- 离子可通过加入叠氮酸、亚硝酸钠或盐酸来分解。

氧化生成的Cr(VI)离子可用硫酸亚铁标准溶液直接滴定，也可先加入过量亚铁溶液后，用重铬酸盐，高锰酸盐或高铈溶液返滴定。终点可用电位法或用相应的指示剂来测定。Cr(VI)也可用碘量法滴定，还原剂为KI，滴定剂为硫代硫酸钠。

钒酸盐随铬酸根一起被滴定，是唯一的干扰物质，必须再一次单独滴定钒后校正。

含铬的矿石、合金等无机试样可经过氧化钠熔融或用 $HClO_4$-H_2SO_4，$HClO_4$-H_3PO_4 等混合酸浸煮处理。但对有机试样(如动、植物组织)就不合适，因为有机物遇到热的氧化剂如高氯酸将发生猛烈的爆炸。处理方法有二，一是先使有机物灰化后再用上法处理，另一是用 $HClO_4$- H_2SO_4- HNO_3 作“湿法灰化”处理，由于 HNO_3 存在，在处理温度还未达到引起高氯酸爆炸的高温(～180℃)时，所有有机物都已破坏。

Cr^{3+} 不适用于直接络合滴定，因为Cr(III)～EDTA络合反应速度太慢。使用返滴定的方法是可取的。首先将Cr(III)～EDTA溶液加热，再用 Zn^{2+}，Mn^{2+}，Fe^{3+} 等离子的标准溶液滴定过量的EDTA。

$[Cr(C_2O_4)]^{3-}$ 常用于分光光度法测定铬，最大吸收为490nm。

为研究铬的生物活性需要，发展了一些分析微量和超微量铬的方法。定性检测：黄色铬酸根(最大吸收为370nm)允许检出极限为1ppm；重铬酸盐与S-二苯基卡巴肼反应产生红紫色(吸收极大为540nm)，允许检出极限为0.01ppm。

原子吸收法，铬的测定下限为10ppb。X荧光分析的测定下限为0.1ppb。

最新发展的超微量分析方法是利用乙酰丙酮及氟代乙酰丙酮金属螯合物的挥

发性进行气相色谱分析。目前用六氟代乙酰丙酮（$CF_3—C(=O)—CH_2—C(=O)—CF_3$，hfa）铬螯合物的检出极限已达到 3×10^{-12} g。

1.2 二元铬合金中的金属间充相

铬与其他元素（B 组分原子）生成多种二元合金，如按它们的组成和结构分类，有 σ 相（herthollide 贝陀立合金）。Laves 相和 Cr_3Si 型化合物三种。它们结构差别主要与半径比（r_A/r_B）及电子数/原子数比率相关。

σ 相与一般化合物不同，组成可在较宽的范围内变化仍保持 $D8_6$ 四面体构型。铬合金中的 σ 相见表 25.8。半径比接近 1，电子数/原子数比率也在很窄的范围内变动。从铬分族（Cr，Mo，W）和镍分族（Ni，Pd，Pt）相互合金中不存在 σ 相可知，电子因素对该类金属间充相的形成是起作用的。

表 25.8 二元铬合金中 σ 相：$D8_6$（四面体）构型

B 组分	B%（原子数比）	r_A/r_B	电子/原子比	T(℃)
Mn	76—84	0.98	6.76—6.84	1000
Tc	55—75	0.94	6.55—6.75	700
Re	～63	0.93	～6.63	1200
Fe	50—56	1.01	7.02—7.14	600
Ru	32—35.5	0.96	～6.68	1200
Os	～40	0.95	～6.75	1000—1300
Co	37—42	1.02	7.11—7.26	1200

Laves 相有三种晶体类型：C15，$MgCu_2$ 型（立方堆积）；C14，$MgZn_2$ 型（六方堆积）；C36，$MgNi_2$（六方堆积）。这些结构的差别在于层的堆积次序。构成 Laves 相的决定因素是构成原子之间的相对大小。A 原子比 B 原子大，原子半径的理想比率是 1.224（见表 25.9）。

Cr_3Si 型（立方，A15）是组成为 A_3B 化合物的基本类型。A 原子有钛族、钒族和铬族元素，B 原子则有 Mn，Fe，Co，Ni，Cu，Al，Si 以及 P 族元素。铬族元素与 Fe，Co，Ni 和 Cu 等构成的 Cr_3Si 型化合物中原子排列及有效体积与纯金属结构中的几乎相同。典型的 Cr_3Si 化合物见表 25.10。

表 25.9　二元含铬的 Laves 相

化合物	c(pm)	a(pm)	c/a	电子/原子比	r_A/r_B	类型
$CrBe_2$	697.5	428.5	1.638	3.33	1.136	C14
$NbCr_2$		699.0		5.67	1.145	C15
$TaCr_2$		697.9		5.67	1.144	C15
$TaCr_2$	806.2	492.5	1.637	5.67	1.144	C14
$TiCr_2$		694.3		5.33	1.140	C15
$ZrCr_2$	827.9	508.9	1.627	5.33	1.250	C14
$ZrCr_2$		719.3		5.33	1.250	C15
$HfCr_2$	823.7	506.7	1.625	5.33	1.232	C14
$HfCr_2$		701.1		5.33	1.232	C15

表 25.10　二元铬合金中 Cr_3Si 相，A15(立方)构型

化合物	a(pm)	r_A/r_B
Cr_3Si	455.0	0.972
Cr_3Ru	468.3	0.957
Cr_3Os	467.7	0.948
Cr_3Rh	465.6	0.953
Cr_3Ir	466.8	0.945
Cr_3Pt	470.6	0.924
Cr_3Ga	464.5	0.909
Cr_3Ge	462.3	0.936

1.3　铬与非金属的二元化合物(除氧以外)

铬能与氢及IIIA，IVA，VA，VIA 族及非金属元素形成二元化合物(见表 25.11)。这些化合物中的铬常呈现反常的氧化态，化合物的性质与金属互化物相似。按照 Hagg's 规则，如非金属原子的半径 r_n 对金属原子的半径 r_m 的比率 r_n/r_m 不超过 0.59，则该二元化合物形成具有简单晶体结构的间充相。

在 CrO_3 溶液中，电解沉积金属铬时会生成 CrH(hcp)和 CrH_2(fcc)，CrH_2 的组成尚未确定。与过渡金属氢化物一样，它们也具有导电性，磁性和其他典型的金属性质。

硼化铬可用多种方法制备，如用碳化硼还原氧化铬，硼与氧化铬反应，电解硼酸盐与氧化铬混合熔体等。它们是具有金属导电性的耐高温固体。由于 r_n/r_m 大于 0.59，这些硼化物是介于间充相和金属互化物之间。5 个硼化物具有四种典型的结构：带孤立的硼原子(Cr_2B，Cr_4B)；带硼原子链(δ-CrB)；带硼原子双链

(Cr_3B_4);有六方二维的硼原子网构成晶格,Cr 则位于 hcp 晶格中。

碳化铬可自金属铬或氧化铬与碳在真空下反应制备,是一种间充相,具有高硬度、耐高温、耐腐蚀等特征。但在空气中加热至 600℃以上时,会氧化。

表 25.11 铬与非金属元素的二元化合物

化合物	结构	晶体常数(pm)				熔点(℃)
		a	*b*	*c*	*β*(°)	
CrH	hcp	272.7		344.1		
CrH_2	fcc	386.1				
Cr_4B	正交	426	738	1471		1750
Cr_2B	四方	518		431		1890
Cr_5B_3	四方	546		1064		2000
CrB	正交	296	781	294		2050
Cr_3B_4	正交	299	1302	295		1950
CrB_2	六方	297		307		~2200
$Cr_{23}C_6$	立方	1063.8				1550(分解)
Cr_7C_3	六方	1398		452		1665
Cr_3C_2	正交	282.1	552	1146		1895
Cr_3Si	立方	456				~1710
Cr_5Si_3	四方					~1600
CrSi	立方	462				~1600
$CrSi_2$	六方	442.2		6351		~1550
Cr_3Si_2	四方	916		464		
Cr_2N	六方	274		445		1650
CrN	立方	414				1500(解离)
Cr_3P	四方	361		456		
Cr_2P						
CrP	正交	536	311	602		
CrP_2						
Cr_2As	四方	361		633		
Cr_3As_2	四方					
CrAs	正交	349	622	574		
CrS	单斜	383	591	609	β=101°36′	
Cr_7S_8	六方	346		576		
Cr_5S_6	六方	598		1151		
Cr_3S_4	单斜	~597	~343	~1136	β=91°9′—91°38′	
Cr_2S_3	六方	594		1119		
Cr_2S_3	三方	594		1679		

续表

化合物	结构	晶体常数(pm)				熔点(℃)
		a	b	c	β(°)	
CrSe	六方	371		603		
Cr_7Se_8						
Cr_3Se_4	单斜	632	362	1177		
Cr_2Se_3						
CrTe						

铬与硅在高温下直接反应或使 Cr_2O_3- SiO_2 混合物在铜存在时用铝还原都可制得类金属性的硅化铬,它们在化学上是惰性的。化合物中同时具有金属性的 Cr—Si 键和共价性的 Si—Si 键。与硼化铬的结构相似,随着硅原子数增加,从以孤立硅原子为特征的结构(如 Cr_3Si)转变到具有孤对、链、层及三维硅原子骨架的结构。

制备氮化铬的方法有:硼化铬与氨反应,铬在 N_2 或 NH_3 中加热反应;$CrCl_3$ 在 NH_3 气中加热等。氮化铬是具有金属性质的耐高温物质,因 $r_n/r_m \leqslant 0.59$,为 σ 相的金属间充相。

在真空石英封管中加热铬和磷;电解磷酸盐和氯化铬的混合熔体;卤化铬与磷化物或磷蒸气反应都能制得磷化铬。结构特征是存在磷原子对、链等集合。铬与砷在惰性气氛中加热也能生成砷化铬。

硫化铬的制备方法有:在真空封管中加热铬和硫;$CrCl_3$,Cr_2O_3 或 Cr 与 H_2S 反应;高硫化物热分解等。它们是 σ 间充相,硒化铬和碲化铬也一样。

还有一类硫代铬酸盐,除 $NaCrS_2$ 外,还制得分子式为 MCr_2S_4 的一系列硫代铬酸盐(M=Cu,Hg,Fe,Sn,Co,Zn,Pb,Ni,Cd,Mn)。

1.4 π 酸配体的铬化合物

铬与许多 d 族过渡元素一样,可以与一些能够稳定金属低价氧化态的中性化合物生成络合物,在这些络合物中金属为零或负价态。这类中性化合物有一氧化碳、一氧化氮、异氰化合物,取代的膦、胂、䏲化合物、芳基胺、1,2-双硫酮化合物等。它们以 σ 轨道电子与金属配位成键,同时以结面与 σ 键轴重合的空 π 轨道来接纳金属反配位电子,显示出 π 酸性。这类化合物我们称为 π 酸配体。从结构上讲,π 酸配体与金属有机化合物中另一类也能稳定金属低价态的配体如环戊二烯、苯等是有区别的。后者用于配位和接纳金属电子反配位的都是 π 轨道,因而在这些金属有机化合物中,金属原子位于配体的分子平面之外;与此相反,π 酸配体络合物中金属原子则位于线性配体的轴上或于平面配体的平面之中。

1.4.1 羰基铬

六羰基铬 $Cr(CO)_6$ 首次制于 1926 年。先由 $CrCl_3$ 与苯基溴化镁和 CO 在乙醚中反应(4℃,1.01×10^5Pa)得到一个不稳定的溶剂合苯基铬化合物,再经水解后得到 $Cr(CO)_6$。这个过程得率低且不稳定。比较可以接受的过程是以铝粉($AlCl_3$ 并存时)或锂铝氢化物作还原剂,使 CO(1×10^7－3×10^7Pa)与悬浮在苯-乙醚混合溶剂中的卤化铬在 140—150℃下反应。在含少量碘或卤代有机化合物的无水吡啶中用镁还原无水乙酸铬(III)或乙酰丙酮合铬(III)(130—180℃,100—200atm)也可以较高产率来制备。

六羰基铬是无色易潮解的固体,微溶于某些有机溶剂如四氢呋喃及烃类。它在 130℃熔融(随即分解)。其热力学性质如下:(单位:kJ/mol)燃烧热－1853.9,生成热－1077.8,－1005.8,蒸发热 69.33—76.2,原子化热 7188.2。主要的键 Cr—C 的解离能为 113.4—123.4kJ/mol。六羰基铬中羰基以八面体配位,分子中的原子间距(pm)为:Cr—C 192,C—O 116。

羰基铬与浓盐酸不反应,与硫酸缓慢反应而在硝酸中迅速分解。它与 I_2,Br_2 不反应,但能被 Cl_2 氧化成 $CrCl_3$。它还能被有机羧酸等氧化。它在液氨中被 Na,Li,Ca 或 Ba 还原成 $[Cr(CO)_5]^{2-}$。此外还可还原成 $[CrH(CO)_5]^-$,$[Cr_2H(CO)_{10}]^-$ $[Cr_3(CO)_{14}]^{2-}$ 等化合物。

1.4.2 羰基铬的衍生物

羰基铬中 CO 配体分子可被其他配体部分取代得到各种羰基铬的衍生物。表 25.12,表 25.13 列出的只是已知这类衍生物的一小部分,从中可看出它们的组成范围是非常宽的。但如取代配体作为 π-受体的能力比 CO 差时,由于从金属原子吸取电子密度的“负担”转移到尚未取代的 CO 配体上,从而限制了可以取代的羰基数。在 $Cr(CO)_6$ 中电子均匀地分布在六个等价的羰基上,M—CO 的键级极值为 1.5。如果取代羰基的配体 L 没有任何 π-受体的能力,当取代后组成为 $Cr(CO)_3L_3$ 时,键级极值已达到 2.0,继续取代是不可能的。

1.4.3 其他 π 酸配位体配合物

亚硝基配合物与羰基化合物最为接近,因为在亚硝基配合物中可以看作以 NO^+(亚硝酰离子)与金属原子配位,而其与 CO 是等电子的。与 W,Mo 不同,不存在简单的亚硝基铬配合物。如在碱性 KCN 溶液中用 NH_2OH 还原 K_2CrO_4 可得到亚硝基与氰基混配的配合物 $K_3[Cr^I(CN)_5NO]\cdot H_2O$,其磁矩为 1.9B。这个配合物还可进一步还原成 $K_4[Cr^0(CN)_5NO]\cdot 2H_2O$，具有弱的顺磁性。还有一些与其他配体混配的亚硝基配合物被研究，如 $[Cr(NO)L_3]$，($L=NH_3$，CN，H_2O)，trans-$[CrCl(NO)(das)_2]^+$ 等。

表 25.12 单啮配体取代的羰基铬化合物

配体	分子式	*a*	*b*
卤素	$Cr(CO)_5X(X=I,CN,NCS)$	—	—
	$Cr(CO)_5X^-(X=Cl,Br,I,NCS)$	—	—
	$Cr_2(CO)_{10}X(X=I,NCS)$	—	—
	$Cr_2(CO)_{10}I^-$	—	—
异腈	$Cr(CO)_a(CNR)_b(R=Me,\phi)$	5,4,3	1,2,3
	$Cr(CO)_3(p\text{-}CN\phi CH_3)_3$	—	—
	$Cr(CO)_a(p\text{-}CN\phi OCH_3)_b$	5,3	1,3
氨基	$Cr(CO)_a(CH_3CN)_b$	5,4,3	1,2,3
	$Cr(CO)_5\phi CN$	—	—
胺基	$Cr(CO)_a(py)_b$	5.4,3	1,2,3
	$Cr(CO)_5\phi NH_2$	—	—
	$Cr(CO)_a(NH_3)_b$	5,4,3	1,2,3
膦基	$Cr(CO)_a(PR_3)_b(R=Et,\phi)$	5,4,3	1,2,3
	$Cr(CO)_a(P\phi Et_2)_b$	4,3	2,3
PCl_3	$Cr(CO)_a(PCl_3)_b$	5,4,3,2	1,2,3,4
胂基	$Cr(CO)_a(As\phi_3)_b$	5,3	1,3
䏲基	$Cr(CO)_5Sb\phi_3$	—	—
$SbCl_3$	$Cr(CO)_a(SbCl_3)_b$	5,3	1,3
THF	$Cr(CO)_5THF$	—	—

表 25.13 其他类型的取代羰基铬化合物

类型	分子式	结构细节
多啮配体	$Cr(CO)_4(aa)$	aa=phen，dipy，en，8-氨基喹啉，chd，$C_2H_4(PEt_2)_2$，$o\text{-}\phi(PEt_2)_2$，diars，DTH
	$Cr(CO)_3(aaa)$	aaa=dien，triars，TTU
七配位	$[Cr(CO)_2(diars)_2X]X$	X=Br，I
	$[Cr(CO)_2(diars)_2X]X_3$	
多核	$(CO)_5CrBCr(CO)_5$	$B=m\text{-}\phi(NH_2)_2$，$p\text{-}\phi(HN_2)_2$，1,3,5-$\phi(NH_2)_3$，P_2Me_4，As_2Me_4，I
	$(CO)_4Cr(PR_2)_2Cr(CO)_4$	R=Me，Et
	$(CO)_3Cren_3Cr(CO)_3$	

注：$Me=CH_3$，$\phi=C_6H_5$，$py=C_6H_5N$，$Et=C_2H_5$，THF=四氢呋喃，phen=1，10-邻菲咯啉，dipy=2，2′-二联吡啶，en=乙二胺，chd=环己烷基-1，2 二胺，diars=o-苯基双(二甲基胂)；DTH=2，5-二硫杂环己烷；dien=二乙基三胺，triars=双(3-丙基二甲基胂)甲基胂，TTU=3，6，9-三硫杂环十一烷。

在液氨中用金属钾还原 $K_3[Cr^{III}(CN)_6]$可以得到一个暗绿色的反磁性化合物 $K_6[Cr^0(CN)_6]$，它能与 CO 反应生成 $K_3[Cr^0(CO)_3(CN)_3]$。

2,2′-二联吡啶是一个带 π 酸性的双嗤配件，它可以稳定铬的低价态(2^+，1^+ 和 0)，典型的化合物有$[Cr^{II}(dipy)_3](ClO_4)_2$，$[Cr^I(dipy)_3]ClO_4$ 和$[Cr^0(dipy)_3]$。这些化合物在空气中会自动氧化并释放热量及分解。

用乙酸亚铬与异氰反应可得到$[Cr^0(CNR)_6]$，六苯基异腈合铬为反磁性的红色晶体，m. p. 178. 5℃。

还有一类以 $R_2C_2S_2$ 为配体的配合物$[MS_2C_2R_2]^z$，如 R=CN，z=3－，2－或 1－；R=CF_3，C_6H_5，z=2－，1－或 0。

1.5 铬的金属有机化合物

在 1919 年，人们就用无水 $CrCl_3$ 与溴化苯基镁在乙醚中反应得到铬与苯的化合物，但其结构直到 1954 年才搞清。这就是有名的“夹心面包”式化合物二苯合铬。在化合物中，苯基的大 π 键轨道既提供了配位键合电子又是反配位键的受体。这与上节讨论的 π 酸配体配合物是不同的。

适用于金属有机化合物的 18 电子规则在铬化合物中的应用如下：铬原子的价层电子数为 6，在计数时按络合体的电荷增减，在+1 价阳离子中为(6－1)=5，在中性化合物中为(6－0)=6，在－1 价阴离子中为(6+1)=7。配体贡献的电子数规定为：烷基(和・Cl，・CN，・H 等相似)为 1；乙烯(和 CO 相似)为 2；π-烯丙基(与 NO 相似)为 3；环丁二烯，丁二烯为 4；π-环戊二烯基为 5；苯，环庚三烯为 6；π-环庚三烯基为 7；环辛四烯为 8 等。在二苯合铬中，每个苯环贡献 6 个电子，化合物为中性，铬原子也贡献 6 个电子，总计 18 个电子。在$[C_5H_5Cr(CO)_4]^+$中，铬为 5 个电子，4 个羰基共提供 8 个电子，环戊二烯基为 5 个电子总计仍是 18。

按通用的金属有机化合物制备方法，在苯中用 Al 还原 $CrCl_3$，可得到$[(\pi\text{-}C_6H_6)_2Cr]^+(AlCl_4)^-$，它可被亚硫酸钠还原成二苯合铬。用此法还可制得相应的联苯基和苯基-联苯基混配配合物。

二苯合铬(0)如暴露在空气中会慢慢氧化分解。在真空中于 150℃升华，在惰性气氛下于 284—285℃熔化，于 300℃分解。不溶于水，稍溶于苯和相似的溶剂。晶体属立方晶系(空间群 $Pa3-T_h^6$)，反磁性，燃烧热(20℃)为 7213. 2kJ/mol，气相生成热为－243. 9kJ/mol。

把研细的$(C_6H_6)_2Cr$ 悬浮在苯与水的混合溶剂中，通入空气后可从水相结晶析出$[Cr(C_6H_6)_2]^+$的盐。如碘化物是顺磁性的黄色晶体，在空气中稳定，溶于水和醇中。

还有一类苯的化合物是 $Li_3[Cr(C_6H_5)_6]\cdot 2,5(C_2H_5)_2O$，它是由 $Li(C_6H_5)$与 $CrCl_3$ 反应制得。配体是苯自由基($C_6H_5\cdot$)其键性与“夹心面包”式的二苯合铬是

不同的。

π-环戊二烯络合物是另一类重要的有机铬化合物。它们可用许多方法制备，例如环戊二烯配体与 $Cr(CO)_6$ 反应；环戊二烯碱金属盐与铬盐如 $CrCl_3$ 反应；环戊二烯基格林那达试剂与铬盐反应等。如将已制得的 π-环戊二烯基铬可经氧化或还原使铬原子处于各种氧化态。用别的配体置换环戊二烯可得到其他络合物。

近来金属有机化学是非常活跃的一个研究领域，许多新化合物不断被发现和制备。表 25.14 列出一些例子供参考。

表 25.14　一些 π-键合的有机铬化合物

类型	化合物	熔点(℃)	颜色
烯丙基	$Cr(C_3H_5)_3$	—	深红
	$CH_3(C_3H_5)CrCp(CO)_2$	118—121	橙
	$CplCrCp(CO)_2$	74—75	黄
环戊二烯	Cp_2Cr	173	猩红
	$CpCrX_2$(X=Cl,Br,I)	—	绿或蓝
	CpCrBracac	190(分解)	绿
	$CpCr(CO)_3H$	57—58(分解)	黄
	$CpCr(CO)_2(NO)$	67—68	橙红
环戊二烯	$CpCr(NO)_2X$(X=F,Cl,Br,I,CN,SCN)	—	
	$CpCr(NO)_2R$($R=CH_3,CH_2Cl,C_5H_5,C_2H_5,C_6H_5$)	—	
	$[CpCr(CO)_4]BF_3$	—	
	$[CpCr(NO)_2CO]PF_6$	—	橄榄
芳烃	$CpCrC_6H_6$	227—229	橙
芳烃羰基	$C_6H_6Cr(CO)_2Py$	—	红
	p-$F_2\phi Cr(CO)_3$	111	黄
	p-$Cl_2\phi Cr(CO)_3$	88	黄
	$MtlCr(CO)_2Py$	—	红
	$MtlCr(CO)_2C_2H_4$	—	红
	(萘)$C_{10}H_8Cr(CO)_3$	150—160(分解)	黄
	(蒽)$C_{14}H_{10}Cr(CO)_3$	189—192(分解)	黑
	(菲)$(C_6H_4CH)_2Cr(CO)_3$	157—160	红
	(䓛)$C_{18}H_{12}Cr(CO)_3$	129—130(分解)	暗红
	(芘)$C_{16}H_{10}Cr(CO)_3$	—	红
双核	$[CpCr(CO)_3]_2$	163—168(分解)	无色
	$[Cp_2Cr][CpCr(CO)_3]$	190—193(分解)	棕
	$[Cp_2Cr][CpCrCl_3]$	—	
	$[(Cp_2Cr(CO)_3]_2Hg$	—	

注：Cp=环戊二烯，Cpl=环戊单烯，acac=乙酰丙酮，py=吡啶，Mtl=1,3,5-三甲基苯。

1.6 氧化态为II的化合物

1.6.1 无水二价铬卤化物

所有四种卤化亚铬都是已知的，它们的一些性质见表 25.15。

用 H_2 还原 CrF_3，用 HF 与 Cr 反应都可以制备 CrF_2，但得到的产物会被原料及氧化产物所污染，很难得到纯的 CrF_2。新发展的方法可以较高产率得到纯的产物，它们是 $(NH_4)_3CrF_6$ 的热分解；在 1100℃ 时 CrF_3 的歧化反应；SnF_2 熔体与 $CrCl_3$ 还原反应等。CrF_2 几乎没有反应活性，相当稳定。

表 25.15 卤化亚铬的性质

卤化物	颜色	自元素生成的热力学数据			熔点(℃)	Cr—X 键长(pm)
		$-\Delta H^\circ$ (kJ/mol)	$-\Delta G^\circ$ (kJ/mol)	$-\Delta S^\circ$ (J/mol · K)		
CrF_2	绿	757.3，761.5	711.3，719.7	142	894	2 根为 243 2 根为 201 2 根为 198
$CrCl_2$	白	384.9—405.9	351.5，355.6	130—134	820—824	2 根为 291 4 根为 240
$CrBr_2$	白	338.9，359.8		142.3	844	2 根为 300 4 根为 254
CrI_2	红棕	159.0		154.8	868	2 根为 324 4 根为 274

制备氯化亚铬的方法有：在 500℃时用含 HCl 的氢气流还原 $CrCl_3$；在 1150—1200℃时 HCl 与 Cr 反应以及干燥的 HCl 气体与无水乙酸亚铬反应等。氯化亚铬极易潮解，氧化并溶于水中成为天蓝色的液体。无水氯化亚铬在真空中能加热升华，如吸附 NH_3 气体可生成加合物 $CrCl_2 \cdot nNH_3$ ($n=1$—6)。

无水溴化亚铬可用相似的方法制备，例如用含 HBr 的氢气还原 $CrBr_3$；用无水的 HBr 或溴化乙酰与无水乙酸亚铬反应以及在 800—900℃时使 Cr 在 Br_2- H_2 混合气流中氧化等。溴化亚铬是白色晶态粉末，在空气中迅速氧化，能溶于水。它在气态时是双聚体。

碘化亚铬通常直接用元素反应来制备，产物中混有一些 CrI_3，可通过升华来得到纯的 CrI_2。碘化亚铬为红棕色的片状晶体，能溶于水，对空气和潮气都非常敏感。CrI_2 在 1100—1400℃真空热分解可得纯金属铬。

卤化亚铬具有一个畸变的金红石型结构，每个 Cr 原子周围有 6 个卤原子，它们形成一个畸变的八面体，Cr—X 键长见表 25.15，Cr—F 键是离子型的而其他 Cr—X 键有明显的共价性。与铬分族中的 W，Mo 不同，在卤化亚铬中不存在金属—金属键，最近的金属原子间距为 350pm（而金属 Cr 中为 249.8pm）。氯化亚铬现已知为一链状结构，在链中 $CrCl_6$ 八面体单元由短的 Cr—Cl 链相接，而链与链之间由长的 Cr—Cl 链相接。溴化亚铬和碘化亚铬是一种带状的结构。

1.6.2　二价铬的卤合配合物

已知的氟合配合物有 $Na_2[CrF_4]$，$NH_4[CrF_3 \cdot 2H_2O]$ 和 K[$(CrF_3$]。如在石油醚中使无水乙酸亚铬与 KHF_2 反应可得到 $K[CrF_3]$。已发现的氯合配合物有 $Na_3[CrCl_5]$，$M[CrCl_3]$ 和 $M_2[CrCl_4]$（M＝K，Cs，Rb）。其中 $Cs[CrCl_3]$ 和 $Rb[CrCl_3]$ 具有六方的 $Cs[NiCl_3]$ 型结构。

1.6.3　二价铬盐和配合物

二价铬离子在水溶液中呈天蓝色，按 $Cr^{3+} + e \rightleftharpoons Cr^{2+}$　$E^\circ = 0.41V$，可知其为一强的还原剂。亚铬离子很容易被空气氧化，可能发生的机理是经过一个含 Cr—O_2—Cr 桥的中间配合物，产物是双核羟桥配合物 $[(H_2O)_4Cr(OH)_2Cr(H_2O)_4]^{4+}$。由于亚铬离子对氧化反应的敏感性，在制备及储存过程中必须防止亚铬盐及溶液与空气接触。通常使用一个全玻璃的系统使各种操作都能在真空和惰性气氛下进行。

一般用锌或锌汞齐还原三价铬盐的酸性溶液来得到亚铬离子。但亚铬盐溶液中含 Zn^{2+} 离子，可用乙酸亚铬沉淀使其与锌分离。如用纯铬（通常为电解铬）在隔绝空气的条件下与酸反应也可得到亚铬盐溶液，但杂质的存在将明显地催化生成三价铬的反应。

作为制备其他二价铬化合物的起始材料，乙酸亚铬是最合适的，因为它的溶解度相对最小，也最稳定。例如与 HCl 反应可得氯化亚铬；与乙酰丙酮可得 $Cr(acac)_2$。乙酸亚铬的稳定性显然与它的二聚结构有关。这是一个有羧桥结构的双核配合物，其组成为 $Cr_2(CH_3COO)_4 \cdot 2H_2O$。分子构型的特征是四个乙酸根形成四个羧基配位桥把两铬原子连在一起，在二个铬原子相对位置上各有一个配位水分子（见图 25.1）。各原子间距为：Cr—O（羧氧），197pm；Cr—O（H_2O），220pm；Cr—Cr，246pm。短的 Cr—Cr 距离表明两个铬原子之间存在强的相互作用，形成金属—金属($\sigma\pi^2\delta$)四重键。Cr(II)的电子构型为 d^4，因金属—金属键而完全成对，故在室温时为反磁性。其他有机羧酸的亚铬化合物也是反磁性的，看来具有与乙酸亚铬相似的结构。

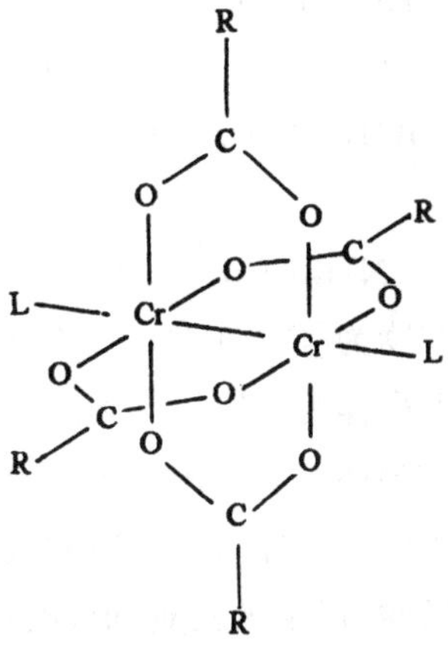

图 25.1 二价铬羧酸盐的二聚结构

其他的亚铬盐如 $CrX_2 \cdot nH_2O$(X=Br，I，ClO_4)；$CrCl_2 \cdot 4H_2O$；$CrC_2O_4 \cdot 2H_2O$；$CrSO_4 \cdot 5H_2O$ 等都可直接用金属铬或乙酸亚铬来制备。

已有一些亚铬盐加合物被制备，如 $CrX_2 \cdot 2CH_3CN$(X=Cl，Br，I)；$CrX_2 \cdot 2py$(X=Cl，Br)；$CrI_2 \cdot 4py$；$CrX_2 \cdot 6py$(X=Br，I)。以及 $CrCl_2 \cdot 2DMSO$，$CrBr_2 \cdot 3DMSO$，$CrI_2 \cdot 4DMSO$ 等。还有一些络合物如$[Crpy_3](ClO_4)_2$，$[Cr(dipy)_2](ClO_4)_2$ 及 $K[Cr(CN)_6] \cdot 3H_2O$ 也有报道。

1.6.4 二价铬氧化物和氢氧化物

在早期报道中，二价铬的氧化物是通过 HNO_3 与铬汞齐反应得到易潮解的黑色粉末，在空气中会燃烧生成 Cr_2O_3，纯的 CrO 是一个棕红色的六方形晶体，可通过在氟化钠熔体中，在还原气氛(H_2+N_2)下加热 Cr_2O_3 得到。它的 X 粉末衍射图与 BeO 和 ZnO 相似。CrO 在所有温度下都是介稳的，不溶于水和某些稀酸，但却溶于稀盐酸生成一个含 Cr(II)和 Cr(III)的溶液。

二价铬的氢氧化物是一个黄色的沉淀，可在隔绝空气的情况下用碱中和 Cr(II)盐溶液制得。它不溶于水和稀酸，但慢慢地溶于浓酸。是一个强还原剂。

1.6.5 电子转移反应

电子转移反应有二种。一种为外层反应，其机理简述为：在活化中间体中，氧化剂络离子和还原剂络离子的配位层仍保持完整，电子转移通过配位层间的隧道效应进行；另一种为内层反应，其机理为：氧化剂络离子和还原剂络离子由某些配体桥联形成活化中间体，通过此桥联配体进行电子转移。二价铬离子在研究内层反应机理中最为适宜。这是因为二价铬离子的配位反应是动力学活性的，而三价铬离子的配位反应是动力学惰性的，这样使用二位铬离子确保了桥联的活化中间体生成。及相应的配体取代反应都发生在电子转移之前。过渡元素中还有二价钴离子也是如此，常在研究内层机理中应用。

研究得最多的反应类型为：Cr(II)+Co(III)→Cr(III)+Co(II)，这里各个离子实际上都是配位饱和的。一个典型的特征反应是$[Co(NH_3)_5Cl]^{2+}$ + $[Cr(H_2O)_6]^{2+}+5H_2O \rightarrow +[Co(H_2O)_6]^{2+}+[Cr(H_2O)_5Cl]^{2+}+5NH_4^+$。由于Co(III)和Cr(III)都是惰性的，上述反应过程必定是先生成活化中间体

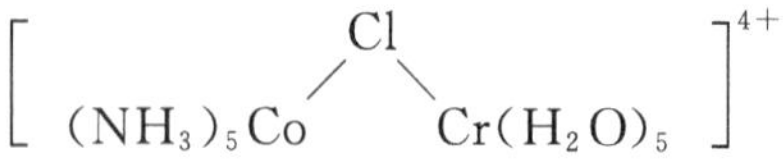

，电子经氯原子自Cr原子转移到Co原子上后，产物为$[Cr(H_2O)_5Cl]^{2+}$和$[Co(NH_3)_5H_2O]^{2+}$，因Co(II)是活性的，在酸性溶液中氨配体为水取代得到$[Co(H_2O)_6]^{2+}$。各种$[Co(NH_3)_5X]^{2+}$都能被Cr(II)以同样机理还原，已知可作桥联配体(X)有：F^-，Br^-，I^-，SO_4^{2-}，N_3^-，NCS^-，PO_4^{3-}，$P_2O_7^{4-}$，OH^-，一元羧酸根，草酸根，琥珀酸根(丁二酸)，马来酸(顺丁烯二酸)根，富马酸(反丁烯二酸)根，巴豆酸(丁烯酸)根等。Cr(II)还原$[Co(NH_3)_6]^{3+}$的反应比还原$[Co(NH_3)_5X]^{2+}$要慢得多。这是因为NH_3是单啮配体不能生成桥联的活化中间体，电子转移只能通过外层机理进行。

桥联配体对电子转移反应的影响可分为二类，一是关于无机配体。如卤素，有下列顺序，即$N_3^- >> I^- > Br^- > Cl^- > F^-$；一是关于有机配体，对一元羧酸由于活化中间体为

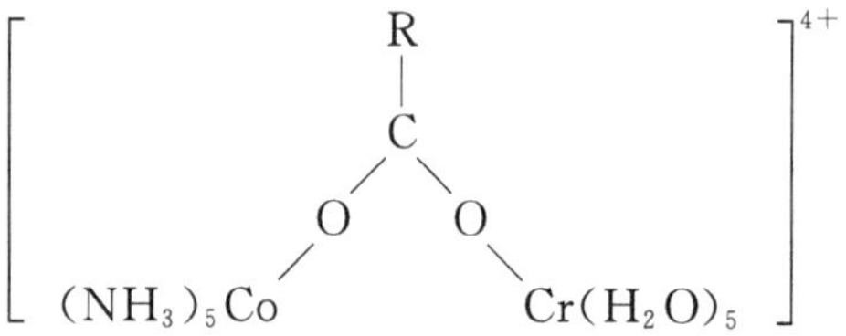

，由于以一个羧基作配位桥，空间位阻使中间体难以生成，电子转移反应是较慢的，而对二元羧酸，尤其是带共轭体系的富马酸等，其活性中间体为

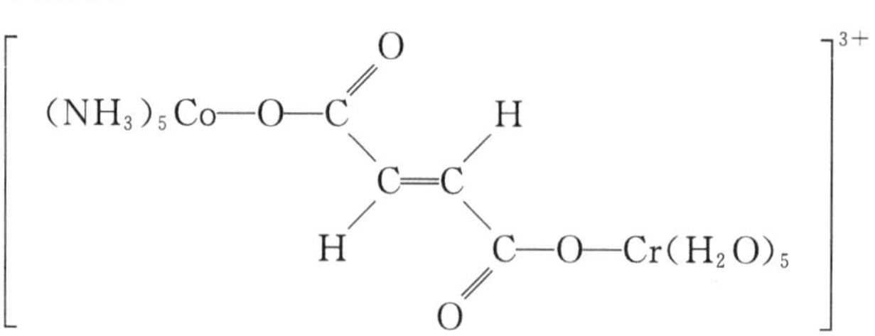

反应速率比一元羧酸配体的要快好几倍。

Cr(III)的络合物是惰性的，一般虽在酸性溶液中，水合反应也很难进行，但是如有微量Cr(II)存在，某些Cr(III)配合物的水合反应就能明显被催化，实际上就是上述的电子转移内层反应机理，即：

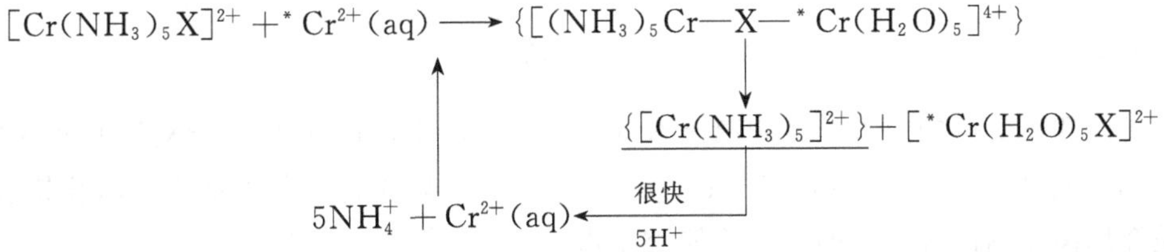

（* 表示在电子转移以前的 Cr^{2+}，$X=F^-, Cl^-, Br^-, I^-$）。二价铬离子还能催化 *cis*—和 *trans*—$[Cren_2XCl]^{n+}$（X=Cl，H_2O）一类的水合反应，非成桥配体 X 的几何位置对反应速率影响很大，观察到的次序为：*cis*-$[Cren_2H_2OCl]^{2+}$ < *cis*-$[Cren_2Cl_2]^+$ << *trans*-$[Cren_2H_2OCl]^{2+}$ < *trans*-$[Cren_2Cl_2]^+$。

在某些条件下，如 Cr(II)不是微量的，溶液中$[H_3O^+]$含量很少此时生成的活化中间体中会有羟桥出现；如有 EDTA 等多啮配体存在时，会出现多桥；如在水合反应过程中添加卤素离子会使产物组成变化等。有关研究结果很多，有兴趣的读者可查阅专著。

1.7 氧化态为III的化合物

1.7.1 无水三价铬卤化物

无水三卤化铬 CrX_3 的一些性质分列如下：CrF_3，绿色，熔点 1100℃，Cr—X 键长 190pm；$CrCl_3$，红紫色，熔点 1152℃，Cr—X 键长 238pm；$CrBr_3$，绿色，熔点约 1130℃，Cr—X 键长 257pm；CrI_3，黑色。它们的磁矩都在 3.69—4.1B.M. 之间。

无水三卤化铬的结构特征是由 CrX_6 八面体单元连结成层，键性以共价为主。如在 $CrCl_3$ 中，层间距为 576pm，层内 Cr 原子之间最短距离为 346pm，表明不存在金属—金属键，结构中存在螺旋状位错。与此同构的还有 CrI_3。

一般用金属铬的卤化反应就可直接得到无水三卤化铬。此外，如在 650℃时将 $CrCl_3 \cdot 6H_2O$ 与 CCl_4 蒸气流反应，可高产率地得到不含 CrOCl 的无水 $CrCl_3$。

无水三卤化铬不溶于水，但有 Cr(II)或还原剂（如 Zn 等）存在时会慢慢溶解。其原因可能是形成了电荷转移的桥联配合物，$[Cr^{2+}—X—Cr^{3+}\cdots X]$。有 Zn 存在时，三氯化铬可与四氢呋喃生成一个稳定的加合物，$CrCl_3 \cdot 3THF$，这也可能是因为 Cr(II)中间体的帮助。在金属有机化学研究中，无水三卤化铬是重要的原料。

无水三卤化铬在高温时会发生分解，产物为二卤化铬和卤素。碘化物的分解温度最低约在 500℃，而氯化物的分解温度为 1300℃。

1.7.2 三价铬的卤素配合物和卤氧化物

已知三价铬的卤素配合阴离子有$[CrX_6]^{3-}$(X=F,Cl,Br,I);$[CrX_5H_2O]^{2-}$(X=F,Cl);$[Cr_2X_9]^{3-}$(X=Cl,Br,I);$[Cr_3F_{14}]^{5-}$。一般的制备方法是使三卤化铬和碱金属卤化物混合后熔融。产物能溶于水。

单核的氟合配合物是绿色的,氯合配合物是绿或红紫色。

$[Cr_2X_9]^{3-}$因有像$[W_2Cl_9]^{3-}$那样的组成而引起人们的兴趣。经研究分子中Cr—Cr为312pm,表明不像$[W_2Cl_9]^{3-}$那样存在金属—金属键。

CrOCl是使$CrCl_3 \cdot 6H_2O$脱水生成。其他制备方法有用Cr_2O_3与$CrCl_3$在高温下反应等。此卤氧化物的磁矩为3.9B.M.,Cr—Cr距离为304pm,因此也不存在金属—金属键。

1.7.3 三价铬的氧化物和氢氧化物

三价铬的氧化物Cr_2O_3,绿色,熔点约2275℃,但低于此温度就开始分解,其标准生成焓为-1128.4kJ/mol,标准生成自由能为-1046.8kJ/mol。Cr_2O_3晶体结构与Al_2O_3相似,其六方晶胞的参数为a,495.0pm,c,1366.5pm,$c/a=2.761$。其密度随不同的制备方法而异,大约为5.22g/cm³。

许多铬的化合物如水合三氧化铬,硝酸铬,$[Cr(NH_3)_6](NO_3)_3$和许多配合物,$HgCrO_4$及$(NH_4)_2Cr_2O_7$等锻烧后的产物为Cr_2O_3。如将铬酸盐和重铬酸盐在还原剂共存时灼烧产物也是Cr_2O_3。

如将Cr_2O_3与二价金属氧化物一起熔融可得到次铬酸盐。这类复合氧化物的结晶属尖晶石型,在$M^{II}O\text{-}Cr_2O_3$的结构中,氧原子组成一立方密堆积的骨架,而二价金属原子位于四面体空穴,三价的铬原子位于八面体空穴。唯一有工业价值的铬矿,铬铁矿$Fe(CrO_2)_2$就是一种尖晶石型的次铬酸盐。

氢氧化铬可以看作三价铬离子在水溶液中经连续的羟合(olation)过程,即通过OH^-基团桥连聚合过程的最终产物。水合程度随制备条件而异。究竟氢氧化铬是一个化合物还是不同水合程度的水合物的混合体,这个问题至今尚在研究中。目前已知在不同的制备条件下得到的产物,差别极大。例如从不同的三价铬氯化物的溶液中用氨水可沉淀分离出二种所谓的$Cr(OH)_3 \cdot 3H_2O$。A型的$Cr(OH)_3 \cdot 3H_2O$是从$[Cr(H_2O)_4]Cl_3$溶液中得到的,如将其溶于稀酸生成一系列的$[Cr(H_2O)_6]^{3+}$盐,而从$[Cr(OH)_4Cl_2]Cl$溶液得到的B型氢氧化物在溶解后却形成$[Cr(H_2O)_4Cl_2]^+$的盐。还有一种氢氧化物$Cr(OH)_3 \cdot nH_2O$是用乙醇还原CrO_3时产生。

1.7.4 三价铬的配位化学

三价铬离子有极大的生成配位化合物的能力，过渡元素中只有三价钴离子可以与其匹敌。三价铬的溶液化学几乎完全是配位化学。由于 Cr(III)和 Co(III)的配合物是动力学惰性的，故常被用来研究配体取代反应。三价钴和三价铬的差别在于三价铬比较容易发生水解并生成多核配合物。

1. 三价铬配合物分类

几乎所有能起路易斯碱作用的离子和分子都能与三价铬离子生成配合物，为数极大。可以根据中心原子和配体的络合程度分为单啮和双啮配体的单核配合物，多啮配体的单核配合物及多核配合物等几类。各类的典型例子分别见表 25.16、表 25.17 和表 25.18。

表 25.16 一些带单啮配体和双啮螯合配体的 Cr(III)单核配合物

类型	配体
$[CrA_6]^{3+}$	A=H_2O;NH_3;NH_2CONH_2;$\frac{1}{2}$en;$\frac{1}{2}$pn;$\frac{1}{2}$dipy;$\frac{1}{2}$phen;$\frac{1}{2}$缩二胍
$[CrA_5B]^{3+}$	A,B=NH_3,H_2O
$[CrA_5X]^{2+}$	A,X=H_2O,Cl;H_2O,NO_3;NH_3,Cl;NH_3,Br;NH_3,NO_3;NH_3,NO_2
$[CrA_3B_2X]^{2+}$	A,B,X=NH_3,H_2O,Cl;NH_3,H_2O,Br
$[CrA_4X_2]^+$	A,X=$\frac{1}{2}$en. ONO;$\frac{1}{2}$en,Cl(*cis*);$\frac{1}{2}$en,SCN(*trans*); $\frac{1}{2}$dipy,Cl;$\frac{1}{2}$phen,Cl;$\frac{1}{2}$dipy,$\frac{1}{2}$ox;$\frac{1}{2}$phen,$\frac{1}{2}$ox
$[CrA_3BX_2]^+$	A,B,X=NH_3,H_2O,Cl;NH_3,H_2O,Br
$[CrA_3X_3]^0$	A,X=H_2O,Cl;C_2H_5OH,Cl;NH_3,Cl;THF,Cl;py,Cl;*N*-取代的酰胺,Cl
$[Cr(AX)_3]^0$	AX=acac;hfa;3-溴代乙酰丙酮;甲酰丙酮;甲酰乙酸;$CH_3COCH=(NHC_6H_4CH_3)CH_3$; 二苯酰甲烷;甘氨酸;丙氨酸;甲硫基丁氨酸;二乙酰基胺;二苯酰胺
$[CrA_2O_4]^-$	A,X = NH_3, SCN; $C_2H_5NH_2$, SCN; py, SCN; H_2O, $\frac{1}{2}$ox(*cis*); NH_3, $\frac{1}{2}$ox(*cis*); $\frac{1}{2}$dipy,$\frac{1}{2}$ox;$\frac{1}{2}$phen,$\frac{1}{2}$ox
$[CrAX_5]^{2-}$	A,X=H_2O,Br
$[CrX_6]^{3-}$	X=CN;SCN;$\frac{1}{2}$ox

注：A,B=单啮中性分子或$\frac{1}{2}$双啮中性分子；X=一价配位阴离子或$\frac{1}{2}$二价双啮阴离子；AX=由一个中性基团和一个负基团组成的双啮配体。

en=乙二胺；pn=丙二胺；dipy=2,2-二联吡啶；phen=1,10-磷氮杂菲；py=吡啶；acac=乙酰丙酮；hfa=六氟代乙酰丙酮；THF=四氢呋喃；ox=草酸根。

表 25.17　一些多啮配体的 Cr(III)配合物

配体	分子式	类型	配合物
亚氨基二乙酸根(IDA)	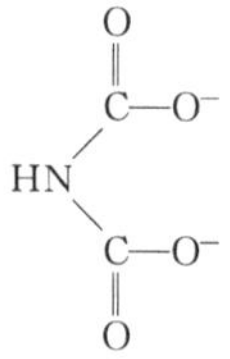	三啮	$[Cr(IDA)_2]^-$ ·(*cis*) $[Cr(IDA)\cdot(H_2O)_3]^+$
甲基亚氨基二乙酸根(MIDA)	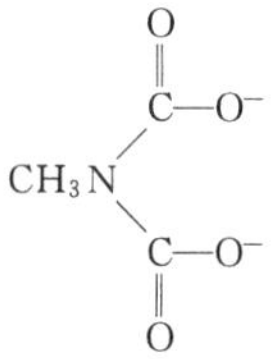	三啮	$[Cr(MIDA)_2]^-$ (*trans*,平面的) $[Cr(IDA)(MIDA)]^-$(*cis*)
三乙撑四胺(trien)	$NH_2(CH_2)_2NH(CH_2)_2NH(CH_2)_2\cdot NH_2$	四啮	$[CrtrienCl_2]^+$(*cis*)
乙二胺四乙酸根(EDTA)	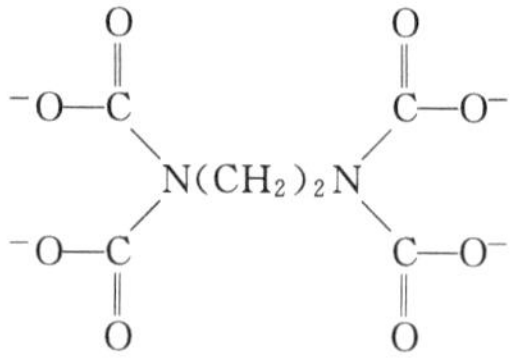	五啮	$[Cr(EDTA)(H_2O)]^-$
四乙撑五胺(tetren)	$NH_2(CH_2)_2NH(CH_2)_2NH(CH_2)_2\cdot NH(CH_2)_2NH_2$	五啮	$[CrtetrenCl]^{2+}$
1,3-丙二胺四乙酸根(PDTA)	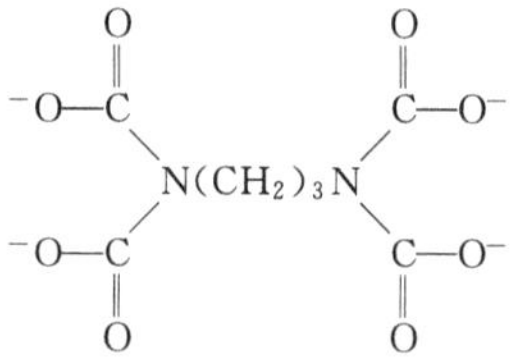	六啮[a]	$[Cr(PDTA)]^-$

a)虽然 EDTA 具有 6 个配位基团,但由于成环时的张力,最后一个配位基团不能键合,在 PDTA 中增加了一个次甲基(—CH_2)克服了这个张力,故如上表。

2. 立体异构体

三价铬配合物能生成多种异构体,例如分子式为 $CrCl_3\cdot 6H_2O$ 的化合物就有三种异构体:$[Cr(H_2O)_6]Cl_3$,$[Cr(H_2O)_5Cl]\cdot Cl_2\cdot H_2O$,和$[Cr(H_2O)_4Cl_2]Cl\cdot 2H_2O$,它们被称为水合异构。据维尔纳统计有 11 种类型的异构体。其中最重要的是立体异构,即几何和光学异构。在早期配位化学研究中往往先预测配合物可能形成立体异构的数目和性质,然后将这些异构体制备和分离出来从而证明配位化学理论的正确性。现在研究反应机理时仍需考虑到初始物、中间体及产物之间可能出现的异构关系。

表 25.18 一些桥联的三价铬络合物

化合物	桥联配体	附注
$[(NH_3)_5Cr(OH)Cr(NH_3)_5]^{5+}$	1 个 OH^-	即“Rhodochromium(III)”离子
$[(NH_3)_5Cr(OH)Cr(NH_3)_4(H_2O)]^{5+}$	1 个 OH^-	“Erythrochromium(III)”离子
$[(NH_3)_5CrOCr(NH_3)_5]^{4+}$	1 个 O^{2-}	“碱式 Rhodochromium(III)”离子
$[(NH_3)_5Cr(OH)Cr(NH_3)_4(OH)]^{4+}$	1 个 OH^-	“碱式 Erythrochromium(III)”离子
$[(NH_3)_5Cr(OH)Cr(NH_3)_4Cl]^{4+}$	1 个 OH^-	“氯代 Erythrochromium(III)”离子
$[en_2Cr(OH)_2Cren_2]\cdot Br_4 2.5H_2O$	2 个 OH^-	en=乙二胺
$[(C_2O_4)_2Cr(OH)_2Cr(C_2O_4)_2]^{4-}$	2 个 OH^-	
$[(gly)_2Cr(OH)_2Cr(gly)_2]$	2 个 OH^-	gly=甘氨酸根
$[(ala)_2Cr(OH)_2Cr(ala)_2]$	2 个 OH^-	ala=丙氨酸根
$[(phe)_2Cr(OH)_2Cr(phe)_2]$	2 个 OH^-	phe=苯基丙氨酸根
$[(phen)_2Cr(OH)_2Cr(phen)_2]^{4+}$	2 个 OH^-	phen=1,10-邻氮杂菲
$[(H_2O)_4Cr(OH)(SO_4)Cr(H_2O)_4]^{3+}$	1 个 OH^-，1 个 SO_4^{2-}	
$[Cr_2(\phi_2PO_2)_2(\phi_2PO_2)_2(H_2O)_4\cdot(OH)_2]$	2 个 $\phi_2PO_2^-$	$\phi=C_6H_5$ 苯基，异构体：4meso；4 非活性(对称中心)；17*d*,*l* 对
$[Cr_3(OH)_2(HCOO)_6]HCOO$	6 个 $HCOO^-$	
$[Cr_3(CH_3COO)_6O]^+$	6 个 $HCOO^-$，1 个 O^{2-}	Cr 原子在等边三角形的顶点上，氧原子位于三角形中心，每条边上有二个桥联乙酸根
$[Cr_4(OH)_6en_6]I_6\cdot 4H_2O$	6 个 OH^-	en=乙二胺 4 个铬原子组成四面体结构

在配位数为 6 时，Cr(III)具有正八面体构型，Cr 离子位于八面体中心，配位键指向 6 个顶点(见图 25.2(a))。为方便起见，只画出八面体的赤道平面(2,3,4,5)和垂直轴 1,6(见图 25.2(b))。这 6 个顶点本身是等价的。所以对$[CrA_6]^{3+}$，$[CrX_6]^{3-}$，$[CrA_5X]^{2+}$和$[CrAX_5]^{2-}$这些络合物来说不存在立体异构现象。对$[CrA_4X_2]^+$和$[CrA_2X_4]^-$络离子将出现顺式(*cis*,1,2)和反式(*trans*,1,6)二种几何异构体，例如 *cis*-和 *trans*-$[Cr(NH_3)_4Cl_2]^+$(见图 25.2(c)，(d))。这二种异构体分别为绿色和紫红色。$[CrA_3X_3]$型配合物也有顺反二种几何异构体(*cis*-1,2,3 和 *trans*-1,2,6)(见图 25.2(e)，(f))，例如$[Cr(NH_3)_3Cl_3]$和$[Crpy_3Cl_3]$。可以看出一个规律，在顺式中三个相同的配体总是位于八面体中任一个面的三个顶点上，而在反式中三个相同的配体位于八面体赤道平面的三个直角顶点上。这些由单啮配体形成的配合物只有几何异构体而没有光学异构现象。

光学异构体是指二个外型相似，互为映象而不可重叠的对映体，例如左手和右手。常用 *d* 表示右旋，*l* 表示左旋，*maso* 表示内消旋。当用多啮配体取代单啮配体

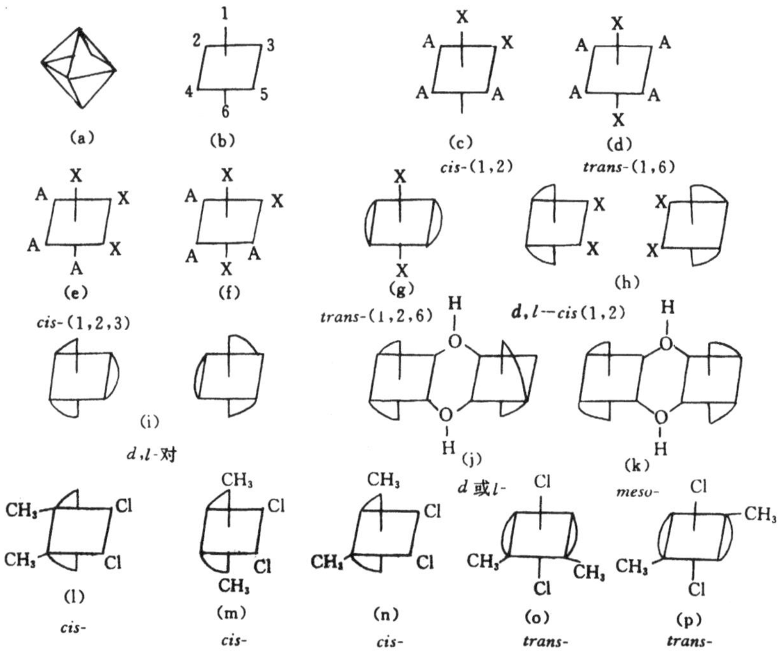

图 25.2　Cr(III)的立体异构

后就可能出现光学异构体,例如$[Cren_2Cl_2]^{3+}$的反式异构体不具光学活性[见图 25.2(g)],而顺式异构体,本身没有对称元素因而有一对光学异构体(见图 25.2(h),图中弧线表示二啮配体)。还有虽然已知$[Cr(\widehat{AA})_3]^{3+}$和$[Cr(\widehat{XX})_3]^{3-}$与$[CrA_6]^{3+}$和$[CrX_6]^{3-}$一样没有几何异构体,但前者却存在 *d*,*l* 对光学异构体(这里$\widehat{AA}$=双啮对称中性螯合配体如乙二胺;$\widehat{XX}$=双啮对称负螯合基团如草酸根),这可由图 25.2(i)说明。对$\widehat{AX}$型双啮配体(如 1,3-二酮,α-氨基酸根)的配合物$[Cr(\widehat{AX})_3]^0$也一样。对一些双核配合物如$[en_2Cr(OH)_2Cren_2]^{4+}$,$[(C_2O_4)_2Cr(OH)_2Cr(C_2O_4)_2]^{4-}$则像酒石酸盐那样除了有 *d*,*l* 对外,还有一个内消旋的异构体(图 25.2(j),(k))。当双啮配体是不对称的时,$[Cr(\widehat{AX})_3]$与$[CrA_3X_3]$的情况相似,出现了几何异构,而顺式与反式异构体都有一对光学异构体。因而当 AX=三氟乙酰丙酮时,就和 AX=乙酰丙酮不一样,前者共有四个异构体(*cis-d*,*cis-l*,*trans-d*,*trans-l*)而后者只有两个(*d*,*l*)。当配体为丙二胺$NH_2CH(CH_3)CH_2NH_2$(Pn)这种不对称类型时,则除了几何异构外,还出现构型异构例如对$[CrPn_2X_2]^+$来说顺式有 3 个构型异构(图 25.2(l),(m),(n)),反式有 2 个构型异构[图 25.2(o),(p)]。若再与可能出现的 *d*,*l* 对光学异构体叠加起来,数目是相当可观的。当然并不是每一个在理论上可能出现的异构体在实际上都存在。

3. 立体异构体的制备和分离

一般说来分离几何异构体比光学异构体要来得方便。因为几何异构体之间有较明显的性质差别。例如颜色、熔点、溶解度等，而一对光学异构体之间除了旋光性不同外，其他性质都是等同的。

现在已普遍采用色谱技术来研究立体化学，例如[Cr(tfa)$_3$](tfa=三氟乙酰丙酮)的几何异构体就能用气相色谱来分离。出峰次序为 *trans*(1,2,6)-*cis*(1,2,3)。Cr(III)与三氟乙酰丙酮(tfa)和六氟乙酰丙酮(hfa)的混合物反应可生成 7 个组成为[Cr(tfa)$_x$(hfa)$_{3-x}$]的配合物，它们也可通过气相色谱来分离，出峰次序为：[Cr(hfa)$_3$]；[Cr(hfa)$_2$(tfa)]；[Cr(hfa)(tfa)$_2$]的 3 个几何异构体(*trans-cis*，*cis-cis*，*cis-trans*)；*trans*-[Cr(tfa)$_3$]；*cis*-[Cr(tfa)$_3$]。

从分离得到的某一具有光学活性的几何异构体往往是 *d*,*l*-外消旋混合物，解析它们的最通用的方法是先使它们变成非对映体，再利用性质上的差别进行分离。常用的解析剂与有机化学中使用的差不多。例如对络合阳离子用 *d*-酒石酸盐、硝基樟脑磺酸盐；对络合阴离子用马钱子碱、奎宁，*d*-氧锑酒石酸盐。如以 C 表示一须分离的外消旋络合阳离子，A 为作解析剂用的有光学活性的阴离子如 *d*-酒石酸盐，则两者反应后，生成 *d*-C—*d*-A 和 *l*-C—*d*-A 二个虽仍有光学活性但已不再是对映体的中性盐。这样可以根据某些性质如溶解度的差别而分离。一些实例可见表 25.19。

表 25.19　一些有光学活性的三价铬络离子

络离子	解析剂	旋光度
$[Cr(phen)_3]^{3+}$	*d*-酒石酸锑银	$[\alpha]_D=-1320°,+1320°$
$[Cr(en)_2C_2O_4]^+$	K[CoEDTA]	$[\alpha]_D=+275°,-305°$
$[Cr(en)_2FCl]$	α-溴樟脑-π-磺酸铝	$[\alpha]_D=+191°$, $[\alpha]_{5461}=+625°$
$[Cr(dipy)_2C_2O_4]^+$	$[Crphen(C_2O_4)_2]^-$	$[\alpha]_D=-261°,+361°$ $[\alpha]_{5461}=-440°,+611°$
$[Cr(phen)_2C_2O_4]^+$	$[Crphen(C_2O_4)_2]^-$	$[\alpha]_D=-562°,+855°$ $[\alpha]_{5461}=-854°,+1290°$
$[Crdipy(C_2O_4)_2]^-$	$[Coen_2C_2O_4]Cl$	$[\alpha]_D=+670,[\alpha]_{5461}=+1200°$
$[Crphen(C_2O_4)_2]^-$	$[Coen_2C_2O_4]Cl$	$[\alpha]_D=790,[\alpha]_{5461}=+1000°$
cis-$[Cr(C_2O_4)_2\cdot(H_2O)]^-$	硫酸马钱子碱	$[\alpha]_{510}=+649°,-619°$

4. 三价铬络合物的制备

常见的三价铬盐都含一定的水，其中一部分水是作为结晶水，另一部分是配位水,同时阴离子也有一部分参于配位,例如 $CrCl_3 \cdot 6H_2O$ 的主要成分是 $[Cr(H_2O)_4Cl_2]Cl \cdot 2H_2O$。三价铬对配体置换反应来说是惰性的,因而许多配合物不能以这些三价铬盐为原料直接与配体反应制得。同时当配体是一种碱时,还需防止铬离子的水合、水解、羟合等反应。通用的合成三价铬配合物的方法是不存在。但对不同类型的配合物可归纳一些不同的典型方法:

(1)与 Cr(III)在水中的反应。如铬钾钒与 KSCN 反应制备 $K_3[Cr(SCN)_6]$,$CrCl_3 \cdot 6H_2O$ 与乙酰丙酮反应制备$[Cr(acac)_3]$。

(2)与 $Cr(OH)_3 \cdot xH_2O$ 的反应。如用乙酰丙酮得$[Cr(acac)_3]$,用 NH_4NO_3 和氨水得$[Cr(NH_3)_5H_2O](NO_3)_3$。

(3)干法配体置换反应。如$[Cr(acac)_3]$与二苯酰甲烷(dbm)共同加热得$[Cr(dbm)_3]$。

(4)热分解反应。以 NH_4X 作催化剂加热$[Cr\widehat{AA}_3]X$($\widehat{AA}$=乙二胺,丙邻二胺,X=Cl,SCN)可得到 *cis*-$[Cr\widehat{AA}_2Cl_2]Cl$ 或者 *trans*-$[Cr\widehat{AA}_2(SCN)_2]SCN$。

(5)无水配体与无水 Cr(III)化合物反应。如 $CrCl_3$ 与液氨反应得$[Cr(NH_3)_6]X_3$,$[Cr(NH_3)_5Cl]X_2$;$Cr_2(SO_4)_3$ 与无水$\widehat{AA}$一起加热得$[Cr(\widehat{AA})_3](SO_4)_3$;将 $CrCl_3$ 悬浮在六氟乙酰丙酮的四氯化碳溶液中并加热得$[Cr(hfa)_3]$。

(6)在非水溶剂中反应。如将溶有 $CrCl_3 \cdot 6H_2O$ 的 *N*-取代酰胺(A 如二甲基甲酰胺,ε-己内酰胺等)与苯共沸脱水可得到$[CrA_3Cl_3]$。

(7)与二聚配合物反应。如以红色的$[(NH_3)_5Cr(OH)Cr(NH_3)_5]Cl_5$ 与 HCl 反应得$[Cr(NH_3)_5Cl]Cl_2$。

(8)由 Cr(II)催化的配体交换反应。如 $CrCl_3$ 与配体在 Zn 共存时反应得$[Cr(THF)_3Cl_3]$,$[Cr(C_2H_5OH)_3Cl_3]$及$[Cr(\widehat{AX})_3]$,($\widehat{AX}$=acac,丙醛等)。

(9)与六价铬反应。如以 $K_2Cr_2O_7$ 与 $H_2C_2O_4$ 和 $K_2C_2O_4$ 反应得 $K_3[Cr(C_2O_4)_3]$,以$(NH_4)_2Cr_2O_7$ 与 NH_4SCN 反应得 $NH_4[Cr(NH_3)_2(SCN)_2]$。

(10)配体上的取代反应。如$[Cr(acac)_3]$与溴反应得 3-溴化乙酰丙酮的配合物。

5. 三价铬的水解及有关的过程

三价铬离子的一个显著特征是很容易水解聚合成多核络合物。其水解过程经研究包括水合、水解、羟合、氧合等步骤,现分别叙述如下。

水合 实际上是一个在水溶液中由水分子置换某一个配位基团的反应,如:$[CrA_5X]^{2+} + H_2O \rightarrow [CrA_5H_2O]^{3+} + X^-$。因而水合程度与一些因素,诸如 H_2O 和 X^- 的相对配位能力、X^- 离子的浓度等有关。当有 Cr(II)存在时,水合反应将进行得很快。可以说,任何三价铬盐的水溶液都是一个铬水合配合物的溶液。

水解　水合配合物可以看作为一个酸，其水解平衡为：

$$[Cr(H_2O)_6]^{3+} \rightleftharpoons [Cr(H_2O)_5OH]^{2+} + H^+$$

一级解离常数 K 的数量级为 10^{-4} 左右。当溶液 pH 值升高时，平衡将向右移动，此时，会发生二级以及更高级的水解。

羟合　解离后带羟基的配合物有可能进一步发生羟合反应，即以 OH 作为一个桥基配体把两个铬原子连接起来形成一双核配合物，其反应如下：

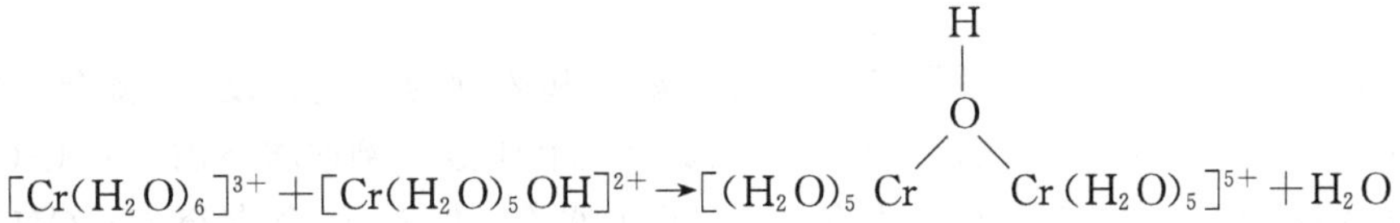

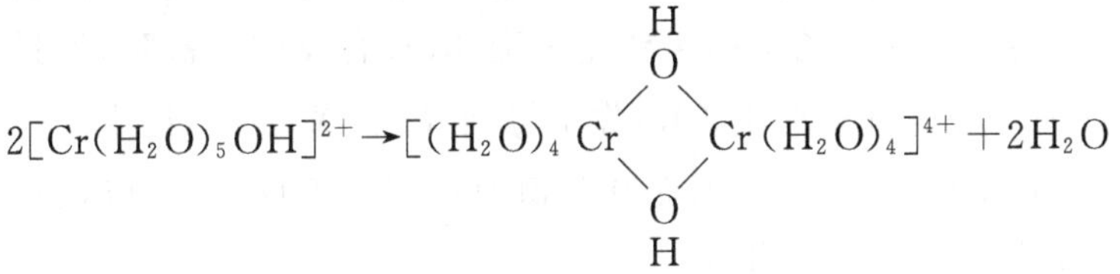

尤其是在第二个反应中，因为两个羟桥，形成了 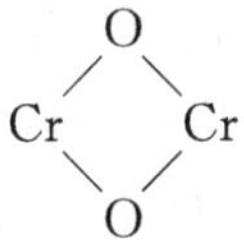 四元环使配合物更稳定，所以羟合反应最后得到的总是双桥配合物。这双桥双核配合物仍带有配位的水分子，还可作为一个酸继续水解和羟合。经过连续的羟合作用可以得到越来越大的多核分子直至聚合成胶体，成为“氢氧化铬”沉淀，即水合的 $Cr(OH)_3 \cdot xH_2O$，一个三维羟合的配合物。

氧合　紧接着羟合反应后可发生氧合反应，此时羟桥将转化成氧桥：

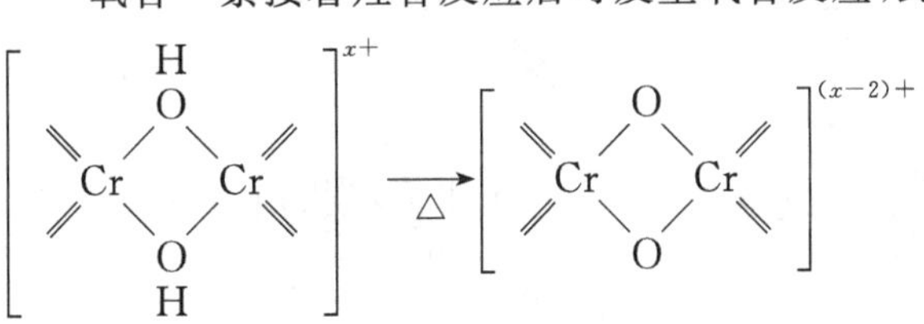

$+2H^+$，经过氧合反应的化合物其反应活性比羟合产物要差得多。例如新鲜沉淀的氢氧化铬能很快溶于矿物酸中，但放置后活性逐渐降低，若将沉淀加热则会突然剧减。这与氧合反应是有直接关系的。

阴离子渗透　无论在水合的三价铬配合物中，还是在羟合的多核配合物、胶体以及水合氧化物的沉淀中，其配位水分子、羟基、羟桥或其他配体会被某些阴离子所取代，我们称之为阴离子渗透。这可由氢氧化铬沉淀中的阴离子杂质不能洗净的事实所说明。阴离子渗透的程度由阴离子本身配位能力所决定，对弱配体 Cl^-，ClO_4^- 和

NO_3^- 来说，几乎不发生阴离子渗透，而有较强配位能力的配体，由于能置换羟桥还有解聚的作用。当配体足够强时，不仅能防止羟合反应还会使羟合配合物，甚至氢氧化物沉淀转化为简单的单核配合物。一些常用配体的渗透能力次序为：

草酸根＞柠檬酸根＞酒石酸根＞羟乙酸根＞乙酸根＞甲酸根＞硫酸根＞氯离子＞硝酸根＞过氯酸根

从上述可知，若需制备$[Cr(H_2O)_6]^{3+}$溶液，允许存在的阴离子只能是硝酸根和过氯酸根。

竞争反应　当溶液中的阴离子的配位能力和浓度为一定程度时，将会与配位水和羟基发生竞争，从而决定三价铬的聚集状态和组成。例如将碱加入到 $CrCl_3 \cdot 6H_2O$ 溶液中，因没有竞争配体存在，将发生水合、水解、羟合直至 $Cr(OH)_3 \cdot xH_2O$ 沉淀；如果在溶液中加入乙酰丙酮作竞争配体，羟合反应将被阻，得到的是$[Cr(acac)_3]$；而如加入氨基丙酸或甘氨酸，除了得到$[Cr(\widehat{AX})_3]$外，还生成一部分二聚体$[(\widehat{AX})_2Cr(OH)_2Cr(\widehat{AX})_2]$。因而有意识地利用竞争反应，可以控制羟合反应的程度，这在工业上有一定的用途。

铬的羟合聚合物的各种反应见图 25.3。

羟合速率与铬矾液除铁　一般来说升温能加快羟合速率和羟合程度，降温则使反应逆转，但逆转的速率比正反应该慢得多。工业上纯化电解铬用铬矾液就利用了这个原理。铬铁合金溶于回收的电解液后，首先应将溶液冷冻使硫酸亚铁结

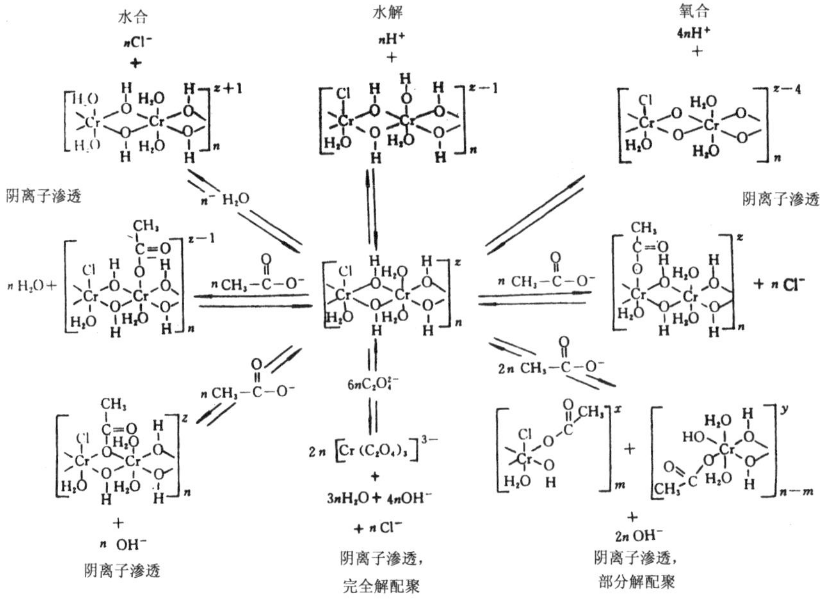

图 25.3　Cr(III)氧合配合物的聚合反应

晶分离。但是铬矾也会同时结晶,因而必须改变Cr(III)的聚集状态以防止形成铬矾晶格。其方法是将溶液加热到50℃,并保温一段时间,因水解、羟合和阴离子渗透等反应,形成了硫酸合、羟合和桥联配合物。然后将溶液冷却,由于逆反应很慢,当硫酸亚铁结晶析出时,铬矾并未形成,从而与铁分离。如要使除铁后的铬矾盐结晶,可使料液在室温长时间放置,然后再冷却至零度。

铬鞣法 也利用了羟合、阴离子渗透、竞争和氧合反应。由于原理很复杂,机理至今尚未完全建立,这里不作详细讨论,有兴趣的读者可参看有关专著。

与生物配体的反应 三价铬离子通过食物等进入哺乳类生物体内后,由于生理介质的pH范围可以预计将发生羟合反应以及与其他配体之间的竞争反应,并由此决定生物活性铬化合物的化学形式和浓度。许多有关的反应已通过连续透析法进行了研究,并由此建立了一系列生物配体相对配位能力的序列,例如:

柠檬酸盐(酯)>异柠檬酸盐(酯)>苹果酸盐(酯)>草乙酸盐(酯)>α-氧代戊二酸盐(酯)>乌头酸盐(酯)>富马酸盐(酯)>琥珀酸盐(酯)

而在生物试验中下列试剂都是十分有效的:组氨酸、ATP、ADP、焦磷酸硫胺素、1,6-二磷酸果糖、3-磷酸甘油酸酯、柠檬酸盐(酯)、异柠檬酸盐(酯)和丙醇二酸盐(酯)。

6.配体取代反应

由于在第一过渡元素系列的八面体构型配合物中,只有Co(III)和Cr(III)的不是反应活性的。如果不予以催化,在室温下,它们的配体取代反应的半寿期在几小时到几周之间,非常适合于反应机理的研究。由于铬容易发生一些副反应,特别是羟合反应使得大量研究工作集中在比较简单的Co(III)方面。但研究表明关于配体取代反应的原理对Cr(III)和Co(III)都是适用的。

有四种取代反应已被研究,即酸水解反应、碱水解反应、交换反应和阴离子合反应。对Cr(III)来说,酸水解反应研究得最多,这是因为在酸性条件下,它不易发生其他反应而造成竞争的状态。

对取代反应,已知有二种机理,即SN_1(取代,亲核,单分子)和SN_2(取代,亲核,双分子)。对八面体构型络合物的SN_1反应其过程分二步,第一步解离,失去一个配体成为5配位中间体(四方锥形),第二步插入,中间体与插入配体反应成为新的八面体配合物,即:

$$[CrL_5X]^{2+} \rightarrow [CrL_5]^{3+} + X^-, [CrL_5]^{3+} + Y^z \rightarrow [CrL_5Y]^{(3+z)+}。$$

第一步反应很慢,是决定速率阶段,所以取代反应的速率只与$[CrL_5X]^{2+}$的浓度有关,而与插入配体Y^z的浓度无关。反应为一级,速率方程应为$v=k_1[CrL_5X]^{2+}$。

SN_2反应的过程也分二步,第一步插入,插入配位与八面体络合物配位成为一个7配位的活化中间体(五角双锥体),第二步解离,被取代的配体脱离中间体成为新的八面体络合物，即：$[CrL_5X]^{2+} + Y^z \rightarrow [L_5\ Cr\begin{smallmatrix} Y \\ X \end{smallmatrix}]^{(2+z)+} \rightarrow [CrL_5Y]^{(3+z)+} +$ X^-。第一步也是决定速率阶段，但此时反应速率与$[CrL_5X]^{2+}$和$[Y^z]$都有关。反应为二级，速率方程为 $v=k_2[CrL_5X]^{2+}[Y^z]$。

这二种机理实际上代表了二种极端状态，实际发生的往往介于二者之间。但以这二种机理为参照，对了解实际反应机理是有帮助的。

酸水解反应　酸水解反应是指在酸性水溶液中，八面体络合物中一个配体被水分子置换。表 25.20 列出一些 Cr(III)和 Co(III)配合物的酸水解速率常数。

表 25.20　某些酸水解速率常数

配合物	Cr(III)		Co(III)	
	$k_{acid}(s^{-1})$	t(℃)	$k_{acid}(s^{-1})$	t(℃)
$[M(NH_3)_6]^{3+}$	2.5×10^{-5}	25	(非常慢)	
$[M(NH_3)_5(H_2O)]^{3+}$	10^{-6}	40	7×10^{-6}	25
$[M(NH_3)_5Cl]^{2+}$	10^{-5}	25	1.7×10^{-6}	25
$[M(NH_3)_5Br]^{2+}$	5×10^{-5}	25	6.3×10^{-6}	25
$[M(NH_3)_5I]^{2+}$	2×10^{-4}	0	10^{-5}	25
$[M(NH_3)_5NCS]^{2+}$	10^{-7}	25	3×10^{-9}	25
cis-$[Men_2Cl_2]^+$	3.3×10^{-4}	25	3.5×10^{-4}	25
trans-$[Men_2Cl_2]^+$	3.8×10^{-5}	25	3.9×10^{-5}	25
$[Cr(H_2O)_5(NCS)]^{2+}$	9.1×10^{-5}	25	—	—

应该看到对酸水解反应来说，要确定反应级数是困难的。因为插入配体就是溶剂本身，水的浓度总是为 55.5mol/L，是一个常数。因此即使形式上得出一级反应的结果，也不能排除 S_N2 机理的可能。不过一些实验结果是支持 S_N1 机理的。例如当配体 X 改变时，其速率变化与相应络离子的热力学稳定性变化相对应，即 $HCO_3^- > NO_3^- > I^- > Br^- > H_2O > Cl^- > SO^{4-} > F^- > NH_3 > CH_3COO^- > NCS^- > NO_2$，这说明了在决定速率阶段，M—X 键的强度是生成过渡态的重要因素，因而间接证明了反应第一步是介离而不是 H_2O 的插入。

对$[Cr(H_2O)_5X]^{+2}$($X=F,Cl,Br,I,H_2PO_2,N_3,NCS$)型络合物的水解动力学进行了很多研究，发现在$[Cr(H_2O)_5I]^{2+}$酸性溶液中，由于碘离子对其反位上的活化作用(即反位效应)除了发生置换 I^- 的水合反应外，还在活化位置上发生了 H_2O 之间的交换反应。而对$[Cr(H_2O)_5Cl]^{2+}$来说，交换反应进行得很慢，不明显。

对一些配合物如 *cis*-$[Cr(NH_3)_4H_2OCl]^{2+}$，*trans*-$[Cr(NH_3)_4Cl_2]^+$，*trans*-[Cr

$(NH_3)_4BrCl]^+$，*trans*-$[Cr(NH_3)_4H_2OCl]^{2+}$等酸水解反应研究表明，在卤素被水取代后，仍然保持原来的构型。

一般说来，Cr(III)配合物的水合作用比Co(III)同类配合物的要大一些(约在一个数量级之内)。这可用晶体场稳定能(CFSE)对活化能的贡献来解释。八面体构型的CFSE与活化中间体构型(如对SN_1机理为5配位的四方锥体；对SN_2机理为7配位的五角双锥体)的CFSE之间的差就是对活化能的贡献ΔE_a(见表25.21)。一般ΔE_a越大，反应速率越慢。在强场时，Co(III)的ΔE_a几乎比Cr(III)的大一倍，这与二者水合速率差别是相符的。但在弱场时Co(III)的ΔE_a更小，说明此时Co(III)成为活性的。

表 25.21　铬和钴配合物的CFSE和对反应活化能的贡献

构型	Cr(III)(d^3)	Co(III)(d^6)	
	D_q	强场　D_q	弱场　D_q
八面体	12.0	24.0	4.0
四方锥体	10.0	20.0	4.57
(SN_1机理活化中间体)			
ΔE_a	2.0	4.0	0.57
五角双锥体	7.74	15.48	5.28
(SN_2机理活化中间体)			
ΔE_a	4.26	8.52	−1.28

碱水解反应　指的是一个配体最终被OH^-基团置换的反应，这个置换过程可能不是直接的。一般Co(III)配合物的碱水解速率是Cr(III)同类络合物的10^5倍。例如对*cis*-$[Men_2Cl_2]^+$，其反应速率常数$[k_{OH}$，L/(mol · s)]Cr(III)：2.7×10^{-2}(25°)；Co(III)，10^3(25°)，对*trans*-$[Men_2Cl_2]^+$：Cr(III)3.7×10^{-2}(25)；Co(III)，3×10^3。这说明二者机理是不同的。就已提出的某些Co(III)的氨和胺配合物的SN1CB机理(取代，亲核，单分子，共轭碱)来看，置换过程如下：首先OH^-通过快反应与配体NH_3中一个质子结合，络离子中出现一个配位的NH_2^-，然后通过一个慢的水合反应，使水置换一个配体，接着H_2O配体提供一个质子给邻近的NH_2^-，使其回复成NH_3而自身成为OH^-配体。可以想象Cr(III)的碱水解机理将更为复杂。

交换反应　指一个未配位的配体与已配位的同类配体之间的交换过程。我们在讨论酸水解反应时曾经提及。研究这类反应需使用同位素示踪技术。$H_2^{18}O$与$[Cr(H_2O)_6]^{3+}$之间交换速率在$(2\sim6)\times10^{-6}$/min之间，说明Cr(III)对交换反应是惰性的。除了水以外，其他配体的交换反应如在水溶液中研究将受到水合反应的干扰，因而最好在非水溶剂中进行。

阴离子合反应(anation) 可以看成水合反应的逆反应，是指一个阴离子配体置换配位水的过程。一般分成两个阶段，(1)生成水合离子与配体的外层络合物；(2)配体插入内层同时除去水。在 Ncs^- 与$[Cr(H_2O)_6]^{3+}$的反应研究中，当 NCS^- 浓度低于 0.1mol/L 是一级的，NCS^- 与$[Cr(H_2O)_6]^{3+}$，$[Cr(H_2O)_5OH]^{2+}$ 和 $[Cr(H_2O)_4(OH)_2]^+$ 都能进行同样的阴离子合反应，但反应速率随络离子的电荷减少而增加，从而说明 OH^- 将增加被取代 H_2O 配体的活性。其他研究过的反应尚有 $C_2O_4^{2-}$ 或 $HC_2O_4^-$ 与$[Cr(C_2O_4)_n(H_2O)_{6-2n}]^{3-2n}$，乙酸根、柠檬酸根等与$[Cr(H_2O)_6]^{3+}$等。

三价铬络合物的稳定性 一般说来 Cr(III)不及 Co(III)的络合物稳定，表25.22列出了某些$[Cr(H_2O)_5X]^{2+}$型络合物的数据，表 25.23 列出了 Cr(III)与 Co(III)配合物比较的数据。

表 25.22 一些三价铬配合物的稳定性(25℃)

X^-	$[Cr(H_2O)_5X]^{2-}$			X−
	lg*k*	ΔH°(kJ/mol)	ΔS°(J/mol·K)	ΔS[1](J/mol·K)
OH^-	10.2	−16.7	138	−10.5
F^-	4.4	10.9	126	−9.6
NCS^-	3.1	−8.8	28.9	—
Cl^-	0.7	25.5	72.0	55.2
Br^-	−2.6	21.3	20.5	80.8
SO_4^{2-}	1.3	30.1	123	17.6

1)反应$[Cr(H_2O)_6]^{3+}+X^- \rightleftharpoons [Cr(H_2O)_5X]^{2+}+H_2O$。

表 25.23 三价铬和钴配合物稳定性的比较

体系	lg*K*	
	Cr	Co
$[M(H_2O)_6]^{3+}-SO_4^{2-}$	1.0	1.3
$-OH^-$	9.7	12.3
−EDTA	23.4	36
−缩二胍	21.9	42.7
$[M(NH_3)_5H_2O]^{3+}-Cl^-$	1.6	0.6
$-OH^-$	8.8	7.6
$[Men_2(H_2O)_2]^{3+}-en$	<10.2	14.0

1.8 氧化态为 IV 的化合物

1.8.1 无水的四价铬卤化物和卤合配合物

CrF_4 是最稳定的四价铬无水卤化物，可加热到熔点(估计为 277℃)以上也不分解，它是由 Cr，CrF_3 或 $CrCl_3$ 经氟化反应得到，反应产物中有少量 CrF_5 共存。$CrCl_4$ 较不稳定，比 CrF_4 容易分解为 Cl_2 和 $CrCl_3$，它可由过量的 Cl_2 和 $CrCl_3$ 在 600℃时反应得到。而 $CrBr_4$ 和 CrI_4 只能在高温及高的卤素(Br 或 I)蒸气压下以气相存在。

$M_2[CrF_6]$(M=K，Rb，Cr)可由 MCl 和 $CrCl_3$ 的混合物经氟化反应制得。已知 $K_2[CrF_6]$与 $K_2[MnF_6]$是同构的，它在 300℃时分解成 $K_3[CrF_6]$和 CrF_5。还有一种卤合配合物是 $M[CrF_5]$，(M=K，Rb)，它们很容易水解。

1.8.2 四价铬的含氧酸盐

四价铬与二价的碱土金属可以生成混合氧化物，按照 Mo 与 CrO_2 的比例不同可以有 $M^{II}CrO_3$，$M_2^{II}CrO_4$，$M_3^{II}CrO_5$ 以及 $M_4^{II}CrO_6$ 等组成。其中研究得较多的为 Ba_2CrO_4 和 Sr_2CrO_4。它们在空气中能长期保存，结构中含有独立的 CrO_4^{4-} 离子，故这类化合物又称为四价铬的含氧酸盐(或四价铬酸盐)。

Ba_2CrO_4 的制备方法是将 Cr_2O_3 和 $BaCrO_4$ 以化学计量混合，掺入少量的 $Ba(OH)_2$后在 N_2 中加热。产物为鲜绿色粉末，溶于稀酸，易水解。反应时如加入过多的 $Ba(OH)_2$，产物为黑绿色的 $Ba_3Cr^{IV}O_5$。

$BaCrO_3$ 则需经高压反应制备，以 CrO_2 与 BaO 为原料，压力应高于 3×10^8 Pa。这个化合物有一系列多形体，它们的结构已经研究。

1.8.3 四价铬的氧化物

由于 CrO_2 有优良的磁性质，已广泛应用于优质的录音磁带上，因而它是四价铬化合物中研究得最多的一个。

一般 CrO_2 可以 CrO_3 热分解来制备，由于热分解的终点是 Cr_2O_3，因此要得到 CrO_2 必须保持一定的氧压。但适合于磁带用的 CrO_2 需分二步制备。(1)在 250℃，1.01×10^5 Pa 氧气下加热 CrO_3 或在 250—400℃加热 $Cr(NO_3)_3\cdot9H_2O$，几天后可得到 Cr_xO_y。$2y/x$ 值在 4 与 6 之间，即平均氧化数在 5.00 与 5.33 之间。这种 Cr_xO_y 比 CrO_3 的水溶性小，可适用于水热法。(2)以上一步得到的 Cr_xO_y 作原料，以水或酸性溶液作反应介质，在 250—500℃，5.1×10^6—3×10^8 Pa 下制备。

CrO_2 在空气中是介稳的，如晶格中未杂有 Cr_2O_3 晶核即可在 400℃下长期加热(48h 以上)。如在 6.0—6.4×10^4bar 压力下，可在 1200℃下加热 60min 以上，在 2000℃下加热 2min 而不分解。但杂有 Cr_2O_3 晶核时，热分解温度将降低，过去曾有在 250—500℃分解的报道。

CrO_2 有四方晶系金红石型结构，空间群为 $P4/mnm$，a=442.1pm，c=291.7pm。Cr 原子位于晶胞的体心和角上。密度为 4.9 g/cm^3。具有铁磁性，饱和磁通量密度为 0.61T，居里温度～126℃。是一个金属性导体，粉末堆积的电阻率为 4×10^{-2}—2×10^{-3}Ω·cm，单晶{100}平面电阻率为 $2.5\pm0.5\times10^{-4}$Ω·cm。

1.8.4　四价铬的烷氧基化合物

$Cr(OR)_4$ 是蓝色单核的烷氧基化合物。例如 $Cr(C_6H_6)_2$ 和二特丁基过氧化物在苯或石油醚中经封管反应可得到特丁烷氧基化合物。在室温下，该化合物的 μ_{eff}为 2.8B。

1.9　氧化态为 V 的化合物

1.9.1　无水的五价铬卤素化合物

已知的无水五卤化物只有 CrF_5。它可由 Cr，$CrCl_3$ 或 CrF_3 在 300℃时经氟化反应制备，还可由 $K_2[CrF_6]$热分解得到。它是一种红色固体，熔点 30℃，沸点 117℃(同时分解)。由于极易水解，很难得到纯的化合物。

卤氧化物已知有两个，$CrOF_3$ 和 $CrOCl_3$。氟氧化物由 CrO_3 与 BrF_3 或 ClF_3 在室温下反应；氯氧化物可由氯化铬酰或 CrO_3 与氯化亚砜、硫酰氯(SO_2Cl_2)或三氯化硼在低温下反应制备。卤氧化物易水解，尤其是氯氧化物只有在低温下的暗处才稳定，如超过 0℃则会发生歧化反应生成 Cr(VI)和 Cr(IV)。

已知的卤氧合配合物有[$(CrOX_4]^-$ (X＝F，Cl)和$[CrOCl_5]^{2-}$。用 BrF_3 或 ClF_5 在低温下还原重铬酸盐可得到$[CrOF_4]^-$的盐，而在乙酸中用 HCl 还原 Cr(VI)可以制备 $M_2[CrOCl_5]$(M＝K，Rb，Cs，NH_4，有机碱)和 $M[CrOCl_4]$(M＝py，喹啉)等配合物。

1.9.2　五价铬的含氧化合物

CrO_3 热分解如加以控制也可得到五价铬的氧化物 Cr_2O_5。不过实际形成的氧化物相中 O∶Cr 总小于理论值 2.5，其变化范围在 2.385 到 2.430 之间。Cr_2O_5 在空气中加热至 380℃开始分解。

五价铬酸盐有 $M^{I}_{3}CrO_4$（M＝Li，Na）和 $M^{II}_{3}(CrO_4)_2$（（M^{II} 为碱土金属），它们都含有分立的四面体型 CrO_4^{3-} 离子。它们是吸湿性的黑色或蓝黑色固体。

1.10 氧化态为VI的化合物

1.10.1 六价铬的氟化物

黄色的 CrF_6 是唯一已知的六卤化铬，热力学不稳定，即使在－100℃也会分解成 CrF_3 和 F_2。可通过 Cr 和 F_2 在高压釜内反应（400℃，2.0×10^7 Pa）制备。

1.10.2 六价铬的含氧化合物

六价铬能形成各种类型的含氧化合物，都是很强的氧化剂，不过它们的反应速率差别很大。

1. 三氧化铬

CrO_3 是一种桔红色的化合物，如加热将逐渐失去氧，最终成为 Cr_2O_3。在较高的氧压下，经 X 射线分析分解的中间产物尚有 Cr_3O_8，Cr_2O_5，CrO_2。由于它可通过加浓硫酸于铬酸盐或重铬酸盐（如 Na_2CrO_4，$Na_2Cr_2O_7$ 等）水溶液沉淀出来，故在工业部门曾长期被称为“铬酸”。实际上，CrO_3 是铬原子和氧原子交替连接的线性聚合物，每个铬原子还附有另外两个氧原子，可以写成 $(CrO_3)_n$。它能稍溶于水，乙酸及大多数常见的非水溶剂，当其溶于水、乙酐、特丁醇（$(CH_3)_3COH$）、吡啶等时会发生解聚，如 $(CrO_3)_n + nH_2O \rightarrow nH_2CrO_4$，如溶剂是醇时，则生成铬酸酯。

三氧化铬还可与许多有机化合物生成加合物，通式为 $CrO_3\cdot 2L$，L 是吡啶、皮考啉（C_6H_7N）、二甲基吡啶、喹啉等。

2. 铬酸盐和重铬酸盐

已知铬酸盐包括 NH_4^+ 和各个常见的金属离子的盐，在它们的固体晶格或水溶液中都有 CrO_4^{2-} 四面体阴离子。若阳离子没有颜色，则相应的铬酸盐是黄色的。碱金属铬酸盐和铬酸镁易溶于水。银、铅和碱土金属的铬酸盐则是微溶的，溶解度按 Ca＞Sr＞Ba＞Ra 次序变化，一些溶度积数据（25℃时）如下：$PbCrO_4$ 1.8×10^{-14}，Ag_2CrO_4 9.0×10^{-12}，$BaCrO_4$ 3.0×10^{-10}，$SrCrO_4$ 3.0×10^{-5}，$CaCrO_4$ 2.3×10^{-2}。

铬酸根在水溶液中会随 pH 变化而聚合，未聚合的 CrO_4^{2-} 存在于 pH＞8 的水溶液中，在 pH6—2 之间的水溶液中存在 $HCrO_4^-$ 和 $Cr_2O_7^{2-}$ 之间的平衡，并随 pH 值的降低，平衡移向 $Cr_2O_7^{2-}$。故酸化可使铬酸盐转化为重铬酸盐，无色阳离子的重铬酸盐是橙色的。如果在重铬酸盐溶液中加入 Na_2CO_3，也可逆转成铬酸盐。

$$Na_2Cr_2O_7 + Na_2CO_3 \rightarrow 2Na_2CrO_4 + CO_2\uparrow$$

表 25.24　存在于 Cr(Ⅵ)水溶液中的一些平衡

平衡式	k(25°)
$H_2CrO_4 \rightleftharpoons HCrO_4^- + H^+$	4.2,5($10^{+2.6}$)
$HCrO_4^- \rightleftharpoons CrO_4^{2-} + H^+$	$10^{-5.9}$
$Cr_2O_7^{2-} + H_2O \rightleftharpoons 2HCrO_4^-$	$10^{-2.2}$
$HCr_2O_7^- \rightleftharpoons H^+ + Cr_2O_7^{2-}$	0.85($10^{0.85}$)
$2H_2CrO_4 \rightleftharpoons H^+ + HCr_2O_7^- + H_2O$	大
$Cr_2O_7^{2-} + OH^- \rightleftharpoons HCrO_4^- + CrO_4^{2-}$	—
$HCrO_4^- + OH^- \leftrightarrows CrO_4^{2-} + H_2O$	—

铬酸钠和重铬酸钠在工业上最为重要。铬酸钠的制备过程是先锻烧铬铁矿和苏打灰与石灰混合物,然后用水浸取。而其他铬酸盐则可用铬酸钠(或重铬酸钠)与能生成不溶性铬酸盐的阳离子反应或者 CrO_3 与碱或碳酸盐反应制备。其他的重铬酸盐可用重铬酸钠与盐的复分解反应或者 CrO_3 与金属氧化物或碳酸盐反应制备。

如果碱与重铬酸盐反应,重铬酸盐与铬酸盐反应或一个铬酸盐与另一个铬酸盐反应则可能得到铬酸的复盐,铬酸钾的复盐最为常见。还有一种碱式铬酸盐,分子式可表示为 $aM_xO_y \cdot bCrO_3$。M_xO_y 为金属氧化物,a/b 可以有一系列值,例如:$aCaO \cdot bCrO_3$,a/b 有 2/1,2/3;$aPbO \cdot bCrO_3$,a/b 有 2/1,3/1,4/1,5/1,3/2,7/2;$aNiO \cdot bCrO_3 \cdot nH_2O$,$a/b$ 有 2/1,4/1($n=6$),3/1($n=3$);$aTiO_2 \cdot bCrO_3 \cdot nH_2O$,$a/b$ 有 3/2($n=1$),2/1($n=2$),3/1($n=3$)。

3. 多铬酸盐

与同族的钨、钼不同,铬酸没有很强的形成多酸的倾向。目前得到一些为数不多的三铬酸盐和四铬酸盐,例如,$M_2Cr_3O_{10}$(M=Na,K,Rb,Cs,NH_4);MCr_3O_{10}(M=Ba,Sr,CA,Cu,Ni,Zn);$M_2Cr_4O_{13}$(M=NH_4,Na,K,Rb,Cs);MCr_4O_{13}(M=Ca,Mg,Cu)。这些聚合的多铬酸根阴离子与重铬酸根离子一样是由 CrO_4 四面体共顶连接而成,而 Cr—O—Cr 角则限制在 120°左右。

4. 卤化铬酰与卤代铬酸

已知有四个卤化铬酰化合物,其制备方法分别为:CrO_2F_2,以 CrO_3 与 SeF_4,SF_4,HF,IF_5 或 CoF_3 反应;以及 $K_2Cr_2O_7$ 与 HF 或 SeF_4 反应;CrO_2FCl,由 CrO_2F_2 与 CrO_2Cl_2 在真空中反应;以及 CrO_2Cl_2、铬酸或重铬酸的碱金属盐与 NaCl,H_2SO_4 一起蒸馏;重铬酸钠与盐酸一起蒸馏或者由 CrO_3 与 HCl,PCl_5,$ClSO_3H$,$SOCl_2$,SO_2Cl_2 或 $AlCl_3$ 反应;CrO_2Br_2,由 CrO_3 与 CF_3COBr、HBr 在 P_2O_5 共存时反应或者由 CrO_2Cl_2 与过量 HBr 反应。此外如由 Cr 与氟化试剂反

应则生成另一种氟氧化合物 $CrOF_4$。

上述化合物的性质分别为：$CrOF_4$，红色晶体，熔点为 55℃；CrO_2F_2，紫红色晶体，熔点为 31.6℃（1.18×10^5Pa），如样品不纯则呈液态。在光照下，该化合物的红色蒸气会聚合成一种至今尚未能确定组成的白色固体（m. p. ～200℃）；CrO_2Cl_2，暗红色液体（密度 1.92g/cm^3，m. p. －96.5℃，b. p. 117℃）能溶于 $POCl_3$，CCl_4，$CHCl_3$，C_6H_6 等一类无机、有机溶剂中。这些化合物极易水解，但在干燥环境下，纯的氟氧化物和氯氧化物在暗处还是相当稳定的。

在铬酸盐、重铬酸盐溶液中如同时存在硝酸、高氯酸以外的其他酸时，就可能生成取代铬酸，例如：

$$HCr_2O_7^- + HCl \rightleftharpoons [CrO_3Cl]^- + H_2O$$

$$HCr_2O_7^- + HSO_4^- \rightleftharpoons [CrO_3SO_4]^{2-} + H_2O$$

故当 $K_2C_2O_7$ 溶于热的盐酸溶液并冷却后，可得到氯代铬酸钾结晶，同法可得到其他的取代铬酸盐。

取代铬酸根在酸性溶液中的主要平衡是解离为酸式铬酸根，即 $CrO_3Cl^- + H_2O \rightleftharpoons HCrO_4^- + Cl^- + H^+$，平衡常数随$[H^+]$增加而减小。

已报道的卤代铬酸盐有 $M[CrO_3X]$（X＝F，M＝K，NH_4，Rb，Cs；X＝Cl，M＝Na，K，NH_4，Li，Cs）。这类化合物为棕橙色，其中的阴离子具有变形的四面体构型，很容易水解及热分解，与 CrO_4^{2-} 相比是一种相当弱的氧化剂。

$CrO_2(NO_3)_2$，硝酸铬酰，是一个红色液体（m. p. －27℃）很易水解并于 120℃ 以上分解。它可由 N_2O_5 与 CrO_3 反应制备。

$CrO_2(ClO_4)_2$，高氯酸铬酰，也是一个红色液体（b. p. 175℃），能溶于 CCl_4，在暗处，低温放置时稳定，受热会发生爆炸（～80℃），是一个强氧化剂。它可由 CrO_3 与 Cl_2O_3 反应制备。

$CrO_2(SO_4F)_2$，氟磺酸铬酰，是一个绿色固体，与水猛烈反应并完全溶解，干燥时则相当稳定。制备方法为：

$$CrO_2Cl_2 + S_2O_6F_2 \rightarrow CrO_2(SO_3F)_2 + Cl_2\uparrow$$

此外还有一些取代铬酸盐如 $M[CrO_3Y]$，其中 Y 为碘酸根，硫酸根，硒酸根，乙酸根，NH_2 和 NH 等。

1.10.3 六价铬与氧化还原反应

六价铬化合物是一个强的氧化剂，如在氧化还原滴定中常用的重铬酸盐，其在酸性溶液中的氧化还原电位为：

$$Cr_2O_7^{2-} + 14H^+ + 6e^- \rightarrow 2Cr^{3+} + 3H_2O，\varphi^\circ = 1.33V$$

但从机理和动力学角度看，从 Cr(VI) 到 Cr(III) 涉及 3 个电子的变化，要一步完成这样的变化，简直是不可能的。许多研究已证明在六价铬还原的过程中有五价和四价铬的过渡中间态生成。例如铬酸盐与碘化物在低酸度和低浓度的条件下反应速度很慢，但在少量 Fe(II) 的诱导下，反应速率将大增，而实际上 Fe(III) 与 I^- 的反应也是很慢的。因而这个诱导氧化反应的实例说明了碘离子是被 Cr(VI) 和 Fe(III) 以外的物种所氧化。能诱导 Cr(VI) 与碘化物、溴化物之间氧化还原反应的诱导剂还有 $VOSO_4$，$(VO)_2SO_4$，Ti(III)，$UOSO_4$ 等。

Cr(VI)→Cr(III) 的反应过程可见表 25.25。其中的速率控制反应往往都是关于 Cr(V) 到 Cr(IV) 之间的转化。这是因为电子构型（表现为配位数）发生较大变化的缘故。Cr(VI) 是四面体构型四配位，而 Cr(IV) 是八面体构型六配位。在氧化还原过程中必定要发生相当大的分子重排，电子转移也需很高的活化能。一般认为 Cr(VI) 和 Cr(V) 之间是四面体配位构型之间的电子转移，Cr(IV) 与 Cr(III)（包括 Cr(II)）之间是八面体配位构型之间的电子转移，此时反应都是快速的。

表 25.25 六价铬氧化还原反应的机理

氧化剂	还原剂	反应机理
Cr(VI)	Fe(II)	Fe(II)＋Cr(VI)⇌Fe(III)＋Cr(V) 快
		Fe(II)＋Cr(V)→Fe(III)＋Cr(IV) 速率控制
		Fe(II)＋Cr(IV)→Fe(III)＋Cr(III) 快
Cr(VI)	V(IV)	V(IV)＋Cr(VI)⇌V(V)＋Cr(V) 快
		V(IV)＋Cr(V)→V(V)＋Cr(IV) 速率控制
		V(IV)＋Cr(IV)→V(V)＋Cr(III) 快
Cr(VI)	Np(V)	Np(V)＋Cr(VI)⇌Np(VI)＋Cr(V) 速率控制
		Np(V)＋Cr(V)→Np(VI)＋Cr(IV) 快
		Np(V)＋Cr(IV)→Np(VI)＋Cr(III) 快
Cr(VI)	*Cr(III)[1]	*Cr(III)＋2Cr(VI)⇌*Cr(V)＋2Cr(V) 快
		*Cr(III)＋Cr(V)→Cr(III)＋*Cr(V) 速率控制
		*Cr(V)＋Cr(VI)→Cr(V)＋*Cr(VI) 快
*Cr(VI)	Cr(II)	*Cr(VI)＋Cr(II)→*Cr(V)＋Cr(III) 快
		*Cr(V)＋Cr(II) $\xrightarrow{80\%}$ *Cr(IV)＋Cr(III) 速率控制
		20%↘ *Cr(IV)＋Cr(III)
		*Cr(IV)＋Cr(II)→[*Cr(OH)$_2$Cr]$^{4+}$ 快
		Cr(IV)＋Cr(II)→[Cr(OH)$_2$Cr]$^{4+}$ 快

1) *Cr 为同位素标记原子。

六价铬化合物作为一个强氧化剂在有机合成是很有用处的。常用的化合物有铬酸盐、重铬酸盐、氯化铬酰、乙酸铬酰、三氧化铬吡啶络合物和铬酸特丁酯。可以进行的反应有用铬酸盐或重铬酸盐使烯烃、多环芳烃氧化到酸；用氯化铬酰氧化烯烃到醛或酮；氧化伯醇到醛，仲醇到酮等。在有机反应过程中也有 Cr(V)和 Cr(IV)中间体形成，机理和前面提到的相似。

1.11 铬的过氧化合物

四价、五价和六价的铬都能形成过氧化物，它们在溶液中很不稳定，但作为固体分离后，在暗处室温和干燥的条件下能够长期保存。表 25.26 列出了一些化合物的性质和结构，这些化合物相互之间的关系则见图 25.4。

表 25.26 一些铬的过氧化合物

化合物	性质	结构	制备方法
$Cr^{VI}O(O_2)_2 \cdot A$ ($A=H_2O$, ether, py, qu, phen, bipy)	蓝色，py 加合物在苯中为单体，反磁性，已分离得固体化合物	py 加合物为五角锥体，bipy 加合物为五角双锥体	用乙醚萃取 $H_2O_2—Cr_2O_7^{2+}—H^+$ 水溶液后，加碱析出
$(NH_4)_2[Cr_2O_2(O_2)_5] \cdot 2H_2O$	紫黑色晶态粉末，24h 后转化为 $(NH_4)_2CrO_4$，如暴露在空气中，50℃时，剧烈分解成 Cr_2O_3		在 NH_4Cl 和 HCl 存在时，CrO_3 与 H_2O_2 反应
$M[Cr^{VI}O(O_2)_2OH]$ $M=K, NH_4, Tl$	蓝紫色盐，会剧烈爆炸，反磁性，已分离得固体化合物		中性或微酸性的 $M_2[Cr_2O_7]$ 水溶液与 H_2O_2 反应
$M_3^I[Cr^V(O_2)_4]$	红棕色，顺磁性，每一分子单位有一不成对电子，在室温时固体的盐能稳定几个月	CrO_8^{3-}-似十二面体(D_{2d})；Cr 到 O_2 的键长为 1.89 和 1.94Å K_3CrO_8 与 $K_3Nb^VO_8$ 生成混晶	30% H_2O_2 与碱性铬酸盐溶液反应
$(NH_3)_3[Cr^{IV}(O_2)_2]$ (以及乙二胺和六甲基二胺的同类物)	棕色晶体，每一分子单位有两个不成对电子，室温下能稳定数月	变形的五角双锥体，四个氧原子和一个 NH_3 组成五角平面，两个 NH_3 位于顶点	将制备$(NH_3)_3 \cdot [Cr(O_2)_4]$的反应混合物加热到 50℃，并冷却到 0℃
$K_3[Cr^{IV}(O_2)_2(CN)_3]$			$(NH_3)_3[Cr(O_2)_2]$在水溶液中与 KCN 反应

还有一些双过氧化物没有列入表内，如$[CrenH_2O(O_2)_2] \cdot H_2O$，$[Crdien(O_2)_2]$，

[Cren(NH_3)(O_2)$_2$]·H_2O,[CrPhH_2O·(O_2)$_2$]2H_2O 以及[CribnH2O(O_2)$_2$]·H_2O 等。它们都是四价铬的化合物。

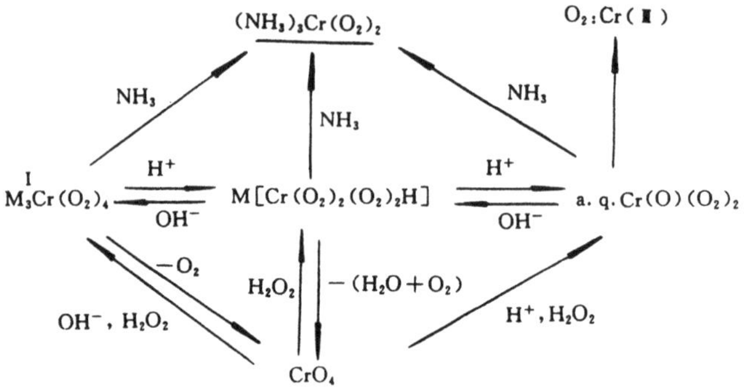

图 25.4　各种铬过氧化物之间的关系

25.2 钼

钼是第Ⅴ周期第Ⅵ副族元素，它的原子序数为42，原子量为95.94。钼的外层电子结构为$4d^5 5s^1$，具有2－至6＋的氧化态；只有在它们的金属有机化合物和π-受体的化合物中才呈现最低氧化态，(2－，1－，0，1＋)。钼与钨跟铬在形成这类化合物方面是非常相似的，而在其他性质方面却有明显差别。如氧化态为3＋的配位化学对铬来说十分重要，而在钼与钨的化学中几乎没有什么报道。钼与钨相互之间在许多方面是相似的，如不同氧化态的相对稳定性，形成许多如同多酸和杂多酸那样的类似化合物，它们的高价氧化态(4＋，5＋，6＋)都更为稳定等。

2.1 发现史

二硫化钼(辉钼矿 molybdenite)与石墨都是柔软的黑色矿物，它们之间非常相像，在很长的时间内混淆不清，都被称作钼。1745年B. Q VIst研究了辉钼矿，发现它含有铁和铜(有些矿样中还含锡)，而且他肯定这种矿物还含有其他金属，并证明它还含有硫。

1778年，瑞典化学家C. W. Scheele将辉钼矿石反复用硝酸溶解与蒸发，从而得到一种新的酸性氧化物，对此T. Bergman认为是一种新金属的氧化物。三四年后，P. J. Hjelm将亚麻油与该氧化物放在一起调制成浆状进行热分解，使所产生的焦碳还原氧化物而获得金属钼，并正式命名为钼(molybdenum)，从此使得钼矿与石墨区别开来。

1787年，J. C. H. Heyer将氧化物还原也得到了钼，并且像Scheele曾做过的那样，将钼酸与硫的混合物加热合成得到辉钼矿。1785年，B. Pelletier指出以前被称作钼的Molybdenum的矿石实际上是金属的硫化物。

大约在1910年美国通用电器公司的Coolidge与Fink首次将金属钼制成延性金属，金属钼就从此成为市场上的重要产品。1917年在Calorado，Climax开采了巨大的钼矿，使钼在数量上满足了需要。约从1920年起，钼的大规模使用发展缓慢。1939年钼开始从硫化铜矿中以副产物形式生产。第二次世界大战后，人们又重新对钼作为工程材料发生兴趣。

钼化合物的研究是从1817年开始的，大量的工作是在19世纪完成的。20世纪初期这些工作的大部分并未被重复，也不能用现代化技术验证。近年来，对钼的兴趣日益俱增，发表了许多关于钼化合物的合成、光谱、结构和生物活性的文章，其中最活跃的领域是羰基钼的化合物(1910 年首次合成)和钼的金属有机化合物。

2.2　存在与分布

钼在地壳中元素的丰度次序中居第 53 位(1.5ppm)，分布在各种物质中(表 25.27)。从生物化学观点看，如果钼在土壤中含量过多，会发生植物由黄变橙的染色过程，并引起植物发育不良。

表 25.27　钼的分布

物　质	Mo(ppm)[a]
土壤	0.2—5(中值，2)
火成岩	1.5
页岩	2.6
砂岩	0.2
石灰石	0.4
煤	10
淡水	0.00035
海水	0.01
陆上植物	0.9
海生植物	0.45
陆上动物	<0.2[b]
海生动物	0.6—2.5
植物组织	0.13—1.5
哺乳动物组织	0.07—2.8
硬组织(海中生物体)	0.1—0.7
哺乳动物的血	0.0041
红细胞	<0.008

a)所列土壤与生物体的结果为烘干后测定值。

b)哺乳动物的肝与肾中的数值最高。

辉钼矿(MoS_2)，是仅有的一种大型的、具有工业开采价值的矿物，国外最大的矿产区在美国的科罗拉多州，其次在加拿大和智利。辉钼矿是一种风化了的花岗岩，还含有一些其他矿物，如钼华(molybdite)和黑钨矿(wolframite)。其他一些钼矿物有：钼铅矿(wulfenite)，$PbMoO_4$；钼华或钼赭石(molybdenum Ochre)，$Fe_2O_3 \cdot 3MoO_6 \cdot 7.5H_2O$(组成有变化)；钼钨钙矿(powellite)，$CaMoO_4 \cdot CaWO_4$。大部分的钼直接从钼矿中生产，一部分则是铜生产中的副产物。我国以河南栾川钼矿储量最大，品位亦高，并易采易选；其他如湖南郴州也具有丰富的钼矿。

2.3 金属的冶炼、制备及应用

钼矿中辉钼矿(MoS_2)的品位很低，约 0.3%(以 Mo 计约为 0.18%)。用浮选法可得到辉钼矿含量为 90%—95%的精矿。将此精矿进行焙烧去硫，制得工业级三氧化钼(MoO_3)；再进行升华可得高纯 MoO_3，或用氨水浸取制得钼酸铵。辉钼矿中常含有稀散元素铼等，采用湿法冶金技术，可同时将它们作为副产物回收。

最近采用一种从钼酸铁制取 MoO_3 的新方法已投入生产。与辉钼矿一起的钼酸铁被还原成钼蓝后，吸附在活性碳上，通过提取与氧化获得仲钼酸铵，然后再锻烧成 MoO_3。三氧化钼可直接用于制造钼合金，也可用铝或碳还原后，制得金属钼作为钼合金的原料。

$$MoO_3 + 2Al \xlongequal{\text{灼烧}} Mo + Al_2O_3$$

为了制得高纯的钼，可将钼酸铵或三氧化钼放在舟状管式炉中，于 500—1150℃时用氢气还原，制得金属钼粉。

$$MoO_3 + H_2 \xlongequal{723—923K} MoO_2 + H_2O$$

$$MoO_2 + 2H_2 \xlongequal{1223—1373K} Mo + 2H_2O$$

为了使金属钼粉加压成型常用粉末冶金技术，将钼粉放在模具中用液压为 $(2.3—3.1)\times 10^8 kg/m^2$ 的压力，压成 $3.8\times 3.8\times 6.1—96cm^3$ 的棒，然后在 2200—2300℃氢气氛炉中电热烧结。由于所消耗的电流中用于钼棒熔融的部分达 90%，能耗很大，所以发展了一种较低温度烧结的工艺。该工艺使用一个氢气氛马弗炉，温度维持在 1600—1700℃，烧结 16h 以上，可以达到同样的烧结密度。这种低温烧结对大的部件特别合适，可制造重量超过 2000kg 的钼制件。

20 世纪 40 年代末，还发展了一种真空炉可耗电极熔出的制造钼铸锭的工艺。首先经过一个挤压装置，将钼粉连续压制成棒作为可耗电极使用。一根粗的钼棒，其底部带有水冷铜夹套作为另一个电极。在真空炉中两根电极接触产生电弧，高温使可耗电极不断熔化并滴入熔体槽中固化成锭。电弧铸造的钼锭重量可达 860kg。这些钼铸件虽具金属钼的理论密度，但因结晶过程长，晶畴结构粗，需经锻打或轧压后方能进行深度加工。

金属钼制品有钼棒、钼板、钼片和钼丝。其最主要的用途是作为高温炉的电热元件。一般钼丝炉、钼管炉的炉温可高达 1650—2200℃。为了防止钼制电热元件氧化，必须在真空、还原性气氛或惰性气氛下使用。此外还用作白炽灯钨丝的支架和 X 光管的靶。

由于金属钼具有高熔点、高温时的高强度、高导电率、耐玻璃熔体腐蚀以及在正常条件下产生的氧化物是无色的等优点，在玻璃工业中用量也很多，主要用作电极。还常用金属钼制造搅拌器、泵及其他耐磨的部件。还由于金属钼具有高的弹性模数，常用于加工器械的零件如钻孔机的压杆、粉碎机的套轴等。钼还具有小的膨胀系数和高的导热系数，因而可用作铸模，并在电子、电气工业方面有一些应用。

钼是一个很重要的合金元素，它广泛应用于铁、钢、不锈钢以及某些钴基、镍基和钛基合金中。钼的加入可以增加钢的硬度、强度、韧性和耐磨性，减少甚至消除许多工程合金钢的回火断裂效应，增进不锈钢的耐腐蚀性能。第一次世界大战时就试用钼取代高速钢中的钨，现在钼型高速钢已成为主要的产品。有些含钼钢特别适用于制造蒸气轮机和燃气轮机的零部件。

硫化钼具有层状结构，每两层钼原子中间夹着两层硫原子，相邻的两层硫原子间不存在化学键，其相互作用主要是范德华力，所以具有良好的润滑性。其他润滑剂在高温高压下会从接触界面间挤出来，而 MoS_2 却不同，它黏附在金属表面上，这样不但仍维持润滑作用，并能防止接触表面擦损。所以 MoS_2 是一种在高温高压下有特效的润滑剂。

硫化钼、氧化钼、钼酸盐及杂多钼酸盐可用作石油化工和有机合成的催化剂。钼酸盐还用于颜料如钼橙、钼黄、缓蚀剂如磷钼水质缓蚀剂和钼肥等。

2.4　钼的核性质

自然界中的钼是由 7 种质量数(A)[92—100]的稳定同位素组成的混合物。此外还得到了 13 种放射性同位素，其中包括 2 对核异构体(A=91,93)。这些同位素的丰度和某些性质见表 25.28。核素 A=99(66—67h 半衰期)通常制成 MoO_3 或钼酸盐溶液，可用作示踪原子。

表 25.28　钼的同位素

同位素[a)]	丰度(%)	半衰期[b]	Δ(meV)[c]	热中子捕获截面	蜕变方式和放射线能量[d]	生成方式[e]
^{88}Mo	—	27min	—	—	β^+,2.5;EC;γ,2.69,ν_0	Nb(p);Mo(p)
^{89}Mo	—	7min	—	—	β^+,4.9;EC;$\gamma^{\pm}$	Mo(p)
^{90}Mo	—	5.67—6.3h	−80.17	—	β^+,1.2(25%);EC(75%);e^-,0.104—0.255(4);γ,0.445—1.46(5);$\gamma^{\pm}$	$^{93}Nb(p,4n)$ $^{90}Zr(\alpha,4n)$
^{91}Mo	—	15.5min	−82.5	—	β^+,3.44;$\gamma^{\pm}$	$^{92}Mo(n,2n)$

续表

同位素[a)]	丰度(%)	半衰期[b)]	Δ(meV)[c)]	热中子捕获截面	蜕变方式和放射线能量[d)]	生成方式[e)]
^{91m}MO	—	64—75s	−81.6	—	(a)IT,β^+,3.99,EC;(b)IT,β^+,2.78;EC;e^-,0.638;γ,0.658;1.21,1.53;$\gamma^\pm$	^{92}Mo(γ,n)
^{92}Mo	15.86	—	−86.80	<0.3(至^{93}Mo) <0.006(至^{93m}Mo)	—	—
^{93}Mo	—	>100a	−86.79	—	EC;Nb和Mo X射线	^{92}Mo(n,γ);^{93}Nb(p,n)
^{93m}Mo	—	6.75—6.95h	−84.39	—	IT;e^-,0.244,0.261;γ,0.264,0.685,1.479;Mo X射线	^{93}Nb(α,2n);^{90}Zr(α,n);^{93}Nb(p,n);
^{94}Mo	9.12	—	−88.41	—	—	—
^{95}Mo	15.70	—	−87.71	14	—	—
^{96}Mo	16.50	—	−88.79	1	—	—
^{97}Mo	9.45	—	−87.54	2	—	—
^{98}Mo	23.75	—	−88.11	0.51	—	—
^{99}Mo	—	66.0—67.0h	−85.96	—	β^-,1.23;γ,0.041,−0.780(5);Tc X射线	^{98}Mo(n,γ) nf
^{100}Mo	9.62	—	−86.19	0.2	—	—
^{101}Mo	—	14.6min	−83.50	—	β^-,2.23;e^-,0.170;γ,0.191—2.08(8)	^{100}Mo(n,γ)
^{102}Mo	—	11—12min	−84.0	—	β^-,1.2	nf(母体^{99m}Tc)
^{103}Mo	—	62—70s	—	—	β^-	nf(母体^{103}Tc)
^{104}Mo	—	1.1—1.6min	—	—	β^-,4.8;γ,0.070	nf(母体^{104}Tc)
^{105}Mo	—	40—42s	—	—	β^-	nf(母体^{105}Tc)

a)^{A}Mo　A为质量数;m核异构体。

b)s秒,min分,h小时,a年。

c)$\Delta=M-A$,M=同位素量(isotopic weight)。

d)EC　电子俘获,β^-　beta发射,β^+　正电子发射,IT异构跃迁,e^-转换电子,$\gamma^\pm$湮没辐射。

e)n中子,p质子,γ伽马,α_2^4He,nf核分裂。

2.5　金属钼的性质

2.5.1　物理性质

钼的物理性质见表 25.29。

表 25.29　钼的物理性质

性质	值
颜色	银白色金属光泽
原子量	95.94
原子序数(Z)	42
密度	10.28g/cm³(20℃)
原子体积	9.32cm³/mol
晶体结构	体心立方　A_2
	空间群 C_h^9　a=314.0pm
	原子间最密距离　272.5pm
	晶格能　693.3kJ • mol^{-1}
熔点(m.p.)	2620±10℃
熔化热(ΔH_f)	27.9kJ • mol^{-1}
沸点(b.p.)	4825℃
蒸发热(ΔH_v)	537.3kJ • mol^{-1}
升华热(ΔH_s)	664.0kJ • mol^{-1}
热容(C_p)	Mo(S)　23.47J/mol • ℃(25℃)
	$C_p=24.14+1.17\times10^{-3}T+2.26\times10^{-6}T^2$
	Mo(g)20.79J/mol • ℃(25℃)
熵	Mo(s)(25℃)28.58J/mol • ℃(2227℃)
	90.04J/mol • ℃
	Mo(g)　181.8J/mol • ℃　226.4J/mol • ℃
蒸气压	1378℃　3.36×10^{-6}mmHg
	2189℃　2.21×10^{-4}mmHg
	熔点　3.36×10^{-2}mmHg
电子构型(基态)	$4d^5 5s^1$　($^7S_3$)
原于半径	140pm
电离能	第 1　7.131eV　第 2　15.72eV
	第 3　29.6　　第 4　46.4
	第 5　61.2　　第 6　67
内层电子结	K　L Ⅰ　L Ⅱ　L Ⅲ　M Ⅰ　M Ⅱ
	20.039eV 2.873eV 2.633eV 2.528eV
合能	0.509eV　0.413eV

续表

性质	值
X射线K边	α' α β γ
发射光谱	0.71354 0.70894 0.63225 0.62095
电子亲和势	18eV
反射率	5000Å 46% 10^5Å 93%
磁化率	0.93×10^{-6}e·m·u/g(25℃)
电阻率(ρ)	5(20℃)−60(2000℃)mΩ·cm

2.5.2 化学性质

在室温时,金属钼不会被空气和纯氧氧化,但如在高温则会燃烧成三氧化钼。钼在室温时只与卤素中的 F_2 反应,要在325℃以上时才与 Cl_2、Br_2 反应,与 I_2 不发生反应。钼与其他非金属元素如碳、磷、硫、硒、碲和硅在高温时反应,生成相应的二元化合物。

钼与许多矿物酸如 HCl,HF,H_2SO_4 等不反应,虽与 HNO_3 有反应,但很快就会钝化使反应停止。钼与水不反应,但在红热时会与水蒸气反应转化成 MoO_3。同样在红热时会被氮氧化物如 NO、NO_2、N_2O 等氧化成 MoO_3。与 CO_2 的反应需在1000℃以上。钼与碱溶液也无明显的反应,但当碱溶液中含有氧化剂如 $KClO_3$ 时,就会氧化成 MoO_3。

2.6 生物活性

在植物和动物的代谢过程中钼是一个基本元素。钼是几种酶的一个组分,例如黄嘌呤氧化酶、醛氧化酶、亚硫酸氧化酶中都含有钼。黄嘌呤氧化酶实际上就是钼黄素蛋白,它与嘌呤的氧化、铁蛋白释放铁等有关,是代谢上一个重要的酶。因而钼对动物和人体都可能有重要作用。钼还是植物和微生物的硝酸还原酶、固氮酶、氢化酶的一个组分,对植物也是很重要的。

肠道能迅速吸收水溶性的六价钼化合物。不溶性的 MoO_3 和钼酸钙也能少量吸收,但不吸收 MoS_2。钼主要通过尿排出,但还有一部分将经胆汁,由粪便排出。钼在动物组织中主要分布在肝、肾和骨骼中,以肝脏含量最高。由于钼排泄迅速、充分,实际上钼在体内并无储存库。

钼对动物有微毒,其程度视动物种类而异。啮齿动物食入过多的钼,会发生生长不良、贫血、厌食和运动失调等症状。牛羊摄取过量的钼得“钼过多症”,症状是腹泻、无力、毛发变白等。

铜、钼、硫酸盐之间存在着复杂的相互关系。钼的代谢与铜有密切的关系。钼摄入量过多时,可降低肝内硫化物氧化酶的活力,使体内的铜转化成不溶性的硫化铜,因而造成铜缺乏。反之则会使肝脏中的铜积贮至中毒的浓度。硫酸盐也与Mo-Cu 拮抗关系有关,如无机硫酸盐的摄入量增加,钼的毒性也增加。大鼠试验结果 LD_{50}(口服)MoO_3 125mg/kg,$CaMoO_4$ 101mg/kg,$(NH_4)_2MoO_4$ 333mg/kg。

长期大量接触三氧化钼的工人,其眼、鼻、咽黏膜可能会受到刺激。多年接触钼化合物的矿工,健康状况没有发现受到损害。某些地区居民患痛风症较多,据调查病区的土壤和植物中含钼量很高,每天居民钼摄入为 10～15mg,超过正常值近 10 倍,因此可认为钼与痛风症有关。

在植物中也存在与动物中类似的铜-钼拮抗关系,即铜含量越高即钼含量越低,反之亦然。现已作为生物地球化学的方法用来找寻钼矿。

2.7　钼的重要化合物

2.7.1　二元钼合金

二元钼合金可分二类,一类是工业上很重要的结构用合金材料,主要是钼钨合金,其代号为 Mo-30W,是一种钼基合金,由 27%—33%的钨与相应的钼组成。钨的加入使合金的熔点比金属钼高,但该合金的最大优点是能耐熔融锡的化学腐蚀,因而大量应用于处理锡的设备中的与熔融锡接触的零部件,如叶轮、浇口、阀门和热电偶保护套管。

另一个很重要的钼基合金是三元的,其代号为 TZM,由 0.06%—0.12%的 Zr,0.40%—0.55%的 Ti 和相应的 Mo 组成。由于少量的合金元素的存在,使 TZM 的重结晶温度比金属钼高得多,因而高温时的机械性能也优越得多。TZM 与钼棒的抗拉强度比较见表 25.30。

表 25.30　TZM 合金的抗拉强度

温度(℃)	多属钼棒(MPa)	TZM 合金棒(MPa)
室温	790	830
200	750	790
400	660	730
600	570	670
800	480	600
1000	370	530
1200	180	450

另一类为功能用金属化合物,它们也具有特殊的物理或化学性能,大多为具有拓扑密堆相的金属间化合物。已知具有 Lave 相(AB_2)的有 $MoBe_2$,$MoFe_2$,$ZrMo_2$,$HfMo_2$;具有 Cr_3Si 型结构的有 Mo_3Al,Mo_3Si,Mo_3Ga,Mo_3Ge,Mo_3O_5,Mo_3Ir。钼的三元合金则有 $Cr_{18}Mo_{31}Co_{51}$,$Cr_{18}Mo_{42}Ni_{40}$,$Cr_{21}Mo_{17}Fe_{62}$等,它们也具有拓扑密堆积相。一些二元合金及结构类型见表 25.31。

表 25.31 钼的二元金属间化合物

结构类型	化合物	X(原子%)	T(℃)	a(pm)	r_A/r_B
σ相,(四方)	—	Mn,62—73	1175	—	1.07
σ相,(四方)	—	Fe,50—65	1180—1540	—	1.10
σ相,(四方)	—	Co,40	1340—1550	—	1.12
σ相,(四方)	—	TC,~75	700	—	1.03
σ相,(四方)	—	Ru,40	1200	—	1.04
σ相,(四方)	—	Re,48—67	1200	—	1.02
σ相,(四方)	—	Os,37.5	1200	—	1.03
σ相,(四方)	—	Ir,~30	~m. p.	—	1.03
Lave 相(立方或六方)	$MoBe_2$	—	—	4.442	1.241
Lave 相(立方或六方)	$MoFe_2$	—	—	—	—
Lave 相(立方或六方)	$ZrMo_2$	—	—	7.560	1.129
Lave 相(立方或六方)	$HfMo_2$	—	—	7.590	1.144
Cr_3Si_3 相(立方)	Mo_3Al	—	—	4.950	0.978
Cr_3Si 相(立方)	Mo_3Si	—	—	4.888	1.061
Cr_3Si 相(立方)	Mo_3Ga	—	—	4.940	0.992
Cr_3Si 相(立方)	Mo_3Ge	—	—	4.933	1.023
Cr_3Si 相(立方)	Mo_3Os	—	—	4.973	1.035
Cr_3Si 相(立方)	Mo_3Ir	—	—	4.973	1.032

2.7.2 钼与非金属的二元化合物

钼的非金属二元化合物主要为钼与硼、碳、硅、氮、磷、硫、硒和碲的化合物。

硼与电负性更小的元素形成的化合物通常称为硼化物,其组成往往不符合化合价的概念。钼与硼可形成 MoB_2,MoB,Mo_2B 以及 Mo_3B_5,Mo_2B_5 等多种组成的化合物,它们都是难溶、难熔的固体,具有类金属的导电性,如二硼化钼(MoB_2)为棱形晶体,熔点 2100℃,比电阻 $45\times10^{-6}\,\Omega\cdot cm$。可通过硼与钼粉按比例混合烧结来制备,是生产金属陶瓷的原料。

钼的碳化物有 Mo_2C 和 MoC 两种,其中碳化二钼为银灰色六方柱状晶体,熔点 2687℃,一碳化钼为灰色六方晶体,熔点 2692℃。钼的碳化物不溶于水和碱溶液，微溶于硝酸、硫酸和氢氟酸。它们可由元素直接反应或由钼的氧化物、钼酸盐在还原气氛下在 800℃左右时反应制备。

钼与硅可形成 Mo_3Si，Mo_5Si_3 和 $MoSi_2$ 等多种组成的化合物，其中钼与硅之间以金属键结合，硅与硅之间则以共价键连结。二硅化钼是最重要的，为灰色四方晶体，溶点 2030℃，室温时比电阻为 $21.6\times10^{-6}\Omega\cdot cm$，不溶于一般的矿物酸（包括王水），但溶于硝酸和氢氟酸的混合酸中，具有良好的高温抗氧化能力，可用作高温（<1700℃）氧化气氛中工作的发热元件。$MoSi_2$ 可由元素直接反应等方法制备。

钼与氮可形成 Mo_3N_2，Mo_2N 和 MoN 等多种组成的化合物，它们都是难熔的固体，不溶于水也不被水分解。其中 Mo_3N_2 为具有金属光泽的粉末，Mo_2N 为黑色固体，MoN 为深灰色的立方晶体。钼的氮化物可通过钼粉与氨气在高温下制备。

钼与磷可形成 Mo_3P，MoP 和 MoP_2 等多种组成的化合物，其中二磷化钼、磷化钼能溶于硝酸，一磷化三钼在高温时会在空气中燃烧。

钼的硫化物除 MoS_2 以外还有 Mo_2S_3，Mo_3S_4，Mo_2S_5，MoS_3，MoS_4 及 $MoS_3\cdot S_x$ 等。其中已经表征、确定组成和结构并深入研究过的硫化物有 MoS_2，Mo_2S_3 和 MoS_3。二硫化钼又称辉钼矿，是钼的主要矿源。MoS_2 晶体具六方结构，$a=3.16$Å，$c=12.29$Å，Mo—S 距离为 2.41Å，在层内 Mo—Mo 距离为 3.15Å，层与之间的 Mo—Mo 距离为 6.26Å，MoS_2 是一种性能优越的润滑剂。三硫化二钼为钢灰色单斜针状晶体，由于它在 1600℃以上才开始分解，具有耐高温的特性已在陶瓷工业中应用。三硫化钼为棕黑色片状晶体，不稳定，真空中加热即分解成 MoS_2 和 S。MoS_2 和 Mo_2S_3 可通过二个元素直接反应合成，MoS_3 则通过酸化硫代钼酸盐如 K_2MoS_4 水溶液析出沉淀来制备。

钼的硒化物和碲化物与相应组成的硫化物是同晶的。已知的硒化钼有 MoSe，Mo_2Se_3，Mo_2Se_5，$MoSe_2$，$MoSe_2$；已知的碲化钼有 Mo_2Te_3，$MoTe_2$。

2.7.3　π 酸配体的钼化合物

钼与铬一样可以形成许多类似的含 π 酸配体的化合物。$Mo\cdot(O)_6$ 是一个稳定的羰基化合物，为无色晶体，分子结构为正八面体，Mo—C 键长 2.06Å，图 25.5 归纳了 $Mo(CO)_6$ 的一些反应。$Mo(CO)_6$ 中的一个或多个羰基可被许多配体如 NO，CN，NH_3，卤素，胺，膦，胂等取代。这一类化合物中还有羰基阴离子如 $[Mo(CO)_5]^{2-}$，取代的羧基阴离子如 $[Mo(CO)_5X]^-$，$[Mo(CO)_4X_2]^{2-}$（X＝Cl，Br，I），双核阴离子如 $[Mo_2(CO)_{10}]^{2-}$，$[Mo_2(CO)_{10}I]^-$ 等。

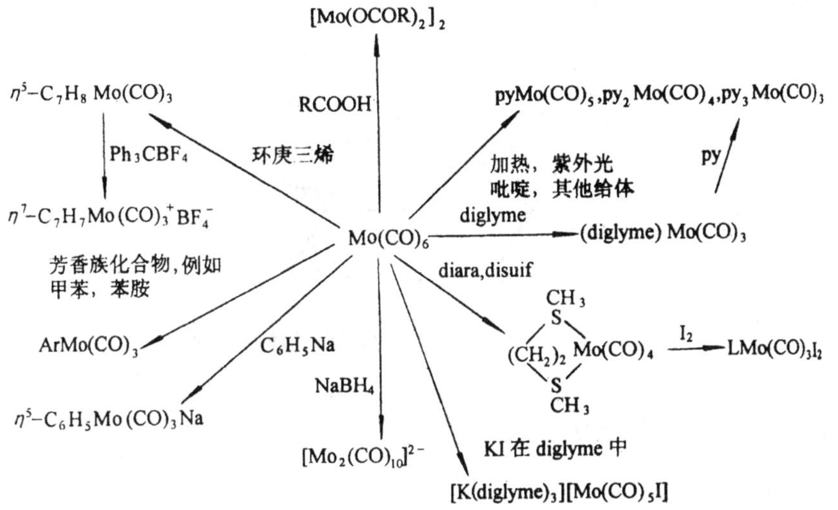

图 25.5 Mo(CO)$_6$ 的一些反应

还制备了异核的双核羰基化合物如[MoCr(CO)$_{10}$I]$^-$，有一些异核的双核化合物具有金属—金属键，如[MnMo(CO)$_{10}$]$^-$，[Φ_4AsMo(CO)$_5$SnCl$_3$]，dipy(CO)$_3$XMoSnX$_3$，dipy(CO)$_3$—ClMoSnRCl$_2$ 等。其中 dipy(CO)$_3$ClMoSnCH$_3$Cl$_2$ 为单斜晶体(a=6.73Å，b=11.14Å，c=24.46Å，β=90.5°)，Mo—Sn 键长为2.753 Å，Mo 是 7 配位的而 Sn 是 5 配位的。

其他的 π 酸配体化合物还有 Mo(CNR)$_5$X$_2$，[Mo(CNR)$_6$I]$^+$ 和 [Mo(CNR)$_7$]$^{2-}$；[MoO(NCS)$_5$]$^{2-}$，[Mo(NCS)$_6$]，Mo(N$_2$)$_2$·(R$_3$P)$_4$ 等。

2.7.4 钼的金属有机配合物

钼与铬相似也能形成许多金属有机配合物，尤其与许多 π 配体如苯，丁二烯，环丁二烯，双庚三烯，烯丙基，环戊二烯基等形成化合物。典型的有(η^6-C$_6$H$_6$)$_2$Mo，CH$_3$Mo(CO)$_3$(η^5-C$_5$H$_5$)，η^5-C$_5$H$_5$Mo(CO)$_3$H，η^6-C$_7$H$_8$Mo(CO)$_3$，η^5-C$_5$H$_5$Mo(CO)$_3$X(X=Cl,Br,I)等。

(η^6-C$_6$H$_6$)$_2$Mo 为绿色晶体与有名的二苯合铬相比略不易氧化。(η^5-C$_5$H$_5$)$_2$Mo 是不存在的，只能得到红棕色的聚合物固体[Mo(C(C$_5$H$_5$)$_2$]$_n$，但此固体与 CO 反应可得到“弯曲”的分子(η^5-C$_5$H$_5$)$_2$Mo(CO)，其结构见图 25.6。

异核带金属—金属键的双核化合物有(CH$_3$)$_{3-n}$Cl$_n$SnMo=(CO)$_3$(η^5C$_5$H$_5$)(n=0,1,2,3)，R$_3$SnMo(CO)$_3$(η^5C$_5$H$_5$)等。

钼与碳硼烷形成的配合物如 Mo(η^5-1,2-B$_9$C$_2$H$_{11}$)$_2$ 具有与 π-配体配合物相似的结构和性质(见图 25.7)。

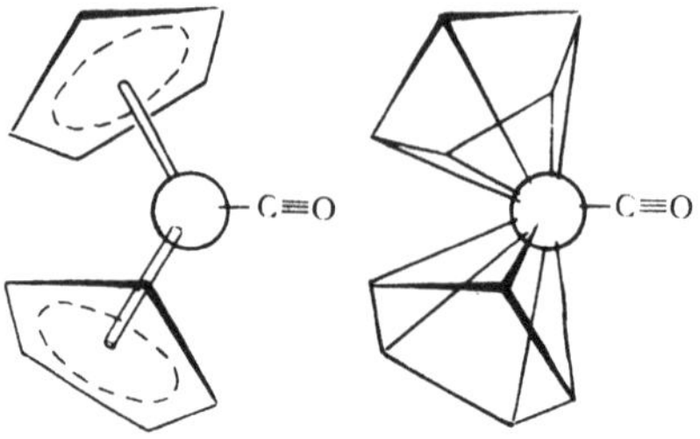

图 25.6 (η^5-C_5H_5)$_2$Mo(CO)分子结构示意图

2.7.5 钼(VI)的化合物

1. 钼(VI)的卤化物

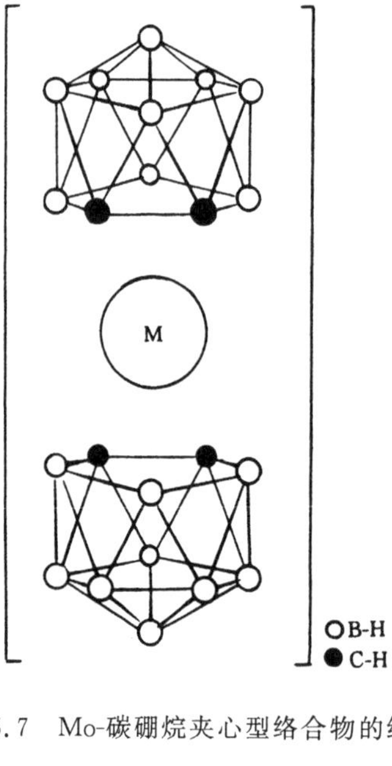

图 25.7 Mo-碳硼烷夹心型络合物的结构

钼(VI)的卤化物经确定的只有 MoF_6,有过关于 $MoCl_6$(黑色)的报道,但此化合物存在与否是非常可疑的。

MoF_6 是白色固体,熔点 17.4℃,沸点 34℃,很不稳定,反应性、氧化性很强,是一个非常强的氧化剂。晶体属立方晶系(O_h),a=6.23Å,在低于 −9.6℃时转变成正交晶系,a=9.61 Å,b=8.75Å,c=5.07Å。

其他重要的物理化学数据如下:

Mo—F 平均键能 439.4kJ·mol^{-1};键力常数 5.13 和 4.73;ΔH° 1626·3kJ·mol^{-1}(l),1558.5kJ·mol^{-1}(g);$-\Delta G^\circ$ 1511.6kJ·mol^{-1}(l),1468.1kJ·mol^{-1}(g);ΔS_v,94.2kJ·mol;在无水 HF 中:溶解度 1.50mol/1000gHF,比电导 0.1Ω^{-1}·cm·mol^{-1}。

2. 钼(VI)的卤氧化合物

钼(VI)的卤氧化合物有二类,一类为 MoO_2X_2(X=F,Cl,Br),另一类为 $MoOX_4$(X=F,Cl)。

MoO_2F_2 为白色固体，在 270℃升华，可由 MoO_2Cl_2 与 HF 反应或由 MoO_3 经 SeF_4、IF_5 氟化制备。

MoO_2Cl_2 为浅黄色晶体，溶点 175℃，沸点 250℃，可由 MoO_3、MoS_3 或 $MoO_4{}^{2-}$ 与 HCl、NaCl、Cl_2-O_2 混合气体、CCl_4、S_2Cl_2-Cl_2 混合物、CCl_4-O_2 混合物、$TiCl_4$、$MoCl_5$ 等反应制备，或由 Mo 与 Cl_2 反应制备。

MoO_2Br_2 为棕紫色固体，可由 Mo 与 Br_2-O_2 混合气体或 MoO_3 与 Br_2 反应制备。

$MoOF_4$ 为白色固体，溶点 97℃，沸点 186℃，可由 $MoOCl_4$ 与 HF 或 Mo 与 F_2-HNO_3 以及 MoO_3 与 F_2、SeF_4、IF_5 反应制备。

$MoOCl_4$ 为绿色晶体，熔点 101℃，沸点 159℃，能在真空时于 70—80℃升华，由 MoO_3 或 MoO_2Cl_2 与 S_2Cl_2-Cl_2 混合物，$MoCl_5$，$SOCl_2$，CCl_4-空气混合物等反应制备。

钼(VI)的卤氧化合物中因为存在 Mo—O 键，故可用红外光谱来检测，Mo—O 伸缩振动频率在 900—1100cm^{-1}。

3. MoO_2Cl_2 与有机分子的加合物

MoO_2Cl_2 可与许多有机分子生成 $MoO_2Cl_2 \cdot 2L$ 形式的加合物。这类加合物主要可以分成以下几种：

1)配体为酸酐、酯、醚、酮、醛和腈，生成六配位的配合物，是一类无色的晶体，很易水解，溶于苯中配合物分子能稳定存在。

2)配体为$(C_6H_5)_3PO$，$(CH_3)_2SO$，$(C_6H_5)_3AsO$，C_5H_5NO，此种加合物对潮气不太敏感。

3)配体为 DMF(二甲基甲酰胺)，DMA(二甲基乙酰胺)，DBA(二丁基乙酰胺)等生成的加合物更稳定，完全不被潮湿空气水解。$MoO_2Cl_2 \cdot 2DMF$ 的单晶结构已测定，系单斜晶体，空间群 C^2/c，$a=20.90$Å，$b=7.717$Å，$c=11.99$Å，$\beta=139°52'$，$Z=4$。在 $MoO_2Cl_2 \cdot 2DMF$ 分子中 DMF 和氧原子都是顺式配位的，而氯原子是反式配位的，Mo—O 键长为 1.68Å，相当于键级 2.5。

其他配体如四氢呋喃等的加合物就不一一列举了。

4. 钼(VI)的卤素配合物和卤氧配合物

钼(VI)的卤素络阴离子有二种即$[MoF_7]^-$和$[MoF_8]^{2-}$。$[MoF_7]^-$的配衡阳离子可以是 NO^+，NO_2^+，Rb^+，Cs^+ 和 NH_4^+；$[MoF_8]^-$的配衡阳离子则是 Na^+，K^+，Rb^+ 和 Cs^+。气态的 MoF_6 与 NaF 反应可以得到 $Na[MoF_7]$和 $Na_2[MoF_8]$。这些化合物在干燥空气中是稳定的，但很易潮解。红外研究证明$[MoF_7]^-$具有变形的八面体结构。

钼(VI)的氟氧络阴离子有$[MoO_4F]^{3-}$，$[MoO_3F_3]^{3-}$，$[MoO_3F_2]^{2-}$，$[MoO_2F_4]^{2-}$，$[MoOF_5]^-$。一般的配衡阳离子是碱金属和铵离子，对$[MoOF_5]^-$来说还有NO^+和NO_2^+。它们大多通过MoO_3和MF在HF水溶液中反应制备。

钼(VI)的氯氧配合物不多，已报道的有$K[MoO_2Cl_3]\cdot 7H_2O$和$M_2[MoO_2Cl_4]\cdot 2H_2O$(M=K，$NH_4$)。

关于溴氧配合物只有双聚Mo(VI)和Mo(V)混合价配合物的报道。

5. 钼(VI)的配合物与螯合物

大多数钼(VI)的配合物与螯合物中都存在钼酰离子MoO_2^{2+}，例如$Mo_2O_2Cl_2$和乙酰丙酮反应或者MoO_3在乙酰丙酮中加热回流反应能得到红橙色的$MoO_2(C_5H_7O_2)_2$。这一类螯合物的通式可写成$[MoO_2(L—L')_2]$，L—L'配体可以是乙酰丙酮，苯甲酰丙酮，8-羟基喹啉，$R_2NCS_2^-$等。在这类螯合物中，二个配位氧原子是顺式与Mo键合的，因而能形成最大的$O(p\pi)\rightarrow Mo(d\pi)$重叠，红外光谱研究也证明存在强的Mo=O伸缩振动模式。上述螯合物中，8-羟基喹啉作为配体的螯合物最为重要，可用于重量法测定钼。

双核的、带钼酰离子MoO_2^{2+}的配合物可以$K_2[MoO_2=(C_2O_4)_2\cdot(H_2O)_2]_2O$为例。其单晶结构测定的结果如下：单斜晶系($p2\cdot/c$)，$a=7.508$Å，$b=14.235$Å，$c=6.602$Å，$\beta=94°33'$。连接二个Mo的桥氧原子位于分子的对称中心，Mo—O—Mo是直线排列的，其他与Mo原子配位的6个氧原子构成一个畸变的八面体。

MoO_3与二乙基三胺(dien)可得到螯合物MoO_3(dien)，其中3个氧原子和3个氮原子都是顺式配位，形成一个畸变的八面体，在晶体中有强的分子内氢键存在。

化学式为$NaNH_4[MoO_3(C_2O_4)]\cdot 2H_2O$的配合物并不是单核的，实际上在结构中存在$-\!\!\left[Mo—O—Mo—O\right]_n$弯曲的，无限长链，每个$MoO_6$单元是一个畸变的八面体。该配合物是一个复杂的聚合大分子。

Mo(VI)还能与葡萄糖酸、组氨酸等配体形成1∶1，1∶2等配合物，其生成条件视平衡pH值而变。

6. 钼(VI)的氧化物

1)三氧化钼MoO_3

MoO_3在室温时为白色固体，加热会变黄，在750℃溶融时得到深黄色的液体。它是钼酸的酸酐，但不能直接水合成钼酸。MoO_3的水合物即钼酸有两种，$MoO_3\cdot H_2O(H_2MoO_4)$及$MoO_3\cdot 2H_2O(H_2MoO_4\cdot H_2O)$，它们是在酸化钼酸盐溶液时析出的。

MoO_3的晶体结构属正交晶系，$a=3.966$Å，$b=13.88$Å，$c=3.703$Å，晶体中

MoO_6 单元是一个畸变的八面体，各个 MoO_6 单元在一个方向上共边相连，在另一个方向上共顶相连，形成一个二维无限伸展的平面层。这种层状结构在氧化物中是不多见的。

金属钼、钼的化合物如 MoS_2，MoS_3 等在氧气中燃烧，最终产物就是 MoO_3。灼烧仲钼酸铵 $(NH_4)_6[Mo_7O_{24}]\cdot 4H_2O$ 也能得到 MoO_3，这是工业上制备纯的 MoO_3 的方法。

2）钼的非整比氧化物 $MoO_x(2<x<3)$

MoO_3 在真空中加热或与 Mo 一起在一般条件下加热至 700℃可以得到许多种组成为 $MoO_x(2<x<3)$ 的氧化物。例如 $Mo_9O_{26}(x=2.889)$ 单斜晶体；$Mo_{18}O_{52}(x=2.889)$ 三斜晶系；$Mo_8O_{23}(x=2.875)$；$Mo_5O_{14}(x=2.80)$；$Mo_{17}O_{47}(x=2.765)$；$Mo_4O_{11}(x=2.5)$ 等。从 Mo＝O 的关系看，它们是非整比的，不过它们有确定的组成，仍是道尔顿化合物。从化合价角度看，这些化合物中部分 Mo 原子不再保持＋6 价，因而是一类混合价的化合物。从结构上看，这一类化合物不一定全部由 MoO_6 八面体单元以共顶或共边的方式组成，而是可能由 MoO_6 八面体单元、MoO_4 四面体单元及 MoO_7 五角双锥体单元混合组成，因而成为一类“混合多面体”型的化合物。这些化合物都有深的颜色如蓝色或紫色。按结构特征，可将 MoO_x 分成三个类型：

i）剪切结构（见图 25.8）。此类化合物的通式为：$Mo_nO_{3n-1}(n>8)$，例如 Mo_8O_{23}，$n=8$，Mo_9O_{26}，$n=9$。还有一类 Mo，W 混合氧化物，代表 Mo＋W 原子总数的 n 值可达 10，11，12，14 等。

ii）由 MoO_6 八面体与 MoO_7 五角双锥体混合组成的化合物，如 Mo_5O_{14}，$Mo_{17}O_{47}$，其结构见图 25.9。

iii）由 MoO_6 八面体与 MoO_4 四面体混合组成的化合物，如 Mo_4O_{11}。其中由 MoO_6 八面体共顶连接成八面体的层，两个八面体层之间则通过 MoO_4 四面体共顶连接起来。

上述这些化合物的结构是很复杂的，从图 25.9(a)所示的二维平面图看有三元、四元、五元和六元环，在与平面垂直方向，MoO_6 八面体都是共顶连接的，因此，从三维空间看这些环各自形成孔径，形状不同的通道。所以这一类化合物又称为“隧道化合物”(tunnel compounds)。钼青铜中的碱金属或其他金属原子就寄居在主体氧化物的这些隧道内。$Mo_{17}O_{47}$ 是一个例外，从图 25.9(b)可以看到六元环的中心为一氧原子占据，这样该隧道就被阻断了。

7. 钼蓝

钼蓝是一种含 OH 基团的 Mo(VI) 和 Mo(V) 混合价的氧化物。它们通常用温和的还原剂如 Sn(II)，SO_2，N_2H_4，H_2S 等与酸性的钼酸盐溶液或 MoO_3 在水中

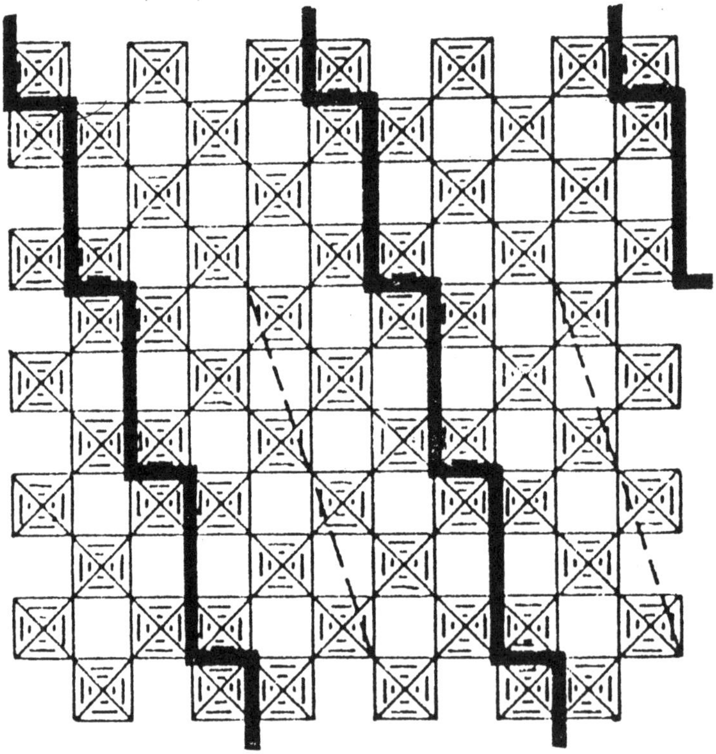

图 25.8　Mo_8O_{25}结构中一个平面的示意图

粗线显示了结构中的剪切面，虚线表示晶胞的轮廓

(a)　　　　　　　　　　(b)

图 25.9　Mo_5O_{14}(a)和 $Mo_{17}O_{47}$(b)的晶体结构

的悬浮液反应制备。由于 Mo(VI)/Mo(V)的比例，水合和羟合的程度很难控制，固体产物的重复性很差。这也说明了存在一系列组成介于 MoO_3 与 $MoO(OH)_3$

之间的钼蓝化合物。

已得到一些晶态的，经 X 衍射表征过的化合物，如 $MO_4O_{10}\cdot(OH)_2$ 和 $Mo_8O_{15}(OH)_{16}$，它们不溶于水。而一些无定形的钼蓝化合物则是水溶性的。

8. 钼青铜

一类组成为 M_xMoO_3（$x<1$，M＝碱金属），本身具有金属光泽的化合物称为钼青铜。由于钼青铜很不稳定，制备时需要很高的压力，所以尽管钨青铜早在 1823 年就已发现，钼青铜却要到 1970 年以后才有报道。钼青铜的稳定性差的原因可能在于 Mo(V)具有比 W(V)更容易歧化的倾向。钼青铜事实上与青铜是相似的，请读者参阅钨的有关章节。

9. 钼酸盐

将 MoO_3 溶于碱金属的氢氧化物溶液，从中可结晶析出碱金属的正钼酸盐 M_2MoO_4。正钼酸盐晶体中存在分离的 MoO_4^{2-} 四面体阴离子，在碱金属盐中该四面体是规则的而少数其他阳离子的盐中四面体是有些变形的。现在已确定在正钼酸盐水溶液中也存在 MoO_4^{2-} 四面体阴离子，这些阴离子可以被还原至较低的价态，但并不像 Cr(VI)那样，它没有强的氧化性。配衡阳离子为碱金属，铵、镁及铊的盐是水溶性的，其他的钼酸盐都不溶于水。

各种钼酸盐的制备方法可归纳如下：

1)金属氧化物 MO_2 或碳酸盐 M_2CO_3（M 为碱金属，$\frac{1}{2}$Mg，$\frac{1}{2}$Be，$\frac{1}{2}$Zn）与 MoO_3 一起熔融；

2)MoO_3 悬浮液与 MOH 或 M_2CO_3（M 为碱金属，$\frac{1}{2}$Fe，$\frac{1}{2}$Ni，$\frac{1}{2}$Co，$\frac{1}{2}$Cu）中和反应；

3)MoO_4^{2-} 溶液与 M^+ 盐溶液（M 为碱金属，$\frac{1}{2}$Fe，$\frac{1}{2}$Co，$\frac{1}{2}$Ni，$\frac{1}{2}$Mn）混合结晶；

4)加 M^+ 盐溶液（M 为 $\frac{1}{2}$Ca，$\frac{1}{2}$Sr，$\frac{1}{2}$Ba，$\frac{1}{2}$Pb，$\frac{1}{2}$Zn，$\frac{1}{2}$Cd，$\frac{1}{2}$Hg，Ag，Hg，Tl）于 MoO_4^{2-} 溶液中沉淀；

5)Na_2MoO_4 与 MCl（$\frac{1}{2}$Zn，$\frac{1}{2}$Cd，$\frac{1}{2}$Mn，$\frac{1}{2}$Fe，$\frac{1}{2}$Co，$\frac{1}{2}$Ni，$\frac{1}{2}$Cu）一起熔融。

10. 钼的同多酸盐和杂多酸盐

(1)钼的同多酸盐

钼酸盐水溶液酸化时，MoO_4^{2-} 阴离子会发生聚合，得到不同组成的同多酸阴离子。

重钼酸盐 $M_2Mo_2O_7$（M＝Na，K，NH_4）中，Na 盐和 K 盐是在熔盐中制备的。如 MoO_4^{2-} 阴离子在等摩尔的 $NaNO_3$-KNO_3 熔盐体系中存在聚合平衡：

$$2MoO_4^{2-} \rightleftharpoons Mo_2O_7^{2-} + O^{2-}$$

从得到的固体产物结构来看，与重铬酸盐不同，并不存在分离的二聚 Mo_2O 阴离子，代替的是多聚的$[Mo_2O_7^{2-}]_n$ 大阴离子，具有由 MoO_6 八面体单元和 MoO_4 四面体单元以一定形式连接的链状结构。如在 $Na_2Mo_2O_7$ 中，$[Mo_2O_7^{2-}]_n$ 链的结构是 2 个共顶相连的 MoO_6 八面体由 MoO_4 四面体桥连接成无限的链；而在 $K_2Mo_2O_7$ 中，$[Mo_2O_7^{2-}]_n$ 中链却是由 2 个共边相连的 MoO_6 八面体由 MoO_4 四面体桥连接成无限的链。由水溶液中析出的所谓"钼酸铵"晶体，经结构分析与 $K_2Mo_2O_7$ 是一样的，其$[Mo_2O_7^{2-}]_n$ 的结构示意图见图 25.10。

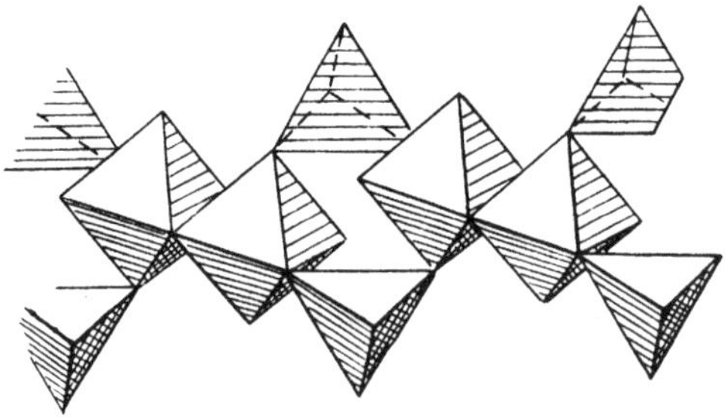

图 25.10 $[Mo_2O_7]_n^{2-}$ 多聚物结构

当钼酸盐水溶液酸化至 pH 小于 6 时，可得到一种 7 聚的同钼酸——七钼酸阴离子。这是最主要的钼同多酸盐，工业上又称仲钼酸盐，其聚合平衡为：

$$7[MoO_4]^{2-} + 8H^+ \rightleftharpoons [Mo_7O_{24}]^{6-} + 4H_2O$$

七钼酸盐可以从酸化的钼酸盐溶液中析出，已证明在溶液和固体中，$[Mo_7O_{24}]^{6-}$ 阴离子的结构是相同的。从图 25.11 中可见在$[Mo_7O_{24}]^{6-}$ 阴离子中间的那个 MoO_6 八面体是没有 Mo＝O 端氧原子的，其余 6 个 MoO_6 八面体都有 2 个端氧原

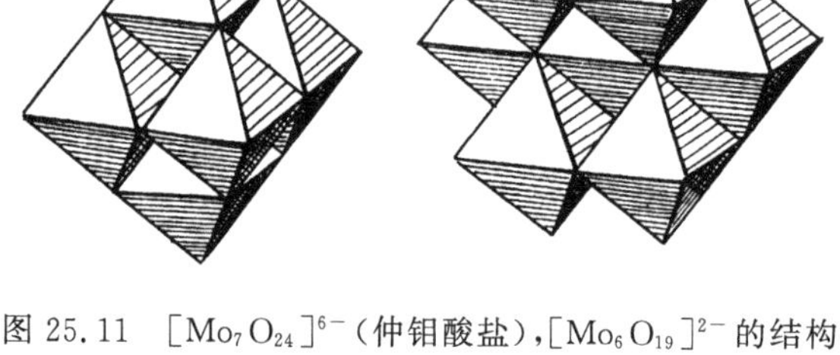

图 25.11 $[Mo_7O_{24}]^{6-}$（仲钼酸盐），$[Mo_6O_{19}]^{2-}$ 的结构

子，它们在八面体上是顺式排列，与中心钼原子形成 2 个短的 Mo＝O 键(175pm)。已报道异丙胺的七钼酸盐具有光还原性质。

在更酸性的溶液中，pH2—3 时，可得到 β-$[Mo_8O_{26}]^{4-}$ 晶体，其阴离子结构如图 25.12 所示，相当于$[V_{10}O_{28}]^{6-}$结构中除去两个位于相反位置上的 MoO_6 八面体，该结构中钼原子仍具有顺式的 MoO_2 排列。

当溶液进一步酸化到 H^+/MoO_4^{2-}～1.8 时，由电动势和超离心法研究结果推断，溶液中形成了非常大的聚钼阴离子，目前已制得该阴离子的 Na^+，K^+，NH_4^+ 和 Ba^{2+} 盐，晶体结构测定表明阴离子为$[Mo_{36}O_{112}(H_2O)_{18}]^{8-}$如图 25.13 所示。它是由二个具有反演对称的 Mo_{18} 单元组成，每个 Mo_{18} 单元中包括一个 Mo_7O_{24} 和 11 个 MoO_6 八面体，通过共享边、共享角连接而成，每个 MoO_6 八面体还通过端基或桥基氧与水分子连接；除了 Mo_7O_{24} 结构中有二个配位数为 7 的钼原子以外(即构成五角双锥结构)，其他 Mo 原子都是 6 配位的。超离心法和 Raman 光谱测定表明水溶液中还保留了晶体中存在的 Mo_{36} 阴离子结构。

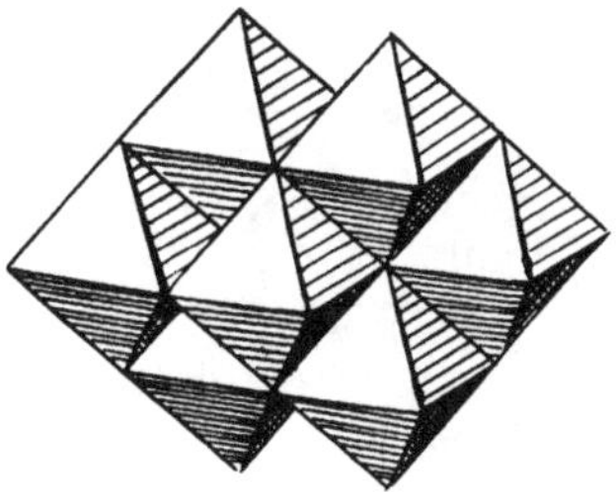

图 25.12 β-$[Mo_8O_{26}]^{4-}$结构

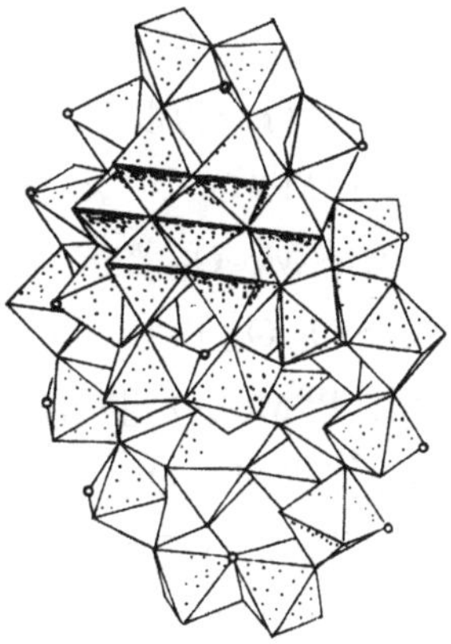

图 25.13 $[Mo_{36}O_{112}(H_2O)_{18}]^{8-}$结构

在非水溶剂中已经制得了四种稳定的同多钼酸盐，$[Mo_2O_7]^{2-}$，$[Mo_6O_{19}]^{2-}$，α-$[Mo_8O_{26}]^{4-}$和$[Mo_5O_{19}H]^{3-}$。其中$[Mo_6O_{19}]^{2-}$具有 O_h 对称，由于晶体堆积而不发生明显的畸变，它的结构与$[Nb_6O_{19}]^{8-}$相同(图 25.11)。值得注意的是该结构中每个金属原子都具有 C_{4v} 单氧基位置的对称性，也即具有一个 MoO 端基氧而不是顺式的 MoO_2 排列。因此阴离子可被电解还原成$[Mo_6O_{19}]^{3-}$和$[Mo_6O_{19}]^{4-}$混合价阴离子，而不发生结构的变化，氧化了的阴离子呈黄色(λ＝325nm)，其他的同多钼酸盐为无色。

用四丁基胺可从钼酸盐水溶液中析出 α-$[Mo_8O_{26}]^{4-}$ 盐，它与

$[(CH_3AsO_3)_2Mo_6O_{18}]^{4-}$ 具有类同的结构(见图 25.14),在一个由六个共边八面体环的上、下两面各盖上一个 MoO_4 四面体的帽。加入少量的 K^+ 离子可引起 β-$[Mo_8O_{26}]^{4-}$ 的异构化作用。

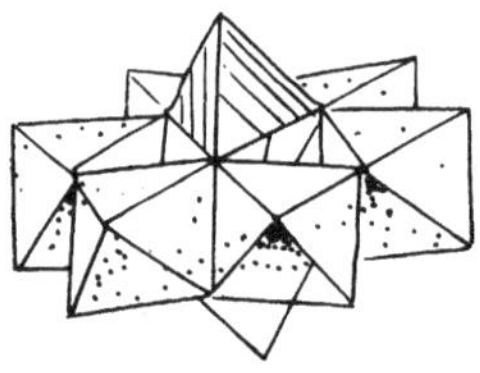

图 25.14　α-$[Mo_8O_{26}]^{4-}$ 结构

四丁基胺可从乙腈溶液中析出无定形的 $[Mo_5O_{17}H]^{3-}$ 阴离子盐,它是不稳定的,通过 IR 和'HNMR光谱测定,表明与 $[(CH_3)_2AsMo_4O_{15}H]^{2-}$ 是同类型的。

此外,适当酸化钼酸盐溶液,可得到 $Rb_2Mo_3O_{10}\cdot H_2O$ 和 $RbNaMo_3O_{10}$ 纤维状晶体,由 MoO_6 八面体共边构成无限长的双链。增加酸度,还可缓慢地制得多聚的五钼酸盐 $[MMo_5O_{16}H(H_2O)]$,若 M 为钾盐,则是由 MoO_6 八面体构成三维的网状结构。

(2)钼的杂多酸盐

将钼酸盐(钨酸盐、钒酸盐或铌酸盐)与一定氧化态的中心原子的盐溶液放在一起加热和酸化可制得杂多酸盐。目前已知可作为杂原子(或中心原子)的离子数近 70 个;例如 Be^{2+},B^{3+},Si^{4+},P^{5+},V^{5+},Te^{6+},I^{7+} 等,按杂原子与钼原子数的比例分类,钼的杂多酸盐可分为以下几个主要的类型:

1∶6 型:$[Fe^{VI}Mo_6O_{24}]^{6-}$,$[Co^{III}Mo_6O_{24}H_6]^{3-}$

1∶9 型:$[Mn^{IV}Mo_9O_{32}]^{6-}$

1∶11 型:$[SiO_{11}O_{40}]^{4-}$

1∶12A 型:$[P^{V}Mo_{12}O_{40}]^{3-}$,$[Si^{IV}Mo_{12}O_{40}]^{4-}$

1∶12B 型:$[Ce^{IV}Mo_{12}O_{42}]^{8-}$

2∶18 型:$[P_2^{V}Mo_{18}O_{62}]^{6-}$

还有 1∶10 型和 2∶17 型等。

也可以按照杂原子的结构类型分为四面体型,八面体型和十二面体型。现分述如下:

①杂原子具有四面体结构的杂多钼酸盐

其中 1∶12A 型是研究最多的一类杂多阴离子,一般用酸化法即可制得。采用有机溶剂萃取法、离子交换法可将反应所得的杂多阴离子分离出来。有机溶剂可以采用乙醚、三辛胺等。如在硝酸介质中生成硅钼酸盐,用三辛胺的甲苯溶液进行萃取,由于发生了阴离子交换反应,硅钼酸进入有机相而与反应物得以分离。反应式如下:

$$4R_3N\cdot HNO_3+H_4[SiMo_{12}O_{40}]$$
$$=\!=\!=[SiMO_{12}O_{40}][R_3NH]_{4(有)}+4NO_3^-+4H^+$$

这类化合物中的$[PMo_{12}O_{40}]^{3-}$是1826年Bergeliüs发现的第一个杂多酸阴离子。以后又制得了铜与As^{V},Si^{IV},Ge^{IV},Ti^{IV},Zr^{IV}等杂原子组成的1∶12杂多阴离子。它们在水中的溶解度较小;并易还原成蓝色,如磷钼蓝、砷钼蓝、硅钼蓝等,因此常可作为这几种杂原子的定量分析。

这类1∶12A型的结构首先由Keggin测得,因此常称为Keggin结构,许多钨的杂多酸中也具有这种结构。这种结构单元由四组三个MoO_6八面体组成,每一组中有一个氧原子为三个八面体所共有。在整个结构中各个组之间是以共用氧原子而定位的。因此四个三方共用的氧原子位于中心四面体的棱角上,构成四面体穴,而杂原子位于四面体穴的中心。该结构具有T_d对称性。如图25.15。

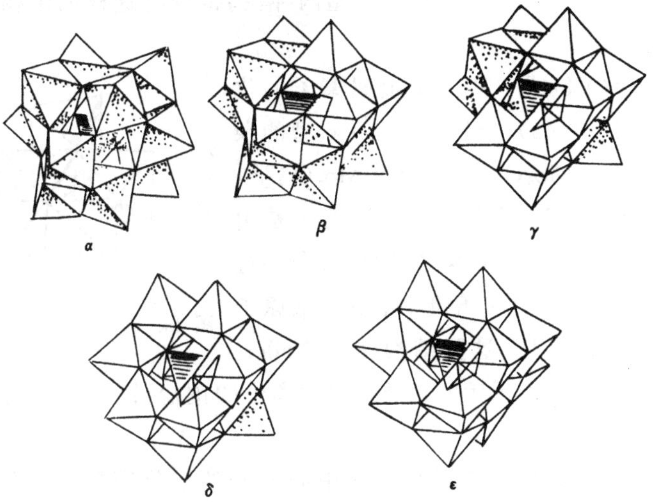

图25.15 1∶12A型结构(α,β,γ,δ,ε)
Keggin结构(α)的五个异构体,在β-,γ-,δ-及ε-
结构中,一、二、三及四个M_3O_{13}集团旋转了π/3

若将该结构中的四组三个MoO_6八面体中的一组转动60°后,再与其他三组共角相连,这样使其从T_d对称性改变为C_{3v}对称性。这样所得到的Keggin结构与原有的Keggin结构是同晶型的,但稳定性明显降低。依次转动Keggin结构中每一组,可得相应的四种结构,它们分别称为α,β,γ和δ异构体。目前已制得P,As,Si与Mo组成的1∶12四面体型杂多酸的α和β异构体。

如果将1∶12A型杂多阴离子$[XMo_{12}O_{40}]^{3-}$水溶液(X=P,As)放置较长时间(1—2周),渐渐聚合而成2∶18$[X_2Mo_{18}O_{62}]^{6-}$阴离子,所形成的杂多酸为橙色(X=P)和橙红色(X=As),都极易水解。该杂多阴离子可以钾盐或铵盐晶体析出。这种离子可看作分别从两个1∶12A型的Keggin结构中失去一组三个以共

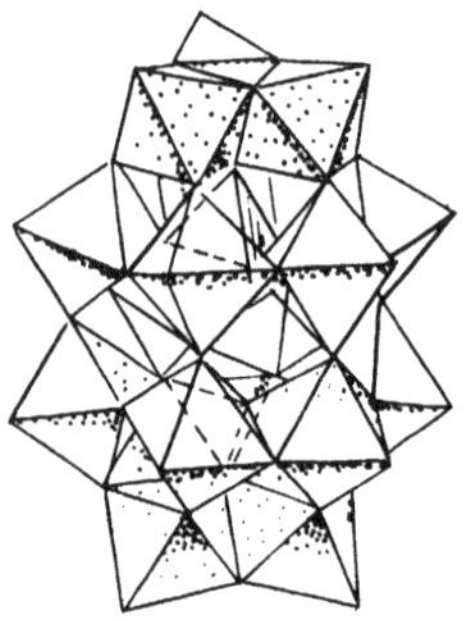

图 25.16　2∶18 型结构

边相连的 MoO_6 八面体，然后通过共角连接在一起，这种 2∶18 型杂原子四面体配位的结构又称为 Dawson 结构。如图 25.16。

Keggin 结构的杂多阴离子可以失去一个 Mo，而形成缺位的杂多阴离子（lacunary），如 α-$[SiMo_{11}O_{39}]^{8-}$，α-$[HGeMo_{11}O_{39}]^{3-}$ 等，这是一种 1∶11 型杂原子为四面体结构的杂多阴离子。

②杂原子具有八面体结构的杂多钼酸盐

这类结构是钼杂多阴离子的特征，其中有 1∶6 和 1∶9 型两种，钨很少有这样的结构，特别是 1∶6 型。

钼(Ⅶ)和碲(VI)或一些三价金属离子的化合物酸化时(pH＝4—5)，分别形成 1∶6 型的杂多阴离子，如$[Te^{VI}Mo_6O_{24}]^{6-}$，$[M^{III}Mo_6O_{24}]^{9-}$（M＝Al,Ga,Cr,Fe,Co 或 Rh）。这类结构是由位于一个平面上的七个八面体构成的，六个共边的 MoO_6 八面体形成一个六角形，环绕着杂原子 XO_6 八面体组成一个环。这类结构称为 Anderson 结构。如图 25.17 所示钼的这类杂多阴离子的钠盐、钾盐是白色或浅黄色的，它们都易溶于水。

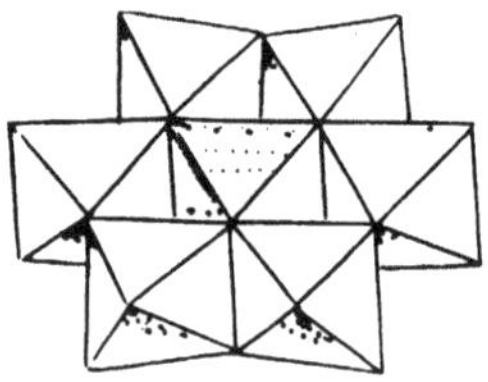

图 25.17　1∶6 型杂多阴离子结构

用过硫酸盐、过氧化物或溴水氧化中心原子的二价简单盐和仲钼酸盐可得 1∶9型杂原子八面体结构的钼杂多阴离子。已知的杂原子具有 Mn^{4+} 或 Ni^{4+}，即$[Mn^{VI}MO_9O_{32}]^{6-}$和$[Ni^{IV}Mo_9O_{32}]^{6-}$。该结构是以 MoO_6 八面体为中心，周围有九个共边的 MoO_6 八面体组成，它可看作一个 $MnMO_6$ 或 $NiMo_6$ 的 Anderson 结构中除去三个间位的 MoO_6 八面体，然后在它的上面和下面分别接上三个 MoO_6 八面体(图 25.18)。这类化合物虽然较少，但它能使杂原子保持在不常见的高氧化态，引起了人们的研究兴趣。

③杂原子具有二十面体配位的杂多钼酸盐

这类结构的钼杂多阴离子中，钼原子与杂原子的比例为 1∶12，为了与 1∶12 型 Keggin 结构相区别，将 Keggin 结构称为 1∶12A 型，这类结构称为 1∶12B 型。

$[CeMo_{12}O_{42}]^{8-}$是这类典型的例子，该结构中的十二个 Mo 原子组成六个 M_2O_9 单元，每个 M_2O_9 单元是由两个 MO_6 八面体通过共面结合而成，六个 M_2O_9 单元通过共顶连接，构成十二配位。六个 M_2O_9 单元的阴影面，围成一个封闭式的二十面体，Ce 原子位于二十面体中心(图 25.19)。

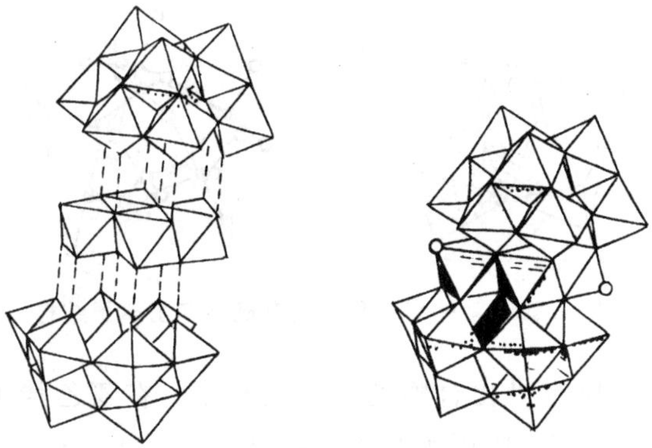

图 25.18　1∶9 型杂多阴离子结构

还制得了同类型的 Th(IV),U(IV),Np(IV)等的十二钼杂多酸盐,预计 Pr(IV),Nb(IV),Pu(IV)和 Pm(IV),Sn(IV)也具有同类型的结构。

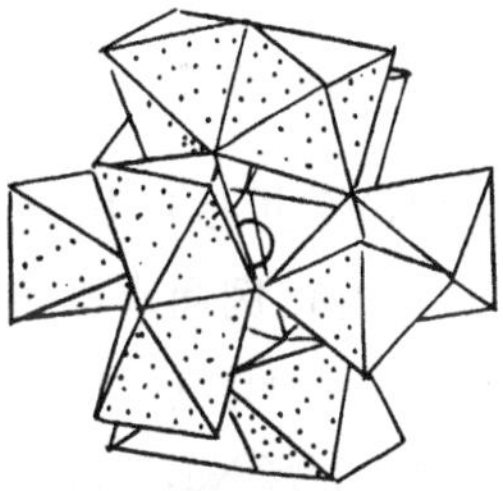

图 25.19　1∶12B 型杂多阴离子结构

④钼的有机和金属有机杂多阴离子

钼的杂多阴离子与有机物分子相互作用,可形成具有有机分子组成的杂多阴离子,早在 1908 年 Miolati 和 1913 年 Rosenheim 就报道了这类化合物,但只是在近几十年来才对它的结构与性质进行了深入的研究,原因是这类化合物的研究可作为金属氧化物表面异相催化作用的模拟研究,还可能由此发现新的催化剂。

将化学计量的 MoO_4^{2-} 和 $(CH_3)_2AsO_2^-$ 离子的水溶液进行酸化至 pH3～5,可得到 $[(CH_3)_2AsMo_4O_{14}OH]^{2-}$,它的结构是桥合的 R_2AsO_2 四面体像帽子一样盖在由四个共边共面的 MoO_6 八面体上。在非水溶剂中,稳定的 $[Mo_2O_7]^{2-}$ 与醛类化合物反应可得 $[RCHMo_4O_{15}H]^{3-}$ (R = $CHCH_2$, H, CH_3, C_6H_5, CF_3, CHO, $(CH_3)O$)。除了上述 Mo 原子为四个外,还可形成 5,6,8 和 12 个钼原子的有机杂多阴离子。如 $[(CH_3P)_2Mo_5O_{21}]^{4-}$, $[(CH_3As)_2Mo_6O_{24}]^{4-}$, $[(HCO)_2Mo_8O_{28}]^{6-}$ 和 $[(HOAsO_3)_4Mo_{12}\cdot O_{34}]^{4-}$。

立体效应在这类化合物的化学中是很重要的,如由共边、共角而组合在一起构成一个弯曲的 Mo_5O_{21} 环,并提供了较小的三个氧原子的位置,适合于 RPO_3 基团的结合;而 Mo_6O_{24} 结构单元给出了较大的氧原子组成的三角位置,适合于较大的 As 原子。因此钼原子为五个的钼有机杂多阴离子与有机磷化合物易于结合,而钼原子为 6 个的,则有机砷化合物比较合适(图 25.20)。

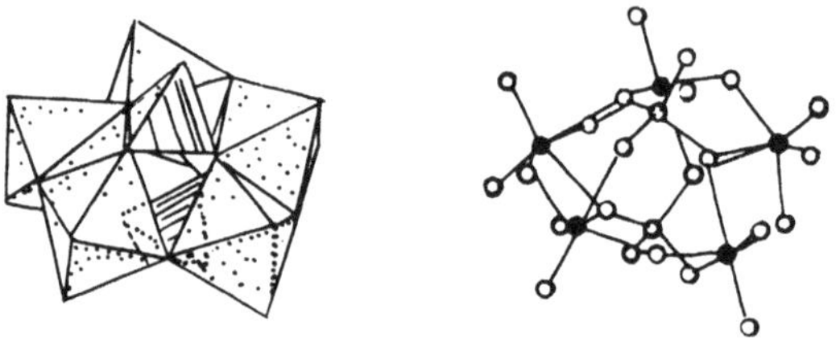

图 25.20 钼的有机和金属有机杂多阴离子结构

钼还能形成含金属有机化合物的杂多阴离子。在氯乙烯-甲苯混合溶剂中，$Mo_2O_7^{2-}$ 与$(\eta\text{-}C_5H_5)_2TiCl_2$ 作用可得到$[(\eta\text{-}C_5H_5)Ti(Mo_5O_{18})]^{3-}$ 阴离子，它可看作是六钼酸型的多阴离子中有一个 MoO^{4+} 被$[Ti(\eta\text{-}C_5H_5)]^{3-}$ 所取代。所形成杂多阴离子的溶液或者固态化合物遇到潮湿空气都会分解。

2.7.6 钼的过氧化物

钼(VI)可形成几类过氧化物，它们的(O_2)∶Mo 比分别为 4∶1,3∶1,2∶1 和 1∶1，还有比例尚未确定的化合物。

过量的 H_2O_2 与中性或微碱性 MoO_4^{2-} 的溶液作用，可得到 $M[Mo(O_2)_4]$这类红色盐($M=2Na,2K,Ca,Sr,Ba,Co,Zn,(NH_4)_2$)；其中有些还可用复分解反应制得。虽然$[Mo(O_2)_4]^{2-}$离子在溶液中易于水解，但看来在固态中仍然存在。

这些盐的组成还不很清楚。钠盐 $Na_2MoO_8 \cdot 2H_2O$ 在脱水时，也会失掉过氧化氢，这说明 H_2O_2 只存在于含水结晶中；然而无水钾盐 K_2MoO_8 却能制得。

钼的过氧化物非常不稳定，受冲击与加热就会爆炸，最终的分解产物是钼酸盐(MoO_4^{2-})；中间分解产物对每个 Mo 原子来说含有 3,2 或 1 个过氧原子。

将上述四过氧钼酸盐进行热分解，可得到三过氧化物，$M[MoO(O_2)_3]$($M=Ca,Sr$)。Sr 的化合物呈砖红色。这些过氧化物可能不是单纯的化合物；分子式写为$[MoO(O_2)_3]^{2-}$的离子可能是$[Mo(O_2)_4]^{2-}$与二聚离子$[(O_2)_2OMoOMoO(O_2)_2]^{2-}$的混合物，它们在水溶液中处于相互平衡的状态。

2∶1 型的$[MoO_2(O_2)_2]^{2-}$已肯定是二聚物$[(O_2)_2OMoOMoO(O_2)_2]^{2-}$其碱金属盐可从含高浓度 H_2O_2 的碱金属钼酸盐的酸性溶液中制得。

2∶1 过氧钼酸比四过氧钼酸化合物具有更好的热稳定性。热分析产物是钼酸盐；中间体可以是一过氧化物。在含高浓度 H_2O_2 的溶液中存在着下列平衡：

$$[(O_2)OMoOMoO(O_2)]^{2-} + 2OH^- + 4H_2O \rightleftharpoons 2Mo(O_2)_2^{2-} + 5H_2O。$$

1∶1 过氧阴离子的盐类制法如下：中和 H_2O_2 与钼酸、H_2O_2 与钼酸盐的反应以及具有较高过氧原子比的过氧钼酸盐的分解反应。

早期文献报道了许多(O_2)：Mo 比例在 0 与 1 之间的过氧化物，它们都是从含低浓度 H_2O_2 的钼酸盐和多钼酸盐溶液中制得。它们有时可写成像过氧多钼酸盐那样的分子式，如 $Ba_5Mo_{12}O_{58}(O_2)_3 \cdot 18H_2O$。其他 Mo 的过氧化物还有过氧氟钼酸盐、过氧草酸盐、硫酸根过氧配合物以及由有机磷酸酯与钼酸、H_2O_2 进行反应所得到的产物。

2.7.7 钼(V)的化合物

1. 钼(V)卤化物

用 Mo(300—400℃)，PF_3 或 $Mo(CO)_6$(或 $W(CO)_6$)(25℃)还原 MoF_6 可制得钼(V)卤化物，在这个反应过程中会产生一些四氟化物，但五氟化物因挥发性很大而易于分离。一般不使用 F_2 和 BF_3，因为这些试剂会将 Mo 和 Mo 的化合物氧化成 Mo(VI)；然而在－75℃时，F_2 与 $Mo(CO)_6$ 发生反应会生成 Mo_2F_9(可能是 $[MoF_3]^+[MoF_6]^-$ 或是 MoF_4 和 MoF_5 的混合物)；进一步加热到 170℃使 MoF_5 蒸出，MoF_4 则成为不挥发的残渣。

煮沸的六氯丙烷与 MoO_3 反应是一个制备 $MoCl_5$ 的好方法，反应 15min 产率为 90%(这个方法也可能用于制备 WCl_5)。还可用其他方法如：Mo 的氯化作用或者 MoS_2 在 400—500℃时氯化作用；MoO_3 与 CCl_4，Cl_2，$COCl_2$ 或 SO_2Cl_2 的反应，或者 MoS_2 与 CCl_4 的反应。

Mo(V)氟化物是黄色固体(m. p. 70℃，b. p. 209. 9℃)，在 165℃时歧化为 MoF_4 和 MoF_6。Mo(V)氯化物是黑色固体(m. p. 190—194℃，b. p. 268℃)，空气中分解为热力学上更稳定的卤氧化物 $MoOCl_3$，高温时分解为 $MoCl_4$ 和 Cl_2。这些卤化物都易于水解，它们没有像钨的类似物那样稳定。钼(V)的五溴化物和五碘化物都还没有制得。

钼(V)氟化物与 NbF_5 相似，具有四聚结构；四个钼原子处于一个平面上，并通过氟原子桥合使每一对 Mo 原子连接起来(图 25. 21)。键长(pm)为：Mo—F(端) 185 和 170；Mo—F(桥)206；

Mo—F(端)的键长较短，说明有反键存在。

固态的钼(V)氯化物具有二聚八面体结构，可写成 Mo_2Cl_{10} 与 Nb、Ta 的类似物相同，键长(pm)为：Mo—Cl(端)224；M—Cl(桥)253；Mo—Mo，383。Mo_2OCl_{10} 是顺磁性物质，说明可以忽略两个钼原子的自旋偶合，它易从含氧溶剂中吸收氧形成钼氧化物，也能被胺还原成酰胺配合物。遇水很快水解。Mo_2Cl_{10} 可溶于苯及极性溶剂，在溶液中它是以单体存在，并可能溶剂化。图 25. 22 和图 25. 23 分别列出了钼的卤化物与卤氧配合物的制备与一些反应。气相钼(V)氯化物为单分子的三

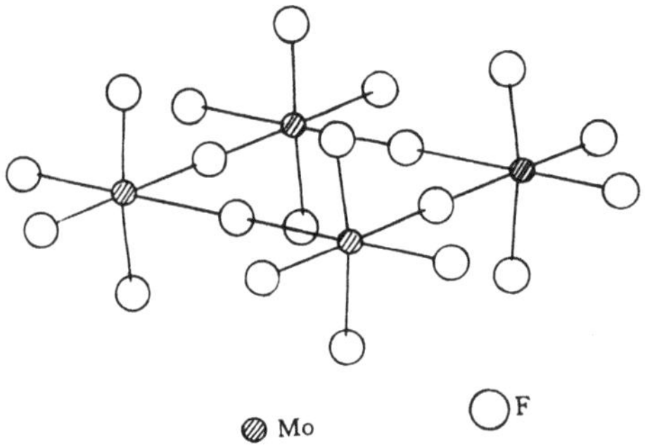

图 25.21 MoF_5 的结构

角双棱锥结构。

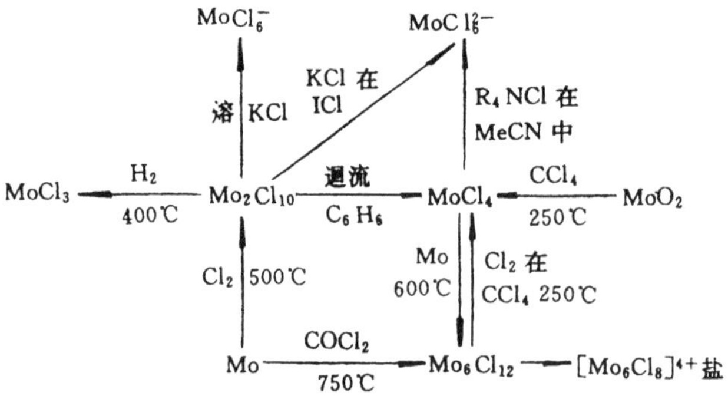

图 25.22 钼的卤化物与卤配合物的制备

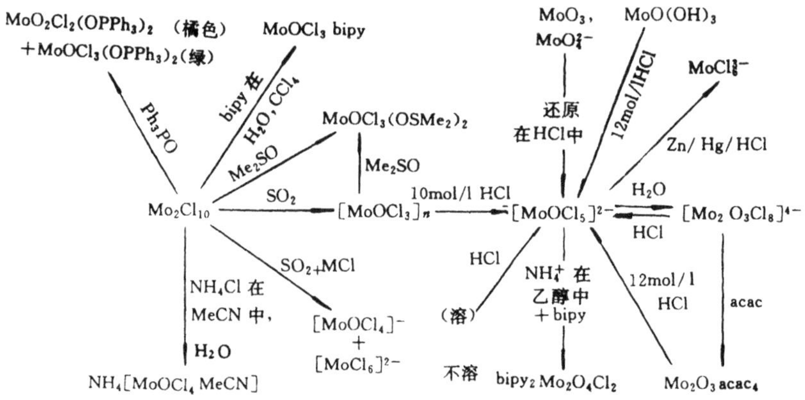

图 25.23 五氯化钼和钼氧化合物的制备与一些反应

2.钼(V)的卤配合物和卤氧配合物

钼(V)的配合物研究比较多,特别是卤化配合物和卤氧配合物。在 IF_5 或液体 SO_2 中将 MI 与 MoF_6 放在一起反应,或者在封管中将 MF,$Mo(CO)_6$ 和 SF_4 的混合物加热到 165℃,都可得到氟配合物 $M[MoF_6]$(M=Li,Na,K,Rb,Cs,Tl)。将 Mo 与 $NOF(HF)_3$ 或者 MoF_5 与 NO 一起反应都可得到亚硝基的钼(V)氟配合物。$Mo(CO)_6$ 与 KI 在 IF_6 中反应可制得八氟化物 $K_3[MoF_8]$。$(C_2H_5)_4I$ 和 $MoCl_5$ 在氯仿中反应可得 $(C_2H_5)_4N[MoCl_6]$,它的钾盐可存在于 $MoCl_5$- KCl 的熔融体中,其光谱具有 $[MoCl_6]^-$ 的特征。

由于这些化合物易于水解,它们都不能从水溶液中析离,即使对微量潮气,它们都很敏感,并发生从白色到深蓝色这样不可逆的颜色变化。如果保持干燥,即使在加热时也非常稳定。

$[MoF_6]^-$ 离子的畸变四方晶体结构中具有四个长的和二个短的 M—F 键,它的钾盐和钠盐的结构分别为 $K[MoF_6]$(四方晶体)和 NaCl(立方晶体)结构。八氟配合物 $K_3[MoF_8]$ 的结构为立方体,室温时磁矩为 1.23B。

有两个 Mo(V)氟氧配合物,即 $K_2[MoOF_5]$ 和 $(NH_4)_2[MoOF_5]$。而已经报道的钼(V)氯氧和溴氧络合物则有两种类型:$M_2[MoOX_5]$ 和 $M[MoOX_4]$。$M_2[MoOX_5]$ 可由 MX 与 MoX_5 在水溶液中的反应制得;也可用方便的 MoO_3 酸性溶液进行电解还原。$M[MoOX_4]$ 类型可由 MX 和 MoX_6 在液体 SO_2 中的反应制得;如 MX 为 RbCl 和 CsCl,则反应产物为 $M[Mo^{V}OCl_4]$ 和 $M_2[Mo^{IV}Cl_6]$ 的混合物。

还制得下列各种卤氧配合物:

$M_2[MoOCl_5]$:M=NH_4,K,Rb,Cs,pyH,quH,CH_2CH_3,$(CH_3)_2NH_2$,$(CH_3)_3NH$(py=吡啶;qu=喹啉)等。

$M[MoOCl_4]$:M=Rb,Cs,NH_4,pyH,quH,$C_2H_5NH_2$,$(CH_3)_3NH$ 等。

$M_2[MoOBr]$:M=NH_4,K,Rb,Cs,pyH,quH 等。

$M[MoOBr]$:M=Li,pyH,quH 等。

这些络合盐具有各种不同的颜色,由黄绿色到棕色。保持干燥状态时它们都很稳定,水解会使颜色变到红色再变到最终的蓝色。$M_2[MoOX_5]$ 和 $M_2[WOX_5]$(M=Rb,Cs;X=Cl,Br)的远红外光谱已有报道;络合离子 $[MoOX_5]^{2-}$ 和 $[WOX_5]^{2-}$ 的结构属于 C_{4v} 点群。$[MoOX_5]^{2-}$ 离子主要是八面体结构,但畸变的四方晶体通过 Mo—O 键对该结构有相当大的影响,这种倾向破坏了自旋-轨道偶合;$[MoOX_5]^{2-}$ 的磁矩(~1.7B)接近于反自旋值。$[MoOX_4]^-$ 也含有畸变的结构,它所构成的配合物盐的磁矩也接近 1.7B。

翠绿色的 $MoOCl_5^-$ 或者 $[MoOCl_4]^-$ 和 $Mo[OCl_4(H_2O)]^-$ 是最重要的络离

子，它们易于相互转变，Mo＝O 键反式一边的配位体可以改变或除去。

当将 $MoCl_5$ 溶解在浓 HCl 中，同时加入固体 NaOH，开始是$[MoOCl_5]^{2-}$的绿色溶液，随后变成黑色并且几乎不透明的，最后在低于 4mol/LHCl 中形成红棕色。加入酸则向相反方向变化，存在二种二聚体，同时按下式建立平衡

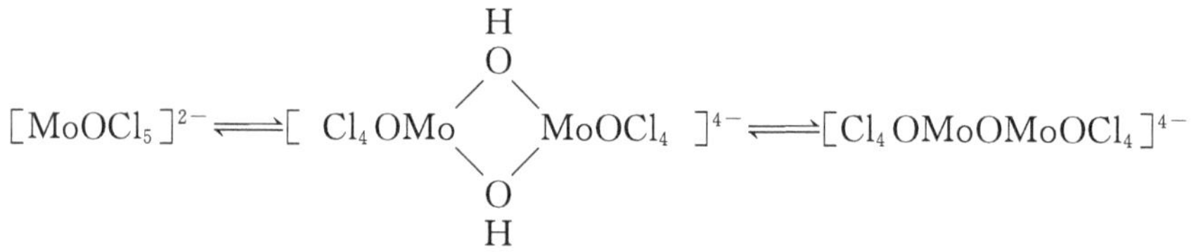

＞8mol/L HCl　　　　5—6mol/L HCl　　　　1—3mol/L HCl

绿色，抗磁性　　　　黑色，顺磁性　　　　红棕色，抗磁性

对 HBr 溶液中 Mo(V)和 Mo(VI)的平衡进行了紫外光谱研究，说明它们呈二聚状态。1.0—8.6mol/LMo(V)的 HBr 溶液光谱可根据四种不同的二聚态来解释。当 HBr 浓度最高时，主要形式为$[MoOBr_4]_2^{2-}$，如果 M 为六配位，PyH[MoOBr₄]，quH[MoOBr₄]，PyH$[MoO_2Cl_2]\cdot H_2O$ 和 $Mo_2O_4(OH)Cl\cdot H_2O$ 的分子式可写成双桥二聚物形式。这样的结构与 $MoCl_5$ 一致；$[Mo_2O_4\cdot(NCN)_6]^{4-}$离子也假设有相同的结构。

3. 钼(V)卤氧化物、$MoOCl_3$ 与有机配位体的加合物

钼(V)的卤氧化物有黑色的 $MoOCl_3$(m.p. 295℃)和 $MoOBr_3$。其结晶形式与 $NbOCl_3$ 相同，即在共边的平面型 MO_2Cl_6 基团的无限链间，氧原子形成桥链。此外，$MoOCl_3$ 还有第二种单斜晶体的结构。

用氯苯还原 $MoOCl_4$ 可得产率超过 90%的氯氧化物，其反应如下：

$$2MoOCl_4 + C_6H_5Cl \longrightarrow 2MoOCl_3 + C_6H_4Cl_2 + HCl$$

钼(V)的氯氧化物制备方法还有：空气中 Mo(IV)化合物的氯化作用；$MoCl_5$ 和 MoO_2Cl_2(或 MoO_3)在熔融态的反应(同时产生 $MoCl_4$)；$MoCl_5$ 与 SO_2 或 SO_2Cl_2 反应；120℃在惰性气氛中将 $MoOCl_4$ 加热。将 Mo(VI)的化合物电解还原所得几个产物中有一个是氯氧化物；在沸腾的 CCl_4 中 MoO_2Br_2 和 PBr_5 反应可制得溴化物。加热时卤氧化物能升华并分解为 Mo(VI)和 Mo(III)的化合物。

许多有机分子与 $MoOCl_3$ 能形成配合物，以 $MoOCl_4$，$MoCl_5$ 和 $MoOCl_3$ 为原料的制备方法如下：CCl_4 中配位体还原 $MoOCl_4$ 的反应；$MoCl_5$ 在湿乙醚、乙醇或湿 CCl_4 的溶液中与配位体的反应；没有溶剂的情况下 $MoCl_5$ 与含氧配位体的反应；固体 $MoOCl_5$ 与配位体的反应；$MoOCl_3$ 在苯中与配位体的反应；一个配位体取代另一个配位体的反应。

$MoOCl_3$ 配合物的磁矩一般近似于反自旋值，较强的 π-Mo—O 键合作用使自

旋-轨道偶合常数有所降低，这些配合物中大部分是八面体；但由于 Mo—O 键的影响，具有不可忽视的四方形畸变。紫外和可见吸收光谱说明八甲焦磷酰胺通过氧原子与 Mo(V)键合，配合物中的 Mo(V)是 6 配位，配合物溶于乙腈后，仍是一个非电解质。

4. 钼(V)的配合物和螯合物

钼(V)的配位化学远不及铬那样丰富，钼在大部分配位化合物中呈现 5＋氧化态，而不像铬那样呈 2＋和 3＋氧化态。Mo(V)具有明显的生成二聚配合物的倾向，引人注目的结构特征是两个 Mo(V)原子的自旋配对形成抗磁性的物质。

(1)2,4,6-三甲基吡啶配合物

虽然 $MoCl_5$ 可被吡啶、乙腈和苯腈这些配位体还原，但 $MoCl_5$ 与 2,4,6-三甲基吡啶(L)反应，则可得到稳定的 Mo(V)配位化合物。这个配位化合物在硝基甲烷中具有 1∶1 电解质的导电性质。比较它的发射光谱与溶液光谱，说明固体中它也是以这种形式存在。其磁矩略低于反自旋值，但在其他 Mo(V)配位化合物所具有的磁矩值的范围内。Mo(V)氯化物与叔烷基胺在一起无还原作用，但可生成 $MoCl_5 \cdot NR_3$ 型配位化合物。

(2)乙酰丙酮配合物

$MoOCl_3$ 与中性乙酰丙酮在温和条件下反应生成加合物；但在回流的苯中反应生成单体的螯合物[$MoOCl(C_5H_7O_2)_2$]，同时由于乙酰丙酮中的 H^+ 被置换而放出 HCl。所得的螯合物为深红色固体，溶于氯仿；暴露在空气中缓慢地发生水解作用、氧化作用或同时发生两个作用而分解。

已采用电导、磁化率、红外、可见、紫外和电子顺磁共振光谱对 β-双酮螯合物 $(C_2H_5)_4N[MoOX_3B]$ 的性质进行了研究(X＝Cl，Br；B＝苯酰三氟乙酰丙酮、二苯甲酰基甲烷、六氟乙酰丙酮、噻吩甲酰三氟丙酮)。由它们的磁化率($\mu_{有效}$，1.63—1.87)和 EPR 光谱(g 值，1.947—1.982)说明了这些化合物在溶液与固态中都呈单体形式。由于自旋轨道偶合的降低，磁矩接近于反自旋值，这反映了氧基团—Mo 键的高度共价性。可以推测双酮基团的平面垂直于 O—Mo 键。如果是对称的 β-双酮，这种结构的螯合物属点群 C_s，否则就是 C_1。

双核钼(V)乙酰丙酮螯合物可从水溶液中 $(NH_4)_2[MoOCl_5]$ 与乙酰丙酮的反应制得，也可在 HCl 溶液中用 Mo 还原 MoO_3 然后再中和获得。配合物的组成被认为是含有非线性 O＝Mo—O 基团的 $[(C_5H_7O_2)_2Mo{=}O]_2O$，配合物具有抗磁性，可能是沿着 Mo—O—Mo 桥存在着 $d\pi$-$p\pi$ 的相互作用。

(3)草酸配合物

$H_2C_2O_4$ 与 $(NH_4)_2[MoOCl_5]$ 反应可制得草酸配合物，$Ba[MoO_4(C_2O_4)_2] \cdot 5H_2O$(深红色晶体)。X 射线结构分析说明这个阴离子的组成为 $[Mo_2O_4(C_2O_4)_2$

$(H_2O)_2]^{2-}$，其结构是含有二个六配位的 Mo 原子处于共边的畸变八面体中，两钼原子通过具有在结晶学上称为二次轴的 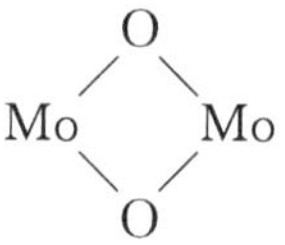 环连接在一起，即形成了双核氧桥络合物，其中两个钼原子非常接近，而 Mo—O 的距离特别大（从 165～222pm），呈抗磁性，具有明显的金属—金属键。其结构如图 25.24 所示。

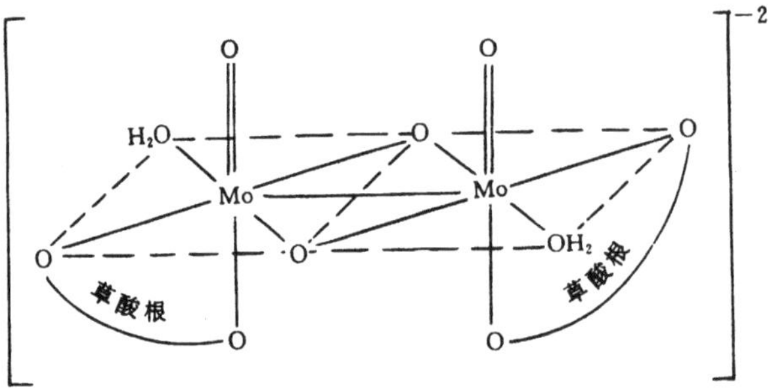

图 25.24　双核氧桥配合物$[Mo_2O_4(C_2O_4)_2(H_2O)_2]^{2-}$离子的结构

（4）二烷基二硫代氨基甲酸酯和黄原酸酯配合物

二烷基二硫代氨基甲酸酯与$(NH_4)_2[MoOCl_5]$反应可制得$[R_2(NCS)_2Mo=O]_2O$配合物（$R=CH_3$，C_2H_5）。用 SO_2 还原钼酸盐-黄原酸酯溶液则可得到黄原酸酯配合物。二乙基黄原酸酯配合物具有线状的 Mo—O—Mo 桥，由于原子通过这个桥进行了配对，它呈现抗磁性。

（5）半胱氨酸和半光氨酸酯配合物

半胱氨酸钠与 Mo(V)在水溶液中反应可制得结晶的双桥双核配合物。每个 Mo 原子配有 1mol 的配位体。半胱氨酸酯盐酸盐（$R=CH_3$，C_2H_5）与 Mo(V)反应则生成单桥配合物；当这些紫红色的微晶固体溶于有机溶剂（如丙酮、乙腈）会发生配位体的排出，形成了类似于半胱氨酸配合物那样的双桥半胱氨酸酯配合物的黄色结晶。

（6）组氨酸配合物

在 Mo(V)的微酸性溶液中（pH＝4.6），加入组氨酸后，Mo(V)的氧化速度大大降低，这显然是由于形成了组氨酸—Mo(V)的配合物；这个配合物不如 Mo(VI)—组氨酸配合物稳定。因为 Mo(V)和组氨酸的溶液在一个较宽的场强范围内得不到 EPR 讯号，说明该溶液中不含有顺磁性物质，即配合物是二聚的。

（7）一些氨基乙酸盐配合物

Mo(V)与一些氨基乙酸盐形成二聚配合物，如乙二胺四乙酸盐（EDTA）、*dl*-

1,2-丙二胺四乙酸盐(PDTA),N-甲基亚氨基二乙酸(MIDA)和次氮基三乙酸(NTA)(已用蛋白质的NMR测量进行了结构测定。)已分离得到EDTA,PDTA和NTA的配合物,前两个配合物都含有二氧桥双核钼的结构,而NTA配合物中的桥合性质尚未被肯定。对MIDA-Mo(V)溶液的NMR测定,已证明MIDA-Mo配合物的二聚性质。

(8)氰钼酸盐

用MnO_4^-、Ce^{4+}等氧化剂可在水溶液中将$[Mo(CN)_8]^{4-}$氧化成$[Mo(CN)_8]^{3-}$,再以微溶性的Ag^+盐形式将产物分离出来。如用KCl可将其转变为钾盐。$[Mo(CN)_8]^{3-}$盐呈黄色,对光敏感,并易于还原。

Mo(IV)和Mo(V)氰化配合物及其衍生物作为配位数为8的配合物,引起了人们极大的兴趣。对于八个相等的配位体来说,其对称性可能有下列五种:阿基米德反棱柱体,D_{4d};十二面体,D_{2d};立方体,O_h;配位体对准两个端面上的三角棱柱,D_{4h}和配位体对准两个旁边的三角棱柱,C_{2v}。对氰钼(V)酸盐来说主要是前两种,这两种在能量上是相近的。由冷冻的$K_3[Mo(CN)_8]$甘油溶液的ESR光谱研究说明$[Mo^V(CN)_8]^{3-}$在溶液中具有阿基米德反棱柱构型,从$K_4[Mo^{IV}(CN)_8]$,$[Mo^V(CN)_8]^{3-}$固态晶体中测定这个离子的ESR光谱获得的g值,跟这个离子的十二面体结构相符,具有D_{4d}结构的$Na_3Mo(CN)_8 \cdot 4H_2O$与D_{2d}结构的$[(n\text{-}C_4H_9)_4N]_3 \cdot [Mo(CN)_8]$在能量上是相似的。

(9)硫代双桥钼氧配合物

在一系列$Mo_2X_2(\mu\text{-}X)_2(LL)_2$配合物中,LL代表$S_2CNEt_2$,主要是$Mo_2O_2(\mu\text{-}O)_2(LL)_2$,$Mo_2O_2(\mu\text{-}O)(\mu\text{-}S)(LL)_2$,……$Mo_2OS(\mu\text{-}S)_2(LL)_2$,$MoS_2(\mu\text{-}S)_2(LL)_2$。硫原子首先取代桥氧原子,然后再取代端氧原子,在这些配合物分子中,没有配位体以顺式分布在Mo=O或Mo=S键的边上。

5.钼(V)的生物无机化合物

钼是黄嘌呤氧化酶、醛还原酶和硝酸酯氧化酶的重要辅助因素。黄嘌呤氧化酶的分子中有八个Fe原子、二个Mo原子和二个键合于蛋白朊分子上的黄素腺嘌呤核苷酸。可以认为它是一种具有Mo—S键的硫醇酶(thiolo enzyme),其中Mo的成键情况与硝酸酯氧化酶相似。

近年来合成了一些在生物学有兴趣的配位体与Mo(V)的配合物。如含硫配位体的二烷基二硫代氨基甲酸酯、黄原酸烷基酯、半胱氨酸和半胱氨基酸酯,在这些配合物中显然有Mo—S键存在,假设与钼酶中存在的Mo—S键一样。目前由组氨酸与Mo(V)和Mo(VI)能形成配合物已得到了证明。

钼-酶中的Mo(V)十分明显地是以单体形式存在;有底物存在时黄嘌呤氧化

酶中以及 Mo(V)和硫醇的近中性水溶液中都可测到 Mo(V)(d^1 离子)的 ESR 信号。另一方面,无配位体存在的水溶液中(<2mol/LNHCl),Mo(V)发生二聚作用,形成抗磁性;如果水溶液中 HCl 浓度大于 10mol/L,则全以单体形式存在;在 4—10mol/LNHCl 浓度范围内,单体和具有顺磁性的二聚物可同时存在。

黄素在 pH6—7,酒石酸存在时可将 Mo(VI)还原成 Mo(V)单体。ESR 研究表明测得单体消失的速率与溶液在 pH 值和酒石酸缓冲液的浓度有关。可以认为在有适当的配位体存在时,在生物学的 pH 范围内存在着高浓度的 Mo(V)单体。钼酶中肯定会有钼(V)单体的这个结论是十分有意义的。

固氮酶中的钼铁蛋白是人们最感兴趣的钼的生物无机化合物。各种固氮酶的铁钼蛋白分子量不等,大都在 220 000—240 000,但其中 Mo∶Fe∶S 之比大体相同。铁钼蛋白的 X 射线结构分析测定氨基酸序列的工作已在进行,但尚未得到详细的结果。

Shah 用溶剂($HCONHCH_3$)萃取法从铁钼蛋白中分离出 Fe—Mo 辅基(常用 Fe—MoCo 表示),分子量约为 2000,其中 Mo∶Fe∶S=1∶8∶6,因此认为铁钼蛋白中含有二个 Fe_8MoS_6,2—4 个 Fe_4S_4,还可能有 1—2 个 Fe_2S_2;而 ESR 和穆塞波尔谱研究说明存在 2 个 Fe_6Mo 簇和 4 个 Fe_4S_4 簇。

已进行铁钼辅基结晶和结晶培养的探索,但目前只得到无定形结晶。Hodgson 等用外延 X 射线吸收精细结构法(EXAFS)确定了 Fe—Mo 辅基中钼的微观环境;在 Mo 的附近有四个 S^*,2—3 个 Fe,可能还有 1—2 个 SR(含硫有机配体),但无 Mo═O 键。Mo—Mo 铁在 300pm 以上而相距较远,Mo—S^* 键长为 235pm,Mo═S(有机配体)键长为 247pm,Mo—Fe 距为 273pm。因此可以认为钼有三个配位层,最近的是 S^* 层,其次为 Fe 层,第三层由含硫残基的 S 组成。Hodgson 等根据 EXAFS 数据及与模型物对照提出的两种可能结构如图 25.25 所示。

我国科学家从 1973 年起也在固氮酶活性中心模型方面作了许多工作,图 25.26 是卢嘉锡等提出的孪合网兜模型。

卢嘉锡等认为 Hodgson 的闭式立方烷结构不能说明 Mo(V)的催化活性,提出钼原子应处于并联立方烷的中心,且立方烷上必须有缺位(或易取代的配体)才能如网兜似的抓住进入的底物,有利于底物分子的配位活化。

除了固氮酶本身的研究外,人们还研究了过渡金属 N_2 配合物的制备与性质,研究最详细的是钼的模板化合物 $[Mo(N_2)_2 \cdot (dppe)_2]$(dppe = $Ph_2PCH_2CH_2PPh_2$),它可由 Mo 的卤化物与配位体在还原剂和 N_2 存在下反应得到。钼的双氮配合物加热时酰化,还能进行光化学的烷基化反应。对于每一个双氮配合物 $M(N_2)_2 \cdot (PMePh)_4$ 分子来说,一个 N_2 分子可转变成氨,另一个 N_2 分子则释放出来,假设是按下列步骤由 N_2 转变成 NH_3 的,其中有些中间体已得到证

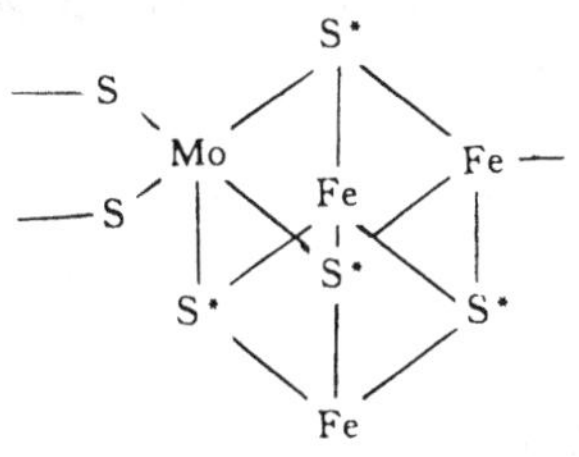

(a)

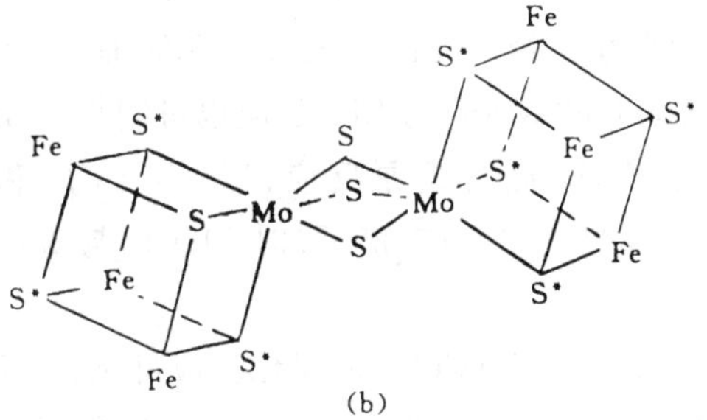

(b)

图 25.25　Hodgson 提出的 Fe—Mo 结构

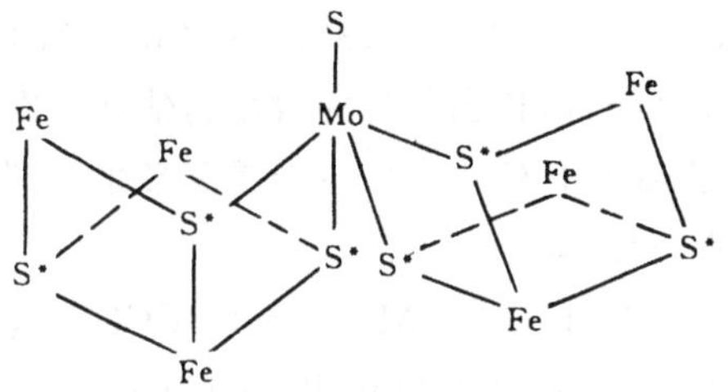

图 25.26　李合网兜模型

明。

$$M—N\equiv N \xrightarrow{H^+} M—N=NH \xrightarrow{H^+} M=N—NH_2 \xrightarrow{H^+}$$

$$M—NHNH_2 \xrightarrow{H^+} M=NH+NH_3 \xrightarrow{H^+} M—NH_2 \xrightarrow{H^+} M^{VI}+NH_3$$

6.钼(V)的氧化物和氢氧化物

钼(V)氧化物是一种紫色化合物,可在 750℃时将化学计量比的 Mo 和 MoO_3 混合物加热制得。它溶于热的酸中。将 Mo_2O_5 溶液氨化,可得 $MoO(OH)_3$ 沉淀;加热又变成 Mo_2O_5。

由 Mo(VI)溶液控制电化学还原可方便地获得 Mo(V)溶液;也可控制一定酸度用 HI,Ag 或 Hg 来进行还原。在 Mo(V)溶液中加入氢氧化物或乙酸钠,会产生棕色沉淀,这可能是 $Mo(OH)_5$,脱水则可得棕色产物 $MoO(OH)_3$,悬浮在碱溶液中的“钼蓝”进行歧化反应和 $K_2[Mo(OH)_2(CN)_4]$溶液的空气氧化作用可得到 Mo(V)与 Mo(VI)在一起的混合物。

2.7.8 钼(IV)的化合物

1. 钼(IV)卤化物

钼(IV)卤化物的制备方法如下：

NoF_4　将 $Mo(CO)_6$ 和 F_2 在 $-75℃$ 反应制得的 Mo_2F_9 进行热分解，得到非挥发性的绿色固体，即为产物 MoF_4（Mo_2F_9 可能是一个混合价态化合物，$[MoF_3]^+[MoF_6]^-$）；350℃时 MoS_2 与 SF_4 反应也可制得 MoF_4。

$MoCl_4$　$MoCl_5$ 与 C_6H_9 进行还原反应；Mo 与 CCl_4 和 O_2 的反应；$MoCl_3$（500℃）或 $MoCl_2$（700℃）的歧化反应；250℃时 $MoCl_3$ 与 $MoCl_5$ 的反应均可制得 $MoCl_4$。

$MoBr_4$　$MoBr_3$（60℃）或 $Mo(CO)_6$ 的溴化反应可制得 $MoBr_4$。

Mo(IV)卤化物易于氧化和水解，加热时发生歧化反应，如氯化物分解为 $MoCl_5$ 和 $MoCl_3$（高于 170℃）或者 $MoCl_3$ 和 Cl_2（真空 150℃）；溴化物分解为 $MoBr_3$ 和 Br_2；MoI_4 分解为 MoI_3 和 I_2；相应的钨化合物在这方面较稳定。Mo(IV)卤化物的熔点为：$MoCl_4$，317℃；$MoBr_4$，337℃；MoI_4，417℃。这些化合物的热力学性质已由 Fergusson 总结；但相当部分的数据是估计出来的。

将 $MoCl_5$ 和四氯乙烯置于 CCl_4 中，在干燥无氧的条件下回流加热 2.5—4d，也可方便地制得 $MoCl_4$，反应如下：

$2MoCl_5 + 2Cl_2C{=\!=}CCl_2 \longrightarrow 2MoCl_4 + Cl_3CCCl_3$ 这种反应可使黑色产物 $MoCl_4$ 的产率高达 85%—90%；所得氯化钼(IV)为 α-$MoCl_4$，不同于高温所得到的 β-$MoCl_4$。

α-$MoCl_4$ 的结构可能是组成线性链状共边八面体，室温时 α-$MoCl_4$ 呈现较低的磁矩(0.85B)，在这个化合物中可能有边缘的 Mo—Mo 键合作用(marginal)。将 α-$MoCl_4$ 加热到 250℃可转变成 β-$MoCl_4$。

最近发现 β-$MoCl_4$ 具有独特的结构，它是以共边的 $MoCl_6$ 八面体组成六聚环状分子$(MoCl_4)_6$，Mo—Cl_l 220pm，Mo—Cl_μ 245—281pm，Mo…Mo 367pm。它的磁矩为 2.42B 和较短的 Mo—Mo 距离相比说明了 β-$MoCl_4$ 中没有 Mo—Mo 的键合作用。

Mo(IV)的氟络阴离子配合物十分容易水解，它的制备就很困难。在液体 SO_2 中用 NaI 还原 MoF_6 可制得 $Na_2[MoF_6]$，它在空气中缓慢地分解。将 MCl 和 $MoCl_5$ 混合物熔化，以及在 ICl 或液体 SO_2 中使 MCl 和 $MoCl_5$ 发生反应都可制得氯配合物 $M[MoCl_6]$（M＝碱金属，如 Cs 或 Rb，或者铵）；该配合物也可用类似的方法制得。胺的盐酸盐与 $MoCl_4 \cdot 2RCN$(R=甲基或正丙基)发生反应,可十分容易地制得相应的铵盐。室温时,$[MoCl_6]^{2-}$ 和 $[MoBr_6]^{2-}$ 组成的盐磁矩介于2.08—2.44B。$K_2[MoCl_6]$为立方体结构,其中 Mo—Cl 距离为 231pm。这些化合物在潮湿空气中都会水解。

目前已知唯一的 Mo(IV)卤氧化物是青铜色的 $MoOCl_3$,可由 $MoCl_3$ 和 MoO_3 或 Cl_2 与 MoS_2 反应制得。这个化合物可能具有与 Nb,Ta 化合物相似的多聚体结构。

2. 钼(IV)的配位作用和螯合物

钼(IV)氯化物与有机分子形成的加合物可认为是六配位钼(IV)的配合物。通常将钼(V)氯化物用含氮配位体(如吡啶、2,2′-联吡啶、RCN,R=甲基、乙基、正丙基、苯基)进行还原,生成两类 Mo(IV)的配合物 MoX_4L_2 和 MoX_4B(L=单配位体;B=双配位体)。还可用 $MoCl_4 \cdot 2RCN$(R=正丙基)与下列试剂的置换反应制得另一类配合物 $MoCl_4 \cdot 2L$(L=四氢呋喃、戊撑氧化物、α-皮考啉、吡啶、三苯基膦氧化物)。氰化物与 2,2′-联吡啶或 1,10-氮二杂菲的置换反应可制得 $MoCl_4 \cdot B$(B=双配位体)这类配合物。

Mo(IV)卤化物很不稳定,并常被含氧配位体氧化,因此制备它的配合物就十分困难。在隔绝空气与潮气的条件下,用各种含氮配位体与 MoX_4 反应可制得 MoX_4 的加合物,如:$MoCl_4 \cdot 2RCN$($R=CH_3, C_3H_7, C_6H_5$);$MoCl_4 \cdot 2Py$(Py=吡啶);$MoCl_4 \cdot B$(B=2,2′-联吡啶或 N,N,N′,N′-四甲基乙二胺),溴化物只与 2,2′-联吡啶、乙腈和苯腈形成配合物。吡啶还原 $MoCl_4$ 和 $MoBr_4$ 时,如果反应时间足够长,可生成$[MoPy_3Cl_3]$和$[MoPy_3Br_3]$配合物;用吡啶与三卤化物发生反应也能得到上述相同的产物。

已经对好几种 Mo(IV)的氰化配合物进行了研究。八氰钼(IV)酸盐,$K_4[MoCN)_8]^{6-}$ 可在 KCN 溶液中,将 Mo(IV)化合物进行反应制得,X 射线结构测定说明所得晶体中的$[Mo(CN)_8]^{6-}$具有十二面体结构;拉曼和红外光谱数据证明溶液中这个络阴离子具有阿基米德反棱柱体结构。标记 CN^- 与$[Mo(CN)_8]^{4-}$的交换反应,在见光时(pH=10)慢慢发生;在暗处(pH=4—12)则几乎不进行,^{99}Mo在$[Mo(CN)_8]^{4-}$与$[Mo(CN)_8]^{3-}$之间的交换进行很快,因为这是在两个非常类似的同晶离子之间的电子交换;其活化能可被忽略。

肼还原仲钼酸铵溶液后,再加入氨水可得到 $MoO(OH)_3$ 沉淀,将这个氢氧化物与 KCN 和 KOH 反应则得到红紫色的顺式二氧配合物,$K_4[MoO_2(CN)_4] \cdot 6H_2O$。无水的配合物呈棕褐色,溶于水中呈蓝色溶液;红紫色的水合物溶于水中也呈蓝色。溶液的 pH 为 11 和 7.0 时,其组成分别为蓝色的 $K_3[MoO(OH)$

$(CN)_4$]和绿色的$K_2[Mo(OH)_2(CN)_4]$。水溶液易被空气氧化，但 pH 为 8 或更高时，氧化速率不大。经过相当长的时间后，$K_2[Mo(OH)_2(CN)_4]$水溶液会氧化并沉淀为棕色的$MoO(OH)_3$；在醇溶液中则被氧化成蓝色的化合物$K_6[Mo_2^{IV}Mo^{VI}(CN)_8O_6]\cdot 2H_2O$。

水溶液中的$[Mo(CN)_8]^{4-}$离子接受与 *d-d* 带跃迁能级相当的光波(365nm)，会产生光化学反应，经过几个中间体后，转变成八配位的$[M(CN)_4(OH)_4]^{4-}$。这个形式曾被长期承认，但最近已证明产物应是六配位顺式二氧配合物$[MoO_2(CN)_4]^{4-}$。

3. 钼(IV)的氧化物

钼(IV)氧化物MoO_2的制备方法有 Mo 的控制氧化和MoO_3的控制氢还原。适用于结构测定的纯氧化物可用电解多钼酸盐($K_2O\cdot 5MoO_3$)溶液的方法制得。钼(IV)氧化物不溶于水；在非氧化性的酸、碱溶液和熔融盐中都呈化学惰性，但可溶于氧化性的溶液中。在 1777℃无空气存在时MoO_2分解为金属 Mo 和挥发性的MoO_3。有空气存在时，MoO_2加热就可转变为MoO_3，300℃ MoO_2与氯气反应生成MoO_2Cl_2，高温时与卤代烷反应生成$MoCl_4$。

结晶的MoO_2呈紫色或棕色。具有变形的金红石结构，由无限的在相反方向共边的MoO_6八面体链组成；Mo—Mo 键矩的长短沿链的方向交替地变化，长的为 310pm，短的为 250pm。它是抗磁性并呈半导体性质，含有金属—金属键。MoO_2的一些热力学性质如下：ΔG°_{298}—3018.31kJ/mol，$\Delta H^\circ_{f,298}$—2459.6kJ/mol，S°_{298} 50.02J/mol·K。

4. 钼(IV)酸盐

用氢还原$BaMoO_4$，$SrMoO_4$可制得钡和锶的钼(IV)酸盐。初始原料$MMoO_4$(M=Ba，Sr)由仲钼酸铵制取，反应如下：

$$Mo_7O_{24}^{6-}+8NH_3+4H_2O \longrightarrow 7MoO_4^{2-}+8NH_4^+$$

$$M(NO_3)_2+(NH_4)_2MoO_4 \longrightarrow MMoO_4+2NH_4NO_3$$

$BaMoO_3$和$SrMoO_3$分别呈紫红色或砖红色，具有立方钙钛矿结构，晶胞参数为 404.00pm($BaMoO_3$)和 397.51pm($SrMoO_3$)。这种结构适于研究阳离子-阴离子-阳离子或超交换相互作用。它们都呈金属性，如电阻随温度的增加(−190—180℃)而递增。

2.7.9 钼(III)的化合物

1. 钼(III)卤化物和卤配合物

MoX_3(X=F，Cl，Br，I)的制备方法如下：

MoF_3　400℃封管中，用 Mo 还原 MoF_5；H_2 或 SbF_3 还原 MoF_5。

$MoCl_3$　Mo，H_2 或烃类还原 $MoCl_5$；$HgCl_2$ 氧化 Mo。

$MoBr_3$　$MoBr_4$ 的还原作用；Br_2 或 $HgBr_2$ 氧化 Mo。

MoI_3　300℃封管中 Mo 与 I_2 的反应；如果温度太高会形成 MoI_2。将 MoO_3 的 HCl 溶液进行电解还原可得到 $MoCl_3$ 的水溶液。

Mo(III)卤化物非常惰性，不溶于水。它们的颜色和估计的熔点分别为：氯化物：棕红色，1027℃；溴化物，绿色，977℃；碘化物，黑色，927℃。MoF_3 是一个非挥发性的棕色固体，真空中温度高达 600℃时仍很稳定。$MoCl_3$ 在熔融前会分解成 Mo，$MoCl_5$ 和 $MoCl_4$。

卤配合物已知有下列几类：$M_3[MoF_6]$（M＝NH_4，K）；$M_2[MoX_5H_2O]$和 $M_3[MoX_6]$（X＝Cl，Br；M＝碱金属或 NH_4^+）；$(NH_4)[MoCl_6]\cdot NH_4Cl\cdot H_2O$；$K_3[MoCl_6]\cdot 4KCl\cdot 6H_2O$；$M_3[Mo_2X_3]$（M＝K，Rb，Cs，胺类；X＝Cl，Br）。早期文献报道的卤氧化物有 $MoOCl\cdot 4H_2O$，$MoOBr\cdot 4H_2O$ 和 $MoOF\cdot 3.5H_2O$ 以及卤氧配合物如$[MoOCl_3\cdot 3H_2O]^-$，$[MoOHCl_3\cdot 3H_2O]^-$，$[MoF_4]^-$和$[Mo_2F_9]^-$。

将 $K_3[MoCl_6]$和 KHF_2 的混合物溶融可制得棕色配合物 $K_3[MoF_6]$立方体，其中六个 H—F 键长为 195pm；磁矩为 3.2B(25℃)。电解还原或用钾汞齐还原 MoO_3 的 HCl 溶液时可得到一系列的八面体钼氯配合物。颜色变化为绿色、棕色最后为红色。配合物$[MoCl_6]^{3-}$，$[MoCl_5(H_2O)]^{2-}$和$[Mo_2Cl_9]^{3-}$与较大的金属阳离子所组成的盐可以分离出来。它们在干燥空气和 HCl 溶液中都很稳定，并且是强还原剂。在稀溶液中，$[MoCl_6]^{3-}$离子很容易水合，将 K_3MoCl_6 溶解在含水的 CF_3SO_3H 中，再用离子交换纯化可得对空气敏感的黄色水合离子$[Mo(H_2O)_6]^{3+}$，K_3MoCl_6 与熔融的 KHF_2 反应产生棕色立方体结构的 K_3MoF_6。在液氨中钼(III)的卤络阴离子，$[MoX_6]^{2-}$歧化成不溶于反应混合物的双核配合物和可溶性的 Mo(V)的氨配合物。

$MoCl_3$ 有两种晶形，即 Cl 原子处于六方密堆积和立方密堆积的排列，其中成对的钼原子穿过一共有边处于相邻八面体空穴中，其间距为 276pm。这说明了 $MoCl_3$ 中有 Mo—Mo 键的存在，同时磁性的测定结果也与此相符。二聚离子$[Mo_2Cl_9]^{3-}$呈抗磁性，并可能具有像$[W_2Cl_9]^{3-}$那样的结构，即由两个共享一个面的畸变的 $MoCl_6$ 八面体组成，其中金属—金属键矩较短，也说明了存在金属—金属键。

2. 钼(III)的配位作用和螯合作用

钼(III)不像铬(III)那样形成数以千计的特征的配位化合物，但是钼(III)的配位化学还是比较丰富的。一些配合物，如$[Crpy_3Cl_3]$（py＝吡啶）的相似物，

[$MopyX_3$]($X=Cl,Br$)已经得到了研究。钼(III)的这类配合物可由 Mo(III)卤化物与无水吡啶反应制得;在封管中将 $MoCl_3$ 与吡啶加热到 270℃,或者将 $MoBr_3$ 与吡啶放在一起回流加热,分别得到 $MopyCl_3$ 和 $MopyBr_3$。钼(III)的氯化配合物 $Mopy_3Cl_3$ 也可用吡啶及其衍生物与 $K_3[MoCl_6]$反应制得。

与吡啶的作用相反,乙基胺和二乙胺会引起 $MoBr_3$ 的溶剂化分解,产生棕色的 $MoBr(NHCH_3)_2 \cdot NH_2CH_3$ 和紫色的 $MoBr_3 \cdot N(CH_3)_2 \cdot NH(CH_3)_2$。这两个化合物都不溶于胺和苯中,但溶于烷基腈并可生成加合物,$MoBr_3 \cdot 3RCN$,它可进一步用来制取其他化合物。

钼(III)可形成一种异硫氰酸根离子[$Mo(NCS)_6]^{3-}$,所生成的化合物 $K_3[Mo(NCS)_6] \cdot 4H_2O$ 与 $K_3[Cr(NCS)_6] \cdot 4H_2O$ 是同晶型的,在空气中不稳定,但加合物 $M[Mo(CNS)_6] \cdot H_2O \cdot L$($M=K,NH_4$;$L=HCl,KHC_2O_4,C_2H_5OH,C_3H_7OH,CH_3COOH$)则十分稳定。藉助乙酸加合物的单晶 X 射线结构测定,测得这个络离子的结构如下:正交晶系(空间群 $Pm2,n$);a,b 和 c 分别为 1354.7,856.8 和 966.0pm;络离子是八面体结构,六个 SCN 基团通过 N 原子与 Mo 键合,这样 Mo 为 6 配位,H_2O 分子不与金属直接配位。

Mo(III)的氰化配合物的黑色晶体可在 KCN 和 $K_3[MoCl_6]$(或者在无空气的水中的[$MoCl_5 \cdot H_2O$])的乙醇溶液中得到它的沉淀。Mo(III)的氰化络合阴离子室温时的磁矩为 1.75B,说明只有一个未成对的电子存在,与$[Mo(CN)_8]^{3-}$八面体不同,因此它可能是低对称性的$[Mo(CN)_7]^{4-}$或$[Mo(CN)_7 \cdot H_2O]^{4-}$,在空气中可氧化成 $K_4[Mo(CN)_8]$。

将 $K_4[Mo(CN)_8]$与 KCN 在 550℃熔融可产生深红色 $K_2[Mo \cdot (CN)_5]$,它在固态和溶液中的磁矩分别为 0.6B 和 0.9B,这两个数值都大大低于 $K_4[Mo(CN)_7H_2O]$(1.75B)和 Mo(III)-6 配位配合物(3.70—3.80)的数值,因此在$[Mo(CN)_5]^{2-}$中有可能存在金属—金属键。

$K_4[Mo(CN)_8]$用氢气还原可产生 Mo(II)配合物 $K_4[Mo \cdot (CN)_6]$;如果在干燥空气中用甲醇提取,产物又会氧化成 Mo(III)配合物,$K_3[Mo(CN)_6]$以四氢呋喃作溶剂,$MoCl_4(EtCN)_2$ 作原料,可合成一系列中性六配位的钼(III)配合物,这是一种较有用的方法。例如:

$$MoCl_4(EtCN)_2 \xrightarrow{THF} MoCl_4(THF)_2 \xrightarrow[THF/CH_2Cl_2]{Zn} MoCl_3$$

$$(THF)_3 \xrightarrow{L} MoCl_3(THF)_2 \cdot L, MoCl_3(THF)L_2, MoCl_3L_3$$

乙酰丙酮(acac)配合物$[Mo(acac)_3]$可由下法制得:将$(NH_4)_2[Mo \cdot Cl_5 \cdot H_2O]$和乙酰丙酮溶液进行中和;电解还原钼酸铵溶液产生 Mo(III)和乙酰丙酮的

溶液然后再进行中和;将 $Mo(CO)_6$ 和乙酰丙酮的混合物进行回流加热。$[Mo(acac)_3]$是一种螯合物,为紫色固体结晶(m. p. 228—330℃),在空气中氧化产生含钼(V)的产物,在真空中升华,溶于苯、二苯甲酮、吡啶和 CCl_4 而不会分解,甚至在热水中也不分解。虽然它的一般性质与铬的类似螯合物相像,但是铬(III)化合物的惰性与钼(III)化合物易于氧化的性质是截然相反的。草酸配合物如$[Mo_2O(C_2O_4)_2]\cdot 6H_2O$ 和$[Mo_4O_3\cdot(C_2O_4)_3]\cdot 12H_2O$ 也已经得到了研究。

3. 钼(III)的氧化物和氢氧化物

将 $Mo(OH)_3$ 脱水或在 MoO_3 的液氨溶液中加入钾与其作用,均可制得 Mo_2O_3。这个无定形的氧化物与水作用可转变成水合物,溶于 HCl 则得 Mo(III)溶液。

借助钼酸铵溶液的催化氢化作用或将碱作用于 Mo^{3+} 溶液都可制得氢氧化钼(III)($Mo(OH)_3$)。Mo^{3+} 溶液的制备方法有用 Zn,Cd,Pb 或它们的汞齐在无空气存在下还原钼酸铵盐溶液和电解还原钼酸盐溶液。

2.7.10 钼(II)的化合物

1. 钼(II)的卤化物及含$[Mo_6X_8]^{4+}$的化合物

钼(II)的化学大部分内容是钼(II)的卤化物及其衍生物的化学。钼(II)和钨(II)的化学是十分特殊的,因为钼在这个低价氧化态中常常生成很强的金属—金属键和金属簇状化合物。这些原子簇在化学反应中保持它的完整性;除非有激烈的反应条件,它才会发生变化。

钼(II)氯化物的制备方法如下:$MoCl_3$ 的歧化反应,Mo 与 $COCl_2$ 的氧化反应以及 Mo 与 $MoCl_5$、$MoCl_3$ 或 $MoCl_4$ 在一起熔融进行反应。粗产品溶于 HCl,将氯酸分离,再在真空中加热到 200℃转变成氯化物,从而得到纯化。钼(II)的溴化物可由 $MoBr_3$ 分解或将 Mo 在 600—650℃进行溴化而制得。将 $MoCl_2$ 和 LiBr 混合物熔融,然后用水把所形成的 LiCl 提取掉,这样就能制得钼(II)溴化物,钼(II)碘化物则可用 $MoCl_2$ 与 LiI 以上述类似的方法制得。制备碘化物的其他方法还有:Mo(IV)或 Mo(VI)氧化物与 AlI_3 反应和在高于 MoI_3 的分解温度时 Mo 与 I_2 的反应。

卤化物 MX_2(M=Mo,W;X=Cl,Br)是同晶形的。Mo(II)卤化物的结构单元为$[Mo_6X_8]^{4+}$。六个 Mo 原子形成直接的金属—金属键,组成一个八面体,这个八面体又以每个顶点处于一个立方体的内部,即 Mo 原子处于立方体的面心,立方体的角为卤素原子占据(图 25. 27)。$[Mo_6Cl_8]^{4+}$ 簇中的金属—金属键间距为 263pm,而在 Mo 金属中则为 273pm。

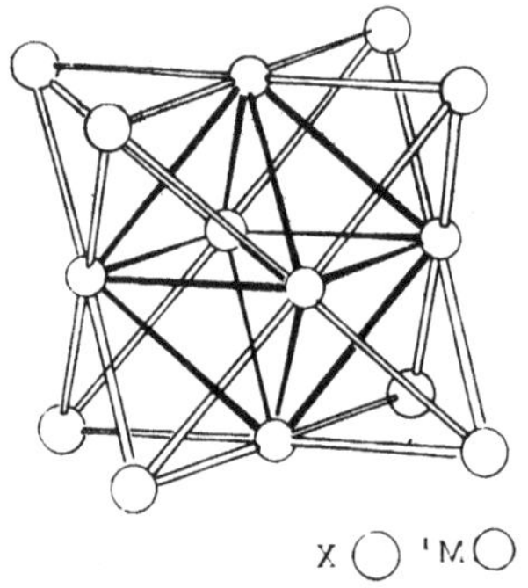

图 25.27　$[Mo_6Cl_8]^{4+}$簇状结构

每个单元中的金属原子都能再与另一单元中的金属原子键合，为了形成二维结构，卤化物中有四个卤素原子与相邻的簇进行桥合。任何一个原子簇$[Mo_6X_8]^{4+}$都要达到电荷平衡。有二个电荷来自仅与它结合的卤素原子；另外的二个电荷可来自与其相邻的四个原子簇共有四个卤素原子，即$\frac{1}{2}\times 4$电荷，或者来自与它结合的二个卤素原子。这些卤化物的通式因此可写为$[Mo_6X_8]Y_4$；X 和 Y 可能相同，但所有用 X，Y(X=Cl，Br，I)组合形成的混合卤化物也都能制得。

从简单的起始物质(可能是单体)形成原子簇的机理并不清楚，但是根据所得到的某些八面体结构的中间物如$\{[Mo_5Cl_8]Cl_5\}^{2-}$和$\{[Mo_4I_7]I_4\}^{2-}$有可能搞清这些问题。将 $MoCl_5$，Mo 和 S，Se 或 Te 一起放在密封管中加热，可得到组成为 $Mo_6Cl_{10}S$(或 Se，Te 的相似物)。它们都含有以桥合氯原子连接在一起的$[Mo_6Cl_7S]^{4+}$结构单元。由于μ_3-S 与μ_3-Cl 原子十分相像，以致原子簇的结构单元可任意地畸变。还存在着分子式为 $Mo_6S_6Br_2$ 和 $Mo_6S_6I_2$ 这样的混合物，就如混合的金属硫化物，它们在低于～14K 时都是超导体。各种$[Mo_6X_8]^{4+}$化合物都呈现抗磁性，因此可以认为：$[Mo_6X_8]^{4+}$中的 6 个钼原子共贡献 $6\times 6=36$ 个价电子，其中 4 个转移到反离子上，即产生净电荷，8 个与原子簇内的八个氯原子键合；还有 24 个价电子沿着金属原子八面体的十二条边提供给 M—M 键，这就使得$[Mo_6X_8]^{4+}$能保持一个稳定的六核中心，化学上保持自己的独立实体。

$[Mo_6X_8]^{4+}$总是在化学上保持一个实体，就如一个六配位的中心，八个 X 在水溶液中是惰性的，但许多配位体能占据这原子簇中空着的六个位置，它们可被其他配位体取代而不对原子簇有影响。将 $MoBr_2$ 和 MoI_2 溶于 HX 酸中，会生成 $H_2[(Mo_6Br_8)X_6]$和 $H_2[(Mo_6I_8)X_6]$，加热则分解为$[Mo_6Br_8]X_4$ 和$[MoI_8]X_4$(X=Cl，Br，I)。这些酸与吡啶和四乙基胺阳离子可形成稳定的盐类。

$[Mo_6X_8]^{4+}$原子簇常常与另外六个单配位体结合在一起，如：$[Mo_6Cl_6L_6](ClO_4)_4$，$[MoCl_8L_2(CH_3SO_3)_4]$和$[Mo_6Cl_{12}L_2]$(L=*N*，*N*-二甲基甲酰胺，二甲基亚砜，其中过氯酸根离子不参加配位，而所有 L 分子和 $CH_3SO_3^-$ 离子都通过氧原子与 Mo 原子配位。$[Mo_6Cl_8]^{4+}$原子簇与多元配位体作用则可形成$[(Mo_6Cl_8)X_2B_2]X_2$ 和$[(Mo_6Cl_8)X_3T]X$(B=双配位体如联吡啶，*o*-菲绕啉；T=三元配位体，如三吡啶)。

所有这些结果都说明$[Mo_6Cl_8]^{4+}$簇在一般条件下可保持不变的性质；要改变它的结构必须有激烈的条件。在室温时惰性气体中 Mo(II)卤化物与甲醇钠和乙醇钠反应后均保持$[Mo_6Cl_8]^{4+}$簇的结构，产物为结晶状的配位化合物，$Na_2[Mo_6X_8(COR)_6]$($R=CH_3,C_2H_5$)。如果将溶剂蒸出，将反应混合物的温度增高到150℃，则原子簇中的氯原子可被取代，产物为$Na_2\{[Mo_6(OCH_3)_8](OCH_3)_6\}$。Cotton等研究了$M_2[Mo_6X_8Y_6]$这类化合物的远红外光谱，其中X=Cl或Br；Y=Cl，Br，I和M=$(n\text{-}C_4H_9)_4N$，$(C_6H_5)_4N$，$(C_6H_5)_4As$或Cs。阳离子对光谱的影响可以忽略，Mo—Mo的伸展频率约为230cm^{-1}。

2. 钼(II)的多重键化合物

钼(II)可以形成几百种多重键的化合物，其中许多在室温、空气中都是稳定的，而钨的这类化合物，至今还廖廖无几。钼钨有这样的差别其原因还不清楚。在二甘醇二甲醚中，$Mo(CO)_6$与乙醇反应可产生钼(II)乙酸盐$Mo_2(O_2CCH_3)_4$(图25.28a)，产率大于80%，这个黄色物质具有热稳定性，但在空气中25℃放置一周后部分分解；在0℃浓盐酸水溶液中可得产率大于80%的红色$[Mo_2Cl_8]^{4-}$离子，(图25.28b)它可形成各种在空气中很稳定的盐类而被分离出来。钼(II)乙酸盐是三斜晶体，空间群$P1$，晶胞参数为：a，b和c 835，546和750pm；α，β和γ 82.9°，105.1°和105.1°。具有中心对称，Mo—Mo键距为210pm，这样短的键距说明有金属-金属键的存在，这种结构首先是从$[Re_2Cl_8]^{2-}$中发现的。其他二价金属离子如Cr(II)，Cu(II)和Rh(II)也形成类似的乙酸盐，但都有另外一个中性配位体存在。

$Mo_2(O_2CCH_3)_4$和$[Mo_2Cl_8]^{4-}$的许多反应总结在图25.29中，在简单的配位体交换反应中，具有四重键的Mo^{4+}结构单元总是保持独立的整体。有的反应产物是单核的。如未氧化的$[Mo\cdot(CNR)_7]^{2+}$和氧化的$[MoOX_4(H_2O)]^-$。有氧存在时，$[Mo_2Cl_8]^{4-}$与硫酸反应生成$[Mo_2(SO_4)_4]^{4-}$，由于失去一个电子，使Mo—Mo键级降低至3.5。在氧气中与磷酸反应则生成仅含三重键的$[Mo_2\cdot(HPO_4)_4]^{2-}$。$[Mo_2(SO_4)_4]^{4-}$ $[Mo_2(SO_4)_4]^{3-}$和$[Mo_2(HPO_4)_4]^{2-}$的键级分别为4.0，3.5和3.0，这与它们的键长逐步增加，依次为211，216和223pm是相一致的。

$Mo_2(O_2CCH_3)_4$在接近300℃时与气相HCl，HBr或HI反应生成二卤化物β-MoX_2，它不同于熟知的“$MoCl_2$”，而是Mo_6簇状化合物。所得的粉末β-MoX_2尚未进行结晶学研究，但它们的化学性质说明它们具有四重键键合的Mo_2结构单元。$[Mo_2\cdot(O_2CCH_3)_4]$或$Mo_2Cl_8^{4-}$与HX水溶液在50℃时反应可生成$[Mo_2X_3H]^{3-}$离子(见图25.28c)它只有一个未成对电子停留在强的Mo—Mo键上，它能与CH_3COOH反应重新转变为$M_2\cdot(O_2CCH_3)_4$，这些反应是双核的氧化加成及还原消除反应的例子，而不是一般的单分子络合反应。

3. 氰络钼(II)酸钾

用氢还原$K_4[Mo(CN)_8]$(330—390℃)，释放出HCN，得到配合物

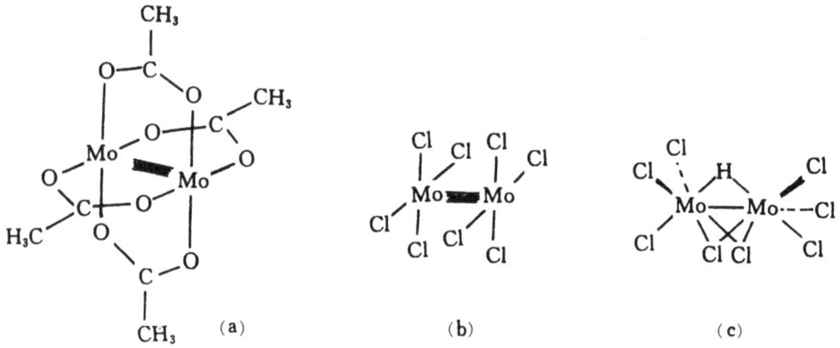

图 25.28 $Mo_2(O_2CCH_3)_4[Mo_2Cl_8]^{4-}$,$[Mo_2X_8H]^{3-}$离子的结构

$K_4[Mo(CN)_6]$,这个化合物的水溶液可还原过氧化氢、碘和 Ag^+,用甲醇在无水条件下提取 $K_4[Mo(CN)_6]$时,这个配合物可氧化为 $K_3[Mo(CN)_6]$。氰络钼(III)酸钾中存在着氰络钼(II)酸钾$[Mo(CN)_7]^{4-}$或者$[Mo(CN)_7(H_2O)]^{4-}$,$[Mo(CN)_7]^{4-}$具有五角双棱锥结构。

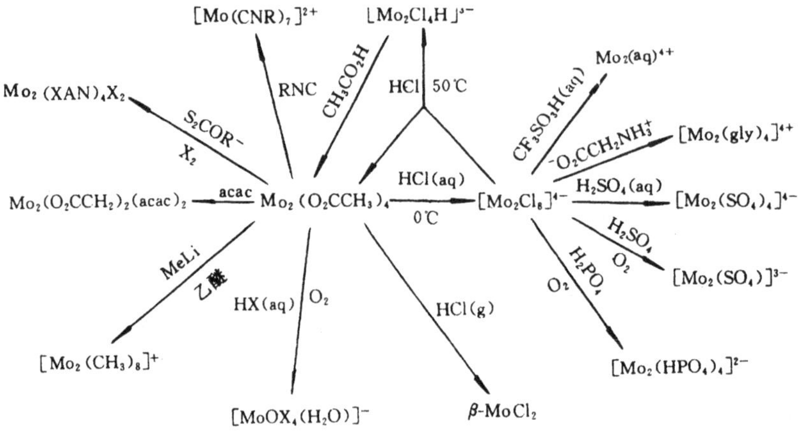

图 25.29 包含 Mo—Mo 四重键的一些重要反应

4. 钼(II)的氧化物

用钾还原含氧的钼化合物可得到 $K_{0.66}MoO_2$ 和 $K_{1.5}MoO_3$,它们与醇或水反应,产物为 K_2Mo_4、氢和组成近似于 MoO 的黑色不溶残渣。氧化物是立方体结构(a=501.9pm),MoO 作为理想气体时的热力学性质如下:

$\Delta H^\circ_{f,298}$ −387.04±62.8 kJ/mol

$\Delta G^\circ_{f,298}$ −355.15 kJ/mol

S°_{298} 238.1±8.4 J/mol · K

25.3 钨

3.1 前言

钨的原子序数是74,与铬及钼同属VIB族。但由于铬与钼、钨的常见价数有差异,铬一般以三价 Cr^{3+} 阳离子存在(氧化后才成六价的 CrO_4^{2-} 和 $Cr_2O_7^{2-}$),而钨和钼则常以六价 $M^{VI}O_4^{2-}$,或者形形色色的多酸阴离子存在,并且反应复杂,所以在"元素系统定性分析"中,钨、钼都未能列入 A. A. Noyes 的"A Course of Instruction,in the Qualitative Chemical Analysis of Inorganic Substantes(9th Edition,1924)名著中所采用的硝酸体系,继以由 HCl,H_2S,$(NH_4)_2S$ 及 $(NH_4)_2CO_3$ 的分组定性分析系统中。这样遂使它们(包括很多重要金属元素)长期来被列入"稀有元素"范围,未被广泛研究。随着科学技术的发展,那些过去未列入 A. A. Noyes 体系的元素,逐渐受到人们的重视,很多被列为战略物资元素与国防矿藏元素。有关个别"稀有元素"的定量分析也有书籍,作为高等分析的课本(1930年前后)。1935年 A. A. Noyes 及 W. C. Brag 合著的"A System of Qualitative Analysis for the Rare Element"出版,除讨论"常见元素"外,还添加了包括钨在内的34个金属元素,虽然都被称为"稀有元素",但"常见"与"稀有"之间的区分则是非常勉强的。

由于钼与钨的六价离子的化学反应有所不同,所以又把钨、铌、钽并在一起成为一组,而与钼分开。在 F. P. Treadwell 编著的《定性分析》中把钨与铌、钽合在一起,称为土酸(carth acids),说明了该三个元素的共性——在硝酸溶液中的难溶性。由于在20世纪30年代,溶剂萃取、分级分离,纸色层分离以及特效性有机试剂尚未发展,因而在 Noyes and Brag 的名著中,有关我国前辈化学家张子高的部分细致工作,应特别予以重视。关于钨、铌、钽的分离条件及测试,通过对张子高先生工作的复核,可以得到启发、改进和应用。最重要的一点是怎样能破坏不同元素间生成的多核物,形成单一金属元素的化合物,另一方面,有意识地把两个或多个不同金属元素配合在一个化合物中,也是近年的研究方向。

在1962年科学院规划会议后,部分"稀有元素"改称"丰产元素"。但后者的范围也时有变动,当前,"丰产元素"除钨、钼以外,也包括铌、钽、钒及钛(它们在国内的藏量都高),至于稀土元素,在我国的蕴藏量及开采量都很高,以往有人提议改称"丰土",但未能得到化学工作者的同意,加以稀土的外文 R. E. 及 TR 已固定,故不宜再改。Y 及 Sc 已列入稀土范围，但钨矿及钒、钛矿中含有 Sc 则须注意。

关于钨化学的基础研究和应用研究，每年都有大量的新报道，其发展趋势概括起来是从早期的无机与分析及物化相结合，发展为无机-有机-物化-分析的融为一体以及与物质结构、表面化学、技术物理和生物化学等方面的广泛结合。在近年的文献中有明显的反映，基础-应用-基础的循环结合正在加速，为此，对本章钨化学的编写，试图采用老文献与新文献交叉叙述的方式，从 1950 年后出版的著作中摘录部分内容，还从近年的文献中拮取材料。

本章的编写，与本丛书其他元素的编写相同，以 J. C. Bailar Jr. 的"Comprehensive Inorganic Chemistry"(1972)为主要参考。该书虽由 Bailav 主编，但钨的一章则由 C. J. Rollinson 编写，因而本书有关引证，都作为 Bailar-Rollinson 的贡献。各节的排列次序，从高价即六价到五价直至二价，以符合常见价数到不常见价数的规律。N. V. Sidgwick 的"The Chemical Elements and their Compounds"(1950)，H. Remy 的"Treatise on Inorganic Chemistry"(1956 年英文版，译自德文第 7 及第 8 版)，Paul Pascal 的"Nouvean Traité de Chimie Minérale"(Tom，14(1959))，F. A. Cotton 和 G. Wilkeinson 的"Advanced Inorganic Chemistry"(1980 年第 4 版)都是本书编写时的参考，N. N. Greenwood 及 A. Earnshaw 的"Chemistry of The Elements"(1984)有些新的数据也予以采用。

自 1973 年到 1990 年的十多年来，无机化学的面貌有了很大的变化，主要表现在无机化学与有机化学及物理化学的密切结合。化合物类型日益增加，结构变化多样致使分类不易，有些文献报道可以肯定，并从一定的结果中提出了观点；有的尚不易核实，但也不能否定，也有的是报道错误，应予纠正，有关这些情况，对于从事无机化学工作的人来说，不能不有所了解。兹从"*Annual Reports*，section A，Inorganic Chemistry"Vol. 63(1966)到 Vol. 85(1988)作了一些摘录，充实于本章的各个分节中，读者或能从它了解到近年来在无机化学中钨化合物制备的新方向，以及试剂选择及条件控制的重要性。"*Annual Reports*"中引用的文献甚多，本文所列只是极小部分，重要工作的漏摘，在所难免，读者在需要作进一步研究时，仍有必要参阅原文。为了减少排印时的麻烦，*Annual Reports* 上的引证，只列出书名、作者及页数。*Annual Reports* 简作 *A. R.* 只列卷数、年份及页数，原稿作者，以及 *Annual Reports* 上的引证编号，一概从略，以免引起错误。

3.1.1 钨的发现、命名、存在分布及应用展望

1. 钨的发现史

钨是一种金属元素，符号 W，外文名称在英、美、法为 Tungsten；在德语体系国家为 Wolfram。国际纯粹及应用化学会，IUPAC 曾建议取消 Tungsten 这个名称，

未获成功，现今二者并用。由 Tungsten 及 Wolfram 衍生出来的 Tungstate 及 Wolframat 也是如此。1779 年，Peter Wolfe 考察并研究了当时新发现的一种矿石，名之为 Wolfamite，并指出它含有一种新的物质，这即是当时新元素命名的开始。1783 年，Scheele 从另一种新矿石 Tungstein 制得了当时认为是新的一种酸，该矿石即是 Scheelite。后来，Scheele 及 Bergman 进一步指出该酸可用还原法制得一种新的金属。1783 年 de Elhauyer 指出，从 Wolframite 制得的一种酸与从 Scheelite 制得的酸相同，并在同一年用碳还原法制得了金属钨。所以在前后 4 年中，从 Wolframite(锰铁钨矿，现简称黑钨矿和从 Scheelite(又称白钨矿)中制得具有两个名称——Wolfram 及 Tungsten 但又是同样的一种金属。如果依照一般的习惯，按发现的先后而定元素的名称便有困难了。现在只得将两个名称都保留使用，英、美、法书籍及 *C. A.* 摘录上用“Tungsten”，在德国及东欧国家则为“Wolfram”，元素符号 W 则遵从 Wolfram。

在我国自化学名词审订会成立以来即采用“钨”为名，可是从 Wolfram 的德文发音而言，W 并不念作“乌”，在我国久有乌金比黄金更为名贵的说法，因而在抗日战争时期，凡途经湘赣者，都愿购置以光亮黑色的钨矿石小块作为饰物留作纪念。所以 Wolfram 及 Tungsten 在我国译为“钨”是非常合适的。但须注意，钨矿并不全是黑色的，即使黑色而有光泽的，也不都是钨矿石，如含铌、钽的黑稀金矿等。

2. 钨矿的类型及在我国的发现

钨矿石在我国的大量发现是在 1911 年，可参考李国钦及王宠佑合编的“Tungsten”，当时李国钦在湖南找寻锡矿，偶然地发现了钨矿石，藏量大、品位高，由于坚硬耐热，当地居民用以砌炉灶，记有风趣的故事。1915 年开始出口，名为黑砂，价值每吨仅 100 元中国银币。后来发现钨矿石并非都是黑色，主要是红棕色，故而将黑砂改名钨砂。采矿学家成功一教授于 1923 年赠我的钨矿标本，即是红棕色的，很重，不杂石英的块状物。至于出口钨矿的名为钨砂，则是由于钨矿常与石英等伴生，出口外销以及冶炼前，必须先经敲碎，通过洗矿以除去绝大部分的石英，才能使其适合使用及达到出口标准。另一种重要的钨矿是白钨矿，以钨酸钙为主体，常杂有钼，因而在出口时，价格不及钨砂，它不与锰铁钨矿列为同一商品。

钨矿分布世界各地，“Tungsten”上有世界各地的矿藏数字，虽已较旧，但仍可参考。白钨矿主要产在北美，锰铁钨矿则主要在中国及东南亚。在我国分布地区很广，虽以湘、赣、闽为主，但根据 40 年前收集到的样品，我国从大西北到沿海各省、从河北到华南，都有蕴藏。近年来，有关我国钨矿分布的报道，可参见张文朴编著的《钨、钼在化学工业中的应用》第 1—2 页及《中国钨业》杂志。

“Tungsten”中有关锰铁钨矿因色泽而分类摘录如下：

	铁钨矿 (feberite)	锰铁钨矿 (wolframite)	锰钨矿 (hübnerite)
颜色	黑	深灰—棕色	红棕色
Mn%	0	3.6—14.5	18
Fe%	18.4	14.7—3.7	0
比重	7.5	7.5—7.1	7.3—7.2
硬度	5	5—5.5	5.5
矿物痕色	深棕	深棕	深棕至绿黄
存在形态	近似晶体	不规则	细片晶型
透明性	微透明	不透明	不透明—透明

白钨矿($CaWO_4$)，颜色一般为白色，也有微黄及微棕色，较脆，硬度 4.5—5，比重 5.4—6.1，透明到微透明，条痕白。探矿灯照射有荧光，易于发现。白钨矿中杂有钼酸钙时呈淡蓝，淡黄色。白钨矿不能直接用于炼钢，尤其常杂有钼不易与钨分离，因而就矿石售价而言，白钨矿不及锰铁钨矿。

根据 W. R. Scholler 与 A. R. Powell 编著的“The Analysis of Minerals and Ores of Rarer Elements”第 237 页记载，尚有下列的含钨矿石：raspite，$PbWO_4$；stolzite $PbWO_4$；cuproscheelite (Ca，Cu) WO_4；chillagite 系 stolzite 的同类，兼含钼；reinite 组成与 ferberite 同，但类型有如 scheelite。

锰铁钨矿中常杂有铌和钽，常存在钨矿中的其他杂入元素尚有钪、砷、硅、锑、镁、钒、锡、银及钛等。分析方法见于上述“The Analysis of Minerals and Ores of the Rarer Elements”1955 年第 3 版第 277—295 页。此外，我国有些地区的锰铁钨矿中也含有放射性元素钍，须注意。

3. 钨的冶金及化学工业

中国是钨大国，但自 1911 年发现钨矿以来，长时期停留在钨矿——钨砂(锰铁钨矿)及白钨砂(钨酸钙矿)的出口。直到 20 世纪 50 年代，上海灯泡厂郑永良及邬奉先等从钨矿碱熔、制取钨酸钠，转为黄钨酸、还原成钨粉，经由烧结成钨条后拉成钨丝，这是在我国的首创。几经发展及扩大，钨酸成为重要的工业产品。由于钨矿处理时，“钨渣”含有放射性元素而不允许堆积，遂致停止生产。通过化学处理，虽然放射性元素钍可以富集，但在经济上是不合算的。

近十年来，由于在内地的钨业工厂可以暂不考虑钨渣中放射性元素的处理，因而钨的冶金工业有了很快的发展，除少量的钨用于拉钨丝外，大部分以 APT(仲钨酸铵)及 AMT(偏钨酸铵)，大量地销售国外，最近已得到控制并经中国钨业协会加以协调，情况大有好转。有关钨矿开发，钨砂处理，各种钨化合物的生产方法改进，以及制成品的价格估算等等，有专门的刊物报道。

APT 及 AMT 的生产及反应，是钨化学中的重要部分，在钨的同多酸节中将详细讨论。

3.1.2 钨的同位素

钨在自然界中以五种同位素的混合物的形式存在，它们的特征列于表 25.32。

表 25.32 稳定的钨同位素

A a)	%	Δ(meV) b)	σ_c c)
180	0.135	−49.37	<20
182	26.4	−48.16	20(对 ^{183}W)
			0.5(对 ^{183m}W)
183	14.4	−46.27	11
184	30.6	−45.62	2.1(对 ^{185}W)
			0.001(对 ^{185m}W)
186	28.4	−42.44	40

a) A 质量数。

b) Δ 剩余质量 $=M$(同位素重量)$-A$。

c) σ_c 慢中子捕获截面(barms)。

已经发现的放射性钨同位素有 15 种，其中有三对的核是同质的($A=179$，183，185)。这些同位素的性质列于表 25.33。^{185}W(beta，75d)和 ^{187}W(beta，23.7—24.0h)常以金属或钨酸盐溶液的形式供作同位素标记原子使用。

表 25.33 钨的放射性同位素

A	半衰期	Δ(meV)	锐变辐射模式，能量(meV)	形成模式 a)
173	16.5min		EC	$^{181}Ta(p,9n)$
174	31min		EC	$Er(^{12}C)$
175	34min		EC；γ，0.26—1.6(4)	$^{181}Ta(p,7n)$
176	2.3h，2.7h	−50	EC；e^-，0.017—0.083(6)；γ，0.034，0.100	$^{181}Ta(p,6n)$
177	130min，132min 135min	−50	EC，e^-，0.020—0.360(9)；γ，0.0—1.00	$^{181}Ta(p,5n)$
178	21.5d，22.0d	−50	EC	$^{181}Ta(p,4n)$
179	37.5min，38min	−49	EC；e^-，0.020，0.029；γ，0.031	$^{181}Ta(p,3n)$，$^{180}W(p,2n)$ $^{179}Re(EC)$

续表

A	半衰期	Δ(meV)	锐变辐射模式,能量(meV)	形成模式[a)]
179m	5.2min, 7.0min	−49	IT;e^-,0.152,6.211;W X 射线	^{179}Re 子代, ^{181}Ta(p,3n)
181	120d,126d 140d,145d	−48.24	EC;e^-,0.004,0.006; γ,0.006,0.136,0.152	^{181}Ta(d,2n), ^{181}Ta(p,n) ^{180}W(n,γ)
183m	5.1s,5.3s 5.5s	−45.96	IT;e^-,0.034,0.040; 0.046—0.150(6),W X 射线	^{183}Ta 子代, ^{182}W(n,γ)
185	75d	−43.30	β^-,0.429	^{184}W(n,γ); ^{187}Re(d,α)
185m	1.55min, 1.62min, 1.85min	−42.93	IT,0.075—0.17(4);W X 射线	^{184}W(n,γ); ^{185}W(γ,n)
187	23.7h 23.9h 24.0h	−39.83	β^-,1.31,0.63;e^-,0.063— 0.8;γ^0,0.072—0.773(7)	^{186}W(γ,n)
188	69.4d	−38.44	β^-,0.349;γ,0.227,0.290	^{187}W(n,γ)
189	11min, 11.5min	−35.3	β^-,2.5,2.0; γ,0.032—0.96(8)	$^{192}O_s$(n,α)

a)锐变模式中:EC,电子捕获;β^-,β锐变;IT,内部转变;e^-,转变电子.形成模式中:n,中子;p,质子;d,氘核;γ,伽玛辐射;α,$^4_2$He(氦)。

3.1.3　钨的冶炼

钨占地壳重量的0.007%,它以化合物状态存在于自然界,已经确定的含钨矿物约有20种,除辉钨矿 WS_2 外,其余都呈钨酸盐形式。具有工业实用价值的钨矿物是黑钨矿和白钨矿。黑钨矿是钨锰铁矿(Fe,Mn)WO_4,它是钨酸铁和钨酸锰的类质同晶体。铁与锰的原子比或钨酸铁与钨酸锰的重量比大于4比1者称钨酸铁矿,小于1比4者称钨酸锰矿,含量比例在两者之间的称钨锰铁矿。钨矿一般在地下开采,只有少数为露天矿。天然的钨矿中 WO_3 的含量不高,贫矿为0.05%—0.07%,一般为0.2%—0.5%,富矿可达2%—3%,精选后可得52%—74%的钨精矿。选矿技术有拣选和精选。拣选有人工拣选和拣选机拣选。后者是利用钨矿石具有吸收光和X射线的性质而发展起来的以激光或X射线吸收为基础的拣选机。精选是利用钨的高密度特性的机械湿选法和利用化学浮选剂的浮选法。在选矿过程中常能得到一些有色金属和贵金属副产物,例如 Mo,Cu,Ni,Bi,Sb,Sn 和 Au

等。世界钨资源据美国矿务局 1988 年统计世界钨储量(具有经济开采的部分)为 265.6 万吨钨含量。1988 年主要钨储国占世界钨储量的百分数:中国 45、加拿大 13、前苏联 10、美国 6、澳大利亚 5。1987 年世界钨矿产量为 38000t 钨含量,主要产钨国所占百分数:中国 42、前苏联 26、韩国 6、澳大利亚 3、奥地利 3、葡萄牙 3。我国钨矿的蕴藏量、产量和出口量均占世界首位。20 世纪 80 年代以来,我国钨制品出口逐步增加,80 年代初只有几百吨,85 年 4000t,87 年 8000t,89 年 13000t,主要是增值较低的产品,例如 APT、钨酸等,深加工的产品也在逐年增加,例如钨粉、碳化钨粉、钨丝、刀具和钻头等。

1. 钨精矿的冶炼

冶炼钨精矿的工艺过程可以分成两个阶段,首先是将钨精矿分解,然后分离提纯。分解的方法有碱法和酸法。碱法有苛性钠液煮解和压煮、苏打烧结或熔合、苏打石灰烧结、苏打压煮等方法。酸法有盐酸煮解、氟盐分解,还有氯化等方法。钨精矿的冶炼即分解和提纯的化学处理是利用钨的化学特性:(1)在浓盐酸溶液中形成微溶性的钨酸;(2)在碱性溶液中形成易溶性的钨酸盐;(3)氨可以溶解钨酸生成钨酸铵溶液;(4)盐酸可以分解难溶性的钨酸钙。

(1)苏打烧结法:钨精矿与苏打烧结过程中为了使作用充分,苏打用量按精矿中 WO_3 理论量的 130%－135%,硝石用量为精矿量的 3%—5%,食盐用量为精矿量的 5%－6%以降低炉料温度加速炉料反应。如果处理白钨矿,炉料中还要加入石英砂,其用量按白钨矿中氧化钙理论量即可。烧结温度为 850－900℃。由于苏打便宜而且消耗量不高,尤其适宜于处理含钨量很低的黑钨精矿、回收料及杂质含量很高的各种废渣。

(2)苛性钠溶液煮解或压煮法:该法又称碱煮法。氢氧化钠溶液浓度为 30%—35%,其用量为理论用量的 115%—150%。将液碱加热到 80—90℃,逐渐加完计算－300 目的精矿,然后在 1×10^5—1.5×10^5 Pa 压力下煮沸 3—4h。压煮法是根据矿源和设备在不同压力下煮沸数小时。用稀溶液将其稀释至比重为 1.30—1.50,料浆沉清后用压滤机滤出清液,残渣用水洗涤 2—3 次,洗出液用作稀释碱煮后的浓溶液或返回溶解氢氧化钠。碱煮法工序短、设备简单、能耗低、投资少,但 NaOH 较贵及消耗量较大,而且要求矿粉粒度较细,故该法适宜于分解黑钨精矿,也可处理氧化了的硬质合金回收料。

(3)盐酸分解法:该法适宜于处理白钨矿。用盐酸处理白钨矿时生成混有脉石矿物的粗钨酸和可溶性的氯化钙。过滤后的粗钨酸用氨水溶解,滤去脉石等不溶物,蒸发钨酸铵溶液得到仲钨酸铵晶体。还可进一步用盐酸处理钨酸铵溶液或仲钨酸铵,可以得到纯的钨酸和 WO_3。

2.钨矿分解液的分离提纯

在前节中简述了钨精矿的分解方法。分解后得到的粗钨酸钠溶液的分离提纯方法有沉淀合成白钨、铵钠复盐结晶、离子交换和溶剂萃取等方法。

合成白钨法:苏打烧结和碱煮分解钨精矿得到的粗钨酸钠溶液,通氯或加酸调pH值以及加氯化镁等,除去硅磷砷。如钼含量较高,超过 Mo/W=0.46%时,必须除去钼。通常用硫化钠使 Mo/W<0.1%。然后加氯化钙沉淀合成白钨。用盐酸分解合成白钨生成钨酸,再用氨水溶解和净化得钨酸铵溶液,蒸发结晶 APT,然后锻烧成 WO_3。工艺流程见图 25.30。

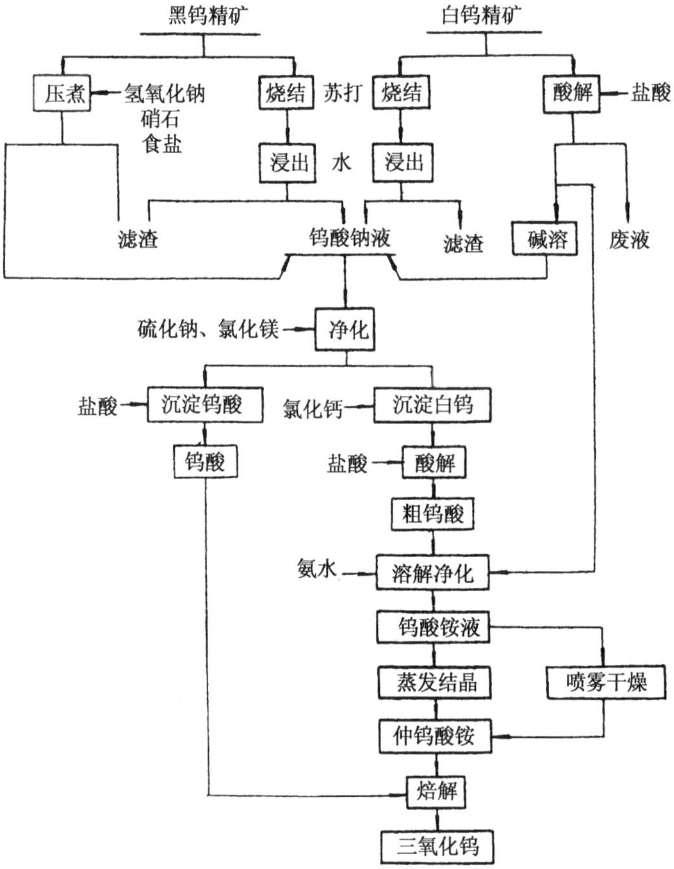

图 25.30　生产三氧化钨的工艺流程

3.仲钨酸钠铵复盐法(简称钠铵复盐法)

该法是将粗钨酸钠溶液除硅后,加氯化铵及盐酸使钨酸钠溶液中的 WO_4^{2-} 转化为$[HW_6O_{21}]^{5-}$阴离子。与此同时$[HW_6O_{21}]^{5-}$和溶液中NH_4^+和Na^+离子形成一种难溶性的结晶沉淀。这种结晶通常称为仲钨酸钠铵复盐，分子式为$3(NH_4)_2O \cdot Na_2O \cdot 10WO_3 \cdot 15H_2O$。其反应式如下：

$$10Na_2WO_4 + 6NH_4Cl + 12HCl + 9H_2O$$
$$= 3(NH_4)_2O \cdot Na_2O \cdot 10WO_3 \cdot 15H_2O + 18NaCl$$

方法是将净化除硅后的钨酸钠溶液比重调整到1.20—1.25（WO_3含量为170—240g/L)。在压缩空气剧烈搅拌下，用盐酸将其游离碱中和到pH=6.5—7，然后加入氯化铵，其用量为WO_3化合成钨酸铵的计算量的110%—120%(NH_4：Na=1.1—1.2：1)。在60—80℃温度下保温30—60min，静置结晶4—8h，结晶率可达88%—92%。滤去母液后，料浆(复盐：水=1：0.3—0.4)，用热盐酸分解成钨酸：

$$3(NH_4)_2O \cdot Na_2O \cdot 10WO_3 \cdot 15H_2O + 8HCl$$
$$= 10H_2WO_4 + 6NH_4Cl + 2NaCl + 9H_2O$$

钨酸洗涤后，烘干煅烧成三氧化钨。该法制得的WO_2质量达到化学纯的要求，而且其流动性好，适用于生产细颗粒钨粉和碳化钨。

结晶后母液中还含有WO_3 20—30g/L，用盐酸直接分解的方法回收处理。

滤去母液后的钠铵复盐也可用20%NH_4Cl溶液(其用量按固液比=1：2计算)在80—90℃温度下处理半小时去钠。过滤后，再用3%NH_4Cl洗涤，分析氯化残渣，合格后烘干煅烧成WO_3。其工艺流程见图25.31。

4.离子交换法

离子交换法是交换树脂上的氯离子与溶液中的钨酸根等阴离子发生交换作用，其工艺过程主要是由吸附和解吸两部分所组成的。

(1)吸附：吸附过程是被交换溶液中的WO_4^{2-}，以及少量杂质阴离子HPO_4^{2-}，$HAsO_4^{2-}$，SiO_3^{2-}和MoO_4^{2-}等，与树脂中的季铵阳离子官能团所吸附的Cl^-进行交换，其反应式如下：

$$2R_4NCl + Na_2WO_4 \rightleftharpoons (R_4N)_2WO_4 + 2NaCl$$
$$2R_4NCl + Na_2MoO_4 \rightleftharpoons (R_4N)_2MoO_4 + 2NaCl$$
$$2R_4NCl + Na_2HPO_4 \rightleftharpoons (R_4N)_2HPO_4 + 2NaCl$$

在钨酸钠溶液中的钨、钼、磷、砷和硅等阴离子，都可以被交换树脂所吸附，但是各种阴离子对交换树脂阳离子官能团的亲合力是不相同的。WO_4^{2-}与树脂的相对亲合力与MoO_4^{2-}相近似，而大于磷、砷和硅。在吸附过程中WO_4^{2-}和MO_4^{2-}优先与树脂上的Cl^-交换而被吸附在树脂上，其他杂质阴离子也会被吸附。但随后的WO_4^{2-}能置换出被吸附的杂质阴离子。因此，在交换树脂床内WO_4^{2-}是自上而

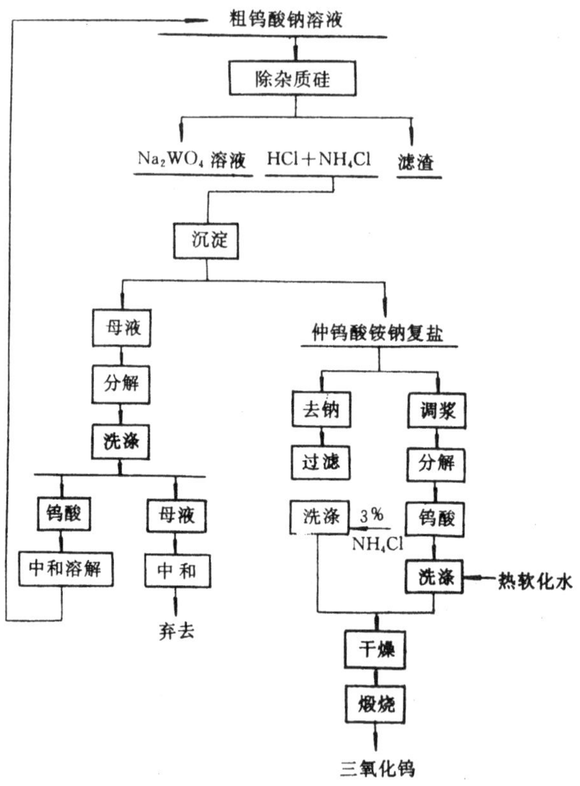

图 25.31 仲钨酸铵钠复盐法生产三氧化钨工艺流程

下地逐步达到饱和，而杂质阴离子相应地自上而下进行吸附和被交换，逐步移向树脂床的下层，最后绝大部分杂质就随吸附余液排出，从而达到钨与大部分磷、砷、硅分离的目的。

(2)解吸：解吸过程是吸附在树脂上的 WO_4^{2-} 离子，被解吸液 NH_4Cl 中的 Cl^- 离子所交换，而解吸到溶液中，流出树脂床，得到钨酸铵溶液。

通常用强碱性阴离子交换树脂(717 或 201×7)可从粗钨酸钠溶液制得较纯的钨酸铵溶液，蒸发结晶而得仲钨酸铵。图 25.32 为离子交换法生产三氧化钨的工艺流程。

5.溶剂萃取法

溶剂萃取法是萃取剂上的阴离子与钨酸钠溶液中的阴离子发生交换作用，其工艺过程主要是由萃取和反萃取两部分所组成的。

(1)萃取：以叔胺 N_{235} 萃取为例。叔胺萃取钨是以偏钨酸根离子形式被萃取的。萃合物中 N_{235} 和 WO_3 的摩尔比为 1∶2—2.4 之间，故 N_{235} 和钨的萃取化学反

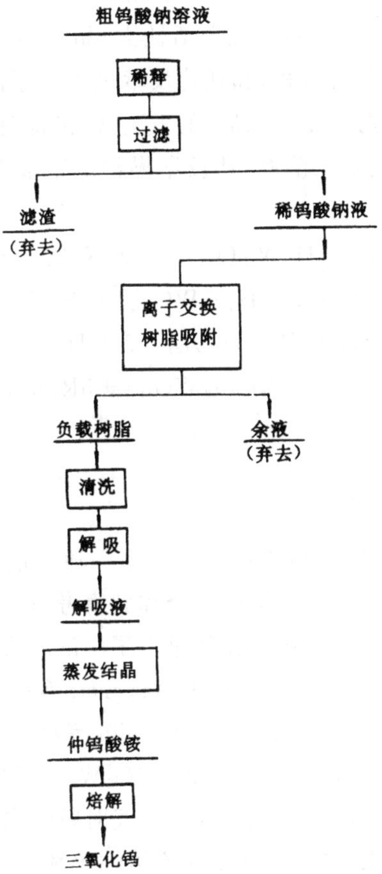

图 25.32 离子交换树脂法生产三氧化钨的工艺流程

应(1)式和(2)同时存在。

叔胺磺化反应：

$$2R_3N_{(o)} + H_2SO_{4(a)} = (R_3NH)_2SO_{4(o)}$$

正钨酸盐转变为偏钨酸盐：

$$12WO_4^{2-} + 18H^+ \rightleftharpoons [H_2W_{12}O_{40}]^{6-} + 8H_2O$$

$$12WO_4^{2-} + 19H^+ \rightleftharpoons [HW_{12}O_{39}]^{5-} + 9H_2O$$

偏钨酸根离子与硫酸根离子进行交换反应：

$$3(R_3NH)_2SO_{4(o)} + [H_2W_{12}O_{40}]^{6-}_{(a)} \rightleftharpoons (R_3NH)_6(H_2W_{12}O_{40})_{(o)} + 3SO_4^{2-} \quad (1)$$

$$5/2(R_3NH)_2SO_{4(o)} + [HW_{12}O_{39}]^{5-}_{(a)} \rightleftharpoons (R_3NH)_5(HW_{12}O_{39})_{(o)} + 5/2SO_4^{2-} \quad (2)$$

(2)反萃取：用氨水反萃取。反萃时，稀氨水使偏钨酸根离子转变为正钨酸铵。

但由偏盐转变为正盐的过程中，要经过仲钨酸铵结晶沉淀区，使操作无法正常进行。根据新生成的仲钨酸盐结晶的化学活性大、晶粒小、表面积大、易溶于氨水的特点，可采用大相比(水相/有机相)和强化反萃过程(采用剧烈搅拌和增大雷诺数，使反萃操作运动状态，由层流变为湍流)的方法，使钨转型过程在瞬时完成，新生成的仲盐来不及"陈化"就被氨水溶解，使反萃操作能正常连续进行。反萃取的化学反应如下：

$$(R_3NH)_6(H_2W_{12}O_{40})_{(o)} + 24NH_{3(a)} + 8H_2O$$
$$=\!=\!= 12(NH_4)_2WO_{4(a)} + 6R_3N_{(o)}$$
$$(R_3NH)_5(HW_{12}O_{39})_{(o)} + 24NH_{3(a)} + 9H_2O$$
$$=\!=\!= 12(NH_4)_2WO_{4(a)} + 5R_3N_{(o)}$$

工艺流程见图 25.33。

3.1.4　钨的生物化学

生物体系对钨的爱好明显地不如钼。作为一种微量元素，钨在生物体内的含量及其作用却比钼小。然而，从人类的安全和健康考虑，人们还是对钨的毒性和代谢，以及钨在某些生物化学过程中的作用进行了广泛的研究。

通过金属尘埃对呼吸系统影响的考察，Kazimierz 等指出：铅、铁、镉、钨等金属的尘埃可能会引起肺气肿及肺的纤维化。Voroshilin 等对人类淋巴细胞的研究结果表明：在淋巴细胞培养的 Go 期，10—30μg/ml 的 $Na_2WO_4 \cdot 2H_2O$ 会增加染色体加倍的频率。Misiewiez 还考察了含钨、钛、钴、钒的空气对粒性白细胞的噬菌作用的影响。1978 年，美国的一篇政府报告宣布，必须对不溶性钨和可溶性钨的职业暴露加以控制，并指出雇员不宜在钨浓度大于 1—5mg/m^3 的环境中长时期地工作。

动物试验表明，动物的器官和组织对钨的亲合性较小。将 $Na_2^{51}CrO_4$，$^{51}CrCl_3$，$(NH_4)_2^{99}MoO_4$，$Na_2^{181}WO_4$，$Na_2^{75}SeO_4$，$Na_2^{75}SeO_3$ 和 $H_2^{127}TeO_3$ 等第VI族元素的化合物注射入移植有 Yoshido 肉瘤的老鼠，没有一种化合物对肉瘤有亲合性，也没有发现肝、肾等器官对钨的亲合性。口服或注射了 ^{181}W 或 ^{187}W 的奶牛，在用药后的 84h 期间内，口服的钨有 79%通过粪便、尿及乳汁排出体外，包括粪便中 64%、尿中 14.6%、乳汁中 0.4%；注射钨在同一期间的排出率为 68%，粪便中大于 1%、尿中 65%、乳汁中的 2%。组织分析的结果表明，在短期内，放射性钨主要聚积在皮肤、肝及软组织等部位；长期滞留的部位，成畜为骨骼、肌肉和皮肤，幼畜则为骨骼、肾上腺、皮肤和脾。对服有 $Na_2^{181}WO_4$ 的山羊作组织分析的结果亦表明，在肉和乳汁中放射性钨的含量很低，不会成为人类环境的污染源。

钨对一些动物表现出一定的毒性。孕鼠服了剂量为 0.005mg/kg 的钨和钼，钨会导致事先植入的胚胎死亡并抑制胎儿骨骼的形成；钼对胎儿骨骼的形成亦有

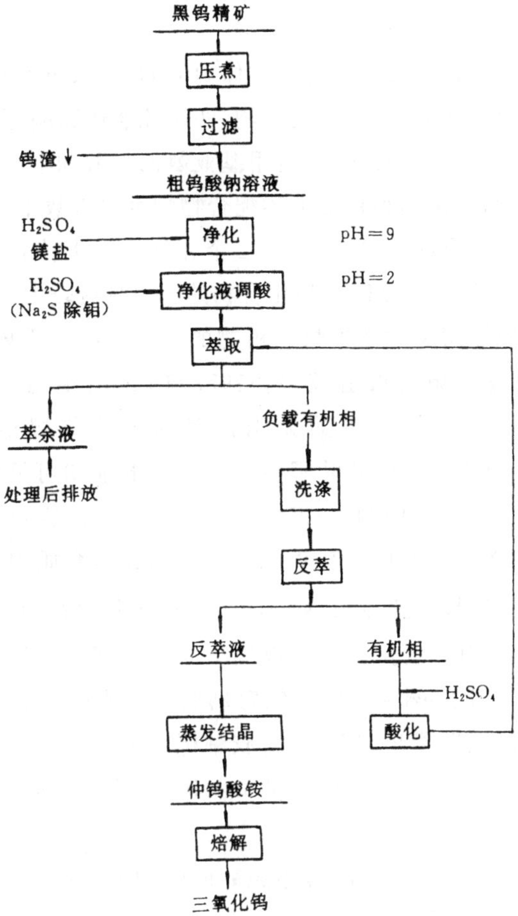

图 25.33　有机溶剂萃取法生产三氧化钨的工艺流程

抑制作用，但对胚胎无致死效应。用高浓度钨(1g/kg 饲料)的饲料喂鸡 5 个月，会导致产蛋率的下降，经过一个诱导脱毛期，产蛋率下降到 50%，但没有观察到对受精卵孵出能力的影响。每天服 0.33－21.38μgW/kg 的几内亚猪，表现出氧吸收的增加，对氧吸收的最大影响为每天服 13.4μgW/kg。若剂量增加到每天21.38μg W/kg，会引起氧吸收的抑制作用，同时显现部分动物死亡、后腿瘫痪、毛色暗淡等反映某种毒性的症状。

钨的生物化学作用主要表现在干扰钼的代谢。鸡在口服 150—600mgW/kg 或注射 5—10mgW/kg 以后，组织中钨的浓度升高、钼和黄嘌呤脱氢酶的浓度降低。用含钨缺钼的半合成饲料饲养的鸡，肝脏中黄嘌呤脱氢酶的量会跌到可以忽视的程度。但肝脏中的钨会以半衰期为 27h 的速度按指数规律消失。钨对鼠肝中的黄嘌呤氧化酶、亚硫酸氧化酶和 4-羟氨基喹啉-1-氧化物还原酶的活性都有抑制作用，但这类抑制作用可以通过供钼而抵消。

大量微生物和植物试验表明钨对生物体内的固氮酶、黄嘌呤氧化酶，黄嘌呤脱氢酶、甲酸脱氢酶、硝酸还原酶、氯酸还原酶、四连硫酸还原酶等钼酶的活性均有抑制作用。Callis 等以 W(VI)、Mo(VI)的甲基亚氨乙二酸和半胱氨酸配合物作为生物体系的模型化合物，得出钨和钼的上述配合物的生成常数十分相似，这一结果意味着不管蛋白质是否具有配位 SH 基，这二个元素会以大体相同的强度与酶朊或一种载体相结合，所不同的是 Mo(VI)化合物的还原具有较大的灵活性。

固氮酶和硝酸还原酶是对微生物和植物的氮代谢起着重要作用的两种钼酶。有关钨对这二种钼酶影响的报道较多。1977 年，Notton 等指出，在以 $NaNO_3$，$(NH_4)_2SO_4$ 或 NH_4NO_3 作氮源的无钼营养物培养花椰菜时，六周以后，在 $(NH_4)_2SO_4$ 中生长的缺钼植株的叶子显现尾鞭病的最初可见损伤。在营养物中加钨能使这种缺钼症状受到抑制。1978 年，Singh 等在研究钨对灰色念珠藻生长的抑制作用时，从以 N_2 为氮源并含 WO_4^{2-} 100μg/ml 的介质中分离出一种灰色念珠藻的自发突变体。这种突变体在 N_2 和 NO_3^- 中生长时都需要钨，钼不支持这些突变体在 N_2 或 NO_3^- 中的生长。他们曾经认为固氮酶和硝酸还原酶可能共用着某种金属蛋白成分。但 Piezlle 在评价钨对幼胶粘桤木的生长及其有节硝酸还原酶和固氮酶活性的影响时指出，WO_4^{2-} 对胶粘桤木生长的抑制效应，在 NO_3^- 存在时比尿素存在时大；而 WO_4^{2-} 对酶活性的抑制作用，硝酸还原酶的活性比固氮酶的活性受到更大的抑制。

在确定了固氮酶具有不同于硝酸还原酶的辅助因子以后，有关钨对这两种酶的影响的研究有进一步发展。

1980 年，Bishop 及其合作者从二种不同的缺乏固氮活性的棕色固氮菌中分离出两种能在 N_2 中生长的棕色固氮菌菌株 Nif^+。在它们的细胞提取物中含有四种不同于寻常固氮酶蛋白亚单位的新蛋白，这两种菌株都能在缺钼含钨的无氮介质中生长。从它们能在无氮介质中生长而又能结合 $^{15}N_2$ 的性质来看，Bishop 等认为棕色固氮菌具有另一种能在缺钼条件下起作用的固氮系统。1981 年，Pienkos 进一步指出，棕色固氮菌中钼的积累不受约束，这是因为积累的钼主要同一种储钼蛋白结合着，以便在细胞外钼耗尽的情况下提供钼；当棕色固氮酶在 WO_4^{2-} 多于 MoO_4^{2-} 的条件下生长时，也会合成一种储钼蛋白的含钨类似物。

Notton 及其合作者则进一步考察了 WO_4^{2-} 对菠菜类植物中硝酸还原酶生成及活性的影响。硝酸还原酶兼有细胞色素 C 还原酶的活性。在缺钼营养物中生长了 28d 的菠菜类植物频临死亡；若在营养物中进一步提供 28d 的钨，当钨的浓度在

27 到 540nmol/L 的条件下，植物会继续生长，在此期间，硝酸还原酶的活性降低到健康含钼植物的 2%，但细胞色素 C 还原酶的活性并不丧失。他们认为钨能诱导一种功能类似于钼酶的结构，钨会抑制活性硝酸还原酶的产生，主要是因为形成了一种酶的含钨类似物，但这种类似物保持着细胞色素 C 还原酶的功能并增加酶朊的稳定性。由于酶朊对钼和钨的亲和力之比大于 100∶1。在追加钼后，钼就会取代钨而恢复硝酸还原酶的活性。

除了对钼酶活性的普遍抑制作用外，钨还表现对磷酸酶和 ATP 酶的抑制作用。Takashit 指出：白地霉(属于污泥霉菌)中酸性磷酸酶的活性可以被 10^{-4} mol/L 的 MoO_4^{2-} 和 WO_4^{2-} 完全抑制。Dobrolyubskii 在考察微量元素对葡萄的含磷化合物及磷酸酶活性的影响时指出：Zn，Mn，Cr，Mo，W 可以在发育的不同阶段增加葡萄叶中有机磷(包括磷脂和核苷酸)的含量。微量元素对磷代谢的这种影响可以归之于这些元素对酸性磷酸酶和碱性磷酸酯的抑制作用。一些试验还表明喷在葡萄藤上的 Cr，Mo，W 会影响葡萄叶中的水状态及原生质的渗透性，从而增加葡萄的产率和质量。将 0.03%的 Cr，Mo，W 喷在葡萄藤上还可以降低抗坏血酸氧化酶以及柠檬酸还原酶、苹果酸还原酶、琥珀酸还原酶、酒石酸还原酶的活性，并增加葡萄叶中抗坏血酸、叶绿素和胡萝卜素的含量，有关 Mo(VI)，W(VI)与 AMP，ADP，ATP 等生物配体的配合物的研究，也是当前人们感兴趣的问题之一。

早在 20 世纪 70 年代中期，Andreeson 注意到某些高乙酸酯发酵梭状芽胞杆菌，如 *C. Formicoaceticum* 和 *C. Thermoaceticum*，能使 CO_2 还原为乙酸酯，其作用与这些梭状芽胞杆菌内的甲酸脱氢酶有关，而硒酸盐、钨酸盐会加速这两种细菌中甲酸脱氢酶的形成。在有钨酸盐和硒酸盐存在的介质中生长的尿酸发酵梭状芽胞杆菌，其甲酸脱氢酶亦呈最高活性。对 *C. Formicoacetidum* 中甲酸脱氢酶形成及活性进行研究的结果表明，在合成介质中加 10^{-6} mol/L 硒酸盐和 10^{-7} mol/L 钨酸盐，*C. Formicoaceticum* 中甲酸脱氢酶的含量可达最大值。而且，钨会被 *C. Formicoaceticum* 富集约 100 倍，MoO_4^{2-} 对钨的吸收无举足轻重的影响。在细胞的可溶性流体中，钨能独占鳌头地被发现，并且在一种分子量约 88 000 的蛋白质中占支配地位。这就预示着某种钨酶的存在。1983 年，Yamamoto 从 *C. Thermouceticum* 中分离、提纯、浓集了第一个被单独分离的含 W，Se，Fe/S 蛋白的钨酶——甲酸脱氢酶，对从 CT-FD 中获得的钨辅助因子的 EXAFS 研究表明，其中 W 的环境与 Cramer 等报道的 E. Coli 硝酸还原酶的结构有某种相似性。

3.2 钨的化合物

为了反映当前无机化学的发展情况。兹从英国的“Aunual Reports on the

Progress of Chemistry, Inorganic Chemistry Section"中引用部分最新的知识，从中可以体会到新化合物的众多类型的交叉，以及无机与有机及物化的结合，这都是10年前所未能预计的。

但是为了表达40年以来的钨化学的发展情况，1973年以前的主要参考书也应有所提及。N. V. Sidgwick 的"The Chemical Elements and Their Compounds"(1950)Vol. II pp. 1028—1068；P. Poseol 的"Nouveau Traite der Chimie Mirerale"(1959)，Vol. 14，pp. 747—998；以及 H. Remy 的"Treatise on Inorganic Chemistry"(1956)，Vol. 2，pp. 172—190 的某些章节，都有引用。

另外，F. A. Cotton 和 G. Wilkinson 编写的"Advanced Inorganic Chemistry, A Comprehensive Text"(1980)，似太偏重于个人的研究兴趣；N. N. Greenwood 和 A. Earshow 的"Chemistry of the Elements"虽然是较新的版本，但叙述过简，缺少文献引证。作为教材，比较合适，启发科研，似尚不够。但该书中列出的新化合物及修改的数据及反应，则是可供参考的。

3.2.1 钨的二元化合物(B,C,Si,N,P 的二元化合物)

二元化合物是一个广泛的名词，指的是两个不同元素生成的化合物。它们可以是金属与金属之间，金属与非金属之间，以及非金属之间的化合物。但本节只是列举钨与 B,C,Si,N 及 P 的有关化合物。至于钨的氧化物、硫化物、卤化物将在后面加以叙述。本节的主要化合物如下：

硼化钨(W_xB_y) $x:y=2:1,1:1,1:5,1:4$，都是高温加合反应化合物。耐熔材料，有的并具有金属导电性能。

碳化钨(W_2C，WC) 熔点>1600℃。高硬度，因而是岩石钻勘及石油钻探，金属切削以及拉丝模子工具的材料。碳化钨可以从碳粉与钨粉在还原气氛中高温反应制得。亚超细碳化钨粉也可以通过特种钨酸由一氧化碳还原制得。

硅化钨(W_xSi_y) ($x:y=3:1,5:3,1:2$)也是从相应元素高温反应制得。熔点很高；具有抗氧化及抗化学试剂的作用。

氮化钨(W_xN_y) 是典型的柏氏体 Berthollide。具有高硬度，耐热的性能，但强力较差。组成 $x:y=2:1$ 及 $1:2$，它们都是填隙化合物。

磷化钨(WP，WP_2) 有耐高温及耐腐蚀的性能。

3.2.2 具有各个价数钨的整比化合物

钨的化合物非常众多，近年来更是快速发展。含氧、卤素、氢、氮、硫等组成不同价数的化合物，价数从6到2，见于下列3.2.3—3.2.7节。另外，也有的化合物在一个分子中具有两个不同价数的钨，称为混合价化合物。钨与钼相似，很易生成特殊类型的“多酸”化合物，以及过氧化合物，分别列于 3.4 及 3.5 节。近年来，发展非常迅速的簇合物，列入 3.6 节。

在分别叙述 3.2.3 到 3.2.7 之前，为了较有系统地简单介绍表达各个价数化合物之间的关系，性能比较，以及它们之间的互变，添列了 1、2 及 3 三项，作为钨化学发展早期及近期的扼要介绍。

1. 不同价数钨的总介绍

钨的化合物有六价到二价，计 5 个价数。价数与安定度有无关系，曾是一个引起注意的问题。早在 20 世纪 50 年代，曾拟找寻各个价数间的电极电位数值，以推论不同价数在标准条件下的安定度关系。Wendell M. Latimer 的“The Oxidation States of the Elements and Their Potentials in Aqueous Solution”曾是一本相当重要的参考书。在 1952 年第二版的 257 页，列有如下的计算数值。

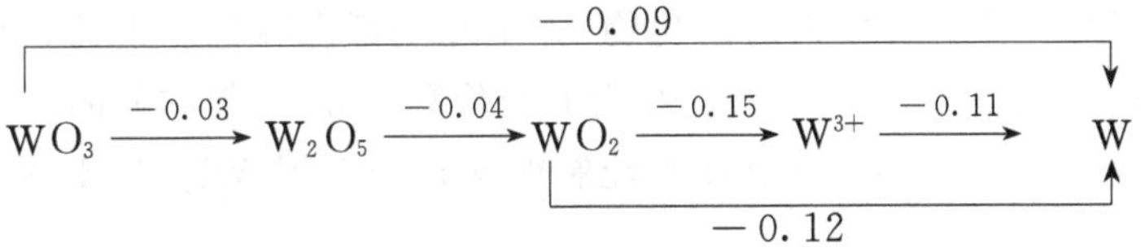

$$WO_4^{2-} \xrightarrow{(-1.25)} W$$

上表中各个价数的钨，须得在其标准状态，即其活度为 1 但各个价数的钨，大都是以络合离子形式存在。[当时，配位化学(coordination chemistry)的名称尚未建立，只用 complexion，1953 年定为络离子，在此以前，也称为错离子，表示错综复杂]。络合平衡常数测定困难，所以准确度很差。嗣后这样的电极电位数值虽然偶有记载，但已难于用以指导反应关系(动力学及态况占着重要的作用)。只有通过实验来发现各种类型化合物的制备方法。低价钨的簇合物生成，更使价数变化时的电极电位测定及运用不切实际。只有物理常数性质及结构测定，才是近年来的研究方向。制得化合物的价数，很多不是预计的。为了表达不同价数钨化合物的复杂性以及价数与安定度之间尚难于掌握的规律性，绘制了两张价数变化示意图。

2. 钨化合物价数变化举例

钨的卤化物，在 N. V. Sidgwick 书上所载已有不少。40 年来，不断有所增加并伴有物理常数的修改，但即使当前的报道，也难免日后有所修正，兹将 N. N. Greenwood & A. Earshaw，“Chemistry of the Elements”(1984). p. 1188 的总结摘录如下：

表 25.34　钨的卤化物

WF_6 无色,m. p. 1.9℃ b. p. 17.1℃	WF_5 黄色	WF_4 红棕色		
WCl_6 深青色,m. p. 275℃ b. p. 346℃	WCl_5 深绿色 b. p. 286℃ m. p. 242℃	WCl_4 黑色	WCl_3 红色	WCl_2 黄色
WBr_6 深蓝色,m. p. 30℃	WBr_5 黑色	WBr_4 黑色	WBr_3 黑色 780℃分解	WBr_2 黄色
		WI_4	WI_3	WI_2 棕色

从上表看到,各个价数钨的卤化物,并不是全部存在的。钨的氟化物只有 6 价,5 价及 4 价。钨的氯化物及溴化物则五个价数都齐全,但它们的安定度则不与价数成规律性。至于钨的碘化物则只能制得 WI_4,WI_3 及 WI_2;并且 WI_4 的存在尚存疑问。

表 25.34 中所列这些卤化物,只是它们的化学数量(计量比,stoichiometric)组成。依照 Schäfer 的意见,它们应写作 $W^{VI}Cl_6$;$[W^{V}Cl_4Cl_{2/2}]$;$[(W_2^{IV}Cl_2)Cl_4Cl_{4/2}]$;$[(W_6^{III}Cl_{12})Cl_6]$;以及$[(W_6^{II}Cl_8)Cl_2Cl_{4/2}]$。

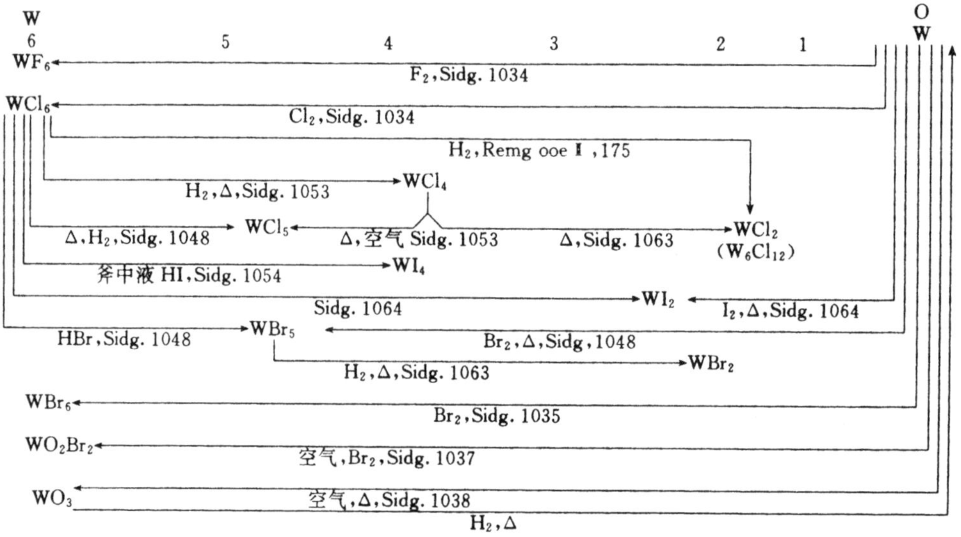

图 25.34　不同价数钨卤化物及卤氧化物互变(干法)

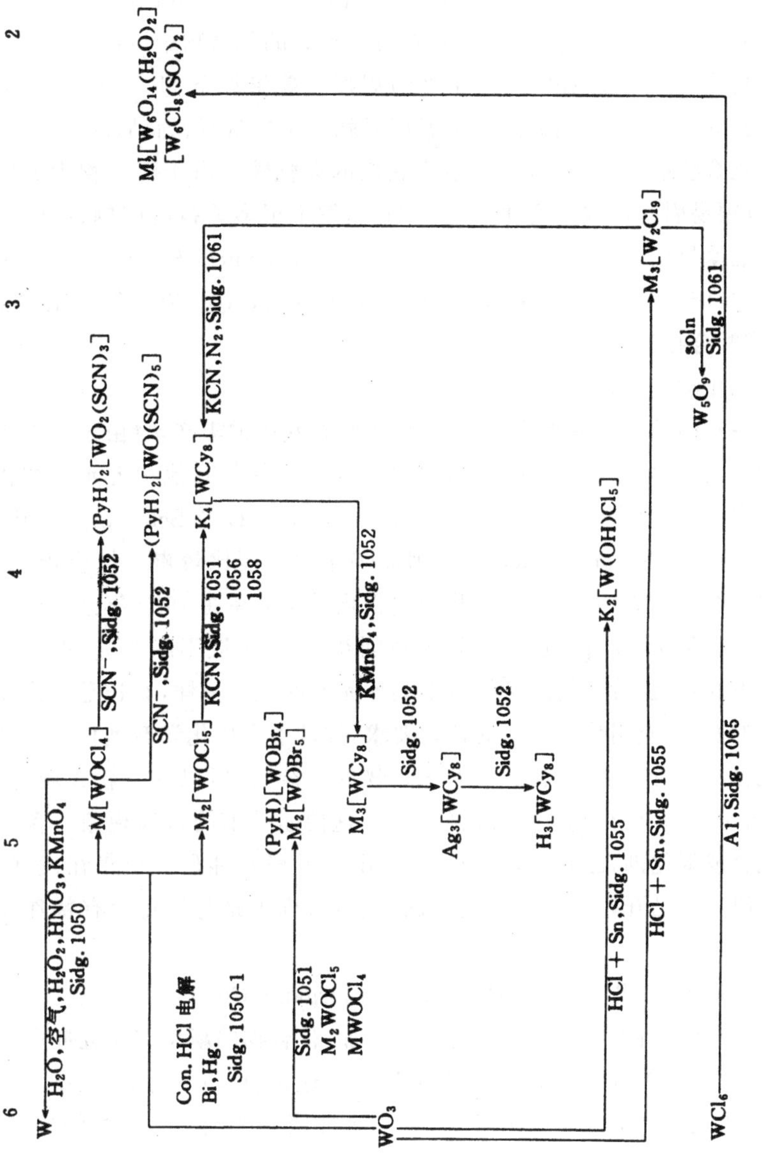

图25.35 不同价数钨络合物互变M=Na,K.

除表 25.34 的各种卤化钨外，尚有杂卤化合物，如 WF_5Cl 等。也有氧卤化合物，如 $WOCl_4$，$WOCl_3$ 等等，将分别在各个价数的化合物中讨论。

卤化物价数的变化并没有显著的规律。兹将见于 N. V. Sidgwick 上所载数据，于图 25.34 作联系图表达。读者可以就近年文献所载而加以补充。

钨化合物的价数变动，不只限于它们的卤化物。由于配合物生成的稳定度不同，所以很易引起价数的变化。近时期来，发生很多争执的问题，有时价数也不易确定。兹就早期工作，N. V. Sidgwick 在"The Chemical Elements and Their Compounds"(1958)上所载的，用图 25.35 作为示意图表达。有些氧化还原反应比较特殊，生成配合物的稳定度是关键。

3. 钨化学发展趋势

钨在我国的一向被重视，主要是由于它在我国的丰产，也由于它在冶金方面的重要性。只是由于六价钨在水溶液中的复杂性，并与其他相近元素如钼、铌、钽等在矿物中共生，分离困难(见上述 Noyes and Bray，以及 Schöllerpowell 的"Chemical Analysis of Rarer Elements")，因而钨化学发展比较慢。但应指出，在钨的杂多酸用于氨基酸等的沉淀研究，我国生物化学家吴宪在 1920 年已进行了工作。

近二十年来，随着测试仪器的不断创新，分离手段不断改进，更由于有机试剂运用的不断发展，所以钨的化学有如其他元素的化学一样，有长足的进步。物质结构研究的发展，应用化学方面的迫切要求，推动了无机化学新型化合物的研制。尤以钨化合物的价数多，*d* 电子元素化合物的复杂性，所以一旦新领域有所发现，新反应、新化合物及新的应用便蜂涌而出。这便是当前的特殊现象。含钨化合物作为有机合成催化剂，已有比较广泛的应用；光化学性能研究也正在发展；结合生物化学的研究亦已开始。至于冶金方面的应用，则更是与钨化学有特殊关系的研究方向。

现就最近 20 年来的 *A. R.*，Sec. A，Inorganic Chemistry 加以极简单的摘录。从而可以见到，新类型的钨化合物逐年增加，化合物的新反应研究亦屡有报道。总的说来，则从简单到复杂化合物逐年累进。这是近 10 年来的形势。更有意义的是，摘引的化合物所采用的分类法，逐年来亦屡有变动。主要的情况如下：在"*A. R.* Sec. A"中，钨化合物的分类，1981 年分为 a. 简单化合物；b. 配位化合物；c. 单核复合物；d. 桥联复合物；e. 金属—金属键化合物；f. 金属有机。到 1984 年分为 a. 简单化合物；b. 配位化合物；c. 桥联化合物；d. 金属有机化合物。到 1985 年则为 a. 配位化合物；b. 簇合物；c. 金属有机化合物。近几年来没有改变。但也必须指出，简单钨化合物虽然不是重点，但研究并没有完全放弃。例如摘于 1986 年"*A. R.*"的便有 $WSeF_4$ 的研究报道。("简单"化合物的研究，还是必要。)从简单化合物研究中，更可以发现突出的新问题。配位化合物研究虽曾风行一时，但进展缓慢。桥联化合物进而为簇合物,是快速发展的领域。除钨以外的其他过渡金属元素的引入同一分子中,以及有机小分子的引入以作为析离技术,是近年来的明显发展特点。这些都给于钨化合物分类以很大的困难,在 3.3“钨化合物的特殊类型”中造成。

在钨化学的价数变化举例中,缕列了钨从六价到二价钨化合物的演变。但 *A. R.* **65**(1968)p. 317 又提到 WH_6 的衍生物[$WH_6(Me_2PhP)_3$],则一定是另一种价数的化合物。但须得验证并研究其进展可能性,目前尚不能列为专项。

至于 Organo-metallic Compounds(金属有机化合物)国内分科分类体系,列入有机化学项目内。这可能与它们的应用有关系。但从国外的学科分类看来,金属有机化合物则列入无机化学的项目内。最明显的是在“Annual Report on Progress of Chemistry”专辑中,金属有机项目列入无机化学中。因而在本章钨化学编写时,也把钨的金属有机化合物列入为一个专项,这又是一个发展中的领域。虽然近几年的报道很多,但并不拟作为重点。

3.2.3 钨的六价化合物

六价是钨化合物的主要价数,在其化合物中主要有卤化物、氧化物。氧卤化物和类卤化物,它们是生产及基础研究的主要对象。这些化合物又可生成不同的盐,不同类型的酸包括同多酸和杂多酸。同多酸及杂多酸合称多酸,种类繁多,另设一节 3.4 讨论。给电子对有机小分子加合物(不只限于六价钨的化合物)是近年来的发展方向,也将在 3.3.3 节中讨论。

1. 六价钨的氧化物

十多年以前,钨矿处理后的主要产品为黄色的粉末状钨酸,黄钨酸被灼烧后,成为三氧化钨(WO_3)。三氧化钨说来简单,实际很复杂,N. V. Sidgwick 在“The Chemical Elements and Their Cornpounds”(1950)指出,WO_3 为柠檬黄色(有时作金丝鸟黄色),热时呈橘黄色,在熔点 1473℃时呈绿色。H. Remy 的“Treatise on lnorganic Chemistry”, Vol. 2 第 176 页中指出,当有微量还原剂存在时,三氧化钨可转为 $WO_{2.95}$ 而不改变晶型,但带青色,系 $WO_{2.98}$,这是钨矿中含钨量测定时须注意的问题。1973 年,Bailar 及 Rollison 撰写的综述中指出:WO_3 有多种异构体,单斜晶系(低于−40℃),三斜晶系(−40—17℃),另一单斜晶系(17—320℃),正交晶系(320—720℃)以及正方晶系(>720℃)。又云,在常温,它的结构为歪曲的 ReO_3 类结构,由 WO_6 八面体链,共角三维无穷接合而成的晶体。WO_3 的熔点为 1470℃,在 1100℃升华,升华热为 459.8kJ/mol。在气相中有 W_4O_{12},W_3O_9,W_3O_8 及 W_2O_6 等聚合体存在。Greenwood 及 Eanshow 在“Chemistry of the Elements”第 1173—1174 页上说,WO_3 有很多异构体,至少有七种之多,这是在钨化学研究中应注意的问题。当灼烧“钨酸”时随着条件不同,生成不同的 WO_3,须密切注意,如遇特殊现象，应立即抓住复核。尤其在灼烧时须防止小部分挥发而引起钨矿中 WO_3 计算量的降低。灼烧时产生白色升华物，作者也曾多次见到过，但未能掌握其规律。

在文献 *A. R.*，**68**，381(1971)中则有气相 WO_3 为六元环化合物$[WO_2O_{2/3}]_3$，*A. R.*，**71**，258(1974)有新的氧化物 W_6O_{18} 的报道。

2. 六价钨的卤化物、类卤化物及其衍生物

六价钨卤化物及某些卤氧化物及类卤化物的某些物理性质，已于 3.2.2 节中作了简单介绍，这里就 Bailar 及 Rollism"Comprehensive Inorganic Chemistry"**3**，760－764，766－767；Sidgwick"The Chemical Elements and their Compounds"，1032—1046；Greenwood and Earnshaw"Chemistry of the Elements"，1984，1188 以及 *A. R*，Sec. A，Inorganic Chemistry，Vol. 62(1966)－Vol. 84(1987)有关钨的报道，作一些补充。

WF_6　淡黄色液体，m. p. 1. 9℃，b. P. 17. 08℃，从 F_2，ClF_3，BrF_3 或 ClF (25℃)与 W 反应而得。也可以用 BrF_3，SF_4 或 HF 与 WO_3 反应而得。HF，AsF_3 或 SbF_3 与 WCl_5 反应，也可制得。ReF_6 与 $W(CO)_6$ 在 IF_5 中反应也可制得 WF_6。

WCl_6　蓝色晶体，m. p. 175℃，b. P. 346℃，由 Cl_2 或 S_2Cl_2 与 W 反应而得，重要的生产方法是以 WO_3 为原料，由 Cl_2 与之反应。除 Cl_2 及 S_2Cl_2 外，也可用 PCl_5，HCl，$CoCl_2$，CCl_4 或六氯丙烯为氯化剂。WS_3 与 HCl 反应也可以制得，WBr_3 深蓝色固体，由 Br_2 与 W 或 $W(CO)_6$ 反应而得。杂卤素化合物 WF_5Cl(不太稳定的黄色液体)，由 $TiCl_4$ 与 WF_6 反应而得。

在这些卤化物中 W—X 之间的距离以 pm 计，已测得了一些数据；晶型也有些记载。在气相中为单分子。WF_6 和 WCl_6 之间 F^- 与 Cl^- 交换自由能($\Delta G^\circ_{MCl}-\Delta G^\circ_{MF}$)计算值为 194kJ/mol。

A. R.，**70**(1973)380 报道：WF_6 是给 F 也是接受 F 形成 F 桥键的化合物；研究了 WCl_6 在 CH_3OH 或 C_2H_5OH 中的反应；氯化多碳有机铵盐 R_4NCl 在乙醇溶剂中，加入 WCl_6 在乙醇中的溶液，产生$(R_4N)W(OR)Cl_5$ 黄色沉淀；以及 $WF_{6-n}X_n$ (X＝Cl，OMe，OPh)；$WF_2(NEt_2)_4$，$WF_4(NEt_2)_2$ 及 $WF_4(OC_6H_5)_2$ 的生成条件。*A. R.*，**72**(1975)155 报道：$[WCl_4(OEt)_2]$与 3mol 的 $LiN(CH_3)_2$ 反应生成不易分离的混合物$[W^{VI}(NMe_2)_6]$及$[W_2^{III}(NMe_2)_6]$，该三价钨化合物中，也存在 W－W 金属键化合物。

这些六价卤化物很易水解。铬、钼、钨最高价数的氟化物活性次序为 $CrF_6>MOF_6>WF_6$，低价化合物由于结构不同而难于比较。

3. 六价钨的氧卤化物

典型的化合物，可列举如下：

WOF_4　白色，m. p. 110℃，b. p. 190℃，从 WO_3 与 F_2 或 IF_3 反应而得，也可从 $WOCl_4$ 与 HF 或 W 与 F_2 及 O_2（或 HNO_3）反应制得。

A. R.，**78**(1981)164 报道，WOF_4 与 $NF_4 \cdot HF_2$ 在无水 HF 溶液中作用，生成 $NF_4 \cdot WOF_5$，在 60℃以下稳定。*A. R.*，**64**(1967)293 报道，$WO_3 + NF_3 \longrightarrow NO[WOF_5]$。

$WOCl_4$　红—橘红色，针状，m. p. 211℃，b. p. 232℃，从 WO_3 氯化而得，氯化剂为 $SOCl_2$，HCl，CCl_4，S_2Cl_2，S_2Cl_2-Cl_2 混合物。WCl_6 也可作为氯化剂。另外，WO_3 或 WO_3 与 WO_2 的混合物，用八氯化环茂烯以使氯化也可得 $WOCl_4$。

$WOBr_4$　黑色，由 WO_3 用 CBr_4 溴化而得，或由 WO_3-C 混合物用 Br_2 溴化，或由 WO_2-W 混合物用 Br_2 溴化而得。

WO_2Cl_2　黄色固体，由 $WOCl_4$ 控制水解；从 WO_3，WS_3 或 WO_4^{2-} 氯化而得。氯化剂可以是 CCl_4、HCl 或 NaCl、Cl_2-O_2 混合物、S_2Cl_2-Cl_2 混合物或者 CCl_4-O_2 混合物。金属钨在空气中氯化，也可得到 WO_2Cl_2。*A. R.*，**66**(1969)报道，WO_2Cl_2 及 $WOCl_4$ 与 RNH_2 反应，生成 WO_2NR 及 WOCl(NR)(NHR)的多聚物。

WO_2Br_2　红色晶体，由 Br_2 与 O_2 混合物与 W 反应而得，或者由 WO_3 与 Br_2 或 CBr_4 反应，也可得 WO_2Br_2。

WO_2I_2　在密封石英管中，由 W，WO_3 及 I_2 反应升华而制得，从 *A. R.*，**63**(1966)193 中可以看到该反应的原文。

以上这些卤氧化物，包括 WO_2X_2(X=Cl，Br，I)以及 WOX_4(X=F，Cl 及 Br)的红外光谱已经测定，它们的固体及液体含有聚合结构，气体则为单聚物。WOX_4(X=Cl，Br)是近乎四方形的 WX_4 由 O 原子接连成为链状物。WO_2X_2 在 200—300℃时歧化为 WO_3 及 WOX_4，$WOCl_4$ 中的 Cl 能被醇基、酚基以及羧基取代而成 $WO(OR)_4$，R 为烷基、芳基或者羧基。$WO(OR)_4$ 中的烷氧基经水解则成为聚多酸。

WCl_6，$WOCl_4$ 及 WO_2Cl_2 能在丙酮中与 SCN^- 反应而成 $W(NCS)_6$，$WO(NCS)_4$ 及 $WO_2(NCS)_2$。化合物中常带有两个摩尔溶剂分子。

$WOCl_4$ 类能与 NH_3，RNH_2，乙醚，CH_3CN，2，2′-联吡啶等生成加合物。

4.六价钨络合阴离子的生成和应用

六价钨的氧卤化物，连同卤化物，也可以阴离子存在，在 Bailar 著作中见到的绝大部分是聚氟化物 $M_2^I[WF_7]$，$M_2^I[WF_8]$以及 $M_3^I[WO_4F]$，$M_3^I[WO_3F_3]$，$M_2^I[WO_3F_2]$，$M^I[WO_3F]$，$M_2^I[WO_2F_4]$，$M^I[WO_2F_3]$及 $M^I[WOF_5]$。氧氯阴离子则只列有 $M[WO_3Cl]$，M=Na，K；由 MCl 与 WO_3 反应而得。

以上的叙述，都是基于实物的取得，经由元素分析而确定其组成。在溶液中的情况，可能较为复杂，但亦应可以推算。在 20 世纪 50 年代初，基于钨矿中含钨量分析时，钨矿初期溶解于浓盐酸溶液中，在 HCl 逐渐挥发，钨酸在液面折出的现象，推测在溶液中，钨以 $WO_2Cl_4^{2-}$ 的配离子存在，这是当时的假定，需要加以验证。$WO_2(C_2O_4)_2^{2-}$ 也同样须加验证。由于气相氧化钨的结构有$[WO_2O_{2/2}]_3$ 的报道，则在浓盐酸中或者草酸离子存在时，也不能排除在溶液中聚钨氧离子的存在。*A. R.*，**64**(1967)293 报道，$WO_3+NF_3 \rightarrow NO\cdot[WOF_5]$。

$[Fe(WS_4)_2]^{3-}$ 在 CH_2Cl_2 溶剂中与 Et_4NBH_4 经单电子还原而制得 $[Fe(WS_4)_2(DMF)_2]^{2-}$。颜色从绿色经还原而转为红棕色，继以用乙醚使之沉淀，在给电子溶剂如 DMF 或吡啶作用下，可得相应的络阴离子，参见 *A. R.*，**78**(1981)180。

5. 钨酸

三氧化钨是钨酸灼烧的产物，其复杂性已在前节中提到，但三氧化钨加水却不能生成钨酸，这和 SO_3 与 H_2SO_4 的关系不同，也和 CrO_3 与 H_2CrO_4 的关系有差异。钨酸写作"H_2WO_4"应加引号。长期来，钨酸(或黄钨酸)是钨化工的主要产品，是在含钠及硫酸(有时还有铵)介质的溶液中，在加热的条件下，加入大量浓盐酸而制得。反应转换是一个复杂的过程，但析出时间快、过滤亦方便是其优点，只是由于浓盐酸的腐蚀性很强，因而该生产方法已被淘汰。

当前，钨的主要化工产品是 APT(仲钨酸铵)，是钨的"多酸"盐，这将在下面介绍。虽然钨酸已不是钨化工主要产品，但关于它的组成研究，在我国仍应有进一步了解的必要，兹将各个时期对于钨酸的综述摘引如下：

(1)钨酸以两种形状存在，黄色钨酸，由热的仲钨酸盐或正钨酸盐溶液加酸而得。在冷时加酸则成白色的化合物。N. V. Sidgwick. "The Chemical Elements and Their Compounds"，(1950)1040 页。

(2)黄色钨酸几乎不溶于水和大部分酸中，在冷时加酸则生成体积很大的所谓白钨酸，组成不固定，有些"水溶性"，溶液呈酸性，易呈胶状。H. Remy，"Treatise on Inorganic Chemistry"，(1956)178 页。

(3)在 1973 年版的 Bailar-Rollison 上，没有讨论钨酸。

(4)兹曾在 1950 年"均相沉淀黄钨酸"的研究中，自浓盐酸溶液中缓慢蒸发除去盐酸，或者自含钨草酸配合物溶液中加盐酸或硫酸破坏配合物的方法，得到良好的黄色片状钨酸，但晶型未经测定。

(5)1959 年 M. L. Freedman 曾作了多方面的研究，认为有五种不同的钨酸，除黄钨酸及偏钨酸外，其他钨酸都不纯净，黄钨酸虽较纯净，但晶体结构也未测定。

(6)1981 年本文编写者曾有"用倒滴加法制备活性粉状白钨酸"的报道，白钨酸是十聚钨酸及六聚钨酸的交织物，从活性白钨酸可制得系列化合物。

(7)1984 年 N. N. Greenwood and A. Earnshaw 编著的“Chemistry of the Elements”第 1176—1177 页上叙述非常简单，只说 Na_2WO_4 水溶液使其强烈酸化，得到白色的“钨酸”$WO_3 \cdot 2H_2O$，加热则成单水物。当 pH 在这两个极端情况之间时，存在复杂的聚钨酸。

6. 六价钨的硫化物

六价钨的硫化物 WS_3 也是存在的，从 WO_4^{2-} 溶液中通入 H_2S，逐步转换：

$$WO_4^{2-} \rightarrow WO_3S^{2-} \rightarrow WO_2S_2^{2-} \rightarrow WOS_3^{2-} \rightarrow WS_4^{2-}$$

自硫代钨酸离子溶液中加酸，可得 WS_3 沉淀。硫代钨酸离子的复杂性，较之没有硫代的要简单些，而且它们的重要性也不如相应的钼化物。

虽然 WS_4^{2-} 与 WO_4^{2-} 相当，但有关 WS_4^{2-} 的报道却较少。Sidgwick 只是指出，在 M_2WS_4 的溶液中加入盐酸，可得黑色粉状物，微溶于冷水，在热水中溶解度略有增加。很易转为胶状物，即使水洗也会转变(黄钨酸也有同样的情况，但不显著)。

如同钨酸一样，硫代钨酸的分子式及组成都未确证。“硫代钨酸”避免空气加热，可得到 WS_3，在空气中加热则成 WO_3。

A. R.，**68**(1971)380 有$[M^{I}I(WS_4)_2]^{2-}$，$M^{I}I$=Co，Ni，Zn 的报道。

A. R.，**76**(1979)138 有 $WS_4^{2-} \rightarrow (W_3OS_8 \cdot H_2O) \cdot 16H_2O$ 晶体的制得，它是 $WO_3 \cdot xH_2O$ 与 $WS_3 \cdot yH_2O$ 的中间体的报道。

A. R.，**79**(1982)203 还报道了$(Ph_4P)_2WS_4$ 在乙腈中与 CuCl 的反应。

3.2.4 钨的五价化合物

五价虽然不是钨的主要价数，但五价钨的化合物却很多。尤其是它的卤素化合物以及含氰的配合物相当稳定。此外很多的六价化合物，能在不同条件下有少量部分的钨转为五价，成为非整比化合物。再者，WO_3 与 W_2O_5 的电极电位很接近(见 3.2.2 节)。虽然电极电位数字测定有困难，但也间接地说明了 W^{V} 的化合物易于从 W^{VI}生成的原因。

再参考本卷 3.2.2 节，价数变化举例中的两张表，可见即使在 20 世纪 50 年代，五价钨的化合物，制得的也已不少。(这两张表，只是限于 1950 年 Sidgwick 编写的“The Chemical Elements and Their Compounds”)。40 年来，无机化学发展迅速，从简单化合物发展为配合物，再发展为簇合物，兼及非整比化合物(“*A. R.*，Section A，Inorganic Chemistry”)。所以五价钨的化合物也在钨化学中占着一定的重要地位。

1. 五价钨的卤化物

WF_5　黄色，由 W＋WF_6 在 800—1000K 反应，快速冷却而得［*A. R.* ,**65**(1968)315］，但在 320K 以上，也会歧化而为 WF_4 及 WF_6［*A. R.* ,**65**(1968)315］。

WCl_5　深绿色，m. p. 248℃，b. p. 276℃. Greenwood，p. 1188 中记载为 m. p. 242℃. b. p. 286℃，是从 WCl_6 经由 H_2(380—400℃)，或者从 WCl_6 在 250—280℃ 用赤磷还原而得，也可由 WCl_4 歧化而得。如用 WCl_6 与四氯乙烯在强光照射下反应，也产生 WCl_5，得率 90—94%。反应式为 $2WCl_6 + Cl_2C{=\!=}CCl_2 \rightarrow 2WCl_5 + C_2Cl_6$。在没有光照射时，或在低温时，上列反应不能产生。

WBr_5　(黑色，彩虹绿色，m. p. 286℃)由 WCl_5 与 HBr 反应而得。钨粉溴化，或者 $W(CO)_6$ 在低温溴化，先生成 WBr_6，加热时分解为 WBr_5。

虽然 W(Ⅴ)的卤化物较相应的钼化物稳定，但加热时也会分解。WCl_5 歧化为 WCl_4 及 WCl_6；WBr_5 则分解为 WBr_4 及 Br_2。

WCl_5 和 WBr_5 和很多钨化合物一样，能与有机小分子生成加合物。在此谨提出早期的工作如下：

按照 Bailar-Rollinson，758 页摘译：W(Ⅵ)及 W(Ⅴ)的卤化物，在某些条件下，能被多种含 N 配体如吡淀，2，2′-联吡啶及乙腈所还原，成为 W(Ⅳ)的配合物如 WX_4L_2 及 WX_4B(L 为一配位体，B 为二配位体)。但另一作者则认为 W(Ⅴ)配合物可从 WBr_5 及 WCl_6 制得。WBr_5 反应不产生价数变化而 WCl_6 则还原为 W(Ⅴ)。反应在没有活性氧及不含氧的溶剂中进行。从而制得了 $WX_5 \cdot 2py$(X＝Cl 或 Br)；$WCl_5 \cdot dipy$，WBr_5(*o*-phen)，及 $WBr_5(Ph_3P)_2$。式中 dipy 为 2，2′-联吡啶，*o*-Phen 为 *o*-phenanthrene，Ph_3P 为三苯基膦。

从 2，4，6-三甲基吡啶及苯甲腈也可得到 W(Ⅴ)化合物［WX_4L_2］X(X＝Cl，Br)，这是在硝基甲烷溶液中由电导测定而推得的。在空气中分解。

2. 五价钨卤化物的衍生物及类卤化物

五价钨卤化物(及卤氧化物)的配位盐是很多的。

M［WF_6］　白色，(M 为 Li，Na，K，Rb，Cs，No)。可由 WF_6 在液态 SO_2 中与 MI 反应，用 SF_4 氟化。也可由 IF_5 与 $W(CO)_6$ 在 MF 或 MI 存在时反应而得，产物为 $K_3[WF_8]$或者铷盐、铯盐。

M［WCl_6］　绿色，M 为 Na，K，Rb，Cs，Et_4N，Me_4N 或$(C_6H_5)_4As$，可由 WCl_6 与 MCl 或 MI 熔融而得；MCl 与 WCl_6 在亚硫酰(二)氯(thionyl chloride)中反应而得。另外，MCl 与 WCl_5 在氯仿中反应，K_2WO_4 与 CCl_4 在 400℃ 反应，WCl_6 与 $K_2[WCl_6]$室温反应也可制得。五价钨的卤化复盐在干燥时相当稳定。可耐加热。但易水解。绿色 M［WCl_6］，(M＝K，Cs)长时在真空中加热(250—300℃)歧化而放出 WCl_6，成四价钨：

$$2M[WCl_6] \longrightarrow M_2[WCl_6] + WCl_6$$

五价钨的含氯复盐除 $M[WCl_6]$以外，尚有($M_2[WCl_5]$，M=Rb，Cs，NH_4，Me，NH，C_9H_8N 及 $C_6H_5NH_3$)。

另有 $M_2(WCl_7)$(M=K，Rb，Cs)，据记载可从 KCl-MCl 熔体中获得。

$M[WBr_6]$ 深绿色或黑色。M 为 $EtNH_3$，Et_2NH_2 或 Et_3NH。由 WBr_6 与 MI，或者 MBr 与 WBr_5 在惰性气体中反应而得。

钨的氧卤化合物 $WOCl_3$，五价钨的氧氯化合物，橄榄绿色，由 $WOCl_4$ 与金属铝在封管中(100－140℃)反应而得。微有顺磁性。它会聚合而成$(WOCl_3)_2$，再通过氧桥而成为链状化合物。

$WOCl_3$ 生成的配位盐有 $M_2[WOCl_5]$，M＝Rb，Cs，NH_4，Me_3NH，C_9H_8N，quinoline H；$M[WOCl_4]$，M＝pyH，quinoline H。

$WOBr_3$ 为深棕色。

上面是五价钨卤化物生成的复盐。只有氟、氯及溴的化合物。尚未见碘的相应化合物。

下面是五价钨的氧卤化物 WOX_3，X 只有氯、溴及碘的化合物。

钨的氧卤化物也能生成复盐，它们是：

$M_2[WOCl_5]$(M=Rb，Cs，NH_4，Me_3NH，C_9H_8N 以及 $C_6H_5NH_3$)，

$M[WOCl_4]$(M=pyH，C_9H_8N)，

$M_2[WOBr_5]$(M=NH_4，Rb，Cs)，

$M[WOBr_4]$(M=pyH，C_9H_8N，i-C_9H_8N)。

上列复盐是由含钨阴离子水溶液中加入阳离子而得。相应的含钨阴离子则由钨的五卤素化合物溶入 HCl 或 HBr 溶液而得。除此之外，五价钨草酸配合物也可用以代替卤化物。

近年来，也报道了 $A_2[WOX_5]$的制备。A 为 K，Rb，Cs；X 为 Cl，Br。

另一类五价钨的复盐含有烷氧基。它们是 $M[W(OR)_2Cl_4]$，$M_2[W(OR)Cl_6]$，$M[W(OR)Cl_5]$，$[W_2Cl_4(OR)_6]$以及$[W_2Cl_2(OR)_8]$。在上列化合物中 M 为吡啶 H，四烷基铵(烷基为甲基，乙基或正丙基)；R 为 CH_3，C_2H_5 或 n-C_3H_7。生成的为上列单聚物。

如通过 LiOR 或 NaOR 与 WCl_5 在乙醇中反应，则成为二聚合物如$[W_2Cl_4(OR)_6]$及$[W_2Cl_2(OR)_8]$。

WCl_5 与$(NSCl)_3$ 在 CH_2Cl_2 中反应，成为 μ-$(S_2N_2)[WCl_4(NSCl)]_2$、铜红色。

WCl_5 能被 CCl_3CN 氧化，生成 $C_2Cl_5N{<}$ 基团化合物$[(C_2Cl_5N)Cl_3WCl_2WCl_3(NCl_3C_2)]$及$[CCl_3CNWCl_4NC_2Cl_5]$，具有短距离的 W—N 键，以及近乎直线的 W—N—C 骨架。

3.五价钨草酸基配合物

五价钨的草酸配合物是由钨酸钾 K_2WO_4 在含有草酸及草酸钾的溶液中，用金属锡还原而得。产物为 $K[WO_2(C_2O_4)]\cdot xH_2O$。反应过程中溶液颜色由青转为绿色再转红色，反应后，溶液中的锡以硫化锡沉淀除去。随后草酸配位的五价钨晶体逐渐析出，迄今只制得了这一种的五价钨草酸离子配合盐的晶体。

4.五价钨氰基配合物

八氰化五价钨盐，$K_3[W(CN)_8]\cdot H_2O$，黄色晶体，是由相应的八氰化四价钨溶液，由高锰酸钾氧化而得，该$[W(CN)_8]^{3-}$在暗处相当稳定，不易水解，还原及起 CN^- 交换反应。但在光照后则产生还原，继以水解而成为四价钨的相应配合物。

该五价钨的配位物也能被 I^- 或 H_2O_2 还原而为四价钨的配合物。据记载它的磁矩为 1.61B；它的光谱有似相应 Mo(V)的化合物，它的结构，在冷冻的甘油溶液中曾进行了测定。

3.2.5　钨的四价化合物

四价钨的化合物在 20 世纪 50 年代报道很少。嗣后由于新型配合物的不断制得，更由于簇合物的快速发展，有机小分子的加合运用，四价钨化合物已是不能忽视的一个发展领域。但在当前，仍以卤化物及类卤化物的衍生物为重点。

四价钨作为阳离子，在水溶液中的存在状态，可能非常复杂。当 K_2WCl_6 用 2mol/LHCl 处理，保持 95℃通过阳离子交换树脂，用 2mol/L 对甲基苯磺酸淋洗，据记载得到的阳离子为$[W_3(\mu\text{-}O)(\mu\text{-}O)_3(H_2O)_9]^{4+}$的棕色溶液，推得结构式如下：

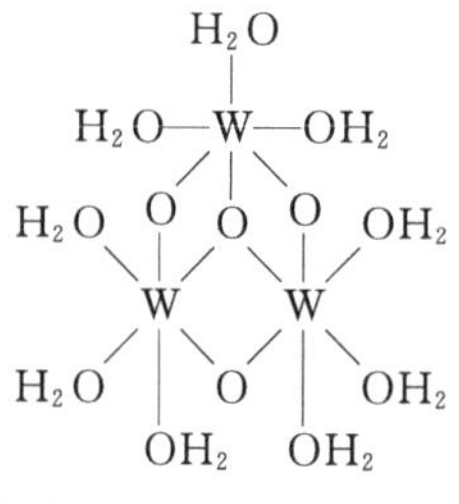

1.四价钨的卤化物及氧卤化物

在四价钨卤化物中，存在着报道的矛盾。Sidgwiek(1950 年)报道了 WCl_4 及 WI_4 的制得。对于 WI_4 的制备条件及反应，报道也相当具体。而 Greenwood and Earnshow(1984)则在表述 WX_4 四个卤化物并列的表中，对 WI_4 打了引号（“WI_4”）。兹按照 Bailar-Rollinson 摘译如下：

WF_4 从 WF_6 与苯，在封管中 110℃反应制得。WCl_4 从 WCl_6 用金属铝或白磷还原制得。WBr_4 由 WBr_5 用金属铝还原，或由 WBr_5 在 180℃时减压歧化制得。

此外，WI_4 除早期提出的制备方法外（可能即指 Sidgwick 上提出的方法），还可由 WO_2 与 AlI_3 反应制得。

四价钨的混合卤化物 $WBrCl_3$，可由三价钨的簇合物$[W_2Cl_9]^{-3}$与 Br_2 反应而得。

W(V)倾向于转为 W(IV)，依照 Bailar-Rollinson 的观点，有如下反应：

$WCl_5 \rightarrow WCl_4 + WCl_6$；$WBr_5 \rightarrow WBr_4 + Br_2$（不是平衡式）的反应，或是歧化，或是分解，都说明了四价钨卤化物的相对稳定性。

另外，再有混合卤化物，$WBrCl_3$ 由三价钨簇合物$[W_2Cl_9]^{3-}$与 Br_2 反应制得。

这些四卤化物易于水解及氧化。当它们加热时，变化如下：

WF_4 在 800℃真空时分解。WX_4（X=Cl，Br）分解为 WX_5 及 WX_2（氯化物分解温度为 300—500℃；溴化物为 450—500℃）。WI_4 则分解为 $WI_2 + I_2$。

WCl_4 的歧化反应，已列于 3.2.2 节中的价数变化示意图中。而 WBr_4 的歧化以及 WI_4 的分解则未列入该表中。这只是 20 年来（1950—1970 年）发展的一个例子。

分子氮，N_2 进入四价钨化合物中，是近年来的研究成果。当 $WCl_4(PMe_3)_3$ 在氮气中还原，得到 *cis*-$[W(N_2)_2(PMe_3)_4]$；在乙烯气氛中得到另一类化合物。示意图如下：

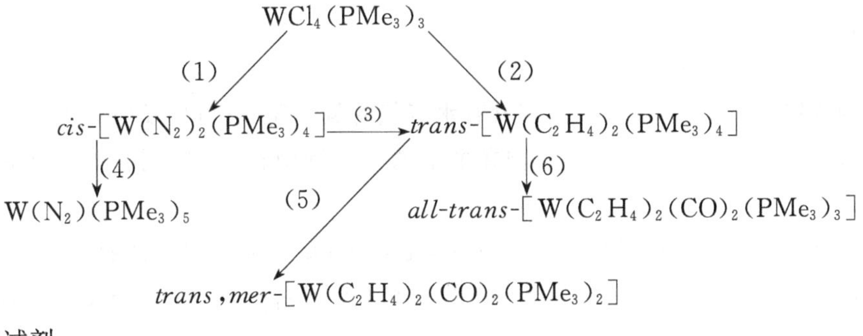

反应试剂：

(1)Na 还原，thf，N_2；(2)Na 还原，thf，C_2H_4；(3)C_2H_4，$h\nu$；(4)PMe_3，Ar；(5)CO，1atm；(6)CO，3atm。

在氧卤化合物中，WOF_2 为稳定的黑色不挥发粉末。它是由 WO_2 与 HF 在 500℃反应而得。它与沸腾的碱性溶液，浓酸甚至王水作用，也不被腐蚀。WOF_2 在空气中灼烧至 700℃，转为 WO_3。

2. 四价钨卤化物及类卤化物的配位离子及其盐类

$M_2[WX_6]$（X=Cl，Br）可自高价数钨的卤化物如 WCl_6，在加热条件下，与金属碘化物反应而得。生成配位氯化物时，M 可以是 Rb，Cs，Tl^{I} 及 Ba。生成配位溴化物时，M 可以是 K，Rb 及 Cs。六价钨的氯化物也可经由有机伯胺或仲胺加热还原而成四价钨的铵盐；铵离子为 Me_3NH^+，$Me_2NH_2^+$ 及 $Et_2NH_2^+$。含氯的四价钨配合物盐为红色；含溴的为绿色。这些铵盐在潮湿空气中逐渐水解。它们与液氨生成的化合物有如[$W(NH_2)_3Cl$]，与吡啶则成为 $WX_4 \cdot Py_2$。$M_2[WX_6]$中的 M 为 K 时，可得 K[$WCl_5 \cdot Py$]。

五价及六价钨的卤化物，也可由含 N 的有机配位体还原而为四价钨卤化物的有机胺配位化合物。有机胺可以是吡啶，2，2-联吡啶，或者乙腈等。生成物为 $WX_4 \cdot L_2$ 或 $WX_4 \cdot B$（L 为吡啶，乙腈等单配位体，B 则为双配位体。）

四价钨的八氰配位离子及其盐，相当稳定。$K_4[W(CN)_8] \cdot 2H_2O$ 可由 W(III)-KCN溶液用空气氧化而得。该 W(III) 可用 $K_3[W_2Cl_9]$的溶液，或者由 W(VI)的溶液电解还原或用金属锡还原而得。$W(CN)_8^{4-}$ 离子也容易被 MnO_4^- 或 Ce^{4+} 氧化为$[W(CN)_8]^{3-}$，$[W(CN)_8]^{4-}/[W(CN)_8]^{3-}$ 电对的电极电位为 0.457V（在 25℃，以标准氢极电位计算。）

$K_4[W(CN)_8]$的水溶液呈中性，对酸及碱均稳定，但对太阳光则有敏感，W(IV)与 W(V)之间有电子转换。

光照射也产生水解反应成$[WO_2(CN)_4]^{4-}$（黄棕色）以及$[WO(OH)(CN)_4]^{3-}$（紫色）。该紫色物曾作$[W(CN)_4(OH)_4]^{4-}$有误。$K_4[WO_2(CN)_4] \cdot 6H_2O$ 曾有单晶测定。

3. 四价钨的氧化物

四价钨的氧化物可由 WO_3 用含有水蒸气的氢气还原而得，反应温度为 800—900℃。WO_3 和 W 的 2∶1 混合物在抽空的密封管中在 950℃时加热也可制得。两个方法的加热时间分别为 2h 和 40h。

四价钨的氧化物是棕色的晶体粉末，是以 WO_6 八面体以其边接连而成链状物。详细的说明可参考 R. V. Parish 的总结（*Advances in Inorganic Chemistry and Radiochemistry*，**9**(1966)315.）。

它的熔点在 N_2 气氛中为 1500—1600℃，当高于 1050℃时，具有相当的挥发性。在惰性气体中加热，则部分歧化，$3WO_2 \rightarrow W + 2WO_3$；但当 40%—55% H_2 及 45%—60%水蒸气存在时，在 900℃时尚安定。

3.2.6　钨的三价化合物

钨和铬虽然同属于周期表第六副族，但它们之间，各级价数的相对安定度都有显著的差异。六价铬具有显著的氧化性能；三价铬则似乎较为安定。但三价铬具有复杂的配位物生成，这也是铬的特性。同时也须指出六价钨的钨酸离子并不具有明显氧化性能，但它在不同条件下的聚合为多酸，则又是六价钨的特点。

三价钨的特点是簇合物的生成。至于三价钨的单独离子，水合离子也不存在。所以三价钨与三价铬之间，是既有差别，又有倾向于形成复杂化合物的相似性。三价钨化合物的研究，是当前的发展趋势；金属间的多重键问题，则正在发展及研讨中。

在本节有关三价钨化合物的叙述时，虽然把含氯簇合物另立为一节，但并非这是唯一的重点类型，而只是说明早期科学工作者的严谨性。因而把它的发现经过，在该节中加以详细评述。

1. 三价钨的卤化物

三价卤化物的制得，在其他价数的卤化钨中，是比较迟后的。1950 年，N. V. Sidgwick 曾认为不易制得，（虽然 $M_3W_2Cl_9$ 已于 1913 年有肯定的报道）。1956 年，在 E. Remy 编写的大全中只有 WX_4 及 WX_2。1973 年，J. E. Bailar-C. L. Rallinson 编写的《无机化学大全》只报道了 WBr_3 的制得，由 WBr_2 与液体溴在 50℃长时期放置而得，为黑色化合物，在 80℃则又分解为 WBr_2。

1984 年，N · N · Greenwood-A. Earshaw 报道了除 WBr_3 以外的 WCl_3 及 WI_3。它们的颜色已列于 3. 2. 2 节中的嘉中。除 WRr_3 载有温度高于 80℃时分解外，其他物理常数均无摘录。WI_3 的制备，按照 $W(CO)_4+I_2 \rightarrow WI_3$ 已见于 *A. R.*，**63**(1966)192。

2. 三价钨的含氯簇合物

这是当前在钨化学研究中的重要发展方向，但工作的开始却可以上溯到 1913 年。兹将见于 1950 年 N. V. Sidgwick 编著的“The Chemical Elements and Their Componuds”有关“含氯三价钨配合物”的发展摘录如下：

“当钨酸钠在盐酸中溶解（浓度足使防止水解）后，通过电解，能得到一系列的组成为 $M_3^I[W_2Cl_9]$的化合物。这是 1913 年的第一篇报道。该复合的游离酸只能存在于溶液中，（$W_2Cl_9^{3-}$ 的 Tl^+ 盐加 HI）。该溶液呈绿色，显示强酸性，与碳酸盐反应产生 CO_2。它的盐类很多，可分为两大类。

(1)$M_3[W_2Cl_9]$，M＝NH_4，K，Rb，Cs，Tl^+，黄色带绿。能从水或稀盐溶液中复结晶。干燥时相当安定。这些盐类在水中的溶解度依上列次序而递减；即是说，铵盐的溶解度最大；Tl^+ 盐几乎不溶。

(2)具有配位氨的金属离子，如 $Co(NH_3)_6^{3+}$，$Cr(NH_3)_6^{3+}$ 及 $Ag(NH_3)_2^+$ 也能使 $W_2Cl_9^{3-}$ 成盐析出。干燥时，它们也安定。在水中微溶，逐渐水解。这些盐的溶解度也很小。

缓慢水解，以及在空气中的缓慢氧化，是上列两类 $W_2Cl_9^{3-}$ 盐的共性。“1932

年，R. C. Young 指出，上述这些盐类，具有两个特殊反应。其一是，上列(1)中的盐，如钾盐的水溶液，在加热时可使水分解而产生氢气，同时钨的价数提高到近于3.6，估计相当于 W_5O_9，黑色固体沉淀。在水溶液中不加热，但加入 KOH，也产生同样的情况。KOH 的浓度须大于 50%，否则反应不完全。第二个特殊反应是，当 $K_3[W_2Cl_9]$在氮气流中用 KCN 处理，钨被氧化为四价，生成 $K_4[W(CN)_8]$。反应时没有产生 H_2。该反应可能是由于 KCN 水解为甲酸 HCOOH，然后被还原而为甲醛 HCHO。反应后生成的甲醛，也得验证。”

由于上列情况，C. Brosset 提出了 $W_2Cl_9^{3-}$ 结构的设想，并由 X 光衍射作了验证。1950 年 N. V. Sidgwick 也提出了 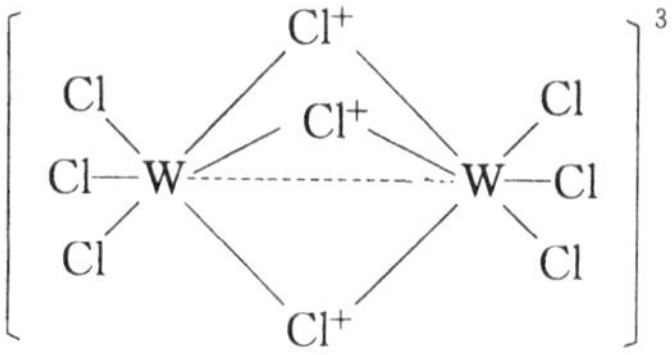

结构，并指出，W…W 距离只是 246pm，短于金属钨中的 W…W 半径(274pm)。1947 年在 L. Pauling 实验室中得以证实。这便是钨簇合物研究的开端。

J. C. Bailar Jr，C. L. Rollinson 也指出，该电解还原制备 $K_3[W_2Cl_9]$的方法，已列为 W^{III}的典型制备法。黄绿色 $K_3[W_2Cl_9]$可溶于水，但在浓盐酸及乙醇中则微溶。Bailar-Rollinson 也指出，$K_3[W_2Cl_9]$另有制备法，即是 K_2WO_4 在浓盐酸中用金属 Sn 还原。

根据 *A. R.* ，**70**(1973)380，三价钨卤化物的制备，除钨酸盐在盐酸中电解外，也可用 WCl_6 在盐酸溶液中电解而得，但 WCl_6 的浓度须较 HCl 为低。

曾试得，以“倒滴酸化法”制得的“活性粉状白钨酸(已验证为六聚钨酸与十聚钨酸的交织物”，用 K_2CO_3 溶液处理后，用金属钨粒还原，也可方便地制得 $K_3W_2Cl_9$。NdW_2Cl_9 也已制得，但未能获得单晶。

以 $M_3W_2Cl_9$ 为原料，可已制得很多的低价钨簇合物，是近年的研究方向。它们的单晶结构，除已见于文献的以外，列上本实验室对于$(NH_4)_3W_2Cl_9$ 的单晶结构图(图 25.36)。

在特殊情况下，$[W_2Cl_9]^{3-}$能使破坏，氧化为 W^{IV}化合物。$[W_2Cl_9]^{3-}$与 CN^-生成$[W(CN)_8]^{4-}$。$(NH_4)_3[W_2Cl_9]$与 8-羟基喹啉加热生成八配位的 W(IV)的螯合物。

有关 C. Brosset 研究 $K_3W_2Cl_9$ 的动机，以及后来对于含 M 氯二价钼簇合物的研究的经过，可参阅 F. A. Cotton 编写的“multipie metal-metal Bonds”，发表于 *J. of Chemical Education*，**60**，9，(1983)。

按三价钨化合物及其反应研究，近年来都集中在以 $W_2Cl_9^{3-}$ 为基体。但在

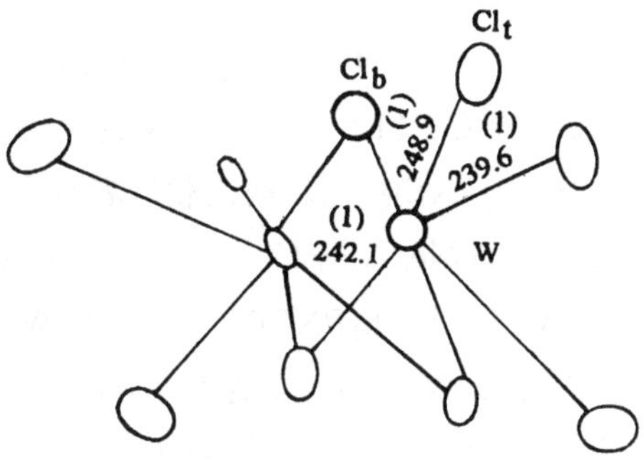

图 25.36 $(NH_4)_3W_2Cl_9$ 中复合阴离子 $W_2Cl_9^{3-}$ 的各向异性热运动结构图

Bailar-Rollinson 出版以前，另有其他的报道，*A. R.* **64**(1967)291，报道了从$(W^{II}I_6Cl_8)Cl_4$制备 WCl_3 的工作，认为该三价钨是$(W^{III}I_6Cl_{12})Cl_6$。*A. R.*，**65**(1968)317 指出了新的溴化钨簇合物 W_6Br_{14+2n}及 $W_2Br_9^{3-}$。*A. R.*，**68**(1971)381 摘录了$[(py)_2Cl_2WCl_2WCl_2(py)_2]$为顺磁性化合物，其中 W—W 距为 273.7pm。

另有如下的反应：$K_3W_2Cl_9+py \longrightarrow W_2Cl_6py_4$，并非 $W_2Cl_6py_3$，从而估计化合物中具有双键桥而不是三键桥，见 *A. R.*，**65**(1968)315。在 *A. R.*，**65**(1968)315 并摘有如下的反应：$W_2Cl_9^{3-}+Br^- \rightarrow K_3W_2Br_9$。这些都值得复核，从而开展多方面的研究。

除以上研究以外，并有如下的报道，可供进一步研究并加以核实。

$K_3W_2Cl_9$ 与吡啶反应，生成的化合物是 $W_2Cl_6py_4$ 而不是 $W_2Cl_6py_3$，见 *A. R.*，**64**(1967)291。但在 *A. R.*，**68**(1971)381 又认为是 $W_2Cl_6py_4$，结构式为$[(py)_2Cl_2WCl_2WCl_2(Py)_2]$，顺磁性，W—W 距为 273.7pm。

$W_2Cl_9^{3-}+Br^- \rightarrow K_3W_2Br_9$，见 *A. R.*，(1968)315。

三价钨的化合物，并非只具有两个 W 原子的结合，并具有 W_6 的结合。它们是$(W_6^{III}Cl_{12})Cl_6$ 见 *A. R.*，**64**(1967)291，以及 W_6Br_{14+2n}和 $W_2Br_9^{3-}$，见 *A. R.*，**65**(1968)317。

近年来有关三价钨的簇合物已不限于含氯化合物。

3.三价钨的配位化合物

$K_4[W(CN)_8]$在 330—390℃加热，通入 H_2，首先被还原而为 $K_4[W(CN)_6]$，并有 HCN 产生。当 $K_4[W(CN)_6]$在空气中用甲醇浸取，则氧化为 $K_3[W(CN)_6]$。

请参阅 3.2.2 节中的氧化还原示意图。这是 1950 年前的工作总结。当前的情况，变化繁多，已无从作示意图表达。并且有些反应，与操作条件有密切关系。虽不能说有错误，但必须慎重地复核，也许可从中发现新问题，兹再根据 *A. R.*，摘录几条如下：

A. R. ,**73**(1976)196. WCl_6 + $LiNMe_2$ ⟶[$W^{VI}(NMe_2)_6$]+[$W_2^{III}(NMe_2)_6$]。

A. R. ,**73**(1976)196. [$WCl_4(Et_2O)_2$]与不足量的 $LiNEt_2$ 反应，生成[$W_2(NEt_2)_6$]，从而得到[$W_2Cl_2(NEt_2)_4$]。据记载后者具有 W≡W 键。

A. R. ,**73**(1976)196.[$W_2(NMe_2)_6$]+CO_2 ⟶[$W_2(O_2CNMe_2)_6$]。

A. R. ,**80**(1983)197.[W_2Cl_9](Ph_3PNPPh_3)$_2$]得自 $W_2Cl_8^{4-}$ 的研究。W—W 距为 254pm。按 W^{IV}—W^{IV}距在(W_2Cl_9)$^{3-}$中为 242pm。

A. R. ,**72**(1975)155.[$W(S_2CNEt_2)_3$]得自 CS_2 与[$W_2(NEt_2)_6$]的反应。[$W_2(NEt_2)_6$]与 Me_2SiOH 反应生成[$W_2(OSiMe_3)_6$]·$2Et_2NH$，受热成为[$W_2(OSiMe_3)_6$]。

A. R. ,**81**(1984)211，$W_2(OR)_6$ 与多种 β-双酮在碳氢化合物溶剂中，生成 $W_2(OR)_4$l(R′CO·CH·CO·R″)$_2$类化合物。据记载它们不是桥状物。

A. R. ,**80**(1983)197.这是 $W_2(OBu^t)_6$ 的反应。有很多特殊的簇合物。将在本章钨的“π 酸配体化合物”，簇合物中再行叙述。

3.2.7　钨的二价化合物

钨与铬虽然同具有二价的化合物，但生成的化合物结构，有很大的差异。CrX_2 与 MoX_2 及 WX_2 虽然同是二价，但 CrX_2 与 MoX_2 及 WX_2 的结构完全不同。Mo 及 W 在低价时，形成金属—金属键，成为簇合物。这是由于低价钼及钨的原子间距到达了金属之间的距离。在上面提及三价钨的含氯簇合物即是从 4 价到 2 价的过渡现象。M_2^{I}[W_6Cl_{14}·$2H_2O$]的存在，已见于 1950 年的 N. V. Sidgwick 编著的“The Chemical Elements and their Cornpounds”中，但其结构则在 Bailar-Rollinson 的书中才见到。

1.二价钨的卤化物

在 Sidgnick 书中列有二价钨的氯化物、溴化物及碘化物，没有制得 WF_2。Greenwood-Earnshaw 在“Chemistry of the Elements”中，也列举如下：

WCl_2 黄色，WBr_2 黄色，WI_2 棕色。

根据 Bailar-Rollinson 的报道，两价钨卤化物的制备法如下：

钨的二氟化物不能制得，二价溴化物与 HF 只能制得六氟化钨。二价钨的氯化物及溴化物的制备也不易。由 WCl_6 用金属 Al 还原，或用 H_2 或 Al 还原，都未能成功。WCl_2 和 WBr_2 是由歧化反应制得的：

$$3WX_4(固) \longrightarrow WX_2(固) + 2WX_5(气)$$

WBr_2 也可由 WBr_5 用 H_2 在 400—500℃还原制得。据记载 WI_2 能从 WCl_6

由 HI 气体反应，或由 W 与 I_2 在赤热时反应制得。

这些卤化物的热力学反应数据，曾估算。

WX_2 以簇合物形式存在，$[W_6X_8]^{4+}$ 是当前的重要课题，将于下节中再行叙述。

2. 二价钨的配合物

$[W_6Cl_8]^{4+}$ 虽曾列为配合物，但近年来另列为“金属键化合物”，也有时称为金属簇化合物，桥键化合物。二价钨的多氰化物则可作为配合物。

四价钨的含氰配合物 $K_4[W(CN)_8]$ 四价钨的氰配合物在 330—390℃用氢气还原，放出 HCN，生成 $K_4[W(CN)_8]$。如用甲醇在干的空气中浸取则氧化为 W(III)的 $K_3[W(CN)_6]$。Mo 的相应化合物也具有同样的情况。

3. 二价钨的簇合物

1930 年即已见到关于 $M_2[W_6Cl_{14}\cdot 2H_2O]$ 的报道，以 $[W_6(X)_8]^{4-}$ 为基体，X 为 Br 或 Cl。1916 年由 WCl_6 用钠汞齐还原，或由 WCl_6 用金属铝还原，同时为了使反应缓和，加一些石英，所得产物用盐酸浸出，蒸发，再通入 HCl 气体至饱和。得到产物为黄色针状物。从而认为该酸可能是 $H_2[W_6Cl_{14}(H_2O)_2]\cdot 6H_2O$。该酸在干燥器中易于失去水，但只是其中的一部分，成为 $W_6Cl_{12}\cdot 2H_2O$。从酸可以制得盐，但只制得了弱碱吡啶的盐。相应的溴化物作为 $H_2[W_6Br_8Cl_6(H_2O)_2]\cdot 18H_2O$ 及 $(pyH)_2[W_6Br_8Cl_6]$。

上列 $H_2[W_6Cl_4(H_2O)_2]\cdot 6H_2O$ 的构想是 1924 年 K. Lindner 及 A. Köhler 提出的。是继 1923 年由 K. Lindner 等提出的相应的钼化合物 $H_2[Mo_6Cl_{14}(H_2O)_2]\cdot 6H_2O$ 而提出的。这都是很不简单的设想。三价钨 $[K_3W_2Cl_9]$ 的设想则是同一作者在 1935 年提出的。$[W_6X_8]^{4+}$ 的结构如 $Mo_6X_8^{4-}$ 的结构图(见图 25.27)。立方形 X_8 的大小可以有些差别，但结构形状则完全相同。W—W 距为 264pm，而金属钨的原子距则为 274.1pm。Bailar-Rollinson 认为 $[W_6X_8]^{4+}$ 中的 X 为 Cl 或 Br；整个分子为 $[W_6Cl_8]B_2Cl_2$，其中 B 为双配位价，如邻菲咯啉，*o*-phenanthroline 等。

$[W_6X_6]^{4-}$ 较相应 $[Mo_6X_6]^{4-}$ 的安定度差，能被水所氧化。W_6Br_{12} 即 $[W_6Br_8]Br_4$ 也能被氧化使 W 成为高价，但剧烈加热仍能还原为 W_6Br_{12}。但看来 W_6Br_{12}，以及 W_6Br_{16} 以及 W_6Br_{18} 都具有 W_6 的簇合；W_6 形成的簇合团中，W—W 距为 264pm(在金属钨中 W 间的距离则为 274.1pm。)

近年来，钨的簇合物研究有广泛的发展，不限于 W_6 的簇合。这在本章 3.6 中再行介绍。

3.3　钨化合物的特殊类型

50 多年来，在冲破了 Ostwald-Fresening-Noyes 的“常见”元素而进入兼及“稀有元素”的研究以后，整个周期表元素之间得以相互联系，相互比较，从而使整个周期表元素得以有等同的机会，从事制备、性质及应用的研究。化合物的类型亦得以快速增进；相互之间的比较日益加强，交叉面日益扩大。

3.3.1　分子中具有两个价数的钨化合物

普鲁士蓝是很早认识到的 Fe^{III} 和 Fe^{I}I 在分子中共存的化合物。但其具体结构，似乎尚难确定。本节所指的钨化合物中具有两个价数，又称混价化合物，有着结构的测计，是近年来有关晶体结构测定的发展成果。具有两个价数钨的化合物，测得的已不少。

另外，在本章 3.4 中，钨的多酸方面，有些见光变色，有些还原变色，都是分子中部分的钨变为低价。这些也不写入本节中。

1. W(VI)—W(V)

$[W_4O_8Cl_8(H_2O)_4]^{2-}$，见于 *A. R.*，**75**(1978)277。有结构示意图，作为 4 个 $WCl_2O_3 \cdot H_2O$ 八面体的结合。

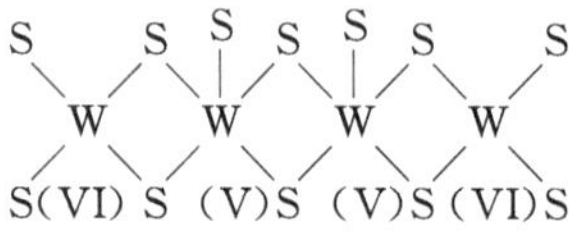

，见于 *A. R.*，**77**(1980)175—176。

$[WX(WS_4)_2][Ph_4P]$，X=O 或 S，见于 *A. R.*，**78**(1981)181，式中第一个 W 是五价。

$[W_4O_8Cl_8(H_2O)_4]^{2-}$ 及 $[W_4O_8(NCS)_{12}]^{6-}$，见于 *A. R.*，**80**(1983)182。

$W^{VI}O_2Cl_4^{2-}$ 与 $W^{V}OCl_5^{2-}$ 在浓盐酸的平衡。不很安定。最后以 $[W_4O_8(NCS)_{12}]^{6-}$ 的 Cs 盐析出。见于 *A. R.*，**80**(1983)182。

2. W(IV)-W(III)

$W_2Cl_9^{3-}$ 由 X_2(X=Cl，Br 或 I)的单电子氧化成为 $W_2Cl_9^{2-}$；以 B_4N^+ 盐析出。见于 *A. R.*，**66**(1969)323。

$[W_2F_6O_2]^{3-}$ 及 $[W_3F_9O_4]^{5-}$，见于 *A. R.*，**75**(1978)277。

3. W(III)-W(II)

$[W_6Br_8]^{6+}$ 的制得。见于 *A. R.*，**63**(1966)192。

$Cs_2[(M_6Cl_8)Br_8]$，M=Mo，W，见于 *A. R.*，**70**(1973)382。

3.3.2 分子中钨以外其他副族元素的杂入

在盐类中，阳离子和阴离子由不同的金属元素所组成，是普通的事情。但在同一个离子中，或者在一个分子中，由两个不同金属元素所组成，是近年来发展研究的课题。就钨的化合物而言，似乎只在从 1978 年起，才有有关钨方面的显著的报道。现摘录如下。

$MoWCl_8H^-$ 具有与 $Mo_2X_8H^-$ 相同的结构。见于 *A R.*，**75**(1978)277。

$[Au_2(WS_4)]_2$，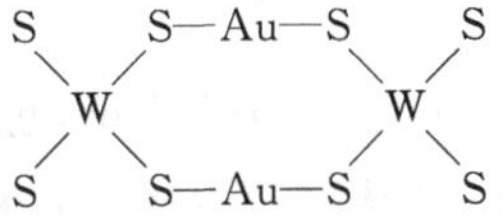

，并有 $M(WS_4)_2$，M＝Zn 或 Co。见于 *A. R.*，**75**(1978)279。

$W_2S_8Ag_4 \cdot 4P(C_6H_5)_3$，据记载具有超导性能。见于 *A. R.*，**75**(1978)281。

$[MoW(O_2C\text{-}CMe_3)_4]$，金属—金属键，中心距为 208pm。见于 *A. R.*，**75**(1978)284。

$[(C_3H_7)_3P]_4[(Cu_4W_2O_2S_6)]$，W—Cu—S 簇合物。见于 *A. R.*，**76**(1979)145。

$[Cu_3Cl_3WS_4]^{2-}$ 及 $[Fe_3S_2(WS_4)]^{4-}$，见于 *A. R.*，**79**(1982)203。

$M(CO)_2(Cp)_2$，M 为 Ti 或 Zr，Cp 为环戊二烯，与 $W(\equiv C \cdot C_6H_4 \cdot Me—P)(CO)_2(Cp)$ 在甲苯中反应，生成 $MW(\mu\text{-}C_6H_4 \cdot Me-P)(\mu\text{-}CO)(CO)(Cp)_3$。

Ti 与 W 生成异元素的金属簇合物。

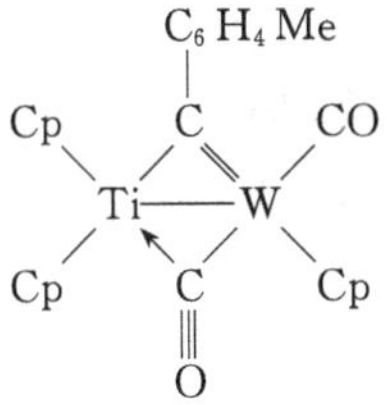

，见于 *A. R.*，**80**(1983)175。

$S_2W(\mu\text{-}S)_2Fe(\mu\text{-}S)_2WS_2$，见于 *A. R.*，**80**(1983)193。

3.3.3 有机小分子作为配位体的钨化合物

无机和有机的交叉发展，是长时期的事实；现又迎来了在某些方面新的配合发展。在无机化学实验中，多碳铵作为盐类阳离子，已被长时期的使用。但很多具有给电子对性能的有机中性小分子，或者具有可游离成酸的有机化合物，用作具有金属元素化合物的配体或阴离子，则是近二十年来的事。

1980 年出版的 F. A. Cotton 和 G. Wilkinson 编著的“Advanced Inorganic Chemistry”第四版在第一章前，罗列了该书引用的化合物、配体及有机物根的简明索引近 80 条,可见这类有机小分子引入无机化合物结构的快速发展。近十年来,其发展更为迅速。

可是有机小分子运用于无机化合物的研究,并不是偶然的发现,而是有其渊源的——这是溶剂萃取金属元素研究的分支。溶剂萃取需要的是多碳化合物,无论其为酸性,中性或碱性,而无机合成时需要的则是碳原子较少的小分子。并且多碳化合物的萃取和低碳化合物的加合反应是相互促进的。有机亚砜的双方面发展即为其一例。从萃取剂 PMBP 裁剪而成 pz(即是 3,5-双甲基 pyrazot 的简称)则是另一例子。

在 *A. R.* ,**65**(1968)316 中曾有初步的介绍。虽较简单,也已陈旧,但它是有机小分子用于无机制备的早期总结。现今已是从溶液中析离各种不易析出的复杂含钨化合物的基础了。

兹先将 *A. R.* ,上有关不同价数 WX 二元化合物的总结摘录如下。

由于系列钨的二元化合物有不同的价数,所以首先指出,选取的有机小分子应避免有显著的还原性(对于近年发展的有机小分子,也要避免有显著的氧化性)。下列化合物中,以 L 代表有机小分子。

WF_6L,L = Me_3N,py,Me_3P;WF_6L_2,L = py,Et_2S 或 Et_2Se。如用 Me_2O 或 Et_2O 则成[WOF_4L],起着氟的取代作用。对于 WCl_6,与某些含 N 的给电子对小分子,则起着还原作用,成为 W^V 的加合物,如[WCl_4(BiL)]L,BiL = py_2,Bipy,或 $Ph_2P \cdot CH_2 \cdot CH_2PPh_2$。

$WCl_5(Et_2O)$加合物,1968 年 Kepert 的工作。

WCl_3 也有加合物,但较少,如 $WCl_3 \cdot py_2$;[WCl_3(BiL)]$_n$ 及 $WCl_3(BiL)_2$。[BiL = $ph_2P(CH_2)_2PPh_2$]吡啶加合物为棕色,例如[$py_2Cl_2W(Cl)_2WCl_2py_2$];该化合物又摘入 *A. R.* ,**68**(1971)381。

A. R. ,**65**(1968)317 中载有[$WH_6(Me_2PhP)_3$]的制备。

A. R. ,**69**(1972)292 中载有 $WCl_4(NMe_3)_3$ 在水中离解为[$WCl_3(NMe_3)_3$]+ Cl^-,很是奇特。

$WCl_3(NMe_3)_2$ 可从 $WCl_4(NCMe)_2$ 及 NMe_3 反应而得。NCMe 为 $CH_3-C\equiv N$。

A. R. ,**70**(1973)380 中载有 WCl_6 与 HCl 不同比值时,加入 DMSO、γ-甲基吡啶氧或乙腈,在甲醇或乙醇溶液中,电解还原的研究。

A. R. ,**70**(1973)380 中载有 W^{VI} 及 M^V_o 运用氯化有机腈类在形成 W—N 键的条件下,可使其安定。有机腈类等给电子体为氯化乙腈 $ClCH_2CN$;CCl_3CN。也有 THF,四氢硫代呋喃,Et_2S,C_3H_7CN,C_4H_8S,Ph_3P 等。

A. R. ,**71**(1974)258 中载有 WF_6 与$(CH_3)_2S$ 形成 1∶1 或 1∶2 的加合物。

A. R. ,**76**(1979)149 中载有[$W_2(NMe_2)_6$]+$C_3H_3N_3$(三嗪)→[$W_2(NMe_2)_4(PhNNNPh)_2$]。

A. R. ,**78**(1981)167 中载有甚至惰性气体氟化物 KrF_2,XeFe 也能与 M(W,Mo)OF_4 在 SO_2ClF 溶液中反应成为

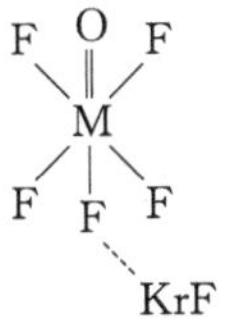

(KrF_2MOF_4)及

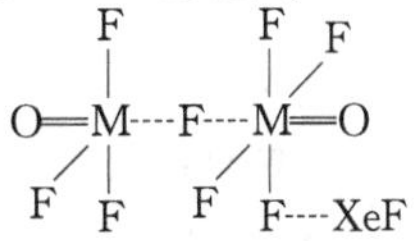

($XeF_2 \cdot 2MOF_4$)。

A. R. ,**83**(1986)235,236 中载有 WCl_6 与 PR_2Ph 在溶液中当有金属镁存在时,生成含有 N_2 的化合物。它以四氢呋喃(thf)为溶剂。这是一件非常有意义的工作。

A. R. ,**83**(1986)239 中载有有机膦与钨的加合物。

总的看来,钨与有机化合物的结合,包括加合及反应,近年来已由从单纯的化合物制备与反应研究,转而为结合固氮以及生物化学的研究。从近几年的 *A. R.* 中可以明显地观察到这一点。钨硫化合物研究报道在近年 *A. R.* 上的增加,也是同一个原因。

3.4　钨的多酸

3.4.1　钨的同多酸(盐)

表 25.35 列出了目前从水溶液中已制得的同多钨酸(盐)的晶体组成、生成酸度以及其结构测定的主要参考文献。其中有些化合物的结构与同多钼酸(盐)相似,但在大部分同多钨酸(盐)的结构中,每个 WO_6 八面体都只含有一个未共享氧的端基氧,而在同多钼酸(盐)的结构中却具有二个顺式的端基氧,这可能与钨具有较大的原子核有关。水溶液中钨酸盐的聚合过程比钼酸盐的聚合过程更为复杂,许多平衡物表面上为稳定的同多酸(盐),而在动力学上则可能是反应过程中的一个中间体;随溶液的酸度、浓度以及反应速度的不同,可得到不同种的同多钨酸(盐)。早年 Kepert 等将水溶液中钨酸的聚合过程归结如下:

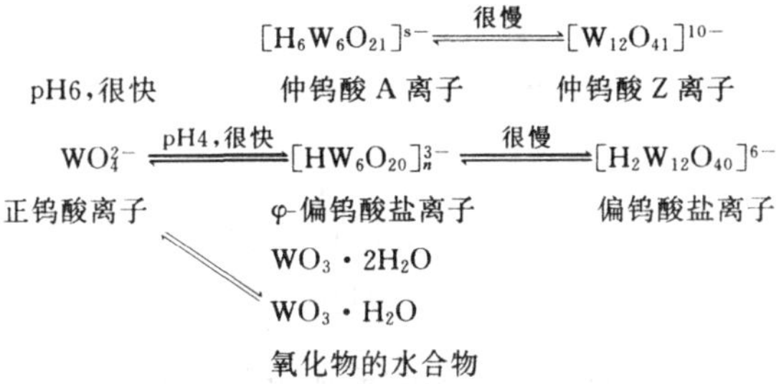

表 25.35　钨的同多酸(盐)

分子式	形成的酸度(Z)[a)]	结构的参考文献
WO_4^{2-}	0	b)
$[W_4O_{16}]^{8-}$	0	c)
$[W_7O_{24}]^{6-}$	1.14	d)
$[W_{12}O_{42}H_2]^{10-}$	1.17	e)
α-$[(H)W_{12}O_{40}]^{7-}$	1.48	—
α-$[(H_2)W_{12}O_{40}]^{6-}$	1.50	f)
β-$[(H_2)W_{12}O_{40}]^{6-}$	1.50	—
$[W_{10}O_{32}]^{4-}$	1.60	g)
$[W_6O_{19}]^{2-}$	1.67	h)

a) $pH^+ + q[MO_4]^{r-} \rightleftharpoons [H_xM_qO_y]^{n-} + (4q-y)H_2O, z=p/q$。

b) A. Thiele and J. Fuchs, *Z. Naturforsch.*, *Teil B*, 1979. **34b**, 145。

c) A. Hüllen, *Angew. Chem.*, 1964, **76**, 588。

d) K. G. Burtseva, T. S. Chernaya and M. I. Sirota, *Sov. Phys. Dokl.* (*Eng. Trans.*), 1978, **23**, 784。

e) H. T. Evans, Jr. and E. Prince, *J. Am. Chem. Soc.*, 1983, **105**, 4838。

f) M. Asami, H. Iehida and Y. Sasaki, *Acta Crystallogr.*, 1984, **C40**, 35。

g) J. Fuehs, H. Hartl, W. Schiller and U. Gerlach, *Acta Crystallogr.*, 1975, **B32**, 740。

h) J. Fuchs, W. Freiwald and H. Hartl, *Acta Crystallogr.*, 1978, **B34**, 1764。

随着近代物理测试技术的发展，X 射线衍射晶体结构测定，各种电子光谱以及 NMR 和 ESR 的应用，人们对钨酸溶液的聚合过程有了进一步的认识，Pope 对适当离子强度的钨酸水溶液的聚合过程进行了总结，概括为：

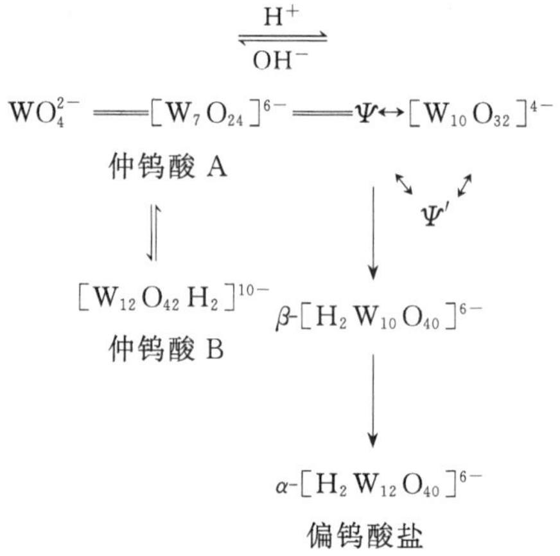

顾翼东根据多年的工作，对钨的同多酸形成及其相互间的转化也总结得出如下的规律：

WO_4^{2-} → 仲钨酸盐 → 偏钨酸盐

$WO_3 \cdot nH_2O$(黄钨酸) $\xrightarrow{n \approx 1}$ $WO_2Cl_4^{2-}$ → $WO_2Cl_2 \cdot mHA$

偏钨酸盐 $\longleftrightarrow [W_{10}O_{32}]^{4-} \longleftrightarrow [W_6O_{19}]^{2-} \longleftrightarrow WO_2Cl_2 \cdot mHA$

同多钨酸盐中人们最熟悉的是仲钨酸盐$[H_2W_{12}O_{42}]^{10-}$和偏钨酸盐$[H_2W_{12}O_{40}]^{6-}$。到目前为止,至少已知有二种仲钨酸盐:酸化钨酸钠溶液到pH接近6,很快生成仲钨酸A,过去几十年人们都把它看成为$[HW_6O_{21}]^{5-}$,近年来从酸化钨酸钠溶液到pH=5.96或将仲钨酸盐溶液经过长时间煮沸得到的钠盐晶体进行X射线结构测定,表明它具有与七钼酸盐相同的结构,为$Na_6W_7O_{24} \cdot 2H_2O$,它比通常所说的仲钨酸B具有更大的溶解度;钨酸钠溶液酸化到$H^+/WO_4^{2-} \sim 1.1$—1.2,所得的产品为仲钨酸B,Wolff和Sehwing报告了它们的红外光谱。新鲜制备的仲钨酸B溶液,放置后会慢慢地水解变成仲钨酸A和仲钨酸B的平衡混合物。

$$12[W_7O_{24}]^{6-} + 2H^+ + 6H_2O \rightleftharpoons 7[W_{12}O_{42}H_2]^{10-}$$

(仲钨酸A)　　　　　　　　(仲钨酸B)

在稀溶液中(<0.02mol/L),仲钨酸盐转化为$[WO_4]^{2-}$和α-$[H_2W_{12}O_{40}]^{6-}$。目前已测得五种水合碱金属仲钨酸B盐的晶体结构,它们具有相同的多阴离子结构(见图25.37),该结构中有一个开着的空穴,为了稳定该结构,空穴的内部有二个与氧原子联系的质子,二个质子之间的距离约为222±2pm。这两个质子易与溶液水发生快速的交换。

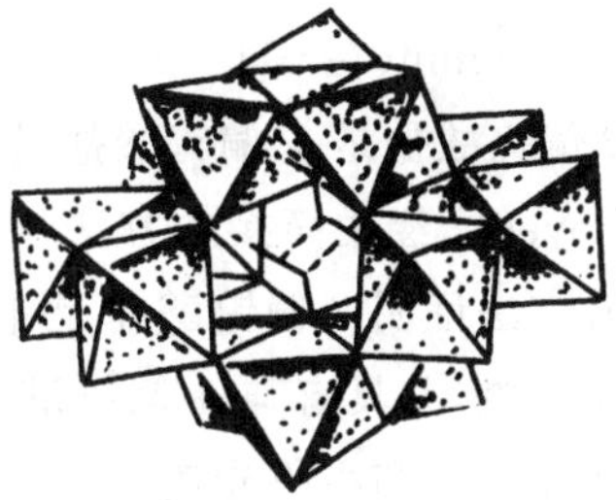

图 25.37　仲钨酸 *B* 盐阴离子的晶体结构

当酸化钨酸钠溶液到$H^+/WO_4^{2-}=1.5$时,最初形成的酸产物叫做ψ-偏钨酸盐阴离子,溶液中它处于介稳态,具有明显的极谱特征,但不能以晶体析出。水溶液中,ψ-阴离子慢慢地转变成β-偏钨酸盐,β-$[H_2W_{12}O_{40}]^{6-}$,最后才转变成真正的偏钨酸盐,即α偏钨酸盐,α-$[H_2W_{12}O_{40}]^{6-}$,一种热力学上稳定的产物。水溶液中ψ,β-$[H_2W_{12}O_{40}]^{6-}$和α-$[H_2W_{12}O_{40}]^{6-}$的极谱波明显不同。α-偏钨酸盐的生成与溶液中的浓度和温度有关,一般,50℃,5mmol/L的钨酸盐溶液完全转变成偏钨酸盐大约需要15d;80℃,pH=3时,$\psi \rightarrow \beta$-$[H_2W_{12}O_{40}]^{6-}$,β-$[H_2W_{12}O_{40}]^{6-} \rightarrow \alpha$-$[H_2W_{12}O_{40}]^{6-}$的半衰期大约都是70min。

三种偏钨酸盐中,α-偏钨酸盐研究的最多,已制得好几种α-偏钨酸盐晶体,进行了晶体结构测定，证明它们具有与 1∶12 杂多酸盐相同的 Keggin 结构，其结构如图 25.35(a)所示。早在 1909 年 Copaux 就认为 α-偏钨酸盐与 1∶12 杂多酸盐之间具有相同的晶体结构，随后 Signer 和 Gross 又首次提出 α-偏钨酸盐中的二个氢原子起作 Keggin 结构中杂原子的作用。近代 Pope 采用^{1}HNMR 波谱技术研究偏钨酸钠水溶液中氢的波谱，得到一个狭窄的分立的^{1}HNMR 讯号，从而证明了 α-偏钨酸盐阴离子结构的中心空穴中有二个质子，它不能与溶剂中水分子发生快速的交换。其他碱金属偏钨酸盐(K^+，Na^+ 和 NH_4^+)以及有机胺偏钨酸盐($(C_2H_5)\cdot NH_3^+$，$(C_2H_5)_2NH_2^+$ 等)的^{1}HNMR 波谱也已测得，它们的化学位移值(相对于水)的 δ 接近 1.46ppm。固体偏钨酸盐的宽线 NMR 研究表明 $r_{H-H}=192+3pm$。从结晶学上考虑，阴离子中心四面体中的四个氧原子可能是无序的，因此还不可能有更直接的方法(如中子衍射法等)来确定这些氢的位置。文献中虽然已有关于偏钨酸晶体的报道，但由于它极不稳定，至今还没有获得其单晶结构的数据。

已知偏钨酸盐具有复杂的氧化-还原性质，阴离子中最多有 32 个电子可被还原，被还原的阴离子慢慢地失去一个中心质子，去质子的产物可被氧化成$[(H)W_{12}O_{40}]^{7-}$，它能以铯盐析出晶体。含有$[(H)W_{12}O_{40}]^{7-}$的溶液已用极谱和^{1}HNMR 进行鉴定，该阴离子转变成$[(H_2)W_{12}O_{40}]^{6-}$阴离子的反应是不可逆的，$t_{1/2}=45min$(在 pH=0.98 时)和 $t_{1/2}=1020min$(pH=4.25)。

β-偏钨酸盐是 ψ-偏钨酸盐转变为 α-偏钨酸盐的中间态，它很难以纯的形式析出。Boyer 已经用简接的方法从还原的 ψ-偏钨酸盐溶液中制得 β-偏钨酸铯盐，根据离心方法证明 β-偏钨酸盐是十二聚钨酸盐，^{1}HNMR 波谱证明其中含有二个不可交换的氢，并具有与 α-偏钨酸盐一样的氧化-还原性质。依据上述这些性质，氧化一还原电位和吸收光谱，人们认为 β-偏钨酸盐是 α-偏钨酸盐的 β-异构体，它的结构与 β-$[SiW_{12}O_{40}]^{4-}$相似(图 25.38(b))。最近还用^{183}W-NMR 波谱证明了其阴离子结构。

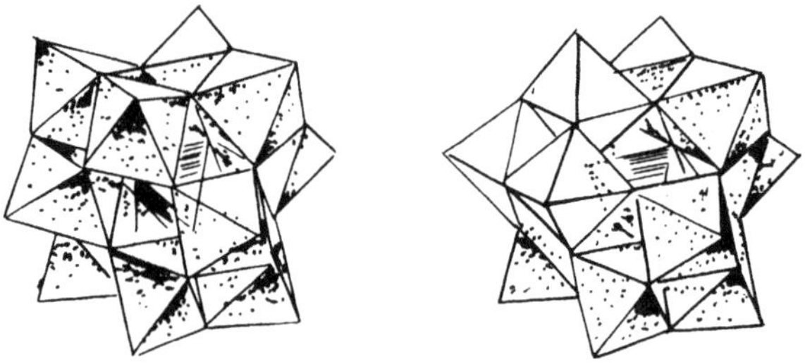

(a)　　(b)

图 25.38　偏钨酸盐的晶体结构

至今对 ψ-偏钨酸盐阴离子的组成和结构了解的还不多，有人认为是六聚和四聚的混合物，也有认为是十二聚的，这还需进行深入的研究。

除了仲钨酸盐与偏钨酸盐外，1965 年 Glemser 等将钨酸钠水溶液酸化到 $H^+/WO_4^{2-}>1.5$ 时，得到一种具有特征吸收光谱的组分（$\lambda_{max}\approx320nm$），称其为 Tungstate-Y，并写作$[HW_{12}O_{39}]^{5-}$，随后，Birkholz 等从 Tungstate-Y 的钾盐溶液中沉淀得到一种化合物，经晶体结构测定，证明其组成为$(n\text{-}Bu_4NH)_4W_{10}O_{32}$。Termes 和 Pope 测定了其在乙腈溶液中的光谱及氧化-还原性质，并与 Tungstate-Y 进行比较，表明 Tungstate-Y 实际上是十聚钨酸盐。目前还制得了四正丁基胺、异丙胺、二异丙胺和六氢吡啶等十聚钨酸盐晶体，单晶结构测定证明它们都具有相同的阴离子结构（见图 25.39），可看作是由二个缺位的 $W_6O_{19}^{2-}$ 单元，通过共顶聚合而成，两部分的 W_5O_{18} 阴离子由几乎成直线的 W—O—W 桥（175°）联结在一起，该键的特征吸收峰为 320nm，是鉴定$[W_{10}O_{32}]^{4-}$阴离子的特征吸收峰。十聚钨酸盐是同多钨酸盐中唯一带有淡黄色的阴离子。

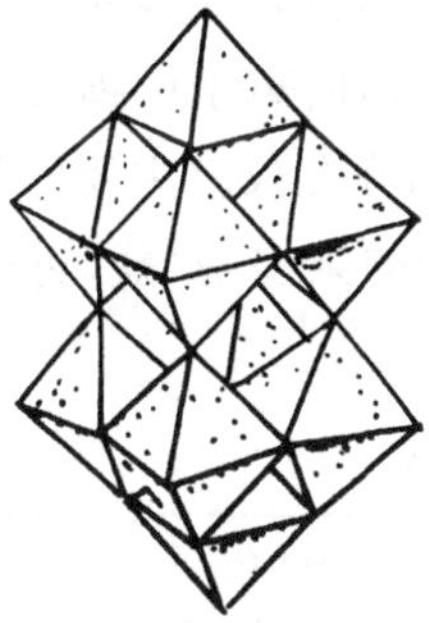

图 25.39　十聚钨酸盐的晶体结构

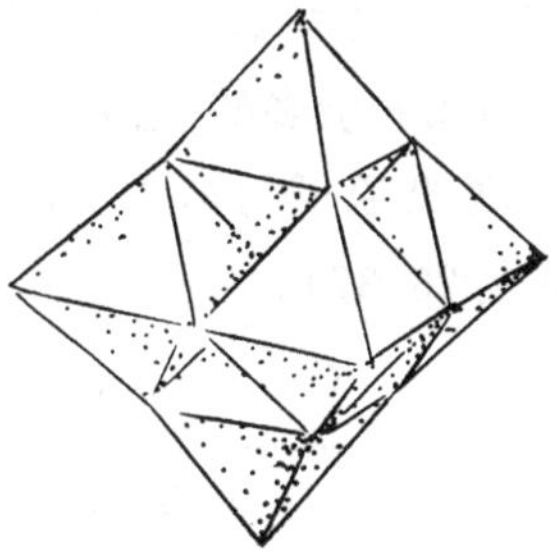

图 25.40　六聚钨酸盐的晶体结构

近年来 Chemseddine 等注意到十聚钨酸盐与有机还原剂共存时，显示明显的光致变色性质。Yamase 等也合成了四丁基胺十聚钨酸盐，并应用于从乙醇溶液中催化光解释放氢气和一些有机化合物的光催化反应。对反应机理进行了 ESR 和晶体结构测定。

值得提出的是，除了用酸化钨酸钠溶液容易得到十聚钨酸盐外，用粉状白钨酸和有机胺反应，或用过氧化氢与碳化钨反应都能很方便地得到十聚钨酸盐。

六聚钨酸盐阴离子$[W_6O_{19}]^{2-}$具有与六聚钼酸盐、铌酸盐和钽酸盐相同的结构（见图 25.40）。控制钨酸酯水解反应首先得到四丁基胺六聚钨酸盐，将 $WO_3\cdot H_2O$ 溶解在三丁基胺盐或在甲醇溶液中酸化钨酸钠溶液也可得到六聚钨酸盐，最近用过氧化氢与碳化钨反应，控制溶液的酸度，或将粉状白钨酸溶于 DMSO、DMF 等非水溶剂中，都易转化为六聚钨酸阴离子，加入对抗离子四丁基胺，Mn^{2+}，Co^{2+}，

Cu^{2+} 或三价稀土溶液，很易得到相应的六聚钨酸盐，测得其阴离子结构。其键长分别为 $M—O_{端}$：169pm，$M—O_{桥}$：192pm，$M—O_{中心}$：233pm；它的 IR 和 Raman 光谱以及 ^{17}O 和 ^{183}W 的 NMR 谱已有报道。

在乙腈溶液中，六聚钨酸阴离子经过一电子还原变成黄色的$[W_6O_{19}]^{3-}$。在非水溶剂中六聚钨酸阴离子是稳定的，如遇水即很快转化为十聚钨酸盐，在纯水中，25℃，$t_{1/2}=8min$。相反，十聚钨酸盐的甲醇溶液很慢地转化为六聚钨酸盐，其半衰期 $t_{1/2}=4d(35℃)$。在混合溶剂中二种聚合态的阴离子处于平衡状态。

在已知的所有同多钨酸盐中，除了七聚钨酸盐阴离子$[W_7O_{24}]^{6-}$外，每一种同多钨酸盐都可以还原成一种或多种混合价的组分，其中有些被还原的组分显示出仍具有与原来氧化态组分相同的结构。

3.4.2 钨的杂多酸(盐)

钨与钼一样，可与周期表中近 70 种元素的离子形成杂多酸(盐)，对于同一种杂原子又可形成不同杂多酸：钨的杂多钨酸(盐)，如以钨磷酸(盐)为例，目前已知的就至少有 18 种(见表 25.36)，而且有的杂多酸(盐)阴离子中钨又可与几种杂原子结合，这样构成的杂多酸(盐)的总数是相当多的，在此仅就主要的结构类型进行讨论和总结。按杂原子与钨原子数的比例分类，钨的杂多酸(盐)可分为以下几个主要类型(见表 25.37)。

表 25.36 杂多磷钨酸盐

W/P 比	分子式	$\delta(^{31}P)$	结构[a)]
12	α-$[PW_{12}O_{40}]^{3-}$	−14.9	X
11	α-$[PW_{11}O_{39}]^{7-}$	−10.4	X
10.5	$[P_2W_{21}O_{71}]^{6-}$	−13.3	X
10	$[PW_{10}O_{36}]^{7-}$	−10.5	X
9.5	$[P_2W_{19}O_{69}]^{14-}$		I
9	α-$[PW_9O_{34}]^{9-}$		见正文
	β-$[PW_9O_{34}]^{9-}$		见正文
	α-$[P_2W_{18}O_{62}]^{6-}$	−12.7	X
	β-$[P_2W_{18}O_{62}]^{6-}$	−11.0，−11.6	X 和 I
8.5	α_1-$[P_2W_{17}O_{61}]^{10-}$	−9.0，−13.1	I
	α_2-$[P_2W_{17}O_{61}]^{10-}$	−7.1，−13.6	I
	β-$[P_2W_{17}O_{61}]^{10-}$		不稳定，I

续表

W/P 比	分子式	$\delta(^{31}P)$	结构[a)]
8	α-$[P_2W_{16}O_{59+x}H_{2x}]^{12-}$		见正文
6	α-$[P_2W_{12}O_{47+x}H_{2x}]^{12-}$	−7.8	见正文
	$[HP_3W_{18}O_{66}]^{8-}$[b)]	−9.9	见正文
3	$([PW_3O_{13}]^{3-})_n$		0
2.5	$[P_2W_5O_{23}]^{6-}$	−2.4	X
2	$[P_4W_8O_{40}]^{12-}$		X

a) X——用 X 射线衍射测定结构；I——由光谱或化学行为推测可能的结构，真正的化学计量比和结构未知.

b) 正确的分子式可能为：$[P_4W_{24}O_{88}]^{12-}$.

表 25.37 杂多钨酸盐的主要类型

原子数比 X∶W	主要的杂原子	典型的分子式	中心基团
1∶12	P^{+5}, As^{+5}, Si^{+4}, Ge^{+4}, Ti^{+4}, Co^{+2}, Co^{+3}, Zn^{+2}, Cu^{+1}, Cu^{+2}, Ga^{+3}(?)	$[X^{+n}W_{12}O_{40}]^{-(8-n)}$	XO_4
1∶10	Si^{+4}, Pt^{+4}	$[X^{+n}W_{10}O_x]^{-(2x-60-n)}$	XO_4
1∶9	Be^{+2}	$[X^{+2}W_9O_{31}]^{-6}$	—
1∶6	系列 A：Te^{+6}, I^{+7}	$[X^{+n}W_6O_{24}]^{-(12-n)}$	XO_6
	系列 B：Ni^{+2}, Ga^{+3}	$[X^{+n}W_6O_{24}H_6]^{-(6-n)}$	XO_6
2∶18	P^{+5}, As^{+5}	$[X_2^{+n}W_{18}O_{62}]^{-(16-2n)}$	XO_4
2∶17	P^{+5}, As^{+5}	$[X_2^{+n}W_{17}O_x]^{-(2x-102-2n)}$	—
2∶4∶18	X=P^{+5}, As^{+5} Z=Mn^{+2}, Co^{+2}, Ni^{+2}, Cu^{+2}, Zn^{+2}	$[X_2^{+n}Z_4^{+m}W_{18}O_{70}H_4]^{-(28-2n+m)}$	XO_4
1m∶6m (m 未知)	As^{+3}, P^{+3}	$[X^{+n}W_6O_x]_m^{-m(2x-36-n)}$	—

按照杂原子的结构类型分类，杂多钨酸盐可分为四面体型、八面体型和八配位等类型。分别叙述如下。

1. 杂原子具有四面体配位的杂多钨酸(盐)

这类结构的杂多酸(盐)占据杂多钨酸(盐)的大多数，它们除形成完整的 Keggin 结构外，还可从 Keggin 结构中移去一个或几个 MO_6 八面体，形成如图 25.41 所示的一系列称做“缺位”或“缺陷”的衍生物，如 XW_9、XW_{11} 等，构成很多的杂多酸盐。下面依据杂原子的种类进行讨论。

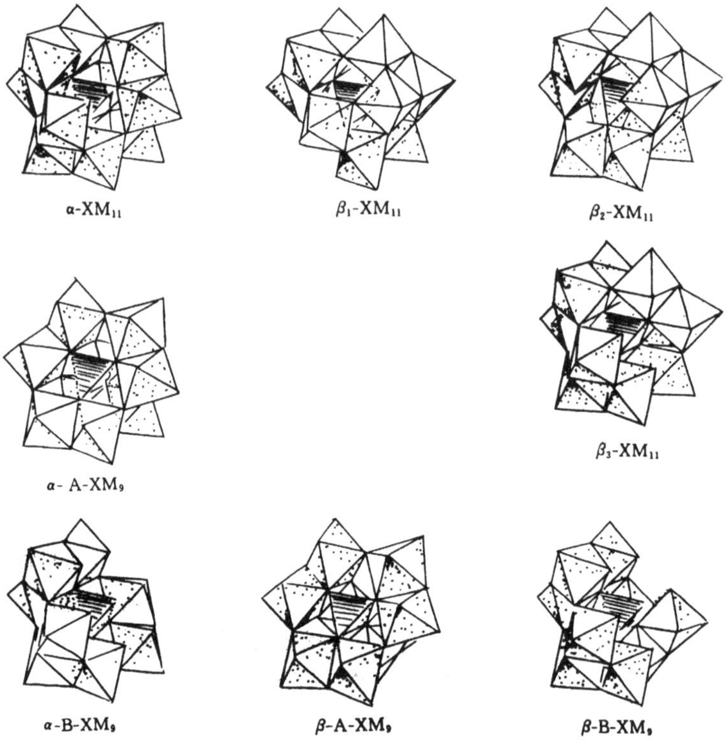

图 25.41　α-,β-,$XM_{12}O_{40}$ Keggin 阴离子缺位结构衍生物

(1)磷(V)和砷(V)

钨磷酸是大家最为熟悉的杂多钨酸盐,已有很多的文献报道。用酸化钨酸盐与磷酸盐的混合溶液、将粉状白钨酸直接溶于磷酸或用乙醚法都能很方便地制得钨磷酸。它极易溶于水(约 85%重量百分比),也易溶于其他供电子有机溶剂,如丙酮、DMF 等。水溶液中钨磷酸完全离解。用 X 射线技术和中子衍射法对三种钨磷酸的水合物($H_3PW_{12}O_{40}\cdot nH_2O$,$n$ 分别为 6,21 和 29)进行研究,其中只有六水合物中的水分子可以定位,并发现质子以平面 $H_5O_2^+$ 离子形式存在。水溶液中 PW_{12} 的稳定酸度范围是有限的,当 pH 为 1.5—5 时,将很快地转变为缺位的 PW_{11} 阴离子。

$$[PW_{12}O_{40}]^{3-}+(5-x)OH^- \rightleftharpoons [H_xPW_{11}O_{39}]^{(7-x)-}+HWO_4^-+(2-x)H_2O$$

这个反应,常使文献中关于 PW_{12} 碱度的数值引起混乱。例如进行自由酸的电位滴定时,由于上述水解反应很快发生,在加入 3 当量碱后,并不能得到明显的终点。

砷(V)与磷(V)一样,也形成稳定的 α-$[AsW_{12}O_{40}]^{3-}$ 阴离子结构,但至今还未能得到稳定的磷(V)和砷(V)的这类杂多酸盐的β-异构体。

早在 1892 年 Kehrmann 就提出 PW_{12}会转变成 PW_{11}，它与 SW_{12}/SiW_{11} 相类似，只是在更低的碱度条件下发生转变，(一般 PW_{12}/PW_{11} 在 pH～1.5；SiW_{12}/SiW_{11}在 pH～4.5)，这与 PW_{12}具有较小的电荷有关，因此它具有比 SiW_{12}更正的还原电位(ΔE～0.16V)。与 PW_{12}的钾盐和铵盐相反，PW_{11}的盐极易溶于水，因此将 M_3PW_{12}盐溶解在碱金属的碳酸盐中(K_4^+ 或 $NH_4{}^+$)就可方便制得 PW_{11}的盐，也可用酸化计算量的磷酸盐和钨酸盐的混合溶液制备。在 pH2—6 范围内$[PW_{11}O_{39}]^{7-}$杂多阴离子溶液是稳定的。不论是否加入 WO_4^{2-}，酸化这些溶液后，都可转化成$[PW_{12}O_{40}]^{3-}$或$[P_2W_{21}O_{71}]^{6-}$离子。

电子光谱研究表明具有 Keggin 结构杂多阴离子(包括缺位的杂多阴离子)在 260nm(ε_{max}～$5\times10^4 M^{-1}cm^{-1}$)有一个电荷转移带，在 PW_{12}光谱中这个特征带比其他任何类型都易辨认。IR 和 Raman 光谱已被指认为：T_2 P—O 伸缩振动，对于$[PW_{12}O_{40}]^{3-}$，在 $1080cm^{-1}$为一个强的尖锋，而$[PW_{11}O_{39}]^{7-}$分裂成二个峰(1085，$1040cm^{-1}$)。由 PW_{12}转变成 PW_{11}时，^{31}P 的核磁共振谱向低场化学位移，这是由于失去一个钨原子后产生缺位的阴离子中使 P—Oπ 键有些增加。PW_{12}和 PW_{11}的^{17}O 和^{183}W 的 NMR 谱也已有报道。

α-$[AsW_{12}O_{40}]^{3-}$和 α-$[AsW_{11}O_{39}]^{7-}$杂多阴离子与相应的钨磷杂多阴离子具有相同的性质。但含砷的杂多阴离子在水中的稳定性较差，特别是 AsW_{12}，需在水-有机溶剂中进行合成与研究。

PW_9 和 AsW_9 缺位杂多阴离子的性质与 SiW_9 和 GeW_9 相似，但不完全相同。下面列出目前已知的有关 PW_9、PW_{11}和 PW_{12}之间相互转化的反应图(图 25.42)。

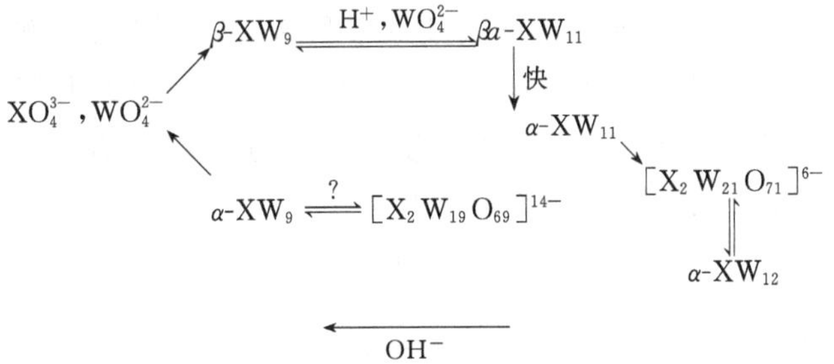

图 25.42 各种钨磷(V)酸盐和钨砷(V)酸盐之间的转化(X=P 或 As)

图中 β-XW_{11}至今还未制得，β-$[XW_{11}O_{39}]^{7-}$的不稳定性，这些都与钨硅酸的情况不同；此外，X_2W_{19}(X=P)和 X_2W_{21}(X=P，As)等不饱和杂多酸盐的性质也与相应的钨硅杂多酸盐有差别。P_2W_{21}阴离子在酸性水溶液中是稳定的，其结构测定认为是由三个 WO_5 四方棱锥体与二个 α-APW_9 单元联接在一起，$[P_2W_{19}]^{14-}$是一个

缺位的 P_2W_{21} 衍生物，可能在三个桥基钨中失去二个。当 P_2W_{19} 的钾盐与二价金属离子的盐 M^{2+}（Mn^{2+}，Co^{2+} Ni^{2+}，Cu^{2+}，Zn^{2+}，Vo^{2+}）反应，得到 $P_2W_{19}M_2$ 配合物，相应的砷化合物至今还未得到。但是，已制得三价砷的类似 P_2W_{21} 和 P_2W_{19} 的配合物，如$[As_2W_{21}O_{69}(H_2O)]^{6-}$和$[As_2W_{19}O_{67}]^{14-}$等。

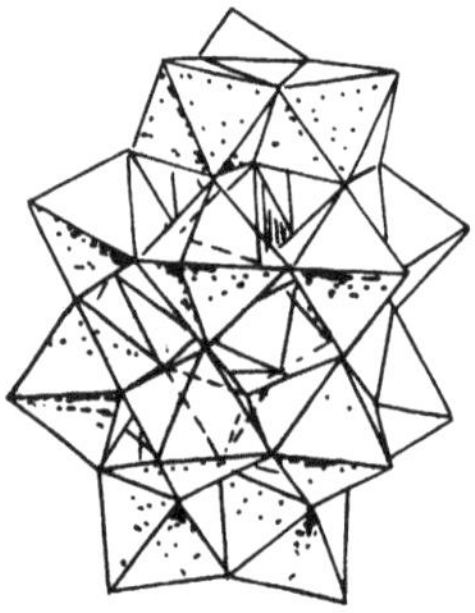

图 25.43　α-$[P_2W_{18}O_{62}]^{6-}$，α-Dawson 结构

当钨酸钠与过量的 H_3XO_4 混合，进行回流，得到一个混合的杂多酸盐，其主要产品为黄色的$[X_2W_{18}O_{62}]^{6-}$阴离子。该阴离子能以溶解性较大的钾盐或铵盐形式从混合物中分离出来，也能以酸的形式用乙醚提取。已知$[P_2W_{18}O_{62}]^{6-}$有两种异构体，均可用铵盐复结晶的方法进行分离；其中易溶的盐称做 α-Dawson 结构，由二个 A-型-α-PW_9 构成，具有 D_{3h} 对称性，该结构中有二种类型的钨原子，六个钨原子处于极向，十二个钨原子处于赤道面上，如图 25.43 所示。另一种异构体称作 β-Dawson 结构，该结构中处于极向的三个钨氧八面体，像 β-Keggin 结构中一样转动了 $\pi/3$；目前已用 ^{31}P 和 ^{183}W 的 NMR 谱对该结构进行了证实。就异构化作用来说，这两种异构体在动力学上是稳定的，β-P_2W_{18} 的还原电位比 α-P_2W_{18} 还要正；这两个阴离子都比 α-PW_{12} 更易还原；$E_{1/2}(\alpha\text{-}P_2W_{18})=+0.06$，$E_{1/2}(\alpha\text{-}PW_{12})=-0.02$（以甘汞电极为参比）。

As_2W_{18} 除具有与 P_2W_{18} 相同的 α-，β-异构体外，还有 γ-异构体，γ-异构体中，二个极向的 W_3 单元都已转动了 $\frac{\pi}{3}$，该结构已用 ^{183}W 的 NMR 谱进行了验证。

随着对 Keggin 阴离子研究的深入，P_2W_{18} 和 As_2W_{18} 是目前了解的最多的钨磷和钨砷配合物。与 AsW_{12} 相反，As_2W_{18} 在水溶液中是稳定的，并能以酸析出。溶液的 pH～6 时，$[X_2W_{18}O_{62}]^{6-}$ 溶液仍是稳定的，超过该 pH 值时，阴离子分解成一系列缺位杂多阴离子，下面为假定的示意图：

$$\xleftarrow{H^+,\ WO_4^{2-}}$$

$$\alpha_2\text{-}P_2W_{18} \rightleftharpoons \alpha_2\text{-}P_2W_{17} \rightleftharpoons \alpha\text{-}P_2W_{16}$$

$$\nwarrow \qquad\qquad\qquad \searrow$$

$$\alpha_1\text{-}P_2W_{17} \rightleftharpoons \alpha\text{-}P_2W_{12} \longrightarrow HPO_4^{2-},WO_4^{2-}$$

$$\nearrow$$

$$\beta\text{-}P_2W_{18} \rightleftharpoons \beta\text{-}P_2W_{17} \rightleftharpoons \beta\text{-}P_2W_{16}$$

$$\xrightarrow[OH^-]{}$$

从 α-P_2W_{18}可得到两种 P_2W_{17} 异构体，即分别从极向或赤道面上失去一个 WO^{4+}，早在 1892 年就报道用碱处理 α-P_2W_{18}可得到二种异构体，随后采用各种光谱技术，包括^{183}WNMR 证明了极向缺位的结构。As_2W_{17}以及不稳定的 β-P_2W_{17}都已制得。正如上表所示，如果用碱进一步处理 α_2-P_2W_{17} 溶液，可得到 P_2W_{16} 和 P_2W_{12}，它们都能以钠盐或钾盐析出，P_2W_{12} 如果用 H^+ 和 WO_4^{2-} 进行反应，在有 Li^+ 离子存在时，可得到 $P_2W_{17}(\alpha_1)$异构体，其中赤道面上的一个 WO^{4+} 已经失去；$\alpha_1 \rightarrow \alpha_2$ 的异构化作用，在 40℃，pH4.9 时，1mol/LNaCl 溶液中半衰期为 40min；1mol/LLiCl 溶液中为 40h。已制得两种异构体的金属取代衍生物，锂对异构化作用的影响表明 α_1-P_2W_{17}Li 配合物的生成常数相当大。P_2W_{16}阴离子只有用碳酸钠与 P_2W_{18}或 P_2W_{17}反应时才能得到。其钠盐是极难过滤的乳状液，它的组成至今还不能完全确定；分析得到的 W/P 比～8，而许多阴离子性质接近 P_2W_{15} 即 Dawson 结构中失去三个极向的 WO_6 八面体，这样与二价离子 Zn^{2+}，Co^{2+} 等反应，产生与 $M_4(PW_9)_2$ 阴离子类似的组分，即$[M_4(P_2W_{15}O_{56})_2(H_2O)_2]^{16-}$。“$P_2W_{16}$”在 pH～8 慢慢地转变成“$P_2W_{12}$”它能以钾盐 $K_{12}P_2W_{12}O_{47} \cdot xH_2O$ 析出，这方面的研究还比较少。

(2)硅(IV)和锗(IV)

早在一百多年前 Marignac 就对钨硅酸进行了研究，并指出具有 α-和 β-两种异构体。近年来对其钾盐进行复结晶，已分离得到二种异构体。溶液中这二种异构体的 UV 光谱(β-SiW_{12}为淡黄色)和极谱波均有差异，后者更为显著。β-异构体的半波电位比 α-异构体更正。β-异构体比较稳定，即使延长煮沸时间，异构化作用的发生仍相当缓慢，锗与硅一样，也与钨生成二种异体，但锗的稳定性较差，室温 β-GeW_{12}就会慢慢发生异构化作用；加热更加速异构化作用。

与钨磷酸一样，钨硅酸溶解于水、乙醇和其他有机溶剂。18℃饱和水溶液的密度为 2.84g/cm^3。与其他 Keggin 结构阴离子一样，二种异构体都可与乙醚反应生成“醚合物”。电位滴定表明为四元酸，已制得许多酸式盐，如 $Cs_3HSiW_{12}O_{40}$，这个质子是由晶体堆积的要求而不是由中和作用得出的。依据目前热谱测定条件还很难确定酸和盐固体的热分解温度，但可以肯定，当温度超过 240℃时，$H_4SiW_{12}O_{40} \cdot 5H_2O$ 脱水。

用碱与$[XW_{12}O_{40}]^{4-}$(X=Si，Ge)溶液反应时(pH>5)，发生一系列复杂的水解反应，形成各种缺位的杂多阴离子，示意如下：

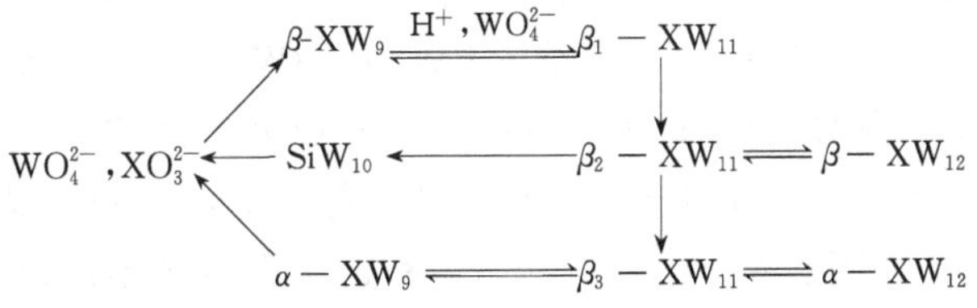

其中每一种杂多阴离子在电化学上都是可还原的，它们之间的相互转换或异构化作用都可藉助极谱波进行跟踪。表 25.38 列出每一种钨硅杂多酸盐的半波电位。

表 25.38 缺位钨硅酸阴离子的极谱半波电位[a)]

阴离子	$E_{1/2}^{b)}$(电子数)	
α-SiW_9	−0.78(4)	
β-SiW_9	−0.80(2)	−0.90(2)
α-SiW_{11}	−0.65(2)	−0.91(2)
β_1-SiW_{11}	−0.63(2)	−0.83(2)
β_2-SiW_{11}	−0.63(2)	−0.77(2)
β_3-SiW_{11}	−0.69(2)	−0.89(2)

a)滴汞电极，1.0mol/L NaAc/HAc pH4.7；b)甘汞电极为参比。

在水溶液中，这些缺位的杂多阴离子除 α-XW_{11} 和 SiW_{10} 外，都是介稳的，可控制溶液的反应温度和 pH 值使其慢慢发生分解或异构化作用。pH5 和 25℃ 时 SiW_{11} 各种异构体的半衰期分别为：β_1，11h；β_2，7.5h；β_3，4.5h。

α-XW_{11} 和 β_1-XW_{11} 经碱的降解作用(pH>8 时)，分别分解成 α-XW_9 和 β-XW_9 杂多阴离子；如果让 XO_3^{2-} 和 WO_4^{2-} 直接反应也能很方便地制得 α-XW_9。

(3)硼(III)

早在 1883 年人们就已知道硼与钨能形成两种 BW_{12} 异构体，1951 年还报道了 BW_{11} 类型的钨硼杂多酸(盐)，目前对这些杂多酸(盐)阴离子之间的相互转化可归纳如下：

$$\xrightarrow{H_1^+\ WO_4^{2-}}$$

$$BO_3^{2-},WO_4^{2-} \rightleftharpoons h\text{-}BW_{11} \rightleftharpoons h'\text{-}BW_{12} \rightleftharpoons h\text{-}BW_{12}$$

$$\downarrow$$

$$\alpha\text{-}BW_{12}$$

$$\xleftarrow[OH^-]{}$$

无疑，α-BW_{12} 具有 Keggin 结构，与相应的钨硅酸、钨磷酸具有相同的晶型，它的振动光谱与 α-XW_{12}(X=Si，P 等)阴离子光谱相似，相应还原组分的吸收光谱也是一样的。^{11}B 的核磁共振谱(δ：−17.6ppm)只有 1Hz 宽，说明硼原子处于具有相当高的对称性环境中。与 α-XW_{12} 杂多酸(盐)不同，α-BW_{12} 在溶液的 pH>6.5 时，直接分解成硼酸盐和钨酸盐，而不生成 α-BW_{11} 或 BW_9 类型。分级结晶钨硼酸溶液可得到 BW_{12} 另一种异构体，$H_5BW_{12}O_{40}\cdot 24H_2O$ 六方晶体，它的产率很低。最近，郑汝骊等采用电解法可使其产率提高六倍。它的极谱、红外光谱以及二电子还原产物的吸收光谱表明这种异构体与其他 β-Keggin 阴离子不同，它不形成 β-异构体，h-BW_{12}异构体的结构目前还未测得。

BW_{11}杂多阴离子很易以钾盐形式从调节 pH＝6.5 的硼酸盐和钨酸盐混合的溶液中析出，$K_8HBW_{11}O_{39}\cdot 17H_2O$，它与 h-BW_{12}发生可逆的转换反应，表明它与 h-系列属同系；在转换过程中形成$[h'\text{-}BW_{12}O_{40}(OH)_2]^{7-}$，它已得到测定，但还未得到晶体。

当溶液的 pH＜5 时，发生 $h\rightarrow\alpha$ 的异构化作用，在酸性溶液中，该反应变得相当缓慢。当溶液 pH 为 5.5 时，h-BW_{12}已转化成 h'-BW_{12}，即使在煮沸的条件下也不发生异构化作用。

(4)其他金属离子

铁、钴、铜和锌等重金属元素也与钨形成具有 Keggin 结构的杂多酸，其中$[Fe^{III}W_{12}O_{40}]^{5-}$阴离子在 pH＜5 的水溶液中是稳定的，它们的振动光谱、电子光谱及 ESR 波谱都有报道。至今还未得到 Fe^{II}I 的类似物。Baker 等已报道了几种以钴为杂原子的 Keggin 结构阴离子。

$$Co^{2+},WO_4^{2-}\xrightarrow{pH6}[Co^{II}W_{11}Co^{II}(OH_2)O_{39}]^{8-}\xrightarrow{H^+}[Co^{II}W_{12}O_{40}]^{6-},Co^{2+}$$

$$\Big\Updownarrow \pm e^-$$

$$[Co^{III}W_{11}Co^{II}(OH_2)O_{39}]^{7-}\xrightarrow{H^+}[Co^{III}W_{12}O_{40}]^{5-},Co^{2+}$$

其中以往认为是 Co_2W_{12}类型杂多阴离子，目前依据形成缺位 CoW_{11}阴离子的假定，可看作形成 Co^{II}取代一部分钨而形成 Keggin 阴离子结构衍生物。因为四面体 Co(III)具有高自旋，这四种杂多阴离子都具有顺磁性。它们的磁性及电子光谱已有报道。已经研究了 $Co^{III}W_{12}$对抗坏血酸、氢醌、邻苯二酚及烷基烃的氧化作用。

关于 $Cu^{II}W_{12}$和 ZnW_{12}类型的杂多酸盐文献中报道的相当少，杂原子为 Al^{3+}，Cr^{3+}和 $M^{3+,4+}$的 Keggin 结构杂多酸盐文献中虽有报道，但从 AlW_{12}和 AlW_{11}中^{27Al}的 NMR 波谱测定，还缺乏所期待的证据。至今，还未制得$[GaW_{12}O_{40}]^{5-}$杂多阴离子。

2.杂原子具有八面体配位的杂多钨酸盐

目前对于属这类的杂多钨酸盐知道的还不多，它们主要是$[Ni(OH)_6W_6O_{18}]^{4-}$，$[TeW_6O_{24}]^{6-}$和$[IW_6O_{24}]^{5-}$，具有与这一类杂多钼酸盐相类似的 Anderson 结构。

3.杂原子具有八配位的杂多钨酸盐

1971 年 Weakley 等首先确证钨与许多三价和四价金属离子形成$[XW_{10}O_{36}]^{12-}$杂多阴离子。根据$[(CeW_{10}O_{36}]^{n}$和$[UW_{10}O_{36}]^{n}$的结构测定表明杂原子与两个 W_5O_{18}基团形成八配位，其中 W_5O_{18}基团可看作缺位的 W_6O_{19}结构衍

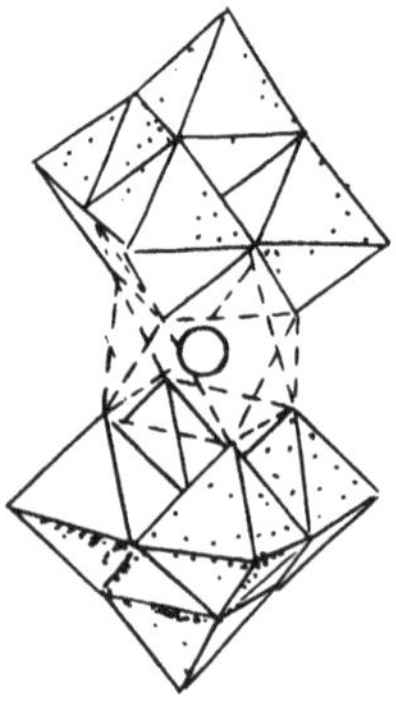

图 25.44　$[CeW_{10}O_{36}]^{8-}$结构

生物。整个阴离子的对称性按近 D_{2d}(见图25.44)。

水溶液中,XW_{10}阴离子只有在一定的酸度范围是稳定的,pH 值超过 5.5—8.5 范围即很快地发生水解,$Ce^{IV}W_{10}/Ce^{III}W_{10}$的还原电位是 1.1V(以甘汞电极为参比)。文献中已有这类化合物的电子吸收光谱和振动光谱的报道。EuW_{10}的发射光谱以及 PrW_{10},HoW_{10}的超灵敏带也已进行了讨论,还报道了这些配合物^{17}O的 NMR 化学位移值。其中 UW_{10}和 ThW_{10}的^{17}O化学位移值很有指导意义,尽管 $XW_{10}O_{36}$结构中有六种类型的氧原子,从分辨率和灵敏度考虑只能观察到三种线,ThW_{10}为669、349 和 545ppm;UW_{10}为 664,318 和 875ppm,相当于结构中的端基氧、桥基氧和杂原子氧。

3.5　钨的过氧化合物

3.5.1　过钨酸盐

W(VI)可以形成以过氧基对 W 比例为 4∶1,3∶1,2∶1,1∶1 和不定比例的过钨酸盐。生成的品种与合成的条件很有关系,影响因素有温度、浓度、酸度、光辐射与反应时间等。

过量 H_2O_2 在碱性溶液中与钨酸盐反应,可生成黄色的四过氧钨酸盐 $W(O_2)_4^{2-}$。反应式为:

$$WO_4^{2-}+4H_2O_2 \longrightarrow W(O_2)_4^{2-}(\text{黄色})+4H_2O$$

组成可有 $M_2^I[W(O_2)_4]$及 $M^{II}I[W(O_2)_4]$($M^I=Li^+,Na^+,K^+,Rb^+,Cs^+$;$M^{II}I=Ca^{2+},Sr^{2+},Ba^{2+}$等)。从 Na_2WO_4- H_2O_2- H_2O 体系中证实有 $Na_2[W(O_2)_4]\cdot nH_2O$ 和 $Na_2[W(O_2)_3]\cdot nH_2O$ 的品种存在。以乙醇-乙醚(1∶1)的混合物加于含 Li_2WO_4 和 H_2O_2(1∶1)的冷溶液中,有 $Li_2[W(O_2)_3]\cdot 4H_2O$ 生成,0℃,真空去水转化为 $Li_2[W(O_2)_3]\cdot H_2O$;用 60%H_2O 和 3mol/LLi_2WO_4 溶液在−10℃低温下反应则生成 $Li_2[W(O_2)_4]\cdot 6H_2O$。$Cs_2WO_4$ 和 H_2O_2 水溶液在 0℃冷却,可沉淀出 $Cs_2[W(O_2)_3]\cdot 3H_2O$,在真空中失水生成 $Cs_2[W(O_2)_3]\cdot H_2O$ 和 $Cs_2[W(O_2)_3]\cdot \frac{1}{2}H_2O$;同样条件下还可生成 $Cs_2[W(O_2)_4]\cdot 0.2H_2O$。文献报道,锌分族元素的 4∶1 过钨酸盐可如下进行分解:

$$MWO_8 \rightarrow MWO_7 \rightarrow MWO_6 \rightarrow MWO_5 \rightarrow MWO_4$$

分解活化能约为 63—71kJ/mol。例如钇可生成类似上述五种钨的过氧化合物 $Y_2(WO_5)_3 \cdot H_2O$，$Y_2(WO_6)_3 \cdot H_2O$，$Y_2(WO_7)_3 \cdot 2H_2O$，$Y_2(WO_8)_3 \cdot H_2O$ 和 $Y_2(WO_9)_3 \cdot 3H_2O$。用 40% H_2O_2 与 Na_2WO_4 和 $Sc(NO_3)_3$ 在 0—2℃反应，加丙酮或乙醚，可得到白色细晶体 $Sc_2(WO_6)_3 \cdot 4H_2O$；若以 20% H_2O_2 作用则生成 $Sc_2(WO_6)_3 \cdot 7H_2O$。$Sc_2(WO_6)_3 \cdot 4H_2O$ 在 80℃分解失去部分过氧基，275℃可完全失去过氧基，在 295℃失去水。$Sc_2(WO_6)_3 \cdot 7H_2O$ 在 80—180℃间失去过氧基和水，290℃得到 $Sc_2(WO_4)_3$。

电位滴定指出在 pH5 和 pH8 时，WO_8^{2-} 和 WO_6^{2-} 分别与 H^+ 结合，在 pH5 时形成 $[W_2O_{11}]^{2-}$ 离子，即 2∶1 过钨酸盐离子的二聚体 $[(O_2)_2OWOWO(O_2)_2]^{2-}$，$MgWO_6 \cdot 3H_2O$ 经核磁共振结构分析证明其分子内含有结晶水和羟基，组成可以表示为 $Mg_2(OH)_2W_2O_{11} \cdot 5H_2O$；黄色晶体，具有反磁性的 $K_2Mg(WO_6)_2 \cdot 3H_2O$ 组成为 $K_2Mg(OH)_2W_2O_{11} \cdot nH_2O$，而 $K_2WO_6 \cdot 2H_2O$ 分子内不含羟基，只有结晶水。$[W_2O_{11}]^{2-}$ 离子中每个 W 原子结合两个过氧基团，两个 WO_5 依靠一个单氧原子连接，每个 W 原子周围形成一个扭曲的八面体，化合物的红外光谱呈现一个表征 O—O 伸展振动的强带 $862cm^{-1}$。

由 H_2O_2 与钨酸盐反应，或以碱中和含 H_2O_2 的钨酸盐酸性溶液，或分解较高比例氧的过钨酸盐，均可得到 1∶1 的过钨酸盐，表示式为 $M_2^{I}[WO_3(O_2)] \cdot aq$ ($M^{I}=Na^+, K^+$)，$M^{II}[WO_3(O_2)]aq$ ($M^{II}=Ca^{2+}, Sr^{2+}, Ba^{2+}, Co^{2+}$)。

低浓度的 H_2O_2 与钨酸盐、多钨酸盐反应，可得不定比例的过钨酸盐，它们有时以过多钨酸盐形式出现，例如 $Ba_5W_{12}O_{38}(O_2)_8 \cdot 18H_2O$ 等。

过钨酸盐在水溶液中存在较复杂的平衡，简单地可总结为：

(1)在高浓度 H_2O_2 溶液中，有 2∶1 和 4∶1 类过钨酸盐间的平衡：

$$[(O_2)_2OWOWO(O_2)_2]^{2-}+2OH^-+4H_2O_2 \rightleftharpoons 2[W(O_2)_4]^{2-}+5H_2O$$

在弱碱溶液中存在相当浓度的 4∶1 类品种，在强碱内则分解成钨酸盐，在较强的酸性条件下，转化成 2∶1 类品种。

(2)在低浓度 H_2O_2 溶液中，可有 2∶1 类二聚物和 1∶1 类化合物间的平衡：

$$H_2[W_4(O)_9(O_2)_4]+4H_2O_2 \rightleftharpoons 2H_2[(O_2)_2OWOWO(O_2)_2]+3H_2O$$

在 pH 很高时，2∶1 类水解得到 4∶1 类品种和钨酸盐：

$$[(O_2)_2OWOWO(O_2)_2]^{2-}+2OH^- \rightleftharpoons [W(O_2)_4]^{2-}+WO_4^{2-}+H_2O$$

可见当 H_2O_2 加于多钨酸盐溶液中，pH 下降发生解聚作用。

(3) H_2O_2 加于碱金属的钨酸盐溶液中，pH 值增大，形成 2∶1 的二聚离子：

$$2WO_4^{2-}+4H_2O_2 \rightleftharpoons$$
$$[(O_2)_2OWOWO(O_2)_2]^{2-}+H_2O+2OH^-$$

在高浓度 H_2O_2 情况下，二聚体转化为 4：1 类品种，溶液 pH 值降低。

3.5.2 钨的过氧配合物

钨的过氧配合物化学与钼非常相似，钼(VI)能形成的过氧配合物，有许多钨也可以生成，具有代表性的配合物有过氧氟络钨酸钾 $K_2[WO(O_2)F_4]H_2O$，过氧草酸根络钨酸钾 $K_2[WO(O_2)_2(C_2O_4)]$ 等，含氮配体的过氧配合物有 $WO(O_2)_2HMPA\cdot H_2O$(HMPA=Hexamethylphosphoric triamidt 六甲基磷酰三胺)，$WO(O_2)_2$(dipic)HMPA(dipic=Pyridine-2,4-dicarboxylate 吡啶羟酸)如：

$H^+[WO(O_2)_2(C_5H_4NCO_2)]^-\cdot 2C_5H_4NCO_2H$ 橙色

$H^+[WO(O_2)_2(C_5H_4NCO_2)]^-\cdot H_2O$ 白色

$WO(O_2)[C_5H_3N(CO_2)_2](HMPA)\cdot H_2O$ 白色

可以用 H_2O_2 氧化含氮配体的钨配合物制取相应的过氧配合物，或由钨酸、30% H_2O_2 和相应的配体溶液反应而生成。这类过氧配合物作为催化剂用于 H_2O_2 氧化体系中，例如使仲醇氧化为酮：

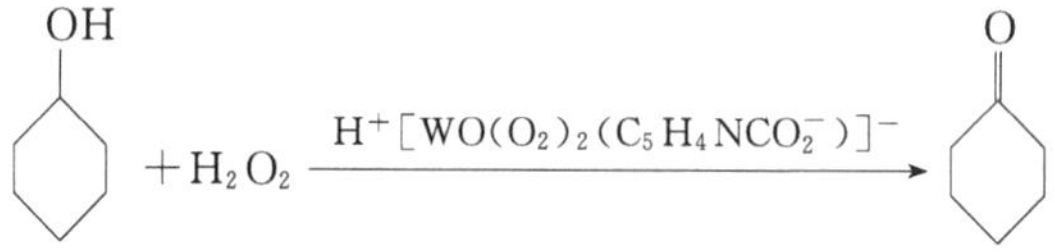

在酸性或中性条件下 $WO(O_2)_2HMPA\cdot H_2O$ 在 H_2O_2 体系中，可使烯烃环氧化。在过程中形成的无机过氧酸是活泼的环氧化试剂，其反应机理与有机酸相同，对不饱和的醇或酸来说可认为发生了分子内氧转移反应与金属的络合作用，如下图所示。

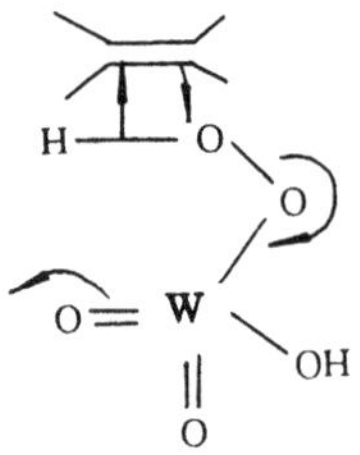

3.6 钨的簇合物

簇合物化学是 20 世纪 60 年代开始发展起来的一门新兴学科，是近代无机化学领域中一个非常活跃的部分，它所研究的对象一般是指含有一个以上金属—金属键的多核化合物，在这类化合物中多个金属原子键合成多面体的簇骼，它们为从结构、电子构型和化学性质等整体概念上来了解金属-金属键提供了极好的基础。钨作为VIA族重过渡元素与钼、铌、钽和铼等元素一样特别易于形成簇合物。在簇合物化学早期发展史中，钨的某些化合物也同上述元素的化合物一样扮演了重要的角色，例如瑞典结构化学家 Cyrill Brösset 在 1935 年通过 X 射线晶体分析方法测定了 $K_3W_2Cl_{19}$ 的结构，发现 W—W 之间距特短，首次获得了金属—金属键存在的证据，第二次世界大战结束后此结果引起化学界的重视从而开拓了金属—金属键研究的新领域。但由于钨化学性质本身的复杂性，给钨的簇合物研究带来了不少困难，与钼相比较，已报道的簇合物要少得多。

钨的族合物按其簇骼的原子数可分为双核簇，三核簇，四核簇和六核簇。分别叙述如下：

3.6.1 钨的双核簇合物

双核簇合物可以二个金属原子之间键的多重性来分类。钨的四重键双核簇合物其电子构型为 $\sigma^2\pi\delta^2$(W≣W)。它们与钼的同类化合物差别最大。目前已知钼的四重键双核簇合物多至数百种，而钨只有十来种。钼的不少四重键双核簇合物相当稳定，如 $K_4Mo_2Cl_8$ 甚至能在水溶液中存在，$Mo_2(O_2CR)_4$ 是极重要的含Mo≣Mo的化合物，早在 1960 年就已制得。它们是制备钼四重键双核簇合物的关键性的开始物料。对钨来说，二十多年来经多次失败后于 1982 年由 $W_2Cl_6(THF)_4$ 与 NaO_2CCF_3 以及于 1985 年由 WCl_4 与 NaO_2CCH_3，经钠汞齐还原后方才分别获得 $W_2(O_2CCF_3)_6$ 和 $W_2(O_2CCH_3)_6$。至于与 $Mo_2Cl_8^{-4}$ 相应的 $W_2Cl_8^{-4}$，虽经理论计算是可能存在的，但至今仍未能制得。关于钨与钼在形成四重键趋势上有如此大的差别的原因，仍是金属—金属键理论研究的一个重要课题。

第一个制备成功的具有 W≣W 的双核簇合物是 $Li_4W_2(CH_3)_8 \cdot 4L$。这是在 1975 年由 WCl_4 或 WCl_5 与 $LiCH_3$ 反应制得的。通过 WCl_4 与 PR_3 并经钠汞齐还原或通过 $WCl_2(PMe_3)_4$ 的热分解可以得到另一类四重键双核簇合物 $W_2Cl_4(PR_3)_4$，($PR_3=PMe_3$, PMe_2Ph, $PMePh_2$ 或 PBu_3)，其结构见图 25.45。这类含膦的簇合物还可经配体取代反应得到 $W_2Cl_4(dmpe)_2$ 及 $W_2Cl_4(dppe)_2$，其中 dmpe 为 1,2-二-(二甲基膦氧合)乙烷，dppe 为 1,2-二-(二苯基膦氧合)乙烷。WCl_4 与 $K_2C_8H_8$ 反应可得到一个介于四重键双核簇合物与金属有机化合物之间的产物 $W_2(C_8H_8)_3$，该化合物的结构特殊，其中一个环辛四烯作为桥基配体同时与二个 W 原子配位(见图 25.46)。一般 W≣W 的键长在 220—230pm 之间，而此化合物的 W≡W 键长为 237pm。

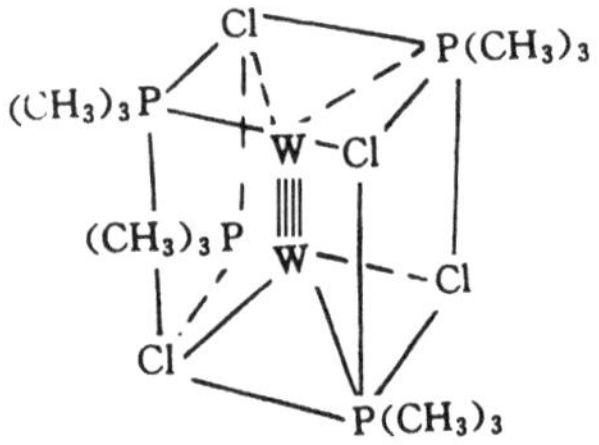

图 25.45 $W_2Cl_4(PMe_3)_3$ 示意图

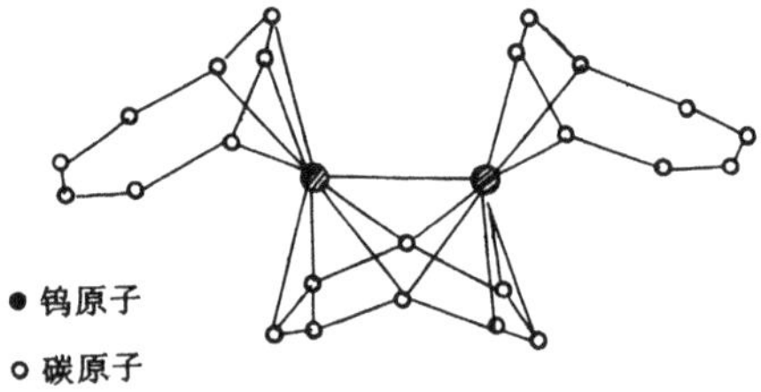

图 25.46 $W_2(C_8H_8)_3$ 结构示意图（H 原子位置已省略）

钨的三重键双核簇合物其电子构型为 $\sigma^2\pi^4$。除了有名的九氯二钨酸盐，$M_3W_2Cl_9$（M＝K，Na，Cs，NH_4，NR_4 等），此外还有许多不同类型的三重键双核簇合物。Me_3SiCH_2MgCl 与 WCl_6 反应可得到棕橙色的 $W_2(CH_2SiMe_3)_6$，m. p. 为 110℃，这是一种 M_2R_6 型簇合物；$W(CO)_6$ 与 WCl_6 以 1∶2 比例混合后在氯苯回流的条件下与 $LiNMe_2$ 反应可得到纯的 $W_2(NMe_2)_6$，用相同的方法可得到其他 $M_2(NR_2)_6$ 型簇合物，如 $W_2(NMeEt)_6$ 和 $W_2(NEt_2)_6$；$W_2(NMe_2)$ 能与 BuOH 和 MeSiOH 反应得到 $W_2(OBu)_6$ 和 $W_2(OSiMe_2)_6(NHMe_2)_3$，它们对氧和潮气都很敏感，$W_2(NMe_2)$ 与甲醇、乙醇等反应不能得到相应的 $M_2(OR)_6$ 型簇合物；$W_2(NMe_2)_6$ 与 CO_2 反应后因二甲胺基（Me_2N—）转化为二甲胺基甲酸根（$Me_2NCO_2^-$）故得到产物 $W_2(O_2CNMe_2)_6$；WCl_4 与 $LiNEt_2$ 反应可得到一个红色的，对空气敏感的混合配体簇合物，$W_2Cl_2(NEt_2)_4$，该化合物中的卤素配体可通过以下反应为其他卤素取代，

$$W_2Cl_2(NEt_2)_4 + 2LiBr \longrightarrow W_2Br_2(NEt_2)_4$$

$$W_2Cl_2(NEt_2)_4 + 2HgI_2 \longrightarrow W_2I_2(NEt_2)_4$$

与 $W_2Cl_2(NEt_2)_4$ 相似的 $W_2Cl_2(NMe_2)_4$ 与 LiR 反应卤素原子则为 R 取代得到 $M_2R_2(NMe_2)_4$，R＝CH_3，C_2H_5，CH_2CD_3，n-C_4H_9，$CHMe_2$，CH_2CMe_2，CH_2SiMe_3 和 CMe_3 等。一般 W≡W 键长在 230pm 左右，但在 $W_2Cl_9^{-3}$ 中 W≡W 键长为 242pm。

钨的双重键双核簇合物的电子构型为 $\sigma^2\pi^2$。最主要的化合物是 $W_2X_4(OR)_4(ROH)_2$，其制备方法有(1)$(Bu_4N)_3W_2Cl_9$ 与醇直接反应；(2)WCl_4 的醇解反应；(3)WCl_4 醇溶液的电解还原反应以及(4)$W_2X_4(OEt)_4(EtOH)_2$ 或 $W_2X_4(OMe)_4(MeOH)_2$ 与其他 ROH 的烷氧基交换反应。其中 X＝Cl，Br，R＝Me，Et，n-Pr，n-Bu. n-Oct，i-Bu，i-Pr 等。此外通过不完全的烷氧基交换反应可得到通式为 $W_2Cl_4(\mu\text{-}OR)'_2(OR)'_2(R'OH)$一系列簇合物，其中 R＝Me，Et，R′＝Me，Et，n-Pr，i-Pr，n-

Bu, *i*-Bu, *sec*-Bu, *n*-Oct 等。其典型结构见图 25.47,这类化合物中有两个连接 W 原子的配位桥为烷氧基,μ-OR。以 $W(CO)_3(CH_3CN)_3$ 与四乙秋兰姆化二硫,$Et_2NC(=S)—SS—C(=S)NEt_2$,反应可得到绿色的晶体,$W_2(\mu\text{-}S)_2(S_2CNEt_2)_4$,在此化合物中以两个硫原子作为连接钨原子的配位桥。$W(CO)_6$ 与 N,N'-3,5-甲苄基甲酰胺反应得到一个粉红色的在空气中能稳定存在的化合物,$W_2(\mu\text{-}CO)_2[HC(NR)_2]_4[(RN)CH=(NR)CH_2]$,R=3,5-甲苄基。其结构与上相似,不同的是两个 CO 以 C 为配位原子,作连接钨原子的配位桥。$W(CO)_6$(或$[W_2(CO)_{10}H]^-$及$[W(CO)_4(B_3H_8)]^-$)与 Et_2NBH_4 反应得到产物$(Et_2N)_2[W_2(CO)_8H_2]$其最特殊之处是以两个氢原子作为桥基配体,结构见图 25.48。一般 W=W 的键长在 250pm 左右。

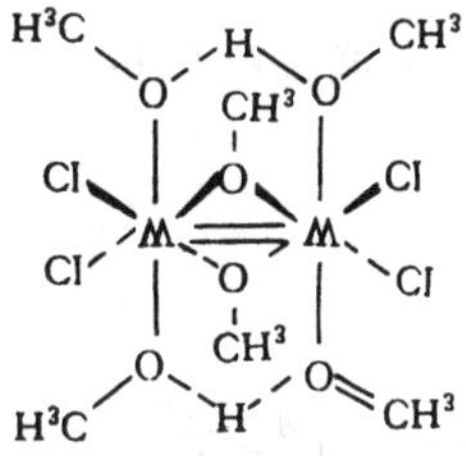

图 25.47 $W_2Cl_4(OCH_3)_4(CH_3OH)_2$ 结构示意图

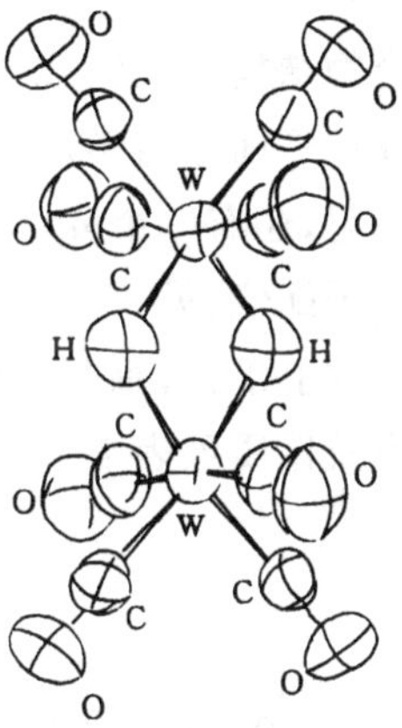

图 25.48 $[W_2(CO)_8H_2]^{2-}$ 结构示意图

关于钨的单键双核簇合物也有一些报道,如双重键双核簇合物 $W_2Cl_4(OR)_4(ROH)_2$ 以 O_2 或 Ag(I)作氧化剂经有控制的氧化反应脱去两个羟基上的氢得到 $W_2Cl_4(OR)_6$,其 W—W 的键级为 1。以 $W(CO)_3(CH_3CN)_3$ 与四乙秋兰姆二硫反应若条件稍加改变可得到 $W_2S_2(S_2CNEt_2)_2(OCH_3)_4$,这是一种橙色的晶体,其 W—W 键长为 279pm,与金属钨中原子间距为 274.1pm,相当于也是单键。

3.6.2 钨的三核簇合物

钨在其三核簇合物中形式氧化数为+4,故常被列入 W(IV)的化合物中。但从簇合物中 W—W 的键长来看在 250—280pm 之间,其键级应在 1—2 之间。钨的三核簇合物的制备方法大致可分成四种。

(1)单核聚合反应,如

$$W(CO)_6 + H(Oac) \longrightarrow [W_3O_2(Oac)_6(H_2O)_3]^{2+}$$

(2)双核反应,如

$$W_2Cl_4(PBu_3)_4 + H(Oac) \longrightarrow [W_3O_3Cl_5(Oac)(PBu_3)_3]$$

此反应实际上是一个氧化反应,原料中的 W≡W 经聚合成环后,键级降至 2 左右;(3)歧化反应,如

$$(NH_4)_2[W_2O_4(C_2O_4)_{2.5}] \cdot 3H_2O + HF \longrightarrow [W_3O_4F_9]^{5-}$$

(4)还原反应,如

$$Na_2WO_4 + (Oac)_2 + Zn(粉) \longrightarrow [W_3O_2(Oac)_6(H_2O)_3]^{2+}$$

钨的三核簇合物结构可归纳成二个类型,一个可称为 A 型(图 25.49)其特点是三个钨原子构成一平面三角形,有三个 μ_2-O(图中以 Y 表示)作为桥基配体将钨原子两两连接在一起,还有一个 μ_3-O(图中以 X 表示)作为戴帽配体在三角形平面上同时与三个钨原子配位;另一个称为 B 型(图 25.50),其特征是有两个 μ_3-O 戴帽配体位于三角平面的上下方,每两个钨原子之间都有二个羧基配位桥。一些三核簇合物的结构分类及性质见表 25.39。

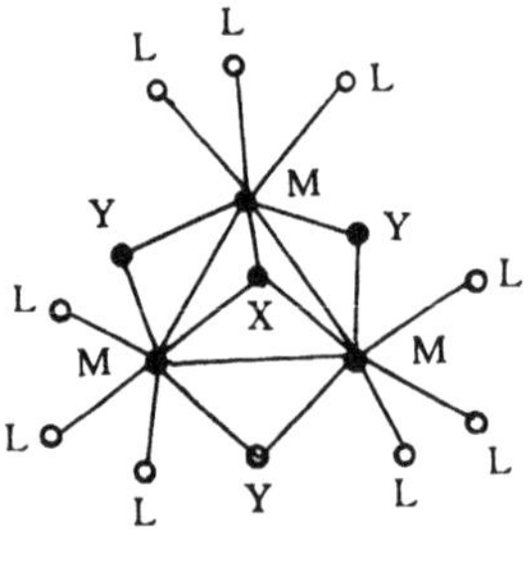

图 25.49　A 型结构示意图

M 钨原子　X 戴帽配体

Y 桥基配体　L 端基配体

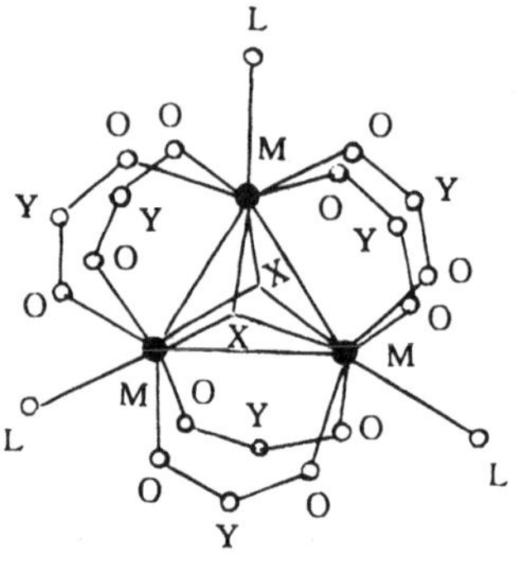

图 25.50　B 型结构示意图

O 羧氧原子

其余与图 25.49 同

表 25.39 钨三核簇合物的结构及性质

化合物	结构类型	W—W 键长 (pm)	M_3 电子数	颜色
$[W_3O_2(O_2CEt)_6(H_2O)_3]^{2+}$	B	274.5	6	黄
$[W_3O_2(Oac)_6(H_2O)_3]^{2+}$	B	274.7	6	黄
$[W_3O_2(O_2CCMe_3)_6(O_2CCMe_3)_2(H_2O)]$	B	276	6	黄
$[W_3O_2(Oac)_6(Oac)_3]^-$	B	276.9	6	黄
$[W_3O_4F_9]^{5-}$	A	251.4	6	暗红
$[W_3(OCH_2CMe_3)O_3Cr_3(O_2CCMe_3)_{12}]$	A	261.0	8	暗绿
ZnW_3O_8	A		6	
$[W_3O_3Cl(Oac)Cl_4(PBu_3)_3]$	A	260.9	6	红

3.6.3 钨的四核簇合物

钨的四重键双核簇合物 $W_2[NMe_2]_6$ 与 MeOH，EtOH 按下式反应，

$$2W_2[N(CH_3)_2]_6+16ROH \longrightarrow W_4(OR)_{16}+12(CH_3)_2NH+2H_2$$

其产物为四核簇合物，$W_4(OR)_{16}$，R＝Me，Et，是一种反磁性，对空气敏感的暗绿色或棕色晶体。该簇合物结构与钼的四核簇合物相同（见图 25.51）。从结构示意图中可以看到这个簇合物就像二个 A 型结构三核簇合物共边组成。其中钨的形式氧化数也是＋4，W—W 键长在 260—290pm 之间，键级也为 1—2。

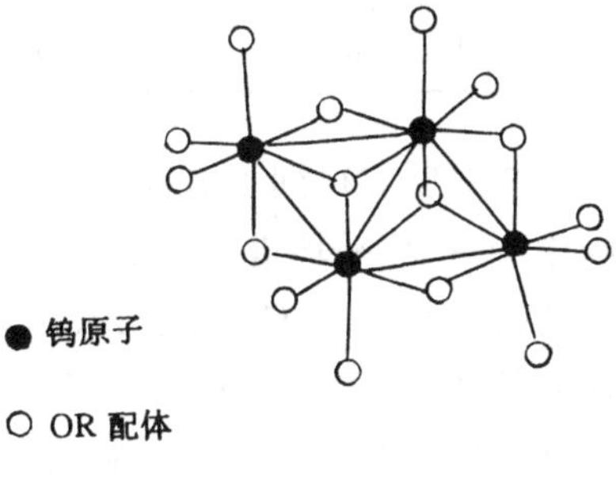

图 25.51 $W_4(OR)_{16}$ 结构示意图

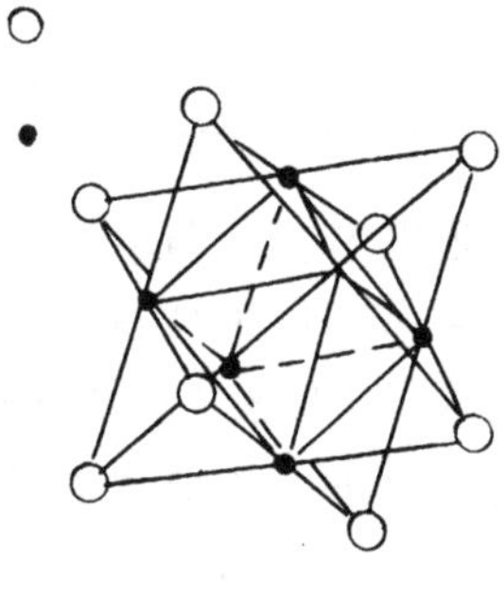

图 25.52 $M_6X_8^{n+}$ 结构示意图

3.6.4 钨的六核簇合物

钨的极大多数六核簇合物都具有 $M_6X_8^{n+}$ 构型，(见图 25.52)的簇骼，加上六个端基配位的 X 原子则为 $W_6X_{14}^{2-}$。其簇骼结构特征是六个钨原子以八面体排列，在八个三角平面上各有一个 μ_3-X 原子作为戴帍配体与三个钨原子配位。这样一种结构也可看成八个 A 型结构的三核簇合物相互共边组成。WX_4 在 450—500℃，

经歧化反应

$$3WX_4(S) \longrightarrow WX_2(s) + 2WX_5(g) \quad X=Cl, Br$$

得到的 WX_2 从形式上看是二卤化钨，钨的形式氧化数为+2，在习惯上列入W(II)化合物。实际上这是一个六核簇合物，六个端基配位的卤素原子中有四个是为另一个六核簇簇骼所共有，故其分子式应为$[W_6Cl_8]Cl_2Cl_{4/2}$或 W_6Cl_{12}。在簇骼中W—W 的平均键长为 264pm，键级接近 2。

如将 W_6Cl_{12} 溶于 HCl 中，可以得到一黄色晶体 $H_2[(W_6Cl_8)Cl_8]\cdot 8H_2O$。20世纪 80 年代初发现这一类六核簇合物有强的发光性质，并与基态和激发态之间电子转移反应可以对应起来。敌重新开始了对这类化合物的制备及光学、电化学及光化学性质的研究工作，现将某些结果列于表 25.40 中。

表 25.40 钨六核簇合物的某些物理性质

簇合物	发光波长 (λ_{max})(nm)	τ(μs)	氧化单位[$E_{1/2}$(OX)]
$(TBA)_2W_6Cl_{14}$	833	1.5	1.12
$(TBA)_2W_6Cl_8Br_6$	814	2.3	1.10
$(TBA)_2W_6Cl_8I_6$	802	3.0	
$(TBA)_2W_6Br_8Cl_6$	766	9.7	0.93
$(TBA)_2W_6Br_{14}$	758	15	0.87
$(TBA)_2W_6Br_8I_6$	752	15	
$(TBA)_2W_6I_8Cl_6$	701	10	
$(TBA)_2W_6I_8Br_6$	698	22	
$(TBA)_2W_6I_{14}$	698	30	0.71

最近报道以 W_6Cl_{12} 与 PR_3 在四氢呋喃溶剂中反应得到了 *trans*-$[(W_6Cl_8)Cl_4(PR_3)_2]$，R=n-C_4H_9，n-C_5H_{11}，在此化合物中 W—W 平均键长为 263pm，说明二个膦基的引入对簇骼没有产生明显的影响。以 *trans*-$[(W_6C_{18})Cl_4(PR_3)_2]$与三乙基铝反应还可以进一步取代端基配位的卤素原子，得到 *all-trans*-$[(W_6Cl_8)Cl_2C(C_2H_5)_2(PR_3)_2]$和 *trans*-，*mer*-$[(W_6Cl_8)Cl(C_2H_5)_3(PR_3)_2]$。以不同有机配体来取代配位的卤素原子，并研究其结构及对物理和化学性质的影响，将是今后钨六核簇合物的研究方向。

将 W_6Cl_{12} 在氯气流中加热到 100℃可以得到组成为 WCl_3 的黑色化合物。从单晶结构分析知它是$[W_6Cl_{12}]Cl_6$。M_6X_{12} 这种六核簇常见于 Ta 和 Nb 的化合物，而对 W 和 Mo 来说这是一个例外。该簇骼的特点是不存在 μ_3-X 的戴帽配体，代之是 12 个，μ_2-X 原子位于 W_6 八面体的 12 根棱的上方，将六个钨原子两两桥接起来。(见图 25.53)。在此簇台物中 W—W 键长为 292pm，键级～1。

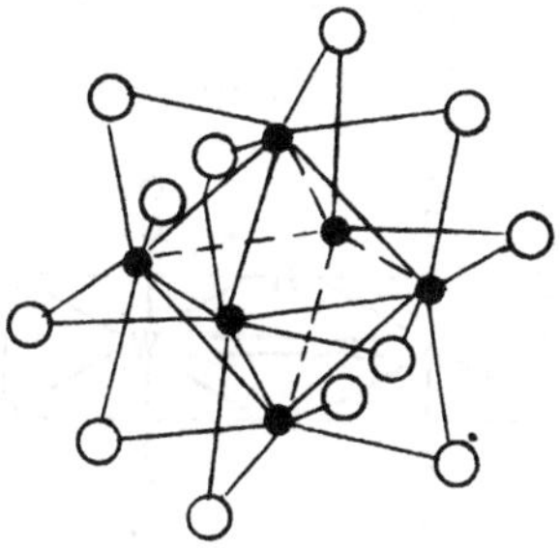

图 25.53 $M_6X_{12}^{n+}$ 结构示意图

3.7 钨的 π 酸配体化合物

与铬、钼一样，钨也可形成种类繁多的诸如六羰基化合物、羰基卤化物等的 π 酸配体化合物。六羰基化合物呵通过高氧化态的钨化合物（通常是卤化物）的还原性羰基化反应来制备：

$$WCl_6 + 2Al + 6CO \xrightarrow[70℃，无水乙醚]{100atm} W(CO)_6 + 2AlCl_3$$

$$WCl_6 + 3Fe(CO)_5 \xrightarrow{100℃} W(CO)_6 + 3FeCl_2 + 9CO$$

$W(CO)_6$ 是具有八面体结构的无色或白色的反磁性固体物质，对空气、水及酸均很稳定，但被强碱溶液所分解。不溶于水，但可溶于很多有机溶剂。约在 150℃时分解，可在真空中升华。在 $M(CO)_6$（M＝Cr，Mo，W）中，键的平均解离能（$\overline{D}_{(M-CO)}$/$kJ \cdot mol^{-1}$）为 $Cr(CO)_6$ 109，$Mo(CO)_6$ 151，$W(CO)_6$ 176。

$W(CO)_6$ 中的一个或几个羰基可以被 π-授体（π-donor）或 σ-授体配体所取代，从而形成一系列羰基衍生物[$W(CO)_{6-x}L_x$]或[$W(CO)_{6-2x}(L—L)_x$]（L＝NO，NH_3，CN，PF_3…；L—L＝联吡啶、丁二烯…）。[$W(CO)_5X$]$^-$ 离子（X＝卤素，CN，SCN…）也可以此方式形成。环戊二烯及各种芳烃在加热或紫外光照射下与 $W(CO)_6$发生反应，取代其中 3 个 CO 基，分别形成[$W(\eta^5\text{-}C_5H_5)(CO)_3$]$_2$ 和[$W(\eta^6\text{-}Ar)(CO)_3$]。在低温（－78℃）下，卤素与 $W(CO)_6$ 反应形成 W(II)的羰基卤化物[$W(CO)_4X_2$]，由此又可衍生出众多的加合物[$W(CO)_3L_2X_2$]，它们也是反磁性物质而钨可能都是 7 配位的。

$W(CO)_6$ 在液氨中用硼氢化物还原，形成双核的[$W_2(CO)_{10}$]$^{2-}$，它与[$Mn_2(CO)_{10}$]是等结构体。水解作用产生氢化物[$HW_2(CO)_{10}$]$^-$ 或[$H_2W_2(CO)_8$]$^{2-}$，结构中的桥键 W—H—W 相对较弱。[NEt_4]$_2$[$H_2W_2(CO)_8$]是第三列

过渡金属化合物中第一个被合成的含氢桥的化合物，其中有 2 根 H 桥(W—H—W)，1 根 W—W 双键，W—W 间距为 301.6pm(W—W 单键为 322.2pm)：

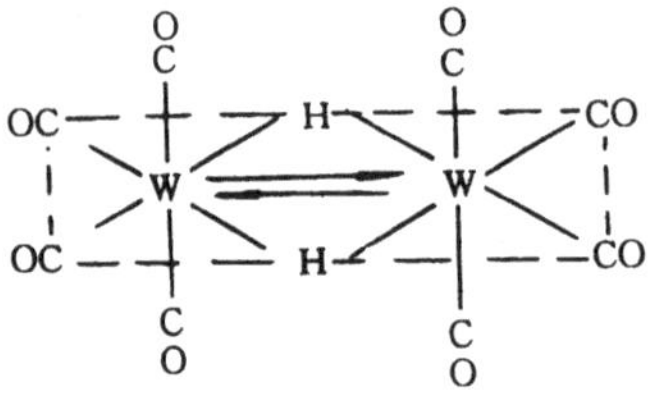

$[W_2(CO)_{10}]^{2-}$ 与其他金属卤化物的插入反应，会形成混合金属配合物 $[W_2(CO)_{10}MI_2]^{2-}$ (M＝Sn，Ge 等)。

具有金属—金属键的双金属化合物的例子有：$[WCo—(CO)_9]^-$，$[WMn(CO)_{10}]^-$；$[W(CO)_5M'Cl_3]$ (M′＝Sn，Ge)；dipy.$(CO)_3XWM'X_3$ (X＝Cl，Br，I；M′＝Sn，Ge)；dipy·$(CO)_3ClWSnRCl_2$ (R＝C_6H_5，C_2H_5，CH_3，C_4H_9)；dipy$(CO)_3ClWGeC_6H_5Cl_2$；phen$(CO)_3ClWSnRCl_2$ (R＝C_2H_5，CH_3O)(dipy＝2，2′-联吡啶；phen＝1，10-菲咯啉)。$W(CO)_6$ 在液态 SO_2 中与 $Se_4(Sb_2F_{11})_2$ 反应，可得到 Se 授体配合物 $[W_2(CO)_{10}Se_4]^{2+}$：

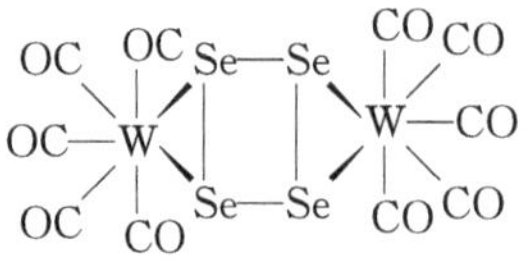

中心部分 W_2Se_4 呈椅状，W—Se 间距为 262pm。

亚磷酸盐和膦取代 $M(CO)_6$ (M＝Cr，Mo，W)中 CO 的速率反映出活化熵减小的顺序为 $Cr(CO)_6 \sim W(CO)_6 > Mo(CO)_6$。但许多配体 L 对于顺式-$[M(CO)_4L_2]$ (M＝Cr，Mo，W)的稳定性次序则为 Mo＞Cr＞W。

从 $W(CO)_6$ 出发，还可合成金属的碳烯烃和碳炔烃配合物：

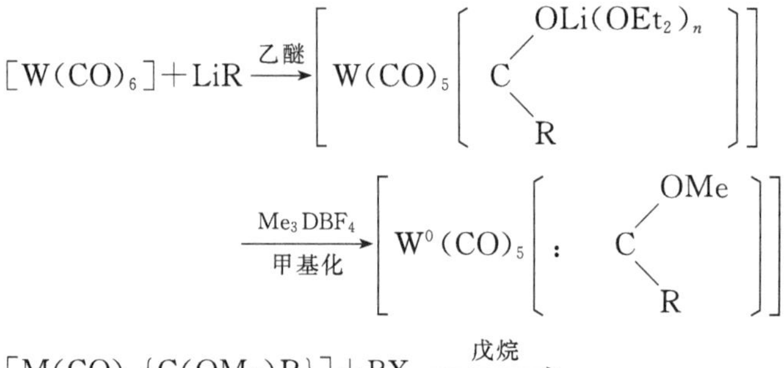

$$[M(CO)_5\{C(OMe)R\}] + BX_3 \xrightarrow[\text{低温}]{\text{戊烷}}$$

$$[M(CO)_4C{\equiv}CR)_x] + CO + BX_2(OMe)$$

M＝Cr，Mo，W；R＝Me，Et，Ph；X＝Cl，Br，I

$$[W(CO)_5\{C(OMe)Ph\}]+Al_2Br_6 \xrightarrow[-30℃]{戊烷}$$

$$[WBr(CO)_4C{\equiv}(Ph)]+CO+Al_2Br_5(OMe)$$

$[WI(CO)_4C{\equiv}(Ph)]$结构式为：

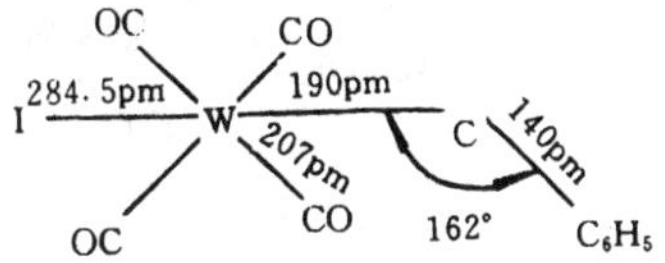

一般 W—C 单键键长 227—232pm，在 $W(CO)_6$ 中的 W—C 为 206pm。

3.8 钨的金属有机化合物

钨的金属有机化合物与同族的铬、钼相应的化合物类似，但相比之下，钨的有机化合物的类型较少。与钼一样，钨能形成金属—金属单键或多重键，所以同核及异核原子簇有机物种类很多。各类金属有机化合物可由羰基化合物、卤化物或烃氧化物出发合成。

钨的 σ-烃基化合物，最简单的是六甲基钨：

$$WCl_6+6MeLi \longrightarrow WMe_6+6LiCl$$

更好的合成方法是用有机铝试剂来制备：

$$WCl_6+3Al_2Me_6 \longrightarrow WMe_6+6AlClMe_2$$

它是暗红色、易挥发的晶体，在空气中易爆炸。将 Me_3SiCH_2MgCl 与 WCl_6 反应，可得到双核的 $W_2(CH_2SiMe_3)_6$。相应的新戊基化合物也是已知的：$W_2(CH_2CMe_3)_6$，它们都被认为含有 W≡W 三重键。

与铬、钼一样，钨也能形成金属卡宾（metal carbene）和金属卡拜（metal carbyne），在这类化合物中含有钨和碳原子的形式上的双键及三重键。1964 年 E. O. Fischer 在乙醚中用苯基或甲基锂作为亲核试剂与六羰基钨反应，将得到的钨的配阴离子的酸性水溶

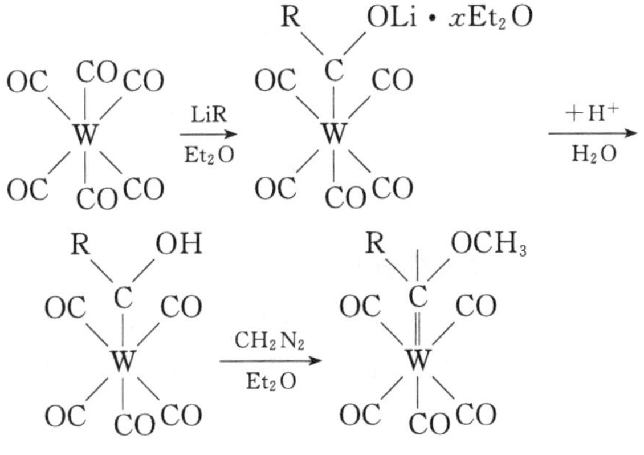

$(R=CH_3, C_6H_5)$

液用重氮甲烷处理,制得了第一个钨的卡宾配合物。第一个钨的卡拜配合物于1973年合成得到:

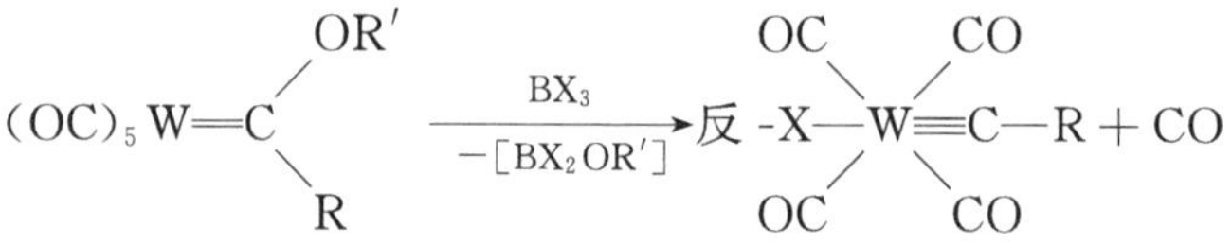

$(X=Cl, Br, I)$

该化合物中存在一个形式上的 W≡C 三重键。$I\text{-}(OC)_4W{\equiv}C{-}C_6H_5$ 的晶体结构分析表明 W—C 卡拜键距极短(190pm)。下面一个钨化合物特别有趣,它同时含有 W—C 的形式上的单键、双键和三重键:

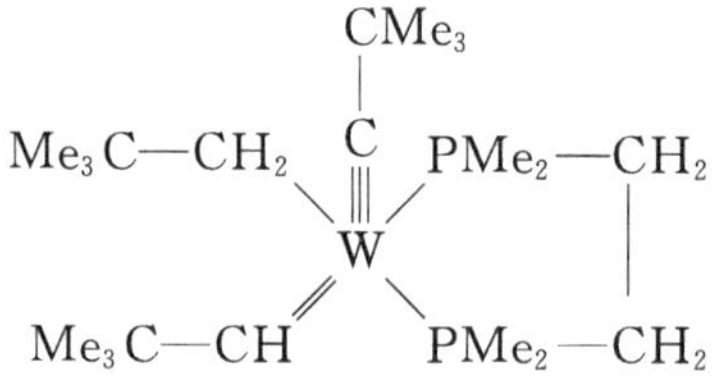

分子骨架为畸变的四方锥

$W{-}C_{(sp)^3}$	226pm
$W{=}C_{(sp)^2}$	195pm
$W{\equiv}C_{(sp)}$	179pm

金属卡宾和卡拜在有机合成及催化反应中有很多用途,例如20世纪60年代中期发现的烯烃复分解反应,可用 Mo,W,Re 等过渡金属化合物作催化剂,目前公认的机理涉及金属卡宾和金属杂环配合物中间体。在无机合成中,可以从金属卡宾和卡拜出发,得到新型结构的化合物,如用 $V(Cp)_2$ 在石油醚中与 $W({\equiv}CR)(CO)_2Cp(R=C_6H_4Me$ 或 Me)反应,可得到对空气稳定的双金属化合物:

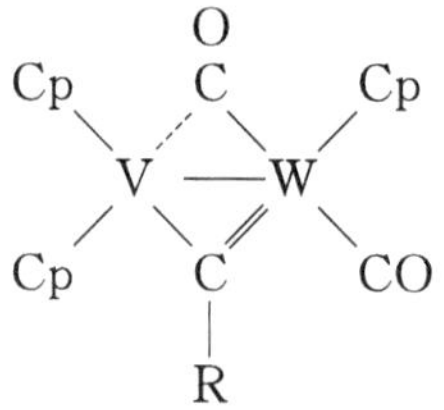

它是第一个含 V—W 键的化合物(299.4pm),其中钨的端羰基 W—C—O 键角为176°,而半桥基 CO 的 W—C—O 键角为167°。

从钨的卤化物或羰基化合物出发可合成各类含 π-配位体所稳定化的低价钨的金属有机化合物。π-配位体主要有烯烃、炔烃、烯丙基、环戊二烯基、苯及取代芳烃等。

近年来对钨的配合物的炔烃催化齐聚已有不少研究，同时钨的炔烃配合物的合成和结构研究也很多。从 WBr_5 可合成顺磁性的炔烃配合物

$$WBr_5 + RC\equiv CR \xrightarrow[C_6H_6]{CCl_4\ 戊} WX_4(RC\equiv CR)(R=Me,Ph)$$

对 $(Ph_2C_2)_3W(CO)$ 结构分析表明分子骨架是 C_{3v} 点群，C—C—Ph 键角为 139.6°，C≡C 三键拉长至 130pm，使炔烃配体几何构型接近顺式-1,2-二苯乙烯，为了使钨原子达到 18 电子构型，看来每个炔烃配体给予中心金属的电子数大于 2。

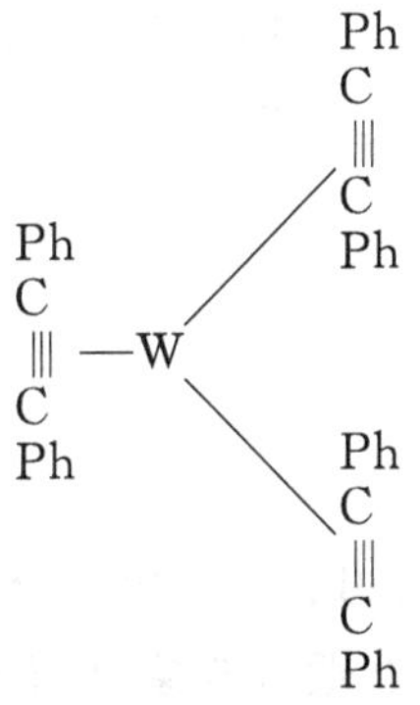

将上述化合物 $W(PhCCPh)_3CO$ 用锂萘还原，可得到 $[W(PhCCPh)_3]^{2-}$，这可能是钨的全炔烃配合物，该配阴离子用 Ph_3SnCl 处理得到固体 $[W(PhCCPh)_3SnPh_3]NEt_4$。

在下例中，对钨的烯丙基配阳离子的亲核进攻发生在烯丙基中间的碳原子上，且生成不寻常的金属杂环丁烷化合物[M · EDhritikhine et al., J. C. S. Dalton Trans, 1131(1977)]

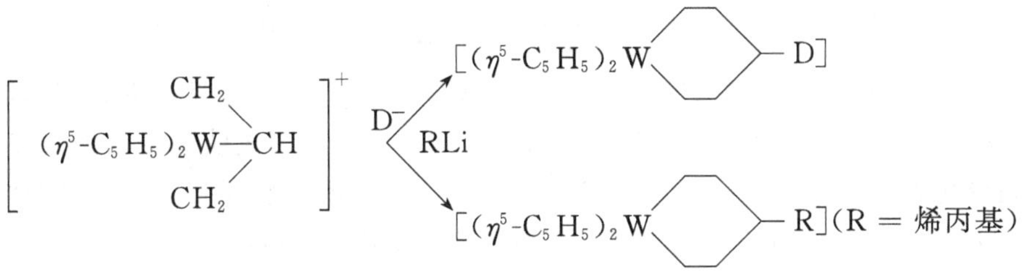

二茂钨为不稳定的缺电子的化合物(16 电子)，为红色固体多聚物 $[(C_5H_5)_2W]_x$。从 WCl_6, C_5H_5Na 和 $NaBH_4$ 可合成得到 $(\eta^5\text{-}C_5H_5)_2WH_2$：

$$WCl_6 + C_5H_5Na + NaBH_4 \xrightarrow[\Delta]{THF} (\eta^5\text{-}C_5H_5)_2WH_2$$

将二氢合物在氯仿中加热回流，可得到 $(\eta\text{-}C_5H_5)_2WCl_2$：

$$(\eta\text{-}C_5H_5)_2(WH_2) \xrightarrow{CHCl_3} WCl_2(C_5H_5)_2$$

$(Cp_2W)_x$ 与 CO 作用时得到二茂钨的羰基配合物 $W(\eta^5\text{-}C_5H_5)_2CO$：

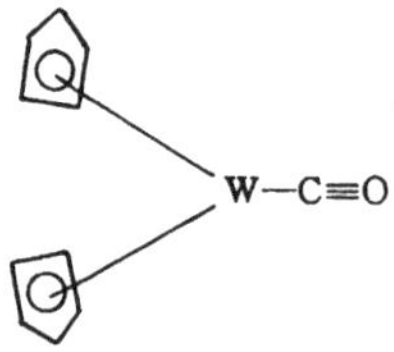

上述这三个化合物在结构上都属于弯曲型二茂金属。还存在双茂基的二羰基钨$(\eta^6\text{-}C_5H_5)(\eta^3\text{-}C_5H_5)W(CO)_2$。

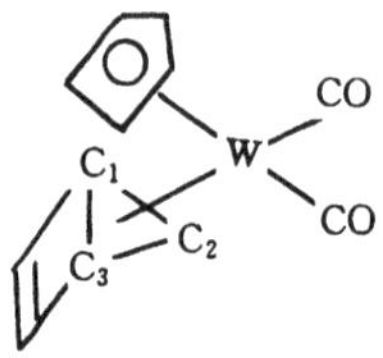

烯键与η^3-烯丙基平面夹角为20°

W—C_1,C_3 240—245pm

W—C_2 228—232pm

X射线结构分析表明,其中一个茂基作为三电子给予体与钨以$\eta^3\text{-}C_5H_5$方式配位,并失去$\eta^5\text{-}C_5H_5$的平面结构而成折叠式构象,从而使中心金属钨达到18电子构型(而不是消去一个CO配体)。

在下例中,通过对茂基钨配阳离子茂环上的亲核加成反应,经二烯烃配合物及氢转移,最终得到具有手性钨的配合物:

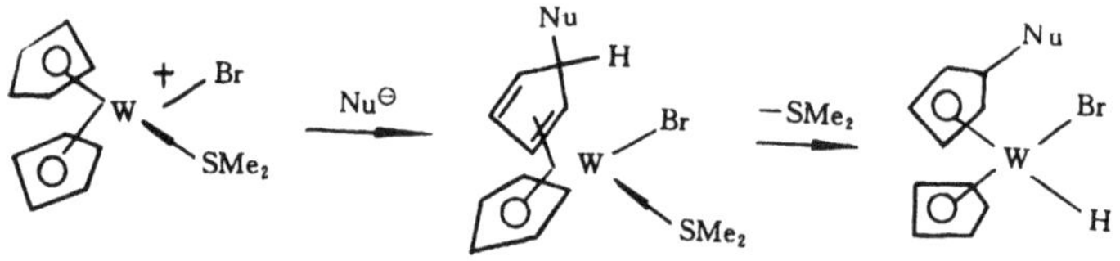

将$W(CO)_6$与环戊二烯反应可制得$W_2(CO)_6(\eta\text{-}C_5H_5)_2$,它为红紫色固体,通过双聚形成W—W键,以达到18电子构型。该二聚物在四氢呋喃中以钠汞齐处理,可转化为$Na[(\eta^5\text{-}C_5H_5)\cdot W(CO)_3]$,由此可得到衍生物$(\eta^5\text{-}C_5H_5)W(CO)_3X$($X=H$,卤根,R等),还合成得含多硫配体的钨的茂基羰基物:

$$W(\eta^5\text{-}C_5H_5)(CO)_3L(L=-SSR,-SSSR\text{或}-SS(O)R)$$

与同族的铬、钼一样,钨也形成一系列芳烃配合物。黄绿色的二苯钨,$W(\eta^6\text{-}C_6H_6)_2$及其黄色阳离子$[W(\eta^6\text{-}C_6H_6)_2]^+$可由$WCl_6$用Al还原法制得,但产率很低。二苯钨与二苯钼相比较对空气较不敏感,它易被碘氧化为阳离子盐:

$$2(C_6H_6)_2W^0+I_2 \longrightarrow 2[(C_6H_6)_2W^{I}]I$$

$(\eta^6\text{-}C_6H_6)W(CO)_3$可由苯取代羰基钨中的羰基而制得,它的熔点为140—145℃,比相应的铬的化合物为低。苯三羰基钨的稳定性与相应的铬、钼化合物差别不大。

1995 年标准原子量表

（括号内的数指末位数的不确定度）

原子序	符号	元素	原子量	原子序	符号	元素	原子量
1	H	氢	1.00794(7)	33	As	砷	74.92160(2)
2	He	氦	4.002602(2)	34	Se	硒	78.96(3)
3	Li	锂	6.941(2)	35	Br	溴	79.904(1)
4	Be	铍	9.012182(3)	36	Kr	氪	83.80(1)
5	B	硼	10.811(7)	37	Rb	铷	85.4678(3)
6	C	碳	12.0107(8)	38	Sr	锶	87.62(1)
7	N	氮	14.00674(7)	39	Y	钇	88.90585(2)
8	O	氧	15.9994(3)	40	Zr	锆	91.224(2)
9	F	氟	18.9984032(5)	41	Nb	铌	92.90638(2)
10	Ne	氖	20.1797(6)	42	Mo	钼	95.94(1)
11	Na	钠	22.989770(2)				
12	Mg	镁	24.3050(6)	44	Ru	钌	101.07(2)
13	Al	铝	26.981538(2)	45	Rh	铑	102.90550(2)
14	Si	硅	28.0855(3)	46	Pd	钯	106.42(1)
15	P	磷	30.973761(2)	47	Ag	银	107.8682(2)
16	S	硫	32.066(6)	48	Cd	镉	112.411(8)
17	Cl	氯	35.4527(9)	49	In	铟	114.818(3)
18	Ar	氩	39.948(1)	50	Sn	锡	118.710(7)
19	K	钾	39.0983(1)	51	Sb	锑	121.760(1)
20	Ca	钙	40.078(4)	52	Te	碲	127.60(3)
21	Sc	钪	44.955910(8)	53	I	碘	126.90447(3)
22	Ti	钛	47.867(1)	54	Xe	氙	131.29(2)
23	V	钒	50.9415(1)	55	Cs	铯	132.90545(2)
24	Cr	铬	51.9961(6)	56	Ba	钡	137.327(7)
25	Mn	锰	54.938049(9)	57	La	镧	138.9055(2)
26	Fe	铁	55.845(2)	58	Ce	铈	140.116(1)
27	Co	钴	58.933200(9)	59	Pr	镨	140.90765(2)
28	Ni	镍	58.6934(2)	60	Nd	钕	144.24(3)
29	Cu	铜	63.546(3)	62	Sm	钐	150.36(3)
30	Zn	锌	65.39(2)	63	Eu	铕	151.964(1)
31	Ga	镓	69.723(1)	64	Gd	钆	157.25(3)
32	Ge	锗	72.61(2)	65	Tb	铽	158.92534(2)

续表

原子序	符号	元素	原子量	原子序	符号	元素	原子量
66	Dy	镝	162.50(3)	77	Ir	铱	192.217(3)
67	Ho	钬	164.93032(2)	78	Pt	铂	195.078(2)
68	Er	铒	167.26(3)	79	Au	金	196.96655(2)
69	Tm	铥	168.93421(2)	80	Hg	汞	200.59(2)
70	Yb	镱	173.04(3)	81	Tl	铊	204.3833(2)
71	Lu	镥	174.967(1)	82	Pb	铅	207.2(1)
72	Hf	铪	178.49(2)	83	Bi	铋	208.98038(2)
73	Ta	钽	180.9479(1)	90	Th	钍	232.0381(1)
74	W	钨	183.84(1)	91	Pa	镤	231.03588(2)
75	Re	铼	186.207(1)	92	U	铀	238.0289(1)
76	Os	锇	190.23(3)				

105 至 109 号元素的名称和符号

IUPAC 于 1997 年 8 月决定推荐采用 105 至 109 号元素的名称和符号，以及国家科技名词审定委员会无机化学组于 1998 年 1 月推荐采用的中文名称，列表如下：

原子序	元素名称	符号	中文名称
105	Dubnium	Db	𨧀
106	Seaborgium	Sg	𨭎
107	Bohrium	Bh	𨨏
108	Hassium	Hs	𨭆
109	Meitnerium	Mt	鿏

无机化学丛书·典藏版

第九卷

锰分族 谢高阳 俞练民 刘本耀

铁 系 申泮文 曾爱冬

铂 系 徐绍龄 马 衡 刘振义

刘庆娴 杜家声

科 学 出 版 社

北 京

内 容 简 介

本书是《无机化学丛书》第九卷，共包括三个专题，13 章：26. 锰分族，3 章；27. 铁系，3 章；28. 铂系，7 章. 在概述锰分族、铁系、铂系各元素发现、存在、分布情况的基础上，按各专题元素分章，详细介绍每一元素的物理、化学性质，各种类型化合物的制备、性质、用途，分析鉴定方法及国内外的研究成果和发展趋势.

本书内容丰富，资料详实，可供高等学校化学及相关专业师生，地质、矿产、钢铁、冶金和石油、化工等部门的科学研究工作者参考.

图书在版编目（CIP）数据

无机化学丛书：典藏版/张青莲主编. —北京：科学出版社，2018.1

ISBN 978-7-03-056380-4

Ⅰ. 无… Ⅱ. 张… Ⅲ. 无机化学–丛书 Ⅳ. O61-51

中国版本图书馆 CIP 数据核字（2018）第 012426 号

责任编辑：胡华强 杨 震 / 责任校对：钟 洋
责任印制：赵 博 / 封面设计：王 浩

科学出版社 出版
北京东黄城根北街 16 号
邮政编码：100717
http://www.sciencep.com
北京厚诚则铭印刷科技有限公司印刷
科学出版社发行 各地新华书店经销
*
2018 年 1 月第 一 版 开本：720 × 1000 B5
2018 年 1 月第一次印刷 印张：33 3/4
字数：648 000

定价：998.00 元（全 10 册）

（如有印装质量问题，我社负责调换）

《无机化学丛书·典藏版》书目

《无机化学丛书》序

无机化学是化学科学的一个重要分支，也是最早发展起来的一门化学分支学科. 无机化学研究的对象是周期系中各种元素及其化合物，不包括碳氢化合物及其衍生物. 20 世纪中叶以来，无机化学又进入了新的发展阶段. 这是和许多新的科学技术领域，如原子能工业、空间科学技术、使用半导体材料的通信和计算技术等的兴起密切相关的. 这些科技部门要求人们利用无机化学的理论去探索和研制种种具有特殊性能的新材料，研究极端条件下物质的性质和反应机理，以及提出新的无机物生产的工艺流程. 与此同时，现代物理学、生命科学、地质科学以及理论化学的新进展等因素也都在日益推动着无机化学的发展进程.

我国在解放前缺少与无机化学有关的工业基础，因此无机化学人才培养得较少，科学研究工作的基础也比较薄弱. 解放后我国无机化学虽然有了很大发展，但仍比较落后. 为了扭转这种局面，加速无机化学科学人员的培养和提高，促使教学和研究工作的迅速发展，以及为了解决我国丰富的矿产资源的综合利用、新型材料的合成、无机化学新观点和新理论的提出等问题，有必要编辑出版一套中型的无机化学参考书. 为此，科学出版社和中国化学会共同组织了《无机化学丛书》编辑委员会主持本丛书的编写工作. 经过多次讨论和协商、拟订了丛书的编辑计划和写作大纲，确定丛书分十八卷，共四十一个专题，从 1982 年起陆续出版. 全丛书共约六百余万字，前十卷为各族元素分论，后八卷为无机化学若干重要领域的专论.

本丛书适合高等学校教师、高年级学生和研究生、科学研究人员和工程技术人员参阅. 编委会竭诚欢迎广大读者对本书的内容提出宝贵的意见，以便在再版时加以修改.

《无机化学丛书》编委会

1982 年 9 月

前言

《无机化学丛书》第九卷包括三个专题:26.锰分族,27.铁系,28.铂系.

专题26.为锰分族元素,分为锰和锝、铼两章,首先对锰分族元素的整体作概括性叙述,接着介绍本分族的存在及各元素间性质的比较.在分章叙述中详细介绍各元素的化学性质及其各种类型的化合物.本专题由复旦大学化学系谢高阳教授、俞练民副教授和刘本耀博士编写.

专题27.为铁系元素,就铁、钴、镍三种元素分编为三章,分别对各元素及单质的存在、冶炼、性质和应用,以及各种类型化合物的合成、性质和应用作了详细介绍.本专题由南开大学化学系申泮文教授和曾爱冬讲师编写.

专题28.为铂系元素,本专题分为七章,本系的六个元素各占一章,主要介绍各元素的化学性质及化合物,特别对其配位化合物作较详尽的叙述.开始的一章为"铂系元素总论",着重介绍各元素的存在、分布、发现史和物理性质比较、萃取分离、冶炼加工、主要问题及分析方法等.本专题由云南大学徐绍龄教授(统编及第一章)、马衡教授(第二、四、六章)、刘振义副教授(第三章)、刘庆娴副教授(第五章)和杜家声副教授(第七章)共同编写.

本卷专题26.锰分族的初稿经浙江大学陈克教授审阅;专题27.铁系的初稿经南开大学周永洽教授审阅;专题28.铂系的初稿经冶金工业部昆明贵金属研究所谭庆麟教授审阅,在此一并表示诚挚的感谢.

申泮文教授终审和统校了本卷三个专题的全部文稿.

目　录

26. 锰　分　族

27. 铁　系

28. 铂　系

26. 锰分族

26.1 锰分族元素概论

锰分族包括锰、锝和铼三个元素，属周期表中 VIIB 族. 从发现史和存在量的角度来看，它们的差别非常悬殊，锰每年以数百万吨为人们所利用，它的最普通的矿石——软锰矿早就使用于玻璃的制造了，而锝和铼的存在量十分稀少，是发现较晚的元素. 有趣的是：锝是通过人工生产的方法得到的第一个新元素，而铼是人们发现的最后一种天然存在的元素. 当 C. W. Scheele 意识到软锰矿中可能存在一种新的元素后，他的同事 J. G. Gahn 在 1074 年把软锰矿与煤和油一起加热，首次分离得到金属锰，这种金属锰纯度不高，高纯度(99.9%)的锰，是在 20 世纪 30 年代通过电解 Mn(II)溶液才得到的. 1937 年 C. Perrier 和 E. Segre 用加速的氘核在回旋加速器里轰击钼原子，首次得到 ^{95}Tc 和 ^{97}Tc，它们的半衰期分别是 60d 和 90d. 锝有质量数为 90—110 的众多同位素，最有用的是 ^{99}Tc，它的半衰期是 2.12×10^5 a，可自铀核自发分裂的生成物中得到，也可以从 ^{98}Mo 的热中子照射，通过反应：

$$^{98}\mathrm{Mo}(\mathrm{n},\gamma)^{99}\mathrm{Mo}\xrightarrow[67\mathrm{h}]{\beta^-}{}^{99}\mathrm{Tc}$$

而制得. 1925 年 N. Noddack, I. Tacke 和 O. Berg 在高岭土中发现铼. 同时，F. H. Loring 和 J. F. G. Druce 在锰的化合物中也发现了铼. 目前人们从硫化钼矿(CuMo 矿)的烟尘中回收铼.

在地壳中铼的含量非常低，约为 0.0005ppm. 并且极为分散，由于它同钼在化学性质上的近似，故在钼矿中常含有铼，有时浓度可高达 0.2%. 而锰在地壳中的含量较高，为第 12 号丰产元素，地壳中含 1060ppm，在最丰产的过渡元素中它仅次于铁和钛，居第 3 位，锰的重要矿石为氧化物和碳酸盐，前者如软锰矿(MnO_2)、黑锰矿(Mn_3O_4)，后者有 $MnCO_3$，分布在前苏联、加蓬、南非、巴西、澳大利亚、印度和中国.

锰矿经风雨浸淋，锰、铁和其它金属的氧化物胶粒被冲洗入海，聚集形成“锰结核”(manganese nodules)，每年约有 10^7 t 沉积在海底. 锰核的组成不定，干的锰核中一般含有 15%—30%Mn.

锰分族元素中，锰的性质与锝、铼有较大的差别，而锝、铼的性质相似. 3 种元素在固态都有典型的金属结构，锝和铼具六方紧堆结构，锰有 4 种同素异型体，其中 α 型是室温下最稳定的一种，具体心立方结构. 锝是人工合成的元素，原子量决定于所用的同位素的种类. 锰和铼的原子量测定得相当准确，这是因为前者只有一种天然的同位素，而后者两种同位素在地球上的相对含量基本上是不变的(^{185}Re 37.500%，^{187}Re 62.500%)．本族元素中锰和铼的电子层结构是$(n-1)d^5ns^2$，而锝是$(n-1)d^6ns^1$．ns 电子和$(n-1)d$ 电子能部分或全部参与形成化学键，因此它们具有各种不同的氧化数，最高氧化数可为+7，锰的 $3d^5$ 电子比较稳定，一方面导致了+2 是锰的最稳定氧化态(锝和铼的+2 氧化态不稳定，只存在于络离子中)，一方面使离域作用减小，产生较弱的金属—金属(M—M)键合作用.

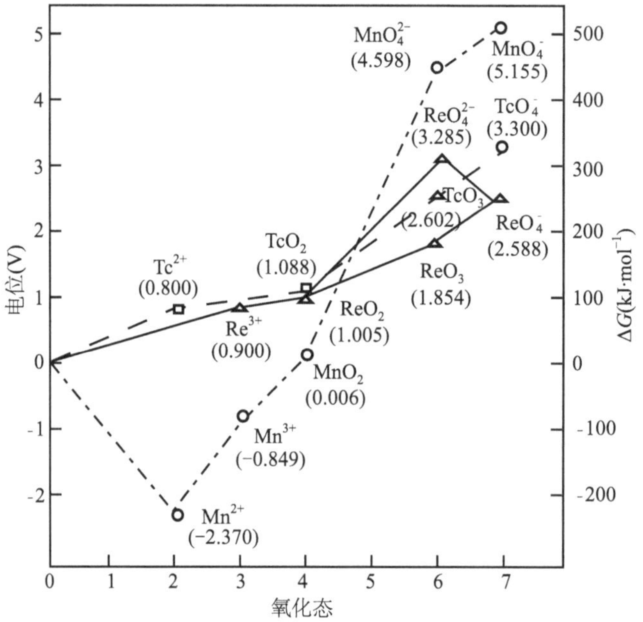

图 1.1　Mn，Tc 和 Re 的电位-氧化态图

本族元素在酸性水溶液中各种氧化态的相对稳定性列于表 1.1 和图 1.1 中.

表 1.1　25℃酸性水溶液中 Mn，Tc，Re 某些电对的 E°

电　对	E°(V)
$Mn^{2+}(aq)+2e=Mn(s)$	−1.185
$Mn^{3+}(aq)+3e=Mn(s)$	−0.283
$MnO_2+4H^++4e=Mn(s)+2H_2O$	0.024
$MnO_4^{2-}+8H^++4e=Mn^{2+}(aq)+4H_2O$	1.742
$MnO_4^-+8H^++5e=Mn^{2+}(aq)+4H_2O$	1.507
$Tc^{2+}(aq)+2e=Tc(s)$	0.400
$TcO_2+4H^++4e=Tc(s)+2H_2O$	0.272
$TcO_3+2H^++2e=TcO_2+H_2O$	0.757

续表

电 对	E°(V)
$TcO_4^- + 8H^+ + 5e = Tc^{2+}(aq) + 4H_2O$	0.500
$Re^{3+}(aq) + 3e = Re(s)$	0.300
$ReO_2 + 4H^+ + 4e = Re(s) + 2H_2O$	0.251
$ReO_3 + 6H^+ + 3e = Re^{3+}(aq) + 3H_2O$	0.318
$ReO_4^{2-} + 8H^+ + 3e = Re^{3+}(aq) + 4H_2O$	0.795
$ReO_4^- + 8H^+ + 4e = Re^{3+}(aq) + 4H_2O$	0.422

图 1.1 中值得注意的是三个元素的+2 氧化态的相对位置，Mn(II)是高自旋的阳离子，最稳定，这是对称的 d^5 电子构型的稳定性的反映. 然而，像熔点、沸点和原子化焓(enthalpy of atomization)也都反映了在金属格子中弱的内聚力，因为对具有较强金属—金属键合作用的 Tc 和 Re，+2 氧化态是不重要的，而具有 M—M 键的簇状化合物的存在，则是 Re(III)化学的一个主要特征. 另外，从图中还可看到 Mn(VII)(MnO_4^-)是一个特别强的氧化剂，而 Tc(VII)(TcO_4^-)和 Re(VII)(ReO_4^-)的氧化性则较温和.

26.2 锰

2.1 一般叙述

2.1.1 锰的同素异形体及其物理性质

锰有四种同素异形体,其主要的三种异形体的平衡如下:

$$\alpha\text{Mn} \xrightleftharpoons{727℃} \beta\text{Mn} \xrightleftharpoons{1100℃} \gamma\text{Mn}$$

它们的物理性质列于表 2.1 中.

表 2.1 锰的物理性质

原子量	54.9380
熔点(℃)	1244±3
固化时的体积收缩	4.5%
ΔH_f(kJ·mol^{-1})	804.5
沸点,760mmHg①(℃)	2095
蒸汽压方程式:	
从熔点到沸点	$\lg P_{\text{mmHg}}=\frac{-14.850}{T}-2.52\lg T+17.88$
从 1043—1158K	$\lg P_{\text{mmHg}}=\frac{-13.625}{T}+8.7587$
ΔH_s0K(kJ·mol^{-1})	14637.8
转变温度和转变热:	
$\alpha\rightarrow\beta$(700±3℃)	2.238 kJ·mol^{-1}
$\beta\rightarrow\gamma$(1079±3℃)	2.28 kJ·mol^{-1}
$\gamma\rightarrow\delta$(1140±3℃)	1.80 kJ·mol^{-1}
比热:	
Mn(α)(298—1000K)	$C_p=5.70+3.38\times10^{-3}T-0.375\times10^{3}T^{-2}$
Mn(β)(1000—1374K)	$C_p=8.33+0.66\times10^{-3}T$
Mn(γ)(1374—1410K)	$C_p=10.7$

① 1mmHg=133.322Pa,下同.

续表

Mn(δ)(1410—1450K)	C_p=11.30
Mn(液)	C_p=11.0
熵(J·mol^{-1})25℃：	
Mn(α)	31.8±0.2
Mn(γ)	32.3±0.2
Mn_2 分子的离解能(kJ)	
(上限)	D_0^0<87.9
晶体结构：	
α	体心立方
	a=891.25pm
β	体心立方
	a=630pm
γ	面心四方(室温)
	a=377.4pm;c/a=93.4pm
	面心立方(高温)
	a=385.5—386.0pm
δ	体心立方(高温)
室温下比重：	
α	7.44
β	7.29
γ	7.21
电阻率(Ω·cm)：	
α	(150—260)×10^{-6}
β	90×10^{-6}
γ	40×10^{-6}
20℃时线性膨胀系数：	
α	22.3×10^{-6}
β	24.9×10^{-6}
γ	14.8×10^{-6}
热导(cgs)β	0.05(—190℃)
电离能(eV)	

续表

第 1	7.432
第 2	15.636
第 3	33.690
第 4	—
第 5	76.006
第 6	—
第 7	119.240
Neel 温度，α	100K
磁化率(cgs)：	
α(293K)	9.6×10^{-6}
β(293K)	8.8×10^{-6}

室温下的稳定形式是 α～Mn，硬而脆，能刻划玻璃，具体心立方晶核结构. Mn—Mn 间距范围从 224—291pm，这种复杂的结构，人们认为可能是由于存在着不同价态的 Mn 原子的缘故.

β—Mn，在 α—β 转变温度之上可以方便地用淬火法在室温下分离出来. 跟 α—Mn 相似，质硬而脆，能刻划玻璃，具体心立方晶格结构. Mn—Mn 间距在 236—267pm 之间变化.

由电沉积生成的锰一般是 γ 型. 不能用淬火法得到完全纯净的 γ—Mn，因为在淬火过程中将分解成 α—Mn. 由沉积法得到的 γ—Mn，在室温下不稳定，特别当温度升高时会分解成 α—Mn，但是在低温下可保持 γ 型. γ—Mn 可展延，加入铜能使它稳定. 室温下具面心四方晶格结构，高温下为面心立方晶格结构.

δ—Mn 不能由淬火法制得，但高温(1140—1240℃)X 射线衍射实验证实了锰的第四种同素异形体具有体心立方晶格结构.

2.1.2　锰的同位素

锰的同位素及它们的制备和性质总结于表 2.2 中.

唯一稳定的天然存在的同位素是 ^{55}Mn，除 ^{53}Mn 外，所有放射性的同位素都是短寿命的. ^{54}Mn 已在放射性散落物中发现，宇宙中陨铁所含的 ^{53}Mn 主要通过 ^{56}Fe(p,α)^{53}Mn反应而产生的.

^{54}Mn 和 ^{56}Mn 已用于示踪原子的研究和生命体系的研究. 含锰的化合物在中子流作用下通过 ^{55}Mn(n,γ)反应能被激发活化.

表 2.2　锰的同位素

同位素	核的自旋 ($h/2\pi$)	磁矩 (BM)	半衰期	蜕变方式	热中子截面(B)	分类及母子体关系	放射线的能量(MeV)[d]	合成方法
^{49}Mn			0.4s			4 类		质子与 Cr 作用
^{50}Mn			0.286s	β^+		2	β^+,6.61 极大,γ,0.511[e]	^{50}Cr(p,n)
^{50}Mn			2min	β^+		3	γ,0.511[e],0.66,0.783,1.11,1.28,1.45,	^{50}Cr(p,n)
^{51}Mn			45.2min	β^+		1,母体^{51}Cr	β^+,2.17 极大,γ,0.511[e],1.56,2.03.	^{50}Cr(d,n) ^{50}Cr(p,γ)
^{52}Mn	6[h]		5.60d	β^+		1	β^+,0.575 极大,γ,CrX 射线,0.511[e], 0.744.0.935,1.434	^{52}Cr(p,n), ^{52}Cr(d,2n)
^{52m}Mn			21.1min	β + IT2%		1 子体 ^{52}Fe	β^+,1.63 极大,γ,0.383,0.511[e],1.434	子体,^{52}Fe
^{53}Mn	7/2[b]	5.050[b]	1.9×10^6a	EC	170	2	γ,CrX 射线	^{53}Cr(p,n),^{52}Cr(d,n)
^{54}Mn			303d	EC,β^+ β^-		1	γ,CrX 射线,0.835,e^-,0.829	^{56}Fe(d,α),^{51}V(α,n), ^{53}Cr(d,n),^{54}Cr(p,n)
^{55}Mn	5/2[b]	3.4438 ± 0.0020[g]	稳定		13.3			
^{56}Mn			2.576d	β^-		1,子体,^{56}Cr	β^-,2.85 极大,γ,0.847,1.811,2.110	^{55}Mn(n,γ)
^{57}Mn			1.7min	β^-		2	β^-,2.55 极大,γ[FeX 射线,0.014],0.122, 0.136,0.22,0.353,0.692	^{54}Cr(α,p) ^{57}Fe(n,p)
^{57}Mn			7d	β^-		5		α 质点与 Cr,Mn 作用
^{58}Mn			1.1min	β^-		2	γ,0.36,0.41,0.52,0.57,0.82,1.0, 1.25,1.4,1.6,2.2,2.8	^{58}Fe(n,p)

注:第一类,元素及质量数确定;第二类,元素确定,质量数未定;第三类,元素未定,质量数未确定;第四类,同位素的确定证据不充分;第五类,可能有错误。

2.1.3 锰的化学性质

锰是周期表中第 25 号元素，在基态时其电子构型是 $1s^2 2s^2 2p^6 3s^2 3p^6 3d^5 4s^2$，它也是 VIIA 族中的第一个元素，只有当它在最高氧化态时，才表现出与 VIIB 族元素相似的性质. 如 Mn_2O_7 与 Cl_2O_7 相似，高锰酸 $HMnO_4$ 的盐与高氯酸 $HClO_4$ 的盐是同晶型的. 但是，一般而言，在单质的物理性质及化学性质上，锰跟铁更为相似.

金属锰在空气中易被氧化，加热燃烧生成 Mn_3O_4. 氟、氯和溴在加热时与锰作用，分别生成 MnF_2+MnF_3，$MnCl_2$ 和 $MnBr_2$. 在温度高于 1200℃ 时，锰与氮反应生成氮化锰 Mn_5N_2，与氨共热生成 Mn_3N_2. 与硫共热生成硫化锰 MnS，锰还能直接与 B，Si，P，As 等元素化合.

熔融态的金属锰能溶解碳生成碳化锰 Mn_3C. 在高于 330℃ 温度时，锰与 CO 反应生成金黄色的双核羰基络合物 $Mn_2(CO)_{10}$. 锰易与水作用放出氢，也很容易溶解在稀酸中，溶于盐酸放出氢，溶于浓硫酸放出 SO_2，溶于硝酸放出 NO.

锰的氧化态有－III，－II，－I，0，＋I，＋II，＋III，＋IV，＋V，＋VI 和＋VII，元素的一些电位值见表 2.3. Mn(II) 是最重要的，也是一般情况下最稳定的氧化态，在酸性或中性水溶液中，它是以无色水合离子 $Mn(H_2O)_6^{2+}$ 存在，很稳定，但在碱性溶液中容易被氧化成 MnO_2. Mn(I) 存在于氰络合物如 $K_5[Mn(CN)_6]$ 中. Mn(III) 可在络合物如 $K_3[Mn(CN)_6]$，$K_3[Mn(C_2O_4)_3]$ 和 $K_3[MnF_6]$ 中稳定存在.

表 2.3 元素锰的一些电位

	E°(V)
$Mn(c)=Mn^{2+}(aq)+2e^-$	1.20
$Mn^{2+}(aq)=Mn^{3+}(aq)+e^-$	－1.50
$Mn^{2+}(aq)+2H_2O(l)=MnO_2(c)+4H+(aq)+2e^-$	－1.239
$MnO_2(c)+4OH^-=MnO_4^-(aq)+2H_2O(l)+3e^-$	－0.588
$MnO_4^{3-}(aq)=MnO_4^{2-}(aq)+e^-$	－0.3
$Mn^{2+}(aq)+4H_2O(l)=MnO_4^-(aq)+8H+(aq)+5e^-$	－1.51
$MnO_2(c)+2H_2O(l)=MnO_4^-(aq)+4H^+(aq)+3e^-$	－1.69
$MnO_2(c)+2H_2O(l)=MnO_4^{2-}(aq)+4H+(aq)+2e^-$	－2.26
$Mn(c)+2OH^-=Mn(OH)_2(c)+2e^-$	1.58
$Mn(OH)_2(c)+OH^-(aq)=Mn(OH)_3(c)+e^-$	0.2
$Mn(OH)_3(c)+OH^-(aq)=MnO_2(c)+2H_2O(l)+e^-$	－0.1
$Mn(OH)_2(c)+2OH^-(aq)=MnO_2(c)+2H_2O(l)+2e^-$	0.03
$Mn(OH)_2(c)+6OH^-(aq)=MnO_4^-(aq)+4H_2O(l)+5e^-$	－0.34

续表

	E°(V)
$MnO_2(c)+4OH^-(aq)=MnO_4^{3-}(aq)+2H_2O(l)+e^-$	−0.9
$MnO_2(c)+4OH^-(aq)=MnO_4^{2-}(aq)+2H_2O(l)+2e^-$	−0.603

K_2MnO_4 是 Mn(VI)的一种化合物，是由 $Mn(OH)_2$ 或 $Mn(OH)_3$ 在碱性介质中强烈氧化而制得，Mn(VI)离子可由 MnO_4^- 在浓 NaOH 溶液中被还原制得，亮绿色的 MnO_4^{2-} 盐是不稳定的，只有在固体或强碱性溶液中才能稳定存在. $KMnO_4$ 是 Mn(VII)的最重要化合物，可通过电解氧化或 Cl_2 氧化 K_2MnO_4 而制备. $KMnO_4$ 是一个强氧化剂，由于在还原时有明显的颜色变化，在分析化学中得到广泛应用. 在酸性溶液中 $KMnO_4$ 被还原成无色的 Mn^{2+} 离子，如果酸性不足则形成 MnO_2. Mn^{2+} 在碱性溶液中生成 $Mn(OH)_2$ 沉淀，很容易被空气中的氧所氧化(见表 2.3). Mn(II)的大多数化合物和络合物都有 5 个未成对电子，是高自旋的，在图 1.1 中，Mn^{2+} 离子位于曲线上的最低点，有最小的自由焓变，故 Mn^{2+} 是最稳定的氧化态，其它各氧化态都能自发地转化成 Mn^{2+} 离子. Mn^{3+} 离子位于 Mn^{2+} 和 MnO_2 连线的上方，可以发生歧化反应生成 Mn^{2+} 和 MnO_2. 这种歧化反应的平衡常数为 $10^{9.5}$，说明倾向性是很大的. MnO_4^{2-} 离子也在 MnO_2 和 MnO_4^- 离子连线的上方，在酸性溶液中 MnO_4^{2-} 离子歧化成 MnO_4^- 和 MnO_2. MnO_2 位于 Mn^{2+} 和 MnO_4^- 连线之下，说明 Mn^{2+} 和 MnO_4^- 可反应生成 MnO_2.

在碱性溶液中，锰的自由能-氧化态关系见图 2.1.

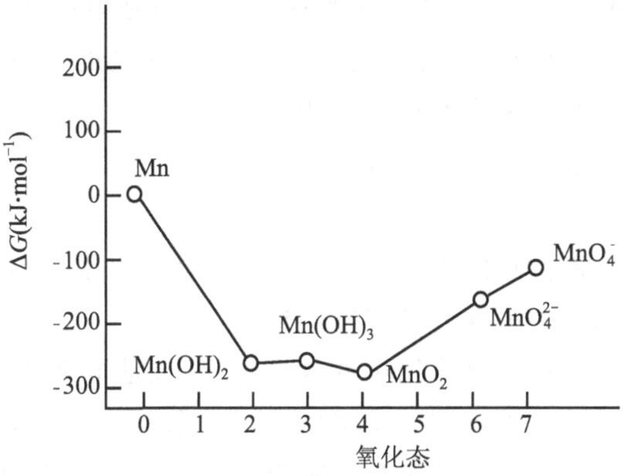

图 2.1 碱性溶液中锰的自由能-氧化态图

从图 2.1 可见，$Mn(OH)_3$ 可以歧化为 $Mn(OH)_2$ 和 MnO_2. MnO_4^-，MnO_4^{2-} 和 MnO_2 三点几乎在一直线上，意味着歧化反应

$$3Mn^{VI} \rightleftharpoons 2Mn^{VII} + Mn^{IV}$$

的平衡常数近似地等于 1. 因此这三种氧化态在碱性溶液中能以相当的浓度而共存. 在强碱中 MnO_4^{2-} 不歧化，因此可以通过在浓 KOH 溶液中氧化 MnO_2 制

取 K_2MnO_4.

2.1.4 锰的分析

把碱性的甲醛肟溶液加到含锰的溶液中呈红紫色,这是灵敏而特效的检验锰的一种方法.将试剂一滴置于浸过 8-羟基喹啉的滤纸上,在氨气氛中出现棕褐色斑,是快速、灵敏而且有特效的野外检验锰的方法.将锰化合物氧化成高锰酸根离子,用分光光度法或以适当的还原剂滴定,可能是溶液中最简便快速测定锰的方法,常用过量的高碘酸钾在硝酸-磷酸介质中将锰氧化成高锰酸根离子.加三羟乙基胺[$N(CH_2CH_2OH)_3$]和抗坏血酸于酸性的试样中,加 NH_3-NH_4^+ 缓冲溶液,以埃洛黑 T 作指示剂,用 EDTA 滴定,可测定冶金熔渣,岩石,合金,锰铁中的锰.

2.1.5 锰的用途

95%的锰矿用于钢的生产,主要用于制造锰钢,它含有约 80%的 Mn,可在鼓风炉中用煤还原适量 MnO_2 和 Fe_2O_3 而制得.加入白云石和石灰石可以熔渣形式除去硅.如果矿石中锰含量较低,产物叫作硅锰(65%—70%Mn,15%—20%Si)或镜铁(5%—20%Mn).纯的金属锰,目前由电解硫酸锰(II)的水溶液来制备.全世界含锰矿石的生产,按 1980 年的统计资料约 1×10^6 t,其中 34×10^4 t 产自前苏联,21.3×10^4 t 产自南非,巴西、加蓬、澳大利亚各生产 1×10^4 t,5.8×10^3 t 产于印度,5×10^3 t产自中国.此外,锰的重要但范围有限的应用是生产非铁合金,如 84%Cu,12%Mn,4%Ni 的合金因为它的抗阻温度系数极小(接近于零)用于电子仪器,此外,在干电池,玻璃的制造中也有广泛的用途.

2.1.6 锰的生物活性

生物体细胞中含极微量的锰,它是动植物生命过程中必需的微量元素,谷物,种子,坚果,茶叶和咖啡中都含有较丰富的锰.

锰以络合物形式参加光合作用中的放氧过程,也是植物体中能量转换的要素,在最小的能量转换的单位中含有 2 个锰原子,2 个铜原子,10 个铁原子和 300 个叶绿素.锰可以活化精氨酸酶,磷酸丙酮酸水合酶和过氧化氢酶,起着酶催化作用.锰也是核酸结构中的成分,能促进胆固醇的合成.虽然锰在生命体系中很重要,但含量过高时产生毒性和危害.

2.2 氧化数为 I 的锰化合物

氧化数为 I 的化合物主要有含氰根的络合物及含羰基分子的羧酸.

用金属汞齐还原 $Mn(CN)_6^{4-}$ 离子得到 $Mn(CN)_6^{9-}$ 离子. 氧化数为 I 的盐类无色，反磁性，在空气中易被氧化，在 1.5M①NaCN 溶液中 $Mn(CN)_6^{4-}+e=Mn(CN)_6^{5-}$ 的电位是 −1.06V，$Na_5Mn(CN)_6$ 溶于热水可释放出氢气. $K_5Mn(CN)_6$ 有四方晶格（a=1635pm，c=1311pm）和立方晶格（a=1189pm）两种常数，但有人认为后者是水合物的数据. 由 KCN 和 $MnCl(CO)_5$ 可制得 Mn(I)的羰基氰络合物 $K_2[Mn(CO)_3(CN)_3]$和 $K_3[Mn(CO)_2(CN)_4]$. 由 KCN，$K_3Mn(CN)_6$ 和羟氨反应得到 Mn(I)的亚硝基氰络合物 $K_3[Mn(CN)_5NO]\cdot 2H_2O$，结晶水可在真空条件下用 P_4O_{10} 作干燥剂脱去. 此络合物属单斜晶系，Mn 原子位于变形八面体中，对称性 C_{4v}，Mn—C 间距 197−201pm，Mn—N 间距 166pm. 具反磁性，在 1700cm^{-1} 处呈显 N—O 伸缩频率. 在 $Mn(OCOR)(CO)_5$ 型的羰基化合物中，有稳定的 Mn(I)羧基化合物，R=CF_3，C_2F_5 和 C_3F_7. 这类化合物能自三氟乙酸与 $Mn(\sigma\text{-}C_3H_5)(CO)_5$ 反应而制得；用适当的银盐与 $MnCl(CO)_5$ 复分解反应也可得到. 二硫苯甲酸与羰基溴化锰按 $C_6H_5CSSH+Mn(CO)_5Br \rightarrow C_6H_5CSSMn(CO)_4+CO+HBr$ 反应而生成稳定的红色固体络合物 $C_6H_5CSSMn(CO)_4$. 它是一个双齿二硫苯甲酸基的单体络合物. 在甲醇溶液中经 3d 回流可以得到 83%$Mn_2(CO)_{10}$产物. 产率这样高，似乎甲醇是一氧化碳的来源.

Mn(I)硝酸盐

羰基化合物 $MnONO_2(CO)_5$ 是一个稳定的 Mn(I)硝酸盐络合物. 它是由四氧化二氮与十羰基二锰在轻油中于 0℃反应而成. 在室温下此络合物稳定，可保存数周，但加热即发生歧化：

$$4MnONO_2(CO)_5=Mn_2(CO)_{10}+2Mn(NO_3)_2+10CO$$

$MnONO_2(CO)_5$ 易溶于乙醇，丙酮，氯仿而难溶于苯，水，乙醚和四氯化碳中. 在溶液中它是非电解质，但其电导性随时间而增大. 这可能是由于发生了以下平衡：

$$MnONO_2(CO)_5+\text{溶剂}\rightleftharpoons Mn(CO)_5,\text{溶剂}^+NO_3^-$$

形成了离子羰基化合物. 红外光谱证实 $MnONO_2(CO)_5$ 中含有单齿的硝酸根.

硝酸五羰基锰(I)与吡啶和联吡啶反应生成双取代化合物 $MnONO_2(CO)_3Py_2$ 和 $MnONO_2(CO)_3diPy$. 与吡啶和三苯基膦进一步取代，生成离子型络合物 $Mn(CO)_3(diPy)(Py)^+NO_3^-$ 和 $Mn(CO)_3(diPy)(PPh_3)^+NO_3^-$. 在真空中 130℃加热，失去三苯基膦并生成共价型硝酸络合物 $MnONO_2(CO)_3diPy$. $Mn(CO)_3(diPy)(PPh_3)_3^+NO_3^-$ 与过量三苯基膦反应生成顺式二羰基络合物 $Mn(CO)_2(diPy)(PPh_3)_2^+NO_3^-$. 由于 PPh_3 基团在八面体中可占顺式或反式位置，故络合物有二种异构体.

① 按法定计量单位规定，M 为非许用单位，1M=1mol/L=10^3mol/m^3，下同.

2.3　氧化数为 II 的锰化合物

氧化数为 II 的锰，价电子层具有 $3d_5$ 的半充满稳定结构，故 Mn^{2+} 离子是最稳定的状态，前已述及. Mn(II)的大多数络合物都是高自旋的，并呈八面体型，5 个 d 电子呈球形对称分布. 这种构型特点，在离子半径，水合热，络合物生成常数以及离子颜色等方面都有明显的反映. 在大多数弱八面体配位场如 H_2O 中，Mn^{2+} 的 d 电子构型是：$(t_{2g})^3(e_g)^2$，从分子轨道理论可知，t_{2g} 电子是不成键电子，e_g 电子是反键电子，因此 t_{2g} 电子不影响金属—配位体间的键长，而反键轨道上的电子处于高能级，要排斥配位体，增加键长，从而使中心离子的半径增长. 在 Mn^{2+} 离子中 e_g 轨道上的两个电子，对配体的排斥较大，因而 Mn^{2+} 离子的半径比同周期的 Ti^{2+}，V^{2+}，Cr^{2+} 等要大. 由于 Mn^{2+} 有较大的离子半径，和配位场稳定化能为零，故由 Mn^{2+} 形成$[Mn(H_2O)_6]^{2+}$离子的水合热比 Ti^{2+}，V^{2+}，Cr^{2+} 等要小. 由于同样原因，Mn^{2+} 比 Fe^{2+}，Co^{2+}，Ni^{2+}，Cu^{2+} 的一些简单离子配体络合物的生成常数要小. 在高自旋的$(t_{2g})^3(e_g)^2$ 电子构型中，当电子从能量较低的 t_{2g} 跃迁到高能量的 e_g 能级时，自旋方向要发生改变，如图 2.2 所示意，这种跃迁是自旋禁阻的，发生这种跃迁的概率很小，对光吸收的概率很小，也就是对光的吸收很弱，因此 Mn(II)的高自旋八面体络合物的颜色很淡，甚至无色，这可从它们的吸收光谱结果得到进一步的解释. 图 2.3 是$[Mn(H_2O_6)]^{2+}$的吸收光谱，它与其它过渡金属阳离子的光谱有两点显著的不同：(1)谱带强度很低(除紫外区的电荷转移光谱)；(2)谱带较多. 这是由于高自旋 d^5 构型的 d-d 电子跃迁成电子自旋配对，这样的跃迁是自旋禁阻和轨道禁阻的，所以吸收强度低. 它们的发生完全是由于弱的自旋轨道偶合所致. 八面体的 Mn(II)络合物都有相似的光谱，呈现明显的弱的谱带.

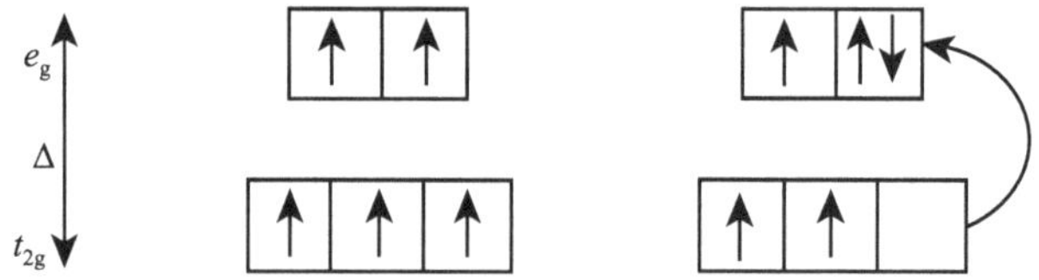

图 2.2　高自旋 d^5 电子中一个电子从 t_{2g} 激发到 e_g 电子自旋方向改变

Mn(II)有少数四面体型的络合物，在四面体配位场中，虽然电子的 d—d 跃迁也是自旋禁阻的，但在四面体配合物中由于缺乏对称中心，使得 d，p 轨道可以部分混合，以致 d—d 跃迁的轨道禁阻被部分解除，使跃迁变得容易，因此高自旋的四面

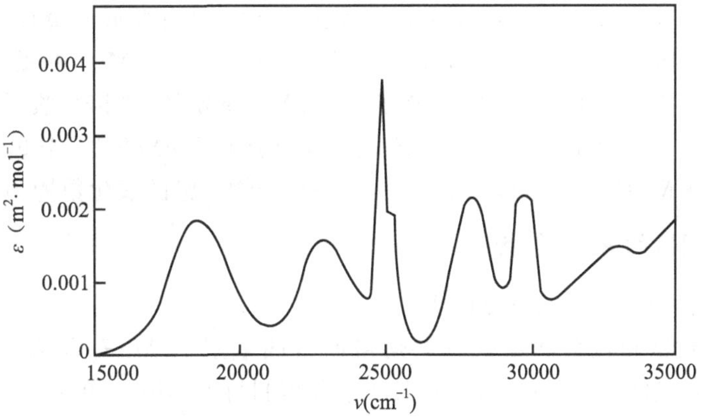

图 2.3 [$Mn(H_2O_6)]^{2+}$的吸收光谱

体型络合物的颜色较深,显黄绿色.这些络合物大都是由[$MnX_4]^{2-}$阴离子和大阳离子 R_4N^+,R_4P^+,R_4As^+所形成的,中性的络合分子有[$Mn(Ph_3PO)_2Br_2$].

Mn(II)络合物大都有五个未成对电子,但是[$Mn(CN)_6]^{4-}$[$Mn(CN)_5NO]^{3-}$和异腈络合物[$Mn(CNR)_6]^{2+}$则只有一个未成对电子.

2.3.1 卤化物

Mn(II)能与卤素生成卤化物,MnF_2,$MnCl_2$,$MnBr_2$ 和 MnI_2 等.它们的一些性质列于表 2.4.

表 2.4 Mn(II)卤化物的一些性质

	MnF_2	$MnCl_2$	MnBr	MnI_2
熔点(℃)	920	652±2	695	613
沸点(℃)		1190 或 1225		
ΔH_f°(kcal·mole^{-1})	−190	−115.6	−92.6	−64.2
ΔG_f°(kcal·mole^{-1})	−179	−105.9	−89	−65
S°(calmol^{-1}deg^{-1})	22.25	28.26		
$\Delta H_{升华}$(kcal·mol^{-1})	76.1			
结构	四方	六方	六方	六方
	a=487.34pm	a=371.1pm	a=382.0pm	a=414.6pm
	c=330.99pm	c=175.9pm	c=618.8pm	c=628.9pm

1. 氟化锰(II)

MnF_2,粉红色,微溶于水.其制备方法可通过:(1)氢氟酸与碳酸锰或氢氧化锰反应;(2)干燥的氟化氢与锰粉在 180℃ 作用;(3)加热二氯化锰与干燥氟化氢反应;(4)CO 与 NH_4MnF_3 反应.单晶研究证实,MnF_2 具有变形的金红石结构,含有四方的变形 MnF_6 八面体,4 个 Mn—F 键长为 211pm,2 个 Mn—F 键长为 214pm.低温时 MnF_2 有反磁性,80K 以上遵守 Curie-Weise 定律,光谱分裂因子接近自由电子值.MnF_2 与过量的 XeF_2 或 XeF_6 作用,分别生成 $nXeF_2 \cdot MnF_4$($n=1$ 或 1/2)和 $nXeF_6 \cdot MnF_4$($n=4,2,1$ 或 1/2),这些化合物中锰的氧化数皆为+4.

2. Mn(II)的氟络合物

这类络合物有四氟及三氟两类.

由二氟化锰和碱金属氟化物共熔可制得四氟型 A_2MnF_4 络合物(A 为碱金属).在 900℃温度下,用 $KMnF_3$ 和 KHF_2 共熔制得 K_2MnF_4 单晶.

一些络合物的性质列于表 2.5 中.

表 2.5 一些 Mn(II)氟化络合物的性质

	熔点(℃)	结构
K_2MnF_4	795	四方晶系 $a=417.1$; $c=1325.9$pm
Rb_2MnF_4	796	四方晶系 $a=425$; $c=1392$pm
Cs_2MnF_4	725	四方晶系 $a=431$; $c=1463$pm
$BaMnF_4$		斜方晶系 $a=1508$pm; $b=422$pm; $c=599$pm

三氟型 $AMnF_3$ 络合物(A 为碱金属)可由碱金属氟化物溶液和二氟化锰的溶液反应而成,也可在它们的熔融盐体系中反应制取.这类络合物的晶体结构和磁性质,列于表 2.6 中.红外光谱证实 $KMnF_3$ 中的 Mn—F 伸缩频率为 $407cm^{-1}$.

表 2.6 络合物 $AMnF_3$ 的晶体结构与磁性

	熔点(℃)	结构		磁性质	
				磁矩(μ)	T_N(K)
$NaMnF_3$	762				
$KMnF_3$	1032	立方晶系	$a=418.2-419.4$pm	5.94	89
$RbMnF_3$	986	立方晶系	$a=424.1-425$pm	6.04	95
$CsMnF_3$	780	六方晶系	$a=621.3$	6.15	88
			$c=1507.4$pm		82
$TlMnF_3$	820	立方晶系	$a=425.0$pm		85
NH_4MnF_3		立方晶系	$a=423.8-425.0$pm	76	

除了钠盐和钾盐外，其它的三氟锰酸盐具有立方钛酸钙($CaTiO_3$)结构，在$CsMnF_3$的结构中，有两种锰原子存在，1/3 的锰原子占入氟的八面体孔穴、八面体与另外一些八面体共角，另外 2/3 锰原子则处在变形氟八面体的孔穴中，该八面体与其它八面体共一个面和三个角. Mn—F 平均键长为 213pm.

3. 氯化锰(II)

无水氯化锰(II)是粉红色晶体、可以采用下列方法来制备:(1)氯乙酰和乙酸锰(II)在苯中反应;(2)用亚硫酰二氯回流硝酸锰(II)，碳酸锰或乙酸锰;(3)金属锰溶于浓盐酸，在 580℃温度下通干燥 HCl 气脱水.

$MnCl_2$ 单体的蒸气，在 $467cm^{-1}$ 处有 Mn—Cl 不对称伸缩频率. 磁矩为 5.73B. M. θ 值 3.3. 在 1.96K 和无磁场的影响下，$MnCl_2$ 具反铁磁性.

$MnCl_2$ 易溶于水. 在水溶液中析出 6 水、4 水和 2 水的结晶水合物. 在低温下析出的 6 水合物在 −2℃ 时很快分解成 4 水合物. 4 水合物 $MnCl_2 \cdot 4H_2O$ 可在 $MnCl_2$ 的饱和溶液中制得，它是单斜晶体，$a=1118.6$pm，$b=951.3$pm，$c=618.6$pm，$\beta=99.74°$，空间群为 $P2_1/n$. 在分立的八面体中，中心锰原子与两个顺式氯原子和 4 个水分子配位，Mn—Cl 间距 248.8pm，Mn—O 间距 220.6pm. 生成热为 $-1690.3kJ \cdot mol^{-1}$. 室温下磁矩是 5.94BM. 电子吸收光谱已被研究，Mn—O 的伸缩频率经测得为 $395cm^{-1}$.

水合 Mn(II)卤化物有如下的热分解过程:

$$MnCl_2 \cdot 6H_2O \xrightarrow{-2℃} MnCl_2 \cdot 4H_2O + 2H_2O$$

$$MnCl_2 \cdot 4H_2O \xrightarrow{55℃} MnCl_2 \cdot 2H_2O + 2H_2O$$

$$MnCl_2 \cdot 2H_2O \xrightarrow{135℃} MnCl_2 \cdot H_2O + H_2O$$

$$MnCl_2 \cdot H_2O \xrightarrow{210℃} MnCl_2 + H_2O$$

$$MnCl_2 \xrightarrow{191-228℃} Mn + Cl_2$$

$$MnBr_2 \cdot 2H_2O \xrightarrow{60-146℃} MnBr_2 \cdot H_2O + H_2O$$

$$MnBr_2 \cdot H_2O \xrightarrow{146-197℃} MnBr_2 + H_2O$$

$$MnI_2 \cdot H_2O \xrightarrow{86-160℃} MnI_2 + H_2O$$

$$MnI_2 \xrightarrow{590-943℃} Mn + I_2$$

在 65℃温度下可自 $MnCl_2$ 饱和溶液中析出 $MnCl_2 \cdot 2H_2O$，它在室温下极易潮解. 晶体结构属单斜晶系 $a=740.9$pm，$b=880.0$pm，$c=369.1$pm；$\beta=98.67°$，空间群为 C2/m. 在近似于平面四方排列结构中，锰原子和氯原子形成多聚链，水分子完成了八面体结构,这些链通过氢键结合在一起. Mn—O 间距 215.0pm,Mn—Cl 间距分别为 251.5pm 和 259.2pm.

4. Mn(II)的氯络合物

在这类配合物中有六氯锰(II)酸盐,四氯锰(II)酸盐,三氯锰(II)酸盐和四氯、三氯锰(II)酸盐的水合物. A_2MnCl_4(A 为碱金属)可由相应的氯化物按化学计量在熔融条件下制备,制备时用量比必须严格控制,否则会生成含氯的其它络合物. 在乙醇或丙酮中混合适量的氯化物,可制得$(MR_4)_2MnCl_4$ 盐,(M=N,P,As,R=烷基或芳基). 其它的制备方法有:(1)将 Et_4NCl 和 $MnCl_2 \cdot 4H_2O$ 的混合物在亚硫酰氯中回流;(2)用 Et_4NCl 或盐酸吡啶与 $MnCl_2$ 在浓盐酸中反应;由 $MnCl_2$ 和二甲基亚砜作用生成 $Mn(DMSO)_6^{2+}MnCl_4^{2-}$;$Mn(C_5H_7S_2)_2$ 是由乙酰丙酮和 $MnCl_2$ 与硫化氢和氯化氢在乙醇溶液中反应而制备.

通过溶解热的测定,可计算反应

$$2MCl(c)+MnCl_2(c)=M_2MnCl_4(c)$$

的 ΔH°_{2998}. 当 M 为 Cs^+,Me_4N^+ 和 Et_4N^+ 时,ΔH°_{298} 分别是 −46.90,−33.14 和 −58.87kJ · mol^{-1}. 从这些数据可算得 Cs_2MnCl_4 的 ΔH°_f 为 −1396.6kJ · mol^{-1}.

含 MnX_4^{2-} 阴离子的化合物,一般是四面体结构,但在$(MeNH_3)_2MnCl_4$ 和 α-Cs_2MnCl_4 晶体中,Mn 位于八面体结构中.

四氯锰(II)酸盐 2 水合物 $MnCl_4^{2-} \cdot 2H_2O$ 可由适当氯化物按化学计量在水溶液中反应生成.

在 NH_4Cl-$MnCl_2$-H_2O 三元体系中,有 $6NH_4Cl \cdot MnCl_2 \cdot 2H_2O$ 和 $2NH_4Cl \cdot MnCl_2 \cdot 2H_2O$ 两种化合物存在,它们还能形成固溶体.

三氯锰(II)酸盐 $AMnCl_3$,可由适当的氯化物按化学计量熔融或将 1∶1 碱金属氯化物与 $MnCl_2 4H_2O$ 混合加热,在 1atm 的干燥 HCl 气流中制备.

$(Me_4N)MnCl_3$ 可在水溶液中制得.

在 NaCl-$MnCl_2$ 体系中有 $NaMnCl_3$,$NaMnCl_4$,Na_6MnCl_8 和 $Na_2Mn_3Cl_8$ 存在. Na_6MnCl_8 的结构与 Mg_6MnO_8 有关,而 $Na_2Mn_3Cl_8$ 则与 $Cd_2Mn_3O_8$ 有关.

从溶解热的测定,可计算反应

$$MCl(c)+MnCl_2(c)=MMnCl_3(c)$$

的 ΔH°_{298}. 当 M 为 Na^+,K^+,Rb^+ +和 Cs^+ 时,ΔH°_{298} 分别为 −2.97,−15.19,−25.98 和 −40.92kJ · mol^{-1}. 从以上数据可算得 $CsMnCl_3$ 的 ΔH°_f 为 −957.3kJ · mol^{-1}.

碱金属三氯锰(II)酸盐的 2 水合物,可从化学计量的氯化物水溶液中制取. $RbMnCl_3 \cdot 2H_2O$ 有 α,β 两种构型. 把 RbCl 和 $MnCl_2 \cdot 4H_2O$ 的 11∶5 饱和溶液从

80℃冷却到50℃时，沉淀出α和β的混合物. 将此混合物及其母液在25℃时长时间放置(例如数月)，则发生$\alpha \rightarrow \beta$的转变. 在0℃时有$\beta \rightarrow \alpha$的转变.

$NaMn_2Cl_5$，Na_4MnCl_6，$K_3Mn_2Cl_7$，K_4MnCl_6，$Rb_3Mn_2Cl_7$，$CsMn_4Cl_9$ 和 Cs_3MnCl_5 都能从氯化锰和碱金属氯化物的混合物中分离出来. 从溶解热数据，可求得反应

$$3CsCl(c) + MnCl_2(C) = Cs_3MnCl_5$$

的反应热为ΔH°_{298}为$-41.05kJ \cdot mol^{-1}$. Cs_3MnCl_5的ΔH°_{f}为$-1823.8kJ \cdot mol^{-1}$. 结构研究证实Cs_3MnCl_5结构中，有$MnCl_4^{2-}$四面体及Cl^-存在.

此外，X射线衍射研究证实$MnCl_2(meimid)_3$(meimid=2-甲基咪唑)是五配位的，高自旋的Mn(II)络合物.

5. 溴化锰(II)

碳酸锰与氢溴酸反应，产物在100℃脱水，725℃下在溴化氢气流中可制得无水溴化锰(II). 用乙酸锰与溴化乙酰在苯中反应，产物在200℃下于氮气流中干燥，也可制备溴化锰(II). 溴化锰(II)易潮解. 它有两种水合物，$MnBr_2 \cdot 4H_2O4$水物和2水物$MnBr_2 \cdot 2H_2O$. 4水物可由溴化锰的饱和溶液在室温蒸发制备，磁矩为5.93BM. 2水合物可在65℃蒸发溴化锰饱和溶液而制得，也可按化学计量的碳酸锰与氢溴酸反应而成. 单斜晶体结构，$a=776.3pm$，$b=899.0pm$，$c=388.1pm$，$\beta=97.62°$，空间群为C2/m. 锰原子与4个溴原子平面四方形配位络合，每个溴原子被两个金属原子共有，水分子占据八面体的反位上，这种结构与$MnCl_2 \cdot 2H_2O$相似.

6. Mn(II)的溴络合物

在乙醇或丙酮中，混合当量的溴化物可制得一系列四溴锰(II)的铵盐，磷盐(PR_4^+)和砷盐.

$$2Et_4NBr + MnBr_2 = (Et_4N)_2MaBr_4$$

的反应热为$-42.34kJ \cdot mol^{-1}$. 近年来已制得一些三溴锰(II)酸盐，$(Me_4N)MnBr_3$是六方晶体，$a=944pm$，$c=676pm$. 金属锰与溴化氢在干燥乙醚中反应生成$HMnBr_3 \cdot Et_2O$加合物.

7. 碘化锰(II)

无水碘化锰(II)可在乙醚中由锰与碘直接作用而成. 也可由MnO_2或MnS在密闭管内与三碘化铝在230℃下反应制备. 碘化锰(II)易溶于水，磁矩为5.88MB. 碳酸锰与氢碘酸按化学计量反应，可生成水合碘化锰$MnI_2 \cdot H_2O$.

8. Mn(II)碘络合物

目前已有四碘锰(II)酸盐 MnI_4^{2-}. 在丙酮或乙醇中可制得它们的铵盐,磷盐和砷盐. 已制得加合物 $Mn(MeCN)_6^{2+}MnI_4^{2-}$ $[MnI_2(MeCN)_3]$并报道了它的红外光谱及拉曼光谱数据.

2.3.2 氧化物

锰有多种氧化物 Mn_2O_7, MnO_2, Mn_2O_3, Mn_3O_4 和 MnO. MnO 是锰价数最低的氧化物.

用氢气还原锰的任何高价氧化物都可产生 MnO,它是灰色到绿色的粉末. 还原须在低温下进行,高于 1200℃可还原成金属. MnO 是碱性氧化物,不溶于水,能溶于酸. 细粉末 MnO 在空气中会吸收氧呈褐色. MnO 有氯化钠的结构,当温度低于 118K(它的 Neel 点)时具有抗铁磁性. MnO 具有非整比性质,在 1500－1650℃当氧的分压从 10^{-11}atm 升高到 10^{-2}atm 时,MnO 组成可在 $MnO_{1.00}$ 到 $MnO_{1.045}$ 之间变动.

把 MnO 加到 $POCl_3$ 的乙酸乙酯溶液中,生成 $Mn(PO_2Cl_2)_2\cdot(CH_3CO_2Et)_2$ 晶体. 单晶 X 射线分析确定 Mn^{2+} 处在八面体中,Mn^{2+} 通过 PO_2Cl_2 基桥连在一起成键,而且每个锰的八面体是由两个乙酸乙酯的酮基配位的.

$$MnO(s)+TaF_5(g)=MnF_2(g)+TaOF_3(g)$$

的反应热由质谱法测定为 $313.8\pm40kJ\cdot mol^{-1}$.

2.3.3 氢氧化物

Mn(II)的氢氧化物是唯一按化学计量形成的锰的氢氧化物. 自 Mn^{2+} 溶液中用碱金属氢氧化物可沉淀出 $Mn(OH)_2$,它是胶状白色沉淀,在空气中由于氧化迅速使颜色变深. 因此制备纯净 $Mn(OH)_2$ 必须在无氧条件下进行. 单晶 X 射线分析证实它有 CdI_2 的层状结构与 $Ca(OH)_2$ 结构相同. 每个 Mn 原子有 6 个氢氧根配位,Mn—O 间距 220.7pm. $Mn(OH)_2$ 的热力学数据如下:

$$\Delta H^\circ_f=-698.7kJ\cdot mol^{-1}, \Delta G^\circ_f=-619.2kJ\cdot mol^{-1},$$

$$S^\circ\approx96.2J\cdot(mol^{-1}\cdot deg^{-1}).$$

$Mn(OH)_2$ 略具两性,$Mn(OH)_2+OH^-=Mn(OH)_3^-$ $K\approx10^5$,在碱性溶液中形成复杂的氢氧化物 $Na_2Mn(OH)_4$ 和 $AMn(OH)_4$(A＝Ba 或 Sr).

2.3.4 盐类

大多数 2 价锰盐皆易溶于水,而硫化锰、磷酸锰和碳酸锰仅微溶于水. 2 价锰的强酸盐在溶液中只有微弱的水解反应. 2 价锰盐中硫酸锰是最稳定的,即使在赤热时也不分解.

1. 硫酸锰(II)

可由硫酸与任何锰化合物反应制得,也可由硫酸与氧化锰(II)或碳酸锰(II)反应制取. 商品硫酸锰是由硫酸与还原剂作用于二氧化锰来制备的:

$$2MnO_2+C+2H_2SO_4=2MnSO_4\cdot H_2O+CO_2$$

它也是制取氢醌的副产物,因为其中一个步骤是用 MnO_2 作为氧化剂使苯胺转化为醌:

$$2C_6H_5NH_2+4MnO_2+5H_2SO_4\longrightarrow 2(O=C_6H_4=O)$$
$$+4MnSO_4+(NH_4)_2SO_4+4H_2O$$

硫酸锰(II)有几种水合物:7,5,4,1 和无水化合物. 它们的转变温度如下:

$$MnSO_4\cdot 7H_2O\xrightleftharpoons{282K}MnSO_4\cdot 5H_2O\xrightleftharpoons{299K}$$
$$MnSO_4\cdot 4H_2O\xrightleftharpoons{300K}MnSO_4\cdot H_2O$$

$MnSO_4\cdot 7H_2O$ 在-10℃到$+9$℃之间由 70%$MnSO_4$ 水溶液中结晶析出. 它是单斜晶体. $MnSO_4\cdot 5H_2O$ 可在 9－24℃之间从饱和硫酸锰(II)溶液中析出,它是与 $CuSO_4\cdot 5H_2O$ 相同的三斜晶体,有 4 个水分子在一个平面上与 Mn(II)配位结合. $MnSO_4\cdot 4H_2O$ 是在 95℃向硫酸锰浓溶液中加入乙醇而结晶出来. 通常认为它是单斜晶体. $MnSO_4\cdot 4H_2O$ 在 60℃空气中失水,生成 $MnSO_4\cdot H_2O$. $MnSO_4\cdot H_2O$ 可在高于 100℃时由 7 水合物失水而生成,它是单斜晶体.

水合 $MnSO_4$ 加热到 200℃以上即可得到无水盐. 它相当稳定,即使加热到赤热也不分解. 而 Fe(II),Co(II)和 Ni(II)的硫酸盐在这温度下皆已分解了. $MnSO_4$ 有正交晶胞,硫原子位于变形四面体的中心,Mn(II)离子位于变形八面体的中心,有 4 个 225pm 的 Mn—O 键和 2 个 211pm 的 Mn—O 键.

硫酸锰(II)与氨生成很多加合物 $MnSO_4\cdot nNH_3$,$n=1,2,3,4,5,6$. 硫酸锰(II)与肼、脲素和其它碱生成加合物.

Na,K,Rb,Cs,NH_4^+,Tl(I),Al(III),Fe(III)和 Cr(III)的硫酸盐与硫酸锰形成复盐. 例如 $K_2Mn(SO_4)_2\cdot 4H_2O$,$M_2Mn_2(SO_4)_3$(M=K,NH_4,Rb 或 Tl).

酸式硫酸盐 $MnSO_4\cdot 2K_2SO_4\cdot H_2SO_4\cdot H_2O$ 是正交晶体.

2. 亚硫酸锰(II)

当将 SO_2 通入于热的碳酸锰(II)溶液时,可沉淀出 3 水合亚硫酸锰(II) $MnSO_3\cdot 3H_2O$. 在乙酸存在下亚硫酸钠与硫酸锰(II)反应也生成亚硫酸锰(II). 它是浅红色晶体，水中溶解度不大，却能溶解在二氧化硫溶液中. 此化合物很易被酸所分解.

加热高于300℃时，$MnSO_3$ 分解成 SO_2，MnS 和 $MnSO_4$ 温度高于420℃，形成 Mn_2O_3.

二氧化硫与二氧化锰作用生成连二硫酸盐. 1819 年 Gay-Lussac 第一次发现连二硫酸就是基于此反应. 在这个反应中还生成硫酸锰(II)，可能发生了两个反应：第一个是 MnO_2 与 SO_2 生成 $MnSO_4$ 的反应，第二个是 MnO_2 被还原成 Mn_2O_3 再反应生成 $Mn_2(SO_3)_3$，它再反应生成 $MnSO_3$ 和 MnS_2O_6.

已知的亚硫酸锰复盐有：$(NH_4)_2Mn(SO_3)_2$，$Na_2Mn(SO_3)_2 \cdot H_2O$ 和$K_2Mn(SO_3)_2$.

3. 碳酸锰(II)

把碳酸盐加于硝酸锰(II)溶液中，可制得 $MnCO_3$. 沉淀在无氧条件下洗涤并在真空干燥器中干燥. 在 100－200℃加热可得无水化合物. 碳酸锰的稳定性是由于它的不溶性 25℃时 $K_{sp}=8.8\times10^{-11}$，它甚至在沸水中也很少水解. 纯净盐类是粉红色的，在空气中由于氧化，慢慢变暗. $MnCO_3$ 受热分解，生成锰的氧化物，其氧化态依赖于分解时有无氧的存在.

结晶 $MnCO_3$，$\Delta H^\circ_f=-895.4kJ\cdot mol^{-1}$，$\Delta G^\circ_f=-820kJ\cdot mol^{-1}$ 和 $S^\circ=85.8J\cdot(mol^{-1}\cdot deg^{-1})$. 非结晶 $MnCO_3$ 的相应数值分别为－882.8，－811.7 和 112.97.

$MnCO_3$ 具抗铁磁性. 有菱面体方解石结构.

4. 硝酸锰(II)

无水硝酸锰(II)可由水合硝酸锰在 P_2O_5 作为干燥剂的真空干燥器中干燥获得. 也可由五氧化二氮与无水 $MnCl_2$ 反应而得. 在此反应中得到 $Mn(NO_3)_2\cdot N_2O_4$，在 90℃真空中加热，除去 N_2O_4，即制得 $Mn(NO_3)_2$. $Mn(NO_3)_2\cdot N_2O_4$ 也可由 N_2O_4 与 $Mn^{2-}(CO)_{10}$ 作用制得，也可由 $N_2O_4^-$ 乙酸乙酯混合物与金属锰反应而制备. 无水硝酸锰是无色化合物，可潮解，易溶于水、二氧六环、四氢呋喃、乙腈等溶剂中. 加热时分解成二氧化锰和二氧化氮.

$Mn(NO_3)_2$ 具有与硝酸铜相同的正交单胞，晶格常数略大些. 磁矩为5.48BM. 标准生成热为－698.7kJ · mol^{-1}.

硝酸锰有 6，4，2，1 的水合物. $Mn(NO_3)_2\cdot 6H_2O$ 晶体的标准生成热是－2371.9kJ · mol^{-1}.

5. 磷酸锰(II)

当 Mn(II) 盐溶液与磷酸钠反应时沉淀出白色磷酸锰(II)七水合物 $Mn_3(PO_4)_2 \cdot 7H_2O$. 它在水中不甚溶解，能被碱所分解. 用浓 H_2SO_4 脱水，可使它失去部分结晶水形成 $Mn_3(PO_4)_2 \cdot 3.5H_2O$. 在 100℃下进一步脱水可得 3 水合物 $Mn_3(PO_4)_2 \cdot 3H_2O$. 3 水物也可用 $MnHPO_4$ 与水在 100℃到 140℃加热制成，或用碳酸锰(II)与磷酸共沸制得. $Mn_3(PO_4)_2 \cdot 5H_2O$ 可用水与 NH_4MnPO_4 作用生成，$Mn_3(PO_4)_2 \cdot H_2O$ 可将 3 水合物在密闭管中于 250℃下加热而成.

$MnHPO_4 \cdot 3H_2O$ 有灰色形态和粉红色形态两种变体. 灰色变体 3 水合物可由磷酸与碳酸锰(II)反应，或 $Mn(H_2PO_4)_2 \cdot 2H_2O$ 水解制得. 粉红变体 3 水合物是一种介稳态，可用含有 P_2O_5 有效浓度为 0.6%～28%的磷酸与磷酸锰(II)作用而成. 灰色盐只溶于浓盐酸而粉红盐则能溶解在所有强酸中. 粉红色盐溶解时按下式进行分解：

$$3MnHPO_4 = Mn_3(PO_4)_2 + H_3PO_4$$

分解反应可因少量硝酸和硫酸而加速. 灰色盐则无相似的分解反应.

$Mn(H_2PO_4)_2 \cdot 2H_2O$ 由 $Mn_3(PO_4)_2$ 溶解在磷酸中制取. 此物易潮解，在潮湿空气中形成磷酸氢锰(II). 磷酸氢锰的溶液是酸性的，可制得 $K_3[Mn(PO_4)_2] \cdot 5H_2O$ 和 $Na_2H_2[Mn(PO_4)_2] \cdot 4H_2O$.

将 $Mn(H_2PO_4)_2 \cdot 2H_2O$ 热分解，或用磷酸与 MnO 或 $MnCO_3$ 在 400－500℃作用，可得四偏磷酸锰 $Mn_2P_4O_{12}$.

磷酸二氢锰用于磷化铁和钢的表面.

磷酸锰的复盐以 $AMnPO_4$ 形式存在(A＝Li, Na, K, NH_4, Ca)，其中一些天然存在. 在弱碱性溶液中沉淀生成的铵盐 $NH_4MnPO_4 \cdot H_2O$ 可用以定量地测定锰. 沉淀一般灼烧成焦磷酸盐 $Mn_2P_2O_7$.

6. 焦磷酸锰(II)

将 NH_4MnPO_4 沉淀灼烧，形成焦磷酸锰(II) $Mn_2P_2O_7$. 把焦磷酸钠加于硫酸锰(II)溶液中可生成 3 水合焦磷酸锰 $Mn_2P_2O_7 \cdot 3H_2O$. 无水盐呈粉红色，与 $Sc_2Si_2O_7$ 和 β-$Mg_2P_2O_7$ 同晶型，是单斜晶体.

$Mn_2P_2O_7 \cdot 3H_2O$ 的溶液与草酸共沸，生成焦磷酸二氢锰 $MnH_2P_2O_7 \cdot 4H_2O$.

7. 羧酸锰(II)

2 水合甲酸锰(II) $Mn(OCOH)_2 \cdot 2H_2O$ 是用甲酸与 $MnCO_3$ 反应而制成的，为红色单斜晶体. 晶胞中有 4 个 Mn^{2+} 离子，等分在两类位置上. 在 A 边位置的

Mn^{2+},是由属于甲酸根的 6 个氧原子呈八面体配位,在 B 边位置的 Mn^{2+} 是由 4 个水分子和属于甲酸根的 2 个氧原子呈八面体配位.

乙酸锰(II) $Mn(OCOCH_3)_2 \cdot 4H_2O$ 可由 $MnCO_3$ 与乙酸反应而得. 为红色晶体,能溶于水,乙醇和甲醇中.

$Mn(OCOCH_3)_2 \cdot 4H_2O$ 是单斜晶体,它像 $Mn(OCOH)_2 \cdot 2H_2O$ 一样可能也有 2 个 Mn^{2+} 在单胞中. 这种观念用以解释化合物中的弱铁磁作用.

乙酸锰(II)络合衍生物有:肼络合物 $Mn(OCOCH_3)_2 \cdot (N_2H_4)_2$. 晶体属三斜(孪生的),有 N_2H_4 桥基. $Mn(OCOCH_3)_2 \cdot (C_6H_5NHNH_2)_2$ 也可能有相同结构.

无水 $Mn(OCOCF_3)_2$ 是由三氟乙酸银与氯化锰(II)和锰粉混合物在硝基甲烷或乙醚中作用而得. 产物是粉红色并且可能含有八面体结构的 Mn(II). 略溶于苯. 经热分解可生成 MnF_2 和多种碳氟化合物.

加合物 $Mn(OCOCX_3)_2L_4$(L＝吡啶或 γ-甲基吡啶,X＝F 或 Cl)含有八面体 Mn(II)的结构.

二元羧酸的锰盐有 MnC_2O_4,$MnC_2O_4 \cdot 2H_2O$ 和 $MnC_2O_4 \cdot 3H_2O$,它们都可能含有八面体 Mn(II)结构.

Mn(II)离子跟其它 2 价金属离子一样,可使 β-酮酸脱羧作用得到催化,催化作用可因芳胺配体的存在而提高.

2.3.5　Mn(II)的络合物

Mn(II)常形成许多六配位的八面体配合物,绝大多数配合物具有 $3d^5$ 的高自旋电子排布,故而无晶体场稳定化能. Mn^{2+} 比 Fe^{2+},Co^{2+},Ni^{2+} 和 Cu^{2+} 的半径要大,导致其稳定常数比它们都小. 少数低自旋 Mn(II)络合物有 $Mn(CN)_6^{4-}$ 和 $Mn(CNR)_6^{2+}$ 等.

Mn(II)的四配位四面体络合物有 MnX_4^{2+} 卤阴离子和中性配合分子 $MnBr_2(Ph_3PO)_2$,在水或给体溶剂中都不稳定,在极性较小的溶剂中能保持四面体结构,Mn(II)离子具有黄-绿色荧光,远比在八面体中 Mn(II)的粉红色为强.

Mn(II)配位数为八的络合物呈三角十二面体,例如$[Mn(NO_3)_4]^{2-}$离子,见图 2.4. NO_3^- 起双齿配体的作用,在中心离子 Mn^{2+} 周围,N 原子呈四面体排布,与$[Co(NO_3)_4]^{2-}$相似.

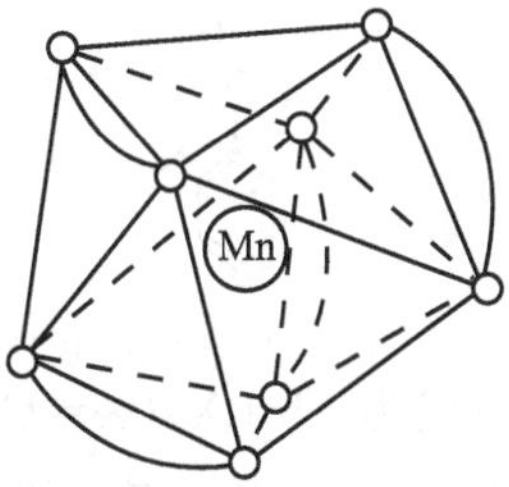

图 2.4 $[Mn(NO_3)_4]^{2-}$ 中 4 个螯合配位体(NO_3^-)的位置示意图

此外还有五配位和七配位的络合物.

1. 氮合配体络合物

卤化锰(II)与氨反应生成氨合络合物$[Mn(NH_3)_6]X_2$,X=Cl,Br 和 I,受热分解得 $MnX_2 \cdot nNH_3$(n=4,2 和 1,X=Cl,Br;n=2,X=I).用 $MnSO_4$ 按同样方法可制得 $MnSO_4 \cdot nNH_3$(n=1,2,4,5 和 6).六氨合锰络合物$[Mn(NH_3)_6]X_2$ 的 X 射线分析表明 Mn—N 伸缩频率按 X=Cl,Br,1 分别为 307,299 和 295cm^{-1}.

$MnCl_2$ 与肼反应制得 $MnCl_2(N_2H_4)_2$.单晶 X 射线分析证明它含有以配体肼桥联起来的 $MnCl_2(N_2H_4)_2$ 八面体单元.同样,也可生成相似的溴碘,乙酸和硫代氰酸盐的配合物.Mn(II)盐水溶液与水合肼在开口容器中吸收大气中的 CO_2 后生成肼羧酸络合物 $Mn(NH_2NHCO_2)_2(N_2H_4)_2$ 的无色晶体.X 射线分析表明 Mn 具八面体配位,含两个单齿配体 N_2H_4 和两个双齿配体 NH_2NHCOO^-.

$MnCl_2$ 与吡啶(Py)在适当比例配合下生成 $MnCl_2Py_2$ 和 $MnCl_2Py_4$.前者在氯苯中有四面体结构,在固态中与氯原子键形合成八面体.

$MnCl_2Py_2$ 可按下式热分解:

$$MnCl_2Py_2 \longrightarrow MnCl_2Py + Py(g)$$

$$MnCl_2Py \longrightarrow MnCl_2(2/3Py) + 1/3Py(g)$$

$$MnCl_2(2/3Py) \longrightarrow MnCl_2 + 2/3Py(g)$$

锰还可与双嗤含氮配体,如联吡啶及三嗤含氮配体(terPy)等形成络合物.

在氮合配体中近年来报道的有:

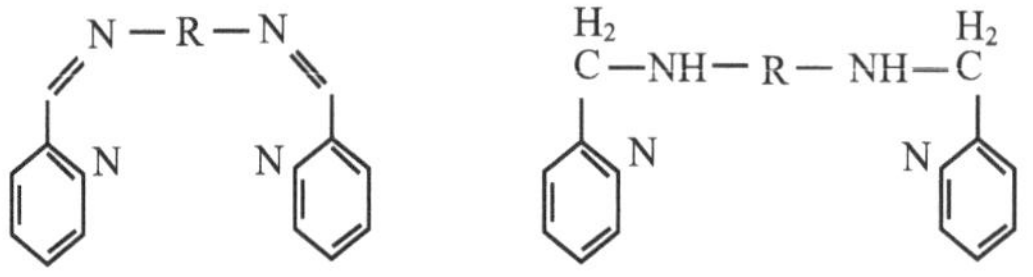

$R=(CH_2)_2,\ (CH_2)_3$　　　　$R=(CH_2)_2,\ (CH_2)_3$ 或 $CHMeCH_2$

这些配体中，大多数可分离出组成为 $MnLX_2$（X＝Cl，Br，ClO_4 或 BPh_4）的六配位八面体络合物. 对体积较大的配体，如 ClO_4 或 BPh_4 等，则 MnL_2X_2 为八配位络合物.

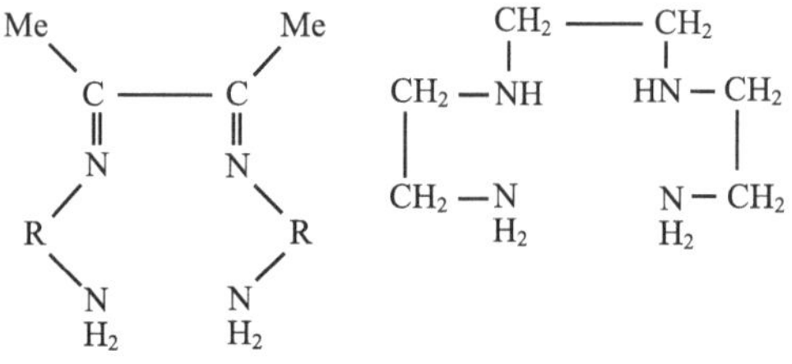

$R=(CH_2)_2$ 或 $(CH_2)_3$

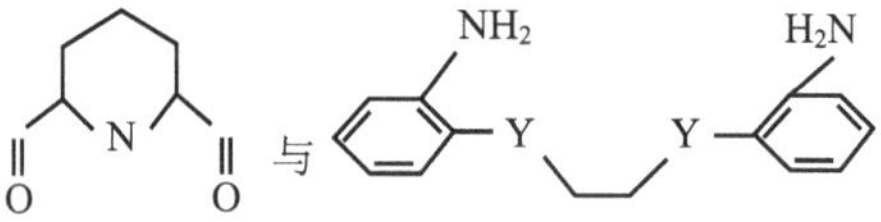

在 $Mn(ClO_4)_2$ 存在下反应可生成

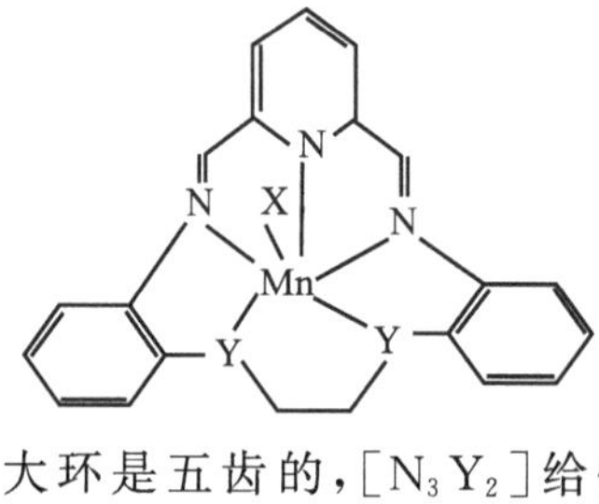

Y=NH,O或S;

$X=ClO_4$.

在这个络合物中，大环是五齿的，[N_3Y_2]给体构成五角双锥平面，其中 Mn—$OClO_3$ 键是很短的.

2. 磷与砷配体的络合物

熔融的三苯基膦与Mn(II)卤化物反应可生成高自旋的络合物 $MnX_2(PPh_3)_2$（X＝Cl，Br 和 I），在四氢呋喃溶剂中反应也可得到上述产物. 在四氢呋喃溶剂中得到高自旋的砷络合物 $MnX_2(ASPh_3)_2$. 在 $MnI_2(PPh_3)_2$ 和 PPh_3 的 CH_2Cl_2 回流液中加入 I_2，可得到[$Mn(PPh_3)_4$][I_3]$_2$. 同样方法可制得[$Mn(AsPh_3)_4$][I_3]$_2$.

当 $MnCl_2$ 或 $MnBr_2$ 与 $KPPh_2$ · 2-dioxan 在四氢呋喃中反应可得到 K[$Mn(PPh_2)_3$] · 2THF，在二氧六环中重结晶得到 K_2[$Mn(PPh_2)_4$] 和 $Mn(PPh_2)_2$晶体.

3. 含氧配体的络合物

在水溶液中 Mn(II)离子为 6 水合离子 $Mn(H_2O)_6^{2+}$,由^{17}O 的核磁共振和其它方法证实配位的水分子与自由的水分子间进行着快速的交换. $Mn(H_2O)_6^{2+}$ 在酸性及中性溶液中能稳定存在,在碱性溶液中沉淀为 $Mn(OH)_2$ 并能进一步被氧化.

Mn(II)离子与甲醇、乙醇、丙醇和甘油生成络合物,也可以形成晶体加合物如 $MnCl_2 \cdot MeOH$,$MnCl_2 \cdot 2MeOH$,$MnCl_2 \cdot 3MeOH$ 和 $MnCl_2 \cdot 4MeOH$ 等. 用甲酸乙酯作为脱水剂是制备六乙醇合物晶体 $Mn(EtOH)_6 \cdot X_2$ ($X=ClO_4^-$ 及 BF_4^-)的新方法:

$$Mn(H_2O)_6X_2 + 6HC(OEt)_3 \longrightarrow$$
$$Mn(EtOH)_6 \cdot X_2 + 6HCO_2Et + 6EtOH$$

醚的配位较醇弱,故 Mn(II)只能生成不稳定的乙醚盐,与二氧六环作用生成 $MnCl_2 \cdot$ dioxan 和具有八面体 Mn(II)的 $MnBr_2 \cdot$ 2dioxan 的稳定络合物.

二甲基亚砜(DMSO)与 Mn(II)卤化物形成 $MnCl_2 \cdot 3DMSO$ 和 $MnBr_2 \cdot 2DMSO$ 络合物.

$(CH_3)_3NO$,C_5H_5NO,Ph_3PO 与 PH_3AsO 能和 $MnBr_2$ 形成 $MnBr_2L_2$ 四面体加合物,在络合物$(Ph_2MeAsO_4)_4Mn(ClO_4)_2$ 中 Mn(II)离子是五配位的.

锰与 β-二酮(β-dik)形成 $Mn(\beta\text{-dik})_2$ 络合物,与含氮-氧配体如 8-羟基喹啉离子

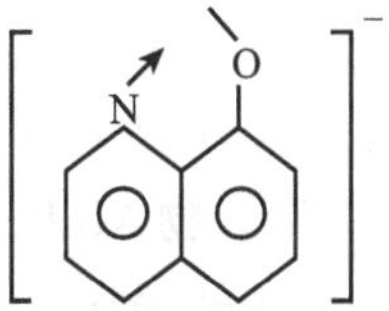

形成络合物.

二羟基环丁烯二酮,又称方形酸其结构与草酸相似,也能与 Mn(II)形成络合物,如 $MnC_4O_4 \cdot 2H_2O$. 邻二羟环戊烯三酮也能生成 $MnC_5O_5 \cdot 3H_2O$,它具有多聚结构.

此外,锰和 D-葡糖酸形成的稳定络合物有$[Mn^{11}(GH_3)_2]^{2-}$,$[Mn^{111}(GH_3)_2(OH)]^{2-}$ 和$[Mn^{IV}(GH_3)_2(OH)_3]^{3-}$,($GH_2^{2-}$ = 葡糖酸二胺),实验证实,在高浓度时 Mn(II)配合物聚合,与 $K_3Fe(CN)_6$ 起氧化反应生成 Mn^{III} 和 Mn^{IV} 物种,若与氧反应,则只形成 Mn(IV)络合物.

4. 含硫配体络合物

把 NaS_2CNEt_2 加于 $MaCl_2$ 水溶液中,生成亮黄色 $Mn(S_2CNEt_2)_2$ 络合物,它是一种引火物,即使痕量氧存在也极灵敏. 它和 $Cu(S_2CNEt_2)_2$ 同晶型,可能也是五配位结构.

$MnCl_2$ 与硫脲反应生成 $MnCl_2[S{=}C(NH_2)_2]_4$ 络合物，具反式八面体结构，而硫脲与 MnX_2Py_2 反应则生成加合物 $MnX_2Py_2tu_4$（X=Cl 或 Br；tu=硫脲），具有 Mn(II)的八配位结构.

2.3.6　酞菁及卟啉络合物

锰的酞菁络合物和卟啉络合物在结构上很相似，它们在生物氧化，如光合作用和人体血液细胞代谢过程中有重要作用.

金属锰与(*o*)-氰基苯胺或邻苯二腈反应，生成一个结构尚未确定的化合物，升华后即得酞菁锰(II)络合物，它有如图所示结构：

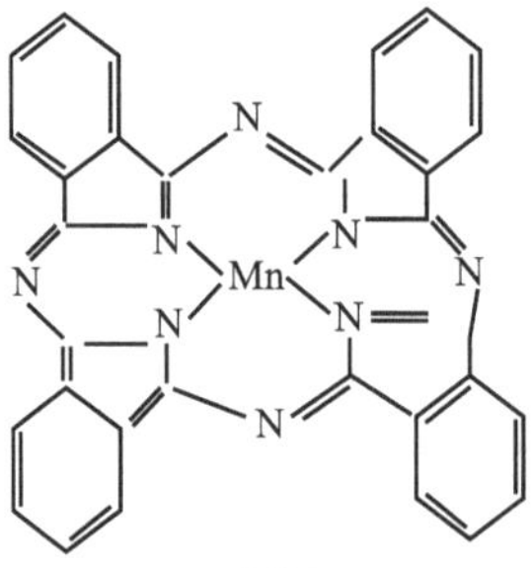

酞菁锰

酞菁锰(II)以 Mn 为中心具有平面四方配位结构，磁性测定证明它有 3 个成单电子.

酞菁锰(II)在硫酸中经氧化还原反应可得到 Mn(IV)，(III)，(I)，(O)的酞菁络合物. 值得注意的是 4 价锰的吡啶络合物 MnPc(Py)(O)(Pc=酞菁，Py=吡啶)，实际上它是一个 3 价锰的氧桥配合物 PyPcMn—O—MnPcPy.

MnPc 在空气存在下与甲醇或乙醇发生氧化作用，生成八面体 Mn(III)络合物 Mn(Pc)(OH)(ROH)(R=Me 或 Et)，它们在少量盐酸存在下，与 NaCl 反应生成氯代配合物 Mn(Pc)(Cl)(ROH)，与吡啶作用生成 Mn(Pc)(Cl)(Py).

在吡啶溶液中 MnPc 发生氧化，但生成双核锰氧桥键络合物. X 射线结构分析证明它是含有直线形 Mn—O—Mn 桥键的 Mn(III)络合物 PyPcMn—O—MnPcPy.

Mn—O—Mn 桥键与反磁性络合物 $K_4[Rn_2OCl_{10}]$ 中的 Rn—O—Rn 桥键电子数相同，因而预期 $(PyPcMn)_2O$ 也具有反磁性.

自酞菁锰(IV)络合物 MnPc(Py)(O)转化为 Mn(III)配合物 $(MnPcPy)_2O$，是由于中间体的 Mn(III)络合物. MnPc(Py)(OH)发生双聚作用的结果，而不是络合物的氧化：

$$2MnPc(Py)_2 \underset{h\nu+\text{氧化产物}}{\overset{\frac{1}{2}O_2+H_2O}{\rightleftharpoons}} 2MnPc(Py)(OH)$$

$$\underset{+H_2O}{\overset{h\nu_2-H_2O}{\rightleftharpoons}}(MnPcPy)_2O$$

$(MnPcPy)_2O$ 受热，失去吡啶，形成多聚的氧锰(IV)络合物(PcMnO).

MnPc 在乙醇中与氰化钠反应生成 Na[MnPc(CN)(EtOH)]，在空气存在下，生成 Mn(III)络合物 $Na_2[MnPc(CN)_2]$. MnPc 加 NO 生成 MnPcNO，在空气中生成氧化产物 MnPc(NO)(OH). MnPcNO 与吡啶反应生成 MnPc(NO)(Py).

锰有 II,III,IV,等价态的卟啉络合物. 空气中稳定的是+3 价态. 由于锰在光合作用中很重要，人们对卟啉络合物的光化学和氧化还原行为进行了广泛的研究，并提出了光合作用中放氧体系的可能机理.

Mn(TPP)X(TPP=四苯基卟啉，X=Cl，OAc 或 CN)，获取氧形成 Mn(TPP)O_2，而不是 Mn(TPP)(Py)O_2(Py=嘧啶)，这是因为 Mn(II)血红蛋白不能与氧可逆地键合之故.

2.4 氧化数为 III 的锰化合物

Mn(III)电子结构为 d^4，在水溶液中不稳定，并以显著的歧化倾向生成 Mn(IV)(即 MnO_2)和 Mn(II). 但 Mn(III)可被含氧给体所稳定. 如 $K_3[Mn(C_2O_4)_3]\cdot 3H_2O$，白色 $Mn(OH)_2$ 在空气中迅速变黑，氧化成水合 Mn_2O_3 或 MnO(OH)，以及通过空气氧化 Mn^{II} 水溶液，在乙酰丙酮存在下制成 $Mn(acac)_3$ 都是例子.

制备 Mn(III)化合物的主要方法是还原 $KMnO_4$ 或氧化 Mn(II)，后者可由电解来实现，一般用乙酸盐，因为它和 Cr(III)的乙酸盐相似，含有$[Mn_3O(MeCOO)_6]^+$单位，水合物的制备可通过在冰醋酸中用 $KMnO_4$ 氧化 Mn(II)的乙酸盐来完成. 无水盐则用乙酐与硝酸锰(II)水合物作用而制备.

2.4.1 三价锰卤化物

1. 氟化锰(III)

F_2 与 MnF_2，$MnCl_2$，MnI_2 或 MnO 作用；或用 BrF_3 与 $Mn(IO_3)_2$ 作用，在 500℃下使产物氟化并除去微量 BrF_3，即可制得 MnF_3.

MnF_3 是红色固体，遇水立即水解，但对热稳定. 100ml 无水 HF，在 11.5℃下能溶解 0.164gMnF_3. MnF_3 在工业上和有机合成中用作氟化剂.

2. Mn(III)的氟络合物

已经制得六氟锰酸盐(III)，五氟锰酸盐(III)和四氟锰酸盐. 六氟锰酸钾 K_3MnF_6 为紫蓝色络合物，可在惰性气氛中由 KHF 与 $K_2MnF_5(H_2O)$熔融，用二甲基甲酰胺洗涤除去过量的 KF 而制得. 它具四方单胞, 磁矩 4.95BM, Mn—F 伸缩频率为 560(强)和 617(弱)cm^{-1}.

将 Na_2MnF_5 与 NaF 在氮气氛中共热, 生成高自旋八面体络合物 Na_3MnF_6.

$(NH_4)_3MnF_6$ 是在溶液中首次制得的 Mn(III)化合物.

$K_2MnF_5 \cdot H_2O$ 为粉红色固体, 磁矩 3.32BM. 制备可有三种方法: (1) MnO_2 与 KHF 在 HF 中反应; (2)电解氧化 40%HF 溶液中的 MnF_2, 然后在 HF 溶液中加 KHF_2 的饱和溶液; (3)在含有 KF 的 HF 溶液中用高锰酸钾氧化硫酸锰.

在 CsCl 的 HF 溶液中加入 MnF_3 可制得 $Cs_2MnF_5 \cdot H_2O$.

$(NH_4)_2MnF_5$ 具斜方晶胞, 已测得晶胞参数 $a=620$, $b=794$ 和 $c=107.2$pm. 红外光谱表明有 O—H 键存在, 故其组成可能是 $(NH_4)_2MnF_4OH$, 其中 Mn^{3+} 离子是由四个 F^- 和两个被共用的 OH 所配位.

用氢气还原相应的五氟锰(IV)酸盐可制备锂, 钾和铷的四氟锰酸盐 $LiMnF_4$, $KMnF_4$ 和 $RbMnF_4$.

3. 氯化锰(III)

$MnCl_3$ 的制备方法有二: (1)在 −100℃ 低温下氯化氢与乙酸锰(III)反应; (2) −63℃下, 无水乙醇中, HCl 与 MnO_2 反应, 用 CCl_4 或汽油沉淀产物. $MnCl_3$ 是黑色化合物, −40℃分解.

4. Mn(III)的氯络合物

有六氯锰酸盐 $MnCl_6^{3-}$ 和五氯锰酸盐 $MnCl_5^{2-}$. 五氯锰酸络合物 $(Et_4N)_2MnCl_5$, (diPy)H_2MnCl_5 和(Phen)H_2MnCl_5 是由 MnO_2 或 $KMnO_4$ 在氯化氢存在下制备的. (diPy)H_2MnCl_5 中的 $MnCl_5^{2-}$ 离子是五配位的, 具变形四方锥结构.

5. 溴化锰(III)

是否存在三溴化锰 $MnBr_3$ 尚未完全证实. 有人把 Br_2 与乙醚中的金属锰作用, 可制得加合物 $MnBr_3 \cdot 3Et_2O$, 但未能重复. 用碱性比乙醚更强的配体, 可能分离出三溴化锰的加合物.

6. Mn(III)的氰络合物

锰的氰化物都以络合物的形式存在. 六氰锰(III)酸钾 $K_3Mn(CN)_6$ 是由氰化钾水溶液与磷酸锰(III)反应制备的. 磷酸锰(III)可用硝酸在磷酸存在下氧化 Mn(II)盐而制得, 也可用 H_2O_2 在 KCN 存在下氧化新制备的 $MnCO_3$ 来制备, 或由 KCN 与 $K_2MnF_5 \cdot H_2O$ 反应来制取. $K_3Mn(CN)_6$ 与 $K_3Fe(CN)_6$ 同晶型, 晶格

常数 $a=1359$，$b=1062$，$c=852$pm，室温下磁矩 3.50BM. $Mn(CN)_6^{3-}$ 是低自旋 Mn(III)络合物的少数实例之一.

由于水合 CN^- 离子与 $Mn(CN)_6^{3-}$ 间的交换反应很快，人们认为有中间化合物 $[Mn(CN)_6 \cdot H_2O]^{3-}$ 存在. $Mn(CN)_6^{4-}$ 与 $Mn(CN)_6^{3-}$ 间的电子交换反应也很快，

$$Mn(CN)_6^{3-} + e = Mn(CN)_6^{4-}$$

反应的电位为 −0.24V.

$K_3[Mn(CN)_5OH]$是玫瑰红色络合物，室温磁矩 2.92BM.

2.4.2 氧化物

Mn_2O_3 有两种晶型：α-Mn_2O_3 和 γ-Mn_2O_3. α-Mn_2O_3 是在 800℃下分解 MnO_2 制得的，也可在 600—800℃间在空气中分解硝酸盐、碳酸盐、草酸盐或水合氯化锰(II)而制得. 加热纯水合硝酸锰(II)是较好的制备方法，但温度不宜高于 600℃. 在以上的各种制备法中，温度都不能高于 800℃，否则 α-Mn_2O_3 分解成四方晶型 Mn_3O_4. α-Mn_2O_3 是黑色的.

在真空中加热 γ-MnO_2 至 500℃ 约 78h，或使 γ-MnOOH 脱水，可制得 γ-Mn_2O_3.

α-Mn_2O_3 为斜方晶系，晶格常数 $a=941.2$，$b=941.8$，$c=942.3$pm. 锰原子在两个不同的八面体中，有两个较长的 M—O 键和四个较短的 Mn—O 键，这种变形可能由于高自旋 d^4Mn(III)离子产生姜-泰勒效应所致.

α-Mn_2O_3 的 Néel 温度约为 80K

将 Mn_2O_3 和 CuO 在真空石英管中加热，在 950℃生成立方 $CuMn_2O_4$，800℃为四方晶相. 热分解生成 $Cu_{1.5}Mn_{1.5}O_4$.

将 MnO 与 K_2O(K ∶ Mn = 3.5 ∶ 1)在镍弹中于 610℃ 作用 10d 后，产生 $K_6Mn_2O_6$，它含有结构为 $O_2Mn(\mu\text{-}O)_2MnO_2$ 的阴离子.

饱和 $KMnO_4$ 溶液与 KCN 饱和溶液反应生成金褐色 $K_7[(CN)_5MnOMn(CN)_5](CN)$，室温下它具抗磁性. 结构中 Mn—O 键长很短，只有 172.3pm.

以 $MnMoO_4$ 催化 $Mn_2O_3 \longrightarrow Mn_3O_4 + O_2$ 反应，经放射性同位素证实在 $MnMoO_4$与氧化锰之间有原子交换作用.

2.4.3 氢氧化物

在碱性溶液中用空气氧化 Mn(II)离子一般生成 MnOOH. γ-MnOOH 的制法与制备 γ-Mn_2O_3 一样，只是当过氧化氢存在下加 NH_3 水于硫酸锰溶液得到的沉淀是在 50℃干燥的. γ-MnOOH 呈黑色，为单斜晶胞. α-MnOOH 具斜方晶胞.

2.4.4　Mn(III)乙酸盐

水合乙酸锰 $Mn(OCOCH_3)_3 \cdot 2H_2O$ 很容易由 $KMnO_4$ 在冰醋酸中氧化乙酸锰(II)来制备. 此化合物是肉桂褐色晶体,能被冷水所分解. 乙酐与水合硝酸锰(II)反应可得无水盐 $Mn(OCOCH_3)_3$. 在此反应中生成的硝酸是氧化剂:

$$2Mn(NO_3)_2 \cdot 6H_2O + 15(CH_3CO)_2O = 2Mn(OCOCH_3)_3 + 4NO_2 + \frac{1}{2}O_2 + 24CH_3CO_2H$$

$Mn(OCOCH_3)_3$ 是褐色晶体粉末,可作为制取其它 Mn(III)化合物的原料.

$Mn(OCOCH_3)_3 \cdot 2H_2O$ 的磁性质在 14—293K 间遵守 Curie-Weiss 定律,θ 值为 28°,室温下磁矩为 4.94BM.

2.4.5　磷酸盐、碘酸盐和硫酸盐

合成 Mn(III)磷酸盐 $MnPO_4 \cdot H_2O$ 可有许多方法,包括 Mn(III)乙酸盐与磷酸反应;加 Mn(II)硝酸盐的硝酸溶液于热磷酸;二氧化锰与磷酸反应. 通常将浓磷酸溶液加于紫色 Mn(III)溶液中沉淀出 Mn(III)磷酸盐,它是橄榄绿色的. $MnPO_4 \cdot H_2O$ 很稳定,在 300－400℃缓慢失水,赤热时失氧生成焦磷酸锰(II)$Mn_2P_2O_7$.

$MnPO_4 \cdot H_2O$ 不溶于水,稀硝酸和稀硫酸不与它作用,加热时与浓盐酸反应放出氯气.

将 $Mn(OCOCH_3)_3$ 溶解于浓磷酸中得到 Mn(III)酸式磷酸盐的紫色溶液,组成可以写为 $H_3[Mn(PO_4)_2] \cdot 3H_2O$,只有一个氢能够被金属离子取代,生成 $MH_2[Mn(PO_4)_2] \cdot 3H_2O$($M = NH_4^+$,或 Na^+). 因此,其组成似应为 $M[Mn(HPO_4)_2(H_2O)_2] \cdot H_2O$. 经稀释后,络合物被破坏,沉淀出 $MnPO_4 \cdot H_2O$.

1. Mn(III)焦磷酸盐

用 MnO_2,Mn_3O_4 或 $KMnO_4$ 与磷酸在高温下加热,可制得水合焦磷酸锰(III),$Mn_4(P_2O_7)_3 \cdot H_2O$.

Mn(III)与焦磷酸盐形成稳定的络合物. 紫色络合离子具有 $[Mn(H_2P_2O_7)_3]^{-3}$ 组成,在分析化学中得到广泛应用. 例如,在中性焦磷酸溶液中,Mn(II)离子容易被高锰酸根所氧化,然后再被还原成 Mn(III):

$$4Mn^{2+} + MnO_4^- + 8H^+ + 15H_2P_2O_7^{2-} = 5[Mn(H_2P_2O_7)_3]^{3-} + 4H_2O$$

反应 $Mn(H_2P_2O_7)_3^{3-} \rightleftharpoons Mn(HP_2O_7)_2^{3-} + H_4P_2O_7$ 的 pK 为 4.25(25℃).

反应 $Mn^{II}(H_2P_2O_7)_2^{2-} + H_4P_2O_7 \rightleftharpoons Mn^{III}(H_2P_2O_7)_3^{3-} + 2H^+ + e$ 的氧化电位是

1.15V,在有机化合物的氧化中常用焦磷酸锰(III)为氧化剂.

$NH_4MnP_2O_7$ 是一个很好的粉末状紫色颜料,在 300K 时磁矩为 4.88BM,θ 值在 93—473K 温度范围内为 10°.

焦磷酸锰(III)络合物还有 $NaMnP_2O_7 \cdot 5H_2O$,$KMnP_2O_7 \cdot 3H_2O$ 和 $NH_4MnP_2O_7 \cdot 3H_2O$ 等.

2. 碘酸锰(III)

把新制备的 MnO_2 溶解在有碘酸锰(II)的碘酸溶液中,生成碘酸锰(III) $Mn(IO_3)_3$. $M_2Mn(IO_3)_5$($M=K$,Rb,Cs 或 NH_4)络合物,可以用相应的碘酸盐与 Mn(III)的化合物 $Mn(OCOCH_3)_3 \cdot 2H_2O \cdot HIO_3$ 作用而制得. Mn(III)在各种碘酸(盐)水溶液中迅速建立如下歧化平衡反应:

$$Mn(IV)+Mn(II) \rightleftharpoons 2Mn(III)$$

3. 硫酸锰(III)

用比重为(1.84)的浓硫酸与高锰酸钾在严格条件下反应可制得硫酸锰(III),$Mn_2(SO_4)_3$. 由于此反应中生成 Mn_2O_7,故必须小心. $Mn_2(SO_4)_3$ 是暗绿色晶体,易潮解,在 300℃时分解. 在浓 H_2SO_4 中溶解而不发生反应,但在 70% H_2SO_4 中析出 $Mn_2(SO_4)_3 \cdot H_2SO_4 \cdot 6H_2O$ 褐色晶体. H_2SO_4 浓度若低于 52%便发生水解. 硫酸锰(III)是一种氧化剂,在有机反应中应用.

Mn(III)的矾类有多种,最为大家熟知的是铯锰矾,$CsMn(SO_4)_2 \cdot 12H_2O$. 把 $Mn(OCOCH_3)_3 \cdot 2H_2O$ 溶液与 Cs_2SO_4 在硫酸中的溶液相混合,即可制得. 它是粉红色粉末状晶体,40℃熔化于其结晶水中.

经晶体光谱分析证实 Mn(III)离子是由规则的水分子八面体所包围. 290K 时磁矩为 4.81BM.

在低温下,可以制得 Rb,K,和 Na 的锰矾. 铷锰矾在室温即熔化.

2.4.6 三价锰络合物

大多数 Mn(III)络合物都是高自旋的八面体,磁矩为 4.90BM,与 4 个成单电子相符. 最重要的低自旋八面体 Mn(III)络合物是黑红色的含氰络合物. 在 $[diPyH_2][MnCl_5]$盐中 $MnCl_5^{2-}$ 阴离子具有五配位的四方锥结构.

Mn(III)的草酸根络合物 $K_3Mn(C_2O_4)_3 \cdot 3H_2O$,可加 $KMnO_4$ 于热的草酸溶液,再加碳酸钾来制备. 在无光和空气条件下,此络合物可保存较长时间(室温下). 在−6℃下能长期稳定存在. $K_3Mn(C_2O_4)_3 \cdot 3H_2O$ 易溶于水,浓溶液呈深红棕色. 稀释或酸化,溶液颜色由于水解反应

$$[Mn(C_2O_4)_3]^{3-} + 2H_2O = [Mn(C_2O_4)_2(H_2O)_2]^- + C_2O_4^{2-}$$

而变成黄褐色.

$[Mn(C_2O_4)_3]^{3-}$离子具光化学不稳定性,其光化学及热分解反应如下:

$$2K_3[Mn(C_2O_4)_3]\cdot 3H_2O(s) \xrightarrow[85℃]{h\nu} 2K_2[Mn(C_2O_4)_2](s)$$

$$+K_2C_2O_4(s) + 2CO_2 + 6H_2O.$$

虽然 Mn(III)的丙二酸络合物不如草酸络合物稳定,但它较易制备,因为该酸不容易被氧化,能生成$[Mn(malonate)_3]^{3-}$和$[Mn(malonate)_2(H_2O)]^-$类型的盐类,(malonate=丙二酸根).

1. 含氮配体的配合物

Mn(III)的氯化物与胺类或其它相似配体络合生成对水气非常敏感的加合物,如 $MnCl_3\cdot 3NH_3$, $MnCl_3\cdot 3RNH_2$, $MnCl_3\cdot 2NH_2CH_2CH_2NH_2$, $MnCl_3\cdot Py$ 和 $MnCl_3\cdot 3Py$. 2,2′-联吡啶和邻二氮菲生成水溶性加合物 $MnCl_3\cdot diPy$ 和 $MnCl_3\cdot(o)$-Phen,它们都可能是双聚体,因为它们具有低磁矩.其制备方法是把上述配体加于 MnO_2 在四氯化碳和氯化氢气的悬浮液中.把邻二氮菲加于 Mn_2O_3 在 40%HF 溶液中,即生成 $MnF_3\{(o)$-Phen$\}$络合物.用过硫酸氧化$[Mn^{II}(diPy)_3][ClO_4]_2$ 生成含有 Mn(III)和 Mn(IV)的双核络合物

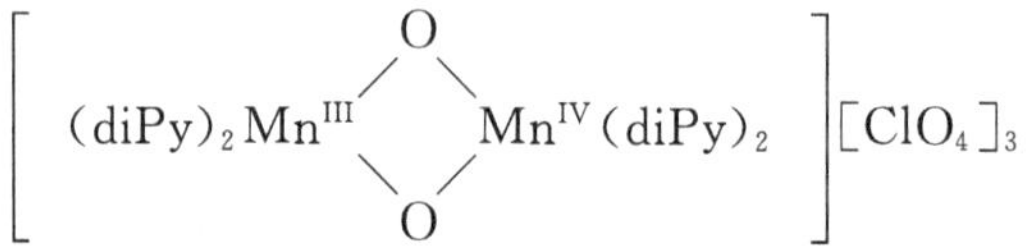

当把 $MnSO_4$ 和硫酸二胍盐的强碱溶液混合物用空气流氧化,可以制得

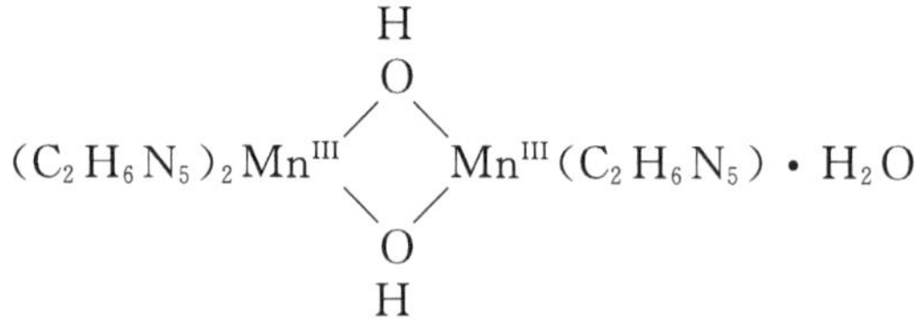

它是以羟桥键合 2 个 Mn(III)离子而形成的.

2. 含氧配体的络合物

Mn(III)的水合离子与 Mn(II)和 Mn(IV)相比不稳定,很易被氧化.

DMSO 或 DMF 与 $Mn(OAc)_3\cdot 2H_2O$ 作用生成八面体络合 $Mn(DMSO)_6^{3+}$ 离子和 $Mn(DMF)_6^{3+}$ 离子.

在乙酰丙酮中用 $KMnO_4$ 氧化 Mn(II)容易制得 $Mn(acac)_3$,此化合物呈深黑棕色,热稳定性较相应的 Cr(III),Fe(III),Co(III)络合物差些.X 射线分析证实,在

$Mn(acac)_3$ 中所有 Mn—O 键长都相等，这可能是由于角扭曲导致的结果. $Mn(acac)_3$中的一个双齿配体 acac，可以可逆地被 2 个水分子取代，因此，在水溶液中分离出 $MnCl(acac)_2 \cdot 3H_2O$ 和$[Mn(acac)_2(H_2O)_2][ClO_4] \cdot 2.5H_2O$ 两个化合物.

将四氢呋喃加于 $MnCl_3$ 中，可生成在室温下不稳定的加合物 MnCl · 4THF 和 $MnCl_3 \cdot 2THF$.

3. 二齿 O—N 配体的络合物

皮考啉酸和 8-羟基喹啉可从 $Mn(acac)_3$ 中取代出乙酰丙酮而生成 $Mn(oxine)_3$ 和 $Mn(Pic)_3$ 络合物.

EDTA，HEDTA 和 CyDTA 可与 Mn（III）配位而生成 KMn（EDTA）· $2.5H_2O$，KMn(HEDTA) · $2.5H_2O$ 和 KMn(CyDTA) · $2.5H_2O$，这些络合物在晶态时稳定，而在水溶液中缓慢分解. 它们都是较好的氧化剂.

叠氮化物与 KMn(EDTA)$2.5H_2O$ 反应生成七配位的 $K_2[Mn(EDTA)(N_3)] \cdot H_2O$. 水溶液中，它通过传递电子给 N_2 和$[Mn^{II}(EDTA)(OH_2)]$而分解.

2.5 氧化数为 IV 的锰化合物

2.5.1 卤化物

1. Mn(IV)氟化物

三氟化锰在 550℃，金属锰在 600—700℃，或 Li_2MnF_6 在 550℃ 氟化，都能制得四氟化锰. 四氟化锰是极易潮解的蓝色固体，在常温下缓慢分解成三氟化锰和氟.

2. Mn(IV)的氟络合物

已制得六氟锰酸盐，五氟锰酸盐. 前者可在 300—500℃下使锰盐与碱金属和碱土金属盐混合物氟化而制得. 也可在 40％HF 中电解氧化二氟化锰和碱金属氟化物的混合物而制得. 也可用过氧化氢或乙醚还原高锰酸钾与 KHF_2 在 40％HF 中的混合物来制备. 也可使高锰酸钾和氯化钾在三氟化溴中回流氟化而制得

A_2MnF_6(A＝Li，Na，K；A_2＝Ca，Sr，Ba)盐都是六方晶体，Cs_2MnF_6 是立方晶体，而 Rb_2MnF_6 则有三方，立方和六方 3 种晶型. K_2MnF_6 中 Mn—F 伸缩频率为 $625cm^{-1}$.

五氟锰酸(IV)盐 $AMnF_5$ 是在 450—500℃下氟化三氟锰酸盐而制得. $KMnF_5$ 是用高锰酸钾在四氟化硒中回流的方法来制备的.

3. Mn(IV)的氯络合物

六氯锰酸(IV)盐 $MnCl_6^{2-}$ 是在饱和氯化氢气的盐酸溶液中由高锰酸盐与适当的氯化物作用而制得. 在过量的氯乙酰中,由 Mn(III)的乙酸盐和乙酸钾反应可制得 K_2MnCl_6. K_2MnCl_6, Rb_2MnCl_6, Cs_2MnCl_6, $(NH_4)_2MnCl_6$ 和 $(Me_4N)_2MnCl_6$ 具有 K_2PtCl_6 型的面心立方晶格,它们的晶胞参数分别为 964.5,982,1017,980 和 1270pm.

在 K_2MnCl_6 中 Mn—Cl 间距为 228pm,Mn—Cl 伸缩频率在 358 和 200cm^{-1} 处. 磁矩为 3.90BM.

4. Mn(IV)的氰化物

用 NOCl 氧化 $K_3Mn(CN)_6$ 可制得翠黄色 $K_2Mn(CN)_6$. 电解氧化 $K_3Mn(CN)_6$ 或用. KCN 与 K_2MnF_6 作用可得到 Mn(IV)的氰络合物.

2.5.2 卤氧化物

锰的卤氧化物都是绿色液体($MnOCl_2$ 例外,是褐色),不稳定而有爆炸性.

2.5.3 氧化物

二氧化锰 MnO_2 呈灰色或灰黑色,是软锰矿的主要成分. 在空气中加热到高于 530℃时,开始放出氧气,生成 Mn_2O_3,因而是一个好氧化剂. 如在真空下或有还原剂存在时,失氧的温度要低得多.

二氧化锰不溶于水,热浓 H_2SO_4 和盐酸使它还原成 Mn(II).

$$2MnO_2 + 2H_2SO_4 \longrightarrow 2MnSO_4 + O_2 + 2H_2O$$

$$MnO_2 + 4HCl \longrightarrow MnCl_2 + Cl_2 + 2H_2O$$

它与亚硫酸反应生成连二硫酸锰(II), MnS_2O_6.

$$MnO_2 + 2H_2SO_3 = MnS_2O_3 + 2H_2O$$

与 H_2O_2 及 H_2SO_4 反应,生成硫酸锰(II):

$$MnO_2 + H_2O_2 + H_2SO_4 = MnSO_4 + 2H_2O + O_2$$

β-MnO_2 具有金红石(TiO_2)结构,可由小心加热分解硝酸锰(II)来制备.

2 价锰盐在碱性溶液中容易被空气所氧化,形成棕黑色的水合二氧化锰. 锰酸盐或高锰酸盐在碱性溶液中被还原,也生成水合二氧化锰. 二氧化锰水合物的化学性质比无水的二氧化锰活泼,是有用的氧化剂.

2.5.4 络合物

大多数 Mn(IV)络合物具有八面体的构型. 9-钼锰(IV)酸根离子

$[MnMo_9O_{32}]^{6-}$含有一个变形的MnO_6八面体.四面体的Mn(IV)可能存在于12-钨锰(IV)酸及其盐如$2K_2O \cdot MnO_2 \cdot 12WO_3 \cdot 20H_2O$中.

Mn(IV)草酸根络合物可以用$KMnO_4$和草酸反应来制备,其组成化学式为$K_2[Mn(C_2O_4)_2(OH)_2] \cdot 2H_2O$,它在303K时磁矩为2.79BM.这种低磁矩据认为是此化合物的结构中应有Mn—O—Mn键取代OH基.当新制备时,此盐是绿色和橙色,但在室温下,尤其是暴露在光线之下会发生快速分解.但在−6℃隔绝光线,可保存数周,此盐的溶液呈绿色,但很快转褐色变浑浊.在有草酸存在下它较稳定.

Mn(IV)碘酸根络合物可由次氯酸钠(或钾),碘酸盐与氯化锰(II)溶液反应来制备.具有化学式$Na_7H_4Mn(IO_6)_3 \cdot 17H_2O$和$K_7H_4Mn(IO_6)_3 \cdot 8H_2O$.由氧化还原性质及磁矩证明它们是Mn(IV)的络合物.

X射线结构分析证实,$Na_7H_4Mn(IO_6)_3 \cdot 17H_2O$中Mn(IV)原子位于由3个双齿高碘酸根八面体构成的规则八面体的中心.

络合物$Na_2Mn_2I_2O_{11}$和$K_2Mn_2I_2O_{11}$现已确认它们分别是Mn(IV)的高碘酸根络合物$NaMnIO_6 \cdot \frac{1}{2}H_2O$和$KMnIO_6 \cdot \frac{1}{2}H_2O$.

将联吡啶加于$KMnO_4$和盐酸的溶液中,生成高自旋络合物$MnCl_4 \cdot$ diPy.室温下缓慢放出氯气,加热到150—155℃得到Mn(III)络合物$MnCl_3 \cdot$ diPy,在更高温度下生成淡黄色$MnCl_2 \cdot$ diPy.

高氯酸和$MnCl_3(H_2O)\{(o)-\text{Phen}\}$反应,生成络合物$[MnO\{(o)-\text{Phen}\}_2][ClO_4]_2 \cdot 0.5H_2O$.此络合物具反磁性,预计它有如下的结构:

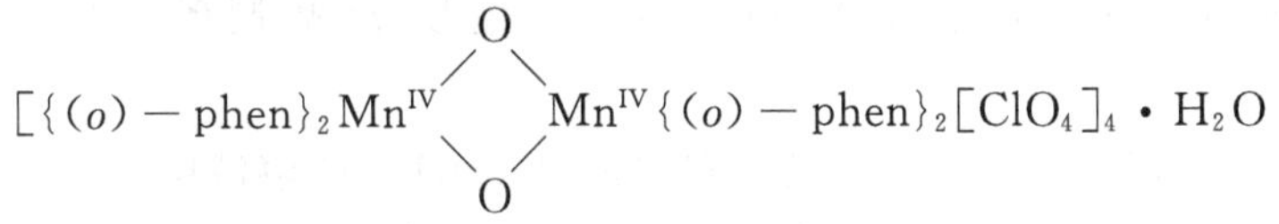

Mn(II)的甲醛肟络合物$[Mn(CH_2NO)_6]^{2-}$可被空气氧化成Mn(IV)络合物$Mn(R_3)_2^{2-}$,R_3是甲醛肟的三聚体.

在络合物$Na_7H_7Mn(TeO_6)_3 \cdot 5H_2O$和$K_6H_8Mn(TeO_6)_3 \cdot 5H_2O$中碲酸配体能使Mn(IV)稳定,但在溶液中则按下式分解:

$$H_7Mn(TeO_6)_3^{7-} + H_2O = H_4Mn(TeO_6)_2^{4-} + H_4TeO_6^{2-} + OH^-$$

以$Mn(dtC)_3$($dtC=Et_2NCS_2$)与$MnX_2 \cdot 6H_2O$($X=ClO_4$或BF_4)在溶剂苯中反应,生成$[Mn(dtC)_3]X$.光谱及X射线结构分析,证实有Mn(IV)存在.

2.6 氧化数为V的锰化合物

典型的氧化数为V的锰化合物是M_3MnO_4类化合物.在1946年第一次分离

得到纯的化合物，其组成为 $Na_3MnO_4 \cdot 10H_2O$，但根据后来很多工作的结果，表明它是按 $Na_3MnO_4 \cdot 0.25NaOH \cdot 12H_2O$ 的化学配比组成的. 最好用亚硫酸钠和碱性 $KMnO_4$ 作用来制备. 在无水和无 CO_2 环境中，它在 0℃下能稳定存在，在真空中即脱水. 在 KOH(<8*M*)溶液中，能迅速歧化为 Mn(IV)和 Mn(VI).

$$2Na_3MnO_4 + 2H_2O \longrightarrow Na_2MnO_4 + MnO_2 + 4NaOH$$

在歧化过程中，可能有 $HMnO_4^{2-}$ 离子产生.

其它的 Mn(V)盐还有：Li_3MnO_4，K_3MnO_4，$Ba_3(MnO_4)_2$ 和 $Ba_5(MnO_4)_3OH$. K_3MnO_4 在 800℃下是稳定的. 近年来还合成了 $Ba_5(MnO_4)_3Cl$.

当用 $KMnO_4$ 或 K_2MnO_4 氧化一些有机化合物时，Mn(V)离子常常是一个活泼的中间产物.

2.7　氧化数为 VI 的锰化合物

2.7.1　锰酸盐

锰(VI)酸钾可通过熔融 KOH 与 MnO_2 和 KNO_3 的反应来制备，也可以令 $KMnO_4$ 在 KOH 中分解来制备. 纯净的 K_2MnO_4 可用 $KMnO_4$ 和 KOH 在没有 CO_2 存在的水溶液中制备：

$$2KMnO_4 + 2KOH \longrightarrow 2K_2MnO_4 + \frac{1}{2}O_2 + H_2O$$

这是因为碳酸的酸度足以使 MnO_4^{2-} 离子发生歧化，故制备时必须除去水中的 CO_2.

把 $KMnO_4$ 溶液加到含有碘离子和过量 $Ba(OH)_2$ 的溶液中可生成 $BaMnO_4$. $BaMnO_4$ 不溶于水，但与水或酸作用则歧化为 MnO_2 和 $Ba(MnO_4)_2$. 室温下 $BaMnO_4$ 的磁矩为 1.80BM.

K_2MnO_4 是最重要的 Mn(VI)盐，为暗绿色晶体，并在 640—680℃下分解. K_2MnO_4 在碱性介质中慢慢歧化，在酸中则快速歧化：

$$3MnO_4^{2-} + 2H_2O \longrightarrow 2MnO_4^- + MnO_2 + 4OH^-$$

X 射线分析表明，K_2MnO_4 是斜方晶系，与 K_2SO_4，K_2CrO_4 同晶型. Mn 为四面体配位，Mn—O 平均键长 165.9pm，OMnO 角 109.5°，K_2MnO_4 和 Na_2MnO_4 的生成热 ΔH°_f 分别为 −1184 和 −1146.4kJ · mol^{-1}.

2.7.2 卤氧化物

1. 氟氧化物

$KMnO_4$ 与无水 HF 和五氟化碘在 40℃反应生成三氧氟化锰 MnO_3F，或以 $KMnO_4$ 与氟磺酸 HSO_3F 反应也可生成，产品在真空中蒸馏纯化后得到黑绿色固体. 三氧氟化锰在 −78℃熔化，外推法得沸点为 60℃，蒸发热为 33.9kJ · mol^{-1}，MnO_3F 对湿气很敏感，在室温下爆炸分解产生氧气，二氧化锰和氟化锰. 微波光谱表明其分子接近四面体结构，Mn—F 距长 172.4pm，Mn—O158.6pm，OMnF 角为 108.45°.

2. 氯氧化物

三氧氯化锰 MnO_3Cl 可将干燥的 HCl 气通入含浓硫酸的高锰酸钾溶液而制得. 氯磺酸与 Mn_2O_7 作用，也生成 MnO_3Cl，但同时也生成 MnO_2Cl_2 和 $MnOCl_3$. 上述 3 种氯氧化物在 0℃都是挥发性液体，−68℃凝固. 室温下都不稳定易爆炸性分解，但若溶解在 CCl_4 中，则较安全.

2.8 氧化数为 VII 的锰化合物

2.8.1 氧化物

将浓硫酸与纯 $KMnO_4$ 反应，得到绿色油状化合物 Mn_2O_7，它有很强的爆炸性，在制备和使用时务须小心. 它约在 55℃分解，95℃爆炸，在真空中，高于 10℃时即发生爆炸而分解，生成 α-Mn_2O_3，缓慢分解生成 γ-MnO_2.

Mn_2O_7 有吸湿性，在潮湿空气中分解成 MnO_2，氧和臭氧混合物. 在无水及 −10℃条件下，Mn_2O_7 可稳定存在. Mn_2O_3 与大多数有机化合物发生爆炸反应，室温下能与 CCl_4 反应.

2.8.2 高锰酸盐

最重要的锰(VII)化合物是 $KMnO_4$，它是一个重要的氧化剂，常在分析化学中使用：

$$MnO_4^- + 8H^+ + 5e^- = Mn^{2+} + 4H_2O E^\circ = +1.51V(\text{酸性溶液})$$

$$MnO_4^- + 2H_2O + 3e^- = MnO_2 + 4OH^- E^\circ = +1.23V(\text{碱性溶液})$$

它也是工业生产糖精和苯甲酸用的氧化剂，在医药中用作消毒剂.

$KMnO_4$ 可以用 PbO_2 或 $NaBiO_3$ 在碱性条件下氧化 Mn(II)盐来制取. 低浓度

碱有利于 Mn(VII)的形成,而高浓度碱则有利于形成 Mn(VI). 用铂作阴极电解氧化 K_2MnO_4 是制备 $KMnO_4$ 的较为方便的工业方法,以含 60% MnO_2 的矿石为原料,用 KOH 使其转化为 K_2MnO_4,再电解氧化:

$$K_2MnO_4 + H_2O \longrightarrow KMnO_4 + KOH + \frac{1}{2}H_2$$

以 Na_2SO_3 还原 $KMnO_4$ 可生成亮蓝色 Mn(Ⅴ)盐 MnO_4^{3-},它不稳定,有强烈歧化倾向,在一些有机氧化反应中以中间体存在.

$Al(MnO_4)_3$ 是另一个重要的化合物,它可由 $KMnO_4$ 制备

$$6KMnO_4 + 4Al_2(SO_4)_3 \cdot 18H_2O + 6H_2O \longrightarrow$$
$$2Al(MnO_4)_3 + 6KAl(SO_4)_2 \cdot 12H_2O$$

以 $Al(MnO_4)_3$ 为原料,通过复分解反应可以制得其它金属的高锰酸盐,例如它能与碱金属,钙,锶,钡,锌和铵离子的氢氧化物或碳酸盐反应.

$KMnO_4$ 是亮紫色晶体,由于表面受还原常显紫色而无光亮,水溶液为深紫色. 20℃时溶解度 6.34g/100gH_2O. 在甲醇,冰醋酸,丙酮和吡啶中也有一定溶解度.

MnO_4^- 作为氧化剂,受 pH 影响很大:

在碱性溶液中,反应为

$$MnO_4^- + 2H_2O + 3e = MnO_2 + 4OH^-$$

强碱与过量 MnO_4^- 反应生成 Mn(VI),

$$MnO_4^- + e = MnO_4^{2-}$$

酸性溶液中,MnO_4^- 被还原成 Mn^{2+},

$$MnO_4^- + 8H^+ + 5e = Mn^{2+} + 4H_2O$$

但在微酸性或中性溶液中,Mn^{2+} 被过量 MnO_4^- 氧化为 MnO_2,

$$2MnO_4^- + 3Mn^{2+} + 2H_2O = 5MnO_2 + 4H^+$$

若有焦磷酸存在,Mn^{2+} 可用 MnO_4^- 定量地测定:

$$4Mn^{2+} + MnO_4^- + 8H^+ + 15(H_2P_2O_7)^{2-} \longrightarrow$$
$$5[Mn(H_2P_2O_7)_3]^{3-} + 4H_2O$$

把 $KMnO_4$ 加到浓 H_2SO_4 中得到绿色透明溶液,有人认为含有 MnO_3^+ 离子,或 O_3MnOSO_3H. 将大量 $KMnO_4$ 或少量水加于上述绿色溶液中,生成七氧化二锰油状沉淀物.

X 射线结构分析表明,$KMnO_4$ 中 Mn 位于规则四面体中心,Mn—O 键长 162.9pm. 所有$[MnO_4]^{n-}$ 离子都是四面体构型,K_2MnO_4 中 Mn—O 键长 165.9 pm. K_2MnO_4 与 K_2SO_4,K_2CrO_4 同晶型,$KMnO_4$ 是斜方晶型,$LiMnO_4 \cdot 3H_2O$ 为六方晶型,$Ba(MnO_4)_2$ 为斜方晶型.

$KMnO_4$ 的标准生成热 ΔH°_{f} 是$-839.3kJ \cdot mol^{-1}$，ΔG°_{f} $-739.7kJ \cdot mol^{-1}$，$S^{\circ}172.8J \cdot mol^{-1} \cdot deg$.

2.8.3 高锰酸($HMnO_4$)

高锰酸 $HMnO_4$ 是晶状固体，在低于 1℃温度下，将 H_2SO_4 加于 $Ba(MnO_4)_2$ 溶液中，真空蒸发冰冻的水溶液可制得晶体. 还可得到 $HMnO_4 \cdot 2H_2O$ 水合物.

$HMnO_4$ 是紫色晶体，能跟除 CCl_4，$CHCl_3$ 和 CH_2Cl_2 之外的大多数有机物发生燃烧和爆炸. $HMnO_4$ 易吸湿，极易溶解于水，略溶于 CCl_3CF_3 中，不溶于 CCl_4 或 $CHCl_3$，温度高于 3℃，能剧烈分解，水合物反应较缓和. $HMnO_4$ 和 $HClO_4$ 在许多方面很相似.

2.9 锰化合物作为氧化剂在有机化学中的应用

高锰酸钾，二氧化锰，焦磷酸锰(III)，在有机化学中都是有用的氧化剂. 高锰酸钾是最强的氧化剂之一，对很多有机化合物，如烯烃，醇类，醛类和酚类的氧化都是很有效的氧化剂. 其它含氧酸根的氧化能力按以下顺序而递减：

$$MnO_4^- > MnO_4^{2-} > MnO_4^{3-}$$

MnO_2 是一个多相性质的氧化剂，它能把不饱和醇类氧化为相应的羰基化合物及其它化合物.

3 价锰离子在中性溶液中能用焦磷酸使它生成 $Mn(H_2P_3O_7)_3^{3-}$ 络离子而呈稳定，它是一个氧化剂，它能使醛和酮发生氧化，α-乙二醇发生氧化，但不能氧化醇和烯烃.

2.10 锰的过氧络合物

分子氧与 Mn(II)卟吩化合物反应可生成锰的过氧络合物，据报道，用过氧化氢在低于 0℃ 温度下与 $KMnO_4$ 溶液反应能生成 $K_2H_2[Mn(O)(O_2)_3]$，$K_3H[Mn(O)(O_2)_3]$和 $K_2H_2[Mn(O_2)_4]$等几种化合物，但到目前为止还没有关于它们结构的报道.

2.11 锰的金属有机化合物

在锰的金属有机化合物中，羰基锰、环戊二烯基锰及其衍生物是重要的.

2.11.1　羰基锰[$Mn_2(CO)_{10}$]

$Mn_2(CO)_{10}$是1949年用格氏试剂在CO压力下还原碘化锰(II)第一次制得的锰羰基化合物.1954年用镁在CO压力下与碘化锰(II)反应也制得了此化合物.随着制备方法的改进,人们使用金属钠、氢化钠、氢化铝锂$LiAlH_4$代替格氏试剂作还原剂.在高压装置中用烷基铝或二乙基锌作还原剂还可得到高产量的羰基锰.

十羰合二锰是金黄色晶体,熔点154℃,能升华,升华热为62.76kJ·mol^{-1}.在室温下能在空气中稳定存在,加热高于110℃则分解成CO和金属锰.$Mn_2(CO)_{10}$晶体的标准生成热是-1677.4kJ·mol^{-1},气体化合物的标准生成热是-1614.6kJ·mol^{-1}.

十羰合二锰不溶于水,但在许多有机溶剂中都可溶解,溶液在空气中于室温下分解.经验的化学计量式$Mn(CO)_5$应有顺磁性和17个价电子,而实际上它是反磁性的,故推测它是双聚体$Mn_2(CO)_{10}$.X射线分析表明,羰基锰是由两个锥体$Mn(CO)_5$通过Mn—Mn键连接起来的,两个$Mn(CO)_5$锥体相互错开,以减少分子内的排斥作用,Mn—Mn键长293pm,如图:

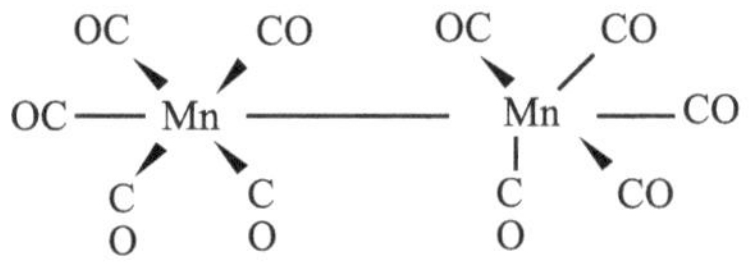

羰基锰有许多衍生物,最重要的有羰基锰酸根阴离子,羰基阳离子和羰基氢化物.羰基锰的典型反应总结于图2.5.

用钠汞齐还原$Mn_2(CO)_{10}$生成$Na^+[Mn(CO)_5]^-$,进一步还原得$[Mn(CO)_4]^{3-}$,其中锰的氧化态已是它的最低氧化态-3了.用[$Mn(CO)_5Cl$]与$AlCl_3$和CO在压力下反应生成$[Mn(CO)_6]^+[AlCl_4^-]$,由它还可制得其它盐类.酸化$[Mn(CO)_5]^-$生成八面体的单体[$MnH(CO)_5$].还原$Mn_2(CO)_{10}$得到氢桥络合物,如[$H_3Mn_3(CO)_{12}$]的多聚羟基化合物.

$Mn_2(CO)_{10}$,$Mn_2(CO)_{10-x}L_x$($L=PPh_3$,$x=1$或2),$MnRe(CO)_{10}$等锰的羰基化合物,都能在CCl_4中于366nm光作用下,发生光解而产生$M(CO)_{5-x}(PPh_3)_xCl$,发生金属—金属键的均裂.$M_2(CO)_{10}$(M=Mn或Re)跟$PhCH_2Cl$或Ph_3CCl光解后可分别产生$PhCH_2CH_2Ph$和Ph_3C·自由基.

2.11.2　其它羰基化合物

$V(CO)_6^-$与diars(原亚苯基双二甲基胂)发生光解反应生成[$V(CO)_4$(diars)]$^-$,它与$Mn(CO)_5Br$反应形成[$(CO)_5MnV(CO)_4$(diars)].

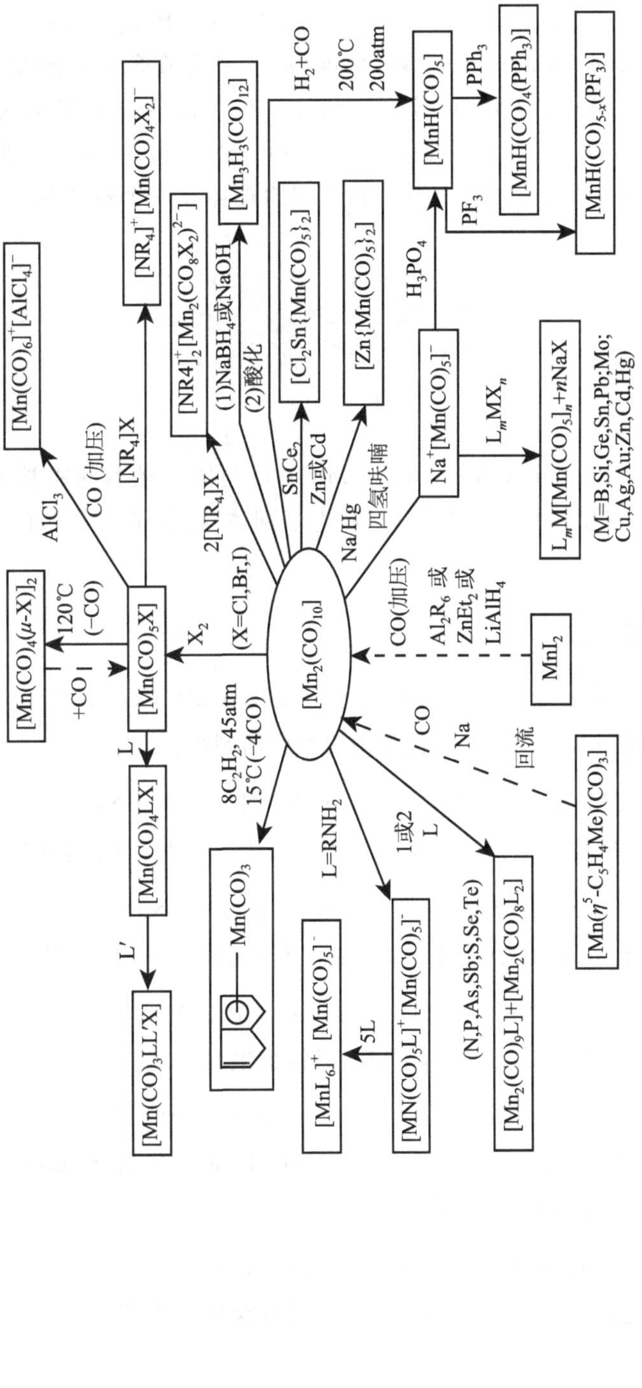

图2.5 $[Mn_2(CO)_{10}]$及其衍生物的某些反应

$MeMn(CO)_5$ 跟(η^5－Cp)M(CO)PPh_3(M＝Rh 或 Ir)反应生成两种杂双核配合物：(η^5－Cp)M(μ－CPhO)(μ－C－MeO)(μ—PPh_2)$Mn(CO)_3$ 和(η^5－Cp)M(μ－PPh_2)$Mn(CO_4)$. 与钴的类似物作用，得到(η^5－Cp)$Co(CO)_2$ 和 $MeMn(CO)_4PPh_3$. 已测定了化合物(η^5－Cp)Ir(μ－CPhO)(μ－CMeO)(μ－PPh_2)$Mn(CO)_2$ 的结构，Ir－Mn 的距离是 354.3pm，Ir－P－Mn 键角 99.1°，不存在金属—金属键.

$Mn_2(CO)_{10}$ 与 $Ph_2PCH_2PPh_2$ 按摩尔比 1∶2，在正癸烷中和氮气氛下生成 $Mn_2(CO)_5(Ph_2PCH_2PPh_2)_2$，在 1942，1903，1860，1835 和 $1645cm^{-1}$ 处有红外吸收. X 射线分析表明，该络合物具有两个桥式双膦配体和一个桥式羰基配体，键合结构如下：

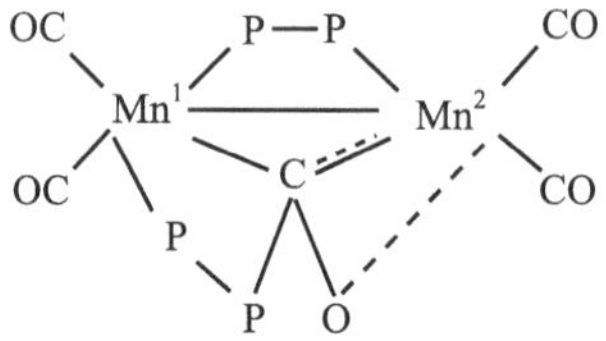

Mn—Mn 间距 293.4pm，Mn^2—C 和 Mn^2—O 与同一羰基间键长分别为 201 和 229pm，此物具有顺磁性，说明羰基是四电子配体. 这是第一个具有 σ-π 键合的羰基实例.

2.11.3　羰基锰衍生物

最重要的锰—碳 σ-键合化合物是羰基衍生物 $MnR(CO)_5$. 最简单的衍生物 $MnCH_3(CO)_5$ 是由 $MnH(CO)_5$ 与偶氮甲烷反应而制得：

$$CH_2N_2 + MnH(CO)_5 \longrightarrow MnCH_3(CO)_5 + N_2$$

而较复杂的芳基衍生物是由芳基卤化物与 $NaMn(CO)_5$ 作用来制备的：

$$RX + NaMn(CO)_5 \longrightarrow MnR(CO)_5 + NaX$$

酰基氯化物与 $NaMn(CO)_5$ 按下述反应进行，生成酰基锰化合物：

$$RCOCl + NaMn(CO)_5 \longrightarrow NaCl + RCOMn(CO)_5$$

酰基锰化合物受热分解放出 CO 后，生成有机锰衍生物.

$$RCOMn(CO)_5 \longrightarrow CO + MnR(CO)_5$$

甲基络合物 $MnMe(CO)_5$ 对空气和水都很稳定，但乙基，正丙基络合物却较活泼. 与卤素或卤酸作用，Mn—C 键断裂，

$$MnR(CO)_5 + Br_2 \longrightarrow MnBr(CO) + RBr$$

烷基和芳基锰化合物 $MnR(CO)_5$ 与 CO 进行羰基化反应：

$$MnR(CO)_5 + CO \longrightarrow Mn(COR)(CO)_5$$

由标记 CO 反应得知,此 CO 是原先已和锰配位的 CO 中的一个. 碘化物,胺和膦等与 $MnMe(CO)_5$ 反应,也能生成酰基化合物 $Mn(COMe)(CO)_4L$,而和某些配体反应则生成顺式取代酰基化合物. 机理研究表明羰基化作用是由于甲基迁移,而不是 CO 的插入过程,速率决定步骤是 Mn—Me 键断裂. 羰基化速率按以下顺序而降低:

$$n-Pn \gtrsim Et > Ph > Me \gg PhCH_3 \approx CF_3$$

$Br(CH_2)_3Br$ 和 $ClCH_2CH_2SCH_3$ 与 $NaMn(CO)_5$ 反应能生成一些有趣的化合物,前者生成 $(CO)_5MnCH_2CH_2—CH_2Mn(CO)_5$,$^1H$ 核磁共振谱表明,有三条相对强度 1∶1∶1 的线,并有锰与氢之间的作用. 后者生成化合物

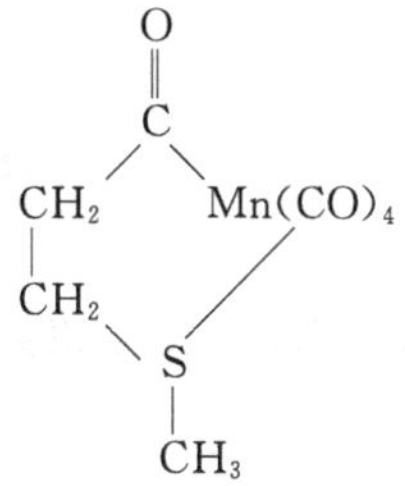

五羰基甲基锰与 C_2F_4 和 C_2F_3Cl 发生插入反应而生成 $MeCFXCF_2Mn(CO)_5$,X=F 或 Cl. $MaR(CO)_5$,R=Me 或 Ph 也与共轭烯烃如丁二烯,生成 π-烯丙基络合物,而苯基加合物则进行新的重排反应:

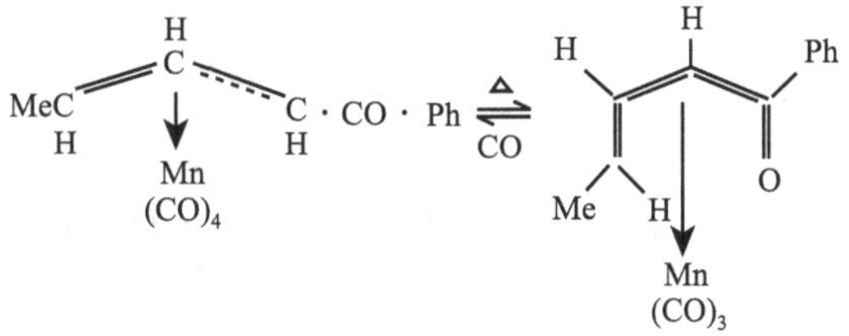

二氧化硫与 $MnR(CO)_5$(R=Me,Et,Ph 或苄基)反应生成 $Mn(SO_2R)(CO)_5$(SO_2R=S-sulphinate). 有趣的插入化合物也可从 SO_2 和 σ-烯丙基羰基锰化合物制得,反应如下:

$$Mn(CH_2C\equiv CH)(CO)_5 + SO_2 \longrightarrow MnS(O)OCH=C=CH_2(CO)_5.$$

2.11.4 全氟烃基和芳基化合物

全氟烃基化合物 $MnRf(CO)_5$($Rf=CF_3$,CF_3CO 和 HCF_2CF_2)不能由烃基卤化物与 $NaMn(CO)_5$ 来制备,因为要生成羰基卤化物:

$$2CF_3I + 2NaMn(CO)_5 \longrightarrow IMn(CO)_5 + C_2F_6$$

可是选用酰基化合物却可容易生成,并能脱羰基生成全氟烃基和五氟苯基五羰基锰.

$$R_fCOCl + NaMn(CO)_5 \longrightarrow NaCl + Mn(COR_f)(CO)_5$$

$$Mn(COR_f)(CO)_5 \longrightarrow MnR_f(CO)_5 + CO$$

从 $NaMn(CO)_5$ 或 $MnH(CO)_5$ 与氟化烯烃和炔烃反应可生成很多种锰氟碳化合物，如：

$$MnH(CO)_5 + CF_2=CF_2 \longrightarrow Mn(CF_2CF_2H)(CO)_5$$

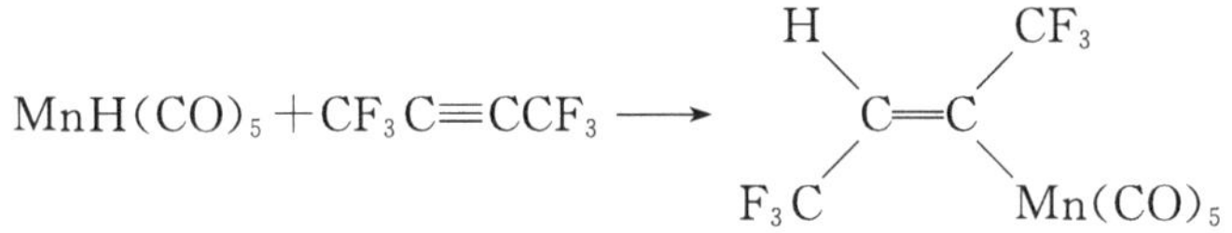

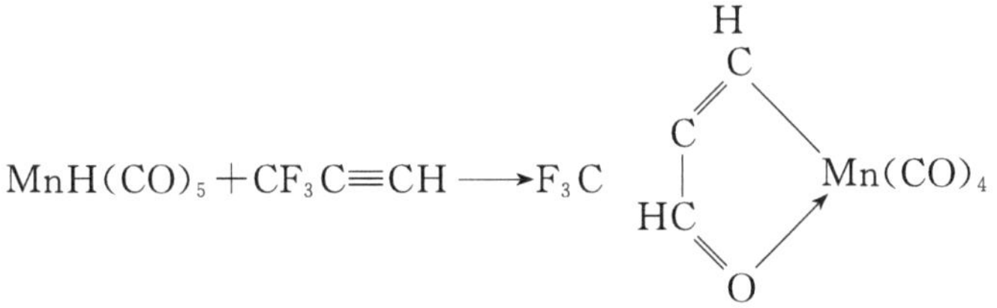

$CF_2=CF—CF=CF_2$ 与 $MnH(CO)_5$ 反应得到下列有趣的化合物

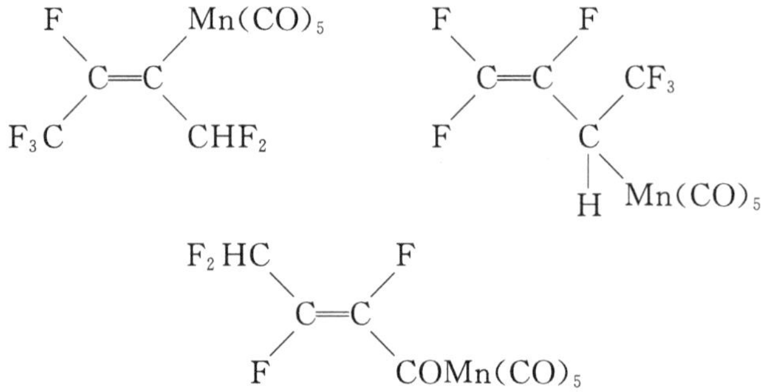

与不对称的烯烃作用，可得到混合异构体 $MnCF_2CCl_2H(CO)_5$ 及 $MnCCl_2CF_2H(CO)_5$.

并非一切含氟烯烃与 $MnH(CO)_5$ 作用都生成金属络合物，如 $CF_2=CH_2$，$CFH=CF_2$ 和 $CFH=CH_2$ 就被还原成氟烷烃.

$NaMn(CO)_5$ 与全氟环丁烯和全氟环辛烯反应生成脂环族衍生物：

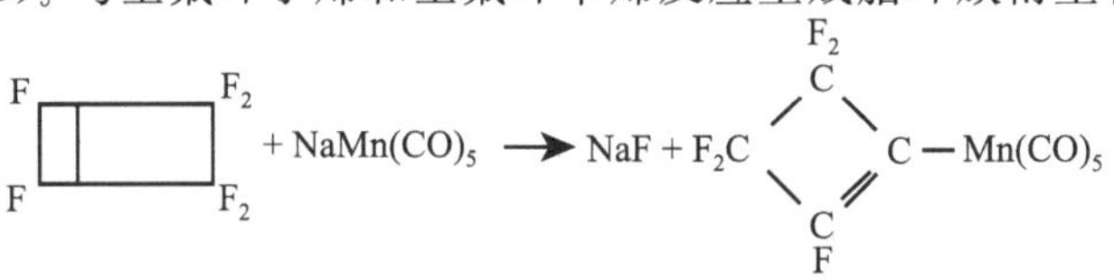

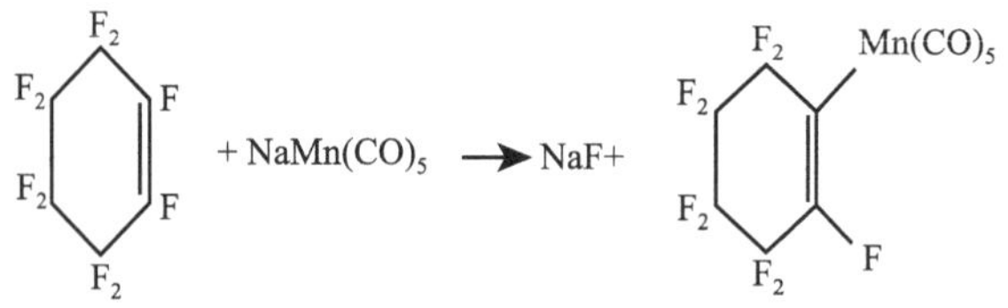

但对比上述反应，$CF_2=CFCl$ 与 $NaMn(CO)_5$ 反应，却生成 $Mn(CF_2CFClH)(CO)_5$.

一般而言，氟碳络合物比同系碳氢化合物为稳定. 这两类化合物的最大不同是前者不能与 CO 和其它小分子发生插入反应.

2.11.5 乙炔锰

把碱性金属的乙炔盐加于 $Mn(SCN)_2$ 的液氨溶液中，得到粉红色的 2 价锰络合物 $M_2Mn(C\equiv CR)_4$，(M=K，Na 或 Ba)(R=H，Me 或 Ph).

$$Mn(SCN)_2+2KC\equiv CH+4NH_3 \longrightarrow Mn(C\equiv CH)_2 \cdot 4NH_3+2KSCN$$

在室温及真空条件下，失去氨而生成黑色具有猛烈爆炸性的 $Mn(C\equiv CH)_2$.

由下述反应可生成暗棕色，猛烈爆炸的 Mn(III) 乙炔络合物：

$$2K_2Mn(C\equiv CH)_4+4KC\equiv CH+\frac{1}{2}O_2+2NH_3 \longrightarrow 2K_3Mn(C\equiv CH)_6+2KNH_2+H_2O$$

2.11.6 烯丙基络合物

从烯丙基卤化物和 $NaMn(CO)_5$ 或丁二烯和 $MnH(CO)_5$ 可以制得 π-烯丙基锰四羰合物 Mn(π-烯丙基)$(CO)_4$. 这两种反应的发生都经历了 σ-烯丙基锰五羰合物中间体. 当此 σ-烯丙基锰五羰合物加热至 70－100℃时，放出 CO 而生成 π-烯丙基化合物，

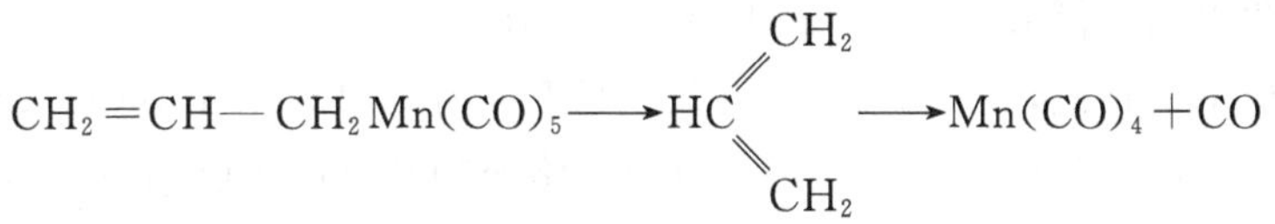

C_3H_5，$1-CH_3C_3H_4$，$2-CH_3C_3H_4$，$1-ClC_3H_4$ 和 $1,1-(CH_3)_2C_3H_3$ 等烯丙基化合物都是能生成 σ-和 π-烯丙基锰化合物的配位体.

丁二烯与 $MnMe(CO)_5$ 和 $MnPh(CO)_5$ 反应，也生成 π-烯丙基化合物.

当 σ-烯丙基化合物 $CH_2=CH—CH_2Mn(CO)_5$ 与高氯酸反应，发生一个新奇的重排反应：

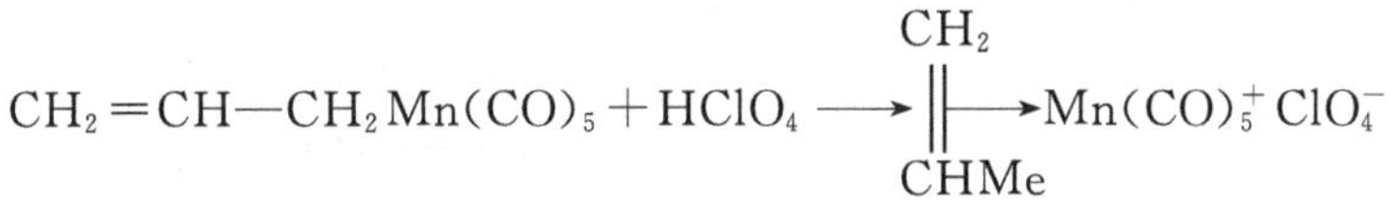

氯甲基硫醚与 $NaMn(CO)_5$ 作用生成黄色液体 π-$CH_3SCH_2Mn(CO)_4$. 如同 π-烯丙基一样，π-CH_3SCH_2 也是一个 3 电子配位体.

$CF_2=CFCF_2Cl$ 与 $NaMn(CO)_5$ 作用，并不生成 σ-或 π-烯丙基化合物，而是生

成 σ 键合的全氟烯丙基化合物：

$CF_2=CFCF_2Cl+NaMn(CO)_5 \longrightarrow CF_3CF=CFMn(CO)_5+NaCl$ $CF_2=CClCF_2Cl$ 与 $NaMn(CO)_5$ 反应生成的中间物 σ-烯丙基化合物 $CF_2=CClCF_2Mn(CO)_5$，它与 $CF_3CCl=CFMn(CO)_5$ 是同分异构体.

2.11.7 环戊二烯基络合物

双环戊二烯基锰(二茂锰)，$MnCp_2$ 可由 NaCp 在四氢呋喃中与无水 $MnCl_2$ 反应而制得. $MnCp_2$ 是琥珀色晶体，熔点 172—173℃，溶于乙醚及其有机试剂中，易挥发，升华热为 72.38kJ · mol^{-1}.

X 射线分析表明，双环戊二烯基锰具有夹心结构，具顺磁性，磁矩 5.86±0.05BM. 这符合 Mn(II)离子的有 5 个成单电子. 低温下 $MnCp_2$ 有正交结构和抗铁磁性. 这些性质说明在二茂锰中，金属与环间的键具有离子性，而其它 d 区金属 π-C_5H_5 化合物的金属与环间的键部有共价的性质. 在低温下，电子自旋共振研究结果，也与 $MnCp_2$ 中之有离子键相一致.

$MnCp_2$ 容易水解成 $Mn(OH)_2$ 和环戊二烯. 在乙醚中，$MnCp_2$ 与 $FeCl_2$ 反应生成二茂铁.

二茂锰与 CO 反应生成黄色固体环戊二烯三羰基锰 $CpMn(CO)_3$，它颇稳定，但在紫外线作用下能制成多种取代衍生物，有胺、膦、胂、烯烃和炔烃络合物如 $CpMn(CO)_2L$. 在甲醇中光解 $CpMn(CO)_3$ 与 NaCN 得到 $Na^+[CpMn(CO)_2CN]^-$，用磷酸酸化得到异氰酸衍生物 $CpMn(CO)_2CNH$.

与六羰基铬相似，$CpMn(CO)_3$ 与烷基锂反应生成 Li[CpMn(CO)COR]盐(R=Me 或 Ph). 此盐与偶氮甲烷作用生成卡宾络合物 $CpMn(CO)_2C\{(OMe)R\}$.

在室温下，溴化 $CpMn(CO)_3$ 生成 $C_5H_5Br_5$，而没有羰基化合物生成，但 $CpMn(CO)_3$ 与 $SbCl_5$ 反应却得到一个不稳定的红色沉淀物，有顺磁性，可能有 $CpMn(CO)_3^+$ 离子存在.

$CpMn(CO)_3$ 中的环戊二烯基环容易受亲电基团的进攻，而生成许多有机衍生物，但在 Friedel-Crafts 的酰化作用中，它的活泼性不如二茂铁.

锰的 π-吡咯络合物，可由以下反应制得：

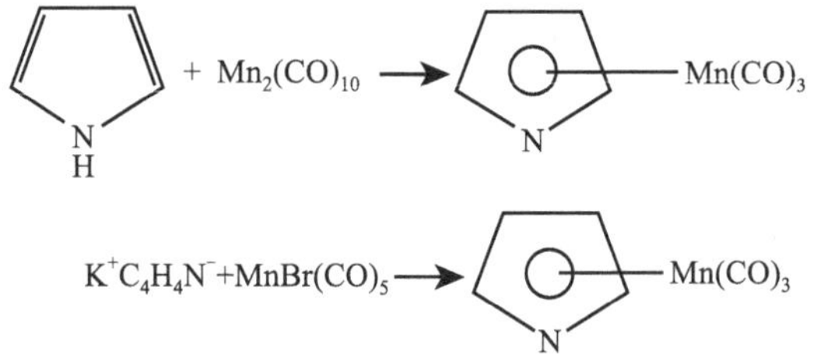

2.11.8 芳烃络合物

$MnPh_2$ 与二甲基乙炔作用生成粉红色双 π-芳烃锰(1)络合物 $[Mn(C_6H_6)_2]^+$. 从这个反应可分离得到苯的络合物 $[C_6H_6MnC_6H_6]PF_6$. 它与 $LiAlH_4$ 反应生成 π-环己二烯络合物 π-C_6Me_6Mn π-C_6H_7.

Mn(π-MeC_5H_4)$_2$ 与苯基溴化锰反应生成络合物 π-MeC_5H_4Mn π-C_6H_6 和 CpMnπ-C_6H_6 的混合物. $CpMnC_6H_6$ 乙酰化得到 π-环庚三烯络合物 [CpMnπ-$C_7H_6R]^+$ (R=Me 或 Ph).

苯、甲苯、莱(1,3,5-三甲基苯 $(CH_3)_3C_6H_3$),六甲基苯和萘与 $MnCl(CO)_5$ 和 $AlCl_3$ 作用,生成 π-芳烃络合离子 [Arene $Mn(CO)_3]^+$. $C_6H_6Mn(CO)_3^+$ 离子与硼氢化钠反应,生成环己二烯络合物 $C_6H_7Mn(CO)_3$. 而后者从 $Mn_2(CO)_{10}$ 与环己-1,3-二烯反应,仅能得到少量产物. 烷基锂与 π-$C_6H_6Mn(CO)_3^+$ 反应生成外一取代的环己二烯络合物 π-$C_6H_6RMn(CO)_3$.

噻吩及其取代衍生物与 $MnCl(CO)_5$ 在 $AlCl_3$ 存在下,生成杂环络合离子(π-噻吩)$Mn(CO)_3^+$.

2.11.9 羰基锰及其衍生物的应用

羰基锰及其衍生物是羰基化反应中 CO 的来源,例如二甲胺的羰基化反应:

$$3Mn_2(CO)_{10} + 22Me_2NH \longrightarrow 2[Mn(Me_2NH)_6][Mn(CO)_5]_2 + 10Me_2NCHO$$

在高温和 CO 高压下进行羰基化反应,可用 $Mn_2(CO)_{10}$ 作催化剂;例如:

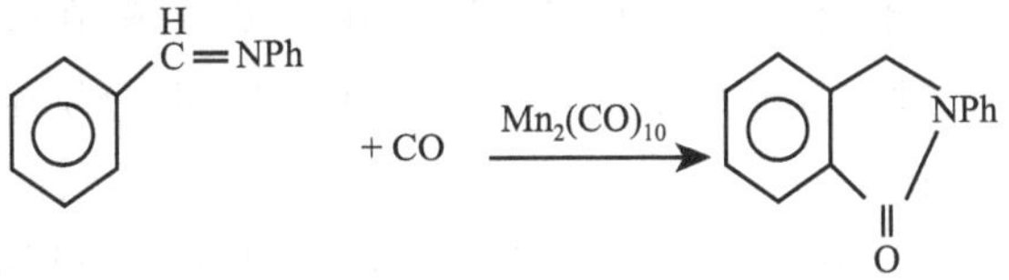

$Mn_2(CO)_{10}$ 和 $MnMe(CO)_5$ 都能催化脂肪伯胺进行羰基化反应,使之生成 1,3-二烷基脲. 羰基锰也是异构化反应及聚合反应的催化剂;例如 $Mn_2(CO)_{10}$ 可使环-辛 1,4-(和 1,5)二烯异构为环-辛 1,3-二烯. $Mn_2(CO)_{10}$ 和 CCl_4 能使乙烯基化合物如甲基丙烯发生自由基聚合.

三羰基甲基环戊二烯锰,具有汽油抗喧震的性质,能和四乙基铅混合使用. 抗喧震的原因是由于它能阻止那些能引起发生爆炸反应的支链的形成.

2.11.10　羰基锰的取代反应

$Mn_2(CO)_{10}$中羰基能被许多配位基如 V 族中的 N,P,As,Sb 和 VI 族中的 S,Se,Te 取代. 一般取代一个或两个羰基,生成 $Mn_2(CO)_9L$ 及 $Mn_2(CO)_8L_2$ 型的化合物. 与碱性较强的氮配体作用,Mn—Mn 键将被拆开,生成离子化合物[MnL_6][$Mn(CO)_5$]. 其机理可认为是先形成中间络合物,并发生 Mn—Mn 键的极化:$(CO)_5Mn^{\sigma-}$—$Mn^{\sigma+}(CO)_4L$,在极性溶剂作用下使 Mn—Mn 键断开. 当 n-$BuNH_2$ 与 $Mn_2(CO)_{10}$反应,红外光谱证实有[$Mn(CO)_5^-(C_4H_9NH_2)$][$Mn(CO)_5$]生成. 与碱性较弱的磷和砷配体作用,一般只发生简单的取代反应,而 Mn—Mn 键不受影响. 但某些膦和胂配体作用,Mn—Mn 键能均裂地生成顺磁性单体 $Mn(CO)_4L$. [$Mn(CO)_4L$]$_2$ 有顺,反构型. 化合物具有 D_{4d} 或 D_{4h} 的对称性,即它们有反式构型,但在某些情况下,例如[$Mn(CO)_4NCR$]$_2$ 有顺式构型. 这是由于电子和空间效应所致.

2.11.11　含氮配体的反应

含 N 碱性配体与 $Mn_2(CO)_{10}$作用,既能生成含 Mn—Mn 键的简单取代物,也可使 Mn—Mn 键拆开生成含有 Mn(I)阳离子和 $Mn(CO)_5^-$ 阴离子的盐. 吡啶和腈在惰性溶剂中,紫外光照射下与 $Mn_2(CO)_{10}$作用,可生成络合物 $Mn_2(CO)_9Py$ 和 $Mn_2(CO)_9(NCR)$,R 代表 Me,Et,Ph 和乙烯基. 这些化合物因羰基取代时的方位不同(有直立的和平伏的两种)而有两种结构,但红外光谱证实,在任何情况下都是发生平伏位的取代反应. $Mn(CO)_5^-$ 与 NH_2OSO_2H 在碱性溶液中作用,生成桔红色 $Mn_2(CO)_9NH_3$,它不如 $Mn_2(CO)_9Py$ 稳定,在 30℃分解. 在惰性溶剂中的 α,α'-联吡啶和在吡啶中的邻二氮菲(Phen)与 $Mn(CO)_5^-$ 作用,分别生成暗红色抗磁性的 $Mn_2(CO)_8(diPy)$和 $Mn_2(CO)_8[(o)\text{-phen}]$. 在可见光的辐照下,这些络合物进一步反应生成[$Mn(CO)_3diPy$]$_2$,[$Mn(CO)_3\{(o)-\text{phen}\}$]$_2$ 和 $Mn_2(CO)_{10}$的黑色沉淀.

氨或含 N 配体 L(如吡啶,γ-甲基吡啶,二乙醇胺,对氧氮六环,二乙烯三胺或哌啶(氮己环 $\underline{CH_2(CH_2)_4NH}$)与 $Mn_2(CO)_{10}$作用,可引起 Mn—Mn 键的断裂:

$$Mn_2(CO)_{10}+3NH_3=[Mn(CO)_3(NH_3)_3][Mn(CO)_5]+2CO$$

$$Mn_2(CO)_{10}+12L=2[MnL_6][Mn(CO)_5]_2+10CO$$

2.11.12　与磷、砷、锑配体的反应

三取代膦,胂或䏲配体在反应中,通常生成取代化合物 $Mn_2(CO)_9L$,(L=

PPh_3,PBu_3,$P(OPh)_3$ 和 $AsPh_3$)或生成二取代化合物 $Mn_2(CO)_8L_2$($L=PF_3$,PCl_3,PEt_3,PBu_3,PPh_3,$P(OPh)_3$,$AsPh_3$,P(cyclohexyl)$_3$,$L_2=Ph_2PCH_2CH_2PPh_2$).在激烈条件下 $AsPh_3$ 与 $Mn_2(CO)_{10}$ 反应,生成双聚胂桥化合物$[MnAsPh_2(CO)_4]_2$,联膦和联胂与 $Mn_2(CO)_{10}$ 反应生成相同桥键化合物.随条件不同,$Ph_2PCH_2CH_2PPh_2$(L—L)能生成 $Mn(CO)_3$(L—L),Mn(CO)(L—L)$_2$,$[Mn(CO)_2(L—L)_2]^+[Mn(CO)_5]^-$ 或 $Mn_2(CO)_8$(L—L)$_2$ 等各类络合物.

$Mn_2(CO)_8L_2$ 的红外光谱证实,它们都具有直立取代的 D_{4d} 或 D_{4h} 对称性.X 射线结构分析证实,$Mn_2(CO)_8(PF_3)_2$ 和 $Mn_2(CO)_8(PEt_3)_2$ 都是直立取代反应,Mn—Mn 键长前者为 292pm,后者为 291pm.

PF_3 与 $Mn_2(CO)_{10}$ 反应,生成 $Mn_2(CO)_9PF_3$,$Mn_2(CO)_8(PF_3)_2$ 和 $Mn_2(CO)_7(PF_3)_3$.这些化合物在空气中稳定,但能迅速与醇反应生成醇解产物 $Mn_2(CO)_9P(OMe)_3$.

2.11.13 与烯烃和炔烃的反应

丁二烯与羰基锰反应,生成螯合物 $Mn_2(CO)_8C_4H_6$,红外光谱证实,它有不对称结构.在 150℃和乙炔气 40—50atm 下与羰基锰反应生成 π-二氢并环戊二烯基羰基锰,是一个很有趣的反应:

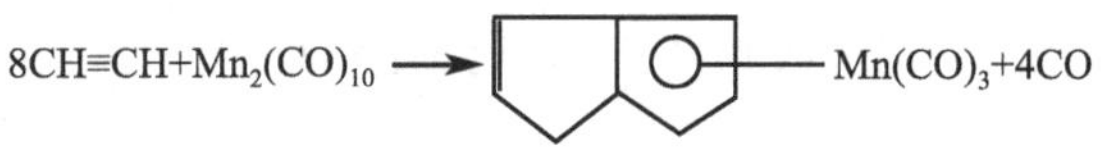

用(π-$CH_3C_5H_4$)$Mn(CO)_3$ 代替 $Mn_2(CO)_{10}$ 也可得到相同的产物.该产物也可由二氢并环戊二烯基与 $Mn_2(CO)_{10}$ 直接反应而制得:

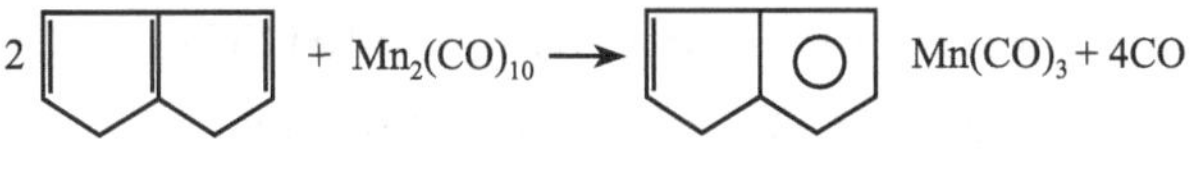

薁(azulene)(甘菊环)结构式为: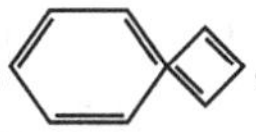,又称环戊二烯并环庚三烯和 $Mn_2(CO)_{10}$ 反应,生成反式 $C_{10}H_8Mn_2(CO)_6$(I)和$[C_{10}H_8Mn(CO)_3]_2$(II),它们的结构为:

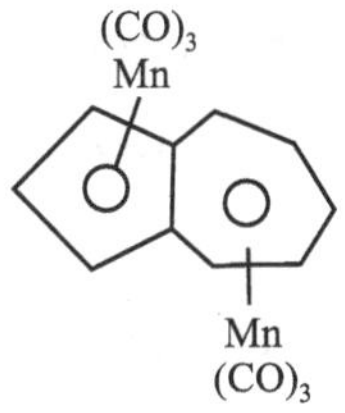

(I)

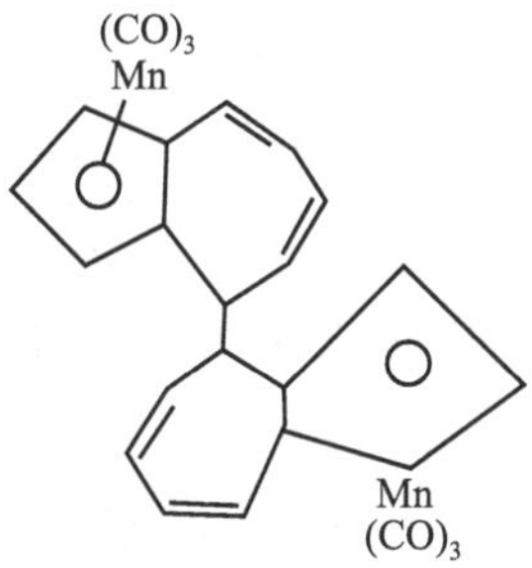

(II)

π-二氢并环戊二烯基羰基锰与 $KMnO_4$ 反应如下：

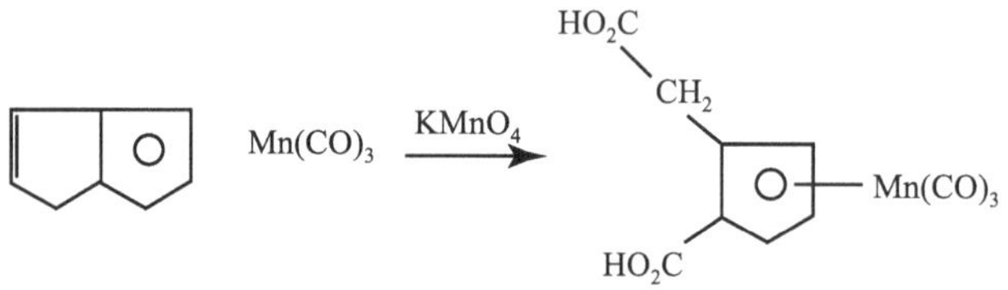

用雷尼镍还原 π-二氢并环戊二烯基羰基锰，生成 π-四氢并环戊二烯基羰基锰：

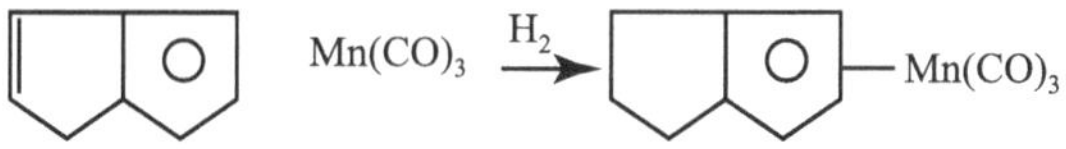

此络合物也可由 $Mn_2(CO)_{10}$ 与环-辛四烯直接反应生成：

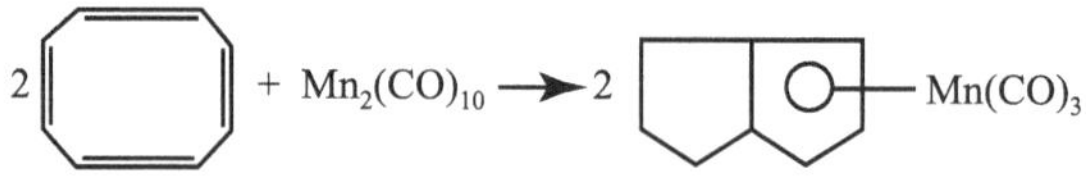

2.11.14　与卤化羰基锰的反应

羰基锰直接与卤素反应生成五羰基锰卤化物：

$$Mn_2(CO)_{10}+X_2=2MnX(CO)_5$$

X=Cl，Br，和 I.

其它的制备方法有 $Mn_2(CO)_{10}$ 与 CCl_4，$CHCl_3$ 或其它卤代羰氢化合物，在紫外光作用下与卤素加热：

$$RMn(CO)_5+Br_2=RBr+MnBr(CO)_5$$

$$RMn(CO)_5+I_2=RI+MnI(CO)_5$$

五羰基锰卤化物在空气及水中都稳定，随 Cl ⟶ I，稳定性增大. 受热时，逸去 CO，形成卤桥二聚化合物 $[MnX(CO)_4]_2$ 反应在 120℃ 惰性溶剂中发生. 在 CO 存在下，反应可逆地进行：

$$[MnX(CO)_4]_2+2CO \rightleftharpoons 2MnX(CO)_5$$

四烷基氨卤化物分别与 $MnX(CO)_5$ 和 $Mn_2(CO)_{10}$ 作用，可制得顺式-$[MnX_2(CO)_4]^-$ 和反式-$[Mn_2X_2(CO)_8]^{2-}$.

$$R_4NX+MnX(CO)_5 \longrightarrow R_4N[MnX_2(CO)_4]+CO$$

$$2R_4NX+Mn_2(CO)_{10} \longrightarrow [R_4N]_2[Mn_2X_2(CO)_8]+2CO$$

卤化物 $MnX(CO)_5$ 与丁二腈反应生成含腈基三键与 Mn 配位的络合物：

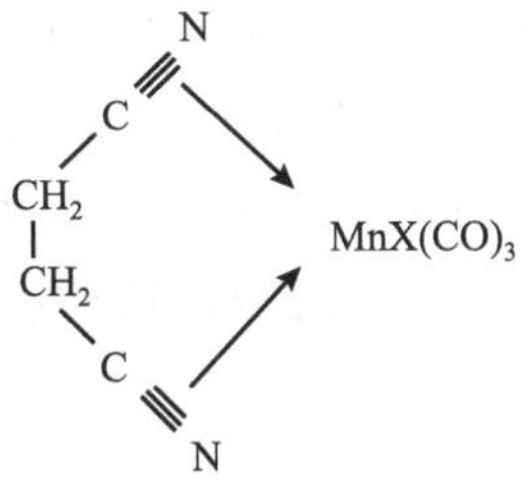

伯胺 RNH_2($R=Me$,Et 或 i-Pr)与 $MnBr(CO)_5$ 通过插入反应生成酰基型化合物：

$$MnBr(CO)_5+3RNH_2 \longrightarrow 顺\text{-}Mn(CONHR)(CO)_4NH_2R + RNH_3^+Br^-$$

是一个很有趣的反应.

这种曾被称为七配位的酰基衍生物 $Mn(NHR)(CO)_5NH_2R$ 与 HCl 气反应生成$[Mn(CO)_5(NH_2R)]^+$离子顺-$Mn(CONHR)(CO)_4$-$(NH_2R)+2HCl \longrightarrow [Mn(CO)_5(NH_2R)]^+Cl^-+RNH_3^+Cl^-$,再与 RNH_2 反应生成顺式-$Mn(CONHR)(CO)_4(NH_2R)$.

2.11.15 羰基锰阳离子的反应

羰基氯化锰 $MnCl(CO)_5$ 与 $AlCl_3$ 在 CO 气压下反应可制得六羰基锰(I)阳离子：

$$MnCl(CO)_5+AlCl_3+CO \longrightarrow [Mn(CO)_6]^+AlCl_4^-$$

用乙烯代替 CO,可得如下取代衍生物：

$$MnCl(CO)_5+CH_2=CH_2+AlCl_3 \longrightarrow \left[\begin{array}{c}CH_2\\ \| \\ CH_2\end{array} \longrightarrow Mn(CO)_5\right]^+ AlCl_4^-$$

σ-烯丙基五羰基锰与高氯酸反应,或由 $MnEt(CO)_5$ 消去 H^- 离子也可制得这个烯络合物.

氨与羰基锰,或五羰基锰卤化物反应,皆可生成羰基锰阳离子：

$$Mn_2(CO)_{10}+3NH_3 \longrightarrow [Mn(CO)_3(NH_3)_3]^+Mn(CO)_5^-+2CO$$

$$MnX(CO)_5+3NH_3 \longrightarrow [Mn(CO)_3(NH_3)]^+X^-+2CO$$

$$MnBr(CO)_5+2NH_3 \longrightarrow [Mn(CO)_4(NH_3)_2]^+Br^-+CO$$

$MnCl(CO)_4L$ 或 $MnCl(CO)_3L_2$ 与 $AlCl_3$(或其它卤素离子吸收体)和 CO 在高压和高温下反应,能制得取代羰基锰阳离子,比制备$[Mn(CO)_6]^+$更容易.

在苯中 $MnCl(CO)_3(PPh_3)_2$ 与 $AlCl_3$ 反应可制得$[Mn(CO)_4(PPh_3)_2]^+$

$AlCl_4^-$.在含 $MnCl(CO)_3L_2$ 的苯溶液中，在 $AlCl_3$ 存在下，通 CO 气可制得 $[Mn(CO)_4L_2]^+$ 阳离子，其中 L 为 PPh_3，$P(OPh)_3$ 和 $TePh_2$ 等.

二取代阳离子 $[Mn(CO)_4(PPh_3)_2]^+$ 与烷氧化物反应得到烃氧基羰基化合物 $Mn(OR)(CO)_3(PPh_3)_2$，它含有反式膦基. 这些衍生物与酸反应，可再生成阳离子：

$$Mn(OR)(CO)_3(PPh_3)_2 + HX \longrightarrow [Mn(CO)_3(PPh_3)_2]^+X^- + ROH$$

这种类型的反应可用来生成 $[Mn(CO)_6]^+BF_4^-$.

2.11.16 羰基锰阴离子的反应

$Mn_2(CO)_{10}$ 在四氢呋喃中与 Na－Hg 齐作用，生成五羰基锰(－1)钠盐 $Na^+Mn(CO)_5^-$.用 Li－Hg 齐反应可制得 $LiMn(CO)_5$，如前所述，某些胺与 $Mn_2(CO)_{10}$ 反应可制得 $Mn(CO)_5^-$ 阴离子.

KOH 醇溶液与 $Mn_2(CO)_{10}$ 作用生成含有 $Mn(CO)_5^-$ 离子的溶液，但未能分离出该阴离子的络合物；相反，将 KOH 醇溶液与 $Mn_2(CO)_{10}$ 作用后的溶液酸化，却得到多核氢化物 $H_3Mn_3(CO)_2$，表明上述反应的复杂性.

$Mn_2(CO)_{10}$ 与硼氢化钠在四氢呋喃中反应，生成双核化合物 $Na_2Mn_2(CO)_9$，但将此物酸化后生成氢化物 $H_2Mn_2(CO)_9$ 和 $H_3Mn_3(CO)_{12}$，所以阴离子 $Mn_2(CO)_9^{2-}$ 的存在还有待进一步确证.

$Mn(CO)_5^-$ 的溶液对空气很敏感，其电位为

$$Mn(CO)_5^- \longrightarrow \frac{1}{2}Mn_2(CO)_{10} + e \quad \varepsilon^\circ = -0.68V$$

在六甲基膦胺中用碱金属还原 $Mn_2(CO)_{10}$ 生成 $Mn(CO)_4^{3-}$，$Mn(CO)_4^{3-}$ 与 Ph_3ECl 反应生成 $(Ph_3E)_2Mn(CO)_4^-$ (E＝Ge，Sn 或 Pb) 与 Ph_3AuCl 反应生成 $[Ph_3Au]_3Mn(CO)_4$.

$Mn(CO)_{5-x}(CNMe)_x^-$ 阴离子是合成 $RMn(CO)_4(CNMe)$ PR＝CH_2CN，Ph_3Ge，Me_3Sn，Ph_3Pb，H，I 或 HgI)，$Hg[Mn(CO)_4(CNMe)]_2$，$RMn(CO)_3(CNMe)_2$ (R＝CH_2CN，Ph_3Ge，Ph_3Sn，(h_3Pb 或 I)，$Hg[Mn(CO)_3(CNMe)_2]_2$ 和 $RMn(CO)_2(CNMe)_3$ (R＝CH_2CN，Ph_3Sn，Ph_3Pb 或 I) 等类络合物的试剂.

虽然不能用 $Mn(CO)_5^-$ 来制备膦取代衍生物，但阴离子 $[Mn(CO)_4(PR_3)]^-$ 能在四氢呋喃中由 $Mn_2(CO)_8(PR_3)_2$ 和 Na－Hg 齐反应制取. 用相应的汞齐还可制得 $[Mn(CO)_4(PPh_3)]^-$ 的锂盐和镁盐.

$[Mn(CO)_4PPh_3]^-$ 的碱性比 $[Mn(CO)_5]^-$ 强.

羰基锰阴离子是在有机化合物合成中很有用的中间体.

2.11.17 羰基锰氢化物的反应

酸化$[Mn(CO)_5]^-$生成八面体构型 $MnH(CO)_5$ 羰基锰氢化物.用磷酸酸化 $NaMn(CO)_5$ 可以制备 $MnH(CO)_5$. $MnH(CO)_5$ 熔点−24.6℃,是对空气敏感的无色液体,是一个弱酸 $K_a=0.8\times10^{-7}$.

$Mn_2(CO)_{10}$与 H_2 和 CO 在 250atm 和 200℃下反应可生成 $MnH(CO)_5$,也可用 Mg 在甲醇中还原 $Mn_2(CO)_{10}$制备.

$MnH(CO)_5$ 是强还原剂,与碘和氧一起反应生成 $Mn_2(CO)_{10}$.各种氟-烯烃与 $MnH(CO)_5$ 反应生成氟-有机锰化合物.

$MnH(CO)_5$ 与三苯基膦反应生成 $MnH(CO)_4(PPh_3)$,后者与膦和亚磷酸盐生成二取代化合物 $MnH(CO)_3L_2$,这些氢化物的酸性远比其母酸 $MnH(CO)_5$ 的酸性小.

$MnH(CO)_5$ 与 PF_3 在紫外线作用下反应,能生成所有的取代产物 $MnH(PF_3)_x(CO)_{5-x}$.

将 $Mn_2(CO)_{10}$与 KOH 溶液反应得绿色溶液,酸化得到红色挥发性氢化物 $H_3Mn_3(CO)_{12}$,它具有如下结构:

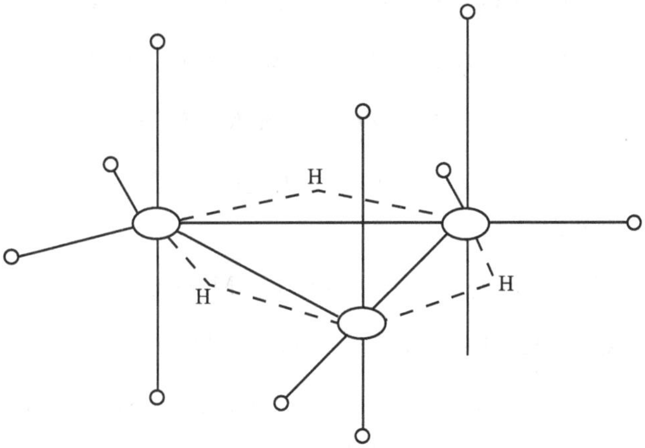

$H_3Mn_3(CO)_{12}$的空间构型

⬭=Mn原子; Mn—Mn 311pm;

○=CO 基中的C原子.

$NaBH_4$ 与 $Mn_2(CO)_{10}$作用后,再经酸化也可制成 $H_3Mn_3(CO)_{12}$. $H_3Mn_3(CO)_{12}$与三苯基膦肿和三苯基膦脁反应,生成二聚体$[Mn(CO)_4MPh_3]_2$.酸化 $Mn_2(CO)_{10}$−KOH 混合物,得到四核绿色氢化物.

$Mn_3(CO)_{10}(BH_3)_2H$ 可从 $Mn_2(CO)_{10}$ 和 $NaBH_4$ 反应制成，晶体结构分析证实它存在有 Mn—H—Mn 键，硼原子通过 H 桥与 Mn 原子相连. 此物也可由 $MnBr(CO)_5$ 和 $Al(BH_4)_3$ 反应生成.

Ph_2PCl 与 $NaMn(CO)_5$ 生成氢化物 $(CO)_4Mn(H)PPh_2Mn(CO)_4$，X 射线分析证实，它是一个由配体围绕 Mn 而形成的变形八面体.

$CpFe(CO)_2Mn(CO)_5$ 质子化后生成 $[CpFe(CO)_2Mn(CO)_5H]^+$ 离子，红外光谱证实它有金属—氢键生成.

从 $MnBr(NO)_2(PPh_3)_2$ 和硼氢化钠反应，可生成亚硝酰氢化物 $MnH(NO)_2(PPh_3)_2$.

2.11.18　形成异核羰基化合物的反应

$Mn(CO)_5$ 可与别的金属键合形成化合物，一般可由五羰基锰(−1)钠与各种金属卤化物反应而制得，反应如下：

$$L_mMX_n + nNaMn(CO)_5 \longrightarrow L_mM[Mn(CO)_5]_n + nNaX$$

由上述反应已制得 B，Si，Ge，Sn，Pb，Mo，Fe，Co，Cu，Ag，Au，Zn，Cd 和 Hg 的衍生物. 由 $Mn_2(CO)_{10}$ 的插入反应也可制得，例如：

$$Mn_2(CO)_{10} + SnCl_2 \longrightarrow Cl_2Sn[Mn(CO)_5]_2$$

$$Mn_2(CO)_{10} + InBr \longrightarrow BrIn[Mn(CO)_5]_2$$

$$Mn_2(CO)_{10} + Zn \longrightarrow Zn[Mn(CO)_5]_2$$

$$Mn_2(CO)_{10} + Cd \longrightarrow Cd[Mn(CO)_5]_2$$

锗的化合物可由下列方法制得：

$$GeH_4 + 2HMn(CO)_5 \longrightarrow H_2Ge[Mn(CO)_5]_2 + 2H_2$$

$$Cl_3GeH + HMn(CO)_5 \longrightarrow Cl_3GeMn(CO)_5 + H_2$$

$$Cl_3GeH + ClMn(CO)_5 \longrightarrow Cl_3GeMn(CO)_5 + HCl$$

$(CO)_4CoMn(CO)_5$ 可由以下二反应制得：

$$NaCo(CO)_4 + ClMn(CO)_5 \longrightarrow NaCl + (CO)_4CoMn(CO)_5$$

$$[Co(CO)_4]^- + [Mn(CO)_6]^+ \longrightarrow CO + (CO)_4CoMn(CO)_5$$

后一反应可制取 $(CO)_5ReMn(CO)_5$. 上述反应说明羰基阴离子能作为接近羰基阳离子的亲核试剂(即给电子剂).

此类金属—锰键合化合物 M—$Mn(CO)_5$ 的取代反应,能导致顺式或反式异构体 M—$Mn(CO)_4L$. 因此 $Ph_3SnMn(CO)_4PPh_3$ 具反式构型,而 $LAuMn(CO)_5$ 则具有顺式构型.这种差别是由于电子及空间效应造成的.

在氯和溴与化合物 $Ph_3SnMn(CO)_5$ 反应,使 Ph—Sn 键断裂是一个很有趣的反应:

$$Ph_3SnMn(CO)_5 + 3X_2 \longrightarrow X_3SnMn(CO)_5 + 3PhX$$

与无水氯化氢反应,Ph—Sn 键发生部分断裂:

$$Ph_3SnMn(CO)_5 + 2HCl \longrightarrow PhCl_2SnMn(CO)_5 + 2PhH$$

可是,0℃下在 CCl_4 中用 Br_2 与 $Me_3SnMn(CO)_5$ 反应却导致 Sn—Mn 键断裂而生成 $MnBr(CO)_5$ 和 Me_3SnBr.

在某些试剂作用下,也发生一些有趣的金属—金属键断裂反应,例如,四环酮与 $Ph_3SnMn(CO)_5$ 反应,发生了 Sn—Mn 键的断裂:

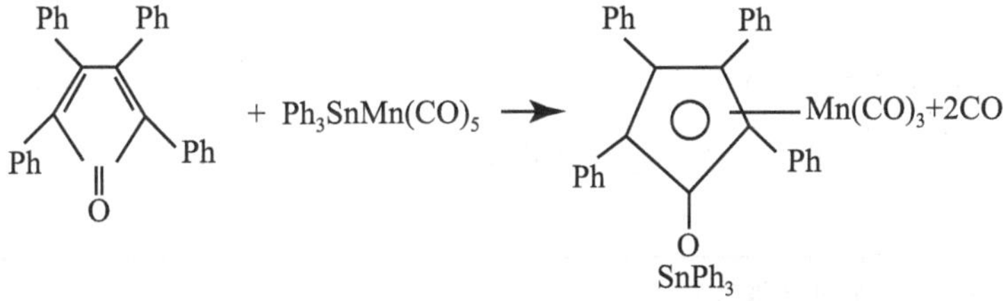

在 $NaMn(CO)_5$ 的碱性溶液中,与 $Hg(CN)_2$,$HgSO_4$,或 RHgOH 作用,可制得 $Hg[Mn(CO)_5]_2$. 当 RHgOH 反应时,可能先生成中间产物 $RHgMn(CO)_5$,再歧化:

$$2RHgMn(CO)_5 \longrightarrow R_2Hg + Hg[Mn(CO)_5]_2$$

$Hg[Mn(CO)_5]_2$ 对空气,水,非氧化性浓酸都稳定,但 Hg—Mn 键能被 I_2 和 H_2S 所断裂.

2.12 锰的其它二元化合物

锰与主族元素和副族元素间形成众多化合物,列表如下:

族	化合物
II 族	$MnBe_2$
III 族	B:MnB, MnB_2, Mn_4B, Mn_2B, Mn_5B_4
	Al:Al_6Mn, Al_4Mn, Al_3Mn, AlMn
	In:InMn

续表

族	化合物
IV 族	C：Mn_2C_7，Mn_3C，Mn_7C_3，$Mn_{23}C_6$，$Mn_{15}C_4$ Si：Mn_3Si，Mn_5Si_3，MnSi，$MnSi_2$ Ge：$Mn_{13}Ge_4$，Mn_5Ge_2，Mn_5Ge_3，Mn_3Ge_2 Sn：Mn_4Sn，Mn_2Sn，MnSn
V 族	N：Mn_4N，Mn_5N_2，Mn_3N_2，MnN，Mn_6N_5，Mn_2N P：Mn_3P，Mn_2P，MnP，MnP_3 As：Mn_2As，Mn_3As，Mn_3As_2，MnAs Sb：Mn_2Sb，Mn_3Sb_2，MnSb Bi：MnBi(?)
VI 族	O：见 2.2 节 S：MnS，MnS_2，MnS_3(?) Se：MnSe，$MnSe_2$ Te：MnTe，$MnTe_2$
VIII 族	Mn_2Pd_3 MnPd
IB	Au：Mn_3Au，MnAu，$MnAu_2$，$MnAu_3$
IIB	Zn：ZnMn，Zn_3Mn

有(?)者表示可能存在，但未被确认.

2.12.1 与巯、硒、碲、磷、砷、锑的二元化合物

1. 硫化锰

锰的硫化物有：一硫化锰 MnS 和二硫化锰 MnS_2，可能还有三硫化锰 MnS_3. 由于在 MnS 和 MnS_2 中有 d^5 高自旋 Mn^{2+} 离子的球形对称，通常 Mn-S 体系的结构和相关系，与 ZnS 和 CdS 在高压下相似.

MnS 有三种晶型. 稳定的绿色晶型，称为 α-MnS，具石盐(Rocksalt)结构，有八面体配位的 Mn^{2+} 和 S^{2-} 离子. 另外的二种红色晶型叫 β-MnS 和 γ-MnS，分别具有闪锌矿立方结构和六方结构，M^{2+} 和 S^{2-} 呈四面体配位. 红色晶型是不稳定的，加热至 200℃转化为绿色的稳定态. 这三种晶型都能从 Mn(II)水溶液中用 H_2S 沉淀得到，但只有 α-MnS 能直接由元素反应得到. MnS 熔点 1600±10℃，ΔH°_f，ΔG°_f 和 S°分别是−206.91kJ · mol^{-1}，−211.09kJ · mol^{-1}和 78.17J(mol^{-1} · deg^{-1}).

MnS_2 存在于天然矿石中，也可通过化学反应来合成，它具有由 Mn^{2+} 和 S_2^{2-} 离子形成的黄铁矿型结构，每个 Mn^{2+} 离子是八面体配位的. 在加热情况下，MnS_2 分解为 MnS 和 S. α-MnS 在加热下和氧反应生成氧硫化物 MnOS.

MnS 与卤素反应生成 $MnSCl_2$，MnSBr 和 MnSI 等，它们都是特征的 Mn(IV) 和 Mn(III) 化合物.

三元锰硫化物有 $A_2Mn_3S_4$ (A＝K，Rb 和 Cs)，含四面体配位的 Mn^{2+}，具反磁铁性. $MnNd_3S_6$ 在低温下有铁磁性. $MnAl_2S_4$ 具有正交层状结构.

2. 硒化锰

有一硒化锰 MnSe 和二硒化锰 $MnSe_2$. Mn(II) 硒化物有三种晶型，α-MnSe 有 NaCl 结构，可由硫酸锰(II)，氯化锰(II)或醋酸锰，在醋酸铵存在下与 $(NH_4)_2Se$ 反应生成 MnSe 沉淀再经陈化而得到. β-MnSe，具闪锌矿结构，可将乙酸锰溶液在 H_2Se 气氛中暴露数小时后而制得. γ-MnSe 具纤锌矿型结构，在沸腾的 $MnCl_2$ 或 $MnSO_4$ 溶液中，由 H_2Se 和 NH_3 反应而制得. β 和 γ 两种晶型都不是稳定的，很容易转变为稳定的 α-晶型. 但是，在低温下 α-MnSe 却转化为 β-MnSe.

在 550℃密封管中，加热化学计量的组成元素. 可合成二硒化锰，它具有由 Mn^{2+} 和 Se^{2-} 离子组成的黄铁矿型结构. MnSe 的生成热是 $-157.7kJ \cdot mol^{-1}$，$MnSe_2$ 的生成热由计算得到为 $-401.6\pm30kJ \cdot mol^{-1}$.

MnSe 在干燥的氯气作用下，可转化为 MnSeCl，它可被空气，水和有机溶剂所分解，但在真空中加热至 80—90℃，失去氯而生成 Mn_2Se_2Cl. 现已知有 $MnSeBr_2$，Mn_2SeBr_2 和 $MnSeI_2$，但其结构尚未被表征.

3. 碲化锰

有 MnTe 和 $MnTe_2$. 它们都可方便地在真空密闭管中，由化学计量的组成元素加热合成. MnTe 有 NiAs 结构，$MnTe_2$ 有黄铁矿结构，它由 Mn^{2+} 和 Te_2^{2-} 离子构成. MnTe 的生成热是 $-111.3kJ \cdot mol^{-1}$.

4. 锰的磷、砷、锑化合物

被确认的化合物见上表. 它们和硫、硒、碲的化合物一样，都具有半导体的性质. 由于磷和砷原子体积较大，一般不大可能有间充结构，因此它们和氮化锰之间很少相似性. 磷化锰在水中不容易水解，但在长时间作用下生成膦和氢氧化物.

2.12.2 锰的氮、硅、碳、硼二元化合物

1. 氮化锰

制备氮化锰的最主要方法可能是由氮和锰的直接反应，因为可以较方便地获得高纯度的锰. 另外，用锰汞齐与氨反应，随温度上升，汞齐分解而得到很细的锰，

它能容易地被氨所氮化. 氮化锰能慢慢地被水分解,溶解于非氧化性的稀酸中并形成铵盐. 经 X 射线测定 Mn_4N 中氮的原子参数,表明氮是以 N^0 或 N^{-1} 而存在,不是 N^{3+},即 N 不是电子给予体. $MnN_{0.41}$,$MnN_{0.48}$ 和 $MnN_{0.65}$ 是顺磁性的,而 Mn_4N 有铁磁性.

锰还可形成 Ta_3MnN_4,Mn_3MeN(Me=Cu,Ag,Zn,Ga,或 I_n)和 Li_7MnN_4 三元体系. Mn_4N 中 N 可被 C 取代,达到组成为 $Mn_4N_{0.2}C_{0.8}$ 的化合物.

在炼钢过程中,氮化锰是形成的含氮中间合金.

2. 叠氮化锰

Mn(II)叠氮化合物 $Mn(N_3)_2$ 可由叠氮烷基铵与 2 价锰盐在非水溶剂中反应而成. 蒸发 $Mn(N_3)_2$ 水溶液,得到不溶性的碱式盐.

叠氮银与 $(Et_4N)_2MnBr_4$ 作用,生成络合叠氮化合物 $(Et_4N)_2Mn(N_3)_4$. Mn^{3+} 和氢叠氮酸的混合物在有高氯酸盐存在下并在无空气条件下能引发丙烯腈聚合反应.

3. 碳化锰

碳化物的种类较多,如上表所示. 对碳化锰的研究,早期是在生铁或钢中用酸或电解来实现的. 近期的工作是用蒸馏的锰和石墨或蔗糖焦炭反应.

Mn_3C 被水解生成复杂的气体产物. 主要有 75% H_2,12%-15% CH_4,和 6%-8% C_2H_6,固相是 $Mn(OH)_2$. 酸水解能促进碳、氢和液态碳氢化合物的形成.

对单独的碳化锰,人们尚未了解其用途,但是作为锰和碳的化合物,或更复杂金属合金的组成部分,在钢铁及其它铁合金工业中是很重要的.

锰能形成 Fe—Mn—C 三元体系,和 Mn_3M_3C 相(M=Nb,Ta,Mo 和 W).

4. 硅化锰

硅化锰具有抗热性能.

硅锰体系中,已知相的结构常数如下:

	熔点(℃)	结构类型	晶格常数(pm)
Mn_3Si	—	体心立方	a 571.4
Mn_5Si_3	1280	四方	a 691.2 c 481.2
MnSi	1275	FeSi 型	a 455.7
$MnSi_{1.7}$	—	四方	a 549 c 11242

5. 硼化锰

物种如上表所示. 它们的结构常数如下：

	结构类型	晶 格	常 数(pm)
Mn_4B	斜方	*a* 1453	*b* 729.2 *c* 420.9
Mn_2B	四方	*a* 514.8	*c* 420.8
MnB	斜方	*a* 556.0	*b* 297.7 *c* 414.5
Mn_3B_4	斜方	*a* 303.2	*b* 1286 *c* 296.0
MnB_2	四方	*a* 300.9	*c* 303.9

26.3 锝 和 铼

3.1 一般叙述

3.1.1 锝和铼的发现史

锝和铼的发现过程是完全不同的，而且很有意义. 铼是用通常的物理学和化学方法最晚发现的一种稳定的化学元素，而锝是用“人工制造”的方法发现的第一种“人工合成”的放射性元素.

虽然早就从周期表上预言锝和铼的存在，但是直到 1925 年，Noddack，Tacke 和 Berg 从硅铍钇矿、砷铂矿和铌铁矿富集物的 X 射线谱中，证实了第 75 号元素“类锰”的存在. Noddack 用德国的省名 Rhineland 将它命名为铼(Rhenium). 1928 年在实验室里从辉钼矿中分离得到了最初的 1g 铼. 1933 年开始用铜片岩中回收的钼渣为原料生产高铼酸铵.

在锝发现以前曾作了大量的努力来验证自然界中是否存在第 43 号元素. Noddack 等在 1925 年发现铼的同时，也宣称发现了第 43 号元素“准锰”，并命名为钨(Masurium). 但是后来一直没有得到钨的富集物和它的 X 射线的特征谱线，所以这个新元素发现的权利没有得到承认. 直到 1937 年 Perrier 和 Segré 在用氘核轰击过的钼片中检出一些属于第 43 号元素的辐射物质，这是用人工方法制造出来的第一种新元素. 这两位发现者在 1947 年建议用希腊文“人造”的意将它命名为锝(Technetium). 他们最先分离得到的是半衰期分别为 60d 和 90d 的 ^{95m}Tc 和 ^{97m}Tc，主要是由核反应 $^{94}Mo(d,n)^{95m}Tc$ 和 $^{96}Mo(d,n)^{97m}Tc$ 产生的. 他们用共沉淀等步骤得到这两种核素的浓缩物，并测定了这种新元素的一些化学性质. 后来在铀裂变产物中分离出锝的长寿同位素 ^{99}Tc，才使较大量地制备锝成为可能，^{99}Tc 是研究锝化学的基础.

3.1.2 锝和铼的存在、来源和提取分离

关于是否存在原生锝的问题几经反复，现在已经确认不大可能存在原生锝. 因为半衰期最长的同位素是 ^{98}Tc，其半衰期为 4.2×10^6 a，而地球的最低寿命为 4.6×10^9 a. 但是，由铀的自发裂变产生的 ^{99}Tc 肯定存在于地壳之中，它的半衰期为 2.12×10^5 a. 1961 年 Kenna 和 Kuroda 终于从 5.3kg 的沥青铀矿中分离出约 10^{-3} μg 的 ^{99}Tc，从而宣告在地壳中存在天然的 ^{99}Tc.

在恒星的光谱线中也发现了锝的吸收线. Moore 于 1951 年宣称,太阳光谱中 3195.230Å 处的吸收线可能是 3195Å 的 Tc-II 线. 但后来在鉴别该谱线时发现其级别有严重的问题,将会导致太阳表面锝的组分是大量的错误结论. Merrill 于 1952 年研究了属于红巨星的恒星光谱,认为位于 4031,4238,4268 和 4297Å 的谱线为 Tc-I 线. 他于 1956 年又从温度较低的 N 型恒星的光谱中确定了 Tc-I 线. 在恒星光谱中发现锝的工作极大地充实了星球演化和星球中元素合成的理论,对宇宙学的研究很有意义.

锝的主要来源是核反应堆中 ^{235}U 和 ^{239}Pu 的裂变产物. 有趣的是虽然锝在自然界中只能以 ^{99}Tc 的形式痕量地存在,但是锝的供应量将可以超过铼,这是因为铼在地壳中的丰度极低而反应堆的数量又不断地增多的缘故. 功率为 100MW 的反应堆每天能生产 2.5g ^{99}Tc,^{99}Tc 在 ^{235}U 热中子裂变反应堆中是以 6% 的高产率从裂变产物中产出的,现在已能从铀和钚的裂变产物中以公斤级的数量回收 ^{99}Tc. 在锝的长寿命同位素中只有 ^{99}Tc 能达到可称重的量. 虽然第一次获得的可称量的 ^{99}Tc 是在反应堆中用中子辐照 5.7kg 钼粉的方法制得的,但是该法对于扩大生产是不适宜的. 大批生产只有从裂变产物中分离提取. 但是对于不能用核裂变方法获得的 ^{97}Tc 和 ^{98}Tc,就可以通过长时间用中子辐照高纯钼的方法来制备,得率很低. 锝的价格昂贵,近年来已降低到 60 000 美元/公斤以下. 至于诊断核医学上使用的短寿命 ^{99m}Tc,则是用 ^{99}Mo-^{99m}Tc 发生器产生的.

锝的提取分离属于裂变产物处理工艺流程. 在辐照核燃料的再循环中锝与其它裂变产物一起进入高放射性的酸性废液中,放置数年后,短寿命裂变产物蜕变殆尽,其放射性已降至适当程度,即可按工艺分离包括锝在内的长寿裂变产物. 用烧碱中和生成氢氧化铁沉淀载带除去大部分放射性核素是一种方法,锝以 TcO_4^- 形式存在于上清液中,再用溶剂萃取或离子交换法分离提纯. 对锝的溶剂萃取进行过广泛的研究,萃取剂包括醇、酮、醚、酯、胺类. 发现锝在水相和有机相中的分配形式都是 TcO_4^-,因为它们在 287.5nm 处都有特征吸收峰出现,而萃取剂中存在的电子给予体氧原子或氮原子是萃取 TcO_4^- 的官能团. 当 TcO_4^- 的浓度低于 10^{-3} mol · dm^{-3} 时,萃取率与萃取剂的浓度无关. 高锝酸盐的吡啶萃取工艺流程如图 3.1 所示. 吡啶能在 $NaNO_3$ 的碱性介质中有效地萃取锝,分配系数与料液中的 $NaNO_3$ 含量有关:不含 $NaNO_3$ 时,$\alpha_{Tc}=740$;$NaNO_3$ 浓度为 1mol · dm^{-3} 时,$\alpha_{Tc}=58$. 其它还有多种流程,不能一一介绍. 例如用三辛胺等叔胺为萃取剂的流程,可直接从酸性废液中萃取铀、镎和锝 3 种元素入有机相,再以不同反萃剂反萃,可以同时制得 3 种产品. 离子交换法主要是用强碱性阴离子交换树脂从微酸性、中性或碱性溶液中有效地吸附 TcO_4^-,再经过解吸和进一步除杂,锝的回收率可达 95%.

铼的资源很贫乏，它是自然界中丰度最低的元素之一. 铼在地壳中的含量，以 SiO_2 为 10^6，铼的平均丰度为 5.1×10^{-4}，而且极为分散，在自然界中没有独立的矿藏，它以很低的比例伴生于钼、铜、铅、铂和铌等矿物中. 马铼丰度相近的汞却有硃砂等矿物资源. Re^{4+} 和 Mo^{4+} 的半径分别为 740pm 和 700pm，由于半径相近常常共生在一起，ReS_2 和 MoS_2 的晶格常数也几乎相同，铼在 MoS_2 晶格中取代钼成为 ReS_2 和 MoS_2 的固溶体，所以在辉钼矿中的铼含量可从小于 0.1ppm 到大于 0.2%. 一般以斑岩铜矿床中的辉钼矿含铼量为最高，其中个别样品，例如前苏联的亚美尼亚矿中铼含量竟高达 1.88%. 不仅在地壳中丰度很低，各方面的研究证实铼是名副其实的稀有元素. 在海水中铼的浓度极低(可能以 RcO_4^- 形式存在)；对太

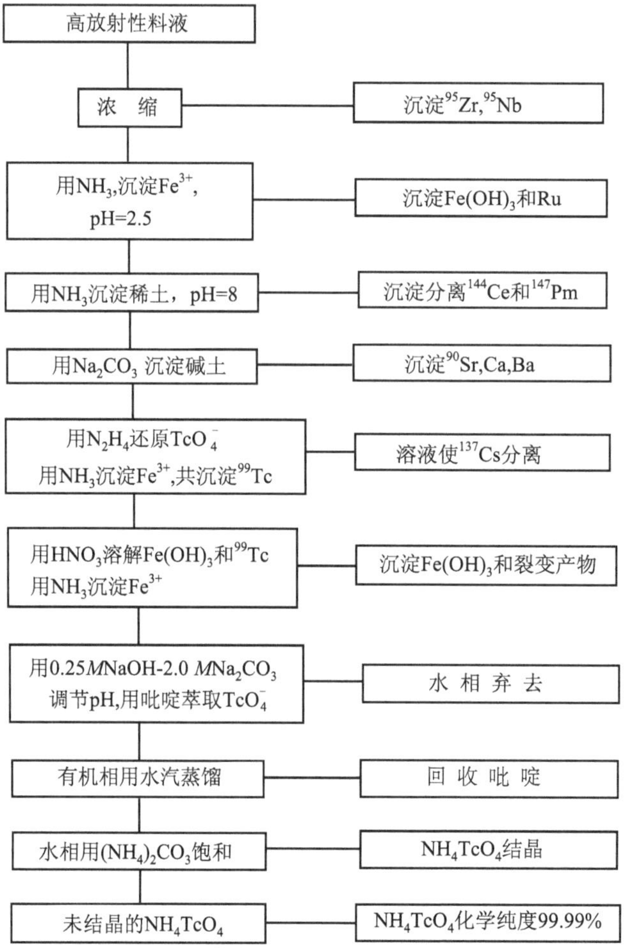

图 3.1　制取高锝酸铵的吡啶萃取工艺流程

阳光谱黑线(fraunhofer 谱线)的仔细寻找没有发现铼的谱线,即使有铼的话,以氢原子为 10^{12},铼也不会超过 0.5;其它恒星的光谱中也没有发现铼;对各种陨石样品的分析含铼量均极低;月球火山岩中含铼量更低.

铼的主要来源是辉钼矿等伴生矿物.在焙烧辉钼矿精矿时,钼转变为 MoO_3,而挥发性的 Re_2O_7 则进入烟尘和烟道气中,可用湿法流程用水吸收并提取.还有低品位钼矿砂生产钼酸钙的母液以及铜矿冶炼中的烟尘烟道气等都可作为提取铼的资源.铼的自然资源估计总量约为 1000t,其中 70%在美国,20%—25%在智利.我国拥有的世界上最大的铜矿中也含有铼,我国又是钼蕴藏量很丰富的国家(居世界第三位),所以也有一定的铼藏量.其它主要资源国是前苏联、加拿大、秘鲁、刚果、墨西哥等.但是提炼铼的主要国家是美国和德国.全球的铼产量,1970 年为 3.75t,1978 年为 7.1t,1979 年为 7.3t.因为供应量有限,铼的价格随着需求量而波动,约在 660—4400 美元/kg.

铼的提取分离流程最好的工艺是湿法流程.在湿法流程诞生以前,大部分的铼都成为挥发性的 Re_2O_7 而损失了,只有一小部分(约 10%)留在烟尘中被回收.在早期的工艺流程中,常在富集的 ReO_4^- 溶液中加入 KCl 或 K_2SO_4 使难溶的 $KReO_4$ 结晶析出,虽然简便可行,但是 $KReO_4$ 用氢还原后的铼总含有 0.4%的钾难以除去,不合应用要求.所以现代的湿法流程总是制取 NH_4ReO_4 或 Re_2O_7 而避免这个问题的发生.湿法流程用吸收、加碱中和、浓缩的步骤避免了铼的失散,再用离子交换或溶剂萃取法分离提纯铼.常用的萃取剂有叔胺、磷酸三丁酯、异戊醇和吡啶等.离子交换法分离铼的效果也很好.在纯化后的 ReO_4^- 盐酸溶液中通入硫化氢气体则产生黑色硫化物沉淀分离出来,以 H_2O_2 和 NH_4OH 处理则可生成 NH_4ReO_4 溶液,蒸发后即得 NH_4ReO_4 晶体,可直接出售或用氢还原为金属铼.

3.1.3 锝和铼的用途

锝的用途较少.虽然它的价格近年来已低于 60 美元/g,但是它的放射性显然限制了它在工业中的应用.

^{99}Tc 在辐射计中可作为 β 射线标准源,它的 β 射线的最大能量为 0.292MeV,又有足够强的比放射性和极长的半衰期,其放射性强度随时间的变化实际上可忽略不计.此外它只放射纯的 β 射线而没有 γ 射线.

^{99m}Tc 在核医学诊断中有着特别重要的地位.它的半衰期为 6.0h,γ 射线能量为 140keV,不放射 α 和 β 射线,所以不会增加病人的放射性剂量.^{99}Mo-^{99m}Tc 发生器已广泛地用于脑、心脏、肝、胆、肺、脾、肾、骨骼和甲状腺等的扫描诊断技术中.锝可在适当的络合剂,如羟基乙叉膦酸等存在下,用 Sn(II)还原 TcO_4^- 成为 Tc(IV)的水溶性络合物而进入体内.这方面的研究报道相当多.

引人注目的是微量高锝酸盐对钢铁和铜的优良抗蚀作用. 浓度很低的锝($5\times10^{-5}mol\cdot dm^{-3}KTcO_4$)在有空气的水中,直至250℃的试验温度下能有效地阻止钢铁的腐蚀作用达数年之久. 惟此种性质尚无商业上的应用价值. TcO_4^- 可用于核反应堆的防腐蚀材料,已应用于沸水反应堆的密封系统中.

由于铼具有优越的催化性能,可以期望锝及其化合物也成为特种催化剂. 锝的氧化物已作为催化剂的少量添加剂用于脂肪族醇的脱氢反应和石油的精炼.

金属锝、合金及金属间化合物具有高的超导跃迁温度,可用于超导技术中. 例如 Tc-Mo 合金具有良好的超导性质,其临界温度为 13.4K.

铼的用途也不太多,它在工业上的应用都是小规模的,其应用不能不受到价格昂贵的限制.

铼的最主要用途在电工和电子技术上. 含铼 40—50 重量百分比的铼钼合金,大约在 10K 时就具有超导性,可用作超导材料. 由于铼的高熔点和低蒸气压,它可作为灯泡、电子管及闪光灯的加热丝;由于它在质谱仪中对许多物质是惰性的,它可用作质谱仪的灼热灯丝;铼及其合金可用作电阻加热炉的加热元件,在真空或惰性气体保护下,加热不会发生脆变. 铼的电阻率在 20℃ 时为钨的 3.5 倍,但在 2500℃时只比钨大 20%,具有比钨低的温度系数,这种优良的电热性能使灯丝的加热更快. 铼在电接触点材料中起着很重要的作用,这与它的优异的耐磨性和抗电弧腐蚀能力是分不开的,用铼做的开关接触点比铂－钯触头的使用寿命长 20 倍. 铼还可制作热电偶用于热传感器中,铼钨重量比为 1∶3 的合金制成的热电偶可以测定和控制高达 2500℃的高温,而且电动势高,可靠性和重现性都很好.

铼在催化方面也有重要用途. 不论是胶体铼、铼化合物或铼合金,都能成为很有效的催化剂. 一种用于脱氢、加氢和促进氨分解等反应的催化剂是用高铼酸溶液浸渍过的硅胶于 500℃时用氢还原制得的. Re_2S_7 和 Re_2Se_7 能催化双键的加氢反应,铼的卤化物也有催化性能. 含 0.3%重量铂和 0.3%重量铼的催化剂在重整石油制备无铅汽油或低铅汽油中起重要作用,在更新的催化体系中铼的含量更高些,这些催化剂比只含铂的催化剂更为优越. Pt-Re 催化剂还用于合成苯、甲苯和二甲苯. 硝基苯液相还原中的铼催化剂也曾广泛地研究过.

铼在其它方面的应用还有:铼及铼合金的高密度、耐腐蚀、较大的中子吸收截面以及高温性能使它们适用于核技术的辐射屏蔽;铼可用作钢笔尖的合金组分;航空工业上应用的反射能力很强的铼镜可用高铼酸铵还原制得.

3.1.4 锝和铼的同位素

锝没有稳定的天然同位素存在. 用人工方法已经制得质量数从 90 至 110 的许多种同位素. 实用上重要的锝的短寿命同位素是 ^{95m}Tc, ^{97m}Tc 和 ^{99m}Tc,它们的半衰期分别为 60d、90d 和 6.0h. 最重要的也是最大量制得的锝的长寿命同位素是^{99}Tc，它的半衰期为 2.12×10^5a，它辐射 β 射线转变成稳定的^{99}Ru，辐射的最大能量为 0.292MeV，蜕变后不放射 γ 射线. ^{99}Tc 的比放射性为 3.78×10^{10} 次蜕变 · 分$^{-1}$ · 克$^{-1}$. 约相当于 16.8 毫居里 · 克$^{-1}$($Ci\cdot g^{-1}$). ^{99}Tc 的质谱分析质量值为 98.913.

表 3.1 锝和铼的同位素

同位素	半衰期	蜕变类型	主要生产方式
^{90}Tc	7.9s	$\beta+$, EC, γ	
^{90}Tc	50s	γ	
^{91}Tc	3.2min	$\beta+$, EC, γ	
^{92}Tc	4.4min	$\beta+$, EC, γ	$^{92}Mo(d,2n)$
^{93}Tc	2.7h	$\beta+$, EC, γ	$^{92}Mo(d,n)$, $^{92}Mo(p,\gamma)$
^{93m}Tc	43.5min	EC, IT, γ	$^{92}Mo(d,n)$, $^{92}Mo(p,\gamma)$, $^{93}Nb(\alpha,4n)$
^{94}Tc	293min	$\beta+$, EC, γ,	$^{94}Mo(d,2n)$, $^{93}Nb(\alpha,3n)$
^{94m}Tc	52.5min	$\beta+$, EC, IT, γ	$^{94}Mo(d,2n)$, $^{93}Nb(d,3n)$, $^{94}Mo(p,n)$
^{95}Tc	20.0h	EC, γ	$^{95}Mo(p,n)$, $^{94}Mo(d,n)$, $^{95}Mo(d,2n)$
^{95m}Tc	60d	$\beta+$, EC, IT, γ	$^{95}Mo(p,n)$, $^{94}Mo(d,n)$, $^{95}Mo(d,2n)$
^{96}Tc	4.3d	EC, γ	$^{93}Nb(\alpha,n)$ $^{96}Mo(p,n)$
^{96m}Tc	52min	$\beta+$, EC, IT, γ	$^{93}Nb(\alpha,n)$
^{97}Tc	2.6×10^6a	EC, γ	$^{97}Mo(d,2n)$, $^{96}Ru(n,\gamma)\rightarrow{}^{97}Ru(\beta)$
^{97m}Tc	90.5d	IT, γ	$^{97}Mo(d,2n)$, $^{96}Ru(n,\gamma)\rightarrow{}^{97}Ru(\beta)$, $^{96}Mo(d,n)$, $^{97}Mo(p,n)$
^{98}Tc	1.5×10^6a	β^-, γ	$^{98}Mo(p,n)$, $^{97}Tc(n,\gamma)$
^{99}Tc	2.12×10^5a	β^-	裂变, $^{98}Mo(n,\gamma)$, $^{99}Mo(\beta)$
^{99m}Tc	6.0h	IT, γ	裂变, $^{98}Mo(n,\gamma)$, $^{99}Mo(\beta)$
^{100}Tc	15.8s	β^-, γ	$^{99}Tc(n,\gamma)$, $^{100}Mo(p,n)$, $^{103}Rh(n,\alpha)$
^{101}Tc	14.3min	β^-, γ	$^{100}Mo(n,\gamma)$, $^{101}Mo(\beta)$, $^{101}Ru(n,p)$
^{102}Tc	6.3min	β^-, γ	裂变, $^{102}Ru(n,p)$
^{102m}Tc	4.3min	β^-, γ	^{102}Mo 的子体
^{103}Tc	50s	β^-, γ	裂变, $^{104}Ru(n,np)$
^{104}Tc	18.0min	β^-, γ	裂变, $^{104}Ru(n,p)$
^{105}Tc	7.7min	β^-, γ	裂变
^{106}Tc	36s	β^-, γ	裂变

续表

同位素	半衰期	蜕变类型	主要生产方式
^{107}Tc	21s	β^-,γ	裂变
^{108}Tc	5.0s	β^-,γ	
^{109}Tc	1s	β^-,γ	
^{110}Tc	0.83s	β^-,γ	
^{159}Re		α	
^{160}Re		α	
^{161}Re	0.01s	α	^{58}Ni 轰击 Ag
^{162}Re	0.1s	α	^{58}Ni 轰击 Ag
^{163}Re	0.26s	α	^{58}Ni 轰击 Ag
^{164}Re	0.9s	α	^{58}Ni 轰击 Ag
^{165}Re	2.4s	α	^{58}Ni 轰击 Ag
^{166}Re	2.2s	α	$^{93}Nb(^{84}Kr,\alpha 7n)$,$^{89}Y(^{84}Kr,7n)$
^{167}Re	2.0s	α	$^{93}Nb(^{84}Kr,\alpha 6n)$,$^{89}Y(^{84}Kr,6n)$
^{168}Re	5.5s	α	$\{$ $^{108}Cd(^{63}Cu,2pn)$,$^{107}Ag(^{63}Cu,pn)$ $^{109}Ag(^{63}Cu,p3n)$,$^{110}Pd(^{63}Cu,5n)$
^{169}Re		α	$^{108}Cd(^{63}Cu,2p)$,$^{109}Ag(^{63}Cu,p2n)$, $^{110}Pd(^{63}Cu,4n)$
^{170}Re	9s	$\beta+$,EC,γ	$^{159}Tb(^{20}Ne,9n)$
^{172}Re	30s	$\beta+$,EC,γ	$^{159}Tb(^{20}Ne,7n)$
^{173}Re	36s		
^{174}Re	2.2min	γ	^{16}O 轰击 Ho,^{22}Ne 轰击 Tb
^{175}Re	5min		^{16}O 轰击 Ho,^{22}Ne 轰击 Tb
^{176}Re		EC,γ	^{16}O 轰击 Ho,^{22}Ne 轰击 Tb
^{177}Re	17min	$\beta+$,EC,γ	质子轰击 W,Au,Hg
^{178}Re	15min	$\beta+$,EC,γ	质子轰击 W、Au、Hg
^{178m}Re	50min	$\beta+$	
^{179}Re	20min	EC,γ	质子轰击 W、Au、Hg,$^{180}W(p,2n)$
^{180}Re	2.4min	$\beta+$,EC,γ	$^{182}W(p,3n)$
	20h	$\beta+$,EC,γ	质子轰击 W、Re
	18min		质子轰击 Re

续表

同位素	半衰期	蜕变类型	主要生产方式
^{181}Re	18h	$\beta+,\gamma$	^{181}Ta(α,4n)
	19h	EC,γ	^{182}W(p,2n)
^{182}Re	12.7h	$\beta+$,EC,γ	^{181}Ta(α,3n),^{182}W(p,n),^{182}Os 子体
	64.0h	EC,γ	^{181}Ta(α,3n),^{182}W(p,n)
^{183}Re	68d	EC,γ	^{181}Ta(α,2n)
	71d	EC,γ	^{181}Ta(α,2n)
^{184}Re	38d	EC,γ	^{181}Ta(α,n),^{185}Re(n,2n)
			氘,质子轰击 W
^{184m_1}Re	166d	EC,γ	同^{184}Re
	169d	IT,γ	
^{184m_2}Re	2.2d	EC 或 IT,γ	^{181}Ta(α,n),^{184}W(p,n)
^{185}Re	丰度 37.500%	稳定	
^{186}Re	1h		质子轰击 W、Re
^{186}Re*	90.64h	β^-,EC,γ	^{185}Re(n,γ)
^{187}Re	4.3×10^{10}a	β^-	
	丰度 62.500%		
^{188}Re	16.9h	β^-,γ	^{187}Re(n,γ)
^{188m}Re	18.7min	IT,γ	^{187}Re(n,γ)
^{189}Re	24.3h	β^-	^{186}W(α,p),^{189}Os(n,p), ^{190}Os(n,pn),^{192}Os(d,αn)
^{189m_1}Re	140d	β^-,IT,γ	^{186}W(α,p)
^{189m_2}Re	43d	β^-,γ	
[189?]Re	≥5a	β^-	中子轰击 Re
^{190}Re	2.8min	β^-,γ	^{192}Os(d,α),^{190}Os(n,p)
^{190m}Re	2.8h	β^-,IT,γ	^{192}Os(d,α),^{190}Os(n,p),^{193}Ir(n,α)
^{191}Re	9.8min	β^-	^{192}Os(n,np)
^{192}Re	6s	β^-,γ	^{192}Os(n,p)

注:IIC(electron capture)表示电子俘获;

IT(isomeric transition)表示同质异能跃迁.

由^{99}Ru的质量和99Tc的β蜕变能而求出的计算值为98.911，两者结果非常符合.^{99}Tc的核转动量子数$I=\frac{9}{2}$，核磁矩$\mu=+5.657\mu_k$，四极矩为0.3靶(靶$=10^{-21}$厘米^2·核$^{-1}$，是核反应的截面单位).锝的同位素列于表3.1.

铼虽然也有许多同位素存在，但是自然界中只以^{185}Re和^{187}Re两种同位素形式存在.^{185}Re的丰度为37.500%，质量数为184.9530；^{187}Re的丰度为62.500%，质量数为186.9560.在化学上只有两种天然同位素才是有意义的.^{185}Re是稳定的同位素，^{187}Re是一种微弱的β放射源，其半衰期为$(4.3\pm0.5)\times10^{10}$a，其β射线的能量很小以致只有用很复杂的仪器方能探测到：

$$^{187}Re \longrightarrow {}^{187}Os + (2.62\pm0.09)keV \quad \beta$$

除了这两种天然同位素外，用人工方法已经制得质量数从159至192的多种铼的同位素.兹将铼的同位素列于表3.1.

3.1.5　锝和铼的分析测定

1.锝的分离和测定

锝能以硫化物的形式从盐酸溶液中沉淀出来，早期曾用硫化铼作为载体使其共沉淀出来.后来又发现在氯化氢气流中蒸馏高价锝和铼的硫酸溶液，铼可蒸出(可能以ReO_3Cl的形式)，而锝由于还原作用而不能蒸出，可达到分离目的.若有氧化剂存在时则锝也可蒸出.其它分离锝的手段还有：TcO_4^-可在$NaOHNa_2CO_3$的强碱性溶液中用吡啶有效地萃取出来；在K_2CO_3溶液中用丁酮也能有效地萃取TcO_4^-；Ph_4AsTcO_4可用氯仿从碱性溶液中萃取出来；TcO_4^-的酸性溶液可用醇、酮、醚、酯、胺等萃取；低价锝如$TcCl_6^{2-}$可用三辛基膦氧化物的环己酮溶液从6M盐酸溶液中有效地萃取出来；控制电解电位可以把锝从铼、钼中分离出来；纸上电泳技术也已用来分离锝、铼、钼三种元素.

锝的测定方法有重量、比色、分光光度、极谱、质谱、中子活化、X射线萤光等方法，由于锝是放射性元素，还可用放射性测量法测定.

早期测定锝的方法是测量^{99}Tc的β放射性，方法是灵敏的，但因β粒子能量较低，自吸收和基质反射等因素使误差增大.因此现在用此测量技术只是为了半定量的目的.采用窗口很薄的钟形计数器，^{99}Tc的检出极限为0.1μg.对于锝的短寿同位素^{99m}Tc，^{97m}Tc和^{95m}Tc，情况就不同了，它们放射γ射线，探测的灵敏度很高，可达10^{-16}g.

锝的重量分析，可在微量天平上称量高锝酸四苯胂或高锝酸硝酸灵等(硝酸灵为$C_{20}H_{16}N_4$英文名nitron)，这两个盐的溶解度略大于相应的铼化合物.Tc_2S_7较难达到定量分析的要求.

分光光度法测定锝,最简单的方法是测定高锝酸根离子在 246.0nm 和 189.0nm处的特征峰值,消光系数分别为 6220 和 2360.由于高铼酸根离子在235.0 nm 处的吸收峰是不干扰的,该法可同时测定锝和铼两种元素.

另一种锝的分光光度法测定通常采用低价状态的锝与适当试剂生成有色络合物的技术.试剂为硫氰酸盐、3,4-二巯基甲苯、硫脲、巯基乙酸(thioglycollic acid $HSCH_2CO_2H$)、甲苯硫酚、α-糠偶酰二肟(α-furildioxline)、铁氰化钾、磺基水杨酸、α-皮考啉酸(α-picolinic acid)、二苯卡巴肼等.

此外,由于锝具有多种价态,故可用极谱法进行定量分析.用质谱分析可以测定^{99}Tc,^{98}Tc 和^{97}Tc.中子活化分析曾经用于探测是否存在天然的^{98}Tc.X 射线荧光分析也已应用于锝的测定,检出极限为 4μg.

2.铼的分离和测定

4 价或 7 价的铼都能以硫化物的形式从盐酸溶液中沉淀出来.这些硫化物用稀的 H_2O_2 溶液处理,很容易转变为高铼酸.因为高铼酸可以从 80%的硫酸溶液中于 270—290℃蒸馏出来,所以与硫化物组的其它元素的分离是相当容易的.由于铼的主要来源是钼矿,通常是钼冶炼厂的副产物,因此铼钼分离是必然遇到的问题.除了上述的传统方法外,铼钼分离可采用溶剂萃取、离子交换及色谱技术等方法.其中溶剂萃取和离子交换法不再赘述.吸附色谱技术是将含有铼和钼的 $0.98mol \cdot dm^{-3}$ H_2SO_4溶液流经活性炭色谱柱,然后再用一份 $0.98mol \cdot dm^{-3}$ H_2SO_4 溶液淋洗色谱柱,除去吸附能力较低的钼,最后用沸腾的 $0.1mol \cdot dm^{-3}$ NaOH 溶液将铼定量地转移下来.

铼的测定方法有重量、容量、比色、分光光度、极谱、安培滴定及中子活化等方法.

重量法中早期曾用过称重 Re_2S_7 的方法,但现在 Re_2S_7 已不再被认为是合适的称重形式,但仍不失为一种有用的定量分离手段.目前常采用的称重形式是难溶的高铼酸四苯胂或高铼酸硝酸灵.但要注意的是一些常见的离子,特别是高氯酸根和卤素离子是有干扰的,对于硝酸灵,硝酸根也干扰.

铼的容量分析可以利用高铼酸的强酸性用标准碱直接滴定,也可利用二氧化铼的还原性质在稀硫酸溶液中用硫酸铁(III)、重铬酸钾或硫酸铈(IV)等方法进行氧化还原滴定.

分光光度法和比色法测定铼,除了利用 ReO_4^- 本身在 235.0nm 处的特征吸收峰的直接测定以外,大多数方法都是用氯化亚锡等还原剂在酸性溶液中将 ReO_4^- 还原到 Re(IV)或 Re(V)的低价状态与各种显色试剂生成有色络合物进行测定的,显色试剂的种类很多，与锝的测定试剂类似. 例如与 NCS^- 形成的红色络合物多年来一直是比色法测定铼的基础，但对络合物的组成直到近年来才证实为 $Re(NCS)_6^-$ 和 $Re(NCS)_6^{2-}$.

此外，铼的极谱法测定是利用 ReO_4^- 在 $4mol \cdot dm^{-3}$ 的 HCl 或 $HClO_4$ 溶液中的三电子还原波为基础的. 安培滴定是用 2 价铬盐还原 ReO_4^- 进行的. 铼的中子活化分析，是将含铼的岩石样品置入反应堆中用中子照射，通过 (n,γ) 反应生成 ^{186}Re 和 ^{188}Re，让半衰期短的 ^{188}Re 衰变完后将 Re 从岩石样品中萃取出来，加载体铼以分离出样品中的 ^{186}Re，然后测定其放射性.

3.1.6 锝和铼的生物活性

锝的生理效应研究尚少，锝化合物的化学毒性数据也未见报道. 动物试验的结果认为大部分引入体内的锝会被多数器官很快地排除，只有甲状腺内的浓度较高，约占所引入放射性的 13%—24%，有可能导致 β 辐射损伤. 锝及其化合物的操作必须遵循操作放射性物质的一般注意事项. 在实验室里操作 50mg 以下的 ^{99}Tc 时，不需要特别的屏蔽设施，这是因为它不放射 γ 射线，实验器皿的器壁已足够阻挡其 β 射线. 但当操作较大数量时，由于二次 X 射线变为主要因素，就应该考虑阻挡辐射的问题，还要有严格的防止锝及其化合物的粉尘的蒸汽泄漏的措施和检测的手段. 制备实验应该在通风良好的通风柜中进行，处理气态或有较高蒸汽压的化合物时，要格外小心避免污染. 如果不能在封闭的系统中进行反应，则必须尽可能将生成的气态副产物或随气流带出的放射性颗粒吸收到盛有氧化剂的碱性溶液的洗气瓶中，以免逸入空气之中.

铼的生物活性研究也很少. 动物试验表明由高铼酸铵载带的放射性同位素 ^{185}Re 只有很小一部分能留在甲状腺等器官中. 由于铼的丰度十分小，铼的天然同位素 ^{187}Re 的放射性也微不足道，所以铼的操作不需要任何屏蔽措施.

3.2 金属锝和铼及其合金

3.2.1 金属锝和铼的制备

金属锝的制备可在具备严格的安全条件下进行. 可用氢气在 700—900℃ 下还原高锝酸铵得到银灰色的纯锝粉，也可用氢气在 1100℃ 时还原七硫化二锝制取. NH_4TcO_4 在 $1mol \cdot dm^{-3}$ H_2SO_4 溶液中电解，在铜阴极上可得到光亮的纯锝镀层. 还可在赤热条件下分解 $(NH_4)_2TcCl_6$ 得到纯锝粉.

金属铼的制备，现在采用高铼酸铵在高温下用氢气还原的方法，这样制得的纯铼粉能满足近代质谱仪中无钾铼灯丝的要求. 过去也常用氢气还原高纯 $KReO_4$ 来制取铼. 先于 520℃,再于 1000℃,还原制得的铼粉,虽用水及稀酸反复洗涤,但总有 0.4%的钾难以除去而影响其加工及产品性能,所以已逐渐趋于淘汰. 在实验室中还可用多种方法制备高纯金属铼. 铼的卤化物、铼的羰基化合物或六氯铼(IV)酸铵的热分解可制得铼镜. 广泛地研究过铼的电解,最好的方法是电解 NH_4ReO_4 的 H_2SO_4 溶液,在阴极上得到光亮的纯铼镀层. 含有微量钾的铼粉,可通氯气加热氯化,制得低沸点(330℃)的 $ReCl_5$,然后在不高于 10℃ 的水中水解歧化生成水合二氧化铼,滤出真空干燥后,用氢气高温还原为纯铼.

3.2.2 金属锝和铼的物理性质

锝和铼都是银灰色有光泽的金属,在潮湿的空气中表面会逐渐失去光泽. 纯铼片的金属光泽可以保持数年之久. 锝和铼的金属晶体都属六方晶系,由 12 配位的金属原子按六方密堆积排列而成,空间群为 P6/mmc. 它们的物理性质列于表 3.2. 锝的熔点低于同周期相邻元素(钼 2620℃,钌 2450℃),铼的熔点在同周期相邻元素之间(钨 3400℃,锇 2700℃). 铼的熔点在所有金属元素中仅次于钨,在所有元素中仅次于碳(3550℃)和钨. 锝和铼都具有弱的顺磁性. 它们的原子半径分别和钌、锇相接近,而与锰相差甚远(钌 133.6pm,锇 138.6pm,锰 126.8pm). 金属锝具有令

表 3.2 金属锝和铼的物理性质

性　质	锝	铼
原子序数	43	75
熔点(℃)	2250±50	3180
沸点(℃)(估算值)	4700	5926
比重($g\cdot cm^{-3}$)	11.50	21.04
原子量	98.9062	186.207
晶格常数(pm)	$a=274.3, c=440.0$	$a=276.0, c=445.8$
第一电离势(eV)	7.28	7.87
晶体熵($J\cdot mol^{-1}\cdot K^{-1}$)	31.0±0.8	37.2±1.2
磁化率(cgs)	2.70×10^{-4}	0.69×10^{-4}
金属半径(12 配位)(pm)	135.8	137.3
超导跃变温度(K)	7.7	2.42
基态电子排布	$[Kr]4d^6 5s^1$	$[Xe]4f^{14}5d^5 6s^2$
热导率(0—100℃)($W\cdot cm^{-1}\cdot K^{-1}$)		0.400
电阻率(20℃)($\mu\Omega\cdot cm$)		19.3
电阻率温度系数(℃$^{-1}$)		3.95×10^3
比热(20℃)($J\cdot mol^{-1}\cdot K^{-1}$)		25.1
弹性模数(Pa)		0.46

人注目的高超导跃迁温度. 光谱数据指出,铼的外层价电子构型为 $5d^5 6s^2$,与锰相似,而与锝不同.

3.2.3 金属锝和铼的化学性质

金属锝和铼的化学性质很相似. 块状的锝和铼在空气中是稳定的,海绵状或粉状的金属则比较活泼. 在空气或氧中,锝加热到 500℃时燃烧生成 Tc_2O_7,铼加热到 350—400℃时燃烧生成 Re_2O_7 而升华. 锝在氟中燃烧生成 TcF_5 和 TcF_6 的混合物,铼则生成 ReF_6 和 ReF_7 的混合物. 锝与氯气反应生成 $TcCl_4$ 和其它含氯化合物的混合物,铼于 400—500℃与氯反应时 Re_2Cl_{10} 为主要产物. 铼还能和溴化合生成 Re_2Br_{10} 但不能和碘反应. 在升温条件下,锝和铼都能和硫反应生成二硫化物. 锝和铼都不能与氮气反应. 锝在 910℃时晶格扩张吸收大约 1%的碳,也能与碳反应生成六方面心晶格的 TcC,铼不能生成稳定的碳化物,但可溶解 0.8%的碳成为固溶体,当含碳 1.3%时形成低共熔体. 在潮湿的空气中,海绵状的锝和铼均可缓慢地被氧化成含氧酸. 锝和铼都能溶解于稀硝酸、浓硝酸、浓硫酸、王水及溴水中,反应速度取决于颗粒大小和样品的性质,但是它们不溶于氢卤酸中. 锝和铼均可溶于中性或酸性的 H_2O_2 溶液中,铼还可溶于氨性的 H_2O_2 中,但锝却不能,在强碱性的 H_2O_2 中锝也有明显的溶解. 铼在有氧化剂如 KNO_3,Na_2O_2 等存在时与 NaOH 共熔,也生成高铼酸盐. 锝的电化学性质介于铼和锰之间,而更接近于铼,MO_4^-/MO_2 的氧化还原电位从锰到锝跳跃般地下降,使 TcO_4^- 成为锝最稳定的离子之一,ReO_4^- 则更是铼的最稳定的离子.

3.2.4 锝和铼的合金

锝比铼更耐腐蚀,在放射性不形成危害的条件下,锝的合金是很有前途的. 锝与锆、铌、钼的合金 $ZrTc_6$,$NbTc_3$,MoTc 具有良好的超导性质. 锝与铼、钌、锇能形成固溶体. 锝和其它过渡金属如钪、钛、锆、铪、钒、铌、钽、铬、钼、钨、锰、铁、钴、镍、铑、钯、铂、铱,锌等均能形成合金,在与钪、钛、锆、铪、铌、钽的合金中发现了与 α-Mn同构的相. 与许多稀土金属形成 $RETc_2$ 型金属间化合物. 与铀、钍等也可形成合金. 与汞能形成汞齐. 与铝组成的金属间化合物已被仔细地研究过. 此外一些三元合金如 U-C-Tc,V-Al-Tc,Mo-Nb-Tc,Be-Re-Tc 等也已有报道,更有多元合金也有研究,例如 Ru-Mo-Rh-Pd-Tc. 锝与铜的合金也于 1985 年有报道.

大多数铼合金都保持铼的耐腐蚀性,特别是加入少量的硼、硅、铍等元素后,产生非常坚硬的性质. 铼与许多金属都可形成合金. 近年来仔细地研究了铼与铝、钪、铁、钴、镍、铪、铌、钼、钨、铂系元素的二元体系的相图,以及铼与铋、铀、稀土元素的金属间化合物.铼的二元、三元和多元合金研究极多,简直达到了难以数计的地步.研究最多的是 Re-Mo、Re-W 合金. Re 在 Mo 中的溶解度极限约 47%(重量百分比),小于 47%的 Re-Mo 合金为体心立方(bcc)固溶体.刚刚超过此极限时,合金的延展性突然增加.与钼不同,50%的 Re-Mo 合金具有优良的延展性,即使在低于液氮的温度下仍如此,因此它可以冷加工也可以热加工,还可以焊接.铼加入钨中也改善了钨的性质,25%的 Re-W 合金是体心立方固溶体,它也有延展性,而且具有很低的从延展到发脆的转变温度.有两种 Re-W 合金已经商品化:一种是 3%Re-W 合金,可以用作加热灯丝;另一种是 25%的 Re-W 合金,它被制成片、棒、丝等以供各种需求之用.铼和铼钼、铼钨合金可用粉末冶金法冶炼.经过筛分、粉末混合后,在 210—340MPa 的压力下压成合金棒,然后必须在氢气中或真空下于 1200℃烧结.对于铼钨合金因扩散速度较慢烧结温度必须尽可能地提高,以防止形成富铼的脆性 σ 相.采用预合金颗粒效果较好,这样可使 Re-W 合金的烧结温度降低到 2200℃. Re-Mo 和 Re-W 合金也可以用电子束或电弧熔融法来冶炼.

3.3 氧化数为 0 的锝和铼的化合物

羰基锝 $Tc_2(CO)_{10}$ 和羰基铼 $Re_2(CO)_{10}$ 在锝和铼的金属有机化合物一节中介绍.

其它零价化合物几乎没有.曾有零价氰络合物 $K_6Re(CN)_6$ 的报道,但是证据尚不足.

3.4 氧化数为±I 的锝和铼的化合物

氧化数为−I 的锝和铼化合物只有[$Tc(CO)_5^-$ 或[$Re(CO)_5^-$]的碱金属盐类.它们在锝和铼的金属有机化合物一节中介绍.

氧化数为+I 的铼化合物极大多数是羰基络合物,近年来发展很迅速,也归入金属有机化合物一节中介绍.

本节中介绍氰络合物、异氰络合物和氮络合物.

3.4.1 氰络合物

$K_5Tc(CN)_6$ 可用钾汞齐在隔绝空气和有过量氰化钾存在条件下还原高锝酸钾溶液制得,再将灰绿色的残渣在水中重结晶纯化. $K_5Tc(CN)_6$ 为淡绿色晶体,属面心立方晶格,a_0=1216.0pm.暴露于空气中晶体绿色会加深.在溶液中被空气氧化为$[Tc(OH)_3(CN)_4]^{3-}$离子.

$K_5Re(CN)_6$ 可用钾汞齐在隔绝空气和有过量氰化钾存在条件下还原高铼酸钾或六氯铼(IV)酸钾溶液制得.它为绿色晶体,可以无结晶水也可带 3 个结晶水分子,属面心立方晶格,$a_0=1203.3$pm,$z=4$.极谱研究也证实了 Re(I)价态可被 CN^- 所稳定.另有报道用 KBH_4 在过量 KCN 存在时还原 $K_2ReO_2(CN)_4$ 或 K_2ReCl_6 也可制备 $K_5Re(CN)_6$,但证据尚不充分.

3.4.2 异氰络合物

$[Tc(CNR)_6]^+$ 可用 $Na_2S_2O_4$ 在相应配体存在下还原$[TcO_4]^-$制得.R 可以是甲基、特丁基、环己基和苯基.$[Tc(CNR)_6]^+$ 对空气和水是稳定的.循环伏安测量显示,烷基衍生物在 0.85V 被氧化,苯基衍生物在 1.18V 被氧化(参比电极为饱和甘汞电极).

$[Re(CNR)_6]^+$ 也能用相似方法制得,性质相似.

3.4.3 氮络合物

锝的 I 价氮络合物尚未见报道.铼则可形成一系列典型的氮络合物$ReX(N_2)(L_4)$,其中 X=Cl 或 Br,L=PMe_2Ph 等或$\frac{1}{2}(Ph_2P\text{-}CH_2\text{-}CH_2\text{-}PPh_2)$等,它们是土黄色的.在氯仿溶液中用氯气氧化,一般地得到 Re(III)或 Re(V)衍生物.但是 $ReCl(N_2)(Ph_2PCH_2CH_2PPh_2)_2$ 的氧化却得到一种紫色顺磁性的化合物$[ReCl(N_2)(Ph_2PCH_2CH_2PPh_2)_2]Cl$,这是一种不太稳定的 Re(II)络合物.有报道称,从分子 N_2 可以直接制备$[ReCl(N_2)(PMe_2Ph)_4]$.

3.5 氧化数为 III/2 的铼的化合物

跟锝不同,铼出现了一个氧化数为$\frac{\text{III}}{2}$的化合物.

$Re_2Cl_3(Ph_2PPy)_3$ 能在甲醇中用 $Re_2Cl_6(PBu^n_3)_2$ 和 Ph_2PPy 反应制得,它是一种紫红色晶体.X 射线结构分析指出, 6 个苯环之一的邻位与铼原子有键合作用,使结构显得更有特色.两个氯原子位于稍微偏离的 Re—Re 连线上,Re—Re 键距为 223.6pm,相应于三重键.图 3.2 为其沿 Re—Re 键轴方向的结构视图.

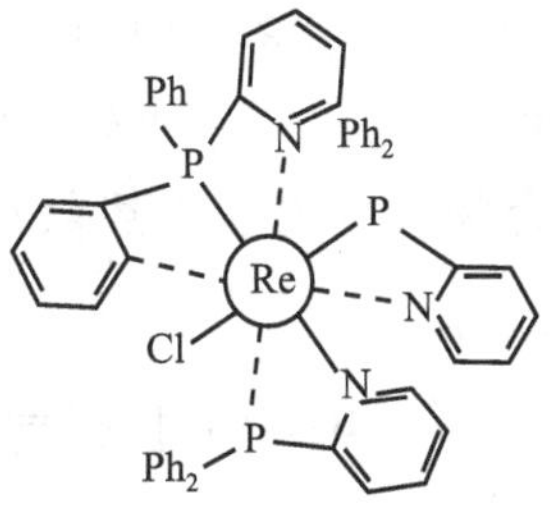

图 3.2 $Re_2Cl_3(Ph_2PPh)_3$ 的结构视图

3.6 氧化数为II的锝和铼的化合物

被确证的氧化数为II的锝和铼的化合物至今为数较少.主要是少数单核的ReX_2L_4,$ReXL_5^+$及不太稳定的双核和三核化合物.但是相邻元素的d^5价态如Mn^{II},W^I,Os^{III}却是相当稳定的,从这个观点来预测,有可能在将来会合成出更多Tc^{II}和Re^{II}的化合物.

3.6.1 卤化物

铼丝于五氟化磷中爆炸,据认为生成了二氟化铼.ReI_3失去I_2可形成ReI_2.这些卤化物的存在证据尚不充足.

3.6.2 络合物

锝的II价络合物更少.$TcCl_3(NO)(PMe_2Ph)_2$能容易地从$TcCl_3(PMe_2Ph)$制得.$Tc(diars)_2X_2$可以相应的III价化合物[$Tc(diars)_2X_2$]ClO_4用次磷酸盐还原制得,X=Cl,Br,I,diars为邻苯撑二(二甲基胂).O-$C_6H_4(AsMe_2)_2$ $Tc(diphos)_2X_2$也可从相应的III价化合物[$Tc(diphos)_2Cl_2$]Cl还原制得,X=Cl,Br,diphos为1,2-二(二苯基膦)乙烷.这些化合物的颜色与磁矩列于表3.3 Tc(II)的亚磷酸酯络合物也已制得,Tc[$PhP(OEt)_2$]$_4Cl_2$属单斜晶系,Tc—P距离为241 pm.

表 3.3 一些锝(II)配合物的性质

化合物	颜色	磁矩(BM)20℃
$Tc^{II}(diphos)_2Cl_2$	黄绿	2.05
$Tc^{II}(diphos)_2Br_2$	黄	2.28
$Tc^{II}(diars)_2Cl_2$	黄	1.9—2.1
$Tc^{II}(diars)_2Br_2$		1.9—2.1
$Tc^{II}(diars)_2I_2$	棕	1.9—2.1

铼的 II 价络合物相对稍多些. $Re_2(PR_3)_4Cl_4$ 可从 $Re_2Cl_8^{2-}$ 在相应配体存在下用 $NaBH_4$ 还原制得,反应时间只需 1h,产率也较高[同时还有 Re(IV)氢络合物 $Re_2H_8(PR_3)_4$ 生成]. 这类络合物可以发生下述氧化还原反应而不影响到 Re—Re 键:

$$Re_2(PR_3)_4Cl_4 \underset{}{\overset{-e}{\rightleftharpoons}} [Re_2(PR_3)_4Cl_4]^+ \overset{-e}{\rightleftharpoons} [Re_2(PR_3)_4Cl_4]^{2+}$$

$$Re_2(PR_3)_4Cl_4 \xrightarrow[CCl_4]{O_2/HCl} Re_2(PR_3)_3Cl_5, Re_2(PR_3)_2Cl_6$$

铼的三核化合物 Re_3Cl_9 也能被含氮配体(L)还原而不破坏 Re—Re 键,生成一种反磁性的$(ReLCl_2)_n$ 化合物,它的电子光谱类似于三核化合物,并且可被氧化为 $Re_3Cl_{11}^{2-}$,因此被认为含有由成桥氯原子相连结的 $Re_3L_3Cl_6$ 单位.

Re(II)的离子 $Re(N_2)(dppe)_2Cl^+$,$Re(N_2)(PR_3)_4Cl^+$ 和 $Re(CO)(dppe)_2Cl^+$ 可以分别通过温和的氧化反应从 $Re(N_2)(dppe)_2Cl$,$Re(N_2)(PR_3)_4Cl$ 和 $Re(CO)(dppe)_2Cl$ 制得,dppe 即为 diphos.

黄棕色的 $Re(diars)_2Cl_2$、绿色的 $Re(diars)_2Br_2$ 和绿色的 $Re(diars)_2I_2$ 可用亚锡酸钠分别还原相应的 3 价化合物$[Re(diars)_2X_2]ClO_4$ 制得.

$[Re(dth)Br_2]_n$ 可由 $Re_2Br_8^{2-}$ 与 dth 反应制得,dth 为 2,5-二硫代己烷. 该 II 价络合物的结构尚属未知. 同样的配体 dth 和 $Re_2Cl_8^{2-}$ 反应,得到的却是 Re(III)的单核络合物 $Re(dth)_2Cl_3$ 和混合价态的双核络合物 $Re_2(dth)_2Cl_5$ 的混合物.

此外,还有一些 Re(II)的金属有机化合物. $Re_2^{II}(C_3H_5)_4$ 可由 $ReCl_5$ 与 C_3H_5MgX 反应制得,$Li_2[Re_2^{II}(CH_3)_8]$ 可由 $ReCl_5$ 与 $LiCH_3$ 作用制得,$ReI_4(CO)_2^{2-}$ 可用乙醇钾在丙酮中与 $ReI_4(CO)_2^-$ 反应制得,$ReI_2(CO)_4$ 可用 $ReI_4(CO)_2^-$ 在热的乙醇中与 CO 反应制得,CO 也可使双核络合物 $Re_2(PR_3)_4X_4$ 中的 Re—Re 键断裂而生成顺磁性的 Re(II)羰基络合物——反式 $Re(CO)_2(PR_3)_2X_2$.

3.7　氧化数为 III 的锝和铼的化合物

为数众多的 Tc(III)Re(III)化合物绝大部分是络合物,即使是 Re(III)的卤化物也被证明为三核的簇状化合物.

3.7.1　氧化物

锝没有出现 3 价氧化物.

Re_2O_3 的水合物有两种制法. 三氯化铼在隔绝空气条件下用碱液水解或用硼氢化钠还原高铼酸铵水溶液都可制得黑色的 $Re_2O_3 \cdot xH_2O$. 干燥后组成符合于

$Re_2O_3 \cdot 3H_2O$. 该化合物在隔绝空气条件下于 200℃失去 1 分子水，500℃完全水解为 Re 和 ReO_2. 文献还报道了该化合物的热力学参数. 水溶液中还有另一种分解反应也可自发进行：

$$Re_2O_3 + 5H_2O \longrightarrow 2ReO_2 \cdot 2H_2O + H_2$$

3.7.2 三元氧化物

深紫色的 Tc(III)三元氧化物 $NaTcO_2$ 可由 TcO_2，Tc 和 Na_2O 或者 $NaTcO_4$，TcO_2，Tc 和 Na_2O 以适当比例混合后，在 600℃下加热 10h 而制得. 但是它不能由 TcO_2 与 Na_2O 反应直接制取.

$LiReO_2$ 则是由 ReO_2 与 Li_2O 共熔制得的，它与 $LiWO_2$ 结构相同. 熔融反应中发生了歧化：

$$2ReO_2 + Li_2O \xrightarrow{\text{熔化}} 2LiReO_2 + \frac{1}{2}O_2$$

奇怪的是 $NaReO_2$ 未能制得，却生成了 Re(IV)三元氧化物：

$$ReO_2 + Na_2O \longrightarrow Na_2KeO_3$$

3.7.3 卤化物

相当令人惊奇的是，Tc(III)的卤化物至今一个也没有得到过. Re(III)的卤化物有氯、溴、碘 3 种，虽然三氯化铼和三溴化铼早在 20 世纪 30 年代就已制得，但是又过了 30 多年人们才弄清了它们的结构.

$ReCl_3$ 的最佳制备方法是用 $ReCl_5$ 在氮气中热分解生成 Cl_2 和 $ReCl_3$：

$$ReCl_5 \longrightarrow ReCl_3 + Cl_2$$

少量 $ReCl_3$ 的制备可用硫酰氯与铼粉反应等方法合成. $ReCl_3$ 最初是由 Ag_2ReCl_6 热分解制得的，该反应并不生成预期的 $ReCl_4$：

$$2Ag_2ReCl_6 \longrightarrow 4AgCl + ReCl_5 + ReCl_3$$

$ReCl_3$ 是深红色的晶体，在惰性气体中加强热转为绿色蒸汽，在真空中于 500℃升华. 一般认为 $ReCl_3$ 在 360℃时开始分解成金属铼和氯气. 仔细地测定了升华过的 $ReCl_3$ 的晶体结构，如图 3.3 所示，它是三聚体 $Re_3(Cl)_3Cl_3Cl_{6/2}$，内部的成桥氯原子 Cl3 是和 3 个铼原子所构成三角形共平面的. Re_3Cl_9 是通过该平面内的 Cl4 及平面外的 Cl1 而与另一簇相桥连. 这一簇中的 Cl1 原子相当于下一簇中的 Cl4 原子. 在三角形平面下方的 Cl2 原子是位于端点的非桥联氯原子. 所以，每一簇中有 3 个内部桥氯原子，3 个平面外端基氯原子，3 个平面内的外部桥氯原子以及 3 个平

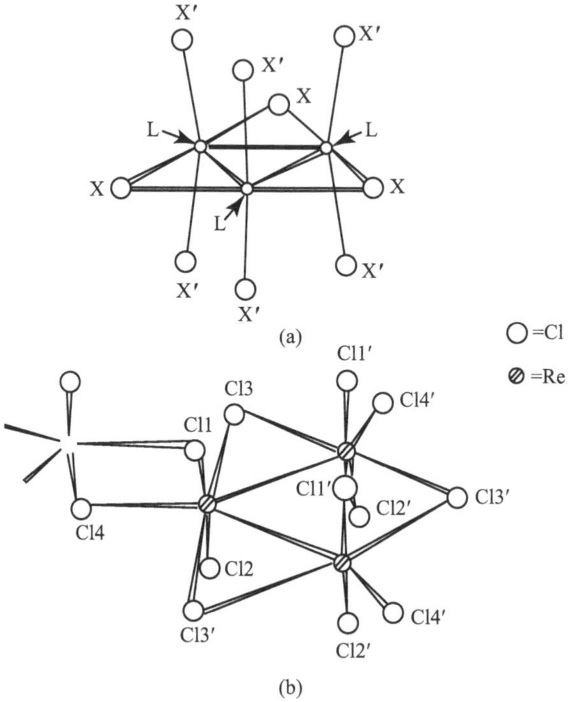

图 3.3　(a)孤立的 Re_3X_9 具有 D_3h 对称性，Re_3X_3 平面上的桥卤原子为 X，端基卤原子为 X′，每个 Re 原子上标 L→处为附加配体配位位置；(b)三氯化铼中 Re_3Cl_9 簇状物的结构

面外的外部桥氯原子. Re_3Cl_9 簇合物的热稳定性很好，在大约 650℃时，Re_3Cl_9 占气态化合物的 90%以上. $ReCl_3$ 在 250—300℃时能被氢气还原成金属铼. 在氧气中加热生成 $ReOCl_4$ 和 ReO_3Cl. $ReCl_3$ 溶于水生成红色溶液并缓慢地水解，最终产物为 $Re_2O_3 \cdot xH_2O$. 它还溶于丙酮、甲醇和乙酸. 在四氢噻吩中测得其分子量为 885，$ReCl_9$ 的计算值为 887. 它溶于液氨，蒸汽压等温线表明存在氨合物，组成为 $ReCl_3 \cdot 14NH_3$，$ReCl_3 \cdot 7NH_3$ 和 $ReCl_3 \cdot 6NH_3$. 它溶于盐酸中成为不易被氧化的稳定的红色溶液，加入适当的阳离子可得到氯络合物，但不是简单的 $ReCl_4^-$ 离子而是同 $ReCl_3$ 本身一样的多聚物. 它与膦类加合生成 $Re_3Cl_9(PR_3)_3$.

$ReBr_3$ 可用 $ReBr_5$ 或 Ag_2ReBr_6 热分解而制得. 也可在 500℃时将液溴与铼作用，然后在室温下将生成的溴化物的混合物溶于苯，在 80℃蒸发至干而得. $ReBr_3$ 是红褐色晶体，与 $ReCl_3$ 一样也是三核的. 溶于丙酮、乙醇和乙醚，溶解后成为稳定的溶液. 但它在水中比 $ReCl_3$ 更易水解. 溶于液氨生成氨合物 $ReBr_3 \cdot 4NH_3$.

ReI_3 不能直接从单质直接合成. 它制备是将 ReI_4 置于封闭管中在 350℃热分解或将$(NH_4)_2ReI_6$ 在真空中于 325℃热分解，冷却后将分解物和碘在封闭管中于

200℃使其完全碘化.一种较新的合成方法是用氢碘酸和乙醇使高铼酸在升温条件下还原,然后用乙醇和四氯化碳洗涤得到的 ReI_3 晶体. ReI_3 是有光泽的黑色固体,温热即分解失去碘,特别是在真空中更是如此. ReI_3 微溶于水和稀酸中,几乎不溶于乙醇和乙醚.其晶体结构和 $ReCl_3$、$ReBr_3$ 相似,也是三核的.所不同的一点,Re_3Cl_9 是 $Re_3(Cl_3)Cl_3Cl_{6/2}$;而 Re_3I_9 桥联不完全,三个铼原子中只有两个参加桥联,为 $Re_3(I_3)I_4I_{4/2}$.因为其中一个铼原子与另两个是不等价的,所以每个单元中有着两种金属-金属距离是不足为奇的.

3.7.4 络合物

1. 氢络合物

锝的氢络合物尚无报道. Re(III)的氢络合物种类较多,主要有 $ReH_3(PPh_3)_2$,$ReH_3(PPh_3)_4$,$ReH_3(PPh_3)_2L_2$,$ReH_3(dppe)_2$,$ReH_2X(dppe)_2$,$ReH_2X(CO)(PPh_3)_2$,$ReH_2(acac)(PPh_3)_3$,$ReHX(acac)(PPh_3)_3$ 等,X 为卤素,acac 为乙酰丙酮基,L 为 $P(OPh)_3$.经 X 射线衍射测定了七配位的 $ReH_3(dppe)_2$ 和 $ReH_3(dppe)(PPh_3)_2$ 的晶体结构,它们都是接近于五角双锥的分子,磷原子位于轴向位置.另外还有 π 配体络合物 $(\eta^5\text{-}C_5H_5)_2ReH$,$(\eta^5\text{-}C_5H_5)_2ReH_2^+$ 和 $(\eta^5\text{-}C_5H_5)_2ReH(BF_3)$ 等,在金属有机化合物一节中介绍.

2. 卤素络合物

双核的锝和铼的八氯合络合物是非常引人注目的.用锌还原六氯合锝(IV)酸铵的盐酸溶液得到的是 $Tc_2Cl_8^{3-}$,制得了铵盐 $(NH_4)_3Tc_2Cl_8 \cdot 2H_2O$ 和钇盐 YTc_2Cl_8.铵盐的晶体结构已经仔细测定,$Tc_2Cl_8^{3-}$ 离子具有 D_{4h} 对称性,Tc—Tc 距离为 213pm,Tc—Cl 距离为 234—236(3)pm.观察到的顺磁性表明有一个未成对电子,Tc 的平均氧化态为 2.5.但是铼的对应化合物是 $Re_2Cl_8^{2-}$,鉴于锝和铼如此接近的亲缘关系,很难理解为什么 $Tc_2Cl_8^{3-}$ 和 $Re_2Cl_8^{2-}$ 两个络合离子的电荷是不同的. 1977 年才成功地用 H_3PO_2 还原盐酸溶液中的 NH_4TcO_4,制得了 $Tc_2Cl_8^{2-}$,并以四丁基铵盐的形式分离出来.橄榄绿色的 $[(n\text{-}C_4H_9)_4N]_2Tc_2Cl_8$ 经多次重结晶后测定为反磁性的,并被证明与 $Re_2Cl_8^{2-}$ 是同结构的.

Re(III)的氟化物未能制得,Re(III)的氟络合物也至今未能合成出来.有趣的是虽然 ReI_3 的结构与 $ReCl_3$ 和 $ReBr_3$ 相似,但是三核的碘络合物至今尚未分离出来.因此,Re(III)的卤络合物只有氯与溴两种.

Re(III)的双核络合卤化物是用次磷酸盐还原高铼酸盐的氢卤酸溶液制得,也可由高铼酸盐或六卤铼(IV)酸盐在浓的氢卤酸中用氢在加压下还原而成.

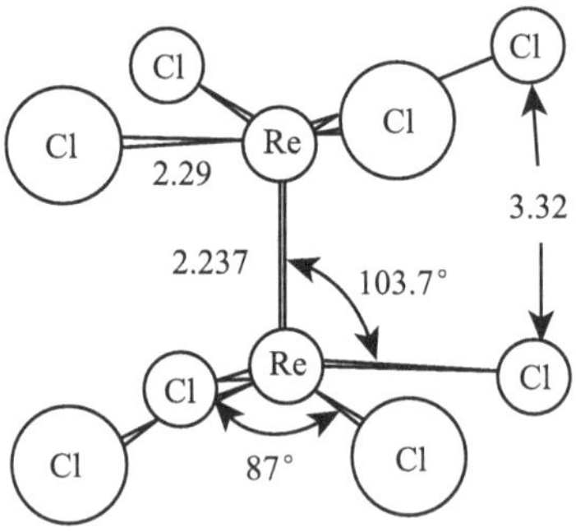

图 3.4 $Re_2Cl_8^{2-}$ 的结构

$K_2Re_2Cl_8 \cdot 2H_2O$ 是蓝色晶体. 对 $Re_2Cl_8^{2-}$ 离子进行了仔细的结构测定,Re—Re 键距很短,为 224pm,Re—Cl 键距为 229pm,也比 $ReCl_6^{2-}$ 中 Re—Cl 距离 237pm 为短,∠ClReCl87°,∠ReReCl104°,如图 3.4 所示. 认为 Re—Re 间存在着四重键:一个 σ 键(由 p_z 和 d_{z^2} 杂化而成),两个 π 键(由 π 对称的 d_{xz} 和 d_{yz} 分别形成),以及一个 δ 键(由 δ 对称的 d_{xy} 形成),这与 Re—Re 间距离很短的事实相符. 此外,每个 Re 原子使用 S,PxPy 和 $d_{x^2-y^2}$ 轨道和 4 个氯原子形成 σ 键,另有一个非键 σ 轨道指向 Re—Re 连线的另一侧. δ 键的形成还解释了 8 个氮原子重叠式的结构,它们不能绕 Re 原子自由旋转,但可略微向 Re—Re 连线两侧翘起,使重叠式结构体系的能量处于最低状态. $Re_2Cl_8^{2-}$ 在甲醇中与 HBr 作用生成 $Re_2Br_8^{2-}$. 络合溴化物 $(PyH)_2Re_2Br_8$ 的分子结构也已测定过,Py 为吡啶,Re—Re 之键距也是同样的短. $Re_2Cl_8^{2-}$ 与羧酸反应,生成二聚的羧基加合物$[ReCl(O_2CR)_2]_2$;与 2,5-二硫代已烷作用生成混合价态加合物$[Re_2Cl_5(dth)_2]$;与硫氰酸钠作用生成 $Re_2(NCS)_8^{2-}$. $Re_2Cl_8^{2-}$ 的极谱还原反应得到二波还原极谱图,它可逆地被还原成 $Re_2Cl_8^{3-}$ 和另一个较复杂的还原产物 $Re_2Cl_8^{4-}$. $Re_2Cl_8^{2-}$ 被氯气氧化成 $Re_2Cl_9^-$.

Re(III)的三核络合卤化物是将三氯化铼溶于盐酸,加入适当的碱金属氯化物,就很容易地结晶出红色的 $M_3Re_3Cl_{12}$(M=Rb,Cs). 它们是稳定的反磁性盐类,热分解生成三氯化铼、金属铼和六氯铼(IV)酸盐. 结构研究指出,它们是三聚的,3 个铼原子强烈地键合成等边三角形,参见图 3.2 有 3 个位于 Re 三角形平面内的成桥氯原子、3 个该平面内的端基氯原子和 6 个平面外的端基氯原子. $Re_3Cl_{12}^{3-}$ 中的 Re—Re 键距比 $Re_2Cl_8^{2-}$ 中的要长些,其它角度和键长在空间斥力下处于合理的位置上. 此外,$Re_3Cl_{11}^{2-}$ 可以 Ph_4As^+ 盐的形式分离出来,具有相似的结构,因为缺少了一个端基氯原子而使 Re—Re 键距不再相等. 相应的 $Re_3X_{10}^-$ (X = Cl, Br) 和 $Re_3Cl_9(PEt_2Ph)_3$ 也已被合成,它们都具有相似的结构. Re(III)的三核溴络合物的性质相似. Re(III)—Re(IV)的混合络合物 $M_2Re_4Br_{15}$ 中含有 Re_3Br_9 和 $ReBr_6^{2-}$. 还可制得 Re(III)氯和溴的混合型络合物,如 $Cs_3[Re_3Cl_6Br_6]$,$[Re_3Br_{10}(py)_2]^-$ 的盐类也已制得.

3. 氰络合物

Tc(III)的氰络合物直到1980年才有报道制得了$K_4Tc(CN)_7 \cdot 2H_2O$,它是在氮气中用KCN处理$(NH_4)_2TcI_6$而制得的,阴离子具有D_{5h}对称性.它的水溶液在空气中将被氧化为$K_2[Tc^{V}O(CN)_5]$和$K_3[Tc^{V}O_2(CN)_4]$.

Re(III)的氰络合物则早在60年代初即有报道:绿色的$K_3Re(CN)_6$和深蓝色的$K_3[Re(OH)_3(CN)_3]$.早就注意到在水溶液中$ReCl_3$和KCN反应时出现的一系列颜色变化,从红色到蓝色又到绿色,最终在数天之后转为棕色.最终的棕黄色溶液被证明含有$Re(CN)_8^{3-}$.而$K_3Re(CN)_6$则可用KBH_4还原$K_3Re(CN)_8$制得,还可以沉淀出不溶性的$Co(NH_3)_6[Re(CN)_8]$.该盐在298K时测得磁矩为2.6BM,这与所预料的具有两个未成对电子的阴离子相符合.另一个化合物$K_3[Re(OH)_3(CN)_3]$可用KBH_4还原$K_4[ReO_2(CN)_4]$制得,为深蓝色细晶粉末,它还未被很好地研究过.1980年又报道制得了$K_4Re(CN)_7 \cdot 2H_2O$,并测定了它的晶体结构,阴离子为五角双锥结构,轴向配体间的夹角为173.4°.

4.氧族元素配体的络合物

1979年报道了$[TcX_2(acac)(PPh_3)_2]$,$[TcX(acac)_2(PPh_3)]$和$[Tc(acac)_3]$,它们是用$[TcX_4(PPh_3)_2]$和acacH反应制得的,随反应条件的不同而得不同的产物.Tc(III)的硫配体络合物也相继被合成.1981年报道了$Tc(S_2CNEt_2)_3(CO)$,1984年报道了$Tc(S_2CNEt_2)_3(PMe_2Ph)$和$Tc(S_2CNEt_2)_2Cl_2(NS)$.经X射线衍射测定了它们的晶体结构,都是七配位的五角双锥构型.图3.5为$Tc(S_2CNEt_2)_3(CO)$的分子结构示意图,两个$S_2CNEt_2^-$占据了赤道位置,另一个$S_2CNEt_2^-$既占据赤道位置又占据轴向位置,剩下的一个轴向位置被羰基占据.

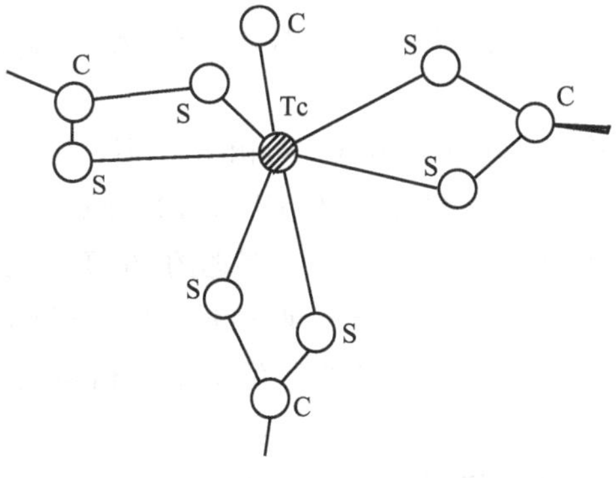

图3.5 $Tc(S_2CNEt_2)_3CO$结构示意图

Re(III)的络合物早就为人所知，数量也较多. $Re(acac)_3$ 是用 Re(III)或 Re(IV)的氧化物与乙酰丙酮长时间回流加热后分离得到的棕色晶体. 在溶液中它是单核的，磁化率服从 Curie-Weiss 定律，$\mu_{计算}$ 为 2.80BM，$\theta=160°$. 红外光谱 $1550cm^{-1}$ 处的强吸收带归因于螯合的羰基. $ReX(acac)_2(PPh_3)$ 和 $ReX_2(acac)(PPh_3)_2$ 都是已知的. 1979 年又报道制得了 $M[Re(acac)_2Cl_2]$，M=Na，K，Tl，它们是绿色晶体，对空气十分敏感. 有趣的是产物总是反式的，不论用顺式或反式的原料 $Re(acac)_2Cl_2$ 与金属钠、钾或 Tl(acac)反应，产物都是一样的. Re(III)的羧基加合物，是继 $M_2(O_2CR)_4$，M=Cr 或 Mo 引起人们很大兴趣之后的又一个得到广泛研究的课题. 早期的研究是将三氯化铼与碳链较短的羧酸反应，得到棕色的单核络合物$[ReCl_3 \cdot (RCO_2H)_2]$和橙色的双核络合物$[ReCl(O_2CR)_2]_2$. 前者被认为是五配位的，后者用酸处理则可逆地产生 $Re_2Cl_8^{2-}$：

$$[ReCl(O_2CR)_2]_2+4HCl+2Cl^- \rightleftharpoons Re_2Cl_8^{2-}+4RCOOH$$

用 X 射线分析了$[ReCl(O_2CC_6H_5)_2]_2 \cdot 2CHCl_3$ 的晶体结构，表明它具有 Re—Re 键，键长 223.5pm，与 $Re_2Cl_8^{2-}$ 中的 224pm 相似. 在有空气存在时，$[ReCl(O_2CR)_2]_2$ 可被氧化为$[ReOCl(O_2CR)_2]_2$ 和$[ReO_2(O_2CR)_2]_2$，它们都是反磁性的. 近年来广泛的研究指出：$[Re_2X_4(O_2CR)_2L_2]$和$(Re_2X_2(O_2CR)_4]$都可在 HX—RCO_2H 混合液中还原 $KReO_4$ 制得，有 L 存在时得前者，无 L 存在时得后者，X=Cl 或 Br，R=Me，Et，Pr，Bu，$CHMe_2$，CMe_3 或 Ph，L=H_2O，dmf，Me_2SO，dma，Ph_3PO 或 Py. $[Re_2I_2 \cdot (O_2CMe)_4]$也已制得. 另外一些新类型的羧基加合物也已有报道. $Re_2Me_2(O_2CMe)_4$ 可由 $Li_2[Re_2Me_8] \cdot 2Et_2O$ 与乙酸反应制得，其结构比较奇特，有两个羧基不是桥式配合而是螯合的，Re—Re 键距特别短为 21.77pm. Re_3Me_9 或 $Re_3Cl(CH_2SiMe_3)_6$ 与羧酸或 β-二酮反应，可制得三核或六核的加合物，三核物维持原来 Re_3 三角形结构，六核物由两个 Re_3 三角形重叠式或交错式排列，三角形之间由羧基桥连. 三核物如 $Re_3Cl_3(O_2CPh)_6$，$Re_3Me_6(dik)_3$ 等，六核物如 $Re_6(\mu\text{-}Cl)_6(CH_2SiMe_3)_6(\mu\text{-}O_2CMe)_6$，$Re_6(\mu\text{-}Me)_6$，$Me_6(\mu\text{-}O_2CMe)_6$ 等. 羧基加合物的结构见图 3.6.

Re(III)的硫配体络合物 $ReCl_3(dth)_3$ 可由 $Re_2Cl_8^{2-}$ 与 2,5-二硫代己烷反应制得，同时还得到混合价态的双核配合物 $Re_2Cl_5(dth)_2$. $Re_2Cl_8^{2-}$ 与硫脲(tu)反应，导致 Re—Re 键的断裂，生成 $ReCl_3(tu)_3$. 一个有趣的 Re(III)硫配体络合物是顺磁性的绿色晶体$[Re(S_2C_2Ph_2)_3]$，它是混合五氯化铼的乙醇溶液和苯甲酸及 P_4S_{10} 的二甲苯溶液而制得，结构研究指出 6 个硫原子位于 1 个相当准确的三棱柱的 6 个顶点位置上.

1981 年报道了 Re(III)的硒配体络合物 $Re(CO)(Se_2CNEt_2)_3$，它是七配位化合物.

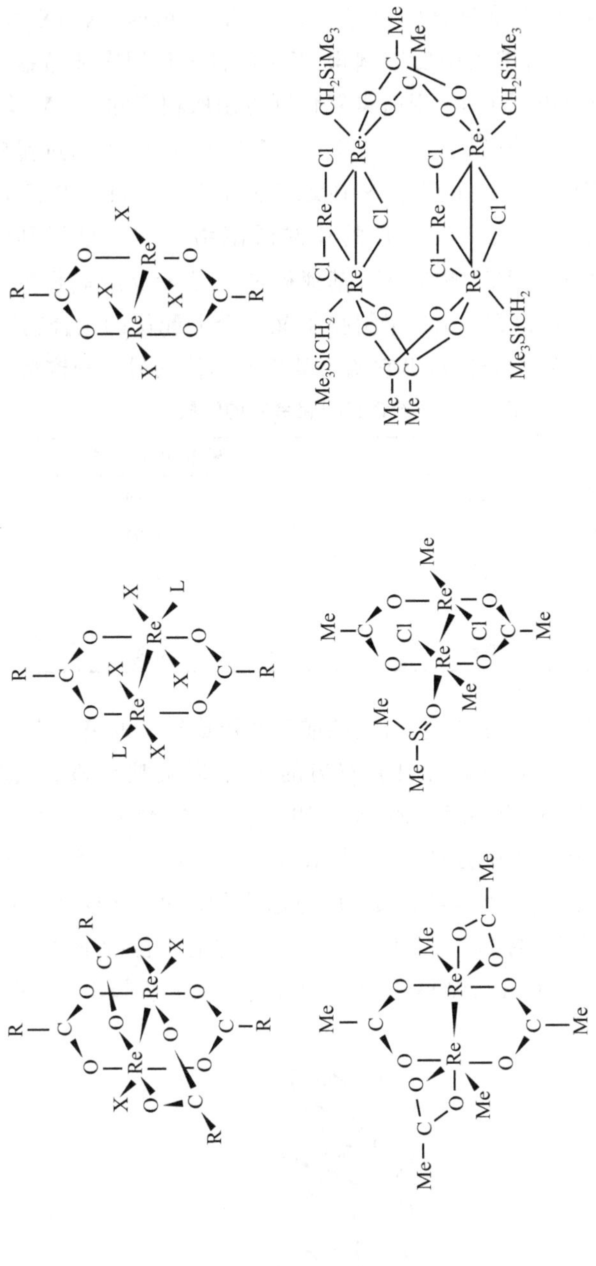

图3.6 Re(III)的各种羰基加合物

5. 氮族元素配体的络合物

$[Tc^{III}(diphos)_2Cl_2]Cl$ 可由四氯化锝和 diphos 在乙醇中反应制得，它与相应的 Re 化合物同结构. 相应溴化合物也已制得. $[Tc^{III}(diars)_2X_2]X$ 可由 diars 和 $HTcO_4$ 在相应氢卤酸的醇溶液中反应制得，X＝Cl，Br，I. 用次磷酸盐还原可制取相应 Tc(II)化合物 $Tc(diars)_2X_2$，用卤素氧化则可制取相应的 Tc(V)化合物. 上述 Tc(III)化合物的颜色和磁矩列于表 3.4 中. $TcX_3(PMe_2Ph)$ 可用过量的二甲基苯基膦和高锝酸铵在相应氢卤酸的醇溶液中反应制得，X＝Cl，Br. $TcX_3(PEt_2Ph)$ 和 $TcX_3(PPh_3)$ 也可以同法制取. Tc(III)的亚磷酸酯络合物也已得到证实，$TcCl_2[PhP(OEt)_2]_4^+$ 是六氯锝(IV)酸铵与苯基亚磷酸二乙酯反应制得的，相应的 Tc(II)亚磷酸酯络合物也可得到，1978 年制得了又一个七配位的化合物 $[TcCl_3(CO)(PMe_2Ph)_3]C_2H_5OH$，结构分析指出它属于戴帽八面体的另一种构型.

表 3.4 一些锝(III)化合物的性质

化 合 物	颜色	磁矩(BM)(20℃)
$[Tc^{III}(diphos)_2Cl_2]Cl$	橙红	2.74
$[Tc^{III}(diphos)_2Br_2]Br$	橙红	3.04
$[Tc^{III}(diars)_3Cl_2]Cl$	橙	2.7
$[Tc^{III}(diars)_2Br_2]Br$	红	3.2
$[Tc^{III}(diars)_2I_2]I \cdot I_2$	暗红	3.4

三氯化铼能与多种胺类化合，它与吡啶或苯胺形成红色的络合物 $Re_3Cl_9L_3$. 相应的溴络合物 $Re_3Br_9L_3$ 也已制得. 具有双齿的 2,2′-联吡啶或邻二氮杂菲可与三卤化铼直接反应，生成组成为 $Re_3X_9(BD)_{1.5}$ 的络合物，它们是多聚的. $(NBu_4)_2Re_2Cl_8$ 用 2-羟基吡啶处理可制得 $Re_2(Py\text{-}2\text{-}O)_4Cl_2$，结构分析指出，Re—Re 键距为 22.06pm，比羧基加合物的更短. 与通常的反式排列不同，对每一个 Re 原子来说，N 原子互为顺式排列，见图 3.7. 还有一种七配位的 $ReX_3(CO)_2(bipy)$ 是用 X_2 氧化 $ReX(CO)_3(bipy)$ 制得的，X＝Cl，Br，结构分析指出，它属于戴帽八面体构型.

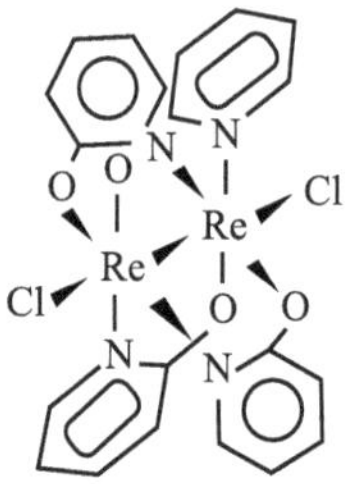

图 3.7 $Re_2(Py\text{-}2\text{-}O)_4Cl_2$ 的结构

高铼酸盐或 Re_2O_7 在乙醇的盐酸溶液中与三苯基膦作用，只能使 Re 还原到五价. 但与烷基膦或烷基芳基膦作用可以进一步还原成 $ReCl_3(PPh_2Et)_3$，它是橙黄色化合物，不是多聚的. 但是三聚的 Re_3Cl_9 在丙酮中与三苯基膦反应，却生成三聚的 $Re_3Cl_9(PPh_3)_3$，与上述单核化合物非常不同. β-$ReCl_4$ 在丙酮中被三苯基膦还原生成多聚的 $[ReCl_3(PPh_3)]_n$. 胂和䏲类络合物（L＝R_3As，R_3Sb）均已制得，合成方法和膦类络合物相似. Re(III) 的联胂络合物曾被仔细地研究过，可由高铼酸和 diars、次磷酸在相应的氢卤酸醇溶液中回流制得，它们的颜色和磁矩列于表 3.5 中. 这些化合物用亚锡酸钠还原生成 Re(II) 化合物，用卤素氧化生成 Re(V) 化合物.

表 3.5　Re(III) 的联胂络合物

化合物	颜色	磁矩(BM)20℃
$[Re^{III}(diars)_2Cl_2]ClO_4$	金黄	2.1
$[Re^{III}(diars)_2Br_2]ClO_4$	橙	2.0
$[Re^{III}(diars)_2I_2]ClO_4$	红	1.8

3.8　氧化数为 VII/2 的铼化合物

跟锝不同，铼出现了两种氧化数为 VII/2 的化合物.

3.8.1　卤素络合物

$M_2Re_2X_9$ 已被分离出来，X = Cl, Br, M 只能是大的有机阳离子如 $[(n-C_4H_9)_4N]^+$，$[Ph_4As]^+$ 等. 它们具有所预料的顺磁性. $M_2Re_2Cl_9$ 是紫色的，磁矩 1.5BM；$M_2Re_2Br_9$ 是铁锈色的，磁矩为 1.7BM.

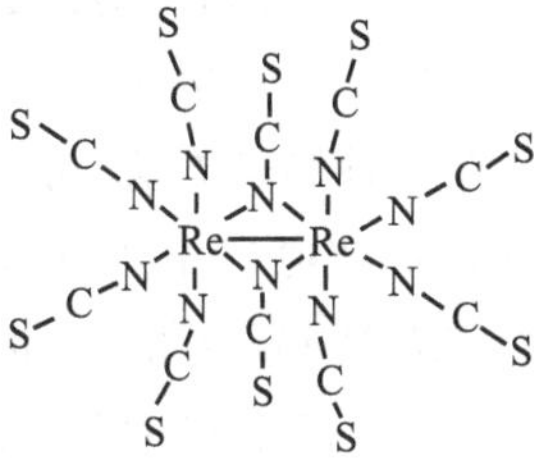

图 3.8　$Re_2(NCS)_{10}^{3-}$ 的结构

3.8.2 硫氰络合物

1979 年报道了一个含有新式桥基硫氰根的混合价态化合物 $[Bu_4N]_3[Re_2(NCS)_{10}]$，其阴离子结构见图 3.8. 它是顺磁性的，Re—Re 键距为 261.3pm.

3.9 氧化数为 IV 的锝和铼的化合物

3.9.1 氧化物和硫化物

锝和铼都有稳定的二氧化物和二硫化物. 水合的二氧化物广泛地存在于各种 pH 的平衡体系中. 锝和铼的 4 价状态与相邻价态相比较难发生氧化还原反应.

高锝酸盐溶液用锌和浓盐酸还原或 $TcCl_6^{2-}$ 离子的热溶液用 $NaHCO_3$ 或 $(NH_4)_2CO_3$ 水解，都很容易沉淀出水合二氧化锝沉淀. $TcO_2 \cdot 2H_2O$ 在真空中加热到 300℃脱水生成无水 TcO_2. NH_4TcO_4 在氮气流中加热至 700—750℃热分解生成无水二氧化锝. 二氧化锝在 900℃时开始升华，直至 1100℃时也不分解，超过 1100℃时发生歧化反应生成 Tc 和 Tc_2O_7. $TcO_2 \cdot 2H_2O$ 的生成热为$-433.9\ kJ \cdot mol^{-1}$，但这数据是根据早期测量 $TcO_2—TcO_4^-$ 电对的电位 0.782V 求得的. 无水二氧化锝具有二氧化钼的结构. $TcO_2 \cdot 2H_2O$ 具有两性的特征，它既能溶于酸也能溶于浓碱溶液. 在水溶液中悬浮的 $TcO_2 \cdot 2H_2O$，可用 H_2O_2 和碱，4 价锝化合物氧化成高锝酸盐，也可用硝酸或溴使它氧化成高锝酸. 二氧化锝在 500℃时可被氢气还原成金属锝，在氧气中加热得到 Tc_2O_7，与氟、氯或溴作用可得卤氧化物.

水合二氧化铼 $ReO_2 \cdot 2H_2O$ 是 ReX_6^{2-} 离子的盐类水解的最终产物，为棕色到黑色的无定形物质，从水溶液中沉淀出来. 它也是 5 价和 6 价铼的卤化物及卤氧化物歧化反应的产物之一. 当不存在强络合剂时，高铼酸盐在硫酸溶液中可被 2 价铬等还原剂还原生成水合二氧化铼，也可用铂电极电解还原高铼酸盐制得. 无水的二氧化铼是暗蓝色或黑色粉末，它有多种制备方法：可用水合二氧化铼在真空中加热到 250—500℃脱水，或由 NH_4ReO_4 在氮气中热分解，Re_2O_7 在 300℃时用氢气还原，Re_2O_7 和金属铼在 600℃时反应，ReO_3 在 300℃时真空热分解等方法. ReO_2 有两种物相. 单斜的 α-ReO_2，是在 300℃以下形成的；是一种微晶粉末，与 MoO_2 和 WO_2 同结构. Re—Re 平均键距为 261pm 显示有 M—M 键存在. 正交的 β-ReO_2 是在温度高于 300℃（近来研究为 460℃）不可逆地形成的，β-ReO_2 的大单晶可以在碘存在时用气相输运法得到. 水合二氧化铼 $ReO_2 \cdot 2H_2O$ 具有白钨矿的结构. 水合二氧化铼是一种绝缘体，但是 α-ReO_2 和 β-ReO_2 都表现出金属的导电性. 在烧结粉末状态，α 相的导电性是 β 相的三分之一. β-ReO_2 单晶在 300K 时的电阻率是 $100\mu\Omega\cdot cm^{-1}$. 二氧化铼具有微弱的顺磁性，无水二氧化铼的磁化率为 43.6×10^{-6} cgs，水合物为 139×10^{-6} cgs. 无水二氧化铼在氧气中加热，迅速地被氧化成七氧化二铼. 在无氧的情况下，在 700℃以上分解为金属铼和七氧化铼. 在密封体系中，在更高的温度下，能生长出单晶. 无水的二氧化铼不被水、碱所侵蚀，也不被除氢卤酸以外的非氧化性酸所侵蚀. 水合二氧化铼的化学行为取决于它先前的历史. 水合二氧化铼易溶于氢卤酸，无水 ReO_2 的溶解速度很慢. 溶于浓的氢卤酸可得深色溶液，据说最终生成 ReX_6^{2-}. 水合二氧化铼溶于碱液中形成易被氧化的棕色溶液. 据说此棕色溶液中含有铼(IV)酸盐，但实际上铼(IV)酸盐只能用二氧化铼(水合的或无水的)与碱熔融的干法反应才能制得. 过氧化氢、硝酸等水溶液氧化剂能将二氧化铼氧化成高铼酸盐. ReO_2 和稀土氧化物混合加热可制得三元氧化物 Ln_2ReO_5 和 $Ln_4Re_3O_{12}$.

将 Tc_2S_7 加热分解生成无定形的 TcS_2. 为了制备结晶状的 TcS_2，可将 Tc_2S_7 和硫的混合物在高压釜中于 1000℃时加热 24h，过量的硫可在真空中升华除去. TcS_2 是一种黑色晶状粉末，与 MoS_2 是同结构的.

二硫化铼可用干法制备，将铼和硫两种单质按一定配比加热熔融或用七硫化铼在氮气中加热到 750℃，或用 ReO_2 和硫在氮气中加热制得. 也可用湿法制备，将 4 价铼的化合物(例如六氯铼酸盐)的溶液与 H_2S 作用制得无定形二硫化铼. 干法可以制得结晶状的二硫化铼. 它在 −180℃至 1150℃之间只有一种晶形，属单斜晶系，与二硫化钼同结构. 它与二硫化钼一样是一种黑色柔软的物质，具有微弱的顺磁性，在 28℃时有效磁矩为 0.38BM. 在 Re—S 体系中，它是最稳定的相. $KReO_4$，ReO_2 或 ReO_3 和 S 一起加热都可得到 ReS_2. 它可以作为润滑剂和多方面的催化剂，例如作为醇脱氢到醛或酮的催化剂等. 它不溶于碱金属的氢氧化物或硫化物溶液，也不溶于盐酸或稀盐酸，但能被次氯酸或硝酸等氧化成高铼酸.

3.9.2 三元氧化物

黑色的 Li_2TcO_3 与 Li_2SnO_3 同结构，橄榄绿色的 Na_2TcO_3 具有 Na_2ReO_3 结构，它们是由 $MTcO_4$，Tc 和 M_2O 混合加热制得的，对水都很稳定. 铁锈色的 Na_4TcO_4 与 Na_4SnO_4 同结构，虽由同法制得，但极易吸潮. 钠盐在高温下会发生歧化. 对于 Li_2XO_3 和 Na_4XO_4 类型的化合物(X 为本分族元素)，Mn 有相应的化合物存在，而 Re 却没有制得. 广泛地研究了 TcO_2 与 MO 的反应，M 为 2 价金属. 发现可以生成多种结构的三元氧化物：M 为 Mg，Co，Mn，Co—Mn，Co—Ni，Ni—Mn，Ni—Zn，Ni—Cd 等时，生成尖晶石型三元氧化物；M 为 Ti 时生成变型的金红石型三元氧化物，其组成为 $Ti_{0.6}Tc_{0.4}O_2$，晶胞参数 $a=463.6$，$c=297.4$pm；M 为 Sr 时生成略有变形的钙钛矿型的 $SrTcO_3$，晶胞参数为 $a=395$pm；M 为 Ba 时生成六方 $BaTiO_3$ 结构的 $BaTcO_3$. 晶胞参数为 $a=575.8$，$c=1404.6$pm；M 为 Pb 时生成烧绿石型的 $PbTcO_3$，晶胞参数为 $a=1036.1$pm. 稀土元素的烧绿石型三元氧化物也已制得，组成为 $M_2^{III}Tc_2O_7$，M^{IV} 为 Sm，Dy，Er.

Na_2ReO_3 可由 ReO_2 与 Na_2O 加热制得，它在足够高的温度下将歧化为 ReO_5^{3-} 的盐和 Re. ReO_2 与 2 价金属氧化物 MO 的反应均告失败，未能制得尖晶石型、烧绿石型的三元氧化物.

3.9.3 卤化物

锝(IV)的卤化物只有氯和溴两种，后者很不稳定. 铼(IV)的 4 种卤化物都已合成并研究，四碘化铼不稳定. 现分述如下：

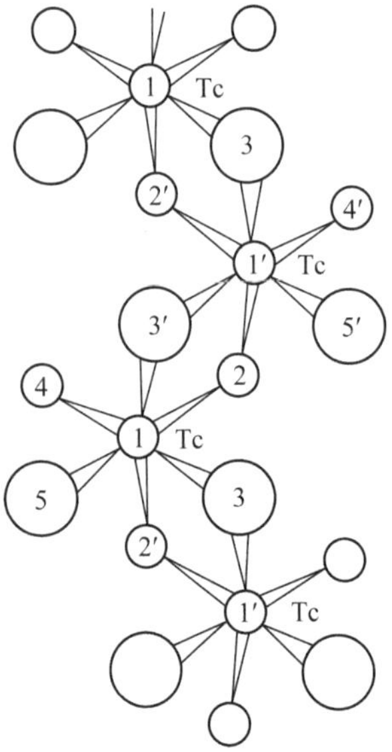

图 3.9 $TcCl_4$ 的结构

$TcCl_4$ 是唯一稳定的锝的氯化物. 它是由金属锝与氯气直接氯化或由 Tc_2O_7 和 CCl_4 在封闭管中大约在 400℃时互相作用而制得的. 它是红色晶体. 可以很容易地在氮气或氯气中于 300℃左右以升华法提纯. 它的结构与 β-$ReCl_4$ 有很大差异. 而且没有金属—金属键(见图 3.9). 每个 Tc 原子由 6 个氯原子配位，略有扭曲的 $TcCl_6$ 八面体相互联结组成多聚链. Tc 原子和 Cl 原子之间有 3 种不同的距离. Tc 原子到非桥连的 Cl 原子(4 和 5)的距离为 224pm，到排列在链长的垂线上的桥连氯原子(2 和 3)的距离为 249pm，到排列在链长平行线的其余桥连氯原子(2′和 3′)的距离为 238pm. 两短键之间的键角为 94°，而长键之间为 86.5°，磁矩 $\mu=3.14$BM，$\theta=57°$. $TcCl_4$ 溶于水中部分水解. 在盐酸中生成黄色的 $TcCl_6^{2-}$ 离子.

$TcBr_4$ 是用浓氢溴酸处理高锝酸然后蒸发至近干，生成一种不稳定的红棕色化合物，其组成接近 $TcBr_4$. $TcBr_4$ 在潮湿空气中迅速水解，即使在干燥的惰性气氛中也会失去溴. 它易与三苯基膦反应得到亮橙红色的化合物 $TcBr_4(PPh_3)_2$.

金属铼在 550℃时还原 ReF_6 或使 ReF_5 发生歧化等可制得 ReF_4. ReF_4 约在 300℃时可以进行真空升华. 它是蓝色晶体，属四方晶系，晶胞参数为 $a_0=1012$，$c_0=1595$pm. 能溶于水或甲醇，形成短暂的蓝色溶液；然后水解成水合二氧化铼和氢氟酸.

$ReCl_4$ 有 α 和 β 两种形态，其中 β 形态研究得详细得多. α-$ReCl_4$ 是由新鲜制备的二氧化铼与亚硫酰(二)氯作用生成的黑色物质，它的 X 射线粉末衍射图很差，所以尚未能仔细研究其结构. 它易受潮湿空气侵蚀，水解后产生一些二氧化铼. α-$ReCl_4$ 具有 230×10^{-6} cgs 单位的顺磁性，每个铼原子的磁矩为 1BM. 它在稀碱溶液中水解后释放出 25%的氯离子，并符合于下面的反应式：

$$(Re_3Cl_9)Cl_3 + 3OH^- \longrightarrow (Re_3Cl_9)(OH)_3 + 3Cl^-$$

有假设 α-$ReCl_4$ 是由三聚的 Re_3Cl_{12} 组成，但其结构尚有争论. β-$ReCl_4$ 的制备，可用 $SbCl_5$ 与铼作用，或用 ReCl 和 $SbCl_3$ 进行反应等方法制成. 它是黑色或深紫色的晶体，在室温和真空中是长期稳定的，但在真空中 300℃时分解成 $ReCl_5$ 和 $ReCl_3$. β-$ReCl_4$具有 580×10^{-6} cgs 单位的顺磁性，也有报道为 1010×10^{-6} cgs 单位的. β-$ReCl_4$是二聚体 Re_2Cl_8，从结构上考虑可写成 $Re_2(Cl_3)Cl_4Cl_{2/2}$，两个 Re 原子由 3 个成桥氯原子相连，且有 Re—Re 键存在，键距为 273±3pm，每个 Re_2Cl_8 单元由一个氯桥与下一个单元相联，从而形成了 Re_2Cl_8 为单元的键. 它与 $W_2Cl_9^{3-}$ 的结构很相似. 值得注意的是 β-$ReCl_4$ 在结构上和性质上和相应的 $TcCl_4$ 相当不同. 特别有趣的是 $ReCl_6^{2-}$ 不是由 β-$ReCl_4$ 加到 HCl 溶液中制备的.

$ReBr_4$ 的制备可用氢溴酸还原高铼酸；ReO_2 溶于氢溴酸中；用氢溴酸多次处理 ReI_4，每次加入氢溴酸后都应蒸发成小体积，放在装有 KOH 和 P_4O_{10} 的干燥器中进行干燥. 也可用 $ReCl_5$ 与 BBr_3 反应制备，它的化学性质和结构尚待研究.

ReI_4 可用氢碘酸在室温下还原高铼酸来制备，首先形成的是一种中间体(可能是 $H_2ReI_6\cdot xH_2O$). 将这种中间体置于一个装有 KOH 和 P_4O_{10} 的干燥器中脱水和氢碘酸生成 ReI_4. 过去曾经提出的将碘蒸汽通过金属铼来制备 ReI_4 的方法没有得到充分证实. ReI_4 在真空中，在室温下就会慢慢地失去碘，加热则碘失去得更快. 它是吸湿性的，易溶于水生成棕色溶液，不稳定会迅速水解. 溶于丙酮和乙醚可得到较稳定的棕色溶液. 它的磁矩为 0.9BM.

3.9.4 卤素络合物和卤氧络合物

1. 锝的单核卤络合物 TcX_6^{2-}

已知的 TcX_6^{2-} 有 X=F，Cl，Br，I.

K_2TcF_6 的制备：是由 K_2TcCl_6 或 K_2TcBr_6 与 KHF_2 共熔，产生黄色熔体，冷却后用水沥取，可分离出粉红色的 K_2TcF_6，可用水重结晶. 用离子交换法可得到游离酸和其它盐类. 与 ReF_6^{2-}，IrF_6^{2-}，OsF_6^{2-} 及 PtF_6^{2-} 的钠盐和铵盐相似，都是易溶于水的. TcF_6^{2-} 阴离子的抗水解的能力是引人注目的，甚至比 ReF_6^{2-} 还要强，$[TcF_6]^{2-}$ 与$[TcCl_6]^{2-}$，$[TcBr_6]^{2-}$，$[TcI_6]^{2-}$ 不同，这些离子在酸性溶液中已经水解了，它们比相似的卤铼酸盐要容易水解得多，而$[TcF_6]^{2-}$只能在热的浓碱中才能水解. $(NH_4)_2TcF_6$热分解可生成TcNF. $K_2[TcCl_6]$在Néel温度为7.0K时，由顺磁性转变为整齐排列的反磁性状态. $K_2[ReCl_6]$的Néel温度为11.9K，碱金属及铵的六氟锝(IV)酸盐（除Na_2TcF_6外）是三角形的K_2GeF_6结构. K_2TcF_6的磁矩和其它卤锝酸盐相同. K盐的红外光谱在$574cm^{-1}$处有一吸收峰，被归属为Tc—F的伸缩频率，其配位场稳定能力$407.9kJ \cdot mol^{-1}$.

TcF_5或$KTcF_6$用水处理，水解后也能生成TcF_6^{2-}离子，TcF_5^-离子的存在已被证实，但其结构尚未知道.

六氯合锝(IV)酸盐的制法与铼相同，它是高锝酸盐被浓盐酸还原的最终产物. 碘离子可促进还原反应的进行. 还原的初期会形成一种红色的晶体$K_2TcCl_5(OH)$（Re的情况下形成$K_4Re_2OCl_{10}$），此晶体再溶于浓HCl可生成K_2TcCl_6，但溶解有一定困难. 单用浓HCl作还原剂时，不会生成该红色晶体. K_2TcCl_6为黄色晶体，为立方K_2PtCl_6结构，Tc—Cl距离为235pm.

六氯锝(IV)酸盐比相应的六卤铼(IV)酸盐易溶于水和更不稳定. 六氯锝(IV)酸盐在1*M*HCl中就会水解，不能用沉淀反应制备银盐（对比Ag_2ReCl_6很易制得）. 在溶液中定量测定结果表明$TcCl_6^{2-}$比$ReCl_6^{2-}$在热力学上不稳定得多，动力学上活性也更大，与TcF_6^{2-}相比较，$TcCl_6^{2-}$迅速地被水或碱水解成水合二氧化锝$TcO_2 \cdot 2H_2O$. $TcCl_6^{2-}$离子在242mm和240mm处的吸收峰，是建立分光光度法测定锝的基础.

六溴合锝(IV)酸盐可由K_2TcCl_6与HBr反应制得，为红色晶体. 它们不如相应的六溴合铼(IV)酸盐稳定，被水或碱迅速水解为水合TcO_2.

六碘合锝(IV)酸盐可由K_2TcCl_6与HI反应制得，为深紫色晶体. 比相应的六碘合铼(IV)酸盐更不稳定.

2. 铼的单核卤络合物ReX_6^{2-}

六氟铼(IV)酸盐：K_2ReF_6是由K_2ReCl_6或K_2ReI_6与KHF_2加热到250—400℃制成的（KHF_2最好是用$KHCO_3$与过量的氢氟酸加热蒸发制得），或者用氟化氢通过450℃的K_2ReBr_6作用制得. K_2ReF_6可在水中重结晶纯化. 其它阳离子（Na^+，NH_4^+，Rb^+，Cs^+，Ba^{2+}，$Co(NH)_6^{3+}$）的盐和水合的酸，可用沉淀法或离子交换法制得. NO^+阳离子的盐也已制成. 这些盐除了钠盐带蓝色外，大都是暗粉红色.

M_2ReF_6（$M=K^+$，Rb^+，Cs^+，NH_4^+）具有K_2GeF_6的结构，在ReF_6^{2-}中Re—F的距离为2.00—2.05 Å. 它在300K时的磁矩为3.3BM，在水溶液中的磁矩为3.47BM，都是比较低的.

M_2ReF_6 是抗水解的，可以在水中重结晶. 溶解度从钠盐到铯盐顺序降低. 铵盐是易溶于水的，与 $(NH_4)_2ReCl_6$ 对比，将 $BaCl_2$ 溶液加到 K_2ReF_6 水溶液中，并不立即沉淀出 $BaReF_6$，但加入一滴乙醇就会发生诱导沉淀的作用. 陈化的 $BaReF_6$ 的溶解度显著降低. 碱能诱导 ReF_6^{2-} 离子缓慢地分解成二氧化铼，不过只有经过碱熔才能使它完全分解. 文献报道，$(NH_4)_2ReF_6$ 热分解可生成黑色的 ReNF.

K_2ReCl_6 的制备通常是将高铼酸钾溶于 $6M$HCl 溶液中，用碘化钾、次磷酸钾、氯化亚铬或三氯化钛等还原剂作用而制取的. 新鲜制备的 ReO_2 溶于浓盐酸，可得一棕色溶液，煮沸可得六氯铼酸溶液，但该法并不常用. 用碘化钾还原高铼酸钾的第一个稳定的产物是 $K_4Re_2OCl_{10}$，可将它分离出来，再重新溶解于热的浓盐酸中，作用生成 K_2ReCl_6. 这些还原反应无疑是复杂的并已分离出其它氧络盐. 用沉淀法或用离子交换法可以制备出其它阳离子的盐类，如银盐和铊(I)盐可以从 K_2ReCl_6 的冷溶液中沉淀出来. 水合的游离酸 $(H_3O)_2ReCl_6$ 可以将它的水溶液在真空中缓慢地蒸发而制得. K_2ReCl_6 也可用干法制备：例如用五氯化铼与氯化钾在 300℃反应生成 K_2ReCl_6，高铼酸盐与 CCl_4 在 400℃的高压弹筒内反应得到六氯铼(IV)酸盐，在亚硫酰(二)氯溶液中，$ReOCl_4$ 与烷基铵的盐酸盐作用可以制备相应的有机铵盐.

K_2ReCl_6 是绿色的晶体，在空气中稳定，能微溶于冷水. 它的碱金属盐类的溶解度，从钠盐到铯盐顺序降低. 银盐和铊(I)盐实际上是不溶于水的. 铵盐的溶解度与钾盐大致相同. 有机大阳离子的盐几乎是不溶性的. 碱金属的六氯铼酸盐与 K_2PtCl_6 同结构. K_2ReCl_6 是反磁性的，它在 300K 时的 $\mu=3.25$，$\theta=88°$，$CsReCl_6$ $\mu=3.35$，$\theta=45°$，K_2ReCl_6 中 Re—Cl 键距为 235pm. $ReCl_6^{2-}$ 离子在冷水中是稳定的，将它的溶液加热或用碱处理就会迅速水解. 在溶液中的 $ReCl_6^{2-}$ 离子用氢溴酸或氢碘酸处理，可以分别生成 $ReBr_6^{2-}$ 离子或 ReI_6^{2-} 离子. 存在下面的可逆平衡：

$$ReCl_6^{2-} \underset{HCl}{\overset{HBr}{\rightleftharpoons}} ReBr_6^{2-} \underset{HBr}{\overset{HI}{\rightleftharpoons}} ReI_6^{2-}$$

这系列平衡中每一箭头都是可行的，然而平衡向右的倾向比较大.

高铼酸根离子能被氢溴酸缓慢地还原，但是在制备六溴铼(IV)酸盐时，最好是用碘离子或次磷酸根子作还原剂. 它的碱金属盐是红色晶体. K，Rb，Cs 和 NH_4 盐具有 K_2PtCl_6 立方晶格的结构. Re—Br 的键长为 248pm. 钾盐和铯盐的振动光谱与 $ReBr_6^{2-}$ 阴离子的八面体对称性相符合.

K_2ReBr_6 在 300K 时有效磁矩为 3.20BM，$\theta=105°$. K_2ReBr_6 冷却到低于 150℃时，自发地放出异常的热，并且发生颜色变化，从红紫色变成橙色，所以它在这温度下可能有结构的变化.

K_2ReBr_6 在水中迅速水解，溶于氢溴酸成红色或深黄色的溶液. 它在硝酸溶液中，$ReBr_6^{2-}$ 离子是稳定的可用银离子沉淀出来.

K_2ReI_6 的制备是用高铼酸钾在有碘化钾或次磷酸盐存在时，用氢碘酸还原而成. 或用 K_2ReCl_6 同一份又一份的氢碘酸一起加热蒸发而成. NH_4^+ 盐及其它碱金属的盐类可用类似的方法制备. 碱金属的六碘铼(IV)酸盐是近乎黑色的晶体. 铷盐和铯盐具有 K_2PtCl_6 的立方结构. 但钾盐的对称性较低，可能是单斜的. 核四极共振谱测量指出，K_2ReCl_6 晶体中存在 3 种结晶学上不等价的碘原子. 它们的磁矩 3.2—3.6BM. 在 ReX_6^{2-} 系列中的反铁磁性的顺序为 F＜Cl＜Br＜I，与金属—卤素的共价键性质增强的顺序相一致.

K_2ReI_6 能溶于氢碘酸，也能溶于丙酮和甲醇，形成中等稳定程度的深紫色的溶液，它在稀酸，中性或碱性的水溶液中都能被水解.

3. 铼的双核卤络合物

在 CH_2Cl_2 溶液中用卤素氧化 $Re_2X_8^{2-}$ 可制得深绿色的$[N(n-Bu)_4]Re_2Cl_9$ 和深红色的$[N(n-Bu)_4]Re_2Br_9$. 它们在丙酮溶液中被锡、铜或汞迅速还原，甚至在甲醇溶液中“自发地”还原成$[N(n-Bu)_4]_2Re_2X_9$ (X=Cl，紫色，μ=1.5BM；X=Br，棕色，μ=1.7BM)，铁可进一步还原到蓝色的$[N(n-Bu)_4]_2Re_2X_8$. $Re_2Cl_9^-$ 的结构与 $W_2Cl_9^{3-}$ 非常相似，可写作$[Cl_3Re(Cl_{6/2})ReCl_3]$，两个 Re 原子由金属—金属键和三个成桥氯原子相联，Re—Re 键距约为 271pm.

4. 铼的卤氧络合物

$K_4[Re_2OCl_{10}]\cdot H_2O$ 是用碘化钾在盐酸溶液中还原高铼酸钾的第一个稳定产物. 它是黄棕色晶体，具有很弱的不随温度改变的顺磁性. X 射线结构分析指出，它的阴离子是由两个通过氧原子相连的八面体组成的，Re—O—Re 原子在一条直线上，Re—O 键距为 186pm，Re—Cl 键距为 238pm. (K_2ReCl_6 中 Re—Cl 为 237pm). 在水溶液中，$[Re_2OCl_{10}]^{4-}$ 和绿色的$[ReCl_5(OH)]^{2-}$ 达成下列平衡：

$$[Re_2OCl_{10}]^{4-}+H_2O \rightleftharpoons 2[ReCl_5(OH)]^{2-}$$

$K_2[ReCl_5(OH)]$在 18℃ 以下更稳定些，它的磁矩 3.3BM，与 K_2ReCl_6 接近，这很可能是 $K_4[Re_2OCl_{10}]$中的电子自旋成对作用完全消失了的缘故.

还有报道制得一种黄色的反磁性的化合物 Cs_3Na_2——$[Re_2O(OH)Cl_{10}]$. 它是将 $K_4[Re_2OCl_{10}]$用 H_2O_2 处理，先得一种红色的过氧络合物，再溶于 NaOH 得到黄色溶液，最后加入 CsCl 制得的.

有报道分离制得了$[ReBr_5(OH)]^{2-}$，它是 $KReO_4$ 在氢溴酸中电解制得的.

有报道制得了$(Me_4N)_2[ReI_5(OH)]$，它是将 K_2ReI_6 溶于 20% H_2SO_4 得一紫色溶液，用乙醚萃取出全部紫色物(内容所有的 Re 与六分之五的碘)再在醚溶液中加入$(Me_4N)Cl$ 的醇溶液而制得.

3.9.5 氰络合物

$K_2Tc(CN)_6$ 的存在证据尚不足.但是 $Tc(OH)_3(CN)_4^{3-}$ 的盐类曾被很好地鉴定.其制法有二:热的 KCN 溶液作用于新鲜制备的 TcO_2 沉淀,可生成一种棕黄色的溶液,微溶的 Tl 盐能从该溶液中析出. $Tl_3[Tc(OH)_3(CN)_4]$ 晶体的对称性较低.空气存在下使溶液中的 $KsTc(CN)_6$ 氧化也可制取 $Tc(OH)_3(CN)_4^{3-}$. $K_5Tc(CN)_6$ 是用 K-Hg 齐在有过量 KCN 存在和隔绝空气条件下还原 $KTcO_4$ 而制得.

$K_4[ReO_2(CN)_4]$尚未进行过结构研究. KCN 水溶液作用于 K_2ReCl_6,先出现白色沉淀,但很快消失,溶液转为黑色,加入乙醇可析出灰黑色沉淀,沉淀以甲醇萃取除去 KCN 后,具有 $K_4[ReO_2(CN)_4]$的组成.

3.9.6 硫氰酸根络合物

$[Te(NCS)_6]^{2-}$ 离子的盐类可用 TcO_2 水合物在隔绝空气时在 $1M\,H_2SO_4$ 溶液中与硫氰酸盐反应制得,可用四甲基铵盐沉淀出棕色的$[(CH_3)_4N]_2[Tc(NCS)_6]$.它的晶体具有立方晶格.它的溶液在 403nm 处有吸收峰.

$[Re(NCS)_6]^{2-}$ 离子的盐类有两种制法.一种是用 $Re_2Cl_8^{2-}$ 离子的钾盐或钠盐在丙酮溶液中与 NaSCN 反应并氧化,生成的 $Re(NCS)_6^{2-}$ 可用适当的阳离子使它沉淀出来.例如可析出红棕色的$(n-C_4H_9)_4N^+$ 或$(C_6H_5)_4As^+$ 的盐类.还可得到一种奇特的盐$[(n-C_4H_9)_4N]_3[Re_2(NCS)_8(CO)_2]$.另一种制法是用 K_2ReCl_6 与熔融的 KSCN 在 225℃作用得到几乎是黑色的混合物,冷却后用无水乙醇萃取分离,除去固体氯化钾,再加入氯化铯溶液可析出 $Cs_2Re(NCS)_6$.它的铊(I)盐也已制得. $CsRe(NCS)_6$ 和 $Tl_2Re(NCS)_6$ 呈红棕色或深棕色.铯盐溶于水、乙醇、乙醚、稀酸或碱溶液中,而不溶于氯仿或石油醚(bp60—90℃).铊(I)盐仅微溶于水和乙醇. $(n\text{-}C_4H_9)_4N^+$ 和$(C_6H_5)_4As^+$ 等大阳离子的盐溶于四氢呋喃.红外光谱分析结果认为硫氰酸根离子是由氮原子与铼原子键合的,虽然这一观点曾受到怀疑. $Re(NCS)_6^{2-}$ 离子的化合物的磁矩随着阳离子的不同而稍有变化,[μ(298K)为 3.3—3.5BM].有机的大阳离子的盐的 θ 值与 K^+, Ag^+ 或 Tl^+ 离子的盐相比较要低得多. Re(IV)的硫氰酸根络合物还有 $ReO(NCS)_2(Py)_3$ 等.

3.9.7 铼的腈络合物

$ReCl_5$ 在适当的无水腈溶液中加热,可得到绿棕色的 Re^{IV} 中性络合物 $ReCl_4L$ ($L=CH_3CN, n-C_3H_7CN$, PhCN),它们都是顺磁性的晶体.用这些腈络合物可制备 Re^{IV} 的膦、砷、锑络合物 $ReCl_4L_2$($L=PPh_3, AsPh_3, SbPh_3$).

3.9.8 氧族元素配体的络合物

1980 年报道了 Tc(IV)的甲撑双膦酸(mdp)络合物[Li(H_2O)$_3$][Tc(mdp)(OH)]·$\frac{1}{3}H_2O$,结构分析指出,它由无限长的多聚阴离子链组成,如图 3.10 所示. 每个 mdp 桥联了两个 Tc 原子,而每个 Tc 原子又与两个 mdp 配体相连.

Re(IV)的乙酰丙酮络合物 $Re_2Cl_4(acac)_4$ 是乙酰丙酮与膦络合物[$ReOCl_2$(OEt)(PPh_3)$_2$]作用的最终产物,其中的膦已全部被取代. 推测这个络合物必定含有乙酰丙酮桥连基团. 具有 Re—Re 多重键的羧基化合物还有两类,它们的结构见图 3.11. 一类是深绿色反磁性的羧基化合物 $Re_2OX_5(O_2CR)(PPh_3)_2$,其中 X=Cl,Br,R=i—Bu,S—Bu,Bz,Ph 或 $n-C_nH_{2n+1}$,n=1,2,5,7,9,11,15. 测定了 $Re_2OCl_5(O_2CEt)(PPh_3)_2$ 的晶体结构,Re—Re 键距为 252.2pm,这比 $\beta-ReCl_4$ 中的要短得多而与三核簇 Re(III)中的键距相似. 这类化合物是用反式的 $ReOX_3(PPh_3)_2$ 和羧酸在空气中 120℃下反应制得的. 它们最引人注目的特点是非常稳定.

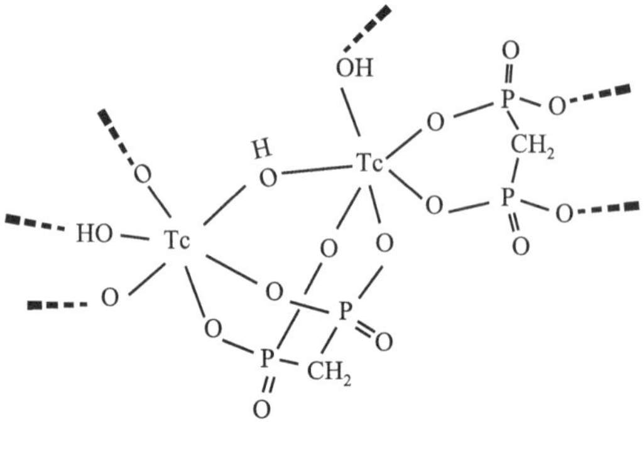

图 3.10 [Tc(mdp)(OH)]$^{3-}$结构示意图

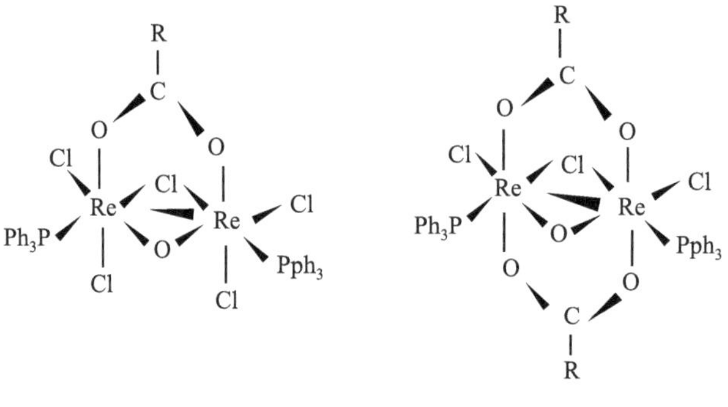

图 3.11 Re(IV)羧基络合物的结构

在非质子溶剂中不与 Cl_2,Br_2,$SCCl_2$ 作用,与沸腾的乙酸不发生反应,浓 HNO_3 或 $HClO_4$ 能可逆地将它的成桥氧原子质子化,过量的甲醇钠能取代一个氯原子生成紫色的 $Re_2OCl_4(OMe)(O_2CR)(PPh_3)_2$,其中 MeO 可能是桥联的,其它结构均不发生变化. 另一类是紫色的 $Re_2OCl_3(O_2CR)_2(PPh_3)_2$,其中 R=$i$-Bu,S—Bu,$t$-Bu,Bz 或 n-C_nH_{2n+1},n=2,3,5,7,11. 它们实际上是 3.5 价的化合物. 测定了 $Re_2OCl_3(OCEt)_2(PPh_3)_2$ 的分子结构,Re—Re 键距为 251.4pm. 磁矩为 2.0BM,相当于每个分子中有一个未成对电子. 与第一类化合物相比,它们非常活泼,I_2 和冷 HNO_3 能把它们氧化,它们的固体也会缓慢地分解.

3.9.9 氮族元素配体的络合物

$[TcCl_2^-(dipy)_2]Cl_2$ 和 $TcCl_4(dipy)$ 可在乙醇中用 $TcCl_4$ 和 dipy 反应制得. $TcCl_4(PPh_3)_2$ 可用 $TcCl_4$ 与 PPh_3 反应制得,同类和同结构的 $TcCl_4(AsPh_3)_2$ 也已制得. NH_4TcO_4 与 PMe_2Ph 在相应氢卤酸的醇溶液中反应,可得 $TcX_4(PMe_2Ph)_2$,当膦过量时容易继续还原为 $TcX_3(PMe_2Ph)_3$. $TcX_4(PEt_2Ph)_2$ 和 $TcX_4(PPh_3)_2$ 也能用相同方法制备. 通过铜钛青化合物与钼的混合物的(α,n)反应,用反冲注入的方法成功地制得了锝钛青化合物,该化合物中的 Tc 的可能氧化数为 4. 混合 $HTcO_4$ 与 $Na_2(H_2edta)$ 再加入 $NaHSO_3$ 可制得$[(H_2edta)Tc(\mu\text{-}O)_2Tc(H_2edta)]$,晶体结构分析指出 Tc($\mu$—$O_2$)Tc 环几乎在同一平面上,Tc—Tc 键距为 233pm,其结构见图 3.12.

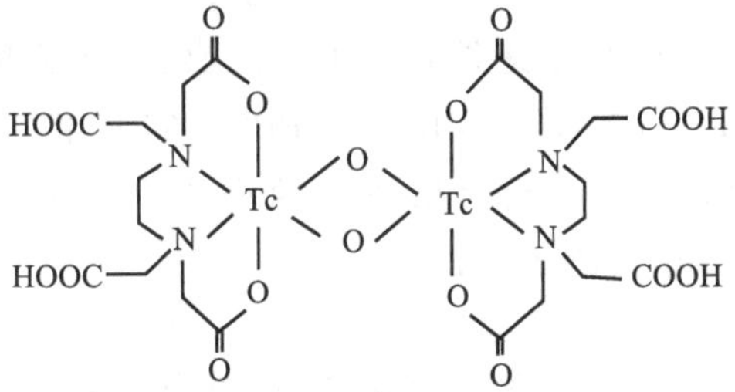

图 3.12 $[(H_2edta)Tc(\mu\text{-}O)_2Tc(H_2edta)]$的结构示意图

Re(IV)的胺络合物不能从 $ReCl_4$ 或 $ReBr_4$ 直接制得,但奇怪的是 ReI_4 曾与胺反应制得 Re(IV)的胺络合物. 氯和溴的胺络合物可用适当阳离子的六卤铼(IV)酸盐热分解制得:

$$[LH]_2ReX_6 \longrightarrow ReX_4L_2 + 2HX \qquad (L\ 为吡啶类、膦类)$$

阴离子$[ReX_5(Py)]^-$的化合物可用吡啶在高温下处理吡啶盐而得. ReX_4L_2 型的络合物数量很多,X=Cl,Br 或 I,L=RCN,Py,$\frac{1}{2}$bipy,PPh_3,$AsPh_3$,$SbPh_3$,$\frac{1}{2}$dppe,

$\frac{1}{2}$diars，NH=C(NHAr)R，NH=C(OR′)R. 它们的制备方法也多种多样，比较重要的有：从 ReO_4^- 还原、从 Re(V)化合物温和地还原、从 Re(IV)络合物用配体取代、从 Re(III)化合物温和地氧化、从其它化合物氧化. 卤素混合型的络合物 $ReX_nX'_{4-n}L_2$ 也已制得，可用 $ReX_3(RCN)L_2$ 与 CX'_4 加热制得，X，X′=Cl，Br，L=PPh_3，$AsPh_3$ 或 $SbPh_3$. 所有已知的膦络合物 $ReX_4(PR_3)_2$ 都是反式构型的，Re—Cl 在远红外范围的伸缩振动频率在 320±2cm^{-1}，几乎与 PR_3 无关，比在 $ReCl_3(PR_3)_3$ 中的 Re—Cl 约高 20cm^{-1}. 单核的 Re(III)反式络合物 $ReCl_3(RCN)(PPh_3)_2$ 与热的 CCl_4 作用几乎定量地被氧化成反式的 Re(IV)络合物 $ReCl_4(PPh_3)_2$：

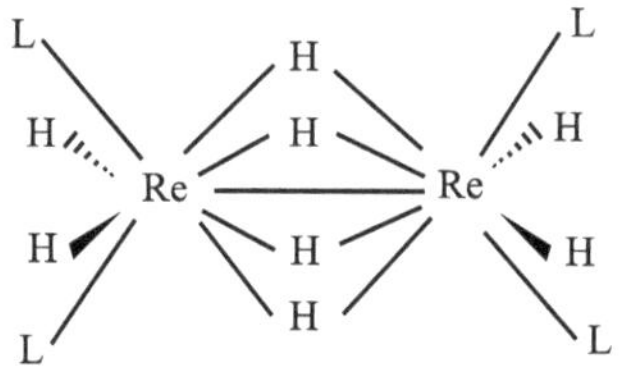

图 3.13　[$Re_2H_8L_4$]的结构

$$2ReCl_3(RCN)(PPh_3)_2+2CCl_4 \longrightarrow 2ReCl_4(PPh_3)_2+2RCN+C_2Cl_6$$

从腈络合物的配体取代反应很容易制得膦、胂、䏲的络合物：

$$ReCl_4(MeCN)+2L \rightleftharpoons ReCl_4L_2+2MeCN$$

$$L=PPh_3,AsPh_3,SbPh_3$$

从上述平衡上移去 MeCN，可迅速得到 $ReCl_4L_2$. 1981 年报道了膦配体的氢合物 $Re_2H_8L_4$，L = PMe_2Ph，$PMePh_2$，PEt_2Ph，PPh_3. 它可由 H_7ReL_2 光解制得. $Re_2H_8(PEt_2Ph)_4$的晶体结构分析指出，8 个氢中 4 个是桥氢，另 4 个是端基氢，Re—Re 键距为 235.0pm，见图 3.13.

3.10　氧化数为 XIII/3 的铼的三元氧化物

$La_4Re_6O_{19}$是由 La_2O_3，ReO_3 和 Re 在真空中于 1000℃时加热制得的. 它的结构已经测定，由三维 ReO_6 八面体组成，两个 ReO_6 共边相联为一对，之间的 Re—Re 键距为 242pm，证明有金属—金属键存在，每对八面体通过共用角顶方式与其它各对相连而成网状结构，Re—O 平均键距为 198—201pm. 该化合物中铼的氧化数为 4 $\frac{1}{3}$.

3.11 氧化数为 V 的锝和铼化合物

3.11.1 三元氧化物

Li_3TcO_4 和 $NaTcO_3$ 可由适当比例的 $MTcO_4$，Tc 和 M_2O 混合加热制得，M=Li，Na. 它们在足够高的温度下也发生歧化，与 Tc(IV)三元氧化物相似. Mn 和 Re 尚未能制得 $NaTcO_3$ 类型的化合物.

虽然 Re_2O_5 不存在，但是 Re(V)的三元氧化物却能制得. Li_3ReO_4，$Ca_2Re_2O_7$，$Cd_2Re_2O_7$ 都已有报道，含有稀土的四元氧化物 $Ba_2(Ln)ReO_6$ 也已制得.

3.11.2 卤化物

五卤化锝只有 TcF_5 一种. 金属锝在氟中燃烧时，TcF_5 是反应中较次要的产物之一. 它是黄色固体，50℃就熔化为黄色黏液. 在玻璃器皿中 60℃发生分解，可能发生了歧化反应，因为产物之一是 $TcOF_4$. TcF_5 与 VF_5 同结构，其中 TcF_6 单元通过顺式的氟桥连成无限长链，不存在金属—金属键. TcF_5 对潮湿敏感并容易水解，水解反应不是简单的，在水溶液中除了生成预期的 TcO_4^- 和 TcO_2 外，还生成 TcF_6^{2-}.

五卤化铼有 ReF_5，$ReCl_5$ 和 $ReBr_5$；而无 ReI_5. ReF_5 的最佳制法是用 PF_3 还原 ReF_6. 也可在 600℃用钨丝还原 ReF_6 形成 ReF_5，然后收集在 −75℃的冷表面上. 用稍为过量的 ReF_6 处理 $W(CO)_6$ 时，ReF_5 与 $ReOF_4$，ReF_4 一起形成(ReF_6 可以单独使用，最好将 ReF_6 加在 WF_6 溶液中使用). ReF_5 为绿色或黄绿色固体，48℃即熔化为容易过冷的黄色黏液. 它的热稳定性较差，高于 140℃时发生歧化反应，不可逆地生成 ReF_4 和 ReF_6. ReF_5 的结构尚未仔细地测定过，它很可能是由 ReF_6 八面体相连而成的链状结构. ReF_5 是很活泼的化合物，遇水易水解，水解反应是复杂的，出现了 ReF_6^{2-} 和预期的 ReO_4^-，ReO_2.

$ReCl_5$ 的化学反应研究得相当仔细. $ReCl_5$ 是海绵状铼与氯气于 400—500℃反应的主要产物. 它也可由 CCl_4 和 Re_2O_7 在封闭管中于 400℃反应而成. 在氯气中可以无变化地把它蒸馏出来，或者可在真空中升华精制. $ReCl_5$ 为深棕色或黑色晶体，220℃熔化，易挥发成红棕色的蒸汽，但沸点尚未测定. 其磁性曾多次研究但未得一致结果，可能是由于存在杂质的缘故. 后来测得 302K 时顺磁磁化率为 1457×10^{-6} cgs 单位，θ 值为 266°. 在低温时它的顺磁性偏离了 Curie-Weiss 定律. X 射线单晶结构测定表明存在二聚的 Re_2Cl_{10} 单位($Cl_4Re(Cl)_2ReCl_4$)，通过氯桥原子结成二聚分子，Re—Re 键距 374pm，表明不存在金属—金属键，Re—Clt 键长

224.4pm，Re—Cl_6 键长 246.5pm. $ReCl_5$ 是很活泼的，在 Cl_2 气中可以加热蒸馏，但在惰性气体中加热就分解为 $ReCl_3$ 和 Cl_2. $ReCl_5$ 遇水即水解，歧化为 Re(IV)和 Re(VI)的化合物：

$$3ReCl_5 + 8H_2O \longrightarrow 2ReO_2 + HReO_4 + 15HCl$$

在碱溶液中的分解类似. 若在 pH<7 的溶液中，也会水解为 Re(V)的含氧络合物，与上述歧化反应相竞争. 例如在浓盐酸中可用大阳离子分离出 $ReOCl_5^{2-}$ 的盐类，在潮湿的丙酮中与 PPh_3 生成 $ReOCl_3(PPh_3)_2$，与 Py 生成$[ReOCl_2(Py)_2]_2O$，与 dipy 生成$[ReOCl_2(diPy)]_2O$. 在无水的条件下，$ReCl_5$ 可以发生各种各样的配体取代、氧化还原和络合反应. 如与 PCl_5 在 300℃时生成$[PCl_4]ReCl_6$，与熔融 KCNS 生成 $KRe(SCN)_6$，与 KCNO 在二甲（基）砜（dimethyl sulfone）中生成 $KRe(OCN)_6$. 在静态体系中，$ReCl_5$ 与 $ReCl_3$ 反应生成 β-$ReCl_4$. $ReCl_5$ 被 $SbCl_3$ 定量地还原成 β-$ReCl_4$，被 $SnCl_2$ 定量地还原成 $ReCl_3$. 与四氯乙烯反应也生成 β—$ReCl_4$：

$$2ReCl_5 + C_2Cl_4 \longrightarrow 2\beta—ReCl_4 + C_2Cl_6$$

$ReCl_5$ 与 As_2O_3 或 SO_2 作用得到 $ReOCl_4$ 和 $ReCl_3$ 的混合物，而并无 $ReOCl_3$ 生成. 在无水条件下与配体 L 作用，常被还原生成 $ReCl_4L_2$ 或 $ReCl_5L^-$ 配合物，L 可为 RCN，dipy，thf，二氧六环、硫氧六环等. $ReCl_5$ 与 PPh_3 的反应比较复杂. 另外值得一提的是 $ReCl_5$ 作为一种温和而有效的 Friedel-Crafts 催化剂，能促进芳香环的烷基化和酰基化. 它还能催化烯烃和乙炔的齐聚作用、催化丙酮缩合为莱基氧化物、以及催化苯乙烯的聚合. $ReCl_5$ 和 $SnBu_4$ 的混合物，在室温下可使戊烯－2 催化歧化到丁烯-2 和己烯-2，因为 $SnBu_4$ 能抑制烯烃的聚合.

$ReBr_5$ 的较好的制法是用 ReF_6 和 BBr_3 或 PBr_3 反应，或用 $ReBr_3$ 和 Br_2 反应. 650℃时用氮气载带溴蒸汽与铼反应的主要产物是 $ReBr_5$. 最初的报道是深蓝色固体，稍高于室温时，即熔化为蓝绿色液体，它的蒸汽也是蓝色的. 但后来的报道说 $ReBr_5$ 为深褐色的固体. 在真空中于 110℃就开始分解为 $ReBr_3$. 295K 时的磁矩为 1.28BM，105K 时为 1.00BM，没有遵守 Curie-Weiss 定律. $ReBr_5$ 易水解为 ReO_2，$HReO_4$ 和 HBr.

3.11.3　卤氧化物

TcO_2 在氯气中加热有两种氯氧化锝生成，一种是在 80—90℃升华得到的蓝色的 $TcOCl_4$，另一种是在 500℃升华的褐色的 $TcOCl_3$. 溴与 TcO_2 在 350℃时反应可得一种黑色升华物 $TcOBr_3$.

Re(V)的卤氧化物一个也没有被确证. $ReOF_4$ 在硬质玻璃器皿中于 250℃时热分解可得 $ReOF_3$，它是不挥发的黑色固体，很易受潮，溶于水中成蓝色溶液. 关于

$ReOF_3$ 的研究尚不充分,企图制备 $ReOCl_3$ 的尝试均未成功. 有报道称制得了 $ReOBr_3$,但存在的证据尚不充分.

3.11.4 氢络合物

Re(V)的氢络合物都依赖 π 键配体的存在而得到稳定. 所有已知的八配位的 Re(V)氢络合物都是反磁性的. 氢络合物的最好的制法是在四氢呋喃溶剂中用 $LiAlH_4$ 处理 $ReCl_3(PR_3)_3$. 从 $ReH_7(PR_3)_2$ 或 $ReOCl_3(PR_3)_2$ 也可制取. 已制得的氢络合物有 $ReH_5(PPh_3)_3$, $ReH_5(PEt_2Ph)_3$, $ReH_5(PEtPh_2)_3$, $ReH_5(PPh_3)(dppe)$, $ReH_5(dppe)_2$, $ReH_5(PPh_3)_2L$; L=PEt_2Ph, $AsPh_3$, Py 等. 后者可在沸腾的四氢呋喃中以 L 与 $ReH_7(PPh_3)_2$ 作用制得, 值得注意的是 PPh_3 并不被 L 所取代. $ReH_5(dppe)_2$中的一个 dppe 是单齿配体. $ReH_5(PPh_3)_3$ 可以定量地与卤素(X=Br, I)反应,放出氢气,生成 $ReH_4X(PPh_3)_3$, $ReH_4Cl(PPh_3)_3$ 与 $SnCl_2$ 反应生成 $ReH_4(SnCl_3)(PPh_3)_3$.

3.11.5 卤络合物

5 价锝的卤络合物至今只知道 TcF_6^-. 制法是 TcF_6 在 IF_5 溶液中用 MCl 还原,可得到亮黄色的对空气敏感的 $MTcF_6$, M=Na, K, Rb, Cs. 它们属三方晶系,与相应的钌和锇的化合物构型相同,而与铼的相应化合物构型不同. $NaTcF_6$ 在 25℃时有效磁矩为 2.25BM, θ=130°. $MTcF_6$ 的水解与 $MReF_6$ 相似,生成 TcO_4^-, $TcO_2 \cdot xH_2O$ 和 TcF_6^{2-}.

5 价铼的卤络合物除 ReF_6^- 外,氯络合物也有报道,但$[PCl_4]ReCl_6$ 是 $ReCl_5$ 在无水条件下与 PCl_5 在 300℃时反应制得的. $ReCl_6^-$ 的盐类只得到这一个,磁矩为 2.47BM. 若以 MCl 和它进行复分解反应,只能得到 $ReCl_6^{2-}$. 将 ReF_6 在 SO_2 或 IF_5 溶液中,用 MI 还原,可从溶液中析出亮黄色的 $MReF_6$(M=Na, K, Rb, Cs). $KReF_6$ 的红外光谱在 627cm^{-1}处有一吸收峰,它是由 Re—F 伸缩所贡献的. 碱金属的盐类 $MReF_6$ 对潮湿是敏感的,遇水就水解成水合二氧化铼,氢氟酸, ReO_4^- 和 ReF_6^{2-},但水解不完全,只能用碱熔的方法才能使它完全分解.

Re(V)的卤氧络合物主要有$[ReOX_4]^-$, $[ReOX_4L]^-$, $[ReOX_5]^{2-}$三种类型, X=Cl, Br, I, L=H_2O, MeCN, PPh_3, $[ReOX_4]^-$型络合物可用多种方法制备: Re_3Br_9 在 HBr 溶液中用 O_2 氧化, ReO_4^- 在 HX 的醇溶液中用 Zn 还原. $[ReOX_4L]^-$型络合物可用 $ReOX_4^-$ 与 L 直接加合制得. 这两类络合物的红外光谱在 950—1000cm^{-1}都有一个 Re-O 强吸收峰. 晶体结构分析指出, $ReOX_4$ 具有四方锥结构,氧原子处于轴向位置,配体 H_2O 或 MeCN 在氧原子的对面微弱地与铼原子成键.

$[ReOX_5]^{2-}$络合物可从新鲜制备的 $ReCl_5$ 的 12*M*HCl 溶液制取，加入 Rb^+，Cs^+，PPh_3H^+ 等即可分离出相应的盐类. 它们大部分是黄色的，但 PPh_3H^+ 的盐据称是粉红色的.

3.11.6 氰络合物

Tc 的氰络合物在价态和组成两方面都和铼有不同，极谱研究结果表明在含水的氰化钾溶液中不存在稳定的 5 价锝.

5 价铼通常是不稳定的，而氰离子配位基能使它显著地稳定起来. $K_3Re(CN)_8 \cdot H_2O$ 是棕色的反磁性化合物，是由 K_2ReI_6 和 KCN 在甲醇溶液中加热反应而成的. 铼从 4 价氧化到 5 价反应是从高层轨道上失去一个电子的好例子. 用沉淀法可以从 $K_3Re(CN)_8$ 制得 $Zn_3[Re(CN)_8]_2$ 和$[Co(NH_3)_6] \cdot [Re(CN)_8]$. 用离子交换法可制得 Na^+，Ca^{2+}，Sr^{2+} 和 Ba^{2+} 盐. $K_3Re(CN)_8$ 在碱性溶液中是稳定的. 但是其酸性溶液在空气中不稳定. 它与硝酸作用生成亚硝基络合物. 它的固体红外光谱显示 3 个氰基伸展频率为：2140，2100 和 2050cm^{-1}，但在水溶液中只有 2100cm^{-1}. 这些行为与 $Mo(CN)_8^{4-}$，$W(CN)_8^{4-}$ 十分相像，固体光谱中的红外频率分裂可能是由于晶体相互作用所致. 因此，$Re(CN)_8^{3-}$ 很可能具有 $Mo(CN)_8^{4-}$ 的十二面体结构.

$K_3[ReO_2(CN)_4]$是最早取得的铼的氰络合物. K_2ReCl_6 和过量的 KCN 用 H_2O_2 氧化后，将此溶液用醇萃取除去过量的氰化物，将水层在冷却下蒸发，剩余物用水重结晶而得. 另一种更好的制法是在氰化钾存在下，用水合肼还原高铼酸钾的水溶液 $K_3[ReO_2(CN)_4]$是橙色晶体，易溶于水，与碱不起作用，但酸可使之变为紫色，这是因为形成了另一种 Re(V)氰络合物：

$$[ReO_2(CN)_4]^{3-} + H^+ \rightleftharpoons [ReO(OH)(CN)_4]^{2-}$$

加入钡离子或有机大阳离子很容易地制得$[ReO(OH)(CN)_4]^{2-}$的盐类. X 射线结构分析表明在$[ReO_2(CN)_4]^{3-}$八面体阴离子中的两个氧原子是互成反式的. 它的红外光谱在 2000cm^{-1}处有一个氰化物的伸缩频率，在 780cm^{-1}处有一个 Re=O 吸收峰. 唯一的微溶盐类是 $Tl_3[ReO_2(CN)_4]$，但 Tl 盐的 IR 光谱与 K 盐差别很大，表明它们的结构不同.

$K_2[ReN(CN)_4] \cdot H_2O$ 是在 KCN 存在下，用水合肼还原 $KReO_4$ 制备 $K_3[ReO_2(CN)_4]$时的副产物. 它是桃红色的晶体. X 射线晶体结构分析表明，氰根离子以氮原子与铼原子相联结，其中氮原子和铼原子是交替地处于无限链中，氮原子不对称地位于铼原子之间. Re—N=153 和 244pm. 红外光谱研究结果指出它在溶液中的组成为$[ReN(CN)_4 \cdot H_2O]^{2-}$. $ReNBr_2(PPh_3)_2$ 和不过量的 KCN 在甲醇中反应可得到桃红色的 $K_2[ReN(CN)_4] \cdot H_2O$；如果 KCN 过量可得到黄色的$K_3[ReN(CN)_5]$.

3.11.7 硫氰酸根络合物

高锝酸盐被硫氰酸根离子还原，或水合二氧化锝在空气中的氧存在下与碱金属的硫氰酸盐作用，生成$Tc(NCS)_6^-$和$Tc(NCS)_6^{2-}$等离子的混合物，可用四甲基铵离子沉淀出络合物固体. 该固体以TcO_4^-氧化可分离出紫色的$[(CH_3)_4N)[Tc(NCS)_6]$，属三方晶系，它难溶于稀硫酸或高氯酸，而易溶于丙酮或乙腈成紫色溶液，在495μm处有一个强的吸收峰. $Tc(NCS)_6^-$离子和$Tc(NCS)_6^{2-}$离子在溶液中构成氧化-还原电对，它在$1MH_2SO_4$中，电位$E^\circ_{25℃}=+0.53V$. 红外光谱表明，硫氰根是以氮原子与锝原子配位的. 高锝酸根和硫氰酸根相互作用产生的颜色是比色法测定锝的基础.

高铼酸盐的酸性溶液，当有还原剂存在时，加入硫氰酸盐，溶液产生红色的发色反应，这一性质多年来一直是作为分析铼的比色方法的基础，但其本质一直不十分清楚. 通过近年来的深入研究，这是由于生成了$Re(NCS)_6^-$和$Re(NCS)_6^{2-}$阴离子的缘故.

$Cs[Re(NCS)_6]$的制备是用$ReCl_5$和KSCN在一起熔融，冷却后用无水乙醇萃取(以除去KCl)，加入CsCl溶液，析出$Cs[Re(NCS)_6]$. 它在乙醇中的溶解度比$Cs_2[Re(NCS)_6]$更低，更显示出该法的优越性. 它是棕色粉末. 红外光谱数据表明硫氰根基团是通过硫原子与铼原子相连结的. 而在$Cs_2[Re(NCS)_6]$中，则是通过氮原子与铼原子相连接的.

Re(V)的硫氰合络合物还有$ReO(NCS)_3L_2$等，其中L为PPh_3或PEt_2Ph等.

1981年报道了$(AsPh_4)_2[ReO(NOS)_5]$，它有三种制备方法：一是$NaReO_4$和NH_4SCN在酸性溶液中用$SnCl_2$为还原剂，二是$(AsPh_4)[ReOBr_4(CH_3CN)]$和$NH_4SCN$反应，三是$K_2[ReOCl_5]$悬浮于$CH_3CN$中和$NH_4SCN$反应. 所有情况下都是加入$AsPh_4Cl$使之沉淀的.

3.11.8 氧族元素配体的络合物

Tc(V)的氧配体络合物报道甚少. 1981年报道制得了好几种类型的硫配体络合物和硫氧混配体络合物. $(AsPh_4)[TcO(S\text{-}Y\text{-}S)_2]$是用$NaBH_4$还原$NH_4TcO_4$和HS-Y-SH的乙醇溶液制得，$Y=CH_2CH_2$，$CH_2CHCH_3$，$CH_2CH_2CH_2$，它们是橙色晶体. $(AsPh_4)[TcO(SCH_2CH_2S)_2]$的单晶结构已经测定，阴离子是四方锥结构的. $(AsPh_4)[TcO(SCH_2CH_2O)_2]$是用$Na_2S_2O_4$的$2M$NaOH溶液滴加还原

NH_4TcO_4 的 $HSCH_2CH_2OH$ 溶液制得的，它是粉红色晶体，阴离子也是四方锥结构的. $TcN(S_2CNEt_2)^2$ 是用 N_2H_4 还原 NH_4TcO_4 的盐酸溶液，然后将 pH 调为 7.0，加入 NaS_2CNEt_2 的水溶液而制得，它是黄色晶体，具四方锥结构，N 原子在轴向位置上.

Re(V)的纯氧配体络合物几乎没有. 一些制得的氧卤、氧膦混合配体络合物也不太重要. 它们有 $ReOX_3L_2$，L 为二氧六环或硫代二氧六环，$ReOX_3(PPh_3)$(dmSO)，$ReOX_2$(acac)PPh_3 等.

1981 年报道了 Cs[ReO(dtox)$_2$]的结构，dtox 为 1,2－二硫代草酸，Re 原子与四个硫原子和一个氧原子配位，Re 原子到四个 S 组成的平面距离是 75.2pm.

3.11.9　氮族元素配体的络合物

Tc(V)的氮配体化合物一向无报道. 1976 年报道了[Tc(dmg)$_3$($SnCl_3$)(OH)]·$3H_2O$，它是用 TcO_4^-、Sn(II)和 dmg 反应制得的，dmg 为丁二肟. 晶体结构分析指出，它是七配位的 Tc(V)络合物，属于戴帽三棱柱结构. Sn 和 Tc 原子由三个桥相连. Sn—Tc 距离为 347pm，一个桥为单个氧原子，另二个桥为不同 dmg 配体上的 N—O 两原子桥. 晶体结构见图 3.14. 鉴于通常用 Sn(II)来还原 TcO_4^- 以制备 ^{99m}Tc 核医药辐射试剂，所以 Tc—O—Sn 桥的证实有着特别重要的意义. 1981 年报道合成了[TcO_2(cyclam)]ClO_4·H_2O，它是用 $Na_2S_2O_4$ 在 pH 为 11 的 $NaHCO_3$ 缓冲溶液中还原 NH_4TCO_4 和 cyclam 混合液制得的，cyclam 是 1,4,8,11－四氮环十六烷. 晶体结构分析指出其阳离子为反式两氧构型，如图 3.15 所示. Tc—N 键距为 212.5pm，这是所有 cyclam 配合物中最短的 M—N 键距. 1980 年报道了锝的唯一的八配位化合物[Tc(diars)$_2Cl_4$]·PF_6 的晶体结构. 它是深棕色晶体，属

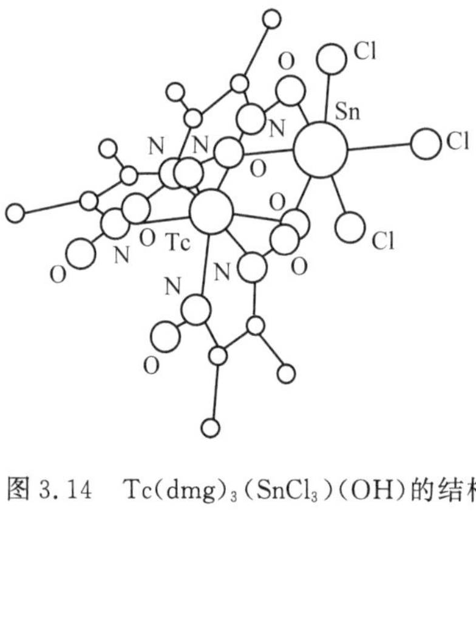

图 3.14　Tc(dmg)$_3$($SnCl_3$)(OH)的结构

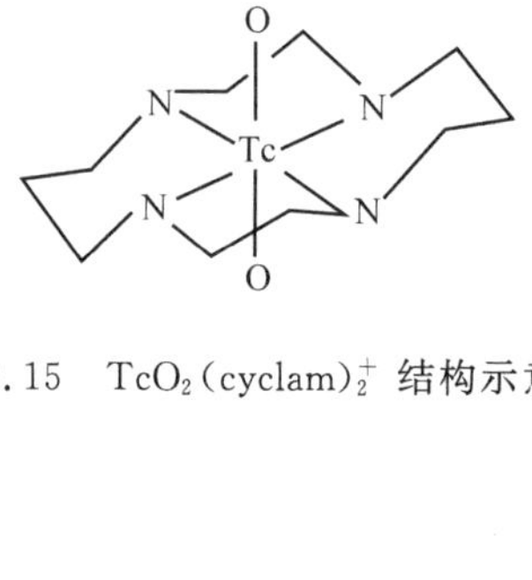

图 3.15　$TcO_2(cyclam)_2^+$ 结构示意图

正交晶系,空间群 Fddd,Tc 原子处于八配位 D_{2d} 十二面体结构之中,四个氯原子组成一个变形四面体,四个砷原子构成另一个变形四面体,晶体结构见图 3.16. Tc(V)的联胂络合物可用卤素氧化[Tc(diars)$_2$Cl$_2$]Cl 制得.

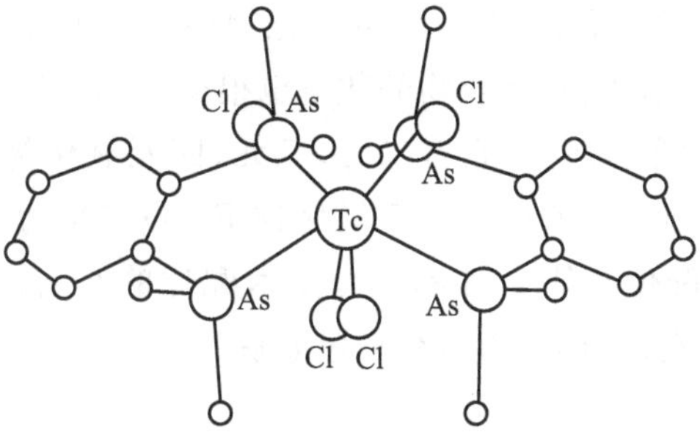

图 3.16 [Tc(diars)$_2$Cl$_4$]$^+$ 的结构

Re(V)的胺络合物分两大类. 一类是 ReOX$_3$L$_2$,X 为 Cl,Br,L 为 Py,$\frac{1}{2}$diPy;另一类是[ReO$_2$L$_4$]$^+$,L 为 Py,$\frac{1}{2}$en. 已制得了大量的化合物,特别是吡啶的络合物. 乙二胺的二氧络合物是用 K$_2$ReCl$_6$ 溶于 90% 乙二胺中加热到 50℃ 制得的,[ReO$_2$(en)$_2$]$^+$ 可以碘化物的形式分离出来. 该络合物在水溶液中有下列平衡:

$$
\begin{array}{ccccc}
 & & Re_2O_3(en)_2Cl_4\ \text{绿色晶体} & & \\
 & & \uparrow \text{慢} & & \\
[ReO_2(en)_2]^+ & \underset{OH^-}{\overset{H^+}{\rightleftharpoons}} & [ReO(OH)(en)_2]^{2+} & \underset{OH^-}{\overset{H^+}{\rightleftharpoons}} & [Re(OH)_2(en)_2]^{3+} \\
\text{黄色} & & \text{紫色} & & \text{蓝色}
\end{array}
$$

控制酸度可以分别制得右面两个络合物. 紫色的[ReO(OH)(en)$_2$]$^{2+}$ 在溶液中还能慢慢聚合为二核桥氧络合物的绿色晶体. 进一步的酸化可发生配体取代,生成 ReO(OH)(en)Cl$_2$ 和[Re(OH)$_2$(en)Cl$_2$]$^+$,最终另一个 en 也被取代. Re(V)的膦配体络合物有 ReOX$_3$(PR$_3$)$_2$,ReO(OEt)X$_2$(PR$_3$)$_2$ 和 ReNCl$_2$(PR$_3$)$_2$ 等. ReO_4^- 的氢卤酸醇溶液用膦化合物还原,首先生成的是 Re(V)络合物,若膦过量(而且必须采用烷基膦)才可能进一步还原为 Re(III)络合物. ReOCl$_3$(PR$_3$)$_2$ 有明显的几何异构现象,v(Re—O)为 969cm^{-1} 的 ReOCl$_3$(PR$_3$)$_2$ 与 EtOH 反应生成 ReO(OEt)Cl$_2$(PR$_3$)$_2$,但后者用 HCl 处理,得到的却是不同构型的 ReOCl$_3$(PR$_3$)$_2$,其 v(Re—O)为 986cm^{-1}. ReNCl$_2$(PR$_3$)$_2$ 可用 N$_2$H$_6$Cl$_2$ 在乙醇或四氢呋喃中处理 ReO(OEt)Cl$_2$(PR$_3$)$_2$ 制得. Re(V)的联胂络合物有紫色的[Re(diars)$_2$Cl$_4$]ClO$_4$ 和绿色的[Re(diars)$_2$Br$_4$]Br$_3$,它们可用卤素氧化[Re(diars)$_2$X$_2$]ClO$_4$ 制得.

3.12 氧化数为 VI 的锝和铼的化合物

Tc(VI)是锝的不稳定价态之一,它的氧化物还不能确证,硫化物不存在,卤化物和卤氧化物与 Re(VI)类似.络合物的数量也很少,但对三元氧化物却作了研究.Re(VI)是铼的不稳定价态之一,它有二元、三元、四元氧化物,硫化物尚未很好研究,卤化物有 ReF_6,ReF_5Cl 和 $ReCl_6$,卤氧化物 $ReOX_4$(X 为 F,Cl,Br),还有一些络合物 $ReOCl_4L$ 等.配位数从 4 到 8,多数是六配位的八面体构型.ReO_4^- 被还原时形成的暂时的颜色变化与 Re(VI)有密切关系.

3.12.1 氧化物

TcO_3 尚未被证实.金属锝粉燃烧制备 Tc_2O_7 时,常常产生一种红色薄膜.400—1000℃时金属锝粉与氧反应或 TcO_3Cl 温热时分解都生成一些红色固体.这些产物可能是 TcO_3.

ReO_3 的较好制法是分解 Re_2O_7 的二氧六环加合物,或者是 Re_2O_7 和 CO 在 300℃反应.ReO_3 的原始制法是 Re_2O_7 与粉状的金属铼或与 ReO_2 在 300℃时反应,稍为过量的 Re_2O_7 用水洗或升华法除去.ReO_3 为红色晶体,其颜色与分散状态有关,也曾报道过有蓝色或紫色的样品.用化学输运法在有过量碘的存在下于 370℃左右可以制得化学配比为 ReO_3 的纯的单晶.单晶 ReO_3 的表面有红色的金属光泽,具有金属性质,其电阻率随温度线性地增加,在室温时它的电阻率为 $18\mu\Omega\cdot cm^{-1}$,仅仅是铜的电阻率 $1.72\mu\Omega\cdot cm^{-1}$ 的 10 倍.晶体结构如图 3.17 所示,非常接近钙钛矿($CaTiO_3$)型,与钨青铜(Na_xWO_3)也非常接近,与 CrO_3,WO_3 同结构,此种构型通常被称为 ReO_3 结构.

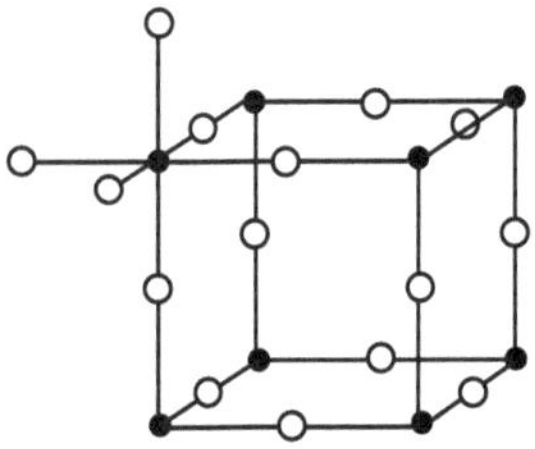

图 3.17 ReO_3 的结构

在其立方体中心插入一个大的阳离子,便构成钙钛矿型结构.铼原子处于氧八面体的中心,$a=373.4(6)$pm,Re—O 键距 187pm,ReO_3 的化学性质不活泼.不溶于水,也不溶于热的盐酸和稀的氢氧化钠,但溶于浓硝酸而被氧化为高铼酸.真空中加热到 300℃以上歧化为 Re_2O_7 和 ReO_2.与酸化过的 KI 作用被还原成 ReO_2.被浓碱诱导歧化为高铼酸盐和 ReO_2,所以不可能在水溶液中制备铼(VI)酸盐,只有在无空气存在情况下用碱熔法才能制备.ReO_3 与非氧化性的强氟化剂 SeF_4 不起作用,但能与 ReF_4 作用生成 $ReOF_4$.

3.12.2 硫化物

Tc没有6价的硫化物. ReS_3 可在25℃时用 H_2 还原 Re_2S_7 制得. 它也是 Re_2S_7 在 N_2 气中热分解时的中间产物(见3.7.1节).

3.12.3 三元、四元氧化物和非整比氧化物

已经分离得到Tc(VI)的三元锂氧化物 $\alpha+\beta$-Li_6TcO_6,相应的钠化合物尚未制得. 它呈蓝黑色或深绿色,与铼的相应化合物同结构,性质也相似. 能溶于水,起初为玫瑰红色的水溶液,很快就定量地歧化为 TcO_4^-,TcO_2 和 OH^- 等. 一向认为水溶液中不存在 TcO_4^{2-}. 但是1978年首次报道在水溶液中鉴定了 TcO_4^{2-},它是 TcO_4^- 在碱性溶液中用脉冲辐射分解产生的,其半衰期为毫秒数量级,用快速循环伏安扫描作了鉴定. 还报道了它的电子光谱.

已合成的Re(VI)多元氧化物有 Li_4ReO_5,Li_6ReO_6,M_3ReO_6,$(M',M'')_3ReO_6$,$M_2Re_2O_9$,$M_5Re_2O_{11}$(M, M′, M″为碱土金属),还有 $A_2(M^{II}Re^{VI})O_6$ 和 $A_3(M_2^{III}Re^{VI})O_9$(M为过渡金属,A为Sr或Ba). Li_6ReO_6 有两种晶态. α-Li_6ReO_6 呈蓝黑色,属正交晶系,是在620℃以上获得的,与 α-Li_6TcO_6 和 Li_6MO_6(M=W, Te)同结构. β-Li_6ReO_6 为六方晶系,是低温下获得的,与 β-Li_6TcO_6,Li_6MO_6(M=Os,Np,Pu,Am)同结构,也与 Li_5ReO_6 同结构. Li_4ReO_5 也有 α,β 两种晶态存在. M_3ReO_6,$(M'、M'')_3ReO_6$ 和 $M_2Re_2O_9$,$M_5Re_2O_{11}$,都属钙钛矿晶格. 虽然它们可认为是 ReO_6^{6-} 的盐,但是在溶液中不存在 ReO_6^{6-} 及任何其它氧络离子. $A_2(M^{II}Re^{VI})O_6$ 及 $A_3(M_2^{III}Re^{VI})O_9$ 是用 ReO_3 和碱土金属氧化物或碳酸盐在高温下合成的. 为数众多的 $A_2M^{II}Re^{VI}O_6$ 型四元氧化物(A=Ca,Sr,Ba;M=Ca,Sr,Ba,Mg,Fe,Co,Ni,Zn,Cr)是由加热二元氧化物的混合物等方法合成的. 用水热法可培养它们的黑色单晶,它们属钙钛矿晶格. 除了 Ba_2FeReO_6(370K时电阻率为 $1.6m\Omega\cdot cm^{-1}$)具有金属的导电性以外,其余都是半导体. Ba_2MReO_6(M=Mn,Fe和Ni)是铁磁性的,而 Ba_2CoReO_6 是反铁磁性的. $A_3M_2^{III}Re^{VI}O_9$(M=Cr或Fe)具有六角形的钛酸钡晶格. 这两类氧化物的色泽都很深,与 ReO_3 本身一样,都不与水和稀酸作用,而溶于硝酸和酸化的30% H_2O_2 生成高铼酸盐.

类似于人们熟知的钨青铜,铼青铜 M_xReO_3(M=Na和K,$x<1$),是由 ReO_3 和碱金属的叠氮化合物加热而成,也可用 $MReO_4$ 与金属铼加热制得. 它的晶体有立方和六方两种晶形. 固溶体 $W_{1-x}Re_xO_3$($0<x<1$),当 $x>0.25$ 是立方晶体. 六方晶体的非整比氧化物 $Re_{1-x}O_3$($0.14<x<0.21$)是由 ReO_3 和 ReO_2 的混合物在65kPa压力和700—1400℃下合成的. 而 ReO_2 和Re在压力下加热,没有得到新的

物相,试图用 ReO_3 和 Cu 制备铼青铜 Cu_xReO_3,结果得到的是整比的 $CuRe_4O_{12}$. 亮金黄色的铼青铜 M_xReO_3 对非氧化性酸有很强的抗蚀作用,与钨青铜一样也具有金属的性质.

3.12.4 含氧酸盐

电化学研究指出,在滴汞阴极上有 ToO_4^{2-} 形成. 在乙腈溶液中阴极还原 $[(CH_3)_4N]TcO_4$ 和 $[(CH_3)_4N]ReO_4$ 成功地制得了紫色的 $[(CH_3)_4N]_2TcO_4$ 和橄榄绿色的 $[(CH_3)_4N]_2ReO_4$. 由于迅速的氧化和歧化作用,它们对氧气和潮湿空气是十分敏感的. 它们与 $[(CH_3)_4N]_2MnO_4$ 同结构,与反氟化钙晶格很相似. 水溶液中 TcO_4^{2-} 的研究见上节.

3.12.5 卤化物

Tc(Ⅵ)和 Re(Ⅵ)的卤化物中,只有氟化物可稳定地存在. 氯化物的存在尚有疑问.

TcF_6:金属锝粉与氟在 400℃ 的静置系统或 350℃ 的流动体系中反应生成 TcF_6,同时会生成一些 TcF_5 和 $TcOF_4$. TcF_6 是锝的最高价氟化物. 它在室温下是金黄色固体,熔化后为黄色液体,但蒸汽是无色的. 它的熔点 37.4℃,沸点 55.3℃. 它的固体与 ReF_6 相似,有从低温的正交晶形到高温的立方晶形的物相转变,固相相转变温度为 −4.54℃. 红外光谱显示其分子为八面体构型,主要吸收峰位置为: 712,639,748,265,297,174cm^{-1}. TcF_6 在 −19℃ 时晶胞常数 $a_0=955$,$b_0=874$,$c_0=502$pm. 而立方体的 TcF_6 在 10℃ 时的晶胞边长为 616pm. 在 300K 时具有 0.45BM的低磁矩. 与 ReF_6 相似,TcF_6 对潮气是非常敏感的,微量的潮气即可引起水解,首先生成的大概是 $TcOF_4$,虽然还没有用该法直接制备 $TcOF_4$. TcF_6 与过量的水起初生成红棕色的溶液,最后完全水解成水合二氧化锝沉淀,高锝酸和氢氟酸的无色溶液. TcF_6 比 ReF_6 更易被还原,在五氟化碘溶液中和 KCl 作用生成 $KTcF_6$,而和 KI 作用生成 K_2TcF_6. TcF_6 能溶于液态氟化氢中,在室温时 1000g 氟化氢估计能溶解 0.89mol. 它在液态氟化氢中能用氟化钋还原生成 TcF_6^- 和 TcF_6^{2-} 离子的钋盐. TcF_6 与 NOF 和 NO_2F 作用,分别生成络盐 $(NO)_2TcF_8$ 和 NO_2TcF_7.

$TcCl_6$:金属锝粉与氯气在 400℃ 的静置系统或流动系统中反应,结果生成挥发性小的 $TcCl_4$ 和挥发性的 $TcCl_6$,它是一种绿色物质. 25℃熔化. 很不稳定,必须很小心地把它从 Cl_2 中分离出来,加热时即分解成 $TcCl_4$. 密封于氯气中的 $TcCl_6$ 样品在 24 小时内完全分解为 $TcCl_4$. 遗憾的是这种物质尚未被证实是不含氧的,也没有用其它方法鉴定过. 和 $ReCl_6$ 一样,$TcCl_6$ 是否存在也是有疑问的.

ReF_6:铼粉在氟气中加热生成 ReF_7 和 ReF_6 的混合物,然后将该混合物与过量的金属铼在 400℃左右加热可制得纯的 ReF_6. 早期的关于 ReF_6 的报道大多是 ReF_6 和 ReF_7 的混合物. 也可以氟化铼的其它化合物如 Re_2S_7 来制取. 制备 ReF_6 最好的方法是用三氟化氯与金属铼在 300℃时进行反应. 它的固体和液体呈黄色,气体是无色的. 熔点 18.5℃,沸点 33.7℃,固相相转变温度 −3.45℃.(低温正交晶形→高温立方晶形)后者晶胞参数为 $a=626$pm. 红外光谱显示其分子为八面体构型,主要吸收峰位置在 775,715,671,257,295,193cm^{-1}. 它是能在气相中进行理论研究的为数不多的八面体分子. 它易溶于液态 HF,室温时 1000gHF 能溶解 1.75mol. 它与 WF_6 及 OsF_6 一样,在液态氟化氢中都是不导电的溶液. 它在 300K 时的有效磁矩为 0.25BM. 它的化学性质很活泼,在大气中会发生水解生成二氧化铼的黑色烟雾,也会生成 $ReOF_4$. 在水中定量分解成高铼酸、水合二氧化铼和氢氟酸:

$$3ReF_6+10H_2O=2HReO_4+ReO_2+18HF$$

在实验中有时可观察到一种不稳定的绿色溶液生成,它的颜色迅速变深且成为不透明,尚未确证此种 Re 的化合物. ReF_6 的氧化性比 WF_6 强,但比 OsF_6 弱. ReF_6 能被 NO 还原生成(NO)ReF_6,但 WF_6 却不能. ReF_6 能与 NOF 反应生成 $(NO)_2ReF_8$,但 OsF_6 却生成 $(NO)_2OsF_7$ 和(NO)OsF_6 的混合物. ReF_6 能被 PF_3(而不是 AsF_3)平稳地还原成 ReF_5,能被 BCl_3 还原成 $ReCl_5$,也能被 BBr_3 和 PBr_3 还原生成 $ReBr_5$. ReF_6 溶于液态氟化氢中能被氟化讲($N_2H_6F_2$)还原生成 ReF_6^{2-} 或 ReF_6^- 离子的讲盐 $N_2H_6ReF_6$ 或 $N_2H_6(ReF_6)_2$. 随试剂的用量不同产物也不同. ReF_6 在液态二氧化硫中能被碱金属的碘化物还原生成络盐 $MReF_6$(M=Na,K,Rb 和 Cs). ReF_6 与 KF 作用生成 K_2ReF_8.

ReF_5Cl 是混合卤化物,它不稳定,在室温下也会分解. $ReCl_5$ 和 F_2 反应时,同时生成 ReF_6 和 ReF_5Cl.

$ReCl_6$:早期的制法及样品实际上存在严重的疑问. 氯氮混合气作用于被分散在多孔性素烧瓷砖上的金属铼所制得的不是曾经被认为的 $ReCl_6$,而是不纯的 $ReOCl_4$. 其中氧是从素烧瓷砖中取得的(先将素烧瓷砖吸附高铼酸铵后,通氢逐步升温到 600℃还原成金属铼). 因为金属铼直接氯化的结果形成的最高价态的氯化物是五氯化铼,这是肯定的. 而且 $ReCl_5$ 本身不能与氯气或液氯反应,甚至在紫外线辐照下也是如此. ReF_6 和 BCl_3 或 PCl_3 反应,产生一种挥发性很强的物质,它很快会失去部分氯,据说是 $ReCl_6$. 据报道用这种方法一次可制得 5g. 但后来发现 ReF_6 与 BCl_3 反应只能得到 $ReCl_5$ 和硼的氟氯化合物. 而且真正的 $ReCl_6$ 不可能有这样强的挥发性. 尽管如此,仍将它的一些物理常数列于下面以供参考,早期的制备者报道的一些性质如下：$ReCl_6$ 双色针状结晶，通过透射光可见到红褐色，而通过反射光可见到深绿色．晶体在 29℃时熔化成深褐色的熔体(从蒸汽压测量熔化温度为 29.5±0.5℃)．它在和缓地加热时可挥发成绿色的蒸汽．它在 1atm 的 N_2 或 Cl_2 中蒸馏而没有明显的分解．在 297K 时测得其磁矩为 1.88BM．水解生成水合二氧化铼，高铼酸和盐酸，经测定水解后的产物中，高铼酸与二氧化铼之比为 2∶1，和氧反应的产物为 ReO_3Cl．$ReCl_6$ 的结构还有待证实．

3.12.6 卤氧化物和卤硫化物

Tc(VI)的卤氧化物有 $TcOF_4$ 和 $TcOCl_4$，后者尚未确证．Re(VI)的卤氧化物有 $ReOF_4$，$ReOCl_4$ 和 $ReOBr_4$，Tc 和 Re 的碘氧化物至今没有制得，值得注意的是：卤氧化物中，Tc 和 Re 的价态不低于 V 价．

$TcOF_4$：当金属锝在一流动系统中用氟处理时，生成 TcF_5 和少量的 $TcOF_4$，可用真空分级升华方法进行分离．$TcOF_4$ 有两种形式的结晶变体，固态相变温度为 84.5℃，室温时亚稳态的绿色晶体，是一种挥发性的固体，转变成较稳定的蓝灰色晶体，后者熔点为 133℃，在 134℃时完全熔化成蓝色液体．蓝灰色的 $TcOF_4$ 与 $ReOF_4$ 和 $MoOF_4$ 同结构，故其结构类似于五氟化物，由变形八面体联成平行于 C 轴的无限长链组成．绿色的亚稳态的 $TcOF_4$ 的结构是以联有顺式的成桥氟原子的三聚的[$TcOF_3F_{2/2}$]单位为基础的，Tc—F—Tc 的角度为 161°，这与稳定的灰蓝色晶体中成桥氟原子角度相同．看来无限长链或三聚单元都由 MOF_4 单位构成，而不致影响金属原子周围的几何构型．两种形态的 $TcOF_4$ 对潮气都很敏感，遇水完全水解成为高锝酸、二氧化锝和氢氟酸．

$TcOCl_4$：金属锝粉在 300—550℃时与氯反应生成 $TcCl_4$，如有少量氧气存在时，除了生成 $TcCl_4$ 外还生成一种红色晶体 $TcOCl_4$．TcO_2 和氯气反应时有两种产物，一种是在 80—90℃升华的蓝色化合物，暂时被鉴定为 $TcOCl_4$．另一种是在 500℃时升华的棕色化合物，已证实它是 $TcOCl_3$．

$ReOF_4$：它是羰基铼或羰基钨与 ReF_6 反应的一种主要产物，也可由 ReO_3 与 ReF_6 作用或将 ReF_6 在硬质玻璃器皿中缓慢地水解等方法来制备．$ReOF_4$ 是一种深蓝色晶体，可转变为蓝色液体，但它的蒸汽是无色的，熔点 108℃，沸点 171℃，其磁矩与所预料的六价 Re 化合物数值相吻合．单晶 X 射线衍射分析证明它与 $TcOF_4$ 和 $MoOF_4$ 同结构，而与四聚的 WOF_4 很不相同．单位晶胞可写成 $ReOF_3F_{2/2}$，铼原子是通过顺式的氟桥形成无限链．Re—F—Re 桥联角为 139°．和 ReF_6 一样 $ReOF_4$ 很容易水解成高铼酸，二氧化铼和氢氟酸．$ReOF_4$ 还有一种三聚的亚稳态固体，铼原子位于三角形的三个顶点，通过成桥氟原子相联．

$ReOCl_4$：$ReOCl_4$ 的制法较多. 一种较好的制备方法是用过量的氯化硫酰在 300℃时作用于金属铼. $ReCl_5$ 与氧气和氢气的混合物加热，ReO_3 与 $ReCl_5$ $MoCl_5$ 等反应都可制得 $ReOCl_4$. Re_2O_7 与氯化铼反应或用氧处理 $ReCl_3$ 时，$ReOCl_4$ 与 ReO_3Cl 一起形成，可用分馏法使它从 ReO_3Cl 分离出来. $ReOCl_4$ 是褐色的晶体，熔点 30℃±1℃，熔化后成褐色的液体. 沸点约 228℃. 它的蒸汽为绿褐色. $ReOCl_4$ 溶于冷浓盐酸可生成一种褐色溶液，从该溶液可分离出一种红色络合物，经鉴定为 K_2ReOCl_5. $ReOCl_4$ 与吡啶反应生成 $ReOCl_3(Py)_2$ 与氯化亚砜作用生成 $ReCl_6^{2-}$，与氨反应生成 $ReO(NH_2)_2Cl_2$，容易水解成二氧化铼，高铼酸和盐酸.

有多种方法可制得 $ReOBr_4$：将铼在用氧载带的溴气流中加热，也可在溴蒸汽中加热 Re_2O_7 或 ReO_2. 它是一种低熔点的蓝色固体，据说加热后分解成 $ReOBr_3$，但尚未深入研究.

1982 年报道了 Re(VI)的卤硫化物 $ReSF_4$，它是用 ReF_6 与 Sb_2S_3 或 B_2S_3 反应制得的：

$$3ReF_6 + Sb_2S_3(B_2S_3) \rightarrow 3ReSF_4 + 2SbF_3(2BF_3)$$

单晶结构尚未测定，很可能与 $ReOF_4$ 同结构(通过氟桥相连的无限长链).

3.12.7 卤络合物和卤氧络合物

Tc(VI)的卤络合物证据尚不足. 有其它配体的卤络合物见 3.10.8 节.

Re(VI)的卤络合物有 ReF_7^-，ReF_8^{2-}，卤氧络合物有 $ReOX_5^-$ 和 $ReOCl_6^{2-}$. 过量的 ReF_6 和 KF 于 0℃在聚四氟乙烯管中反应，会放出热量，KF 全溶后，在 20℃放置几小时使反应充分，抽去过量的 ReF_6 后可得橙色或粉红色 K_2ReF_8. Rb 盐和 Cs 盐也易制得. 它们的磁矩在 1.6—1.71BM 范围内，K_2ReF_8 属正交晶系，X 射线结构分析表明它的阴离子为反位四方棱柱构型，Re—F 键长 187—193pm. 更多的 ReF_6 和 ReF_8^{2-} 反应可得到组成为 $MReF_7$，M=K，Rb，Cs 的黄色盐. 热稳定性顺序为 Cs>Rb>K，它们只有很弱的顺磁性，磁矩为 0.6—0.7BM.

$MReOF_5$ 可以从 M_2ReF_8 水解制得，ReF_8^{2-} 在空气中水中能变为蓝色，经适当处理可分离出蓝色的 $MReOF_5$，可在甲基乙基酮中重结晶，它的颜色与 $ReOF_4$ 一样. Cs 盐的磁矩为 1.48BM. $MReOCl_5$ 的大阳离子盐也已从 $ReOCl_4$ 和 MCl 在氯仿的溶液中制得，它们的磁矩为 1.5—1.6BM.

K_2ReOCl_6 可用两种方法制得. $ReCl_5$ 和 HCl 溶液在空气中氧化，然后加入 KCl，沉淀出该络合物，也可将 $ReCl_5$ 溶于 $SOCl_2$ 和 ICl 的混合物而制得.

1981 年报道了制得蓝色的 $ReOF_4 \cdot SbF_5$ 晶体，它是把 $ReOF_4$ 溶于 12 倍过量的 SbF_5 中制得的. 单晶分析表明它是二聚的，二个络合物分子通过成桥氟原子连成一个变形的八元环，见图 3.18.

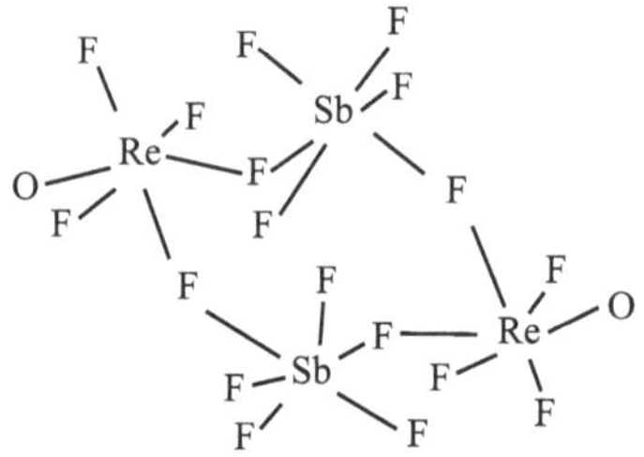

图 3.18　$ReOF_4 \cdot SbF_5$ 的结构

3.12.8　氰络合物

Tc(Ⅵ)的氰络合物尚无报道.

在酸性溶液中空气可把棕色的 $Re(CN)_8^{3-}$ 氧化为紫色的 $Re(CN)_8^{2-}$，这种颜色变化只在 pH<5 的酸性溶液中发生. 钾盐未能分离出来，但是不溶性的紫色盐 $[Co(NH_3)_6]_2[Re(CN)_8]_3$ 很易制得. 它是顺磁性的，磁矩为 2.0BM.

3.12.9　其它络合物

$ReOX_4$ 可和一些惰性配体 L 生成 $ReOX_4L$ 型络合物，因为 $ReOX_4$ 四方锥构型中氧原子的对位空缺着，在固体 $ReOX_4$ 中这个位置由相邻 $ReOX_4$ 分子的卤原子占据. 等摩尔的 $ReOCl_4$ 和 H_2O 反应生成亮红色晶体 $ReOCl_4 \cdot H_2O$，X 射线结构分析指出，Re—O 键长基本未变，为 163pm，但对位的 $Re—OH_2$ 键长相当长，为 227pm，4 个 Re—Cl 键等长，为 229pm，它们都朝 H_2O 配体方向弯曲. $ReOCl_4(MeCN)$ 和 $ReOCl_4(POCl_3)$ 也可制得，但在真空中加热时即分解. 在惰性溶剂中，丙酮和乙醚也可类似地和 $ReOX_4$ 络合.

1980 年报道了一个四聚的混配体络合物 $[ReNCl_3(POCl_3)]_4 \cdot 2POCl_3$，其结构如图 3.19，与 W 的相应化合物同结构.

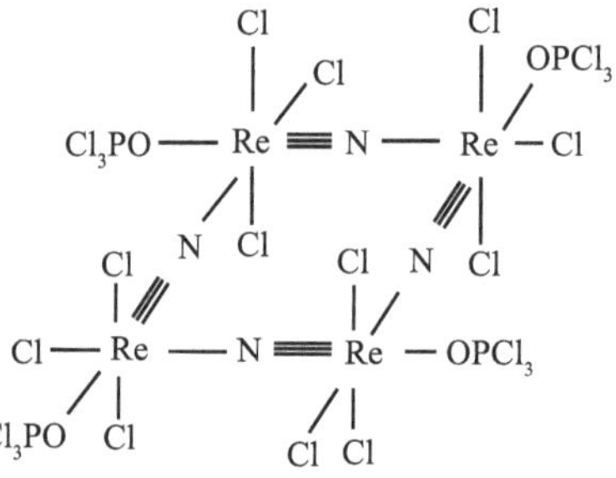

图 3.19　$[ReNCl_3(POCl_3)]_4$ 的结构

Tc(VI)的络合物报道甚少. 1984 年报道了$[TcNCl_4]^-$,它是用 NaN_3 和 NH_4TcO_4 反应制得的,$AsPh_4^+$ 和$(n\text{-}Bu)_4N^+$盐已分离得到. 晶体结构分析指出,阴离子具有 C_{4v}对称性,与 Mo,W,Re 相应化合物同结构.

3.13 氧化数为 VII 的锝和铼的化合物

3.13.1 氧化物

金属锝在过量氧中加热至 400℃时燃烧生成七氧化二锝. 它是浅黄色至土黄色固体,在 119.5℃时熔化成黏性的黄色液体. 它的沸点从蒸汽压测量计算值是 311±2℃,直接测定值是 310.6℃. Tc_2O_7 的液体范围比 Re_2O_7 大得多. 由此可见,它们极可能具有不同的固体结构. 有趣的是 Tc_2O_7 固体导电,液体不导电,而 Re_2O_7 恰巧相反. Tc_2O_7 具有弱的顺磁性. 它的化学性质比 Re_2O_7 活泼,是较强的氧化剂. 它对潮湿是敏感的,并易溶于水生成高锝酸溶液. 它也能溶于二氧六环中,可能形成了一种络合物.

经 X 射线结构分析,证实 Tc_2O_7 中的 Tc 原子是处于四面体配位的氧原子环境中. Tc 与端基氧的平均键长为 167.3 pm,相应于四面体铼配合物的 Re—O 键长:ReO_3Cl(170.2 pm),Re_2O_7(170 pm)和 $Re_2O_7(OH_2)_2$(173 pm). Tc 与成桥氧原子的键长为 184.0(1)pm,这与 4 价 Re 和 4 价 Ru 化合物$[Cl_5Re—O—ReCl_5]^{4-}$ $[Cl_5Ru—O—RuCl_5]^{4-}$中的 Re 桥氧键长(186 pm)Ru 桥氧键长(180 pm)相近.

金属铼于 150℃以上在空气中或氧气中燃烧,或 ReO_2 在空气中强热都能生成七氧化二铼. 为氧的分压较低时,可以观察到氧化生成红色的三氧化铼 ReO_3 的中间过程. 也可将金属铼与过氧化氢作用制得高铼酸溶液,再与 P_2O_5 在真空下共热,Re_2O_7 即从混合物中升华出来. Re_2O_7 能够很方便地用真空升华法进行纯化,制得黄色的大的角状晶体. 晶体结构见图3.20.

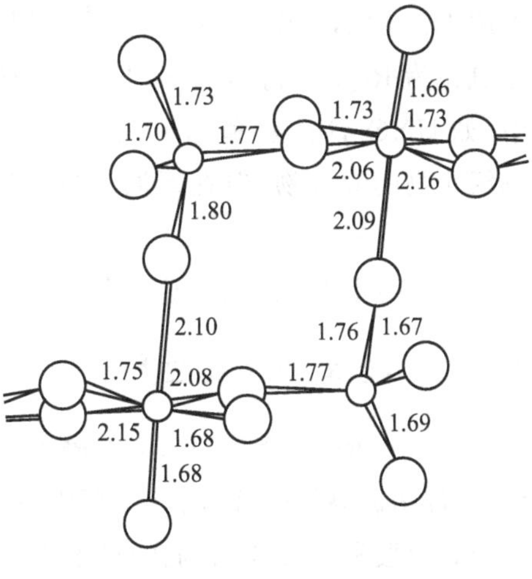

图 3.20 Re_2O_7 晶体结构

X 射线单晶衍射证实,Re_2O_7 晶体中一个 Re 原子是被氧原子四面体配位的,而另一个 Re 原子周围有 6 个氧配位,形成了扭曲的八面体,四面体和八面体之间通过一个共用顶点相连. 八面体还和另一个八面体共边相连. 发现成桥氧原子的一个 Re—O 键较短(170—180 pm),而另一个键较长(>200 pm).从极端状态来看,Re_2O_7 的晶格也可看作为由 ReO_4^- 和 ReO_3^+ 组成.它和 Tc_2O_7 的晶体结构是完全不同的.但气态 Re_2O_7 具有单体结构,Re 原子为四面体配位.Re_2O_7 的熔化熵和汽化熵数值相当大,这说明了相之间的结构变化.

Re_2O_7 的熔点为 300℃,沸点为 360.3℃,它熔化为无色的有高蒸汽压的液体.它对潮气是很敏感的,溶于水生成高铼酸溶液.用 H_2 还原 Re_2O_7,300℃时生成 ReO_2,800℃时生成金属铼.在高温下 CO 和 SO_2 也能还原 Re_2O_7.干燥的 H_2S 与它作用生成 Re_2S_7.早期的报道称 Re_2O_7 可溶于醚、醇和胺中而不被还原.但是经仔细的研究,纯的 Re_2O_7 在无水的有机溶剂中是不溶解的,除非它被该溶剂还原.潮湿的有机溶剂可使它转变成高铼酸而溶解.例如它只有当水存在时才能溶于二氧六环,并可得到化学组成为 $Re_2O_7 \cdot 2H_2O \cdot 2C_4H_8O_2$ 的无色正交晶体,可定量地热分解生成纯粹的 ReO_3.Re_2O_7 可将烯烃氧化为环氧化物.

3.13.2 硫化物和硒化物

Tc_2S_7 可在 2—4N① 的盐酸或硫酸酸化的高锝酸盐溶液中,用 H_2S 析出,它是棕黑色的沉淀.共同沉淀的硫可用 CS_2 洗涤除去.Tc_2S_7 不溶于碱金属的多硫化物溶液.它加热分解可得 TcS_2.

Re_2S_7 可用 H_2S 和 4N 盐酸中的 ReO_4^- 反应制得.该沉淀经初步干燥,用 CS_2 洗涤以除去杂质硫,但总有少量水分难以除去.无水的 Re_2S_7 可用干法制备:Re_2O_7 与 H_2S 反应.Re_2S_7 为深棕色或黑色粉末.在氩气中加热易分解为 ReS_2 和 S.室温下用 H_2 还原,可得 ReS_3,1000℃时用 H_2 还原,最终产物为金属铼.在空气中很容易氧化为 Re_2O_7.它不与 HCl,K_2S 和稀 H_2SO_4 作用,但可溶解于有氧化性的试剂中,如 HNO_3,Br_2 水和 H_2O_2 溶液.与 F_2 反应生成 ReF_6,450—500℃与 Cl_2 反应生成氯化物的混合物,但在低温下反应则生成硫氯化物 $Re_2S_3Cl_4$(120℃)和 $ReSCl_2$(400℃).

Re_2Se_7 已制得,它受热可分解为 ReS_2,但是没有被很仔细地研究过.

3.13.3 含氧酸及其盐类

Tc_2O_7,Re_2O_7 溶于水,或新鲜沉淀的 TcO_2,ReO_2,金属 Tc,金属 Re 与 H_2O_2 作用,都生成高锝酸或高铼酸.严格地讲,应称为偏高锝酸和偏高铼酸,但习惯上常称为高锝酸和高铼酸.它们的稀溶液是无色的,蒸发时,高锝酸溶液逐渐从粉红色转为红色,高铼酸则呈黄绿色,用 P_4O_{10} 在真空下干燥,可分别制得暗红色的高锝酸

---

① 按法定计量单位规定,N 为非许用单位,1N=(1 mol/L)×离子价数,下同.

晶体和土黄色易吸潮的高铼酸晶体. 无水高铼酸可在 CH_3NO_2 中重结晶，在真空中加热至高于 65℃即开始分解为 Re_2O_7. 高锝酸的结构尚未测定，高铼酸单晶结构分析表明其组成为 $Re_2O_7 \cdot 2H_2O$，晶体结构见图 3.21. $O_3Re—O—ReO_3(H_2O)_2$ 中的氧桥是直线形的，两个配位水分子互成顺式. 与 Re_2O_7 晶体结构基本一致，但氢原子和氢键的位置尚未十分确定.

根据高锝(铼)酸能和其它金属、金属氧化物、氢氧化物及碳酸盐等作用，根据它们溶液的 pH 值及高铼酸的酸离解常数为 40，表明它们都是强酸，可用甲基红等作指示剂进行酸碱滴定. 高铼酸还可被非极性的磷酸三丁酯-有机溶剂从水溶液中萃取出来. 高铼酸具有氧化性，高锝酸的氧化性比高铼酸稍强，但比高锰酸要弱得多. 它们的氧化还原电位见图 3.22. TcO_4^- 在酸性溶液中除了可被还原为Tc(VI)，Tc(V)，Tc(IV)的报道外，还有证据表明有 Tc(III)状态存在，但是绿色的Tc(III)

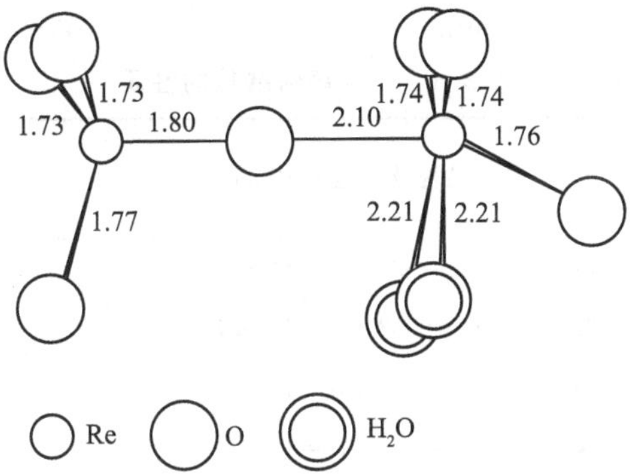

图 3.21 高铼酸分子的结构

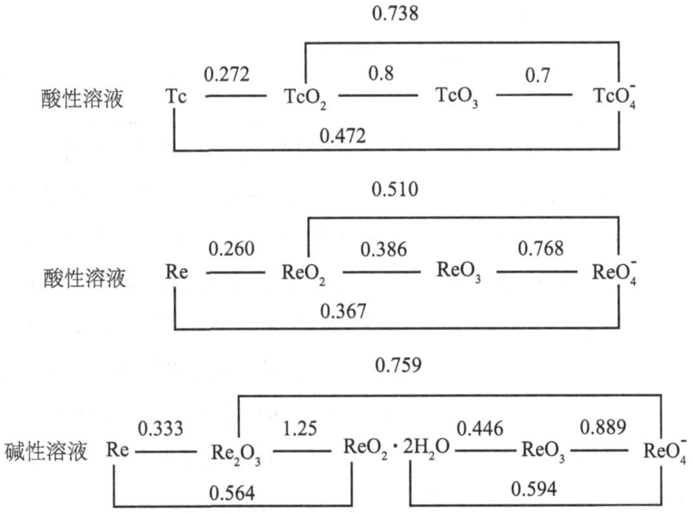

图 3.22 锝和铼的氧化还原电位图(单位:V)

溶液不稳定，易被氧化为 Tc(IV). 与高铼酸不同的是，高锝酸在没有任何其它还原剂存在下可被浓盐酸还原，此点至关重要. ReO_4^- 在酸性溶液中，大多数情况下只能还原到 Re(IV)，而且常常带有中间产物 Re(V)，强还原剂可将它还原到更低的价态. 在非水溶剂中，ReO_4^- 的还原方式非常不同，如在 H_2SO_4 中可被 Fe(II) 或 Sn(II) 还原成粉红色的 Re(VI) 或蓝色的 Re(V) 化合物.

一价阳离子的高锝(铼)酸盐除了银盐外都是无色的. 一价高锝酸盐的性质列于表 3.6. 一价高铼酸盐和相应高锰酸盐的溶解度列于表 3.7. 一般地说，高锝酸盐的溶解度大于相应高铼酸盐而小于相应高锰酸盐. 各种碱土和稀土的高锝酸盐也已被制备和鉴定. 而 ReO_4^- 几乎能与所有的金属阳离子生成稳定的高铼酸盐. 从 $KTcO_4$ 和 $KReO_4$ 的单晶结构研究表明，它们都属白钨矿构型，在略有变形的四面体阴离子中，Tc—O 键距 171.1 pm，Re—O 键距 171.9pm，由此计算得的有效离子半径 Tc^{VII} 为 35pm，Re^{VII} 为 36pm.

表 3.6　一价高锝酸盐的性质

化学式	颜色	结构及晶胞参数(pm)	水中溶解度 20℃(g/ml)
$NaTcO_4$	无	四方 $I4_1/a$，a=533.9，c=1186.9	—
$KTcO_4$	无	四方 $I4_1/a$，a=563.0，c=1286.7	2.13
NH_4TcO_4	无	四方 $I4_1/a$，a=579.0，c=1331.0	—
$ReTcO_4$	无	四方 $I4_1/a$，a=575.0，c=1354	1.167
$CsTcO_4$	无	正交 Pnma，a=571.8，c=1430.4	0.412
$AgTcO_4$	黄绿	四方 $I4_1/a$，a=531.9，c=1187.5	0.563
$TlTcO_4$	无	正交 Pnma，a=550.1，b=574.7 c=1345	0.072

碱金属的高锝(铼)酸盐的热力学性质很稳定. 例如 $KTcO_4$ 在 500℃时呈耀眼的黄色，冷却后又无色，它于 540℃熔融，1atm 下约 1000℃时沸腾或升华而不分解. 又如 $KReO_4$ 在 555℃熔融，1atm 下约 1370℃时沸腾而不分解. 铵盐的稳定性稍差，加热分解为以 TcO_2 或 ReO_2 为主体的混合氧化物. 其它高铼酸盐的稳定性一般地随着阳离子电荷数的增加而降低. 对高铼酸盐的热分解作了比较详细的研究. NH_4ReO_4 在 230—250℃时开始分解，分解速度每小时 3%—5%，在 325℃时分解速度达每小时 70%，在 400℃以上则完全分解，生成 ReO_2，H_2O 和 N_2，而不是 NH_3. $Zn(ReO_4)_2$，$Ni(ReO_4)_2$ 和 $UO_2(ReO_4)_2$ 加热到赤热时生成 Re_2O_7 并分别生成 ZnO，NiO 和 $U_3O_8+O_2$，无水的 $M^{III}(ReO_4)_3$，(M=Al，Ga，In)，在空气中加热，大约在 300℃以上就分解成 Re_2O_7 和 M_2O_3. 无水的 $La(ReO_4)_3$ 在高于 700℃时失

去 Re_2O_7 形成新的物相 La_3ReO_8，它至少可以稳定到 1100℃. 过去认为镧系元素的高铼酸盐在大约 700℃ 时分解成 $Ln_2O_3 + Re_2O_7$，看来这是错误的. 化合物 $M(ReO_4)_4 \cdot nH_2O$（M＝Th 和 NP，n＝0 和 4；M＝Zr 和 Hf，n＝6）和 $M_2O(ReO_4)_6 \cdot nH_2O$（M＝Zr 和 Hf，$n$＝0 和 9）中，几乎都含有 M^{IV}—O—Re^{VII} 桥.

表 3.7　一价高铼酸盐和高锰酸盐的溶解度

	Na^+	K^+	Rb^+	NH_4^+	Ag^+
ReO_4^-	～3.5	0.034	0.031	0.227	0.0089
MnO_4^-	17.28[1)]	0.121	0.055	2.136[1)]	易溶

1)为 25℃外；其余均为 20℃时在水中的溶解度(mol/L).

NH_4ReO_4 和 $MnCO_3$ 混匀加热能生成 $Mn(ReO_4)_2$. $NH_4 \cdot ReO_4$ 在氢气中还原可制得纯粹的金属铼并放出氨气.

3.13.4　新高铼酸盐和原高铼酸盐

除了常见的 M^IReO_4 和 $M^{II}(ReO_4)_2$ 等偏高铼酸盐以外，还有 $M_3^IReO_5$ 和 $M_3^{II}(ReO_5)_2$ 等新高铼酸盐以及 $M_5^IReO_6$ 和 $M_5^{II}(ReO_6)_2$ 等的原高铼酸盐在固态中作为稳定的晶体化合物存在，M^I 为碱金属、M^{II} 为碱土金属. 一般地说它们都和相应的 Os(VII)和 I(VII)化合物同结构. 它们都是吸湿性的，遇水立即水解成偏高铼酸根离子. 锝的类似化合物制备和研究都很少，而锰没有相应的化合物.

TcO_5^{3-} 未能在水溶液中制得，但用干法制得了 Na_3TcO_5，K_3TcO_5，Li_5TcO_6 和 Na_5TcO_6，它们是棕色的，与铼的相应化合物同结构，但热稳定性稍差.

新高铼酸盐 $M_3^IReO_5$ 和 $M_3^{II}(ReO_5)_2$ 都是亮黄色的固体，制法是按化学计量将偏高铼酸盐和 Na_2O_2，KOH，$SrCO_3$ 或 $Ba(OH)_2$ 混匀后，在干燥的氧气中加热而成. $M_3^IReO_5$（M^I＝K，Rb，Cs）的纯样品的制备可用 ReO_2 与碱金属的超氧化物混匀后在 400℃下加热 3h 而成，但若用碱金属的过氧化物代替超氧化物，唯一的产物是偏高铼酸盐. 新高铼酸盐 $M_3^IReO_5$ 都有一个可逆的物相转变（K 为 374℃，Rb 为 320℃，Cs 为 304℃），然后直到 900℃都无变化. Li 和 Ca 的盐似乎不稳定，多次制备的结果都是原高铼酸盐和偏高铼酸盐的混合物. Sr 盐在高于 750℃时转变为原高铼酸锶和偏高铼酸锶：

$$2Sr_3(ReO_5)_2 \longrightarrow Sr_5(ReO_6)_2 + Sr(ReO_4)_2$$

Ba 盐更加稳定，至少 1200℃还不分解. 因为 Ba 盐难溶于水，故可在 $Ba(OH)_2$ 的强碱性溶液中制得组成为 $Ba_3(ReO_5)_2 \cdot \frac{1}{3}Ba(OH)_2$ 的晶体，X 射线衍射分析展示出分立的羟基和略微扭曲的四方锥形的 ReO_5^{3-} 的几何构型，其中轴向 Re—O 键长

169pm 比底座的 Re—O 键长 180pm 和 185pm 短一些. 可见新高铼酸盐是 ReO_5^{3-} 的简单盐类，它们在浓碱中是黄色的溶液. 新高铼酸钡和原高铼酸钡能溶于无水甲醇中而不被溶剂分解.

原高铼酸盐 $M_5^IReO_6$ 和 $M_5^{II}(ReO_6)_2$ 是深橙色或绿色固体，M^I 为 Ii，Na，M^{II} 为 Ca，Sr，Ba. 制法是将偏高铼酸盐与按化学配比的氧化物、碳酸盐或碱混匀加热，碱过量时也无其它物种生成. 与新高铼酸盐相比，制备温度更高些、反应时间更长些. Li 盐是六角形叶片状黄色晶体，加热时呈红棕色，它是 Li_2O-$LiReO_4$ 体系中唯一的新相. 其结构为孤立的 ReO_6 八面体，Re—O 键长 2.05 Å. Na 盐与 Li 盐同结构. 铼的三元钡氧化物的性质比较列于表 3.8.

表 3.8 偏高铼酸钡、新高铼酸钡和原高铼酸钡的性质

化合物	颜色	熔点	反应条件	甲醇中溶解度 (8g/100 ml)
$Ba(ReO_4)_2$	无色	799℃		0.37
$Ba_3(ReO_5)_2$	柠檬黄	1200℃	$BaCO_3$，700℃，2h	0.03
$Ba_5(ReO_6)_2$	橙	1200℃	$BaCO_3$，580℃，20h	5.3

已制得四元氧化物 $Ba(M_{0.5}Re_{0.5})O_3$ 和 $Sr(M_{0.5}Re_{0.5})O_3$，M 为 Li 或 Na，它们是用 $NaReO_4$ 或 $LiReO_4$ 与 $BaCO_3$ 或 $SrCO_3$ 共熔制得的，冷时黄色热时为红色，与钛酸钙同结构.

3.13.5 硫代和氮代高铼酸盐

锝的相应化合物研究很少. 硫代高铼酸盐 $ReO_{4-n}S_n^-$ (n＝1—4)是偏高铼酸盐的水溶液在不同 pH 条件下与 H_2S 气体作用的产物. 其中 ReO_3S^- 和 ReS_4^- 可以制得结晶盐，$ReOS_3^-$ 和 $ReO_2S_2^-$ 则存在于溶液中. 因为硫代高铼酸盐溶液容易分解成 ReO_4^- 和 Re_2S_7，所以研究比较困难. 但许多硫代高铼酸盐极易溶解于有机溶剂中，因此可在非水体系中加以研究. 等电子体的硫代钨酸盐 $WO_{4-n}S_n^{2-}$ 和硫代钼酸盐 $MoO_{4-n}S_n^{2-}$ 是人们所熟知的，但是 Mn^{VII} 和 Os^{VII} 都不形成类似的化合物. ReO_3S^- 是黄色的，在中性溶液中获得；ReS_4^- 是紫色的，在 25％氨溶液中制得. Cs 和 Tl 的盐属 $BaSO_4$ 结构，而 K 和 Rb 的盐属与白钨矿有关的一种新的构型. $AReS_4$ ($A=AsPh_4$，PPh_4，NMe_4)都是紫黑色晶体，能溶于有机溶剂，但所得溶液不稳定，在几小时内分解. 硫代高铼酸盐的红外特征是 938(m)，891(S，br)，504(m)，330(m)，310(S)，240(m)cm^{-1}，其中 504cm^{-1} 被指认为 Re—S 伸缩振动频率.

将钾酰胺与在液氨中的 Re_2O_7 反应，可得到 ReO_3N^{2-} 的钾盐. 它与已知的 OsO_3N^- 和 MoO_3N^{3-} 是等电子体，性质属于两者之间. 对大气是稳定的，但可被水分解.氮代高铼酸盐的红外光谱特征为 909,936cm^{-1}(Re—O 键贡献)和 1025cm^{-1}(Re—N 键贡献).

3.13.6 卤化物

Tc 不能形成七卤化物.已知元素的七氟化物只有 ReF_7,IF_7 和很不稳定的 OsF_7 3 种.Re(VII)的卤化物只有 ReF_7 一种.金属铼在氟气流(N_2 或 Ar 稀释)中燃烧生成 ReF_7 和 ReF_6 的混合物,该混合物在 400℃和 3 atm 的氟中氟化几小时,ReF_6 可以定量地转变成 ReF_7.也可在一定条件下将铼丝在 SF_6 中发生爆炸性反应生成 ReF_7.ReF_7 的三相点为 48.3℃,沸点为 73.7℃,挥发性比 ReF_6 低(熔点 18.5℃,沸点 33.7℃).与 IF_7 一样,ReF_7 在室温下是体心立方单元晶胞,在约 −120℃时转变为较低的对称性,它的晶体结构尚未测定.ReF_7 能溶于无水氢氟酸中得到一种基本上不导电的溶液.它在干燥情况下相当稳定,可长期在硬质玻璃管中保存,在镍器皿中至少可以稳定到 400℃,在干燥的氧气中升温到 500℃时也不发生反应.与 ReF_6 不同,即使在压力下也不与 MF 化合(M 为碱金属).比 OsF_7 稳定得多,氧化性比 PtF_6 差,不能与 AsF_3 作用,但可使 PF_3 氧化为 PF_5.ReF_7 能立即被水分解生成 $HReO_4$ 和 HF.ReF_7 与 NO_2F 或 NOF 反应生成 NO_2ReF_8 或 $NOReF_8$,ReF_8^- 被认为具有反四方棱柱结构.

3.13.7 卤氧化物、卤硫化物和卤氮化物

Tc(VII)的卤氧化物只有 TcO_3X(X=F,Cl).TcO_3F 是由 TcO_2 与氟在 150℃时反应制得的,它是黄色晶体,在 18.3℃时熔化为黄色液体.振动光谱表明其分子具有 C_{3v}对称性.在室温时于镍器皿中和蒙铜合金中是稳定的,但能腐蚀硬质玻璃.遇水立即完全分解.TcO_3F 在 400℃时和 4atm 下与过量氟反应,被还原成 TcF_6.TcO_3Cl 是用 $TcCl_4$ 在氧气流中加热到 450℃生成的.它是无色或黄色液体,沸点为 25℃.它的振动光谱与 Tc_2O_7 很相似.它比 ReO_3Cl 更不稳定,加热时部分分解为一种红色固体物,可能是 TcO_3.

Re(VII)的卤氧化物有 ReO_3X(X=F,Cl,Br),ReO_2F_3 和 $ReOF_5$.ReO_3F 是由 ReO_3Cl 与无水 HF 反应而成,或者 IF_5 与粉状的 $KReO_4$ 反应而成,它是深黄色固体,可在真空中缓慢地升华得到 ReO_3F 晶体.在 147℃时熔化为很黏的黄色液体,容易发生过冷现象.164℃时沸腾并伴有微量分解.其分子为对称于一角顶的四面体,Re—O 键长 169.2pm,Re—F 键长 185.9pm,∠FReO 为 109°31′,偶极矩的计算值为 0.85D.在潮湿空气中即分解,遇水分解为 $HReO_4$ 和 HF.ReO_3Cl 有多种制法,目前最佳的制法是用 $ReCl_5$ 的 CCl_4 溶液与 Cl_2O 在 200℃时反应:

$$ReCl_5 + 3Cl_2O \xrightarrow[200℃]{CCl_4} ReO_3Cl + 5Cl_2$$

另外，也可用 $ReCl_5$ 与 Re_2O_7 反应；O_2 和 $ReCl_5$ 或 $ReOCl_4$ 作用；Cl_2 和 O_2 的混合气体作用于铼的硫化物；ReO_3 与 Cl_2 在 160—190℃时进行反应然后萃出其中溶解的 Cl_2 即可得纯的 ReO_3Cl 等方法，但是这些方法都不能定量地转变为 ReO_3Cl. ReO_3Cl 为无色液体，熔点 4.5℃，沸点 131℃. 分子结构与 ReO_3F 类似，参数为 Re—O 键长 176.1pm，Re—Cl 键长 223.0pm，$\angle$ClReO 为 108°20′. 红外光谱中，960cm^{-1}处有强吸收峰，被指认为 Re=O 振动频率. ReO_3Cl 能被水立即分解为 $HReO_4$ 和 $HClO_4$. ReO_3Br 可由溴蒸汽与 $KReO_4$ 作用或液溴与 ReO_3 反应制得，它是无色的. 它的热稳定性较差，受热就分解成 ReO_3. 其化学性质所知甚少. 但其红外光谱被测定和指认过，在 963cm^{-1}处有 Re=O 振动吸收强峰. ReO_2F_3 是用 F_2 与 ReO_2 或 $KReO_4$ 作用生成的，也可用 F_2 和 O_2 混合气体与金属铼反应制得. 它是奶黄色的固体和液体，熔点为 90℃，沸点为 185.4℃. 其液体容易过冷为玻璃体，静置下能缓慢地析出晶体. 它在玻璃器皿中直到其沸点都是稳定的. 但遇水就水解为 $HReO_4$ 和 HF. $ReOF_5$ 是在制备 ReO_2F_3 时生成的少量副产物，利用沸点的差异很容易将它从 ReO_2F_3 中分离出来. 室温时它为奶油色晶体，液体和气体都是无色的. 它的晶体转变温度为 30.0℃，熔点为 43.8℃，沸点为 73.0℃. ^{19}F NMR 谱显示，159.6ppm 处有一个弱的四重峰，361.9ppm 处有一个强的双重峰，它们分别是一个轴向的氟原子和 4 个赤道氟原子的吸收峰，证实其分子具有 C_{4v} 对称性，与 $OsOF_5$ 和 IOF_5 同结构. $ReOF_5$ 和硝基和亚硝基的氟化物反应可生成 $ReOF_6^-$ 的盐类.

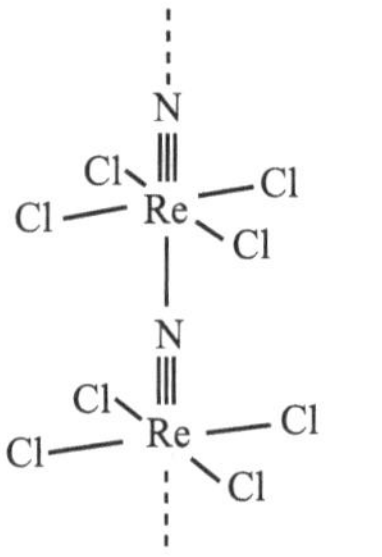

图 3.23 $ReNCl_4$ 的结构

Re(VII)还有卤硫化物和卤氮化物. ReS_3Cl，$ReSCl_4$ 和 $Re_2S_3Cl_4$ 可由氯与硫化物反应制得，也可由氯化物与 S_2Cl_2 反应制得. 但是这些化合物都没有很好地被鉴定过. $ReNCl_4$ 是由 $ReCl_5$ 和 NCl_3 反应制得的. 其结构类似于 $WOCl_4$，如图 3.23 所示，由含有 $ReNCl_4$ 单位的链组成. Re≡N 键长 158pm，Re—N 键长 248pm，Re—Cl 键长 227pm. $ReNCl_4$ 加热至 170℃分解为 $ReNCl_3$ 和 Cl_2；与 $POCl_3$ 反应，生成$[ReNCl_3 \cdot POCl_3]_4 \cdot 2POCl_3$.

3.13.8 氢络合物

K_2TcH_9 可用金属钾在氮气氛中还原高锝酸铵的乙二胺和无水酒精溶液制得. 它是一种白色晶体，与 K_2ReH_9 同结构，属六方晶系，晶胞参数为 $a=964$pm，$c=556$. 它能稳定存在于强碱的稀溶液中，浓度大于 0.05%时将迅速分解. 其稀溶

液能将 Tl^{+} 还原为金属铊.红外及核磁共振谱与 K_2ReH_9 十分相似.

ReH_9^{2-} 可用过量的碱金属在醇中还原高铼酸盐制得,在乙醇中用钠还原 $NaReO_4$ 的产率最高,可得 35% Na_2ReH_9.仔细地测定过 K_2ReH_9 的晶体结构,属六方晶系,a=960.7pm,c=550.8pm,铼原子位于由 6 个氢原子组成的三角棱柱的中心,另外 3 个氢原子分别位于三角棱柱三个矩形面的中央上方,其结构如图 3.24 所示,具有 D_{3h} 对称性.它们是无色的化合物.^{1}HNMR 谱显示只有一根单独谱线.9 个 Re—H 键键长几乎相等.ReH_9^{2-} 在碱性溶液中相当稳定,可以从中重结晶,但在中性溶液中会分解失去 H_2.与 CO 在乙醇中反应生成$[Re(CO)_3]_2(\mu\text{-}H)_3$.可以用膦、胂配体取代 ReH_9^{2-} 中 1 个或 2 个氢.它能被氧化剂如次氯酸盐等迅速氧化.与 Tl^{+} 作用最初出现一种白色沉淀,但很快就出现黑色的金属铊.

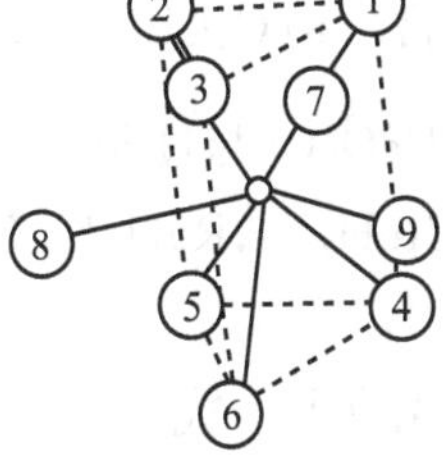

图 3.24　ReH_9^{2-} 的结构

3.13.9　卤络合物和卤氧络合物

Tc(VII)的卤络合物及卤氧络合物尚无报道.已知有 4 种 Re(VII)的络合物:ReF_8^-,$ReOF_6^-$,$ReO_2F_4^-$ 和 $ReO_3Cl_2^-$.前两种可分别由 ReF_7 或 $ReOF_5$ 与 NO_2F 或 NOF 反应制得,后者可从高铼酸的浓盐酸溶液中加入 CsCl 而制得铯盐,它是土黄色的.$MReO_2F_4$(M=K,Rb,Cs,$\frac{1}{2}$Ba)可用 BrF_3 和 $MReO_4$ 反应制得,它们是奶油色的.所有 4 种络合物都能被水完全水解为 ReO_4^-.$ReO_3F_3^{2-}$ 未能从高铼酸的水溶液或 HF 溶液中分离出来.此外,ReO_3Cl 可与 $AlCl_3$,$NbCl_5$ 或 $SbCl_5$ 反应分别生成加合物:$ReO_3Cl\cdot AlCl_3$,$ReO_3Cl\cdot NbCl_5$ 和 $ReO_3Cl\cdot SbCl_5$,这些加合物包含了 Re=O→E 键(E = Al, Nb, Sb).$ReCl_5$ 和 Cl_2O 在 $POCl_3$ 存在下作用可制得 $ReO_3(O_2PCl_2)\cdot POCl_3$,它被假设具有双聚结构,见图 3.25.

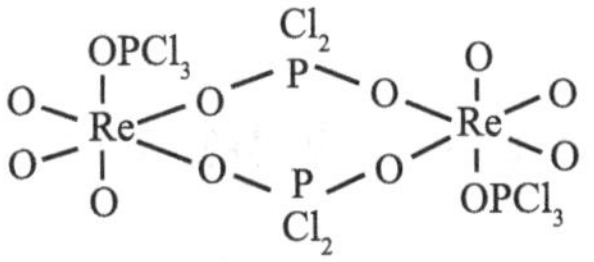

图 3.25　$ReO_3(O_2PCl_2)\cdot POCl_3$ 的两聚结构

3.13.10　氧族和氮族元素配体的络合物

Tc(VII)的络合物尚无报道.Re(VII)的络合物也很少,且不稳定.ReO_3Cl

$(dmf)_2$ 和 $ReO_3Cl(dmso)_2$ 可由 ReO_3Cl 与化学计量的配体在 CCl_4 溶液中反应制得. ReO_3ClL_2 $\left[L=Py,\frac{1}{2}dipy, MeCONMe_2, (Me_2N)_2CO 和 PO(NMe_2)_3\right]$ 可由 ReO_3Cl 与过量的 L 作用制得，但用 CCl_4 洗涤时已分解. 还有一些氢络合物 ReH_7L_2，ReH_8L^- 等，L=PPh_3，PEt_3，$P(n\text{-}Bu)_3$，$AsPh_3$.

3.14 锝和铼的羰基化合物和金属有机化合物

这是锝和铼化学发展最迅速的领域之一，每年都有大量的化合物被合成.

3.14.1 羰基锝和羰基铼

锰分族三个元素的羰基衍生物性质相似，锝衍生物的性质相对来说更接近于铼的衍生物.

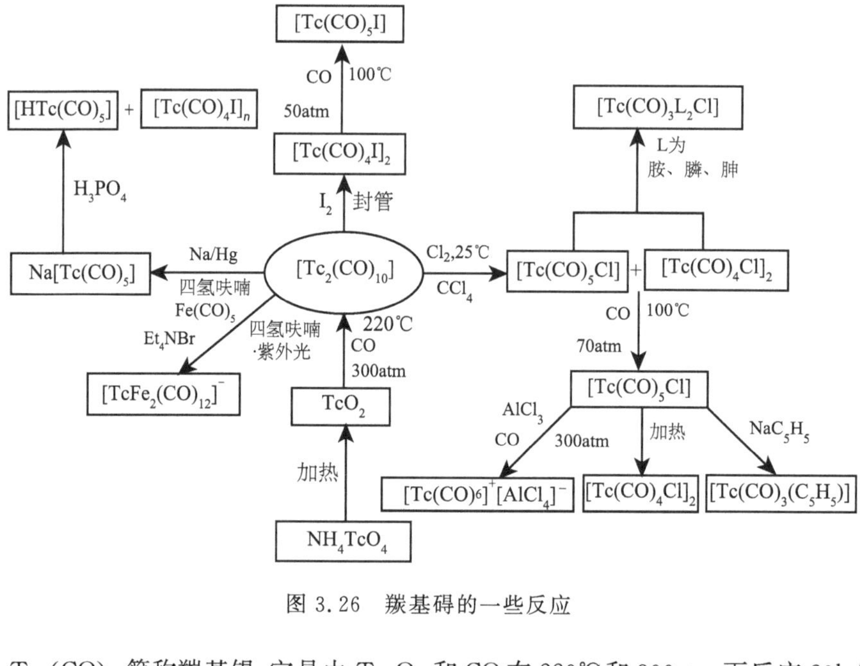

图 3.26　羰基锝的一些反应

$Tc_2(CO)_{10}$ 简称羰基锝，它是由 Tc_2O_7 和 CO 在 220℃和 300atm 下反应 20h 制得的. 以乙醚萃取和重结晶，然后在 50℃真空升华提纯. $Tc_2(CO)_{10}$ 为无色晶体，熔点 159—160℃，在空气中会缓慢地分解. 振动光谱和 X 射线衍射分析证明，它与 $Re_2(CO)_{10}$ 和 $Mn_2(CO)_{10}$ 是同结构的，它属单斜晶系，空间群 I^2/a，晶胞参数 a=146.5pm，b=718pm，c=1493pm，β=105.6°，Tc—Tc 键距 303.6pm. 现将有关羰基锝的反应列于图 3.26. $Tc_3(CO)_{12}$ 简称四羰基锝，它是制备 $HTc(CO)_5$ 时的副产物.

$Tc_3(CO)_{12}$对空气是稳定的，在环己烷溶液中测定分子量证实它是三聚体，其结构可能与 $Os_3(CO)_{12}$ 类似. $Tc_3(CO)_{12}$ 与 CO 作用生成 $Tc_2(CO)_{10}$，与溴作用生成[$Tc(CO)_4Br$].

$Re_2(CO)_{10}$简称羰基铼，它是由 Re_2O_7 和 CO 在 250℃和 200atm 下反应制得. 若用 $KReO_4$ 为原料，则需要 270℃和 250 atm. Re_2S_7 也能发生反应，但速度更加缓慢. 可用真空升华法提纯. $Re_2(CO)_{10}$是略带甜气味的白色晶体，在常温下稳定，在闭管中于 177℃熔化，在大气压下约在 144℃气化，在氮气中在高于 140℃时缓慢地分解为 CO 和 Re，在空气中容易自燃. 能溶于莰烯($C_{10}H_{16}$)或环戊酮中，在这些溶剂中测定其分子量符合于 $Re_2(CO)_{10}$. 然而它在水和大多数溶剂中都是微溶的. $Re_2(CO)_{10}$是反磁性的. X 射线衍射分析表明它的二聚分子是通过金属—金属键联结的，其中两个相连的八面体彼此对称地旋转 45°，Re—Re 键距为 302pm，比正常的共价半径之和 256pm 长. 在 $Mn_2(CO)_{10}$，$Re_2(CO)_{10}$和 $ReMn(CO)_{10}$ 3 种羰基化合物中，金属—金属键的解离常数大小的次序是 Mn—Mn<Re—Re<Re—Mn，从拉曼光谱数据计算的近似力常数也有这样的次序. 它的红外和拉曼光谱数据已完全被指认. $Re_2(CO)_{10}$ 不和稀酸稀碱作用，但能和热浓硝酸或硫酸起反应.

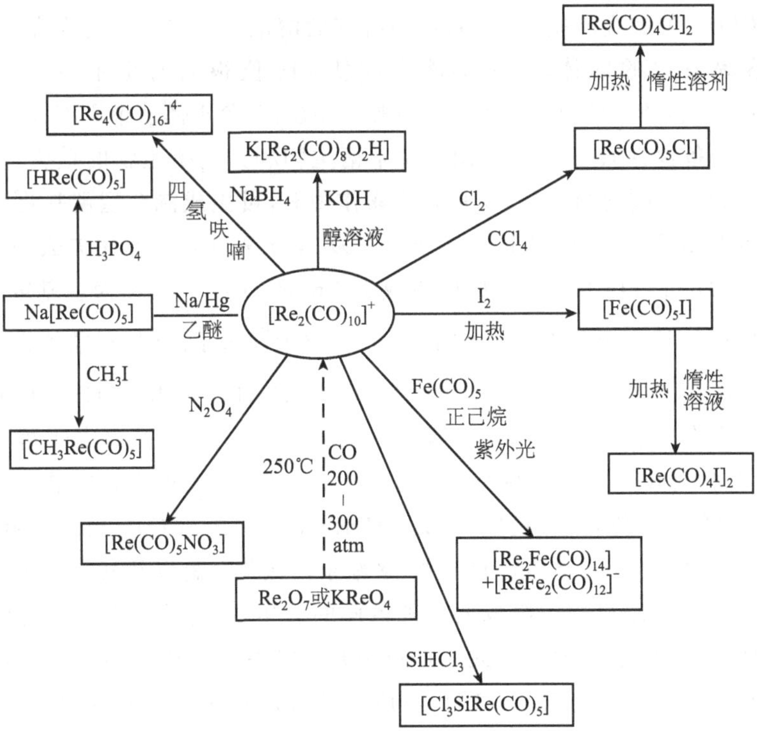

图 3.27 羰基铼的一些反应

$Re_2(CO)_{10}$或 $Re(CO)_5Cl$ 与 KOH 的醇溶液反应可生成 $K[Re_2(CO)_8O_2H]$. $Re_2(CO)_{10}$与 $Fe(CO)_5$反应生成混合型的羰基化合物 $Re_2Fe(CO)_{14}$，它开辟了合成大量新的羰基化合物的途径，同样地 $NaBH_4$ 还原 $Re_2(CO)_{10}$的反应也导致产生大量新的“簇状”化合物. 许多膦、胂的衍生物也已被合成. 现将有关碳基铼的反应列于图 3.27.

3.14.2　锝和铼的羰合物阳离子和酸根阴离子

$Tc(CO)_6^+$ 和 $Tc(CO)_5^-$ 的性质和制备方法都与 $Re(CO)_6^+$ 和 $Re(CO)_5^-$ 相似. $Tc(CO)_6^+$ 能与大阴离子形成稳定的盐. $Tc(CO)_5^-$ 能存在于乙醚溶液中，用光谱技术对 $Tc(CO)_5^-$ 进行了鉴定，虽然没有对它进行过分析，但是该溶液经历了一切 $Tc(CO)_5^-$ 所预期的反应.

$Re(CO)_5Cl$ 在高温和压力下与 $AlCl_3$ 和 CO 反应生成$[Re(CO)_6][AlCl_4]$. 其它大阴离子的稳定盐类可用交换反应制得如高氯酸盐$[Re(CO)_6]ClO_4$ 和四苯硼酸盐$[Re(CO)_6][BPh_4]$. 八面体的 $Re(CO)_6^+$ 与 $W(CO)_6$ 是等电子体. 还制得了有其它配体取代的阳离子如$[(Ph_3P)_2Re(CO)_4]^+$等.

$Re(CO)_5^-$ 的碱金属盐可由 $Re_2(CO)_{10}$在醚溶液中用碱金属的汞齐还原而成. 它们是容易着火的固体，在水溶液中即使 pH 值很高时也不可逆地水解成 $HRe(CO)_5$，因此 $Re(CO)_5^-$ 只能在醚溶液中存在，在含水体系中不能存在. 尽管如此，它们是制备含有 $Re(CO)_5$ 基团的烷基衍生物和其它衍生物的重要中间体. 例如和其它元素的羰基化合物或羰基卤化物作用时，可生成混合型羰基化合物或羰基离子：与 $Mn(CO)_5Cl$ 作用生成 $MnRe(CO)_{10}$；与 $W(CO)_6$ 作用失去一个 CO 生成$[WRe(CO)_{10}]^-$；与 R_2SnCl_2 反应生成 $R_2Sn[Re(CO)_5]_2$，R 为烷基或 Cl，可以认为是 $R_2Sn<$ 插到 $Re_2(CO)_{10}$中的 Re—Re 键中间去了. 又如和酰氯或全氟酰氯 RCOCl 反应，可生成相应的羰基衍生物 $RCO \cdot Re(CO)_5$，R 为 CH_3，C_6H_5，C_2F_5 等. 这些化合物都是挥发性的，而且具有一个奇特性质：当加热到高于熔点时失去一个 CO 而形成 $RRe(CO)_5$. 烷基或芳基的一些衍生物，也可由相应的卤化物反应制成，如 $Re(CO)_5^-$ 与 CH_3I 反应，生成 $CH_3Re(CO)_5$. $Re(CO)_5^-$ 也可与氟化烯烃、脂环族碳氟化合物、多氟芳香族化合物、多氟杂环氮化合物以及其它许多有机衍生物反应，得到含有 $Re(CO)_5$ 组成的各种各样的衍生物. 这些 σ 键合的有机基团占据了八面体配位中的一个位置. 此外，$Re(CO)_5^-$ 与 2-B_5H_8Br 反应生成硼烷的衍生物 2-$[Re(CO)_5]B_5H_8$，与 $R_2O \cdot BH_3$ 反应生成阴离子$[H_3B \cdot Re(CO)_5^-]$.

$Re_2(CO)_{10}$ 与 $NaBH_4$ 在 THF 中反应可生成四聚的羰合物酸根阴离子 $[Re_4(CO)_{16}]^{4-}$，它为深红色溶液，加入 $(n\text{-}Bu)_4NI$ 可以分离出红色晶体

$[(n\text{-Bu})_4N]_4[Re_4(CO)_{16}]$. X射线衍射分析表明,4个铼原子组成两个缩合在一起的近似等边三角形,Re—Re距离在295.6—302.4pm之间,每个铼原子与4个端基CO结合.

3.14.3 锝和铼的羰基氢化物

$HTc(CO)_5$ 可由含有 $Tc(CO)_5^-$ 的醚溶液加 H_3PO_4 酸化后蒸馏制得.其光谱与 $HMn(CO)_5$ 和 $HRe(CO)_5$ 十分相像,证实了羰基氢化物的存在.

$HRe(CO)_5$ 可由含有 $Re(CO)_5^-$ 的醚溶液用 H_3PO_4 酸化后蒸馏制得,它是无色液体,熔点12.5℃,对空气敏感.红外光谱中Re—H的伸缩频率为 $1832cm^{-1}$,而相应氘代化合物的Re—D伸缩振动频率为 $1318cm^{-1}$.从光谱数据看分子具有低对称性.它不溶于水,酸性极弱.比相应的铁或钴的羰基氢化物更为稳定,在100℃时分解为 $Re_2(CO)_{10}$ 和 H_2.

铼还有多核的羰基氢化物.$HRe_3(CO)_{14}$ 和 $H_3Re_3(CO)_{12}$ 可以从 $Re_2(CO)_{10}$ 在四氢呋喃中用 $NaBH_4$ 还原生成的深红色溶液加以酸化后分离出来并加以鉴定.改变反应条件和试剂的比例可以使它们的产量达到最大值.$H_3Re_3(CO)_{12}$ 用碱处理可生成 $[H_2Re_3(CO)_{12}]^-$,它的结构是以3个铼原子组成的三角形为基础的.

混合型的氢化物 $HMnRe_2(CO)_{14}$ 和 $HMn_2Re(CO)_{14}$ 也已制得.氢化物 $HMnRe_2(CO)_{14}$ 是有趣的,结构研究指出,氢原子位于两个铼原子之间,Re—Re键距3.39Å,Mn—Re键距2.96Å,金属原子的构型为L型.这方面的制备研究和结构研究大有可为,也很有意义.$Ph_2SiH_2Re_2(CO)_8$ 可由 $Re_2(CO)_{10}$ 和 Ph_2SiH_2 的苯溶液经紫外辐照制得,物理测量和X射线衍射分析证实,两个氢原子桥联Re—Si键.

除中性氢化物以外,还有阴离子氢化物 $[Re_2(CO)_6H_3]^-$.$(Et_4N)_2ReH_9$ 的乙醇溶液中有 Et_4NOH 存在时,与CO反应可生成 $[Re_2(CO)_6H_3]^-$ 的四乙基铵盐和许多其它化合物,IR和NMR谱证实该化合物中CO都是端基配位的,而两个铼原子由3个成桥氢原子联结.

3.14.4 锝和铼的羰基卤化物

锝的羰基卤化物有单核的 $Tc(CO)_5X$ 和二聚的 $[Tc(CO)_4X]_2$ 两种类型,X=Cl,Br,I.它们的制法和性质与铼的相应化合物相似,在大气中也是稳定的.可发生类似的取代反应.当取代配体L是胺、膦、氧化膦、胂、䏲时,取代反应的产物是 $Tc(CO)_3L_2X$,X为Cl,I,RCO_2;但当取代配体是硫给体时,则生成物是具有成桥硫原子的二聚体 $[Tc(CO)_4L]_2$,L=SPh,SEt,SMe,反应式如下:

$$2Tc(CO)_5Cl + 2RSH \longrightarrow [Tc(CO)_4SR]_2 + 2CO + 2HCl$$

铼的羰基卤化物有单核的 $Re(CO)_5X$、二聚的$[Re(CO)_4X]_2$ 和高度活性的多聚的$[Re(CO)_3Cl]_x$，X=Cl，Br，I. $Re(CO)_5X$ 为无色、无嗅、反磁性的晶状化合物，能稳定到 400℃，它们的晶体结构虽尚未测定，但 $Re(CO)_5I$ 的振动光谱已按 C_{4v} 对称性为基础进行了归属. 碘和溴比氯更容易形成 $Rc(CO)_5X$. CO 在常压下通过 K_2ReI_6 或 K_2ReBr_6，在 200℃时可制得 $Re(CO)_5I$ 或 $Re(CO)_5Br$，但反应需要几天时间. 在 200atm 下当有铜粉等卤素接受体存在时，反应时间可大为缩短. 从 $ReCl_5$ 或 K_2ReCl_6 等制备 $Re(CO)_5Cl$ 时，CO 的压力是必需的. 也可在封闭管中用卤素处理 $Re_2(CO)_{10}$ 来制备(Cl_2，Br_2 在 CCl_4 中，I_2 单独添加)，产物主要是$[Re(CO)_4X]_2$，然后在 100℃和压力下与 CO 共热，可得到 $Re(CO)_5X$. $Re(CO)_5X$ 在大气中是不活泼的. 在 CO 气流中 90—140℃迅速升华. 与胺类能发生取代反应，其中两个羰基容易被取代，但不可能取代更多的羰基. 例如它与吡啶反应生成$[(Py)_2Re(CO)_3Cl]$等，与苯胺反应生成$[(PhNH_2)_2Re(CO)_3Cl]$. 在另一些反应中，卤素与羰基都发生取代. 例如 $Re(CO)_5Br$ 和 Me_3SiPPh_2 反应，Si—P 键断裂，形成了由成桥磷原子相连接的二聚的$[Re(CO)_4PPh_2]_2$. 类似的硫和硒化合物也已制得.

$[Re(CO)_4X]_2$ 可将 $Re(CO)_5X$ 在惰性溶剂中加热回流而制得. $[Re(CO)_4Cl]_2$ 和$[Re(CO)_4Br]_2$ 都是无色的，而$[Re(CO)_4I]_2$ 是黄色的，它们在空气中都是稳定的. $[Re(CO)_4X]_2$ 的特点是含有非金属的成桥原子，而不是含有 Re—Re 键. 红外光谱表明有成桥卤原子存在. 和 $Re(CO)_5X$ 一样，也能发生取代反应. 例如与三苯基膦或吡啶等，反应几乎完全相同，但反应速度要快得多.

羰基卤化物酸根阴离子$[Re(CO)_4I_2]^-$，$[Re(CO)_4IBr]^-$ 和$[Re_2(CO)_7Cl_3]^-$ 可由羰基卤化物和卤素离子反应制得.

3.14.5 锝和铼的芳香族络合物

1. 锝的芳香族络合物

$Tc(C_6H_6)_2^+$ 首先是由中子轰击 $Mo(C_6H_6)_2$ 后生成的 ^{99}Mo 经 β 发射后生成的. 现在已由 $TcCl_4$ 在 $AlCl_3$ 和 Al 存在下与 C_6H_6 反应制得，它可与 PF_6^- 结合为稳定的盐$[Tc(C_6H_6)_2]PF_6$. 用类似的方法可制得$\{Tc[C_6(CH_3)_6]_2\}PF_6$. 它们和铼的相应化合物$[Re(C_6H_6)_2]PF_6$ 同结构. 在 1,2—二甲氧基乙烷中用 $LiAlH_4$ 还原，可制得黄色反磁性的芳烃——环己二烯络合物$(C_6H_6)Tc(C_6H_7)$和$[C_6(CH_3)_6]Tc[C_6(CH_3)_6H]$.

$Tc(C_5H_5)_2H$ 是由四氯化锝与环戊二烯基钠在四氢呋喃中反应制得，在无氧气条件下加热到 50℃生成紫红色溶液，然后加入硼氢化钠即生成 $Tc(C_5H_5)_2H$. 它是反磁性的黄色晶体，熔点 150℃. 最初以为它是二聚分子$[Tc(C_5H_5)_2]_2$，后来证实与铼一样也是氢化物. 与 $Re(C_5H_5)_2H$ 相比,红外光谱中的 M—H 伸缩振动频率 $1984cm^{-1}$ 的峰较弱, 早期的化学家可能未观察到该峰及 ^{1}HNMR 信号. $Tc(C_5H_5)_2H$是弱碱性的,能与强酸生成盐:

$$Tc(C_5H_5)_2H \underset{NaOH}{\overset{HCl}{\rightleftharpoons}} [Tc(C_5H_5)_2H_2]Cl$$

$[Tc(C_5H_5)_2H_2]^+$ 可与 PF_6^- 作用生成相当难溶的白色沉淀 $[Tc(C_5H_5)_2H_2]PF_6$.

π-$C_5H_5Tc(CO)_3$ 开始也是通过 π-$C_5H_5Mo(CO)_3$ 的元素变换而生成的. 现在可用 $Tc(CO)_5Cl$ 与 NaC_5H_5 反应制得:

$$Tc(CO)_5Cl + NaC_5H_5 \longrightarrow C_5H_5Tc(CO)_3 + NaCl + 2CO$$

它是反磁性的,熔点 87℃.

2. 铼的芳香族络合物

$[ReAr_2]^+$ 可用 $ReCl_3$ 或 $ReCl_5$ 与 Ar 反应制得, Ar 为 C_6H_6, 2, 4, 6-$(CH_3)_3C_6H_3$ 或 $(CH_3)_6C_6$,加入适当的大阴离子如 I, PF_6^-, BPh_4^- 等可分离出相应的化合物:

$$\left.\begin{matrix} ReCl_5 \\ ReCl_3 \end{matrix}\right. + Ar \xrightarrow[130℃]{Al/AlCl_3} [ReAr_2][AlCl_4]$$

$[Re(C_6H_6)_2]I_3$, $\{Re[C_6(CH_3)_6]_2\}PF_6$ 在 1,2-二甲氧基乙烷中用 $LiAlH_4$ 还原,可分别得到橙红色的 $(C_6H_6)Re(C_6H_7)$ 和 $[C_6(CH_3)_6]Re(C_6(CH_3)_6H]$. 它们的结构见图 3.27. 但是在无溶剂时用熔融钠还原 $\{Re(C_6(CH_3)_6]_2\}PF_6$ 可制得反磁性的二聚体化合物 $Re_2[C_6(CH_3)_6]_4$,其结构见图 3.27. 连接该二聚体分子两半部分的 C—C 键在真空加热时很易断裂, 由此制得一种有趣的顺磁性化合物 $Re[C_6(CH_3)_6]_2$,它只能在极低的温度下稳定存在. ESR 测量表明该分子是一个自由基,加热至室温后又聚合成反磁性的二聚体. $[ArRe(CO)_3]^+$ 可由 Ar 与 $Re(CO)_5Cl$ 反应制得:

$$Re(CO)_5Cl + Ar \xrightarrow{AlCl_3} [ArRe(CO)_3][AlCl_4] + 2CO$$

Ar 可为 C_6H_6, $C_6H_5CH_3$, 2, 4, 6-$(CH_3)_3C_6H_3$, $(CH_3)_6C_6$ 等. 类似地可在该化合物中的 Ar 上加氢还原. 此外,还制得了中性的 π-苯基,π-茂基铼 $(C_6H_6)ReCp$,将它溶于酸溶液中可得 $[(C_6H_6)$-$ReHCp]^+$,它们的结构见图 3.28.

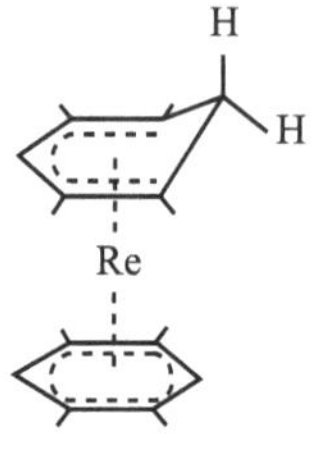

$(C_6H_6)\ Re(C_6H_7)$

$[C_6(CH_3)_6]\ Re[C_6(CH_3)_6H]$

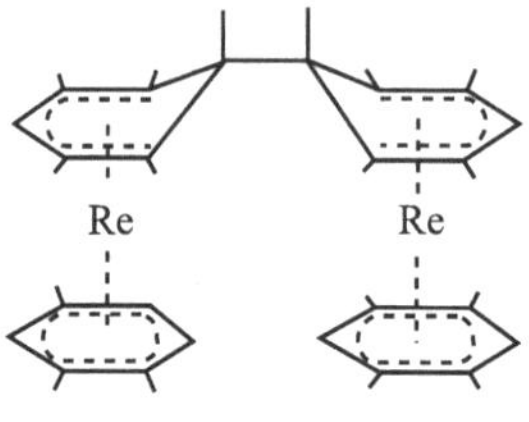

$Re_2[C_6(CH_3)_6]_4$

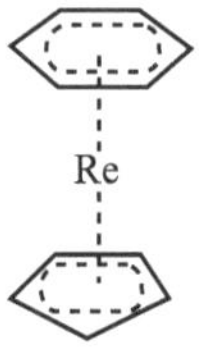

$(C_6H_6)ReCp$

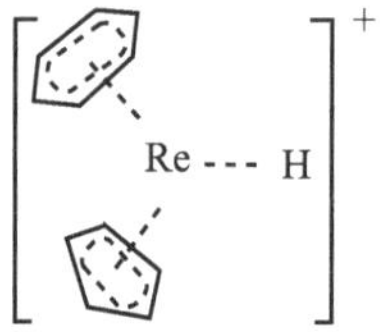

$[(C_6H_6)ReHCp]^+$

图 3.28　一些铼的芳香族络合物的结构

$Re(C_5H_5)_2H$ 是由五氯化铼与环戊二烯基钠在四氢呋喃中反应制得，它是反磁性的黄色晶体，熔点 161—162℃，可以稳定到 250℃，在真空中 80℃左右能迅速升华. 由化学组成分析接近于 $(C_5H_5)_2Re$，但无法解释其反磁性，唯一可接受的假设是形成了氢化物，这一假设被核磁共振谱和质谱分析所证实. 其分子结构见图 3.29. 用交换法制得了相应的氘化物 $(C_5H_5)_2ReD$，这样就能与羰基氢化物一样把 Re—H 伸缩振动确凿无疑地鉴别出来. 在固体中 Re—D 振动频率为 1458 和 $1432cm^{-1}$，而 Re—H 为 2037 和 $2000cm^{-1}$. $(C_5H_5)_2ReH$ 与 CCl_4 作用生成 $CHCl_3$，这个反应是 M—H 键的特征反应. 它与碱不起反应，但能溶于稀盐酸或稀硫酸中而不放出氢气；且能吸收氯化氢或溴化氢气体，定量地生成白色易潮解的 $[(C_5H_5)_2ReH_2]X$：

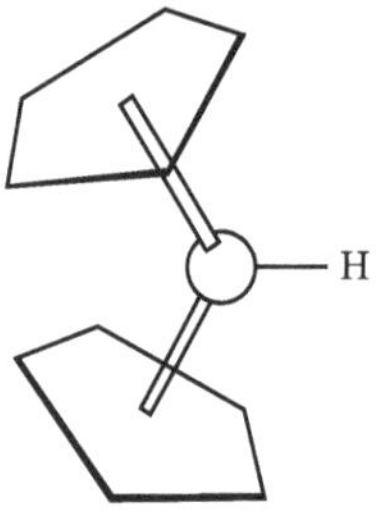

图 3.29　$(\eta\text{-}C_5H_5)_2ReH$ 的结构

$$(C_5H_5)_2ReH + HCl \longrightarrow [(C_5H_5)_2ReH_2]^+X^-$$

当氯化氢气体过量时，白色固体会转为粉红色，这是由于存在 $[HCl_2]^-$ 的缘故. $(C_5H_5)_2ReH$ 是一种强度与氨相近的碱，在 60% 的二氧六环中，它的 pK 为 8.5，而氨的 pK 为 8.85. 它还能与 BCl_3，BF_3，BF_3，$AlMe_3$ 等反应生成相应的加合物. 与卤素反应生成 $[(C_5H_5)_2ReX_2]^+$，后者用 $LiAlH_4$ 还原仍得到 $(C_5H_5)_2ReH$. $(C_5H_5)_2ReH$ 与 n-BuLi 反应可得 $(C_5H_4Li)_2ReH$，后者再与 $HgCl_2$ 作用，Li^+ 被

$HgCl^+$置换生成$(C_5H_4HgCl)_2ReH$，但后者与过量CH_3I作用得到的却是两个甲基直接连在铼原子上的$(C_5H_5)(C_5H_4CH_3)Re(CH_3)_2$. $(C_5H_5)_2ReH$与CO在100℃和250atm下反应得到土黄色晶体$C_{10}H_{11}Re(CO)_2$. 红外、核磁研究指出，它的结构如图3.30所示，具有半个夹心结构另带一个π-烯键结合. 其中的C_5H_6基团还可以被氢化而失去一个双键. 而$Re_2(CO)_{10}$与环戊二烯反应只能分离出反磁性的$(\pi\text{-}C_5H_5)Re(CO)_3$而不能制得$C_{10}H_{11}Re(CO)_2$.

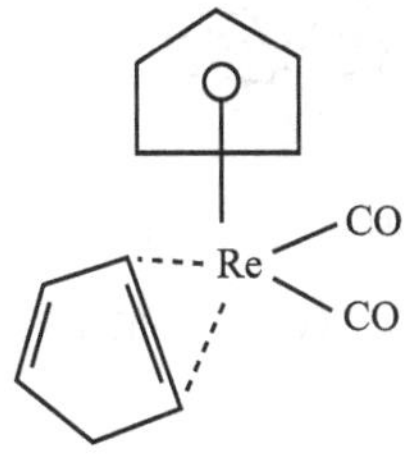

图3.30 $(C_{10}H_{11})Re$的结构

$\pi\text{-}C_5H_5Re(CO)_3$可由$Re(CO)_5Cl$和$NaC_5H_5$或$TlC_5H_5$反应制得，产率很高. 相应的π-茚基化合物$\pi\text{-}C_9H_7Re(CO)_3$也可由$Re(CO)_5Cl$和$NaC_9H_7$反应得到，产率80%. 类似的制法已制得了环上取代物$(CH_3)_5C_5Re(CO)_3$和$NCC_5H_4Re(CO)_3$. 从有机锡化合物可以方便地制得这类环上取代或不取代的化合物：

$$\begin{matrix} C_5H_5SnMe_3 \\ C_9H_7SnMe_3 \end{matrix} + Re(CO)_5Br \longrightarrow \begin{matrix} C_5H_5Re(CO)_3 \\ C_9H_7Re(CO)_3 \end{matrix} + 2CO + BrSnMe_3$$

$$MeC_5H_4SnMe_3 + Re(CO)_5Br \longrightarrow MeC_5H_4Re(CO)_3 + 2CO + BrSnMe_3$$

有趣的是许多有机硅锡试剂与$Re(CO)_5Br$反应时只生成有机硅环上取代产物而没有丝毫有机锡环上取代的产物：

$$Me_3SiC_5H_4SnMe_3 + Re(CO)_5Br \longrightarrow Me_3SiC_5H_4Re(CO)_3 + 2CO + BrSnMe_3$$

$$Me_3SiCH_2C_5H_4SnMe_3 + Re(CO)_5Br \longrightarrow Me_3SiCH_2C_5H_4Re(CO)_3 + 2CO + BrSnMe_3$$

$C_5H_5Re(CO)_3$中的芳香环C_5H_5可以经历各种取代反应. 有机锂试剂MeLi, BuLi, PhLi等与$C_5H_5Re(CO)_3$反应，随反应条件不同，有时发生环上取代，有时则向羰基碳原子进攻. 例如在THF中，−70—−40℃时反应则发生环上取代生成$LiC_5H_4Re(CO)_3$，后者又可经历各种各样的反应制得为数众多的环上取代化合物. 又如在Et_2O中，−30℃时反应则发生亲核进攻：

$$C_5H_5Re(CO)_3 + LiR \longrightarrow Li[(C_5H_5)Re(CO)_2COR]$$

$[C_5H_5Re(CO)_2NO]^+$可由$C_5H_5Re(CO)_3$与$[NO_2]BF_4$与$[NO_2]BF_4$或$NOHSO_4$反应制得. 亚硝基NO的伸缩振动频率在$1815cm^{-1}$左右. 它可发生还原反应或亲核进攻反应：

$$[C_5H_5Re(CO)_2NO]^+ \xrightarrow{NaBH_4} C_5H_5Re(CO)(NO)CH_2OH$$

$$[C_5H_5Re(CO)_2NO]^+ \xrightarrow[CN^-]{MeOH}$$

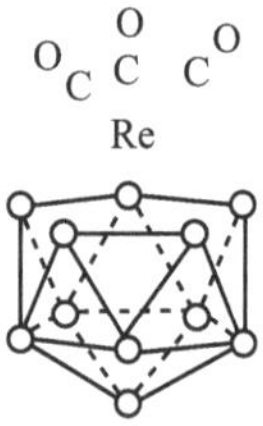

图3.31 $[(B_9C_2H_{11})Re(CO)_3]^-$的结构

$$C_5H_5Re(CO)(NO)CO_2CH_3+HCN$$

$[(B_9C_2H_{11})Re(CO)_3]^-$可由 $Re(CO)_5Br$ 与$[B_9C_2H_{11}]^{2-}$反应制得，以 Cs 盐的形式分离出来. X 射线结构分析证明，其结构如图 3.31 所示. 该阴离子的合成和结构分析表明，环戊二烯基化合物和碳硼烷衍生物之间的相似性.

3.15 羰基铼(I)络合物的取代衍生物

$Re_2(CO)_{10}$，$Re(CO)_5X$ 和 $Re(CO)_6^+$ 能和多种多样的配体发生反应生成数量极多的取代衍生物. 近年来这个领域发展很快，它构成了 Re(I)化学的主要组成部分.

3.15.1 腈和异腈络合物

腈络合物 $Re(CO)_3(RCN)_2X$ 和 $Re_2(CO)_6(RCN)_2X_2$ 可由 $Re(CO)_5X$ 和 RCN 反应制得，X 为 Cl，Br，I；R 为 CH_3，C_2H_5，Ph 等. 二元腈络合物 $Re(CO)_3$(dinitrile)X 也已制得.

异腈配合物并不多. $[Re(CO)_4(RNC)_2]Cl$ 由 $Re(CO)_5Cl$ 和 RNC 反应制得，R 为 *p*-MePh. 它和吡啶反应的产物却是 $Re(CO)_3(Py)_2X$. 膦和异腈混合络合物 $Re(CO)(PPh_3)_2(RNC)_2Cl$ 也已制得.

3.15.2 亚硝基络合物

二聚的 $Re_2(CO)_4(NO)_2Cl$ 可由 $Re_2(CO)_8Cl_2$ 与 NOCl 反应制得，相应的溴和碘化合物可通过复分解反应制得. NO 伸缩振动频率在 $1803cm^{-1}$左右. 晶体结构尚未测定，铼原子通过成桥卤原子相连. 在与含氧、硫、氮、磷配体试剂反应时，成桥卤原子很易断裂，生成各种单体衍生物：

$$Re_2(CO)_4(NO)_2X_4+2L \longrightarrow 2Re(CO)_2(NO)LX_2$$

$$Re_2(CO)_4(NO)_2Cl_4+2L' \longrightarrow 2Re(CO)_2(NO)L'Gl+2Cl^-$$

L 可为吡啶、取代吡啶、C_5H_5NO、Ph_3PO、C_4H_8S 等，L′可为 acac 等 β—二酮基. 但是与 π 授体环辛烯反应时，成桥卤原子却不断裂，生成一种新型的烯烃络合物：

$$Re_2(CO)_4(NO)_2Cl_4+2C_8H_{14} \longrightarrow Re_2(CO)_2(NO)_2(C_8H_{14})_2Cl_4+2CO$$

该烯烃络合物与吡啶、吡啶衍生物、Ph_3PO 或 Ph_3As 反应时，仍然发生成桥卤原子断裂而生成 $Re(CO)(NO)L_2Cl_2$ 单体化合物.

3.15.3 卤素和拟卤素络合物

$[Re(CO)_4XY]^-$ 可由卤离子 Y^- 与 $Re(CO)_5X$ 反应制得，X，Y 为 Br 或 1. $Re(CO)_5I$ 与 I^- 反应 8h 还可制得 $[Re(CO)_3I_3]^{2-}$. 二聚的卤素络合物 $[Re_2(CO)_6X_4]^{2-}$ 和 $[Re_2(CO)_7X_3]^-$ 都已制得. 近年来又制得了 $Re_2(CO)_6Br_2(thf)_2$，X 射线肯定了两个成桥卤原子的存在，见图 3.32. 它还是制备混合配体络合物 $Re(CO)_3BrL_2$ 的一种很方便的原料，L 可为 PPh_2Cl，PPh_2H，Me_2NH 等，不过 L 要过量. 若 $Re_2(CO)_6Br_2(thf)_2$ 过量，则生成 $Re_2(CO)_6Br_2L_2$. 1981 年报道制得了 $[Re(CO)_3F]_4 \cdot 4H_2O$，它的结构如图 3.33 所示.

$[Re(CO)_3(NCS)_3]^{2-}$ 可由 $Re(CO)_5Br$ 和 KSCN 在甲醇中反应制得. 奇怪的是没有发现有 $[Re(CO)_4(NCS)_2]^-$ 生成，而锰的相应反应却生成 $[Mn(CO)_4(NCS)_2]^-$，没有发现进一步的取代，原因尚不清楚. 但是 $[Re(CO)_4(CN)_2]^-$ 却可由 $Re(CO)_5Cl$ 与 KCN 或 $Re(CO)_6^+$ 与 NaCN 反应制得. $Re(CO)_6^+$ 与 NaCN 反应不生成 $Re(CO)_5CN$ 也是很有趣的. 进一步的 CN 取代也已有报道：

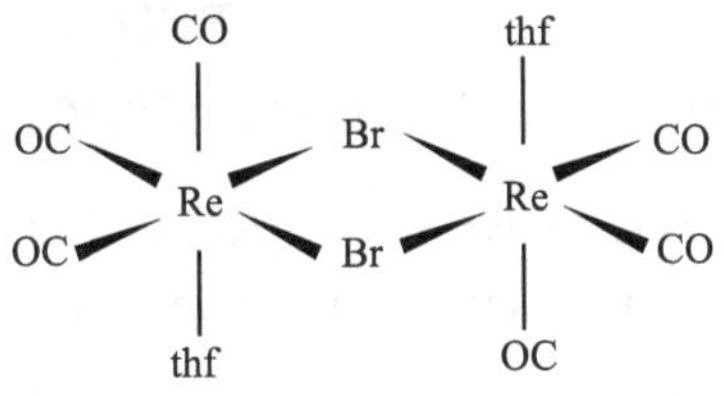

图3.32 $Re_2(CO)_6Br_2(thf)_2$ 的结构

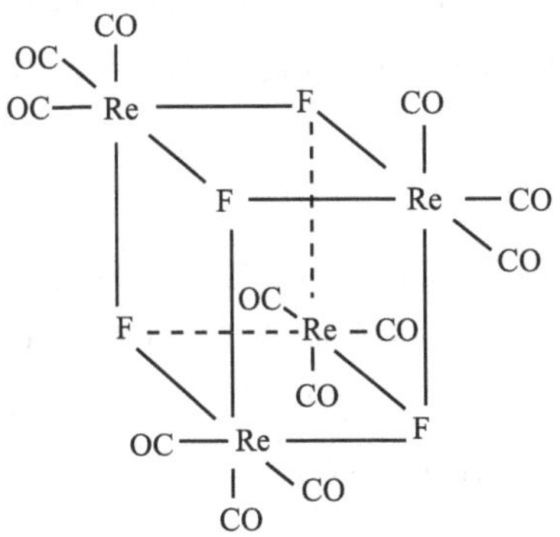

图 3.33 $[Re(CO)_3F]_4$ 的结构

$$Re(CO)_5Cl + 3KCN \xrightarrow{EtOH} K_2[Re(CO)_3(CN)_3] + 2CO + KCl$$

$$[Re(CO)_2(diphos)_2]Cl + 4KCN \xrightarrow{EtOH} K_3[Re(CO)_2(CN)_4] + KCl + 2(diphos)$$

氨取代氰络合物 $Re(CO)_3(NH_3)_2CN$ 和 $[Re(CO)_3(NH_3)(CN)_2]^-$ 均已由 $Re(CO)_5Cl$ 和 KCN、NH_3 反应制得.

3.15.4 氧族元素配体的络合物

氧配体络合物有单聚的和二聚的两种. 它们可由相应的配体和 $Re(CO)_5X$, $Re_2(CO)_8X_2$ 或 $[Re(CO)_3X]_x$ 反应制得. 单齿的配体有 Ph_3PO, C_5H_5NO、醇、醚、酮类, 双齿的配体有 acac、乙二醇、二氧六环、$(CH_3CO)_2$、$(C_6H_5CO)_2$ 等. 一般地均生成单聚体 $Re(CO)_3L_2Cl$, 已知的二聚体 $Re_2(CO)_6L_2Cl_2$ 的配体为异丙醇、异丁醇、异丙醚、环己酮、甲基苯基酮、二苯酮、丁二酮等. 羧基加合物也有单聚和二聚的两种. 乙酸钠或苯甲酸钠与 $Re(CO)_5Br$ 反应得到二聚体, 二聚体再与 CO 加合则得单聚体:

$$RCO_2Na + Re(CO)_5Br \longrightarrow [RCO_2Re(CO)_3]_2$$

$$[RCO_2Re(CO)_3]_2 \xrightarrow{CO\ 50℃, 300atm} RCO_2Re(CO)_5$$

但是全氟羧酸银和 $Re(CO)_5Br$ 反应却直接得到单聚体:

$$R_FCO_2Ag + Re(CO)_5Br \xrightarrow{CH_2Cl_2} R_FCO_2Re(CO)_5 + AgBr$$

$$(R_F = CF_3, C_2F_5 \text{ 或 } C_3F_7)$$

1980 年还报道制得了 $[Re(CO)_3(Nb_2W_4O_{19})]^{3-}$, 用 ^{17}O NMR 谱测定了它的结构, 这是 $Re(CO)_3$ 基团加合在氧合杂多酸阴离子表面的产物.

硫、硒、碲配体络合物也有许多报道. 单聚的 $Re(CO)_4LX$, $Re(CO)_3L_2X$ 可由配体 L 和 $Re(CO)_5X$ 或 $Re_2(CO)_8X_2$ 反应制得, L 为 Et_2S, Ph_2S, Et_2Se, Ph_2Se, n-Bu_2Te. 含有成桥卤原子的二聚体 $Re_2(CO)_6L_2X_2$ 也已制得. 硫和硒的有机基团 RE(E=S 或 Se) 可形成 $RERe(CO)_5$、$[RERe(CO)_4]_2$ 和 $[RERe(CO)_3]_x$ 类型的络合物. 当 R 是吸电子基团时, 常制得单聚物和二聚物. 例如 CF_3SAg, C_6F_5SH 和 $Re(CO)_5Bt$ 或 $HRe(CO)_5$ 反应, 分别制得 $Re(CO)_5SCF_3$, $[Re(CO)_4SCF_3]_2$ 和 $Re(CO)_5SC_6F_5$, $[Re(CO)_4SC_6F_5]_2$. 当 R 是供电子基团时, 常放出 CO 而生成多聚体. 例如各种硫醇与 $Re(CO)_5Br$ 的反应:

$$Re(CO)_5Br + RSH \xrightarrow{环己烷} [Re(CO)_3SR]_x + 2CO + HBr$$

R 为 Me, Et, n-Bu, Ph. 硫代膦酸、硫代羧酸、硫代草酸的络合物均已有报道. $R_2PSSRe(CO)_4$ 可由 $Re(CO)_5Br$ 和 R_2PSSNa 反应制得, R 为 C_2H_5 或 C_6H_5, 它还

能可逆地失去 CO 生成二聚体$[R_2PSSRe(CO)_3]_2$. $Re(CO)_4(S_2CSMe)$可由 $Re(CO)_5Br$ 和 $Na[CS_2(SMe)]$反应制得. $Cs_4[Re_2(CO)_6(dtox)_3]$可由 $Cs_2(dtox)$和 $Re(CO)_5Br$ 反应制得. dtox 为二硫代草酸. 其结构见图 3.34,其中两个配体是螯合的,另一个配体成桥连接两个铼原子. 硒代羧酸络合物也已制得,$Re(CO)_4(Se_2CNR_2)$加热回流可聚合为$Re_2(CO)_6(Se_2CNR_2)_2$,其结构如图 3.35 所示. 碲配体的二聚体$[Re_2Br_2(CO)_6(Te_2Ph_2)]$是由 $TePh_2$ 和$[Re_2Br_2(CO)_6(thf)_2]$在甲苯中回流制得的. 晶体结构分析指出它的结构比较奇特,如图 3.36 所示. 含有成桥卤原子和 Te_2Ph_2 桥,Re—Br 键距为 264pm,Re—Re 距离 394.5pm,Te—Br 距离 367.4pm,后二者都是不成键的.

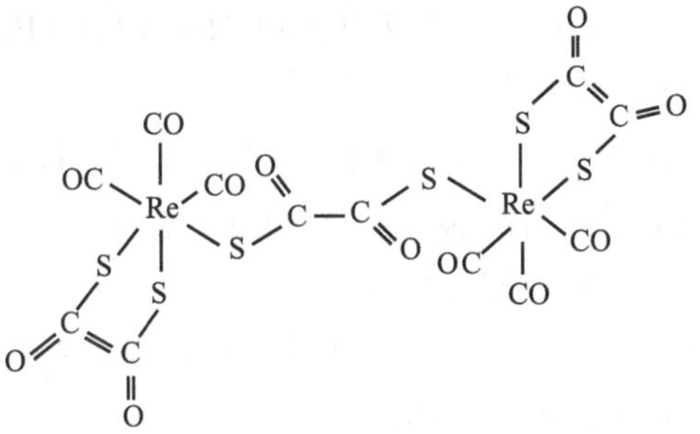

图 3.34 $[Re_2(CO)_6(dtox)_3]^{4-}$的结构

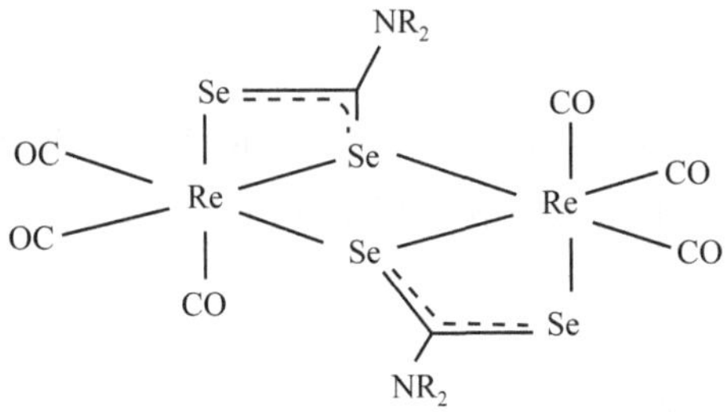

图 3.35 $Re_2(CO)_6(Se_2CNR_2)_2$ 的结构

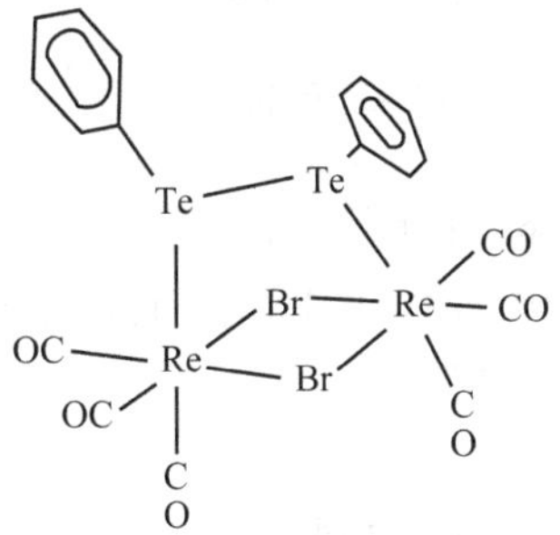

图3.36 $Re_2Br_2(CO)_6(Te_2Ph_2)$ 的结构

3.15.5 氮族元素配体的络合物

氨和 $Re(CO)_5X$ 反应随条件的不同产物各异,$Re(CO)_4(NH_3)X$,$Re(CO)_3(NH_3)_2X$和 $Re(CO)_4(NH_3)CONH_2$ 都已分离制得. 伯胺和仲胺与 $Re(CO)_5X$的反应情况类似. 吡啶、取代吡啶、2,2′-联吡啶、邻二氮杂菲等杂环配体与 $Re(CO)_5X$ 反应可制得 $Re(CO)_3L_2X$ 型络合物,对单齿配体还可制得

$Re(CO)_4LX$型络合物.

膦、胂配体与 $Re(CO)_5X$ 或 $Re_2(CO)_8X_2$ 反应可制得 $Re(CO)_4LX$ 和 $Re(CO)_3L_2X$，L 为 PPh_3，$PMePh_2$，PMe_2Ph，$AsPh_3$，diphos，diars 等. 对二齿配体只得到后者. 一些膦和吡啶混合络合物 $Re(CO)_3LL'X$ 也已制得，L′为吡啶. 一般地说，取代两个以上 CO 是困难的，但是也有例外. $Re(CO)_2[P(OPh)_3]_3I$ 可由过量配体与 $Re(CO)_3[P(OPh)_3]_2I$ 反应得到. $[Re(CO)_2(diphos)_2]^+X^-$ 可由过量配体与 $Re(CO)_5X$ 反应制得，$Re(CO)(diars)_2X$ 可由过量配体与 $Re(CO)_3(diaris)X$ 反应制得，$Re(CO)(diars)_2X$ 还可被卤素氧化生成七配位的络合物 $[Re(CO)(diars)_2X_2]X_3$. 由配体桥联的二聚络合物已经制得. $Re_2(CO)_6L_2X_2$ 可由配体 P_2Ph_4 或 As_2Ph_4 与 $Re(CO)_5X$ 反应得到，$Re_2(CO)_8(PPh_2)_2$ 可由 $KPPh_2$ 或 Me_3SiPPh_2 与 $Re(CO)_5X$ 反应得到.

膦、胂配体与 $HRe(CO)_5$ 反应则制得 $Re(CO)_4LH$ 和 $Re(CO)_3L_2H$ 型络合物，对二齿配体只得到后者. 膦、胂配体还能和 $Re(CO)_6^+$ 反应，得到 $[Re(CO)_3(triars)]ClO_4$，$[Re(CO)_4(diphos)]ClO_4$ 等，triars 为 1，1，1-tris(dimethylarsinomethyl)ethane，1，1，1-三(二甲胂甲基)乙烷，但是 PPh_3 的反应比较奇特，产物为熟知的 $Re(CO)_3(PPh_3)_2Cl$：

$$[Re(CO)_6]ClO_4 + PPh_3 \longrightarrow Re(CO)_3(PPh_3)_2Cl$$

用 ^{36}Cl 标记 ClO_4^- 的研究指出，产物中的 Cl 来自反应物的 ClO_4^-.

3.15.6　碳族元素配体的络合物

1980 年报道了 $(R_3E)Re(CO)_3L$ 型络合物，E 为 Ge 或 Sn，R 为 Me 或 Ph，L 为联吡啶或邻二氮杂菲. 它们是在氩气氛下用钠汞齐还原 $Re(CO)_3LCl$ 然后加入 R_3ECl 制得的.

3.16　锝和铼的高温二元化合物

这些化合物大多是在高温下用干法制得的，特别是由单质直接反应制得. 它们介于共价化合物和合金之间，其中许多是半导体.

锝的高温二元化合物研究甚少，近年来才有报道. 硼化物有 TcB 和 TcB_2，碳化物有 TcC，硅化物有 Tc_4Si_7，晶体结构都未测定. 氮化物 TcN 和 Tc_4N_3 已有报道，后者是用 $(NH_4)_2TcX_6$ 在氩气氛中于 300—800℃下热分解下制得，X＝Cl，Br，其组成符合于 $TcN_{0.75}$. 磷化物研究较多. TcP_3 为正交晶系，空间群 Pnma，$z=4$，它与 ReP_3 同结构，晶胞参数也几乎相同：TcP_3，$a=1535.9$pm，$b=309.2$pm，$c=$

514.2pm;ReP_3,a=1535.4 pm,b=312.2pm,c=513.0pm. TcP_4 与 ReP_4 同结构,也属正交晶系. Tc_3P 则与 Mn_3P 和 Fe_3P 同结构,属四方晶系. Tc_2P_3 也已有报道. 砷化物有 Tc_2As_3,属三斜晶系,空间群 P$\bar{1}$,$z=4$,相应的铼化合物尚无报道,Tc_2As_3 的结构与 Mo_2As_3 类似.

铼的高温二元化合物研究较多. 硼化物可在密封抽空的石英管中将单质加热到 1200℃制得,其外貌和性质都和其它过渡金属的硼化物相似. ReB_2 和第 IV、V、VI 族过渡金属的二硼化物属不同结构,ReB_3 则与 Mo_2B_5,W_2B_5 同结构,Re_7B_3 和 Th_7Fe_3 和 RuB_3 同结构. $Re_{23}B_6$ 和 $Cr_{23}C_6$ 同结构. 碳化物的组成至今尚未确定,硅化物也没有硼化物研究得仔细. $ReSi_2$ 最为重要,它是一种优良的半导体. ReSi,Re_3Si,Re_5Si_2,Re_5Si_3 都已有报道. 氮化物已有 Re_3N 和 Re_2N 两种. Re_3N 可由 NH_3 与 NH_4ReO_4 反应制得,但是 Re 与 N_2 或 NH_3 作用并不生成 Re_3N. 在 300℃时用 H_2 还原 NH_4ReO_4 可得金属铼和 Re_3N 的混合物,但是 Re_3N 不溶于过氧化氢溶液因此可以和铼相分离. Re_2N 可由三氯化铼的氨加合物 $ReCl_3 \cdot 4NH_3$ 加热分解制得. 磷化物种类比较多. 在 800—1100℃含磷为 0—50%的铼磷体系中只有两种组成的相存在,它们是 Re_2P 和 ReP,性质类似于其它过渡金属的磷化物. Re_2P 属正交晶系,与相应的 Ru_2P 同结构. 当磷的含量更高时,有 Re_3P_7 形成,新近的研究又证实了 Re_3P_4,Re_6P_{13} 和 ReP_4 的存在. Re_6P_{13} 的结构已经仔细地加以测定,发现铼原子是六配位的,并有 Re_4 簇状基团存在. 砷化物有 Re_3As_7,Re_6As_{13},另外 $Re_3As_3P_4$ 和 $Re_3As_4P_3$ 也有报道.

参 考 文 献

[1] R. D. W. Kemmitt and R. D. Peacock in J. C. Bailar Jr. ed., "Comprehensive Inorganic Chemistry", Vol. 3, p. 771—778, p. 877—903, p. 905—978, Pergamon Press, London, 1973.

[2] Kirk-Othmer, "Encyclopedia of Chemical Technology", 3rd Ed., 20, 249—258(1982).

[3] F. A. Cotton and G. Wilkinson, "Advanced Inorganic Chemistry". 4th ed., p. 883—901, John Wiley & Sons, Inc. New York 1980.

[4] G. Rouschias, Chemical Reviews, 74, 5, 531—566(1974).

[5] K. Schwochau, Chemiker-Zeitung, 102, 10, 329—337(1978).

[6] 马崇智等,《放射性同位素手册》,第 570—575 页,第 744—750 页,科学出版社,北京,1979.

[7] A. B. P., Lever, C. D. Garner, K. R. Seddon, Coordination Chemical Reviews, 37, 199—220(1981); 44, 191—227(1982); 45, 281—300(1982): 52, 241—283(1983); 73, 1—57(1986); 77, 275—324(1987).

[8] N. N. Greenwood and A. Earnshaw, "Chemistry of the Elements, Pergamon Press, p. 1211—1217 (1984).

27. 铁　　系

27.1 铁

1.1 铁元素和单质

1.1.1 发展史

古代社会铁器时代大约起始于公元前 2000 年，但最早发现和使用的铁是来自外空的陨铁. 陨铁是铁和镍、钴等金属的混合物，含铁量较高. 在埃及、西南亚等地一些文明古国所发现的最早的铁器，都是由陨铁加工而成的. 1972 年我国河北省藁城县台西村出土了一把商代铁刃青铜钺，制造年代约在公元前 14 世纪. 在青铜钺上嵌的铁刃，是将陨铁经加热锻打后，和钺体嵌锻在一起的. 我国还曾出土过类似的铁刃铜钺和铁援铜戈各一件，年代相当于商末周初，铁的部分也是由陨铁加工成的. 古埃及人把铁叫做“天石”，可见人类最早认识铁是从陨石开始的. 天外来的陨石数量很少，因此用陨石制作的器具当然稀少而珍贵，同时还带有神秘的色彩. 用陨石作工具是很少的，所以对生产进步没有什么明显影响，但通过陨石的利用，毕竟使人类最早接触并认识到铁.

一般地说，冶铁技术发明于原始社会的末期，也就是恩格斯所指的野蛮时代的高级阶段. 这个阶段是“从铁矿的冶炼开始”(《家庭、私有制和国家起源》). 冶铁技术的发明，代表冶金史的一个新阶段的开始. 因为铁矿分布较广，铁的性质优于青铜，人类一旦掌握了冶铁技术，能够制造铁器工具，社会生产力便得到重大发展. 恩格斯曾对此给予高度评价：“铁已在为人类服务，它是在历史上起过革命作用的各种原料中最后的和最重要的一种原料. 所谓最后的，是指直到马铃薯的出现为止. 铁使更大面积的农田耕作和开垦广阔的森林地区成为可能；它给手工业工人提供了一种其坚固和锐利非石头或当时所知的其它金属所能抵挡的工具.”

世界上许多古代民族都先后掌握了冶铁技术. 居住在亚美尼亚山地的基兹温达部落在公元前 2000 年时，就发明了一种炼铁的有效方法，后来逐步传开了. 小亚细亚的赫梯人在公元前 1400 年左右也已掌握了冶铁技术；两河流域北部的亚述人，在公元前 1300 年已进入铁器时代. 铁制工具的大量出现，社会生产力显著提高，从而对社会的发展产生巨大影响. 有些民族因此而迅速地由原始公社制过渡到奴隶社会. 古希腊和罗马的奴隶社会的产生，就是由于铁制工具的广泛使用，促使生产力大大提高的结果. 在古代中国、埃及等文明古国，则因有适合农业耕作的冲积平原，有便利的灌溉系统，所以在拥有青铜工具后，便已进入奴隶社会，而一旦铁制工具逐步取代了青铜工具，生产力获得飞速发展，生产关系进一步发生变化，社会便又前进一步向封建制度过渡.

冶铁技术和青铜冶炼技术一样，首先是由于社会生产发展的需要. 青铜工具在生产中的作用诱使人们去寻找更多的金属资源，但因铜矿分布不广，锡、铅矿更是稀少，人们很自然地要去寻找新的金属. 另外，在当时已具备了冶铁的物质和技术条件，特别是许多民族已有冶炼青铜的丰富经验，发明冶铁技术是很自然的.

早期的冶铁技术，大多采用“固体还原法”，即冶铁时，将铁矿石和木炭一层夹一层地码放在炉窑中，点火焙烧，在 650—1000℃温度下，利用碳的不完全燃烧，产生一氧化碳，使铁矿中的氧化铁被还原成铁. 但由于温度不够高，还原出来的铁以块状沉到炉底. 人们只能待铁炼成炉窑冷却后将铁块取出. 这种铁实际上是海绵铁，表面粗糙，夹杂渣滓，不具有明显金属特征，有的其坚韧性还不如青铜. 因此，我国古代人称这种铁为“恶金”. 这就造成一种情况，尽管冶铁技术的发明虽比青铜技术只稍晚一些，但在有发达的青铜冶炼业的民族那里，铁器的广泛使用却常较使用青铜器推迟了很多年.

在人们经过一段实践摸索的认识过程后，终于发现，将炼出的铁块反复加热和压延锤打，才能使它柔韧不脆. 人们还发现将赤热的锻铁猛淬入冷水，会变成坚韧的好铁. 这种好铁的性能远远超越于青铜之上. 当人们能广泛用这种锻铁制造工具时，青铜工具才逐渐被铁器取代. 我国的情况便是这样发展的.

1.1.2 中国古代的钢铁冶炼技术

春秋战国时期，是我国奴隶制崩溃和封建制建立的历史变革时期. 这个时期，在冶金技术上的突出成就，是冶铁技术的兴起和铁器的广泛使用. 铁制工具的使用，促使社会生产力迅猛发展，新的封建制度建立，进一步解放了生产力，为冶铁技术的发展，创造了条件.

我国许多地方都有丰富的铁矿藏，商周时代制陶技术和青铜冶炼铸造技术都有很高的水平，这就为冶铁技术打下了良好基础. 特别是在中原地区，既是源远流长的古代青铜技术的故乡，也是新兴冶铁技术的摇篮. 根据大量出土铁器的分析和鉴别，可以充分说明，在春秋战国之际，块炼铁和生铁冶铸两种生产工艺几乎同时产生，这两种方法在我国历史上曾长期平行发展，在不同情况下发挥各自的作用.

块炼铁法是“固体还原法”，是铁矿石在较低温度下被木炭还原的产物，质地疏松，还夹杂着来自矿石的各种氧化物杂质，如氧化亚铁和硅酸盐. 这种块炼铁若在一定温度下经反复锻打，可将杂质排出并改善机械性能. 从江苏六合县程桥东周墓出土的铁条，就是块炼铁的产品. 春秋末期和战国初期的一些锻造铁器也是以块炼铁为材料.在反复锻打块炼铁的实践中,人们又总结出块炼铁渗碳成钢的经验.从河北易县武阳台村的燕下部遗址 44 号墓中曾出土 79 件铁器,经分析鉴定,它们大部分都是由块炼钢锻成的.这证明至迟在战国后期块炼渗碳钢的技术已在应用.块炼铁质柔不坚,块炼钢虽经渗碳处理,变得较坚硬,但在生产应用上仍嫌不足.人们在生产实践中又摸索出块炼钢的淬火工艺,这就进一步提高了块炼钢的机械性能.上述燕下都出土的锻钢件,大部分是经过淬火处理的,这又表明在当时,人们对淬火工艺也较熟悉了.

生铁的冶铸工艺,在原料和燃料上与块炼法基本相同,它们之间的主要差别在于冶炼的温度不同.块炼铁的炉温约在 1000℃左右,离纯铁的熔点(1534℃)相差很远;而生铁冶炼时,炉温达到了 1100—1200℃.在冶炼中,被还原生成的固态铁会吸收碳,而且随温度的升高,吸收碳速度加快.另一方面吸收碳后,铁的熔点随之降低.含碳量达到 2.0%时,熔点降到 1380℃;含碳量达到 4.3%时,熔点最低,达到仅 1146℃.在这种条件下,炉温已可使铁熔化,得到液态生铁.液态生铁可以直接浇铸成器,冶铸过程简化了,这就使铁器的生产有了大发展的可能.江苏六合县程桥东周墓出土的铁丸、洛阳出土的公元前 5 世纪的铁锛、铁铲都是生铁器物,证明在块炼法的同时,我国也已出现生铁冶铸技术.生铁与块炼铁技术同时发展,是我国古代钢铁冶金技术发展的独特途径.世界上许多其它国家,从块炼铁发展到生铁,大约经历了上千年的时间,就以欧洲一些国家而论,虽很早就已有块炼铁,但出现生铁则已到了公元 13 世纪和 14 世纪初期.

生铁的生产效率高,铸造性能又较好,这为广泛使用铁器提供了方便.在冶炼生铁的初期,由于温度还不够高,硅含量也较低,使生铁在冷凝时其中的碳不能呈石墨状态,而是与铁化合成碳化三铁 Fe_3C,它与奥氏体状态的铁共晶(1146℃),炼出的生铁性脆而硬,铸造性能虽好,但强度不够.这种生铁人们称之为白口生铁,它只能铸造某些农具.从河北兴隆燕国矿冶遗址出土的大批锄、范等,就是由白口生铁铸成的.为了克服白口生铁的脆性,在战国早期,人们就创造了白口铸铁柔化技术.所谓柔化处理就是将白口生铁长时间加热,使碳化铁分解为铁和石墨,消除大块的渗碳体,这对减少脆性、提高韧性可起良好作用,处理后的白口生铁就变成展性铸铁.长沙出土的战国铁铲,辉县出土的战国中期铁带钩,易县燕下都出土的战国晚期铁镢、锄等都是属于这种展性铸铁.

汉代的钢铁冶炼技术,在战国发展的基础上又有了长足的发展,劳动人民有不少的创造和发明.

西汉时兴起了"百炼钢"技术.使钢的质量较前有所提高.这种初级阶段的百炼钢,是在战国时期块炼渗碳的基础上直接发展起来的,即增加了反复加热锻打的次数,锻打在这里不仅起着加工成型的作用,同时也起着使夹杂物(氧化铁-硅酸铁共晶夹杂物)减少,将铁质细化和均匀化的作用.晶粒细化的作用,显著地提高了钢的质量.

从河北满城一号西汉墓出土的刘胜佩剑、钢剑和错金宝刀,虽与易县燕下都钢剑所用的冶炼原料相同,但金相检查表明,钢的质量却有显著的提高,它正是“百炼钢”技术兴起的产物.

西汉中期以后,又出现炒钢.炒钢的生产,即将生铁炒到成为半液体半固体状态,并进行搅拌,利用铁矿粉或空气中的氧进行脱碳,借以达到需要的含碳量,再反复热锻,打成钢制品.利用这种新工艺炼钢,既省去了烦难的渗碳工序,又能使钢的组成结构更加均匀,消除了由块炼铁带来严重影响的共晶夹杂物,使质量大大提高.1974 年在山东苍山县东汉墓出土的东汉永初六年造的环首钢刀,经鉴定就是用炒钢为原料反复锻打而成的.

与此同时,百炼钢的原料也由原来的块炼铁发展到用炒钢或熟铁做原料,经过渗碳锻打而成.这样一来,原料的改变使钢的质量也随之大大提高,从而使百炼钢也发展到成熟阶段.

百炼钢虽然是汉代风行一时的炼钢工艺,但固体渗碳工序费工费时,而在炒钢过程中控制钢中的含碳量则是一个复杂工艺,比较难于掌握.生产的发展必然要求进一步发展工艺简单,保证质量而生产成本较低的炼钢方法.

西晋南北朝时兴起了新的灌钢技术.这种方法是先将生铁炒成熟铁,然后同生铁一起加热,由于生铁的熔点低,易于熔化,熔化的生铁“灌”入熟铁中,使熟铁增碳而变成钢.这样,只要配好生熟铁用量比例,就能比较准确地控制钢中含碳量,再经过反复锻打,就可以得到质地均匀的钢材.这种方法比较容易掌握,工效提高较大,因此从南北朝时代起,此法成为以后的主要炼钢方法.

关于灌钢技术,南北朝齐、梁时期的医学家和炼丹家陶弘景(约 452—536 年)就较早地记载说:“钢铁是杂炼生鍒作刀镰者”(《重修政和经史证类备用本草》卷四玉石部引),生指生铁,鍒指熟铁,这就是灌钢.稍晚一些时候,北齐的道士綦毋怀文也是较早的灌钢的实践者之一.据说他“造宿铁刀,其法烧生铁精,以重柔铤,数宿则成钢”(《北史·艺术列传》).制成的钢还要用牲畜尿和油脂进行淬火.尿中含盐,用以淬火,冷却能力胜于水,能获得优越的淬钢件.灌钢技术在南北朝时已相当流行,这是从炒钢技术的实践过程中逐步发展起来的.

关于钢铁的热处理,其实早在南北朝以前,早已应用了由不同冷却方式来求得钢铁的不同硬度的淬火技术.在河北易县燕下都出土的战国时期的钢剑和钢戟就已用淬火处理.我国早期文献已有过记载.《史记·天官书》说,“水与火合为淬”.《汉书·王褒传》中有“清水淬其锋”的记载.《史记·苏秦列传·索隐》引《太康地理记》说:“汝南西平有龙泉水,可以淬刀剑,特坚利,故有龙泉水之剑”.《北堂书钞》

卷一二三武功部十一引《蒲元别传》,记载了三国时蒲元为诸葛亮造刀三千口,他已知取自不同江河的水而有不同的淬火能力,说明当时对淬火工艺已有一定规律性的认识.

钢铁业在汉代的大发展,也从炼炉的形状和冶炼设备上反映出来.西汉时期炼铁的竖炉就已得到发展,炉型有了扩大,炼铁已懂得用石灰石作熔剂,为了适应竖炉加大的需要,对鼓风设备也进行了改革.早期开始用皮囊人力鼓风,既笨重效率又低,后来在长期的生产实践中,人们不断总结经验和创新,采用畜力代替人力鼓风,出现了马排,但仍不能满足高炉生产的需要.公元 31 年,东汉后期南阳太守杜诗总结了南阳冶铁工人的经验,创造了水力鼓风的"水排".水排应用于钢铁生产,比用人力和畜力"用力少,见功多".我国水排的出现比欧洲早 1200 多年.到魏晋时期,得到了更广泛的应用.这一创造使竖炉加大,有利于提高温度,改善了竖炉的运转条件,提高了产量和稳定了生铁的质量.随着鼓风量的提高,风口从一个发展到多个,从南阳瓦房庄和郑州古荥镇的汉代冶铁遗址中,曾发掘出陶胎风管.

我国的古代钢铁冶炼技术,在封建社会前期的这些重大创造发明,历经南北朝以后得到普遍推广,并且更趋向成熟.

南北朝时期发明的灌钢技术,宋、元以来不断发展,成了主要炼钢方法之一.宋代的沈括在他的著作《梦溪笔谈》中载有:"世间锻铁所谓钢铁者,用柔铁屈盘之,乃以生铁陷其间,泥封炼之,锻令相入,谓之团钢,亦谓之灌钢."利用生铁的高含碳量和低熔点先高温熔化,让生铁液灌入四周盘绕的熟铁中,与留存在熟铁中的氧化渣发生氧化还原反应,既除去了熟铁中的渣,又将生铁中的碳部分转移给熟铁,使所含的碳达到适当的份量,而成为品质较纯的钢.

到了明代,灌钢冶炼方法又有所改进.明末宋应星著的《天工开物》(1639 年)中载:"凡钢铁炼法,用熟铁打成薄片如指头阔,长半寸许,以铁片束包尖(夹)紧,生铁安置其上,又用破草覆盖其上(原注:粘带泥土者故不速化),泥涂其低下,烘炉鼓鞴,火力到时,生钢(铁)先化,渗淋熟铁之中,两情投合,取出加锤.再炼再锤,不一而足.俗名团钢,亦曰灌钢者是也".这样的操作过程,已和宋代的过程略有不同了.

明代锻制生产工具时,采用"生铁淋口"方法,《天工开物》中讲:"凡治地生物,用锄、镈之属,熟铁锻成,熔化生铁淋口,入木淬健,即成刚劲.每锹、锄重一斤者,淋生铁三钱为率,少则不坚,多则过刚而折."很明显,这是利用熔化的生铁作为熟铁的渗碳剂,使熟铁器的刃口炼成钢.这一创造性的技术成就,现在还应用于一些小农具的生产上.

生铁淋口技术进一步发展,就衍生出苏钢的冶炼方法,传说是苏州炼钢工人首先发明的.

在炼铁方面，封建社会后期出现了把炼铁炉流出的铁水，直接流进炒铁炉炒成熟铁的做法，减少了一步再熔化手续．这样在钢铁冶炼史中出现了半连续性系统．这一创造在《天工开物》中有详细记述并附有图解．

在鼓风方面，北宋有一种可移动的炼炉叫做行炉．在北宋《武经总要》中有“行炉图”，其侧面出现了梯形木风箱，说明至迟在北宋时就已经发明了用盖板开闭来鼓风的简单木风箱，到了明代，则已用上了更先进的活塞式木风箱，《天工开物》中就绘有这种风箱图．在燃料上，宋代炼铁已十分普遍使用煤了．明代方以智的《物理小识》则记载说：“……煤则各处产之，臭者烧熔而闭之成石，再凿而入炉曰礁，可五日不灭火，煎矿煮石，殊为省力．”由此可见，最晚在明代已知用焦炭进行冶炼了．

我国古代钢铁冶炼史上的每一项发明创造，无一不是劳动人民辛勤劳动的成果，凝结着他们的智慧和血汗的结晶．

1.1.3　存在和分布

铁是地壳中第四个丰度最大的元素，人们认为地球的核心主要是由铁构成的．在地壳中存在的单质铁是极为少见的，但广泛以化合态出现，许多矿物由于含有铁化合物而呈显特有的颜色．铁的最重要矿物是氧化物和碳酸盐．铁含量最高的矿物是磁铁矿（Fe_3O_4），它是一种黑色有铁磁性的矿物，它的一个变种称为“罗底石”（Lodestone）．赤铁矿（Fe_2O_3）为红棕色矿物，含铁量最高可达 70%．褐铁矿是氧化铁（III）矿物的一个变种，它含有可变量的水，但其近似组成往往是 $2Fe_2O_3 \cdot 3H_2O$．碳酸铁 $FeCO_3$ 出现为菱铁矿，碳酸盐矿往往与黏土和煤共生，称为铁石．黄铁矿（FeS_2）是一种常见的脉石矿物，但它不直接用为铁矿，因为它有很高含量的硫而被看成是一种重要的非金属化工原料矿．在自然界中还存在有多种多样的硅酸铁矿．

1.1.4　近代的钢铁冶炼工艺简介

钢铁的冶炼是一项极为复杂的工艺过程，有兴趣的读者可以索读专门著作，为基础知识的全面概括计，本节只作概略性介绍．

1. 生铁的生产

从铁矿提取铁的第一步是在高炉（鼓风炉）中生产生铁或铸铁．一般的高炉其高度约为 100 英尺[①]，直径约为 25 英尺，由耐火砖砌成，外包以钢板．从炉底通过喷嘴吹入预热的压缩空气（或富氧空气和柴油），从炉顶装入预先烧结的氧化铁和焦

---

① 英尺为非许用单位，1 英尺＝0.3048m，下同．

炭混合物,并往往掺入了石灰石.焦炭在空气中燃烧供给热量和一氧化碳.这样一来,高炉的下半部分就变得很热,将由氧化铁还原而产生的铁熔化而沉入高炉的底部.矿石和炭混合物继续由炉顶沉入"热区".每隔一定时间将熔化的铁从炉底排放出来,并从每次排放出来的熔铁表面上除掉炉渣.高炉都是连续操作的,从炉顶排出的多余一氧化碳可用于预热鼓入炉中的压缩空气,使其温度达到800℃左右,高炉渣可用于生产建筑材料和炉渣水泥.

在高炉内部的反应过程大致是:在炉子的顶部温度约维持在200℃,向下温度升高,到炉子的底部因焦炭在鼓风中猛烈燃烧使温度接近于2000℃,在炉子的较高层次上,铁矿被一氧化碳还原,因为在低于700℃下一氧化碳的还原本领强于单质碳.在此区内典型的放热反应是:

$$3Fe_2O_3 + CO \longrightarrow 2Fe_3O_4 + CO_2$$

$$Fe_3O_4 + 4CO \longrightarrow 3Fe + 4CO_2$$

$$Fe_2O_3 + CO \longrightarrow 2FeO + CO_2$$

因而在这一阶段内一部分矿石已被还原成海绵铁.产生的二氧化碳被气流从炉顶带走从而避免可能发生的逆向反应.在低于700℃的低温区,一氧化碳在热力学上是不稳定的,会发生一些分解反应生成碳和二氧化碳,特别是当一氧化碳与新生成的铁相接触时会发生此分解反应,生成的碳便沉积在铁上.在下面较热温区有效地发生碳的还原作用,而一氧化碳也继续表现它的强还原作用:

$$FeO + C \longrightarrow Fe + CO$$

在温度高于1000℃的炉区,铁和碳可以反应生成碳化铁 Fe_3C.当铁由上而下沉入较热温区,它与更多的碳结合,从而降低了它的熔点.液态的铁从热的焦炭上流过时当会再与更多的碳结合.

在炉渣中发生着许多化学反应,但其主要成分为硅酸钙 $CaSiO_3$.焦炭中的硫分转移给铁生成 FeS,但在碱性条件下和高温下转入炉渣中而被分离掉:

$$FeS + CaO + C \longrightarrow Fe + CaS + CO$$

在有锰的存在下,也有利于除去硫,锰化合物进入炉渣而发生如下反应:

$$FeS + Mn \longrightarrow MnS + Fe$$

$$MnS + CaO \longrightarrow CaS + MnO$$

$$MnO + C \longrightarrow Mn + C$$

在炉中的高温区(>1500℃),铁矿石中的磷酸盐被还原成单质磷并与铁化合成 Fe_3P.矿石中的二氧化硅被还原成单质硅,而后与铁结合成硅铁.因此,典型的生铁约含有4%碳,高达2.5%的锰,2.5%硅,2%磷和0.1%硫,当然这个杂质含量表决定于炼铁的操作条件和所采用的矿石成分.生铁性脆,并有明确的熔点,基本上全部(或约 85%)用于炼钢.

2. 钢的生产

在碱性炼钢法中是在空气或氧气中除去生铁中的可氧化杂质.氧气可以通过不同的方式引入熔化的生铁中.在转炉法中是从转炉底部的气孔中鼓入空气,杂质被氧化产生的高温足以使金属保持熔化.近年来用以水蒸气稀释的氧气来代替空气,这样可使铁不致于掺氮.另一种办法是将空气或氧气通过钢管鼓入熔化的铁中,或只在熔铁表面吹过,或这两种办法联合并用.这种操作能有效地把碳转化成一氧化碳而除去,把硅转化成二氧化硅和锰转化成氧化锰而浮在金属上进入炉渣.但这种方法并不能有效地除去硫和磷,因为它们的氧化物在所用温度下比氧化铁更稳定,必须有碱性炉渣的存在才能有利于它们的除去.磷能溶于含过量氧离子的炉渣中生成磷酸盐,硫则大部以硫化物的形式转入渣中.按转炉法操作程序,在炉中投入熔化的生铁和废钢铁,并投入石灰,旋转转炉,同时在熔铁表面上吹入氧气,待完成一次造渣后倾斜转炉倾出熔渣,然后再加入石灰进行第二次吹氧.

用真空脱气的方法除去钢中的气态杂质和非金属杂质.在这一处理过程中将钢在高真空下熔化;此法对于生产高可锻性钢和高合金钢是特别有利的.

在钢中一般含有 0.5%—1.5%的化合态碳.钢的重要性质之一是把钢烧至赤热然后淬入水中骤冷可以使钢质变硬,但同时也产生了脆性.将这种钢在 300℃左右短时间加热(退火)可以除去其脆性.可以炼许多种特种钢,含 2.5%硅的钢硬而有弹性,用于制造弹簧,含 0.4%—1.6%Mn 的锰钢也具有弹性,并有高的剪切强度.不锈钢含有 12%—15%铬和一些其它金属,如镍和铌.含钨和钒(以及铬)的钢可在高温下保持高硬度而可用为高速切削工具钢.

3. 纯铁的制备

纯铁实际上是一种实验室材料而无很大的工业用途.纯铁可用氢还原纯氧化铁或氢氧化铁来制备.例如将氢氧化铁在纯氢气流中加热,并将温度从 400℃升高至 700℃直到还原过程完成.还原铁冷却后吸收的氢量可以忽略不计.在低温(360—530℃)下还原氧化物所得纯铁是粉末状固体,遇空气会着火.

将五羰合铁 $Fe(CO)_5$ 气化并在 250℃左右使之分解可得到不含任何杂质的微细粉末状纯铁,将这种纯铁在高真空下煅烧可以除去残留在铁中的痕量碳和氧,它们以一氧化碳的形式被除去.

电解铁(II)盐也可以制备化学纯铁,最好用的电解质是氯化铁(II)或硫酸铁(II)铵,实验室制备方法可参阅 Brauer 的《无机化学制备手册》,第二卷(德文本),第 1299 页(1962).

1.1.5 新中国的钢铁工业

在1949年10月1日新中国正式建立之日，钢铁工业是极端落后和贫瘠的．少数几个由旧社会遗留下来的钢铁企业，当年总共才生产出生铁25×10^4t，钢15.8×10^4t和钢材14×10^4t．建国以来，由于中国共产党的正确领导，政府的重视和全国人民与钢铁工人的努力奋战，钢铁工业获得了长足的发展，到1990年，我国已拥有近40家大中型钢铁联合企业，其中包括宝钢、鞍钢、武钢、首钢、攀钢、包钢、本钢、太钢、马钢等九家大型钢铁企业．1990年的钢产量已突破66×10^6t，是建国初期钢产量的400倍．从1949年到1990年我国生铁、钢、钢材产量逐年增长的情况绘示在下面1.1图中．

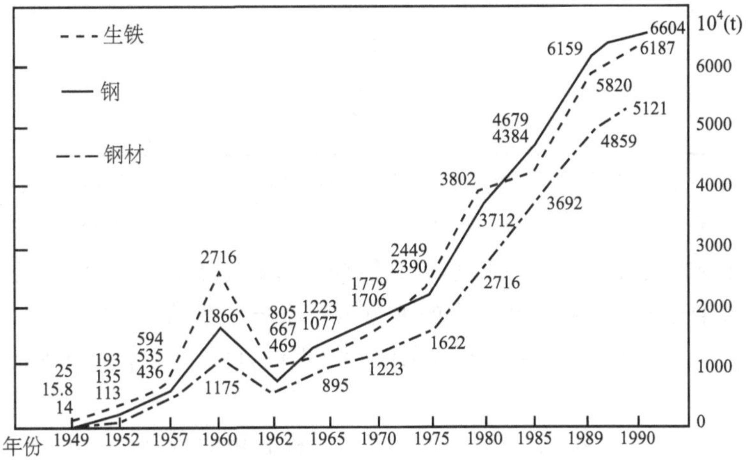

图1.1　中华人民共和国的生铁、钢、钢材产量增长情况

下面将我国九大钢铁企业当前生产能力列表作一统计对比．

钢铁企业	生产能力(10^4t)			备　注
	生铁	钢	钢材	
宝山钢铁公司	622	671	355	
鞍山钢铁公司	780	800		
武汉钢铁公司	460	460		
首都钢铁公司				
攀枝花钢铁公司	212	191		钒渣
包头钢铁稀土公司	250	250		稀土，铌
本溪钢铁公司	300	230		
太原钢铁公司		180		
马鞍山钢铁公司	200	200		

20 世纪 90 年代，将是新中国振兴钢铁工业的关键 10 年. 将要把依靠科学技术放在重要的战略位置，重点将围绕品种质量、节能降耗、资源开发和综合利用，环保治理等方面努力做出更多成绩，为实现国民生产总值再翻一番作出应有的贡献.

1.1.6　铁的物理性质

1. 同位素与核性质

铁的天然同位素汇列在下面表 1.1 中.

表 1.1　铁的天然同位素

同位素	原子质量	天然丰度(%)
^{54}Fe	53.9396	5.82
^{56}Fe	55.9349	91.66
^{57}Fe	56.9354	2.19
^{58}Fe	57.9333	0.33

铁已有一些人工合成放射性同位素，例如^{52}Fe，^{53}Fe，^{55}Fe，^{59}Fe，^{0}Fe 和^{61}Fe. 其中最常用于示踪研究工作的是^{55}Fe 和^{59}Fe. ^{55}Fe 是通过^{54}Fe(n，γ)反应合成的，半衰期 2.7d，衰变方式为轨道电子俘获，以其能释放出最高能量为 5.6keV 的软 X 射线和较长半衰期而成为生物学研究中的理想示踪原子. ^{59}Fe 是通过^{58}Fe(n，γ)反应合成的，半衰期 45d，衰变方式释放出 β-射线和 γ 射线，可以通过 β-和 γ 射线计数而加以检测.

穆斯堡尔谱：在对铁化合物的研究中有一种有用的特别型式的核共振波谱. ^{57}Co核因 K 轨道电子俘获而衰变成^{57}Fe，发射出 γ 射线. 处于高激发态的^{57}Fe 其半衰期为 1×10^{-7}s，其能量比基态高出 14.4keV. 如果从^{57}Co 源中^{57}Fe 核发射出来的 γ 射线射向一种铁化合物，如果化合物中的铁核与钴源中的铁核处于相同的环境的话，就会发生 γ 射线的共振吸收，若源核与吸收核处于不同环境，就不会发生吸收，但可以人为地使之发生 γ 射线的吸收，即给吸收核加以相对于源核的速度变化. 这个速度改变了入射光子的能量，直到速度达一特定值使光子能量相应于发生共振吸收时所需的能量. 因此，记录下的吸收峰位置往往用速度($cm\cdot s^{-1}$)来表示而不表示为能量，并用一种标准物，如亚硝基五氰合铁(II)酸钠或一种不锈钢定位为零速度来测定位移. 这种“同质异能位移”直接与核的 s 电子密度成正比. 铁(II)化合物比铁(III)化合物给出较大的正向位移，因为 Fe^{2+} 中的 4s 电子受多余的 3d 电子更强的屏蔽. 这对于高自旋铁络合物来说特别适用，以亚硝基五氰合铁(II)酸钠为基准，典型的同质异能位移如下：Fe^{2+} 络合物，+0.10—+0.18$cm\cdot s^{-1}$；Fe^{3+} 络合物，+0.04—+0.09$cm\cdot s^{-1}$.

共振峰会发生分裂，这种分裂可为所测化合物提供进一步的结构信息. 对于 Fe^{2+}(d^6)来说，即使所有的 Fe(II)核都处于相同的环境中，它也会发生核四极分裂，但在$[Fe(CN)_6]^{4-}$或对 Fe^{3+}(d^5)来说，不会发生吸收峰分裂，所发生的分裂是因为核的电场梯度(决定于电荷分布的对称性)与核的四极之间发生了相互作用. 磁偶极的相互作用也会引起吸收峰的分裂，因而穆斯堡尔波谱也是检测铁磁和反铁磁性的一种灵敏工具. 图 1.2 提供了几种铁化合物的穆斯堡尔谱图可作为简明示例.

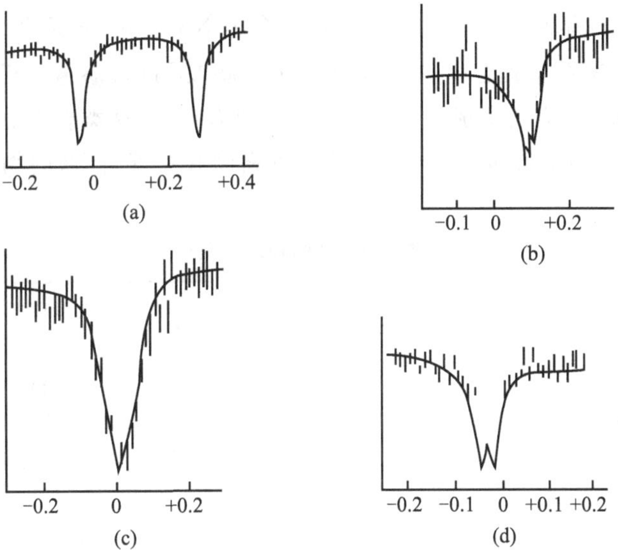

图 1.2　一些铁化合物的穆斯堡尔谱

(a)自旋成单的 Fe(II)，$FeSO_4 \cdot 7H_2O$；(b)自旋成单的 Fe(III)，$FeCl_3$；
(c)自旋成对的 Fe(II)，$K_4Fe(CN)_6 \cdot 3H_2O$；(d)自旋成对的 Fe(III)，$K_3Fe(CN)_6$

2. 同素异形性

纯铁是一种银白色金属，具有较好的延性和展性. 在室温至 910℃温区间，铁具有体心立方晶态结构(α-铁)，在 910—1400℃温区间它转为面心立方结构(γ-铁)，在 1400—1539℃区间，它又转回为体心立方结构(δ-铁). 铁的特征性质之一是它的铁磁性，但在温度高于 770℃时，它变为顺磁性材料，可是晶体结构并未发生变化. 在 770℃至晶型转变的 910℃区间的铁，常称之为β-铁，尽管它并不是一种真正的同素异形体.

3. 一般物理性质与物理常数

前已提及，铁是一种银白色颇软的金属，有良好的延展性，但它的性质会因掺杂了痕量的其它元素而发生很大变化,这是许多种钢具有重要用途的基础. 表 1.2 为纯度高于 99.9%的纯铁提供了重要物理性质数据.

铁的磁性在极大程度上决定于所含的杂质,并且会因退火的程度而变. 铁的纯度越高,它的磁导率越大,且降低了它的滞后损失. 以铁和钴为基体的钢或合金用于制造永磁体,常用铁与其它铁磁性金属钴和镍所制的合金,例如 FeNi 和 $FeNi_3$ 都有很高的磁导率. 铁－钴－镍系的永磁合金和铁氧体磁性材料属于第一代合成的永磁体. 近 20 年来发展的第二代永磁合金是稀土钴系合金,如 $SmCo_5$ 和 Sm_2Co_{17} 等,近 10 年来则发展了第三代永磁合金 Nd—Fe—B 系合金. 最近又发展起来 Sm—Fe—N 系永磁合金,它是以 Sm_2Fe_{17} 为基质进行渗氮而得到的一种综合性能优越的永磁体,有可能成为第四代新型永磁合金. 对这类新型高技术材料的讨论,已非本书篇幅所能概括,有兴趣的读者可索读有关资料. 铁的物理性质汇总于表 1.2.

表 1.2 铁的物理性质

原子序数	26
原子量	55.85
电子层结构	Ar, $3d^6 4s^2$
熔点(℃)	1539
密度($g \cdot ml^{-1}$)	热轧, 7.87
熔化热($kJ \cdot mol^{-1}$)	272
沸点(℃)	3000
气化热($kJ \cdot mol^{-1}$), (1600℃)	7734.7
电离能(eV)第一	7.896
第二	16.18
第三	30.64
热导率[$J \cdot cm^{-1} \cdot s^{-1} \cdot K^{-1}$(0℃)]	0.837
电导率[$ms \cdot cm^{-1}$(20－25℃)]	1×10^5
热膨胀系数[K^{-1}(100℃)]	1.26×10^{-5}
比热[$J \cdot g^{-1}$(100℃)]	0.502
电阻率($m\Omega \cdot cm^{-1}$)	9.8
最高磁导率	280 000

1.1.7 铁的用途和毒理

纯铁的用途较少,主要在分析化学中作为一级基准物(往往以纯铁丝的形式)和在高频电子线路中用为线圈的压结铁芯.

铁的最重要用途是冶炼钢和合金,少部分的铁以铸铁和生铁的形式应用. 铁是特种合金钢的重要组成部分，这些材料的铁含量有时低于 50%，其它组成物有铬、镍、钴等. 在某些镍基合金和钴基合金中铁仅为低含量组成物，有时低于 10%.

铁和它氧化物的蒸汽和烟气会对人产生一种非致命性的刺激与病痛，称为金属烟热症. 但铁的化合物羰基铁 $Fe(CO)_5$ 却是极毒的，它遇热或在阳光照射下分解产生一氧化碳. 还有一些铁化合物是有毒的，但又有一些少数化合物可作为人的内服药物. 例如硫酸亚铁曾用为儿童缺铁性贫血的治疗药剂，但也有报道说有儿童误服大量硫酸亚铁而导致死亡的事例. 误服有毒铁化合物的治疗一般为内服碳酸氢钠（小苏达）水溶液和致呕吐药剂.

1.1.8　铁的化学性质

1. 同单质的反应

铁能在高温下吸收氢生成固溶体. 在温度高于 800℃时铁能与少量氮反应，但反应速度很慢，在温度超过 400℃时很容易与氨气反应，生成 Fe_2N. 这是钢铁表面氮化生成硬保护膜层的反应原理. 铁容易和大多数非金属在适当高温下反应生成二元化合物. 铁与氧的反应决定于反应条件. 新还原出来的微细铁粉在空气中室温下就会自燃. 块状铁在温度超过 150℃时在干燥空气中就开始氧化，在过量氧气中生成的主要产物是 Fe_2O_3 和 Fe_3O_4，高于 575℃和低氧空气中则主要氧化产物为 FeO. 铁与硫或磷反应时放出大量热，分别生成 FeS 和 Fe_3P. 卤素则可在较低温度（～200℃）与铁反应，氟、氯和溴与铁反应生成 Fe(III)化合物 FeX_3，而碘则只生成 Fe(II)化合物 FeI_2.

2. 同化合物的反应

铁在水溶液系统中的标准电极电势如下：

酸性介质	$Fe^{2+}+2e^{-}=Fe$	$E^\circ=-0.440V$
	$Fe^{3+}+e^{-}=Fe^{2+}$	0.771V
碱性介质	$Fe(OH)_3+e^{-}=Fe(OH)_2+OH^{-}$	−0.56V
	$Fe(OH)_2+2e^{-}=Fe+2OH^{-}$	−0.877V

以上电势表明，单质铁在酸性溶液中是一种还原剂，而在碱性溶液中则是一种更强的还原剂. 依照铁的电势在电位序中的位置，它可以从稀酸水溶液中置换出氢气，能从铜(II)盐溶液中置换铜，本身则转化成铁(II)盐. 当用普通铁与稀硫酸或盐酸反应时，放出的氢气有一种极特别的气味，这是由于氢气中夹杂了铁中杂质元素（如碳、硫、磷、砷等）的氢化物所致. 氧化性酸，如硝酸、冷稀酸仍可与铁生成铁(II)盐，但热浓酸只能生成铁(III)盐. 当铁与浓硝酸短时间接触后，便表现有抗御与硝酸进一步反应的作用，称为表面钝化，它不再能溶于稀硝酸，也不再能从铜(II)盐

溶液中置换铜，但它能溶于还原性酸，如稀盐酸中. 这种钝化作用是由于在铁表面上生成了一层氧化物保护膜. 用其它氧化剂，如铬(VI)酸也可以使铁表面钝化.

铁在高于 500℃时可以快速地同水蒸气反应放出氢气，温度低于 570℃时生成的氧化物是 Fe_3O_4，而高于此温度时生成的氧化物是 FeO. 二氧化碳也可以同样地与铁反应生成这两种氧化物(决定于温度条件)，同时二氧化碳被还原成一氧化碳. 铁粉在 100—200℃与 200atm 的一氧化碳反应生成挥发性的剧毒化合物五羰合铁 $Fe(CO)_5$.

铁的锈蚀是铁与空气和水发生作用生成水合氧化物的过程. 这是一个特殊的腐蚀问题，因为它有重大的经济重要性而受到广泛重视. 铁在室温下的锈蚀现象与水、氧气和一种电解质的存在是不可少的. 二氧化碳对铁的锈蚀影响不大，高浓度的二氧化碳气氛其实对铁还有表面保护作用. 铁完全浸泡在表面上有空气的淡水或盐水中会发生缓慢的锈蚀作用，但如果此铁是部分浸没的，在铁一水交界面上的氧气会迅速得到补充，便会发生快速的锈蚀. 在空气中，如果湿度达到 50%(水蒸气分压约为 6mmHg)，铁件会开始发生锈蚀；如果湿度达到 80%，则铁件会发生严重的锈蚀.

锈蚀是一种电化学过程. 锈蚀速度主要决定于在铁一水交界面所发生的过程. 在此交界面处氧被一种分步进行的阴极反应所还原，此过程可以归纳为如下反应：

$$O_2 + 2H_2O + 4e^- \longrightarrow 4OH^-$$

铁则在一阳极反应中进入溶液形成铁(II)阳离子而提供上列反应所需的 4 个电子：

$$2Fe \longrightarrow 2Fe^{2+} + 4e^-$$

此时溶液中的 Fe^{2+} 和 OH^- 在氧气的作用下便生成了黄棕色的水合氧化铁(III)沉淀物铁锈.

大气锈蚀速度会因尘埃粒子和二氧化硫的存在而大大被加速. 在滨海地区，空气尘埃中含有盐分，如果没有其它促锈因素的话，锈蚀速度将随距海的距离而变，距海越远锈蚀速度越慢. 在城区和工业区，空气中的二氧化硫将是促锈的主要因素. 在空气和水的作用下，二氧化硫转化成硫酸，它将侵蚀铁制器件. 当铁或钢的表面上出现了硫酸铁(II)之后，在潮湿空气中，即使不再有二氧化硫，锈蚀过程就继续进行. 防止铁器锈蚀的方法之一是在表面涂刷阻锈剂，如氢氧化钠、磷酸钠或铬酸钾溶液. 还有一种“磷酸盐化处理”，是将铁器浸置在磷酸锰(II)或磷酸锌(II)溶液中，使铁表面上生成一层磷酸铁(II)盖层. 还有一种防锈办法是在铁表面上遮镀一层其它金属，如镀锌铁(白铁)、镀锡铁(马口铁)等. 涂刷红铅漆或油漆也是常用的防锈办法.

1.1.9 铁的生理作用

铁是动物身体组织和血液的极重要的组成物.铁是人体中必需的痕量元素中含量最高的一个,约占人体总重量的0.006%.铁在人体内主要分布于血红细胞中,约占人体总铁量的60%—70%.在铁蛋白和肌红蛋白中,铁则分别约占人体总铁量的7%—15%和3%—5%.铁不仅是人体血液中交换与输送氧气所必需的,而且又是某些酶(如过氧化氢酶、过氧化物酶、苯丙氨酸羟化酶等)和许多氧化还原体系所不可缺少的元素.它在生物催化、在呼吸链上传递电子等方面都起着重要的作用.

血红蛋白是由一种称为珠朊的蛋白和含铁的亚铁血红素结合在一起组成的,结构见图1.3.亚铁血红素是卟啉的铁(II)络合物,在其中铁(II)原子的配位数为6.铁(II)与卟啉平面上的四个吡咯环氮原子相联结,并与珠朊上组氨酸的咪唑氮在垂直于卟啉平面的方向上联结,第六个位置则可能被一个水分子所占据.这个结构允许在此第六个配位位置上可逆地吸放分子氧,使红血球得以把氧分子输载到身体的各部分,这是动物呼吸作用的机理.血红蛋白对一氧化碳的亲合作用大于对氧分子的亲合作用,生成碳氧血红蛋白的过程是不可逆的,这就导致了一氧化碳的剧毒性.

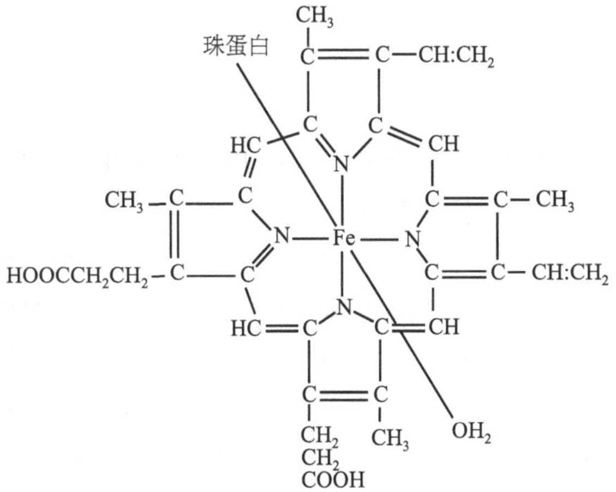

图1.3　血红蛋白

1.1.10 铁的分析化学

铁(II)盐在水溶液中常呈淡绿色,遇碱时产生氢氧化铁(II)沉淀,在纯态下这个沉淀应该是白色的,但在空气中会迅速氧化而颜色变深. Fe^{2+} 离子与六氰合铁

(III)酸钾 $K_3Fe(CN)_6$ 在水溶液中作用生成深蓝色或沉淀物,Fe^{2+} 离子与硫氰化钾不发生颜色反应.

铁(III)盐在一般情况下呈黄色(如 $FeCl_3$)或紫色[如铁(III)钾矾],与碱作用时生成红棕色氢氧化铁(III)沉淀. Fe^{3+} 在水溶液中与六氰合铁(II)酸钾 $K_4Fe(CN)_6$作用产生深蓝色或沉淀物(普鲁士蓝),Fe^{3+} 与六氰合铁(III)酸钾作用时产生棕或绿色溶液. Fe^{3+} 与硫氰化钾作用产生血红色的$[Fe(SCN)(H_2O)_5]^{2+}$络合物,这是一种检出 Fe(III)的极灵敏方法,1ppm 的 Fe(III)都可以被检出.

关于铁的定量分析,在重量法中一般先将铁从溶液中用氨水沉淀为氢氧化铁(III)析出,然后将沉淀物灼烧成 Fe_2O_3 至恒重并称定为氧化铁(III). 有时为了取得易过滤的沉淀物,用 8-羟基喹啉或 α-亚硝基-β-萘酚将铁沉淀出来,然后再灼烧并称定为 Fe_2O_3. 在容量法中,一般先用还原剂如二氯化锡将样品溶液中的Fe(III)还原至 Fe(II),然后用氧化剂的标准溶液[如 $KMnO_4$,$K_2Cr_2O_7$ 或$Ce(SO_4)_2$]对样品溶液进行滴定. 另一种办法是用碘量法测定样品溶液中的Fe(III)(Fe^{3+} 将碘离子氧化成 I_2),也可以用标准还原剂溶液,如钛(III)溶液来滴定样品溶液中的 Fe^{3+}.

铁(III)与硫氰根离子或铁(II)与 1,10-二氮杂菲反应都发生显色反应,可据此对铁进行快速的比色法测定. 对于多金属离子的样品溶液,可以用乙醚从盐酸溶液中把铁以 $HFeCl_4$ 的形式萃取出来,然后可以进行比色测定.

1.2 铁的化合物

铁在一般常见化合物中出现为 Fe(II)和 Fe(III)氧化态. 但当铁与 π-酸配体,即不仅有可以向金属原子配位的孤电子对,又有空的 π 轨道,可以从富有电子密度的金属原子接受反馈电子而生成 π 键的一些配体(如 CO,NO,2,2-联吡啶,1,10-二氮杂菲等)相结合时,铁原子可以表现为 0,−I 或甚至−II 氧化态. 这些类化合物的发现发展了原子价理论,并也形成了一大类既有理论意义又有应用价值的新型化合物,统称为 π-酸配体络合物. 在正氧化态方面,铁作为过渡 d 电子-充填元素,有可变的正氧化态+IV,+V 和+VI,但均属不稳定的高氧化态而表现为氧化剂.

本节讨论铁的化合物,即以氧化态表现为分类,首先讨论低氧化态的铁化合物(−II,−I,O 和+I),然后再依序讨论较高正氧化态的化合物.

1.2.1　铁的低氧化态化合物

1. 铁的羰基化合物和衍生物

一氧化碳 CO 分子是一种典型的 π-酸配体，在碳原子上的 σ 孤电子对可以向过渡金属原子配位生成 σ 键，而 C—O 原子之间的叁键又可以向过渡金属原子接受电子密度生成金属与中性分子 CO 间的 π 键，即反馈 π 键，它是 M←CO 孤电子对键的一种补充. 这种反馈键的形成有利于金属原子保持高电子密度，也就是有利于金属原子处于尽可能低的氧化态（O 或甚至 −I，−II）. 在这类羰合物中 M—CO 的成键方式绘示在下面图 1.4 中，为了简化，CO 的其它轨道未绘出.

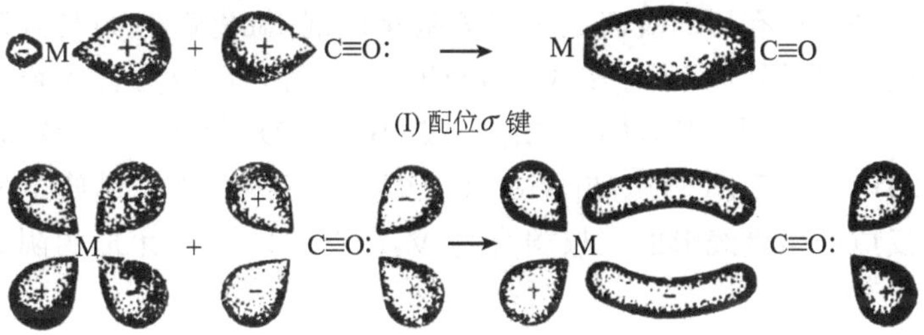

(II) 反馈π键

图 1.4　金属羰合物中的 σ-键和 π-键

在过渡金属羰合物中，金属原子与羰基的配比关系，经常符合所谓的 18-电子规则，即金属原子的价层电子数加上由 CO 配体贡献来的 σ 电子对，总电子数应共为 18 个电子，也就是说，当铁原子与 5 个羰基生成 $Fe(CO)_5$ 时，铁原子的 8 个外层电子加上 5×2 来自羰基的 σ-电子；共为 $8+5\times2=18$，使 Fe 原子的价层轨道 $4s$，$4p$ 和 $3d$ 都恰好充满了电子. 这个规则对大多数过渡金属羰合物来说，虽偶有个别例外，但大体是普遍符合的，对于推断羰合物的组成与结构是极为适用的.

五羰合铁

令微细分散的铁粉在 200℃左右的温度下与高压一氧化碳（50—200atm）相作用可得良好产率的五羰合铁 $Fe(CO)_5$. 它在通常情况下是一种黄色液体，熔点 −20℃，沸点 103℃，经 X 射线衍射研究，在晶体（−80℃）中分子结构为三角双锥状，其轴向 F—C 键长为 181.0pm，平伏 Fe—C 键长为 183.3pm. 但用电子衍射法对蒸汽的研究发现轴向 Fe—C 键为 179.7pm，平伏 Fe—C 键为 184.2pm.

五羰合铁能溶解在有机溶剂，如苯、石油醚等之中，但不溶于水. 在 250℃时它分解为纯铁. 在阳光或紫外光照射下它释放出一氧化碳并转化成深黄色的九羰合二铁片晶. 五羰合铁在乙醚溶液中可被无机酸分解放出一氧化碳而转化成铁（II）盐. 在液态氯化氢中五羰合铁可加合质子生成 $[Fe(CO)_5H]^+$ 阳离子，可以在低温下分离出络盐 $[Fe(CO)_5H]^+[PF_6]^-$，但在室温下这个络盐迅即分解. 水或乙醇的

碱溶液可把五羰合铁转化成羰基酸根阴离子，例如

$$Fe(CO)_5 + 3OH^- \longrightarrow [HFe(CO)_4]^- + CO_3^{2-} + H_2O$$

在丙酮中五羰合铁可被氯化铜(II)完全氧化：

$$Fe(CO)_5 + 2CuCl_2 \longrightarrow FeCl_2 + 2CuCl + 5CO$$

但它和汞(II)盐反应则生成一种在空气中稳定的黄色难溶化合物 $Fe(CO)_4Hg$：

$$Fe(CO)_5 + HgSO_4 + H_2O \longrightarrow Fe(CO)_4Hg + H_2SO_4 + CO_2$$

这个化合物在 150℃时分解为铁、汞和一氧化碳，它与单质碘反应则生成羰基碘化物：

$$Fe(CO)_4Hg + 2I_2 \longrightarrow Fe(CO)_4I_2 + HgI_2$$

五羰合铁是一种有用的脱卤试剂和羰基化试剂. 氯化钨(VI)与五羰合铁作用生成六羰合钨，氯化锡(II)则生成 $Sn[Fe(CO)_4]_4$. 后一反应为合成杂多核羰合物提供了途径. 五羰合铁与 $[Ru(CO)_3Cl_2]_2$ 或 $Ru_3(CO)_{12}$ 在 90—100℃时作用生成 $H_2FeRu_3(CO)_{13}$，$Fe_2Ru(CO)_{12}$ 和 $[Ru(CO)_3Cl_2]_3$. 五羰合铁与锰族金属羰合物的光激发化学反应产生直线形的三核羰合物 $M_2Fe(CO)_{14}$ 和三角形的阴离子羰合物 $[MFe_2(CO)_{12}]^{2-}$.

羰合物最重要的反应是 CO 基团被其它配体的取代反应. 这些配体可以是独立的给体分子，本身又具有不同程度地接受反馈电子的本领，如 PX_3，PR_3，$P(OR)_3$，R_2S，NR_3，R_2O，RNC 等，或是不饱和的有机分子，如 C_6H_6 或环庚四烯等.

虽然羰基被其它 π-酸配体的许多取代反应须在高温下进行，有时需要高达 200℃的温度，但光化学反应对于合成一些特定羰化物却有其重要性. 例如 $Fe(CO)_5$ 与三苯基膦或三苯基胂(用 L 代表)在高温下反应时产物是混合物，而用光化学反应可以十分简单地制得 $Fe(CO)_4L$ 和 $Fe(CO)_3L_2$. 图 1.5 中绘示了

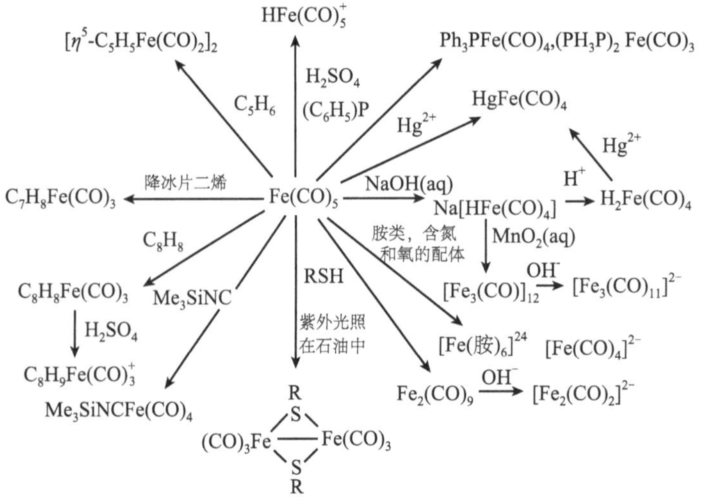

图 1.5 $Fe(CO)_5$ 的一些反应

$Fe(CO)_5$的一些重要反应.

在 $Fe(CO)_5$ 中,铁原子的氧化态为 0,它有 8 个电子,5 个配位羰基各供给一对配位电子,所以铁原子在其价层上共有 $8+5\times2=18$,满足了 18 电子结构.

九羰合二铁

将五羰合铁在有机溶剂中的溶液曝置在阳光或紫外光照射下,可以得到一种深黄色的片晶.此反应的光量子产率为 2,反应机理如下:

$$Fe(CO)_5 \xrightarrow{h\nu} {}^{*}Fe(CO)_5$$

$$Fe(CO)_5 + {}^{*}Fe(CO)_5 \longrightarrow Fe_2(CO)_9 + CO$$

九羰合二铁的结构见图 1.6,其分解开始温度为 100℃,在 35℃时可以高真空升华.它能溶于脂肪烃中,并能同许多有机溶剂反应,主要生成五羰合铁或其取代衍生物.这些性质限制了对九羰合二铁的结构研究.例如它的红外光谱仅能在固态下进行研究.X 射线晶体结构研究表明,九羰合二铁有如下的结构:在此结构中每个 Fe 原子被 6 个 CO 分子以略变形的八面体所包围.其中 Fe—Fe 距离为 246pm,而 Fe—C 距离都在 185pm 左右.穆斯堡尔谱也表明每个 Fe 原子是处于八面体环境中的.但由于这个化合物是反磁性的,它必定含有一个 Fe—Fe 键和 3 个成桥的羰基.

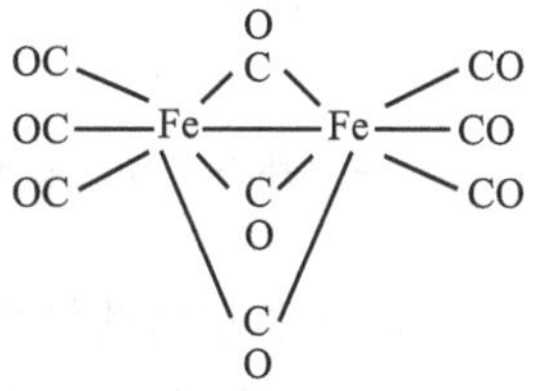

图1.6　九羰合二铁的结构

虽然九羰合二铁是一个相当活泼的羰合物,但在含氮碱或含氧碱中未见到有歧化反应发生.它在氨溶液中与碱金属作用可以得到羰基酸根阴离子:

$$Fe_2(CO)_9 + 4Na \rightleftharpoons 2Na_2[Fe(CO)_4] + CO$$

它很容易发生取代反应.它同液态二氧化硫反应可以得到 $Fe_2(CO)_8SO_2$,人们认为这 SO_2 是在两个 Fe 原子间处于成桥位置的.

在 $Fe_2(CO)_9$ 中 Fe 原子仍为零氧化态,它本身有 8 个电子,每个 Fe 原子从相连铁原子得来 1 个共用电子,从 3 个端梢 CO 共得到 3×2 配位电子,从 3 个成桥 CO 分子各分得 1 个配位电子(成桥 CO 分子同时向两个铁原子贡献一对电子).所以在每个 Fe 原子的价层中共有 $8+1+3\times2+3\times1=18$,这个羰合物是符合 18 电子规则的.

十二羰合三铁

这个化合物最先是由九羰合二铁的非水溶液在 100℃时热分解而生成的：

$$6Fe_2(CO)_9 \longrightarrow 2Fe_3(CO)_{12} + 6Fe(CO)_5$$

但现在它往往是由羰基酸根阴离的溶液来制备的. 一种方法是用二氧化锰来氧化羰基酸根阴离子溶液，然后酸化并将所求羰合物萃取到石油醚中. 另一种方法是用三乙胺水溶液处理五羰合铁生成暗红色的[Et_3NH][$Fe_3(CO)_{11}H$]，然后将此溶液酸化并将十二羰合三铁萃入石油醚中，十二羰合三铁生成为深绿色的反磁性晶体，在 140℃时分解，可以真空升华. 它能溶在有机溶剂中和五羰合铁中，在这些溶液中它的分子量相应于 $Fe_3(CO)_{12}$.

$Fe_3(CO)_{12}$的结构与 $Fe_2(CO)_9$ 的结构有关，可以把它看成是一个三角形的金属原子簇，在其中 $Fe_2(CO)_9$ 的一个 CO 桥被一个 $Fe(CO)_4$ 基团所代替，结构形式如下：

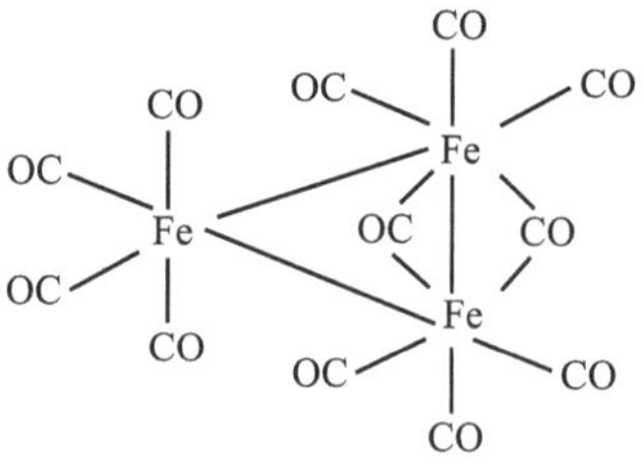

图 1.7　十二羰合三铁的结构

对 $Fe_3(CO)_{12}$的 X 射线结构测定与穆斯堡尔谱的结果是一致的. 穆斯堡尔谱表明，在此化合物中有两类铁原子，其中有两个铁原子表现有不小的 4 极分裂，其同质异能位移和 $Fe_2(CO)_9$ 中的铁原子的位移是一样的. 而另一个铁原子与预期的八面体铁原子的极少分裂是一致的. 十二羰合三铁与九羰合二铁不同，它与碱发生歧化反应，而且它的反应活性高于五羰合铁. 在室温下，十二羰合三铁与甲醇反应生成五羰合物：

$$3Fe_3(CO)_{12} + n\text{MeOH} \longrightarrow [Fe(\text{MeOH})_n)][Fe_3(CO)_{11}] + 5Fe(CO)_5$$

十二羰合三铁与多种含氮碱反应生成[$Fe_2(CO)_8$]$^{2-}$和[$Fe_3(CO)_{11}$]$^{2-}$阴离子的 Fe(II)盐.

羰基铁(－I)酸盐和羰基铁(－II)酸盐

羰基铁与碱作用时，依赖于碱的浓度和采用的条件，可以生成羰合铁酸根阴离子[$Fe(CO)_4$]$^{2-}$，[$Fe_2(CO)_8$]$^{2-}$或[$Fe_3(CO)_{11}$]$^{2-}$. 这些阴离子是可以互相转化的，它们的生成条件决定于 pH 和温度. 它们加合质子生成的负 1 价离子如

$[Fe(CO)_4H]^-$等也是已知的.这些离子在溶液中的检出常常是通过它们电子光谱的测量.这些离子的颜色随其复杂性的增大从淡黄色变到深红色.

用碱的水溶液处理五羰合铁,它即溶解,最初生成的黄色溶液中含有酸根阴离子 $HFe(CO)_4^-$.这个溶液经酸化生成一种不稳定的气体 $H_2Fe(CO)_4$.羰合物酸根阴离子可以用多种不同的方法来制备:用碱金属氢氧化物的水溶液处理羰合物;用胺类、亚砜或其它路易斯碱处理羰合物;用金属钠裂解多核羰合物中的金属—金属键;或在特定情况中用盐酸在乙醚介质中与羰合物一起回流,等等.举例如下:

$$Fe(CO)_5 + 3NaOH(aq) \longrightarrow Na[HFe(CO)_4](aq) + Na_2CO_3(aq) + H_2O$$

铁的羰合物酸根阴离子与二元羰合物一样,遵守18电子规则.它们容易被空气氧化,它们在水溶液中能与大阳离子,如 $Co(NH_3)_6^{2+}$ 或 Ph_4As^+ 结合生成沉淀物析出.

除了单核的碳基铁酸根阴离子之外,还得到了多种多样的多核酸根阴离子.铁的多核酸根阴离子是用碱的水溶液处理二元羰合物或用其它路易斯碱处理来制备的,反应如下:

$$Fe_2(CO)_9 + 4OH^- \longrightarrow [Fe_2(CO)_8]^{2-} + CO_3^{2-} + 2H_2O$$

$$2Fe_3(CO)_{12} + 7OH^- \longrightarrow [Fe_3(CO)_{11}]^{2-} + [HFe_3(CO)_{11}]^- + 2CO_3^- + 3H_2O$$

$$3Fe(CO)_5 + Et_3N \xrightarrow[80℃]{H_2O} [Et_3NH][HFe_3(CO)_{11}] + CO_2 + 3CO$$

$$[HFe_3(CO)_{11}]^{2-} + Fe(CO)_5 \longrightarrow [HFe_4(CO)_{13}]^- + 3CO$$

$[Fe_2(CO)_8]^{2-}$ 有一个直接的 Fe—Fe 键,但没有羰桥. $HFe_3(CO)_{11}^-$ 和 $Fe_4(CO)_{13}^{2-}$ 的结构绘示在图1.8中. $HFe_3(CO)_{11}^-$可以看成是 $Fe_3(CO)_{12}$ 的类似物,只是用一个 H^- 桥代替了一个羰桥.

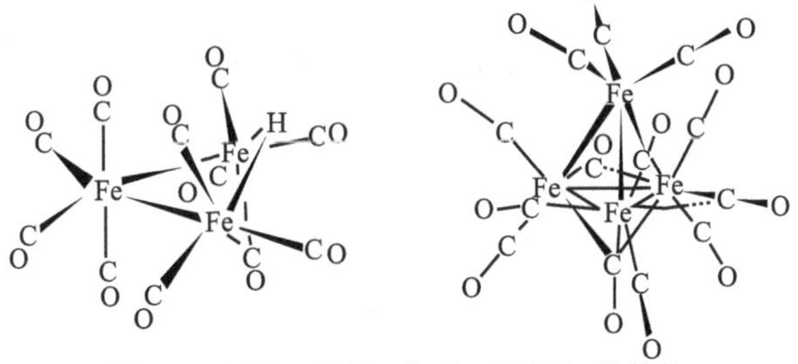

图1.8　$HFe_3(CO)_{11}^-$ 和 $Fe_4(CO)_{13}^{2-}$ 的结构

对单核铁的羰合物酸根阴离子$[Fe(CO)_4]^{2-}$曾经做过深入的研究. 在盐$[Na(窝穴体-222)^{①}[Fe(CO)_4]$中,阴离子基本上是一个正四面体,它同$Cr(NO)_4$,$Ni(CO)_4$是等电子体. 图 1.9 绘示了$[Fe(CO)_4]^{2-}$的一些典型反应. 由所示反应可以看出,这些反应大部分是由于羰合物酸根阴离子的亲核性质所决定的. 化合物$Na_2Fe(CO)_4$·1,5-二噁烷可以应用于类格氏反应合成醛、酮、酸和酯,有如图1.10所示.

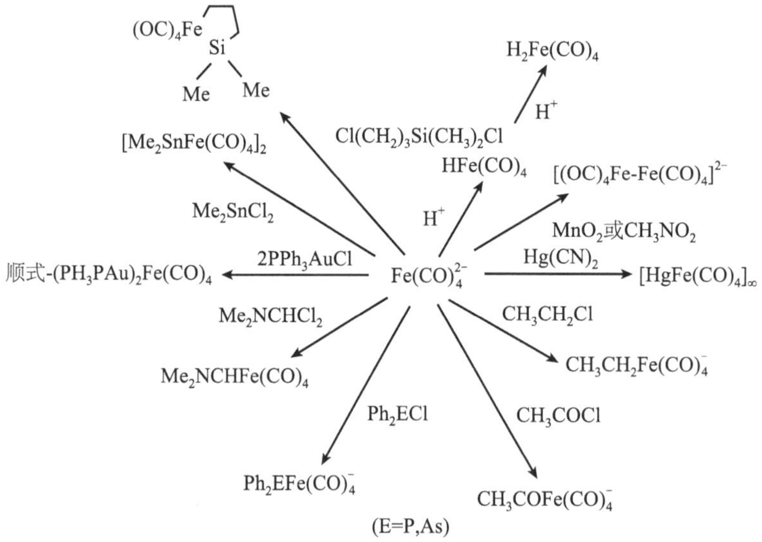

图 1.9　$[Fe(CO)_4]^{2-}$的一些典型反应

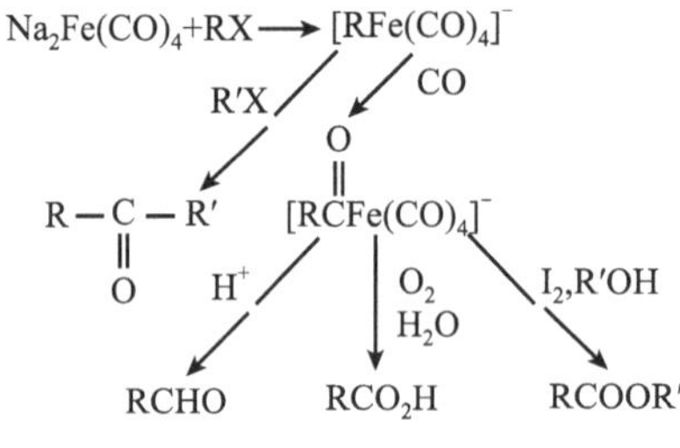

图1.10　$Na_2Fe(CO)_4$应用于合成反应

---

①窝穴体－222 具有结构,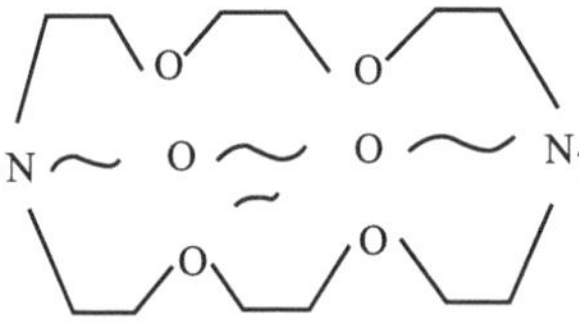它是碱金属离子的优越配体.

铁的羰基氢化物

向$[Fe(CO)_4H]^-$溶液中加酸就会释放出不稳定的气态氢化羰基铁$H_2Fe(CO)_4$. 在四氢呋喃溶液中用硼氢化钠对碘化四羰基铁$Fe(CO)_4I_2$作用也可以制得这个氢化物. 它的熔点为－70℃，为黄色液体和无色气体，高于－10℃时分解：

$$2H_2Fe(CO)_4 \longrightarrow H_2 + H_2Fe_2(CO)_8$$

它同一氧化碳作用再生成五羰合铁并放出氢气. 它是一个弱酸($K_1=4\times10^{-5}$；$K_2=4\times10^{-14}$)并已制得它的盐型衍生物. 它同氢氧化钙或氢氧化镁作用生成$M^{II}[Fe(CO)_4H]_2$型的盐，它可以同六氨合金属(II)离子结合从溶液中形成晶状化合物$[M(NH_3)_6][Fe(CO)_4H]_2$沉淀出来，但会被$Co(NH_3)_6^{3+}$离子氧化成$Fe_3(CO)_{12}$，其氧化还原半反应的标准电势是：

$$3[Fe(CO)_4H]^- \longrightarrow Fe_3(CO)_{12} + 3H^+ + 3e^- \quad E^\circ = -0.35V$$

二氧化锰可以容易地把它氧化成十二羰合三铁：

$$3Fe(CO)_4H_2 + 3MnO_2 + 6H^+ \longrightarrow Fe_3(CO)_{12} + 6H_2O + 3Mn^{2+}$$

像负氢离子络合物一样，羰基氢化物在红外光谱中显有尖锐的M—H伸缩振动峰，质子核磁共振谱在很高τ值处有吸收峰($H_2Fe(CO)_4$，τ21.1；$H_2Fe_3(CO)_{11}$，τ25). 在单核羰基氢化物中，氢原子在结构上是简单的，都占有明确的端梢配位位置. M—H距离近似地等于共价半径之和(160—170pm). 这种端梢配体氢原子在立体化学上和一般负氢离子络合物中的氢原子是一样的，但在化学性质上它们与负氢离子络合物中的氢又是不同的，因为它们表现为酸性氢，这是由于羰合物酸根具有把负电荷离域到整个离子之上的特点.

在双核和多核羰基氢化物中，氢原子在结构功能上要复杂得多，现在并没有完全弄清楚. 由于近年来发展了中子衍射技术，可以直接而准确地测定氢原子的位置，开始可以获得一些有助于了解此结构问题的信息. 在多核羰基氢化物中，氢原子可以是端梢配体，也可以是成桥配体，M—H—M桥链常常是弯曲的. 在有的情况中，H原子可以成为三向桥μ_3，例如在$HFeCo_3(CO)_9[P(OMe)_3]$中，$FeCo_3$原子簇形成一个四面体，H原子盖在Co_3棱面的上边形成为一个三向桥.

在$H_2Fe(CO)_4$中，铁原子应该基本上处于一个八面体环境中，但四个羰基略为向着两个较小的氢原子有所变形.

卤化羰基铁

五羰合铁与卤素的反应产生不稳定化合物$Fe(CO)_5X_2$，它在低于0℃时分解而放出CO生成卤化四羰合铁$Fe(CO)_4X_2$. 卤化铁(II)和加压下的一氧化碳直接反应也生成这类化合物.卤化四羰合铁是非电解质,能溶于惰性有机溶剂中,但与水发生水解反应放出一氧化碳.它们的热稳定性和水解稳定性依 Cl<Br<I 的顺序递增,热分解的产物是卤化低员羰合物 $Fe(CO)_2X_2$ 和 $Fe(CO)_2X$;处于中间态的卤化三羰合物是否存在尚属可疑.碘化四羰合铁 $Fe(CO)_4I_2$ 是红色化合物,它有足够高的稳定性而能真空升华,并能在氢气氛中转化成亮红色的 $Fe(CO)_2I_2$.有时可以直接制备卤化低员羰合物,例如五羰合铁与碘在沸热的苯中直接反应可以得到 $Fe(CO)_2I_2$.这个碘化物热分解时先得到 $Fe(CO)_2I$,然后得到不稳定的红色碘化铁(I)FeI.

大多数的卤化羰合铁的结构未弄清楚,卤化四羰合物已做过红外光谱研究,测得碘化物 $Fe(CO)_4I_2$ 的偶极矩为 3.60±0.50D,因而它的结构可能是顺式八面体构型.$[Fe(CO)_4I]^-$ 阴离子的结构大概是三角双锥构型,碘原子占据在轴向位置上.碘与十二羰合三铁在四氢呋喃中反应生成 $Fe_2I_2(CO)_8$ 它是一种白色固体,熔点−5℃,认为它具有错位的 D_{4d}结构(图 1.11).

卤化四羰合铁与过量碱反应可以进行到完全取代,但如果所用碱并非过量,羰基的取代可以分步进行.取代的卤化羰合铁可依羰基被连续取代的程度而热稳定性增大.碘化四羰合铁的一些反应汇列在图 1.12 中.

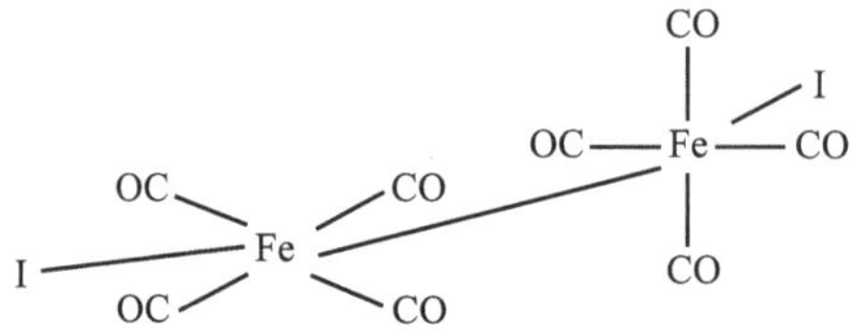

图 1.11 $Fe_2(CO)_8I_2$ 的结构

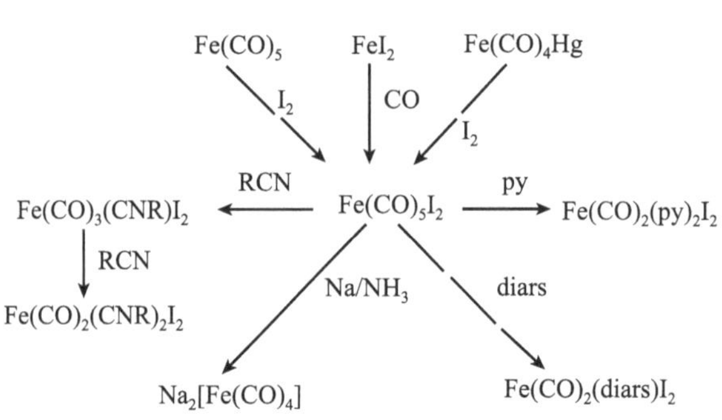

图 1.12 碘化四羰合铁的一些化学反应

2. 铁的亚硝基络合物

一氧化氮分子也是一种 π 酸配体，能生成许多低氧化态过渡金属的络合物. NO 作为配体称为亚硝基(相对于 NO_2 之称为硝基)或亚硝酰(把它看成是亚硝酸的酰基). 铁与亚硝基生成的络合物为数众多并经过较详细研究.

四亚硝基合铁 $Fe(NO)_4$

当将五羰合铁和一氧化氮放在一只压热釜中加热至 45℃，就生成了黑色晶体的四亚硝基铁. 它是不挥发的和有高反应活性的化合物，在空气中或在酸的水溶液中会被氧化，它的一些反应汇列在图 1.13 中.

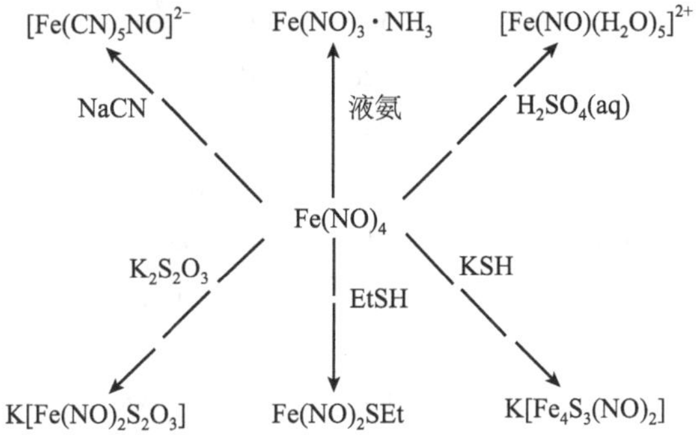

图 1.13　四亚硝基铁的一些反应

四亚硝基铁的结构尚不清楚. 它的红外光谱在 1810，1730 和 $1140cm^{-1}$ 处显有 N—O 伸缩频率.

亚硝基羰合铁

五羰合铁、$Fe_2(CO)_9$ 或 $Fe_3(CO)_{12}$ 与一氧化氮在 95℃的反应都生成二亚硝基二羰合铁 $Fe(NO)_2(CO)_2$. 用亚硝酸钠和乙酸处理 $Na[Fe(CO)_4H]$ 溶液，或令氯化亚硝酰作用于五羰合铁，也可以得到二亚硝基二羰合铁. 它生成为深红色晶体，熔点 18.4℃，能溶于有机溶剂，在空气中会被氧化.

电子衍射研究表明，CO 和 NO 配体是四面体地包围在铁原子周边，键长 Fe—C＝184±2pm，Fe—N＝177±2pm，C—O＝115±3pm 和 N—O＝112±3pm. 在此化合物中 N—O 键长略短于自由一氧化氮的键长(115pm)和 C—O 键长略长于自由一氧化碳分子中的键长(112.8pm). 它的红外光谱显有两个 N—O 伸缩频率 1810 和 $1766cm^{-1}$ 及两个 C—O 伸缩频率 2083 和 $2034cm^{-1}$，指出它的对称群为 C_{2v}. 它的偶极矩为 0.95D，有人指出在其中 N—O 存在着两种异构变体：

$$M^{2-}=N=O^{+} \text{ 和 } M^{-}—N\equiv O.$$

$Fe(NO)_2(CO)_2$ 能发生许多取代反应，取代配体经常是取代羰基，令

$Fe(NO)_2(CO)_2$与取代配体在一种惰性溶剂中直接反应即得到取代衍生物，例如：

$$Fe(NO)_2(CO)_2 + PPh_3 \longrightarrow Fe(NO)_2(CO)(PPh_3) + CO$$

除少数例外，这些取代衍生物都是稳定的和反磁性的晶状固体. 一些取代衍生物汇列在表 1.3 中.

表 1.3 亚硝基铁的一些取代衍生物

化合物	颜色	熔点(℃)	N—O 振动频率 (cm^{-1})
$Fe(NO)_2(PF_3)_2$	红棕	液态	1838 1788
$Fe(NO)_2(PPh_3)_2$	棕	194	1723 1679
$[Fe(NO)_2(P_2Me_2)]_2$	暗红	201—203	1753 1733
$[Fe(NO)_2(AsMe_2)]_2$	暗红	227—230	1757 1727
$Fe(NO)_2(p\text{-}Me\cdot C_6H_4\cdot NC)_2$	红	180—182	
$Fe(NO)_2(p\text{-}MeO\cdot C_6H_4\cdot NC)_2$	红棕	197—199	
$Fe(NO)_2(CO)(PPh_3)$	红	138—140 分解	1766 1721
$Fe(NO)_2(CO)(TePh_2)$	红	—	1764 1727
$Fe(NO)_2(CO)(SbPh_3)$	橙红	105—115 分解	1773 1730
$[Fe_2(NO)_4P_2Me_4]_2$	暗紫	285	1705 1684 1650

$Fe(NO)_2(CO)_2$ 在甲醇中与碱反应，或在四氢呋喃中与钠汞齐反应，都生成$[Fe(NO)(CO)_3]^-$ 阴离子. 五羰合铁与亚硝酸根离子反应也生成这个阴离子，即：

$$Fe(CO)_5 + KNO_2 \longrightarrow K[Fe(NO)(CO)_3] + CO + CO_2$$

这个阴离子与 $Co(NO)(CO)_3$ 是等电子体和等结构体；它的红外光谱 ν(N—O)出现在 1651cm^{-1}和 ν(C—O)出现在 1984 和 1881cm^{-1}处. 与氰化汞(II)水溶液反应时，得到汞盐 $Hg[Fe(NO)^-(CO)_3]_2$，这个化合物很容易歧化生成 $Hg[Fe(CO)_4]$和 $Fe(NO)_2^-(CO)_2$. 但在室温下与三苯基膦作用则仅发生简单取代反应：

$$Hg[Fe(NO)(CO)_3]_2 + 2PPh_3 \longrightarrow Hg[Fe(NO)(CO)_2(PPh_3)]_2 + 2CO$$

卤化亚硝基铁

在铁粉的存在下，令一氧化氮与氯化铁(II)在 70℃反应生成一种极不稳定的暗棕色针晶 $Fe(NO)_3Cl$. 它在 110℃升华并容易放出 NO. 溴化物和碘化物可以方便地通过卤化四羰合铁的如下反应来制备：

$$Fe(CO)_4X_2 + Fe + 6NO \longrightarrow 2Fe(NO)_3X + 4CO$$

卤化二亚硝基铁则比较稳定，它们或许是二聚体. 碘化物$[Fe(NO)_2I]_2$ 是通过一氧化氮与碘化铁(II)在 100℃的反应或碘与亚硝基羰合铁的反应来制备的：

$$2Fe(NO)_2(CO)_2 + I_2 \longrightarrow [Fe(NO)_2I]_2 + 4CO$$

这些棕黑色的卤化亚硝基铁是非极性物质并能溶于有机溶剂中；它们能同多种多样的配体反应生成 $Fe(NO)_2XL$ 型的黑色顺磁性络合物(大概是四面体型结构). 卤化亚硝基铁的一些性质和一些衍生物提供在表 1.4 中.

表 1.4 卤化亚硝基铁和它们衍生物的一些性质

化合物	熔点(℃)	偶极矩(D)	磁矩(BM)
$Fe(NO)_3Cl$	—		
$Fe(NO)_3Br$	—	3.7	
$Fe(NO)_3I$	—	3.5	
$[Fe(NO)_2I]_2$	—		反磁性
$Fe(NO)_2Br(PPh_3)$	160—163	6.94	1.92
$Fe(NO)_2I(PPh_3)$	127—130	7.12	1.90
$Fe(NO)_2Br(AsPh_3)$	140—143		1.84
$Fe(NO)_2I(SbPh_3)$	74—76		1.90
$Fe(NO)_2Br(C_5H_{11}N)$	—		1.82

亚硝基硫络合物

人们很早就已知道有硫和一氧化氮与铁相结合的化合物. 最为人熟知的化学式分别为 $K[Fe(NO)_2S]$和 $K[Fe_4(NO)_7S_3]$的俄罗斯“红盐”与“黑盐”. 它们很容易从硫酸铁(II)、亚硝酸钠和硫化铵来制备. “红盐”是反磁性的，大概是一个双聚体. 已知这个盐有许多酯，它们可以从水溶液制备，例如：

$$2FeSO_4 + 4KOH + EtSH + 2NO \longrightarrow Fe(NO)_2SEt + Fe(OH)_3 + 2K_2SO_4 + H_2O$$

也可以从硫醇对亚硝基铁和亚硝基羰合铁的取代反应来制备. 这些酯都是暗红色的反磁性化合物，能溶于有机溶剂. 分子量测定证明它们具有二聚合的化学式，并曾用单晶 X 射线结构测定研究了乙基酯的结构，如图 1.14 所示：

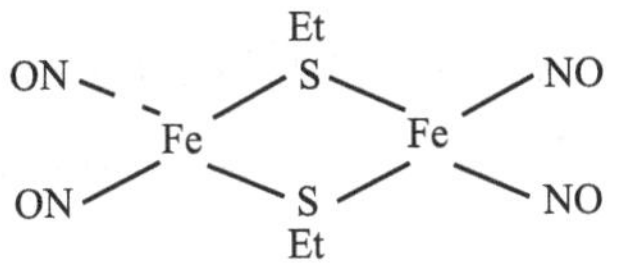

图 1.14 俄罗斯的“红盐”酯$[Fe(NO)_2SEt]_2$

在此结构中每个铁原子四面体地被两个 NO 基和两个 S 原子所包围；两个乙基彼此排成对位. Fe—Fe 键长为 272 ± 3pm，Fe—S，227 ± 4pm，平均键长 Fe—N，

166pm;N—O,117pm.这个酯的偶极矩为 1.88±0.05D.

俄罗斯“黑盐”含有反磁性的单分子阴离子$[Fe_4(NO)_7S_3]^-$,曾用单晶 X 射线衍射技术测定了它的铯盐结构.它含有一个三角锥状的铁原子簇,每个底座铁原子有两个端梢 NO 基,而轴顶铁原子只有一个端梢 NO,3 个硫原子则坐在锥体的 3 个直立棱面之上.

还有两类化合物,即二硫代氨基甲酸根络合物 $Fe(NO)(S_2CNR_2)_2$ 和硫代硫酸根络合物$[Fe(NO)_2(S_2O_3)]^-$,它们之中的铁原子都同时跟硫和一氧化氮基相键合.二硫代氨基甲酸根络合物 $Fe(NO)(S_2CNMe_2)_2$ 具有四方锥状结构,在角顶有一个弯曲的 Fe—N—O 键,4 个硫原子处在四方锥的底座上.上述一亚硝基络合物在氯仿中与一氧化氮反应可得到一个六配位络合物 $Fe(NO)_2(S_2CNMe_2)_2$.硫代硫酸钾与 $Fe(NO)_4$ 或$[Fe(NO)_2I]_2$ 反应可以得到硫代硫酸根络合的$[Fe(NO)_2(S_2O_3)]^-$阴离子,这个化合物是反磁性的,其 N—O 伸缩频率出现的位置处在 NO^+ 的频率区,看来此化合物应具有双聚结构有如图 1.14 所示,硫代硫酸根起着单齿成桥基团的作用.

阳离子亚硝基络合物

著名的硝酸根离子的棕色环试验,是硝酸根离子与硫酸亚铁和浓硫酸作用生成铁亚硝基阳离子物种的反应,硫酸铁(II)溶液能可逆地吸收一氧化氮直到配比为 Fe^{2+} ∶NO=1∶1.将含一氧化氮的浓 $FeSO_4$ 水溶液加入于被 NO 饱和的浓硫酸中可以分离出一种水合盐 $2Fe(NO)SO_4 \cdot 13H_2O$.可以类似地制得硒酸盐和磷酸盐,它们似乎比硫酸盐更稳定些.不过现在还缺乏有关这些固体化合物结构的报道,只是溶液研究为所存在的物种提供了结构信息.吸收光谱研究表明,此具有棕色的物种之存在与阴离子无关,电解实验表明一氧化氮是与阳离子结合在一起的,对 $FeSO_4$—NO 络合物溶液的磁化率研究证明,在一定温度范围内该络合物有 3 个成单电子.红外光谱研究表明出现在 1730—1850cm^{-1} 区间的吸收频率乃是配位 NO^+ 所特有的.因此这个化合物阳离子的化学式可以合适地写成为$[Fe^{I}(NO)(H_2O)_5]^{2+}$,在式中 NO 向铁原子授给了 3 个电子.化合物的棕色应来源于电荷转移光谱.

还有人报道了与此同类的五氨络合物$[Fe(NO)(NH_3)_5]^{2+}$,该离子很不稳定;另外$[Fe(NH_3)_6]^{2+}$的溶液并不吸收一氧化氮.三氯化铁在乙醇中的溶液确能吸收一氧化氮气,反应可表示为:

$$[Fe(EtOH)_6]^{3+} + NO \rightleftharpoons [Fe(NO)(EtOH)_5]^{3+} + EtOH$$

亚硝基氰化物

硝普盐(一亚硝基五氰合铁络合物)$Fe(CN)_5NO^{2-}$ 是化学中知之已久的化合物,它是硝酸与$[Fe(CN)_6]^{4-}$或$[Fe(CN)_6]^{3-}$ 发生反应时的产物,例如

$$Fe(CN)_6^{4-} + 4H^+ + NO_3^- \longrightarrow [Fe(CN)_5NO]^{2-} + CO_2 + NH_4^+$$

Fe(II)盐与氰化钾和亚硝酸钠的反应也可得到硝普盐：

$$[Fe(CN)_6]^{4-} + NO_2^- \rightleftharpoons [Fe(CN)_5NO_2]^{4-} + CN^-$$

$$[Fe(CN)_5NO_2]^{4-} + H_2O \rightleftharpoons [Fe(CN)_5NO]^{2-} + 2OH^-$$

硝普盐常常是水合盐，例如 $Na_2[Fe(CN)_5NO]\cdot 2H_2O$；$K_2[Fe(CN)_5NO]\cdot H_2O$；$(NH_4)_2[Fe(CN)_5NO]\cdot H_2O$. 红色的钠盐是反磁性的，$\nu$(N—O) 频率出现在 $1944cm^{-1}$处，因此这个化合物应含有 NO^+ 和 Fe^{II}. 这个盐的晶体结构已被测定，对称群为 C_{4v}，铁原子被 5 个碳原子（Fe—C190±5pm）和一个 N 原子（Fe—N163±2pm）变形八面体地包围着. 离子的 Fe—N—O 和 Fe—C—N 部分是直线形的，但铁原子位于 4 个碳原子组成的平面的上面约 20pm 处. 硝普盐溶液和单晶的电子光谱也被研究过，并已为它提出了分子轨道能级图，在其中一个 π * NO 能级把 e_g 和 t_{2g}能级分隔开了. 虽然 Fe(II)对 CN^- 的反馈程度很小，但 Fe(II)向 NO^+ 的反馈却认为是程度很大的. 穆斯堡尔谱研究表明在铁核上有很高的 s 电子密度，由此可以认为强的 π 成键体系使铁的 t_{2g}电子离域了.

硝普离子和硫化合物的反应在分析化学中有一定的重要性. 用 Lassaigne 检试法检出有机化合物中的硫利用硝普盐溶液遇到硫化物 S^{2-} 而变为紫色的反应（Gmelin 反应）. 如果使用乙醇溶液，还可以分离出紫色固体 $Na_4[Fe(CN)_5N(:O)S]$，人们认为此化合物是通过一个两步反应而生成的：

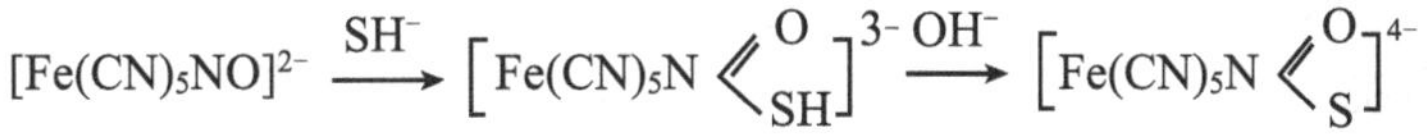

亚硝基五氰合铁酸钠（硝普钠）与亚硫酸盐反应产生深红色溶液（Bodeker 反应），因为生成了$[Fe(CN)_5N(O)SO_3]^{4-}$离子.

用碱与硝普钠反应生成$[Fe(CN)_5NO_2]^{4-}$离子，而用氨反应则生成$[Fe(CN)_5(NH_3)]^{4-}$，表明在后一化合物中 Fe 为+I 氧化态. 当用硫酸处理硝普钡盐时，沉淀出硫酸钡后，可从溶液中析出不稳定的硝普酸 $H_2[Fe(CN)_5NO]$的微小片晶.

3. 铁的其它低氧化态化合物

形式上氧化态为零的铁化合物中还有膦络合物和 2,2′-联吡啶的络合物. 五羰合铁与三氟化磷反应得到 5 个（三氟化磷）合铁(O)，$Fe(PF_3)_5$，它是羰基铁的取代衍生物之一. 它是一种淡黄色固体，熔点 44℃，能稳定地溶解在惰性溶剂中，但会与乙醇和丙酮反应，它是单分子化合物.

氯化铁(III)与联吡啶和联吡啶锂盐在四氢呋喃中反应得到黑色的三个联吡啶合铁(O)：

$$FeCl_3 + 3\ \text{联吡啶} + 1.5Li_2\ \text{联吡啶} \longrightarrow Fe(\text{联吡啶})_3 + 3LiCl + 1.5\ \text{联吡啶}$$

这个化合物对空气和水显敏感性，在稀酸中产生$[Fe(\text{联吡啶})_5]^{2+}$阳离子. 在真空条件下加热至 145℃，三联吡啶合铁分解成铁和联吡啶. 在这个化合物中铁的表观氧化态为 O，大概是由于联吡啶是一个 π 给电子体，它向铁原子提供了配位电子，但同时联吡啶芳香环系统的 π^* 空轨道又反过来从铁原子上的已充满原子轨道上把电子接受回来所致.

1.2.2　铁(II)化合物

1. 铁常见氧化态的氧化还原化学

铁在水溶液中出现的常见氧化态是＋2 和＋3. 在没有其它络合剂的存在下，铁(II)化合物溶液含有淡绿色的六水合离子$[Fe(H_2O)_6]^{2+}$. 铁(II)的水合盐也是淡绿色的，它们往往与其它过渡金属的＋2 氧化态同类盐是异质同晶的，铁(II)盐如卤化物、硝酸盐和硫酸盐的溶解度也与第四周期过渡元素 2 价离子的相应盐溶解度相类似，它们的氢氧化物、硫化物、磷酸盐和草酸盐也都相对地难溶. 大多数铁(II)盐在空气中都不稳定而易被氧化，但它们与碱金属盐和铵盐所生成的复盐却大多数是稳定的. 铁的标准电势图汇列在下面：

酸性溶液

$$Fe \xrightarrow{-0.440V} Fe^{2+} \xrightarrow{+0.771V} Fe^{3+} \xrightarrow{<+1.9V} FeO_4^{2-}$$

碱性溶液

$$Fe \xrightarrow{-0.887V} Fe(OH)_2 \xrightarrow{-0.56V} Fe(OH)_3 \xrightarrow{<+0.9V} FeO_4^{2-}$$

铁化合物在水溶液中的标准电势很受络合剂的影响，现将有配体存在下各不同铁电对的标准电势对比列在表 1.5 中.

表 1.5　一些铁电对的标准电极电势

电　　对	电势(V)
酸性溶液	
Fe^{2+}＋/Fe	−0.440
$Fe(C_2O_4)_3^{3-}/Fe(C_2O_4)_3^{4-}, C_2O_4^{2-}$	＋0.02
$Fe(CN)_6^{3-}/Fe(CN)_6^{4-}$	＋0.36
Fe^{3+}/Fe^{2+}	＋0.771
$Fe(\text{联吡啶})^{3+}/Fe(\text{联吡啶})^{2+}$	＋0.96
$Fe(\text{二氟菲})^{3+}/Fe(\text{二氮菲})^{2+}$	＋1.1
$FeO_4^{2-}, 8H^+/Fe^{3+}, 4H_2O$	＋1.9

续表

电 对	电势(V)
碱性溶液	
$FeS(\alpha)/Fe,S^{2-}$	−0.95
$Fe(OH)_2/Fe,2OH^-$	−0.877
$Fe_2S_3/2FeS(\alpha),S^{2-}$	−0.715
$Fe(OH)_3/Fe(OH)_2,OH^-$	−0.56
$FeO_4^{2-},4H_2O/Fe(OH)_3,5OH^-$	+0.72

铁溶解在非氧化性酸(包括冷和稀的氧化性酸如硝酸和高氯酸)中即生成水合的Fe^{2+}离子.在酸性溶液中这个水合铁(II)阳离子是热力学不稳定的,倾向于被大气氧化,因为$O_2,4H^+/2H_2O$电对的电势为+1.229V,但在动力学上氧化反应是缓慢的.Fe(II)溶液很容易被强氧化剂如酸性高锰酸钾、重铬酸钾,过氧二硫酸钾、过氧化氢和硫酸铈(IV)所氧化.Fe^{3+}/Fe^{2+}电对标准电势可在不发生水合氧化物沉淀的一定pH范围内保持恒定.但当达到了发生水合氧化物沉淀的pH时,电对的半反应变为:

$$Fe(OH)_3 + e \rightleftharpoons Fe(OH)_2 + OH^-$$

此时电势便发生明显的突跃变化.在碱性溶液中,铁(II)的还原性突然增大,这主要是由于$Fe(OH)_2$比$Fe(OH)_3$有较大的溶解度之故.因而在碱性溶液中Fe(II)很容易被大气氧所氧化,白色的$Fe(OH)_2$沉淀很快颜色变深而转化为Fe(III)水合氧化物沉淀,在碱性溶液中Fe(II)还能够把硝酸盐和亚硝酸盐还原成氨,把铜(II)盐还原成金属铜等.

从表1.5的数据可见,在铁原子周围的配体对电极电势的数值有很大影响.阴离子配体对Fe(III)比Fe(II)有更大的稳定化作用,阴离子络合物比含中性配体的阳离子络合物更容易被氧化.在Fe(II)/Fe(III)系统中那些含π一受电子配体的阳离子络合物具有最高的电势.Fe(II)离子(d^6)是一个好的π一给电子体,那些具有低能级π^*空轨道的配体如2,2′-联吡啶(dipy)和1,10一邻二氮菲将会对Fe^{2+}起稳定化作用.Fe^{3+}是一个较差的π-电子给体,不管所生成的络合物是高自旋的还是低自旋的,因为它是一个高电荷离子.不过在正常情况下,这类π一酸配体大都生成低自旋的Fe(II)络合物.在阴离子配体中,氰离子产生最高电势而与草酸根离子不同,因为CN^-离子是一个π一受电子体并与Fe(II)和Fe(III)生成低自旋络合物.

2.铁(II)的简单化合物

卤化铁(II)

卤化铁(II)的一些性质对比在表1.6中.它们的水合盐是将铁或其碱性化合物溶解在相应氢卤酸中进行结晶而制得的.它们生成的许多络合物将会在下面诸

节中予以讨论.

表 1.6　卤化铁(II)

性　质	FeF_2	$FeCl_2$	$FeBr_2$	FeI_2
颜色	白色	淡黄灰色	黄绿色	灰色
熔点(℃)	1000	670—674	684	赤热
密度	4.09	3.16	4.64	5.32
$-\Delta H_f(kJ \cdot mol^{-1})$		341	251.1	125.4
水合分子数	4.8	1,2,4,6	2,4,6,9	2,4,6,9
水合热$(kJ \cdot mol^{-1})$	743.9	422.6	331	205.1

氟化铁(II)

这个化合物是将 HF 通过烧至赤热的铁或令 HF 与 $FeCl_2$ 在略高温度下的反应来制备的. 它微溶于水并略有水解，不溶于乙醇、乙醚和苯中. 它的沸点约为 1100℃，熔点仅略低于此温度. FeF_2 结晶为金红石结构，铁原子四面体地被 $4F^-$ 所包围，Fe—F 距离为 212pm 和 $2F^-$ 距离为 199pm. 在赤热温度下氟化铁(II)可被氢气还原成铁，但在 400℃时对氢气是稳定的，可在此温度下用氢气还原 FeF_3 来制备 FeF_2. 在加热下，它猛烈地同金属如钠或铝反应，但同非金属，如溴、碘或硫不发生明显的反应. 它的 4 水合物 $FeF_2 \cdot 4H_2O$ 在不同温度下与气态氨反应可以得到氨合物，如 $FeF_2 \cdot 5NH_3 \cdot H_2O$，$FeF_2 \cdot NH_3 \cdot H_2O$ 和 $FeF_2 \cdot 0.5NH_3 \cdot H_2O$.

氯化铁(II)

用氯化氢气与加热的铁反应可得氯化铁(II)，也可以用氢气还原 $FeCl_3$ 或将氯化铁(II)水合物脱水来制备. 最方便的实验室制备法是将 $FeCl_3$ 与氯苯一起加热回流：

$$C_6H_5Cl + 2FeCl_3 \longrightarrow 2FeCl_2 + C_6H_4Cl_2 + HCl$$

它生成为菱形晶系的晶体，具有 $CdCl_2$ 型结构. 在 300K 的磁矩为 $\mu_{eff} = 5.87BM$，在低于 24K 时它大概是反铁磁性的. 熔化热为 $43kJ \cdot mol^{-1}$ 和气化热为 $126.4kJ \cdot mol^{-1}$. 在蒸汽中它主要是单分子的. 它在潮湿空气中潮解，它极溶于水(在 20℃时每升可溶 685g)和乙醇中. 在温度高于 12.3℃时从水溶液中可以结晶出蓝绿色的 4 水合物 $FeCl_2 \cdot 4H_2O$，低于此温度时则可析出 6 水合物 $FeCl_2 \cdot 6H_2O$. 4 水合物 $FeCl_2 \cdot 4H_2O$ 和 $FeF_2 \cdot 4H_2O$ 含有独立的 $MX_2(H_2O)_4$ 单位，但在 $FeCl_2 \cdot 6H_2O$ 中则含有反式－$[FeCl_2(H_2O)_4]$单位而没有 6 水合离子. 在温度高于 72.6℃时从水溶液中可结晶出几乎为白色的单斜系晶体 $FeCl_2 \cdot 2H_2O$，在 120℃时它分解为 1 水合物.

溴化铁(II)

这个化合物可通过溴或溴化氢与赤热的铁的直接反应来制备，与氯化物不同，

$FeBr_3$ 在这些条件下是不稳定的. 水合的溴化铁(II)可在 400℃在溴化氢气流中脱水为无水盐. $FeBr_2$ 生成为 CdI_2 型的层状晶格,它的磁矩(295K)$\mu_{eff}=5.71$BM. 它极易溶于水,在空气中会潮解,在室温下从水溶液中结晶出淡绿色的 6 水合物,高于 49℃时析出 4 水合物和高于 83℃时析出 2 水合物. 在低于 -29.3℃时可析出一种 9 水合物. 无水盐也能溶于乙醚、乙醇和乙腈中,表明此化合物的共价性.

碘化铁(II)

此化合物可以容易地从单质来制备,因为碘化铁(III)是不存在的. 将铁粉溶解在碘水溶液中并将所得溶液蒸发可以沉积出 4 水合物的绿色晶体. 无水盐具有 CdI_2 的层状晶格并且是顺磁性的,μ_{eff}(295K)$=5.75$BM. 它极易溶于水并略有水解,也能溶于乙醚和乙醇中.

氰化铁(II)

这个化合物不能从水溶液中制得. 在 320℃将六氰合铁(II)酸铵热分解,放出氰化铵后生成一种淡绿色的残留物,其最简实验式为 $Fe(CN)_2$. 它可能具有 $Fe_2[Fe(CN)_6]$的结构,当它与氢氧化钾水溶液反应时生成 $Fe(OH)_2$ 和 $K_4[Fe(CN)_6]$.

硫氰酸铁(II)

当硫氰酸钡与硫酸铁(II)在水溶液中反应时,除去沉淀的滤液蒸发结晶可以得到绿色的 3 水合物 $Fe(SCN)_2 \cdot 3H_2O$. 又当细铁丝与硫氰酸汞(II)在液氨中反应时可以得到无水硫氰酸铁(II)在液氨中的溶液. 它在空气中易被氧化,也可以用亚硫酸盐、亚砷酸盐、汞(I)或锡(II)离子将硫氰酸铁(III)还原成铁(II)盐.

氧化铁(II)

将铁放在低分压的氧气中加热至高于 575℃就生成了 FeO,但它仅在高温下是稳定的,缓慢冷却时它即分解成铁和 Fe_3O_4. 为得到结晶态的 FeO,可将高温产品迅速骤冷以阻止此歧化作用. 在实验室中可将草酸铁(II)真空加热分解来制备能自燃的黑色粉末状 FeO. 氧化铁(II)天然矿物称方铁矿,熔点为 1368℃,熔化热 $\Delta H=31.4\text{kJ} \cdot \text{mol}^{-1}$,在 25℃的生成热 $-\Delta H_f=266.5\text{kJ} \cdot \text{mol}^{-1}$,比重 5.7. 低于 Néel 点 198K 时 FeO 是反铁磁性的. 结晶态 FeO 具有氯化钠结构,每个单元晶胞含有 4 个 Fe^{2+} 和 4 个 O^{2-} 离子. 但它总是短缺铁原子的,在 575℃时它的化学式相当于 $Fe_{0.93}O$. 偏离 FeO 理想配比是由于有一部分 Fe^{2+} 离子被 Fe^{3+} 离子所取代. 从电荷上讲,每 2 个 Fe^{3+} 可以取代 3 个 Fe^{2+}. 为保持晶体的电性中和,取代越多,晶格就越缺少铁原子. 继续用 Fe^{3+} 取代 Fe^{2+}(即受氧化作用)将导致生成 Fe_3O_4,最后生成 $\gamma-Fe_2O_3$.

氢氧化铁(II)

在无氧条件下用碱处理铁(II)盐水溶液将会生成絮凝状白色沉淀物 $Fe(OH)_2$. 在空气中颜色迅速变深成为暗绿色沉淀物,最后几乎变为黑色,在此阶段中沉淀中同时有 Fe(II)和 Fe(III). 遇有过量氧时它转化成红棕色的水合氧化铁(III). 用氨水不能将 Fe(II)完全地沉淀为氢氧化物,至少部分原因是生成了铁(II)的氨络合物.

氢氧化铁(II)以 CdI_2 的层状结构而结晶,在其中每个铁原子被 6 个 OH 根所包围,它的比重为 3.4 和在 25℃的生成热为 −568.2kJ · mol^{-1};它的室温磁矩 μ_{eff} =5.22BM. 它比 Fe^{2+} 为更强的还原剂,它在室温下也是不稳定的,倾向于分解为 Fe_3O_4、水和氢气. 氢氧化铁(II)的碱性强于它的酸性,在盐酸和硫酸中会生成 Fe(II)盐. 它在浓氢氧化钠中有少许溶解作用,将微细分散的铁粉溶解在 50%氢氧化钠中可以生成四氢氧根合铁(II)酸钠 $Na_2[Fe(OH)_4]$,冷却时它生成为微细的蓝绿色晶体.

硫化铁

硫一铁体系曾被人们详细深入地研究过,但并未完全弄清楚. 硫化物 FeS_2 以两种变体出现,即黄铁矿和白铁矿,这两种矿物都具有黄铜状的黄色. 黄铁矿是比较稳定的变体在一切温度下都可稳定存在并广泛地存在于自然界中. 它具有立方系晶格,在其中 Fe^{2+} 和 S_2^{2-} 离子可以看成是以氯化钠结构排列,每个铁原子是八面体地被硫所包围,而每个硫原子以另一个硫原子和 3 个铁原子作为最近邻. 白铁矿具有颇为类似的结构,它属于斜方晶系,以同样的 Fe^{2+} 和 S_2^{2-} 单位采取对称性较低的排布. 黄铁矿可以高温合成,而白铁矿只能用水法合成. 这两种变体都是反磁性的,表明其中的 Fe^{2+} 离子都是自旋成对的(t_{2g}^6).

黄铁矿在室温下有极高的惰性,但在高温下是活泼的. 在空气中加热时它生成氧化铁(III)和二氧化硫,它恒定地是硫酸制造业中提供硫的原料,在真空中加热至高于 600℃时它开始放出硫蒸汽.

单质硫和铁的高温放热反应,或铁(II)盐与碱金属硫化物在水溶液中作用可以得到灰色的一硫化铁 FeS. 它在自然界中出现为磁黄铁矿,它也往往缺少铁原子. 它的结构属于 NiAs 型,比重 4.7,熔点 1193℃,生成热—ΔH_f = 95.4kJ · mol^{-1}. 它是反铁磁性材料,其 Néel 点为 325K.

一硫化铁不溶于水,但能溶于酸溶液中放出硫化氢,在实验室中用为硫化氢发生剂,在真空中加热时,高于 1100℃时放出硫蒸气,到 1600℃时铁残留下来. 在空气中加热时它易被氧化.

略为缺少铁原子的物相为单斜系的磁黄铁矿 Fe_7S_8(或 $Fe_{0.877}S$),它有类似于 NiAs 型的结构,但有八分之一的金属位置处于空缺. 还有一种是六方系的磁黄铁矿 $Fe_{0.90-0.94}S$. Fe_7S_8 相是铁磁性的,但六方系物相的磁性则极为复杂,其磁性随着组成和温度而变.

氮化铁

文献中报道铁有好多种氮化物，但值得讨论的只有两种是确定的化合物. 氨与铁在 400—500℃反应生成单斜晶系的氮化二铁 Fe_2N，将此化合物在真空中加热至 400—550℃即放出氮气而留下 Fe_4N(面心立方结构). 以上两种氮化物加热至高于 600℃时都放出氮气. Fe—N 相图极为复杂，这两种化合物生成的物相如下：(1)一种固溶体，在 500℃时约含 1.1 原子%的氮(α-相)；(2)在高于 600℃为稳定的 γ-相，组成上近似于 $Fe_{10}N$；(3)一个六方密堆物相(ε -相)，它的组成随温度而有很大变化，在低温度下由 Fe_3N 伸延至 F_2N.

在铁的磷化物和砷化物物相中，FeP_2 和 $FeAs_2$ 具有白铁矿结构，而 FeP 和 FeA_8 具有 NiAs 结构.

碳酸铁(II)

在自然界中出现的 $FeCO_3$ 为菱铁矿. 向铁(II)盐溶液中加碱金属碳酸盐即沉淀出碳酸铁(II)白色沉淀. 它不溶于水，但能溶解在含二氧化碳的水中生成酸式碳酸盐 $Fe(HCO_3)_2$. 这个溶液在空气中很快被氧化而沉积出水合氧化铁(III). 进行热分解时，$FeCO_3$ 在 200℃时开始放出二氧化碳而留下 FeO(隔绝空气).

羧酸铁(II)

铁与一元羧酸生成相当简单的羧酸盐. 甲酸铁(II)结晶成绿色的 2 水合物；乙酸铁 $Fe(OCOCH_3)_2 \cdot 4H_2O$ 是一种白色晶体，极易溶于水并有一些水解作用，它的溶液在空气中易被氧化.

草酸铁(II)$FeC_2O_4 \cdot 2H_2O$ 可从含铁(II)和草酸根离子的溶液中沉淀出来成为黄色晶体. 在有过量碱金属草酸盐存在下，草酸铁(II)溶解生成可溶的草酸根络合物 $M_2^I[Fe(C_2O_4)_2]$，加入乙醇可将此络盐沉淀出来. 草酸铁(II)的室温磁矩 μ_{eff} =5.2BM.

硅酸铁(II)

铁的硅酸盐广泛分布于自然界，以岩石矿物出现，它们往往与其它金属的硅酸盐以异质同晶混合物的形式存在，例如橄榄石类 $(Fe,Mg)_2[SiO_4]$ 和紫苏辉石 $(Fe,Mg)_2[SiO_6]$.

磷酸铁(II)

水合磷酸铁(II)$Fe_3(PO_4)_2 \cdot 8H_2O$ 出现为自然矿物，称为蓝铁矿. 在实验室中可以用磷酸钠溶液与硫酸铁(II)溶液在 60—80℃时的反应进行沉淀而制得它. 纯净的此化合物是白色的，但与空气接触时变为蓝色. 已知有几种酸式磷酸盐，如 $FeHPO_4 \cdot H_2O$，$FeHPO_4 \cdot 2H_2O$ 和 $Fe(H_2PO_4) \cdot 2H_2O$.

砷酸铁(II)也出现为天然矿物砷铁石 $Fe_3(AsO_4)_2 \cdot 8H_2O$，可以从水溶液中沉淀制备.

硝酸铁(II)

令冷稀硝酸与铁作用并从溶液中结晶可得水合盐:

$$4Fe + 10HNO_3 \longrightarrow 4Fe(NO_3)_2 + NH_4NO_3 + 3H_2O$$

或令硫酸铁(II)与硝酸铅溶液反应,滤去硫酸铅沉淀后,从滤液中可结晶得到水合硝酸铁(II).在室温下,它结晶为绿色的6水合物,在低于-10℃时可得一种9水合物.硝酸铁(II)溶液对热是不稳定的,加热时会放出氧化氮和铁被氧化成铁(III).

硫酸铁(II)

绿矾 $FeSO_4 \cdot 7H_2O$ 是古代已知的化合物,可从铁与硫酸反应或碱性铁化合物[碳酸铁(II)或氢氧化铁(II)]与硫酸反应的溶液中制备它.7水合硫酸铁(II)结晶为绿色单斜系晶体,比重1.88,极易溶于水(25℃,296g·dm^{-3}).向它的水溶液中加入乙醇进行沉淀,或将7水合物在140℃真空脱水,或从50%硫酸溶液中进行结晶,均可得到白色的1水合物 $FeSO_4 \cdot H_2O$.将1水合物在氢气流中加热至300℃可进一步脱水得到非晶态的 $FeSO_4$ 无水盐.烧至赤热时此硫酸盐分解:

$$2FeSO_4 \longrightarrow Fe_2O_3 + SO_2 + SO_3$$

在高于65℃时可从水溶液中结晶出一种4水合物 $FeSO_4 \cdot 4H_2O$.

硫酸铁(II)容易生成复盐 $M^I_2SO_4 \cdot FeSO_4 \cdot 6H_2O$,式中 M^I 为碱金属.当 M^I 为铵时,此复盐常称为硫酸亚铁铵或Mohr盐,这个盐在容量分析中得到广泛应用(供给 Fe^{2+} 离子的标准还原试剂).它的微酸性溶液可保持较长时期不变质,因为该复盐在空气中稳定.它在水中的溶解度可达到在25℃时约350g $(NH_4)_2SO_4 \cdot FeSO_4$/L.这些盐的磁性曾经过广泛研究,在用绝热去磁法产生极低温度的技术工作中Mohr盐曾被用作顺磁性材料.在299K时这类复盐的磁矩分别为:Rb盐,5.41BM;Cs盐,5.39BM;Tl盐,5.46BM正常的无水硫酸铁(II)在290K的磁矩为4.90BM而 $FeSO_4 \cdot 7H_2O$ 在同上温度的磁矩为5.22BM.在此化合物中含有 $[Fe(H_2O)_6]^{2+}$ 离子.

3.铁的金属有机化合物

铁在金属有机化学的发展中曾起过特别的作用.早在1949年Reppe发展了五羰合铁在有机合成工作中的应用①.在1951年发现了二茂铁[双环戊二烯基合铁(II)],导致了含有π-键芳香环系统过渡金属有机化合物化学的广泛领域的发展.

① W. Reppe, Neue Entwicklungen auf dem Gebiet der Chemie des Acetylens und Kohlenozyds, Springer Verlag (1949).

由于本丛书第十五卷专题 37 对有机金属化合物有专门的讨论，故本节对铁的有机化合物只作简略介绍，有兴趣的读者请参阅专题 37.

在 1949 年两组工作者分别独立地发现了双(环戊二烯基)合铁(II)，即二茂铁，工作都有一定的偶然性. Kealy 和 Pausen 用氯化铁(III)处理环戊二烯基溴化镁，试图把环戊二烯基偶联起来①，而 Miller，Tebboth 和 Tremaine② 则将环戊二烯与氮混合气通过于一种还原铁催化剂之上. 在这两种情况中反应产物之一都是双环戊二烯基合铁(II)，$Fe(C_5H_5)_2$——俗称二茂铁，形象化地把环戊二烯环称为茂环. 随后很快人们就认识到在此化合物中铁原子是以过去从未知晓的结合方式与环戊二烯基相连接的，在 1952 年 Wilkinson 等测定了二茂铁的正确结构，从此展开了环戊二烯基与过渡金属的 π-键合众多化合物的化学，也为金属有机化学的发展掀开了新的帷幕.

双(π-环戊二烯基)合铁(II)，二茂铁，$Fe(\pi-C_5H_5)_2$

制备方法　二茂铁可通过多种途径来制备. 比较方便的实验室制备方法是环戊二烯基钠与氯化铁(II)在四氢呋喃中的反应：

$$FeCl_2 + 2C_5H_5Na \longrightarrow (C_5H_5)_2Fe + 2NaCl$$

另一种实验室制备方法是在一种碱如二乙胺的存在下环戊二烯与氯化铁(II)的反应：

$$FeCl_2 + 2C_5H_6 + 2Et_2NH \longrightarrow (C_5H_5)_2Fe + 2Et_2NH_2Cl$$

物理性质、结构和成键状况　二茂铁是一种橙红色晶状固体，不溶于水但能溶于大多数有机溶剂中. 它的主要物理性质汇列在表 1.7 中. X 射线衍射研究表明在晶状二茂铁(以及它的取代衍生物)中，铁原子是夹在两个环戊二烯基环的当中的. 两个环平面是平行的正五边形，所有的 C—C 和 Fe—C 键长都相等.

表 1.7　二茂铁的物理性质

熔点(℃)	173
熔化热($kJ \cdot mol^{-1}$)	23
沸点(℃)	230
气化热($kJ \cdot mol^{-1}$)	47.3
升华热($kJ \cdot mol^{-1}$)	65.2
生成热($kJ \cdot mol^{-1}$)，(298K)	141.4
E°，$(C_5H_5)_2Fe/(C_5H_5)_2Fe^+$，(V)	−0.56
偶极矩(D)	0
密度($g \cdot cm^{-3}$)	1.49
晶相数据，(空间群 $P2_1/a$)	

① T. J. Kealy and P. L. Pausen, *Nature*, **168**, 1039(1951).

② S. A. Miller, J. A. Tebboth and J. F. Tremaine, *J. Chem. Soc.*, **632** (1952).

续表

熔点(℃)	173
a(pm)	1056.1
b(pm)	759.7
c(pm)	595.2
原子间距离	
Fe—C(pm)	204.5±1
C—C(pm)	140.3±2
环间距(pm)	332

在二茂铁中价键的基本定性特征已经完全弄清楚了，可用它为例来说明所有(π-C_5H_5)M 型络合物的基本成键原理.

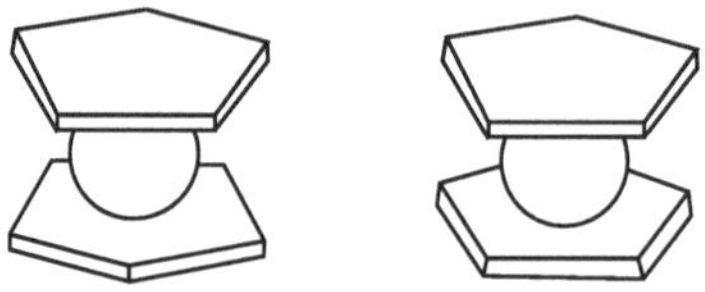

图 1.15 (π—C_5H_5)$_2$M 化合物的错位构型和重叠构型

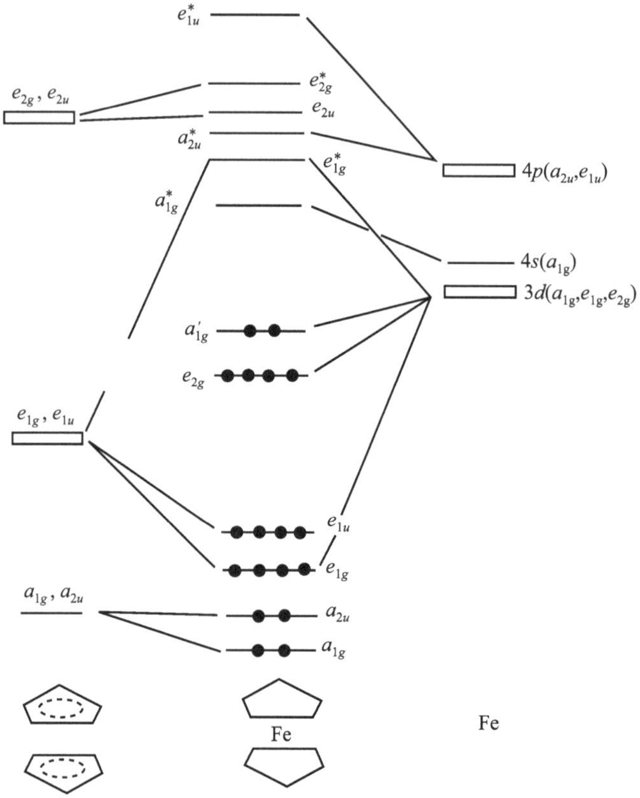

图 1.16 二茂铁的近似分子能级图

在讨论($(\pi\text{-}C_5H_5)_2Fe$)的价键时，两个 $C_5H_5^-$ 环的旋转取向不论是错位(D_{5d})的还是重叠(D_{5h})的都不关紧要(图 1.15)，因为在二茂铁晶体中，两个 $C_5H_5^-$ 环是以不同方向混乱取向的．在二茂铁中配体旋转取向的能垒只有 8—20kJ · mol^{-1}．重叠构型可能是比较稳定的，但在晶体中分子间作用能在数量级上与旋转能垒差不多大或略大些，所以各种式样的构型都可以存在．

在二茂铁中的键可以用原子轨道线性组合法来处理．在下面图 1.16 中提供了 $(\pi\text{-}C_5H_5)_2Fe$ 的半定量分子轨道能级图．$C_5H_5^-$ 作正五边形处理，它有 5 个 π 电子 MO，其中一个是强成键 MO(a)，两个弱成键的简并 MO(e_1)，和两个反键MO$(e)_2$．两个环并到一起共有 10 个 π 轨道，如果采取 D_{5d}对称，在 $(\pi\text{-}C_5H_5)_2Fe$ 分子中有一个对称中心，于是就会出现中心对称(g)和反对称(μ)组合．这是图1.16中左侧一套轨道符号的由来．图的右侧是铁原子的价层轨道($3d,4s,4p$)．图的当中是金属原子轨道与环的 π 轨道作用生成的分子轨道的能级图．

对于 $(\pi\text{-}C_5H_5)_2Fe$ 来说，分子轨道应容纳 18 个价电子．从图中可以看到，正好有 9 个成键与非键分子轨道和 10 个反键轨道．18 个电子正好占入成键和非键轨道，形成封闭结构．由于电子占入轨道不是 a 型的(沿着分子的五重轴对称)就是成

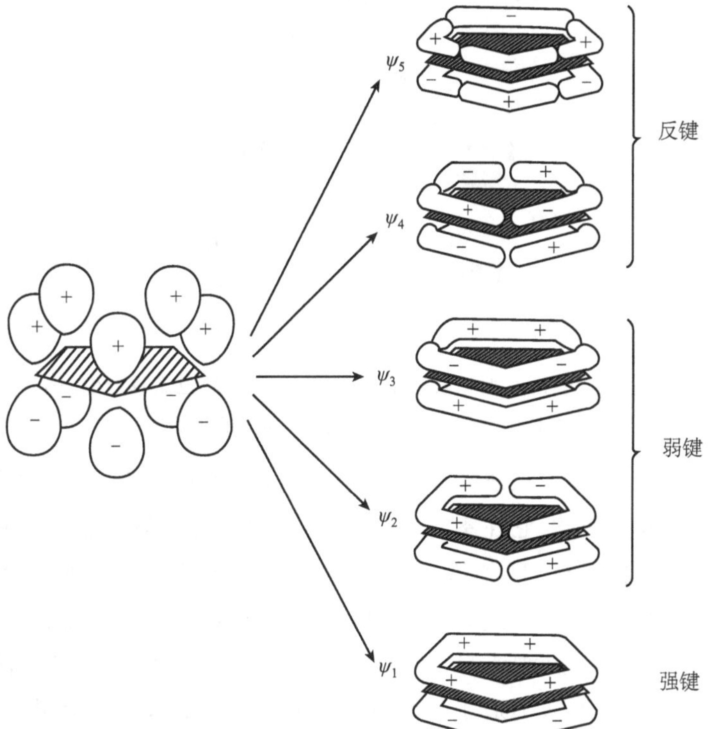

图 1.17　$C_5H_5^-$ 环的一套 pπ 轨道所生成的 π-分子轨道

对的 e_1 和 e_2 型的，它们也都绕着轴而对称，所以对分子内旋转来说不存在本征能垒，测得的很低的能垒可能直接来自环之间的范德华力.

图 1.16 指出，在$(\pi\text{-}C_5H_5)_2Fe$ 中的主要成键相互作用来自强成键轨道 e_{1g} 和强反键轨道 e_{1g}^*. 为了具体说明环轨道如何同金属原子轨道互相重叠，在图 1.17 中绘示了由 $C_5H_5^-$ 环的一套 $p\pi$ 轨道如何形成 π 分子轨道. 这种 πe_1 型环分子轨道特别重要，因为它能与有方向性的 e_1 型 d 轨道(d_{xz}，d_{yz})发生极好的重叠，有如图1.18所示. 上述二茂铁分子轨道可以定性地应用于其它$(\pi\text{-}C_5H_5)_2M$ 化合物.

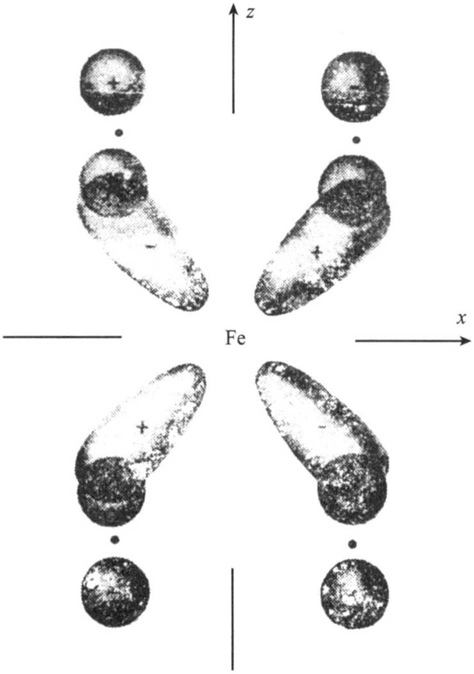

图 1.18　一个 e_1 型 d 轨道 d_{xz} 与一个 e_1 型 π 轨道重叠产生一个离域的金属－茂环键，在 xz 平面上的截面图

二茂铁的化学性质　二茂铁是热稳定化合物，熔化时不会分解. 它对水解也是稳定的，但很容易被氧化. 它在室温下在空气中是稳定的，但在酸性溶液中可被氧化产生二茂铁鎓离子$[(C_5H_5)_2Fe]^+$. 这个阳离子可以分离为某些阴离子的盐如$[(C_5H_5)_2Fe][BF_4]$，但是不稳定的，在碱性溶液中分解再产生二茂铁.

二茂铁的化学反应主要来自于环戊二烯基环的芳香性，现在二茂铁的化学确实是十分广阔的. 二茂铁不适于催化加氢，也不会发生共轭二烯化合物的特征 Diels－Alder 反应. 但它可以进行 Friedel－Crafts 酰化反应和烷基化反应，以及可以和丁基锂或乙酸汞(II)发生金属取代反应. 这些反应的产物是合成二茂铁其它有机衍生物的极为有用的中间体.不能直接进行二茂铁中茂环的直接硝化和卤化反应,因为会先发生氧化作用,但用浓硫酸却可在乙酸酐中进行二茂铁的直接磺酸化反应.二茂铁的一些有机化学反应汇列在图 1.19 中.虽然一方面取代的二茂铁的许多反应类似于芳香烃的相应反应,但另一方面有一些反应明显地是铁原子在起主要作用.例如在亲电取代反应中,亲电试剂的进攻看来是先与铁原子发生作用的:

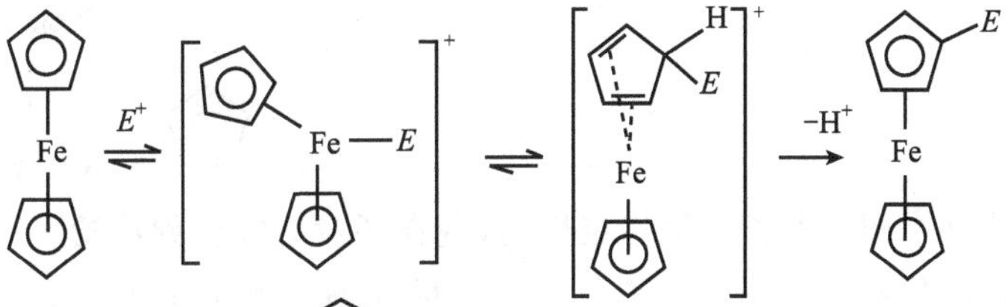

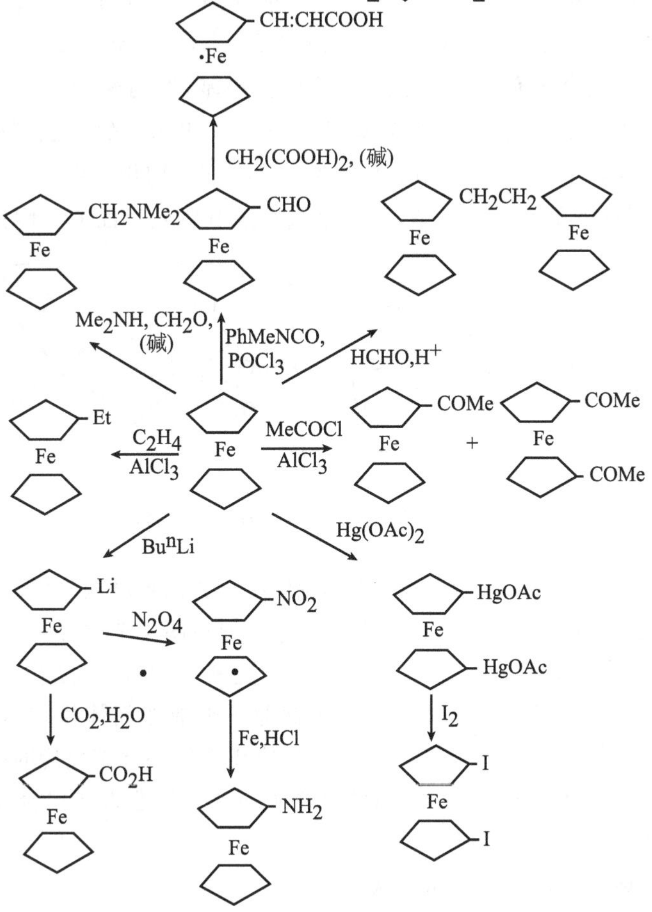

图 1.19　二茂铁的一些金属有机化学反应

还有在 Friedel－Crafts 酰基化反应中，会发生铁与质子的加合作用，曾经分离出 $[(C_5H_5)_2FeH]^+AlCl_4^-$ 的加质子化合物. 铁原子起直接作用的另一个反应例子是在二茂铁中生成稳定 α 碳𬭩离子的作用. 在乙烯基二茂铁中的乙烯基有很特殊的反应活性，它很容易与弱酸如乙酸或氢叠氮酸作用而加合质子，与乙酸作用的最终产物为 α-二茂铁基乙基乙酸酯：

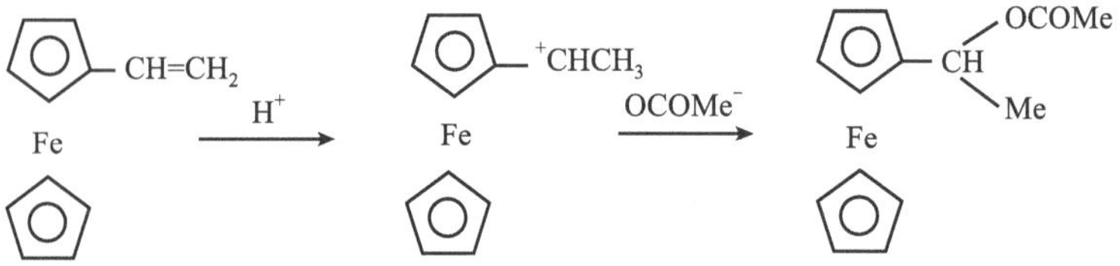

铁原子如何使这个碳𬭩离子获得稳定性的，现在还没有完全弄清楚.

环戊二烯基羰基铁 五羰合铁与环戊二烯在高压釜中于 135℃反应得到一种深红紫色晶体的双核络合物$[(\pi\text{-}C_5H_5)_2^-Fe(CO)_2]_2$，它对空气和水都是稳定的. 结构测定表明这个化合物有两个中心对称的成桥羰基，并与两个铁原子形成一个平面(图 1.20). 两个铁原子间的距离颇短，Fe—Fe＝249pm，及该化合物是反磁性的，这表明在此化合物中有 Fe—Fe 键. 不过在溶液中它异构化成图 1.20(b)的结构形式，两个茂环迁移到平面的同一侧，而两个端梢羰基跑到对面的一侧去了.

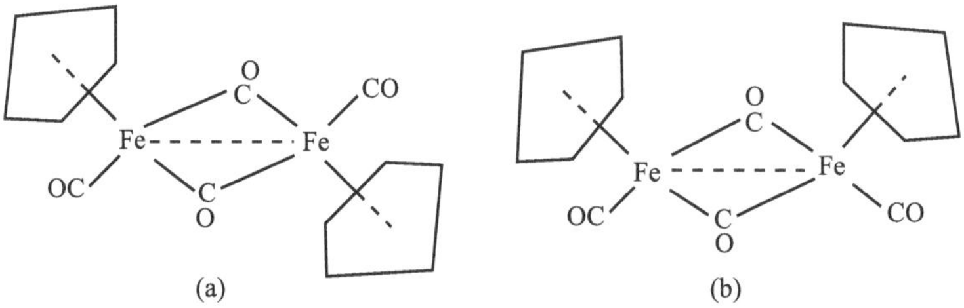

图 1.20 $[(C_5H_5)_2Fe(CO)_2]^-$ 的结构

由于这个二环戊二烯基二羰合二铁很容易制备，它的化学反应范围较广，被充分应用于金属有机合成反应中. 它的一些化学反应汇列在图 1.21 中.

$[\pi\text{-}C_5H_5Fe(CO)_2]_2$ 在苯中长时间回流沸腾时，它转化成化合物$[\pi\text{-}C_5H_5FeCO]_4$，据信在这个化合物中有 4 个铁原子形成四面体排布，在每个三角面上有一个成桥的羰基. $[\pi\text{-}C_5H_5Fe(CO)_2]_2$ 与硫或硫代环已烷反应时生成一个类似的簇状化合物$[\pi\text{-}C_5H_5FeS]_4$. 它的晶体属单斜晶系. 上述两种化合物的晶体结构都已被测定过.

铁与其它环形 π 键配体的络合物

芳烃化合物 二茂铁有一个等电子体——双苯合铁(II)阳离子$[Fe(C_6H_6)_2]^{2+}$. 人们曾设想这个离子会像二茂铁一样有较高的稳定性，其实不然，双苯合铁(II)与双(甲苯)合铁(II)阳离子是很容易水解的.但当配体增大其烷基取代时,该芳烃络合物便会变得稳定了.已经制得了二甲苯、三甲苯和六甲苯的双芳烃合铁(II)络合物,它们可以容易地直接从卤化铁(II)来制备:

$$FeBr_2 + 2\ 芳烃 \xrightarrow{AlCl_3} [Fe(芳烃)_2]Br_2$$

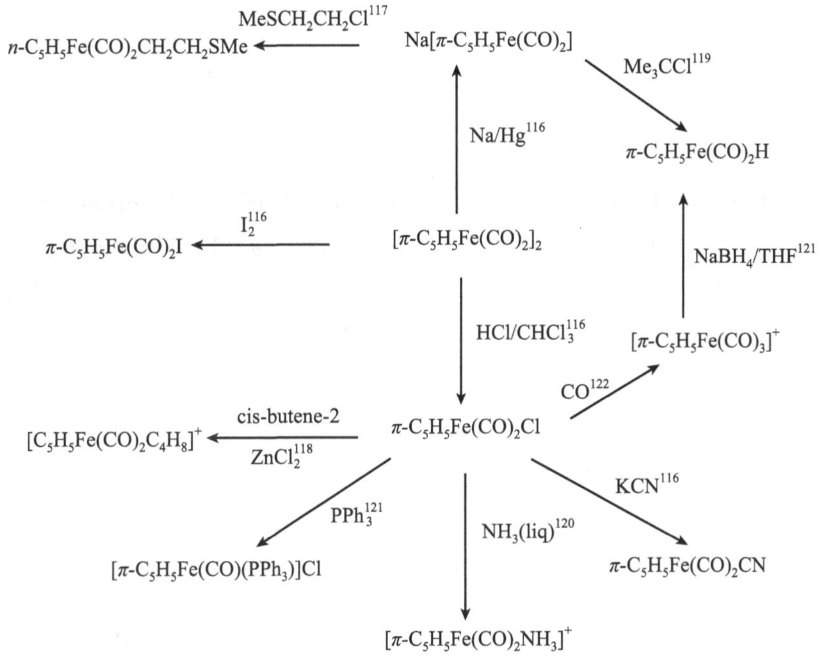

图 1.21 π-环戊二烯基羰基铁络合物的一些反应

这些 Fe(II)衍生物可被强还原剂如连二亚硫酸盐还原至 Fe(I)和 Fe(0)化合物,反应介质为缓冲的碱性溶液.双(六甲苯)合铁(I)阳离子是深紫色的,而双(六甲苯)合铁(0)却是黑色的.这些化合物都是像双苯铬(0)$Cr(C_6H_6)_2$ 和双六甲苯铬(0)$Cr(C_6Me_6)_2$一样的夹心式化合物.二茂铁在铝粉和三氯化铝存在下可以同苯反应而得到混合配体阳离子$[(\pi-C_6H_6)Fe(\pi-C_5H_5)]^+$,可以分离得到黄色的六氟磷酸盐.用 $LiAlH_4$ 还原这个阳离子可以得到橙红色的电中性化合物$(\pi-C_6H_6)Fe(C_5H_6)$,在这个化合物中苯是与铁原子以 π-键结合的,而环戊二烯分子是以二烯的形式而与铁原子结合的.

不像环戊二烯基铁羰合物那样,芳烃铁羰合物是不容易制备的,例如十二羰合三铁与烷基苯反应得不到 π-络合物.但邻位或间位二乙烯苯与十二羰合三铁反应却可以得到一芳烃六羰合二铁络合物.还有一些类似的芳烃络合物,例如蒽三羰合铁最好可看成是蒽以离域二烯的形式而与铁原子配位的.

环丁二烯络合物　环丁二烯本身是不稳定的，但它能生成稳定的金属络合物并有丰富的金属有机化学，最典型的例子是环丁二烯三羰合铁．顺式一或反式一3，4一二氯环丁烯与九羰合二铁反应得到的产物是一种淡黄色晶状固体环丁二烯三羰合铁(熔点 26℃)：

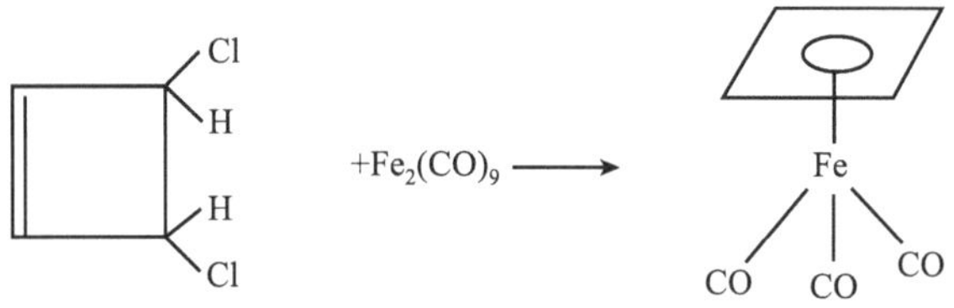

对结构的电子衍射研究得出如下的键长数据：Fe—C(环)＝207pm；Fe—C(CO)＝182pm；C—C(环)＝146pm；C—O＝113pm．这个化合物表现有较强的芳香性，容易发生亲电取代反应产生取代的环丁二烯三羰合铁络合物．例如在 Friedel Crafts 酰化反应中，环丁二烯三羰合铁几乎像二茂铁一样活泼和比苯活泼得多．它的一些有机化学举例图示在图 1.22 中．

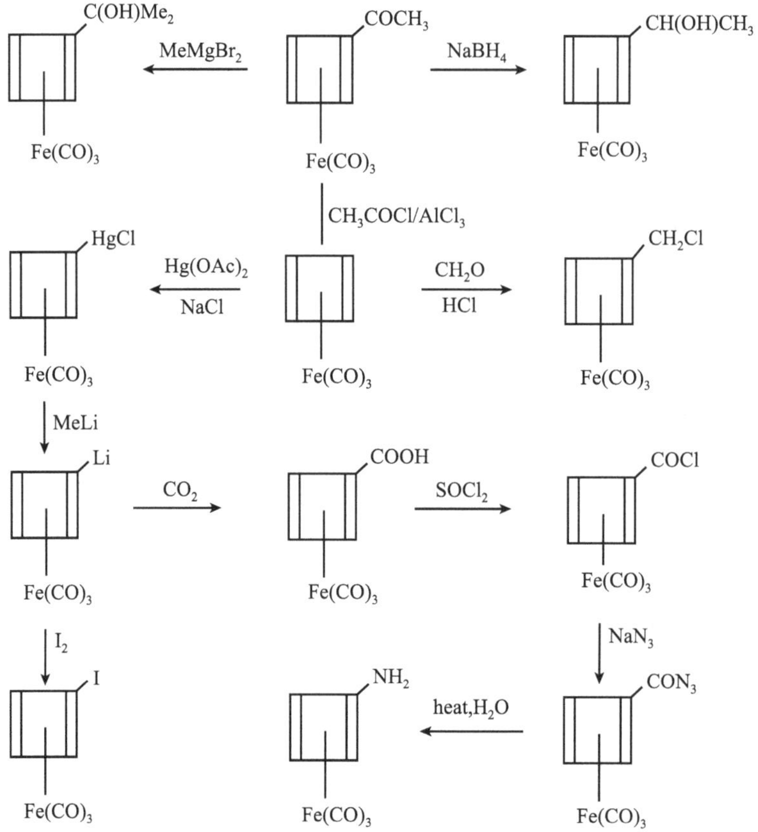

图 1.22　环丁二烯三羰合铁的一些化学反应

用温和的氧化剂如 Fe^{3+} 或 Ce^{4+} 对环丁二烯三羰合铁进行氧化时，由于中间释出的自由配体环丁二烯发生了 Diels—Alder 型二聚合反应而生成为顺一或反一三环辛二烯(丁二烯三羰合铁进行如上氧化反应时只能得到自由配体丁二烯)：

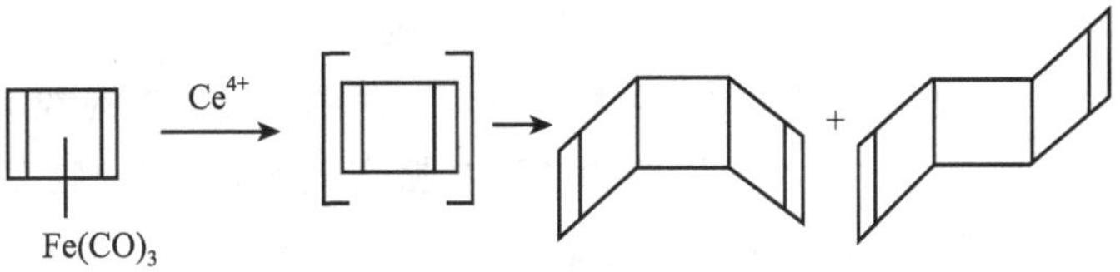

在进攻二烯试剂的存在下，释放出来的环丁二烯与之反应生成 Dewar 型苯的衍生物，这个反应颇具有一般通用性，例如：

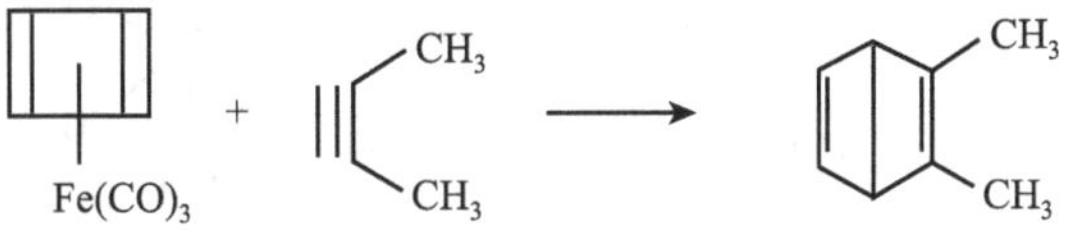

如以苯乙炔为进攻试剂，则有趣的是，产物分子含有一个 Dewar 苯环和一个 Kekule 苯环.

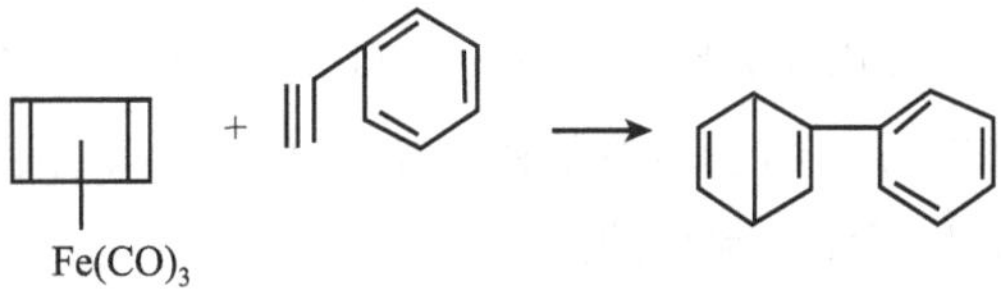

苯并环丁二烯三羰合铁也有类似引人入胜的有机化学，限于篇幅而只好从略.

烯烃、炔烃和 π-烯丙基络合物　大部分烯烃铁络合物含有一个或两个烯烃与 $Fe(CO)_3$ 基团相结合，其中的一些化合物在讨论铁的羰合物一节中已有所涉及，也限于篇幅，不作更多讨论，有兴趣的读者可查索有关专门著作.

π-烯丙基铁络合的发现是 20 世纪 60 年代末期的工作，例如丁二烯三羰合铁加合质子时即生成 π—烯丙基络合物：

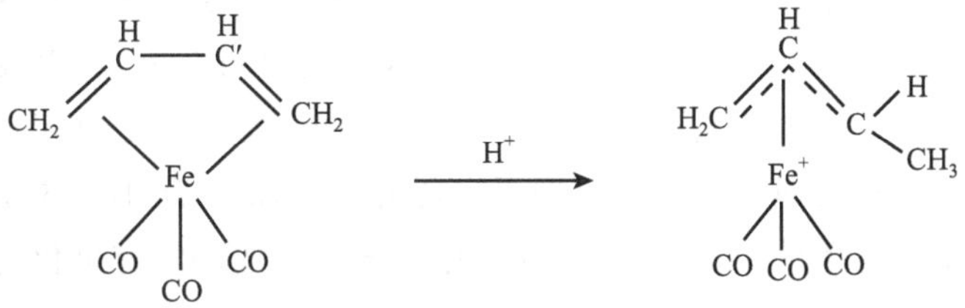

在这个例子中的 π-烯丙基络合物在室温下会被水解产生甲基乙基酮、一氧化碳和氢氧化铁. 另一种制备方法是五羰合铁与烯丙基卤化物的反应. 用这个方法曾已制得 $(\pi-C_3H_5)Fe(CO)_3I$，这个化合物与四烷基铵盐作用可以获得相应的氯化物和溴化物. 也可以用下述反应制备氯化物：

$$\frac{1}{2}[C_3H_5PdCl]_2 + Fe_2(CO)_9$$

$$\longrightarrow C_3H_5Fe(CO)_3Cl + Fe(CO)_3$$

$$+ Pd + CO$$

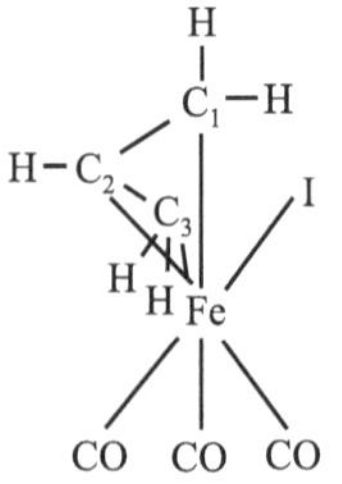

C_1—Fe = 2.26 Å
C_2—Fe = 2.09 Å
C_3—Fe = 2.34 Å
C_1—C_2 = 1.43 Å
C_2—C_3 = 1.35 Å
Fe—I = 2.75 Å
$\angle C_1C_2C_3$ = 131°

图 1.23　碘化三羰基 π-烯丙基铁的结构

碘化三羰基烯丙基铁的 X 射线晶体结构绘示在下面图 1.23 中. 在溶液中的核磁共振谱表明,此化合物存在着旋转异构体,烯丙基相对于碘原子有不同的取向.

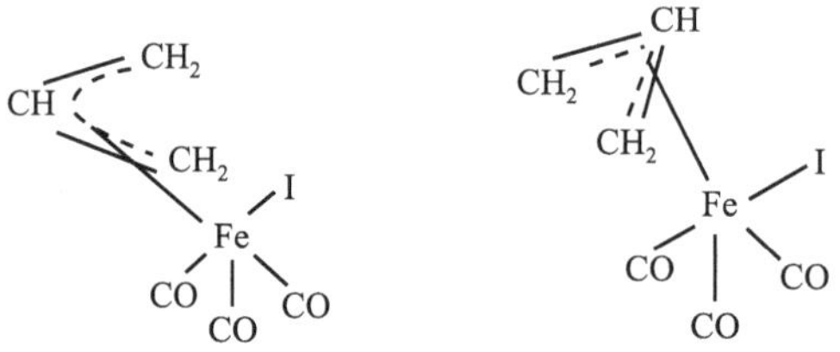

用钠汞齐还原($\pi-C_3H_4$)$Fe(CO)_3I$ 得到羰基酸根阴离子 $Na[Fe(\pi-C_3H_5)(CO)_3]$,向这个产物加入烯丙基溴得到双(π-烯丙基)化合物($\pi-C_3H_5)_2Fe(CO)_3$. 有报道说,已合成得到一种金黄色在-40℃分解的三烯丙基铁 $Fe(\pi-C_3H_5)_3$,它是由格氏试剂氯化烯丙基镁与卤化铁在低温下反应制得的.

羰基铁与炔烃反应可以生成多种多样的有机化合物和金属有机化合物. 十二羰合三铁与炔烃在 60—100℃时的反应可以生成极多的络合产物;九羰合二铁可在低至室温下与炔烃反应,而五羰合铁与炔烃的反应则需要用紫外光辐照引发或加热至温度高于 100℃. 在这些反应中产生的大多数化合物不含金属与炔烃的键合,但往往含有与铁结合的成环系统. 一些典型的反应与产物示例于图 1.24 中. 如果在炔烃上载有庞大的取代基(如 Ph,Me_3C,见上图),则可分离得到较不稳定的炔烃络合物中间体. 十二羰合三铁与二苯基乙炔在石油醚中在 90℃的反应至少可以分得 6 个不同铁络合物,在图 1.23 中仅绘示出其中的 3 个. 在生成这些化合物的过程中,产物的有机配体是通过若干个炔烃(加或不加上 CO)在反应中连接起来而形成的,大概大多是通过多中心机理而实现的. 产物的性质不仅决定于起始物羰合物,也决定于反应条件,在反应混合物中也能分离出成环的有机化合物如环戊二烯酮、苯醌和氢醌等.

含有 σ-键的铁有机化合物

铁的 σ-键有机化合物(在其中铁原子以 σ-键与特定的碳原子相结合)比 π-络合物要少得多. 铁的简单烷基或芳基化合物因过于不稳定而不能独立存在,但却存在着许多含 π-键配体如羰基、三取代膦或 π-环戊二烯基的含 Fe—C 键的化合物. 已经发现，当烷基或芳基的电负性越大，Fe—Cσ 键化合物的稳定性越高，但这些化合物往往仍需要含有 CO 或其它 π-键配体. 下面将讨论这些化合物的一般制备方法和它们的一些性质.

制备方法

(1)格氏反应　格氏试剂与环戊二烯基或羰基铁卤化物的反应大概是最为通用的制备方法，例如：

$$(\pi-C_5H_5)Fe(CO)_2Br + MeMgBr \longrightarrow (\pi-C_5H_5)Fe(CO)Me + MgBr_2$$

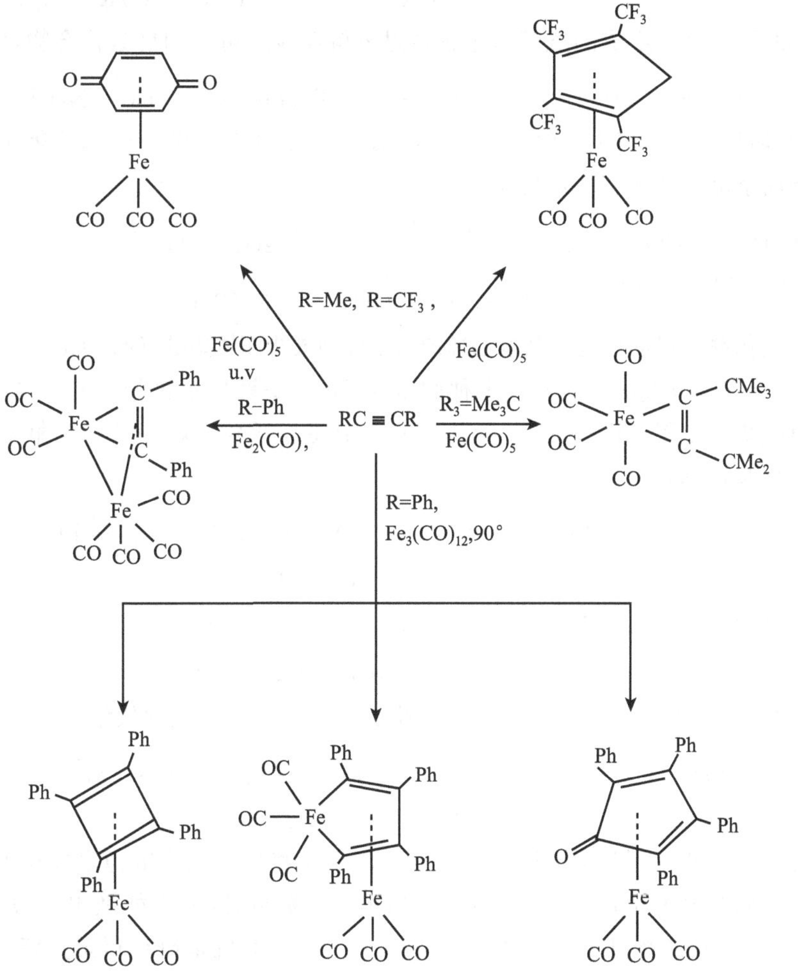

图 1.24　炔烃与羰基铁的一些反应

烷基锂或芳基锂也可以同样地用于制备此类化合物，例如碘化四羰基五氟苯基铁和乙烯基二羰基(π－环戊二烯基)铁：

$$C_6F_5Li + Fe(CO)_4I_2 \longrightarrow (C_6F_5)Fe(CO)_4I + LiI$$

$$CH_2{=}CHLi + (C_5H_5)Fe(CO_2)Cl \longrightarrow (C_5H_5)Fe(CO)_2(CH{=}CH_2) + LiCl$$

(2)从羰基铁酸盐制备　用钠汞齐处理羰基铁或环戊二烯基羰基铁所得到的羰基铁酸盐可以就原位与烷基卤或芳基卤反应生成 Fe—C 键，例如：

$$Na[(\pi-C_5H_5)Fe(CO)_2] + RX \longrightarrow (\pi-C_5H_5)Fe(CO)R + NaX$$

与酰卤的同上反应生成的酰基衍生物通过分解反应也可得到烷基化合物，例如：

$$Na_2[Fe(CO)_4] + C_2F_5COCl \longrightarrow (C_2F_5)Fe(CO_4) + CO + NaCl$$

(3)烯烃向铁负氢离子络合物的加成反应　二羰基环戊二烯基铁氢化物容易与烯烃如全氟乙烯和丁二烯发生加成反应：

$$(C_5H_5)Fe(CO)_2CF_2CF_2H \xleftarrow{CF_2:CF_2} (C_5H_5)Fe(CO)_2H \xrightarrow{CH_2:CH\cdot CH:CH_2} (C_5H_5)Fe(CO)_2CH_2CH:CHCH_3$$

四羰基氢化铁可以同样地与全氟乙烯加成生成顺式八面体型的$(HCF_2CF_2)Fe(CO)_4$.

(4)其它合成方法　还有许多种制备含 Fe—Cσ-键化合物的其它方法，例如前已提及的烯烃与羰基铁的反应. 在其它方法中还包括全氟烷基碘和全氟烯烃与羰基铁的反应，例如：

$$Fe(CO)_3 + CF_3I \longrightarrow (CF_3)Fe(CO)_4I + [(CF_3)Fe(CO)_3I]_2$$

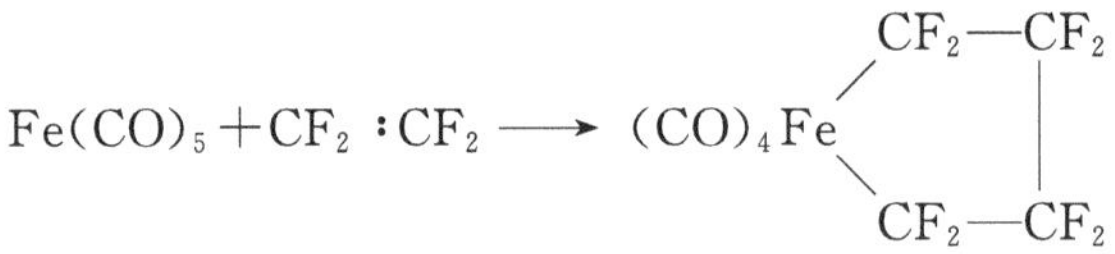

炔化钠与铁(II)盐的液氨溶液的反应产生有爆炸性的含σ-键的炔络合物：

$$6NaC{\vdots}CMe + [Fe(NH_3)_6](SCN)_2 \longrightarrow Na_4[Fe(C{\vdots}CMe)_6] + 2NaCN + 6NH_3$$

性质　这些σ－键衍生物的热稳定性、对氧化稳定性和水解稳定性在很大程度上依赖于同铁原子相联结的π－键配体的本性和数目，因而不能做出一般性结论. 二羰基π－环戊二烯基铁衍生物$(C_5H_5)Fe(CO)_2R$大概是研究得最广泛的σ－键铁有机化合物，因为它们最容易制备和最容易处置的化合物. 它们的烷基化合物对水解和对稀酸都呈稳定；它们的热稳定性随烷基的变大而降低，其丙基化合物在真空中于60℃分解. Fe—Cσ－键容易发生羰基化反应，甚至可以发生SO_2插入反应.

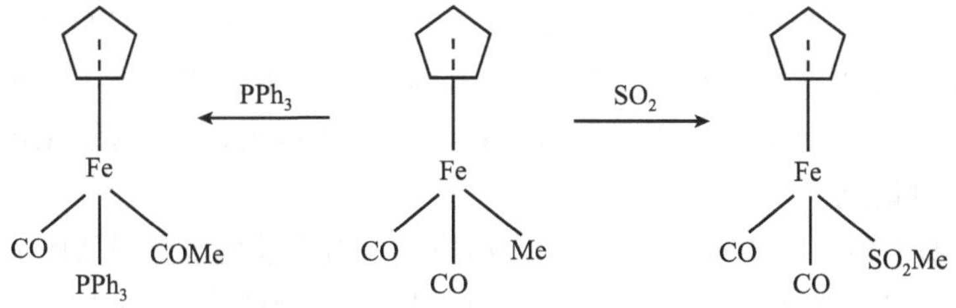

但对于全氟烷基衍生物而言，这种插入反应并不容易发生，而是用路易斯碱处理羰基全氟烷基铁和羰基卤化物时会发生羰基的取代反应：

$$(C_3F_7)Fe(Py)_2(CO_2)I \xleftarrow{\text{吡啶}} (C_3F_7)Fe(CO)_4I \xrightarrow{PPh_3} \begin{matrix} C_3F_7 \\ Ph_3P \end{matrix} \rangle Fe(CO)_3I$$

一些这类 σ—烷基化合物可发生氢消去反应而转化成烯烃配位的 π—络合物

$$CH_3CH_2CH_2Fe(CO)_2(\pi-C_5H_5) \xrightarrow{Ph_3C^+} \underset{\substack{\| \\ CH_2}}{CH_2CH} \longrightarrow Fe(CO)_2(\pi-C_5H_5)$$

或在有官能基取代的烷基化合物的情况中会发生配体的可逆加合质子的反应：

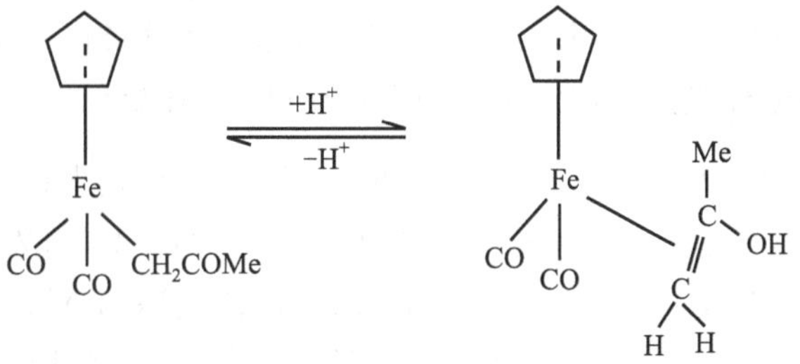

被三取代膦稳定化的烷基化合物(即含有一个三取代膦作为 π—键配体的化合物)其稳定性要远低于羰基或 π-环戊二烯基铁化合物. 五氯苯基络合物 $Fe(C_6Cl_5)_2(PEt_2Ph)_2$ 是一种金黄色化合物，它在苯溶液中于 25℃ 时即分解. 它的磁矩为 3.6BM，因而人们认为其中所含铁原子处于反式—平面正方形结构.

4. 铁(II)的配位化合物

为了便于讨论铁(II)络合物的制备和性质，暂先按络阳离子、电中性(不带电荷)物种和络阴离子来给它们分类. 在下文论及络合物的电子结构时，再按它们的结构类型予以分类.

铁(II)的络阳离子

6 水合 Fe(II)离子$[Fe(H_2O)_6]^{2+}$在许多 Fe(II)的水合盐晶体中都含有这个离子. 在硫酸亚铁铵$(NH_4)_2SO_4 \cdot FeSO_4 \cdot 6H_2O$ 中，八面体$[Fe(H_2O)_6]^{2+}$离子有明显的四方和略斜方变形，其中的 Fe—O 键分别为 214，188 和 185pm. 在 $FeSiF_6 \cdot 6H_2O$

中,$[Fe(H_2O)_6]^{2+}$离子却发生三角变形.在 $FeSO_4 \cdot 7H_2O$,$Fe(ClO_4)_2 \cdot 6H_2O$ 以及在不含其它给电子体的 Fe^{2+} 水溶液中都含有这个 6 水合离子(但并不存在于 $FeCl_2 \cdot 6H_2O$ 中).含有这个离子的络合物具有淡蓝绿色;它们的氧化还原性已在 1.2.2 节中讨论过.

6 水合铁(II)离子的水溶液只有微弱的酸性,因为下列水解平衡的 $K=10^{-9.5}$

$$[Fe(H_2O)_6]^{2+}+H_2O \rightleftharpoons [Fe(H_2O)_5(OH)]^{+}+H_3O^{+}$$

因此,向此水溶液中加入碳酸钠即产生碳酸亚铁沉淀而不会放出二氧化碳(与 6 水合 Fe(III)离子的反应不同).与强碱反应时即产生 $Fe(OH)_2$ 沉淀.

含有其它碱的阳离子　大多数的其它铁(II)络阳离子是含氮给电子体的一齿体或二齿体分子的络合物.氨和卤化铁(II)的反应可以产生每离子含高达 10 个氨分子的物种.不过在室温下热稳定性最高的氨合物是六氨合物,例如 $FeCl_2 \cdot 6NH_3$ 和 $FeBr_2 \cdot 6NH_3$.这些化合物的晶体结构表明它们含有$[Fe(NH_3)_6]^{2+}$离子.在实验室中可以方便地用氨饱和铁在氢溴酸中的溶液来制备溴化铁(II)六氨合物;它生成为浅蓝灰色晶体,曝置在大气中会分解.

铁(II)在水溶液中不容易与非氨的氮给体原子的其它一齿体生成 FeL_6^{2+} 阳离子.不过可以通过铁羰合物歧化反应的通用方法来制备这类阳离子.例如五羰合铁与吡啶在 85℃和紫外光照下可以发生如下反应(Py=吡啶).

$$5Fe(CO)_5+6Py \longrightarrow (Fe(Py)_6][Fe_4(CO)_{13}]+12CO$$

利用这一反应可以在苯溶液中制得含多种多样氮碱的铁(II)阳离子络合物和一些含氧碱的阳离子络合物,例如含二甲基亚砜的络离子$[Fe(DMSO)_6]^{2+}$.不过这个绿色的二甲基亚砜阳离子以及黄绿色的吡啶 N－氧络合物$[Fe(C_5H_5NO)_6]^{2+}$也可以用 Fe(II)盐为起始物来制备.

螯合试剂 1,10-二氮菲、2,2′-联吡啶和二胺等能在水溶液和惰性溶剂(羰合物歧化反应)中生成$[Fe(phen)_3]^{2+}$,$[Fe(dipy)_3]^{2+}$和$[Fe(en)_3]^{2+}$型的八面体阳离子.联吡啶和二氮菲络合物可以分离得到它们的盐如$[Fe(dipy)_3]Cl_2 \cdot 7H_2O$,它们的溶液在容量分析中用为氧化还原指示剂(见 1.2.2 节中的氧化还原电势和表 1.5).三(1,10－邻二氮菲)铁(II)硫酸盐广泛被使用为铁试剂(ferroin);在强氧化剂作用下发生极为显著的颜色变化:

$$\underset{\text{深红色}}{[Fe(phen)_3]^{2+}} \longrightarrow \underset{\text{淡蓝色}}{[Fe(phen)_3]^{3+}}+e^{-}$$

从 6 水合铁(II)阳离子逐步取代水分子可以得到此取代系列中的所有物种,例如用乙二胺取代水分子时的逐级稳定常数如下(en=乙二胺):

$$[Fe(H_2O)_6]^{2+}+en \longrightarrow [Fe(H_2O)_4(en)]^{2+}+2H_2O \qquad K_1=10^{4.34}$$

$$[Fe(H_2O)_4(en)]^{2+} + en \longrightarrow [Fe(H_2O)_2(en)_2]^{2+} + 2H_2O \qquad K_2 = 10^{3.31}$$

$$[Fe(H_2O)_2(en)_2]^{2+} + en \longrightarrow [Fe(en)_3]^{2+} + 2H_2O \qquad K_3 = 10^{2.05}$$

多齿含氮配体显有更大的稳定常数. Fe(II)与二乙三胺($NH_2CH_2CH_2NHCH_2CH_2NH_2$)的络合物逐级稳定常数为 $K_1 = 1.7\times10^6$ 和 $K_2 = 10^6$. 三乙四胺(为四齿体)的络合物稳定常数为 $K_1 = 10^8$.

Fe(II)可以同腈类和异腈类配体生成络合物. 当铁和氯或溴在乙腈中反应,生成的络合物含有八面体 Fe(II)阳离子和四面体 Fe(III)阴离子;例如$[Fe(MeCN)_6][FeBr_4]_2$. 在乙酸乙酯和硝基甲烷中的类似反应所得产物的化学式分别为$[Fe(EtAc)_6][FeX_4]_2$和$[Fe(MeNO_2)_6][FeX_4]_2$. 异腈也可同 Fe(II)生成八面体阳离子;六氰合铁(II)酸钾与硫酸二甲酯在回流温度反应,冷却对可得到$[Fe(CNMe)_6][HSO_4]_2$晶体. 在氯化物$[Fe(CNMe)_6]Cl_2$中, Fe—C 键长为185pm,极类似于羰基铁中的键长. Fe—C—N—C 原子链不是直线形的,C—N—C 键角为 173°. 此化合物在减压下在 130—150℃热分解则生成为二氰四异乙腈合铁(II)络合物:

$$[Fe(CNMe)_6]Cl_2 \longrightarrow Fe(CN)_2(CNMe)_4 + 2MeCl$$

电中性铁(II)络合物

负氢离子络合物 铁虽没有简单的分子氢化物,却有许多含 Fe—H 键的络合物. 表 1.8 中汇列了一些为三取代膦稳定化的一些氢络合物的性质. 这些氢络合物是通过氢化铝锂与卤化联膦合铁(II)在四氢呋喃中的反应制备的. 二氢络合物 $FeH_2[C_6H_4(PEt_2)_2]_2$

表 1.8 一些被三取代膦稳定化的铁氢络合物

氢络合物	颜色	熔点(℃)	ν(M—H)(cm^{-1})	M—H 质子共振(ppm)
trans—FeH_2(diphos I)$_2^a$	橙	248—249.5	1726	23.1
trans—FeHCl(diphos I)$_2^b$	红	230.5—231.5	1870	40.5
trans—FeHCl(diphos II)$_2^b$	红	180	1810	
trans—FeHCl(diphos III)$_2^b$	红	154.5—155.5	1849	
trans—FeHI(diphos III)$_2^b$	红棕	173	1872	
$Fe_2H(C_5H_5)_2(CO)_2(\mu-PMe_2)^c$	深棕	137—140		28.73
$Fe_2H(C_5H_5)_2(CO)_2(\mu-PPh_2)^c$	深棕	153—157		28.67

注 diphos I=$o-C_6H_4(PEt_2)_2$;diphos II=$C_2H_4(PMe_2)_2$;diphos III=$C_2H_4(PEt_2)_2$;trans=反式.

a. J. Chatt, F. A. Hart and D. T. Rosevear, *J. Chem. Soc.*, 5504(1961).

b. J. Chatt and R. G. Hayter, *J. Chem. Soc.*, 5507(1961); *ibid.*, 6017(1963).

c. R. G. Hayter, *J. Am. Chem. Soc.*, 85, 3120(1963).

是唯一稳定的氢络合物,它也可以通过微细分散的铁在氢气氛下直接与联膦的反应来制备,这些氢络合物对氧化作用是敏感的,特别是在溶液中更易破氧化,有些表现有很高的热稳定性,要到熔点温度才分解(表 1.8). 偶极矩测量证明该类八面体络合物具有反式结构.

氮、磷和砷配体 卤化铁(II)与这些配体主要生成两类络合物:FeX_2L_4 和 FeX_2L_2. 有些配体,这两类络合物都能生成. 将饱和氯化铁(II)溶液加到过量的吡啶中可以制得氯化四(吡啶)合铁(II)黄色晶体,它在空气中比简单铁(II)盐更为稳定,可用作合成工作的原料. 三取代芳香胺也可以生成这类化合物,例如 $FeBr_2$(异喹啉)$_4$、FeI_2(γ—皮考啉)$_4$,异腈类可以生成如 $FeI_2(CNCH_3)_4$ 等. 伯胺可以生成$[FeL_6]Cl_2$ 和 $FeCl_2L_2$ 型的化合物. 例如 $FeCl_2(NH_3)_2$,$FeCl_2(MeNH_2)_2$ 是相应六胺(氨)络合物的热分解产物. 芳香胺在室温或近于室温的温度下生成双配络合物,例如黄色的 $FeCl_2(PhNH_2)_2$. 联氨生成 $FeX_2(N_2H_4)_2$ 型的四方系络合物,其中含有成桥和双齿的联氨配体. 其它的铁(II)盐也都可以生成类似的络合物.

三取代膦能生成化学式为 $FeX_2(PR_3)_2$ 的络合物,但它们在溶液中倾向于分解,在含羟基的溶剂中特别不稳定. 用苯为溶剂可以制备自旋成对的四面体络合物 $FeCl_2L_2$($L=PEt_3$,PEt_2Ph,$PEtPh_2$ 和 PPh_3). 伯膦和仲膦能生成多种多样的不同类型的络合物. 二环己基膦生成无色的四面体 $FeCl_2L_2$ 型络合物,而二乙基膦则生成红色的平面四边形络合物 $FeCl_2(PHEt_2)$. 一苯基膦则生成$[Fe(PH_2Ph)_4]X_2$ 型的阳离子络合物. 螯合的联膦和联胂生成 FeX_2(螯合剂)$_2$ 型的具有反式八面体构型的反磁性络合物. 三(二苯基膦基苯基)膦(代表符号 QP)生成反磁性六配位络合物 $FeX_2(QP)$($X=NCS^-$ 和 CN^-)和三角双锥形阳离子$[FeX(QP)]^+$($X=Cl^-$,Br^- 和 I^-),它的有效磁矩 μ_{eff}约为 3BM.

氧和硫配体 氯化铁(II)与醇类和有机酯类的络合物含有 1 个、2 个或 4 个配体分子,例如 $FeCl_2(EtOH)$,$FeCl_2(MeCOOMe)_2FeCl_2(MeOH)_2$ 和 $FeCl_2(MeOH)_4$. 它们生成为无色晶体,但在空气氧化作用下很快变黄. 三取代膦氧和胂氧与 Fe(II) 生成四面体络合物,它们的络合型式 $FeX_2(Ph_3PO)_2$,$FeX_2[(Me_2N)_3PO]_2$ 和 $FeX_2(Ph_3AsO)_2$. 皮考啉酸和皮考啉 *N*-氧[$pico=C_5H_4(COO—)NO$]却与 Fe(II) 盐生成深色(品红)八面体络合物 $Fe(pico)_2(H_2O)_2$,吡啶 *N*—氧则生成阳离子物种$[Fe(C_5H_5NO)_6]^{2+}$.

螯合的氧配体,例如二酮很容易在水溶液中与 Fe(II)生成络合物,特别是当溶液中有三取代氮碱而能中和释放出来的质子时更容易导致络合物生成. 乙酰丙酮生成仅有两个螯环的六配位络合物,例如 $Fe(acac)_2(Py)_2$. 若不存在含氮配体时，则生成水合的乙酰丙酮合物 $Fe(acac)_2 \cdot 1.5H_2O$，这个化合物很容易脱水生成桔红色的 $Fe(acac)_2$. 这个无水化合物可能是一个聚合物，它的室温磁矩为 5.4BM，这是八面体配位 Fe(II)的特征磁矩. 但 Fe(II)与联三甲基乙酰(DPMH)却生成四面体络合物 $Fe(DPM)_2$，它是高自旋的，室温 $\mu_{eff}=5.0$BM. 这些化合物对空气氧化都是敏感的，六氟乙酰丙酮合物 $Fe(F_6acac)_2 \cdot 2H_2O$ 是最稳定的化合物.

能与铁(II)生成含硫配体络合物的是 1,2-二硫醇和有关的化合物. 这些络合物是电中性的或阴离子型的，在这些络合中金属原子的氧化态是有趣的可讨论问题，这就好像在 2,2－联吡啶络合物中的金属原子氧化态问题一样. 当马来腈二硫酸的钠盐 $Na_2S_2C_2(CN)_2$ 与 Fe(II)盐反应时，可以生成暗红棕色的二聚负 2 价阴离子$[FeS_4C_4(CN)_4]_2^{2-}$ 或绿色的三取代络合物$[FeS_6C_6(CN)_6]^{2-}$，决定于用作为沉淀剂的阳离子. 如果用四烷基铵盐作为沉淀剂，得到前一化合物，如果用四芳基鏻(或钾)盐作为沉淀剂时，则得到后一化合物. 在$[FeS_4C_4(CN)_4]^{2-}$阴离子中，每个 Fe 原子被 5 个硫原子以变形四方锥的形式包围着. 当铁(II)盐与苯-1,2-二硫醇二钠盐在乙醇中反应时，可得到类似的二聚负 2 价阴离子. 上述配体的一些甲基衍生物，以及四氯苯-1, 2-二硫醇盐都可发生类似反应. 电中性聚合型络合物$[Fe(S_2C_6Cl_4)_2]$是在将铁粉、六氯苯和硫化钠放在二甲替甲酰胺中反应而得到的产物；将产物溶解在丙酮－二甲替甲酰胺混合物中则生成二聚阴离子$[Fe(S_2C_6Cl_4)_2]_2^{2-}$. 其它已知的电中性的络合物包括反磁性的$[FeS_4C_4(CF_3)_4]_2$ 和$[FeS_4C_4R_4]$(R＝H,Ph,等). 这些电中性和阴离子络合物引人注意之点在于它们容易通过单电子转移反应而互相转化. 例如通过容量滴定和极谱研究，络合物$[FeS_4C_4(CF_3)_4]_2$ 表现有两个可逆单电子还原波和一个 2 电子还原波，分别与如下过程相对应：

$$[MS_4]_2 \underset{-e^-}{\overset{+e^-}{\rightleftharpoons}} [MS_4]_2^- \underset{-e^-}{\overset{+e^-}{\rightleftharpoons}} [MS_4]_2^{2-} \underset{-2e^-}{\overset{+2e^-}{\rightleftharpoons}} 2[MS_4]^{2-}$$

读者对这些络合物及其性质感兴趣的话，可参读下述综论文章：J. A. McClevery, *Progress in Inorg. Chem.*，10，49(1968).

Fe(II)的阴离子络合物

卤络合物　在乙醇中令卤化铁(II)与卤化四取代铵或钾盐反应可以容易地制得奶油色的四面体结构的四卤合铁(II)酸根阴离子$[FeX_4]^{2-}$. 将反应物溶液混合时它们往往就会沉淀出来了，但不能进行重结晶，因为在热乙醇中它们就分解了. 这些化合物与第一过渡系其它 2 价金属的络合物$[MX_4]^{2-}$是异质同晶的它们在硝基苯中显为 1∶2 电解质，但在有机溶剂中会发生一些分解作用.

氰络合物　六氰合铁(II)酸根离(亚铁氰离子)是一个人们熟知的稳定无毒的

络合物,它同多种多样阳离子生成为数众多的盐. 它的钾盐和氯化氢(或冷硫酸)在乙醚中反应可以得到自由酸 $H_4Fe(CN)_6$ 的乙醚合物. 在氢气流中以 80—90℃ 可以容易地除去乙醚而得到白色晶体状的自由酸. 它也可以通过钾盐在水溶液中的离子交换反应来制备,然后向水溶液中加入浓盐酸,使这个酸沉淀出来. 此酸在水中的电离常数是 $K_1>K_2$,$K_3=6\pm2\times10^{-3}$,$K_4=6.7\pm3\times10^{-5}$,K_1 和 K_2 表现为典型的强酸. 其红外光谱在 3300—2300cm^{-1},区间显有宽的吸收峰,用氘置换氢时吸收峰发生位移,有两个(C≡N)伸缩频率,人们认为全部 4 个氢原子都以反式排布以氢键型式与氰离子相键合.

六氰合铁(II)酸的碱金属和碱土金属盐从水溶液结晶时生成水合盐,例如 Na 盐,$10H_2O$;K 盐,$3H_2O$;Cs 盐,$3H_2O$;Ca 盐,$11H_2O$;Ba 盐,$6H_2O$. 这些盐都是水溶性的,而其它阳离子的盐往往是不溶的. 它的铜(II)盐曾用来作为半透膜,它的薄层可以通过水分子而不能使某些溶质通过. 钾盐是最重要的化合物(黄血盐),将在下面予以较详细的讨论.

六氰合铁(II)酸钾 $K_4Fe(CN)_6$ 在工业上是从煤气厂氧化物废渣来制备的(其中含有普鲁氏蓝),先用石灰处理,然后用可溶性钾盐处理所得溶液,溶解度较低的六氰合铁(II)酸钾即可从此混合物中结晶出来. 在实验室中它是按下述方法制备的,用过量氰化钾处理硫酸铁(II)水溶液,先沉淀出来的氰化铁(II)在沸煮时即溶解在过量的氰化钾溶液中,冷却时即结晶出亚铁氰化钾. 它的三水合物是反磁性的和具有双晶性,可存在为单斜系(假四方系)和四方系两种结晶变体. 它在溶液中的红外光谱在 2044cm^{-1}处显有一个单一的 ν(C≡N)吸收峰,但在固体状态下可以观察许多吸收峰;ν(Fe—C)出现在 416cm^{-1}处. 将 3 水合物在 100℃脱水得到无水盐 $K_4Fe(CN)_6$.

在酸性介质中氧气可把$[Fe(CN)_6]^{4-}$氧化成普鲁士蓝,但在中性或碱性溶液中氧化作用不显著. 但许多氧化试剂如 Ce^{4+},MnO_4^-,$Cr_2O_7^{2-}$ 和 $S_2O_8^{2-}$ 等能有效地将$[Fe(CN)_6]^{4-}$ 氧化成$[Fe(CN)_6]^{3-}$. 亚铁氰化物与稀硫酸共热时可以释放出 HCN,浓硫酸则使之放出 CO:

$$K_4[Fe(CN)_6]+6H_2SO_4+6H_2O \longrightarrow 6CO+2K_2SO_4+3(NH_4)_2SO_4+FeSO_4$$

强碱对$[Fe(CN)_6]^{4-}$离子不起什么作用. 但经长时间沸煮其水溶液,特别是在光照下,会可逆地产生$[Fe(CN)_5(H_2O)]^{3-}$. 在$[Fe(CN)_6]^{4-}$ 中氰配体上氮原子的碱性可从如下现象得到证实:六氰合铁(II)酸钾可以吸收 6 个分子的三氟化硼.

六氰合铁(II)酸根离子的一取代产物举例说明于图 1.25 中.

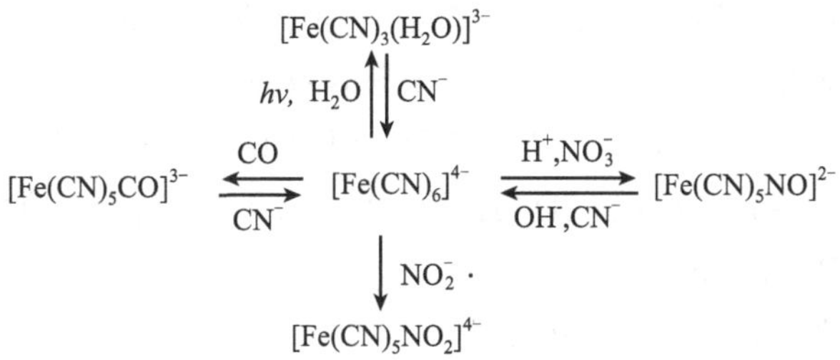

图 1.25　$[Fe(CN)_6]^{4-}$的取代产物

在正常情况下，一水取代产物是使羟氨的碱性溶液作用于一亚硝基五氰合铁(II)离子来制备的：

$$[Fe(CN)_5NO]^{2-}+NH_2OH+OH^- \longrightarrow [Fe(CN)_5(H_2O)]^{3-}+N_2O+H_2O$$

它同浓氨水作用生成淡黄色的$[Fe(CN)_5(NH_3)]^{3-}$离子，从这个化合物可以用许多胺来取代氨而生成一胺五氰合铁(II)酸根离子. 一亚硝基五氰合铁(II)酸根离子的化学在前面 1.2.1.2 节中已经讨论过了. 一羰基五氰合铁(II)络合物是通过六氰合铁(II)酸盐在 130°与加压下的一氧化碳作用来制备的.

或许六氰合铁(II)酸盐最为人们熟知的反应是它同过量铁(III)盐的反应，反应产物是一种蓝色沉淀物，长时间以来人们称之为普鲁氏蓝. 六氰合铁(III)酸盐同过量铁(II)盐反应也产生一种蓝色沉淀称为滕氏蓝. 这两个化合物显有相同的 X 射线粉末衍射图像和穆斯堡尔谱，它们的化学式都可以写作六氰合铁(II)酸铁(III)$Fe_4[Fe(CN)_6]_3$. 如果将摩尔比为 1∶1 的铁(III)盐和六氰合铁(II)酸盐溶液混合在一起则得到可溶性普鲁士蓝，其组成为$KFe[Fe(CN)_6]\cdot H_2O$，它含有可变量的水，磁矩为 5.7BM. 电子光谱和穆斯堡尔谱表明，在这个$KFe^{III}[Fe^{II}(CN)_6]$中有一个被 6 个氮原子包围的高自旋 Fe(III)和一个以 6 个碳原子为最近邻的低自旋 Fe(II)原子，这个化合物的深蓝色来自于 Fe(II)向 Fe(III)的电子转移. 铁(II)和六氰合铁(II)酸根离子之间的反应产生一种白色沉淀$K_2Fe[Fe(CN)_6]$，其中仅含有 Fe(II). 当 Fe(III)盐和六氰合铁(III)酸盐生成的产物称为柏林绿，它只含有 Fe(III)，化学式写成为$Fe[Fe(CN)_6]$，所有这些化合物的基本结构单元看来是铁原子的立方体排列，以氰离子在这些铁原子之间沿着立方体的棱边而分布. 这是$Fe[Fe(CN)_6]$的结构；在$KFe[Fe(CN)_6]$和$K_2Fe[Fe(CN)_6]$中，每个铁原子立方体的中心含有钾原子.

其它阴离子络合物　将氢氧化铁(II)溶解在硫氰酸中并加入碱金属硫氰酸盐，可以制得含$[Fe(SCN)_6]^{4-}$阴离子的硫氰酸根络合物. 这些络合物是无色的，在空气中容易被氧化，遇氨水则分解而沉淀出氢氧化铁(II).

铁(II)的含氧配体络合物大多不够稳定.虽然含氧阴离子在水溶液中常常与铁(II)生成弱的络合物,但仅已分离得到少数含有这类络离子的盐.这些盐中包括草酸根络合物$[Fe(C_2O_4)_2]^{2-}$和硝基络合物$[Fe(NO_2)_6]^{4-}$.乙二胺四乙酸(EDTA)生成1∶1络合物$[Fe(EDTA)]^{2-}$($K=10^{14.33}$),这个络合物很容易被氧化成较稳定的铁(III)络合物.

铁(II)络合物的光谱性质和磁性

高自旋八面体和四方系络合物　大多数铁(II)络合物是高自旋型的,要想生成自旋成对的络合物则需要很强的配位场.铁(II)具有$3d^6$电子组态,有一个自由离子基项^5D,这是个唯一的五重态.对于弱场八面体极限来说基组态为$t_{2g}^4e_g^2$,^5D基项分裂(图1.26)为^5E_g和$^5T_{2g}$.因而在弱场络合物的电子光谱中仅能预期到有一个自旋允许的跃迁.

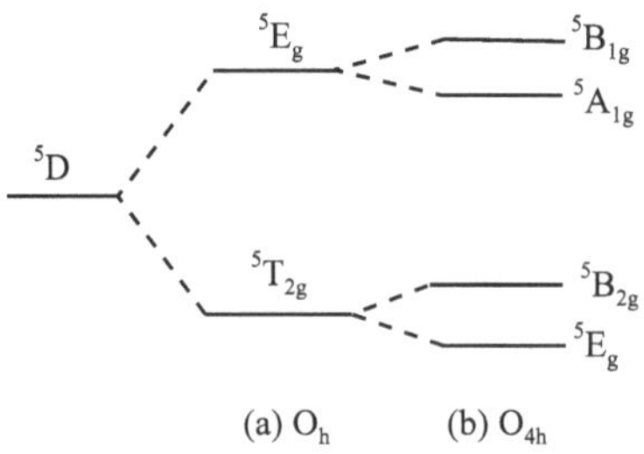

图1.26 Fe^{2+}在(a)八面体对称和(b)四方对称中的弱场能态

在实际工作中,八面体Fe(II)络合往往显有一个宽吸收带并常常分裂成两个组分(表1.9).这个分裂,至少在$[Fe(H_2O)_6]^{2+}$的溶液中,是来自于姜-泰勒效应,因为它比来自于自旋-轨道偶合而引起的分裂大得多.但在晶体中,有时出现四方变形(略显正交变形)的$[Fe(H_2O)_6]^{2+}$离子,在硫酸亚铁铵6水合物晶体中即存在此种情况.但在卤化铁(II)晶体结构中仅可能有三角变形;这将使$^5T_{2g}$能级发生一小的分裂为^5E_g和$^5A_{1g}$而不能说明$^5T_{2g}\longrightarrow{}^5E_g$谱带的分裂.在络合物中当铁原子周围的6个配体不相同时^5E_g能级将会发生更显著的分裂.$FeCl_2\cdot4H_2O$和$FeCl_2\cdot2H_2O$的晶体结构对八面体结构发生了相当大的变形;在2水合物中结构是由被水分子分隔开的铁氯原子的平面形链组成的.总起来说,对于FeX_2L_4型络合物,X和L配体场强度差异性越大,实验谱带的分裂越大.$FeBr_2\cdot4H_2O$和$FeBr_2\cdot6H_2O$的光谱有类似性,可以做出结论,在后一化合物中含有反式-$[FeBr_2(H_2O)_4]$单位而不是含有$[Fe(H_2O)_6]^{2+}$离子的.

对于具有基项$^5T_2$的八面体高自旋铁(II)络合物来说,预期它们的室温磁矩约为5.5BM;自旋-轨道偶合常数$\lambda=-100cm^{-1}$,并预期磁矩不会随温度发生很大变化.在对称性与纯八面体有偏离的络合物中,可预期此磁矩将向着有四个成单电子的唯自旋磁矩值(4.8BM)减小.在实际工作中大多数八面体铁(II)络合物的磁矩 μ_{eff}处在 5.3—5.5 的范围内.

低自旋八面体络合物 对于强场配体来说,铁(II)原子发生了自旋配对,低自旋八面体铁(II)络合物具有的电子组态为 T_{2g}^6,这个组态导致的基态为$^1A_{1g}$.电子激发至 e_g 轨道产生 $t_{2g}^5e_g^1$ 组态,这产生了如图 1.26 的自旋三重态和单重态.可以预期有两个自旋允许的谱带,也就是说,由基态$^1A_{1g}$跃迁至$^1T_{1g}$和$^1T_{2g}$能态,另有两个自旋禁阻的弱谱带.对这些谱带的指认(表 1.10)存在着相当大的困难,因而表上的指认只能看成是试行的.对 d^6 离子而言,$^1A_{1g}\rightarrow{}^3T_{2g}$跃迁常常是观察不到的,因为它的强度很低并且在正常情况下被$^1A_{1g}\rightarrow{}^1T_{1g}$跃迁掩盖了.$Fe^{2+}$ 的强场八面体能态见图 1.27.

表 1.9 一些八面体和四方系无自旋铁(II)络合物的电子光谱

八面体络合物	$^5T_{2g}\rightarrow{}^5E_g$(cm^{-1})	
$[Fe(H_2O)_6]^{2+}$ in water[a]	10 400	8300
in $Fe(NH_4)_2(SO_4)_2\cdot 6H_2O$[a]	10 800	8400
in $FeSiF_6\cdot 6H_2O$[a]	10 700	8300
FeF_2[b]	10660	6990
$FeCl_2$[c]	7600	5800
$FeBr_2$[c]	6800	5400
FeI_2[c]	6100	4900
$Fe(MeCN)_6^{2+}$[d]	11 000	
$Fe(NCSe)_6^{4-}$[e]	11 150	9760
四方系络合物	**$^5E_g\rightarrow{}^5B_{1g}$(cm^{-1})**	**$^5E_g\rightarrow{}^5A_{1g}$(cm^{-1})**
$FeF_2\cdot 4H_2O$[f]	10 150	
$FeCl_2\cdot 4H_2O$[f]	11 000	6800
$FeBr_2\cdot 4H_2O$[f]	11 000	6150
$FeBr_2\cdot 6H_2O$[f]	11 000	6200
$FeCl_2(Phen)_2$[g]	10 510	8470
$FeCl_2(Py)_4$[h]	10 300	8550
$FeBr_2(Py)_4$[h]	10 650	7750
$FeCl_2(isoquin)_4$[h]	10 950	9100

续表

四方体络合物	$^5E_g \rightarrow {}^5B_{1g}$(cm^{-1})	$^5E_g \rightarrow {}^5A_{1g}$(cm^{-1})
$FeBr_2$(isoquin)$_4$[h]	11 450	7800
FeI_2(isoquin)$_4$[h]	11 750	5900
$FeCl_2 \cdot 2H_2O$[f]	9800	5750
$FeCl_2$(Py)$_2$[h]	9900	5850
$FeCl_2$(4－cyanopy ridine)$_2$[h]	9850	6250

注 Phen＝1,10－二氮菲,Py＝吡啶,isoquin＝异喹啉.

a. F. A. Cotton and M. D. Meyers, *J. Am. Chem. Soc*,. **82**,5023(1960).

b. W. E. Hatfield and T. S. Piper, *Inorg. Chem.*, **3**,1295(1964).

c. G. Winter, *Austral. J. Chem.*, **21**,2859(1968).

d. B. J. Hathaway and D. G. Holah, *J. Chem. Soc.*, 2408(1964).

e. D. Forster and D,M. L. Goodgame, *Inorg. Chem.*, **4**,1712(1965).

f. C. D. Burbridge and D. M. L. Goodgame, *J. Chem. Soc.*, (A),1410(1968).

g. K. Madeja and E. Konig, *J. Inorg. and Nuclear Chem.*, **25**,377(1963).

h. D. M. L. Goodgame, M. Goodgame, M. Hitchman and M. Weeks. *Inorg. Chem.*, **5**,635(1966).

表 1.10 一些自旋配对 Fe(II)络合物的电子光谱(cm^{-1})

络合物	$^1A_{1g} \rightarrow {}^3T_{1g}$	$^1A_{1g} \rightarrow {}^3T_{2g}$	$^1A_{1g} \rightarrow {}^1T_{1g}$	$^1A_{1g} \rightarrow {}^1T_{2g}$
[Fe(dipy)$_3$]$Br_2 \cdot 6H_2O$[a]	11 500			
[Fe(Phen)$_3$]$^{2+}$ aq.[b]	12 260			
Fe(Phen)$_2$(CN)$_2$[b]	12 500			
[Fe(*cis*－edas)$_3$]$(ClO_4)_2$[c]	14 700		21 500	27 400
[Fe(diars)$_3$]$(ClO_4)_2$[c]	14 500		21 400	26 600
[Fe(CN)$_6$]$^{4-}$[d]	23 700		31 000	37 040
[Fe(CNO)$_6$]$^{4-}$[e]	20 000		25 870	32 000

注 dipy＝联吡啶;Phen＝1,10－二氮菲;

edas＝1,2－双(二甲胂基)乙烯;

diars＝0－苯撑双(二甲基胂).

a. R. A. Palmer and T. S. Piper, *Inorg. Chem*, **5**,864(1966).

b. E. Konig, *Co-ordination Chem. Revs.*, **3**,485(1968).

c. R. D. Feltham, H. G. Metzger and W. Silverthorn, *Inorg. Chem*,. **7**,2003(1968).

d. E. Konig and H. L. Schlafer, *Z. Physik. Chem.*, **34**,355(1962).

e. W. Beck and K. Feldt, *Z. anorg. u. allgem. Chem.*, **341**,113(1965).

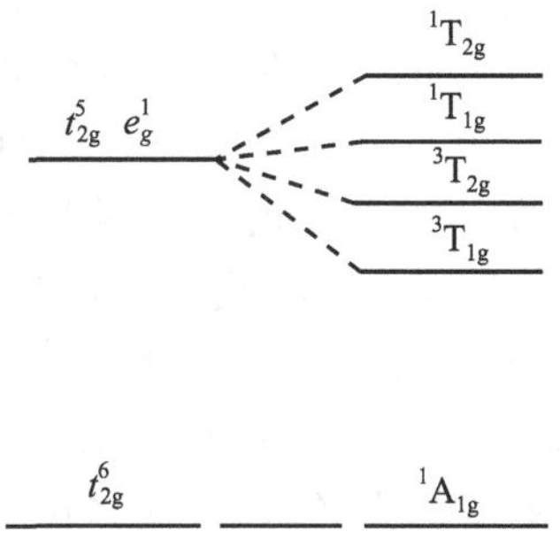

图1.27　Fe^{2+}的强场八面体能态

这些络合物当然是反磁性的，已有报道说$[Fe(dipy)_3]^{2+}$和$[Fe(Phen)_3]^{2+}$的盐有极小的磁矩，但这也可能来自于铁(III)杂质.

$^5T_2$—$^1A_1$ 交叉附近的磁性　根据配位场理论，可以预期，在配位场分裂参数Δ达到某一定值时会发生铁(II)从高自旋至低自旋的突然变化. 当一个络合物低自旋和高自旋基态的能量间隔远小于1000cm^{-1}时，这个络合物在不同温度下可以显有两种不同结构. 铁(II)对于研究磁性交叉是一个特有用的系统，因为低自旋态是反磁性的和成单电子数的变化是4. 一些Fe(II)络合的磁性曾被详细研究过，一些络合物的磁性随温度的变化绘示在图1.28中.

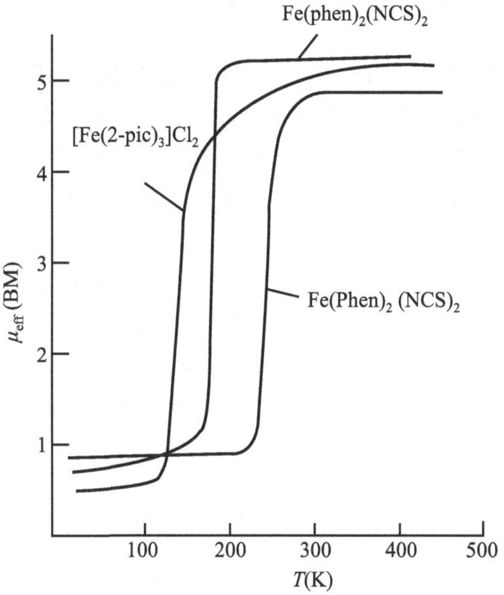

图1.28　一些Fe(II)络合物磁矩μ_{eff}随温度的变化

络合物 $Fe(Phen)_2(NCS)_2$ 和 $Fe(Phen)_2(NCSe)_2$ 在室温下存在于高自旋$^5T_2$基态，磁矩大于 5BM，在 11 900cm^{-1}处有吸收谱带可指认为$^5T_{2g}\rightarrow{}^5E_g$ 跃迁. 在174K 时 $Fe(Phen)_2(NCS)_2$ 的磁矩突然降低到小于 1BM，对 $Fe(Phen)_2(NCSe)_2$ 来说此突降出现在 232K 时. 低于这些温度时这两个络合物基态为$^1A_{1g}$，因而电子光谱发生位移，这两个化合物的$^1A_{1g}\rightarrow{}^3T_{1g}$谱带出现在 10 400$cm^{-1}$处. 一些 Fe(II)阳离子络合物也显有这种现象. 三(2-胺乙基吡啶)合铁(II)阳离子$[Fe(2\text{-}pic)_3]^{2+}$的氯化物盐显有一个显著的交叉，但溴化物和碘化物则显有渐变的不太显著的效应(见表 1.26). 其它的实例包括$[Fe(BR_3H)_3]$(R=1-吡唑基)和$[Fe(triL)_2X_2$ [triL=2-(2-吡啶氨基)-4-(2-吡啶基)-1,3-噻唑]. 高自旋—低自旋转化的证据来自于穆斯堡尔谱测量，在此处在高温下的同质异能位移和四极分裂符合于高自旋态，而在低温下它们符合于低自旋态.

四面体络合物　在四面体场中，Fe^{2+} 自由离子的^5D 基项分裂成高能态$^5T_2$ 和低能态^5E. 自旋轨道相互作用是小的，由于这个作用造成的分能级总扩展对$^5T_2$ 约为 500cm^{-1}，而对^5E 基态则小于此值. 因此在四面体场中只有一个谱带，也就是说，可以预期铁(II)有自旋许可的$^5E\rightarrow{}^5T_2$ 跃迁. 在事实上这个谱带出现在近红外区(表 1.11)，它的强度为八面体高自旋铁(II)络合物的约 10—100 倍. 在表 1.11 中的许多化合物还在 11 000—20 000cm^{-1}区间显有一些额外的很弱的谱带，它们往往在强电荷转移吸收峰上出现为肩峰，它们大概来自于自旋禁阻的跃迁. 在 FeX_2L_2 型络合物中，配位场低对称组分对$^5T_2$ 能态的轨道简并度的影响变得明显了. 可以预期会出现 3 个谱带，因为在 C_{2v}对称中 $T_2\rightarrow A_1+B_1+B_2$；不过在实验中仅观察到了两个.

从^5E 基项来看，四面体 Fe(II)络合物的磁矩特别高；尽管把来自第一激发态的轨道贡献混加在一起也仅能预期把磁矩从唯一自旋值的 4.9BM 提高到 5.1—5.2BM 左右. 但实际上磁矩竟和高自旋八面体络合物一样高而且在 95—295K 温区内不发生很大变化. 对于 FeX_4^{2-} 离子来说，已有指出高磁矩系来自于$^7s(3d^54s)$项的贡献.

其它对称结构　Fe(II)有一些平面形络合物，酞青铁(II)是其一例，其室温磁矩为 $\mu_{eff}=3.96$BM，双(五氯苯基)双(Et_2PPh)Fe(II)的磁矩 $\mu_{eff}=3.6$BM.

六甲基三乙四胺 $N(CH_2CH_2NMe_2)_3$ 生成高自旋的三角双锥铁(II)络合物，而三(*o*-二苯基膦基苯基)膦 QP 和它的砷类似物 QAs 则生成$[FeX(QP)]^+$型的低自旋络合物，磁矩在 3.05BM 左右.

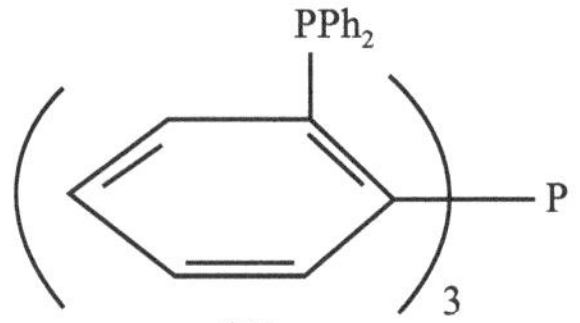

QP

表 1.11 一些四面体 Fe(II)络合物的电子光谱($d-d$)和磁矩

络合物	$^5E \to ^5T_2$(cm^{-1})	μ_{eff}BM(~20℃)[a]
$(Et_4N)_2FeCl_4$[b]	4050	5.39
$(Et_4N)_2FeBr_4$[c]	3000	5.44
$(Bu^n_4N)_2FeI_4$[a]	2500	
$(Et_4N)_2Fe(NCO)_4$[e]	5000	
$(Et_4N)_2Fe(NCS)_4$[d]	5900;4600	5.42
M_2^* $Fe(NCSe)_4$[e]	6050;4750	
$Fe(Ph_3AsO)_2Br_2$[c]	5000	
$Fe(Ph_3PO)_2Cl_2$[c]	4550	
$Fe(quin)_2Cl_2$[a]	5780;4950	5.20
$Fe(quin)_2Br_2$[a]	5560;4650	5.19
$Fe(quin)_2I_2$[a]	5810	5.28
$Fe(quin)_2(NCS)_2$[a]	6100;4950	
$(Et_4N)Fe(quin)Cl_3$[a]	4930;<4000	5.30
$(Et_4N)Fe(quin)Br_3$[a]	4840	5.35
$(Bu_4N)Fe(quin)I_3$[a]	4400	

注:M^* =[p—二甲苯双(三苯基鏻鎓)]$^{2+}$

a. C. D. Burbridge and D. M. L. Goodgame, *J. Chem. Soc.* (A), 1074(1968).

b. C. Furlani, E. Cervone and V. Valenti, *J. Inorg. Nuclear Chem.* **25**, 159(1963).

c. D. Forster and D. M. L. Goodgame, *J. Chem. Soc.* 454(1965).

d. *Idem*, *ibid.*, p. 268.

e. *Idem*, *Inorg. Chem.*, **4**, 1712(1965).

1.2.3 铁(III)化合物

1. 铁(III)的简单化合物和盐

铁(III)的卤化物 这些卤化物的热稳定性沿着 $F^- > Cl^- > Br^- > I^-$ 顺序而递降. 氟化物 FeF_3 有足够高的稳定度,在约 1000℃左右升华,而 FeI_3 则因常含有 FeI_2 杂质从未分离得到纯品. 铁(III)是一种很强的氧化剂,很难同碘离子共存. 企图从水溶液中制备碘化铁(III)其结果是释出自由碘和将铁还原至 Fe(II). 卤化铁(III)的一些物理性质选列在表 1.12 中.

表 1.12 卤化铁(III)的物理性质

	FeF_3	$FeCl_3$	$FeBr_3$
颜色[a]	绿色	黑色	暗红棕色
熔点(℃)[a]	1000	306	
$\Delta H_{熔化}$(kJ/mol)[b]		43.1	
ΔH_f(kJ/mol)[b]		−406.6	
密度[a]	3.52	2.898	
水合物[c]	$4\frac{1}{2}$,3	6,$3\frac{1}{2}$,$2\frac{1}{2}$,2	6

a. Handbook of Chemistry and Physics, 49th edition, The Chemical Rubber Co., Ohio, 1968.

b. F. D. Rossini, D. D. Wagman, W. H. Evans, S. Levine and I. Jaffe, Selected Values of Chemical Thermodynamic Properties, National Bureau of Standards Circular 500, 1952.

c. N. V. Sidgwick, The Chemical Elements and Their Compounds, Oxford University Press, 1950.

氟化铁(III) 令单质氟作用于金属铁、氯化铁(II)或氯化铁(III),或在 HF 气流中令水合氟化铁(III)脱水,都可制得氟化铁(III).一种方便的实验室制备方法是令氟化氢与无水氯化铁(III)的反应:

$$FeCl_3 + 3HF \longrightarrow FeF_3 + 3HCl$$

令 $Fe(OH)_3$ 和氢氟酸水溶液反应,然后从溶液中结晶,得到淡粉红色的 $4\frac{1}{2}$ 水合物(室温蒸发)和粉红色的 3 水合物(加热蒸发).

氟化铁(III)仅微溶于水,不溶于乙醇和乙醚.在氢气中加热时它被还原为氟化铁(II),最后可被还原成金属铁.在水溶液中它的水解作用很微弱;在有碱金属氟化物存在时,可从溶液中结晶出络合氟化物 $MFeF_4$,$M_2FeF_5 \cdot xH_2O$ 和 M_3FeF_6 · FeF_3 的磁性很复杂,在 63 和 293K 温区之间它的磁化率与场强有关.3 水合物在 300K 的磁矩为 $\mu_{eff} = 2.25BM$.

氯化铁(III)$FeCl_3$ 将铁在干燥氯气中适中加热可以凝聚得到黑色晶体的 $FeCl_3$.在加压下加热氧化铁(III)和四氯化碳,或令 6 水合物 $FeCl_3 \cdot 6H_2O$ 在氯化硫酰中加热回流脱水,也都可以得到无水氯化铁(III).它在高于 300℃时升华,蒸汽密度测量表明,它在 400℃时是双聚分子,即 Fe_2Cl_6,在 750℃时为单分子的,但此时气氛中必须有过量氯气以阻止它的分解作用.在真空中加热超过 500℃时,它分解为氯化铁(II)和氯.

氯化铁(III)易溶于水(室温溶解度约为 480g/L),在潮湿空气中发生水合作用会变成黄棕色的 6 水合物.将铁溶解在盐酸中然后通入氯气将铁(II)氧化成铁(III),从此水溶液中结晶即得到此水合物.在固体状态下,六水合物的结构为反式-

$[FeCl_2(H_2O)_4]Cl_2 \cdot 2H_2O$. 氯化铁(III)水溶液因有水解作用而呈强酸性，能够溶解电正性金属如镁而放出氢气，能与碱金属碳酸盐反应放出二氧化碳，并在上述两反应中沉淀出水合氧化铁(III). 在稀溶液中溶液的酸性可以表示为，在 6 水合离子中一个水分子的脱质子作用：

$$[Fe(H_2O)_6]^{3+} + H_2O \longrightarrow [Fe(OH)(H_2O)_5]^{2+} + H_3O^+$$

水解常数 $K_1 = 10^{-3.5}$. 向此水溶液中加碱就中和了 H_3O^+ 使这个平衡以及后续的一系列平衡移向反应式右方而最后沉淀出“$[Fe(OH)_3(H_2O)_3]$”，即 $FeO(OH) + 4H_2O$ 水合氧化铁(III). 在氯化铁(III)的较浓溶液中，氯离子进入内配位界，故八面体络离子$[FeCl_4(OH_2)_2]$占主导地位. 当向此浓溶液中加入盐酸时，则生成了聚合型物种，含有交替的 $FeCl_4$(四面体)和 $FeCl_4(OH_2)_2$(八面体)单位，而相邻单位之间又共用了氯离子. 氯化铁(III)在浓盐酸中的稀溶液(0.68*M*)则主要含有四面体的四氯铁(III)酸根阴离子 $FeCl_4^-$. 氯化铁(III)也能溶解在其它给电子体溶剂如醇类、醚类、酮类、腈类和胺类之中并生成络合物；它相对不溶于非极性溶剂如苯中.

晶状固体的 $FeCl_3$ 具有半共价的层状结构，在其中氯离子呈六方堆积结构，每个铁原子八面体地被 6 个氯离子以 BiI_3 型结构包围着. 在蒸汽相中的双聚分子其结构类似于 Al_2Cl_6，铁原子大致地以四面体形式被氯原子包围着. $FeCl_3$ 在 295K 的磁矩为 5.73BM 并与场强无关，在盐酸水溶液中的室温磁矩为 5.94BM，6 水合物具有类似磁矩(5.95BM).

溴化铁(III) $FeBr_3$　令铁或溴化铁(II)在 170—200℃ 与单质溴反应可制得溴化铁(III). 但难于制得纯的产品，因为在温度略高于上述温区时，即使有过量溴存在，它也会发生分解作用，溴离子会被 Fe^{3+} 离子所氧化. 当沸煮溴化铁(III)水溶液时，也会发生这种氧化作用而生成铁(II)和单质溴. 溴化铁(III)易溶于水，从水溶液中可以结晶出暗绿色的六水合物 $FeBr_3 \cdot 6H_2O$. 它也能溶于给电子体溶剂中如乙醇、乙醚和乙酸中，但较少溶于烃类中. 固体 $FeBr_3$ 具有与 $FeCl_3$ 为相似的结构.

氯氧化铁(III) FeOCl　将氧化铁(III)和氯化铁(III)的混合物放在封闭管子中加热就得到氯氧化铁(III). 氯化铁(III)和水在弹筒中加热反应，以及氯化氢与氧化铁(III)在高于 289℃ 时反应，都可以生成 FeOCl. 它生成为菱形片晶，具有金属光泽，对透射光呈红色. 它与三氯化铝在 300℃ 左右反应生成氯氧化铝.

$$AlCl_3 + FeOCl \longrightarrow AlOCl + FeCl_3$$

在室温下它对水无作用，但在沸水中它缓慢水解生成 γ－FeO(OH). 同样，长时间地与气态或液态氨反应产生红棕色的氨化物 $FeO(NH_2)$.

硫氰酸铁(III)$Fe(SCN)_3$ 虽然简单氰化物 $Fe(CN)_3$ 是一个未知化合物,但硫氰酸盐却可制得为深紫色晶体,制备反应是:铁与硫氰的反应;用乙醚萃取硫氰酸钾与铁(III)盐混合物然后蒸去乙醚.它易溶于水,从此水溶液中它可结晶为红色的3水合物 $Fe(SCN)_3 \cdot 3H_2O$.当铁(III)盐与硫氰酸根离子的稀水溶液相混合时产生的血红色主要来自于$[Fe(SCN)(H_2O)_5]^{2+}$离子;这个反应在定性和定量分析化学中有很广的应用.

铁(III)氧化物和氢氧化物 用强碱处理铁(III)溶液即沉淀出红棕色的水合氧化铁(III),此化合物加热灼烧时即余下红棕色的氧化物 Fe_2O_3.这个氧化物在自然界出现为赤铁矿,它被用为红色颜料(铁红),并用为磨蚀剂.它的熔点为1565℃,密度为5.24,生成热为$-196.5kJ \cdot mol^{-1}$.$\alpha-Fe_2O_3$ 具有刚玉(Al_2O_3)结构,在其中每个铁原子八面体地被6个氧原子所包围,而氧原子则是六方紧堆的.

氧化铁(III)的第二种变体 $\gamma-Fe_2O_3$ 不存在于自然界,但可以细心地氧化 Fe_3O_4 或将 $\gamma-FeO(OH)$(纤铁矿)加热来制备.它具有尖晶石结构,氧原子处于立方紧堆排布,而铁原子则无序地分布在氧原子堆积的四面体和八面体孔穴中,与顺磁性的 $\alpha-Fe_2O_3$ 不同,$\gamma-Fe_2O_3$ 是铁磁性的.在空气中加热超过400℃时它转化成 $\alpha-Fe_2O_3$,但在真空中加热高过250℃时它生成为 Fe_3O_4.

黑色的 Fe_3O_4 是一种混合的Fe(II)和Fe(III)氧化物,当铁在有限供应的氧中氧化时即得 Fe_3O_4.它的熔点为1538℃,密度为5.2和生成热为$-267.0kJ \cdot mol^{-1}$.它在自然界中出现为磁铁矿,具有强铁磁性和有颇高的电导率.磁铁矿具有反尖晶石结构,在其中氧原子处于立方紧堆结构,Fe^{2+}离子占入八面体孔穴,而Fe^{3+}离子则一半占入八面体孔穴和一半占入四面体孔穴中.它不溶于酸的水溶液,在空气中加热,它可缓慢地被氧化成 Fe_2O_3.

氢氧化铁(III)是一个未确知的化合物,氨水或碱溶液作用于铁(III)盐溶液所得到的红棕色沉淀物经X射线研究是非晶态的,它含有可变量的水.人们认为此沉淀含有 $FeO(OH)$,已知它至少存在为两种不同的结晶变体,决定于制备的方法.它们是 $\alpha-FeO(OH)$(针铁矿)和 $\gamma-FeO(OH)$(纤铁矿).铁的正常锈蚀产生$\gamma-$变体.新沉淀出来的水合氧化铁(III)易溶于无机酸中并略溶于碱溶液中生成铁(III)酸盐,例如 $NaFeO_2$.这类铁(III)酸盐可以容易地从氧化铁(III)和碱金属氧化物、氢氧化物或碳酸盐的熔融混合物中制得.

铁的过氧化物物种 用30%过氧化氢处理氢氧化铁(II)的乙醇悬浮液,温度控制在$-20°--60$℃,得到一种红色产物,据认为它的化学式为 $Fe(O_2)$.用铁(II)或铁(III)盐对过氧化氢进行催化分解时大概生成了铁的过氧衍生物作为中间产物.分光光度研究指出生成了过氧氢化物离子$[Fe(OOH)]^+$.许多铁(II)化合物能吸收氧分子,所谓的载氧体包括血红素和双(二甲基乙二肟基)铁(II),它们都能可逆的吸放氧. 简单的铁(II)物种能在中性和碱性溶液中吸收氧,通过中间生成 FeO_2^+ 和$[Fe(OOH)]^{2+}$而被氧化成铁(III).

烷氧化铁(III) 氯化铁(III)与伯醇、仲醇和叔醇在氨的存在下反应如下:

$$FeCl_3 + 3ROH + 3NH_3 \longrightarrow Fe(OR)_3 + 3NH_4Cl$$

用苯从反应混合物中萃取可分离出烷氧化铁. 在沸热的苯中由伯醇制得的烷氧化物是三聚物,它具有足够高的稳定性而能在真空中升华. 这类三聚物中大概含有高自旋的 Fe^{3+} 离子的三角形金属簇.

铁(III)的羧酸盐 Fe(III)的羧酸盐多未经过详细表征. 脂肪羧酸与水合氧化铁(III)或水合铁(III)盐反应得到碱式羧酸盐. 同样,乙酸酐与 9 水合硝酸铁(III)反应得到碱式络合物$[Fe_3(OCOR)_6(OH)_2]^+$离子[与铬(III)的反应产物类似]. 对含$[Fe_3(OCOR)_6(OH)_2]^+$离子的络合物进行穆斯堡尔谱的研究证明其中只有一种类型的铁原子,磁性研究表明这个三核物种可在水溶液中保持一定时间. 因而人们认为这些络合物不具有直线形结构而是具有三核结构,这和类似铬(III)络合物的 X 射线结构研究结果是相似的,因而它们最好把化学式写成为$[Fe_3O(RCO_2)_6(H_2O)]^+$阳离子.

铁(III)氯化物和溴化物能与乙酸发生溶剂加合作用,但仅能进行到生成 $FeX(OCOCH_3)_2$物种(X=Cl,Br).

硝酸铁(III) 当氯化铁(II)、氯化铁(III)或五羰合铁在适宜的有机溶剂中与四氧化二氮反应时得到加成物 $Fe(NO_3)_3 \cdot N_2O_4$. 根据光谱、磁性和电导研究,这个加成物的化学式可写成为亚硝鎓盐 $NO^+[Fe(NO_3)_4]^-$. 在真空中加热时得到的升华物为 $NO_2^+[Fe(NO_3)_4]^-$;未溶剂加合的硝酸盐 $Fe(NO_3)_3$ 尚未被分离得到过.

从水合氧化铁(III)在适中浓度的硝酸中的溶液进行结晶时,依赖于酸的强度和溶液的浓度可以得到两种水合物. 9 水合物 $Fe(NO_3)_3 \cdot 9H_2O$ 生成为淡紫色单斜晶体,溶于水时由于水解作用而产生一棕色溶液. 从较浓的溶液中则结晶出立方系的 6 水合物 $Fe(NO_3)_3 \cdot 6H_2O$.

磷酸铁(III) 将磷酸氢二钠溶液加入到一种铁(III)盐溶液中时即产生一种黄白色沉淀 $FePO_4 \cdot 2H_2O$. 它能溶于无机酸中并能被热氨水分解. 磷酸能使氯化铁(III)溶液脱色(掩蔽)是由于生成了无色络合物如$[Fe(PO_4)_3]^{6-}$.

硫酸铁(III) 将无水硫酸铁(II)与浓硫酸共煮,或小心给水合盐加热脱水,都可得到几乎为白色粉末的无水硫酸铁(III). 用硝酸氧化硫酸铁(II)溶液所得的硫酸铁(III)溶液可从中结晶出一系列的水合物,常见的水合物含有 12,9(最常见的紫色晶体),6 和 3 分子水. 热分解时生成氧化铁(III)和三氧化硫:

$$Fe_2(SO_4)_3 \longrightarrow Fe_2O_3 + 3SO_3$$

当有少量硫酸铁(II)存在时，无水硫酸铁(III)比较可溶于水. 在此溶液中发生水解作用，但在有足够浓度的酸存在以保持$[Fe(H_2O)_6]^{3+}$离子时则水解受到抑止，可从发生水解的溶液中分离得到一系列的碱式硫酸盐. 有些碱式硫酸盐存在于自然界，例如 $Fe_2O_3 \cdot 2SO_3 \cdot 7H_2O$(红铁矾)和 $2Fe_2O_3 \cdot 5SO_3 \cdot 17H_2O$(叶绿矾). 硫酸铁(III)用为媒染剂以及用于制备铁(III)矾和普鲁士蓝.

铁(III)矾的通式为 $M^IFe(SO_4)_2 \cdot 12H_2O$. 铁铵矾和铁钾矾用为媒染剂；它是从硫酸铁(III)和硫酸铵或硫酸钾的混合溶液中结晶而得的. 它们具淡紫色，含有$[Fe(H_2O)_6]^{3+}$离子，但在水溶液中会因水解而呈棕色.

高氯酸铁(III) 从氯化铁(III)或水合氧化铁(III)溶解在高氯酸的溶液中可以结晶出淡粉红的 10 水合物 $Fe(ClO_4)_3 \cdot 10H_2O$. 将此晶体用五氧化二磷进行干燥时，10 水合物会变为 6 水合物，在温度超过 42℃的溶液中可以结晶出一种 9 水合物. 这个盐对于研究水合 Fe^{3+} 离子来说是一个重要试剂，因为高氯酸根离子具有极低的配位能力.

2. 铁(III)的配位化合物

铁(III)的络阳离子

6 水合离子$[Fe(H_2O)_6]^{3+}$这个淡紫色离子出现在固体状态的铁(III)矾中和含低配位能力阴离子的铁(III)盐的酸性溶液中. 它的主要化学特性是具有高的酸度，因而它在水溶液中的水解作用曾成为详细研究的课题. 初步水解的平衡如下：

$$[Fe(H_2O)_6]^{3+} + H_2O \rightleftharpoons [Fe(H_2O)_5(OH)]^{2+} + H_3O^+ \qquad K_1 = 10^{-3.05}$$

$$[Fe(H_2O)_5(OH)]^{2+} + H_2O \rightleftharpoons [Fe(H_2O)_4(OH)_2]^+ + H_3O^+ \qquad K_2 = 10^{-3.26}$$

羟化缔合反应

$$2[Fe(H_2O)_6]^{3+} + 2H_2O \rightleftharpoons [Fe_2(OH)_2(H_2O)_8]^{4+} + 2H_3O^+$$

$$K = 10^{-2.91}$$

也是很重要的水解反应步骤，在其中的双核阳离子据认为有如下的结构：

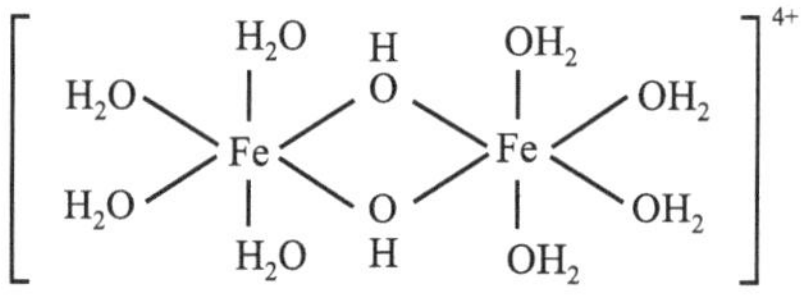

因而这些溶液是强酸性的，如果将溶液的 pH 增至高于 2，于是就生成了较大的聚结体(即高度缩合的物种)直到最后生成胶态的凝胶，并沉淀出水合氧化铁(III). 在

一定 pH 范围内对高氯酸铁(III)溶液的磁性研究曾指出$[Fe(H_2O)_6]^{3+}$离子是顺磁性的，其$\mu_{eff}=5.82BM$，而上述双核阳离子却是反磁性的，这是由于相邻铁原子之间交换相互作用的结果. 部分水解阳离子$[Fe(H_2O)_5(OH)]^{2+}$的黄色则是由于电荷转移吸收拖尾进入了可见光区而造成的，加入硫酸或高氯酸可使之脱色. 但在有配位阴离子存在下，电荷转移光谱则是由于配位阴离子取代了一个或多个水分子形成新络合物而导致的，例如氯化铁(III)溶液是黄色的，这是由氯络合物造成的，而在硫氰酸根离子存在下则是生成了血红色的$[Fe(H_2O)_5SCN]^{2+}$.

其它阳离子物种　尿素可以生成六配位的铁(III)阳离子$[Fe(NH_2CONH_2)_6]^{3+}$，可以分离得到它的氯化物或高氯酸盐. 这些化合物是高自旋的，室温磁矩在 5.95BM 范围内. 配体尿素是通过氧原子配位的. 在水溶液中 Fe(III)不与单齿氮配体生成很稳定的络合物. 氨合物$[Fe(NH_3)_6]X_3$仅能在氨气中生成，它们会立即被水分解生成水合氧化物，此外，这些氨合物在室温下都有很高的氨离解压. 螯合型氮配体能与 Fe(III) 生成较稳定的络合物，例如$[Fe(bipy)_3]^{3+}$，$[Fe(Phen)_3]^{3+}$；这些强场配体生成低自旋络合物，它们对其它配体的取代反应呈显惰性，能够同大阴离子如高氯酸根从溶液中沉淀出来. 已知有一些含有这些配体和氰离子的混配阳离子络合物，例如$[Fe(Phen)_2(CN)_2]ClO_4$和$[Fe(biPy)_2(CN)_2]NO_3$. 这些络合物也是低自旋的，室温磁矩约为 2.35BM. 螯合型的联胂，*o*—苯撑双(二甲基胂)能和卤离子一起与 Fe(III)生成类似络合物，如$[Fe(diars)_2Cl_2]ClO_4$. 但 Fe(III)与含氧配体生成最稳定的络合物，大多数这类络合物是阴离子型的，不过三核的羧酸基络合物则是阳离子型的如$[Fe_3O(OCOR)_6(H_2O)_3]^+$.

铁(III)的电中性络合物

铁(III)的卤络合物　氯化铁(III)能与含氧和含氮给体原子的广泛有机分子生成络合物. 大多数这些络合物被看成是加成化合物，它们的结构往往是未弄清楚的. 醇类生成化学式为$FeCl_3 \cdot 2ROH$的化合物，醚类生成$FeCl_3 \cdot R_2O$和$FeCl_3 \cdot 2R_2O$. 在氯化氢存在下这些后述化合物生成氧鎓盐，例如$[Me_2OH][FeCl_4]$(生成自$FeCl_3$和Me_2O). 醛类和酮类也生成类似加合物. 这些加合物常常是在一种溶剂如苯中通过组分的直接相互作用来制备的，它们的特点是极容易发生水解反应. 膦氧化物与膦硫化物也能同$FeCl_3$生成络合物，例如黄色的$FeCl_3 \cdot 2Ph_3PO$. 氯化铁(III)同酚类的颜色反应长时间以来被用作检试酚的特效反应；虽然往往是由于生成了电荷转移络合物，但在有些情况中是酚被氧化成有色的衍生物了，例如β—萘酚被氧化生成绿色的β—联萘酚.

氮给体往往生成阳离子络合物，但肼和 1,1-二甲基肼是例外，因为它们把 Fe(III)还原为 Fe(II)了. 氯化铁(III)与三苯基膦或三苯基胂在乙酸乙酯中反应生成络合物[$FeCl_3(EPh_3)_2$](E＝P 或 As)，但用甲醇为溶剂时则生成四氯合铁酸根阴离子，即[$MePPh_3$][$FeCl_4$]. 与取代胂生成的络合物[$FeCl_3$(胂)$_2$]$_2$ 或许更好把化学式写成含四氯合铁(III)酸根阴离子的化合物，即[$FeCl_2$(胂)$_4$][$FeCl_4$].

氧和硫配体的铁(III)螯合物　铁(III)与螯合型含氧配体，如 β-二酮和水杨酸衍生物之间能生成稳定络合物. 乙酰丙酮合铁(III)[$Fe(CH_3COCH \cdot COCH_3)_3$]是通过氯化铁(III)、乙酰丙酮和一种碱(往往是乙酸钠)之间的水溶液反应来制备的，或将五羰合铁在加热回流下与乙酰丙酮反应来制备. 它从乙醇中结晶为红色棱晶(熔点 179℃)，它能溶于乙醚和苯中，但略溶于水和正庚烷中. 晶体结构测定表明铁原子被来自 3 个螯合剂分子的 6 个氧原子以正八面体的形式包围着，Fe—O 键长为 195pm. 它是高自旋的，在 82 和 302K 之间的磁矩为 μ_{eff}＝5.90BM. 三(乙酰丙酮基)合铁(III)的水溶液是电的非导体，沸煮时或加碱即分解而生成水合氧化铁(III)；但它们对酸则较稳定. 与苯基肼反应时则 Fe(III)被还原而生成 $Fe^{II}(acac)_2(PhNHNH_2)_2$.

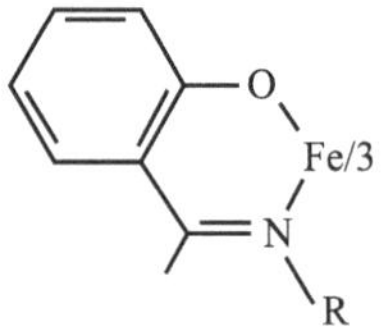

(1)

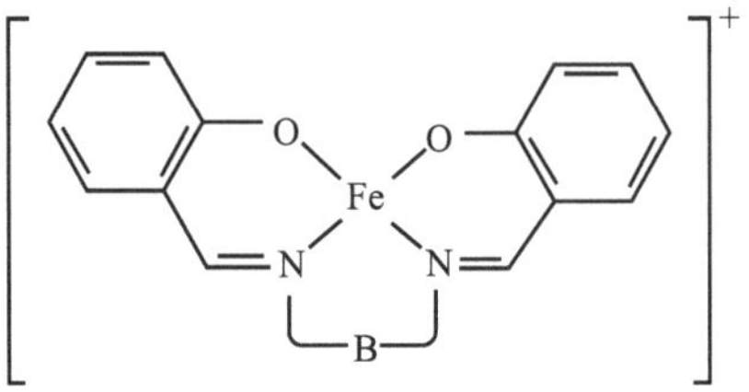

(2)

图 1.29　铁(III)的西佛碱络合物

铁(III)能够同西佛碱生成许多络合物，与水杨醛亚胺生成的络合物包括两个类型(图 1.29). 它们是通过西佛碱与一种铁(III)盐在乙醇溶液中的直接反应来制备，或是通过三(水杨醛基)合铁(III)与相应胺的反应来制备(第一类型用 RNH_2，第二类型用 $B(NH_2)_2$，见图 1.28). 这些络合物都是高自旋的. 还有一些双核络合物，例如[$FeSal_2en$]$_2$O(方括号中的式子代表两个图 1.28(2)所示的单位，在其中 B＝CH_2CH_2)，它在 80K 的磁矩约为 0.6BM 和在 298K 的磁矩为 1.9BM. 人们认为在这些化合物中含有一个直线形的 Fe—O—Fe 系统，通过此系统发生了磁交换相互作用.

双齿硫给体的铁(III)螯合物在若干方面是引人注目的.二烷基二硫代氨基甲酸根合铁(III)$[Fe(S_2CNR_2)_3]$是通过一种铁(III)盐和二烷基二硫代氨基甲酸钠在水溶液中的反应来制备的,它们是黑色晶体.它们的室温磁矩介乎于高和低自旋八面体络合物的磁矩之间,与预期的相符,并决定于R取代基的化学本性.在苯溶液中它们保持有此反常磁矩,而在此溶液中溶剂和络合物都是单分子的,因而这些磁矩不会是通过反铁磁性交换作用而产生的.在这些化合物中存在着自旋能态 $S=1/2$ 和 $S=5/2$ 之间的热平衡.当向这些络合物的苯溶液中加入浓氢卤酸时,生成了黑色化合物$[FeX(S_2CNR_2)_2]$.这些产物是具有四方锥状结构的五配位铁(III)络合物的例子(图1.30).铁原子处在硫原子平面上方的63pm处.这个化合物在固态中是单分子的,它们在溶液中的室温磁矩依不同化合物而在3.88至4.05BM之间变化.根据它们的立体结构预期它们有3个成单电子和没有轨道运动对磁性的贡献.

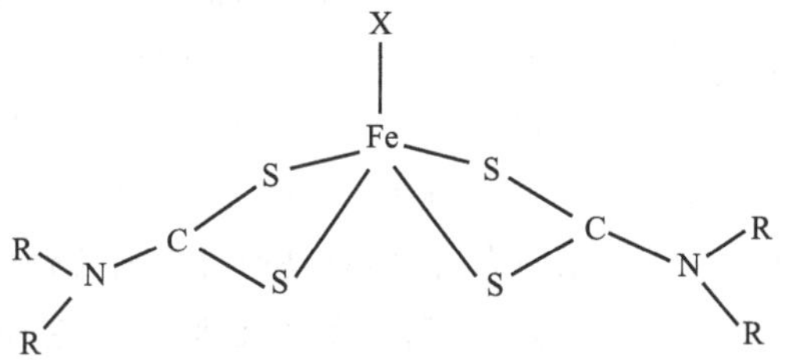

图1.30　卤双(*N*,*N*-二甲基二硫代氨基甲酸根)合铁(III),(X=Cl,Br,I)

铁(III)的阴离子络合物

卤络合物　铁(III)的卤络合物随着卤离子易被氧化程度的加大而稳定性递降.例如Fe(III)没有络合碘化物,已报道的一些溴络合物是热不稳定的,容易分解放出溴并生成Fe(II)化合物.

氟络合物主要分成三类:$M^I_3FeF_6$,$M^I_2FeF_5\cdot H_2O$,和M^IFeF_4.水合氧化铁(III)与碱金属氟化物在氢氟酸水溶液中的反应主要生成水合的五氟合铁(III)酸盐,例如$Na_2FeF_5\cdot H_2O$.这个水合络合物可以通过熔态二氟化氢钾的处理而转化成六氟合铁(III)酸盐.铵盐$(NH_4)_3FeF_6$是立方晶系的,而钾盐K_3FeF_6则有略变形的立方单元晶胞,这些化合物的室温磁矩在5.9BM左右.使用摩尔比1∶1的1价阳离子和铁(III)的氟化物在氢氟酸水溶液中可以制得四氟合铁(III)酸盐.

像氟络合物一样,主要的氯络阴离子是:$FeCl_6^{3-}$,$[FeCl_5\cdot H_2O]^{2-}$和$FeCl_4^-$.

但与氟络合物不同的是,四面体物种 $FeCl_4^-$ 是最容易制得的络合物,由于 $FeCl_3$ 易溶于水和乙醇,曾已从氯化铁(III)和有机碱盐酸盐的乙醇溶液中制得大量的四氯合铁(III)酸盐(BH)$FeCl_4$(黄色). $FeCl_4^-$ 离子也可以在盐酸水溶液中生成并能被乙醚萃取,这个性质已被应用于许多种溶剂萃取工艺中.这个离子也可以在含氯的非水溶剂中生成,有时直接反应可以生成固体的四氯铁(III)酸盐,例如

$$NOCl + FeCl_3 \longrightarrow NO^+ FeCl_4^-$$

对[Ph_4As][$FeCl_4$]晶体结构的测定证实,$FeCl_4^-$ 离子是四面体状的.在这个化合物中,它有些变平展了,其中的 Cl—Fe—Cl 键角为 114.5°和 107°,Fe—Cl 键长为 219 ±3pm.用电荷为 3+ 的大阳离子如$[Co(pn)_3]^{3+}$ (pn = 1,2-丙二胺)或$[Co(NH_3)_6]^{3+}$可以从水溶液中沉淀出淡黄色的六氯合铁(III)酸盐,但 $FeCl_6^{3-}$ 离子能否存在于溶液中是存疑的.不过从氯化铵和氯化铁(III)的浓水溶液中可以生长出水合五氯铁(III)酸盐$(NH_4)_2FeCl_5 \cdot H_2O$ 的晶体.

从溴化铁(III)的乙醇溶液中可以制备出棕色的四溴合铁(III)酸盐,如 $Et_4N[FeBr_4]$.在溴化铁(III)与单质溴在乙腈溶剂中的奇特反应中也可以得到 $FeBr_4^-$ 离子,所得产物的化学式可以写成为:$[Fe^{II}(MeCN)_6][FeBr_4]_2$.

氰络合物　最重要的铁(III)氰络合物是六氰合铁(III)酸根阴离子$[Fe(CN)_6]^{3-}$.它的钾盐(铁氰化钾赤血盐)总是通过六氰合铁(II)酸钾用氯气或电解的氧化作用来制备的.它生成为红色斜方系的无水晶体,它在 300K 的磁矩 μ_{eff} = 2.25BM,在 2125cm^{-1}处显有单一氰离子的伸缩谱带和 ν(M—C)出现在 389cm^{-1}处.与相应铁(II)络合物不同,$K_3[Fe(CN)_6]$是有毒的,$[Fe(CN)_6]^{3-}$ 比$[Fe(CN)_6]^{4-}$离子更容易水合(水合成$[Fe(CN)_5(H_2O)]^{2-}$).在碱溶液中,它是一种强氧化剂,可以把铬(III)氧化成铬(VI)酸盐.它与热稀硫酸反应放出氰化氢;与浓硫酸反应放出一氧化碳.

碱金属和碱土金属的六氰合铁(III)酸盐在水中产生黄色溶液.其中的一些盐结晶成黄色水合物,例如,Li 盐,$4H_2O$;Na 盐,$2H_2O$;NH_4 盐,$3H_2O$;Ca 盐,$10H_2O$ 和 $12H_2O$.它的银盐和重金属盐一般是不溶的;它的铁(II)盐已在前节中讨论过.它的钾盐与浓盐酸作用可以得到自由酸 $H_3Fe(CN)_6$.它在水溶液中显示为一种强三元酸.

已知有许多$[Fe(CN)_5L]^{2-}$型的取代产物.以光、热或稀酸作用于六氰合铁(III)酸盐可以容易地得到$[Fe(CN)_5H_2O]^{2-}$ 1 水合五氰合铁(III)酸盐的深紫色晶体.以亚硝酸或次溴酸盐对$[Fe(CN)_5NH_3]^{3-}$进行氧化可以得到$[Fe(CN)_5NH_3]^{2-}$离子.这个一氨五氰合铁(III)酸根离子与叠氮离子反应可以得到深紫色络离子$[Fe(CN)_5N_3]^{3-}$和与硫氰酸根离子反应得到深蓝色的

$[Fe(CN)_5SCN]^{3-}$络离子.

硫氰酸根络合物　除了水硫氰酸根合铁(III)阳离子物种之外,Fe(III)还生成六硫氰酸根合铁(III)$[Fe(SCN)_6]^{3-}$,从水合氧化铁(III)在硫氰酸水溶液中并加入碱金属硫氰酸盐,可以分离得到这个络离子的碱金属盐.这些盐是亮红色的,易溶于水,从水溶液中结晶成水合物:Na,$12H_2O$;K,$4H_2O$;Ca,$2H_2O$.在水溶液中此络离子会发生离解,过量硫氰酸根离子可以抑制离解作用.

含氧酸根络合物　铁(III)离子很容易同氧给体阴离子,如磷酸根、羧酸根、羟基羧酸根和苯氧基生成络合物.

磷酸对氯化铁(III)溶液的脱色作用曾成为许多研究工作的主题.无疑在溶液中生成了磷酸根络合物,但此络合物的本性曾成为争论的问题.在氯化铁(III)和磷酸的等摩尔混合物中存在有$[FeHPO_4]^+$络阳离子;但磷酸铁(III)在磷酸的溶液中却存在有$[Fe(PO_4)_3]^{6-}$或$[Fe(HPO_4)_3]^{3-}$阴离子.焦磷酸也同铁(III)生成强络合物,其结构型式为$[Fe(P_2O_7)_2]^{5-}$.

绿色的三(草酸根)合铁(III)络合物含有$[Fe(C_2O_4)_3]^{3-}$离子,向铁(III)盐溶液加入过量碱金属或铵的草酸盐即可容易地得到此草酸根络合物.制备$K_3[Fe(C_2O_4)_3]\cdot 3H_2O$的一种方便的实验室方法是将草酸铁(II)悬浮在草酸钾溶液中,然后加入过氧化氢和草酸进行处理.此绿色晶体具有光敏性,在光照下铁(III)离子将草酸根离子氧化成二氧化碳,留下黄色的草酸铁沉积物:

$$2K_3[Fe(C_2O_4)_3] \longrightarrow 2FeC_2O_4 + 2CO_2 + 3K_2C_2O_4$$

这个络合物是高自旋的,在300K的磁矩为5.90BM.三草酸根合铁(III)离子可以拆分为旋光异构体,但在室温下在少于1h内它们就发生混旋作用.还知道Fe(III)能生成酒石酸根、丙二酸根、邻苯二氧基等络合物,邻苯二氧基络合物有黄色的$M^I[Fe(cat)_2]$和琥珀色的$M^I_3[Fe(cat)_3]$(H_2cat=邻苯二酚).

乙二胺四乙酸(EDTA = H_4Y)在溶液中与铁(III)生成七配位络合物$[Fe(Y)H_2O]^-$,这个离子也存在于琥珀色的铷盐$Rb[Fe(Y)H_2O]$的晶体结构中,

$$[Fe(H_2O)_6]^{3+} + Y^{4-} \longrightarrow [Fe(Y)H_2O]^- + 5H_2O$$

这个离子的结构对氧原子来说大致是个五角双锥体,两个氮原子处于铁的近邻.

3. 铁(III)络合物的电子结构

高自旋络合物

自由铁(III)离子的基组态为$3d^5$.在高自旋络合物中(S=5/2)产生一个^6S自由离子基项.由于这是来自于d^5的唯一六重项并且由于它在晶体场中不分裂,所有的高能谱项对基态都具有不同的自旋多重性.因而所有的电子跃迁都是自旋禁

阻的，以至这些络合物的光谱中配位场谱带都是很弱的．d^5 离子的全能级图在有关文献中均有载列①②③．这个能级图对八面体场和四面体场来说都是一样的．在这里应指出的是，总共有 10 个可能的跃迁；表 1.13 汇列了一些高自旋络合物和它们电子跃迁的指认．这些指认必须看成是试行的；这些光谱常常未能很好地解释，并且会由于有电荷转移谱带而变得复杂化了．电荷转移谱带往往掩盖了高能的自旋禁

表 1.13　高自旋铁(III)络合物的电子光谱(cm^{-1})

络　合　物	$^6A_1 \to ^4T_1(G)$	$^4T_2(G)$	$^4A_1, ^4E(G)$	$^4T_2(D)$	$^4E(D)$
$[Fe(H_2O)_6]^{3+}$ [a]	12 600	18 500	24 300		
			24 600		
$[Fe(NH_2CONH_2)_6]^{3+}$ [a]	12 500	17 100	23 100		
			23 400		
$[Fe(C_2O_4)_3]^{3-}$ [a]	10 700	15 200			
FeF_6^{3-} [a]	14 200	19 700	25 400	28 800	30 200
$FeCl_6^{3-}$ [b]	18 730	22 080			
$FeCl_4^-$ [c]	13 700		14 500	16 100	16 600
$FeBr_4^-$ [c]	11 700	12 700	13 200	14 100	14 500

a. C. K. Jorgensen, Absorption Spectra and Chemical Bonding in Complexes, p. 292, Pergamon, 1962.

b. W. E. Hatfield, R. C. Fay, C. E. Pfluger and T. S. Piper, *J. Am. Chem. Soc.*, **85**, 265(1963).

c. B. J. Hathaway and D. G. Holah, *J. Chem. Soc.*, 2408(1964); A. P. Ginsberg and M. B. Robin, *Inorg. Chem.*, **2**, 817(1963).

阻谱带．例如，在铁(III)的氯络合物中，电荷转移谱带在 22 000—23 000cm^{-1}区间开始；在溴络合物它们出现在 17 000—18 000cm^{-1}区间．四面体物种如 $FeCl_4^-$ 在可见区有窄的谱带和在紫外区有若干宽的谱带；这后述的强谱带出现在 41 300，31 700和 27 500cm^{-1}处，它们曾被用来检出和测定这个离子．

具有立方对称高自旋铁(III)络合物的磁性是非常简单直接的．由于基项为$^6A_1$，可预期其磁矩应接近于唯自旋值的 5.92BM 并与温度无关，对磁性稀释络合物的实验结果与此相符．

① T. M. Dunn: Modern Coordination Chemistry, Interscience, p. 229, 1960.

② A. B. Lever, Inorganic Electronic Spectroscopy, Elsvier, p. 109, 1968.

③ B. N. Figgis, ntroduction to Ligand Fields, Intersciece, p. 163, 1966.

低自旋络合物

与强场配体(CN^-,Phen,dipy 等)配位时,铁(III)八面体络合物属于低自旋型(t_{2g}^5),于是其基项为$^2T_{2g}$.这个基项是轨道简并的,因而其磁矩高于有一个成单电子的自旋值(1.75BM),室温磁矩的典型值在 2.3BM 左右.这个磁矩也随温度而变,这种变化对于测定低对称组分对配位场的贡献是有用处的.

在中间场的情况中,如果配位场强度与 d^5 组态的电子平均配对能处于同一数量级时,则两个自旋能态会处于热平衡之中.这样一种情况出现在如二烷基二硫代氨基铁(III)酸根络合物[$Fe(S_2CNR_2)_3$]中,在这里 Fe(III)原子八面体地被 6 个硫原子所包围.这种情况必须与铁原子通过四方锥配位而有的四重态基项(S=3/2)区别开来.

低自旋铁(III)络合物的电子光谱未能妥善地表征,$K_3Fe(CN)_6$ 的光谱曾被测量过,但谱带指认工作存在一些疑问,因为存在着很强的电荷转移谱带.

1.2.4　铁的高氧化态化合物(+4,+5,+6)

很奇怪的一点是,铁的高氧化态 Fe(IV)d^4 和 Fe(Ⅴ)d^3 出现在与氧相结合的离子中,但未与氟发生此种情况.

1. 铁(IV)化合物

铁(IV)酸盐

文献中已报道过多种铁(IV)酸盐,包括[FeO_3]$^{2-}$,[FeO_4]$^{4-}$和[FeO_5]$^{6-}$阴离子.用氧在 700—800℃氧化水合氧化铁(III)和碱土金属氧化物或氢氧化物的混合物可以制得锶盐和钡盐 Sr_2FeO_4 和 Ba_2FeO_4,例如

$$Sr_3[Fe(OH)_6]_2+Sr(OH)_2+1/2O_2=2Sr_2FeO_4+7H_2O$$

用甲醇萃取过量的氧化锶和氧化钡后,可从反应混合物中将铁(IV)酸盐分离为精细的黑色晶体.将摩尔比 4∶1 的氧化钠和氧化铁(III)混合物放在氧气流中加热至450℃可以同样地制得钠盐 Na_4FeO_4.它在稀碱溶液中立即歧化:

$$3Na_4FeO_4+8H_2O \longrightarrow Na_2FeO_4+2Fe(OH)_3+10NaOH$$

这些铁(IV)酸盐并不含有独立的 FeO_4^{4-} 离子,但最好可以看成是混合氧化物.有趣的是已有报道说制得了铁(IV)氧化物 FeO_2.五羰合铁与二氧化氮的气相反应产生一种黄色粉末,其化学式为[$FeNO_3$]O;它在 400℃热分解产生的残渣为 FeO_2 · FeO_2 的磁矩为 4.91BM,这与预期的四个成单电子唯自旋的磁矩值是极为接近的.

铁(IV)的联三取代胂络合物

八面体络合物[$Fe(diars)_2X_2$]$^{2+}$(diars 联胂=o-苯撑双二甲基胂;X=Cl,Br)

是用浓硝酸氧化相应的铁(III)络合物$[Fe(diars)_2X_2]^+$而得到的产物.这些阳离子当与反磁性阴离子(例如BF_4^-)相结合时,在80—300K对它们的磁性研究表明有两个成单电子,这与有很大四方变形的低自旋t_{2g}^4组态是相符的.红外光谱表明卤原子处于反式位置.$[Fe(diar)_2Cl_2](BF_4)_2$是一种黑色粉末,熔点190℃并分解,有强吸潮性,但在没有光照下,在真空中可保存一短时间.它不溶于非极性溶剂中,但微溶于硝基甲烷中,在此溶剂中它是一种1∶2电解质,溶液在超过30min时即分解.

2.铁(Ⅴ)化合物

这个氧化态仅存在于铁(Ⅴ)酸盐中.钾盐K_3FeO_4可以通过铁(VI)酸钾K_2FeO_4在700℃时热分解或K_2FeO_4与KOH在600—700℃的反应来制备.超过700℃时它分解为$KFeO_2$、氧化钾和氧.氧化铁(III)与氢氧化铷在氧气流中以600℃反应所得产物约含90%的Rb_3FeO_4;当将此产物放在氮气流中加热至350℃则得到纯净的Rb_3FeO_4.当将Na_3FeO_3在高压(120atm)氧气中加热可以得到不纯的铁(Ⅴ)酸钠Na_3FeO_4.

3.铁(VI)化合物

铁(VI)酸盐曾被详细研究过,因为它容易制得,无论在水溶液中,还是高温熔盐反应它都是可以制备的.将水合氧化铁(III)悬浮在浓碱液中并用次氯酸盐为氧化剂进行氧化,是制备K_2FeO_4和Na_2FeO_4等碱金属铁(VI)酸盐的最好方法:

$$2Fe(OH)_3+3ClO^-+4OH^-\longrightarrow 2FeO_4^{2-}+3Cl^-+5H_2O$$

在碱性溶液中,对铁(III)盐进行阳极氧化也可以得到铁(VI)酸根离子.将铁卷屑与硝酸钾共熔可以得到小量的铁(VI)酸钾,将氧化铁(III)与过氧化钠共熔,然后用冰冷的水提取产物可得Na_2FeO_4溶液.

碱金属铁(VI)酸盐是紫红色的,从它们的水溶液中可以沉淀出相应的钙盐、锶盐和钡盐.铁(VI)酸根离子在碱性溶液中稳定,不过会发生缓慢的分解作用:

$$4FeO_4^{2-}+4H_2O\longrightarrow 2Fe_2O_3+8OH^-+3O_2$$

向溶液中加入高碘酸盐可使它保持稳定好几个小时.在中性或酸性溶液中它即快速分解:

$$2FeO_4^{2-}+10H^+\longrightarrow 2Fe^{3+}+5H_2O+3/2O_2$$

因此铁(VI)酸盐是极强的氧化剂,例如它们在室温下能将氨氧化成氮.固体铁(VI)酸盐热分解时最后生成氧化铁(III)、金属氧化物和氧,但在较低温度下可以得到中间价态的铁(Ⅴ)酸盐和铁(IV)酸盐.

铁(VI)酸盐含有独立的四面体 FeO_4^{2-} 离子;其钾盐与硫酸钾和铬酸钾是异质同晶的.铁(VI)酸钾盐和铯盐的磁化率曾被测量过,磁矩处在 2.8—3.06BM 范围内,与预期的磁稀释的 d^2 系统相符.其电子光谱在 12 720 和 19 600cm^{-1}处显有两个宽谱带(含有一些精细结构),这些谱带被指认为 $^3A_2 \rightarrow {}^3T_2$ 和 $^3A_2 \rightarrow {}^3T_1$ 跃迁.

参　考　文　献

[1] J. C. Bailar et al,Comprehensive Inorganic Chemistry,Pergamon Press,Vol. 3,pp. 979—1052,1973.

[2] F. Cotton and G. Wilkinson,Advanced Inorganic Chemistry,4th ed. ,John Wiley and Sons,pp. 749—765,pp. 1049—1079,1980.

[3] 冶金工业部,《前进中的中国钢铁工业》,1991.

[4] 《化学发展简史》,科学出版社,1980.

27.2 钴

2.1 钴元素和单质

2.1.1 钴的发现史

钴为英语 cobalt 的音译,德文原型为 Kobalt,源出希腊语 cobalos,意为矿山.其德文词汇系指一个善于恶作剧的幽灵(gnomes 和 goblins),在 Saxony 地方的德国矿工把这个术语应用于称谓某些能伤害矿工手足的矿石,此术语便曾在欧洲广为使用.这类矿物后来被发现是砷钴矿.

钴的化学和冶金学大概是在 16 世纪中叶开始的,但早在公元前 1450 年的埃及人和巴比伦人制造的陶器中已经用到钴颜料.钴盐可使陶瓷釉染上蓝色,与镍、铬或锰化合物混配,可以调配出由蓝至绿的所有色调.我国在元朝(13 世纪)也已懂得用钴土矿作颜料烧制釉下彩青花瓷器的技艺.

瑞典化学家 Brandt 在 1735 年发现了钴元素,在 1780 年瑞典化学家 Bergman 详细研究了这个新金属的性质.在 19 世纪中叶开始出现把钴电镀到金属上的工作,20 世纪初把钴应用于制合金钢和其它合金等方面的工作兴起.在 1917 年 Honda 宣布发现了含钴的永磁合金,到了 1935 年永磁合金进一步得到发展,衍生出一系列铝镍钴永磁材料(含 Al,Ni,Fe,Co),后来又合成出新型的钐钴永磁合金,钴已成为一种重要的战略金属.

2.1.2 钴的存在和分布

钴在地壳中的重量丰度约占 0.001%,分布很广.陆地已探明的可开采钴储量约为(3—4)$\times 10^5$ t,远景储量(4—5)$\times 10^5$ t.其中约 65%分布在古巴、新喀里多尼亚(New Caledonia,非洲)等地的含镍红土矿中,这类矿一般含钴 0.1%—0.25%.但目前世界钴生产的重要原料是扎伊尔和赞比亚的铜钴矿,钴品位约 0.1%—0.5%,个别达 2%.赋存于加拿大、俄罗斯等的铜钴矿也是当前很重要的资源.摩洛哥(砷钴矿)和芬兰(钴硫化矿)的火山沉积型矿床储量都不大.钴矿物的分布、组成和性质汇列在表 2.1 中.

据估算,海底锰结核中钴储量约 58×10^7 t.

我国的钴资源丰富,但品位低,且多为共生矿,主要分布在铜-镍硫化矿、铁矿

表 2.1　钴矿物的存在、分布和性质

矿　物	纯矿物化学式	所含元素的百分比(%)				比重	产　地
		Co	Cu	S	As		
硫铜钴矿 carrollite	$CuS \cdot Co_2S_3$	38.0	20.5	41.5	—	4.84	安卡纳　罗得西亚
硫钴矿 linnaeite	Co_2S_4	57.9	—	42.1	—	4.90	钴含量从31%—40%变化,决定于Fe,Ni,Cu含量,扎伊尔,美国密苏量
砷不足的方钴矿 smaltite	$CoAs_2$	28.2	—	—	71.3	6.50	德国、加拿大、摩洛哥
方钴矿 skutterudite	$CoAs_3$	20.8	—	—	79.2	6.79	摩洛哥、挪威
辉钴矿 cobaltite	$CoAsS$	35.5	—	19.3	45.2	6.3	加拿大、缅甸、澳大利亚
锰钴矿 asbolite	$CoO_2 \cdot MnO_2 \cdot 4H_2O$	35.0	—	—	—	11	新喀里多尼亚、北罗得西亚 钴含量4%—35%
羟氧钴矿 heterogenite	$CoO \cdot 2Co_2O_3 \cdot 6H_2O$	57.3	—	—	—	—	扎伊尔
钴华矿 erythrite	$3CoO \cdot As_2O_5 \cdot 8H_2O$	29.5	—	—	25.0	3.0	加拿大、德国、摩洛哥

(如攀枝花)以及长江流域的硫化铜矿中. 1979 年统计钴总储量 87.12×10^4 t,其中工业储量 26.05×10^4 t. 金川与镍伴生的钴金属储量 16×10^4 t.

2.1.3 钴的生产及消费

世界钴的生产主要集中在扎伊尔(生产能力占世界的 50%以上)、赞比亚(3600t/a)、加拿大(～2500t/a)、芬兰(1500t/a)、法国(1500t/a)、日本靠进口原料,生产能力大于 3000t/a. 1980 年世界钴产量为 25 444t,1982 年仅 14 500t.

原苏联钴的生产(包括用古巴的原料)1981 年为 3750t,1982 年为 3950t.

由于资本主义世界连续经济衰退,使世界钴的消费连年下降,1979 年为 26 500t(其中西方国家为 23 000t),1980 年为 22 500t,1981 年为 19 500t.

近几十年内,世界不会出现钴资源不足的问题;目前钴的生产能力大大超过了需求量. 近年来钴价不断下跌,1982 年曾一度降到 3.75 美元/磅的历史最低水平,严重妨碍了钴工业的发展. 只要钴价能回升到合理程度,钴的产量可迅速回升.

我国现有的钴冶炼能力约 900 余吨钴/a(1984 年资料),其中从钴硫精矿中提钴能力约 250t/a,从进口砷钴矿中提钴能力 450t/a,从镍系统钴渣中提钴能力约 225t/a. 近年来已停止进口砷钴矿. 目前我国每年生产的钴量只有 300t 左右,而我国的钴年需用量为 800—1000t,70%的钴需要进口.

2.1.4 钴的用途

钴消费中约 70%是金属态钴,主要用于超级耐热合金、工具钢、硬质合金、磁性材料等方面. 以化合物形式(催化剂、干燥材料、试剂、陶瓷釉等)消费量约 25%,其余约 5%. 近几年新发展的稀土-钴永磁材料以及在高级电子设备中应用,可能为钴的未来消费开辟出新的重要领域.

2.1.5 国内外钴冶炼技术现状和发展趋势

虽然钴的生产和市场不断变化,特别是 80 年代以来的市场不景气,但钴的生产工艺和科学研究仍在积极发展,一些国家仍然在扩大钴的生产.

我国的钴工业在建国前完全是空白,随着国民经济的发展,从 60 年代开始逐渐建立了一批处理钴土矿,含钴黄铁矿、砷钴矿和镍系统钴渣的工厂或车间,形成了我国自己的钴冶炼生产体系. 70 年代以来立足于国内资源,大搞综合利用,进行了大量的科学研究和工艺改革,冶炼技术取得了迅速发展,有不少技术已经接近或赶上了世界先进水平.

国内外钴冶炼技术及发展概况可归纳如下:

1. 铜-钴矿的冶炼工艺已标准化

扎伊尔和赞比亚的铜-钴矿选出精矿品位铜 20%—40%，钴 2%—4%. 硫化精矿采用“硫酸化焙烧—浸出—电沉积”工艺，氧化精矿直接浸出，由于矿石品位高，该工艺生产效果很好，可称之为“标准化”流程，世界一半以上的钴是用该工艺生产的. 工艺的特点是流程简单，金属回收率高，但仅适用于这种特定的矿石类型.

2. 普遍重视铜-镍矿火法冶炼中钴的回收

这类矿石大都采用造锍熔炼法，一般经熔炼吹炼后，进入高锍中的钴不到 50%，70 年代末，由于世界钴的短缺和高价，使许多铜镍厂注意加强钴的回收. 提高钴回收率的主要途径是改善熔炼和冰铜吹炼工艺，进行炉渣贫化. 例如加拿大鹰桥镍公司通过保持高锍中一定的铁含量(2%—2.5%)，改善转炉作业，使钴的回收率从原来的 45%提高到了 55%. 澳大利亚西部矿业公司和芬兰奥托昆普公司都是闪速熔炼，采用炉渣贫化，钴进入高锍的回收率分别达到 60%和 50%.

前苏联的钴资源主要靠镍矿，故一直重视转炉渣贫化. 采用电炉和/或转炉贫化. 电炉贫化用焦炭和黄铁矿作添加剂，转炉渣贫化用冰铜作钴的捕收剂. 贫化作业可以从转炉渣中回收约 70%的钴.

我国铜镍精矿采用电炉熔炼，从镍电解系统钴渣中回收一部分钴，而镍冶炼过程中约 70%的钴进入转炉渣，以前转炉渣无贫化处理，钴冶炼回收率只有 30%. 经小型和半工业试验，转炉渣采用“电炉贫化—钴冰铜缓冷及选矿—富钴合金加压酸浸—P507 分离钴镍产出氧化钴”的流程，可使钴回收率提高到 50%. 按这个流程设计建设的金川冶炼厂第二钴车间已于 1985 年投产. 金川冶炼厂由镍系统钴渣和转炉渣提制氧化钴粉的工艺流程分别示意于图 2.1 和图 2.2 中.

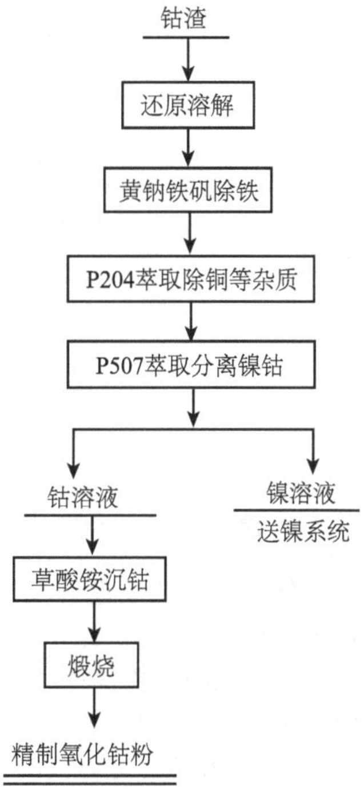

图 2.1 由镍系统钴渣提取氧化钴粉的流程

3. 红土矿还原焙烧-氨浸工艺钴回收的改进

红土矿用火法处理生产镍铁时钴不能单独回收，在造锍熔炼时钴的回收方法与铜-镍矿的情况类似. 还原焙烧-氨浸法是卡隆教授发明的，最早在古巴尼加罗矿采用. 尼加罗厂钴最终进入氧化镍产品中，也未单独回收. 70 年代投产的菲律宾马林杜克公司和澳大利亚昆士兰镍公司采用硫化氢从浸出液中选择性沉淀出镍-钴混合硫化物送日本处理，使钴可单独回收，这比尼加罗流程进步了.该工艺有一个严重缺点，镍钴回收率不高，一般镍回收 70%，钴不超过 50%.美国环球石油公司研究了一种改良的还原焙烧-氨浸法，在焙烧时添加硫和卤化物，使钴回收率达 70%，镍达 90%.

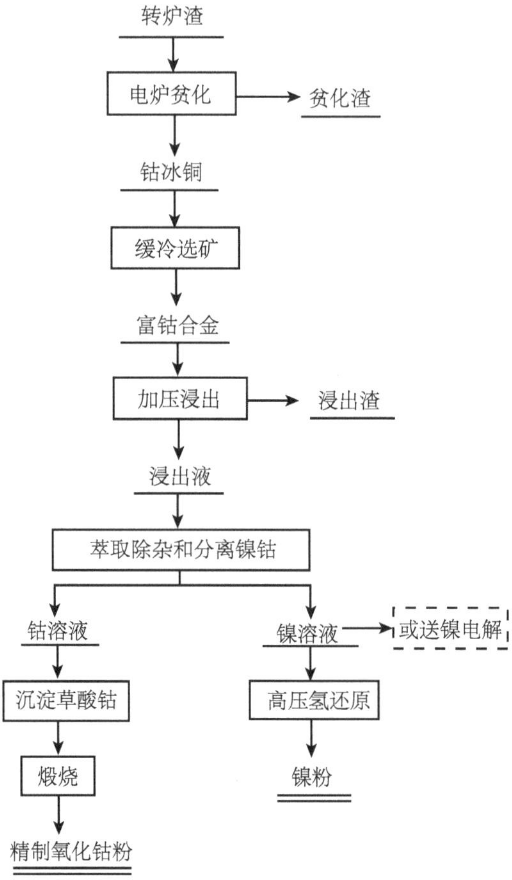

图 2.2　由转炉渣提钴工艺的原则流程

4.湿法处理钴镍中间产品，改善钴的回收

传统的高锍处理过程是磨浮—硫化精矿死焙烧—还原成阳极—电解，过程中钴进入电解液，再沉淀出钴渣作为提钴的原料.由于该工艺流程长，钴回收率很低.60 年代后新上的镍精炼厂基本上采用湿法工艺处理镍钴硫化物中间产品.主要有两个系统：(1)高压酸浸，例如日本住友公司和矿业公司、美国阿麦克斯公司、南非马赛-吕斯腾堡公司等；(2)氯化物浸出，如鹰桥镍公司的半工业精炼厂，法国勒哈弗尔-桑多维尔精炼厂.湿法工艺回收率高，产品方案灵活(电钴、氢还原钴粉、各种钴化合物).

5. 镍钴分离技术的新进展

在湿法冶金中镍钴分离是最困难作业之一. 过去这方面国内外都做了大量研究工作,主要可以分为两类:化学沉淀法和溶剂萃取法. 工业上常用的化学沉淀剂有 Cl_2,NaClO,$Ni(OH)_3$ 等. 用 $Ni(OH)_3$ 作沉淀剂原来有奥托昆普公司、阿麦克斯公司和马赛-吕斯腾堡公司. 从 1980 年起,阿麦克斯公司用过硫酸铵代替 $Ni(OH)_3$ 作沉淀剂,主要是因为过硫酸铵来源容易. 溶剂萃取法中,在氯化物系统中用叔胺作萃取剂效果很好. 在硫酸盐系统中,最早用有机磷酸作萃取剂,效果不够理想. 近几年在用含磷萃取剂方面的研究工作取得了新进展. 1978 年起,日本矿业公司采用的 PC88A,我国采用的 P507 都属于有机膦酸萃取剂,分离系数可与氯化物系统用叔胺类萃取剂相比美. 新近又出现了有机次膦酸萃取剂(Cyanex 系列),分离效果很好. 80 年代初期,北京大学将串级萃取技术应用于镍钴分离,南开大学用大孔阳离子交换树脂分离镍钴,都取得了极好的效果.

6. 从各种含钴炉渣中回收钴

芬兰奥托昆普公司和原民主德国曼斯费尔德公司联合研究从铜鼓风炉渣和炉瘤中提取钴获得成功. 原料含钴 1.5%,采用稀酸和浓酸(H_2SO_4)两段浸出工艺. 工厂设计每年处理 40 000t 炉渣,回收 500 吨钴,1977 年投产. 赞比亚和印度研究过从转炉渣回收钴的问题. 印度还用还原焙烧和三氯化铁浸出法处理铜转炉渣,可浸出铜 80%,镍 95%和钴 80%. 我国大冶冶炼厂等单位,为从铜转炉渣回收钴进行了大量研究工作,现采取电炉贫化,所得铜钴冰铜与钴硫精矿混合进行硫酸化焙烧,焙砂浸出,再萃取分离,制取氧化钴粉,钴回收率为 70%左右.

7. 从含钴黄铁矿回收钴

芬兰科科拉厂用硫酸化焙烧—浸出法处理钴硫精矿,原料含钴 0.7%,浸出率 92%. 我国葫芦岛锌厂钴硫精矿含钴 0.2%—0.3%,经硫酸化焙烧后浸出率一般在 80%以上. 这些低品位的原料能达到如此指标还是少见的. 原联邦德国杜依斯堡铜公司用中温氯化从黄铁矿烧渣中每年约回收 300 吨钴. 我国南钢钴车间也用类似焙烧法,湖北光化也从烧渣中回收少量(硫化)钴. 我国这些钴厂很小,但有它的特点和意义:(1)原料品位低(0.3%以下),这在国外是不单独处理的;(2)溶液处理过程中用萃取技术(南钢用 P204 分离镍钴,葫芦岛锌厂用脂肪酸萃取除铜、铁);(3)综合利用了这部分钴资源;(4)为我国未来钴工业发展提供了技术储备.

8. 稳步发展的再生钴回收工业

近几年原生钴产量大幅度下降,但再生钴产量始终保持在 2000—3000t/a 水平. 再生钴回收有许多有利条件:原料可就地取材,工艺比较简单(如某些合金废料经简单处理就可返回利用),生产成本低. 再生钴工业集中在一些钴消费水平高的国家,如美国、日本、德国. 美国有一个大型处理废催化剂回收钴的工厂.

表 2.2 我国钴硫精矿处理实践

工厂名称	焙烧工艺	原料成分		床面积 (m^2)	床能力 ($t/m^2 \cdot d$)	床温 (℃)	钴转化率 (%)
		Co	S				
葫芦岛锌厂	钴硫精矿直接硫酸化焙烧	0.3—0.35	26—36	18.7	2.5—3	580—600	75—85
南京钢铁厂	钴硫精矿氧化焙烧—烧渣中温氯化焙烧	0.2—0.35	-7	5.7	17—19	650±30	75—85
光化磷肥厂	氧化焙烧再硫酸化焙烧	0.25—0.3	15	7.0	5—6	580—600	83 (加芒硝可达90%)

表 2.3 国内外一些工厂从镍系统回收钴的指标

工厂名称	火法冶炼系统		湿法冶炼系统		总回收率 (%)
	产品名称	回收率(%)	产品名称	回收率(%)	
加拿大汤姆森厂	高冰镍	60	粗氧化钴	90	54.0
加拿大鹰桥公司	高冰镍	55	电钴	90	49.5
前苏联北方镍公司	高冰镍	67	电钴	80	53.6
芬兰奥托昆普公司	高冰镍+钴合金	70	钴铁、钴粉	85	60.0
美国镍港	高冰镍	30	钴块、钴粉	90	27.0
澳大利亚卡尔古利厂	高冰镍+含钴冰镍	50	硫化物	75	37.5
中国金川公司	高冰镍+钴合金	64	精制氧化钴粉和电钴	85	53.6

综上所述,从 70 年代以来,钴冶炼工艺的发展主要表现在钴的湿法冶金中的一些先进技术,如高压湿法冶金、溶剂萃取和离子交换技术的更普遍应用,含钴的冶炼中间产品和从废料中回收钴工艺的新发展以及提高红土矿处理中钴镍回收率等.

由于大多数钴伴生在铜镍矿中,火法冶金主要研究主流程中如何将钴富集在中间产品中,以利于湿法处理.

我国钴产品主要是电钴和精制氧化钴粉两种,将来应改革产品结构,发展深度加工,提高产品的质量和精度,以满足各行各业对钴的要求.

表 2.2 和表 2.3 为我国钴硫精矿处理实践和国内外一些工厂从镍系统回收钴的指标.我国金川冶炼厂生产钴、镍、铜的全工艺流程请参阅 3.1.5 节.

2.1.6　钴的同素异形性

在常温下钴存在为六方紧堆结构(α-变体),但超过 417℃时发生一缓慢地吸热变化而转变成面心立方结构(β-变体),在常况下 α-变体是较稳定的同素异形变体,但 β-变体也可在室温下存在,特别是在含有约 6%铁时 β-变体被稳定化了.

α,β-变体转型发生的能量变化很小,约为每摩尔～418.4J,所以在冶金过程中任何少量能量变化都会对晶形转变发生不小的影响.在室温下发生适中的温度变化时,β-变体会转化成六方紧堆变体,但对冷加工的六方晶态的钴进行再结晶时,就会有一定量的立方相生成,并到室温时不再变回为六方相.

2.1.7　钴的原子核性质

在表 2.4 中汇列了钴的天然同位素和人工合成同位素.天然同位素 ^{59}Co 在反应堆中接受热中子轰击时转化成异构核 ^{60}Co.这两种异构核都发射 γ 射线和 β 射线而转变成非放射性同位素 ^{60}Ni.钴-60 是一种广为使用的放射性材料,在放射化学研究中用为浓集的 γ 射线源;在生物化学中广泛用于活化分析;在电镀、腐蚀和催化工作中用于示踪研究;以及用于放射医疗工作.

表 2.4　钴的同位素

同位素	天然丰度(%)	原子质量	半衰期	衰变方式	制备方法(举例)
^{54}Co			0.18s	β^+	$^{54}Fe(p,n)$
^{55}Co			18.2h	β^+,EC	$^{55}Fe(p,\gamma)$
^{56}Co			77.3d	EC,β^+	$^{56}Fe(d,2n)$

续表

同位素	天然丰度(%)	原子质量	半衰期	衰变方式	制备方法(举例)
^{57}Co			270d	EC	$^{60}Ni(p,\alpha)$
^{58m}Co			9.0h	IT	$^{58}Fe(p,n)$
^{58}Co			71d	EC,β^+	$^{58}Ni(n,p)$
^{59}Co	100	58.9332			
^{60m}Co			10.5m	IT,β^-	$^{59}Co(n,\gamma)$
^{60}Co			5.27a	β^-	$^{59}C(n,\gamma)$
^{61}Co			9.90min	β^-	$^{64}Ni(p,\alpha)$
^{62m}Co			1.9min	β^-	$^{64}Ni(d,\alpha)$
^{62}Co			13.9min	β^-	$^{62}Ni(n,p)$
^{63m}Co			1.4h		
^{63}Co			52s	β^-	
^{64m}Co			2min	IT	
^{64}Co			7.8min	β^-	$^{64}Ni(n,p)$

注:EC＝轨道电子俘获;
IT＝从高能异构态到低能异构态的异构跃迁;
上角标 m 代表为异构核.

2.1.8　钴的物理性质

钴是一种银白色金属,它的外貌和纯铁或镍相似.钴的硬度高于铁,电解沉积出来的钴其硬度又高于高温生产的金属钴.钴中含有少量碳时(最高达 0.3%)会增大钴金属的抗张强度和耐压强度,而不会影响其硬度.钴可以机械加工,但略有脆性.钴的物理性质(见表 2.5)不仅在极大程度上依赖于它的纯度,而且也依赖于存在的异形变体(或异形变体混合物),关于钴(即使其纯度高于 99.9%)已报道的物理性质常会有不一致的数据,这大概只能用它的两种异构变体之间转化速度很慢来加以解释.

像铁和镍一样,钴是铁磁性的.虽然铁在铁磁性元素中具有最高的磁化强度,而钴却是可以增大此磁化强度的唯一元素,纯铁的磁化强度为 21 500Gs①,而组成为 65%Fe、35%Co 的合金其磁化强度却可最高达到 24 300Gs.钴的更优越的磁性是它具有已知最高的居里点 1 121℃.已发展出多种多样的特种专用的钴钢和钴合金材料.

① 按法定计量单位规定,Gs 为非许用单位,$1Gs=10^{-4}T$,下同.

表 2.5　钴的物理性质

原子序数	27
电子结构	$1s^2 2s^2 2p^6 3s^2 3p^6 3d^7 4s^2$
金属熔点(℃)	1493
$\Delta H_{熔化热}$(kJ · mol^{-1})	6.997
沸点(℃)	3100
$\Delta H_{气化热}$(kJ · mol^{-1})	169.5
密度(g · cm^{-3})	8.90
电阻率(mΩ · cm)(0℃)	5.68
导热率(J · s^{-1} · K^{-1} · cm^{-1})(0—100℃)	0.690
比热(J · g^{-1} · K^{-1})(15—100℃)	0.4421
	0.590
电离能(eV)液态第一电离能	7.86
第二电离能	17.05
热容(J · K^{-1} · mol^{-1})(25℃)	25.04

2.1.9　钴的化学性质

1. 与单质的反应

钴即使在高温下也很少吸氢，氮在 1200℃的高温下也基本上不溶于钴. 微细分散的钴粉在空气中可自燃，但大块的钴金属在低于 300℃下，在空气中仍是稳定的. 将钴加热到 900℃时在表面上生成的氧化物外壳第一层是 Co_3O_4，靠近金属的第二层是 CoO；加热至高于 900℃时，Co_3O_4 分解了，则氧化物外壳仅含有 CoO. 在加热下钴可与许多非金属反应，例如可同卤素、硼、硫、磷、砷和锑等反应，反应中往往发光发热. 氟与钴反应可生成 CoF_3，但其它卤素仅能生成 Co(II) 卤化物.

2. 与化合物的反应

钴在烧至赤热时会被水蒸气氧化成 CoO. 在 470℃时它与氨反应生成 Co_2N，但这个化合物在 600℃时分解. 一氧化碳在 200℃时和 100atm 下与微细钴粉反应生成羰合物 $Co_2(CO)_8$，但在温度高于 225℃和常压下则生成碳化物 Co_2C.

钴比铁较能耐抗无机酸的侵蚀，这可以从标准电极电势数据看出：Co/Co^{2+} $E^\circ = -0.27V$；Fe/Fe^{2+} $E^\circ = -0.44V$. 钴能溶解在稀盐酸和稀硫酸中并放出氢气. 浓硝酸在室温下能快速地与钴反应，但在 −10℃时可使钴表面钝化. 氢氟酸和磷酸也能与钴作用，但钴不与稀碱溶液反应.

氯化氢在 450℃时与钴反应生成氯化钴(II)；在 400℃时将硫化氢通过于钴粉之上可生成 Co_3S_4，但在 700℃时则生成 CoS. 二氧化碳在温度高于 700℃时与钴发生如下平衡反应：

$$Co + CO_2 \rightleftharpoons CoO + CO$$

2.1.10　钴化合物的生化重要性

在动物营养中钴是一个有生命活性的痕量元素. 当食草的牲畜长期采食缺钴的草料时，会产生生长缓慢、厌食和贫血等病症，但若给这种病畜补以加钴的食物时，这些病状就很快消失了. 因而人们认为钴盐对动物不是有特别毒害作用的，但人类若服用了较大剂量钴盐时会对胃、肠、消化道产生刺激作用而造成呕吐和腹泻. 不过小剂量的钴对于医治恶性贫血是有重要作用的. 在 1926 年人们发现肝脏中抗恶性贫血因子后导致了在 1948 年发现维生素 B_{12}，不久之后就发现维生素 B_{12} 中含有钴.

维生素 B_{12} 通称为氰基钴氨(图 2.3)，其中含有氧化态为＋III 的钴原子. 这个化合物有点类似于金属卟啉，不同点在于用 4 个吡咯啉环代替了 4 个吡咯环. 在其中钴原子八面体被 1 个氰基碳原子和 5 个氮原子所包围(5 个氮原子中 4 个来自于吡咯啉环和一个来自于苯并咪唑环). 其上的氰基可以被其它阴离子取代，例如维生素 B_{12a} 是羟基钴胺，而维生素 B_{12c} 是亚硝酸根钴胺.

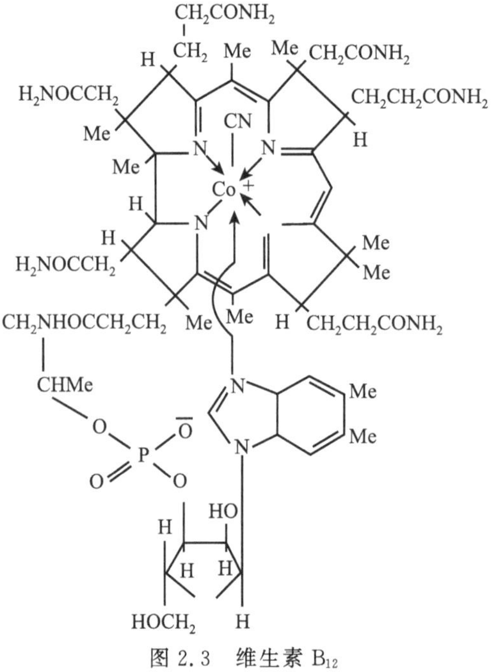

图 2.3　维生素 B_{12}

钴化合物也对某些抗生素有协同治疗作用，特别是对青霉素. 在治疗乳牛的乳炎症时则常在青霉素中加入钴盐进行临床治疗，因为单独使用大剂量的青霉素时，会使产出的牛奶中含有青霉素.

2.1.11 钴的分析化学

1. 定性分析

含水合钴(II)阳离子的盐在酸性溶液中不会与硫化氢作用产生沉淀反应，但在氨水溶液中则会产生黑色的硫化钴(II)沉淀. 粉红色的 6 水合钴(II)阳离子与碱作用产生淡蓝色的氢氧化钴(II)沉淀；遇过量氨时此沉淀溶解，并在缓慢大气氧化下变成黄色溶液. 向饱和以氯化钾的 Co^{2+} 的中性或乙酸溶液中加入亚硝酸钾时会迅速地生成六亚硝基钴(III)酸钾黄色沉淀. 向 Co^{2+} 溶液加入浓硫氰酸铵溶液则生成$[Co(SCN)_4]^{2-}$阴离子的蓝色溶液，加入 Hg^{2+} 离子时则产生 $Hg[Co(SCN)_4]$. 当将二硫代草酰胺(茜根酸)乙醇溶液加入于钴盐的氨水溶液时产生一种棕色沉淀，这个反应在纸色谱分析中用以鉴别钴和镍(镍发生蓝紫色的颜色反应).

2. 定量分析

钴可以用多种多样的方法进行重量测定. 测定铁合金中的钴时，先用氧化锌悬浮液或用磷酸三钠将铁分离掉，然后往往用 α-亚硝基-β-萘酚将钴沉淀出来，灼烧至恒重，并称定为 Co_3O_4. 其它重量法包括沉淀并称定为 $Hg[Co(SCN)_4]$或蒽腈合物 $Co(C_7H_6O_2N)_2$. 钴也可以用电解重量法测定，以硫酸钴(II)和硫酸铵溶液为电解质，用铂网为阴极，电解完成后用冷水洗净阴极，然后用酒精洗，在 100℃进行干燥并称重. 有一个快速重量测定法可在 30min 内完成，即在硫氰酸盐介质中加入吡啶将钴沉淀出来并称定为$[Co(C_5H_5N)_4](SCN)_2$.

钴也可以用容量法测定，例如在浓柠檬酸铵和氨溶液中用标准六氰合铁(III)酸钾溶液电位滴定钴. 另一种办法是向钴(II)溶液中加入一定过量的氰化钾溶液，然后用硝酸银标准溶液电位滴定过量的氰离子. 在这一滴定中生成了$[Co(CN)_5]^{3-}$离子，所以 $CO^{2+}=5CN^-$.

利用氯离子或硫氰酸根离子与 Co^{2+} 离子产生的蓝色可以比色测定钴；当钴仅以小量存在时，可以用亚硝基-R-盐，即 1-亚硝基-2-羟基萘-3，6-二磺酸钠 $C_{10}H_4OH\cdot NO(SO_3Na)_2$，它同钴(II)生成一种在硝酸中稳定的红色络合物(这样可以同许多其它元素区分开来).

通过钴(III)氨络合物的还原可进行钴的极谱测定，这个方法可在千倍过量的镍存下测定钴.

2.2　钴的低氧化态化合物(氧化态－I,0,＋I)

2.2.1　羰基化合物

1. 钴羰合物的制备

八羰合二钴 $Co_2(CO)_8$ 和十二羰合四钴 $Co_4(CO)_{12}$ 已经发现 80 年了,在 60 年代末期又发现了十六羰合六钴 $Co_6(CO)_{16}$. 金属钴和一氧化碳直接反应生成 $Co_2(CO)_8$;典型的反应条件是 100atm 和 200℃,但也曾采用过多种不同的高压和高温组合. 硫或碘的存在有利于反应的进行,但氧对反应有阻抑作用. 在有还原性金属,如铜的存在下,卤化钴或硫化钴可以羰化,反应条件与金属钴羰化相同,例如:

$$2CoI_2 + 8CO + 4Cu \longrightarrow Co_2(CO)_8 + 4CuI$$

一个方便的实验室制备方法是在加压的 CO 气氛中以石油醚为介质用氢气还原碳酸钴:

$$2CoCO_3 + 2H_2 + 8CO \longrightarrow Co_2(CO)_8 + 2CO_2 + 2H_2O$$

这个羰合物也可以从 Co[II]盐的水溶液来制备,在碱性条件下吸收一氧化碳并生成了四羰合钴酸根(－1)阴离子$[Co(CO)_4]^-$;当将此溶液酸化时,生成了氢化物 $HCo(CO)_4$,这个化合物在室温下分解.

$$2Co(NO_3)_2 + 12KOH + 11CO \longrightarrow$$
$$2KCo(CO)_4 + 4KNO_3 + 3K_2CO_3 + 6H_2O$$

$$KCo(CO)_4 + HCl \longrightarrow HCo(CO)_4 + KCl$$

$$2HCo(CO)_4 \longrightarrow Co_2(CO)_8 + H_2$$

将八羰合二钴在惰气氛中加热至 50℃即可极方便地制得十二羰合四钴:

$$2Co_2(CO)_8 \longrightarrow Co_4(CO)_{12} + 4CO$$

在目前还不能从钴(II)盐和一氧化碳直接制备十二羰合四钴,在四氢呋喃中用碱金属处理 $Co_4(CO)_{12}$ 生成绿黄色的$[Co_6(CO)_{15}]^{2-}$ 离子,它缓慢地转化成红棕色的$[Co_6(CO)_{14}]^{4-}$ 阴离子;这些离子在水溶液中会被氯化铁(III)氧化成混合羰合物,从其中可以萃取出黑色的 $Co_6(CO)_{16}$.

2. 钴羰合物的物理性质和结构

钴羰合物的一些物理性质汇列在表 2.6 中. 八羰合二钴很容易升华并能溶于

烃类溶剂中，但其它羰合物都仅是微溶的.

表 2.6　钴羰合物的物理性质

性　质	$Co_2(CO)_8$	$Co_4(CO)_{12}$	$Co_6(CO)_{16}$
颜色	橙棕色	黑　色	黑色
熔点(℃)	31	60 分解	100—110 分解
密度	1.73		
蒸气压，mmHg	0.07		
15℃			
偶极矩(D)	1.29		
UV 光谱(cm^{-1})	35 700，28 600	26 800	
IR 光谱	2112，2071，2059	2104.4，2063.2	2103，2061
v(C—O)(cm^{-1})	2044，2031，2001	2054.5，2048	2057，2026
	1886，1857	1898.4，1867	2020，2018
		2037.9，2027.5	1806，1772

凝固点降低法分子量测量证明了 $Co_2(CO)_8$ 和 $Co_4(CO)_{12}$ 的二聚和四聚分子式. X 射线晶体结构研究表明，在 $Co_2(CO)_8$ 中两个钴原子是通过两个成桥羰基而联结起来的(图 2.4). 此分子的反磁性和两个钴原子靠得很近(Co—Co＝252pm)，表明有钴—钴键，平均 Co—C 键长(成桥)＝192pm，Co—C 键长(端梢)＝180pm，Co—O(成桥)＝121pm 和 Co—O(端梢)＝117pm.

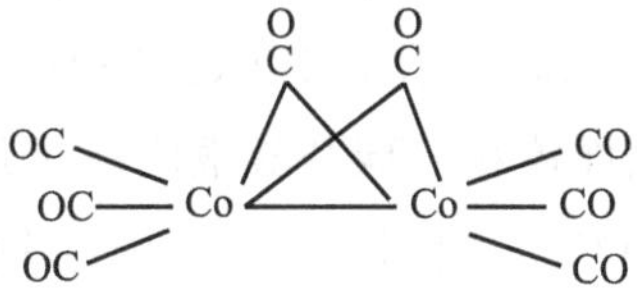

图2.4　八羰合二钴的分子结构

对八羰合二钴溶液的红外研究确知，这个羰合物在溶液中以两个异构变体存在，红外光谱数据已列入表 2.6 中. 另一个异构体没有成桥羰基，羰基在每个钴原子周围大概不是三角双锥排布(D_{3d}对称)，就是四方锥排布(C_{2v}对称). 这个异构体有利于在高温下存在. 下列平衡：

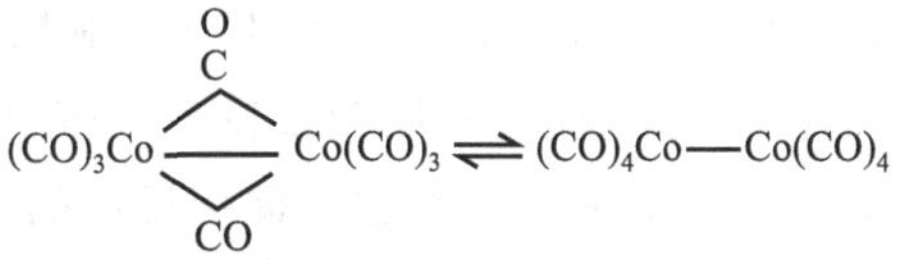

自左向右变化的熵变为 5 eu 和焓变为－5.44kJ · mol^{-1}，因而这个反应是"熵驱

动”的变化.

对 $Co_4(CO)_{12}$ 的 X 射线结构研究证明，它具有图 2.5 的结构，它含有由 4 个钴原子组成的一个钴四面体，其中 3 个钴原子各有两个端梢羰基并被成桥羰基键联起来，另一个钴原子仅联接有 3 个端梢羰基并和其它 3 个钴原子联结. 它的红外光谱比从理论预期的光谱要简单，因而人们给它在溶液中的结构提出了不同的建议. 羰合物 $Co_6(CO)_{16}$ 具有与 $Rh_6(CO)_{16}$ 相似的红外光谱，它们又是异质同晶的，因而它具有与十六羰合六钴相同的结构.

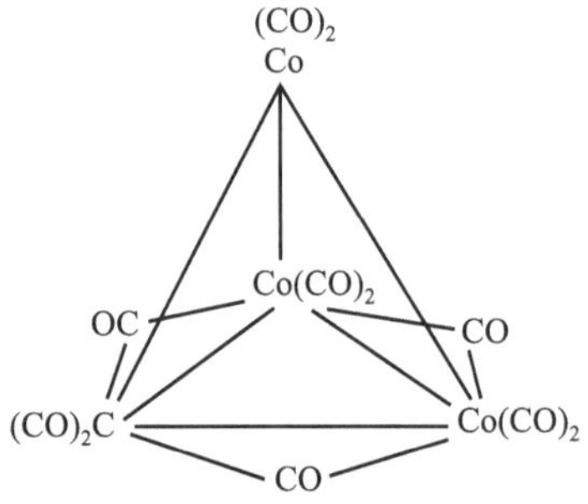

图 2.5　十二羰合四钴的结构

3. 钴羰合物的化学性质

所有这三种羰合物无论是固态还是在溶液中对空气都是敏感的. 它们与卤素反应时分解（尚未发现稳定的羰基卤化物），生成卤化钴（II）和一氧化碳；与氧化性酸反应同样得到钴（II）盐. 在强碱性溶液中 $Co_2(CO)_8$ 被还原为四羰合钴（－I）酸根离子 $[Co(CO)_4]^-$. 这个四面体状的羰基酸根阴离子是钴羰合物化学的一个常见特点；当 $Co_2(CO)_8$ 或 $Co_4(CO)_{12}$ 在惰性溶剂中被钠汞齐还原，或在液氨中在 －75℃ 被金属钠还原时也生成这个阴离子：

$$Co_2(CO)_8 + 2Na \longrightarrow 2Na[Co(CO)_4]$$

钴羰合物在许多歧化反应中也生成这个阴离子的盐. 用钠或锂在四氢呋喃中室温下还原 $Co_4(CO)_{12}$ 产生 $[Co_6(CO)_{15})^{2-}$，$[Co_6(CO)_{14}]^{4-}$ 和 $[Co(CO)_4]^-$ 等阴离子. 已经分离得到绿黑色的铯盐 $Cs_2[Co_6(CO)_{15}]\cdot 3H_2O$ 和红黑色的钾盐 $K_4[Co_6(CO)_{14}]\cdot 8H_2O$. 对铯盐的晶体结构研究表明，钴原子簇生成为一个变形的八面体，其 Co—Co 平均键长为 249pm，有 9 个 CO 是端梢羰基，3 个在八面体棱边上成桥，另 3 个在八面体棱面上成桥. 八羰合二钴在许多有机化学反应中是一个广泛使用的催化剂，烷基钴和酰基钴常常是这类催化反应的中间产物. 下面将讨论一下羰基钴的一些歧化反应和取代反应.

歧化反应

歧化反应有两种类型：含氮或氧给体原子的强碱促使钴羰合物歧化成钴(II)和钴(—I)，例如：

$$3Co_2(CO)_8 + 12NH_3 \longrightarrow 2[Co(NH_3)_6][Co(CO)_4]_2 + 8CO$$

$$3Co_2(CO)_8 + 6Phen \longrightarrow 2[Co(Phen)_3][Co(CO)_4]_2 + 8CO$$

$$3Co_4(CO)_{12} + 24Py \longrightarrow 4[Co(Py)_6][Co(CO)_4]_2 + 4CO$$

这些产物具有典型的粉红色或红色，并且都是空气敏感化合物. 有广泛品类的含氮或氧给体原子的有机碱能够生成这类化合物，例如水、醇类、酮类、胺类和醚类等. 在正常情况下阳离子都是6-配位的.

但异腈、膦、胂和䏲类化合物却使歧化反应产生低自旋的5-配位钴(I)阳离子：

$$Co_2(CO)_8 + 5RNC \longrightarrow [Co(CNR)_5][Co(CO)_4] + 4CO$$

第Ⅴ族给体原子促成的歧化反应给出的离子型产物仅含有部分取代的阳离子，但该盐很容易分解生成羰合物的正常取代产物：

$$Co_2(CO)_8 + 2L \longrightarrow [Co(CO)_3L_2][Co(CO)_4] + CO$$

$$\downarrow$$

$$[Co(CO)_3L]_2 + CO$$

$$(L = PR_3, AsR_3, SbR_3)$$

取代反应

三取代膦、胂和䏲、硫化合物、不饱和有机分子等与钴羰合物发生取代反应. 配体L（$L = PR_3$，AsR_3，SbR_3）和$Co_2(CO)_8$在惰性溶剂中反应生成化合物$[Co(CO)_3L]_2$，这类化合物不显有来自成桥的CO基团的红外谱峰，表明该化合物中两个$Co(CO)_3L$基团大概是通过一个钴—钴键连接起来的. 这些取代产物与钠汞齐反应时，钴—钴键就断开而生成相应的阴离子，例如$Na[Co(CO)_3PR_3]$. 这些阴离子是合成羰基氢化钴和羰基卤化钴的有用起始材料，例如：

$$[CoH(CO)_3PPh_3] \xleftarrow{H^+} Na[Co(CO)_3PPh_3] \xrightarrow{CF_3I} Co(CO_3)PPh_3I$$

硫醇与$Co_2(CO)_8$反应生成$[CoSR(CO)_3]_2$型的含成桥硫原子的络合物，它们是对空气稳定的结晶状固体. 不过从这些反应系统中也曾分离出十分复杂的产物，包括$Co_4(CO)_4(EtS)_7$和$Co_4(CO)_7(EtS)_3$. 单质硫和硫化氢在烃类溶剂中与$Co_2(CO)_8$反应产生$[Co_2S(CO)_5]_n$，$Co_3S(CO)_9$和$Co_3S_2(CO)_7$型的羰基硫化物.

虽然$Co_2(CO)_8$并不容易与单烯烃反应生成取代产物，但却能与四氟乙烯在室温下反应生成橙色的结晶状衍生物$(CO)_4CoCF_2CF_2Co(CO)_4$，人们认为在此化合物中含有Co—C σ-键. 二烯烃与$Co_2(CO)_8$生成多种多样的衍生物，但结构大多未弄清楚. 丁二烯生成$[Co(CO)_2C_4H_6]_2$，它的偶极矩为3.02D，它含有成桥的CO

基团. 环戊二烯很容易与 $Co_2(CO)_8$ 反应生成 $C_5H_5Co(CO)_2$ 红色油液，这个化合物不发生 Friedel－Crafts 酰化反应，因而在此化合物中 C_5H_5 基团的芳香性未能得到证实.

炔烃十分容易与 $Co_2(CO)_8$ 反应生成深颜色反磁性络合物 $Co_2(CO)_6RC⋮CR'$. 对二苯基乙炔化合物的 X 射线研究，发现其结构有如图 2.6 所示，在其中 C—C 炔键几乎是与 Co—Co 键(Co—Co 键长 247pm)相垂直的.

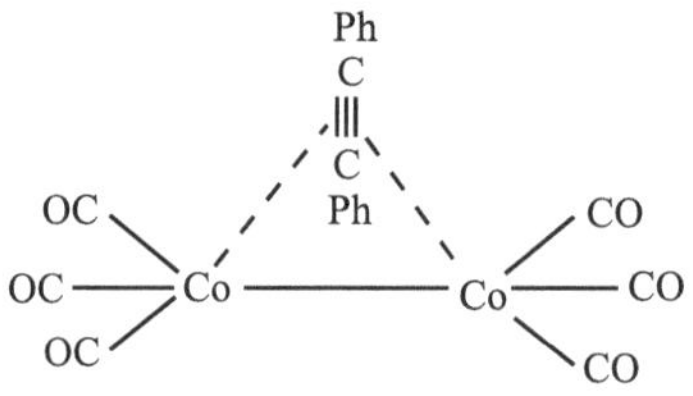

图 2.6　$Co_2(CO)_6PhC_2Ph$ 的结构

钴的羰基氢化物

将四羰基合钴(－I)酸盐溶液酸化，随后将有挥发性的氢化物吹出，可以得到黄色液体(熔点－26℃)状的氢化物 $Co(CO)_4H$. 在 150℃ 和 50atm 下用一氧化碳和氢处理金属钴也可以制得这个氢化物. 它是一种具有高毒性和恶臭的液体，在室温下会分解成 $CO_2(CO)_8$ 和氢气，但在气相中相对地比较稳定，特别是在用一氧化碳加以稀释时更稳定. 它在空气中容易被氧化；微溶于水(3×10^{-3} mol · dm^{-3})，在水溶液中它显为强酸($K\sim1$). 在此化合物中氢原子的位置曾引起过许多讨论，现已确知氢是直接与钴原子成键的. 它的红外光谱显示出，羰基拉伸频率出现在 2121，2062 和 2043cm^{-1}处和 v/(M—H)出现在 1934cm^{-1}处，因此可以说明它是一个具有 C_{3v}对称的分子. 它的结构可能是一个三角双锥体，3 个赤道位的 CO 基团向着轴顶氢原子略向下偏移. 氢原子是用质子磁共振检出的，它的化学位移 τ＝20.7ppm.

羰基氢化钴与不饱和有机分子和环氧化物能发生一些有意思的化学反应. 与烯烃反应时并不发生取代反应而是向双键加成而生成含 σ-键的烷基钴羰合物的混合物，例如：

$$CH_3(CH_2)CH:CH_2 + HCo(CO)_4 \longrightarrow$$

$$CH_3(CH_2)_2\underset{\displaystyle \overset{|}{Co(CO)_4}}{CH}CH_3 + CH_3(CH_2)_3CH_2Co(CO)_4$$

共轭双烯则发生 1∶4 加成生成 2-丁烯基钴四羰合物的衍生物：

$$CH_2 : CHCH : CH_2 + HCo(CO)_4 \longrightarrow CH_3CH : CHCH_2Co(CO)_4$$

这些衍生物都是热不稳定的，接近室温时会放出一氧化碳生成 π-烯丙基钴羰合物. 丁二烯则生成化学式为$[Co(C_4H_7)(CO)_3]$的两个异构体的混合物，NMR 谱证明，它们是 π-甲基烯丙基三羰基合钴的两个几何异构体(图 2.7).

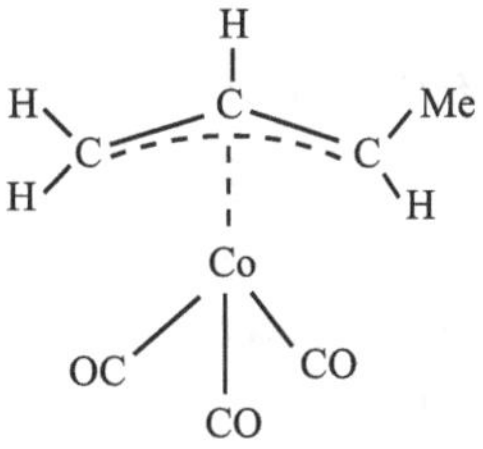

图 2.7　π-甲基烯丙基三羰合钴

羰基氢化钴与环氧化物的加成反应在低于室温下在稀溶液中发生，生成 β-羟基烷基钴四羰合物，如果反应是在一氧化碳气氛中进行的，后一化合物可以方便地转化成比较稳定的 β-羟基酰基钴羰合物：

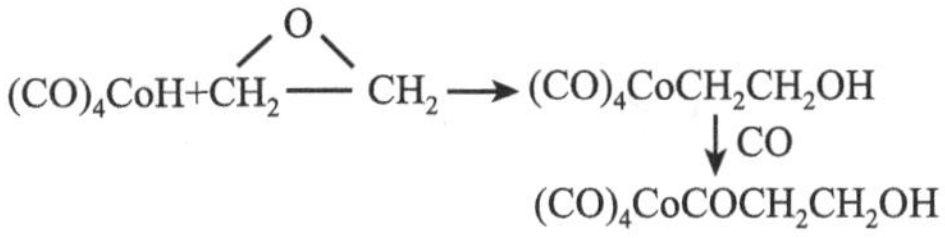

钴的羰基卤化物

见报道的唯一不含取代基的羰基卤化物是不稳定的棕黑色碘化物 $Co(CO)I_2$，它是由碘化钴(II)在室温下与 250atm 一氧化碳反应来制备的.

对含膦类取代基的羰基酸根阴离子$[Co(CO)_3PPh_3]^-$进行卤化反应可以得到膦取代的羰基卤化物. 例如钴(I)化合物 $XCo(CO)_3(PPh_3)$ (X＝Cl, Br, I)是通过上述阴离子在四氢呋喃中与氯氧化磷、N-溴代琥珀酰亚胺和三氟一碘甲烷的低温反应制得的. 这些卤化物与三苯基膦反应得到双取代的衍生物 $XCo(CO)_2(PPh_3)_2$. 这些羰基卤化物是非极性化合物，能溶于四氢呋喃中；$ClCo(CO)_2(PPh_3)_2$ 是反磁性物质.

2.2.2　钴的亚硝基化合物

钴还没有发现简单亚硝基化合物，但却有许多含配位一氧化氮的络合物，择要汇列在表 2.7 中.

表 2.7 一些含一氧化氮配体的络合物

化合物	颜色	υ(N—O) cm^{-1}	υ(C—O) cm^{-1}	其它数据
$Co(NO)(CO)_3$[a,c]	红	1806	2100,2033	m. p. −11°
$Co(NO)(CO)_2(PPh_3)$[a,b]	红	1761	2035,1981	m. p. 130°
$Co(NO)(CO)_2(PCl_3)$[a]	红	1805	2073,2030	
$Co(NO)(CO)(PPh_3)_2$[a,b]	红棕	1717	1957	m. p. 177°d
$Co(NO)(CO)(SbPh_3)_2$[b]	棕黑	1719	1962,1950	m. p. 119°d
$Co(NO)(PPh_3)_3$[c]	紫	1738		m. p. 175°
$Co(NO)[P(OPh)_3]_3$[c]	橙	1640		m. p. 195°
$Co(NO)(p\text{-}MeC_6H_4,NC)_3$[d]	红			dip. mom. =5.29D
$[Co(NO)_2Cl]_2$[e]	黑棕	1859,1790		dip. mom. =1.04D
$Co(NO)_2Cl(PPh_3)$[f]	黑	1829,1776		dip. mom. =6.72D
$Co(NO)I_2(PEt_3)_2$[g]	棕	1744,1690		m. p. 98°
$[Co(NO)_2SEt]_2$[e]	黑	1807,1759		
$[Co(NO)(PPh_3)SEt]_2$	绿	1670		m. p. 142°
$Co(NO)_2(PPh_3)SEt$[i,j]	黑			m. p. 68—70°
$[Co(NO)_2SCN]_2$[i,j]	黄	1855,1825		m. p. 89—90°
$K_3[Co(NO)_2(S_2O_3)_2]$[e]	棕紫	1827,1730		
$Co(NO)(S_2CNMe_2)_2$[k]		1626		m. p. 125—130°
$K_3[Co(NO)(CN)_5]\cdot 2H_2O$[k,l]		1120		反磁性
$C_2F_5Co(NO)_2(PPh_3)$[m]		1829,1774		m. p. 65°

a. W. D. Horrocks and R. C. Taylor, *Inorg. Chem.*, **2**,1723(1963).

b. W. Hieber and J. Ellerman,*Chem. Ber.*, **96**,1643(1963).

c. W. Beck and K. Lottes,*Chem. Ber.*, **98**,1657(1965).

d. L. Malatesta and A. Sacco,*Z. anorg. u. allgem. Chem.*, **274**. 341(1953).

e. A. Jahn, *Z. anorg. u. allgem. Chem.*, **301**,301(1959).

f. W. Hieber and K. Heinecke,*Z. anorg. u. allgem, Chem.*, **316**,305(1962).

g. G. Booth and J. Chatt,*J. Chem. Soc.*, 2099(1962).

h. W. Hieber and J. Ellerman,*Chem. Ber.*, **98**,1650(1963).

i. W. Hieber,I. Bauer and G. Neumair,*Z. anorg. u. allgem. Chem.*,**325**,250(1965).

i. W. Beck and K. Lottes,*Z. anorg. u. allgem. Chem.*, **335**,258(1965).

k. J. Lewis,R. J. Irving and G. Wilkinaon, *J. Inorg Nuclear Chem.*,**7**,32(1958).

l. W. P. Griffith, J. Lewis and G. Wilkinson, *J. Chem.*, *Soc.*, 775(1961).

m. W. Hieber and E. Lindner,*Chem*, *Ber.*, **95**,2042(1962).

1. 亚硝基三羰合钴 $CoNO(CO)_3$

令一氧化氮在40℃作用于八羰二钴即可容易地制得这个亚硝基化合物：

$$Co_2(CO)_8 + 2NO \longrightarrow 2Co(NO)(CO)_3 + 2CO$$

如果没有八羰合二钴，这个化合物可另法制备，在氰离子存在下用一氧化碳处理钴(II)盐碱性溶液得到四羰合钴(－I)酸盐，将这个溶液在室温下与一氧化氮摇荡混合时就得到亚硝基化合物：

$$KCo(CO)_4 + NO + H_2O \longrightarrow$$

$$Co(NO)(CO)_3 + Co + KOH + \frac{1}{2}H_2$$

所得亚硝基三羰合钴是一种暗红色的反磁性液体，沸点78.6℃，能溶于有机溶剂但不溶于水，在气相中它是单分子化合物. 它与四羰合镍是等结构体，也与 $Fe(NO)_2(CO)_2$ 等结构，电子衍射研究证明它具有四面体结构、键长数据如下：Co—C，183±2pm；C—O，114±3pm；Co—N，176±2pm 和 N—O，110±4pm. 其中的 N—O 键长比一氧化氮中 N—O 键长(118pm)短，根据偶极矩测量(μ_D = 0.72D)，人们认为其中的 NO 有两个异构变体，$M^{2-}=N=O^+$ 和 $M^-—N\equiv O$. 这个化合物以及它的一些衍生物的红外光谱曾被详细研究过(见表2.7)，从中可作出一般性结论，即 NO 是最强的 π-给电子体之一. 当 $Co(NO)(CO)_3$ 与给电子分子如胺、膦、胂和䏲在惰性溶剂中反应时，被取代的只能是羰基，已经制得过含有一、二或三个上述配体的衍生物.

2. 钴的亚硝基卤化物

无水卤化钴(II)在常压下和在70—120℃温区内与一氧化氮直接反应可以生成二亚硝基卤化物 $[Co(NO)_2X]_2$ (X=Cl，Br，I)；在制备氯-和溴-亚硝基化合物时需要有钴粉参与作为卤原子接受体. 它们都是双聚分子态的反磁性固体，在结构中含有卤原子桥；它们的红外光谱(表2.7)在 NO^+ 典型频率区有两个 N—O 拉伸频率，并排除了有 NO 桥结构的可能性. 它们同给电子分子反应时生成单分子络合物 $Co(NO)_2XL$.

卤化钴(II)的三乙基膦络合物在苯溶液中极易吸收一氧化氮而生成反磁性的一亚硝基卤络合物 $Co(NO)X_2(PEt_3)$.

3. 钴的亚硝基硫化合物

俄罗斯红盐(见27.1铁专题)的钴类似物 $K[Co(NO)_2S]$ 是通过 $[Co(NO)_2Cl]_2$ 与硫化钾的反应制得的；如果不用硫化钾而用碱金属硫醇盐则得到硫酯 $[Co(NO)_2SR]_2$，它具有双聚分子($K[Co(NO)_2S]$ 也可能具有类似的双聚结构）. 这些酯与给电子分子反应时生成 $Co(NO)_2(SR)L$. $Co(NO)(CO)_2PR_3$ 与硫醚或二硫化物反应时生成 $[Co(NO)PR_3(SR)]_2$ 型的化合物，它们是反磁性的，大概含有硫桥和四面体结构的钴原子，周围包有 NO，PR_3 和两个硫原子.

二烷基二硫代氨基甲酸钠和钴(II)盐混合物的甲醇溶液当饱和以一氧化氮时很容易生成二硫代氨基甲酸根络合物 $Co(NO)(S_2CNR_2)_2$（R＝甲基、乙基)，它们在空气中很容易被氧化. 对 $Co(NO)(S_2CNMe_2)_2$ 的 X 射线衍射研究表明钴原子周围的配位结构是一个有长方形底座的四方锥体，钴原子处在锥轴上四个硫原子平血上方的 54Pm 处. 锥轴和 NO 的交会点未准确测出，但看来是交会在 N—O 键的中点处而不是与氮原子相接(图 2.8).

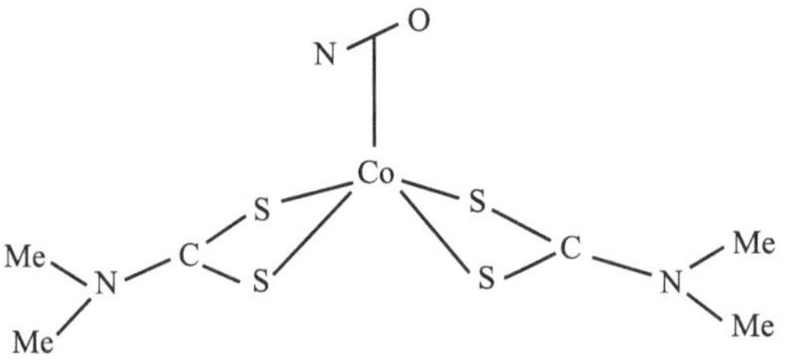

图 2.8　$Co(NO)(S_2CNMe_2)_2$ 的结构

其它的含硫亚硝基化合物尚有硫代硫酸根络合物 $[Co(NO)_2(S_2O_3)_2]^{3-}$ 和硫氰酸根络合物 $[Co(NO)_2SCN]_2$，后一化合物大概含有—SCN—桥.

4. 钴的亚硝基氰化物

$[Co(NH_3)_5(NO)]^{2+}$ 阳离子与过量氰化钾和氢氧化钾反应时可以制得黄色的亚硝基氰化物 $K_3[Co(NO)(CN)_3]\cdot 2H_2O$. 它是反磁性化合物，极溶于水并在水中稳定，根据它的红外光谱发现它含有 NO^-，这和前面讨论过的所有 NO 化合物都不一样.

当氰化钾与亚硝基三羰合钴反应时可以得到一系列的亚硝基氰化物：

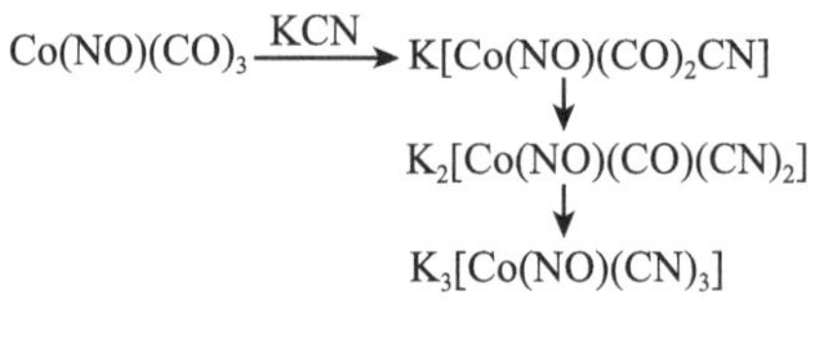

这些化合物大概都含有四面体阴离子；$[Co(NO)(CO)_2CN]^-$ 是反磁性阴离子，它同 $[Co(CO)_4]^-$ 为等电子体.

5. 钴的其它亚硝基化合物

好多年以来就知道阳离子 $[Co(NO)(NH_3)_5]^{2+}$ 有两个异构变体，晶相结构研究表明 $[Co(NO)(NH_3)_5]Cl_2$ 黑色盐含有一个大致为八面体结构的单个阳离子，其中的 Co—N—O 键是直线形的，但 N—O 键长则测有不同数据，这个盐是反磁性的，在酸性溶液中不稳定，人们认为它含有 NO^- 和 Co(III) 原子. 它的红色异构阳离子生成的盐在水溶液中要稳定得多，它的硝酸盐在水溶液中是一个 4∶1 电解质，因而表明它含有一个双聚阳离子. 红外光谱表明，在这个阳离子中有一个次硝酸根桥，化学式应为 $[Co(NH_3)_5ONNOCo(NH_3)_5]^{4+}$.

还知道有一些含一氧化氮的五配位钴络阳离子，它们是 $[Co(NO)L_2]^{2+}$ 型化合物，其中 L 是双齿配体，如乙二胺，邻-苯撑双(二甲胂)；这类配体也能生成六配位络合物 $[Co(NO)L_2X]X$ (X = Cl, Br, I)，这些络合物中也含有 NO^- 和 Co (III).

2.2.3　钴的其它低氧化态化合物

1. 氰络合物

在液氨中用过量钾还原六氰合钴(III)酸钾可以得到棕紫色的 $K_8[Co_2(CN)_8]$. 这个化合物与水作用放出氢气，在 2120 和 2062cm^{-1} 处仅显有两个 C≡N 拉伸频率，磁矩为 μ_{eff} = 0.6BM. 当对每摩尔 $K_3Co(CN)_6$ 仅用 2.3mol 钾进行还原时，则得到淡黄色的钴氰络合物 $K_3[Co(CN)_4]$；这个化合物受热至室温时变成红棕色，并很快被空气氧化.

钴(0)无单纯的羰基氰化物，但 Co(I) 可生成 $[Co(CN)_3CO]^{2-}$ 阴离子，它是通过一氧化碳、氢氧化钾与 $K_3[Co(CN)_5]$ 的反应制得的，并可分离为三(邻二氮菲)合铁(II)的盐.

2. 异腈络合物

当将钴(II)盐在乙醇中与过量异腈一起加热时可以得到黄至棕色的晶状化合物 $[Co(CNR)_5]X$. 为了便于制备，常常向一种钴(II)异腈络合物如 $Co(CNR)_4I_2$ 加入一种温和的还原剂，如联氨或次亚硫酸盐来制备该化合物. 当钴羰合物与异腈进行歧化反应时也可得到 $[Co(CNR)_5]^+$ 阳离子. 这个离子的盐在空气中十分稳定，能溶于有机溶剂但不溶于水. 它们是反磁性的，与它们的等电子体五羰合铁分子相类似，可以预期它们具有三角双锥结构. 在其高氯酸盐 $[Co(CNMe)_5]ClO_4$ 中已确证阳离子具有三角双锥结构.

3. 钴(I)的 2,2-联吡啶、1,10-二氮菲和多环亚磷酸酯络合物

用硼氢化钠在水-乙醇溶液中还原$[Co(diPy)_3]^{3+}$和$[Co(Phen)_3]^{3+}$(diPy＝联吡啶,Phen＝邻二氮菲),可以得到暗蓝色的$[Co(diPy)_3]^+$和棕黑色的$[Co(Phen)_3]^+$络合物,它们都曾被分离为高氯酸盐,用钠汞齐还原$[Co(diPy)_3](ClO_4)_3$也可以得到蓝黑色沉淀物$[Co(diPy)_3]ClO_4$,这些钴(I)的联吡啶络合物是反磁性的,不溶于水但能溶于硝基苯中,在空气中很容易被氧化.

多环亚磷酸酯配体 $P(OCH_2)_3CMe$,$P(OCH_2)_3CEt$ 和 $P(OCH_2)_3(CH_2)_3$ 有很强的π-酸性,能使 6 水合钴(II)阳离子歧化生成含这些配体的钴(I)和钴(III)阳离子:

$$2[Co(H_2O)_6](ClO_4)_2 + 11L \longrightarrow [CoL_5]ClO_4 + [CoL_6](ClO_4)_3 + 12H_2O$$

这些配体的若干钴(I)络合物曾被分离为反磁性的黄色粉末.$[CoL_5]^+$阳离子具有三角双锥结构.

2.3　钴(II)化合物

2.3.1　一般氧化还原反应性

钴在水溶液中出现的主要氧化态为＋2 和＋3.在没有其它配体存在时,钴(II)在水溶液中含有粉红色的$[Co(H_2O)_6]^{2+}$,它是热力学稳定的物种.6 水合钴(III)$[Co(H_2O)_6]^{3+}$离子是一种强氧化剂,它会把水氧化成氧气.因而在没有络合试剂存在时,简单钴(III)盐在水溶液中是不稳定的.在有配体,如氨存在时,氨稳定了Co(III)氧化态,这样就使得由钴(II)氧化成钴(III)变得较为有利,甚至大气氧也可完成此氧化过程.有些配体,如氰离子可以把钴(III)氧化态稳定到如此程度使得钴(II)络合物可把水还原成氢气,甚至可以同氢反应生成表现上的钴(III)络合物:

$$2[Co(CN)_5]^{3-} + H_2 \longrightarrow 2[Co(CN)_5H]^{3-}$$

一些钴电对的标准电极电势汇列在表 2.8 中.根据这些电势可以看出,钴(II)生成大量在中性或酸性水溶液中稳定的简单盐,而简单的钴(III)盐则是不常见的,并且在水溶液中是不稳定的.但钴(III)的络合物是为数众多而稳定的,它们在配位化学的发展中曾起过巨大作用.

表 2.8　一些钴电对的标准电极电势,25℃

电对	电势(V)
酸性溶液	
Co^{2+}/Co	−0.277
Co^{3+}/Co^{2+}	+1.842
碱性溶液	
$CoS(\beta)/Co,S^{2-}$	−1.07
$COS(\alpha)/Co,S^{2-}$	−0.90
$Co(CN)_6^{3-}/Co(CN)_5^{3-}$	−0.8
$Co(OH)_2/Co,2OH^-$	−0.73
$CoCO_3/Co,CO_3^{2-}$	−0.64
$Co(NH_3)_6^{2+}/Co,6NH_3$	−0.422
$Co(NH_3)_6^{3+}/Co(NH_3)_6^{2+}$	+0.108
$CoO(OH)/Co(OH)_3,OH^-$	+0.17

2.3.2　钴(II)的简单化合物

1. 卤化钴(II)

卤化钴(II)的一些性质汇列在表 2.9 中.将钴、氧化钴或碳酸钴溶解在相应氢卤酸中并进行结晶可以得到水合盐.卤化钴(II)可以生成为数极多的络合物,这将在第 2.3.3 节中予以讨论.

表 2.9　卤化钴(II)的性质

性质	CoF_2	$CoCl_2$	$CoBr_2$	CoI_2
颜　色	粉红	蓝色	绿色	蓝黑
熔点,℃	1200	724	678	515
密　度	4.46	3.356	4.909	5.68
$-\Delta H_f(kJ\cdot mol^{-1})$	665.3	325.5	232.2	102.1
$-\Delta H_f(kJ\cdot mol^{-1})$ (水溶液)	726.3	402.1	357.7	179.1
水合物	2,3,4	1,2,4,6	2,6	2.46

2. 氟化钴(II)

将复盐 $CoF_2\cdot 2NH_4F$ 加热使氟化铵升华掉,或在氟化氢气氛中加热氧化钴或氯化钴(II),即可得到氟化钴(II).微细分散的钴粉与单质氟在 500℃反应生成 CoF_2 和 CoF_3 的混合物.氟化钴(II)以金红石型结构而结晶.它仅微溶于水,它在赤热时与水蒸气反应生成氧化钴(II)和氟化氢，它在温度超过 300℃时可被氢还原为金属钴.

3. 氯化钴(II)

在氯气中加热钴的主要产物是氯化钴(II)，将粉红色的 6 水合物在 150℃真空加热脱水或用氯化亚硫酰处理都可容易地得到无水 $CoCl_2$. 它以 $CdCl_2$ 型结构而结晶，每个钴离子被 6 个氯离子所包围. 它在 293K 的磁矩为 5.47BM. 它易溶于水生成粉红色溶液，溶于乙醇时生成深蓝色溶液. 无水盐在潮湿空气中会变为粉红色，因为从空气中吸收了水分变成水合盐了，这个性质使氯化钴(II)广用于作为干燥剂(如二氧化硅胶)的指示剂. 在室温下从水溶液中可结晶出粉红色的六水合物，温度超过 52℃时结晶出紫色的 2 水合物，温度高于 90℃时结晶出蓝紫色的 1 水合物.

6 水合物 $CoCl_2 \cdot 6H_2O$ 生成单斜系晶体，每个钴原子被 4 个水分子所包围(水分子处在一个变形的四方形角顶上)，Co—H_2O＝212pm，又被 2 个氯离子包围(Co—Cl＝243pm)，配体形成一个变形八面体. 另外两个水分子则不与钴直接连结. 在单斜系的 2 水合物 $CoCl_2 \cdot 2H_2O$ 中，相邻钴原子共用了氯原子而保持了钴的八面体配位. 在此压扁了的八面体结构中，两个 Co—Cl 键长为 245pm，两个 Co—Cl 键长为 247.8pm 和两个 Co—Cl 键长为 253pm.

已知有一些碱式氯化物，粉红色菱面体的 $Co_2(OH)_3Cl$，在其结构中有两个不同环境的钴原子，一个钴原子被 6 个氢氧根所包围，Co—OH 键长为 212pm，另一个钴原子被 4 个氢氧根和 2 个氯所包围，Co—OH 键长为 216pm 和 Co—Cl 为 253pm.

4. 溴化钴(II)

令单质溴作用于加热的金属钴，或将红色的 6 水合物脱水，均可得到绿色的无水盐 $CoBr_2$. 它极溶于水和能溶于许多极性有机溶剂中. 它在潮湿空气中潮解生成红色溶液. 在室温下从水溶液中结晶出 6 水合物，它在 100℃时熔化，放出水份并变成为 2 水合物.

5. 碘化钴(II)

碘化钴(II)有两个异构体，表 2.9 中所供的数据系指黑色的 α-变体，它是由微细钴粉在 400—500℃与碘化氢反应而生成的. 当将此化合物进行高真空升华时，则有一些黄色的 β-变体升华出来(从 10gα-CoI_2 可升华出约 0.8g 的 β-CoI_2). 黑色的 α-变体在水中生成粉红色溶液，而 β-变体生成无色溶液，但加热时逐变为粉红色. 这两种异构体的晶体结构尚未查明.

将氧化钴、氢氧化钴或碳酸钴溶解在氢碘酸中可以结晶出暗红色的 6 水合物. 与氯化钴(II)不同,在六方系的 $CoI_2 \cdot 6H_2O$ 中,钴原子被 6 个水分子所包围, $Co—OH_2$ 键长为 230pm,它的浓水溶液在低于 20℃时呈暗红色,超过 35℃时呈绿色. 在较高温度下可从水溶液中析出绿色的 $CoI_2 \cdot 4H_2O$ 和 $CoI_2 \cdot 2H_2O$.

6. 氰化钴(II)

从氯化钴(II)和氰化钾溶液中可以沉淀出浅棕色的 $Co(CN)_2 \cdot 2H_2O$ 或 $Co(CN)_2 \cdot 25H_2O$. 这些水合物可在氮气流中于 250℃脱水生成蓝色的无水氰化钴(II). 水合物和无水盐的磁矩分别为 3.27 和 3.12BM,这比预期的有 3 个成单电子的磁矩要低得多. 这些化合物的晶体结构被解释为水溶性普鲁士蓝的结构(见 1.2.4节),其中一个钴原子是低自旋的(一个成单电子)并被 6 个碳原子所包围,另一个钴原子是高自旋的(3 个成单电子)并被最近邻的 6 个氮原子所包围.

在过量的氰化钾存在下生成一种橄榄绿色的溶液,能被空气迅速氧化,该溶液中大概含有$[Co(CN)_5]^{3-}$离子.

7. 硫氰酸钴(II)

将碳酸钴溶解在硫氰酸溶液中然后结晶可以得到深红紫色的 4 水合物. 它具有很强的潮解性,它的浓溶液呈暗蓝色,稀释时变为粉红色. 它在许多有机溶剂中生成蓝色溶液.

8. 氧化钴(II)

将金属钴在空气或水蒸气中加热,或将氢氧化钴、碳酸钴或硝酸钴热分解,都可以得到橄榄绿色粉末的氧化钴(II). 它具有氯化钠晶格,在低于 292K 时是反铁磁性物质. 在氧气中加热至高于 400℃时得到黑色的四氧化三钴 Co_3O_4. 这个氧化物与磁性氧化铁 Fe_3O_4 为异质同晶的,其中 Co(II)离子四面体地被氧原子包围和 Co(III)离子八面体地为氧原子包围. 这两种氧化物都容易被氢或炭还原成金属. 在陶瓷工业中利用氧化钴同二氧化硅和氧化锌的反应以制备瓷釉颜料.

9. 氢氧化钴(II)

向钴(II)盐溶液中加入碱金属氢氧化物时,依赖于反应条件,可以得到蓝色或粉红色的氢氧化钴(II)沉淀. 粉红色变体是其中较稳定的一种,当将蓝色变体较长时间放置或加热即转变成粉红色物种. 氢氧化钴(II)是两性化合物,能溶在碱溶液中生成$[Co(OH)_4]^{2-}$离子的蓝色溶液. $Co(OH)_2$ 的碱悬浮液会被空气氧化成棕色的 CoO(OH),这个氧化过程也可借加入次氯酸盐、溴水或过氧化氢来实现. 粉红色的 $Co(OH)_2$ 的密度为 3.597,它具有水镁石$[Mg(OH)_2]$结构,在其中钴原子被

6 个氢氧根离子所包围,蓝色变体比较是无序的,但其结构尚未弄清楚.

10. 硫化钴(II)

用硫化钠处理钴(II)盐溶液得到的黑色沉淀(即所谓的 α-CoS)其组成为 $Co(SH,OH)_2$,其氢氧化物含量决定于沉淀介质的碱度.新沉淀出来的产物能溶于酸,但经放置后,这个非晶态沉淀变为含有结晶态 $Co_{1-x}S$ 和 Co_9S_8 的混合物,它不溶于酸.在钴硫体系中,已确证的硫化物有 CoS_2(黄铁矿结构),Co_3S_4(尖晶石结构)和钴短缺的 $Co_{1-x}S$(砷化镍 NiAs 结构).在低于 120K 时二硫化钴是铁磁性的,高于此温度时它具有低自旋结构 $t_{2g}^6e_g^1$ 而有顺磁性.Co_3S_4 相在自然界出现为硫钴矿,可以稳定至高于 650℃,至此它分解成 CoS_2 和 $Co_{1-x}S$. Co_9S_8 相是在 835℃左右通过转熔过程而生成的,它的结构特点是钴原子中的 8 个占入立方紧堆硫原子的四面体孔穴中,而第 9 个钴原子则占入一个八面体孔穴中.

11. 氮化钴

这些化合物不能通过单质的直接化合来制备.当新制备的钴粉与氨反应时生成氮化物 Co_2N 和 Co_3N,由硝酸六氨合钴(III)在液氨中与氨化钾反应生成的氨化钴(III)经在 40—50℃热分解得到黑色非晶态的易自燃粉末 CoN.

磷和砷可与加热的钴直接化合.在 Co-P 体系中已知有 3 个磷化物 Co_2P,CoP 和 CoP_3,它们都是通过直接合成而得到的.砷化物 $CoAs_2$(砷不足的方钴矿)和 $CoAs_3$(方钴矿)出现为天然矿物.

12. 碳酸钴(II)

碳酸钴(II)在自然界出现为菱钴矿.在二氧化碳气氛中,令碱金属酸式碳酸盐作用于钴(II)盐的水溶液可以沉淀出紫红色的 6 水合碳酸钴(II) $CoCO_3 \cdot 6H_2O$.在未用二氧化碳气氛时,在上述反应中将沉淀出碱式碳酸盐.将上述 6 水合物在 140℃脱水可得 $CoCO_3$,但在真空下加热至 350℃则得到 CoO.

13. 羧酸钴(II)

将氧化钴、氢氧化钴或碳酸钴溶解在乙酸溶液中并进行结晶,可以得到红色的 4 水合物 $Co(OCOCH_3)_2 \cdot 4H_2O$.它在自氧化反应中用为催化剂,常常在乙酸溶液中使用,在这些溶液中的活性物种是 $Co(OCOCH_3)_2$ 和 $[Co(OCOCH_3)_4]^{2-}$.它又常在油漆中用作漂白剂和干燥剂,乙酸钴(II)的 2 水合物 $Co(OCOCH_3)_2 \cdot 2H_2O$ 含有八面体配位的钴,而乙酸根起单齿体的作用,每个乙酸根又通过氢键与一个配位水分子相连.无水乙酸钴(II)可以生成双配体加合物 $Co(OCOCH_3)_2 \cdot 2L$,配体 L 可以是吡啶和联氨.

向钴(II)盐溶液中加入草酸根离子时沉淀出粉红色粉末的草酸钴(II),其化学式为 $CoC_2O_4 \cdot 2H_2O$. 它易溶于氨水中. 草酸钴(II)的四水合物是带黄色调的粉红色粉末,它用于制备催化剂和用于制备粉末冶金用的金属钴.

14. 硝酸钴(II)

将氧化钴、氢氧化钴或碳酸钴溶解在稀硝酸中,然后在室温下进行结晶,得到红色吸湿性的 6 水合物 $Co(NO_3)_2 \cdot 6H_2O$. 加热至 56℃时它变为 3 水合物;在更高温度则发生分解作用. 无水硝酸钴(II)可以制备如下:将水合硝酸钴(II)溶解在硝酸中,然后将五氧化二氮凝聚到此溶液中,或将金属钴溶解在等体积的四氧化二氮和乙酸乙酯的混合物中,均可制得无水盐. 在后一方法中分离出深紫色的加合物 $Co(NO_3)_2 \cdot 2N_2O_4$,真空加热至 50℃它变为 $Co(NO_3)_2 \cdot N_2O_4$,在 120℃得到淡紫色的 $Co(NO_3)_2$. 在以上反应中均未发生钴(II)被氧化成钴(III)的作用.

15. 磷酸钴(II)

将钴(II)盐与磷酸一起加热可以得到无水磷酸钴(II)$Co_3(PO_4)_2$. 当将氯化钴(II)和磷酸氢钾的水溶液相混合时得到磷酸钴(II)的 8 水合物 $Co_3(PO_4)_2 \cdot 8H_2O$ 沉淀. 由于它具有光亮的淡紫色,被用为作画颜料和陶瓷釉颜料. 用焦磷酸钠和钴(II)盐溶液可同样地沉淀出焦磷酸钴(II)$Co_2P_2O_7 \cdot 8H_2O$.

16. 硫酸钴(II)

从水溶液中可以结晶出橙红色的 7 水合物 $CoSO_4 \cdot 7H_2O$,它与 $FeSO_4 \cdot 7H_2O$ 为同晶形的,在 30℃时结晶或将 7 水合物在 41.5℃加热可以得到橙红色的 6 水合物,加热至高于 70℃生成 1 水合物,高于 250℃时得到无水硫酸盐. 此立方系的无水盐在 735℃分解;它的潮解性弱于氯化物或硝酸盐,它是许多工业用途上常常使用的钴盐. 它在水中的溶解度(在 20℃时每 100 克水约溶解 36g $CoSO_4$)随温度升高而增大;它不溶于乙醇中. 水合盐的室温磁矩约在 4.75BM 左右.

向硫酸钴(II)溶液中加入碱金属(或铵)硫酸盐并进行结晶可以得到硫酸复盐,例如$(NH_4)_2SO_4 \cdot CoSO_4 \cdot 6H_2O$,它生成为红色晶体并与摩尔盐$(NH_4)_2SO_4 \cdot FeSO_4 \cdot 6H_2O$为同晶形的. 钴(II)还有一些碱式硫酸盐如蓝色的 $COSO_4 \cdot 3Co(OH)_2$ 和紫色的 $2COSO_4, 3Co(OH)_2 \cdot 5H_2O$.

17. 亚硫酸钴(II)

向氢氧化钴(II)的水悬浮液中通入二氧化硫可以得到红色粒状的 $CoSO_3 \cdot 5H_2O$ 晶体. 它微溶于水,并容易与碱金属亚硫酸盐生成复盐.

18. 卤酸钴(II)和高卤酸钴(II)

令硫酸钴(II)与氯酸钡在水溶液中反应，过滤除去硫酸钡沉淀后，从滤液中可以结晶出水溶性很高的氯酸盐 $Co(ClO_3)_2 \cdot 6H_2O$. 它对热不稳定，但在真空下加热至 60℃可以得到无水盐. 溴酸盐和碘酸盐与此类似，但碘酸盐仅微溶于水.

令含钴碱(指氧化钴、氢氧化钴或碳酸钴(II)溶解在高氯酸溶液中并从中结晶，可以得到红色的水合高氯酸盐 $Co(ClO_4)_2 \cdot 6H_2O$. 它极溶于水(在 26℃每 100g 水约溶解 254g)，在水溶液中含有$[Co(H_2O)_6]^{2+}$离子.

2.3.3　钴的金属有机化合物

八羰合二钴在许多有机合成反应中被用作有效的催化剂，这些工作引发了人们对钴有机化学的重视，深入研究的结果，使得在金属有机化学的发展中，钴有机化学占有相当重要的一席之地. 八羰合二钴在络合催化反应中的应用可以举烯烃的“氢醛化反应”和炔烃的“环三聚反应”为例来加以说明.

在八羰合二钴的存在下，可以从烯烃、一氧化碳和氢气制备醛，反应如下：

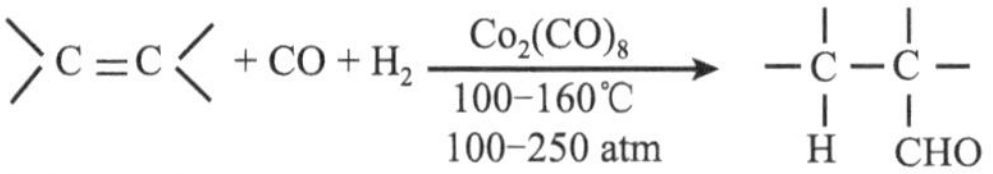

炔烃的环三聚反应如下：

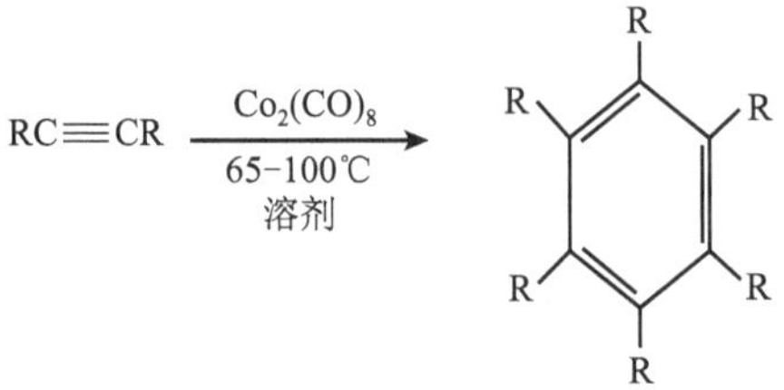

对钴有机化学已有过好几篇优秀综述文章①–④可供参阅. 本节将把讨论内容限制在一些含有 Co—C σ 键的化合物和钴与碳原子系统以 π-键相结合的化合物方面. 由于钴有机化学的复杂性，为简化计，在以下的论述中不再计较在众多钴有机化合物中钴原子的氧化态问题(这就像在一般有机化学中从不计较碳原子的氧化态问题一样).

1. 含 Co—Cσ 键的钴有机化合物

简单的钴烷基化合物和钴芳基化合物都十分不稳定而难于独立存在，但在有

---

①G. E. Coates et al,“Organometallic Compounds”, Vol. 2, Methuen(1968).

②R. F. Heck, Organic Syntheses via acylcobalt tetracarbonyls, in I. Wender(Eds.),“Organic Syntheses via Metal Carbonyls”, vol. I, p. 373, Interscience(1968).

③W. Hubel, Organometallic derivatvives from metal carbonyls and acetylene compounds, *ibid*, p. 273.

④A. J. Chalk, *Advances in Organoment*, *Chem.*, 6, 119(1968).

π-键配体如羰基、三取代膦、π-环戊二烯基或氰离子的存在下，Co—Cσ 键可以被稳定化而能分离得到含 Co—Cσ 键的络合物. 制备方法是多种多样的，反应起始物可以是格氏试剂、羰基钴酸根阴离子或羰基钴氢化物，可以用如下几个反应方程式作为例子来加以说明：

$$(\pi-C_5H_5)(PPh_3)CoI_2 + MeMgI \longrightarrow MeCoI(PPh_3)(\pi-C_5H_5) + Me_2Co(PPh_3)(\pi-C_5H_5)$$

$$Na[Co(CO)_4] + MeI \longrightarrow MeCo(CO)_4 + NaI$$

$$HCo(CO)_4 + Me(CH_2)_2CH{=}CH_2 \longrightarrow Me(CH_2)_2\underset{\displaystyle Co(CO)_4}{\underset{|}{C}}HCH_3 + Me(CH_2)_3CH_2Co(CO)_4$$

维生素 B_{12} 可以看成是天然存在的烷基钴化合物(图 2.3)，在这个化合物中钴原子是通过一个 Co—C σ 键和一个腺苷基相连结的. 通过烷基卤、烯烃或炔烃对氰基钴胺(维生素 B_{12g})的作用可以制得烷基钴胺. 已经研究过与维生素 B_{12} 相类似的许多钴络合物体系，其中包括初卟啉络合物(图 2.9a)、二甲基乙二肟络合物(图 2.9b)和西佛碱络合物(图 2.9c).

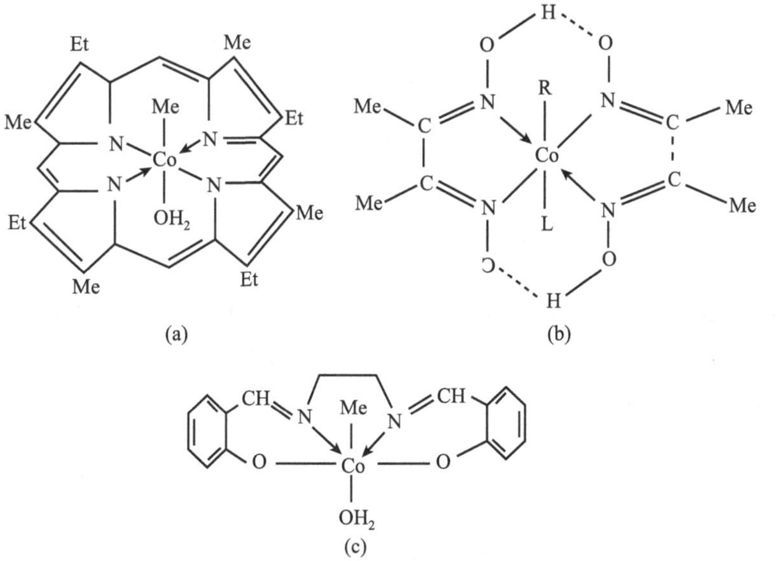

图 2.9　维生素 B_{12} 的一些模型化合物

烷基钴羰合物是一类重要化合物，特别是对合成有机化学而言. 甲基钴四羰合物是黄色化合物，其熔点为 −44℃，温度高于 −35℃时它是热不稳定的. 全氟烷基

钴羰合物如 $C_2F_5Co(CO)_4$ 有较高的熔点和较高的热稳定性，膦取代衍生物如 $C_2F_5Co(CO)_3\cdot(PPh_3)$ 则是熔点颇高的固体．这类化合物的最重要反应是生成酰基钴羰合物的可逆羰基化反应：

$$RCo(CO)_4+CO \rightleftharpoons RCOCo(CO)_4$$

这些酰基化合物在约 50℃与醇类反应生成酯，这就使得从烷基卤通过容易进行的反应制备酯成为可能：

$$RX+CO+[Co(CO)_4]^- \longrightarrow RCOCo(CO)_4+X^-$$

$$RCOCo(CO)_4+R'OH \longrightarrow RCOOR'+HCo(CO)_4$$

如果体系中有叔胺存在，则钴在此过程中显然起催化作用，因为羰基钴(－I)酸根可以再生：

$$RCOCo(CO)_4+R'OH+R''_3N \longrightarrow RCOOR'+[R''_3NH][Co(CO)_4]$$

用硫酸处理钴羰基炔烃络合物 $Co_2(CO)_6RC_2H$ 曾制得一些通式为 $Co_3(CO)_9CR$ 的特殊烷基钴羰合物．它的氯衍生物(R＝Cl)可以直接从八羰合二钴和四氯化碳来制备．这些化合物是紫色固体，对甲基化合物的 X 射线研究表明它具有图 2.10 的结构．

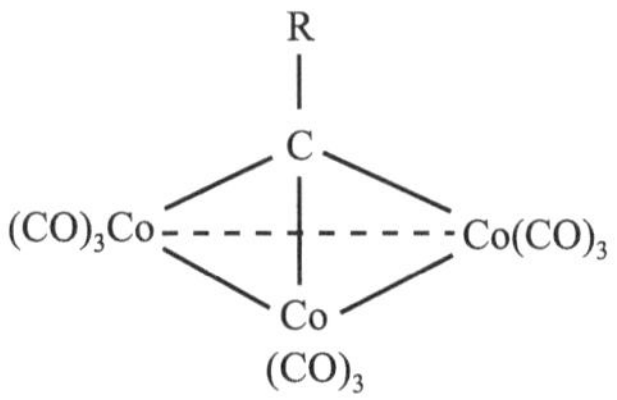

图 2.10　$Co_3(CO)_9CMe$ 的结构

另一类值得提起的烷基钴化合物是钴(III)的衍生物$[(CN)_5CoR]^{3-}$．这些相对非易变的低自旋 d^6 络合物是通过五氰合钴(II)酸根和有机卤化物之间的直接反应来制备的．

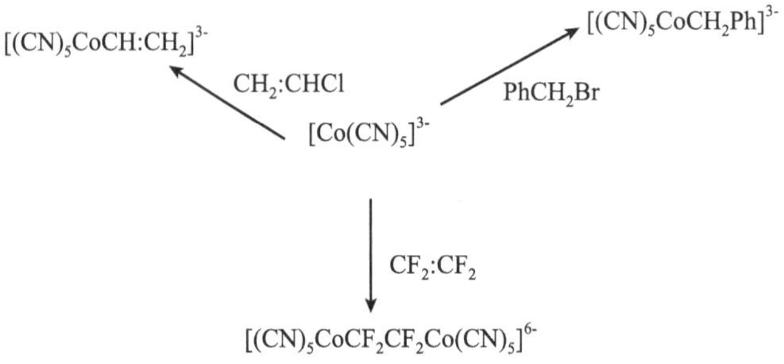

这些阴离子的盐的水溶液在无氧条件下是稳定的,但它们能被酸分解.

通过下列在液氨中的反应可以得到σ-键合的炔化物 $Na_4[Co(C⋮CR)_6]$:

$$6NaC⋮CR + [Co(NH_3)_6](SCN)_2 \longrightarrow Na_4[Co(C⋮CR)_6] + 2NaSCN + 6NH_3$$

络盐 $Na_4[Co(C⋮CR)_6]$是绿色的和有顺磁性(低自旋),它很容易被氧化成较稳定的黄色钴(III)盐 $Na_3[Co(C⋮CMe)_6]$.

2. 一些π-键合的钴有机化合物

烯烃、烯丙基和炔烃络合物

钴不容易同单烯烃生成络合物,但有报道说钴有若干个二烯的化合物. 在2.2.1节中曾讨论过八羰合二钴与烯烃和炔烃的反应,向二茂钴离子加给负氢离子生成了一个环戊二烯络合物:

这个烯烃络合物的化学性质指出环上氢原子 H_α(靠近钴原子)有些不寻常的反应活性. 它容易被质子拿走生成二茂钴离子和氢气,也能够被四氯化碳拿走:

$$Co(C_5H_5)(C_5H_6) + CCl_4 \longrightarrow [Co(C_5H_5)_2]Cl + CHCl_3$$

这个反磁性烯烃络合物的红外光谱显有反常低的 C—H 拉伸频率 $2750cm^{-1}$,被归因于环上 C—H_α 和钴原子的相互作用. 通过与二苯基乙炔的反应得到一个环丁二烯的衍生物:

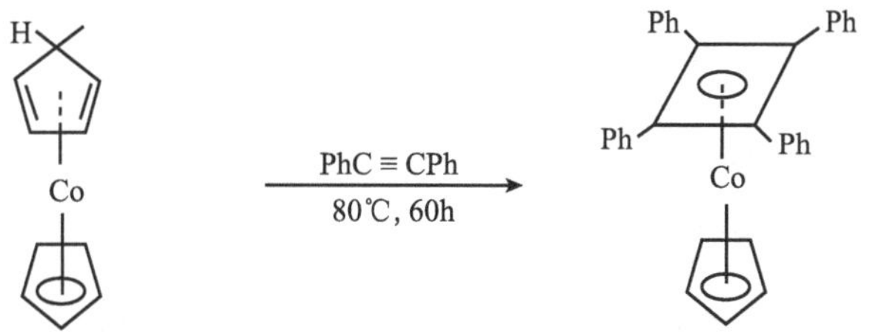

当用不饱和配体处理$(\pi-C_5H_5)Co(CO)_2$ 时,一氧化碳会完全被取代,生成环状二烯络合物(图 2.11).

从钴羰基氢化物或用一种烯丙基卤处理一种钴络合物(图 2.12)可以得到钴的π-烯丙基络合物. 这类烯丙基络合物常常是黄色或红色固体,极容易被氧化. Co

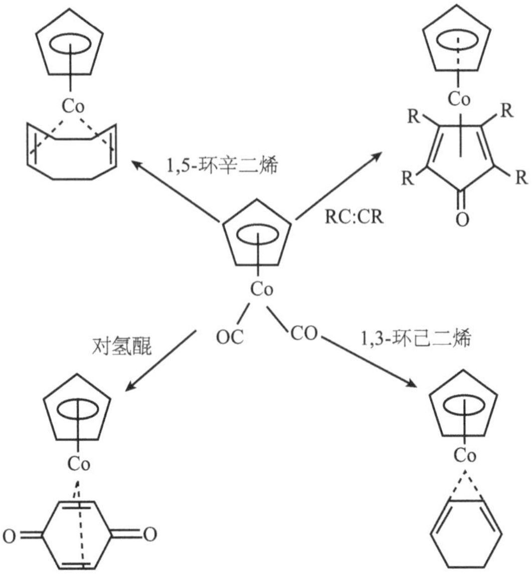

图 2.11 从$(C_5H_5)Co(CO)_2$合成环二烯络合物

$(\pi\text{-}C_3H_5)(CO)_3$是一种黄色液体,熔点－32—－33℃,它与三苯基膦反应时能使羰基被取代,而烯丙基不被取代,所得取代衍生物$Co(\pi-C_3H_5)(CO)_2(PPh_3)$相对要稳定得多,在132℃熔化并分解.

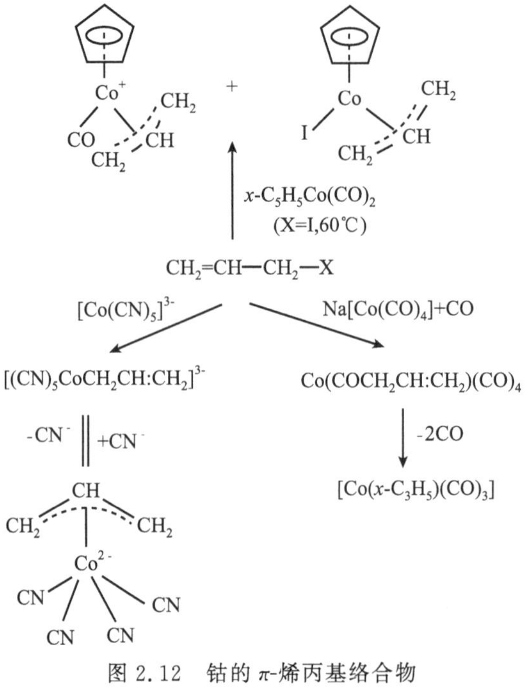

图 2.12 钴的π-烯丙基络合物

3. π-环戊二烯基络合物

双(π-环戊二烯基)钴(或二茂钴)$(\pi\text{-}C_5H_5)_2Co$

二茂钴是二茂铁的钴同系物,可以通过多种方法来制备,但最常用的方法是令按配比量的环戊二烯基钠和无水氯化钴(II)在四氢呋喃中反应.此反应是一个放热反应,随着反应的进行,混合物变为暗紫色;加热回流促使反应走向完全,然后蒸除溶剂,以60℃温度将二茂钴真空(0.1 mmHg)升华提纯.其它制备方法包括环戊二烯基钠和硫氰酸钴(II)在液氨中的反应以及用氢化铝锂还原$[Co(C_5H_5)_2]^+$等.

二茂钴生成为对空气敏感的紫黑色晶体,熔点173℃.它容易被氧化成较为稳定的二茂钴鎓离子$[Co(C_5H_5)_2]^+$.二茂钴比二茂铁多一个电子,因而二茂钴是顺磁性的,室温磁矩$\mu=1.76$BM;此分子的电子结构便成为$a_{1g}^2a_{1u}^2e_{1u}^4e_{1g}^4a'^2_{1g}e_{2g}^4a_{1g}^4$(参见27.1节).它容易失去这个电子而取得较稳定的18电子结构就不足为奇了.反磁性的二茂钴鎓盐可以直接从钴(III)盐和环戊二烯基溴化镁来制备.这个阳离子在浓硝酸中也是稳定的,但像二茂铁一样,容易接受亲核试剂的进攻.

二茂钴在温度高达250℃以前是热稳定的,它不溶于水和液氨中,但能溶于有机溶剂中产生紫红色溶液.在适中的压力和温度下它与一氧化碳作用生成环戊二烯基二羰合钴$(\pi-C_5H_5)Co(CO)_2$.二茂钴的有趣反应之一是与四氯化碳作用沉淀出离子型的氯化二茂钴鎓:

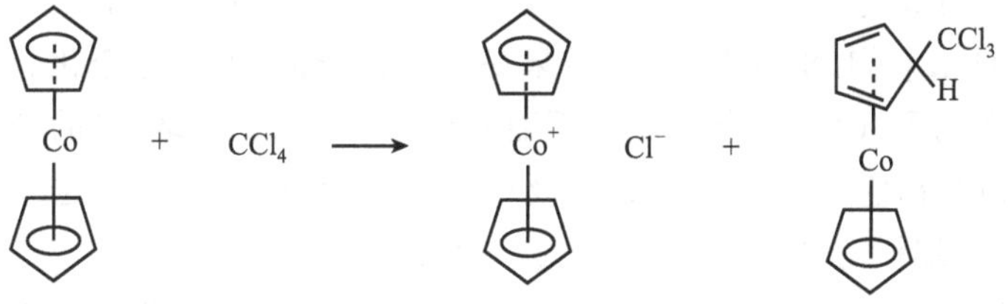

4. π-环戊二烯基二羰合钴

这个化合物是通过环戊二烯与八羰合二钴的反应或在适中的压力和温度下由双(π-环戊二烯基)钴和一氧化碳的反应制备的.它是一种暗红色油状液体,沸点72℃/22mmHg,熔点−22℃.它略有空气敏感性因而最好贮存在氮气氛中,它能溶于有机溶剂,它的偶极矩为2.87±0.1D.

在$(\pi-C_5H_5)Co(CO)_2$中的羰基很容易被许多配体取代(见图2.11).与碘作用生成二碘化物$(\pi-C_5H_5)Co(CO)I_2$,其中的一氧化碳也可被配体取代.

$$[(\pi-C_5H_5)Co(diPy)I]^+I \xleftarrow[\text{diPy}]{\text{联吡啶}} (\pi-C_5H_5)Co(CO)I_2 \xrightarrow{PPh_3}$$

$$(\pi-C_5H_5)Co(PPh_3)_2$$

当用紫外光照射环戊二烯基二羰合钴的已烷溶液时，得到一种结晶状的反磁性三聚物$[C_5H_5CoCO]_3$，它可以存在为两种异构变体.

5. 钴的芳烃络合物

金属芳烃化合物的通用制备方法是通过铝、氯化铝、芳烃和该金属氯化物的反应，使用六甲基苯和氯化钴(II)时即得到双(六甲苯)合钴(I)阳离子：

$$3CoCl_2 + Al + 2AlCl_3 + 6Me_6C_6 \xrightarrow{100℃} 3[(Me_6C_6)_2Co][AlCl_4]$$

这个黄色顺磁性阳离子可以分离为多种多样的盐(它的 PF_6^- 盐磁矩 $\mu_{eff}=2.95BM$)，它与相应的铁(0)络合物是等电子体. 不用铝时，上述反应产生钴(II)阳离子：

$$CoCl_2 + 2AlCl_3 + 2Me_6C_6 \longrightarrow [Co(Me_6C_6)_2][AlCl_4]_2$$

这个阳离子也可以分离为顺磁性的六氯合铂酸盐($\mu_{eff}=1.73BM$). 在中性或强酸性溶液中这个离子会发生歧化反应：

$$2[Co^{II}(C_6Me_6)_2]^{2+} \longrightarrow [Co^{I}(C_6Me_6)_2]^{+} + [C^{I}II_6(C_6Me_6)_2]^{3+}$$

不过钴(III)阳离子的盐并未分离得到过.

在−78℃用金属钠在液氨中还原双(六甲苯)合钴(I)和双(六甲苯)合钴(II)得到双(六甲苯)合钴(0)，它是一种暗红棕色的针晶.

$$[Co(C_6Me_6)_2]PF_6 + Na \longrightarrow [Co(C_6Me_6)_2] + NaPF_6$$

这个化合物具有高度的空气敏感性，能溶于非极性溶剂中. 在固态下和在溶液中它都是顺磁性的($\mu_{eff}=1.86BM$)；这个结果是令人惊异的，因为这个化合物比惰性气体结构多 3 个电子. 因而这个化合物不能妥善地用，如二苯铬(0)的分子轨道理论来加以描述. 此外，它在苯溶液中的偶极矩为 1.78±0.07D，因而这个化合物大概不像二苯铬(0)那样有高度对称的夹心式结构.

当将四羰基钴(−I)酸汞在苯中与三氯化铝一起加热时，得到一个不寻常的三核芳烃羰合物阳离子$[(C_6H_6)_3Co_3(CO)_2]^+$：

$$3C_6H_6 + 2Hg[Co(CO)_4]_2 \longrightarrow [(C_6H_6)_3Co_3(CO)_2][Co(CO)_4] + 2Hg + 10CO$$

这个阳离子的结构尚未确知，但人们认为它含一个钴原子三角，每个钴原子与一个苯环作 π 键连接，钴三角与两个一氧化碳分子形成一个三角双锥体，一个 CO 在三角平面的上方，另一个 CO 在三角平面的下方.

2.3.4 钴(II)的络合物

1. 钴的阳离子络合物

6 水合钴(II)离子$[Co(H_2O)_6]^{2+}$

这个粉红色离子存在于 $Co(ClO_4)_2 \cdot 6H_2O$，$Co(NO_3)_2 \cdot 6H_2O$，$CoSO_3 \cdot 6H_2O$ 和 $CoSO_4 \cdot 7H_2O$ 的晶体结构中. 它也存在于不含络合阴离子的钴(II)盐水溶液中，但其中还会含有少量的 4 水合离子 $[Co(H_2O)_4]^{2+}$. 6 水合离子的水溶液几乎不呈酸性，当在溶液上方保持一定压力的二氧化碳气氛的情况下，向溶液中加入碱金属碳酸盐水溶液，可以沉淀出碳酸盐 $CoCP_3$. 这个离子的氧化还原性已在 2.3 节中讨论过了.

2. 其它 $[CoL_6]^{2+}$ 离子

许多钴(II)盐和氨反应生成氨合物，往往有 6 分子的氨与钴(II)盐结合. 虽然这些氨合物可在加入了过量氨而在水溶液中制备，但它们容易在此介质中被氧化；6 氨合钴(II)离子 $[Co(NH_3)_6]^{2+}$ 能被纯水分解. $CoX_2 \cdot 6NH_3$ ($X=Cl^-$，Br^-，I^-，ClO_4^-，BF_4^-，PF_6^- 和 SO_3F^-) 含有被氨分子八面体包围的钴原子，晶体结构为 K_2PtCl_6 型结构. 有一个例外的例子，在高铼酸盐 $[Co(NH_3)_4][ReO_4]$ 中有一个 4 氨合离子 $[Co(NH_3)_4]^{2+}$.

在钴(II)盐和给体溶剂之间的许多反应中能生成六配位的物种. 八羰合二钴的歧化反应也给出六配位钴(II)离子：

$$CoCl_2 + 6N_2H_4 \longrightarrow [Co(N_2H_4)_6]^{2+} + 2Cl^-$$

$$CoI_2 + 6Me_2SO \longrightarrow [Co(Me_2SO)_6]^{2+} + 2I^-$$

$$3Co_2(CO)_8 + 12MeNH_2 \longrightarrow 2[Co(MeNH_2)_6][Co(CO)_4]_2 + 8CO$$

在某些溶剂中一些钴(II)盐会发生自络合反应生成自络合物：

$$2CoCl_2 + 6Me_2SO \longrightarrow [Co(Me_2CO)_6]^{2+} + [CoCl_4]^{2-}$$

$$2CoI_2 + 6MeCN \longrightarrow [Co(MeCN)_6]^{2+} + [CoI_4]^{2-}$$

双齿配体往往生成八面体阳离子，例如 $[Co(diPy)_3]^{2+}$，$[Co(Phen)_3]^{2+}$，$[Co(en)_3]^{2+}$，这些离子可在水溶液中生成，也可通过钴羰合物的歧化反应来制备. 不过有些这类配体可与钴(II)生成平面四边形络合物，例如 $[Co(en)_2](AgI_2)_2$，$[Co(MeSCH_2CH_2SMe)_2][ClO_4]_2$，$[CoA_2]^{2+}$ (A＝二甲基-邻-甲基硫苯基胂) 和 $[Co(dirs)_2][ClO_4]_2$.

有些单齿配体也生成四面体阳离子. 在 $[Co(Ph_3AsO)_4]_2I_2$ 和 $[Co(HMPA)_4](ClO_4)_2$ (HMPA＝六甲基磷酰胺)，这些化合物都是通过钴(II)盐与过量配体而生成的，它们都是蓝色固体. 硫脲生成含有四面体阳离子的 $[Co(tu)_4](ClO_4)_2$，在其中硫脲分子是通过硫原子而同钴连结的. 苯并咪唑络合物 $[Co(BZDH)_4]^{2+}$ 是一个含氮给电子配体的四面体阳离子的另一个例子.

钴(II)与四齿配体 $N(CH_2CH_2NMe_2)_3$(代表符号 trenMe)生成少数五配位阳离子,它们是[Co(trenMe)X]X 型的络合物(X=Cl,Br,I).这些化合物是高自旋的(μ_{eff}~4.5BM),在硝基苯中它们是 1∶1 电解质.它们具有三角双锥结构.甲基异腈络合物值得注意之处是得到了化学式为 $Co(CNMe)_5(ClO_4)_2$ 的两种化合物.黄色反磁性变体含有双聚阳离子$[(MeNC)_5Co—Co(CNMe)_5]^{4+}$,它同 $Mn_2(CO)_{10}$ 是等电子体和等结构体.蓝色变体是顺磁性的,有一个成单电子,大概具有五配位结构.

3. 钴(II)的电中性络合物

含氮、磷、砷配体的络合物

卤化钴(II)和其它简单盐与具有氮、磷、砷给电子原子的配体生成为数极多的络合物.这些络合物可以通过钴(II)盐的水或乙醇溶液与配体的直接反应来制备,它们的通式为 CoX_2L,CoX_2L_2 和 CoX_2L_4,在式中 X=一价阴离子和 L=配体.虽然粉红色络合物常常是八面体结构的,蓝色络合物常常是四面体结构的,但不能单从颜色来判断络合物的立体结构,因为文献记载中有好多互相矛盾的例子.应该指出的是在本讨论中所谓的“八面体”和“四面体”仅仅是粗略的表示络合物的立体化学,因为只有很少(如果有的话)络合物具有严格八面体或四面体对称性.

含氮配体一直能生成最多数目的这类络合物,在本节中只可能提及很少的例子.由于八面体络合物和四面体络合物之间的稳定性差异很小,对给定的钴盐和配体常常发现两种立体结构同时并存,并且会发现这两种络合物处于平衡之中.研究得最多的络合物系列之一是 $CoX_2(Py)_2$ 化合物.氯络合物 $CoCl_2(Py)_2$ 在室温下可以存在一种紫色(稳定)变体和一种蓝色(不稳定)变体.紫色变体具有八面体结构和氯桥(钴原子被 4 个氯和 2 个氮原子包围,Co—Cl=249pm 和 Co—N=214pm),而蓝色变体是四面体结构和单分子的.相应的溴化物、碘化物和氰化物都仅生成蓝色的四面体 $CoX_2(Py)_2$,而硫氰酸盐和硒氰酸盐则仅生成紫红色的八面体络合物 $Co(NCS)_2(Py)_2$ 和 $Co(NCSe)_2(Py)_2$.不过当所有这些络合物溶解在有机溶剂如硝基苯中时都生成四面体物种.向这类溶液中加入更多吡啶时则导致四面体-八面体平衡:

$$CoX_2(Py)_2 + 2Py \rightleftharpoons CoX_2(Py)_4$$

这些系统使人们研究电子效应和空间效应在决定这些立体化学中的重要性成为可能.总之,配体上 σ-电子对越容易被极化,为达成络合物电中性所需的配体分子数便越少.所以对给定含氮配体和各类卤离子的络合物来说,在从氯化物变到碘化物时,有时会出现从八面体到四面体的转变.前面我们已看到在吡啶络合物便存在着这种情况,对于配体如吡嗪和取代吡嗪的络合物来说也有这种情况.当配体载有烷基时，它会干扰八面体结构中的其它基团而会观察到空间效应. 例如吡嗪生成八面体络合物 $CoI_2(Pyz)_2$，但 2,6-二甲基吡嗪只能生成四面体络合物 $CoI_2(2,6-dmp)_2$. 还有，联氨（肼）生成含联氨桥的八面体 $CoCl_2(N_2H_4)_2$，而不对称二甲肼仅只能生成四面体的 $CoCl_2(Me_2NNH_2)_2$.

对于那些既能生成四面体 CoX_2L_2 又能生成八面体 CoX_2L_4 络合物的许多含氮配体来说，可以使用合适的金属-配体化合比来制备各络合物. 但对于膦和胂配体来说，发现它们只有利于生成四面体络合物，尽管使用过量的配体也罢，例如 $CoX_2(EtPH_2)_2$，$CoX_2(Et_3P)_2$ 和 $CoX_2(Et_3As)_2$ 等络合物（X＝Cl，Br，I）. 不过也有例外，例如绿色的二乙基膦络合物 $CoX_2(Et_2PH)_4$，它的磁矩在 2.0BM 左右，可能是自旋成对的八面体. 在 $Co(PEt_3)_2(NCS)_2$ 溶液中存在着高自旋一低自旋平衡，高自旋变体是单分子四面体化合物，而低自旋变体是双聚分子，钴原子周边是五配位的.

用杂环氮碱，如吡唑、咪唑或苯并咪唑作配体可以制得仅含氮作为给电子原子的电中性四面体络合物. 在中性溶液中这些配体生成常见品类的八面体和四面体络合物，但在微碱性溶液中，配体原子会被拿走一个质子而会沉淀出酸根络合物，例如紫色的双（吡唑基）合钴（II）$Co(C_3H_3N_2)_2$. 据认为这些化合物具有多聚结构，在其中钴被来自两个杂环阴离子双齿体的 4 个氮原子以四面体配位形式包围着.

四齿配体双（水杨醛乙二胺基）离子和卟啉生成平面型络合物. 当侵蚀过的金属钴与苯二甲腈一起加热时生成了酞青钴络合物，它可以升华得到暗蓝色针晶，具有红紫色光泽和室温磁矩为 2.73BM.

有些配体生成五配位钴（II）络合物. 化学式为 $ClC_6H_3(OH)CH:NCH_2CH_2NEt_2$（缩写式 Cl－Salen－$NEt_2$）的西佛碱生成一个五配位络合物（5－Cl－Salen—NEt_2）$_2$Co，它具有变形四方锥结构. 双（*N*-甲基水杨醛亚胺基）合钴（II）生成一个双聚物，在其中每个钴原子被配体原子以变形三角双锥形式包围着. 三齿配体二乙三胺 $HN(CH_2CH_2NH_2)_3$（缩写式 den）与卤化钴（II）生成五配位络合物［$Co(den)X_2$］（X＝Cl，Br，I 或 NCS）；这些化合物是无自旋的和在硝基苯中是非导电体.

与含氧和含硫配体的络合物

钴（II）盐与醇类、硫醇、醚类、酮类和含硫化合物生成为数极多的络合物，此处仅作简略介绍. 和含氮配体一样，配体的微小变化往往会使络合物的立体化学发生变化. 举例来说，乙撑硫脲与卤化钴（II）生成四面体络合物 $Co(etu)_2X_2$，而双齿配体二甲硫基乙烷则生成八面体络合物 $Co(MeSCH_2CH_2SMe)_2X_2$.

膦氧和胂氧配体的硝酸钴（II）络合物很有意思，乍一看来，根据它们的磁矩和光谱数据，它们似乎是四面体络合物. 但单晶 X 射线结构测定表明它们含有六配位

钴原子 $Co(Me_3PO)_2(NO_3)_2$，其中硝酸根都起着双齿配体的功能. 不过包围在钴原子周边的 6 个氧原子的排布是高度不规则的，这个分子简直没有任何对称要素可言.

已详细研究过 1,3-二酮与钴(II)盐生成的中性晶状衍生物. 将乙酰丙酮的碱性溶液加入到氯化钴(II)溶液中很容易就沉淀出橙色针晶的乙酰丙酮基合钴(II) $Co(acac)_2 \cdot 2H_2O$(乙酰丙酮 = Hacac). 这个 2 水合物具有反式八面体结构. 在 58℃真空脱水时，得到紫色无水化合物 $Co(acac)_2$，其它无水 β-二酮盐可以用类似方法制备. 在固态中 $Co(acac)_2$ 是个四聚物，金属原子处在一个畸变八面体环境中，在结构中存在着成桥的与非成桥的乙酰丙酮基. 在溶液中也发现有齐聚物，其分子量决定于溶剂和浓度. 在配位溶剂中，溶剂分子填入了四配位 $Co(acac)_2$ 周边的两个可用配位位置. 二特戊酰甲烷络合物 $Co[CH(COCMe_3)_2]$ 在钴原子周边氧原子作变形四面体排布，这可以说明在电子光谱中观察到的与其它钴(II)四面体络合物之间的差异.

与双齿硫给电子体生成的最有意思的络合物是那些与 1,2-硫醇和有关配体生成的化合物. 这些络合物属于电中性的和络阴离子型的，它们存在的问题是钴原子氧化态的问题；为了简化起见，对它们暂不区分氧化态，统一在这里予以介绍. 八羰合二钴与双(全氟甲基)二硫乙烯 $S_2C_2(CF_3)_2$ 的反应得到闪光的黑色板晶状电中性络合物 $[CoS_4C_4(CF_3)_4]$. 它是反磁性的和在溶液中是双聚分子. 晶体结构测定又证实它在固体中也存在为双聚分子；围绕钴原子的配位环境最好看成是一个四方锥体，每个单位的四个底座硫原子构成一个平面，钴原子向着轴顶硫原子(属于另一单位)距平面上移 37pm. 平均 Co—S(底座)键长为 216±2pm，和 Co—S(轴顶)=238Pm. 钴(II)盐在水或乙醇溶液中与钠盐 $Na_2S_2C_2(CN)_2$ 或 $Na_2S_2C_2H_2$ 反应生成阴离子络合物 $[CoS_4C_4(CN)_4]^{2-}$ 和 $[CoS_4C_4H_4]^-$，而用苯-1,2-二硫醇(以及它的甲基取代衍生物)的钠盐则生成 $[Co(S_2C_6H_4)_2]^-$ 和 $[Co(S_2C_6Cl_4)_2]^-$. 许多这些表面上看来是单体阴离子物种，在事实上却是双聚的负 2 价阴离子，即 $[Co—S_4]_2^{2-}$，这类络合物在固体状态也是双聚体，在非配位溶剂中是反磁性的. 在二甲亚砜中，四氯苯二硫络合物和二氰二硫乙烯络合物的磁矩分别为 2.37 和 2.81BM，这表明双聚离子分解成具有自旋三重基态的单体离子. 芳烃-二硫乙烯络合物与四氯苯二硫基络合物不同，在固态中和在溶液中是高自旋(S=1)的. 将双聚负 2 价阴离子氧化得到顺磁性的负 1 价阴离子 $[Co—S_4]_2^-$ 和反磁性的电中性络合物 $[Co—S_4]_2$. 这些相关物种的容易互相转化可用双聚络合物 $[CoS_4C_4(CF_3)_4]_2$ 作为例子加以说明，在极谱研究中，揭示它有两个可逆单电子还原波和一个可逆二电子还原波，相应于如下过程：

$$[MS_4]_2 \underset{-e^-}{\overset{+e^-}{\rightleftharpoons}} [MS_4]_2^{1-} \underset{-e^-}{\overset{+e^-}{\rightleftharpoons}} [MS_4]_2^{2-} \underset{-2e^-}{\overset{+2e^-}{\rightleftharpoons}} 2[MS_4]^{2-}$$

4. 钴(II)的阴离子络合物

卤络合物

化学式为 M_2CoX_4 的氯、溴和碘络合物是容易制备的，即将含有按配比量的碱金属卤化物和卤化钴(II)的水溶液蒸发结晶．若阳离子为有机碱时，令有机碱氢卤酸盐与 6 水合卤化钴(II)在乙醇中反应，即生成四卤合钴(II)酸盐沉淀；绿色碘化物$[Et_4N]_2CoI_4$ 最好在冰醋酸中制备．在水溶液中制备的这类盐有时是水合物，例如$(NH_4)_2CoCl_4 \cdot 2H_2O$．络合氟化物经过详细表征的不多，但化合物如$(NH_4)_2CoF_4 \cdot 2H_2O$ 和 K_2CoF_4 是可以进行结晶的．

$CoCl_4^{2-}$ 离子具有四面体结构，但氯离子四面体不是完全的正四面体，因为虽然 Co—Cl 键都相等，但这个离子有角度畸变．在 Cs_2CoCl_4 中的角度是 107°20′，108°50′，109°20′和 116°20′；而在$[Me_4N]_2CoCl_4$ 中的角度是 108°18′，109°6′，110°24′和 111°42′．铯也生成 Cs_3CoCl_5，它含有变形四面体的 $CoCl_4^{2-}$ 离子．

氯化钴(II)在盐酸中的溶液含有一系列的氯络合物，可以用如下方程式来说明：

$$[Co(H_2O)_6]^{2+} + Cl^- \rightleftharpoons [CoCl(H_2O)_5]^+ + H_2O$$

$$[CoCl(H_2O)_5]^+ + Cl^- \rightleftharpoons [CoCl_2(H_2O)_2] + 3H_2O$$

$$[CoCl_2(H_2O)_2] + Cl^- \rightleftharpoons [CoCl_3(H_2O)]^- + H_2O$$

$$[CoCl_3(H_2O)]^- + Cl^- \rightleftharpoons [CoCl_4]^{2-} + H_2O$$

在稀(3M)盐酸中，$[Co(H_2O)_6]^{2+}$和$[CoCl(H_2O)_5]^+$是主要的存在物种，而在高于8M 的酸中，阴离子物种$[CoCl_3(H_2O)]^-$和$[CoCl_4]^{2-}$占主导地位．在浓酸中电子光谱研究表明$[CoCl_3(H_2O)]$是主要存在物种，而^{17}O 和^{35}Cl 核磁共振谱研究指出在这种溶液中$[CoCl_4]^{2-}$占主导地位．在 $ZnCl_2-KCl$ 熔盐中，氯化钴(II)完全存在为 $CoCl_4^{2-}$，但在 $ZnCl_2-AlCl_3$ 熔盐中有一种八面体-四面体转化平衡，高温有利于四面体物种的存在．

虽然钴与氯、溴和碘离子生成的八面体络合卤化物是少见的(在熔盐中的为例外)，但红色的氟络合物以立方系钙钛矿结构而结晶，在其中每个钴原子是被 6 个氟离子八面体地包围着的；在 114K 出现微小的四方变形．在 Ba_2CoF_6 中 CoF_6 八面体也有四方变形而拉长．

络合氰化物

当将氰化钴(II)溶解在氰化钾水溶液中时，先生成橄榄绿色溶液，随后很快被空气氧化．这个溶液曾成为许多研究工作的主题；它的 Co∶CN^- 比为 1∶5 并具有顺磁性，磁矩对每个钴原子为 1.72BM. 向此溶液加入乙醇时，沉淀出一种紫色盐，它的可能化学式是 $K_6[Co_2(CN)_{10}]\cdot 4H_2O$. 在真空下将此化合物以室温放在五氧化二磷之上进行脱水可以得到无水盐. 这个紫色盐是反磁性的，在红外光谱中在氰离子拉伸振动区于 2133，2090 和 $2079cm^{-1}$ 处显有三个强谱带，人们认为它具有一个钴-钴成键的结构 $[(NC)_5Co—Co(CN)_5]^{6-}$，类似于 $Mn_2(CO)_{10}$.

从这个绿色溶液未能分离得到单体阴离子，对 ESR 谱和配位场光谱的解析是以这个阴离子具有 C_{4v} 对称为基础的. 对于 $[Co(CN)_5]^{3-}$ 离子而言最可能的结构是一个四方锥体，但有些化学家则主张它有六配位结构 $[Co(CN)_5(H_2O)]^{3-}$. 该溶液是难于研究的，不仅因它们很容易被氧化，而且还因为它们会陈化，这些溶液仅能在几秒钟内保持“新鲜”. 新鲜的溶液能吸收分子氢生成一种未能分离出来的负氢离子络合物，但根据质子核磁共振谱和紫外光谱研究认为，它是 $[Co(CN)_5H]^{3-}$. 这个无色络合物在室温无氧条件下仅发生缓慢的分解作用. 它的氧化作用大概是通过如下步骤进行的：

$$[Co(CN)_5H]^{3-} \xrightarrow{O_2} [Co(CN)_5OOH]^{3-} \xrightarrow{H^+} [Co(CN)_5(H_2O)]^{2-}$$

生成这个负氢离子络合物的过程为活化分子氢参与多种还原过程开辟了方便的途径. 例如氰化钴(II)-氰化钾溶液在不饱和有机化合物的加氢反应中可起均相催化剂的作用，能将苯乙烯还原成乙基苯，将 1，3-环己二烯还原成环己烷，将二苯基乙二酮还原成二苯乙醇酮及将硝基苯还原成苯胺等.

用二氧化硫处理 $K_3[Co(CN)_5]$ 绿色溶液，随后加入甲醇，沉淀出反磁性的 $K_6[(CN)_5CoSO_2Co(CN)_5]\cdot 4H_2O$，用 $SnCl_2$，C_2F_4 和 C_2H_2 可发生同样的插入反应. 虽然氰钴(II)络合物经缓慢氧化作用时生成 $[Co(CN)_5(H_2O)]^{2-}$ 离子，但在 0℃ 向 $[Co(CN)_5]^{3-}$ 物种快速通入氧气流时却主要是生成双聚物 $[(CN)_5Co^{III}OOCo^{III}(CN)_5]^{6-}$；这个过氧阴离子的钾盐可以分离得到 1 水合物. 这个反磁性过氧阴离子可在碱性溶液中被溴氧化成红色顺磁性离子 $[(CN)_5CoOOCo(CN)_5]^{5-}$，其中钴的形式氧化态为 +3 和 +4.

硫氰酸根络合物

这些络合物是蓝色的四面体络合物，这同卤络合物相类似. 它们碱金属盐结晶为水合物，例如 $K_2[Co(NCS)_4]\cdot 4H_2O$ 和 $Na_2[Co(NCS)_4]\cdot 8H_2O$；它们在许多有机溶剂中生成蓝色溶液，但在稀水溶液中分解而呈粉红色. 用戊醇和乙醚从水溶液中萃取 $(NH_4)_2[Co(NCS)_4]$ 是比色法测定钴的基础. 向含有钴(II)和过量硫氰酸根离子的溶液中加入氯化汞(II)可以几乎定量地沉淀出汞盐 $Hg[Co(NCS)_4]$. 这个盐可用于重量法测定钴，并可用为 Gouy 磁天平法测定磁化率的校准物. 它在 293K 的摩尔磁化率为 $16.4\times10^{-6}emu\cdot mol^{-1}$.

氰酸根和硒氰酸根同样能生成四面体络合物，例如$[Co(NCO)_4]^{2-}$和$[Co(NCSe)_4]^{2-}$.

络合硝酸盐和亚硝酸盐

钴(II)盐同硝酸四甲铵在硝基甲烷中反应，或钴(II)盐同碘化甲基三苯基钟和硝酸银在乙腈中反应，可以生成四硝酸根合钴(II)酸盐. 淡红色的碱金属盐$K_2Co(NO_3)_4$和$Na_2Co(NO_3)_4$奇怪地是在六硝基合钴(III)酸盐与五氧化二氮的反应中制得的. $[Co(NO_3)_4]^{2-}$离子的这些盐都是吸湿的，它们的磁性和光谱性质都类似于四面体钴(II)络合物的性质. 对四苯基钟盐的X射线结构测定表明钴是八配位的，硝酸根离子表现为双齿配体，8个氧原子分布在一个不规整十二面体的角顶上. 如果把硝酸根看成只占用一个配位位置，那么钴原子周围的配位确实是接近于四面体的.

立方系的六硝基钴(II)酸盐$K_2Ba[Co(NO_2)_6]$和$K_2Pb[Co(NO_2)_6]$是低自旋八面体络合物的例子，它们的室温磁矩分别是1.88和1.81BM.

其它阴离子络合物

其它一齿阴离子如OH^-，N_3^-，乙酸根和三氟乙酸根与钴(II)生成四面体络合物. 甲酸根络合物看来是$[Co(OCOH)_6]^{4-}$型的和草酸根络合物是$[Co(OX)_2]^{2-}$型的；像碳酸根络合物$K_2[Co(CO_3)_2]\cdot 4H_2O$一样，它们都在水中分解.

2.4　钴(III)化合物

2.4.1　钴(III)的简单化合物和盐

1. 氟化钴(III)

单质氟与氯化钴(II)或氟化钴(II)在250℃发生快速放热反应生成浅棕色粉末CoF_3. 另一种办法是用三氟化氯来氟化金属钴. 它生成为六方系晶体，密度3.89，与氟化铁(III)和氟化铝(III)同晶，在晶体中钴原子八面体地被6个钴原子包围. 它的生成热为$-782.4kJ\cdot mol^{-1}$，在90K的磁矩为1.60BM和在293K为2.46BM，它是一个高自旋络合物，但不是磁性稀释的.

无水三氟化钴遇到痕量水时颜色变深，并会与水剧烈反应放出氧气. 在惰性气氛中加热高于350℃时则生成氟化钴(II). 它能剧烈地与许多单质反应如Al，P，As，S，I等，它本身被还原成氟化钴(II). 它不溶于乙醇、乙醚和苯中，在有机化学中它被用作一种有效的氟化剂. 在400℃时，所有烃类上的氢都可被氟(CoF_3)取代，并且氟会加成到不饱和链上：

$$4CoF_3 + -CH_2- \longrightarrow -CF_2- + 4CoF_2 + 2HF$$

$$2CoF_3 + >C=C< \longrightarrow >CF-CF< + 2CoF_2$$

将 CoF_2 在 40%氢氟酸中的饱和溶液进行电解氧化可以制得水合物 $CoF_3 \cdot 3.5H_2O$. 这个化合物在水中也分解，它不溶于有机溶剂中. 它的磁化率遵守 Curie-Weiss 定律，Weiss 常数 θ 为 60°；室温磁矩为 4.47BM，所以它像无水盐一样大概不是磁稀释的. 它的结构尚不清楚，如果水分子是与钴配位的，例如它是 $[CoF_3(H_2O)_3] \cdot 0.5H_2O$，那么水分子未能使钴(III)离子自旋成对就是太奇怪了，而同类化合物 $CoF_3(NH_3)_3$ 是反磁性的.

氯化钴(III)极难于存在，而溴化钴(III)和碘化钴(III)从来也没有制得过. 可以预想到这些卤化物氧化还原的不稳定性，因为 Co^{3+} 离子是一个强氧化剂，将氧化钴(III)溶解在盐酸中时会放出氯气. 由于钴(III)化合物可从碘化钾酸性溶液中释出单质碘，可以用容量法测定钴(III).

2. 氧化钴(III)

氧化物 Co_2O_3 和氢氧化物 $Co(OH)_3$ 都是未经确证的化合物，用过氧化氢氧化氢氧化钴(II)的水悬浮液，或用碱来崩解钴(III)络合物，得到一种黑色或棕色的粉末 $Co_2O_3(aq)$，对它在 150℃进行干燥，得到 1 水合物 $Co_2O_3 \cdot H_2O$；这个化合物最好将化学式写成为 CoO(OH). 当进一步加热试图使之脱水时，这个"1 水合物"开始放出氧气(也放出水分)而生成黑色的 Co_3O_4. 当将氢氧化钴(II)加热至 100℃，它即转化成暗棕色的 CoO(OH).

氢氧化氧化钴(III)CoO(OH)是属于六方系的具有层状的 $NaHF_2$ 晶格结构，钴原子是八面体地被氧原子所包围，在 O^{2-} 和 OH^- 离子之间存有氢键，生成近于对称的 O_2H^{3-} 基团.

3. 氨化钴(III)

六氨合钴(III)盐与氨化钾在液氨中反应生成棕色非晶态的氨化物 $Co(NH_2)_3$. 它能溶解在过量氨化钾溶液中，可能生成了双核络合氨化物阴离子 $K_3[Co_2(NH_2)_9]$，在高压釜中与硝酸铵溶液一起加热至 100℃则又再生成六氨合钴(III)盐：

$$Co(NH_2)_3 + 3NH_4NO_3 \longrightarrow [Co(NH_3)_6](NO_3)_3$$

在室温下氨化钴(III)缓慢释出氨气生成氮化物 CoN.

4. 乙酸钴(III)

将乙酸钴(II)在冰醋酸(含 20%水)中的溶液进行电解氧化得到一种苹果绿色

的固体，它大概是一种含氢氧根桥的乙酸钴(III)，不过早期的化学家曾把它记述为三聚的乙酸钴 $Co_3(OCOCH_3)_3$. 乙酸钴(II)在稀乙酸溶液中经用臭氧进行氧化后，人们认为其中含有乙酸钴(III).

5. **硝酸钴(III)**

令五氧化二氮作用于氟化钴(II)得到了绿色吸湿性的无水硝酸钴(III)晶体. 在颇低的温度下(例如 40℃和 10^{-2}mmHg)它就能挥发气化，并能与若干有机溶剂发生剧烈反应. 晶体结构测定表明在其中的硝酸根是双齿配体，钴原子周围的配位环境基本上是八面体的. 所有的 Co—O 键都相等，等于 190±2pm，但每个双齿配体的 O—N—O 角仅有 68°.

曾用电解氧化法制得过硝酸钴(III)的水溶液，但却未能分离出它的固体水合盐.

6. **硫酸钴(III)**

用电解法或用臭氧或单质氟对硫酸钴(II)在 8N 硫酸中的溶液进行氧化，可以制得硫酸钴(III)的水合物蓝色晶体 $Co_2(SO_4)_3 \cdot 18H_2O$. 它在干燥状态下是稳定的，但会被水分解放出氧气，但它在稀硫酸溶液中却颇为稳定. 将硫酸钴(III)和碱金属硫酸盐在稀硫酸中的冷溶液相混合可从中分出蓝色的钴(III)矾 $MCo(SO_4)_2 \cdot 12H_2O$(M=K，Rb，Cs 或 NH_4). 钾矾是反磁性的，铷盐的磁矩小于 1BM，铵盐在 304K 的磁矩为 2.1BM，水合硫酸钴(III)也有一个小的正磁化率，在此硫酸盐中，据信和钴(III)矾一样，含有$[Co(H_2O)_6]^{3+}$离子.

硫酸钴(III)是最容易得到的钴(III)盐，曾被用于研究 Co^{3+} 水合离子的反应. 在高氯酸溶液中与高氯酸钡反应得到高氯酸钴(III)的溶液. 高氯酸钴(III)溶液的分解速度以颇为复杂的关系而决定于溶液中的氢离子浓度. 电子光谱研究指出，$[Co(H_2O)_6]^{3+}$离子变成$[Co(OH)(H_2O)_5]^{2+}$离子的水解反应是在 0.1 M 高氯酸溶液中发生的. 钴(III)在硫酸中的溶液可使丙烯腈和异丁烯酸甲酯在水溶液中聚合，并能氧化多种多样的有机化合物. 例如可将甲酸、草酸、酒石酸、苹果酸和柠檬酸氧化成二氧化碳而得不到这些阴离子的钴(III)盐.

2.4.2　钴(III)的络合物

1. **钴(III)配位化学的历史发展**

由于钴(III)络合物在配位化学的发展中起过极为重要的作用，本节对此作简要讨论. 在 1798 年人们第一次发现钴(II)盐的水溶液在加入了氨水后与空气接触时变为棕色，进行沸煮时又变为酒红色. 数十年后始有人证明在上述过程中钴已被氧化成钴(III),并且在所得的新盐中已经结合进来6个氨分子,即如$CoCl_3 \cdot 6NH_3$.这个化合物激发了人们的研究兴趣:何以两个价态饱和的化合物竟会化合在一起而又生成稳定化合物?!此外,又已分离出一系列化合物,如$CoCl_3 \cdot 6NH_3$,$CoCl_3 \cdot 5NH_3$和$CoCl_3 \cdot 4NH_3$;这些化合物是按它们的颜色而命名的,即氯化钴黄色盐,氯化钴紫色盐,氯化钴绿色盐($COCl_2 \cdot 4NH_3$)和它的异构体红色盐等.

在19世纪的后10年,瑞士化学家配位化学创始人Alfred Werner(维尔纳)揭开了这些化合物(总称为钴胺化合物)中成键问题的秘密.在当时可能得到的实验事实之中,有一个现像很引人注意,向钴氨盐溶液中加入硝酸银时,能立即从$CoCl_3 \cdot 6NH_3$沉淀出3个氯离子,从$CoCl_3 \cdot 5NH_3$仅沉淀出2个氯离子,而从$CoCl_3 \cdot 4NH_3$仅沉淀出1个氯离子.另外,对这些化合物的电导研究,以及对铂所生成的一系列类似氨合物的研究指出,不同的氨合物在水溶液中存在着不同数目的离子.维尔纳不仅提出了这些氨合物与今天认识无异的化学式,而且还进一步提出了与现代理论相差无几的配位化学理论.维尔纳的理论可以归纳成三点主要内容:第一,金属有两种化合价,一种是主价,即今天的氧化态,和一个副价,即今天的配位数;第二,金属倾向于把两种化合价都予满足;第三,副价在金属原子周围指向空间中的固定位置.这样一来,在钴氨化合物中,主价是3和副价为6,我们可以写出如下化学式:

$$CoCl_3 \cdot 6NH_3 = [Co(NH_3)_6]Cl_3$$
$$CoCl_3 \cdot 5NH_3 = [Co(NH_3)_5Cl]Cl_2$$
$$CoCl_3 \cdot 4NH_3 = [Co(NH_3)_4Cl_2]Cl$$

维尔纳的第三个假定大概是最重要的,但也是最难加以证实的理论.它预示了多种类型异构体的存在,但耗费了维尔纳20年的时间去证明该论点.在近代测定结构的直接方法建立之前,维尔纳已经证实了这些化合物的八面体结构,他是通过$[Co(en)_3]^{3+}$离子之拆分为预见的旋光异构体而证实此点的.因而钴(III)络合物为无机立体化学的发展作出了巨大的贡献.

现在已知的钴(III)络合物是为数极多的,基本上所有这些化合物都具有八面体结构,它们以可测量的速度进行配体交换反应因而得以被广泛深入研究.我们的许多有关八面体取代反应的知识都是从钴(III)络合物动力学研究获得的.

2. 钴氨(胺)化合物(专用词Cobaltammines)

钴(III)对含氮配体有很高的亲合力,因而能生成巨大数目的氮配体络合物,其中配体包括氨、胺类、硝基以及NCS基中的氮原子,其次是水分子、卤离子、碳酸根或氢氧根离子等.一个特定的化合物往往可能有多个立体异构体,并常常可以分离出顺、反异构体.制备这些化合物的常用方法一般是向一种钴(II)盐溶液加入氨或其它氮配体,随后进行氧化,例如加过氧化氢或向反应混合物中鼓入空气,常用活性炭作为此氧化过程的催化剂.

橙色的钴氨合物含有$[Co(NH_3)_6]^{3+}$离子,在它的制备中使用了活性炭和高浓度的铵盐,例如:

$$4CoCl_2+4NH_4Cl+20NH_3+O_2 \longrightarrow 4[Co(NH_3)_6]Cl_3+2H_2O$$

在未用活性碳和用过氧化氢作氧化剂时,则生成1水五氨合盐;用浓盐酸处理时则生成了红色的氯化一氯五氨合钴(III):

$$2CoCl_2+2NH_4Cl+8NH_3+H_2O_2 \longrightarrow 2[Co(NH_3)_5(H_2O)]Cl_3$$

$$[Co(NH_3)_5(H_2O)]Cl_3 \longrightarrow [Co(NH_3)_5Cl]Cl_2+H_2O$$

其它络合物,例如$[Co(diPy)_3]^{3+}$和反式—$[Co(en)_2Cl_2]^+$,可以分别通过与合成六氨合物和一氯五氨合物相类似的方法来制备.一种作为可代替的制备方法是与其它钴氨合物配体的交换反应.例如一氯五氨合物与乙二胺的热水溶液反应可以得到$[Co(en)_3]Cl_3$,并放出氨.顺、反异构体的互相转换往往是很简单的;反式—$[Co(en)_2Cl_2]Cl$向顺式变体的转变只要把反式变体的中性水溶液放在水浴上加热蒸发至干涸即可完成.将$[Co(NH_3)_5Cl]^{2+}$或顺式或反式—$[Co(en)_2Cl_2]^+$在水中加热时即发生水合作用:

$$[Co(en)_2Cl_2]^+ +H_2O \longrightarrow [Co(en)_2Cl(H_2O)]^{2+}+Cl^-$$

$$[Co(en)_2Cl(H_2O)]^{2+}+H_2O \longrightarrow [Co(en)_2(H_2O)_2]^{3+}+Cl^-$$

也会与阴离子发生配体交换反应:

$$[Co(en)_2Cl_2]^+ +2NCS^- \longrightarrow [Co(en)_2(NCS)_2]^+ +2Cl^-$$

一些其它钴氨(胺)或取代钴氨络合物的详细制备方法可参阅《无机合成》丛书(Inorganic Syntheses,McGraw—Hill Book Company,Inc.).

单核钴氨化合物的八面体结构已被晶体结构研究所证实.斜方系的$[Co(NH_3)_5Cl]Cl_2$中$[Co(NH_3)_5Cl]^+$和Cl^-离子的排布具有类似氟化钙的结构;在每个$[Co(NH_3)_5Cl]^{2+}$离子中钴是被八面体包围的,其中有一个氨的Co—N距离为191pm,4个氨的Co—N距离为197—198pm及一个氯原子距离为227pm.阴离子Cl^-与配位氨的最近距离为329pm,其中有些还有氢键.在三硝基三氨合钴(III)$[Co(NH_3)_3(NO_2)_3]$中钴原子处在一个略微变形的八面体的中心上,Co—N键长介于196至199pm之间,两个NO_2基团彼此处于反位.三(乙二胺)合钴(III)离子$[Co(en)_3]^{3+}$总体地具有D_3对称,6个氮原子的Co—N距离为199.1 ± 0.9pm而从八面体位置略有位移,平均N—Co—N角为85.5°.这里指出一点是重要的,即常规 X 射线方法不能解析这类含螯环的旋光活性络合物的绝对构型. 但用 X 射线反常散射法却确实可以毫无疑议地测定绝对构型,这个技术曾用于测定$[Co(en)_3]^{3+}$和$[CoX_2(en)_2]^+$(X=Cl 和 Br)的结构①. 在这些络合物中的乙二胺螯环不是平面状的,而是曲折的. 在反式-$[Co(en)_2Cl_2]^+$离子中的排布绘示在图 2.13 中;这个离子是中心对称的,扭曲环可能具有两个不同的构象(δ 和 λ),δ 和 λ 变体彼此是镜像.

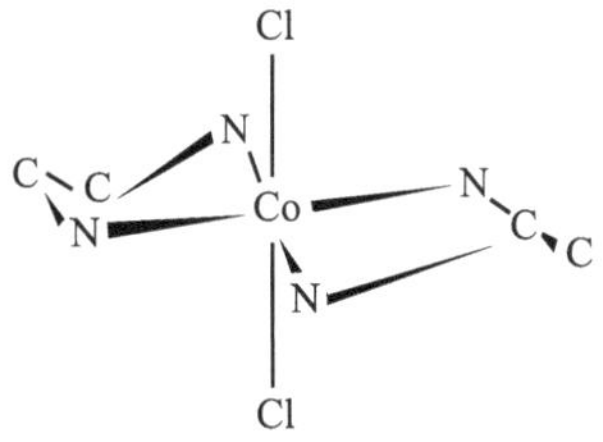

图 2.13 反式$[Co(en)_2Cl_2]^+$离子

在$[Co(en)_3]Cl_3 \cdot 3H_2O$中,$[Co(en)_3]^{3+}$离子有“Lel”变体(Corey 和 Bailar 命名法)②;在这个变体中(图 2.14 绘示了“Lel”变体和“ob”变体)乙二胺分子中的 C—C 键大致与该离子的三重轴平行. 这个变体的两个旋光异构体分别标记为 Δ 和 Λ,这两个异构体之一,例如$(+)_D[Co(en)_3]^{3+}$(Δ)的绝对构型若一经用 X 射线测定出来,那么其它类似的 Δ 和 Λ 异构体,例如$[Co(pn)_3]^{3+}$的异构体,可以通过比较其旋光色散和圆二色谱予以测出. 关于此技术的详细讨论可参阅 R. D. Gillard, *Progress in Inorganic Chem.*, 7,215(1966).

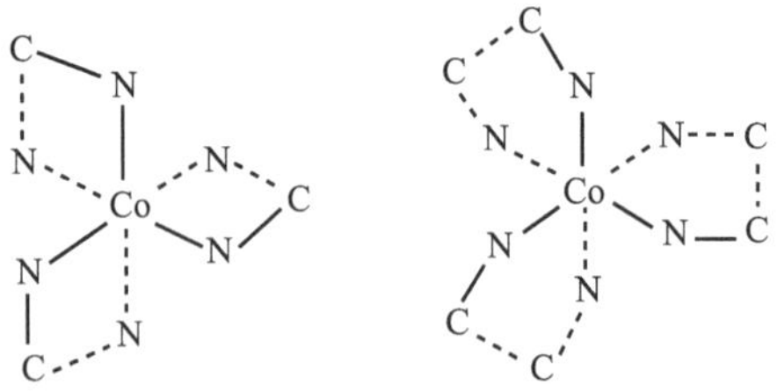

图 2.14 $[Co(en)_3]^{3+}$的“Lel”和“ob”变体

3. 钴(III)的电中性络合物

钴氨络合物当然有许多$[CoX_3(NH_3)_3]$型的不带电荷的物种,在其中 X 可以是 Cl^-,NO_3^-,NO_2^-,N_3^-,等等,以及$[CoX_3(NH_3)L_2]$型的络合物,其中 L 是一个单

① J. M. Bijvoet, A. F. Peerdeman and A. J. Bommel, *Nature*, 168,271(1951).

② E. J. Corey and J. C. Bailar, *J. Am. Chem. Soc.*, 81,2620(1959).

齿配体如吡啶，L_2 也可以是个双齿配体如乙二胺. 再有一类[CoL_3]型的络合物，L 是 β-二酮类配体，这是一类最重要的络合物.

对加入了乙酰丙酮的钴(II)溶液进行氧化，可以制得暗绿色结晶状的乙酰丙酮合钴(III)$Co(CH_3COCHCOCH_3)_3$(熔点 241℃). 它仅微溶于水，但能溶于有机溶剂中，在蒸汽中和在苯中它都是单分子的. 它的晶体属单斜晶系，与铝、锰(III)和铬(III)的乙酰丙酮盐是异质同晶的，它们都是反磁性的，$x_M = -59.4\times10^{-6}$ cgs 单位(27.4℃). $Co(acac)_3$ 在二苯甲酰-*d*-酒石酸中进行区域熔炼，以及用旋光活性吸附剂进行色层分离，曾实现过它的部分拆分. 钴(III)与不对称 β-二酮，如苯甲酰丙酮和三氟乙酰丙酮生成的络合物可以分离为它们的顺反异构体；已有人用^{19}F 核磁共振波谱来研究三氟乙酰丙酮基合钴(III)的顺反异构化作用的动力学.

$Co(acac)_3$ 的反应曾生成一些有意思的产物. 与还原剂反应常常产生 Co(II)络合物，举例来说，联氨与 $Co(acac)_3$ 反应生成紫色的双(3,5-二甲基吡唑基)合钴(II)，但如果用了过量的联氨，络合物会被还原至单质钴. 在有三苯基膦存在下，在氮气氛中用烷基铝还原乙酰丙酮络合物则产生橙色的氮分子络合物 $CoH(N_2)(PPh_3)_3$. 用硼氢化钠还原 $CoX_2(PPh_3)_2$ (X = Cl, Br, I) 得到 $CoH_3(PPh_3)_3$，这个三氢化物在室温和常压下与氮气反应可得到同上的氮分子络合物：

$$CoH_3(PPh_3)_3 + N_2 \rightleftharpoons CoH(N_2)(PPh_3)_3 + H_2$$

这个氮分子络合物在空气中是适中稳定的并能溶于非极性溶剂中. 它的红外光谱在 2080—2084cm^{-1}处显有一个强吸收峰，指认为 N—N 拉伸频率，但 Co—H 拉伸振动未能检出. 初步的 X 射线研究表明，钴原子周围的配位可描述为三角双锥体，钴原子处在三个磷原子平面的上方 30pm 处. 一个轴顶位置为 N—N 基团占用，Co—N—N 几乎是直线形的. 另一个轴顶则可能由氢原子占用.

在 $Co(acac)_3$ 中螯环上的中央氢原子可以在明显亲电条件下被许多基团取代，例如：

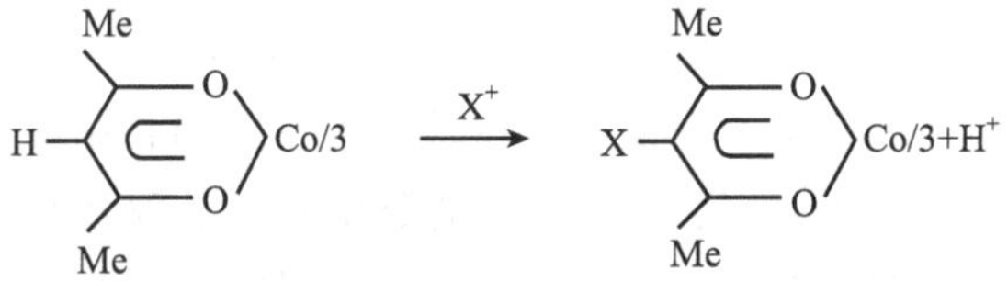

X=Cl^-, Br^-, I, SCN, SAr, SCl, NO_2, CH_2Cl, COR, CHO

在亲核试剂的有限浓度下会发生一或二取代(即在一个或二个环上)，则常常可以得到混合环络合物.

通过如下反应可以得到[$Co(acac)_2(NO_2)L$]型的电中性络合物，其中 L 是一种胺：

$$[Co(accac)_2(NO_2)_2]^- + L \longrightarrow [Co(acac)_2(NO_2)L] + NO_2^-$$

它们是红色的水溶性固体，对于胺的进一步取代呈惰性，它们的光谱性质表明它们具有反式结构.

4. 钴(III)的阴离子络合物

络合氟化物

蓝色的碱金属盐 M_3CoF_6 是从氟化钴(III)在氢氟酸中制备的，钾盐是由单质氟作用于 $K_3Co(NO_2)_6$ 或氯化钾和氯化钴(II)的 3∶1 混合物来制备的. 另一种办法是用单质氟在 300℃左右将$[Co(CN)_6]^{3-}$ 进行氟化而生成 CoF_6^{3-} 盐. 这些化合物的磁矩在 5.2—5.6BM 范围内，都是高自旋钴(III)络合物少见的例子. 这些盐的晶体结构含有八面体 CoF_6^{3-} 离子，并与立方系的$(NH_4)_3FeF_6$ 结构紧密相关. 虽然 K_2NaCoF_6 是严格立方系的，但在 Na_3CoF_6 和 K_3CoF_6 中却有一些变形；而 Li_3CoF_6 和 Ba_3CoF_6 的晶格则从立方结构有相当大的变形.

络合氰化物

当将水合酸 $H[Co(CN)_4]$和 $H_2[Co(CN)_5]$加热时，据认为得到了暗蓝色的固态氰化钴(III). 当将氰化钴(II)溶解在氰化钾溶液中并将所得深红色溶液在空气中沸煮，就生成了黄色的六氰合钴(III)酸盐. 反磁性的 $K_3Co(CN)_6$ 在室温下极溶于水，仅微溶于在沸点的液氨中，并不溶于乙醇中. 平常的产物已知有 4 个结晶变体，3 个是单斜系的一个是斜方系的. 对具有最小单元晶包的单斜系变体进行的中子衍射研究已确证 Co—C—N 单位是直线形的，Co—C＝189pm，和 C—N＝115pm.

$[Co(CN)_6]^{3-}$离子对氯、过氧化氢、碱类和盐酸的作用呈惰性，与浓硫酸作用时放出一氧化碳. 它与重金属离子产生六氰合钴(III)酸盐沉淀. 与标记的氰离子的交换反应进行得极慢，但经光照时反应速度加快，这时发生的水合作用可作为速度的决定步骤：

$$[Co(CN)_6]^{3-} + H_2O \longrightarrow [Co(CN)_5(H_2O)]^{2-} + CN^-$$

将 $K_3Co(CN)_6$ 流过 H^+ 型离子交换柱可以从溶液中分出自由酸 $H_3Co(CN)_6$ 的无色五水合物，加热可使之脱水. 另一种办法是令盐酸和乙醚作用于钾盐. 它的红外光谱在 $2202cm^{-1}$处显有一个单一的 $v(C\equiv N)$峰和在 $750cm^{-1}$处显有一个宽带，被指认为超位置氢键 N—H 拉伸振动和变形模式；人们认为存在有对称的氢键. 这个酸是一个强三元酸，它极稳定，在水中沸煮时仅极缓慢地分解. 因而它类似于 $H_3Fe(CN)_6$，并且是无毒的. 它同硝基甲烷在甲醇中作用可被甲基化生成 $Co(CN)_3(MeNC)_3$，并能同许多醇发生酯化反应.

已知有多种多样的取代氰络合物，包括$[Co(CN)_5(H_2O)]^{2-}$，

$[Co(CN)_5Br]_{3-}$，$[Co(CN)_5NO]^{3-}$和$[Co(CN)_5(SCN)]^{3-}$. 将氧气快速鼓入含摩尔比1∶5的钴(II)和CN^-离子的溶液可以得到棕色的过氧络合物$K_6[(CN)_5Co(O_2)Co(CN)_5]\cdot H_2O$. 这个阴离子可依下式将五氰合钴(II)酸根离子氧化：

$$[(CN)_5Co(O_2)Co(CN)_5]^{6-}+2[Co(CN)_5]^{3-}+H_2O$$

$$\longrightarrow 4[Co(CN)_5(H_2O)]^{2-}+4OH^-$$

所以$[Co(CN)_5]^{3-}$的缓慢空气氧化主要产生1水五氰合钴(III)酸盐.

硝基络合物

六硝基合钴(III)酸钠（"钴亚硝酸钠"）$Na_3Co(NO_2)_6$是一个有名的橙色固体，它能从水溶液中沉淀钾离子，沉淀为$K_3[Co(NO_2)_6]$. 它的制备方法是：在乙酸存在下，将硝酸钴(II)和亚硝酸钠混合起来，然后使空气通过于此混合物，反应如下：

$$2[Co(H_2O)_6]^{2+}+12NO_2^-+2CH_3COOH+\frac{1}{2}O_2\longrightarrow$$

$$2[Co(NO_2)_6]^{3-}+2CH_3COO^-+13H_2O$$

将可能存在的钾盐和铵盐过滤除去后，加入乙醇使钠盐沉淀出来. 钾、铷和铯的六硝基钴(III)酸盐具有立方结构，6个NO_2基团八面体地分布在钴原子周围，每个反式一$[O_2N—Co—NO_2]$单位是平面形的. 在$K_3[Co(NO_2)_6]$中的键长为Co—N＝204pm，N—O＝111pm，O—O＝210pm. 根据红外光谱，钠盐不具有其它盐的T_h对称，它的阴离子具有S_6对称.

$[Co(NO_2)_6]^{3-}$离子在酸性溶液中分解生成钴(II)盐. 它的比较著称的反应之一是，它同乙酰丙酮离子的反应，在此反应中仅有4个硝基能被取代：

$$[Co(NO_2)_6]^{3-}+2acac^-\longrightarrow[Co(acac)_2(NO_2)_2]^-+4NO_2^-$$

可以分离得到这个阴离子的微溶的钠盐、钾盐、铊盐和银盐. 根据红外光谱，认为这个阴离子具有反式结构；由于反位效应，此阴离子中的一个NO_2基团很容易被一个胺(氨)取代.

碳酸根络合物

有许多取代钴氨型的碳酸根络合物，它们可以含一齿体碳酸根离子，例如$[Co(NH_3)_5(CO_3)]^+$，或二齿体碳酸根离子，例如$[Co(NH_3)_4(CO_3)]^+$. 在碳酸氢钾存在下用过氧化氢或次氯酸盐氧化钴(II)盐溶液，得到一深绿色溶液. 在0℃时使用饱和的碳酸氢盐可以沉淀出钠盐$Na_3[Co(CO_3)_3]\cdot 3H_2O$橄榄绿色粉末. 干燥的这个络合物在室温下，在密闭容器中是稳定的；它在90℃不经熔化而分解. 由于这个化合物每分子含6个碱当量，加入酸型配体会促使生成该配体的钴(III)络合物，例如，若加以邻一胺基酚盐酸盐则生成三(邻一氨基酚基)合钴(III). 碳酸根络合物的结构尚未确定，例如可能把它的化学式写成$Na_3[Co(HCO_3),(OH)_3]$. 钾盐具有相同的实验式，但它不像钠盐，是水可溶的. 与亚硝酸根离子的反应如下：

$$[Co(CO_3)_3]^{3-} + 2KNO_2 \longrightarrow 反式-[Co(CO_3)_2(NO_2)_2]^{3-} + K_2CO_3$$

在反应中有两个碳酸根—钴螯环被打开了. 把$[Co(CO_3)_3]^{3-}$拆分为旋光异构体的所有企图都失败了.

羧酸根络合物

像碳酸根氨络合物一样，羧酸根阴离子也生成混合配体的氨络合物，例如$[Co(NH_3)_5(OX)]^+$(OX=草酸根)，在其中 OX 是一齿体，和$[Co(NH_3)_4OX]^-$，在其中 OX 是双齿体. 纯羧酸根阴离子络合物则主要局限于草酸根合钴(III)酸盐络合物. 钾盐 $K_3[Co(C_2O_4)_3]\cdot 3H_2O$ 的最好制备方法是用二氧化铅来氧化草酸钴(II)和草酸钾的溶液. 将过量铅盐过滤掉，加入乙醇即可沉淀出宝石绿色的草酸根合钴(III)酸钾针晶. 温度低于 13.2℃时，该钾盐结晶为混旋体，但超过此温度时，旋光异构体各自结晶出来，可以用机械方法把它们分开. 在 0℃时可以用化学方法分离得到它的纯净 *d*-异构体和 *l*-异构体，这两种异构体在溶液中很快混旋，完成混旋作用约需 24h. 其它碱金属同样能生成水合的三(草酸根)合钴(III)酸盐. 锂盐和钠盐与相应的铬(III)和铝(III)草酸根络合物为异质同晶的.

在有过氧化氢存在下，可在 55℃从钴(II)盐和草酸钾制备含羟桥的草酸根络合物$[(C_2O_4)_2Co(OH)_2Co(C_2O_4)_2]^{4-}$. 钾盐生成为暗绿色的 3 水合物晶体. 钡盐和钠盐可从钾盐双分解反应来制备. 固态的钠盐能被光和热分解；在酸性溶液中分解作用快速进行：

$$[(C_2O_4)_2Co(OH)_2Co(C_2O_4)_2]^{4-} \xrightarrow{2H^+} 2Co^{2+} + 2CO_2 + 3C_2O_4^{2-} + 2H_2O$$

2.5　钴的高氧化态化合物(+4，+5)

钴氧化态大于+3 的化合物是少见的，并且往往也表征得不够. 它们仅出现在钴与氟或氧相键合的化合物中.

当将 Cs_3CoCl_4 在 300℃氟化时得到黄色的六氟合钴(IV)酸盐 Cs_2CoF_6. 但已报道的磁矩为 2.97BM，这与钴(IV)的 5 个或 1 个成单电子都不符合.

用次氯酸盐、过硫酸盐或高锰酸盐氧化钴(II)的强碱性溶液得到一种沉淀物，据认为是 Co_2O_3 水合物与 CoO_2 水合物的混合物. 在高温和高氧气压力下据认为可以生成钴(IV)和钴(V)酸根的碱金属盐和碱土金属盐，$2Ba(OH)_2$ 和$2Co(OH)_2$ 在 1150℃产生红棕色的 Ba_2CoO_4. 在 400℃和 100atm 下曾由 Co_3O_4 和氧化钠制得不纯的 Na_3CoO_4. 可用相似方法制备钾盐；它有两种结晶变体. 一种变体的 X 射线衍射图类似于 K_3PO_4 和 K_3FeO_4 的衍射图，这个变体在 2d 内变成为一种较稳定的变体.对上述化合物与 K_3PO_4 的混合晶体进行氧化本领和磁性研究结果表明,在这些化合物中含有 Co(Ⅴ).

参 考 文 献

[1] J. C. Bailar J R., Ed.,"Comprehensive Inorganic Chemistry", Vol. 3, pp. 1053—1108, Pergamon Press,1973.

[2] F. A. Cotten and G. Wilkinson,"Advanced Inorganic Chemistry",4th Ed.,pp. 766—782,John Wiley & Sons,1980.

[3] 《有色金属进展》,上篇,第 170—176 页,中国有色金属工业总公司,1984.

[4] C. A. Hampel,Rare Metals Handbook,2ad. Ed.,pp. 114—148,Reinhold,1961.

27.3 镍

3.1 镍元素和单质

3.1.1 镍的发现史

镍，来自德语 Nickel 的音译，在中国，早在 2000 年前就已懂得冶炼白铜，它是铜镍合金，白铜器皿传到西方，称为 Packtong. 但分离得到单质金属镍，也只有 200 多年的历史. 在 17 世纪后期，德国人用 Saxon 地方的一种沉重的红棕色矿石来给玻璃着色，生产绿色玻璃，那时矿工们总以为这是一种铜矿，多种冶炼尝试都失败了，因而把这种矿物称为鬼铜矿，原文为 Kupfernickel，Kupfer 是德语的铜，称魔鬼为老 Nick，即鬼铜，后来定名为 Nickel，就是来源于此.

瑞典矿物学家 A. F. Cronsted 在 1751 年宣称发现了一种新金属元素，定名为 Nickel. 他是把当时称为 Kupfernickel 的矿物(即红镍矿)放在木炭上煅烧，得到一种白色金属，它硬而脆，能微受磁石吸引，在空气中燃烧时变成黑色粉末，……. 到 1775 年瑞典的 T. O. Bergmann 制得了纯镍的第一份样品，在 1805 年德国化学家 J. B. Richter 和其它人记述了镍的物理性质.

3.1.2 存在和分布

镍在地壳中的丰度估计为 0.016%，在元素丰度顺序中占第 24 四位，其总储量大于铜、铅和锌的合并储量. 镍矿主要为三种类型：硫化物矿、氧化物和硅酸盐矿，以及砷化物矿.

镍是陨石的重要组成物之一，常常用是否含镍来区分陨石和其它矿物. 陨铁是含镍的铁合金，镍含量可高达 5%—20%.

海底锰结核是一个潜在的巨大镍资源，并且还含有铜、钴、锰等多种金属元素，对锰结核的开发研究有很重要的经济价值和战略意义.

目前国外已探明的金属镍储量为 1.13×10^8 t，主要集中在新喀里多尼亚、古巴、加拿大和前苏联等四个国家和地区，约占世界储量的 75%.

我国镍资源，到 1980 年末，共有矿点 92 个，保有镍金属储量 7.835×10^6 t，其中工业储量 4.09×10^6 t. 按矿石类型分，硫化物矿镍储量 7.295×10^6 t，约占总储量的 94%，其余为硅酸盐矿. 我国占世界已探明储量的第 7 位，硫化物矿储量在世界上占第 2 位，仅次于加拿大. 金川镍矿是我国目前最大的铜镍硫化矿，镍储量占全国总储量的 67%.

3.1.3 镍的工业生产

矿物经破碎、磨细，然后进行浮选. 浮选的目的是分离掉脉石颗粒，并将硫化物矿石分离为镍-铜富集物、铜富集物和硫化镍铁富集物. 镍-铜富集物经煅烧和熔炼成为冰铜，有控制地使冰铜从 926℃缓冷至 520℃来分离硫化镍和硫化铜. 在这些条件下，Cu_2S 和 Ni_2S_3 形成互不掺杂的晶体析出，通过磨浮工艺可把它们分开. 另一种办法是向冰铜中加入硫化钠和焦炭，熔炼时产生两层液相，上层轻的是硫化钠和硫化铜相结合的物相，下层是重的硫化镍熔融液相，通过“顶底层”分离技术把它们分开. 将硫化镍煅烧成氧化镍，可用于生产合金钢，也可用为提取金属镍的原料.

有两种方法用于生产和精炼金属镍：

1. 芒德法

用水煤气（52% H_2，36% CO）在 400℃还原氧化镍，得到粗镍. 在此条件下，氧化镍有效地被氢气还原，除去反应生成的水分后，还原器出口气体就以含 CO 为主，将此气体通过于加热至 50℃的镍，生成四羰合镍 $Ni(CO)_4$（沸点 43℃），然后令羰合物在 180℃分解，沉积在小镍锭上. 分解出的一氧化碳循环使用，以制备更多的四羰合镍.

2. 电解精炼

将氧化镍和焦碳在反射炉里还原熔炼为粗镍. 将粗镍（约 95% Ni，2% Cu）铸成阳极. 用硫酸镍和氯化镍溶液作电解质，纯镍板作阴极. 在电解过程中，阳极镍溶解了，并电镀到阴极板上. 如果采取足够措施防止铁和铜沉积出来（例如纯化阳极液），得到的电解镍纯度可达 99.9%.

我国金川有色金属公司冶炼厂综合生产铜、镍、钴的工艺生产流程图绘示在图 3.1 中.

3.1.4 镍原子核的性质

天然镍包含 5 种稳定同位素，已用人工方法合成了 7 种放射性同位素. 在表 3.1中汇列了这些同位素和它们的性质.

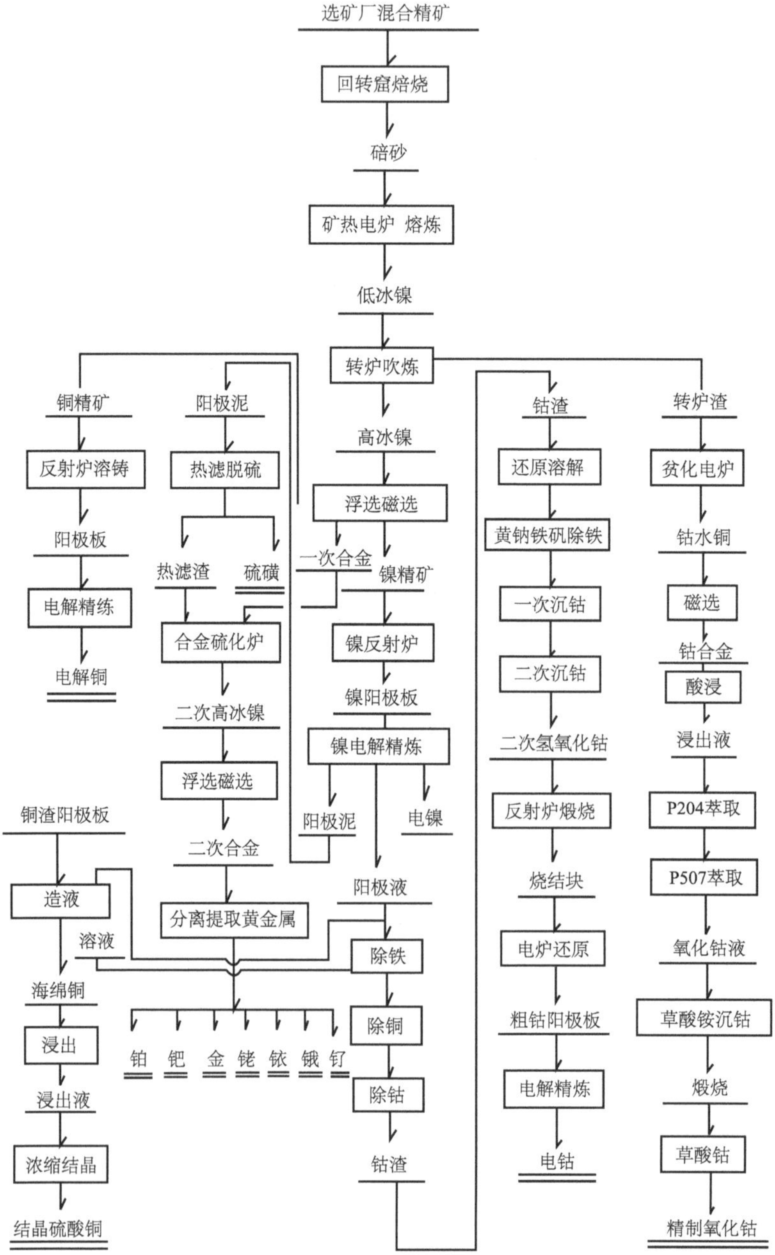

图 3.1　金川冶炼厂生产流程图

表 3.1　镍的同位素

同位素	天然丰度（%）	原子质量	半衰期	衰变模式	制备方法（举例）
^{56}Ni			6.4d	EC①	$^{54}Fe(\alpha,2n)$
^{57}Ni			36h	EC，β^+	$^{58}Ni(\gamma,n)$
^{58}Ni	67.88	57.9353			
^{59}Ni			8×10^4a	EC	$^{58}Ni(n,\gamma)$
^{60}Ni	26.23	59.9332			
^{61}Ni	1.19	60.9310			
^{62}Ni	3.66	61.9283			
^{63}Ni			92a	β^-	$^{63}Cu(n,p)$
^{64}Ni	1.08	63.9280			
^{65}Ni			2.56h	β^-	$^{64}Ni(n,\gamma)$
^{66}Ni			55h	β^-	$^{68}Zn(p,3p)$
^{67}Ni			50s		$^{70}Zn(n,\alpha)$

① EC 为轨道电子俘获.

3.1.5　镍的物理性质

镍的一些重要物理性质汇列在表 3.2 中. 镍是一种能高度抛光的银白色金属.

表 3.2　镍的物理性质

原子序数	28
电子层结构	$1s^22s^22p^63s^23p^63d^84s^2$
原子量	58.6934
熔点(℃)	1453
$\Delta H_{熔化}$(kJ · mol^{-1})	181.3
沸点(℃)	2732
$\Delta H_{气化}$(kJ · mol^{-1})	365.3
蒸汽压(mmHg)	
1000℃	1.2×10^{-6}
熔点	9.4×10^{-3}
2000℃	213
密度(g · cm^{-3})	
20℃	8.908
液态	7.9

续表

电阻率(mΩ・cm)(20℃)	6.844
导热率($J \cdot cm^{-1} \cdot K^{-1} \cdot s^{-1}$)(100℃)	0.828
比热($J \cdot g^{-1}$)(200℃)	0.512
电离能(eV)	
第一电离能	7.633
第二电离能	18.15
第三电离能	35.16

纯度为 99.5%的工业级金属镍，在工业技术中有很重要的多方面应用. 它可以承受锻打、熔焊、机械加工和展压成板材. 镍有良好延性和适中强度，并在多种介质中有很高的抗腐性. 它在高温下可保有较高强度，而且在极低温度保持有金属延性. 加工的镍，其机械性能类似于软钢的性质，但与钢不同的是它能耐抗腐蚀，这些性能，兼及它的无毒性，被应用于食品加工业和医药制造业的生产设备和器皿.

镍在低于它的居里点 357°时是铁磁性的，它的饱和磁化强度约为 0.6T. 在正常情况下它具有面心立方晶格，晶胞边长 $a=352.39$pm，还知道它有一种六方系晶格变体，$a=265$pm，$c=433$pm，这个变体是非铁磁性的，在 250℃时转变成立方晶格变体.

镍的最重要用途是制造强抗腐蚀的镍钢，镍合金将在 3.1.8 节中讨论. 在化学工业中镍被用作催化剂，例如不饱和有机化合物的加氢和石油炼制业中. 雷尼镍是一种铝镍合金 $NiAl_3$，用碱溶液溶去其中的铝，剩留下的多孔性骨架镍显有极高活性(在空气中自燃!)，广泛地应用为加氢催化剂，例如在植物油的催化加氢硬化以及人造奶油的工艺中.

3.1.6　镍的化学性质

1. 同单质的反应

镍，特别是微细分散的镍粉，能有效地吸收氢气，并且随温度升高而吸氢量增大. 即使在室温下 H^+ 离子在多孔镍电极上放电时也可发现在镍中可以夹藏相当大量的氢，但是并未表征出确定组成的氢化物. 镍不吸收氮气，也不与氮直接化合. 在一定条件下，微细分散的镍粉在空气中可以自燃. 当镍与单质硫、硼、硅和磷一起加热时，可以直接化合生成二元化合物. 镍丝可在氧气中以光亮的光焰燃烧，镍片在空气中加热时会像钢铁一样表面失去光泽变暗. 加热的镍可在氯和溴蒸汽中燃烧生成黄色的卤化镍(II)；镍和碘须在高于 400℃ 的温度在封闭反应管中发生反应. 熔化的镍可以吸留碳(高达 6.25%)，但冷却固化时，大部分被吸留的碳又以石墨的形式析出；在1315℃时镍中可保留高达0.5%的碳成为固溶体.镍与铝剧烈化合生成金属互化物NiAl($NiAl_2$和$NiAl_3$在高于它们的熔点时分解).

2. 同化合物的反应

镍在赤热时与水蒸气反应生成氧化物和氢气.在温度高于300℃时镍可将氨分解，在445℃左右生成氮化物Ni_3N.氟化氢与镍粉在225℃反应生成NiF_2，其它卤化氢可发生同样反应，不过当温度低于500℃时，大块镍很难受侵蚀.硫化氢在适中温度下腐蚀镍生成硫化镍NiS.当将二硫化碳通过于加热至高于350℃的镍刨屑之上时，生成NiS和Ni_2S的混合物.氮的氧化物都以一定程度与加热的镍反应生成氧化镍(II)和氮气.一氧化碳在相对较低的温度即能与镍反应(50℃)生成四羰合物$Ni(CO)_4$.

镍是一种电正性金属，下列反应的电极电势为－0.250V：

$$Ni \rightarrow Ni^{2+}(aq) + 2e^- \quad (E^\circ = -0.250V)$$

和钴的电极电势相近.它在无机酸中的溶解要比铁慢得多.它可从非氧化酸中释出氢气，这些酸包括亚硫酸、硫酸、盐酸和磷酸.稀硝酸和亚硝酸能很快溶解金属镍放出氮氧化物.浓硝酸可使镍表面钝化.镍的一种独特性质是它能耐抗苛性碱(碱金属氢氧化物)的腐蚀，因此在制碱业中找到广泛应用.但镍却会被氨水腐蚀！

3.1.7 镍的分析化学

1. 定性分析

镍(II)盐的水溶液一般是绿色的.硫化氢可从微碱性镍(II)盐溶液中沉淀出黑色的硫化镍，但在酸性条件下不会发生沉淀反应.通过与二甲基乙二肟(酒精溶液)的反应可以很容易地区分钴和镍(稀氨水溶液)，镍(II)产生双(二甲基乙二肟基)合镍(II)的亮红色沉淀，而钴(II)溶液仅呈显棕色.糠偶酰二肟$(C_4H_3O)_2C_2(NOH)_2$与镍离子产生同样的沉淀，这个试剂可在600万份中检出1份镍(即0.17ppm镍).二硫代草酰胺$(CSNH_2)_2$与镍(II)盐氨水溶液反应产生一种蓝紫色沉淀；但铜和钴盐对此检试有干扰，但如果先已完成了金属离子的分离工作后，这个试剂可在纸色谱分析中用为显谱剂.

2. 定量分析

最常用的重量法测定镍(II)盐中的镍是用二甲基乙二肟沉淀法，将二甲基乙二肟合镍(II)在110—120℃烘干并称定为$Ni(C_4H_7O_2N_2)_2$.钴不干扰此测定，但溶液中如有铁时，例如在钢铁分析中，则必须加入足够多的柠檬酸盐或酒石酸盐把铁掩蔽起来，一个较为快速的重量法是用吡啶和硫氰酸根离子把镍沉淀为

$[Ni(C_5H_5N)_4](SCN)_2$，全部测定可在半小时内完成. 镍也可用电解重量法测定，电解含硫酸铵的镍(II)盐浓氨水溶液，使镍沉积在已称重的阴极上.

镍的容量测定法有：用氰化钾标准溶液滴定镍盐的微氨碱性溶液，其中含有一些碘化银悬浮物造成的乳浊体. 镍离子生成为$[Ni(CN)_4]^{2-}$离子，终点显示为溶液变清亮了，因为过量CN^-把碘化银混悬物溶解了. 另一种容量法是先用8-羟基喹啉把镍沉淀为$Ni(C_9H_9ON)_2 \cdot 2H_2O$，把它过滤出来，然后用标准溴酸钾进行滴定.

镍也可用比色法测定，向先已加了溴水(或其它氧化剂)的氨碱性镍盐溶液中加入二甲基乙二肟，所得红色溶液可在445nm波段进行光电比色测定.

3.1.8　镍合金及应用

镍的用途很广，大约一半以上用于制造铁镍合金. 镍钢具有很高机械强度，多用于运输机械、设备制造业. 不锈钢和高温钢中镍含量可达26%.

镍和其它金属的合金所消耗的镍量约占镍产量的25%. 纯镍常用于食品加工业和化学工业，以及广播器材和电子管制造业. 镍也用于电镀，作为铜、铁等金属的保护镀层.

镍合金多达3000余种，下面介绍一些主要合金.

铁镍合金　镍可以提高钢的物理性能. 这类合金用于制造受力大的部件，如大型运输机械、轧辊等，根据钢的不同用途，镍含量范围为0.5%—9%. 还有一些镍铁，镍含量有时达36%，具有高的耐磨蚀性. 电力工业用特种合金含镍量不一，永磁合金用镍量为14%—28%，磁性高镍合金含镍量为30%—90%.

铁-镍-铬合金　其中一些是不锈钢，用于化学工业和日用器皿，含镍量在6%—20%范围内. 也可用于生产电阻合金，用作电热元件，镍含量为3.5%—60%，其中有的用于制造高温下工作的部件.

镍铬合金　这种合金耐高温，用于燃气涡轮和反应堆部件，含镍量2%—73%.

铜镍合金　这些合金化学性能稳定，镍含量在30%的用于制造测量仪表、热交换器和冷凝器中的垫板和管路. 镍含量为54%的用于生产电阻器. 含镍量越高抗蚀抗断性越好，可用于化学工业的仪表. 含镍20%左右的铜合金用于铸造钱币.

镍铝合金　这些合金含镍1%—5%，用于制造汽车和飞机发动机零件.

镍铜锌合金　含镍5%—30%，属于铜镍合金族，用于制造餐具、电器、电话、仪表、首饰、水龙头等.

镍铜锡合金　含镍1%—15%，用于生产轴承、阀门和泵等.

镍一稀土合金 $LaNi_5$ 和部分镍取代物 $LaNi_4M$(M＝Mn,Cu,Al,Co,Fe 等)是优良的储氢材料.

根据冶金计划部门提供的“六五”和“七五”计划期间钢及含镍合金钢的产量，可以计算出我国 1985 和 1990 年冶金产品所需镍量(表 3.3).

表 3.3 我国冶金产品用镍量的估算

冶金产品	平均含镍量(%)	1985 年		1990 年	
		合金产量(10^4t)	含镍量(10^4t)	合金产量(10^4t)	含镍量(10^4t)
结构钢	0.3	104.3	0.3129	158.2	0.4746
不锈钢	9	15.38	1.3842	41	3.69
特殊合金	70	0.4	0.280	0.5	0.35
合计			1.9771		4.5146

由统计得知,我国用于冶金产品的镍量在全部镍消费量中占 68%,因此可以推算出 1985 年用镍量为 3×10^4t,1990 年为(6—7)$\times10^4$t.

近几年我国电解镍产量为:1980 年 11 300t;1981 年 10 900t;1982 年 10 950t.

金川是我国最大的采、选、冶的产镍基地,产量占全国总产量的 90%左右. 1983 年电镍产量已突破万吨大关. 目前金川的改建和扩建主体工程已经完成，形成了年产 2 万吨金属镍的生产能力. 我国冶金工业部已经颁布了有关镍的采、选、冶等各生产环节的部颁标准和技术条件,形成了我国自己的镍工业生产体系.

近几年来又已在新疆发现了一处可以与金川相比拟的新的镍资源基地,现正在加紧开发兴建. 我国镍工业前景是一片光明,大有作为的.

3.2 镍的化合物

第四周期过渡元素自左向右高氧化态稳定性递降的表现在镍处得到继续. 在镍的化学中一般出现的氧化态为镍(II),但在特殊络合状态下能够出现－I,0 和＋I 氧化态. 镍(III)和镍(IV)则极为少见.

镍有丰富的和重要的金属有机化学.

镍的氧化态和主体化学汇列在表 3.4 中.

3.2.1 镍的低氧化态化合物(－I,0,＋I)

1. 四羰合镍 $Ni(CO)_4$

四羰合镍是由德国化学家 L. Mond 等人在 1890 年发现的,一氧化碳在常压下与加热至 50℃的镍粉反应生成四羰合镍、在室温下它是一种五色液体. 在工业上它已形成大规模生产作为精炼镍的中间过程. 一个方便的实验室制备方法是先将甲酸镍(II)热分解得到微细分散的镍粉，然后在小量汞的存在下令常温和常压下的一氧化碳与镍粉反应.

四羰合镍也可以在硫化合物的存在下在水溶液介质中合成. 在乙硫醇的存在下，令一氧化碳通入于硫酸镍(II)的碱性溶液，可以得到良好产率的四羰合镍. 在碱性溶液中硫化镍可以定量地被一氧化碳转化成四羰合镍：

$$NiS + 5CO + 4OH^- \longrightarrow Ni(CO)_4 + S^{2-} + CO_3^{2-} + 2H_2O$$

表 3.4　镍的氧化态和主体化学

氧化态	配位数	几何结构	实　例
Ni(−I)	4		$[Ni_2(CO)_6]^{2-}$
Ni(O)	3		$Ni[P(C_6H_4—O—Me]_3$
	4	四面体	$Ni(PF_3)_4$, $Ni(CN)_4^{4-}$, $Ni(CO)_4$
	5		$NiH[P(OEt)_3]_4^+$
Ni(I), d^9	4	四面体	$Ni(PPh_3)_3Br$
Ni(II), d^8	4	平面四方	$NiBr_2(PEt_3)_2$, $[Ni(CN)_4]^{2-}$
	4	四面体	$NiCl_4^{2-}$, $NiCl_2(PPh_3)_2$
	5	四方锥	$Ni(CN)_5^{3-}$, $[Ni_2Cl_8]^{4-}$
	5	三角双锥	$[NiX(QAS)]^+$, $[Ni(CN)_5]^{3-}$
	6	八面体	NiO, $[Ni(NCS)_6]^{4-}$, $KNiF_3$ $[Ni(NH_3)_6]^{2+}$, $[Ni(bipy)_3]^{2+}$
	6	三角柱	NiS
Ni(III), d^7	5	三角双锥	$NiBr_3(PR_3)_2$
	6	八面体(变形)	$[Ni(diars)_2Cl_2]^+$, NiF_6^{3-}
Ni(IV), d^6	6	八面体(变形)	K_2NiF_6, $[Ni(Bu_2dtc)_3]^+$ $\{Ni[Se_2C_2(CN)_2]_3\}^{2-}$

在比较苛刻的条件下，例如 120℃和 50atm 下的一氧化碳，甚至六氨合镍(II)化合物$[Ni(NH_3)_6]^{2+}$也能被转化成四羰合镍.

物理性质和结构

四羰合镍是一种剧毒的易流动液体，在室温下有较高的蒸汽压. 它的一些物理性质汇列在表 3.5 中. 四羰合镍是反磁性的，不溶于水，但能溶于许多有机溶剂中. 对蒸汽的电子衍射研究和对固体的 X 射线衍射研究表明这个分子具有正四面体结构，Ni—C—O 单位是直线形的. 由于在 CO 分子中碳原子上的孤电子对的给电子能力并不是很强的，仅用生成 4 个 Ni—Cσ 键来说明 $Ni(CO)_4$ 的稳定性是不够的.

新的 π-酸配体理论认为，这个 Ni—C 键包括两个组成部分：(1)碳原子上已充有电子的 σ 轨道与镍上的一个空 σ 轨道发生重叠所形成的 σ 键；(2)镍原子已充有电子的 $d\pi$ 轨道与 CO 分子上的空 $p\pi$ 轨道发生重叠所形成的反馈 π 键．这两个键又互有协同作用：金属电子的给入 CO 分子轨道增强了一氧化碳的 σ 给电子本领，而与此同时，碳原子沿着 σ 键把电子给向镍使一氧化碳显得更正而更容易从镍接受反馈电子．这种成键型式应该可以从键长判断出来：$Ni(CO)_4$ 中的 M—C 键应该比一般 M—C 单键短，而 $Ni(CO)_4$ 中的 C—O 键应该比正常的 C≡O 三重键长．实际测量表明，$Ni(CO)_4$ 中的 C—O 键长为 115pm，而一氧化碳分子中的 C—O 键长为 112.8pm，但不幸的是这些键长的测不准值为 20—30pm，以至这种比较失去了实际意义．不过这个反馈价键理论从红外光谱研究得到了有力支持：一氧化碳分子的 C—O 拉伸振动频率出现在 $2143cm^{-1}$ 处，而气态四羰合镍的 C—O 拉伸频率出现在 $2057cm^{-1}$ 处．频率的降低有力地说明 CO 分子变成羰基时，键级降低了．此外，人们还发现，如果 $Ni(CO)_4$ 中的一些 CO 配体被接受电子本领低的其它配体所取代时，C—O 拉伸频率值会更低些，这反映了 M—C 反馈键的加强．

表 3.5　四羰合镍的物理性质

熔点(℃)	−19.3
沸点(℃)	42.2
蒸气压方程式(—35—45℃)	$\lg P=7.690-1519/T$
$\Delta H_{熔化}$(kJ · mol^{-1})	13.83
$\Delta H_{气化}$(kJ · mol^{-1})	27.20
热容，C_p(J · mol^{-1})(270K)	201.8
ΔH_f，$Ni(s)+CO(g) \rightarrow Ni(CO)_4(g)$(kJ · mol^{-1})	−163.6
$\Delta H_{燃烧}$，生成 NiO 和 CO_2(kJ · mol^{-1})	−1365.8
M—C 键平均离解能(kJ)	147.3
密度(20℃)(g · cm^{-1})	1.3103
偶极矩(D)	0.3
键长(pm)	
Ni—C	184±3
C—O	115±3
气相红外光谱(cm^{-1})	
v(C—O)	2057
δ(C—M—C)	64—68
δ(M—C—O)	459
v(M—C)	422
δ(C—M—C)	74

化学性质

四羰合镍在室温下保存在密闭容器中是稳定的.它在空气中燃烧时发生光亮的光焰,能与空气组成爆炸混合物,它有剧毒,其毒性超过了它所含一氧化碳的综合毒性.它的蒸汽在高于50℃时发生热分解,生成一氧化碳和镍,同样,它的苯溶液在加热回流时也发生如上的分解作用.因此,有关四羰合镍的反应必须在低温下进行.酸或碱的稀水溶液对四羰合镍不发生作用.

氧化和还原反应

四羰合镍容易被空气氧化.它在有机溶剂中的溶液会随着氧化的进行而产生一种淡绿色的凝胶状沉淀.这种溶液也容易被卤素、氰和硫氧化成镍(II)盐(不生成羰基卤化物).氯化氢和硫化氢可将这些溶液分解而放出氢气和一氧化碳.

二氧化氮与四羰合镍反应产生硝酸镍(II)和亚硝酸镍(II)的混合物;在惰性溶剂中,一氧化氮在加压下与四羰合镍反应生成 $Ni(NO)NO_2$.二硫化碳在气相中与四羰合镍依下式反应:

$$CS_2 + 2Ni(CO)_4 \longrightarrow 2NiS + 8CO + C$$

四羰合镍在50℃与磷或磷化氢的气相反应生成黑色结晶状的磷化镍 NiP.与含卤的许多有机化合物反应时产生卤化镍(II);例如氯乙酰与四羰合镍反应时得到联乙酰基、一氧化碳和氯化镍(II);与格氏试剂反应则产生有机羰基化合物.

在液氨中与碱金属反应时,四羰合镍会被还原成羰基氢化物:$2Ni(CO)_4 + 2Na + 2NH_3 \longrightarrow [NiH(CO)_3]_2 + 2CO + 2NaNH_2$ 这个氢化物可分离为它的红色四氨合物 $[NiH(CO)_3]_2 \cdot 4NH_3$.在温度超过 −30℃时它分解成四羰合镍、氨和氢气.此四氨合物与水作用生成羰基酸根阴离子 $[Ni_4(CO)_9]^{2-}$ 和 $[Ni_4H(CO)_9]^-$.

当用钠、钾或镁汞齐在四氢呋喃中还原四羰合镍时,生成了九羰合四镍酸盐:

$$4Ni(CO)_4 + 2Na \longrightarrow Na_2[Ni_4(CO)_9] + 7CO$$

这些盐对空气极为敏感,它们从溶液中结晶为溶剂合物,例如 $Na_2[Ni_4(CO)_9] \cdot 4,5THF$ 和 $K_2[Ni_4(CO)_9] \cdot 5THF$.在水中这些盐生成 $[Ni_4H(CO)_9]^-$ 离子,并可沉淀为 $[Ni(Phen)_3]^{2+}$ 的盐:

$$[Ni_4(CO)_9]^{2-} + H_2O \longrightarrow [HNi_4(CO)_9]^- + OH^-$$

当用磷酸处理这些溶液时,可以得到黑紫色结晶状的 $H_2Ni_4(CO)_9$.用锂汞齐还原四羰合镍的过程略有不同,产生八羰合三镍酸根阴离子:

$$3Ni(CO)_4 + 2Li \longrightarrow Li_2[Ni_3(CO)_8] + 4CO$$

这个暗红色的盐会自燃,它与7个 THF 分子结晶成四氢呋喃合物.若令四羰合镍与饱和氢氧化钠甲醇溶液经许多小时的反应也可以生成这个阴离子.

歧化反应

氮给体分子往往可使四羰合镍歧化成自由羰合物阳离子和多核羰合物酸根阴离子.四羰合镍与吡啶、吗啉、α-皮考啉和哌啶反应时生成不稳定的取代产物,如 $Ni(CO)_3L$,它分解时发生了镍的歧化:

$$3Ni(CO)_3L + 3L \longrightarrow [NiL_6][Ni_2(CO)_6]^{2-}$$

六羰合二镍酸根阴离子与1,10-二氮菲或2,2′-联吡啶的镍(II)衍生物反应时,由于阴离子还原了阳离子而可分离得到Ni(II)的取代羰合物,例如

$$[Ni(Phen)_3]^{2+} + [Ni_2(CO)_6]^{2-} \longrightarrow 3Ni(CO)_2Phen$$

乙二胺也引发歧化反应,生成 $[Ni_4(CO)_9]^{2-}$ 离子.液氨生成取代产物 $[Ni(CO)_3(NH_3)_3]$ 和 $[Ni(CO)_2(NH_3)_2]$,这两个化合物在温度高于−60℃时也发生歧化反应.

取代反应

四羰合镍与磷、砷和锑给电子分子以及异腈和不饱和有机分子可以发生取代反应.可以容易地得到一取代或二取代产物,但三和四取代产物很少见.由四羰合镍与取代配体直接反应所得取代产物的一些例子提供在表3.6中.合成反应常常是在室温下,在惰性溶剂中进行,但有时需要在低沸溶剂中,在回流下进行反应,与卤化磷的反应有意思的是可以得到全取代产物;例如三氯化磷可以得 $Ni(PCl_3)_4$,令这个化合物再与相应的三卤化磷反应可以得到 $Ni(PF_3)_4$,和 $Ni(PBr_3)_4$.苯基异腈可以同样得到羰基全取代的产物,生成 $Ni(CNPh)_4$.二取代的膦络合物曾在炔类化合物的三聚反应中用为催化剂;$Ni(CO)_2(PPh_3)_2$ 可催化炔丙醇转化为1,2,4-和1,3,5-三(羟甲基)苯混合物的反应,也可催化苯乙烯转化为1,2,4-三苯基苯的反应.

制备这许多取代羰合物的目的主要用于红外光谱研究和有些用于反应机理研究.$Ni(CO)_3PR_3$ 和 $Ni(CO)_2(PR_3)_2$ 型络合物与其它膦之间的交换反应是通过 S_N1 机理进行的,反应速率决定于离解产生3-配位中间体的Ni—CO或Ni—P键的强度.膦配体的σ成键本领在决定Ni—P键强度方面看来起着最重要作用,而与此同时,膦配体的π成键本领在决定Ni—CO键强度方面起着重要的作用.

当四羰合镍与不饱和有机分子发生反应时,往往看到羰基会全部被取代.例如环戊二烯在70℃时与四羰合镍在正己烷中反应,生成π-环戊二烯基-π-环戊二烯基合镍(II),即 $(\pi\text{-}C_5H_5)Ni(\pi\text{-}C_5H_5)$.在同样条件下烯丙基碘与四羰合镍反应生成深红色的π-烯丙基络合物 $Ni(C_3H_5I)_2$,和 NiL_2 型的化合物(L=丙烯腈、丙烯醛或对氢醌)也是通过配体与四羰合镍的直接反应生成的.当二苯乙炔与四羰合镍在闭管石油醚中以110℃一起加热时,发生了更为显著的变化,所得产物跟四苯基环戊二烯酮与四羰合镍反应所得产物一样,即双(四苯基环戊二烯酮)合镍(II).

表 3.6　四羰合镍的一些取代产物

化　合　物	颜　色	熔点(℃)	参考文献
$Ni(CO)_3PPh_3$	奶油色	126	L. S. Meriwether and M. L. Fiene, *J. Am. Chem. Soc.*, 81,4200(1959).
$Ni(CO)_2(PPh_3)_2$	淡黄	212	*ibid.*
$Ni(CO)_3PF_3$	白	–	R. J. Clark and E. O. Brimm, *Inorg. Chem.*, 4,651(1965).
$Ni(CO)_2(PF_3)_2$	白	–93	*ibid.*
$Ni(CO)_2[o\text{-}C_6H_4(PMe_2)_2]$	白	121 – 125	J. Chatt and F. A. Hart, *i. Chem. Soc.*, 1378(1970).
$Ni(CO)[P(OPh)_3]_3$	白	98.5	L. Malatesta and A. Sacco, *Ann. Chim.* (*Rome*), 44,134(1954).
$Ni(CO)[PhP(o\text{-}C_6H_4PEt_2)_2]$	橙	189 – 191.5	J. Chatt and F. A. Hart, *J. Chem. Soc.*, 812(1965).
$Ni(CO)_3AsPh_3$	白	105	W. Reppe and W. J. Schweekendied,
$Ni(CO)_3SbPh_3$			*Ann. Chem.*, 560,104(1948).
$Ni(CO)_3SbCl_3$	淡米色	96 – 100	*ibid.* G. Wilkinson, *i. Am. Chem. Soc.*, 73,5502(1951).
$Ni(CO)_3(CNMe)$	无色		M. Bigorgne, *J. Organoment. Chem.*, 1,101(1963).

2. 镍的亚硝基化合物

镍没有简单亚硝基化合物，但有多种多样的取代型亚硝基化合物，一些例子汇列在表 3.7 中.

已有许多工作者研究过四羰合镍与一氧化氮的反应，在无水和无配位溶剂的情况下生成蓝色的对空气敏感的 $Ni(NO)(NO_2)$：

表 3.7　镍的一些亚硝基络合物

化合物	颜色	ν(N—O)cm^{-1}	其它性质
$Ni(NO)(NO_2)$[a]	浅蓝	1845	
$Ni(NO)(OH)_3$[b]	蓝	1825	$\mu_{eff}=2.97$ BM
$Ni(NO)(OH)(OMe)_2$[b]	蓝	1820	$\mu_{eff}=2.8$ BM
$Ni(NO)_2(PPh_3)_2$[c]	紫	1745	偶极矩，4.26D
$Ni(NO)_2[P(OPh)_3]_2$[c]	紫	1710	
$[Ni(NO)Br]_n$[d]	蓝黑	1870[e]	
$[Ni(NO)I]_n$[d]	蓝黑	1855[e]	
$Ni(NO)Br(PPh_3)_2$[e]	蓝	1735	偶极矩，6.28D
$Ni(NO)(NO_3)(PPh_3)_2$[e]	蓝	1725	
$Ni(NO)(NO_2)(PEt_3)_2$[f]	紫棕	1705	偶极矩，7.1D
$Ni(NO)I(AsPh_3)_2$[g]	蓝	—	m. p.，168—169℃
$Ni(NO)Br(SbPh_3)_2$[g]	蓝	—	m. p.，104—106℃
$Ni(NO)Cl(PEt_3)_2$[g]	暗棕	1706	m. p.，53—54℃
$Ni(NO)(\pi\text{-}C_5H_5)$[a]	红棕	1843	m. p.，−41℃
$[Ni(NO)Cl_2]_n$[h]	暗绿	1 870，1835	
$[Ni(NO)Br_2]_n$[h]	暗绿	1865，1830	
$[Ni(NO)(SEt)]_n$[i]	绿	1760	
$[Ni(NO)SCN]_n$[j,k]	蓝	1853	m. p.，75°
$Ni(NO)(NCS)(PPh_3)_2$[j,k]	紫	1754	m. p.，179—186℃
$Ni(NO)(PPh_3)_2SPh$[j]	紫黑	—	m. p.，180—184℃
$K_2[Ni(NO)(CN)_3]$[f]	红	1780[m]	ν(C—N)，2133，2118 cm^{-1}

a. R. D. Feltham and J. T. Carriel, *Inorg. Chem.*, 3，121(1964).

b. W. P. Griffith, J. Lewis, and G. Wilkinson, *J. Chem. Soc.*, 1775(1959).

c. *lbid.*, 2259(1961).

d. W. Hieber and R. Nast, *Z. anorg. u. allgem. Chem.*, 44，23(1940).

e. R. D. Feltham, *Inorg. Chem.*, 3，116(1964).

f. G. Booth and J. Chatt, *J. Chem. Soc.*, 2099(1962).

g. W. Hieber and I. Bauer, *Z. Naturforsch.*, 166，556(1961)；*Z. anorg. u. allgem. Chem.*, 321，107 (1963).

h. C. C. Addison and P. F. G. Johnson, *Proc. Chem. Soc.* 305(1962).

i. J. Lewis, R. J. Irving and G. Wilkinson, *J. Inorg. Nuclear Chem.*, 7, 32(1958).

j. W. Hieber, I. Bauer and G. Neumair, *Z. anorg. u. allgem. Chem.*, 325, 250(1965).

k. W. Beck and K. Lortes, *Z. anorg. u. allgem. Chem.*, 325, 250(1965).

l. R. Nast aNd E. Proeschel, *Z. anorg u, allgem. Chem.*, 256, 145(1948).

m. W. P. Griffith and G. Wilkinson, *J. Inorg. Nuclear Chem.*, 7, 295(1958).

$$Ni(CO)_4 + 4NO \rightarrow Ni(NO)(NO_2) + 4CO + N_2O$$

这个化合物与水接触时会以黄色火焰而发生燃烧. 在 $Ni(NO)NO_2$ 的红外光谱中，除了有亚硝基强谱带之外，还有典型的亚硝酸根和成桥亚硝酸根的谱带. 它在乙醇中产生蓝色溶液，它与三苯基膦反应生成 $Ni(NO)(NO_2)(PPh_3)_2$. 在有痕量水存在下，四羰合镍与一氧化氮反应生成化学式为 $Ni(NO)(OH)_3$ 的蓝色化合物，它含有四面体的镍(II)原子. 在甲醇溶剂中，这个反应生成 $Ni(NO)\text{-}(OH)(OMe)_2$. 这个化合物经放置后转变成绿色化合物，在 $1820cm^{-1}$ 处的 NO^+ 谱带不见了，但出现了来自于成桥硝基的新谱带，因而此变化过程可表示为：

$$2Ni(NO)(OH)(OMe)_2 \longrightarrow [Ni(NO_2)(OMe)(MeOH)]_2$$

在一种胺和环戊二烯的存在下，四羰合镍-一氧化氮反应产生了稳定的挥发性化合物$(\pi\text{-}C_5H_5)NiNO$，这个化合物是反磁性的，它也可以从二茂镍与一氧化氮的反应制备. 由于红外光谱表明，存在有 NO^+，此化合物应含有镍(0)，即$(C_5H_5^-)(Ni^0)(NO^+)$. 微波谱显示 Ni—N—O 原子为直线结合的，红外光谱证实此化合物的敞开夹心式结构，分子总体具有 C_{5v} 对称. 取代羰合镍与一氧化碳反应生成镍亚硝基络合物，如 $Ni(NO)_2(PPh_3)_2$.

亚硝基镍的一卤化物是在一种卤离子接受体，如锌的存在下通过卤化镍(II)与一氧化氮的反应来制备的：

$$2NaI_2 + 2NO + Zn \xrightarrow{150℃} 2Ni(NO)I + ZnI_2$$

这类产物都是有挥发性的非极性化合物，但仅微溶于有机溶剂中. 它们在空气中易被氧化并被酸分解. 在红外 1800—$1900cm^{-1}$ 区间强吸收单峰证明 NO^+ 的存在，所以表明在这些化合物中镍处于 Ni(O)态. 它们几乎肯定是多聚型的；Ni(NO)I 被认为是一个有碘桥的四聚物. 它们同配体 L 直接反应曾得到大量的化学式为 $Ni(NO)XL_2$ 的衍生物. 在这些单分子衍生物之外还知道有一些卤桥联的双聚分子，例如$[Ni(NO)I(PPh_3)]_2$.

在四羰合镍与亚硝酰氯化亚硝酰溴的反应中，得到暗绿色的，亚硝基镍的二卤化物 $Ni(NO)X_2$. 这些化合物是不挥发和不溶于非极性溶剂的物质，但能溶于给电子体溶剂中而放出一氧化氮. 它们在温度高达 150℃ 前能保持热稳定，在分解时放出一氧化氮并留下卤化镍(II)残渣. 它们在红外光谱的 NO^+ 区显有两个强吸收带，氯化物和溴化物的室温磁矩分别为 3.7 和 3.2BM，表明每个镍原子有 2 个成单电子. 它们的结构虽尚未查明，但肯定是聚合型的.

在液氨中用一氧化氮处理 $K_4[Ni_2(CN)_6]$ 得到紫色的结晶状的亚硝基氰络合物 $K_2[Ni(CN)_3(NO)]$. 它是反磁性化合物，含有一个单核阴离子，在红外光谱中显有一个 N—O 单拉伸频率和两个 C—N 拉伸频率，这与预期的四面体 C_{3v} 对称相吻合.

3. 络合氰化物和异腈化物

四氰合镍(II)酸钾溶液易被金属钾(在液氨中)还原，先生成红色的 $K_4[Ni_2(CN)_6]$，然后生成为黄色沉淀物 $K_4Ni(CN)_4$. 这个 Ni(0) 的络合氰化物在 160℃以前是热稳定的，但在空气中很快被氧化，在水溶液中放出氢气. $[Ni(CN)_4]^{4-}$ 阴离子与 $Ni(CO)_4$ 为等电子体，它具有四面体结构，它的红外光谱在 $1985cm^{-1}$ 处仅显有一个 C—N 拉伸谱带. 在液氨中用一氧化碳处理 $K_4[Ni(CN)_4]$ 时得到黄色的 $K_2[Ni(CN)_2(CO)_2]$，在与三苯基膦三苯基胂和三苯基睇的反应中可以得到氰离子被全取代的产物，例如

$$K_4[Ni(CN)_4]+4Ph_3Sb \rightarrow Ni(SbPh_3)_4+4KCN$$

在氢气氛中用钠或钾汞齐还原 $K_2[Ni(CN)_4]$ 水溶液得到镍(I)络合物 $K_4[Ni_2(CN)_6]$，也可用电解还原法制备它；加入乙醇可使这个暗红色镍(I)络合物沉淀析出. 用碱金属液氨溶液还原 $K_2[Ni(CN)_4]$ 时也可得到这个镍(I)盐作为中间产物. 镍(I)盐无论是在固态或溶液中都是反磁性的，用凝固点降低法测得这个阴离子是双核的. 因此，在这个阴离子中显然有一个 Ni—Ni 键，但此结构的其它特征尚未获得充分表征. 从初步的 X 射线研究证实，有成桥氰基的存在，Ni—Ni 键长估测为 260pm，但红外研究指出这个阴离子是平面型的，且不含氰离子桥，即为 $[(CN)_3Ni—Ni(CN)_3]^{4-}$.

在有氰离子存在下，$[Ni_2(CN)_6]^{4-}$ 离子的水溶液缓慢被氧化：

$$[Ni_2(CN)_6]^{4-}+2H_2O+2CN^- \rightarrow 2[Ni(CN)_4]^{2-}+H_2+2OH^-$$

水溶液可吸收一氧化碳生成 $K_4[Ni(CN)_6(CO)_2]$ 的橙色溶液. 如果用液氨作反应介质，可以容易地分离出这个盐. 这个阴离子的结构尚未查明，凝固点降低测分子量和反磁性测量表明，这个化合物在固态和在溶液中都有双聚结构.

在碱性溶液中用联氨还原 $K_2[Ni(CN)_4]$，有报道说得到了单体离子 $[Ni(CN)_4]^{3-}$. 它的磁矩为 1.73BM，在潮湿空气中易被氧化：

$$2K_3[Ni(CN)_4]+H_2O+\frac{1}{2}O_2 \rightarrow 2K_2[Ni(CN)_4]+2KOH$$

在温和条件下，通过下列反应可以生成镍(0)的芳基异腈衍生物 $Ni(CNR)_4$：

$$Ni(CO)_4+4CNR \rightarrow Ni(CNR)_4+4CO$$

从规律性上说，芳基异腈对四羰合镍可实现四取代，但甲基异腈只能生成一取代和三取代衍生物. 也可以从镍(II)盐的碱性溶液制备四(芳基异腈)合镍(0)化合物，氢氧化镍(II)的乙醇悬浮液依下式缓慢地与异腈反应：

$$Ni(OH)_2+5CNR \rightarrow Ni(CNR)_4+RNCO+H_2O$$

这些络合物是黄色晶状固体，能溶于有机溶剂，生成的溶液不与空气接触时是稳定的. 四芳基异腈合物的红外光谱显有两个 N—C 拉伸频率，据认为这是由于在氮原子处的弯曲偏离了严格 T^d 对称而造成的. 在 $(MeNC)_3Ni(CO)$ 的红外谱中，v(C—O)出现在 $1923cm^{-1}$ 处，这个极低的频率的解释是：由于腈配体的给电子性(它的平均频率仅略低于自由配体的频率)，镍原子向羰基给出了相当大程度的电子反馈.

4. 膦络合物

镍(0)的全取代膦络合物 $Ni(PX_3)_4$ 除了可以从四羰合镍制备外，还可以从镍粉与膦的直接反应来制备，例如

$$Ni+4PF_3 \xrightarrow[350\text{大气压}]{100℃} Ni(PF_3)_4$$

甲基二氯代膦与镍在回流温度反应生成 $Ni(PCl_2Me)_4$. 芳香二膦邻-$C_6H_4(PEt_2)_2$ 和 $Ph_2PCH_2CH_2PPh_2$ 同样可以生成 Ni(二膦)$_2$. 这些二膦络合物也可以通过镍(II)络合物 NiX_2(二膦)$_2$ 的还原，例如用硼氢化钠的还原作用来制备. 曾从双(π-烯丙基)合镍制备四(三乙基膦)合镍(0)，二茂镍与三烷基或三芳基亚磷酸酯反应，生成良好产率的 $Ni[P(OR)_3]_4$.

这些膦络合物据认为都有四面体结构，$Ni(PF_3)_4$ 的拉曼光谱与这个立体化学结构是相吻合的. 三苯基膦络合物在溶液中与分子氧作用生成加合物 $Ni(O_2)(PPh_3)_2$，它在低于 −35℃ 的溶液中是稳定的，在 −78℃ 用饱和以乙醚和乙酰丙酮的水进行水解时，在放出三苯基膦的同时以 83% 产率放出过氧化氢.

镍(I)只有少数膦络合物. 在室温下在苯-乙醚溶剂中卤化烯丙基镍与三苯基膦在有降冰片烯参与下反应，得到黄或橙色固体化合物 $NiX(PPh_3)_3$(X=Cl, Br, I). 这些络合物在空气中缓慢分解，但在室温下贮存在氮气中则是稳定的. 在固态，它们是顺磁性的(磁矩范围 1.9—2.0BM)，具有四面体结构. 二膦 $Ph_2P(CH_2)_{3或4}PPh_2$(缩词 diphos)的络合物[(diphos)(CN)Ni(diphos)Ni(CN)(diphos)]据认为是具有平面四方形的 Ni(I)络合物，它们室温磁矩在 2.0—2.3BM 范围内.

乙酰丙酮合镍(II)与 Et_2AlOEt 在三苯基膦存在下，室温反应得到乙烯络合物

$(PPh_3)_2NiC_2H_4$ 黄色晶体. 在这个络合物中镍原子周围两个磷原子和两个碳原子排布成略不规整的平面四边形结构，平均 Ni—P 和 Ni—C 键长分别为 219 和 201pm. 在此络合物中的乙烯可被其它配体，如苯乙烯、二甲基-或二苯基乙炔所取代.

5. 其它低氧化态镍化合物

液氨是制备低氧化态镍络合物的极好溶剂. 碱金属和碱金属炔化物能溶解在此介质中而不发生反应，这就使合成镍(I)和镍(0)的炔化物成为可能. 反应如下：

$$K_4[Ni_2(CN)_6(CO)_2]+8KC\vdots CK\rightarrow$$
$$K_6[Ni_2(C\vdots CR)_8]+6KCN+2CO$$
$$K_6[Ni_2(C\vdots CH)_8]+2K\rightarrow 2K_4[Ni(C\vdots RH)_4]$$

该黄色的镍(I)络合物和橙棕色的镍(0)络合物都是反磁性的，所以在镍(I)化合物中大概有镍—镍键. 镍(0)的炔络合物在空中会自燃.

四氰合镍(0)酸盐与含氮配体在氨中反应曾制得少数含氮配体的镍(0)络合物：

$$K_4[Ni(CN)_4]+2D\rightarrow NiD_2+4KCN$$
(D=2,2′-联吡啶；1,10-二氮菲)

双(丙烯腈)合镍(0)$[Ni(CH_2:CHCN)_2]$是四羰合镍与丙烯腈的反应产物之一，它是配位不饱和的，因而很不稳定；与三苯基膦反应时则生成较稳定的化合物：$[Ni(CH_2:CHCN)_2P]$和$[Ni(CH_2:CHCN)_2PPh_3]$. 二丙烯腈合镍(0)的红外光谱表明，腈基并没有同镍成键，而镍却是通过烯双键的 π 电子而与配体成键的. 它略有顺磁性($\mu_{eff}=0.66$BM)，它曾在炔烃和烯烃的齐聚反应中用作催化剂.

3.2.2　镍(II)化合物

1. 镍电对的氧化还原性

与铁和钴不同，镍化合物在水溶液中的常见氧化态是＋2. 6 水合离子 $[Ni(H_2O)_6]^{2+}$ 是绿色的，镍(II)盐水溶液的颜色与大多数水合盐的颜色一样. 晶体结构研究表明，$[Ni(H_2O)_6]^{2+}$ 离子存在于水合盐 $Ni(NO_3)_2\cdot 6H_2O$，$NiSO_3\cdot 6H_2O$，$(NH_4)_2Ni(SO_4)_2\cdot 6H_2O$，$NiSO_4\cdot 6H_2O$ 和 $NiSO_4$，$7H_2O$ 之中，但在 $NiCl_2\cdot 6H_2O$ 中却含有反式-$[NiCl_2(H_2O)_4]$单位. 这个 6 水合离子是十分易变的，不具有酸性，镍(II)不生成含羟基和氧基的镍(II)酸根离子. 一些镍电对的标准电极电势汇列在表 3.8 中. 镍在第四周期过渡元素中的独特性在于，它在所生成的简单卤化物中只表现唯一氧化态＋2. 在镍(II)络合物中，其特点是立体化学的多样性(参见表 3.4)，而且不同构型之间的互相转化比较容易，不同立体化学结构之间的自由能差值都是相当小的.在某些络合物确实存在这种情况,例如具有四面体和平面四边形的两种异构体可以同时出现在结晶单元晶胞中.

表 3.8　一些镍电对在 25℃的标准电极电势

电　对	电势(V)
酸性溶液	
Ni^{2+}/Ni	−0.25
$NiO_2, 4H^+/Ni, 2H_2O$	+1.678
碱性溶液	
$NiS(\gamma)/Ni, S^{2-}$	−1.04
$NiS(\alpha)/Ni, S^{2-}$	−0.83
$Ni(OH)_2/Ni, 2OH^-$	−0.72
$[Ni(NH_3)_6]^{2+}/Ni, 6NH_3(aq)$	−0.476
$NiCO_3/Ni, CO_3^{2-}$	−0.45
$NiO_2, 2H_2O/Ni(OH)_2, 2OH^-$	+0.490

2. 简单镍(II)化合物

卤化镍(II)

卤化镍(II)的一些物理性质汇列在表 3.9 中.将镍、氧化镍(II)、氢氧化镍(II)或碳酸镍(II)溶解在氢卤酸中,可从溶液中结晶出水合盐.这些卤化物能生成很多的络合物,特别与含氮和含磷配体的络合物,这将在 3.2.3 节中予以讨论.

表 3.9　卤化镍

性　质	NiF_2	$NiCl_2$	$NiBr_3$	NiI_2
颜色	黄	黄	黄	黑
熔点(℃)	1450	1001	965	780
$-\Delta H_f$(kJ · mol^{-1})	657.7	311.7	226.8	175.7
μ_{eff}(BM)(20℃)	2.85	3.32	3.0	3.25
密度	4.63	3.55	5.098	5.83
水合物	4	2,4,6,7	2,3,6	4,6

氟化镍(II)

镍和单质氟在 550℃很缓慢地反应或镍与氟化氢在 225℃在弹筒中反应,生成氟化镍(II)(由于镍对单质氟的抗御能力,镍及镍合金,如蒙铜被用于耐抗氟或腐蚀性氟化物的容器或设施).氟化镍(II)的最好制备方法是在 350℃对氯化镍(II)与单质氟的反应,或将氟化铵-氟化镍(II)复盐加热来制备.其它制备反应有:氯化镍(II)与氟化氢在高于 500℃的反应;氯化镍(II)与三氟化氯在 250℃的反应;以及将

$NiF_2 \cdot 4H_2O$ 在氢气流中以 350—400℃进行脱水.

氟化镍(II)具有四方系金红石结构,含有略四方压缩的 NiF_6 八面体;Ni—F 距离为 201 和 198pm,高于熔点时它升华成直线形的气态分子.无水氟化镍(II)对浓酸很不活泼,仅略溶于无水氟化氢中.它的四水合物是淡绿色的,微溶于水,给水合盐加热时,在得到无水 NiF_2 以前会生成若干中间水合物.

氯化镍(II)

镍和单质氯在高温流动系统中反应或在 20℃在乙醇中反应都可得到氯化镍(II).实验室制法是用氯化亚硫酰给 6 水合物脱水.

氯化镍(II)与氯化铁(II)、氯化钴(II)和氯化锰(II)是异质同晶物,具有氯化镉晶格.它在 440—700℃温度范围内,气化成单分子和双聚分子物种.它的蒸汽压可表示为方程式 $\lg P_{mm}=12.051-11499/T$ 升华纯制的氯化镍(II)仅极缓慢地溶于水中,在有机溶剂中的溶解度比相应的钴盐溶解度小得多.高于 50K 时它是顺磁性的,$\theta=67°$.

氯化镍(II)从水溶液中结晶为绿色的 6 水合物,加热至高于 50℃时它开始放出水分.$NiCl_2 \cdot 6H_2O$ 含有反式-$[NiCl_2(H_2O)_4]$单位,其 Ni—Cl 和 Ni—O 键长分别为 238 和 210pm.高于 5K 时 6 水合物遵守 Curie-Weiss 定律,其 θ 值大致为 10°.在温度高于 40℃蒸发氯化镍(II)水溶液可以得到四水合物 $NiCl_2 \cdot 4H_2O$,用氯化氢处理饱和水溶液时也可得到 4 水合物.高于 75℃蒸发氯化镍(II)水溶液可以得到 2 水合物 $NiCl_2 \cdot 2H_2O$. 2 水合物具有颇为复杂的结构,它是由聚合长链组成的,在其中镍原子被排布成变形四方平面的四个氯原子和两个水分子所包围;聚合长链又通过氢键而连接在一起.

溴化镍(II)

令单质溴作用于赤热的金属镍,或在室温下令溴和镍在乙醚溶液中反应,都可以方便地制得无水 $NiBr_2$.将 6 水合溴化镍(II)在约 140℃时脱水也可得到无水盐.它以 $CdCl_2$ 型结构而结晶,镍原子八面体地被溴原子包围,Ni—Br=257pm.它的磁性类似于氯化镍(II),室温磁矩为 3.0BM.

绿色的 6 水合物 $NiBr_2 \cdot 6H_2O$ 很容易释放出结晶水,温度超过 29℃时从水溶液中结晶出 3 水合物 $NiBr_2 \cdot 3H_2O$.在 5℃时将 6 水合物放在浓硫酸上进行干燥时可脱水变成 2 水合物.在 $NiBr_2 \cdot 6H_2O$ 中镍原子的配位环境是 2Br 和 $4H_2O$,在 $NiBr_2 \cdot 2H_2O$ 中镍的配位环境是 4Br 和 $2H_2O$;在这两种情况中键长都是 Ni—Br=260 和 Ni—O=200pm.

碘化镍(II)

将 6 水合物脱水,或令碘化钠与氯化镍(II)在乙醇中发生交换反应,都可得到无水 NiI_2.它具有 $CdCl_2$ 型晶格,在 75K 以前是顺磁性物质.经过表征的只有一个水合盐——蓝绿色的 6 水合物 $NiI_2 \cdot 6H_2O$. 与其它卤化镍(II)6 水合物不同,它含有$[Ni(H_2O)_6]^{2+}$阳离子.

氰化镍(II)

向镍(II)盐溶液中加入氰化钾,得到灰蓝色的水合氰化镍(II)沉淀. 将此水合物加热至超过 140°可得棕黄色的无水化合物,它大概是反磁性的. 对水合物进行的示踪研究表明,其中有两种不同型式的镍原子,它的结构可以写成$[Ni(H_2O)_x]^{2+}[Ni(CN)_4]^{2-}$. 它能溶解在过量氰化钾溶液中,生成杏黄色溶液,从其中可以结晶出 $K_2[Ni(CN)_4] \cdot H_2O$.

在有氨存在下,氰化镍可以生成一种包合物. 当用苯与 $Ni(CN)_2$ 在氨水中的溶液一起摇荡时,产生一种淡紫色沉淀物,它是一种苯包合物 $Ni(CN)_2 \cdot NH_3 \cdot C_6H_6$. 在这个化合物中,镍和氰根形成结构层,氨分子在每层平面的上方及下方与间隔开的镍原子相结合. 这样一来,有一半的镍原子是八面体地被氮原子包围(Ni—N=315pm,Ni—NH_3=206pm),另一半镍原子以平面形 4-配位被碳原子包围(Ni—C=1.76pm)(见图 3.2a). 苯分子占入结构层之间的孔穴(包笼)中(见图 3.2b). 每个镍原子的平均磁矩为 2.2BM,已经查实,在此化合物中四配位镍原子是反磁性的,而六配位镍原子是顺磁性的,有两个成单电子自旋.

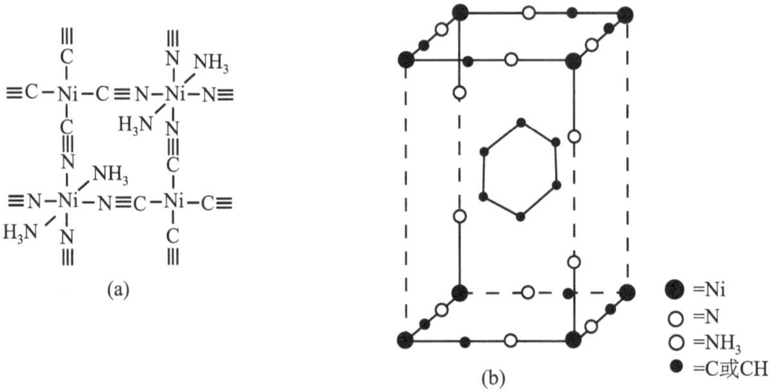

图 3.2　氰化镍(II)苯氨包合物

这个包合物的苯含量随不同制备过程而变化,最大的摄入量比为 Ni∶C_6H_6=1∶1,其中如有水时最高可达 Ni∶H_2O=1∶0.33. 这个氰化镍(II)氨合物也可以捕集其它有机分子,如噻吩、吡咯、苯胺和吡啶,但较大的分子,如甲苯则不会被俘集. 这个包合物在加热时,或放在水溶液中络合物瓦解时,所俘集的分子就再生出来. 这些包合物的红外光谱所显示的吸收谱带与液态有机分子的吸收一样. 这些包合物可使之燃烧,由于被俘集的分子而呈显冒烟的火焰. 含金属氨合物阳离子的四氰合镍(II)酸盐如[$Cu(NH_3)_4$][$Ni(CN)_4$]和[$Cd(NH_3)_6$][$Ni(CN)_4$]也能生成类似的包合物.

硫氰酸镍(II)

将碳酸镍(II)溶解在硫氰酸中,或通过硫酸镍(II)与硫氰酸钡的交换反应,可制得硫氰酸镍(II).它溶在水中产生绿色溶液,低于15℃时可从溶液中析出4水合物,高于25℃时可析出$Ni(SCN)_2 \cdot 0.5H_2O$黄色晶体,将此晶体在150℃脱水得到棕色非晶态的无水盐$Ni(SCN)_2$.

氧化镍(II)

用氧将镍氧化时主要产生NiO,但在一定条件下可以生成一些Ni_2O_3.氢氧化镍、碳酸镍或硝酸镍热分解产生NO绿色粉末.它具有氯化钠型晶格并与CoO同晶形.在室温时它是反铁磁性的,磁矩近于1.3BM,熔点1955±20℃,密度6.82g/cm^3.

氧化镍不溶于水但能溶于酸,但在高温长时间煅烧过的氧化镍难溶于酸,这种高温烧过的氧化镍变成灰黑色有金属光泽的八面体微晶.它同氢气发生可逆反应:

$$NiO + H_2 \rightleftharpoons Ni + H_2O$$

在相对较低的温度下,在氢气流中,上述反应自左向右进行.

氢氧化镍(II)

当将一种碱金属氢氧化物溶液加入于镍(II)盐的水溶液中时,氢氧化镍沉淀为微细分散的绿色粉末.初沉淀时它往往难于过滤,但经长时间放置,它就逐渐晶化.如果镍盐未能完全沉淀,特别是如果用了很浓的镍(II)溶液,则沉淀可能是碱式盐.卤化物常有此情况,已经表征过的碱式盐有$NiCl_2 \cdot 3Ni(OH)_2$和$NiCl_2 \cdot Ni(OH)_2$.

氢氧化镍(II)的密度为4.15g/cm^3,它结晶成CdI_2层状结构,在其中每个镍原子被6个氢氧根所包围.加热至200℃它开始分解为氧化物.它不溶于氢氧化钠溶液,但易溶于浓氨水中生成蓝紫色溶液,其中含有六氨合镍(II)阳离子.

硫化镍

从中性(不得是强酸性)的镍(II)盐溶液中加硫化铵沉淀出来的黑色硫化镍即所谓的α-NiS,新沉淀出来时主要含非晶态的$Ni(SH,OH)_2$.在低pH下它结晶了,主要生成三角晶系的γ-NiS,而在较高pH下则结晶为六方晶系的β-NiS($Ni_{1-x}S$).在镍一硫体系中存在着黄铁矿结构的NiS_2,尖晶石结构的Ni_3S_4和双晶相的NiS.低温变体(β-NiS)即天然矿物针镍矿,属菱形晶系,密度5.3—5.9g/cm^3,镍原子处在一个四方锥体中被5个硫原子所包围(Ni—S~218pm).高温变体的NiS具有NiAs型结构,镍为八面体配位的,这种结构延伸至一种镍短缺结构$Ni_{1-x}S$.其它出现的硫化物有Ni_3S_2和Ni_7S_6.其它细节可参阅Gmelim,《无机化学手册》[镍(B,2)].

氨化镍(II)

可溶镍(II)盐和氨化钾按计量配比在液氨中的反应沉淀出氨化镍(II)的二氨合物 $Ni(NH_2)_2 \cdot 2NH_3$. 这个氨化物能溶解在碘化铵的液氨溶液中：

$$Ni(NH_2)_2 \cdot 2NH_3 + 2NH_4I \longrightarrow [Ni(NH_3)_6]I_2$$

它在 585℃依下程序真空分解，最后分解成金属镍：

$$Ni(NH_2)_2 \cdot 2NH_3 \xrightarrow{42.3℃} Ni(NH_2)_3 \xrightarrow{119.3℃} Ni_2N_3 \xrightarrow{362℃}$$

$$Ni_3N \xrightarrow{585℃} Ni$$

磷同类物 $Ni(PH_2)_2$ 可用 KPH_2 溶液以同样方法制备. 它在 0℃分解放出 PH_3 和氢气，能溶解在 KPH_2 的液氨溶液中，大概生成 $K_2[Ni(PH_2)_4]$.

碳酸镍(II)

当碱金属碳酸盐溶液与镍(II)盐反应时生成了碱式碳酸盐沉淀. 如用酸式碳酸盐如 $NaHCO_3$，或者沉淀反应是在二氧化碳气氛中进行的，则得到淡绿色微细晶状沉淀 $NiCO_3 \cdot 6H_2O$. 当将此沉淀物加热到 140℃，则生成碱式碳酸盐，随后发生至氧化镍(II)的分解反应. 无水碳酸盐以两种变体出现，一种是绿色的，另一种是黄色的. 这两种变体都是由氯化镍(II)与碳酸氢钠溶液的反应制备的，反应在充高压二氧化碳的压热釜中进行，绿色变体在 250℃生成，黄色变体在 180℃生成.

羧酸镍(II)

将含镍碱溶解在甲酸中，从溶液中可结晶出绿色的甲酸镍(II)2 水合物、$Ni(HCOO)_2 \cdot 2H_2O$. 这个化合物的结构显示镍原子是八面体地被氧原子所包围；一组镍原子与来自甲酸根的 6 个氧原子结合，而另一组镍原子则与成平面的 4 个水分子相结合，并在平面上方与下方又各与来自甲酸根的氧原子结合. 从而在镍原子之间有甲酸根桥，构成一种无限的聚合网格结构. 无水甲酸镍(II)的制法是：令氯化六氨合镍(II)与乙醇钠和甲酸在乙醇中反应，在反应中沉淀出氯化钠.

乙酸镍(II)从乙酸和氢氧化镍的反应溶液中，在室温结晶析出为绿色的 4 水合物. 它与相应钴(II)盐为异质同晶的，具有变形八面体结构，镍原子被 4 个水分子和 2 个来自乙酸根的氧原子所包围，2 个氧原子彼此处于反位. 它的室温磁矩为 3.30BM，无水乙酸镍(II)是吸潮物质，可将水合盐在高于 150℃时真空加热脱水，或将水合盐与乙酸酐一起加热回流来制备. 在氮气中或在真空中在 300℃加热分解放出丙酮、乙酸、一氧化碳、二氧化碳和水，残渣为镍和 Ni_3C.

草酸镍(II)，当向镍(II)盐溶液中加入草酸时即沉淀出草酸镍(II) $NiC_2O_4 \cdot 2H_2O$. 它同镁、锌和铁(II)的草酸盐是异质同晶的. 当真空加热时它即分解，高于

150℃时放出水分，高于300℃时放出二氧化碳，剩留下来的是微细分散的镍粉，适合于作催化剂与合成四羰合镍之用. 草酸镍(II)能溶于酸并分解，也能溶于氨生成氨合物.

硅酸镍(II)

将按配比计量的 NiO 和 SiO_2 加热至1500℃使之化合生成绿色的 Ni_2SiO_3，它具有橄榄石结构，在较高温度和高压下可从此体系制得一种绿色透明的尖晶石相. Na_2SiO_3 可从镍(II)溶液中沉淀出一种绿色的水合硅酸盐 $NiSiO_3 \cdot xH_2O(x=1-3)$.

硝酸镍(II)

在室温下可从水溶液中结晶出宝石绿色的6水合物晶体 $Ni(NO_3)_2 \cdot 6H_2O$. 它们与相应的钴盐是异质同晶的，含有正八面体 $[Ni(H_2O)_6]^{2+}$ 离子，Ni—O＝203pm，高于54℃得4水合物，高于85.4℃时得2水合物. 在发烟硝酸中用五氧化二氮给水合物脱水，或用四氧化二氮与四羰合镍的液相反应，都可得到淡绿色的无水硝酸盐.

$$Ni(CO)_4 + 2N_2O_4 \longrightarrow Ni(NO_3)_2 + 2NO + 4CO$$

四氧化二氮与四羰合镍的气相反应只能得到亚硝酸盐 $Ni(NO_2)_2$. 上述反应很剧烈，初步产物是加合物 $Ni(NO_3)_2 \cdot N_2O4$，真空加热即可除去 N_2O_4 · 硝酸镍(II)的红外光谱显为一个典型的共价硝酸盐. 它不挥发，在氮气中加热至高于260℃时分解产生亚硝酸盐 $Ni(NO_2)_2$.

6水合物热分解得到碱式硝酸盐，向其饱和溶液中加氢氧化钠时也得到碱式盐. 碱式硝酸盐的典型组成为 $Ni(NO_3)_2 \cdot Ni(OH)_2 \cdot 6H_2O$，它具有层状结构，像大多数碱式镍(II)盐一样，具有复杂的离子晶格 $[Ni(H_2O)_6][Ni(NO_3)_2(OH)_2]$.

磷酸镍(II)

镍生成多种类型的为数众多的磷酸盐. 磷酸氢二钠可从镍(II)溶液沉淀出绿色凝乳状正磷酸盐 $Ni_3(PO_4)_2 \cdot 8H_2O$. 碳酸镍(II)在80℃溶解在磷酸水溶液中，可从其中结晶出绿色的酸式磷酸盐 $Ni(H_2PO_4)_2 \cdot 2H_2O$. 磷酸铵从镍(II)溶液沉淀出 $Ni(NH_4)PO_4 \cdot 6H_2O$，它经煅烧产生焦磷酸盐 $Ni_2P_2O_7$.

硫酸镍(II)

硫酸镍能生成由 $NiSO_4 \cdot 7H_2O$ 到 $NiSO_4 \cdot H_2O$ 的所有水合物. 斜方系的7水合物在15—20℃时结晶，在略高些的温度上，从水溶液结晶出两种不同的 $NiSO_4 \cdot 6H_2O$ 物相，蓝绿色的 α 相在温度达到53.3℃以前结晶出来，在此之后绿色的 β 相结晶出来. 低水合物是7水合物的热分解产物. 7水合物的晶体结构是由 $[Ni(H_2O)_6]^{2+}$ 八面体、SO_4^{2-} 四面体构筑成的，额外的水分子是通过氢键与硫酸根离子相结合着的. 四方系的 α-$NiSO_4 \cdot 6H_2O$ 也含有 $[Ni(H_2O)_6]^{2+}$ 八面体，其中

Ni—O=202 和 204pm.

将水合物在高于 300℃脱水可得无水硫酸镍(II),它是一种能溶于冷水的黄色粉末. 它生成一系列复盐 $M^{I}_{2}[Ni(H_2O)_6](SO_4)_2$,($M^{I}$=K,Rb,Cs,$NH_4$,Tl),它们同 2 价过渡金属离子的相应复盐是类质同晶的.

所有这些硫酸盐的磁矩在 3.08—3.26BM 范围内,无水硫酸盐在接近 13K 时变为反铁磁性的.

亚硫酸镍(II)和硫代硫酸镍(II)

将新沉淀的氢氧化镍(II)溶解在二氧化硫水溶液中,从中可结晶出 6 水合物与 4 水合物的亚硫酸镍(II). $NiSO_3 \cdot 6H_2O$ 出现六方系和四方系两种变体. 令硫代硫酸钡与硫酸镍(II)进行交换反应可得到硫代硫酸镍(II) $Ni_2S_2O_3 \cdot 6H_2O$,它属斜方晶系,与 $MgS_2O_3 \cdot 6H_2O$ 异质同晶.

镍(II)的卤酸盐和高卤酸盐

令卤酸钡与硫酸镍(II)在溶液中反应,从滤液中可结晶出卤酸镍(II) $Ni(XO_3)_2$(X=Cl,Br,I)的水合物. 高氯酸镍(II)结晶为吸湿性极强的 6 水合物,它易溶于水(每 100g 水溶解 259g$NiClO_4 \cdot 6H_2O$),能溶于乙醇和丙酮中. 在 25℃,令三氟乙酸镍(II)与高氯酸在三氟乙酸中反应,曾制得黄绿色的无水盐.

3.2.3 镍(II)的络合物

镍(II)生成为数众多的络合物,在这些络合物中镍(II)原子的配位数可以多种多样,包括 4,5 和 6;另外这些络合物的结构类型更是多种多样,包括了所有的主要结构类型,即包括八面体、三角双锥体、四方锥体、四面体和平面四边形(参见表 3.4). 此外,镍(II)的配位化学还有一个特色,即在不同结构之间存在着复杂的平衡关系. 这些平衡总的来说决定于温度条件,但有时也决定于浓度,下边将先分别就各种结构类型对镍(II)络合物作概括性介绍,随后讨论不同、但相关结构之间的相互转化平衡.

1. 八面体络合物

镍(II)的最高配位数为 6. 相当多的电中性配体,特别是氨和胺类,可以部分或完全取代八面体$[Ni(H_2O)_6]^{2+}$中的水分子生成络合物,例如反式-$[Ni(H_2O)_2(NH_3)_4](NO_3)_2$,$[Ni(NH_3)_6](ClO_4)_2$ 和$[Nien_3]SO_4$(en=乙二胺). 这些氨或胺络合物具有蓝或紫的特征颜色,而 6 水合镍(II)阳离子却是亮绿色的. 这是由于配体水分子被光谱化学顺序中场强高的一侧的配体所取代,导致吸收谱带向波长短的方向移动. 这可以清楚地从图 3.3 中看出. 图中绘示了$[Ni(H_2O)_6]^{2+}$和$[Nien_3]^{2+}$离子的吸收光谱.

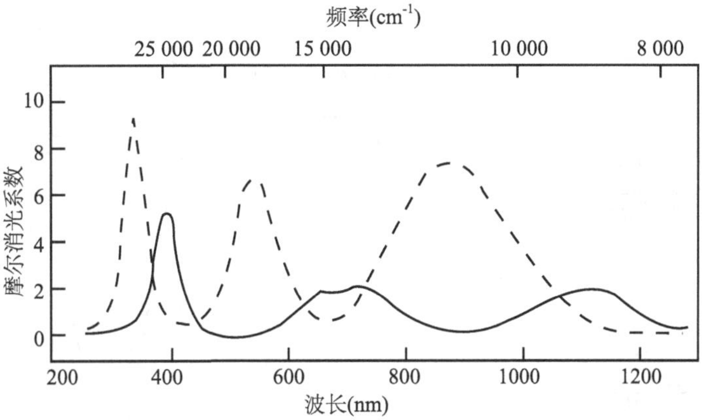

图 3.3 $[Ni(H_2O)_6]^{2+}$(实线)和$[Nien_3]^{2+}$(虚线)离子的吸收光谱

根据 d^8 离子的能级图(图 3.4 和图 3.5),这些光谱是容易加以说明的. 在八面体场中,不管晶体场强如何变化,体系的基态将总是一种自旋三重态,这是与 8 个电子在一套 5 个 d 轨道中的分布情况是一致的. 可以预期有 3 个自旋允许的跃迁.

各光谱图中的吸收谱带是容易加以指认的,有如表 3.10 所示. 八面体镍(II)络合物的特征之一,以$[Ni(H_2O)_6]^{2+}$和$[Nien_3]^{2+}$为例,是吸收谱带的摩尔吸收系数处在 1—100 的低的一端,即在 1—10 之间. 这是第一过渡系+2 离子八面体络合物的通性. 在$[Ni(H_2O)_6]^{2+}$的光谱中,中间的谱带有一处劈裂,这是由于出现了自旋-轨道相互作用而使$^1T_{1g}$和^1E_g 能态发生了混合,因为 $6H_2O$ 提供的 Δ_0 值使两个能态的能量极为接近. 而在$[Nien_3]^{2+}$的情况中,3en 有较强的配体场使这两个能态相距甚远而不会发生明显的混合. 对光谱的这种分析已足以说明一般化学问题,但值得指出的是在高分辨率的情况下光谱要复杂得多,而需要更为精细的分析.

表 3.10 八面体镍(II)络合物的光谱

跃迁	近似谱带位置(cm^{-1})	
	$[Ni(H_2O)_6]^{2+}$	$[Nien_3]^{2+}$
$^3A_{2g} \longrightarrow {}^3T_{2g}$	9 000	11 000
$^3A_{2g} \longrightarrow {}^3T_{1g}$(F)	14 000	18 500
$^3A_{2g} \longrightarrow {}^3T_{1g}$(P)	25 000	30 000

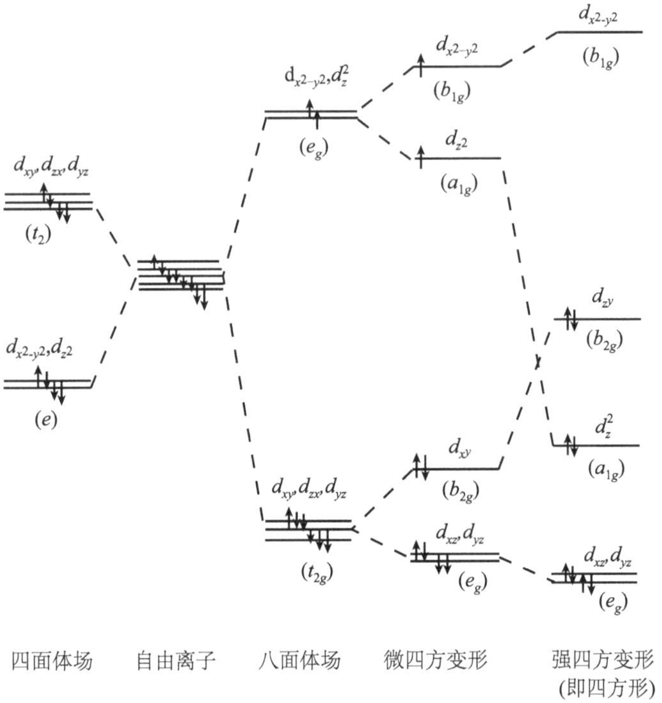

图3.4　Ni(II)离子在不同晶体场中的简单晶体场分裂轨道能级图

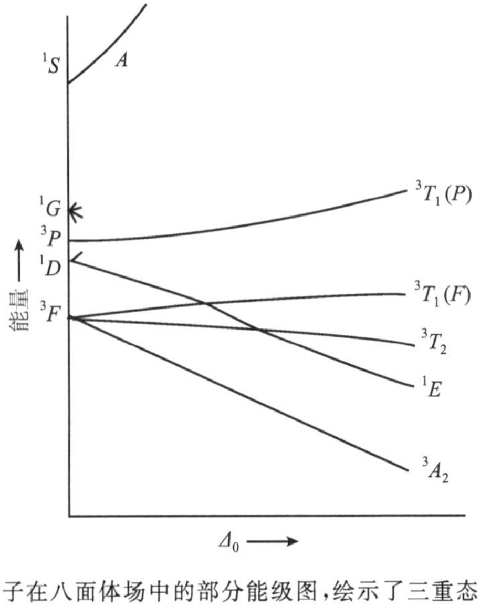

图 3.5　d^8 离子在八面体场中的部分能级图，绘示了三重态和一个单重态

在上节讨论的镍(II)简单化合物中，我们已经看到在结构中镍(II)常常是八面体配位的. 这里补充介绍一大类 $M^IM^{II}X_3$ 化合物，在其中 M^I 是个 1 价大阳离子和

M^{II}是个过渡金属离子，$CsNiCl_3$ 就是这个种属中的一个例子. 在其结构中存在着共用棱面的 NiX_6 八面体的无限平行长链，M^I 离子则以有序排布在这些长链之间. 这些 M^{II}离子一般显有不小的反铁磁偶合，据认为它们的发生是由于通过成桥 X 离子发生了超交换机制而导致的.

2. 五配位镍(II)络合物

镍(II)生成相当大数目的五配位络合物，其中既有三角双锥体结构又有四方锥体结构的化合物，而且已知每一种几何结构都既有高自旋(S=1)又有低自旋(S=0)的例子. 许多三角双锥体络合物都含有一个三足架式配体，如 pp_3[三(2-二苯基膦乙基)膦，$P(CH_2OH_2PPh_2)_3$] 和 np_3 [三(2-二苯基膦乙基)胺，$N(CH_2CH_2PPh_2)_3$]并有如下式所示的结构：

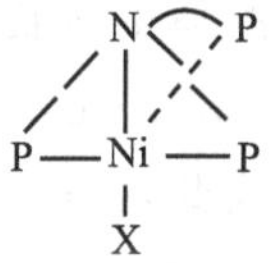

第五个配体一般是卤离子，但也可能是 H，SR，RSO_3 和 R. 当然这个结构的对称性不可能是真正三角双锥体的完全的 D_{3h}对称，但为了简化起见，这种情况我们仍常称之为三角双锥络合物. 除少数例外，它们都是低自旋的(即反磁性的). $[Ni(Me_6tren)Br]^+$ ($Me_6tren=N[CH_2CH_2N(CH_3)_2]_3$)是高自旋的，但如果配体上 N 原子被 P，As，S，Se 等所取代时，造成较大的配体场分裂并稳定了低自旋构型. 还有其它$[NiL_5]^{2+}$和$[NiL_3X_2]$以及$[NiL_4X]^+$组成的低自旋 5-配位镍(II)络合物，在许多情况中配体 L 是单个的，例如在$[Ni(SbMe_3)_5]^{2+}$，$[Ni(PMe_3)_4Br]$和$[Ni(SbMe_3)_3X_2]$中的配体.

$[Ni(CN)_5]^{3-}$离子往往被认为具有四方锥结构(?). 但在$[Cren_3][Ni(CN)_5]\cdot 5H_2O$ 中，有晶相完全独立的两种$[Ni(CN)_5]^{3-}$离子，一种是四方锥体，另一种是三角双锥体几何结构. 不过当将这个化合物脱水或给它加压时，晶体结构发生了变化，三角双锥体变成了四方锥体.

四方锥络合物是相对较少的，它们大部分，如$[Ni(Ph_2MeAgO)_4(ClO_3)]^+$和$[Ni(Me_3AsO)_5](ClO_4)_2$ 都是高自旋的. 络合物$[Ni(p_3)SO_4]$和$[Ni(p_3)SeO_4]$[($p_3=CH_3C(CH_2PPh_2)_3$，含氧阴离子为双齿体]是四方锥体，晶体是顺磁性的，但在溶液中主要变为反磁性的.

3. 四面体络合物

四面体络合物的主要类型有如 NiX_4^{2-}，NiX_3L^-，NiL_2X_2 和 $Ni(L—L)_2$，在其

中 X 代表卤离子或 sph，L 是电中性配体，如膦、膦氧或胂，L—L 是一种或多种的双齿配体，例如下图所示的三种双齿体. 这三种双齿配体都在氮原子上或其附近有

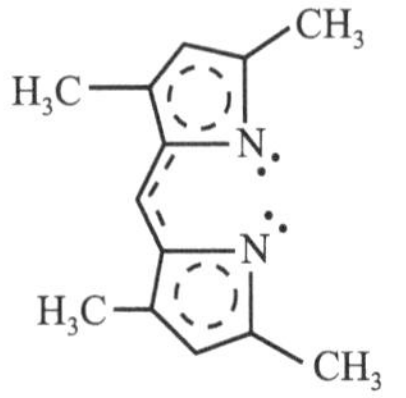

(1)

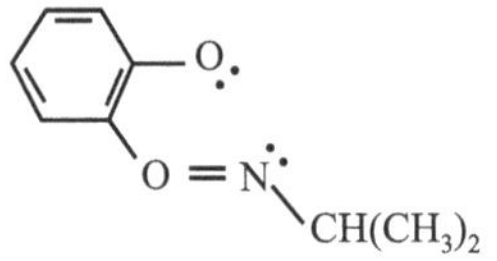

(2)

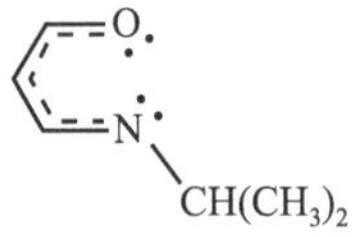

(3)

足够庞大的取代基使 Ni(L—L)$_2$ 分子在空间结构上不可能取得平面结构. 如果取代基是小的，则会生成平面状的或近平面状的络合物. 应该强调的一点是，除了 $[NiX_4]^{2-}$ 物种之外，不可能预期有严格的四面体构型. 例如在 Ni(L—L)$_2$ 分子中，可能的最对称构型将是两个 L—L 配体的平面互相垂直. 但最常有的情况是这个二面角距 90°相差相当远. 例如，当配体 L—L 是上面(2)式，二面角为 82°，而当 L—L 是上面(1)式时，二面角仅有 76°. 因此术语“四面体”有时使用得十分粗略，即并不意味着是正四面体. 由于所有的所谓四面体物种都是顺磁性的，并有两个成单电子，或许更好把它们叫做顺磁性四配位络合物更确切些. 区分“四面体”和“平面形”四配位镍(II)络合物有意义的方法是，给配体平面间的二面角确定一人边界值. 当二面角超过了此值，即使它比 90°小了许多，仍可把它称为四面体络合物. 反之，当二面角小于此边界值时，即使几何结构并未达到严格的平面结构，仍可把它叫做“平面状”络合物.

正四面体或接近正四面体的络合物都有特征的光谱性质和磁性. 当然，如果一种顺磁性镍(II)络合物的几何结构越不规整，它离规范性质就越远. 在 T_d 对称中 d^8 构型产生了一个 $^3T_1$(F)基态. 从此基态向 $^3T_1$(p)能态的跃迁出现在可见区(～15 000cm^{-1})并且吸收相当强($\varepsilon \approx 10^2$)，这比八面体络合物中的 $^3A_{2g} \longrightarrow {}^3T_{1g}$ 跃迁要强. 因而四面体络合物一般有深的颜色并且倾向于呈显蓝色或绿色(除非配体在可见区也有吸收). 由于基态 $^3T_1$(F)具有不小的轨道角动量，真正四面体镍(II)络合物的室温磁矩约为 4.2BM，不过即使稍微的变形也会显著降低此磁矩值(通过轨道简并度的分裂). 这样一来，颇为正规的四面体络合物磁矩在 3.5—4.0BM 范围内，比较变形的四面体络合物其磁矩为 3.0—3.5BM(六配位络合物有与此相同的磁矩范围).

$NiCl_4^{2-}$ 是一个代表性四面体络合物，它的光谱性质曾在 2.2 节详细研究过. 观察结果都可用晶体场模型予以详细说明，其 $\Delta_t = 3500cm^{-1}$.

4. 平面型络合物

绝大多数的四配位镍(II)络合物采取平面形几何结构.这是 d^8 构型的一种自然结果,因为平面形配体组合使一个 d 轨道($d_{x^2-y^2}$)的能量特高,8 个电子可以占入其它四个 d 轨道,而使这个强反键轨道保持为空的.在另一方面,在四面体配位中,占用反键轨道就是不可避免的.在同类的 d^8 系统中 Pd(II)和 Pt(II)的此种因素变得更为重要致使它们根本不生成四面体络合物.

于是平面型镍(II)络合物都是反磁性化合物.它们常常是红、黄或棕色的,由于在 450—600nm 范围内存在有中等强度(ε=60)的吸收谱带,但若存在有额外的谱带时,也会出现其它颜色.

作为重要的平面型络合物,可举以下络合物为例:黄色的 $Ni(CN)_4^{2-}$、红色的双(二甲基乙二肟基)合镍(II)、红色的 β-二酮络合物[(5)]、黄色至棕色的 $Ni(PR_3)_2X_2$化合物(R 为乙基)和含有配体[(3)]和[(4)]同类系的诸络合物,在配体氮原子上载有小取代基的,以及一个给体原子全是硫的络合物[(6)].

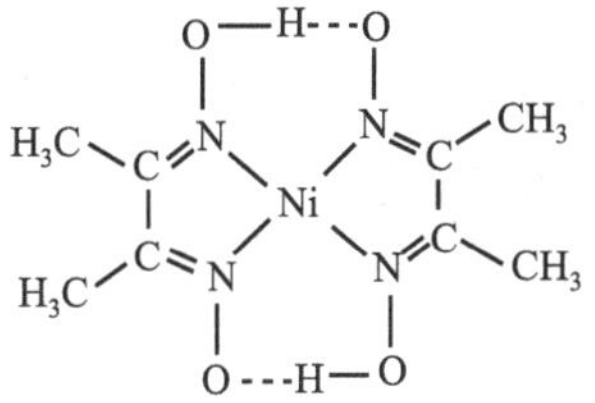

(4)

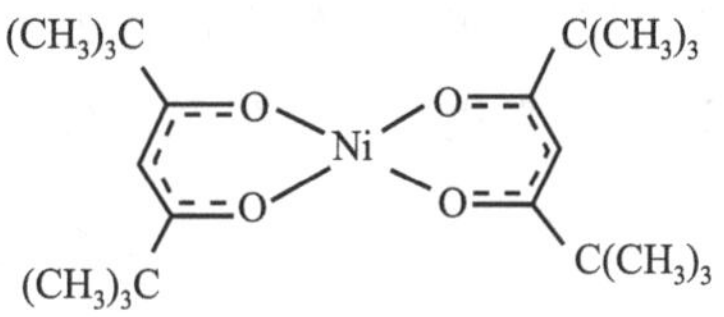

(5)

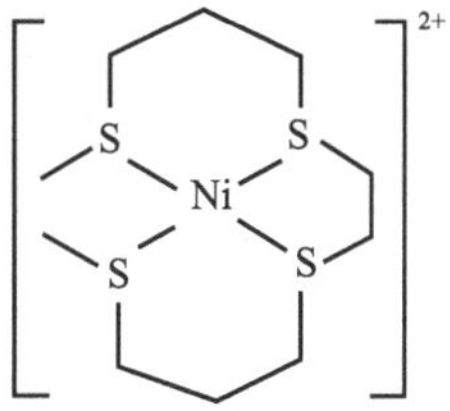

(6)

5. 结构和构象变化

有相当多的镍(II)络合物不保持其结构类型的恒定性,而是会发生结构类型的转变.镍(II)络合物会发生三种主要的结构和构象变化,在下面对它们作一些介绍和举例说明.

(1)平面四边形络合物加合配体生成五和六配位络合物

对任何一种四方形络合物 NiL_4 来说,与配体 L′加成的下列平衡从原则上讲是可以存在的:

$$ML_4 + L' \rightleftharpoons ML_4L'$$

$$ML_4 + 2L' \rightleftharpoons ML_4L'_2$$

在 L＝L′＝CN 的情况中，仅生成了五配位物种，但在大多数情况中平衡强烈地有利于生成具有反位结构和有两个成单电子的六配位物种. 举例来说，络合物[(4)]在正常情况下是从水或乙醇中制备的，最初分离出的产物是绿色顺磁性的 2 水合物或二乙醇合物. 加热驱去水或乙醇后得到红色反磁性的四方形络合物.

以下面图形[(7)]为基础的络合物$[NiL]^{2+}$能够给出一系列有趣的化合物. 在它的高氯酸盐$[NiL](ClO_4)_2$中镍原子是四配位的，该化合物是红色的和反磁性的. 化合物[NiLX]X(X＝Cl，Br，I)是蓝或绿色的并有 2 个成单电子，阳离子是五配位的四方锥体. $[NiL(NCS)_2]$是八面体络合物，它是紫色的并有 2 个成单电子.

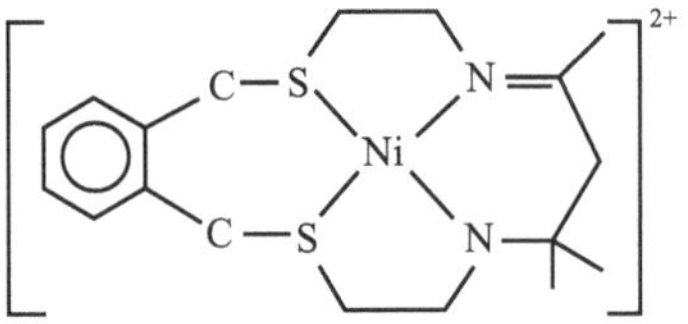

(7)

下面图式[(8)]所示的络合物有趣是在它的结构中，半边是一个低自旋四方形配位的镍原子，另半边是一个高自旋八面体配位的镍原子.

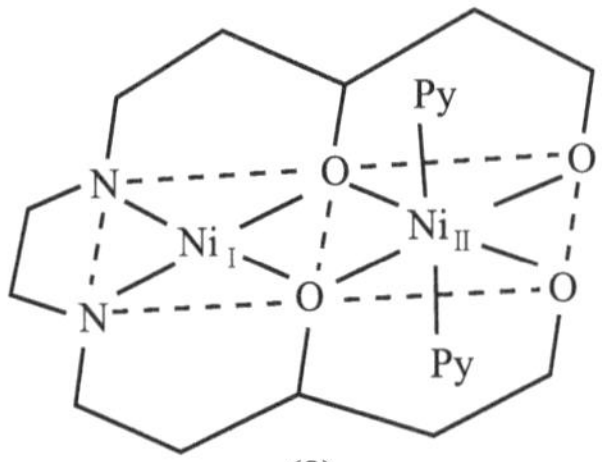

(8)

(2)单体-聚合物平衡

在许多情况中四配位络合物可以缔合或聚合，所生成的物种其中的镍原子变成为五或六配位的了. 在有些情况中缔合作用很强烈，以至仅能在高温下才能观察到四配位单体；在另一些情况中，在一个既决定于温度又决定于浓度的平衡体系中，在室温左右可以观察到既有红色反磁性单体又有绿或蓝色顺磁性聚合物同时存在的情况. 一个最清楚的例子是多种 β-二酮络合物，当 β-二酮基为乙酰丙酮基时，镍(II)与之生成三聚结构的络合物[(9)]. 由于共用了一些氧原子，镍(II)原子取得了八面体配位. 这个三聚体很稳定，只有在 200℃温度左右在非配位溶剂中才会出现可查觉数量的单体. 但此三聚体很容易被给体分子，如水或吡啶所裂解，生成六配位单体. 当乙酰丙酮基上的甲基被很庞大的$C(CH_3)_3$基团所取代时，三聚合作用便完全被阻止了，而生成为平面形的单体[(5)]. 当所用取代基团的空间结

构大小介乎 CH_3 和 $C(CH_3)_3$ 之间时，决定于温度和浓度，在非配位溶剂中可以观察到紫色单体—绿色三聚体的转化平衡.

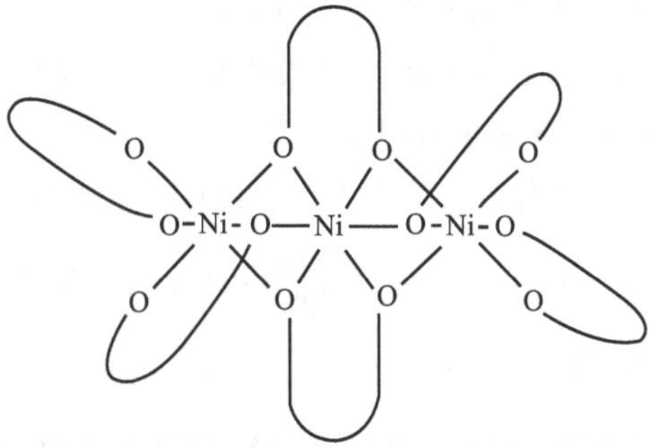

(9)

(3)四边形-四面体平衡和异构现象

有些四配位镍(II)络合物既可以生成平面四边形结构，又可以生成四面体结构，举例来说，在 NiL_2X_2 的情况中，当 L 是三苯基膦时，该络合物为四面体结构，而若 L 是三烷基膦时，则一般生成平面形络合物. 在许多$[NiL_2X_2]$络合物中，如果 L 是混合基烷基芳基膦，则在溶液中存在四面体和平面形两种变体的平衡分布，这就不足为奇了. 细致的研究工作表明，配体膦中 R 基的改变对络合物构型的影响几乎完全是电子效应而不是空间效应. 举例来说，在 CH_2Cl_2 溶液中，就 PPh_2Bu 和 P(环己基)$_3$ 的相应络合物来说(这两个配体的大小差不多)，四面体络合物的摩尔分数为 1.00，和平面形为 0.00. 在 25℃，四面体转变成平面形的速率常数在 10^5—$10^6\,s^{-1}$范围内，活化焓在 45 千 $kJ\cdot mol^{-1}$左右.

在有些情况下，有可能同时分离出两种结晶变体，一种是黄至红色反磁性变体，另一种是绿或蓝色有两个成单电子的顺磁性变体. 甚至在络合物 $Ni[(C_6H_5CH_2)(C_6H_5)_2P]_2Br_2$ 中，在同一结晶状物质中，可以同时发现四面体络合物和四边形络合物共晶在一起.

3.2.4 高氧化态的镍化合物(+3，+4)

1. 镍(III)和镍(IV)的简单化合物

氟化镍(III)曾被制得为一种不纯的黑色非晶状固体，加热至 25℃前分解. 尚未确证有氧化镍(III)Ni_2O_3，但已证明 NiO(OH)确实存在，且有两种结晶变体. 它们是黑色粉末，最常见的是 β-NiO(OH)，在低于 25℃的温度下用溴在氢氧化钾水溶液中氧化硝酸镍(II)即得到 β-变体. 它易溶于酸，经放置陈化，或在热溶液中进行氧化，可得到一种化学配比为 $Ni_3O_2(OH)_4$ 的 Ni(II)-Ni(III)氢氧化物. 用 NaOCl 氧化硫酸镍(II)碱性溶液得到一种黑色“过氧化物”“$NiO_2\cdot nH_2O$”，这个化合物不稳定，容易被水还原，它是有机化合物的一种有用氧化剂.

存在着 $NaNiO_2$ 和一些相关的化合物. 将碱金属氢氧化物装盛在镍容器中，并加热熔化，然后在约 800℃ 向熔体中鼓入氧气，即有迹象生成了 $M^I NiO_2$. 将氧化镍(II)与碱金属或碱土金属氧化物一起在氧气中煅烧，可以得到其它氧化物和氧化物相. 这些混合氧化物与水或酸接触时放出氧气.

爱迪生镍铁电池以氢氧化钾为电解质，它的充放电机理如下(～1.3V)：

$$Fe + 2NiO(OH) + 2H_2O \underset{充电}{\overset{放电}{\rightleftharpoons}} Fe(OH)_2 + 2Ni(OH)_2$$

2. 镍(III)的络合物

镍(III)的络合卤化物常常可以通过络合镍(II)卤化物的氧化来制备. 但确定无疑经过表征的镍(III)卤络合物是为数不多的. 三苯基膦络合物 $NiBr_3(PPh_3)_2$ 可以通过 $NiBr_2(PPh_3)_2$ 与溴在苯中的氧化反应来制备，也可通过它与溴化亚硝酰的反应来制备. 氯络合物 $NiCl_3(PPh_3)_2$ 比较不稳定，只能通过氯化亚硝酰的氧化来制备. 三溴二(三乙基膦)合镍(III)是一种黑色晶状固体，熔点 83—84℃，它能溶于戊烷产生深绿色溶液，在其中络合物是单分子的，偶极矩为零. $NiBr_3(PEt_3)_2$ 的室温磁矩为 1.72BM，这个络合物有利于采取反式三角双锥结构. 含有双齿膦配体的镍(III)络合物如$[NiBr_3(Me_2PCH_2CH_2PMe_2)_2]$和$[NiBr_3(Ph_2PCH_2CH_2PPh_2)_2]$曾被表征过. $[Ni(en)_2X_2]^+$ 型的乙二胺络合物是用卤素在乙醇溶液中氧化相应镍(II)络合物来制备的. 这个化合物也是顺磁性的，每个镍原子有一个成单电子.

将氯化钾和氯化镍(II)的 3∶1 混合物在 300atm 压力的单质氟气中，在 300℃ 进行氟化，可以得到含 NiF_6^{3-} 阴离子的六氟合镍(III)酸盐. K_3NiF_6 为紫色晶体，具有面心立方晶格. 它遇水放出氧气并被还原为镍(II)，但它在 450℃时在真空中是稳定的. 它在液态氟化氢中发生部分歧化反应：

$$2K_3NiF_6 \longrightarrow 6K^+ + NiF_6^{2-} + NiF_2 + 4F^-$$

K_3NiF_6 在电子光谱中仅在约 19 500 cm^{-1} 处显有一个谱带，它报道的磁矩为 2.54BM.

3. 镍(IV)络合物

将 KCl∶$NiCl_2$ 的 2∶1 混合物进行氟化可以得到红色的六氟合镍(IV)酸盐 K_2NiF_6，它比相应的镍(III)化合物容易制备. 含其它碱金属阳离子的络合物也可以通过碱金属四氯合镍(II)酸盐的氟化，或将一种碱金属卤化物与氟化镍(II)在一只弹筒中用 350atm 的单质氟，于 350℃进行氟化来制备. 这些化合物是反磁性的，具有 t_{2g}^6 低自旋基态；它们的红外光谱在 655 和 350cm^{-1}左右显有 Ni—F 拉伸频率，电子光谱在 19 000 和 25 300cm^{-1}显有两个 d-d 跃迁，指认为$^1A_{1g} \longrightarrow {}^1T_{1g}$和$^1A_{1g} \longrightarrow {}^1T_{2g}$跃迁. 在 12 900 和 16 000cm^{-1}处可看到两个低强度的至$^3T_{1g}$和$^3T_{2g}$能态的自旋禁阻谱带. 这些盐显有极大的反磁性，^{19}FNMR 位移(＋253ppm)是决定于温度的.

K_2NiF_6 可从水中放出氧气，但在无水氟化氢中形成亮红色溶液. 高于 350℃时它依下式真空分解：

$$3K_2NiF_6 \longrightarrow 2K_3NiF_6 + NiF_2 + F_2$$

用过硫酸盐氧化镍(II)盐和碱金属高碘酸盐混合物可以得到镍(IV)仲高碘酸的钠或钾盐 $NaNiIO_6 \cdot H_2O$ 和 $KNiIO_6 \cdot \frac{1}{2}H_2O$. 它们是暗紫色晶状固体，不溶于冷水，加热时容易分解. 与空气接触时它们发出臭氧的嗅味.

Ni(IV)也出现为紫色反磁性的杂多酸盐，如 $3BaO \cdot NiO_2 \cdot 9MoO_3 \cdot 12H_2O$ 和 $Na_{12}NiNb_{12}O_{38} \cdot (48—50)H_2O$. 这些化合物在固态下是稳定的，但在溶液中会缓慢分解.

参　考　文　献

[1] 《有色金属进展》，上篇，第 164—175 页，中国有色金属工业总公司，1984.

[2] 《有色金属进展》，下篇，第 1 分册，金川镍，中国有色金属工业总公司，1984.

[3] J. C. Bailar et al., "Comprehensive Inorganic Chemistty", Vol. 3, pp. 1109—1162, Pergamon Press, 1973.

[4] F. A. Cotten and G. Wilkinson, "Advanced Inorganic Chemistry", pp. 783—797, 4th Ed., John Wiley & Sons, 1980.

28. 铂　　系

28.1 铂系元素总论

1.1 发现史

周期系中第Ⅷ族第二及第三行元素钌、锇、铑、铱、钯、铂等 6 个元素称为铂系元素.

Lucas 及 Berthelot 曾报道说，在古埃及的物品中发现含有铂，但没有关于在古代已知道铂系元素的可靠的证据. 厄瓜多尔的印第安人在征服者到达前已应用天然铂或其合金来制造小型饰物. 第一次明确的提到铂的是西班牙的海军军官及科学家 de Ulloa，他曾随同法国科学院派遣的一个探险队到南美洲工作. 在 1748 年出版的关于探险的报道中，de Ulloa 叙述了在哥伦比亚新格拉纳达的乔科地区的矿物中含有一种不易加工的金属称为 platina(天然铂). 他报道：要分离在冲积层中与金一同存在的天然铂是很麻烦及费钱的. 所以含天然铂多时，使得这种矿物成为没有开采的价值.

天然铂在欧洲也有称为第八种金属的，因为在那时以前只知道 7 种金属，即：金、银、汞、铜、铁、锡及铅. 这 7 种金属是在古代即已知道的.

1741 年，来自拉丁美洲牙马加的一个冶金学家 Wood 首先将铂的样品带到英国并进行研究. 当时这种新的金属的性质被一些英国、瑞典、德国、法国及西班牙的科学家研究后，在欧洲引起了很大的兴趣. 由于这种金属的熔点很高，很不容易冶炼，以及天然铂中含有铁及铜，对产品的延展性的问题没有得到很大的改进. 1785 年西班牙贝尔加拉的物理学家 Chabeneau 及化学家 Fausto de Elhuyar 提出了一个得到一定数量的具有延展性的铂的方法.

1803 年，Collet－Descostils 报道，在粗铂用王水处理后的残渣中分离出一种新元素. 同一年，de Fourcroy 及 Vauquelin 也报道分离出这种新元素. 下一年 Tennant 证明，在用王水处理粗铂剩下的不溶的黑色粉末中，实际上不是含有一种而是含有两种新元素. 其中之一他命名为铱(iridium)(由拉丁文 iris，意义为“虹——由于其盐类具有各种不同颜色”)及另一种命名为锇(osmium)(由希腊文 οσμη，意义为“气味”，由于其挥发性氧化物具有气味).

1805 年，伦敦的 Wollaston 用一种改进的方法来生产具有延展性的铂，这个方法包含将已提纯的铂加热锻炼. 他已能将铂拉成细丝及制成铂皿来浓缩硫酸. 在他提纯铂的过程中 Wollaston 于 1803 年分离出钯(palladium)(根据在 1802 年发现的一颗行星 pallas 而命名). 1804 年他在铂矿中又分离出另一种新元素,他将其命名为铑(rhodium)(根据希腊文 ροδου,玫瑰),因为其化合物是红色的.

1827 年 Osann 初步发现,1844 年 Klaye 进一步证实,在乌拉尔山区的铂矿中还含有一种新元素,命名为钌(ruthenium)(由拉丁文 Ruthenia,俄罗斯).

1.2　存在和分布

铂系元素在地壳中的储量很少,据 1978 年报道,各主要国家的储量列于表 1.1.

表 1.1　世界各主要国家铂系元素的储量(t)

国　别	南非	前苏联	加拿大	美国	罗德西亚	哥伦比亚	合计
工业储量	18 038	6220	280	31	—	—	24 569
资源储量	61 578	12 440	498	9 330	3 110	124	87 080

铂及铂系元素是属于地壳中不形成很大积聚的元素,通常作为微量组分存在于基性及超基性火成岩中,其含量一般都极低. 贵金属元素在地壳中的含有率见表 1.2.

表 1.2　贵金属元素在地壳中的含有率

元素	Ag	Pd	Pt	Au	Rh	Ru	Os
含量(g/t)	0.1	0.01	0.005	0.005	0.001	0.001	0.001

工业资源中铂与钯的比例,南非为 2.3∶1,前苏联 1∶2,加拿大 1∶1,世界合计 1.5∶1. 其余铂系元素(即铑、铱、锇、钌)约为铂含量的 6.74%.

目前世界产量的 98.9%由南非,前苏联、加拿大提供,1978 年和 1979 年各国产量见表 1.3.

表 1.3　世界各主要国家铂系元素的产量(t)

国　别	前苏联	南非	加拿大	哥伦比亚	美国	其它	合计
1978 年产量	94.9	91.8	8.7	0.4	0.2	1.6	197.6
1979 年产量	99.5	99.5	7.8	0.5	0.3	1.5	209.1

含铂岩石经自然侵蚀风化及水流冲积形成的冲积矿床一般叫砂铂矿. 在冲积层中铂系金属常与铬铁矿、磁铁矿、钛铁矿等共存. 前苏联的乌拉尔,南非的德兰士瓦地区和哥伦比亚的乔科地区都是世界上有名的砂铂矿产地.

硫化铜镍矿中一般均含有铂系元素,它现在已成为铂系金属的主要来源. 例如加拿大的萨德伯里巨大的硫化铜镍矿床，矿石储量 2 亿 t. 铂系金属的储量约 200t. 近年来由于西伯利亚诺里斯克巨大的硫化铜镍矿及其它地区的硫化铜镍矿，使前苏联的铂系金属产量居世界第一位. 南非的主要铂系金属产地吕斯腾堡也是属于含铂的铜镍矿床.

关于铂系元素及铂矿地质，我国已有专著出版，可供参阅(参考文献[1]—[4]).

我国铂系金属资源在新中国成立后已在进行勘察及络绎的有所发现. 我国甘肃省的金川地区已发现有含铂系元素的铜镍矿床，并已在冶炼过程中综合回收铂系金属. 1979 年报道云南省弥渡县金宝山发现铂-钯矿，其远景储量可望达 100t. 这一矿区其它多金属矿种：汞、锑、钨、钼等稀有金属及镍等也很有开发的远景.

1.3 物理性质

铂系元素的原子及物理性质见表 1.4，因为含有包括其它铂系金属在内的微量杂质，将引起某些性质，例如硬度、抗张强度及电阻等显著的改变. 所以最重要的是要应用这些金属的高纯度样品来测定各种不同的物理性质. 由于铂系金属还不能达到高纯状态，使得不同研究者测定的各种物理常数，还缺乏一致同意的数值.

1.4 同位素

铂系金属在自然界的丰度及人造放射性同位素的半衰期可以参考有关的手册[5].

生产同位素的原子核反应常包括用中子轰击各种物质制成的靶，也有用 α 粒子、重氢、质子、电子、γ 射线及 X 射线等的轰击. 若轰击后的产物为母体及其同位素的混合物，则还应该用一些方法进行分离：所用技术包括气体扩散、热扩散、质谱法、分部蒸馏等. 大型的电磁分离也是常用的. 若轰击的结果产生了原子蜕变，则还应该用化学方法来分离由蜕变所产生的同位素. 关于生产同位素的核反应的类型及应用的分离技术，可参阅一些原子核反应的书籍.

放射性同位素 Os^{191}，Ru^{106}，Ir^{192} 等的应用，为研究铂系金属在有色冶金过程中的行为及分布创造了有利条件，国外在这方面已进行了一些工作，我国也已有综合性评述发表[6].

表 1.4　铂系金属的物理性质

性　　质	Ru	Rh	Pd	Os	Ir	Pt
原子序数	44	45	46	76	77	78
电子基态	d^7s^1	d^8s^1	d^{10}	d^6s^2	d^7s^2	d^9s^1
原子量	101.07	102.905	106.4	190.2	192.2	195.09
晶格结构	密集六方晶格	面心立方晶格	面心立方晶格	密集立方晶格	面心立方晶格	面心立方晶格
原子半径(pm)	134	134	137	135	136	139
比重(20℃)	12.45	12.41	12.02	22.61	22.65	21.45
熔点(℃)	2427	1967	1555	2697	2454	1769
沸点(℃)	4150	3877	3167	约 5300	约 4800	3827
比　热	0.055	0.059	0.058	0.031	0.031	0.031
熔化热 ΔH_m(kJ · mol^{-1})	约 25.5	约 21.8	17.2	约 26.8	27.6	21.8
气化热 ΔH_v(kJ · mol^{-1})	—	531.4	372.4	—	—	510.4
熵 S(在 298K) J · mol^{-1}, deg^{-1}	28.9	31.8	37.2	32.6	36.4	41.8
第一电离势(eV)	7.7	7.7	8.3	约 8.7	8.7	8.88
核自旋(I)	$Ru^{99}\ \frac{5}{2}$	$Rh^{103}\ \frac{1}{2}$	$Pd^{105}\ \frac{5}{2}$	$Os^{187}\ \frac{1}{2}$	$Ir^{191}\ \frac{3}{2}$	$Pt^{195}\ \frac{1}{2}$
核磁矩(μ)	Ru^{99} −0.63	Rh^{103} −0.088	Pd^{105} −0.57	Os^{187} −0.12	Ir^{191} −0.16	Pt^{195} −0.60
热中子吸收截面(靶恩/原子)	2.56 ±0.12	156 ±7	8.0 ±1.5	15.3 ±0.7	440 ±20	8.8 ±0.4
电负性(Pauling 标度)	约 2.2	2.28	2.20	约 2.2	2.20	2.28
线膨胀系数[20 - 100℃(×10°)]	9.1	8.3	11.1	6.1	6.8	9.1
电阻系数(μΩ · cm^{-1})(20℃)	6.71	4.33	9.93	8.12	4.71	9.28
电阻的温度系数 0—100℃(×10^3)	4.2	4.6	3.8	4.2	4.3	3.9
硬度(经退火后)(H_v)	200—300	100—120	40—42	300—670	200—240	40—42
硬度(Mho 氏标度)	6.5	—	4.8	7.0	6—6.5	4.3

注:像其它金属一样,硬度及其它机械性质与金属样品所受的冷加工或经过遇火处理有关。

1.5 萃取及分离

目前，铂系金属的大多数是处理脉矿获得的，少数是冶炼重有色金属的副产品.

铂系金属的萃取及分离方法是十分复杂及随矿的类型不同而改变的. Beamish，McBryde 及 Barefoot[7] 等已发表了铂系金属精炼手续的详细说明. 但是关于这方面的实际操作资料，生产的厂家都是保密的，所以工业中应用的常是一些没有发表的方法.

在硫化铜镍矿中提取铂系金属的方法为首先将矿石粉碎，然后用浮选及磁选法分离各种硫化物. 在硫化镍中含有大量的铂系金属. 在高温用控制氧化法以生成一小部分的金属镍，则大部分的铂系金属存在于镍中，可应用磁选法与其它杂质分离. 分离出的产物与硫黄共热使大部分的镍转变为硫化物以进一步浓集铂系金属. 将已浓集的镍-铂合金用电解法精炼，铂系金属沉积于阳极泥中.

矿石研细后也有先进行重力分离后再进行浮选的.

将浓集物用王水萃取，它能溶解大部分的金、钯及铂而在残渣中含有钌、铑、铱及氧化银，在滤液中加入硫酸亚铁以沉下金. 将溶液再用氯化铵处理，铂以六氯铂酸铵 $(NH_4)_2PtCl_6$ 形式而沉下，这种沉淀干燥后灼烧成铂，再以王水溶解之. 最后得到的 Na_2PtCl_6 盐用热水溶解，再加溴酸钠处理使铱、铑及钯成为氢氧化物而过滤除去. 现在滤液中只含有铂，再用氯化铵沉淀之；第二次得到的沉淀 $(NH_4)_2PtCl_6$ 在 1000℃时缓慢的灼烧，就得到纯的海绵状铂.

我国冶金部昆明贵金属研究所吴冠民提出[8]氯铂酸溶液经氧化—载体水解—离子交换—氨气沉淀法制备高纯海绵铂及其它铂系元素的技术方案. 他指出：(1)在水解过程中加入氧化剂，不但提纯铂的效果良好，而且沉淀易于过滤，操作方便. (2)氯气、溴酸钠或氧气三者中的任意一种都可作为氧化剂，其提纯效果基本一致，但用氧气作为氧化剂具有劳动条件好和不带入有害离子的优点. (3)用氨气代替氯化铵沉淀铂，可避免氯化铵试剂中各种杂质对产品的污染. (4)所得高纯海绵铂的纯度达到 99.999%.

将沉淀铂后所得的滤液用过量的氨水处理，然后再加入盐酸使钯以黄色的二氯二氨合钯(II)$Pd(NH_3)_2Cl_2$ 而沉下来，将此产物溶于氨水及用盐酸重新沉淀以纯制之，重沉淀过的 $Pd(NH_3)$，Cl_2 在 1000℃缓慢的灼烧，以得到海绵状钯.

用王水处理时所得的不溶性残渣与无水碳酸钠、硼砂、氧化铅及木炭混合后进行熔炼，则氧化硅、氧化铅及一些碱金属以熔渣状态而除去之，贵金属则留在铅合金中，用吹炼法使铅以氧化铅形式而除去，剩下的合金用硝酸处理以除去银及残余的铅.

用硝酸处理后剩余的残渣中含有铑、铱、钌及少量的锇,将这种残渣用硫酸氢钠熔融使铑以 Rh(III)硫酸根络合物溶解;铱、钌及锇则不作用.将熔融物冷却后以水萃取,过滤后将溶液用氢氧化钠处理,所得的 Rh(III)氢氧化物的沉淀溶于盐酸再用硝酸钠处理,使铑变成为六硝基铑(III)酸钠盐,在加碱后贱金属以氢氧化物的形式除去,而 $Na_3[Rh(NO_2)_6]$则是可溶的,再加入氯化铵以沉下$(NH_4)_3[Rh(NO_2)_6]$.在沉淀中加入盐酸使铑成为$[RhCl_6]^{3-}$阴离子,用阳离子交换树脂除去杂质后加入甲酸使铑从 3 价状态还原为金属,得到的是很细的黑色粉末.然后将它在氢气氛下加热到 1000℃,以得到很纯的海绵铑.

硫酸氢钠熔融后的不溶解残渣中含有钌、铱及微量的锇,设法除去硫酸铅后与氢氧化钾、硝酸钾或过氧化钾共熔,钌被氧化为钌酸盐 K_2RuO_4 或 Na_2RuO_4,及铱被氧化成 IrO_2.将熔融物冷却后用水萃取,再将溶液用氯气处理.加热此溶液使 RuO_4 蒸出;用稀盐酸与甲醇混合溶液收集之,它能将钌自 8 价还原成 4 价状态,经过蒸发,溶液中得到 Ru(IV)的氧氯化物 $RuOCl_2$,将此化合物在氢气氛中灼烧得到海绵钌.

若有锇存在,其量不论多少,都会沾污钌的提纯,可以用几种方法分离锇,其中一种方法是用盐酸收集挥发性的 RuO_4 及 OsO_4,蒸发这种盐酸溶液以蒸出 OsO_4.热的盐酸使钌还原为 3 价状态,加入氯化铵使钌以六氯钌(III)酸铵$(NH_4)_3RuCl_6$而沉下,收集后在氢气中加热到 1000℃就得到海绵钌.挥发的 OsO_4 用氢氧化钠乙醇溶液吸收,再加入氯化铵使生成锇的沉淀 $OsO_2(NH_3)_4Cl_3$.在氢气中灼烧这种络合物即得到金属锇.

在氢氧化钾-硝酸钾熔融物中,不溶的 Ir(IV)氧化物使其溶于王水,再加入氯化铵以沉下六氯铱(IV)酸铵$(NH_4)_2IrCl_6$.这种不纯的盐可用多次重结晶以纯制之.将纯的产物在氢气氛下加热到 1000℃以得到纯的铱粉.

昆明贵金属研究所从 60 年代开始即从事铂系金属分离提纯的研究.现已能从多种原料开始,制取不同纯度要求的铂系金属产品,包括光谱定量分析用 Pt,Pd,Rh,Ir,Ru 基体,及纯度为 99.999%的金属 Pt,Pd 和 99.99%的 Ir,Rh,其中不少产品已达到或接近国际先进水平,并为国家和冶金部拟订了多个技术标准.其生产的基体配制的光谱分析标样已在国内广泛应用,且用于进出口贵金属商品检测工作.

这些成果的取得,是与技术进步分不开的.例如通过对贵金属氯络离子与硫化钠作用机理的研究,发现在室温下,Na_2S 与 Au(III),Pd(II)与 Pd(IV),Rh(III),Ir(III)的反应现象完全不同.结果表明:控制 Na_2S 用量可以选择性地定量沉淀 Au(III),Pd(II).再如,通过对铜置换贵金属过程的深入研究,将它应用于含金、铂、钯、铑等复杂溶液的分离,取得了较好的技术经济效果.

为了缩短周期，降低成本，该所还研究成功具有我国特点的制取高纯铂的氧化载体水解法.即充分利用铂的氯络合物在较大的 pH 范围内比较稳定，而其它铂族金属及非贵金属在不同 pH 下会水解为含水氧化物或氢氧化物沉淀的特点，充分氧化，并利用外加载体的方法来载带沉淀，这样可以有效地除去铂中杂质，生产电阻比为 $R_{100}/R_0=1.39265-1.39269$ 的高纯铂丝的原料.

我国在铂系金属的分离提纯与高纯金属的制备方面，除了对传统方法的深入掌握和改进以外，还十分重视新方法的研究和应用.如早在 60 年代就已成功地将离子交换法用于贵金属和非贵金属的分离，简化了工艺，并明显地提高了金属的回收率.研究了难溶固体氯铂酸铵的离子交换过程，并应用在高纯铂的制备中.70 年代以来，还对溶剂萃取进行了广泛的研究，已提出萃取分离铂钯、铂铱、铑铱和金铂钯铑铱的有效方案，有的已经投入生产或进入扩大试验阶段.

我国金川硫化铜镍矿中含有铂系金属，金川有色金属公司并已进行开采及冶炼.1964—1973 年，昆明贵金属研究所，金川有色金属公司及北京有色金属冶金设计院等单位协作研究完成“从金川镍电解阳极泥提取铂系金属”的生产流程[9].从 1973 年开始，又针对金川原有贵金属生产工艺工序多，周期长，贵金属分散损失严重等缺点，研究出新的工艺流程[10].新工艺的基本原理是利用高锍磨浮时产出的铜镍合金可捕集较多的铂系金属的性质，将它与提取镍的主流程分开并单独处理，从而避免了贵金属在镍生产工艺中的分散.工艺包括：盐酸浸出—控制电位氯化—浓硫酸浸煮—四氯乙烯脱硫等四个工序[11].扩大试验证明：从合金开始，经过以上工序，使铂系金属品位从 0.03% 提高到 10%—13%，富集 400 倍以上，铂、钯、铑、铱的直接回收率>90%，锇、钌直接回收率达 60%—70%.可使铂、钯增产三分之一，铑、铱、锇、钌增产约 15—20 倍，可以实现金川资源中六个铂系金属全面回收.本工艺的特点是：使提取贵金属的过程，从高锍磨浮开始即与铜、镍冶炼主流程分开，工序减少一半，周期缩短到原来的五分之一.工艺为全湿法流程，有利于连续生产和实现自动控制.经部级鉴定，认为工艺可靠，指标先进，在铂系金属冶金领域有所创新，达到 70 年代先进水平，获 1978 年冶金部科技成果二等奖.

在从高锍磨浮铜镍合金直接处理提取富集贵金属的基础上，昆明贵金属研究所、金川有色金属公司、北京有色冶金设计院的陈景、何焕华、赵玉福等同志又进行金及铂系各个元素的分离提纯的研究工作，于 1983 年完成“从二次铜镍合金提取贵金属新工艺”的研究[12].其分离提纯主要包括：悬浮态氧化蒸馏、铜粉一级置换分离与二级置换分离，及金与六个铂系金属的精炼工序.整个新工艺的工艺技术路线合理，采用了我国自己研究的一些新技术、具有我国独创的特点，使金及六个铂系金属回收率大幅度提高.与原有工艺相比，Pt，Pd，Au 的回收率提高 19%，Rh，Ir，Os，Ru 的回收率提高 20 倍.于 1983 年通过国家级鉴定，并获国家“六五”科技攻关奖及国家科技进步一等奖. 目前,该流程已投入生产.

1983 年 A. Warshawsky[13] 提出用离子交换和液-液萃取联合流程富集和分离铂系金属. 其方法为:铂系金属被 HCl/Cl_2 溶解后,通过异硫脲阴离子交换树脂进行有效的吸附,用硫脲从树脂上淋洗铂系金属并转换为氯络合物. 接着进行水解以提供使用 Alamine 336 的液-液萃取工序的水相原料液. 铂和钯能很好地被萃取,而大部分其它铂系金属被抑制在水相中. 铂和钯用选择性反萃的方法互相分离,铂用硫脲反萃,钯用硫氰酸盐反萃. 本法改变了精炼铂系金属的经典流程,即由一系列连续溶解和重结晶步骤所组成的分批操作的缺点,提出了连续精炼铂系金属工艺的可能. 国际镍公司精炼厂和 1983 年开工的英国马太—吕斯腾堡精炼厂的最近报告支持了这种观点.

我国在开发金川资源的同时,还注意到其它低品位铂矿资源的综合利用. 例如,云南某地的含铂高镁质矿,是一个难选矿,铂、钯及铜、镍的品位都不高(含量为:铂、钯 0.88g/t,铜 0.22%,镍 0.23%),既不能作为铜镍矿开采,又不具作为铂矿开采的条件. 昆明贵金属研究所胡绪铭、王永录等根据该矿的实际情况,找出一个通过综合利用提取铂系金属的技术方案[14],比较经济合理. 其主要内容为:将铂矿与磷矿在高炉内共熔,熔渣水淬制钙镁磷肥,铜、镍及铂系金属富集在磷镍铁中. 水淬制得的磷肥,其可溶性磷的转化率为 95%. 磷镍铁经吹炼除磷、铁,得到铜镍合金,吹炼完全能自热进行. 两个过程合计,铂、钯富集约 280 倍. 铜镍合金采用电解法分别回收铜、镍. 富集在电解阳极泥中的贵金属用已知工艺分别回收. 此工艺流程的主要特点是金属回收率高,综合利用完善.

1.6　冶炼及加工

1783 年,Lavoisier 第一次将铂完全熔化,他是将一小块铂放在用氧鼓风的木炭中使其熔化的.

在这以前,Baumé 证明在高温时,铂可以像铁那样锻制. 但是将这种工艺用于从冲积矿床中得到的铂粒时,发现它们互相粘结不起来. 这是由于铂中以合金状态含有少量的铁,加热时在颗粒表面因为氧化产生一层磁铁矿的关系,因此在锻制前应该首先除去铁.

1800 年,Wollaston 发展了一种生产有延展性铂的流程,现在已公布了其操作手续[15]. Wollaston 流程的主要内容如下:(1)溶矿的王水要用等体积的水加以稀释以避免溶解铱. (2)用氯化铵沉淀出的$(NH_4)_2PtCl_6$ 必须很好地洗涤及在充分加热生产海绵铂前要加工压缩. (3)将海绵铂用人工研细后用水洗净. (4)将粉末压成硬饼. (5)将这种硬饼强烈加热及锻炼. 1801 年,Hare 发明了氢氧吹管,使熔化铂的工业方法有所发展.至 1836 年 Hare 用氢氧吹管的方法熔化了铂、铑及铱.1842 年 Bishop 工业规模地应用了 Hare 的方法.1862 年 Deville 及 Debray 证明在铂中加入约 10%的铱,可以使铂的硬度增大.这种合金最容易用熔融法制成.1920 年发明高频电炉后,于 1922 年第一次应用于熔化铂,以后就应用得更普遍了.在制备少量高纯度铂系金属时,也有应用真空电弧炉的.

熔化钯比铂困难一些,因为在氧化条件下熔化时会吸附气体,而在还原环境下熔化则生成脆性的产品.

铑及铱一般是在惰性气氛下以高频炉加热熔化,也可以应用电弧或氢氧焰.

钌及锇常用粉末冶金方法来固化,也可以应用电弧法熔化.因为锇的氧化物是挥发性的,所以熔融时必须用惰性气体保护.

纯的铂及钯的延展性很好,对它们可以进行冷加工或热加工.

铑、铱比铂及钯硬,但较脆.它们都可以用粉末冶金法固化.也可以用熔化法制成固体,一般只能进行热加工.

钌粉可以用粉末冶金或氩弧法熔化而制成固体.它比较不易加工,可以用加热锻制或加热辗压的方法加工成棒或片.其制品的耐腐蚀性特别高.

锇到现在为止还没有成功的热加工方法.由于其挥发性的氧化物是有毒的,所以进行热加工时会引起危险,而必须在惰性气氛下进行.

在金属加工的方法中电解沉积法是常用的方法,对于铂系金属来说只有铑、铂及钯已经以工业规模用电解沉积法制备过.有报道说,钌的实验室规模的电解沉积已成功,对铱则还没有成功的自水溶液中电解沉积的方法.

在铂系金属中电解沉积法以铑应用得最多,因为铑的镀层能抛光得很光亮,反射性好,硬度也大,而且比银不易失去光泽,因此以前广泛地应用于高贵的装饰品中.最近,铑的沉积镀层应用于会发生火花的电接触点上.

铑可以直接沉积在银、镍、黄铜、磷青铜及某些铜合金上,若要将铑沉积在锡、铅、锌、镉、铝、铁及钢的表面,则必须在这些金属表面先镀上一层金属,最好是镀银.

关于铂系金属的镀层方法[16],对厚度$<1\mu m$的薄膜,可以通过真空沉积和热分解方法获得,更厚的镀层用固相焊接或用含有铂金属粉末的料浆进行喷镀.Hood[17]介绍及评述了使铂系金属覆盖沉积在基片上的各种工艺过程,它们包括真空沉积、热分解、化学蒸汽镀、非水电镀、水溶液电镀、熔融盐电镀和金属喷镀等.

在贵金属材料的加工方面,我国已出版了一本有关的手册[18],可供参考.

1.7 合金

铂系金属的合金常在需要比纯金属更大的硬度、强度及抗腐蚀性的情况下应用.

1. 铂合金

铂与其它铂系金属、金及贱金属如钼，钨、钴、镍、铜的合金已在工业上应用. 铱最常用于增强铂的机械性质，工业上常用的合金含铱 10%—30%. 含铱 20%左右的合金其延展性最好，含铱 30%或以上的合金则不容易进行加工.

在铂中加入铑时对其抗机械性能的影响没有加入铱大，但是铑合金在高温时更稳定，含有铑 5%—40%的合金已在工业中应用. 加入铱在含铑量高时(>40%)引起加工困难. 在金中加入铂能显著的增加其硬度，当制铂坩埚的原料中含有少量金时比用纯铂制成的强度较大及晶粒结构较细.

铂合金中各种合金成分对其物理性质影响的大小如下：

硬度：Ni>Ru>Cu，Au>Ir>Rh；

电阻率：Cu>Ag>Ru>Ir，Au>Rh；

抗张强度(退火后)：Ru>Au>Ir>Rh.

钴-铂合金具有强的铁磁性，这些合金当冷却到低于 825℃时几乎有 50%(原子百分数)的组成为有序排列. 经过热处理所产生的部分有序排列使这些合金具有显著的磁性. 还可以由于稍改变其组成或热处理方法而改变其磁性，经过退火的合金具有很好的加工性质.

2. 钯合金

钯合金中最广泛应用的是钯与铜、银及金的合金. 含有铜 40%的合金当退火后其维氏硬度为 145，但很容易加工. 含银 40%的合金，在空气中不会变暗，常用作电接触点及绕制电阻线圈. 钯与金的合金比纯钯的抗腐蚀性更大一些. 含金 50%的合金的维氏硬度为 85. 钌对钯的硬度有最显著的影响，钌及铑常一同加入到合金中以增加钯的硬度及机械强度.

3. 铑合金

铂铑合金是铑的最重要的合金. 在合金中铂与铑可以任何比例而形成固溶体，以各种比例组成的铂铑合金都可进行加工. 铂铑合金用于当需要在高温应用时改善其机械性质的场合. 例如在玻璃工业中与熔融玻璃接触的部分. 含有 20%铑的铂铑合金用于电炉绕线，而含有 10%—13%的铂铑合金丝与铂丝连接成对在工业中称为热电偶,作为测量温度应用.铂与铑在 845℃以上时能形成连续固熔体,但是在低于此温度时则有一个非混溶区(两相区).加入铑可以增加钯的抗腐蚀性.

铱铑合金,不论是含有 40%或 60%铱的铑铱合金,与铱配对用作高温热电偶.在高温时铑及铱可以各种比例形成固溶体.

在固溶状态铑与金及银的互相溶解度是很小的,铑金及铑银合金还没有工业上的用途.在钯-铑合金中加入 2.5%—10%的金能显著地改进其机械性能.

加入少量(最多到 30%)的钛或锆能增加铑的抗张强度,铑能改进钛及铬对非氧化性酸的抗腐蚀性.含有等原子比例的 Rh—Fe 合金具有体心立方结构,在外界磁场为零时于 87℃能从反铁磁性现象转变到铁磁性现象,但在 120.000Gs 的磁场下,则在−51℃就发生这种转变.

70 年代初,英国国家物理实验室首次研制成功铑铁电阻温度计,它具有灵敏度高、精度高、稳定性好、分度较简单、受磁场影响小等优点.昆明贵金属研究所、云南仪表厂及中国计量科学研究院共同协作,研制了铑铁合金丝电阻温度计[20],主要用于测定 20K 以下低温.性能达到英国 70 年代的水平,于 1980 年通过鉴定并已投入生产.

4. 铱合金

铱及锇存在于天然的铱锇矿中,含有 30%—65%的锇及少量其它铂系金属,富铱的固溶体可以达到含 35%的锇,但在更高的组成时,则形成富锇的六方密排结构相.在铸造含 38%—79%锇的 Ir-Os 合金时,产生两相结构,表示存在两种固溶体的非混溶区.

铱用来增加铂及钯的硬度与抗腐蚀性,铂及铱的合金在高温时形成连续固溶体,但在较低的温度时存在一个非混溶区.

铱及铑能形成连续固溶体,在铱中加入少量的钌能使其熔点提高几百度.在铱中加入钨(约 5%)可以明显地增加其抗张强度,特别是在高温时更显著,所以铱钨合金曾被用作在高温应用的弹簧材料.金属间化合物 Ti_3Ir,$ThIr_2$,$ZrIr_2$,Nb_3Ir 及 $ThIr_3$ 为超导体.

5. 钌合金

钌能有效地使铂及钯增加硬度.含有 14%以上钌的 Pt-Ru 合金用于制电接触点,其它铂系金属或贱金属与高含量的钌合金(含钌 30%—70%)常用在耐磨及防腐蚀的场合.

6. 锇合金

锇铂系合金与锇钯系类似,在两端为固溶体中间有一段非混溶区.锇铱矿约含有 60%的锇，还含有一些钌及其它铂系金属，常用于需要极高硬度的仪表枢轴及自来水笔笔尖等. 锇与少数其它金属，如镍及钼等的合金虽已被研究过，但除上面已提到过的一些以外，锇合金还没有很广泛的用途.

关于铂系金属及其合金的更详细的报道，我国已有专著发表，并已拟订了有关贵金属的产品标准汇编[21]，对金、银、铂系金属及其合金等规格要求，制订了统一的标准.

1.8 主要用途

1. 铂

铂的主要用途可以分为以下五类：(1)化学工程方面，包括用作催化剂；(2)电气工业；(3)珠宝业；(4)牙科、医药及实验室应用；(5)温度测量. 铂及它的合金在化学工业上主要是用于高温及腐蚀性环境中的部件. 铂特别能够抵抗氟化物的腐蚀，包括在高温时的氢氟酸. 包铂的电极应用很广. 铂也用来制作经常要加热的实验用高压容器，这时常在铂中加入 3%的铑. 大量的铂用来作为催化剂，尤其是用于石油裂化中. 铂合金也用于玻璃工业，因为它是在非还原性气氛中唯一能抵抗熔融玻璃侵蚀的金属. 在制造光学或特殊玻璃时常应用大型的纯铂容器.

铂合金在电气工业中用作电接触点材料，特别是在需要很好可靠性的器件中，因为它不会形成接触不良的薄膜. 某些钴铂合金的良好铁磁性使得它们成为制造永久磁铁的相当重要的材料.

含铱 5%—10%或含钌 5%的铂合金用于珠宝业. 最纯的铂用于制电阻温度计及热电偶，铂电阻温度计用来标定从 －182.97℃(氧的沸点)到 630.5℃(锑的熔点)间的国际温标. 铂、铂铑热电偶广泛地应用于工业中，用来准确地测量高于 1000℃的温度.

2. 钯

钯常代替价格更贵的铂，钯合金用作继电器中的触头及比铂更常用作牙科合金. 含钌 4%及含铑 1%的钯合金常用于珠宝业，而金钯合金国外称为白金(white gold).

钯的主要用途为在化学工业中用作催化剂及护套与衬里等结构材料.

3. 铑

铑的一种用途是作为加入铂合金的成分. 由于铑的硬度及镀层的良好反光性能，因此常电镀于其它金属上，它也用作电子电路中的电接触点材料.

4. 铱

铱加入于铂及钯中以增加硬度及用作高熔点玻璃的挤压模具. 铱能抵抗多种熔融金属,熔融盐及氧化物的侵蚀. 铱坩埚用来作为制备如钛酸钡、钨酸钙等高熔点盐单晶的容器.

5. 钌

钌主要用于钯及铂合金中以增加硬度及加于锇合金中,也用作某些特殊反应的催化剂.

6. 锇

含有 60%左右锇的合金用于仪表枢轴等需要硬度特别高的场合.

1.9 催化应用

1820 年,Edmund Davy 发现用化学方法还原出来的铂黑有促进酒精氧化的性质. 以后由 Döbereiner 继续研究,他发现不仅能使酒精全部氧化成乙酸,而且在反应过程中铂完全没有改变,可以继续应用. 1823 年,Döbereiner 发现铂海绵能引燃氢与空气的混合气流. 这个发现很快就发展成 Döbereiner 灯而有代替当时用来引火的取火盒(tinder box)的趋势. 后来由于应用了含磷火柴而被淘汰了. Phillips(1831 年)及 Döbereiner(1832 年)各自独立地发现铂有帮助二氧化硫氧化成三氧化硫的能力,这种现象 Berzelius 于 1835 年给以"催化作用"这个名称.

铂系金属在以下各种反应中用作催化剂:(1)烯烃、炔烃及芳烃的氧化;(2)在硫酸工业中氧化二氧化硫成三氧化硫,虽然这在现代在很大程度上已为五氧化二钒所代替;(3)在铅室法制硫酸中制备氧化氮;(4)氨氧化成硝酸;(5)石油裂化,以产生支链及含有高比率辛烷的芳香族化合物;(6)在燃料电池中电解氧化碳氢化合物.

铂系金属的羰基及其它 π 键络合物在均相催化中的用途越来越广. 它们以金属状态对氢化反应的催化作用中,其有效的催化剂应该认为是氢化金属而不是纯金属.

对氢化反应,现在认为有两种因素是决定催化活性的,即电子因素及几何构型的因素. 其解释如下:表面很容易吸附气体的金属,其电子结构中必须含有空的 d 轨道,它才能接受反应物的电子. 而当空的 d 轨道的数目很大,如 IIIA 至 VIIA 族的金属,其化学吸附气体的能力很强,而要解脱这些气体也很困难. IB 族的金属不含有空的 d 轨道,因此不存在任何的化学吸附,其催化活性也将是很小的. 由上述

空 d 轨道对吸附及解脱气体的影响，可推论催化活性最大的应该是那些具有最小数目的空 d 轨道的金属，即第Ⅷ族的金属. 以上是电子因素. 金属表面原子的空间位置应该是使过渡络合物具有尽可能小的能量，这样就能使活化能最小及使反应能在较低的温度下进行. 这后一个要素称为几何因素. 对这两种因素来说，第Ⅷ族金属都最适宜作为催化剂.

Pauling 曾计算固体金属金属间键 d 特征百分率(δ)，δ 值的范围自 IIIA 族金属的 20%左右至铁、钴、镍三素组的 40%及铂系金属为 44%—50%(100—δ)，这个数值可用来测定空 d 轨道的数目. 钌及铑的(100—δ)值为 50%，其原子半径为 134pm，锇(54%，134pm)及铱(51%，136pm)，这些元素应该比常用的钯(54%及 137pm)及铂(56%及 139pm)的催化活性更大一些. 一氧化碳及氢合成甲烷催化剂活性的次序为

$$Ru > Ir > Rh > Os > Pt > Pd$$

所有的铂系金属都可以作为乙炔及双烯烃的氢化催化剂，那些能够得到高产率的单烯烃的金属，称为具有高度选择性，其定义如下：

$$选择性 = 单烯烃的产率 + 石蜡$$

选择性是与金属的特性有关而与催化剂的物理状态及进行氢化的不饱和碳氢化物无关. 选择性随着氢压力的增加及温度的降低而降低，选择性的顺序为

$$Pd > Rh > Pt > Ru > Os > Ir$$

选择性减低的趋势从第八族的第二列到第三列过渡，这对所有的铂系金属都是适合的，其异构化活性顺序为

$$Pd > Rh > Ru > Os \gg Pt \simeq Ir$$

对烯烃的化学吸附是由于形成烯烃-金属络合物. 与乙炔也可能形成类似的 π-络合物. 若是这样的话，则催化剂的几何因素将占比较不重要的地位. 这种意见可由密堆积六方的钌与锇及锇与面心立方结构的其它铂系金属的催化活性十分近似而得到支持.

π-络合物的稳定性一般从钌到锇、铑到铱及钯到铂而增加. 若在催化反应中过渡状态络合物的稳定性也是依照这样的顺序而变化，则第二列金属促进异构化及烯烃交换方面将比第三列金属具有更大的活性. 这可以解释为第二列金属所形成的烯烃络合物的稳定性较低，将使已反应的烯烃容易解脱.

同样，第三列金属的选择性较低，可以解释为假设生成了 π-络合物，其选择性将依赖于烯烃的解脱不是保持在催化剂上而进一步氢化成烷烃.

虽然 Kuhlmann 在 1839 年已在热的铂金属上通过空气及氨的混合气体，再将所得氮的氧化物溶解于水而得到硝酸. 但是在 1909 年以前这个原理一直没有应用到工业规模的生产. 现在对氨的催化氧化，一般常用含铑 10%的铂铑合金. 因为铑

能提高氨转化为氧化氮的产率及改善金属丝网的机械性能. 在 10atm 时通入预热过的空气与氨的混合物能在铑-铂金属丝网上燃烧. 这个反应在 600℃开始,最适宜的反应温度为 940℃,能产生 9%的 NO. 催化剂的损失据称每生产 1t 100%硝酸时少于 0.14g.

从 1950 年起不断增加大量的铂作为铂重整催化剂而应用于石油工业. 所谓铂重整是指用催化方法使石油中的粗挥发油重新组成而改进其抗噎震性能,即产生支链及高辛烷值的芳香化合物. 应用了具有高度选择性的"双功能催化剂". 这种催化剂含有铂,作为一种功能剂;而另一种功能则因需要目的不同而特殊制备的催化剂载体的酸度来提供.

催化重整包含四种主要类型的反应:(1)使环烷烃脱氢而制备芳香族化合物;(2)使烷烃去氢环化而制备芳香族化合物;(3)使沸点较高的烷烃氢化裂解而得沸点较低的烷烃;(4)使烷烃异构化而得到多支链的产物. 铂的功能是促进氢化及脱氢,而酸的功能是促进异构化、裂解及环化. 这两种功能剂都是分散在氧化铝载体上,其含铂量为 0.2%—0.75%,反应在 475—550℃间及氢气的压力 18—36atm 下进行. 这种过程也用来使苯转化为环己烷而制造合成尼龙所需要的己二酸.

铂系金属的高度催化活性及抗腐蚀性使它们在制造燃料电池时很有用,其主要缺点是价格太贵. 这种燃料电池可以用氢、氨、肼或碳氢化合物作为燃料,铂系金属是燃料电池的最好的电催化剂. 这些金属是以类似铂黑的表面积很大的细粉状颗粒分散于各种类型的基质上而制成扩散型电极. 钯及钯合金曾用作燃料电池的阳极,钯也用作分离气相与液相的隔膜,氢可以通过隔膜扩散,在交界面进行电化学氧化.

大气污染是当前环境污染的主要方面之一,而汽车排出有害物质在大气污染中占有很大的比例,因此控制和减少汽车排放的各种有害物质就成了当前环境保护的重要任务之一.

60 年代以后,资本主义国家先后制订了汽车尾气排放标准,且要求越来越严. 20 年来,国际上对汽车排气污染及控制问题进行了大量研究,其中以催化净化法效果较好,所应用的催化剂基本上都是含有铂系金属的载体催化剂. 载体材料多半为耐高温氧化物或陶瓷,其形状有颗粒状及蜂窝状两种. 我国于 1974 年开始研究汽车排气催化净化的问题,现已制得性能良好的含铂系金属的蜂窝状催化剂[22],对 CO 及碳氢化物的净化率高达 95%,对氧化氮的净化率为 70%. 经装车 3 万公里寿命试验后,催化剂仍保持良好的活性,且结构完整无损.

在工业中主要应用的是铂及钯催化剂,其它铂系金属则用在特殊反应中作催化剂.

以氧化铝作为载体的铑在氢化苯的反应中其催化效应比钌及铂好;类似的催

化剂也应用在常温下氧化芳香族及杂环化合物.

在一些反应的催化作用中,钌比其它铂系金属更具有选择性.钌能催化还原糖类及在高温高压时使多糖成为多羟基醇.钌催化剂显示具有"协同作用",即它们的催化活性可由于混入钯、铂或铑而得到改善.在芳族及脂肪族的硝基化合物、酮类、腈类及吡啶的氢化反应中,活性最大的催化剂就是应用这种性质而制得的.

因为铱的催化选择性很差,所以很少直接用作催化剂.但是由于铱对其它铂系金属有协同作用,所以在催化剂中也有应用的.

1.10 分析化学

关于铂系金属的分析化学,正在不断的发展中,不像其它有色金属那样各有一定的经典方法.由于贵金属元素彼此性质相似,也往往使测定方法缺乏专一性.国外迄今已出版了几本专著[23,24]作了较详细的讨论;国内也出版了有关铂系金属分析方法的著作[25,26]及各种铂系金属与其合金的分析方法的企业标准[21]可供参考,这里只作简单的介绍.

当同一种样品中有几种贵金属共存时,其分析手续是比较困难的.当铂系金属与金及银共存时,一般先与贱金属分离,然后进行更复杂的贵金属间的互相分离.最适宜的方法是先将各种样品制成溶液,然后再进行各种分离及鉴定操作.

铂系金属可以应用重量法、容量法、分光光度法、辐射光谱、电化学分析法及X射线荧光法等进行分析.

1. 重量法

虽然总的说来,沉淀分离法最终可能会被离子交换或溶剂萃取等方法所代替,但对铂系金属来说,在可以预见的将来,无论在工艺操作或分析化学中的分离手续,都还不能取代良好的沉淀分离方法.

含有铑、铱,钯或铂的络合物中,若不含磷、砷及锑,则可直接灼烧成金属而进行分析.因为这些元素能与铂系金属,尤其是钯及铂形成合金,也不应该有碱金属存在.将样品放入石英坩埚中,逐渐加热直到完全分解,然后将坩埚在空气中强烈加热到所有的碳都被氧化.

对钌来说,没有特殊的重量分析试剂,因为各种沉淀剂都不能得出符合化学计量的沉淀,所以只能转变为金属来进行定量分析.钌与锇可以利用蒸馏其挥发性氧化物而与其它铂系金属及贱金属分离.用含有盐酸与乙醇的还原性溶液收集蒸发出的Ru(VIII)氧化物,将溶液调节到pH=6并煮沸,则能定量地沉淀下氧化钌的水合物.过滤,洗涤、干燥及在空气中灼烧,再用氢气在750℃时还原,在惰性气氛下冷却而得到金属.

用水解法测定锇的手续与测定钌的类似,将沉淀在过滤坩埚中过滤及用 1% 的氯化铵溶液洗涤,在沉淀表面盖一层氯化铵以免因为突然燃烧而造成损失. 将此混合物在氢气流下加热,开始时温和的加热直至氯化铵都挥发掉,然后强烈加热 1h,在氢气流下冷却,称量.

可以用 1,2,3-苯三唑重量法测定锇. 将试剂加入 Os(Ⅷ)氧化物的氢氧化钠溶液中,调节 pH 为 3,将得到的络合物沉淀过滤,洗涤、烘干,以 $Os(OH)_3(C_6H_4N_2NH_3)$形式称量.

像钌一样,铑与铱也没有特殊的重量分析试剂. 所有的沉淀,由于都不符合化学计量,所以必须转变为金属才行. 常用 Rh(III)硫化物沉淀,在空气中灼烧成氧化物,再在氢气氛中加热而还原成金属.

铱最好以 Ir(IV)氧化物沉淀后,再还原成金属进行定量.

用来测定钯的重量分析试剂较多,最重要的是肟类,其中以丁二酮肟及水杨醛肟较常用. 水杨醛肟在有钌、铱、铂、金、镍、铁及铅共存时能定量地分离出钯. 丁二酮肟是应用最广的,只有金对它有干扰,必须预先除去.

到现在为止,还没有专门沉淀铂的特殊试剂,因此必须将干扰元素预先分离. 200 年来都是应用氯化铵来沉淀铂,这时铂必须是 4 价状态及避免有硝酸盐存在. 因此用王水处理所得到的溶液必须加入盐酸蒸发几次以除去硝酸根. 钯可以用丁二酮肟除去之;钌及锇可以应用蒸馏法驱除;铑及铱应用水解法除去. 将溶液稍加浓缩及加入氯化铵的饱和溶液,将$(NH_4)_2PtCl_6$ 沉淀用 20%的氯化铵溶液洗涤及灼烧成金属.

还原剂如锌、镁及甲酸钠等都曾用来在溶液中将铂还原成金属,以甲酸钠法较适用. 在热的酸性溶液中加入硫酸肼可以增进还原效率,然后加入过量的碱,过滤沉淀出来的金属,洗涤后灼烧.

2. 容量法

一般来说,容量法应用于测定铂系金属并不是很满意的,它们通常只适用于纯金属盐溶液的分析. 样品溶液的性质往往与其 pH 及处理有关,其达到平衡的速度一般是很慢的.

3. 光度法

光度法常常是很有用的,特别是对铂系元素的存在量很少或只含痕量时更适用,硫脲及它的衍生物常用来测定钌及锇;卤化亚锡,尤其是溴化亚锡用作测定铑;溴化亚锡也用来测定铱,但必须不存在铑、钯及铂.

因为从贵金属中分离钯的效果十分好,因此比色法测定钯不见得比丁二酮肟重量法好,虽然也已发表有十多种比色试剂可以应用,其中硫代氰酸盐,对-亚硝基苯胺、8-巯基氮萘及芳族胺类是比较有效的.

氯化亚锡及对-亚硝基二甲基苯胺则用于测定铂.

4. 光谱化学分析法

光谱化学分析特别适用于分析:(1)低浓度及痕量的铂系金属;(2)精炼铂系金属中的痕量杂质,发射光谱用于测定矿物、岩石及精炼铂系金属残渣中的低含量铂系金属,而 X 光发射光谱主要用于高含量铂系金属的测定.

5. 原子吸收光谱

这种方法主要是测定元素的原子蒸汽对一定波长辐射光的吸收.利用气体火焰使分析的化合物处于原子状态,对样品的唯一要求是将分析的金属能制成溶液,不论是水溶液或有机溶剂的溶液都可以.

6. 其它分析方法

在铂系金属的各种分析手段中,从物料的前处理,仪器装置和应用对象、范围等方面看,电化学分析法也占有较重要的位置,不仅极谱法、库伦法等被广泛采用,而且近期出现的溶出伏安法、离子选择性电极法等也不同程度地用于铂系金属的测定中.

X 射线荧光光谱法可以用来测定铑、铱、钯及铂.

最近有不少报道用中子或质子活化分析法测定金属、矿石及岩石中的铂系金属.另外,在测定岩石中的铂系元素时,也广泛地利用示踪原子法.

铂系元素的分析方法中,以痕量和微量元素的分析解决得较好,常量元素的分析解决得较差.在测定常量铂系元素的化学方法中,电化学滴定是一个重要的方面,常用的有电位滴定法,安培滴定法和库伦滴定法等.近来,在电位滴定法中采用离子选择性电极;安培滴定法中已基本上用固体电极取代了滴汞电极,使其灵敏度和选择性都有所提高.这些新方法国外应用较多,国内应用还不普遍.

参 考 文 献

[1] 杨敏之、任英忱、邓禹仁,《铂族元素及铂矿地质》,科学出版社,1973.

[2] 中国科学院贵阳地球化学研究所编,《铂族元素矿物表》,科学出版社,1972.

[3] 中国科学院贵阳地球化学研究所编,《中国含铂地质体系铂族元素地球化学及铂族矿物》,科学出版社,1981.

[4] 傅荫平编,《国外铂族金属矿床》(论文集),冶金工业出版社,1982.

[5] R. L. Heath,"Table of the Isotopes,in Handbook of Chemistry and Physics",55th ed,(R. C. Weast, ed.)CRC Press,Inc., p. 13—248,1974—1975.

[6] 冶金部昆明贵金属研究所五室,贵金属冶金,1974,(2),1.

[7] F. E. Beamish, A. E. McBryde and R. R. Barefoot,"The Platinum Metals, in Rare Metals Handbook",2nd ed(C. A. Hampel ed). Re. inhold,London,304,1961.

[8] 吴冠民,贵金属冶金,1974,(2),13.

[9] 张维霖,金川科技,1985,(3),22.

[10] 冶金部昆明贵金属研究所科技处编,《贵金属研究所获奖科技成果和论文摘要》,1,1985.

[11] 刘时杰,Precious Melals,1936,(6),409.

[12] 冶金部昆明贵金属研所科技处编,《贵金属研究所获奖科技成果和论文摘要》,3,1985.

[13] A. Warshawsky,Development & Plant Practice,March,1983,517.

[14] 胡绪铭、王永录,云南冶金,1972(2),30.

[15] D. McDonald,Platinum Metals Rev.,10(3),101(1966).

[16] C. Hood,Platinum Metals Rev., 20(2),48(1976).

[17] C. Hood,Electroplating,29(5),22(1976).

[18] 贵金属材料加工手册编写组,《贵金属材料加工手册》,冶金工业出版社,1978.

[19] 冶金部昆明贵金属研究所科技处编,《贵金属研究所获奖科技成果和论文摘要》, 13,1985.

[20] 冶金部昆明贵金属研究所科技处编,《贵金属研究所获奖科技成果和论文摘要》, 16,1985.

[21] 冶金部昆明贵金属研究所编,《贵金属产品标准汇编》(企业标准),1976.

[22] 冶金部昆明贵金属研究所,贵金属,1978(3),34.

[23] F. E. Beamish,J. C. Van Loon,"Recent Advances in the Analytical Chemistry of Noble 1Metals", Oxford,Pergamon,1972.(International Series of Monographs in Analytical Chemistry,Vol. 48).

[24] F. E. Beamish,J. C. Van Loon,"Analysis of Noble Metals,Overview and Selected Methods",Academic Press,1977.

[25] 龚心若编,《铂族金属分析》,中国工业出版社,1965.

[26] 高小霞、姚修仁,《铂族元素的极谱催化波》,科学出版社,1977.

(徐绍龄)

28.2 钌[1]

2.1 钌的化学概要[2]

周期表第八族第一小组(Fe,Co,Ni)与第二小组(Ru,Rh,Pd)性质差异较大,而第二小组与第三小组(Os,Ir,Pt)性质相近. 钌的性质与锇相近,而与铁差别较大.

钌是硬度很大的白色金属,它有4种晶型:

$$\alpha \xrightarrow{1030—1040℃} \beta \xrightarrow{1200℃} \gamma \xrightarrow{约1500℃} \delta$$

钌不与无机酸作用. 与过氧化钠共熔,生成 Na_2RuO_4. 如果在 Na_2RuO_4 水溶液中通入氯气,同时加热,则有 RuO_4 挥发出来.

钌有10种价态,这是钌的突出特点. 各种价态的代表化合物如后:$[Ru^{-II}(CO)_4]^{2-}$,$Ru^0(CO)_5$,$[Ru^ICOBr]_n$,$[Ru^{II}(bipy)_3]^{2+}$,$[Ru^{III}(NH_3)_6]^{3+}$,$Ru^{IV}O_2$,Ru^VF_5,$K_2Ru^{VI}O_4$,$KRu^{VII}O_4$ 及 $Ru^{VIII}O_4$. 高价钌比高价锇不稳定. Ru(VIII)仅有一个化合物 RuO_4,而 Os(VIII)的化合物较多. Ru(VII)仅有 RuO_4^-. Ru(VI)的化合物比 Os(VI)的化合物少. Ru(V)仅有 RuF_5 及相应的氟络合物. Ru(IV)比Os(IV)容易被还原. 3价是钌的常见价态. Ru(III)与 Rh(III),Ir(III)性质的相似程度超过 Ru(III)与 Os(III)的相似性. Ru(II)的亚硝酰络合物数目众多,是一个突出的特点. Ru(I),Ru(0)及 Ru(−II)仅生成羰基化合物、羰基卤化物和膦络合物.

钌与环丙烷生成的 Ru(0)络合物是一个很有趣的化合物. 吸附了环丙烷的钌吸附体系中,环丙烷的电子流向金属钌,金属钌也向环丙烷的 LUMO 反馈电子. 金属吸附乙烯,乙烯用 π 电子与金属作用. 金属吸附氨,氨用氮上的孤对电子与金属作用. 苯用大 π 键电子与吸附它的金属作用. 环丙烷不具备乙烯、氨及苯的条件. 钌与环丙烷的相互作用是一类独特的吸附现象[3].

2.2 钌的二元化合物

2.2.1 卤化物

1. 氟化物

氟与金属钌反应,生成暗褐色 RuF_6 晶体. 它的结构为正八面体. 加热时易分解，与水相遇，发生剧烈反应. MF_6（M＝铂系金属）具有如后的稳定性顺序：Os＞Ir＞Pt；Ru＞Rh. 在氟气中，加热金属钌至300℃，或者钌与 BrF_3 相互作用，都能生成暗绿色 $[RuF_5]_4$ 晶体. 它易与水发生反应. 放置空气中，$[RuF_5]_4$ 会冒烟. $[RuF_5]_4$ 与 I_2 共同加热，生成 IF_5 及黄色 RuF_4 晶体.

2. 氯化物

盐酸与 RuO_4 反应，生成红色易潮解的晶体 $RuCl_4 \cdot 5H_2O$. 溶液的酸度不够时，生成红褐色 $RuOHCl_3$. 蒸发 RuO_4 的盐酸溶液，得到 $RuOCl_3$，它易溶于水，与 $SnCl_2$ 反应，生成暗褐色 $RuCl_3$. 无水 $RuCl_3$ 有两种构型：褐色 β-$RuCl_3$，溶于酒精；黑色 α-$RuCl_3$，不溶于水及酒精. 330℃时，3 份 Cl_2 和 1 份 CO 组成的混合气体与海绵钌反应，生成 β-$RuCl_3$. 蒸发 $RuCl_4$ 的酒精溶液，也生成 β-$RuCl_3$. 在氯气流中加热到700℃，β-$RuCl_3$ 转变成 α-$RuCl_3$. 在氯化氢气氛中蒸发 RuO_4 的盐酸溶液，得到红色 $RuCl_3 \cdot 3H_2O$. 电解还原或者用次磷酸盐还原，$RuCl_3$ 的红色溶液变为蓝色. 估计溶液中含 $RuCl_2$. 次磷酸与 $RuCl_3$ 的水溶液反应，生成 RuCl 水溶液. 尚未得到固体 RuCl.

3. 溴化物

蒸发 RuO_4 或 RuO_2 的氢溴酸溶液，得到不纯的 $RuBr_3$. 这种易潮解的晶体溶于水，生成褐色溶液，氢还原 $RuBr_3$ 酒精溶液，溶液变为蓝紫色，从此溶液析出黑色 $RuBr_2$ 晶体. 次磷酸还原 $RuBr_3$ 水溶液，生成 RuBr 溶液.

4. 碘化物

在 $RuCl_3$ 溶液中，加入 KI，产生黑色 RuI_3 沉淀. 它不溶于水，易氧化，氧化时生成 I_2. 溶解于酒精中的 RuI_3，被氢还原，生成蓝色溶液. 此溶液中可能含有 RuI_2. 次磷酸与 RuI_3 酒精溶液作用，生成 RuI 溶液.

2.2.2 氧化物

金属钌与过氧化钠共熔，或者金属钌、氢氧化钾与硝酸钾共熔，然后在酸中用 Cl_2 或者高锰酸钾处理熔体，得到 RuO_4. 钌化合物的酸性溶液，与 $KMnO_4$，HIO_4，Ce(IV)或者 Cl_2 共热，也得到 RuO_4. RuO_4 是微溶于水的黄色晶体，20℃时，100g 水溶解 2.03g RuO_4. 易溶于 CCl_4. 沸点为40℃，易挥发，有毒性. 处理 RuO_4 时，要非常小心. RuO_4 是四面体结构. 它比 OsO_4 不稳定，加热高于180℃时会发生爆炸性分解，产物为 RuO_2 和 O_2. 通常可利用 RuO_4 和 OsO_4 的挥发性把钌及锇与其它铂系金属分开. 由于 OsO_4 比 RuO_4 稳定，采用适当氧化剂处理含有低价钌及锇的溶液，首先生成 OsO_4 挥发出来，然后才有 RuO_4 挥发出来. 含有 RuO_4 与 OsO_4 的混合气体，通入适当浓度的盐酸中，RuO_4 还原为低价氯化物，OsO_4 不发生变化，加热此溶液，OsO_4 重新挥发出来. RuO_4 是一个强氧化剂，盐酸还原它为 Ru(IV)，碱与它作用生成$[RuO_4]^{2-}$. 给予体分子(如 NH_3，PF_3 和 NO)与 RuO_4 作用，生成易潮解的加合物：$RuO_4 \cdot PF_3$，$(RuO_4)_2 \cdot PF_3$ 及 $RuO_4(NO)_2$ 等.

在 1000℃，在氧气中加热 $RuCl_3$ 或者金属钌，生成深蓝色 RuO_2. 通常，RuO_2 中总含一些 Ru_2O_3. 大部分 Ru(IV)化合物的磁矩为 2.8—3.0BM，298K 时，RuO_2 的磁矩仅为 0.78BM，这个数字较低，因此，RuO_2 中可能存在金属－金属间键，但 Ru—Ru 核间距为 311pm，又显得过长一些，在这样长的距离内，两个钌原子间不应该存在化学键.

用 XPS 和 UPS 研究 RuO_2 电极的析氧活性随烧结温度升高而降低的现象，发现氧结构空位减少，因而 RuO_2 难于氧化为 RuO_4. RuO_2 电极具有高活性和耐腐蚀性，广泛用于氯碱工业[4].

碱与 $RuCl_3$ 溶液作用，生成 $Ru(OH)_3$，不易把 $Ru(OH)_3$ 中包藏的碱洗干净. $Ru(OH)_3$ 不安定，极易被空气氧化为 Ru(IV)的化合物.

2.2.3 硫、硒、碲及磷的二元化合物

相应元素与金属钌共热，生成灰色 RuS_2、灰黑色 $RuSe_2$ 及蓝灰色 $RuTe_2$. 往 $RuCl_3$ 溶液中长期通入 H_2S，生成黄褐色 RuS_2 沉淀. 在高于 650℃时，将钌与磷共热，制得 RuP_2.

2.3 钌(－II)的络合物

在液氨中，$Ru_3(CO)_{12}$与金属钠反应，生成$[Ru(CO)_4]^{2-}$；蒸发这个溶液，得到浅黄色残渣，这个残渣可能是 $Na_2[Ru(CO)_4]$. 在合成顺－$[H_2Ru(P—P)_2]$时，得到中间产物$[Ru(P—P)_2]^{2-}$. 这两个络合物中，Ru(－II)具有氙的电子结构，所以它是稳定的.(P—P 为联膦)

2.4 钌(0)的络合物

2.4.1 羰基络合物

在 45 600kPa 压力下和 170℃时，在 CO 中加热 RuI_3 与过量银粉的混合物，经过 24h，生成 $Ru(CO)_5$，用低温冷却的办法，收集 $Ru(CO)_5$ 蒸汽. 同时生成

$Ru_3(CO)_{12}$.银粉是卤素接受剂.$Ru(CO)_5$ 是无色液体,熔点为-22℃,易溶于有机溶剂.其结构为三角双锥体.在 1013.25kPa 压力的 CO 气中,锌与 $RuCl_3$ 的甲醇溶液共热到 65℃,生成 $Ru_3(CO)_{12}$,产率为 75%.它是黄色晶体,熔点为 154—155℃.

由[$Ru_3(CO)_{12}$]可以衍生出许多结构特殊和含有其它过渡金属的簇状化合物.

如[PtL_4]作用于 $Ru_3(CO)_{12}$ 可制得[$RuPt_2(CO)_5L_3$]($L=PPh_3$,PPh_2Me,$PPhMe_2$,$PPh(OMe)_2$ 或者 $AsPh_3$),[$Ru_2Pt(CO)_7L_3$]($L=PPhMe_2$),[$Ru_2Pt(CO)_8$(diPhOS)]和[$RuPt_2(CO)_4L_4$]($L=PPh(OMe)_2$ 或 $P(OPh)_3$)型混合簇状络合物.此类络合物可用色谱法加以分离.后面两个络合物经过红外光谱及 H^1NMR 的研究,其结构分别如下:

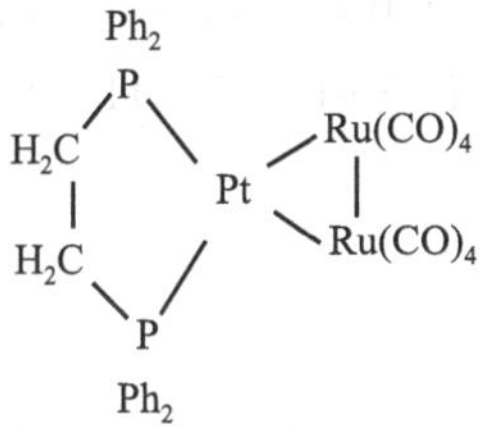

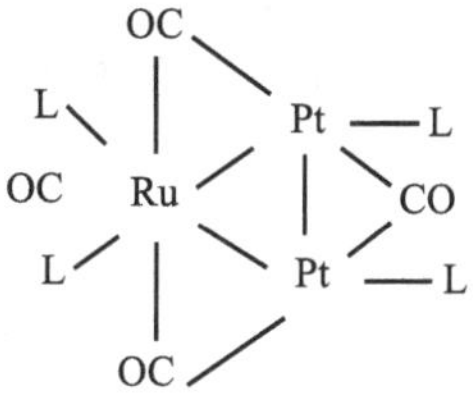

羰基作配体时,可以多种方式与过渡金属结合,到目前为止,已知的结合方式有 6 种:(1)端基方式 M—C—O;(2)对称 μ_2 方式 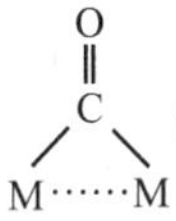;(3)不对称 μ_2 方式 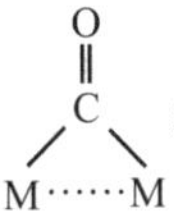;(4)半桥 μ_2 方式 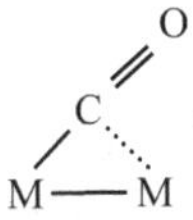,这种方式中两个 M—C 间距离有明显差异;(5)线性μ_2 桥方式 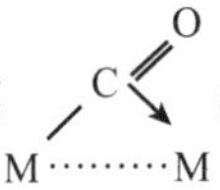;(6)三向桥 μ_3 方式 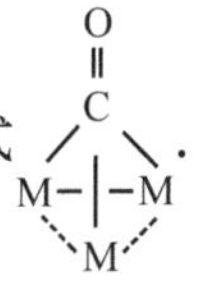.

采用 X 衍射方法研究了钌的一些络合物,此类络合物中存在羰基与金属的几种结合方式:顺$-Ru_2(\mu-CO)_2(CO)_2(C_5H_5)_2$,$Ru_3(\mu-CO)(CO)_6(C_{10}H_8)$,$Ru_6(\mu-CO)(CO)_{13}(C_6H_3Me_3)C$,$Ru_3(\mu-CO)_3(CO)_7(C_4H_4N_2)$,$Ru_3(\mu-CO)_2(CO)_4(C_7H_7)(C_7H_9)$,$FeRu_3(\mu-CO)_2(CO)_{11}H_2$ 等[5].

2.4.2 膦和胂羰基络合物

$Ru(CO)_2Cl_2L_2$($L=PPh_3$、$AsPh_3$)与锌粉、CO 共同反应,生成 $Ru(CO)_3(PPh_3)_2$ 和 $Ru(CO)_3(AsPh_3)_2$.这两个络合物的结构都是三角双锥体,3 个 CO 所形成的三角

形把三角双锥平分为两个相等的四面体.用卤素氧化 Ru(O)的络合物 $Ru(CO)_3L_2$ 生成 Ru(II)的 $Ru(CO)_2X_2L_2$(X=Cl,Br). $Ru(CO)_3(PPh_3)_2$ 与 HgX_2(X=Cl,Br)反应,生成$[Ru(CO)_3(PPh_3)_2X]X$ 和$[Ru(CO)_3(PPh_3)_2HgX]HgX_3$.

有过量 L(L=PPh_3,$PMePh_2$,PBu_3^n 存在时,$Ru_3(CO)_{12}$ 的光分解作用生成 $Ru(CO)_4L$. 在高压下,使 $Ru(CO)_3L_2$ 羰基化,也能生成 $Ru(CO)_4L$.

$Ru_3(CO)_{12}$ 与四齿配体 QP 或 QAS 反应,生成 RuCO(QP)或 RuCO(QAS)[QP=三(二苯基膦基苯基)膦 $P(O-C_6H_4PPh_2)_3$;QAS=三(二苯基膦基苯基)胂 $AS(O-C_6H_4PPh_2)_3$].

2.4.3 膦络合物

$Ru(CO)_5$ 的羰基可全部被 PF_3 取代,生成 $Ru(PF_3)_5$. Ru(0)的络合物 Ru(P—P)$_2$ 与配位数为 6 的 Ru(II)的络合物 $RuH(CH_2PMeCH_2CH_2PMe_2)$(P—P)处于异构互变平衡中.

2.4.4 π-络合物

Ru(0)的空轨道与烯烃或芳香核的 π 电子形成化学键,使 Ru(0)与烯烃与芳香族化合物结合在一起,生成 π-络合物.

在 C_2H_4 气氛中,$Ru_3(CO)_{12}$ 经紫外线照射,生成 $Ru(CO)_4(C_2H_4)$. $Ru(CO)_5$ 与 C_2H_4 作用,产生 $Ru(CO)_4(C_2H_4)$. $Ru_3(CO)_{12}$ 及 $Ru(CO)_5$ 等一系列化合物可按图 2.1 互相转变.

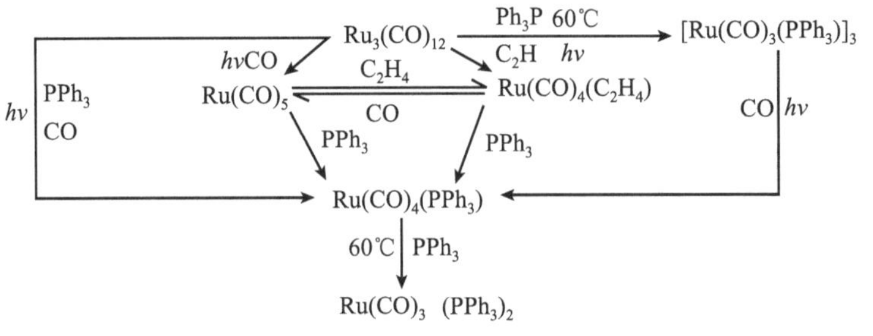

图 2.1 $Ru_3(CO)_{12}$ 及其衍生物的互相转变

邻一乙烯苯基二苯基膦(SP)与 $Ru_3(CO)_{12}$ 反应,生成 $Ru(CO)_3$(SP)和 $Ru(CO)_2$(SP)$_2$,其结构式分别如下:

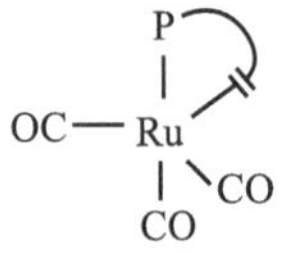

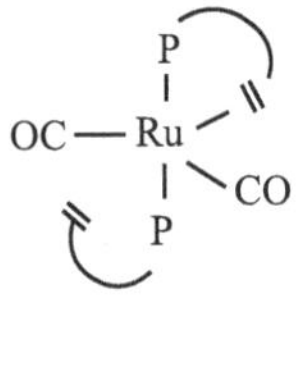

回流 $Ru_3(CO)_{12}$ 与环庚三烯的庚烷溶液，生成 $Ru_3(CO)_6(C_7H_7)(C_7H_9)$，$Ru_2(CO)_6(C_7H_8)$，$Ru(CO)_3(C_7H_8)$ 及 $Ru(CO)_3(C_7H_{10})$. 其结构式分别如下：

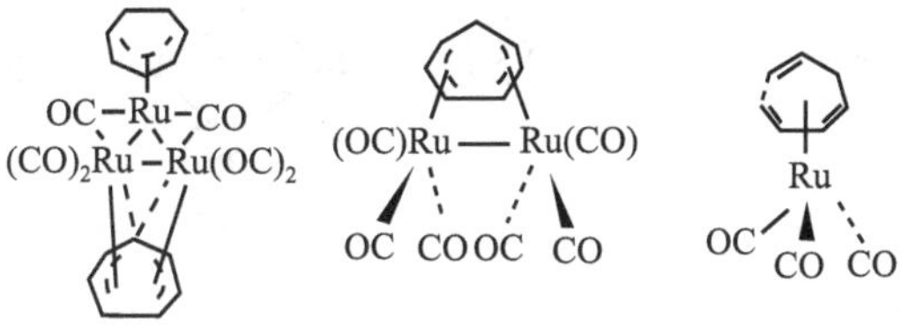

$Ru(CO)_3(\eta^{4-}-1,5-C_8H_{12})$ 是制备一系列[（烯烃）$Ru(CO)_3$]络合物的原料（烯烃＝1,3-环己二烯、环辛四烯、1,3,6-环辛三烯、2,4,6-环庚三烯酮-1、1,3-环庚二烯及环庚三烯）.

$Ru_3(CO)_{12}$ 与 1,1-二甲基-2,5-二苯基-1-硅环戊二烯反应，生成一个有趣的络合物，其结构如下：

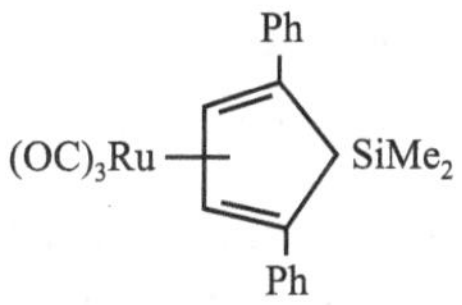

2.4.5　亚硝基络合物

平面 $Ru(NO)Cl(AsPh_3)_2$(I) 可从两个方向增加两个配体. NO^+ 有较强的吸引电子倾向，Ru(0) 向 NO 反馈电子，使钌更易接受亲核试剂的攻击，(I) 与酰氯，烃基卤化物，芳基卤化物，O_2，Cl_2，Br_2 或 I_2 易发生氧化加成反应，生成配位数为 6 的钌络合物. 可以用络合物红外光谱 ν(NO) 的变化论证 Ru(0) 与 Ru(III) 的变化[6].

2.5　钌(I)的络合物

在加压条件下，CO 与 Ru(III) 的卤化物反应，生成多聚物 $[RuCOBr]_n$ 和 $[Ru(CO)_xI]_n$. 环戊二烯基钠 NaC_5H_5 与 $Ru(CO)_2I_2$ 反应，产生 Ru(I) 的络合物 $[C_5H_5Ru(CO)_2]_2$. 合成了一系列的亚硝基络合物：$[Ru(NO)X_2]_n$（X＝Br，I），$Ru(NO)I_2Py_2$，$Ru(NO)I_2biPy$ 和 $Ru(NO)I_2(Ph_2MeAs)$. 在这些络合物中，亚硝基为 NO^+，所以钌为 Ru(I).

$(\eta\text{-}C_5H_5)Ru(CO)_2SC_6F_5$ 的光分解作用，生成两个特殊的双核络合物，其中的钌为 Ru(I).

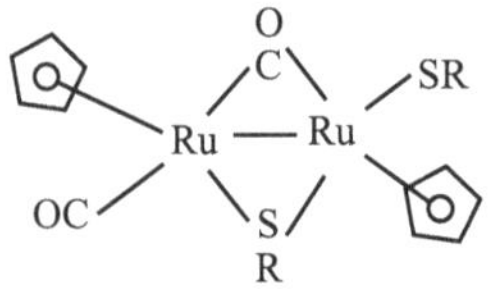

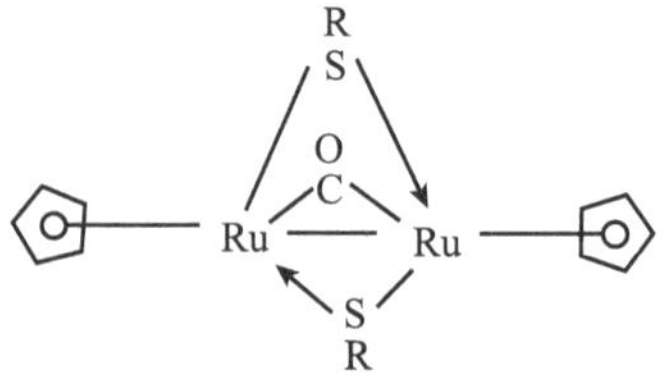

2.6　钌(II)的络合物

Ru(II)生成大量的络合物. 与 Ru(II)生成络合物的常见配体有: Cl^-, CN^-, NH_3, 乙二胺、氮杂环化合物、三取代膦、三取代胂和三取代䏲等. Ru(II)的亚硝基络合物比任何其它元素都多. 所有 Ru(II)络合物都是反磁性的, 具有低自旋$(t_{2g})^6$构型. 在有适当的配体存在时, 还原 Ru(II)氯化物, 或者还原 Ru(III)或 Ru(IV)卤络物, 即可制得所需要的 Ru(II)的络合物.

二硫代氨基甲酸根络合物化学已研究了几十年, 内容甚为丰富. 由于配位原子的多样性, 一硫代或一硒代氨基甲酸根络合物化学的内容将更丰富. 这方面的研究工作仅有十多年的历史, 钌的有关络合物尚无报道[7].

2.6.1　氯和氰络合物

已报道的 Ru(II)氯络合物很少. 报道了$[RuCl_4]^{2-}$和$[RuCl_5H_2O]^{3-}$, 但尚未详细研究过它们的性质. $RuCl_3 \cdot 3H_2O$ 在 DMSO(二甲基亚砜)中回流几分钟, 即得 Ru(II)的络合物$[RuCl_2(DMSO)_4]$, 这个络合物是合成 Ru(II)络合物的最常用原料.

2.6.2　含氮配体的络合物

已报道的六氨(胺)型 Ru(II)络合物种类很多: $[Ru(NH_3)_6]Cl_2$, $[Ru(en)_3]Br_2$, $[Ru(biPy)_3]X_2 \cdot nH_2O$, $[Ru(Phen)_3]Cl_2$, $[Ru(terPy)_2]Cl_2$, $[Ru(Py)_2(Phen)_2](ClO_4)_2$, $[Ru(Py)_4(biPy)](ClO_4)_2$ 及$[Ru(Py)(biPy)(terPy)](ClO_4)_2$ 等. 红色$[Ru(biPy)_3]Cl_2$ 的性质非常稳定, 与盐酸或者 50%KOH 溶液共同加热到 300℃, 不会发生变化. 它的旋光异构体在常温下不会发生消旋作用, 加热到 90℃时, 才慢慢发生消旋作用. Ru(II)的五氨(胺)型、四氨(胺)型等类型的络合物为数颇多. N_2 与$[Ru(NH_3)_5H_2O]^{2+}$ 水溶液反应, 生成$[Ru(NH_3)_5N_2]^{2+}$, 在这个络合物中, N_2 是以末端去连接 Ru(II), 类似于 CO 用末端去连接络合物形成体. $[Ru(NH_3)_5N_2]^{2+}$ 易于转变成双核络离子$[(NH_3)_5Ru\text{-}N_2\text{-}Ru(NH_3)_5]^{4+}$. 这两个

含 N_2 的络合物比 Ru(II)的胺络合物更不容易被氧化. 在各种含 N_2 的络合物中，仅有 Ru(II)的含 N_2 络合物可以被硼氢化合物还原成 NH_3. 这一性质使它成为与生物固氮系统最近似的体系. 太阳能是取之不尽用之不竭的能源，但由于季节、纬度、时间和天气的影响，使太阳能的利用受到很大限制. 氢与氧反应能释放出很大的能量，因此，如果能利用太阳能分解水，生成氢，则达到了把太阳能储存起来的目的，太阳能的利用将得到巨大的发展. 太阳能分解水的途径很多，$Ru(biPy)_3^{2+}$ 与各种化合物构成的体系催化太阳光分解水的过程是一个比较活跃的科学研究领域[8]. 硝酸和过量水合肼作用于 $K_2[Ru(NO)Cl_5]$，生成 $[Ru(NH_3)_4(N_2)(H_2O)]I_2$. 在空气中，这个红色络合物至少能稳定存在半年，但在水中、氨水中或者碱溶液中，则慢慢分解. 在加压下，$[Ru(NH_3)_5(H_2O)]^{2+}$ 与 N_2O 反应，生成 $[Ru(N_2O)(NH_3)_5]^{2+}$. 在酸性溶液中还原此络合物中的 N_2O，可得到 $[Ru(NH_3)_5N_2]^{2+}$.

$$[Ru(N_2O)(NH_3)_5]^{2+} + 2e + 2H^+ \longrightarrow [Ru(NH_3)_5N_2]^{2+} + H_2O$$

过渡金属与多吡啶构成的络合物具有许多有趣的光化学和光物理性质，根据这些性质，我们了解到分子激发态的结构与反应性能间的关系. 这些研究促进了太阳能储存及转化工作的发展. 已合成钌的一些此类络合物：$Ru(S-NO_2Phen)_3^{2+}$，$Ru(TPT)_2^{2+}$ 等[9].

2.6.3 膦、胂配体的络合物

这类化合物的数目很多. 一齿配体生成络合物 $[RuX_2(MR_3)_4]$（X=Cl，Br；M=P，As），双核络合物 $[Ru_2Cl_3(PR_3)_6]Cl$ 和配位数为五的 $RuCl_2(MPh_3)_3$（M=P，Sb）. $RuCl_2(MPh_3)_3$ 的结构为四方锥，这个结构变成八面体所缺的第六个配位位置被苯基阻塞，因而不能连上第六个配体. 二齿配体 $R_2PCH_2CH_2PR_2$（R=甲基、乙基及苯基）和 $O-C_6H_4(PPh_2)_2$，生成顺式和反式-$RuCl_2(P\text{-}P)_2$. 而 $O\text{-}C_6H_4(AsMe_2)_2$ 只形成反式-$RuX_2(As\text{-}As)_2$.

仲膦容易为氧、硫及硒氧化为仲膦氧族化合物.

$$R_2PH \xrightarrow{E} R_2\overset{\overset{\displaystyle E}{\|}}{P}H \quad (E=O,S,Se)$$

仲膦氧族化合物有互变异构现象.

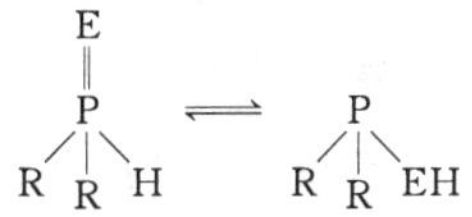

（⇌表示在互变异构现象达到平衡状态时，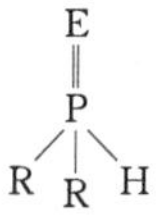 为主要成分，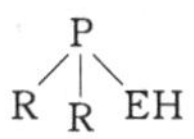 为次要成分）.

仲膦氧族化合物以多种方式与金属离子(或原子)构成络合物.已知方式有如下几种:

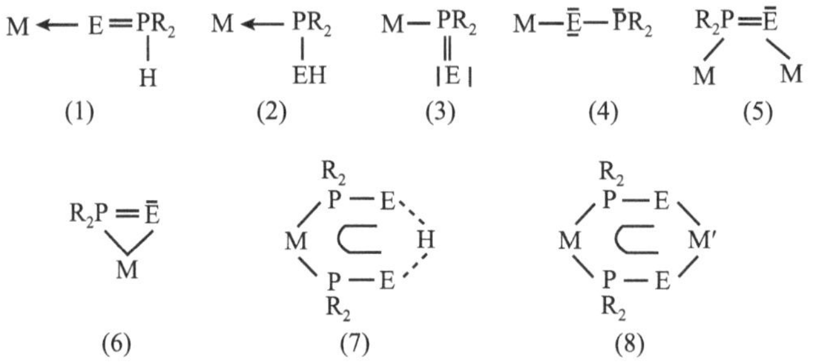

(E̲,Ē表示E有一对未共同电子,|E|表示E有两对未共用电子)

已合成了呈现第七种结构的钌相应络合物:[$Ph_2P(OR)_2(Ph_2POH)Ru(\mu$—$Cl)_3Ru(Ph_2PO)(Ph_2POH)_2$],[$Ru(Me_2PS_2)(Ph_2PO)_3(H)_2$][10].

2.6.4 亚硝基络合物

已知的Ru(II)亚硝基络合物的数目超过100种.含NO^+又含其它配体的Ru(II)络合物很多;其它配体为:Cl^-,Br^-,I^-,SON^-,CN^-,NO_3^-,H_2O,NH_3、吡啶、乙二胺、联吡啶、AsR_3、SbR_3和R_3PO等.RuNO基团可以包括在阴离子、阳离子及中性八面体配位结构中.Ru(II)亚硝基络合物对酸和氧化剂特别稳定.在它的红外光谱中,Ru—NO相应于1930—1845cm^{-1}的谱带,因此,应该设想中性NO基团把电子给予Ru(III),产生含有NO^+的Ru(II)的络合物.随着络合物组成的变化,Ru—N的核间距离变化于170—207pm的范围,这个距离比较短,说明络合物中存在$Ru=\overset{+}{N}=O$结构.NO^+与Ru(II)间有π键,因此NO^+有较强的反位效应.金属钌、KOH与KNO_3共同熔融,然后将熔块溶于盐酸中,即可制得黑红色$K_2[RuNOCl_5]$.用其它配体取代$K_2[RuNOCl_5]$中的Cl^-,即可得到各种各样的Ru(II)亚硝基络合物.

2.6.5 羰基络合物

在$RuCl_3 \cdot 3H_2O$的酒精溶液中通CO,再加入相应的配体,很容易制得羰基氯络合物.也可以用甲酸来产生CO.用1∶1的盐酸和甲酸混合溶液与$RuCl_3$反应,生成$[Ru(CO)_2Cl_2]_n$.此类羰基络合物大部分是黄色的,有一些是无色、橙色或褐色的.$[Ru(CO)_2X_2]_n$是含卤桥的多聚体.$[Ru(CO)_2I_2]_n$与各种配体反应,生成单核$Ru(CO)_2I_2L_2$.反式-$Ru(CO)_4(GeCl_3)_2$与芳香烃在150℃或者高于150℃时反应,生成$Ru(CO)(\eta$-arene$)(GeCl_3)_2$(arene=芳烃,如苯、甲苯、邻、间或对位-二甲苯及 1,3,5-三甲苯等).

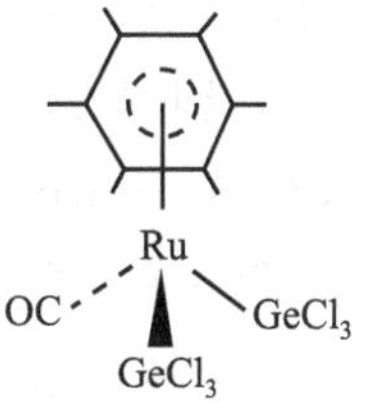

2.6.6 π-络合物

除 CO 外,其它含 π 键的配体也能与 Ru(II)生成络合物.环戊二烯基钠的四氢呋喃溶液与 $RuCl_3$ 溶液反应,生成灰黄色二茂钌$(C_5H_5)_2Ru$ 固体.它的熔点为 200℃.二茂钌与二茂铁的结构不一样,二茂铁的两个环戊二烯基相互错开,而二茂钌的两个环戊二烯基互相重合.对二茂钌、二茂铁及二茂锇的化学性质已作了较详尽的研究.卤素作用于$[C_5H_5Ru(CO)_2]_2$,生成 $C_5H_5Ru(CO)_2X$(X=Br,I).氢化二茚基络合物 $Ru(C_9H_7)_2$,生成二(四氢茚基)钌(II)络合物 $Ru(C_9H_{11})_2$.用分光光度法研究这两个络合物后,证明五元环用 π 键与金属原子相连.用 Friedel-Crafts 方法合成了黄色$[(C_6H_6)_2Ru](ClO_4)_2$ 和黄色$[(C_6H_3Me_3)_2Ru](ClO_4)_2$.用 $LiAlH_4$ 处理$[(C_6H_6)_2Ru](ClO_4)_2$,生成二环己二烯基合钌(II)$Ru(C_6H_7)_2$ 以及 Ru(0)的络合物 $C_6H_6RuC_6H_8$.

络合物 $Ru(C_2R)(L)_2(\eta\text{-}C_5H_5)$(R = Me, OR, Ph;$(L)_2$ = (CO, PPh_3);$(PPh_3)_2$;(OR,(dppe))易与亲电的烯烃衍生物 CHAr = C(CN)(X)(Ar = $C_6H_4NO_2$-4, Ph, X=CN; Ar=$C_6H_4NO_2$-4, X=CO_2Et)反应,烯烃中双键的两个碳与配体炔烃中两个碳构成四元环[11].

2.6.7 氢作为配体的络合物

包含 M—H 共价键的过渡金属络合物电离及水解的倾向都很小.绝大部分这类络合物呈 MH_xL_y(L=CO、X^-、环戊二烯基或 PR_3)形式.只有当 L 的配体场强很高时,才能使低氧化态的过渡金属的这类化合物稳定下来.给适当的络合物加氢,或者还原适当的络合物皆可制得 MH_xL_y.在核磁共振谱中,与过渡金属相连接的氢比与非过渡金属相联的氢具有更高的化学位移(τ 值).由于 M—H 的伸缩与弯曲,MH_xL_y 的红外光谱在 2250—1700cm^{-1} 及 850—660cm^{-1} 两个区域产生较强的吸收峰.PPh_3 取代 MH_xL_y 中的 CO 以后,络合物对于加热及氧化作用的稳定性明显增大.

由于 $H_2Ru(CO)_4$ 很不稳定,因此在 $H_2Fe(CO)_4$ 合成了很久以后,才成功地

合成了 $H_2Ru(CO)_4$. 这个化合物是非常不稳定的无色液体,在温度高于 -40℃时,它迅速分解为一个红褐色固体,此固体大概是 $H_2Ru_3(CO)_{12}$. 在 $H_2Ru(CO)_4$ 的核磁共振谱上,出现一个 τ 值为 17.6 的吸收峰. 在红外光谱上,Ru—H 伸缩频率为 $1980cm^{-1}$. $H_2Ru(CO)_4$ 与膦反应,生成 $H_2Ru(CO)_2(PR_3)_2$(R = 乙基、苯基);$Ru(CO)_2Cl_2(PR_3)_2$ 与 $LiAlH_4$ 反应,很容易制得 $H_2Ru(CO)_2(PR_3)_2$. 有银粉存在时,CO 和 H_2 与 $RuCl_3$ 溶液反应,生成多核羰基氢化物 $H_4Ru_4(CO)_{12}$. 硼氢化钠与 $(C_5H_5)Ru(CO)_2I$ 反应,生成无色液体 $HRu(CO)_2(C_5H_5)$. 在四氢呋喃中,钠汞齐与 $HRu(CO)_2(C_5H_5)$ 反应,得到 $Na[C_5H_5Ru(CO)_2]$,此钠盐与烷基碘反应,生成烷基衍生物 $C_5H_5Ru(CO)_2R$(R = 甲基、乙基). 按下列反应可制得 $HRuCl(CO)(PR_3)_3$:

$$[Ru_2Cl_3(PR_3)_6]Cl + 2KOH + 2C_2H_5OH \longrightarrow 2HRuCl(CO)(PR_3)_3 + 2CH_4 + 2KCl + 2H_2O$$

根据核磁共振及偶极矩的研究,证明 $HRucl(CO)(PR_3)_3$ 中 CO 与 Cl 是处于反位位置. $LiAlH_4$ 与顺式或反式 $RuX_2(P—P)_2$ 作用,生成反式-$HRuX(P—P)_2$. $RuClR(P—P)_2$(R = 甲基、乙基、苯基)被 $LiAlH_4$ 还原,生成反式-$HRuR(P—P)_2$. $[Ph_3C]PF_6$ 的二氯甲烷溶液,能脱去$[RuH_2(PPh_3)_4]$的一个质子,生成一个新奇的配位数为 5 的阳离子$[RuH(PPh_3)_4]^+$. 可能是由于 PPh_3 的体积大,在 Ru^{2+} 周围不允许排列 4 个以上的 PPh_3,所以不能制得$[RuH(PPh_3)_5]^+$. 红色$[RuH(PPh_3)_4]PF_6$乙醇溶液放置一段时间后,生成白色的$(RuH(PPh_3)_3]PF_6$.

2.7　钌(III)的络合物

Ru(III)生成的络合物很多,其数目超过 Os(III)络合物的数目. Ru(III)络合物的稳定性比相应 Os(III)络合物高. Ru(III)与 Rh(III),Ir(III)的相似性超过 Ru(III)与 Os(III),Fe(III)的相似性. Ru(III)络合物的配位数通常是 6. 除 $K_2[RuCl_5]$外 Ru(III)的络合物都是低自旋的.

研究对取代反应显示惰性的络合物形成体 Ru(III),Ru(II)及 Co(III)等,可以使我们加深对于与人体有关的氨基酸及有关复杂化合物与金属离子相互作用的情况的认识,这一些知识对于医学及营养学等学科都是非常重要的. 因为这些形成体的络合物对取代反应是惰性的,所以金属离子与配体结合的位置及方式是比较确定的. 如果取代反应有几个步骤,也容易比较明确地显示出来. 研究表明 Ru(III)及 Ru(II)络合物的取代反应各有特色. 这个领域有待广泛深入的研究[12].

2.7.1 卤素与氰配体的络合物

将 KHF_2 与 $RuCl_3$ 共熔，生成 $K_3[RuF_6]$. $K_3[RuF_6]$不溶于水，能溶于稀酸，溶解时不发生分解反应.

用乙醇还原盐酸中 RuO_4，得到红色晶体 $K_2[RuCl_5H_2O]$. 浓盐酸与 $K_2[RuCl_5H_2O]$反应，生成 $K_3[RuCl_6]$. 在 200℃加热 $K_2[RuCl_5H_2O]$，生成褐色晶体 $K_2[RuCl_5]$. 80K 时，其磁化率为 1.14BM，温度升高，磁化率升高，当温度升至 300K 时，磁化率升至 1.64BM，磁化率的这种变化，说明这个络合物中存在 Ru^{III}-Ru^{III}间的相互作用，这个阴离子是一个双核氯桥阴离子. $K_2[RuCl_5]$慢慢地水化，生成 $K_2[RuCl_5H_2O]$. 盐酸、$SnCl_2$ 与 RuO_4 反应，然后加入碱金属氯化物，即可制得 $M_2[RuCl_4(H_2O)_2]$（M = NH_4, Rb, Cs）. 已经证明，在水溶液中，存在 $[RuCl_6]^{3-}$，$[RuCl_5H_2O]^{2-}$，$[RuCl_4(H_2O)_2]^-$，$[RuCl_3(H_2O)_3]$，$[RuCl_2(H_2O)_4]^+$ 及 $[RuCl(H_2O)_5]^{2+}$ 等物种. 当溶液中盐酸浓度为 6—6.5mol/L 时，$[RuCl_6]^{3+}$ 为主要成分. 随着溶液中盐酸浓度的降低，配位的 Cl^- 就越来越多地为 H_2O 所取代. $[RuCl_2(H_2O)_4]^+$，$[RuCl_3(H_2O)_3]$和$[RuCl_4(H_2O)_2]^-$有顺式及反式的几何异构体.

在水溶液中，$[RuCl_2(H_2O)_4]^+$，$[RuCl_3(H_2O)_3]$及$[RuCl_4(H_2O)_2]^-$的顺式与反式几何异构体可以互相转化，并且在一定温度及离子强度时达成平衡. 表 2.1 和表 2.2 分别为 25℃时测得的生成常数和平衡常数.

表 2.1　$[Ru^{III}Cl_x(H_2O)_{6-x}]^{3-x}$的生成常数(25℃)

反　应　式	生成常数	离子强度
$[RuCl(H_2O)_5]^{2+}+Cl^- \rightleftharpoons [RuCl_2(H_2O)_4]^+ + H_2O$	≃3.0	0.1
$[RuCl_2(H_2O)_4]^+ + Cl^- \rightleftharpoons [RuCl_3(H_2O)_3] + H_2O$	2.7	0.1
$[RuCl_3(H_2O)_3] + Cl^- \rightleftharpoons [RuCl_4(H_2O)_2]^- + H_2O$	0.8	3.0
$[RuCl_4(H_2O)_2]^- + Cl^- \rightleftharpoons [RuCl_5(H_2O)]^{2-} + H_2O$	≃0.14	5.0
$[RuCl_5(H_2O)]^{2-} + Cl^- \rightleftharpoons [RuCl_6]^{3-} + H_2O$	≃0.1	5.0

表 2.2　顺式和反式异构体的平衡常数(25℃)

反　应　式	平衡常数	离子强度
反式$-[Ru(H_2O)_4Cl_2]^+ \rightleftharpoons$顺式$-[Ru(H_2O)_4Cl_2)^+$	1.0	0.1
反式$-[Ru(H_2O)_3Cl_3] \rightleftharpoons$顺式$-[Ru(H_2O)_3Cl_3]$	0.3	0.1
反式$-[Ru(H_2O)_2Cl_4]^- \rightleftharpoons$顺式$-[Ru(H_2O)_2Cl_4]^-$	4.0	3.0

当溶液中盐酸的浓度低于 3mol/L 时，发生以下离解反应：

$$[RuCl_6]^{3-} + H_2O \longrightarrow [RuOHCl_5]^{3-} + H^+ + Cl^-$$

从热力学及动力学的角度进行考查，Ru(III)的氯络合物不如 Ru(IV)的氯络合物稳定.

蒸发 $RuCl_3$ 和 KBr 的溶液，得到黑色的 $RuBr_3$. $RuBr_3$ 的浓溶液与 KBr，NH_4Br，RbBr 或者 CsBr 的浓溶液反应，生成褐色 K_2RuBr_5，$(NH_4)_2RuBr_5$，Rb_2RuBr_5 或者 Cs_2RuBr_5. 这几个络合物的结构尚未弄清楚.

目前尚未合成任何碘络合物.

用强氧化剂(如 H_2O_2，$NaBiO_3$，$Ce(SO_4)_2$)氧化酸性溶液中的 $K_4[Ru(CN)_6]$，或者用 O_3 及 Cl_2 氧化中性溶液中的 $K_4[Ru(CN)_6]$，溶液由无色变为黄色，虽然未能从这个溶液中分离出 $K_3[Ru(CN)_6]$，但已用分光光度法及极谱法证明溶液中存在黄色$[Ru(CN)_6]^{3-}$，并且测得$[Ru(CN)_6]^{3-}/[Ru(CN)_6]^{4-}$的标准电极电位等于+0.86V. 所得溶液如果浓度非常稀(约 10^{-3} mol/L)，在室温下，$[Ru(CN)_6]^{3-}$可稳定存在几个小时，如果$[Ru(CN)_6]^{3-}$或者酸的浓度较大，则溶液由黄色逐渐变绿，最后析出暗绿色沉淀 $Ru(CN)_3 \cdot 5H_2O$[13].

2.7.2 含氧配体的络合物

目前尚未得到自由水合离子$[Ru(H_2O)_6]^{3+}$的盐类，但已经证明还原 Ru(IV)高氯酸盐溶液，或者氧化$[Ru(H_2O)_6]^{2+}$的溶液时，都生成$[Ru(H_2O)_6]^{3+}$.

用质子核磁共振研究 $Ru(H_2O)_6^{3+}$ 的水溶液，得到此离子 Ru—O 键的共价参数 $\lambda=0.27$. 从此参数看出 $Ru(H_2O)_6^{3+}$ 中 Ru—O 键的共价性高于 Mn^{2+}，Fe^{2+}，Co^{2+} 及 Cr^{3+} 的 M—O 键共价性[14].

$RuCl_3$ 水溶液与 K_2CO_3 的乙酰丙酮溶液反应，然后回流此溶液，即可制得 $Ru(acac)_3$. $RuCl_3$的酒精溶液与苯甲酰丙酮共同搅拌 20min，缓慢加入 K_2CO_3 以保持溶液 pH 低于 2.5，然后回流 36h，得到红褐色晶体沉淀 $Ru(bzac)_3$. $Ru(acac)_3$ 的核磁共振谱指出，由配体向金属的电荷转移比由金属向配体的电荷转移更占优势.

将水合 $RuCl_3$ 与羧酸-羧酸酐混合物在氧气流中回流数小时，生成 $Ru_2(OCOR)_4Cl$(R=甲基、乙基，正丙基). 除了热的甲醇外，相应的乙酸根络合物不溶于一般有机溶剂中. 随着烷基链的增长，此羧酸根络合物的溶解能力增强. 丙酸根络合物能溶于温热的甲醇及乙醇中，正丁酸根络合物能溶于甲醇、乙醇、温热的丙酮及热的正丁酸中. $[Ru_2(OCOR)_4Cl]$中包含了一个 Ru(II)和一个 Ru(III). 在 300—100K 时，测定此类络合物的磁矩，证明它们都是高自旋的络合物.

乙二胺四乙酸二钠盐与 $RuCl_3$ 在不同条件下可生成各式各样的络合物. 室温

时，Na_2H_2EDTA 与 $RuCl_3$ 反应，在 1h 内沉出黑色 $Ru(H_3EDTA)Cl_2 \cdot H_2O$(I)，6h 以后，沉出(I)及褐色 $Ru(H_2EDTA)Cl$(II)的混合物，5d 以后，沉出纯粹的(II). 如果反应在 80℃进行，则生成亮褐色沉淀 $Ru(H_2EDTA)Cl \cdot H_2O$(III)，往溶液中加入甲醇，则有更多的(III)沉出来，残留液放置过夜，则沉淀出 $Ru(HEDTA) \cdot H_2O$. K_2RuH 与 Na_2H_2EDTA 在不同条件下反应，生成不同的产物 $KRu(HEDTA)Cl \cdot 2H_2O$ 及 $KRu(H_2EDTA)Cl_2 \cdot 2H_2O$. Ru(III)的络合物 KRu(HEDTA)Cl 与碱溶液反应，生成 $[RuEDTA(OH)]_n^{2-}$，这个多聚体能可逆地吸收氧分子.

$$[Ru(HEDTA)Cl]^- + OH^- \longrightarrow [Ru(EDTA)H_2O]^- + Cl^-$$

$$n[Ru(EDTA)H_2O]^- + nOH^- \longrightarrow [Ru(EDTA)OH]_n^{2-} + nH_2O$$

$$[Ru(EDTA)OH]_n^{2-} \underset{\text{煮沸}}{\overset{O_2}{\rightleftharpoons}} \text{Ru(III)的 } O_2 \text{ 成桥的双核络合物}$$

将 $(NH_4)_2[RuBr_5OH]$ 溶液、草酸与甲醛共同回流约 1h，然后再逐渐加入 $KHCO_3$，继续回流，溶液的颜色由红变成橄榄绿，最后变成褐色，褐色是 $[Ru(C_2O_4)_3]^{4-}$ 的颜色，褐色的溶液接触空气时，又变为 $[Ru(C_2O_4)_3]^{3-}$ 的橄榄绿色，过滤回流液，加入冰醋酸、少许乙酸钾及酒精，溶液中析出 $K_3[Ru(C_2O_4)_3] \cdot 3H_2O$. 还合成了 $[Ru(C_2O_4)_2Cl_2]^{3-}$，顺式-和反式-$[Ru(C_2O_4)_2(Py)_2]^-$. 未能把 $K_3[Ru(C_2O_4)_3]$ 分解为左旋体及右旋体. 有人认为：$[Ru(C_2O_4)_3]^{3-}$ 能生成配位数为 7 或 8 的水合络离子，因而具有迅速的消旋作用，使得分离旋光异构体的工作归于失败.

2.7.3　含硫配体的络合物

很早以前就已合成了 $Ru_2(SO_3)_3$ 和 $K_2[Ru_2(OH)_2(SO_3)_3] \cdot 3H_2O$，但对它们一直未进行过详细的研究.

$$2Ru(SO_4)_2 + 4SO_2 + 5H_2O \xrightarrow[26.6\text{kPa}]{80℃} Ru_2(SO_3)_3 + 5H_2SO_4$$

$$2Ru(SO_4)_2 + 4SO_3 + 5H_2O \longrightarrow Ru_2(SO_3)_3 + 5H_2SO_4 + 2O_2\uparrow$$

在沸腾的苯中，$Ru(CO)(PPh_3)_3HX$，$Ru(CO)(PPh_3)_2H(OCOCF_3)$ 或者 $Ru(PPh_3)_4H_2$ 与 CS_2 反应，生成顺式-和反式-$Ru(CO)(PPh_3)_2X(S_2CH)$.

2.7.4　含氮配体的络合物

$K_3[RuCl_6]$ 与氨水反应，生成 $[Ru(NH_3)_6]Cl_3$，$[Ru(NH_3)_6]^{3+}$ 是无色离子. 也可以氧化 $[Ru(NH_3)_6]^{2+}$ 来制备 $[Ru(NH_3)_6]^{3+}$. $[Ru(NH_3)_6]^{3+}$ 对酸稳定，但是对

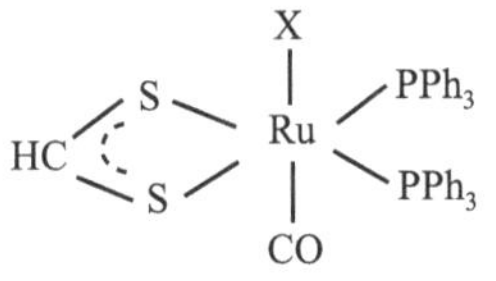

顺式

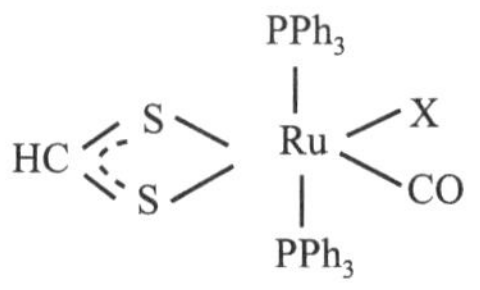

反式

碱不稳定. $[Ru(NH_3)_6]^{3+}$ 与盐酸共同煮沸,生成黄色 $[Ru(NH_3)_5Cl]Cl_2$. 用氨水处理 $[Ru(NH_3)_5Cl]Cl_2$,然后小心地进行酸化,得到黄色 $[Ru(NH_3)_5H_2O]Cl_3$. $[Ru(NH_3)_5Cl]^{2+}$ 碱水解的速度为酸水解速度的 10^6 倍,这一性质与相应 Co(III) 络合物的性质一样,而与 Cr(III) 和 Rh(III) 的类似络合物不同. $[Ru(NH_3)_5Cl]^{2+}$ 碱水解的最终产物为 $[Ru(NH_3)_5OH]^{2+}$,酸水解反应的最终产物为 $[Ru(NH_3)_5H_2O]^{3+}$. $[Ru(NH_3)_5Cl]Cl_2$、氨水与浓氢溴酸共同加热,生成 $[Ru(NH_3)_5Br]Br_2$. $[Ru(NH_3)_5N_2]I_2$ 与水拌成浆状物,与浓氢碘酸共同回流 3h,即得粗制 $[Ru(NH_3)_5I]I_2$. 粗产品在稀氢碘酸中重结晶,即可制得纯净的 $[Ru(NH_3)_5I]I_2$. 还合成了 Ru(III) 的四氨型及三氨型络合物. 用空气氧化 $[Ru(NH_3)_6]Cl_3$,产生一个深红色的溶液,由这个溶液中析出反磁性的 $[(NH_3)_5Ru^{III}—O—Ru^{IV}(NH_3)_4—O—Ru^{III}(NH_3)_5]Cl_6$,这个化合物被人们称为"钌红". Ce(IV) 氧化"钌红",得到顺磁性褐色化合物 $[(NH_3)_5Ru^{IV}—O—(NH_3)_4Ru^{III}—Ru^{IV}(NH_3)_5]Cl_7$.

氧化 $[Ru(bipy)_3]^{2+}$,即得 $[Ru(bipy)_3]^{3+}$. 在 80℃ 时向 $[Ru(bipy)_2C_2O_4]\cdot 4H_2O$ 在稀盐酸中的悬浮液不断通入氯气,直到固体全部溶解,溶液变为亮红色,将溶液过滤并向滤液中加入稀高氯酸,溶液冷却时析出红色晶体 $[Ru(bipy)_2Cl_2](ClO_4)$. 此化合物的磁矩为 1.82BM. 可在溶有少量 Cl_2 的稀盐酸溶液中重结晶此化合物. 2,α′-联吡啶与 $K_2[Ru(H_2O)Cl_5]$ 在盐酸溶液中反应,生成 $[H(bipy)][Ru(bipy)Cl_4]\cdot H_2O$. 此络合物具有顺磁性,其磁矩为 2.13BM. 还合成了一系列类似络合物:

$[H(Phen)][Ru(Phen)Cl_4]\cdot H_2O$, $NH_4[Ru(biPy)Cl_4]$,

$[H(Phen)][Ru(Phen)Br_4]\cdot H_2O$, $[Ru(biPy)(H_2O)Cl_3]$,

$[Ru(biPy)(H_2O)_2Cl_2][Ru(biPy)Cl_4]\cdot 2H_2O$,

$[Ru(Phen)(CH_3CN)_2Cl_2][Ru(Phen)Cl_4]$,

$NH_4[Ru(biPy)Br_4]\cdot 2H_2O$ 等.

2.7.5　膦和胂配体的络合物

在煮沸的甲醇中令膦与 $RuCl_3$ 长时间相互作用,生成 $[Ru_2Cl_3(PR_3)_6]Cl$. 如果以 2-甲氧基乙醇作溶剂,则反应会更快一些. 按照同样方法,不能制得双核络合物,只能制得单核络合物：橙色的顺式-[$RuCl_2(AsMe_2Ph)_4$]及其红色的反式异构体.在 CO 气氛中，摇荡 $RuCl_3$ 的乙醇溶液至溶液变为血红色，然后在该溶液中加入 $PPh(Et)_2$，在放出 CO 的同时，析出[$RuCl_3(PPhEt_2)_3$].溶液中留下 Ru(II)的络合物反式-[$RuCl_2(CO)^2(PPhEt_2)_2$].向 $RuCl_3 \cdot 3H_2O$ 的 2-甲氧基乙醇溶液中加入 $AsPhEt_2$，煮沸 1h，即可制得[$RuCl_3(AsPhEt_2)_3$].

在 N_2 气氛中回流 $Ru(PPh_3)_3Cl_2$ 的 CS_2 溶液，生成[$Ru(\eta-CS_2)(PPh_3)_3Cl$]和[$Ru(CS)(PPh_3)_2Cl_2$]$_2$，后者为一紫红色沉淀.其结构可能是下面两个结构式中的一个：

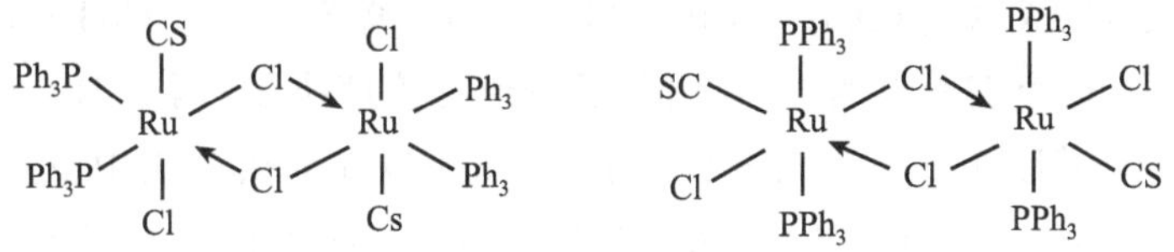

2.7.6　羰基络合物

[$RuCl_5(H_2O)$]$^{2-}$ 的溶液吸收 CO，生成[$Ru(CO)Cl_5$]$^{2-}$，还原[$Ru(CO)Cl_5$]$^{2-}$，即可得[$Ru(CO)Cl_4(H_2O)$]$^{2-}$.[$Ru(CO)Cl_4(H_2O)$]$^{2-}$ 是乙炔水化作用的催化剂.已合成的 Ru(III)羰基络合物甚少.

2.7.7　π-络合物

在电解池的阳极上可以把二茂钌氧化成灰黄色的络合物[$Ru(C_5H_5)_2$]X.此化合物中钌为 3 价.

2.8　钌(IV)的络合物

4 价钌的络合物比较少.与卤素生成的络合物是最重要的 Ru(IV)络合物.膦、胂及 CO 能有效地使低价金属稳定化，所以不能与 Ru(IV)生成络合物.Ru(IV)络合物都具有八面体构型，其室温磁矩为 2.7—3.0BM，恰好对应$(t_{2g})^4$ 构型.其磁矩随绝对温度的平方根的降低而降低.室温时 K_2[RuX_6](X＝F，Cl，Br)的 μ_{eff} 为 2.85BM，80K 时，仅为 0.5BM.这是因为 Ru(IV)具有较大的自旋轨道偶合常数.Os(IV)的自旋轨道偶合常数更大.

2.8.1　卤素络合物

这类络合物有两种形式：

$[RuX_6]^{2-}$ (X＝F, Cl, Br)和$[Ru_2OX_{10}]^{4-}$ (X＝Cl, Br). 到目前为止，尚未合成碘作配体的络合物.

$K[RuF_6]$与水作用，生成黄色 $K_2[RuF_6]$. $K_2[RuF_6]$在冷水中水解作用缓慢，但在热水中迅速水解，生成 RuO_2. 钌粉与 $KClO_3$ 共熔，然后在熔体浸出液中加入 KCl，即得暗褐色 $K_2[RuCl_6]$. $K_2[RuCl_6]$的水溶液呈黄色，由于水解作用，溶液颜色迅速变暗. 用 Br_2 氧化 $K_2[RuBr_5H_2O]$，生成 $K_2[RuBr_6]_9K_2[RuBr_6]$是黑色晶体，它比 $K_2[RuCl_6]$更容易发生水解作用. 在有 HCl 存在时，用乙醇还原 K_2RuO_4，或令 HCl 与 RuO_4 作用，都能制得深红色络合物 $K_4[Cl_5Ru\text{-}O\text{-}RuCl_5]$. 把这个化合物溶于浓盐酸，生成 $K_2[RuCl_6]$. Ru(IV)是一个 d^4 离子，但 $K_4[Cl_4Ru\text{-}O\text{-}RuCl_5]$为反磁性化合物. 这个表面上的矛盾，用分子轨道理论解决了. 两个 Ru(IV) 的 d_{xz}轨道与氧的 P_y 轨道形成另一个三中心分子轨道，所以在此络合物中没有成单电子. $RuBr_4$ 与 KBr 的水溶液作用，得到黑色 $K_4[Ru_2OBr_{10}]$，其结构可能与 $K_4[Ru_2OCl_{10}]$相似.

2.8.2　含氧配体的络合物

金属钌与碱土金属碳酸盐共熔，制得 $MRuO_3$(M＝Sr, Ba). 在 $BaRuO_3$ 中，6 个氧原子构成一个八面体包围 Ru(IV)，Ru—Ru 间距离十分短，仅为 255pm. 将 RuO_4 溶解在 $HClO_4$ 中，然后加入 H_2O_2，生成 Ru(IV)的高氯酸盐. 有一些实验证明：溶液中存在$[Ru(H_2O)_6]^{4+}$. 用 H_2O_2 氧化 $K_3[Ru(C_2O_4)_3]$，得到黑色的$K_2[Ru(C_2O_4)_3]$.

2.9　钌(V)的络合物

在有 KBr 存在时，令 BrF_3 和 Br_2 作用于 $RuBr_4$，制得 $K[RuF_6]$. 这是唯一确定的 Ru(V)络合物.

2.10　钌(VI)的络合物

钌与 KOH 和 KNO_3 共熔，生成黑色的 K_2RuO_4，溶解在水中时，生成暗橙色溶液. $[RuO_4]^{2-}$ 在中性或酸性溶液中不稳定. 但在碱溶液中有中等程度的稳定性. $K_2[RuO_4]$与 NH_3 作用，可得到一个组成为$(NH_4)_2RuO_4$ 的化合物，但它的性质与钌酸钾很不一样，有人建议它的分子式为$[RuO_2(NH_3)_2(OH)_2]$.

Cl_2 和盐酸作用于 $RuCl_4$ 生成 $H_2[RuO_2Cl_4]\cdot 3H_2O$，它是一个易溶于水和乙

醇的褐色晶体. 在稀溶液中易发生水解作用. 与浓盐酸反应,变成 H_2RuCl_6. 向 RuO_4 的盐酸溶液中加入 CsCl 制得红紫色晶体 $Cs_2[RuO_2Cl_4]$. 红外光谱指出 $[RuO_2Cl_4]^{2-}$ 中两个氧处于反位位置. 虽然 Ru^{6+} 是 d^2 离子,但$[RuO_2Cl_4]^{2-}$ 是反磁性离子.

2.11 钌(VII)的络合物

过量 KOH 和 KNO_3 与钌共熔,生成钌(VII)酸钾. 向 K_2RuO_4 的浓碱溶液中通入 Cl_2,溶液由橙色变成绿色,即 K_2RuO_4 已被氧化成 $KRuO_4$. RuO_4 与用冰冷却的 $1mol \cdot L^{-1}$ KOH 溶液反应,也可以生成 $KRuO_4$. $KRuO_4$ 是黑色晶体. 干燥的 $KRuO_4$ 是稳定的. $KRuO_4$ 与 $KOsO_4$,KIO_4 晶形相同,与 $KMnO_4$ 的晶形不同.

2.12 钌的金属有机化合物

$L_xM\text{-}(CH_2)_n\text{-}M'L'_y$($n \geqslant 2$)是多种以金属作催化剂的中间产物的可能模型. 这类络合物有两个可能的类型:

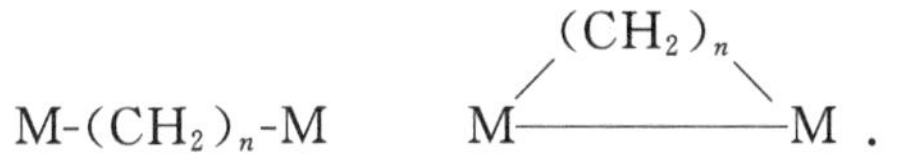

(a) (b)

已经合成钌的此类络合物:$[CP(CO)_2Ru]_2\{\mu-(CH_2)_n\}$($n=3,4$),$[CP(CO)_2Fe(CH_2)_3Ru(CO)_2CP]$等.

炔烃取代羰基簇状化合物是小分子在金属表面上化学吸附的非常好的模型,炔烃又是有机化学工业的重要原料,由于这两个重要原因,炔烃取代羰基簇状化合物领域的研究工作非常活跃. 已合成了大量这类钌化合物:$Ru_3(CO)_{11}(PPh_2C_2R)$,$Ru_3(CO)_{10}(C_2Ph_2)$,$Ru_3(CO)_9(C_2Ph_2)$,$Ru_3(CO)_9(RC_2R')$,$HRu_3(CO)_9(C_2\text{-}Bu\text{-}t)$,$(PPh_2)Ru_3(CO)_9(C_2R)$,$HRu_3(CO)_9(C_2R)$及 $HRu_3(CO)_7(C_6H_{10})(C_2\text{-}Bu\text{-}t)$等[15].

参 考 文 献

[1] J. C. Bailar Jr. ,H. J. Emeleús,Sir Ronald Nyholm and A. F. Trotman—Dickson,"Comprehensive Inorganic Chemistry",Vol. 3,Pergamon Press,1189,1973.

[2] J. H. Rard,Chem. Rev. ,85,1(1985).

[3] 崔成强等,高等学校化学学报,10(4),392(1989).

[4] 于恒泰等,催化学报,10(2),195(1989).

[5] R. Colton, et al., Coord. Chem. Rev., 31, 1(1980).
[6] M. I. Khan, et al., Ind. J. Chem., 22A, 28(1983).
[7] B. J. Mccormick, et al., Coord. Chem. Rev., 54, 99(1984).
[8] 黄长凯,化学通报,134,3(1980).
[9] N. Serpone, et al., Coord. Chem. Rev., 50, 209(1983).
[10] B. Walther, Coord. Chem. Rev., 60, 67(1984).
[11] M. I. Bruce, et al., J. Organometal. Chem., 303, 417(1986).
[12] Y. I. Lan, et al., Inorg. Chem., 22, 1655(1983).
[13] F. M. Crean, et al., Inorg. Chem., 23, 853(1984).
[14] Z. Harzion, et al., Inorg. Chem., 21, 2606(1982).
[15] J. R. Moss, et al., Coord. Chem. Rev., 60, 171(1984); E. Sappa, et al., Chem. Rev., 83, 203(1983).

（马　衡）

28.3 锇[1-6]

3.1 锇的化学概要

锇是周期系Ⅷ族重铂系元素，核外价电子层结构为 $5d^6 6s^2$，其性质与同族元素，特别是与钌十分相似.

金属锇有块状、粉状和海绵状三种. 块状锇为很硬的灰蓝色六方系金属，是所有金属中密度最大的. 粉状锇呈灰黑色. 海绵状锇可由 $(NH_4)_2[OsCl_6]$ 的热分解而得到. 虽然所有铂系金属都具有吸收气体，特别是吸收氢气的特性，但锇在铂系元素中吸收氢气的能力最差. 锇的超导转变温度在 0.4—0.71K 之间.

锇的一些基本性质参数列于表 3.1.

表 3.1　锇的一些性质参数

原子半径 (pm)	第一电离能 ($kJ \cdot mol^{-1}$)	电负性 (鲍林标度)	密　度 ($g \cdot cm^{-3}$)	熔　点 (K)
126(共价) 134(金属)	840	2.2	22.57	3318±30
原子半径 (pm)	**沸　点 (K)**	**硬　度 (莫氏标)**	**比热**	**导电率 $(\Omega \cdot cm)^{-1}$**
126(共价) 134(金属)	5300 ±100	7.0	0.031	10.5×10^4

化学惰性、难熔和具有催化活性，是铂系元素的共性. 锇在铂系元素中的熔点最高，并具有催化活性和化学惰性. 锇的化学反应性能还和其状态有关：块状锇常温下几乎不和任何物质反应，但粉状锇及海绵状锇可以在一定条件下与氧、其它非金属、酸及碱起反应.

锇发生的主要化学反应示于图 3.1.

锇是铂系元素中最容易和氧反应的金属. 室温下粉状锇就可以被空气中的氧气氧化成为 OsO_4 气体，块状锇则需要在温度高于 400℃时才能发生这种反应：

$$Os(粉状) + 2O_2 = OsO_4$$

在一定条件下，锇也能和其它非金属，如氟、氯、溴、碘、硫和磷等发生反应，生成相

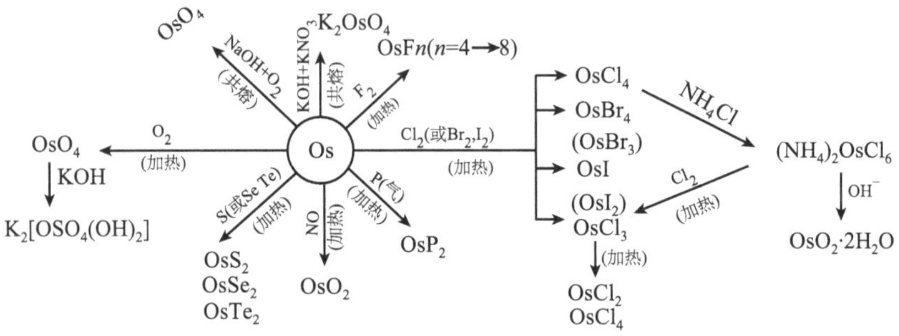

图 3.1 锇的主要化学反应

应的二元化合物(见 3.2.1 及 3.2.3 节).

锇对酸的反应与锇的状态有关.块状锇甚至不溶于王水;而粉状锇可被氧化性酸,如发烟硝酸、热浓硫酸等溶解,并氧化为 OsO_4;海绵状锇则可溶解于浓盐酸,生成黄绿色的 $OsCl_6^{3-}$ 及 $OsCl_6^{2-}$.

在空气存在下,苛性碱与锇的混合物熔融,得到黄—红色的锇(VI)酸盐:

$$4NaOH+2Os+3O_2 \xrightarrow{熔融} 2Na_2OsO_4+2H_2O$$

用苛性碱与氧化剂,如 KNO_3,$KClO_3$ 及 $KMnO_4$ 等,和锇熔融,亦得到类似的产物:

$$2KNO_3+2KOH+Os = K_2OsO_4+3KNO_2+H_2O$$

过氧化物,如 Na_2O_2,也能和锇共熔融生成锇(VI)酸盐:

$$3Na_2O_2+Os \xrightarrow[1-2h]{600-700℃} Na_2OsO_4+2Na_2O$$

在强碱性的水溶液中,用 Cl_2,ClO^-、过氧化物等强氧化剂,也可以溶解锇:

$$Os+3ClO^-+H_2O \rightleftharpoons OsO_4^{2-}+3Cl^-+2H^+$$

在酸性溶液中,用 HNO_3 作氧化剂,于 100℃下蒸馏锇酸盐,可得到挥发性的 OsO_4.在同样条件下钌酸盐不发生类似反应,是锇与钌相互分离的基础:

$$3OsO_4^{2-}+2HNO_3+6H^+ \xrightarrow{100℃} 3OSO_4(g)+2NO+4H_2O$$

锇共有 10 种氧化数.各种氧化数及其代表物质列于表 3.2.

表 3.2 锇的各种氧化数及其实例

氧化态	实例
Os(−II)	$[Os(CO)_4]^{2-}$
Os(O)	$[Os(CO)_5]$,$[Os_3(CO)_{12}]$,$[Os(CO)_3(PPh_3)_2]$
Os(I)	$[Os(CO_4)Br]_2$,$[Os(C_5H_5)(CO)_2Br]$

续表

氧化态	实　　例
Os(II)	$[Os(Phen)_3]^{2+}$，$[Os(CN)_6]^{4-}$，$[Os(CO)_4Cl_2]$ $[HOsCl(CO)(PR_3)_3]$，$[HOsCl(P—P)_2]$①
Os(III)	$[Os(biPy)_3]^{3+}$，$[OsCl_6]^{3-}$，$[Os(PR_3)_3X_3]$
Os(IV)	$[Os(biPy)Cl_4]$，$[OsCl_6]^{2-}$，$[Os(As—As)_2X_2]^{2+}$②
Os(V)	OsF_5，$[OsF_6]^-$
Os(VI)	OsF_6，$[OsOCl_4]$，$[OsO_2(OH)_4]^{2-}$，$[OsO_2Cl_4]^{2-}$
Os(VII)	OsF_7，$[OsOF_5]$
Os(VIII)	OsO_4，OsO_3F_2，$[OsO_4(OH)_2]^{2-}$，$[OsO_3N]^-$

注：①$(P—P) = R_2PCH_2—CH_2PR_2$；

②$(As—As) =$ 邻$-C_6H_4(AsMe)_2$.

从各氧化数相应化合物的种类、数量及稳定性看，在锇的 10 种氧化数中，以+4，+6 和+8 三种最为主要，−2、+1 及+5 几种则不太常见. 和钌相比较，Os(VIII)比 Ru(VIII)更加稳定，而 Ru(III)的化合物则比 Os(III)要多. 在任何氧化数中，锇都不存在简单的水合离子，而是形成络离子.

1966 年，N. De Zouboy 和 M. Pourbax 制作了常温下(298K)$Os-H_2O$ 系统的电位-pH 图(图 3.2)，其有关反应及平衡的方程式列于表 3.3，各重要氧化态间转变的电极电势列于表 3.4.

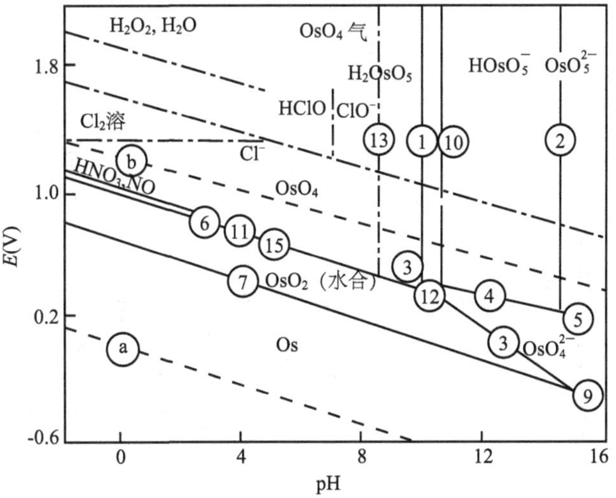

图 3.2　$Os-H_2O$ 体系的标准电位-pH 图(25℃)

表 3.3 Os – H_2O 电位-pH 图的有关反应及平衡的方程式

序号	反应式	平衡方程式
1	$HOsO_6^- + H^+ \rightleftharpoons H_2OsO_5$	$pH = 10.00 + 1g(a_{HOSO_5^-}/aH_2OsO_5)$
2	$OsO_3^{2-} + H^+ \rightleftharpoons HOsO_5^-$	$pH = 14.50 + 1g(a_{OSO_5^{2-}}/aHOsO_5^-)$
3	$H_2OsO_5 + 2e \rightleftharpoons OsO_4^{2-} + H_2O$	$\varphi = 0.418 + 0.02951g(a_{H_2OsO_5}/aOSO_4^{2-})$
4	$HOsO_5^- + H^+ + 2e \rightleftharpoons OsO_4^{2-} + H_2O$	$\varphi = 0.714 - 0.0295pH$
5	$OsO_5^{2-} + 2H^+ + 2e \rightleftharpoons OsO_4^{2-} + H_2O$	$\varphi = 1.142 - 0.059pH + 0.02951g(a_{OSO_5^{2-}}/aOSO_4^{2-})$
6	$H_2OsO_5 + 4H^+ + 4e \rightleftharpoons OsO_2$(水合)$+ 3H_2O$	$\varphi = 1.013 - 0.0591pH + 0.01481ga_{H_2OsO_5}$
7	OsO_2(水合)$+ 4H^+ + 4e \rightleftharpoons Os + 2H_2O$	$\varphi = 0.687 - 0.0581pH$
8	$OsO_4^{2-} + 4H^+ + 2e \rightleftharpoons OsO_2$(水合)$+ 2H_2O$	$\varphi = 1.607 - 0.1182pH + 0.29511ga_{OsO_4^{2-}}$
9	$OsO_4^{2-} + 8H^+ + 6e \rightleftharpoons Os + 4H_2O$	$\varphi = 0.994 - 0.0788pH + 0.0098gla_{OsO_4^{2-}}$
10	$HOsO_5^- + H^+ \rightleftharpoons OsO_4 + H_2O$	$pH = 10.55 + 1gaH_{OSO_5^-}$
11	$OsO_4 + 4H^+ + 4e \rightleftharpoons OsO_2$(水合)$+ 2H_2O$	$\varphi = 1.005 + 0.0591pH$
12	$OsO_4 + 2e \rightleftharpoons OsO_4^{2-}$	$\varphi = 0.402 - 0.2951ga_{OSO_4^{2-}}$
13	$HOsO_5^- + H^+ \rightleftharpoons OsO_4$(气)$+ H_2O$	$pH = 8.50 - 1g(P_{OsO_4}/a_{HOSO_5^-})$
14	$OsO_5^{2-} + 2H^+ \rightleftharpoons OsO_4$(气)$+ H_2O$	$pH = 11.49 - 0.51g(P_{OsO_4}/a_{OSO_5^{2-}})$
15	OsO_4(气)$+ 4H^+ + 4e \rightleftharpoons OsO_2$(水合)$+ 2H_2O$	$\varphi = 1.035 - 0.0591pH + 0.01481gP_{OsO_4}$
a	$2H^+ + 2e \rightleftharpoons H_2$	$\varphi = -0.0591pH - 0.02951gP_{H_2}$
b	$O_2 + 4H^+ + 4e \rightleftharpoons 2H_2O$	$\varphi = 1.229 - 0.0591pH + 0.0151gP_{O_2}$

锇在各种氧化态都存在相应的络合物，所以，在锇的化合物中，种类和数量最多的就是络合物．它们的制备、性质等将在后面分节介绍．

锇的主要用途是制备锇铱合金，这种合金有极高的熔点和硬度，宜用于加工精密机械中的轴，如钟表轴等，也用来做自来水笔的笔尖．锇的化合物还用作某些有机合成中的合成化学反应催化剂．

表 3.4　锇的电极电势

电极反应式	标准电极电势 (V)
$H_2OsO_5+2e \rightleftharpoons OsO_4^{2-}+H_2O$	0.418
$HOsO_5^-+H^++2e \rightleftharpoons OsO_4^{2-}+H_2O$	0.714
$OsO_5^{2-}+2H^++2e \rightleftharpoons OsO_4^{2-}+H_2O$	1.142
$OsO_4(g)+2e \rightleftharpoons OsO_4^{2-}$	0.402
$H_2OsO_5+4H^++4e \rightleftharpoons OsO_2(aq)+3H_2O$	1.013
$OsO_4(g)+4H^++4e \rightleftharpoons OsO_2(aq)+2H_2O$	1.035
$HOsO_5^-+9H^++8e \rightleftharpoons Os+5H_2O$	0.850
$OsO_2(aq)+4H^++4e \rightleftharpoons Os+4H_2O$	0.687
$OsO_4^{2-}+4H^++2e \rightleftharpoons OsO_2(aq)+2H_2O$	1.607
$OsO_4^{2-}+8H^++6e \rightleftharpoons Os+4H_2O$	0.994
$OsCl_6^{2-}+e \rightleftharpoons OsCl_6^{3-}$	0.850
$OsCl_6^{3-}+3e \rightleftharpoons Os+6Cl^-$	0.710

就磁化学性质而言，由于锇是第三过渡系元素．对于第二和第三过渡系的离子，它们的电子都倾向于“自旋成对”，并且，观察到的磁矩往往都小于按“唯自旋”的不成对电子数所计算出来的值．这种情况的出现，首先是因为 $4d$ 和 $5d$ 轨道比 $3d$ 轨道大，这就使得占据同一轨道的两个电子间的排斥力减小．其次，相同配体场的分裂能，$4d$ 轨道要比 $3d$ 轨道大 40%，$5d$ 轨道要大 70%，由于分裂能大，电子就倾向于低自旋成对．第三，重离子都有高的轨道偶合常数（λ 值），即使在常温下，由于 λ 值远大于 KT，从而其磁矩都会低于按“唯自旋”所计算得的值．例如，Os(IV) 有高的 λ 值（$\sim 360cm^{-1}$），就是在室温下，其 KT/λ 的比值也很小，观察到的磁矩为 1.2—1.7BM，比相应的 Ru(IV)（$\lambda=800cm^{-1}$）的磁矩 2.7—2.9BM 要低得多．此外，Os(IV)络合物的磁矩还和温度有关，它按绝对温度的平方根而降低．与Os(IV)不同，处于低自旋态的 d^5 离子，如在 Os(III)络合物中的 Os，其磁矩就和温度无关．即使在 KT/λ 很小的情况下，温度对磁矩的影响也十分轻微．

表 3.5 锇的一些化合物的磁矩

氧化态和电子构型	化合物	磁矩(室温,BM)	备注
Os(VII)t_{2g}^{1}	OsF_7	1.08(195K)	$\chi\propto T^{-1}$,μ对T为常数
Os(VI)t_{2g}^{2}	OsF_6	1.50	$\chi\propto(T+\theta)^{-1}$,$\mu$对$T$为常数
	$OsOCl_4$	抗磁性	
	$K_2[OsO_4]$	抗磁性	
	$Cs_2[OsO_4]$	抗磁性	
	$K_2[OsNCl_5]$	抗磁性	
	$K_2[OsO_3(NO_2)_2]\cdot 3H_2O$	抗磁性	
Os(V)t_{2g}^{3}	$[OsF_5]_4$	2.06	μ随T减少而降低
	$Na[OsF_6]$	3.05	$\chi\propto T^{-1}$,μ对T为常数
	$K[OsF_6]$	3.34	$\chi\propto T^{-1}$,μ对T为常数
	$Cs[OsF_6]$	3.23	$\chi\propto T^{-1}$,μ对T为常数
Os(IV)t_{2g}^{4}	$K_2[OsF_6]$	1.31	$\mu\propto T^{1/2}$
	$Cs_2[OsF_6]$	1.50	$\mu\propto T^{1/2}$
	$K_2[OsCl_6]$	1.51	$\mu\propto T^{1/2}$
	$Cs_2[OsCl_6]$	1.66	$\mu\propto T^{1/2}$
	$K_2[OsBr_6]$	1.20	$\mu\propto T^{1/2}$
	$Cs_2[OsBr_6]$	1.76	$\mu\propto T^{1/2}$
	$(NH_4)_2[OsBr_6]$	1.51	$\mu\propto T^{1/2}$
	$K_2[OsI_6]$	1.38	$\mu\propto T^{1/2}$
	$Cs_2[OsI_6]$	1.65	$\mu\propto T^{1/2}$
	$[Os(As—As)_2X_2](ClO_4)_2$ (X=Cl,Br,I)	1.16—1.25	$\mu\propto T^{1/2}$
Os(III)t_{2g}^{5}	OsI_3	1.8	$\chi\propto(T+\theta)^{-1}$
	$[Os(NH_3)_6]Br_3$	1.8	
	$[Os(NH_3)_6]I_3$	2.2	
	$[Os(NH_3)_6][OsBr_6]$	1.76	
	$[Os(NH_3)_5Br]Br_2$	2.1	
	$[Os(en)_3]I_3$	1.6	
	$[Os(NH_3)_5Br]I_2$	1.6	
	$[Os(tepy)_2](ClO_4)_3$	1.67	
	$[Os(acac)_3]$	1.81	
	$[Os(Ph_2MeAs)_3Br_3]$	1.95	
	$[Os(As—As)_2X_2]X$ (X=Br,Cl,I)	1.85—1.93	

锇的一些化合物的磁矩列于表 3.5.

锇及其一些化合物的热力学数据列于表 3.6.

表 3.6　锇及其化合物的热力学数值

化学式	状态	ΔH°_f (kJ · mol^{-1})	ΔG°_f (kJ · mol^{-1})	S°(J · mol^{-1} · k^{-1})	C_p°(J · mol^{-1} · k^{-1})
Os	c	0	0	32.635	24.686
	g	790.776	744.725	192.496	20.786
$OsCl_3$	c	−190.372	−121.336	129.704	
$OsCl_4$	c	−254.806	−158.992	154.808	
	g	−79.496			
OsF_6(立方)	c			246.019	
	g			357.983	120.834
OsO_2	c		−192.464		
OsO_3	g	−283.675			
OsO_4	c(黄)	−394.133	−305.014	143.930	
	c(白)	−385.765	−303.758	167.778	
	g	−337.230	−292.88	293.717	74.057
	aq		−287.0		
$Os(OH)_4$	amorp		−673.624		
H_2OsO_5	aq	−230.0	−157.3	10.46	
OsS_2	c	−146.022	−133.888	54.392	

3.2　锇的二元化合物

3.2.1　卤化物

在一定条件下,锇能形成多种卤化物.锇与卤族及氧族的二元化合物列于表 3.7.

表 3.7　锇的一些二元化合物

化合物	颜色/状态	MP(℃)	BP(℃)	结　构	μ(BM)
OsF_7	黄色固体			五角双锥	1.08
OsF_6	黄色固体	32	46	八面体、体心立方	1.50

续表

化合物	颜色/状态	MP(℃)	BP(℃)	结　构	μ(BM)
OsF_5	蓝色晶体	70	226	可能为带 F 桥的四聚体但气态时为单分子	2.06
OsF_4	黄色固体	230		可能为聚合体	
$OsCl_4$	红色晶体		450		
$OsBr_4$	黑色晶体		d. 350	立方对称	
$OsCl_3$	深灰色粉末		d. 450	四面体	
$OsBr_3$	深灰色粉末		d. 450		
OsI_3	黑色无定形粉末				1.8
OsI_2	黑色无定形粉末				0.6
OsI	灰色粉末				0.5
OsO_4	浅黄色固体	40	131	四面体	
OsO_2	深棕色晶体			金红石型晶体	
OsS_2	黑色固体			黄铁矿型晶体	
$OsSe_2$	黑色固体			黄铁矿型晶体	
$OsTe_2$	黑色固体			黄铁矿型晶体	

1. 氟化物

锇能生成 OsF_8, OsF_7, OsF_6, OsF_5 及 OsF_4 等几种二元氟化物. 锇能形成高氧化态的氟化物,而钌不能,这是锇与钌的又一不同. 但锇不能形成低氧化态(<4)的氟化物.

在 250℃时,粉状锇在铂制器皿中与氟气反应,视反应的温度及通入 F_2 气量的不同,可以得到 OsF_8, OsF_6 或 OsF_4. 若温度高时,因为锇的活性大而主要生成 OsF_8, OsF_6 等高氧化态的氟化物;当温度降低,F_2 的供给量有限时,主要生成 OsF_4. 利用各种氟化物挥发性的不同,控制一定的温度,就能将上述氟化物互相分离.

在锇的氟化物中,OsF_8 首次于 1931 年由 Ruff 所报道,其为黄色晶体、易挥发、有特殊气味,在 34.4℃熔化,47.5℃沸腾,高于 225℃时分解,在水中水解为 OsO_4 及 HF. 多年来,OsF_8 一直被当作为 AB_8 型化合物的唯一实例,但是,也曾有人提出[7,8],此黄色的氟化物实际上是 OsF_6.

OsF_7 可以在 600℃及 400atm 下,用氟与金属锇反应来制备. 它为黄色固体,具有五角双锥的结构.

OsF_6 是所有铂系金属的六氟化物中最为稳定的一种，分子结构为八面体，是具有体心立方晶格的黄色固体. 在加热的锇粉中，通入 250mmHg 的 F_2 气进行反应，可制得 OsF_6. 该氟化物极易潮解，很容易被水或硫酸分解为 OsO_4，OsO_2 及 HF，也能使皮肤及有机物变黑，并能腐蚀各种容器.

OsF_5 可以用溶解在 IF_5 中的 I_2 与 OsF_6 反应，或用 $W(CO)_6$ 还原 OsF_6 等方式制备. 它是蓝色晶体，熔化后转变为绿色，在气态时又呈无色. OcF_5 在不同状态下会改变颜色，可能是因其在固态或液态时，生成了带桥键的多聚体，随多聚体的聚合程度不同，颜色也不同. 气态时的 OsF_5 是单分子体，所以是无色的.

OsF_4 可以由 OsF_6 进行还原来制得. 在前述用 $W(CO)_6$ 还原 OsF_6 制备 OsF_5 时，也同时得到了 OsF_4，两者的分离可用真空蒸馏进行. OsF_4 是黄色不挥发固体，其结构尚不清楚，可能有类似于 OsO_5 的分子间聚合作用. OsF_4 易溶于水，并在水中缓慢地水解，生成二氧化锇和氢氟酸.

2. 氯化物

锇的二元氯化物有 $OsCl_4$ 及 $OsCl_3$. 早期曾报道过，在真空或氯气中加热 $OsCl_3$ 得到 $OsCl_2$，但进一步地研究表明，得到的并不是 $OsCl_2$[9]. 可见，锇的二元氯化物既不存在如氟化物那样的高氧化态氟化物，也不存在如碘化物那样的低氧化态碘化物. 后面将论及的锇的溴化物也有类似的情况. 这种情况的出现，和氟原子的半径小，电负性大，碘原子的半径大，电负性小有关. 氯和溴的原子半径和电负性介于两者之间，它们的锇化物也只是中间氧化态的金属. 一般高氧化态的金属离子易和高电负性的小离子，如 F^-，O^{2-} 等生成稳定化合物；低氧化态的金属离子易和低电负性的大离子，如 I^-，S^{2-} 等生成稳定化合物.

将不含有水分和氧气的精制氯气与金属锇粉在特制器皿（由硼硅酸玻璃制成）中加热，能得到 $OsCl_4$ 与 $OsCl_3$ 的混合物. 当温度高于 650℃且氧气过量时，可制取纯的 $OsCl_4$. $OsCl_4$ 是红色晶体，在 450℃升华，不溶于非极性溶剂，溶于水或盐酸时，会缓慢地水解为 $OsO_2 \cdot nH_2O$ 及 HCl. 四氯化锇与碱金属氯化物或氯化铵反应，能得到氯锇酸(IV)盐：

$$OsCl_4 + 2KCl \longrightarrow K_2OsCl_6$$

$$OsCl_4 + 2NH_4Cl \longrightarrow (NH_4)_2OsCl_6$$

锇粉和氯气共热，在较低温度并快速冷却的情况下，可得到 $OsCl_3$. 在 470℃时，于氯气流中加热 $OsCl_4$ 也可以制得 $OsCl_3$. 三氯化锇是深灰色的固体粉末，与 α-$RuCl_3$ 同晶，分子呈四面体结构，不溶于水、酸和有机溶剂中.

3. 溴化物

锇的溴化物也只有 $OsBr_4$ 和 $OsBr_3$ 两种. 在密封的硼硅酸盐玻璃管中，密闭加热溴和锇粉到 530—580℃，溴蒸汽会与锇粉长时间反应，生成 $OsBr_4$. $OsBr_4$ 为黑色细小的晶体，分子为四面体结构，无吸湿性，不溶于水、盐酸、苯及四氯化碳中. 在水中，$OsBr_4$ 即使加热也不会发生水解，但是，在 10% 的氢氧化钾水溶液中，它仍可以发生缓慢的水解.

三溴化锇可由 $OsBr_4$ 加热制取. $OsBr_3$ 是深灰色的无定形粉末，它的性质与 $OsCl_3$ 相似.

4. 碘化物

同氟与锇可形成高氧化数的二元化合物不一样，碘与锇只会生成低氧化数的碘化锇，如 OsI_3，OsI_2 及 OsI. 三碘化锇可由 $(H_3O)_2[OsI_6]$ 的加热分解，或用二碘化锇与碘共热等方法制备. OsI_3 是黑色的无定形粉末.

在 $(H_3O)_2[OsI_6]$ 的热分解中，也同时得到了 OsI_2 及 OsI. OsI_2 为黑色粉末，OsI 是灰色粉末. 曾报道过由氢碘酸作用于 OsO_4 制得了 OsI_4，但近来的研究表明，得到的产物是 $(H_3O)_2[OsI_6]$，可见 OsI_4 是难于得到的.

3.2.2　氧化物

已报道过的锇的氧化物曾有 OsO_4，OsO_3，OsO_2，Os_2O_3 和 OsO 等多种. 但是，其中的两种 Os_2O_3 和 OsO 是否真正存在尚未肯定. 另一种 OsO_3 只由质谱仪从气相中检出过，它在固相时很不稳定，且尚不能单独分离. 可见，单独存在的锇的固态氧化物只有 OsO_4 和 OsO_2 两种.

四氧化锇是锇的最重要一种化合物. 将金属锇在空气中加热氧化，或者将锇粉溶于热的浓硝酸中，都能得到 OsO_4.

OsO_4 是浅黄色固体，它的分子具有四面体的结构，其中，Os—O 键在固态时键长为 174pm，在气态时为 171pm，分子具有抗磁性，在苯中的偶极矩实际为零. OsO_4 的熔点低(40℃)，易挥发，沸点 130℃. 挥发出的 OsO_4 气体具有强烈的不愉快气味，并且有毒，能刺激眼、鼻和喉部，所以在使用中必须十分小心. 在 25℃时，OsO_4 在水中的溶解度为 7.24g；在 20℃，OsO_4 在四氯化碳中的溶解度很大，为 250g.

四氧化锇的水溶液是很弱的酸，其化学式可表示为 $H_2[OsO_4(OH)_2]$，它的第一级电离常数近似为 8×10^{-13}，因此稍具导电性. OsO_4 可溶于冷的碱中，生成 $[OsO_4(OH)_2]^{2-}$，其对应的钾、铷、铯和铵盐也已经分离出来.

四氧化锇是强氧化剂，不过，它的氧化能力稍弱于 RuO_4. 例如，密度大于 $1.6\times10^3\,kg\cdot m^{-3}$ 的盐酸能还原 OsO_4 为 $H_2[OsCl_6]$ 及 Cl_2，但低于此浓度的盐酸就只能还原 RuO_4 而不能还原 OsO_4. 该性质可用于钌与锇的分离.

四氧化锇所发生的几种氧化还原反应为[10]：

$$OsO_4 + 10HI \longrightarrow OsI_2\cdot 2HI + 4H_2O + 3I_2$$

$$OsO_4 + 8HCl + 2KCl \longrightarrow K_2OsCl_6 + 4H_2O + 2Cl_2$$

$$OsO_4 + 8HCl \longrightarrow OsCl_2 + 4H_2O + 3Cl_2$$

$$2OsO_4 + 4NaOH \longrightarrow 2Na_2OsO_4 + 2H_2O + O_2$$

$$OsO_4 + 9CO \longrightarrow Os(CO)_5 + 4CO_2$$

$$OsO_4 + 2C \longrightarrow Os + 2CO_2$$

$$OsO_4 + 2CsOH + 5CH_3OH \longrightarrow Os(OCH_3)_4(OCs)_2 + 4H_2O + CH_2O$$

$$2OsO_4 + 12NaOH + 8SO_2 + 4H_2O \longrightarrow 2[(Na_2O)_3OsO_3(SO_2)_4\cdot 5H_2O]\downarrow + O_2$$

在有机化学中，四氧化锇可作为氧化剂使烯烃等的双键氧化：

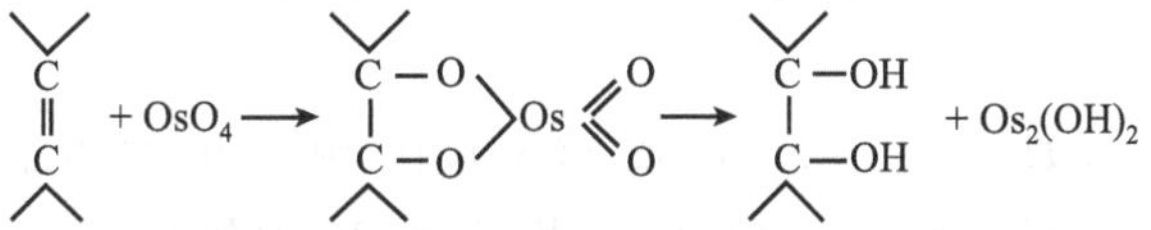

在氧化过程中，先生成含锇的环状酯，环酯又进一步被亚硫酸钠还原为顺式结构的二醇. 因此，OsO_4 可用作类似于羟基化反应的催化剂，用于烯烃的羟基化[11]. 用 OsO_4 氧化有机物时，它自身一般被还原为 OsO_2 或金属锇.

OsO_4 是制备多种锇化合物的原料. 除用作有机反应的催化剂外，它的稀溶液还可作为生物染色剂.

二氧化锇是已知锇的氧化物中氧化数最低的氧化物. OsO_2 是一种深褐色的固体，晶体结构属于金红石型. 可在氮的氧化物气流中加热锇到 650℃，或将锇在四氧化锇的气流中加热到 650℃来制备 OsO_2.

OsO_2 在空气中加热，可进一步被氧化为四氧化锇. 若用氢气还原 OsO_2，可得到金属锇. 可见，OsO_2 中的锇是锇的典型中间氧化态，其相应的化合物兼具有氧化性和还原性.

二氧化锇可溶于盐酸，所生成的 $[OsCl_6]^{2-}$ 是制备多种锇化合物的原料.

3.2.3 硫、硒、碲和磷的化合物

已经过证实的锇的二元硫化物只有 OsS_2. 二硫化锇可由金属锇与硫一起加热到高于 600℃时来制备,也可以将硫化氢气体通入 $K_2[OsCl_6]$溶液中而制得:

$$K_2[OsCl_6]+2H_2S \longrightarrow OsS_2\downarrow+4HCl+2KCl$$

二硫化锇是不溶于水的黑色固体,具有硫铁矿的晶体构型. OsS_2 既不溶于碱或硫化碱,也不溶于硝酸以外的其它酸. 在溶于硝酸时,二硫化锇同时被氧化为四硫化锇.

锇有类似于 OsS_2 的硒、碲化合物 $OsSe_2$ 及 $OsTe_2$. 将锇与硒或碲共同加热到 800℃以上,可制得 $OsSe_2$ 或 $OsTe_2$,它们均为黑色固体,也都具有黄铁矿型的晶体结构,按这种结构,在 OsS_2,$OsSe_2$ 和 $OsTe_2$ 中,锇的氧化数应是+2.

二磷化锇可由锇与磷一起加热到高于 500℃来制备. OsP_2 为黑色固体粉末,具有白铁矿型的晶体结构. OsP_2 不溶于水、酸或碱溶液,但可以溶于熔融态的碱中. 将二磷化锇在真空中加热到高于 1000℃时,它又分解为单质磷和金属锇.

3.2.4 锇的简单三元化合物

除二元化合物外,锇还能与卤族、氧族及氮族元素生成一些简单的三元化合物.

由相应的单质,如 Os,P(As,Sb)及 S(Se),在 700—900℃的温度下加热,可制成 OsPS,OsAsS,OsSbS,OsPSe,OsAsSe 及 OsAsTe 等锇的三元化合物. 这些化合物都具有砷黄铁矿 FeAsS 型的晶体结构,其性质与钌的对应化合物类似,具有抗磁性和半导体的性质.

含 F,I 的三元锇化物有 $OsIF_4$,它是以 OsF_6 与 I_2 相互反应生成的,为黑色固体,其结构和性质尚不清楚.

锇的卤氧化物主要是氟氧化物及氯氧化物,比较典型的有 OsO_3F_2,$OsOF_5$,$OsOF_4$ 及 $OsOCl_4$ 等,它们的结构、性质列于表 3.8.

表 3.8 锇的卤氧化物

化合物	颜 色	MP(℃)	结 构
OsO_3F_2	橙 色	170	带有氟桥的二聚体
$OsOF_5$	鲜绿色	60	八面体
$OsOF_4$	金黄色	90(升华)	带氟桥的二聚体
$OsOCl_4$	深棕色	32	带氯桥的二聚体

OsO_3F_2 由 BrF_3 与 OsO_4 相互反应可得到. 由氟和 OsO_2 在 200℃反应,可得

到 $OsOF_5$，它具有八面体结构，与 UF_6 同晶. $OsOF_4$ 是制备 OsF_6 过程中同时得到的产物. 将含 Cl_2 及 O_2 的混合气体与金属锇在 400℃共热，就能得到 $OsOCl_4$.

锇也能形成 $Os(OH)X_3$($X=Cl,Br$)型的羟基卤化物. 例如，将氯化氢气体通入 OsO_4 的盐酸溶液中，可得到 $Os(OH)Cl_3$，它为具有吸湿性的浅红棕色固体. 从 OsO_4 的氢溴酸溶液中，可以结晶出 $Os(OH)Br_3$，它是一种深红色结晶，易溶于水和乙醇. 由于 $Os(OH)Cl_3$ 和 $Os(OH)Br_3$ 都可以与碱金属的卤化物反应，生成 $M[Os(OH)X_5]$($X=Cl,Br$)型的络合物. 因此，锇的羟基卤化物是制备该类锇络合物的原料.

3.3　锇(－II)的络合物

Os(－II)的化合物还知道甚少，它们主要是一些由中性分子配位的 Os(－II)阴离子.

在液氨中，用金属钠与锇的羰基化合物，如 $[Os_3(CO)_{12}]$ 反应，可得到 $[Os(CO)_4]^{2-}$. 它是最主要的 Os(－II)络合物的代表物. 此外，以 PF_3 配位的Os(－II)化合物 $K_2[Os(PF_3)_4]$ 也已经制得，它是一种能在空气中稳定存在的无色晶体.

3.4　锇(0)的络合物

Os(0)的化合物，主要是一些羰基配位的络合物. 其中，绝大多数属于原子簇络合物.

3.4.1　非原子簇羰基络合物

已知 Os(0)的非原子簇络合物为 $[Os(CO)_5]$. 在 200—300atm，150—300℃时，在铜粉或银粉存在下，让 CO 与 OsI_3 进行反应，就可得到 $Os(CO)_5$. 与此同时，还得到产率约为 5%的 $Os_3(CO)_{12}$. 制备 $Os(CO)_5$ 的最优方法，是用一氧化碳在干燥条件下还原四氧化锇：

$$OsO_4 + 9CO = Os(CO)_5 + 4CO_2$$

此法可制得理论量的五羰合锇.

$Os(CO)_5$ 为无色单分子液体，熔点－15℃，它和 $Fe(CO)_5$ 一样，具有三角双锥的结构.

3.4.2　原子簇羰基络合物

Os(0)的化合物多为原子簇络合物，其中，最为常见的是 $Os_3(CO)_{12}$.

在 120atm 的一氧化碳气氛中，把溶于二甲苯中的 OsO_2 加热到 175℃，就可以得到产率为 70％的 $Os_3(CO)_{12}$. 另外，在一定的温度及压力条件下，以一氧化碳和四氧化锇的甲醇溶液相反应，能得到产率高达 85％的 $Os_3(CO)_{12}$：

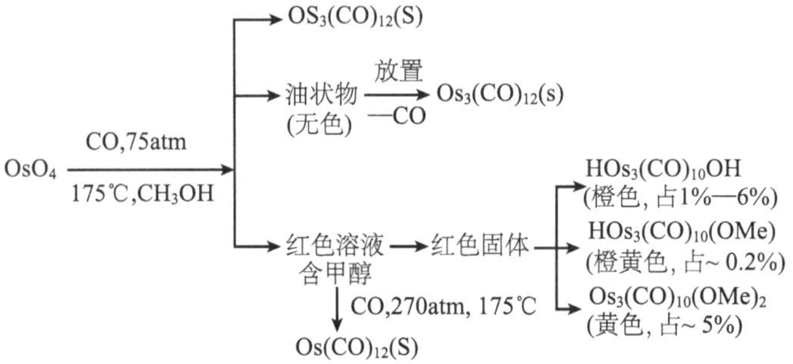

$Os_3(CO)_{12}$为黄色晶体，熔点 224℃，易溶于烃类的有机溶剂中.

用 X 射线衍射和红外光谱分析对 $Os_3(CO)_{12}$ 进行的结构分析表明，在 $Os_3(CO)_{12}$中，3 个 Os 原子组成一个等边三角形(图 3.3)，Os—Os 键的平均键长是 288pm，键能是 230kJ · mol^{-1}，每个 Os 原子的末端带有 4 个羰基(CO)，不存在羰基间的桥连.

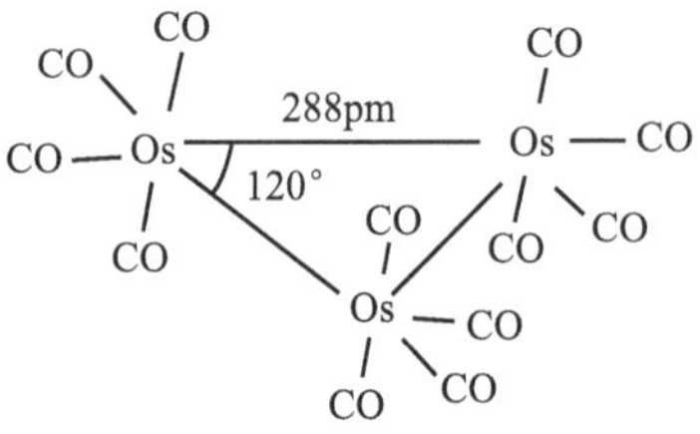

图 3.3　$Os_3(CO)_{12}$结构

$Os_3(CO)_{12}$的平面正三角形结构，使得该化合物有着特别高的稳定性. 不仅 Os 的三原子簇羰基合物稳定，实验证明，即使 Os_3 簇上的羰基全部置换，Os_3 的这种稳定性也仍保存. 和铁及钌的类似原子簇化合物相比较，其三原子簇的稳定性为 $Os_3>Ru_3>Fe_3$. 例如，在与卤素的反应中，$Ru_3(CO)_{12}$ 的原子簇会破裂为顺式的 $Ru(CO)_4X_2$ 单分子体，但 $Os_3(CO)_{12}$的三原子簇仍保持，只是得到的是 $Os_3(CO)_{12}X_2$. 用质谱仪对 $Os_3(CO)_{12}$所进行的研究表明，它所发生的转变是

$$Os_3(CO)_{12} \longrightarrow Os_3(CO)_n + (12-n)CO$$

n 等于 0—11，质谱仪中没有找到任何锇的单分子体或二聚体存在的证据. 这进一步表明，Os_3 的原子簇有高稳定性.

正由于 $Os_3(CO)_{12}$ 中 Os_3 原子簇的稳定性高，使得 Os(0)能形成一系列含有Os_3原子簇的络合物. 并且，Os(0)的许多原子簇络合物都是以 $Os_3(CO)_{12}$ 为原料制备. 例如，$Os_3(CO)_{12}$和 PPh_3 一起在二甲苯中回流，可以得到 $Os_3(CO)_{12-n}(PPh_3)_n$(n=1,2,3)；在甲醇中，以 KOH 和 $Os_3(CO)_{12}$ 反应，生成了氢取代的羰基阴离子簇合物 $[Os_3(CO)_{11}H]^-$，该化合物与铁的类似物 $[Fe_3(CO)_{11}H]^-$ 具有相同的结构. 此外，用乙炔、乙烯或苯分别与 $Os_3(CO)_{12}$ 反应，也能得到相应的簇合物 $[Os_3(CO)_{10}H(CH{=}CH_2)]$，$[Os_3(CO)_9H_2(CH{=}CH_2)]$ 及 $[Os_3(CO)_9(C_6H_4)H_2]$.

除主要形成三原子簇合物外，Os(0)也能形成更高级的原子簇合物. 例如，已报道[12]在密封管中加热 $[Os_3(CO)_{12}]$，达到 195—250℃的温度时，可以生成

$[Os_4(CO)_{13}]$，$[Os_5(CO)_{16}]$，$[Os_6(CO)_{18}]$，$[Os_7(CO)_{21}]$，$[Os_8(CO)_{23}]$

以及　$[Os_6(CO)_{18}H_2]$，$[Os_8(CO)_{21}C]$，$[Os_{10}(CO)_{24}H_4]^{2-}$，$[Os_{10}(CO)_{24}C]^{2-}$

等多种锇的羰基高原子簇化合物：

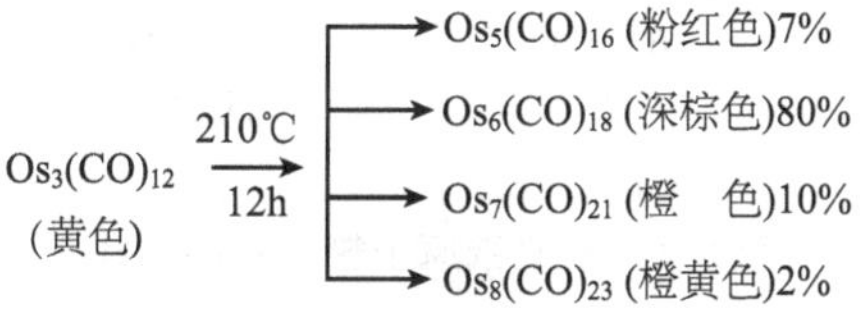

若在不同的温度下进行 $Os_3(CO)_{12}$ 的热缩合，产物又可以与上述不同：

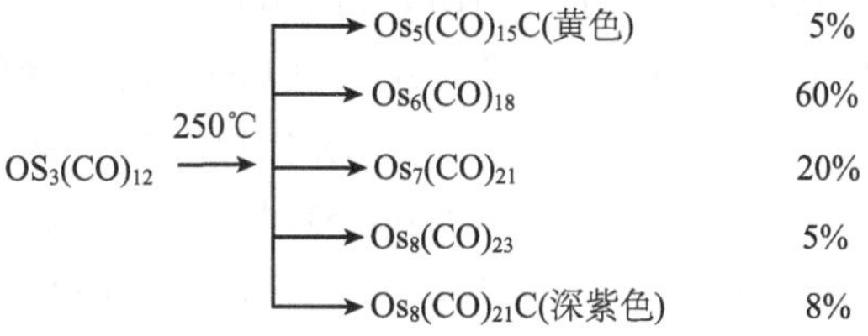

表 3.9　一些锇原子簇化合物的结构

骨架碳原子数	原子簇类型	几何形状	实　　例
7	帽型闭式	草帽八面体	$[Os_7(CO)_{21}]$
	帽型闭式	草帽三角双锥	$[Os_6(CO)_{18}]$
6	闭式	八面体	$[Os_6(CO)_{18}]^{2-}$，$[Os_6(CO)_{18}H]^-$，$[Os_{10}(CO)_{24}C]^{2-}$
	帽型开式	草帽四方锥	$[Os_6(CO)_{18}H_2]$，$[Os_6(CO)_{16}(OMe)_2]$
5	闭式	三角双锥	$[Os_5(CO)_{16}]$，$[Os_5(CO)_{16}H]^{-1}$
	开式	四方锥	$[Os_5(CO)_{15}C]$，$[Os_5(CO)_{10}(PPh)_2]$
4	网式	蝴蝶形	$[Os_4(CO)_{12}H_3I]$
	开式	四面体	$[Os_4(CO)_{12}H_4]$
3	网式	三角形	$[Os_3(CO)_{12}]$

按照多面体骨架的电子对理论,一些锇原子簇化合物的结构列于表 3.9 和图 3.4.

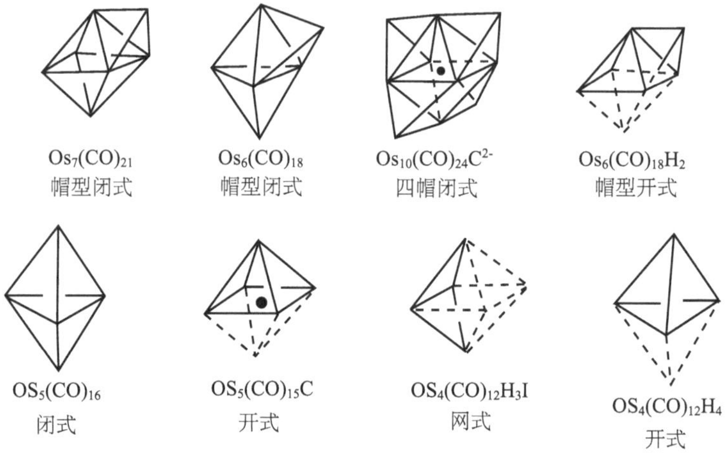

图 3.4 某些锇原子簇合物的结构

3.4.3 含氮、膦、胂的络合物

金属钾在液氨中还原$[Os(NH_3)_6]Br$,可以制得$[Os(NH_3)_6]$,它是一种很不稳定的 Os(0)的氨络合.已合成了一些含亚硝基(NO)的络合物$[Os(CO)_2(NO)L_2]Y$($L=PPh_3$,PCY_3,$Y=BPh_4$,PF_6).这类络合物中的羰基或 L 配体可以被置换,得到$[Os(CO)(NO)L_3]^+$或$[Os(NO)(dppe)_2]^+$($L_3=(PPh_3)_3$,$(PPh_3)(dppe)$$(PPh_2Me)_3$ 或$(PPh_3)_2P(OMe)_3$).当其用 $AgPF_6$ 和$[Os(CO)(NO)(PPh_3)_2Cl]$反应,并加入 CO,PPh_3,dppe 及丙酮(acac)等配体,也可以得到$[Os(CO)(NO)L_3]^+$或$[Os(CO)_2(NO)(PPh_3)_2]^+$.

在锌粉存在下,用一氧化碳与$[OsCl_2(CO)_2(PPh_3)_3]$在 140℃及 1atm 下反应,可以得到 Os(0)的羰基膦络合物$[Os(CO)_3(PPh_3)_2]$,该物质与卤化氢反应,能进一步生成$[OsX(CO)_3(PPh_3)_2]$(X=Br,I),如果用卤素代替卤化氢,生成的是$[OsX(CO)_3(PPh_3)_2]X$(X=Br,I).

Os(0)的三氟化磷络合物$[Os(PF_3)_5]$已由 $OsCl_3$ 在缺氧的条件下发生氟磷化反应而制得,它为无色晶体.

络合物$[Os_3(CO)_{12}]OsO_4$ 由 OsO_4 与 CO 在 200atm 和 150℃条件下反应而得到,它能溶于有机溶剂,其中 CO 的伸缩频率与$[Os_3(CO)_{12}]$有很大不同,说明它应是另一种新的 Os(0)络合物.

$[Os(CO)_2L_3]$($L=PPh_3$)也是一种 Os(0)的羰基膦络合物,它能和甲醛的水溶液反应,制取了首例 Os(0)的甲醛配体络合物$[Os(CH_2O)(CO)_2L_2]$:

$[Os(CO)_2L_3]+HCHO \rightarrow [Os(CH_2O)(CO)_2L_2]+L$

由该甲醛的络合物出发，可以制得一系列的衍生物[13]：

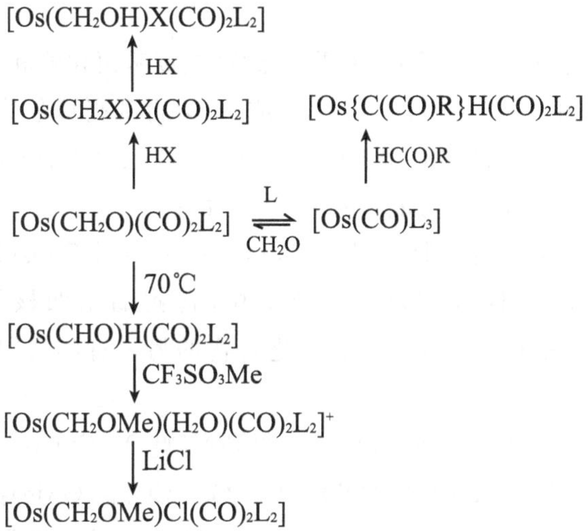

3.4.4 π-络合物

在紫外线照射下，用环辛四烯（C_8H_8）和$[Os(CO)_4(SiMe_3)]_2$反应，制成了$[Os(CO)_3(C_8H_8)]$，若改用$[Os(CO)_4Me_2]$和C_8H_8反应，得到的是含$[Os(CO)_6(C_8H_8)]$和$[Os(CO)_3(C_8H_8)]$的混合物．在$[Os(CO)_4(MMe_3)_2]$（M＝Si，Ge）或$[Os(CO)_4(SiMe_3)_2]$与环辛四烯的反应中，得到$[Os(CO)_3(C_8H_9)(MMe_3)_2]$及少量的$[Os(CO)_6(C_8H_{10})]$，并同时产生二聚环辛四烯（$C_6H_{16}$）的络合物$[Os(CO)_2(C_{16}H_{16})]$和$[Os(CO)_3(C_{16}H_{16})]$．如果用芳基乙炔和$Os_3(CO)_{12}$反应[14]，能得到$[Os_3(CO)_8L_2]$（L＝$C_2Ph_2$，$C_2$（对 ClC_6H_4）$_2$ 及 C_2（对—MeC_6H_4）$_2$）．在一定条件下，该物质又会依下式发生进一步的转化：

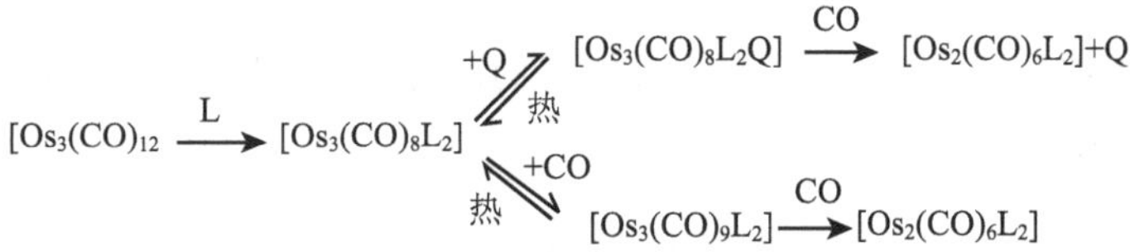

（Q=CO,PF_3、PPh_3、$AsPPh_3$或$SbPh_3$）

此外，苯环己二烯-1,3-合锇(0)$[(C_6H_6)Os(C_6H_8)]$这类苯配位的 Os(0)π-络合物也已经制得[15]．

3.5 锇(I)的络合物

Os(I)的络合物发现的还不多,主要是氨合物、羰基卤化物和羰基氢合物.

金属钾在液氨中与[$Os(NH_3)_6$]Br_3 反应,可以得到亮黄色的[$Os(NH_3)_3$]Br,它的磁矩为 1.5BM. 黄色的二聚羰基卤化物[$Os(CO)_4X$]$_2$(X=Br,I)非常稳定,它的分子结构中含有卤桥,也还可能有 Os—Os 间的键.

许多的 Os(I)的羰基氢合物已经制得,但它们大多属于 Os(I)的原子簇合物. 例如,在 $Os_3(CO)_{12}$ 与碱或钠汞齐的反应中,得到的是四核的羰基氢络合物[$H_4Os_4(CO)_{12}$]及[$H_2Os_4(CO)_{13}$]. 这类化合物的另一种物质[$H_2Os_3(CO)_{10}$]也已经被分离出.

用 OsO_4 与 CO 在甲醇中进行反应,在得到产物[$Os(CO)_{12}$]的同时,也产生了[$Os_2H(CO)_{10}OH$],[$Os_3H(CO)_{10}(OMe)$]或[$Os_3(CO)_{10}(OMe)_2$].

Os(I)的 π-络合物[$(C_5H_5)Os(CO)_2$]$_2$ 亦已经得到,它为二聚体,具有反磁性.

3.6 锇(II)的络合物

Os(II)和 Ru(II)一样,只给出具有低自旋,并自旋成对的$(t_{2g})^6$ 电子构型的反磁性络合物,并且它的配位数大多数情况下是 6. 由于 Os(II)能被具有较强的 π-受体性质的配体所稳定,因此,像 CN^-、含氮杂环如吡啶、1,10-邻二氮菲、2,2′-联吡啶、2,2′,2″-联三吡啶、膦、胂、䏲、CO、环戊二烯基等强的 π-受电子配体,容易和 Os(II)生成稳定的络合物. 这类络合物通常由[$OsCl_6$]$^{2-}$ 或 Os(III)的卤化物与相应的配体反应来制备,配体的存在还同时起到还原剂的作用,将原分子中的 Os(IV)或 Os(III)还原为 Os(II).

Os(II)的络合物品类较多,除前面提到的配体外,如 X^-、SO_3^{2-}、氢基等多种配体,都能与之形成稳定的络合物.

3.6.1 含卤素、氰和亚硫酸根络合物

只含 X^- 为配体的 Os(II)络合物所知甚少,但 X^- 与其它配体共同配位的络合物就比较多.

[$OsCl_6$]$^{4-}$ 是唯一已知的只含 Cl^- 配体的 Os(II)络合物,它可以由[$OsCl_6$]$^{2-}$ 经过还原而得到,但只能存在于溶液中而呈蓝色,至今未能单独分出.

以$(NH_4)_2$[$OsCl_6$]和 KCN 共熔,或者蒸发含有 KCN 与 K_2OsO_4 的溶液,都可

以得到 Os(II)的 CN^- 络合物 $K_4[Os(CN)_6]\cdot 3H_2O$. 该物质在盐酸和乙醚中,可结晶出无水酸 $H_4[Os(CN)_6]$,这是一种无色晶体,分子中含有不对称的氢键,由它出发,可制成 $[Os(CN)_6]^{4-}$ 的各种盐类.

能形成以亚硫酸根配位的络合物,是 Os(II)区别于 Ru(II)的又一特征. 将亚硫酸钠和锇酸盐相反应,可以生成黑褐色的 $Na_4[Os(SO_3)_3]\cdot 6H_2O$. 但是,Os(II)不生成 $[M(H_2O)_6]^{2+}$ 型的水合离子,而 Fe(II),Ru(II)能生成这型离子,并且是稳定的.

3.6.2 含氮配体的络合物

由于许多含氮配体与锇(II)间能形成比较强的 π 键,这可以使 Os(II)稳定. 所以 Os(II)的含氮配体络合物的种类和数目都比较多.

Os(II)的含 NH_3 配体络合物 $[Os(NH_3)_6]^{2+}$ 虽然还未分离出来,但是已有证据表明它存在于用钾还原 $[Os(NH_3)_6]^{3+}$ 的溶液中. 羰基和氨共同配位的 $[Os(NH_3)_5(CO)]^{2+}$ 及顺式 $[Os(NH_3)_4(N_2)(CO)]^{2+}$ 已经按下列的反应式制得:

$$[OsCl(NH_3)_5]Cl_2 + HCOOH \xrightarrow[CO]{Zn} 溶液 \xrightarrow{KX}$$

$$[Os(NH_3)_5(CO)]X_2 \xrightarrow[NaNO_2]{HCl}$$

$$[Os(NH_3)_4(N_2)(CO)]^{2+} \ (X=Cl,Br,I)$$

在液氨中,在高于 170℃ 的温度时,用顺式 $[Os(CO)_2X_4]^{2-}$ 与氨反应,得到顺式的羰氨合物 $[Os(CO)_2(NH_3)_4]X_2$ (X=Cl,Br,I). 在室温下,$[Os(CO)_3X_3]$ 和液氨反应,得 $[Os(CO)_3(NH_3)_3]X_2$. 利用类似的方法,还可以由顺式 $[Os(CO)_2X_4]^{2-}$ (X=Cl,Br,I)得到 $[Os(CO)_2(NH_3)X_3]^-$ (经式 X),$[Os(CO)_2(NH_3)_2X_2]$ (顺式 X,CO),$[Os(CO)_2(NH_3)_3X]^+$ (面式 NH_3),$[Os(CO)_2(NH_3)_4]^{2+}$ (顺式 CO),$[Os(CO)_2(NH_3)_3X]^+$ (经式 NH_3),$[Os(CO)_2(NH_3)X_3]^-$ (面式 X)等多种 NH_3 参加配位的 Os(II)络合物及其异构体[16].

反磁性的分子氮络合物 $[Os(NH_3)_5(N_2)]X_2$ ($X=Cl,Br,I,ClO_4,BF_4,BPh_4$)也已经制得. 但是,在空气中,只有 Cl 或 Br 的相应络合物才能够稳定存在,其余的则会慢慢地分解,特别是在强光照或强热时更容易分解. 例如,当 X 为 Cl 时,$[Os(NH_3)_5(N_2)]Cl_2$ 受热可分解出分子中 87% 的氮. 在中性的水溶液中,$[Os(NH_3)_5(N_2)]^{2+}$ 是稳定的,但在酸性或碱性的溶液中,它会因自催化作用而分解. 光谱数据表明,在这类氮分子络合物中,存在较强的 Os—N_2 键.

在中等强度的氧化剂存在的条件下,HI 和 $[Os(NH_3)_5(N)_2]I_2$ 反应,可以制取高产率的络合物 $[Os(NH_3)_5I]^{2+}$:

$$[Os(NH_3)_5(N_2)]I_2 \xrightarrow{HI+[O]} [Os(NH_3)_5I]^{2+} \xrightarrow{HX} [Os(NH_3)_5X]^{2+}$$

该反应代表了由 Os(II)的氨络合物出发制取的 Os(III)的氨配合物的一种重要途径[17].

表 3.10 含氮杂环配位的 Os(II)络合物

络 合 物	颜色
反式-$[OsPy_4X_2]$(X=Cl,Br)	暗红
$[Oschel_3]X_2$(chel=bipy,Phen;X=Cl,I,ClO_4)	绿
[Os en $chel_2$]I_2	深棕
[Os $terpy_2$]X_2(terpy=三吡啶)	绿
[Os Py_2 $chel_2$](Py=吡啶)	深绿
[Os Py_2 Phen bipy]I_2(Phen=二氮杂菲;bipy=联吡啶)	深棕
[Os Py bipy terpy]X_2(X=I,ClO_4]	深棕
[Os γ-Pic bipy terpy]$(ClO_4)_2$(γ-Pic=γ-甲吡啶)	深棕
[Os Py_4 bipy]X_2(X=I,ClO_4)	深绿
$[Os(NH_3)_2bipy_2]I_2$	深绿
[Os $bipy_2$Phen]X_2(X=I,ClO_4)	黑
[Os bipy $Phen_2$]X_2(X=I,ClO_4)	黑
[OS Py_3 bipy X]X(X=Cl,Br,I)	深棕
[Os $chel_2C_2O_4$]	绯红
[Os $bipy_2$ gly]I(gly=甘氨酸)	深棕
[Os $Phen_2$ acac]Cl(acac=乙酰丙酮)	深紫
[Os $bipy_2$ acac]X(X=Cl,ClO_4)	棕
[Os Phen bipy acac]Cl	深紫
[Cs $chel_2$ Cl_2]	紫
[Os Phen bipy Cl_2]	深紫
[Os Py $chel_2$ X]X(X=Cl,Br,I)	棕
[$OsNH_3$ $bipy_2$ Cl]X(X=Cl,I)	深棕
(Os Py_2 terpy Cl]X(X=Cl,I,ClO_4)	深棕
[Os bipy terpy X]X(X=Cl,Br,I,SCN)	黑
[Os bipy terpy NO_2]	棕
[Os_2bipy_4 Cl_2NH_2]ClO_4	棕
[$Os_2bipy_4(NH_2)_2$]	棕

把 ArN_2BF_4 和 LiX 不断地加入到[$OsX_2(PPh_3)_2$]的丙酮悬浮液中,就可以得到芳基(Ar)参加配位的 Os(II)络合物[$OsX_3(N_2Ar)(PPh_3)_2$](X=Cl,Br).在[$Os(CS)(PPh_3)_2HCl$]和[Hg(对-MeC_6H_4)$_2$ $HgAr_2$]进行芳基化反应时、得到[$Os(CS)(PPh_3)_2ArCl$]这种芳基配位的络合物.

Dwyer 及其合作者[18,19],曾制得了多种由吡啶、二氮杂菲、联吡啶及联三吡啶配位的 Os(II)络合物,如表 3.10 所示.其中,[Os $biPy_3$]Cl_2,[$OsPhen_3$]I_2 及[Os $terPy_2$]Cl_2 等,都可以由相应的过量配位体与[$OsCl_6$]$^{2-}$ 反应来制备.显然,过量的配位体在反应中还同时起到还原剂的作用.此外,[$OsPhen_3$]$^{2+}$,[$OsbiPy_3$]$^{2+}$,[$OsPy_2Phen_2$]$^{2+}$ 及[Os biPy $Phen_2$]$^{2+}$ 等络离子,还具有能够被重新氧化而不丧失其原有的光学活性的特点.

表 3.10 中的最后两个络合物[$Os_2biPy_4Cl_2NH_2$]ClO_4 和[$Os_2biPy_1(NH_2)_2$],分别带一个或两个亚氨基桥,从而使其中的 Os(II)经此氨基桥联接而成为二聚体.

一系列的 Os(II)或 Os(III)的异腈络合物可按图 3.5 所示方式制备[20].

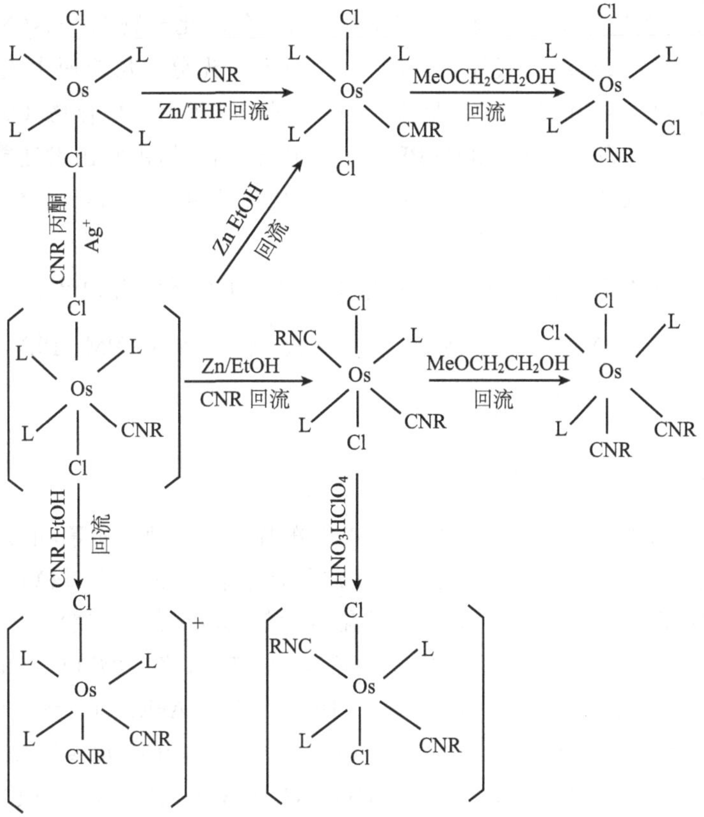

图 3.5　Os(II)和 Os(III)的一些异氰络合物

式中，L = $PPhMe_2$，$PPhEt_2$，PPh-*n*-Bu_2，PEt_3；R = Me，Ph，P-$MeOC_6H_4$，P-$O_2NC_6H_4$，CO.

Os(II)虽然也能像 Ru(II)一样形成亚硝基络合物，但数目并不多，并且都是反磁性的.

用 NO 和[$Os(NH_3)_5I$]I_2 反应，可以得到两个亚硝基络合物[$Os(NH_3)_5(NO)$]I_3 和[$Os(NH_3)_4(NO)I$]I_2，前者发生下式的转化又得到另外的亚硝基络合物：

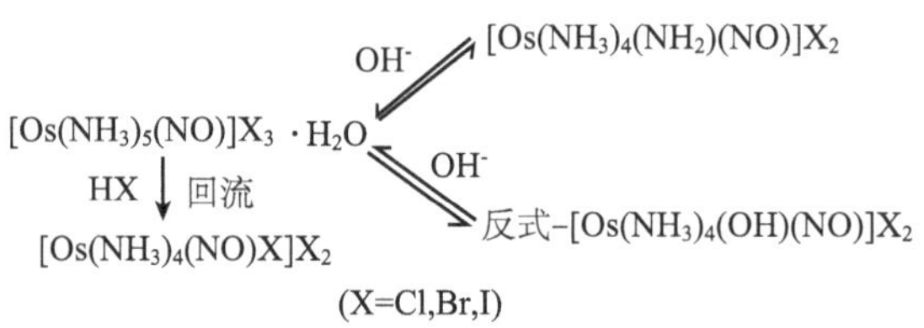

由 KNO_2 和 K_2[$OsCl_6$]长时间地反应，可以得到黄色的 K_2[$Os(NO)(OH)(NO_2)_4$]. 该物质进一步和氢卤酸反应，生成红紫色的化合物 K_2[$Os(NO)X_5$]. 在 NO 的存在下，$Os(CO)_5$ 在氩气氛中，于 20K 时发生光分解反应而生成[$Os(CO)_2(NO)_2$]. NO 和[$Os(SbPh_3)_3Cl_3$]反应，能够得到新的亚硝基络合物[$Os(NO)(SbPh_3)_3Cl_3$]. 另外，[$Os(CO)_2(NO)(PPh_3)_2$]$^+$ 也已经制得，由它出发还能得到其它新的 Os(II)的亚硝基络合物. 例如，用 PPh_3 取代分子中的 CO，可以得到[$Os(CO)(NO)(PPh)_3$]$^+$.

Os(II)也能按下式发生反应，生成有叠氮(N_3)配位的络合物[21]：

$$[OsCl_2(PMe_2Ph)_4] + NaN_3 \xrightarrow[\text{回流}]{\text{丙酮}} \text{顺式}-[Os(N_3)_2(PMe_2Ph)_4]$$

该物质呈紫色，有关性质在进一步研究中.

3.6.3 含膦、胂、䏲的络合物

和含氮配体相似，其它含 VA 族元素的配体，如膦、胂、䏲等，也具有较好的 π-电子接受性，它们能与 Os(II)配位并使这种低氧化态的锇变得稳定，其表现是 Os(II)与这些配体形成多种络合物，这些络合物都具较好的稳定性.

表 3.11 列举了 Os(II)的膦、胂、䏲的络合物. 其中，络合物[$Os_2(PR_3)_6Cl_3$]Cl 是含三个氯桥的双核化合物，[$Os_2(PPh_3)_6Br_4$]及[$Os_2(AsR_3)_6I_4$]是含有三个卤桥的二聚体. 此外，含有卤桥而聚合的[$Os_2(CO)(PPh_3)_5Cl_3$]Cl_3，以及[$Os(CO)L_2Cl_3$][L=$Ph_2ECH_2EPh_2$，E=P 或 As，$Ph_2PCH_2CH_2PPh_2$]，[$Os(CO)_3(PPh_3)HCl$]和[$Os(CO)_2(AsPh_2)_2Cl_2$]Cl_2 等也已经得到[22].

表 3.11　Os(II)的膦、胂、膦络合物

络合物	颜色
$[Os_2(PR_3)_6Cl_3]Cl$ (R=Ph_2Et,Ph_2Me,$PhEt_2$)	黄
$[Os_2(PPh_3)_6Br_4]$	绿
顺式和反式-$[Os\{(C_2H_4)(PPh_2)_2\}_2ClMe]$	黄
顺式和反式-$[Os(P—P)_2X_2]$(P—P=O—$C_6H_4(PEt_2)_2$,$C_2H_4(PPh_2)_2$,$CH_2(PPh_2)_2$)	黄
反式-$[Os\{C_2H_4(PPh_2)_2\}_2ClEt]$	黄
顺-$[Os\{C_2H_4(PPh_2)_2\}_2R_2]$(R=Me,Et)	黄
$[Os(AsR_3)_4X_2]$(R=Me_2Ph,$MePh_2$;X=Cl,Br)	黄
$[Os_2(AsR_3)_6I_4]$(R=Me_2Ph,$MePh_2$)	红
反-$[Os(As-As)_2X_2]$(X=Cl,Br,I,SCN;As—As=O—$C_6H_4(AsMe_2)_2$)	紫
$[Os(SbPh_3)_4Br_2]$	橘黄
$[Os(NO)(SbPh_3)_2Cl_3]$	红

3.6.4　羰基络合物

Os(II)的含 CO 配位的络合物虽然也比较多(表 3.12),但仅 CO 配位的却只有$[Os(CO)_6]Cl_2$. 倒是羰基与卤素或含氮、膦、胂、膦的配体共同配位的络合物比较多. 这仍是因为这些 π 电子受体的配位能稳定低氧化数的锇.

表 3.12　锇(II)的羰基络合物

$[Os(CO)_6]Cl_2$	$[OsCl(RCO_2)(CO)_2(pr_3)_2]$ (R=Me,Et; R′=Ph,OPh)
$[Os(CO)_4X_2]$(X=Cl,Br,I)	$[Os(CO)_4(PR_3)_2]^{2+}$(R=Ph,OPh)
$[Os(CO)_3X_2]_2$(X=Cl,Br,I)	$[OsX_2(CO)_2(PPh_3)_2]$(X=Cl,Br,I)
$[Os(CO)_2X_2]_n$(X=Br,I)	$[OsX(CO)_3(PPh_3)_2]^+$(X=Br,I)
$[OsCl_2(CO)_2(PR_3)_2]$(R=Ph,OPh)	$[Os(C_5H_5)(CO)_2Br]$
$[OsCl_2(CO)(SbPh_3)_3]$	顺和反式-$[OsCl_2(CO)_2(SbPh_3)_2]$

在 160℃及 1atm 下,CO 和 $OsCl_3$ 反应,可得到无色的$[Os(CO)_4Cl_2]$. 利用类似的方法,可以从锇的溴化物或 $H_2[OsI_6]$制备 Os(II)的羰基卤化物$[Os(CO)_4X_2]$(X=Br,I). 在此制备过程中,CO 亦同时起到还原 Os(III)为 Os(II)的作用. 得到的$[Os(CO)_4I_2]$有黄色及无色两种,它们可能是互为顺反异构体. 二聚的羰基卤化物,例如$[Os(CO)_3X_2]_2$,能从卤化锇与 CO 在加压下来制备. 多聚羰基卤化物,例

如[$Os(CO)_2X_2$]$_n$(X=Br,I),可以由对应的单体或二聚体进一步加热而得到.这两类聚合的羰基卤化物,应是通过卤桥的桥连作用而聚合的.

在400atm及$AlCl_3$的存在下,用CO和[$Os(CO)_4Cl_2$]反应,可得到[$Os(CO)_6$]Cl_2.以三取代的膦和[$Os(CO)_3Cl_2$]$_2$在沸腾的苯中反应,产生络合物[$Os(CO)_2(PR_3)_2Cl_2$],该物在300atm及$AlCl_3$的存在下和CO反应,得到反式结构的[$Os(CO)_4(PR_3)_2$][$AlCl_4$].用$OsCl_3$与CO及PPh_3反应,可制备[$Os(CO)_2(PPh_3)_2Cl_2$],以同样的方法可由$(NH_4)_2$[$OsBr_6$]制备[$Os(CO)_2(PPh_3)_2Br_2$].但是,类似的碘化物只能用HI和[$Os(CO)_3(PPh_3)_2$]的反应来制备.用OsO_4在乙醇中和PPh_3及HCl一起回流,也可以得到[$Os(CO)_2(PPh_3)_2Cl_2$].

在卤化汞和[$Os(CO)_3(PPh_3)_2$]的反应中,得到了[$Os(CO)_3(PPh_3)_2X$]X(X=Br,I)及[$Os(CO)_3(PPh_3)_2(HgX)$]HgX_3(X=Br,I),经研究发现,在后者的分子中存在着Os—Hg键.

在氯仿中,用CO和[$OsCl_3(SbPh_3)_3$]反应,生成浅绿色的[$OsCl_2(CO)(SbPh_3)_3$]及[$OsCl_2(CO)_2(SbPh_3)_2$],后者的顺式体为无色化合物,而反式体是黄色的.

有C_5M_5参加配位的[$Os(C_5H_5)(CO)_2Br$]是由Br_2与[$Os(C_5H_5)(CO)_2$]的反应来制备的.

3.6.5 含氢配体的络合物

Os(II)也不存在单一的氢配位的络合物,但由氢参加混配的络合物则比较常见.表3.13给出了一些这类络合物.

在160℃及180atm下,用CO及H_2与溶解在庚烷中的四氯化锇反应,可以得到高产率的络合物[$H_2Os(CO)_4$],用五羰合锇(0)在80atm及100℃下反应,得到的也是该物质.经红外光谱研究,上述两法得到的都是具有顺式结构的[$OsH_2(CO)_4$]异构体,它与PPh_3或四卤化碳反应,得到的也分别是顺式的[$H_2Os(CO)_3PPh_3$]及[$OsX_2(CO)_4$](X=Cl,Br).

表3.13 锇(II)的含氢络合物

[$H_2Os(CO)_4$]
顺式-[$H_2Os(CO)_3PPh_3$]
[$HOs(CO)X(PPh_3)_3$](X=Cl,Br)
[$HOs(CO)X(AsPh_3)_3$](X=Cl,Br)
反式-[$H_2Os(P—P)_2$]{(P—P)=O—$C_6H_4(PEt_2)_2$}
反式-[$HOsX(P—P)_2$](X=Cl,Br,I,SCN;P—P=O—$C_6H_4(PEt_2)_2$,$C_2H_4(PR_3)_2$
反式-[$HOsR(P—P)_2$](R=Me,Et;P—P=$C_2H_4(PPh_2)_2$)

卤素羰基氢络合物$[HOsX(CO)(MR_3)_3]$(M＝P，As)可在醇溶剂(通常用2-甲氧基乙醇或乙烯基乙二醇)中，用膦或胂与$(NH_4)_2[OsX_6]$反应来制备. 这类反应也能在KOH的存在下进行. 例如，用KOH在沸腾的乙醇溶液中与$[OsCl_3(PEt_2Ph)_3]$反应，能得到$[HOsCl(CO)(PEt_3Ph)_3]$. 在上述的反应中，羰基中的碳是由醇或二醇中衍生出来的. 对于络合物$[HOsBr(CO)(PPh_3)_3]$，经X射线光谱研究表明，它具有一种八面体的结构. 在该八面体中，Br对于CO基处在反位，三个PPh_3基团与H位于同一平面；与H处于反位的P与Os间的Os—P键键长为256pm，剩余的两个Os—P键键长为234pm. 这样的结构使得这种络合物成为Os(II)的氢络合物中最稳定的一种，它在室温下稳定存在.

$[OsHCl(CO)(PPh_3)_3]$是一种具有催化活性的络合物，它能对乙炔氢化为乙烯起催化作用. 催化的机理是，假定在催化的过程中，生成了八配位的Os(IV)的含氢络合物$[OsH_3Cl(CO)(PPh_3)_3]$，该物质按下式和乙炔反应[23]：

$$[OsH_3Cl(CO)(PPh_3)_3] + HC\equiv CH \longrightarrow [OsHCl(CO)(PPh_3)_3] + H_2C=CH_2$$

这就完成了乙炔的氢化过程，并将Os(IV)的八配位化合物，回复为原来的Os(II)的六配位化合物.

反式的$[OsHX(P—P)_2]$已由$LiAlH_4$来还原顺式或反式的$[OsX_2(P—P)_2]$而制得. 进一步以$LiAlH_4$还原反式-$[OsClR(P—P)_2]$，得到了另外一种含H配体的络合物$[OsHR(P—P)_2]$(R＝Me，Et).

另一类Os(II)的含氢配体化合物$[OsH_2L_3L']$是由Os(IV)的类似络合物$[OsH_4L_3]$制得的. 制备时，首先按下式的反应得到$[OsH_4L_3]$[24]：

$$\text{反式}-[OsCl_3L_3] + NaBH_4 \xrightarrow{EtOH} [OsH_4L_3]$$

$$(L = PMePh_2, PEtPh_2, AsEt_2Ph, AsEtPh_2)$$

$[OsH_4L_3]$是一种在空气中比较稳定的白色固体物质，当其中所配位的两个H和一个L配体被取代后，就能得到$[OsH_2L_3L')$(L'＝CO，PR_3，AsR_3). 例如，以$[OsH_4L_3]$和CO反应，可以得到CO取代H的络合物$[OsH_2(CO)L_3]$.

3.6.6　π-络合物

锇(II)的π-络合物主要是二茂锇(osmocene)及其衍生物. 此外，还有一些烯烃的络合物.

二茂锇$Os(C_5H_5)_2$是由$OsCl_3$与环戊二烯基钠的反应制备的，其产率可达20%，固态二茂锇是一种无色晶体，熔点229℃，沸点311℃，其熔化热、蒸发热和升华热分别为$29.3kJ \cdot mol^{-1}$，$46.0kJ \cdot mol^{-1}$和$75.3kJ \cdot mol^{-1}$.

二茂锇和二茂钌有着相同的结构,它的分子中的两个戊二烯环不是像二茂铁那样的互相交错,而是和二茂钌一样,彼此相互对应,投影相重合.

二茂锇经氧化后,可以得到 Os(IV)的环戊二烯基 π-络合物$[(C_5H_5)_2Os(OH)]^+$或碘基二茂锇$[(C_5H_5)_5OsI]^+$. 酰基二茂锇及烷基二茂锇可经由 Friedel-Crafts 反应来合成. $[(C_5H_5)M(C_5H_4SiMe)]$(M=Fe,Ru,Os)也已经得到,经研究发现,该物质在含 HCl 的甲醇溶液中,C—Si 键断开的第一级速率是 Ru>Os>Fe[25].

含烯烃的 π-络合物$[OsCl_2(C_8H_{12})(PEtPh_2)_2]$($C_8H_2$ 二环辛二烯-1,5)已由二烯与二原子簇合物$[Os_2Cl_3(PEtPh_2)_6]Cl$ 的反应制得. 含苯的 π-络合物$[Os(C_6H_6)I_2]_n$也已经得到.

当$[Os_3(CO)_{12}]$与 2,3-二甲基 1,3-丁二烯进行反应时,生成一种有趣的络合物$[(C_8H_8)Os_2(CO)_6]$. 这种含双金属的 π-络合物的结构,已由 X 射线分析确定. 其中,两个八面体的锇原子间存在一键长为 274pm 的 Os—Os 金属键,每个锇原子连接三个羰基,只其中的一个锇原子还与二烯末端的碳原子生成两个 σ 键,使该锇原子呈+2 价;另一个锇原子与二烯的双键只形成 π 键而处于零价态.

3.7 锇(III)的络合物

由于 Os(III)不如 Ru(III)稳定,所以相应的络合物在数量上也要少些. 在 Os(III)的络合物中,比较常见的是以卤素、乙酰丙酮、氨、含氮杂环、三取代膦、三取代胂及三取代䏲等为配体的化合物. 在形成络合物方面,锇与钌的一个不同点是 Ru(III)能生成羰基络合物,而 Os(III)不生成这类络合物. 此外,Os(III)也不生成氢配位的络合物.

所有的 Os(III)络合物都具有八面体的结构,锇(III)在其中呈现低自旋$(t_{2g})^5$的电子组态. 除非在 KT/λ 值很小的情况,否则一般都具有正常的磁矩,其数值为 1.6—2.3BM(见表 3.5).

3.7.1 含卤素络合物

Os(III)与卤素生成$[OsX_6]^{3-}$(X=Cl,Br,I)型的络合物. 例如,在高于 600℃的温度时,用氯气与金属锇和氯化钾的混合物反应,或者用盐酸与锇氮酸盐 $K[OsO_3N]$反应,都可以得到 $K_3[OsCl_6]$. 六氯合锇(III)酸钾是一种红色的晶体,易溶解在水和乙醇中,但是其水溶液经放置后会发生分解,现在已制得的是较稳定的 3 水合物.

六溴合锇(III)酸钾是在二氧化碳气氛中电解还原 $K_2[OsBr_6]$ 的氢溴酸溶液而得到的，它是一种红棕色的晶体，相应的光谱数据已经得到. Os(III)的类似碘络合物 $[OsI_6]^{3-}$ 仅在溶液中获得过，氰络合物 $[Os(CN)_6]^{3-}$ 也仅在溶液中用极谱分析检测出，它们的盐类还没有分离出来.

3.7.2 含氮配体的络合物

类似于 Os(II)，锇(III)也能生成众多的含氮配体络合物.

Os(III)的含氮络合物中，最简单的是氨合物 $[Os(NH_3)_6]X_3$，它比之 $[Os(NH_3)_6]^{2+}$ 更稳定，可以从溶液中分离出.

在 290℃下加压 $(NH_4)_2[OsX_6]$ (X＝Cl，Br)，就可以得到 $[Os(NH_3)_6]X_3$. 与此同时，还生成了少量的 $[Os(NH_3)_5X]X_2$. 由 $[Os(NH_3)_5Cl]Cl_2$ 的水解，能得到羟基五氨合物 $[Os(NH_3)_5(OH)]Cl_2$.

含氨的 Os(III)阴离子型络合物 $K_2[Os(NH_3)Cl_5]$ 已经得到，它是由 $SnCl_2$ 还原 $K_2[OsNCl_5]$ 来制备的.

如前所述(见 3.6.2 节)，由 Os(II)的氮分子络合物出发，可以合成 Os(III)的卤氨络合物. 例如：

$$\text{顺式}-[Os(NH_3)_4(N_2)_2]^{2+} + HX \xrightarrow{\Delta}$$
$$\text{顺式}-[Os(NH_3)_4X_2]X\ (X=Cl,Br,I)$$
$$\xrightarrow{\text{长时间回流}} \text{反式}-[Os(NH_3)_4X_2]X$$
$$\xrightarrow[\text{回流}]{HX} \text{反式}-[Os(NH_3)_4X_2]X$$

反应过程中，顺式$-[Os(NH_3)_4X_2]^+$ 向反式$-[Os(NH_3)_4X_2]^+$ 转化的倾向随 X 不同而不同，通常 Cl＞Br＞I.

还原 $[Os(en-H)en_2]^{3+}$，可以得到 Os(III)的乙二胺络合物 $[Os\ en_3]I_3$，该物质进一步和酰胺的钾盐反应，分别生成 $[Os(en-H)en_2]^{2+}$，$[Os(en-H)_2en]^+$ 和 $[Os(en-H)_3]$ 等一系列 Os(III)的络合物，这些络合物都是反磁性的.

Os(III)也与含氮杂环，如吡啶、联吡啶、联三吡啶及邻二氮杂菲等生成多种络合物，其中的一些列于表 3.14.

锇(III)的含氮杂环络合物，大多数可以通过用 Cl_2 或 Ce(IV)作氧化剂. 氧化相应的 Os(II)络合物来制备. 例如，用 Ce(IV)氧化 $[OsbiPy_2(NH_3)Cl]Cl$，就能得到带亚氨基桥的 Os(III)的相应络合物 $[Cl\ biPy_2\ Os—NH—Os\ biPy_2Cl]^{2+}$，该化合物的高氯酸盐已经分离出来，它是一种深棕色的晶体.

表 3.14 锇(III)的一些含氮杂环络合物

络 合 物	颜色
$[OsPy_3Cl_3]$	棕
$[OsChel_3]X_3$ (Chel＝biPy，Phen；X＝Cl，ClO_4)	红
$[Os\ terPy_2]Cl_3$	棕
$[Os\ Chel_2X_2]X$ (X＝Cl，Br)	棕
$[Os\ Phen_2\ biPy](ClO_4)_3$	棕
$[Os\ biPy_2\ Phen](ClO_4)_3$	棕
$[Os\ Py_2\ Chel_2](ClO_4)_3$	棕
$[Os\ biPy(H_2O)Cl_3]$	棕
$[Os\ terPy\ \ biPyX]^{2+}$ (X＝Cl，Br，I，SCN，NO_2)	棕
$[Os\ ChelCl_4]^-$	棕
$[Os\ biPy\ Cl_2acac]$(acac＝乙酰丙酮基)	棕
$[Os\ biPy\ acac_2]I$	棕
$[Os\ biPygly_2]I$(gly＝甘氨酸)	棕
$[Os\ biPy\ Cl_2\ gly]$	棕
$[Os\ terPy\ Py_2Cl]^{2+}$	棕
$[Os_2\ biPy_2(NH)Cl_2](ClO_4)_2$	棕
$[Os_2\ biPy_2\ Cl_4(OH)_2]$	棕
$[Os_2O\ biPy_2\ terPy_2](ClO_4)_4$	蓝

将$[Os\ Phen_3]^{2+}$的具有右旋或左旋的异构体氧化，首先得到具有相同旋光性的$[Os\ Phen_3](ClO_4)_3$，后者再重新还原为$[Os\ Phen_3]^{2+}$时，其旋光性仍然保持不变. 经测定，在 0.1mol · L^{-1} 的盐酸溶液中，发生这类转化的$[Os\ Phen_3]^{3+}/[Os\ Phen_3]^{2+}$电对的氧化还原电势为 0.895V. 在中性溶液中，以联吡啶作配体的相应电对的氧化还原电势亦变化不大，为 0.877V.

含有 Os(III)和 Os(II)两种氧化数的含氮配体络合物$[H_2O(NH_3)_4OsNNOs(NH_3)_5]^{5+}$及其氯代物$[Cl(NH_3)_4OsNNOs(NH_3)_5]^{4+}$，可以按如下的反应来制备：

$$2[Os(NH_3)_5(N_2)]^{2+} + 2\ 顺式-[Os(NH_3)_4(N_2)_2]^{2+} \xrightarrow[36h]{70℃} \xrightarrow{HCl} \xrightarrow{O_2}$$

$$[(H_2O)(NH_3)_4OsNNOs(NH_3)_5]^{5+} + [Cl(NH_3)_4OsNNOs(NH_3)_5]^{4+}$$

反应的产物已经用离子交换色谱法分离出，呈绿色. 另外，顺式－$[Os(NH_3)_4(N_2)_3]^{2+}$经过氧化，得到二聚体$\{[Os(NH_3)_4Cl]_2N_2\}$，呈绿色，其中的两个锇原子分别为 Os(III)和 Os(II)两种氧化数，也是典型的含有两种不同价态的同种金属原子的络合物. 和类似的 Os(III)单一价态络合物相比，含两种价态的络合物更加稳定，即使是在酸性的水溶液中，它也是稳定的.

3.7.3 含膦、胂、䏲配体的络合物

锇(III)的含膦、胂、䏲配体的化合物的研究结果不多,所知数目尚少.

$(HN_4)_2[OsX_6]$和 MR_3 在乙醇中进行反应,可以制得红色或紫色的络合物$[Os(MR_3)_3X_3]$(MR_3=$PEtPh_2$,$AsMe_2Ph$,$SbPh_3$;X=Cl,Br).锇(III)的卤胂络合物$[Os(As—As)_2X_2]^+$,可通过 Os(II)的相应络合物$[Os(As—As)_2X_2]$的氧化反应而得到.经红外光谱分析,$[Os(As—As)_2X_2]^+$ 络合物具有反式结构.

已经制得了含 PBu^n_2Ph 配体的 Os(III)络合物$[Os(PBu^n_2Ph)_3Cl_3]$,它具有比 Re(III)的相应化合物更高的难氧化性.只有在 N_2 环境中并在干燥和沸腾的 CCl_4 条件下,$[Os(PBu^n_2Ph)_3Cl_3]$才能被 CCl_4 氧化成$[Os(PBu^n_2Ph)_2Cl_4]$.

3.7.4 含其它配体的络合物

用β-二酮和$[OsBr_6]^{3-}$ 的溶液反应,可得到 Os(III)的乙酰丙酮基络合物$[Os(acac)_3]$.另外的有乙酰丙酮基参加配位的络合物,如$[Os\ bipy(acac)_2]I$ 及$[Os\ bipy\ Cl_2acac]$等也已经得到,它们均为棕色物质.

硫脲与$[OsCl_6]^{3-}$反应,可制得 Os(III)的含硫配体络合物$[Os\{(Cs)(NH_2)_2\}_6]Cl_3$.

当用氨基磺酸和$[OsCl_6]^{3-}$ 反应时,得到高产率的氨基磺酸根络合物$K_3[Os(NH_2SO_3)Cl_5]$,红外光谱的研究表明,在该络合物中,氨基磺酸根配体的配位原子是氨基中的 N.

3.8 锇(IV)的络合物

在锇的各种氧化态中,Os(IV)是比较稳定的,所以,它的络合物也很多.

Os(IV)具有$(t_{2g})^4$ 的电子组态,应有两个自旋平行的成单电子,其磁矩的正常值应该在 2.8—2.9BM 左右.但实测得 Os(IV)的磁矩值为 1.2—1.8BM,远低于其理论值,其原因已如前述(见 3.1.3 节).

Os(IV)的络合物一般具有八面体的结构.

$[OsCl_6]^{2-}$是最重要的 Os(IV)络合物,它不仅是制备其它 Os(IV)络合物的主要原料,也是制备其它氧化态络合物,特别是制备 Os(III)络合物的重要原料.

除 X(X=F,Cl,Br,I)外,OH,SO_3,NH_2 以及一些含 N,P,AS 的有机配体,也能与 Os(IV)生成络合物.

3.8.1 含卤素配体的络合物

F,Cl,Br,I 等 4 种卤素,都能与 Os(IV)生成$[OsX_6]^{2-}$型的络合物. 另外,不同卤素间混合配位或卤素与 OH, NH_3 等混合配位的 Os(IV)络合物,如$[OsCl_5Br]^{2-}$,$[OsCl_3Br_3]^{2-}$,$[Os(OH)Cl_5)^{2-}$,$[Os(OH)Cl_3Br_2]^{2-}$及$[Os(NH_3)Cl_5]^{2-}$等都比较常见和稳定.

用 KOH 与 $K[OsF_6]$的溶液反应,或用 OsF_4 与 KF 溶液反应,都可以得到 $K_2[OsF_6]$. 该络合物是一种浅黄色的六边形晶体,微溶于水(20℃时,在水中的溶解度为 1.2g),而且它的铯盐 $Cs_2[OsF_6]$在水中的溶解度比相应的钾盐溶解度更小.

$K_2[OsCl_6]$可用在氯气中加热金属锇和氯化钾的混合溶液来制备,也可以在 OsO_4 的盐酸溶液中加入氯化钾和乙醇来制备,在后一种方法中,乙醇起到还原剂的作用. 制得的 $K_2[OsCl_6]$是一种红色晶体,与 $K_2[PtCl_6]$有相同的晶体结构. 在空气中,$K_2[OsCl_6]$加热到 600℃仍然稳定,但在超过此温度时,它就发生分解,产生单质锇、氯气和氯化钾. $[OsCl_6]^{2-}$的 NH_4^+,Na^+,Rb^+,Cs^+,Ag^+,Tl^{3+} 及 Ba^{2+} 盐都已经制得. 其中,$(NH_4)_2[OsCl_6]$是用氯化亚铁还原四氧化锇的盐酸溶液,并加入氯化铵来制得的. $[OsCl_6]^{2-}$的上述阳离子盐类虽然在固态时各具不同的颜色,例如,铯盐是桔红色的,钾盐和铵盐为红色,铊盐是橄榄绿色,银盐是棕色. 但是,这些盐的水溶液都是黄色的. 在所有前述各种$[OsCl_6]^{2-}$盐中,溶解度最低的是铯盐.

$K_2[OsBr_6]$的制备方法与制备 $K_2[OsCl_6]$的方法相似,即将 KBr 和乙醇加入到 OsO_4 的盐酸溶液中来制备. $K_2[OsBr_6]$为黑色晶体,也与 $K_2[PrCl_6]$同晶型. 除钠盐外,$[OsBr_6]^{2-}$的许多盐都已制得. 这些盐都微溶于水而呈深紫色溶液. 其中,$(NH_4)_2[OsBr_6]$是由四氧化锇、氢溴酸及 NH_4Br 共同反应来制备,HBr 同时作还原剂.

从 $K_2[OsO_2(OH)_2(NO_2)_2]$出发,用氢碘酸与之反应,可制得 $K_2[OsI_6]$. $K_2[OsI_6]$是深紫色晶体,微溶于水. 从溶解度讲,$[OsI_6]^{2-}$的盐在水中的溶解度大于$[OsCl_6]^{2-}$及$[OsBr_6]^{2-}$的对应盐. 但是,$[OsI_6]^{2-}$盐的水溶液却是很不稳定的,即使在过量氢碘酸存在下,受热时也还是容易分解.

Os(IV)的羟基五氯络合物 $M_2[Os(OH)Cl_5]$,是将碱金属氯化物加入到$[Os(OH)Cl_3]$的弱酸性溶液中而制得的. 它在水溶液中呈红色,但由于很不稳定,不能从溶液中分离出来. 类似的羟基溴络合物$(CH_3NH_3)_2[Os(OH)Br_5]$,已由甲胺的溴化物与$[Os(OH)Br_3]$反应而制得,它是一种浅棕色的针状晶体.

由不同卤素配位的 Os(IV)络合物,已知的主要是氯、溴混合配位的$[OsCl_nBr_{6-n}]^{2-}$型络合物. 羟基、氯、溴混合配位的 $M_2[Os(OH)Cl_3Br_2]$也可由

$Os(OH)Cl_3$和甲胺溴化物共同加热来制备，它们是桃红色的片状晶体，易溶于水，微溶于乙醇. 一种氧、氯混合配位的 Os(IV)的双核络合物$(NH_4)_4[Os_2OCl_{10}]$是由硫酸亚铁还原四氧化锇和氯化铵的水溶液制备的，它是一种深褐色物质，其结构与$K_4[Ru_2OCl_{10}]$相同

3.8.2　含氧配体的络合物

Os(IV)的单一羟基配位的络合物还未能分离得到，但是已有研究指出，在碱性溶液中还原四氧化锇时，可能会有 $M[Os(OH)_6]$型的 Os(IV)羟基络合物存在[26].

Os(IV)的亚硫酸根络合物比较多，主要的类型有 $M_8[Os(SO_3)_6]$，$M_6[Os(SO_3)_5(H_2O)]$，$M_7[Os(SO_3)_5Cl]$，$Me_6[Os(SO_3)_4Cl_2]$和 $M_8[Os(SO_3)_4Cl_4]$. 这些类型的络合物都能从$[OsCl_6]^{2-}$与钾或钠的亚硫酸盐在不同条件下的反应来制备. 例如，$Na_2[OsCl_6]$和亚硫酸钠的溶液共热，能得到 $Na_8[Os(SO_3)_6]\cdot 8H_2O$ 的棕色晶体；用相应的钾盐代替钠盐，得到的是 $K_6[Os(SO_3)_5(H_2O)]\cdot 4H_2O$ 的无色粉末；使用钠盐，在 60℃条件下反应，得到了淡紫色的 $Na_7[Os(SO_3)_5Cl]\cdot 6H_2O$；温度再低，加热的时间延长，会有棕色的 $Na_6[Os(SO_3)_4Cl_2]\cdot 10H_2O$生成；若改用亚硫酸氢钾与 $K_2[OsCl_6]$反应，就可得到棕色的 $K_8[Os(SO_3)_4Cl_4]$.

在上述 Os(IV)的亚硫酸根络合物中，从 Os(IV)的配位数是 6 来分析，SO_3^{2-}应是个单齿配体，并且由于氧对锇的亲合力远大于硫对锇的亲合力，所以，配体 SO_3^{2-} 中的配位原子应该是氧而不是硫[27]. 但即使如此，在 $M_8[Os(SO_3)_4Cl_4]$型络合物中，Os(IV)的配位数也不是 6.

3.8.3　含氮配体的络合物

已经知道的 Os(IV)的氨基络合物很少. 仅有 $K_2[Os(NH_2)Cl_5]$已经确定. 它可由氯化亚锡在 600℃时，还原 $K[OsO_3N]$来制备，其固态为深黄色的八面体晶体；能溶于水，其水溶液呈绿褐色. $K_2[Os(NH_2)Cl_5]$在水溶液中不太稳定，会慢慢发生水解.

化学式为 $Cs_3[Os_3(N_2)X_{11}(NH_3)_3]\cdot 2H_2O(X=Cl,Br)$的 Os(IV)卤氨合物，是在 OsO_4 与浓氨水的反应中析出的. 它为棕色晶体，由其红外光谱数据及其反磁性表明，该络合物中的 Os 是通过 N 原子而互相键合的，不存在金属锇原子间的化学键：

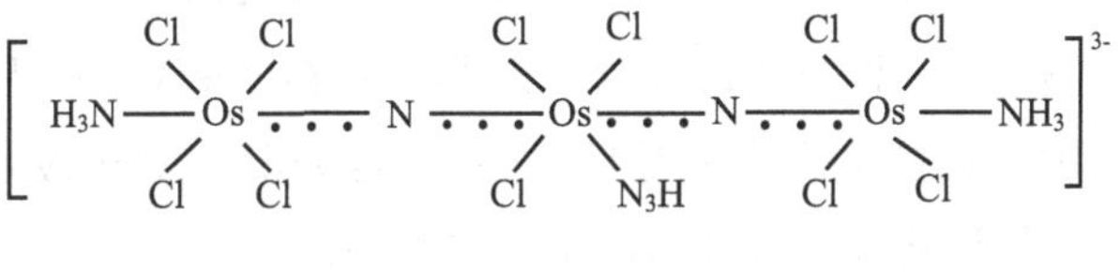

在加压下，氨和$[OsX_6]^{2-}$反应所得到的反磁性化合物$[Os_2N(NH_3)_8X_2]$（X＝Cl，Br)，也具有类似的结构：

$$[X(NH_3)_4O_8 \underset{\cdots}{\overline{\quad\quad}} N \underset{\cdots}{\overline{\quad\quad}} Os(NH_3)_4X]X_3$$

锇(IV)的另一个含氮络合物$[Os_2NCl_5]$，是由氯气与$(NH_4)_2[OsCl_6]$在400℃反应而制得的. 红外光谱和磁性数据表明，该分子中仍然具有 $Os \underset{\cdots}{—} N \underset{\cdots}{—}$的结构单元而无金属键[28].

还没有得到过只有NH_3配位的Os(IV)络合物，但是一些乙二胺配位的络合物已经制得. 例如，$[Os(en—H)_2en]X_2$（X＝Br，I）(粉红色)、$[Os(en—H)en_2]X_3$（绿色）和$[Os(en—H)_2en_2]I_2$（桃红色）等. 在这些乙二胺配位的化合物中，至少有一个乙二胺配体是去质子的(en—H).

另一类 Os(IV) 的含氮络合物$[OsChelCl_4]$（Chel ＝ Phen，bipy）是由$K[PhenH][OsCl_6]$或$(bipyH_2)[OsCl_6]$在高温下发生热分解而制得的.

3.8.4　含膦、胂配体的络合物

现在已知的三取代胂或膦配位的Os(IV)络合物虽然不多，但它们正在不断地制得.

由$(NH_4)_2[OsBr_6]$出发，可制得$[Os(AsPh_3)_2]Br_4$，另一个络合物$[Os(As—As)_2X_2](ClO_4)_2$ [As—As＝O—$C_6H_4(AsMe_2)_2$，X＝Cl，Br，I]，是用硝酸氧化Os(III)的相应络合物$[Os(As—As)_2X_2]^+$而制得的.

在氯气氛中，用干燥并沸腾的四氯化碳与$[OsCl_3(PBu^n_2Ph)_3]$反应，经过72h后，得到黄褐色的$[OsCl_4(PBu^n_2Ph)_2]$. 但是，如果在空气中用含水的四氯化碳进行这个反应，加热3h后，可高产率地得到络合物$[OsHCl_3(PBu^nPh)_2]$. 在该络合物中，锇的氧化数仍为4，但已有氢代替了氯作为配体. 从两者反应的条件差别来看，氢配体应来源于四氯化碳中所含的水，它是伴随着Os(III)的氧化过程而产生，并与金属配位的.

3.8.5　含其它配体的络合物

已经制得了环戊二烯基配位的(IV)的π-络合物. 例如，用铁(III)离子氧化二茂锇$[Os(C_5H_5)_2]$，得到$[Os(C_5H_5)_2(OH)]^+$，其相应的盐$[Os(C_5H_5)_2(OH)][PF_6]$已经分离出来. 另一种类似的环戊二烯基络合物$[Os(C_5H_5)I]I$也已经制得. Os(IV)的上述环戊二烯基络合物都是反磁性的，这表明在Os(IV)电子组态$(t_{2g})^4$中的两个成单电子在形成这类络合物时都已经配对.

3.9 锇(V)的络合物

Os(V)是锇的一种不常见的氧化态,相应的络合物很少.$[OsF_6]^-$是已确知的这类Os(V)的络阴离子,其相应的钾盐已经制得,钠盐和铯盐也是存在的.

用$OsBr_4$与KBr及BrF_3反应,可制备$[OsF_6]^-$的钾盐.X射线结构测定表明,$K[OsF_6]$具有变形的氯化铯型晶体结构,在该结构中,含有K^+和稍微变形的$[OsF_6]^-$八面体[29].

Os(V)的乙二胺络合物$[Os(en—H)_3en]I_2$已有报道[30],但是否真有此八配位的Os(V)络合物,仍有待于进一步证实.

$[OsF_6]^-$的钾盐和铯盐,经测定其磁矩接近3.3BM,并且磁性随温度的变化服从于居里定律.

3.10 锇(VI)的络合物

Os(VI)是锇的一种很主要的氧化态,在该氧化态,锇不仅普通化合物多,络合物的种类也很多.

由于Os(VI)对于氧有较高的亲合性,能够结合氧成为锇酰基OsO_2^{2+},它具有$[O=Os=O]^{2+}$的结构.在OsO_2^{2+}中的两个氧原子位置相对,每个Os=O键的键长为175pm,虽然比之OsO_4中Os=O键的键长172pm略长,但也应该是一双键结构.

Os(VI)主要生成四种类型的络合物,即锇酸盐型的$[OsO_4]^{2-}$,锇酰基型的$[OsO_2(NH_3)_4]^{2+}$,$[Os_2(CN)_4]^{2-}$,$[OsO_2X_4]^{2-}$($X=Cl, Br, NO, \frac{1}{2}C_2O_4$, SO_3Na),氧一锇酰基型的$[OsO_3X_2]^{2-}$($X=Cl, Br, NO_2, \frac{1}{2}C_2O_4$)以及氮卤络合物型的$[OsNX_4]^-$,$[OsNX_5]^{2+}$(X=Cl,Br).所有的上述络合物都是反磁性的,其中氮卤络合物中存在有Os≡N间的三重键.

3.10.1 含氧配体的络合物

锇(VI)酸钾是锇酸盐型络合物的代表.将四氧化锇溶于10%的氢氧化钠水溶液中,再加入等体积的乙醇,冷却1h后,滤出生成的沉淀,该沉淀先用50%乙醇洗涤,继而用99%的乙醇洗涤,就得到锇酸钾产品.乙醇在制备中是作为还原剂还原OsO_4为OsO_4^{2-}.也可改用KNO_2作还原剂进行类似的制备.两种方法制成的锇酸钾均为其2水合物$K_2[OsO_4]\cdot 2H_2O$.

$K_2[OsO_4]\cdot 2H_2O$ 是浅紫红色的晶体，易溶于水，不溶于乙醇或乙醚. 干燥的 $K_2[OsO_4]\cdot 2H_2O$ 在空气中冷时是稳定的，但加热后，会氧化分解成挥发性的 OsO_4，在潮湿或溶液中，也会慢慢发生这种分解.

对 $K_2[OsO_4]\cdot 2H_2O$ 的结构分析表明，其分子为含有 $(OsO_2)^{2+}$ 结构的八面体，$(O{=}Os{=}O)^{2+}$ 结构中的 Os＝O 键长为 177pm，有 4 个 OH 基处于同一个平面. 因此，$K_2[OsO_4]\cdot 2H_2O$ 的实际分子结构式应为 $K_2[OsO_2(OH)_4]$.

$[OsO_2(OH)_4]^{2-}$ 的钠盐和钡盐都已经制得，它们都是浅红紫色的晶体.

$[OsO_2(OH)_4]^{2-}$ 和氢卤酸反应，可得到如 $[OsO_2(OH)_2X_2]^{2-}$，$[OsO_2X_4]^{2-}$ 或 $[OsX_6]^{2-}$ 等形式的含卤配体的 Os(VI) 络合物. 另外，用草酸铵与锇酸钾反应，得到 $[OsO_2(NH_3)_4](C_2O_4)$，它是一种仅知的 Os(VI) 含氨配体络合物，为具有中等程度溶于水的桔红色晶体.

用氰化钾和四氧化锇反应，得到 $K_2[OsO_2(CN)_4]$ 的红色晶体，它具有比较高的稳定性，不易被硫酸或盐酸分解.

在四氧化锇和亚硝酸钾的溶液中，通入氮的氧化物气体或加入亚硝酸盐与锇酸钾反应，都可以得到 $K_2[OsO_2(NO_2)_4]$，它是一种橘红色的柱状晶体，但不稳定，在溶液中很快分解，干燥的固态盐几天后也会分解变黑.

在 Os(VI) 的亚硫酸根络合物 $M_2[OsO_2(SO_3)_4]$ 中，亚硫酸根 SO_3 也只作为 1 价配位基与 Os(VI) 配位，所以，该物质中 Os(VI) 的配位数仍为 6. $Na_2[OsO_2(SO_3)_4]\cdot 5H_2O$ 是由二氧化硫作用于 OsO_4 的碱溶液而制得的，它是一种棕色的晶体，在 50℃时可溶于水，但在溶液中会很快分解，因而不能从水中重结晶.

已经制得了 $[OsO_2(C_2O_4)_2]^{2-}$ 类络合物的多种盐类. 例如，$Na_2[OsO_2(C_2O_4)_2]$ 可以由 OsO_4 与草酸溶液一起加热回流 40h 后得到. 这是一种红绿二色性晶体，常温下在水中的溶解度为 7g. 此外，这类络合物的稳定性和其水分有关，在干燥状态下，低于 170℃，可稳定存在. 例如，可把干燥的 $Ag_2[OsO_2(C_2O_4)_2]$ 单独或在 H_2 气氛中加热到 160℃仍然稳定. 但是，在水溶液中，它们会分解，特别是碱土金属的相应盐 $M[OsO_2(C_2O_4)_2]$(M＝Ca，Sr，Ba) 更易分解.

$M_2[OsO_2X_4]$(X＝Cl，Br) 可用氢卤酸与锇酸钾 $K_2[OsO_1(OH)_4]$ 反应制得. 例如，用盐酸与锇酸钾反应，得到 $K_2[OsO_2Cl_4]$，它是一种深红色晶体，易溶于水. 类似的铵盐 $(NH_4)_2[OsO_2Cl_4]$ 也可用同类的方法制得，但它是不溶于水的. 上述两种盐类都和氯铂酸钾 $K_2[PtCl_4]$ 有相同的晶体结构，故其分子中的 Os(VI) 也是六配位的八面体. $M_2[OsO_2Br_4]$ 的钾盐和铵盐可用氢溴酸与 $K_2[OsO_2(OH)_4]$ 反应制备，但在制备过程中，如果 HBr 的用量太少，得到的是 $K_2[OsO_3Br_2]$，反之，若 HBr 的用量过多，又生成 $K_2[OsBr_6]$.

若$[OsO_2X_4]^{2-}$ $\left(X=Cl,Br,NO_2,\frac{1}{2}C_2O_4\right)$中的两个 X 被一个氧离子取代，可以得到 Os(VI)的另一类含氧络合物$[OsO_2OX_2]^{2-}$ $\left(X=Cl,Br,NO_2,\frac{1}{2}C_2O_4\right)$. 在这类络合物中，以其 X 为 NO_2 的物质最为稳定. 其中，$K_2[OsO_2 \cdot O(NO_2)_2] \cdot 3H_2O$ 是由 $K_2[OsO_4]$与 $K_2[OsO_2(NO_2)_4]$的反应来制备的，它是一种棕色晶体，微溶于水，但在水溶液中会慢慢分解. 如果用卤化氢与 $K_2[OsO_2 \cdot O(NO_2)_2] \cdot 3H_2O$ 反应，可以得到相应的卤取代物 $K_2[OsO_2 \cdot O \cdot X_2]$(X=Cl,Br). 例如，用 HCl 和 $K_2[OsO_2 \cdot O \cdot (NO_2)_2] \cdot 3H_2O$ 反应，生成了 $K_2[OsO_2 \cdot O \cdot Cl_2]$，$K_2[OsO_2Cl_4]$及 $K_2[OsCl_6]$，用 HBr 代替 HCl，亦有类似的反应. $[OsO_2 \cdot O \cdot X_2]^{2-}$(X=Cl,Br)类化合物有强裂的水合作用，易形成带结晶水的络合物. 例如，相应的 K^+，Cs^+ 盐带 3 个结晶水，Ba^{2+} 盐带 4 个结晶水，Ag^+ 盐带 1 个结晶水. $K_2[OsO_2 \cdot O(C_2O_4)] \cdot 2H_2O$是由四氧化锇在草酸钾的溶液中放置数月后结晶出来的，它微溶于水，在 120℃才会分解.

锇(VI)酸盐$[OsO_2(OH)_4]^{2-}$能形成下面两种形式的环酯：

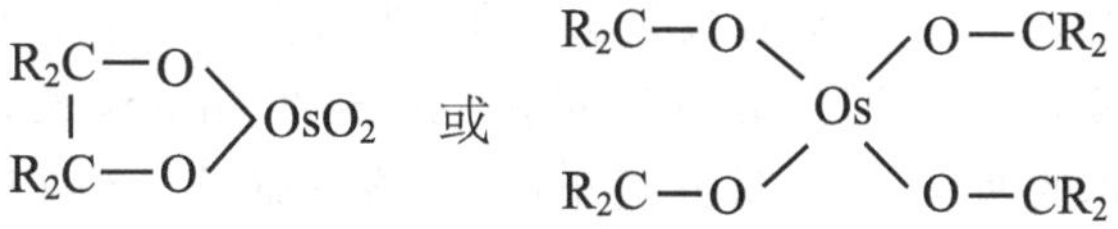

这两种环酯都可以由四氧化锇的醚溶液与不饱和烃(如茚或二氢萘)反应来制备. 这类环酯在与氯酸钠共同加热时，产生二醇类及四氧化锇.

现也已制得了 Os(VI)的一些新型的氧络合物，如 $Na_4[OsO_5]$，$Li_6[OsO_6]$和 $M_2M'[OsO_6]$(M=Ca,Sr；M'=Mg,Ca,Sr,Zn 和 Cd).

一些常见的锇(VI)的含氧络合物列于表 3.15.

表 3.15　锇(VI)的含氧配体络合物

络　合　物	颜色
$K_2[OsO_2X_4]$(X=Cl,Br)	红
$K_2[OsO_2(CN)_4]$	红
$K_2[Os_2(C_2O_4)_2]$	棕
$Na_2[OsO_2(SO_3)_4]$	黄
$K_2[OsO_2(OMe)_4]$	棕
$K_2[OsO_2(NO_3)_2(NO_2)_2]$	橘红
$K_2[OsO_2(OH)_2(NO_2)_2]$	棕
$K_2[OsO_2(OH)_2X_2]$(X=Cl,Br)	棕
$K_2[OsO_2(OH)_2(C_2O_4)]$	黑
$[OsO_2(NH_3)_2Cl_2]$	棕
$[OsO_2$(phthalocyanine)](phthalocyanie=酞菁)	蓝

3.10.2　含氮配体的络合物

Os(VI)的含氮配体络合物主要是氮卤合物,它们主要有 $M[OsNX_4]$ 和 $M_2[OsNX_5]$ 两类.

用氢溴酸在冷却条件下和 $K[OsO_3N]$ 反应,在释放出溴的同时,可结晶出 $K[OsNBr_4]$ 的红宝石色晶体. $K[OsNBr_4]\cdot 2H_2O$ 是 $M[OsNX_4]$ 型络合物中已知的唯一代表物,它很容易溶于水,但晶体本身会很快自行分解,只有在过量氢溴酸存在下,它才比较稳定. $K[OsNBr_4]\cdot 2H_2O$ 在与碱金属氢氧化物煮沸时,不会有氨放出,这表明氮原子处在内界,并且与 Os(VI)结合得十分牢固.

$M_2[OsNX_5]$ 型的 Os(VI)络合物比较常见,它们也可以由 $K[OsO_3N]$ 出发制备. 例如,用盐酸和 $K[OsO_3N]$ 反应,得到 $K_2[OsNCl_5]$,它是一种浅红紫色晶体. 如果在制备过程中加入 KCl,其产率可以大幅度地提高,这是因为发生了如下反应:

$$K[OsO_3N]+6HCl+KCl \longrightarrow K_2[OsNCl_5]+Cl_2+H_2O$$

$K_2[OsNCl_5]$ 易溶于水,水溶液呈红色. 但是,如果溶液的酸度不足或者受热,溶液中的 $K_2[OsNCl_5]$ 就会很快分解,生成黑色沉淀. 溶液与氢氧化钠煮沸时也不产生氨气. 对 $K_2[OsNCl_5]$ 的 X 射线分析表明,在该物质分子的八面体结构中,处于同一平面上的四个氯原子与 Os(VI)间有 240pm 的相等键长,另一个氯原子与氮原子位于八面体的两个顶点,彼此处于反位,该氯原子与 Os(VI)间的键长要短得多,为 216pm.

用氢溴酸与 $K[OsO_3N]$ 反应,可以得到两种 Os(VI)的溴配位络合物 $K_2[OsNBr_5]$ 和 $K_2[OsN(H_2O)Br_4]$,它们都是红色晶体,在水中易溶解,溶液呈红色. 类似于 $K_2[OsNCl_5]$,缺酸时它们也容易分解. $K_2[OsNBr_5]$ 的分子结构类于 $K_2[OsNCl_5]$. 在 $K_2[OsN(H_2O)Br_4]$ 中,位于八面体顶点,成反位的是 H_2O 和 N.

碱金属溴化物在氢溴酸的存在下和 $[OsO_3N]^-$ 反应,可制得 $(NH_4)[OsNBr_5]$, $Rb[OsNBr_5]$ 及 $(CH_3H)[OsNBr_5]_2$. 它们都是红色或棕红色晶体,在水溶液中易溶解得到红色溶液,这种溶液亦很不稳定,会很快发生分解.

Os(VI)的其它含氮配体络合物,如氨合物,亚硝基合物及氰化物等,已在其含氧络合物(3.10.1 节)中叙述过. 此外,用 NO 与 OsO_4 的 KNO_2 水溶液反应,得到 $K_2[OsO_2(NO_3)_2(NO_2)_2]$ 的橙红色晶体. Os(VI)的某些吡啶络合物,如 $[OsO_2\cdot OPy_2]$,已由四氧化锇的环己烷溶液与吡啶及乙醇一起反应而制得. Os(VI)的反磁性的乙二胺络合物 $[Os(en—H)_4]I_2$ 也已经有报道.

3.11　锇(VII)的络合物

锇(VII)的络合物很少,现在已知的还只限于几种氧或氟配位的络合物. 这种情况的存在,是由于Os(VII)是锇的一种很不稳定的高氧化态,只有F,O等电负性很高的配位原子才能在一定条件下与之配位而稳定,才有相应的络合物存在.

$[OsOF_5]$曾作为Os(VII)的唯一氟配位络合物报道过(见表3.2),但它的具体性质尚不清楚.

Os(VII)有$[OsO_5]^{3-}$和$[OsO_6]^{5-}$两种形式的含氧络合物,其中,$K_3[OsO_5]$已经得到,但是很不稳定,在水中易分解生成挥发性的四氧化锇及锇(VI)酸钾$K_2[OsO_2(OH)_4]$. $[OsO_6]^{5-}$的相应Na^+,K^+,Li^+,Ba^{2+}盐都已得到,它们都是黑色固体,在水溶液中也容易分解.此外,也已制得一种同时含有Li^+,Ba^{2+}的盐$LiBa_2[OsO_6]$.经测定,该物质的磁矩为1.44BM.这表明,$LiBa_2[OsO_6]$并不是Os(VIII)与Os(VI)的点阵混合物,而是Os(VII)的络合物.

3.12　锇(VIII)的络合物

Os(VIII)主要有两种类型的络合物.一类是氮基锇酸盐型的$M[OsO_3N]$,另一类是高锇酸盐型的$M_2[OsO_4X_2]$(X=OH,F).

$[OsO_3N]^-$类络合物很容易由浓氨水与四氧化锇的强碱溶液反应来制备.研究表明,这类络合物具有

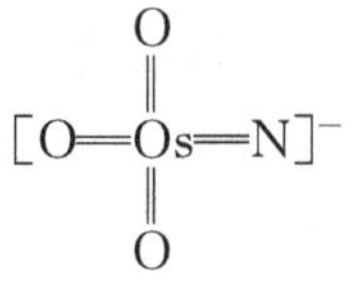

或

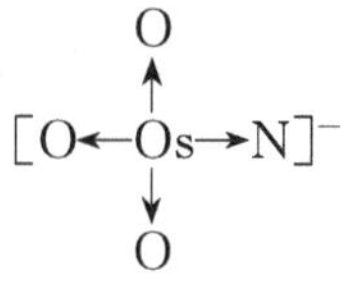

式的结构,而不是原来所报道的 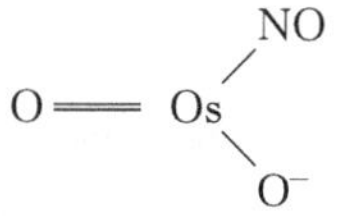 式.

$[OsO_3N]^-$所对应的酸$H[OsO_3N]$只存在于溶液中,呈黄色,是一种强酸,它在低浓度时可以保持几天都不分解.

$[OsO_3N]^-$的最重要的盐是氮基锇酸钾$K[OsO_3N]$,它可按如下的反应制得:

$$OsO_4 + KOH + NH_3 \longrightarrow K[OsO_3N] + 2H_2O$$

具体的制法是[31]:将10g四氧化锇和10g氢氧化钾溶于5ml水中,将所得的溶液加热到40℃以后,加入6mol·L^{-1}的氨水4ml,直至溶液的暗褐色变浅,并析出金黄色的$K[OsO_3N]$.制备中应避免氨水加入过量,否则会生成$(NH_4)[OsO_3N]$.进行结晶分离,用少量水(不超过5ml)洗涤,然后在60ml沸水中进行重结晶.所制得的$K[OsO_3N]$为立方晶系的橙黄色晶体,密度为4.2,略溶于水,极少量的溶于乙醇,不溶于乙醚.在空气中放置时颜色逐渐加深,加热到180℃时变黑,再升高温度

会发生爆炸.

K[OsO_3N]在真空中加热到 200℃时,它按下式发生分解,放出 N_2:

$$2K[OsO_3N] \xrightarrow{\text{真空},200℃} N_2 + K_2OsO_4 + OsO_2$$

在水溶液中,K[OsO_3N]是稳定的,甚至煮沸都不会分解,在强碱溶液中煮沸也不分解.但是,若加入浓盐酸,它会与之反应,产生 $K_2[OsNCl_5]$.

$[OsO_3N]^-$相应的 Na^+,Rb^+,Cs^+盐都已经制得,它们的溶解度按 Na^+,K^+,Rb^+,Cs^+盐的顺序逐渐降低.此外,银盐、钡盐和锌盐也已经得到,它们在水中都易溶解.

用 BrF_3 与 OsO_4 及金属溴化物共同反应,可制得 Os(VIII)的另一种络合物 M[OsO_3F_3](M=K,Cs,Ag),但是,相应的氯或溴络合物却还没有得到.

在低温下(一般在-10℃),将新制得的四氧化锇加入到碱金属氢氧化物的浓溶液中,可制得高锇酸盐型的 Os(VIII)络合物$[OsO_4(OH)_2]^{2-}$.例如,在温度低于-10℃时,将 OsO_4 加入于浓 KOH 溶液中,得到深红色的 $K_2[OsO_4(OH)_2]$.

M[$OsO_4(OH)_2$]盐一般为黄色或棕色晶体,它们都易溶于水,在水中的溶解度 Sr^{2+} 比 Na^+ 或 K^+ 盐要小得多,它们也易溶于碱,但在酸中或在固态时都不稳定,会发生分解放出 OsO_4.

将 OsO_4 加到冷的金属氟化物饱和溶液中,可制得 Os(VIII)的 $M_2[OsO_4F_2]$型络合物(M=Rb,Cs).它们是黄色晶体,但相应的氯或溴络合物未得到.

参 考 文 献

[1] J. C. Bailar,et al.,"Comprehensive Inorganic Chemistry",Vol. 3,Pergamon Press,Oxford,1973.
[2] N. V. Sidgwick,"The Chemical Elements and Their Compounds",Clarendon Press,Oxford,1953.
[3] J. W. Mellor,"A Comprehensive Treatase on Inorganic and Teoretical Chemistry",Vol. XV,Longmans,Green and Co. London,1974.
[4] B. F. G. Johnson,R. Davis,C. D. Garner,L. A. P. Kan-Maguire,J. A. Mccleverty,"A Specialist Periodical Report,Inorganic Chemistry of the Transition Elements",Vol. 3,p. 354,The Chemical Society Burlington House,London,1974.
[5] J. A. Mccleverty,J. Organometal Chem., 68,423(1974);89,273;(1975);119,261(1976);151,1(1978);183,281(1979).
[6] 储建华,贵金属,4(2),1(1983).
[7] B. Weinstock and J. G. Malm. J. Am. Chem. Soc.,80,4446(1958).
[8] G. B. Hargreaves and R. D. Peacock,Proc. Chem. Soc.,1959,85.
[9] G. B. Hargreaves and R. D. Peacock,J. Chem. Soc., 1930,2618.
[10] 陈寿椿,《重要无机化学反应》,上海科学技术出版社,第二版,第 781—785 页,1982.
[11] F. D. Gunstone,"Advance in Organic Chemistry1),Interscience,New. York Vol. 1,p. 110,1960.

[12] C. R. Eady,B. F. G. Johnson and J. Lewis,J. Organometal. Chem. ,37,382(1972).
[13] G. R. Clark,C. E. L. Headford,K. Marsden and W. R. Roper,J. Organometal. Chem. , 231,335 (1982).
[14] R. P. Ferrari,G. A. Vaglio,O. Gambino,M. Valle and G. Cetini,J. Chem. Soc. Dalton, 1998 (1972).
[15] E. O. Fisher and J. Muller,Ber. , 96,3217(1963).
[16] J. A. Mccleverty,J. Organometal. Chem. , 274,241(1984).
[17] A. D. Allen and J. R. Seevens,Chem. Communs. , 1147(1967).
[18] W. W. Brandt,F. P. Dwyer and E. C. Gyartas, Chem. Rev. , 54,959(1954).
[19] D. A. Buckingham,F. P. Dwyer,H. A. Goodwn and A. M. Sargeson,Austral,J. Chem. , 17,315, 325;17,622(1964).
[20] J. Chatt,R. L. Pichards and G. H. D. Royston,J. Chem. Soc. , 1433(1973).
[21] B. Bell,J. Chat,J. R. Dilworth and G. J. Leigh, Inorg. Chem. , 6,635(1972).
[22] M. M. Taqui Khan,S. Shareef and A. Hamed,J. Inorg. Nucl. Chem. , 38,331(1976).
[23] L. Vaska,Inorg. Nucl. Chem. Letters. , 1,89(1965).
[24] B. Bell,J. Chatt and G. J. Leigh,J. Chem. Soc. Dalion, 997(1973).
[25] G. Marr and D. E. Webster,J. Organomet. Chem. , 2,99(1964).
[26] L. Meites,J. Am. Chem. Soc. , 79,4631(1957).
[27] S. E. Livingstone,Quart. Rev. , 19,386(1965).
[28] D. Hewkin and W. P. Griffith,J. Chem. Soc. , A472(1966).
[29] R. D. Kemmitt,D. R. Russell and D. W. A. Sharp,J. Chem. Soc. , 4408(1963).
[30] F. P. Dwyer and J. W. Hogarth,J. Am. Chem. Soc. , 77,6152(1955).
[31] 日本化学会编,安家驹,陈之川译,《无机化合物合成手册》(第二卷),化学工业出版社(1986).

(刘振义)

28.4 铑[1]

4.1 铑的化学概要

铑是一个相当软且有延展性的银白色金属.除海绵状铑外,其它形态的铑不溶于王水.熔融的 $NaHSO_4$ 可使铑转变成可溶于水的硫酸根络合物.用碱处理这个络合物,生成 $Rh(OH)_3$ 沉淀,确切地讲,是生成水合 Rh_2O_3.将 $Rh(OH)_3$ 溶于盐酸,再加入 NH_4Cl,即沉出$(NH_4)_3[RhCl_6]$.

在铑的多种氧化态中(见表 4.1),I 和 III 是最重要的氧化态,其它氧化态则较为少见.+III 氧化态的铑最为常见,黄色$[Rh(H_2O)_6]^{3+}$中的铑就是正 3 价的.Rh^{3+}的络合物,特别是与含氮配体生成的络合物,与 Co(III)的相应络合物相似.Rh(I)存在于配体为 π-接受体的络合物中.Rh(I)的络合物多数是配位数为 4 的平面正方形,但也有一些配位数为 5 的 Rh(I)络合物.在化学反应中,许多平面正方形络合物的上方或下方可以各增加一个配体,因而它们在催化作用方面具有重要意义.铑的标准电极电位见表 4.2.

表 4.1 铑的氧化态

氧化态	配位数	例　　子
Rh(−I)	4	$[Rh(CO)_4]^-$,$[Rh(PF_3)_4]^-$
Rh(0)	6	$[Rh_6(CO)_{16}]$
Rh(I)	4	$[RhCl(PPh_3)_3]$
	5	$HRh(PF_3)_4$
Rh(II)	4	$Rh\{P(Q\text{-}MeC_6H_4)_3\}_2Cl_2$
	5	$[HRh(biPy)_2]^+$
Rh(III)	6	$[Rh(CN)_6]^{3-}$,$Rh(PPr^n)_3Cl_3$
Rh(IV)	6	$K_2[RhF_6]$
Rh(V)	6	$[RhF_5]_4$
Rh(VI)	6	RhF_6

表 4.2 铑的标准电极电位[1,2]

反　应　式	电位(V)
$RhCl_6^{3-}+3e \rightleftharpoons Rh+6Cl^-$	0.43
$RhCl_6^{3-}+e \rightleftharpoons RhCl_6^{4-}$	约 1.2
$RhO_4^{2-}+8H^++3e \rightleftharpoons Rh^{3+}+4H_2O$	0.80
$RhO_4^{2-}+4H^++2e \rightleftharpoons RhO_2+2H_2O$	2.01

4.2　铑的二元化合物

4.2.1　卤化物

氟与铑反应,生成黑色 RhF_6 固体.它是铂系金属中稳定性最小的六氟化物,干燥的 RhF_6 也能与玻璃发生反应.RhF_5 与 RuF_5 类质同晶.400℃时,在加压的情况下,氟与 RhF_3 反应,生成 RhF_5.BrF_3 与 $RhCl_3$ 或 $RhBr_3$ 反应,生成加合物 $RhF_4 \cdot 2BrF_3$,加热此化合物,即得 RhF_4.在 500—600℃时,氟与 $RhCl_3$ 或 RhI_3 反应,得到 RhF_3.RhF_4 与水激烈反应,而 RhF_3 很稳定,不与水、酸或碱反应.由含氢氟酸的 Rh(III)溶液中,可以析出 $RhF_3 \cdot 6H_2O$ 和 $RhF_3 \cdot 9H_2O$.这两个水合物溶于水得黄色溶液.

300℃时,氯气与铑反应,生成红色 $RhCl_3$ 晶体.它与 $AlCl_3$ 的结构相似.这个 $RhCl_3$ 不溶于水.在干燥 HCl 气流中,加热 $RhCl_3 \cdot 3H_2O$ 到 180℃,得到能溶于水的无水 $RhCl_3$.$RhCl_3 \cdot 3H_2O$ 是制备其它铑化合物最有用的原料.它的制备方法如下:摩尔比为 1∶2 的海绵铑和氯化钾一起研细,然后在氯气流中于 550℃加热 60min,用水浸泡红色产物,过滤,滤液中含有 $K_2[Rh(H_2O)Cl_5]$,加入足够量 KOH 溶液,沉出 $Rh(OH)_3$,洗涤沉淀后,将沉淀溶于尽量少的盐酸中,蒸发溶液近干,就得到酒红色的 $RhCl_3 \cdot 3H_2O$ 晶体.据报道:在氯气流中加热 $RhCl_3$ 至 950℃,就转变成 $RhCl_2$.

溴和铑在 300℃时反应,生成 $RhBr_3$.它是红棕色晶体,不溶于水中.用溴及氢溴酸处理海绵铑,即得 $RhBr_3 \cdot 2H_2O$.此水合物可溶于水.用 KI 与 $RhBr_3 \cdot 2H_2O$ 作用,生成黑色 RhI_3 固体.关于二溴化物和二碘化物虽然有过报道,但它们的存在仍是可疑的.

4.2.2　氧化物和氢氧化物

在氧气流中加热铑或 $RhCl_3$ 至 600℃,生成褐色 Rh_2O_3 固体.800℃时,Rh_2O_3 分解出的氧气压力约为 100kPa.Rh-O_2 体系中,可能存在 RhO 与 Rh_2O.Rh_2O_3 表现出一些两性:它与某些 2 价金属氧化物共熔,生成盐 $M^{II}Rh_2O_4$.

用碱处理 Rh(III)的溶液时,得到黄色沉淀 $Rh_2O_3 \cdot 5H_2O$.它能溶于酸,也能溶于碱中.在氧化剂(溴酸钠或次氯酸盐)存在时,用碱处理 Rh(III)的溶液,生成 $RhO_2 \cdot 2H_2O$,它是氧化剂,溶解于盐酸中有氯放出.$RhO_2 \cdot 2H_2O$ 是绿色固体,其水分子数目是可变的,因此又可写成 $RhO_2 \cdot xH_2O$.

4.2.3　硫化物、硒化物及碲化物

铑与相应的单质混合后共同加热，即可制得灰黑色 RhS_2 固体、灰黑色 $RhSe_2$ 固体或灰黑色 $RhTe_2$ 固体. $RhCl_3$ 与硫共热，可制得灰黑色 Rh_2S_5 固体. 此化合物很不活泼，与强酸都不发生反应.

4.3　铑(－Ⅰ)的络合物

在简单化合物中，不存在 Rh(－Ⅰ)，它仅存在某些络合物中. 用钠汞齐还原[Rh$(PPh_3)_2$(CO)Cl]，得到 Rh(－Ⅰ)的络合物 Na[Rh$(PPh_3)_2(CO)_2$]. 以这个络合物为原料，可制得含金属间键的络合物$(CH_3)_3$Sn-Rh$(PPh_3)_2(CO)_2$.

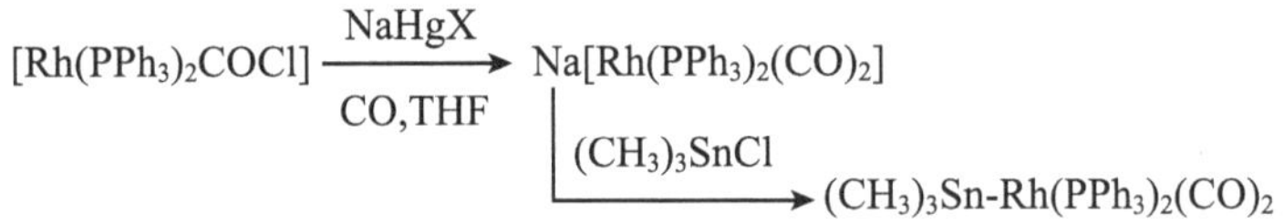

$(CH_3)_3$Sn-Rh$(PPh_3)_2(CO)_2$ 晶体能稳定地存在于空气中.

$Rh(CO)_2Cl$ 与 NO 作用，生成黑色 $Rh(NO)_2Cl$ 固体. 这个反磁性物质不溶于水，也不溶于多种有机溶剂中. 它是一个多聚体. 其红外光谱上有 NO^+ 的特征吸收峰[1703(s)，1605(s)]，所以该络合物中的铑应为 Rh(－Ⅰ). 这个络合物的结构式可能是：

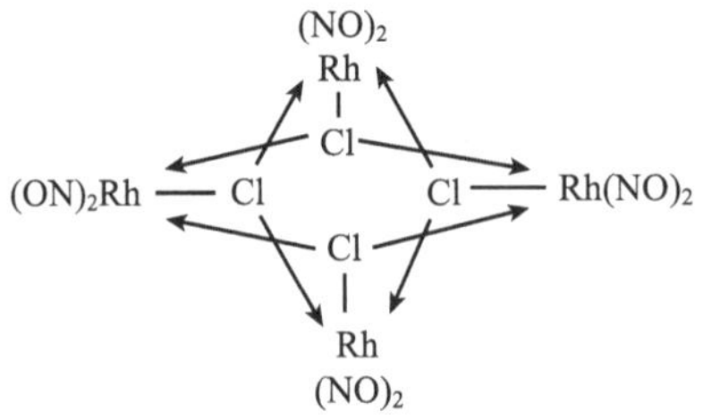

$$Rh(CO)_2Cl \xrightarrow[60℃]{\text{通入干燥 NO，2d}} Rh(NO)_2Cl$$

以 $Rh(NO)_2Cl$ 为原料，还可制得含 Rh(－Ⅰ)的其它络合物.

$$2Rh(NO)_2Cl + 6L \xrightarrow{25℃} Rh(NO)L_3 + Rh(NO)L_2Cl_2 + OL + N_2O$$

（$L = PPh_3, AsPh_3, SbPh_3$）

$$Rh(NO)_2Cl + 4P(C_6H_5)_3 \xrightarrow[THF]{NaHgX} Rh(NO)[P(C_6H_5)_3]_3 + OP(C_6H_5)_3 + \frac{1}{2}N_2$$

$Rh(NO)L_3$ 及 $Rh(NO)[P(C_6H_5)_3]_3$ 中的铑都是 Rh(－Ⅰ).

还合成了一系列[$Rh(NO)L_3$]型的络合物[$L = PMePh_2$，$(p\text{-}MeC_6H_4)_3P$，$(p\text{-}FC_6H_4)_3P$]，它们的结构为正四面体.

4.4　铑(0)的络合物

只含羰基的 Rh(0) 络合物有 3 种：$Rh_2(CO)_8$（橙色，76℃熔化并分解）、$Rh_4(CO)_{12}$（红色，150℃时分解）和黑色 $Rh_6(CO)_1^6$（220℃时分解）. $Rh_2(CO)_8$ 的存在还未完全肯定. 在铜存在时，无水 $RhCl_3$ 和 CO 在 20 200kPa 压力下，加热 15h，温度范围为 50—80℃ 时生成 $Rh_4(CO)_{12}$，温度范围为 80—230℃ 时生成 $Rh_6(CO)_{16}$. X 射线衍射数据表明：$Rh_4(CO)_{12}$ 的 4 个铑原子位于一个正四面体的 4 个顶点，每个铑原子单独连着两个羰基，余下的 4 个羰基构成 4 个铑原子间的二向羰桥. $Rh_4(CO)_{12}$ 的红外光谱上出现 $1885cm^{-1}$ 的谱带，证明有羰基桥存在. 用 X 射线衍射研究 $Rh_6(CO)_{16}$，发现 6 个铑原子位于一个正八面体的 6 个顶点，每个铑原子单独连着两个羰基，余下的 4 个羰基是铑原子间的三向桥，每个羰基连着 3 个铑原子.

$[TlCo(CO)_4]$ 或 $[Co_2(CO)_8]$ 与 $[RhCl(PF_3)_2]_2$ 反应，生成一个含两种金属的簇状化合物 $[Rh_2Co_2(CO)_8(PF_3)_4]$（图 4.1a）. 将 $[Rh_2Co_2(CO)_8(PF_3)_4]$ 与 $[Rh_2Co_2(CO)_{12}]$（图 4.1b）的戊烷溶液混合在一起，发生分子间配位体的交换作用，生成 $[Rh_2Co_{2-}(CO)_{10}(PF_3)_2]$（图 4.1c）.

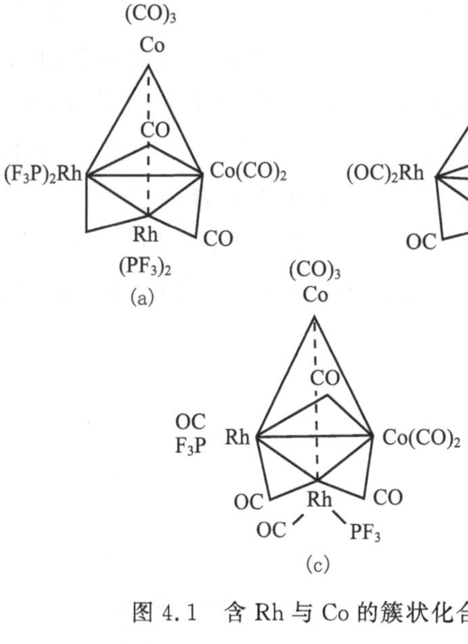

图 4.1　含 Rh 与 Co 的簇状化合物

C_5Me_5（1，2，3，4，5-五甲基环戊二烯基）配体有较强的电子给予性质，$(\eta\text{-}C_5Me_5)M(CO)L$（M=Rh 或 Co，L 为配体）中金属具有明显碱性，此络合物成为一种金属亲核试剂，$(\eta\text{-}C_5Me_5)M(CO)L$ 与 $(\eta\text{-}C_5H_5)_2Rh_2(\mu\text{-}CO)(\mu\text{-}CF_3C_2CF_3)$ 作用生成较稳定的 $(\eta\text{-}C_5H_5)_2(\eta\text{-}C_5Me_5)Rh_3(CO)(\mu\text{-}CO)\{\mu\text{-}C(O)C_2(CF_3)_2\}$ 等三核络合物. $(\eta\text{-}C_5H_5)M(CO)L$ 也是一个金属亲核试剂，同样可用来制备类似的三核络合物[3].

4.5　铑(I)的络合物

Rh(I)的络合物很多.大部分 Rh(I)络合物都是平面正方形的,少部分 Rh(I)络合物的配位数为 5.不论配位数为 4 或者配位数为 5 的 Rh(I)络合物都含 π-配体.能与金属生成反馈 π-键的配体可以使低氧化态的金属稳定化.在有相应的配体存在下还原 $RhCl_3 \cdot 3H_2O$,即可制得 Rh(I)的络合物.还原剂可以是配体,可以是醇类溶剂,也可以是其它还原剂(如 $SnCl_2$).$[Rh(CO)_2Cl]_2$ 也常用来制备其它的 Rh(I)络合物.反应时,氯桥被新加入的配体所切断:

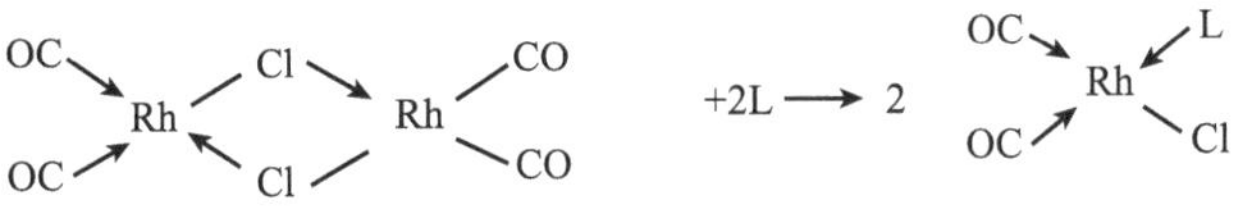

有时,$[Rh(CO)_2Cl]_2$ 可发生羰基置换反应,而不破坏氯桥:

$$[Rh(CO)_2Cl]_2 + 2diene \longrightarrow [Rh(diene)Cl]_2$$

Rh(I)平面正方形络合物能与 H_2 等分子发生加成反应,生成 Rh(III)的八面体络合物.正因为 Rh(I)平面正方形络合物具有这个重要性质,所以它是许多有机反应的良好催化剂.$RhCl(PPh_3)_3$ 是烯烃和炔烃均相加氢反应的最有效催化剂.在溶液中,$RhCl(PPh_3)_3$ 失去一个 PPh_3 分子,变成 $RhCl(PPh_3)_2 \cdot$ 溶剂合分子,它夺取一个氢分子,生成顺式-$H_2RhCl(PPh_3)_2 \cdot$ 溶剂合分子,烯烃或炔烃分子就结合到 Rh(I)络合物的空的第六个配位位置上去了.因而烯烃或炔烃便被活化,很容易发生加氢反应,加氢后的烯烃或炔烃脱离 Rh(I)络合物,留下的 $RhCl(PPh_3)_2$ 又可继续发生催化作用.

$$RhCl(PPh_3)_3 \underset{PPh_3}{\overset{\text{溶剂}}{\rightleftharpoons}} PhCl(PPh_3)_2 \cdot \text{溶剂分子}$$

$$RhCl(PPh_3)_2 \cdot \text{溶剂分子} \longrightarrow \text{顺式}-H_2RhCl(PPh_3)_2 \cdot \text{溶剂分子}$$

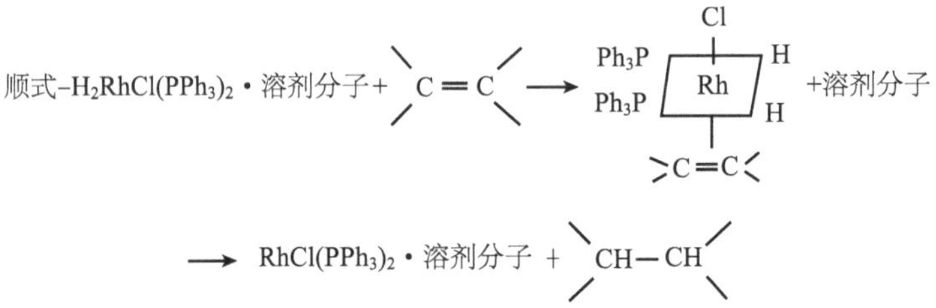

4.5.1　含氮配体的络合物

在 I^- 存在时,$Rh(C_2H_5N)_3Cl_3$ 与氧化银反应,生成 Rh(I) 的络合

物$Rh(C_2H_5N)_3$(C_2H_5N=乙撑亚胺).

低温时,Co(II)卟啉络合物能与氧分子结合,又能释放出氧分子,因此估计低价铑的卟啉络合物是氧化反应的催化剂.各种价态钴的卟啉络合物是维生素 B_{12} 的最可能模型,但在水中,卟啉不能稳定 Co(I),因此希望用 Rh(I)的卟啉络合物作辅酶维生素 B_{12} 的模型.根据这个理由,各种价态铑卟啉络合物的合成是个重要的课题.

在苯中,八乙基卟啉($OEPH_2$)与$[Rh(CO)_2Cl]_2$ 反应(图 4.2),再经几个步骤后,生成墨绿色晶体$[(OEPH)Rh^{I}_2(CO)_4Cl]$.在苯-氯仿混合溶剂中,重结晶$[(OEPH)Rh^{I}_2(CO)_4Cl]$,得到$[(OEP)Rh^{I}_2(CO)_4]$.从提取$[(OEPH)Rh^{I}_2(CO)_4Cl]$的残留液中,还可得到$(OEP)Rh^{III}Cl \cdot 2H_2O$[4].

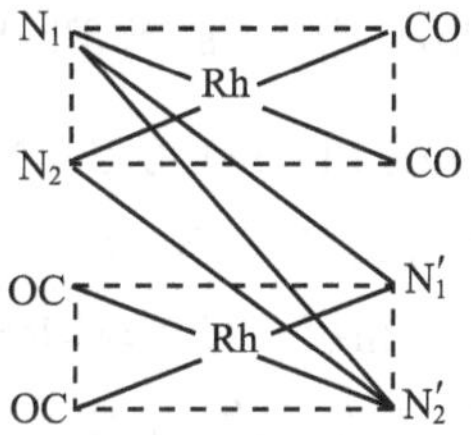

图 4.2　$[(OEP)Rh^{I}_2(CO)_4]$的结构

Rh(I)及 Rh(III)的卟啉络合物可作如下的互相变换[5]:

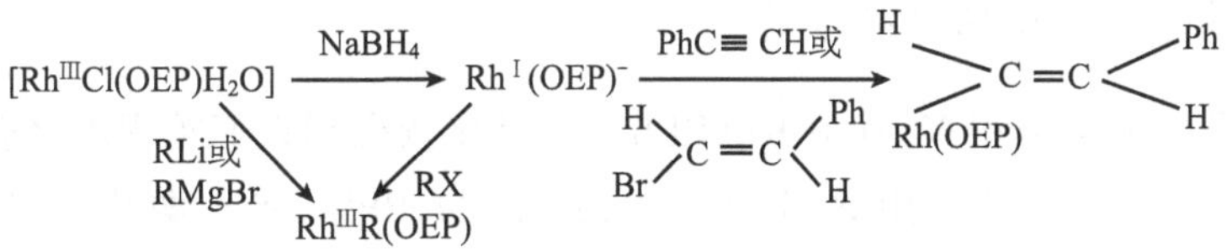

Rh(I)的络合物$[Rh(CO)_2L_3]ClO_4$ 与一系列含氮化合物作用,生成 Rh(I)的含氮配体的络合物.

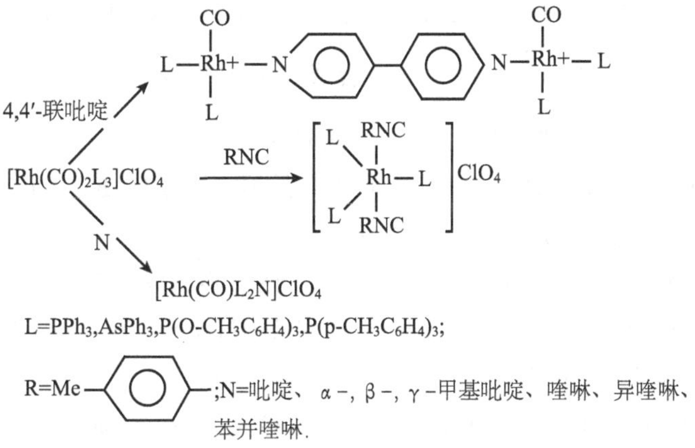

$[RhCl(CO)_2]_2$ 与 2,2′-联吡啶或 1,10-二氮杂菲反应，生成 $[Rh(N—N)(CO)_2][RhCl_2(CO)_2]$，在络阳离子及络阴离子中，铑的氧化态都是(Ⅰ)(N—N 代表 2,2′-联吡啶或 1,10-二氮杂菲).

金属有机化合物的光化学效应受到人们广泛的重视，但内𬭩盐及其金属络合物的发光现象研究甚少. 但 $[Rh(COD)(C_5H_4NC(O)^- CHN^+ C_5H_4X\text{-}4)]ClO_4$ [COD=1,5-环辛二烯；X=$CH_3C(O)$，$CH_3OC(O)$，C_6H_5，CH_3 及 H]受到了详细的研究[6].

4.5.2　含亚硝基的络合物

室温下，$Rh(NO)_2Cl$ 与 Ph_3P，Ph_3As 或 Ph_3Sb 反应，生成 $Rh(NO)L_3$ 和 $Rh(NO)L_2Cl_2$($L=Ph_3P$，Ph_3As 或 Ph_3Sb). $2Rh(NO)_2Cl + 6PPh_3 \xrightarrow{25℃} Rh(NO)(PPh_3)_3 + OPPh_3 + Rh(NO)(PPh_3)_2Cl_2 + N_2O$

$Rh(NO)(PPh_3)_2Cl_2$ 中铑为 Rh(Ⅰ). NO 与 $[Rh(OAc)_2]_2$ 反应生成 $Rh(NO)(OAc)_2$. 此络合物的红外光谱指出：氧化氮为 NO^+，不是 NO^-.

$[Rh(NO)(PPh_3)_2Cl_2]$ 的结构为四方锥形，NO 位于锥顶. $[Rh(NO)_2(PPh_3)_2]ClO_4$ 的结构异乎寻常，介于四面体与平面正方形之间[7].

4.5.3　含膦、胂和䏲的络合物

这类化合物数目很多，其中 $Rh(PPh_3)Cl$ 是比较受到人们重视的络合物，因为它在催化方面有重要的用途. $RhCl_3 \cdot 3H_2O$ 与 PPh_3 在乙醇中反应，即生成 $Rh(PPh_3)_3Cl$. 此化合物在溶液中会发生离解反应：$Rh(PPh_3)_3Cl \rightleftharpoons Rh(PPh_3)_2Cl + PPh_3$. L 取代 $Rh(PPh_3)_3Cl$ 中的 PPh_3 后，生成 $Rh(PPh_3)_2LCl$($L=Py$，DMSO，MeCN，C_2H_4 及 CO). 在二氯甲烷溶液中，$Rh(PPh_3)_3Cl$ 与 O_2 反应，生成 $Rh(PPh_3)_2(O_2)Cl \cdot \frac{1}{2}C_2H_2Cl_2$. 还合成了胂的类似络合物 $Rh(AsPh_3)_2(O_2)Cl$. $Rh(PPh_3)_3Cl$ 还可以进行加成反应，与 CH_3I 反应，生成配位数为 6 的 Rh(Ⅲ) 络合物 $RhCH_3(PPh_3)_2ClI(CH_3I)$，$CH_3I$ 是通过碘与 Rh(Ⅲ) 联结起来. $Rh(PPh_3)_3Cl$ 与氯化氢反应，生成 $HRh(PPh_3)_2Cl_2$.

联膦络合物 $[Rh(Ph_2PCH_2CH_2PPh_2)_2]Cl$ 性质不活泼，在一般条件下不与 CO 或 H_2 反应. 但是，在四氢呋喃中，$[Rh(Me_2PCH_2CH_2PMe_2)_2]Cl$ 与 H_2 反应，生成顺式-$[H_2Rh(Me_2PCH_2CH_2PMe_2)_2]Cl$.

令等摩尔的 $Ph_2P(CH_2)_nPPh_2$ 和 $[RhCl(CO)_2]$ 反应，生成一类有趣的化合物 $[RhCl(CO)\{Ph_2P(CH_2)_nPPh_2\}]_m$，$n=1,3,4$ 时，P^{31} 核磁共振谱和红外光谱指出：

化合物为二聚体($m=2$),该化合物中的 Cl^- 与 CO 处于反位(见图 4.3a). 当 $n=2$ 时,化合物为单核络合物,Cl^- 与 CO 处于顺位[8](见图 4.3b).

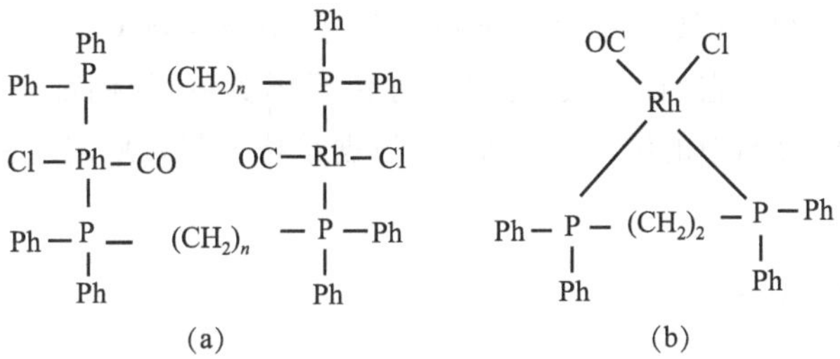

图 4.3　$[RhCl(CO)\{Ph_2P(CH_2)_nPPh_2\}]_m$ 的结构

(a) $n=1,3,4,m=2$;　(b) $n=2,m=1$

䏲配体 L 与 $[RhCl(CO)_2]_2$ 反应[$L=Ph_3Sb$, o^-, p-$(MeC_6H_4)_3Sb$]生成配位数为 4 或 5 的化合物:$[RhCl(CO)L_2]$或$[RhCl(CO)L_3]$. 配位数的多少,依赖于溶剂的性质及 L 的大小[9].

4.5.4　羰基络合物

Rh(I)的羰基卤化物有三种类型:$[Rh(CO)_2X]_2$,$[Rh(CO)X_2]_2^{2-}$ 及 $[Rh(CO)_2X_2]^-$. CO 与 Rh(III)的卤化物反应,制得$[Rh(CO)_2X]_2$;$[Rh(CO)_2X]_2$ 与 HX 互相作用,生成 $[Rh(CO)_2X_2]^-$ 及 $[RhCOX_2]_2^{2-}$;用 AgX 处理 $[Rh(CO)_2Cl]_2$,生成$[Rh(CO)_2X]_2$ $\left(X=NO_3, SCN, RCO_2 \text{ 或 } \frac{1}{2}SO_4\right)$. MR_3($M=P$, As, Sb)与$[Rh(CO)_2Cl]_2$ 作用可制得 Rh(I)的膦、胂及䏲的络合物. $[Rh(CO)(SbPh_3)_4X]$是 Rh(I)的配位数为 6 的化合物,它具有八面体构型. Rh(I)络合物的配位数通常为 4,有少数为 5,配位数为 6 者是非常罕见的. 将 $RhCl_3 \cdot 3H_2O$ 及 β-二酮的二甲基甲酰胺溶液回流,生成紫红色化合物$[Rh(CO)_2acac]$. 它与 PPh^3 反应,得到$[Rh(CO)(acac)PPh_3]$. 三卤化硼与 Rh(I)的羰基膦、羰基胂络合物反应,生成配位数可能是 5 的化合物 $RhCOX(MPh_3)_2BX_3$($M=P$, As; $X=Cl$, Br).

卤素对顺式-$[RhX_2(CO)_2]^-$ 进行氧化加成反应,生成$[RhX_4(CO)_2]^-$. 反应产物$[RhI_4(CO)_2]^-$ 与$[RhBr_4(CO)_2]^-$ 均有反式结构,这与预期的结果是相反的.

4.5.5　氧分子作配体的络合物

已经合成了一系列含氧分子的 Rh(I)络合物$[RhX(O_2)(PPh_3)_2(RNC)]$($X=Cl$, Br, I; $R=Bu^t$; $X=Cl$, $R=C_6H_{11}$, p-$CH_3C_6H_4$),$[RhCl(O_2)(AsPh_3)_2(Bu^tNC)]$ 和$[Rh(O_2)(PPh_3)_2(Bu^tNC)_2]Cl$. 合成的方法有两个:(1)把 $RhX(PPh_3)_2(RNC)$,

$RhX(PPh_3)_2(Bu^tNC)_2$ 或者 $RhCl(AsPh_3)_2(Bu^tNC)$曝置在空气中;(2)向 $RhX(PPh_3)_3$ 与 RNC 的苯溶液中通入空气. 固态时,这些化合物的热稳定性是高的. 含 Bu^tNC 的化合物吸收氧气的反应为不可逆反应. 含 p-$CH_3C_6H_4$ 的络合物吸收氧气的反应为可逆反应. 它们的颜色为由黄绿色至褐黄色,他们都是多聚体,具有反磁性,在许多有机溶剂中的溶解度都很小. 根据结构分析,O_2 起着两个核之间成桥作用.

4.5.6 氢作配体的络合物

这类化合物数目不多. 它们似乎都是配位数为 5 的化合物. 在约 200 200kPa 压力下和 200℃ 时,$RhCl_3 \cdot 3H_2O$ 与 CO 共热 24 小时,生成淡黄色不稳定的 $HRh(CO)_4$. 它的熔点为 −10℃. 170℃ 时,$RhCl_3$,Cu,PF_3 和 H_2 互相反应,制得 $HRh(PF_3)_4$. 在乙醇溶液中,$Rh(CO)(PPh_3)_2Cl$、联氨和 PPh_3 发生反应,生成具有三角双锥结构的 $HRhCO(PPh_3)_3$. 它对乙烯的加氢反应具有催化活性.

4.5.7 π-络合物

1. 环戊二烯络合物

C_5H_5Na 与$[Rh(CO)_2Cl]_2$ 反应,生成橙色$(C_5H_5)Rh(CO)_2$(熔点为 −11℃). 用光线照射$(C_5H_5)Rh(CO)_2$,生成有一个成桥羰基的$(C_5H_5)_2Rh_2(CO)_3$ 及 $[(C_5H_5)RhCO]_3$. $RhCl_3$ 与 C_5H_5MgBr 反应,生成褐黑色反磁性 $HRh_3(C_5H_5)_4$,产率很低. 这个化合物在空气中是稳定的,并且能溶于许多有机溶剂中. $HRh_3(C_5H_5)_4$中的 3 个 Rh(I)构成一个等边三角形,Rh—Rh 核间距为 272pm,每一个 Rh(I)以 π 键连着一个环戊二烯基离子,这 3 个 $C_5H_5^-$ 位于 3 个 Rh(I)构成的等边三角形的一侧,第四个 $C_5H_5^-$ 位于等边三角形的另一侧,几乎平行于此等边三角形.

2. 芳烃络合物

由 $RhCl_3$ 出发,可以制得$[Rh(C_6Me_6)_2]^+$.

$$2RhCl_3 + 5AlBr_3 + Al + 6C_6(CH_3)_6 \longrightarrow 3\{Rh^{II}[C_6(CH_3)_6]_2\}(AlX_4)_2$$

$$(X=Cl,Br)$$

$$\{Rh^{II}[C_6(CH_3)_6]_2\}^{2+} \xrightarrow[CrCl_2]{Zn/HCl} \{Rh^{I}[C_6(CH_3)_6]_2\}^+$$

2,3,5,6-四甲基-1,4-苯醌(tbq)与$[Rh(CO)_2Cl]_2$ 反应,生成二聚体$[Rh(tbq)Cl]_2$.

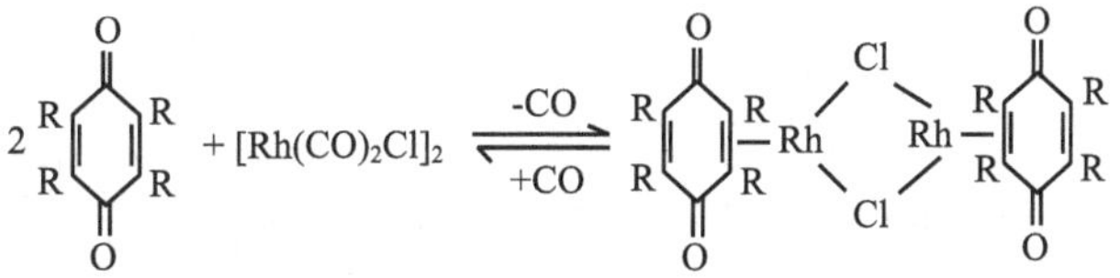

R=CH$_3$,C$_2$H$_5$

3. 单烯络合物

在 $RhCl_3$ 的甲醇水溶液中，通入乙烯，即可获得微溶于水的橙红色化合物 $[(C_2H_4)_2RhCl]_2$. $[(C_2H_4)_2RhCl]_2$ 的结构式为：

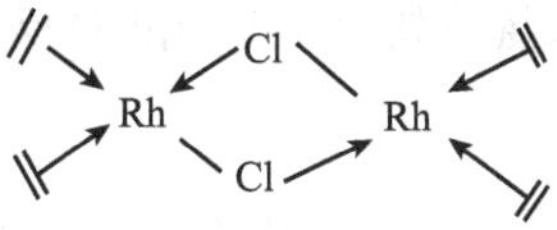

用丙烯代替乙烯可合成结构类似的络合物. $[(C_2H_4)_2RhCl]_2$ 与 C_5H_5Na 的四氢呋喃溶液反应，反应温度为 25—65℃，生成的产物之一是 $C_5H_5Rh(C_2H_4)_2$. $C_5H_5Rh(C_2H_4)_2$ 的结构式如下：

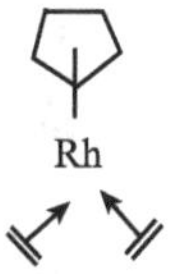

在 $RhCl(PPh_3)_3$ 的苯或氯仿溶液中，通入 C_2H_4，迅速生成亮黄色晶状化合物 $RhCl(PPh_3)_2(C_2H_4)$.

4. 二烯络合物

在 $RhCl_3$ 乙醇溶液中，加入 1,5-环辛二烯并回流，即有黄色 $C_8H_{12}RhCl$ 晶体沉积下来. 它是反磁性的双聚体.

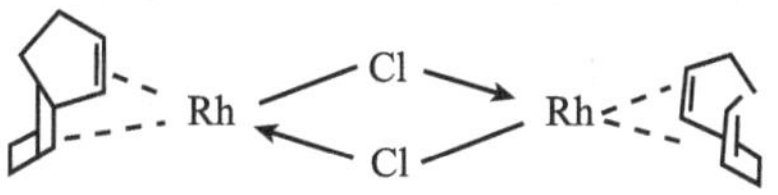

此络合物的氯桥可为 Br, I, SEt 代替. 相应化合物的稳定性顺序为 Cl＞Br＞I＞SEt，这个顺序恰好是反位效应增强的顺序.

用相同的办法，使用相应的二烯化合物，合成了一系列 Rh(I)的二烯络合物 [Rh(二烯)Cl]$_2$（二烯＝1,5-环辛二烯、环辛四烯、降冰片二烯、1,5-己二烯、1,3-环己二烯、1,6-环癸二烯和 2,5-二甲基己二烯-[1,5]）.

丙二烯与 $Rh^{I}(C_2H_4)_2(RCOCHCOR)$（R＝Me, CF_3, Ph）在－35℃反应，生成一个结构异常的络合物[10].

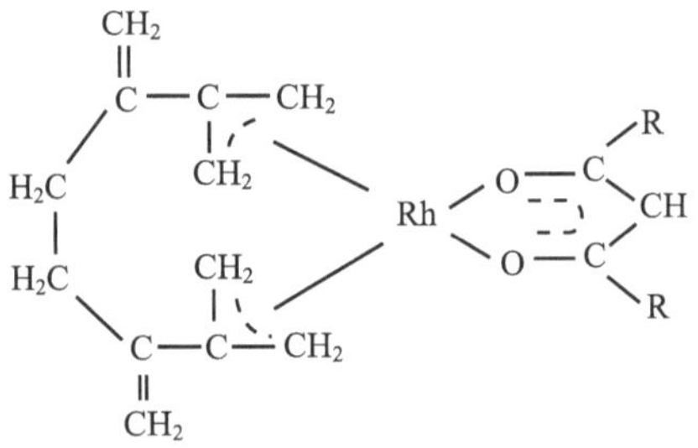

5. 烯丙基络合物

$[RhCl(PPh_3)_3]$与烯丙基氯化镁(C_3H_5MgCl)反应,生成$[RhL(PPh_3)_2]$(L=1,3-η-烯丙基).

$$[RhCl(PPh_3)_3]+C_3H_5MgCl \longrightarrow [RhL(PPh_3)_2] + MgCl_2 + PPh_3$$

利用同样方法,由不同的烯丙基氯化镁衍生物出发,可制得 Rh(Ⅰ)的一系列烯丙基络合物.

将丙二烯或 1,3-丁二烯通入于 $RhH(CO)(PPh_3)_3$ 的苯溶液中,得到黄色固体 $Rh(\pi\text{-}CH_2=CH-CH_2)(CO)(PPh_3)_2$ 或 $Rh(\pi\text{-}CH_2=CH—CH—CH_3)(CO)(PPh_3)_2$.

^{103}Rh 同位素具有较好的核磁共振效应(自然丰度 100%,核自旋为 1/2,灵敏度不算太低,约为^{13}C 核的 18%).已合成的铑有机金属化合物很丰富,预期研究此类化合物的核磁共振谱,可以提供 Rh-烯烃键的信息,从而使我们能更深入认识铑有机金属化合物作催化剂的均相催化作用.已用核磁共振脉冲技术直接测定了一系列铑的有机金属化合物的核磁共振谱[11].

已合成了一系列双金属烯烃络合物 $L^1M^1C_7H_7M^2L^2$(M^1=Fe,Co,Rh;M^2=Rh,Ir,Pd;L^1=CO,C_5H_5;L^2=二烯、烯丙基 $P(OR)_3$),并用^{13}C-,^{57}Fe-和^{103}Rh 核磁共振谱研究了这类络合物的流变结构[12].

4.5.8 Rh(Ⅰ)与碳硼烷衍生的络合物

碳硼烷是碳原子与硼原子组成的一类笼形化合物,没有毒性并具有特殊的稳定性,可以负担特殊的用途(如高能火箭燃料等).这类化合物可以作为许多金属的配体.目前已合成了几种铑(Ⅰ)-碳硼烷络合物.碳硼烷体积较大,如果其它配体的体积也大,由于空间位阻效应,铑(Ⅰ)只能生成配位数为 3 的络合物[13].

$$[RhCl(PPh_3)_3]+\text{Li-Carb} \longrightarrow [Rh(\sigma\text{-Carb})(PPh_3)_2]$$

(Li-Carb=碳硼烷阴离子的锂盐 1-Li-2-R-1,2-$B_{10}C_2H_{10}$ 或者 1-Li-7-R-1,7-B_{10}

C_2H_{10}, R=H, Me, Ph).

二甲基苯基膦与[Rh(σ-Carb)$(PPh_3)_2$]反应,因为 Me_2PhP 的体积比 Ph_3P 的体积小,所以可生成配位数为 4 的络合物[Rh(σ-Carb)$(PMePh)_3$](σ-Carb=1,2-$B_{10}C_2H_{11}$,7-Ph-1,7-$B_{10}C_2H_{10}$)[14].

4.5.9 二取代膦衍生物的络合物

二取代膦 R_2PH(R=脂基或芳香基)容易为氧、硫或硒氧化,生成 R_2PEH(E=O,S,Se),甚至生成 R_2PE_2H.

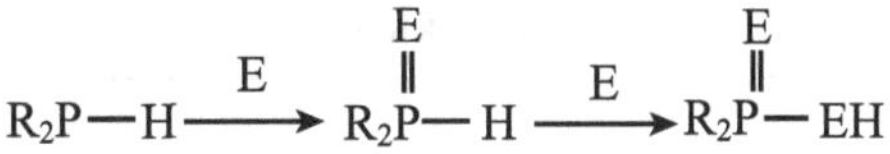

$R_2P(E)H$ 与各种金属离子结合时,通常采取如下方式:

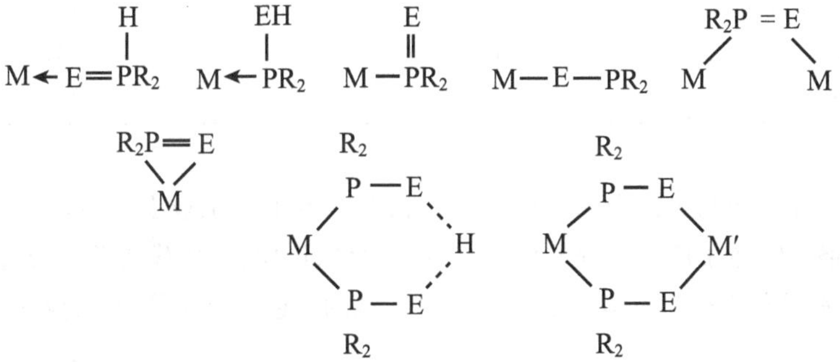

Rh(I)与 R_2PS^- 生成的络合物采取了一种从未发现过的形式:

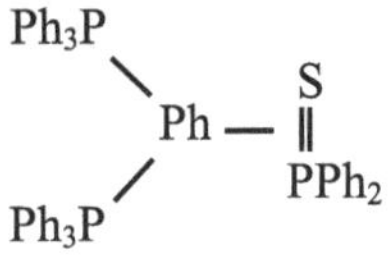

铱络合物也出现类似的结构[15].

4.6 铑(II)的络合物

Rh(II)具有 d^7 电子组态,可以预料,它的络合物将是顺磁性的. Rh(II)络合物的数目不多.

4.6.1 含氧配体的络合物

水合 Rh_2O_3 与羧酸反应,生成深绿色反磁性络合物$[Rh(RCO_2)_2]_2$. 这个络合物的反磁性表明,Rh—Rh 之间有强烈的相互作用(表 4.3). $RhCl_3$ 与 RCOONa(R=CCl_3, $CHCl_2$, CH_2Cl, CF_3, CF_2Cl, CH_2Br)在乙醇中反应,得到[Rh$(RCO_2)_2$

$(C_2H_5OH)]_2$，此化合物中乙醇容易为其它分子（如 PPh_3、吡啶、乙硫醇）所取代. 加热$[Rh(RCO_2)_2(C_2H_5OH)]$，极易赶走其中的乙醇. $RhCl_3$ 与 HCOOH 共同在水浴上加热，即可生成暗绿色的络合物$[Rh(HCO_2)_2]_2 \cdot H_2O$.

1972 年发现 Rh(II)的羧酸盐有抗癌活性，能够抑制一些生物过程，特别是细胞合成 DNA 的过程. 它们还可以作为有机合成中的催化剂（如烯烃加氢的均相催化剂等）. 由于具有这些特性，这类络合物受到人们的较大重视.

这类络合物的一个重要特点是分子中存在金属-金属间键[16].

表 4.3 Rh—Rh 键长、伸缩振动频率常数

络合物	Rh—Rh(pm)	ν(Rh—Rh)(cm^{-1})
$Rh_2(O_2CH)_4(H_2O)_2$		168
$Rh_2(O_2CMe)_4(H_2O)_2$	238.5(5)	155
$Rh_2(O_2CMe)_4(MeOH)_2$		170
$Rh_2(O_2CMe)_4$	238.6	155
$Rh_2(OSCMe)_4$	255.0	164

二硫代羧酸根与过渡金属生成的络合物在学术上及工业上都有广泛的意义，人们对这类络合物作了广泛系统的研究. 从已有材料说明：一硫代羧酸根与过渡金属生成的络合物，其化学行为更丰富多采. 已报道了铑的一或二硫代羧酸络合物$(R_2mtc)_2$—

$Rh_2(CO)_4$ 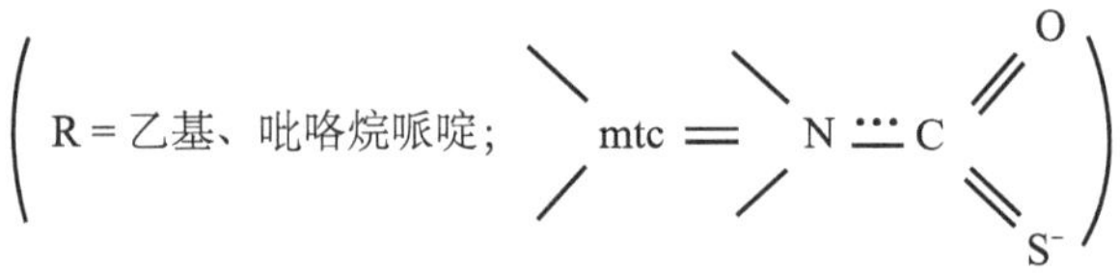

,

$(Ph_3P)_2Rh(CO)(PiPmtc)$ 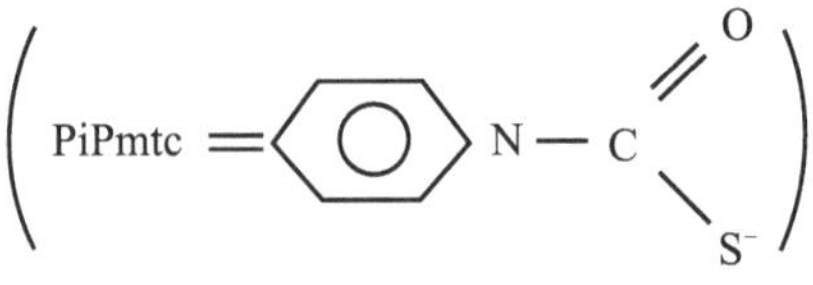

, [Ph⁻

$(PPh_3)(Et_2dtc)_2]BF_4$, $[Rh(R_2dtc)_3]BF_4$ 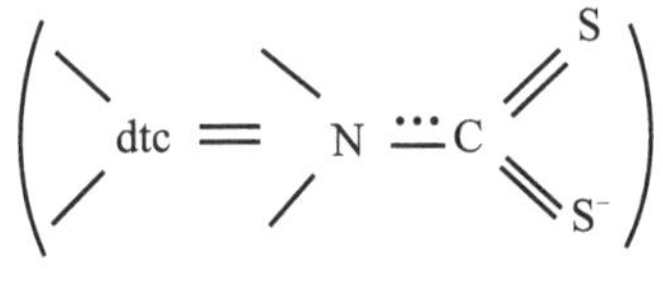

等[17].

4.6.2 含氮配体的络合物

四苯基卟啉（TPP）的冰醋酸溶液与$[Rh(CO)_2Cl]_2$ 在氮气氛中共同回流，生成 Rh(III)的卟啉络合物 $Rh(TPP)Cl \cdot H_2O$，同时生成少量 Rh(II)的卟啉络合物

Rh(TPP). 如果把$[Rh(CO)_2Cl]_2$缓慢加入正在回流的 TPP 冰醋酸溶液,主要产品是$Rh^{II}(TPP)$[18].

4.6.3 π-络合物

金属钠与$[Rh(C_5H_5)_2]PF_6$反应,可生成$Rh(C_5H_5)_2$. 这个化合物很不稳定. $RhCl_3$, $AlBr_3$, Al 与$C_6(CH_3)_6$反应,生成$\{Rh^{II}[C_6(CH_3)_6]_2\}^{2+}$,继续加入$NH_4PF_6$或$H_2PtCl_6 \cdot 6H_2O$,即可得$\{Rh^{II}[C_6(CH_3)_6]_2\}(PF_6)_2$晶体或$\{Rh^{II}[C_6(CH_3)_6]_2\}(PtCl_6)$晶体. 这两个化合物都很稳定. 在酸性溶液中,Zn 可以把$\{Rh^{II}[C_6(CH_3)_6]_2\}^{2+}$还原为$\{Rh^{I}[C_6(CH_3)_6]_2\}^{+}$.

4.6.4 含膦配体的络合物

2-(二苯基膦基)吡啶是制备双核过渡金属络合物的很好的成桥配体,可用一个反应方程式表示此类反应:

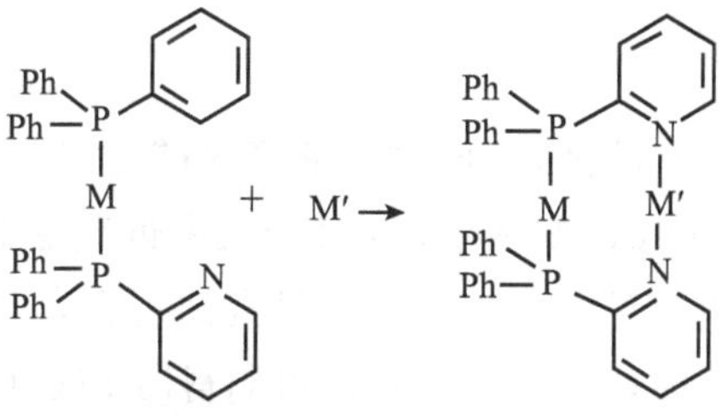

用此类反应可生成同核 Rh—Rh、异核 Rh—Pd 和 Rh—Pt 等的双核络合物,此类络合物中存在金属间键[19].

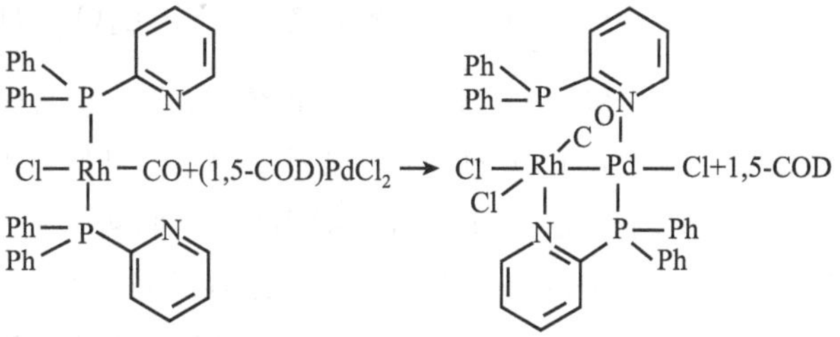

4.7 铑(III)的络合物

Rh(III)是铑的最常见氧化态. 与 Co(III)的相应络合物相似,Rh(III)的络合物几乎都是八面体结构的. 除少数例外,它们与 Co(III)的差别,在于它们不能被还原为 Rh(II)络合物. Rh(III)具有d^6电子组态. 包括K_3RhF_6在内,所有的 Rh(III)络合物都是反磁性的. Rh(III)络合物的可见光谱在蓝色部分有两个吸收带,但在多数情况下，仅能观察到第一个谱带（$^1A_{1g}$—$^1T_{1g}$），由于电荷转移谱带的影响，第二个谱带不易观察出来. 由于这些谱带的存在，Rh(III)络合物呈现黄色、红色或红棕色.

4.7.1 卤素离子、硫氰酸根离子及氰离子生成的络合物

$K_3[Rh(NO_2)_6]$与 KHF_2 共熔，生成 $K_2[RhF_5]$. 阴离子$[RhF_5]^{2-}$可能是二聚体或多聚体. $[Rh(H_2O)_6]^{3+}$ 与稀盐酸共热，得到多种络离子 $[RhCl_n(H_2O)_{6-n}]^{(3-n)+}$. 250℃时加热 $K_2[RhCl_5(H_2O)]$生成 $K_2[RhCl_5]$. 它很可能是 $K_4[Rh_2Cl_{10}]$. $RhBr_3$ 与 KBr 溶液相互作用的主要产物是淡红棕色的 $K_3[Rh_2Br_9]$. $[RhBr_6]^{3-}$ 仅以 $Na_3(RhBr_6]$ · $12H_2O$ 的形式生成具体的盐.

$K_3[RhCl_6]$溶液与 KSCN 溶液共同加热，生成红色 $K_3[Rh(SCN)_6]$. 经过一系列研究，证明 SCN^- 的配位原子为硫. KCN 与$(NH_4)_3[RhCl_6]$共熔，制得淡黄色$K_3[Rh(CN)_6]$.

4.7.2 含氧配体的络合物

蒸发 $RhCl_3$ 的 $HClO_4$ 溶液，生成黄色的高氯酸盐$[Rh(H_2O)_6](ClO_4)_3$. 在黄色的硫酸盐 $Rh_2(SO_4)_3$ · $18H_2O$ 和在 Rh(III)矾中也存在 Rh(III)的水合离子. 早在 1860 年已制得红色 $Rh(NO_3)_3$ · $2H_2O$，但直到现在，还未弄清其结构. 一些人估计它是一个络合物. 草酸盐与 $RhCl_3$ 反应可制得$[Rh(C_2O_4)_3]^{3-}$的碱金属盐. 络合物 $K_3[Rh(C_2O_4)_3]$ · $4\frac{1}{2}H_2O$ 可拆分出旋光异构体. 经过核磁共振谱的研究，进一步确定 $K_3[Rh(C_2O_4)_3]$ · $4\frac{1}{2}H_2O$ 实际上是 $K_6[Rh(C_2O_4)_2(C_2O_4H)(OH)][Rh(C_2O_4)_3]$ · $8H_2O$，OH^- 和 $C_2O_4H^-$ 处于顺式位置. $RhCl_3$ 与碱金属草酸盐反应，生成 $K_3[Rh(C_2O_4)_3]$ · $8H_2O$ 的同时，还生成顺式和反式的$[Rh(C_2O_4)_2(H_2O)_2]^-$. 利用它们对阴离子交换树脂结合能力的差别，可以把它们分开. 反式-$[Rh(C_2O_4)_2(H_2O)_2]^-$与 Deacidite FF 树脂的结合力很弱，用水即可把它自树脂上洗下，然后再用稀 KCl 溶液洗下顺式-$[Rh(C_2O_4)_2(H_2O)_2]^-$，最后用饱和氯化钾溶液洗下$[Rh(C_2O_4)_3]^{3-}$. 顺式及反式-$[Rh(C_2O_4)_2(H_2O)_2]^-$都是黄色的. KCl 与顺式-$[Rh(C_2O_4)_2(H_2O)_2]^-$作用，生成顺式-$[Rh(C_2O_4)_2Cl_2]^{3-}$. 它是绿色化合物. 加热顺式异构体的溶液，得到橙色反式异构体.

合成了一系列铑(III)的各种磷酸根络合物：$Rh(H_2O)_4ADP$，$Rh(H_2O)_nATP$ 等（ADP 为腺苷二磷酸；ATP 为腺苷三磷酸）. 生物细胞中含 Mg(II)的 ATP，ADP 等二或三磷酸根络合物，这些络合物参与了生物化学过程. 溶液中，这类络合物的

配体进行着很快的配体交换反应,难于研究其动力学性质.曾经使用 Cr(III)或 Co(III)的类似络合物作模型进行研究,以便了解 Mg(II)的这类络合物的性质,但不理想. Co(III)类似络合物中 NH_3(或类似配体)不为酶所接受. Rh(III)的类似络合物是反磁性的化合物,不易被氧化或还原,更适宜作酶的活性区域探测器[20].

铑(III)与 4,4′-癸二酰基-双-(1-苯基-3-甲基-5-吡唑啉酮)(简称 DBPMP)生成 1∶1 的络合物,可用于极谱分析测定铑(III).在此络合物中,铑(III)的配位数为 6,与 6 个配位氧原子构成八面体[21].

石油亚砜价格便宜,来源丰富,是萃取分离铂系金属较有前途的萃取剂.石油亚砜用亚砜基团的氧原子与铑(III)形成配位键,所得络合物可萃取进入有机相[22].

4.7.3 含硫或硒配体的络合物

用 $KHSO_3$ 处理 $K_3[RhCl_6]$,生成 $K_3[Rh(SO_3)_3]\cdot 2H_2O$,用红外光谱研究 $K_3[M(SO_3)_3]$[M=Rh(III),Co(III)],发现 SO_3^{2-} 在两个金属离子间成桥,联结的可能方式有两种:

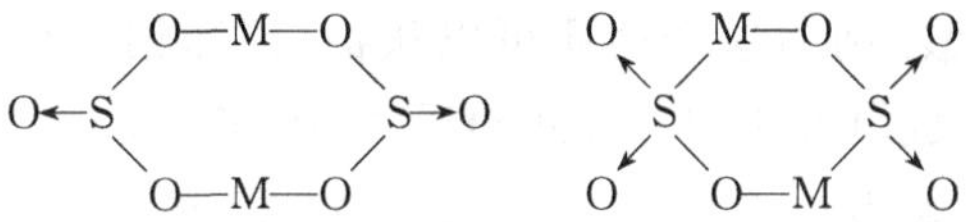

如在 $[Rh(NH_3)_3(SO_3)_3]^{3-}$ 和 $[Rh(NH_3)_2(SO_3)_4]^{5-}$ 中,当 SO_3^{2-} 作为一齿配体时,其配位原子为硫.根据这一事实,我们认为,当 SO_3^{2-} 作为双齿配体时,SO_3^{2-} 的配位原子可能是一个氧原子和一个硫原子,前面所列的 $K_3[Rh(SO_3)_3]\cdot 2H_2O$ 的两种成桥结构中,后面一种似乎更合理一些.

硫脲能将 Cu(II)还原为 Cu(I),能把 Au(III)还原为 Au(I),把 Pt(IV)还原为 Pt(II),但是它不能还原 Rh(III).含 $[RhCl_6]^{3-}$ 的溶液与硫脲(thu)共热,制得 Rh(III)的络合物 $[Rh(thu)_6]Cl_3$,$[Rh(thu)_5Cl]Cl_2$ 及 $[Rh(thu)_3Cl_3]$.

由二烷基硫化物或硒化物与 RhX_3 作用,可制得一系列络合物如 $RhX_3(SEt_2)_3$(X=Cl,Br,I),$Rh_2Br_6(SEt_2)_4$,$RhCl_3(SMe_2)_3$ 和 $RhCl_3(SeR_2)_3$(R=Me,Et).

含噻吩的席夫碱(TAOT)与一些金属离子生成络合物后,噻吩中的硫有可能参与配位.合成并研究了 TAOT 与一系列金属离子生成的络合物 $Rh(TAOT)Cl_3$,$Ru(TAOT)_3$,$Pd(TAOT)Cl_2$,$Ir(TAOT)Cl_4$ 和 $Pt(TAOT)Cl_4$ 等后,确定噻吩环的硫确实参与了配位.每个 TAOT 提供 4 个配位原子(两个硫原子、两个氮原子)[23].

4.7.4 含氮配体的络合物

Rh(III)的氨络合物种类很多,配位数都是 6. 可以有从$[Rh(NH_3)_6]^{3+}$到$[Rh(NH_3)X_5]^{2-}$各种类型的络合物.

1. 六氨合物

在密闭管子中,将氨水和$[Rh(NH_3)_5Cl]Cl_2$ 的混合物加热,生成无色的$[Rh(NH_3)_6]Cl_3$. 由$[Rh(NH_3)_6]Cl_3$ 与相应的酸反应,即可制得其它阴离子的络合物. $[Rh(NH_3)_6]Cl_3$ 与双齿配体(乙二胺、1,2-二胺基丙烷、1,2-二胺基戊烷、1,2-二胺基己烷、1,2-二胺基环戊烷和 1,2-二胺基环乙烷等)反应,生成$[Rh(diam)_3]Cl_3$(diam代表前面所列双齿配体). 还合成了 2,2′-联吡啶络合物$[Rh(biPy)_3](ClO_4)_3$. $[Rh(NH_3)_6]^{3+}$与三齿配体(1,2,3-三胺基丙烷、二乙基三胺和 2,2′,2″-联三吡啶)相互作用,生成含三齿配体的 Rh(III)络合物.

2. 五氨合物

$RhCl_3$, NH_4Cl 和氨水(或碳酸铵溶液)共热,即得$[Rh(NH_3)_5Cl]Cl_2$. 它微溶于水,几乎不溶于盐酸. 利用这个性质可以从钯、铱和铂中分离铑. 氧化银作用于$[Rh(NH_3)_5Cl]^{2+}$,生成$[Rh(NH_3)_5(H_2O)]^{3+}$. 在 0℃时,$[Rh(NH_3)_5(H_2O)]Cl_3$ 和亚硝酸盐的酸性溶液发生反应,得到$[Rh(NH_3)_5ONO]Cl_2$. $[Rh(NH_3)_5ONO]Cl_2$ 与$[Rh(NH_3)_5NO_2]Cl_2$ 互为键合异构体. 按照类似的配体取代反应,可以制得一系列$[Rh(NH_3)_5X]^{2+}$(X=Br,I,SCN,NCS,N_3,NO_3,ONO,NO_2,OH 及 RCO_2)型的络离子.

3. 四氨合物

以$[Rh(NH_3)_6]^{3+}$作原料,用适当量的酸与之反应;或者以$[RhX_6]^{3-}$为原料,用适当量胺与之反应;也可由$[RhL_4X_2]^+$(L=胺类,X=酸根)出发,用不同的胺取代络合物中的 L,或用不同的酸根取代络合物中的 X,以上这些方法皆可以制得铑(III)的四氨合物. 已合成的四氨合物有$[Rh(NH_3)_4Cl_2]Cl$,$[RhPy_4X_2]X$,$[Rhbi\text{-}Py_2X_2]X$(X=Cl,Br)和$[RhPhen_2Cl_2]Cl$ 等. 这些络合物都是反式的. 还合成了顺式-和反式-$[RhL_2Cl_2]Cl$$\left(L=en、联吡啶、四甲基乙二胺、\frac{1}{2}三乙基四胺\right)$.

4. 三氨合物

已合成的三氨型络合物有 $Rh(NH_3)_3X_3$(X=Cl,Br,I,NO_2),$Rh(RNH_2)_3Cl_3$(R=Et,Ph),$RhPy_3X_3$(X=Cl,Br,I,NO_3,NO_2,SCN),$RhPy_3X(C_2O_4)$(X=Cl,

Br)和 $Rh(C_2H_4N)_3X_3$(C_2H_4NH＝乙撑亚胺;X＝Cl,Br)等.除硝基络合物是无色的之外,其它络合物都有由黄至红的颜色.

5. 二氨合物

二氨合物可以 $Na_3[Rh(NH_3)_2(S_2O_3)_3]$,$PyH[RhPy_2Cl_4]$,$PyH[PhPy_2Br_4]$及 $NH_4[RhPy_2(NO_2)_4]$为代表.在第一个络合物中,有一个 $S_2O_3^{2-}$ 是双齿配体,另外两个 $S_2O_3^{2-}$ 是一齿配体.

6. 一氨合物

这类络合物较少.已合成红色的 $K_2[Rh(NH_3)Cl_5]$和$(PyH)_2[PhPyBr_5]$.这两个络合物的稳定性都很差.

4.7.5 膦和胂的络合物

在乙醇中,三取代膦和胂与 $RhCl_3$ 反应,生成黄色的电中性络合物 $Rh(MR_3)_3Cl_3$(M＝P,As;R＝脂肪基或芳香基).这类络合物的偶极矩较大,约为 7D,表明它们都具有反式结构.在 mer-$[RhCl_3(PMe_2Ph)_3]$中,膦的反位效应是很强的,处于其反位的氯很不安定,当此络合物与 $AgPF_6$ 和 CO 反应时,氯即被 CO 取代,生成$[RhCl_2(CO)(PMe_2Ph)_3]PF_6$[24].

4.7.6 羰基化合物

RhF_4 与 CO 反应,生成二聚体$[Rh(CO)_2F_3]_2$.将$[NBu_4][Rh(CO)_2I_2]$和 HI 的甲醇溶液加热,即可制得$[NBu_4][Rh(CO)I_4]$.用卤素氧化 Rh(I)的羰基化合物 $Rh(CO)Cl(MR_3)_2$(M＝P,As,Sb;R＝芳香基),生成 Rh(III)羰基化合物 $Rh(CO)Cl(MR_3)_2X_2$(X＝Cl,Br,I).用类似方法可制得 $Rh(CO)Br_3(PPh_3)_2$ · Rh(I)羰基化合物 $Rh(CO)Cl(PBu_3)_2$ 与氯甲烷或碘甲烷发生氧化加成反应,生成 $Rh(CO)Me(PBu_3)_2ClX$(X＝Cl,I).

4.7.7 氢作配体的络合物

过量 KCN 与$[Rh(CO)_2Cl]_2$ 反应,生成反式络合物 $K_2[HRh(CN)_4(H_2O)]$.在溶液中,Rh(I)的络合物 $Rh(MPh_3)_3Cl$(M＝P,As,Sb)与 HCl 发生氧化加成反应,生成 Rh(III)的络合物 $HRh(MPh_3)_3Cl_2$.在氯仿溶液中,氢气与 $Rh(PPh_3)_3X$(X＝Cl,Br,I)反应,生成 $H_2Rh(PPh_3)_2X$.向$[Rh(PPh_3)_2Cl]_2$ 的二氯甲烷溶液中通入氢气即生成含氯桥的二聚体$[H_2Rh(PPh_3)_2Cl]_2$.

4.7.8　π-络合物

1. 环戊二烯络合物

在四氢呋喃中，C_5H_5Na 与 $RhCl_3$ 反应，生成$[Rh(C_5H_5)_2]^+$，这个络阳离子可以硝酸盐和高氯酸盐的形式析出. $[Rh(C_5H_5)Br_2]_2$ 与吡啶反应，生成$[Rh(C_5H_5)Br_2Py]$. Rh(Ⅰ)的络合物 $Rh(C_5H_5)(CO)_2$ 与碘发生氧化加成反应，生成$Rh(C_5H_5)(CO)_2I_2$.

2. 烯丙基络合物

在 Rh(Ⅲ)的三-烯丙基络合物 $Rh(C_3H_5)_3$ 中，烯丙基与 Rh(Ⅲ)是通过 π-键结合在一起的. 非定域的烯丙基体系是一个 3 电子给予体，如果把它看成是一个阴离子 $C_3H_5^-$，它就是一个 4 电子给予体系. 合成了 Rh(Ⅲ)的一系列烯丙基络合物：$Rh(RC_3H_4)Cl_2(PPh_3)_2$（R＝H，Me），$[Rh(C_3H_5)_2Py_2]^+$，$Rh(C_5H_5(C_3H_5)_2$ 和 $Rh(C_5H_5)(C_3H_5)Cl$.

4.7.9　具有金属—金属键的络合物

$HRh(AsMePh_2)_3X_2$（X＝Cl，Br）与汞盐反应，生成 $yHgRh(AsMePh_2)_3X_2$（y＝F，Cl，Br，I，OAc）. 这个络合物能稳定存在于空气中. 它含有 Rh—Hg 键.

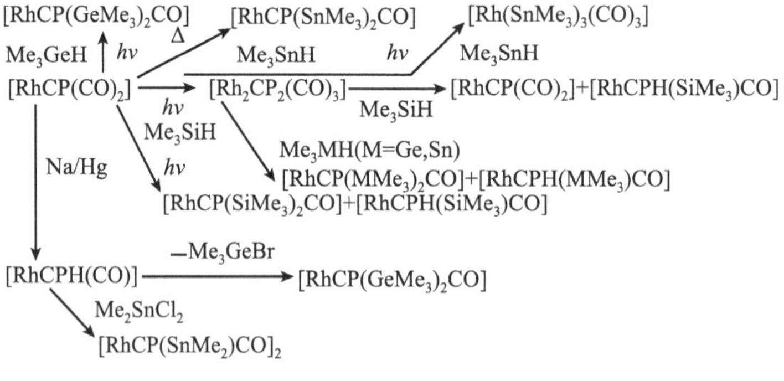

氢化物 Me_3MH（M＝Si，Ge，Sn）与$[RhCP(CO)_2]$反应，生成一系列含 Rh—M 键的络合物. 这一类反应把铑的配位化学引入了一个新的领域[25].

4.8　铑(Ⅳ)的络合物

Rh(Ⅳ)的络合物相当少，而 Ir(Ⅳ)则有相当多的络合物.

用硫酸铑(Ⅲ)的硫酸溶液进行电镀时，在阳极产生绿色铑(Ⅳ)的络合物. 此变化的机制目前还不十分清楚[26].

F_2 或者 BrF_3 与 $K_3[RhCl_6]$反应,生成黄色的 $K_2[RhF_6]$. 在室温时,它的磁矩为 2.0BM,表明它有一个未成对电子. 用 $Ce(SO_4)_2$ 处理 $Cs_3[RhCl_6]$溶液,沉淀出暗绿色顺磁性的 $Cs_2[RhCl_6]$. $K_2[RhF_6]$可被水完全水解,而 $Cs_2[RhCl_6]$与水反应,Rh(IV)被还原为 Rh(III),Cl^- 被氧化成 Cl_2.

金属铑与 Na_2CO_3 共熔可生成 Na_2RhO_3.

4.9　铑(V)的络合物

在 IF_5 溶液中,$[RhF_5]_2$ 和 CsF 互相作用,生成暗红色的 $Cs[RhF_6]$.

$[AgC{\equiv}CC_6F_5]$与$[RhCl(PPh_3)_3]$反应,得到杂核三金属络合物. 此络合物很特殊,它含有 Rh(V)及 Ag(0),这是罕见的情况[27].

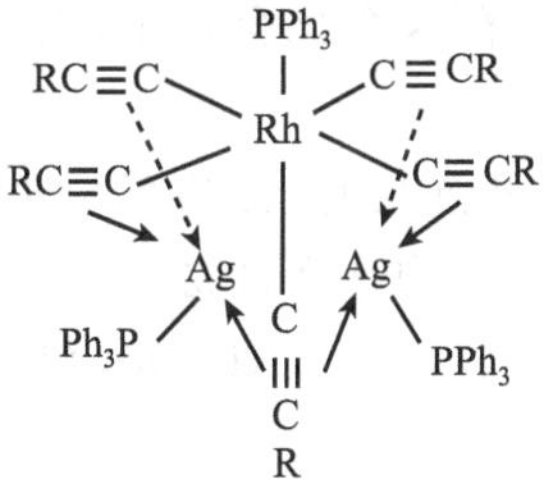

4.10　铑(VI)的络合物

在浓 KOH 溶液中用 Cl_2 氧化 RhO_2,生成蓝色晶体 K_2RhO_4. 关于这个化合物中铑的价态尚有争论.

4.11　含有羰基的簇状化合物

已合成铑的若干种含羰基的簇状化合物,有的化合物含有不同价态的铑,有的化合物所含的铑,价态难于确定. 列此一节,专门加以讨论.

过渡金属羰基簇状化合物可以作为催化剂或者物体表面的模型,因此,研究它们的兴趣大为增长. 主要兴趣集中在包含 4 个以上金属原子的簇状化合物上. 寻找合成簇状化合物的方便方法是重要的研究方向.

以 $Rh(CO)_2(acac)$ 为原料,在常压下或高压下合成了$[Rh_{15}(CO)_{27}]^{3-}$. $[Rh_{15}(CO)_{27}]^{3-}$ 与 Br^- 或腈类等反应,可转化为其它簇状化合物[28].

$$[Rh_{15}(CO)_{27}]^{3-} + 2Br^- \rightleftharpoons [Rh_{14}(CO)_{25}]^{4-} + [Rh(CO)_2Br_2]^-$$

$$[Rh_{15}(CO)_{27}]^{3-} + PhCO_2^- \rightleftharpoons [Rh_{14}(CO)_{25}]^{4-} + [PhCO_2Rh(CO)_2]$$

在 50℃时，在四氢呋喃中令$[Et_4N]I$与$[Rh_6(CO)_{16}]$反应，生成$[Rh_6(CO)_{15}I]^-$. 经过较长时间反应，可能生成$[Rh_6(CO)_{14}I_2]^{2-}$等不稳定的离子，红外光谱上出现一些新的吸收带. 最后产物包含$[Rh_6(CO)_{15}I]^-$，$[Rh(CO)_2I_2]^-$和褐色$[Rh_7(CO)_{16}I]^{2-}$. $[Et_4N]Br$与$[Rh_6(CO)_{16}]$也可发生类似反应[29].

铑的许多羰基簇状化合物可以互相转化：

$$[Rh_7(CO)_{16}]^{3-} + I_2 \longrightarrow [Rh_7(CO)_{16}I]^{2-} + I^-$$

$$[Rh_6(CO)_{15}]^{2-} + [Rh(CO)_4]^- \longrightarrow [Rh_7(CO)_{16}]^{3-} + 3CO$$

$$7[Rh_6(CO)_{15}]^{2-} + 3Rh_2(CO)_4Cl_2 + 3CO \rightleftharpoons 4[Rh_{12}(CO)_{30}]^{2-} + 6Cl^-$$

这些簇状化合物的结构都相当复杂. 例如：$[Rh_7(CO)_{16}I]^{2-}$的 7 个铑原子构成一个十面体(或称带帽八面体)，3 个铑各单独联结 2 个羰基，其余 4 个铑各单独联结一个羰基，余下的羰基都是多向桥，有的羰基联结两个铑，有的羰基联结 3 个铑，碘也成桥原子，联着两个铑[30]. 在这个化合物中，五个铑的价态可定为零，但有两个铑的价态难于确定.

羰基作为成桥基团与金属相连接时，已知有 6 种结合方式(参阅 2.4.1 节). 根据已获得的结构数据，确知了一系列铑络合物中羰基成桥连结两个金属的方式. 这些铑络合物为$[Rh_{12}(\mu\text{-}CO)_2(CO)_{28}]^{2-}$，$Rh_3(\mu\text{-}CO)_2(CO)(C_5H_5)_3$，$Rh_3(\mu\text{-}CO)_3(C_5H_5)_3$ 等[31].

在 P_r^iOH 中使$[Rh_{12}(CO)_{30}]^{2-}$与氢反应，首先生成$[Rh_6H(CO)_{15}]^-$，最终产物中，有$[Rh_{13}H_3(CO)_{24}]^{2-}$，此阴离子有一特点，其中有 1 个铑原子与其余 12 个铑原子成键. 这种情况是极少见的.

近年来炔烃取代的过渡金属同核或异核金属羰基簇状化合物的研究进展迅速. 一个原因是此类化合物可作为金属表面化学吸附小分子的模型，还可作为碳—碳三键活化的模型. 另一个原因是乙炔是有机化学工业的重要原料. 已合成的此类含铑簇状化合物较少：$(CP)_3Rh(CR)_2$，$(CP)_3Rh_3(CO)(C_2Ph_2)$，$(CP)_3Rh_3(CO)[C_2(C_6F_5)_2]$，$RhAg_2(PPh_3)(C_2C_6F_5)_5$ 等. 对这几个簇状化合物的结构已作了详细的研究[32].

还合成了一类结构复杂、性质特殊的簇状羰基合铑碳化物：如$[Rh_6(CO)_{15}C]^{2-}$、$Rh_8(CO)_{19}C$.

铑的许多原子簇化合物如：$Rh_6(CO)_{16}$，$[Rh_7(CO)_{16}]^{3-}$，$[Rh_9P(CO)_{21}]^{2-}$，$[Rh_{10}S(CO)_{22}]^{2-}$，$[Rh_{10}P(CO)_{22}]^{3-}$，$[Rh_{11}(CO)_{23}]^{3-}$，$[Rh_{12}C_2(CO)_{24}]^{4-}$，$[Rh_{12}Sb(CO)_{27}]^{3-}$及$[Rh_{13}(CO)_{24}H_{5-n}]^{n-}$等，用 9N－L 规则计算价电子数，结果缺乏简洁性和直观性，而用 9N－L＋P 规则计算价电子数，则克服了以上缺点. 有少数铑的原子簇化合物，如$[Rh_9(CO)_{19}]^{3-}$及$[Rh_{12}C_2(CO)_{25}]$，使用 9N－L＋P 规

则,所得结果仍不理想[33].

前面所讨论的簇状化合物中,有一些是优良的催化剂.

参 考 文 献

[1] J. C. Bailar J. ,H. J. Emeleús, Sir Ronald Nyholm and A. F. Trotmam-Dickenson, "Comprehensive Inorganic Chemistry", Vol. 3, Pergaman Press, 1233, 1973.

[2] S. I. Ginzberg and N. A. Ezerskaya, "Analytical Chemistry of Platinum Metals", John Wiley & Sons, Inc. ,1975.

[3] R. S. Dickson, et al. ,J. Organomet. Chem. , 295,109(1985).

[4] H. Ogoshi, et al. ,J. Amer. Chem. Soc. , 97,6461(1975).

[5] E. R. Hammer, et al. ,J. Organomet. Chem. , 138,246(1977).

[6] Gen-Etsu Matsubayashi, et al. ,Polyhedron, 4,419(1985).

[7] S. Z. Goldberg, et al. ,Inorg Chem. , 14,1650(1975). J. A. Kaduk, et al. ,Inorg. Chem. , 14,3070(1975).

[8] A. R. Sanger,J. Chem. Soc. Chem. Commun. , 893(1975).

[9] P. E. Garrou, et al. , J. Organomet. Chem. , 69,445(1974).

[10] G. Ingrosso, et al. ,J. Organomet. Chem. , 84,75(1675).

[11] E. Maurer, et al. , Helvet. Chim. Acta, 65,26(1985).

[12] A. Salzer, et al. ,Helvet. Chim. Acta, 65,114(1985).

[13] B. Longato, et al. ,J. Organomet. Chem. ,88,C7(1975).

[14] S. Bresadola, et al. ,Coord. Chem. Rev. , 16,19(1975).

[15] B. Walther, Coord. Chem. Rev. , 60,67(1984).

[16] E. B. Boyar, et al. ,Coord. Chem. Rev. , 50,109(1983).

[17] B. J. Mccormick, et al. ,Coord. Chem. Rev. , 54,99(1984). H. J. Emeleus, A. G. Sharpe, "Advances in Inorganic Chemistry and Radioche mistry", Vol. 23. p. 253, Academic Press, 1980.

[18] B. R. James, et al. ,J. Amer. Chem. Soc. , 94,6225(1974).

[19] J. P. Farr, et al. ,Inorg. Chem. , 22,1229(1983).

[20] L. Lin, et al. ,Inorg. Chem. ,23,988(1984).

[21] 卢文等,贵金属,10(3),8(1989).

[22] 马达弟等,贵金属. 11(1),1(1990).

[23] M. Athar, et al. ,Ind. J. Chem. , 22A,1055(1983).

[24] H. C. Clark, et al. ,Inorg. Chem. , 14,2133(1975).

[25] R. Hill, et al. ,J. Organomet. Chem. , 84,C31 (1975);J. Chem. Soc. , Dalton Trans. , 2622(1975).

[26] 骆汝简等,贵金属,9(2),1(1988).

[27] M. R. Churchill, et al. ,Inorganic Chem. , 14,2630(1975).

[28] J. L. Vidal, et al. ,Inorg. Chem. , 21,438(1982).

[29] S. Martinengo, et al. ,J. Organomet. Chem,. 88,375(1975).

[30] B. T. Heaton, et al. ,J. Chem. Soc. , Chem. Commun. , 523(1975).

[31] R. Colton, et al. ,Coord. Chem. Rev. , 31,1(1980).

[32] E. Sappa, et al. ,Chem. Rev. , 83,203(1983).

[33] 陈东等,高等学校化学学报,10(11),1071(1989).

(马 衡)

28.5 铱[1,2]

5.1 铱的化学概要

铱是一种具有很高比重的银白色金属，其比重为 22.65，仅略低于锇(22.7)．硬度比铂还高，性脆，所以很难承受机械加工．铱对酸的化学稳定性很高，不溶于普

表 5.1 铱的电极电位

反应式	电位(V)
$Ir_2O_3+3H_2O+6e=2Ir+6OH^-$	0.098
$IrCl_6^{3-}+3e=Ir+6Cl^-$	0.77
$IrBr_6^{3-}+e=IrBr_6^{4-}$	0.99
$IrCl_6^{2-}+e=IrCl_6^{3-}$	1.017
$IrO_4^{2-}+8H^++3c=Ir^{3+}+4H_2O$	1.16
$IrO_4^{2-}+4H^++2e=IrO_2+2H_2O$	1.61

表 5.2 铱的氧化态

氧化态	配位数	例子
Ir(−II)	3	$Ir(NO)_2PPh_3$
Ir(−I)	4	$K[Ir(PF_3)_4]$
Ir(O)	4	$Ir_4(CO)_{12}$
Ir(I)	4	$[Ir(CO)Cl(PPh_3)_2]$
	5	$[HIr(CO)(PPh_3)_3]$
Ir(II)	4	$[Ir(CO)_2Cl_2]$
	5	$[Ir(CO)_2I_3]$
Ir(III)	5	$[H_3Ir(AsPh_3)_2]$
	6	$[Ir(NH_3)_5Br]^{2+}$，$[IrCl_6]^{3-}$
		$[H_3Ir(AsPh_3)_3]$
Ir(IV)	6	$[IrCl_6]^{2-}$
Ir(V)	6	$[IrF_6]^-$
Ir(VI)	6	$[IrF_6]$

通的酸,甚至不溶于王水,只有当强氧化剂,如 $NaClO_3$ 存在时加热到 120℃的情况下才与盐酸反应.粉状的铱在赤热情况下与氧化合生成 IrO_2,块状的则只生成氧化膜.在高温时铱能与氯反应生成 $IrCl_3$,在加热的海绵状铱与氯酸钾混合物上通以氯气则可得到黑色的晶体 $K_2[IrCl_6]$.

铱的部分电极电位和氧化态列于表 5.1 和表 5.2 中.

铱的氧化态(I)和(III)是重要的,其它氧化态的化合物则为数甚少.

铱不生成水合阳离子.铱(III)与各种配体能生成络阳离子、络阴离子及电中性络合物,其配位数均为 6.平面四方形的 Ir(I)络合物与 Rh(I)的类似,如它的 CO、烯烃、膦、胂及混配络合物能进行氧化加成反应而得到配位数为 6 的 Ir(III)络合物.特别重要的是$[Ir(CO)Cl(PPh_3)_2]$,它能进行各种反应,其中一些反应在催化作用中是很重要的.

铱及其某些化合物的热力学数据和某些络合物的 X 射线结构参数列于表5.3,表 5.4 中.

表 5.3 铱及其化合物的热力学数据

物质	状态	ΔH°(kJ · mol^{-1})	ΔG(kJ · mol^{-1})	ΔS(J · mol^{-1} · deg^{-1})
Ir	气	690.4	644.3	193.5
Ir	固	0	0	36.4
IrCl	固	−93.3	−82.8	
$IrCl_2$	固	−179.07	−141.0	
$IrCl_3$	固	−257.3	−190.8	
$IrCl_6^{3-}$	水溶液	−779.9	−563.6	
$IrCl_6^{2-}$	水溶液	−648.5	−465.3	
IrF_6	液	−543.9		
IrO_2	固	−167.8	−117.2	
IrS_2	固	−125.5	−127.2	
IrS_3	固	−213.4	−208.4	143.5

表 5.4 铱络合物的 X 射线结构参数

化 合 物	R	备 注
$[Ir(NO)(CO)(PPh_3)_2]$	0.030	对 Ir 是扭歪的四面体,因亚硝基键是直线型($\angle$IrNO=174.1°)它作为 Ir^- 的 NO^+ 络合的化学式[3]

续表

化　合　物	*R*	备　注
$[Ir(CO)_2(CS)(PPh_3)_2]PF_6 \cdot MCO$	0.098	Ir 在三角双锥的中心，两个顶点是膦，CO 和 CS 与 Ir 在同一平面[4]
$[Ir(PPh_2)(CO)(PPh_3)]_2$	0.038	对每个 Ir 是带有桥联 PPh_2 基团的不规则四面体 短的 Ir—Ir 距离（255.4pm）表示相互作用强[5]
$[Ir(CO)(PPh_3)_2\{(p\text{-}FC_6H_4)_2N_4\}]$ 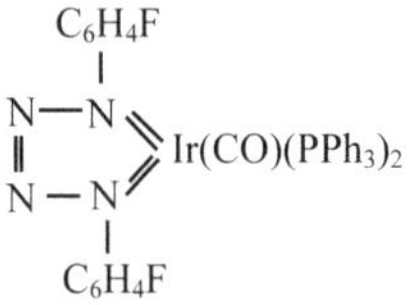 	0.049	含有一个与 Ir 配位的 1,4-二对氟苯基四嗪环 N_1—N_2 及 N_3—N_4 基本是单键（140.0 及 135.0pm）[6]
$[Ir(SCN)(NH_3)_5]ClO_4$	0.058	八面体的 Ir，SCN 基不完全是直线型（∠SCN=174.2°；∠IrSC=109°）
$[Ir(NCS)(CN)Cl(PPh_3)_2]$	0.032	基本上是八面体的，硫氰根是 N 键到 Ir 上，N—C—S 链是线状的[7]
$[IrCl(CO)(PPh_3)_2(p\text{-}FC_6H_4N_2H)]BF_4$ 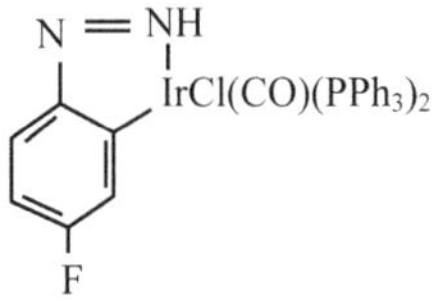 	0.032	含有一个邻位被金属取代的芳基二亚胺的一半，由于五元环强使在铱上成为 77°角而使铱成为扭歪的八面体型配位[7]
Ir_7Mg_{44}		立方结构，与 Rh_7Mg_{44}，同晶

5.2　铱的二元化合物

5.2.1　卤化物

表 5.5 列出了铱有卤化物

270℃下铱与氟反应能制得 IrF_6，它与 OsF_6 类质同晶，常温时磁矩为2.90BM，90K 时为 2.7BM，在自由臭氧存在下能被水分解. 380℃时氟与铱反应得到四聚体的五氟化物$[IrF_5]_4$，它与$[RuF_5]_4$ 类质同晶，273℃时磁矩为 1.3BM，90K 时降至 0.7BM. 用六氟化物与铱反应可制得 IrF_3. IrF_5 与金属铱反应形成 IrF_4；在加热情

况下它分解为 IrF_3 和 IrF_5[8].

表 5.5 卤化物及硫族化合物

化合物	颜 色	备 注
IrF_6	黄	熔点 44℃；沸点 53℃；八面体；μ2.90BM
$[IrF_5]_4$	黄	熔点 104℃；与$[R_4F_5]_5$ 类质同晶；μ1.3BM
IrF_3	黑	六方密堆积
$IrCl_3$	红	八面体；500℃时由 $Ir+Cl_2$ 形成
$IrBr_3$	红棕	
IrI_3	红棕	由 Ir_2O_3+HI 形成
IrCl(?)	深红	
IrBr(?)	深棕	
IrI(?)	黑	
IrS_3	灰黑	600℃时由 $IrCl_3+S$ 而得(闭管反应)
$IrSe_3$	灰白	600℃时由 $IrCl_3+Se$ 制得(闭管反应)
$IrTe_3$	深灰	700℃时由 $IrCl_3+Te$ 制得(闭管反应)
IrO_2	黑	金红色晶格，至 1100℃是稳定的
IrS_2	灰	$Ir+S$ 加热；黄铁矿型晶格
$IrSe_2$	灰	600℃下由 $IrSe_3+H_2$ 制得
$IrTe_2$	灰	600℃下由 $IrTe_3+H_2$ 制得
Ir_2O_3	棕	$K_3[IrCl_6]+Na_2CO_3$ 加热制得；>400℃分解
Ir_2S_3	棕	由 $Ir_2O_3+H_2SO_4+H_2S$ 制得
Ir_2Se_3	黑	由 $IrCl_3+H_2Se$ 制得
IrS(?)	深绿	在 CO_2 中加热 IrS_2 而得

在高于 450℃温度下在氯气流中加热金属铱可制得三氯化铱 $IrCl_3$. 曾有报道说它有两种红色的变体，均不溶于水，仅能困难地溶于王水中而生成$[IrCl_6]^{2-}$. 在氯化氢中加热 $Ir[OH)Cl_2 \cdot 3H_2O]$可得到暗绿色的 $IrCl_3 \cdot 3H_2O$，它溶于水生成酸性暗绿色溶液. 此水合物可用作制备各种铱络合物的原料.

在 8atm 及 570℃下，在密封的管子中将溴与铱共热制得灰褐色粉末状 $IrBr_3$. 若将 $IrO_3 \cdot nH_2O$ 溶于氢溴酸可以制得橄榄绿色的 $IrBr_3 \cdot 4H_2O$，它在 100℃时脱水.

$Ir_2O_3 \cdot nH_2O$ 与氢碘酸反应可以得到深黄色的 $IrI_3 \cdot 3H_2O$，100℃时转变为 $IrI_3 \cdot H_2O$. 在真空中加热到 200—250℃得到深棕色无水三碘化铱晶体. IrI_3 微溶于水，但能溶于热碱溶液. 在 440℃时于 HBr 气流中加热 $IrBr_3$ 得到红棕色粉末状的 $IrBr_3$. 在 330℃时在 HI 中加热 IrI_3 时生成 IrI_2. 这些产物是否真是 Ir(II)卤化物尚需进一步证明.

5.2.2　氧和硫族化合物

表 5.5 列出了铱的硫族化合物及其性质、制备方法等内容.

已确证的氧化物是 IrO_2 和 IrO_3. 据报道三氧化物可由金属铱与 KOH 及 KNO_3 或 Na_2O_2 共热而制得,但从未自碱中分离出单独的产物,氧含量常低于理论值. 它是一个很强的氧化剂. 该物质很可能是过氧化物. IrO_3 不存在于固态,在约 1200℃时它存在于气态中[9].

将铱粉在空气或氧中加热能得到二氧化铱. 小心地加碱于$[IrCl_6]^{2-}$的热溶液中至棕色恰好转变为蓝色,将所得的蓝色沉淀在真空中干燥成蓝色粉末,它相当于 $Ir(OH)_4$ 或 $IrO_2 \cdot 2H_2O$,在氮气存在下加热至 350℃时脱水生成黑色的 IrO_2. 氢氧化铱 $Ir(OH)_4$ 不溶于碱,能溶于 HCl 生成$[IrCl_6]^{2-}$;在 HBr 中生成$[IrBr_6]^{2-}$.

在无水状态下将 $K_3[IrCl_6]$与 Na_2CO_3 一起加热可制得无水三氧化二铱. 在 1atm 的 CO_2 下,在 $K_3[IrCl_6]$溶液中加入 KOH 可得 $Ir(OH)_3$ 胶状沉淀,颜色从黄绿变到蓝黑. 三氧化二铱不如二氧化铱稳定,也不能制得很纯的产物. 因为水合物常留有吸附碱,且在高于 400℃时会开始分解放出氧而得到 IrO_2 与 Ir 的混合物. $Ir(OH)_3$微溶于碱,能溶于无机酸,但硝酸使其氧化为 IrO_2.

在抽空的容器中用过量的硫族单质与 $IrCl_3$ 共热可制得 IrS_3,$IrSe_3$,$IrTe_3$ 等化合物. 硫化物有特别高的惰性,与王水不反应,硒化物及碲化物仅与煮沸的王水缓慢作用.

从单质能直接制得二硫化物 IrS_2. 在 600℃时用氢还原 $IrSe_3$ 及 $IrTe_3$ 能得到 IrS_2 及 $IrTe_2$. 加热 IrS_2 或在 Ir_2O 的酸性溶液中通入 H_2S 能得到 IrS_3. 在赤热时由单质可制取 Ir_2S_3,也可在 $IrCl_3 \cdot 3H_2O$ 的热溶液中通入 H_2S 来制取. 它很稳定,不与硝酸反应,但能缓慢地溶于王水中.

在 CO_2 中将 IrS_2 加热曾得到深蓝色的不活泼的 IrS.

5.3　铱(－II)的络合物

用二氧化氮作用于氢络合物 $H_3Ir(PPh_3)_2$ 可以得到紫色的亚硝基络合物 $Ir(NO)_2PPh_3$,此化合物的磁矩为 1.4BM. 如果把亚硝基看作是 NO^+,则此化合物在形式上含有 Ir(－II).

5.4　铱(－I)的络合物

在乙醚中用钾汞齐与 $HIr(PF_3)_4$ 反应生成三氟化磷络合物$[K(Ir(PF_3)_4)]$.

$Ir(NO)_2(PPh_3)_2$与卤化锂反应得到棕色的$[Ir(NO)_2X(PPh_3)_2]$(X=Cl,Br,I),这3个络合物的$\nu_{(N-O)}$出现在低频率处,表明NO可能是成桥基团($1540—1490cm^{-1}$).用NO处理$[H_2Ir(PPh_3)_3]ClO_4$生成蓝紫色的$(Ir(NO)_2(PPh_3)_2]$-ClO_4,三苯基膦取代其中的一个NO基,则得到橙黄色的电中性络合物$[Ir(NO)(PPh_3)_3]$.在苯中$[Ir(NO)(PPh_3)_3]$与对甲苯磺酰叠氮化物反应生成$[Ir(NO)(PPh_3)(N_4R_2)]$($R=SO_2C_6H_4Me$)[10].^1H核磁共振数据表明在溶液中有如下平衡:

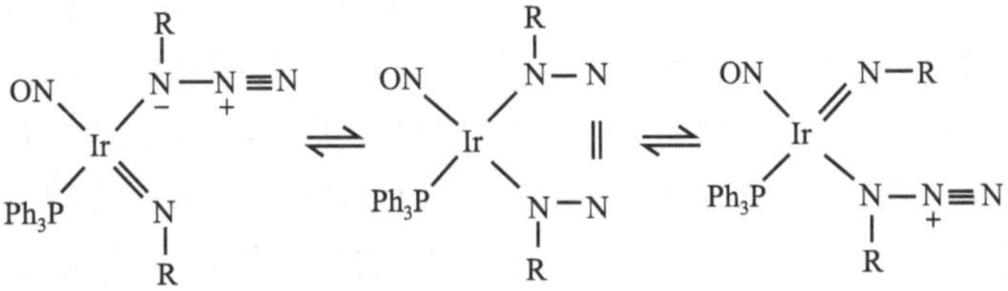

与HCl反应生成新的亚硝基产物$[Ir(NO)(PPh_3)Cl_2]$,这符合于链断开的情况.当NO作用于$[HIr(CO)(PPh_3)_3]$则生成橙黄色的$[Ir(NO)(CO)(PPh_3)_3]$.在所有这些亚硝基化合物中,NO为亚硝酰正离子NO^+,则在各该化合物中的Ir原子的式氧化态为-I.

5.5　铱(0)的络合物

在羰合物中铱为零价.曾报道过两种羰合物$[Ir(CO)_4]_2$和$Ir_4(CO)_{12}$,它们是在350atm下对卤化铱(III)进行羰基化反应24—28h制得的.氯化铱、溴化铱和碘化铱的羰化温度分别为140℃,120℃和100℃.当用$[IrX_6]^{3-}$和$[IrX_6]^{2-}$盐时温度为170—200℃并需加入过量的铜和银.常得到两种羰合物的混合物.利用$[Ir(CO)_n]$在乙醚及四氯化碳中有较大的溶解度可将它们分离.有一种合成$Ir(CO)_{12}$的新方法,产率达70%—80%[12]:

$$Na_2[IrCl_6]+\text{海绵 }Cu+CO\xrightarrow[100atm,100℃]{\text{2-甲氧基乙醇}}Ir(CO)_{12}$$

$[Ir(CO)_4]_n$是黄绿色的,较不稳定,对它的研究较少.

在1atm的CO_2中和210℃时,黄色的$[Ir(CO)_{12}]$能升华.它是个四聚体,铱原子占据在四面体的角顶,红外光谱研究表明结构中没有成桥羰基.它与CO无反应,但在340atm和200℃时与CO及H_2(1:1)的混合物反应,部分转变为$[HIr(CO)_4]$[14].

在高压下用红外分光光度法研究了$[Ir_4(CO)_9L_3]$[$L=PPh_3$,$P(p\text{-}MeC_6H_4)_3$,PEt_3或PPr_3^n]及$[Ir(CO)_8L_4]$($L=PEt_3$,PPr_3^n,或PBu_3^n)类型的膦取代簇状物与CO的反应[15],芳基及异丙基膦衍生物在一定条件下分裂为双核的$[Ir_2(CO)_6L_2]$

或[$Ir_2(CO)_7L$]. 上述所有[$Ir_4(CO)_9L_3$]型的膦取代簇状物与 CO 和 H_2 的混合物反应则全部分裂为[$HIr(CO)_3L$][12].

5.6 铱(Ⅰ)的络合物

铱(Ⅰ)化学有比较丰富的资料. 铱(Ⅰ)d^8 络合物多数是平面正方形的，含有 NO、CO、膦、双烯等配位体. 具有氢配位及 $SnCl_3^-$ 的五配位络合物也是已知的，颇不常见的络合物例如[$Ir(CO)(SO_2)Cl(PPh_3)_2$]具有四方锥形结构.

某些平面正方形 d^8 络合物与 Rh(Ⅰ)的络合物类似，会发生氧化加成反应产生八面体的 d^6 络合物. 最重要的络合物是[$Ir(CO)Cl(PPh_3)_2$]. 它容易与 H_2，Cl_2，HCl 和 O_2 等反应生成八面体的 Ir(Ⅲ)络合物. 它与叠氮化物反应生成 Ir(Ⅰ)络合物[$Ir(N_2)Cl(PPh_3)_2$]，与 SO_2 反应生成上述的五配位加合物[$Ir(CO)(SO_2)Cl(PPh_3)_2$].

膦络合物[$Ir(CO)Cl(PPh_3)_2$]及[$HIr(CO)(PPh_3)_2$]用作加氢反应的催化剂. 催化作用的机理是在加氢生成 Ir(Ⅲ)八面体络合物的同时发生了氢分子的均裂. 但这两个络合物的催化效果不如 Rh(Ⅰ)络合物[$RhCl(PPh_3)_3$]，因为 Rh—H 键比 Ir—H 键更容易断开.

还知道 Ir(Ⅰ)有许多含 Ir—M 键(M＝Sn，Au，Hg)的络合物.

5.6.1 亚硝基络合物

用 HX 与[$Ir(NO)_2(PPh_3)_2$]ClO_4 反应得到红棕色的[$Ir(NO)X_2(PPh_3)_2$](X＝Cl，Br，I). 由于此合物的亚硝基伸缩频率很低(约 1560cm^{-1})，它们可能含有成桥的 NO. Vaska 化合物的亚硝基类即[$IrCl(NO)(PPh_3)_2$]$^+$，可由[$Ir(NO)_2(PPh_3)_2$]$^+$的氯化和非络合酸与[$IrHCl(NO)(PPh_3)$]反应两种方法来制备[16]. 这种活性的络合物与中性基团[CO，PPh_3，$Ph_2PC_2H_4PPh_2$，$Ph_2PC_2H_2PPh_2$，$P(OPh_3)_3$ 等]生成五配位加成物. 因而与配位阴离子 X^-(NO_2^-，Cl^-，HS^-)形成[$IrX_2(NO)(PPh_3)_2$]. 通过下列途径可得高产的[$IrX(NO)(PPh_3)_2$]$^+$：[17]

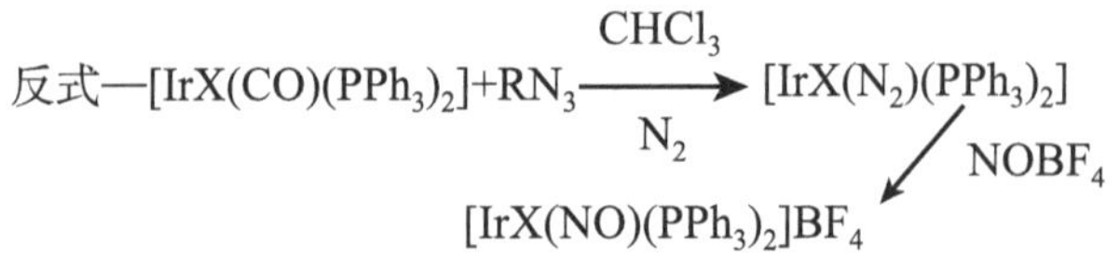

(X＝Cl，Br 或 I；R＝p-硝基甲苯). 所有亚硝基化合物的 $\nu_{(NO)}$ 在 1895—1902cm^{-1} 范围内，证明亚硝基为 NO^+ 配位. 而在与四氰乙烯形成的加合物[$IrCl(NO)(PPh_3)_2(tene)$]ClO_4，中 $\nu_{(NO)}$ 在 1595cm^{-1} 处，表明转变成弯曲的亚硝基配体.

Vaska 络合物$[Ir(CO)Cl(PPh_3)_2]$与 $NOBF_4$ 发生氧化加成反应：

$$[Ir(CO)Cl(PPh_3)_2]+NO^+BF_4^- \xrightarrow[N_2]{C_6H_6} [Ir(CO)Cl(NO)(PPh_3)_2]BF_4$$

产物的阳离子具有四方锥形结构，占据顶角位置的是弯曲的亚硝基配体（∠Ir—N—O＝124°），如图 5.1 所示：

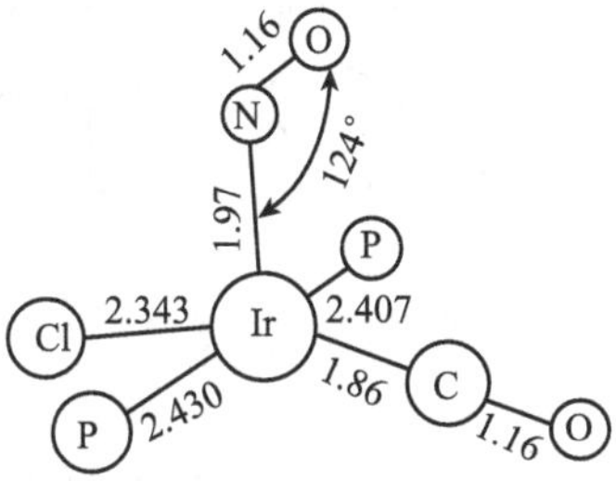

图 5.1　弯曲的亚硝基配体

5.6.2　膦络合物

$K[Ir(PF_3)_4]$与碘在－80℃反应制得三氟代膦络合物$[Ir(PF_3)_4]I$. $[Ir(CO)_3Cl]$与联膦反应得到联膦络合物$[Ir(diphos)_2]Cl$（diphos＝$Ph_2PC_2H_4PPh_2$），它与多种配体反应生成五配位络合物$[Ir(diphos)_2L]^+$（L＝CO，PF_3，O_2，SO_2）. 反式-$[IrCl(CO)(siphos)_2]$[Siphos＝$P(CH_2SiMe_3)$]与 $NaBF_4$ 反应生成少见的四氢硼酸根络合物$[Ir(BH_4)(CO)(Siphos)_2]$[19]. 红外及^1H 核磁共振测定表明有氢桥结构如下：

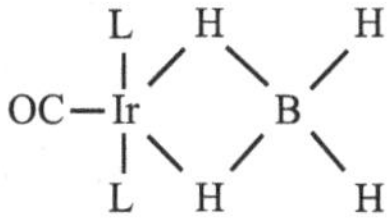

在室温下 1-二甲基膦-1，2-碳硼烷（L＝$C_2B_{10}H_{11}PMe_2$）对$[Ir(C_8H_{14})_2Cl]_2$的加成反应生成黄色的[IrClL]，在环己烷中回流得到白色的在空气中稳定的粉末，其化学式为$[IrHClL_2(C_2B_{10}H_{10}PMe_2)]$[12].

某些新的杂原子烯丙基式衍生物$[Ph_2PC(X)NR]^-$（X＝S，NR，O）及$[Ph_2P(Q)C(S)NR]^-$（Q＝S，O）能与 Ir(Ⅰ)的磷络合物反应生成稳定的络合物$[Ir(PPh_3)_2\{Ph_2PC(X)NR\}]$(A)及$[Ir(PPh_3)_2\{Ph_2P(Q)C(X)NR\}]$(B)，在其中配体是双齿的，配位原子是 P 和 S. 其它原子的配位选择性是 S＞NR＞O. 如$[Ir(PPh_3)_2\{Ph_2PC(S)NPh_2\}]$的生成是通过$[IrCl(PPh_3)_2(C_8H_{14}]$与$[Ph_2PC(S)NHPh]$的氧化加成反应这一中间过程的[20]：

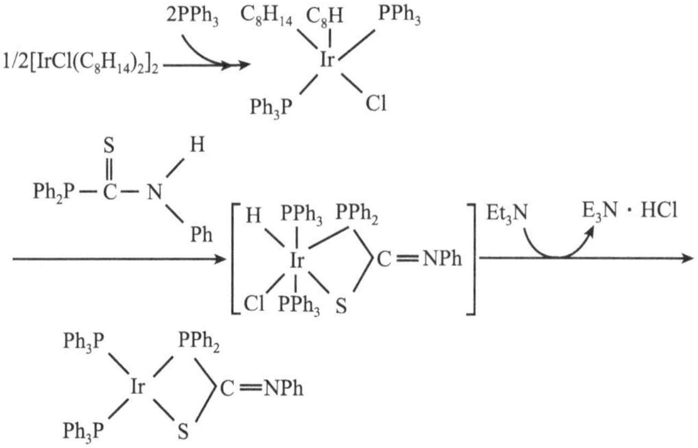

上文所得的络合物(A)及(B)与 CO 反应生成[Ir(PPh₃)(CO){Ph₂PC(X)NR}]及[Ir(PPh₃)(CO){Ph₂P(Q)C(S)NR}]. 配体 L(L = PR_3, $P(OR)_3$ 或 AsR_3;X=BPh_4,PF_6 或 ClO_4)与$[Ir(C_8H_{12})Cl]_2$ 在乙醇中反应制得了一系列$[IrL_4]X$ 和$[IrL_5]X$ 类型的盐[21]. 四配位的$[Ir(PMe_2Ph)_4]BPh_4$ 容易生成氧加合物,但相应的胂类似物只能通过环辛烯络合物来制备,反应如下:

$$[(C_8H_{14})_2IrCl_2]+AsMePh+O_2\xrightarrow{MeOH}[Ir(O_2)(AsMe_2Ph)_4]BPh_4$$

它的红外光谱及^{1}H 核磁共振谱表明其结构如下:

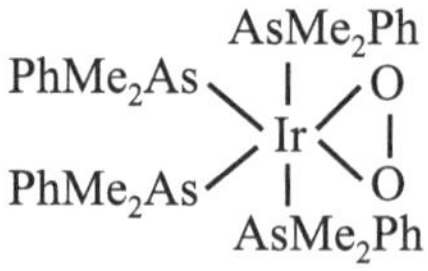

在沸煮的 $IrCl_3\cdot 3H_2O$,PCy_3(Cy=环己基)与乙醇的混合物中通入 CO 制得三环己基膦衍生物$[IrCl(CO)(PCy_3)_2]$[22]. 无 CO 时,则生成$[IrX_2(PCy_3)_2]$(X=Cl 或 Br).

在十氢化萘中从短时沸煮$[IrH(CO)(PPh_3)_3]$得到产率为 50%的紫色沉淀. 根据 X 射线分析表明有二聚物生成,结构如下[23]:

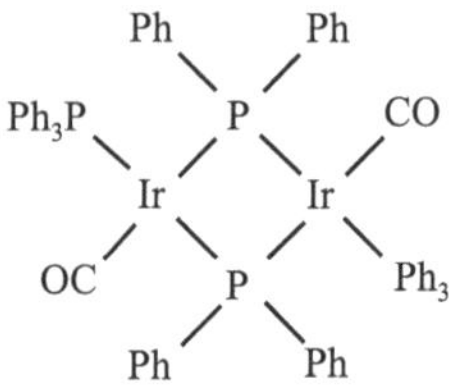

5.6.3 羰基络合物

在 1atm 压力下,使 1 水合三卤化铱 $IrX_3\cdot H_2O$ 在 CO 中加热到 150℃制得三羰基卤化物[Ir(CO)$_3$X](X = Cl, Br, I). 制备的容易顺序是 Cl > Br > I. [Ir(CO)$_3$Cl]是浅棕色的,[Ir(CO)$_3$Br]是朱古力色的,[Ir(CO)$_3$I]是深棕色的. [Ir(CO)$_3$X]在空气中较稳定,被水分解为金属和一氧化碳[24].

阴离子羰基卤化物[$AsPh_4$][Ir(CO)$_2X_2$]是黄色的(X=Br,I). 在 200℃及 200atm 压力下使[$AsPh_4$][$IrBr_6$]羰基化可得羰基溴络合物. 用锌还原[$AsPh_4$][Ir(CO)$_2I_4$]得到羰基碘络合物. 红外光谱表明这些阴离子络合物具有顺式构型. 也已分离得到双核阴离子络合物[$AsPh_4$][Ir_2(CO)$_4Br_3$].

有很多羰基络合物含有胺、膦、胂或䏲配体,这些络合物汇列于表 5.6 中. 用 2-甲氧基乙醇或二甲基甲酰胺及甲醇作为羰基化试剂,可从水合 $IrCl_3$ 与 PPh_3 制得[Ir(CO)X(PPh_3)$_2$]. 表 5.6 中所列大多数化合物可由 Ir(I)或 Ir(III)的羰基化物来制备. 值得指出的是其中五配位化合物是很少的.

表 5.6　Ir(I)含胺、膦、胂及䏲的羰合物

[Ir(CO)X(PPh_3)$_2$]	(X=Cl,Br,I)
[Ir(CO)Cl(PEt_3)$_3$]	
[Ir(CO){P(OPh)$_3$}$_2$]	
[Ir(CO)$_2$X(MPh_3)]	(M=P,As;X=Cl,Br)
[Ir(CO)$_2$(MPh_3)$_2$]	(M=P,As)
[Ir(CO)$_2$XL]	(L=对-甲苯胺;X=Cl,Br)
[Ir(CO)$_2$ClL_2]	$\left(L=Py、对甲苯胺、\frac{1}{2}Pene、\frac{1}{2}bipy\right)$
[Ir(CO)Cl(MPh_3)$_2$]	(M=As,Sb)
[Ir(CO)$_2$($SbPh_3$)$_3$]$^+$	
[Ir(CO)(diphos)$_2$]$^+$	(diphos=$Ph_2PC_2H_4PPh_2$)
[Ir(CO)$_2$Cl(diphos)]	
[Ir(CO)(RCO_2)($SbPh_3$)$_3$]	(R=Me,Et)
[Ir(CO)(SO_2)Cl(PPh_3)$_2$]	
[Ir(CO)(H_2S)Cl(PPh_3)$_2$]	
[Ir(CO)$_3$(PR_3)$_2$]$^+$	(R_3=Ph_3,Ph_2Me)

特别值得注意的是含一个羰基配位的络合物 Ir(CO)Cl(PPh_3)$_2$. 它容易与两个配体加成生成八面体的 Ir(III)络合物. 虽然偶极矩测量表明其中的两个膦配体处于反位,但在加成反应中新进入的两个配体却在八面体中采取顺位,因为氯原子从原来平面四边形的位置上移开了. Ir(CO)Cl(PPh_3)$_2$ 可以可逆地吸收氢、氧和二氧化硫. 虽然大多数这些反应是氧化加成生成 Ir(III)八面体络合物,但与叠氮化物、硫化氢和二氧化硫的反应却生成 Ir(I)络合物 Ir(N_2)Cl(PPh_3)$_2$,Ir(CO)(H_2S)Cl(PPh_3)$_2$ 和 Ir(CO)(SO_2)Cl(PPh_3)$_2$. 对 SO_2 络合物的 X 射线结构测定表明它具

有四方锥状结构,硫原子位于锥顶上,Ir—S 键距相当长,为 249pm,表明 Ir—S 键较弱,两个膦配体互处于反位. $Ir(CO)Cl(PPh_3)_2$ 的催化性能在前一节里已经讨论过了.

$[Ir(CO)Cl(PPh_3)_2]$的某些加成反应如下:

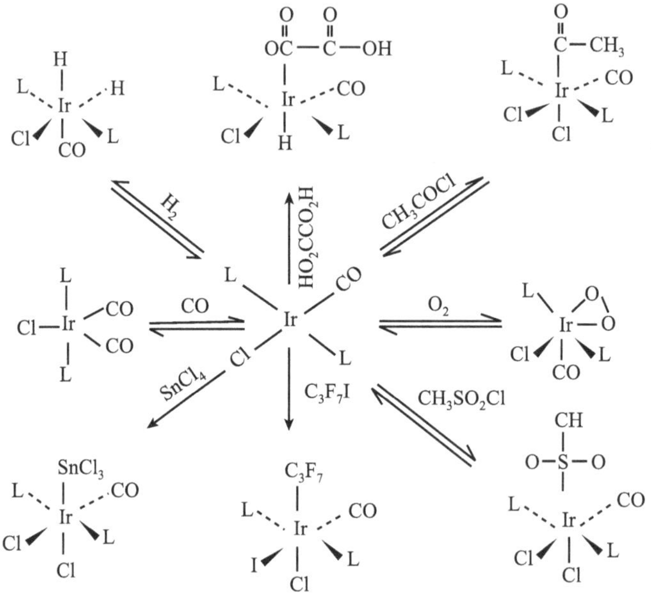

$[Ir(CO)Cl(PPh_3)_2]$及$[Ir(CO)Cl(PPh_2Me)_2]$在有高氯酸钠存在下的丙酮溶液中与通入的 CO 反应生成三羰基阳离子络合物$[Ir(CO)_3(PPh_3)_2]ClO_4$,它具有反式构型.这些 Ir(I)5 配位络合物与低于 1atm 气压的氢反应生成$[H_2Ir(CO)_2(PR_3)_2]ClO_4$.

反式-$[Ir(CO)Cl(PPh_3)_2]$与 MH_3X 和 M_2H_6(M＝Si 或 Ge,X＝H,Cl,Br 或 I)反应时硅烷或锗烷以 H^- 和 MH_2X^- 的形式与络合物发生加成反应,生成八面体加成化合物如下[27]:

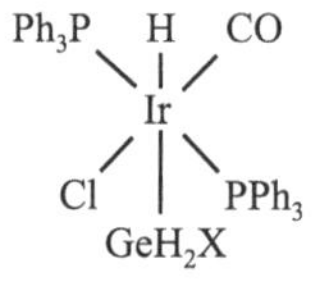

多聚体$[Ir(CO)_3Cl]_n$ 与螯合剂 $Ph_2AC_2H_4APh_2$(A＝P 或 As)的苯溶液进行回流时,生成络合物[Ir(CO)$_2$(L—L)Cl][28]. $[Ir(CO)_2(Ph_2PC_2H_4PPh_2)Cl]$是黄色晶体(mp ＞ 170℃),$[Ir(CO)_2(Ph_2AsC_2H_4AsPh_2)Cl]$是橙黄色晶体(mp120—140℃).

络合物[$Ir(CO)_2(L—L)Cl$](螯合体　L—L＝联膦或联胂在溶液中以下式发生离解平衡：

$$[Ir(CO)_2(L—L)Cl] \rightleftharpoons [Ir(CO)_2(L—L)]^+ + Cl^-$$

因此，进行氧化加成反应的产物是(a)或(b)依赖于 XY 的种类.

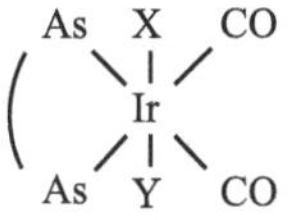

(a)

Ⅰ. X=Cl, Y=Cl;

Ⅱ. X=Cl, Y=CH_3CO.

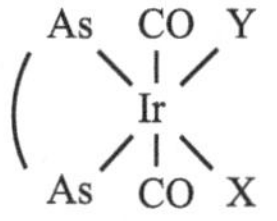

(b)

Ⅰ. X=I, Y=I;

Ⅱ. X=Cl, Y=$PhSO_2$.

反式-[$IrX(CO)L_2$](X＝Cl 或 Br)与过氧化物反应生成稳定的烷基过氧化物并放出氧气[29]：

$$\text{反式-}[IrX(CO)L_2] + RO_2H \xrightarrow[\text{常温}]{\text{甲苯}} [IrX(O_2R)_2(CO)L_2]$$

($R=Bu^t$，$L=PPh_3$，$AsPh_3$ 或 PPh_2Me；$R=PhMe_2C$；$L=PPh_3$)

5.6.4　氢作配体的络合物

在加压下 Ir(III)卤化物与三氟化磷反应生成无色液体[$HIr(PF_3)_4$](bp95℃).[$Ir(CO)Cl(PPh_3)_2$]与肼反应制得[$HIr(CO)(PPh_3)_2$]，它与硼氢化钠反应则生成五配位的[$HIr(CO)(PPh_3)$]，它具有三角双锥结构，3 个膦位于赤道面上，它可用作乙炔加氢反应催化剂，其催化效果优于铑同类化合物.

用有机酸，如对硝基酚、吡啶-2-硫醇、三氟乙酸处理[$IrH(CO)(PPh_3)_3$]分别得到[$Ir(OC_6H_4NO_2)(CO)(PPh_3)_2$]，[$IrH(C_6H_4NS)(PPh_3)_2$]和[$Ir(CF_2CO_2)(CO)PPh_3)_2$].由下列反应合成了二氧化硫衍生物[30]：

$$[IrH(CO)(PPh_3)_3] + \text{液态 } SO_2 \longrightarrow [IrH(SO_2)(CO)(PPh_3)_2]$$

它异常的光谱特征被解释为由于氢在 Ir 和配位的 SO_2 之间转移的互变异构平衡所引起：

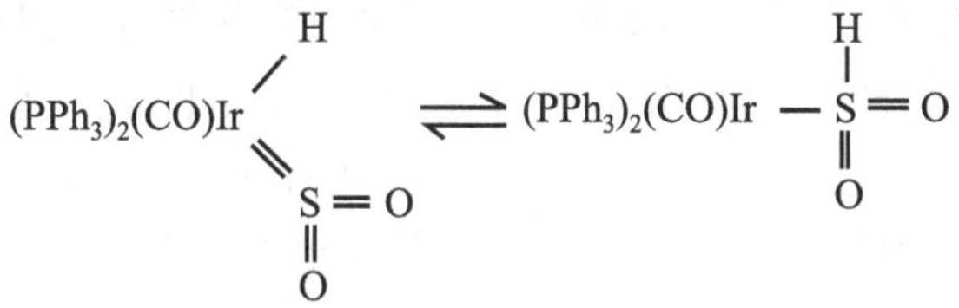

5.6.5　含氮配体的络合物

从 Vaska 化合物经一步反应就分离出高产率的芳基重氮络合物[$IrCl(ArN_2)$

$(PPh_3)_2]^+$：

$$[IrCl(CO)(PPh_3)_2]+ArCON_3\xrightarrow[ArN_2^+PF_6^-]{EtOH}[IrCl(ArN_2)(PPh_3)_2]PF_6$$

它与多种试剂(L=CO,RNC,PR_3,AsR_3 或 SbR_3)反应产生五配位物$[IrCl(ArN_2)(PPh_3)_2L]$.根据已知的亚硝基络合物的结构推论,认定 L=PPh_3 和 $AsPh_3$ 时,化合物为具有直线状单位 Ir—N—N—Ar 的三角双锥结构,而 L=RNC 和 CO 的络合物生成四方锥状结构并包含弯曲的芳基重氮配位体.

配位不饱和络合物$[Ir(A—A)(CO)_2]X$ 曾通过以下反应进行制备:

$$[Ir(C_8H_{12})Cl]_2+A—A\xrightarrow[N_2]{CH_2Cl_2}[Ir(A—A)(C_8H_{12})]^+$$

$$\xrightarrow{CO}[Ir(A—A)(CO)_3]X\xrightarrow[Ar]{C_2H_4}[Ir(A—A)(CO)_2]X$$

(A—A=1,10-二氮杂菲或 2,2′-联吡啶;X=PF_6^- 或 ClO_4^-)

这些化合物很活泼,能与各种分子,如 H_2,HCl,$HgCl_2$,$HgBr_2$ 和 I_2 发生氧化加成反应.

通过如下反应制得二聚化合物$[(PPh_3)_2(CO)IrN_3Ir(CO)(PPh_3)_2]BF_4$:

$[Ir(PPh_3)_2(CO)N_3]+NOBF_4 \longrightarrow [(PPh_3)_2(CO)IrN_3Ir(CO)(PPh_3)_2]BP_4+N_2O+N_2$ 它的红外及^{14}N 核磁共振谱表明它具有如下的成桥结构:

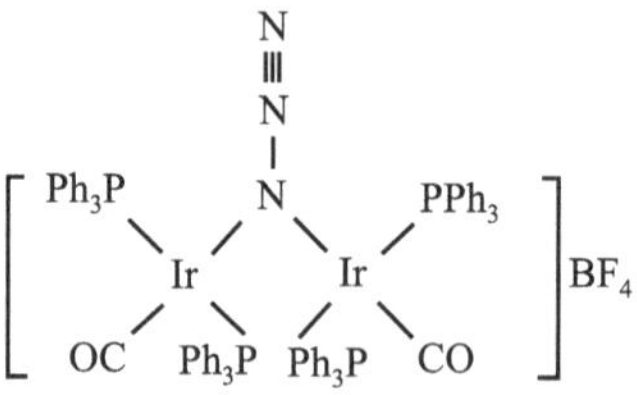

它可与配体 L(极性有机溶剂或 PPh_3)发生桥断裂反应,重新生成$[Ir(PPh_3)_2(CO)N_3]$和产物$[Ir(PPh_3)_2(CO)L]BF_4$.

5.6.6　π-络合物及烯烃络合物

若把环戊二烯基看作是 2π 给予体,则环戊二烯基络合物$[Ir(C_5H_5)(C_3H_6)]$是 Ir(I)的五配位络合物.若把 C_5H_6 看作是(2σ+π)给电体,则它是 Ir(III)的六配位络合物.曾制得类似的络合物$[Ir(C_6H_5)\{C_6(CH_3)_4O_2\}]$,从红外及电子光谱数据可以断定四甲基对醌环是π-键结合的.文献中还报道了羰合物 $Ir(C_5H_5)(CO_2)$和π-茚基络合物 $Ir(C_9H_7)(CO)_2$.

乙烯与$[Ir(CO)Cl(PPh_3)_2]$反应得到不稳定的$[Ir(CO)Cl(PPh_3)_2(C_2H_4)]$.四氟乙烯生成八面体的 Ir(III)络合物,在其中烯烃起 2σ 给电体的作用.此外六氟-2-

丁炔产生稳定的[$Ir(CO)Cl(PPh_3)_2(C_4H_6)$],根据氟核磁共振谱可以认定它是Ir(I)的π-键烯烃络合物.

Na[$IrCl_6$]与环辛-1,5-二烯及降冰片二烯反应生成二聚的氯络合物[$Ir(C_8H_{12})Cl$]$_2$及[$Ir(C_7H_8)Cl$]$_2$,而与环己-1,3-二烯反应则得到单分子的双二烯络合物[$Ir(C_6H_8)_2Cl$].三苯基膦与这些产物反应生成[$Ir(C_8H_{12})Cl(PPh_3)$],[$Ir(C_7H_8)Cl(PPh_3)$]及[$Ir(C_6H_8)Cl(PPh_3)_2$].Na_2[$IrCl_6$]与2,3-二甲基-1,3-丁二烯反应生成[Ir(diene)$_2$Cl].

5.6.7 含金属—金属键的络合物

在四氢呋喃中用钠汞齐还原羰基膦络合物[$Ir(CO)Cl(PPh_3)$]时,溶液中的物种之一被认为是[$Ir(CO)_3(PPh_3)$]$^-$.它会与$AuCl^-(PPh_3)$,R_3SnCl,Me_2SnCl_2和$Hg(CN)_2$反应生成$(PPh_3)Au_3Ir(CO)_3(PPh_3)$,$R_3SnIr(CO)_3(PPh_3)$,$M_3$[$Ir(C_2O_4)_2Cl_2$]·$nH_2O$.

5.7 铱(II)的络合物

+II不是铱的常见氧化态,一般认为含2价铱的化合物都是一些特殊类型的化合物.过去报道的一些Ir(II)的化合物大概是Ir(III)氢络合物或含Ir—C σ-键的Ir(III)化合物而不是过去认为的π-键络合物.2价铱具有d-组态,因此可预期它的络合物是顺磁性的.一个确定的、正式被承认的铱(II)络合物是[$Ir(NO)Br_3(PPh_3)_2$],它是顺磁性的(μ=1.34BM).有几种羰基卤化物应该看作是Ir(II)化合物.它们是反磁性的,据认为它们含有某种型式的金属—金属相作用.已报道的有:[$Ir(CO)_2X_2$]$_n$(X=Cl,Br,I),[$Ir(CO)X_2(p\text{-}CH_3—C_6H_4NH_2)_2$](X=Cl、Br),[$AsPh_4$][$Ir(CO)X_3$](X=Br,I),[$AsPh_4$][$Ir(CO)I_4$],$K_2$[$Ir_2(CO)_4I_6$],它们的颜色范围从黄逐渐变到褐色.

Ir(III)的环戊二烯基络合物[$Ir(C_5H_5)_2$]$^+$与钠反应生成络合物[$Ir(C_5H_5)_4$].不过后一化合物似乎是Ir(III)络合物.它的双聚结构被认为是含有一个成桥的联环戊二烯基,它通过一个π-键和两个σ-键与每个金属原子相联接,由于剩下的两个环戊二烯基(每个铱原子各联接一个)起着(σ+2π)给电体的作用,这样一来每个铱原子都是3价的.

5.8 铱(III)的络合物

Ir(III)是一个具有$(t_{2g})^6$组态的d^6离子,因此它的所有络合物都是反磁性的.

配位数几乎都是 6. 虽然 Ir(IV)是一种(a)类受电体，几乎仅跟电负性高的给电体原子如氟、氧、氯和溴等生成络合物，而 Ir(III)却是一种(b)类受电体，能与“软”配体一氧化碳、膦、胂、䏲、硫醚和碘离子等生成络合物.

已知 Ir(III)的含 Cl^-，Br^-，I^-，CN^-，SO_4^{2-}，SO_3^-，SCN^-，NC_2^-，MR_3(M＝P，As，Sb)、R_2S 和 CO 等配体的络合物. 有许多含有膦、胂或䏲的氢络合物，而含有一个羰基的这类络合物则为数颇少.

5.8.1　卤络合物、硫氰酸根络合物和氰络合物

仅有的氟络合物是颇为少见的硝基和亚硝基化合物 $(NO_2)_2[IrF_5]$ 及 $(NO)_2[IrF_5]$. 可以分别通过加热 Ir(IV)络合物 $(NO_2)_2[IrF_6]$ 和 $(NO)_2[IrF_6]$ 来制得. 络合物 $[IrX_6]^{3-}$(X＝Cl，Br，I，SCN，CN)都是文献中已知的化合物.

用草酸盐或乙醇作还原剂可将 $K_2[IrCl_6]$ 还原而制得橄榄绿色的 $K_3[IrCl_6]$. 它的钾盐和铵盐能中地溶于水中，但铷盐和铯盐仅微溶于水. $[IrCl_6]^{3-}$ 的晶体场参数(10Dq)为 25 000cm^{-1}. 已证明在稀溶液中 Ir 在 $[IrCl_6]^{3-}$ 和 $[IrCl_6]^{2-}$ 之间的交换是很快的. 用 SO_2 还原 $K_2[IrBr_6]$ 溶液可以得到橄榄绿色的 $K_3[IrBr_6]$. 由 KI 和 $IrI_3 \cdot 3H_2O$ 可制得 $K_3[IrI_6]$.

紫外可见光谱的研究和离子交换实验指出，$[IrCl_6]^{3-}$ 在水溶液中的反常导电性是由水合作用和生成了离子对而引起的，有如下式所示：

$$[IrCl_6]^{3-} + H_2O \rightleftharpoons [Ir(H_2O)Cl_5]^{2-} + Cl^-$$
$$[Ir(H_2O)Cl_5]^{2-} + Cl^- \rightleftharpoons \{[Ir(H_2O)Cl_5]Cl\}^{3-}$$

用紫外线照射 $[IrCl_6]^{3-}$ 的浓盐酸溶液生成 $[IrCl_6]^{2-}$ 及氢，在盐酸水溶液中照射 $[IrCl_6]^{2-}$ 生成 $[IrCl_6]^{3-}$ 及氯.

已研究了在配位多聚体 $M_3^{II}[Ir(CN)_6]_2 \cdot xH_2O$ 中键的性质(M＝Mn，Fe，Co，Ni，Cu 或 Zn). 与 $K_3[Ir(CN)_6]$ 相比 $v(C\equiv N)$ 及 $\nu(Ir—C)$ 两者的伸缩频带移向高频，认为这是由氰配体的成桥结构 Ir—C≡N—M 所引起的. 在加成反应中，电子光谱和磁矩指示出 M^{II} 处于高自旋态，而 C-配位的 Ir^{III} 是低自旋的.

用 HX 处理对应的三氢化物制得了一系列异腈络合物 $[IrH_2X(p\text{-}MeC_6H_4NC)(AsPh_3)_2]$(X＝F，Cl，Br，I 或 N_3)[32]. 红外光谱及 ^1H 核磁共振数据指出它的最可能的结构如下：

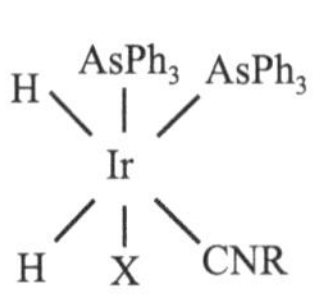

5.8.2 含氧配体的络合物

IrO_3 的碱溶液中存在着$[Ir(OH)_6]^{3-}$及$[Ir(OH)_5H_2O]^{2-}$等类型的氢氧根络合物.

已报道过的草酸根络合物如下:$K_3[Ir(C_2O_4)_3]\cdot nH_2O\left(n=0,2,4\frac{1}{2}\right)$,$KH_2[Ir(C_2O_4)_3]\cdot 4H_2O$,$K[Ir(C_2O_4)_2(H_2O)_2]\cdot 3H_2O$,$K_2[Ir(C_2O_4)_2(H_2O)(OH)]\cdot 2H_2O$,$M_3[Ir(C_2O_4)(NO_2)_2Cl_2]\cdot nH_2O$(M=Li,Na,K,Rb,Cs,$NH_4$),$K_3[Ir(NO_2)(C_2O_4)Cl_3]\cdot 2H_2O$和 $M_3[Ir(C_2O_4)Cl_4]$(M=Na,Rb,Cs,NH_4)等.

已知 $K_3[Ir(C_2O_4)_2Cl]$有顺、反两种红色的异构体,顺式的颜色较深,为 3 水合物,它能被光分解,在氯化钾溶液中加热 1h,即转化为反式异构体. 反式变体是 4 水合物.

$K_3[IrCl_6]$与 $K_2C_2O_4$ 反应制得橙红色的 $K_3[Ir(C_2O_4)_3]\cdot 4\frac{1}{2}H_2O$. 它曾被拆分为旋光异构体,在沸水中不会消旋. $Na_3[IrCl_6]$与 $Na_2C_2O_4$ 反应制得深红色的 $Na_3[Ir(C_2O_4)_4]$,加入 $Na_2C_2O_4$ 它即转化为 $Na_3[Ir(C_2O_4)_2Cl_2]$.

在隔绝空气时将 $Ir_2O_3\cdot nH_2O$ 溶于硫酸中得到黄色微溶的 $Ir_2(SO_4)_3\cdot aq$,它无疑是一种络合物,但其结构还不清楚. 已制得黄色的矾类 $MIr(SO_4)_2\cdot 12H_2O$(M=K,Rb,Cs,NH_4,Tl).

铱盐与 $KHSO_4$ 共熔可制得 $K_3[Ir(SO_4)_3]$.

用乙酰丙酮处理 $Ir_2O_3\cdot 3H_2O$ 时得到少量能溶于苯的黄色乙酰丙酮基络合物$[Ir(acac)_3]$.

$IrCl_4$ 与配体的钠盐作用制备 Na[IrCl(edta H)]·$2H_2O$ 及 Na[IrCl(pdta H_4)]·$3H_2O$(pdta H_4=丙二胺四乙酸). 从 Na[IrCl(edta H)]·$2H_2O$ 可制得[Ir(edta H)(H_2O)]的半水合物. 用氟磺酸 HSO_3F 处理$[IrCl(CO)(PPh_3)_2]$生成氢化物$[IrCl(CO)(PPh_3)(H)(SO_3F)]$[38].

5.8.3 含硫及硒配体的络合物

报道过的亚硫酸络合物有 $Na_7[Ir(SO_3)_2Cl_4]$,$Na_3[Ir(SO_3)_3(NH_3)_3]$,$Na_5[Ir(SO_3)_2Cl_4]$及 $Na_2[Ir(SO_3)_2(NH_3)_3Cl]$,其中亚硫酸根是单齿配体. 红外光谱数据表明,它是与 S-成键的. 这与 Ir(III)的(b)类特性是一致的. 红外光谱数据又表明在 $K_4[Ir(SO_3)_2Cl_3]$及 $Na[Ir(SO_3)_2(NH_3)_3]$中有一个 SO_3 根是双齿配体,通过两个氧原子与铱配位. 亚硝酸钾与 $K_3[Ir(SO_3)_2Cl_4]$反应生成 $K_4[IrSO_3(NO_2)_5]$,用 NO_2 不能从其中置换出 SO_3 基团. 这表明前者的反位效应比后者大.

已报道过的硫脲络合物如下：

$[Ir(thu)_6]Cl_3$(黄)，　　$[Ir(thu)_5Cl]Cl_2$(橄榄绿)，

$[Ir(thu)_4Cl_2]Cl$(红)，　　$[Ir(thu)_3Cl_3]$(金黄)，

$(NH_4)[Ir(thu)_2Cl_4]$(橙)，　　$(NH_4)_2[Ir(thu)Cl_5]$(橙).

已制得二甲亚砜(DMSO)顺-(1,2,3)-、反-(1,2,6)-两种异构体的$[IrCl_3(DMSO)_3]$及$H[IrCl_4(DMSO)_2]\cdot 2DMSO$，这些络合物对氢转移反应表现出有催化活性[33].

已制得了二乙硫络合物$[Ir(Et_2S)_3Cl_3]$的两种异构变体，它们的偶极矩、电导率、电子光谱及核磁共振谱表明，黄色变体是顺式-$[Ir(Et_2S)_3Cl_3]$(熔点 131—132℃)，红色变体是反式-$[Ir(Et_2s)_4Cl_2]$·反式-$[Ir(Et_2S)_2Cl_4]$[34](熔点 165—166℃).

一系列的对位取代苯硫醇 HSC_6H_4Y(Y＝F，Br，H，Me 或 MeO)与$[IrCl(APh_3)]$(A＝P 或 As)反应生成$[IrHCl(SC_6H_4Y)(APh_3)_2]_2$型二聚物，如下列反应式所示[35]：

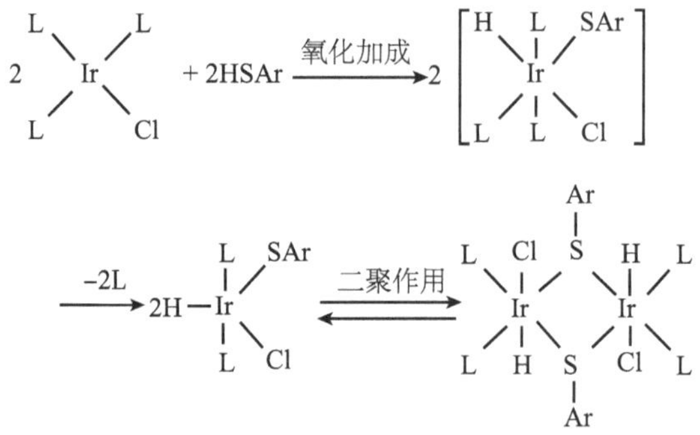

此外，对位硝基苯硫醇则生成$[IrCl_2(SC_6H_4NO_2)(APh_3)_2]_2$.

用$[IrH_3L_2]$和 Na_2SCX，反应已制得$[IrH_2(S_2CX)L_2]$型的二硫代氨基甲酸酯和黄原酸酯络合物(L＝PPh_3 或 $AsPh_3$；X＝NEt_2 或 OEt). 它们的^1H 核磁共振和红外光谱表明其结构为[35]：

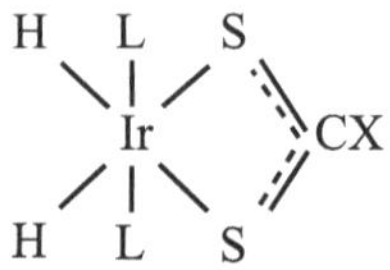

通过氧化加成反应合成了亚磺酰基(RS＝O)和烷氧基亚磺酰基(ROS＝O)络合物$[IrCl_2(MeSO)(CO)L_2]$(L＝PPh_3 或 PPh_2Me)及$[IrCl_2(ROSO)(CO)L_2)$(L＝PPh_3，R＝Me 或 Et；L＝PPh_2Me，R＝Me，Et 或 Pr^i；L＝$PPhMe_2$，R＝Me)[35]：

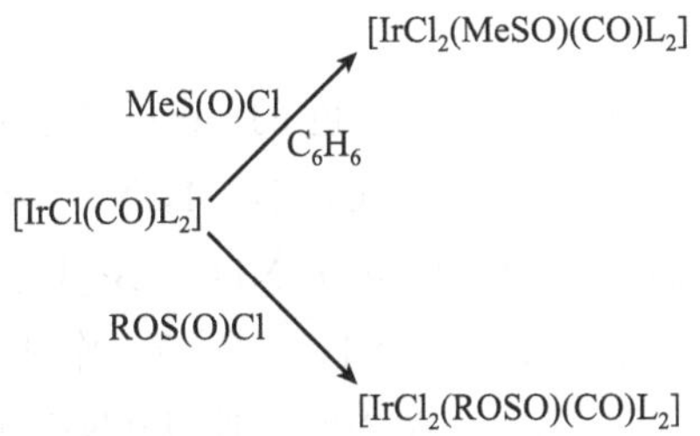

$(NH_4)_2[IrCl_6]$与二烃基硒化物反应制得二烃基硒络合物$[Ir(R_2Se)_3Cl_3]$.

络合物$[Ir(SO_3)_2Cl_4]^{5-}$，$[Ir(SO_3)_2(NH_3)_2Cl_2]^{3-}$，$[Ir(SO_3)_3(NH_3)_3]^{3-}$及$[Ir(OS_3)_4Cl_4]^{7-}$的红外和拉曼光谱表明它们含有铱—硫键而不像$[Fe(SO_3)_6]^{9-}$那样含有金属一氧键. 从水溶液中制得的$[IrL_3]$[L＝(a)]是八面体的反磁性不导电单分子络合物,其中的二硫代碳酸根起二齿配体的作用. $IrCl_3$ 与硫蒽(b)反应生成$[IrCl_3(thianthreme)_3]$,与噻吩(c)反应生成$[IrCl_3(phenoxthiene)_3]$[38].

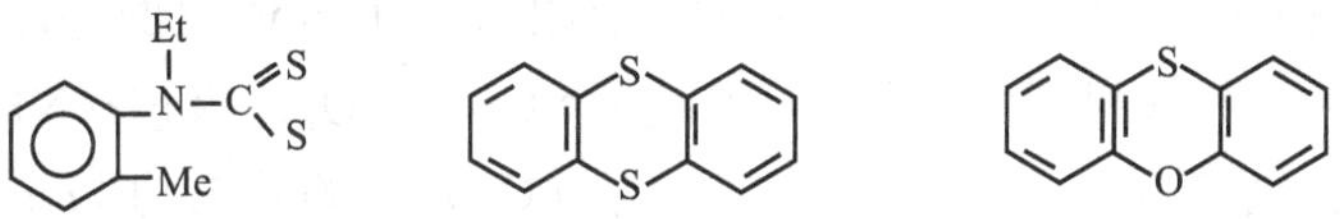

(a) (b) (c)

C_6F_5SSCl 与反式-$[IrCl(CO)(PPh_3)_2]$氧化加成生成八面体络合物$[IrCl_2(SSC_6H_5)(CO)(PPh_3)_2]$,该物质是含有单齿有机过硫基配体的过渡金属络合物的第一个例子.

二硫氰基乙烷可以生成含卤桥的络合物 $Ir(SCNC_2H_4NCS)_2X_6$ (X＝Cl,Br,I),卤桥容易被单齿配体断裂,在这些络合物中配体是通过两个硫原子配位的. 内络合物$[Ir(dtp)_3]$(dtp＝$\{EtO\}_2PS_2$-)的 10Dq 为 26 700cm^{-1}. $[Ir(dsep)_3]$(dsep＝$\{EtO\}_2PSe_2$-)的 10Dq 为 25 000cm^{-1},因此这两个配体在光谱化学系列中处于较靠前的位置(在 Cl^- 与 F^- 之间).

5.8.4 含氮配体的络合物

含有氨、吡啶以及其它胺如乙胺、乙二胺等的络合物类型很多. 氨络合物特别稳定,用碱沸煮时不会分解. 现对氨络合物概述如下.

1. 六氨合物

在封闭的管子中在 140℃及 1atm 下用氨与$[Ir(NH_3)_5Cl]Cl_2$ 作用能得到无色的$[Ir(NH_3)_6]Cl_3$. 六氨合铱(III)的溴化物、碘化物、硝酸盐及硫酸盐也是已知的. $[Ir(NH_3)_6]^{3+}$的 10Dq 值为 41 200cm^{-1}.

2. 五氨合物

将氨水与$[IrCl_6]^{3-}$共热可制得黄色的$[Ir(NH_3)_5Cl]Cl_2$，其 10Dq 值为 40 400cm^{-1}. 该阳离子的其它盐类（Cl，Br，I，NO_3，SO_4 等）都是已知的. $[Ir(NH_3)_5H_2O]^{3+}$与氢卤酸反应可制得$[Ir(NH_3)_5Br]Br_2$及$[Ir(NH_3)_5I]I_2$. 令沸煮的氢氧化钾与一卤五氨合物$[Ir(NH_3)_5X]X_2$作用可制得一水五氨合物$[Ir(NH_3)_5(H_2O)]X_3$(X=Cl,Br,I). 在 100℃时$[Ir(NH_3)_5H_2O]Cl_3$，脱水转化为$[Ir(NH_3)_5Cl]Cl_2$. 氨水与$[Ir(NH_3)_5H_2O]Cl_3$作用能制得无色的$[Ir(NH_3)_5(OH)]Cl_2$. 在 100℃时加热$[Ir(NH_3)_5(H_2O)](NO_3)_3$可生成无色的一硝酸根五氨合物$[Ir(NH_3)_5NO_3](NO_3)_2$.

在 0℃时令$[Ir(NH_3)_5(H_2O)]Cl_3$与 $NaNO_2$ 及 HCl 反应可制得一亚硝酸根五氨合物$[Ir(NH_3)_5ONO]Cl_2$，它会异构化生成一硝基五氨合物$[Ir(NH_3)_5NO_2]Cl_2$，两者都是无色化合物. 用紫外线照射硝基络合物则生成亚硝酸根异构物.

一羧酸根五氨合物$[Ir(NH_3)_5(RCO_2)](ClO_4)_2$（R=Me，$CMe_3$，$CF_3$），N-成键及 S-成键的一硫氰酸根五氨合物$[Ir(NH_3)_5NCS](ClO_4)_2$及$[Ir(NH_3)_5(SCN)](ClO_4)_2$. 一叠氮基五氨合物$[Ir(NH_3)_5N_3](ClO_4)_2$等均有过报道. HCl 与$[Ir(NH_3)_5N_3]^{2+}$作用产生氯胺合物 $Ir(NH_3)_5(NH_2Cl)]^{3+}$.

虽然一个铱原子与多于 4 个吡啶配位的吡啶络合物是未知的，但吡啶—氨混合型络合物如$[Ir(NH_3)_4PyCl]Cl_2$，$[Ir(NH_3)_3Py_2(OH)]Cl_3 \cdot 3H_2O$以及$[Ir(NH_3)_3Py_2Cl]Cl_2$则都是已知的. 乙胺络合物$[Ir(EtNH_2)_5Cl]Cl_2$是一种黄色化合物.

3. 四氨合物

橙色的二氯四氨合物$[Ir(NH_3)_4Cl_2]Cl$和无色的二硝基四氨合物$[Ir(NH_3)_4(NO_2)_2]Cl$都是已知的. 各该络合物都只有一种构型，可能是反式结构的. 曾制得顺式及反式两种四吡啶合物$[IrPy_4Cl_2]Cl$. 混配络合物$[Ir(NH_3)Py_3Cl_2]Cl$，$[Ir(NH_3)_2Py_2Cl_2]Cl$和乙胺络合物$[Ir(EtNH_2)_4Cl_2]Cl$也都是已知的.

4. 三氨合物

这类化合物包括不溶性的橙黄色$[Ir(NH_3)_3Cl_3]$、无色的$[Ir(NH_3)_3(NO_2)_3]$、吡啶络合物顺式-及反式-$[IrPy_3X_3]$(X = Cl，Br)、$[IrPy_2(H_2O)Cl_3]$以及$[IrPy(Et_2S)_2Cl_3]$等.

5. 二氨合物

这种类型的已知络合物是含吡啶或甲基吡啶的化合物而不含氨. 吡啶与

$K_3[IrCl_6]$反应生成 $K[IrPy_2Cl_4]$，它生成黄色的顺式和橙色的反式两种构型. 溴络合物 $PyH[IrPy_2Br_4]$也是已知的. 从 $K_3[Ir(C_2O_4)_3]$可制得黄色的$[IrPy_2Cl(C_2O_4)(H_2O)]$.

6. 一氨合物

$K_3[IrCl_6]$与乙酸铵溶液共煮可制得 $K_2[Ir(NH_3)Cl_5]$.
吡啶与 $K_2[Ir(H_2O)Cl_5]$反应可制得 $K_2[IrPyCl_5]$. 已知橙色的草酸络合物 $K_2[IrPyCl_3(C_2O_4)]$有二种异构体，一种是氯与吡啶互处于反位，另一种是氧原子与吡啶互处于反位. 六氢吡啶(pip)能与 Ir(III)生成氢络合物，已合成了黄色络合物$[HIr(pip)X_2]$(X=NCO，NCS 及 NCSe).

$$\text{反式-}[IrClH(pip)]ClO_4 + \text{过量 } X^- \xrightarrow{H_2O} [HIr(pip)X_2]\downarrow$$

对此络合物的光谱研究指出所有反磁体都是 N—键合的，而硫氰络合物在溶液中是 N-和 S-键合异构体的混合物.

7. 乙二胺络合物

将 $Na_3[IrCl]$、乙二胺及碘化钠在 140℃时加热可制得三螯合的络合物$[Iren_3]I_3$，它的 10Dq 值为 41 400cm^{-1}，表明其配位场与$[Ir(NH_3)_6]^{3+}$中的配位场(41200cm^{-1})几乎相等. $[Iren_3]X_3$($X=Br, NO_3, ClO_4$)等盐类也已分离出来. 将 $Na_3[Ir(NO_2)_4Cl]$与乙二胺在 170℃下加热，然后加入 KI 可得到顺式-$[Iren_2(NO_2)_2]I$. 用乙二胺在 pH3 的溶液中处理$[IrCl_6]^{3-}$得到浅黄色的顺式-$[Iren_2Cl_2]Cl$. 将红棕色的 $K[IrenCl_4]$与乙二胺在 100℃时加热 2h 可以得到易溶的反式-$[IrenCl_2]Cl$.

在液氨中用氨基钾处理$[Iren_3]^{3+}$生成去质子型的$[Ir(enH)_2en]I$和$K_2[Ir(en\text{-}2H)_2(en\text{-}H)]$.

用 12*M* HCl 与顺式-$[Iren_2(N_3)_2]^+$反应时，放出 2*M* 的 N_2 并分离出二氯胺络合物反式-$[Iren_2(NH_2Cl)_2]Cl$，紫外光谱的峰值在 253μm($\varepsilon=1300$)处，证实了氯氨配体的存在. 该络离子对 I^- 的氧化反应如下[35]：

$$[Iren_2(NH_2Cl)_2]^{3+} + 4H^- \xrightarrow[\text{快}]{H^+} [Iren_2(NH_3)_2]^{3+} + 2I_2 + 2Cl^-$$

8. α-二亚氨基络合物

由 $K_3[IrCl_6]$、配体吡啶和高氯酸根离子反应制得黄色的联吡啶络合物$[Ir(bipy)_3]ClO_4$. 将$(NH_4)_3[IrCl_6]$与 1,10-二氮杂菲共熔，然后用 $NaClO_4$ 与熔体的水萃取液反应制得无色的二氮杂菲络合物$[Ir(Phen)_3](ClO_4)_3\cdot 5H_2O$. 氯化物、溴化物和碘化物可用类似的方法制得. $[IrCl_6]^{3-}$与 1,10-二氮杂菲在热水中反应时能分离出红褐色的盐$[Ir(Phen)_2X_2][Ir(Phen)X_4]$(X=Cl,Br,I).$(NH_4)_3[IrX_6]$(X=Cl,Br)与二氮杂菲在220℃加热14h,然后用水萃取可制得黄色的顺式-$[Ir(Phen)_2Cl_2]Cl\cdot 3H_2O$和橙色的顺式-$[Ir(Phen)_2Br_2]Br$.

$[Ir(bipy)_2(H_2O)(N'\text{-}bipy]Cl_3$或$[Ir(bipy)_2\{bipy(H_2O)\}]Cl_3$络合物的分子式的确定曾引起争论.因^{13}CNMR谱检定的结果,认为联吡啶是以单齿体形式存在于络合物(a)(见下图)中的.对$[Ir(bipy)_2(H_2O)(bipy)]^{3+}$高氯酸盐晶体结构的研究表明所有bipy配体都是与Ir(III)螯合的,其中一个配体是通过一个环上氮原子和另一个环上碳原子而与金属相联的,结构中并没有单齿的联吡啶,也没有水合联吡啶的证据,故认为该络合物的结构有如下面(b)式所示:

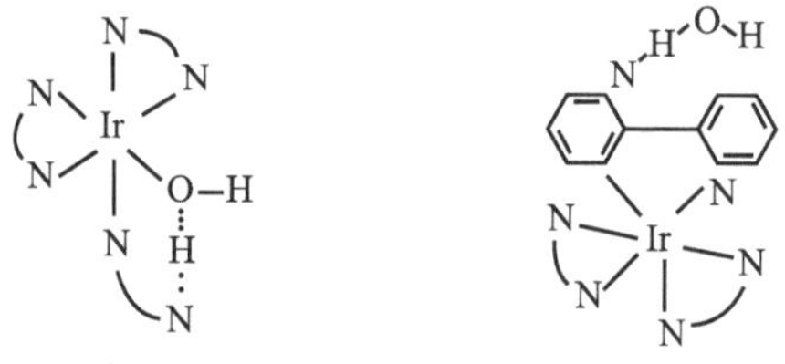

(a)　　　　　(b)

9. 联胍络合物

联胍基$HN=C(NH_2)NHC(NH_2)=NH$(big)能与Ir(III)生成含有三度螯合阳离子$[Ir(big_3)]^{3+}$,已分离出它的旋光对映体.

10. 二甲基乙二肟络合物

已经分离出几个二甲基乙二肟(DMGH)的络合物.包括络阴离子$[Ir(DMG)_2Cl_2]^-$,$[Ir(DMG)_2(NO_2)_2]^-$,$[Ir(DMG)_2(NO_2)Cl]^-$,$(Ir(DMG)_2(NO_2)(SCN)]^-$和二氨合物络阳离子的盐$[Ir(DMG)_2(NH_3)_2]Cl$.

11. 芳基重氮络合物

曾制得$[IrClX(p\text{-}YC_6H_4N_2)(PPh_3)_2L]$型的各种芳基重氮络合物(X=Cl,Br,I,$N_3$,$NO_2$或NCO;Y=H,F或Me;L=CO或EtNC):

$$[IrCl(PPh_3)_2L]+ArN_2PF_6 \longrightarrow [IrClX(ArN_2)(PPh_3)_2L]$$

这些六配位络合物都是18-电子体系,可能具有弯曲的、活性的ArN_2^-组成部分.例如与$Et_3O^+BF_4^-$或HBF_4反应产生的衍生成$[IrCl_2(ArN_2R)(PPh_3)_2CO]BF_4$(R=Et或H).对位-$FC_6H_4N_2^+$与Vaska化合物反应时分离出一种黄色物质.X射线分析表明它含有一个邻位-金属取代芳基二亚胺组分,$[IrCl(CO)(PPh_3)_2(p\text{-}FC_6H_4N_2H)]BF_4$的结构如下[35]:

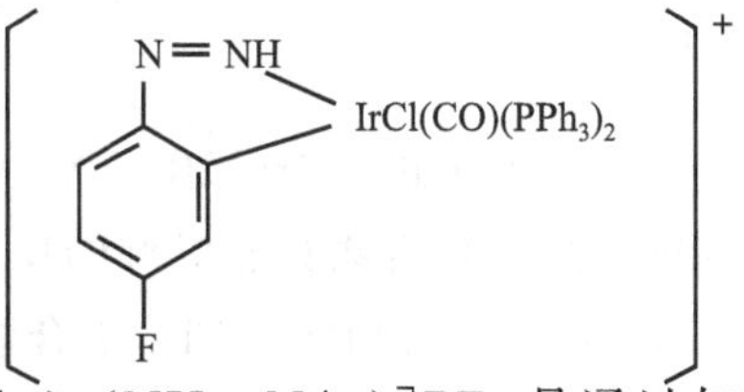

黄色反磁性的[$IrH_2(PPh_3)_2(NH=NAr)$]BF_4 是通过如下过程而生成的：ArN_2^+ 先向[$IrH_3(PPh_3)_3$]加成，随后插入到一个 Ir—H 键中：

$$[IrH_3(PPh_3)_3]+[ArN\equiv N]BF_4 \xrightarrow[CH_2Cl_2]{0℃} [IrH_3(PPh_3)_3(N\equiv NAr)]^+$$

$$\longrightarrow [IrH_2(PPh_3)_3(NH=NAr)]^+$$

12. 氟氮烯络合物

用过量的六氟偶氮甲烷直接处理反式-[$IrCl(CO)(PPh_2Me)_2$]制得白色的[$IrCl(CO)(NCF_3)(PPh_2Me)_2$]. 在其中 Ir—$NCF_3$ 键既含有从 N 给向 Ir 的一对孤电子对配位键，同时又有从 Ir 已充有电子的 *d*-轨道给向 N 原子空 *p*-轨道而形成的反馈键. 产物生成的可能路线如下式所示[35]：

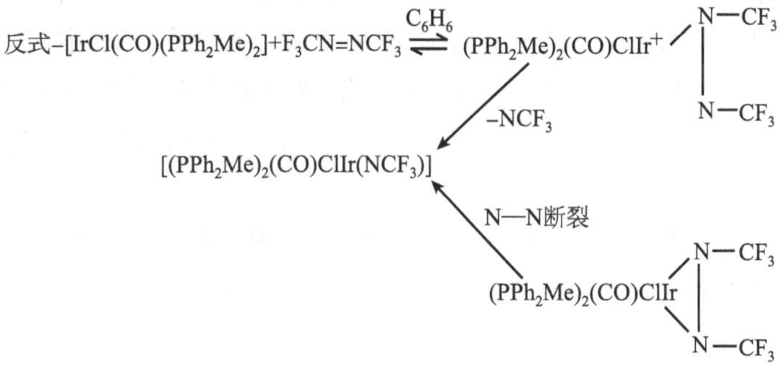

13. 硝基络合物

KNO_2 与 K_3[$IrCl_6$]在溶液中反应可得到无色的 K_3[$Ir(NO_2)_6$]，它与稀硝酸反应生成黄绿色的 K_3[$Ir(NO_2)_3(NO_3)_3$]，与浓硝酸反应则生成紫色的 K_3[$Ir(NO_3)_6$]. 用 KNO_3 处理[$IrCl_6$]$^{3-}$ 溶液可制得黄色的 K_3[$Ir(NO_3)_4Cl_2$]，也分离出黄色的 K_3[$Ir(NO_3)_2Cl_4$]. 用 KCl 处理 Na_3[$Ir(NO_2)_4Cl_2$)溶液则生成 K_3[$Ir(NO_2)Cl_5$]. 氨水与 Na_3[$Ir(NO_2)_4Cl_2$]在密封管中作用制得[$Ir(NH_3)_3(NO_2)_3$].

14. 亚硝基络合物

KNO_2 与 K_3[$IrCl_6$]在酸性溶液中反应生成金黄色的 K[$Ir(NO)Br_5$]. 用氯氧化[$Ir(NO)_2(PPh_3)_2$]ClO_4 可制得[$Ir(NO)Cl_3(PPh_3)_2$]ClO_4.

5.8.5 含膦、胂及䏲的络合物

三取代膦、胂和䏲与$[IrX_6]^{3-}$反应生成$[Ir(MR_3)_3X_3]$(M=P,As,Sb;R=烷基或芳基;X=Cl,Br,I).膦和胂的这类化合物具有对称的反式-(1,2,6)结构.已制得顺式-(1,2,3)和反式-(1,2,6)两种$[Ir(SbPh_3)_3Cl_3]$络合物.曾制得二聚的含卤桥的$[Ir(PEt_3)_4Cl_6]$及$[Ir_2(SbPh_3)_4Br_6]$.后者中的溴桥可被单齿配体断开而生成$[Ir(SbPh_3)_2Br_3L]$(L=NH_3,Py,CO).三苯基䏲与$[IrX_6]^{3-}$在乙醇中反应得到阴离子络合物$Na[Ir(SbPh_3)_2Cl_4]$及$K[Ir(SbPh_3)_2Br_4]$.

已测定了许多络合物的红外光谱,发现金属—氯的最大伸缩频率在很大程度上取决于与氯处于反位的配体的性质.当反位配体是氯时,频率$\nu_{(Ir-Cl)}$在320—303cm^{-1}范围内,而当反位配体是PR_3或AsR_3时频率处在278—262cm^{-1}范围内,而当反位配体是氢时则频率为249—246cm^{-1}.这说明配体的"反位效应"按$H^- > AsR_3 \simeq PR_3 > Cl^-$而递降.

螯合配体二甲基-邻-甲硫苯基胂 *o*-MeS-C_6H_4-$AsMe_2$(As—S)可形成络合物$Ir(As—S)_2X_3$,其颜色可由黄(X=Cl)经橙(X=Br)变到黄褐色(X=I).这些络合物是单分子的,在硝基苯中是非电解质,但碘络合物在硝基甲烷及丙酮中表现为电解质,它以$[Ir(As—S)_2I_2]I$的形式存在于一些极性较大的溶剂中,氯和溴的络合物在这些溶剂中显有低导电性,表明它们在溶液中更接近于$[Ir(As—S)_2X_3]$的形式,这可能是7配位的Ir(III)或许有一个胂配体是一个单齿体,仅通过砷原子与铱配位.

含有配体二甲基(1-萘基)膦及甲基苯基(1-萘基)膦(L)的络合物以及它们的(P—C)衍生物的各种络合物可按如下图式来制备[36]:

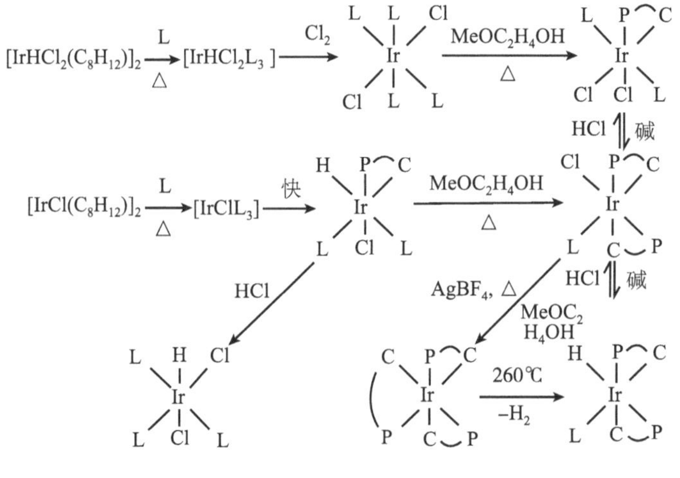

已测定过[$IrCl(PMe_2Ph)_3$]的 fac-及 Mer-异构体的晶体结构，两个化合物都是单斜晶系的，具有近似八面体的几何形状. 用 NaOMe 处理[$IrHCl_2(CO)L_2$]时，消去了 H—Cl 而生成[$IrCl(CO)L_2$]，表明在原络合物中 Cl 与 H 处于反向[38].

5.8.6　含膦、胂和䏲的氢络合物

铱(III)比其它元素能更多地生成这种类型的络合物. 它们包括三氢化物、二氢化物和一氢化物. 它们可以通过多种方法来制得，大多数是用 Ir(III)卤化物或卤络合物来制备. 氢配体的来源可以是硼氢化钠、氢化锂铝、乙醇或氯化亚锡和酸.

三氢化物有 $H_3Ir(MR_3)_3$ 和 $H_3Ir(MR_3)_2$ 类型的化合物(M＝P, As; R＝烷基、苯基)，已经制得顺式-和反式-的 $H_3Ir(PPh_3)_3$ 和 $H_3Ir(AsPh_3)_3$. 五配位的 $H_3Ir(PR_3)_2$ 具有反位三角双锥结构.

二氢化物有 $H_2Ir(MR_3)_3X$(M＝P, As; X＝Cl, Br, I), $H_2Ir(PPh_3)_3L$(L＝CN, NO_2, OAc), $H_2Ir(PPh_3)_2(acac)$, [$H_2Ir(AsPh_3)_4$]$^+$, [$H_2Ir(diphos)_2$]$^+$ 和五配位的[$H_2Ir(MPh_3)_3$]ClO_4(M＝P, As)等类型的络合物.

一氢化物有 $HIr(MR_3)_3X_2$(M＝P, As, Sb; X＝Cl, Br, I), $HIr(PPh_3)_2X_2L$(X＝Cl, Br; L＝NH_3, Py, Me(CN)和四配位的[$HIr(PPh_3)_3$]$^{2+}$等类型化合物.

5.8.7　羰基络合物

在 200—250atm 和 100—250℃用 CO 对 IrI_3 或 $K_3[IrBr_6]$进行羰基化反应可以制得 $Ir(CO)_3I_3$, $[Ir(CO)_2I_3]_2$ 和 $K[Ir(CO_2)X_4]$(X＝Br, I)以及 $K_2[Ir(CO)X_5]$(X＝Cl, Br, I)等类型的羰基络合物.

许多含有膦、胂或䏲的羰基络合物可用如下方法制备：(1)用 CO 和 MR_3 处理$[IrCl_6]^{3-}$或(2)用卤素对四配位的 Ir(I)羰基膦络合物进行氧化加成反应来制备. 已制得顺式-和反式-[$Ir(CO)(MR_3)_2X_3$](M＝P, As, Sb; X＝Cl, Br)、[$Ir(CO)_2(AsPh_3)I_3$]和[$Ir(CO)\{P(OR_3)\}I_3$]$_2$.

用氧与 Ir(I)羰基络合物[$Ir(CO)(PPh_3)_2Cl$]作用可以生成氧络合物[$IrO_2(CO)(PPh_3)_2Cl$]，这个氧的加成反应是可逆的. 该络合物是反磁性的，X 射线结构测定表明 2 个膦配体占据在八面体结构的两个相对顶角上，两个相联氧原子、氯原子和羰基占据在赤道平面上，O—O 间距离(130pm)比氧分子中的键长(121pm)长而比过氧离子键长(145pm)短.

对[$H_3Ir(MPh_3)_3$]进行羰基化可制得[$H_3Ir(CO)(MPh_3)_2$](M＝P, As). Ir(III)的羰基二氢化物有六配位的[$H_2Ir(CO)(PPh_3)_3$]ClO_4 和[$H_2Ir(CO)(PPh_3)_2Cl$]以及五配位的[$H_2Ir(CO)(PPh_3)_2$]ClO_4，羰基一氢化物有[$HIr(CO)(MPh_3)_2X_2$](X＝Cl, Br; M＝P, As). 在羰基化的同时用过量硅烷基膦

$P(CH_2SiMe_3)_3$处理氯铱酸的乙醇溶液可分离出分子式为$[IrHCl_2(CO)(Siphos)_2]$的络合物. 配位不饱和的络合物$[IrHCl_2(PBu^t_2R)_2]$($R=Me$,Et 或 Pr^n)容易吸收小分子如 CO 和 MeNC(Q)而生成八面体的络合物$[IrHCl_2Q(PBu^t_2R)_2]$. ^1H 核磁共振谱和红外光谱数据表明它的几何构型有如下图(a)所示:

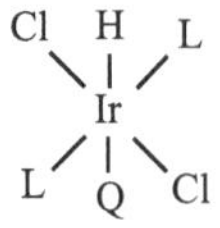
(a)

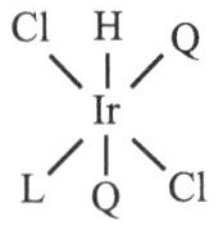
(b)

另一方面,当 $R=Me$ 和 Q 为 σ-给电体如吡啶、4-甲基吡啶或 $P(OMe)_3$ 时,则生成如(b)式的产物. 当 R 的体积变大如 $R=Et$ 或 Pr^n 基时,这些 σ-给电体也可取代一个膦而生成(b)结构的$[IrHCl_2Q_2(PBu^tR)]$. 将 HCl(或 DCl)氧化加成到新制得的$[IrCl(CO)(PCy_3)_2]$上,可以得到氢化物$[IrXCl_2(CO)(PCy_3)_2]$(X=H 或 D)[35].

5.8.8　烷基和芳基络合物

$[Ir(PR_3)_3Cl_3]$与格氏试剂 MeMgCl 反应可以得到三甲基络合物顺式－$[IrMe_3(PR_3)_3]$. 芳基磺酰氯与$[Ir(CO)Cl(PPh_3)_2]$作用得到 $Ir(CO)Cl_2(PPh_3)_2(RSO_2)$,消去 SO_2 后便生成芳基化合物$[Ir(CO)Cl_2(PPh_3)_2R]$(R=芳基). 用卤代烷 RI 处理$[Ir(CO)Cl(PPh_3)_2]$则生成 $IrR(CO)Cl(PPh_3)_2I$(R=烷基).

四氟乙烯与$[Ir(CO)Cl(PPh_3)_2]$反应生成 $Ir(CO)Cl(PPh_3)_2C_2F_4$,其中 C_2F_4 与铱生成 2 个 σ-键,所以这个络合物是 Ir(III)的烷基络合物,而不是 Ir(I)的 π-络合物.

酰卤与铱(I)络合物 $IrCl(CO)(PR_3)_2$ 进行氧化加成反应可生成某些五和六配位的酰基络合物,例如$[IrCl_2(COCF_nH_{3-n})(PPh_3)_2]$($n=1,2$)和$[IrCl(CO)(F_nH_{3-n})(CO)(PPh_2Me)]$($n=1,2,3$),反应如下:

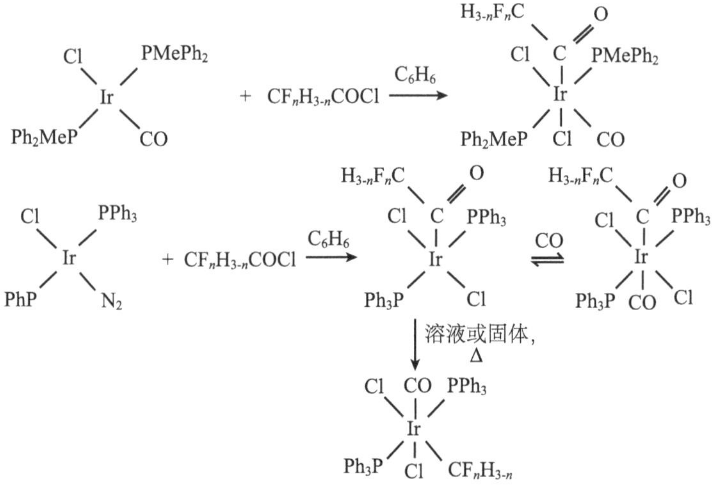

乙酰基的反位效应随氟取代程度的增大而降低. 取代基团的反位效应按如下顺序而降低：

$$Me > CH_2F = CHF_2 > CF_3.$$

在高压下，乙烯与[$IrH(CO)_3(PPr_3^i)$]反应生成[$Ir(C_2H_5)(CO)_3(PPr_3^t)$]，然后与 CO 反应生成酰基[$Ir(COC_2H_5)(CO)_3(PPr_3^i)$]. 用 1atm 的 H_2 处理这个酰基络合物则又生成氢络合物[$IrH(CO)_3(PPr_3^i)$]和丙醛.

在极性溶剂如丙酮或甲醇中[$IrClIMe(CO)(PMePh_2)_2$]与 $AgPF_6$ 作用，再通过与电中性配体的加成反应可产生一类铱(III)的甲基阳离子络合物

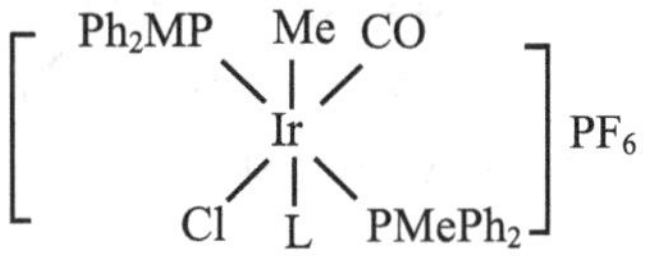

L=CO, NCC_6H_5, p-$NCC_6H_4NO_2$, p-$NCC_6H_4CH_3$,
p-NCC_6H_4OMe 或 NC-C_6H_4CN-M_2.

若电中性配体是某些炔烃，则将生成碳烯络合物

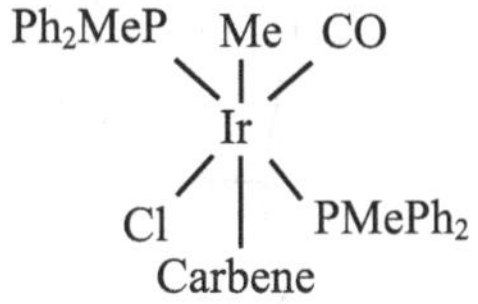

若炔烃为乙炔时，则 Carbene = 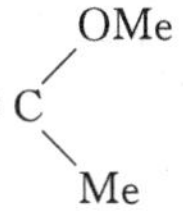

，若炔是 3-丁炔-1-醇（HC ≡ C—CH_2CH_2OH）时，则 carbene= 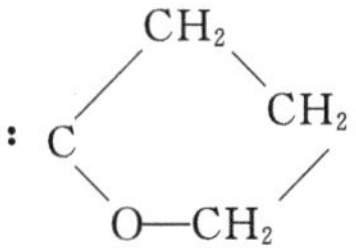

. 碳烯络合物是通过金属-诱导碳鎓离子的机理而得到的[11]：

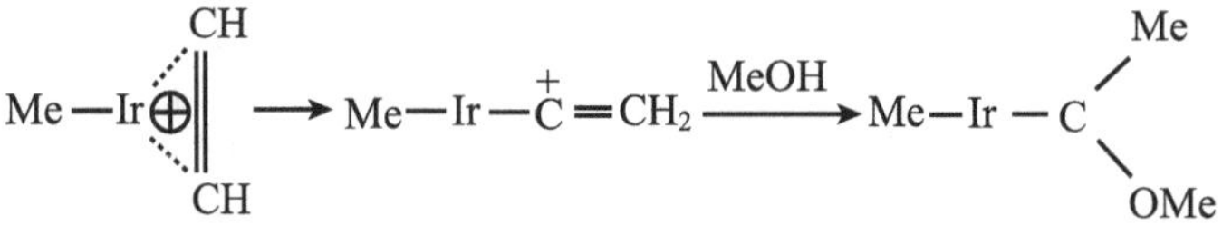

芳香偶氮化合物和亚胺化合物[下式(a)—(c)]与

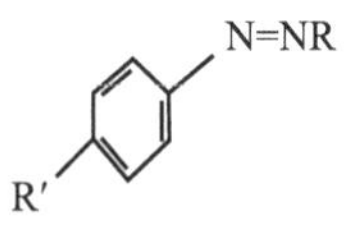

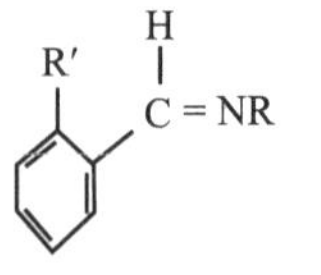

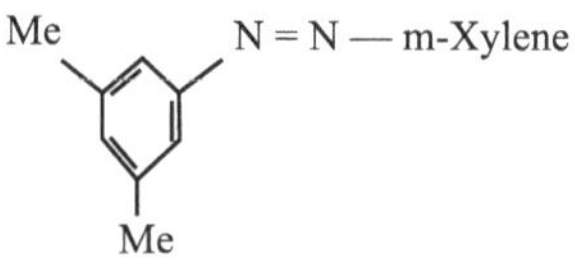

(a)　　(b)　　(c)

$R' = H; R=Ph;$
$R' = Me;$
$R = p\text{-}MeC_6H_4;$

$R' = H; R=Me;$
$R' = R = Me;$
$R' = H; R= Ph;$
$R' = Me; R= p\text{-}MeC_6H_4.$

反式-[IrCl(CO)(PPh_3)$_2$]反应生成邻位-金属取代络合物(d)，反应机理如下：

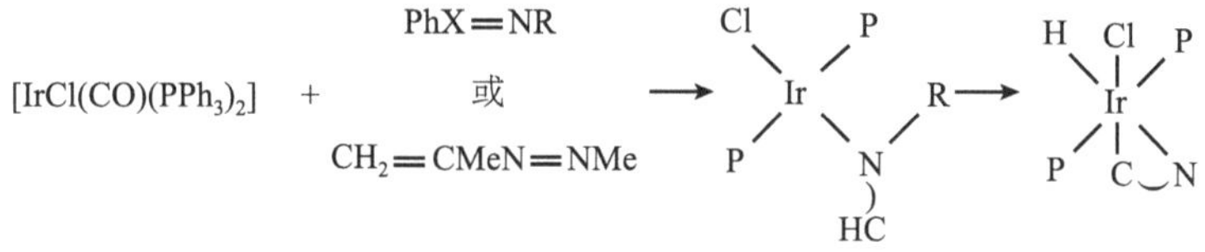

($P=PPh_3$)

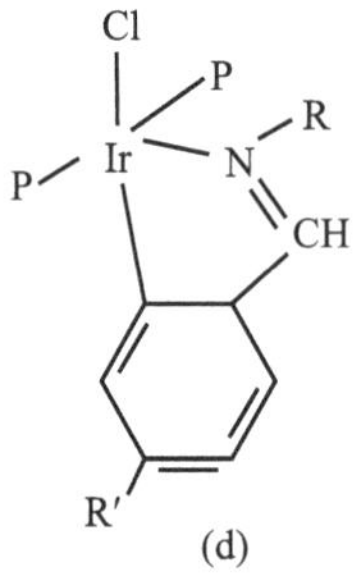

(d)

5.8.9　烯烃、炔烃及 π-络合物[37]

乙烯与[$IrH_5(PPr^i_3)_2$]在苯溶液中反应生成新奇的双一乙烯络合物(a)式. 同样能制得三苯基膦的类似络合物(b)[37]

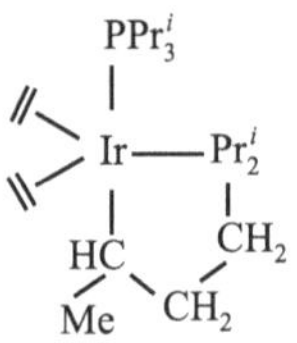

(a)

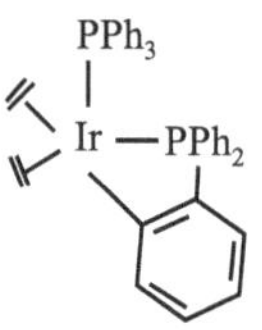

(b)

这些络合物可以发生如下的进一步反应：

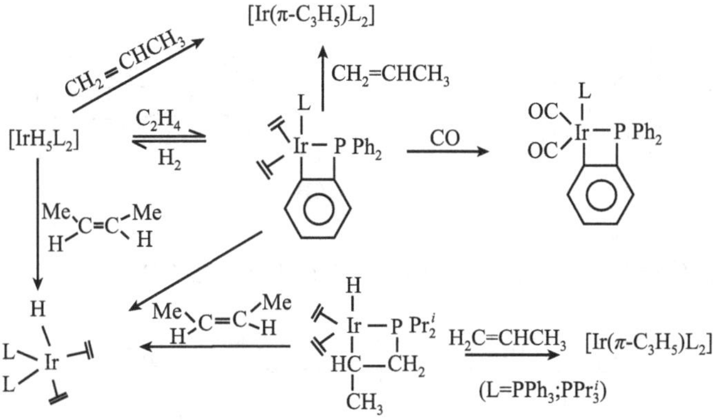

用 PhC≡CPh 及 EtC≡CEt 与[IrX(CO)$_3$](X=Cl,Br)反应可制得某些环二酰基络合物,这类络合物的一些反应如下[37]：

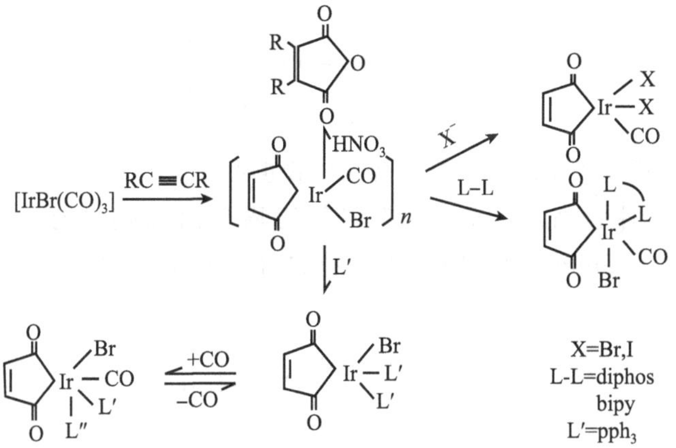

用 $CF_3C\equiv CH$ 处理反式-[IrCl(CO)$(PPh_3)_2$]生成乙炔基络合物

$$(PPh_3)_2(CO)\,ClIr\begin{matrix} \diagup H \\ \diagdown C\equiv CCF_3 \end{matrix}.$$

用六氟-2 丁炔与[Ir(acac)(COD)]作用时,炔烃加成到乙酰丙酮基环的 1,4-位置上,而且 2 个炔烃分子与二烯的一个双键结合在一起成为铱环戊烯环：

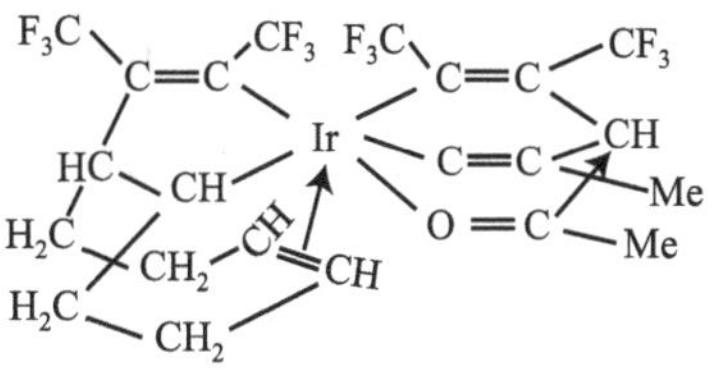

丙烯与下面(a)络合物反应生成络合物(b)：

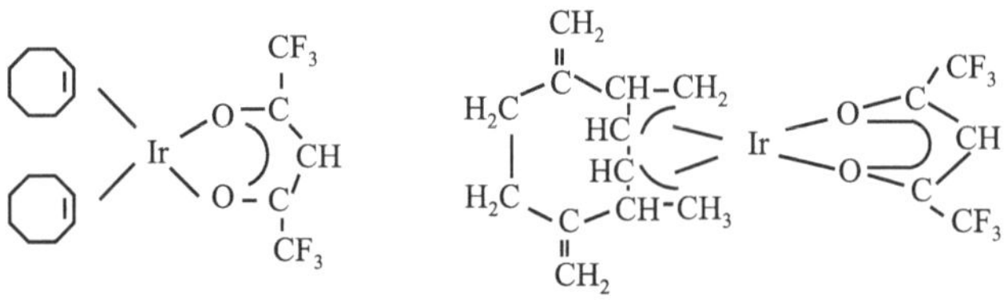

(a)　　　　(b)

二-μ-氢桥络合物(c)生成五甲基环戊二烯基络合物(d)：

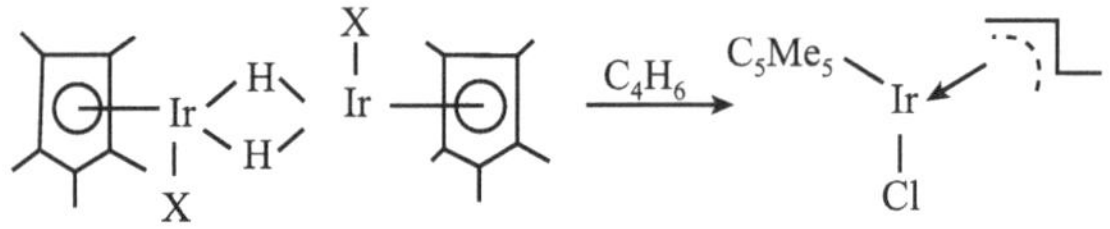

(c)　　　　(d)

丙烯基络合物(e)与四氟乙烯反应由于三苯基膦的取代而生成产物(f)：

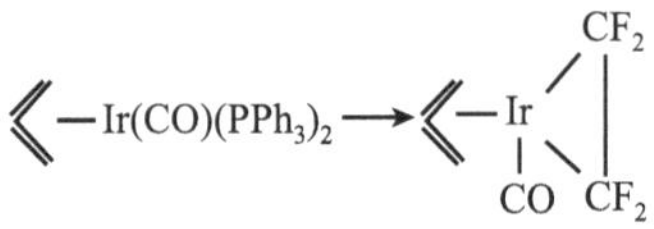

(e)　　　　(f)

(e)式中如为1-甲基丙烯和2-甲基丙烯衍生物也可发生类似的反应. 在所有这些反应中,一个膦配体被置换了,并发现四氟乙烯与丙烯基没有键合. 令[Ir(η^3-$2MeC_3H_4$)(CO)(diphos)]与四氟乙烯反应试图得到插入产物,但得到了σ-丙烯基络合物：

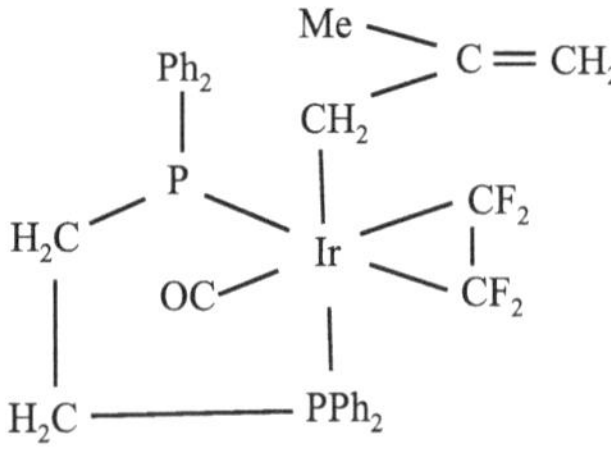

用四氟乙烯进一步处理下列产物(g)生成了插入产物(h),与(g)的三苯基砷衍生物反应能得到类似的产物

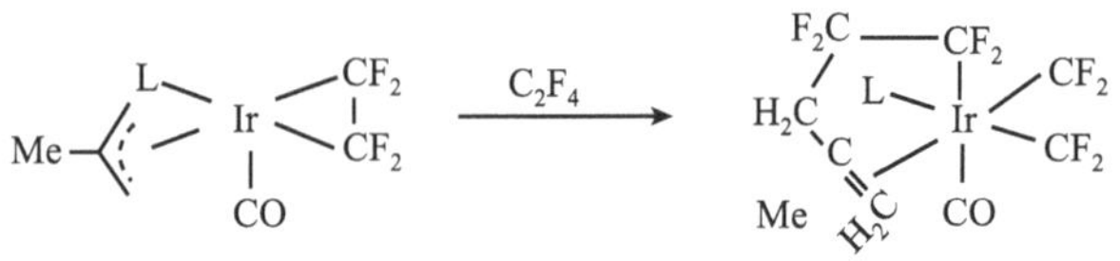

(g)　　　　(h)

5.9 铱(IV)的络合物

5.9.1 卤络合物

金属铱与 $K_2[PbF_6]\cdot KHF_2$ 加热或用 KOH 处理 $K[IrF_6]$可制得红色的$K_2[IrF_6]$. 也可制得$[IrF_6]^{2-}$的 Na, NH_4, Rb, Cs, Ba 以及硝基阳离子 NO_2^+ 和亚硝基阳离子 NO^+ 的盐.

将铱粉和氯化钠的混合物放在氯气流中于 625℃下加热 15—30min,熔体用热水萃取,然后用王水沸煮以氧化$[IrCl_6]^{3-}$,加入 NH_4Cl 则沉淀出难溶的$(NH_4)_2[IrCl_6]$. 用类似的方法可制得钾盐. 这些盐类生成带绿色反光的红-黑色晶体. 用王水处理铵盐可得 $H_2[IrCl_6]\cdot 6H_2O$,它能溶于乙醚. $IrO_2\cdot nH_2O$ 与 HBr 及 MBr 反应可制得 $M_2[IrBr_6]$(M=Na, K, Rb, Cs, NH_4). 它们是蓝黑色晶体. $H_2[IrBr_6]$的溶液放置后即转变为绿色并放出溴. $[IrCl_nBr_{6-n}]^{2-}$类型的 5 种化合物都已被分离出来.

在 300K 时$(NH_4)_2[IrCl_6]$的磁矩为 1.8BM,$(NH_4)_2[IrBr_6]$的磁矩为2.1BM,但在 78K 时两者均下降为 1.4BM. 高于 190K 时氯络合物服从 Curie-Weiss 定律,但低于 300K 时溴络合物不服从此定律.

碘络合物则尚未见报道.

5.9.2 其它络合物

铱粉与碳酸钠熔融得到铱(IV)酸钠 Na_2IrO_3. 已知 $CaIrO_3$ 以六方及斜方晶形存在.

用氯氧化 Ir(III)和草酸根络合物可制得 $Cs_2[IrCl_4(C_2O_4)]$和 $K[IrCl_3bipy(C_2O_4)]$.

已经制得 Ir(IV)的$[Ir(NH_3)_4Cl_2]Cl_2$, $[Ir(NH_3)_2Py_2Cl_2]Cl_2rL_2Cl_4$ 和$[IrLCl_5]^-$(L=Py, α-或 γ-甲基吡啶)等的氮配位络合物.

氧硝酸根络合物 $Ir_3O(NO_3)_{10}$的制备如下:

$$3IrBr_3+7N_2O_5 \xrightarrow{\text{室温}} \frac{9}{2}Br_2+Ir_3O(NO_3)_{10}+4NO$$

此深紫色粉末状络合物的磁矩[μ=1.22BM, 22K]与一个不成对电子相符,它的红外光谱表明,它的化学式应为$[Ir_3O(NO_3)_9]NO_3$,含有成桥的和单齿端基的两种硝酸根配体,结构式有如下图所示:

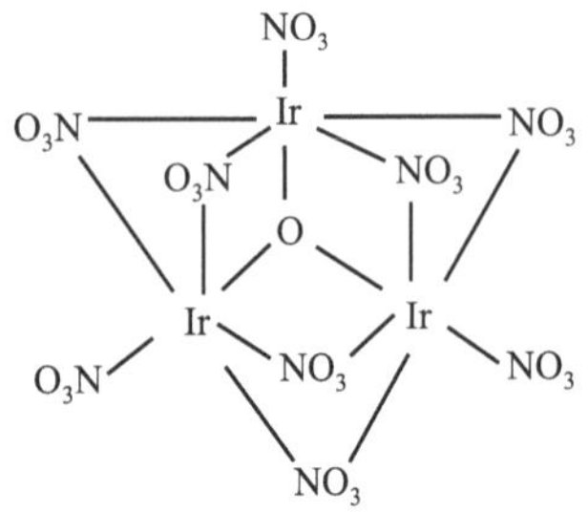

参 考 文 献

[1] James E. Huheey,"Inorganic Chemistry",2nd. ed., p. 316,1978.

[2] J. C. Bailer Jr., et al.,"Comprehensive Inorganic Chemistry", Vol. 3, Pergaman Press, 1254, 1973.

[3] C. P. Brock and J. A. Ibers, Inorg. Chem., 11, 2812(1972).

[4] J. C. Field and P. J. Wheatley, J. Chem. Soc. Dalton, 1972. 2269.

[5] K. H. Thiele, E. Köhler and B. Adler, J. Organometallic Chem., 50, 153(1973).

[6] F. W. B. Einstein and D. Sutton, Inorg Chem., 11, 2827(1972).

[7] R. Davis, C. D. Garner, L. A. P. Kane-Maguire and J. A. Mcclevarty, "Inorganic Chemistry of the transition elements", Vol. 3, p. 392,1974.

[8] "Annual Report on the Progress of Chemisty", Vol. 71. Section A, p. 263, (1974).

[9] W. E. Bell, M. Tagami and R. E. Inyard, J. Phys. Chem., 70, 2048 (1966).

[10] Ya. Gbrashchemko and L. Solve, Ukrankhim. Zhur., 38, 544(1972) [Chem. Abs., 77, 169420, (1973)].

[11] E. Roger Hamner, Raymond D. W. Kemmitt and Narendra S. Sridhara, J. Organometallic Chemistry, 138, p. 232—260(1977).

[12] L. A. P. Kane-Maguire, "Inorganic Chemistry of the transition elements", Vol. 3, p. 379, 1974.

[13] James E. Huheey, "Inorganic Chemistry". 2nd ed., P. 526, 1978.

[14] R. Whyman, J. Chem. Soc. Dalton, 1972, 2294.

[15] A. J. Drakesmith and R. Whyman, J. Chem. Soc. Dalton, 1973, 362.

[16] C. A. Reed and W. R. Roper, J. Chem. Soc. Dalton, 1973, 1014.

[17] R. J. Fitzgerald and H. W. Lin, Inorg. Chem., 11, 2270(1972).

[18] D. J. Hodgson et al., J. Amer. Chem. Soc., 90, 4486(1968).

[19] A. T. T. Hseih, J. D. Ruddick and G. Wilkinson, J. Chem. Soc., 1972, (1966).

[20] D. H. M. W. Thewisson, H. P. M. M. Ambrosius, H. L. M. Van Gaal and J. J. Steggerda, J. Org. Chem., 192, 101—103 (1980).

[21] L. M. Haine and E. Singleton, J. Chem. Soc. Dalton, 1972, 1891.

[22] F. G. Moers, J. A. M. De Jong, et al., J. Inorg. Nuclear Chem., 35, 1915(1973).

[23] R. Mason, et al., J. Organometallic Chem., 46, 161(1972).

[24] P. J. Durrant, et al., "Introduction to advanced Inorganic Chemistry", 2nded, p. 1113, 1970.

[25] J. C. Bailer, "Comprehensive Inorganic Chemistry", Vol. 3, p. 1261, 1973.

[26] Jemes E. Huheey, Inorganic Chemistry, 2nd. ed., P. 574, 1978.

[27] E. A. V. Ebsworth et al., J. Chem. Soc. Dalton, 1973, 1287.

[28] P. Piraino et al. J. Chem. Soc. Dalton, 1972, 2319.

[29] B. L. Booth et al., J. Chem. Soc. Chem. Commun., 1972, 1075.

[30] J. J. Levison et al., J. Chem. Soc. Dalton, 1972, 2013.

[31] Yu. N. Kukushrin et al., Russ. J. Inorg. Chem., 1972, 619.

[32] A. Aranco et al., J. Organometallic Chem., 42, 471(1972).

[33] Y. N. Y. Haddad et al., Proc. Chem. Soc., 1964, 361.

[34] G. B. Kauffmann et al., Inorg. Chem., 2, 1233 (1963).

[35] L. A. P. Kane-Maguire, "Inorganic chemistry of the transition elements", Vol. 3. p. 380—391, 1974.

[36] J. M. Duff, et al., J. Chem. Soc. Dalton, 1972, 2219.

[37] E. Roger Hammer, et al., J. Organomatallic Chem., 138, 332—367(1977).

[38] T. A. Ryan et al., Coordination Chemistry Reviews, 5,155—181(1984).

[39] G. G. Hlatry et al., Coordination Chemistry Reviews, 65, 1—40(1985).

(刘庆娴)

28.6 钯[1,2]

6.1 钯的化学概要

钯是银白色具有延展性的金属，对氢具有巨大的亲合力，比任何其它金属能吸收更多的氢. 海绵状或粉末状的钯能吸收其体积 900 倍的氢气. 在一定的压力下，吸收量随温度的升高而降低. 吸收氢气后，钯的体积膨胀，晶格常数增加 5%，而导电率及磁化率降低. 在温度低于 300℃时，吸收了氢的钯中存在钯的氢化物[3].

钯比其它铂系金属更容易被氧化. 硝酸能溶解钯. 在赤热温度下，钯与氟及氯皆能发生作用. 在空气中，加热钯至暗红色，生成一层紫色的氧化膜. 铂不具有这种性质.

$K_2[PdCl_4]$是制备其它钯化合物最常用的原料. 称量一定量海绵状钯，放入一个三角瓶中，加入王水，盖上表面皿并加热，即发生激烈反应，钯在短时间内全部溶解. 金属铂在王水中的溶解过程却要慢得多. 小心蒸干溶解钯所得红褐色溶液，加入足量浓盐酸溶解残渣，然后蒸干，重复这操作两次以上(目的在于除去痕迹量的硝酸及氮的氧化物)，溶解残渣于含几滴浓盐酸的沸水中(用水尽量少)，加入过量固体氯化钾，搅拌，在冰水中冷却此混合物，自溶液中即析出黄褐色的 $K_2[PdCl_4]$ 晶体，过滤，分出晶体，然后在含几滴盐酸的水中重结晶 $K_2[PdCl_4]$. 海绵状钯溶解于硝酸和氢溴酸的混合溶液中，经过相同的步骤，可制得 $K_2[PdBr_4]$晶体. $K_2[PdBr_4]$的溶解度比 $K_2[PdCl_4]$大，结晶时，溶液的体积应该浓缩得更小.

在任何两个铂系金属间，钯和铂的性质最为接近. 钯的最重要的氧化态是 II. 2 价钯与 2 价铂的性质特别类似. 它们与“软”给予体(CN^-，P，As，Sb，S，Se 和 Te)生成稳定的络合物[4]. 钯(II)与含氮配体形成数目众多的络合物，但与配位原子与氧的配体生成很少几种络合物. 除了简单氟化物 PdF_2 外，没有氟作配体的络合物.

表 6.1　钯的标准电极电位[1,2]

反 应 式	电位(V)
$[Pd(H_2O)_4]^{2+}+2e \rightleftharpoons Pd+4H_2O$	0.99
$[PdCl_4]^{2-}+2e \rightleftharpoons Pd+4Cl^-$	0.62
$[PdBr_4]^{2-}+2e \rightleftharpoons Pd+4Br^-$	0.60

续表

反　应　式	电位(V)
$[PdI_4]^{2-}+2e \rightleftharpoons Pd+4I^-$	0.40
$Pd(OH)_2+2e \rightleftharpoons Pd+2OH^-$	0.07
$[PdCl_6]^{2-}+2e \rightleftharpoons [PdCl_4]^{2-}+2Cl^-$	1.29
$[PdBr_6]^{2-}+2e \rightleftharpoons [PdBr_4]^{2-}+2Br^-$	0.99
$PdO_2+4H^++2H_2O+2e \rightleftharpoons [Pd(H_2O)_4]^{2+}$	1.19

Pd(II)的络合物具有中等程度的易变性,而Pt(II)的络合物则是惰性的,因此Pd(II)的顺、反异构体很少,而Pt(II)则有许多顺、反异构体.表6.1和表6.2分别列出了钯的标准电极电位和络合物.

表 6.2　钯的氧化态

氧化态	配位数	立体结构	络　合　物
Pd(0)	?	?	$[Pd(CNR)_2]$
	?	?	$[Pd(PPh_3)_3]$
	4	四面体	$[Pd(CN)_4]^{4-}$ $[Pd(PF_3)_4]$
Pd(I)	?	?	$[PdCl(CO)]_x$
	4	?	$[PdCl(CO)(PPh_3)_2]$
Pd(II)	4	平面正方形	$[Pd(NH_3)_4]^{2+}$, $[Pd(NH_3)_2Cl_2]$, $[PdCl_4]^{2-}$, $PdCl_2$
	5	正方锥	[Pd(As—As—As—As)[1] Cl]ClO_4
	6	变形的正八面体	$[Pd\{C_6H_4(AsMe_2)_2\}_2I_2]$
	6	正八面体	PdF_2
Pd(IV)	6	正八面体	$[PdCl_4(NH_3)_2]$, $[PdCl_6]^{2-}$

1)(As—As—As—As)=邻-苯撑双(邻-二甲基胂苯基甲胂).

Pt(IV)是比较重要的氧化态,而Pd(IV)不重要.Pd(IV)的络合物有两个主要类型:$[PdX_6]^{2-}$(X=F,Cl,Br),$[Pd(氨或胺)_2X_4]$(X=Cl,Br),还有少数其它类型的络合物,如$[Pd(联胂)_2Cl_2]^{2+}$.

表 6.3　钯及其化合物热力学数据(298K)[5]

钯及其化合物	状态	标准生成热 ΔH°_f(kJ · mol^{-1})	标准生成自由能 ΔG°_f(kJ · mol^{-1})	标准熵 S°(J · mol^{-1} · deg^{-1})
Pd	气	380.7	343.1	166.9
Pd	晶体	0	0	37.90

续表

钯及其化合物	状态	标准生成热 ΔH°_{f}(kJ · mol^{-1})	标准生成自由能 ΔG°_{f}(kJ · mol^{-1})	标准熵 S°(J · mol^{-1} · deg^{-1})
$PdCl_2$	晶体	～－163.2	～－117.15	～108.7
$[PdCl_4]^{2-}$	水溶液	－523	－410.0	～224.3
$PdBr_2$	晶体	－104.6		
$Pd(CN)_2$	晶体	－230.1		
PdO	晶体	－115.5	－84.9	38.9
$Pd(OH)_2$	晶体	－368.2	－301.2	～150.6(?)
$Pd(OH)_4$	晶体	－648.5	－481.2	(146.4)
$[PdCl_6]^{2-}$	水溶液		－430.9	
$K_2[PdCl_4]$	晶体	－1083.6		
$K_2[PdCl_6]$	晶体	～1159	－1029.3	～397.5

已合成了多种 Pd(0)的络合物. 对于膦、胂和异氰配位的络合物的特性进行了详尽的研究. $[Pd(CO)_4]$ 与 $[Pd(CN)_4]^{4-}$ 是等电子化合物; 已经制得 $[Pd(CN)_4]^{4-}$, 但尚未得到 $[Pd(CO)_4]$.

虽然已报道了 $[PdCl(CO)(PPh_3)]$ 等几个络合物, 但是 Pd(I)的存在仍未能确定. 按化学式进行计算, 一些络合物中的钯为 3 价, 但是深入研究的结果, 总是证明络合物中的钯为 2 价及 4 价, 所以 Pd(III)的存在仍是一个有待继续探讨的问题.

6.2　钯的简单化合物

6.2.1　卤化物

在 150℃时, "三氟化钯"与压强为 700kPa 的氟气作用, 生成 PdF_4. 它是 Pd(IV)唯一的卤化物. PdF_4 是反磁性物质, 其水解作用非常激烈. 在此化合物中钯的配位数为八, 钯处于两个偏平的四面体的中心. 所谓"三氟化钯"并不包含 Pd(III), 而是含有 Pd(II)及 Pd(IV), 它的化学式应该是 $Pd^{II}[Pd^{IV}F_6]$. 该化合物中 Pd(II)为高自旋 d^8 构型, 所以"三氟化钯"为顺磁性化合物. $PdBr_2$ 与 BrF_3 作用, 生成 $Pd_2F_6 \cdot 2BrF_3$, 加热此加成化合物到 180℃, 赶走 BrF_3, 生成 $Pd^{II}[Pd^{IV}F_6]$.

$Pd^{II}[Pd^{IV}F_6]$ 与 SeF_4 共同回流并蒸馏, 得到 PdF_2.

$$Pd^{II}[Pd^{IV}F_6] + SeF_4 \longrightarrow 2PdF_2 + SeF_6$$

Pd(II)的二元化合物中, 目前还只有 PdF_2 是顺磁性的, 其磁矩为 2.9BM. 在潮湿空气中, 它容易潮解.

赤热状态的钯与氯气反应，生成 $PdCl_2$. 在 600℃时 $PdCl_2$ 开始升华，同时分解为钯与氯气；在 738℃ 时，它的分解压达到 101kPa. 钯能溶于王水中生成 $H_2[PdCl_4]$溶液，浓缩该溶液即得水合 $H_2[PdCl_4]$. 给这个水合物加热即得到 $PdCl_2$. 这样得到的无水 $PdCl_2$ 不溶于水，但能缓慢地溶解于盐酸中. 无水二氯化钯是红色晶体，其结构为无限的平面形长链，其中 Pd(II)的配位数为 4，钯与 4 个配位体氯原子生成平面正方形，钯位于正方形的中心，Pd—Cl 的核间距离为 231pm.

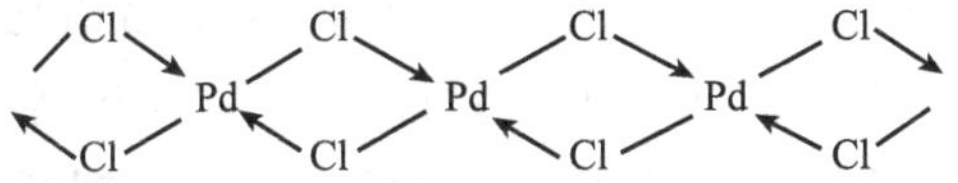

由水溶液中得到的 $PdCl_2 \cdot 2H_2O$ 是易潮解的黑红色晶体，二氯化钯容易被还原成金属钯，通氢气于 $PdCl_2$ 水溶液中，即可有钯析出；如果用乙醇或乙烯作还原剂，则必须加热 $PdCl_2$ 溶液，才能得到金属钯. 环己烷、环己醇、氢化喹啉和氢化吡唑等氢化芳香族化合物和 2%的 $PdCl_2$ 溶液共同煮沸，即生成相应的芳香族化合物和金属钯.

金属钯溶解在硝酸和氢溴酸的混合溶液中，浓缩该溶液，得到黑色 $H_2[PdBr_4]$晶体，加热该晶体，赶走溴化氢，留下美丽的红褐色晶体 $PdBr_2$. 在 $K_2[PdCl_4]$溶液中加入 KI 溶液，自溶液中析出黑色 PdI_2 沉淀. PdI_2 不溶于水中，微溶于含过量碘离子 I^- 的溶液中.

6.2.2　氧族化合物

往 $K_2[PdCl_6]$溶液中加入碱溶液，生成暗红色 $PdO_2 \cdot nH_2O$ 沉淀. 它是一个强氧化剂，在室温时它会慢慢放出氧气，在 200℃时会转变为 PdO.

在 800—840℃时，在氧气流中加热金属钯，或者熔融钯粉、KOH 和 KNO_3 的混合物，都能生成黑绿色的 PdO. PdO 是唯一稳定的钯氧化物. 自 820℃起，PdO 开始分解为钯与氧. 钯与未分解的 PdO，在不同温度时，按不同比例混合成蓝绿色物质. 当温度高于 870℃时 PdO 完全分解成钯. 在氧气流中，在更高温度加热钯，由于生成氧在钯中的固体溶液，钯的重量增加了，随温度升高，氧在钯中溶解度继续增大，当温度高于 1300℃，氧开始自钯中逸出.

水解 Pd(II)的络合物，生成水合氧化钯(II)；水解金属钯与过氧化钠的熔融物，也得到水合氧化钯(II). 由于制备方法不同，含水量不同，水合氧化钯(II)具有从黄褐色至红褐色的一系列颜色，而且具有不同的性质及在水、酸和碱中不同的溶解度. 水解金属钯和过氧化钠熔融物所得的产物，为 1 水合氧化钯，可以把它看作是 $Pd(OH)_2$. 它能溶于酸；不会老化，甚至干燥失水后，也不会老化. 水解硝酸盐可得到 $PdO \cdot xH_2O$(x=0.48—0.63). 该水合物不溶于酸中，它具有 PdO

的同样晶格，只是晶胞的体积与 PdO 晶胞的体积不同. 它是水与 PdO 组合而成的固溶体.

在用氢还原—CHO 为—CH_3 的反应中，PdO 可以作为催化剂.

已经制得 PdS_2，$PdSe_2$ 和 $PdTe_2$. 但是与其它铂系金属一样，在这类化合物中，是否存在 4 价状态的金属，仍是一个未解决的问题. 在一个抽空的封闭管子中，把 $PdCl_2$ 和硫共同加热到 450℃，冷却后，用 CS_2 溶解掉多余的硫，即得灰黑色 PdS_2. 在隔绝空气的情况下，$K_2[PdCl_6]$与硫于 210℃共热，或者酸化 Na_2PdS^3 溶液，都可以得到 PdS_2. 在 CO_2 气流中，$PdCl_2$ 与过量许多的 Se 共热，将所得产物磨成细粉，再与大量 Se 混合，于一个抽空的管子中加热到 600℃，再把产物磨成细粉并与氰化钾溶液共热，过量 Se 与氰化钾作用生成 KSeCN，残留的橄榄灰色固体就是 $PdSe_2$. 在 CO_2 气流中，于 750℃加热 $PdCl_2$ 与大过量 Te 的混合物，反应产物磨成细粉，再加入大量碲，在抽空的管子中加热到 700℃，冷却后，用浓 KOH 溶液溶解过量碲，留下银灰色的 PdT_2 固体.

向$[PdCl_4]^{2-}$溶液中通入 H_2S，生成褐色 PdS 沉淀. 金属钯与 S 共熔，生成灰黑色 PdS 晶体，其熔点为 970°±5℃. PdS 的结构为微变形的平面正方形，每一个钯原子为 4 个硫原子所包围. 把 $PdCl_2$ 溶液加入 H_2Se 饱和溶液中，生成黑褐色 PdSe 沉淀. 将反式－$[Pd(NH_3)_2Cl_2]$、硒与硼砂共同加热，也可以制得 PdSe. 在$[PdCl_4]^{2-}$溶液中加入 Na_2Te，得到 PdTe 沉淀. 按理论计算配成钯与碲的混合物，隔绝空气加热此混合物，即生成黄色的 PdTe.

$Pd(NO_3)_2$：将金属钯溶解于硝酸中，浓缩溶液，得到 $Pd(NO_3)_2 \cdot 2H_2O$ 褐色晶体. 在室温时令液态 N_2O_5 与 $Pd(NO_3)_2 \cdot 2H_2O$ 反应，生成褐色 $Pd(NO_3)_2$. 对 $Pd(NO_3)_2 \cdot 2H_2O$ 的红外光谱及核磁共振谱研究指出，此化合物中的钯为 Pd(IV)，其分子式为 $Pd(NO_3)_2(OH)_2$ 但是强酸溶液中产生 OH 基团的可能性较小，以上结论仍值得进一步探讨.

$Pd(NO_3)_4$：在－78℃时用 N_2O_4 处理 $Pd(NO_3)_2 \cdot 2H_2O$，然后把混合物的温度升至室温，得到褐色黏性液体，放置 24h 后，析出褐色晶体 $Pd(NO_3)_4$. 它能氧化 I^-，但不能氧化 Fe^{2+}.

$PdSO_4$：金属钯溶解于硝酸和硫酸的混合溶液中，浓缩这个溶液，可以得到 $PdSO_4 \cdot xH_2O$. 溶解水合氧化钯(II)于硫酸中，然后从这溶液中析出红褐色易潮解的 $PdSO_4 \cdot 2H_2O$ 晶体. 溶钯于硝酸中，加浓硫酸蒸发至发浓烟，即可得到暗红色无水 $PdSO_4$. 根据其红外光谱，$PdSO_4 \cdot 2H_2O$ 是一种螯合物，而 $PdSO_4$ 可能是多核络合物[6].

$PdSeO_4$：溶解金属钯于硝酸和硒酸的混合溶液中，自此溶液可析出暗褐色

$PdSeO_4$晶体.

$Pd(CN)_2$：在$Pd(NO_3)_2$溶液中加入$Hg(CN)_2$，生成黄色$Pd(CN)_2$.

$Pd(SCN)_2$：把KSCN溶液加进$K_2[PdCl_4]$溶液中，析出红色$Pd(SCN)_2$沉淀，继续加入KSCN溶液，沉淀溶解，生成易溶于水的红色络合物$K_2[Pd(SCN)_4]$.

钯和硼、硅、磷、砷或锑都能发生复杂的反应，生成物中有几个组成简单的化合物：Pd_2Si，PdSi，PdP_2及$PdAS_2$.

6.3 钯(0)的络合物

兼有σ-给予体和π-接受体特点的配体能与低价金属生成稳定的络合物. CO就是一个这样的配体. CO与许多低价金属生成各式各样的羰基络合物；与镍(0)形成$Ni(CO)_4$. Ni(0)的电离势是7.63eV，Pd(0)和Pt(0)的电离势比较高，分别为8.33eV和9.0eV. CO的σ-给予体性质较弱，它与Ni(0)生成稳定的$Ni(CO)_4$，与Pd(0)仅生成不稳定的$Pd(CO)_4$，而与Pt(0)不生成类似的化合物.

σ-给予体性质较强的R_3P和R_3As，以及σ-给予体性质很强的α,α′-联吡啶和二氮杂菲等，能与Pd(0)生成许多络合物.

具备给予体和接受体性质的配体，提供一对电子与金属生成一个σ配位键，多个配位体提供的多对电子，使金属上积累了过多负电荷，这样的体系是不稳定的，金属可以提供π-电子与配体空的π轨道生成反馈π-键，这样就也降低了金属上的负电荷，使整个体系稳定化.

价电子层含有d^{10}的Pd(0)与Pt(0)，倾向于生成配位不饱和的络合物，如$Pd(PhNC)_2$和$Pt(PPh_3)_2$. d^8的Ru(0)，Rh(I)和Ir(I)也易于生成配位不饱和的络合物，如$[Rh(PPh_3)Cl]$. 相应离子的配位数较高的络合物在水溶液中往往会离解成配位不饱和的物种. 许多Pd(0)及Pt(0)的络合物能进行配位加成和配位离解反应，正是由于这个原因，它们具有较强的反应性能及催化性能.

6.3.1 羰基络合物

长期以来尚未合成得到钯的羰基络合物，因为它们在通常条件下极不稳定.

低温下，在惰性介质中，钯与CO发生反应，生成$[Pd(CO)_n]$($n=1-4$)[7]. $[Pd(CO)_4]$的结构是正四面体，$[Pd(CO)_3]$属D_{3h}群，$[Pd(CO)_2]$属$D_{\infty h}$群. 含羰基少的Pd(0)的络合物与过的CO反应，能生成$[Pd(CO)_4]$. 在温度低于80K时，在氪介质中，$[Pd(CO)_4]$是安定的.

CO在液氨中与$K_2[Pd(CN)_2]$反应，再加入相应的阳离子，可沉淀出一系列钯(0)的羰基氰化物$R[Pd(CN)(CO)]$($R=PPh_4$，$PMePh_3$)及$Ba[Pd(CN)$

(CO)]$_2$[8].

$$K_2[Pd(CN)_4]+2K+xNH_3 \xrightarrow[\text{液 } NH_3]{-77℃} K_2[Pd(CN)_2]\cdot xNH_3+2KCN$$

$$K[Pd(CN)(CO)]+[RPh_3P]X \xrightarrow[\text{液 } NH_3]{-50℃} [RPh_3P][Pd(CN)(CO)]+KX$$

$(Ph=C_6H_5; R=CH_3, Ph; X=Cl, Br)$

反应－$[Pd(NO_2)_2L_2]$($L=PEt_2Ph, PEt_3$)与 CO 反应,CO 取代 NO_2,生成$[Pd(CO)_2L_2]$,然后转化为簇状化合物[9].

6.3.2　氰及异腈络合物

在液态 NH_3 中,用钾还原 $K_2[Pd(CN)_4]$,生成黄色的 $K_4[Pd(CN)_4]$.它极容易被氧化.

在酸性、中性或弱碱性溶液中,$[PdX_2(RNC)_2]$不被强还原剂还原;在强碱性溶液中,使用的异腈为理论量的 2 倍以上时,即自发地发生还原反应;若异腈的量略低于理论量的 2 倍,则一点$[Pd(RNC)_2]$也得不到;使用的异腈为理论量的 2.6 倍时,$[Pd(RNC)_2]$的产率为 50%.由于$[PdI_2(RNC)_2]$容易制备,通常总是以它为原料来制备 Pd(0)的异腈络合物.

已合成一系列反磁性褐色络合物$[Pd(RNC)_2]$(R=Ph、对-甲苯基、对-甲氧苯基).$[Pd(RNC)_2]$能发生加成反应,也能发生取代-加成反应;它与 I_2 反应生成$[PdI_2(RNC)_2]$;PH_3,RPH_2 及 R_3PO_3(R=芳香基)可以部分地或全部地取代$[Pd(RNC)_2]$中的异腈配体,例如,经过取代加成反应,由$[Pd(RNC)_2]$制得了无色 $Pd(RNC)\{P(p-ClC_6H_4O)_3\}_3$,前者的配位数为 2,后者的配位数为 4.

Pd(II)的环戊二烯基络合物(如$[(\pi-C_5H_5)Pd(\pi-C_6H_9)]$或者$[(\pi-C_5H_5)Pd(\pi-C_5H_5)]$)与适当的异腈反应,能够生成$[Pd(RNC)_2]$.环己基异腈或异丙基异腈与 π-环戊二烯基环己烯基合钯(II)$[(\pi-C_5N_5)Pd(\pi-C_6N_9)]$反应,生成黄色反磁性络合物双(环己基异腈)合钯(0)$[Pd(C_6H_{11}NC)_2]$或双(异丙基异腈)合钯(0)$[Pd(CH_3CHNCCH_3)_2]$.

$[Pd(Bu^tNC)_2]$与过量 SO_2 反应,生成一个结构特别的产物$[Pd_3(SO_2)_2(Bu^tNC)_3]\cdot 2C_6H_6$,其结构如下图所示,过去曾把这个络合物误认为$[Pd(SO_2)(Bu^tNC)_2]_2$.

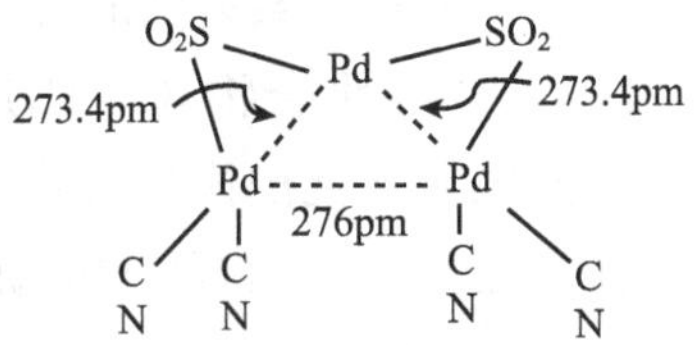

钯(0)异腈络合物[$Pd(RNC)_2$]的结构尚未弄清楚. 在关于异腈络合物[$Pd(RNC)_2$]结构的各种说法中,有两种比较有道理:

(1)[$Pd(RNC)_2$]为具有直线状结构 C—Pd—C 的单聚体. 异腈具有强的 σ-给予体性质和弱的 π-接受体性质是这种说法的依据.

(2)因为[$Pd(RNC)_2$]不溶解的性质,推测它是具有 Pd—Pd 金属间键的多聚体.

6.3.3 烯烃和炔烃的络合物

$K_2[Pd(CN)_4]$与 KC≡CR 反应,生成 $K_2[Pd(CN)_2(C\equiv CR)_2]$. 在液氨中,用金属钾还原 $K_2[Pd(CN)_2(C\equiv CR)_2]$,生成钯(0)的络合物 $K_2[Pd(C\equiv CR)_2]$. 这些钯(0)的络合物是反磁性的,极易被氧化.

$[(C_6H_5)_3P]_2PdL$(L 代表炔烃)型络合物在金属与炔烃间化学键的研究上起过重要作用,但是此类络合物极不稳定,给结构与化学性质的研究带来很大的困难. 合成稳定的钯(0)炔烃络合物成为一项重要课题.

在 0℃ 时,在干燥的四氢呋喃中,用 $NaBH_4$ 还原顺式-[$PdCl_2(Ph_2PC\equiv CCF_3)_2$],制得[$Pd(Ph_2PC\equiv CCF_3)_2$]$_2$. 在干燥的苯中令[$Pd(PPh_3)_4$]与 $Ph_2PC\equiv CCF_3$ 反应,生成[$Ph_3PPd(Ph_2PC\equiv CCF_3)_2$]$_2$. 以上两种方法制得的 Pd(0)的炔烃络合物相当稳定,便于结构研究.

在 $CHCl_3$ 中重结晶 $Pd(DBA)_2$ 时,生成一个结构很有趣味的紫色络合物[$Pd_2(DBA)_3$]($CHCl_3$). 用苯或甲苯作溶剂进行[$Pd(DBA)_2$]的重结晶,生成紫色的[$Pd_2(DBA)_3$](C_6H_6)和紫色的[$Pd_2(DBA)_3$]($C_6H_5CH_3$)(DBA 为二苄叉丙酮). $Pd(DBA)_2$ 的结构如下图所示.

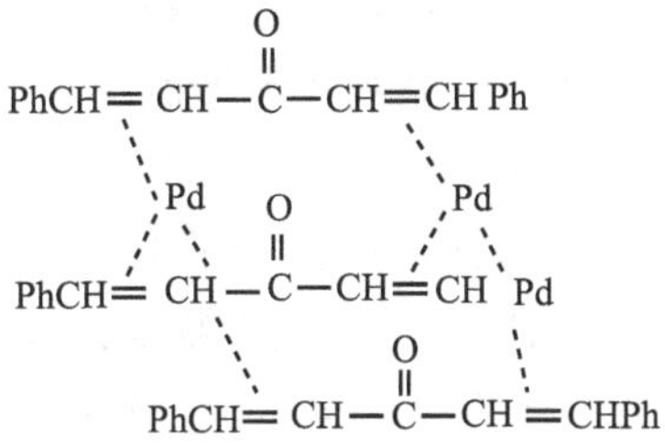

由三(二苄叉丙酮)合二钯(0)出发可制得一系列钯的其它络合物.

二取代膦及烯烃皆能与 Pd(0)生成络合物. O—CH_2＝$CHC_6H_4PPh_2$(缩写为 SP)含有二代膦和烯烃的双配位功能. 使用此配体合成了实验式为 $Pd(PPh_3)_2(SP)$的淡黄色固体. 根据此化合物甲苯溶液的$^{31}P\{^1H\}$NMR 研究,证明甲苯中存在以下平衡[10]:

$$2Pd(PPh_3)_2SP \rightleftharpoons Pd(PPh_3)(SP)_2 + Pd(PPh_3)_3$$

6.3.4　亚硝基络合物

如果认为亚硝基是 NO^+,那么,有几个亚硝基络合物中的钯可认为是钯(0). 在甲醇中,NO 与 $PdCl_2$ 作用生成[$Pd(NO)_2Cl_2$]. 它是反磁性的,结构可能为四面体. 它不稳定,在潮湿空气中或者加热时即放出 NO. 有水存在时,NO 与 $PdCl_2$ 作用生成 Pd(NO)Cl.

在戊烷中,Pd(NO)Cl 与环戊二烯基钠 C_5H_5Na 反应,生成红褐色(π-C_5H_5)Pd(NO).

6.3.5　膦和胂的络合物

制备 Pd(0)的膦络合物,原料可以是 Pd(0)的其它络合物,也可以是 Pd(II)的络合物. 膦与[$Pd(RNC)_2$]反应,生成 3 种络合物:[$Pd(RNC)L_3$],[PdL_3]及[PdL_4](L＝PPh_3 或者 $P(OR)_3$;R＝芳香基). 用还原剂还原 Pd(II)的膦或者胂的络合物,即得钯(0)的相应的膦或者胂络合物. $NaBH_4$ 水溶液是最常用的还原剂. 加热硝酸钯(II)与三苯基膦在苯中的混合物,发生激烈反应,放出大量 NO 气体,冷却后,自溶液中析出固体[$Pd(PPh_3)_4$],在乙醇中再结晶后,即得纯净产品. 过量三苯基膦的乙醇水溶液、1mol $K_2[PdCl_4]$与 3mol $NaBH_4$ 的水溶液反应,即从溶液中析出[$Pd(PPh_3)_4$]固体,用温热的乙醇及冷水顺序洗涤产品,便得到纯净的[$Pd(PPh_3)_4$].

膦具有强的 σ-给予体性质和弱的 π-接受体性质,因而在[$Pd(PPh_3)_4$]的钯(0)上积累了过量的负电荷. 这种情况促使[$Pd(PPh_3)_4$]容易离解成配位不饱和的络合物;配位数低的钯(0)比配位数高的钯(0)上积累的负电荷少,因而变得较为稳定. 实验证明在苯溶液中存在以下一系列离解平衡:

$$[Pd(PPh_3)]_4 \rightleftharpoons [Pd(PPh_3)_3] \rightleftharpoons [Pd(PPh_3)_2] \rightleftharpoons [Pd(PPh_3)]_n$$

在钯(0)的膦络合物中,膦中的脂肪族基团占优势时,络合物为无色,且容易被空气氧化,如果膦配体中芳香基团增加,则化合物变为橙色,而且不容易被氧化.

[$Pd\{MeC(CH_2PPh_2)_3\}_2$]有两个异构体,它们容易互相转变;从苯-甲醇溶液中再结晶时,α 型变为 β 型,从轻石油中再结晶或者加热时,β 型又转变为 α 型.

Ni(0)的同类络合物的两个异构体也具有相似的行为. Pd(0)的 α 型络合物的偶极矩为零,估计每个 $MeC(CH_2PPh_2)_3$ 配体用 3 个磷原子去与 Pd(0)配合,Pd(0)的配位数为 6,络合物具有八面体结构. β 型络合物的配位数可能较低,为 5 或者 4.

$[Pd\{O—C_6H_4(PEt_2)_2\}\{MeC(CH_2PPh_2)_3\}]$的偶极矩相当高,为 3.1D,其配位数不可能是 4,只会是 5,其构型为四方锥.

在加压条件下,PF_3 与 $Pd(CO_2)Cl_2$ 反应,生成钯(0)络合物 $Pd(PF_3)_4$. 它是一个易挥发的液体(融点约为−100℃). 这个络合物相当不稳定.

在伯胺和仲胺的甲醇溶液中,$[PdCl_2(PPh_3)_2]$与 CO 反应,生成钯(0)的络合物$[Pd(CO)(PPh_3)_3]$,$[Pd_3(CO)_3(PPh_3)_3]$和$[Pd_3(CO)_3(PPh_3)_4]$. 这 3 个络合物可以互相转化:

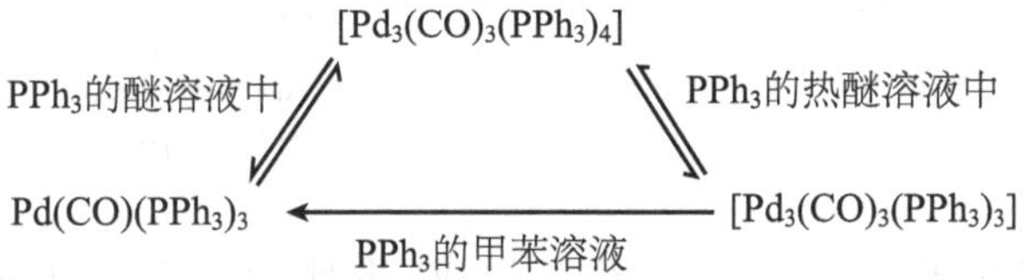

用叔胺代替伯胺和仲胺与甲醇组成的溶液中,$[PdCl_2(PPh_3)_2]$与 CO 反应,生成$[PdCl(COOMe)(PPh_3)_2]$. 在对-二甲苯溶液中,$[Pd_3(CO)_3(PPh_3)_3]$与加压下的 CO 反应,生成$[Pd(CO)_{3-}(PPh_3)]$. 三取代膦和三取代胂与 Pd(0)生成的螯合物见表 6.4.

Pd(0)膦络合物的反应性能已有综合评述文章[11]. HX 与 $Pd(PPh_3)_4$ 反应生成 $PdX_2(PPh_3)_2$ 和氢. 炔类与 $Pd(PPh_3)_4$ 反应,产生$[Pd(PPh_3)_2 \cdot C_nH_{2n-2}]$,该化合物中的钯被认为是 Pd(0). 如果炔类用两个 σ 键与钯原子相连,则为 Pd(II). O_2 与 $Pd(PPh_3)_4$ 反应,生成 $Pd(PPh_3)_2O_2$. 该化合物在高于 20℃时发生分解作用. $Pd(PPh_3)_2O_2$ 比相应的镍络合物稳定,但比相应的铂络合物不稳定得多.

表 6.4 三取代膦和三取代胂与 Pd(0)生成的螯合物

螯合物	熔点(℃)	颜色	偶极矩(*D*)
$[Pd\{PhP(O\text{-}C_6H_4PEt_2)_2\}(PPh_3)]$	175—178	暗红	—
$[Pd\{C_2H_4(PMe_2)_2\}_2]$	182—183	白	1.6
$[Pd\{O\text{-}C_6H_4(AsMe_2)_2\}_2]$	188—189[1)]	黄	—
α-$[Pd\{MeC(CH_2PPh_2)_3\}_2]$	246—247	暗黑	~0
β-$[Pd\{MeC(CH_2PPh_2)_3\}_2]$	194—195	亮黄	2.25
$[Pd\{O\text{-}C_6H_4(PEt_2)_2\}\{O\text{-}C_6H_4(AsEt_2)_2\}]$	184—186	黄	0.95
$[Pd\{O\text{-}C_6H_4(PEt_2)_2\}\{O\text{-}C_6H_4(AsMe_2)_2\}]$	141	橙	—

1)熔化时发生分解反应.

6.4 钯(I)的络合物

钯(I)的络合物是比较罕见的. 在含有高氯酸的苯及乙酸混合溶液中,还原乙酸钯(II),生成$[Pd(C_6H_6)(H_2O)(ClO_4)]_n$. 这是一个容易爆炸的紫色固体. 含卤离子的溶液与这个 Pd(I)络合物反应,得到金属钯及$[PdCl_4]^{2-}$. 氧、溴和高锰酸盐都能把它氧化为 Pd(II)的化合物.

用铝、氯化铝和 $PdCl_2$ 在苯中反应,生成$[PdAl_2Cl_7(C_6H_6)]_2$. 这个络合物的两苯环间夹着 Pd_2^{2+}. 这种情况极为少见. 这个络合物的结构如下式所示:

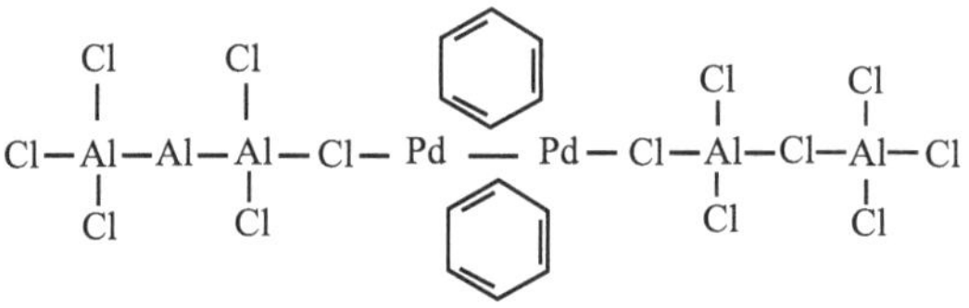

乙酸钯与二苯基乙炔的甲醇溶液反应,生成$[Pd_2(\mu-PhC\equiv CPh)(\pi-C_5Ph_5)_2]$,这个反应的产率高达 90%.

从 $Pd(CO)Cl_2$ 出发制得红紫色$[PdCl(CO)]_x$. 它不溶解在有机溶剂中.

由 K_2PdCl_4,HX 和 CO 可制得$(NR_4)_2[Pd_2X_4(CO)_2]$(X=Cl,Br). 此络合物可能具有如下结构:

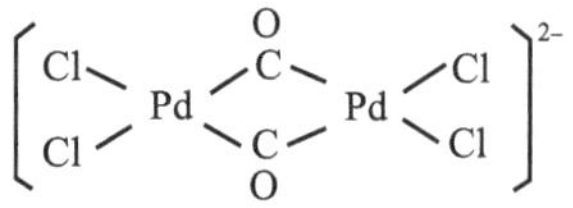

二取代膦的氧族衍生物 R_2PEH(E=O,S,Se)与 Pd(I)生成的络合物:二取代膦 R_2PH(R=脂肪基、芳香基)容易被氧、硫或硒氧化,生成 R_2PEH,甚至生成 R_2PE_2H.

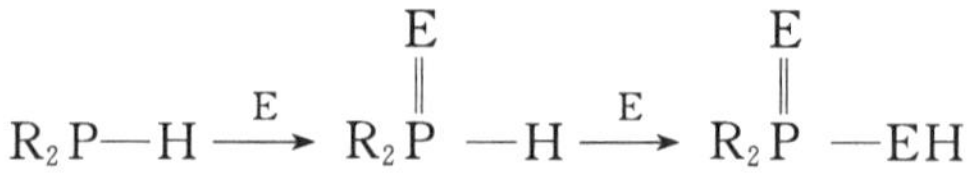

$R_2P(=E)$—H 与各种金属离子结合时,通常采取如下方式[1,2]:

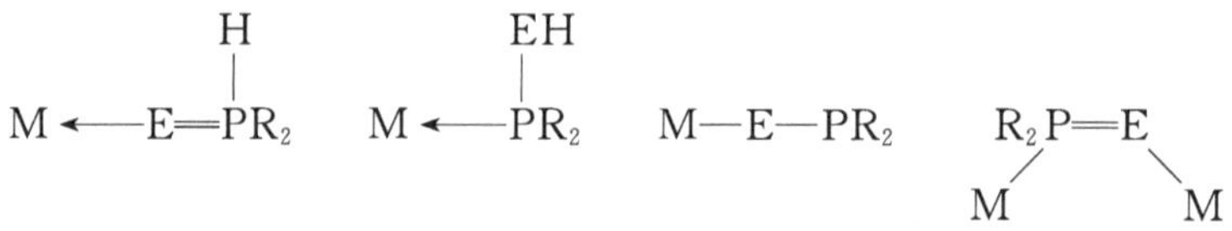

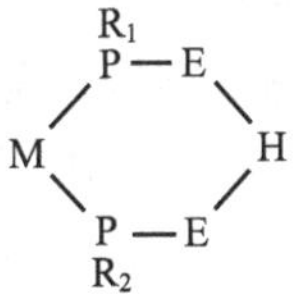

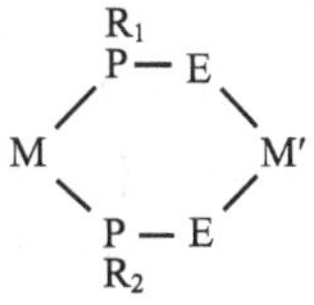

$$2[Pd(PR'_3)_4]+2R_2P(E)H\xrightarrow[-H_2,-6PR'_3]{}[\{Pd(PR'_3)(\mu-EPR_2)\}_2](1)$$

$$\xrightarrow[+2L,-2PR'_3]{}[\{PdL(\mu-EPR_2)\}_2](2)$$

(1)	*a*	*b*	*c*	*d*	*e*	*f*
E	S	S	S	S	S	Se
R_2	Me_2	Et_2	Cy_2	Ph_2	Ph_2	Ph_2
R'_3	Ph_3	Ph_3	$MePh_2$	Ph_3	Cy_3	Ph_3

(2)	*a*	*b*	*c*	*d*	*e*
E	S	S	S	S	S
R_2	Et_2	Et_2	Ph_2	Ph_2	Ph_2
L	$PPh(OPh)_2$	$P(OPh)_3$	$P(OPh)_3$	CNMe	$CNBu^t$

$L_xM—(CH_2)_n—M'L'y(n\geqslant2)$是多种以金属作催化剂时的中间产物的可能模型.这类络合物有两个类型：

(1)$M—(CH_2)_n—M$ (2)

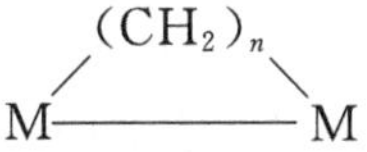

用二(η-芳烃)Pd_2X_2($X=AlCl_4$,Al_2Cl_7;芳烃二苯、甲苯、对-二甲苯)催化乙烯聚合时,人们设想有中间产物 $LXPd—(CH_2)_n—PdL'y$ 型的钯络合物,但没有分离出该自由的络合物.此络合物的结构可能为

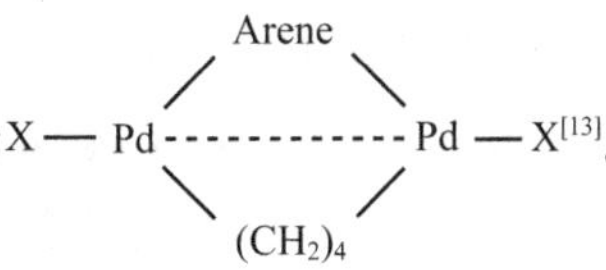

[13].

钯很少采取奇数氧化态(铂也如此).可能是在外层轨道中不成对电子比成对电子不稳定.正是这原因,在钯(I)络合物中存在有金属—金属键,使不成对电子变成成对电子.大量事实证明:第二第三过渡系元素的偶数电子构型比奇数电子构型稳定.

6.5 钯(II)的络合物

Pd(II)具有 d^8 构型,它的络合物都是反磁性的.大部分 Pd(II)络合物具有平面正方形结构.如果在垂直于平面正方形的轴上,有两个弱的 σ 键,则可生成八面体结构.实验证明,这两个位置常为溶剂分子所占据,在配体取代反应或者催化反应中,这两个溶剂分子首先被取代.研究了一些 Pd(II)络合物晶体结构后,发现 Pd(II)的配位数超过 4.估计这是普遍现象.在[Pd(DMG)$_2$]及[Pd(NH$_3$)$_4$][PdCl$_4$]的晶体结构中,在垂直于平面正方形的纵轴方向上,Pd(II)还与一些原子有相互作用.[Pd(QAS)X]X 的结构是三角双锥.QAS 占据了 4 个配位位置.该化合物中Pd(II)的配位数是 5.

6.5.1　卤素、硫氰酸根及氰络合物

在有过量氯离子存在时,钯溶解于硝酸和盐酸的混合溶液中,生成[PdCl$_4$]$^{2-}$.在有氯化钠存在时对金属钯进行氯化,可制得 Na$_2$[PdCl$_4$].采取类似的方法,可制得各种各样[PdX$_4$]$^{2-}$的盐类(X=Br,I,SCN 及 CN).没有制得过[PdF$_4$]$^{2-}$;但制得 Pd(II)配位数为 3 的络合物 Cs[PdF$_3$].在 SeF$_4$ 中令 PdF$_2$ 与 CsF 作用,即可制得 Cs[PdF$_3$].[PdCl$_4$]$^{2-}$ 为黄褐色;[PdBr$_4$]$^{2-}$ 为暗红褐色;[PdI$_4$]$^{2-}$ 为黑色;[Pd(SCN)$_4$]$^{2-}$ 为亮红色;[Pd(CN)$_4$]$^{2-}$ 为无色.在[PdCl$_4$]$^{2-}$ 中,Pd—Cl 的距离为 230pm,Pd—Pd 距离为 410pm.Pd—Pd 间距离较远,其相互作用甚小,可以不予考虑.Na$_2$[PdCl$_4$]易吸湿,能溶解于乙醇中,极易溶解于水中.已经制得[PdCl$_4$]$^{2-}$ 的 NH_4^+,Rb^+,Cs^+,Ca^{2+},Ba^{2+} 和重金属的盐类.[PdCl$_4$]$^{2-}$ 在水中会逐步水解成一系列水合离子.在[PdCl$_4$]$^{2-}$ 水溶液中,加入足量的高氯酸,抑制水解反应,用分光光度法研究这个体系,证明该溶液中,存在 $PdCl^+$,$PdCl_2$,$PdCl_3^-$ 等一系列络离子.在[NEt$_4$]$_2$[PdBr$_4$]和 NEt$_4$Br 的硝基苯溶液中有[PdBr$_6$]$^{4-}$ 离子,在甲醇或者在水中,也有[PdBr$_6$]$^{4-}$ 离子存在.向 K$_2$[PdX$_4$](X=Cl,Br)的水溶液或 Na$_2$[PdI$_4$]的乙醇溶液中加入[AsPh$_3$Me]Cl 或[NR$_4$]X(X=Br,I;R$_4$=Et$_4$,PhMe$_3$),生成含卤桥的络合物 M$_2$[Pd$_2$X$_6$](M 为金属离子;X=Cl,Br,I).这个卤桥容易断裂;[Pd$_2$X$_6$]$^{2-}$ 与一齿配体作用时卤桥即断裂,变成为单核络合物.

在通常情况下,SCN$^-$ 以氮原子为配位原子,与(a)类金属键合;以硫原子与(b)类金属键合;但是络合物中其它配体的性质以及空间效应对 SCN$^-$ 中配位原子的选择也有较大影响.[Pd(SCN)$_4$]$^{2-}$ 和[Pd(NH$_3$)$_2$(SCN)$_2$]中 SCN$^-$ 的配位原子为硫,[Pd(PR$_3$)$_2$(NCS)$_2$](R=Et,Ph)中,NCS$^-$ 的配位原子为氮.三取代膦是比较强的 π-电子接受体,它削弱了 Pd^{2+} 的 π-轨道与硫的 π-轨道所成的键,因此在[Pd(PR$_3$)$_2$(NCS)$_2$]中,NCS$^-$ 以氮作配位原子.在络合物中 M—SCN 要求的空间大,而直线型的 M—NCS 要求的空间小;在[Pd(dien)SCN]$^+$ 中硫是配位原子,而[Pd(Et$_4$dien)NCS]$^+$ 中氮是配位原子.在一些络合物中,SCN$^-$ 既能以氮又能以硫

作为配位原子;在反式-[$Pd(AsPh_3)_2(SCN)_2$]和反式-[$Pd(bipy)_2(SCN)_2$]中就存在有键合异构现象.有的络合物在不同的温度范围内存在着不同的键合异构体.$AsPh_3$ 或者联吡啶与[$Pd(SCN)_4$]$^{2-}$在 0℃时反应,生成 SCN^- 以硫作配位原子的异构体,但加热到 150℃时,转化成以氮作配位原子的异构体.

在过渡金属的氰络合物中,氰提供一对 σ-电子给金属,金属又把自己的 π-电子供入 CN^- 的 π-反键轨道.由于 CN^- 带有一个负电荷,所以它接受 π-电子的能力,比中性分子 CO 弱,但是 CN^- 具有很强的配位场,所以,Pd^{2+} 与 CN^- 形成非常稳定的络合物.

Pd^{2+} 盐与 $Hg(CN)_2$ 反应,生成反磁性的淡黄色固体 $Pd(CN)_2$.将 $Pd(CN)_2$ 溶解在 MCN(M=碱金属)的水溶液中,即得[$Pd(CN)_4$]$^{2-}$.M_2[$Pd(CN)_4$]是无色晶体,为反磁性物质.在乙醚中 M_2[$Pd(CN)_4$]与盐酸反应,生成白色的 H_2[$Pd(CN)_4$]粉末.K_2[$Pd(CN)_4$]具有 1 个或 3 个结晶水.M[$Pd(CN)_4$]·nH_2O 中 M=Ca,Sr 时,$n=5$,M=Ba 时,$n=4$.晶体结构分析确定[$Pd(CN)_4$]$^{2-}$的结构为平面正方形.

氢具有很强的反位效应,但是氰根的反位效应比氢还强.[$PdHCl(PEt_3)_2$]与 KCN 在乙醇中反应,由于氰根的反位效应比氢强,所以得不到预期的[$PdH(CN)(PEt_3)_2$],而是生成[$Pd(CN)_2(PEt_3)_2$]和 H_2.如果用甲硫醇代替乙醇,则生成[$Pd(CN)(MeS)(PEt_3)_2$].

6.5.2　含氧配体的络合物

这里所说的含氧配体是指配位原子是氧原子的配体.如果一个配体含有氧,但配位原子不是氧,则不属于这里所讨论的范围.

Pd(II)具有显著的(b)类金属的性质,因此,用氧作配位原子的配体与 Pd(II)生成的络合物较少.这类络合物的稳定性较低.在许多情况下,以氧作配位原子的配体很容易被软配体(如 CN^-,AsR_3,PR_3,SR_2 或 I^-)所取代.如果在配体中除氧以外,还含有氮、硫或者砷作配位原子,那么所生成的络合物就相当稳定(此类配体如:$H_2NCH_2CO_2^-$,$MeSC_6H_4CO_2^-$ 或者 $Me_2AsC_6H_4CO_2^-$).

将 PdO 溶解在稀硝酸及高氯酸的混合溶液或硫酸中,生成[$Pd(H_2O)_4$]$^{2+}$.将钯溶解在浓 HNO_3 中,加入高氯酸并蒸发至发烟,然后将溶液冷却,即析出褐色[$Pd(H_2O)_4$]$(ClO_4)_2$ 晶体.这个络合物极易水解,所以,其水溶液的酸度较高.只有在溶液中不存在其它任何配体时,[$Pd(H_2O)_4$]$^{2+}$才能稳定存在于水溶液中,因为该络离子中的配位水很容易被其它配体取代.

硝酸钯(II)与多种有机酸反应,生成 $Pd(OCOR)_2$(R=Me,Et,Ph,CF_3,

C_2H_5).它们的颜色都是褐色的.在37℃时,Pd(II)的乙酸盐、丙酸盐及苯甲酸盐在苯中都是三聚体.加热至苯的沸点时,这三个盐都离解成单体.三聚体以羰酸根作为成桥基团,其结构式如下:

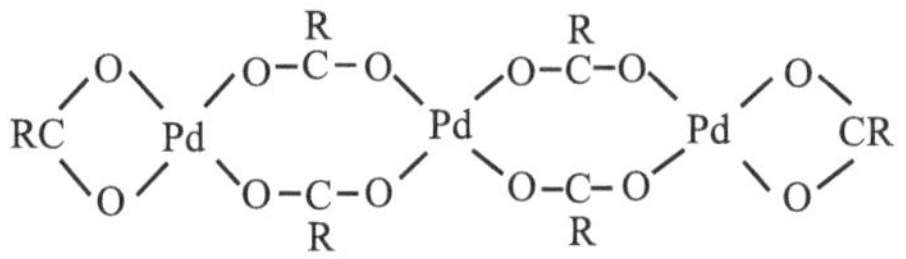

Pd(II)的乙酸盐或者丙酸盐与含氮、硫、磷或砷的配体反应时,生成反式-$[Pd(OCOR)_2L_2]$($L=Py,\frac{1}{2}bipy,Me_2SO,PPh_3,AsPh_3$).

$Pd(OAc)_2$ 与乙酸盐(M=Ca,Sr,Ba,Mn,Co,Ni,Cu,Zn,Cd)在乙酸中共热,可以得到一系列以乙酸根作为成桥基团的多核络合物 $MPd(OAc)_4 \cdot xHOAc \cdot yH_2O$.

在$[PdCl_4]^{2-}$溶液中加入草酸盐时,生成 $K_2[Pd(C_2O_4)_2]\cdot 4H_2O$,$Na_2[Pd(C_2O_4)_2]\cdot 2H_2O$,$(NH_4)_2[Pd(C_2O_4)_2]\cdot 2H_2O$ 或 $Ag_2[Pd(C_2O_4)_2]\cdot 3H_2O$.即使在避免光照的情况下,放置几周,这些晶状都会自发分解成金属钯而变为灰黑色.

NaCNO 与 $Pd(NO_3)_2$ 反应,生成黄色的 $Na_2[Pd(CNO)_4]\cdot 5H_2O$,这个络合物受热或受撞击时会爆炸.

用浓硝酸氧化 $K_2[Pd(NO_2)_4]$,得到橙红色的 $K_2[Pd(NO_3)_4]$.这个络合物在空气中是稳定的,但在水溶液中立即水解.

黄色$[Pd(acac)_2]$具有很高的稳定性.实验测得$[M(acac)_2]$($M=Zn^{2+},Co^{2+},Ni^{2+},Cu^{2+},Pd^{2+}$)的 $\nu_{(M-O)}$ 按 $Zn \simeq Co < Ni < Cu < Pd$ 顺序变化,而$[M(acac)_2]$稳定性的大小也符合这个顺序.

亚砜是60年代发展起来的一类新型萃取剂.亚砜萃取Pd(II)时,在一定条件下,生成 $Pd(R_2SO)_2Cl_2$ 络合物.R基团的结构对萃取性能有明显影响[14].

石油亚砜具有高效与经济性两个优点,是很有前途的萃取剂.萃取过程生成 $PdCl_2\cdot 2PSO$ 络合物(PSO代表石油亚砜)[15].

过去报导的亚砜多是低碳链,长碳链亚砜报导较少.我国化学家合成了长碳链的二(2-乙基己基)亚砜(DEHSO)与Pd(II)的络合物.此络合物是以氯为成桥原子的二聚体 $Pd_2Cl_4(DEHSO)_2$[16].

6.5.3　含硫、硒或碲配体的络合物

Pd(II)与这类配体生成许多很稳定的络合物.这类配体包括硫醇、亚硫酸根、

硫代硫酸根、硫醚、硒醚、碲醚、硫脲及二甲基亚砜等. 还有一些螯合配体：二硫代羧酸根、黄原酸根($ROCSS^-$，R=脂肪基)、二代胺基二硫甲酸根($NR_2 \cdot CSS^-$，R=脂肪基)、二代胺基二硒甲酸根等.

Pd(II)的含卤桥二聚络合物容易被一些一齿配体所分解，变成单核络台物，而RS^-作为成桥基团的多核络合物相当稳定，不会被相应一齿配体所分解.

在络合物中，亚硫酸根只能作一齿配体，不能作二齿配体，$[Pd(SO_3)(H_2O)_3]$不能脱水变成$[Pd(SO_3)(H_2O)_2]$. 在$[Pd(PhSO_2)_2(H_2O)_2]$和$[Pd(PhSO_2)_2L_2]$中硫是配位原子，$PhSO_2^-$具有强烈的反位效应.

$[Pd(S_2O_3)_2]^{2-}$中$S_2O_3^{2-}$是二齿配体，它有两个配位原子，一个是硫，一个是氧.

有机硫化物与$[PdCl_4]^{2-}$的水溶液相互作用时，即可制得以有机硫化物为配体的 Pd(II)络台物. $(MeS)_2PdCl_2$具有反式结构，尚未合成出顺式—$[(Me_2S)_2PdCl_2]$. 其它的$(R_2S)_2PdCl_2$都只合成出一种构型，有些已经用实验证明是反式的，未经实验证实的，估计也可能是反式的. $(R_2S)_2PdX_2$型络合物的极性比较小，易溶于苯、三氯甲烷及轻石油中. 配位原子为硫的二齿配体与 Pd(II)只生成顺式构型. 顺式构型的分子极性较大，不易溶于有机溶剂中. 含硒或碲配体的络台物性质类似于相应的含硫配体的络合物，但稳定性较差. Pd(II)络合物稳定性按以下顺序降低：$R_2S > R_2Se > R_2Te$. RSPh(R=烷基)与 Pd(II)生成络合物，但不能与 Hg(II)等金属离子结合在一起，故可用 RSPh 检验 Pd(II)的存在. 当 $R=Bu^t$ 或者 Me_2EtC，RSPh 与 Pd(II)生成红色 $PhSR \cdot 2PdCl_2$，经过实验初步证明，这个络合物可能是四聚体. 如果进一步证明这个结论是对的，则这是 Pd(II)唯一的此种类型络合物.

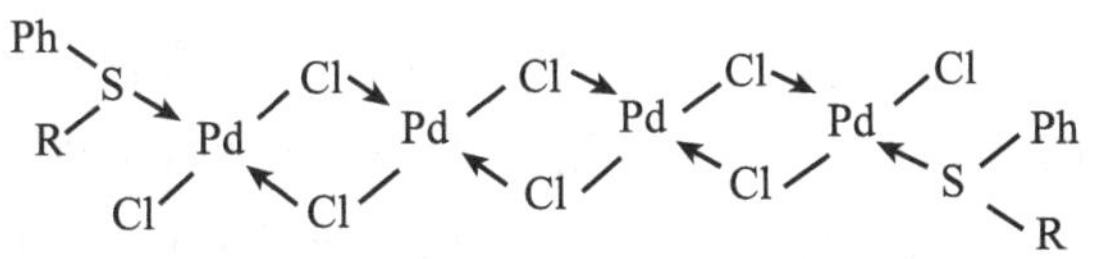

在$[Pd(thu)_4]Cl_2$中，硫脲是一齿配体，配位原子是硫.

在甲醇溶液中，氮硫化合物(N_4S_4)与 Pd(II)作用，生成红褐色 $Pd(NS)_4$ 晶体，它能溶于许多种有机溶剂.

二甲基亚砜$[(CH_3)_2SO]$通过氧与许多金属生成配位键，Pd(II)，Ir(III)和 Pt(II)具有显著的(b)类金属的性质，二甲基亚砜通过硫与它们生成配位键. 橙色的$PdCl_2(Me_2SO)_2$具有反式结构，橙黄色的$[Pd(NO_3)_2(Me_2SO)_2]$具有顺式结构. 在$[Pd(NO_3)_2(Me_2SO)_2]$中，与 Pd(II)结合的氧的 N—O 间距离为 132pm，未与 Pd(II)结合的氧的 N—O 间距离为 122pm. Pd(II)一方面接受氧所提供的电子对，另一方面又对 O—N 的 π-反键轨道反馈电子，导致 O—N 间键能降低，键距变长. 在反式-[$PdCl_2(Me_2SO)_2$]中 Pd—S 的核间距为 230pm，而在顺式化合物中，Pd—S 的核间距约为 223—225pm. 反式-[$PdCl_2(Me_2SO)_2$]中 S—O 的伸缩频率为 $1116cm^{-1}$，而顺式-[$Pd(NO_3)_2(Me_2SO)_2$]中 S—O 的两个伸缩频率为 $1136cm^{-1}$ 和 $1157cm^{-1}$. 顺式及反式络合物性质上的差异，在于反式化合物中存在较强的反位效应.

研究[$Pd(Me_2SO)_4$]X_2($X=ClO_4$，BF_4)的红外光谱及核磁共振谱时，发现 4 个 Me_2SO 分为两类，每一类包括两个 Me_2SO，一类的配位原子为氧，一类的配位原子为硫. 配位原子为氧时，$\nu_{(S-O)}$ 为 920 及 $905cm^{-1}$，配位原子为硫时，$\nu_{(S-O)}$ 为 1150 和 $1140cm^{-1}$.

二烃基硫醚萃取钯(II)时，生成 $PdCl_2 \cdot 2R_2S$ 络合物. 硫醚对钯的萃取，除与基团的空间效应及电子效应有关外，还与萃合物的生成常数有关[17].

有机含硫化合物是一类优良的萃取剂. 贵金属有机硫络合物研究甚少，且异构体的指认相当混乱. 为此，我国学者详细讨论了顺式-{内(外)消旋-1,2-双[烷基(芳基)亚砜]乙烷}合钯(II)的立体化学及晶体结构[18].

氨基硫脲(thiosemicarbazide)具有互变异构体(a)及(b)(见下图)，所以既可作带电螯合剂，又可作中性螯合剂. [Pd(tsc)$_2$]仅有反式，[Pd(Htsc)$_2$]SO_4 有顺式及反式，[Pd(Htsc)$_2$]$(NO_3)_2$ 仅有顺式，[Pd(Htsc)$_2$]Cl_2 仅有反式. 这些螯合物中，硫及末端氮是配位原子.

(a) (b)

8-甲硫基喹啉(c)(mtp)与 Pd(II)生成螯合物 PdX_2mtq(X=Cl，Br，SCN). 由于 PdX_2mtq 不溶于溶剂中，所以得不到含两个螯合配体的螯合物. 2-甲基-8-甲硫基喹啉(d)(mmtq)生成 PdX_2mmtq(X=Cl，Br). 制备 PdI_2mmtq 及 $Pd(SCN)_2$mmtq 的尝试都失败了. 研究分子模型时，发现在 Pd(II)周围的平面正方形内，安排一个分子的 mmtq 和两个 I^-(或者两个以硫作配位原子的 SCN^-)是有困难的. 已经合成了 $Pd(mmtq)_2(ClO_4)_2 \cdot H_2O$. 在硝基苯溶液中，此络合物离解为[$Pd(mmtq)_2$]$^{2+}$ 及 ClO_4^-. 由于 2-位上甲基的空间效应，两个 mmtq 分子不能安排在 Pd(II)周围的平面正方形中，结果形成三角双锥形结构的螯合物[$Pd(mmtq)_2(H_2O)$]$^{2+}$.

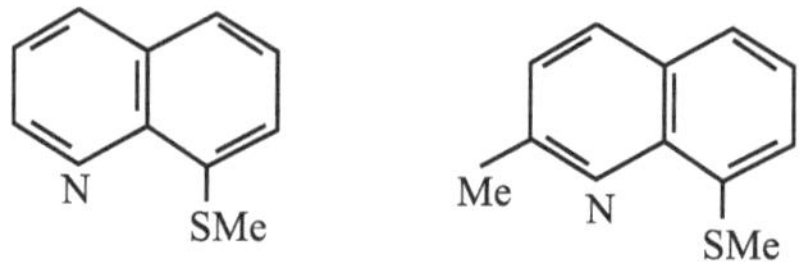

(c) (d)

2-(2-甲硫基乙基)吡啶(e)(mep)和 2-甲硫基甲基吡啶(f)(mmp)与 Pd(II)生成络合物 PdX_2L 和$[PdL_2](ClO_4)_2$(L=mep,mmp;X=Cl,Br,I,SCN).在硝基苯中,用卤离子对$[Pd(mep)_2](ClO_4)_2$ 作电导滴定,溶液中发生如下的反应(X=Cl,Br,I).

$$[Pd(mep)_2]^{2+}+2X^- \longrightarrow [PdX_2mep]+mep$$

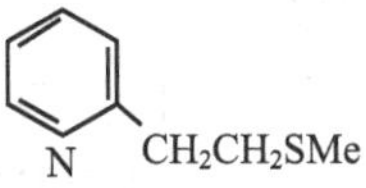

(e)

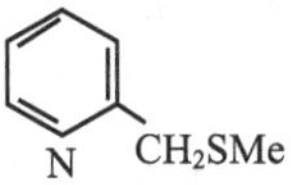

(f)

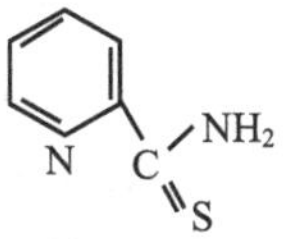

(g)

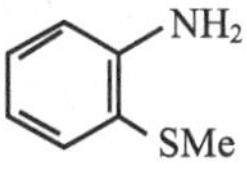

(h)

2-硫酰胺吡啶(g)(thpic)与 Pd(II)生成络合物[PdX(thpic)](X=Cl,Br),配位原子为硫及吡啶氮.当 thpic 与主族金属生成络合物时,配位原子是两个氮.

邻-甲硫基苯胺(h)(N—SMe)与 Pd(II)生成络合物$(PdX_2$(N—SMe)](X=Cl,Br,I,SCN),随着 X 的不同,络合物的颜色由橙变到红褐色.还合成出[Pd(N—SMe)$_2$]$(PF_6)_2$ 和 $PdCl_2$(N—SMe)$_2$.[Pd(N—SMe)$_2$]$(PF_6)_2$ 的颜色为浅黄色,而 $PdCl_2$(N—SMe)$_2$ 为紫红色络合物,因此,$PdCl_2$(N—SMe)$_2$ 绝不可能是[Pd(N—SMe)$_2$]Cl_2;除此以外,关于 $PdCl_2$(N—SMe)$_2$ 结构的情况就一无所知.

橙色络合物 $PdCl_2$(N—SMe)与二甲基甲酰胺共热,配体中硫所连甲基被脱去,生成褐色晶体.

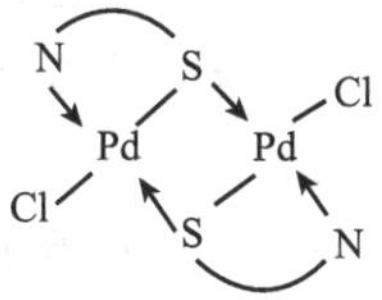

二硫代氨基甲酸络合物的化学已研究了几十年,内容甚为丰富.虽然这方面的研究工作仅有十多年的历史,但已合成了许多 Pd(II)的有关络合物[19].

2-MeSO$_6$H$_4$COOH 与 Pd(II),Cu(II)和 Hg(II)能生成螯合物.Pt(II)对氧的亲合力很低,它与 2-MeSC$_6$H$_4$COOH 不生成螯合物.2-RC$_6$H$_4$COOH(R=CH_3,C_2H_5,C_3H_7 等烷基)还与 Pd(II)生成含卤桥的双核络合物(见下图).(M=Pd,Cu,Hg;X=Cl,Br).下图的双核络合物容易与一齿配体 L(L=邻-甲苯胺,MePh$_2$As)反应,生成 Pd($O_2C \cdot C_6H_4 \cdot SR)_2$ 和 $PdBr_2L_2$.

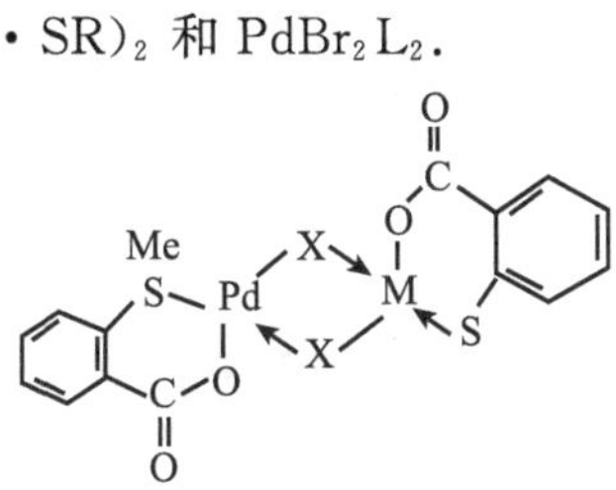

$PhS(CH_2)_3SPh$ 和 $PhSe(CH_2)_3SePh$ 与 Pd(II)生成配位数为 5 的络合物. 这两种配体与 Pd(II)反应, 还能生成 PdX_2L [$L = PhS(CH_2)_3SPh$, $PhSe(CH_2)_3SePh$]. 在 CH_2Cl_2 中,用等摩尔的 L 和 $AgNO_3$ 与 PdX_2L 反应,生成 $PdL_2(NO_3)_2$. 在 CH_3NO_2 中, $PdL_2(NO_3)_2$ 离解成 $[PdL_2(NO_3)]^+$ 与 NO_3, 所以 $[PdL_2(NO_3)]^+$ 中 Pd(II)的配位数为 5. 有趣的是, $Pd(ClO_4)_2L_2$ 在 CH_3NO_2 中, 离解出 $[PdL_2]^{2+}$ 及 ClO_4^-. $[PdL_2]^{2+}$ 中 Pd(II)的配位数为 4.

二甲基-邻-(甲硫基苯基)胂(i)和二甲基-3-甲硫基丙基胂(j)与 Pd(II)生成 PdX_2(As—SMe)[X=Cl,Br,I;As—SMe=式(i)或(j),式(i)与 Pd(II)生成含两个 As—SMe 的络合物 $[Pd(As—SMe)_2](ClO_4)_2$ 和 $Pd(As—SMe)_2X_2$,式(j)不具备这个性质. 在硝基苯中, $[Pd(As—SMe)_2](ClO_4)_2$ 离解出 $[Pd(As—SMe)_2]^{2+}$ 与 ClO_4.

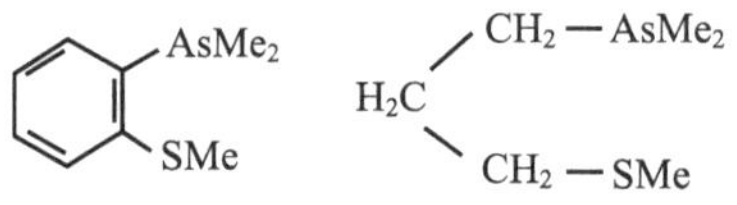

(i)　　　　(j)

用 X 射线研究 $Pd(As—SMe)_2Br_2$ 的结构发现,两个 As—SMe 联结在平面正方形的顺式位置上(As—SMe 是二齿配体),两个 Br^- 各处于平面正方形的正上方与正下方,核间距为 357pm, Br^- 与 Pd(II)不可能有共价键, Pd—As 核间距为 236pm, Pd—S 核间距为 235pm. 用 X 射线研究 $Pd(As—SMe)_2I_2$ 的结构,证明两个 I^- 直接与 Pd(II)相连,而 As—SMe 配体中仅有 As 与 Pd(II)相连. 此化合物为反式结构;键长分别为:Pd—As 239pm, Pd—I 258pm; AS—Pd—I 的键角为 92°

Pd(II)的二甲基-邻-甲硫基苯基胂螯合物溶解在二甲基甲酰胺(DMF)或者环己酮中,加热该溶液,配体发生脱甲基作用.

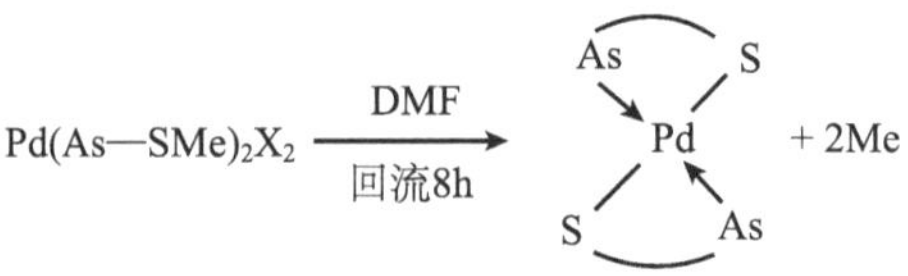

X = Cl, Br

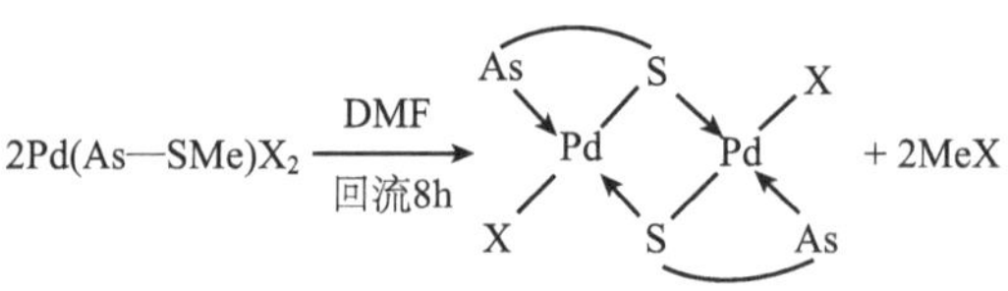

X = Cl, Br, I

可以在络合物 $Pd(As—S)_2$ 的硫上加烷基.

$Pd(As—S)_2 + 2RX \quad Pd(As—SR)X_2 + As—SR$

但 $Pd_2(As—S)_2X_2$ 的硫桥上不能加烷基.

Pd(II)与二苯基-邻-甲硫基苯基膦(k)(P—SMe)生成 $PdCl_2$(P—SMe)及灰白色[Pd(P—SMe)$_2$]$(ClO_4)_2$. 在煮沸的 DMF 中,$PdCl_2$(P—SMe)继续与(P—SMe)反应,生成橙黄色 Pd(P—S)$_2$ 晶体. 如果 DMF 中仅有 $PdCl_2$(P—SMe),而没有过量的 P—SMe,加热此溶液,生成黄色含硫桥的络合物 Pd_2(P—S)$_2Cl_2$.

苯基双(邻-甲硫基苯基)膦[下式(1)](MeS—P—SMe)有 3 个配位原子,但它们不能占据平面正方形的 3 个顶点. [Pd(MeS—P—SMe)Cl]ClO_4 的配位数为 4,MeS—P—SMe 的 3 个配位原于加氯,不构成一个平面正方形. PdX_2(MeS—P—SMe)是非电解质,其配位数可能是 5. [Pd(MeS—P—SMe)$_2$]$(ClO_4)_2$ 的配位数大概是 6.

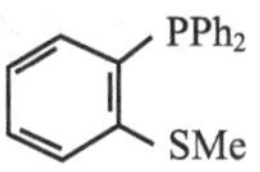

(k)

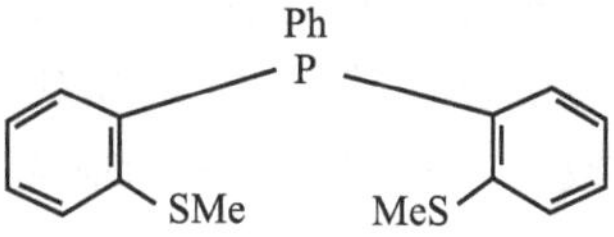

(l)

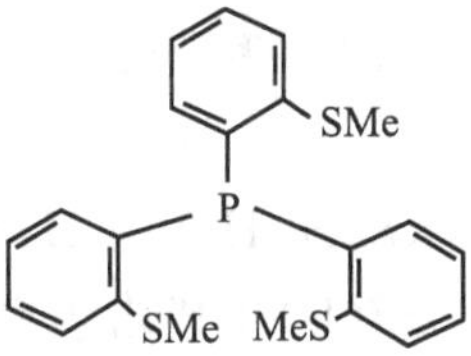

(m)

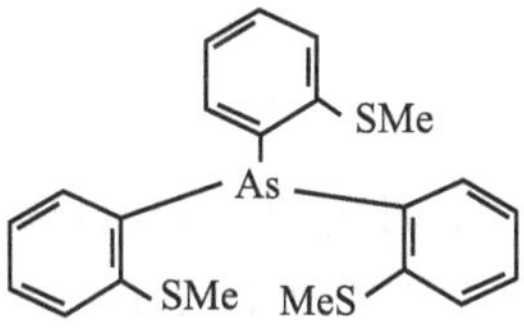

(n)

三足架式配体三(邻-甲硫基苯基)膦,如上式(m),[P(SMe)$_3$]和三(邻一甲硫基苯基)胂,式(n),[As(SMe)$_3$]与 Pd(II)生成[$PdCl_2$L],[PdL_2]$(ClO_4)_2$ 和 Pd_2LCl_4[L=P(SMe)$_3$,As(SMe)$_3$]. 这些络合物的结构尚未确定下来,但其配位数大概超过 4.

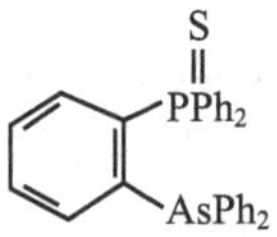

(o)

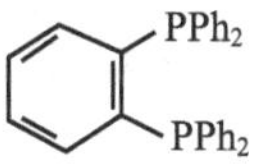

(p)

二苯基(邻-二苯基胂基苯基)膦硫化物,式(o),(As—PS)与 Pd(II)生成 PdX_2(As—PS)(X=Cl,Br,I,SeCN,SCN)和[Pd(As—PS)$_2$]$(NO_3)_2$. 根据络合物的电子光谱,我们认为(o)比(p)配体具有更弱的配位场.

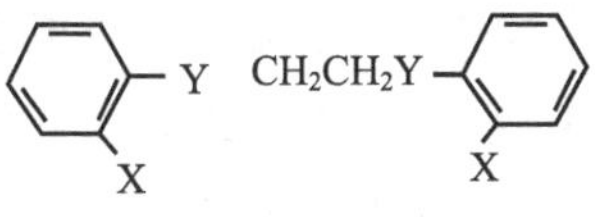

ON: X=NH_2, Y=O;
SN: X=NH_2, Y=S;
OAS: X=Ph_2As, Y=O;
SAS: X=Ph_2As, Y=S.

Pd(II)与上式配体生成 PdX_2L 型络合物(L=ON,SN,OAS,SAS;X=Cl,Br,I,SCN).虽然这些配体有 4 个配位原子,但在 PdX_2L 中,它们总是二齿配体,PdX_2L 中 Pd(II)的配位数为 4. ON 和 OAS 配体横跨 Pd(II)的反位位置,配位原子为氮和砷.在配体 SN 生成的络合物中,两个硫原子连在平面正方形的两个顺式位置.

1,4-双(邻-氨基苯硫基)反式-丁烯-2(q),(Chel)与 Pd(II)生成难溶的双核络合物 Pd_2X_4(Chel)(X=Cl,Br,SCN).这个络合物容易与吡啶和叔胂反应,但不与对-甲苯胺反应.随着 X 的不同,这类钯络合物的颜色由黄色变至橙红色.这类络合物的可能结构有两种,(r)或(s),但根据下面所列三个事实,它的结构式应为下式(s),而不是(r).三个事实为:(1)这类络合物的反应说明两个 Pd(II)的配位原子不一样;(2)MeI 与这类络合物反应,生成 R_3S^+,说明两个硫的结合情况不相同;(3)红外光谱证明烯的双键参与了配位键的形成.

双(二苯膦乙基)硫化物 $Ph_2P(CH_2)_2S(CH_2)_2PPh_2$(PSP)和 1,2-双(二苯膦硫乙基)乙烷 $Ph_2P(CH_2)_2S(CH_2)_2S(CH_2)_2PPh_2$(PSSP)与 Pd(II)生成[Pd(PSP)X]Y(X=Cl,Br,I;Y=ClO_4,BPh_4),[Pd(PSSP)][PdX_4]和[Pd(PSSP)X]ClO_4(X=Br,I).

硫醇基羧酸[$HSCH_2COOH$,$HSCH_2CH_2COOH$,$HO_2CCH(SH)CH_2CO_2H$,$HSC_6H_4CO_2H$ 和 $HSCH_2CH(NH_2)CO_2H$]与 Pd(II)生成络阴离子.这些阴离子的盐类都能溶解于水中.

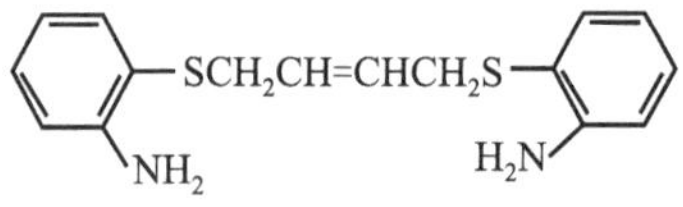

(q)

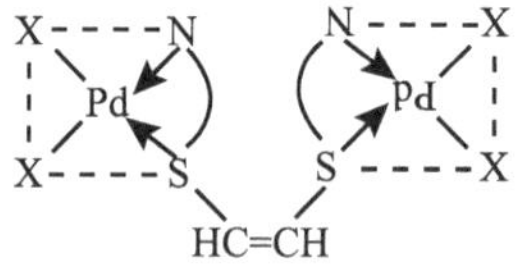

(r)

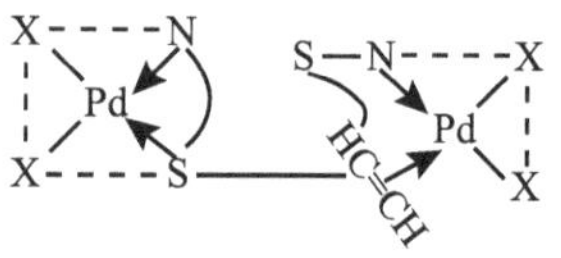

(s)

8-氢硫基喹啉(t)及其衍生物与(b)类金属生成相当稳定的螯合物. 5-溴或 5-氯-8-氢硫基喹啉生成的螯合物比 8-氢硫基喹啉生成的螯合物更稳定. 5-氯-8-氢硫基喹啉与各种铂系金属生成的螯合物稳定性大小顺序如下:Pd>Pt>Rh>Ir>Ru>Os.加热 PdX_2(N—SMe)[X=Cl,Br;N—SMe=8-甲硫基喹啉(u)]的 DMF 溶液,螯合物脱去甲基,生成难溶的硫桥络合物[PdX(N—S)]$_n$.

6-氢硫基嘌呤(v),(6MPH)是一个抗癌物质. Pd(II)的相应络合物 Na_2[Pd$(6MP)_2Cl_2$]·H_2O 是一个有效的抗肿瘤药物. 6-甲硫基嘌呤(6MMP)的抗癌活性相当 6-氢硫基嘌呤的 20%,所以,在寄主体内,甲基衍生物可能会转变为 6-氢硫基嘌呤.人们设想脱甲基的反应由于(b)类金属的存在会变得更容易.于是,研究了 $PdCl_2$(6MMP)的脱甲基反应,结果只得到组成不定的产物.

硫尿嘧啶(w),(thuH)能抑制甲状腺素的生成,所以,用它来治疗甲状腺亢进症. Pd(II)的络合物 $Pd(thu)_2$ 是红褐色的. 这个化合物是个多聚体,成桥原子是硫,其它配位原子也是硫原子.

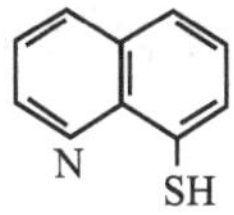
(t)

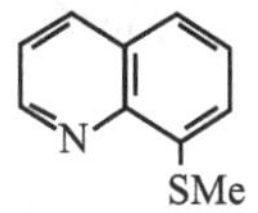
(u)

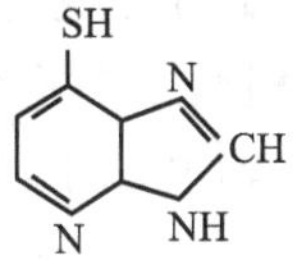
(v)

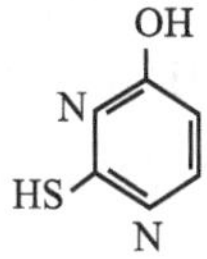
(w)

双(2-氢硫基乙基)硫化物与 Co(II),Ni(II),Pd(II),Pt(II),Hg(II)和 Pb(II)生成不溶解的 1∶1 的络合物. Pd(II)的络合物为三聚体,有如下式所示. 每个 Pd(II)与 4 个配位原子形成一个近似平面正方形结构,而整个分子不处于一个平面上,每个 Pd(II)构成的近似平面正方形向硫桥方向弯曲.

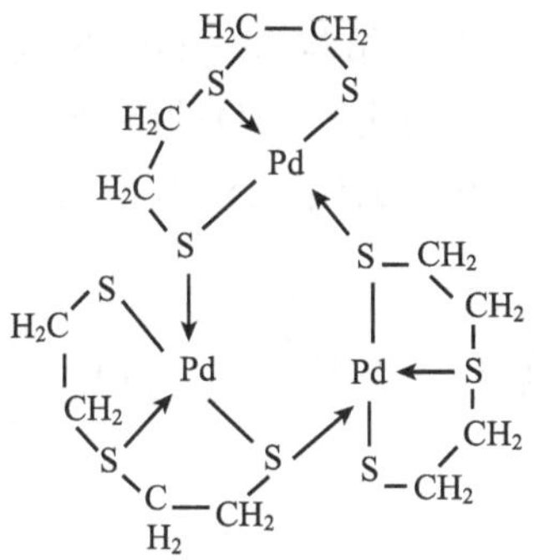

邻-氨基苯硫酚(a)、邻-甲硫基苯硫酚(b)、3-乙硫基丙硫醇-1(c)和 3-二甲基胂丙硫醇-1(d)与 Ni(II),Pd(II),Pt(II)生成平面正方形螯合物. 在水与丙酮的混合溶液中,Pd(II)螯合物与 $K_2[PdX_4]$反应,生成含硫桥的络合物(e),含硫桥的络合物比含卤桥的络合物更稳定.

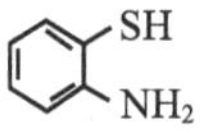
(a)

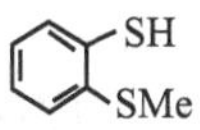
(b)

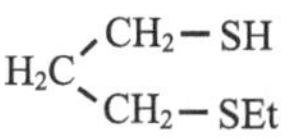
(c)

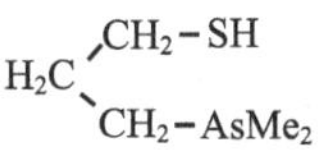
(d)

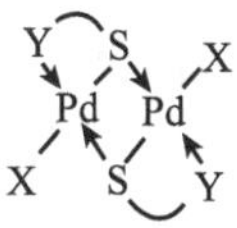
(e)

(X=Cl, Br, I, SCN, NO_2)
(Y=N, S, As)

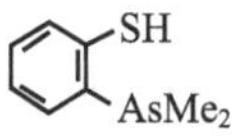
(f)

$PdX_2(As—SMe)_2$ 脱甲基即生成 Pd(II)与二甲基-(邻-氢硫基苯基)胂(f)的络

合物. 此络合物为反式平面正方形，Pd—As 距离为 234pm，Pd—S 距离为 230pm，S—Pd—As 键角为 86°.

2-氨基乙硫醇与 Pd(II)生成螯合物[$Pd(H_2NCH_2CH_2S)_2$]. 2-氨基乙硫醇还生成含两个镍一个钯的三核含硫桥的络阳离子(g). 2-(2-氢硫基乙基)吡啶(h)(N—SH)与 Pd(II)生成两个络合物，一个是微溶的黄色的单核络合物[$Pd(N—S)_2$]，另一个含硫桥的橙色双核络合物 $Pd_2Cl_2(N—S)$.

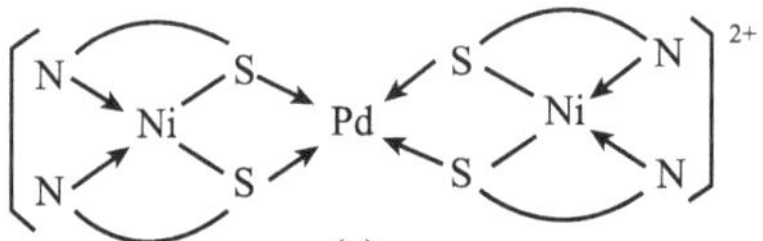

(g)

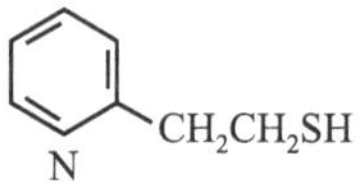

(h)

一硫代 β-二酮(i)与(b)类金属形成稳定的络合物. Pd(II)与一硫代 β-二酮生成一系列的络合物. 3-氢硫基-1，3-二苯基-2-丙烯酮-1 与 Pd(II)生成一个螯合物(j). 这个螯合物具有顺式平面正方形结构. S—Pd—S 键角接近 90°，Pd—S 距离为 224pm. 一般的 Pd(II)络合物比相应 Pt(II)的络合物颜色深，而一硫代-β-二酮的 Pd(II)络合物比相应 Pt(II)络合物的颜色浅，这是电荷转移光谱造成的结果.

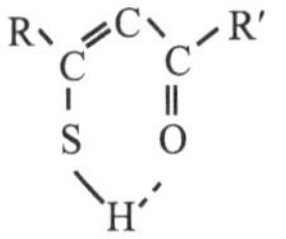

(i)

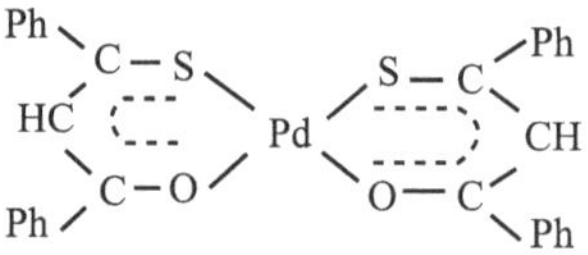

(j)

到目前为止，尚未合成二硫代乙酰丙酮(见下式)(SacsacH)，但已合成了 Pd(II)及 Pt(II)的相应螯合物 $Pd(sacsac)_2$ 和 $Pt(sacsac)_2$，前者为亮红色，后者为紫色.

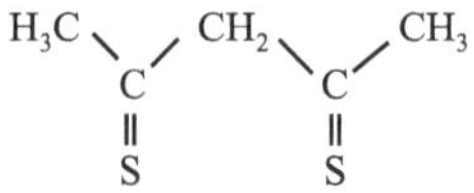

二硫代草酸根离子与 Pd(II)，Pt(II)和 Ni(II)生成深色的非常稳定的平面正方形络合物.

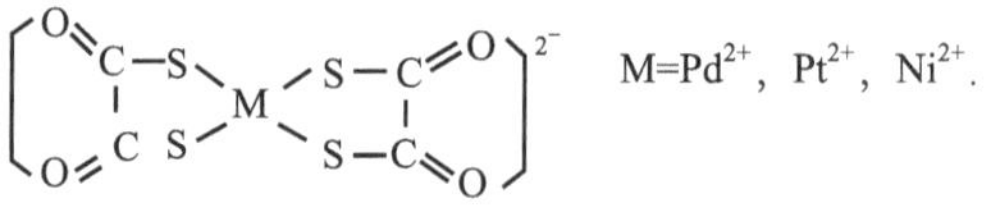

Pd(II)与含氮和/含硫杂环体系的络合物具有抗癌活性. 因此人们广泛研究了此类络合物的合成以及它们的光谱和磁学等性质[20].

6.5.4 含氮配体的络合物

Pd—N 键十分牢固.已经合成了许多种 Pd(II)的以氮作配位原子的络合物,这些络合物具有通式:$[Pdam_4]^{2+}$,$[Pdam_2X_2]$或$[PdamX_2]_2$(am=胺,NH_3,$\frac{1}{2}$二胺).Pd(II)的络合物比相应 Pt(II)的络合物有较高易变性.$[Pdam_4]Cl_2$ 很容易与盐酸反应生成$[Pdam_2Cl_2]$,而 Pt(II)络合物则不易发生相应变化;Pt(II)有很多顺反异构体络合物,但很多 Pd(II)络合物只有单一物种.

很容易制得$[Pd(NH_3)_4]X_2$(X=F,Cl,Br,I,NO_3,$AuCl_4$;$H_2[PdCl_4]$与氨水作用,沉淀出粉红色的$[Pd(NH_3)_4][PdCl_4]$,加热时此沉淀物与过量氨反应,生成无色的$[Pd(NH_3)_4]Cl_2$.这个化合物极易溶解于水.$[Pd(NH_3)_4]SO_4$ 与 $Ba(OH)_2$ 反应,生成$[Pd(NH_3)_4](OH)_2$.它是一种无色晶体.用类似方法可制得$[Pdam_4]Cl_2$和$[Pdam_4][PdX_4]$(X=Cl,Br;am=$MeNH_2$,$EtNH_2$,$PrNH_2$,Bu^iNH_2,Py).无色络合物$[Pdam_4]Cl_2$ 失去胺变成黄色反式-$[PdCl_2am_2]$.

用三烷基胺萃取钯(II)时,生成$(R_3NH)HPdCl_4$ 络合物[21].

Pd(II)与乙二胺和丙二胺生成$[Pden_2]X_2$(X=Cl,ClO_4).作为配体的乙二胺还能带上一个 H^+,$[Pden_2]X_2$ 加上一个 H^+ 变成[Pden(en-H)]X_3.

具有抗癌活性的顺式-$Pt(NH_3)_2Cl_2$ 反应性能较不活泼,不便研究它与机体中有关部分的反应.顺式-$Pd(NH_3)_2Cl_2$ 反应性能较活泼,容易转化为反式-$Pd(NH_3)_2Cl_2$,而且 Cl^- 脱离 Pd^{2+} 的机率不够大,因此采用 $Pden(NO_3)_2$ 作为顺式-$Pt(NH_3)Cl_2$ 的代替物,研究它与人体有关部分的反应.此类研究成果说明了一系列问题.研究 $Pden^{2+}$ 与鸟苷、腺苷及肌苷的反应,了解到不同条件下 Pd^{2+} 在配体上的结合位置[22].

1,10-二氮杂菲或 2,2′-联吡啶与 Pd(II)反应,生成$[Pdphen_2](ClO_4)_2$ 或$[PdbiPy_2](ClO_4)_2$.这两个络合物的颜色皆为深黄色.在水中重结晶这两个络合物时,配体不会被水分子取代,但若在溶液中存在较多的卤离子时,这两个化合物都会被变为非电解质$[PdchelX_2]$(chel=phen,bipy).在硝基苯和硝基甲烷中,用 X^-(X=Cl,Br,I)对$[Pd(chel)_2](ClO_4)_2$ 进行电导滴定,第一个终点相当于$[Pd(chel)_2X]^+$的生成,向溶液中继续加入另一个当量的卤离了,在硝基苯溶液中生成$[Pd(chel)_2X_2]$,但在硝基甲烷中,则生成$[PdchelX_2]$.两个 Phen 或两个 bipy 排列在 Pd(II)周围,形成一个平面正方形,两个配体的氢具有相当大的空间位阻效应,因此顺式-$[Pd(chel)_2X_2]$的稳定性比反式-$[Pd(chel)_2X_2]$的稳定性高(这两个络合物的配位数皆为 6).在溶剂中,$[Pd(chel)_2]^{2+}$ 似乎以$[Pd(chel)_2(sol)_2]^{2+}$ 或$[Pd(chel)_2sol]^{2+}$形式存在(sol=溶剂分子).由于两个 chel 的氢原子间的空间位阻效应,两个 chel 不会处于一个平面上,因而设想[Pd(chel)$_2$X$_2$]为顺式构型.已合成了一系列无色的混合配体的络合物[Pd(chel)am$_2$](ClO$_4$)$_2$(chel＝dipy,phen;am＝NH_3,Py,$\frac{1}{2}$en)以及[Pd(den)Py](ClO$_4$)$_2$.

四齿配体 β,β',β''-三胺基三乙胺 $N(CH_2CH_2NH_2)_3$ 能占据平面正方形络合物的 4 个配位位置,生成[Pd(tren)]I_2.这个络合物仅微溶于水.另一些四齿配体也与 Pd(II) 生成络合物:[Pd(baeda)](ClO$_4$)$_2$,Pd{$CH_2(CH_2NCOCH_2SEt)_2$},Pd{$CH_2(CONCH_2CH_2NH_2)_2$}·$3H_2O$,Pd{$CH_2(CON(CH_2)_3NHCH_2Ph)_2$}.

水杨醛肟类化合物(见下式)(R＝环己烷基,Pr^i,Bu^i)与 Pd(II)生成螯合物,其构型与平面正方形有差异.

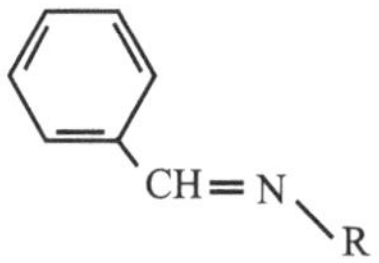

2,3-丁二酮双-(2-吡啶基腙)(a)是一个四齿配体,它与 Pd(II)生成一种绿色络合物[PdL]Cl_2·$\frac{1}{2}H_2O$.联苯甲酰-3-吡啶基腙(b)及苊醌-2-吡啶基腙(c)的亚胺基失去一个 H^+,作为三齿配体能与 Pd(II)生成红紫色络合物[PdLCl].

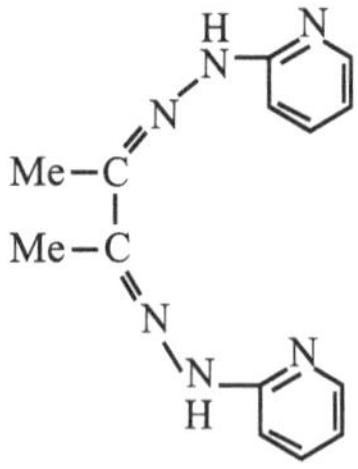

(a)

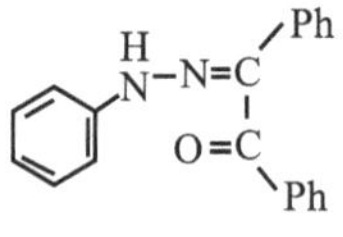

(b)

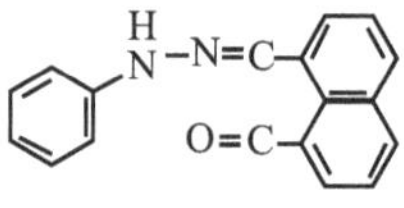

(c)

Pd(II),Cu(II)共同与吡啶-2-甲肟生成三核络合物,Pt(II)也生成相应的三核络合物.

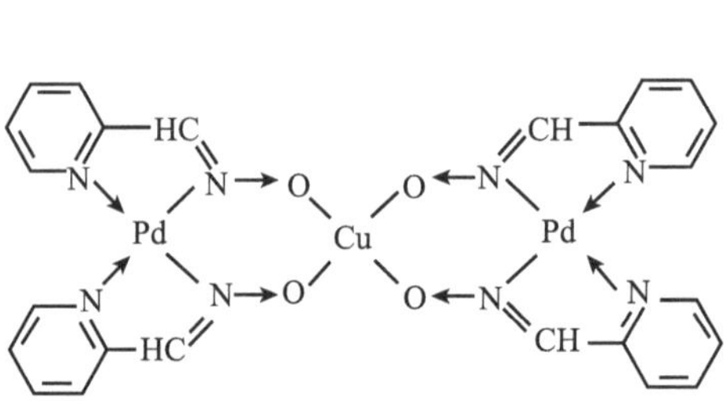

已经制备了很多 PdB_2X_2(B＝胺、$\frac{1}{2}$二胺)型的络合物.在中性或酸性环境中,胺与 $K_2[PdCl_4]$反应,生成 PdB_2X_2.这些化合物的溶解度都很小.少数这类化合物

有顺式及反式异构体.

已合成为数颇多的$[Pd(NH_3)_2X_2]$型络合物.(X=F,Cl,Br,I,CN,SCN,NO_2,NO_3,CNO;2X=SO_3,SO_4,CO_3,C_2O_4).在−15℃时,向$[PdCl_4]_{2-}$的乙醇溶液中加入乙酸铵,生成黄绿色的顺式-$[Pd(NH_3)_2Cl_2]$.

文献已报道的胺络合物还有:$[Pd(RNH_2)_2Cl_2]$和$[Pd(R_2NH)_2X_2]$(R=Me,Et,Pr^i,Bu^n,Am^i;X=Cl,Br);$[PdB_2Cl_2]$(B=邻-、间-、对-硝基苯胺、对-茴香胺、对-胺基苯乙醚、苯亚甲基苯胺、甲苯胺、邻-、间-、对-二甲基苯胺、苯甲基胺、二(苯甲基)胺、2-苯基乙胺、α-和β-萘胺、喹啉及苯甲腈).

Pd(II)与二胺生成$[PdBX_2]$型的螯合物(B=乙二胺、N,N'-二苯基乙二胺、异丁二胺、N,N,N',N'-四苯基乙二胺、1,2-二胺基丙烷、邻-苯二胺、N,N,N',N'-四甲基-邻-苯二胺、邻-甲苯二胺;X=Cl,Br和I).

1,10-二氮杂菲及联吡啶和Pd(II)生成非常稳定的不易溶解的络合物$[Pd(chel)X_2]$(chel=phen,bipy;X=Cl,Br,I,SCN,NO_2;2X=C_2O_4).

乙二胺四乙酸($EDTAH_4$)与Pd(II)生成络合物$[Pd(EDTAH_4)Cl_2]$,该络合物为平面正方形结构,$EDTAH_4$的配位原子为两个氮原子.

Pd(II)的一胺(氨)络合物较少,已报道的有:$[Pt(NH_3)_4][Pd(NH_3)Cl_3]_2$和$K[Pd\{CH_3CH(NH_2)CO_2\}Cl_2]$.

KNO_2与Pd(II)溶液反应,得到深黄色晶体$K_2[Pd(NO_2)_4]$.Pd—N的核间距为210pm.$K_2[Pd(NO_2)_4]$溶液与HNO_3反应,生成一个很特殊的络合物$K_2[Pd(NO)(NO_2)_4(NO_3)]$.

在通常情况中,Pd(II)与SCN^-中硫键合.在络合物$PdL_2(SCN)_2$(L=胺或$\frac{1}{2}$二胺)中,空间效应可以影响配位原子的安排,在有些络合物中,硫是配位原子,而在另一些络合物中,氮是配位原子.在$[Pd(NH_3)_2(SCN)_2]$,$[Pd(\gamma\text{-PiC})_2(SCN)_2]$和$[Pd(dien)SCN]^+$中,配位原子是硫;而在$[Pdpy_2(NCS)_2]$、$[PdEt_4dienNCS]^+$及$[Pd(Pr^n_3P)_2(NCS)_2]$中,配位原子是氮.在Pd(II)与其它配位原子间出现π键时,SCN^-中氮倾向于成为配位原子.

在盐酸与丙酮的混合溶液中,N_3^-与$[PdCl_4]^{2-}$反应,生成Pd(II)的叠氮基络合物$[Pd(N_3)_2Cl_2]^{2-}$和$[Pd(N_3)_4]^{2-}$.在1,2,3,4−四氢萘中加热$[(Ph_3P)_2Pd(N_3)_2]$,生成$[Ph_3PPd(N_3)_2]_2$.在CH_2Cl_2中,BF_3与$[(Ph_3P)_2Pd(N_3)_2]$反应,得到$[(Ph_3P)_4Pd_2(N_3)_2](BF_4)_2$.

乙二肟与Pd(II)反应,产生亮黄色化合物(见下式).它不溶于水,也不溶于稀酸.

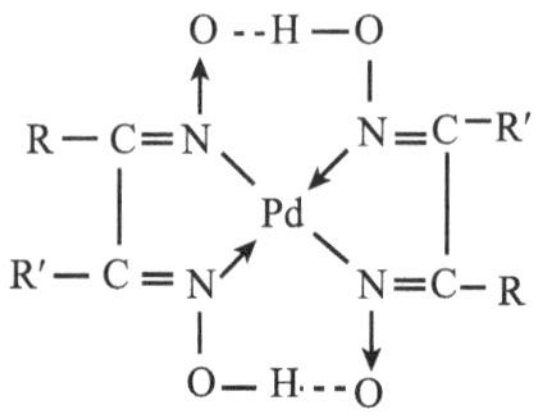

R=R′=Me; R=Me, R′=Et; R=Me, R′=Pr^n; R=Me, R′=Bu^i; R=R′=Ph; R=Me, R′=$PhCH_2$; R=Me, R′=OH.

Pd(II)的二甲基乙二肟络合物用于钯的测定，所以研究得较详细. 这个化合物不溶于水，可自水溶液中沉淀出来，经过洗涤及灼烧，得到金属钯. 这个分析方法相当准确. Pd(II)的二甲基乙二肟络合物是平面正方形的. 在晶体中，这种平面正方形分子一个叠在另一个之上，很多 Pd^{2+} 形成一条直链. 有人认为 Pd^{2+} 之间存在金属-金属间键，这一意见未得到公认. Ni(II)和 Pt(II)的二甲基乙二肟络合物的结构与 Pd(II)的相应络合物类似.

Pd(II)与 MeC(=NNHR′)C(=NO)CONHR(R=*p*-MeC_6H_4, *o*-, *m*-ClC_6H_4, *o*-, *p*-$MeOC_6H_4$, *p*-$EtOC_6H_4$, 2, 4-$(MeO)_2C_6H_3$; R′ = NH_2CO, NH_2CS, PhCO, O—HOC_6H_4CO)生成包含两个螯合配体的螯合物[23].

已合成[PdL_2X_2](L=肟，如丙酮肟；X=Cl, Br, NO_2)；固态时，它们比较稳定，但在水溶液中就很不稳定，容易发生还原作用，生成金属钯.

6.5.5　膦、胂及䏲的络合物

三取代膦、胂和䏲作为一齿配体与 Pd(II)生成稳定的络合物[$Pd(R_3M)_2X_2$](M=P, As, Sb)，三取代䏲的络合物稳定性差一些. 这些化合物都能溶于非极性溶剂中，并容易再结晶. 膦及胂络合物都具有反式构型. 在䏲络合物的溶液中含有40%的顺式结构的分子，由于溶解度较小，容易自溶液中析出. Pd(II)含膦及 SCN^- 的络合物中，SCN^- 以氮为配位原子，而在[$Pd(Ph_3Sb)_2(SCN)_2$]中，SCN^- 以硫为配位原子.

煮沸[$Pd(R_3M)_2Cl_2$](M=P, As)的乙醇溶液，络合物能失去部分配体，生成含氯桥的双核络合物.

$$2[Pd(R_3M)_2Cl_2) \xrightarrow[\Delta]{} [Pd_2(R_3M)_2Cl_4] + 2R_3M$$

[$Pd(R_3M)_2X_2$]与$(NH_4)_2$[PdX_4]反应也可生成双核络合物[$Pd_2(R_3M)_2X_4$](M=P, As; X=Cl, Br, SCN, NO_2).

[$Pd_2(Me_3As)_2Br_4$]的 X 射线结构分析证明该络合物具有对称的反式结构(a)，Pd—Br 核间距离为 245pm，Br—Pd—Br 角为 86°. [$Pd_2(Bu_3P)_2(C_2O_4)Cl_2$]的结构为(b)，Pd—Pd 核间距为 548pm. 到目前为止尚未能合成具有不对称结构的这一类双核络合物.

表 6.5　膦、胂和䏲作为一齿配体与 Pd(II)生成的络合物

络　合　物		颜色
$[Pd(Ph_2P)_2(Ph_2PH_2)]$		橙红
$[Pd(PCl_3)_2Cl_2]$		黄
$[Pd\{P(OR)_3\}_2Cl_2]$	(R=Me,Et)	白
$[Pd(R_3P)_2Br_2]$	(R=Et,Pr^n,Bu^n,Ph,C_6F_5;R_3=Et_2Ph)	橙黄
$[Pd(R_3As)_2Br_2]$	(R=Me,Pr^n;R_3=$MePh_2$)	橙
$[Pd(MePh_2As)_3Br]Br$		橙
$[Pd(Me_3As)_2(NCS)_2]$		黄
$[Pd(R_3Sb)_2Cl_2]$	(R=Me,Et,Pr^n,Bu^n,Ph)	黄
$[Pd(Ph_3Sb)_2(SCN)_2]$		黄

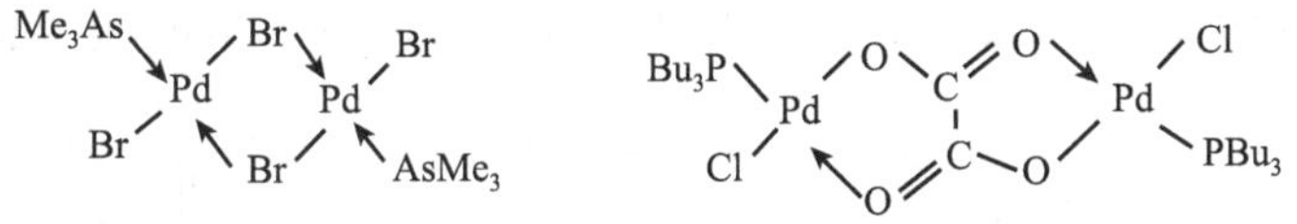

(a)　　　　(b)

已合成含膦、胂及䏲一齿配体的双核 Pd(II)络合物为数众多. 例如：褐色的$[Pd_2(\mu-Cl)_2,(PCl_3)_2Cl_2]$、黄色的$[Pd_2(\mu-NO_2)_2(Bu_3P)_2(NO_2]_2]$、深黄色的$[Pd_2(\mu-Ets)_2(R_3P)_2Cl_2]$(R=Pr^n,Bu^n)、红褐色的$[Pd_2(\mu-Br)_2(Me_3As)_2X_2]$(X=Cl,Br)和黄褐色的$[Pd_2(\mu\text{-}Cl)_2(Et_3Sb)_2Cl_2]$. 有些双杂核络合物含一个 Pd(II)及一个其它金属离子，例如$[Pd(Pr_3As)_2Br_4Hg]$和$[Pd(Pr_3P)_2\text{-}Cl_2SnCl_4]$.

乙基硫氢化物与 Pd(II)的双核卤桥络合物反应，生成稳定的硫化物成桥的络合物，反应继续进行，两个卤桥都可被硫化物代替. 硫化物桥基团不会被其它配体断开，甚至在煮沸的溶液中也不发生这类反应.

二取代膦与 Pd(II)的卤化物反应，生成单核络合物$[Pd(R_2\text{-}PH)_2X_2]$(R=Et,Ph;R_2=EtPh;X=Cl,Br,I). 与胺作用时，失去两个 HX 后，生成含膦基桥的双核络合物$[Pd_2(R_2P)_2X_2(R_2PH)_2]$.

2-(二苯基膦基)吡啶是制备双核过渡金属络合物的很好的成桥配体. 可用如下反应方程式表示此类反应：

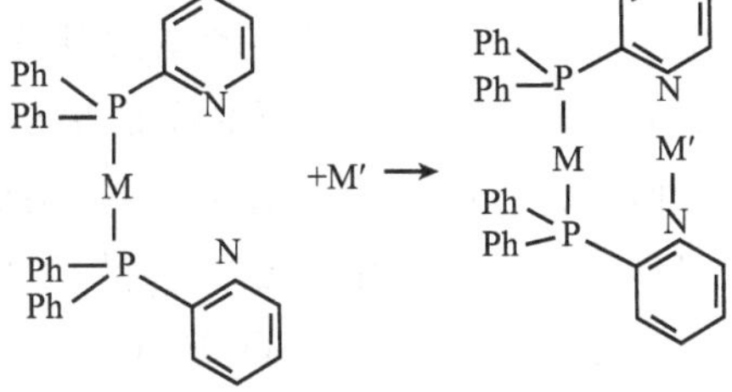

用此类反应可生成杂核 Pd—Rh 的双核络合物. 在此类络合物中还存在金属间键[24].

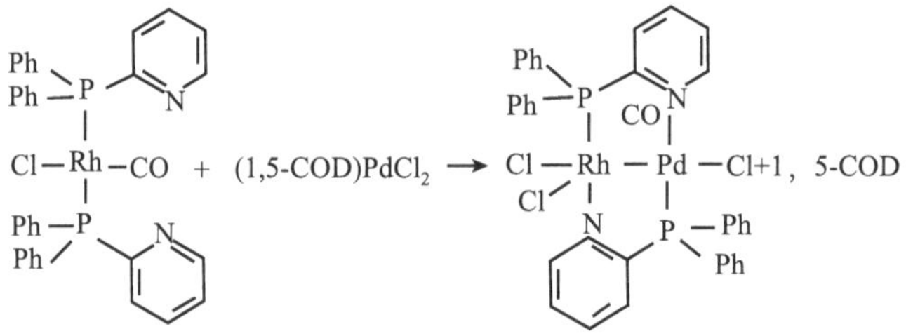

用乙烯基二苯基膦、苯乙烯和二乙烯苯的共聚物合成了高分子膦-钯-锡络合物. 此络合物对乙烯-1 的酯化反应有高的催化活性与选择性[25].

Pd(II)与下式(a)—(k)的二齿配体能生成稳定的[Pd(Chel)-X_2]型螯合物.

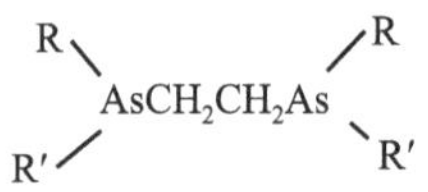

(a)

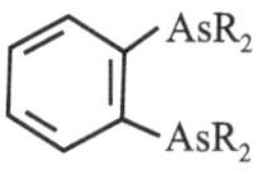

(b)

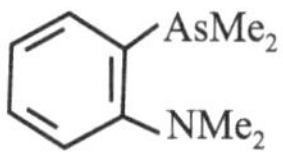

(c)

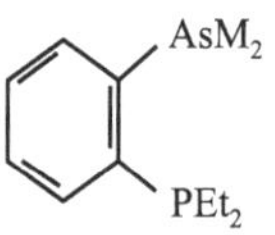

(d)

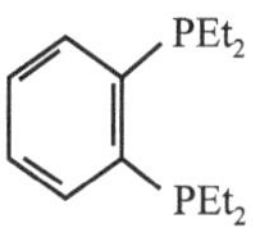

(e)

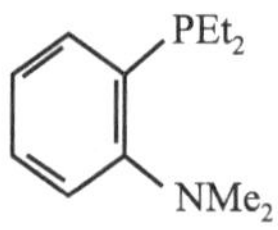

(f)

(R=Bu^n，Ph；R′=Bu^n，Ph) (R=Me，Bu^n)

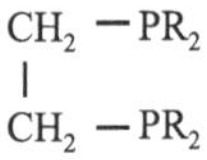

(g)

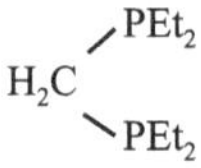

(h)

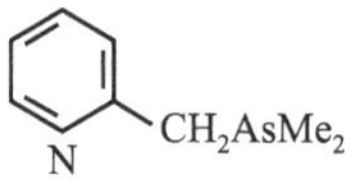

(i)

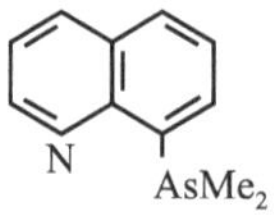

(j)

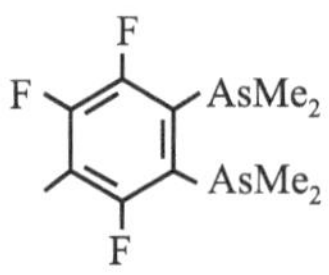

(k)

2,11—二(二苯基膦甲基)苯并[c]菲以及苯基为其它基团(m-$CH_3C_6H_4$，p-$CH_3O\cdot C_6H_4$，m-$CF_3\cdot C_6H_4$，C_6H_{11}及 t-Bu)所取代而得的衍生物与 Pd^{2+}，Pt^{2+}及 Ni^{2+}生成反式—[MX_2L]和反式—[PtHClL](X=Cl，NCS；L 为前述含膦配体). 络合物中 L 横跨反式位置. 研究此类络合物的核磁共振谱，发现此类含膦配体在络合物平面之上作扇形运动. 已合成了一系列 Pd(II) 的此类络合物，例如：[$PdCl_2${2,11-$(R_2PCH_2)_2C_{18}H_{10}$}](R = m-$CH_3C_6H_4$，p-$CH_3O\cdot C_6H_4$，m-CF_3 ·

C_6H_4, C_6H_{11}, t-Bu)[26].

$[Pd(As—As)_2](ClO_4)_2$ 是无色的. 但 $Pd(As—As)_2X_2$ 的颜色可从黄(X=Cl, SCN)经过橙(X=Br, NO_2)变到深红(X=I). 在硝基苯中,这些络合物离解成 $[Pd(As—As)_2X]^+$ 及 X^-. $Pd(As—As)I_2$ 的X射线结构研究结果表明:Pd(II)与4个砷原子处于一个平面,4个砷构成一个正方形包围着Pd(II),两个 I^- 位于此正方形的正上方及正下方,构成一个畸变的八面体. Pd—As 键长为240pm,根据这个键长,可断定Pd与As间的键是个双键,Pd与I间的距离为340pm,比共价半径之和265pm长.

合成了一系列联(三取代胂)$Ph_2As(CH_2)_nAsPh_2$(n=6—12,16). 由这些配体制得了平面正方形的 $PdLX_2$(L=联(三取代胂);X=Cl, Br, I, SCN). 这些络合物的光谱证明,$n>9$ 时,只生成反式 $PdLX_2$,n=6—9 时,反式 $PdLX_2$ 占优势. 这结论证明当联(三取代胂)的链过长时,两个砷原子不可能以相邻位置与Pd(II)配位[27].

Pd(II)与下式(a)—(d)的三齿配体能生成稳定的螯合物:[Pd(As—As—As)Br)Br, [Pd(P—P—P)Cl]Cl, [Pd(N—P—N)X_2).

(a) (As—As—As)

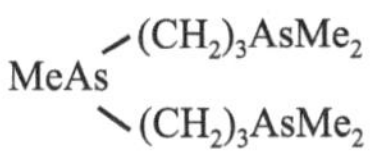

(b) (P—P—P)

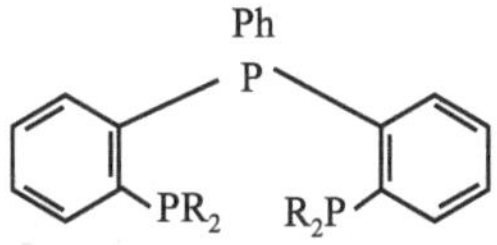

(c) (As—As—As)

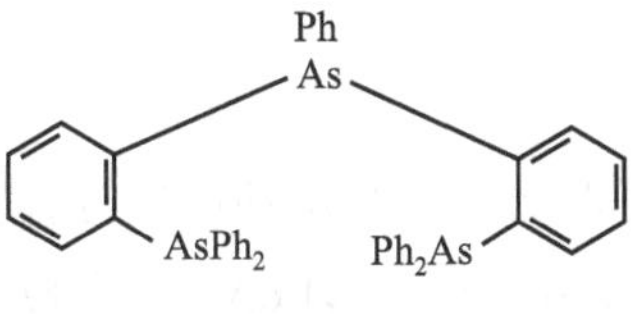

(d) (N—P—N)

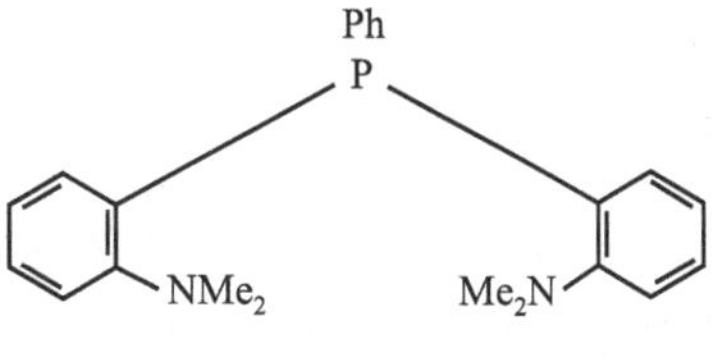

$trenMe_6$ 有4个配位原子. 在 $[PdX(trenMe_6)]Y$(X=Y=Cl, Br, I, SCN; X=Cl, Br, I, SCN, Y=PF_6^-, BPh_4^-)中,一定条件下,此配体使用4个配位原子,Pd(II)的配位数为5;在另一些条件下,此配体使用三个配位原子,Pd(II)的配位数为4[$trenMe_6$=三(2-(二甲基氨基)乙基)胺[28]].

膦有一对可以生成强 σ 键的电子,而且还有可以接受 π 电子的空 $3d$ 轨道,因此它们可以稳定过渡金属的较高价及最低价.

膦配体的单核络合物已被广泛研究过. 以 $(Ph_2P)_2CH_2$ 作为成桥基团的双核络合物近年来已有许多研究成果. 但以 $(Ph_2P)_2A$(A为胺基,整个分子缩写为dppa)为成桥基团的多核络合物尚未引起人们的注意. 最近已合成了钯的一些此类络合物：$[\{pd(C_6F_5)\}_2(\mu\text{-dppa})_2]$，$[\{Pd(C_6F_5)\}_2(\mu\text{-dppa})_2(\mu\text{-}p\text{-}CH_3C_6H_4N_2)]BF_4$，$[\{Pd(C_6F_5)(PEt_3)_2\}_2(\mu\text{-dppa})_2Ag]ClO_4$，$[\{Pd(C_6F_5)(PPh_2Me)_2\}_2[\mu\text{-dppa})_2Ag]ClO_4$ 等[29].

6.5.6　羰基络合物

Ni(0)生成稳定的 $Ni(CO)_4$，Pd(0)生成不稳定的 $Pd(CO)_4$，而 Pt(0)不生成这类化合物. Pd(II)与 Pt(II)能生成羰基卤化物，而 Ni(II)则没有这种能力. 在 0℃时，向 $PdCl_2$ 在酒精中的悬浮液中通入 CO，即得反磁性的黄色络合物 $[Pd_2Cl(CO)_2]_n$. CO 与 $PdCl_2(PhCN)_2$ 反应时，也生成反磁性的黄色络合物 $[Pd_2Cl(CO)_2]_n$. 以 π-烯丙基氯合钯作为烯丙基化合物羰基化的催化剂时，生成黄绿色的多核络合物 $[\pi\text{-allylPd}_2Cl_2(CO)]_n$(allyl＝烯丙基).

6.5.7　酰基络合物

在常温常压下，将 CO 通入反式-$[PdR(PEt_3)_2X]$(R＝烷基或芳基)的苯溶液中，生成反式-$[Pd(COR)(PEt_3)_2X]$(X＝Cl，Br，NCS，NO_2，NO_3；R＝Me，Et，Ph). 相应的铂络合物的合成则要求加压，并且温度要升高到 90℃.

6.5.8　异氰络合物

芳基异氰化合物与 Pd(II)卤化物反应，生成稳定的橙色络合物 $[PdX_2(CNR)_2]$(X＝Cl，Br，I；R＝芳基). 这个络合物易溶于苯和氯仿等溶剂中.

6.5.9　烷基和芳基络合物

在有强 π-键配体(如三取代膦)存在时，可以加强钯和烷基或者芳香基的 σ-键. 用格氏试剂或者有机锂化合物与反式-$[(Et_3P)_2PdX_2]$ 反应时，生成 $[(Et_3P)_2RPdX]$ 和 $[(Et_3P)_2PdR_2]$(R＝Me，Ph，$p\text{-}C_6H_4CF_3$，PhC≡C，$p\text{-}NO_2C_6H_4C≡C$；X＝Br，SCN，CN). 这些化合物都具有反式结构，大部分为无色化合物，较不安定，会逐渐分解出钯，颜色也由灰变黑. $[(Et_3As)_2PdMe_2]$具有顺式结构，但是相应的膦络合物在苯溶液中却有顺式及反式异构体.

偶氮苯(azb)与 Pd(II)生成含氯桥的双核络合物(如下式所示). 这个化合物包含有金属—碳 σ 键. 三乙基膦可以把这个双核络合物的桥断开，生成 $[(Et_3P)_2Pd(azb)Cl]$，偶氮苯通过 α-碳原子与 Pd(II)键合，实际测得 Pd—Cl 键长为 238pm，而计算值为 230pm. 这是由于 Pd—C 键的反位效应使 Pd—Cl 键变长了.

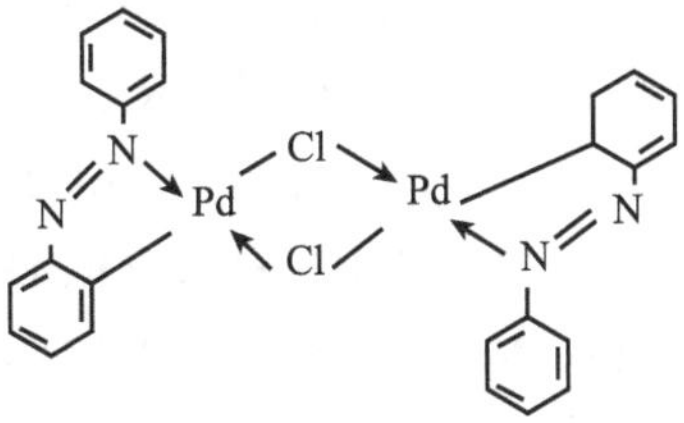

$Pd(PPh_3)_4$ 与 $MeSCH_2Cl$ 反应，生成 $PdCl(CH_2SMe)(PPh_3)$. 在这个整合物中，$MeSCH_2$ 起着一个二齿配体的作用[30].

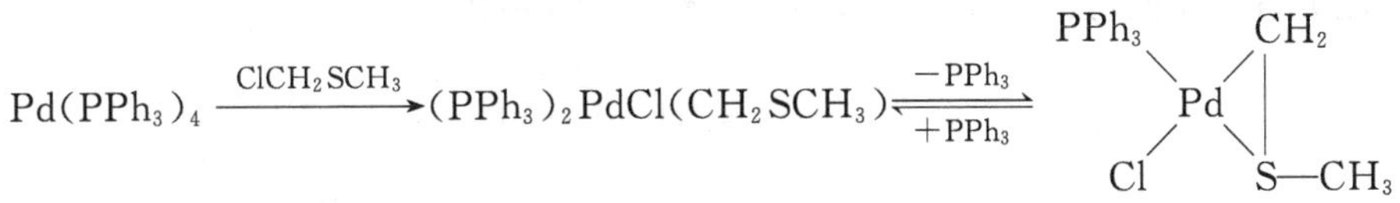

钯原子可以插入 C_6F_5Br 的 C—Br 键间，生成多聚物$[C_6F_5PdBr]_n$，这个化合物性质很活泼，通过它可以进一步合成一些其它化合物，如下图所示[31].

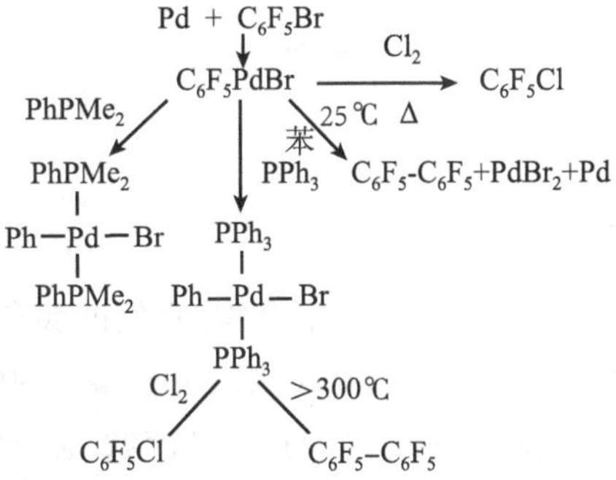

经过系统的研究，发现低温时 Pd 原子可以插入芳基、烷基及酰基卤化物的碳-卤键中，生成化学性质活泼的 RPdX 或 RCOPdX(R＝芳基或烷基). 如果 R 不变，随卤素的不同，反应的效率有如下顺序：C—I＞C—Br＞C—Cl. 当然 R 也会严重影响这个产物的稳定性. 例如：室温时，在空气中，C_6F_5PdBr 是稳定的，而在极低温度下，在真空中，CH_3PdI 仍会分解. 如果 RPdX 中 X 不变，则此化合物的稳定性按以下顺序变化：$C_6F_5 > CF_3 \sim CF_3CF_2 \sim CF_3CF_2CF_2 > C_6H_5 \gg CF_2Br > (CF_3)_2CF \sim CH_3 \sim CH_3CH_2$. RPdX 及 RCOPdX 都是配位不饱和的络合物，它倾向于与更多的配体结合，生成配位饱和的络合物. RPdX 及 RCOPdX 极易与三取代膦反应，生成配位饱和的络合物.

合成了一系列 $L_2Pd(R_x)(OOR)$ $(L=\frac{1}{2}$联膦、单膦；R_x＝活性烃基；R＝H 或特丁基).

合成此类络合物的步骤一般为 5 个：

$$(PPh_3)_4M + R_xX \rightarrow (PPh_3)_2M(R_x)X + 2PPh_3 \quad (1)$$

$$(PPh_3)_2M(R_x)X + L_2 \rightarrow L_2M(R_x)X + 2PPh_3 \quad (2)$$

$$L_2M(R_x)X + Ag^+ \rightarrow [L_2M(R_x)(Solv)]^+ + AgX \quad (3)$$

$$[L_2M(R_x)(Solv)]^+ + KOH \rightarrow L_2M(R_x)(OH) + K^+ \quad (4)$$

$$L_2M(R_x)(OH) + ROOH \rightarrow L_2M(R_x)(OOR) + H_2O \quad (5)$$

(L_2＝联膦，$2PPh_3$，$2MePPh_2$；M＝Pd，Pt；R_x＝CF_3，CH_2CN，CH_2CF_3；R＝H，特丁基；X＝卤素）

此类络合物能对一些化合物起氧化剂作用[32]，例如：

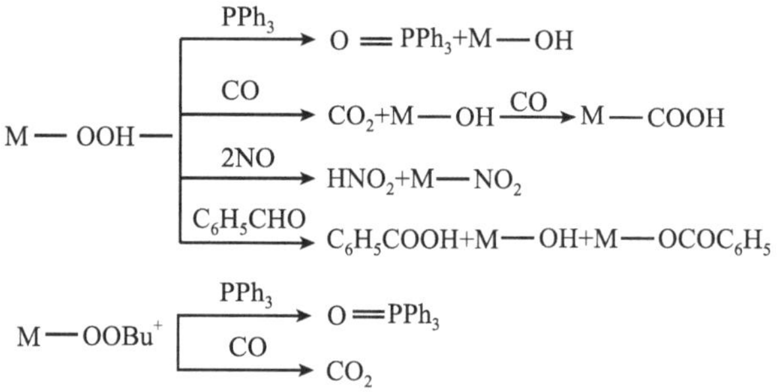

6.5.10　环戊二烯络合物

已合成了许多Pd(II)的环戊二烯基络合物. 它们的颜色可由橙色变到红色. 这类络合物有：$[(C_5H_5)PdCl]_2$，$(C_5H_5)Pd(all)$(all＝烯丙基、甲基烯丙基、环己烯基、环庚三烯基)、$(C_5H_5)PdR(C_3H_5)$(C_3H_5＝烯丙基；R＝Me，Et，Pr^n，烯丙基)及$(C_5H_5)PdMe(C_6H_9)$(C_6H_9＝环己烯基). 令环戊二烯基钠与Pd(II)烯丙基的氯桥双核络合物作用，即可制得这类络合物；例如：环戊二烯基钠可断开$[PdCl(C_6H_9)]_2$的氯桥而生成$(C_5H_5)Pd(C_6H_9)$；环戊二烯基钠又可断开1-甲氧基-1,1,4,4-四甲基丁烷与Pd(II)的含氯桥双核络合物而生成$(C_5H_5)Pd(C_9H_{17}O)$.

6.5.11　烯烃络合物

1830年，Zeise合成了实验式为$PtCl_2(C_2H_4)$的烯烃络合物. 1938年，Kharasch用烯烃与$[Pd(PhCN)_2Cl_2]$的苯或氯仿溶液反应，制得Pd(II)的烯烃络合物$[PdCl_2(ol)]_2$(ol＝乙烯、异丁烯、苯乙烯及环己烯). 1-己烯或者1-辛烯与$Na_2Pd_2Cl_6$在乙酸中反应，烯的浓度低时，生成$Na[Pd_2Cl_5(ol)]$，烯的浓度高时，生成$[Pd_2Cl_4(ol)_2]$(ol＝1-己烯、1-辛烯).

烯烃络合物能溶于苯、氯仿、乙醇和丙酮，但不溶于粗石油. 它们比相应的铂络合物不稳定,其颜色可由深黄变到褐或者红褐.乙烯与 $PdCl_2$ 在加压下反应,生成 $[PdCl_2(C_2H_4)]_2$.在室温下,许多烯烃能与 50% 乙酸的 $PdCl_2$ 溶液反应,生成 $[PdCl_2(ol)]_2$;在高温下,则生成 Pd(II)的烯基化合物.

在烯烃络合物中,烯烃与过渡金属的化学键包括两部分:(1)烯烃中 C=C 的 π 电子云与金属的 σ 空轨道成键;(2)金属的充满电子的 d 轨道向 C=C 的空 π-反键轨道反馈电子成 π-键.

在烯烃络合物中,C=C 距离约为 140pm 至 147pm,在自由烯烃中,C=C 距离为 134pm,表明生成络合物后,C=C 的键级降低了.

Pd(II)对烯烃氧化成羰基化合物的催化作用是通过生成中间产物 Pd-烯烃络合物而进行的.在含 HCl 的 $PdCl_2$ 及 $cuCl_2$ 水溶液中,乙烯几乎可以全部被氧化成乙醛.

Pd(II)还可以促使烯烃发生异构化反应.在 $PdCl_2$ 的乙酸溶液中,1-辛烯可转化为 2-辛烯、3-辛烯及 4-辛烯的混合物.

二烯烃的空间结构有利于与中心原子生成两个 π 键,因此二烯烃是一种螯合剂.二烯烃络合物比单烯烃络合物有较高的稳定性.与相应的铂络合物相比较,钯烯烃络合物的颜色更深,更易制备,反应活性更强,但也更不稳定.双烯与溶液中的 Pd(II)反应,即可制得相应的双烯络合物.已合成了颇多的 Pd(II)单核双烯络合物如 $[PdX_2(diene)]$(X=Cl,Br;diene=1,5-己二烯、双环-[2,2,1]-2,5-庚二烯、环戊二烯、1,5-环辛二烯、原冰片二烯).

令 Na_2CO_3 乙醇溶液与单核络合物 $[PdX_2(diene)]$ 反应,生成以下构型的含卤桥的双核络合物,在其中烯烃以一个 σ-键和一个 π-键与 Pd(II)相连.

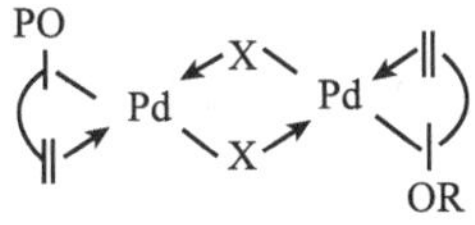

电子比较丰富的环多烯络合物与各种不饱和的金属有机阳离子反应,生成杂核的双核络合物.此类反应的产率较高.已合成含钯的此类络合物如:$(CO)_3Fe(C_7H_7)Pd(CH_2)_2CH$,$(CO)_3Fe(C_7H_7)Pd[CH_3(CH_2)_2C]$等[33].

6.5.12 炔烃络合物

$K_2[Pd(CN)_4]$ 与 KC≡CR 在液氨中反应,生成 $K_2[Pd(CN)_2(C\equiv CR)_2]$. Pd(II)的第一个炔烃络合物合成于 1966 年.已经合成 $[Pt(RC\equiv CR')Cl_2L]$,但没有合成 Pd(III)的相似络合物.可能是由于在 Pd(II)化合物的催化作用下炔烃很快聚合.在氮气氛下,在 CH_2Cl_2 中的 $Pd(R_3P)_4$ 与含有吸电子基团的炔烃反应,生成

[Pd(R_2C_2)(R'_3P)$_2$](R=CF_3,CO_2Me;R'=Ph,Bu^n;R'_3=Me_2Ph)型络合物.自由炔烃的ν(C≡C)约为2000cm^{-1},Pd(II)的炔烃络合物ν(C≡C)有两个频带:1795—1830cm^{-1}及1837—1845cm^{-1}.根据这些数据,可以认为炔烃与Pd(II)生成了σ-键,此化合物的结构如下图.根据核磁共振光谱研究的结果,此化合物应为平面形.

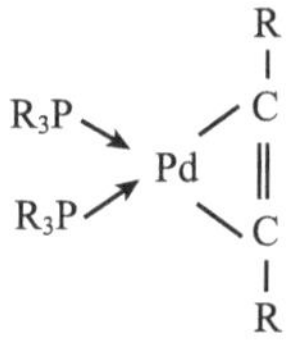

6.5.13 烯丙基络合物

目前知道的Pd(II)与烯丙基生成的π-络合物比其它金属多.在这些π-络合物中,非定域烯丙基系统RCH ┅CH ┅CHR'是三电子给予体,它与金属生成一个比较强的键.如果烯丙基与金属生成的是σ-键,则结合力比较小.Pd(II)的烯丙基络合物即使在高于200℃的温度时仍很稳定.

烯丙基卤化物或烯醇类与$PdCl_2$或Na_2PdCl_4反应,生成Pd(II)的烯丙基络合物.例如:Na_2PdCl_4的50%乙酸溶液与CH_2=$CHCH_2OH$在50℃反应,生成[(C_3H_5)PdCl]$_2$、金属钯、丙烯及其它产物.金属钯与丙烯基溴反应,生成[(C_3H_5)PdBr]$_2$.

当将乙烯气体通入于Na_2PdCl_4和C_3H_5Cl(烯丙基氯)的水溶液中时,立即生成π-烯丙基Pd(II)的络合物,产率很高.

$2Na_2PdCl_4 + 2C_3H_5Cl + 2CH_2 = CH_2 \rightarrow [(\pi\text{-}C_3H_5)PdCl]_2 + 4NaCl + 2CiCH_2CH_2Cl$

$2Na_2PdCl_4 + 4C_3H_5Cl \rightarrow [(\pi\text{-}C_3H_5)PdCl]_2 + 4NaCl + 2C_3H_5Cl_3$

在某些溶剂中,烯丙基与络合物的中心原子间的π键会转变成σ-键.二甲酰胺就是这类溶剂.

已合成了一些以含碳配体为桥基团(具有金属-碳键)的双核络合物,钯的这类络合物很多,例如:[Pd_2(μ-C_5H_5)$_2$(PR_3)$_2$](R=Me,Ph,P_{r-i},Et),[Pd_2(μ-C_5H_5)(μ-C_3H_4R)(PR'_3)$_2$](R=Me,R'=Ph;R=H,Me,Bu−t,R'=P_{r-i},C_6H_{11},Ph),[Pd_2(η-C_5Ph_5)$_2$(μ-PhC≡CPh)],[Pd_2(μ-C_3H_4R)$_2$(PR'_3)$_2$](R'=P_{r-t},R=Me),[Pd_2{μ-2,4−C_6H_2(CH_2NEt_2)$_2$}Cl_2]等[34].

6.5.14 氢作配体的络合物

用$HGeMe_3$还原[$PdCl_2$(R_3P)$_2$],生成氢作配体的络合物[$HPdCl$(R_3P)$_2$](R

$=Et, Ph)$.

$$\text{反式-}(Et_3P)_2PdCl_2 + Ph_3GeH \xrightarrow[1.3\times10^{-2}Pa]{70^\circ C} \text{反式-}(Et_3P)_2Pd(H)Cl + Ph_3GeCl$$

$$\text{反式-}(Et_3P)_2PdCl_2 + Me_3GeH(\text{过量}) \xrightarrow{40^\circ C} H_2\uparrow + Me_3GeCl + Me_6Ge_2 + \text{痕量 } Pd + \text{反式-}(Et_3P)_2Pd(H)Cl$$

反式-$[(Et_3P)_2Pd(H)Cl]$中 Pd—Cl 键比 $PdCl_4^{2-}$ 中 Pd—Cl 键长，产生这现象的原因在于该络合物中氯反位的氢具有强的反位效应.

在不含氧的中性介质中这类络合物是稳定的.

6.5.15　含有金属—金属键的络合物

在络合物$[(Et_3P)_2Pd(GePh_3)_2]$中含有 Pd—Ge 键. 这个络合物不太稳定，加热到 97℃就分解. 在溶液中的稳定性更差，−20℃时就不能稳定存在. 在 10132.5kPa 压力下氢化这个络合物时，得到$[HPd(Et_3P)_2(GePh_3)_2]$. $[(Et_3P)_2Pd(GePh_3)_2]$与 KCN 反应，生成 $K_2[(CN)_2Pd(GePh_3)_2]$. 在盐酸与甲醇混合溶液中，$SnCl_2$ 与 $[PdCl_4]^{2-}$ 反应，生成$[AsPh_4][PdCl(SnCl_3)_3]$. $(CO)_4Fe(Ph_2PH)$与$[(C_3H_5)PdCl]_2$ 在甲苯溶液中反应，定量地生成如下式所示的深红色晶体.

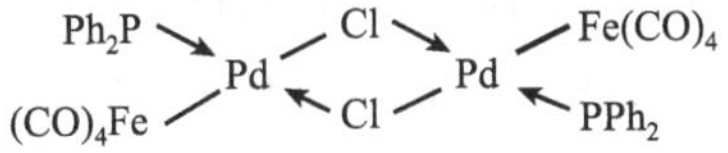

6.6　钯(IV)的络合物

铂容易生成 4 价的简单化合物和络合物，钯呈现 4 价的倾向很弱. 钯的第一到第四电离势总和为 109.5eV，铂的第一到第四电离势总和为 97.16eV，因此铂比钯更容易呈现 4 价状态. Pd(IV)的络合物较少.

6.6.1　卤络合物

在有 NaCl 存在时氯化金属钯，或者用氧化剂与金属钯共熔，然后用盐酸处理熔体，即可得到$[PdCl_6]^{2-}$. 结晶状态的 $K_2[PdCl_6]$为砖红色晶体，微溶于水. 给 $K_2[PdCl_6]$加热时生成 $K_2[PdCl_4]$和 Cl_2. 氯络合物中氯可被氟代替，得到亮黄色至橙色的 $M_2[PdF_6]$(M=K, Rb, Cs). $M_2[PdF_6]$极易水解. $M_2(PdBr_4]$的浓溶液与 Br_2 反应，生成黑色的 $M_2[PdBr_6]$(M=K, Rb, Cs). 给 $M_2[PdBr_6]$的水溶液加热，

$M_2[PdBr_6]$也会分解为 $M_2[PdBr_4]$及 Br_2. 尚未合成得到$[PdI_6]^{2-}$.

$[PdCl_2(PhCN)_2]$与 p-$xC_6H_4COCHSMe_2$(x=H,Me 或 MeO)反应,生成晶体$[(p$-$xC_6H_4COCHSMe_2)_2PdCl_2]$,此络合物的结构有如下图所示[35]:

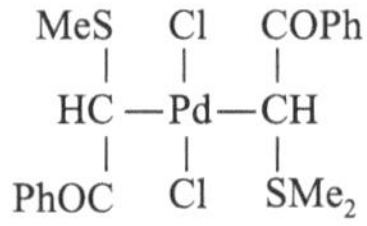

6.6.2　含氮配体的络合物

二氯二胺合钯(II)在氯仿中的悬浮液与氯反应,生成红橙色$[Pd(NH_3)_2Cl_4]$, $[PdPy_2Cl_4]$及$[Pd(chel)Cl_4]$(chel=en, phen, bipy). 联吡啶络合物在温度低于160℃时是稳定的,也不为热水所分解,但其它络合物在潮湿空气中迅速失去 Cl_2.

已经合成的 Pd(IV)四胺合物有:$[Pd(NH_3)_4X_2]X_2$ 和$[Pden_2X_2]X_2$(X=Cl, Br, I). 红外光谱确定$[PdX_2en_2)$有顺反两种构型.

将 $Pd(C_6F_5)_2$(chel)(chel=en, bipy, phen)氯化可以得到 $PdCl_2(C_6F_5)_2$(chel). 在$(C_6F_5)_2Pd$(chel)的 CH_2Cl_2 溶液中通入 Cl_2 气,发生如下的反应[36]

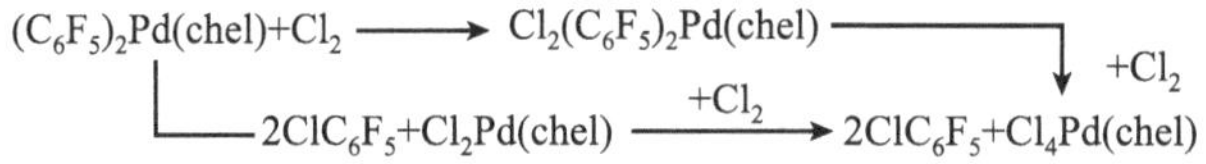

黑色络合物 $PdCl_3(NH_3)_2$ 中不包含 Pd(III),而是在晶体中包含有 Pd(IV)和 Pd(II)的无限长链:…Cl—Pd(IV)—Cl…Pd(II)…Cl—Pd(IV)—Cl….

6.7　钯的金属有机分子内络合物

从络合物化学的角度考虑,金属原子(或离子)空轨道接受 C=C 或 C≡C 等的 π 电子,构成配位键,我们认为这样生成的化合物是络合物. 从金属有机化学的角度考虑,上述情况是金属原子(离子)与碳原子结合,所形成的化合物是金属有机化合物.

按金属原子(离子)与配位原子及碳原子间化学键的性质,金属有机分子内络合物可分为三类:(1)σ,σ 型,金属原子(或离子)与碳原子间的键为 σ 键,金属原子(或离子)与配位原子间的键也是 σ 键;(2)σ,π 型;(3)π,π 型.

σ,σ 型金属有机分子内络物的基本结构为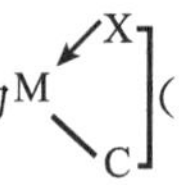(X 可以是 O,S,卤素等碳以外的非金属元素). 目前已合成的大部分这类化合物的基础为吡啶核. 这类化合物的

制法有 5 种.已合成钯这类化合物有:[Pd(PEt_3)$_2$XL](X=卤素;L=2-吡啶基)、[PdCl(L)$_2$(C_5H_3ClN)]((L)$_2$=(PR_3)$_2$;dppe(即 Me_2NCS);C_5H_3ClN=6-氯-2-吡啶基)、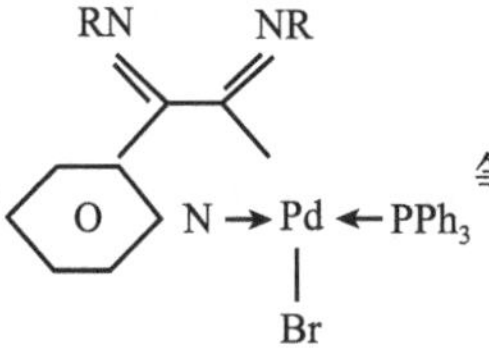等.

还合成了一系列 π,π 型金属有机分子内络合物:(COD)$PdBr_2$,(COD)PdClL(L=$AsPh_3$,$AsPh_2Me$,PPh_3,$PPhEt_2$ 等),$(COD)_2Pd$ 等[37].

参 考 文 献

[1] J. C. Bailar Jr., et al., "Comprehensive Inorganic Chemistry", Vol. 3, Pergamon Press, 1274, 1973.

[2] F. R. Hartely, "The Chemistry of Platinum and Palladium", Applied Science Publishers LTD., 1973.

[3] F. A. Lewis, "The Palladium-Hydrogen System", Academic Press, 1967.

[4] S. Abrland, et al., Quart. Rev., 12,265(1958).

[5] R. N. Goldberg, et al., Chem. Rev., 68,229(1968).

[6] R. Eskanazi, et al., J. Inog. Nucl. Chem.,28,521(1966).

[7] J. H. Darling, et al., J. C. S. Dalton, 1079(1973).

[8] R. Nast, et al., Z. Anorg. Allg. Chem., 416,285(1975).

[9] S. A. Bhaduri, er al., J. C. S. Dalton, 234(1981).

[10] M. A. Bennett, et al., J. Organomet. Chem., 296,255(1985).

[11] R. Ugo, Coord. Chem. Rev., 3,319(1968).

[12] B. Walther, Coord. Chem. Rev., 60,67(1984).

[13] J. R. Moss, Coord. Chem. Rev., 60,171(1984).

[14] 王文明,贵金属,2,1(1990).

[15] 胡希明等,贵金属,3,1(1989).

[16] 王汉章等,高等学校化学学报,1,6(1989).

[17] 马恒励等,贵金属,2,1(1989).

[18] 邵品西等,高等学校化学学报,8,821(1989).

[19] B. J. Mccormick, et al., Coord. Chem. Rev., 54,99(1984).

[20] S. S. Sandhu, et al., Ind. J. Chem., 22A, 867(1983).

[21] 董彦杰等,贵金属,1,10(1990).

[22] U. K. Häring, et al., Inorg. Chim. Acia, 80,1(1983).

[23] E. Uhlig, et al., Z. Anorg. Chem., 348,12(1966); M. R. Patel, et al., J. Indian Chem. Soc., 43,391(1966).

[24] J. P. Farr, et al., Inorg. Chem., 22,1229(1983).

[25] 赵玉龙等,催化学报,3,286(1987).

[26] P. N. Kapoor, et al. , Helvet, Chim. Acta, 65,654(1982).
[27] W. E. Hill, et al. , Inorg. Chem. , 22,3382(1983).
[28] S. N. Bhattacharya, et al. , Inorg. Chem. , 22,1607(1983).
[29] R. Uson, et al. , J. Organomet. Chem. , 304,381(1986).
[30] G. Yoshida, et al. , J. Organomet. Chem. , 92,C53(1975).
[31] K. J. Klabunde, et al. , J. Organomet. Chem. , 51,C33(1973).
[32] G. Strukul, et al. , Inorg. Chem. , 21,495(1982).
[33] A. Salzer, et al. , Helvet. Chim, Acta, 65,1145(1982).
[34] J. Holton, et al. , Chem. Rev. , 83,135(1983).
[35] P. Bravo, et al. , Gazz. Chim. Ltal. , 103,623(1973).
[36] R. Uson, et al. , J. Organomet. Chem. , 96,307(1975).
[37] E. C. Constable, Polyhedron, 3,1037(1984); I. Omae, Coord. Chem Rev. , 51,1(1983).

（马　衡）

28.7 铂[1,2]

7.1 铂的化学概要

铂是具有展性的银白色金属.象钯一样,铂能溶于王水,不过块状的铂溶解得很慢.在空气中加热铂不生成氧化膜.可以制得多种形态的铂:海绵铂是加热$(NH_4)_2[PtCl_6]$而制得的;铂黑可以用加热含有$PtCl_2$、KOH和乙醇的水溶液而制得;在水中通过铂电极的电弧放电可以制取胶态铂.所有这些形式的铂都有催化性能.特别是有很强的催化加氢反应的能力.粉状的金属铂能强烈地吸附氢气,不过比钯对氢的吸附能力要低得多.

铂的一些电极电位列于表7.1中.

表7.1 铂的电极电位

反 应 式	电位(V)
$Pt^{2+}+2e=Pt$	(1.2)1)
$Pt(OH)_2+2e=Pt+2OH^-$	(0.14)
$PtCl_4^{2-}+2e=Pt+4Cl^-$	0.73(0.75)
$PtBr_4^{2-}+2e=Pt+4Br^-$	0.58(0.67)
$PtI_4^{2-}+2e=Pt+4I^-$	(0.40)
$Pt(OH)_2+2H^++2e=Pt+2H_2O$	0.98
$PtCl_6^{2-}+2e=PtCl_4^{2-}+2Cl^-$	0.68(0.77)
$PtBr_6^{2-}+2e=PtBr_4^{2-}+2Br^-$	(0.64)
$PtI_6^{2-}+2e=PtI_4^{2-}+2I^-$	(0.39)
$PtO_2+4H^++2e=Pt(II)+2H_2O$	0.84
$PtO_3+2H^++2e=PtO_2+H_2O$	2.00

1)( )号中数据取自文献[2].

目前,已知铂能生成由0至+VI的7种氧化态的化合物.最普通的氧化态是+II,Pt(II)表现出显著的(b)类金属行为.铂的另一个重要氧化态是+IV,Pt(IV)生成大量非常稳定的和动力学上惰性的络合物.Pt(IV)有显著的与碳生成σ键的倾向,与软配体的亲合力比Pt(II)小得多,所以更接近于(a)类金属的行为.已经制备了一些 Pt(0)的配位化合物,配位数在 2 和 4 之间,它们在合成与催化中有很重要的作用.近年来,合成并证实了一些+I 和+III 价铂的化合物.在 $PtF_5 \cdot PtOF_3$ 及一系列$[PtF_6]^-$的盐中,铂表现出+V 氧化态,其中最著名的是六氟铂(V)酸与氙的化合物,$Xe^+[PtF_6]^-$,它的发现导致惰性气体化合物化学领域的开拓.至今唯一确定的+VI 氧化态的铂化合物是 PtF_6.在 1960 年报道过的 $PtOF_4$,实际上是$[O_2][PtF_6]$[3].

铂和铂的某些化合物的热力学数据列于表 7.2 中.

表 7.2 铂和它的化合物的热力学数据

物质	状态	ΔH°(kJ · mol^{-1})	ΔG°(kJ · mol^{-1})	S°(J · mol^{-1} · deg^{-1})
Pt	气	508.8(564.8)[1)]	464(519)	(192.3)
Pt	晶体	0	0	41.8(41.6)
Pt^{+2}	溶液		(238.5)	
$Pt(OH)_2$	晶体	−364.8(−351.5)	−285.3(−276)	110.9(125.5)
PtO_2	气	(171.5)	(167.4)	(259.4)
Pt_3O_4	晶体	(~−159)		
PtS	晶体	−87(−83.7)	−90.4(−75.3)	(55.2)
PtS_2	晶体	−115.5(−108.8)	(−100.3)	(74.9)
PtTe	晶体			(81.2)
$PtTe_2$	晶体			(120.9)
PtF_6	晶体,立方体			(242.7)
PtF_6	气态			(348.1)
$PtCl_2$	晶体	−148.5(~−138)	−110(~−96.2)	(−117)
$PtCl_4$	晶体	−263.2	−177(~−171.5)	(~175.7)
$PtCl_4^{2-}$	水溶液	−520	−384.5	175.7(184)
$PtCl_6^{2-}$	水溶液	−700.4(−677.8)	−515(−493.7)	220
H_2PtCl_6	水溶液	−700.4.		
$PtBr_2$	晶体	(~−62.8)	(~−58.6)	(~184)
$PtBr_4$	晶体	−172.8(~−121.3)	(~−104.6)	(−284.5)
$PtBr_4^{2-}$	水溶液	−381.2(−372.4)	−299.1(−288.7)	(~196.6)
$PtBr_6^{2-}$	水溶液	−489.9(−477)	(−372.4)	(−280.3)
PtI_4	晶体	−90.4(−66.9)	−92	
PtI_4^{2-}	水溶液	(−184)	(−129.7)	(217.5)
PtI_6^{2-}	水溶液	−223(−209.2)	(−154.8)	(~338.9)
Na_2PtCl_6	晶体	(−1125.5)		

续表

物质	状态	ΔH°(kJ · mol^{-1})	ΔG°(kJ · mol^{-1})	S°(J · mol^{-1} · deg^{-1})
$Na_2PtCl_6 \cdot 2H_2O$	晶体	(−2916.2)		
$NaPtBr_6$	晶体	(−916.2)		
$Na_2PtBr_6 \cdot 6H_2O$	晶体	(−2707)		
K_2PtCl_4	晶体	(−1066.9)		
K_2PtCl_6	晶体	(−1238.5)	(−1087.8)	(333.9)
K_2PtBr_4	晶体	(−920.5)		
K_2PtBr_6	晶体	(−1033.4)		
$Pt(NH_3)_4^{2+}$	水溶液	(−380.7)	(58.6)	(~0)
cis-$Pt(NH_3)_2Cl_2$	晶体	(−481.2)		
trans-$Pt(NH_3)_2Cl_2$	晶体	(−443.7)		
cis-$Pt(NH_3)_2Cl_2$	水溶液		(~−221.7)	
trans-$Pt(NH_3)_2Cl_2$	水溶液		(~−213.4)	
$Pt(NH_3)_4Cl_2^{2+}$	水溶液		(−205)	
$Pt(NH_3)_4Br_2^{2+}$	水溶液		(−154.8)	
$Pt(NH_3)_4I_2^{2+}$	水溶液		(−79.5)	
$Pt(CN)_4^{2-}$	水溶液		(−707.1)	
$Pt(CN)_4Cl_2^{2-}$	水溶液		(−615)	

1)(　　)号中的数据取自文献[4].

7.2　铂的二元化合物

7.2.1　卤化物

六氟化铂 PtF_6 是一种极其活泼的对热不稳定的化合物. 在氟气中加热铂丝或通电流于铂丝可以制得 PtF_6,反应生成的红色 PtF_6 蒸汽冷凝在一个冷却的表面上得到暗红色的 PtF_6 晶体,熔点为 61.3℃,熔化后生成黑红色液体,沸点为69.14℃,其液化温度范围很窄,仅 7.8℃,这一点与其它的六氟化物相似. PtF_6 遇热分解为氟和五氟化铂(Ⅴ),后者会进一步歧化为六氟化物和四氟化物,以致最终的分解产物为氟和四氟化铂. 在过渡金属的六氟化物 MF_6(M＝W,Re,Os,Ir,Pt)中,PtF_6 是最不稳定的,是已知最强的氧化剂之一,可浸蚀干燥的玻璃与石英. 由隙透法获得的电子亲和势为 8.0±0.3eV[5]. 在室温下,它可与氧和氙反应,生成$O_2^+[PtF_6]^-$

和 $Xe^+[PtF_6]^-$. 它也可被 NO 及 ClF_3 还原生成 $NO^+[PtF_6]^-$ 和 $ClF_3^+[PtF_6]^-$. 在气相中，PtF_6 的红外光谱与其它六氟化物一样，显现出 6 个光谱带.

铂或 $PtCl_2$ 在 350℃氟化时生成暗红色的 PtF_5 固体，它在 80℃熔化成黏性的红色液体，具顺磁性，磁矩为 2.05BM. 它具有和[RhF_5]一样的四聚结构，成八面体配位的 Pt 为 Pt—F—Pt 桥所联结：

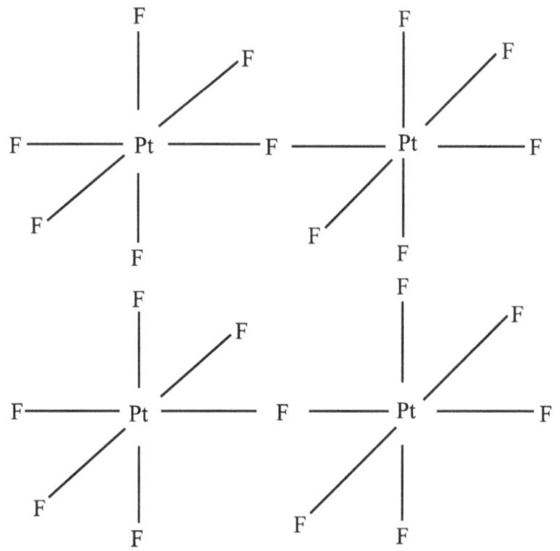

BrF_3 与金属铂反应生成 $PtF_4 \cdot BrF_3$，在真空中长时间加热此化合物可以除去绝大多数的 BrF_3 而得到不纯的 PtF_4，残余的 BrF_3 可在 250℃用稀释的氟进行氟化成为 BF_5 而除去，制得的 PtF_4 为黄褐色固体，呈反磁性. PtF_4 的电子亲合势为 5.11eV. 水能缓慢地分解固体的 PtF_4，但若其中的 BF_3 未完全除去，则反应要剧烈得多[6].

四氯化铂 $PtCl_4$ 可以在氯气中以 250—300℃加热铂而制得，也可以单独或在氯气中加热 H_2PtCl_6，和在 275℃下氯化 $PtCl_2$ 而制得. $PtCl_4$ 是一种红褐色晶体，可溶于水、丙酮和乙醇中. 从水中结晶时可带有 1,4,5 或 7 个结晶水，它们都是确定的络合物，几乎都含有[$PtCl_4(OH)_2$]$^{2-}$.

在 150℃时铂与溴或碘反应可得到 $PtBr_4$ 和 PtI_4 粉末. 将铂溶解在氢溴酸和硝酸的混合物中，随即蒸发和加热反应物至 180℃时，也可制取 $PtBr_4$. 把 KI 加到热浓 H_2PtCl_6 溶液中，可沉淀出 PtI_4. $PtBr_4$ 和 PtI_4 仅微溶于水，但较易溶于乙醇及乙醚中，对热的稳定性不及 $PtCl_4$，$PtBr_4$ 在 180℃开始分解成 $PtBr_2$ 及 Br_2. PtI_4 在室温下已稍有分解，在 200℃则定量分解.

虽然早就报道过 $PtCl_3$ 及 $PtBr_3$，但其中是否含有 Pt(III)是很值得怀疑的. 向冷[$PtCl_6$]$^{2-}$ 溶液中加入 KI，定量地生成一种黑色的 PtI_3 沉淀，它呈反磁性，所以其中可能含有 Pt(II)及 Pt(IV)，但 X 射线分析表明，它是一个真正的化合物，而不

是 PtI_2 和 PtI_4 的混合物[10,11].

PtF_2 的存在尚未证实,有人认为不可能得到这种化合物.其它的二卤化物都已制得.$PtCl_2$ 是在氯中加热金属 Pt 至 500℃或通过 $PtCl_4$ 的热分解而制得的.这样制得的 α-态 $PtCl_2$ 是橄榄绿色的.不溶于水,稍溶于盐酸.500℃时在 H_2PtCl_6 中通氯气可制得另一种 β-态的 $PtCl_2$,X 射线分析指出,这种 β-态晶体中含有独立的 $[Pt_6Cl_{12}]$基团,12 个氯原子位于 6 个铂原子八面体的棱上,而包围铂原子的配位是平面正方形的.于 500℃加热 β-$PtCl_2$,1—2d,它就转变成 α-$PtCl_2$.

$PtBr_2$ 和 PtI_2 可用相应的四卤化物热分解来制备,但比较困难.加热$H_2PtCl_6 \cdot aq$ 也可以得到 $PtBr_2$.令 KI 和 I_2 与 $K_2[PtCl_4]$反应可得到黑色的 PtI_2.$PtBr_2$ 和 PtI_2 的热稳定范围很窄,二者均不溶于水及相应的氢卤酸中.铂的卤化物和氧族化合物见表 7.3.

表 7.3　铂的卤化物和氧族化合物

化合物	颜色	附　注
PtF_6	黑红	熔点 61.3℃;沸点 69.1℃;Jahn-Teller 畸变八面体
$[PtF_5]_4$	深红	熔点 80℃;带 F 桥的四聚物;μ=2.05BM
PtF_4	黄褐	约 600℃分解;反磁性
$PtCl_4$	淡红褐	370℃分解(在氯中)
$PtBr_4$	褐黑	180℃缓慢分解
PtI_4	褐黑	130℃离解
$PtCl_2$	α,橄榄绿	581℃分解(在氯中)
	β,红黑	带 Pt_6Cl_{12}簇的八面体
$PtBr_2$	褐	250℃分解
PtI_2	黑	360℃分解
PtO_3	红　褐	不纯,不稳定
PtO_2	褐	380—400℃分解
PtS_2	灰　黑	225—250℃分解,CdI_2 结构
$PtSe_2$	灰　黑	空气中 140℃分解;CdI_2 结构
$PtTe_2$	黑	熔点 1300～1400℃,CdI_2 结构
PtO	黑	560℃分解为 $Pt+O_2$
PtS	灰　黑	闪锌矿结构

7.2.2　氧族化合物

在 0℃电解 $Pt(OH)_4$ 的 KOH 溶液,在阳极可得到一种褐红色的组成接近于 PtO_3 的产物,它极不稳定,悬浮于水中会不断地放出 O_2,并能氧化 HCl 为 Cl_2.

加热 $PtO_2 \cdot H_2O$ 就得到 PtO_2，它是褐黑色粉末. $PtCl_4$ 与过量的 NaOH 沸煮，然后用乙酸酸化此溶液，得到一种白色沉淀物，浸煮后则生成黄色的 $PtO_2 \cdot 3H_2O$，此 3 水合物具有两性，能溶于碱生成 $M_2[Pt(OH)_6]$，易溶于盐酸，但难溶于硝酸与硫酸. $PtO_2 \cdot 3H_2O$ 是加氢反应的良好催化剂. 在浓硫酸中，此 3 水合物失去 1 分子水而成褐色的 2 水合物；在 100℃ 再失 1 分子水而成黑色的 1 水合物 $PtO_2 \cdot H_2O$. 1 水台物不溶于盐酸及王水中.

加热 $Pt(OH)_2$ 可得到一种不纯的 2 价铂的氧化物 PtO，它呈灰黑色. 用热 KOH 溶液作用于$[PtCl_4]^{2-}$可沉淀出 $Pt(OH)_2$. 此外，还存在着像 Pt_3O_4 和$Ph_2O_3 \cdot aq$ 这样的氧化物.

将铂与相应单质一起加热可得到 PtS_2，$PtSe_2$ 和 $PtTe_2$，它们都是具有 CdI_2 晶格的灰黑色物质. H_2S 与$[PtCl_6]^{2-}$作用也能制得黑色的 PtS_2 沉淀，但这种由湿法制得的 PtS_2 易为空气氧化. $PtCl_2$，Na_2CO_3 和 S 一同共热可得到灰黑色的 PtS. 在 PtS 中，铂具有近似于平面正方形的配位，而硫原子是四面体配位的[7]. 表 7.3 汇列了铂的重要二元卤化物和氧族化合物.

7.2.3　其它二元化合物

铂能和很多非金属及 B 族金属生成化学整比的化合物，它们是将相应单质一道加热而获得的，但在这些合金型化合物中，铂的氧化态还值得怀疑. PtB 是用金属铂与硼在 600℃ 和 4 万 atm 下反应而得到的. 硅与铂生成两种化合物，Pt_2Si 及 PtSi. PtP_2 和 $PtAs_2$ 是抗酸作用的，$PtAs_2$ 具 FeS_2 结构. PtSn，PtPb 和 PtBi 具有 NiAs 结构.

两种黄色的 $Pt(CN)_2$ 和 $Pt(CN)_3$ 都已见报道，但结构尚不清楚.

7.3　铂(0)的络合物

一般认为，对金属的低氧化态具有稳定作用的配体是像 CO 这样类型的配体，相对说来，它们是比较弱的 σ 给电子体，但却是很强的 π 电子接受体. 但能使零价铂和钯生成稳定络合物的配体却是一些本身为强 σ 给体，也有某种 π 受体作用的配体. 在零价铂与钯的络合物中，π 反馈作用的重要性降低了，这和这些金属的高电离势有关. Ni，Pd，Pt 三者的第一电离势分别为 7.63eV，8.33eV，9.0eV. 其中只有 Ni(0)与强 π 接受体 CO 生成单聚络合物. 在络合物$[M\{P(OEt)_3\}_4]$中，成键能力常数按 Ni(0)＜Pd(0)＜Pt(0)顺序增加，这也是 π 成键能力下降的顺序，是和上述 σ 键是使零价铂、钯络合物稳定的主要因素的论点相符的. 零价铂络合物的配位数与立体化学列于表 7.4 中.

表 7.4　零价铂络合物的配位数与立体化学

配位数	结构	例　子
4	四面体	$[Pt(PF_3)_4]$,$[(PPh_3)_3Pt(CO)]$,$[Pt\{P(OR)_3\}_4]$
3	平面	$[Pt(PPh_3)_3]$
	变形的平面	$[(PPh_3)_2PtX]$($X=O_2$,C_2H_4,CF_3CN,CS_2 等不饱和配体)
2	可能是直线型	$[Pt(PPh_3)_2]$

7.3.1　膦和胂络合物

早在 1958 年,L. Malatesta 等在过量 R_3P($R=$芳基)存在下,用肼与 $PtX_2(R_3P)_2$ 反应,第一次制备了 $Pt(R_3P)_4$ 和 $Pt(R_3P)_3$. 这两个化合物在空气中可稳定存在数小时,在氮气中是完全稳定的. 它们可溶于氯仿,但不溶于乙醇和己烷,在苯中发生离解[15]. 用类似的方法制备了三芳基亚磷酸盐络合物 $Pt\{P(OR)_3\}_n$($n=3,4$)和较不稳定的胂化合物,$Pt(R_3As)_4$. 在 $Pt(Ph_3P)_4$ 中,$\nu_{(Pt-P)}$ 出现在 $424cm^{-1}$.

此外,也已制得金黄色的联膦络合物,$Pt(Ph_2PCH_2CH_2PPh_2)_2$、无色的 $Pt(Me_2PCH_2CH_2PMe_2)_2$ 和黄色的 $Pt(Ph_3P)_2$. 一膦络合物 $Pt(Ph_3P)$ 是用空气和 $Pt(Ph_3P)_4$ 在环辛-1,5-二烯中相作用而生成的,在苯中它是四聚体. 红色的 $Pt(Ph_3P)_2$ 的三聚体也已获得. $[Pt(Ph_3P)]_4$ 及 $[Pt(Ph_3P)_2]_3$ 都被认为是金属簇化合物,四聚体很稳定,三聚体很易离解.

$[Pt(Ph_3P)_3]$ 的低温与室温下的化学性质很不相同. 例如,与室温下相反,在 $-100℃$,式(7.1)平衡远远移向右方,在 $-80℃$,反应(7.2)实际上进行完全,但在 $25℃$,式(7.3)平衡的 $K=0.12$[8].

$$[Pt(Ph_3P)_3]+Ph_3P \rightleftharpoons [Pt(Ph_3P)_4] \tag{7.1}$$

$$2[Pt(Ph_3P)_3]+C_2H_4 \longrightarrow [Pt(Ph_3P)_4]+[Pt(Ph_3P)_2(C_2H_4)] \tag{7.2}$$

$$[Pt(Ph_3P)_3]+C_2H_4 \rightleftharpoons [Pt(Ph_3P)_2(C_2H_4)]+Ph_3P \tag{7.3}$$

$$(Pt(Ph_3P)_4]+O_2 \longrightarrow [Pt(Ph_3P)_2O_2]+2Ph_3P \tag{7.4}$$

Ni(0),Pd(0)和 Pt(0)的膦络合物的络合反应性已有过专门评述[9]. 已经证实,Pt(0)的三苯基膦络合物的反应最初是通过离解而生成 $[Pt(Ph_3P)_2]$,然后再迅速地与进入的配体发生反应,整个反应的速度是由离解步骤决定的. $Pt(Ph_3P)_2$ 与进入配体的反应分为两类:(1)进入的配位体离解为两个部分,这两个部分均与 Pt 配位,使金属被氧化为 2 价配位离解反应:

$$[M(Ph_3P)_2]+XY \rightleftharpoons [(Ph_3P)_2M(X)(Y)] \tag{7.5}$$

(2)进入的配位体不离解,所以全属的式氧化态不发生变化的配位加成反应:

$$[M(Ph_3P)_2]+XY \rightleftharpoons [(Ph_3P)_2M(XY)] \tag{7.6}$$

Pt(0)的膦络合物与碳、烷基卤化物(包括烷基、芳基、苄基、酰基、芳酸基、磺酰基卤化物等)、金属卤化物、卤素等的反应属于上述配位离解反应；而与乙烯、乙炔和苯的衍生物、SO_2、O_2 以及含有 $>C{=}S$，$>C{=}O$，$-C{\equiv}N$ 和 $>C{=}N-$ 键的化合物的反应则属于配位加成反应. 例如，$Pt(Ph_3P)_n$($n=3,4$)与酸反应得到氧化加成产物——氢基络合物，$[(Ph_3P)_3PtH]^+X^-$($X=ClO_4$，HSO_4 或 BF_4)，或反式-$[(Ph_3P)_2PtHX]$($X=CN$，CNS，$SCOCH_3$，PhS 等)；而$[Pt(Ph_3P)_n]$($n=3,4$)与 O_2 反应生成$[(Ph_3P)_2PtO_2]$，比相应的 Pd(0)化合物稳定，在低于 120℃时不发生离解，在这些络合物中的氧分子非常活泼，可用它们来催化氧化三苯基膦和异腈化物等，使成为三苯膦氧化物和异腈酸盐. $[(Ph_3P)_2PtO_2]$与 C_2H_4 反应，生成等电子的 $Pt(C_2H_4)(Ph_3P)_2$，在不同溶剂和不同波长光照下的光解作用已进行了研究[10]，例如

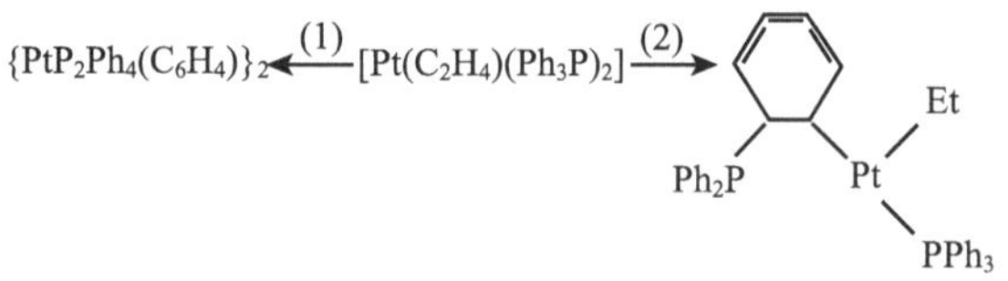

(7.7)

(1)溶剂：EtOH，辐照光波长 280nm；

(2)溶剂：CH_2Cl_2，辐照光波长 254nm.

SO_2 与 $Pt(Ph_3P)_4$ 反应生成 $Pt(SO_2)(Ph_3P)_3$，但在 $Pt(C_2H_4)(Ph_3P)_2$ 的溶液中通入 SO_2，并从甲苯中结晶，可以得到褐红色的$[Pt(SO_2)_2(Ph_3P)_2]$片晶，在此络合物中，M—SO_2 呈锥形结构[19]. 这个络合物在甲苯中缓慢地失去 SO_2，生成簇状化合物$[Pt(SO_2)_3(Ph_3P)_3]$，它含有 3 个成桥 SO_2 基团，磷、硫与 Pt 的三角形几乎是共平面的[11].

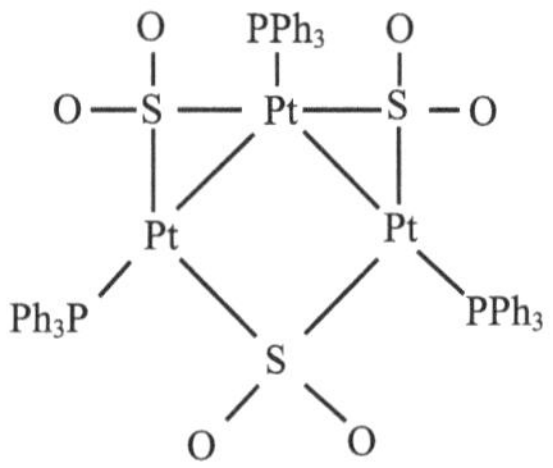

7.3.2　羰基络合物

如前所述，Pt(0)没有类似于 $Ni(CO)_4$ 的化合物，但在有其它配体尤其是膦的

存在下,CO 可以和 Pt(0)生成许多单体或多聚络合物,这是因为膦是强 σ 给予体,它的电荷向金属的馈送会增加金属的负电荷而有利于向 CO 的 π 反馈. 例如,络合物 $Pt(CO)(R_3P)_3$ 和 $Pt(CO)(R_3P)_2$(R=烷基)可以用 $Pt(R_3P)_4$ 与 CO 在加压下反应制得. 还制备了一些稳定的簇状化合物,如 $Pt_3(CO)_3$-$(R_3P)_4$,$Pt_3(CO)_4(R_3P)$和 $Pt_3(CO)_3(R_3P)_3$(R=Ph_3,Ph_2Me 或 Ph_2Bz).

近年来报道了一系列铂的纯羰基簇状阴离子化合物的合成与结构,如 $[Pt_3(CO)_6]_n^{2-}$(n=2,3,4),$[Pt_{19}(CO)_{22}]^{4-}$ 及$[Pt_{13}$-$(CO)_{17}]^{4-}$ 等[12].

7.3.3 Pt(0)的其它络合物

在液氨中,钾与$[Pt(NH_3)_4]Br_2$ 反应得到黄白色的$[Pt(NH_3)_4]$,它很易分解为金属铂和氨. 环辛-1,5-二烯络合物,$Pt(C_8H_8)Cl_2$,与 Pr^iMgBr 反应生成 $PtPr^i_2(C_8H_8)$,用紫外光辐照,可得到 Pt(0)络合物,$[Pt(C_8H_8)_2]$. 在为乙烯饱和的溶液中,$[Pt(C_8H_8)_2]$与一系列三取代膦或 $AsPh_3$ 反应,可得到白色结晶状的络合物$[Pt(C_2H_4)_2L]$(L=PMe_3,PMe_2Ph,$PMePh_2$,PPh_3,$P(C_6H_{11})_3$ 或 $AsPh_3$)[13]. 此外,也已制得可自燃的 Pt(0)的乙炔络合物 $K_2[Pt(C{\equiv}CR)_2]$及烯烃络合物$[(Ph_2P)_2Pt(C_2H_4)]$.

7.4 铂(I)的络合物

红色的二聚体$[(C_5H_5)Pt(CO)]_2$ 是反磁性的,表明其中似乎不存在 Pt(I). 但是,近年来报道了某些含氢配体的 Pt(I)的双核络合物. 在 CH_2Cl_2 中,$[Pt_2H_3(dppm)_2][PF_6]$与 dppm(dppm=$Ph_2PCH_2PPh_2$)反应合成了第一个双核 Pt(I)的氢络合物$[Pt_2H(dPPm)_3][PF_6]$. 又已合成了类似的化合物$[Pt_2H(dppm)_2HRC{\equiv}CR][PF_6]$(R=$CF_3$ 或 COOMe)及$[Pt_2(dppe)_2$-$LH]X$(L=CO 或 RNC;X=BF_4 或 I;dppe=$Ph_2PCH_2CH_2PPh_2$).[14]另一个双核的 Pt(I)络合物是$[\{Pt(P^iBu_3)(CO)(\mu{-}I)\}_2]$[15].

7.5 铂(II)的络合物

根据 Hush 的计算,在不同对称性的晶体场中,d 轨道的近似的相对能量绘示于图 7.1 中[16]. Pt(II)和 Pd(II)离子含有 8 个 d 电子,在平面正方形晶体场中 d 轨道有最大的分裂,可能留下空的 $d_{x^2-y^2}$ 轨道,因而取得很大的晶体场稳定化作用. 因此,Pt(II),Pd(II)的绝大多数络合物的配位数为 4,具有平面正方形结构. 同样,当最高能量的轨道空着时,五配位的结构也有相当大的晶体场稳定作用. 所以,Pt(II)与 Pd(II)的配位数为 5 的络合物也是可以存在的. 但它们的配位数为 6 的八面体络合物将是稀少的,而且这种构型预期会朝平面正方形畸变,因为这将提高 $d_{x^2-y^2}$ 轨道的能量,降低 d_{z^2} 轨道的能量,获得相对于八面体结构的全面稳定化作用.

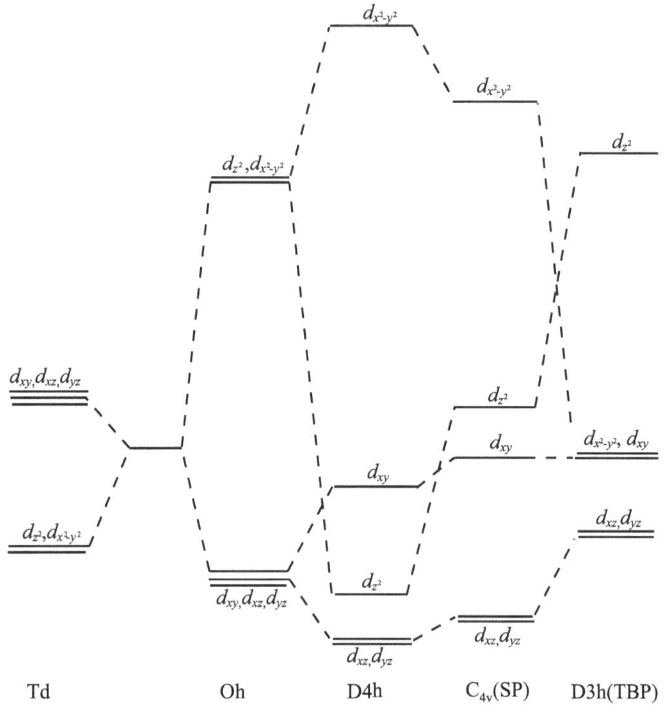

图 7.1　不同对称性晶体场中 d 轨道的相对能量

pt(II)的所有络合物都是反磁性的. 在+2 价状态下铂与钯虽然十分相似,但 Pt(II)的络合物表现出较大的动力学惰性. 因此,存在着很多 Pt(II)络合物的顺、反异构体. 与其它 d^8 金属如 Rh(I),Ir(I)和 Pd(II)络合物一样,Pt(II)的络合物可以发生氧化加成反应,所得 Pt(IV)的络合物的构型(顺式或反式)可保持不变. Pt(II)化合物的配位数与立体化学见表 7.5.

表 7.5　Pt(II)化合物的配位数与立体化学

配位数	立体化学	例　　子
4	平面正方形	$[PtCl_4]^{2-}$,$[Pt(NH_3)_4]$,$[PtenCl_2]$
5	三角双锥形	$[Pt(QAS)I]BPh_4^a$,$[Pt(SnCl_3)_5]^{3-}$
	四方锥形	$[Pt(TPAS)I]I^b$
6	四方双锥形	$Pt(As-As)_2I_2^c$
	八面体形	$K_2[Pt(NO)Cl_5]$

a. QAS=三—(o-二苯基胂苯)胂;

b. TAS＝o-苯撑双-{(o-二甲基胂苯)甲胂}(下式 a)；

c. As—As＝o-苯撑二甲基胂(下式 b).

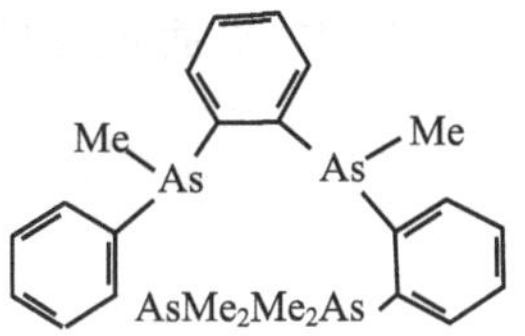

a

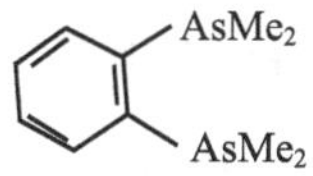

b

7.5.1 含卤离子、硫氰酸根和氰离子的络合物

络合物$[PtX_4]^{2-}$(X＝Cl,Br,I,SCN,CN)都已制得，但相应的氟络合物尚未发现. 它们的颜色是：氯络合物，粉红；溴络合物，红褐；碘络合物，黄褐；硫氰酸根和硒氰酸根络合物，洋红；氰络合物、无色，$[PtX_4]^{2-}$的钾盐很容易制备，Bailar 认为制取 $K_2[PtCl_4]$的最好方法是将海绵铂(30g)溶于王水，将反应混合物用盐酸蒸干两次，加入 KCl 水溶液(22.9g KCl 溶于 220ml 水中)，在蒸汽浴上加热此混合物，即得粉状 $K_2[PtCl_6]$沉淀，在冰水中冷却此混合物，过滤出 $K_2[PtCl_6]$，用丙酮洗涤. 将上述产物 $K_2[PtCl_6]$(78.5g)加入到硫酸肼的水溶液中(10.95g 硫酸肼溶于 250ml 水)，加热至沸，在蒸汽浴上保持 40min，过滤除去小量铂和 $K_2[PtCl_6]$，在冰水中冷却滤液，滤出红色的 $K_2[PtCl_4]$，并用丙酮洗涤. 产率 54.7g(86%). $[PtX_4]^{2-}$的 NH_4,Na,Rb,Cs,Ca,Sr 和 Ba 盐也都已制得.

$[PtCl_4]^{2-}$，$[PtBr_4]^{2-}$，$[PtI_4]^{2-}$ 的稳定常数($\lg\beta_4$)分别为 16，～20 及 29.6[25a,b].

除了氟以外，其它卤素都是很好的成桥配体. 而且，随原子序数增加，它们作为成桥配体的能力增加. 已经制得卤素成桥的络阴离子$[Pt_2X_6]^{2-}$(X＝Br,I)的$[NR_4]^+$盐. 对$[NEt_4]_2(Pt_2Br_6]$单晶的 X 射线衍射研究表明，$[Pt_2Br_6]^{2-}$是平面形的. 在丙酮溶液中，卤原子的桥键可被卤配体断裂生成$[NH_4][PtX_3L]$(L＝NH_3，胺，$AsMePh_2$，Et_2S).

$[PtX_4]^{2-}$ 和其它平面正方形$[MX_4]^{n-}$离子的电子光谱已进行过研究. $[PtCl_4]^{2-}$离子在 20 600($^1A_{1g}\to{}^1A_{2g}$)，25 600($^1A_{1g}\to{}^1B_{1g}$)及 29 800cm^{-1}($^1A_{1g}\to{}^1E_g$)显现出三个自旋允许的跃迁. 在 37 900 和 46 000cm^{-1}处观察到两个电荷转移谱带，按 Br＜Cl 的顺序，这些谱带移向更高的能量，跃迁中卤素原子上的一对 π 孤电子对激发到金属的 $d_{x^2-y^2}$ 轨道上去了.

规则的平面正方形的$[MX_4]^{n-}$离子有 7 个基本振动，其中只有 ν_2，ν_6 及 ν_7，是红外活性的，K_2PtCl_4 的下列谱带已经被指认：$\nu_1$335，$\nu_2$164，$\nu_3$160，$\nu_4$304，$\nu_6$316

和 ν_7 185cm^{-1}.

把无色的$[Pt(NH_3)_4]Cl_2$ 和红色的 $K_2[PtCl_4]$溶液混合，生成微溶性的 Magnus 绿色盐$[Pt(NH_3)_4][PtCl_4]$沉淀. 这个化合物中，平面正方形的$[Pt(NH_3)_4]^{2+}$和$[PtCl_4]^{2-}$相互堆叠，如下图所示.

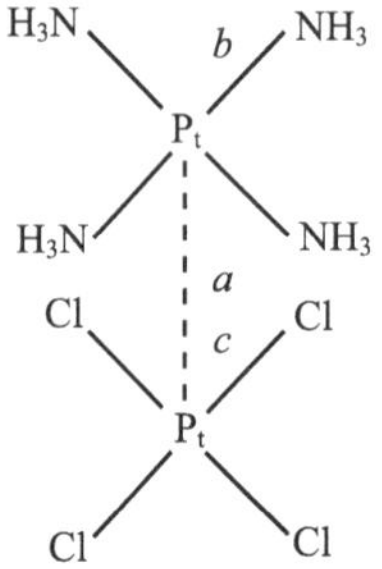

a=3.23(或3.2415)Å;
b=2.06Å;
c=2.34Å.

$[ML_4)(M'X_4]$型的其它盐($M=Cu, Pd, Pt$; $M'=Pt, Pd$; $X=Cl, Br, SCN$; $L=NH_3, MeNH_2$)与 Magnus 绿色盐有相同的结构. 由于它们特征的颜色以及反常的电导性质，这类化合物得到广泛的研究. 例如，最近发现，当用高氯酸或过氧化氢处理 Magnus 绿盐时，可转变为一种单向导体[17].

$[Pt(CN)_4]^{2-}$离子在溶液中是无色的，其钠、钾和铷盐也是无色的，但它的很多水合盐是有色的：Li，$4H_2O$，绿色；Ba，$4H_2O$，Sr，$5H_2O$，Ca，$5H_2O$，黄色；Mg，$7H_2O$，红色；Sc，$21H_2O$，红色. $[Pt(CN)_4]^{2-}$的碱金属和碱土金属盐十分易溶于水，但其过渡金属盐由于存在 N→M 键是不溶于水的[18]. $[Pt(CN)_4]^{2-}$极为稳定，其稳定常数($\lg\beta_4$)为 41. 在乙醚中，用 HCl 处理 $M_2Pt(CN)_4$ 可以制得自由的酸$H_2[Pt(CN)_4]$[19]. 用乙醚萃取 $H_2[Pt(CN)_4]$的浓溶液，继而浓缩乙醚溶液，可以得到红色的 $H_2Pt(CN)_4 \cdot 5H_2O$ 晶体. 它是吸湿性的，加热至高于 140℃时就分解. 对无水酸的红外光谱研究揭示，在 $H_2Pd(CN)_4$ 和 $H_2Pt(CN)_4$ 中存在着对称的 N—H—N 键. $[Pt(CN)_4]^{2-}$的电子光谱也已研究过.

7.5.2　含氧配体的络合物

2 价铂对氧配体的亲合力比 Pd(II)更低，但它能和草酸根和乙酰丙酮生成十分稳定的螯合物.

从“软硬酸碱”的观点来看，OH^-离子是非常“硬”的碱，不易和 Pt(II)反应，所以，已知的 Pt(II)与 OH^- 的络合物很少. 不久前，$[Pt_2(OH)_2(PR_3)_4](BF_4)_2$($R=Et$ 或 Ph)型的稳定络合物已通过反应(7.8)离析出来[20].

$$[PtCl_2(PR_3)_2]+2AgBF_4 \xrightarrow[\text{丙酮}]{\text{潮湿的}} AgCl+[Pt_2(OH)_2(PR_3)_4](BF_4)_2 \qquad (7.8)$$

在 $Pt(Ph_3P)_2O_2$ 溶液中通入 SO_2、CO_2，可生成 Pt(II)的硫酸根和碳酸根络合

物,$[Pt(Ph_3P)_2(SO_4)]$和$[Pt(Ph_3P)_2(CO_3)]$. 它们还有一些其它的制备方法,硫酸根络合物在空气中稳定,不易水解. 碳酸根络合物与酸(如 HCl, HAc, C_6H_5COOH,CF_3COOH)反应放出 CO_2:

$$[(Ph_3P)_2Pt(CO_3)]+RCOOH \xrightarrow[\text{加热}]{\text{苯}} [(Ph_3P)_2Pt(RCOO)_2]+CO_2\uparrow+H_2O$$

红外光谱测定表明,在这些络合物中,硫酸根与碳酸根是螯合的. X 射线分析指出,在$[(Ph_3P)_2Pt(CO_3)]$中,Pt,P 和 O 原子处于同一平面中[21].

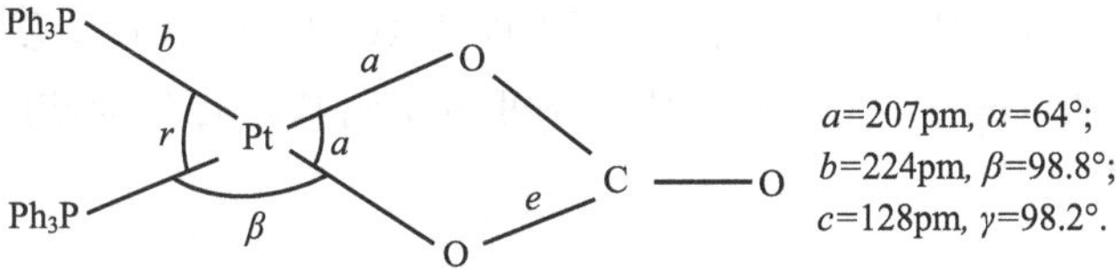

虽然至今没有分离出 Pt(II)的简单硝酸根络合物,但已知在很多 Pt(II)的络合物中含有 NO_3^- 阴离子[22]. 例如,在 $Pt(PPh_3)_2O$ 溶液中通入 NO_2,可以制得 *cis*-$[Pt(PPh_3)_2(NO_3)_2]$;向 $Pt(PPh_3)_2O_2$ 在乙腈的悬浮液中加入固体 $NOBF_4$,可迅速生成亮红色的$[Pt(NO_3)(PPh_3)_2]^+$溶液等.

草酸根很容易与 Pt(II)生成一草酸根和二草酸根的络合物,

$$K_2Pt(NO_2)_4+H_2OX \longrightarrow K_2[Pt(NO_2)(OX)]\cdot H_2O \xrightarrow[\text{草酸}]{\text{+过量}} K_2[Pt(OX)_2]\cdot aq \tag{7.9}$$

$$K_2PtCl_4+2K_2OX \xrightleftharpoons{HCl} K_2[Pt(OX)_2]+4KCl \tag{7.10}$$

除钾盐外,它的钠盐、钡盐等也是已知的.

不久前,应用下面的反应以较高的产率和纯度制备了一种具有高度可溶性的抗肿瘤 Pt(II)络合物,顺式-$[Pt(NH_3)_2L]$(L=11-环丁烷二羧酸)[23]:

$$cis\text{-}[Pt(NH_3)_2I_2]+Ag_2SO_4 \longrightarrow cis\text{-}[Pt(NH_3)_2(H_2O)_2]SO_4+2AgI$$

$$\downarrow Ba^{2}+L$$

$$cis\text{-}[Pt(NH_3)_2L]+BaSO_4 \tag{7.11}$$

1901 年,Werner 首先报道了乙酰丙酮的金属络合物,他制备的 Pt(II)的乙酰丙酮络合物有:黄色的能溶于苯的 $Pt(acac)_2$,橙黄色的 $K[PtCl_2(acac)]$,淡黄色的 $K[PtCl(acac)_2]$和深黄色的 $Na_2[PtCl_2(acac)_2]\cdot 5H_2O$. 对这些络合物和其它的 β-二酮络合物的红外和核磁共振研究证实,在所有这些络合物中,铂的配位数是 4. 乙酰丙酮可以以多种方式与 Pt 键合:(1)在 $Pt(acac)_2$ 和 $K[PtCl_2(acac)]$中,$acac^{-1}$是通过两个羰基上的氧原子而与铂螯合的. (2)在 $Na_2[PtCl_2(acac)_2]$中,乙酰丙酮基是通过 α 碳原子而与铂 σ-键合的. (3)乙酰丙酮还可以通过质子化的烯醇式与金属生成 π-键,见下式(b). (4)作为二环二烯环,见下式(b)而与铂 π 键合. 在络合物$K[Pt(acac)_3]$和

K[Pt(二酮)$_2$X)(二酮＝acac、三氟乙酰丙酮、苯酰丙酮；X＝Cl，Br)中，则既有通过α-碳键合的β-二酮基，也有通过O键合的β-二酮基[24]. 在配合物 M[Pt(acac)$_2$X]$_2$(M＝Mn^{2+}，Fe^{2+}，Co^{2+}，Ni^{2+}，Cu^{2+}，Zn^{2+}和Cd^{2+}等过渡金属)中，过渡金属离子M^{2+}是八面体配位的，阴离子[Pt(acac)X]$^-$起着三齿配体的作用，它是通过两个羰基氧原子和一个卤原子与M^{2+}键合[25]强酸与K[Pt(acac)$_2$X](X＝Cl或Br)作用得到黄色的络合物[Pt(acac)(acacCH)X](a)，在苯中它缓慢地转变成卤素桥联的二聚体，[Pt(acac)X]$_2$. HCl与K[Pt(acac)$_3$]作用，两个以α碳与铂键合的乙酰丙酮基缩合成二环二烯化合物(b)，它以π键与铂配位而生成[Pt($C_{10}H_{14}O_3$)Cl_2]，见下式(c).

在实用上，Pt(acac)$_2$和吡啶的混合物可用作硝基苯转化为苯胺的催化剂，产率可达90%[26].

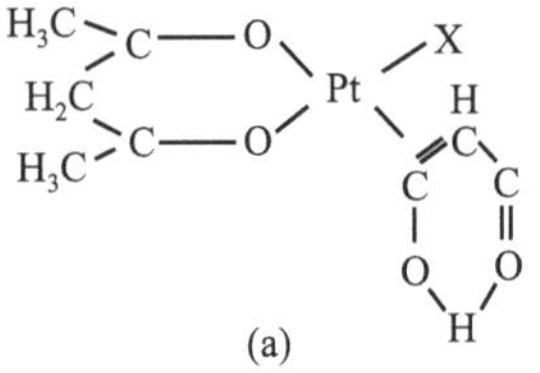

(a)

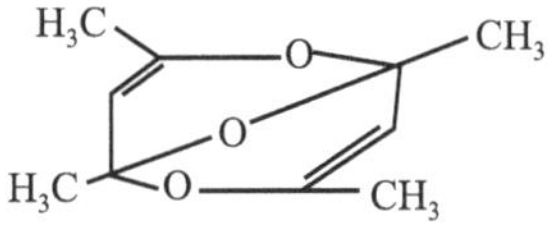

(b)

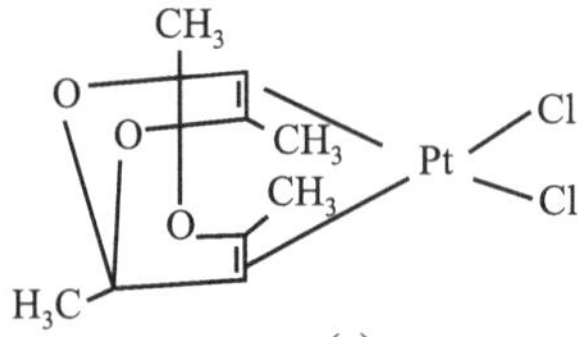

(c)

7.5.3　含硫、硒、碲配体的络合物

Pt(II)与Pd(II)都是所谓(b)类或软金属离子. 因此，它们与硫配体所生成的络合物要比相应的氧配体多，而且更为稳定. 硫、硒、碲三者的络合物的稳定性则非常相似. 对这三个配体原子来说，络合物的实际稳定性顺序取决于键合于金属的其它配体的性质. 简单的氧和硫配体的络合物表现出如下的稳定性次序：

$$\left.\begin{matrix}H_2O\\ROH\end{matrix}\right\}\text{生成的络合物的稳定性大于}\left\{\begin{matrix}H_2S\\RSH\end{matrix}\right.$$

$$OH^-\text{生成的络合物的稳定性与}HS^-\text{相当}$$

$$\left.\begin{matrix}R_2O\\RO^-\end{matrix}\right\}\text{生成的络合物的稳定性小于}\left\{\begin{matrix}R_2S\\RS^-\end{matrix}\right.$$

其中，电中性配体配位能力的相对位置是和它们永久偶极的大小相一致的. 对于氧配体来说，其永久偶极矩及配位能力的顺序是 $H_2O>ROH>R_2O$，而硫配体的永久偶极矩和配位能力的顺序是 $H_2S<RSH<R_2S$. 另外,由于硫的可极化性比氧大,其诱导偶极矩将比较大. 在硫原子上较低能量的空 d 轨道的存在,还可能接受来自金属的反馈 π 电子从而增加 Pt(II)—S 之间键的强度.

1. 硫醇络合物

RS^- 离子有很高的可极化性,能与(b)类金属生成稳定的络合物. 在苯中以适当的硫醇与 Pt(II)的乙酸盐反应,可以制得[$Pt(SC_6F_5)_2$]. 简单的硫醇基络合物,如[$Pt(SR)_2$](R=Ph,C_6H_5)全都是多聚的和高度缩合的. 这些多聚络合物中的卤桥易为中性配体. 如吡啶、三苯基膦所断开,但烷基硫桥联的络合物则不被断裂. 单分子的 Pt(II)和 Pd(II)全氟代苯硫醇基络合物可通过以下反应制备:

$$K_2MCl_4 + 2Bu_4NCl + 4C_6H_5SH \xrightarrow[(M=Pt,Pd)]{EtOH/H_2O} (Bu_4N^+)_2[M(SC_6F_5)_4]^{2-} + 2KCl + 4HCl) \tag{7.12}$$

$$[M(SC_6F_5)_2] + 2PPh_3 \xrightarrow[(M=Pd,Pt)]{\text{在 EtOH 中煮沸}} [(Ph_3P)_2M(SC_6F_5)_2] \tag{7.13}$$

X 射线衍射结构研究证明,反应(7.13)生成的[$(Ph_3P)_2M(SC_6H_5)_2$]是反式异构体. 也已制备得到氯代苯硫醇基络合物 $K_2[Pt(SC_6Cl_5)_4]$.

2. 亚硫酸根络合物

虽然亚硫酸根作为配体可以占据两个配位位置,但红外光谱的测定证明,在 Pd(II)及 Pt(II)络合物中,SO_3 是通过 S 原子与金属键合的一齿配体. 例如在 $M_6[Pt(SO_3)_4]$中的 SO_3 就是如此.

3. 硫代硫酸根络合物

Pt(II)与 $S_2O_3^{2-}$ 可以生成像[$Pt(S_2O_3)_4$]$^{6-}$和反式-[$Pt\{SC(NH_2)_2\}_2(S_2O_3)(H_2O)$]这样的稳定络合物. 在这些络合物中,$S_2O_3^{2-}$ 是通过单一的硫—金属键而与金属键合的. 在[$Pt(S_2O_3)Cl_2$)$^{2-}$和[$Pt(S_2O_3)_2$]$^{2-}$等络合物中,$S_2O_3^{2-}$ 是二齿配体,通过一个硫和一个氧原子与金属螯合. 在络合物[$Pt(S_2O_3)_3$]$^{4-}$中兼有一齿和二齿配位的 $S_2O_3^{2-}$. 由于通过硫原子配位的结果,$S_2O_3^{2-}$ 有很高的反位效应. Pt(II)络合物与 $S_2O_3^{2-}$ 离子的反应像 Курнаков 硫脲试验方法一样,可以用来确定 Pt(II)络合物的异构体.

4. 有机硫、硒、碲化合物的络合物

在 Pt(II)的有机硫和硒化合物的络合物中,有的含有 1,2 和 4 个一齿配体分子,有的则含有 1 个或 2 个二齿配体分子. 以卤素为成桥原子的络合物[$Pt(MR_2)$

$Cl]_2$(M=S,Se,Te)也是存在的. 硫醚络合物,$Pt(SR_2)_2Cl_2$(R=Et,Pr^n,Bu^n)是第一个用偶极矩进行研究的金属络合物. 它的α-异构体(反式)的偶极矩为 2.4D,而β-异构体(顺式)的偶极矩为 9.0—9.5D. 硒醚络合物的顺、反异构体也是已知的,但碲醚络合物很不稳定. 所有反式构型的络合物都易溶于有机溶剂中,而顺式络合物,包括含有螯合配体的络合物,在有机溶剂中的溶解度都较小.

5. 硫脲配合物

硫脲(thu)及其 1,2,3-*N*-烷基衍生物与 Pt(II)生成黄至橙色的四配位络合物,$[Ptthu_4]X_2$(X=Cl,Br,I,NO_3 等),以及橙或粉红色的二配体络合物$[Ptthu_2Cl_2]$. 红外光谱测定证明,硫脲是通过硫原子与金属键合.

与其它以硫为配位原子的配体一样,硫脲有很强的反位效应,成为鉴别二卤二胺合铂(II)顺、反异构体的 Курнаков 试验的基础. 这一试验所根据的有关配体的相对反位效应是 thu>Cl^->NH_3,从而硫脲与顺式-[Pt(NH_3)Cl_2)反应生成$[Ptthu_4]^{2+}$,与反式-$[Pt(NH_3)_2Cl_2]$反应生成$[Pt(NH_3)_2thu_2]^{2+}$.

含硫醚和硒醚螯合配体的络合物　缩氨基硫脲[下式(a)和(b)],tscH 与 Pt(II)生成内络合物反式-$[Pt(tsc)_2]$,一配体络合物$[Pt(tscH)Cl_2]$和二配体络合物,顺式-$[Pt(tscH)_2]Cl_2$,反式-$[Pt(tscH)_2]Cl_2$,以及顺式-$[Pt(tscH)_2]SO_4$.

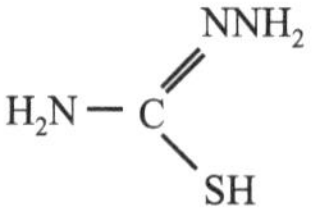

(a)

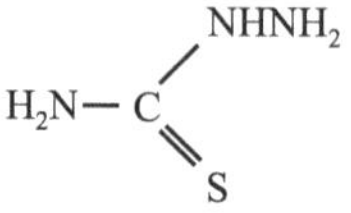

(b)

8—甲硫基喹啉(mtq)与其衍生物 2-甲基-8-甲硫基喹啉(mmtq)与 Pt(II)生成络合物$[PtX_2mtq]$(X=Br,I,SCN)和$[PtX_2mmtq]$(X=Cl,Br). 但 I^- 和 SCN^- 不与 mmtq 生成类似的络合物,这可能是因为 mmtq 分子和两个 I^- 或 SCN^- 的空间相互位阻使它们不能配位于平面正方形中.

吡啶衍生物 2-(2-甲硫基乙基)吡啶(mep),2-甲硫基甲基吡啶(mmp)和 2-硫代甲基吡啶酰胺(thpic)与 Pt(II)生成络合物[PtXmep](X=Cl,Br,I,SCN),$[Pt(mep)_2](ClO_4)_2$,$[Pt(SCN)_2mmp]$,$[Pt(mmp)_2](ClO_4)_2$,$[Pt(mmp)_2][PtCl_4]$和$[PtX_2thpic]$(X=Cl,Br,I,SCN,NO_2)和$[Pt(thpic)_2](ClO_4)_2$. 在这些络合物中,配体是通过硫和吡啶氮原子配位的.

已经制得过邻-甲硫基苯胺;(N—SMe)的络合物$[PtX_2(N-SMe)]$(X=Br,I,SCN)和$[Pt(N—SMe)_2[PtCl_4]$.

二甲基-邻-(甲硫基苯基)胂(As—SMe)与 Pt(II)生成络合物[Pt(As—SMe)I_2],$[Pt(As—SMe)_2]Y$(Y=ClO_4,$PtCl_4$,$PtBr_4$,$PtCl_6$,$PtBr_6$),$[Pt(As—SMe)_2X]$

X · H_2O 和[Pt(As—SMe)$_2$X]ClO_4(X=Cl,Br,I).在阳离子[Pt(As—SMe)$_2$X]$^+$中,Pt(II)的配位数可能大于4,也可能是有一个配体(As—SMe)仅通过它的砷原子与Pt配位,Bailar认为前一种可能性看来比较恰当.

含硫醇基的螯合配体络合物 8-巯基喹啉和它的5-氯代和5-溴代衍生物与Pt(II)生成内络合物.8-巯基喹啉络合物PtX_2(N—SMe)(X=Cl,Br)在DMF中加热时,发生S-脱甲基作用而生成不溶性的硫桥络合物[PtX(N—S)]$_n$.2,2′-二巯基二乙基硫化物与Pt(II)生成的1∶1络合物可能是三聚的.

邻-氨基苯硫酚、邻-甲硫基苯硫酚、3-乙硫基丙硫醇-1和3-二甲基胂丙硫醇-1与Pt(II)生成稳定的内络合物.邻-氨基苯硫酚和3-二甲基胂丙硫醇－1与Pt(II)生成的硫桥联的二聚络合物也已获得,而且在与邻-氨基苯硫酚生成的双核络合物中,除Pt外,还可以含有另一种金属原子[下式(a)];(M=Pd,Hg;X=Br或I),也可以是阳离子双核络合物[下式(b)];(X=Cl,ClO_4).

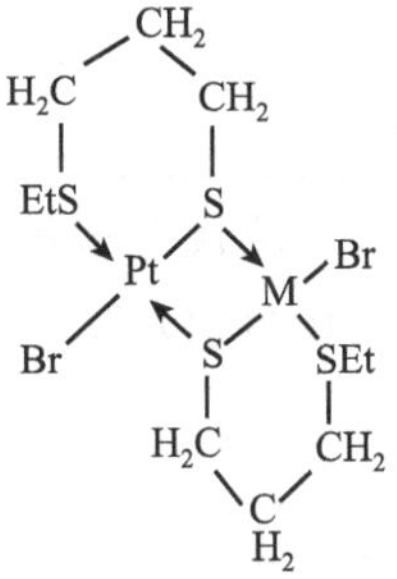

(a)

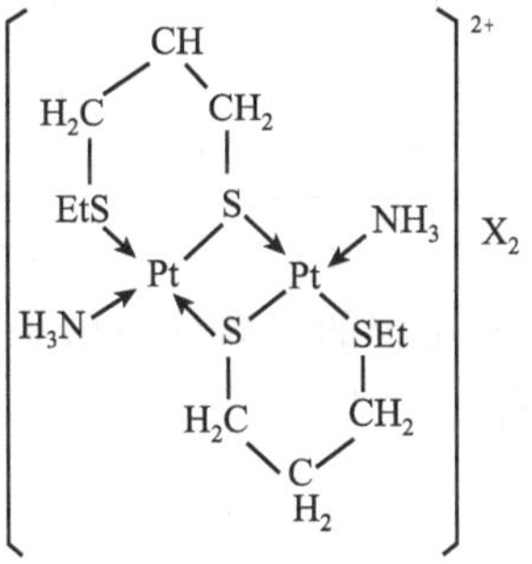

(b)

6. 二硫代羧酸根(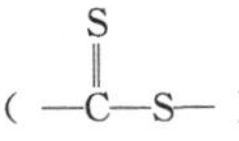)和二硫代磷酸根 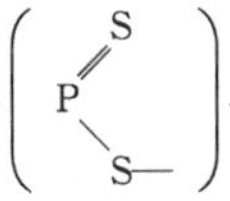 络合物

Pt(II)和烷基黄原酸[下式(a)],二烷基二硫代氨基甲酸根[下式(b)],二硫代碳酸根[下式(c)]和二烷基二硫代磷酸根[下式(d)]等反应可生成四员螯环络合物.

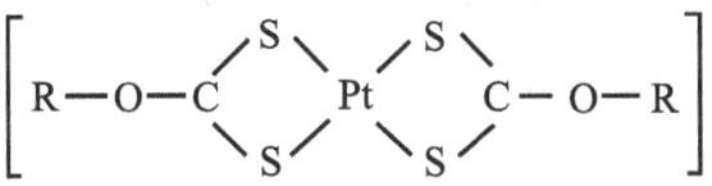

(a)

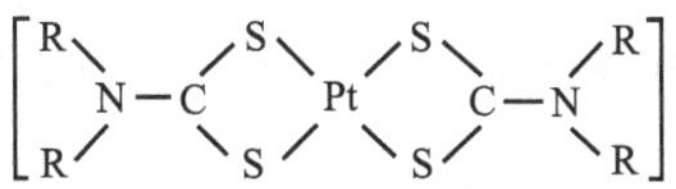

(b)

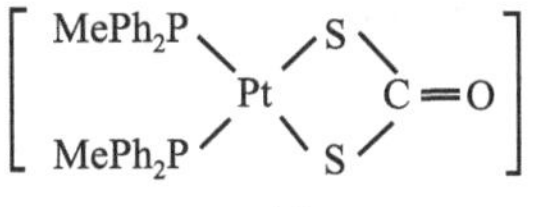

(c)

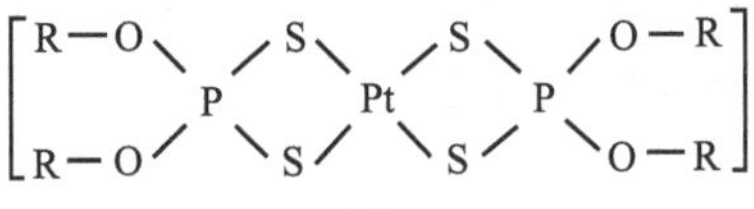

(d)

7. β-二酮类硫代衍生物的络合物

一硫代 β-二酮的 Pt(II)络合物汇列于表 7.6 中. 一硫代 β-二酮与 1,10-二氮杂菲、2,2-联吡啶和三苯基膦的加合物也已制得(参看表 7.6). 在这些加合物中,$\nu_{(C=O)}$ 的很高的频率(1670—1620cm^{-1})表明,一硫代 β-二酮仅通过硫原子与金属键合,因此 Pt(II)是四配位的.

表 7.6　Pt(II)与一硫代 β-二酮的螯合物[L=RC(S)=CHCOR′]

R	R′	化合物	颜色	熔点(℃)
甲基	CF_3	PtL_2	红	144
2-噻嗯基	CF_3	PtL_2	褐	218
苯基	CF_3	PtL_2	红	208
苯基	Ph	PtL_2	黑　红	235
2-噻嗯基	CF_3	PtL_2Phen	红	>300
苯基	CF_3	PtL_2Phen	黄	216 分解
苯基	CF_3	PtL_2bipy	橙	218 分解
苯基	CF_3	$PtL_2(Ph_3P)_2$	黄	240 分解

α-二硫醇络合物　把 Pt(II)的二氯化物加入到二硫代草酸钾的浓溶液中,生成一种黑色的非常稳定的二硫代草酸根络合物 $K_2[Pt(C_2O_2S_2)_2]$. X 射线研究表明. 这个阴离子有如下结构:

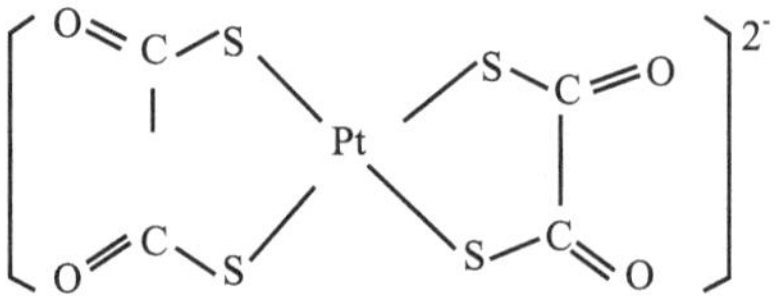

已知大量 Pt(II)与 1,2-二硫环戊烯(1,2-dithiolene)的络合物. 络合物 $[Pt(S_2C_2R_2)_2]^z$ 具有平面正方形结构. 它的磁矩相应于 $S=\frac{1}{2}$,不成对电子被认为是离域于配体之上. 在所有的$[Pt(S_2C_2R_2)_2]^{z-}$($z=0,1,2$)型络合物中,Pt 的氧化态可以认为是 2. 1,2-二硫环戊烯络合物的电子光谱在可见区显示出一系列非常强烈的电荷迁移谱带,因此这些络合物有很深的颜色.

7.5.4　含氮配体的络合物

钯和铂有强烈的与含氮配体成键的能力,Pt—N 键比 Pd—N 键更强. 因此,含氮配体的络合物是很多的.

1. 氨络合物

Pt(II)的氨络合物很多,除了$[Pt(am)_4]^{2+}$,$[Pt(am)_3X]^+$,$[Pt(am)_2X_2]$和$[PtamX_3]^-$(am=氨、胺)等类型外,还有象$[Pt(am)X_2]_2$型的双核络合物.

无色的四氨合物$[Pt(NH_3)_4]Cl_2 \cdot H_2O$是1828年为Magnus制得的第一个氨合物,也是用X射线晶体分析研究得最早的化合物之一.$[Pt(NH_3)_4]^{2+}$和任何阴离子结合都可得到相应的盐.$[Pt(NH_3)_4]^{2+}$的稳定常数($\lg\beta_4$)为35.5,它的氢氧化物$[Pt(NH_3)_4](OH)_2$,是一种很强的可溶性碱,很容易吸收CO_2生成碳酸盐$[Pt(NH_3)_4]CO_3 \cdot H_2O$.向$[Pt(NH_3)_4]Cl_2$溶液中加入$K_2[PtCl_4]$,即沉淀出Magnus绿色盐$[Pt(NH_3)_4][PtCl_4]$,还知道有一种粉红色的$[Pt(NH_3)_4][PtCl_4]$.

Pt(II)与甲胺、乙胺、丙胺、肼、羟胺、吡啶等的四氨型络合物都是已知的.它还能和乙二胺、丙二胺、1,3-二胺基丙烷、异-丁烯二胺、芪二胺、2,3-甲苯二胺,1,2-二胺环乙烷和1,2-二胺环丙烷等生成螯合物$[Pt(chel)_2]X_2$.其中特别有趣的是异丁撑二胺芪二胺合铂(II)的氯化物.1935年W. H. Mills等通过它的二乙酰酒石酸盐把它拆分为旋光活性的碘化物,最终证实了Pt(II)的平面正方形结构[28].

在$[Pt(bipy)_2X]^+$中,Pt(II)是五配位的,它在过量X离子(X=Cl,Br,I)的存在下能稳定存在.某些配位数为6的联吡啶配合物也已制得,如黑色的非电解质$[Pt(bipy)_2I_2]$和红褐色的$[Pt(bipy)_2I(H_2O)]ClO_4 \cdot H_2O$等.

在液氨中,用KNH_2与$[Pten_2]I_2$及$[Pt(bipy)sdmen]I_2$(sdmen=N,N'-二甲基乙二胺)反应,可得到去质子化的络合物$[Pt(en-H)en]I$,$[Pt(en-H)_2]$,$K[Pt(en\text{-}H)(en\text{-}2H)]$[en-H=去质子化的en配体)和$[Pt(bipy)(sdmen\text{-}2H)]$.后者与MeCl发生甲基化反应生成$[Pt(bipy)(tetmen)]Cl_2$(temen=$N,N,N',N'$-四甲基乙二胺).

过去认为Pt(II)的乙腈络合物$[Pt(NH_3)_4(MeCN)_2]Cl_2 \cdot H_2O$中含有配位数为6的Pt(II),现已证明它实际上是四配位的乙脒衍生物,即反式-$[Pt(NH_3)_2\{MeC(NH_2)=NH\}_2]Cl_2 \cdot H_2O$

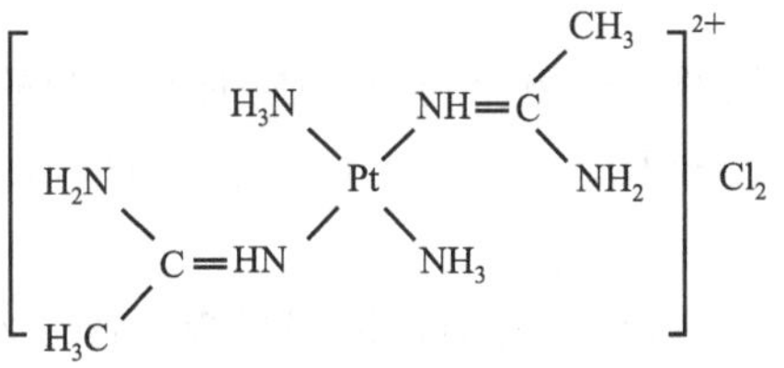

已知的三氨型络合物也很多,它们包括$[Pt(NH_3)_3X]^+$(X=Cl,Br,NO_2,NO_3),$[Pt(NH_2OH)_3NO_2]_2PtCl_4$和$[Pt(trident)X]^+$(trident=1,2,3-三胺基丙烷,2,2'-二氨基二乙胺,2,2',2''-三吡啶;X=Cl,Br或I).还已知一些混合的胺络合

物，如 [Pt (NH_3)$_2$ amX]$^+$ (am = NH_2OH，$PhNH_2$，Py，MeCN，EtCN) 和[$PtNH_3$-(bident)X]$^+$(bident=乙二胺、联吡啶、1,3-二氨基丙烷).

[MABCX]$^+$型的平面正方形络合物有三种几何异构体. 实际上，[Pt(NH_3)Py(NH_2OH)(NO_2)]X(X=Cl 或$\frac{1}{2}PtCl_4$)的所有 3 种异构体均已制得.

三氨络合物[Pt$(NH_3)_3$X]$^+$称为 Cleve 氏盐，以往它是在二氨合物中加入 1 分子 NH_3 或从四氨合物中除去 1 分子 NH_3 而制备的，但产率都很低，采用以下方法，产率可达 40%：

$$\begin{array}{ccc} trans\text{-}[Pt(NH_3)_2Cl_2]+KI & \longrightarrow & trans\text{-}[Pt(NH_3)_2ClI] \\ & & \downarrow {\scriptstyle AgNO_3} \\ [Pt(NH_3)_3Cl]NO_3 & \xleftarrow{NH_3} & trans\text{-}[Pt(NH_3)_2Cl\cdot H_2O]NO_3 \end{array} \tag{7.14}$$

Pt(II)的二氨型络合物同样是大量的. 例如[Pt$(NH_3)_2X_2$]的顺、反异构体都是已知的(X=OH，Cl，Br，I，SCN，CN，NO_2，NO_3 等). 各种胺的二胺型络合物[Ptam$_2X_2$]也是已知的. 它几乎可用任何胺与负离子配体 X^- 反应而制得. 这类络合物仅微溶于水，但溶于含过量胺的水溶液中则生成四胺合物[Ptam$_4$]$^{2+}$. 二胺化合物，如乙二胺、联吡啶、苯二胺等与 Pt(II)生成具有顺式构型的络合物[Pt(diamine)X_2]，因为在平面正方形构型中，螯合基必须处于两个相邻的位置上.

1969 年，Rosenberg 等首次报道了顺式-[Pt$(NH_3)_2Cl_2$](缩称顺铂)具有广普的抗癌活性[29]，很快受到国际肿瘤学界的重视. 目前，顺铂已成为各国普遍使用于临床的抗癌药物的商品名称，它包括顺式-[Pt$(NH_3)_2Cl_2$]及其类似物. 通式为顺式-[PtA_2X_2](A=NH_3，CH_3NH_2 等；X=Cl，Br 等). 氨为其它胺取代时，有时会增加活性，如环己胺；另一方面，[Pten(C_2O_4)]对于动物是极毒的. 1981 年，Rosenberg论述了顺式-[Pt$(NH_3)_2Cl_2$]在抗肿瘤作用机制中的重要因素[30]. 我国陈梅芳也对顺铂的抗癌机理进行探讨[31]. 至 1983 年，已召开过四次"癌化疗中的铂配位化合物国际会议". 与此同时，也广泛开展了对顺式及反式-[Pt$(NH_3)_2Cl_2$]的物理化学和量子化学研究[32a,b][33].

一氨型络合物比二氨型络合物少，但比相应的 Pd(II)的一氨型络合物多. 络阴离子[PtamCl_3]$^-$的 NH_4，K，Rb，Cs 及 PyH 盐均已制得，此处 am=NH_3，$EtNH_2$，PY，MeCN 和 EtCN.

Pt(II)络合物中配体的取代反应通常以相当慢的速度发生. 因此，它们成为研究络合物取代反应机理和动力学的理想对象. 实际上过去绝大多数平面正方形络合物取代反应的研究都与 Pt(II)有关. 现在，一般认为，当络合物中的 X 基为 Y 基所取代时，X 基可能首先是为 H_2O 所取代，这是一个决定反应速度的较慢的过程，随后，H_2O 很快为 Y 基所取代. 在此过程中，Pt(II)络合物经过缔合，生成配位数为 5 的过渡态络合物. 进入的配体 Y 的亲核强度(即 Y 取代 H_2O 的容易程度)有如下次序：

$F^- \sim H_2O \sim OH^- < Cl^- < Br^- \sim NH_3 \sim C_2H_4 < Py < NO_2^- < N_3^-$

在配体取代反应：

$$[PtLX_3]^- + Y^- \longrightarrow [PtLX_2Y]^- + X^- \quad (7.15)$$

$$[PtLL'X_2] + Y^- \longrightarrow [PtLL'XY] + X^- \quad (7.16)$$

中，Y 可以占据 L 的顺式或反式位置. 在大量实验事实的基础上，可以把各种配体按它们在反位上引起取代反应能力的强弱排列起来，这就是所谓的反位效应. 一个不完全的配体反位效应系列是：

$H_2O < OH^- < NH_3 < Cl^- < Br^- < I^- \sim SCN^- < NO_2^- \sim R_3P < CO \sim C_2H_4 \sim CN^-$

影响配体反位效应强弱的因素包括永久和诱导偶极，极化率，配体的电荷及大小，以及 π 键的程度等.

解释反位效应的理论很多[34]，在发现纯粹是 σ 给予体(如 H^-，CH_3^-)也有很强的反位效应之前，π 键理论被认为是最令人满意的，但为了解释 σ 给予体的高反位效应，也需要考虑 грннберг 的极化作用理论.

反位效应可用来指导进行很多络合物的合成. 例如，$[PtPy(NH_3)BrCl]$的三个几何异构体的合成，就是一个经典的例子[35]. 它也可以用来说明为什么用 NH_3 处理$[PtCl_4]^{2-}$生成顺式-$[Pt(NH_3)_2Cl_2]$；而 HCl 与$[Pt(NH_3)_4]^{2+}$反应生成反式-$[Pt(NH_3)_2Cl_2]$.

2. 叠氮络合物

已经报道了橙红色的叠氮络合物$[Ph_4As]_2[Pt(N_3)_4]^{2-}$. 它与三苯基膦、联吡啶或邻一二氮杂菲反应生成电中性络合物$[L_2Pt(N_3)_2]$，配位的叠氮离子$(N_3)^-$可以发生 M—N 键不被断裂的一系列反应，例如：

$$[(Ph_3P)_2Pt(N_3)_2] + 2CO \xrightarrow[\text{在 } CHCl_3 \text{ 中}]{\text{常温、常压}} [(Ph_3P)_2Pt(NCO)_2] + 2N_2\uparrow \quad (7.17)$$

$$[(Ph_3P)_2Pt(N_3)_2] + 2CO \xrightarrow[\text{在 EtOH 中}]{\text{常温、常压}} [(Ph_3P)_2Pt(NCO)(COOEt)] \quad (7.18)$$

3. 肟类络合物

Pt(II)与各种乙二肟生成褐色络合物 PtL_2(LH＝二甲基乙二肟，甲基乙基乙二肟，α-苯基乙二肟等)，其结构与 Pd 的相应络合物类似，二甲基乙二肟(DMGH)络合物与 Ni 和 Pd 的相应化合物同晶. 溴可把 $Pt(DMG)_2$ 氧化为$[PtBr_2(DMG)_2]$. 黄色的水杨醛肟和褐色的 α—糠醛肟络合物也都已制得.

4. 氨基酸、肽、核酸和核苷络合物

近年来对于 Pt(II),Pd(II)与生物学上有重要意义的分子之间的相互作用受到日益增加的注意. Pt(II)能与很多氨基酸(HL)生成化合物. 如与蛋氨酸生成[Pt(HL)X_2]型络合物. 与甘氨酸、丙氨酸生成[PtL_2]及[Pt(NH_3)$_2$L]型络合物. 甘氨酰蛋氨酸及 α-丙氨酰蛋氨酸与[Pt(en)Cl_2]反应生成[Pt(en)L_2]Cl_2. 此外,脯氨酸络合物反式-[Pt(HL)(NH_3)$_2$X]X,[PtL(HL)Br],组氨酸络合物[Pt(H_2L)$_2$$Cl_2$]$Cl_2$,以及 Pt(II)与 L-戊氨酸、L-亮氨酸、门冬氨酸、谷氨酸、氨基己二酸、DL-苯丙氨酸、L-鸟氨酸、L-丙氨酸二肽酯等络合物都已制得并经过研究.

Pt(II),Pd(II)与核酸有关的化合物近年来已有专门评述. 这种研究对于阐明 Pt(II)络合物抗肿瘤作用的机理可能是重要的. 例如,对 Pt(II)络合物与 DNA 相互作用的紫外差示光谱的研究表明,有抗肿瘤活性的化合物能在 DNA 的二级结构中产生较大的变化[36]. 我国学者唐雯霞等也对顺式和反式-[Pt(NH_3)$_2$$Cl_2$]对 DNA 的相互作用开展了一些研究[37].

5. 硝基和亚硝基络合物

Pt(II)的二硝基络合物[PtL_2(NO_2)$_2$],可用 K_2[Pt(NO_2)$_4$]与有关的中性配体 L 反应而制取. 对反式-[PtL_2(NO_2)$_2$](L=Bu^nP,Bu^nAs,SBu^n_2,$SePr^n_2$,$TePr^n_2$)和顺式-[PtL_2(NO_2)$_2$](L=Bu^n_3P,Ph_3P,ph_3A_5,Ph_3Sb,Bu_2S,Py,$\frac{1}{2}$bipy,$\frac{1}{2}$Phen)的红外光谱研究发现,中性配体 L 的 π 键合能力与配位的 NO_2^- 离子的伸缩频率 $\nu_{(N-O)}$ 之间存在一定的关系,$\nu_{(N-O)}$ 随 L 的 π 键合能力的增加而增加.

不稳定的[(Ph_3P)$_2$Pt(NO)$_2$ 可用 NO 与 Pt(PPh_3)$_3$ 或 Pt(PPh_3)$_4$ 反应而制得,它与 CO 反应生成 CO_2 及 N_2O. 晶相研究表明,它是一个分子内含有五员环的 Pt(II)的平面正方形络合物[38].

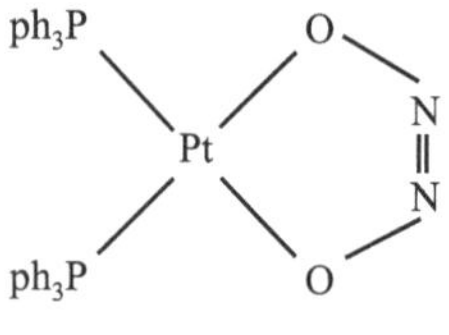

含有 NO 的配位数为 6 的络合物可用氯化亚硝酰与 Pt(II)的络合物反应而制得,如:

$$K_2PtX_4 + NOCl \xrightarrow{X=Cl^-, NO_2^- \text{ 等}} K_2[Pt(NO)X_4Cl] \tag{7.19}$$

[Pt(NO)(NH_3)$_4$Cl]可在相当浓的盐酸中用 NO 与[Pt(NH_3)$_4$]Cl_2 溶液反应而制备. K_2[Pt(NO)(NO_2)$_4$(NO_3)]是用硝酸与 K_2[Pt(NO_2)$_4$]作用而制备的. 这

些络合物中金属的氧化态是根据配位的氧化氮是 NO^+ 而确定的，而 NO^+ 本身又是根据络合物的反磁性以及红外光谱的研究确定的.

7.5.5 含膦、胂和䏲的络合物

膦、胂、䏲的一齿配体络合物　Pt(II)能与各种膦、胂、䏲的一齿配体生成大量 $[Pt(R_3E)_2X_2]$ 型的单核络合物(R=烷基或芳基；E=P，As，Sb；X=Cl，Br，I，SCN，NO_2). 它们大都存在顺、反两种异构体. 但某些䏲的络合物只分离出顺式异构体. 一般说来，反式异构体在有机溶剂中较为易溶，而顺式异构体则较难溶，熔点也较高，反式异构体的偶极矩接近于零，而顺式异构体的偶极矩约为 9－13D. Pt(II)的三取代膦、胂、䏲络合物在空气中稳定，其稳定性一般按 $PR_3 > AsR_3 > SbR_3$ 递减.

X 射线结构研究指出，顺式异构体中 Pt—P 的距离比反式异构体中 Pt—P 的距离小. 例如，反式-$[(Et_3P)_2PtCl_2]$ 中，Pt—P 的距离为 230pm，而在顺式-$[(Et_3P)_2PtCl_2]$ 中 Pt—P 距离为 226 和 224pm. 核磁共振研究表明，后者 $^{195}Pt—^{31}P$ 的偶合常数比前者的大. 这些情形都认为是由于生成了 π 键的结果. 曾经有人认为，具有软碱特征的膦和胂配体喜欢和(b)类金属化合是由于金属和这些重给予体原子能生成 π 键. 在顺式异构体中 $^{195}Pt—^{31}P$ 的偶合常数显著地较大，也是因为在顺式络合物中 π 成键效应较大. 因为，在顺式结构中，与络合物处于同一平面(如 xy 平面)中的两个磷原子可以用 3 个 d 轨道(d_{xy}，d_{xz} 和 d_{yz})与金属生成 π 键，而在反式结构中，仅有 d_{xz} 和 d_{xy} 可用来生成 π 键. 但是，对这种看法最近已提出异议，并提出了另一种无需考虑 π 键概念的观点[39].

近年来，由于制备化学和均相催化的需要，Pt(II)的膦化合物的合成与研究十分活跃. 例如，通过下列反应，可直接由氯铂酸方便地一步合成 Pt(II)的膦络合物[40]：

$$H_2PtCl_6 \cdot 6H_2O + PPh_3 \xrightarrow[\text{1h}]{\text{在乙醇中回流}} \text{顺式-}[Pt(PPh_3)_2Cl_2] \quad (7.20)$$

$$H_2PtCl_6 \cdot 6H_2O + PPh_3 \xrightarrow[\text{在乙醇中回流 1h}]{\text{在 } H_2O \text{ 中加 } 40\% HCHO} \text{反式-}[Pt(PPh_3)_2Cl_2] \quad (7.21)$$

包括顺式-$[PtL_2Cl_2]$ 及反式-$[PtL_2HCl]$ 的一系列长烷基链的三取代膦络合物也已经制备和经过表征[$L=P(C_nH_{2n+1})_3$ (n=10－19)及 $P(C_6H_4C_mH_{2m+1})_3$，(m=2－9)[41]].

络合物 $[Pt(PR_3)_2Cl_2]$ 与膦和其它中性配体反应生成如 $[Pt(Et_3P)_4]Cl_2$，$[Pt(Et_3P)_2(NH_3)_2]Cl_2$，$[Pt(Ph_3P)_2en]^{2+}$ 和 $[Pt(Et_3P)_2(\text{硫脲})_2]^{2+}$ 这样一些络合物. 膦可将 $[PtCl_6]^{2-}$ 还原为 Pt(II)的络合物，而 Pt(II)的二膦络合物也可被卤素氧化为 Pt(IV)的化合物 $[Pt(R_3P)_2X_4]$.

卤化氰对 $Pt(PPh_3)_4$ 的氧化加成可制备出氰、卤、膦混合配位的 Pt(II)络合物[42]：

$$Pt(PPh_3)_4 + XCN \longrightarrow \text{反式-}[PtX(CN)(PPh_3)_2]$$

$$(X = Cl, Br, I) \qquad (7.22)$$

由于 CN 的极大的反位效应，不安定的卤素离子很易被其它阴离子所替换.

络合物$[Pt(PPh_3)_2Cl_2]$是醇类选择性还原的均相催化剂.在$[Pt(PPh_3)_2Cl_2]$及 CF_3CO_2H 的存在下，加热它们与 1-甲基环己醇的混合物，并在压力下加入氢，可得到 96%的甲基环己烷[43].

7.5.6　双核络合物

卤原子成桥的 Pt(II)的膦和胂络合物很多，它们呈结晶状态，在空气中稳定，可溶于乙醇、氯仿及二氯甲烷等有机溶剂.海绵铂与 PCl_5 一起加热生成二聚络合物$[Pt(PCl_3)Cl_2]_2$，相应的氟化合物可类似地制取.$[Pt(ER_3)_2X_2]$与 PtX_2（E＝p，As，Sb；X＝Cl，Br)一起加热，可制备$[Pt(R_3E)X_2]_2$ 型的卤桥络台物，它们全都具有反式卤桥结构：

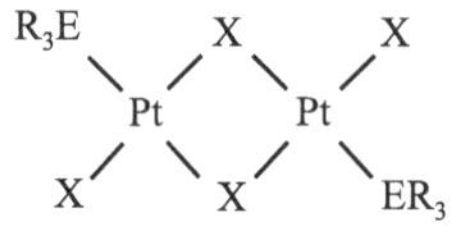

$[Pt(R_3E)X_2]_2$ 与胺反应生成反式-$[Pt(R_3E)_2am]$，但$[Pt(PR_3)X_2]_2$ 与 CO 或 C_2H_4 反应，由于 CO 和 C_2H_4 有很高的反位效应，产物是顺式-$[Pt(R_3P)LX]$（L＝CO，C_2H_4）.以硫氰根成桥的络合物$[Pt(Pr_3P)(SCN)Cl]_2$ 有两种异构体.$[Pt(PPr_3)Cl]_2$与 2*N* 的 KSCN 在冷丙酮中反应，生成黄色的 α-异构体（偶极矩 1.57D)；如反应在沸腾的溶剂中进行，则生成淡黄绿色的 β-异构体（偶极矩 1.36D).X 射线结构测定证明，它们分别有如下所示结构：

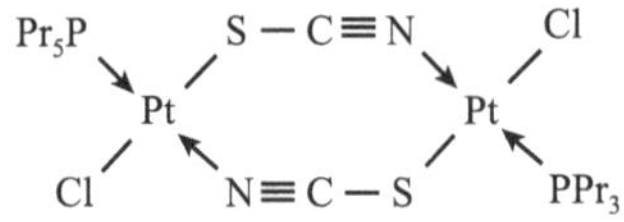

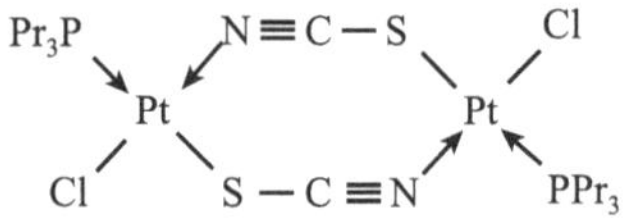

7.5.7　二齿螯合配体的络合物

已知 Pt(II)有几个联膦络合物，如$[Pt(R_2PCH_2CH_2PR_2)_2]Cl_2$（R＝Ph，Me)，及二乙基磷酸酯络合物$[Pt(Ph_2PCH_2CH_2PPh_2)\{PO(OEt)_2\}_2]$等.

邻-苯撑二（二甲基胂).（As—As）与 Pt（II）生成无色的$[Pt(As—As)_2](ClO_4)_2$ 和黄色的 $Pt(As—As)_2X_2$ 和$[Pt(As—As)_2X]ClO_4$（X＝Cl，Br，I)，在硝基

苯中，它们是 1-1 电解质. $Pt(As—As)_2I_2$ 的晶体结构分析表明，四个砷原子处于一个距离为 238pm 的平面中，两个碘原子与 Pt 的距离较远，成一个变形八面体结构. Pt—I 距离 305pm 要比共价半径之和 264pm 大许多，结构有如下式.

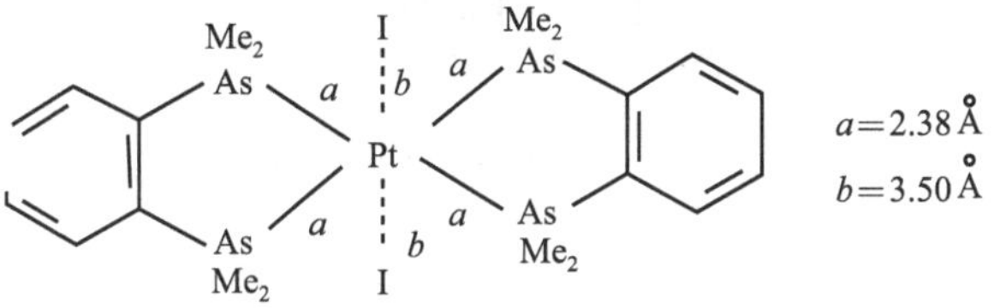

α-吡啶甲基二甲基胂（As—N）与 Pt（II）生成淡奶油色的双二齿络合物 $[Pt(As—N)_2](ClO_4)_2$，8-二甲基胂喹啉（As—Q）与 Pt(II)生成四或五配位的络合物. 四配位的如 $[Pt(As—Q)X_2]$（X = Cl, Br, I, SCN），呈奶油色至黄色；但 $[Pt(As—Q)_2](ClO_4)_2$ 无色. $[Pt(As—Q)_2X]ClO_4$ 是五配位的，X=Cl 或 Br 时呈奶油色，而 I 的络合物是褐色的.

二(*o*-二甲基氨基苯基)苯膦（N—P—N）可以作为一个三齿配体，它与 Pt(II)生成络合物 $[Pt(N—P—N)X_2]$（X=Cl, Br, I)，其中（N—P—N）仅通过磷和一个氮原子与 Pt 配位.

多齿螯合配体的络合物　络合物 $[Pt(P—P—P)X]^+$ 及 $[Pt\text{-}(P—P—P)Y]^{2+}$（$P—P—P=PhP\{(CH_2)_3PPh_2\}_2$；X=Cl, NCS, NO_2, H, CH_3, CH_2CN, COOMe, C_3H_5，或 Ph；$Y=P(OMe)_3$ 或 (PEt_3) 已经制备并经过表征[44]. 二-(二-3-二甲基胂丙基胂（As—As—As）和二-(*o*-二苯基胂苯基)苯胂（As′—As′—As′）与 Pt(II)生成配位数为四的络合物 [Pt(As—As—As)Br]Br 和 $[Pt(As'—As'—As')I]ClO_4$. Pt(II)还和几种四齿配体生成配位数为 5 的络合物. 例如和三(*o*-二苯胂苯基)胂生成络合物 [Pt(QAS)X]X 和 $[Pt(QAs)X](BPh_4)$（X=Cl, Br, I, SCN），络合物的颜色随 X 的不同由黄橙至红. 对 $[Pt(QAs)I](BPh_4)$ 的 X 射线结构分析表明，它具有三角双锥结构. 光谱研究证明，这是几乎所有 $[M^{n+}(Q)X]^{(n-1)+}$（Q=四齿三脚架状配体）型络合物的共同构型. 但是，四齿配体 *o*-苯撑双-(*o*-二甲基胂苯基)甲基胂（TPAs）与 Pt(II)生成构型为四方锥形的黄色五配位络合物 [Pt(TPAs)I]I，这是因为在这种情形下，四方锥构型的晶体场稳定化能比三角双锥构型的大. 六齿配体四-(3-二甲基胂丙基)-*o*-苯撑二胂（SAs）与 Pt(II)生成黄色的八面体络合物 $[Pt(SAs)]\text{-}(ClO_4)_2 \cdot 3H_2O$，SAs 的结构式如下：

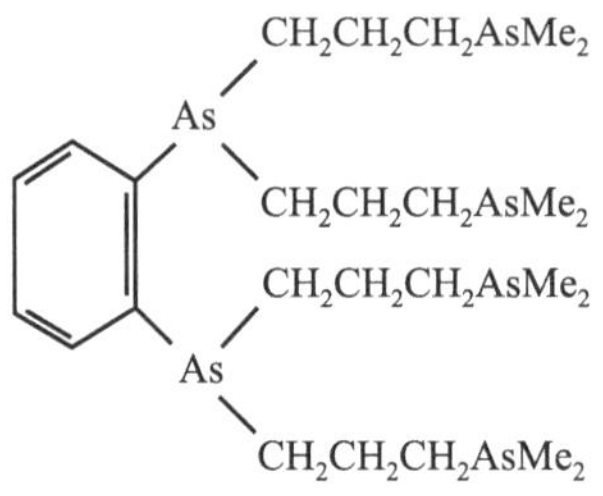

7.5.8 羰基络合物

Pt(II)与 Pd(II)的羰基络合物研究得相当广泛，这是因为 CO 对过渡金属的低氧化态表现出显著稳定能力；其次，如所周知，Pd(II)的羰基络合物与均相催化有关，借助于钯盐，可实现乙烯的羰基化而得到酰基氯和酯. 这激起了人们对金属羰合物化学以及 Pt 和 Pd 的羰基络合物用作均相催化剂研究的普遍兴趣. 制备 Pt(II)的羰基络合物的主要方法有以下几种.

1. 直接反应

$PtCl_3$ 与 CO 在 40—120atm 和 110℃下反应，生成$[Pt(CO)_2Cl_2]$和光气. 相应的溴和碘络合物可用 H_2PtBr_6 和 PtI_2 与 CO 在 180—210atm 下反应来制备. 在常温下无色的氯和溴衍生物是稳定的，但红色的碘络合物会随 CO 的失去缓慢地变成$[PtCOI_2]_2$. $[Pt(CO_2)Cl_2]$的偶极矩为 4.85±0.05D，表明它是顺式平面结构. 这类化合物一般具挥发性，可溶于有机溶剂. $[PtCOX_3]^-$ 型的阴离子化合物也已制得(X=Cl,Br,I). 不久前，有报道说在压力下反式-$[PtH(SnCl_3)(PPh_3)_2]$与 CO 及 H_2 反应制备出 $PtH(SnCl_3)(CO)(PPh_3)_2$. 它可用作烯烃醛化的选择性催化剂，在 100℃时，能使戊烯-1 以大于 95%的产率变为乙醛[45].

2. 用 CO 取代卤离子

在通常条件下，把 CO 通入含有过量高氯酸钠的$[(Et_3P)_2PtCl_2]$的丙酮溶液，CO 即取代 Cl 生成阳离子羰基络合物：

$$\begin{aligned}&\textit{cis-}\text{或 }\textit{trans-}[(Et_3P)_2PtCl_2]+CO+NaClO_4 \longrightarrow\\&\quad \textit{trans-}[(Et_3P)_2Pt(CO)Cl]^+ClO_4+NaCl\end{aligned}\tag{7.23}$$

类似地，通过反应(7.24)可制备$[(Ph_3P)_2PtH(CO)]BPh_4$：

$$\begin{aligned}&[(Ph_3P)_2PtHCl]+CO+NaBPh_4+AgNO_3 \longrightarrow\\&\quad AgCl+NaNO_3+[(Ph_3P)PtH(CO)]BPh_4\end{aligned}\tag{7.24}$$

3. 卤桥络合物的断裂

HCl 可断裂开$[Pt(CO)Cl_2]_2$的氯桥生成$[Pt(CO)Cl_3]^-$；CO 本身也可以断裂氯桥，例如，CO 与$[PtX_2(PR_3)]_2$（X＝Cl，Br，I；R＝Et，Pr^n，Bu^n）反应可得到顺式-$[Pt(CO)X_2(PR_3)]$.

4. 用 CO 取代乙烯

CO 可很快的由 Pt(II)的乙烯或乙炔络合物中取代乙烯和乙炔：

$$[Pt(C_2H_4)Cl_3]^- + CO \longrightarrow [Pt(CO)Cl_3]^- + C_2H_4 \qquad (7.25)$$

金属—羰基之间除了碳原子的孤电子对轨道与金属的空轨道重叠而生成σ键之外，金属的d或dp杂化轨道上的电子还可以反馈入 CO 空的π-反键轨道生成π-键，这将使 C—O 之间的键减弱从而降低 C—O 的伸缩频率. 在 Pt(II)的羰基卤络合物中，随卤素原子序数的增加，$\nu_{(C-O)}$伸缩频率逐渐减小（表 7.7），这反映当卤素的电负性减小时，Pt(II)$\longrightarrow$CO 的π反馈能力增加.

表 7.7　Pt(II)-羰基络合物中 C—O 伸缩频率[1)]（cm^{-1}）

络合物	X=Cl	X=Br	X=I
$Cs^+[PtX_3(CO)]$	2132	2112	2088
$[PtX_2(CO)_2]$	2152	2130	2112
$[(diPy)PtX(CO)]$	2145	2132	2120
cis-$[(Et_3P)PtX_2(CO)]$	2100	2094	2085

1) 自由 CO 中 C—O 的伸缩频率为 $2143cm^{-1}$.

7.5.9　异腈络合物

以稍过量的烷基或芳基异腈化物与M_2PtX_4（M＝碱金属；X＝Cl，Br，I，NO_2或 CN）反应可得到非常稳定的通式为$[PtX_2(CNR)_2]$的化合物. 当 X=Cl，Br，I 或 CN 时，它有两种变体，一种是有很深颜色的离子型化合物$[Pt(CNR)_4]^{2+}[PtX_4]^{2-}$，它几乎不溶于有机溶剂中；另一种是淡黄色或无色的电中性顺式化合物$[Pt(CNR)_2X_2]$，能溶于绝大多数有机溶剂，但不溶于水中. 硝基络合物只有电中性的单一物种. 离子型络合物在 110 — 150℃下长时间加热，或在$CHCl_3$中沸煮即变成电中性化合物.

7.5.10　烷基和芳基络合物

Pt 的+2 及+4 氧化态都能生成含有铂—碳σ键的络合物. 制备含有Pt(II)—Cσ键络合物的方法有如下几种：

(1)利用格氏试剂与有机锂试剂反应制取，这是应用得最广泛的方法. 用过量有机试剂使反应进行完全，例如：

$$[(Et_3P)_2PtI_2]+2CH_3MgI \longrightarrow [(Et_3P)_2Pt(CH_3)_2]+2MgI_2 \qquad (7.26)$$

(2)氧化加成反应　烷基卤化物与 Pt 的 0 价络合物进行氧化加成反应可生成烷基络合物，例如：

$$[(Pt(PPh_3)_3]+CH_3I \longrightarrow \text{反式-}[(Ph_3P)_2Pt(CH_3)I]+Ph_3P \qquad (7.27)$$ [46a]

$$[(Pt(PPh_3)_3+C_6H_5CH{=}CHBr \longrightarrow [(Ph_3P)_2Pt(CH{=}CHC_6H_5)Br]+Ph_3P \qquad (7.28)$$ [46b]

$$PtL_4(L{=}PPh_3,AsPh_3)+o{-}XCH_2C_6H_4CN(X{=}Cl,Br) \longrightarrow \text{反式-}[PtX(CH_2C_6H_4CN)L_2] \qquad (7.29)$$ [46c]

(3)插入反应　烯烃或炔烃可以插入 M—H 键生成烷基或烯基络合物. 这类反应从制备观点看其重要性虽然有限，但它可较好地说明烯烃的均相加氢机制，因而被广泛地进行了研究，例如：

$$\text{反式-}[(Et_3P)_2PtHCl]+C_2H_4 \longrightarrow \text{反式-}[(Et_3P)_2Pt(C_2H_5)Cl] \qquad (7.30)$$

(4)消去反应　这是一类在原来的金属—有机基团之间脱去某些分子，如 N_2，CO，SO_2，$(C_6H_5)_2Sn$ 和$(C_6H_5)_2Pb$ 等的反应：

$$[PhN_2PtCl(PEt_3)_2] \xrightarrow{Al_2O_3} [PhPtCl(PEt_3)_2]+N_2 \qquad (7.31)$$

$$\text{反式-}[(Et_3P)_2Pt(COCH_3)I] \xrightarrow[0.005mmHg]{\text{加热至 }40℃} \text{反式-}[(Et_3P)_2Pt(CH_3)I]+CO \qquad (7.32)$$

$$\text{反式-}[(Ph_3P)_2Pt(Sn(C_6H_5)_3Cl] \xrightarrow{\text{在丙酮中回流}} \text{反式-}[(Ph_3P)_2Pt(C_6H_5)Cl]+(C_6H_5)_2Sn \qquad (7.33)$$

Pt—C 键是十分强的，在过渡金属络合物中，M—C σ 键的稳定作用被认为是通过使用强 σ 给电子配体或强 π 受电配体而达到的. 实验测得，在反式-$[PtPh_2(PEt_3)_2]$中，Pt—C 键约为 250kJ · mol^{-1}，比这类络合物热分解的主要产物乙烷和乙烯中 C—C 单健(347kJ · mol^{-1})或 C—H 键(364kJ · mol^{-1})的键能小得多，说明 Pt(II)—Cσ 键的稳定性是动力学的而不是热力学的. M—Cσ 键的动力学稳定性在假定它们是均裂为自由基的基础上进行了详细研究. 这种分解的起始阶段是由能量最高的充满轨道激发一个电子到反键空轨道，于是，σ 给电体的成键轨道的能量降低，反键轨道则变得不稳定；而 π 受电体通过形成 π-键稳定金属上的非键 d 轨道. 所以，不论是强 σ 给电体还是 π 受电体，最高填充轨道与最低反键轨道之间的能量差都增大了，使电子的激发过程不易进行.

Pt(II)的烷基和芳基络合物的化学反应可以分为以下几种：

(1)Pt(II)—C 键被酸、氢、卤素、烷基卤化物或 $LiAlH_4$ 等还原剂断裂的 σ-键断裂反应，例如：

$$\text{反式-}[(Et_3P)_2Pt(C_6H_5)_2]+HCl \longrightarrow \text{反式-}[(Et_3P)_2Pt(C_6H_5)Cl]+C_6H_6 \quad (7.34)$$

$$\text{顺式-}[(Et_3P)_2Pt(C_6H_5)Cl]+H_2 \xrightarrow[\text{1 大气压}]{20℃} \text{反式-}[(Et_3P)_2PtHCl]+C_6H_6 \quad (7.35)$$

(2)一种试剂插入到 Pt(II)—C 键中的插入反应：

$$[(Et_3P)_2Pt(CH_3)Cl]+CO \longrightarrow [(Et_3P)_2Pt(COCH_3)Cl] \quad (7.36)$$

$$\text{反应-}[(PhMe_2P)_2Pt(CH_3)Cl]+C_2F_4 \longrightarrow \text{反式-}[(PhMe_2P)_2Pt(CF_2CF_2CH_3)Cl] \quad (7.37)$$

(3)有机配体的一部分为另一配位体取代的取代反应

$$[(Ph_3P)_2Pt(O—CH_3C_6H_4)_2]+CH_3I \xrightarrow{115℃} [(Ph_3P)_2PtCH_3(I_3)] \quad (7.38)$$

Pt(II)的碳氟化物络合物是一类与烷基和芳基等烃基络合物密切相关的化合物. $[Pt(PPh_3)_2(C_6F_5)_2]$是用$(C_6F_5)_2TlBr$ 对 $Pt(PPh_3)_4$ 的氧化加成而制得的；$F_2C=CF_2$ 与反式-$[(Et_3P)_2PtHCl]$反应可制得反式-$[(Et_3P)_2Pt(CF_2=CF_2)Cl]$.

这类络合物比相应的烃基同类物更为稳定. 例如，$[(biPy)Pd(C_3F_7)_2]$是稳定的高熔点(180℃)晶体，但相应的烃基络合物却未能分离得到，它们对酸的 σ 键断裂反应不敏感，与 CO 也不发生插入反应.

7.5.11　环戊二烯基络合物

Pt 与 Pd 的环戊二烯基络合物较少. $[(C_5H_5)PtMe_3]$是无色的，$[(C_5H_5)PtCO]_2$ 是红色的，而$[(C_5H_5)PtCOl]$是黑色的. 此外，黑绿色的双核络合物$[Pt_2(C_5H_5)_4]$也已制得，据信其中含有 Pt—Pt 键.

7.5.12　烯烃络合物

烯烃络合物是已知最古老的有机金属络合物. 称为 Zeise 盐的第一个金属烯烃络合物 $K[Pt(C_2H_4)Cl_3]\cdot H_2O$，是 1827 年制得的. 迄今已对 Pt 和 Pd 的烯烃络合物进行了非常广泛的研究，有关的综述很多，它们的某些反应具有实际的生产意义. 例如，以 $PdCl_2$ 为催化剂，使乙烯氧化为乙醛的 Wacker 过程已实现工业化，Pt(II)与 Sn(II)的氯化物混合物在催化某些烯烃的双键的氢化作用的专一性已引起注意[47].

制备 Pt(II)和 Pd(II)烯烃络合物的方法主要有三种:(1)在水溶液中用烯烃与 2 价金属盐相互作用;(2)在非水溶液中使烯烃与金属盐作用;(3)弱配位体的取代反应.

Zeise 盐的结构是 π 键合的有机金属化合物的典型,一直为人所关注. 虽然现在通常接受 Dewar-Chatt-Duncanson 关于金属—烯烃配合作用的模型,但 π 键在 Pt—烯烃相互作用中的相对重要性至今仍有不同看法. 不久前 Love 等用中子衍射方法的研究表明,在 Zeise 盐中 C—C 键长为 137.5pm,只比自由乙烯中 C—C 键长 134pm 略长,说明反馈键的程度相当小[48]. 这一结果与 X 射线研究很好地一致. Zeise 盐的红外光谱也已研究,Pt—烯烃伸缩频率出现在 $407cm^{-1}$.

以氯原子成桥的含烯烃二聚络合物也已制得,例如用 C_2H_4 与 $PtCl_4$ 反应可生成$[PtCl_2(C_2H_4)]_2$[49].

Pt(II)与各种取代烯烃的络合物已有专文评述[50]. 2-丙烯醇、2-丁烯醇和 3-丁烯-2-醇与 K_2PtCl_4 反应最初生成$[PtCl_3(烯烃)]^-$,随后重排为顺式-$[PtCl_2(二烯烃)]$[60]. 四氰乙烯生成络合物 $Pt(PPh_3)_2C_2(CN)_4$,它具有如下结构:

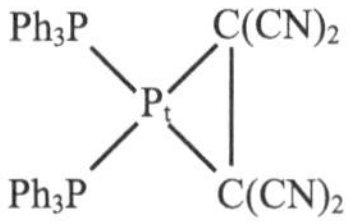

已知大量$[Pt(二烯烃)X_2]$型络合物,所含二烯烃有:原冰片二烯、环庚二烯、环辛四烯、环辛-1,5-二烯、二环戊二烯、二戊烯、丁二烯和己二烯等,X=Cl,Br,I. 它们都有显著的偶极矩. 在弱碱存在下,Pt(II)的二烯络合物与醇反应生成卤原子成桥的二聚物[50]. $[Pt(二烯烃)X_2]$与胺、醇盐及 β-二酮也能发生类似反应. 环辛四烯络合物$[(\pi\text{-}C_8H_8)PtI_2]$与烷基和芳基格氏试剂反应生成如$[(\pi\text{-}C_8H_8)PtMe_2]$,$[(\pi\text{-}C_8H_8)PtEtI]$和$[(\pi\text{-}C_8H_8)Pt(p\text{-tolyl})_2]$(tolyl=甲苯基)等单核络合物,也生成如$[(\pi\text{-}C_8H_8)\text{-}Pt_2Me_4]$和$[(\pi\text{-}C_8H_8)Pt_2Ph_4]$等双核络合物. Dewar 六甲基苯与$[(C_2H_4)PtCl_2]_2$反应生成$[(C_6Me_6)PtCl_2]$,与钯的同类物有相同结构. Pt(II)可与一系列不饱和的三取代膦或三取代胂化合物(a)—(d)生成螯合物.

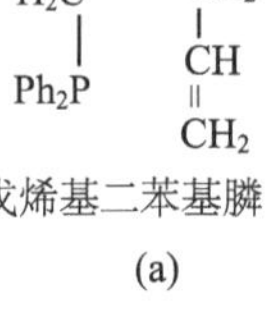

4-戊烯基二苯基膦 (PP)

(a)

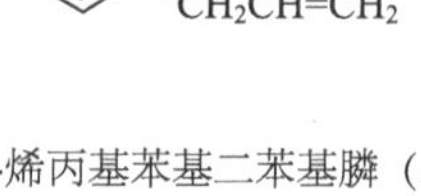

邻-烯丙基苯基二苯基膦 (AP)

(b)

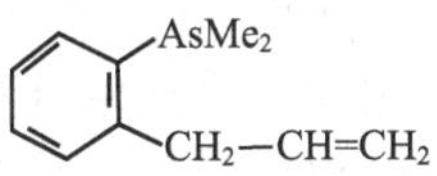

邻-烯丙基苯基二甲基胂 (AA)
(c)

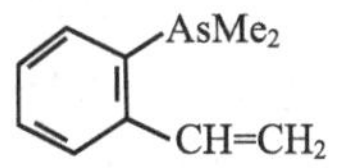

邻-乙烯基苯基二甲基胂 (SA)
(d)

在与(PP)所生成的络合物[Pt(PP)X_2]中(X=Cl,Br,I),烯基不发生配位作用;而芳族配体(AP)和(AA)所生成的络合物[Pt(AP)X_2]及[Pt(AA)X_2]中,烯基是配位的.络合物[Pt(SA)Br_2]与 Br_2 反应生成橙色的含 Pt—Cσ 键的 Pt(IV)络合物.

7.5.13 炔烃络合物

Pt(II)的炔烃络合物可用制备烯烃络合物的类似方法制备.已经制得过 K_2[Pt(C≡CR)$_4$].炔烃 $Bu^tC≡CR$(R=Me,Et,pr^i,Bu^t,CMe_2Ph,ac)与 Pt(II)生成稳定的氯桥络合物[$PtCl_2$ac]$_2$ 及单聚的 M[$PtCl_3$ac](M=Na,K)型络合物.它们与胺反应生成反式-[$PtCl_2$acam].二羟基—炔类化合物 Me_2(OH)C≡CC(OH)$^-$ Me_2(ac)同样生成相当稳定的 K[$PtCl_3$(ac)]和顺式-、反式-[$PtCl_2$amac]型络合物,在所有这些络合物中,炔烃都是通过三重键与金属键合的,$\nu_{(C≡C)}$降低约 200cm^{-1}.

7.5.14 烯丙基络合物

这是一类比较新的化合物,它的特征直到 1959 年才为人们所认识.目前,由于它的特殊的键型以及 π-烯丙基络合物对有广阔工业前途的立体定向齐聚和聚合反应可能是很有效的中间体而得到广泛的研究[51].铂形成烯丙基络合物的倾向比钯小得多,目前仅制备出+2 氧化态金属的衍生物.核磁共振是研究烯丙基络合物及其在溶液中反应的最重要的实验方法.关于 Pt(II)与 Pd(II)烯丙基络合物的制备已有专门总结.烯丙基卤化物和烯丙基醇是最常用的制备烯丙基络合物的试剂.如 C_3H_5X(X=Cl,Br)与[Pt(PPh_3)$_4$]反应生成[(Ph_3P)$_2$Pt(π-C_3H_5)]X;反式-[PtH(PPh_3)$_2$$ClO_4$]与 C_3H_5OH 反应生成[Pt(π-C_3H_5)(PPh_3)$_2$]ClO_4[52].

7.5.15 氢作配体的络合物

这也是一类较新的化合物,第一个含氢络合物反式-[(Et_3P)$_2$PtHCl]是 1957 年报道的,但发展很快,这除了氢配体的简单性便于理论处理外,还与它的化学特性有关.含氢络合物很容易发生插入反应,并紧接着可发生消去反应,是石油化工中以 Pt 和 Pd 化合物均相催化烯烃加氢、异构化等反应中的重要中间产物,已发展的 Pt(II)的氢络合物的制备方法很多,方法的选择取决于要制备的络合物.最常用的方法是用各种还原剂(如 $LiAlH_4$,NH_2NH_2,H_3PO_2 等)与相应的卤素络合物反

应.例如,在稀水溶液或乙醇溶液中,用水合肼与顺式-[$PtX_2(ER_3)_2$](E=P,As)反应是制备反式-[$HPtX(ER_3)_2$]的最好方法.相应的反式络合物在此条件下不与肼反应,因为 R_3E 有很强的反位效应,使顺式化合物中的 Cl 非常不安定而容易被其它配体取代.二氢络合物[$H_2Pt(PEt_3)_2$]是在苯中用 $Pt(PPh_3)_4$ 高压氢化而制得的.在 EtOH 中,反式-[$PtHClL_2$]与 $NaBH_4$ 反应生成稳定的反式-[PtH_2L_2](L=PBu^tMe,PBu^tEt_2,$PBu^t(CH_2Ph)_2$ 等)[53].

不久前发现,在硫酸水溶液中,用远紫外线辐照[$M(PEt_3)_3$](M=Pd,Pt)可释放出氢气[54].当 M=Pt 时,在 pH=2.5 的稀硫酸中,也生成过硫酸盐,具有如下的反应:

$$2H_2SO_4 \xrightarrow{h\nu,[Pt(PEt_3)_3]} H_2 + H_2S_2O_8 \tag{7.39}$$

这是一个涉及到中间氢络合物生成的复杂过程,根据^{31}PNMR 光谱的研究,提出了以下的催化循环示意图:

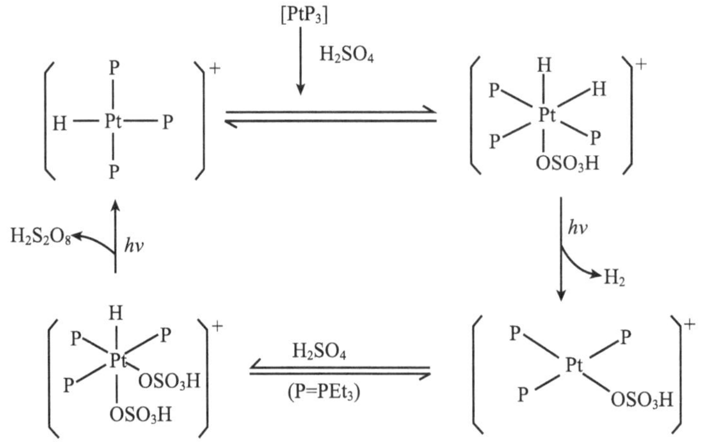

这一发现由于与我们当今面临最紧迫的问题之一——能源问题——密切相关而十分引人注意.

在含氢络合物中,H 起着阴离子配体的作用.Pt(II)的氢络合物都是平面正方形的,绝大多数具反式构型.不久前,用硼氢化物还原顺式-[$PtCl_2$(o-$Bu^t_2PCH_2C_6H_4CH_2PBu^t_2$)]制备了第一个顺式的二氢络合物顺式-[$PtH_2$($o$-$Bu^t_2CH_2C_6H_4CH_2PBu^t_2$)][55].同年,用氢(1atm,室温)与[$Pt(C_2H_4)\{P(Cy)_3\}$](Cy=环己基)反应制备了第一个氢桥络合物,[$PtH_2\mu$-$(H)_2\{P(Cy)_3\}$][56].络合物(a)和(b)是 Pt(II)的化合物中氰配位体键合异构的第一个例子[57].

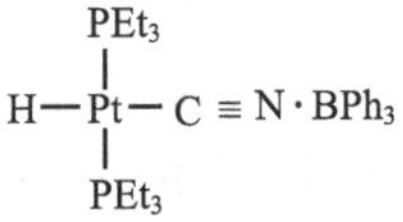
(a)

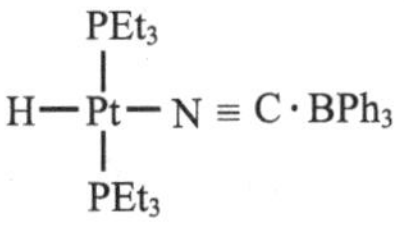
(b)

在红外光谱中,Pt—H 的伸缩频率与反位配体 X 的性质有很大关系,随 X 反位效应的增加而减小.

过渡金属氢络合物的热稳定性通常随金属的原子量的增加而增加,如反式-[$(Et_3P)_2PtHCl$]在 130℃,0.01mmHg 柱下蒸馏不会分解,相应的 Pd 化合物虽可以以固体形式分出,但常夹杂有分解产物,而 Ni 的相应物则从未分离得到过,只能用质子共振谱在溶液中检出它的存在.

7.5.16 含金属—金属键的络合物

如前所述,在像 $Pt(DMG)_2$ 和 Magnus 绿盐这样一些化合物中,铂原子是彼此直接堆积的,Pt—Pt 之间的距离约为 330pm,表现出存在某些金属—金属之间的相互作用.此外,Pt 还与 IIIA 族元素硼,IVA 族元素硅、锗、锡、铅以及过渡金属镍、铂、铜、金或汞等生成大量含有金属—金属键的化合物.

稳定的含硼配体的 Pt(II)络合物已用下列反应制得:

$$[(Et_3P)_2PtHCl]+Ph_2BCl \longrightarrow [(Et_3P)_2Pt(BPh_2)Cl]+HCl \qquad (7.40)$$

$$[Pt(PPh_3)_4]+Y_2BX \xrightarrow[X=Cl,Br;Y=Ph,Br]{\text{环己烷}} [(Ph_3P)_2Pt(BY_2)X]+2PPh_3 \qquad (7.41)$$

Pt(II)与过渡金属 Ni,Pt,Cu,Au,Hg 等生成两种类型的络合物,一种是配位的过渡金属原子占据一个配位位置,处于平面正方形内. Pt(0)络合物与过渡金属卤化物 $LnMX_n$ 或 MX_n 反应可制得含有 Pt—Pt,Pt—Ni,Pt—Cu,Pt—Hg 键这类化合物,如 $L_2XPtAuL$($L=Ph_3P$;X=Cl,Br),$L_2XPtHgX$(X=Cl,I)等.另一种是过渡金属原子处于平面正方形的轴向位置上,而平面正方形单位以较短的金属—金属键垂直地互相堆叠,这类络合物因其与压力有关的颜色变化和反常的电导性能而被广泛地研究.

IVA 族元素直接键合于 Pt(II)和 Pd(II)的络合物近年来也引起很大注意,除用作有机化合物反应的均相催化剂的潜在可能性外,这些化合物中的金属—金属键特点,以及它们和金属—碳 σ 键络合物的很多相似性和某些重要的差别也是使人感兴趣的原因.以 IVA 族元素的有机锂化物和有机汞化物与 Pt(II)的卤膦络合物反应是制备含 ER_3(E=IVA 族元素;R=烷基或芳基)配体络合物的最重要的方法,如 $Ph_2MeSiLi$ 和 $PhMe_2SiLi$ 与顺式-[$Pt(PPh_3)_2Cl_2$]反应生成顺式-[$(Ph_3P)_2Pt(SiMe_nPh_{3-n})_2$]($n=1$ 或 2).$(R_3E)_2Hg$($E=Si,Ge,Pb$)与顺式-[$(Et_3P)_2PtCl_2$]反应可制得 Pt 的三甲基甲硅烷基、三甲基甲锗烷基及三苯基铅络合物,

$$\text{顺式-}[(Et_3P)_2PtCl_2]+(R_3E)_2Hg \longrightarrow \text{反式-}[(Et_3P)_2PtCl(ER_3)]+R_3EtCl+Hg \quad (7.42)$$

在三苯基膦存在下,在乙醇中,以 $HGeCl_3$ 或 $SnCl_2$ 与 K_2PtCl_4 反应可制备含 EX_3(E=Ge 或 Sn;X=卤素)配体的络合物.过量的 $SnCl_2$ 还原$[PtCl_2(SnCl_3)_2]^{2-}$为 Pt(0)的簇状化合物$[Pt_2Sn_8Cl_{20}]^{4-}$.

含 IVA 族元素配体的 Pt(II)络合物在纯净状态都是结晶状的,并表现出(1)原子序数越大的 IVA 族元素配体络合物一般比相应的甲基同类物稳定;(2)Pt 络合物比 Pd 的更稳定;(3)IVA 族配体的稳定性顺序是 $Cl_3E>Ph_3E>Me_3E$;(4)Pt 络合物的稳定顺序近似地是 $Sn\sim Ge>Si>Pb$,而 Pd 络合物则是 $Ge>Pb\gg Sn\sim Si$.

7.6 铂(III)的络合物

与铂(I)络合物类似,现今发现的 Pt(III)络合物多为含有 Pt—Pt 键的双核或多核化合物.例如,当 $K_2[Pt(OH)_6]$在热的冰醋酸中用 85%的甲酸处理时,生成 Pt(III)的乙酸盐,$[Pt_2(O_2CMe)_6]$[58a].另一报道则说在乙酸中,甲酸还原 $H_2[Pt(OH)_6]$生成 $H_2[Pt_2(OH)_4(H_2O)_2]$,与三氟乙酸反应生成$[Pt_2(O_2CCF_3)_6]$、$2H_2O$[58b].又如,在 100℃时用磷酸处理顺式-或反式-$[Pt(NH_3)_2(NO_2)_2]$,生成组成接近于$[NH_4]_2[H_4\{Pt_2(PO_4)_4(H_2O)\}]$的褐、绿或蓝色沉淀,其中含有 Pt^{III}—pt^{III}键[59].

但是,最近报道了经过结晶学、光谱及磁测定所表征的第一个单分子的Pt(III)络合物,$[NBu_4][Pt(C_6Cl_5)_4]$[60],它是用卤素或 $TlCl_3$ 氧化$[NBu_4]_2[Pt\text{-}(C_6Cl_5)_4]$得到的,这个深蓝色化合物对空气与潮湿稳定并显有顺磁性($\mu=2.4$BM).

3 价铂还包含在大量所谓"铂蓝"化合物中.蓝色的铂化合物长时间以来就为化学家所注意,1908 年就报道了三氯二(乙腈)合铂(II)与银盐反应生成一种蓝色化合物.当时,它被写成单分子的 Pt(II)络合物$[(CH_3CONH)_2Pt]\cdot H_2O$.最近,随着顺式-$[Pt(NH_3)_2Cl_2]$作为抗癌药物的发现,当把顺铂与聚尿嘧啶的水解产物进行培养时,可观察到蓝色的出现.随后的研究表明,蓝色的铂化合物可用嘧啶、取代嘧啶及各种取代酰胺作为配体而制得.

由于发现铂嘧啶蓝等具有高的抗肿瘤活性指数[61a,b,c],且它们的水溶性高,对

肾等的毒副作用比顺铂小，对于铂蓝化合物的合成与表征更有了广泛的兴趣. 目前，大多数铂蓝是用顺式-$[Pt(NH_3)_2(H_2O)_2]^{2+}$与酰胺或氨基酸反应制备的，已经合成并研究过的络合物包括嘧啶核苷酸、三甲基已酰胺、胸腺嘧啶、胞苷、胞嘧啶及草氨酸等的铂蓝[62]，它们多是链长可变的低聚化合物，其中某些铂原子处于+3 氧化态. 现在普遍认为，铂蓝是结构复杂的含有混合氧化态铂原子的多核化合物. 1979 年，首先被充分表征的一个铂蓝是 α-吡啶酮蓝[63]，$[(NH_3)_4Pt_2(C_5H_4NO)_2]_2(NO_3)_5 \cdot H_2O$ 是一个混合价的四聚体. 最近又相继表征了嘧啶、琥珀酰胺酸及 α-吡咯烷酮的铂蓝化合物[64a,b,c]. 一类新的混合价铂蓝化合物是由顺式-$[Pt(NH_3)_2Cl_2]$与邻苯二甲酰亚胺钾反应制备的，有趣的是，改变反应物比例，可得到不同平均氧化态的铂化合物[65].

对于某些 α-吡啶酮铂蓝的电子光谱研究表明，它们的蓝色起源于 4 个铂原子单位内的电荷转移跃迁[66]，而这又可能与这些化合物中铂的混合价态有关.

7.7 铂(IV)的络合物

4 价铂的电子组态为 d^6，所有的络合物都是反磁性的. 与钯相比，铂比较易生成 4 价化合物，这主要是因为钯的前 4 个电子电离能的总和(109.5eV)比铂的(97.16eV)大. 4 价铂络合物都具有八面体构型，与 Pt(II)一样，也有很多顺、反异构体.

7.7.1 卤化物、硫氰酸根和氰络合物

卤素的$[PtX_6]^{2-}$(X=F, Cl, Br, I)型络合物都已制得：$[PtF_6]^{2-}$呈淡黄色；$[PtCl_6]^{2-}$为深黄色；$[PtBr_6]^{2-}$为黑红色；$[PtI_6]^{2-}$为褐黑色的. $H_2[PtX_6]$酸和它的锂盐及钠盐都是水合物，非常易溶于水；但它的铵、钾、铷、铯盐是无水的，仅微溶于冷水.

$M^I_2[PtX_6]$的红外，电子光谱、核四极共振及^{195}Pt-NMR 都已研究过. $[PtCl_6]^{2-}$和$[PtBr_6]^{2-}$的电子光谱分别在 22 000 和 19 000cm^{-1}出现弱肩峰，被指认是来自于$^6A_{1g}(t_{2g})^6 \rightarrow {}^3T_{1g}(t_{2g})^5(e_g)$跃迁，分别在 28 000 和 23 000cm^{-1}出现的较强的吸收带被认为相应于$^6A_{1g} \longrightarrow {}^1T_{1g}(t_{2g})^5(e_g)$的跃迁.

由$[PtX_6]^{2-}$离子的吸收光谱所得到的 Pt(IV)的配体的光谱化学系列是[67]：

$$SeCN < Br^- < SCN^- < N_3^- < Cl^-$$
$$< NH_3 \sim en < NO_2^- < CN^-$$

五氯合物$[PtCl_5(OH)]^{2-}$的 Ba, Ag 和 T1 盐已被分离得到，相当数量的混合

卤铂(IV)酸盐已在溶液中制得,有的已被分离出来.例如,BrF_3 与 $M_2[PtCl_6]$(M=K,Rb,Cs)反应可得稳定的 $M_2[PtCl_3F_3]$橙色固体. $K_2[PtF_5Br]$及顺式-$[PtF_4Br_2]$也已有报道. $M_2[PtX_4(OH)_2]$(X=Cl,Br,I)型的四卤合物和$M_2[PtCl_2(OH)_4]$等也是已知的.

Pt(IV)与 SCN^- 及 $SeCN^-$ 生成络合物$[Pt(SCN)_6]^{2-}$,$[Pt(SeCN)_6]^{2-}$以及顺式-及反式-$[Pt(NH_3)_2(NO_2)_2(SCN)_2]$.

$K_2[PtI_6]$与 KCN 的混合物一起研磨,然后在水中重结晶可得到 $K_2[Pt(CN)_6]$.在室温下,它对水与稀酸稳定.氢碘酸与 $Ag_2[Pt(CN)_6]$反应生成无色结晶的在空气中稳定的铬酸 $H_2[Pt(CN)_6]$,它易溶于水,溶液显强酸性,可溶解金属锌而放出氢气. X 射线结构研究表明,$[Pt(CN)_6]^{2-}$为正八面体结构,Pt—C—N 键成直线形.此外,分子中含有 5 个至 1 个 CN^- 的多种络合物都是已知的.

7.7.2 含氧配体的络合物

将 $H_2[PtCl_6]$和 NaOH 的水溶液加热至沸腾而后加入乙酸,即沉淀出黄色粉末状的 $H_2[Pt(OH)_6][Pt(OH)_4 \cdot 2H_2O]$.此化合物在 100℃失去两分子水,温度再高,再失去两分子水;它显两性,溶于碱生成 $M_2[Pt(OH)_6]$(M=Na,K,Ag,Tl),溶于酸生成$[PtX_6]^{2-}$的盐;它是一种中等强度的氧化剂. $Li_2[Pt(OH)_6]$也已有报道.对 $Li_2[Pt(OH)_6]$,$Ca[Pt(OH)_6]$,$Ba[Pt(OH)_6] \cdot H_2O$ 及 $Na_2[Pt(OD)_6]$的 X 射线结构研究证实了$[Pt(OH)_6]^{2-}$离子的存在[68a,b].

Pt(IV)的硝酸根络合物,顺式-和反式-$[Pt(NH_3)_2(NO_3)_4]$,$[Pt(NH_3)_2Br_2(NO_3)_2]$;碳酸根络合物$[Pt(en)_2(CO_3)_2]$;亚硫酸根络合物$[Pt(NH_3)_4(SO_3)_2] \cdot 2H_2O$,以及草酸根络合物 $M_2[Pt(C_2O_4)_2Cl_2]$(M=Na,K,Cs)都已有报道.碘与$[Pt(acac)_2]$氧化加成得到黑色的$[Pt(acac)_2I_2]$,X 射线结构分析指出,它具有反式八面体构型[69].

7.7.3 含硫和硒配体的络合物

已知的 Pt(IV)的硫配体络合物较少.绝大多数硫醇化合物使 Pt(IV)还原至 Pt(II) · Pt(IV)的二烷基硫化合物和二烷基硒化合物顺式-和反式-$[Pt(ER_2)_2X_4]$(E=S;X=Cl,Br,I;R=Me,Et,Pr^n,pr^i,Bu^i,Bu^t,Bz;E=Se;X=Cl,Br,I,NO_3;R=Me,Et,Bz)可用卤素氧化相应的 Pt(II)络合物来制备.混合配位的$[Pt(SEt_2)(SeEt_2)X_4]$(X=Cl,Br,I)也已有过报道. Pt(IV)的亚砜络合物已通过下述反应制备[70].

$$[Et_3NH]_2[PtCl_6]+L \xrightarrow[\Delta]{H_2O} [Et_3NH][PtCl_5L] \tag{7.43}$$

[L=DMSO(二甲基亚砜)或 DESO(二乙基亚砜)]. 红外光谱证实 L 是通过硫配位的.

7.7.4　含氮配体的络合物

从六氨型$[Pt(am)_6]X_4$ 至一氨型 $M(PtamX_5]$(am=胺或氨)的络合物都已制得. 其制法主要有二,一是用液氨与六氯合铂(IV)酸铵反应;二是用卤素或过氧化氢氧化相应的 Pt(II)的氨合物,此法多用于制备含有 4 个或少于 4 个氨配体的 Pt(IV)络合物. 浓硝酸也可用作氧化剂.

六氨型络合物除$[Pt(NH_3)_6]Cl_4 \cdot 2H_2O$ 外,它的氢氧化物、碳酸盐、硝酸盐和氟化物以及螯合物$[Pt(Chel)_3]X_4$(Chel=en,pn;X=卤素、含氧阴离子)也都是已知的,也已制得混合配位的$[Pt(NH_3)_4en]^{4+}$. 在$(NH_4)_2CO_3$ 存在下,浓 NH_3 溶液和$(NH_4)_2PtCl_6$ 反应生成$[Pt(NH_3)_5Cl]_2(CO_3)_3$ 沉淀,它很稳定,内界的氯只能为 Br 或 OH 基取代. 五氨合物的硫酸盐、草酸盐及铬酸盐是不溶性的. 四氨型络合物$[Pt(NH_3)_4X_2]^{2+}$(X=Cl,Br,OH,SCN,NO_2,2X=SO_3),$[Pt(NH_3)_2am_2Cl_2]^{2+}$(am=$MeNH_2$,$EtNH_2$,Py)和$[PtPy_4X_2]^{2+}$(X=Cl,Br,OH)等都已制得. 其中$[Pt(NH_3)_4Cl_2]^{2+}$有顺、反异构变体. $[PtenNH_3PyClBr]Cl_2$ 的两种几何异构体已分离得到. 已经合成并拆分得到左旋和右旋的$[PtenNH_3PyCl_2]Cl_2 \cdot 4H_2O$,螯合物$[Pten_2X_2]^{2+}$(X=Br,SCN,OH;2X=$CO_3$),$[Pten_2XY]^{2+}$(X=OH;Y=F,Cl),$[PtPn_2X_2]^{2+}$和$[Pt\{N(CH_2CH_2NH_2)_3\}Cl_2]^{2+}$也都是已知的. Pt(IV)的三氨型络合物不多,已知的有$[Pt(NH_3)_3X_3]^+$(X=Cl,Br,I),$[Pt(NH_3)_3X_2Y]^+$(X=Cl,I,NO_2;Y=Cl,Br,NO_2)等,很多有两种几何异构体,三齿配位的胺络合物[Pt(trid)Cl_3]Cl 已经获得(trid=2,2′,-二胺二乙胺,1,2,3-三胺基丙烷,2,2′,2″-三吡啶). 已知的电中性的二氨型络合物很多,$[PtamX_4]$型络合物是不溶性的,螯合物$[Pt(Chel)X_4]$(Chel=en,Phen,biPy)也是已知的,改进合成路线可制备含 5 个或 6 个不同配体的 Pt(IV)的电中性络合物. 例如已经制得$[PtNH_3PyClBrI(NO_2)]$的二种异构体(这种类型的络合物应有 15 种几何异构体). 值得提及的是,顺式-二氯二羟二异丙胺合铂(IV)(CHIP)是近年来颇受关注的第二代铂类抗癌化合物,它的抗癌作用强,且无肾毒性[70],国外已进入 II 期临床试用阶段. 一氨型络合物较少,已知的有$[PtamCl_5]^-$(am=NH_3,Py,β-皮考林,MeCN)和$[Pt(NH_2OH)Br_5]^-$. 其它 Pt(IV)的氮配体络合物有橙黄色的叠氮络合物$[AsPh_4]_2[Pt(N_3)_6]$和亚硝基络合物 $K_2[Pt(NO_2)_4(NO)(NO_3)]$,$[Pt(NH_3)_2(NO_2)_2(NO)(NO_3)]$及$[Pten_2(NO)X](NO_3]_2$(X=Cl,$NO_3$)等.

7.7.5 膦和胂络合物

膦和胂可将 Pt(IV)络合物还原为 Pt(II)络合物，但某些 Pt(IV)的膦或胂络合物已通过 Pt(II)络合物的氧化而获得. 例如，已经制得顺式-及反式-[Pt$(Pr_3P)_2Cl_4$]和二聚物[Pt$(Pr_3P)Cl_4$]$_2$. 此外，还合成了一些多齿配体的胂配体络合物，如[Pt(As—As)$_2X_2$][ClO_4](As—As＝邻苯撑二(二甲基胂)；X＝Cl，Br，I)及[Pt(N—As)$_2Cl_2$]$(ClO_4)_2$(N—As＝8-二甲胂喹啉)等. Pt(IV)的膦、胂络合物是稳定的晶状固体，常比相应的 Pt(II)同类物有较深颜色. 与 Pt(II)一样，其顺、反异构体的反应性非常不同，例如，顺式-[$(R_3E)_2PtCl_4$](E＝P 或 As)与 $AgNO_3$ 反应立即生成 AgCl 沉淀，但其反式异构体要经几个小时才起反应，此现象已被用于鉴别异构体.

7.7.6 烷基络合物

Pt(IV)生成很多相当稳定的 σ 键合的有机络合物. 它们可以分为三类，即含有$(CH_3)_3Pt$ 单位、$(CH_3)_2Pt$ 单位及含膦、胂配体的络合物.

在苯中用 CH_3MgI 或 CH_3MgCl 与 $PtCl_4$ 或 K_2PtCl_6 反应生成含$(CH_3)_3Pt$ 单位的[$(CH_3)_4PtI$]$_4$ 及[$(CH_3)_4PtCl$]$_4$；[R_3PtCl]$_4$(R＝CH_3，C_2H_5)，还可用二烷基汞与 $PtCl_4$ 反应来制备. [$(CH_3)_3PtX$]$_4$(X＝Cl，I，OH)可溶在苯中，但不溶在水中. X 射线结构研究表明，在这些络合物中，Pt(IV)总是八面体配位的. 络合物[$(CH_3)_3PtX$]$_4$(X＝I，Cl，OH)和[$(C_2H_5)_2PtCl$]$_4$ 都是四聚的. [$(CH_3)_3Pt$acac]$_2$的结构见下式(a)，它是文献中报道的第一个通过 γ 碳原子与金属键合的乙酰丙酮络合物. 唯一的单分子络合物[Pt$(CH_3)_3$(acac)(bipy)]的结构如下图(b)所示，β-二酮仅通过 γ 碳原子与 Pt 键合. 在含有乙二胺桥的络合物[Pt$(CH_3)_3$—en—Pt$(CH_3)_3$L](L＝acac 或 en 中)，acac 是通过氧原子螯合于 Pt 的，但在[$(CH_3)_3PtL$]$_2$(L＝水杨醛及 8-羟基喹啉)中，Pt 是通过 2 个酚的氧原子而桥联的. 在氢溴酸中，[Me_3PtI]$_4$ 与回流的溴溶液反应生成含$(CH_3)_2Pt$ 单位的络合物[Me_2PtBr]$_n$，相应的碘化物和氯化物也都是已知的.

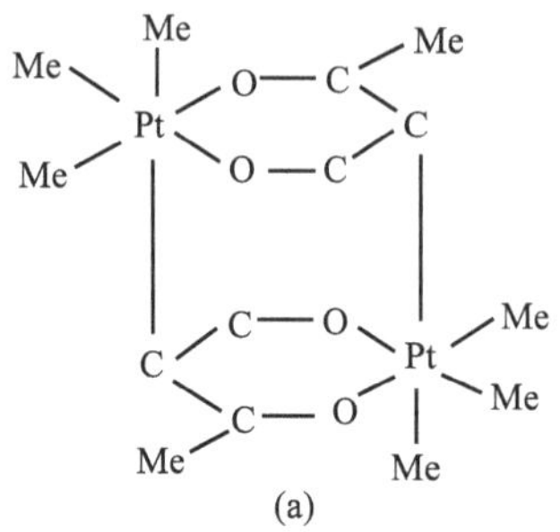

(a)

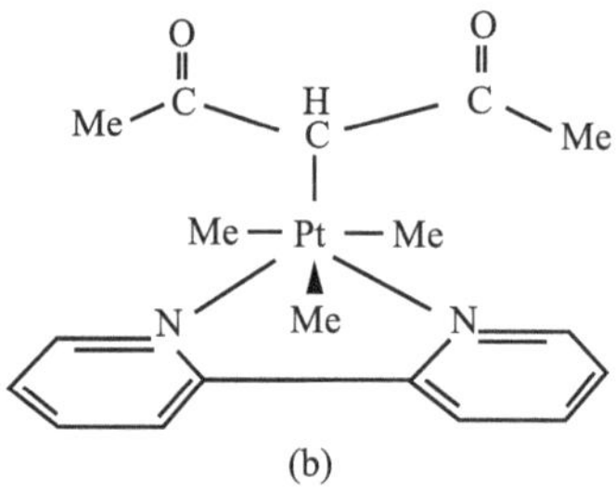

(b)

含有被膦或胂所稳定的 Pt(IV)—Cσ 键的络合物可用下列反应制备：(1)用卤素氧化 Pt(II)的烷基络合物，如反应(7.44)；(2)用烷基卤化物对 Pt(II)络合物进行氧化加成，如反应(7.45)；(3)用甲基锂与 Pt(IV)的卤络合物反应，如反应(7.46).

$$\text{顺式-}[(Et_3P)_2Pt(CH_3)_2]+Cl_2 \longrightarrow [(Et_3P)_2Pt(CH_3)_2Cl_2] \quad (7.44)$$

$$\text{反式-}[(Et_3P)_2Pt(CH_3)I]+CH_3I \longrightarrow [(Et_3P)_2Pt(CH_3)_2I_2] \quad (7.45)$$

$$[(PhMe_2P)_2Pt(CH_3)_nCl_{4-n}]+LiCH_3 \xrightarrow[n=0,1]{} [(PhMe_2P)_2Pt(CH_3)_4] \quad (7.46)$$

它们都是稳定的晶状固体，有相当高的熔点(>100℃)，在真空中加热至高于熔点时即完全分解成 Pr(II)络合物和甲基卤化物或乙烷.

其它的 Pt(IV)的烷基络合物还有多聚的褐色固体环丙烷络合物 $[(C_3H_6)PtCl_2]_n$，它是在乙酸酐中加热环丙烷与氯铂酸或用环丙烷(或取代环丙烷)与 Zeise 二聚体 $[(C_2H_4)_2PtCl_2]_2$ 反应而制备的. 吡啶可使 $[(C_3H_6)PtCl_2]_n$ 转变为单分子的 $[(C_3H_6)PtCl_2Py_2]$. 不久前，在乙醚中用甲基锂与 $[Me_3PtI]_4$ 反应可得一无色溶液. ^{1}H—NMR 及 Raman 光谱研究表明，其中含有多甲基的阴离子化合物 $[PtMe_6]^{2-}$；在 PPh_3 存在下，相应的反应生成 $[PtM_5PPh^3]^-$[71].

Pt(IV)的唯一的环戊二烯基络合物 $[(\pi\text{-}C_5H_5)Pt(CH_3)_3]$ 是在四氢呋喃中用环戊二烯与 Pt(IV)的三甲基碘化物反应制备的，它对热非常稳定.

7.7.7 氢作配体的络合物

只知道少数几个 Pt(IV)的含氢络合物. 在乙醚中，用干燥的 HCl 与反式-$[(Et_3P)_2PtHCl]$ 反应生成 $[(Et_3P)_2PtH_2Cl_2]$. 其它如 $[(Ph_2PCH_2CH_2PPh_2)Pt(SnMe_3)_3H]$，$[(Ph_2PCH_2CH_2PPh_2)Pt(SnMe_3)_2HCl]$ 以及 $[(Et_3P)_2Pt(EH_2X)HI_2]$(E=Si 或 Ge；X=卤素)也都已有报道. 这些含氢络合物都不稳定，很容易复原为 Pt(II)的络合物.

7.8 铂(V)的络合物

铂的+5 氧化态络合物仅限于 $[PtF_6]^-$ 离子的盐类，已知的非金属六氟铂(V)酸盐比较多，其中研究得最透彻的是 $(O_2^+)PtF_6^-$，这个化合物最初是在 350℃下在石英器皿中通氟于 $PtCl_2$ 上制得的，也可在室温下用 PtF_6 与氧反应生成. $(O_2^+)PtF_6^-$ 显顺磁性，在室温下磁矩为 2.46BM，相应于两个不成对电子，化学性质十分活泼. Xe 与 O_2 有非常相似的电离势，Bartlett 认为，如果 PtF_6 可以氧化 O_2 的话，也应能氧化 Xe,终于在 1962 年发现 Xe 能被 PtF_6 氧化,同时生成 $XePtF_6$ 及 $Xe[PtF_6]_2$ 两种产物.它们是深红色固体,在～165℃分解放出四氟化氙,被水分解放出 Xe 和 O_2:

$$2XePtF_6 + 6H_2O \longrightarrow 2Xe\uparrow + O_2\uparrow + PtO_2 + 12HF \qquad (7.47)$$

在 180—200℃和 5atm 下,等摩尔的 Xe 与 PtF_5 及 F_2 反应,生成稳定的黄色结晶化合物$[XeF_5][PtF_6]$. $[PtF_6]^-$ 的碱金属盐类报道较少,KCl 与 $PtCl_2$ 的混合物直接氟化生成不纯的 $K[PtF_6]$,纯的 $M^I[PtF_6]$(M=K,Rb,Cs)最好由$(O_2)PtF_6$ 及 MF 在 IF_5 溶液中制取,$KPtF_6$ 的磁矩为 0.87BM.

参 考 文 献

[1] J. C. Bailar, Jr. (ed.), "Comprehensive Inorganic Cliemistry", Vol. 3, Pergamon, 1330—1370, 1973.

[2] F. R. Hartley, "The Chemistry of Platium and Palladium", Applied Science Publisher LTD London, 1973.

[3] N. Bartlett et al. , Proc. Chem. Soc. , 115(1962); J. Chem. Soc. , 5253(1962).

[4] R. N. Godberg et al. , Chem. Rev. , 68,229(1968).

[5] M. I. Nikitin et al. , Int. J. Mass Spectrom, Ion Phys. , 37,13(1981).

[6] N. Bartlett et al. , J. Chem. Soc. , 619(1964).

[7] A. F. Wells, "Structure Inorganic Chemistry", 5rd. , 755, Clarendon Press, Oxford, 1984.

[8] A. Sen et al. , Inorg. Chem. , 19,1073(1980).

[9] R. Ugo, Coor. Chem. Rev. , 3,319(1968).

[10] S. Sostero et at. , J. Organomet. Chem. , 134,259(1977).

[11] D. C. Moody et al. , Inorg. Chem. , 16,1052(1977).

[12a] J. C. Calabrese et al. , J. Amer. Chem. Soc. , 96,2614(1974).

[12b] D. M. Washechech et al. , J. Amer. Chem. Soc. , 101,6110(1979).

[12c] A. Ceriotti et al. , Chem, Abstr. , 94,202014(1981).

[13] N. C. Harrison et al. , J. Chem. Soc. , Dalton, 1337(1978).

[14a] M. P. Brown et al. , J. Chem. Soc. , Chem. Comm. , 931(1979).

[14b] R. J. Puddephatt et al. , Inorg. Chim. Acta, 45,L281(1980).

[14c] G. Minghett et al. , J. Organomet. Chem. , 179,C13(1979).

[15] A. B. Goel et al. , Inorg. Nucl. Chem. Lett. , 16,397(1980).

[16] N. S. Hush, Austral. J. Chem. , 15,378(1962).

[17] J. P. Catinat et al. , J. Chem. Soc. , Chem. Commun. , 1310(1983).

[18] И. Б. Барановский и др. , Докл. АНСССР, 169,1335(1966); Ж. Неорzан. XuMuu, 11,1732 (1966).

[19] D. F. Evams et al. , J. Chem. Soc. , 3164(1964).

[20] G. W. Bushnell et al. , Canad. J. Chem. , 50,3694(1972).

[21] F. Cariati et al., Chem. Comm., 408(1967).

[22] P. B. Critchlow et al., Coor. Chem. Rev., 25,69(1978).

[23] R. C. Harrison et al., Inorg. Chim. Acta, 46,L15(1980).

[24] B. N. Figgs et al., Nature, 195,1278(1962)., R. Mason et al., J. Chem. Soc., (A), 485(1969).

[25] J. Lewis et al., J. chem. Soc., (A), 1456(1966).

[26] M. C. Datta et al., Chem. Ind., 1057(1975).

[27] C. R. Lucas et al., J. Inorg. Nucl. Chem., 34,3267(1972).

[28] W. H. Mills et al., J. Chem. Soc., 839(1935).

[29] B. Rosenberg et al., Nature, 222,385(1969).

[30] Rosenberg, Platinum Metals Review, 25,71(1981).

[31] 陈梅芳,贵金属,(3),5(1984).

[32] (a) M. Barber et al., J. Mol. Struct., 57,169(1979)

(b) H. H. Patterson et al., Inorg. Chem., 20,2297(1981).

[33] 杨懿焜等,贵金属,(4),5(1984).

[34] F. Basolo et al., Prog. Inorg, Chem., 4,381(1962).

[35] A. Д. Герман и др., Докл. AH CCCP, 63,37(1948).

[36] K. Inagaki et al., Inorg. Chim. Acta, 46,35(1980).

[37] 唐雯霞等,高等学校化学学报,3(专刊),21(1982);5,1(1984).

[38] S. Bhaduri et al., J. Chem. Soc., Chem. Comm., 354(1977).

[39] L. M. Venanzi, Chemistry in Britain, 4,162(1968).

[40] G. Cavinato et al., Inorg. Chim. Acta, 52,39(1981).

[41] S. Franks et al., Inorg. Chim. Acta, 47,235(1981).

[42] W. Beck et al., Chem. Ber., 108,3317(1975).

[43] З. H. Парнес иДр., Изв, Ане CCCP, Сер, ХиМ., 1665(1974).

[44] K. D. Tau et al., Inorg. Chem., 18,3574(1979).

[45] Chao-Yang Hsu et al., J. Amer. Chem. Soc., 97,3553(1975).

[46a] J. Chatt et al., J. Chem. Soc., 2496(1957).

[46b] C. D. Cook et al., Canad. J. Chem., 45,301(1967).

[46c] R. Ros et al., J. Organomet. Chem., 87,379(1975).

[47] F. R. Hartley, Chem. Rev., 69,799(1969).

[48] R. A. Love et al., Inorg. Chem., 14,2653(1975).

[49] D. Hass et al., Z. Chem., 15,65(1975); Chem. Abs., 82,171173f(1975).

[50] R. Jones, Chem. Rev., 68,785(1968).

[51] [美]许劳策编,中国科学院化学研究所络合催化组译,《均相催化中的过渡金属》,科学出版社,55,1976.

[52] И. В. Гаврилова идр., Ж. Heоран. Хuмuu,18, 2616(1973).

[53] B. L. Shaw et al., J. Chem. Soc., Chem. Comm., 918(1974).

[54] R. F. Jones et al., J. Chem. Soc., Chem. Comm., 58, 1245(1981).

[55] C. J. Moulton et al., J. Chem. Soc., Chem. Comm., 365(1976).

[56] M. Green et al., ibid., 671(1976).

[57] L. E. Manzer et al. , J. Amer. Chem. Soc. , 97, 1956(1975).
[58a] Р. И. Рудblй и Др. , Изв. АН СССР, Сер. Хим. , 754(1980);
[58b] И. И. Моисеев и др. , Докл. АН СССР, 253, 624 (1980).
[59] Г. С. Муравейская и др. , Κορд. Химия, 6, 4631(1980).
[60] R. Uson et al. , J. Chem. soc. , Chem. Comm. , 751(1984).
[61a] P. J. Davidson et al. , Oancer Chemother. Rep. , 59, 287(1975).
[61b] B. Rosenberg, ibid. , 59, 589(1975).
[61c] R. J. Speer et al. , ibid. , 59, 629(1975).
[62] P. Arrizabalga et al. , Compt. Rend. , C299, 45(1980).
[63] J. K. Barton et al. , J. Amer. Chem. Soc. , 101, 1434(1979).
[64a] P. K. Mascharak et al. , J. Amer. Chem. Soc. , 106, 5430(1984).
[64b] P. Arrizabalga et al. , ibid. , 106, 1300(1984).
[64c] K. Matsumoto et al. , ibid. , 105, 2049(1984).
[65] C. A. Chang et al. , Inorg. Chem. , 20, 1632(1981).
[66] A. P. Ginsberg et al. , J. Amer. Chem. Soc. , 106, 5430(1984).
[67] D. L. Swihart et al. , Inorg. Chem. , 9, 1749(1970).
[68a] M. Troemel et al. , Naturwissenschaften, 60, 350(1973).
[68b] G. Bandel et al. , Z. Anorg. Allg. Chem. , 477, 178(1981); 453, 5(1979).
[69] P. M. Cook et al. , J. Chem. Soc. , Dalton, 294(1973).
[70] M. J. Clear et al. , Antitumor Platinum Complexes: Strucure-activity Relationships. In: A. W. Prestayko et al. , eds. Cisplatin: Current Status and New Developments, New York: Academic Press, 149, 1980.
[71] G. W. Rice, J. Chem. Soc. , Chem. Comm. , 994(1975).

（杜家声）

无机化学丛书·典藏版

第十卷

锕系 唐任寰 刘元方

锕系后元素 张青莲 张志尧 唐任寰

科学出版社

北京

内 容 简 介

本卷包括锕系和锕系后元素两个专题，介绍了周期表中自锕系起的所有元素，由各元素的发现史，再现了元素周期律，并丰富了周期律的实际内容，本书还介绍了这些元素和有关化合物的性质、用途、合成方法和分析方法，可供物理、化学、地质和核能等学科的研究者和大学师生参考。

图书在版编目(CIP)数据

无机化学丛书：典藏版/张青莲主编. —北京：科学出版社，2018.1

ISBN 978-7-03-056380-4

Ⅰ. 无…　Ⅱ. 张…　Ⅲ. 无机化学–丛书　Ⅳ. O61-51

中国版本图书馆 CIP 数据核字（2018）第 012426 号

责任编辑：胡华强　杨　震　张淑晓 / 责任校对：陈玉凤
责任印制：赵　博 / 封面设计：王　浩

科学出版社 出版
北京东黄城根北街 16 号
邮政编码：100717
http://www.sciencep.com
北京厚诚则铭印刷科技有限公司印刷
科学出版社发行　各地新华书店经销
*
2018 年 1 月第　一　版　开本：720 × 1000　B5
2018 年 1 月第一次印刷　印张：21 3/4
字数：544 000

定价：998.00 元（全 10 册）

（如有印装质量问题，我社负责调换）

《无机化学丛书·典藏版》书目

第一卷　1. 稀有气体　2. 氢　3. 碱金属

第二卷　4. 铍　5. 碱土金属　6. 硼　7. 铝　8. 镓分族

第三卷　9. 碳　10. 硅　11. 锗分族

第四卷　12. 氮　13. 磷　14. 砷分族

第五卷　15. 氧　16. 硫　17. 硒分族

第六卷　18. 卤素　19. 铜分族　20. 锌分族

第七卷　21. 钪　22. 稀土元素

第八卷　23. 钛分族　24. 钒分族　25. 铬分族

第九卷　26. 锰分族　27. 铁系　28. 铂系

第十卷　29. 锕系　30. 锕系后元素

《无机化学丛书》序

无机化学是化学科学的一个重要分支，也是最早发展起来的一门化学分支学科。无机化学研究的对象是周期系中各种元素及其化合物，不包括碳氢化合物及其衍生物。二十世纪中叶以来，无机化学又进入了新的发展阶段。这是和许多新的科学技术领域，如原子能工业、空间科学技术、使用半导体材料的通信和计算技术等的兴起密切相关的。这些科技部门要求人们利用无机化学的理论去探索和研制种种具有特殊性能的新材料，研究极端条件下物质的性质和反应机理，以及提出新的无机物生产的工艺流程。与此同时，现代物理学、生命科学、地质科学以及理论化学的新进展等因素也都在日益推动着无机化学的发展进程。

我国在解放前缺少与无机化学有关的工业基础，因此无机化学人才培养得较少，科学研究工作的基础也比较薄弱。解放后我国无机化学虽然有了很大发展，但仍比较落后。为了扭转这种局面，加速无机化学科学人员的培养和提高，促使教学和研究工作的迅速发展，以及为了解决我国丰富的矿产资源的综合利用、新型材料的合成、无机化学新观点和新理论的提出等问题，有必要编辑出版一套中型的无机化学参考书。为此，科学出版社和中国化学会共同组织了《无机化学丛书》编辑委员会主持本丛书的编写工作。经过多次讨论和协商、拟订了丛书的编辑计划和写作大纲，确定丛书分十八卷，共四十一个专题，从 1982 年起陆续出版。全丛书共约六百余万字，前十卷为各族元素分论，后八卷为无机化学若干重要领域的专论。

本丛书适合高等学校教师、高年级学生和研究生、科学研究人员和工程技术人员参阅。编委会竭诚欢迎广大读者对本书的内容提出宝贵意见，以便在再版时加以修改。

《无机化学丛书》编委会

1982 年 9 月

前　　言

《无机化学丛书》第十卷包括两个专题：29. 锕系；30. 锕系后元素。锕系分十二章，从概论、制取和分离、金属及用途综合介绍起，至锕、铀、镎、钚及钚后元素逐个叙述，由唐任寰（北京大学副教授）撰写；钍和镤两章则由刘元方（北京大学教授）撰写。锕系后元素分五章，叙述 104 至 109 号元素以及对超重元素的理论预言，由张青莲（北京大学教授）、张志尧（中国科学院高能物理研究所副研究员）负责撰稿并提供资料，唐任寰作整理补充并编索引。张青莲审阅了全卷内容。

鉴于本卷的问世，结束了所有元素的论述。关于元素的一个普遍性问题是其原子量，若不介绍其测定方法及修订程序，读者会感到一项重要的缺陷，因而在本卷末增补了有关附录。

初稿曾请居克飞同志（中国核学会副研究员）作了详细的校阅，并提出了宝贵的意见和建议。作者谨表深切的感谢。

1940 年，继 E. McMillan 和 P. H. Abelson 人工合成第 93 号元素镎之后，G. T. Seaborg等合成了第 94 号元素钚，随后约 20 年间，连续合成了一系列钚后元素，从而提出锕系理论，这是现代无机化学发展的又一座里程碑。而锕系后元素的进一步合成，又扩展了元素周期系的视野，本卷叙述这些新的成就，将予读者以有益的启示。作者限于学识水平，书中难免有缺点和错误，敬希读者批评指正。

作　者

1988 年 10 月于北京

目　　录

29. 锕　　系

30. 锕系后元素

29. 锕 系

29.1 锕系元素概论

自从19世纪60年代著名的俄国科学家门捷列夫(Д. Менделеев)提出元素周期律以来,给新元素的研究指出了更加明确的方向。尤其是1871年Менделеев发表的周期表,把92号元素铀作为最重的元素排在最末一位,在它前后均有若干空格,留待新元素来填补。到1940年,通过人工核反应合成了93号元素镎,尔后陆续发现了后面的几种元素。于是,如何延伸元素周期表的问题很自然地提到人们的面前——它们究竟是什么样的元素?在周期表里到底该放在怎样的位置上?它们各具有多大的实用价值?等等。这就促使人们深入开创这方面的研究工作。

现在,人们把原子序数自89号锕起至103号铹等15个元素统称为"锕系元素"(Actinide elements)。它们都具有放射性。其中位于铀后面的元素,即自93号镎起至铹等十一个元素,可另称为"超铀元素"(Transuranium elements)。或"铀后元素"。应该指出,对这些元素的研究,需要有现代化的巨型设备以及先进的科学技术作为基础。近年来,高中子通量反应堆和大型重离子加速器的建造对它们的研究起了很大的推动作用。锕系元素的研究还要求掌握微量快速的分离分析技术,随着它们原子序数的增加,由于α衰变和自发裂变的结果,核的稳定性越来越差,而人工合成的量又极少,往往只能以多少原子个数计算,而不能以克或毫克计量,例如102号元素锘当初只得到十几个原子,因此只能在制备的同时进行快速的分离和测量。如没有综合物理、化学、电子学等知识以及电子计算机的应用,显然是无法进行研究的。

锕系元素的研究与原子能工业的发展有着密切的关系,当今除了人们所熟悉的铀、钍和钚已大量用作核反应堆的燃料以外,诸如^{238}Pu,^{244}Cm和^{252}Cf这些核素,从空间技术、气象学、生物学直至医学方面,都有着实际的和潜在的应用价值。我国自1964年10月16日成功地爆炸了第一颗原子弹以来,接着又制成了氢弹,掌握了这方面的重要技能和应用。一旦强有力的重离子加速器为我们提供出足够量的重元素时,研究它们的性质将使人们获得有关原子、原子核结构与稳定性以及核化学等方面的新知识,进而可开辟一个很有价值的崭新领域。可见对科学工作者说来,锕系元素仍然是极富有吸引力的重要研究对象。

1.1　锕系理论的提出

早在 1926 年就有人预测，在周期表的第七周期中，存在着一个类似于稀土的系列，但这个假设在发现超铀元素之前，没有得到广泛的承认。到了 1945 年，G. T. Seaborg提出[1]，锕及其后的元素组成一个各原子内的 5f 电子层被依次填满的系列，第一个 5f 电子从镤开始填入；正好与镧系元素中各原子的 4f 内电子层被逐渐填满的情形相似。表 1.1 示出锕系元素在周期表中的位置，它包括下列十五个元素：锕(Ac)、钍(Th)、镤(Pa)、铀(U)、镎(Np)、钚(Pu)、镅(Am)、锔(Cm)、锫(Bk)、锎(Cf)、锿(Es)、镄(Fm)、钔(Md)、锘(No)、铹(Lr)。它们属于周期表中第 7 周期 IIIB 族。

表 1.1　锕系元素在周期表中的位置

	IA	IIA	IIIB	IVB	VB	VIB	VIIB	VIII			IB	IIB	IIIA	IVA	VA	VIA	VIIA	0
1	1 H																	2 He
2	3 Li	4 Be											5 B	6 C	7 N	8 O	9 F	10 Ne
3	11 Na	12 Mg											13 Al	14 Si	15 P	16 S	17 Cl	18 Ar
4	19 K	20 Ca	21 Sc	22 Ti	23 V	24 Cr	24 Mn	26 Fe	27 Co	28 Ni	29 Cu	30 Zn	31 Ga	32 Ge	33 As	34 Se	35 Br	36 Kr
5	37 Rb	38 Sr	39 Y	40 Zr	41 Nb	42 Mo	43 Tc	44 Ru	45 Rh	46 Pd	47 Ag	48 Cd	49 In	50 Sn	51 Sb	52 Te	53 I	54 Xe
6	55 Cs	56 Ba	57-71 La	72 Hf	73 Ta	74 W	75 Re	76 Os	77 Ir	78 Pt	79 Au	80 Hg	81 Tl	82 Pb	83 Bi	84 Po	85 At	86 Rn
7	87 Fr	88 Ra	89-103 Ac	104 Rf	105 Ha	106 Unh	107 Uns	108 Uno	109 Une	(110)	(111)	(112)	(113)	(114)	(115)	(116)	(117)	(118)

镧系	57 La	58 Ce	59 Pr	60 Nd	61 Pm	62 Sm	63 Eu	64 Gd	65 Tb	66 Dy	67 Ho	68 Er	69 Tm	70 Yb	71 Lu
锕系	89 Ac	90 Th	91 Pa	92 U	93 Np	94 Pu	95 Am	96 Cm	97 Bk	98 Cf	99 Es	100 Fm	101 Md	102 No	103 Lr

超锕系 (预言)	(121)(122)(123)(124)(125)(126)

注：104 号元素有人表为：Ku。
　　105 号元素有人表为：Ns。

如果不是这样排列的话，那么镎和钚就要分别排在铼和锇的下面，但是，镎(Np)与铼(Re)或钚(Pu)与锇(Os)之间在化学性质方面没有多少相似之处，那种排法不能正确反映客观实际。Seaborg 基于 5f 半充满电子层应是稳定构型这点出发，曾预测当时尚未发现的 95 号和 96 号元素具有生成三价离子的倾向，不久便被他们对这两种元素化学性质的研究所证实。通过这些元素的磁化率测量、电子自旋共振、光谱研究等数据，以及对它们化学性质的研究，进一步证明了锕系理论的正确性。表 1.2 列出锕系元素的发现情形[2,3]。104 号元素 Rf 和 105 号元素

Ha 合成后，对它们的价态和水溶液性质进行的研究，表明分别是 Zr，Hf 和 Nb，Ta 的同族元素，因而锕系理论得到最后的证实。

表 1.2 锕系元素的发现[2]

原子序数	元素	符号	发现者和发现年代	来源或合成反应	发现时的同位素及半衰期	寿命最长的同位素及半衰期
89	锕	Ac	A. Debierne(1899). F. O. Geisel(1902).	铀矿	^{227}Ac 21.77a	^{227}Ac 21.77a
90	钍	Th	J. J. Berzelius(1828).	钍矿		^{232}Th $1.4\times10^{10}a$
91	镤	Pa	K. Fajars, O. H. Göhring(1913). O. Hahn, L. Meitner (1917). F. Soddy, J. A. Cranston(1918).	铀精矿	^{234}Pa 6.75h ^{231}Pa $3.25\times10^{4}a$	^{231}Pa $3.25\times10^{4}a$
92	铀	U	M. H. Klaproth (1789).	沥青铀矿		^{238}U $4.51\times10^{9}a$
93	镎	Np	E. McMillan, P. H. Abelson (1940).	$^{238}U(n,\gamma)\xrightarrow{\beta^-}$	^{239}Np 2.35d	^{237}Np $2.14\times10^{6}a$
94	钚	Pu	G. T. Seaborg, E. M. McMillan, J. W. Kennedy, Al. Wahl(1940).	$^{238}U(d,2n)\xrightarrow{\beta^-}$	^{238}Pu 87.75a	^{244}Pu $8.3\times10^{7}a$
95	镅	Am	G. T. Seaborg, R. A. James, L. O. Morgan, A. Ghiorso(1944/45).	$^{239}Pu(n,\gamma)$[4]$\xrightarrow{\beta^-}$	^{241}Am 433a	^{243}Am 7950a
96	锔	Cm	G. T. Seaborg. R. A. James, A. Ghiorso(1944).	$^{239}Pu(\alpha,n)$	^{242}Cm 163d	^{247}Cm $1.56\times10^{7}a$
97	锫	Bk	S. G. Thompson, A. Ghiorso, G. T. Seaborg(1949).	$^{241}Am(\alpha,2n)$[4]	^{243}Bk 4.6h	^{247}Bk $1.4\times10^{3}a$
98	锎	Cf	S. G. Thompson, K. Street Jr., A. Ghiorso, G. T. Seaborg(1950).	$^{242}Cm(\alpha,n)$	^{245}Cf 43.6min	^{251}Cf 898a

续表

原子序数	元素	符号	发现者和发现年代	来源或合成反应	发现时的同位素及半衰期	寿命最长的同位素及半衰期
99	锿	Es	A. Ghiorso, S. G. Thompson, G. H. Higgins, G. T. Seaborg, M. H. Studier, P. R. Fields(1952).	"Mike"热核爆炸	^{253}Es 20.47d	^{254}Es 276d
100	镄	Fm	S. H. Fried, H. Diamond, J. F. Mech, G. L. Pyle, J. R. Huizanga, A. Hirsch, W. M. Manning, C. J. Brown, H. L. Smith, R. W. Spence(1952).	"Mike"热核爆炸	^{255}Fm 20.1h	^{257}Fm 82d
101	钔	Md	A. Ghiorso, B. H. Harvey, G. R. Choppin, S. G. Thompson, G. T. seaborg(1955).	$^{253}Es(\alpha,n)$	^{256}Md 76min	^{258}Md 54d
102	锘	No	A. Ghiorso, T. Sikkeland, J. R. Walton, G. T. Seaborg(1958).	$^{246}Cm(^{12}C,6n)$(?)	^{252}No 2.3s	^{259}No[4] 58min
			Г. Н. Флеров 等(1957/58).	$^{241}Pu(^{16}O,5n)$	^{252}No	
103	铹	Lr	A. Ghiorso, T. Sikkeland, A. E. Larsch, R. M. Latimer(1961).	$^{249-252}Cf+^{10}B$ 或 ^{11}B	^{258}Lr 4.2s	^{260}Lr 3min

锕系理论的建立是核能规划中最重要的理论成就之一，这个理论在解释周期表里锕以后元素的化学性质方面，取得了显著的成功，从而丰富了元素周期律的实际内容，在化学和物理学等各个领域中都起着很大的推动作用。

1.2 锕系元素的电子构型

人们早已知道，在镧(Z=57)之后由 14 个元素组成的内层电子过渡系列中，新加入的电子不增加到 5d 层内，而是陆续占据 4f 层。因此，该系列的铈(Z=58)有一个 4f 电子；最后一个元素镥(Z=71)呈 4f 层全充满状态，电子组态为[Xe]$4f^{14}5d6s^2$。锕系理论推断在锕(Z=89)之后形成的 5f 内层电子过渡系列，由原子束所作的光谱研究和实验表明，锕后第一个元素钍(Z=90)的气态中性原子并没有 5f 电子，而是其后的镤(Z=91)开始同时填入两个 5f 电子。现将锕系元素气体基态原子的电子组态依次列于表 1.3，为了比较起见，同时列出镧系元素的电子组态[4]。

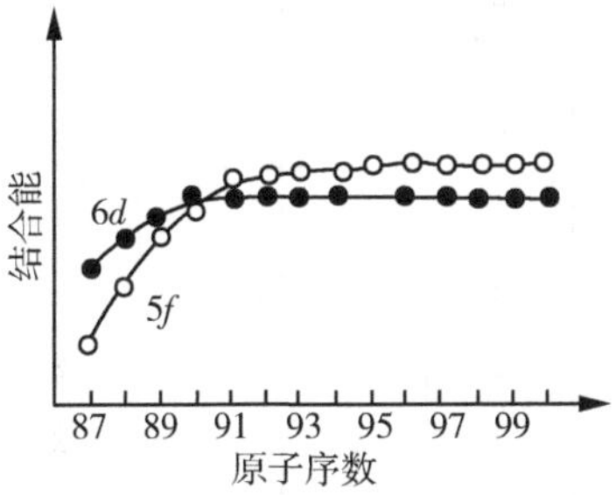

图 1.1 元素周期表后部元素 d 电子和 f 电子结合能的变化

从表 1.3 可以看出，不论镧系元素还是锕系元素，它们最外两层的电子结构几乎相同，差异分别表现在 4f 和 5f 内层上。两个系列中除开始填入 f 电子的为首元素不相对应外，锕系元素中的镤(Z=91)、铀(Z=92)、镎(Z=93)在填入 5f 电子后，还有一个 6d 电子，这点与相应的镧系元素也不一致。这是由于锕系元素的 5f 电子和核之间的联系，比 4f 电子要弱得多，从而造成 5f 与 6d 两层之间能量的差异比镧系元素的相应值小之故。

当锕系元素由中性原子变成离子时，电子填充 5f 层的趋势比 6d 层大。例如，气态 Th^{3+} 的电子组态[Rn]$5f^1$ 比电子组态[Rn]$6d^1$ 的能量低 1 eV；U^{3+} 和 Np^{4+} 的电子组态[Rn]$5f^3$，比起[Rn]$5f^2 6d$ 来在能量上更有利些(参见图 1.1)。实验证明，由气态离子导出的[Rn]$5f^n$ 型结构，一般地适合于水溶液和晶体化合物中的离子。只有少数的例外，如在化合物 U_2S_3，Th_2S_3 中都发现有 6d 电子。但因 5f 与 6d 电子结合能的差值通常在化学键能之内，容易发生跃迁，所以同一元素在不同的化合物中，电子组态可能并不相同。若在溶液中，它要取决于配位体的性质。

就三价锔(Z=96)来说，与三价钆(Z=64)类似，分别具有 $5f^7$ 和 $4f^7$ 的半充满 f 层电子组态，因而显得特别稳定。在镧系元素中，这种稳定性在钆处表现得很明显，由钆至右边的铽(Z=65)，其特性(如：摩尔体积、稳定常数等)多少会出现突变；而二价铕(Z=63)和四价铽的电子组态都是 $4f^7$，它们的存在实际上也是由于半充满 4f 层的稳定性所致。但是，镧系元素中反常价态的稳定性不能单纯从电子组态加以确认。

表 1.3　镧系和锕系元素的外围电子结构

原子序数	元素	最外三个电子层的电子排布							
		4s	4p	4d	4f	5s	5p	5d	6s
57	镧 La	2	6	10		2	6	1	2
58	铈 Ce	2	6	10	1	2	6	1	2
59	镨 Pr	2	6	10	3	2	6		2
60	钕 Nd	2	6	10	4	2	6		2
61	钷 Pm	2	6	10	5	2	6		2
62	钐 Sm	2	6	10	6	2	6		2
63	铕 Eu	2	6	10	7	2	6		2
64	钆 Gd	2	6	10	7	2	6	1	2
65	铽 Tb	2	6	10	9(8)	2	6	(1)	2
66	镝 Dy	2	6	10	10	2	6		2
67	钬 Ho	2	6	10	11	2	6		2
68	铒 Er	2	6	10	12	2	6		2
69	铥 Tu	2	6	10	13	2	6		2
70	镱 Yb	2	6	10	14	2	6		2
71	镥 Lu	2	6	10	14	2	6	1	2

原子序数	元素	最外三个电子层的电子排布							
		5s	5p	5d	5f	6s	6p	6d	7s
89	锕 Ac	2	6	10		2	6	1	2
90	钍 Th	2	6	10		2	6	2	2
91	镤 Pa	2	6	10	2	2	6	1	2
92	铀 U	2	6	10	3	2	6	1	2
93	镎 Np	2	6	10	4	2	6	1	2
94	钚 Pu	2	6	10	6	2	6		2
95	镅 Am	2	6	10	7	2	6		2
96	锔 Cm	2	6	10	7	2	6	1	2
97	锫 Bk	2	6	10	9(8)	2	6	(1)	2
98	锎 Cf	2	6	10	10	2	6		2
99	锿 Es	2	6	10	11	2	6		2
100	镄 Fm	2	6	10	12	2	6		2
101	钔 Md	2	6	10	13	2	6		2
102	锘 No	2	6	10	14	2	6		2
103	铹 Lr	2	6	10	14	2	6	1	2

对于锕系元素中锔处的各种说法，至今尚未确证。一方面是有关锔后元素的数据不完全，更重要的是 $5f$ 电子之间的能量差值较小，从而掩盖了这种特性上的突变。现在已知有四价锔的化合物，但还不能确切证实制备成二价镅（$Z=95$）的化合物。

锕系元素的磁性测定常被用于判断它们的电子组态，有时还可用来解释配位场引起的基态谱项的分裂。但是，因为各个多重态能级混杂在一起，所以解释起来比较困难。磁学数据能为 d 区过渡元素及其离子提供电子组态的可靠资料（参见图 1.2），可是，具有 f 电子的元素其磁性行为与 d 区元素是根本不同的，因而对锕系元素的磁性质不能只作简单的解释，除了要改用相应的自旋-轨道耦合模型外，还要充分考虑配位场效应。

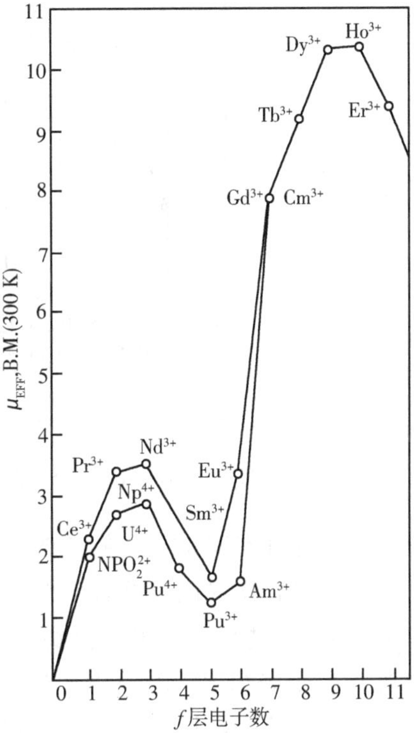

图 1.2 某些锕系和镧系元素的摩尔磁化率

早期对某些化合物如 $RbNpO_2(NO_3)_3$，$RbPuO_2(NO_3)_3$ 等所作的许多电子自旋共振法研究结果，支持了锕后元素归属于 $5f$ 系列的理论，此后又进行了一系列新的研究[5,6]。

光谱法测量尚能提供有关锕系元素电子低激发能级组态的数据。处于各种电离状态的锕系，其光谱线非常繁多，如果仅仅测量波长，常不足以阐明这些谱线的本质所在，需有其他方面的配合才行，例如塞曼效应、超精细分裂及同位素位移等。对于重原子核来说，同位素位移几乎只取决于两种同位素原子核体积的差别，因此在研究电子能级的归属时，同位素位移是很有意义的。大多数锕系元素都进行过光谱学方面的研究，虽然只有少数光谱能够解释清楚，但这些研究对某些气态原子和离子结构的了解却加深了一步[7]。

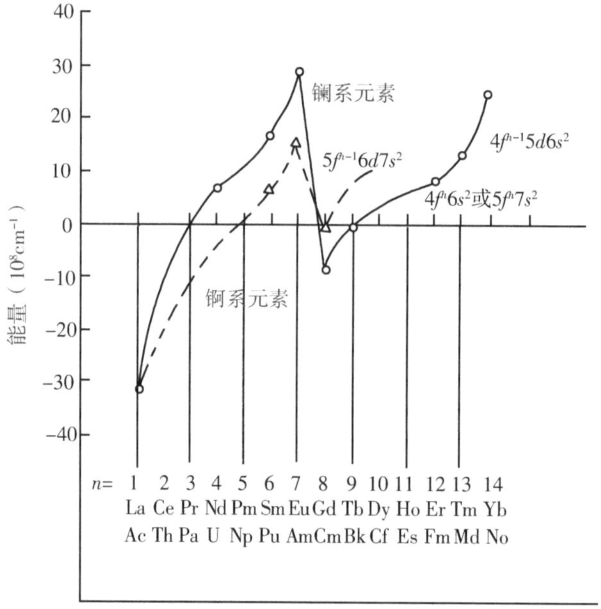

图 1.3　锕系和镧系元素气态中性原子的 f^ns^2 和 $f^{n-1}ds^2$ 电子组态能量的比较

将中性气态锕系元素的 $5f^n7s^2$ 和 $5f^{n-1}6d7s^2$ 电子组态的能量差，与镧系元素相应组态作些比较是有启发的。例如，当 $1\leqslant n\leqslant 3$ 时，即前述 Th，Pa 和 U 的情形下，通过原子束实验得到 $5f^{n-1}6d7s^2$ 的组态（参见图 1.3）；另一方面，锕系元素 $n=6(7)$时的 $5f^n7s^2$ 态和镧系元素 $n=4-7$ 时的 $4f^n6s^2$ 态在能量上都是较稳定的，这时镧系的 $4f$ 能级较锕系的 $5f$ 能级低 1.5 电子伏。由此可见，至少在 f 系列的前一半元素中，当一个 $5f$ 电子激发到 $6d$ 时，它所需的能量将比相应镧系由 $4f$ 激发到 $5d$ 的能量小。这就定量地表明，锕系元素比镧系元素可能有更多数目的成键电子，从而可出现高于＋3 的价态。反之，在 f 系列的后一半元素中，一个 $5f$ 电子激发到 $6d$ 能级比一个 $4f$ 电子激发到 $5d$ 能级需要更多的能量。这就解释了重锕系元素和重镧系元素低价态的稳定性，以及重锕系元素＋2 价存在的事实。

1.3　锕系元素的价态、离子半径和配位数

镧系元素的特征稳定价态是正三价，在锕系中，各元素并不像镧系元素所表现出来的那样具明显的相似性。虽然锕本身具有稳定的正三价状态，但钍在溶液中的特征价态是正四价，镤是正五价，而铀在溶液中最稳定的则是正六价状态。不过

这几个元素如镎和钚一样，也都存在着正三、四或五价状态。如上所述，这些特点可以从 $5f$ 电子构型来说明，即轻锕系元素 $5f$ 电子与核的作用比镧系元素的 $4f$ 电子弱，因而容易失去，形成高价稳定态。随着原子序数的增加，核电荷也跟着升高，使得 $5f$ 电子与核间作用增强，于是像镧系元素一样产生“收缩现象”，此时 $5f$ 与 $6d$ 能量差也增大，$5f$ 电子再也不容易失去了，所以通常说来，轻锕系元素的高价态和重锕系元素的低价态比其相应的镧系元素显得更加稳定。

现将已知锕系元素的价态列于表 1.4，为了比较起见，同时列出镧系元素的价态。

至今已发现重锕系元素都有二价状态，而 102 号锘的二价成了它最稳定的状态，只有用强氧化剂如 Ce(IV)才能将它氧化成 No(III)；又在萃取和离子交换实验中发现，锘的化学行为与碱土元素类似。从电子构型来看，这是合理的，因为 $5f$ 层充满 14 个电子的结构特别稳定，不论三价铹、二价锘都有 14 个 f 电子的全充满结构。1967 年以来，陆续发现了七价状态的镎、钚和镅[9]。最近有人察觉有一价钔的存在[10]。

表 1.4 锕系元素和镧系元素的价态[2]

锕系元素

元素	Ac	Th	Pa	U	Np	Pu	Am	Cm	Bk	Cf	Es	Fm	Md	No	Lr
原子序数	89	90	91	92	93	94	95	96	97	98	99	100	101	102	103
价态	(2) $\underline{3}$	(2) 3 $\underline{4}$	(3) 4 $\underline{5}$	2 3 4 5 $\underline{6}$	3 4 $\underline{5}$ 6 7	3 $\underline{4}$ 5 6 7	(2*) $\underline{3}$ 4 5 6 (7)	(2) $\underline{3}$ 4	$\underline{3}$ 4	2 $\underline{3}$ 4 (5)	2 $\underline{3}$	2 $\underline{3}$	(1) 2 $\underline{3}$	$\underline{2}$ 3	3

镧系元素

元素	La	Ce	Pr	Nd	Pm	Sm	Eu	Gd	Tb	Dy	Ho	Er	Tm	Yb	Lu
原子序数	57	58	59	60	61	62	63	64	65	66	67	68	69	70	71
价态	2* $\underline{3}$	2* $\underline{3}$ 4	2* $\underline{3}$ 4	2* $\underline{3}$ (4)	2* $\underline{3}$	2 $\underline{3}$	2 $\underline{3}$	2* $\underline{3}$	2* $\underline{3}$ 4	2* $\underline{3}$ (4)	2* $\underline{3}$	2* $\underline{3}$	2 $\underline{3}$	2 $\underline{3}$	$\underline{3}$

注：1. * 仅在碱土金属卤化物中以稀的固溶体（<0.5mol%）存在。2. 括号内的价态尚未确证。3. 划有底线的为最稳定价态。

表 1.5　锕系元素和镧系元素的离子半径(配位数=6)

锕系元素					镧系元素		
元素	M^{3+}(Å)	M^{4+}(Å)	M^{5+}(Å)	M^{6+}(Å)	元素	M^{3+}(Å)	M^{4+}(Å)
Ac	1.11				La	1.061	
Th	1.08	0.99			Ce	1.034	0.92
Pa	1.05	0.96	0.90		Pr	1.013	0.90
U	1.03	0.93	0.89	0.83	Nd	0.995	
Np	1.01	0.92	0.88	0.82	Pm	(0.979)	
Pu	1.00	0.90	0.87	0.81	Sm	0.964	
Am	0.99	0.89	0.86	0.80	Eu	0.950	
Cm	0.986	0.88			Gd	0.938	
Bk	0.981	0.87			Tb	0.923	0.84
Cf	0.976				Dy	0.908	
Es	0.97				Ho	0.894	
Fm					Er	0.881	
Md					Tm	0.869	
No					Yb	0.858	
Lr					Lu	0.848	

处于各种价态的锕系元素离子，各有其不同的化学行为。表 1.5 列出三价至六价锕系和镧系元素的离子半径，这些数据主要是由它们的氧化物和卤化物的简单晶体结构中导出的。在锕系和镧系元素中都发现有离子半径的收缩现象，即随着原子序数的增加而离子半径逐渐减小。这种收缩连续而不均匀，对前几个 f 电子，它的收缩较大，以后的趋势则越来越平。这使得 f 元素系列的化学差异性随原子序数的增加而逐渐减小，以致分离钚后元素时变得更加困难。

三价锕系和镧系元素在其化合物中的配位数主要是 6 或 8。正四价的特征即是配位数为 8 或 10，而锕系酰基离子(Actinyl ions)的配位数主要是 6,7,8。除了常见配位数为 6(八面体或三棱柱排列)和 8(主要为立方、四角反棱柱或六方棱柱围绕着金属原子)以外，许多锕系元素的离子还有较高的配位数，如 10，11 或 12；更有意思的是，配位数为 7 和 9 在别处是极少遇到的，但在锕系元素化合物中却经常出现[11]。

表 1.6 锕系元素离子的配位数

价态	配位数	几何排列	实 例
III	6	八面体	$M(CH_3COCHCOCH_3)_3$;MCl_6^{3-}
	8		$PuBr_3$ 型
	9		UCl_3 型;MF_3(LaF_3 型)
	12	二十面体	UD_3(D:${}_1^2H$)
IV	6	八面体	UCl_6^{2-};$PuBr_6^{2-}$
		三角棱柱	β-ThI_2
	7	五方	Na_3UF_7
		双锥	
	8	立方	MO_2
		四方	$(NH_4)_4UF_8$;UCl_4 型
		反棱柱	$Th(C_5H_{10}NS_2)_4$
	9		$(NH_4)_4ThF_8$;Li_4UF_8;$KTh_2(PO_4)_3$
	10		$U(CH_3COO)_4$;$Th(TTA)_4$·1,1′-联吡啶
	11		$[Th_2(OH)_2(NO_3)_6(H_2O)_6]$
	12	二十面体	$MgTh(NO_3)_6 \cdot 8H_2O$
V	6	八面体	UF_6^-;α-UF_5;β-$PaBr_5$
	7		β-UF_5;Rb_2UF_7
		五方	$PaOBr_3$;$PaCl_5$
		双锥	
	8		$RbPaF_6$
		立方(变形)	Na_3PaF_8
	9		K_2PaF_7
VI	6	八面体	UF_6;UCl_6;δ-UO_3;Li_4UO_5
			$UO_2(OH)_2$;$Mg(UO_2)O_2$
	7	五方	$UO_2Cl_2 \cdot 3H_2O$;$Cs_2(UO_2)_2(SO_4)_3$
		双锥	$[UO_2(CH_3COO)_2 \cdot OP(C_6H_5)_3]_2$
	8	六方	$Na[UO_2(CH_3COO)_3]$
		双锥	$Rb[UO_2(NO_3)_3]$
			$Ca(UO_2)O_2$;α-UO_3;UO_2CO_3
			$Na_4[UO_2(O_2)_3] \cdot 9H_2O$
			$UO_2(NO_3)_2 \cdot 2(C_2H_5)_3PO$
VII	6	八面体	Li_5NpO_6;Li_5PuO_6

诚然,各个锕系元素离子都有某几个主要的配位数,但所遇到的配位数范围还是比其他金属离子的范围要大些。例如,五价镤卤化物的配位数有 6(β-$PaBr_5$),

7($PaCl_5$),8(Na_3PaF_8)和 9(K_2PaF_7)。还可指出的是,在某些化合物如 $MOCl_2$(M=Pa—Np)的晶格中,各个金属原子会出现 7,8,9 三种不同的配位数,这也是耐人寻味的。有的配位多面体出现相当复杂的情形,因而往往难于确定其配位数。表 1.6列出三价至七价锕系元素配位数一览表。如同 d 区元素一样,对每种配位都可得出杂化函数(Hybrid function),例如 sf 或 df 形成直线形键,st^3 为四面体排列,d^2sf^3 以八面体排列等。

1.4　锕系离子的水溶液化学

1.4.1　锕系离子的稳定性

锕系元素的离子在溶液中的颜色见表 1.7。其中 Ac^{3+},Th^{4+},Pa^{3+} 和 Cm^{3+} 无色,其余离子都是显色的。f 电子对光吸收的影响,对镧系元素和锕系元素表现得十分相似。例如,$La^{3+}(4f^0)$和 $Ac^{3+}(5f^0)$,$Ce^{3+}(4f^1)$和 $Th^{4+}(5f^0)$、$Pa^{4+}(5f^2)$,$Gd^{3+}(4f^7)$和 $Cm^{3+}(5f^7)$都为无色。$Nd^{3+}(4f^3)$和 $U^{3+}(5f^3)$均显浅红色。

表 1.7　锕系元素离子的颜色

离子	Ac^{3+}	Th^{4+}	Pa^{4+}	U^{3+}	U^{4+}	Np^{3+}
颜色	无色	无色	无色	浅红	绿	蓝紫

离子	Np^{4+}	Pu^{3+}	Pu^{4+}	Am^{3+}	Cm^{3+}
颜色	黄绿	蓝	黄绿	粉红-红	无色

表 1.8　锕系离子在水溶液中的稳定性

元素	价态	稳定性及某些制法
锕	Ac(III)	稳定。
钍	Th(III)	溶液中未有此价态。ThI_3 与稀酸反应则生成 Th^{4+},并放出氢。
	Th(IV)	稳定。
镤	Pa(III)	溶液中未有此价态。
	Pa(IV)	不存在空气时稳定;如有氧则可迅速氧化到五价镤。它可由 Pa(V)使用强还原剂如 Zn 粉、Cr(II)盐或电解还原制得。
	Pa(V)	稳定。用强还原剂可还原至 Pa(IV),有明显的不可逆水解倾向。未知有 Pa^{5+} 和严格的 PaO_2^+ 型离子存在。

续表

元素	价态	稳定性及某些制法
铀	U(III)	可将水还原而放出氢。用强还原剂如 Zn 粉与 U(IV)作用,或将其进行电解还原可制得 U(III)。
	U(IV)	没有空气时稳定存在;否则会逐渐氧化成 UO_2^{2+}。采用中等还原剂如连二亚硫酸钠或电解还原,可由 UO_2^{2+} 溶液制取 U(IV)。
	UO_2^+	不稳定,会迅速歧化成 U(IV)和 U(VI)。当 pH=2—4 时比较稳定。
	UO_2^{2+}	稳定。当 pH>3 时有强烈的水解倾向。
镎	Np(III)	没有氧气时稳定:否则将逐渐氧化至 Np(IV)。使用中等还原剂如 Pt/H_2 可由 Np(IV)制得它。
	Np(IV)	稳定;氧气能缓慢地将其氧化成 NpO_2^+。
	NpO_2^+	稳定;仅在高酸时(如>8mol/L HNO_3)歧化成 Np(IV)和 Np(VI)。
	NpO_2^{2+}	稳定;但易被还原,例如可被络合剂 8-羟基喹啉、乙酰丙酮,甚至离子交换树脂所还原。
	NpO_2^{3+}	在碱性溶液中稳定,但在酸性溶液中不稳定。以 ClO^-,$S_2O_8^{2-}$ 或 O_3 氧化 NpO_2^{2+} 的碱性溶液可制得它。
钚	Pu(III)	稳定。在钚同位素 α 辐射的作用下将逐渐氧化到 Pu(IV)。
	Pu(IV)	在浓酸中稳定;但在不含络合剂的弱酸中会歧化成 Pu(III)和 Pu(VI)。
	PuO_2^+	当 pH=2—6 时稳定;在较高或较低的 pH 值时,都将歧化成Pu(IV)和 Pu(VI)。
	PuO_2^{2+}	稳定;在钚同位素 α 辐射的作用下将慢慢被还原,还原速度与溶液的化学成分有关。
	PuO_2^{3+}	仅在碱性溶液中存在;使用 $S_2O_8^{2-}$ 氧化 PuO_2^{2+} 的碱性溶液可制得它。
镅	Am(III)	稳定。只有采用强氧化剂时,才能将它氧化成 Am(V)和 Am(VI);欲氧化为 Am(IV)可在浓磷酸溶液中进行。
	Am(IV)	只有在浓氢氟酸和浓磷酸溶液中才稳定存在。在其他溶液中会缓慢歧化成 Am(III)和 Am(VI)。
	AmO_2^+	稳定。与 NpO_2^+ 相似,只在强酸溶液中发生歧化,在镅同位素 α 辐射的作用下,将快速还原成 Am(III)。
	AmO_2^{2+}	稳定。属于强氧化剂(相当于 MnO_4^-),镅同位素 α 辐射的作用能引起快速自还原而生成 Am(III)。
	Am(VII)	极不稳定。Am(VI)在强碱性溶液中可能歧化成 Am(V)和 Am(VII)。
锔	Cm(III)	稳定。
	Cm(IV)	仅在 15mol/L CaF 溶液中较稳定;在锔同位素 α 辐射的作用下,它将迅速地还原成 Cm(III)。
锫	Bk(III)	稳定。只能用强氧化剂如 $KBrO_3$ 才能转变成 Bk(IV)。
	Bk(IV)	稳定。属于强氧化剂,相当于 Ce(IV),能快速辐解自还原成 Bk(III)。

续表

元素	价态	稳定性及某些制法
锎	Cf(II) Cf(III)	不稳定；可用汞齐还原 Cf(III)制得。 稳定。
锿	Es(II) Es(III)	不稳定；可用汞齐还原 Es(III)制得。 稳定。
镄	Fm(II) Fm(III)	不稳定；可用汞齐还原 Fm(III)制得。 稳定。
钔	Md(II) Md(III)	很稳定。可用强还原剂如 Cr(II)，Eu(II)或 Zn 还原 Md(III)制得。 稳定。
锘	No(II) No(III)	稳定。只能被强氧化剂氧化成 No(III)。 稳定。属于强氧化剂，与 BrO_3^- 或 $Cr_2O_7^{2-}$ 相近。
铹	Lr(III)	稳定。

锕系元素离子在水溶液中具有明显的化学特性。现将各种锕系离子对氧化还原、歧化反应和自辐射效应的稳定性总结于表 1.8。

1.4.2　锕系元素的氧化还原反应

现将锕系元素在水溶液中的摩尔电位、标准电极电位以及相应的电极反应概述于表 1.9。其中大部分数值是直接测定的；有些体系在水溶液中不稳定，这就由估算得出。1mol/L $HClO_4$ 溶液中测得的摩尔电位比离子强度为零的标准电极电位更加准确些，因为后者常由热力学数据外推或计算得到[12,13]。

由此表可知，锕系元素(IV—III)的还原电位随着原子序数的增加而增大。锕、钍、镤、钚、镅和锔都是还原剂，其中以锕的还原性为最强。在锔处的还原电位达一明显的极大值。这种电位与原子序数的函数关系，跟镧系元素的相应曲线相似。此外，二价锕系元素的稳定性从锎至锘是不断增加的。MO_2^{2+} 的氧化性则依 Am>Np>Pu>U 的顺序降低。

锕系元素的+4 和+5 氧化态离子在溶液中会进行自身氧化还原的反应，即下列歧化反应：

$$3M^{4+} + 2H_2O \rightleftharpoons 2M^{3+} + MO_2^{2+} + 4H^+$$

$$2MO_2^+ + 4H^+ \rightleftharpoons M^{4+} + MO_2^{2+} + 2H_2O$$

歧化反应的倾向可用歧化势来量度，它可由摩尔还原电势求出。

+4 氧化态离子的歧化势为：

$$E_{歧化} = E^\circ_{(IV)/(III)} - E^\circ_{(VI)/(IV)}$$

表 1.9 锕系元素的摩尔电位和标准电极电位[12]

元素	价态变化	电极反应	摩尔电位 E(V) (1mol/L $HClO_4$或 1mol/L NaOH)	标准电极电位 E°(V) ($I=0$)
Ac	III—0	$Ac^{3+}+3e=Ac(s)$	−2.62	−2.58
Th	IV—III	$Th^{4+}+e=Th^{3+}$	−2.4	−2.4
	IV—0	$Th^{4+}+4e=Th(s)$	−1.8	−1.9
		$Th(OH)_4+4e=Th(s)+4OH^-$	−2.46	−2.48
Pa	V—IV	$PaO_2^+ +4H^+ +e=Pa^{4+}+2H_2O$	−0.29*	∼−0.1
	V—0	$PaO_2^+ +4H^+ +5e=Pa(s)+2H_2O$	−0.97	−1.0
U	VI−V	$UO_2^{2+}+e=UO_2^+$	0.063	0.080
	VI−IV	$UO_2^{2+}+4H^+ +2e=U^{4+}+2H_2O$	0.338	0.319
		$UO_2^{2+}+2e=UO_2(s)$	0.427	0.447
	VI−III	$UO_2^{2+}+4H^+ +3e=U^{3+}+2H_2O$	0.015	0.014
		$UO_2(OH)_2+2H_2O+2e=U(OH)_4+2OH^-$	−0.600	−0.620
	V−IV	$UO_2^+ +4H^+ +e=U^{4+}+2H_2O$	0.613	0.558
	V−III	$UO_2^+ +4H^+ +2e=U^{3+}+2H_2O$	−0.009	−0.019
	IV−III	$U^{4+}+e=U^{3+}$	−0.631	−0.596
		$U(OH)_4+e=U(OH)_3+OH^-$	−2.13	−2.14
	III−0	$U^{3+}+3e=U(s)$	−1.85	−1.80
		$U(OH)_3+3e=U(s)+3OH^-$	−2.14	−2.17
Np	VII−VI	$NpO_2^{3+}+e=NpO_2^{2+}$	>2.07	>2.1
		$NpO_5^{3-}+e+H_2O=NpO_4^{2-}+2OH^-$	0.5281	0.538
	VII−VI	$NpO_2^{2+}+e=NpO_2^+$	1.1364	1.153
		$NpO_2(OH)_2+e=NpO_2(OH)+OH^-$	0.49	0.48
	VI−V	$NpO_2^{2+}+4H^+ +2e=Np^{4+}+2H_2O$	0.9377	0.918
		$NpO_2(OH)_2+2H^+ +2e=Np(OH)_4$	0.45	0.43
	VI−III	$NpO_2^{2+}+4H^+ +3e=Np^{3+}+2H_2O$	0.6769	0.676
	V−IV	$NpO_2^+ +4H^+ +e=Np^{4+}+2H_2O$	0.7391	0.684
		$NpO_2(OH)+2H_2O+e=Np(OH)_4+OH^-$	0.40	0.39
	V−III	$NpO_2^+ +4H^+ +2e=Np^{3+}+2H_2O$	0.4471	0.437
	IV−III	$Np^{4+}+e=Np^{3+}$	0.1551	0.190
		$Np(OH)_4+e=Np(OH)_3+OH^-$	−1.75	−1.76
	III−0	$Np^{3+}+3e=Np(s)$	−1.83	−1.83

续表

元素	价态变化	电极反应	摩尔电位 E(V)（1mol/L $HClO_4$ 或 1mol/L NaOH）	标准电极电位 E°(V)（$I=0$）
		$Np(OH)_3+3e=Np(s)+3OH^-$	−2.22	−2.25
Pu	VII—VI	$PuO_5^{3-}+H_2O+e=PuO_4^{2-}+2OH^-$	0.847	0.857
	VI—V	$PuO_2^{2+}+e=PuO_2^+$	0.9164	0.933
		$PuO_2(OH)_3^-+e=PuO_2(OH)+2OH^-$	0.27	0.26
	VI—IV	$PuO_2^{2+}+4H^++2e=Pu^{4+}+2H_2O$	1.0433	1.024
		$PuO_2(OH)_3^-+2H_2O+2e=Pu(OH)_4+3OH^-$	0.52	0.51
	VI—III	$PuO_2^{2+}+4H^++3e=Pu^{3+}+2H_2O$	1.0228	1.022
		$PuO_2(OH)_3^-+2H_2O+3e=Pu(OH)_3+4OH^-$	0.03	0.02
	V—IV	$PuO_2^++4H^++e=Pu^{4+}+2H_2O$	1.1702	1.115
		$PuO_2(OH)+2H_2O+e=Pu(OH)_4+OH^-$	0.77	0.76
	V—III	$PuO_2^++4H^++2e=Pu^{3+}+2H_2O$	1.0761	1.066
		$PuO_2(OH)+2H_2O+2e=Pu(OH)_3+2OH^-$	−0.09	−0.10
	IV—III	$Pu^{4+}+e=Pu^{3+}$	0.9819	1.017
		$Pu(OH)_4+e=Pu(OH)_3+OH^-$	−0.94	−0.95
	III—0	$Pu^{3+}+3e=Pu(s)$	−2.08	−2.03
		$Pu(OH)_3+e=Pu(s)+3OH^-$	−2.39	−2.42
Am	VI—V	$AmO_2^{2+}+e=AmO_2^+$	1.60	1.62
		$AmO_2(OH)_2+e=AmO_2(OH)+OH^-$	1.1	1.1
	VI—IV	$AmO_2^{2+}+4H^++2e=Am^{4+}+2H_2O$	1.38	1.36
		$AmO_2(OH)_2+2H_2O+2e=Am(OH)_4+2OH^-$	0.9	0.9
	VI—III	$AmO_2^{2+}+4H^++3e=Am^{3+}+2H_2O$	1.70	1.70
		$AmO_2(OH)_2+2H_2O+3e=Am(OH)_3+3OH^-$	0.7	0.7
	V—III	$AmO_2^++4H^++2e=Am^{3+}+2H_2O$	1.75	1.74
		$AmO_2(OH)+2H_3O+2e=Am(OH)_3+2OH^-$	0.6	0.6
	IV—III	$Am^{4+}+e=Am^{3+}$	2.34	2.38
		$Am(OH)_4(s)+e=Am(OH)_3(s)+OH^-$	0.5	0.5
	III—II	$Am^{3+}+e=Am^{2+}$	−2.93	−2.9
	III—0	$Am^{3+}+3e=Am(s)$	−2.42	−2.38
		$Am(OH)_3(s)+3e=Am(s)+3OH^-$	−2.68	−2.71

续表

元素	价态变化	电极反应	摩尔电位 E(V)（1mol/L $HClO_4$ 或 1mol/L NaOH）	标准电极电位 E°(V)（$I=0$）
Cm	IV—III	$Cm^{4+}+e=Cm^{3+}$	3.24	3.28
	III—II	$Cm^{3+}+e=Cm^{2+}$	−5.0	−5.0
	III—0	$Cm^{3+}+3e=Cm(s)$	−2.31	−2.29
Bk	IV—III	$Bk^{4+}+e=Bk^{3+}$	1.64	1.68
	III—II	$Bk^{3+}+e=Bk^{2+}$	−3.4	−3.4
Cf	IV—III	$Cf^{4+}+e=Cf^{3+}$	>1.60	>1.64
	III—II	$Cf^{3+}+e=Cf^{2+}$	−1.9	−1.9
	III—0	$Cf^{3+}+3e=Cf(s)$	−2.32	−2.28
Es	III—II	$Es^{3+}+e=Es^{2+}$	−1.60	−1.57
Fm	III—II	$Fm^{3+}+e=Fm^{2+}$	−1.3	−1.3
Md	III—II	$Md^{3+}+e=Md^{2+}$	−0.15	−0.12
No	III—II	$No^{3+}+e=No^{2+}$	1.45	1.48
Lr	IV—III	$Lr^{4+}+e=Lr^{3+}$		7.9[14]

表 1.10　部分锕系离子的歧化势(V)

元素	$3M(IV)\rightleftharpoons 2M(III)+M(VI)$	$2M(V)\rightleftharpoons M(IV)+M(VI)$
U	−0.969	0.550
Np	−0.783	−0.398
Pu	−0.064	0.254
Am	0.96	—

表 1.11　锕系离子在水溶液中的歧化反应平衡常数(25℃)

元素	歧化反应	logK
U	$2UO_2^{+}+4H^{+}\rightleftharpoons U^{4+}+UO_2^{2+}+2H_2O$	9.30
Np	$2NpO_2^{+}+4H^{+}\rightleftharpoons Np^{4+}+NpO_2^{2+}+2H_2O$	−6.72
Pu	$2PuO_2^{+}+4H^{+}\rightleftharpoons Pu^{4+}+PuO_2^{2+}+2H_2O$	4.29
	$3PuO_2^{+}+4H^{+}\rightleftharpoons Pu^{3+}+2PuO_2^{2+}+2H_2O$	5.40
	$3Pu^{4+}+2H_2O\rightleftharpoons 2Pu^{3+}+PuO_2^{2+}+4H^{+}$	−2.08
Am	$3Am^{4+}+2H_2O\rightleftharpoons 2Am^{3+}+AmO_2^{2+}+4H^{+}$	32.5
	$2Am^{4+}+2H_2O\rightleftharpoons Am^{3+}+AmO_2^{+}+4H^{+}$	19.9

+5 氧化态离子的歧化势为：

$$E_{歧化} = E^{\circ}_{(V)/(IV)} - E^{\circ}_{(VI)/(V)}$$

歧化势愈大，该离子发生歧化反应的倾向就愈大。表 1.10 和表 1.11 列出了 U，Np，Pu 和 Am 的歧化势和若干歧化反应的平衡常数。由此可知，U^{4+} 和 Np^{4+} 不易发生歧化反应，而 Am^{4+} 的歧化倾向则较大。在氧化态为 5 的离子中 UO_2^+ 和 PuO_2^+ 的歧化反应倾向大，而 NpO_2^+ 则是稳定的。

1.4.3 锕系元素的络合反应

人们对锕系元素的络合物进行过许多研究。其中超铀元素的研究多在微量范围内进行，有时难以制成均一价态的放射性示踪剂溶液，而且想准确测定它们的浓度受到限制，因而不同作者对于同一化合物测得的生成常数出现差异。

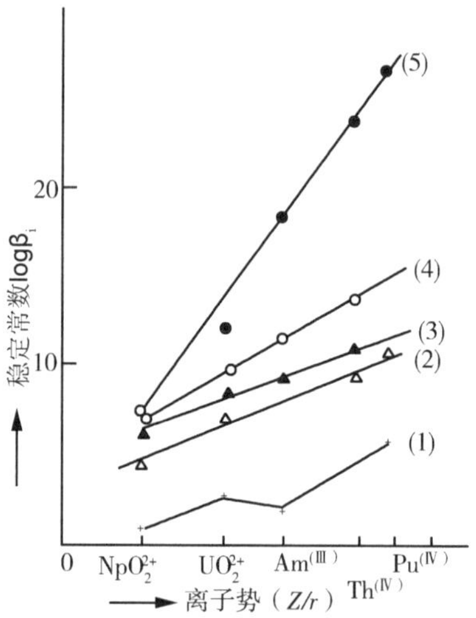

图 1.4 三价到六价锕系元素的代表 Am(III)，Th(IV)，Pu(IV)，NpO_2^+，UO_2^{2+} 与下列络合剂所形成的络合物之稳定常数：

(1)乙酸；(2)乙酰丙酮；(3)*N*-羟乙基亚氨二乙酸；(4)氮川三乙酸；(5)乙二胺四乙酸

一般说来，锕系元素络合物在水溶液中的稳定性以下列顺序递降：

$$M(IV) > M(III) \geqslant M(VI) > M(V)$$

即四价锕系元素形成最强的络合物，而五价锕系元素形成的络合物最弱，参见图 1.4。然而，MO_2^{2+} 和 MO_2^+ 所形成的络合物比相应二价或一价阳离子形成的络合物要稳定些。不少锕系元素离子的电子构型与惰性气体相似，它们的配位化合物主要是静电性的，因而络合物的稳定性主要取决于离子势 Z/r。这里 Z 为离子电荷,r 为离子半径。

三价和四价锕系元素与氨基多羧酸所形成螯合物的生成常数,随着离子势或者原子序数的增加而增加(图 1.4 至图 1.6)。若与镧系元素的三价离子螯合物相比较,就会发现在相等离子势情形下,锕系元素的三价离子螯合物显得较稳定些。这种现象是由于 $5f$ 电子参与了络合成键的缘故。

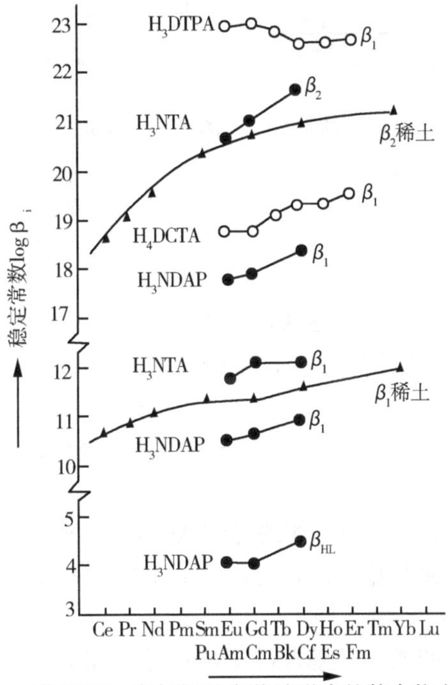

图 1.5 三价锕系元素与氨基多羧酸形成的螯合物之稳定常数

H_5DTPA:二乙撑三胺五乙酸;H_4DCTA:二氨环己烷四乙酸;

H_3NDAP:氮川二乙基丙酸;H_3NTA:氮川三乙酸

对于五价和六价锕系元素双氧金属阳离子的络合物而言,生成常数与原子序数的关系则不如前面的清楚。例如,PuO_2^+ 与乙二胺四乙酸形成的螯合物比 NpO_2^+ 的相应螯合物稳定,而它们与氨基乙酸、亚氨二乙酸形成螯合物的稳定性次序正好相反。

如果将同类配位体形成的络合物加以比较,发现它们的稳定性多随配位体 pK 值的增加而线性地增加。图 1.7 表示六价铀、钚与脂肪族羧基配位体形成一系列络合物的情形。其中羟基乙酸络合物不在直线上,可能是它具有不同类型的络合键所致。

锕系元素被络合的趋势,大致按下列顺序递降:

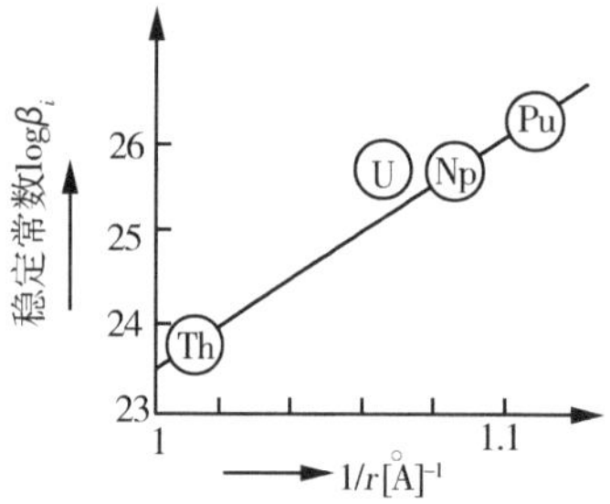

图 1.6　四价锕系元素与乙二胺四乙酸形成螯合物的稳定常数

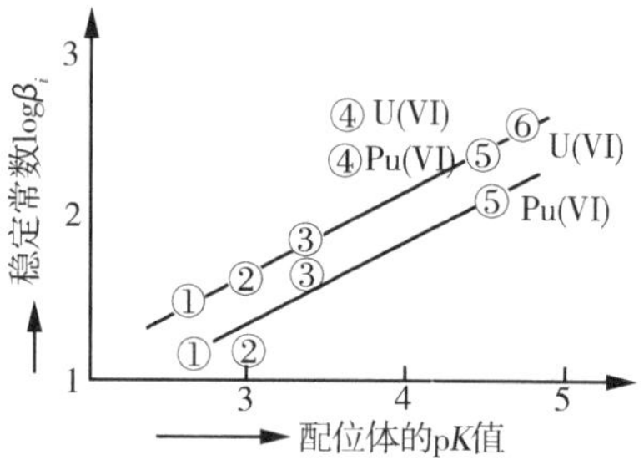

图 1.7　六价铀、钚与乙酸衍生物形成络合物的稳定常数

①一氯乙酸；②呋喃-2-羧酸；③噻吩-2-羧酸；④羟基乙酸；⑤乙酸；⑥丙酸

一价配位体

OH^-＞氨基酚类(如 8-羟基喹啉)＞1,3-二酮类＞α-羟基羧酸类＞乙酸＞硫代羧酸类＞$H_2PO_4^-$＞SCN^-＞NO_3^-＞Cl^-＞Br^-＞I^-

二价配位体

亚氨二羧酸类＞CO_3^{2-}＞$C_2O_4^{2-}$＞HPO_4^{2-}＞α-羟基二羧酸类＞二羧酸类＞SO_4^{2-}

锕系元素金属所形成的某些环状螯合物如图 1.8 所示。一般说来，五元环螯合体系比六元环螯合体系更稳定。这可由 Am(III)[15]和 Pu(VI)[16]相应螯合物的稳定常数作比较来证实。

U(VI)与简单脂肪酸或α-羟基羧酸形成一系列络合物，形成的数量随脂肪酸链长的增加而增多，且络合物的稳定性也与链长有一定的关系[17]。锕系元素与某些有机磷化物，也呈现明显的络合趋向，如磷酸酯、膦酸酯和氧膦化物等，都有一定的选择性萃取或协同效应。

三价、四价锕系元素离子可与氨基多羧酸形成螯合物，其稳定性随配位体中电子给予体原子所结合数目的增加，而线性地增加[18]。四价锕系元素形成的螯合物，通常比三价锕系元素形成的螯合物更加稳定。此外，许多锕系元素络合物和螯合物，都已制得固态的形式[19]。

在锕系元素的物理和化学手册方面，曾将西欧、美国和我国知名科学家有关锕系络合物及萃取的重要评述收入最新出版的第 3 卷之中[24]。最新放射性同位素数据表参见文献[25]。

1.4.4　锕系元素的水解

锕系元素的离子半径不大，而电荷较多，因此，它们在水溶液中会水解。水解

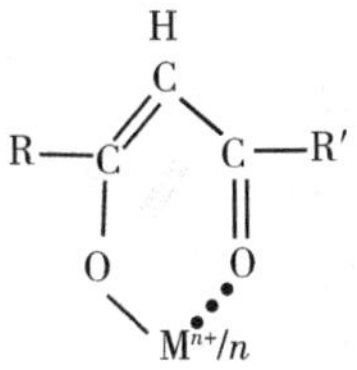

1,3-二酮类螯合物体系

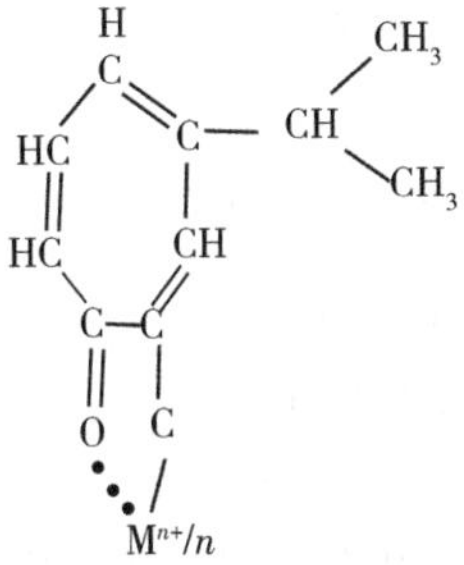

β-异丙基芳庚酚酮螯合物体系

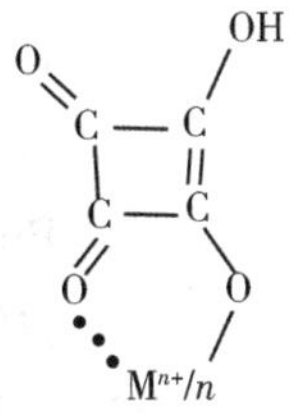

方酸螯合物体系

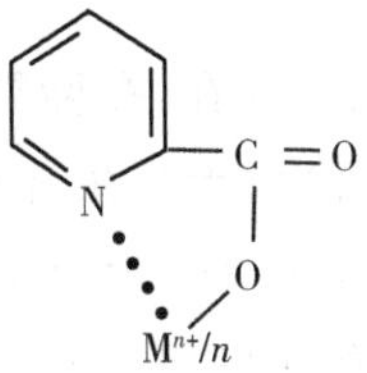

吡啶-2-羧酸螯合物体系

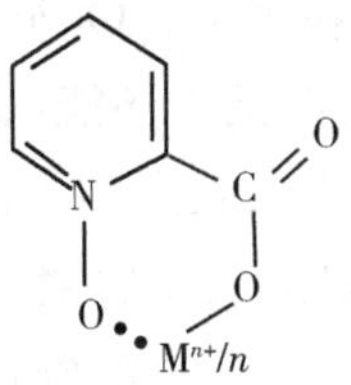

吡啶-2-羧酸-N-氧化物螯合物体系

图 1.8　某些锕系元素金属螯合物的环状体系

的第一阶段通常可表达为：

$$M^{n+} + H_2O \rightleftharpoons M(OH)^{(n-1)+} + H^+$$

水解常数

$$K_{h1} = \frac{[M(OH)^{(n-1)+}][H^+]}{[M^{n+}]}$$

三价锕系元素：

Pu^{3+}，$K_{h1} = 1.1\times10^{-7}$　　$(\mu = 5\times10^{-2})$

Am^{3+}，$K_{h1} = 1.2\times10^{-6}$　　$(\mu = 0.1, 23℃)$

Cm^{3+}，$K_{h1} = 1.2\times10^{-6}$　　$(\mu = 0.1, 23℃)$

Bk^{3+}，$K_{h1} = 2.2\times10^{-6}$　　$(\mu = 0.1, 23℃)$

Cf^{3+}，$K_{h1} = 3.4\times10^{-6}$　　$(\mu = 0.1, 23℃)$

四价锕系元素：

$Th^{4+}, K_{h1}=7.6\times10^{-5}$ ($\mu=1.0$)

$Pa^{4+}, K_{h1}=7\times10^{-1}$ ($\mu=3$)

$U^{4+}, K_{h1}=2.1\times10^{-2}$ ($\mu=2.5$)

$Np^{4+}, K_{h1}=0.5\times10^{-2}$ ($\mu=2$)

$Pu^{4+}, K_{h1}=5.4\times10^{-2}$ ($\mu=2.5$)

$Hf^{4+}, K_{h1}=1.33$ (供比较)

其中 Pa(IV)的水解行为不像其他四价锕系元素，而是更像 Hf(IV)。水解过程并未完全清楚[20]，可能是各式各样的，除产生单核型的水解产物外，有时还发现有聚合型水解产物。即出现水合、水解和络合等的混合过程。实际上，未水解的三价和四价锕系元素离子仅存在于 $HClO_4$ 介质中。

只有镤在浓 $HClO_4$ 溶液中还能以简单的五价离子存在，在稀释过程中则发生水解和聚合。铀及其后锕系元素均不能以简单的五价离子存在，而是形成水合的二氧络阳离子 $MO_2(H_2O)_n^+$；后者相对地说较少水解，形成的水解形式为 $MO_2(OH)_m(H_2O)_{n-m}^{(1-m)}$ 离子。六价锕系元素离子也只以水合二氧络阳离子 $MO_2(H_2O)2+_n$的形式存在，它们比单电荷离子更趋向于水解。在溶液中，根据介质酸度的不同，形成 $MO_2(OH)_m(H_2O)_{n-m}^{(2-m)}$ 和更复杂的水解产物；在聚合过程中，有时生成双核水解产物$[(MO_2)_2(OH)_m]_n^{(4-m)}$。

随着离子电荷与半径比值的增加，锕系元素离子水解和络合的趋势也增大。因此，对于具有相同原子序的锕系离子而言，随着它们的电荷数的递减，水解和络合的趋势亦依以下顺序减少：

$$M^{4+}>M^{3+}>MO_2^{2+}>MO_2^+$$

但在某些情况下，例如草酸盐和醋酸盐溶液中，锕系离子的水解和络合趋向按以下顺序递减：

$$M^{4+}>MO_2^{2+}>M^{3+}>MO_2^+$$

1.5 锕系元素在自然界中的存在

锕系元素中的铀早在 1789 年就在沥青铀矿中发现，比它轻的锕、钍和镤随后在它们的矿石中也陆续地发现了(参见表 1.2)。它们在地壳中的丰度为[21]：锕 $3\times10^{-14}\%$，钍 $1.5\times10^{-3}\%$，镤 $8\times10^{-11}\%$，铀 $4\times10^{-4}\%$。主要的钍矿有独居石(Ce, La, Nd, …)PO_4，其中含 $ThSiO_4$，它与 $CePO_4$ 呈同晶形共生；另外还有硅酸钍矿 $ThSiO_4$。铀的主要矿石有沥青铀矿 U_3O_8，钒酸钾铀矿 $K_2(UO_2)_2(VO_4)_2\cdot3H_2O$，钙铀云母 $Ca(UO_2)_2(PO_4)_2\cdot8H_2O$，铜铀云母 $Cu(UO_2)_2(PO_4)_2\cdot12H_2O$，

黑稀金矿(Ca,U,Th,Ce)(Nb,Ta,Ti,Fe)$_2$O$_6$ 等等。

探测自然界中超铀元素的工作已做过许多尝试。在 1940 年以前曾有几次在各种矿石中发现个别超铀元素的报道,但被严格的鉴定否定了。1942 年 G. T. Seaborg 和 M. L. Perlman 首次测定证实了钚在自然界的存在。他们用共沉淀法和氧化-还原循环从 400g 沥青铀矿中分离出少量^{239}Pu,并以放射化学方法作了特征性鉴定,得出每 g 铀中约含 10^{-14}克钚的结果。D. F. Peppard 等人曾用萃取法发现,在生产铀的残余水溶液中,每 10^{12}份铀浓缩液约含 7 份钚-239。此后研究了许多其他铀矿的钚含量(见表 1.12),发现尽管铀含量(0.24%—50%)不同,而 U/Pu 比均大致为 10^{11}/1,这就肯定了钚是由铀生成的判断。

表 1.12 各种铀矿的钚含量

矿	样品 (g)	铀含量 (%)	提取的钚量(脉冲/min)	化学产额 (%)	比值($\times10^{-11}$)	
					^{239}Pu:矿	^{239}Pu:U
钒钾铀矿	5000	—	2.8	60	0.1	
铀矿(加拿大)	100	13.5	0.66	10	9.1	0.71
刚果矿	10	38	3.2	10	48	1.2
卡罗拉多矿	46	50	3.40	26	38	0.77
独居石(巴西)	1000	0.24	0.36	25	0.21	0.83
北卡罗来纳矿	1000	1.64	0.3	17	0.59	0.36
褐钇铌矿(卡罗拉多)	280	0.25	0.01	5	0.1	0.4
钒钾铀矿(卡罗拉多)	500	10	0.15	12	0.4	0.04
铀矿(刚果)	2000	45.3	43.0	4.3	70±7	1.5±0.2
铀矿	2000	43.5	400	33.3	87	2.0±0.3

钚-239 的半衰期与地球的年龄(4.5×10^9 a)相比是很短的,所以它现有的存在量不可能是原生的。现在认为少量钚-239 是由反应链:

$$^{238}\mathrm{U}(n,\gamma)^{239}\mathrm{U}\xrightarrow[23.5\mathrm{min}]{\beta^-}{}^{239}\mathrm{Np}\xrightarrow[2.3\mathrm{d}]{\beta^-}{}^{239}\mathrm{Pu}$$

逐级形成的。人们测得的是相当于生成与衰变之间平衡的浓度。其中的中子来自铀的自发裂变,锂、硼、氧、硅等轻元素的(α,n)反应以及宇宙线。

在铀含量高、杂质少的沥青铀矿中,Pu/U 比几乎是常数,与矿产地无关。对于铀含量低的矿石,虽然上面提到的(α,n)组分较高,但杂质含量也高,由铀生成的中子损失于寄生俘获上的就更多,因而用于生成钚的中子数相应减少,造成这些矿石中 Pu/U 比较低。这种作用在那些含中子吸收截面高的元素的铀矿中尤为显著,例如在钒钾铀矿 $KUO_2VO_4\cdot1.5H_2O$ 和褐钇铌矿 Y(Nb,Ta)O_4 中,它们不仅含有铁和钙,还含有强烈吸收中子的稀土元素,于是它们的 Pu/U 比也异乎寻常的低。

两个彼此独立用不同方法工作的美国研究小组,发现了在太阳系中早先存在钚的另一种放射性同位素^{244}Pu的间接证据。P. K. Kuroda 等曾指出,许多陨石中氙的重同位素比大气中氙的含量高,认为这是^{244}Pu的自发裂变生成的。R. L. Fleischer 等证实了墨西哥托卢卡(Toluca)铁陨石中几 μm 长的化石核径迹绝大部分是^{244}Pu衰变造成的,仅很小一部分来自^{238}U的衰变。

^{244}Pu是半衰期最长的超铀核素,达 8.3×10^7a,假定原始丰度与它衰变的最终产物^{232}Th在目前地球上的丰度($\sim4.4\times10^{-8}$ g/g)相等,则目前地球上^{244}Pu的平均丰度上限为 3×10^{-25} g/g,这样微小的量只能在充分浓集之后才能发现。1971 年 D. C. Hoffman 研究小组[22]从约 85kg 氟碳铈镧矿(Bastnasite)中分离出极少量的^{244}Pu,他们从加利福尼亚州矿中得到的粗铈,用 25%的二(2-乙基己基)磷酸萃取剂进行纯化,得到 9L 原始产品,继用萃取和离子交换法浓集^{244}Pu。用质谱法测定得 2×10^7 个原子(大约为 8×10^{-15} g),即每克氟碳铈镧矿约含有 10^{-20} g 的量,或相当于每克地球物质中含 2.8×10^{-25} g,^{244}Pu总的浓集倍数要求达到 3×10^6。

地球的年龄约相当于 60 个^{244}Pu的半衰期,当地球刚形成之时,^{244}Pu的量比现在要大 2^{60} 倍,这个量与 $1/10^{-20}$ 接近,因而有人推测当时可能已存在^{244}Pu,它的量与目前有关稀土矿的量相当。过去一直认为铀是自然界中存在的最重的放射性元素,根据这一发现,现在更有理由将钚称为天然放射性元素了。

从刚果沥青铀矿中提取铀得到的废液里,D. F. Peppard 等人[23]还发现了少量镎的放射性同位素^{237}Np($^{237}Np/^{238}U=1.8\times10^{-12}$)和铀的另一种丰度极低的放射性同位素$^{233}U$($^{233}U/^{238}U=1.3\times10^{-13}$)。$^{237}Np$是由铀与快中子经$(n,2n)$核反应生成的,接着它又衰变下去而成$^{233}U$:

$$^{238}U(n,2n)^{237}U \xrightarrow{\beta^-} {}^{237}Np \xrightarrow{\alpha} {}^{233}Pa \xrightarrow{\beta^-} {}^{233}U$$

$^{237}Np/^{233}U$的比值约为 14,这是与^{237}Np和^{233}U之间的放射性平衡相对应的。但并不排除钍俘获中子后可逐步生成^{233}U的可能性。关于在自然界中寻找超重元素的问题,我们将在后面的章节另行叙述。

参 考 文 献

[1] G. T. Seaborg, *Chem. Eng. News*, 23, 2190(1945).

[2] J. C. Bailar Jr., H. J. Emeléus, Sir R. Nyholm, A. F. Trotman-Dickenson, "Comprehensive Inorganic Chemistry", Vol. 5, Actinides, Pergamon Press, 6—8(1973).

[3] A. Ghiroso, in "Actinides in Perspective" N. M. Edelstein(ed.), Pergamon Press, 23—56(1982).

[4] Th. Moeller, *J. Chem. Ed.*, **47**, 417(1970).

[5] N. Edelstein et al. , in"Lanthanide/Actinide Chemistry"R. F Gould(ed.), Advances in Chemistry Series, Vol. 71, p. 203, Am. Chem. Soc. , Washington D. C. (1967).

[6] M. M. Abraham, L. A. Boatner, C. B. Finch et al. , *Phys. Rev.* B1, 3555(1970).

[7] A. J. Freeman and G. H. Lander, "Handbook on the Physics and Chemistry of the Actinides", Vol. 1, North-Holland, Elsevier Science Publishers, B. V. (1984).

[8] C. Keller, "The Chemistry of the Transuranium Elements", Verlag Chemie GmbH, 117(1971).

[9] V. P. Zaitseva, *Докл. Акад. Наук. CCCP* **188**, 826(1969).

[10] Ан. Н. 涅斯米扬诺夫(Несмеянов),《放射化学》,何建玉等译,原子能出版社,268(1985).

[11] D. Brown, S. F. Kettle, A. J. Smith, *J. Chem. Soc.* (A), 1429(1967).

[12] 参[2],519. G. R. Choppin, *Radiochimica Acta* 32, 43(1983).

[13] Л. Л. 鲍林, А. И. 卡列林,《锕系元素氧化还原热力学》,朱永*等译,原子能出版社(1980).

[14] L. J. Nugent et al. ,《超铀元素化学译文集》,原子能出版社,13(1982).

[15] C. Keller and H. Schreck, *J. Inorg. Nucl. Chem.* , **31**, 1121(1969).

[16] S. H. Eberle and W. Robel, *Inorg. Nucl. Chem. Letters*, **6**, 359(1970).

[17] Ch. , Miyake and H. W. Nürnberg, *J. Inorg. Nucl. Chem.* , 29, 2411(1967).

[18] S. H. Eberle and I. Bayat, *Inorg. Nucl. Chem. Letters* **5**, 229 (1969).

[19] А. И. 莫斯克文,《锕系元素的配位化学》,苏杭等译,原子能出版社(1984).

[20] L. G. Sillén, "Some Recent Results on Hydrolytic Equilibria", 10 th Int. Conf. on Coordination Chemistry, Tokyo and Nikko/Japan(1967). Butterworths, London, 55(1968).

[21] 戴安邦,尹敬执,严志弦,张青莲,《无机化学教程》,人民教育出版社,下册,698(1972).

[22] D. C. Hoffman et al. , *Nature*, **234**, 132(1971).

[23] D. F. Peppard et al. , *J. Am. Chem. Soc.* , **74**, 6071(1952).

[24] A. J. Freeman and C. Keller, "Handbook on the Physics and chemistry of the Actinides", Vol. 3, North-Holland Physics Publishing, Amsterdam(1985).

[25] E. Brown and R. B. Firestone, "Table of Radioactive Isotope", John Wiley & Sons, Inc. New York (1986).

29.2 锕系元素的制取和分离

2.1 锕系元素的人工制取

自1940年McMillan和Abelson利用反应堆制得了第一个铀后元素镎以来，就像是打开了连环锁的第一道卡，其余的铀后元素被一个接一个奇迹般地“创造”出来。生产铀后元素的起始物质总是天然存在的最重的核素^{238}U。合成重元素的方法不外乎两种：一是多次中子俘获继发β^-衰变；二是用加速离子轰击高原子序数的核素。

2.1.1 中子俘获法

利用多次中子俘获和继发β^-衰变制备铀后元素，存在着两条途径。

1. 用反应堆的稳定中子流

重核在反应堆稳定的中子流照射下俘获中子，这一过程是目前能制取可称量铀后元素的唯一方法。但此法合成的重元素的量受放射性衰变和核裂变的竞争所限制。在铀燃料反应堆运行过程中，逐渐形成Np，Pu，Am和Cm等轻锕系元素，从辐照后的核燃料中进行提取构成了它们的主要来源。生产堆的核燃料燃耗低，主要产生^{239}Pu；动力堆的燃耗较深，可生成较多的Np，Pu，Am和Cm的重同位素；而快中子增殖动力堆生产铀后元素的量，则比前两者都大得多。

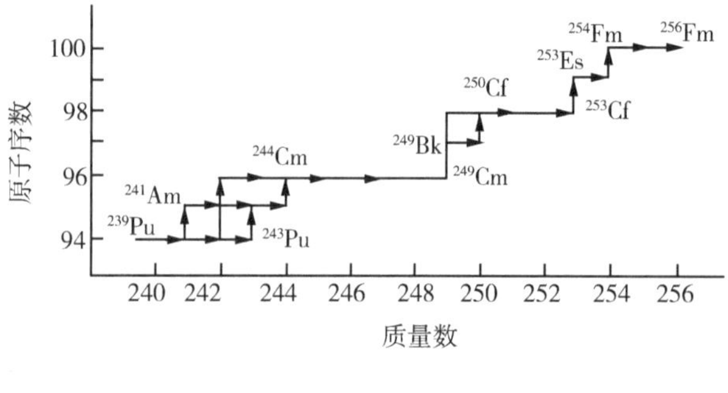

图2.1 用中子轰击^{239}Pu生产重核的核反应

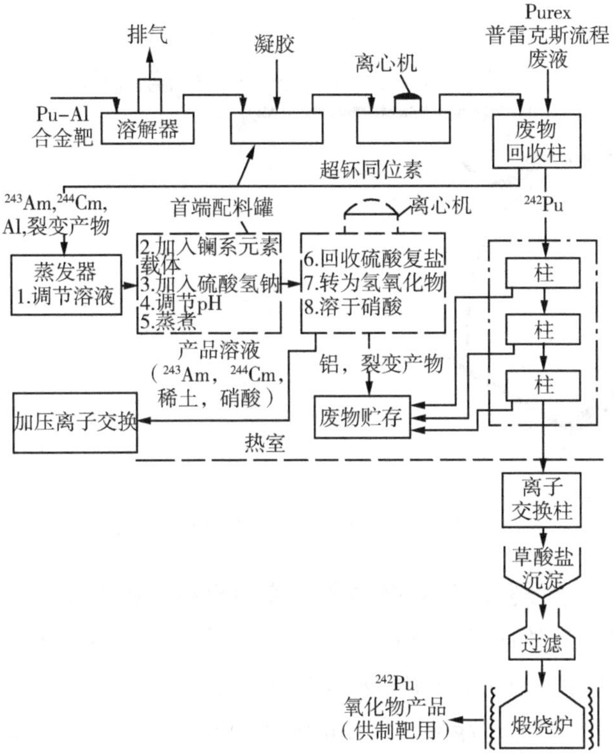

图 2.2 萨凡纳河工厂超钚生产工艺施程图

用中子长时间照射 94 号元素钚或 95 号元素镅，能制得可称量的原子序数更高的锔后元素(图 2.1)。现以美国原子能委员会执行过的庞大的生产规划为例，从照射钚开始，一揽子人工合成锔后元素的主要过程如下[1]：

(1)将^{239}Pu 转变为^{242}Pu，^{243}Am 和^{244}Cm。这一过程是在中子通量为 3—5×10^{14}① 中子/cm^2 · s 的反应堆中，将钚照射 18 个月。分离与纯化流程见图 2.2。

(2)Cf 同位素的生产。将^{242}Pu，^{243}Am 和^{244}Cm 在中子通量为 3—5×10^{15} 中子/(cm^2 · s)的高通量堆中照射 18 个月。

(3)Es 和 Fm 同位素的合成。再将 Cf 的同位素置于中子通量为 5×10^{15} 中子/(cm^2 · s)的高通量堆中照射 1 个月。

高通量同位素反应堆(High Flux Isotope Reactor，HFIR)建在美国国立橡树岭实验室(Oak Ridge National Lab.)，专门用于生产锔后元素。但用这种长时间照射的方法生产，由于在生产过程中几个中间核素(^{245}Cm，^{247}Cm，^{251}Cf)的裂变截

① 意为 3×10^{14}—5×10^{14}。全书此类表述含义同此。

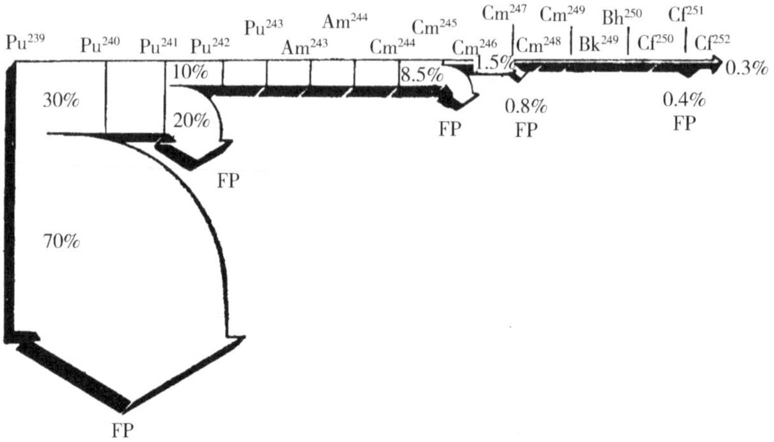

图 2.3　在反应堆中照射^{239}Pu 时^{252}Cf 的产额

面 σ_f 比它们的中子俘获截面 σ_c 高得多，大部分靶材料在合成反应过程中就因裂变损失了(见图 2.3)，故而导致产量奇低。例如，由^{239}Pu 制备^{252}Cf 的最后产额仅约 0.3%，靶材料中其余 99.7%都损耗在裂变上了；每根含 10g^{242}Pu 的靶棒进行 18 个月的照射后，约得到 1.7g Cm(^{244}Cm 和少量^{246}Cm，^{248}Cm)，0.46mg Bk 和 5.2mg Cf(主要是^{252}Cf)；而 1g ^{252}Cf 在 HFIR 中照射 1 个月，大约生成 0.06g ^{253}Es，4mg ^{254}Es和 0.4mg Fm。

鉴于 100 号元素镄同位素^{258}Fm 的半衰期小于 1s($t_{1/2}=3.8\times10^{-4}$ s)，所以企图继续用俘获中子得到质量数大于 258 的 Fm 同位素，从而合成镄后元素的想法已不可能。在 Fm 的同位素中，以^{257}Fm 的寿命最长($t_{1/2}=82$d)，其余寿命都短，因而中间的 Fm 同位素在继续俘获中子流以转变为^{257}Fm 以前，便将大部分衰变掉。质量数为 257 的镄核素成为中子俘获链的切断点。

2. 用热核爆炸的脉冲中子源

在 1952 年的“Mike”热核爆炸试验(相当于几百万吨 TNT)中，首次发现有新元素和轻锕系元素的重同位素生成。对放射性沉降物的研究证实，不仅有 Bk 和 Cf 的同位素，还有当时尚未知道的质量数为 253 和 255 的 99 号(Es)和 100 号(Fm)元素。

热核爆炸产生的中子在 10^{-12}—10^{-14} s 这一极短的时间内，便降低至 10—100keV 的能量范围。包裹在热核装料外面的铀，在 10^{-7}—10^{-8} s 内迅速吸收这些中子，形成拥有大量过剩中子的铀的同位素，这一过程是瞬间发生的，比这些铀同位素继发 β^- 衰变的半衰期短得多，因此能形成极富中子的铀的重同位素；然后它们再衰变成寿命较长的同量异位素。在核爆炸中，约有 1%—10%起始重量的^{238}U

发生了多次俘获中子的核反应过程。这都是反应堆生产无能为力的。1960 年以来，美国原子能委员会为了研究新元素和已知元素的重同位素的人工合成，进行了许多次地下核爆炸；随后苏联也做了不少试验。

在热核爆炸过程中形成的重核，都来源于多次中子俘获。例如，测得^{255}Fm 表示在 10^{-8}s 的瞬时照射内，^{238}U 连续俘获 17 个中子后生成[^{255}U]，经多次 β^- 衰变由[^{255}Np]至[^{255}Cf]和^{255}Es，最后变成 β 稳定的^{255}Fm。重核的产额随质量数增加而急剧降低。若以质量数 245 的原子核的产额为 100，则^{252}Cf 的相对产额为 10^{-2} 数量级，而^{257}Fm 仅为 10^{-6} 数量级。美国于 1969 年进行的"Hutch"地下核爆炸试验中[2]，曾获得了大量的重核素，如 0.25mg ^{257}Fm 和 40mg ^{250}Cm 等。此"Hutch"热核装置的中子照射量较高，约达 45mol 中子* /cm^2，而高通量堆 HFIR 中照射一年也只有 0.15mol 中子/cm^2。

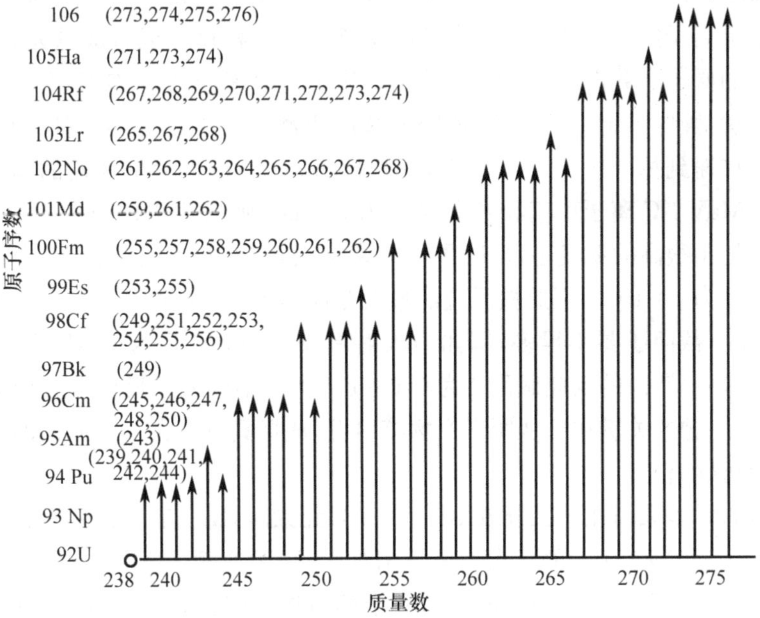

图 2.4 核爆炸时可能生成的核素

为了获得更重的核素或新元素，要求起始燃料^{238}U 俘获更多的中子。例如合成 106 号元素，采用上述方法需要将^{238}U 的质量数增加到 273 以上才有可能，参见图 2.4。但是这种拥有极大过剩中子核素的中子结合能已很低，到[^{276}U]以上时，结合能甚至出现负值，因此在核爆炸中不可能生成质量数如此高的重核。

2.1.2 带电粒子核反应法

利用带电粒子轰击高质量数的靶核，是合成铀后元素尤其是重锕系元素的主要方法。当入射粒子的能量高于库仑势垒时，靶核俘获截面大致上也有核几何截面的数量级。形成的复合核可通过蒸发核子或裂变而释出激发能。如果重核的裂变过程占优势，则核合成反应截面很小。本法所能合成新元素的原子序数最多等于靶子和入射粒子原子序数的总和。例如以^{16}O轰击^{238}U靶为例：

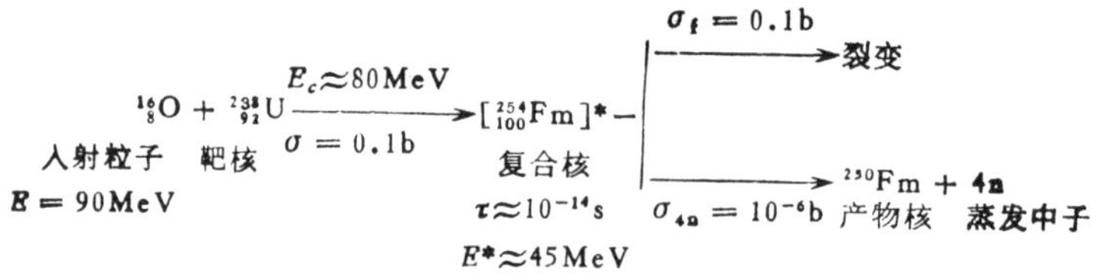

由轻离子如质子、α 粒子发生的核反应，需要使用较高质量数的靶核，例如以 α 粒子为入射粒子制备$^{250-252}Fm$，就要使用^{249}Cf 作靶核。由于现在还不可能生产可称量的 $Z>100$ 的元素，因此用轻离子的核反应不能合成 $Z>102$ 的元素。

若用重离子如^{12}C，^{18}O，^{22}Ne 等多电荷离子发生核反应以合成重元素，则可一次将靶核的原子序数提高 6—10 个单位。为了克服库仑势垒，需将重离子加速到较高的能量，美国 Berkeley 实验室 35m 长的重离子直线加速器（HILAC）能将重离子能量加速到每个核子 10.3MeV；苏联杜布纳 3.1m 回旋加速器的离子束最大能量（100MeV $^{12}_{6}C$ 离子束流和半宽度为 3MeV 时）则达每个核子 8.5MeV。这就导致复核处于很高的激发态，此时裂变几率增大，在最有利的情况下，中子蒸发与裂变的比例为 1∶1000，因此核反应的最大截面为 10—100 微靶。实际上在许多实验中，核反应截面还要小得多，例如当入射重离子^{18}O 的 E 为 96MeV 时，核反应 $^{243}Am(^{18}O,5n)^{256}Lr$的反应截面 α 为 $0.03\mu b$。利用不同的核反应可合成大多数的锕后核素，问题的关键在于从所需产物核出发，选择具有最大反应截面的入射粒子与靶核的巧妙组合。

杰出的科学家们在人工合成 101—103 号元素时，每次实验只能得到几个或几十个原子。合成 $Z>103$ 的元素越来越困难了，因为产额下降到每小时一个原子，或甚至全天连续轰击实验还不能产生一个的时候。因此，当必须确定有一种新元素存在的时候，分析化学方法越来越多地被核化学和核物理的方法所代替。化学性质的规律性此时已不再被看作是唯一的依据，因而核素图代替了门捷列夫周期系[3]。

2.2　锕系元素的分离

在锕系元素的分离分析和生产制备中，当前以溶剂萃取法和离子交换法使用得最广泛。对于三价锕系元素，可采用多级分离流程；对具有多种价态的，则可利用氧化-还原循环方法。经典的沉淀法、纸上色层和电泳，通常只作为分析方法使用。近年来，萃取色层受到很大的重视，它既可用之于分离分析工作，又适用于毫克量钚后元素的纯化和分离。

2.2.1 萃取法

现将锕系离子的萃取分下列三个部分加以叙述。

1. 溶剂络合物萃取

在此类萃取中，有磷酸酯$(RO)_3PO$，烷基膦酸酯$(RO)_2RPO$和三烷基氧化膦R_3PO等萃取剂。工业上最重要的萃取剂则是人们所熟知的磷酸三丁酯TBP，即$(C_4H_9O)_3PO$。关于各种锕系离子的萃取研究，大部分是针对与辐照核燃料后处理有关的铀-钚分离进行的，并求得不同条件下的分配系数。核燃料后处理工厂用的TBP是20%—40%(体积)的脂肪族C_8—C_{12}煤油溶液。

各种价态锕系元素的被萃能力，按下列顺序递降：M(IV)>M(VI)>M(III)>M(V)。四价锕系元素被萃能力的顺序为：Pu(IV)>Np(IV)>U(IV)>Th(IV)。六价锕系元素的被萃能力，则随原子序数的增加而下降：U(VI)>Np(VI)>Pu(VI)(参见图2.5和图2.6)[4]。

四价和六价锕系元素从硝酸溶液中的萃取，按下列过程进行：

$$M^{4+}(\text{水})+4NO_3^-(\text{水})+2TBP(\text{有机})\rightleftharpoons[M(NO_3)_4\cdot 2TBP](\text{有机})$$

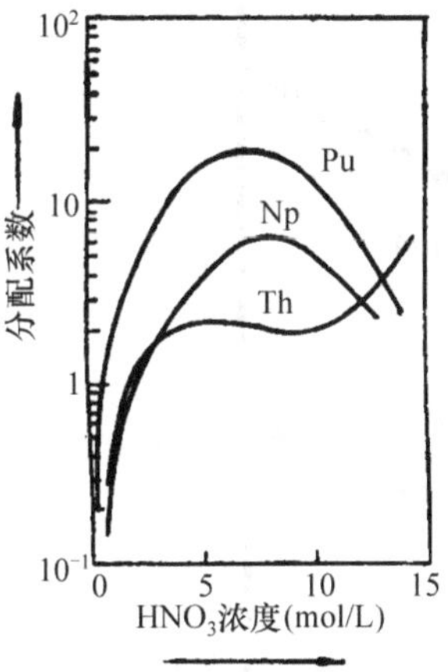

图2.5 19%(体积)TBP-煤油从硝酸溶液中萃取四价锕系元素的分配系数

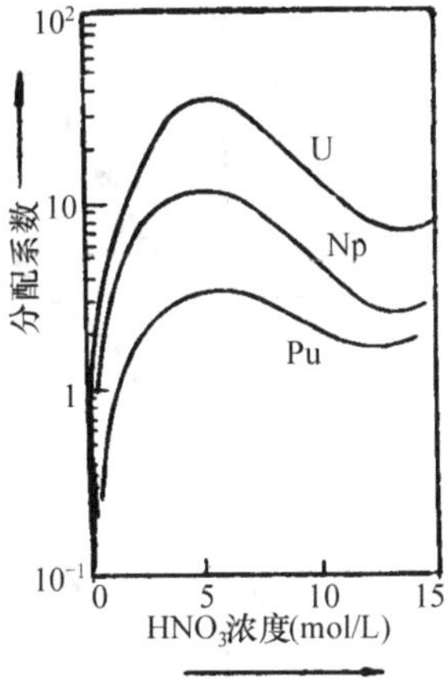

图2.6 19%(体积)TBP-煤油从硝酸溶液中萃取六价锕系元素的分配系数

$$MO_2^{2+}(\text{水})+2NO_3^-(\text{水})+2TBP(\text{有机})\rightleftharpoons[MO_2(NO_3)_2\cdot 2TBP](\text{有机})$$

这两种情形均以二溶剂化物萃取。图2.5和图2.6的分配曲线是水相金属离子浓度比有机相 TBP 浓度低得多的体系所特有的，即在此体系中，游离 TBP 浓度不因萃取而改变。对 Pu(IV)、U(VI)的研究表明，常量锕系元素的分配系数要更低些[5]。

四价和六价锕系元素在盐酸溶液中的分配系数，与硝酸体系相近，但在分配系数曲线上不出现极大值。若从高氯酸溶液体系萃取，则分配系数较低，这是由于高氯酸离子络合能力较低的缘故。此外，强络合剂如 SO_4^{2-}，PO_4^{3-} 和 F^- 等，会大大降低锕系元素的被萃能力。

三价锕系元素按下列方式萃取：

$$M^{3+}(水)+3NO_3^-(水)+3TBP(有机) \rightleftharpoons [M(NO_3)_3 \cdot 3TBP](有机)$$

五价镎如下：

$$NpO_2^+(水)+NO_3^-(水)+TBP(有机) \rightleftharpoons [NpO_2(NO_3) \cdot TBP](有机)$$

它们的分配系数与四价、六价锕系元素相比低得多。对三价锕系元素和镧系元素的萃取行为作比较表明：当 HNO_3 浓度在 6mol/L 以上时，镧系元素的萃取比对应锕系元素的萃取显著(参见图 2.7)；硝酸浓度较高时，这种差别更为明显。在分离铀

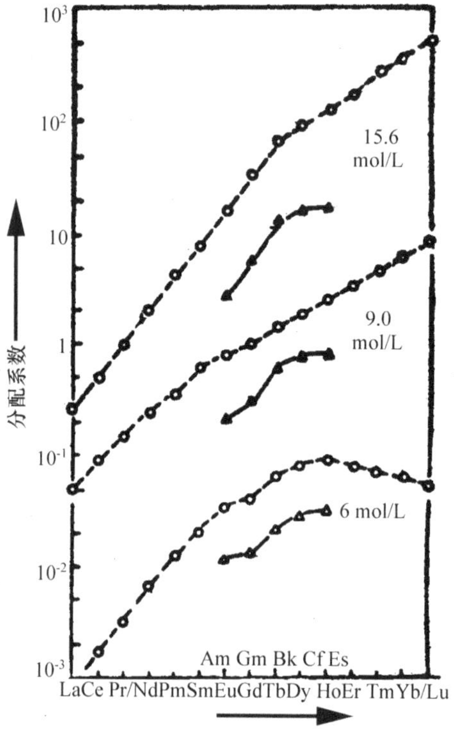

图 2.7　5%(体积)TBP-煤油从 HNO_3 溶液中萃取三价锕系元素(△)和镧系元素(O)的分配系数[6]

和钚的 Purex 流程中，利用三价和四价锕系元素萃取行为的差别，以 Fe(II)或 U(IV)将已经萃取上的 Pu(IV)转变为 Pu(III)，因而达到与铀分离的目的。但是，用 TBP 作为萃取剂时，由于锕系元素和镧系元素分配系数的差别较小，故不能用来进行组分离或各元素的分离。其他各类有机磷化合物，虽有与 TBP 相近或更好的萃取性能，仅在分析分离的实验室中有所应用，还不能在工业生产中代替 TBP，朱永赡作过很好的评述[7]。此外，在酮类中较重要的萃取剂有甲基异丁基酮，它在硝酸溶液中，对四价和六价锕系元素具有很高的分配系数。

2. 金属螯合物萃取

对锕系元素较重要的螯合萃取剂有 1,3-二酮类，8-羟基喹啉，铜铁试剂等。金属螯合物不溶于水，但可溶于有机溶剂。

2-噻吩甲酰三氟丙酮 HTTA 与锕系元素作用，可导致六元环螯合物的生成。三价钚后元素在 pH=4 时，可用 0.1—0.5mol/L HTTA-$CHCl_3$ 以 $M(TTA)_3$ 形式达到定量萃取(图 2.8)，但欲满足分离要求则需进行多级萃取。四价锕系元素与 HTTA 形成的螯合物 $M(TTA)_4$，可在 pH=1 左右条件下，用 0.1－1mol/L HTTA-苯等进行萃取，从而实现与三价、六价锕系元素的定量分离。例如，用 HTTA 从 1mol/L HNO_3 + 0.2mol/L $Na_2Cr_2O_7$ 中分离锫的程序，就是基于 $Bk(TTA)_4$ 的萃取性能。五价锕系元素中，只有 Pa(V)能从强酸溶液如 2—6mol/L HCl 中被萃取，从而实现选择性分离。六价锕系元素中，只有铀对 HTTA 是稳定的，U(VI)在 pH=3.5 时，可用 0.1mol/L HTTA-$CHCl_3$ 达到定量萃取；而 Pu(VI)和 Np(VI)会慢慢氧化 HTTA，生成几乎不被萃取的 Pu(V)和 Np(V)。

若以甲基异丁基酮 MIBK 代替 $CHCl_3$、苯或正辛烷作为 HTTA 的有机溶剂，

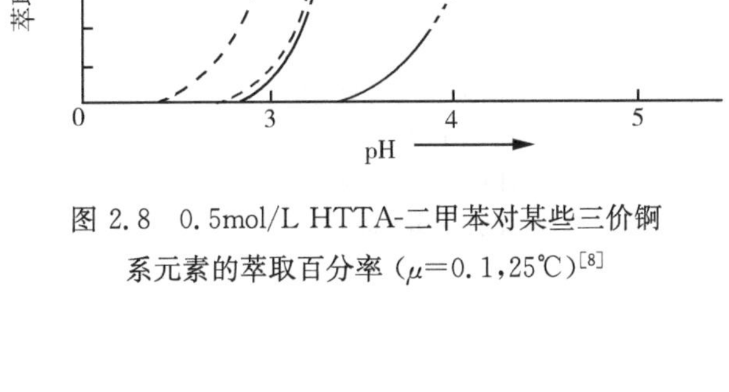

图 2.8 0.5mol/L HTTA-二甲苯对某些三价锕系元素的萃取百分率 (μ=0.1,25℃)[8]

则形成的不再是纯的萃取螯合物，而是协萃螯合物或萃取加合物，例如 $Am(TTA)_3 \cdot 2MIBK$，$UO_2(TTA)_2 \cdot 2MIBK$ 等：

$$Am^{3+}_{(水)} + 3TTA^{-}_{(水)} + 2MIBK_{(有机)} \rightleftharpoons Am(TTA)_3 \cdot 2MIBK_{(有机)}$$

$$UO^{2+}_{2(水)} + 2TTA^{-}_{(水)} + 2MIBK_{(有机)} \rightleftharpoons [UO_2(TTA)_2 \cdot 2MIBK]_{(有机)}$$

已知三价锕系元素与正己醇、磷酸三丁酯和三辛基氧化膦也能形成稳定性相近的协萃螯合物，其稳定性顺序为：

$$\beta_{TOPO} > \beta_{TBP} > \beta_{二丁基亚砜} > \beta_{正己醇} > \beta_{MIBK} > \beta_{二苯基醚}$$

除 HTTA 以外，其他 1,3-二酮类都是性能较差的萃取剂。图 2.9 示各种二酮类对 Am(III)的萃取情形。

8-羟基喹啉与锕系离子可形成下列组成的螯合物：

M(III)：$M(C_9H_6NO)_3$

M(IV)：$Np(C_9H_6NO)_4$，$Pu(C_9H_6NO)_4$ $H[Th(C_9H_6NO)_5]$，$H[U(C_9H_6NO)_5]$

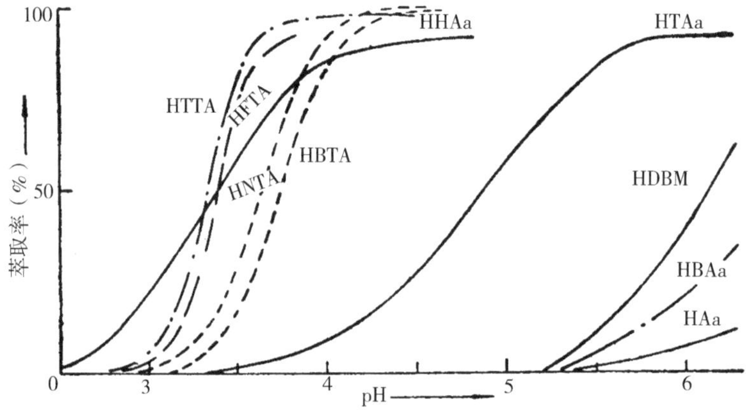

图 2.9　各种 1,3-二酮类化合物萃取 Am(III)的萃取

（0.5mol/L 螯合剂-$CHCl_3$；μ=0.1NH_4ClO_4；25℃）

HTTA：2-噻吩甲酰三氟丙酮

HFTA：呋喃甲酰三氟丙酮

HNTA：萘甲酰三氟丙酮

HBTA：苯甲酰三氟丙酮

HHAa：六氟乙酰丙酮

HTAa：三氟乙酰丙酮

HDBM：二苯甲酰甲烷

HBAa：苯甲酰丙酮

HAa：乙酰丙酮

M(V)：$H_2[Pa(OH)_{4.5}(C_9H_6NO)_{2.5}]$，$H[NpO_2(C_9H_6NO)_2]$，$PuO_2(C_9H_6NO)(C_9H_7NO)_2$

U(VI)：$H[UO_2(C_9H_6NO)_3]$

用8-羟基喹啉萃取三价锕系元素时，pH为4—6，此时金属阳离子发生明显的水解，图2.10表示8-羟基喹啉萃取示踪量锕系元素的情形。若用它的卤素衍生物，则可在较低的pH值下萃取。如Cf(III)在pH=4.7时，可用0.04mol/L 5,7-二氯-8-羟基喹啉-$CHCl_3$萃取，形成组成为$Cf(C_9H_4NOCl_2)_3$的螯合物，萃取率达90%[9]。

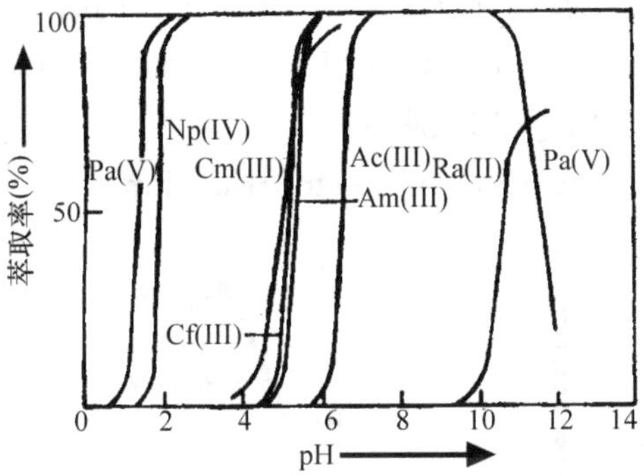

图2.10 0.1mol/L 8-羟基喹啉-$CHCl_3$萃取示踪量Ac(III)，Am(III)，Cm(III)，Cf(III)，Np(IV)和Pa(V)及1.0mol/L 8-羟基喹啉-$CHCl_3$，萃取示踪量Ra(II)的萃取百分率[μ=0.1mol/L(Na,NH_4,H)ClO_4,25℃]。

[C. Keller, M. Mosdze-lewski, *Radiochim. Acta* 7,185(1967)，并予增补]

3.金属盐萃取

胺类和季铵盐等为这类萃取的典型代表，由于其萃取机理类似于离子交换机理，故将胺类和季铵盐看成是液态阴离子交换剂，例如，它们从硝酸溶液中萃取四价锕系元素时有：

$$R_3N_{(有机)}+H^+_{(水)}+NO^-_{3(水)} \rightleftharpoons [R_3NH]NO_{3(有机)}$$

$$2[R_3NH]NO_{3(有机)}+M(NO_3)^{2-}_{6(水)} \rightleftharpoons [R_3NH]_2[M(NO_3)_6]_{(有机)}+2NO^-_{3(水)}$$

胺类是锕系元素极好的萃取剂，它们对辐解和水解都很稳定，可用来从高放射性溶液中分离钚和钚后元素；还可不经中间纯化步骤而多次使用。胺类萃取的选择性与其结构和水相组成有着很大关系，对HCl和HNO_3溶液而言，萃取能力大致有下列顺序：季铵盐>叔胺>仲胺>伯胺；但从H_2SO_4溶液中萃取时，这一次序正好相反，即伯胺>仲胺>叔胺>季铵盐。导致H_2SO_4溶液中萃取能力次序逆转的原因是H_2SO_4被胺萃取后形成的硫酸铵盐强烈地水化。硫酸铵盐水化能力以季铵盐为首,伯胺为最小,故萃取能力则以伯胺为最佳了。

四价、六价锕系元素从盐酸或硝酸溶液中萃取时,分配系数按下列顺序递降:Pu>Np>U>Pa>Th。由于钍不和氯离子形成络合阴离子,故不能从盐酸溶液中萃取钍。三价锕系元素只能在微酸性的浓 LiCl 和 $LiNO_3$ 溶液中进行萃取。由于三价锕系元素的萃取分配系数明显地高于镧系元素,故可利用这点进行组分离。在 Tramex 流程中,萃取顺序为(图 2.11):

Cf>Fm>Es>Bk>Am>Cm>La 系元素

季铵盐 Aliquat 336-S 是氯化三烷基甲基铵,国产商品的代号为 N-263,烷基=C_8 和 C_{10},[C_8]>[C_{10}],它比叔胺具有更强的萃取能力。例如,可用 30%体积 Aliquat 336-S 硫氰酸盐-二甲苯从 0.1mol/L H_2SO_4+0.6mol/L NH_4SCN 溶液中,进行三价锕系与镧系元素的分离。萃取顺序为[10]:

Cf>Bk>Am,Cm≫Yb>Tm>Eu>Pm>Y>Ce>La

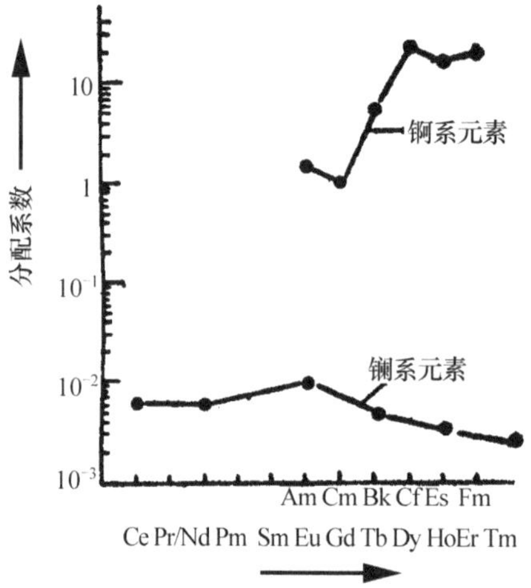

图 2.11　0.6mol/L Alamine 336 · HCl-二乙基苯,从 10mol/L LiCl 溶液中萃取三价锕系元素和镧系元素的分配系数

Alamine 336 · HCl 是 C_8 与 C_{10} 的三烷基混合物,其中[C_8]>[C_{10}]

各锕系元素之间的互相分离,可在硝酸盐溶液中进行。Aliqust336-S 还能萃取具有较复杂组成的金属阴离子,例如碳酸络合物$[UO_2(CO_3)_3]^{4-}$,或三价锕系、镧系元素与柠檬酸、草酸、乙二胺四乙酸形成的螯合物。比较起来,低级的季铵盐的萃取能力则较差。

与胺类形成阴离子络合物而萃取相对照,酸性磷酸酯和膦酸酯是以阳离子络合物形式萃取金属的,因而被称为液态阳离子交换剂。二(2-乙基己基)磷酸 HDEHP(我国工业试剂的商品名为 P-204)能从酸性较强的范围中进行萃取,从而避免了水解问题，是锕系元素的优越萃取剂。在多数有机溶剂中，HDEHP 是以二聚物存在的。萃取顺序是[11]：M(IV)>M(VI)>M(III)。"Talspeak 流程"即是用HDEHP从 Purex 钚铀还原萃取流程废液中回收镅和锔的组分离流程，它是以磷型萃取剂从络合物水溶液中萃取分离三价锕系和镧系元素的英文名缩写。其原理是在适当的 pH 值条件下，三价锕系元素可与二乙撑三胺五乙酸 DTPA 的阴离子形成稳定的水溶性螯合物，而镧系元素形成的螯合物稳定性则较差。当用 HDEHP 萃取时，锕系元素留在水相，镧系元素进入有机相，从而使两者得到分离。图 2.12 示 HDEHP 萃取分离它们的依据。与 Tramex 叔胺萃取流程相比，Talspeak 流程的优点是不再需要强腐蚀性的浓氯化物溶液，因而萃取器和流程管线的材料，可由不锈钢来代替昂贵的钽或锆合金。

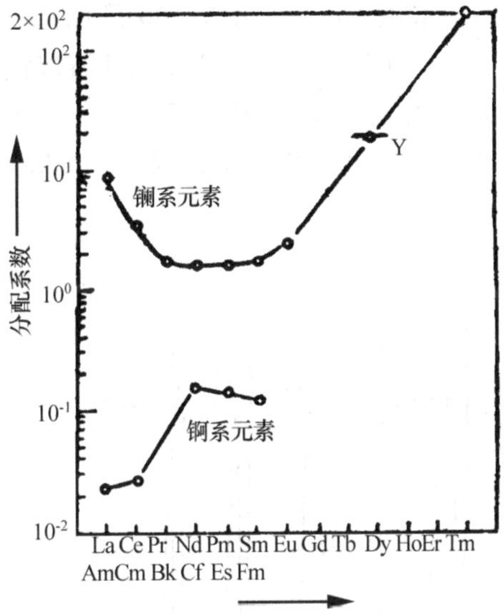

图 2.12 HDEHP 萃取分离三价镧系和三价锕系元素

水相：1mol/L 乳酸+0.05 mol/L Na_5DTPA，pH=3；

有机相：0.3mol/L HDEHP-二异丙苯

2.2.2 离子交换法

离子交换法具有操作简便、选择性高和适应性强的特点，它还适于远距离操作，易实现辐射防护，因而在放射化学分离中占有重要地位，是研究锕系元素、分离裂变产物和其他放射性核素的有效手段。在核燃料工业中，离子交换法用于从矿浆浸出液中吸附铀，在后处理中用于净化铀、钚和钍等流程。

1. 阴离子交换

锕系元素离子在无机酸溶液中的络合物化学行为，表现出一定的差别，因而利用形成阴离子络合物的不同倾向，可对不同价态的锕系元素混合物实现良好的分离。在锕系元素的化学研究和工艺实践中，阴离子交换分离比阳离子交换分离显得更重要些。

现举两例说明其实际应用：

(1) 钍-镤-铀分离：将 9mol/L HCl 的料液通过装有 Dowex1-X8(200 目)的交换柱，这时钍不被吸附，而且用 9mol/L HCl 可使它完全去除。第一个柱体积的 9mol/L HCl＋1mol/L HF 就能将镤(V)洗脱下来，继而用 0.25mol/L HF 洗脱铀。钽和铌在后面才淋洗出来。于是，从辐照钍中实现了分离镤-233 的目的[12]。

(2) 铀-镎-钚分离：将 9mol/L HCl＋0.05mol/L HNO_3 的料液，于 50℃时通过体积为 0.25cm^2×3cm 并装有 Dowex1-X10(400 目)的离子交换柱。用 9mol/L HCl 洗涤柱子后，以 9mol/L HCl＋0.05mol/L NH_4I 溶液洗脱钚，然后用 4mol/L HCl＋0.1mol/L HF 溶液洗脱镎。最后，以 0.5mol/L HCl＋1mol/L HF 溶液洗脱铀。由于起始料液中所含的镅和三价锕系元素都不被吸附，于是达到了良好的定量分离(图 2.13)。

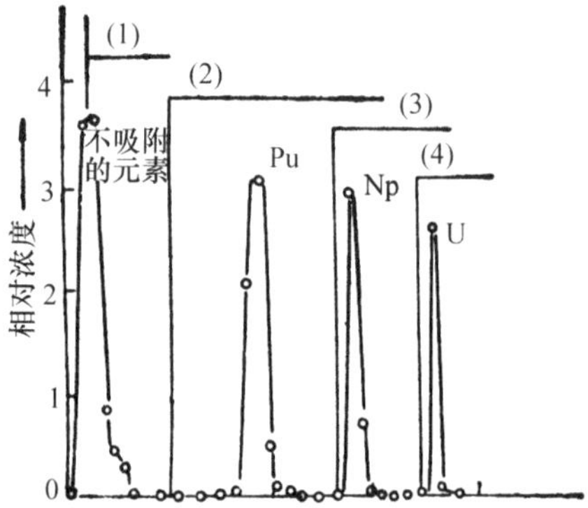

图 2.13 铀-镎-钚的阴离子交换分离[13]

(1)9mol/L HCl；(2)9mol/L HCl-0.05mol/L NH_4I；
(3)4mol/L HCl-0.1mol/L HF；(4)0.5mol/L HCl-1mol/L HF. 均为 50℃

三价锕系元素可形成氯络合物和硝酸络合物，但不很稳定。采用盐酸溶液、甲醇-盐酸混合液或浓 LiCl 溶液，只能使钚后元素达到有限的分离，例如 Am-Cm 可与 Cf-Es 实现分离，但无法分出单个元素(图 2.14)。如欲分别得到 Am，Cm，需采用弱酸性的浓 $LiNO_3$ 或 $Al(NO_3)_3$ 溶液[14]，使之实现良好的分离，但要接着去除

大量的 Al^{3+} 离子以及解决溶液较黏等问题。

由于盐酸溶液的腐蚀性强，尤其是在有电离辐射的情况下更严重，因此在大规模生产中要避免使用盐酸溶液。各种锕系元素离子在阴离子交换剂和硝酸之间的分配系数，与盐酸体系的分配系数相近；而大部分裂变产物在硝酸溶液中的分配系数则更低。因此，可从含铀、钚等锕系元素和裂变产物的 7mol/L HNO_3 溶液中，选择性地定量分离出分配系数较高的四价钚。硝酸型阴离子交换剂不能在干燥状态下保存，并应注意交换剂的变色情况，这是它是否开始硝化的标志，一旦交换树脂的骨架发生了硝化后，遇热可能自行着火！

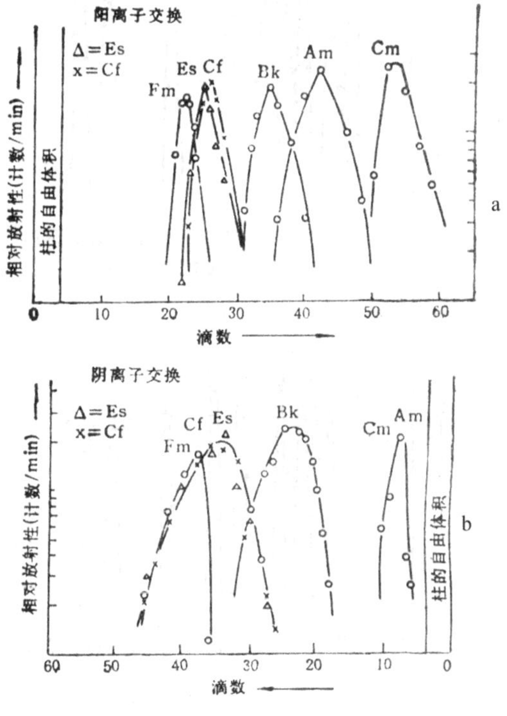

图 2.14

a. 三价锕系元素在室温下用 20%乙醇+12.5mol/L HCl 在阳离子交换柱上的分离；

b. 三价锕系元素用 13mol/L HCl 在阴离子交换柱上的分离[15]

当有机螯合剂能与金属离子形成负电性螯合物时，如乙二胺四乙酸等，也可用在阴离子交换剂上分离三价锕系元素[16]。

2. 阳离子交换

目前对于三价锕系元素，常采用阳离子交换技术进行分离。首先从稀酸中将锕系元素离子吸附到阳离子交换柱上，然后以不同的络合剂洗脱。使用得最广泛

的络合剂为 α-羟基异丁酸(α-HIBA),在发现 97 号锫至 101 号钔这几个元素中,阳离子交换分离法曾起过特殊的作用。如图 2.15 所示,各种离子淋洗峰的位置就指明了被淋洗元素的原子序数。各个流分的位置主要由温度、pH 值、淋洗剂的性质和浓度所决定,并且与交换柱的大小有关系。因而,图 2.15 中的这种次序并不总是严格保持着的。其中锔、锫淋洗峰之间的距离,比其他锕系元素淋洗峰之间的距离总是大些,这可能是由于 f 壳层半充满状态较稳定之故。对应的镧系元素钆和铽同样也分离得很好。

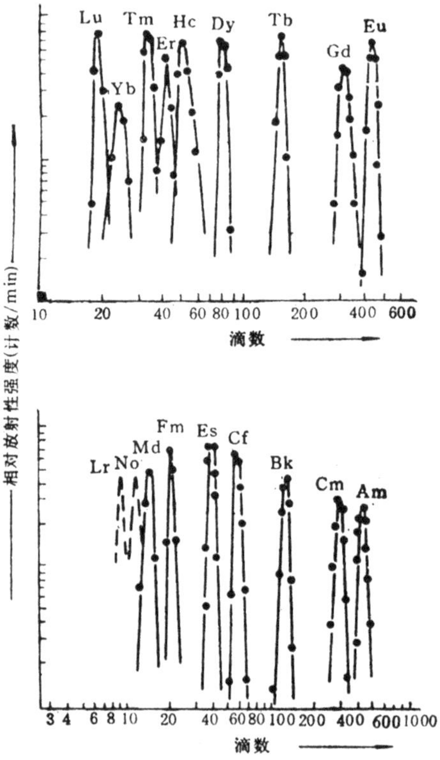

图 2.15 用 Dowex-50 阳离子交换树脂和 α-羟基异丁酸作淋洗剂分离示踪量三价镧系和锕系元素,也给出了 No(III) 和 Lr(III) 淋洗曲线的预计位置

[J. J. Katz, G. T. Seaborg: "The Chemistry of the Actinide Elements", Mothuen and Co., London. 1957]

表 2.1 用阳离子交换法分离钚后元素的最佳分离因子

淋洗剂	淋洗峰位置(以 Cm=1.00 相对比较)						
	Am	Cm	Bk	Cf	Es	Fm	Md
柠檬酸	1.17	1.00	0.61	0.43	0.36	0.30	0.25
酒石酸	1.3	1.00					

续表

淋洗剂	淋洗峰位置(以 Cm=1.00 相对比较)						
	Am	Cm	Bk	Cf	Es	Fm	Md
乙二胺四乙酸	1.4	1.00		0.18			
羟基乙酸	1.21	1.00	0.70	0.60	0.39		
乳酸	1.21	1.00	0.65	0.41	0.33	0.19	0.14
苯乙醇酸	1.18	1.00		0.35			
α-羟基正丁酸	1.20	1.00		0.26			
α-羟基异丁酸	1.41	1.00	0.45	0.20	0.13	0.069	0.050
α-羟基-2-甲基丁酸	1.46	1.00		0.17	0.12		
羟乙基乙二胺三乙酸	1.36	1.00		～0.4			

其他络合剂还有柠檬酸、乳酸、乙二胺四乙酸、羟乙基-乙二胺三乙酸和硫氰酸盐，现将分离某些锕系元素的最佳分离因子列于表 2.1[17,18]。可见以 α-羟基异丁酸和乙二胺四乙酸的分离效果为最佳。

在离子交换过程中，由于交换树脂的降解和水之辐解产生的气泡，常会妨碍常量锕系元素的分离。为保持恒定的较佳分离因子，需更换离子交换树脂。在淋洗液中加甲醇的做法，是防止柱中形成气泡而影响分离效果。高压离子交换法可使辐解产生的气体仍溶在水相中，在柱顶维持 50—100 大气压，以便在较高流速下达到良好的分离。

2.2.3 其他分离方法

1. 萃取色层(反相色层)法

萃取色层是近年来发展起来的分离方法，它兼有萃取的选择性和柱分离方便性的优点，不仅适用于分析分离工作，且适用于毫克量钚后元素的纯化和分离。此法是将萃取剂固定在惰性载体上，然后填入色层柱。载体采用聚四氟乙烯、疏水性硅胶或硅藻土粉末；用于分离锕系元素的固定相萃取剂可以是 HDEHP 或季铵盐(如 Aliquat 336-S 硝酸盐)。采用适合于萃取色层的 Talspeak 流程，可圆满地实现三价锕系与镧系元素的组分离(图 2.16)。使用萃取色层法还可进行元素的价态分离，如 Np(IV)-Np(V)-Np(VI)，或 Pu(III)-Pu(IV)-Pu(VI)等。若选用较大的交换柱时，则不仅可进行示踪量的分离，而且也可作常量的操作，如锫、锎与其余钚后元素的分离[19]。在萃取色层中测得的分离因子，通常与同样条件下溶剂萃取得到的分离因子大致相等。

2. 沉淀法

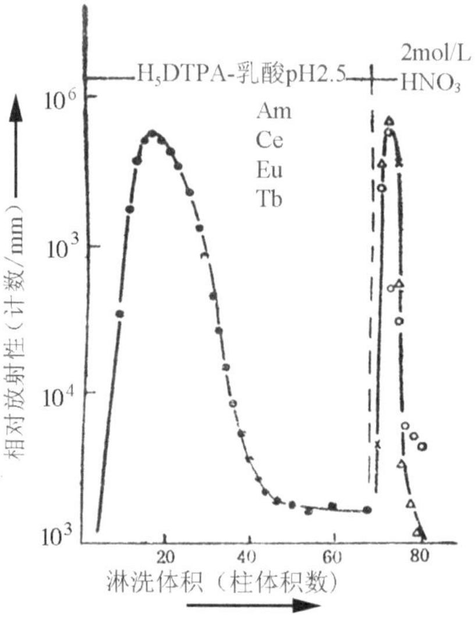

图 2.16　三价镧系和锕系元素的组分离

固定相：载有 10%（重量）HDEHP 的硅胶；锕系元素的淋洗剂：pH=2.5 的 0.05mol/L H_5DTPA+1mol/L 乳酸；镧系元素的淋洗剂：2mol/L HNO_3；20℃；流速：0.5ml/cm^2 · min；柱体积：0.034cm^2×10cm；图中●Am，△Ce，×Eu，○Tb

此法基于不同价态的锕系元素化合物有着不同的溶解度，在早年应用较多，在锕系离子的共沉淀中，采用的试剂如下：

氟化镧 LaF_3，可共沉淀三价和四价锕系元素；磷酸铋 $BiPO_4$，与 LaF_3 类似，但易溶于硝酸中；硫酸镧钾 $K_3La(SO_4)_3$，三价锕系元素的共沉淀试剂；苯砷酸锆是四价锕系元素的特效共沉淀剂；磷酸钍和二氧化锰则是五价镤的共沉淀剂或吸附剂；乙酸复盐 $NaMO_2(CH_3COO)_3$ 或乙酸三元复盐 $NaMg(MO_2)_3(CH_3COO)_9$ 的形式可用于分离六价锕系元素。钍和钚则以过氧化物形式获得。

总之，由于锕系离子各价态稳定性的不同，就可应用这类沉淀法从其他锕系元素和裂变产物中，将特定的锕系元素分离出来，并获得良好的产率和净化系数。

3. 挥发法

利用锕系元素氟化物和氯化物挥发性的差异性进行分离。例如，六氟化物 UF_6、NpF_6 和 PuF_6 是挥发性化合物，它们的沸点约为 60℃，采用合适的氟化剂使之氟化后，再经 NaF 或 MgF_2 吸附-解吸的过程，即可实现良好的分离。锕系元素氯化物在挥发性上的差异，也可在温度梯度分离法中获得应用。各化合物的冷凝温度为：$AcCl_3$ 850℃，(U-Cf)Cl_3 580℃，$ThCl_4$ 430℃，(U-Pu)Cl_4 360℃，$PaCl_5$ 95℃。此外，利用 $AlCl_3$ 与三价、四价锕系元素和镧系元素形成挥发性络合物的原理，可

用 $AlCl_3$ 蒸气作载气组分进行分离[20]。其中以氟化流程在工业上显得极为重要。

除以上几种方法可用于锕系元素的分离以外，还有纸上色层法和电泳法也被用来研究锕系离子和许多裂变产物如 Y，La，Zr，Ce，Ru 等的分析分离[21,22]。

参 考 文 献

[1] D. E. Ferguson and J. E. Bigelow, *Actinides Rev.* **1**, 213(1969).

[2] R. W. Hoff and E. K. Hulet, US-AEC Report UCRL-72165(1969).

[3] W. Seelmann-Eggebert, G. Pfennig, H. Münzel, H. Klewe-Neben us, Karlsruher Nuklidkarte, 5th. Edition, Kernforschungszentrum Karlaruhe GmbH(1981).

[4] K. Alcock et al. , *J. Inorg. Nucl. Chem.* , **6**. 328(1958).

[5] M. Germain, D. Gourisse and M. Sougnez, *J. Inorg. Nucl. Chem.* , **32**, 245(1970).

[6] G. F. Best, E. Hesford and H. A. C. Mckay, *J. Inorg. Nucl. Chem.* **12**, 136(1960).

[7] Y. J. Zhu(朱永賙), in: "Handbook on the Physics and Chemistry of the Actinides", A. J. Freeman et al. (ed.), Elsevier Science Publishers B. V. , 469(1985).

[8] C. Keller and H. Schreck, *J. Inorg. Nucl. Chem.* , **31**, 1121(1969).

[9] D. Feinauer and C. Keller, *Inorg. Nucl. Chem. Letters.* **5**, 625(1969).

[10] F. L. Moore, *Anal. Chem.* **36**. 2158(1964).

[11] J. J. Fardy and J. M. Chilton, *J. Inorg. Nucl. Chem.* **31**, 3247(1969).

[12] C. Keller, *Radiochim. Acta* **1**, 147(1963).

[13] F. Nelson, D. C. Michelson and J. H. Holloway, *J. Chromatogr.* **14**, 258(1964).

[14] W. Kraak and W. A. Van Der Heijden, *J. Inorg. Nucl. Chem.* **28**, 221(1966).

[15] S. G. Thompson et al. , *J. Am, Chem. Soc*, **78**, 6219(1954).

[16] R. D. Baybarz, *J. Inorg. Nucl. Chem.* **28**, 1723(1966).

[17] J. Starý, *Talanta* **13**, 421(1966).

[18] G. R. Choppin, *J. Chem. Educ.* **36**, 462(1959).

[19] J. Kooi, *Radiochim. Acta* **5**, 91(1966).

[20] W. H. Hale and J. T. Love, *Inorg. Nucl. Chem. Letters* **5**, 363(1969).

[21] W. Knoch, B. Muju and H Lahr, *J. Chromatogr.* **20**, 122(1965).

[22] W. Kraak and G. D. Wals, *J. Chromatogr.* **20**, 201(1965).

29.3　锕系元素金属及用途

3.1　锕系元素金属

从 89 号锕到 99 号锿的所有元素均已制成金属形式。由于铀、钍和钚是重要的核燃料，生产量发展至以 t 计；镎、镅、锔和锎分别以 kg，g 或 mg 级计量；而锕、镤和锫仅分离出 mg 或 μg 量的产品。其余几种锕系的元素，一方面由于它们的金属挥发性很高；另一方面它们的获取量本来极微，例如 100 号镄只有 10^9 个原子，103 号铹甚至只获得几个原子，而且它们都是高放射性的，因而制备这些金属非常困难。

3.1.1　锕系金属制备

通常生产锕系元素金属的工业方法是用钙或镁还原它们的三氟化物或四氟化物，例如：

$$UF_4 + 2Mg \longrightarrow U + 2MgF_2$$

$$PuF_4 + 2Ca \longrightarrow Pu + 2CaF_2$$

在实验室里可用锂或钡进行还原，例如：

$$CmF_3 + 3Li \longrightarrow Cm + 3LiF$$

有人用镧或钍还原氧化物得到更容易挥发的钚后元素，例如制备镅的反应式为：

$$Am_2O_3 + 2La \longrightarrow 2Am + La_2O_3$$

在西德卡尔斯鲁厄(Karlsruhe)的研究表明[1]，利用与贵金属的金属间化合物，如 $AmPt_2$，$AmIr_3$ 或 $AmPd_3$ 的热分解，能够制备金属镅和锔。例如，在贵金属 Pt(作催化剂)存在下，用氢还原二氧化镅就生成相应的金属化合物，继而热分解而得金属镅：

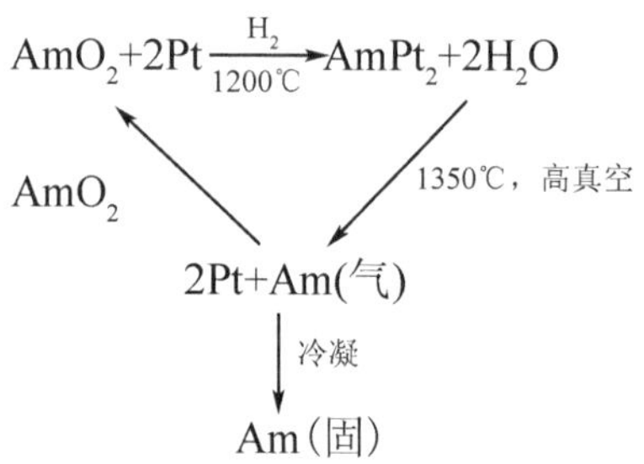

下面分别简述几种锕系元素金属的制取方法[2,3]：

锕 在锕的同位素中，只有质量数为 227 的^{227}Ac具有较长的半衰期($T_{\frac{1}{2}}=21.77a$)，是β放射体；其他同位素的半衰期都在 10d 以内。金属锕可以利用电解沉积法，由稀酸溶液并用高电流密度，从溶液中以载体的形式制得；还可以从电解含锕(镧为载体)的丙酮-酒精溶液而获得沉积[2]。有人用锂还原三氟化锕制备金属锕[4]：

$$AcF_3+3Li\xrightarrow{1200℃}3LiF+Ac$$

钍 ^{232}Th是钍中半衰期($T_{\frac{1}{2}}=1.4\times10^{10}a$)最长的同位素，发射$\alpha$粒子。有若干制备金属钍的方法，最常用的是以钙还原二氧化钍来制取，反应在 1000℃下的氩气氛中进行[5]：

$$ThO_2+2Ca\xrightarrow[Ar气氛]{1000℃}Th+2CaO\quad \Delta G_{298}=-41.0kJ/mol$$

也可以还原四氟化钍而得：

$$ThF_4+2Ca\longrightarrow Th+2CaF_2\quad \Delta G_{298}=-403.3kJ/mol$$

有人将钍的氧化物或氟化物混以$MgCl_2$，$CaCl_2$和CaF_2助熔剂，维持 850℃的温度与 Mg-Zn 合金反应，于是 Mg 还原钍的化合物而得金属钍。

欲制备高纯金属钍，可由$KThF_5$，$ThCl_4$，ThF_4溶于 NaCl 和 KCl 的混合熔融盐进行电解。少量很纯的金属钍可用碘化物分解法制备。

镤 在镤的十八种同位素中，以^{231}Pa寿命最长，半衰期为3.25×10^4a，是α放射体。金属镤可用钡在 1400℃高温还原它的四氟化物而得[6]，或用钙在 1250℃温度下还原同一化合物。

铀 在自然界发现有微量钚和镎存在以前，铀被认为是最重的天然放射性元素。天然铀包含三种同位素：^{238}U，同位素丰度 99.2739%，半衰期为4.51×10^9a；^{235}U，0.7204%，半衰期为7.1×10^8a；^{234}U，0.0057%，半衰期为2.44×10^5a。这三种同位素都是α放射体。其他的短寿命铀同位素通过核反应产生。

金属铀的制备大致分还原法、电解法和分解法。对铀的氧化物可用铝、钙和镁还原；四氯化铀可用钾、钠、钙或镁还原；通常采用四氟化铀的钙或镁还原法[7]($\Delta H_{298}\backsimeq\Delta G_{298}$)：

$$UF_4+2Ca\longrightarrow U+2CaF_2+560.7kJ$$

$$UF_4+2Mg\longrightarrow U+2MgF_2+343.1kJ$$

由于镁比较便宜，操作方便，用镁是恰当的。但四氟化铀与金属镁的反应热较低，故必须将UF_4与 Mg 的混合物加热到 600～700℃才点燃反应，还原反应释放的热使温度升高而铀熔化，聚集在MgF_2熔渣下面的坩埚底部。冷却后，即可取出铀块，其纯度取决于原料的纯度。

某些铀化合物与还原剂的组合情形见表 3.1。

表 3.1　某些铀化合物与还原剂的组合[3]

铀化合物	UCl_4	UF_4	U_3O_8	UF_4	UF_4	UO_2	UO_2
还原剂	Na	Ca	Ca	Na	Mg	Ca	Mg
反应的自由能 ΔG_{298}(kJ/mol)	−589.9	−560.7	−514.6	−410.0	−343.1	−196.6	−146.4
熔渣熔点(℃)	800	1420	2600	980	1260	2600	2500

在电解法中[8]，将 KUF_5 或 UF_4 溶入 $CaCl_2$-NaCl(重量比为 8∶2)熔融的电解浴中，以石墨坩埚作电解槽，同时作为阳极；中间悬挂钼条作为阴极，电解在 900℃进行。金属铀的粉末沉积在钼条上，纯度达 99.9%，合乎反应堆使用规格。纯度特别高的铀可用四碘化铀 UI_4 在钨丝上进行热分解而制得，这主要是实验室小规模的制备方法。

镎　在镎的同位素中，寿命长而又可称量的是 ^{237}Np。最早是用钡于 1200℃温度下还原 50 μg NpF_3 而制成金属镎，现在则用钙还原 NpF_4 以大量生产。例如，采用过量 30%的钙并以 0.25—0.35 mol I_2/mol Np 作为促进剂还原 100～400 g NpF_4，这样镎的产额可达 99%左右[9]。

钚　金属钚是 1943 年首次用金属钡还原 35 μg PuF_4 制得的。鉴于钚在工业上的重要性，详细研究了下列方法以适于金属钚的大规模生产[10,11]：

(1) 金属钙还原 PuF_4。反应式为：

$$PuF_4 + 2Ca \longrightarrow 2CaF_2 + Pu \quad \Delta G_{298} = -648.5 kJ/mol$$

这是目前在制备金属钚中用得最广泛的方法。如果用于大量装料，则失热的百分率较低，其反应热是足于熔融金属及炉渣的。一般收率可达 98%以上，其金属纯度为 99.8%。

(2) 金属钙还原 PuF_3。反应式为：

$$PuF_3 + 3/2Ca \longrightarrow 3/2CaF_2 + Pu \quad \Delta G_{298} = -255.2 kJ/mol$$

由于反应热较低，所以在还原过程中需使其热量损失维持在最低程度，多数需要对反应混合物进行外部加热。当小批生产时，将含 0.15—0.25 mol I_2/mol PuF_3 的“促进剂”加入到反应混合物中去，碘与过量的钙反应生成 CaI_2，从而添加热量。此外，CaF_2-CaI_2 的熔点低于纯的 CaF_2，使之容易形成金属熔块。金属 ^{238}Pu 能用类似的方法生产。

(3) 钙还原 PuO_2。W. Z. Wade 和 T. Wolf[12] 介绍过直接从钚的氧化物快速生产块状金属钚的新技术，还原、分离和制成块状金属的收率均在 99.9%以上。

(4) 氢化钚的热分解。此法用于实验室中生产钚粉末。

高纯度的钚可在 400—470℃时于 LiCl-KCl 熔盐中电解 PuF_4 而得[13]，进一步纯化可用区域熔融法。

镅 金属镅最初是用钡在 1200℃还原 AmF_3 制得的。为了制备微克量的纯镅(>98%)，D. B. McWhan 等人[14]作了改进。另一种制备镅的方法是在高真空下用镧还原 AmO_2：$AmO_2 + 4/3La \longrightarrow Am + 2/3La_2O_3$ $\Delta G_{1100K} = -167.4kJ/mol$ 在 1500℃附近，镅以很纯的形态蒸发出来，因为它的蒸气压比镧大 10^4 倍。沉积在该仪器冷端的镅的纯度为 99.8%—99.9%，从 10g 左右的 AmO_2 开始，制成金属镅的收率已达 80%[15]。

锔 微克量的金属锔首先由 B. B. Cunningham 和 J. C. Wallmann[16]制得的。根据热力学数据(室温)，选择制备金属锔的方法时可考虑下列反应[17]：

a) $2CmF_3 + 3Ca = 2Cm + 3CaF_2$ $\Delta G_{298} = -648.5kJ/mol$

b) $2CmF_3 + 3Ba = 2Cm + 3BaF_2$ $\Delta G_{298} = -585.8kJ/mol$

c) $CmF_3 + 3Li = Cm + 3LiF$ $\Delta G_{298} = -334.7kJ/mol$

d) $CmCl_3 + 3K = Cm + 3KCl$ $\Delta G_{298} = -355.6kJ/mol$

可见上述反应对每一 mol 锔来说，其自由能是差不多的，说不上哪一个反应有热力学的优越性。从化学上看，$CmCl_3$ 极易潮解，不便操作；另从检测极限(以原子百分数计)考虑，金属锔中杂质钡的极限值高于钙或锂，而且钡比钙、锂更易于提纯，故选用了反应 b。所采用的还原温度应当使得金属和炉渣都要融化，否则金属将高度分散在炉渣内。

还原反应是在高真空中一个感应加热的钽坩埚内进行的。将 CmF_3 悬挂在难熔的钨丝上，还原剂钡放在钽坩埚的底部，加热蒸发，于是和 CmF_3 相遇。装置见图 3.1。大约 200—500 μg 的 CmF_3 于 1315—1375℃之下用钡蒸气还原 2 min 左右，然后在 1235℃再继续加热 3 min，将过量的钡和生成的 BaF_2 熔渣挥发掉，便得到银块状的金属锔。

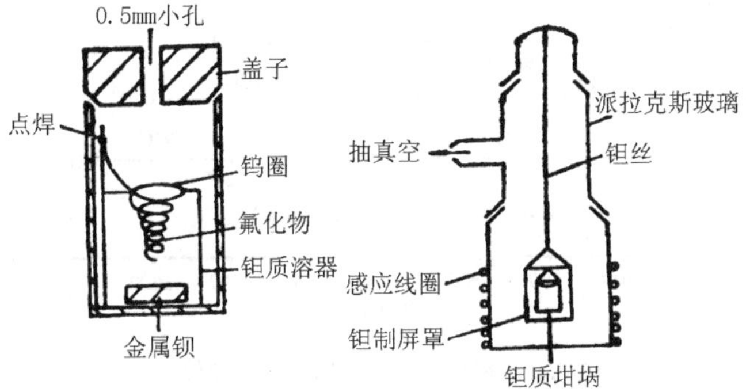

图 3.1 首次制备金属锔所采用的装置

后来有人用镁(以 Mg-Zn 合金的形式加入)在 800—900℃还原悬浮在 $MgCl_2+MgF_2$ 熔盐中的 CmO_2,制得了较大量的金属锔。

锔后元素　有人报道[18],利用金属锂在钽坩埚装置中还原三氟化锫制得了 5 μg 金属锫,整个装置保持在高真空中,于 1000—1050℃温度下进行反应大约 3 min,所得的金属锫极易与钨丝分离。由于 ^{249}Bk 是 β^- 放射性核素,半衰期为 311d,因而每日都长入 0.2%的 ^{249}Cf。不过由于金属锎比锫更易挥发,在还原反应中先行蒸去,故新鲜制得的金属锫几乎不含杂质。

采用类似方法或镧还原相应氧化物的方法制备了金属锎。锿的挥发性比锎更高,制备起来更加困难。

3.1.2　金属的物理和化学性质

锕系元素金属是银白色光泽而有碱性的脆性金属,它们具有很高的密度,如 α-Np 的密度超过 20 g/cm^3。锕系金属的特征是存在着一系列低熔点的多晶型变体(图 3.2)。对金属锕只发现了一种变体,但在进一步的研究中,还可能发现更多的变体。从冶金学观点看,钚是颇独特的,它在室温至熔点(640℃)之间有六种同素异形体(Allotropic modification)。铀、镎、钚的低温变体的晶体结构是低对称性的(表 3.2),这些变体可从其热导率和电阻率差异加以辨认。其中 α-Pa,α-U,β-U,α-Np 和 γ-Pu 的结构在其他金属中均未见过。

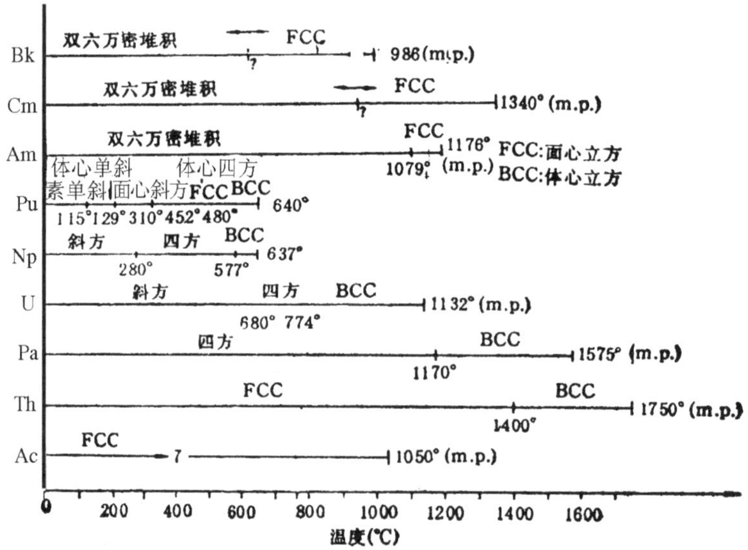

图 3.2　锕系元素金属的多晶型变体

表 3.2 锕系金属的多晶型变体、相变温度及结构数据[19]

元素	晶格对称性	存在范围(℃)	晶格常数				X射线法测得的密度(g/cm³)
			a(Å)	b(Å)	c(Å)	β(Å)	
锕	面心立方		5.311(室温)				10.07
钍	α:面心立方	≤1400	5.086(25℃)				11.724
	β:体心立方	1400—1750	4.11(1450℃)				11.10
镤	α:体心四方	≤~1170	3.929(室温)		3.241		15.37
	β:体心立方	1170—1575	3.81(1186℃)				13.87
铀	α:斜方	<668	2.853(25℃)	5.865	4.954		19.07
	β:四方	668—774	10.75(700℃)		5.65		18.11
	γ:体心立方	774—1132	3.534(800℃)				18.06
镎	β:斜方	<280	4.721(室温)	4.888	6.661		20.48
	β:四方	280—577	4.895(312℃)		3.386		19.40
	γ:体心立方	577—637	3.518(600℃)				18.04
钚	α:单斜	<115	6.183(21℃)	4.822	10.963	101.79	19.86
	β:单斜	115—185	9.284(190℃)	10.463	7.859	92.13	17.70
	γ:斜方	185—310	3.1587(235℃)	5.7682	10.162		17.13
	δ:面心立方	310—452	4.6371(320℃)				15.92
	δ′:体心四方	452—480	3.3261(450℃)		4.4630		16.01
	ε:体心立方	480—640	3.6361(490℃)				16.48
镅	α:双六方密集	<1079	3.4681(室温)		11.241		13.671
	β:面心立方	1079—1176	4.894				13.65
锔	α:双六方密集		3.496(室温)		11.311		13.51
	β:面心立方	<1340	4.382				19.26
锫	α:双六方密集		3.416(室温)		11.068		
	β:面心立方	<986	4.999(室温)				

锕系元素的金属键半径从锕到镎递减,然后递增(图 3.3),这是由于各金属在晶格中的价态不同之故(参见表 3.3)。表 3.3 中的数据是把 5*f* 电子作为基本上不屏蔽的内层电子,并且在金属键中不直接起作用来处理得到的,但有人认为金属价的概念应修改成包括 5*f* 电子作为价电子的概念,关于这点仍是值得研讨的。

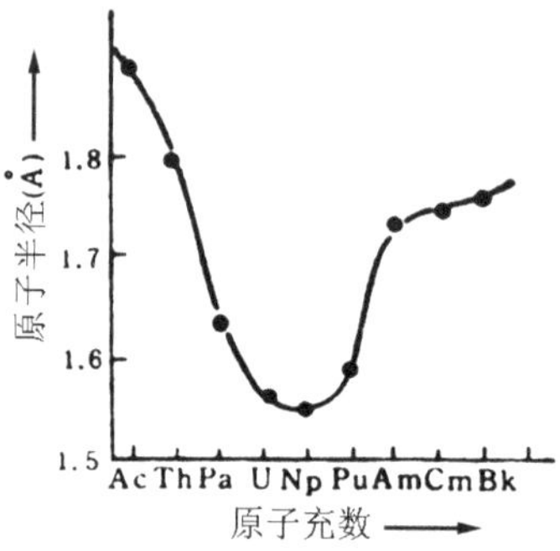

图 3.3　锕系元素的金属键半径

表 3.3　锕系元素在金属晶格中的价态

金属	价态	金属	价态
Ra	2	Np	4.5
Ac	3.1	Pu	4.0
Th	3.1	Am	3.2
Pa	4.0	Cm	3.1
U	4.5	Bk	3.4

金属钍和镤在约 1.3K 时发现有超导性，U_6M(M＝Mn，Fe，Co，Ni)在 0.4—4K 之间有超导性，铀在 12 kbar 压力下于 2.2 K 时有超导性。钍中加入少量铀可明显地降低其超导转变温度。与镧系元素相似，锕系元素的超导性是由电子与有效 f 电子的相互作用引起的。关于锕系金属中的晶体结构、熔点、超导和磁性的变化，可依据 E. A. Kmetko 关于其 f 带宽和 f 电子参与成键的计算，给以合理的解释[20]。

α-铀的物理性质和机械性能反映出其高度的各向异性结构，这些性能不仅受纯度的影响，而且也受该金属冶炼历程的影响。α-钚的热膨胀值很高，这在金属中间也是独特的，从 α-Pu 相变到 β-Pu 相时的体积变化，比其他金属的同素异形体相变时(锡除外)都大。钚变体的相变温度较低，热膨胀各向异性，加之同素异形体相变时密度变化大(有的正，有的负)，这些说明金属钚如不与其他金属形成合金是不能作核燃料用的。

锕系金属的性质活泼，氧能极快地将这些金属氧化成相应的化合物，因此，金属粉末会自燃。例如，高度粉碎的铀在室温空气中，有时甚至在水中都能自燃；在制造合金时，将其他金属与铀粉末混合，也可能引起自燃直至爆炸！为了防止金属意外着火，空气中必须加入惰性气体使氧含量降到 5%以下。钚的性质很活泼，长期贮存有困难。影响其氧化速度的因素很多，其中包括水蒸气的存在以及是否采用钚合金。水蒸气对钚有特殊的破坏作用，因为一旦有少量钚氧化后就能引起其破裂。当金属钚贮存 3—5a 以上时，在使用前一般都必须进行再处理，这是由于被氧化得太厉害了，或者因镅含量增高使得材料的 γ 放射性变得很强的缘故。但是，锕系金属表面通常总是形成牢固附着的氧化层，以阻止其被进一步的腐蚀。

锕系金属与氮甚至在高温下也只起缓慢的作用，但与氢能在 200—300℃时生成氢化物。锕系金属易溶于稀酸。例如，铀在热的稀硝酸或硫酸中，特别是存在可溶氧化剂如高氯酸或过氧化氢时，溶解得很顺利；粉末状铀在稀盐酸中溶解得很剧烈，但块状金属铀的溶解速率则较缓慢，且与酸的浓度有关。金属钚易溶于稀盐酸、氢溴酸、氢碘酸、72％的高氯酸、85％的磷酸、氨基磺酸和浓的三氯乙酸等。但它们遇浓硫酸和浓硝酸时，可能由于钝化或形成氧化层的原因，作用比较缓慢甚至完全不起作用。目前已知的 M/M(III)的氧化还原电位介于 $E=+1.80$V(铀)和 $E=+2.38$V(镅)之间，钍的 M/M(IV)氧化还原电位

$$E=+1.90\text{V}.$$

锕系金属能相互形成许多合金体系，但由于其复杂的晶体结构，与其他金属形成合金的能力较小。至今仅对钍、铀和钚的合金体系作过详细的研究。例如，在铀-镍(钴)和钚-铑体系中，已知有七种仅有较小相宽的金属间化合物；钚-钴(铅、镍)体系有六种；钍-镍和钚-铝体系有五种。钚-镓体系特别复杂，有八种金属间化合物，此外包含两种具有高温变体的金属间化合物和另一种金属互化相。

表 3.4 给出三种热中子可裂变的核素 ^{233}U，^{235}U 和 ^{239}Pu 的临界质量数据。^{235}U-^{238}U混合物的临界极限对水溶液为 0.95％(重量)的 ^{235}U，对金属铀为 5％(重量)的 ^{235}U。表 3.5 列出了含不同 ^{235}U 浓缩度的铀的最小临界质量。

表 3.4 ^{233}U，^{235}U 和 ^{239}Pu 的最小临界数据[21]

核素		^{233}U	^{235}U	^{239}Pu	^{241}Pu
纯金属(无反射层)	临界质量	7.5kg	22.8kg	5.6kg(α-Pu)***	
				7.6kg(δ-Pu)	
	金属球半径*	4.63cm	6.75cm	4.1cm(α-Pu)	
				4.87cm(δ-Pu)	
	金属圆柱体直径	4.75cm	7.75cm	4.25cm(α-pu)	
				5.25cm(δ-Pu)	
	金属片厚度	0.75cm	1.5cm	0.6cm(α-Pu)	
				0.7cm(δ-Pu)	
水**溶液	质量	0.59kg	0.82kg	0.51kg	0.26kg
	体积	3.3L	6.3L	4.5L	
	浓度	11.2g/L	12.1g/L	7.8g/L	5g/L

* 换算用的密度：^{233}U=18.3g/cm^3；^{235}U=17.6g/cm^3；α-Pu=19.6g/cm^3；δ-Pu=15.65g/cm^3。

** 为达临界必须超过所有三个最小值。

*** 水反射层：5.43kg(D=19.74g/cm^3)。

表 3.5 各种^{235}U浓缩度铀的最小临界质量[22]

^{235}U浓缩度（%）	总临界量(kg)		
	水溶液	无反射层球形金属	水反射层球形金属
90	0.9	53	24.5
20	5.7	750	375
5	38.0	无限	无限
3	114	无限	无限
1.8	708	无限	无限

表 3.6 汇集了可裂变钚后核素的最小临界质量。这些核素的裂变截面是非常大的，含这些核素的混合物即使浓度较小，但当慢化时也可达到临界。所以在慢化介质中处理非裂变性核素时，要很小心地将可裂变核素的量或浓度维持在次临界极限以下的水平。

表 3.6 可裂变钚后核素的最小临界质量[23]

核素	临界质量(g)	近似浓度(g/L)
^{242m}Am	23	5
^{243}Cm	213	40
^{245}Cm	42	15
^{247}Cm	159	60
^{249}Cf	32	20
^{251}Cf	10	6

表 3.7 给出了裂变截面较低的某些超铀核素的临界质量计算值，以兹比较。

表 3.7 某些球形超铀金属的临界半径和临界质量的计算值[24]

核素	密度（g/cm^3）	临界半径(cm)		临界质量(kg)	
		无反射层	水反射层（20cm）	无反射层	水反射层（20cm）
^{237}Np	20.45	8.47		52.51	
^{238}Pu	19.6	4.44	4.08	7.2	5.6
^{240}Pu	19.6	12.45	12.18	158.4	148.3
^{241}Am	11.7	13.23	12.90	113.5	105.2
^{242}Am	11.7	5.55	4.26	8.4	3.8
^{244}Cm	13.5	7.43	7.30	23.2	22.0

3.2 锕系元素的用途

锕系元素在原子能和医学等方面都有重要的应用[25]，这与它们具有特殊的核性质有关，而不取决于它们的化学性质。除了铀和钚用作不同反应堆的核燃料以外，其他重要的核素有：用作转化材料的^{232}Th；用作热源的^{238}Pu 和^{244}Cm 以及用于辐射源的^{241}Am 和^{252}Cf。对于不同的用途所需的量也不相同，从医用微克量^{252}Cf，直至用于核电池上达几公斤量的^{238}Pu。

有些很有意义的核物理性质，包括特殊的裂变现象：自发裂变、裂变同质异能素和缓发裂变等，都只能在锕系元素范围内进行研究。其中^{257}Fm 是在热中子诱发下作对称性裂变的最轻的核素。

锕系元素都是异常昂贵的产品，各核素的价格几乎随原子序数的增大而迅猛增加。目前和可能的应用范围，从核动力工业扩展到宇宙航行和气象学研究，进而渗透到生物学和医学方面[26]。

3.2.1 核燃料

自 20 世纪 30 年代末发现铀核裂变现象以来，为人类利用原子能展示了广阔的前景，导致后来核武器的发明以及数以百计的核电站和各种核动力船舰的建造。原子能继化学燃料(包括煤、石油、天然气等)和水力资源之后，已经成为地球上第三种主要能源；原子能的利用极大地扩展了人类支配自然界的能力[27]。

裂变物质如^{235}U，^{239}Pu 和^{233}U 是人们所熟知的核燃料。由于它们具有较高的热中子裂变截面，在堆内经中子辐照下，主要发生核裂变和中子俘获两个过程。前者生成裂变产物；后者产生各种铀后核素。如^{235}U 吸收中子发生裂变，其裂变方式有 30 多种，产生的初级裂变产物有 60 多种，然后进行一系列的衰变。下面只举^{235}U的其中三种裂变方式：

$$
{}^{235}_{92}\mathrm{U} + {}^{1}_{0}n \rightarrow
\begin{cases}
{}^{95}_{39}\mathrm{Y} + {}^{139}_{53}\mathrm{I} + 2\,{}^{1}_{0}n \\
{}^{87}_{35}\mathrm{Br} + {}^{146}_{57}\mathrm{La} + 3\,{}^{1}_{0}n \\
{}^{72}_{20}\mathrm{Zn} + {}^{160}_{62}\mathrm{Sm} + 4\,{}^{1}_{0}n
\end{cases}
$$

由铀-235 裂变产生的钇-95 和碘-139 等均不稳定，发生一连串的衰变，分别组成各自的衰变链。裂变产物总共有 300 多种，包括从锌(Z 为 30)到钆(Z 为 64)的 35 种元素的许多同位素，质量数分布在 72 到 160 的范围内。

如上所述，裂变物质的原子核吸收一个中子发生裂变时，还会放出新的中子，一般为 2 至 3 个。这些新产生的中子又能使裂变物质的其他原子核继续发生裂变，在一定的条件下，裂变反应可以持续不断地进行下去。这就是裂变链式反应（如图 3.4 所示）。

核反应堆就是一种由裂变物质自行维持链式反应，又可人为控制反应快慢的装置，通常由核燃料、减速或慢化剂、冷却剂、控制棒、反射层和屏蔽层等构成。图 3.5 为一种典型的石墨水冷实验堆的示意图。

裂变物质在裂变过程中释放出来的能量是非常巨大的。例如每一个^{235}U原子核裂变，平均约放出 200 MeV 的能量，以此推算，每克^{235}U完全裂变时大约产生8.0×10^7kJ的能量。这个能量为简单核反应如^{226}Ra的放射性衰变$^{226}_{88}Ra \longrightarrow ^{222}_{86}Rn + ^4_2He$的 40 倍；去除一部分非裂变的中子俘获反应后，相当于 2 t 优质煤完全燃烧时所放出的能量。一座电功率为 30 万 kW 的大型火电站，每年耗煤量将近 100 万 t，而同样规模的核电站只要每年供给 60t 左右的天然铀。

反应堆中产生的热量，用高压水导出，通过热交换器发生蒸气，以推动涡轮机而发电，简单的核电站如图 3.6 所示。

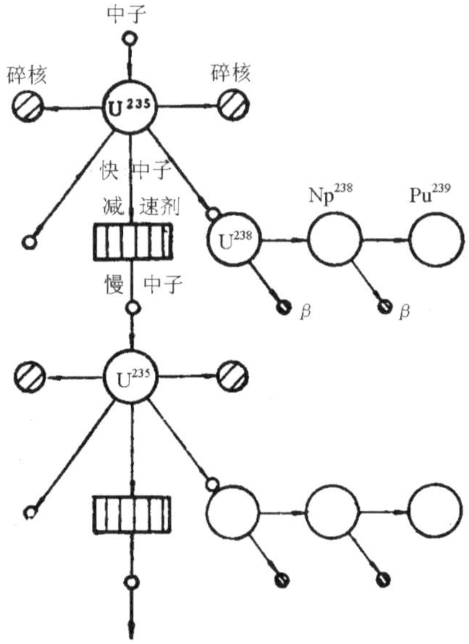

图 3.4　铀堆中的裂变过程

核燃料是用于维持反应堆正常运行的材料，通常除了裂变物质外，还含有转化材料。后者吸收中子后可转化成新的裂变物质。例如下面两个核反应：

$$^{238}_{92}U + ^1_0n \longrightarrow ^{239}_{92}U \xrightarrow{\beta^-} ^{239}_{93}Np \xrightarrow{\beta^-} ^{239}_{94}Pu$$

$$^{232}_{90}Th + ^1_0n \longrightarrow ^{233}_{90}Th \xrightarrow{\beta^-} ^{233}_{91}Pa \xrightarrow{\beta^-} ^{233}_{91}U$$

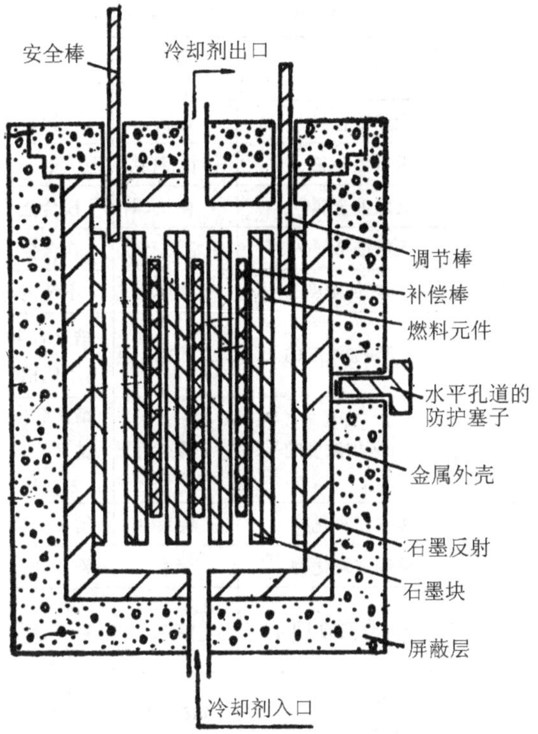

图 3.5 典型的石墨水冷实验堆的示意图

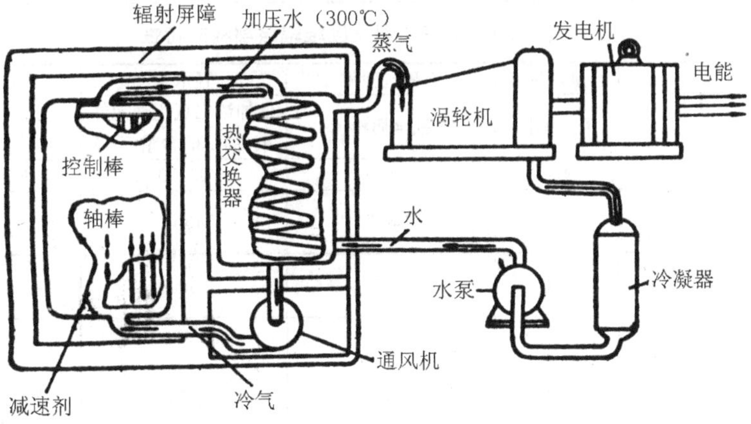

图 3.6 原子能的发电装置

表 3.8　某些类型反应堆的常用燃料和材料[27]

堆　型		燃　料	燃料元件形式	元件包壳材料	慢化剂	冷却剂
生产堆	石墨水冷堆	天然铀金属	棒状	铝	石墨	普通水
	重水堆	天然铀金属	棒状、管状	铝	重水	重水
	石墨气冷堆	天然铀金属	棒状	镁合金	石墨	二氧化碳
动力堆	镁格诺克斯型堆	天然铀金属	棒、管或环状	镁合金	石墨	二氧化碳
	改进型气冷堆	2.0%—2.5%加浓度的 UO_2	棒束	不锈钢	石墨	二氧化碳
	沸水堆	1.5%—2.5%加浓度的 UO_2	棒束	锆-2 合金 不锈钢	普通水	普通水
	压水堆	3.0%—3.5%加浓度的 UO_2	棒束	锆-4 合金 锆-2 合金 不锈钢	普通水	普通水
	加压 Candu 型	天然铀二氧化物	棒束	锆-2 合金	重水	重水
	沸腾轻水 Candu 型	天然铀二氧化物	棒束	锆-4 合金	重水	普通水
	沸腾轻水冷却重水慢化堆	2.0%加浓度的 UO_2	棒束	锆-2 合金	重水	普通水
	高温气冷堆	>90%加浓度的 UO_2 或 ThC_2+UC_2	涂敷颗粒	石墨层	石墨	氦气或二氧化碳
	快中子堆	15%加浓度的 UO_2 与 PuO_2 混合物	棒束	不锈钢	无	液态金属钠或氦气

表 3.9　某些类型反应堆辐照燃料的特性

堆型	重水堆	石墨气冷堆	轻水堆	快中子堆
燃料	天然铀棒	铀金属棒	低加浓二氧化铀元件束(铀-235 含量 5%)	混合氧化铀-氧化钚元件束
平均燃耗(MWd/t)	400	4000	33000	80000(堆芯)
辐照元件冷却 150d 后的比活度(Ci/kg)	110	1400	4500	18000
辐照燃料中裂变产物总量(g/t)	400	4160	35000	85000
辐照燃料中锕系元素量(g/t)				
镎(Np)	1.2	22	760	180
钚(Pu)	400	2600	9100	194000
镅(Am)			150	2320
锔(Cm)			35	80
铀(U)	999200	992500	约 955000	719000
锕系元素总量	999600	995000	965000	915000

在天然资源中，只有铀-235一种裂变物质，且只占总铀量的0.7204%(重量)，而转化材料铀-238和钍-232则是很丰富的，因此上述两个转化反应对于核燃料的充分利用具有关键意义。核燃料后处理的重要任务之一，也就是提取由这两个转化反应生成的裂变物质钚-239和铀-233。

辐照核燃料是一个十分复杂的体系，而且具有强烈的放射性。现将某些堆型的常用燃料和材料，以及某些堆型辐照燃料的特性分别列于表3.8和表3.9。

鉴于^{239}Pu像^{235}U一样具有较高的热中子裂变截面，所以能在反应堆中代替^{235}U。核燃料中的浓缩铀可用等量的钚代替，例如在轻水堆燃料中加2%—3%的钚。钚作为快中子增殖堆的核燃料看来具有更大的重要性，这时反应堆中由^{238}U生成的可裂变物质^{239}Pu比消耗掉的更多，最终意味着快中子增殖堆只消耗热中子不能使之裂变的主要起始物料^{238}U。

迄今为止，核武器的装料主要是铀-235和钚-239。高加浓度的军用^{235}U，可从同位素分离工厂获得，但工厂的投资和耗电量十分巨大。而用天然铀作燃料，在反应堆内生成钚，然后通过后处理提取军用钚，则在技术上和经济上都是比较容易实现的途径；另从核武器的性能来说，钚弹的效率比铀弹高，同样威力的钚弹装钚量只有铀弹装铀量的三分之一左右，所以钚弹容易做到小型化。

其他钚后核素的裂变截面也较大，有可能用作核燃料，例如^{245}Cm，^{249}Cf，^{251}Cf或^{242m}Am，已知^{242}Am热中子裂变截面最大，$\sigma_f=7200b$。裂变截面大因而临界质量就小(参表3.4和表3.6)，所以这些核素或许能在宇宙飞船的小型反应堆中得到应用。目前，由于这些核素不可能用反应堆辐照生产出浓缩的形式，因此它们还不能用作核燃料。例如，锔即使在长期辐照后，^{245}Cm的含量最多只有1%—2%。唯一的例外是纯化过的^{249}Bk经β^-衰变可得到小量的^{249}Cf。大多数同位素纯或浓缩的同位素的生产，目前只能由昂贵的同位素分离法在质量分离器中获得。

据统计，现在世界上已有和建造中的核电站已达五百多座。截止1985年底，利用核能来发电的核电站总装机容量达25800万kW。在一些工业先进的国家如美国、日本、西德、英国、加拿大和苏联等，核电发电量已占国家总发电量10%以上；法国、瑞士甚至占40%以上[28]。我国在积极进行热中子压水堆核电站设计建造的同时，也成立了研究快中子堆技术的专门研究所，以充分利用铀资源，不断发展我国的能源事业。根据国际原子能机构预测，在1980—2000年间世界动力平衡增长率为2.4%—2.9%的情况下，核电站的装机容量将从16000万kW，增加到72000万—95000万kW，即每年增加8.2%—9.8%。核能已成为当今世界一项不可忽视的能源。预计21世纪40年代后，核能将成为我国的主要能源。

3.2.2 热源

用放射性核素直接作为能源，主要需将衰变过程中释出的热转变为电。在三种转换系统(图 3.7)中,热电转换特别引人注意。它没有活动部件,可将 5%—10%的热能转变成电能。使用半导体热偶可获最大效率,例如,在>800℃的高温用 Ge-Si 热偶,在较低温度(<800℃)时用 Pb-Te 热偶。热离子转换器的电效率比热电转换器高,但寿命短;它还要求最低温度约为 1800℃,该温度只能用^{227}Ac或^{242}Cm等核素得到,而不能用^{238}Pu。至于热动力系统,它的缺点是结构复杂,所费放射性核素量大,但能量转换效率则尚好。

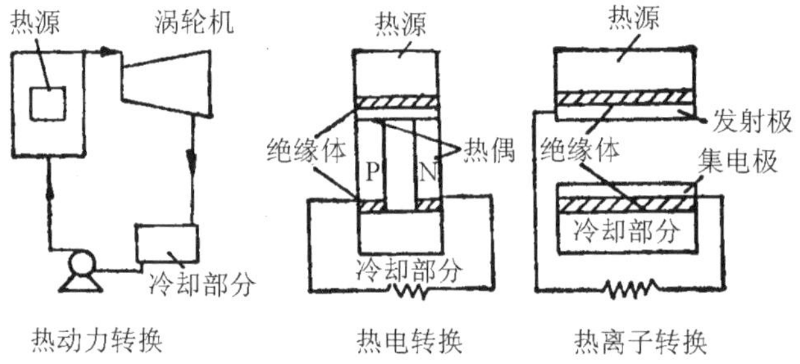

图 3.7　将放射性衰变时释放的热转变为电能和机械能的几种可能途径

放射性核电池要求核素半衰期足够长,而比功率则要高,只需简单的辐射防护。可作热源的铀后核素主要是^{238}Pu,^{242}Cm和^{244}Cm(表 3.10)。其他β放射性核素例如^{90}Sr-^{90}Y和^{144}Ce-^{144}Pr是裂变副产品,价虽廉但需重型的屏蔽,致使它不能广泛应用。

目前^{238}Pu是用于电源系统最重要的放射性核素,它的半衰期长达 87.75a,没有高能的γ辐射,因而无需重型的屏蔽。它放出的中子(自发裂变约 2.2×10^3 中子/s.g)比锔的同位素少。由于金属钚的熔点低(640℃),故使用金属时限制其功率密度为 $7W/cm^3$。若掺入锆可提高熔点,但却降低了功率密度。普通所用的$^{238}PuO_2$热稳定性较好,熔点高至 2400℃,但功率密度较低,约为 $3.9W/cm^3$;且由于^{238}Pu引起^{18}O的(α,n)反应结果,产生的中子约增大 9 倍。所以,对于生物医学的应用,选取^{18}O贫化的$^{38}PuO_2$或^{238}PuN较好。

表 3.10　用作热源的主要放射性核素的性质[26]

放射性核素	半衰期	衰变方式	所用化合物	核素的比功率(W/g)	化合物比功率(W/g)	功率密度(W/cm^3)	估计价格(美元/W)	屏蔽	生产方法
^{90}Sr	28.1a	β	$SrTiO_3$	0.95	0.46	0.94	21	重型	裂变产物
^{144}Ce	284.2d	β,γ	CeO_2	25	20.5	25.3	2	重型	裂变产物
^{171}Tm	1.92a	β,γ	Tm_2O_3	15.6	13.7			轻型	$^{170}Er(n,\gamma)^{171}Er\xrightarrow{\beta^-}$
^{210}Po	138.4d	α	金属	147	147	1320	20	轻型	$^{209}Bi(n,\gamma)^{210}Bi\xrightarrow{\beta^-}$

续表

放射性核素	半衰期	衰变方式	所用化合物	核素的比功率(W/g)	化合物比功率(W/g)	功率密度(W/cm^3)	估计价格(美元/W)	屏蔽	生产方法
^{227}Ac	21.77a	α,β,γ	Ac_2O_3	14.6	12.9			重型	$^{226}Ra(n,\gamma)^{227}Ra\xrightarrow{\beta^-}$
^{228}Th	1.913a	α,β,γ	ThO_2	170	145	1270	40	重型	$^{227}Ac(n,\gamma)^{228}Ac\xrightarrow{\beta^-}$
^{238}Pu	87.75a	α	PuO_2	0.54	0.44	3.9	540	轻型	$^{237}Np(n,\gamma)^{238}Np\xrightarrow{\beta^-}$
^{242}Cm	163d	α,n	Cm_2O_3	123	109	1280	17	轻型 *	$^{241}Am(n,\gamma)^{242}Am\xrightarrow{\beta^-}$
^{244}Cm	18.1a	α,n	Cm_2O_3	2.8	2.55	30	64	中型 *	照射 Pu

* 可能需要屏蔽中子。

^{238}Pu 已用于地面的电源系统中，例如海底电缆的增音器，航海浮标或者遥控转播电台的电源。在空间方面也表现出引人注目的潜力，它们成功地与新型的太阳能电池相竞争。已经发射了几个导航和气象地球卫星，它们装有用 ^{238}Pu 作燃料的放射性核素热电转换电池。阿波罗 12—16 号的宇航员把一个装有 3.6kg ^{238}Pu 的 56W 电池放置于月球上，作为阿波罗月面试验装置的组件。表 3.11 示空间应用的锕系核素能源。

表 3.11 空间应用的锕系核素能源

名 称	核素	电功率	任 务	发射日期
SNAP*-3B	^{238}Pu	2.7—4W	"子午仪-4A"导航卫星	1961 年 2 月
SNAP-9A	^{238}Pu	25W	"子午仪"导航卫星	1963 年 1964 年 2 月
SNAP-11	^{242}Cm	20W	"探索者"月球测量站	1967 年试验
SNAP-15A	^{238}Pu	0.001W	军用	
SNAP-19	^{238}Pu	30W	"雨云-B"气象地球卫星	1967 年 2 月
Easep 加热器	^{238}Pu	15W	阿波罗 11 号	1969 年
SNAP-27	^{238}Pu	70W	阿波罗 12—16 号	1969—1972 年 2 月
子午仪 RTG	^{238}Pu	30W	导航卫星	70 年代初
先驱者	^{238}Pu	30W	木星探测站	70 年代初
Viking RTG	^{238}Pu	35W	火星着陆	70 年代中期
百瓦级	^{238}Pu	100—200W	通信地球卫星	70 年代中期
Brayton 热动力转换系统	^{238}Pu	15—80kW	空间站、电视地球卫星	80 年代初

* SNAP 为辅助核动力系统的缩称。

在生物医学方面，钚-238 已用作心脏起搏器和人造器官如心脏和肾脏中的供能单元。通常用的化学电池起搏器的寿命少于 2a，而^{238}Pu 作能源的核动力起搏器的寿命远超过 10a，因此减少了更换起搏器电源的痛苦。做一个约 150 μW 电力的起搏器需要约 300 mg^{238}Pu。现已有数以百计的核动力起搏器植入人体。美国正在发展一种可植入人体内、用放射性核素作动力维持血液循环的装置，其目的就在于制造“人造心脏”，首选核素也正是^{238}Pu。

^{252}Cf 是适宜用作热源的锕系核素之一，然而它的屏蔽问题极为复杂，且生产费用昂贵，以致目前不能实际应用。

3.2.3　辐射源

用作辐射源这方面主要是放出中子和 γ 射线的核素。最重要的是镅-241 和锎-252，此外，钚和锔的各种同位素通过(α,n)反应也用做中子源。例如，一个含有 0.63 克高纯^{244}Cm 的氧化物(Be/Cm 原子比为 100∶1)的(α,n)中子源可放出 1.25×10^8 中子/s，这相当于每 10^6 个 α 粒子放出 66 个中子。

在各种用途的分析仪器中，^{241}Am 正变得日益重要[29]。它的半衰期长达 433 年，在几年时间内可不考虑对核衰变作校正。^{241}Am 的 γ 辐射为 59.54 keV，足以激发周期表中部由原子序数 20 的钙到原子序数 56 的钡中各个元素的 X 射线荧光，从而测定种种痕量元素。此外，在测定密度的仪器中也使用^{241}Am，由于它的软 γ 辐射，对低密度材料和样品能得到更精确的结果(表 3.12)。

^{252}Cf 具有两个不同于其他放射性核素的特性。它的自发裂变放出大量中子，中子发射率为 2.34×10^{12} 中子/g · s，并有较长的半衰期($t_{1/2}=2.638$a)；这种自发裂变中子源比之(α,n)中子源，具有简易、体积紧凑和高中子通量的优点，甚至可与小型核反应堆和加速器相竞争。它最重要的应用是活化分析，特别是反应堆不能胜任的流线分析；还适用于海底沉积物的探测和分析，以及中子测井和钻探等作业。

现在，放射医学家已使用^{252}Cf 强中子源插入体内治疗癌症，它给予病变组织很强的局部辐照剂量，在克服缺氧细胞对辐照的抵抗方面，中子比 γ 辐射更加有效。在诊断应用中，生产就地用的短寿命放射性制剂将使健康组织的辐照剂量减至最小。1 mg 的^{252}Cf 源就能制备足够量的放射性核素，包括^{38}Cl，^{60m}Co，^{56}Mn，^{64}Cu，^{80}Br，^{128}I，^{134m}Cs 和^{139}Ba 等，在这种场合，^{252}Cf 源代替了生产它的核反应堆。例如，甲状腺扫描中采用^{128}I($t_{1/2}\simeq25$min)比常用的^{131}I($t_{1/2}\simeq8$d)好得多。

表 3.12 ^{241}Am的用途一览表

辐射		应用领域	应用项目
类型	性质		
γ	透射	医学	1. 测定骨骼中的矿物质含量
			2. 测定软组织中的类酯化合物
			3. 估计局部肺的呼吸
			4. 测定人体组成
		工业测试仪	1. 测量玻璃板的厚度
			2. 测量金属的厚度
			3. 测量铝材料的厚度
			4. 测量金属丝的直径
		土壤学	测定土壤的水分和密度
		水利学	1. 地下水辐射测井
			2. 沉积物浓度计
		矿物学	测定矿石品位
		其他	1. 保持直升飞机飞行队形
			2. 氟里昂(Freon)灭火动力学
γ	反散射*	气象学	测定大气密度
		煤炭	测定煤炭中的灰分
		混凝土	测定混凝土中的水泥含量
		矿物学	1. 开采矿物机械
			2. 测定矿物中铁含量
γ	X射线激发源	矿物学	1. 矿石和淤浆的在线分析
			2. 矿样分析
		分析化学	1. X射线发生器
			2. 化验高纯金
		医学	甲状腺诊断
		测量仪	1. 耐火砖磨损测量
			2. 覆盖在钢表面的金属厚度的测量
			3. 测定纸重密度
γ	吸收式射线照相法	医学	测定骨骼的表面体积比
		冶金	Al和Mg薄板的射线照象法
		空间	钢管无损检验
		其他	射线照象机的发展
γ	γ源	射线探测器	1. 校准探测器
			2. 制备低水平γ源
		医学	颅内压测定器
α	电离	气体密度	1. 气体密度电离计
			2. 测定行星大气密度
		气相色谱	离子化检测器
		建筑	1. 空调

续表

辐射		应用领域	应用项目
类型	性质		
			2. 避雷针
			3. 烟雾密度测定器
		钟表制造	制备萤光涂料
		α 探测器	α 谱仪校准
		仪　器	薄膜均匀性测定
		其　他	1. 测定空气的相对湿度
			2. 旋转盘气溶胶发生器
			3. 放射源制备
α	中子源	石　油	测井
		土壤学	测定土壤密度和水分含量
		水分计	1. 焦炭水分含量
			2. 混凝土水分测定
		活化分析	1. 飞尘中碳的测定
			2. 谷物(粮食)中蛋白质的测定
			3. 矿物中氟的测定
			4. 铸铁中硅的测定
			5. 骨骼中磷的测定
		中子计数器	热中子计数器
		中子源制备	1. (α,n)和(γ,n)中子源制备
			2. ^{241}Am-Be-^{242}Cm 中子源制备

* 反散射方法依赖于往返下降源 γ 射线对附近探测器的康普顿散射。

中子射线照相补充了X射线照相的不足，它可给出更完整的软组织结构图片，而没有骨骼的干扰。小体积的^{252}Cf 源使快中子射线照相的分辨率比其他核素源得到的强许多。

在医学领域内，考虑到锕系特别是铀后核素的高毒性，无论在疾病诊断或治疗上的应用都受到了严格的限制。因此，通常仅限于用封闭源作放射治疗，或有选择地使用。

锕系元素尤其是超铀元素的获取不易，故价格比较昂贵(参见表 3.16)。迄今为止，全世界每年只能生产几十克的锎，它的价值要比同等量的黄金贵重一千万倍，不可不谓属价值连城的“稀世之宝”。但随着科学技术和生产的迅速发展，这种情况将会改观。

3.3　锕系元素的毒性

锕系元素在生物学系统中的运动，即它们被机体吸收、体内分布及从机体排除，是由它们的化学性质决定的；但是它们的生物效应则是由放射损伤引起，而不直接取决于化学作用。

锕系元素都具有放射性，按不同的核素分别放出 α，β^-，β^+ 和 γ 等各种粒子，甚至经自发裂变释出中子。它们与生物机体相互作用的结果，导致不同程度的放射性损伤，严重的可成为放射病。下面就主要的锕系元素分述其毒性[35]。

1. 钍

天然钍是中毒性元素。进入机体的可溶性钍化合物，在生理条件的 pH 值下，一部分解离成阳离子，一部分形成难溶性化合物 $Th(OH)_4$ 的胶体颗粒；而不溶性钍化合物进入机体后，仍保持原来的状态。这三种状态的钍都容易与蛋白质、氨基酸、有机酸以及核酸结合成牢固的络合物，从而被吞噬细胞吞噬，进入内皮网状组织。钍主要蓄积于肝、骨髓、脾和淋巴结，其次是骨骼、肾等脏器中。一般认为，钍的化学毒性不高，但其化合物有较高的化学毒性。钍化合物急性中毒主要是化学毒性所致，慢性中毒则是钍及其衰变子体的辐射作用引起的。急性中毒晚期或慢性中毒的主要表现，是造血功能障碍、机体抵抗力减弱，神经功能失常，以及各脏器损伤而引起的病变和致癌效应。

根据我国有关规定，天然钍在露天水源中的限制浓度为 3.7×10^{-1} Bq/L(0.1 mg/L)，在放射性工作场所空气中的最大容许浓度为 7.4×10^{-5} Bq/L(即 0.02 mg/m^3)。

2. 铀

铀既是放射性毒物，又是化学毒物。在放射性物质的毒性分类中，天然铀属中毒性元素。它的毒性与化合物的形式、解离度、分散度、价态以及进入人体的途径等因素有关。通常认为，可溶性铀化合物的毒性大于难溶性铀化合物。在各种铀化合物中，它们的化学毒性以 UF_6 为剧毒，UO_2F_2，UCl_6 为高毒，$UO_2(NO_3)_2$ 和 $Na_2U_2O_7$ 属中等毒，其次有 UO_3，UCl_4，属于微毒的是 UO_2，UF_4 和 U_3O_8。

可溶性铀盐进入人体后，以 UO_2^{2+}，UO^{2+} 状态与血液中的碳酸氢盐及血浆蛋白形成络合离子。铀(V1)主要蓄积在肾脏、骨骼中，而铀(1V)则主要蓄积在肝脏中。由铀引起放射损伤的器官中，以肾脏最为敏感。铀的急性中毒会引起肾脏病变，中毒性肝炎和神经系统病变等。慢性铀中毒的主要表现为肾脏病变。我国规定，天然铀在露天水源中的限制浓度为 0.05 mg/L，在放射性工作场所空气中的最大容许浓度为 0.02 mg/m^3。在人尿中，天然铀的控制指标为 20 μg/L。

3. 镎

在镎的毒理学中，以 ^{237}Np 为最重要。它的化学毒性很高，又有辐射损伤作用，属于极毒性核素。^{237}Np 进入人体后，在体内的吸收、分布和排出，因其价态、化合物的形式及进入人体途径的不同而异，它主要积聚在骨骼、肝和肾中。镎急性中毒时，会严重损伤肾和肝。慢性中毒的远期效应可引起骨肉瘤。吸入^{237}Np可引起支气管扩张、肺硬化及肺肿瘤。

根据我国有关规定，镎-237 在体内的最大容许积存量为 2.2×10^3 Bq，在露天水源中的限制浓度为 33Bq/L，放射性工作场所空气中的最大容许浓度是 1.5×10^{-4} Bq/L。

4. 钚

钚属极毒性元素。钚同位素的 α 粒子能量较大，因而具有很强的电离能力。钚进入人体血液后，在机体生理条件的 pH 值范围易水解成难溶性的氢氧化物胶体，并以 $Pu(OH)_4$，$[Pu(OH)_2^{2+}]_n$ 和 Pu-蛋白质络合物的形式存在于血液中，而后主要蓄积在骨骼和肝等脏器中。它的一般毒理学表面上看与镭、铀、锶相似，但却有许多重要的区别[30]，钚的特性是亲骨表面性的蓄积，而不是体积性蓄积，所以在放射性相同的情况下，钚所产生的损伤如引发骨肉瘤，比镭的效应大得多。它被视为“亲骨性元素”和“毒性最大的元素”。例如，一个 1 μm 的$^{238}PuO_2$ 颗粒就是相当强的辐射源，这么大小的颗粒可被呼吸道的巨噬细胞所吞噬，而 Pu 的量不过是4.8×10^{-12} g，放射性活度相当于 2.08 Bq(5.63×10^{-5} μCi)，但它对直径为 100 μm 球体组织的日剂量可达 3×10^4 rad。

^{239}Pu 的比活度比^{238}U 高 2×10^5 倍，因此其辐射危害比^{238}U 要严重得多。钚-239 急性中毒会引起机体严重病变，其主要表现有炎症坏死性病变和广泛性纤维增生病变。慢性辐射损伤的远期效应是致癌和缩短寿命。一般认为辐射剂量是引起生物效应的主要原因，这与 α 粒子具有较高的相对生物效应密切有关，但不能确定绝对没有化学毒性，因为没有稳定性的钚同位素相比较。此外，经常碰到的是含钚和钚后核素的复杂体系，不但要严格临界控制，还要确认各种 α 粒子、X 射线、γ 射线和中子、β 粒子等的辐射成分，才能采取相应的严密安全措施。

^{239}Pu 在体内(骨骼)的最大容许积存量我国规定为 1.48×10^3 Bq，在露天水源中的限制浓度为 37 Bq/L，放射性工作场所空气中的最大容许浓度是 7.4×10^{-5} Bq/L。

5. 镅

^{241}Am，^{242}Am 和^{243}Am 都属于极毒性核素，在镅的毒理学中，以^{241}Am 为最重要。它进入人体后，主要蓄积于肝脏和骨骼中。急性^{241}Am 中毒时，引起典型的急性放射病；亚急性中毒时，主要损害造血器官和肝脏而引起死亡；慢性中毒远期效应可引起肿瘤。根据我国有关规定，^{241}Am 在体内的最大容许积存量为 1.9×10^3 Bq，在露天水源中的限制浓度为 37 Bq/L，而放射性工作场所空气中的最大容许浓度是 2.2×10^{-4} Bq/L。

6.锔和锔后元素

比较重要的有^{242}Cm和^{244}Cm。^{242}Cm属于高毒性核素,^{244}Cm属极毒性核素。^{244}Cm的毒性与^{241}Am相近,由于Cm从人体内排出较快,故其毒性比^{239}Pu小些。^{244}Cm急性中毒表现为典型的急性放射病,可引起造血功能的严重损伤而致死;慢性中毒可使生长发育缓慢,外周血液中白细胞总数有轻度减少。我国有关规定,^{244}Cm在露天水源中的限制浓度为74 Bq/L,放射性工作场所空气中的最大容许浓度为3.3×10^{-4} Bq/L。

锫-249主要是β^-衰变,不必采取特殊的辐射防护措施,但它属于高毒性核素,操作可称量的^{249}Bk必须在手套箱内进行。^{249}Bk在体内的最大容许积存量为2.6×10^4 Bq,露天水源中的限制浓度为7.4×10^3 Bq/L,而放射性工作场所空气中的最大容许浓度是33×10^{-2} Bq/L。

^{249}Cf-^{252}Cf均属于极毒性核素。锎-252急性中毒会使骨髓造血功能发生障碍,红细胞减少;慢性中毒也会影响造血功能,引起染色体畸变。我国规定^{249}Cf和^{252}Cf在体内的最大容许积存量分别为1.5×10^3和3.7×10^2 Bq;^{249}Cf和^{252}Cf在露天水源中的限制浓度分别为37和74Bq/L;在放射性工作场所空气中的最大容许浓度分别为7.4×10^{-5}和2.2×10^{-4} Bq/L。

铀后元素均属人工放射性元素,它们的半衰期多数都较短,因此具有非常高的比活性,引起明显生物效应所需的量是很少的。对于产生1Ci α活性而言,核素量如下[31]:^{239}Pu16.28g,^{238}Pu 57.45 mg,^{232}Pu仅2.22 μg;^{241}Am 308.2 mg;^{238}Cm仅为1.9 μg;^{252}Cf1.4 mg,^{244}Cf少至32.4 ng(1ng即10^{-9}g)。

现将主要钚后核素的性质汇于表3.13,急性中毒数据列于表3.14供参考[32]。有人将它们在放射性工作场所空气中的最大容许浓度与常见毒性气体CO,HCN作了比较[33](参见表3.15)。表3.16列出了国际上有关锕系核素的某些最新数据。

表3.13 钚后核素的核性质与累积器官[32]

核素	衰变方式	半衰期	"比活度"(g/Ci)	有关的累积器官
^{238}Pu	α	87.75a	0.0575	肝、骨、肾
^{239}Pu	α	24400a	16.3	肝、骨、肾
^{241}Am	α	433a	0.342	肝、甲状腺、骨、肾
^{244}Cm	α	18.1a	0.0125	肝、骨、肾
^{249}Bk	β	311d	0.000552	骨、肝、肾
^{252}Cf	α/SF	2.638a	0.00155	肝、骨、甲状腺、肾
^{253}Es	α	20.47d	0.0000388	骨、肝、肾

表 3.14　某些锕系核素的急性毒性(大鼠)

A(对照)和 B(锕系)核素		LD_{50}(30d)
A	^{137}Cs	20.0
	^{90}Sr	3.5(μCi/g)
	^{144}Ce	3.4
B	^{239}Pu	0.05
	^{241}Am	0.11
	^{244}Cm	0.11(μCi/g)
	^{237}Np	0.003
	^{252}Cf	0.015

表 3.15　若干锕系核素在放射性工作场所空气中的最大容许浓度(mg/m^3)

CO*	HCN*	^{232}Th	^{238}U	^{237}Np	^{231}Pa	^{242}Cm
100	10	0.27	0.19	4×10^{-6}	4×10^{-8}	3×10^{-11}

* CO 和 HCN 两种毒性气体值供参比。

表 3.16　锕系核素的某些性质[34]

元素	质量数	α 衰变半衰期 (a)	比活度 (Ci/g)	热值 (W/g)	年容许摄入量* (Ci)	年容许摄入量* (g)	自发裂变半衰期 (a)	可得量	参考价格 (美元/g)
Ac	227	21.7	72		5.4×10^{-10}	7.4×10^{-12}		mg	
Th	232	1.4×10^{10}	1.1×10^{-7}		2.7×10^{-9}	2.4×10^{-2}	1.3×10^{18}	kg	
Pa	231	3.3×10^{4}	4.7×10^{-2}		1.6×10^{-9}	3.4×10^{-8}		g	25,000
U	天然							kg	16
	235	7.1×10^{8}			5.4×10^{-8}	2.5×10^{-2}	1.9×10^{17}	g	150
	238	4.5×10^{9}			5.4×10^{-8}	1.6×10^{-1}	1.9×10^{15}	kg	100
Np	237	2.1×10^{6}	7.1×10^{-4}		5.4×10^{-9}	7.7×10^{-6}	4×10^{16}	kg	300
Pu	238	86	18	0.57	5.4×10^{-9}	3.1×10^{-10}	4.9×10^{10}	g	5,000
	239	2.4×10^{4}	6.1×10^{-2}	1.9×10^{-3}	5.4×10^{-9}	8.6×10^{-8}	5.5×10^{15}	kg	250
	242	3.8×10^{5}	3.8×10^{-3}	1.1×10^{-4}	5.4×10^{-9}	1.4×10^{-6}	7.2×10^{10}	g	15,000
Am	241	433	3.2	0.11	5.4×10^{-9}	1.6×10^{-4}	1.1×10^{14}	kg	2,000
	243	7.4×10^{3}	0.2	6.5×10^{-3}	5.4×10^{-9}	2.7×10^{-9}	3.3×10^{13}	g	100,000
Cm	244	18	83	2.8	1.1×10^{-8}	1.4×10^{-10}	4×10^{7}	g	100,000
	248	4.4×10^{5}	4.2×10^{-3}		1.4×10^{-9}	3.3×10^{-7}	4.6×10	mg	
Bk	249	320(天)	1.65×10^{-3}	0.36	8.1×10^{-10}	5.0×10^{-13}	4.8×10^{8}	mg	
Cf	249	350.6	4.1		5.4×10^{-9}	1.3×10^{-9}	1.5×10^{9}	mg	

* ICRP Publication No. 30(1980).

引自 A. J. Freeman et al., Handbook on the Physics and Chemistry of the Actinides, Vol. 1, North-Holland, 81(1984).

总而言之,锕系元素尤其是钚及钚后元素属极毒或高毒类的元素,一旦进入机体,将产生极大的危害性。操作人员在从事有关的研究和生产之前,必须经过专门的十分严格的科学训练,并采取极其严密的安全防护措施,以保证人体健康、维护环境卫生和促进科研生产的顺利进行[36]。

参 考 文 献

[1] C. Keller, *Industries Atomiques and Spatiales*, **16**, No. 6(1972). "超钚元素(译文集)",原子能出版社,40(1976).

[2] 戴安邦,尹敬执,严志弦,张青莲,《无机化学教程》,人民教育出版社,下册,699—713(1972).

[3] J. C. Bailar Jr., H. J. Emeléus, Sir R. Nyholm, A. F. Trotman-Dickenson, "Comprehensive Inorganic Chemistry, Vol. 5, Actinides", Pergamon Press, 9—28 (1973).

[4] J. G. Stites, M. L. Salutsky, B. D. Stone, *J. Am. Chem. Soc.*, **77**, 237(1955).

[5] G. A. Meyerson, "Proc. Int. Conf. on the Peaceful Uses of Atomic Energy, Geneva, 1955, U. N.", New York, 8, P/635, 188(1956).

[6] P. A. Sellers et al., *J. Am. Chem. Soc.*, **76**, 5935(1954).

[7] 科德芬克(E. H. P. Cordfunke),《铀化学》,杨承宗校,原子能出版社,25—26(1977).

[8] W. D. Wilkinson, "Uranium Metallurgy, Vol. I, Process Metallurgy; Vol. II, Corrosion and Alloys", Interscience-John Wiley. New York(1962).

[9] D. L. Baaso, W. V. Conner, D. A. Burton, US-AEC Report RFP-1032(1967).

[10] E. Grison, W. B. H. Lord, R. D. Fowler(eds.), "Plutonium 1960", Proc. of the 2nd Int. Conf. of Plutonium Metallurgy, Grenoble 1960, Cleaver-Hume Press Ltd., London(1961).

[11] J. M. 克利夫兰,《钚化学》,《钚化学》翻译组译,科学出版社(1974);
J. M. Cleveland, "The Chemistry of Plutonium" Gordon and Breach Science Publishers, New York (1970).

[12] W. Z. Wade and T. Wolf., *J. Nucl. Sci. Technol.*, **6**, 402(1969).

[13] L. J. Mullins and J. A. Leary, *Ind. Eng. Chem.*, *Process Design and Development.*, **4**, 394(1965).

[14] D. B. McWhan, B. B. Cunningham, J. C. Wallmann, *J. Inorg. Nucl. Chem.* **24**, 1025(1962).

[15] W. Z. Wade and T. Wolf, *J. Inorg. Nucl. Chem.*, **29**, 2577(1967).

[16] B. B. Cunningham and J. C. Wallmann, *J. Inorg. Nucl. Chem.*, **26**, 271(1964).

[17] B. B. Cunningham, in: "Preparative Inorganic Reaction", W. L. Jolly(ed.), Interscience Publishers, New York, **3**, 79(1969).

[18] J. R. Peterson, J. A. Fahey, R. D. Baybarz, *J. Inorg. Nucl. Chem.*, **33**, 3345(1971).

[19] 科·克勒尔,《超铀元素化学》,《超铀元素化学》编译组译,原子能出版社,147(1977);
C. Keller, "The Chemistry of the Transuranium Elements", Verlag Chemie GmbH, 133(1971).

[20] H. H. Hill, *Nucl. Metallurgy*, **17**, 2(1970).

[21] "Nuclear Safety Guide", US-AEC Report TID 7016 Rev. 1(1961).

[22] V. S. Yemel'yanov and A. I. Yevstyukhin, "The Metallurgy of Nuclear Fuel" Pergamon Press, Oxford, 12 (1969).

[23] H. K. Clark, *Transact. Am. Nucl. Soc.*, **12**, 886(1969).

[24] S. R. Bierman, E. D. Clayton, *Transact. Am. Nucl. Soc.* , **12**, 887(1969).
[25] G. T. Seaborg, *New Scientist* **38**, 410(1968); *Isotop. Radiat. Technol.* **6**, 1(1968).
[26] C. Keller,《超钚元素(译文集)》,原子能出版社,22(1976).
[27]《核燃料后处理工艺》编写组,《核燃料后处理工艺》,原子能出版社,1(1978).
[28] A. A. Весчинский,国外能源,1,1(1985);张文青、陈书云,核科学与工程,6,354(1986).
[29] W. W. 舒尔茨(Schulz),《镅化学》,唐任寰等译,原子能出版社,36(1981).
[30] H. C. 霍奇(Hodge)等,《铀、钚、超钚元素实验毒理学手册(钚分册)》,吴德昌等译,原子能出版社(1984).
[31] H. C. 霍奇(Hodge)等,《铀、钚、超钚元素实验毒理学手册》(超钚分册),王玉民等译,原子能出版社(1984).
[32] 松山谦三,渡辺贤寿,《超钚元素的安全防护》,日本原子力学会志,**16**,381(1974).
[33] K. W. Bagnall, "The Actinide Elements", in: "Topics in Inorganic and General Chemistry", P. L. Robinson(ed.), Monography 15, Elsevier Publishing Co. , 15(1972).
[34] A. J. Freeman and G. H. Lander, "Handbook on the Physics and Chemistry of the Actinides", Vol. 1, North-Holland, 81(1984).
[35] 张寿华等主编,《放射化学》,原子能出版社(1983).
[36] 唐任寰,《原子射线与防护》,陕西人民出版社(1978).

29.4 锕

4.1 引言

1899 年，A. Debierne 在法国著名的 Curie 实验室进行铀矿的废物处理时，发现了一种前所未知的放射性物质[1]。它与钍、稀土元素一起被氨水沉淀，很难彼此分离，但其放射性却比钍大许多倍。Debierne 认为这种放射性来自一种新的元素，命名为锕(Actinium)，原子序数 89，化学符号 Ac。由希腊文 aktis 而来，即射线之意。

1902 年，F. O. Geisel 独立地从铀矿石酸性溶液中沉淀得的稀土馏分里，发现同一元素。M. Curie 根据放射性的衰减，首次测出锕的半衰期约为 21a。其辐射特征确定得很晚，β 射线能量

$$E_{\beta^-}=0.0455\ \text{MeV}$$

是 1935 年才测定的；它具有分支比为 1.2%的 α 放射性又是四年之后的事。直至^{231}Th(UY)和^{231}Pa 都确定后，才最终证实 Debierne 和 Giesel 首先发现的锕是以^{235}U 为起始核的$(4n+3)$放射系的第四代子体^{227}Ac。下面是锕铀系的部分衰变链(参见图 7.3)：

$$^{235}\text{U(AcU)}\xrightarrow[7.1\times10^{8}\,\text{a}]{\alpha}{}^{231}\text{Th(UY)}\xrightarrow[25.52\text{h}]{\beta^-}{}^{231}\text{Pa}\xrightarrow[3.25\times10^{4}\,\text{a}]{\alpha}$$

$$^{227}\text{Ac}\,\frac{\quad}{21.77\text{a}}\left|\begin{array}{l}\xrightarrow{\beta^-(98.6\%)}{}^{227}\text{Th(RdAc)}\dfrac{\alpha}{18.2\text{d}}\\[2ex]\xrightarrow{\alpha(1.4\%)}{}^{223}\text{Fr(AcK)}\dfrac{\beta^-}{22\text{min}}\end{array}\right|\longrightarrow{}^{223}\text{Ra}\dashrightarrow$$

Hahn 在 1908 年发现了锕的同位素^{228}Ac，取名为新钍-2($MsTh_2$)，它是^{228}Ra($MsTh_1$)的衰变产物，属以^{232}Th 为起始核的钍$(4n)$放射系成员。

在所有铀矿石中均含有^{227}Ac，它在每克^{235}U 中的含量为 2×10^{-10}g，即相当于每吨富沥青铀矿中约含有 0.15 mg。^{227}Ac 作为^{235}U 的衰变产物，存在于矿山岩石或地壳中的含量为 2×10^{-15}%(原子克拉克值)。^{228}Ac 主要藏于钍矿石，1g 钍中约有 5×10^{-14}g 的量。锕的地球化学行为与稀土元素相似。

4.2 锕的同位素与核性质

现在已知锕有 24 种同位素，质量数为 209—232。除了自然界中存在的痕量 ^{227}Ac和^{228}Ac 以外，其余锕同位素均由人工制取而得。现将锕同位素的主要核性质及其来源列于表 4.1 中。由此表可见，寿命最长的锕同位素是锕铀天然放射系成员^{227}Ac，其半衰期为 21.77a。其他多数为秒或分的量级；以天计的只有^{225}Ac，它是镎人工放射系的衰变产物。质量数较小的锕同位素主要发生 α 衰变。质量数较大的则进行 β^- 衰变，唯有^{224}Ac 主要以电子俘获形式释放它的能量。

^{227}Ac 是目前唯一可获得称量的锕的同位素，它的半衰期相对很长，因而是锕同位素中最重要的核素。它的主要部分即 98.6%发生 β^- 衰变，放出低能 β^- 粒子 (E_{β^-} =44keV)形成$^{227}Th(t_{1/2}=18.2d)$；另外小部分 1.4%通过 α 衰变生成

$$^{223}Fr(t_{1/2}=22min)。$$

由于^{227}Ac 的 β^- 射线能量低，而 α 衰变的分支比也小，其放射系母子体达放射性平衡的时间则需 5,6 个月，因此，用直接测量 β^-，α 射线，或通过放射性衰变平衡积累的测量方法来确定^{227}Ac 的量，都是比较困难的。目前发展用 α 谱仪通过计算机解谱，测定那些比活度较大的^{227}Ac 制剂。

表 4.1 锕的同位素[2,3]

核素	半衰期	衰变方式（分支比，%）	主要的粒子能量 MeV（强度，%）	产生方式
^{209}Ac	0.10s	α	E_α=7.585	$^{197}Au(^{20}Ne,8n)$
^{210}Ac	0.35s	α	E_α=7.462	$^{203}Tl(^{16}O,xn)$
^{211}Ac	0.25s	α	E_α=7.480	$^{197}Au(^{20}Ne,6n)$
^{212}Ac	0.93s	α	E_α=7.377	$^{197}Au(^{20}Ne,5n)$
^{213}Ac	0.80s	α	E_α=7.503	$^{197}Au(^{20}Ne,4n)$
^{214}Ac	8.2s	α	E_α=7.214(52) ……	
^{215}Ac	0.17s	α	E_α=7.60	
^{216}Ac	3.8×10^{-4}s	α	E_α=9.11	
^{217}Ac	1.11×10^{-7}s	α(>99)	E_α=9.650(>99)	$^{208}Pb(^{14}N,5n)$
^{218}Ac	2.7×10^{-7}s	α	E_α=9.21	
^{219}Ac	7×10^{-6}s	α	E_α=8.66	
^{220}Ac	0.024s	α	E_α=7.85 ……	

续表

核素	半衰期	衰变方式（分支比，%）	主要的粒子能量 MeV（强度，%）	产生方式
^{221}Ac	0.052s	α	$E_\alpha=7.645$	$^{205}Tl(^{22}Ne,\alpha 2n)$
^{222}Ac	66s	α	$E_\alpha=6.81$	^{226}Pa 衰变子核
^{222m}Ac	4.2s	α	$E_\alpha=7.013$	$^{226}Ra(p,5n)$
^{223}Ac	2.2min	$\alpha(99)$ $\varepsilon(1)$	$E_\alpha=6.647(45)$ ……	^{227}Pa 衰变子核
^{224}Ac	2.9h	$\alpha(\sim 10)$	$E_\alpha=6.1386(3)$ ……	^{228}Pa 衰变子核
		$\varepsilon(\sim 89)$	$E_\gamma=0.217$	
^{225}AC	10.0d	α	$E_\alpha=5.829(50.7)$ ……	镎人工放射系成员
^{226}Ac	29h	$\beta^-(\sim 80)$ $\varepsilon(\sim 20)$	$E_{\beta^-}=0.89(\sim 80)$	$^{226}Ra(d,2n)$
^{227}Ac	21.77a	$\alpha(1.4)$	$E_\alpha=4.954(0.6)$ ……	锕铀天然放射系成员
		$\beta^-(98.6)$	$E_{\beta^-}=0.044(54)$ ……	$^{227}Ra(\beta^-)$
^{228}Ac	6.13h	β^-	$E_{\beta^-}=1.18(35)$ ……	钍天然放射系成员
			$E_\gamma=0.9111(25)$ ……	
^{229}Ac	66min	β^-	$E_{\beta^-}=1.1$	$^{226}Ra(\alpha,p)$
^{230}Ac	122s	β^-	$E_{\beta^-}=2.2$	$^{232}Th(^{12}C,^{14}N)$
^{231}Ac	7.5min	β^-	$E_{\beta^-}=2.1$	$^{232}Th(\gamma,p)$
^{232}Ac	35s	β^-		$^{232}Th(n,p)$
^{233}Ac	2.3min	β^-	1983 年发现[11]	$^{238}U(^3He,5p3n)$ $^{238}U(p,4p2n)$

注：表中 α——α 粒子发射；β^-——负电子发射；ε——轨道电子俘获；γ——γ 射线；n——中子；p——质子；d——氘核；……尚有其他的粒子能量

由于^{227}Ac存在上述测量上的困难，因而自然界存在的另一个短寿命核素^{228}Ac（$MsTh_2$，$t_{1/2}=6.13h$）也受到重视，它全部进行 β^- 衰变，释放出易于探测的中能 β^- 粒子，经常可用于对锕的研究或作为锕的示踪剂。但是，^{228}Ac 伴随 β^- 衰变时所放出的 γ 射线却相当复杂，只有用高分辨率的 Ge(Li)-γ 谱仪才能进行测定。

在操作可称量的^{227}Ac 时，所需的防护措施大体上与操作镭相似。由于锕射气（^{219}Rn）及其子体的半衰期均较短，故对射气防护的要求方面稍低于镭。

4.3 锕的元素性质

锕与镧类似,是银白色的金属,在暗处能发光,于空气中迅速氧化,使金属表面蒙上一层白色的氧化物。锕的熔点是1050℃,沸点3200℃,密度10.07 g/cm^3。已知锕有两种变体,低温α相具有面心立方晶格,另一是高温β相。

Ac是第七周期锕系元素的第一个成员,其基态原子的电子构型是[Rn]$6d^1 7s^2$。原子半径为1.88Å,它只有一种氧化态+3,Ac^{3+}离子半径为1.08Å,这与La的原子半径(1.87Å)和离子半径(1.06Å)近似。Ac^{3+}/Ac的标准电极电势是−2.58V。可见锕与镧一样,是化学性质活泼的元素,但锕具有更明显的碱性。锕的地球化学行为也与稀土元素的行为相似,常与铀矿中的稀土相伴生。

毫克量的金属锕可用锂蒸气在1100—1275℃下还原AcF_3而制得,整个装置与制取镎或钚时相似,是用一微量钼坩埚置于高真空体系中加热进行。有关的化学反应如下:

$$AcF_3 + 3Li \longrightarrow 3LiF + Ac$$

还可由锂蒸气于350℃的温度下,通过X射线毛细管内的$AcCl_3$,还原成金属锕,该法的制备量约为10μg。此外,Ac_2O_3和钍金属粉末在1750℃的高温和真空中相作用,也可制得少量的金属锕,但产率不如制取相应的金属镧那样高。

金属锕的热力学数据如下[4]:

熵(25℃)	58.6 J/mol·K
熔融熵	8.4 J/mol·K
熔融热	10.9 kJ/mol
蒸发热	29.3 kJ/mol
蒸发熵(1300K)	92.0 J/mol·K

4.4 锕的化合物

鉴于锕的化学性质与镧、钇十分相近,迄今用X射线衍射法测定得九种锕化合物的结构,全都类似于相应的镧的化合物。从辐射防护上的考虑以及防止X胶片过快地黑化,这些化合物的制备量限制在10μg范围内。

4.4.1 氢化物

金属锕与氢气在350℃时进行反应,生成分子式尚未很确定的氢化物:

$$Ac + H_2 \longrightarrow AcH_{2(+x)}$$

用钾蒸气还原 $AcCl_3$ 以制备金属 Ac 时，亦有 $AcH_{2(+x)}$ 生成，被解释为 $AcCl_3$ 原料中存在微量的 NH_4Cl 杂质所致。此氢化物具有立方 CaF_2 型晶格，晶格常数 $a=5.670Å$，密度为 $8.35g/cm^3$。

4.4.2 氧化物

当金属锕受氧化时生成 Ac_2O_3，这氧化物层能阻止它被进一步的氧化。将锕的草酸盐、硝酸盐或氢氧化物在 1000—1100℃的氧气中进行灼烧，也可得到氧化锕，例如：

$$Ac_2(C_2O_4)_3 \longrightarrow Ac_2O_3+3CO_2+3CO$$

Ac_2O_3 与 La_2O_3 同晶，具六方结构，晶格常数

$$a=4.07Å, c=6.29Å。$$

密度为 $9.19\ g/cm^3$。

锕离子在碱或氨的作用下，析出碱性氢氧化锕 $Ac(OH)_3$ 的白色凝胶沉淀，它比 $La(OH)_3$ 稍易溶于水。

4.4.3 卤化物

由于锕的电子构型和 Ac^{3+} 的离子半径均与镧的相近，锕的卤化物与镧的相应化合物具有相同的结构。

(1)氟化物。将 Ac 的氢氧化物与氟化氢在高温下作用，可得白色氟化锕：

$$Ac(OH)_3+3HF \xrightarrow{700℃} AcF_3+3H_2O$$

或在 Ac^{3+} 溶液中加入氟化物析出氟化锕沉淀：

$$Ac^{3+}+3F^- \longrightarrow AcF_3\downarrow$$

它具有 LaF_3 型的六方晶格，晶格常数 $a=4.17Å$，$c=7.53Å$，密度为 $7.88\ g/cm^3$，难溶于水。

(2)氯化物。在 500℃温度下，用四氯化碳与氢氧化锕反应：

$$2Ac(OH)_3+3CCl_4 \longrightarrow 2AcCl_3+3CO_2+6HCl$$

它具有 UCl_3 型六方结构，晶格常数 $a=7.62Å$，$c=4.55Å$，密度为 $4.81\ g/cm^3$。$AcCl_3$ 也可由四氯化碳与锕的氧化物或草酸盐在 960℃的更高温度下作用而得。它易溶于水。

(3)溴化物。将锕的氧化物与溴化铝一起在真空中加热至 750℃，便可得到白色溴化锕，其反应为：

$$Ac_2O_3+2AlBr_3 \longrightarrow 2AcBr_3+Al_2O_3$$

然后在 400℃下把过剩的溴化铝蒸馏出来，$AcBr_3$ 在 800℃时升华。与 $AcCl_3$

一样，$AcBr_3$ 也具有 UCl_3 型六方结构，易溶于水，但晶格常数却较大，$a=8.06\text{Å}$，$c=4.68\text{Å}$，密度为 5.85g/cm³。

(4)碘化物。在 600—700℃下，将氧化锕与碘化铝一起加热，便可得到碘化锕 AcI_3，它在 800℃时升华。但未像氯化物、溴化物那样研究得详细。这些卤化物都是白色化合物。

(5)卤氧化物。锕的卤化物与水蒸气、氨在高温下相互作用，导致化合物水解并生成卤氧化物：

$$AcF_3+2NH_3+H_2O \xrightarrow{1000℃} AcOF+2NH_4F$$

$AcBr_3$，AcI_3 的水解情形相同，形成相应的 AcOBr 或 AcOI。而 $AcCl_3$ 的水解反应则为：

$$AcCl_3+H_2O \xrightarrow{1000℃} AcOCl+2HCl$$

这里，锕的卤化物水解时均生成含氧酸盐，而在类似条件下水解卤化镧时，却生成氢氧化物。这与锕的碱性比镧的碱性大些有关。卤氧化物中，除 AcOF 具有立方 CaF_2 型晶格外，AcOCl 和 AcOBr 均呈六方 PbClF 型的晶体结构。

4.4.4　锕的重要盐类

草酸锕 $Ac_2(C_2O_4)_3$，磷酸锕 $AcPO_4$ 和氟化锕 AcF_3 一样，都是不溶性的盐。它们可由锕盐溶液中加入草酸铵或磷酸盐而得，例如：

$$Ac^{3+}+PO_4^{3-} \longrightarrow AcPO_4(aq)$$

硫酸锕 $Ac_2(SO_4)_3$ 是微溶性盐，当用 SO_4^{2-} 离子沉淀镧系元素时，Ac^{3+} 和 La^{3+} 一起析出，留在最先沉降下的结晶中。Ac^{3+} 的溶液无色，而硫酸锕为白色，此外，碳酸锕 $Ac_2(CO_3)_3$ 也难溶。

硝酸锕可加硝酸溶解 $Ac(OH)_3$ 而得到，固体 $Ac(NO_3)_3$ 溶于水，还溶于无水乙醇。

将硫化氢和硫化碳的混合物，于 1400℃时与 Ac_2O_3 或 $Ac(OH)_3$ 作用，便可制得黑色硫化锕 Ac_2S_3，它可溶于稀酸。

此外，8-羟基喹啉能使溶液中的 Ac^{3+} 转成不溶性的金属螯合物 $Ac(C_9H_6NO)_3$。与三价镧系元素类似，还存在着一种环戊二烯金属有机化合物 $Ac(C_5H_5)_3$。

4.5　锕的水溶液化学

在 pH<3 的酸性溶液中，Ac^{3+} 以无色离子形式存在。当 pH>3 时形成胶体溶液。锕离子在溶液中是三价的，硝酸锕、氯化锕和溴化锕均易溶于水。由于Ac^{3+}在可见光区域不存在光吸收，几乎所有锕的化合物都是无色的。

低浓 Ac 可与 Al，Fe 和 Y 的氢氧化物从溶液中共沉淀；Ac 与 La 的碳酸盐、氟化物、氟硅酸盐产生定量共沉淀。Ac 与草酸镧共沉淀则不完全。还观察到 Ac 与 $PbSO_4$，$BaCrO_4$，$Ce(IO_3)_4$ 等的同晶共沉淀。在硫酸钾存在下，会生成复盐沉淀 $KAc(SO_4)_2$；刚已提到，锕的氟化物 AcF_3、草酸盐$Ac_2(C_2O_4)_3$，碳酸盐 $Ac_2(CO_3)_3$，磷酸盐 $AcPO_4 \cdot \frac{1}{2}H_2O$ 和氟硅酸盐都是微溶盐。

此外，当 Ac^{3+}溶液中析出 AgX，$BaSO_4$ 或 $MnO_2 \cdot xH_2O$ 等沉淀时，都会发生 Ac^{3+}的吸附载带。但用 H_2O_2 沉淀共存的 Th^{4+}时，Ac^{3+}不吸附在沉淀上。

Ac^{3+}可形成一系列络合物，它形成络合物的能力比相应 La^{3+}的稍小，这与两者之间离子半径的差异相一致。它们的配位数常为 6。表 4.2 中列举了锕络合物在水溶液中的生成常数，由此可见，1，3-二酮类与 Ac^{3+}所形成的螯合物具有很好的稳定性；而四元酸结构的含锕络合物，其稳定性与二价金属离子的络合物相近。这些常数是由示踪量锕通过分配法测得的。

表 4.2 Ac^{3+}络合物在水溶液中的生成常数[4]

络 合 剂	$[H]^+$浓度 (mol/L)	离子强度 μ	生成常数 β_i
Cl^-	1.0	1.0	$\beta_1=0.80\pm0.09$
			$\beta_2=0.24\pm0.08$
Br^-	1.0	1.0	$\beta_1=0.56\pm0.07$
			$\beta_2=0.30\pm0.06$
NO_3^-	1.0	1.0	$\beta_1=1.31\pm0.12$
			$\beta_2-1.02\pm0.12$
SO_4^{2-}	1.0	1.0—1.6	$\beta_1=15.9\pm1.3$
			$\beta_2=71.4\pm7.3$
SCN^-	pH2	1.0	$\beta_1=1.11\pm0.07$
			$\beta_2=0.82\pm0.08$
$C_2O_4^{2-}$	pH3—3.5	1.0	$\beta_1=3.63\times10^3$
			$\beta_2=1.45\times10^6$
$H_2PO_4^-$	pH2—3	0.5	$\beta_1=38.8\pm5$
萘甲酰三氟丙酮 (HNTA)	pH～5	0.1	$\beta_3=4.3\times10^{14}$
1-苯基-3-甲基-4-苯甲酰基吡唑酮-5 (PMBP)	pH～4	0.1	$\beta_3=3.8\times10^{11}$
1-苯基-3-甲基-4-乙酰基吡唑酮-5	pH～4	0.1	$\beta_3=4.5\times10^6$

续表

络合剂	$[H]^+$浓度 (mol/L)	离子强度 μ	生成常数 β_i
(PMAP) 四元酸	pH>3.5	0.1	$\beta_1=71$ $\beta_2=5.5\times10^2$

注：$\beta_i=[ML_i^{(n-m)}{}_\tau]/[M^{n+}][L^{m-}]^i$　　$M^{n+}+iL^{m-}\rightleftharpoons[ML_i^{(n-m)+}]$

现将各种1,3-二酮类化合物对Ac^{3+}的萃取情形画于图4.1[4]，其中以2-噻吩甲酰三氟丙酮HTTA为最好的萃取剂。图4.2是HTTA萃取Ac和各种元素的情形[5,6]。

当金属离子和HTTA相作用时，HTTA在溶液中存在着下列平衡：

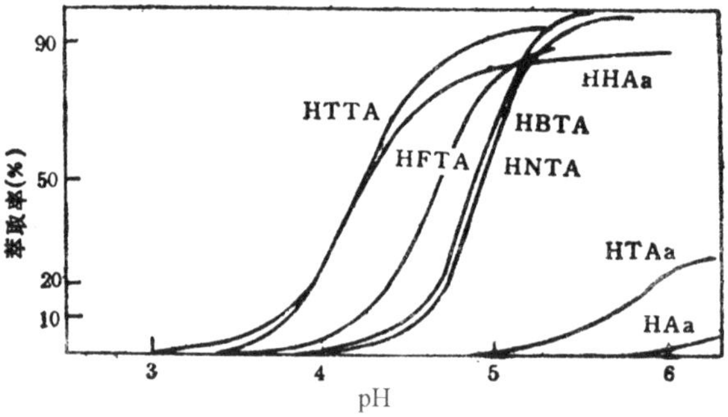

图4.1　各种1,3-二酮类化合物萃取Ac^{3+}的百分率

HTTA 2-噻吩甲酰三氟丙酮；HFTA 呋喃甲酰三氟丙酮；HNTA 萘甲酰三氟丙酮；HBTA 苯甲酰三氟丙酮；HHAa 六氟乙酰丙酮；HTAa 三氟乙酰丙酮；HAa 乙酰丙酮

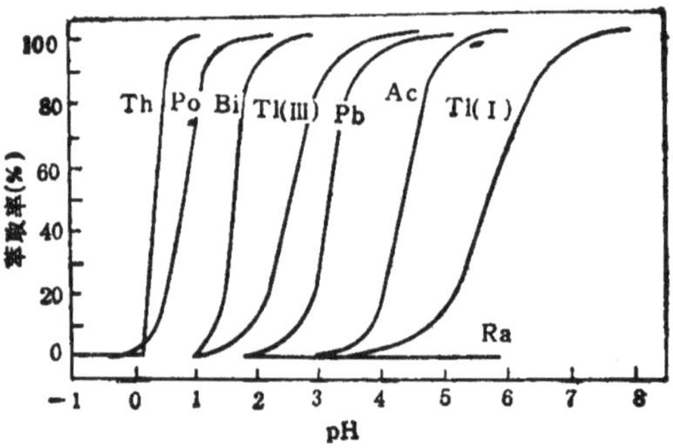

图4.2　在苯中用噻吩甲酰三氟丙酮萃取各种元素的络合物

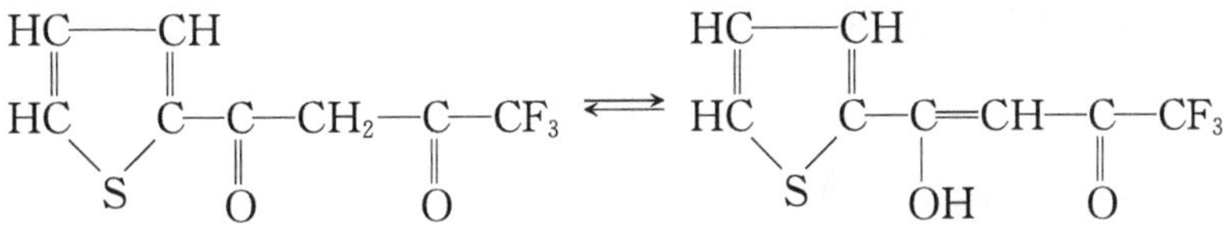

酮式　　　　　　　　烯醇式

烯醇式和重金属离子 M^{n+} 作用，生成有金属内络键的弱离解盐。

内络合物的不离解分子可用苯萃取，反应的基本方程是：

$$M^{n+}+n\mathrm{HTTA}=\mathrm{M(TTA)}_n+n\mathrm{H}^+$$

改变介质的 pH 值是控制 M-TTA 络合物从水萃取到苯这一过程的简便方法。上述形成的是六元螯合物。

由于 Ac^{3+} 是离子半径最大的三价锕系离子，因而它的碱性较强，易于水解，这使得从水溶液中萃取出来并非容易。前已述及，8-羟基喹啉与 Ac^{3+} 可生成 $Ac(C_9H_6NO)_3$ 金属螯合物，它不溶于水而溶于 $CHCl_3$ 等有机溶剂中。但萃取的溶液 pH>5 时，Ac^{3+} 发生明显的水解，需改用 8-羟基喹啉的卤素衍生物以降低萃取的 pH 值。

1-苯基-3-甲基-4-苯甲酰基吡唑酮-5（简称 PMBP），也表现出良好的萃取性能，它可在较低的 pH 值下，将 Ac^{3+} 定量地提取出来（参见图 4.3）[4]。

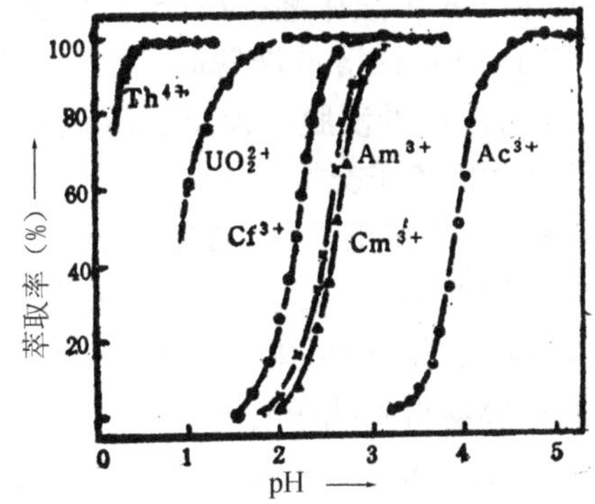

图 4.3　0.1 mol/L PMBP-$CHCl_3$ 对 Ac^{3+} 和其他锕系离子的萃取率（μ=0.1ClO_4^-，25℃）

4.6 锕的分离和分析

4.6.1 从铀矿中提取^{227}Ac

^{227}Ac可以从铀矿石中与镧系元素一起提取出来，也可由中子照射^{226}Ra来制备。

为了从铀矿石中分离出锕，先用酸分解矿石，此时$BaSO_4$，$RaSO_4$和$H_2SiO_3 \cdot xH_2O$转入沉淀，而Ac和U，Th，RE，Al，Fe，Pb等转成溶液。通硫化氢处理，以除去溶液中的Pb，Bi和Po等杂质离子，然后加氨水将Ac，U，Th和RE沉淀为氢氧化物。用氢氟酸又将Ac，Th和RE转变为氟化物沉淀，继将氟化物转化为硫酸盐，还原成硫化物，然后将纯化过的硫化物沉淀溶于盐酸，使转为氯化物形式。最后进行Ac与Th，RE之间的分离，用下列方法之一分离纯化得Ac。由于Ac的浓度极小，将Ac与RE定量分离是一项颇为艰巨的工作。

可用过氧化氢法从稀盐酸溶液中将Th沉淀出来而除去；或用吡啶从硝酸盐的醇溶液中沉淀水合过氧化钍，以及分级沉淀氢氧化物等方法。也可用阳离子交换剂从0.1 mol/L HCl中进行色层分离，使用草酸洗脱Th，柠檬酸洗脱Ac。

锕与稀土元素的分离一般采用阳离子交换色层法。例如用0.25 mol/L柠檬酸铵于pH＝3.09时洗脱La，然后在pH＝3.76时洗脱Ac。

在$LiNO_3$溶液中，Ac和RE形成硝酸盐络合物，据此可在硝酸根型阴离子交换树脂上进行分离。当用$LiNO_3$稀溶液洗脱时，元素被洗脱的顺序为：Yb，Tb，Eu，Sm，Pm，Nd，Pr，Ce，La，而Ac的洗脱位置介于Sm和Nd之间。

所得的^{227}Ac产物，可通过阳离子交换法进一步纯化(图4.4)[9]。

纸上色层法分离Ac和La是在正丁醇、醋酸丙酮和醋酸水溶液介质中进行。用纸上电泳法从pH＝7—8的1％柠檬酸溶液中，实现了Ac的良好的分离。

如用Ce^{3+}盐作载体分离Ac^{3+}，则可用$KMnO_4$或$(NH_4)_2S_2O_8$将三价铈转化为四价，并使之沉析，由此很容易得到纯净的锕。

萃取法是在沉淀Ra，Ba之后先用二乙醚萃出U。从水相中沉析$La(OH)_3$，溶于6 mol/L HCl后，再沉淀出$La_2(CO_3)_3$，在得到的沉淀中含有Th，Po，Bi，Tl和Pb等杂质。将其溶于HCl并用HTTA-苯溶液在pH＝1时萃取Th和Bi，而Ac和Pb则在pH＝5—5.5时萃取。当反萃到HCl中之后，用H_2S将Pb沉析而除去。

4.6.2 中子辐照法制备

在铀燃料核反应堆中，用中子辐照^{226}Ra，将得到可称量(毫克量级)的^{227}Ac[7]。

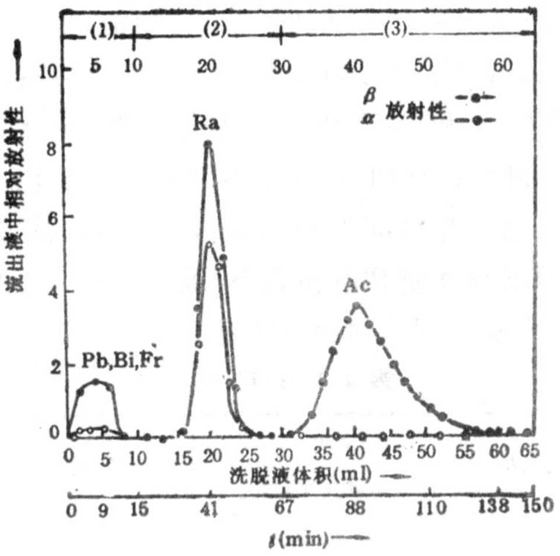

图 4.4 ^{227}Ac 产物的阳离子交换法纯化

(1)2mol/L HCl;(2)3mol/L HNO_3;(3)6mol/L HNO_3。

Dowex50,200—400 目,60℃

其核反应为:

$$^{226}Ra(n,\gamma)^{227}Ra \xrightarrow[42.2min]{\beta^-} {}^{227}Ac$$

这一核反应的有效截面很高($\sigma_{n,\gamma}$=11.5b),^{227}Ra 的半衰期($t_{1/2}$=42.2 min)又短,故能得到一定量的^{227}Ac 核素,大约为照射 Ra 的 0.1%。从靶子镭、镭和锕的衰变产物中分离 Ac,比从 Th,RE 等元素中提出 Ac 将便利得多。

使用乙醇或异丙醇可从固体硝酸盐混合物中萃取 Ac 和 Ra。由于 $Ra(NO_3)_2$ 不溶于醇中,还可用浓的盐类、HBr 和 HNO_3 沉淀 Ra。若在 CH_3COONa 存在下,镭以 $RaCrO_4$ 形式沉淀。镭也可与 $La_2(C_2O_4)_3$ 共沉淀。

在阳离子交换树脂上可进行色层分离,这时用 3 mol/L HCl 或 4mol/L HNO_3 洗脱 Ra,再用 pH=3 的 0.25mol/L 柠檬酸铵或 8mol/L HNO_3 溶液洗脱 Ac。目前最好的方法是将照射过的 Ra 靶溶于 HCl,使用 0.25 mol/L HTTA-苯溶液在 pH=6 时萃取 Ac(参见图 4.2),在此条件下 Ra 不被萃取。

4.6.3 ^{228}Ac 的分离

^{228}Ac($MsTh_2$)是钍的天然放射系成员(参见表 4.3),为了制备锕的这个同位素,可用 Ba 化合物作载体从老钍样品中先析出 $MsTh_1$(^{228}Ra),它是 $MsTh_2$ 的恒定来源。制取放射纯的 $MsTh_2$ 问题,就是将其母体 $MsTh_1$ 和衰变产物 RdTh,

ThX,ThB,ThC 等寿命较长的核素除去。

经典的共沉淀方法是应用 $MsTh_1$ 的 HNO_3 溶液,加入 Ba^{2+},Pb^{2+},Th^{4+} 和 La^{3+} 的硝酸盐载体各 1 mg,或最好用 Ce^{3+} 代替 La^{3+}。然后将溶液蒸干,用无水乙醇从沉淀物萃取 $Th(NO_3)_4$ 和 $Ce(NO_3)_3$(或是相应的 La),^{228}Ac 和 Ce,La 一起转入乙醇溶液,而 Ba,Ra 和大部分 Pb 仍留在不溶解的沉淀中。然后从乙醇溶液中将 Th 以不溶性的吡啶络合盐沉淀下来,离心分离后,在滤液中重新加入 Pb^{2+},Bi^{3+} 载体各 1 mg,通 H_2S 饱和使 PbS 和 Bi_2S_3 沉淀下来。蒸去乙醇,灼烧成 CeO_2 或 La_2O_3,其中所含的 ^{228}Ac 即是放射性纯制剂。

表 4.3 钍系(4*n*)

核素	历史名称	衰变方式(分支比,%)	半衰期	与 1 t^{232}Th 相平衡的质量(g)
^{232}Th	Th 始核	α(100)	1.4×10^{10}a	10^6
^{228}Ra	$MsTh_1$(新钍 I)	β^-(100)	5.75a	4.04×10^{-6}
^{228}Ac	$MsTh_2$(新钍 II)	β^-(100)	6.13h	4.91×10^{-8}
^{228}Th	RdTh	α(100)	1.913a	1.34×10^{-4}
^{224}Ra	ThX	α(100)	3.64d	6.88×10^{-7}
^{220}Rn	Tn(钍射气)	α(100)	55.6s	1.19×10^{-10}
^{216}Po	ThA	α(100)	0.150s	3.16×10^{-13}
^{212}Pb	ThB	β^-(100)	10.64h	7.92×10^{-8}
^{212}Bi	ThC	α(36) β^-(64)	60.6min	7.53×10^{-9}
^{212}Po	ThC'	α(100)	3.05×10^{-7}s	4.07×10^{-10}
^{208}Tl	ThC"	β^-(100)	3.1min	1.36×10^{-10}
^{208}Pb	ThD 终止	稳定		

为了制成无载体的^{228}Ac 源,可将氧化物溶于 HNO_3 和 H_2O_2。反应如下:

$$2CeO_2 + H_2O_2 \longrightarrow Ce_2O_3 + H_2O + O_2$$

所得的 Ce_2O_3 转成 $Ce(NO_3)_3$。蒸去过量的 H_2O_2 后,加入少量 Ag_2O 将 Ce^{3+} 氧化至 Ce^{4+},然后加 HIO_3 析出 $Ce(IO_3)_4$ 沉淀,银成 $AgIO_3$,而^{228}Ac 则留在溶液中。将滤液蒸发并在铂皿中灼烧沉淀,便得无载体的^{228}Ac 源。

萃取法的应用是从甲醇和二乙醚混合溶液中析出 Ba 和 Ra 后,以 TBP 萃取除去 Th,最后在阳离子交换剂上,用乳酸铵溶液作洗脱剂将 Ac 与其余衰变产物分离。

杨承宗曾用 Amberlite IR-100 铵型树脂,以 pH 为 4.5—5.5 的 0.75%柠檬酸铵为淋洗剂,从 La 与 Ac 为 $1:10^{-8}$ 至 $1:10^{-9}$ 的试样中,成功地分出^{228}Ac。La 和

Ac的收率分别为89%和74%[12]。

4.6.4 锕的分析测定

由于^{227}Ac的β粒子能量很小[10]，放射性测量法分析锕时，常利用其衰变的子体产物。为积累子体产物，必须不少于10昼夜，而达到放射性平衡则几乎长达半年之久。子体产物可采用^{223}Fr(AcK，参见表7.3)，它很容易与Ac分离，Ac可以氟化物、氢氧化物或碳酸盐形式沉淀；可采用^{219}Rn(An，锕射气)，这可以不要事先提纯Ac，而直接测量电离室的α放射性；或测定^{227}Th(RdAc)，它与Ac不难分开；还可测定^{211}Pb(AcB)，用稳定的铅化合物作载体，以PbS形式分离出来[8]。

研究锕的化学行为时，经常使用的是^{228}Ac，它的半衰期为6.13h，放出的β^-粒子也易于测量。所以^{228}Ac是良好的锕指示剂。

参考文献

[1] J. C. Bailar Jr. et al.,"Comprehensive Inorganic Chemistry",Vol. 5,Actinides,Pergamon Press(1973).
[2] W. Seelmann-Eggebert et al.,"Chart of the Nuclides",5th Edition,Karlsruhe GmbH(1981).
[3] 核素图表编制组,《核素常用数据表》,原子能出版社(1977).
[4] Von C. Keller,*Chemiker-Zeitung*. 101,Jahrgang Nr. 11,500(1977).
[5] J. J. Katz and G. T. Seaborg,"The Chemistry of the Actinide Elements",Methuen,London(1957).
[6] C. E. 布列斯列尔(врeслер),《放射性元素》,邱陵译,科学出版社,115(1966).
[7] F. Hageman,*J. Am. Chem. Soc.*,72,768(1950).
[8] Aн. H. 涅斯米扬诺夫(Несмеянов),《放射化学》,何建玉等译,原子能出版社,217(1985).
[9] H. W. Kirby,"The Analytical Chemistry of Actinium",in Progr. Nucl. Energy Ser. IX,8,89(1967).
[10] 刘运祚主编,《常用放射性核素衰变纲图》,原子能出版社,288(1982).
[11] Y. Y. Chu and M. L. Zhou(周懋伦)*Phys. Rev.*,C. 28,1379(1983).
[12] J. T. Yang(杨承宗)and M. Haissinsky,*Bull. Soc. Chim.* France,546(1949).

29.5 钍

5.1 引言

1828 年挪威化学家 J. J. Berzelius 首先在后来称之为钍石的矿物中发现了元素钍，钍（Thorium）的名字是由斯堪的那维亚神话中的 Thor 神而来的。在 1880—1890 年发明钍可用来制造灼热气灯的网罩之前，钍一直是被人所忽视的，灯罩的生产促进钍的广泛的研究。1898 年居里夫人和 G. C. Schmidt 又分别发现了钍的放射性。

长时期以来钍的实际用途是很少的，除了制造少量气灯网罩外，还可在电子工业中用作吸气剂和添加剂，以及个别情况下化工上用作催化剂，总的来说用量都很有限。后来原子能的发现，引起了人们对钍的重视，认为钍是潜在的核燃料。虽然钍本身不被慢中子所裂变，但它可俘获热中子形成^{233}Th。^{233}Th 二次 β 衰变的子体^{233}U 则是可裂变的物质。生成反应为：

$$^{232}\mathrm{Th}(n,\gamma)^{233}\mathrm{Th}\xrightarrow{\beta^-}{}^{233}\mathrm{Pa}\xrightarrow{\beta^-}{}^{233}\mathrm{U}$$

钍的这个性质，引导人们对钍的性质进行了各个方面的深入研究。在利用钍作为核材料方面，美国等国已作了大量的研究，建造了试验性的钍的增殖反应堆，但总的来说目前还处于研究试验的阶段，钍的用量仍然不太大。

在地壳中钍的平均含量为 0.001%—0.002%，比铀的含量大两倍，与铅、钴、铋相当。它的分布是相当广泛的，共有一百多种矿物，其中最重要的有：

(1)磷酸盐：独居石（铈、稀土及钍的磷酸盐，钍含量约 4%—6%）；磷酸钇矿（钇、稀土的磷酸盐，含少量的钍）。

(2) 氧化物：方钍石（氧化钍，氧化铀及少量稀土，ThO_2 含量高达 40%—90%）。

(3)硅酸盐：钍石（氧化钍，氧化硅，钍含量可高达 62%）。

后二种矿物含钍量很高，但这些矿很稀少。目前钍的主要来源靠的是分布很散的、而量很大的独居石矿砂。世界上的主要矿区位于巴西、印度、斯里兰卡、澳大利亚、南非、美国、苏联和朝鲜等地。我国的独居石矿藏也极其丰富。

5.2 钍的同位素与核性质

自然界中大量存在的钍是^{232}Th，丰度是100%，放射α粒子，半衰期为1.4×10^{10}a，是天然钍放射系(4*n*系)的原始核。此外，自然界中还存在着很少量的天然铀系和锕铀系的成员^{234,230,231,227}Th等核素。自然界存在的以及人工合成的钍同位素已经多达25个(^{212}Th—^{236}Th)。寿命最长的是^{232}Th，寿命相当长的是在铀矿中少量存在的^{230}Th(半衰期是7.54×10^4a)。寿命极短的有217，218，219，220等人工核素。全都已知的同位素见表5.1。

^{232}Th是最重要的核素，它俘获热中子发生(*n*，*γ*)反应的截面是7.40±0.08b，而发生裂变的截面仅仅是5.6×10^{-5}b，因此可以认为^{232}Th不能被热中子所裂变。发生(*n*，*γ*)反应的产物是^{233}Th，它的衰变子体就是可裂变的^{233}U。

^{232}Th是钍放射系(4*n*系)的起始母核，在经过六次α衰变和四次β衰变后，衰变系的最终子体是稳定的^{208}Pb。相对于母体^{232}Th的半衰期为140亿年来讲，4*n*系的全部子体的半衰期都是很短的。其中最长的是半衰期为5.75a的^{228}Ra($MsTh_1$)，其次是半衰期为1.91a的^{228}Th(RdTh)和半衰期为3.64d的^{224}Ra(ThX)，其余的半衰期都很短。因此，虽经化学处理提纯的钍，在放置若干年后，其子体能很快地积聚起来，而使钍成品往往都具有由子体产生的很强的放射性。

表5.1 钍的同位素

质量数	半衰期	衰变方式	来 源
212	30 ms	α	
213	0.14 s	α	^{206}Pb(^{16}O,9*n*)
214	0.10 s	α	
215	1.2 s	α	
216	28 ms	α	
217	252μs	α	^{206}Pb(^{16}O,5*n*)
218	0.1 μs	α	^{209}Bi(^{14}N,5*n*)
219	1.05 μs	α	
220	9.7 μs	α	^{208}Pb(^{16}O,4*n*)
221	1.68 ms	α	^{208}Pb(^{22}Ne,α5*n*)
222	2.8 ms	α	
223	0.66 s	α	^{227}U衰变子体
224	1.04 s	α	^{228}U衰变子体

续表

质量数	半衰期	衰变方式	来 源
225	8.0 min	α(～95)ϵ (～5)	^{232}Th(α,7n),^{229}U 衰变子体
226	31 min	α	^{230}U 衰变子体
227	18.72 d	α	^{226}Ra(n,γ)^{227}Ra(β^-),锕铀系成员
228 (RdTh)	1.913 a	α	钍系成员
229	7340 a	α	镎系成员
230(Io)	7.54×10^4a	α	铀系成员
231 (UY)	25.5 h	β^-	^{230}Th(n,γ),^{232}(n,2n),锕铀系成员
232	1.4×10^{10}a	α	天然,钍系的始核
233	22.3min	β^-	^{232}Th(n,γ)
234 (UX$_1$)	24.1 d	β^-	铀系成员
235	6.9min	β^-	^{234}Th(n,γ),^{238}U(n,α)
236	37.1min	β^-	^{238}U(p,3p)

5.3　钍的元素性质

制备金属钍最常用的方法是将氧化钍粉末与金属钙一起研磨后放在 CaO 衬里的坩埚中,在氩气中加热到 1000℃,使氧化物还原成金属。这个反应是放热反应,但放出的热量不足于使钍熔化(钍的熔点是 1755℃)。

$$ThO_2+2Ca \longrightarrow Th+2CaO(-\Delta H_{293}=41kJ)$$

用水和稀酸浸取反应产物,得到粉末形式的金属钍,可以压制或烧灼。如要直接得到金属锭,可将四氟化钍用钙来还原。

$$ThF_4+2Ca \longrightarrow 2CaF_2+Th\ (-\Delta H_{298}=403.5kJ)$$

这个反应的生成热,也不足以使钍熔化,要使钍熔化可以加入硫或碘。将四氯化钍在 900℃时用镁还原,可以得到 Th-Mg 合金。合金在 920℃的真空下蒸馏除去 Mg 后得到海绵状的金属钍。除此,用熔融盐电解法可以制取有延展性的高纯金属钍,熔盐是 $KThF_5$,$ThCl_4$ 和 ThF_4,助熔剂是 NaCl 和 KCl。电解用钼做阴极,在石墨坩埚(阳极)中进行,温度为 800℃,产率高达 90%。小量的高纯金属钍采用范阿克耳(Van Arkel)碘化物分解过程:将合成的四碘化钍在灯丝上加热到 900—1700℃,使四碘化钍分解成纯的金属钍和碘。

金属钍是银白色的,机械加工性能较铀好,易于冲压、锻压。它有二种同素异形变体，小于 1380℃时为 α-Th，面心立方晶系，晶格常数 5. 0840Å，X 射线测定的密度 11. 72 g/cm³，金属半径 1. 798Å，升华热(25℃)为 597 kJ/mol，α-Th 加热到 1380℃后转变为体心立方晶系的 β-Th，晶格常数 4. 115Å。钍的金属磁化率 $X_m=95\times10^{-6}$ emu/mol(T=25℃)，并随温度的增加而增加。由于 Th^{4+} 没有未成对的电子，故其化合物是反磁性的。

成块的钍在正常的条件下对大气的腐蚀是相当稳定的，在干燥的大气中能形成一层蓝色的氧化物保护层，提高温度形成氧化物的速率加大。细粉状的钍在空气中是不稳定的。在氧中，在 350℃以下氧化反应符合抛物线反应速率定律，从 350℃到 450℃反应服从于直线律。超过 450℃后可能由于 ThO_2 的高生成热，氧化反应加速进行。与氮的反应比氧要缓慢得多，但也具有类似的图形。在达到 1370℃前反应速率曲线是抛物线形，这一阶段反应是由扩散过程所控制的；在更高温度时成直线速率关系，此时金属表面膜破裂，这种膜是由内层 ThN 和外层 Th_2N_3 组成的。与氢作用生成 ThH_2 也服从抛物线速率定律。反应是相当快的，在 480℃时氢压力为 0. 16 atm，每小时吸收氢 3 mg/cm²，在 550℃时吸收这些量的氢只需 15 min。

金属钍与水蒸气的作用是相当复杂的。主要的反应是：

$$Th+2H_2O \longrightarrow ThO_2+2H_2$$

生成的氢扩散到金属中形成少量 ThH_2。反应在 70 mm 分压时，在半小时内，所增加的重量为：200℃，0. 2 mg/cm²；400℃，1. 0 mg/cm²。反应的活化能为 26. 79 kJ/mol。温度超过 400℃反应速率下降，550℃时下降约十倍。在 100℃的蒸馏水中钍的抗腐性能很好，但在大于 200℃的加压釜中很快就发生腐蚀，氧化物层失去了作用。

钍相对地说对酸是比较不活泼的。对浓或稀 HF，稀 HCl，稀 H_2SO_4，浓 H_3PO_4 或浓 $HClO_4$ 作用很慢。但用浓 H_2SO_4 能将钍溶解，尤其是加热时，与王水作用则更快。与浓 HCl(12mol/L)作用生成沉淀物 ThO(X)H，这里 X 是—OH 或—Cl。稀 HNO_3 缓慢地溶解钍，浓 HNO_3 则使钍纯化。在 8—16 mol/L HNO_3 中加入 F^- 离子或在 H_2SO_4 加入 Cl^- 离子能使钍较快地溶解。钍与熔融的 NaOH 不起反应，但熔融的 $KHSO_4$ 与钍反应很快。

钍与碱金属在 600℃时也不作用。钍能溶于铅、铋、锡、锑、铟、铊、铝和镓等成合金。在 600℃时不与不锈钢起反应，但到 700℃就起反应。

金属钍在室温时不与氟起作用。在 450℃时与磷蒸气反应生成 Th_3P_4。在 900—1200℃，钍与石墨作用生成 ThC，>1300℃生成 ThC_2。

5.4 钍的化合物

5.4.1 氢化物、氮化物和碳化物

1. 氢化物

在 250—300℃时,中等压力的氢气与金属钍作用生成二氢化钍 ThH_2。如继续不断地增加氢气,最终产物是 Th_4H_{15}。

ThH_2 有两种晶体变体,一种是立方晶系,萤石结构,晶格常数 $\alpha_0=5.489$Å;另一种是四方晶系,$a_0=5.735$Å,$c_0=4.971$Å,M—H 键长 239Å,密度为 9.50 g/cm^3。

ThH_2 在潮湿空气中并不稳定。与卤素或卤化氢加热反应生成四卤化钍 ThX_4。将 ThH_2 浸在 100℃以下的水中,它与水不起作用,Th_4H_{15} 与水在 250—350℃慢慢地反应成 ThO_2。

2. 氮化物

钍的金属粉在 500—1000℃与氮气反应生成红褐色粉末状的 α-Th_3N_4。与其他的氮化物相反,它是抗磁性的和电绝缘的,这些性质与它的纯离子结构 $(Th^{4+})_3(N^{3-})_4$ 是一致的。Th—N 间的结构距离(2.70Å)准确地等于泡林(Pauling)离子半径 Th^{4+}(0.99Å)和 N^{3-}(1.71Å)之和。Th_3N_4 属六方晶系,$a=3.87$Å,$c=27.39$Å。

Th_3N_4 在真空中加热 1400℃以上分解成黄绿色粉末状的 ThN。ThN 属面心立方晶系和 NaCl 晶型,$a=5.16$Å,在 2atm 氮气压力下熔于 2820±30℃。ThN 是良好导体,根据霍尔效应的测定估计每个钍原子常有 1.47 个电子,所以可将 ThN 表示为($Th^{4+}N^{2.53-}$1.47E)。ThN 在室温时易与湿空气反应成水合氧化钍,温度超过 500℃时 ThN 粉末才燃烧。

3. 碳化物

将金属钍,或氧化钍,或氢化钍与碳在电弧炉或感应电炉中共热得到二碳化钍 ThC_2。适当控制碳量,反应物为碳化钍 ThC。在合成中,也可用有机烃类化合物代替碳。

钍和碳形成的一碳化物,具有连续的可变 C/Th 化学计量,其晶体构型均为 NaCl 型(空间群 $Fm3m$)。碳原子可以从晶格中被移去,而使晶格常数减小。C/Th 原子比与晶格常数成正比直线关系。例如:$ThC_{0.62}$,$a=5.303\pm0.002$Å,$ThC_{0.99}$,$a=5.346\pm0.002$Å。

二碳化钍 ThC_2 有三种晶体变体：α-ThC_2，单斜晶系（空间群 $C2/C$）$a=6.691Å$，$b=4.223Å$，$c=6.744Å$，$\beta=103°12'$；β-ThC_2，四方晶系（空间群 $I4/mmm$），在 1460℃ 时 $a=4.235Å$，$c=5.408Å$；γ-ThC_2 面心立方晶系（空间群 $Fm3m$），在 1500℃，时 $a=5.808\pm0.003Å$，在 1755℃ $a=5.817+0.002Å$，熔点 2450±25℃。相变条件如下：

$$\gamma\text{-}ThC_2 \xrightleftharpoons{1480℃} \beta\text{-}ThC_2 \xrightleftharpoons{1430℃} \alpha\text{-}ThC_2$$

还有一种倍半碳化物 Th_2C_3，它在高压下合成，在通常压力下即分解，属于体心立方晶系（空间群 $I\bar{4}3d$），晶格常数 8.5527±0.0001Å。

ThC 很易水解，与水作用生成 ThO_2 和混合气体，气体含有 9.0 mol%CH_4，10 mol%H_2 和少量其他有机烃。ThC_2 与水作用生成 ThO_2 和混合气体，按体积计混合气体中 1/3 是 H_2，1/3 是 C_2H_6，其他的多数为饱和的有机烃。

5.4.2 氧化物和硫化物

1. 氧化物

二氧化钍 ThO_2 是唯一的较稳定的氧化物，属简单的立方晶系，$a=5.5971Å$，为萤石晶体结构（空间群 $Fm3m$）。熔点高达 3390℃，是氧化物中的最高熔融温度。沸点 4400℃。在高温（如 1400—1900℃）和低氧压（如 10^{-2}—10^{-6} atm）下加热，二氧化钍失去氧，颜色由白变黑，成为缺氧的 ThO_{2-x} 化合物。在空气中降低温度即恢复成白色的二氧化钍。二氧化钍与熔融的钍金属在相当高的温度下相接触，ThO_2 能显出化学计量上的钍氧原子比的一些差异。

将钍放在空气中加热，煅烧氢氧化钍，草酸钍盐都可得到二氧化钍。通常是从较纯的硝酸钍溶液中，沉淀出草酸钍，再将草酸钍在 800—1200℃ 灼烧制得纯的二氧化钍。要得到球状二氧化钍可以用核燃料工艺中的“溶胶-凝胶过程”（sol-gel process）。在此过程中，先将硝酸钍用水汽分解成分散的 ThO_2 水溶胶，再将 ThO_2 用稀硝酸消化成溶胶，然后用低温蒸发法制成含水 3% 的 ThO_2 凝胶。这种 ThO_2 小球的直径是 100Å。将这种凝胶加热到 1000—1150℃，它能进一步失去水分和硝酸根，烧结成密度为 9.9 g/cm^3 的颗粒。

ThO_2 是很稳定的。当在 2000℃ 以上蒸发时，它能分解成气态的一氧化钍 ThO 和氧。ThO 只在气态时很稳定，在真空下冷却即分解成金属和二氧化钍。

ThO_2 本身的化学稳定性与原料煅烧的温度有关，一般是温度越高，ThO_2 的化学稳定性越强。在低于 550℃ 以下灼烧的 ThO_2 很容易溶解在含有少量氟离子的 8—16 mol/LHNO_3 中。经高温灼烧过的 ThO_2 要用含有大量氟离子的浓硝酸迴流才能慢慢地溶解。即使加了 HF 的浓 HCl 也无法使高温处理过的 ThO_2 溶解。用发烟硫酸消化或用 $NaHSO_4$($Na_2S_2O_7$,NH_4HSO_4)熔融,能使 ThO_2 转化为溶于水的硫酸钍。

钍盐溶液中加入碱,会生成白色胶状的沉淀,它是带有几个水分子的二氧化钍 $ThO_2 \cdot xH_2O$,而不一定是确定的 $Th(OH)_4$。新沉淀的 $ThO_2 \cdot xH_2O$ 易溶于酸,并能溶解于碳酸钠、草酸铵、柠檬酸钠等溶液中,形成钍的络合阴离子。

在钍盐的中性或弱酸性溶液中加入 H_2O_2,或在臭氧或过二硫酸盐的作用下,生成了凝胶状的钍的过氧化物沉淀。它往往是成分不很固定的化合物,且包含着溶液中的阴离子,在硫酸溶液中生成 $Th(OO)SO_4 \cdot 3H_2O$ 沉淀。过氧氯化钍是一个多聚物,其中氧和钍之比是 5∶3,氯和钍之比是 2∶3 和 1∶3。过氧硝酸钍被确定为 $Th_6(O_2)_{10}(NO_3)_4 \cdot 10H_2O$。除了过氧硫酸钍以外,其他都不稳定,在室温下放出氧,在 130℃时迅速分解。

2. 硫化物

钍与过量的硫在 400℃反应,形成一种多硫化合物 Th_2S_5(四方晶系)。真空中加热 Th_2S_5,到 950℃降解为 ThS_2(正交晶系),继续加热到 1950℃转化成为 Th_7S_{12}(六方晶系)。

将 ThS_2 和 Th 按一定比例均匀混合,在真空中加热到 1800℃可以制得所需的低硫化物 Th_7S_{12}(即 $ThS_{1.71-1.76}$),Th_2S_3(正交晶系)和 ThS(面心立方晶系)。

单硫化物 ThS 具有金属光泽,它在氩弧中 2335℃时能熔化而并不分解。紧密的 ThS 还具有金属的导电性,在 293 K 时其电阻率为 16—70 $\mu\Omega$ cm。而 ThS_2 及 Th_2S_5(即 $ThS_{2.5}$)则是绝缘体($5—10\times10^9\ \Omega$ cm),它们呈现红棕色或紫色的非金属化合物的颜色。

5.4.3 卤化物

1. 氟化物

钍的卤化物以四氟化钍 ThF_4 最为重要。四氟化钍是熔盐电解法制备粉末状金属钍的原料,也是钙热还原法制取金属钍的原料。在钍熔融盐反应堆中,用四氟化钍与氟化铍、氟化锆、氟化钾的混合物作为增殖铀-233 的材料。

制备四氟化钍的方法很多。它可以直接从元素钍和氟起反应生成,也可用 HF 与钍的其他卤化物、氧化物、氢氧化物、草酸盐或 ThH_2 反应生成。工业上通常应用的制法与制取 UF_4 相似,由钍的氧化物转化而得。在氢氧化钍水溶液中加入氢氟酸,钍以 $ThF_4 \cdot 8H_2O$ 的八水化合物形式沉淀下来。由于在水溶液中存在着 ThF^{3+},ThF_2^{2+},ThF_3^{+} 等络离子,只有在氟的浓度足够大时,ThF_4 才沉淀下来。

$ThF_4 \cdot 8H_2O$ 经加热转化为 $ThF_4 \cdot 4H_2O$。$ThF_4 \cdot 4H_2O$ 加热到 100℃转化

为 $ThF_4 \cdot 2H_2O$,加热到 250℃生成 $Th(OH)F_3 \cdot H_2O$,再加高温成为 $ThOF_2$。当将氟化钍从热的浓氢氟酸中沉淀出来时,可得 $ThF_4 \cdot \frac{1}{4}H_2O$,条件略加改变即得无水的 ThF_4。

除了用上述的湿法制备 ThF_4 外,还可用高温干法制取 ThF_4。用气态氟化剂如 $HF \cdot NH_4F$,CF_2Cl_2 等在 600℃高温下与二氧化钍作用,可得无水的 ThF_4。

ThF_4 是白色结晶粉末,具有八个配位氟原子的 UF_4 型结构,单斜晶系,$a_0=12.90$Å,$b_0=10.93$Å,$c_0=8.58$Å,$\beta^0=126.4$,空间群是 c_{2h}^6-$c2/c$。熔点 1110℃,沸点 1703℃。

ThF_4 的化学性质非常稳定,难溶于水和氢氟酸,稀的无机酸对它不发生作用,冷的浓硫酸和浓硝酸也难以溶解。中等浓度的盐酸和硫酸能慢慢地将它溶解。用浓硫酸煮沸四氟化钍时生成硫酸钍,用碱液煮沸时则生成氢氧化钍。ThF_4 和水蒸气在 900℃下相互作用生成二氧化钍和氟气。ThF_4 易溶于热的碳酸铵溶液。它还能溶于 $Al(NO_3)_3$ 和硼酸之中。

ThF_4 与碱金属氟化物生成一系列的复盐,如 $MThF_5$,M_2ThF_6,MTh_2F_9,MTh_3F_{13}等。

2.氯化物

另一个在核工艺中有价值的卤化物是四氯化钍 $ThCl_4$,它是制备金属钍的氯化物熔盐电解法的原料。

$ThCl_4$ 的制法也有好多种,均属干法。氢化钍与氯或氯化氢作用,金属钍或碳化钍与氯作用,金属钍与氯化氢作用,或者 ThO_2 与各种氯化剂(Cl_2,SCl,CCl_4,PCl_5,光气 $COCl_2$)加热反应均可制得 $ThCl_4$。

将碳与 ThO_2 混合在 700—800℃高温下与氯作用也生成 $ThCl_4$:

$$ThO_2 + C + 2Cl_2 \longrightarrow ThCl_4 + CO_2$$

在上述这些反应中,必须小心地除去水汽和氧,否则要生成部分氯化氧钍 $ThOCl_2$,或者全部都成了 $ThOCl_2$。

$ThCl_4$ 是白色晶体,四方晶系,$a_0=8.473$Å,$c_0=7.468$Å,熔点 770℃,沸点 922℃(图 5.1)。

用盐酸处理 ThO_2 或 $ThCl_4$ 可得到四氯化钍的水溶液。已知 $ThCl_4$ 有好多种结晶水合物 $ThCl_4 \cdot xH_2O(x=2,4,7,8,9,12)$。$ThCl_4$ 相当易溶于水。$ThCl_4$ 与元素氟或氟化氢作用能转化为 ThF_4。$ThCl_4$ 与碱金属的氯化物反应也能生成多种复盐:$MThCl_5$(M 为全部碱金属),M_2ThCl_6($M=Li,NH_4^+$),M_4ThCl_8($M=Rb,Cs$)。氯化物中还有高氯酸钍 $Th(ClO_4)_4 \cdot nH_2O(n=2,3,4,6,8)$。

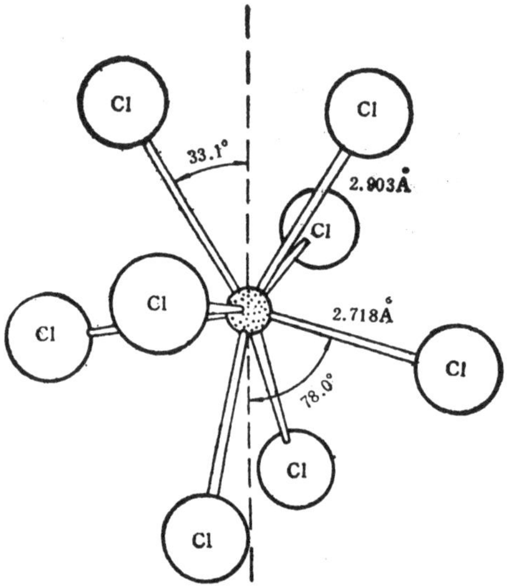

图 5.1　$ThCl_4$ 晶格中的配位情形十二面体,具有 $\bar{4}2m$ 对称性

[引自 K. Mucker et al. ,*Acta Cryst*. B25,2362(1969).]

3. 溴化物

四溴化钍没有什么工艺上的价值,它的制法与四氯化钍的制法类似。将元素溴与金属钍或碳化钍或氯化钍作用,或者将溴化氢与氢化钍作用都能生成 $ThBr_4$。溴蒸气在高温下作用于碳及二氧化钍混合物也能生成白色的 $ThBr_4$ 固体,$ThBr_4$ 有二种变型:α-$ThBr_4$ 是正交晶系,β-$ThBr_4$ 是四方晶系。$ThBr_4$ 也有多种结晶水化合物。在化学性质方面与 $ThCl_4$ 不同的是,$ThBr_4$ 易发生光解,也更易于水解。

4. 碘化物

四碘化钍的工艺价值不大,只在碘化法生产少量金属钍中应用。金属钍与碘蒸气作用得到白色的 ThI_4 固体。将碘化氢与氢化钍作用也能制得 ThI_4。ThI_4 属单斜晶系,熔点 570℃,沸点 827℃。ThI_4 用金属钍还原可以得到黑色的 ThI_3,或 ThI_2(图 5.2)。ThI_2 有两种变体:

$$\underset{\text{黑色,六方晶系}}{\alpha\text{-}ThI_2} \xrightleftharpoons{600\text{—}700℃} \underset{\text{金黄色,六方晶系}}{\beta\text{-}ThI_2}$$

在硝酸钍的水溶液中加入过量的碘酸钾或碘酸,就有带结晶水的碘酸钍沉淀析出,加热到 100℃左右可得无水的 $Th(IO_3)_4$。

5. 含卤络合物

含氟的钍的络合物研究很少。已知 $ThCl_4$ 能与多种有机的给体配位体形成络合物,如 $ThCl_4$ 能与 N,N-二甲基乙酰胺(1∶4,1∶3),二甲基甲酰胺(1∶4),二甲

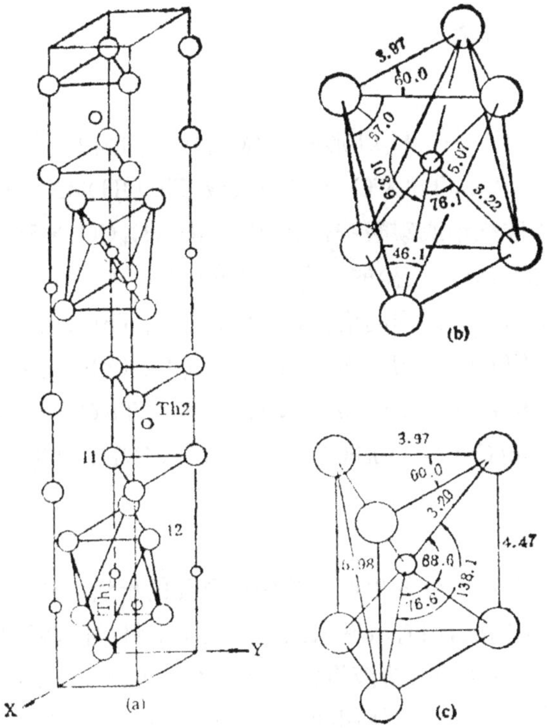

图 5.2 ThI_2 的结构

(a)单位晶胞；(b)三角反棱形层中的配位多面体；

(c)三角棱形层中的配位多面体

[引自 L. J. Guggenberger et al. , *Inorg. Chem.* ,**7**. 2257(1968).]

基亚砜(1∶5,1∶3),二乙基亚砜(1∶4,1∶3),二苯基亚砜(1∶4),三苯基膦氧化物(1∶2),六甲基磷酰胺、$[(CH_3)_2N]_3PO$(1∶2),甲基氰(1∶4)等形成相应的络合物。

含氯络合物中还研究过$(NMe_4)_2ThCl_6$,NMe_4 为四甲基铵。$(NMe_4)_2ThCl_6$ 为白色晶体,属立方晶系。与此相似,含溴络合物$(NMe_4)_2ThBr_6$ 也是存在的。

含碘的络合物有 $ThI_4 \cdot 4CH_3CN$,$ThI_4 \cdot 4CNC_5H_{11}$,$ThI_4 \cdot 8CO(NH_2)_2$。

高氯酸钍还能形成一些络合物:$Th(ClO_4)_4 \cdot 6DMA$(DMA=二甲基乙酰胺),$Th(ClO_4)_4 \cdot 6DMA \cdot 3H_2O$,$Th(ClO_4)_4 \cdot 6DMSO$(DMSO=二甲基亚砜),$Th(ClO_4)_4 \cdot 4OMPA$(OMPA=八甲基焦磷酰胺),$Th(ClO_4)_4 \cdot 7AN$(AN=安替比林,$C_{11}H_{12}ON_2$),$Th(ClO_4)_4 \cdot 8PNO$(PNO=吡啶-*N*-氧化物)。这些络合物都是白色固体。

5.4.4　钍的重要盐类

1. 碳酸盐

钍有 $Th(OH)_2CO_3 \cdot xH_2O$ 形式的碳酸盐，都是白色的固体。氢氧化钍与 CO_2 在压力下作用，生成 $ThOCO_3 \cdot 2H_2O$（或 $Th(OH)_2CO_3 \cdot H_2O$）。向硝酸钍溶液有控制地加入碳酸钠或碳酸铵，也生成 $Th(OH)_2CO_3 \cdot H_2O$ 沉淀。在其他不同的反应条件，还能得到碳酸盐的三水化物和七水化物。

钍的碳酸盐能形成一系列的络合物，例如：$Na_6[Th(CO_3)_5] \cdot nH_2O(n=0,1,3,12,20)$，$K_6[Th(CO_3)_5] \cdot nH_2O(n=10)$，$Tl_6[Th(CO_3)_5] \cdot nH_2O(n=0,1,2)$，$[CN_3H_6]_6[Th(CO_3)_5] \cdot nH_2O(n=0,3,4)$，$Ba_3[Th(CO_3)_5] \cdot nH_2O(n=7)$，$[Co(NH_3)_6]_2 \cdot [Th(CO_3)_5] \cdot nH_2O(n=4,6,9)$，$(NH_4)_2[Th(CO_3)_3] \cdot nH_2O(n=6)$等。

2. 硝酸盐

硝酸钍 $Th(NO_3)_4$ 在钍的生产工艺中有重要的价值。从矿物中提取钍的流程中，氢氧化钍先溶于硝酸，用有机萃取剂磷酸三丁酯将硝酸溶液中的硝酸钍萃取入有机相，然后用相当稀的硝酸溶液将钍反萃取入水相，再从水相中将产品硝酸钍的水化物结晶出来。此外工业上使用的 ThO_2，也往往是将原料硝酸钍高温加热分解而得。

硝酸钍有几种带结晶水的水化物，$Th(NO_3)_4, nH_2O(n=2,3,4,5,6,12)$，其中在通常条件下可以分离出来的是 $Th(NO_3)_4 \cdot 4H_2O$，$Th(NO_3)_4 \cdot 5H_2O$（图5.3）和 $Th(NO_3)_4 \cdot 6H_2O$，它们都是白色晶体。

实验表明，从硝酸溶液中结晶出 $Th(NO_3)_4 \cdot nH_2O$ 时，结晶水的多少与 $Th(NO_3)_4$ 的浓度和母液的温度有依赖的关系。当溶液浓缩到含 $Th(NO_3)_4$ 为87%浓度，温度在150℃以上时，冷却母液析出的主要是 $Th(NO_3)_4 \cdot 4H_2O$。当 $Th(NO_3)_4$ 的浓度在70%—80%之间，将热母液冷却所得的主要是 $Th(NO_3)_4 \cdot 6H_2O$ 结晶。

曾对 $Th(NO_3)_4 \cdot 5H_2O$ 的晶体进行过X射线及中子衍射法的测定，属正交晶系，空间群 C_{2v}^{19}-$Fdd2$，$a_0=11.191$Å，$b_0=22.889$Å，$c_0=10.579$Å，在结构上四个硝酸根各为双配位体，再加上五个水分子中的三个水分子的配位络合，每个钍原子具有十一个配位体。

$Th(NO_3)_4 \cdot nH_2O$ 在水中极易溶解，且易溶于含氧的有机溶剂，如醇、酮、醚、酯中。

将 $Th(NO_3)_4 \cdot nH_2O$ 高温热分解可得 ThO_2。将 $Th(NO_3)_4 \cdot 5H_2O$ 在80℃

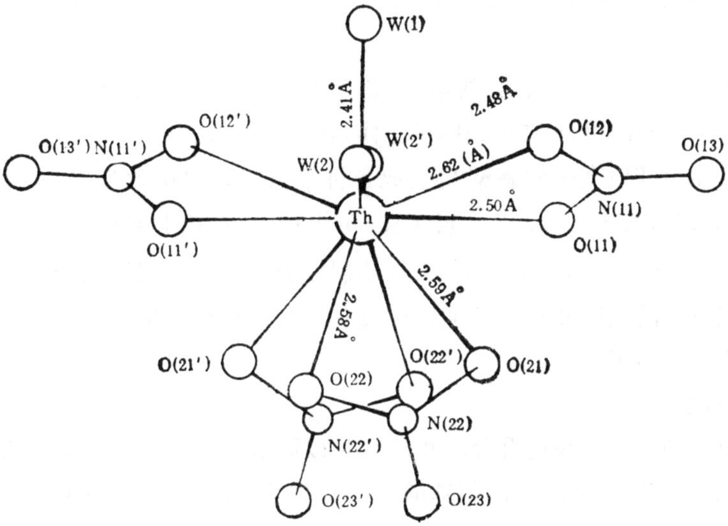

图 5.3 $Th(NO_3)_4 \cdot 5H_2O$ 晶体中的配位情形

［引自 T. Ucki et al. ,*Acta Cryst*. **20**,836(1966)］

时控制条件,可以得到较少的结晶水化物。将五水化物加热到 140℃,生成了碱式硝酸钍 $ThO(NO_3)_2 \cdot H_2O \cdot Th(NO_3)_4 \cdot nH_2O$ 在水溶液中发生水解,能生成 $Th_2(OH)_4(NO_3) \cdot nH_2O$ 和 $Th_2(OH)_2(NO_3)_6 \cdot 8H_2O$ 等白色碱式盐。

硝酸钍能形成一些复盐形式的无机络合物,如 $MTh(NO_3)_6 \cdot 8H_2O$(M=Mg,Zn,Co,Ni,Mn),$MTh(NO_3)_5 \cdot nH_2O$(M=Na,K),$Cs_2Th(NO_3)_6$ 等。

$Th(NO_3)_4$ 还能形成一些有机络合物。1973 年在水溶液中用红外光谱法研究,证明了 $Th(NO_3)_4 \cdot$ 6DMSO(DMSO:二甲基亚砜),$Th(NO_3)_4 \cdot$ 3DESO(DESO:二乙基亚砜),$Th(NO_3)_4 \cdot$ 4DPSO(DPSO:二苯基亚砜),$Th(NO_3)_4 \cdot$ 3DNSO(DNSO:二-α-萘基亚砜)和 $Th(NO_3)_4 \cdot$ 3DNSO · EA(EA:乙酸乙酯)的存在。

$Th(NO_3)_4$ 还能与 *N*,*N*-二甲基酰胺,三苯基膦氧化物,菲罗啉,2-二甲胺代甲基-4-甲基-酚,尿素等形成络合物。

3. 硫酸盐

用硫酸分解独居石所得的混合硫酸盐,用水浸取后即是硫酸钍 $Th(SO_4)_2$ 的溶液。二氧化钍水化物经硫酸溶解可得 $Th(SO_4)_2 \cdot nH_2O$(n=2,4,8,9)。将 $Th(SO_4)_2 \cdot nH_2O$ 加热到 400—500℃时能脱水成无水的 $Th(SO_4)_2$,或者将 ThO_2 水化物和浓硫酸加热到 450—600℃以除去过量的酸,也可得到无水的 $Th(SO_4)_2$。

无水硫酸钍是白色结晶,很易吸水,在水中的溶解度很大(0℃时 100 g 水可溶 $Th(SO_4)_2$ 33 g),含结晶水的硫酸钍在水中的溶解度大为降低。$Th(SO_4)_2 \cdot 4H_2O$

的溶解度与其他水化物不同，随温度升高而明显地下降，这一性质常被用来钍与稀土的分离。

在很稀的水溶液中可以观察到硫酸钍的水解作用，水解生成碱式盐 $Th(OH)_2SO_4$。$Th(OH)_2SO_4$ 为白色晶体，属正交晶系。

硫酸钍能与其他金属的硫酸盐生成各种复盐：$M_2[Th(SO_4)_3]\cdot nH_2O$（M=Na，$NH_4^+$，K，Rb，Cs，Tl），$M_4[Th(SO_4)_3]\cdot nH_2O$（M=Na，$NH_4^+$，K，Cs），$M_6[Th(SO_4)_5]\cdot nH_2O$（M=$NH_4^+$，Cs），$M_8[Th(SO_4)_6]\cdot nH_2O$（M=$NH_4^+$）。在工艺上比较有用的是硫酸钾与硫酸钍的复盐，以这种复盐的形式能定量地将钍从钇族稀土中分离出来。

4. 磷酸盐

独居石矿物中含量高达百分之几的钍是以磷酸钍的形式存在的。在 Th(IV)的溶液中加入磷酸根离子，难溶的磷酸钍水化物 $Th_3(PO_4)_4\cdot nH_2O$ 就沉淀下来。在 ThO_2-P_2O_5 相图研究中，除了确定了无水 $Th_3(PO_4)_4$ 外，还确定了 $Th_3P_2O_{11}$ 和焦磷酸钍 ThP_2O_7。$Th_3(PO_4)_4$ 晶体属单斜晶系，ThP_2O_7 属立方晶系。

溶液中的四价钍离子与 $H_2P_2O_6^{2-}$ 离子作用可生成连二磷酸钍 ThP_2O_6。在硝酸钍水溶液中加入磷酸及碱金属的磷酸盐，得到了磷酸氢钍 $Th(HPO_4)_2\cdot 4H_2O$ 及 $(NH_4)_2Th(PO_4)_2\cdot 5H_2O$，$KTh(OH)_2PO_4\cdot 3.5H_2O$，它们的组成是用热性质及红外谱来确定的。

5. 草酸盐

向酸性的四价钍溶液中加入草酸，可得白色沉淀的六水草酸钍 $Th(C_2O_4)_2\cdot 6H_2O$。即使在 2 mol/L 硝酸溶液中，草酸也能将钍定量地沉淀下来。所以在钍的分离和分析化学中草酸钍是比较重要的化合物。

将 $Th(C_2O_4)_2\cdot 6H_2O$ 加热到 110℃，转化为 $Th(C_2O_4)_2\cdot 2H_2O$。二水化物加热到 150—220℃，转化为 $Th(C_2O_4)_2\cdot H_2O$，温度>260℃结晶水全部消失。在高温下灼烧，草酸钍成为 ThO_2。

草酸钍不溶于水和难溶于 3—4mol/L 酸度以下的酸溶液，但能溶于草酸钾，草酸钠和草酸铵的溶液中，形成 $(NH_4)_2Th(C_2O_4)_3$，$(NH_4)_4Th(C_2O_4)_4$，$(NH_4)_6Th(C_2O_4)_5$，$K_4Th(C_2O_4)_4$，$Na_4Th(C_2O_4)_4$ 等带结晶水的复盐（参见图 5.4）。

5.4.5　钍的其他化合物

1. 有机酸化合物

除了上述的草酸盐外，还有多种羧酸以单配位基的形式与钍化合。将 $Th(OH)_4$ 溶解于 40%的甲酸中，蒸发溶液得到甲酸钍 $Th(HCOO)_4\cdot 3H_2O$。如

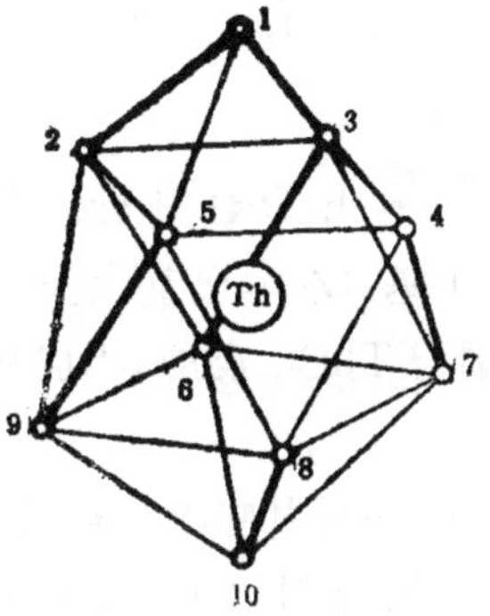

图 5.4 三斜晶系的 $K_4[Th(C_2O_4)_4]\cdot 4H_2O$ 的结构

$Th—O_{1.10}=2.60\pm0.03Å$，$Th—O_{2-9}=2.46\pm0.02Å$，

$a=9.562Å$，$\alpha=115.75°$，$b=13.087Å$，$\beta=80.90°$，

$c=10.387Å$，$\gamma=112.66°$（粗黑线示 $C_2O_4^{2-}$ 连接的多面体的边界）

将 $Th(NO_3)_4\cdot 4H_2O$ 加入到纯的甲酸中去则生成 $Th(HCOO)_4\cdot 1.5H_2O$。在 100—200℃时，水化物脱水成无水 $Th(HCOO)_4$。由甲酸钍能制备通式为

$$M_x[Th(HCOO)_{4+x}]\cdot nH_2O$$

的复盐络合物，M 是一价或二价金属离子。

将四氯化钍与冰醋酸共煮得到乙酸钍 $Th(CH_3COO)_4$ 沉淀。乙酸钍微溶于水，不溶于一般的有机溶剂。将 $Th(CH_3COO)_4$ 与含水的乙酸（CH_3COOH ∶ H_2O ＝2 ∶ 1）共热，得到碱式的 $Th(OH)\cdot(CH_3COO)_3$。除此，还存在着形式为 $Th(OH)_x(CH_3COO)_{4-x}\cdot nH_2O$ 的碱式盐。

单配位基羧酸钍化合物还有异丁酸钍 $Th(C_3H_7COO)_4\cdot 2H_2O$，苯甲酸钍 $Th(C_6H_5COO)_4$，三氯乙酸钍 $Th(CCl_3COO)_4\cdot 2H_2O$，苯乙酸钍 $Th(C_6H_5CH_2COO)_4$ 等。

2. 金属有机化合物及其他有机试剂螯合物

(1)将四氯化钍与过量的茂基钾（环戊二烯基钾）在苯中迴流，或者用四氟化钍与茂基镁在封闭管中加热到 180—280℃进行反应，都能制得无色的四茂钍，$Th(C_5H_5)_4$。四茂钍并不挥发，对空气中等敏感，遇水和酸即行分解，稍溶于苯、氯仿、溴仿、二氯甲烷、正戊烷和四氢呋喃。

四茂钍与卤素反应，生成相应的三茂钍卤化物，$Th(C_5H_5)_3X$。用上述制备四茂钍的方法，也同样能够制得 $Th(C_5H_5)_3X$。$Th(C_5H_5)_3Cl$ 是无色的，氟、溴、碘化物都是灰黄色的，它们在高真空下于 180—200℃时升华。这些络合物对加热比四茂钍更稳定，对空气也是中等敏感，溶于上述能稍溶四茂钍的一些有机溶剂中。

在 0℃以下的干的、无氧的四氢呋喃溶剂中，将环辛四烯钾 $K_2(C_8H_8)$ 与四氯

化钍反应得到二环辛四烯钍 $Th(C_8H_8)_2$。$Th(C_8H_8)_2$ 是由两个 C_8H_8 环组成的夹层形络合物(Sandwich complex)。

(2)通过 $ThCl_4+4NaOR \xrightarrow{ROH} Th(OR)_4+4NaCl$ 可制得一系列的白色醇盐,四醇化钍,R＝甲基,乙基,丙基,丁基,戊基,己基,庚基等。

在氯仿溶剂中将芳庚酚酮与 $ThCl_4$ 反应,生成灰黄色的络合物四芳庚酚酮化钍 ThT_4(T＝Tropolone)。

钍能与 8-羟基喹啉螯合成四-8-羟基喹啉化钍螯合物,与钍能形成螯合物的有机试剂还有钍试剂,噻吩甲酰三氟丙酮(TTA),铜铁试剂,偶氮胂 I,II,III,K,M,二甲酚醇,甲基百里酚兰,桑色素,茜红 S,栎精等,这在钍的分析化学中有实际意义。

ThL_4 (L = 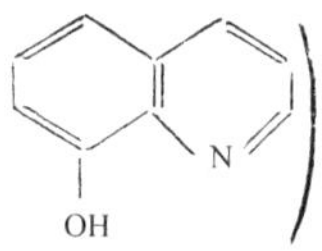),

5.5　钍的水溶液化学

在水溶液中钍只有单一的＋4 价,也就是 Th^{4+} 离子不会发生氧化还原反应。在－100℃的高氯酸钍的丙酮溶液中,找到过钍的九水合物 $Th(H_2O)_9^{4+}$。

钍的离子半径较小,为 0.984Å,所带的电荷又多,所以它具有强烈的水解性质。pH＞1 时 Th^{4+} 开始水解,pH＞3 则明显水解。水解过程为:

$$Th^{4+}+2H_2O \rightleftharpoons Th(OH)^{3+}+H_3O^+$$

$$Th(OH)^{3+}+2H_2O \rightleftharpoons Th(OH)_2^{2+}+H_3O^+$$

同时还存在着形成二聚物的反应:

$$2Th(OH)^{3+} \rightleftharpoons Th_2(OH)_2^{6+}$$

通过超离心法和光散射实验,还证实了钍的多核高聚物的水解产物存在。在一般情况下,pH 增大随即发生 $Th(OH)_4$ 沉淀。

Th^{4+} 是 Z^2/r 值较大的阳离子,能与大量的阴离子形成络合物,与一些强酸根阴离子 NO_3^-,SO_4^{2-},Cl^- 也能形成络合物。与 UO_2^{2+} 离子形成的络合物相比,Th^{4+} 离子的络合物比较稳定,但它不如 U^{4+} 离子的络合物稳定。

Th^{4+} 还能与一些有机酸,如乙酸,乙二酸,丙二酸,水杨酸,柠檬酸,酒石酸等生成水溶性的螯合物。与氨羧型络合剂 EDTA,DTPA,TTHA,NTA 等也形成络合常数很大的水溶性螯合物。表 5.2 列出部分钍络合物的稳定常数。

表 5.2 钍络合物的稳定常数

配体	介质 μ	温度,℃	lg K_1	lg K_2	lg K_3	lg K_4
OH^-	0.5	25	11.64	10.80	10.62	10.45
SO_4^{2-}	2		3.22	2.31		
F^-	4		8.2	6.5		
Cl^-	1		0.18			
NCS^-	1	20	1.08	0.70		
乙二酸	1	25	7.86	6.26	5.82	
乙酸	1	25	3.86	3.11	1.97	1.35
乙酰丙酮	0.01	25	7.85	7.73	6.28	5.00
EDTA	0.1	25	25.3			
DTPA	0.1		30.34			
CDTA	0.1		25.6			
HEDTA	0.1	25	18.5			
TTHA	0.1	25	31.9			
NTA	0.1	25	16.9			

注:EDTA:乙二胺四乙酸,DTPA:二乙撑三胺五乙酸,CDTA:环己烷-1,2-二胺四乙酸,HEDTA:羟乙基乙二胺三乙酸,TTHA:三乙撑四胺六乙酸,NTA:氨三乙酸

5.6 钍的分离和分析

5.6.1 从矿石中提取钍

独居石原矿砂都需经过精选和磨碎以后,才能用酸或碱分解。典型的碱分解提取钍的工艺流程简图(图 5.5)。

5.6.2 钍的萃取分离

在工业上用得最多的有机萃取剂是中性磷类萃取剂磷酸三丁酯 TBP,水溶液介质为硝酸溶液,其萃取反应式为:

$$Th^{4+} + 4NO_3^- + 2TBP \rightleftharpoons Th(NO_3)_4 \cdot 2TBP$$

从式中可知,一个 $Th(NO_3)_4$ 分子与两个 TBP 分子结合成一个中性络合物 $Th(NO_3)_4 \cdot 2TBP$,而可以被萃取入有机相。

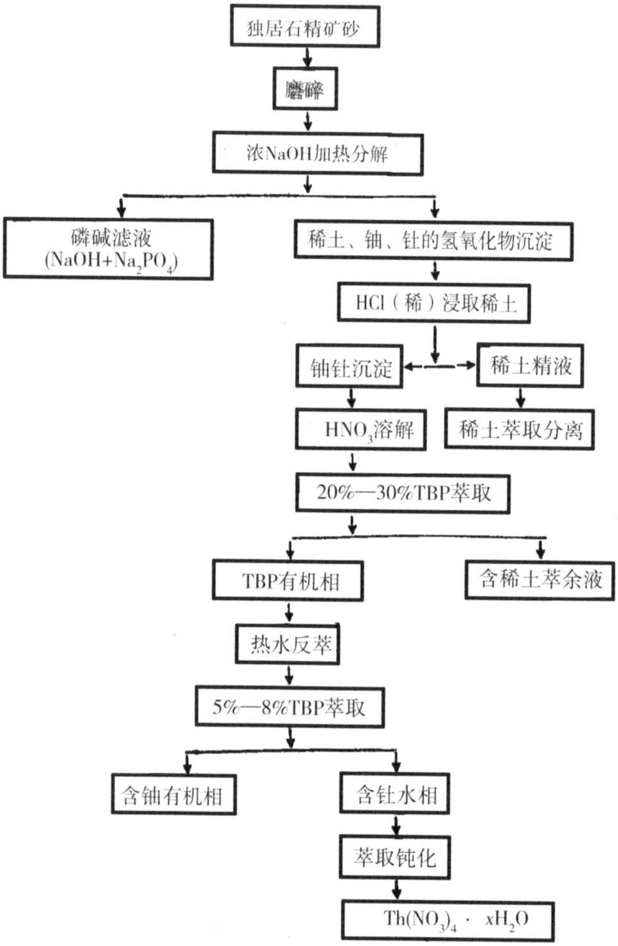

图 5.5　碱分解提取钍的工艺流程图

但是，由于可以被 TBP 萃取的元素很多，所以为了达到钍与其他元素的分离，必须控制好各种影响萃取的因素。这些因素包括 TBP 浓度，硝酸浓度，盐析剂，有机溶剂或稀释剂，反萃取剂等。例如用 10%TBP-己烷，2.5 mol/L HNO_3，并含盐析剂 $Al(NO_3)_3$ 和掩蔽剂酒石酸的萃取溶液萃取钍，可以将干扰的稀土、锆等离子全部留在水相。而萃取入有机相的钍，可用稀硝酸反萃取入水相。

胺类萃取剂中，只有季胺盐对钍有较好的萃取性能，常用的是氯化三烷基(C=8—11)甲胺(国外代号 Aliquat-336，国内代号 N_{263})。它对钍的萃取率高，酸度允许范围大，萃取平衡快，在生产中也有实际应用价值。

在钍的分析化学中，还常用一些螯合萃取剂，作为钍的浓集、精提的萃取试剂。常用的有噻吩甲酰三氟丙酮 TTA，1-苯基-3-甲基-4-苯甲酰基-吡唑啉酮-5 PMBP，

8-羟基喹啉 HOX 等。

5.6.3 钍的离子交换分离

四价钍离子能强烈地吸附在阳离子交换柱上，利用这一特点，可以成功地将 Th^{4+} 与其他阳离子或阴离子相分离。

表 5.3 中列出了 Th^{4+} 在强酸介质中，在强酸性阳离子交换树脂上的分配系数。

表 5.3 Th^{4+} 在强酸性阳离子树脂上的分配系数

N	HCl	HNO_3	H_2SO_4	$HClO_4$
0.1	$>10^4$	$>10^4$	$>10^4$	$>10^4$
0.5	$>10^4$	$>10^4$	263	$>10^4$
1.0	2220	>1180	52	5780
3.0	70	48	3.0	509
4.0	60	24.8	1.8	608

在不少实验中，使用 4N HCl 作为料液上柱和淋洗条件，在此时多数离子不能被阳离子交换树脂所吸收，而只有 Th^{4+} 留在柱上。

在 8N HNO_3 介质中，钍形成 $Th(NO_3)_6^{2-}$ 阴离子，在阴离子交换树脂上，其分配系数接近 300，因此也可用于分离，但其应用范围和效果不如阳离子交换法。

5.6.4 钍的沉淀分离

钍的沉淀法分离目前已不如萃取法和离子交换法更为有用。最有用的沉淀是草酸钍六水合物 $Th(C_2O_4)_2 \cdot 6H_2O$。在 pH>0.5 的介质中，可用草酸沉淀钍，除了稀土元素，四价铀和钚能与钍共同沉淀外，少量的铁(III)、铝、锆、钛、铍、锡、铋等离子可以被除去。草酸钍沉淀的一个优点是可以在 1000℃灼烧成 ThO_2，进行定量称量测定。

其他沉淀试剂有用 HF 沉淀 ThF_4，将钍与 Li，Zr，Nb，Ta，Sn，W 和 PO_4^{3-} 分离；用碘酸钾可沉淀出 $4Th(IO_3) \cdot KIO_3 \cdot 18H_2O$，在沉淀时如加入 H_2O_2，酒石酸和 8-羟基喹啉，可以除去铀(VI)，Ce(III)，稀土，Ti，Zr，Nb，Ta，Sc 等元素。

此外，有机酸苯甲酸、2，2′-二苯基二羧酸等也能作为钍的沉淀试剂。

5.6.5 钍的主要分析方法

钍的分析测定方法很多，大体上有重量法，滴定法，络合滴定法，安培滴定法，极谱法，光度法，发射光谱法，X-荧光光度法，放射性法等。其中最常使用的是络合滴定法和光度法。

1. 络合滴定法

络合滴定通常都用 EDTA 作络合剂，EDTA 与 Th 形成 1∶1 的稳定络合物，pK=23.2，用 EDTA 滴定钍的指示剂很多，常用的有茜素红 S，邻苯二酚紫，二甲酚橙，偶氮胂 III 等。除了用 EDTA，还可用 DTPA，TTHA 来代替 EDTA 作为络合试剂。在络合滴定之前，通常先用萃取法将钍进行预分离或浓集。

举例说，在 pH2.5—3.5 时，用 EDTA 滴定钍，终点时红色的邻苯二酚紫钍螯合物转变为指示剂本身的黄色。钍可以在 Pb，Cu，Be，Ba，Al，Co，Ni，Mn，Zn，La，Ce，Pr，Ca，Mg，NH_4^+ 和 U(VI)等元素存在下进行测定。加入抗坏血酸可以减小 Fe^{3+}，Hg^{2+}，Cu^{2+} 的干扰。

2. 光度法

光度法使用的显色剂颇多。主要的有钍试剂 I[2-(2-羟基-3，6-二磺酸-1-苯偶氮)-苯胂酸]，桑色素，SPANDS，偶氮胂 III、K、M、偶氮氯膦 III 等等。

表 5.4 中列出了测定钍的部分显色剂的特性。

显色光度法测定钍的灵敏度一般属 ppm 级。

表 5.4　钍的显色剂特性

显色剂	条件	λ_{max}(nm)	ε，摩尔消光系数
	1N HCl	545	~5×10^3
钍试剂 I	pH2	580	2.2×10^4
偶氮胂 III	2—9N HCl	665	1.3×10^5
桑色素	pH2—2.5	410	4.2×10^4
SPANDS*	pH3	575	2×10^4
偶氮胂 K	0.3N HNO_3	675	3.5×10^4
偶氮胂 M	4N HNO_3	675	9.4×10^4
偶氮氯膦 III	2.5N HCl	670	1.32×10^5
二甲酚橙	pH1.5—2.2	570	3.9×10^4
茜红 S	pH2—7	520	~10^4

* SPANDS：2-(4-磺酸苯基偶氮)-1，8-二羟基-3，6-萘二磺酸钠。

目前测定微量钍最灵敏的方法则是中子活化分析法，其灵敏度一般为 10^{-11}—10^{-9} g 钍，因而特别适用于对食品和生物样品中微量钍的测定。

参考文献

[1] D. I. Ryabchikov, E. K. Gol'braikh, "Analytical Chemistry of Thorium", Ann Arbor, London(1969).

[2] J. C. Bailar et al., "Comprehensive Inorganic Chemistry", Vol. 5, Pergamon Press(1973).

[3] 陈于德,王文基,王志麟,周祖铭《核燃料化学》,原子能出版社(1985).

[4]《核燃料后处理工艺》编写组,《核燃料后处理工艺》,原子能出版社(1978).

[5] S. Peterson & R. G. Wymer, "Chemistry in Nuclear Technology", pp. 68—69, Addison-Wesley Publishing Co., U. S. A. (1963).

[6] "Treatise on Analytical Chemistry", ed. by I. M. Kolthoff and P. J. Elving, Part II, Vol. 5, 2nd Ed., Wiley & Sons, N. Y. (1966).

29.6 镤

6.1 引言

1872 年门捷列夫根据周期表曾预言在钍和铀之间有一个未知的 V 族元素存在，他称它为“类钽”，估计其原子量约为 225，化学性质与铌钽相似。1917 年放射化学家 O. Hahn、L. Meitner F. Soddy、J. A. Cranston 独立地发现了此元素，它是存在于自然界的、长寿命的镤的同位素，^{231}Pa。在天然放射系中，它是锕的前驱，所以命名为 Protactinium，汉译名为镤。

在一吨与子体达到平衡的铀中，有 340mg 的镤存在着。1927 年首次从铀矿石中分离出 2mg 的 Pa_2O_5 化合物. 直到 50 年代中期，美国人从铀矿石的富渣中，提取了 125g 的镤。提取的方法是用二异丁基酮萃取加离子交换纯化。

对镤的本身的直接用途，至今没有什么报道。但是在^{232}Th-^{233}U 核燃料体系的研究工作中，镤是必不可少的。因为在：

$$^{232}_{90}Th(n,\gamma)^{233}_{90}Th \xrightarrow{\beta^-} {}^{233}Pa \xrightarrow{\beta^-} {}^{233}U$$

过程中，^{233}Pa 是必经的环节。要分离和纯制可分裂物质^{233}U，就必须对镤的化学性质作详尽的研究。通常在实验中常用长寿命的^{231}Pa 作为研究对象，这也是一些国家大量提取^{231}Pa 的重要原因。

6.2 镤的同位素与核性质

镤共有 21 个同位素，其质量数为 215—218，222—238，它们全是放射性的。在自然界只存在二个核素^{231}Pa 及^{234}Pa，其他都是人工合成的核素(表 6.1)。

最重要的核素是^{231}Pa，α 放射性半衰期为 3.25×10^4a。它是天然放射系^{235}U 系中的一个成员，母体是$^{231}Th(UY)$，子体为^{227}Ac。^{231}Pa 也能用$^{230}Th(I_0)$经反应堆中子照射而产生：

$$^{230}Th(n,\gamma)^{231}Th \xrightarrow[25.52h]{\beta} {}^{231}Pa$$

表 6.1 镤的同位素

质量数	半衰期	衰变方式	来 源
215	14ms	α	
216	0.20s	α	$^{197}Au(^{24}Mg,5n)$，$^{190}Os(^{31}P,5n)$
217	1.6ms 4.9ms	α	$^{203}Tl(^{20}Ne,6n)$
218	0.12ms	α	
222	4.3ms	α	
223	6.5ms	α	
224	0.95s	α	$^{232}Th(p,9n)$
225	1.8s	α	$^{209}Bi(^{19}F,p2n)$，$^{209}Bi(^{22}Ne,d2n)$
226	1.8min	α(74%) ε(26%)	$^{232}Th(\alpha,p9n)$，$(p,7n)$
227	38.3min	电子俘获α(85%) ε(15%)	^{231}Np 衰变，$^{232}Th(d,7n)$，$^{235}U(\alpha,\alpha p7n)$
228	22h	α(2%) ε(98%)	^{228}U 衰变，$^{230}Th(d,4n)$，$^{232}Th(p,5n)$
229	1.4d	α(0.25%) ε(99.57%)	$^{230}Th(d,3n)$，$^{232}Th(p,4n)$
230	17.4d	β^-(10.4%) ε(89.6%)	$^{232}Th(d,4n)$，$(\alpha,p5n)$，$^{230}Th(d,2n)$ $^{231}Pa(d,p2n)(\alpha,\alpha n)$
231	3.276×10^4a	α	天然，^{231}Th 衰变
232	1.31d	β^-	$^{231}Pa(n,\gamma)$，(d,p)，$^{232}Th(d,2n)$，$(\alpha,p3n)$
233	27d	β^-	^{233}Th 衰变，$^{232}Th(d,n)$，$(\alpha_5 p2n)$
234 (UZ)	6.70h	β^-	IT，同核异能跃迁
234* (UX_2)	1.17min	β^-(99.87%) IT(0.13%)	天然
235	24.2min	β^-	^{235}Th 衰变，$^{238}U(p,\alpha)$，$^{235}(n,p)$
236	9.1min	β^-	$^{238}U(d,\alpha)$，$^{236}U(n,p)$
237	8.7min	β^-	$^{238}U(\gamma,p)$，(n,pn)
238	2.3min	β^-	$^{238}U(n,p)$

注：各符号意义参见表 4.1 之注释。

由于它是镤同位素中寿命最长的一个核素，作为研究的对象最为方便。^{234}Pa 亦是一个天然放射性核素。它有一对同核异能素：

$$^{238}U \longrightarrow {}^{234}Th(UX_1) \left\langle \begin{array}{l} \nearrow {}^{234*}Pa(UX_2) \\ \searrow {}^{234}Pa(UZ) \end{array} \right.$$

UX_2 的半衰期为 1.17min，UZ 的半衰期为 6.70h，都是 β^- 放射性。

还有一个比较重要的核素 ^{233}Pa，β^- 放射性，半衰期 27d。它是人工 $4n+1$ 放射系的成员，是可分裂物质 ^{233}U 的母体。最早是用中子照射 ^{332}Th，生成 ^{233}Th 经 β^- 衰变而产生的；也可用核反应 $^{232}Th(\alpha,n)$ 或 $(\alpha,p2n)$ 制得。^{233}Pa 常用作示踪剂来研究镤的性质。

其他多个镤的同位素都是用加速器进行人工核反应所得的放射性核素，其中半衰期最长的是 17.7d 的^{230}Pa，最短的是 1.6ms 的缺中子核素^{217}Pa。

6.3 镤的元素性质

最早在 1934 年曾采用两种方法制备镤金属：一是将氧化镤在真空中用 35keV 电子轰击，使氧化物分解成金属；二是将镤的氯化物，溴化物或碘化物的蒸气在真空中用钨丝灯进行分解。但是这两种方法所得的金属都没有用 X 射线进行鉴定。

1954 年成功地用钡蒸气在 1400℃还原 0.1 mg 四氟化镤，得到小球状的金属镤，并用 X 射线作了鉴定。更新的方法是 1970 年在氟化钡坩埚中用钡蒸气还原四氟化镤，还原温度从 1300℃升高到 1600℃，所得的金属镤具有很高的纯度。

金属镤有两种变体。1500℃以下是 α-Pa，为体心四方晶，$a=3.931\pm0.001$Å，$c=3.236\pm0.001$Å，密度为 15.37g/cm^3，配位数为 12 的金属半径 1.682Å。在 1500℃以上的高温时，转化为 β-Pa，属面心立方晶系，$a=5.019\pm0.03$Å，密度 12.12g/cm^3。镤的熔点是 1567℃，在低于 1.4K 时，镤具有超导性质。升华热(25℃)571kJ/mol。25℃时金属镤是顺磁性的，$\chi_m=190\times10^{-6}$ emu/mol。镤与钽一样，它的磁矩几乎与温度无关。

新鲜制成的金属是银色，当暴露于空气中后，在表面上很快形成一层薄的 PaO 和 PaO_2 组成的膜。金属元素与氢在 250—300℃作用生成 PaH_3。在真空中与碘蒸气 400℃时生成 PaI_5，无疑地与其他卤素也能形成相应的五卤化物。

在 50 年代以前，对镤的研究是十分困难的。随着铀矿的大规模开采和处理，以及钍反应堆的研究和发展，为镤的常量化学工作创造了条件，并起了积极的促进作用。近 30 多年中，镤的化学有了较多的发展，但总的来说还是研究得极其不够的。

6.4 镤的化合物

镤的化合价是+3，+4，+5，以+5 价为最稳定。大体上五价镤像铌，四价镤像钍。镤化物几乎完全不溶于通常的水溶液介质之中(除 H_2SO_4 及 HF 外)。

6.4.1 氢化物、氮化物和碳化物

(1)氢化物。用氢气与金属镤在 250—300℃作用生成氢化镤 PaH_3。它是黑色的化合物，与 β-UH_3 属相同的 β-W 型立方晶体结构，晶格常数 $a_0=6.648$Å，Pa—H 键长 2.32Å。

(2)氮化物。1954 年报道,在 800℃将氨与 $PaCl_4$ 或 $PaCl_5$ 反应,能制得氮化镤 PaN,但没有 X 射线的支持数据。

(3)碳化物。1969 年报道,成功地用碳热还原法将 Pa_2O_5 还原为碳化镤,约在 1100℃时先得 PaO_2,温度超过 1900℃时得 PaC。一碳化镤具有面心立方 NaCl 型晶体结构,a_0=5. 0608Å。PaC_2 是四方晶系,a_0=3. 61Å,c_0=6. 11Å。

6. 4. 2 氧化物

镤的主要的氧化物是五氧化二镤、二氧化镤和一氧化镤,此外,镤有许多非化学计量的中间产物,在锕系元素中它是最突出的。

五氧化二镤 Pa_2O_5,是在空气或氧中将氢氧化镤或其他任何镤的氧化物(四价或五价)的水合物加热超过 650℃时得到的。它是一个具有化学计量相(stoichiometric phase)的稳定化合物,所以是在化学研究中,尤其在分析步骤中最常用的化合物。它有五种晶型变体(见表 6. 2)。

二氧化镤和中间相。在 1550℃用氢气还原 Pa_2O_5 得到黑色的二氧化镤 Pa_2O_2。与其他锕系元素的二氧化物相似,它也具有氟石型的结构。将 Pa_2O_5 还原或将 PaO_2 氧化,经过 X 射线的粉末衍射分析,鉴定了四种中间相的化合物(见表 6. 2)。实验还证明,四方晶系的 P_2O_5 实际上其成分有一个有限的区间 $PaO_{2.476}$—$PaO_{2.500}$。

表 6. 2 二元镤氧化物的晶体数据

组成	颜色	对称性	晶格常数				存在区间 (℃)
			a(Å)	*b*(Å)	*c*(Å)	*α*(°)	
Pa_2O_5	白	立方	5. 446	—	—	—	650—700
Pa_2O_5	白	四方	5. 429	—	5. 503	—	700—1000
Pa_2O_5	白	六方	3. 817	—	13. 220	—	1000—1500
Pa_2O_5	白	三方	5. 424	—	—	89. 76	1250—1400
Pa_2O_5	白	正交	6. 92	4. 02	4. 18	—	?
$PaO_{2.42}$—$PaO_{2.44}$	白(?)	三方	5. 449	—	—	89. 65	—
$PaO_{2.40}$—$PaO_{2.42}$	白(?)	四方	5. 480	—	5. 416	—	—
$PaO_{2.33}$	黑	四方	5. 425	—	5. 568	—	—
$PaO_{2.18}$—$PaO_{2.21}$	黑	立方	5. 473	—	—	—	—
PaO_2	黑	立方	5. 505	—	—	—	—
PaO	—	立方	4. 961	—	—	—	—

一氧化镤 PaO。镤金属很易形成氧化膜,X 射线粉末衍射定为一氧化镤。与其他锕系元素的一氧化物相似,它也是立方晶系,a_0=4. 961Å,它慢慢地氧化成

PaO_2，至今还未取得纯的一氧化镤。

镤的氧化物还能与多种其他金属氧化物形成许多混合氧化物：四方晶系的 Li_3PaO_4，六方晶系的 Li_7PaO_6，正交晶系的 $NaPaO_3$，四方晶系的 Na_3PaO_4，立方晶系的 $RbPaO_3$，立方晶系的 $BaPaO_3$，四方晶系的 α-$PaGeO_4$，四方晶系的 α-$PaSiO_4$，单斜晶系的 β-$PaSiO_4$，四方晶系的 $PaO_2 \cdot 2Nb_2O_5$，四方晶系的 $PaO_2 \cdot 2Ta_2O_5$，等等。从这些所形成的混合氧化物中，可以看出 Pa 的性质与其他锕系元素很相似，而与铌钽的相似性很小。

6.4.3　卤化物

表 6.3 列出了镤的卤化物和卤氧化物的组成。

表 6.3　镤的卤化物及卤氧化物

—	—	—	PaI_3
PaF_4	$PaCl_4$	$PaBr_4$	PaI_4
Pa_2F_9	—	—	—
PaF_5	$PaCl_5$	$PaBr_5$	PaI_5
—	$PaOCl_2$	$PaOBr_2$	$PaOI_2$
Pa_2OF_8	Pa_2OCl_8	—	—
—	($PaOCl_3$)	$PaOBr_3$	$PaOI_3$
—	$Pa_2O_3Cl_4$	—	—
PaO_2F	PaO_2Cl	PaO_2Br	PaO_2I
Pa_3O_7F	—	—	—

1. 氟化物

已知的有 PaF_5，$PaOF_8$，Pa_2F_9（或 Pa_4F_{17}），PaF_4，PaO_2F 和 Pa_3O_7F。

五氟化镤与 β-UF_5 同晶型。将 PaF_7 在 700℃时氟化即可得到。如将 $PaCl_5$ 在 200℃起氢氟化作用，能得到无定形的 PaF_5。它是白色的易潮解的固体，易溶于水介质中，它比 VF_5，NbF_5 和 TaF_5 不易挥发，只有在 500℃的真空中才升华。

八氟氧化二镤 Pa_2OF_8 可由几种方法制得，如在氧存在下，600℃时将 PaF_4 氟化，或在 160℃用 HF 处理经真空干燥的五价的氢氧化镤等。它是白色的易潮解的固体。在空气中加热到 270℃时得到白色的稳定的固体二氧一氟化镤 PaO_2F。PaO_2F 加热到 500—600℃时它分解为白色的 Pa_3O_7F。当在真空中加热到 800℃时，它能歧化成 PaF_5 和一种成分不明的化合物，可能是另一种氟氧化物。它和 Pa_2O_9 一样，都是体心立方晶型，与 U_2F_9 同晶型。

四氟化镤 PaF_4 是深棕色固体。将五氧化镤在氢和氟化氢的混合气体中加热到 500—600℃时即能方便地得到 PaF_4。为了避免形成 Pa_2F_9（或 Pa_4F_{17}），在制备时需要使用过量很多的氢气和在较高温度下进行还原。将二氧化镤与氟化氢反应也能制得 PaF_4。与其他锕系元素的四氟化物相似，PaF_4 具有 8 配位体的 UF_4 型结构。它是镤的四卤化物中最稳定的一个，至少在短时期内能不发生水解或氧化反应。它是制备金属镤的原料。它溶解于氟化铵的水溶液中，从中取得过一些光谱性质的数据。

Pa_2F_9(或 Pa_4F_{17})是黑色固体。以 1∶2 的氢和氟化氢将 Pa_2O_5 进行氢氟化作用时可以得到 Pa_2F_9 和 Pa_4F_{17}将$(NH_4)_2PaF_7$ 进行热分解，除了得到 PaF_5 外，同时可得到 Pa_2F_9 和 Pa_4F_{17}。它们与 U_2F_9 同晶型。

2. 氯化物

将五氧化镤与碳酰氯 $COCl_2$ 在 550℃时反应首次制得五氯化镤 $PaCl_5$。最佳的制法是于密封的、抽空的高温反应器中，将真空干燥的氢氧化物与硫酰氯 $SOCl_2$ 蒸气在 350—500℃下反应，产率可大于 95%。用此法可以得到克级量的 $PaCl_5$，它是黄色的可挥发性的固体。

五氯化镤的另一制法是将 Pa_2O_5/C 混合物在盛有饱和了氯气的四氯化碳的封闭管中，加热到 500—600℃。在得到 $PaCl_5$ 同时，还得到了五价的 α-型的八氯氧化二镤 Pa_2OCl_8。用真空升华法在 180—200℃时可将 $PaCl_5$ 从 Pa_2OCl_8 中分离出来。

$PaCl_5$ 具有单斜晶系，但它不与 $NbCl_5$ 或 UCl_5 同晶型。与热不稳定的 UCl_5 不同，它在真空中>180℃升华而不变质。它对水气敏感，微溶于苯、四氢呋喃和四氯化碳。

α-Pa_2OCl_8 在>250℃时发生歧化反应：

$$3Pa_2OCl_8 \xrightarrow[\text{真空}]{270℃} Pa_2O_3Cl_4 + 4PaCl_5$$

在 520℃四氯三氧化二镤 $Pa_2O_3Cl_4$ 进一步歧化：

$$2Pa_2O_3Cl_4 \xrightarrow[\text{真空}]{520℃} 3PaO_2Cl + PaCl_5$$

Pa_2OCl_8 和 $Pa_2O_3Cl_4$ 还可直接从 $PaCl_5$ 与氧反应而生成：

$$4PaCl_5 + O_2 \xrightarrow[\text{封闭管}]{400℃} 2Pa_2OCl_8 + 2Cl_2$$

$$4PaCl_5 + 3O_2 \xrightarrow[\text{封闭管}]{500℃} 2Pa_2O_3Cl_4 + 6Cl_2$$

它们都是对水汽敏感的白色固体，能被液氨很快地分解。

将 $PaCl_5$ 在 400℃下用氢还原可以制得毫克级四氯化镤 $PaCl_4$，用 CCl_4 蒸气与 PaO_2 作用也能制得 $PaCl_4$。最方便的方法是 $PaCl_5$ 在 400℃用金属铝还原。$PaCl_4$ 在室温时是绿黄色的固体，超过 300℃时呈亮红色。与其他锕系元素的四氯化物

(Th,Np 除外)一样,它具有 8 配位体 UCl_4 型结构。$PaCl_4$ 很易溶于无氧的盐酸溶液中而不发生水解。

它与三氧化二锑在约 200℃作用生成四价的二氯氧化镤 $PaOCl_2$。它是深绿色固体,它与 $ThOCl_2$,$UOCl_2$ 和 $NpOCl_2$ 同晶型(图 6.1)。与其他锕系元素的二卤氧化物一样,它是热不稳定的,在真空中>550℃时歧化:

$$2PaOCl_2 \xrightarrow[\text{真空}]{>550℃} PaCl_4 + PaO_2$$

3.溴化物

将 Pa_2O_5 与 $AlBr_3$ 在真空中 400℃时反应得到深红色的五溴化镤 $PaBr_5$ 固体,但此法并不宜于大量制备。在密封的石英瓶中,在 600—700℃下,将 Pa_2O_5 和碳的混合物与过量的溴反应,能得到克级量的 $PaBr_5$。反应中也生成一些淡绿色的三溴氧化镤 $PaOBr_3$,但可容易地在 300℃时将挥发性的 $PaBr_5$ 真空升华分离。$PaBr_5$ 对水汽敏感,遇水很快水解。

$PaBr_5$ 有二种晶体变体,α 型和 β 型。单晶的研究表明,β-$PaBr_5$ 与 UCl_5 同晶型,它是双分子聚合的,每个镤原子有 6 个配位体,Pa—Br 距离是 2.83—2.84Å(桥联的)和 2.52—2.67Å(不桥联的),α-$PaBr_5$ 的晶体结构还未报道。

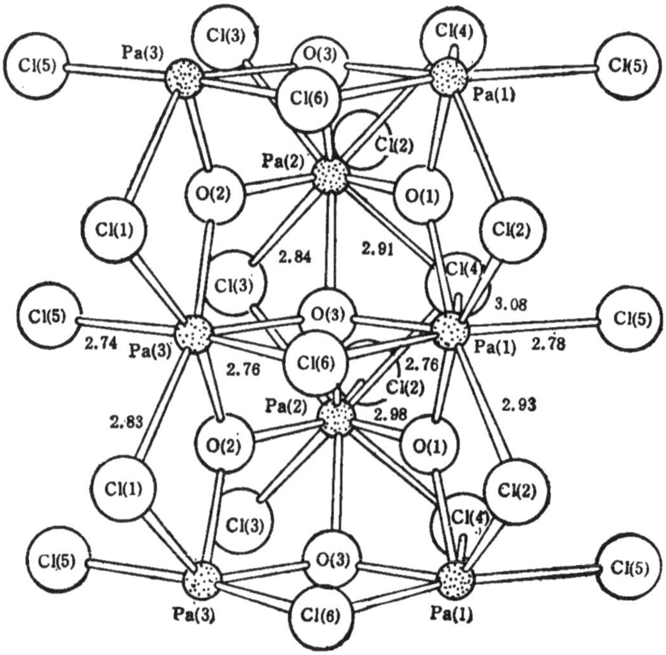

图 6.1 $PaOCl_2$ 的结构

[引自 R. P. Dodge et al.,*Acta Cryst*. 24B,304(1968)]

除了上述的作为制备 $PaBr_5$ 时的副产品 $PaOBr_3$ 外，它还可用 $PaBr_5$ 与化学计量氧或三氧化二锑在密封的瓶中加热到 350℃时生成，反应式为：

$$2PaBr_5+O_2 \xrightarrow[\text{密闭管}]{350℃} 2PaOBr_3+2Br_2$$

$$3PaBr_5+Sb_2O_3 \xrightarrow[\text{真空}]{350℃} 3PaOBr_3+2SbBr_3$$

三溴氧化镤 $PaOBr_3$ 在 500℃时发生歧化：

$$2PaOBr_3 \xrightarrow[\text{真空}]{500℃} PaO_2Br+PaBr_5$$

溴二氧化镤 PaO_2Br 是非挥发性的米色固体。关于 Pa_2OBr_8 或 $Pa_2O_3Br_4$ 的存在至今尚未报道。

$PaOBr_3$ 具有单斜对称性，每个镤原子有 7 个配位体，Pa—Br 键长为 2.69—3.02Å，它与 $UOBr_3$ 不同晶型。

将 $PaBr_5$ 在 400℃用氢或金属铝还原能产生四溴化镤 $PaBr_4$。即使用过量的铝，也未发现更低价的镤化合物。$PaBr_4$ 是红棕色固体，与 α-$ThBr_4$ 同晶型，具有八个配体的 UCl_4 型结构。镤与四个溴原子的间距是 2.83Å，与另四个溴原子是 3.01Å。与 $PaCl_4$ 相似，>500℃在真空中升华并少量分解。$PaBr_4$ 与 Sb_2O_3 作用生成橙色的二溴氧化镤 $PaOBr_2$。$PaOBr_2$ 与其他四价的锕系元素的类似化合物同晶型，它与 $PaOCl_2$ 相似，在真空中>550℃是不稳定。

4. 碘化物

将 Pa_2O_5 在 400℃的真空中与 AlI_3 作用生成五碘化镤 PaI_5。最佳的大量制法是将 $PaCl_5$ 或 $PaBr_5$ 与过量的 SiI_4 在 180℃的真空中反应，黑色结晶产物在 400—450℃真空下升华纯化。

PaI_5 晶体具有斜方对称性。它对水汽极端敏感，遇水立即水解，它微溶于甲基氰，不溶于异戊烷和四氯化碳。

三碘氧化镤 $PaOI_3$ 和一碘二氧化镤 PaO_2I 可由五碘化镤与 Sb_2O_3 反应而得：

$$3PaI_5+Sb_2O_3 \xrightarrow[\text{真空}]{150—200℃} 3PaOI_3+2SbI_3$$

$$3PaI_5+2Sb_2O_3 \xrightarrow[\text{真空}]{150—200℃} 3PaO_2I+4SbI_3$$

三碘氧化镤是深棕色固体，能加热分解：

$$2PaOI_3 \xrightarrow[\text{真空}]{450℃} PaO_2I+PaI_5$$

四碘化镤 PaI_4 可由 PaI_5 在 400℃用铝还原而得，是深绿色固体，晶体结构还不明。它在石英器皿中超过 500℃时升华，形成少量红色的二碘氧化镤 $PaOI_2$，它的结构不明，但它与 $ThOI_2$ 同晶。

在 1967 年将五碘化镤在 350℃连续地抽真空一周以除去碘，而得到了黑色的 PaI_3 晶体，它属于正交晶系对称性。在严格的强还原剂条件下，可将 Pa 与 I_2 作用生成 PaI_4，但后者极不稳定。

5. 混合卤化物

已知的混合卤化物为二碘三溴化镤 $PaBr_3I_2$，黑色晶体，与 PaI_5 同晶型。将等摩尔数的 $PaBr_5$ 和 PaI_5 一起加热到 300℃能得到 $PaBr_3I_2$。可以预计还存在着许多种镤的混合卤化物，不过是尚未进行研究而已。

6. 含卤络合物

有不少含卤镤酸盐，五价的通式为 $M^I_3PaX_8$（M^I＝一价正离子，X＝F，Cl），$M^I_2PaX_7$ 和 M^IPaX_6（X＝F，Cl，Br 和 I）。四价的通式是 $M^I_2PaX_6$（X＝Cl，Br 和 I），还有不寻常的 $M^I_7Pa_6F_{31}$。此外还有 $(NH_4)_4PaF_8$，Na_3PaF_7 和 $LiPaF_5$ 等四价的含氟镤酸盐。类似于五价的 Cs_2NbOCl_5，$CsTaOCl_4$ 的氧卤络镤酸盐没有发现存在。

在相当高浓的氢氟酸水溶液中，五价镤离子是稳定的，但是在其他氢卤酸溶液中即使 Pa(V)的浓度在 10^{-3}—10^{-4} mol/L 时，也发生不可逆的水解缩聚反应。只有氟镤酸盐在水溶液中制得。喇曼光谱研究结果，在氢氟酸的水溶液中存在着络离子 PaF_6^- 和 PaF_7^{2-}，电导滴定实验证明在溶液中存在着 PaF_4^+，PaF_6^-，PaF_7^{2-}，PaF_8^{3-} 等一系列的络离子。其他五价的卤络镤酸盐离子只能在非水溶液中得到，如在 $SOCl_2$ 中能得到氯络离子，在甲基氰中能得氯、溴和碘的络离子。

由于四价镤在空气中很易被氧化，所以四价镤的络合物只能在无氧溶剂中或在惰性气体下制得。溶剂萃取研究证明，在酸的水溶液中，存在着 PaX_2^{2+} 和 PaX^{3+}（X＝Cl 和 F）络离子。

7. 卤化物与给体配位体(donor ligand)的络合物

已知锕系元素的卤化物和氧卤化物能与氧、硫和氮等的供主配体形成许多络合物，镤也不例外，表 6.4 列出典型络合物。

这类化合物多数比较稳定，四价镤的络合物需在非水的无氧溶剂，如二氯甲叉，氯仿，甲基氰中制备。曾从这些五价和四价的络合物溶液中测得大量的红外光谱数据。

表 6.4 镤的典型络合物

镤的价态	配位体	络合物	颜色
5	H_2O	$PaF_5 \cdot 2H_2O$	白
5	三苯基膦氧化物 Ph_3PO	$PaCl_5 \cdot Ph_3PO$	淡黄

续表

镤的价态	配位体	络合物	颜色
5	三苯基膦氧化物 Ph_3PO	$PaBr_5 \cdot Ph_3PO$	橙黄
5	三苯基膦硫化物 Ph_3PS	$PaCl_5 \cdot Ph_3PS$	黄
5	三苯基膦硫化物 Ph_3PS	$PaBr_5 \cdot Ph_3PS$	红
5	*N*,*N*-二甲基乙酰胺 $(CH_3)_2NCOCH_3$	$PaBr_5 \cdot 3(CH_3)_2NCOCH_3$	橙
4	甲基氰,CH_3CN	$PaCl_4 \cdot 4CH_3CN$	黄绿
4	甲基氰,CH_3CN	$PaBr_4 \cdot 4CH_3CN$	橙
4	*N*,*N*-二甲基乙酰胺 $(CH_3)_2NCOCH_3$	$PaCl_4 \cdot 3(CH_3)_2NCOCH_3$	黄
4	*N*,*N*-二甲基乙酰胺 $(CH_3)_2NCOCH_3$	$PaBr_4 \cdot 5(CH_3)_2NCOCH_3$	黄
4	二甲基亚砜 $(CH_3)_2SO$	$PaCl_4 \cdot 5(CH_3)_2SO$	黄
4	三苯基膦氧化物	$PaCl_4 \cdot 2Ph_3PO$	黄
4	三苯基膦氧化物	$PaBr_4 \cdot 2Ph_3PO$	绿黄

6.4.4 镤的重要盐类

五价镤的简单硝酸盐并不存在,但存在着这些化合物:$M^IPa(NO_3)_6$,$Pa_2O(NO_3)_8 \cdot 2CH_3CN$和$PaO(NO_3)_3 \cdot xH_2O(1<x<4)$。

简单的镤的硫酸盐也未被证实。将包含五价镤的硫酸-氢氟酸混合溶液高温蒸发,得到白色的晶态固体 $H_3PaO(SO_4)_3$。在真空下加热 $H_3PaO(SO_4)_3$,到375—400℃分解得到 $HPaO(SO_4)_2$,约到 500℃ 得 $HPaO_2SO_4$,大于 600℃ 成 Pa_2O_5。

与硫酸盐相似,也存在着白色的 $H_3PaO(SeO_4)_3$,加热时直接分解为 Pa_2O_5。$H_3PaO(SO_4)_3$ 与 $H_3PaO(SeO_4)_3$ 同晶型,均为六方晶系。

6.4.5 镤的其他化合物

将五氯化镤与 $Be(C_5H_5)_2$ 在真空中加热,得到四价镤的第一个元素有机化合物四茂镤或四环戊二烯镤 $Pa(C_5H_5)_4$。$Pa(C_5H_5)_4$ 是橙黄色固体,在空气中不稳定，微溶于苯(1.1mg/ml)，与锕系的同类化合物同晶型。$PaCl_4$ 与 $K_2(C_8H_8)$在四氢呋喃中作用能生成二环辛四烯镤 $Pa(C_8H_8)_2$。

其他的有机化合物有：二酞青镤 $PaPc_2$，深蓝色固体；二乙酰丙酮三氯化镤 $Pa(acac)_2Cl_3$，亮黄色单斜晶体；PaT_4，PaT_4X(T＝芳庚酚酮、tropolone，X＝Cl，Br 和 I)；$Pa(dtc)_4Cl$(dtc＝二硫代氨基甲酸二乙酯、diethyldithiocarbamate)等。

6.5　镤的水溶液化学

在水溶液中镤只有五价和四价。在固态的 PaI_3 中镤是三价的，而溶液中只有极谱鉴定了三价镤存在的报道。溶液中的四价、五价镤离子易氧化成五价离子，五价离子比四价离子更普遍。

与铌、钽性质相似，镤强烈地发生水解，并能聚合成胶体而被吸附在容器壁上。在过去的镤的水溶液化学研究中，往往得不到一致的或良好的实验结果，是和镤的这个性质密切有关的。用离心法证实，在酸度小于 3mol/L HCl 或 HNO_3 时，镤的真溶液是不存在的。如要避免镤生成胶体，则必须在溶液中加入 F^-，cit^{3-} 等络合离子，使镤形成不水解的稳定的络离子。

Pa^{IV}在 $HClO_4$ 溶液中的水解和离子形式见图 6.2。

四价镤与邻近的其他锕系元素相比，它更易水解，K 是 250℃时的第一级水解常数($M^{IV} \rightarrow M(OH)^{III}$)，$I$ 是离子强度：

$$Th^{IV}\quad pK_1 = 5.0(I=3)$$
$$Pa^{IV}\quad pK_1 = 0.14(I=3)$$
$$U^{IV}\quad pK_1 = 2.0(I=3)$$
$$Np^{IV}\quad pK_1 = 2.3(I=2)$$
$$Pu^{IV}\quad pK_1 = 1.73(I=2)$$

五价镤也同样容易水解，pH＞3 时发生水解并聚合。只有在浓 $HClO_4$ 溶液中

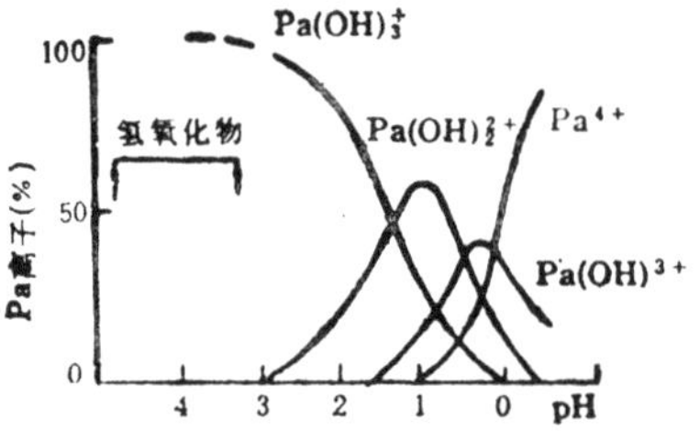

图 6.2　Pa(IV)在 $HClO_4$ 溶液中的离子形式

(引自 A. Несмеянов《Радиохимия》一书)

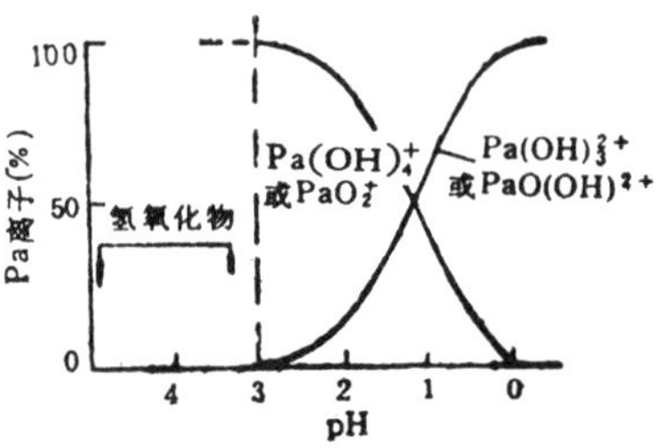

图 6.3　Pa(V)在 $HClO_4$ 溶液中的离子形式

才以简单的 Pa^{V} 离子存在。在低浓度 $HClO_4$ 溶液中的 Pa^{V} 水解情况参见图 6.3。

Pa^{V} 与 Th,U,Np,Pu 不同,在溶液中并未发现 MO_2^{+} 的镤酰离子的存在。

研究镤的水解性质必须同时研究它的络合性质。例如在低浓度的磷酸介质中,Pa^{V} 是以这些络合水解离子形式存在的:$PaO(OH)(H_2PO_4)^{+}$,$PaO(H_2PO_4)^{2+}$,$Pa(OH)_2(H_2PO_4)^{2+}$,$H[Pa(PO_4)_2]$。在别的无机酸中,还以 $Pa(OH)_3NO_3^{+}$,$Pa(OH)_2F^{2+}$,$Pa(OH)_2(SO_4)_2^{-}$ 等离子形式存在。

镤络合时,配位数较高,一般为 6—8 个。一般地说 Pa^{IV}的络合常数β大于 Pa^{V} 的β。Pa^{IV}和 Pa^{V} 都能与 F^{-} 等卤离子、NO_3^{-} 离子、SO_4^{2-} 离子等形成稳定的络合离子。镤还能与 8-羟基喹啉、乙酰丙酮、铜铁试剂、EDTA、TTA、偶氮胂 III 等有机试剂形成螯合物。

6.6 镤的分离和分析

6.6.1 从矿石中提取镤

^{231}Pa 在天然铀矿中的最大可能含量仅为 0.34ppm,而实际上矿石中的含量还不到此量。五十年代中期开始,美国原子能管理局组织了三个组的放射化学家,成功地从铀矿富渣中提取了多达 150g 的纯度为 99.9%的^{231}Pa。他们用的原料是刚果沥青铀矿石,经乙醚萃取铀后剩下的乙醚泥浆,在 60 吨的这种富渣(含 ^{231}Pa3ppm)中提取了镤。整个分离过程耗资 500,000 美元,历时 18 个月。

化学分离过程大体上是这样:第一步先将乙醚泥浆用 4mol/LHNO_3,0.1mol/LNaF 溶液沥取。沥取液用 20%磷酸三丁酯煤油溶液萃取铀,萃余水相中含有镤。在此水溶液中加入 $AlCl_3$,得到铝和锆、钛、硅等的氢氧化物沉淀和不溶性磷酸锆沉淀,微量镤被一起沉淀下来了,为了防止不溶于盐酸的磷酸锆沉淀将微量镤带走,对氢氧化铝饼加入 30%NaOH,使磷酸锆沉淀转化为溶于酸的磷酸钠。氢氧化铝饼用含 0.1mol/LHF 的浓 HCl 溶解,保证全部的镤都进入了水相。在水溶液中加入 $AlCl_3$ 将 F^{-}离子掩蔽起来,用二异丁酮进行萃取。萃取有机相用含 0.1mol/LHF 的 7mol/LHCl 反萃。含镤约 2g/L 的反萃液在酸度为 8mol/LHCl 时通过阴离子交换柱。镤和铁被交换在柱子上,其他杂质和放射性子体能通过交换柱。柱子用 8mol/LHCl,1mol/LHF 溶液淋洗,镤被洗下,铁留柱上。淋出液加入 NH_4OH,最终得到高纯度的 $Pa(OH)_5$ 沉淀。

6.6.2　镤的共沉淀

最早发现镤时，就是利用了钽与镤的相似性，将钽加到铀矿的镤的浓集物中，以共沉淀微量的镤。von A. Grosse 在分离天然的^{231}Pa时，成功地用磷酸锆作载体分离得纯的镤。在从中子辐照钍靶中分离镤时，将浓度为 0.1—1mg/ml 的锆在酸介质中用过量的磷酸使之沉淀，能基本上使镤都共沉淀下来。载体磷酸锆可溶于氢氟酸或饱和草酸中除去。此外，可用草酸钍载带镤，再用 HF 处理沉淀出 ThF_4，而镤与 F^- 离子络合留在溶液中。碘酸锆（$ZrO(IO_3)_2$）也能很好地共沉淀镤，是在含锆的硝酸溶液中加入 HIO_3，碘酸锆沉淀用 HCl 溶解，加热时碘酸根被破坏。在硝酸溶液（1—5mol/L）中将 $KMnO_4$ 用硝酸锰还原成 MnO_2 沉淀，也能有效地载带镤。

除了上述的良好共沉淀剂以外，K_2TaF_4，$ZrAsO_3$，Ta，Nb 的氢氧化物，水杨酸钽，鞣酸铌和钽也能全部地或大部分地将镤共沉淀下来。大体上，在没有 F^- 离子等强络合剂存在时，酸性溶液中的常量的或微量的镤，均可被许多不溶性化合物所载带。

6.6.3　镤的光谱分析

1943 年苏勒(H. Schuler)等用 5mg 纯的 K_2PaF_7 测定了镤的可见区的发射光谱(4300—5600Å)。1949 年汤姆金斯(F. S. Tomkins)等用铜火花法，测定了 2650—4370Å 的光谱，用此法可以对 0.5μg 的镤进行分析测定。可以作为鉴定的最灵敏和明显的谱线为 3054.6，3053.5 和 2743.9Å。

6.6.4　镤的光度法测定

用四价镤的 1mol/LHCl 溶液测得了紫外区吸收光谱。在 276 和 255nm 处摩尔消光系数呈极大值，消光曲线形状与 Ce^{3+} 相似。在 2mol/L$HClO_4$ 溶液中，将五价镤还原，能得到一个 250nm 的吸收高峰。后来又在 HCl 或 H_2SO_4 溶液中在 290nm 处测得了一个峰值，其摩尔消光系数～1×10^3。

对五价镤的溶液的吸收光谱也早已作过测定。研究的也是紫外区，摩尔消光系数为 10^3—10^4 之间，在盐酸溶液中，Pa(V)在 210 到 225nm 区被强烈地吸收，当 H^+ 和 Cl^- 浓度加大时，高峰向更长区移动。无水 $PaCl_5$ 在 11mol/LHCl 溶液中在 225nm 波长处的摩尔消光系数为 6×10^3。当浓度稀达 10^{-4}—10^{-5}mol/L 时，比耳定律依然适用。在 260—270nm 处还有一个次要吸收带。在硫酸介质中的吸收情况与盐酸比较相似，但其摩尔消光系数更大，例如在 0.5—1.5 mol/L H_2SO_4 中其

值为 7.7×10^3。

镤的水解给分光光度法测定带来不少困难。1962 年有人用有机络合剂偶氮胂 III 或噻吩甲酰三氟丙酮与镤在强酸中络合可在可见区测得特征的吸收光谱。用偶氮胂 III 的络合物在 620nm 处吸收，摩尔消光系数为 2.2×10^4，用此法可检测的浓度为 0.3—3.0μg/ml 的镤。

6.6.5 镤的电化学分析

在 8mol/LHCl 溶液中可以用电解还原滴定法定量分析镤。用汞齐的银阴极通 100mA 电流五小时，还原后溶液中含有～4mg 的镤，用氯化铁滴定到电位计或电流计终点。分析的相对误差是±3%。在 1.0—1.8 *N* 的硫酸中也能进行这样的还原和滴定。

对镤在氯化物和硫酸盐介质中的极谱性质进行了研究。在硫酸盐溶液中对饱和甘汞电极的阴极波段在－0.45V 和－0.97V 之间，阳极波段位－0.12V。这现象反映出 Pa(V)/Pa(IV)偶的不可逆性质。在氯化物溶液中，在电位低于 H^+ 离子还原电位时测不到阴极波段，Pa(IV)氧化时可测得一个单一的阳极波段。在草酸盐和氟化物介质中的镤极谱波段也作过测定，例如在 Pa 的浓度为 2×10^{-4}mol/L，pH 为 7.2 的 3.84 mol/L NH_4F 溶液中，观察到一个可逆波段。对饱和甘汞电极 $E_{1/2}$值为－1.92V，发生的反应表示式：

$$PaF_8^{3-} + e \longrightarrow PaF_8^{4-}$$

参考文献

[1] Gmelin Handbuch der Anorganischen Chemie, 8 Auflage. Teil 51 Pa, ergänzungsband 2 metail-verbindangen(1977).

[2] D. Brown, Some Recent Preparative Chemistry of Protactinium, in "Advances of Inorganic Chemistry and Radiochemistry", Vol. 12, pp. 1—5(1969).

[3] "Treatise on Analytical Chemistry" ed. by I. M. Kolthoff and P. J. Elving. Part II. Vol. 6, 2nd Ed. Wiley and Sons, N. Y. (1966).

[4] J. C. Bailar et al. "Comprehensive Inorganic Chemistry", Vol. 5 Pergamon Press(1973).

[5] Aн. H. 涅斯米扬诺夫，《放射化学》中译本，原子能出版社(1985).

29.7 铀

7.1 引言

铀(Uranium),是一种天然放射性元素,原子序数 92,化学符号 U。作为最重的天然元素和核燃料,不但为人类提供了新的原子核能源,而且又是超铀元素研究领域的根基。

远在 1789 年,德国化学家 M. H. Klaproth 用硝酸处理沥青铀矿,得到黄色溶液,在加入碳酸钾中和时,析出黄色沉淀氧化物,将此氧化物与碳于高温下加热,得到了一种表观象金属的物质。直到 1841 年,法国化学家 E. M. Péligot 通过用钾还原四氯化铀才制得金属铀,至此,一种新元素铀——化学元素中的“天王星(Uranus)”真正诞生了[1]。

铀的地球化学性质十分活泼,易于迁移分散,因此在自然界中的分布是很广泛的。在地壳中铀的平均含量为 3—4×10^{-4} 克拉克值,比金、银、汞、铋和铂的都高。在海水中铀的含量为 0.0033ppm,总量达 45 亿吨。已知铀矿物和含铀矿物约有 500 种,其中矿物组成稳定、铀含量恒定的铀矿物近 200 种,而可作为工业资源的仅 20 余种。自然界中尚未见有单质状态的铀存在,由于铀的亲氧和两性性质,它总是以四价或六价离子与其他元素化合而存在,例如它与钍、稀土、钇、铌、钽、锆、铪等元素有密切的类质同象关系[2]。

按铀矿物的化学成分而言,可有下列几类:

1. 简单氧化物类

这类矿物中,晶质铀矿和沥青铀矿是提取铀的主要工业原料。晶质铀矿,化学式 $m(U,Th)O_2 \cdot nUO_3$,含铀 42%—76%,常见于伟晶岩、高温热液铀矿床或沉积变质矿床,与方钍矿、锆石、独居石、褐帘石等共生。沥青铀矿,化学式 $mUO_2 \cdot nUO_3$,含铀 55%—64%,常见于中、低温热液矿床,与铜、铅、锌、铁、砷、钴、镍等的硫化物、碳酸盐、萤石、石英、赤铁矿等矿物共生。与晶质铀矿不同,沥青铀矿一般不含钍而只含痕量的稀土元素。

2. 复杂氧化物类

主要是含铀的钛、铌、钽矿物,成分复杂,变化不定,种类很多。产于高温热液蚀变的花岗岩、变质岩和花岗伟晶岩中。这类矿物有综合利用的工业价值,但铀的提取难度较大。具有强放射性而不发荧光。常见的矿物有：

钛铀矿$(U,Ca,Th,Y)(Ti,Fe)_2O_6$

铈铀钛铁矿$(Fe^{2+},La,Ce,U)_2(Ti,Fe^{3+})_5O_{12}$

铌钇矿$(Y,U,Fe)_2(Nb,Ti,Fe)_2O_7$

黑稀金矿$(Y,U)(Nb,Ti)_2O_6$

铀烧绿石$(Ca,Na,U)_2(Nb,Ti)_2O_6(OH,F)$

铈铀烧绿石$(Ca,Na,Ce,U)_2(Nb,Ti)_2O_6(F,OH)$

铌钛铀石$(U,Ca)_2(Nb,Ti)_2O_6(OH)$

3. 氢氧化物类

由晶质铀矿和沥青铀矿经氧化和水化作用而形成的次生矿物，它又可转化成各种铀的硅酸盐类矿物。主要有：

水铀矿 $UO_3 \cdot nH_2O$

水斑铀矿 $U(UO_2)_5O_2(OH)_{10} \cdot ,nH_2O$

橙水铅铀矿 $Pb[(UO_2)_7O_2(OH)_{12}] \cdot 6H_2O$

红铀矿 $Pb[(UO_2)_4O_2(OH)_6] \cdot H_2O$

这类矿物颜色鲜艳，有橙红色、红褐色、黄色，在紫外光照射下发暗褐色荧光。

4. 铀云母类

它们是六价铀的磷酸盐、砷酸盐和钒酸盐，因外表特征与云母相似而得名，是自然界分布最广的铀矿物。主要有：

钙铀云母 $Ca(UO_2)_2(PO_4)_2 \cdot 8—10H_2O$

铜铀云母 $Cu(UO_2)_2(PO_4)_2 \cdot 12H_2O$

铁铀云母 $Fe(UO_2)_2(PO_4)_2 \cdot 10—12H_2O$

钡铀云母 $Ba(UO_2)_2(PO_4)_2 \cdot 8H_2O$

铝铀云母 $HAl(UO_2)_4(PO_4)_4 \cdot 16H_2O$

翠砷铜铀矿 $Cu(UO_2)_2(AsO_4)_2 \cdot 10H_2O$

钙砷铀云母 $Ca(UO_2)_2(AsO_4)_2 \cdot 8H_2O$

钾钒铀矿 $K_2(UO_2)_2(VO_4)_2 \cdot 1—3H_2O$

钒钙铀矿 $Ca(UO_2)_2(VO_4)_2 \cdot 8H_2O$

5. 硅酸盐类

有铀硅酸盐如：铀石 $U(SiO_4)_{1-x}(OH)_{4x}$，硅镁铀矿 $(H_3O)_2Mg[(UO_2)(SiO_4)]_2 \cdot 3H_2O$ 等；另一类为钍硅酸盐，如：铀钍石$(Th,U)SiO_4$，硅铀钙镁矿$(U^{4+},Y,Ce,Th)U^{6+}(Mg,Ca,Pb)(SiO_4)_2(OH)_2 \cdot nH_2O$ 等。

从 1789 年发现铀元素至 1896 年认识铀的放射性为止，经历了一百多年的时间。这时期对铀元素的研究只是阐明它的化学性质，以及寻找含铀的原生和次生矿物。在纺织工业、玻璃工业和陶瓷工业中，人们将铀作为染色剂，或是在电子管制造业中用作除气剂，但所需数量很少。铀放射性的觅见，刚开始了人类探索原子核的序幕。1939 年铀核裂变现象发现（德国化学家 O. Hahn 和 F. Strassmann）以后，打开了大规模释放原子核能的大门，从而开创了人类利用核能的广阔前景。无论核电站和核武器都要用铀作为能源，核能工业的发展，使铀的地位发生了显著的变化。自 40 年代以来，相继在加拿大、美国、法国、苏联和澳大利亚等寻得许多大型铀矿床，中国已发现 70 余种含铀矿物，世界上对铀及其化合物的需求量日益增长，铀化学的研究被推进到新的发展阶段。由于它，科学技术和人类生活才进入了原子能的时代。

7.2　铀的同位素与核性质

已知铀有 15 种同位素和一种同质异能素，质量数从 226 到 240，其中 ^{234}U，^{235}U 和 ^{238}U 三种是铀的天然放射性同位素（参见表 7.1）[3,4]，它们以混合物的形式构成了天然铀。其他铀的同位素通过核反应制得。

表 7.1　铀的同位素[3,4]

核素	半衰期及丰度	衰变方式（分支比，%）	主要的粒子能量 MeV（强度，%）	产生方式
^{234}U	2.44×10^5 a	α(～100)	E_α=4.773(72.5)	铀天然放射系成员
			4.723(27.5)	
(UII)	0.005%			^{238}Pu 衰变子核
^{235}U	7.1×10^8 a	α(100)	E_α=4.401(56)	天然存在
			4.365(12.0)	
			……	
(AcU)	0.720%		E_γ=0.1857(54.0)	锕天然放射系始核
			0.0266(12.0)	
			……	
		SF(～4×10^{-7})		
^{238}U	4.51×10^9 a	α(>99)	E_α=4.196(77)	天然存在
			4.149(23)	
(UI)	99.275%	SF(4.55×10^{-5})		铀天然放射系始核
^{226}U	0.50s	α	E_α=7.43	$^{232}Th(\alpha,10n)$
^{227}U	1.1min	α	E_α=6.87	$^{232}Th(\alpha,9n)$
^{228}U	9.1min	α(≥95)	E_α=6.69(67)	$^{232}Th(\alpha,8n)$
			6.60(28)	
		ε(≤5)		
^{229}U	58min	α(～20)	E_α=6.360(13)	$^{232}Th(\alpha,7n)$

续表

核素	半衰期及丰度	衰变方式（分支比，%）	主要的粒子能量 MeV（强度，%）	产生方式
			6.332(4)	
		ε (~80)	……	
^{230}U	20.8d	α(100)	E_α=5.8886(67)	^{230}Pa 衰变子核
			5.8177(32)	
^{231}U	4.2d	α(0.0055)	E_α=5.46(0.0055)	$^{231}Pa(d,2n)$
		ε (~100)	E_γ=0.0256(12)	
^{232}U	72a	α(~100)	E_α=5.320(68)	^{233}U(n,2n)
			5.263(31.7)	$^{232}Th(\alpha,4n)$
		SF(~10^{-10})		
^{233}U	1.58×10^5a	α(100)	E_α=4.824(84.4)	镎人工放射系成员
			4.782(13.2)	
				$^{232}Th(n,\gamma)$
^{235m}U	26.1min	IT		^{239}Pu 衰变子核
^{236}U	2.39×10^7a	α(>99)	E_α=4.494(73.7)	$^{235}U(n,\gamma)$
			4.445(26)	
		SF(1.2×10^{-7})		
^{237}U	6.75d	β^-(100)	E_{β^-}=0.248(96)	镎人工放射系成员
			E_γ=0.0595(36.1)	^{238}U(n,2n)
^{239}U	23.5min	β^-(100)	E_{β^-}=1.211(80)	$^{238}U(n,\gamma)$
			1.285(20)	
^{240}U	14.1h	β^-(100)	E_{β^-}=0.36	^{244}Pu 衰变子核
				$^{239}U(n,\gamma)$

注：ε 轨道电子俘获；IT 同核异能跃迁；SF 自发裂变；其他符号意义参见表 4.1 之注释

^{235}U 是主要的核燃料之一。它吸收慢中子后即发生裂变，裂变截面为 582.2b，并伴随大量的能量放出。完全裂变的“热能当量”约为 $2.202\times10^7 kW\cdot h/kg\,^{235}U$，在放出能量的同时，产生出裂变产物，包括 36 个元素的 300 多种核素（参见图 7.1）。每个发生裂变的铀核平均放出 2.5±0.1 个中子，其过程如下：

$$^{235}U+n\longrightarrow FP+2.5n+E$$

式中 FP 表示裂变产物，E 为裂变释放的能量。^{235}U 也能为快中子所裂变，但裂变截面远小于慢中子裂变的数值。^{235}U 除主要发生 α 衰变外，还能自发裂变，其自发裂变的半衰期 $T_{1/2(SF)}=(1.8\pm1.0)\times10^{17}a$。

^{238}U 在慢中子作用下，不能发生裂变；但可进行如下核反应：

$$^{238}U+n\longrightarrow[^{239}U]$$

产生的 ^{239}U 很不稳定，经两次 β^- 衰变生成 ^{239}Pu：

$$^{239}U \xrightarrow{\beta^-} {}^{239}Np \xrightarrow{\beta^-} {}^{239}Pu$$

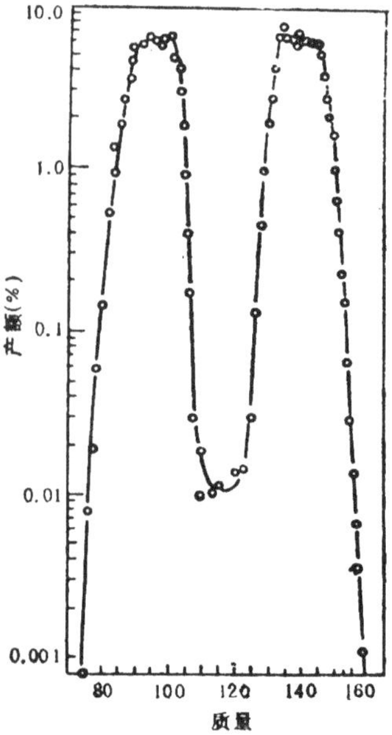

图 7.1 热中子诱发^{235}U裂变的产物质量分布[5]

^{239}Pu能为慢中子所裂变,因而它也是一种重要的核燃料。^{238}U除主要发生α衰变外,也能自发裂变,其自发裂变的半衰期 $T_{1/2(SF)}=(9.86\pm0.3)\times10^{15}a$。

^{234}U是$^{238}U(UI)$的衰变子体,故又称UII,它的量极小,暂不具实际意义。此外,它的丰度值常发生变化[2],在研究铀的迁移、富集时起示踪作用[6]。

在人工的铀同位素中,具有重要意义的是^{239}U和^{233}U。刚提到^{239}U是制备^{239}Pu核燃料的中间产物。^{233}U则是由次级核燃料^{232}Th和中子反应后经β^-衰变而得,它是很有潜力的人工核燃料。这些可裂变的铀核,为人类带来了原子能世纪的曙光。

自然界存在着三个天然放射性衰变系。$^{238}U(UI)$是铀系$(4n+2)$的起始核素,中间经历 8 次α衰变和 6 次β^-衰变后,最终的稳定核素是$^{206}Pb(RaG)$衰变过程可简略地表为:

$$^{238}_{92}U \longrightarrow {}^{206}_{82}Pb + 8{}^4_2He(\alpha) + 6{}^0_{-1}e(\beta^-)$$

铀系衰变链各核素的质量数均可用 $4n+2$ 表示,其中 n 为整数。$^{235}U(AcU)$是另一锕铀系$(4n+3)$的起始核素,其间经 7 次α衰变和 4 次β^-衰变后,至最终的稳定产物$^{207}Pb(AcD)$为止。衰变过程可表示成:

$$^{235}_{92}U \longrightarrow {}^{207}_{82}Pb + 7{}^4_2He(\alpha) + 4{}^0_{-1}e(\beta^-)$$

天然放射系建立的经过,反映了人们对以铀和钍为首的放射性衰变相互关系的认识,它们的共同点是:各具有一个与地球年龄相仿的长寿命始核,中间形成稀有放射性气体氡 Rn,最终都以稳定性铅同位素告终。表 7.2 和表 7.3 列出了铀-镭系和锕-铀系中与一定量母体相平衡的各成员的质量[7]。相应的铀-镭系和锕-铀系两条天然放射性衰变链示于图 7.2 和图 7.3。

^{233}U和^{235}U受中能(20—100MeV)α粒子轰击诱发裂变的情形,唐任寰等作过研究并检验于三种核裂变理论模型[22]。

表 7.2 铀-镭系(4n+2)的成员

核素	历史名称	衰变方式(分支比,%)	半衰期	1 吨^{238}U始核相平衡的质量(g)
^{238}U	UI 始核	α(100)	4.51×10^{9}a	10^{6}
^{234}Th	UX_1	β^-(100)	24.1d	1.44×10^{-5}
^{234m}Pa	UX_2	β^-(~99.7) IT(0.33)	1.17min	4.85×10^{-10}
^{234}Pa	UZ	β^-(100)	6.75h	2.19×10^{-10}
^{234}U	UII	α(100)	2.44×10^{5}a	53.2
^{230}Th	Io	α(100)	7.7×10^{4}a	16.5
^{226}Ra	Ra	α(100)	1602a	0.337
^{222}Rn	Rn 氡气	α(100)	3.82d	2.16×10^{-6}
^{218}Po	RaA	α(>99) β^-(1.85×10^{-2})	3min	1.16×10^{-9}
^{218}At		α(>99) β^-(0.1)	2s	2×10^{-15}
^{214}Pb	RaB	β^-(100)	26.8min	1.02×10^{-3}
^{214}Bi	RaC	β^-(>99) α(0.021)	19.7min	7.47×10^{-9}
^{214}Po	RaC	α(100)	1.64×10^{-4}s	1.04×10^{-15}
^{210}Tl	RaC′	β^-(100)	1.32min	1.03×10^{-13}
^{210}Pb	RaD	β^-(~100) α(2×10^{-6})	22.3a	4.36×10^{-3}
^{210}Bi	RaE	β^-(~100) α(1.3×10^{-4})	5a	2.7×10^{-6}
^{210}Po	RaF	α(>99)	138.4d	7.46×10^{-5}
^{206}Hg		β^-(100)	8.1min	5.9×10^{-17}
^{206}Tl	RaE′	β^-(100)	4.2min	1.99×10^{-15}
^{206}Pb	RaG 终止	稳定		

表 7.3 锕-铀系(4n+3)的成员

核素	历史名称	衰变方式(分支比,%)	半衰期	按标准天然丰度与 1 吨^{238}U相平衡的质量(g)
^{235}U	AcU 始核	α(100)	7.1×10^{8}a	7100
^{231}Th	UY	β^-(100)	25.5h	2.86×10^{-8}
^{231}Pa	Pa	α(100)	3.25×10^{4}a	0.318
^{227}Ac	Ac	β^-(98.6) α(1.4)	21.8a	2.11×10^{-4}
^{227}Th	RdAc	α(100)	18.2d	1.81×10^{-7}

续表

核素	历史名称	衰变方式（分支比，%）	半衰期	按标准天然丰度与1吨^{238}U相平衡的质量(g)
^{223}Fr	AcK	β^-(>99) $\alpha(5\times10^{-3})$	22min	5.5×10^{-12}
^{223}Ra	AcX	α(100)	11.4d	2.96×10^{-7}
^{219}Rn	An 锕射气	α(100)	3.96s	1.16×10^{-12}
^{219}At		α(~97) β^-(~3)	54s	7.98×10^{-16}
^{215}Po	AcA	α(>99)	1.8×10^{-3}s	5.22×10^{-16}
^{215}Bi		β^-(100)	7.4min	6.4×10^{-15}
^{211}Pb	AcB	β^-(100)	36.1min	6.17×10^{-10}
^{211}Bi	AcC	α(99.7) β^-(0.28)	2.14min	3.65×10^{-12}
^{211}Po	AcC′	α(100)	0.56s	4.46×10^{-16}
^{207}Tl	AcC″	β^-(100)	4.79min	8.00×10^{-11}
^{207}Pb	AcD 终止	稳定		

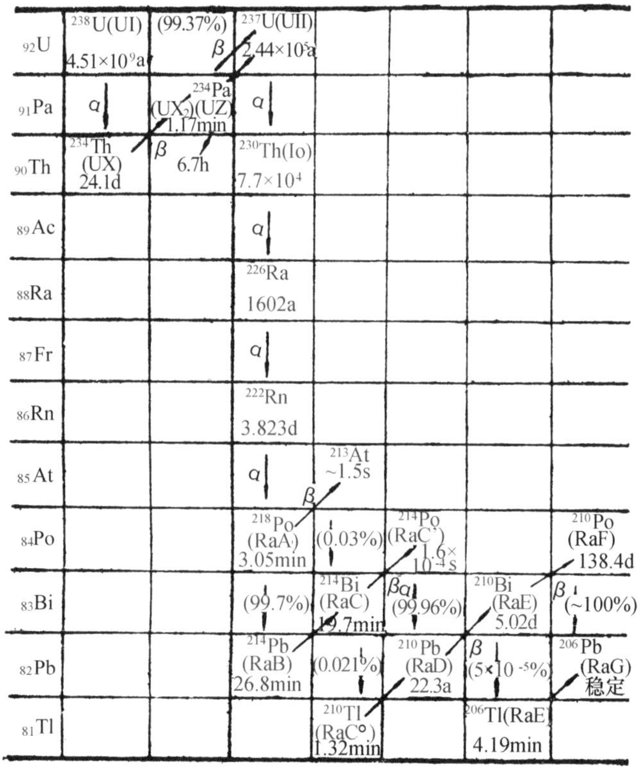

图 7.2 铀-镭系（4n+2 系）

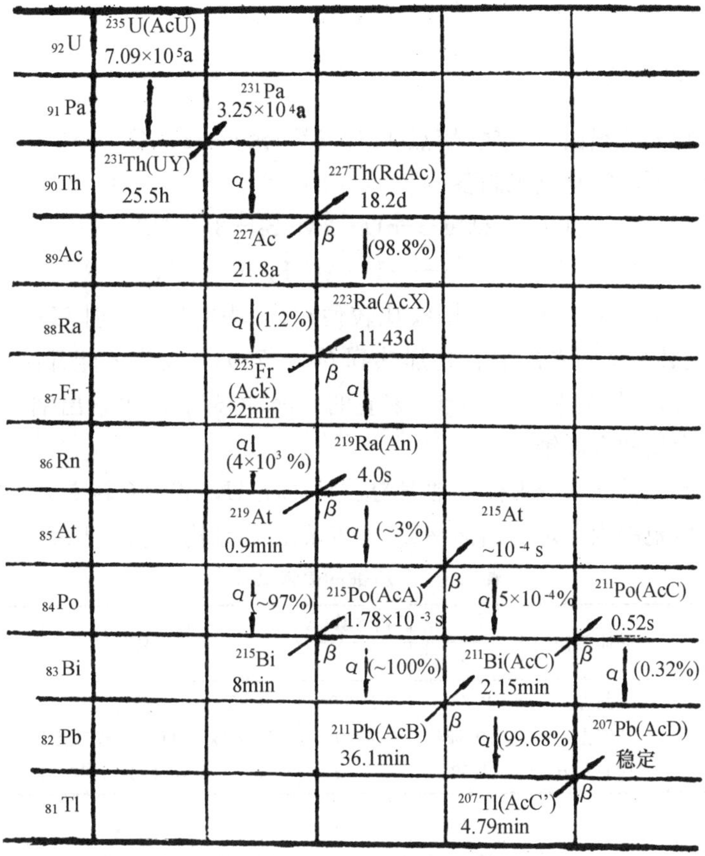

图 7.3 锕-铀系(4n+3 系)

铀矿石的放射性大部分来自逸出的^{222}Rn气及其短寿命衰变产物,^{222}Rn的半衰期为 3.82d,除去氡也就去掉了铀矿石的大部分α和γ放射性。但除去氡只能维持一段短时间,经过它的约 10 个半衰期长的时间后,氡的含量又恢复到原来的平衡值,它的衰变子体又将再现。故需除去它的母体^{226}Ra,才能有效地防止^{222}Rn的生成。通常,镭在矿石浸出阶段与铀相互分离。至于铀矿石的β放射性,主要由半衰期为 1.17min 的^{234m}Pa产生的,此核素在纯化铀的过程中与其母体^{234}Th(半衰期为 24.1d)一起除掉,但它生长得相当快,经纯化过的铀,其β放射性在一年内就恢复到原来的值,而α放射性则由铀的几个天然同位素产生。

7.3 铀的元素性质

铀原子的外层电子构型为 $5f^3 6d^1 7s^2$,有+3,+4,+5 和+6 四种氧化态,其中以+6 价态为最稳定。

7.3.1 铀的物理性质

铀是一种软的银白色金属，熔点 1132.3℃，沸点 3818℃。金属铀在工业上通常用钙或镁还原四氟化铀来制备：

$$UF_4 + 2Mg \longrightarrow U + 2MgF_2 + 343.1kJ$$

$$UF_4 + 2Ca \longrightarrow U + 2CaF_2 + 560.7kJ$$

实际生产中常用镁还原法，因镁比较便宜，方法也简便。但 UF_4 与它的反应热较低，因此必须将两者的混合物加热到 600—700℃，反应才能开始。反应释放的热使铀熔化，于是铀聚集在 MgF_2 熔渣的下面，冷却后即可取出铀锭，再经过精炼即可得到合格的金属铀。

金属铀有三种同素异形体。常温为 α 型，称 α-U，667.7℃转变为 β-U，774.8—1132.3℃温度范围内稳定的铀称 γ-U。它们的晶体结构数据列于表 7.4。

表 7.4 金属铀的晶体结构[2]

同素异形体	晶体结构	晶格参数(Å)			温度(℃)	密度(g/cm³)
		a	*b*	*c*		
α-U	斜方	2.854	5.869	4.955	室温	19.05
β-U	四方	10.754	$b=a$	5.6525	667.7—774.8	18.13
γ-U	体心立方	3.534	$b=a$	$c=a$	774.8—1132.3	17.91

α-U 是各向异性的，在加热时向两个方向膨胀，而在第三个方向收缩。β-U 同样也是各向异性的。唯有 γ-U 是各向同性的。铀不是良导体，与铁相仿。当温度低于 0.68K 时具有超导性[1]；铀的热导率随温度的升高而逐渐增加。金属铀有延展性，但加工时又有硬化倾向，在 α-铀的温度范围内进行热处理，可消除加工硬化现象。其机械性能与纯度有关，如金属铀中含氢为 0.3—5ppm 时，它就会变脆。铀属于一种软金属，当它接受中子照射时，会发生畸变和肿胀。将铀制成铀合金，或者在燃料元件外层使用高强度的包壳，可使这种蠕变效应和肿胀程度减到最小。

铀原子较大，半径为 1.56Å。铀的第一、第二、第三电离势分别等于 5.65，14.36 和 2513eV。U^{3+} 离子半径为 1.022Å；U^{4+} 的为 0.929A；U^{5+} 为 0.88Å；U^{6+} 为 0.83Å。

7.3.2 铀的化学性质

铀的化学性质极活泼，它能与除惰性气体以外的所有元素反应，包括氢、氮、卤素等。

金属铀块暴露在空气中会缓慢地氧化，生成黑色的氧化膜，而使表面变暗，此氧化层可防止金属进一步被氧化。粉末状的铀在空气中能自燃！甚至有时在水中也能自燃。铀氧化时形成 UO_2 和 U_3O_8。铀属于高毒性元素[9]。

铀块与沸腾的水作用生成 UO_2 和 H_2，H_2 又与铀作用形成 UH_3，由于 UH_3 的生成使铀块易于破碎，加快了水对铀的侵蚀。铀与水蒸气作用很猛烈，在 150—250℃时反应生成 UO_2 和 UH_3 的混合物：

$$7U + 6H_2O(\text{气}) \longrightarrow 3UO_2 + 4UH_3$$

在反应堆中，为避免铀与水起反应，燃料元件通常采用铝、锆或不锈钢包壳。

铀在溶解时被氧化成不同氧化态(III、IV 或 VI)的铀盐。金属铀能溶于 HNO_3 形成硝酸铀酰；也能溶于 HCl 生成 UCl_3 和黑色的羟基氢化物 HO－UH－OH，此残留物与 H_2O_2 作用可生成过氧化物 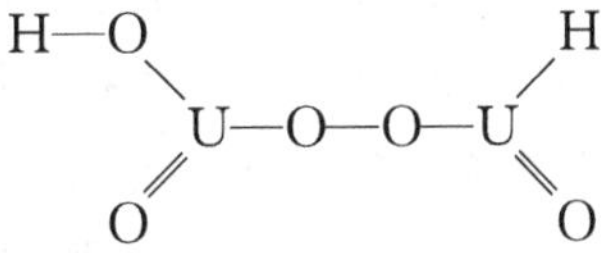 而溶解。

没有氧化剂存在时，H_2SO_4 或 $HClO_4$ 都不与铀反应，但有 H_2O_2 或 HNO_3 存在，反应就能进行。H_3PO_4 对铀的作用与 $HClO_4$ 类似，可生成 U(IV)的酸式磷酸盐。

碱通常不与铀作用，需在碱中加入 H_2O_2 才能溶解铀，并形成过铀酸盐。

铀能与多种金属生成合金。铀合金的许多性质比金属铀优越，如形状稳定，耐腐蚀和不易发生辐照膨胀现象。因此在核燃料后处理工艺中，铀合金占有重要的地位。下面举两个合金体系为例：

(1)γ-U 混溶体系。Zr，Mo，Ti，Nb，Ru 等元素都易溶于 γ-U 中，合金能在室温下保持 γ 相铀，改善了抗胀性能。例如将含有 10%Mo 的 U-Mo 合金作为快中子堆燃料，当燃耗达到 2%时，它仍不发生膨胀。U-Mo、U-Nb 合金主要用在动力反应堆中作为核燃料。

(2)α-U 合金体系。γ-U 体系中引入了大量合金元素，造成过多的中子吸收，所以需用浓缩铀。α-U 合金体系则采用尽量少的添加剂，以控制铀的粒度和晶粒取向，此时铀相仍是 α 的结构，但性能大为改善。用合金化与热处理相结合的方法能使铀经受 α-β 相变温度的热循环(反复加热冷却)，而不发生显著的变形。例如 U-Mo(1.2%)合金和 U-Mo(2%)-Zr(0.5%)合金对于防止元件形变都很有效。

在天然铀石墨反应堆中，只有金属铀才能达到临界。现在，以生产 ^{239}Pu 为目的的反应堆即生产堆中，一般都用金属铀作为燃料元件的芯体。但是铀的相变会使燃料元件变形和破坏，因此反应堆中铀棒周围的温度不能超过铀的 α-β 相变温度。

7.4　铀的化合物

铀在不同情况下，可形成 U(III)至 U(VI)的各种铀化合物，其中最稳定的是 U(VI)的化合物，其次是 U(IV)的化合物。有些铀化合物由于能作为核燃料或是制备其他化合物的中间原料，而受到人们密切的注意。

7.4.1　氢化物、氮化物和碳化物

1. 氢化物

铀的氢化物是在实验室中用铀作原料制备各种铀化合物的中间产物，块状铀与 H_2 在温度约为 250℃时迅速反应生成 UH_3 黑色粉末。UH_3 是化学性质很活泼的物质，它与 N_2，O_2，Cl_2，Br_2，I_2 反应，分别生成铀的氮化物、氧化物和四价卤化物。与水发生剧烈的反应。与卤代有机溶剂的反应则是危险的。已知存在氢化铀的两种晶体，α-UH_3 和 β-UH_3，其中 β-UH_3 为常见。当温度大于 400℃时，氢化铀开始分解，得到高活性细粉末状的铀；这种铀特别适合于合成铀的化合物，也是氢化铀的主要用途。

2. 氮化物

铀的氮化物 UN 具有导热性好、熔点高、辐照稳定性也好的优点，抗腐蚀性比 UC 强，因此可能成为动力反应堆的潜在核燃料。氮化铀易于氧化，在温度低于 1200℃制得的 UN 粉末会于空气中着火。在温度 300℃以下时，UN 与水缓慢反应生成一层 UO_2 保护层。一氮化铀溶于硝酸、浓高氯酸或热磷酸，但不溶于盐酸、硫酸或氢氧化钠溶液。此外，还有 U_2N_3 和 UN_2 两种氮化物。

3. 碳化物

铀的碳化物主要有 UC 和 UC_2 两种，前者的熔点为 2525℃，后者约为 2480℃。将 UH_3 于 450℃以上进行分解，获得的铀粉再与 CH_4 作用，650℃时产物主要是 UC，而 950℃以上则是 UC_2。UC 也可用以下反应制得：

$$UO_2 + 3C \longrightarrow UC + 2CO$$

碳化物的性质很活泼。与氧作用时，部分碳被氧化，在 400℃时，碳完全被氧化。UC 与水在 60℃以上迅速反应，生成 UO_2 和 CH_4。UC 能与许多金属起反应，因此这些金属不能作为包壳材料。若 UC 中溶有 Zr，Nb，Ti，V 等金属，则能提高 UC 的机械强度和耐腐蚀性，碳化铀导热性好，熔点和硬度都很高，类似于金属，因此，可把弥散于石墨中的(U+Th)C_2 固溶体作为燃料在高温气冷堆中应用，而碳化物(U+Pu)C 也可能成为未来的快堆燃料。

7.4.2 氧化物和硫化物

1. 铀的氧化物

铀-氧体系是复杂的二元体系，不但存在着多种氧化物相，而且氧化物的量常偏离化学计量。铀的氧化物有 UO_2，U_2O_5，U_4O_9，U_3O_{13}，U_3O_8，UO_3，$UO_4 \cdot 2H_2O$ 等，较重要的是 UO_2，U_3O_8，UO_3 和 $UO_4 \cdot 2H_2O$，其中最稳定的是 U_3O_8，其次是 UO_2。

(1)UO_2。UO_2 是动力反应堆中广泛使用的燃料，同时也是制取 UF_4 的原料。它可由下列方法制得：

用 H_2 于 650℃还原高价氧化物：

$$UO_3 + H_2 \xrightarrow{650℃} UO_2 + H_2O$$

也可由 $(NH_4)_4[UO_2(CO_3)_3]$ 直接热分解：

$$3(NH_4)_4[UO_2(CO_3)] \xrightarrow{800℃} 3UO_2 + 10NH_3 + 9CO_2 + N_2 + 9H_2O$$

动力反应堆多以 ^{235}U 丰度较高的 UO_2 作为燃料元件。上述方法制得的 UO_2 粉末，先经压制成型，如圆柱或片状，然后在 N_2 或 H_2 气氛中于 1400—1700℃烧结，最后装在精密加工的锆管中，即成为反应堆用的燃料元件。

陶瓷二氧化铀具有熔点高，不发生相变的优点，适宜在动力堆中使用。缺点是铀密度低和导热性差，在热通量高的快中子反应堆中不宜使用。因此推动了 NaCl 型半金属的铀化合物如碳化物、氮化物等的发展。

UO_2 是一种暗红色粉末，比重为 10.87，熔点为 2865℃(图 7.4)。它能与很多金属如 Th，Zr，Bi 和稀土的氧化物生成固溶体。在氧气中，粉末状的 UO_2 会着火！在与空气隔绝条件下，UO_2 可被强酸溶解而得四价铀盐的绿色溶液，若溶于 HNO_3 中，则成为亮黄色的硝酸铀酰溶液。

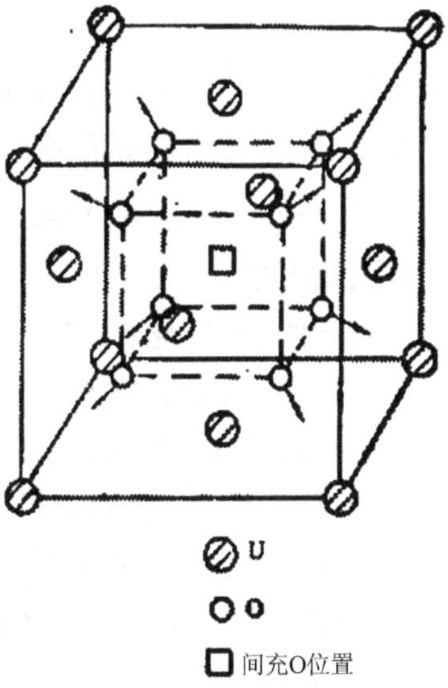

图 7.4　UO_2 晶格

(2)U_3O_8。八氧化三铀至少存在三种结晶变体，通常见到的是 α-U_3O_8(图 7.5)。它是黑色的化合物，随制备温度的不同有时呈暗绿或橄榄绿色。它在空气中很稳定，800℃以下其组成不发生变化，通常作为铀的重量分析中的基准物。

不同氧化态的铀化合物在高温下可转

变为 U_3O_8。例如三氧化铀或重铀酸铵的热分解反应。

$$6UO_3 \xrightarrow{>500℃} 2U_3O_8 + O_2$$

$$9(NH_4)_2U_2O_7 \xrightarrow{800℃} 6U_3O_8 + 2N_2 + 14NH_3 + 15H_2O$$

(3)UO_3。三氧化铀随着生成条件的不同，具有无定形和六种晶体结构，各具不同的颜色和特性，几乎所有的铀酸盐、铀酰铵复盐和铀酸铵盐在空气中煅烧，都可生成三氧化铀。例如由硝酸铀酰脱硝而有：

$$UO_2(NO_3)_2 \cdot 6H_2O \xrightarrow{300—370℃} UO_3 + 2NO_2 + \frac{1}{2}O_2 + 6H_2O$$

生成的 UO_3 是橙红色的球状颗粒，在 450—650℃时它在空气中是稳定的。650℃以上 UO_3 开始分解成铀的各种氧化物，从 UO_2 到 U_3O_8。三氧化铀是制取金属铀和二氧化铀的原料。

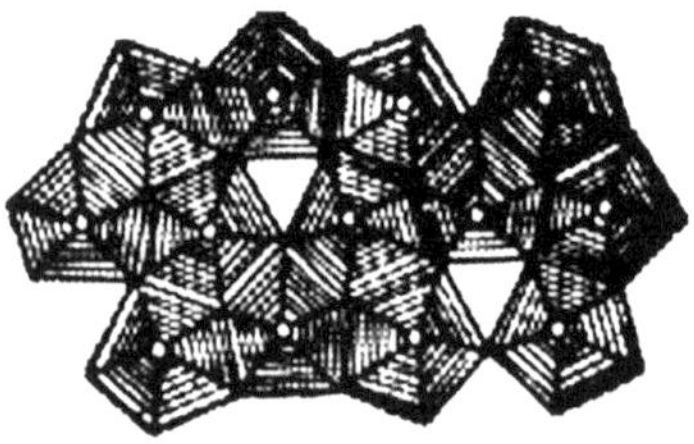

图 7.5　α-U_3O_8 的晶体结构

(图中小球代表五角双锥的顶点)

(4)$UO_4 \cdot xH_2O$。过氧化铀以多种水合物如含 2,3,4 或 5 个水分子的形式存在。常见的是 $UO_4 \cdot 2H_2O$，它是在微酸性溶液中由 H_2O_2 作用于 UO_2^{2+} 得到的：

$$UO_2^{2+} + H_2O_2 + 2H_2O \xrightarrow{70-80℃} UO_4 \cdot 2H_2O\downarrow + 2H^+$$

它的结构式可表为

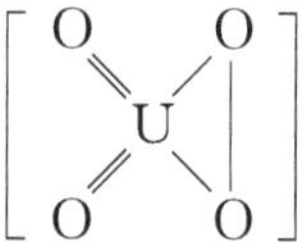

$\cdot 2H_2O$。由于其溶解度低，使得铀可与许多元素分离，常用于铀的纯化，但 Th，Pu，Np，Zr 和 Hf 除外。过氧化铀的水合物都能溶于无机酸中：

$$UO_4 \cdot xH_2O + H_2SO_4 \longrightarrow US_2SO_4 + H_2O_2 + xH_2O$$

2. 铀的硫化物

已知有五种铀的硫化物：US，U_2S_3，U_3S_5，US_2 和 US_3。

一硫化铀 US 可由细粉状 UH_3 与 H_2S 在 500℃加热而制得。完全均相化的 US 外表象金属，具有银白色光泽。它不与沸水作用，可溶于稀的氧化酸中并放出 H_2S，但不与 HCl 反应。直到 300℃，US 的抗氧化性仍然良好，温度较高时，与氧缓慢进行反应，生成 UOS；粉末状 US 在 360—375℃之间着火。US 在很大的温度范围内，能与各种包壳材料相容，例如，Mo，Nb，Ta 和 V 直到 2000℃都不与它反应，即使有 Na 存在时，直至 800℃也未发现有何变化。高密度液相熔结的 US 具有良好的辐照稳定性，放出的裂变气体很少。

其他硫化物也可用金属铀与硫或硫化氢于不同温度下制取，其中 US_2 有三种结晶变体。它们具有与 US 相似的化学性质，抗氧化，不与 HCl 等非氧化性无机酸作用，还具有耐碱性溶液的性能。

7.4.3 卤化物

铀的卤化物如下：

UF_3　UF_4　UF_5　UF_6

UCl_3　UCl_4　UCl_5　UCl_6

UBr_3　UBr_4　UBr_5

UI_3　UI_4

卤化物的稳定性随卤素原子序数的增加而递降。例如，六价的卤化物只有 UF_6 和 UCl_6，并没有相应的溴化物和碘化物。四价卤化物中，UI_4 在中等温度下即分解成 UI_3 和 I_2，反映出同样的稳定性降低的趋势(参见表 7.5)。

表 7.5　四卤化铀的一些性质

化合物	熔点(℃)	沸点(℃)	生成热 $-\Delta H_{298}$ (kJ/mol)
UF_4	1036	1415	1882.8
UCl_4	590	792	1051.4
UBr_4	519	761	826.3
UI_4	506	756	529.3

卤化物的挥发性则随铀氧化态的增高而显著变大。三卤化铀难挥发，四卤化铀略有挥发性，至六卤化铀 UF_6 和 UCl_6 则有很强的挥发性了。

卤化铀以氟化物为最重要，六氟化铀用于大规模分离 ^{235}U 和 ^{238}U 以获取浓缩铀-235，四氟化铀则是制备 UF_6 和金属铀的原料。

1. 六氟化铀

目前工业上制备 UF_6 的主要方法是在高温下用氟与 UF_4 反应：

$$UF_4(\text{固}) + F_2 \xrightarrow{300℃} UF_6(\text{气})$$

UF_6 在常温下是近于白色的晶体，有时因夹带杂质而呈黄色，在空气中水解而发烟，它属斜方结构，生成热 $-\Delta H_{298} = 2186.6$ kJ/mol。在 1 大气压下，UF_6 不能以液态存在；在 56.5℃时，固态的 UF_6 迅速升华为气体。但在压力大于 1.47 大气压时，它能凝结成无色透明液体。

UF_6 与 F_2 相似，是一种强氧化剂，但活泼性略低于 F_2。UF_6 与 H_2，HCl，HBr，烃和卤代烃都能起反应，而其自身则被还原。它不与 O_2，N_2，CO_2 或卤素作用。

UF_6 在潮湿空气中水解产生 HF，若与玻璃作用则发生下述反应：

$$SiO_2 + 6HF \longrightarrow H_2SiF_6 + 2H_2O$$

反应一直进行至 UF_6 完全分解为止，因此不能用玻璃器皿装存。

UF_6 在 NaOH 溶液中强烈水解，形成重铀酸钠沉淀。

$$2UF_6 + 14NaOH \longrightarrow Na_2U_2O_7 + 12NaF + 7H_2O$$

UF_6 对金属有很强的腐蚀性，但在室温下 Cu，Al 和 Ni 被腐蚀后，表面上形成一层氟化物膜，从而具有抗腐蚀作用。在高温下，Ni 和高 Ni 合金是耐 UF_6 腐蚀的材料。聚四氟乙烯、聚三氟氯乙烯等也不与 UF_6 作用，常用做衬填材料。

UF_6 是扩散分离铀同位素的适宜原料。这是因为 UF_6 能以稳定的气态化合物形式在较低温度下存在，而且氟是只有一种质量数为 19 的稳定核素 ^{19}F。因此，UF_6 实际上只是两种分子：即分子量为 349 的 $^{235}UF_6$ 和分子量为 352 的 $^{238}UF_6$ 的混合物，所以扩散法分离过程仅由铀的质量决定。

UF_6 与 NaF，KF 能生成络合物 $3Na(K)F \cdot UF_6$。此络合物在 100℃以内是稳定的，高于 100℃即分解。这在工业上很有意义，因为冷凝 UF_6 需花很长时间，而且能量损耗大，用生成 $3NaF \cdot UF_6$ 的方法可以保存 UF_6，到需要时再使它分解。这个方法也常用来精制 UF_6。

2. 四氟化铀

UF_4 是绿色晶状物质，俗称绿盐. 它有两种晶型，在 833℃以下为 α 型，单斜结构；高于 833℃时成为 β 型。其熔点为 1036℃。UF_4 的化学性质比较稳定，是一种不很活泼的化合物。例如，它与氧需 800℃才发生反应：

$$2UF_4 + O_2 \longrightarrow UF_6 + UO_2F_2$$

它与氯几乎不发生反应，但在温度高于 250℃时易与氟反应而转化为 UF_6。

UF_4 可溶于草酸铵，但不大溶于 HCl 和 HNO_3。它在水中的溶解度约为 0.1mmol/L(25℃)。UF_4 不吸水，但在高温下易水解，反应如下：

$$UF_4 + 2H_2O \rightleftharpoons UO_2 + 4HF$$

3. 氯化铀

UCl_4 是较为重要的氯化物，它是暗绿色固体，熔点为 590℃。UCl_4 强烈吸湿，极易与水气反应生成 UO_2Cl_2；在空气中 300℃左右，UCl_4 被迅速氧化为 UO_2Cl_2。由于 UCl_4 具有挥发性，而大部分铀裂变产物的氯化物是不挥发的，因此，高温氯化法有可能用于铀与裂变产物的分离。UCl_4 可由 UO_2 与 CCl_4 或 $SOCl_2$ 在适当温度下反应来制得：

$$UO_2 + CCl_4 \xrightarrow{450℃} UCl_4 + CO_2$$

UCl_3 在室温下呈橄榄绿色，熔点 835℃。它是强还原剂，在 250℃时与 Cl_2 反

应生成 UCl_4。

UCl_5 是红棕色微晶形粉末，吸水性强，遇水发生歧化反应：

$$2UCl_5 + 2H_2O \longrightarrow UCl_4 + UO_2Cl_2 + 4HCl$$

在 520℃时，UCl_4 与氯作用可得 UCl_5：

$$2UCl_4 + Cl_2 \rightleftharpoons 2UCl_5$$

UCl_5 不稳定，加热到 1500℃，分解而成低价氯化铀和氯气。

UCl_6 是暗绿色或黑色固体，熔点为 177.5℃。它有显著的挥发性。与水剧烈反应，产物是 UO_2Cl_2。UCl_6 可由 UCl_5 在真空中进行歧化反应，或在高温下进一步与氯作用而得。

4. 溴化铀

UBr_3 是褐色晶体。氢化铀与溴化氢作用，或金属铀在 500℃时与溴反应，均可制得 UBr_3。它的性质与 UCl_3 相似，但它的吸水性以及在空气中的氧化反应比 UCl_3 强。

UBr_4 是熔点为 519℃的棕色物质，可由 UO_3 与 CBr_4 于 165℃作用而得。它能溶于有机溶剂；也很易溶于水，成为绿色溶液，在水中强烈水解。化学稳定性差。

UBr_5 是一种黑色粉末，在干燥的氧中虽稳定，但对水分很敏感，极不稳定。

5. 碘化铀

铀的碘化物只有 UI_3 和 UI_4 两种，都是黑色针状晶体，可直接由单质化合制备。它们之间容易互相转化：

$$2UI_4 \rightleftharpoons 2UI_3 + I_2$$

6. 卤化铀酰

已知有四价和六价铀的卤氧化物存在。四价铀的有 $UOCl_2$ 和 $UOBr_2$；六价铀的有 UO_2F_2，UO_2Cl_2，UO_2Br_2 和 UO_2I_2。

UO_2F_2 呈淡黄色，在空气中加热至约 300℃仍是稳定的；但至 800℃时，完全分解成 U_3O_8。UO_2F_2 易溶于水，25℃时为 65.6%(重量)，也易溶于乙醇。但它与其他卤化铀酰不同，不溶于乙醚。无水氟化铀酰可用气态 HF 与 UO_3 在 350—500℃时反应而制得。

$UOCl_2$ 为黄绿色物质，它由蒸发四氯化铀水溶液来获得。二氯氧化铀易溶于水，成为绿色溶液。如与 CCl_4 在 170℃反应，则生成 UCl_4。对它的红外光谱研究表明，$UOCl_2$ 分子中不存在游离的 UO^+ 基团。

7. 混合卤化物

U(III)和 U(IV)的混合卤化物一般都具有收湿性，可溶于水。混合氟化物在水中分解生成一种不溶相。兹举数例如下：

$UBrCl_2$　$UClF_3$　$UBrCl_3$　$UICl_3$　$UIBr_3$

UBr_2Cl　$UBrF_3$　UBr_2Cl_2　UI_2Cl_2　UI_2Br_2

$UICl_2$ UIF_3 UBr_3Cl UI_3Cl UI_3Br

$UIBr_2$ $UIBr_2Cl$

UI_2Br $UIBrCl_2$

此外,有人制得氢硼化铀 $U(BH_4)_4$ 和铀的氮卤化物如 UNCl,UNBr 和 UNI 等,氮卤化物在潮湿空气中水解生成 β-UO_2 和相应铵卤化物,加热可转化为 U_3O_8。

7.4.4 铀的重要盐类

1. 硝酸盐

$UO_2(NO_3)_2$ 易溶于水,也溶于多种有机溶剂,与 TBP 形成中性溶剂络合物而被萃取。在铀矿石加工和核燃料后处理工艺中都广泛应用 $UO_2(NO_3)_2$。

硝酸铀酰有三种常见的水合物:$UO_2(NO_3)_2 \cdot 2H_2O$,$UO_2 \cdot (NO_3)_2 \cdot 3H_2O$ 和 $UO_2(NO_3)_2 \cdot 6H_2O$,此外它也能生成一水合物和无水盐。

$UO_2(NO_3)_2 \cdot 6H_2O$ 受热分解生成 UO_3:

$$UO_2(NO_3)_2 \cdot 6H_2O \xrightarrow{\triangle} UO_3 + 2NO_2 + \frac{1}{2}O_2 + 6H_2O$$

将铀或氧化铀溶于 HNO_3,蒸发到开始结晶后冷至室温,即有六水合物 $UO_2(NO_3)_2 \cdot 6H_2O$结晶析出,它呈现出亮黄的颜色(图 7.6)。无水硝酸铀酰则是一种淡黄色粉末,它的化学反应性强。配位化合物 $UO_2(NO_3)_2 \cdot 2X$(式中 X 为乙醚、丙酮、二氧杂环己烷或硝基甲烷)在液态空气温度下会发出强烈的荧光。

2. 硫酸盐

在铀处理工艺中,常用 H_2SO_4 浸取铀矿石,使铀以硫酸根络阴离子形式进入溶液。UO_2SO_4 的重水(D_2O)溶液还可作为均相反应堆的燃料。硫酸铀酰可生成三水合物,一水合物和无水盐。但也有人认为,自水溶液中结晶所得的水合物组成是 $UO_2SO_4 \cdot 2.5H_2O$,而不是三水合物。此化合物在室温下不稳定。无水 UO_2SO_4 可于 450℃ 下加热任何一种水合物制得,它的生成热 $-\Delta H = 1847.2$kJ/mol。

3. 碳酸复盐

三碳酸铀酰铵$(NH_4)_4[UO_2(CO_3)_3]$是淡黄色结晶,能溶于水,它在水中的溶解度随温度上升而增加,酸和碱都能使它破坏。与酸作用可得到铀酰离子,与碱作用则得到重铀酸盐沉淀。三碳酸铀酰铵水溶液受热发生分解反应:

$$(NH_4)_4[UO_2(CO_3)_3] \xrightarrow{100℃} UO_2CO_3 + 4NH_3 + 2CO_2 + 2H_2O$$

固体$(NH_4)_4[UO_2(CO_3)_3]$受热易分解,在温度为 300—500℃ 时分解生成 UO_3,NH_3,CO_2 和水。在不通空气的情况下,700℃时分解而为 UO_2。

在铀矿石浸取、化学浓缩物净化及从有机相中反萃铀的过程中,都会用到铀的

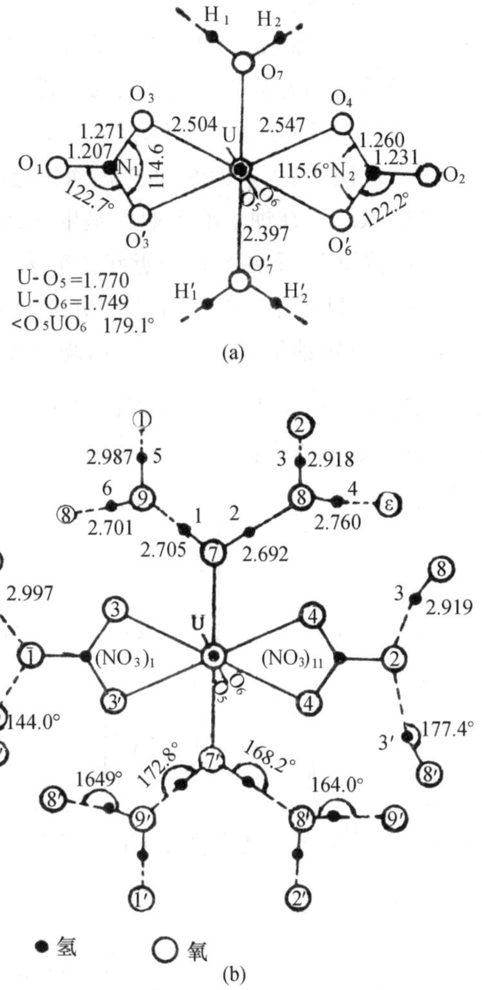

图 7.6　(a) $UO_2(NO_3)_2 \cdot 2H_2O$ 分子中 U 原子和 NO_3^- 的构型

(b) $UO_2(NO_3)_2 \cdot 6H_2O$ 分子中的 H 键

[引自 J. C. Taylor et al. ,*Acta Cryst*. 19,536(1965).]

碳酸复盐。

当溶液中有 $(NH_4)_2CO_3$ 存在时,三碳酸铀酰铵的溶解度显著下降;在水溶液中存在其他铵盐时,其溶解度也能降低。当用较大浓度的碳酸铵溶液反萃存在于有机相的铀时,铀从有机相转入水相,并以 $(NH_4)_4[UO_2(CO_3)_3]$ 晶体的形式析出,可一步完成反萃和沉淀操作。

4. 铀酸盐

单铀酸盐为 M_2UO_4,M 是一价金属阳离子,铀呈六价,由铀盐与碱金属氧化物、碳酸盐或醋酸盐一起加热而得。

多铀酸盐的主要化合物是重铀酸铵(ADU)。在工业上是将氨水加入到硫酸铀酰或硝酸铀酰溶液中，于是得到亮黄色的重铀酸铵沉淀：

$$2UO_2SO_4 + 6NH_3 + 3H_2O \longrightarrow (NH_4)_2U_2O_7\downarrow + 2(NH_4)_2SO_4$$

制备这种沉淀时，溶液中不能有可溶性的碳酸盐，否则会因形成碳酸铀酰络盐而达不到预期的结果。$(NH_4)_2U_2O_7$ 在铀水冶工业中是生产回收铀的重要中间产品，工业上又称化学浓缩物或“黄饼”。重铀酸铵的近年研究表明，它的 UO_3-NH_3-H_2O 的三元体系，随着沉淀形成的 pH 等条件的不同，其三元组成也有所变化。

$(NH_4)_2U_2O_7$ 是重量法测定铀常用的形式，经灼烧后转变为 U_3O_8：

$$9(NH_4)_2U_2O_7 \xrightarrow{800℃} 6U_3O_8 + 14NH_3 + 2N_7 + 15H_2O$$

铀酸赴和多铀酸盐具有如下结构：

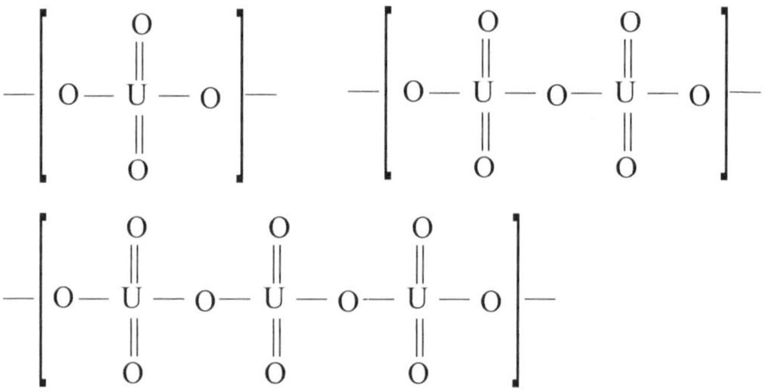

其通式为 $[U_nO_{3n+1}]^{2-}$，它们是由金属氧化物和 UO_3 熔融制得的。

7.4.5　铀的其他化合物

铀还能与其他无机酸及某些有机酸反应生成铀酰 UO_2^{2+} 盐或铀 U^{4+} 盐。

磷酸铀酰 $(UO_2)_3(PO_4)_2 \cdot 6H_2O$、酸式 $UO_2HPO_4 \cdot 4H_2O$、焦式 $(UO_2)_2P_2O_7$ 和无水铀酰盐均被人制备过[1,8]，但未有系统研究。着重于它们的天然产物的注意，如钙铀云母是重要的铀矿物之一，它是组成大致为 $CaO \cdot 2UO_3 \cdot P_2O_5 \cdot 10H_2O$ 或 $Ca(UO_2)_2(PO_4)_2 \cdot 10H_2O$ 的磷酸铀酰钙。偏磷酸铀(IV)$U(PO_3)_4$ 也曾制得过。

醋酸铀酰能从 UO_3 的醋酸溶液中以二水合物 $UO_2(CH_3 \cdot COO)_2 \cdot 2H_2O$ 形式结晶析出，它具斜方结构(图 7.7)。在 115℃加热之，或用醋酸酐与硝酸铀酰作用，都能生成无水醋酸铀酰。无水盐在 245℃以下稳定。

醋酸铀酰碱金属复盐是一些有意义的化合物，其中以钠盐的溶解度为最小。无水化合物为 $NaUO_2(CH_3COO)_3$。

草酸铀酰 $UO_2(C_2O_4) \cdot 3H_2O$ 是将草酸加入硝酸铀酰水溶液制得，此盐微溶

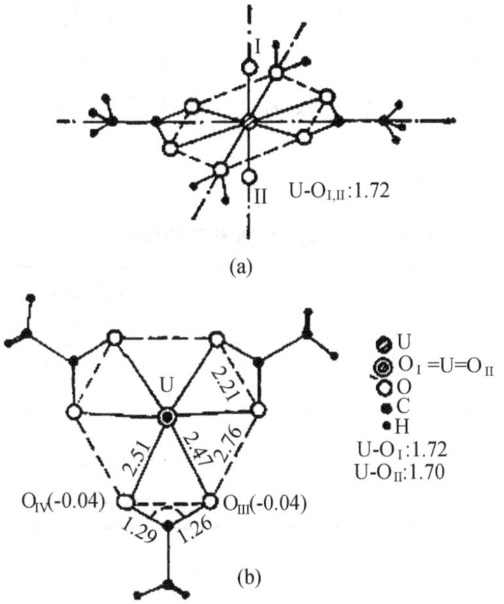

图 7.7 $UO_2(CH_3COO)_2 \cdot 2H_2O$(a)和 $NaUO_2(CH_3COO)_3$(b)的结构

于水，但有草酸或草酸铵存在时，由于生成活性络合物而变为易溶，可表为$(NH_4)_2(C_2O_4) \cdot UO_2(C_2O_4) \cdot 3H_2O$ 的形式。

草酸铀(IV)$U(C_2O_4)_2 \cdot 6H_2O$ 是呈绿色的四价铀盐，当杂有草酸时，几乎成白色。它微溶于水和稀酸中，加热时逐步失去水分子。其一水合物不经无水盐而直接分解成氧化铀。

7.5 铀的水溶液化学

铀元素有六个价电子，基态原子构型是[Rn]$5f^3 6d^1 7s^2$。它有四种氧化态，在水溶液中主要以 U(IV)和 U(VI)的形式存在。现将它们的离子半径列于表 7.6 之中。

表 7.6 铀离子的氧化态和离子半径

氧化态	$(n-2)$内层电子	离子半径(Å)
U(III)	$5f^3$	1.022
U(IV)	$5f^2$	0.929
U(V)	$5f^1$	0.88
U(VI)	$5f^0$	0.83

不同价态的铀离子在溶液中具有特征的颜色和吸收光谱，因而可用来鉴定它们的价态。在酸性溶液中 U(VI)以 UO_2^{2+} 形式存在；U(V)为 UO_2^+ 形式，它在水溶液中很不稳定，确定 UO_2^+ 的颜色比较困难。表 7.7 示铀离子的颜色和某些热力学数据。

表 7.7　水溶液中铀离子的生成

氧化态	溶液中的离子	颜色	生成热，ΔH_{298} kJ/mol	标准熵，S_{298} J/mol·K
III	U^{3+}	玫瑰红	−471.1±12.6	−146.4±25
IV	U^{4+}	绿色	−612.1±12.6	−338.9±29
V	UO_2^+	不稳定	−992.9*	
VI	UO_2^{2+}	黄绿色	−1046.0±8.4	−83.7±21

* 生成自由能 ΔG_{298}。

7.5.1　氧化还原反应

不同价态铀在溶液中表现出各自的氧化还原性质。

U^{3+} 是一种强还原剂，与水作用可缓慢地放出 H_2：

$$2U^{3+}+2H_2O \longrightarrow 2U^{4+}+H_2+2OH^-$$

它易被氧化为四价和六价。与三价稀土元素性质相似，在酸性溶液中，其氟化物和草酸盐均为难溶化合物。

U^{4+} 在空气中不稳定，可被溶液中的 O_2 所氧化。由于氧化为 UO_2^{2+} 的过程伴随着破坏水分子中两个 H—O 键，形成 U—O 键，故反应速度较慢。但在光照条件下，U^{4+} 被氧化的速度加快。此外，酸度降低、UO_2^{2+} 的存在也显著加速它的氧化过程。为了稳定溶液中 U^{4+} 的状态，可加入与 U^{4+} 形成络合物的酸，如硫酸、磷酸或者肼、尿素和氨基磺酸作为稳定剂。U(IV)与 Ce(IV)的化学性质相似，碘酸盐、砷酸盐或铜铁试剂都可形成铀(IV)沉淀。

UO_2^+ 很不稳定，在酸性溶液中发生歧化反应，生成 U^{4+} 和 U_2^{2+}：

$$2UO_2^++4H^+ \longrightarrow U^{4+}+UO_2^{2+}+2H_2O$$

平衡常数 $K=1.7\times10^6$。只有当 pH 在 2.0—2.5 的狭窄范围内，UO_2^+ 离子才能稳定存在。

UO_2^{2+} 是铀最稳定的价态。它与还原剂作用生成 U^{4+}，还原方法可采用电化学法、化学法或光化学法。电化学还原的过程如下：

阴极　　$UO_2^{2+}+4H^++2e \longrightarrow U^{4+}+2H_2O$

阳极　　$H_2O \longrightarrow \frac{1}{2}O_2\uparrow + 2H^+ + 2e$

电解还原铀在炼铀工艺中，是制取 UF_4 的常用方法。此外，铀的电解还原也可以用汞阴极电解法。在汞阴极上，UO_2^{2+} 还原为 U^{4+}，由于 H_2 在汞阴极上的超电势很大，故不会发生 H^+ 的还原作用。Zn，Fe，Ni，Pb 和 Cu 等氧化还原电势在 Mn 以下的金属，都能在汞阴极上析出，而 U^{4+} 则留在溶液中。这一方法不仅使 UO_2^{2+} 得以还原，同时使之纯化。

如用化学法还原铀，常用的还原剂有金属 Zn，Cd，Pb 和它们的汞齐，银粉，Sn^{2+}，Ti^{3+}，Fe^{2+} 和 $Na_2S_2O_4$ 等。在光作用下，某些有机物能将 UO_2^{2+} 还原为 U^{4+}，例如：

$$UO_2^{2+} + C_2O_4^{2-} + 4H^+ \xrightarrow{\text{光}} U^{4+} + 2CO_2 + 2H_2O$$

唯其还原速度较小，这类实际应用不多。

现将各种价态铀在 25℃，0.1mol/L $HClO_4$ 溶液中的电势图画出（图 7.8），图中为摩尔氧化还原电势，指在一定介质中反应物和生成物的浓度均为 1mol/L 时，测得的电极电势值。括号内为标准电极电势 E°，指各物质的活度为 1 时的数值，或外推或由热力学数据算得，不及摩尔氧化还原电势实际。

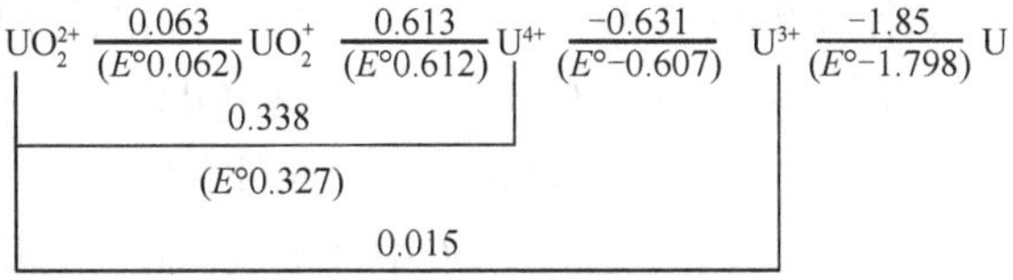

图 7.8　铀元素电势图（单位：V）

（25℃，0.1mol/L $HClO_4$ 溶液）

铀的电极电势受介质的影响很大，例如，在碱性介质中它有如下的氧化还原电势（V）：

$$UO_2(OH)_2 \xrightarrow{-0.62} U(OH)_4 \xrightarrow{-2.14} U(OH)_3 \xrightarrow{-2.17} U$$

此外，如介质不是 $HClO_4$ 而是其他介质中，那么铀会发生不同程度的络合或水解，其电极电势也跟着发生变化。而 $HClO_4$ 对铀的络合作用极弱，即使在 1mol/LH-ClO_4 中，铀的各种离子几乎都只以水合离子形式存在。

7.5.2　水解反应

铀和其他多电荷金属离子一样，在水溶液中容易发生水解反应。离子势 φ 越高，水解能力也越强。水溶液中铀离子水解能力的顺序为：$U^{4+} > UO_2^{2+} > U^{3+} > UO_2^{+}$。由于 U^{3+} 和 UO_2^{+} 都不稳定，因此对它们的水解行为研究较少。

1. U^{4+}的水解

U^{4+}离子最易水解，与同一配位体生成络合物的能力也比UO_2^{2+}离子强得多。其实水解不过是络合离子形成的一种特殊情况，在该络合离子中，羟基离子是配位体L，H_2O则是质子化的配位体。U^{4+}在25℃，pH为2的溶液中开始水解，结果产生氢离子而呈酸性：

$$U^{4+} + H_2O \rightleftharpoons U(OH)^{3+} + H^+$$

其第一级水解常数为$K_{h1}=2.7\times10^{-2}$。当pH>2时，$U(OH)^{3+}$单体与U^{4+}形成聚合体，然后进一步聚合组成多核离子$U[(OH)_3U]_n^{4+n}$和聚合物$[U(OH)_4]_x$。这些水解产物往往聚合成胶状物，而难溶于酸。U^{4+}的氢氧化物在加入过量碱时被溶解：

$$U(OH)_4 + OH^- \longrightarrow H_3UO_4^- + H_2O \quad K=1.7\times10^{-4}$$

随着温度的升高，U(IV)的水解产物增多，水解常数K_h也随着增大。例如，除主要一级水解产物$U(OH)^{3+}$以外，尚有$U(OH)_2^{2+}$，$U(OH)_3^+$和$U(OH)_4$。

2. UO_2^{2+}的水解

UO_2^{2+}在水溶液中的状态随pH而改变，只有当pH<2.5时，它才是稳定的；pH>2.5时，UO_2^{2+}开始水解，同时伴随有聚合反应，最后生成复杂的氢氧化物沉淀。影响水解的主要因素是温度和UO_2^{2+}的浓度。它在稀溶液中的水解过程为：

$$\underset{pH<2.5}{UO_2^{2+}} \rightleftharpoons \underset{pH>2.5}{UO_2(OH)^+} \rightleftharpoons \underset{pH>4}{UO_2(OH)_2}$$

生成$UO_2(OH)^+$的$K_{h1}=2\times10^{-6}$。随着溶液中铀浓度的增加，所得水解产物除带一个正电荷的$UO_2(OH)^+$离子之外，还有少量带二个正电荷的聚合离子，如$U_2O_5^{2+}$和$U_3O_8^{2+}$等，这些产物都可形成单聚或多聚铀化合物。铀浓度越高，则由水解反应析出氢氧化物沉淀时的pH值越低。参见表7.8。

利用UO_2^{2+}在水解过程中产生H^+离子的特点，可用碱滴定溶液中的H^+的浓度，从电位曲线上观察水解产物状态的变化。

表7.8　UO_2^{2+}水解析出氢氧化物沉淀的pH值

$[UO_2^{2+}]$，mol/L	10^{-1}	10^{-2}	10^{-3}	10^{-4}	3×10^{-5}	1×10^{-5}
开始析出的pH值	4.47	5.27	5.90	6.62	6.80	7.22

7.5.3　络合反应

各种价态铀的成络能力顺序，与其水解次序一致，即是

$$U^{4+} > UO_2^{2+} > U^{3+} > UO_2^+$$

由于在溶液中U^{4+}不如UO_2^{2+}稳定，下面从最常见的铀酰离子开始讨论。

1. UO_2^{2+} 离子的络合物

UO_2^{2+} 形成络合物的倾向颇强，它能与很多无机和有机的配位体作用。在各种配位体中，以含氧配位体为最，含氮、硫配位体次之。

U(VI)常见的配位数是 8，这比其 $5f6d7s7p$ 电子壳层中共有 16 个空轨道要少。在配位数为 8 的络合物中，两个配位的位置被 UO_2^{2+} 中的 O 原子占据，因此有六个位置可与配位体配位。

UO_2^{2+} 的络合物常具有六角双锥的构型（参见图 7.9）。它与卤素离子形成络合物的稳定性次序为：

$$F^- > Cl^- > Br^- > I^-。$$

可以看出 UO_2^{2+} 难与 I^- 形成络合物。

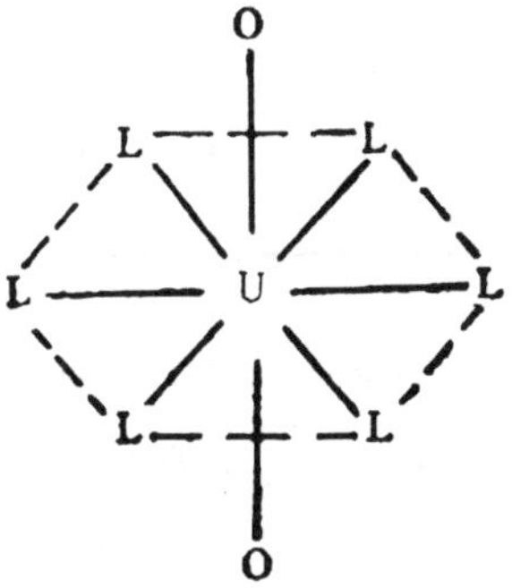

图 7.9　UO_2^{2+} 络合物的立体结构

UO_2^{2+} 与 SO_4^{2-} 络合形成中性分子 UO_2SO_4 和络阴离子 $UO_2(SO_4)_2^{2-}$，$UO_2(SO_4)_3^{4-}$。所形成的铀酰络阴离子容易被胺类萃取剂萃取，或被阴离子交换树脂所吸附。这个特性广泛地用于铀的水冶工艺中。UO_2^{2+} 的 SO_4^{2-} 络合物比相应的 NO_3^-，Cl^- 络合物稳定。

UO_2^{2+} 与 CO_3^{2-} 形成的络合产物为 UO_2CO_3，$UO_2(CO_3)_2^{2-}$ 和 $UO_2(CO_3)_3^{4-}$。当温度为 25℃，pH 为4.5—6.5时，$UO_2(CO_3)_2^{2-}$ 是稳定的；当 pH>6.5 时，随着 CO_3^{2-} 浓度的增加，$UO_2(CO_3)_2^{2-}$ 逐渐变为 $UO_2(CO_3)_3^{4-}$，它的稳定范围在 pH 6.5—11.5 之间；当 pH 达到 11.5 以上时，络离子被破坏，生成氢氧化物沉淀。

UO_2^{2+} 与 $C_2O_4^{2-}$ 络合生成 $UO_2C_2O_4$，$UO_2(C_2O_4)_2^{2-}$ 和 $UO_2(C_2O_4)_3^{4-}$。

UO_2^{2+} 与 NO_3^- 络合的能力很弱。虽可形成 $UO_2(NO_3)^+$，$UO_2(NO_3)_2$，$UO_2(NO_3)_3^-$ 和 $UO_2(NO_3)_4^{2-}$ 等络离子。后两种状态只存在于固体或有机相中。

UO_2^{2+} 在磷酸体系中形成 $[UO_2H_2PO_4]^+$，$[UO_2H_3PO_4]^{2+}$，$[UO_2(H_2PO_4)_2]$，$UO_2(H_2PO_4)(H_3PO_4)^+$ 络合物，当磷酸浓度高时，可形成阴离子络合物，磷酸络离子比硫酸络离子稳定。

UO_2^{2+} 与 EDTA 形成水溶性的螯合物 $[UO_2EDTA]^{2-}$，$K=2.5\times10^{10}$。因为在 pH 为 4—7 时，EDTA 对 UO_2^{2+} 的络合作用较弱，而对其他许多阳离子有强烈的掩蔽作用，故在六价铀的分析中常用 EDTA 为掩蔽剂。此外，UO_3^{2+} 与 DTPA，酒石酸、柠檬酸等也能形成水溶性的螯合物。

表 7.9　UO_2^{2+} 络合物的稳定常数

配位体	介质	温度(℃)	稳定常数			
			K_1	K_2	K_3	K_4
NO_3^-	2mol/LNaClO₄	20	0.5			
F^-	1mol/LNaClO₄	20	3.9×10^4	2.2×10^3	3.6×10^2	23
Cl^-	1mol/LNaClO₄	20	0.79			
Br^-	1mol/LNaClO₄	20	0.5			
SO_4^{2-}	1mol/LNaClO₄	20	50	7.0	7.2	
CO_3^{2-}		25		$K_1K_2=4.0\times10^{14}$	5.0×10^3	
$C_2O_4^{2-}$	1mol/LNaClO₄	20	4.3×10^3	1.1×10^4	2.0×10^3	
$H_2PO_4^-$		20	1.0×10^3	2.7×10^2	80	

现将 UO_2^{2+} 与某些配位体的络合物稳定常数列于表 7.9[7,10]。

UO_2^{2+} 除了能形成上述络合物外，还能形成多核络合物，其中含有两个以上 U 原子。例如 UO_2^{2+} 与 $C_2O_4^{2-}$ 就能形成多核络合物，其结构式为：

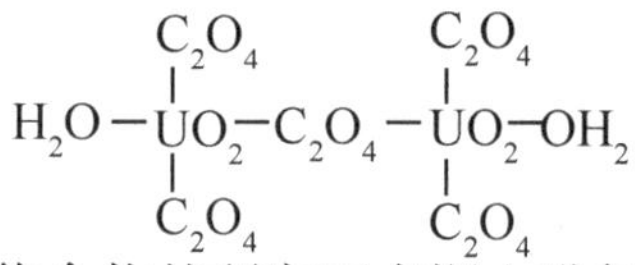

此外，冠醚与铀酰离子络合物的研究正在深入进行。

2. U^{4+} 离子的络合物

U^{4+} 离子具有较高的电荷和较小的离子半径(0.929Å)，它不但能与各种配位体形成络离子，而且容易发生水解。U^{4+} 与配位体形成的络合物的配位数通常是 8，络合物具有正四方体结构，如图 7.10 所示。

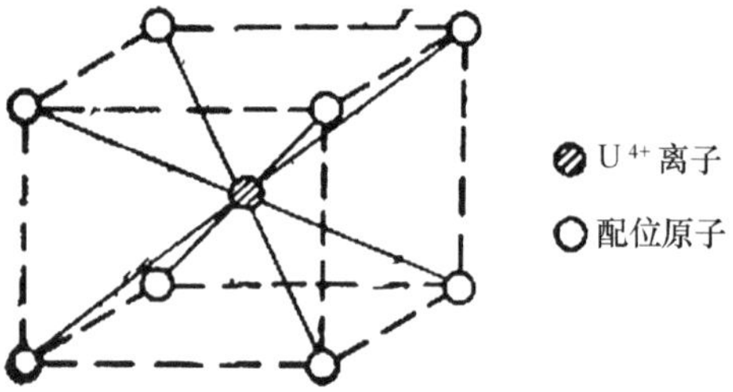

图 7.10　U^{4+} 络合物的结构

表 7.10 U^{4+} 络合物的稳定常数

配位体	离子强度 μ	温度(℃)	稳定常数			
			K_1	K_2	K_3	K_4
NO_3^-	2		1.6	1.5	0.96	0.35
F^-	2	25	1.4×10^7	1.8×10^5	2.0×10^3	
Cl^-	2	25	1.21	0.91		
Br^-	1	20	1.5			
SO_4^{2-}	2	25	1.7×10^3	1.5×10^2	6.3×10^5	1×10^5
$C_2O_4^{2-}$	1		4.1×10^8	2.0×10^8	4.0×10^8	1.0×10^8
HPO_4^{2-}	0.35		1.0×10^{12}	1.0×10^{10}		

它比 UO_2^{2+} 相应的螯合物稳定得多。U^{4+} 与 DTPA 形成螯合物 U(DTPA)$^-$，$K=5.4\times10^{28}$，也很稳定。由于 U^{4+} 在溶液中易被氧化，限制了对它的络合物作更广泛的研究。对 U^{3+} 和 UO_2^+ 更是如此。

U^{4+} 与阴离子的络合作用比 UO_2^{2+} 的强，表 7.10 列出了一些 U^{4+} 络合物的稳定常数。在溶液中 SO_4^{2-} 浓度较高时，能形成 $U(SO_4)_4^{4-}$ 和 $U(SO_4)_3^{2-}$；而在稀 H_2SO_4 溶液中，则生成 $U(SO_4)_2\cdot(H_2O)_4$ 含水络合物和 $U(SO_4)(H_2O)_6^{2+}$ 络离子。U^{4+} 与 Cl^-，Br^- 和 NO_3^- 离子形成的络合物，其稳定性都较差。但它与草酸或磷酸根离子形成络合物的能力则很强。

U^{4+} 与 EDTA 形成螯合物 U(EDTA)，$K=4.1\times10^{25}$。

7.6 铀的分离和分析

7.6.1 从矿石中提取铀

从矿石中提取铀，直到制成"核纯"铀化合物的工艺过程，是生产天然铀的重要步骤。铀矿石品种繁多，组成复杂，当铀含量在万分之几到百分之几的范围时，即认为是具有工业价值的铀矿。提取铀的工艺流程大致分为下列两类：酸法和碱法。

1. 浸取方法

(1)酸法

矿石的碳酸根含量小于 4%—5%时，宜用酸法浸出，常以 H_2SO_4 作浸出剂。为使矿石中的四价铀也能与六价一起浸出，通常采用氧化焙烧预处理，或加入 MnO_2，$NaClO_3$ 为氧化剂，以提高铀的浸出率。在浸出液中生成可溶的 UO_2^{2+} 和 $[UO_2(SO_4)_n]^{2-2n}$ 离子，同时有过剩的 H_2SO_4 和大量的 Fe，Al，Ca，Mg，SiO_2 和

PO_4^{3-} 等杂质，可采用阴离子交换树脂吸附，或叔胺萃取使 U 与杂质分离。然后从解吸液或反萃液中使呈重铀酸铵$(NH_4)_2U_2O_7$ 沉淀(浓缩物，黄饼)，再用 TBP 萃取法对黄饼进行精制。

(2)碱法

矿石中的铀在加温加压下，以空气为氧化剂，用 $Na_2CO_3-NaHCO_3$ 溶液浸取，铀以$[UO_2(CO_3)_3]^{4-}$ 形式浸出。然后用季胺型萃取剂萃取，最后用饱和$(NH_4)_2CO_3$ 溶液从有机相中反萃，铀以$(NH_4)_4[UO_2(CO_3)_3]$形式结晶析出。此法适于碳酸根含量大于 4%—5%的铀矿，以节省酸法的耗酸量，从而降低成本。

2. 铀的沉淀

从浸取液中，可将铀以不溶性化合物的形式分离出来，再作纯化。主要方法有：

(1)碱中和法。将 NH_3 水、MgO 或气态 NH_3 等加入到含铀的酸性溶液，控制最终 pH 值为 6.5—8.0，铀便以重铀酸盐形式沉淀出来。工业上对碱性浸出液主要采用 NaOH 为沉淀剂，得铀酸钠或重铀酸钠沉淀。如从纯化过的酸性溶液中沉淀铀，则以重铀酸铵沉淀的纯度较高。

(2)过氧化氢法。将含铀溶液的 pH 值调至 2.5—4.0，加入比化学计量稍多的 30%H_2O_2，以及适量氨水，以中和反应过程生成的酸，使最终 pH 值达 2.8，生成铀的过氧化物 $UO_4 \cdot xH_2O$ 沉淀。过氧化氢沉淀法对铀的选择性高，且能获得晶状产物，故仍具有工业意义。

由铀的化学浓缩物至金属铀的工艺流程见图 7.11，其中溶剂萃取过程得到的产物硝酸铀酰，它是生产许多重要铀化合物的工业原料。

除了广泛存在的各种铀矿物以外，在海水中也有铀，每立方米海水约含 3mgU，但总储量可达 45 亿吨左右。所以从海水提铀是开发能源的重要途径之一，目前正处于探索性研究阶段。海水提铀的关键是吸附剂的制备，已研究过的吸附剂有水合氧化钛、氢氧化铝、碱式碳酸锌、方铅矿以及含活性碳、Zn、Pb 和氢氧化钛的复合物，对铀的最高吸附容量可达 810μgU/g 吸附剂。

7.6.2 铀的萃取分离

铀的某些分析方法具有良好的选择性，在一定的条件下，它们可以不经分离共存元素而直接测定样品中的铀。但在多数情况下，共存元素会干扰铀的测定，因此必须预先部分或完全地加以分离。特别是分析复杂样品中的痕量铀时，分离尤为必要。

在铀的各种分离方法中，溶剂萃取最为普遍。常用的萃取剂有下列几种：

(1)磷酸酯类萃取。这一类以 TBP 为代表，是目前应用最多的。TBP 对铀有

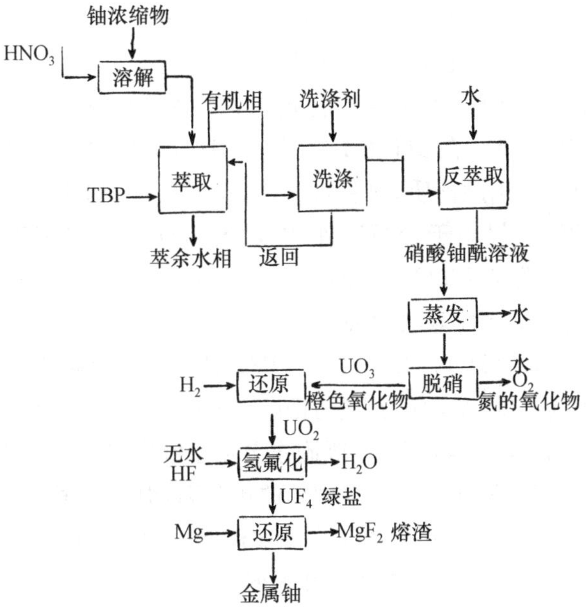

图 7.11　由铀浓缩物制备金属铀及铀化合物的流程图[1]

很强的萃取能力和较高的选择性，它的水溶性小，挥发性低，化学性能稳定，对于多种杂质元素、裂变碎片元素和钚等都能良好的分离。主要在 HNO_3 介质中进行，常以 $Al(NO_3)_3$ 或 $NaNO_3$ 为盐析剂，控制不同的酸度，可以实现各类样品中铀的分离。萃合物形式为 $UO_2(NO_3)_2 \cdot 2TBP$，铀的回收率大于 99%。此外，TBP 也常用于低浓铀的萃取浓缩。徐光宪和王文清等对萃取机理做过深入的研究[23]。

(2)正烷基氧膦类化合物萃取。主要有三辛基氧膦 TOPO、三-十二烷基氧膦 TDPO 等，在 HNO_3 和 H_2SO_4 介质中均能进行，它们对很多杂质元素都可实现分离，铀的回收率大于 99%。但这类萃取剂比 TBP 贵，且不易纯化，故还不那么普遍使用。

(3)胺类萃取。应用较多的有三辛胺 TOA。以 5%TOA 溶液从 7mol/L HCl 介质中萃取铀时，回收率也可达 99%以上。若改从 0.1mol/LHCl 或 1mol/L HAc 溶液中萃取时，铀回收为 98%. 国内生产的 N-235(或 7301)指的是 C_8-C_{10}烷基的叔胺混合物，相当于 Alamine-336 或 Adogen-364，其萃取性能与三辛胺相仿。在浓 HNO_3 或硝酸盐介质中，上述叔胺以 $(R_3NH)[UO_2(NO_3)_3]$形式萃取铀。

此外，较常用的萃取剂还有甲基异丁基酮、乙酸乙酯等。

7.6.3　铀的离子交换分离

关于铀的离子交换分离，主要以络阴离子的形式用强碱性阴离子交换树脂来进行,它的分离特性、介质条件和干扰情况,都与季铵萃取分离相仿。阳离子交换由于选择性较差,只在少数情况下才采用。

铀酰离子能与多种阴离子生成稳定的络阴离子。在硫酸介质中,UO_2^{2+} 与 SO_4^{2-} 形成 $UO_2(SO_4)_3^{4-}$,在 pH 为 1—2 的范围内,能为 201×7 等强碱性阴离子交换树脂定量吸附。利用此性质,可将铀与铁、铝、钙、镁、稀土元素等分离。本法选择性好,经济合算,不仅用于分析工作的预分离,而且普遍用于铀矿的水冶流程中[11]。与铀同时吸附的 Mo(VI),Zr(IV),Hf(IV),Nb(V),Th(IV)和 Cr(VI)等,可通过浓 HCl 洗涤交换柱等法除去。

在硝酸介质中,Zr(IV),Th(IV),Pu(IV),Pa(V)等均强烈地吸附,它们在浓酸中的分配系数远高于铀,从而可实现与铀的良好分离,这比胺类萃取分离有利。

碳酸根络合物 $UO_2(CO_3)_3^{4-}$ 的吸附主要用于铀水冶碱法浸出流程中铀的富集和纯化,也可用于荧光法测定天然水中铀的预分离,但一般很少用于分析。

铀酰离子与 Cl^-,F^- 的络阴离子也能被树脂吸附,从而实现铀与钍等的分离,但含氟络阴离子的分配系数与选择性都不很高。

最近研究较多的是混合溶剂淋洗和络合型树脂的应用,这些络合型树脂有膦酸型、聚甲亚胺(西弗碱)型、偶氮化合物型和氨羧型等。此外出现了各种阴、阳离子交换树脂膜和螯合型树脂膜,为化学分离提供了新的手段。

萃取色层法在铀的分离分析中占有一定的地位,它将上述萃取法和离子交换法两者结合起来应用。例如,采用三月桂胺 TLA 萃取色层法,成功地分离了铀、钚、镎。在毫克量钍与微量铀共存下,用三辛基氧膦 TOPO-聚三氟氯乙烯粉盐酸体系进行萃取色层法分离,然后以碳酸铵溶液洗脱微量铀。此法分离量至克级。

7.6.4 铀的沉淀分离

利用生成铀的各种难溶化合物的沉淀反应,是简单有效分离铀与其他元素的经典化学方法。

1. 碳酸盐法。将共存元素以碳酸盐和氢氧化物形式沉淀,铀酰离子则与碳酸盐形成络阴离子 $UO_2(CO_3)_n^{2-2n}$ 留在溶液中,它在 pH5—11 之间稳定存在。除钍和某些稀土元素外,利用本法可使铀与大多数共存元素分离。

2. 氢氧化铵法。氢氧化铵沉淀法并无很高的选择性,只能分离碱金属、部分碱土金属以及可形成氨络合物的阳离子 Zn^{2+},Cu^{2+},Ni^{2+},CO^{2+},Ag^+ 等。但在络合剂 EDTA 存在下,此时仅有 UO_2^{2+},Ti^{4+} 和 Be^{2+} 定量沉淀,因而大大提高了方法的选择性。

3. 过氧化氢法。在 pH 为 0.5—3.5 的酸性介质中,H_2O_2 能与 $UO_2{}^{2+}$ 生成浅黄色的沉淀。反应分两步进行:

$$UO_2(NO_3)_2+3H_2O_2 \rightleftharpoons H_4UO_8+2HNO_3$$

$$H_4UO_8+2UO_2(NO_3)_2 \rightleftharpoons (UO_2)_2UO_8+4HNO_3$$

过氧化氢沉淀法的优点是选择性较高。在相同条件下,仅钍和部分锆、铪有类似的反应,其他常见元素在含量不高时均可圆满分离。但因铀酰离子的过氧化物沉淀有一定的溶解度,故比较适于从少量杂质元素共存下,分出主体的铀元素。

4. 共沉淀法。$Fe(OH)_3$ 是最为人们熟悉的共沉淀剂,在不含 CO_3^{2-} 和 pH 为 5—8 的溶液中,当用氢氧化铵沉淀 Fe^{3+} 时,毫克量至微克量的铀均能为 $Fe(OH)_3$ 定量共沉淀。

其他共沉淀剂尚有 $Al(OH)_3$,$TiO_2 \cdot xH_2O$,$AlPO_4$,ThF_4 和 CaF_2 等。

对于四价铀,较重要的有碘酸盐和氟化物等无机沉淀剂,使形成 $U(IO_3)_4$,UF_4 沉淀来净化。

7.6.5 铀的主要分析方法

许多反应可用作铀的定性鉴定。常用的有下列几种:

亚铁氰化钾与铀酰离子生成红棕色的 $K_2UO_2Fe(CN)_6$ 沉淀,Fe^{3+},Cu^{2+} 等离子干扰,须经预分离。此法很灵敏,点滴反应可检测至 1ppmU。

磷酸氢二铵与铀酰离子形成不溶于醋酸的淡黄色 UO_2HPO_4 沉淀;磷酸三铵得到更难溶的化合物 $NH_4UO_2PO_4$。

硝酸铊固粒加入铀酰盐的碳酸铵溶液中,形成淡黄色斜方晶体 $TlUO_2(CO_3)_3$,加入 $K_4Fe(CN)_6$ 时,铀变成棕色,从而与钍的晶型相区别。本法可在显微镜下作鉴定。

硫化铵通常可得棕色 UO_2S 沉淀,它可溶于稀酸中。但这些化学反应并不很特效。

尚有紫外线荧光法、发射光谱法等鉴定铀。光谱法的特征谱线为 4244.35Å,4090.14Å 和 3149.21Å 等。

铀的定量分析方法很多,选用哪一种方法,主要取决于分析样品的性质和铀的含量。下面简述其中几种:

(1)重量法。将铀沉淀为氢氧化物、$UO_4 \cdot 4H_2O$ 或适当的盐类,然后灼烧成 U_3O_8 称重。$UO_4 \cdot 4H_2O$ 沉淀法的优点是选择性好。U(VI)还可以沉淀为 8-羟基喹啉盐 $UO_2(C_9H_6NO)_2 \cdot C_9H_7 \cdot NO$;U(IV)可沉淀为草酸盐、铜铁试剂盐等,最后灼烧成 U_3O_8。重量测定法只适用于铀的常量分析。

(2)容量法。利用铀的氧化还原性质,先将 U 还原为 U^{4+},再用标准氧化剂滴定至终点。常用的还原剂有 Zn 或 Cd 的汞齐,Ag 粉,Ti^{3+},Cr^{2+},Fe^{3+},$Na_2S_2O_4$

等。滴定时常用的氧化剂为 $KMnO_4$,$K_2Cr_2O_7$,$Ce(SO_4)_2$ 和 NH_4VO_3。

例如,在 HNO_3 体系中,可采用亚钛-重铬酸钾氧化还原滴定法测定铀。根据是用 Ti^{3+} 作还原剂将铀全部还原至 U^{4+},过量的 Ti^{3+} 被硝酸根离子氧化,或被空气中的 O_2 氧化为 Ti^{4+}。然后再利用 Fe^{3+} 与 U^{4+} 反应,把 U^{4+} 定量地氧化为 UO_2^{2+},而 Fe^{3+} 本身则按化学当量被还原为 Fe^{2+},最后以二苯胺磺酸钠作指示剂,用标准的重铬酸钾溶液滴定 Fe^{2+}。滴定终点呈紫红色,其滴定反应如下:

$$2Ti^{3+} + UO_2^{2+} + 4H^+ \longrightarrow 2Ti^{4+} + U^{4+} + 2H_2O$$

$$2Fe^{3+} + U^{4+} + 2H_2O \longrightarrow UO_2^{2+} + 2Fe^{2+} + 4H^+$$

$$6Fe^{2+} + Cr_2O_7^{2-} + 14H^+ \longrightarrow 6Fe^{3+} + 2Cr^{3+} + 7H_2O$$

此法有较好的选择性和精密度,适宜于常量或半微量铀的分析。尚有 EDTA 络合滴定法测定铀。

(3)分光光度法。常用的有偶氮胂 III 法、氯磷偶氮 III 法、2-(5-溴-2-吡啶偶氮)-5-二乙胺基苯酚(简称 Br-PADAP)法和 4-(2-吡啶偶氮)间苯二酚(简称 PAR)法等。偶氮胂 III 法对 UO_2^{2+} 的摩尔消光系数 $\varepsilon = 7.55 \times 10^4$ ($\lambda = 665$nm);对 U^{4+} 的 $\varepsilon = 1.27 \times 10^5$ ($\lambda = 665$nm)。氯磷偶氮 III 法对 UO_2^{2+} 的 $\varepsilon = 7.86 \times 10^4$ ($\lambda = 670$nm),对 U^{4+} 的 $\varepsilon = 1.21 \times 10^5$ ($\lambda = 673$nm)。

分光光度法的灵敏度比容量法高,是测定微量铀的主要手段之一,目前已广泛用于铀水冶生产中的矿石、矿渣、浸出液和废水中铀的测定。至今已有几百种分光光度测定铀的方法,以上几种有机分析试剂的灵敏度和选择性较好。近年来铀的萃取光度测定法有了迅速发展。

(4)荧光法。微量铀与 NaF 熔融后,在紫外光作用下熔体能发荧光[12],这种根据熔体的荧光强弱测量铀含量的方法称为固体荧光法。它的灵敏度可达 10^{-10}g。近年来发展了激光诱发磷光法测量溶液中微量铀的新技术,灵敏度可达 0.05ppb。目前固体荧光法常用于尿铀分析。

(5)电化学分析法。就铀的电化学分析而言,用得较多的是极谱分析、电位滴定和电量分析法。极谱分析主要用于低含量铀样的测定,根据铀酰离子发生的逐级还原作用,给出由三个波组成的极谱图,相应的半波电位为 −0.15,−0.80 和 −1.06V(0.1mol/L KCl,相对饱和甘汞电极)。铀若在 0.1mol/L 酒石酸铵底液中,示波极谱法可测得非常灵敏的铀峰,灵敏度可达 0.02ppm。电量分析法,尤其是库仑滴定法适用于纯铀化合物中高含量铀的精密测定,是最准确的方法之一。近年来开始了对铀的离子选择性电极的研究。

(6)X 射线谱分析法。利用铀元素的特征 X 射线谱进行试样中铀的分析。能量色散 X 射线荧光分析是整个 X 射线谱分析学科中迅速发展起来的分支[13],由于高分辨固体探测器和电子计算机的发展，只用一个半导体探测器，不用多光路晶体分光装置，就可以快速同时测定试样中原子序数大于 11 的所有元素包括铀。在地质勘探中，已有很轻便的 X 荧光测铀仪，总重不到 2kg，可在野外快速测定地质试样中的铀。它向多元素同时测定仪器的计算机化和小型专用化发展。

(7)放射分析法。这是测定铀同位素及其衰变子体的射线强度、各种射线对铀的作用，或添加放射性同位素示踪剂几项方法的统称[14]。在铀矿水冶和铀化学加工厂，常用 γ 能谱法和 γ 吸收法对工艺溶液中的铀进行流线分析；在地球化学、生物物理和环境监测中，广泛应用 α 能谱法和液体闪烁法测定微量铀和铀的同位素组成；在同位素分离厂和核燃料元件厂中，开始使用无源 γ 射线检测法和有源中子探询法控制铀产品质量，实现了对样品的非破坏性分析。

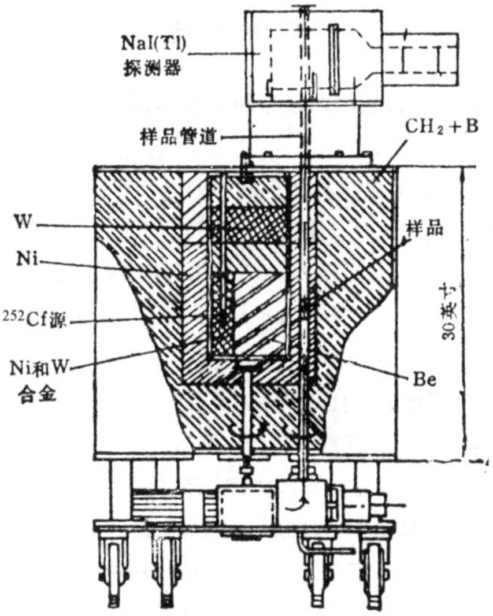

图 7.12 多能^{252}Cf 监测系统

多能^{252}Cf 监测系统是一种用快中子照射，由测定缓发 γ 射线对核材料进行非破坏性分析的装置，参图 7.12。它包括中子慢化器、样品传送器和 NaI(Tl)闪烁探测器等部分。放置^{252}Cf 源(50—200μg)的芯部是可旋转的。在中子源周围装有 W，Ni 和 Be 块，使中子能谱展开。用同步马达调节旋转角，随着旋转角的变化，使照射管道中的中子能量在 500eV—0.4MeV 范围内连续可调。照射后的样品自动传送至测量位置，用 NaI(Tl)闪烁探测器测量缓发 γ 射线。由微型计算机控制分析装置的操作，并进行数据处理。选择不同的中子能谱，可分别测定样品中的^{235}U 和^{238}U 的含量。

现将几种常用方法对铀的最低测定值列入表 7.11 中。

表 7.11　几种铀分析方法的最低测定值[21]

分析方法	重量法	容量法	极谱法	分光光度法	固体荧光法	
					目规	荧光计
最低测定值(gU)	10^{-2}—10^{-1}	$5\times10^{-4}-1\times10^{-3}$	1×10^{-6}	1×10^{-7}	10^{-8}	10^{-10}

此外，还有质谱分析法用于铀同位素的分析[15]，发射光谱分析[16]，原子吸收光谱分析[17]，气相色谱分析[18]，中子活化分析等法测定铀的研究都有不同程度的发展[19]。关于铀的络合物萃取及分析的最新资料见之于国际核化学与放射化学会议报告(1986 年 9 月北京)[20]，其中我国科学工作者做出了不少的贡献。汪德熙的特邀报告集中反映了我国在核燃料循环化学方面的概貌和最新成果，包括离心法分离同位素的进展。郑企克介绍了近年来铀的激光化学成就。

参 考 文 献

[1]E. H. P. 科德芬克(Cordfunke)，《铀化学》，《核原料编辑部铀化学翻译组》译，杨承宗校，原子能出版社(1977).

[2]董灵英主编，陈国珍校阅，《铀的分析化学》，原子能出版社(1982).

[3]核素图表编制组，《核素常用数据表》，原子能出版社(1977).

[4]W. Seelmann-Eggebert et al. ，"Chart of the Nuclides"，5th Edition，Karlsruhe GmbH(1981).

[5]K. F. Flynn and L. E. Glendenin"Yields of fission products for several fissionable nuclides at various incident neutron energies". ANL-7749(1970).

[6]张祖还等编，《铀地球化学》，原子能出版社，76(1984).

[7]祝霖主编，刘伯里审校，《放射化学》，原子能出版社(1985).

[8]J. E. 金德勒(Gindler)，《铀的物理和化学性质》，向家忠译，原子能出版社(1982).

[9]H. C. Hodge，J. N. Stannard，J. B. Hursh，"Uranium，Plutonium，Transplutonic Elements-Handbook of Experimental Pharmacology，New Series XXXVI"，Springer-Verlag Berlin，New York(1973).

[10]复旦大学放射化学编写组，《铀钍工艺过程化学》，上海人民出版社(1976).

[11]G. W. Milher et al. ，*Anal. Chim. Acta*，17，259，494(1957).

[12]I. M. Kolthoff，"Treatise on Analytical Chemistry"，PartII，Vol. 9，Luterscience，N. Y. (1962).

[13]R. L. Heath，in："Advance in X-ray Analysis"，Vol. 15，Plenum Press，New York，1(1972).

[14]А. Л. Якубовича，"Ядерно-Физические Методы Анализа Минерального Сырья"，Атомиздат(1973).

[15]I. L. Barnes et al. ，*Anal. Chem.* ，45，880(1973).

[16]G. Rossi，*Spectrochim. Acta*，Part B，26，271(1971).

[17]J. F. Alder et al. ，*Analyst.* ，102，564(1977).

[18]A. Steffen et al. ，*Talanta* 25，551(1978).

[19]H. Hamaguchi et al. ，*Anal. Chim. Acta*，75，445(1975).

[20]International Conference on Nuclear and Radiochemistry (ICNR'86)Abstracts，Beijing(1986).

[21]张寿华，强亦忠，《放射化学》，原子能出版社，189(1983).

[22]R. H. Tang(唐任寰)et al. ，*Bull. Amer. Phys. Soc.* 27(4)，459(1982)；*Bull. Can，Assoc. Phys.* ，38(3)，34(1982).

[23]徐光宪、王文清、吴瑾光等，原子能科学技术，7，487(1963)；2，117(1964).

29.8 镎

镎(Np)的原子序数为 93,是紧位于铀之后的元素。早在 1940 年 E. McMillan 和 P. H. Abelson[1]利用中子轰击薄铀片研究裂变产物的射程时,发现大部分裂变产物自薄片上反冲出来,但半衰期为 23.5min 的^{239}U和另一种半衰期为 2.3d 左右的放射体留在薄片内,进而证明该放射体即是 93 号元素的同位素。它是按下列核反应生成的:

$$^{238}U(n,\gamma)^{239}U \xrightarrow[23.5min]{\beta^-} {}^{239}Np \xrightarrow[2.35d]{\beta^-}$$

此元素被命名为镎(Neptunium),是从海王星(Neptune)取意来的。我们知道^{239}Np衰变生成^{239}pu,但在当时发现者们还不清楚这一点。

自然界中的镎量是很少的,因为寿命最长的^{237}Np其半衰期也比地球的年龄短许多,即使当初有,几乎都衰变掉了;只是由于铀俘获中子的结果,连续不断地生成镎,所以它才能以极少量的形式存在于自然界中。镎的发现是很重要的,这不仅从揭开超铀元素领域的观点来说是如此,而且它首次启示 $5f$ 电子存在的可能性,即涉及锕后元素在周期表中的位置问题。

镎的化学性质表明,它与锕系中相邻近的元素铀和钚有明显的差别,两者比较起来,更接近于铀,特别是水溶液中的化学行为如此。目前已经以公斤量生产长寿命的^{237}Np,它的半衰期虽长达 2.14×10^6a,但它的比活度仍为天然铀的 2000 倍左右。由于研究它们时需要复杂的设备,以及超铀元素的毒性作用,因而对镎化学在许多方面尚待深入研究。

8.1 镎的同位素与核性质

目前已知镎有 18 种同位素,都具有放射性,现列于表 8.1。其中最主要的同位素^{237}Np,^{238}Np,^{239}Np的衰变见图 8.1。从表可见,^{237}Np是镎的同位素中唯一既易得到又有相当长寿命的核素,而另一较长寿命的^{236}Np只能由回旋加速器上进行核反应制取,故不能得到可称的数量。

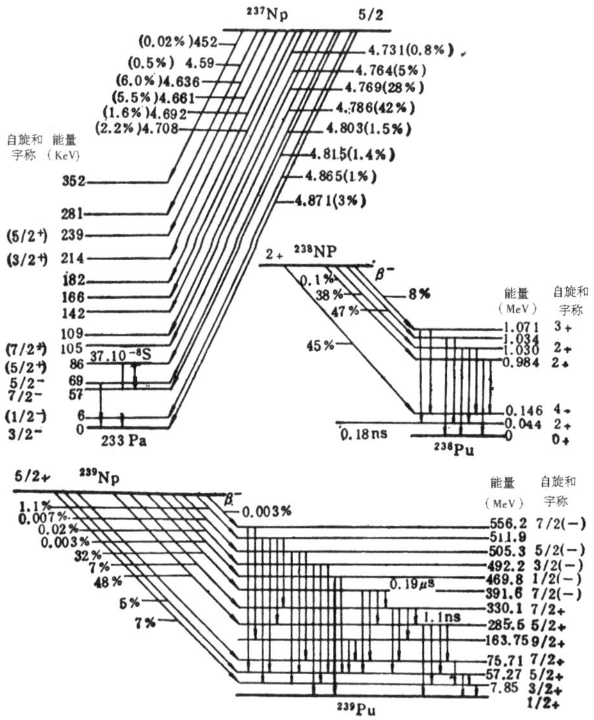

图 8.1　镎的最主要的同位素^{237}Np，^{238}Np 和^{239}Np 的衰变图[3]

（根据 C. M. Lederer. J. M. Hollandex, I. Perlman:"Table of Isotopes". 6th ed.，John Wiley, New York 1968，并予更正）

表 8.1　镎的同位素[2]

核素	半衰期	衰变方式（分支比，%）	粒子能量 MeV（强度，%）	主要的产生方式
[^{228}Np]	～1.0min	SF；α		
^{229}Np	4.0min	α(～50)	E_α=6.89	^{233}U(p,5n)
		ε(～50)		
^{230}Np	4.6min	α(～99)	E_α=6.66	^{233}U(p,4n)
		ε(～1)		
^{231}Np	50min	α	E_α=6.28	^{233}U(d,4n)
^{232}Np	14.7min	β^+(<0.3)	E_γ=0.8672(47*)	^{233}U(d,3n)
		ε(～100)	0.8643(39*)	^{238}U(d,8n)
			0.8195(64*)	^{235}U(d,5n)
			0.3273(100*)	
			0.2820(38*)	
^{233}Np	35min	α(<10^{-3})	E_α=5.53	^{233}U(d,2n)
		ε(～100)		^{235}U(d,4n)
^{234}Np	4.4d	α(<0.01)		^{233}U(d,n)

续表

核素	半衰期	衰变方式 (分支比,%)	粒子能量 MeV (强度,%)	主要的产生方式
		β^+(0.046)	E_{β^+}=0.790	^{235}U(d,3n)
		ε(~100)	E_γ=1.602(151*)	^{231}Pa(α,n)
			1.5706(129*)	
			1.559(100*)	
			1.528(62*)	
			1.4356(33*)	
^{235}Np	396d	α(0.0014)	E_α=5.105(2.1×10^{-5})	^{233}U(α,pn)
			5.022(7.4×10^{-4})	^{235}U(d,2n)
			5.004(3.36×10^{-5})	
			4.994(8.4×10^{-5})	
			4.922(1.6×10^{-5})	
		ε(~100)		
^{236A}Np	22.5h	β^-(48)	E_{β^-}=0.537(39.7)	^{235}U(d,n)
			0.492(8.3)	^{235}U(α,p2n)
		ε(52)		
			E_γ=0.6877(26*)	
			0.6424(100*)	
^{236B}Np	≥5000a	β^-		^{238}U(d,4n)
^{237}Np	2.14×10^6a	α(>99)	E_α=4.873(2.6)	^{238}U(n,2n)
			4.816(2.5)	^{231}U(β^-)
			4.802(~3)	镎人工放射系
			4.788(47)	成员
			4.770(25)	
			4.766(8)	
			4.663(3.32)	
			4.639(6.2)	
		SF(≤2×10^{-10})	Er=0.08649(14)	
			0.02938(13)	
^{238}Np	2.117d	β^-(100)	E_{β^-}=1.24(42)	^{238}U(d,2n)
			0.265(≤39)	^{238}U(p,n)
			0.223(10)	^{237}Np(n,γ)
			E_γ=1.02854(17.4)	
			0.98445(24.0)	
^{239}Np	2.35d	β^-(100)	E_{β^-}=0.705(7)	^{238}U(n,γ)^{239}U$\xrightarrow{\beta^-}$
			0.713(6)	

续表

核素	半衰期	衰变方式（分支比，%）	粒子能量 MeV（强度，%）	主要的产生方式
			0.437(25)	
			0.393(7)	
			0.332(58)	
			E_γ=0.27762(14.5)	
			0.22820(11.4)	
			0.10614(27.8)	
^{240A}Np	65min	β^-(100)	E_{β^-}=0.86	$^{238}U(\alpha,pn)$
			E_γ=0.9739(23)	
			0.8965(14)	
			0.6011(22)	
			0.5672(29)	
			0.4482(18)	
^{240B}Np	7.5min	β^-(~100)	E_{β^-}=2.18(10)	^{240}U 衰变子核
			2.14(42)	
			1.58(31.9)	
		[IT(0.1)]	E_γ=0.59740(12.5)	
			0.55460(22.4)	
^{241}Np	16.0min	α(<10^{-6})		$^{238}U(\alpha,p)$
		β^-(~100)	E_{β^-}=1.36	
			1.25	
[^{242A}Np]	2.2min	β^-	E_{β^-}=2.7	
[^{242B}Np]	5.5min	β^-		

注：衰变方式以下列符号表示：

α——α 粒子发射

β^-——负电子发射

β^+——正电子发射

ε——轨道电子俘获

IT——同核异能跃迁

*——相对强度

分支比——指每一百个核发生衰变时，按该种衰变方式进行衰变的核的平均个数。

强度——指每一百个核发生衰变时，放出该种粒子的平均个数或放出该 γ 射线的几率。

方括号[ ]——可疑或不确定。参见 W. Seelmann-Eggebert et al., Chart of the Nuclides, 5th edition, Karlsruhe Gm bH(1981)。

质量数在 237 以上的主要为 β^- 衰变同位素，^{236}Np 和更轻的镎同位素存在中子不足的情形，这时进行电子俘获衰变。在极缺中子的同位素中主要是 α 衰变。图 8.1 绘出镎的三种最主要的同位素 ^{237}Np，^{238}Np 和 ^{239}Np 的衰变图。

图 8.2 是 ^{237}Np 被加速 α 粒子轰击后裂变的质量产额曲线，它清楚地表示出对称裂变的比例随着入射粒子能量的增加而增加[4]。当复合核 $[^{241}Am^{*}]$

$$^{237}Np + ^{4}He \longrightarrow [^{241}Am^{*}]$$

的激发能等于 26.0MeV 时，裂变截面与总吸收截面的比值 $\sigma_f/\sigma_t=0.97$，即每 100 个复合核 $[^{241}Am^{*}]$ 有 97 个发生裂变衰变，而只有 3 个发射出轻粒子(表 8.2)。

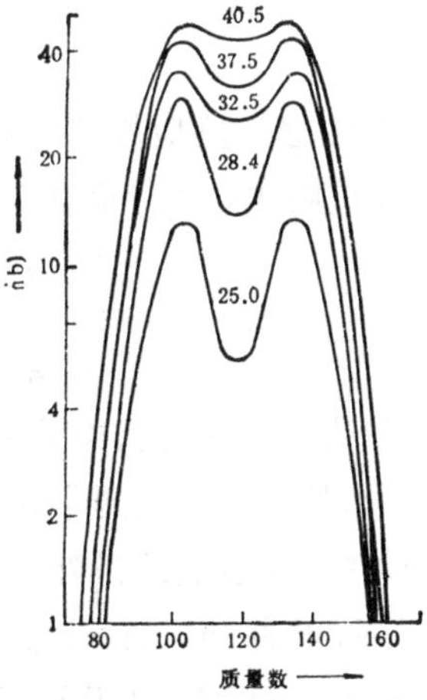

图 8.2　^{237}Np 被加速 α 粒子轰击后裂变的质量产额曲线[4]

表 8.2　镎同位素的截面和共振积分[5]

核素	中子俘获		裂变		
	$\sigma_{(n,r)}$(b)	$l_{(n,r)}$(b)	σ_f(b)	I_f(b)	$\sigma_{(n,2n)}$(b)
^{234}Np			900		
^{236}Np			2800		
^{237}Np	185	660	0.02	0	0.0013***
			1.42*		
^{238}Np	1600	660	2070	880	
^{239}Np	35**(生成 ^{240B}NP)				
	25**(生成 ^{240B}NP)				

* 指 3MeV 中子的截面值。

** 指“反应堆中子”的截面值。

*** 指裂变谱中子的截面值。

^{237}Np 和 ^{238}Np 可由热中子导致裂变(表 8.2)。

8.2　镎的主要同位素的生产

8.2.1　^{237}Np

在天然铀反应堆中，大部分 ^{237}Np 是天然铀与能量大于 6.7MeV 的中子通过 $(n,2n)$ 反应产生的：

$$^{238}U(n,2n)^{237}U \xrightarrow[6.75d]{\beta^-} {}^{237}Np$$

在浓缩铀反应堆中，特别是在高燃耗（$>7\times10^{20}$ 中子/cm^2）时，^{237}Np 主要是 ^{235}U经过两次中子俘获生成的[6]：

$$^{235}U(n,\gamma)^{236}U(n,\gamma)^{237}U \xrightarrow[6.75d]{\beta^-} {}^{237}Np$$

$$\sigma(n,\gamma)=100.5b \qquad \sigma(n,\gamma)=6b$$

从烧过的核燃料中分离^{237}Np 有两种方法。第一种方法是利用镎与铀、钚一起被萃取，然后再与这两个元素分离；第二种方法是镎不被萃取，留在强放射性的废液中，在流程后面的另外一步与裂变产物分开。这两种方法对镎的分离基于不同的原理，但都与 Purex 流程密切相关。由于四价镎和六价镎可被磷酸三丁酯（TBP）从硝酸溶液中萃取，而五价镎则不被萃取，流程上作这样的变化是可行的。因此，为获得镎需将其定量调节到要求的价态，从而实现定量的萃取分离。

表 8.3 给出镎被 TBP-煤油萃取的分配系数[7]，由此可见，当硝酸浓度较低时，六价镎的分配系数比四价镎高得多。Np(IV)可在 0.005mol/L HNO_2 作催化剂的条件下，用硝酸氧化为 Np·(VI)。亚硝酸根离子一方面能还原 Np(VI)为 Np(V)，但另方面在硝酸氧化 Np(V)为 Np(VI)的过程中起催化作用[8]。如以磷酸三丁酯进行萃取，则由于 Np(VI)不断被萃取从而促使下列氧化还原平衡：

表 8.3 30%(体积)TBP-煤油萃取镎的分配系数[7]

HNO_3	分配系数		
(mol/L)	Np^{4+}	NpO_2^+	NpO_2^{2+}
1	0.4	0.01	5
2	1.4	0.01	11
3	2.9	0.01	17
4	4.8	0.01	20

$$NpO_2^+ + \frac{3}{2}H^+ + \frac{1}{2}NO_3^- \rightleftharpoons NpO_2^{2+} + \frac{1}{2}HNO_2 + \frac{1}{2}H_2O$$

$$(24.5℃时\ K=5.2\times10^{-4})$$

由原来偏 Np(V)这边转向 Np(VI)那边移动。据此可实现 Np(VI)与 U(VI)，Pu(IV)一起被萃取。Np(IV)的定量萃取则需要高浓度的硝酸（图 8.3）。采用镎与铀、钚同时萃取的方法，在 Purex 流程里通常镎的产额只达到 85%左右。

若在 Purex 料液（含 U，Np，Pu 和裂变产物）中加入大量的亚硝酸盐使镎基本上转化为 Np·(V)，并且使有机相尽量被铀饱和，则当铀、钚被萃取时镎就留在水相中，从而实现镎的定量分离。^{237}Np 是中子照射法生产^{238}Pu 的靶材料，如：

$$^{237}Np(n,\gamma)^{238}NP \xrightarrow[2.117d]{\beta^-} {}^{238}Pu$$

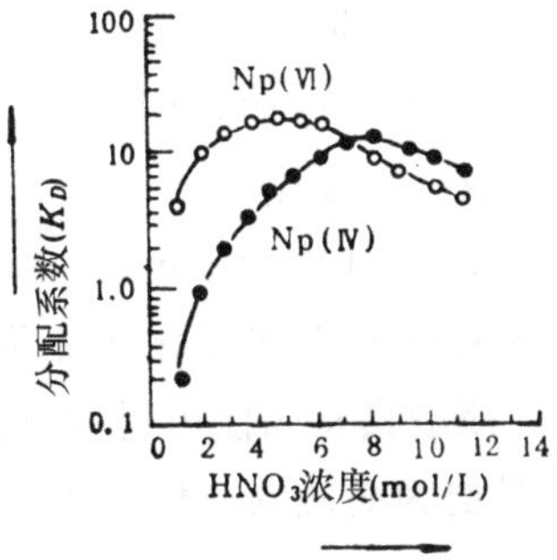

图 8.3 磷酸三丁酯(30%TBP-煤油)在硝酸溶液中萃取四价、六价镎的分配系数[9]

由于^{238}Pu 在放射性核电池上应用广泛，^{237}Np 的分离制取更加显得重要了。

8.2.2 ^{238}Np

^{238}Np 近年来常用作示踪剂的研究。它的优点是易于从中子照射^{237}Np 制得，例如，以 10^{14} 中子/cm^2 · s 的中子通量照射 1mg^{237}Np(相当于 0.71μCi)两小时，可生成 33mCi 的^{238}Np。由于^{237}Np 的裂变截面低，$\sigma_{n,f}=0.019$b，而其热中子反应截面($\sigma_{n,\gamma}=185$b)则较大，两者之比 $\sigma_{n,\gamma}/\sigma_{n,f}$ 约为 10^4，所以^{238}Np 的纯化既快又简便，照射所用的靶材料^{237}Np 也起载体的作用。

纯化时将$^{237}NpO_2$ 溶于中等浓度的高氯酸，再将它从大约 8mol/LHNO_3 的肼溶液中吸附到阴离子交换柱上。用 8mol/LHNO_3 +0.01mol/LHF+肼的混合溶液洗涤交换柱，以除去钍和各种裂变产物，继而以稀硝酸洗脱镎[10]。另一种纯化镎的方法是用 0.1mol/L 噻吩甲酰三氟丙酮(HTTA)-二甲苯从稀酸溶液中萃取四价镎[11]。

8.2.3 ^{239}Np

制取^{239}Np 有两种来源：1)中子照射过的铀；2)^{243}Am，由它衰变成^{239}Np。第一种情况下需使镎与铀、钍、裂变产物分离；第二种情况只需与镅分离。

关于从照射过的铀(特别是贫化铀)中分离^{239}Np，曾经介绍过许多方法。采用 Np(VI)-Np(V)氧化还原循环的沉淀反应能制得纯^{239}Np，但此法极费时间且产额不高。溶剂萃取法和离子交换法都是比较成功的。Zolotov 和 Alimarin[12]用乙醚作萃取剂从微酸性(0.2mol/LHNO_3)的硝酸钙浓溶液(3.5mol/L)中萃取U(VI)和 Np(VI). 然后在冷却的情况下用肼将 Np(VI)还原成 Np(V)，从而使镎与铀分离。经过两次萃取循环后可得到高纯度的^{239}Np。若要制得极纯的^{239}Np，则需在萃取前加一步离子交换，这时将照射过的铀溶于 1mol/LHNO_3，再将溶液加入阳离子交换柱中。阳离子交换树脂能将 Np(VI)，还原为 Np(V)，并将 Np(IV)氧化为

Np(V),因此分离前不必对镎作仔细的调价。以 1mol/LHNO_3 洗脱时首先流出的是 Np(V);铀在很晚才被洗出;而钚和大部分裂变产物都留在柱上。最后将 Np(V)氯化为 Np(VI),用乙醚萃取进行纯化。

有人提出以载有 TBP 的硅藻土柱作为固定相,不同浓度的硝酸作为流动相的萃取色层法[13]。欲制得纯^{239}Np,首先需加碘化物作为载体,在 4mol/L 以上的硝酸介质中蒸发除去放射性碘。该法具有简便可行、产额较高的优点。

由^{243}Am 衰变制取^{239}Np 是更为简便的一种方法:

$$^{243}\text{Am} \xrightarrow[7950\text{a}]{\alpha} {}^{239}\text{Np}$$

它涉及的只是镎与镅的分离。1mg^{243}Am 每天可生成 50μCi^{239}Np,足够作示踪量实验用。可是,只有从相当纯的^{243}Am 中才能分离出纯的^{239}Np,若有少许^{241}Am 存在,由其衰变出来的^{237}Np 就有干扰;若有^{242}Cm,^{238}Pu 和镧系裂片存在,则干扰更大。C. W. Sill 用三异辛胺(TIOA)从镅中萃取分离出^{239}Np[14],这样就可从^{239}Np 的"母牛"——^{243}Am 中不断地提取^{239}Np。

8.3 镎的化合物

8.3.1 镎的氢化物

镎的氢化物已知有 NpH_2 和 NpH_3,可直接由金属镎与氢作用制得[15]。面心立方晶系的 NpH_2 其相宽较大(NpH_{2+x},$0\leqslant x\leqslant 0.7$),晶格常数随着 H∶Np 比值的增加而增加,这一点与 PuH_{2+x}和稀土元素的二氢化物相不同。H∶Np 比值>2.7 时发现有六方晶系的 NpH_3,它与 PuH_3,GdH_3 和 HoD_3 是同构的。将镎的氢化物在惰性气流或真空中加热至大约 300℃以上,则生成在空气中可自燃的粉末状镎。

按照以下反应式

$$Np_{(固)}+H_{2(气)}\longrightarrow NpH_{2(固)}$$

NpH_2 的生成热 $\Delta H_f=-117.2$kJ/mol(623~898K)。又按照反应式

$$6.67NpH_{2.7(固)}+H_{2(气)}\longrightarrow 6.67NpH_{3(固)}$$

NpH_3 的生成热 $\Delta H_f=-71.5$kJ/molH_2。

在 623—898K 之间,NpH_2 的分解压可从下列关系式求得[15,16]:

$$\log P(\text{atm})=6.257-6126/T(\text{K})$$

8.3.2 镎的卤化物

1. 氟化物

紫色的 NpF_3 和绿色的 NpF_4 是分别在 H_2 与 O_2 存在下，将二氧化镎于 500℃ 时通氟化氢制成的：

$$NpO_2+\frac{1}{2}H_2+3HF \longrightarrow NpF_3+2H_2O$$

$$NpF_3+\frac{1}{4}O_2+HF \longrightarrow NpF_4+\frac{1}{2}H_2O$$

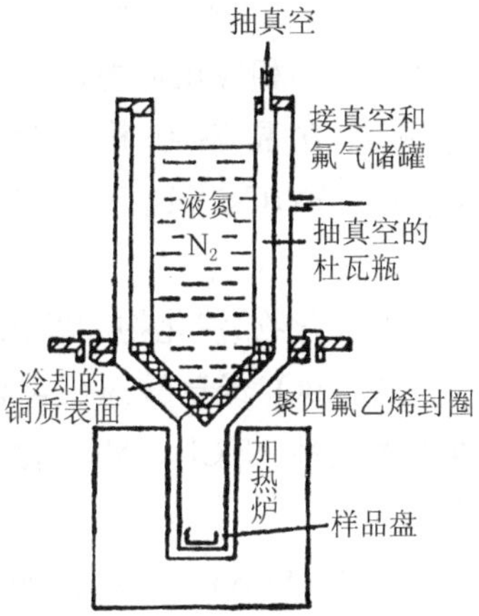

图 8.4 生产克量级 NpF_6 的简单装置[17]

其中 NpO_2 可由镎的氢氧化物、碳酸盐、草酸盐或硝酸盐代替。NpF_4 在氢气流中加热可还原成 NpF_3。这两种氟化物都不溶于水和稀酸，因而也能从水溶液中用沉淀法制得。

NbF_6 固态时为橙色，气态时无色。它可在 300—500℃时以 BrF_3，BrF_5 或单质氟对 NpO_2 或 NpF_4 进行氟化而得。制备克量级 NpF_6 的装置见图 8.4。氟气通入后在装置的上部冷凝，然后向下流，滴到加热的 NpF_4 上。生成挥发性的 NpF_6 同样也在仪器上部冷凝为固体，以防止它发生热分解。

NpF_6 同 PuF_6 一样见光便分解。由于 ^{237}Np 的比活度低，它的自辐解作用也弱。NpF_6 在 54.4℃ 时熔融，55.76℃ 时沸腾，三相点在 54.759℃ 和 1.01bar 处。因此与 UF_6 相反，NpF_6 在一般条件下不升华。熔化热 $\Delta H_m=17.524$kJ/mol。NpF_6 的红外光谱与 UF_6，PuF_6 相似，在气态 NpF_6 中，镎原子周围是由六个氟原子组成的八面体，Np—F 间距等于 1.981Å（力常数 $=3.71\times10^{-8}$ N/Å）[18]。NpF_6 的磁化率 χ_M（cm^3/mol）$=3.21\times10^{-4}+0.0362/T$(K)（$T<300$K)，表明有一个未成键的 $5f$ 电子[19]。

NpF_6 遇到痕量水分便迅速分解为氟化镎酰 NpO_2F_2，较纯的 NpO_2F_2 是由 $NpO_3\cdot H_2O$ 与 BrF_3 在室温下反应，或与 F_2 在 230℃时反应，与 HF 在 300℃时反应而得到[20]；也能在真空条件下浓缩 Np(Ⅵ)的氢氟酸溶液制得。由 Np_2O_5 与气态氟化氢反应生成 $NpOF_3$，它与 NpO_2F_2 是同构的。

NpF_6 在 250—400℃范围内被 NaF 吸附生成八氟合镎(Ⅴ)酸钠：

$$3NaF_{(固)}+NpF_{6(气)} \rightleftharpoons Na_3NpF_{8(固)}+\frac{1}{2}F_{2(气)}$$

此反应是可逆的，平衡常数 $K=p(NpF_6)/p^{\frac{1}{2}}(F_2)$，有下列关系式：

$$\log K(\mathrm{atm}^{1/2})=2.784-3.147/T(\mathrm{K})$$

在含 NH_4^+ 的 Np(IV)溶液中加入稀氢氟酸，生成淡绿色的 NH_4NpF_5 沉淀。在 Np(IV)的盐酸溶液中加入 KF-HF 溶液，则生成斜方晶系的 KNp_2F_9。C. E. Thalmayer 和 D. Cohen[21] 从饱和的 KF 溶液中提取成功各种价态镎的三元氟化物。他们意外地发现，在浓的 KF 溶液中，镎的最稳定的价态是 Np(IV)而不是Np(V)。

固体 NpO_2 与碱金属碳酸盐、碳酸氢盐或草酸盐在 500℃的 HF-O_2 气流中反应，可生成三元氟化物 $LiNpF_5$ 或 $7MF \cdot 6NpF_6$(M=Na，K，Rb)，它们与其他四价锕系元素的相应化合物都是同构的。$LiNpF_5$ 呈四方晶系结构，7∶6 的氟化物复盐呈六方晶系结构。此外尚有 Na_2NpF_6，Na_3NpF_8，K_2NpF_6，Rb_2NpF_6，$Rb_2 \cdot NpF_7$，$CsNpF_6$，$KNpO_2F_2$，$K_3NpO_2F_5$ 等含镎的氟化物，它们多呈绿色或粉红-紫色。

2. 氯化物、溴化物和碘化物

将 NpO_2 或草酸镎在含有 CCl_4 蒸气的氯气流中于 450℃时反应，可得到高纯度的挥发性 $NpCl_4$。四氯化镎很易潮解，它的水解过程经由黄色的 $NpOCl_2$ 变成 NpO_2。

NpX_4 与 Sb_2O_3 反应，如：

$$3NpCl_4+Sb_2O_3 \longrightarrow 3NpOCl_2+2SbCl_3$$

这与钍、镤、铀的氯氧化物一样，生成的是纯淡棕色的 $NpOCl_2$ 或橙色的 $NpOBr_2$[22]。

用氢气或氨气在 350—400℃时还原 $NpCl_4$，可生成绿色的 $NpCl_3$，其熔点为 800℃。在潮湿空气中，温度为 450℃时水解而成四方晶系的 NpOCl。

如用过量的 $AlBr_3$，在 350℃的温度下对 NpO_2 进行溴化反应，则可生成红棕色的四溴化镎：

$$3NpO_2+4AlBr_3 \longrightarrow 3NpBr_4+2Al_2O_3$$

然后在 250℃的真空中，除去过量的 $AlBr_3$，用升华法得到纯 $NpBr_4$。更为满意的方法是将两种单质在 400℃时直接化合[23]，产品在 400℃升华而避免了分解。

在金属铝存在时，NpO_2 被 $AlBr_3$ 溴化，可生成绿色双晶的三溴化镎：

$$3NpO_2+3AlBr_3+Al \longrightarrow 3NpBr_3+2Al_2O_3$$

$NpBr_3$ 在 800℃以下不升华，因而很难与反应混合物分开，损失也较大。三碘化镎可采用类似的反应制得，但四碘化镎因热力学的不稳定性未能制备成功。

将氯化氢通入含 Cs^+ 和 Np(IV)的盐酸溶液，则沉淀出六方晶系的 Cs_2NpCl_6。$NpCl_4$ 与乙酰胺或 *N*，*N'*-二甲基乙酰胺的丙酮溶液反应，可生成

$NpCl_4 \cdot 4CH_3CONH_2$和二聚的 $NpCl_4 \cdot 2.5 \cdot CH_3CON(CH_3)_2$ 络合物。同样，含二甲基亚砜的加成络合物如：$NpCl_4 \cdot 7(CH_3)_2SO$，$NpCl_4 \cdot 5(CH_3)_2SO$ 和 $NpCl_4 \cdot 3(CH_3)_2SO$可由其各个组分直接反应制得。

在含 Cs^+和 Np(V)的中性溶液中加入丙酮或乙醇，可生成绿松石型结构的 $Cs_3NpO_2Cl_4$；而在 Np(V)的 8mol/LHCl 溶液中加入 CsCl，却生成淡黄色的沉淀 Cs_2NpOCl_5，即 NpO_2^+ 比通常认为的更容易被氯化。有人制备了含有六价镎的四苯基钟盐和四烷基铵盐。这些化合物大多数与相应的四价钍、铀、钚的氯化物复盐是同构的。

含 Np(V) 和 Cl^- 的水溶液，按它们离子浓度的不同可形成 $NpOCl_3$ 或 NpO_2Cl。

8.3.3 镎的氧化物

1. 二元氧化物

镎-氧体系已发现有下列的二元氧化物或水合氧化物：NpO_2，$NpO_3 \cdot 2H_2O$，$NpO_3 \cdot H_2O$，Np_2O_5 和 Np_3O_8 等。

二氧化镎是镎中最稳定的氧化物，许多镎的化合物如：氢氧化物、草酸盐、硝酸盐、8-羟基喹啉盐等在 600—1000℃时热分解都可制得 NpO_2. 它同其他锕系元素的二氧化物一样，晶体为氟石型结构，其晶格常数遵循锕系元素二氧化物系列的规律。$NpO_{2(气)}$的离解能为 14.3eV；NpO_2 的升华热为 595.3kJ/mol，它的生成自由能可由下式计算[24]：

$$固体\ NpO_2: \Delta G(kJ/mol) = [-254.10 + 40.5 \times 10^{-3}T(K)] \times 4.184$$

$$气体\ NpO_2: \Delta G(kJ/mo1) = [-113.0 + 3.5 \times 10^{-3}T(K)] \times 4.184$$

用燃烧量热法和很纯的 α-Np 测得 NpO_2 的生成焓 $\Delta H_{298} = -1074kJ/mol$[25]。

NpO_2 的比热曲线在 25.3K 时出现反常现象，如同 UO_2 在 28.7K 时那样，可能是由于在该温度以下比热中有反铁磁性的贡献。穆斯鲍尔(Mössbauer)谱研究证实，22K 以下 NpO_2 出现反铁磁性的有序化，而中子衍射研究甚至在 4.5K 时还未看到磁的有序化，这可能是 Np^{4+} 的反铁磁矩极小($\mu_{eff} = 0.01B.M.$)的缘故。

将 Np(V)氢氧化物的悬浮液用臭氧在 18℃或 90℃时进行氧化，可制得三氧化镎的水化物 $NpO_3 \cdot 2H_2O$ 和 $NpO_3 \cdot H_2O$。后者与斜方晶系的 $UO_2 \cdot H_2O$ 互为同构，由于红外光谱中没有自由水分子的谱带，故而该化合物或许以化学式 $NpO_2(OH)_2$表示更正确些。$NpO_3 \cdot H_2O$ 在 300℃时热分解可生成五氧化二镎 Np_2O_5，它的结构与 Np_3O_8 很相似。

Np_3O_8 与相应的铀化合物是同构的，可在 300—400℃用空气(或 NO_2)氧化

Np(IV)或 Np(V)的氢氧化物制得。Np_3O_8 的热稳定性很差,500℃以上时便失去氧,转化为 NpO_2。若溶于稀无机酸溶液,可得 NpO_2^+ 与 NpO_2^{2+} 比值等于 2∶1 的溶液。这就是说,八氧化三镎与同构的铀化合物 U_3O_8 一样,晶格中也含有五价和六价的镎。但当 Np_3O_8 被 CCl_4 氯化时可定量地生成 $NpCl_4$,而 U_3O_8 的类似反应中却生成 UCl_4,UCl_5 和 UCl_6 的混合物。Np_2O_5 的稀无机酸溶液则只有五价镎的吸收谱带。

2. 三元及多元氧化物

二氧化镎与许多元素氧化物进行固相反应,或从 $LiNO_3$-$NaNO_3$ 熔盐中沉淀,都可生成四价、五价、六价和七价镎的三元氧化物或氧化物相,这取决于反应条件和加入的金属氧化物。至今所发现的大多数三元和多元氧化物都是含 Np(IV)和 Np(VI)的。

Li_5NpO_6 呈六方晶系的 Li_5ReO_6 型结构,它可由相应的 Li_2O 和 NpO_2 混合物于 400—420℃时,在氧气流中加热制成。这是第一个含七价镎的结晶化合物,在 1968 年以前还不知道有七价镎[26]。另外制成了 Ba_2LiNpO_6 和 Ba_2NaNpO_6,它们与铼和锝的相应化合物同构。

复杂化合物$[Co(NH_3)_6]NpO_5 \cdot 3H_2O$,$[Cr(NH_3)_6]NpO_5$,$[Co(En)_3]NpO_5$,水合$[Pt(NH_3)Cl]NpO_5$,水合 $Sr_3(NpO_5)_2$,水合 $Ba_3(NpO_5)_2$,水合 NpO_2PO_4 以及水合 $M_2[NpO_2(IO_6)]$等,都是从水溶液中沉淀制得的[27]。有人报道[28],在 pH5—9时会沉淀出黑色的 Np(VII)氢氧化物 $NpO_2(OH)_3$,它可按以下反应式溶于碱金属的氢氧化物溶液中:

$$NpO_2(OH)_3 + 3OH^- \longrightarrow NpO_5^{3-} + 3H_2O$$

在 Li_2O-Np_3O_3 体系中,已知有 Li_4NpO_5 和 Li_6NpO_6 类型的化合物。Li_2O 与 NpO_2 在 Np∶Li=1∶<4 时,通常得到的是 Li_4NpO_5 与未反应掉的 NpO_2 混合物。但是在六方晶系的 $Na_2 \cdot Np_2O_7$ 中,部分 Na^+ 可被 Li^+ 取代。镎(VI)酸盐的热稳定性比相应的铀(VI)酸盐低得多,但比钚(VI)酸盐和镅(VI)酸盐高得多。$M_2Np_2O_7$,M_2NpO_4 和 $M^{II}NpO_4$ 型化合物的晶体结构中,线形镎酰基团 NpO_2^{2+} 有两个键长较短的 Np—O 键,例如在 α-Na_2NpO_4 中等于 1.89Å,镎酰基且呈层状的结构。

碱金属的镎(V)酸盐既不像铀(V)酸盐那样可用氢气还原法制得,也不能像从相应的钚化合物所预料的那样可由镎(VI)酸盐热分解制得。实际上制备的唯一方法是由镎(VI)酸盐和 NpO_2 等比例化合而得:

$$Li_6NpO_6 + NpO_2 \longrightarrow 2Li_3NpO_4$$

四价镎与碱土金属的三元氧化物如 $BaNpO_3$,可在严格排除氧气的条件下制得。四价镎的三元氧化物和氧化物相大多数与其他四价锕系元素的对应化合物类似。

8.3.4 镎的其他化合物

镎的碳化物有 NpC_2，NpC 和 Np_2C_3。唯一已知的硅化物为 $NpSi_2$，它与 $ThSi_2$ 是同构的。黑色、立方晶系的氮化镎 NpN 可由氢化镎与氨气在 800℃时反应制得，它不溶于水而易溶于无机酸。磷化镎 Np_3P_4 晶体呈 Th_3P_4 型结构，可由金属镎与过量的红磷于 750℃时反应制取，产物不溶于水但易溶于 6mol/L HCl 之中。

镎的硫化物较多，有 NpS，α-Np_2S_3，β-Np_2S_3，γ-Np_2S_3，Np_3S_5，Np_2S_5 和 NpS_3 等，此外尚有氧硫化物 NpOS 和 Np_2O_2S。它们与铀、钚的对应化合物大致相似，均可由组成元素直接合成而得。

镎的四价、五价和六价硝酸盐水化物，可由相应的水溶液真空浓缩制得。从中性溶液中制取灰色、潮解性的 $Np(NO_3)_4 \cdot 2H_2O$ 和绿色的 $NpO_2NO_3 \cdot H_2O$；从 1mol/L HNO_3 溶液中制取粉红色的 $NpO(NO_3)_3 \cdot 3H_2O$ 和 $NpO_2(NO_3)_2 \cdot (1—2)H_2O$，后者在潮湿的空气中会转化为六水化物 $NpO_2(NO_3)_2 \cdot 6H_2O$。除 $NpO_2NO_3 \cdot H_2O$ 在 140—220℃时能转化为无水化合物外，其余镎的硝酸盐都会直接分解成二氧化镎。将 $NpO_3 \cdot H_2O$ 的 N_2O_4 溶液浓缩，可生成淡粉红色的 $NpO_2(NO_3)_2 \cdot N_2O_5 \cdot H_2O$，由于该化合物的红外光谱中有硝鎓离子（$NO_2^+$）的典型吸收谱带，故可将其分子式写成 $NO_2^+[NpO_2(NO_3)_3 \cdot H_2O]^-$。在 90℃时，将$[(C_2H_5)_4 \cdot N]NO_3$ 的饱和溶液加入到 Np(IV)或 Np(VI)的 HNO_3 溶液中，可沉淀出细小晶状的硝酸复盐$[(C_2H_5)_4N]_2[Np(NO_3)_6]$和$[(C_2H_5)_4 \cdot N][NpO_2(NO_3)_3]$。

将稀磷酸或磷酸铵加入 Np(IV)的溶液中，可生成草绿色的水合 $Np(HPO_4)_2$ 沉淀，在空气中灼烧可转化为立方 α-ThP_2O_7 型结构的焦磷酸镎 NpP_2O_7。

Np(V)的高氯酸盐加到 K_2CO_3 溶液中，生成碳酸镎酰钾 $KNpO_2CO_3$，它呈六方晶系结构，与相应的 Am(V)化合物同构。NpO_2HCO_3 络合物在水溶液中被认为是上述碳酸复盐的游离酸。如用 50%K_2CO_3 或 Cs_2CO_3 溶液处理 Np(V)的氢氧化物，便可转化为碳酸复盐 $K_5[NpO_2(CO_3)_3]$或 $Cs_5[NpO_2(CO_3)_3]$。

Np(IV)的草酸盐有水合 $Np(C_2O_4)_2$，水合$(NH_4)_4Np \cdot (C_2O_4)_4$，Np(V)草酸盐有 $NpO_2HC_2O_4 \cdot 2H_2O$，但对镎的草酸盐性质的详细研究尚有待深入。此外，还制成了水合 $MNpO_2C_2O_4$（M = Na，K，NH_4 或 Cs）以及$[Co(NH_3)_6][NpO_2(C_2O_4)_2] \cdot 2H_2O$ 草酸复盐。

8.4 镎的水溶液化学

在镎的固体化合物中，已知有五种价态：Np(III)，Np(IV)，Np(V)，Np(VI)和

Np(VII),在镎的水溶液中同样碰到这些价态。前四种通常以水合离子形式存在:Np^{3+} · aq,Np^{4+} · aq,NpO_2^+ · aq,NpO_2^{2+} · aq。七价镎在强碱性溶液中以 NpO_5^{3-} 形式存在;在酸性溶液中虽有 NpO_2^{3+} · aq 离子,但它不稳定,很快被还原为 Np(VI),还原速度随着溶液酸度的增加而加快。七价镎是一种强氧化剂,它能将 Np(V)氧化为 Np(VI),将 Cr(III)氧化为 Cr(VI)[29]。

表 8.4 给出了各种镎离子的生成热、熵值及其简单的制备方法。在溶液中最稳定的是五价镎,此时它以带一个电荷的水合酰离子 NpO_2^+ · aq 存在,包含对称的线形 O—Np—O 键。当 pH>7 时 NpO_2^+ 离子水解,高酸度时才发生歧化,但不生成多核络合物。

表 8.4 水溶液中的各种镎离子[30,31]

价态	离子形式	颜色	生成热 ΔH_{f298} (kJ/mol)	熵值 S_{298} (J/mol · K)	简单制备法
+3	Np^{3+}	蓝紫色	−531.4	−181.2	1)Np(>III)+H_2/Pt 2)电解还原
+4	Np^{4+}	黄绿色	−554.4	−326.4	1)Np^{2+} O_2 2)Np(V)+SO_2 3)Np(V)+I^-(5mol/LHCl)
+5	NpO_2^+	绿色	−966.5	−25.9	1)Np^{4+}+HNO_3(加热) 2)Np(VI)+化学计量的 I^- 3)Np(VI)+NH_2OH
+6	NpO_2^{2+}	粉红色	−870.3	−83.7	1)Np(<VI)+$HClO_4$(蒸发) 2)NP(<VI)+AgO(或 BrO_3^-,Ce^{4+})
+7	NpO_5^{3-}	绿色			1)将高温制得的 Li_5NpO_6 溶于稀碱中 2)Np(VI)+臭氧(或 XeO_3,$K_2S_2O_8$,高碘酸)在 0.5—3.5mol/L 的 MOH 中反应

六价镎不如六价钚稳定,它的 NpO_2^{2+}/NpO_2^+ 标准电极电势 $E^\circ_{298}=-1.236V$,与二氧化锰的 MnO_2/Mn^{2+}($E^\circ_{298}=-1.23V$)和单质溴 $Br_2/2Br^-$($E^\circ_{298}=-1.07V$)接近,故可把 Np(VI)看作中强氧化剂,例如它可被离子交换树脂迅速还原成Np(V)。

三价镎则是中强程度的还原剂,可将六价铀进行还原。只有在没有氧气的情况它才是稳定的,否则会被氧化为四价镎。

8.4.1 无机配位体络合物

1. Np(III)

Np^{3+}在 LiCl 和 LiBr 的浓溶液中的吸收光谱研究表明，它们分别在 384nm 和 387nm 处出现新的强吸收带，这可解释为形成了内界络合物 NpX^{2+} 和 NpX_2^+ (X=Cl, Br)[32]。这些络合物的稳定常数如下：Np^{3+}—Cl 体系 25℃时，$K_1=4\times10^{-3}$，$K_2=1.04\times10^{-5}$；Np^{3+}—Br 体系 25℃时，$K_1=4\times10^{-4}$，$K_2=2.9\times10^{-7}$。

2. Np(IV)

有人用电动势测量法研究了 Np^{4+}—NO_3^- 和 Np^{4+}—Cl^- 体系的络合平衡，计算了以下络合物的稳定常数($\mu=1$, 25℃)：

$$Np^{4+}+NO_3^- \rightleftharpoons NpNO_3^{3+} \qquad K_1=2.4$$

$$Np^{4+}+Cl^- \rightleftharpoons NpCl^{3+} \qquad K_1=0.5$$

这些数值与后来萃取法测得的数值很接近。此外，Np(IV)在浓盐酸和硝酸溶液中，可能形成$[NpCl_6]^{2-}$和$[Np(NO_3)_6]^{2-}$络离子。

由噻吩甲酰三氟丙酮(TTA)萃取法对 Np^{4+}-SO_4^{2-} 和 Np^{4+}-HSO_4^- 平衡体系的研究表明[33]，存在着 $NpSO_4^{2+}$ 和 $Np(SO_4)_2$ 两种络合物。现将根据不同温度测得的生成常数计算的热力学数据列于表 8.5，由此表可见，这些反应中的熵变 ΔS 是形成络合物的推动力。

在 Np^{4+} 的氢氟酸溶液中形成了 NpF^{3+}，NpF_2^{2+}，NpF_3^+ 及 NpF_4，它们的稳定常数分别为[34]：$K_1=6.6\times10^4$，$K_2=5.0\times10^2$，$K_3=2.2\times10^2$，$K_4\approx20$(20℃，$\mu=4.0$)。其中 K_1 与 K_2 之间的差值较大，表示 NpF^{3+} 络离子比 NpF_2^{2+} 络离子的稳定性高。

Np(IV)在水溶液中与草酸根离子形成$[Np(C_2O_4)]^{2+}$，$Np(C_2O_4)_2$，$[Np(C_2O_4)_3]^{2-}$和$[Np(C_2O_4)_4]^{4-}$等络离子，根据 $Np(C_2O_4)_2$($K_{sp}=8.6\times10^{-23}$)的溶解度随着草酸根离子浓度增加而增加的情形，计算得各种络离子的累积生成常数(19℃)为[35]：$\beta_1=3.4\times10^3$，$\beta_2=3.4\times10^{17}$，$\beta_3=9.1\times10^{23}$，$\beta_4=2.5\times10^{27}$。已知$Np(C_2O_4)_2$可溶于稀的碳酸铵溶液，这说明 Np(IV)的碳酸络合物比草酸络合物更加稳定。

表 8.5 Np^{4+} 与 SO_4^{2} $_5HSO_4^-$ 反应的热力学数据

络合反应	ΔG(kJ/mol)	ΔH(kJ/mol)	ΔS(kJ/mol·K)
$Np^{4+}+HSO_4^- \rightleftharpoons NpSO_4^{2+}+H^+$	−13.89	−6.57	30.12
$NpSO_4^{2+}+HSO_4^- \rightleftharpoons Np(SO_4)_2+H^+$	−5.94	15.23	71.13
$Np^{4+}+SO_4^{2-} \rightleftharpoons NpSO_4^{2+}$	−20.04	16.74	123.42
$NpSO_4^{2+}+SO_4^{2-} \rightleftharpoons Np(SO_4)_2$	−12.09	36.97	163.18

3. Np(V)

镎酰离子 NpO_2^+ 电荷数低、体积小，是一种较弱的络合剂，它与草酸根离子可形成两种草酸络合物：

$$NpO_2^+ + C_2O_4^{2-} \rightleftharpoons [NpO_2(C_2O_4)]^-$$

$$[NpO_2(C_2O_4)]^- + C_2O_4^{2-} \rightleftharpoons [NpO_2(C_2O_4)_2]^{3-}$$

$K_1=1.96\times10^3$，$K_2=5.85\times10^3$（$\mu=0.5$，25℃）。

Np(V)在 pH4.8～6.7 的磷酸溶液中，可形成 $NpO_2HPO_4^-$ 和 $NpO_2H_2PO_4$，当离子强度 $\mu=0.2$，温度为 20℃时，它们的稳定常数分别为 7.1×10^2 和 6.4。五价镎与醋酸根离子形成的络合物有 $NpO_2(CH_3COO)$和$[NpO_2(CH_3COO)_2]^-$，但它们的稳定常数均不很大。

值得指出的是，Np(V)与某些三价离子如 Cr^{3+}，Rh^{3+}，Fe^{3+}，In^{3+}，Al^{3+}，Sc^{3+} 和 Ga^{3+} 等能生成阳离子络合物，Np(V)—M(III)络合物不仅可在氧化还原过程中，而且在它们直接反应时均能形成，这可从 Np(V)吸收光谱的特征变化观察到。表 8.6 列出了 Np(V)-Cr(III)和 Np(V)-Rh(III)络合物的生成常数 K_f，以及这些阳离子络合物形成与离解速度常数之比值 k_1/k_2：

$$[O—Np—O]^+ + [M(H_2O)_6]^{3+} \underset{k_2}{\overset{k_1}{\rightleftharpoons}} [O—Np—O—M(H_2O)_5]^{4+} + H_2O$$

Cr(III)的基态外围电子构型为 $3d^3$，Rh(III)为 $4d^6$，由于 Np(V)·Cr(III)与 Np(V)·Rh(III)络合物的生成常数很接近，可见，络合物的形成与三价金属离子的电子结构显然无关，它表明主要是静电的相互作用。在这种阳离子络合物中，中心 M^{3+} 离子周围为八面体结构，$[M(H_2O)_6]$八面体的六个水合分子中有一个被镎酰基的氧原子取代了。

表 8.6 Np(V)—M(III)阳离子络合物形成的物理化学数据[36,37]

络合物	$K_f=\frac{[Np(V)\cdot M(III)]}{[Np(V)][M(III)]}$	ΔH_{298} (kJ/mol)	ΔS_{298} (J/mol · K)	速度常数比值 k_1/k_2
Np(V) · Rh(III)	3.31 25℃; μ=8.00mol/L $Mg(ClO_4)_2$, 2.0mol/L $HClO_4$	−15.06	−41.84	3.73(25℃) 2.40(35℃) 1.93(50℃)
Np(V) · Cr(III)	2.62 25℃; μ=8.00mol/L $Mg(ClO_4)_2$, 2.0mol/L HClO.	−13.81	−37.66	2.31(25℃) 1.95(35℃) 1.60(50℃)

此外,还观察到五价镎与其他价态阳离子如 Th^{4+},Hg^{2+} 和 BiO^+ 等形成阳离子络合物,NpO_2^+ 与 UO_2^{2+} 离子的络合反应为:

$$NpO_2^+ + UO_2^{2+} \rightleftharpoons [NpO_2 \cdot UO_2]^{3+}$$

稳定常数 K_1=0.690(25℃,μ=3)。与 Np(V)—Rh(III)或 Np(V)—Cr(III)体系相比,络合平衡偏于单个离子这一边。在电子数与 NpO_2^+ 相等的 PuO_3^{2+} 中,甚至在 3.0mol/L 以上的 $UO_2 \cdot (ClO_4)_2$ 中也未有此反应。

4. Np(VI)

六价镎在氯化物溶液中存在着 NpO_2Cl^+ 和 NpO_2Cl_2 两种络合物。在硫酸盐介质中的萃取实验发现,NpO_2^{2+} 与 SO_4^{2-} 离子可形成 1∶1 络合物 NpO_2SO_4 和 1∶2络合物 $NpO_2(SO_4)_2^{2-}$,其稳定常数分别为 K_1 = 79.4,K_2 = 7.4(μ = 1.0,25℃)。

电位法测定证实[38],在醋酸钠溶液(μ=1.0,20℃)中存在$[NpO_2(CH_3COO)]^+$,$[NpO_2(CH_3COO)_2]$和$[NpO_2(CH_3COO)_3]^-$络离子,其累积生成常数分别为:β_1=208,β_2=1.7×10^4,β_3=1.0×10^6。

在 NpO_2^{2+}—F^- 体系中,当[HF]≤4.51mol/L,[Np(VI)]≤0.44mmol/L 时,于 1mol/L$HClO_4$ 和 21℃的反应条件下,存在着两种络合物 NpO_2F^+ 和 NpO_2F_2,其稳定常数为 K_1=7.25×10^3,K_2=1.29×10^3。与相应的铀酰络合物比起来,NpO_2^{2+}—F^- 络合物较弱。此外又发现有 $NpO_2F_3{}^-$ 和 $NpO_2F_4^{2-}$ 络阴离子。

Np(VI)的草酸络合物有 $NpO_2C_2O_4$ 和 $NpO_2(C_2O_4)_2^{2-}$,其稳定常数 K_1=1.0×10^6(20℃,μ=1mol/L$HClO_4$),K_2=1.2×10^4(13℃,μ=1mol/L HNO_3)。

用磷酸二丁酯$(HDBP)_2$-CCl_4 对 Np(VI)的萃取研究表明,Np(VI)形成了下列 1∶2 络合物:

$$NpO_2^{2+}(水)+2(HDBP)_2(有机) \rightleftharpoons NpO_2(DBP)_2(HDBP)_2(有机)+2H^+(水)$$

此反应的平衡常数为

$$K=\frac{[NpO_2(DBP)_2(HDBP)_2][H^+]^2}{[NpO_2^{2+}][(HDBP)_2]^2}=2.0\times10^4$$

5. Np(VII)

NpO_2^{3+} 与硫酸根离子可形成 $NpO_2SO_4^+$ 和 $NpO_2(SO_4)_2^-$ 络离子，其稳定常数

表 8.7 Np(IV)，Np(V)与含氮配位体络合物

(μ=0.1，25℃)

络合剂	组成	累积生成常数 $\log\beta_i$
Np(IV)		
8-羟基喹啉(HOX)	$Np(OX)_4$	$\log\beta_4=45.28$
5,7-二氯-8-羟基喹啉(HDCO)	$Np(DCO)_4$	$\log\beta_4=46.05$
乙二胺四乙酸(H_4EDTA)	NpH_2EDTA^{2+}	$\log\beta_1=7.76$
噻吩甲酰三氟丙酮(HTTA)	$Np(TTA)_4$	$\log\beta_4=5.5$
	$Np(TTA)_3(NO_3)\cdot TBP$	$\log\beta_{3,1}=7.75$
Np(V)		
8-羟基喹啉(HOX)	$NpO_2(OX)$	$\log\beta_1=6.32$
	$[NpO_2(OX)_2\cdot aq]^-$	$\log\beta_2=11.50$
7-碘-8-羟基喹啉-5-磺酸(H_2IOS)	$[NpO_2(IOS)]^-$	$\log\beta_1=4.83$
	$NpO_2(IOS)_2^{3-}$	$\log\beta_2=9.40$
氨基乙酸(HAAC)	$NpO_2(AAC)$	$\log\beta_1=3.31$
	$NpO_2(AAC)_2^-$	$\log\beta_2=5.44$
α-氨基丙酸(HAPRA)	$NpO_2(APRA)$	$\log\beta_1=3.37$
	$NpO_2(APRA)_2^-$	$\log\beta_2=5.77$
吡啶-2-羧酸(HAPA)	$NpO_2(APA)$	$\log\beta_1=3.59$
	$NpO_2(APA)_2^-$	$\log\beta_2=6.54$
吡啶-2-羧酸-N-氧化物(HNOPA)	$NpO_2(NOPA)$	$\log\beta_1=1.94$
	$NpO_2(NOPA)_2^-$	$\log\beta_2=2.96$
吡啶乙酸(HPAC)	$NpO_2(PAC)$	$\log\beta_1=1.49$
氮川三乙酸(H_3NTA)	$NpO_2(HNTA)^-$	$\log\beta_H=1.77$
	$NpO_2(NTA)_2^-$	$\log\beta_1=6.85$
	$[NpO_2(OH)(NTA)]^{3-}$	$\log\beta_{OH}=-11.49$
乙二胺四乙酸(H_4EDTA)	$NpO_2(HEDTA)^{2-}$	$\log\beta_H=4.08$
	$NpO_2(EDTA)^{3-}$	$\log\beta_1=7.33$
	$[NpO_2(OH)(EDTA)]^{4-}$	$\log\beta_{OH}=-11.51$

注：$\beta_{OH}=\frac{[NpO_2L(OH)][H^+]}{[NpO_2L]}$；L 为配位体阴离子；$\beta_4=\frac{[Np(TTA)_4][H^+]^4}{[Np^{4+}][HTTA]^4}$；

$\beta_{x,y}=\frac{[Np(TTA)_x(NO_3)_y\cdot zTBP][H^+]^+}{[Np^{4+}][HTTA]^x[HNO_3]^y[TBP]^z}$

为 $K_1=1.6\times10^2$，$K_2=1.1\times10^4$（$\mu=1.0$，6℃，与六价的镎酰离子 NpO_2^{2+} 和铀酰离子 UO_2^{2+} 比较，由于基团电荷数的增加，七价的 NpO_2^{3+} 离子比上述离子形成络合物的倾向更加强烈。

8.4.2 有机配位体络合物

Np(III)和 Np(VII)与有机配位体的络合物研究得很少。Np(IV)被 8-羟基喹啉(HOX)或噻吩甲酰三氟丙酮(HTTA)-环己烷萃取时，通常形成 1∶4 的螯合物；如果有机相中含有另一种络合剂，例如三丁基氧化膦(TBPO)，则可形成协萃络合物 $Np(TTA)_3(NO_3)$ · TBPO 或 $Np(TTA)_2(NO_3)_2$ · 2TBPO，由于每一个 TTA 离子占据的配位数为 2，故这些化合物可认为是配位数等于 8 的结构。

Np(V)与有机配位体的络合物是研究得最多的，所形成的 Np(V)螯合物的稳定性与二价金属 Mg^{2+}，Ca^{2+} 或 Zn^{2+} 的差不多。表 8.7 和表 8.8 分别列出了镎与含氮配位体以及含氧配位体形成的螯合物的生成常数[39]。图 8.5 示其中吡啶-2-羧酸镎(V)的结构。

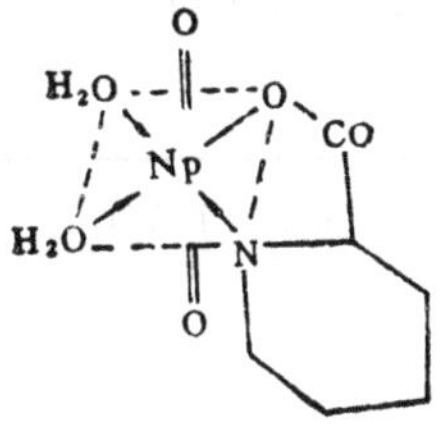

图 8.5 吡啶-2-羧酸镎(V)的结构

表 8.8 Np(V)与含氧配位体络合物

络合剂	组成	累积生成常数 $\log\beta_i$
乙醇酸(HGLYC)	$NpO_2(GLYC)$	$\log\beta_1=1.51$
乳酸(HLACT)	$NpO_2(LACT)$	$\log\beta_1=1.75$
	$[NpO_2(LACT)_2]^-$	$\log\beta_2=2.204$
α-羟基正丁酸(HHBA)	$NpO_2(HBA)$	$\log\beta_1=1.62$
α-羟基正戊酸(HHVA)	$NpO_2(HVA)$	$\log\beta_1=1.59$
α-羟基正己酸(HHCA)	$NpO_2(HCA)$	$\log\beta_1=1.63$
酒石酸(H_2TART)	$NpO_2(HTART)$	$\log\beta_1=2.36$
	$NpO_2(TART)^-$	$\log\beta_1=2.32$
	$NpO_2(TART)_2^{3-}$	$\log\beta_2=4.30$
	$NpO_2(TART)_3^{5-}$	$\log\beta_3=6.18$
柠檬酸(H_3CITR)	$NpO_2(HCITR)^-$	$\log\beta_1=2.69$
	$NpO_2(CITR)^{2-}$	$\log\beta_1=3.67$
乙酰丙酮(HAA)	$NpO_2(AA)$	$\log\beta_1=4.08$
	$NpO_2(AA)_2^-$	$\log\beta_2=7.00$
噻吩甲酰三氟丙酮(HTTA)	$NpO_2(TTA)$	$\log\beta_1=2.89$
	$NpO_2(TTA)_2^-$	$\log\beta_2=5.48$
β-异丙基芳庚酚酮(HIPT)	$NpO_2(IPT)$	$\log\beta_1=5.57$
	$NpO_2(IPT)_2^-$	$\log\beta_2=9.55$

Np(V)与8-羟基喹啉及某些氨基多羧酸的络合物形成是比较显著的，将8-羟基喹啉(HOX)加入Np(V)溶液中，可析出黄绿色的$NpO_2(OX)\cdot 2H_2O$沉淀；也可由$[NpO_2(OX)_2]^-$加氯化四苯基胂后生成$[(C_6H_5)_4As]\cdot[NpO_2(OX)_2\cdot H_2O]$沉淀，并能被氯仿萃取。

迄今为止，四价、五价和六价镎的许多螯合物都曾以制备规模合成过。

8.4.3 镎的氧化还原反应

现将镎的各种价态的标准电极电势列于表8.9，其中多数是D. Cohen，J. C. Hindman和L. B. Magnusson等人[40,41]直接测得的。

表8.9 镎的电势图(25℃，单位：V)

(1)1.0mol/L $HClO_3$

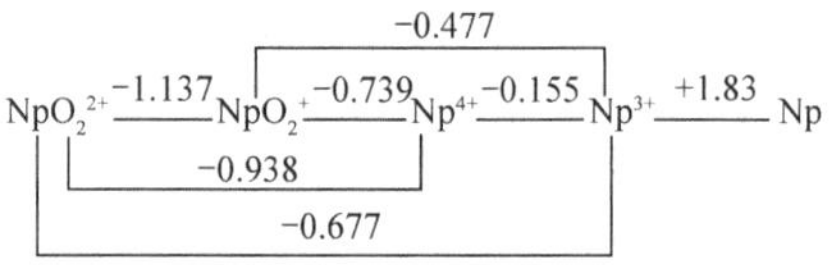

(2)1.0mol/L HCl

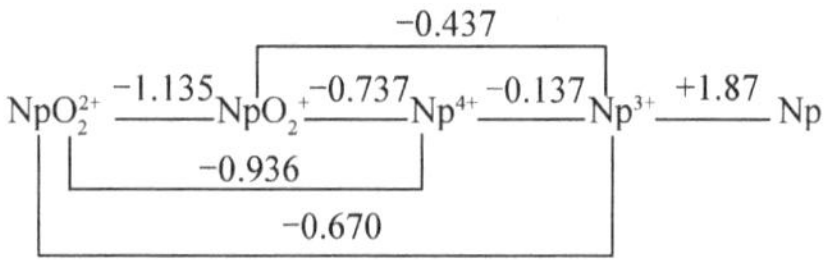

(3)1.0mol/L H_2SO_4

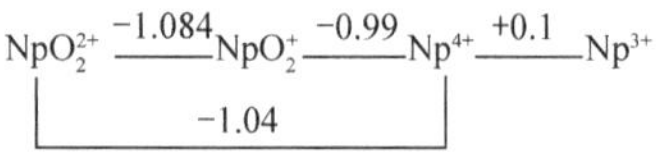

(4)1.02mol/L HNO_3

$$NpO_2^{2+} \xrightarrow{-1.138} NpO_2^+$$

(5)1.0mol/L NaOH

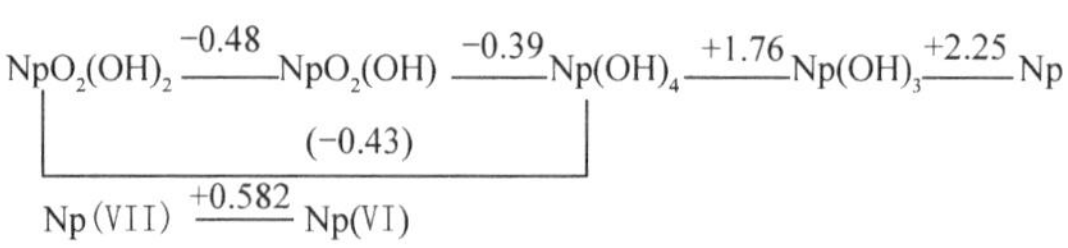

从镎的电势图以及常用氧化剂或还原剂的电势值，便可判断镎的氧化还原反应进行的条件。表8.10汇集了镎的主要价态之间相互转变所常用的氧化还原反应，以及反应速度的定性数据。通常Np^{3+}/Np^{4+}和NpO_2^+/NpO_2^{2+}氧化还原平衡的建立只需转移一个电子，故进行得很快；而需要形成或断裂Np—O键的氧化还原反应，例如，Np^{4+}/NpO_2^+或Np^{4+}/NpO_2^{2+}这类反应，其反应速度则较慢。

表 8.10 镎的氧化还原反应

反应	试剂	溶液	温度(℃)	速度
Np(IV)→Np(III)	电解			快
Np(IV)→Np(V)	Cl_2	1mol/LHCl	75	快
	NO_3^-	HNO_3	25	慢
			100	中等
	O_2	1mol/LH_2SO_4	25	极慢
	$HClO_4$		25	很慢
			100	快
Np(IV)→Np(VI)	Ce(IV)	HNO_3,H_2SO_4	25	很快
	MnO_4^-/H^+	HNO_3,H_2SO_4	25	很快
	Ag(II)	1.0mol/L$HClO_4$	25	瞬刻
Np(V)→Np(IV)	Fe^{2+}	H_2SO_4	25	很快
	I^-	5mol/LHCl	25	40 分钟完全
			100	1—2 分钟完全
	H_2O_2	0.5mol/LHNO_3	25	很慢
	NH_2OH	1mol/LH^+		很慢
	$NH_2 \cdot NH_2$	1mol/LH^+		很慢
	SO_2	H_2SO_4	25	慢
	Sn^{2+}	HCl	25	很慢
Np(V)→Np(VI)	Ce(IV)	HNO_3,H_2SO_4	25	很快
	Cl_2	1mol/L HCl	25	很慢
			75	快
Np(VI)→Np(IV)	Fe^{2+}	H_2SO_4	25	很快
Np(VI)→Np(V)	Cl^-	Pt 催化	25	慢
	$NH_2 \cdot NH_2$	1mol/L H^+	25	很快
	NH_2OH	1mol/L H^+	25	很快
	NO_2^-	1mol/L HNO_3	25	瞬刻
	H_2O_2	0.5mol/L HNO_3	25	瞬刻
	Sn^{2+}	HCl	25	中等
	SO_2	H_2SO_4	25	快
Np(VI)→Np(VII)	XeO_3	2.5×10^{-4}mol/LNp	50	$t_{1/2}\approx3$min
		2.5×10^{-3}mol/LXeO_3	70	$t_{1/2}\approx0.7$min
		1mol/LKOH		
		2.5×10^{-4}mol/LNp	50	$t_{1/2}\approx4.5$min
		2.5×10^{-3}mol/LXeO_3		
		0.25mol/LKOH		
	过氙酸盐	2.5×10^{-4}mol/LNp	70	$t_{1/2}\approx15$min

续表

反应	试剂	溶液	温度(℃)	速度
		1mol/LKOH		
	S_2O^{2-}	2.5×10^{-4}mol/LNp	55	$t_{1/2}$≈15min
		0.1mol/L$K_2S_2O_4$	70	$t_{1/2}$≈4min
		0.5mol/LKOH		
	高碘酸盐	2.5×10^{-4}mol/L Np	85	$t_{1/2}$≈20min
		0.1mol/L KOH		
		2.5×10^{-4}mol/L Np	85	$t_{1/2}$≈20min
		5mol/L KOH		
	HOCl,HOBr	2.5×10^{-4}mol/L Np	55	$t_{1/2}$≈10min
		2×10^{-2}mol/L HOX		
		1mol/L KOH		
		2.5×10^{-4}mol/L Np	55	$t_{1/2}$≈20min
		2×10^{-2}mol/L HOX		
		0.25mol/L KOH		

五价镎的歧化反应式如下：

$$2NPO_2^+ + 4H^+ = Np^{4+} + NpO_2^{2+} + 2H_2O$$

随着酸度的升高，歧化倾向亦增加，上述反应平衡常数 K，从 1mol/L $HClO_4$ 中为 4×10^{-7}，至 8.67mol/L $HClO_4$ 中增加到 $K=200$。由于 Np^{4+} 和 NpO_2^{2+} 比形式上带一个电荷的 NpO_2^+ 离子可形成更为稳定的络合物，因而加入络合剂会加速 Np(V)的歧化作用。它在稀硫酸溶液中的歧化速度为：

$$-\frac{d[Np(V)]}{dt}=[NpO_2^+]^2(k_1[HSO_4^-]+k_2[HSO_4^-]^2)$$

(在 25℃和 $\mu=2.2$ 时，$k_1=4.3\times10^{-3}$，$k_2=2.3\times10^{-3}$)，表明反应机理是通过两条独立的反应途径进行的[42]。Np(V)在草酸溶液中的歧化机理则与 Pu(V)的情形十分相似。

8.4.4 镎的吸收光谱

在酸性水溶液中，镎以下列组成的水合离子形式存在：$Np\cdot(H_2O)_8^{3+}$，$Np(H_2O)_8^{4+}$，$NpO_2(H_2O)_6^+$，$NpO_2(H_2O)_6^{2+}$。这些离子在溶液中都具有特征的颜色：Np^{3+} 为浅蓝色或红紫色；Np^{4+} 为黄绿色；NpO_2^+ 为浅蓝绿色；NpO_2^{2+} 为玫瑰色或红色；Np(VII)离子在碱性溶液中为绿色，在高氯酸中则呈褐色。溶液的颜色与镎的浓度、酸度和阴离子的性质均有关。

锕系元素离子与稀土元素相似，在近红外区、近紫外区以及可见区出现窄的吸收谱带，这对分析工作有很大的意义。镎的摩尔消光系数不算大，但是带窄，如充分考虑络合作用、仪器色散度等条件，仍不难用分光光度法定性和定量测定各种价态的镎。现将 Np^{3+}，Np^{4+}，NpO_2^+ 和 NpO_2^{2+} 在 2mol/L $HClO_4$ 溶液中适用于分析的吸收峰和摩尔消光系数列于表 8.11。它们的吸收光谱图示于图 8.6，Np(V)和 Np(VI)的吸收光谱比 Np(III)和 Np(IV)的要简单得多。

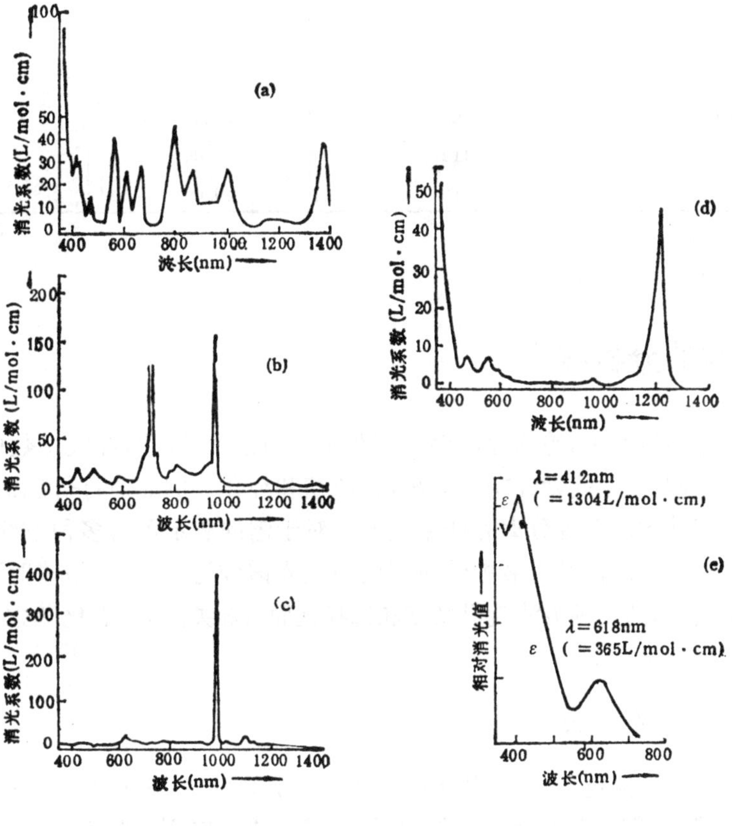

图 8.6　各种价态镎在 2mol/L $HClO_4$ 中的吸收光谱

[a=Np(III)，b=Np(IV)，c=Np(V)，d=Np(VI)，e=Np(VII)，在 1mol/L LiOH 中]

表 8.11　镎离子在 2mol/L $HClO_4$ 溶液中的主要吸收峰[43]（室温）

离子	波长(nm)	Np 的浓度 (mol/L)	摩尔消光系数 ε (L/mol • cm)
Np^{3+}	786	0.02	44*
Np^{4+}	960	0.005	162
	723	0.005	127
NpO_2^+	980.4	0.002	395
	617	0.03	22
		0.02	23
		0.01	22
NpO_2^{2+}	1223	0.02	45
Np(VII)**	412	0.001	1304
	618	0.001	365

* 50—60℃。

** 1mol/L LiOH 溶液。

8.5　镎的分析测定

通常分析试样中，镎的含量很小而杂质量却很大，因此，在大多数的分析测定中，需要将镎与其他元素经初步分离，再浓缩和纯化。例如通过价态的改变、离子交换或多级溶剂萃取等分离方法来实现。对于镎的测定可有多种方法，其中以测量“镎源”辐射的能谱及溶液中镎离子的吸收光谱较为重要，即是辐射测量法和分光光度法为主，这两种方法就灵敏度和选择性而言相差无几，而化学方法鉴定镎则较少有实际意义[44]。

8.5.1　辐射测量法

辐射测量法测定^{237}Np是基于测量其 α 和 γ 射线（参见表 8.1），它的比活度很低（1.58×10^3 α 粒子/μg • min），但由于它是最灵敏的方法，所以 α 测量法广泛地用于 Np 的测定。当用 α 能谱法测定^{237}Np时，如要求 α 谱仪给出良好的能量分辨率，则要制备极薄的源，这种源的制备可有蒸发、电沉积、在电场中喷涂溶液等方法。为提高当其他元素存在时测镎的选择性，可用 γ 能谱法不经预分离而测定^{237}Np及其子体^{233}Pa。

对于^{239}Np和^{238}Np两种核素，也可用特征 γ 谱线的 γ 能谱法来测定。

8.5.2　分光光度法

镎的水溶液和有机溶液均有特征的吸收光谱，根据这些光谱，不仅可以测定镎的价态，而且可以测定它的含量。

表 8.11 曾列举了镎离子在分析上常用的高氯酸溶液中的吸收带，其中波长为 980.4nm 的 Np(V)的强吸收峰最适于镎的定量测定。当形成镎的络合物时，因溶液的酸度变化、各种配位体以及阳离子的存在，摩尔消光系数往往变化很大，因此，不同文献所得数值有可能不完全一致。由于形成各种络合物，例如 NpO_2^+ 与 UO_2^{2+}，Cr^{3+} 形成络合物，便改变了最大吸收的波长。络合物形成体对吸收光谱的这种影响，可用于溶液中有镎离子参加时络合物形成过程的定性和定量研究。

在同有机试剂起显色反应测定镎的分光光度法中，邻砷酸基(或邻磷酸基)-邻-羟基偶氮化合物，诸如偶氮胂类试剂、钍试剂和偶氮氯膦类试剂得到了广泛的应用。阳离子与这类试剂生成络合物的理论，C. Б. Саввин[45] 作过比较全面的阐述。

Np(IV)与上述试剂生成比较牢固的内络合物，从而产生对比鲜明、灵敏度高的显色反应。由于其他元素也能与这类试剂生成有色络合物，所以产生的颜色对镎不是特有的。Np(IV)的显色反应与钍、铀、钚十分类似，部分地与锆也类似，已经发现最灵敏的显色剂为偶氮胂 III，即 1,8-二羟基萘-3,6-二磺酸-2,7-二(1-偶氮)苯-2-胂酸①。Np(IV)与它在 4—6mol/L HNO_3 中形成稳定的绿色络合物，在 665nm 波长处的摩尔消光系数 ε 约为 10^5。当有铀、钍、钚存在时，需预先将它们分离，最后用偶氮胂 III 比色测定四价镎的含量，检出下限为 0.04μg/ml[46]。

表 8.12 镎-237 的测定方法

方法	灵敏度(μg)	干扰元素	干扰元素的容许量(对 Np 的重量比)	选择性	可测定的镎量(μg)	测定误差(%)	分析时间
活化分析法	10^{-3}	^{239}Pu、^{235}U	1	低	0.01—1	±20—30	2—6d
(中子通量：10^{13} 中子/cm^2·s)		^{238}U	300				
		其他	100				

① 此试剂的结构式为：

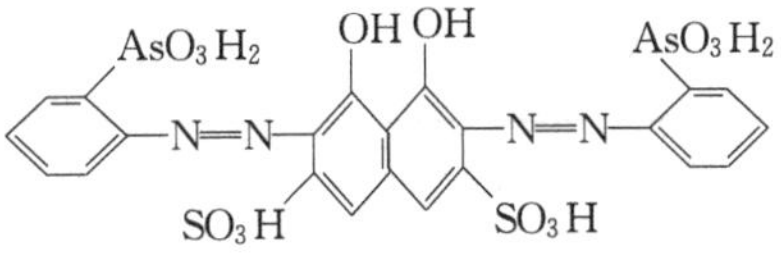

续表

方法	灵敏度(μg)	干扰元素	干扰元素的容许量(对 Np 的重量比)	选择性	可测定的镎量(μg)	测定误差(%)	分析时间
α 能谱法	0.1	^{238}Pu	0.2	低	1—100	±5—20	1—2h
		U	50				
		其他	50				
偶氮胂 III 分光光度法	0.1	Th	0.1	低	1—15	±5—20	10min
		U	1				
		Pu	100				
		其他	1000				
同上。测量消光增加值的方法	0.5	Th	5	低	1—10	±5—20	30min
		U	50				
		Pu	0.1				
二甲酚橙分光光度法	0.5	U	1000	高	1—15	±10	50—100min
		Pu	100				
		Fe	100				
		其他	100				
钍试剂分光光度法	1	U	10	中等	10—100	±2	30min
		Cr	25				

续表

方法	灵敏度(μg)	干扰元素	干扰元素的容许量（对 Np 的重量比）	选择性	可测定的镎量(μg)	测定误差(%)	分析时间
		其他	≥50				
方波极谱法	1	Pu	≤0.1	低	50—500	±10	30—100min
		U	>1				
		Cu	>1				
络合滴定法	5	Pu	10(≤2mg)	中等	50—300;	相应为±10;	50—100min
		Fe	20		200;3000	±3;±0.5	
		U	100(40mg)				
		其他	50				
控制电位库仑滴定，在 0.75—0.98V 之间	5	Tl	0.01	高	20;1000	相应为±12;	1—3h
		Pu	100			±0.1—0.5	
		Fe	100				
		U	1000				
用 Np(V)983nm 吸收峰的分光光度法	10	Pu	1	低	100	±2	30min
		U	300				
		其他	100				
用 Np(VI)1230nm 吸收峰的分光光度法	100	U	10	中等	10mg	±1	10—30min
		Pu	10				
		其他	10				
安培滴定法	—	—	—	低	1mg	±0.2	1—2h

镎最稳定的价态为五价，因为对其他单电荷离子的显色反应了解尚少，所以Np(V)的显色反应引起许多人的关注。它可与偶氮胂 III 形成 1∶1 的有色络合物，但此络合物仅在很小的 pH 范围内是稳定的，因此不能进行定量测定。Np(V)与偶氮氯膦 III，即 1，8-二羟基萘-3，6-二磺酸-2，7-二(偶氮-1)4-氯代苯-2-膦酸，在 pH3 时亦形成 1∶1 络合物，在 670nm 的波长处 ε 为 62200，适宜于五价镎的测定。同样，需将其他金属离子在测定镎时预先除去或掩蔽掉(表 8.12)。

Np(VI)类似于已知的 U(VI)的显色反应，而 Np(III)应类似于三价稀土元素的反应，这些反应研究得较少。镎的有色化合物的分光光度测定详见文献[44]，它的稳定性次序与其价态有关，通常认为是：Np(IV)＞Np(VI)＞Np(III)＞Np(V)。

为了解决提取镎工艺流程控制点中镎的分析，有人改用 3—6mol/L HCl 介质，使 Np(IV)与偶氮胂 III 生成稳定的绿色络合物，在 625nm 处进行测定，其摩尔消光系数亦为 10^5[47]。有人寻找其他高灵敏度的显色剂，偶氮胂 M① 就是其中之一[48~50]，在盐酸体系中，Np(IV)与偶氮胂 M 络合物的摩尔消光系数 ε_{664} 约为 10^5。其他如二甲酚橙、偶氮胂 K、PAR[1-(2-偶氮吡啶)间苯二酚]等亦有人研究，但灵敏度或特征性不如上述试剂。

8.5.3　其他分析法

1. 中子活化分析法

利用此法可以提高测定 ^{237}Np 的灵敏度，如用慢中子照射 ^{237}Np 时，发生下述的核反应：

$$^{237}\mathrm{Np}(n,\gamma)\xrightarrow[2.117\mathrm{d}]{\beta^-}{}^{238}\mathrm{Np}$$

这时生成短寿命的同位素 ^{238}Np，它的比活度超过 ^{237}Np 约 4×10^8 倍。因此，为了使放射性测定镎的灵敏度提高 100 倍，仅 10^{-3}%的 ^{237}Np 转变为 ^{238}Np 就足够了。测量 ^{237}Np 的灵敏度随中子通量和辐照时间而变。对 ^{238}Np 的测定是根据 1.0MeV 能区的 γ 射线强度进行的。

如在辐照之前对镎进行分离纯化步骤，则活化分析法在 10^6 倍量的钚和 10^8 倍量的天然铀存在时，仍能测定出百分之几微克的镎。

2. 滴定法

① 结构式为：

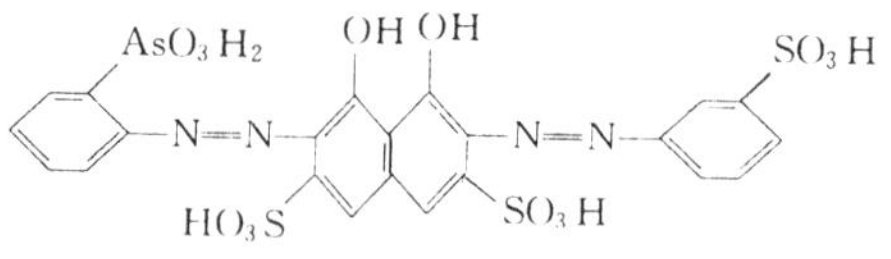

在各种滴定分析方法中，络合滴定法测定镎研究得较为详细。方法的原理是基于 Np(IV)与 EDTA(乙二胺四乙酸)在弱酸溶液中生成 1∶1 的牢固的络合物，在 pH=1.3—2.0 以二甲酚橙作指示剂的情形下，颜色由深粉红色变为淡黄色，非常明显，测定 1—4mg 镎时，测定误差为±0.05mg[51]。但 Th，Zr，Fe(III)有干扰，需在测定前除去。

氧化还原滴定法主要用于研究及鉴定镎的价态。为此，曾用 Ce(IV)氧化 Np(V)以及用 Fe(II)和 Sn(II)还原 Np(VI)进行光度滴定。此外，碘量滴定法曾用于七价镎的鉴定。

3. 电化学法

电化学法包括极谱法、安培滴定法、电位滴定法和库仑滴定法等，它们主要是根据 Np(IV)$\rightleftharpoons$Np(III)与 Np(V)$\rightleftharpoons$Np(VI)的氧化还原反应测定镎。这些方法适于进行远距离控制和自动化，因而引起了人们的重视。缺点是仪器比较复杂，灵敏度也不太高。例如，其中方波极谱法要求样品中至少有几微克的镎[52]。电位滴定法被推荐为生产控制分析中镎的标定方法[53]，当镎量为 4mg 时精密度在±0.30%以内，误差小于 0.5%。

此外，尚有发射光谱法、质谱法、X 射线测定法[54]等。

为了便于选择具体对象的分析方法，表 8.12 中列举了它们的分析特性：灵敏度、选择性、应用范围、误差和分析时间。

活化分析法是测定镎的最灵敏的方法，但它需有很强的中子源，分析的时间也较长。其次是 α 能谱法和偶氮胂 III 分光光度法，它们的缺点是对钚或铀的选择性差，因此应用这些方法时，需将镎与杂质预先分离。二甲酚橙分光光度法和控制电位库仑法，则是分析镎的选择性较好的方法。其他安培滴定、库仑滴定和络合滴定对测定镎的精密度较好，但有时可能产生相当大的系统误差。

参 考 文 献

[1] E. McMillan, P. H. Abelson, *Phys. Rev.*, **57**, 1185(1940).

[2] 核素图表编制组，《核素常用数据表》，原子能出版社，494—499(1977).

[3] C. M. Lederer, J. M. Hollandex, I. Perlman, "Table of Isotopes". 6th edition, John Wiley, New York (1968).

[4] J. A. Powers, N. A. Wogman, J. W. Cobble, *Phys. Rev.*, **152**, 1096(1966).

[5] 科·克勒尔(C. Keller)著，"The Chemistry of the Transuranium Elements", Verlag Chemie GmbH, 257 (1971).《超铀元素化学》编译组译，《超铀元素化学》，原子能出版社，293(1977).

[6] R. D. Baybarz, *At. Energy Review*. **8**, 327(1970).

[7] A. Chesné, *Ina. At.*, **10**(7/8), 71(1966).

[8] T. H. Siddall, E, K. Dukes, *J. Am. Chem. Soc.*, **81**. 790(1959).

[9] R. E. Isaacson, B. F. Judson, *Ind. Eng. Chem.*, Process Design and Development, **3**, 296(1964).

[10] J. L. Ryan, US-AEC Report HW-59193(1959).

[11] R. A. Schneider *Anal. Chem.*, **34**, 522(1962).

[12] Y. A. Zolotov, I. P. Alimarin, *J. Inorg. Nucl. Chem.*, **25**, 719(1963).

[13] S. Lis, E. T. Józefowicz, S. Siekierski. *J. Inorg. Nucl. Chem.*, **28**, 199(1966).

[14] C. W. Sill, *Anal. Chem.*, **38**, 802(1966).

[15] R. N. R. Mulford, T. A. Wiewandt, *J. Phys. Chem.*, **69**, 1641(1965).

[16] J. C. Bailar, Jr., H. J. Emeléus, Sir R. Nyholm A. F. Trotman-Dickenson, "Comprehensive Inorganic Chemistry, Vol. 5, Actinides", Pergamon Press, 145(1973).

[17] J. G. Malm, B. Weinstock, E. E. Weaver, *J. Phys. Chem.*, **62**, 1506(1958).

[18] M. Kimura, V. Schomaker *J. Chem. Phys.*, **48**, 4001(1968).

[19] C. A. Hutchinson, Tung Tsang, B. Weinstock, *J. Chem. Phys.*, **37**, 555(1962).

[20] K. W. Bagnall, D. Brown, J. F. Easey, *J. chem. Soc.*, (A)2223(1968).

[21] C. E. Thalmayer, D. Cohen, "Actinide Chemistry in Saturated Potassium Fluoride Solution" in R. F. Gould (ed.): "Lanthanide/Actinide Chemistry", Advances in Chemistry Series, Vol. 71, American Chemical Society, Washington D. C. 256(1967).

[22] K. W. Bagnall, D. Brown, J. F. Easey, *J. Chem. Soc.*, (A), 288(1968).

[23] D. Brown, J. Hill, C. E. F. Rickard, *J. Chem. Soc.*, (A), 476(1970).

[24] R. J. Ackermann, R. L. Faircloth, E. G. Rauh, R. J. Thorn, *J. Inorg. Nucl. Chem.*, **28**, 111(1966).

[25] E. J. Huber, Jr., C. E. Holley, Jr., *J. Chem, Eng. Data*, **13**, 545(1968).

[26] N. N. Krot and A. D.. Gelman, *Dokl. Akad. Nauk.* USSR, **177**, 124(1967).

[27] M. P. Mefodeva, N. N. Krot and A. D. Gelman, *Радиохимия*. **12**, 232(1970).

[28] N. N. Krot, M. P. Mefodeva and A. D. Gelman, *Радиохимия*, **10**, 634(1968).

[29] D. Cohen, S. Fried, *Inorg. Nucl. Chem. Letter.*, **5**, 653(1969).

[30] B. B. Cuningham, "Compounds of the Actinides" in W. L. Jolly(ed.): "Preparative Inorganic Reactions", Vol. 3, Interscience Publishers, New York, **79**(1966).

[31] J. W. Cobble et al., *Inorg. Chem.*, **9**, 912, 922(1970).

[32] M. Shiloh, Y. Marcus, *J. Inorg. Nucl. Chem.*, **28**, 2725(1966).

[33] J. C. Sullivan, J. C. Hindman, *J. Am. Chem.*, *Soc.*, **76**, 5931(1954).

[34] S. Ahrland, L. Brandt, *Acta Chem. Scand.*, **22**, 1579(1968).

[35] P. I. Kondratov and A. D. Gelman, *Радиохимия*, **2**, 315(1960).

[36] R. K. Murmann, J. C. Sullivan, *Inorg. Chem.*, **6**, 892(1967).

[37] J. C. Sullivan, *Inorg. Chem.*, **3**, 315(1964).

[38] R. Portanova, G. Tomat, L. Magon, A. Cassol, *J. Inorg. Nucl. Chem.*, **32**, 2343(1970).

[39] C. Keller, "The Chemistry of the Transuranium Elements", Verlag Chemie GmbH, **291**, 289—290 (1971).

[40] D. Cohen, J. C. Hindman, *J*, *Am. Chem. Soc.*, **74**, 4679, 4682(1952).

[41] L, B. Magnusson, J. C. Hindman, T. J. Lachapelle, Chemistry of Neptunium (V), Formal Oxidation Potentials of Neptunium Couples" in G. T. Seaborg, J. J. Katz, W. M. Manning(eds.): "The Transuranium Elements" National Nuclear Energy Series, Div. IV, 14B, McGraw-Hill Co., New York, 1059(1949).

[42] E. A. Appelman, J. C. Sullivan, *J. Phys. Chem.*, **66**. 442(1962).

[43] P. G. Hagan, J. M. Cleveland, *J. Inorg. Nucl. Chem.*, **28**, 2905(1966).

[44] 米哈依洛夫(B. A. Михайлов)著,张心祥等译,《镎的分析化学》,原子能出版社,158(1978).

[45] C. Б. Саввин,"Арсеназо Ш. Методы Фотометрического олределения редких и актинидных Элементов"., M., Атомиздат(1966).

[46] G. A. Burney, E. K. Dukes, H. J. Groh, "Analytical Chemistry of Neptunium", D. C. Stewart, H. A. Elion (eds.): in "Progress in Nuclear Energy", Ser. IXVol. 6, Oxford, Pergamon Press, 181(1966).

[47] 吴建忠等,见《超铀元素分析》编辑组,《超铀元素分析》,原子能出版社,179(1977)。

[48] Ю. П. Новиков, М. Н. Маргорина, *Ж. А. Х.*, **29**. 705(1974).

[49] 姜延林等,同[47],175.

[50]《镎的分析》翻译小组,《镎的分析》,原子能出版社,171(1974).

[51] А. П. Смирнов-Аверин, Г. С. Коваленко, Н. П. Ермолаев, Н. Н. Крот, *Ж. А. Х.*, **21**, 76(1966).

[52] 杨炳成、张雄、王秀萍、贾瑞和,同[47],76.

[53] 周贤玉、李文莲,同[47],71.

[54] 张寿华、傅丽春、郭景儒,同[47],**84**.

29.9 钚

第一个被发现的钚同位素是^{238}Pu，它是由 16MeV 的氘核轰击铀而产生的(参见 29.1.1 节)：

$$^{238}U(d,2n)^{238}Np \xrightarrow[2.117d]{\beta^-} {}^{238}Pu$$

它是一种很好的能源材料，已经在宇宙飞行的动力系统中作为热源使用。但大量的生产则是用^{237}Np 作靶，在反应堆里经中子辐照成^{238}Np 后再经 β^- 衰变而得。

钚(Plutonium)最重要的同位素是^{239}Pu，它由 Seaborg 研究小组在 1941 年初发现。由于各种能量的中子都能引起^{239}Pu 裂变，它便成了重要的核燃料。目前所使用的钚几乎都由天然铀作装料的热中子非均匀反应堆所产生，预期将来快中子增殖堆会成为钚的主要来源。至于在自然界中存在的钚，它的量是很微少的。

钚的发现和制得首次将已知元素转变为新元素，实现了古代炼金术家的梦想。它独特的核性质和化学性质使其在原子能工业上的重要性超过所有的其他人造元素，并且是已知对人类最危险的毒物之一。因而使钚在自然科学史上占有特殊的地位。

9.1 钚的同位素与核性质

现将目前已知的钚同位素列于表 9.1，它的质量数从 232—246，一共有 16 种。

钚最重要的同位素^{239}Pu 由^{238}U 俘获中子而得到：

$$^{238}U(n,\gamma)^{239}U \xrightarrow[23.5\ min]{\beta^-} {}^{239}Np \xrightarrow[2.35d]{\beta^-} {}^{239}Pu$$

缺中子的钚同位素主要是用加速 α 粒子轰击^{233}U 或^{235}U 产生的，质量数为 240—244 的重同位素则由^{239}Pu 作多次中子俘获而产生：

表 9.1 钚的同位素[1]

核素	半衰期	衰变方式 (分支比，%)	粒子能量 MeV (强度，%)	主要的产生方式
^{232}Pu	36min	$\alpha(\geqslant 1.6)$ $\varepsilon(\leqslant 98.4)$	$E_\alpha=6.58$	$^{235}U(\alpha,7n)$ $^{233}U(\alpha,5n)$

续表

核素	半衰期	衰变方式（分支比，%）	粒子能量 MeV（强度，%）	主要的产生方式
^{233}Pu	20min	$\alpha(0.12)$	$E_\alpha=6.30$	$^{233}U(\alpha,4n)$
		$\varepsilon(\sim 99.9)$		
^{234}Pu	9.0h	$\alpha(6)$	$E_\alpha=6.202(4.08)$	$^{233}U(\alpha,3n)$
			6.151(1.92)	$^{235}U(\alpha,5n)$
			6.031(0.02)	
		$\varepsilon(94)$	$E_\gamma=0.047$	
^{235}Pu	25.6min	$\alpha(0.003)$	$E_\alpha=5.85$	$^{233}U(\alpha,2n)$
		$\varepsilon(\sim 100)$	$E_\gamma=0.7451(7.5)$	$^{235}U(\alpha,4n)$
			0.0493(1.97)	
^{236}Pu	2.851a	$\alpha(>99)$	$E_\alpha=5.768(68.9)$	$^{235}U(\alpha,3n)$
			5.721(30.9)	^{236}Np 衰变子核
			5.616(0.18)	
		$SF(8\times 10^{-8})$	$E_\gamma=0.110(1.2\times 10^{-2})$	
			$0.047(3.1\times 10^{-2})$	
^{237}Pu	45.6d	$\alpha(0.0033)$	$E_\alpha=5.65(6.3\times 10^{-4})$	$^{235}U(\alpha,2n)$
			$5.36(2.6\times 10^{3})$	$^{239}Pu(n,3n)$
		$\varepsilon(\sim 100)$	$E_\gamma=0.0596(5)$	
^{237m}Pu	0.18s	IT	$E_\gamma=0.145(2)$	$^{235}U(\alpha,2n)$
				$^{237}Np(d,2n)$
^{238}Pu	87.75a	$\alpha(\sim 100)$	$E_\alpha=5.4992(71.1)$	^{242}Cm 衰变子核
			5.4565(28.7)	^{238}Np 衰变子核
			5.359(0.13)	$^{239}Pu(n,2n)$
		$SF(1.7\times 10^{-7})$	$E_\gamma=0.04349(3.92\times 10^{-2})$	
^{239}Pu	$2.44\times 10^{4}a$	$\alpha(>99)$	$E_\alpha=5.1554(73.3)$	$^{238}U(n,\gamma)$
			5.1429(15.1)	$^{239}U \xrightarrow{\beta^-} {}^{239}Np \xrightarrow{\beta^-}$
			5.1046(11.5)	
		$SF(4.5\times 10^{-10})$	$E_\gamma=0.05163(2.08\times 10^{-2})$	
^{240}pu	6600a	$\alpha(>99)$	$E_\alpha=5.1683(76)$	^{238}U，^{239}Pu 多次中子俘获
			5.1238(24)	
		$SF(4.9\times 10^{-6})$	$E_\gamma=0.04523(4.50\times 10^{-2})$	
^{241}Pu	15.2a	$\alpha(2.4\times 10^{-3})$	$E_\alpha=4.896(2.00\times 10^{-3})$	^{238}U，^{239}Pu 多次中子俘获
			$4.853(2.9\times 10^{-4})$	
		$\beta^-(\sim 100)$	$E_{\beta^-}=0.0208(\sim 100)$	镎人工放射系始核
^{242}Pu	$3.87\times 10^{5}a$	$\alpha(\sim 100)$	$E_\alpha=4.9009(76)$	^{242}Am 衰变子核

续表

核素	半衰期	衰变方式（分支比，%）	粒子能量 MeV（强度，%）	主要的产生方式
			4.8566(23)	^{238}U,^{239}Pu 多次中子俘获
		SF(5.50×10^{-4})	E_γ=0.04492(3.3×10^{-2})	
^{243}Pu	4.955h	β^-(100)	E_{β^-}=0.594(58)	^{242}Pu(n,γ)
			0.552(13)	
			0.510(28)	
			0.13(1)	
			E_γ=0.0840(20)	
^{244}Pu	8.3×10^{7}a	α(100)	E_α=4.589(81)	天然存在
			4.546(19)	^{238}U,^{239}Pu 多次中子俘获
		SF(～0.1)		
^{245}Pu	10.5h	β^-(100)	E_{β^-}=1.21(～10)	^{244}Pu(n,γ)
			0.93(48)	堆中子＋Pu 核爆炸
			0.86(5)	
			～0.40(17)	
			0.30(10)	
			0.27(3)	
			E_γ=0.3272(23.8)	
^{246}Pu	11d	β^-(100)	E_{β^-}=0.330(～10)	多次中子俘获热核爆炸
			0.150(～90)	
			E_γ=0.04381(100*)	

注：各符号意义参见表 8.1 之注释。

$$^{239}\mathrm{Pu}(n,\gamma)^{240}\mathrm{Pu}(n,\gamma)^{241}\mathrm{Pu}(n,\gamma)^{242}\mathrm{Pu}(n,\gamma)^{243}\mathrm{Pu}(n,\gamma)^{244}\mathrm{Pu}$$

钚同位素中，最重要的核性质是：^{239}Pu 和^{241}Pu 都具有很高的裂变截面 $\sigma(n,f)$，同时，它们的中子俘获截面 $\sigma(n,\gamma)$ 也较高。表 9.2 列出某些钚同位素的这两种数据，为比较起见，同时给出有关铀同位素的数据。由表可见，尽管每次裂变的瞬发中子数较大，但对于热中子的有效中子数 η 仅为 2 左右. 然而，η 随着中子能量的增加而增加，对铀冷快中子增殖堆的中子能谱而言，^{239}Pu 的 η 值约为 2.75，所以钚作为快中子增殖堆的核燃料尤为合适。

钚的三个最重要的同位素^{238}Pu，^{239}Pu 及^{240}Pu 的简化了的衰变图示于图 9.1。^{238}Pu 和^{240}Pu 均是偶-偶核，它们已由热中子所裂变（阈下裂变 Subthreshold Fission），因而从理论上看显得很重要。

表 9.2 某些铀、钚核素的中子俘获截面 $\sigma(n,\gamma)$ 和裂变截面 $\sigma(n,f)$（中子：2200m/s）

核素	$\sigma(n,\gamma)$ (b)	$\sigma(n,f)$ (b)	瞬发中子数 ν (中子数/裂变)	有效中子数 η	$\sigma(n,\gamma)/\sigma(n,f)$ 比值
^{233}U	47.0	530.6	2.4866	2.2844	0.0885
^{235}U	98.3	580.2	2.4229	2.0719	0.1694
^{238}Pu	403	18.4	2.33		
^{239}Pu	271	741.6	2.8799	2.1085	0.3659
^{240}Pu	285	0.03	2.143		
^{241}Pu	368	1007.3	2.934	2.149	0.3654
^{242}Pu	19.2	0	2.15	—	
^{243}Pu	210*				
^{244}Pu	2.1*				
^{245}Pu	260*				

* 对反应堆中子而言。

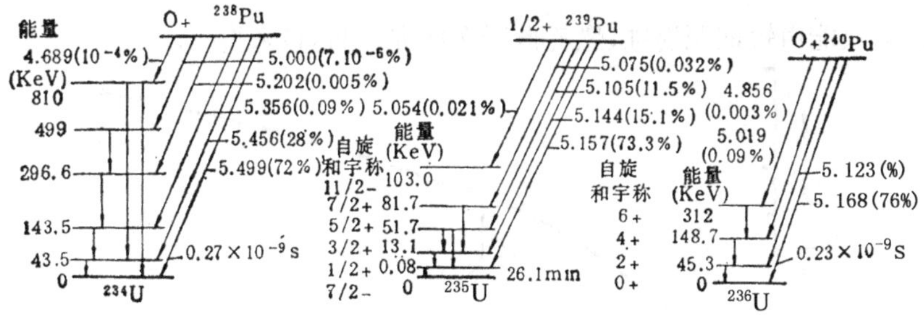

图 9.1 ^{238}Pu，^{239}Pu 及 ^{240}Pu 的简化衰变图

图 9.2 表示 ^{239}Pu 受热中子裂变时同量异位素的产额曲线，并与 ^{233}U 进行了比较。由此图清楚地看到，当裂变核的质量数变大时，重裂片的产额没有多大改变；而轻裂片则移向较高的质量数，于是形成一个较窄的谷，谷的深度可随轰击粒子能量的增加而减少。

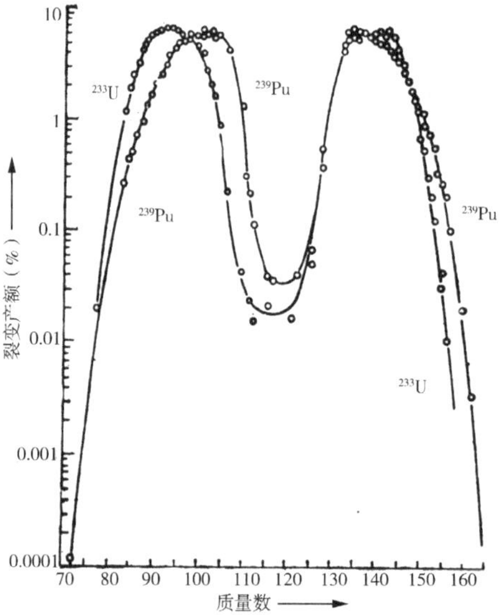

图 9.2 ^{233}U、^{239}Pu 的热中子裂变产额与质量数的关系[2]

9.2 钚的主要同位素的生产

通常反应堆中生产的钚除主要含^{239}Pu以外，尚含有 20%以上的^{240}Pu，5%以上的^{241}Pu，以及极少量的^{242}Pu。所得钚同位素的组成在很大程度上取决于反应堆中照射的时间（图 9.3，图 9.4）。军用同位素纯的^{239}Pu含有小于 0.5%—1%的重同位素，它只能由短期照射铀（燃耗低于 700 兆瓦日/t）来得到。

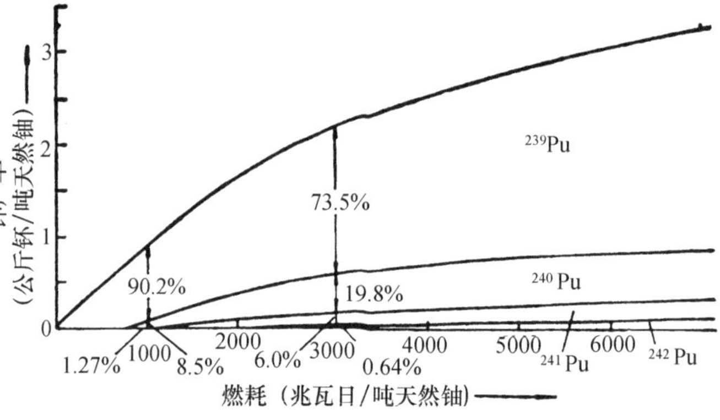

图 9.3 天然铀照射后生成钚的产率[3]

（热中子非均匀反应堆，通量 $\phi \approx 10^{13}$ 中子/$cm^2 \cdot s$）

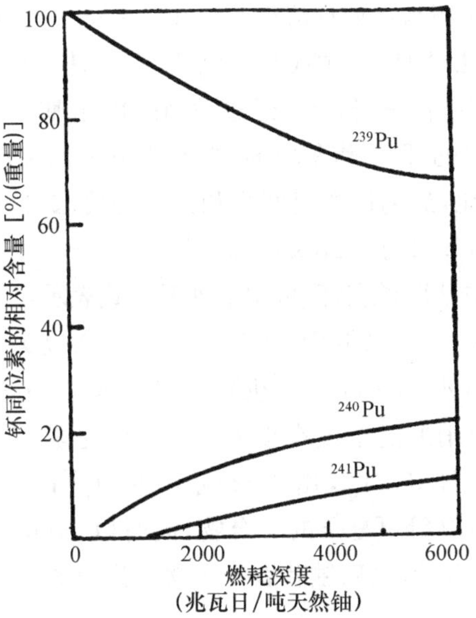

图 9.4 天然铀照射后生成钚同位素的组成[4]

除了质量数为 239—242 的同位素外，反应堆中生产的钚还含有 0.1%—0.5% 的少量^{238}Pu、极少量的^{236}Pu 和^{244}Pu(10^{-10}%—10^{-8}%)。同位素纯度约为 99% 的^{242}Pu 则是在高通量反应堆中长期照射钚产物而得到的，因为在那俘获链中^{242}Pu 的中子吸收截面最小，可一直照射到 239—241 同位素都耗尽，或转化成^{242}Pu 时为止。用此法在中子通量为 3×10^{14} 中子/cm^2 · s 的情况下照射 1 kg 钚约 20 个月，可得到 60g^{242}Pu，还有 30g 的^{243}Am 和^{244}Cm。

富中子的钚同位素^{244}Pu 至^{246}Pu，由核爆炸中形成的短寿命富中子铀同位素经 β^- 衰变而获得，它们的生成量难以达到可称量的规模。

9.2.1 ^{239}Pu

反应堆运转一定时期后，由于部分核燃料的燃耗、裂变产物的积累以及辐射化学效应的增长等因素，反应性能逐渐降减，需要对燃料元件进行更换与处理，以提取新生成的裂变物质^{239}Pu、有用的裂片核素和超铀元素，以及回收转化材料^{238}U 和未用完的裂变物质^{235}U 等，这正是核燃料后处理的重要任务。

通常在被处理的燃料中，新生成的裂变物质及裂变产物只占很少量。例如，在燃耗为 5000 兆瓦日/t 及转化系数为 0.8 的情况下，一吨天然铀大约产生 4kg 钚和 5kg 裂变产物。因所含裂变产物的放射性很强，其中有些能强烈地吸收中子(称为中子毒物)，从而影响反应堆的正常运行，故燃料需彻底净化(要求去污系数达

10^6—10^8)；同时，要求核燃料后处理流程对铀和钚具有很高的回收效率(>99%)。

目前普遍认为，水法磷酸三丁酯(TBP)萃取流程是一个切实可行的方法。此法就是将各种类型的辐照核燃料元件，经过适当的预处理转化为硝酸水溶液，然后采用 20%—40%(体积)的 TBP 作萃取剂，煤油或正十二烷作稀释剂，硝酸作盐析剂，进行萃取分离和纯化，达到核燃料回收和去污的要求，这就是核燃料后处理工艺中进行钚铀还原溶剂萃取的“Purex 流程”[4]。

TBP 从硝酸溶液中萃取铀和钚，可用下列反应式表示：

UO_2^{2+}(水)$+2NO_3^-$(水)$+2$TBP(有机)$\rightleftharpoons UO_2(NO_3)_2\cdot 2$TBP(有机)

Pu^{4+}(水)$+4NO_3^-$(水)$+2$TBP(有机)$\rightleftharpoons Pu(NO_3)_4\cdot 2$TBP(有机)

分配系数与水相中硝酸的浓度有很大关系。先是随着硝酸浓度的增加而增加，当高于 6—8mol/L HNO_3 时，由于形成了如 $H_2[Pu(NO_3)_6]\cdot x$ TBP 和 $H[UO_2(NO_3)_3]\cdot y$ TBP 等更复杂的化合物，同时以 $HNO_3\cdot$TBP 形式萃取，分配系数随之下降。图 9.5 给出钚、铀和裂变产物的分配系数与硝酸浓度的关系。

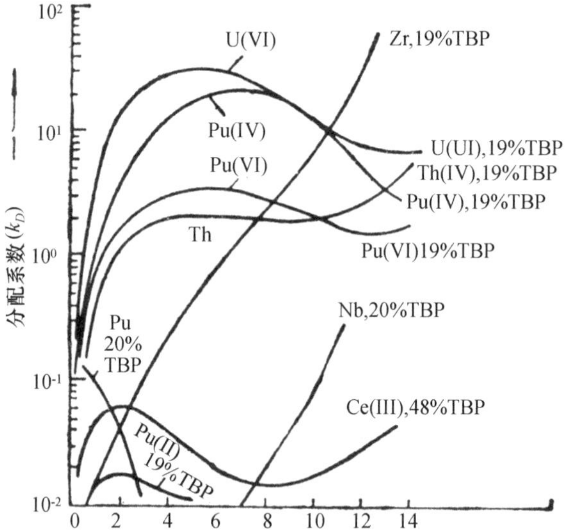

图 9.5　钚、铀和裂变产物被 TBP-煤油萃取的分配系数[5]

随着后处理工业的发展，根据燃料元件芯体的组成、燃耗深度以及对产品质量的要求等方面，出现了许多 Purex 的变体流程。近年来人们发现胺类萃取剂有较好的选择性和耐辐照性能，其中萃取钚最有效的是每个烃基都含有 8—12 个碳原子的烷基叔胺，如三月桂胺(TLA)，三辛胺(TOA)以及 N-235(一种混合脂肪胺)

等。胺类的缺点是在萃取过程中形成第三相，因而作为纯化钚的手段将出现一些操作上的麻烦，当前各国趋向于避免使用胺类萃取剂。

经溶剂萃取净化分离得到的硝酸钚溶液，还需进一步纯化，常用的有阴离子交换方法。利用 Pu(IV)在 7—8 mol/L HNO_3 溶液中具有很高的分配系数，而 U 和裂变产物则很少被吸附的特性实现钚的最终纯化。阴离子交换树脂吸附钚的反应式是：

$$2(R_4N)NO_3+Pu(NO_3)_6^{2-} \rightleftharpoons (R_4N)_2Pu(NO_3)_6+2NO$$

9.2.2 ^{238}Pu

^{238}Pu 主要有两个方法获得：

(1)由^{237}Np 进行中子照射

$$^{237}Np(n,\gamma)^{238}Np \xrightarrow[2.117d]{\beta^-} {}^{238}Pu$$

(2)由^{241}Am 作中子照射制取^{242}Cm，然后经 α 衰变而成^{238}Pu

$$^{241}Am(n,\gamma)^{242}Am \xrightarrow{\beta^-} {}^{242}Cm \xrightarrow{\alpha} {}^{238}Pu$$

第一个方法常用于大量生产^{238}Pu，为此，可将 NpO_2-Al 靶在中子通量为 10^{14} 中子/cm^2 · s 的反应堆中辐照。这样获得的^{238}Pu 混有一些^{239}Pu 等较高的同位素和没有转化的^{237}Np，还有一些裂变产物，经分离后制得的典型^{238}Pu 产品组成见表 9.3。在处理^{238}Pu 时，由于放射性强，试剂所受的辐射损伤几乎达处理^{239}Pu 时的 300 倍，并且想保持一定的价态也更困难。美国萨凡娜河实验室(Savannah River Laboratory)发展的钚分离流程[7]，将辐照过的$^{237}NpO_2$(每克^{237}Np 含有 0.2g^{238}Pu 及 30Ci 裂变产物)溶于 8mol/L HNO_3 溶液，经氨基磺酸亚铁还原后，以 Pu(IV)的形式先后经三次阴离子交换，得到浓度为 10—30gPu/L 的溶液。将钚沉淀为过氧化物，再溶解于稀硝酸中能得到更高浓度的钚溶液。

表 9.3　由^{237}Np 射照生成的典型^{238}Pu 产品组成[6]

核素	^{236}Pu	^{238}Pu	^{239}Pu	^{240}Pu	^{241}Pu	^{242}Pu	^{237}Np	^{241}Am
重量%	0.00012	80.2	15.9	3.022	0.643	0.132	0.130	0.033

9.3 钚的化合物

9.3.1 钚的氢化物

在通常的条件下将氢和金属钚直接化合，制得的氢化物组成在 PuH_2 与 PuH_3

之间，精确的组成与温度和氢的压力有关。如在150—200℃时反应，可得灰色金属光泽、具有氟石结构的氢化物相，组成范围在$PuH_{1.8}$—$PuH_{2.7}$之间，上限即为$PuH_{2.7}$。

除了立方结构的氢化物相以外，还存在符合化学计量PuH_3的黑色氢化物，它与六方晶系的UH_3结构是同类型的。对Pu-H体系的详细研究表明，每摩尔的固态和液态金属钚中氢的溶解度可达0.1摩尔。

氢化钚有易于自燃的倾向，它们在空气中的稳定性与颗粒的大小、氢/钚比等因素有关，通常只有在干燥惰性气氛中处理和贮存才是安全的。它在150℃时被空气迅速氧化，250℃时同氮反应形成PuN。

二氢化钚在下列温度范围内分解压力的经验方程式为：

$$PuH_2(673-1073K)$$

$$\log P^{*}①=(10.01\pm0.32)-(8165\pm263)/T(K)$$

$$PuD_2(873-1073K)$$

$$\log P^{*}=(9.71\pm0.19)-(7761\pm151)/T(K)$$

在1个大气压的氢气下，温度高达1000℃时，PuH_2仍是稳定的。但在真空中，温度低至420℃时，它便迅速分解，5g样品经2h就转化为金属钚[8]。PuH_3固体化合物的稳定性比PuH_2更差，25℃时它的分解压力为0.466bar；在200℃时，它很快分解成PuH_2。

二氢化物的生成热：

$$Pu(固)+H_2(气)\rightleftharpoons PuH_2(固)$$

$$\Delta H_{f298}=-(139.3\pm5.0)[kJ/mol]$$

$$Pu(固)+D_2(气)\rightleftharpoons PuD_2(固)$$

$$\Delta H_{f298}=-(134.7\pm2.9)[kJ/mol]$$

二氢化钚PuH_2在298—1100K温度范围内的生成自由能方程式为：

$$\Delta G_f=-156.063\pm0.1364T(K)[kJ/mol]$$

研究钚和氢反应的重要意义，在于制备粉末冶金所需要的粉末状钚。

9.3.2 钚的卤化物

1. 氟化物

(1)PuF_3。呈暗紫色，属六方晶系，可由PuO_2与HF，H_2的混合物在600℃直接反应而得到：

---

① $P=P^{*}\times133.3(Pa)$。

$$PuO_2+3HF+\frac{1}{2}H_2 \xrightarrow{600℃} PuF_3+2H_2O$$

用钚的硝酸盐或草酸盐代替二氧化钚，也能进行同样的反应。

三氟化钚不溶于水，它的溶度积 $K_{sp}=2.5\times10^{-16}$，可从 Pu(III)的水溶液中加入 F^- 离子沉淀出来。将此水化物加热到 100℃以上，便转化成无水三氟化物而又不水解。

当温度在 1243—1475K 范围时，PuF_3 的蒸气压可按下列方程式计算：

$$\log P(\text{atm})=9.288-20734/T(\text{K})$$

此时与 $PuF_{3(固)}$ 平衡的主要是 $PuF_{3(气)}$[9]。

(2)PuF_4。同所有其他锕系元素(IV)的氟化物一样，PuF_4 结晶呈 β-ZrF_4 型的单斜结构。将 PuF_3 在干燥的氧气中加热到 600℃，便可部分地转化为 PuF_4：

$$4PuF_3+O_2 \underset{真空}{\overset{600℃}{\rightleftharpoons}} 3PuF_4+PuO_2$$

此反应是可逆的。

将钚的氧化物或草酸盐在 HF-O_2 的混合气流中加热到 550℃，可得纯的四氟化物产物：

$$PuO_2+4HF \xrightarrow[O_2]{550℃} PuF_4+2H_2O$$

其中的氧是用于防止氟化氢气体中的少量氢对四价钚的还原作用。

把氢氟酸加入 Pu(IV)盐溶液中，生成粉红色的 $PuF_4\cdot2.5H_2O$ 沉淀，于 200—300℃加热脱水，便变成淡棕色的 PuF_4。它在 300℃以上的潮湿气体中水解成 PuO_2。

四氟化钚难溶于水，$K_{sp}=6\times10^{-20}$。但是它像三氟化钚一样，能溶于含有硼酸、Al^{3+} 或 Fe^{3+} 离子的溶液中。如将 PuF_3 或 PuF_4 与苛性碱一起加热，则转化成水合物 $PuO_2\cdot aq$，它能溶于稀酸中。PuF_4 在熔点 1037℃附近蒸气压较高，在 700—1200K 时可按下式计算：

$$\log P^*=5.580-10040/T(\text{K})$$

$$P=P^*\times133.3(\text{Pa})$$

(3)PuF_6。六氟化物的特点是沸点和熔点低，而挥发性则较高。它可由单质氟在 500—700℃的温度下与 PuF_4 反应制得[10]。

$$PuF_4+F_2 \longrightarrow PuF_6$$

氟化的速度随温度的升高而急剧地增加。此外，PuF_4 固体与氟的混合物在室温下用紫外线照射亦能得到六氟化物。

现将六氟化钚的某些物理化学性质列于表 9.4。PuF_6 在－180℃时是白色的固体，室温时呈黄棕色；液态和气态则为棕色到红棕色。固体 PuF_6 在常压下不能升华，但液态 PuF_6 可变成气态，这点与 UF_6 是不同的。六氟化钚分子在气态时呈正八面体结构，固态时的八面体稍有变形。

由于 ^{239}Pu 的比活度较高，引起 PuF_6 不断辐解而生成 PuF_4 和 F_2。固体 PuF_6 的分解速度约为每天 1.5%，比气态 PuP_6 高得多，因为气态情况下大部分 α 衰变能量被器壁所吸收。如加入稍为过量的氟气，可大大地抑制气态 PuF_6 的辐解。

表 9.4　PuF_6 的物理化学数据

熔点	51.59℃
沸点	62.16℃
三相点	51.59℃，71060.6Pa
熔化热	ΔH_m=18.64 kJ/mol
熔化熵	ΔS_m=57.40 J/mol·K
气态时 Pu-F 键长	1.971Å
$PuF_{6(固)}$的熵值	S_{298}=369.4 J/mol·K
$PuF_{6(固)}$的摩尔恒压热容	$C_{p\ 298}$=129.7 J/mol·K
$PuF_{6(气)}$的 C_p 与温度的关系	$C_p(T)=37.23+27.4\times10^{-5}T-5.65\times10^{-5}T^2$
	(当 298K≤T≤1500K 时)
$PuF_{6(固)}$的蒸气压[T(K)]	$\log P^*=0.39024+3.499\log T-2095.0/T$
	(当 273K≤T≤324.59K 时)
$PuF_{6(液)}$的蒸气压[T(K)]	$\log P^*=12.14545-1.534\log T-1807.5/T$
	(当 324.59K≤T≤350K 时)

六氟化钚是非常强的氧化剂，能使 UF_4 转变为 UF_6，或将 BrF_3 变为 BrF_5。痕量的水气很快就能使 PuF_6 水解成氟化钚酰 PuO_2F_2，它与相应的铀化合物同构。

(4)Pu 的三元氟化物。在 Pu(IV)的硝酸溶液中加入 NaF，先是生成赝立方晶系的 $NaPuF_5$ 绿色沉淀；继而慢慢转变成粉红色的 Na_2PuF_6，它与 δ 型 Na_2UF_6 同构。如向 Pu(IV)的硝酸盐溶液加入 CsF，却生成 $CsPu_2F_9\cdot3H_2O$ 棕色沉淀。

在温度为 600℃时，将碱金属的碳酸盐于 HF-O_2 的混合气流中与 $PuPO_2$ 反应，可制得 $7MF\cdot6PuF_4$，即 $M_7Pu_6F_{31}$(M=Na，K，Rb，NH_4)类型的氟化物复盐，这种 7∶6 的化合物分子式或可写成 $6(MPuF_5)\cdot MF$。

将 NH_4F 与 PuF_4 在 80—130℃时进行反应，可制得深粉红色的$(NH_4)_4PuF_8$，它进行热分解的各个中间阶段可从图 9.6 清楚地显示出来。

$CaPuF_6$ 结晶呈六方 LaF_3 型晶格，可由 PuF_4 和 CaF_2 混合于～1000℃反应制取。$SrPuF_6$ 可用类似反应制备，也可从水溶液中沉淀而得。

将 2∶1 的($RbF+PuF_4$)混合物于 300—400℃用单质 F_2 氧化，可生成具有

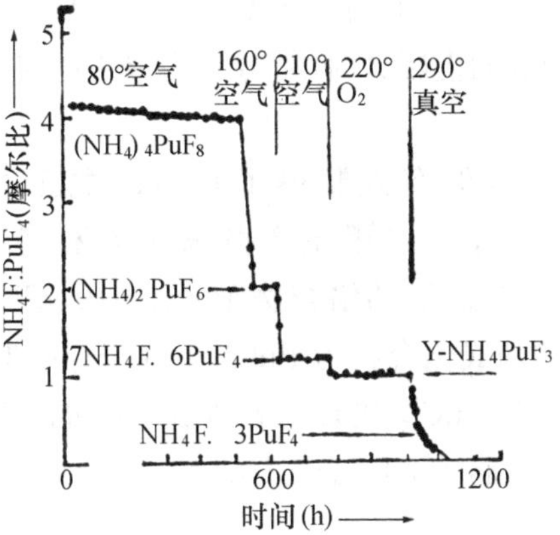

图 9.6 $(NH_4)_4PuF_8$ 的热分解曲线[11]

K_2NbF_7 型单斜结构的 Rb_2PuF_7。这是第一个完全不含氧的五价钚化合物。$CsPuF_6$ 与 $CsUF_6$ 属同类结构，由 $CsF+PuF_4$(1∶1)混合物于 350℃与 F_2 反应制得，它在室温下会慢慢放出氟气。

此外，还存在着组成为 $MPuO_2F_3 \cdot H_2O$(M＝Na，K，NH_4，Rb，Cs)或 $M_2PuO_2F_4$(M＝Na，K，NH_4，Rb)之类的氟化物复盐。

2. 氯化物

(1)$Pucl_3$。将 Pu(III)的草酸盐与六氯丙烯一起加热到 180—190℃，便可大量制取 $PuCl_3$。如欲纯化产品，可在氯气或高真空下，将主要的反应产品进行升华或经石英过滤器过滤。它还可由金属钚、氢化钚、二氧化钚等作起始反应物进行氯化而得。

三氯化钚是蓝色至绿色的固体，熔点 750℃，沸点为 1767℃。在 25℃时，生成自由能 $\Delta G_{f298}=-916.3$kJ/mol。无水三氯化钚暴露在潮湿空气中时，吸收水分而形成潮解性的六水合物。$PuCl_3$ 的蒸气压可按下列方程式计算：

固体 $PuCl_3$，577℃至熔点 750℃时

$$\log P^* = 12.726 - 15910/T(K)$$

液体 $PuCl_3$，750—977℃时

$$\log P^* = 9.428 - 12587/T(K)$$

将 Pu(III)的盐酸溶液蒸浓，产生深红色的六水合物 $PuCl_3 \cdot 6H_2O$，在 94—96℃时它熔化在自身的结晶水中。在室温下用水蒸气处理无水三氯化钚时，也能产生这种化合物。如将 $PuCl_3 \cdot 6H_2O$ 置于 HCl 气流中加热，可经 $PuCl_3 \cdot 3H_2O$ 和 $PuCl_3 \cdot H_2O$ 中间产物而得无水的 $PuCl_3$，它易溶于水和稀酸。

(2)$PuCl_4$。当温度在 400℃ 以上，将氯气通过固体的 $PuCl_3$ 时，有气态的 $PuCl_4$ 生成。但它在冷的表面上凝聚时，就分解为 $PuCl_3$ 和 Cl_2 气。可见四氯化钚是不稳定的。

固体 $PuCl_4$ 并不存在，但有人制得了它与乙酰胺的红棕色固体络合物 $PuCl_4 \cdot 6CH_3CONH_2$，与 *N*，*N*-二甲基乙酰胺的红棕色固体络合物 $PuCl_4 \cdot 2.5CH_3CON(CH_3)_2$，以及较低级的络合物 $PuCl_4 \cdot 0.5CH_3CON(CH_3)_2$ 等。它与二甲基亚砜形成稳定的加成化合物为 $PuCl_4 \cdot 3(CH_3)_2SO$。这些化合物常是以四价钚的氯化物复盐，如 Cs_2PuCl_6 在有机溶剂中与有机试剂进行反应而制得。

(3)Pu 的其他氯化物。将 PuO_2 置于 HCl-H_2 气流中加热至 650℃，便可制得纯的 PuOCl：

$$PuO_{2(固)} + \frac{1}{2}H_{2(气)} + HCl_{(气)} \rightleftharpoons PuOCl_{(固)} + H_2O_{(气)}$$

此外，PuO_2 与熔融的 $MgCl_2$ 反应亦可生成同一产物。

蓝绿色的氯化氧钚不溶于水，但易溶于稀的无机酸。它呈 PbFCl 型的四方结构。如将 PuOCl 放在 HCl 气流中加热，又可获得 $PuCl_3$：

$$PuOCl_{(固)} + 2HCl_{(气)} \rightleftharpoons PuCl_{3(固)} + H_2O_{(气)}$$

在含 Pu(III)的熔融氯化物中，已确证有 $PuCl_5^{2-}$，$PuCl_6^{5-}$，$PuCl_8^{6-}$ 及 $Pu_2Cl_7^-$ 等离子存在。于含有 $PuCl_3$ 的熔融碱金属氯化物(2∶1)中通入氯气，当碱金属组分是铯时，能使 Pu(III)定量地转变成 Pu(IV)；而氯化锂则不会发生 Pu(III)的氧化；在两者之间的碱金属氯化物介质中，氧化的比例随碱金属组分原子序数的增加而增加。由于氧化作用产生的四价钚的氯化物络盐，组成为 $M_2^IPuCl_6$(M＝Na，K，Rb，Cs)，其稳定性随着碱金属原子序数的增加而增加。

在几种含 Pu(IV)氯化物的络盐中，最熟知的是六氯钚酸铯 Cs_2PuCl_6，由熔融盐法制取与水溶液法制得的是同样的化合物。因为 Cs_2PuCl_6 由溶液中结晶出来时有确定的化学组成，甚至在相对湿度高达 53%时，它也不吸收水分，并且对 α 辐射分解稳定，所以 Cs_2PuCl_6 已被推荐作为钚的第一分析标准。

三价、四价和六价钚的氯化物络盐可用有机碱从水溶液中制得。在含 Pu(IV)或 Pu(VI)的 4mol/L HCl 溶液中加入$[(CH_3)_4N]Cl$ 溶液，以水稀释后便得到由橙黄色至黄绿色的氯络合物，如$[(CH_3)_4N]_2PuCl_6$ 和$[(CH_3)_4N]_2PuO_2Cl_4$ 等。其中的 Pu(IV)和 Pu(VI)可分别为 Th，Np(IV)，U(IV)或 Np(VI)，U(VI)等所取代形成一系列含卤络合物。

将 Pu(VI)的盐酸溶液在真空中蒸发，可制得氯化钚酰 $PuO_2Cl_2 \cdot 6H_2O$，在贮存过程中，六价钚在自身 α 粒子的辐照下逐渐还原成四价钚。

3. 溴化物和碘化物

(1)$PuBr_3$。溴化氢与Pu(III)的草酸盐反应便可制得：

$$Pu_2(C_2O_4)_3 \cdot 10H_2O + 6HBr \xrightarrow{500℃} 2PuBr_3 + 3CO_2 + 3CO + 13H_2O$$

其他类似于制备 $PuCl_3$ 的方法。

三溴化钚从空气中吸收湿气形成六水合物，并且潮解，生成亮紫色的溶液。固体 $PuBr_3$ 的熔点为681℃。它的蒸气压与温度的关系如下：

固体 $PuBr_3$，527℃—熔点681℃时

$$\log P^* = 13.386 - 15280/T(K)$$

液体 $PuBr_3$，681—827℃时

$$\log P^* = 10.237 - 12356/T(K)$$

该化合物在自身 α 粒子的辐照下逐渐分解而释出溴。

将Pu(III)的氢溴酸水溶液蒸浓，或将水蒸气与 $PuBr_3$ 进行反应，便可制备六水合物 $PuBr_3 \cdot 6H_2O$。它在225℃的HBr气流中脱水，又形成无水的 $PuBr_3$。

(2)$PuBr_4$。制备纯固体 $PuBr_4$ 的努力没有成功。与 $PuCl_4$ 一样，它只能以气态存在，并能以络合物的形式稳定下来。例如，用液态溴将乙腈中的 $PuBr_3$ 氧化，并加入化学计算量的三苯基氧膦(TPPO)或六甲基磷酰胺(HMPA)，在室温下真空蒸发，便可形成鲜红色的络合物 $PuBr_4 \cdot 2TPPO$ 和 $PuBr_4 \cdot 2HMPA$。这些络合物在惰性气氛中是很稳定的[12]。

(3)PuI_3。将碘化汞与金属钚置于真空石英安瓿中，加热至500℃，便可生成蓝绿色的三碘化钚。PuI_3 的熔点约为777℃，熔化热 $\Delta H_m = 50.2$kJ/mol。

(4)Pu(III)和Pu(IV)的碘酸盐。将碱金属的碘酸盐溶液加入到Pu(III)或Pu(IV)盐溶液中，可分别析出黄褐色固体三碘酸钚 $Pu(IO_3)_3$ 和淡红色无定形沉淀四碘酸钚 $Pu(IO_3)_4$。由于 $Pu(IO_3)_4$ 的溶解度较低，可用于从镧及稀土中分离钚。在150—250℃烘干的无水四碘酸钚，适于作钚的第一分析标准。

9.3.3 钚的氧化物

钚和氧可形成一系列二元氧化物、过氧化物、氢氧化物(或水合氧化物)，以及与其他金属元素共存的三元和四元氧化物。

1. 二元氧化物

(1)PuO_2。在所有钚的化合物中，以二氧化钚为最重要，研究得最详尽。它具有十分理想的性质，如熔点高，辐照稳定性好，同金属易于互溶以及便于制备等，使它成为增殖堆和动力堆的重要核燃料。

二氧化钚同所有锕系元素的二氧化物一样，其结晶呈萤石晶格，它是钚的最稳定的氧化物，生成热 $\Delta H_{f298} = -1055.83$kJ/mol，熵 $S_{298} = 68.37$J/mol·K. 将钚的

草酸盐、过氧化物、氢氧化物或硝酸盐等，置于氧气中加热到 800—1000℃，都能生成纯的符合化学计量的 PuO_2。为避免起始化合物在加热过程中因急剧分解而引起的飞溅损失，对不同的化合物可采取不同的升温灼烧方式。

钚与铀一样可形成非化学计量的氧化物。不过，UO_2 在其孔隙的位置上容易吸收氧形成超化学计量的 UO_{2+x} 氧化物，而 PuO_2 在 1400℃以上却失去氧形成亚化学计量(Substoichiometric Oxides)的 PuO_{2-x} 氧化物。由于 PuO_2 极易在表面上吸附氧，因此粉末状的 PuO_2 中，其 O/Pu 比可大于 2。

二氧化钚通常是呈绿色的固体，但由于纯度和颗粒大小的差异，由不同原料化合物制得的 PuO_2 产品可自浅黄、黄绿而至黑色。至于在 1200℃灼烧的产品其外观均为深黄褐色。将 PuO_2 封入氩气氛下的钨皿中，测得其熔点为(2390±20)℃。它的蒸气压较低，因而挥发性也很低。当温度在 2000—2400K 范围时，PuO_2 蒸气压符合下式：

$$\log P(\text{atm}) = 8.072 - 29240/T(\text{K})$$

二氧化钚具有很大的化学惰性，经由高温加热制得的产品在盐酸和硝酸中难于溶解.若采用下列溶剂，按效力大小其顺序为：

$$85\%\text{—}100\%\ H_3PO_4(200℃) > 10\text{mol/L}\ HNO_3 - 0.05\text{mol/L}\ HF > 5\text{mol/L}\ HF$$

沸腾的 HNO_3-HF 混合酸常用来溶解 PuO_2，沸腾的 HBr 的溶解能力也较强。少量的难溶 PuO_2 样品，可于密封的石英管中加 36%(重量)HCl 和几滴 70%(重量)$HClO_4$，在 310—325℃加热数小时来溶解。没有预先经过高温加热的 PuO_2，它能溶于热的浓 H_2SO_4 中。PuO_2 在含 KI 的盐酸溶液中的溶解速度，为评定由不同方法制备及加热到各种温度的 PuO_2 的反应性提供了方法。依照下列反应式释放出的碘：

$$PuO_2 + I^- + 4H^+ \longrightarrow Pu^{3+} + \frac{1}{2}I_2 + 2H_2O$$

可作为 PuO_2 反应性能的标准。经中子辐照过的 PuO_2 溶解起来比较容易，其溶解速度随燃耗的增加而增加。

熔融法常用来溶解 PuO_2。用过的熔剂有：$KHSO_4$，$NaHSO_4$，KHF_2，NH_4HF_2，Na_2O_2-NaOH 和 $K_2S_2O_7$ 等。

二氧化钚在 800℃时既不被氧氧化，也不被臭氧氧化。它与碳反应生成碳化物；与 H_2S 反应，依据反应温度不同，生成硫化物 PuO_2S 或 Pu_2O_3-PuS_{2-x}。它可与 HCl 或 CCl_4 反应生成 $PuCl_3$；可与 HF 反应生成 PuF_3 或 PuF_4，但是若为高温灼烧的 PuO_2，其反应的速度则是缓慢的。这种低反应活性的原因被解释为原来高度扭曲的二氧化钚，经高温灼烧后其晶格变得完整之故。由于 PuO_2 在自身的 α 粒子辐照下引起膨胀，它的晶格常数随着时间的推移而增长，由晶格膨胀所显示的自损伤当加热到 727℃时消失。表 9.5 给出核燃料工艺中几种重要含钚化合物性质的比较，高密度的二氧化钚压片可在潮湿的氢气流中于 1500℃时将原料烧结而成。

表 9.5 核燃料工艺中几种重要含钚化合物性质的比较

性 质	PuO_2	PuC	PuN	PuS	PuP
结构	CaF_2	NaCl	NaCl	NaCl	NaCl
密度(g/cm^3)	11.46	13.58	14.26	10.58	9.88
Pu 的密度(g/cm^3)	10.12	12.89	13.47	9.35	8.77
晶格常数(Å)	5.395	4.97	4.90476	5.5409	5.6613
熔点(℃)	2400	1654 (分解)	2600(1atm, 分解)	2350	2600 (分解)
热膨胀的线胀系数(1/K)	9.3×10^{-6}	9.7×10^{-6}	13×10^{-6}	18.5×10^{-6}	9.7×10^{-6}
热导率(J/s · cm · K)	0.0598 (300℃)	0.531 (300℃)		0.141 (600℃)	0.0769 (600℃)
室温时的电阻率 (μQ · cm)	1×10^{12} (外推值)	200—250	650	2450	850
室温时的摩尔热容 C_p(J/mol · K)	68.6	47.3		61.21	62.13

(2)Pu_2O_3。曾制备和研究过三种倍半氧化物：六方系的 β-Pu_2O_3，立方系的 α-Pu_2O_3 和 α'-Pu_2O_3。β-Pu_2O_3 可由 PuO_2 和碳置于氦气中加热到 1625℃或更高的温度制得；也可在密闭的钽坩埚中，于 1500℃下用过量磨细的钚金属或氢化物还原 PuO_2 数小时而制取。如所得黑色烧结的 Pu_2O_3 中含有金属钚，可在 1800—1900℃下用真空蒸发的方法除去。研磨时需注意，氧化物很容易自燃！若不搅动它，则在几天内也不被空气所氧化。2210K 时 Pu_2O_3 的气化按下式进行：

$$Pu_2O_3 \rightleftharpoons PuO_{(气)} + PuO_{2(固)}$$

在气化过程中，固体的组成趋于 PuO_2，随后其蒸气压减小。

α-Pu_2O_3 可在真空中加热 PuO_2 至 1650—1800℃制备；也可采用制 β-Pu_2O_3 的类似方法，据报道这是碳还原 PuO_2 到 β-Pu_2O_3 的一个中间产物。α'-Pu_2O_3 则被认为是 α-Pu_2O_3 的高温形态，均呈黑色。

2. 多元氧化物

已知有各种价态钚的三元氧化物，此外含 Pu(III)和 Pu(VI)的四元氧化物也有报道。现举例列于表 9.6。这些化合物可由固态反应和水热法制得，多数三元氧化物是从四价钚生成的。

钚(V,VI)酸盐只能存在于强碱性的碱金属及碱土金属化合物中,它们可由相应的氧化物在氧气流中混合加热到300—1200℃来制取。这类化合物多半不含PuO_2^+或PuO_2^{2+}钚酰离子。

表9.6 钚的多元氧化物的结构数据

价态	化合物	晶格对称性	晶格常数				密度 (g/cm³)	同构化合物
			a(Å)	b(Å)	c(Å)	α(β)(°)		
VII	Li_5PuO_6	六方系	5.19		14.48		3.53	M(VII)=Np,Tc,Re,I
VI	Li_4PuO_5	四方系	6.677		4.421		5.84	M(VI)=U,Np,Am
	$SrPuO_4$	三方系	6.51			α=35.68	7.72	M(VI)=U
	Ba_2SrPuO_6	立方系	8.780					
V	Li_3PuO_4	四方系	4.464		8.367		6.45	M(V)=Pa,U,Np
IV	Li_8PuO_6	六方系	5.64		15.95		4.42	M(IV)=Am,Zr
	$BaPuO_3$	立方系	4.357				8.52	M(IV)=Tc,Zr,U
	α-$PuSiO_4$	四方系	6.904		6.222		7.366	M(IV)=Th,Np,U,Zx
III	$PuNbO_4$	单斜系	5.46	11.27	5.17	β=94.58	8.29	M(III)=RE,Am
	$PuVO_3$	斜方系	5.48	5.61	7.78		9.39	M(III)=RE,Am
	Ba_2PuPaO_6	立方系	8.748				8.34	

将Li_2O和PuO_2的混合物于氧气流中加热至370—400℃,便可得到七价钚的绿色Li_5PuO_6[13]。它溶于碱金属的氢氧化物水溶液,生成极不稳定的绿色PuO_5^{3-}溶液,继而很快被水还原成黄棕色的六价钚溶液。Li_5PuO_6与相应的七价镎、锝、铼、碘的三元氧化物Li_5MO_6同构。

含三价钚的$PuPO_4$,$PuAsO_4$可由水溶液中沉淀制备,其余钚(III)的三元氧化物只能在强还原条件下制备,例如:

$$2PuO_2 + Al_2O_3 \xrightarrow[H_2]{1400℃} 2PuAlO_3$$

由UO_2和PuO_2形成的(U,Pu)O_2固溶体是增殖堆和动力堆的核燃料,所以研究UO_2-PuO_2体系也是重要的[14]。

9.3.4 钚的其他化合物

1. 钚与非金属

(1)碳化物。在Pu-C体系中,已知有Pu_3C_2,PuC,Pu_2C_3和PuC_2等化合物,可用石墨粉对PuO_2或钚的氢化物进行高温还原来制备。从增殖堆和动力堆角度看来很重要的U-Pu混合碳化物,与纯的碳化物类似,可由U-Pu合金与石墨一起熔融或用石墨还原(U,Pu)O_2 而制得,也可将分别制得的单个碳化物在电弧中熔融来制备。已对钚的碳化物的性质和结构进行过研究,但与其他元素碳化物之间形成化合物的研究工作则尚少见。

混合碳化物(U,Pu)C 遇热水和酸水解,产生氢和甲烷,还有少量长链烷烃和烯烃。水解产物中的氢含量随混合碳化物中 Pu 含量的增高而增加,但中子辐照后将极大地改变碳化物的水解性质。

(2)氮化物。在 Pu-N 体系中,只存在符合化学计量的一氮化合物 PuN。它与钍、铀的氮化物同构,结晶呈氯化钠晶格。可由氢化钚在氮气流中加热至 250—400℃制备。

一氮化钚很易水解,慢慢地产生 PuO_2。PuN 溶于稀盐酸或稀硫酸中,形成蓝色的 Pu^{3+} 溶液。PuN 与 PuO_2 反应可生成 Pu_2O_3,并放出氮气。

PuN 与 UN 能形成一系列的固溶体;PuN 与 PuC 反应生成碳氮化物 Pu(C,N),它与氮化物一样在 1600℃以上时有较高的挥发性。由于一氮化钚具有高度的挥发性且易于分解,故它不能像非挥发性的 UN 那样可望作为核燃料。

(3)硼化物。在 Pu-B 体系中,已知有 PuB_2,PuB_4,PuB_6,PuB_{12} 和富硼化合物“PuB_{100}”,它们可由金属钚与硼于 BN 或 ZrB_2 坩埚中加热至 800—2060℃来制备。其中 PuB_4 是唯一可同成分熔融的钚的硼化物,其余硼化物都为转熔熔融。在六硼化物和十二硼化物中,金属原子周围布满硼原子,它们均属立方晶系;从 PuB_{12} 中可清楚地看到由 24 个 B 原子围成的“硼笼”(图 9.7),它的结构与 UB_{12} 是同类型的,其中金属原子和 B_{12} 立方八面体(cuboctahedra)按氯化钠堆积类型排列。

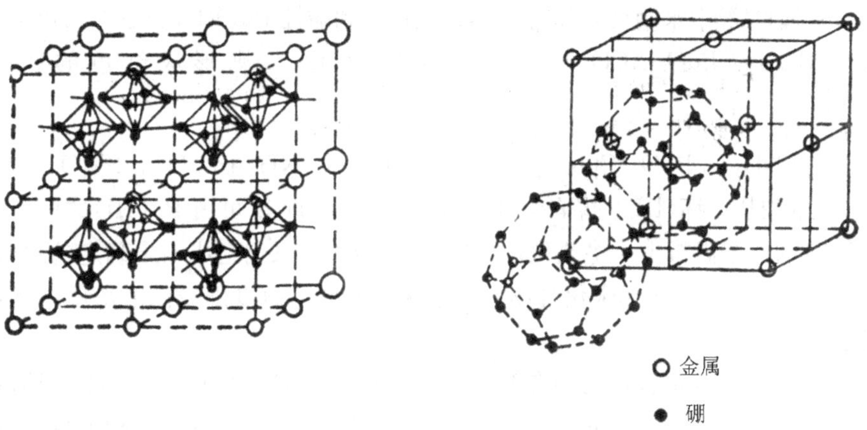

图 9.7 六硼化钚和十二硼化钚的晶体结构

(4)硅化物。在 Pu-Si 体系中,有五种金属间化合物相:Pu_5Si_3,Pu_3Si_2,PuSi,

Pu_3Si_5 和 $PuSi_2$，还有三种低共熔体。钚的硅化物通常是将钚和硅置于氩气中电弧熔融制备的，它们呈银灰色、质脆，遇水发生水解。

(5)硫化物。在 Pu-S 体系中，已知有这些化合物：PuS，α-Pu_2S_3，β-Pu_2S_3，γ-Pu_2S_3，PuS_{2-x}和 PuS_2。一硫化钚可通过氢化钚与 H_2S 加热至 400—600℃反应来制备，中间产物有 Pu_2S_3。PuS 呈金棕色，具有典型的半导体性质。PuS_{2-x}不是 Pu(IV)的硫化物，而是 Pu(III)的多硫化物 $Pu_2^{3+}S_3^{2-}S_{1-2x}$。此外，还发现有 α-PuOS，β-PuOS，Pu_2O_2S，$Pu_4O_4S_3$ 和 $U_2Pu_2O_4S_3$ 等氧硫化物。

在钚与非金属组成的体系中，已知的尚有 PuP，PuAs，PuSe，PuSb，PuTe 等二元化合物，它们的结晶均属立方晶系。

2. 钚的含氧酸盐

(1)碳酸盐。含 Pu(IV)的碳酸盐 $Pu(CO_3)_2$ 固体尚未发现，但钚(IV)的碱金属碳酸盐溶液则可由 $Pu(OH)_4$ 或 $Pu(C_2O_4)_2\cdot aq$ 溶于适当浓度的碱金属碳酸盐溶液而得，或用 H_2O_2、肼等还原剂将 Pu(VI)碳酸盐溶液进行还原。Pu(IV)碳酸盐很不稳定，当温度稍高时即行水解而沉淀出 $PuO_2\cdot aq$。

钚(IV)的碳酸络合物有：$M_4[Pu(CO_3)_4]\cdot aq(M=NH_4, K, Na)$，$M_6[Pu(CO_3)_5]\cdot aq(M=NH_4, K, Na)$，$M_8[Pu(CO_3)_6]\cdot aq(M=NH_4, K)$ 和 $K_{12}[Pu(CO_3)_8]$等。它们多数是从含 Pu(IV)的相应碱金属碳酸盐溶液中，加入乙醇和丙酮沉淀得到的，沉淀出来的碳酸络合物的组成与溶液的碳酸盐浓度有关。四价钚的碳酸络合物都是绿色的，热稳定性很差，溶于水而不溶于有机溶剂。

钚(V)的碳酸络合物 $MPuO_2CO_3(M=Na, K, NH_4)$，可由固体碱金属碳酸盐加到 Pu(V)溶液中来制得。如将固体碳酸铵加到酸性 Pu(VI)溶液中，可沉淀出绿色的 $(NH_4)_4[PuO_2(CO_3)_3]$，将它加热到 120℃ 则形成红色的碳酸钚(VI)PuO_2CO_3：

$$(NH_4)_4[PuO_2(CO_3)_3] \xrightarrow{120℃} PuO_2CO_3 + 4NH_3 + 2CO_2 + 2H_2O$$

(2)草酸盐。钚(III)的草酸盐 $Pu_2(C_2O_4)_3\cdot 10H_2O$ 可由 Pu(III)的弱酸性溶液加入草酸离子而析出。将此化合物加热，它经由一系列组成尚未确定的水合物，直至 300℃以上时变成无水化合物。草酸钚(III)的溶解度随着硝酸浓度的增加而增加。

草酸钚(IV)的水合物已知有 $Pu(C_2O_4)_2\cdot 2H_2O$，$Pu(C_2O_4)_2\cdot 6H_2O$ 等，有人曾指出还有一水合物和四水合物存在。草酸钚(IV)是难溶性化合物，在 HNO_3-$H_2C_2O_4$ 溶液中，当 27℃和 2mol/L HNO_3＋0.05mol/L $H_2C_2O_4$ 时，它的溶解度最小。但随着草酸根离子浓度的增加，由于形成了草酸络合物，它的溶解度也跟着增加。草酸钚(IV)在存放期间因其 α 放射性而迅速分解，例如 $Pu(C_2O_4)_2\cdot 2H_2O$

放置两个月后碳的含量下降 50%之多。$M_4 \cdot [Pu(C_2O_4)_4] \cdot aq$(M=Na,K)和 $M_6[Pu(C_2O_4)_6] \cdot aq$(M=$NH_4$,K)络合物可以用乙醇从其溶液中沉淀出来。此外有人制得红色的草酸钚(VI)酰 $PuO_2C_2O_4 \cdot 3H_2O$ 及含 PuO_2^+ 的铵盐 $NH_4Pu \cdot O_2C_2O_4 \cdot 6H_2O$。

(3)硝酸盐。硝酸钚(IV)的五水合物 $Pu(NO_3)_4 \cdot 5H_2O$ 呈绿色,属斜方晶系,它可由 Pu(IV)的 10mol/L 硝酸溶液在室温下慢慢蒸发而得。此化合物很不稳定,40℃以上即开始分解;它可溶于水、丙酮和乙醚。硝酸钚(VI)酰的六水合物 $PuO_2(NO_3)_2 \cdot 6H_2O$是粉红色或棕色的矩形片状化合物,由 P_2O_5 浓缩 Pu(VI)的硝酸溶液而得到。将此六水合物进行热分解,则先后生成四水合物、三水合物和二水合物,最后在 150℃时变成无水化合物。在存放期间,该化合物因辐射而迅速分解。文献中还叙述过组成为 $M_2Pu(NO_3)_6$(M=K,Rb,Cs)的硝酸复盐以及 $[(C_2H_5)_4N]_2Pu(NO_3)_6$,$[(C_2H_5)_4N]PuO_2(NO_3)_3$ 等化合物。

(4)磷酸盐。无水磷酸钚(III)$PuPO_4$ 呈独居石的单斜晶格,可由其半水合物 $PuPO_4 \cdot 0.5H_2O$ 加热失水而得。无色的焦磷酸钚(IV)PuP_2O_7 和粉棕色的偏磷酸钚(IV)$Pu(PO_3)_4$,与其他四价锕系元素的相应化合物的结构类型相同,除此之外,还存在多种 Pu(IV)的酸式磷酸盐。

在含约 0.01mol/LPu(VI)的弱酸性热溶液中,加入 0.6—1mol/L $(NH_4)_2HPO_4$ 溶液,生成灰绿色的三水合磷酸钚(VI)酰铵沉淀 $NH_4PuO_2PO_4 \cdot 3H_2O$。它与相应的铀酰盐具有相同的结构类型。如向 Pu(VI)溶液中加入磷酸,可得到酸式磷酸盐沉淀 $PuO_2(HPO_4)_4 \cdot 4H_2O$ 和 $PuO_2(H_2PO_4)_2 \cdot 3H_2O$。

(5)硫酸盐。硫酸钚(III)$Pu_2(SO_4)_3$ 呈蓝灰色,可由紫色的硫酸钚(III)水合物加热失水而得。有人制备了三价钚的硫酸复盐 $KPu(SO_4)_2 \cdot 4H_2O$ 和 $TlPu(SO_4)_2 \cdot 4H_2O$。硫酸钚(IV)$Pu(SO_4)_2$ 呈粉红色,可由 Pu(IV)的硫酸溶液蒸干制得;它在 650℃以下是稳定的,温度较高时分解成 PuO_2。硫酸钚的四水合物 $Pu(SO_4)_2 \cdot 4H_2O$ 具有准确的组成、高纯度并且稳定,所以作为钚的第一分析标准[15]。

将含碱金属和 Pu(IV)的稀硫酸溶液浓缩或加入乙醇,就能结晶出组成为 $M_4Pu(SO_4)_4 \cdot 2H_2O$(M=K,Rb,$NH_4$),$M_4Pu(SO_4)_4$(M=K,Rb,Cs)及 $M_6Pu(SO_4)_5 \cdot aq$(M=Na,NH_4,K)的硫酸复盐。其中含 ^{238}Pu 的 $K_4Pu(SO_4)_4 \cdot 2H_2O$ 绿色盐贮存于密闭的钢质容器时,在三个月内可保持稳定,因此在分析 ^{238}Pu 的工作中显得比较重要。

9.4 钚的水溶液化学

钚的固体化合物中存在五种价态:Pu(III),Pu(IV),Pu(V),Pu(VI)和

Pu(VII)。与此相似,钚在水溶液中以下列水合离子形式存在:Pu^{3+} · aq,Pu^{4+} · aq,PuO_2^+ · aq,PuO_2^{2+} · aq 和 PuO_5^{3-} · aq。其中以四价为最稳定。现将各种价态钚的生成热、熵值及简单的制备方法列于表 9.7。钚的最大特征是在溶液中能以 Pu(III),Pu(IV),Pu(V)和 Pu(VI)四种价态同时存在,形成热力学上稳定的体系。这种特性在周期表中是独特的。钚(V)在稀酸溶液中极易歧化生成这四种价态同时存在的溶液。

表 9.7 水溶液中的各种钚离子[16]

价态	离子形式	颜色	生成热 ΔH_{f298} (kJ/mol)	熵值 S_{298} (J/mol · K)	简单制备法
+3	Pu^{3+}	蓝色	−581.2	−186.6	1)将金属钚溶于盐酸中
					2)用 I^-($NaHSO_3$)还原 Pu(IV)
					3)用 H_2/Pt 在 40—60℃时还原 Pu(IV)
+4	Pu^{4+}	黄绿色	−526.8	−364.0	1)用 $NaNO_2$ 或 $KBrO_3$ 在室温下氧化 Pu(III)
					2)电解氧化 Pu(III)
+5	PuO_2^+	粉红色或红紫色	−878.6	−79.5	1)用化学计量的 I^- 在 pH=3 时将 Pu(VI)还原;用 CCl 萃取 I_2
+6	$PuO_2{}^{2+}$	黄绿色	−715.5	−54.4	1)将 Pu 的 $HClO_4$ 溶液进行蒸发
					2)用 AgO 氧化 Pu(IV).以上两法在氧化前需除去含有的 SO_4^{2-} 和 PO_4^{3-} 离子
+7	PuO_5^{3-}	蓝绿色(pH>7)			1)用 $K_2S_2O_8$ 或臭氧在 pH>7 时氧化 Pu(VI)
					2)将高温下制成的 Li_5PuO_6 溶于氢氧化锂或水中

除了中间价态的歧化反应之外,由于钚自身 α 粒子的辐解作用,溶液中钚的价态也会发生变化,而辐解的程度则取决于钚的同位素组成. 钚(VI)能被氨羧络合剂、8-羟基喹啉和 1,3-二酮类等许多有机试剂还原,所以在萃取和离子交换实验中必须加以注意。

PuO_2^+ 和 PuO_2^{2+} 离子与其他锕系元素的酰基离子相似,系线形对称基团。金属-氧之间主要是共价键,Pu—O 间距为 1.8—1.9Å,这个距离比 Pu^{6+} 和 O^{2-} 离子半径的总和还短得多。由结构类型、红外光谱和水溶液化学行为的研究表明,钚酰基团 PuO_2^{n+}[Pu(V)$n=1$,Pu(VI)$n=2$]的结构与铀酰基团 UO_2^{2+} 是相似的。

蓝绿色的钚(VII)溶液不稳定,可由钚(VI)的 0.5—3mol/L NaOH 或 KOH 溶液用臭氧、过硫酸盐或电化学法氧化而成[17];但它甚至在 OH^- 浓度较高的情况下也能将水氧化。如将 Pu(VII)的碱性溶液酸化,它便迅速地还原成 Pu(VI)。多种还原剂均能将七价钚还原成低价状态。

9.4.1 无机配位体络合物

1. Pu(III)

有关钚络合物形成的研究,是以络合剂存在时观察吸收光谱的变化为依据的。不同作者所得三价钚络合物的生成常数有很大的差异,从表 9.8 的数据可见,氯络合物比溴络合物来得稳定。R. M. Diamond 等人[19]提出,三价轻锕系元素不仅生成离子型络合物,而且可能具有一定程度的共价键成分。锕系元素与卤素的共价络合物的稳定性有随原子序数增加而增大的趋向。

在硫酸溶液中,Pu(III)形成 $PuSO_4^+$ 和 $Pu(HSO_4)_2^+$ 两种离子,其中 $k_1=18.13$,$k_2=9.94$($\mu=1$,pH=3.0)。在硝酸溶液中,从吸收光谱的变化表明有各级络合物形成。Pu^{3+} 与 SCN^- 根离子亦形成具有一定稳定度的络合物:$k_1\approx1.01$,$k_2\approx0.73$,$k_3\approx0.25$($\mu=1.0$,25℃).但这种络合物不如 Am^{3+} 和 Cm^{3+} 的络合物来得稳定。此外,三价钚在不同浓度的草酸盐溶液中可形成以下离子:$[Pu(C_2O_4)_2]^-$,$[Pu(C_2O_4)_3]^{3-}$ 和 $[Pu(C_2O_4)_4]^{5-}$ 等。

2. Pu(IV)

表 9.8　三价锕系元素的内界氯络合物和溴络合物的生成常数[14]

元素	氯络合物		溴络合物	
	β_1	β_2	β_1	β_2
U	1.41×10^{-3}	$\ll10^{-5}$	1.1×10^{-4}	$\ll10^{-7}$
Np	4×10^{-3}	1.04×10^{-5}	4×10^{-4}	2.9×10^{-7}
Pu	4×10^{-3}	1.0×10^{-5}	3.2×10^{-4}	3.3×10^{-7}
Am	6.3×10^{-3}	2.0×10^{-5}	2.0×10^{-4}	

四价钚与氯形成的络阳离子 $PuCl^{3+}$ 和 $PuCl_2^{2+}$ 的生成常数 $k_1=1.4$,$k_2=0.5$($\mu=1$,25℃)。还可能有 $PuCl_3^+$,$PuCl_5^-$ 和 $PuCl_6^{2-}$ 等含氯络阴离子存在。含氟络离子 PuF^{3+} 的生成常数 $k_1=5.9\times10^6$(μ=1mol/LHNO_3,25℃),分光光度法研究表明可能存在 F/Pu 比值更高的络合物。

表 9.9　四价钚的硝酸根络合物在各种离子强度下的生成常数 β_i[20]

反　应	β_i			
		$\mu=1.02$	$\mu=1.9$	$\mu=4.7$
$Pu^{4+}+NO_3^- \rightleftharpoons PuNO_3^{3+}$	β_1	5.3	4.0	4.6
$Pu^{4+}+2NO_3^- \rightleftharpoons Pu(NO_3)_2^{2+}$	β_2	9.2	7.5	14.8
$Pu^{4+}+3NO_3^- \rightleftharpoons Pu(NO_3)_3^+$	β_3	4.0	4.0	10.8
$Pu^{4+}+4NO_3^- \rightleftharpoons Pu(NO_3)_4$	β_4	—	1.2	2.0

Pu(IV)在硝酸溶液中以逐级络合形式存在，表 9.9 是用磷酸三丁酯萃取法测得的 $Pu(NO_3)_i^{4-i}$ 的累积生成常数。在浓硝酸中则形成了含六硝酸根的络合物。Pu(IV)与硫酸根形成的稳定络合物有：$[PuSO_4]^{2+}$，$Pu(SO_4)_2$ 和$[Pu(SO_4)_3]^{2-}$。

$Pu(C_2O_4)_2 \cdot aq$ 在草酸盐溶液中的溶解度，随着草酸根浓度的增加而增大，这是由于四价钚的各种草酸络合物存在着：$[Pu(C_2O_4)]^{2+}$，$[Pu(C_2O_4)_2]$，$[Pu(C_2O_4)_3]^{2-}$和$[Pu(C_2O_4)_4]^{4-}$等。已知四价锕系元素之间草酸络合物的稳定性相近，其中铀、镎和钚的生成常数 β_i 几乎相等。

Pu(1V)在不同磷酸浓度的溶液中，形成不同形式的磷酸氢钚：$[Pu(HPO_4)]^{2+}$，$[Pu(HPO_4)_2]$，$[Pu(HPO_4)_3]^{2-}$，$[Pu(HPO_4)_4]^{4-}$ 和$[Pu(HPO_4)_5]^{6-}$.表 9.10 列出它们的生成常数，这些数值表明 HPO_4^{2-} 离子对 Pu(IV)的络合能力比草酸离子还强。在浓酸中，磷酸氢钚络合物被酸分解而放出磷酸：

$$[Pu(HPO_4)_m]^{4-2m} + 2mH^+ \rightleftharpoons Pu^{4+} + mH_3PO_4$$

表 9.10 磷酸氢钚(IV)络合物的生成常数[21]

反　　应	k
$Pu^{4+} + HPO_4^{2-} \rightleftharpoons [Pu(HPO_4)]^{2+}$	8.3×10^{12}
$[Pu(HPO_4)]^{2+} + HPO_4^{2-} \rightleftharpoons [Pu(HPO_4)_2]$	6.7×10^{10}
$[Pu(HPO_4)_2] + HPO_4^{2-} \rightleftharpoons [Pu(HPO_4)_3]^{2-}$	4.8×10^{9}
$[Pu(HPO_4)_3]^{2-} + HPO_4^{2-} \rightleftharpoons [Pu(HPO_4)_4]^{4-}$	6.3×10^{9}
$[Pu(HPO_4)_4]^{4-} + HPO_4^{2-} \rightleftharpoons [Pu(HPO_4)_5]^{6-}$	6.3×10^{8}

氢氧化钚(IV)在碳酸盐溶液中的溶解度增加，这种溶液的吸收光谱研究进一步表明了碳酸盐络合物的存在。在不同浓度的碳酸盐溶液中，分别有$[Pu(CO_3)]^{2+}$，$[Pu(CO_3)_4]^{4-}$，$[Pu(CO_3)_5]^{6-}$，$[Pu(CO_3)_6]^{8-}$和$[Pu(CO_3)_8]^{12-}$等.其中，最后带有八个碳酸根的络合形式是有待证实的。

3. Pu(V)

PuO_2^+ 离子在形式上是一价，它的络合能力比通常的一价离子强。但在各种价态的钚离子中，以 PuO_2^+ 离子生成络合物的趋势最小。电位法研究表明，存在着一种不稳定的含氯络合物 PuO_2Cl，它的生成常数只有 0.67，未说明离子强度和温度。通过 Pu(V)草酸盐溶液的离子交换研究，发现存在着$[PuO_2(HC_2O_4)]$，$[PuO_2(C_2O_4)]^-$和$[PuO_2(C_2O_4)_2]^{3-}$等比较稳定的络合物。

4. Pu(VI)

六价钚以 PuO_2^{2+} 离子形式存在，它也生成一系列络合物. 早先根据吸收光谱法判断氟离子与 Pu(VI)离子不生成络合物，后来发现有下列含氟络合物存在：PuO_2F^+，PuO_2F_2，$PuO_2F_3^-$ 和 $PuO_2F_4^{2-}$。

Pu(VI)在盐酸溶液和硫酸溶液中形成的氯络合物或硫酸根络合物组成列于表 9.11。

表 9.11 六价钚的氯络合物和硫酸根络合物

氯络合物		硫酸根络合物	
组成	稳定范围	组成	稳定范围
PuO_2^{2+}，PuO_2Cl^+	<0.21mol/L HCl	PuO_2SO_4	0.1mol/L H_2SO_4
			0.1mol/L $(NH_4)_2SO_4$
PuO_2Cl_2	~0.21mol/L HCl	$[PuO_2(SO_4)_2]^{2-}$	0.1—4.5mol/L H_2SO_4
			0.1—1.4mol/L $(NH_4)_2SO_4$
$PuO_2Cl_3^-$	>0.92mol/L HCl	$[PuO_2(SO_4)_3]^{4-}$	>4.5mol/L H_2SO_4
			1.4—1.84mol/L $(NH_4)_2SO_4$
$PuO_2Cl_4^{2-}$	>2.7mol/L HCl	$[PuO_2(SO_4)_4]^{6-}$	>1.84mol/L $(NH_4)_2SO_4$

Pu(VI)在醋酸溶液中已发现有：$[PuO_2(CH_3COO)]^+$，$PuO_2(CH_3COO)_2$ 和 $[PuO_2(CH_3COO)_3]^-$ 等存在，并测得它们的生成常数。在非水溶剂中尚发现有四醋酸合钚酰阴离子 $[PuO_2(CH_3COO)_4]^{2-}$，但六价锕系元素的四醋酸络合物的稳定性都较差。从 Pu(VI)的浓醋酸溶液中可用沉淀法制得粉红色的三醋酸钚酰钠 $NaPuO_2(CH_3COO)_3$，它与其他六价锕系元素的相应化合物互为同构体。

硝酸根与 Pu(VI)生成络合物的倾向较小，在 4mol/L HNO_3 溶液中存在着 $[PuO_2(NO_3)]^+$ 和 $PuO_2(NO_3)_2$；硝酸浓度更高时能形成三硝酸根络离子 $[PuO_2(NO_3)_3]^-$，因而可被阴离子树脂交换。

在 Pu(VI)的碳酸盐溶液中，除有可溶性的络合物 $[PuO_2(CO_3)(OH)]^-$，$[PuO_2(CO_3)(OH)_2]^{2-}$ 和 $[PuO_2(CO_3)_2]^{2-}$ 以外，当 $(NH_4)CO_3$ 浓度高于 0.4mol/L 时，将生成难溶的 $(NH_4)_4[PuO_2(CO_3)_3]$，它遇水会转变为二碳酸钚酰铵，同时分解出碳酸铵。有人发现，还有碳酸氢根络合物 $[PuO_2(CO_3)(HCO_3)]^-$ 存在。六价钚的草酸络合物有两种：$PuO_2(C_2O_4)$ 和 $[PuO_2(C_2O_4)_2]^{2-}$，其 $\beta_1=4.3\times10^6$，$\beta_2=3.0\times10^{11}(\mu=1.0)$；但是它的呈深红色的草酸铵溶液是不稳定的，由于其自身 a 粒子的作用，几天之内便定量地还原成三价钚。六价钚在 0.02—0.206mol/L 磷酸溶液中生成 $[PuO_2(H_2PO_4)]^+$，而大于 0.206mol/L 磷酸溶液中则生成中性的 $PuO_2(H_2PO_4)_2$ 络合物。

阳离子生成络合物的倾向取决于离子势，即离子的电荷与离子半径之比。电荷高、半径小的离子如 Pu^{4+} 便容易生成络合物，其他价态钚离子形成络合物的能力则不如四价钚。它们生成络合物的能力按下面顺序减小[22]：

$$Pu^{4+} > Pu^{3+} > PuO_2^{2+} > PuO_2^{+}$$

与相应的铀和镎离子比起来，钚生成络合物的能力较强。

阴离子与金属离子形成络合物的倾向，通常是弱酸阴离子显得较强。Pu(IV)的研究证实了这种情形，它与常见阴离子的络合能力按以下顺序递减：

$$F^{-} > NO_3^{-} > Cl^{-} > ClO_4^{-}$$

$$CO_3^{2-} > SO_3^{2-} > C_2O_4^{2-} > SO_4^{2-}$$

上述顺序与相应酸的相对强度一致。又两价阴离子是比一价阴离子更强的络合物形成体。

9.4.2　有机配位体络合物

就各种价态钚与有机配位体形成络合物和螯合物的能力而言，也是以四价钚较强。三价和五价钚只是在很窄的 pH 范围内稳定，Pu(V)在 pH 为 2—6 时发生歧化作用。六价钚能氧化多种络合剂，因而只能用不被它氧化的有机络合剂来研究它的络合作用。现将三价到六价钚形成的具有一定代表性的络合物和螯合物及其生成常数列于表 9.12 和表 9.13。

表 9.12　Pu(III)，Pu(IV)与有机配位体形成的络合物和螯合物

络合剂	组成	累积生成常数 $\log\beta_i$
Pu(III)		
醋酸(HAc)	$Pu(Ac)^{2+}$	$\log\beta_1 = 2.02$
	$Pu(Ac)_7^{+}$	$\log\beta_2 = 3.34$
Pu(IV)		
乳酸(HLACT)	$Pu(LACT)_4$	$\log\beta_4 = 16.18$
乙二胺四乙酸(H_4EDTA)	Pu(EDTA)	$\log\beta_1 = 26.14$
柠檬酸(H_3CITR)	$Pu(CITR)^{+}$	$\log\beta_1 = 15.54$
		$\log\beta_2 = 30.0$
乙酰丙酮(HACAC)	$Pu(ACAC)^{3+}$	$\log\beta_1 = 10.5$
	$Pu(ACAC)_2^{2+}$	$\log\beta_2 = 19.7$
	$Pu(ACAC)_3^{+}$	$\log\beta_3 = 28.1$
	$Pu(ACAC)_4$	$\log\beta_4 = 34.1$
噻吩甲酰三氟丙酮(HTTA)	$Pu(TTA)_4$	$\log\beta_4' = 6.4$*
	$Pu(TTA)_3(NO_3) \cdot TBP$	$\log\beta_{3,1}' = 8.67$
	$Pu(TTA)_3(NO_3) \cdot TBPO$	$\log\beta_{3,1}' = 9.9$

续表

络 合 剂	组 成	累积生成常数 $\log\beta_i$
	$Pu(TTA)_2(NO_3)_2 \cdot 2TBPO$	$\log\beta'_{2,2}=11.9$
1-苯基-3-甲基-4-苯甲酰基吡唑酮-[5](HPMBP)	$Pu(PMBP)_4$	$\log\beta_4\approx38.4$
N-苯甲酰苯基-羟胺(HBPHA)	$Pu(BPHA)^{3+}$	$\log\beta_1=11.50$
	$Pu(BPHA)_2^{2+}$	$\log\beta_2=21.94$
	$Pu(BPHA)_3^{+}$	$\log\beta_3=31.81$
	$Pu(BPHA)_4$	$\log\beta_4=41.35$
醋酸(HAc)	$Pu(Ac)^{3+}$	$\log\beta_1=5.3$
	$Pu(Ac)_2^{2+}$	$\log\beta_2=9.0$
	$Pu(Ac)_3^{+}$	$\log\beta_3=13.9$
	$Pu(Ac)_4$	$\log\beta_4=18.3$
	$Pu(Ac)_5^{-}$	$\log\beta_5=22.6$
苯胂酸(H_2PAA)	$Pu(PAA)_2$	$\log\beta_2=26.7$
1-萘胂酸(H_2NAA)	$Pu(NAA)_2$	$\log\beta_2=28.5$
苯基膦酸(H_2PPA)	$Pu(PPA)_2$	$\log\beta_2=19$
酒石酸(H_2TART)	$Pu(TART)^{2+}$	$\log\beta_1=9.5$

* 定义 $\beta_4=\dfrac{[Pu(TTA)_4][H^+]^4}{[Pu^{4+}][HTTA]^4}$ $\beta'_{x,y}=\dfrac{[Pu(TTA)_x(NO_3)_y \cdot TBP][H^+]^4}{[Pu^{4+}][HTTA]^x[HNO_3]^y[TBP]}$

表 9.13 Pu(V),Pu(VI)与有机配位体形成的络合物和螯合物

(μ=0.1,25℃)

络 合 剂	组 成	累积生成常敬 $\log\beta_i$
Pu(V)		
氮川三乙酸(H_3NTA)	$PuO_2(NTA)^{2-}$	$\log\beta_1=6.91$
乙二胺四乙酸(H_4EDTA)	$PuO_2(HEDTA)^{2-}$	$\log\beta'_1=5.30$
	$PuO_2(EDTA)^{3-}$	$\log\beta_1=12.9$
N-2-羟乙基乙二胺三乙酸($H_3NHEDTA$)	$PuO_2(HNHEDTA)$	$\log\beta'_1=4.46$
氨基乙酸(HAAC)	$PuO_2(AAC)$	$\log\beta_1=3.04$
Pu(VI)		
乙醇酸(HGLYC)	$PuO_2(GLYC)^{+}$	$\log\beta_1=2.43$
		$\log\beta_2=3.79$
吡啶 2-羧酸(HAPA)	$PuO_2(HAPA)^{2+}$	$\log\beta'_1=0.69$
	$PuO_2(APA)^{+}$	$\log\beta_1=4.58$

续表

络 合 剂	组　成	累积生成常数 $\log\beta_i$
烟酸(HNA)	$PuO_2(HNA)^{2+}$	$\log\beta_1' = 0.93$
	$PuO_2(NA)^+$	$\log\beta_1 = 1.87$
噻吩-2-羧酸(HTCA)	$PuO_2(TCA)^-$	$\log\beta_1 = 1.70$
	$PuO_2(TCA)_2$	$\log\beta_2 = 2.96$
呋喃-2-羧酸(HFCA)	$PuO_2(FCA)^-$	$\log\beta_1 = 1.41$
	$PuO_2(FCA)_2$	$\log\beta_2 = 2.87$
苯胂酸(H_2PAA)	$PuO_2(PAA)$	$\log\beta_1 = 9.2$

钚与有机配位体在溶液中形成比较有限的几种螯合物，但在固体中已知有许多种钚与有机配位体形成的螯合物，其中大部分是由四价钚生成的，并可用沉淀法从水溶液中制取。

9.4.3　钚的氧化还原反应

现将钚的标准电极电势图解列于表 9.14[23]。其中 Pu^{4+}/Pu^{3+} 电对和 PuO_2^{2+}/PuO_2^+ 电对只涉及一个电子的传递，因而它们的氧化还原平衡能迅速建立。而 PuO_2^+/Pu^{4+} 电对和 PuO_2^{2+}/Pu^{4+} 电对电位的建立则与 Pu-O 键的断裂或形成有关，从而比较缓慢。

表 9.1 4 提供了计算某种价态钚定量地转变成另一种价态时所需条件的依据，计算中需要考虑络合剂的浓度以及可能出现的歧化反应。

氧化还原反应的速度与外界因素如溶液的 pH 值、温度以及氧化剂或还原剂的性质等密切相关，表 9.15 列出钚进行氧化还原反应时的条件以供参考。有关钚的氧化还原反应的动力学和热力学数据，可参阅文献所载[25]。

由钚的氧化还原电位可知，Pu^{4+} 和 PuO_2^+ 容易发生歧化。前面提到，在一定的 pH 值范围内，钚是唯一可以四种价态形式存在于水溶液中的元素。当上述两种离子在稀盐酸、稀硝酸或稀高氯酸溶液中歧化时，就会形成这种溶液。例如，Pu(IV)(2×10^{-5} mol/L)在室温时 0.5mol/L HCl 溶液中歧化，形成含 62.7%Pu(IV)，26.3%Pu(III)，10.5%Pu(VI)和<1%Pu(V)的混合溶液。四价钚在低温、较高的 H^+ 浓度和有络合剂存在下是稳定的，这是因为在钚的各种价态中，Pu^{4+} 形成最强的络合物，所以络合剂能稳定四价钚而不致歧化。

表 9.14 钚的电势图[23](单位:V)

(1)1mol/L $HClO_4$

$$\underbrace{\underbrace{PuO_2^{2+} \overset{-0.9164}{\text{———}} PuO_2^{+} \overset{-1.1702}{\text{———}} Pu^{4+}}_{-1.0433} \overset{-0.9819}{\text{———}} Pu^{3+}}_{-1.0228} \overset{+2.03}{\text{———}} Pu$$

(2)1mol/L HCl

$$\underbrace{\underbrace{PuO_2^{2+} \overset{-0.9122}{\text{———}} PuO_2^{+} \overset{-1.1895}{\text{———}} Pu^{4+}}_{-1.0508} \overset{-0.9702}{\text{———}} Pu^{3+}}_{-1.0238} \overset{+2.03}{\text{———}} Pu$$

(3)1mol/L H_2SO_4

$$Pu^{4+} \overset{+0.75}{\text{———}} Pu^{3+}$$

(4)1mol/L HNO_3

$$\underbrace{PuO_2^{2+} \overset{-1.10}{\text{———}} Pu^{4+} \overset{-0.92}{\text{———}} Pu^{3+}}_{-1.04}$$

(5)1mol/L OH^-

$$\underbrace{PuO_2(OH)_3^- \overset{-0.26}{\text{———}} PuO_2(OH)\cdot aq \overset{-0.76}{\text{———}} Pu(OH)_4\cdot aq}_{-0.4} \overset{+0.95}{\text{———}} Pu(OH)_3\cdot aq$$

$$Pu(VII) \overset{-0.9}{\text{———}} Pu(VI)$$

表 9.15 钚的氧化还原反应[24]

反 应	试 剂	溶 液	温度(℃)	速 度
Pu(III)	XeO_3	$HClO_4$	30	快
→Pu(IV)	BrO_3^-	稀酸	室温	很快
	Ce^{4+}	1.5—6mol/L HCl,稀 H_2SO_4	室温	很快
	Cl_2	0.5mol/L HCl	室温	慢($t_{1/2}>9$ 小时)
	H_2O_2	6mol/L HCl,4—8mol/L $HClO_4$	室温	几小时后达到平衡的 80%—90%
	$Cr_2O_7^{2-}$	稀酸	室温	很快
	HIO_3	稀酸	室温	很快
	MnO_3^-	稀酸	室温	很快
	O_2	0.5mol/L HCl	97	4h 为 2.5%
	NO_2	0.4—2mol/L HNO_3；0.1mol/L HNO_2 氨基磺酸亚铁	室温	快
	NO_2^-	0.5mol/L HCl	100	$t_{1/2}<1$min

续表

反　应	试　剂	溶　　液	温度(℃)	速　度
Pu(IV)				
→Pu(VI)	$NaBiO_3$	5mol/L HNO_3	室温	<5min
	BrO_3^-	1mol/L HNO_3+0.1mol/L BrO_3^-	85	4h 后达 99%
	Ce^{4+}	0.5mol/L HNO_3 + 0.1mol/L Ce^{4+}	室温	~15min
	HOCl	pH4.5—8.2;0.1mol/L HOCl	80	~15min
		45%K_2CO_3	40	5—10min
	H_5IO_6	0.02mol/L H_5IO_6+ 0.22mol/L HNO_3	室温	$t_{1/2}$=100min
	MnO_4^-	1mol/L HNO_3+10^{-3}mol/L MnO_4	25	$t_{1/2}$=50min
	O_3	0.25mol/L H_2SO_4	19	~15h
			65	~1/2—1h
		Ce^{3+}或 Ag^+作催化剂	0	~30min
	Br_2	I.5mol/L HNO_3	50	$t_{1/2}$≈4min
	$HClO_4$	浓 $HClO_4$	~300	快
	$Pb(C_2H_3O_2)_4$	5mol/L HNO_3	75	~45min
	Ag^{2+}	Ag^++$S_2O_8^{2-}$+1.1mol/L HNO_3	25	~1min
		AgO(固)+0.25mol/L H_2SO_3	0	快
	$Cr_2O_7^{2-}$	0.05mol/L $HClO_4$	25	$t_{1/2}$=15min
		稀 H_2SO_4	室温	~9h
	HNO_3	0.55mol/L HNO_3+10^{-3}mol/LPu	98	2h 达 80%
	Cl_2	0.03mol/L H_2SO_4+饱和 Cl_2	80	$t_{1/2}$=35min
		0.1mol/L $HClO_4$+0.025mol/L Cl_2 +0.056mol/L Cl^-	22	$t_{1/2}$=2h
	电解	0.5mol/L $HClO_4$	室温	~30min
Pu(V)				
→Pu(IV)	HNO_2		室温	慢
	NH_3OH^+	0.5mol/L HCl+ 0.015mol/L NH_3OH^+	室温	慢
Pu(VI)				
→Pu(VII)	$K_2S_2O_8$	1mol/L LiOH; 约 0.1mol/L $K_2S_2O_8$	70	相当快
	XeO_3	1mol/L LiOH	70	相当快
Pu(VI)				
→Pu(V)	I^-	pH2	室温	即刻
	$NH_2NH_3^+$	0.5mol/L HCl+ 0.05mol/L $NH_2NH_3^+$	25	$t_{1/2}$=180min

续表

反 应	试 剂	溶 液	温度(℃)	速 度
	SO_2	pH2	25	~5min
	Fe^{2+}	μ=2;0. 05—2mol/L $HClO_4$	0—25	快
Pu(VI) →Pu(IV)	HCOOH	HNO_3	室温	慢
	$C_2O_4^{2-}$	0. 02mol/L$H_2C_2O_4$	75	$t_{1/2}$=60min
	I^-	2. 3mol/LHI+3. 1mol/L HNO_3		快
	Fe^{2+}	HCl	室温	快 $t_{1/2}>9h$
		2—6mol/L HNO_3+1mol/L 氨基磺酸亚铁	室温	快
		1—2mol/L H_2SO_4	室温	相当快
	H_2O_2	HNO_3	室温	快
Pu(IV) →Pu(III)	氢醌	稀 HNO_3	室温	快
	H_2/Pt	0. 5—4. 0mol/L HCl	室温	40min
	I^-	0. 1mol/LKI+0. 4mol/L HCl	室温	$t_{1/2}$=2min
	HSO_3^-	0. 05mol/L NH_4HSO_3 +0. 3mol/L HNO_3	室温	$t_{1/2}\approx$2min
	NH_3OH^4	0. 5mol/L HNO_3 +0. 1mol/L NH_3OH^4	室温	$t_{1/2}\approx$40min
	Zn	0. 5mol/L HCl	室温	快
	SO_2	1mol/L HNO_3	室温	$t_{1/2}<$1min
	Ti^{3+}	6mol/L HCl,稀 H_2SO_4	室温	十分快
		1mol/L HNO_3 + 0. 5mol/L H_2SO_4	室温	快
	Cr^{2+}	稀 HCl,稀 H_2SO_4	室温	快
	抗坏血酸	0. 5mol/L HNO_3+0. 01mol/L 抗坏血酸	室温	快
	H_2O_2	7. 5mol/L HCl	室温	几小时
	U^{4+}	0. 4mol/L $HClO_4$	2. 5	$t_{1/2}\approx$I. 5min
	H_2S	稀酸	室温	快

五价钚在 pH 3—4的范围稳定,当 pH<2 或 pH>6 时往往发生迅速的歧化。钚的四种价态之间的平衡,通过下列反应而建立:

$$Pu^{4+}+PuO_2^{+} \rightleftharpoons PuO_2^{2+}+Pu^{3+}$$

换言之,可借助 Pu(V)的歧化反应来制备同时含有从 Pu(III)到 Pu(VI)四种价态的水溶液(参见图 9. 8)。

由于钚发生 α 衰变,例如,0. 001mol/L 的 ^{239}Pu 溶液由 α 衰变放出的能量约为 1.8×10^{14} eV/min · ml,因而吸收这些能量可引起价态的改变。这种 α 辐射效应有还原作用，也有氧化作用，通常是由 α 粒子使水辐解所形成的产物（例如 H_2O_2，H˙ 和 OH˙ 自由基等）与其相互作用的结果，它与溶液的组成及射线的性质有着密切的关系[26]。因此建议单一价态的钚溶液尽可能在使用之前制备，对贮备已久的钚溶液应鉴定其价态。

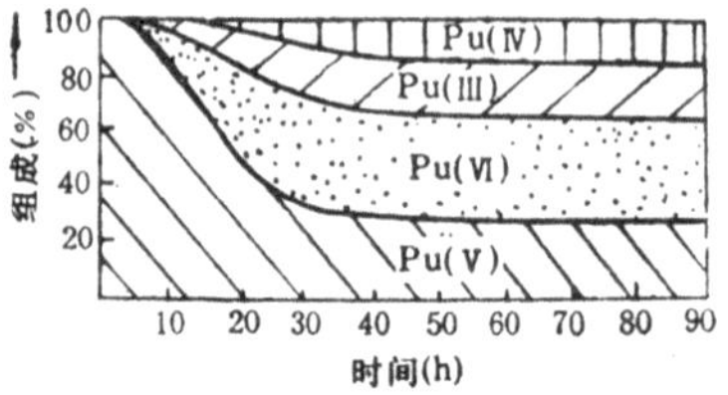

图 9.8 Pu(V)歧化时引起溶液的组成改变与时间的关系

（0.1mol/LHNO_3＋0.2mol/L$NaNO_3$）

9.4.4 钚的吸收光谱

各种价态的钚均有特征的吸收光谱，图 9.9 示 Pu(IV)分别在：1. 紫外光区；2. 可见光区；3. 红外光区的吸收光谱。由于吸收带形状多呈陡窄，并有较高的消光系数，因此可用于定量测定钚的混合价态。

鉴定三价到六价钚最合适的吸收带分别位于下列各值：Pu^{3+}—600nm；Pu^{4+}—470nm；PuO_2^+—1130nm；PuO_2^{2+}—830.6nm（参见表 9.16）。各个吸收带的位置和强度都与溶液的组成有密切的关系，人们常借助这种变化判定钚络合物的组成及稳定性。

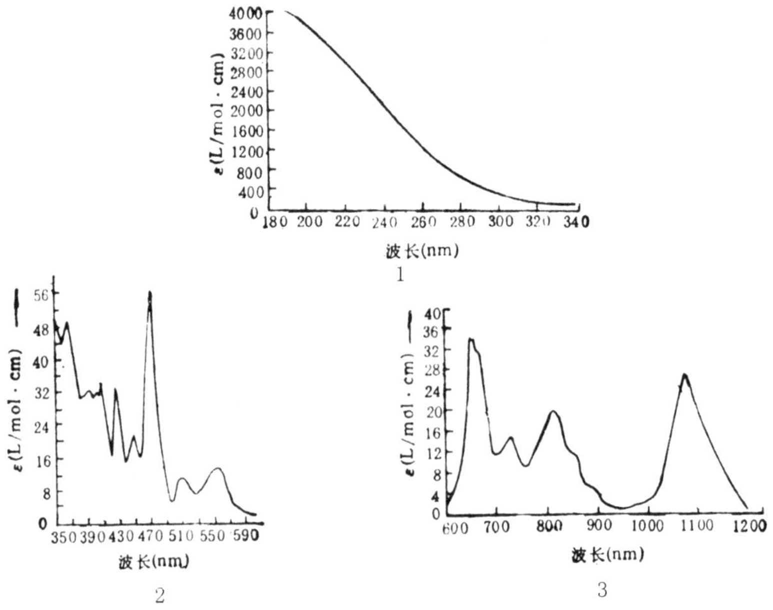

图 9.9 四价钚 Pu(IV)在 1mol/L $HClO_4$ 中的吸收光谱(25℃)[27,28]

1. 紫外光区；2. 可见光区；3. 红外光区

表 9.16 各种价态钚的摩尔消光系数(1mol/L $HClO_4$,25℃)

波 长(nm)	摩尔消光系数(L/mol · cm)			
	Pu(III)	Pu(IV)	Pu(V)*	Pu(VI)
600.0	**38**	2	2	1
470.0	3	**55**	2	11
1130.0	16	13	**22**	0
830.6	5	16	5	**555**

* Pu(V):0.2mol/L $HClO_4$,10℃。

9.5 钚的分析测定

根据样品中含钚量的不同,可将测定钚的方法分为常量法和微量法。用于测定钚含量在 1mg 或 1mg 以上样品的为常量法,它主要包括氧化还原法、直接分光光度测定法、X 射线吸收和 X 射线发射光谱法;用于测定钚含量低于 1mg 样品的为微量法,它主要包括辐射测量法、络离子分光光度测定法、质谱法、极谱法和微量库仑滴定法等。

纯金属钚作为分析钚的第一标准。由于金属钚十分活泼,故在存放期间必须严防湿气和氧气,以免在金属表面形成氧化膜。作为钚基准的化合物必须是稳定且具有精确组成的可溶盐,目前认为最合适的是硫酸钚的四水合物以及饱和钚的氯化物复盐 Cs_2PuCl_6;此外,无水硫酸钚 $Pu(SO_4)_2$ 也有希望作为钚的基准化合物。

由于钚在科学、经济和军事上的重要性,所以对钚的分析化学研究叙述得很多[29,30]。

9.5.1 氧化还原法

在钚的氧化还原滴定中,常进行 Pu(III)—Pu(IV) 或 Pu(VI)—Pu(IV) 的转变。方法是在 1mol/L 硝酸或高氯酸中用 AgO 将钚氧化到六价,或在浓高氯酸中蒸发氧化,继而加过量 Fe(II) 还原成 Pu(IV),最后用 Ce(IV) 以电位法、安培滴定法或目视终点法回滴过量的 Fe(II)。也有人将钚还原到 Pu(III),然后在非氧化性稀酸介质中,以标准 Ce(IV) 溶液直接将 Pu(III) 滴定到 Pu(IV),由电位计指示滴定终点。此外,尚有重铬酸钾滴定法、库仑滴定法等。

9.5.2 分光光度法

由溶液中钚离子对光的直接吸收,或它与有机试剂形成的有色络合物对光的吸收测定钚的浓度。因为各种价态吸收带的准确位置和摩尔消光系数均与溶液组成有很大关系，所以仅对已知组成的溶液才采用直接分光光度法测定。在测定总钚量前，需将钚转化为同一种价态，例如 Pu(III)或是 Pu(IV)，在适当的波长上测其吸光。

利用形成深颜色络合物的方法能提高灵敏度和准确度，其中以偶氮胂(III)和偶氮氯膦(III)这两种试剂对测定四价钚最为灵敏。前者与 Pu(IV)形成的络合物于 670nm 处的 ε＝136000L/mol・cm；后者与 Pu(IV)形成的络合物于 680nm 处的 ε＝138000L/mol・cm。由于它们具有这样高的消光系数，所以可检测极少量的钚(低至小于 1μgPu/ml)。

9.5.3　X 射线吸收和 X 射线发射法

X 射线吸收测定法的一些特征是：①元素的质量吸收系数随原子序数的增加而增加；②除了相应于特征的吸收带边缘有明显的不连续性外，任何给定元素的吸收系数都随 X 射线波长按指数增加；③吸收程度与元素的同位素组成和化学状态无关。

由于这些特性，构成了 X 射线多色束测定溶液及合金中重元素含量的基础，这种 X 射线吸收法已应用于钚-铝合金燃料板的非破坏性检验。

X 射线发射光谱法是以足够能量的 X 射线照射样品，以激发 K 层或 L 层电子。当这些受激电子回到基层时，则产生荧光 X 射线，其波长代表样品中存在的特定元素。测定荧光光谱的波长可以定性地鉴别这些元素；测量所选定的特征发射谱线的相对强度，则可定量地分析这些元素。适用于测定废水、陶瓷等物质中的钚含量。这两种方法的优点是分析时间较短。

9.5.4　其他分析法

1. 辐射测量法

当已知钚的同位素组成和纯度时，可用 α 计数法测定微量的钚。因为 ^{239}Pu 的 α 比活度是 1.36×10^{11} 衰变/min・g，而 α 计数器的本底计数率可达到＜1 计数/min，因此，工艺废液、生物物质、土壤、水和空气滤布等样品中的钚(通常小于微克量)，采用 α 计数法测定是十分合适的。如果经过非常仔细的校正，则此法测定钚的总误差可降低到±1%以下。当有其他 α 放射体存在时，常用 α 能量分析改进 α 计数法的适应性。

极少量的钚也能使用液体闪烁法来鉴定。

2. 络合滴定法

在 0.1—0.15mol/L 硝酸或盐酸溶液中，Pu(IV)可用 H_4EDTA 直接滴定，以

偶氮胂(I)或二甲酚橙作指示剂。由于钚与 H_4EDTA 的平衡较慢,可先加入过量 H_4EDTA,再用 $Th(NO_3)_4$ 或 $ZnCl_2$ 溶液回滴。

3. 质谱法

用质谱同位素稀释分析法能精确测定微克量的钚及其同位素组成。

4. 重量法

钚能从含 Pu(III)或 Pu(IV)的溶液中,以氢氧化物、过氧化物、草酸盐或 8-羟基喹啉盐沉淀出来,然后在空气中于 1200℃左右灼烧,制得符合化学计量的二氧化钚 PuO_2 称重。

参考文献

[1] 参见 29.8 章[2],499—504(1977);W. Seelmann-Eggebert et al., Chart of the Nuclides, 5 th edition, Karlsruhe GmbH(1981).

[2] S. Katcoff, *Nucleonics*, **18**(11), 201(1960).

[3] M. Taube, "Plutonium", Pergamon Press, Oxford(1964).

[4]《核燃料后处理工艺》编写组,《核燃料后处理工艺》,原子能出版社, 27,59(1978).

[5] G. Koch, *Chemie in unserer Zeit.*, **2**, 179(1968).

[6] W. H. Smith et al., US-AEC Report, MLM-1691(1969).

[7] G. A. Burney, *Ind. Eng. Chem.*, Process Design and Development, **3**, 328 (1964).

[8] M. J. F. Notley, J. M. North, P. G. Mardon, M. B. Waldron, in F. Benesovsky(ed.): "Powder Metallurgy in the Nuclear Age-Plansee Proceedings 1961" Metallwerk Plansee AG, Reutte, Austria, 44(1962).

[9] R. A. Kent, *J. Am. Chem. Soc.*, **90**, 5657(1968).

[10] A. A. Jonke, *At. Energy Review.*, **3**(1), 3(1965).

[11] B. Weinstock, J. G. Malm, *J. Inorg. Nucl. Chem.*, **2**, 380(1956).

[12] D. Brown, D. G. Holah, C. E. F. Rickard, *Chem. Commun.*, **651**(1968).

[13] C. Keller, H. Seiffert, *Angew. Chem. internat. Edit.* **8**, 279(1969); *Angew. Chem.*, **81**, 294(1969).

[14] G. Mühling, W. Stoll, R. Theissen, *J. Nucl. Mat.*, **24**, 323(1967).

[15] A. W. Wenzel, C. E. Pietri, *Anal. Chem.*, **35**, 1324(1963).

[16] B. B. Cunningham, "Compounds of the Actinides" in W. L. Jolly(ed.): "Preparative Inorganic Reactions" Vol. 3, Interscience Publishers, New York, 79(1966).

[17] A. K. Pikaev, V. P. Shilov, N. N. Krot, A. D. Gelman and V. I. Spitsyn, *Изsecm. Акаэ. Наук*, **5**, 1199 (1969).

[18] M. Shiloh, Y. Marcus, *J. Inorg. Nucl. Chem.*, **28**, 2725(1966).

[19] R. M. Diamond, K. Street, G. T. Seaborg, *J. Am. Chem. Soc.*, **76**, 1461(1954).

[20] A. Ghosh-Mazumdar, M. N. Namboodiri, H. D. Sharma, Proc. of the 3rd Int. Conf. on the Peaceful Uses of Atomic Energy, Geneva(1964), **10**, 286 (1965).

[21] R. G. Denotkina, A. I. Moskvin and V. B. Shevchenko, Russ. *J. Inorg. Chem*, **5**, 731(1960).

[22] J. M. 克利夫兰(Cleveland), "The Chemistry of Plutonium", Gordon and Breach Science Publishers, New York(1970).《钚化学》翻译组译,《钚化学》, 科学出版社, 90(1974).

[23] J. M. Cleveland, "Solution Chemistry of Plutonium" in O. J. Wick(ed.): "Plutonium Handbook", Vol. 1, Chapter 13, Gordon and Breach Science Publishers, New York, 403(1967). 212 科技图书馆《钚手册》翻译组译,《钚手册》,上(1972).

[24] G. H. Coleman, "The Radiochemistry of Plutonium" National Academy of Sciences, National Research Council NAS-NS-3058(1965).

[25] T. W. Newton, F. B. Baker, "Aqueous Oxidation-Reduction Reactions of Uranium, Neptunium, Plutonium and Americium" in R. F. Gould(ed.): "Lanthanide/Actinide Chemistry", Advances in Chemistry Series 71, American Chemical Society, Washington, 268(1967).

[26] F. J. Miner, J. R. Reed, *Chem. Rev.*, **67**, 299(1967).

[27] H. A. Swain, Jr, D. G. Karraker, *Inorg. Chem.*, **9**, 1766(1970).

[28] V. I. Spitsyn et al., *J. Inorg. Nucl. Chem.*, **31**, 2733 (1969).

[29] 同[23], Vol. 2, Chapter 21.

[30] A. V. Baeckmann, *Atompraxis.*, **15**, 15(1969).

29.10 镅

以 Seaborg 为首的一些美国科学家，在完成钚的基本研究后，转入合成下一个镎后元素的工作，他们首先考虑的是 95 号和 96 号元素[1,2]。当时以为这两元素与钚的性质相似，拟同样以六价形式使之分离，未获成功。后来产生锕后元素类似镧系元系的观念，于是提出了这样一个关键性的想法：按稀土元素价态稳定规律，这两元素的特征稳定价态将是三价，欲使其氧化至高于三价必很困难。由此探索工作立即获得进展。他们于 1944 年底和 1945 年初在处理经过中子长期照射的钚样品时，提取到一种长寿命 α 放射体，其反应步骤可写为：

$$^{239}\mathrm{Pu}(n,\gamma)^{240}\mathrm{Pu}(n,\gamma)^{241}\mathrm{Pu}\xrightarrow{\beta^-}{}^{241}\mathrm{Am}\xrightarrow{\alpha}$$

由 α 粒子轰击^{238}U 的研究，进一步证实了 95 号元素镅的发现：

$$^{238}\mathrm{U}(\alpha,n)\ ^{241}\mathrm{Pu}\xrightarrow{\beta^-}{}^{241}\mathrm{Am}\xrightarrow{\alpha}$$

95 号元素与镧系元素中的“铕”(Europium，纪念欧洲)相对应，故命为“镅”(Americium)以纪念发现地美洲。1945 年末 Cunningham 使用超微量化学技术提取得几微克的^{241}Am。目前世界上正以公斤量级生产着镅，主要用于制备 96 号元素锔和锔后元素。

10.1 镅的同位素与核性质

已经知道的有从质量数 232—247 的镅同位素(表 10.1)。其中最重要的是^{241}Am和^{243}Am，两者均可由照射钚的方法而得到同位素纯的产品。

表 10.1 镅的同位素[3]

核素	半衰期	衰变方式 (分支比，%)	粒子能量 MeV (强度，%)	主要的产生方式
^{232}Am	1.4min	$\alpha(\geqslant 2)$ $\varepsilon(\leqslant 98)$		^{230}Th(^{10}B,8n)
[^{234}Am]	2.6min			
^{237}Am	1.25h	$\alpha(0.009)$ $\varepsilon(\sim 100)$	$E_\alpha \sim 6.01$ $E_\gamma = 0.4735(8.2^*)$ 0.4385(16.5*) 0.2803(100*)	^{238}Pu(p,2n)
^{238}Am	1.63h	$\alpha(<6\times10^{-4})$ $\varepsilon(\sim 100)$	$E\gamma = 0.9628(29.0)$ 0.9187(23.6) 0.1171(13)	^{239}Pu(p,2n) ^{239}Pu(d,3n) ^{237}Np(α,3n)

续表

核素	半衰期	衰变方式 （分支比，%）	粒子能量 MeV （强度，%）	主要的产生方式
			0.1038(36) 0.0995(24)	
^{239}Am	11.9h	α(0.005) ε(～100)	E_α=5.825(1.65×10^{-5}) 5.776(4.18×10^{-3}) 5.734(6.88×10^{-4}) E_γ=0.2776(20) 0.2099(5)	$^{239}Pu(d,2n)$ $^{237}Np(\alpha,2n)$
^{240}Am	51h	α(1.9×10^{-4}) ε(>99.7)	E_α=5.378(1.7×10^{-4}) 5.337(2×10^{-5}) E_γ=1.40(10) 1.00(77) 0.90(23)	$^{240}Pu(d,2n)$ $^{239}Pu(d,n)$ $^{237}Np(\alpha,n)$
^{241}Am	433a	α(>99) SF(3.8×10^{-10})	E_α=5.5443(0.35) 5.511(0.20) 5.4857(85.2) 5.4429(12.8) 5.387(1.60) E_γ=0.05954(35.9) 0.02636(2.5)	^{240}Pu衰变子核 ^{239}Pu，^{238}U多次中子俘获 镎人工放射系成员
^{242}Am	16h	β^-(83.1) ε(16.9)	E_{β^-}=0.667(37) 0.625(46) E_γ=0.1038 X 0.0446	$^{241}Am(n,\gamma)$ ^{238}U，^{239}Pu多次中子俘获
^{242m}Am	152a	α(0.48) IT(99.5) SF(1.6×10^{-8})	E_α=5.408(0.01) 5.205(0.4) 5.140(0.03) E_γ=0.0493(0.19) E_γ=0.0486(0.20)▲ （▲系IT的γ）	$^{241}Am(n,\gamma)$ ^{239}Pu，^{238}U多次中子俘获
^{243}Am	7950a	α(100) β稳定	E_α=5.350(0.16) 5.276(87.6) 5.234(10.6) 5.181(1.1) E_γ=0.07467(66.0) 0.04353(5.5)	^{238}U，^{239}Pu多次中子俘获 堆中子+^{241}Am
^{244}Am	10.1a	β^-(100)	E_{β^-}=0.387(100) E_γ=0.8982(29) 0.7441(70) 0.1537(19)	$^{243}Am(n,\gamma)$

续表

核素	半衰期	衰变方式 (分支比,%)	粒子能量 MeV (强度,%)	主要的产生方式
^{244m}Am	26min	β^-(～100) ε(0.039)	E_{β^-}=1.498(80) 1.455(～18) ～0.45(<2) E_γ=1.050	$^{243}Am(n,\gamma)$
^{245}Am	2.1h	β^-(100)	E_{β^-}=0.905(78) 0.65(17) 0.61(5) E_γ=0.2527(6.1)	$^{144}Pu(n,r)^{243}Pu(\beta^-)$
^{246A}Am	39min	β^-(100)	E_{β^-}≃1.20(～100) E_γ=0.834(10*) 0.756(25*) 0.679(100*) 0.205(68*) 0.1535(48*)	$^{244}Pu(\alpha,d)$ $^{244}Pu(^3He,p)$
^{246B}Am	25min	β^-(100)	E_{β^-}=2.26(7) 1.46(11.4) 1.222(43) 1.19(15.9) 0.66(6.4) E_γ=1.07890(28.0) 1.06207(17.1) 1.03603(12.9) 0.83362(1.81) 0.79883(24.7)	^{246}Pu 衰变子核
^{247}Am	22min	β^-	E_{β^-}=1.37(～50) …… E_γ=0.285(100*) 0.225(23*) 0.1093X	$^{246}Pu(\alpha,p)$

注:246A,246B 尚未确定属基态或激发态。

各符号意义参见表 8.1 之注释。

在从事核物理的工作者看来,半衰期从微秒到纳秒之间的自发裂变同质异能素是颇引人注意的。值得指出的是,^{242m}Am 的裂变截面很大,达 $\sigma_f=6600b(\nu=3.24$ 中子/裂变),这在所有已知的热中子裂变截面中是最大的。

10.2　镅的主要同位素的生产

10.2.1　^{241}Am

它有两个来源:

(1)以铀或钚作核燃料的反应堆,尤其是当钚连续使用时,由于钚重同位素含量增加,在堆中可产生出^{241}Am,^{243}Am和^{242}Cm等核素,这些将以副产物形式提取出来。在处理辐照后燃料的过程中,镅和稀土裂变产物一起进入高放废液,由于镅含量少而废液放射性高,分离任务是艰巨的。

已经试验出各种流程。通常首先用磷酸三丁酯溶剂萃取法,从强酸溶液中除去四价钚;然后从含有大部分裂变产物的微酸性溶液中萃取镅和稀土元素,最后用离子交换法或溶剂萃取法纯化镅。前者是将混合物吸附在阴离子交换柱上,采用10mol/L LiCl洗脱稀土元素后,接着再用1mol/L LiCl洗脱镅和锔等;后法多以磷酸二(2-乙基己基)酯HDEHP为萃取剂。

(2)^{241}Am的另一来源是^{241}Pu的衰变。若贮放含多量^{241}Pu的钚溶液,则可积聚^{241}Am:

$$^{241}Pu \xrightarrow[15.2a]{\beta^-(\sim 100\%)} {}^{241}Am$$

^{241}Pu的半衰期为15.2a,有充分的时间使之与铀裂变产物和其余杂质分离纯化。钚易于转化成Pu(IV)或Pu(VI),而Am在溶液中最稳定的是三价,因而不难制得适用于分离镅的Pu(IV)+Am(III)溶液或Pu(VI)+Am(III)溶液,然后用离子交换法可得到高纯度的镅[87]。其原理是在7—8mol/L HNO_3中,四价钚以$[Pu(NO_3)_6]^{2-}$形式强烈吸附在阴离子交换树脂上,将钚分离后,使镅吸附到阳离子交换树脂上,而与大多数杂质元素分离,继而以络阴离子$[Am(SCN)_4]^-$形式吸附于阴离子交换柱,最后用0.1mol/L HCl洗脱下来。

10.2.2　^{243}Am

^{243}Am可由^{239}Pu经多次中子俘获产生,因而早先将由95%Al和5%Pu制作的铝钚合金靶置于反应堆中,进行长期照射而生产少量^{243}Am,并有相应的提取流程。现在正以较大量的规模制取^{243}Am等,进而又可由这些核素作为合成克量级锎的起始材料。

10.3 镅的化合物

10.3.1 镅的氢化物

镅的氢化物已知有两种：六方晶系的 AmH_3 和立方晶系的 AmH_2。

AmH_2 的生成反应为：

$$Am(固) + H_2(气) \rightleftharpoons AmH_2(固)$$

它的生成热为 $\Delta H_f = -168.6kJ/mol(773—1073K)$。

10.3.2 镅的卤化物

1. 氟化物

纯三氟化镅 AmF_3 呈粉红色，可由 AmO_2 在 HF 气流下加热至 400—500℃反应而制得。若将 AmF_3 或 AmO_2 在上述温度内用单质氟进行氟化，则生成灰褐色的四氟化物 AmF_4。

镅的三元氟化物有：AmO_2F_2，$NaAmF_4$，$LiAmF_5$，$7NaF \cdot 6AmF_4$ 和 Rb_2AmF_6 等，分别由 Am(III)—Am(VI)化合物与碱金属氟化物反应制取。

2. 氯化物

三氯化镅 $AmCl_3$ 可由 AmO_2 置于 CCl_4 饱和的 Ar 和 Cl_2(1∶1)的混合气流下，加热至 350—500℃反应而得，它呈淡红色，但在致密状态下呈珊瑚红色；由于其 α 放射性之故，在暗处中发出蓝绿色的微光。将 Am(III)的 6mol/L HCl 溶液蒸发，可制得它的六水合物 $AmCl_3 \cdot 6H_2O$，在它每个 Am 原子周围有六个氧和两个氯相邻，形成 $Cl_2Am(OH_2)_6$ 这样的络合物；而第三个氯原子却不与 Am 相连，但有一个不规则的水分子八面体围绕着它，形成了 $AmCl_3 \cdot 6H_2O$ 结构上一个有趣的特点。

Am(III) 的四氯和六氯多元化合物如：$CsAmCl_4 \cdot 4H_2O$，Cs_3AmCl_6 和 $Cs_2NaAmCl_6$ 等，可在浓盐酸溶液中进行沉淀反应而制取。$CsAmCl_4$ 无水化合物由其四水化物在 320℃左右用氯化氢处理而得。

Am(V)与氯的络合物有黄绿色的 $Cs_3AmO_2Cl_4$，当用浓盐酸处理该沉淀时，它转化成含 Am(VI)的暗红色氯化物复盐 $Cs_2AmO_2Cl_4$。由于 AmO_2^{2+} 离子具强氧化性，因而含 Am(VI)氯络合物的存在是耐人寻味的，它可能很快将氯离子氧化而自身还原成 Am(III)而稳定下来。

3. 溴化物和碘化物

三溴化镅 $AmBr_3$ 是按下列反应制得的：

$$3AmO_2 + 4AlBr_3 \rightarrow 3AmBr_3 + 2Al_2O_3 + \frac{3}{2}Br_2$$

三碘化镅 AmI_3 则由复分解法而得：

$$AmCl_3 + 3NH_4I \rightarrow AmI_3 + 3NH_4Cl$$

现将各种价态镅的二元和多元卤化物的晶体结构资料，列于表 10.2。

表 10.2　镅的二元和多元卤化物的晶格常数

化合物	晶格对称性	空间群	颜色	晶格常数				X 射线法测得的密度 (g/cm³)
				a(Å)	b(Å)	c(Å)	β(°)	
AmF_3	六方	$P3cl$	粉红色	7.044		7.225		9.56
AmF_4	单斜	$C2/c$	灰褐色	12.56	10.58	8.25	125.9	7.12
$AmCl_3$	六方	$P6_3/m$	粉红色	7.382		4.214		5.76
$AmBr_3$	斜方	$Cmcm$	白色(?)	12.66	4.064	9.124		6.70
AmI_3	六方	$R3$	黄色(?)	7.42		20.55		6.32
AmO_2F_2	六方-三方	$R3m$	棕色	4.136		15.85		6.60
$AmOCl$	四方	$P4/nmm$	粉红色	4.00		6.78		8.95
$AmCl_3 \cdot 6H_2O$	单斜	$P2/n$		9.702	6.567	8.009	93.62	
$AmBr_3 \cdot 6H_2O$	单斜	$P2/n$	浅棕色	9.955	6.738	8.166	92.75	3.51
$NaAmF_4$	六方	$P\bar{6}$	粉红色	6.019		3.731		7.05
$LiAmF_5$	四方	$I4_1/a$	粉红色	14.63		6.449		6.19
$7NaF \cdot 6AmF_4$	六方-三方	$R\bar{3}$		14.48		9.665		6.23
$7KF \cdot 6AmF_4$	六方-三方	$R3$		14.938		10.293		6.09
Rb_2AmF_6	斜方	$Cmcm$	粉红色	6.962	12.001	7.579		5.52
$KAmO_2F_2$	三方	$R3m$	白色	6.78			36.2	5.97
$RbAmO_2F_2$	三方	$R3m$	黄色	6.789			36.25	6.90
$Cs_2AmO_2Cl_4$	立方		红色	15.1				
$Cs_2NaAmCl_6$	立方	$Fm3m$	黄色	10.86				

10.3.3　镅的氧化物

二氧化镅 AmO_2 是暗棕色粉末，它可由镅化合物如：$Am(NO_3)_3$，$Am_2(C_2O_4)_3$ 或 $Am(OH)_3 \cdot aq$ 等，在氧气中加热至 700～800℃反应而得。它在 1000℃时还是稳定的，温度再高，则慢慢地放出氧。AmO_2 晶体与其他锕系元素的二氧化物一样，具有萤石的结构。它易溶于盐酸放出氯气，也溶于硝酸和硫酸而放出氧气。

三价镅的氧化物 Am_2O_3 可用氢气还原 AmO_2 来制备，随还原温度的不同而呈立方或六方晶系。在较高的温度下，还可形成 C 型或 A 型稀土氧化物的晶体结构，分别具红棕色和灰褐色。

将固体 AmO_2 或 Am_2O_3 与其他元素的氧化物反应，可制成不同组成的三价到六价镅的多元氧化物。例如：黄褐色斜方晶系 $AmVO_3$，品红色单斜晶系 $AmPO_4$；深棕色四方晶系 $AmSiO_4$，棕黑色单斜晶系 Na_2AmO_3；棕色四方晶系 Li_3AmO_4；棕黑色四方晶系 Li_4AmO_5 等。三价镅的三元氧化物大多与稀土的类似化合物相对应，由于镅和钕的离子半径几乎相等，因而彼此的化合物也互相对应。四价镅的三元氧化物，只有当其晶格十分稳定时才能制得。AmO_2 与 ThO_2，NpO_2，PuO_2 一起可生成连续系列的固溶体。五价镅的化合物十分稳定，如 Li_3AmO_4 直热至 1000℃才放出氧气。六价镅化合物也很稳定。所有碱金属镅酸盐在空气或氧气中热分解的最终产物均是 AmO_2 或 AmO_{2-x}。

五价和六价固体镅酸盐对辐照的稳定性比相应价态水溶液的稳定性高得多。与 AmO_2 晶格出现缺陷的情形类似，由于 ^{241}Am 的 α 放射性，镅的三元氧化物中也导致某些晶格的损伤。

此外，有人在金属镅表面观察到一氧化镅 AmO 层，它呈黑色、性脆，外观与金属相像。

10.3.4 镅的其他化合物

(1)碳化物。将金属镅与高纯石墨经电弧熔融，可制得黑色 Am_2C_3 化合物，它呈立方晶系，与其他锕系元素的碳化物结构相同。

(2)氮化物。将氢化镅与氮气或氨气在 750－800℃时作用，可生成黑色而性脆的氮化镅 AmN。

(3)硫化物。在密封的高真空石英管内，由 AmH_n 与化学计量的硫进行气相反应，可获得黑色斜方晶系的 α-Am_2S_3。将此硫化物置于真空条件下加热，就生成立方晶系的 AmS 和 γ-Am_2S_3 的混合物。

(4)硫酸盐。在 Am^{3+} 盐的 0.5mol/L 硫酸溶液中加入乙醇，便生成 $Am_2(SO_4)_3 \cdot 5H_2O$沉淀。此化合物经 550℃加热失水成一水化物，最后得无水化合物$Am_2(SO_4)_3$；如继续在更高温度下加热，它分解成 AmO_2。有人曾经从含镅和碱金属等的硫酸溶液中提取出组成为 $MAm(SO_4)_2 \cdot 4H_2O$(M＝Rb，Cs，Tl)，$M_8Am_2(SO_4)_7$(M＝K，Cs，Tl)，$KAm(SO_4)_2 \cdot 2H_2O$ 和 $K_3Am(SO_4)_3 \cdot H_2O$ 的硫酸复盐固体。

(5)碳酸盐。用 $NaHCO_3$ 溶液处理 $Am(OH)_3$，则生成粉红色呈假立方晶系的碳酸镅 $Am_2(CO_3)_3 \cdot xH_2O$。加碳酸钠溶液处理 Am(III)的碳酸盐，便生成碳酸复盐结晶 $NaAm(CO_3)_2 \cdot 4H_2O$ 和 $Na_3Am(CO_3)_3 \cdot 3H_2O$。如以过二硫酸盐或臭氧将 $Am_2(CO_3)_3 \cdot xH_2O$ 氧化，则得到镅(V)酰碳酸复盐 $KAmO_2CO_3$，

$K_3AmO_2(CO_3)_2$以及$K_5AmO_2(CO_3)_3$。由于它们的溶解度低，适于大量镅和锔的分离[5]。

(6)草酸盐。往Am^{3+}的溶液中加入过量草酸，则生成粉红色单斜晶系的$Am_2(C_2O_4)_3 \cdot 10H_2O$沉淀。它与$La_2(C_2O_4)_3 \cdot 10H_2O$为同一类型，在$HNO_3$-$H_2C_2O_4$介质中溶解度很小。将其加热，它经一系列中间水化物变成无水盐，300℃以上分解成二氧化镅AmO_2。

10.4　镅的水溶液化学

镅在水溶液中与固体中一样，存在着四种价态：Am(Ⅲ)，Am(Ⅳ)，Am(Ⅴ)和Am(Ⅵ)。当不存在络合剂时，三价、五价和六价镅与其他超铀元素相对应价态的离子一样，都以水合离子形式$Am^{3+} \cdot aq$，$AmO_2^{+} \cdot aq$和$AmO_2^{2+} \cdot aq$存在；四价镅只有在浓的氟化物和磷酸盐溶液中才稳定，在其他溶液中会迅速歧化。镅最稳定的价态是三价，这与铀及超铀元素系列内，高价稳定性随原子序数的增加而逐渐下降的现象相符。镅对应于镧系元素中的铕(Eu)，可是三价镅Am^{3+}离子的半径($r_{Am^{3+}}=0.99$Å)与三价钕Nd^{3+}离子的半径($r_{Nd^{3+}}=0.995$Å)几乎一致，所以Am^{3+}离子的特性更接近于Nd^{3+}，而不是Eu^{3+}。此外，有人观察到七价镅的存在。

现将各种镅离子的性质及其简单制法列于表10.3。

表 10.3　水溶液中的各种镅离子

价态	离子形式	颜色	生成热 ΔH_{f298K} (kJ/mol)	熵 (J/mol·K)	简单制备法
+3	Am^{3+}	粉红-红色	−682.8	−158.9	1)AmO_2+HCl(加热) 2)Am(>111)+NH_2OH，I^-，SO_2等 3)Am(>111)自还原
+4*	AmF_5^-，AmF_6^{2-}	粉红-红色	−476.9	−372.4	1)$Am(OH)_4$+饱和NH_4F溶液
+5	AmO_2^+	黄棕色	−869.4		1)0.03mol/L $KHCO_3$溶液中用O_3或$S_2O_8^{2-}$氧化Am^{3+} 2)将加热制得的Li_3AmO_4溶于稀$HClO_4$
+6	AmO_2^{2+}	黄棕色	−715.5		1)用O_3(在0.03mol/L $NaHCO_3$溶液中)，Ce^{4+}或Na_4XeO_6氧化Am^{3+} 2)在带隔板的电解槽内电解氧化 3)将加热制得的Li_6AmO_6溶于水或$HClO_4$

* 只有在浓氟化物和磷酸盐溶液中才是稳定的。

在镅的固体化合物中，AmO，AmH_2 形式上是二价镅，但它们仅属金属间化合物而并非离子化合物。在稀的 AmF_3-CaF_2 固溶体中，由于辐射-化学自还原作用，观察到有二价镅生成，但并未获得纯 AmF_2。此外，人们在有关镅的某些极谱研究中，发现有 Am^{2+} 的存在。

^{241}Am 的比活度（3.46mCi/mg）要比 ^{243}Am 的比活度（201.6μCi/mg）高，因而 ^{241}Am 的辐射-化学作用也比 ^{243}Am 更加厉害，这给早先用 ^{241}Am 来开展镅的研究工作造成相当的困难。有人建议用 ^{243}Am 来校正以前用 ^{241}Am 做的实验结果。文献[6]中对镅的化学作了详尽的论述。

10.4.1 无机配位体络合物

1. Am(III)

三价镅能形成不很稳定的氯络合物和硝酸络合物，而形成的硫氰酸络合物则比较稳定（表 10.4）。在硫氰酸盐存在的情形下，锕系元素与镧系元素形成络合物的差别很明显，Am(III)形成 1∶4 的络合物[$Am(SCN)_4{}^-$]，而镧系元素却不能。因此利用 NH_4SCN 溶液的阴离子交换法，可实现镅与镧或三价锕系元素与镧系元素的分离。此外，也有人利用 Am(III)的浓 LiCl 溶液在阴离子交换树脂上比镧系元素具有较高的分配系数，从而进行彼此的分离的[7]。

Am(III) 的硫酸络合物比它与一价阴离子的络合物更稳定。有 $AmSO_4^-$，$[Am(HSO_4)_2]^+$ 和 $[Am(SO_4)_2]^-$ 等络离子形式。Am(III) 与草酸的络离子已知有：$[Am(C_2O_4)]^+$，$[Am(C_2O_4)_2]^-$ 和 $[Am(C_2O_4)_3]^{3-}$ 等。在乙酸盐溶液中则有下列络离子：$[Am(CH_3COO)]^{2+}$，$[Am(CH_3COO)_2]^+$ 和 $Am(CH_3COO)_3$。Am^{3+} 与磷酸二氢根离子也形成很稳定的络离子 $AmH_2PO_4{}^{2+}$。

2. Am(IV)

四价镅仅在浓的氟化物和磷酸盐溶液中才稳定而不歧化。例如，将 $Am(OH)_4$ 用近于饱和的 RbF 的 1mol/LHF 溶液处理，得到 Am(IV) 的氟化物溶液，可能存在着 $AmF_5{}^-$ 和 $AmF_6{}^{2-}$，放置一段时间后析出微小的晶状沉淀 Rb_2AmF_6。如将 Am(III)电解氧化，便可制得 Am(IV)的磷酸盐溶液。

3. Am(VI)

往 Am（VI）溶液中加入乙酸钠，可得到乙酸镅（VI）酰钠水合物 $NaAmO_2(CH_3COO)_3 \cdot aq$，这与其他六价锕系元素的乙酸复盐相似。因而推知可能存在下列络离子：$AmO_2(CH_3COO)^+$，$AmO_2(CH_3COO)_2$ 和 $AmO_2(CH_3COO)_3{}^-$。

表 10.4　三价镅、镧、铕、镥与各种阴离子络合物的生成常数

阴离子	实验条件	β_i	Am	La	Eu	Lu
F^-	萃取法	β_1	2.46×10^3			
	$\mu=0.5$,25℃	β_2	1.28×10^6			
		β_3	1.0×10^9			
Cl^-	萃取法	β_1	0.71	0.60	0.71	0.45
	$\mu=4$,25℃	β_2	0.21	0.23	0.19	0.27
NO_3^-	萃取法	β_1	1.8	1.3	2.0	0.6
	$\mu=1$,22℃					
SCN^-	萃取法	β_1	7.1	1.7	2.09	2.8
	$\mu=5.0$,25℃	β_2	—	—	~0.9	~0.05
		β_3	3.56	0.18	0.44	0.72
		β_4	1.00	—	—	—
SO_4^{2-}	萃取法	β_1	37	28.2	34.7	19.5
	$\mu=1$,25℃	β_2	4.57×10^2	2.88×10^2	4.9×10^2	~79
		β_3	—	—	—	2.29×10^3
$C_2O_4^{2-}$	萃取法	β_1	4.27×10^4	1.82×10^4	5.89×10^4	1.29×10^5
	$\mu=1$,25℃	β_2	2.24×10^8	7.08×10^7	5.25×10^3	1.51×10^9
		β_3	1.41×10^{11}	1.86×10^{10}	2.46×10^{11}	6.16×10^{12}
CH_3COO^-	离子交换法	β_1	98.5		87.5	
	$\mu=0.5$,20℃	β_2	1.9×10^3		1.54×10^3	
		β_3	8×10^3		6.1×10^3	

高价态镅的络合物由于其氧化电位高以及自还原作用之故,因而稳定性较差,研究工作做得不多。

10.4.2　有机配位体络合物

现将三价镅与各种有机配位体形成螯合物的组成及其生成常数,列于表 10.5 和表 10.6。在 α-羟基羧酸类(羟基乙酸、乳酸、α-羟基异丁酸)中,螯合物的稳定性随着碳原子数的增加而降低。氨基多羧酸的螯合物与羟基羧酸类比较起来显得更加稳定。另外,如氮川三乙酸 $N(CH_2COOH)_3$ 中的一个—CH_2COOH 基团被另一个有机基团取代时,则往往导致螯合物稳定性的降低。

但是,以制备规模获得的镅与有机阴离子化合物种类却为数不多。已有的是与 8-羟基喹啉的螯合物 $Am(C_9H_5NO)_3$,与乙酰丙酮的螯合物 $Am(Acac)_3\cdot 3H_2O$,六方晶系的甲酸镅 $Am(HCOO)_3$,Am(III),Cs 和六氟乙酰丙酮(HHFA)的螯合物复盐 $CsAm(HFA)_4\cdot H_2O$ 等。

表 10.5 镅与含氧配位体的螯合物

络合剂	组成	研究方法	生成常数 $\log\beta_i$
硫代乙醇酸(HTGLYC)	$Am(TGLYC)^{2+}$	阳离子交换法	$\log\beta_1=1.55$
	$Am(TGLYC)_2^+$	$\mu=0.5$,20℃	$\log\beta_2=2.60$
	$Am(TGLYC)_3$		
羟基乙酸(HGLYC)	$Am(GLYC)^{2+}$	阳离子交换法	$\log\beta_1=2.82$
	$Am(GLYC)_2^+$	$\mu=0.5$,20℃	$\log\beta_2=4.85$
	$Am(GLYC)_3$		$\log\beta_3=6.30$
乳酸(HLACT)	$Am(LACT)^{2+}$	阳离子交换法	$\log\beta_1=2.77$
	$Am(LACT)_2^+$	$\mu=0.1$	$\log\beta_2=4.64$
	$Am(LACT)_3$		$\log\beta_3=5.70$
α-羟基异丁酸(HIBA)	$Am(IBA)^{2+}$	阳离子交换法	$\log\beta_1=2.38$
	$Am(IBA)_2^+$	$\mu=0.5$	$\log\beta_2=4.67$
	$Am(IBA)_3$		$\log\beta_3=5.12$
酒石酸(H_2TART)	$Am(TART)^+$	萃取法	$\log\beta_1=3.9$
	$Am(TART)_2^-$	$\mu=0.1$,20℃	$\log\beta_2=6.8$
噻吩甲酰三氟丙酮(HTTA)	$Am(TTA)_3$	萃取法 $\mu=0.1$,25℃,$CHCl_3$	$\log\beta_3=13.31$
苯甲酰三氟丙酮(HBTA)	$Am(BTA)_3$	萃取法 $\mu=0.1$,25℃,$CHCl_3$	$\log\beta_3=14.84$
萘甲酰三氟丙酮(HNTA)	$Am(NTA)_3$	萃取法 $\mu=0.1$,25℃,$CHCl_3$	$\log\beta_3=18.31$
β-异丙基芳庚酚酮(HIPT)	$Am(IPT)_3$	萃取法 $\mu=0.1$,25℃,$CHCl_3$	$\log\beta_3=21.37$
1-苯基-3-甲基-4-苯甲酰吡唑啉酮-5(HPMBP)	$Am(PMBP)_3$	萃取法 $\mu=0.1$,25℃,$CHCl_3$	$\log\beta_3=16.49$
1-苯基-3-甲基-4-乙酰基吡唑啉酮-5(HPMAP)	$Am(PMAP)_3$	萃取法 $\mu=0.1$,25℃,$CHCl_3$	$\log\beta_3=12.23$
方酸(H_2Sq)	$Am(Sq)^+$	离子交换法	$\log\beta_1=2.17$
	$Am(Sq)_2^-$	$\mu=1.0$,25℃	$\log\beta_2=3.10$

表 10.6　镅与含氮配位体的螯合物

络合剂	组成	研究方法	生成常数 $\log\beta_i$
5,7-二氯-8-羟基喹啉(HDCO)	$Am(DCO)_3$	萃取法	$\log\beta_3=21.93$
		$\mu=0.1$,25℃	
亚氨二乙酸(H_2IDA)	$Am(IDA)^+$	分光光度法	$\log\beta_1=5.93$
		$\mu=0.1$,25℃	
氨基乙磺酸-*N*,*N*-二乙酸(H_3TDA)	$AmHTDA^+$	阳离子交换法	$\log\beta_1=2.53$
	AmTDA	$\mu=0.1$,25℃	$\log\beta_1=8.05$
氮川三乙酸(H_3NTA)	AmNTA	阳离子交换法	$\log\beta_1=11.52$
	$Am(NTA)_2^{3-}$	$\mu=0.1$,25℃	$\log\beta_2=20.24$
氮川二乙酸丙酸(H_3NDAP)	$AmHNDAP^+$	阳离子交换法	$\log\beta_1=4.017$
	AmNDAP	$\mu=0.1$,25℃	$\log\beta_1=10.54$
	$Am(NDAP)_2^{3-}$		$\log\beta_2=17.83$
氮川二乙酸丁酸(H_3NDAB)	$AmHNDAB^+$	阳离子交换法	$\log\beta_1=3.53$
		$\mu=0.1$,25℃	
氮川二乙酸戊酸(H_3NDAV)	$AmHNDAV^+$	阳离子交换法	$\log\beta_1=3.47$
		$\mu=0.1$,25℃	
2-吡啶甲基亚氨二乙酸(H_2PIDA)	$AmPIDA^+$	阳离子交换法	$\log\beta_1=8.96$
	$Am(PIDA)_2^-$	$\mu=0.1$,25℃	$\log\beta_2=17.71$
邻苯甲内酰胺-*N*,*N*-二乙酸(H_3ADA)	AmADA	阳离子交换法	$\log\beta_1=8.92$
		$\mu=0.1$,25℃	
N-2-羟乙基亚氨二乙酸(H_2NHIDA)	$AmNHIDA^+$	阳离子交换法	$\log\beta_1=9.14$
	$Am(NHIDA)_2^-$	$\mu=0.1$,25℃	$\log\beta_2=17.04$
乙二胺四乙酸(H_4EDTA)	$AmEDTA^-$	阳离子交换法	$\log\beta_1=18.16$
		$\mu=0.1$,25℃	
二乙撑三胺五乙酸(H_5DTPA)	$AmDTPA^{2-}$	阳离子交换法	$\log\beta_1=22.92$
		$\mu=0.1$,25℃	

10.4.3　镅的氧化还原反应

AmO_2^{2+}/AmO_2^+电对的电位可以直接测得,其余电对的电位则由计算而得到,现将镅的氧化还原电位列于表 10.7。从表中可知,AmO_2^+/Am^{3+}与AmO_2^{2+}/Am^{3+}之间电位值相差很小,故由 Am^{3+} 氧化以制取高价镅时,需很小心地控制给定的反应条件。例如,用臭氧对 0.03mol/L $KHCO_3$ 溶液中的 $Am(OH)_3$ 进行氧化,温度为 92℃,将得到含五价镅的 $KAmO_2CO_3$ 沉淀;如果改在 0.03 mol/L $NaHCO_3$溶液中,以同样的条件氧化 $Am(OH)_3$,却生成六价镅的可溶性碳酸络合物。将 Am(IV)的饱和 NH_4F 溶液用臭氧氧化,得到 Am(VI),但由于^{241}Am 的 α

放射性造成的辐射-化学自还原作用，又使它变回到四价镅的状态。

表 10.7 镅的电势图[8,9]（单位：V）

(1) 1mol/L $HClO_4$

$$AmO_2^{2+} \xrightarrow{-1.60} AmO_2^{+} \xrightarrow{(-1.04)} Am^{4+} \xrightarrow{-2.0} Am^{3+} \xrightarrow{+1.5} Am^{2+} \xrightarrow{(+2.7)} Am$$

$$AmO_2^{+} \xrightarrow{-1.74} Am^{3+}$$

$$AmO_2^{2+} \xrightarrow{-1.69} Am^{3+}$$

$$Am^{3+} \xrightarrow{+2.32} Am$$

(2) 1mol/L OH^-

$$AmO_2(OH)_2 \xrightarrow{(-1.1)} AmO_2(OH) \xrightarrow{(-0.7)} Am(OH)_4 \xrightarrow{-0.5} Am(OH)_3 \xrightarrow{+2.71} Am$$

(3) 磷酸溶液

$$Am(IV) \xrightarrow[11\text{-}14mol/L\ H_3PO_4]{-1.75} Am(III)$$

$Am(VI)$ —— $Am(V)$ 0.54mol/L H_3PO_4：$-1.43V$
4.34mol/L H_3PO_4：$-1.32V$

Am(IV)除了在饱和 NH_4F 溶液中以外，在其他水溶液中都是不稳定的。例如，$Am(OH)_4$ 溶于硝酸或高氯酸即迅速歧化而成 Am(III)和 Am(V)：

$$2Am^{4+} \longrightarrow Am^{3+} + AmO_2^{+}$$

若将 $Am(OH)_4$ 溶于硫酸，则产生 Am(III)和 Am(VI)。

Am(V)亦发生歧化，它在高氯酸溶液中的歧化反应为

$$3AmO_2^{+} + 4H^{+} \rightleftharpoons 2AmO_2^{2+} + Am^{3+} + 2H_2O$$

随着酸浓度的升高，歧化速度剧增。上述是一个可逆反应，Am(III)和 Am(VI)作用也能生成 Am(V)。

Am(VI)的浓氢氧化钠溶液也可能引起歧化反应[10]：

$$2Am(VI) \longrightarrow Am(V) + Am(VII)$$

如前所述，高价态的镅溶液在自身 α 辐射作用下会发生还原反应，其中以 ^{241}Am溶液的自还原作用为甚。AmO_2^{2+} 自还原生成 Am^{3+}，可能是通过下列两步反应进行的：

(1) $AmO_2^{2+} \longrightarrow AmO_2^{+}$

(2) $AmO_2^{+} \longrightarrow Am^{3+}$

还原速度分别与镅的总浓度成正比，即

$$-\frac{d[AmO_2^{2+}]}{dt} = \frac{d[AmO_2^{+}]}{dt} = k_1[Am_{总}]$$

$$-\frac{d[AmO_2^+]}{dt}=\frac{d[Am^{3+}]}{dt}=k_2[Am_{总}]$$

当反应在25℃和0.2mol/L $HClO_4$ 溶液中进行时，这里的 $k_1=1.1\times10^{-5}s^{-1}$；$k_2=0.55\times10^{-5}s^{-1}$。关于镅的自还原机理，人们认为多半是放射出来的 α 粒子及反冲核使水辐射分解，然后生成的辐解产物对镅产生还原作用。这样导致高价镅的行为研究变得错综复杂。

10.4.4　镅的吸收光谱

各种价态的镅在水溶液中都有特征的吸收光谱。现将三价、五价和六价镅在1mol/L $HClO_4$ 介质中的吸收光谱画于图10.1，而将四价镅在13mol/L NH_4F 溶液中的吸收光谱示于图10.2。其中有若干吸收带很灵敏，故测得的摩尔消光系数取决于测量仪器的分辨率，表10.8给出各种价态镅的最主要的吸收带的数据.这些均是以 ^{241}Am 的研究得到的。由于辐射-化学自还原作用，使较高价态的谱线消光减弱，而且水的辐解产物逐渐积累的结果，干扰400nm以下 Am^{3+} 的光谱。为了得到更准确的数值，有人建议用长寿命的 ^{243}Am 重新测定所有的谱线。

表10.8　各种价态镅的最主要的吸收带及其在0.1～1 mol/LHClO₄介质中的摩尔消光系数

价　态	最大吸收峰 (nm)	摩尔消光系数 ε(L/mol·cm)
Am^{3+}	503	368
	812	69
AmF_5^-，AmF_6^{2-} *	456	30
AmO_2^+	514	45
	719	62
AmO_2^{2+}	408	60
	663	30
	996	83

* Am(IV)的13mol/L NH_4F 溶液。

上述镅的各种价态主要吸收带的间距较大，足以同时测定它所存在的价态，常用来研究镅的歧化反应、氧化还原反应以及测定固体物质中镅的价态。

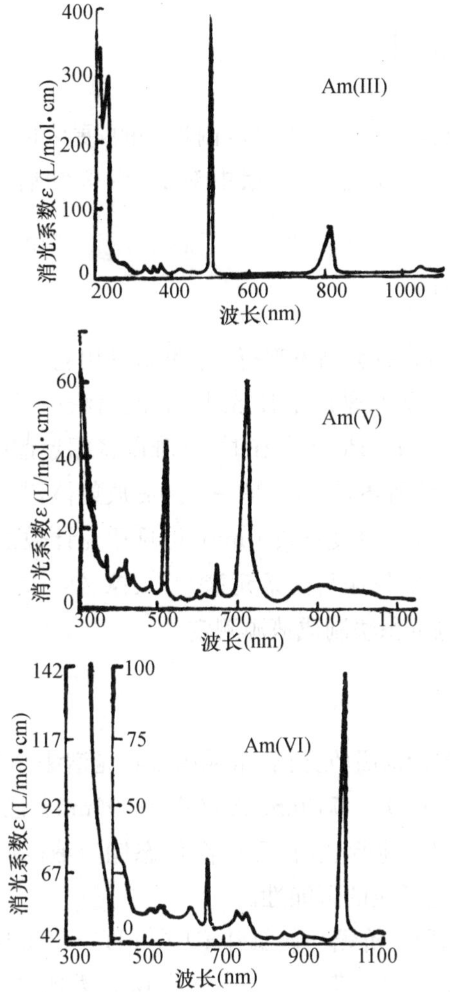

图 10.1 三价、五价和六价镅在 1mol/L $HClO_4$ 中的吸收光谱

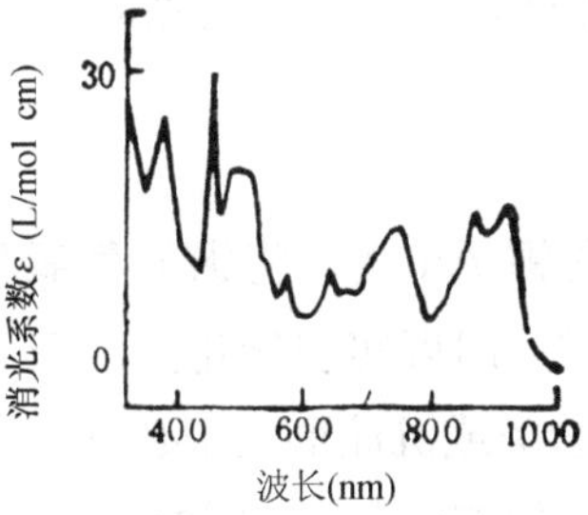

图 10.2 四价镅在 13mol/L NH_4F 溶液中的吸收光谱

10.5　镅的分析测定

关于镅的定量研究,都是在毫克量以内进行的,更大的量做得很少,人们认为镅的分析化学尚处于早期阶段。文献中对镅、锔等钚后元素的分析研究作了综述[11,12]。

10.5.1　辐射测量法

对^{241}Am而言,进行α或γ测量都行。γ测量是用它59.54keV的γ射线,但如有别的γ放射体存在时,无法采用γ计数法。α能谱法一般取5.4857MeV的α谱线作依据,当有大量Cm或^{238}Pu等存在时,亦难以将相近谱线分辨开来,因而不能用于^{241}Am的测定。如前所述,^{241}Am是一个强α放射体,其α比活度约为3.46毫居/毫克,相当于7.61×10^9衰变/mg·min,可见用α计数法测定微量^{241}Am将具有较高的灵敏度。为此,需将镅与镧系元素[13,14]、镎、钚、锔等[15−18]先行分离,然后在不锈钢或铂片上用电沉积法制成薄源测定。

10.5.2　分光光度法

根据各种价态镅的特征吸收光谱,常采用吸收光谱法鉴定镅的价态,各吸收带如下:Am^{3+}—812nm,AmO_2^+—719nm,AmO_2^{2+}—996nm。已知这些吸收带均遵循Beer-Lambert定律。但如前所述,在测定高价态镅溶液的吸收光谱时,要考虑辐射-化学还原作用和歧化反应的可能性。

有人建议[19],可利用三价镅与偶氮胂III在pH3～3.5时的生色反应,生成的络合物组成为1∶1和1∶2。其中1∶2络合物的摩尔消光系数在650nm处为82000L/mol·cm。加入试剂后立即显出该络合物的蓝色,若试剂过量,甚至在强α辐射的情况下也可稳定较长一段的时间。作此测定前,同样需先作Am(III)与Cm(III)等元素的分离,可检测至0.02μg/ml的镅或锔。

10.5.3　重量法

镅的可称量形式是二氧化镅AmO_2。将镅的氢氧化物$Am(OH)_3$或草酸盐$Am_2(C_2O_4)_3\cdot aq$在空气中加热,即可实现转化。由于AmO_2在1000℃以上高温时分解放出氧,因而其他镅的盐类或沉淀形式未必适用于重量法测定。

此外,尚研究着测定镅的其他方法[6,12]。例如,由于镅存在多种价态,故可能应用氧化还原的方法进行测定,但这种应用被α辐射间接对高价态的还原作用所限制。

又如,锎的发射光谱有很多条谱线,但因缺乏强的谱线致使检测不灵敏,等等。

参考文献

[1] A. Ghiorso,"A History of the discovery of the transplutonium elements",in"Actinides in Perspective-Proceedings of the Actinides,1981 Conference,California",Pergamon Press,23~56(1982).

[2] A. Ghiorso,"超钚元素历史",见 H. C. 霍奇等,《铀、钚、超钚元素实验毒理学手册(超钚分册)》,王玉民等译,原子能出版社,第一章(1984).

[3] 核素图表编制组,《核素常用数据表》,原子能出版社(1977).
W. Seelmann-Eggebert et al. ,Chart of the Nuclides,5th. Edition,Karlsruhe GmbH(1981).

[4] V. A. Ryan and J. W. Pringle,US-AEC Report,RFP-130(1960).

[5] G. A. Burney,*Nucl. Appl*,**4**,217(1968).

[6] W. W. 舒尔茨(Schulz),《锎化学》,唐任寰等译,原子能出版社(1981).

[7] T. Sekine,*Acta Chem. Scand*,**19**,1435(1965).

[8] R. A. Penneman,L. B. Asprey,Proc. 1st Int. Conf. on the Peaceful Uses of Atomic Energy,Geneva-1955, 7,355(1956).

[9] E. Yanir and M. Givon,*Inorg. Nucl. Chem. Letters*,**6**,415(1970).

[10] R. Pappalardo,W. T. Carnall,P. R. Fields,*J. Chem. Phys.* ,**51**,842(1969).

[11] B. F. Myasoedov et al. ,"Analytical Chemistry of Transplutonium Elements",John Wiley & Sons (1974).

[12] B. F. Myasoedov and I. A. Lebedcv,*Radiochimica Acta* ,**32**,55(1983).

[13] 陈国珍,化学通报,第 2 期,31(1974).

[14] V. Jedináková,Z. Dvoták,J. Žilková,Inter. Conf. on Nucl. and Radiochem. (ICNR′86)Abstracts,Beijing, 70(1986).

[15] 高宏成,唐任寰,国外核技术,第 1 期,38(1980).

[16] 吴克明等,见《超铀元素分析》编辑组,《超铀元素分析》,原子能出版社,199(1997).

[17] Z. D. Chen et al. , Inter. Conf. on Nucl. and Radiochem. (ICNR′86)Abstracts,Beijing,121(1986).

[18] H. S. Du et al. ,ibid,198(1986).

[19] B. F. Myasoedov, M. S. Milyova, L. V. Ryzhova, *Radiochem. Radioanal. Letters*. **5**. 19(1970);*Журнал аналитической Аимии* ,**27**,1769(1972).

29.11 锔

96 号元素的发现先于 95 号 Am，但它的鉴定却稍晚于后者。1944 年中期，Seaborg，James 和 Ghiorso 将硝酸钚溶液蒸干于带槽铂片上，灼烧成氧化钚；再将此 10mg ^{239}Pu 靶置于 60 英寸加速器的靶室内用，32MeV 的氦核轰击，经化学分离后得到^{242}Cm[1,2]：

$$^{239}\text{Pu}(\alpha,n)^{242}\text{Cm}\xrightarrow[163\text{d}]{\alpha}$$

此元素与镧系元素“钆 Gd”(纪念芬兰稀土专家 Gadolin)相对应，被命名为“锔”(Curium)以纪念著名法国科学家居里夫妇(Pierre and Marie Curie)。

第一批可称量的锔(40μg 的 Cm_2O_3，纯度为 90%)则是从中子辐照 4.5mg 镅后而提取出来的[3]。

11.1 锔的同位素与核性质

现将已知的 14 种锔的同位素列于表 11.1。其中^{242}Cm 和^{244}Cm 是两种最主要的锔同位素，它们是有关锔化学研究的依据。较重的同位素^{245}Cm—^{248}Cm 具有长得多的半衰期，对于开展锔的化学工作更为适宜，可是很难由中子辐照制得纯度较高的产品，只能靠同位素质量分离器从特定的浓集物中提取得极小的量。表 11.2 为^{242}Pu 和(^{243}Am+^{244}Cm)样品在高中子通量同位素反应堆中照射后的同位素组成。由此可见，在锔的重同位素中主要组分还是^{244}Cm。

表 11.1 锔的同位素[4,5]

核 素	半衰期	衰变方式(分支比，%)	粒子能量 MeV (强度，%)	主要的产生方式
^{238}Cm	2.4h	α(<5) ε(95)	E_α=6.52	^{239}Pu(α，5n)
^{239}Cm	3h	ε(~100)	E_γ=0.188 0.1065x	^{239}Pu(α，4n)
^{240}Cm	27d	α(>99)	E_α=6.2907(71) 6.2479(29)	^{239}Pu(α，3n)

续表

核　素	半 衰 期	衰变方式（分支比，%）	粒子能量 MeV（强度，%）	主要的产生方式
		ε(<0.5)		
		SF(3.9×10^{-6})		
^{241}Cm	36d	α(0.96)	E_α=6.0808(0.0058)	^{239}Pu(α,2n)
			5.9392(0.686)	^{241}Am(d,n)
			5.9268(0.156)	
		ε(99.04)	E_γ=0.4718(72)	^{243}Am(p,3n)
			0.1065(36.8)	
			0.1020(23.2)	
^{242}Cm	163d	α(～100)	E_α=6.1129(73)	^{242}Am 衰变子核
			6.0696(26)	^{238}U,^{239}Pu 多次中子俘获
			5.974(0.036)	
		SF	E_γ=0.0441(0.039)	^{239}Pu(α,n)
^{243}Cm	32a	α(99.7)	E_α=6.067(1.5)	^{238}U,^{239}Pu 多次中子俘获
			5.992(5.7)	
			5.7847(73)	堆中子+^{241}Am
			5.7415(12)	
			5.686(1.6)	
		ε(0.26)	E_γ=0.2776(11.2)	
			0.2282(7.3)	
^{244}Cm	18.1a	α(～100)	E_α=5.8049(76)	堆中子+^{241}Am
			5.7628(24)	堆中子+^{239}Pu
		SF(1.347×10^{-4})	E_γ=0.04282(0.02)	
^{245}Cm	8.5×10^3a	α(100)	E_α=5.468(2.7)	堆中子+^{239}Pu
			5.464(2.0)	^{245}Am 衰变子核
			5.359(87.6)	
			5.305(4.5)	
			E_γ=0.174(14)	
			0.133(13.7)	
^{246}Cm	4.82×10^3a	α(～100)	E_α=5.386(78)	堆中子+^{239}Pu
			5.343(22)	^{250}Cf衰变子核
		SF(～0.03)		
^{247}Cm	1.56×10^7a	α(100)	E_α=5.266(14)	堆中子+^{244}Cm
			5.211(6)	
			4.869(71)	
			E_γ=0.4024(72)	
			0.0840(23)	
^{248}Cm	3.5×10^5a	α(91)	E_α=5.078(75)	^{252}Cf 衰变子核
			5.034(16)	

续表

核素	半衰期	衰变方式（分支比，%）	粒子能量 MeV（强度，%）	主要的产生方式
		SF(9)		
^{249}Cm	64min	β^-(100)	E_α=0.90(～100)	$^{248}Cm(n,\gamma)$
^{250}Cm	～6900a	α(～25)		热核爆炸
		β^-(～14)		
		SF(～61)		
^{251}Cm	16.8min[5]	[β^-]	E_β≈1.4	

注：各符号意义参见表 8.1 之注释。

表 11.2 在高中子通量同位素反应堆中照射^{242}Pu和(^{243}Am+^{244}Cm)时锔与锔后核素的产率

产物 \ 起始含量	13 只靶，每只含 8gPu (95.7%^{242}Pu)	6 只靶，每只含 0.8g^{243}Am+4.4g^{244}Cm
^{242}Pu	12g	—
^{243}Am	5g	<0.1g
$^{244-248}Cm$	35g	15.5g
原子数%^{244}Cm	89.5	82
^{245}Cm	0.7	0.7
^{246}Cm	10	16
^{247}Cm	0.27	0.48
^{248}Cm	0.45	1.5
^{249}Bk	850μg	1.0mg
^{252}Cf	6mg	9.0mg
原子数%^{249}Cf	4	(2)
^{250}Cf	16	(15)
^{251}Cf	5	(3)
^{252}Cf	75	(80)
^{253}Es	27μg	70μg
^{257}Fm	10^8 个原子	

11.2 锔的主要同位素的生产

11.2.1 ^{242}Cm

将^{241}Am置于反应堆内经中子照射而得：

$$^{241}Am(n,\gamma)^{242}Am \xrightarrow[16h]{\beta^-(83.1\%)} {}^{242}Cm$$

早期生产^{242}Cm的方法，由下列几步组成：1. 将 Al-AmO_2 金属陶瓷体进行中子照射，用热的 NaOH 溶液溶解铝和部分裂变产物。然后将含有锔、剩余镅以及大部分裂变产物的氢氧化物沉淀溶于 6mol/L HCl。2. 在 11mol/L LiCl 中，锔和其他三价锕系元素吸附到阴离子交换柱上，用 12mol/L HCl 洗脱。3. 最后在阳离子交换柱上，用 pH＝5 的乳酸进行选择淋洗，从三价锕系元素中分离和纯化得锔。

有人提出，从 200mg 辐照后的$^{241}AmO_2$ 中分离得 30mg^{242}Cm（放射性强度为 100Ci 左右）的阳离子交换法[6]，提取到 90％以上的^{242}Cm，纯度达 98.5％。

11.2.2 ^{244}Cm

将^{239}Pu进行中子照射，或以其中间产物^{242}Pu和^{243}Am作为起始材料而制取：

$$^{239}Pu(n,\gamma)^{240}Pu(n,\gamma)^{241}Pu(n,\gamma)^{242}Pu(n,\gamma)^{243}Pu \xrightarrow[4.955h]{\beta^-}$$

$$^{243}Am(n,\gamma)^{244}Am \xrightarrow[10.1h]{\beta^-} {}^{244}Cm$$

^{244}Cm的最高产率约为起始^{239}Pu量的 8％，或^{240}Pu量的 21％，其余部分均裂变了。

从钚辐照后提取锔的方法如下：1. 将含锔的 AmO_2（PuO_2）-Al 辐照样品进行溶解，用 TBP-正十二烷萃取两次，将钚除去并使之净化。被处理的溶液是强放射性的，例如，美国 Savannah River 工厂处理的约为 1000Ci/L 的 β，γ 放射性和 150Ci/L 的 α 放射性。2. 用 50％TBP-煤油从水相中萃取镅和锔，以 0.2mol/L HNO_3反萃到水相。为纯化起见，可用叔胺进行萃取纯化。3. 最后以碳酸复盐 $K_5AmO_2(CO_3)_3$，形式将镅沉淀分离而去，从母液中获取锔。

不久前，高压离子交换柱系统已用于提取^{244}Cm[7]。在交换柱两端的压差约为 70 大气压，用二乙撑三胺五乙酸溶液淋洗，以便从镧系元素中分出镅和锔；然后在另一根柱上，改用氮川三乙酸或 α-羟基异丁酸作淋洗剂从镅中分离得锔，该法可回收几十克的锔。

11.3 锔的化合物

11.3.1 锔的氢化物

金属锔与纯氢在 200～250℃时作用，生成立方晶系的氢化物 CmH_{2+x}。

11.3.2　锔的卤化物[8]

1. 氟化物

CmF_3 呈白色六方晶系，可由 Cm(III)的弱酸性溶液中加入氟离子沉淀出来；若在高真空中用 P_2O_5 干燥之，则生成无水化合物。

CmF_4 呈淡绿色，其晶体结构是单斜 ZrF_4 型的，与其他锕系元素的四氟化物属于同一类型。它可由 CmF_3 与单质氟在 400℃时一起加热制得[9]。

如将碱金属盐与锔的化合物混和于 300—400℃氟化，则生成四价锔的氟化物复盐。已知有 $LiCmF_5$，$7NaF \cdot 6CmF_4$，$7KF \cdot 6CmF_4$ 和 Rb_2CmF_6 等。这些化合物与其他四价锕系元素相应的三元氟化物同构。

2. 氯化物

$CmCl_3$ 呈六方 UCl_3 型结构，吸水性很强。将氧化锔于 CCl_4 或 HCl 气流中加热至 400—500℃，便生成无水三氯化锔[10]。让 $CmCl_3$ 进行气相水解，即得氯氧化锔 CmOCl，它与 AmOCl 为同一类型。

3. 溴化物和碘化物

$CmBr_3$ 属斜方 $PuBr_3$ 型，CmI_3 属六方 BiI_3 型，可由 $CmCl_3$ 与相应的卤化铵在 400—450℃的氢气流中反应而成。

11.3.3　锔的氧化物

将锔的化合物如 $Cm(OH)_3$，$Cm_2(C_2O_4)_3$ 等在空气中加热至 500—600℃，则生成近似二氧化锔 CmO_2 的黑色产物。室温下保存的 $^{244}CmO_2$ 样品，其晶格参数会不断膨胀，几天内达到饱和值[11]。

已经知道 Cm_2O_3 有五种变体：A-Cm_2O_3，B-Cm_2O_3，C-Cm_2O_3，X-Cm_2O_3 和 H-Cm_2O_3。这也是镧系元素三氧化二物的特征。立方晶系的 C-Cm_2O_3 在其自身 α 辐照的作用下，几周内就自行转化为六方晶系的 A-Cm_2O_3；而单斜晶系的 B-Cm_2O_3 只在 500℃左右才发生这种现象。低温下的相变速度要比室温下大得多，而到 300℃时则小至可以忽略。两个可逆的固体相变是在高温时进行的：

$$\text{A-}Cm_2O_3 \xrightleftharpoons{2000℃} \text{H-}Cm_2O_3$$

$$\text{H-}Cm_2O_3 \xrightleftharpoons{2210℃} \text{X-}Cm_2O_3$$

11.3.4　锔的其他化合物

在 Cm^{3+} 溶液中加入 K_2CO_3，将析出碳酸锔 $Cm_2(CO_3)_3$ 沉淀，它溶于浓的 K_2CO_3 溶液。若以草酸代替碳酸钾，则可得 $Cm_2(C_2O_4)_3 \cdot 10H_2O$ 沉淀。将草酸

锔加热至 300℃以上，它将分解成碳酸盐。

往 Cm^{3+} 的微酸性溶液中加入磷酸根离子，则沉淀出难溶的 $CmPO_4 \cdot aq$。此化合物加热到 300℃时，转化成具有独居石（$CePO_4$）单斜晶格的 $CmPO_4$ 晶体。$CmNbO_4$ 和 $CmTaO_4$ 是由 1200℃的高温热反应生成的化合物，它们与相应的镧系元素化合物属同类型结构。

将氧化锔和氧化铝的混合物在高温下加热，可生成铝酸锔 $CmAlO_3$。如从 500℃左右骤冷下来，得到三方晶系的 $CmAlO_3$，在室温下存放将变成立方晶系。$CmAlO_3$ 由于自身 α 辐照损伤所引起的膨胀和结构变化，要比各种氧化锔相的膨胀和结构变化更大更快，在膨胀尚未达到饱和之前就处于无定形状态了。

11.4 锔的水溶液化学

锔在水溶液中有两种价态：Cm(III)和 Cm(IV)。这与它在固体化合物存在的价态形式相同。三价锔以未络合的 $Cm^{3+} \cdot aq$ 水合离子状态存在；而四价锔只能在高浓氟离子溶液中制得，例如在 CmF_4 的饱和 CsF 溶液内，以络离子 CmF_5^- 和 CmF_6^{2-} 形式稳定下来，这点与 Am(IV)类似。但是，将 $Am(OH)_3$ 氧化能从水溶液中制得 $Am(OH)_4$；由 Cm(III)氧化成 Cm(IV)化合物再从水溶液中提取出来的设想，却未见成功。

Cm(III)溶液无色，在高浓度下呈浅黄色，于暗处发出微弱的蓝光；即使是浓度较低的（仍大于 μg/ml）锔溶液，它的温度也要比环境高一些。例如，含量为 0.7g ^{242}Cm/L的溶液会不断地沸腾。Cm(III)在溶液中的化学行为与典型的镧系元素相似[12]。

Cm(IV)的溶液是不稳定的，在 25℃维持约 20 分钟，Cm(IV)就能全部还原成 Cm(III)。由于 Cm 同位素的强 α 放射性之故，甚至≤10℃时还发生迅速的自还原作用。

11.4.1 无机配位体络合物

关于锔的络合物化学研究得较少，已经报道的有 $Cm^{3+}—SCN^-$，$Cm^{3+}—NO_3^-$，$Cm^{3+}—SO_4^{2-}$ 和 $Cm^{3+}—C_2O_4^{2-}$ 等体系。对于同种络合物，不同作者用不同方法所测得的生成常数差别较大。表 11.3 选列了一些三价锔络合物的生成常数。比较 Am 与 Cm 络合物的稳定性可知，Am 与 Cl^-，NO_3^-，SO_4^{2-}，$C_2O_4^{2-}$ 的络合物比 Cm 的稳定；而 Cm 与 SCN^-，H_4EDTA，乳酸，α-羟基异丁酸形成的络合物则比 Am 的稍稳定。在镧系元素的相应元素 Eu 与 Gd 的关系中，也可看到类似的情形。

表 11.3　某些三价锔络合物的生成常数[13]

阴　离　子	实验条件	生成常数 β_i
F^-	萃取法 μ=0.5,pH=3.60 (0.1～4.0)×10^{-3}mol/LF^-	$\beta_1=2.21\times10^3$ $\beta_2=1.50\times10^6$ $\beta_3=1.2\times10^9$
SCN^-	离子交换法 5mol/L $NaClO_4$	$\beta_1=1.86$ $\beta_2=0.99$
NO_3^-	离子交换法 μ=1,20～25℃	$\beta_1=3.7$
$SO_4{}^{2-}$	萃取法 μ=2.00,25℃ pH=3.00	$\beta_1=22$ $\beta_2=73$
$C_2O_4{}^{2-}$ CH_3COO^-	溶解度法,离子交换法 μ=0.2 离子交换法 μ=0.5,20℃	$\beta_1=9.1\times10^5$ $\beta_2=1.4\times10^{10}$ $\beta_1=114$ $\beta_2=1240$
$CH_2(OH)COO^-$	离子交换法 μ=0.5,20℃	$\beta_1=700$ $\beta_2=5.6\times10^4$
$P_3O_9{}^{3-}$ (三偏磷酸盐)	离子交换法 μ=0.2,25℃	$\beta_1=4.4\times10^3$
$CH_3PO(OH)O^-$ (甲基膦酸)	离子交换法 μ=0.5,25℃	$\beta_1=73$
P,P'-乙撑二膦酸二丁酯 (H_2B_2EDP)	萃取法 9.5×10^{-2}mol/L H^+	$\beta_1=5.4\times10^{14}$ $Cm(HB_2EDP)_3$
P,P'-乙撑二膦酸二辛酯 (H_2O_2EDP)	萃取法 9.5×10^{-2}mol/L H^+	$\beta_1=1.8\times10^{19}$ $Cm(HO_2EDP)_3$

Cm^{3+}会形成可溶性碳酸络合物,与 Am^{3+} 和稀土元素离子一样为阴离子交换树脂所吸附。

如上所述,Cm(IV)在溶液中是以 CmF_4 溶解在 15mol/LCsF 的溶液里,形成络阴离子而存在的。

11.4.2　有机配位体络合物

现将锔与含氮配位体及含氧配位体形成螯合物的特性,分别列于表 11.4 和表 11.5。锔的螯合物与镅的相应螯合物比较起来,稳定性相差无几或稍许高些。

表 11.4 锔与含氮配位体的螯合物

络合剂	组成	研究方法	生成常数 $\log\beta_i$
牛磺酸-*N*,*N*-二乙酸(H_3TDA)	$CmHTDA^+$	阳离子交换法	$\log\beta'_1=2.53$
	CmTDA	$\mu=0.1$,25℃	$\log\beta_1=8.05$
氮川三乙酸(H_3NTA)	CmNTA	阳离子交换法	$\log\beta_1=11.80$
		$\mu=0.1$,25℃	
氮川二乙酸丙酸(H_3NDAP)	$CmHNDAP^+$	阳离子交换法	$\log\beta'_1=4.12$
	CmNDAP	$\mu=0.1$,25℃	$\log\beta_1=10.65$
	$Cm(NDAP)_2^{3-}$		$\log\beta_2=17.95$
乙-吡啶甲基亚氨二乙酸(H_2PIDA)	$CmPIDA^+$	阳离子交换法	$\log\beta_1=9.21$
	$Cm(PIDA)_2^-$	$\mu=0.1$,25℃	$\log\beta_2=17.69$
邻苯甲内酰胺-N,N-二乙酸(H_3ADA)	CmADA	阳离子交换法	$\log\beta_1=9.27$
		$\mu=0.1$,25℃	
乙二胺四乙酸(H_4EDTA)	$CmEDTA^-$	阳离子交换法	$\log\beta_1=18.45$
		25℃	
1,2 二氨基环己烷四乙酸(H_4DCTA)	$CmDCTA^-$	阳离子交换法	$\log\beta_1=18.81$
		25℃	
二乙撑三胺五乙酸(H_5DTPA)	$CmDTPA^{2-}$	阳离子交换法	$\log\beta_1=22.99$
		25℃	
N-2-羟乙基乙二胺-N,N′,N′-三乙酸($H_3NHEDTA$)	CmNHEDTA	阳离子交换法	$\log\beta_1=15.93$
	$Cm(NHEDTA)_2^{3-}$	$\mu=0.1$,25℃	$\log\beta_2=27.2$
N-2-羟乙基亚氨二乙酸(H_2NHIDA)	$CmNHIDA^+$	阳离子交换法	$\log\beta_1=9.21$
	$Cm(NHIDA)_2^-$	$\mu=0.1$,25℃	$\log\beta_2=17.11$
乙二胺-二-甲撑膦酸(H_4EDMP)	CmH_3EDMP^{2+}	电泳法	$\log\beta'_1=6.15$
	CmH_2EDMP^+	$\mu=0.1$,25℃	$\log\beta''_1=8.48$
	CmHEDMP		$\log\beta'''_1=12.30$
	$CmHDMP^-$		$\log\beta''''_1=16.53$

表 11.5　锔与含氧配位体的螯合物

络　合　剂	组　成	研究方法	生成常数 $\log\beta_i$
乳酸(HLACT)	$CmLACT^{2+}$	阳离子交换法	$\log\beta_1=2.78$
	$Cm(LACT)_2^+$	$\mu=0.5$	$\log\beta_2=4.54$
	$Cm(LACT)_3$		$\log\beta_3=5.75$
α-羟基异丁酸(HIBA)	$CmIBA^{2+}$	阳离子交换法	$\log\beta_1=2.43$
	$Cm(IBA)_2^+$	$\mu=0.5$	$\log\beta_2=4.71$
	$Cm(IBA)_3$		$\log\beta_3=5.23$
酒石酸(HTART)	$Cm(TART)_2^-$	萃取法	$\log\beta_2=6.84$
		$\mu=0.5$,20℃	
噻吩甲酰三氟丙酮(HTTA)	$Cm(TTA)_3$	萃取法	$\log\beta_3=13.40$
		$\mu=0.1$,25℃,$CHCl_3$	
苯甲酰三氟丙酮(HBTA)	$Cm(BTA)_3$	萃取法	$\log\beta_3=15.15$
		$\mu=0.1$,25℃,$CHCl_3$	
萘甲酰三氟丙酮(HNTA)	$Cm(NTA)_3$	萃取法	$\log\beta_3=18.17$
		$\mu=0.1$,25℃,$CHCl_3$	
1-苯基-3-甲基-4-苯甲酰-2-吡唑啉酮-5(HPMBP)	$Cm(PMBP)_3$	萃取法	$\log\beta_3=16.81$
		$\mu=0.1$,25℃,$CHCl_3$	
1-苯基-3-甲基-4-乙酰基-2-吡唑啉酮-5(HPMAP)	$Cm(PMAP)_3$	萃取法	$\log\beta_3=12.82$
		$\mu=0.1$,25℃,$CHCl_3$	
方酸(H_2Sq)	$Cm(Sq)^+$	阳离子交换法	$\log\beta_1=2.34$
	$Cm(Sq)_2^-$	$\mu=1.0$,25℃	$\log\beta_2=3.46$

11.4.3　锔的吸收光谱

Cm(III)在水溶液中的吸收光谱只有少数几条吸收带,它的摩尔消光系数均较小。而 Cm(IV)在 15mol/L CsF 溶液中的吸收带则较多(图 11.1),最强的吸收带在 451.4nm(ε=160)和 864.0nm(ε=130)。CmF_3 和 CmF_4 晶体的吸收光谱,分别相当于水溶液中 Cm(III)和 Cm(IV)的吸收谱。

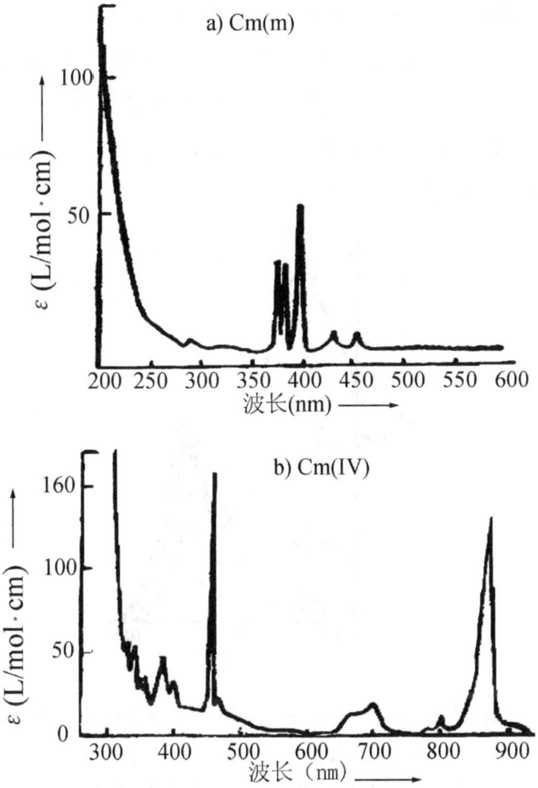

图 11.1　水溶液中 Cm(III)(a)和 Cm(IV)(b)的吸收光谱

(Cm(IV)是 10.5℃时的 15mol/L CsF 溶液)

11.5　锔的分析测定

锔在无机酸水溶液中主要以三价形式存在[14]。根据对它弱酸性 HCl，HNO_3，$HClO_4$ 和 H_2SO_4 溶液中行为的研究，当高至 0.06mol/L 浓度时仍遵循 Beer-Lambert 定律。选择最大吸收峰 396.4nm 时，锔的最小可测浓度约为 0.1mg/ml。

表 11.6　镅、锔等金属的某些性质

锕系金属	晶体结构 25℃	密度 (g/cm³)	金属半径 (Å)	熔点 (℃)	升华热 25℃ (kJ/mol)	χ 25℃ (10^{-6} emu/mol)	成序温度 (K)
Am	*dhcp*	13.67	1.73	1173	284	880	0.8SC
Cm	*dhcp*	13.51	1.74	1350	387	116	52AF
Bk	*dhcp*	14.79	1.70	985	310	—	25AF
Cf	*dhcp*	15.10	1.69	900	196	—	51FM
Es	*fcc*	8.84	2.03	860	131	—	—

Cm(III)与铀试剂 III 也能形成蓝色稳定络合物，最大的显色出现在试剂过量两倍之处(图 11.2)[15]。如前所述，Am(III)有类似的行为，因此用本法定量测定 Cm(III)之前，需作 Am 与 Cm 的分离。若改在含有～70%乙醇的混合溶剂中显色，pH 仍为 3.0，选择波长 650nm 处进行测定，则对 1∶2 组成的 Cm(III)-铀试剂 III 络合物的摩尔消光系数达 157000。

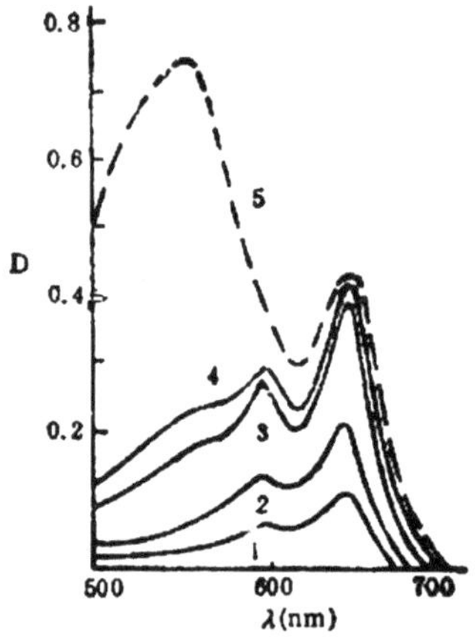

图 11.2　Cm(III)与铀试剂 III 络合物在硝酸溶液中的吸收光谱(pH=3)[15]

Cm(III)的浓度：0.418×10^{-5} mol/L

铀试剂 III 浓度为：1. 0.185×10^{-5} mol/L，2. 0.37×10^{-5} mol/L，3. 0.74×10^{-5} mol/L，4. 1.295×10^{-5} mol/L。

此外，林漳基等采用氨羧络合剂 DTPA 结合离子交换色层法使 Am，Cm 与裂片分离[16]，三价 Am、Cm 的乙二胺二异丙酸二乙酸(EDDPDA)络合物等[17]，都在锔化学研究之列。

上面列出镅、锔等金属的基本性质供参考[18](见表 11.6)。

参 考 文 献

[1] G. T. Seaborg, R. A. James, A. Ghiorso, in "The Transuranium Elements", G. T. Seaborg et al. (eds), National Nuclear Energy Series, Div. IV-14B, McGraw-Hill Co., New York, 1554(1949).

[2] A. Ghiorso, in "Actinides in Perspective-Proceedings of the Actinides, 1981 Conference, California", Pergamon Press, 23～56(1982).

[3] L. B. Werner, I. Perlman, *J. Am. Chem. Soc.*, **73**. 5215(1951).

[4] 核素图表编制组，《核素常用数据表》，原子能出版社(1977).

[5] W. Seelmann-Eggebert et al., Chart of the Nuclides, 5th Edition, Karlsruhe GmbH(1981).

[6] G. Höhlein. H. J. Born, W. Weinländer, *Radiochim. Acta.*, **10**, 85(1968).

[7] W. H. Hale, J. T. Lowe, *Inorg. Nucl. Chem. Letters.*, **5**, 363(1969).

[8] K. W. Bagnall, "The Actinide Elements". Topics in Inorganic and General Chemistry, Monograph 15, Elsevier Publishing Co. , Chap. 7(1972).

[9] L. B. Asprey et al. , *J. Am. Chem. Soc.* , **79**. 5825(1957).

[10] J. C. Wallmann et al. , *J. Inorg. Nucl. Chem.* , **29**, 2745(1967).

[11] M. Noé and J. Fuger, *Inorg. Nucl. Chem. Letters.* , **7**, 421(1971).

[12] G. R. Choppin, *Radiochimica Acta* , **32**, 43(1983).

[13] 科・克勒尔(C. Keller),《超铀元素化学》,《超铀元素化学》编译组译,原于能出版社,636(1977).

[14] B. F. Myasoedoy, I. A. Lebedev, *Radiochimica Acta* , **32**, 55(1983).

[15] B. F. Myasoedov, M. S. Milyukova, L. V. Ryzhova, *Radiochem. Radioanal. Letters.* , **5**, 19(1976); *Журнал Анал Хцмцц* **27**, 1769(1972).

[16] 陈耀中,谈炳美,林漳基,《核化学与放射化学》, **6**(1), 5(1984).

[17] 蒋俭等,《核化学与放射化学》, 6(1), 2(1984).

[18] A. J. Freeman, C. Keller, "Handbook on the Physics and Chemistry of the Actinides", Vol. 3, North-Holland Physics Publishing, Amsterdam(1985).

29.12 锫后元素

12.1 锫

锫(Berkelium),原子序数 97,元素符号 Bk,是 Thompson,Ghiorso 和 Seaborg 于 1949 年用 35MeVα 粒子轰击^{241}Am 时首先制得了锫的第一个同位素^{243}Bk:

$$^{241}_{95}Am(\alpha,2n)^{243}_{97}Bk\xrightarrow[4.6h]{\varepsilon}$$

并以美国著名的 Lawrence 辐射实验室所在地 Berkeley 城市命名。

12.1.1 锫的同位素与核性质

现今已发现锫有 11 种同位素和一种同质异能素,质量数为 240—251(表 12.1)。它们主要是用 α 粒子或氘轰击镅或锔制得的。其中最长寿命的是^{247}Bk ($t_{1/2}=1.4\times10^3$a),它只能在回旋加速器内,以 α 粒子或质子照射锔来制得,因而不能获取可称重的量;另一可用于化学研究的锫同位素是^{249}Bk,它能制得可称的量,但主要放射低能 β 射线($E_{\beta-}=0.125$MeV),不发射 γ 光子,探测起来比较困难些。

12.1.2 锫的制取和纯化

^{249}Bk 是在高通量同位素反应堆中,辐照钚、镅、锔靶而制得,同时生成的还有锎、锿、镄等锔后元素。从辐照靶中分离^{249}Bk 通常是与分离其他共存的元素同时进行的,图 12.1 是生产微克至毫克量锫的示意流程。

初级产品锫中的主要杂质是^{249}Bk 的衰变子体锎和锔,以及经常混有的铈。

Peppard 等最早使用氧化-还原循环纯化锫[3]。即在含 Bk,Cf,Es,Fm 和 Cm 的 10mol/L 硝酸溶液中,用溴酸钾将 Bk 从三价氧化成四价后,再以 0.15mol/L 二(2-乙基己基)磷酸-庚烷萃取锫;然后用含 1.5mol/L H_2O_2 的 8mol/L 硝酸进行反萃。Bk/Cm 分离因子达 10^6,从而使 Bk 与其他三价锕系元素实现定量分离。若以弱酸性的浓 LiCl 溶液反萃,则随后该水相能直接用于下一步的 Bk-Ce 分离[4]。Kooi 等人采用萃取色层法进行锫与锔、锎的分离[5],以吸有 HDEHP 的疏水性硅藻土作固定相,0.5mol/L HCl 为流动相,柱温 87℃,淋洗时铈在锫之前与镅、锔一起流出来(图 12.2)。由于铈与锫的氧化还原电位相近,因此仅用氧化-还原的方法不能实现锫与铈的良好分离。

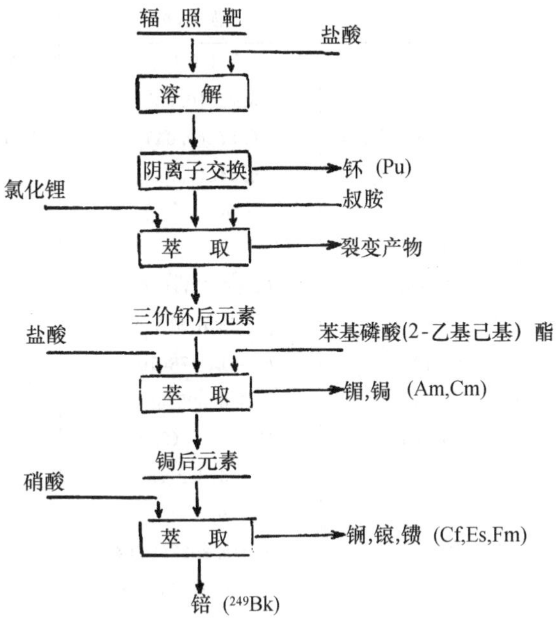

图 12.1 从辐照靶中分离^{249}Bk 的流程

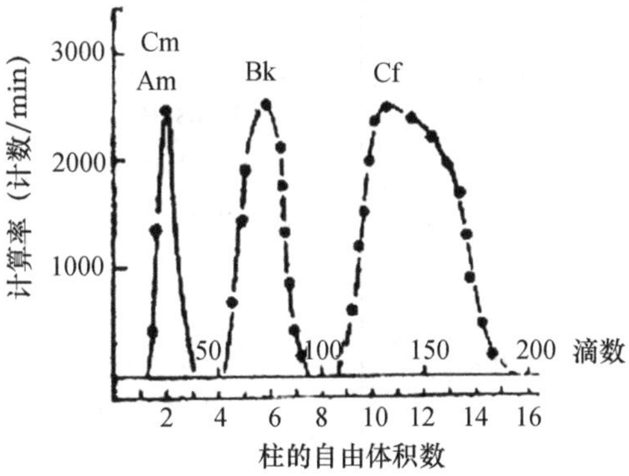

图 12.2 ^{241}Am,^{244}Cm,^{249}Bk 和$^{250-252}$Cf 的萃取色层分离

柱高:100 毫米;柱直径:3—4 毫米;流速:每分钟 1—2 滴;

温度:87℃;间隙体积:12.5 滴(每滴体积为 35 微升)

表 12.1　锫的同位素[1]

核　素	半 衰 期	衰变方式 (分支比,%)	粒 子 能 量 MeV (强度,%)	主要的产生方式
^{243}Bk	4.6h	α(0.15)	E_α=6.758(0.02)	$^{241}Am(\alpha,2n)$
			6.718(0.02)	
			6.574(0.04)	$^{242}Cm(d,n)$
			6.542(0.03)	
			……	
		ε(～100)		
^{244}Bk	4.4h	α(0.006)	E_α=6.667(0.003)	$^{243}Am(\alpha,3n)$
			6.625(0.003)	
		ε(～100)	E_γ=0.2176(100*)	
			0.892(88*)	
^{245}Bk	4.98d	α(0.105)	E_α=6.155(0.02)	$^{243}Am(\alpha,2n)$
			5.892(0.02)	
			……	$^{244}Cm(d,n)$
		ε(99.9)	E_γ=0.2527(30)▲	
			0.3805(4)▲	
			(▲系 ε 的 γ)	
^{246}Bk	1.8d	[β^+]	E_γ=0.800(40)	$^{243}Am(\alpha,n)$
			1.082(4)	
		ε(100)		
^{247}Bk	1.4×10^3a	α(100)	E_α=5.710(17)	$^{244}Cm(\alpha,p)$
			5.688(13)	
			5.531(45)	
			……	
^{248}Bk	>9a	β^-		$^{244}Cm(\alpha,pn)$
		SF		
^{248m}Bk	18h	β^-(70)	E_{β^-}>0.75(～64)	$^{247}Bk(n,\gamma)$
			>0.71(<6)	$^{246}Cm(\alpha,pn)$
		ε(30)		
^{249}Bk	311d	α(0.002)	E_α=5.4168(1×10^{-3})	多次中子俘获
			……	
		SF(<7×10^{-3})		$^{248}Cm(n,\gamma)^{249}Cm\xrightarrow{\beta^-}$
		β^-(～100)	E_{β^-}=0.125(～100)	
^{250}Bk	3.22h	β^-(～100)	E_{β^-}=1.775(5.5)	$^{249}Bk(n,\gamma)$
			1.733(5.5)	

续表

核 素	半 衰 期	衰变方式（分支比,%）	粒 子 能 量 MeV（强度,%）	主要的产生方式
^{251}Bk	57.0min	β^-(100)	0.725(89) E_γ=0.990(45.6) 1.029(4.44) 1.032(35.5) E_{β^-}=1.0(～25) 0.5(～75) E_γ=0.140(弱) 0.184(弱)	^{255}Es 衰变子核 热核爆炸
^{240}Bk	5min	ε		文献[2]
^{242}Bk	7min	ε		文献[2]

注：各符号意义参见表 8.1 之注释。

表 12.2 锫化合物的结构数据

化 合 物	晶格对称性	空间群	颜色	晶格常数 a(Å)	b(Å)	c(Å)	密度(g/cm^3)
α-Bk	六方	$P6_3/mmc$		3.416		11.068	
β-Bk	立方			4.999			
BkO_2	立方	$Fm3m$	黄棕色	5.334			12.30
Bk_2O_3	立方	$Ia3$	黄棕色	10.887			11.24
$BkCl_3$	六方	$P6_3/m$	绿色	7.388		4.129	6.06
$BkCl_3 \cdot 6H_2O$	单斜	$P2/n$	黄绿色	9.66	6.54	7.97 β=93.77°	—
BkOCl	四方	$P4/nmm$	浅绿色	3.966		6.710	9.45
α-BkF_3	六方	$P\bar{3}c1$	黄绿色	6.97		7.14	10.15
β-BkF_3	斜方	$Pnma$	黄绿色	6.70	7.09	4.41	9.70
$BkBr_3$	斜方	$Cmcm$	黄绿色	4.1	12.6	9.1	6.82
BkOBr	四方	$P4/nmm$	白色	3.95		8.1	9.06
BkI_3	六方	$R\bar{3}$	黄色	7.5		20.4	6.31
BkOI	四方	$P4/nmm$	白色	4.0		7.5	
Bk_2S_3	立方	$I\bar{4}3d$	棕黑色	8.44			8.28
BkF_4	单斜	$C2/c$		2.47	10.58	8.17 β=125.9°	7.74
Cs_2BkCl_6	六方	$P6_3mc$	橙色	7.451		12.097	4.155
$Cs_2NaBkCl_6$	立方	$Fm3m$	白色	10.805			3.952

1983年刘元方等从含有几十种元素的重离子核反应($^{18}O+^{248}Cm$)的产物中，成功地用萃取法和离子交换法快速分离出纯的锫，整个分离过程只用了半小时[33]。

12.1.3 锫的化合物

目前已知的少数几种锫的化合物是由美国的研究小组制得的[6,7]。1962年首次报道了锫化合物的结构数据，当时X射线分析用的物料量只有0.004μg BkO_2。至1969年，有人用锂高温还原BkF_3才制得第一块金属锫[8]，约5μg重。现将有关锫化合物的结构列于表12.2。

由表12.2可知，锫的氧化物有Bk_2O_3和BkO_2两种。卤化物有BkF_4,BkX_3(X为F,Cl,Br,I)和BkOX(X为Cl,Br,I)。还有复盐Cs_2BkCl_6和$Cs_2NaBkCl_6$等。

首批锫化合物的制备方法如图12.3所示。

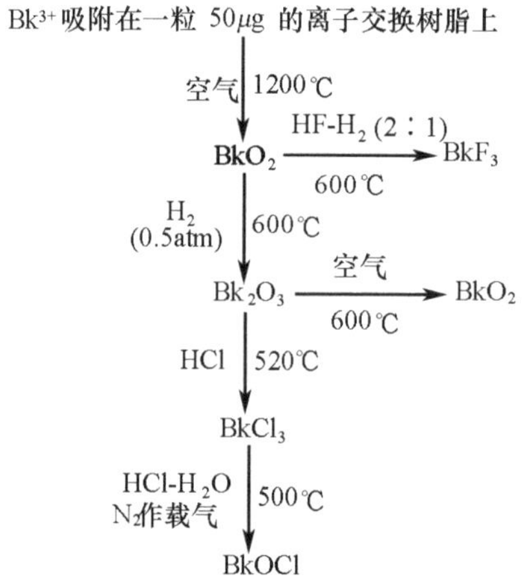

图12.3 制备首批锫化合物所用的方法

此外，琥珀色的三环戊二烯合锫$Bk(C_5H_5)_3$和二聚氯化二环戊二烯合锫$[Bk(C_5H_5)_2Cl]_2$等金属有机化合物，也已制得。

12.1.4 锫的水溶液化学

锫化合物在水溶液中，有+3和+4两种价态存在。与轻镧系元素一样，Bk^{3+}和Bk^{4+}通常都是水合的。Bk(IV)是一种强氧化剂，有人用60μg ^{249}Bk的硫酸溶液(0.10mol/L H_2SO_4)测得Bk(IV)-Bk(III)电对的摩尔电位E为-1.43V[9]，而Ce(IV)-Ce(III)电对在0.25mol/L H_2SO_4溶液中的摩尔电位E为-1.46V，它们

相差小于 60mV，可见 Bk(IV)的氧化能力与 Ce(IV)相近。因而，只有在很强的氧化剂存在时才能生成 Bk^{4+}，并被 $Zr_3(PO_4)_4$ 和 $Ce(IO_3)_4$ 共沉淀。水溶液中 Bk^{4+} 不稳定，能自身还原。

三价锫与氨羧络合剂如乙二胺四乙酸(H_4EDTA)、二氨基环己烷四乙酸(H_4DCTA)、二乙撑三胺五乙酸(H_5DTPA)、乳酸、α-羟基异丁酸等均能形成络合物，其稳定常数介于相邻元素锔和锎之间。稳定常数示例如下：

$$Y=H_4EDTA \quad k_1=\frac{[BkY^-]}{[Bk^{3+}][Y^{4-}]} \quad \log k_1=18.88$$

$$Y=H_4DCTA \quad k_1=\frac{[BkY^-]}{[Bk^{3+}][Y^{4-}]} \quad \log k_1=19.16$$

$$Y=H_5DTPA \quad k_1=\frac{[BkY^{2-}]}{[Bk^{3+}][Y^{5-}]} \quad \log k_1=22.79$$

对 Bk^{3+} 稀溶液的吸收光谱实验研究表明，在 450—750nm 可见光区域内，摩尔消光系数 $\varepsilon<20$(L/mol · cm)，未发现超过此值的吸收带。Bk^{3+} 的吸收带比轻锕系元素弱得多，但与相应镧系元素 Tb^{3+} 相比，Bk^{3+} 的强度却高一个数量级。

12.2 锎

锎(Californium)，98 号元素，符号 Cf，是 1950 年 Thompson 等继发现 97 号元素锫之后，又用 α 粒子轰击 μg 量 ^{242}Cm 而制得的，核反应为：

$$^{242}Cm(\alpha,n)^{245}Cf \xrightarrow[43.6\text{min}]{\alpha}$$

为从靶材料和裂变产物中将生成的几千个 ^{245}Cf 原子分离出来，采用了以柠檬酸作淋洗剂，并由流洗峰位置来判定的离子交换法。锎遂以大多数超铀元素的“发源地”California 州来命名。

12.2.1 锎的同位素与核性质

已知锎的同位素有 18 种，质量数为 239—256。其中寿命最长的是 $^{251}Cf(t_{1/2}=898a)$，但最重要的是 $^{249}Cf(t_{1/2}=352a)$ 和 $^{252}Cf(t_{1/2}=2.638a)$。放射性纯的 ^{249}Cf 是由 ^{249}Bk 的 β 衰变生成的，可称量的该同位素在科学研究上很重要，因为它的半衰期较长，自发裂变几率小(参表 12.3)。

^{252}Cf 是一种很有前途的核素。它有 3.2%经自发裂变而衰变；1mg ^{252}Cf 每秒约放出 2.34×10^9 个中子。因此足够量的 ^{252}Cf 便是有用的中子源。由于 ^{252}Cf 的自发裂变几率较高，除需防护 α 和 γ 辐射之外(自发裂变的 γ 能量可超过 7MeV)，

甚至对微克量的^{252}Cf也需防护由其自发裂变产生的快中子。例如,操作毫克量^{252}Cf的工作,需在“热室”中进行;对 1g ^{252}Cf 的防护需用 1.25m 厚的混凝土[10]。当与其他 α 放射体混合时,检测^{252}Cf 常利用它自发裂变放出的 γ 射线[11]。

表 12.3 锎的同位素[1,2]

核素	半衰期	衰变方式 (分支比,%)	粒子能量 MeV (强度,%)	主要的产生方式
[^{239}Cf]	~39s	α	E_α=7.63	
^{240}Cf	0.9min	α	E_α=7.59	$^{238}U(^{12}C,10n)$
^{241}Cf	3.78min	α	E_α=7.335	$^{235}U(^{12}C,6n)$
^{242}Cf	3.4min	α(~100)	E_α=7.385(~80) 7.351(~20)	$^{242}Cm(^3He,xn)$ $^{235}U(^{12}C,5n)$
^{243}Cf	10.7min	α(10) ε(90)	E_α=7.17 7.06	$^{242}Cm(^3He,2n)$ $^{236}U(^{12}C,5n)$
^{244}Cf	20min	α [β^+],[ε]	E_α=7.218(75) 7.178(25)	$^{244}Cm(\alpha,4n)$ $^{236}U(^{12}C,4n)$
^{245}Cf	43.6min	α(3) ε(70)	E_α=7.137 7.0844 ……	$^{244}Cm(\alpha,3n)$ $^{238}U(^{12}C,5n)$
^{246}Cf	35.7h	α(>99) SF(~2×10^{-4})	E_α=6.758(77) 6.719(22) E_γ=0.042(1.4×10^{-2})	$^{244}Cm(\alpha,2n)$ $^{238}U(^{12}C,4n)$
^{247}Cf	2.5h	ε(100)	E_γ=0.295(1.0)	$^{244}Cm(\alpha,n)$
^{248}Cf	333.5d	α(~100) SF(2.9×10^{-3})	E_α=6.26(82) 6.22(18)	$Cm(\alpha,xn)$
^{249}Cf	352a	α(~100) SF(6×10^{-7})	E_α=5.810(83.7) 5.754(4.4) 5.940(3.4) …… E_γ=0.3879(66) 0.3334(15.5) ……	多次中子俘获; ^{249}Bk 衰变子核
^{250}Cf	13.2a	α(>99) SF(0.08)	E_α=6.0308(82) 5.9886(17)	^{238}U,^{239}Pu,^{244}Cm 多次中子俘获; ^{250}Bk 衰变子核
^{251}Cf	898a	α(100)	E_α=5.6803(35) 5.846(27) ……	多次中子俘获

续表

核素	半衰期	衰变方式 (分支比,%)	粒子能量 MeV (强度,%)	主要的产生方式
^{252}Cf	2.638a	α(96.8) SF(3.2)	$E_α$=6.1183(82) 6.0757(15)	^{238}U,^{239}Pu,^{244}Cm 多次中子俘获
^{253}Cf	17.8d	α(0.31) $β^-$(99.7)	$E_α$=5.979(0.294) $E_{β^-}$=0.27(99.7)	多次中子俘获
^{254}Cf	60.5d	α(0.3) SF(99.7)	$E_α$=5.834(0.25)	^{254m}Es衰变子核; 热核爆炸
^{255}Cf	~1h	$β^-$		
^{256}Cf	12.3min	SF		

^{251}Cf虽是半衰期长达898年的锎的可称量同位素,但由于它具有很高的中子俘获截面和裂变截面,在反应堆中很快就燃耗掉了,故不能经照射而生成纯的^{251}Cf。在锎的产品中通常只有很少的^{251}Cf。最重的锎同位素^{254}Cf可由热核爆炸经中子俘获而得,但它的衰变方式几乎只有自发裂变(达99.7%)。

12.2.2 锎的制取和纯化

锎可由照射钚、镅或锔而产生。例如,将燃耗尽的Pu-Al合金溶在硝酸中,用阴离子交换分离和纯化钚后,锔后元素和稀土一起从弱酸性的$Al(NO_3)_3$料液中吸附到阴离子交换柱上,继而用硝酸洗脱[12]。将硝酸洗脱液转成盐酸溶液,再以长链叔胺从浓LiCl溶液中,萃取分离锕系元素与镧系元素。从重锕系元素中提取锎,除了以α-羟基异丁酸作淋洗剂的阳离子交换分离法(图12.4)之外,尚有浓$LiNO_3$溶液中的阴离子交换法、二(2-乙基己基)磷酸萃取法或季铵盐萃取法。

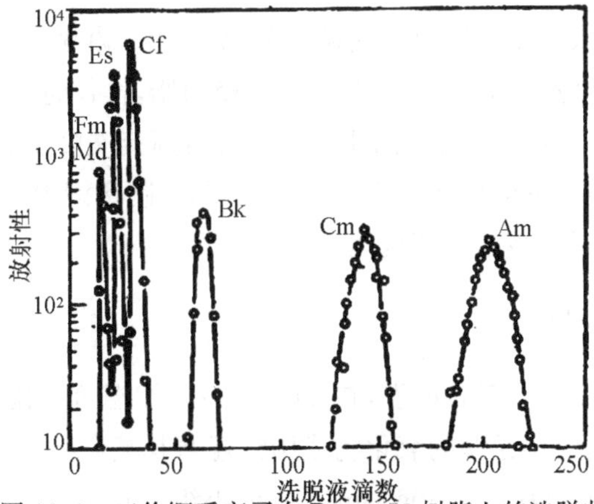

图12.4 三价锕系离子在Dowex50树脂上的洗脱曲线

(洗脱液:α-羟基异丁酸铵;温度:87℃)

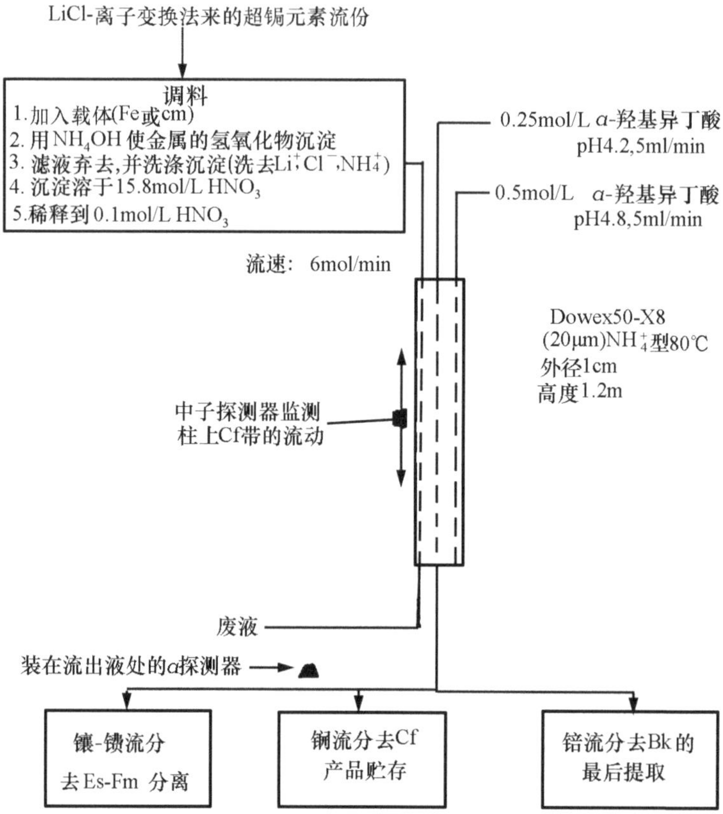

图 12.5　高压离子交换法分离锎

七十年代起,有人采用高压离子交换法分离锎[13]。淋洗剂也是常用的α-羟基异丁酸,柱内装的是铵型 Dowcx 50-X8 离子交换树脂,操作时将柱子加热到 80℃,柱两端压力差维持在 60atm 左右(图 12.5)。柱内锎流洗峰的移动由热室内中子探测器加以监测。纯的锎流份转成硝酸体系后,用以制备锎中子源。此外,用于单个锔后元素分离的,还有熔盐分离流程。

12.2.3　锎的化合物

金属锎的熔点 900℃,容易挥发,在 1100—1200℃温度范围内能蒸发出来,存在两种变体。它可由镧还原锎的氧化物或用锂还原其氟化物的方法制得。

美国 Berkeley 实验室 Cunningham 等研究小组从长寿命^{249}Cf 同位素出发,使用很灵敏的超微量方法,制得首批锎的化合物(图 12.6)。将吸附于阳离子交换树脂上的 Cf 在空气中加热,可得到氧化物 Cf_2O_3;使 Cf_2O_3 与 HCl 气体作用,生成绿色的无水氯化物 $CfCl_3$;此化合物在 HCl-H_2O 气流中于 500℃水解,可形成氯氧化物 CfOCl。采用同样的方法可制得 CfX_3,CfOX(X 为 F,Cl,Br,I)。此外,Cf(IV)和 Cf(II)的二元化合物 CfO_2,CfF_4,$CfCl_2$ 也已制得。已知锎化合物的结构数据列于表 12.4。

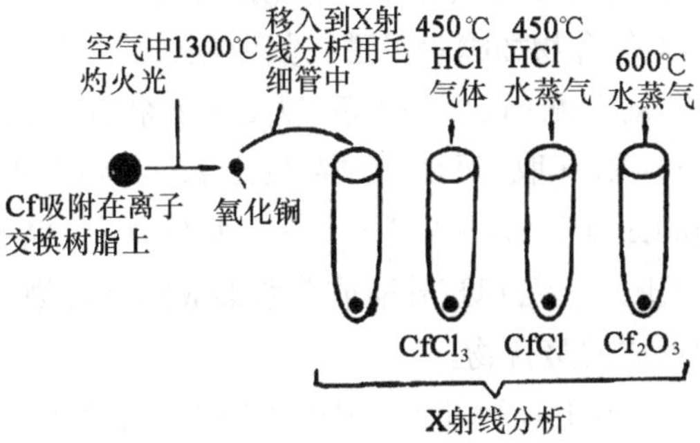

图 12.6 首批锎化物的制备方法

[根据 G. T. Seaborg:"Man-Made Transuranium Elements". Prentice-Hall, Inc., Englewood Cliffs, N. J. (1963)]

表 12.4 锎化合物的结构数据

化合物	晶格对称性	空间群	颜色	晶格常数			密度 (g/cm³)
				a(Å)	b(Å)	c(Å)	
B-Cf_2O_3	单斜	$C2/m$	黄色	14.124	3.591	8.809	12.38
C-Cf_2O_3	立方	$Ia3$	绿色	10.838			11.40
Cf_2O_{3+x}	立方	$Ia3$(?)	深色	10.809			
$CfO_{2(-x)}$	立方	$Fm3m$	黑色	5.310			
CfF_3	斜方			6.653	7.041	4.395	
$CfCl_3$	六方	$P6_3/m$	绿色	7.393		4.090	6.09
$CfCl_3$* (高温变体)	斜方	$Cmcm$		3.869	11.75	8.561	
$CfBr_3 \cdot 6H_2O$	单斜			9.992	6.716	8.146	
CfI_3	六方	$R\bar{3}$	黄色	7.55		20.8	6.11
CfOF	立方	$Rm3m$	浅绿色	5.561			10.97
CfOCl	四方	$P4/nmm$	绿色	3.956		6.662	9.57
CfOBr	四方	$P4/nmm$	棕色	3.900		8.110	9.27
CfOI	四方	$P4/nmm$	浅棕色	3.97		9.13	9.03

12.2.4　锎的水溶液化学

锎在水溶液中的稳定价态是+3。Cf^{3+} 可与 LaF_3，$La_2(C_2O_4)_3$，$La(OH)_3$ 共沉淀。三价锎的硝酸盐 $Cf(NO_3)_3$，氯化物 $CfCl_3$，高氯酸盐 $Cf(ClO_4)_3$ 和硫酸盐 $Cf_2(SO_4)_3$ 都是可溶盐。

Cf^{3+} 与 $SO_4{}^{2-}$ 形成的络合物比轻锕系元素和镧系元素的相应络合物更稳定[14]。Cf^{3+} 与 β-二酮类化合物如噻吩甲酰三氟丙酮(HTTA)、呋喃甲酰三氟丙酮(HFTA)、或萘甲酰三氟丙酮(HNTA)等，以 1∶3 螯合物的形式 $Cf(TTA)_3$，$Cf(FTA)_3$ 和 $Cf(NTA)_3$ 被萃取，而且分配系数比 Am，Cm 要高；还有协萃螯合物 $Cf(TTA)_3$ • MIBK 和 $Cf(TTA)_3$ • 2MIBK 等。此外，Cf^{3+} 也能与许多氨羧络合剂形成螯合物。至于 Cf^{3+} 与酒石酸、乳酸或草酸形成的螯合物，其稳定性不如与 β-二酮类或氨羧络合剂形成的螯合物。

图 12.7 示 Cf^{3+} 在 1mol/L $DClO_4$①中的吸收光谱，测定中使用了 0.6mg 的 Cf，制配成 0.016mol/L Cf^{3+} 溶液，其同位素组成为 80%^{252}Cf 和 20%^{254}Cf。由于它们衰变中放出的高能量，致使 Cf^{3+} 溶液像香槟酒一样发泡而带来困难；为了防护释出的中子，整个测量仪器需安装在墙厚为 1.2m 的热室内，且由遥控进行。从 280nm 至 1600nm 范围内虽发现有 19 条吸收带，但它们的消光系数全都很低。

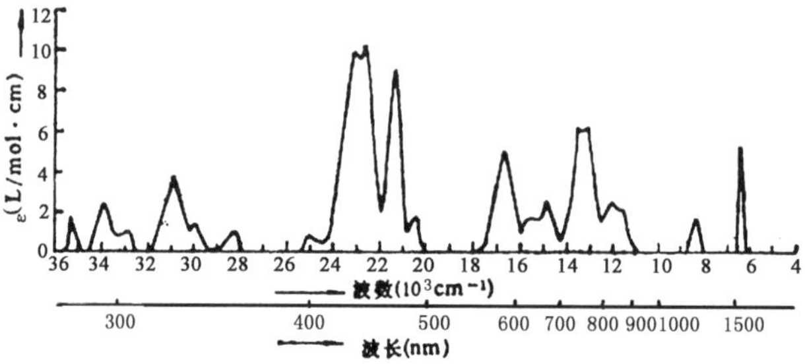

图 12.7　在 1mol/L $DClO_4$ 中 Cf^{3+} 的吸收光谱

锎的最有用途的同位素是^{252}Cf，它是一种很有价值的中子源可用于中子活化分析，特别是在线中子活化分析；还有就地生产短寿命核素，中子照相以及治疗癌症等。^{249}Cf 和^{251}Cf 有较长的半衰期，其中以^{249}Cf 较适合于化学研究之用；它们的热中子裂变截面很大，临界质量很小，分别为 32g 和 10g，故在核物理的研究中颇受重视。

① D代表重氢$^{2}_{1}H$。

12.3 锿

锿(Einsteinium),原子序数 99,元素符号 Es,它和 100 号元素 Fm 都是在 1952 年第一次热核爆炸的碎片中,被 Ghiorso 等研究小组发现和鉴定的。这两个元素被命名为锿和镄,以纪念伟大的科学家爱因斯坦(A. Einstein)和费米(E. Fermi)。在热核爆炸瞬间产生的极高中子通量作用下,^{238}U 连续俘获 15 个或 17 个中子,生成含中子极多的铀同位素 ^{253}U 和 ^{255}U,再经过多次 β 衰变生成 ^{253}Es 和 ^{255}Fm。

12.3.1 锿的同位素与核性质

现在已知锿有 14 种同位素和三种同质异能素,质量数为 243—256(表 12.5)。

表 12.5 锿的同位素[1,2]

核素	半衰期	衰变方式 (分支比,%)	粒子能量 MeV (强度,%)	主要的产生方式
^{243}Es	21s	α	E_α=7.89	
^{244}Es	37s	α(4)	E_α=7.570(4)	
		ε(96)		
^{245}Es	1.33min	α(40)	E_α=7.73(40)	$^{238}U(^{14}N,7n)$
		ε(60)		$^{240}Pu(^{10}B,xn)$
^{246}Es	7.7min	α(10)	E_α=7.36(10)	$^{238}U(^{14}N,6n)$
		ε(90)		
^{247}Es	4.7min	α(~7)	E_α=7.31(~7)	$^{233}U(^{14}N,5n)$
		ε(~93)		
^{248}Es	27min	α(0.25)	E_α=6.87(0.25)	$^{249}Cf(d,3n)$
		ε(~100)		
^{249}Es	1.7h	α(0.13)	E_α=6.76(0.13)	$^{249}Bk(\alpha,4n)$
		ε(99.9)		
^{250}Es	8.3h	ε(100)	E_γ=0.8288(3.4)	$^{249}Bk(\alpha,3n)$
			0.3032(1.0)	
			……	
^{250m}Es	2.1h		E_γ=0.9890(1.2*)	$^{249}Bk(\alpha,3n)$
			1.0326(1.0*)	
^{251}Es	33h	ε(0.52)	E_α=6.48	$^{249}Bk(\alpha,2n)$
		ε(99.5)		

续表

核素	半衰期	衰变方式（分支比，%）	粒子能量 MeV（强度，%）	主要的产生方式
^{252}Es	350d	α(78)	E_α=6.632(63)	$^{249}Bk(\alpha,n)$
			6.562(11)	
			……	
		β^-(<2)	E_γ=0.7851(16)	
		ε(22)	0.1390(12)	
^{253}Es	20.47d	α(>99)	E_α=6.6327(89)	多次中子俘获
			6.5916(7)	
			……	
		SF(9×10^{-6})		
^{254}Es	276d	α(>99)	E_α=6.4288(92)	多次中子俘获
		SF($<3\times10^{-6}$)	……	
^{254m}Es	39.3h	β^-(99.6)	E_{β^-}=0.475(60)	多次中子俘获
		—	0.437(17)	
			……	
		α(0.3)	E_α=6.387(0.26)	
		SF(<0.05)		
^{255}Es	39d	β^-(91.5)	E_{β^-}=0.30(91.5)	多次中子俘获
		α(8.5)	E_α=6.2995(7.45)	
		SF(0.004)		
^{256}Es	28min	β^-		$^{255}Es(n,\gamma)$
^{256m}Es	7.6h	β^-	E_γ=0.862	
			0.231	

注：各符号意义参见表 8.1 之注释。

锿的轻同位素只能用重离子核反应制得[15]，例如$^{238}U(^{14}N,6n)^{46}Es$；对于质量数大于 248 的 Es 同位素，可用氘核 d 或 α 粒子轰击 Cf 或 Bk 等制得。锿的长寿命同位素有^{252}Es($t_{1/2}$=350d)，^{253}Es($t_{1/2}$=20.47d)，^{254}Es($t_{1/2}$=276d)和^{254m}Es($t_{1/2}$=39.3h)。这也是化学家比较感兴趣的锿同位素。由各种锿同位素的核性质可知，轻同位素主要为电子俘获衰变；重些的同位素（如大于 254 后）主要是 β^- 放射体。

12.3.2　锿的化学

锿的性质研究是在示踪量和微克量下进行的，例如用约 3μg 锿（97.5%^{253}Es）测定了三价 Es 在盐酸溶液中的吸收光谱。它在水溶液中的稳定价态是+3 价。Es^{3+}能与镧系元素的氟化物、氢氧化物共沉淀；也可被汞阴极电解还原为+2 价。

在 HNO_3，HCl，LiCl 或 SCN^- 溶液中，Es^{3+} 与镧系元素情形一样能形成阴离子络合物，但稳定性不同，因此可实现锿与镧系元素的阴离子交换分离。锕系元素从阴离子交换剂上的洗脱顺序，随原子序数增加而依次排列，因此 Es 在 Cf 以后洗脱。

如在阳离子交换树脂上，可用 α-羟基异丁酸铵、柠檬酸铵或盐酸作淋洗剂，如图 12.4 所示，Es 在 Cf 以前洗脱，此后洗脱的元素依次是 Bk，Cm 和 Am。

三价锿在 pH 为 3.4 时能被 TTA 的苯溶液萃取，也可被 TBP 和脂肪胺萃取。

由 HDEHP 萃取法测得 Es^{3+} 络合物的几个稳定常数如下[16]：

Es^{3+}-α-羟基异丁酸体系：$\log\beta_1=4.29$

Es^{3+}-酒石酸体系：$\log\beta_1=5.86$

Es^{3+}-苹果酸体系：$\log\beta_1=7.06$

Es^{3+}-柠檬酸体系：$\log\beta_1=11.71$

锿的氧化还原电位：Es^{3+}/Es^{2+} 为+1.6V；Es^{4+}/Es^{3+} 为-4.6V。

已知锿的固体化合物有氯化物 $EsCl_3$ 和氯氧化物 EsOCl 等，这些实验也是用 3 微克锿来完或的。金属锿化学性质活泼，易挥发，熔点为 860℃，可由锂还原氟化锿 EsF_3 而制得。锿是迄今周期表中能获得可称量的最重的元素。

12.4　镄

镄(Fermium)，原子序数 100，元素符号 Fm，它与 99 号元素 Es 是在热核爆炸中同时发现的。现在已知镄有 18 种同位素和一种同质异能素，质量数为 242—259(见表 12.6)。Fm 的同位素大部分是 α 放射体，只有 ^{251}Fm 和 ^{252}Fm 是电子俘获衰变，而 ^{256}Fm 的自发裂变约占 92%。

制备 Fm 的轻同位素可用重离子核反应，如 Ne 离子轰击 Th；O 离子轰击 U 或 C 离子轰击 Pu。用 α 粒子轰击 Cf 可制备质量数为 250—253 的 Fm，产额比上述反应高。

在反应堆中用俘获中子的方法制备 Fm，可得到 A≥254 的同位素。如：

$$^{252}Cf(n,\gamma)^{253}Cf \xrightarrow[17.8d]{\beta^-} {}^{253}Es(n,\gamma)^{254m}Es \xrightarrow[39.3h]{\beta^-} {}^{254}Fm \xrightarrow[3.24h]{\alpha}$$

寿命最长的 Fm 同位素是 α 放射体 ^{257}Fm，它的半衰期为 82d，这是唯一能进行化学研究的 Fm 同位素，最早由 ^{13}C 离子轰击 ^{252}Cf 时鉴测到，有人从反应堆中子照射钚样处理过程中获得。但是，由中子照射 ^{252}Cf 或 ^{253}Es 生成 ^{257}Fm 的产额极其有限，即使在高通量反应堆中也如此。因为中间的镄同位素$^{254-256}$Fm的半衰期较短，以致在俘获到一个中子之前大部分都衰变了。在最好情况下，例如$\phi=10^{16}$中子/cm^2·s时，1g^{252}Cf完全燃尽能得到的^{257}Fm还不超过几微克。目前，^{257}Fm的最大来源是地下核试验的碎岩样品。例如，某地下核试验的10kg样品，从中可得到5×10^4个^{257}Fm原子，这相当于每分钟0.3个α衰变。在"Hutch"热核爆炸碎岩中，^{257}Fm的总量为0.25mg，超过目前反应堆中^{257}Fm产量的10^{10}倍[17]。

从混合锔后元素中分离镄有两种方法。即α-羟基异丁酸铵作洗脱剂的阳离子交换法和HDEHP萃取色层法[18]，后者分离系数较高。

表 12.6 镄的同位素[1]

核素	半衰期	衰变方式（分支比，%）	粒子能量 MeV（强度，%）	主要的产生方式
^{244}Fm	~0.0033s	SF(100)		^{233}U(^{16}O,5n)
^{245}Fm	4.2s	α	E_α=8.15	^{233}U(^{16}O,4n)
^{246}Fm	1.3s	α(92)	E_α=8.23	^{235}U(^{16}O,5n)
		SF(8)		^{239}Pu(^{12}C,5n)
^{247}Fm	35s	α(~50)	E_α=7.93(~15)	^{239}Pu(^{12}C,4n)
			7.87(~35)	
		ε(~50)		
^{247m}Fm	9.2s	α	E_α=8.18	^{239}Pu(^{12}C,4n)
^{248}Fm	37s	α(99.9)	E_α=7.88(~80)	^{240}Pu(^{12}C,4n)
			7.83(~20)	
		SF(0.1)		
^{249}Fm	2.6min	α	E_α=7.9	^{238}U(^{16}O,5n)
			7.53	
^{250}Fm	30min	α(>90)	E_α=7.43(>90)	^{238}U(^{16}O,4n)
		ε(<10)		
^{251}Fm	7.0h	α(~1)	E_α=6.83	^{249}Cf(α,3n)
		ε(~99)	E_γ=0.410	
^{252}Fm	22.8h	α(~100)	E_α=7.039(~85)	^{238}U(^{18}O,4n)
			6.998(~15)	
		SF(0.0025)		
^{253}Fm	3.0d	α(12)	E_α=6.943(5)	^{252}Cf(α,3n)
			6.675(3)	
		ε(88)	E_γ=0.2718(2.6)	

续表

核素	半衰期	衰变方式（分支比，%）	粒子能量 MeV（强度，%）	主要的产生方式
^{254}Fm	3.24h	α(>99)	E_α=7.187(84)	多次中子俘获
			7.145(14)	
		SF(0.059)		
^{255}Fm	20.1h	α(>99)	E_α=7.0158(93)	^{235}Es 衰变子核
			6.957(5)	
		SF(2.4×10^{-5})	E_γ=0.0813(1.08)	
			……	
^{256}Fm	2.63h	α(8.1)	E_α=6.915(6.9)	$^{253}Es(\alpha,p)$
			……	
		SF(91.9)		
^{257}Fm	82d	α(99.8)	E_α=6.519(94)	多次中子俘获
			6.696(3.2)	
			6.441(2.0)	
			……	
		SF(0.2)		
^{258}Fm	3.8×10^{-4}s	SF		$^{257}Fm(d,p)$
^{259}Fm	1.5s	SF		文献[2]
^{242}Fm	8×10^{-4}s	SF		文献[2]
^{243}Fm	0.18s	α	E_α=8.55	文献[2]

注：各符号意义参见表 8.1 之注释。

镄的化学性质都是在示踪量下研究的。它在水溶液中以 Fm^{3+} 存在，在氯化物的水-乙醇溶液中，可被镁还原为+2 价。Fm 的化学性质与前面的锕系元素类似，在阳离子交换柱上可用柠檬酸、α-羟基异丁酸铵或 HCl 洗脱，洗脱位置在 Es 之前。Fm 可与 TBP、脂肪胺、烷基膦酸形成络合物；在萃取色层和纸上电泳分离中，可用这些试剂进行 Fm 与 Am，Cm，Cf，Es 混合物的分离。

目前已知镄的螯合物稳定常数如下：

Fm^{3+}-二乙撑三胺五乙酸体系：$\log\beta_1=22.70$

Fm^{3+}-二氨基环己烷四乙酸体系：$\log\beta_1=19.56$

Fm^{3+}-乳酸体系：$\log\beta_3=6.36$

Fm^{3+}-酒石酸体系：$\log\beta_2=6.8$

四价 Fm 不稳定。二价的 Fm^{2+} 比 Es^{2+} 稳定，但不及 Md^{2+} 稳定。

^{258}Fm 是自发裂变同位素，半衰期极短（$t_{1/2}=3.8\times10^{-4}$ s），因此利用反应堆中

子照射的方法生产重核素时将在^{257}Fm处中断，已无法继续用此法合成比 Fm 重的锕后元素了。

12.5　钔

钔(Mendelevium)，原子序数 101，元素符号 Md，是 Ghiorso，Harvey，Choppin 和 Seaborg 于 1955 年用 α 粒子轰击^{253}Es制得的[19,20]，核反应为：

$$^{253}_{99}Es(\alpha,n)^{256}_{101}Md$$

为纪念元素周期律发现者伟大的俄国科学家门捷列夫(D. I. Mendeleev；д. и. Менделеев)，便把该元素命名为钔。他们使用了 10^9 个^{253}Es原子(N′)，钔的生成截面极小，约 1mb($10^{-27}cm^2$)，运行长达 3h(t 为 10^4s)的轰击实验以及维持 α 粒子通量为 10^{14}个/cm² • s 情况下，只生成了一个^{256}Md原子。即：

$$N=N'\sigma It=10^9\times10^{-27}\times10^{14}\times10^4=1$$

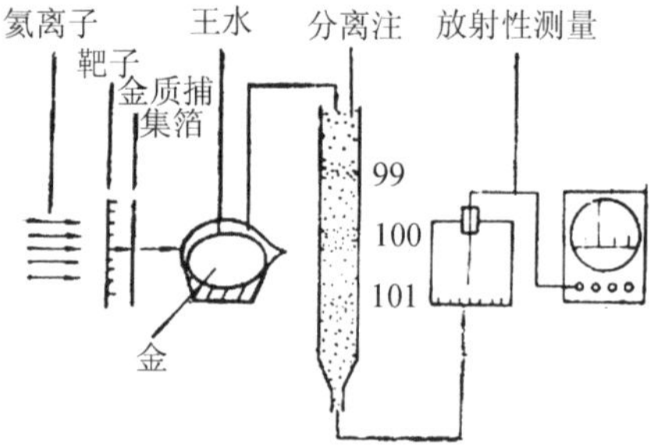

图 12.8　发现钔的各个步骤的图示

发现 Md 时所用的方法示于图 12.8。α(氦离子)束流射向镀有薄层^{253}Es的金箔靶，由靶中反冲出来的 Md 原子，遂由于 α 入射粒子的动量转移而从 Es 中分离出来，并为第 2 张金箔捕获。将其溶于王水后，再以 α-羟基异丁酸铵作淋洗剂的阳离子交换法分离得 Md。最后通过^{256}Md的自发裂变子体^{256}Fm加以鉴定：

$$^{253}Es(\alpha,n)^{256}Md\xrightarrow[76min]{\varepsilon}{}^{256}Fm\xrightarrow[2.63h]{SF}$$

后来，在苏联杜布纳联合核子研究所的 3.1m 重离子加速器上，用^{22}Ne离子轰击^{238}U靶，通过核反应：$^{238}U(^{22}Ne,p3n)^{256}Md$，也曾获得数百个$^{256}Md$原子。人造重核素的艰巨性，由此可见一斑。

目前已知钔有 12 种同位素和两种同质异能素，质量数为 247—259(表 12.7)，半衰期最长的是^{258}Md($t_{1/2}=54d$)。现今原子序数大于 100 的锕后元素，全都是由加速的重离子轰击重元素靶而成。不再能用中子俘获反应制备 Md 的同位素，因为已没有 β^- 放射性的 Fm 同位素了。

表 12.7 钔的同位素[1]

核 素	半衰期	衰变方式（分支比，%）	粒子能量 MeV（强度，%）	主要的产生方式
^{248}Md	7s	α(20)	E_α=8.36(～5)	$^{12}C+^{241}Cm$
			8.32(～15)	
		ε(80)		
^{249}Md	24s	α(>20)	E_α=8.03	$^{12}C+^{241}Am$
		ε(<80)		
^{250}Md	52s	α(6)	E_α=7.75(～4.2)	$^{15}N+^{240}Pu$
			7.82(～1.8)	
		ε(94)		
^{251}Md	4.0min	α(<6)	E_α=7.55	$^{15}N+^{240}Pu$
		ε(>94)		
^{252}Md	2.3min	ε		$^{13}C+^{243}Am$
^{254A}Md	10min	ε		$^{253}Es(\alpha,3n)$
^{254B}Md	28min	ε		$^{253}Es(\alpha,3n)$
^{255}Md	28min	α(10)	E_α=7.333	$^{254}Es(\alpha,3n)$
		ε(90)		
^{256}Md	76min	α(10)	E_α=7.210(6.3)	$^{253}Es(\alpha,n)$
			7.140(1.6)	
		ε(90)	……	
^{257}Md	5.0h	α(～8)	E_α=7.24	$^{11}B+^{250,252}Cf$
			7.08	
		SF(≤10)		$\alpha+^{253-255}Es$
		ε(～90)		
^{258A}Md	54d	α	E_α=6.78(～42)	
			6.73(～12)	
			6.85(～4)	
^{258B}Md	43min	ε		文献[2]
^{259}Md	95min	SF		文献[2]
^{247}Md	2.9s	α	E_α=8.43	文献[2]

注：各符号意义参见表 8.1 之注释。

钔的化学研究仅限于示踪量的工作，一般采用^{256}Md。在水溶液中它呈+3 价，能同其他锕系元素一起吸附于阳离子树脂上，用 α-羟基异丁酸铵洗脱时，它在 Fm 之前洗脱下来，如图 12.4 所示。若在 13mol/L HCl 中，它吸附于阴离子交换树脂上，用 HCl 洗脱时与 Fm 在一起，或稍后于 Fm 而被洗脱。

钔可被许多还原剂如 Zn 粉、Zn-Hg 齐、Cr^{3+} 等还原为 Md^{2+}。Md^{3+}/Md^{2+} 的氧化还原电势为－0.15 伏。Md^{3+} 易被还原为 Md^{2+} 的性质，使 Md 与较轻的锕后元素的分离大为简化。例如，将含有 Md 和 Fm，Es，Cf 的溶液通过 Jones 还原器(即 Zn-Hg 齐柱)，然后用 TBP 或 HDEHP 萃取不被还原的 Fm^{3+}，Es^{2+} 和 Cf^{3+}，于是 Md^{2+} 留在水相而得到分离。Md^{3+} 还能在含有 $CH_3COONa(NH_4)$ 的 HCl 溶液中被 Na-Hg 齐还原为金属，此时，90％—100％的 Md 形成汞齐。Md 在 HCl 溶液中电解，可沉积在铂片上。Md^{2+} 还可与 $BaSO_4$ 共沉淀。Md 在水溶液中除具有典型的＋3 和＋2 两种价态外，还有人得到＋1 价态存在的事实[21]。

钔引起人们的注意，不仅因为它是第一个原子序数超过一百的元素，而且也是由于它的合成确属超铀史诗中达到顶峰的光辉事件之一。只有 17 个 101 号原子这样微小的量，就是在最精密的天平上也无法称出来，但是，发现者美国科学家 Seaborg 等还是定出了它们的核性质乃至化学性质。至此，有效地应用于合成九种铀后元素的“老方法”完成了它的历史使命，即每次给靶核增添一个氢核或氦核，从而在周期表上推进一两小格是不会做出更多奇迹了。这要求奠定一个新的方向——重离子物理学。为了跨越分隔 102 号和相邻的 101 号元素之间这条看不见的界限，核科学家们花费了将近 11 年的工夫。在寻找和合成新元素的过程中，周期律在长达差不多 100 年之久的时间里起着指南的作用，钔的发现和研究成了周期律发现者最好的纪念碑。

12.6 锘

锘(Nobelium)，原子序数 102，元素符号 No，是为了纪念著名的瑞典科学家诺贝尔(A. B. Nobel)而命名，可它是由谁最早发现至今仍无定论。以至令人迷津遍布，如堕烟海[19,20]。

1957 年在瑞典的国际科学家小组曾声称发现 102 号元素，说得到一种半衰期约 10min、α 能量为 8.5MeV 的 α 放射体。尔后，美国和苏联的科学家分别进行合成该元素的实验，一致指出瑞典国际科学家小组的实验结果是错误的。加利福尼亚大学劳伦斯伯克利实验室的科学家，用加速的 C 离子流轰击 Cm 靶，得到了半衰期为 3s 的 α 放射性核素[22]，由于半衰期太短，他们借测量其子体 Fm 而判定母体为 ^{254}No；苏联杜布纳联合核子研究所曾用加速的 O 离子流轰击 Pu 靶，测得半衰期近 1min、α 能量为 8.1MeV 的 ^{254}No[23]。半衰期最长的同位素 $^{259}No(t_{1/2}=58min)$，是 1971 年美国橡树岭国家实验室通过下述核反应合成的：$^{248}Cm(^{18}O,\alpha 3n)^{259}No$。

现在已知锘有 10 种同位素，质量数为 250—259(表 12.8)。除 ^{250}No 和 ^{258}No 以外，

表 12.8 锘的同位素[1,8]

核 素	半衰期	衰变方式（分支比,%）	粒子能量 MeV（强度,%）	主要的产生方式
^{250}No	2.5×10^{-4}s	SF		
^{251}No	0.8s	α(100)	E_α=8.6 8(20) 8.60(80)	^{244}Cm(^{12}C,5n)
^{252}No	2.3s	α(~70) SF(~30)	E_α=8.410	^{239}Pu(^{18}O,5n)
^{253}No	1.7min	α	E_α=8.01	^{239}Pu(^{18}O,4n)
^{254}No	55s	α(~100)	E_α=8.10(~100)	^{238}U(^{22}Ne,6n) ^{246}Cm(^{12}C,4n)
^{255}No	3.0min	α	E_α=8.08	^{244}Pu(^{16}O,5n) ^{238}U(^{22}Ne,5n)
^{256}No	3.5s	α(~99.7) SF(~0.3)	E_α=8.42	^{238}U(^{22}Ne,4n)
^{257}No	23s	α(100)	E_α=8.27(50) 8.23(50)	^{12,13}C+^{248}Cm
^{258}No	1.2×10^{-3}s	SF(1000)		^{13}C+^{248}Cm
^{259}No	58min	α(~83) SF(~17)	E_α=7.500(32) 7.533(19) ……	^{18}O+^{248}Cm

注:各符号意义参见表 8.1 之注释。

所有的 No 同位素都是 α 放射体。从化学研究角度而言,最重要的是^{255}No 和^{259}No。

锘原子的外层电子构型是 $5f^{14}7s^2$,由于 $5f^{14}$结构的特殊稳定性,水溶液中 No 最稳定的氧化态为+2,表现为与碱土金属相似;只有在氧化剂如 Ce(IV)存在时,它才表现出+3 锕系离子的典型行为。例如:①阳离子交换分离时,No 不在 Es 之前洗脱,而是在 Es,Cm,Am 和 Ac 后出现;②用 TTA-MIBK 溶液萃取时,若无氧化剂存在,No 只有在 pH 为 4—6 时才能被萃取,而三价锕系元素在 pH 为 2—3 时就被萃取了,如图 12.9 所示;③用氟化物共沉淀时,LaF_3 对 No 的载带仅为 7%,而对 Am^{3+} 的载带达 60%;如改用 BeF_2,则对 No 的载带为 56%;若先用Ce(IV)进行氧化,LaF_3 对 No 的载带可提高至 48%。

关于锘化学的知识,只能用短寿命 No 同位素的示踪量研究来得到。上述实验是利用核反应^{244}Pu(^{16}O,5n)^{255}No 做的[24],每次实验只得到几个^{255}No 原子,并用反冲法从靶中将它分离出来,所以需要高超的实验技术。示踪实验测得的

No(III)/No(II)的 E_0 值约为 1.45V。前不久研究了另两个电对 No(II)/No 和 No(III)/No的氧化还原情形[25]。

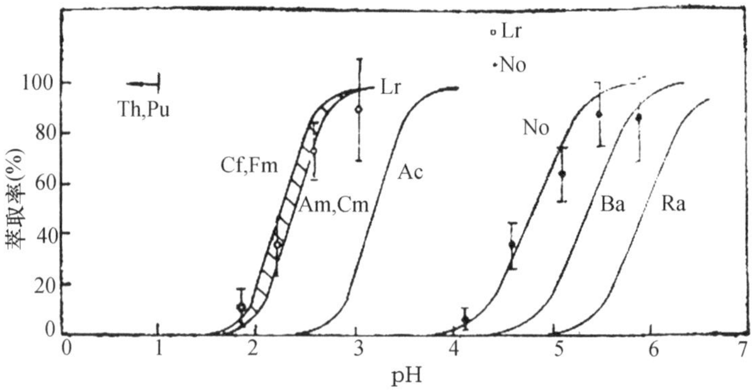

图 12.9　用噻吩甲酰三氟丙酮-甲基异丁基酮在缓冲的水溶液中对二价、三价离子的萃取率

自镄(100 号)元素之后,每次实验的量均以原子的个数计之,再也难以合成得可称量的核素来研究它们的化学行为或成百亿个原子集团的统计性质,因此称之为"原子计数的化学"或"少数原子化学"(Few atom chemistry)[21]。表 12.9 列出已做的实验原子数及它们的半衰期示例。由此可见,对重锕系核素的物理和化学性质研究,已经进入揭示自然界元素与物质存在的高深层次了。

表 12.9　用于化学研究的重锕系核素的原子数目

核　素	半 衰 期	每次实验的平均原子数
^{255}Fm	20.1h	10^{11}
^{256}Md	76min	10^{6}
^{255}No	3.0min	10^{3}
^{256}Lf	31s	10

12.7　铹

铹(Lawrencium),原子序数 103,元素符号 Lr,属锕系元素的最后一个成员,为了纪念回旋加速器的创始人——美国物理学家劳伦斯(E. O. Lawrence)而命名。

1961 年 Ghiorso 等用加速的硼离子(^{10}B 和^{11}B)轰击锎靶(^{250}Cf 到^{252}Cf)时,得到一种半衰期为～8s,α 能量为 8.6Mev 的新核素,这就是 103 号元素 Lr 的首次发现。可表述成:

$$^{250-252}Cf + ^{10,11}B \rightarrow ^{258}Lr + (3-5)n$$

此后，杜布纳联合核子研究所的苏联科学家 Г. Н. флёров 等用加速的氧离子轰击镅靶，通过下述核反应生成了铹的另外两个同位素：

$$^{243}Am(^{18}O,5n)^{256}Lr;\ ^{243}Am(^{18}O,4n)^{257}Lr$$

他们用测量^{256}Lr的衰变链子体^{252}Fm的方法，间接鉴定新核素^{256}Lr：

$$^{260}105 \xrightarrow{\alpha} {}^{256}Lr \xrightarrow{\alpha} {}^{252}Md \xrightarrow{\varepsilon} {}^{252}Fm$$

由于 Lr 的同位素的半衰期多数为秒的量级，因此合成 Lr 的实验中被巧妙地采用快速气流载带的方法进行鉴定（图 12.10）。高速的氦气流将生成的反冲 Lr 原子核输送至旋转的捕集器轮上，捕集器按一定速度旋转，因而将反冲核带到一系列探测器处，以便迅速记录衰变事件。

现已合成的 Lr 同位素计有 8 种，质量数为 253－260，都是 α 放射体（表 12.10）。寿命最长的^{260}Lr，半衰期也不过才 3min；另外两个次之的是^{255}Lr和^{256}Lr。

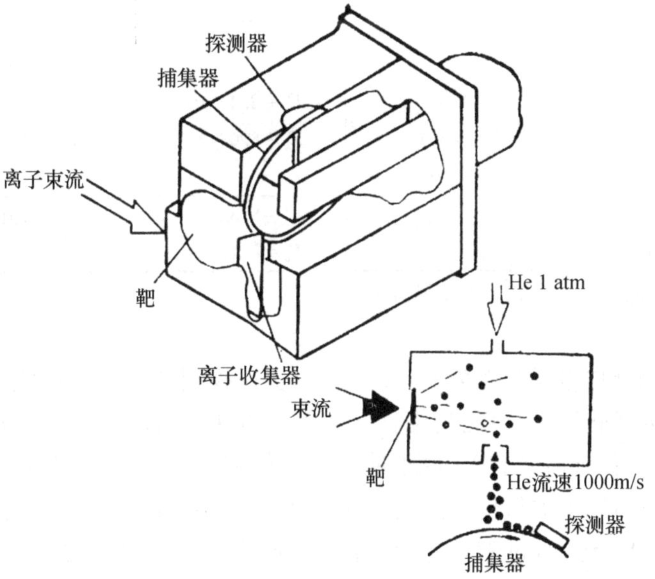

图 12.10 从气流中收集反冲原子的装置

［G. N. Flerov, V. A. Druin, Atomic Energy Review 8, 255(1970)］

表 12.10　铹的同位素[1]

核素	半衰期	衰变方式（分支比，%）	粒子能量 MeV（强度，%）	主要的产生方式
^{255}Lr	22s	α(～70)	E_α=8.37(～35) 8.35(～35)	$^{16}O+^{243}Am$
		ε(≤30)		
^{256}Lr	31s	α(～80)	E_α=8.43(27.2) 8.39(18.4) 8.52(15.2) ……	$^{15}N+^{246}Cm$ $^{11}B+^{249}Cf$
		ε(≤20)		
^{257}Lr	0.6s	α(～75)	E_α=8.87(61) 8.81(14)	$^{12}C+^{249}Bk$ $^{14,15}N+^{249}Cf$
		ε(≤15)		
^{258}Lr	4.2s	α(～95)	E_α=8.62(44.7) 8.59(28.5) ……	$^{15}N+^{246}Cm$ $^{12}C+^{249}Bk$
		ε(～5)		$^{10,11}B+^{250-252}Cf$
^{259}Lr	5.4s	α(100)	E_α=8.45	$^{15}N+^{248}Cm$
^{260}Lr	3min	α(>60)	E_α=8.03	$^{16}O+^{249}Bk$
		ε(<40)		$^{15}N+^{248}Cm$
^{253}Lr	～2.6s	α	E_α=8.82	文献[2]
^{254}Lr	16s	α	E_α=8.46	

注：各符号意义参见表 8.1 之注释。

铹原子的外层电子构型为 $5f^{14}6d^{1}7s^{2}$。美国橡树岭国家实验室曾经用气相氯化法将它变为氯化铹，以研究其化学行为[26]。方法是将反冲的 ^{256}Lr 原子阻留在氦气中，用喷气法使气流带着 Lr 原子冲击到收集箔上，收集箔为盖有几 μg NH_4Cl/cm^2 的铂片，此时 Lr 被氯化。该铂片固定在铝筒“跑兔”的一端，辐照结束后 3 秒钟内就能将“跑兔”通过塑料管气动输送到化学实验室。研究了不同酸度下 0.2mol/L TTA-MIBK 萃取氯化铹的行为，结果表明 Lr，Cm 和 Fm 的萃取酸度在同一 pH 范围内，而与 No，Ba 和 Ra 的显著不同(见图 12.9)。因此证明 Lr 在水溶液中的稳定价态为+3。每次实验平均生成 10 个原子，整个化学程序需时 50s，在重复 200 多次实验中总共合成了约 1500 个 Lr 原子。

杜布纳联合核子研究所将反冲的 Lr 原子在气相中氯化，研究其氯化物的挥发性及在固体表面吸附的行为[27]，结果表明，氯化锘的行为也是与三价锕系元素如锔、锎、镄氯化物的行为相似。这些元素的分析化学研究进展可参见文献[28]。

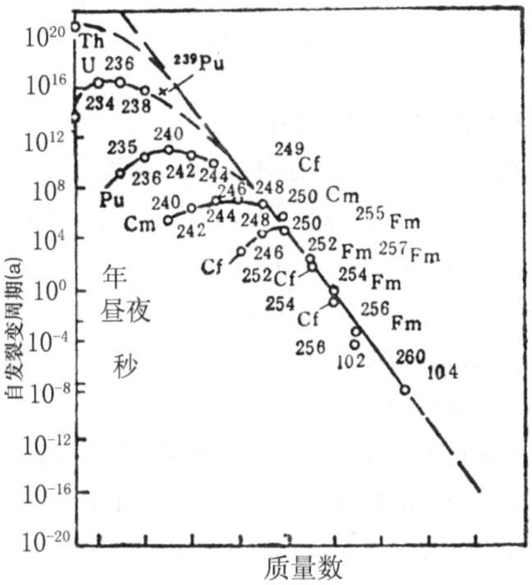

图 12.11　各种元素自发裂变周期与其质量数的关系[31,32]

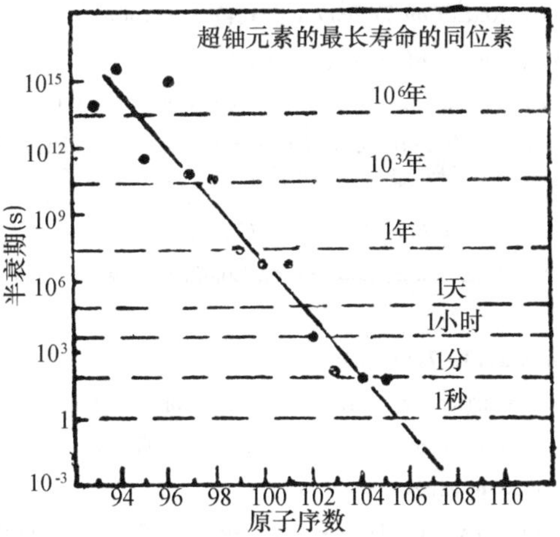

图 12.12　原子序数和半衰期的关系[34]

元素周期表的尽头之谜在哪里？核物理学和锕系化学的研究表明，高原子序数元素能否存在的极限不取决于电子层的稳定性，而是取决于原子核本身的稳定性[29]。科学家们在完善门捷列夫周期表的时候，远远地走到了铀这个最后的天然元素后面。在 40 多年的时间里，造出或“复活”了十几种人工元素。紧跟着发现的元素寿命一个比一个短，好像边界就在眼前(参图 12.11 和图 12.12)。然而，当我们向未知世界每跨出新的一步，都可能产生科学的奇迹。重要的是，随着原子序数的增加，重核寿命并非全然单调地减小，这就预示着崭新的远景，锕系后和超重元素的奥秘正因此而津津诱人的[30]。

参考文献

[1] 核素图表编制组，"核素常用数据表"，原子能出版社(1977).

[2] W. Seelmann-Eggebertet al. ,Chart of the Nuclides,5th Edition,Karlsruhe GmbH(1981).

[3] D. F,Peppard,S. W. Moline,G. w. Mason,*J*,*Inorg. Nucl. Chem.* ,**4**,344 (1957).

[4] F. L. Moore and W. Th. Mullins,*Anal. Chem.* ,**37**,687(1965).

[5] J. Kooi,R. Boden,J. Wijkstra,*J. Inorg. Nucl,Chem.* ,**26**,2300(1964).

[6] J. R. Peterson and B. B. Cunningham,*J. Inorg. Nucl. Chem.* ,**30**,1775(1968).

[7] L. R. Morss and J. Fuger,*Inorg. Chem.* ,**8**,1433(1969).

[8] J. R. Peterson et al. ,in"Plutonium 1970 and other Actinides",Proceedings of the 4th Intern. Conference on Plutonium and other Actinides,Santa Fe(1970);*Metallurgy* **17**,20(1970).

[9] R. C. Probst and M. L. Hyder,*J. Inorg. Nucl. Chem.* ,**32**,2205(1970).

[10] J. P. Nichols,*Nucl. Appl.* ,**4**,382(1968).

[11] F. L. Moore and J. S. Eldridge,*Anal. Chem.* ,**36**,808(1964).

[12] D. E. Ferguson,*Isotopes and Radiation Technology*,**4**(4),321(1967).

[13] R. D. Bayharz,*Atomic Energy Rev.* ,**8**(2),327(1970).

[14] R. G. DeCarvalho and G. R. Choppin,*J. Inorg Nucl. Chem.* ,**29**,725,737(1967).

[15] Yuich Hatsukawa et al. ,Intern. Conference on Nuclear and Radiochemistry (ICNR'86)Abstracts,Beijing,40(1986).

[16] H. E. Aly and R. M. Latimer,*Radiochim. Acta.* **14**,27(1970).

[17] R. W. Hoff and E. K. Hulet. Proc. of a Symposium on Engineering with Nuclear Explosives,Las Vegas,1283(970).

[18] K. A. Gavrilov et al. ,*Talanta*,**13**,471(1966).

[19] A. Ghiorso,"A History of the Discovery of the Transplutonium Elements",in"Actinides in Perspective" N. M. Edelstein(ed.),Proc. of the Actinides,1981 Conf. Pacific Grove,Pergamon Press,23—56(1982).

[20] G. T. Seaborg,*Amer. Scientist.* **68**,279(1980).

[21] E. K. Hulet,"Chemical Properties of the Heavier Actinides and Transactinides",in"Actinides in Perspective",N. M. Edelstein(ed.),Proc. of the Actinides,1981 Conference Pacific Grove,Pergamon Press,453—490(1982).

[22] A. Ghiorso and T. Sikkeland,*Physics Today*,**20**(9),25(1967).

[23] G. N. Flerov,*Annales de Physique*,Ser,**14**,2,311(1967).

[24] J. Malý et al. ,*Science.* ,**160**,1114(1968).

[25] F. David et al. ,"Physicochemical Properties of Nobelium",in"Intern. Conference on Nuclear and Radiochemistry(ICNR'86)Abstracts",Beijing,65(1986).

[26] R. Silva et al. ,*Inorg. Nucl. Chem. Letters.* ,**6**,733(1970).

[27] Y. T. Chuburkov et al. ,*J. Inorg. Nucl. Chem.* ,**31**,3113(1969);*Радиохимия* **11**,394(1969).

[28] B. F. Myasoedov and I. A. Lebedev, *Radiochimica Acta*. ,**32**,55(1983).

[29] Г. Н. Флёров и А. С. Иринов,“На пути к сверхэлементам”,учебное иэд. Москва(1977).

[30] C. 克勒尔(Keller),《超铀元素化学》,《超铀元素化学》编译组译,原子能出版社(1977).

[31] Ан. Н. 涅斯米扬诺夫(Несмеянов),《放射化学》,何建玉等译,原子能出版社,264(1985).

[32] A. J. Freeman and G. H. Lander,“Handbook on the Physics and Chemistrv of the Actinides”,Vol. 1, North-Holland,Elsevier Science Publishers,B. V. 81(1984).

[33] Y. F. Liu(刘元方)et al. ,*J. Radioanal. Chem.* ,**76**,119(1983).

[34] G. T. Seaborg,《超铀元素和超重元素》,刘元方译,《原子能译丛》编辑组(1973).

30. 锕系后元素

30.1 前　　言

自 1940 年 E. McMillan 和 P. H. Abelson 人工制得第一个超铀元素镎以来，人们曾先后合成了 20 种新元素，直至 12 号 Uub (Unnilbium)。102 号以后的元素合成工作越来越困难，因为产额下降到每小时一个原子，甚至每天还少于一个原子。

美国伯克利劳仑斯实验室 G. T. Seaborg，A. Ghiorso 等，苏联杜布纳联合核子研究所 Г. Н. Флеров 等以及德国科学家 P. Ambruster 等分别使用重离子加速器进行新元素的合成工作，取得了卓越的成就。

1.1 锕系后元素在周期表中的位置

随着原子结构理论的发展，人们更深入地理解到周期律的本质原因：化学元素的周期性取决于原子电子层结构的周期性。

在合成新元素的基础上，美国 G. T Seaborg 教授提出了锕系理论，从而丰富了周期系[1]。随着人工合成元素工作的顺利进展，人们已可预见未来的周期系的全貌。

在十几年以前，有人认为人工合成铀后元素到了第 110 号元素时，工作将告终止；因为用更重的和电荷更高的入射粒子轰击重原子核，受靶核的静电排斥就越来越大，击中的机会越来越小。此外，合成新元素的原子序数越大，核的寿命越短，105 号元素的半衰期只有几秒钟。根据现有资料估计，新合成元素的原子序数每增大一号，核的半衰期大约要降低 10 倍左右。

可是近年来，理论物理学家给这项工作带来了新的希望：将在含有 114 个质子和 184 个中子的原子核附近，找到几个或一批寿命很长、稳定性较高的新元素。但是迄今人工合成的最重元素为^{277}112，寿命仅为 0.28 毫秒。

关于超重元素核稳定性的理论，是以原子核壳层结构理论为基础的。它用微观-宏观方法校正谐振子势，对超越现在周期表末端的一些超重核素的性质进行研究。这个理论认为，原子核是由在核力场中运动着的粒子组合体构成的。当原子核中构成粒子组合体的质子和中子数目达到某一“幻数”(Magic number，亦即属奇异或有魔力的数字)时，该核将是特别稳定的。也就是说，原子核与核外电子壳一样，有类似的饱和结构。在周期表内铀以前的元素中，质子和中子的幻数各为 2，

8,20,28,50,82,114,126。^{208}Pb 是一个特别稳定的核素,它的质子数 $Z=82$,中子数 $N=126$,属双幻数且呈球形对称饱和结构的核。

对铀后元素来说,以后的质子幻数是 114 和 164;中子幻数是 184, 196,228,272 和 318。双幻数核将有 $Z=114,N=184$ 的核,即新元素^{298}[114]将是一个有特殊稳定性的核素。

铀后元素的合成,大大地扩展了周期系的版图。这些新元素的增加,是物理学家和化学家共同劳动的成果。无机化学家在新元素的分离和性质的研究方面做了不少的工作。到目前为止,已经确认的元素达到了 109 号。人们关切的问题是,新的人工合成元素究竟还有多少个? 锕系后元素是否有一个终止的界限? 根据上面提及的原子核稳定结构理论,人们预见在第 114 号元素和 164 号元素附近将有一些稳定性较高的元素,这是人工合成元素争取达到的目标。图 1.1 是由现有的知识和预测对 218 号元素之前的周期表的展望。

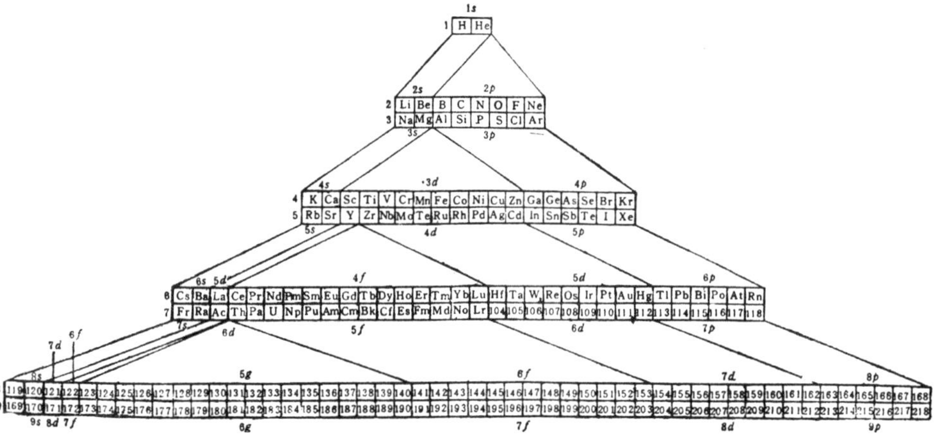

图 1.1　周期系的远景图

1.2　锕系后元素的电子构型

从原子电子层的填充规律看,s,p,d,f,g 亚层填充电子数最多分别是 2,6,10,14,18。目前为止,尚未有原子在 g 亚层填充电子。当这个亚层($5g$)被填充时,元素周期将开始一个新的内过渡元素组。表 1.1 列出了已知及由此外推的"超重稀有气体"原子的电子层结构。预见第 8,9 周期是各有 50 个元素的超长周期。

表 1.1 稀有气体原子的电子层

周期	序数	名称	符号	各电子主层的电子数								
				K	L	M	N	O	P	Q	R	S
1	2	氦	He	2								
2	10	氖	Ne	2	8							
3	18	氩	Ar	2	8	8						
4	36	氪	Kr	2	8	18	8					
5	54	氙	Xe	2	8	18	18	8				
6	86	氡	Rn	2	8	18	32	18	8			
7	118	类氡	EkRn	2	8	18	32	32	18	8		
8	168			2	8	18	32	50	32	18	8	
9	218			2	8	18	32	50	50	32	18	8

位于第一个超重元素稳定岛的中心元素 114 号和第二个岛的中心元素 164 号,分别是第 7,8 周期尾部的类铅元素。

在第 8,9 周期里,除有 f 内过渡系外,各增加了 $5g$ 和 $6g$ 内过渡系。因此,在第 8 周期里有 14 个 f 内过渡元素和 18 个 g 内过渡元素,它们应该排在第 121 号元素后面,与 121 号元素一起共 33 个元素可称之为第一超锕系元素。在第 9 周期里,171－203 号诸元素便是第二超重锕系元素了。它们的电子层可按照镧系及锕系元素的电子层结构规律外推而得。

不过也出现了与上述法则对立的超锕系元素电子层结构理论。这个理论认为,在超重元素中,由于自旋轨道相互作用十分重要,s,p,d 等电子层又分裂成高能量和低能量的亚层,使得 $8p$ 亚层在 $6f$ 和 $5g$ 轨道之前得到充填,造成超锕系及后面元素非常复杂的电子充填方法,因而对于第 8,9 周期是无规可循的。

1.3 命名法

习惯上,首先发现一种元素的科学家,有权对该元素提出命名。如被公认,国际纯粹与应用化学联合会(IUPAC)即予认可,列入包括元素名称和符号的原子量表内,其中一部分元素仅列质量数。然而,从 102 号元素锘起,由于新核的产生以单个原子计,寿命短,鉴定方法非常困难;所涉及到的半衰期及 α 能量能否测准,自发裂变能否用来判断新核的原子序等等,都成问题。

杜布纳研究所对较重离子的反应有较多的经验,因此,对锘后元素的合成进行较早。然而劳仑斯实验室在制备纯净的超铀元素靶,以及 α 粒子探测技术方面都较先进,从而实验结果也较明确。由于上述原因,这两个主要研究小组在前一段时期往往各自命名而发生争执。

国际纯粹与应用化学联合会自 1971 年起，对此屡作讨论，未获结果[2]。该会无机组的名词委员会建议以希腊文和拉丁字混合数字词头分别表示：nil＝0，un＝1，bi＝2，tri＝3，quad＝4，pent＝5，hex＝6，sept＝7，oct＝8，enn＝9，用来命名 100 号以后的元素。1977 年 8 月无机组主持人 N. N. Greenwood 正式宣布了这一系统命名法[3]。该项决定仅提供一个合理的方案，并无约束力。我国化学界参照他们的规定进行了中文命名[4]。国际上现行命名对 101 至 103 号元素，并不使用系统命名法。然后在 1997 年，IUPAC 决定了第 104 至 109 号元素的英文名称。

参考文献

[1] G. T. Seaborg, *American Scientist*, **60**, 278 (1980).

[2] *Chem. Eng. News*. **49**(31), 21(1971); **51**(38). 17(1973).

[3] *Chem. Eng. News* **55**. Aug., 29, 20(1977).

[4] 中国化学会，《化学命名原则》，科学出版社，第 5 页，1988 年.

30.2 锕系后元素合成和性质

2.1 铲

104 号元素是一种人工放射性元素，英文名称 Rutherfordium，化学符号为 Rf，或写作 104(在化合物中写作[104]Cl_4 等)，中文译为 铲，属周期系 IVB 族. 半衰期最长的同位素是$^{261}104$。已发现质量数 253—262 的全部 10 种同位素，其主要核性质见表 2.1。

表 2.1　铲同位素的核性质

质量数	半衰期	衰变方式	质量数	半衰期	衰变方式
253	1.8s	SF	258	1.1×10^{-2}s	SF
254	5×10^{-4}s	SF	259	3.2s	α;SF
255	4s	SF	260	0.1s	SF
256	5×10^{-3}s	SF	261	65s	α;SF
257	4.85s	α;SF	262	5.2×10^{-2}s	SF

注：α——α 衰变；sF——自发裂变。

1964 年杜布纳联合核子研究所苏联科学家 Флёров 等用重离子回旋加速器加速的能量为 113－115 兆电子伏氖离子^{22}Ne 轰击钚靶，通过下列核反应[1]：

$$^{242}_{94}Pu(^{22}_{10}Ne,4n)^{260}104 \xrightarrow[0.3s]{SF}$$

合成了半衰期为 0.3s、以自发裂变方式衰变的$^{260}104$。所使用的$^{22}Ne^{4+}$离子流强为 1.8×10^{12}离子/s，$^{242}PuO_2$ 靶为 700 μgPu/cm^2，含杂质 1.5%^{238}Pu，1.5%^{240}Pu，以 100μg Ni/cm^2 覆盖。

$^{260}104$ 的合成装置示意图见图 2.1。产生的$^{260}104$ 新核从 Pu 靶反冲，射向铼传递带，后者长 8m，以一定的转速把新核向图左移送，此时自发裂变的反冲核射至按序分列的磷酸盐玻璃探测器上，留下径迹。从传递带速度和探测器位置，可以测得裂变发生的时间。由此得新核的裂变按时间的计数，从而测定半衰期，约为 0.3s，如图 2.2 所示。

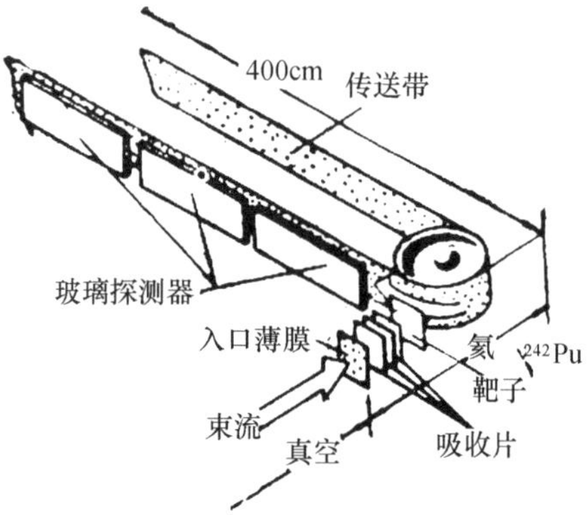

图 2.1　$^{260}104$ 的合成装置示意图

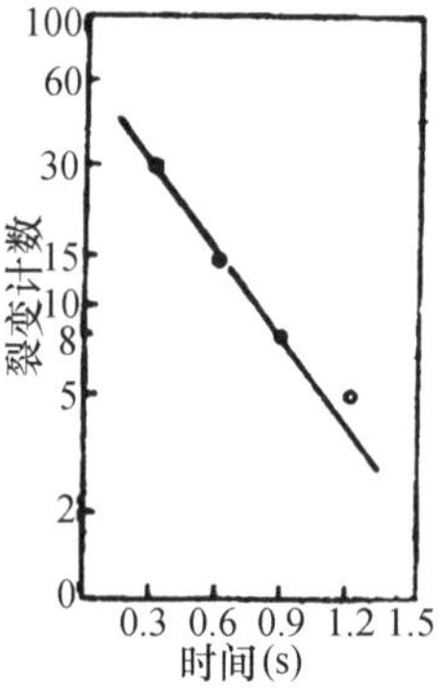

图 2.2　$^{260}104$ 的自发裂变半衰期

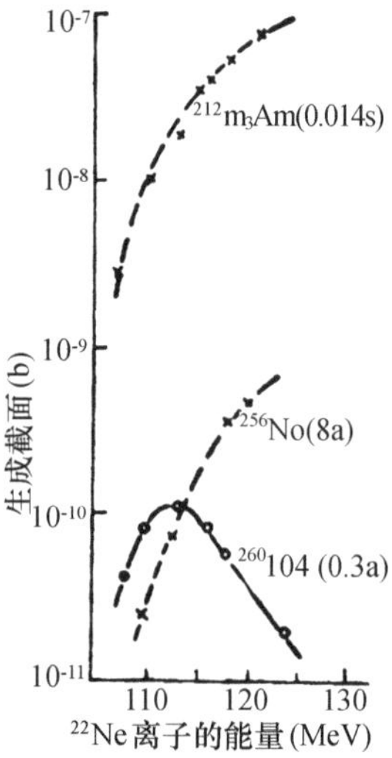

图 2.3　^{22}Ne 离子轰击^{242}Pu 的激发曲线

再用其他不同能量的^{22}Ne 离子作实验，从产率可以计算核反应的生成截面：$\sigma=N/(N'It)$。式中 N 为生成新核的原子数，N'为靶核单位面积的原子数，I 为入射粒子的流强即每秒的离子数，t 为秒数。以生成截面对入射粒子能量作图，得激发曲线（见图 2.3）。实际上测得三种新核的激发曲线，分别有不同的自发裂变半衰期：8s，0.3s 和 0.014s。其中 0.3s 的激发曲线呈钟形，据 Флёров 等的判断，属于(^{22}Ne，4*n*)核反应，产生新核$^{260}104$，因为这种钟形激发曲线，对于“靶核(入射粒子，4*n*)新核”的核反应是特征的。Оганесян 等于 1970 年重复这一实验时，设法减少了本底，结果把自发裂变半衰期修正为 0.1s。

1968 年美国科学家 Ghiorso 等用加利福尼亚大学劳仑斯实验室的重离子直线

加速器(HILAC)加速的硼离子^{10}B和^{11}B轰击锿靶,未能观察到半衰期为0.1—0.3s的自发裂变核。但他们用碳离子^{11}C和^{12}C轰击锎靶,通过下述核反应合成了$^{257}104$和$^{259}104$两种核素[2]:

$$^{249}Cf(^{12}C,4n)^{257}104 \xrightarrow[4.5s]{\alpha} {}^{253}No$$

$$^{249}Cf(^{13}C,3n)^{259}104 \xrightarrow[3s]{\alpha} {}^{255}No$$

并测定了两种新核的α放射性的半衰期和能量,以及已知子核^{253}No和^{255}No,从而明确地判断所获104号元素两种同位素的质量数为257和259。实际上对这两种核素曾制得数以千计的原子。

后来,Ghiorso等[3]又以90—100MeV能量的^{18}O离子轰击50μg的锔靶(同位素纯度:94.5%^{248}Cm),合成了目前已知104号元素的同位素中最长寿的新核,质量数为261,核反应如下:

$$^{248}Cm(^{18}O,5n)^{261}104 \xrightarrow[65s]{\alpha} {}^{257}No \xrightarrow[23s]{\alpha}$$

得到了10个新核的原子,其化合物经离子交换柱淋洗实验,与Zr,Hf有同一淋出位置,证明它是Rf^{4+}。

根据锕系元素理论,103号元素铹具有14个5f电子满壳层。104号元素是锕系后的第一个元素,属6d过渡元素,应与它在周期表中同族的铪相似,而不同于锕系元素。

杜布纳实验组的科学家完成了一系列出色的研究工作,证明104号元素不属于三价锕系元素,而属于周期表ⅣB族,与铪相似。他们所采用的化学鉴定实验方案是[4]:用1.5atm、300—350℃的氮气流收集由核反应所生成的$^{260}104$,使少量气态的$NbCl_5$和$ZrCl_4$与氮气混合,将新原子氯化,然后使气流通过一个加热的过滤器,将气溶胶和不挥发的锕系元素三价氯化物滤下,挥发性的$[104]Cl_4$通过滤器,进行放射性鉴定(图2.4)。

实验记录见图2.5。对四系列的探测结果,总共记录了14个$^{260}104$原子的自发裂变径迹。实际上,位于水平面的云母探测器由上下两单元构成,各长600mm,宽60mm,因此共计面积为1440cm^2。两云母面相距6mm或10mm。铺盖的云母片需要预处理,先在600℃加热6小时,然后放入浓HF中于室温浸泡72h,以便把天然存在的裂变径迹蚀刻成3—4μm深、100μm宽的菱锥形凹坑。这样就容易和$^{260}104$的自发裂变径迹区别,因为后者所形成的径迹在一定蚀刻条件下的大小约为深10μm、宽15μm。被$ZrCl_4$载带的$[104]Cl_4$由N_2气流迅速传递,从靶子经探测器需时数0.72s或1.2s,图2.5示0.7s的记录。

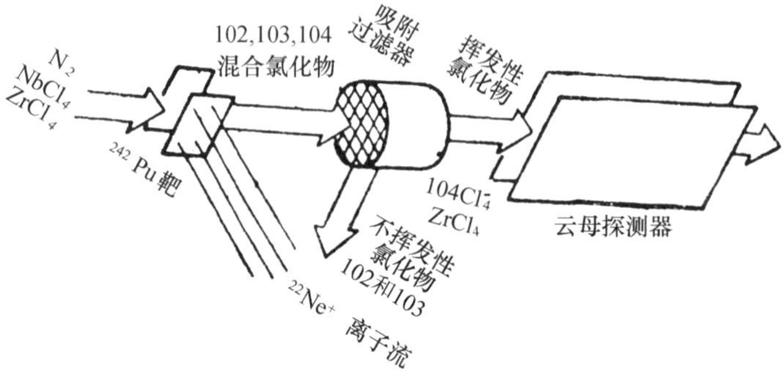

图 2.4　104 号元素的化学鉴定装置示意图

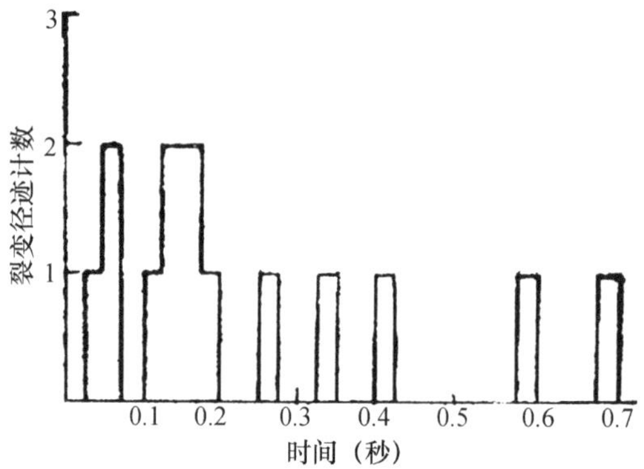

图 2.5　$^{260}104Cl_4$ 蒸气的自发裂变计数

1970 年伯克利实验组的科学家使 104 号元素通过一根直径为 2mm、长 2cm 的 Dowex 50 阳离子交换柱，以 80℃、pH4 的 0.1mol/L α-羟基异丁酸作淋洗剂，进行离子交换分离。虽然所使用的$^{261}104$ 的半衰期为 65s，比用于 Lr 化学实验的时间长，然而事件发生的次数却少一个量级。他们用阳离子交换柱的方法从锕系元素中分离 104 号元素的单个实验进行了数百次，但只有 17 次实验观察到 104 号元素具有像四价 Zr，Hf 一样的水溶液化学性质，而完全不同于三价的锕系元素。

杜布纳实验组建议 104 号元素命名为 𬬻(Kurchatovium，符号 Ku)，以纪念苏联科学家 B. И. Kурчатов；伯克利实验组建议命名为 𬬻(Rutherfordium，符号 Rf)，以纪念英国核物理学家 E. Rutherford。参照国际上通用参考书刊，我国现行元素周期表中写作 𬬻(Rf)，成为锕系后第一个元素而出现。1997 年 IUPAC 决定命名为 𬬻。

2.2 𨧀

105 号元素是一种人工放射性元素，英文名称 Dubnium，化学符号为 Db，或写作 105，中文译为 𨧀，属周期系 VB 族. 它是锕系后的第 2 个元素。半衰期最长的同位素是^{262}105，已发现质量数为 255，257，260，261 和 262 的 5 种同位素，其主要核性质见表 2.2。

表 2.2 𨧀元素同位素的核性质

质量数	半衰期	衰变方式
255	1.2s	SF
257	5.0s	α;SF
260	1.6s	α;SF
261	1.8s	α;SF
262	40s	α;SF

注：α——α 衰变；SF——自发裂变。

1968 年杜布纳联合核子研究所 Г. Н. Флёров 等首次报道用重离子回旋加速器加速的^{22}Ne 离子轰击镅靶，通过下列核反应合成了 105 号元素的两种同位素[5]：

$$^{243}\text{Am}(^{22}\text{Ne},5n)^{260}105 \xrightarrow[>0.01\text{s}]{\alpha} {}^{256}\text{Lr} \xrightarrow[35\text{s}]{\alpha}$$

$$^{243}\text{Am}(^{22}\text{Ne},4n)^{261}105 \xrightarrow[0.1-0.3\text{s}]{\alpha} {}^{257}\text{Lr} \xrightarrow[0.6\text{s}]{\alpha}$$

他们鉴定了^{260}105 放射 α 粒子能量为 9.7±0.1MeV，半衰期大于 0.01s；^{261}105 放射的 α 粒子能量为 9.4±0.1MeV，半衰期为 0.1—0.3s。

1970 年加利福尼亚大学劳仑斯实验室 A. Ghiorso 等报道[6]，他们用重离子直线加速器(HILAC)加速能量达 86MeV 的$^{15}N^{7+}$离子轰击 100μg 的锎靶，实现了下述核反应：

$$^{249}\text{Cf}(^{15}\text{N},4n)^{260}105 \xrightarrow[1.6\text{s}]{\alpha} {}^{256}\text{Lr}$$

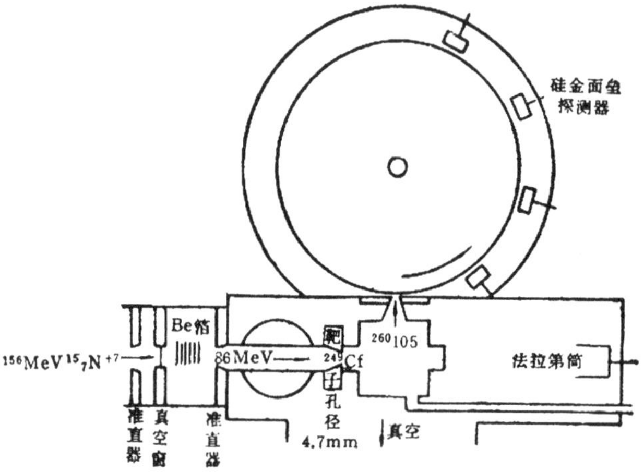

图 2.6　合成^{260}105 的装置示意图

图 2.6 是实验装置的示意图[7]。从^{249}Cf 靶击出的新核^{260}[105]，由 0.083bar 的氦气流带到并积聚在一个 38cm 直径的镁包帽的转轮边缘上，而被若干有固定间距的“硅金面垒探测器”所记录。一种简单的硅金面垒探测器，可参阅文献[8]。转轮被间歇地转动，镁上积聚的新核按次移到探测器对面，记录的 α 能谱见图 2.7。^{260}105的 α 半衰期 1.6s，自发裂变的分支衰变小于 20%。他们观察到^{260}105 的 α 衰变子体^{256}Lr(已知核，α 衰变，半衰期 31s)，其出现的数目与时间，是和^{260}105 相适应的，从而确证了^{260}105 的发现。

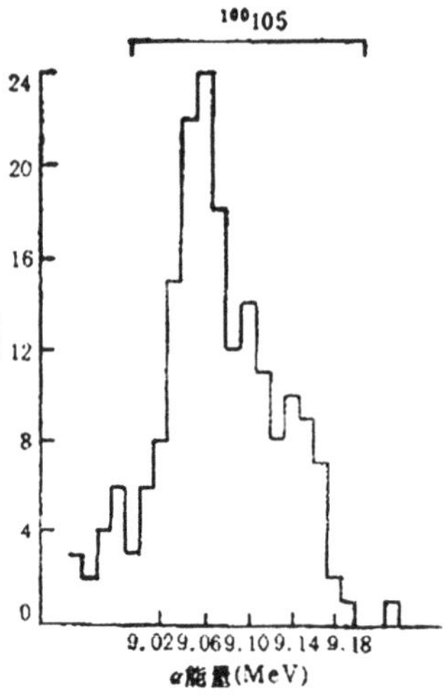

图 2.7　^{260}105 的 α 能谱

上述生成 105 号新核的截面都很小，对于^{22}Ne 入射粒子轰击^{243}Am 的核反应而言，约为 0.1nb，这就意味着在最佳实验条件下每天只生成 1 个 105 号新原子。图 2.8 是使用滤纸收集反冲原子的方法。这样可测到半衰期为 0.01s 的核素。

使用不同能量的^{15}N 离子，可得激发函数曲线，如图 2.9。可见有三种并发的核反应，而^{260}105 的生成截面最小，其钟形曲线上的最大 α 值为 3×10^{-9}b，相应于^{15}N 离子的能量为85MeV。在计算生成截面时，假定反冲新核的收集率为 50%。

上述^{260}105 新核，被 B. A. Дроин 等[9] 于 1971 年作的实验证实，他们是用^{22}Ne 轰击^{234}Am 而获得的。И. Звара 等[10] 作了化学鉴定，得到自发裂变

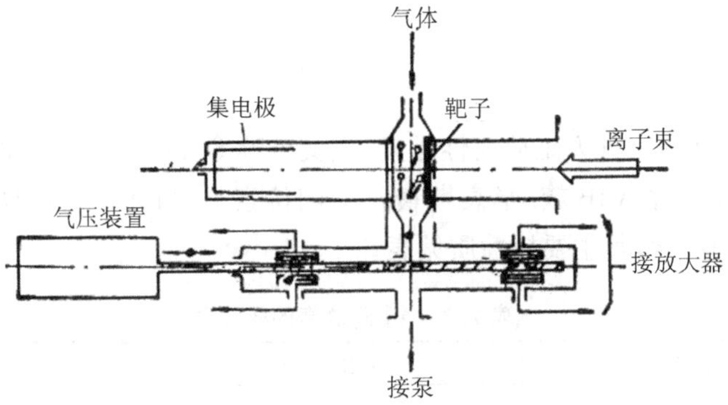

图 2.8 滤纸收集反冲原子的装置

将反冲原子收集在过滤器上，再用气压驱动装置将过滤器迅速送到探测器处，这样就可测到半衰期为 10^{-2} 秒数量级的同位素。收集效率可达 80%左右

105 新核的氯化物，其挥发性较低于 $NbCl_5$，但高于 $HfCl_4$，这种性质可归属于 $[105]Cl_5$。他们总共记录了 18 个衰变径迹。$^{260}105$ 新核的核性质是放射三种不同能量的 α 粒子：9.06MeV(55%)，9.10MeV(25%)和 9.14MeV(20%)，半衰期为 1.6s。

1971 年 A Ghiorso 等[6]又合成了两个新的 105 同位素：$^{261}105$ 和 $^{262}105$。前者的子体为 ^{257}Lr，后者的子体为 ^{258}Lr，都被观察到了，成为新核素合成的证明。此后，C. E. Bemis Jr. 等研究了 $^{262}105$ 自发裂变的分支衰变。一个引人入胜的事实是，$^{262}105$ 的 α 半衰期长达 40s，意味着对 106 号以上元素的合成，提高了希望[11]。获得该核素的核反应为：

$$^{249}Bk(^{18}O,5n)^{262}105 \xrightarrow[40s]{\alpha} {}^{258}Lr$$

350μg	3μAO^{8+}	最长寿的
	98MeV	Ha 同位素
		9 原子/h

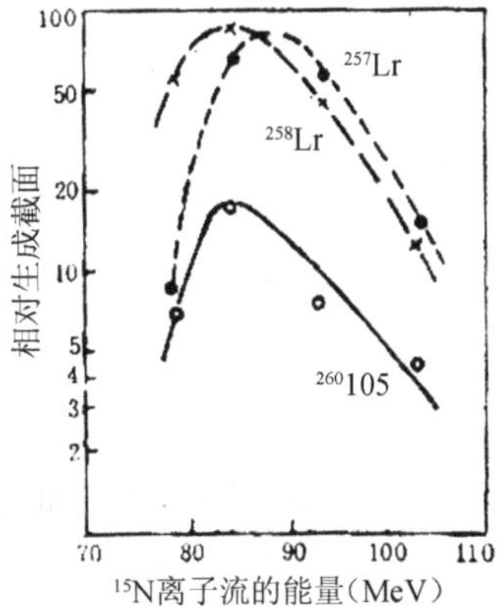

图 2.9 $^{260}105$ 等的生成截面。靶核：^{249}Cf

美国伯克利实验组建议命名为 Hahnium，符号 Ha，以纪念德国核化学家 O. Hahn。苏联杜布纳实验组建议为 Nielsbohri-um，符号 Ns，以纪念丹麦核物理学家 N. Bohr. 1997 年，IUPAC 决定命名为 𨧀。

2.3 饎

106 号元素是一种人工放射性元素，英文名称 Seaborgium，化学符号为 Sg，或写作 106，属周期系 VIB 族. 半衰期最长的同位素是^{263}106。已发现质量数为 259 和 263 两种同位素，其主要核性质见表 2.3。

表 2.3 饎同位素的核性质

质量数	半衰期(s)	衰变方式
259	7×10^{-3}	自发裂变
263	0.9	α

1974 年杜布纳苏联科学家 Г. Н. Флеров 和 Ю. Ц. Оганесян 等[12]用加速的^{54}Cr离子轰击铅靶(含^{207}Pb 和^{208}Pb)，通过下列核反应合成了^{259}106：

$$^{207}\mathrm{Pb}(^{54}\mathrm{Cr},2n)^{259}106;$$

$$^{208}\mathrm{Pb}(^{54}\mathrm{Cr},3n)^{259}106$$

他们鉴定了^{259}106 是以自发裂变的方式衰变，半衰期为 7×10^{-3}s。

几乎同时，伯克利实验组 A. Ghiorso 等用能量加速至95MeV 的^{18}O 离子轰击锎靶[13]，通过下述核反应合成了^{263}106：

^{249}Cf(^{18}O,4n)^{263}106

↓ α, 0.9s; 9.06, 9.25MeV

^{259}104

↓ α, 3s; 8.77, 8.86MeV

^{255}No

↓ α, 3min; 8.11MeV

新核^{263}106 的生成截面为 3×10^{-10}b，共记录了 73 个新核。其子体^{259}104 及再下一代子体^{255}No 都是已知半衰期和能量的 α 放射性核。这样，从 α 放射性衰变的母子关系，就能对新核的原子序和质量数提供明确无误的证据。

实验装置与文献中[6]描述的相似。超重离子加速器(Super-HILAC)提供 3×10^{12}/s 流强的^{18}O 离子，靶用 259μg ^{249}Cf，以 99.999%Al 为底箔，每平方毫米表面含 8.3μg 靶核，覆盖以 0.3μg/mm^2 的 Al 膜。靶用水内套及 77K 的 He 气流冷却。反冲出来的^{263}106 新核用 1.05atm He 气流(含 NaCl 气溶胶)通过一条长 4.8m、内径 1.24mm 的聚四氟乙烯管，带到转轮边缘上，轮的直径为 45cm，从靶到轮，需时 0.1s。距轮 0.5mm 的周围放有 7 个硅金面垒探测器，每隔 1s，周期地把轮移动 45°。即每秒进行一次 α 测量。在管端还安有一个环形探测器。这样，每秒在转轮边缘上收集一次积聚物，每隔 1s 按次进行 7 项 α 测量。积聚物包含 106 及其子体 104，都放射 α 粒子，被探测器所测量。另外，利用一种"穿梭"装置，可测量从探测器表面射出的 α 粒子，这些粒子是从轮上积聚物反冲出来的 104 子核，以及由其衰变的子核 No 发射的。这种测量方法具有避免干扰反应所产生的本底的优点，实际上被采用来鉴定其他场合的子体。

Ghiorso 等在长期实验中，累计使用离子的总数为 1.34×10^{18} 的 O^{18} 粒子，一共观察到 73 个 α 计数是属于 $^{263}106$ 新核的。图 2.10 示一次为时 12s 的实验记录，计有 14 个 $^{263}106$ 新核的 α 粒子能量分布以及少数子核 $^{259}104$ 的 α 粒子能量。探测器分道计数，每道的能量范围为 0.01MeV。由图可见，$^{263}106$ 新核的 α 能量有 9.06（主要的）和 9.25MeV，而子体的 α 能量有 8.77Mev，后者和已知 $^{259}104$ 的 α 能量正好相符。

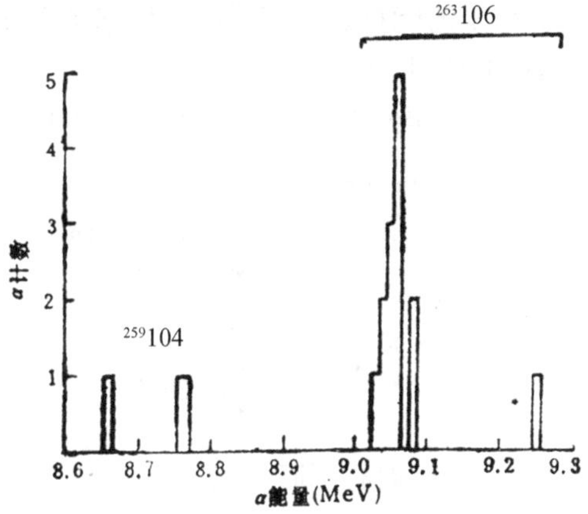

图 2.10 $^{263}106$ 及其子核 $^{259}104$ 的 α 能谱

2.4 铍

107 号元素是一种人工放射性元素，英文名称 Bobrium，化学符号为 Bh，或写作 107，属周期系 VIIB 族。半衰期最长的同位素是 $^{262}107$，已发现质量数为 261 和 262 两种同位素，其主要核性质见表 2.4.

表 2.4　铍同位素的核性质

质量数	半衰期	衰变方式
261	2×10^{-3}s	α;SF
262	4.7×10^{-3}s	α

1981 年 G. Münzenberg 等认为[14]，以富集^{54}Cr 离子轰击^{209}Bi 靶，是生成 107 号元素最适宜的核反应。天然铋是单一的^{209}Bi 核素，而天然 Cr 有四种核素，其^{54}Cr有着最大的质量数，即具备核内中子最多的条件。他们用其重离子直线加速器，采用最适加速电压 4.85MeV/u，获得^{54}Cr 离子流的强度达 6×10^{11}粒子/s。^{209}Bi 靶子的密集度为 660μg/cm^2，是经蒸发沉积在 30μg/cm^2 碳箔上。再以 30μg/cm^2 的碳膜覆盖，以便散热。这些靶子安在一个转轮上，使能经受很强离子流的轰击，核反应如下：

$$^{209}_{83}\text{Bi}(^{54}_{24}\text{Cr},n)^{262}_{107}\text{Uns}\xrightarrow[4.7\text{ms}]{\alpha}{}^{258}_{105}\text{Ha}\xrightarrow[1.8\text{s}]{\alpha}{}^{254}_{103}\text{Lr}\xrightarrow[10\text{s}]{\alpha}{}^{250}_{101}\text{Md}\xrightarrow[2.5\text{min}]{\alpha}$$

每天能获得 2 个^{262}107 的计数，他们总共观察到 6 个计数，即 6 个原子，使用半导体面垒探测器测定 α 粒子的能量。由三代的子体来证明 107 号元素的存在。它的 α 粒子能量为 10.376MeV，半衰期为 4.7×10^{-3}s。

ОГанесян 等于 1976 年曾用^{54}Cr 轰击^{209}Bi 进行了下列核反应：

$$^{209}\text{Bi}(^{54}\text{Cr},2n)^{261}107$$

↓ 自发裂变，2ms；α(80%)

$$^{257}105$$

↓ 自发裂变，5s

但因 80%α 发射未能加以观察，而有不同的意见[11]。

关于一种新元素的基本证明，应确定它的原子序，而不一定要确定质量数，除非这种证据是直接联系到用来确定原子序的方法。为新元素提供确凿的证明，必须具备下列三点之一：(1)化学鉴定是理想的证明. 采用的化学手段，要对单个原子是有效的，例如离子交换、吸附流洗、液相间分布，并应于适宜的化学分级中，明确无误地确定新元素存在与否。在高能 α 衰变或自发裂变的场合，化学鉴定可限于从 Pb 以上原子序的一切已知元素分开；Md 及其前面的元素无此问题。(2)X 射线(应与 γ 射线区别)的鉴定是满意的。(3)α 衰变关系以及已知质量数的子核的证明，也是可以接受的。

Münzenberg 等用 α 衰变系来证明^{262}107 的合成，见图 2.11。其中以实线箭头标明的$^{262}107$，^{258}Ha，^{254}Lr 和^{250}Fm 衰变数据，都在这一实验中测定，而点线箭头则是假设的。$^{262}107$ 是被发现的新元素的一种核素，^{250}Fm 是已知的. 但是，^{258}Ha 和^{254}Lr 是尚未报道过的新核素，因此作者需要用最适加速电压 4.75MeV/u 的^{50}Ti 离子流来进行$^{209}_{83}Bi(^{50}_{22}Ti,n)^{258}_{105}Ha$ 核反应，结果验证了这两核素的 α 衰变特征，于是就能确定^{250}Md 和^{250}Fm 存在于图示$^{262}107$ 的 α 衰变系中[15]。图中虚线箭头指仅在这后一核反应中测得的数据，作为旁证。

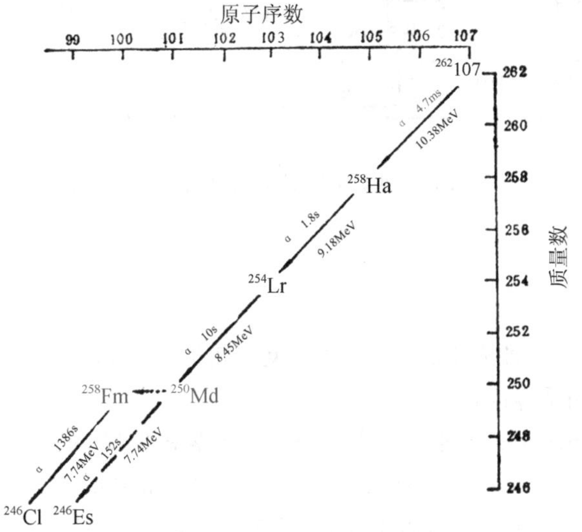

图 2.11 $^{262}107$ 核素的 α 衰变系

2.5 𬭶

108 号元素是一种人工放射性元素，英文名称 Hassium，化学符号为 Hs，也可写作 108，属周期系ⅧB 族。

1984 年 Darmstadt 重离子研究所联邦德国科学家 Münzenberg 等用加速器加速的^{58}Fe 离子轰击铅靶，通过$^{208}Pb(^{58}Fe,n)^{265}108$ 核反应合成了$^{265}108$ 新核素[16]。所使用的离子能量为 5.02MeV/核子，即离子总能量为 291MeV，合成反应截面为 2.0×10^{-35} cm^2。总共记录了 3 个$^{265}108$ 原子，其寿命测定值分别为：2.4，2.2，2.4ms，并通过测量它的衰变链子体的方法，确证 108 号元素的成功合成。参见图 2.12。

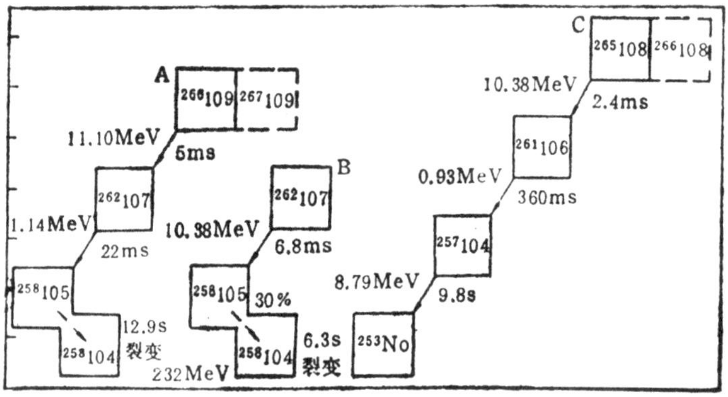

图 2.12　西德 GSI 研究所证实的 α 衰变系

2.6　鿏

109 号元素是一种人工放射性元素，英文名称 Meitnerium，化学符号 Mt，或写作 109，也属周期系ⅧB 族.

1984 年 Münzenberg 等用加速的 ^{58}Fe 离子轰击铋靶，通过 ^{209}Bi(^{58}Fe,n)^{266}109 核反应合成了 ^{266}109 新核素。在长达一周的轰击合成实验中，总共使用了 6×10^{17} 个离子，只获得了 1 个新元素的原子，合成反应截面为 10^{-35}cm^2：在 ^{266}109 合成后 5×10^{-3}s 时，射出了具有 11.10MeV 能量的 α 粒子。他们就是利用这唯一的事件成功地由 4 种不同方式进行了鉴定，尤其是用测量 ^{266}109 的衰变链子体的方法确证 109 号元素的合成(图 2.13). 有关新元素的报道可参见文献[14]—[22]。

2.7　110、111 和 112 号元素

在德国 Darmstadt 重离子研究中心，核化学家 P. Armbruster 教授主持的 12 人(并有俄、捷、芬科学家参加)科研组，使用重离子加速器，发生 ^{62}Ni 或 ^{64}Ni 离子束作为入射粒子，轰击 ^{208}Pb 或 ^{209}Bi 靶核，实现了下列两项人工核反应，合成了两种新元素：第 110 和 111 号元素，符号依次为 Uun 和 Uuu，各得 3 个原子：

$$^{208}_{82}\text{Pb}(^{62}_{28}\text{Ni},^{1}_{0}\text{n})\ ^{269}110 \xrightarrow[0.4\text{ms}]{\alpha} {}^{265}108 \xrightarrow{\alpha} {}^{261}106 \xrightarrow{\alpha} {}^{257}104 \xrightarrow{\alpha} {}^{253}102$$

$$^{209}_{83}\text{Bi}(^{64}_{28}\text{Ni},^{1}_{0}\text{n})\ ^{272}111 \xrightarrow[1.5\text{ms}]{\alpha} {}^{268}109 \xrightarrow{\alpha} {}^{264}107 \xrightarrow{\alpha} {}^{260}105 \xrightarrow{\alpha} {}^{256}103$$

式中 ^{269}110 新核素是由 $^{208}_{82}$Pb 和 $^{62}_{28}$Ni 发生核聚变时释放一个中子而生成的。第一次观察新核的 α 衰变寿命为 0.4ms。同样地，^{272}111 生成后，其 α 衰变的平均寿

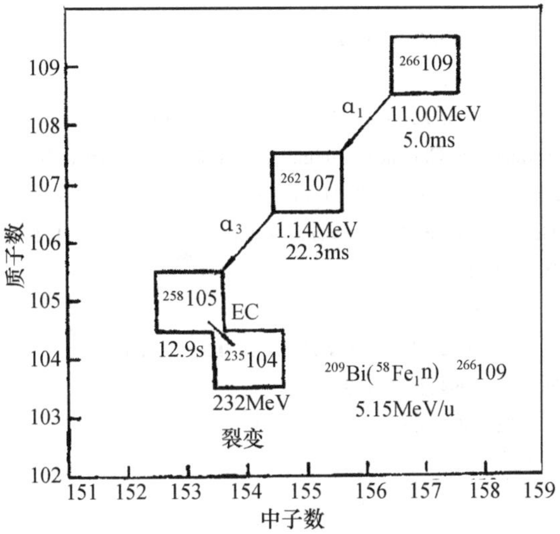

图 2.13 $^{266}109$ 核素的衰变链[22]

命为 1.5ms。以上两项核反应,均被新核的“衰变系”所证实,如上式所示[23]。

德国 Darmstadt 重离子研究中心 P. Armbruster 和 S. Hofmann 等在用锌同位素轰击铅同位素的实验中,于 1996 年 2 月 9 日获得一个第 112 号元素(符号为 Unb)的原子。核反应的过程如下:[24]

$$^{208}_{82}Pb(^{70}_{30}Zn,^{1}_{0}n)^{277}112 \xrightarrow[0.28ms]{\alpha,11.45MeV} {}^{273}110 \xrightarrow[0.11ms]{\alpha,11.08MeV} {}^{269}108 \xrightarrow[19.7s]{\alpha,9.23MeV} {}^{265}106$$

$$\longrightarrow {}^{261}104 \longrightarrow {}^{257}_{102}No \longrightarrow {}^{253}_{100}Fm$$

参 考 文 献

[1] Г. Н. Флеров и др., *Атом. энер.*, **17**, 310(1964); *Phys. Lett.*, 13, 73(1964).

[2] A. Ghiorso et al., *Phys. Rev. Lett.*, **22**, 1317(1969).

[3] A. Ghiorso et al., *Phys. Lett.*, **32B**, 95(1970).

[4] И. звара и др., *Атом энер.*, **21**, 83(1966).

[5] Г. Н. Флеров и др., JINR-P7-3808(1968); *Nucl. Sci. Abstr.*, **22**, 35290(1968).

[6] *A. Ghiorso et al.*, Phys. Rev. Lett., **24**, 1498(1970).

[7] Chem, Eng. News, **49**(3), 26(1971).

[8] 陈恒良等,原子能科学技术,(2),118(1977).

[9] *В. А. Дроин и др.*, Яэр. Фиэ., **13**, 251(1971).

[10] *И. Звара и др.*, *JINR-P*12-5120(1970); Nucl. Sci. Abstr., **24**, 29241(1970).

[11] 张青莲,化学通报,(3),46(1978).

[12] *Ю. Ц. Оганесян и др.*, *JINR-R*7-8090(1974): Nucl. Sci. Abstr., **30**, 22844(1974); Phys. Today, (11), 19 (1974).

[13] *A. Ghiorso et al.* ,Phys. Rev. Lett. ,**33**,1490(1974);"*Transplutonium* 1975",*Elsevier*,*p*. 323.
[14] *G. Münzenberg et al.* ,Z. Physik,*Submitted in April*,1981.
[15] 张青莲,化学通报,(8),56(1981)
[16] *G. Münzenberg et al.* ,Z. Physik,**A317**,235(1984);A322,227(1985).
[17] Kirk-Othmer,"Encyclopedia of Chemical Technology",**1**,3rd Ed. Wiley,467 (1978).
[18] P. Armbruster,*Endeavour*,*New Series*,**9**(2),77(1985).
[19] SGI,Jahresbericht,Gesellshaft für Schwerionenforschung,DEZ 1982,1981/1982.
[20] 张青莲,化学通报,(9),69(1983).
[21] 孙汉城,物理,12(4),233(1983).
[22] G. Münzenberg et al. ,*Z. Phys. A Atoms and Nuclei*. ,**309**,89(1982).
[23] *Chem. Eng. News*,Nov,24,1994;Jan. 2,1995.
[24] *Chem. Eng. News*,Feb. 26,1996,p. 6.

30.3 新元素性质的预言

1869 年门捷列夫发表元素周期律的时候，人们只发现了 60 多种元素，两年后，门捷列夫根据周期律排成了一张由八个族组成的元素周期表，把第 92 号元素铀排在已知元素的最末一个。表中留出很多“空位”，并预言了这些尚未发现元素的性质。这一预言为后来的一系列元素的发现所证实。

自从 1940 年人工合成第 93 号元素镎，到现在已合成到第 109 号元素。随着超铀元素的陆续合成，元素周期表的延伸问题很自然地提到人们的面前——周期表究竟填到哪儿为止呢？这就要求理论预言对愈来愈困难的合成实验工作进行指导。

由于核结构理论，特别是壳层模型理论的发展，在 1966 年前后，核理论工作者提出了关于超重核存在的理论预言：在原子序数 $Z=114$，中子数 $N=184$，$^{298}[114]$ 处，可能存在一批相当稳定的超重核，当时估计，它们的自发裂变和 α 衰变半衰期可能长达 10^8（或更多）年[1,2]。

这一理论预言提出后，美国、苏联和西欧一些国家的许多实验室进行了大量的理论计算工作，同时，还从矿物、海底沉积物、月球样品、陨石、宇宙线等各处寻找在自然界中可能存在的超重核，并新建和改建重离子加速器研究人工合成超重核[3,4]。

超重元素研究工作之所以受到各国普遍的重视，是因为它具有重大的理论意义和实际意义：超重元素的理论预言是现有核结构理论外推的结果，所以，超重元素能否存在是对壳层结构理论的一次实践考验。

超重元素研究不仅对核物理、核化学等具有重大意义，同时这一研究还将对天体物理学、同位素地球化学、固体物理学、材料科学等基础学科的研究起推动作用。

在新能源的研究方面，有人设想用超重元素制造没有放射性的超小型新能源。

在军事方面，根据预测，利用超重元素可能制成体积小、重量轻的超小型核武器和无放射性的热核武器的引爆物等。

3.1 超重元素及其理论预言

“超重元素”一词是由 F. G. Werner 和 J. A. Wheeler[5] 于 1958 年首先提出的①，一般是指 $Z=114$ 附近的一批元素。英文为 Super-heavy element。

①Werner 和 Wheeler 是根据液滴模型、未考虑任何闭壳层效应推导出来的，和当前主要根据壳模型而提出的超重核是有区别的。

从 20 世纪 20 年代末发展起来的原子核壳模型理论，解释了周期表中原子核的相对丰度和相对质量等实验现象。

1939 年裂变现象发现后，发展了原子核的液滴模型理论，它解释了核裂变的许多主要特征，并在若干方面作了重要的预言。

1948 年以来，Mayer 和 Haxel 等强调了质子或中子为幻数的原子核的特别稳定性。表 3.1 示中子和质子的单粒子能级的壳层结构。后来又有形变场概念的引入，1955 年 S. G. Nilsson 详细地计算了形变核中核子的轨道。同年，Wheeler 发表了根据液滴模型理论研究核裂变和核稳定性的结果认为，在质量数高达 600 附近时，尚有可能合成半衰期$>10^{-4}$s 的核。这一工作可以看成是探索合成超重元素可能性的最早尝试。

表 3.1　核子的能级排列

级核		核自旋轨道	分层核子数	壳层核子数	核子总数
I	$1s$	$1s_{1/2}$	2	2	2
II	$1p$	$1p_{3/2}$	4	6	8
		$1p_{1/2}$	2		
III	$1d$	$1d_{5/2}$	6	12	20
		$1d_{3/2}$	4		
	$2s$	$2s_{1/2}$	2		
IV	$1f$	$1f_{7/2}$	8	30	50
		$1f_{5/2}$	6		
	$2p$	$2p_{3/2}$	4		
		$2p_{1/2}$	2		
	$1g$	$1g_{9/2}$	10		
V	$1g$	$1g_{7/2}$	8	32	82
	$2d$	$2d_{5/2}$	6		
		$2d_{3/2}$	4		
	$3s$	$3s_{1/2}$	2		
	$1h$	$1h_{11/2}$	12		
VI	$1h$	$1h_{9/2}$	10	44	126
	$2f$	$2f_{7/2}$	8		
		$2f_{5/2}$	6		
	$3p$	$3p_{3/2}$	4		
		$3p_{1/2}$	2		
	$1i$	$1i_{13/2}$	14		

随着核结构实验和理论的进展,1959 年 Mottelson 和 Nilsson 外推 Nilsson 单粒子能级图到 $Z=126$,显示出 $Z=114$ 的壳层效应。1960 年前后,Johansson 在普遍液滴模型基础上,利用 Nilsson 轨道作了壳层修正,他的计算显示在 $N=184$ 附近,可能存在寿命足够长的核。

具有重要意义的计算是 1965—1966 年由 W. D. Myers 和 W. J. Swiatecki[6]提出的。他们推广了液滴模型公式,并在核近似球形时加以壳层修正,从半经验质量公式出发,预言超重核"稳定岛"的存在,裂变势垒高达几个 MeV. V. M. Strutinsky[1]发展了一个壳层修正法,提出 $Z=114$ 为质子幻数,计算了几个超重核。1969 年 Nilsson 等[2]系统地、全面地进行了计算和讨论,得出了 $Z=114,N=184$ 的核 $^{298}[114]$为双幻数核,围绕它可能存在一个由成百个超重核组成的"稳定岛"(Island of stability),其中寿命最长的可达 10^5 年以上。图 3.1 形象地描绘出这一理论预言的概貌[7]。

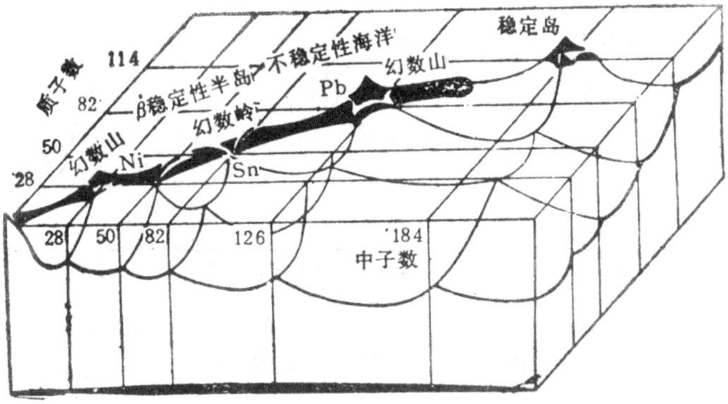

图 3.1　可能存在的超重核稳定岛示意图

格线代表质子和中子的幻数。沿 β 稳定线有一个由已知核组成的"半岛"(共有 2000 多种核素)

在"半岛"上有镍、铅为峰的"幻数山"和锡附近的"幻数岭"。在"半岛"的顶端,越过不稳定性海洋,是可能存在的超重核"稳定岛"。在岛上有围绕 $Z=114$ 和 $N=184$ 的"峰"

3.2　超重核的壳层结构

原子核的液滴质量公式只能给出质量随 N 和 Z 平滑变化的曲线,而实验质量却随着核的壳层的填充而有涨落。实验质量减去液滴质量称为壳层修正。图 3.2 画出了壳层修正随 N 和 Z 的变化。从图上可以看出,每当核的 N 或 Z 取幻数值(即闭壳层)时,壳层修正取最大的负值,而双幻数往往在最低点,如 ^{208}Pb ($Z=82$,

$N=126$)。从曲线的趋势来看,在^{208}Pb之后,应有一个双幻数核,而不会突然就没有新的双幻数核了,至于下一个双幻数核出现在什么地方,要由理论计算来预测。

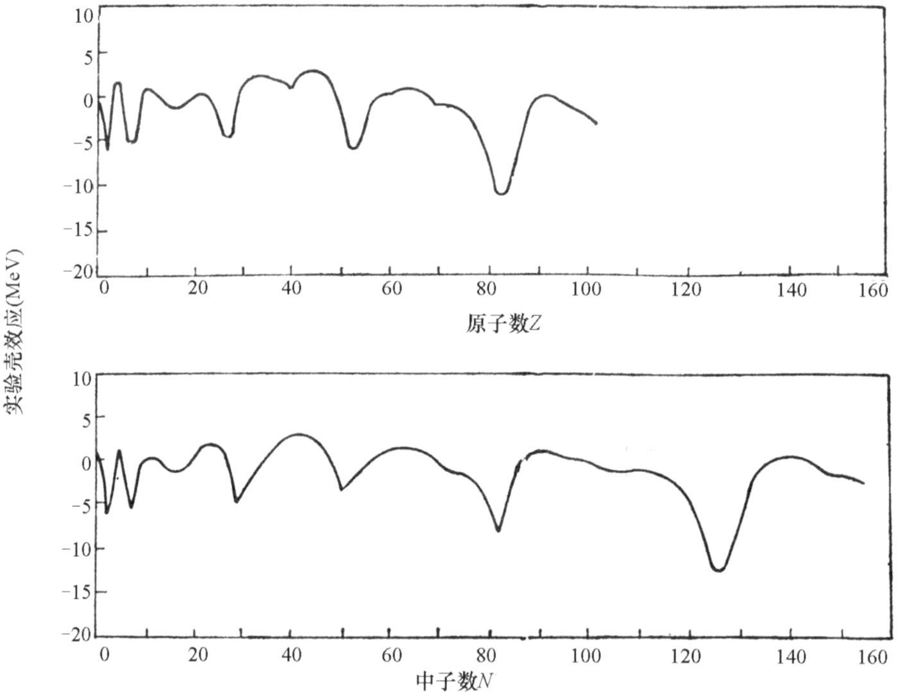

图 3.2　原子核实验壳效应图

为了预测下一个双幻数核——超重核出现的位置,必须定量地计算质子和中子的幻数。自 1966 年以来,已发展了多种计算方法用于预测超重核壳层结构,其中一些计算方法和结果列于表 3.2。

表 3.2 所列的预测结果表明,多数的计算方法和结果认为,下一个质子幻数可能出现在 114,而下一个中子幻数则可能出现在 184。

1969 年 Grumann 等预测,围绕 $Z=164$ 处可能存在"稳定岛",预期在 $Z=152$ 和 $Z=168$ 之间超重核的寿命为几分钟甚至可能长达若干年之久,

一些科学工作者认为,周期表的第八周期可能由元素 119 到 168(也有人认为由 119 到 164)组成。第九周期可能由元素 169 到 218(也有人认为由 165 到 172)组成。

表 3.2 超重核壳层结构的预测结果

<table>
<tr><th rowspan="2">作者</th><th rowspan="2">文献</th><th rowspan="2">计算方法</th><th colspan="2">预测结果</th><th rowspan="2" colspan="2">比 较</th></tr>
<tr><th>质子幻数</th><th>中子幻数</th></tr>
<tr><td>Sobiczewski 等</td><td>[8]</td><td>Woods－Saxon 势阱</td><td>114
164</td><td>184
228</td><td rowspan="8">各种方法在 $Z=114$，$N=184$ 处出现壳层的预测大体上是一致的</td><td>为计算方法中较好的一种。势阱形状与系统内核物质密度分布相近，应用的较多。但求解和计算均较复杂</td></tr>
<tr><td>Nilsson 等</td><td>[9]</td><td>Nilsson 势阱</td><td>114
164</td><td>184
196</td><td>修正形变谐振子计算较简单、系统、全面，便于反映核的基本性质，能与实验结果相比较，应用的较多，但有一定的缺点</td></tr>
<tr><td>Nix 等</td><td>[10]</td><td>折叠 Yukawa 势阱</td><td>114
124</td><td>184
196</td><td>与 Nilsson 等[9]计算结果相同，但目前应用的尚不多</td></tr>
<tr><td>Bassichis 等</td><td>[11]</td><td>Tabakin 两体相互作用</td><td>120</td><td>184</td><td rowspan="2">Tabakin 两体相互作用计算结合能与实验值符合较好，但有一定缺点，如计算核半径和单粒子能级与实验值符合的不太好</td></tr>
<tr><td>Meldner</td><td>[12]</td><td>Hartree－Fock 自洽场计算</td><td>114</td><td>186</td></tr>
<tr><td>Ventherin 等</td><td>[13]</td><td>Skyrme 相互作用(包括三体相互作用)Hartree－Fock 自洽场计算</td><td>114</td><td>184,228</td><td>相互作用势很特殊，忽略了极化，但计算较简单</td></tr>
<tr><td>Köhler</td><td>[14]</td><td>两体有效相互作用(K－矩阵)自洽场计算</td><td>114</td><td>198(184)</td><td>有待于更好的相互作用势验证</td></tr>
</table>

3.3 超重核的稳定性

超重核区域内主要有三种衰变型式：自发裂变、α 衰变和 β 衰变(包括电子俘获)。这些衰变的半衰期和能量都与裂变势垒有着极密切的关系。

1966 年以来所作的预测，几乎都是根据修正谐振单粒子势计算核势能估计稳定性的。其中比较有代表性的是根据 Nilsson 形变谐振子势，应用 Strutinsky 壳层修正法计算超重核结构和稳定性。其要点可表述如下：根据液滴模型给出势能曲线的光滑部分，再用单粒子效应给出壳层修正和对修正，即给出局部涨落(Strutinsky 壳层修正)，然后计算惯性参量 B，用 WKB 法便能计算出自发裂变半衰期[2,9]。

1971年以来还应用了更现实的表面扩散单粒子势计算超重核的裂变势能。

Fiset和Nix计算了Z从104到130,N从172到191的540个超重核的自发裂变、α衰变和β衰变(或电子俘获)的半衰期,裂变势垒高度,α衰变和β衰变(或电子俘获)的Q值。图3.3为他们最近预测的偶超重核的自发裂变、α衰变、β衰变和总衰变过程的半衰期示意图。

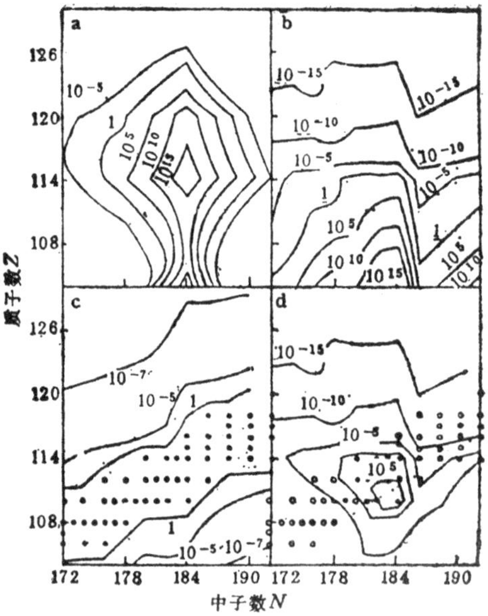

图3.3　预测的偶超重核半衰期图(单位:a)

a.自发裂变,b.α衰变,c.β衰变和电子俘获,d.总衰变过程。●代表总半衰期大于1年的β稳定核,O代表半衰期小于1年的核

应用上述两种不同的计算方法均得出在超重核稳定岛的中心区域存在一批相当稳定的超重核,偶-偶核^{294}[110]可能具有最长的总半衰期,

但应该指出的是,对它们的自发裂变半衰期估计的不确定性是非常大的。这因为:自发裂变半衰期计算的准确度主要取决于势垒高度、势垒宽度以及惯性参量计算的精度。不同的理论计算对半衰期的估计可能差别到10^{10}倍以上,如对已知的镄一257而言,理论计算的寿命比实验测定的数值要长10^8倍。所以,超重核自发裂变半衰期的计算值只能看成是“定性的”估计值。同时,核理论工作者对于这一问题的看法也存在着很大的争论。例如,使用哪一种势阱更为合适,等等,这些还需要根据核子间相互作用的实际情况进一步去研究。

3.4 超重核的裂变性质

研究超重核的裂变性质不仅具有重要的理论意义，而且也将是考虑其实际应用的重要根据。Nix[15]根据动力学的液滴计算以及液滴质量公式估计了$^{298}[114]$的裂变性质，并与已知的裂变核作了比较，见表 3.3。

表 3.3 预测的超重核裂变性质与普通裂变核实验性质比较

裂变核	裂变势垒高度(MeV)	每二分裂释放能量(MeV)	裂片动能(MeV)	激发能(MeV)	每裂变释放中子平均数，$\bar{\nu}$	裂变中子平均动能(MeV)
$^{298}114$	9.6	317	235	82	10.5	2.8
$^{294}110$	6.8	290	216	74	10.6	2.6
^{240}Pu	4.9	205	178	27	2.8	2.0
^{236}U	5.3	196	172	24	2.4	1.9

3.5 超重元素的物理和化学性质

对未知元素物理、化学性质的预测有两种方法：

一种是由门捷列夫所提出的外推法。这种方法是以周期表中同一周期和族的已知元素的物理、化学性质为依据，再外推到未知元素区域进行预测。

一种是自洽场计算法。这种方法是通过计算未知元素的电子填入轨道情况，根据其电子排布进行预测。例如常用的 Hartree-Fock-Slater 计算法。

早在 1958 年 Seaborg[7]就预测了 118 号(类氡)以下的超铀元素的物理、化学性质。根据 Seaborg 以及其他科学工作者的预测，超重元素在周期表中的位置如表 3.4 所示. 它们显示出这些尚未发现的元素可能具有的物理、化学性质概况。

1970 年以来，Keller 等[16]应用外推法预测了一些超重元素的物理、化学性质，图 3.4 为外推法预测元素 113 熔点的结果。

1967 年以来，美国、西德等一些研究组应用自洽场计算法作了大量的超重元素基态电子排布的预测研究[17,18]。预测结果表明，元素 104 为 IVB 族类铪元素，元素 112 为第七周期过渡元素的最后一员，元素 118 为第七周期最后的一员。

表3.4 元素周期表

族 周期	IA	IIA	IIIB	IVB	VB	VIB	VIIB	VIII			IB	IIB	IIIA	IVA	VA	VIA	VIIA	0
1	1 氢																	2 氦
2	3 锂	4 铍											5 硼	6 碳	7 氮	8 氧	9 氟	10 氖
3	11 钠	12 镁											13 铝	14 硅	15 磷	16 硫	17 氯	18 氩
4	19 钾	20 钙	21 钪	22 钛	23 钒	24 铬	25 锰	26 铁	27 钴	28 镍	29 铜	30 锌	31 镓	32 锗	33 砷	34 硒	35 溴	36 氪
5	37 铷	38 锶	39 钇	40 锆	41 铌	42 钼	43 锝	44 钌	45 铑	46 钯	47 银	48 镉	49 铟	50 锡	51 锑	52 碲	53 碘	54 氙
6	55 铯	56 钡	57–71 镧系	72 铪	73 钽	74 钨	75 铼	76 锇	77 铱	78 铂	79 金	80 汞	81 铊	82 铅	83 铋	84 钋	85 砹	86 氡
7	87 钫	88 镭	89–103 锕系	104 𬬻	105 𬭊	106 𬭳	107 𬭛	108 𬭶	109 鿏	110	111	112	113	114	115	116	117	118
8	119	120	121–153 超锕系	154	155	156	157	158	159	160	161	162	163	164	165	166	167	168

镧系	57 镧	58 铈	59 镨	60 钕	61 钷	62 钐	63 铕	64 钆	65 铽	66 镝	67 钬	68 铒	69 铥	70 镱	71 镥
锕系	89 锕	90 钍	91 镤	92 铀	93 镎	94 钚	95 镅	96 锔	97 锫	98 锎	99 锿	100 镄	101 钔	102 锘	103 铹
超锕系	121	122	123	124	125	126	≈								153

表中，元素名称和黑体阿拉伯数字代表已知元素，大于109号的数字代表未知元素

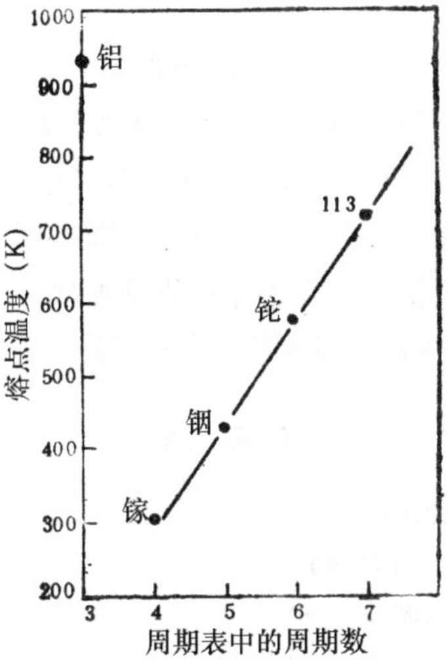

图 3.4 元素 113 的熔点

一些研究工作者[17,18]还用外推法或外推法加计算法预测了元素 104—172 的物理、化学性质，表 3.5 列出了其部分预测结果。

表 3.5 预测的元素 104—120 的物理、化学性质

元素	104	105	106	107	108	109	110	111	112
原子量	278	281	283	286	289	292	295	298	301
化学族	ⅣB	ⅤB	ⅥB	ⅦB	Ⅷ	Ⅷ	Ⅷ	ⅠB	ⅡB
外层电子排布	$7s^2 6d^2$	$7s^2 6d^3$	$7s^2 6d^4$	$7s^2 6d^5$	$7s^2 6d^6$	$7s^2 6d^7$	$7s^2 6d^8$	$7s^2 6d^9$	$7s^2 6d^{10}$
最可能的氧化态	+4	+5	+6,4	+7,6,5	+8,6,4	+6,4	+4,6	+3,5	+2,4
电离电势(eV)	5.1	6.2	7.1	6.5	7.4	8.2	9.4	10.3	11.1
金属或共价半径(Å)	1.66	1.53	1.47	1.45	1.43	1.44	1.46	1.52	1.60
密度(g/cm³)	17.0	21.6	23.2	27.2	28.6	28.2	27.4	24.1	16.8

元素	113	114	115	116	117	118	119	120
原子量	304	307	310	313	316	319	322	325
化学族	ⅢA	ⅣA	ⅤA	ⅥA	ⅦA	0	ⅠA	ⅡA
外层电子排布	$7s^2 7p^1$	$7s^2 7p^2$	$7s^2 7p^3$	$7s^2 7p^4$	$7s^2 7p^5$	$7s^2 7p^6$	$8s^1$	$8s^2$
最可能的氧化态	+1	+2	+3,1*	+2,4	+1,3,−1	0,4	+1	+2
电离电势(eV)	7.5	8.5	5.9	6.8	8.2	9.0	4.1	5.3
金属或共价半径(Å)	1.69	1.76	1.78	1.77	1.8	2.2	2.6	2.0
密度(g/cm³)	14.7	15.1	14.7	13.6			4.6	7.2

* 根据文献[21]的预测仅有+1 价。

应用外推法和计算法对第 104 号以内一些元素的物理、化学性质的预测已为近年来的实验所证实，例如，元素 103 已被实验证明其电子排布为 $5f^{14}6d^{1}7s^{2}$，是锕系元素的最后一员，而元素 104 的化学性质也为实验证明相似于铪[19,20]，应排在ⅣB 族铪的下面。因此，可以认为，这些方法对超重元素性质所作的预测基本上也应该是可信的。

在预测结果中还有一些特殊的例子，如根据周期表预测，元素 115 应为ⅤA 族的类铋，但是计算[21]认为它是+1 价的。究竟哪一种说法对，只能有待今后实践来证明。关于超重元素的报道和最新进展可参见文献[22]～[25]。

参 考 文 献

[1] V. M. Strutinsky, *Nucl. Phys.*, **A122**, 1 (1968).

[2] S. G. Nilsson et al., *Nucl. Phys.*, **131**, 1 (1969).

[3] G. T. Seaborg, *Ann. Rev. Nucl. Sci.*, **18**, 53 (1968).

[4] G. N. Flerov, V. A. Druin, *Atom. Energ. Rev.*, **8**, 255 (1970).

[5] F. G. Werner, J. A. Wheeler, *Phys. Rev.*, **109**. 126(1958).

[6] W. D. Myers, W. J. Swiatecki, Lawrence Radiation Lab., Berkeley Rep., UCRL-11980; *Nucl. Phys.*, **81**. 1(1966).

[7] G. T. Seaborg, 超铀元素和超重元素,《原子能译丛》编辑组, 1973 年 10 月.

[8] A. Sobiczewski et al., *Phys. Leet*, **22**, 500 (1966); *Nucl. Phys.*, **A168**, 519 (1971).

[9] S. G. Nilsson et al., *Nucl. Phys.*, **A115**, 545 (1968); **A140**, 289 (1970).

[10] J. R. Nix, Geneva Rep., CERN 70—30, **2**, 605 (1970).

[11] W. H. Bassichis, A. K. Kerman, *Phys. Rev.*, **C2**, 1768 (1970); **C6**, 370 (1972).

[12] H. W. Meldner, *Phys. Rev.*, **178**, 1815 (1969).

[13] D. Ventherin et al., *Phys. Lett.*, **33B**, 381 (1970).

[14] H. S. Köhler, *Nucl. Phys.*, **A162**, 385 (1971).

[15] J. R. Nix, *Phys. Lett.*, **30B**, 1 (1969).

[16] O. L. Keller et al., *J. Phys. Chem.*, **74**, 1127 (1970).

[17] J. B. Mann, J. T. Waber, *J. Chem. Phys.*, **53**. 2397(1970).

[18] B. Fricke et al., *Theoretica Chim. Acia*, **21**. 235 (1971).

[19] R. Silva et al., *Inorg. Nucl. Chem. Lett.*, **6**, 871 (1970).

[20] I. Zvara et al., *Sor. J. Atom. Energy*, **21**, 709 (1966).

[21] B. Fricke, J. T. Waber, *Actinide Rev.*, **1**, 433 (1971).

[22] G. T. Seaborg, *Contemp. Phys.*, **28**(1), 33(1987).

[23] K. H. Schmidt et al., *Z. Phys. A-Atoms and Nuclei*, **316**, 19(1984).

[24] Yu. Ts. Oganessian et al., The Experiments Aimed to Synthesize Element 110, D7-87-392 (Dubna), (1987).

[25] N. Trautmann, "Actinides in Perspective" ed. by N. M. Edelstein, Pergamon Press, pp. 267—288 (1982).

30.4　在自然界中寻找超重元素

4.1　寻找的根据

1. 超重元素在自然界中可能通过星体核合成过程产生。

2. 理论预测其半衰期相当长。

3. 对可能存在超重核的样品的估计：

(1)地球上的超重核，若其半衰期为 10^9 年左右，就能留存至今，可能在组成地球的物质(如矿物、岩石、水等)当中发现。

(2)地球以外的超重核：宇宙线中的超重核，若其半衰期超过 10^5 年，就有可能到达地球。

根据推论，宇宙线中的超重核可能在通过大气层时被减速，而悬浮于空中，并逐渐被雨水载带进入海洋，与铁、锰的氢氧化物共沉淀，最后沉积于海底，分析这些锰结核也有可能鉴定超重核的存在。

陨石、空间尘中可能有超重元素。

月球岩石中可能有超重元素，同时，由于月球没有大气层包围，其表面也可能有从宇宙空间沉降的超重核或记录了其裂变径迹的物质。

4.2　测定方法

自从提出了关于超重元素“稳定岛”的理论预言以来，除用重离子加速器，通过重离子核反应来尝试人工合成超重元素以外，核物理、核化学和地球化学等各方面的实验工作者曾进行过许多实验，试图在地球物质中寻找预期存在的长寿命的超重元素[1,2]。虽然到目前为止，在地球物质中寻找超重元素的研究工作未能获得肯定的成果，但在探索方法方面却积累了丰硕的经验，包括精密的测量方法。

常用的探索方法有：

1. 自发裂变中子测定法

理论预言超重核一次裂变释放的中子平均数可达 10 个左右，一般天然裂变元素仅为 2.5 个。据此区别，已有几个实验组设计了由多个 ^3He 或填钆液体闪烁计数器组成的裂变中子探测器寻找超重元素[1~3]，探测灵敏度可达 10^{-14} g/g①。其优点是可测定大量样品，不经过预处理，几乎可测定几十公斤重的样品。

2. 自发裂变测定法

(1)充气正比计数器法

即“经典”的裂变测定法。一次可测定 50g 左右样品，探测灵敏度可达 10^{-12} g/g。

(2)固体径迹探测器法

有些固体如玻璃、云母或塑料等，当裂变碎片在其中造成电离损伤后，其损伤区域通过适当化学蚀刻，可形成较大径迹，用光学显微镜可观察裂变径迹。其探测超重核的灵敏度可达 10^{-12} g/g。

(3)旋转器法

在一个特制的玻璃圆筒里，充满被测样品的溶液，通过旋转玻璃圆筒，使其内部形成负压，溶液呈亚稳状态。这时，如果溶液中有裂变事件发生，其电离作用将破坏亚稳状态，并形成气泡，通过光学仪器观察气泡，可测定裂变事件，其探测灵敏度可达 10^{-14} g/g，测定样品量可达数百克[4]。

3. 质谱法

(1)直接测定法

选择适当样品用质谱仪测定其中超重核的含量，灵敏度可达 10^{-15} g/g。

(2)特征裂变产物质谱测定法

理论预言，超重核裂变将产生中等质量元素的丰中子稳定同位素。通过测定样品中超重核的特征裂变产物即可推算原始存在的超重元素。如惰性气体 ^{136}Xe 测定法，探测灵敏度约为 10^{-15} g/g[2,5]。

4. α 测定法

理论预测超重核 α 衰变粒子平均能量约为 13MeV，与一般天然放射性元素的 α 粒子能量有较大区别，据此可探测超重元素的存在。样品经化学浓集后，探测灵敏度可达 10^{-11} g/g。

5. 特征 X 射线测定法

已知元素的 X 射线能谱中，铀的最末一条 L 线(21.54keV)和稀土元素(镧)第一条 K 线(33.03keV)之间，存在着一个空白区域，这一空白区域叫做 X 射线能谱“窗口”。根据理论计算，一些超重元素的 Lx 射线恰好就在这一“窗口”内，可利用其特征 Lx 射线进行测定，探测灵敏度约为 10^{-13} g/g。

①假定超重核半衰期为 10^9 a，以下几种方法探测灵敏度的估计同此。

4.3 鉴定分析与结果

1. 原始宇宙线中超重核径迹鉴定法

通过分析超重核在核乳胶迭探测器中所产生的径迹，可确定其存在，由于地球表面被大气层所包围，为减少超重核因通过大气层的损失，一般是用气球将核乳胶迭探测器升到几十公里以上的高空进行探测。近年来又发展了核乳胶-塑料混合迭。

1967 年以来，英国布列斯特大学 P. H. Fowler 等和美国一些实验室合作，曾进行了多次实验[6,7]，表 4.1 列出了他们所获得的两批实验数据。

表 4.1 超重核径迹鉴定法实验结果

实验工作者	文献	升空高度（km）	探测器面积×探测时间因数（$m^2\cdot h$）	探测器类型	结果
P. H. Fowler 等	[6]	约 40	290	核乳胶迭	记录了一个电荷数最佳估计值为～105 核径迹。可能是一个长寿命的 $Z\simeq110$ 超重核
P. B. Price 等	[7]	约 40	900	聚碳酸酯、醋酸纤维、核乳胶组成的混合迭	在三种探测器中都记录了一个电荷数最佳估计值为～96 核径迹。 核乳胶中的估计值为～104， 聚碳酸酯中的估计值为～92， 醋酸纤维中的估计值为～93

核乳胶迭与混合迭所记录的径迹是很令人感兴趣的实验结果，如果这种可能的超重核是来自银河系的超新星爆发，则说明其半衰期将不小于 10^5 a。这样的结果不仅对星体的核合成过程等天体物理学研究具有很大的意义，同时，对预测超重核的稳定性问题也是一个很有价值的证据。

但是这一方法目前存在的主要问题是电荷数鉴定的准确度问题。因为外推法测定电荷数的误差一般是比较大的。若能在实验室中将重离子如氙、铀等加速到非常高的能量时，电荷数鉴定就可能更有把握。因此仍需继续积累可与空间物理实验相比的大量数据。

在混合迭中，塑料探测器测定电荷数值一般比核乳胶探测器测定值偏高 3 个电荷数左右[6,7]，然而在 P. B. Price 等的实验结果中，塑料探测器的测定值却显著地低于核乳胶探测器的测定值。这一问题尚未得到合理的解释。

从已获得的 33 个重核记录事例来看，电荷数大于 83 的记录效率$\left(\frac{Z>83}{70\leqslant Z\leqslant 83}\right)$是

非常低的，约为 0.3[7]，为了克服这一困难，应作探测器面积×时间因数更大的实验。从宇宙线中寻找超重核是很有希望的途径。因此，进一步开展这方面的研究是非常必要的。

2. 超重核裂片径迹鉴定法

(1)径迹长度鉴定法：根据预测，超重核在固体径迹探测器中的自发裂片径迹将比铀、钍等的裂片径迹长。通过对较长径迹的分析鉴定可以确定超重核的存在。

(2)径迹密度鉴定法：在固体径迹探测器中，由于铀或宇宙线的高能粒子所引起的裂变径迹的本底是可以估算出来的。通过对超出本底的径迹数目的分析，可能确定超重核的存在。

根据上述方法，美国加州大学和通用电器公司 Price 等[10]，苏联联合所 Флеров 等[8,11]，印度加尔各答的塔塔基础科学研究所 N. Bhandari 等[12] 以及其他一些研究组所得到的实验结果列于表 4.2。

表 4.2 超重核裂片径迹鉴定法实验结果

实验工作者	文献	样 品	结 果
G. N. Flerov 等(Флеров)	[8]	铅箔和 24 块不同来源、不同含铅量、不同年代生产的铅玻璃	根据在一块 1958 年生产的含铅 40%的玻璃以及一块 18 世纪生产的玻璃花瓶碎片中发现异常的径迹密度估计：在铅和铅玻璃中[114]类铅的含量为 $\leqslant 10^{-12}-10^{-13}$ g/g。$[114]^{298}$的自发裂变寿命约为 10^8 a*
E. Tseslyak	[9]	含铋、铅、汞和钨不同组分与来源的 55 种玻璃样品	在一些铅玻璃中，观察到自发裂变碎片径迹，最多的达数百条。认为在铅中存在有超重核自发裂变放射体
Tretyakova	[10]	含铅矿物	在钼铅矿晶体(含铀为 7×10^{-7} g/g)中发现每平方厘米中有几万条径迹。由于矿石是原始的方铅矿经次级地球化学过程形成的，以及晶体年龄的不确定性，因而无法将观察到的裂变径迹归因于超重核的自发裂变
Meldner	[10]	金、铅和其他重元素	未发现自发裂变径迹
Price	[10]	锌方柱石、含金砂矿	未发现自发裂变径迹
O. Otgensuren, Flerov 等(Флеров)	[11]	取自南太平洋 5000m 深、铁锰氧化物沉积层中的锰结核	在压碎的透明长石晶体表面观察到的径迹密度为每平方毫米 7—120，根据含铀量应产生的径迹密度低于上述观察值，结论认为多余的径迹为地球或宇宙起源时存在的某一新元素所引起
N. Bhandari	[12]	陨石、"阿波罗-12 号"取回的月岩和月尘	在某些陨石和月尘中观察到已衰变完了的超重($Z>110$)、超铀元素的裂变径迹，表明它们在这些样品凝固时是确实存在的

* 1972 年 Flerov 等又否定了这一结果，认为是宇宙线对于铅引起的裂变事件。

对于印度 Bhandari 等的实验结果，是有争议的。Price 等最近根据一些实验证据提出了不同的解释。

根据径迹长度来鉴定超重核并不是可靠的方法，因为其长度的差别是很有限的。

3. 超重核裂变产物鉴定法

样品中含有铀、钍等自发裂变元素时，则裂变气体产物氪、氙的同位素组分应与其蜕变系的母体同位素的含量成比例，如果发现有反常的、来源不明的裂变气体时，即可通过分析其组分比来推算超重核的存在。

美国芝加哥大学 E. Anders 等[13,14]根据这一方法在陨石中寻找已衰变完了的超重核。表 4.3 为他们所获得的实验结果。

表 4.3 超重核裂变产物鉴定法实验结果

实验工作者	文献	样品	结果
E. Anders 和 D. Heymann	[13]	球陨石	根据分析到较高的氙同位素组分以及地球化学行为的证据认为，该球陨石中曾存在过的超重元素最可能的是：元素 112(类汞)到 119(类钫)
E. Anders 和 J. W Larimer	[14]	球陨石	通过分析氙同位素组分和细粒与粗粒陨石的成因比较认为，最有可能存在过的超重元素是：元素 111(类金)和 115(类铋)，依次下去是：113(类铊)，112(类汞)和 116(类钋)。由于 105(类钽)到 110(类铂)没有足够大的挥发性，所以不可能是它们并预测了该存在过的超重元素的升华热值～54±3kcal/mol，其正常沸点为 2500±400K

Anders 等得出在某些陨石中曾经存在过超重核的结论，可以作为星体核合成过程研究的参考，但对于超重核的直接鉴定的意义就不大了。

4. 超重核自发裂变中子鉴定法

据估计，超重核每自发裂变可放出约 10 个中子。通过对裂变瞬发中子平均数的测量，可以鉴定超重核的存在，美国劳仑斯实验室 Cheifetz，Thompson 等为此设计了大型的填钆液体闪烁计数器。为减少宇宙线的干扰，在地下 250m 深处进行测量。应用裂变中子鉴定法所得到的实验结果列于表 4.4。

由于已知裂变核的瞬发中子平均数都不超过 3，而理论预言，超重核裂变的瞬发，中子平均数可达 10 个以上。根据这一理论，自发裂变中子鉴定法是当前超重核鉴定中最特征的方法之一。应该认为，这一方法所给出的超重核存在的浓度上限是比较可信的。

表 4.4　超重核自发裂变中子鉴定法的实验结果

实验工作者	文献	样　品	方　法	结　果
J. S Drury 和 D. A. Lee	[15]	镍黄铁矿、黄铜矿、磁黄铁矿等约 110 种样品，重量近 5.5t	氦^3 中子计数器测量	未发现超重元素存在的证据
J. Halperin 等	[16]	氙气体 1 L，惰性气体生产工厂用过的吸收和解吸气体用的硅胶 1kg 铜冶炼厂烟道灰 15kg 及其他样品六种。 硫化铅精砂、氟碳铈矿、铜和镍矿精砂	氦^3 中子计数器测量 使用劳仑斯辐射实验室的填钆液体闪烁计数器测量	未观察到超过本底的多中子计数。假定超重核的半衰期为 10^9a，则含量上限为 10^{-14} g/g
W. Grimm 等	[17]	铅、汞、钼、锌和铜的硫化物矿石及精砂样品 36 个。 上述矿石的工艺处理半成品样品 25 个。 金、铂、铅等金属样品 29 个。 锰结核等样品 11 个。 以上大部分是重量为几十公斤的样品	氦^3 中子计数器测量	假定超重核的半衰期为 10^9 年，则含量上限为 10^{-11} g/g
E. Cheifetz，S. G. Thompson 等	[18]	金属样品 6 种： 钨 55kg，汞 45kg， 铅 91kg，铂 16.8kg， 铜 60kg，铀 0.107kg。 矿石及其他样品 13 种，内有： 汞矿石 21.2kg，天然金块(成分～95%) 36kg，铂矿石 20kg，铋矿石 14.3kg，锰结核(取自南太平洋 2740m 深、2.5cm 厚的铁锰沉积层)7kg，月岩(由“阿波罗-12 号”取回)3kg，铜矿石 10kg，水过滤器(曾过滤了约 4200L 饮用水的活性炭)10kg，空气过滤器(在约 1 万 5km 高空飞行一小时，过滤了约 8240m^3 的空气)，美国加州一牧场上的土壤 9kg 和几种伟晶岩样品。 铅矿石以及铅冶炼程序中的产品 11 种，总重量约 348kg。 从铅冶炼与精制工厂收集的样品，包括铅块、熔渣和粉尘等 8 种，总重量约 173kg	填钆液体闪烁计数器测量	对 40 多种样品分析结果认为：假定超重核的半衰期为 10^9 年，则其在样品中的浓度将小于 10^{-14} mol/mol

5. 其他鉴定方法

(1)预期超重核是自发裂变的，使用裂变电离室或旋转计数器[19]等测量方法进行鉴定。

(2)预期超重核是相当稳定的，使用X射线荧光分析法、质谱法以及各种活化分析法进行鉴定。

美国劳仑斯实验室、橡树岭实验室和瑞士反应堆研究所等曾应用上述方法鉴定了大量的样品，实验结果如表4.5所列。

在寻找超重元素开始的几年中，曾用这些方法分析鉴定过许多样品，由于超重元素存在的浓度上限非常小，而这些方法的灵敏度又比较低，所以最近已很少使用了。

表4.5 其他鉴定法的实验结果

实验工作者	文献	样品	方法	结果
S. G. Nilsson，S. G. Thompson 等	[20]	铂矿石样品多种	1. 假定超重核半衰期大于10^{14}a，使用了：X射线荧光分析法、质谱分析法、各种类型的活化分析法 2. 假定超重核半衰期小于10^{14}a，使用了：低本底中子、γ射线以及自发裂变放射性测量法	[110]^{294}在铂中的含量小于10^{-10} g/g。 在仪器灵敏度范围内，要么半衰期小于2×10^8年；要么在铂矿中没有可探测量的超重元素
J. J. Wesolowski 等	[21]	铂矿石	通过热中子诱发裂变，再测量其裂变总动能	估计[110]^{294}的丰度上限为6×10^{-12}g/g
J. S，Drury	[22]	斜方辉橄岩、纯橄榄岩等可能在自然界中浓集了[110]类铂的超基性岩矿样品以及冶炼工厂的中间产品等	用“火试金”法浓集，经化学分离，测量自发裂变放射性	除铅精炼厂烟道灰外，未发现有自发裂变放射性
J. S. Drury 和 D. A. Lee	[15]	为寻找[109]类铱、[110]类铂、[111]类金，鉴定了闪石、重晶石、玄武岩、辉铜矿、铬铁矿、铌铁矿、顽辉石、独居石、辉锑矿等20种以上的样品 为寻找[108]类锇，鉴定了玄武岩、软锰矿、金红石、橄榄岩、磁铁矿等10多种样品 为寻找[119]类钫，鉴定了 Norwegian 云母 为寻找[120]类镭，鉴定了菱锶矿、天青石、重晶石、硅铍钇矿等	同上	未发现超重元素存在的证据

续表

实验工作者	文献	样品	方法	结果
H. R. von Gunten 等	[23]	含铂、金、汞、铊、铅和铋矿石等	旋转计数器测量自发裂变放射性	假定超重核的半衰期为 10^9 年，则其浓度小于 10^{-13}—10^{-14}g/g
Wittenbach	[17]	铅矿物	通过中子诱发裂变，再测量其自发裂变放射性	同上
R. V. Gentry	[24]	云母样品	观察不同能量的 α 粒子所形成的晕	观察到一个相当于能量约为 13.1MeV 的 α 粒子所形成的半径为 84μm 的晕。估计它可能是由某已知元素的同质异能体或者是由一超重元素所造成。并提出，这种超重元素可能存在于伟晶岩的云母中

4.4　尚未找到超重核的原因

从表 4.1—表 4.5 所列出的主要实验结果就可以看出，人们在自然界中寻找超重元素所付出的努力是十分巨大的。尽管至今还没有得到超重核存在的确实证据，但是通过大量的实验使人们取得了不少的经验和教训。以下分析一下没有找到的原因：

1. 前面曾提到，预测超重核半衰期计算中的误差非常大，而超重核的半衰期可能远小于 10^8a。这样一来，在地球形成时可能存在的超重核都已衰变完了，所以在矿物、岩石等样品中没有找到。若其半衰期小于 10^5a，则宇宙线中可能存在的超重核，也将于它们到达地球以前衰变完了。因此，在宇宙线中也无法找到它们。

2. 如果超重核的半衰期果真为 10^8a 左右，那么迄今没有找到它们的原因有这么几个：

(1)宇宙中自然合成超重核的机率可能非常小。因为从现有的证据来看，自然界重元素的合成，主要是通过快中子吸收过程，问题是这一过程可能达不到超重区。而重离子反应合成超重核的截面可能也极小，所以在自然界中合成超重核的数量可能极少，不易发现。我们认为这个可能性是比较大的。

(2)寻找方向上可能还带有某些盲目性。例如，在一些工作中，样品选择的出发点多半着重于化学性质上的同族相似性(如铅中找类铅,铂中找类铂等),而对现有的同位素地球化学规律的应用还不够。今后应加强地球化学规律的研究和应用,以便对样品的选取进行指导。

(3)超重核分散在非常大量的基体当中,由于浓集方法有问题,浓集不起来;或因浓集方法不对,发生丢失。如有的工作用“火试金”法进行浓集[15]。根据预测的超重元素物理和化学性质具有熔点低、易挥发、较同族元素更为活泼等特点来看,这样的浓集方法是很容易引起丢失的。其他浓集方法亦应注意这一问题。

(4)有极微量的超重核存在于样品中,由于探测器灵敏度不够高,分辨不出来。

4.5 今后的探索方向

1. 理论上对宇宙核合成过程中能否产生超重核的问题是有较大争议的。如果自然界重元素合成过程中,达不到超重区,则无法在地球物质中找到它们。

2. 在地球物质中寻找超重元素同对它们的核性质的预测关系极大。理论预测的超重核半衰期的不确定性是非常大的,只能把它们看成是定性的结果。如果超重核的半衰期小于 10^8 a,则根本无法从地球物质中找到它们。

过去一些探索工作,假设了超重元素的原子核是自发裂变的,因而通过探测裂变中子或自发裂片来鉴定超重核。假若超重核的自发裂变半衰期特别长,那么这类实验就不可能得到结果。所以在探索工作中还必须用其他不采用测量裂变产物的方法进行寻找。例如,用质谱法测量其特殊的荷质比,或者用特征 X 射线法鉴定其特征的 X 射线能谱。

3. 化学性质的预测,对于寻找超重元素也有重要的指导意义。过去探索超重元素的实验工作,预测了超重元素的化学性质,110 号类铂、111 号类金、112 号类汞、114 号类铅。因此,在有关矿物,例如含铂、金、汞、铅等矿物样品中寻找超重核。不过,对于它们的化学性质作进一步研究是十分必要的。例如 Pitzer 利用相对论量子力学计算猜测,112(类汞)和 114(类铅)元素可能比汞和铅更惰性,很可能是气体或者是极易挥发的液体。Pitzer 还推测,112 号元素的氧化物、氯化物和溴化物是不稳定的,而其氟化物是稳定的;114 号的氯化物、氟化物是稳定的,溴化物也可能是稳定的。这些推测如果正确,分离出 112 和 114 号元素的过程可能会更方便些。

4. 目前,国外许多实验室正积极地在地球物质中寻找超重元素,还有少数实验室也开始在地球物质中寻找不平常核态[25]。这种实验工作的探索性很强,不是很容易就能取得结果的。然而从长远来看,探索新元素的工作意义是十分重大的[26—29]。我们认为,我国地质构造复杂,地下矿藏十分丰富,可以广泛进行富有特色的探索工作。寻找稳定的新元素工作，一般不需要特别的大型专用设备。用常规的实验设备就可以进行这方面的实验工作。

参考文献

[1] M. Nurmia, *Physica Scripta*, **10A**, 77(1974).
[2] 张志尧，科学通报，**18**，241(1973).
[3] G. Herrmann, *Physica Scripta*, **10A**, 71(1974).
[4] K. Behringer et al., *Phys. Rev.*, **C9**, 48(1974).
[5] Г. Ш. Ащкиhадзе И др., *Геохимия*, **7**, 851(1972).
[6] P. H. Fowler et al., *Proc. Roy. Soc.*, **A301**, 39(1967); **A318**, 1(1970).
[7] P. B. Price et al., *Ann. Rev. Nucl. Sci.*, **21**. 295(1971); *Phys. Rev.*, **D3**, 815(1971).
[8] G. N. Flerov et al., *JINR* (Dubna) Rep., D7—4205(1969).
[9] E. Tseslyak. *JINR* (Dubna) Rep., P15—4738(1969).
[10] G. N. Flerov, V. Druin, *Atom. Fnerg. Rev.*, **8**, 255(1970).
[11] O. Otgensuren et al., *Dokl. Akad. Nauk.* SSR., **189**, 1200 (1969).
[12] N. Bhandari et al., *Nature*, **230**, 219(1971).
[13] E. Anders, D. Heymann, *Science*, **164**, 821(1969).
[14] E. Anders. J. W. Larimer. *Science*, **175**, 981(1972).
[15] J. S. Drury, D. A. Lee. Oak Ridge National Lab. Rep., ORNL-4706, p. 69(1971).
[16] J. Halperin et al., ORNL-4706, p. 71(1971).
[17] W. Grimm et al., *Phys, Rev, Lett.*, **26**, 1040(1971).
[18] E. Cheifetz. S. G. Thompson. *Phys. Rev.*, **C6**, 1348(1972).
[19] B. Hahn, A. Spadavecchia, *Nuovo Cimento*, **54B**, 101(1968).
[20] S. G. Nilsson. S. G. Thompson, *Phys. Lett.*, **28B**, 458(1969).
[21] J. J. Wesolowski et al., *Phys. Lett.*, **28B**, 544(1969).
[22] J. S. Drury, ORNL-4581, p. 46(1970).
[23] H. R. von Gunten et al., Chem. Data Measurements and Applications. London, p. 171(1971).
[24] R.. V. Gentry, *Science*, **169**, 670(1970).
[25] R. J. Holt et al., *Phys. Rev. Lett.*, **36**, 183(1976).
[26] 宇元化，化学通报，(2)，52(1976).
[27] 张志尧，唐孝威，物理，**8**(3)，256(1979).
[28] J. V. Kratz, *Radiochimica Acta*. **32**, 25(1983).
[29] G. T. Seaborg. *Contemp. Phys.*, **28**(1), 33(1987).

30.5 人工合成超重元素

人工合成超重元素，目前提出有三种可能的方法：通过重离子反应合成；通过高能质子引起的次级反应合成；通过多中子俘获反应合成。

5.1 重离子反应合成

5.1.1 合成反应机制

目前提出可能的反应机制不下五六种，其中，有的是根据轻离子反应外推而来的，有的还仅仅是设想，归纳起来有：

1.“复合核-中子蒸发”反应

这一反应机制是根据 1936 年 N. Bohr 提出的复合核理论发展而来的。当重离子轰击重靶时，产生复合核，复合核通过蒸发出若干个中子以及 γ 射线而退激发。例如：

$$^{232}Th+^{76}Ge\longrightarrow{}^{305}[122]^{*}+3n$$

$$^{244}Pu+^{48}Ca\longrightarrow{}^{288}[114]+4n$$

一些超铀元素的合成以及目前超重元素的合成研究，几乎都是根据这一反应机制进行的。

2.“逆裂变”反应

这一反应机制很像裂变反应的逆反应，例如：

$$^{150}Nd+^{150}Nd\longrightarrow{}^{300}[120]$$

$$^{176}Yb+^{136}Xe\longrightarrow{}^{303}[124]+4n$$

“逆裂变”反应可以看作是“复合核-中子蒸发”反应的一个特例，所以也有人把它们归并在一起，统称“常规反应”。最近这一反应机制已不大被单独提起了。

3.“熔合-裂变”反应

这一反应机制是 1967 年杜布纳联合原子核研究所 Флеров 提出的。他认为用加速的很重的离子如氙、铀等轰击铀靶可发生熔合-裂变反应，可能得到超重核。例如：

$$^{238}U+^{238}U\longrightarrow{}^{476}[184]\longrightarrow{}^{298}[114]+^{178}Yb$$

$$^{238}U+^{238}U\longrightarrow{}^{476}[184]\longrightarrow{}^{296}[114]+^{176}Yb+4n$$

有人认为不大可能形成$^{476}[184]$这么大的复合核，而可能产生直接转移反应，或先裂变再熔合。

4."直接转移"反应

这一反应机制是 1968 年 Seaborg[1] 在评论性文章中列举出来的。例如：

$$^{124}Sn + ^{208}Pb \longrightarrow ^{298}[114] + ^{30}Ar + 4n$$

$$^{198}Pt + ^{198}Pt \longrightarrow ^{300}[116] + ^{48}Ca^{*} + ^{48}Ca^{*}$$

这种反应是转移反应的一种，但它是一种多粒子转移反应。对于这样多的粒子转移的可能性如何，目前还很难判断。

5."捏合"反应

这一反应机制是 1969 年 Swiatecki[2] 提出的。他是从原子核的裂变稳定性来讨论合成超重核的机制问题，认为超重核的裂变势垒太薄，"鞍点"形变很小，经受不起振荡就要发生裂变，用"熔合-裂变"反应合成超重核的可能性不大。"常规反应"又只能合成缺中子超重核，寿命可能太短。于是他提出了"捏合"反应的想法。例如：

$$^{232}Th + ^{204}Hg \longrightarrow ^{296}[114] + ^{70}Ni + ^{70}Ni$$

通过反应，从 ^{232}Th 和 ^{204}Hg 两个核上各捏下一大块，合成 $^{296}[114]$，剩下两个较小的 ^{70}Ni 核。这样的反应过程合成超重核所受到的振荡最小，不会导致裂变。这一机制还仅仅是设想，尚无理论计算。

5.1.2 合成反应实验

表 5.1 列出了自 1967 年以来合成实验的主要结果。

上述七个合成实验结果中，法国奥赛核物理研究所 Bimbot 等[6] 曾观察到一些半衰期在 0.001 s 到 1 min 之间、能量在 13 到 15 MeV 之间的 α 放射体。这些在其他合成实验中还没有被观察到的高能 α 放射体确实是非常令人感兴趣的实验结果。实验工作者认为，这些结果可以作为超重核存在的证据。但对于这一推论还必须进一步通过实验验证。特别需要通过对合成核的直接观测才能做出肯定的结论。

在目前，重离子反应被认为是最有希望的合成方法，但是它还存在一些问题需要解决。

从反应机制来看，虽然提出了几种，但是这些机制都存在许多理论问题没有得到解决。因而没能发挥理论对实验的指导作用。这是当前重离子合成反应所面临的主要问题。

表 5.1　重离子反应合成实验结果

实验工作者	文献	反　应	结　果
T. Sikkeland	[3]	$Ar^{40}+U^{238}\longrightarrow[110]^{278}(?)\longrightarrow$ 裂变碎片	可能有来自$[110]^{278}$的裂变碎片*(?)
S. G. Thompson 等, Nurmia 等	[4]	$Ar^{40}+Cm^{248}\longrightarrow[114]^{288-x}+xn$	假定超重核的寿命大于 10^{-9} s,则合成反应截面将小于 5×10^{-32} cm^2
G. N. Flerov 等 (Г. Н. Флеров)	[5]	$Ar^{40}+Cm^{248}\longrightarrow[114]^{284}+4n$	估计合成反应截面上限为 $10^{-30}-10^{-31}$ cm^2
R. Bimbot 等	[6]	$Kr^{84}+Th^{232}\longrightarrow[126]^{316-x}+xn$	观察到可能来自[126]裂变所产生的钋、砹或氡的核所放出的能量在 7 到 9 MeV 之间的大量 α 粒子。还观察到可能来自[126]的半衰期为 0.001 s 到 1 min 之间、能量为 13 到 15 MeV 之间的 α 放射体
Flerov 等 (Флеров)	[5]	$Xe^{136}+U^{238}\longrightarrow[109-115]$	经放射化学分离程序分出[109]类铱到[115]类铋各组分,测量自发裂变碎片或长射程的 α 粒子。对于半衰期在 1 h 和 10 d 之间的超重核合成反应截面小于 10^{-31} cm^2
Yu. Ts. Oganesyan 等	[7]	$Xe^{136}+U^{238}\longrightarrow[146]^{374}(?)$ $\longrightarrow$裂变碎片	可能有来自$[146]^{374}$的裂变碎片(?)
Flerov 等 (Флеров)	[5]	$Zn^{66}+U^{238}\longrightarrow[122]^{304-x}+xn$	假定超重核的寿命大于 10^{-8} s,则合成反应截面将小于 5×10^{-30} cm^2

* 后来的计算表明,$[110]^{278}$是一个远离超重核稳定区的同位素,所以这一合成是无法实现的。

从合成反应实验来看,必须克服以下四个困难才能实现合成超重核的目的:

(1)反应剩余核应有足够高的中子-质子比,否则便无法形成超重核。

(2)重离子反应剩余核具有很高的角动量,能降低裂变势垒的有效高度,因而妨碍甚至阻止形成超重核。

(3)重离子反应剩余核常处于高激发态,很容易发生裂变,因而影响形成超重核。

(4)理论预测超重核的鞍点形变比锕系核小得多,大约仅相当于锕系核基态形态,同时裂变势垒较薄,因此只要有很小的形变就可能裂变,因而要求剩余核接近球形状态。

从目前重离子加速器的水平来看,为了克服重离子与靶核间的库仑势垒,发生完全的熔合反应,就必须提高重离子能量。例如,实现^{238}U-^{238}U 反应须将^{238}U 离子加速到 1.5 GeV 才能克服库仑势垒。

由于重离子反应截面低,还要求提高重离子束流。目前一般约为 10^9 离子/s,根据已获得的合成反应截面数据来看,至少应再提高三、四个数量级左右,所产生的超重核才能达到可测量的水平。

表 5.2 高能质子次级反应合成实验结果

实验工作者	文献	加速器、质子能量	靶物质	轰击时间	积分通量	冷却时间	分离方法	测量方法	结果
A. Marinov 等	[9]	西欧中心的质子同步加速器加速的 28 GeV 质子	I：钨，33 g II：钨，33 g	1 年 4 月	2×10^{18} 质子 7×10^{17} 质子	3～4 月 几天	经化学分离制成汞源以鉴定可能产生的[112]类汞	硅-金面垒探测器测量 α 能谱。 聚碳酸酯膜测量自发裂变径迹	估计有 10^3 个超重核产生，认为得到“元素 112 可能存在的证据”
A. Marinov 等，有美国阿贡国立实验室 Fridman 参加	[9]	[未再轰击，直接处理上述汞源]					用化学交换法将上述汞源转移到铂片上	硅-金面垒探测器测量 α 能谱。 聚碳酸酯膜测量自发裂变径迹。 中子计数器测量自发裂变瞬发中子数	根据 α/裂变和裂片能谱数据确定，上述实验中自发裂变放射性测量结果中有 70% 为锎[252]污染，其余部分还不完全清楚
A. Marinov 等	[10]	[同上]					用化学交换法将汞源转移到敷于聚碳酸酯托板的硫化铅膜上。 经质谱分离，用镍片收集 260—320 amu 范围的核	硅-金面垒探测器测量裂片动能谱。 聚碳酸酯膜测量自发裂变径迹。 核乳胶片测量自发裂变径迹	在 A=308 区域内发现有微小的自发裂变放射性证据 扫描工作还在进行
H. R. von Gunten 等	[11]	西欧中心的质子同步加速器加速的 28 GeV 质子	I：汞，30 kg II，钨，30 g		2×10^{17} 质子 $>10^{18}$ 质子	1 年	用蒸馏法分离，收集最开始的 2 毫升作为汞源。残留物用化学分离法分出铂、金、铊、铅、铋等源。 汞靶容器洗涤液制源。 经化学分离法分出铂、金、铊、铋等源	旋转计数器测量自发裂变放射性	<1 自发裂变事例/天，测量 2 周 5 自发裂变事例/天，在 2 周内未见衰变 <1 自发裂变事例/天，测量 1 月 0.25 自发裂变事例/天，测量 4 周

续表

实验工作者	文献	加速器、质子能量	靶物质	轰击时间	积分通量	冷却时间	分离方法	测量方法	结果
J. P. Unik 等	[12]	美国布鲁克海文国立实验室的交变梯度加速器加速的 28 GeV 质子 美国阿贡国立实验室的零梯度加速器加速的 12 GeV 质子	I：钨，5 g II：钨，25 g III：铀，0.765 kg IV：从束流停止靶上切下的 1 kg铀	2 月 1 年	10^{17} 质子 10^{17} 质子 10^{17} 质子 10^{17} 质子	1.5 年 1.5 月 2 月 5 月	用蒸馏法分离出挥发性的锇、汞。 残留物经化学分离法分出金、铊、铼、铱、铂等源	硅-金面垒探测器测量 α 能谱 裂变电离室测量自发裂变放射性 聚碳酸酯膜测量自发裂变径迹	给出合成超重核的反应截面上限约为 1×10^{-39} cm^2，并给出合成钚、锔，锎等超铀元素的反应截面
L. Westgaard 等	[8]	西欧中心的质子同步加速器加速的 28 GeV 质子	I：铀，237 mg /cm^2 II：铀，190 mg /cm^2	内束流 3.5 小时 23 天	2×10^{17} 质子 4.3×10^{17} 质子	立即分离	从熔融靶中真空蒸馏分离挥发组分铅、汞。 残留物用“离线”同位素分离器分离。 靶 II 还经化学分离法分出其他组分	有机膜、石英片测量自发裂变径迹	给出合成超重核的反应截面上限为 2×10^{-40} cm^2，并给出合成钚、锔、锎等超铀元素的反应截面
S. Katcoff 等	[13]	美国布鲁克海文国立实验室的交变梯度加速器加速的 28.5 GeV 质子	I：由 50 μm 厚的钨、金、铀箔等组成的靶迭。 II：由 50 μm 厚的铀箔等组成的靶迭	52 min 30 min	7.6×10^{16} 质子 3.8×10^{16} 质子			硅玻璃测量动能大于 3 MeV/核子的裂片。 硅玻璃和云母测量自发裂变径迹	给出能与靶核反应产生超重核的 Z≥35 的裂片产生截面上限为： 钨，6×10^{-33} cm^2 金，7×10^{-33} cm^2 铀，5×10^{-33} cm^2

续表

实验工作者	文献	加速器、质子能量	靶物质	轰击时间	积分通量	冷却时间	分离方法	测量方法	结果
Hansen 等	[8]	西欧中心同步回旋加速器加速的 600 MeV 质子					“在线”同位素分离装置分离	测量自发裂变放射性	估计由初级反应产生汞同质异能体的截面上限约为 10^{-36} cm^2

5.2　高能质子次级反应合成

5.2.1　合成反应机制

利用高能质子引起的次级反应合成超重核可以分解为两个反应过程：

第一个反应过程是高能质子与靶核发生反应(例如，弹性散射、非弹性散射、裂变等)，产生具有较高动能的反冲核。

第二个反应过程是上述反冲核与靶核发生次级反应形成超重核。

如果从合成超重核的角度来看，第一个反应过程实际上不过是加速重离子的一个机制，而第二个反应过程就是上述的重离子反应。

根据西欧中心 Westgaard[8] 的估计，使用西欧中心质子同步加速器所产生的 25 GeV，10^{12}质子/s 的束流，发生高能质子次级反应，则超重核的产率可达 5×10^3 核/月。

5.2.2　合成反应实验

表 5.2 列出了自 1971 年以来合成实验的主要结果。

A. Marinov 等[9]最近公布的实验结果表明，在 $A=308$ 处的微小的自发裂变放射性系来自可能的超重核，而不是来自已知的自发裂变重元素的氧化物(或其他化合物)的分子离子，则说明：

(1)通过高能质子次级反应是可以产生超重核的，今后只要通过改进各项实验条件就有可能获得可测量的超重核。

(2)该自发裂变放射性是在靶子停止轰击后 1 年左右的时间测到的，由此说明，这一可能的超重核的自发裂变半衰期是相当长的。

Marinov 等的实验最后制成的汞源中，^{252}Cf 的污染十分严重，占测到的自发裂变放射性的 70%[9]，这些^{252}Cf 是通过什么反应产生的还不清楚，如果钨靶材料中的铀含量极少,则^{252}Cf只能由高能质子与钨靶核发生次级反应产生。这说明,通过反应可使靶核的 Z 增加 22。可能有^{64}Ti这样的丰中子核进入钨核。这对于合成超重核的意义是重大的。因为这种反应如能同样发生在铀靶时,便可能发生下述超重核合成反应:

$$^{64}Ti+^{238}U \longrightarrow ^{298}[114]+4n$$

如果钨靶杂质中的铀含量较大,则^{252}Cf很可能是从^{238}U的反应而来,这样,Z只增加 6,意义就不大了。由于文章没有给出有关数据,所以无法进行判断。

阿贡国立实验室和西欧中心的实验[8,12]所得的结论和 Marinov 等的实验结果是有很大矛盾的。他们所得到的合成反应截面上限约为 10^{-40} cm^2 左右,比原先估计的反应截面值[9]小 4—5 个数量级,这样,实际应用的意义就不大了。Marinov 等的实验结果没有得到重复,一般舆论对这一结果持怀疑态度。

由于化学分离中只能使用非同位素载体载带超重元素,所以上述几个实验中载体的均匀载带问题也是值得研究的。

尽管高能质子次级反应存在很多问题和困难,但是它还有一些重离子反应所缺乏的优点,对这种反应合成超重核的可能性仍应给予一定的重视。

5.3 多中子俘获反应合成

5.3.1 合成反应机制

根据 Seeger,Bell 等[14,15]所发表的对于恒星过程以及热核爆炸中核合成的研究报告的看法认为,连续的快中子俘获可能是产生超重核的一个方法。

例如,用高束流的中子照射重靶时,靶核中将发生(n,γ)和(γ,n)反应之间的竞争,对于非常重的靶核来讲,还有(n,γ)和(n,f)反应之间的竞争。假如条件控制得合适,(n,γ)反应占最优势时,靶核将俘获大量中子,然后经过连续的 β^- 衰变使靶核的原子序数升到非常高的电荷区域,最终达到超重核稳定区。

Bell[15]还对恒星过程和核爆炸中中子照射情况作了比较,见表 5.3。

表 5.3 恒星过程和核爆炸过程中子照射情况比较

	中子通量	照射持续时间	照射中子数
慢过程*	$\sim10^{16}/cm^2 \cdot s$	$\sim10^3a$	$10^{26}-10^{27}/cm^2$
快过程*	$\gtrsim10^{27}/cm^2 \cdot s$	1—100s	$>10^{27}/cm^2$
核爆炸	$>10^{31}/cm^2 \cdot s$	$<10^{-6}s$	$10^{25}/cm^2$

* 慢过程和快过程中的"慢"和"快"都是相对于反应剩余核的 β 衰变寿命的长短而言的。

5.3.2 设想的实验方案

1972 年 Meldner[16]提出了一个适当控制的热核爆炸合成实验方案,其要点是：利用第一次热核爆炸所产生的中子照射，使重靶俘获大量中子，然后控制好一个时间间隔，以便允许高激发态的复合核发生连续的 β^- 衰变，接着进行第二次热核爆炸，再利用它所产生的中子照射，使已经升到非常高电荷区域的靶核继续俘获大量中子，再经 β^- 衰变，便可能获得超重核。

但是，关于多中子俘获反应合成超重核的可能性问题在核理论工作者当中，一直是有争议的。Nilsson[17]最近根据 β 稳定线丰中子一边的 $Z \geqslant 90$ 核的表面势能，做了自发裂变和中子引起的裂变等反应的预测。他认为，通过超新星的快过程合成超重核的可能性是不存在的，根据这一结果来看，用连续爆炸两个核装置的方法人工合成超重元素也是不可能的。

同时，这一设想的实验方案不仅在理论上存在严重问题，在实验技术上，也有着非常大的困难。例如，迄今为止，人们利用高通量反应堆和热核爆炸所获得的最重的同位素是 ^{257}Fm。

不久前，苏联科学家宣称造出了 110 号迄今最重的元素[18,19]，但美国和联邦德国的科学家们对此持怀疑的态度。Yu. Oganessian 等在杜布纳联合核子研究所进行了以下两个实验：一是用 ^{40}Ar 离子束流轰击 ^{236}U；另一是用 ^{44}Ca 离子束流轰击 ^{232}Th。轰击的结果表明，由核裂变产生出来的原子核碎片，在瞬间形成了一种含有 110 个质子数的新核素，半衰期约为 10 ms。这给人们带来了希望：原子序数为 110 的新元素是否问世了？图 5.1 示超铀元素的出现情形[20]。

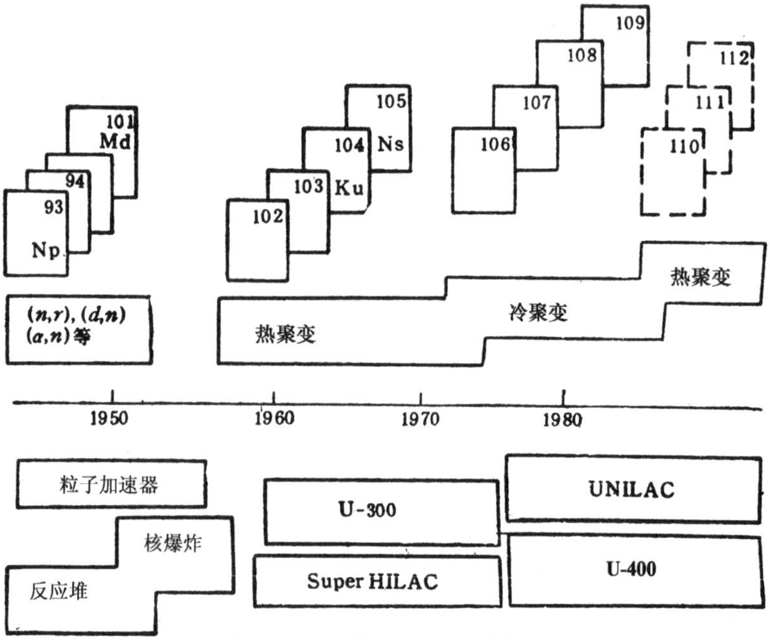

图 5.1　超铀元素的出现[20]

不论怎样，理论工作者和实验科学家正在加紧进行有关重元素原子核的获得，根据科学的预言和发展，含有 114 个质子的锕系后元素，相对说来，应该是比较稳定而又极有意义的[21]。

参 考 文 献

[1] G. T. Seaborg, *Ann. Rev. Nucl. Sci.*, **18**. 53(1968).

[2] W. J. Swiatecki, Reactions Induced by Heavy Ions, Heidelberg, p. 729(1969).

[3] T. Sikkeland, *Phys. Lett.*, **B27**, 277(1968).

[4] S. G. Thompson et al., *Science*. **178**, 1047(1972).

[5] G. N. Flerov et al., IEEE Trans. NS-19, 9(1972); JINR (Dubna) Re. p., P7-6262(1972).

[6] R. Bimbot et al., *Nature*, **234**, 215(1971).

[7] Yu. Ts. Oganesyan et al., JINR (Dubna) Rep., P7-6300(1972).

[8] L. Westgaard et al., *Nucl. Phys.*, **A192**, 517(1972).

[9] A. Marinov et al., *Nature*, **229**, 464(1971); **234**, 212(1971).

[10] A. Marinov et al., Rutherford High Energy Lab. Rep. RHEL/R 243. p. 77(1972).

[11] H. R. von Gunten et al., Chem. Nucl. Data Measurements and Appli-cations. London, p. 171(1971).

[12] J. P. Unik et al., *Nucl. Phys.*, **A191**, 233(1972).

[13] S. Katcoff, M. L. Perlman, *Nature*, **231**, 522(1971).

[14] P. A. Seeger, Los Almos Sci. Lab. Rep., LA-DC-8950 (1967); LA-3751(1967).

[15] G. I. Bell, *Rev. Mod. Phys.*, **39**, 59(1967).

[16] H. W. Meldner, *Phys. Rev. Lett.*, **28**, 975(1972).

[17] S. G. Nilsson et al., *Phys. Lett.*, **40B**. 517(1972).

[18] Yu. Ts. Oganessian et al., The Experiments Aimed To Synthesize Element 110. D7-87-392. Dubna (1987).

[19] 物理, **17**(6), 342(1988).

[20] G. N. Flerov, Perspectives of Studies with Heavy Ion Beams at Dubna, E7-87-512(1987).

[21] J. J. Katz. G. T. Seaborg. L. R. Morss The Chemistry of the Actinide Elements (Second Edition), Chapman and Hall (1986).

附录　原子量的测定和修订①

1919 年国际纯粹与应用化学联合会(International Union of Pure and Applied Chemistry,简称 IUPAC)成立。原属国际化学会联合组织(International Association of Chemical Societies)的原子量委员会转入 IUPAC,关于 1979 年改称为原子量与同位素丰度委员会(Commission on Atomic Weights and Isotopic Abundances),属工作委员会性质。

IUPAC 共有三十多个工作委员会,本委员会编号 II. 1,现有常务委员(Titular member,直译"衔称委员")7 人,其中主席 1 人,秘书 1 人;委员(Associate member)9 人,国家代表 3 人,无机总部代表 2 人。委员会的总任务是:发布原子量及其误差范围(uncertainty,直译"不确定度",或"准确度")。所发布的数据具有可能最高的精确度和可靠性,不需经常修改,为科学界所普遍采用。委员会的经常工作是搜集资料,研究问题和做部分实验,一般以通讯方式联系。每逢单年秋季开会一次,会期四天。议程可能有二十余项;要求刊出"新原子量表"论文,并制定下次会议前指派的课题。

历史回顾

1894 年美国化学会志(*J. Am. Chem. Soc.*)发表了 F. W. Clarke 编的第一张完整的原子量表。四年后德国化学会报告(*Ber. Dtsch. Chem. Ges.*)也开始发表原子量表。其时鉴于国际合作的必要,通过协商组成了由三人(F. W. Clarke,美;T. E. Thorpe,英;Seubert,德;后经改组)负责的国际原子量委员会,自 1903 年起逐年公布原子量表。1913 年,原子量委员会隶属于"国际化学会联合组织"。第一次世界大战期间,工作时断时续。1919 年后,原子量委员会转属 IUPAC。四十年代以来,原子量的测定方法,由化学法逐渐转向质谱法,使测量值的有效数字后推了一两位数。质谱法的实验内容有两个方面:一是测量单一同位素的质量,又称核素质量(nuclidic mass),另一是测量某元素的各同位素丰度(isotopic abundance)。

---

①转载自《化学通报》1986,10 期,57～60,64 页。经作者修改,包括 1996 年文献资料。

1930 年后，委员会的历任主席有：G. Baxter（美，1930－1949），E. Wichers（美，1949－1969），N. N. Greenwood（英），E. Roth（法），N. E. Holden（美），R. L. Martin（澳）. J. R. De Laeter（澳），K. G. Heumann（德），L. Schultz（德）；主席两年一任，一般连任两届。

原子量^{12}C 基准

1959 年，IUPAC 向 IUPAP（国际纯粹与应用物理学联合会）建议采用$^{12}C=12$为原子量基准，以代替 O＝16 或$^{16}O=16$（后者为当时物理学界通用）。1960 年，征得 IUPAP 同意后，IUPAC 于 1961 年将原有原子量值进行统一换算，即减小 42.9ppm。在计算过程中感到有必要评审一切有关文献资料，对各元素逐一权衡其原子量值。因此，在“1961 年原子量表”的报道（1962 年发表）中，实际上包括了对各个元素（element by element）原子量的评审。此项繁重的工作由 A. E. (Gus) Cameron 和 E. Wichers 二人完成。此后，自“1967 年原子量表”（1969 年发表）起，每两年制订一次新的原子量表，一般于次年纯粹与应用化学杂志（*Pure Appl. Chem.*）上刊出。

原子量定义

1979 年，委员会对某一元素（特定来源）的原子量（平均相对原子质量，mean relative atomic mass）采用下列定义：

“某元素一个原子的平均质量与一个^{12}C 原子质量的 1/12 之比”。

可以理解为：

（1）原子量可对任何一个样品而言（同位素组成不同的某一元素可以有各自不同的原子量）；

（2）原子量是对处于电子与核的基态的原子而言；

（3）“一个原子的平均质量”（特定来源）为该元素的总质量除以原子总数；

（4）委员会发表的“标准原子量表”是当时对地球上自然存在的元素所知其同位素丰度范围而言。

正常物质

正常物质（normal material）指在地球上存在的某元素（单质）或其化合物，其判断准则为：市场上遇到的物质来源，应用于工业或科学；此种物质本身并不用来研究某些特殊的异常性，而其同位素组成在短暂的地质年代并无显著改变。原子量是指地球上的正常物质。

1997 年标准原子量按 $Ar(^{12}C)=12$

许多元素的原子量不是常数，而是取决于物质的来源及其处理过程。本表的注系说明某些元素的原子量会有变动的类型。这里所列原子量值 Ar(E)适用于地球上存在的自然元素，而原子量值后面的括号表示末位数的误差范围 Ur (E)，符号中 U 为 uncertainty。本表按原子序排列。

原子序	名称	符号	原子量	注
1	氢	H	1.007 94(7)	gmr
2	氦	He	4.002 602(2)	g　r
3	锂	Li	6.941(2)	gmr
4	铍	Be	9.012 182(3)	
5	硼	B	10.811(7)	gmr
6	碳	C	12.0107(8)	g　r
7	氮	N	14.006 74(7)	g　r
8	氧	O	15.999 4(3)	g　r
9	氟	F	18.998 403 2(5)	
10	氖	Ne	20.179 7(6)	g　m
11	钠	Na	22.989 770(2)	
12	镁	Mg	24.305 0(6)	
13	铝	Al	26.981 538(2)	
14	硅	Si	28.085 5(3)	r
15	磷	P	30.973 76 1(2)	
16	硫	S	32.066(6)	g　r
17	氯	Cl	35.452 7(9)	m
18	氩	Ar	39.948(1)	g　r
19	钾	K	39.098 3(1)	
20	钙	Ca	40.078(4)	g
21	钪	Sc	44.955 910(8)	
22	钛	Ti	47.867(1)	
23	钒	V	50.941 5(1)	
24	铬	Cr	51.996 1(6)	
25	锰	Mn	54.938 049(9)	
26	铁	Fe	55.845(2)	

续表

原子序	名称	符号	原子量	注
27	钴	Co	58.933 200(9)	
28	镍	Ni	58.69 34(2)	
29	铜	Cu	63.546(3)	r
30	锌	Zn	65.39(2)	
31	镓	Ga	69.723(1)	
32	锗	Ge	72.61(2)	
33	砷	As	74.921 60(2)	
34	硒	Se	78.96(3)	
35	溴	Br	79.904(1)	
36	氪	Kr	83.80(1)	g m
37	铷	Rb	85.467 8(3)	g
38	锶	Sr	87.62(1)	g r
39	钇	Y	88.905 85(2)	
40	锆	Zr	91.224(2)	g
41	铌	Nb	92.906 38(2)	
42	钼	Mo	95.94(1)	g
43	锝*	Tc		A
44	钌	Ru	101.07(2)	g
45	铑	Rh	102.905 50(2)	
46	钯	Pd	106.42(1)	g
47	银	Ag	107.868 2(2)	g
48	镉	Cd	112.411(8)	g
49	铟	In	114.818(3)	
50	锡	Sn	118.710(7)	g
51	锑	Sb	121.760(1)	g
52	碲	Te	127.60(3)	g
53	碘	I	126.904 47(3)	
54	氙	Xe	131.29(2)	g m
55	铯	Cs	132.905 45(2)	
56	钡	Ba	137.327(7)	
57	镧	La	138.905 5(2)	g
58	铈	Ce	140.116 (1)	g

续表

原子序	名称	符号	原子量	注
59	镨	Pr	140.907 65(2)	
60	钕	Nd	144.24(3)	g
61	钷*	Pm		A
62	钐	Sm	150.36(3)	g
63	铕	Eu	151.964(1)	g
64	钆	Gd	157.25(3)	g
65	铽	Tb	158.925 34(2)	
66	镝	Dy	162.50(3)	g
67	钬	Ho	164.930 32(2)	
68	铒	Er	167.26(3)	g
69	铥	Tm	168.934 21(2)	
70	镱	Yb	173.04(3)	g
71	镥	Lu	174.967(1)	g
72	铪	Hf	178.49(2)	
73	钽	Ta	180.947 9(1)	
74	钨	W	183.84(1)	
75	铼	Re	186.207(1)	
76	锇	Os	190.23(3)	g
77	铱	Ir	192.217(3)	
78	铂	Pt	195.078(2)	
79	金	Au	196.966 55(2)	
80	汞	Hg	200.59(2)	
81	铊	Tl	204.383 3(2)	
82	铅	Pb	207.2(1)	g r
83	铋	Bi	208.980 38(2)	
84	钋*	Po		A
85	砹*	At		A
86	氡*	Rn		A
87	钫*	Fr		A
88	镭*	Ra		A
89	锕*	Ac		A
90	钍*	Th	232.0381(1)	g Z

续表

原子序	名称	符号	原子量	注
91	镤*	Pa	231.035 88(2)	Z
92	铀*	U	238.028 9(1)	g m Z
93	镎*	Np		A
94	钚*	Pu		A
95	镅*	Am		A
96	锔*	Cm		A
97	锫*	Bk		A
98	锎*	Ct		A
99	锿*	Es		A
100	镄*	Fm		A
101	钔*	Md		A
102	锘*	No		A
103	铹*	Lr		A
104	钅卢*	Rf		A
105	钅罕*	Ha		A
106	*	Unh		A
107	*	Uns		A

注：g 指有"正常物质"同位素组成限外的地质样品，m 指经同位素分离的商品，r 指"正常物质"同位素组成上下限已超过测量精确度，A 指放射性元素缺乏特征的地质组成，Z 指放射性元素寿命特长而仍有原子量可言。

原子量的测定方法

地壳中共存在 94 种元素，其中有较短寿命的放射性元素 10 种，无原子量可言，仅以其较常见的同位素为代表而标明其质量数，例如^{226}Ra和^{237}Np。还有$^{243}_{95}Am$至$^{277}112$共 18 种经人工核反应而生成的放射性元素。IUPAC 原子量与同位素丰度委员会(简称国际原子量委员会)在两年一度发表新修订的原子量表时，还刊登"放射性核素的相对原子质量"表[1]，列出自 Tc 至 Hs 元素共 27 种较短寿命的放射性元素(包括长寿命的 Th、Pa 和 U)的重要核素。这里使用"相对原子质量"，是由于"原子质量"曾为核素质量的专用词。

原子量的测定，自 1810 年以来，先是采用化学法。早期著名的化学家 J. J. Berzelius，J. -S. Stas，T. W. Richards，G. P. Baxter 和 O. Hönigschmid 作出了重大的贡献。从 40 年代起，质谱法逐渐取代化学法. 单核素的元素共计 22 种，物理学家使用精密质谱仪，以$^{12}C=12$为基准，测定核素质量，实际上是测同位素质量(严格说，同位素指整个原子，而核素只指原子核，不包括核周围的电子)。"核素质量表”见文献[5]，单核素元素的原子量即是核素质量。这些原子基值一般准确至 0.1ppm，例如 Ar(Na) ＝22.989 770(2)。

质谱测定法

用质谱法测定核素质量，首先从$^{12}C=12$基准出发，采用“质量双线”(mass doublet)法确定某一对谱线的微差，如$^{12}C^{1}H_4^+-{}^{16}O^+=0.036\ 3855u$ (mass unit)。若测三对“双线”$^{1}H_2^+-D^+$，$^{2}D_3^+-1/2{}^{12}C^{2+}$和$^{12}C^{1}H_4^+-{}^{16}O^+$，则同时可得：

$$^{1}H=1.007\ 825\ 033(12)$$

$$^{2}D=2.014\ 101\ 775(24)$$

$$^{16}O=15.994\ 914\ 622(51)$$

这些数据是直接与^{12}C相比而得，称为“副标准”。例如，欲测^{19}F的质量时，可利用下列一对质量双线，各线的正电荷恰可抵消：

$$^{12}C_2{}^{1}H_2{}^{2}D_4\text{-}{}^{12}C^{1}H_3{}^{19}F$$

四氘乙烷-氟甲烷

测得

$$\Delta M=0.050\ 178\ 86$$

$$^{19}F-19=0.001\ 596\ 79$$

$$\therefore\quad {}^{19}F=18.998\ 403\ 21\ (15)$$

单核素元素 F 的原子量，是原子量中最精确的，现定为 18.998 403 2(9)，其中 Ur(F)来自 1.5×6。

其次在多核素元素的场合，必须另行测定同位素丰度。例如，Ag 已自质量双线$^{12}C_8{}^{1}H_{11}-{}^{107}Ag$和$^{12}C_8{}^{1}H_{13}-{}^{109}Ag$测得：

$$^{107}Ag=106.905\ 091\ 5$$

$$^{109}Ag=108.904\ 755\ 5$$

还要测定同位素丰度，先用质谱计测得同位素丰度比$R_{107/109}$，可算得同位素的原子分数$f_{107}=R/(1+R)$；$f_{109}=1-f_{107}$：

$$f_{107}=51.839(5)\text{原子}\%$$

$$f_{109}=48.161(5)\text{原子}\%$$

$$\therefore\quad Ar(Ag)=107.868\ 2(1)$$

同位素丰度的测定，最好采用一对高富集同位素，以校准质谱计的固有偏差(Bias)，因为分子转变为离子时不能保持原有的丰度等因素。用此校准法测定多核素元素的原子量，一般可准确至±0.001。

同位素丰度表

自 1975 原子量表(1977 年发表)开始,附有“元素的同位素丰度表”。自 1981 原子量表(1983 年发表)开始,同位素丰度表则分别发表,以后陆续刊出,现举硼为例:

质量数	同位素组成范围(原子%)	最佳测定	代表性同位素组成	相应原子量	1985 年 IUPAC 原子量	标准样品索取处
10	20.316—19.098	19.82(2)	19.9(2)	10.811(2)	10.811(5)	CBNM-Geel
11	80.902—79.684	80.18(2)	80.1(2)			NBS-SRM-951

其中,新原子量值的误差定得较大,因为该元素的“同位素组成变动范围”较大。

各元素原子量值的总评审

第一次对各元素的评审,如前所述,是在 1961 年采用$^{12}C=12$为基准后,开始进行的。这项工作成果即 1961 原子量表发表于 1962 年,1983 年作第二次全面评审,发表于 1984 年(文献[3])。“核素质量表”最新版为 1993 年值(文献[5]),数据好于 0.1ppm. 然而,进行核素质量测定的实验室近年来减少,并且加拿大和荷兰两处实验室的工作条件也很困难。

评审需要积累数据。担负计算机程序和同位素丰度测定工作的有:欧洲共同体核测量中央局(比)、Brookhaven 国家实验室(美)和美国国家标准技术研究所。

原子量每两年修订一次。现举下列两例:

H	1961	1.00797(1)	Ag	1961	107.870(3)
	1969	80(3)		1969	868(1)
	1971	79(1)		1981	8682(3)
	1981	794(7)		1985	8682(2)

由此可见,银的原子量经逐步修订,已更精确,氢的原子量则因同位素丰度方面的考虑而有所反复,见下。

关于元素各论,兹举三个实例加以说明:

(1) $_1H$ 氢　Ar(H) =1.007 94(7)

核素　^1H 1.007 825 033(12) 99.985(1)原子%

　　　^2H 2.014 101 775(24) 0.015 (1)原子%

自 1938 年以来,采用质谱法数据确定氢原子量,1961 年定其为 1.007 97 (1),是根据了淡水和深水。1969 年,决定采取氘含量的变动范围包括地球上所有正常的氢，故改为 1.008 0(3). 那时规定只用两种误差表达方式±1 或±3。两年后，鉴于 1.0077 小于$_1$H 的 1.007 825，故实际上不存在，而 1.0083 相应于 472ppmD，远高于天然水的高限 182ppmD。结果改为 1.007 9(1)。至 1981 年，考虑到实验室所用钢瓶氢来自电解法，最低含量为 44ppmD，又把 H 的原子量值改为 1.007 94(7)，即位于高限 1.008 01 和低限 1.00787 之间。

(2)$_{32}$Ge 锗　Ar(Ge)＝72.61(2)

化学法测值为 72.592(8)，质谱法测值为 72.620(18)，晶体法测值为 72.63。委员会于 1985 年评定为 72.61(2)，并指出必须用一对高富集同位素^{72}Ge 和^{74}Ge 作校准(Calibration)。质谱法测量，才能求得准确的 Ge 原子量。

(3)$_{51}$Sb 锑　Ar(Sb) ＝121.760(1)

化学法测得 8 个原子量值，平均为 121.751(8)。而质谱法长久以来只有一个数据 121.759(1948 年作)。委员会仍维持 1969 年值及其误差 121.75 (3)，但指出 Sb 只有两个天然同位素 121 和 123，这是测出一项新值的有意义课题，果然引起了有关实验室的注意：我国北京大学同位素科研组采用国产 99.01 原子%^{121}Sb 和 99.46 原子%^{123}Sb，作了校准质谱法测量，得出精确的锑原子量新值(见上)[8]，1993 年国际原子量委员会修订为新的标准。

同位素丰度与原子量的计算

1984 年出版的“同位素丰度值大全 1983”[4]，试图包括自 1940 年(偶有较早的重要工作)至 1983 年末的工作，内容是完整的同位素分析数据，包括各元素的全部天然同位素。并指出近年来，丰度测量愈益准确，以致不应忽略核素质量的准确度(按 Wapstra 表的误差乘以 6)。文献[4]中，如 C 列有 36 项测定，少的像 Sb 仅有一项测定。现举 H 为例，它有 10 项测定，下列数据中，标有 C 的指用纯同位素标定，B 指最佳测定，SD 指标准偏差。

核素质量	70HAG 1(见文献[4])
1.007 825 033	99.984 426(5)原子%
2.014 101 775	0.015 574(5)原子%
同位素比率 2/1	0.000 155 76(5)
原子量	1.007 981 76(5)
误差	2×SD
注释	C,B

总的说来，该文详尽地收集了共计 314 篇文献，是做质谱测定工作的必读资料，有很高的参考价值。

参考文献

[1] IUPAC "Aromic Weights of the Elements 1995". *Pure Appl. Chem.*, **68**, 2339—2359(1996).

[2] H. E. Holden. R. L. Martin, I. L. Barnes, "Isotopic Abundances and Atomic Weights of the Elements 1983", *Pure Appl. Chem.*, **56**, 675—694(1984).

[3] H. S. Peiser, N. E. Holden, P. De Bièvre, I. L. Barnes et al. "Element by Element Review of Their Atomic Weights", *Pure Appl. Chem.*, **56**, 695—768(1984).

[4] P. De Bièvre, M. Galler, N. E. Holden, I. L. Barnes, "Isotopic Abundances and Atomic Weights of the Elements", *J. Phy. Chem. Ref. Data.*, **13**, 809—891(1984).

[5] G. Audi. A. H. Wapstra. "The 1983 Atomic Mass Table", *Nucl. Phys.*, **A565**, 1(1993).

[6] N. E. Holden, "The International Commission on Atomic Weights——An Early Historical Review", *Chem. Internat.*, (1) 5—12(1984).

[7] 张青莲,"原子量的质谱法测定和碳-12 基准",化学通报,(2),40—43(1978).

[8] 张青莲,钱秋宇,赵墨田,王军,*Int. J. Mass Spectrom. Ion Proc.*, **123**, 77(1993).